工程建设标准年册（2007）

建设部标准定额研究所 编

中国建筑工业出版社
中国计划出版社

图书在版编目（CIP）数据

工程建设标准年册（2007）/建设部标准定额研究所编.
北京：中国建筑工业出版社，2008
ISBN 978-7-112-10167-2

Ⅰ.工… Ⅱ.建… Ⅲ.建筑工程-标准-汇编-中国-2007 Ⅳ.TU-65

中国版本图书馆 CIP 数据核字（2008）第 083941 号

责任编辑：丁洪良　李　阳
责任设计：崔兰萍
责任校对：关　健　安　东

工程建设标准年册
（2007）
建设部标准定额研究所　编
*
中国建筑工业出版社
中国计划出版社　出版
各地新华书店、建筑书店经销
北京红光制版公司制版
北京蓝海印刷有限公司印刷
*

开本：787×1092 毫米　1/16　印张：143¼　插页：1　字数：5280 千字
2008 年 8 月第一版　2008 年 8 月第一次印刷
印数：1—1000 册　定价：298.00 元
ISBN 978-7-112-10167-2
（16970）

版权所有　翻印必究
如有印装质量问题，可寄本社退换
（邮政编码 100037）

前　言

　　建设工程，百年大计。认真贯彻执行工程建设标准，对保证建设工程质量和安全，推动技术进步，规范建设市场，加快建设速度，节约与合理利用资源，保障人民生命财产安全，改善与提高人民群众生活和工作环境质量，全面发挥投资效益，促进我国经济建设事业健康发展，具有十分重要的作用。当前，全国上下对认真贯彻执行标准已形成共识，企业执行标准的自觉性进一步增强，特别是国务院颁发的《建设工程质量管理条例》实施以来，全面整顿和规范建设市场秩序，工程建设标准得到了建设各方的充分重视，极大地推动了工程建设标准化工作的发展。

　　为了全面地配合工程建设标准的贯彻实施，适应各种不同用户的需要，更好地为大家服务，我们将2007年全年建设部批准发布的工程建设国家标准55项，行业标准12项，共计67项，汇编成年册出版，并附工程建设国家标准和建设部行业标准最新目录，以便广大用户查阅、使用。

　　广大用户在使用中有何建议与意见，请与建设部标准定额研究所联系。

联系电话：(010) 58934084

建设部标准定额研究所
2008 年 5 月

目 录

一、工程建设国家标准

1. 工程测量规范 GB 50026—2007 ·················· 1—1
2. 工业循环冷却水处理设计规范 GB 50050—2007 ·················· 2—1
3. 喷灌工程技术规范 GB/T 50085—2007 ·················· 3—1
4. 民用爆破器材工程设计安全规范 GB 50089—2007 ·················· 4—1
5. 架空索道工程技术规范 GB 50127—2007 ·················· 5—1
6. 自动化仪表工程施工质量验收规范 GB 50131—2007 ·················· 6—1
7. 土的工程分类标准 GB/T 50145—2007 ·················· 7—1
8. 火灾自动报警系统施工及验收规范 GB 50166—2007 ·················· 8—1
9. 镇规划标准 GB 50188—2007 ·················· 9—1
10. 电力工程电缆设计规范 GB 50217—2007 ·················· 10—1
11. 铁路旅客车站建筑设计规范 GB 50226—2007 ·················· 11—1
12. 气体灭火系统施工及验收规范 GB 50263—2007 ·················· 12—1
13. 工业炉砌筑工程质量验收规范 GB 50309—2007 ·················· 13—1
14. 综合布线系统工程设计规范 GB 50311—2007 ·················· 14—1
15. 综合布线系统工程验收规范 GB 50312—2007 ·················· 15—1
16. 煤矿立井井筒及硐室设计规范 GB 50384—2007 ·················· 16—1
17. 入侵报警系统工程设计规范 GB 50394—2007 ·················· 17—1
18. 视频安防监控系统工程设计规范 GB 50395—2007 ·················· 18—1
19. 出入口控制系统工程设计规范 GB 50396—2007 ·················· 19—1
20. 冶金电气设备工程安装验收规范 GB 50397—2007 ·················· 20—1
21. 消防通信指挥系统施工及验收规范 GB 50401—2007 ·················· 21—1
22. 烧结机械设备工程安装验收规范 GB 50402—2007 ·················· 22—1
23. 炼钢机械设备工程安装验收规范 GB 50403—2007 ·················· 23—1
24. 硬泡聚氨酯保温防水工程技术规范 GB 50404—2007 ·················· 24—1
25. 钢铁工业资源综合利用设计规范 GB 50405—2007 ·················· 25—1
26. 钢铁工业环境保护设计规范 GB 50406—2007 ·················· 26—1
27. 烧结厂设计规范 GB 50408—2007 ·················· 27—1
28. 小型型钢轧钢工艺设计规范 GB 50410—2007 ·················· 28—1
29. 建筑节能工程施工质量验收规范 GB 50411—2007 ·················· 29—1

30	厅堂音质模型试验规范 GB/T 50412—2007	30—1
31	城市抗震防灾规划标准 GB 50413—2007	31—1
32	钢铁冶金企业设计防火规范 GB 50414—2007	32—1
33	煤矿斜井井筒及硐室设计规范 GB 50415—2007	33—1
34	煤矿井底车场硐室设计规范 GB 50416—2007	34—1
35	煤矿井下供配电设计规范 GB 50417—2007	35—1
36	煤矿井下热害防治设计规范 GB 50418—2007	36—1
37	煤矿巷道断面和交岔点设计规范 GB 50419—2007	37—1
38	城市绿地设计规范 GB 50420—2007	38—1
39	有色金属矿山排土场设计规范 GB 50421—2007	39—1
40	预应力混凝土路面工程技术规范 GB 50422—2007	40—1
41	油气输送管道穿越工程设计规范 GB 50423—2007	41—1
42	油气输送管道穿越工程施工规范 GB 50424—2007	42—1
43	印染工厂设计规范 GB 50426—2007	43—1
44	油田采出水处理设计规范 GB 50428—2007	44—1
45	铝合金结构设计规范 GB 50429—2007	45—1
46	工程建设施工企业质量管理规范 GB/T 50430—2007	46—1
47	炼焦工艺设计规范 GB 50432—2007	47—1
48	平板玻璃工厂设计规范 GB 50435—2007	48—1
49	线材轧钢工艺设计规范 GB 50436—2007	49—1
50	城镇老年人设施规划规范 GB 50437—2007	50—1
51	地铁运营安全评价标准 GB/T 50438—2007	51—1
52	城市消防远程监控系统技术规范 GB 50440—2007	52—1
53	石油化工设计能耗计算标准 GB/T 50441—2007	53—1
54	水泥工厂节能设计规范 GB 50443—2007	54—1
55	水利工程工程量清单计价规范 GB 50501—2007	55—1

二、工程建设行业标准

1	建筑变形测量规范 JGJ 8—2007	56—1
2	载体桩设计规程 JGJ 135—2007	57—1
3	体育场馆照明设计及检测标准 JGJ 153—2007	58—1
4	民用建筑能耗数据采集标准 JGJ/T 154—2007	59—1
5	种植屋面工程技术规程 JGJ 155—2007	60—1
6	城市工程地球物理探测规范 CJJ 7—2007	61—1

7 城镇排水管渠与泵站维护技术规程 CJJ 68—2007 …………… 62—1
8 生活垃圾卫生填埋场封场技术规程 CJJ 112—2007 …………… 63—1
9 生活垃圾卫生填埋场防渗系统工程技术规范 CJJ 113—2007 …… 64—1
10 城市公共交通分类标准 CJJ/T 114—2007 …………………… 65—1
11 房地产市场信息系统技术规范 CJJ/T 115—2007 ……………… 66—1
12 建设电子文件与电子档案管理规范 CJJ/T 117—2007 ………… 67—1

三、附录 工程建设国家标准和建设部行业标准目录

1 工程建设国家标准目录 …………………………………………… 68—1
2 工程建设建设部行业标准目录 …………………………………… 69—1

一、工程建设国家标准

一、苏联发展国民经济法

中华人民共和国国家标准

工程测量规范

Code for engineering surveying

GB 50026—2007

主编部门：中国有色金属工业协会
批准部门：中华人民共和国建设部
施行日期：2008年5月1日

中华人民共和国建设部
公 告

第 744 号

建设部关于发布国家标准
《工程测量规范》的公告

现批准《工程测量规范》为国家标准，编号为 GB 50026—2007，自 2008 年 5 月 1 日起实施。其中，第 5.3.43(1)、7.1.7、7.5.6、10.1.10 条（款）为强制性条文，必须严格执行。原《工程测量规范》GB 50026—93 同时废止。

本规范由建设部标准定额研究所组织中国计划出版社出版发行。

中华人民共和国建设部
二〇〇七年十月二十五日

前　言

本规范是根据建设部建标〔2002〕85 号文《关于印发"2001～2002 年度工程建设标准制订、修订计划"的通知》要求，由主编单位中国有色金属工业西安勘察设计研究院会同国内有色冶金、石油、化工、水利、电力、机械、航务、城建等行业的勘察、设计、科研单位组成修订组，对原国家标准《工程测量规范》GB 50026—93 进行全面修订而成。

修订过程中，开展了专题研究，调查总结了近年来国内外工程测量的实践经验，吸收了该领域的有关科研和技术发展的成果，并以多种方式在全国范围内广泛征求修改意见，经修订组多次讨论、反复修改，先后形成了初稿、征求意见稿、送审稿，最后经审查定稿。

修订后，本规范共有 10 章 7 个附录，增加了术语和符号、地下管线测量两章内容和附录 A 精度要求较高工程的中误差评定方法。删去了绘图与复制一章。

修订新增的主要内容包括：

1. 卫星定位测量；
2. GPS 拟合高程测量；
3. 纸质地形图数字化；
4. 数字高程模型（DEM）；
5. 桥梁施工测量；
6. 隧道施工测量；
7. 地下工程变形监测；
8. 桥梁变形监测；
9. 滑坡监测。

删去的主要内容包括：

1. 三角点造标要求；
2. 因瓦尺基线丈量和 2m 横基尺视差法测距的要求。

补充调整的主要内容包括：

1. 将三角网、三边网、边角网测量，合并统称为三角形网测量；
2. 将灌注桩、界桩与红线测量的内容并入工业与民用建筑施工测量。

规范以电子记录、计算机成图、计算机数据处理为修编主线，并同时保留手工测量作业的方法。

本规范中以黑体字标志的条文为强制性条文，必须严格执行。本规范由建设部负责管理和对强制性条文的解释，中国有色金属工业西安勘察设计研究院负责具体技术内容的解释。在执行过程中，请各单位结合工程实践，认真总结经验，如发现需要修改或补充之处，请将意见和建议寄中国有色金属工业西安勘察设计研究院（地址：陕西省西安市西影路 46 号，邮政编码：710054），以便今后修订时参考。

本规范主编单位、参编单位和主要起草人：

主 编 单 位：中国有色金属工业西安勘察设计研究院

参 编 单 位：深圳市勘察测绘院有限公司
西安长庆科技工程有限责任公司
北京国电华北电力工程有限公司
中国化学工程南京岩土工程公司
机械工业勘察设计研究院
中交第二航务工程勘察设计院
西北综合勘察设计研究院

湖南省电力勘测设计院　　　　　　　丁吉峰　王双龙　王　博　刘广盈
主要起草人：王百发　牛卓立　郭渭明　　何　军　杨雷生　张　潇　周美玉
　　　　　（以下按姓氏笔画为序）　　　　郝埃俊　徐柏松　翁向阳　褚世仙

目 次

1 总则 ················· 1—5
2 术语和符号 ············ 1—5
  2.1 术语 ················ 1—5
  2.2 符号 ················ 1—5
3 平面控制测量 ··········· 1—6
  3.1 一般规定 ············· 1—6
  3.2 卫星定位测量 ·········· 1—6
  3.3 导线测量 ············· 1—8
  3.4 三角形网测量 ·········· 1—12
4 高程控制测量 ··········· 1—13
  4.1 一般规定 ············· 1—13
  4.2 水准测量 ············· 1—14
  4.3 电磁波测距三角高程测量 ··· 1—15
  4.4 GPS拟合高程测量 ········ 1—16
5 地形测量 ·············· 1—16
  5.1 一般规定 ············· 1—16
  5.2 图根控制测量 ·········· 1—18
  5.3 测绘方法与技术要求 ······ 1—19
  5.4 纸质地形图数字化 ······· 1—22
  5.5 数字高程模型（DEM）······ 1—23
  5.6 一般地区地形测图 ······· 1—24
  5.7 城镇建筑区地形测图 ······ 1—24
  5.8 工矿区现状图测量 ······· 1—25
  5.9 水域地形测量 ·········· 1—25
  5.10 地形图的修测与编绘 ····· 1—27
6 线路测量 ·············· 1—27
  6.1 一般规定 ············· 1—27
  6.2 铁路、公路测量 ········· 1—28
  6.3 架空索道测量 ·········· 1—29
  6.4 自流和压力管线测量 ······ 1—29
  6.5 架空送电线路测量 ······· 1—30
7 地下管线测量 ··········· 1—31
  7.1 一般规定 ············· 1—31
  7.2 地下管线调查 ·········· 1—31
  7.3 地下管线施测 ·········· 1—32
  7.4 地下管线图绘制 ········· 1—32
  7.5 地下管线信息系统 ······· 1—33
8 施工测量 ·············· 1—33
  8.1 一般规定 ············· 1—33
  8.2 场区控制测量 ·········· 1—34
  8.3 工业与民用建筑施工测量 ··· 1—35
  8.4 水工建筑物施工测量 ······ 1—37
  8.5 桥梁施工测量 ·········· 1—38
  8.6 隧道施工测量 ·········· 1—40
9 竣工总图的编绘与实测 ····· 1—41
  9.1 一般规定 ············· 1—41
  9.2 竣工总图的编绘 ········· 1—41
  9.3 竣工总图的实测 ········· 1—42
10 变形监测 ············· 1—42
  10.1 一般规定 ············ 1—42
  10.2 水平位移监测基准网 ····· 1—43
  10.3 垂直位移监测基准网 ····· 1—44
  10.4 基本监测方法与技术要求 ·· 1—45
  10.5 工业与民用建筑变形监测 ·· 1—47
  10.6 水工建筑物变形监测 ····· 1—49
  10.7 地下工程变形监测 ······ 1—50
  10.8 桥梁变形监测 ········· 1—52
  10.9 滑坡监测 ············ 1—53
  10.10 数据处理与变形分析 ···· 1—54
附录 A 精度要求较高工程的中误差
     评定方法 ············ 1—54
附录 B 平面控制点标志及标石的
     埋设规格 ············ 1—55
附录 C 方向观测法度盘和测微器
     位置变换计算公式 ······ 1—56
附录 D 高程控制点标志及标石的
     埋设规格 ············ 1—57
附录 E 建筑方格网点标石规格
     及埋设 ·············· 1—58
附录 F 建（构）筑物主体倾斜率和
     按差异沉降推算主体倾斜值的
     计算公式 ············ 1—59
附录 G 基础相对倾斜值和基础挠度
     计算公式 ············ 1—59
本规范用词说明 ············ 1—59
附：条文说明 ·············· 1—61

1 总 则

1.0.1 为了统一工程测量的技术要求，做到技术先进、经济合理，使工程测量产品满足质量可靠、安全适用的原则，制定本规范。

1.0.2 本规范适用于工程建设领域的通用性测量工作。

1.0.3 本规范以中误差作为衡量测绘精度的标准，并以二倍中误差作为极限误差。对于精度要求较高的工程，可按附录 A 的方法评定观测精度。

注：本规范条文中的中误差、闭合差、限差及较差，除特别标明外，通常采用省略正负号表示。

1.0.4 工程测量作业所使用的仪器和相关设备，应做到及时检查校正，加强维护保养、定期检修。

1.0.5 对工程中所引用的测量成果资料，应进行检核。

1.0.6 各类工程的测量工作，除应符合本规范的规定外，尚应符合国家现行有关标准的规定。

2 术语和符号

2.1 术 语

2.1.1 卫星定位测量 satellite positioning

利用两台或两台以上接收机同时接收多颗定位卫星信号，确定地面点相对位置的方法。

2.1.2 卫星定位测量控制网 satellite positioning control network

利用卫星定位测量技术建立的测量控制网。

2.1.3 三角形网 triangular network

由一系列相连的三角形构成的测量控制网。它是对已往三角网、三边网和边角网的统称。

2.1.4 三角形网测量 triangular control network survey

通过测定三角形网中各三角形的顶点水平角、边的长度，来确定控制点位置的方法。它是对已往三角测量、三边测量和边角网测量的统称。

2.1.5 2″级仪器 2″class instrument

2″级仪器是指一测回水平方向中误差标称为 2″的测角仪器，包括全站仪、电子经纬仪、光学经纬仪。1″级仪器和 6″级仪器的定义方法相似。

2.1.6 5mm 级仪器 5mm class instrument

5mm 级仪器是指当测距长度为 1km 时，由电磁波测距仪器的标称精度公式计算的测距中误差为 5mm 的仪器，包括测距仪、全站仪。1mm 级仪器和 10mm 级仪器的定义方法相似。

2.1.7 数字地形图 digital topographic map

将地形信息按一定的规则和方法采用计算机生成和计算机数据格式存储的地形图。

2.1.8 纸质地形图 paper topographic map

将地形信息直接用符号、注记及等高线表示并绘制在纸质或聚酯薄膜上的正射投影图。

2.1.9 变形监测 deformation monitoring

对建（构）筑物及其地基、建筑基坑或一定范围内的岩体及土体的位移、沉降、倾斜、挠度、裂缝和相关影响因素（如地下水、温度、应力应变等）进行监测，并提供变形分析预报的过程。

2.2 符 号

A——GPS 接收机标称的固定误差；

a——电磁波测距仪器标称的固定误差；

B——GPS 接收机标称的比例误差系数、隧道开挖面宽度；

b——电磁波测距仪器标称的比例误差系数；

C——照准差；

D——电磁波测距边长度、GPS-RTK 参考站到检查点的距离、送变电线路档距；

D_g——测距边在高斯投影面上的长度；

D_H——测区平均高程面上的测距边长度；

D_P——测线的水平距离；

D_0——归算到参考椭球面上的测距边长度；

d——GPS 网相邻点间的距离、灌注桩的桩径；

DS05、DS1、DS3——水准仪型号；

f_β——方位角闭合差；

H——水深、建（构）筑物的高度、安装测量管道垂直部分长度、桥梁索塔高度、隧道埋深；

H_m——测距边两端点的平均高程；

H_p——测区的平均高程；

h——高差、建筑施工的沉井高度、地下管线的埋深、隧道高度；

h_d——基本等高距；

h_m——测区大地水准面高出参考椭球面的高差；

i——水准仪视准轴与水准管轴的夹角；

K——大气折光系数；

L——水准测段或路线长度、天车或起重机轨道长度、桥的总长、桥的跨径、隧道两开挖洞口间长度、监测体或监测断面距隧道开挖工

作面的前后距离;
l——测点至线路中桩的水平距离、桥梁所跨越的江(河流、峡谷)的宽度;
M——测图比例尺分母、中误差;
M_w——高差全中误差;
M_Δ——高差偶然中误差;
m——中误差;
m_D——测距中误差;
m_H——地下管线重复探查的平面位置中误差;
m_V——地下管线重复探查的埋深中误差;
m_α——方位角中误差;
m_β——测角中误差;
N——附合路线或闭合环的个数;
n——测站数、测段数、边数、基线数、三角形个数、建筑物结构的跨数;
P——测量的权;
R——地球平均曲率半径;
R_A——参考椭球体在测距边方向法截弧的曲率半径;
R_m——测距边中点处在参考椭球面上的平均曲率半径;
S——边长、斜距、两相邻细部点间的距离、转点桩至中桩的距离;
T——边长相对中误差分母;
W——闭合差;
W_x、W_y、W_z——坐标分量闭合差;
W_f、W_g、W_j、W_b——分别为方位角条件、固定角条件、角—极条件、边(基线)条件自由项的限差;
y_m——测距边两端点横坐标的平均值;
α——垂直角、地面倾角、比例系数;
δ_h——对向观测的高差较差;
$\delta_{1,2}$——测站点 1 向照准点 2 观测方向的方向化化值;
Δ——测段往返高差不符值;
Δd——长度较差;
ΔH——复查点位与原点位的埋深较差;
ΔS——复查点位与原点位间的平面位置偏差;
$\Delta \alpha$——补偿式自动安平水准仪的补偿误差;
μ——单位权中误差;
σ——基线长度中误差、度盘和测微器位置变换值。

3 平面控制测量

3.1 一般规定

3.1.1 平面控制网的建立,可采用卫星定位测量、导线测量、三角形网测量等方法。

3.1.2 平面控制网精度等级的划分,卫星定位测量控制网依次为二、三、四等和一、二级,导线及导线网依次为三、四等和一、二、三级,三角形网依次为二、三、四等和一、二级。

3.1.3 平面控制网的布设,应遵循下列原则:

1 首级控制网的布设,应因地制宜,且适当考虑发展;当与国家坐标系统联测时,应同时考虑联测方案。

2 首级控制网的等级,应根据工程规模、控制网的用途和精度要求合理确定。

3 加密控制网,可越级布设或同等级扩展。

3.1.4 平面控制网的坐标系统,应在满足测区内投影长度变形不大于 2.5cm/km 的要求下,作下列选择:

1 采用统一的高斯投影 3°带平面直角坐标系统。

2 采用高斯投影 3°带,投影面为测区抵偿高程面或测区平均高程面的平面直角坐标系统;或任意带,投影面为 1985 国家高程基准面的平面直角坐标系统。

3 小测区或有特殊精度要求的控制网,可采用独立坐标系统。

4 在已有平面控制网的地区,可沿用原有的坐标系统。

5 厂区内可采用建筑坐标系统。

3.2 卫星定位测量

(Ⅰ)卫星定位测量的主要技术要求

3.2.1 各等级卫星定位测量控制网的主要技术指标,应符合表 3.2.1 的规定。

表 3.2.1 卫星定位测量控制网的主要技术要求

等级	平均边长 (km)	固定误差 A (mm)	比例误差系数 B (mm/km)	约束点间的边长相对中误差	约束平差后最弱边相对中误差
二等	9	≤10	≤2	≤1/250000	≤1/120000
三等	4.5	≤10	≤5	≤1/150000	≤1/70000
四等	2	≤10	≤10	≤1/100000	≤1/40000
一级	1	≤10	≤20	≤1/40000	≤1/20000
二级	0.5	≤10	≤40	≤1/20000	≤1/10000

3.2.2 各等级控制网的基线精度,按(3.2.2)式计算。

$$\sigma=\sqrt{A^2+(B\cdot d)^2} \quad (3.2.2)$$

式中 σ——基线长度中误差(mm);
  A——固定误差(mm);
  B——比例误差系数(mm/km);
  d——平均边长(km)。

3.2.3 卫星定位测量控制网观测精度的评定,应满足下列要求:

   1 控制网的测量中误差,按(3.2.3-1)式计算;

$$m=\sqrt{\frac{1}{3N}\left[\frac{WW}{n}\right]} \quad (3.2.3-1)$$

式中 m——控制网的测量中误差(mm);
  N——控制网中异步环的个数;
  n——异步环的边数;
  W——异步环环线全长闭合差(mm)。

   2 控制网的测量中误差,应满足相应等级控制网的基线精度要求,并符合(3.2.3-2)式的规定。

$$m\leq\sigma \quad (3.2.3-2)$$

(Ⅱ)卫星定位测量控制网的设计、选点与埋石

3.2.4 卫星定位测量控制网的布设,应符合下列要求:

   1 应根据测区的实际情况、精度要求、卫星状况、接收机的类型和数量以及测区已有的测量资料进行综合设计。

   2 首级网布设时,宜联测2个以上高等级国家控制点或地方坐标系的高等级控制点;对控制网内的长边,宜构成大地四边形或中点多边形。

   3 控制网应由独立观测边构成一个或若干个闭合环或附合路线;各等级控制网中构成闭合环或附合路线的边数不宜多于6条。

   4 各等级控制网中独立基线的观测总数,不宜少于必要观测基线数的1.5倍。

   5 加密网应根据工程需要,在满足本规范精度要求的前提下可采用比较灵活的布网方式。

   6 对于采用GPS-RTK测图的测区,在控制网的布设中应顾及参考站点的分布及位置。

3.2.5 卫星定位测量控制点位的选定,应符合下列要求:

   1 点位应选在土质坚实、稳固可靠的地方,同时要有利于加密和扩展,每个控制点至少应有一个通视方向。

   2 点位应选在视野开阔,高度角在15°以上的范围内,应无障碍物;点位附近不应有强烈干扰接收卫星信号的干扰源或强烈反射卫星信号的物体。

   3 充分利用符合要求的旧有控制点。

3.2.6 控制点埋石应符合附录B的规定,并绘制点之记。

(Ⅲ)GPS观测

3.2.7 GPS控制测量作业的基本技术要求,应符合表3.2.7的规定。

表3.2.7 GPS控制测量作业的基本技术要求

等级		二等	三等	四等	一级	二级
接收机类型		双频	双频或单频	双频或单频	双频或单频	双频或单频
仪器标称精度		10mm+2ppm	10mm+5ppm	10mm+5ppm	10mm+5ppm	10mm+5ppm
观测量		载波相位	载波相位	载波相位	载波相位	载波相位
卫星高度角(°)	静态	≥15	≥15	≥15	≥15	≥15
	快速静态	—	—	—	≥15	≥15
有效观测卫星数	静态	≥5	≥5	≥4	≥4	≥4
	快速静态	—	—	—	≥5	≥5
观测时段长度(min)	静态	30~90	20~60	15~45	10~30	10~30
	快速静态	—	—	—	10~15	10~15
数据采样间隔(s)	静态	10~30	10~30	10~30	10~30	10~30
	快速静态	—	—	—	5~15	5~15
点位几何图形强度因子PDOP		≤6	≤6	≤6	≤8	≤8

3.2.8 对于规模较大的测区,应编制作业计划。

3.2.9 GPS控制测量测站作业,应满足下列要求:

   1 观测前,应对接收机进行预热和静置,同时应检查电池的容量、接收机的内存和可储存空间是否充足。

   2 天线安置的对中误差,不应大于2mm;天线高的量取应精确至1mm。

   3 观测中,应避免在接收机近旁使用无线电通信工具。

   4 作业同时,应做好测站记录,包括控制点点

名、接收机序列号、仪器高、开关机时间等相关的测站信息。

（Ⅳ）GPS测量数据处理

3.2.10 基线解算，应满足下列要求：

1 起算点的单点定位观测时间，不宜少于30min。

2 解算模式可采用单基线解算模式，也可采用多基线解算模式。

3 解算成果，应采用双差固定解。

3.2.11 GPS控制测量外业观测的全部数据应经同步环、异步环和复测基线检核，并应满足下列要求：

1 同步环各坐标分量闭合差及环线全长闭合差，应满足（3.2.11-1）～（3.2.11-5）式的要求：

$$W_x \leq \frac{\sqrt{n}}{5}\sigma \quad (3.2.11\text{-}1)$$

$$W_y \leq \frac{\sqrt{n}}{5}\sigma \quad (3.2.11\text{-}2)$$

$$W_z \leq \frac{\sqrt{n}}{5}\sigma \quad (3.2.11\text{-}3)$$

$$W = \sqrt{W_x^2 + W_y^2 + W_z^2} \quad (3.2.11\text{-}4)$$

$$W \leq \frac{\sqrt{3n}}{5}\sigma \quad (3.2.11\text{-}5)$$

式中 n——同步环中基线边的个数；
W——同步环环线全长闭合差（mm）。

2 异步环各坐标分量闭合差及环线全长闭合差，应满足（3.2.11-6）～（3.2.11-10）式的要求：

$$W_x \leq 2\sqrt{n}\sigma \quad (3.2.11\text{-}6)$$

$$W_y \leq 2\sqrt{n}\sigma \quad (3.2.11\text{-}7)$$

$$W_z \leq 2\sqrt{n}\sigma \quad (3.2.11\text{-}8)$$

$$W = \sqrt{W_x^2 + W_y^2 + W_z^2} \quad (3.2.11\text{-}9)$$

$$W \leq 2\sqrt{3n}\sigma \quad (3.2.11\text{-}10)$$

式中 n——异步环中基线边的个数；
W——异步环环线全长闭合差（mm）。

3 复测基线的长度较差，应满足（3.2.11-11）式的要求：

$$\Delta d \leq 2\sqrt{2}\sigma \quad (3.2.11\text{-}11)$$

3.2.12 当观测数据不能满足检核要求时，应对成果进行全面分析，并舍弃不合格基线，但应保证舍弃基线后，所构成异步环的边数不应超过3.2.4条第3款的规定。否则，应重测该基线或有关的同步图形。

3.2.13 外业观测数据检验合格后，应按3.2.3条对GPS网的观测精度进行评定。

3.2.14 GPS测量控制网的无约束平差，应符合下列规定：

1 应在WGS-84坐标系中进行三维无约束平差，并提供各观测点在WGS-84坐标系中的三维坐标、各基线向量三个坐标差观测值的改正数、基线长度、基线方位及相关的精度信息等。

2 无约束平差的基线向量改正数的绝对值，不应超过相应等级的基线长度中误差的3倍。

3.2.15 GPS测量控制网的约束平差，应符合下列规定：

1 应在国家坐标系或地方坐标系中进行二维或三维约束平差。

2 对于已知坐标、距离或方位，可以强制约束，也可加权约束。约束点间的边长相对中误差，应满足表3.2.1中相应等级的规定。

3 平差结果，应输出观测点在相应坐标系中的二维或三维坐标、基线向量的改正数、基线长度、基线方位角等，以及相关的精度信息。需要时，还应输出坐标转换参数及其精度信息。

4 控制网约束平差的最弱边边长相对中误差，应满足表3.2.1中相应等级的规定。

3.3 导线测量

（Ⅰ）导线测量的主要技术要求

3.3.1 各等级导线测量的主要技术要求，应符合表3.3.1的规定。

表3.3.1 导线测量的主要技术要求

等级	导线长度(km)	平均边长(km)	测角中误差(″)	测距中误差(mm)	测距相对中误差	测回数			方位角闭合差(″)	导线全长相对闭合差
						1″级仪器	2″级仪器	6″级仪器		
三等	14	3	1.8	20	1/150000	6	10	—	$3.6\sqrt{n}$	≤1/55000
四等	9	1.5	2.5	18	1/80000	4	6	—	$5\sqrt{n}$	≤1/35000
一级	4	0.5	5	15	1/30000	—	2	4	$10\sqrt{n}$	≤1/15000
二级	2.4	0.25	8	15	1/14000	—	1	3	$16\sqrt{n}$	≤1/10000
三级	1.2	0.1	12	15	1/7000	—	—	2	$24\sqrt{n}$	≤1/5000

注：1 表中 n 为测站数。
　　2 当测区测图的最大比例尺为1:1000时，一、二、三级导线的导线长度、平均边长可适当放长，但最大长度不应大于表中规定相应长度的2倍。

3.3.2 当导线平均边长较短时，应控制导线边数不超过表3.3.1相应等级导线长度和平均边长算得的边数；当导线长度小于表3.3.1规定长度的1/3时，导线全长的绝对闭合差不应大于13cm。

3.3.3 导线网中，结点与结点、结点与高级点之间的导线段长度不应大于表3.3.1中相应等级规定长度的0.7倍。

（Ⅱ）导线网的设计、选点与埋石

3.3.4 导线网的布设应符合下列规定：

 1 导线网用作测区的首级控制时，应布设成环形网，且宜联测2个已知方向。

 2 加密网可采用单一附合导线或结点导线网形式。

 3 结点间或结点与已知点间的导线段宜布设成直伸形状，相邻边长不宜相差过大，网内不同环节上的点也不宜相距过近。

3.3.5 导线点位的选定，应符合下列规定：

 1 点位应选在土质坚实、稳固可靠、便于保存的地方，视野应相对开阔，便于加密、扩展和寻找。

 2 相邻点之间应通视良好，其视线距障碍物的距离，三、四等不宜小于1.5m；四等以下宜保证便于观测，以不受旁折光的影响为原则。

 3 当采用电磁波测距时，相邻点之间视线应避开烟囱、散热塔、散热池等发热体及强电磁场。

 4 相邻两点之间的视线倾角不宜过大。

 5 充分利用旧有控制点。

3.3.6 导线点的埋石应符合附录B的规定。三、四等点应绘制点之记，其他控制点可视需要而定。

（Ⅲ）水平角观测

3.3.7 水平角观测所使用的全站仪、电子经纬仪和光学经纬仪，应符合下列相关规定：

 1 照准部旋转轴正确性指标：管水准器气泡或电子水准器长气泡在各位置的读数较差，1″级仪器不应超过2格，2″级仪器不应超过1格，6″级仪器不应超过1.5格。

 2 光学经纬仪的测微器行差及隙动差指标：1″级仪器不应大于1″，2″级仪器不应大于2″。

 3 水平轴不垂直于垂直轴之差指标：1″级仪器不应超过10″，2″级仪器不应超过15″，6″级仪器不应超过20″。

 4 补偿器的补偿要求，在仪器补偿的补偿区间，对观测成果应能进行有效补偿。

 5 垂直微动旋转使用时，视准轴在水平方向上不产生偏移。

 6 仪器的基座在照准部旋转时的位移指标：1″级仪器不应超过0.3″，2″级仪器不应超过1″，6″级仪器不应超过1.5″。

 7 光学（或激光）对中器的视轴（或射线）与竖轴的重合度不应大于1mm。

3.3.8 水平角观测宜采用方向观测法，并符合下列规定：

 1 方向观测法的技术要求，不应超过表3.3.8的规定。

表3.3.8 水平角方向观测法的技术要求

等级	仪器精度等级	光学测微器两次重合读数之差（″）	半测回归零差（″）	一测回内2C互差（″）	同一方向值各测回较差（″）
四等及以上	1″级仪器	1	6	9	6
	2″级仪器	3	8	13	9
一级及以下	2″级仪器	—	12	18	12
	6″级仪器	—	18	—	24

注：1 全站仪、电子经纬仪水平角观测时不受光学测微器两次重合读数之差指标的限制。

 2 当观测方向的垂直角超过±3°的范围时，该方向2C互差可按相邻测回同方向进行比较，其值应满足表中一测回内2C互差的限值。

 2 当观测方向不多于3个时，可不归零。

 3 当观测方向多于6个时，可进行分组观测。分组观测应包括两个共同方向（其中一个为共同零方向）。其两组观测角之差，不应大于同等级测角中误差的2倍。分组观测的最后结果，应按等权分组观测进行测站平差。

 4 各测回间应配置度盘。度盘配置应符合附录C的规定。

 5 水平角的观测值应取各测回的平均数作为测站成果。

3.3.9 三、四等导线的水平角观测，当测站只有两个方向时，应在观测总测回中以奇数测回的度盘位置观测导线前进方向的左角，以偶数测回的度盘位置观测导线前进方向的右角。左右角的测回数为总测回数的一半。但在观测右角时，应以左角起始方向为准变换度盘位置，也可用起始方向的度盘位置加上左角的概值在前进方向配置度盘。

左角平均值与右角平均值之和与360°之差，不应大于本规范表3.3.1中相应等级导线测角中误差的2倍。

3.3.10 水平角观测的测站作业，应符合下列规定：

 1 仪器或反光镜的对中误差不应大于2mm。

 2 水平角观测过程中，气泡中心位置偏离整置中心不宜超过1格。四等及以上等级的水平角观测，当观测方向的垂直角超过±3°的范围时，宜在测回间重新整置气泡位置。有垂直轴补偿器的仪器，可不受此款的限制。

 3 如受外界因素（如震动）的影响，仪器的补偿器无法正常工作或超出补偿器的补偿范围时，应停止观测。

4 当测站或照准目标偏心时，应在水平角观测前或观测后测定归心元素。测定时，投影示误三角形的最长边，对于标石、仪器中心的投影不应大于5mm，对于照准标志中心的投影不应大于10mm。投影完毕后，除标石中心外，其他各投影中心均应描绘两个观测方向。角度元素应量至15′，长度元素应量至1mm。

3.3.11 水平角观测误差超限时，应在原来度盘位置上重测，并应符合下列规定：

1 一测回内2C较差或同一方向值各测回较差超限时，应重测超限方向，并联测零方向。

2 下半测回归零差或零方向的2C互差超限时，应重测该测回。

3 若一测回中重测方向数超过总方向数的1/3时，应重测该测回。当重测的测回数超过总测回数的1/3时，应重测该站。

3.3.12 首级控制网所联测的已知方向的水平角观测，应按首级网相应等级的规定执行。

3.3.13 每日观测结束，应对外业记录手簿进行检查，当使用电子记录时，应保存原始观测数据，打印输出相关数据和预先设置的各项限差。

（Ⅳ）距 离 测 量

3.3.14 一级及以上等级控制网的边长，应采用中、短程全站仪或电磁波测距仪测距，一级以下也可采用普通钢尺量距。

3.3.15 本规范对中、短程测距仪器的划分，短程为3km以下，中程为3～15km。

3.3.16 测距仪器的标称精度，按（3.3.16）式表示。

$$m_D = a + b \times D \quad (3.3.16)$$

式中 m_D——测距中误差（mm）；
a——标称精度中的固定误差（mm）；
b——标称精度中的比例误差系数（mm/km）；
D——测距长度（km）。

3.3.17 测距仪器及相关的气象仪表，应及时校验。当在高海拔地区使用空盒气压表时，宜送当地气象台（站）校准。

3.3.18 各等级控制网边长测距的主要技术要求，应符合表3.3.18的规定。

表3.3.18 测距的主要技术要求

平面控制网等级	仪器精度等级	每边测回数 往	每边测回数 返	一测回读数较差（mm）	单程各测回较差（mm）	往返测距较差（mm）
三等	5mm级仪器	3	3	≤5	≤7	≤2(a+b×D)
三等	10mm级仪器	4	4	≤10	≤15	≤2(a+b×D)
四等	5mm级仪器	2	2	≤5	≤7	≤2(a+b×D)
四等	10mm级仪器	3	3	≤10	≤15	≤2(a+b×D)
一级	10mm级仪器	2	—	≤10	≤15	≤2(a+b×D)
二、三级	10mm级仪器	1	—	≤10	≤15	—

注：1 测回是指照准目标一次，读数2～4次的过程。
2 困难情况下，边长测距可采取不同时间段测量代替往返观测。

3.3.19 测距作业，应符合下列规定：

1 测站对中误差和反光镜对中误差不应大于2mm。

2 当观测数据超限时，应重测整个测回，如观测数据出现分群时，应分析原因，采取相应措施重新观测。

3 四等及以上等级控制网的边长测量，应分别量取两端点观测始末的气象数据，计算时应取平均值。

4 测量气象元素的温度计宜采用通风干湿温度计，气压表宜选用高原型空盒气压表；读数前应将温度计悬挂在离开地面和人体1.5m以外阳光不能直射的地方，且读数精确至0.2℃；气压表应置平，指针不应滞阻，且读数精确至50Pa。

5 当测距边用电磁波测距三角高程测量方法测定的高差进行修正时，垂直角的观测和对向观测高差较差要求，可按本规范第4.3.2条和4.3.3条中五等电磁波测距三角高程测量的有关规定放宽1倍执行。

3.3.20 每日观测结束，应对外业记录进行检查。当使用电子记录时，应保存原始观测数据，打印输出相关数据和预先设置的各项限差。

3.3.21 普通钢尺量距的主要技术要求，应符合表3.3.21的规定。

表3.3.21 普通钢尺量距的主要技术要求

等级	边长量距较差相对误差	作业尺数	量距总次数	定线最大偏差（mm）	尺段高差较差（mm）	读定次数	估读值至（mm）	温度读数值至（℃）	同ого各次或同段各尺的较差（mm）
二级	1/20000	1～2	2	50	≤10	3	0.5	0.5	≤2
三级	1/10000	1～2	2	70	≤10	2	0.5	0.5	≤3

注：1 量距边长应进行温度、坡度和尺长改正。
2 当检定钢尺时，其相对误差不应大于1/100000。

(V) 导线测量数据处理

3.3.22 当观测数据中含有偏心测量成果时,应首先进行归心改正计算。

3.3.23 水平距离计算,应符合下列规定:

1 测量的斜距,须经气象改正和仪器的加、乘常数改正后才能进行水平距离计算。

2 两点间的高差测量,宜采用水准测量。当采用电磁波测距三角高程测量时,其高差应进行大气折光改正和地球曲率改正。

3 水平距离可按(3.3.23)式计算:

$$D_P = \sqrt{S^2 - h^2} \tag{3.3.23}$$

式中 D_P——测线的水平距离(m);
   S——经气象及加、乘常数等改正后的斜距(m);
   h——仪器的发射中心与反光镜的反射中心之间的高差(m)。

3.3.24 导线网水平角观测的测角中误差,应按(3.3.24)式计算:

$$m_\beta = \sqrt{\frac{1}{N}\left[\frac{f_\beta f_\beta}{n}\right]} \tag{3.3.24}$$

式中 f_β——导线环的角度闭合差或附合导线的方位角闭合差(″);
   n——计算 f_β 时的相应测站数;
   N——闭合环及附合导线的总数。

3.3.25 测距边的精度评定,应按(3.3.25-1)、(3.3.25-2)式计算;当网中的边长相差不大时,可按(3.3.25-3)式计算网的平均测距中误差。

1 单位权中误差:

$$\mu = \sqrt{\frac{[Pdd]}{2n}} \tag{3.3.25-1}$$

式中 d——各边往、返测的距离较差(mm);
   n——测距边数;
   P——各边距离的先验权,其值为 $\frac{1}{\sigma_D^2}$, σ_D 为测距的先验中误差,可按测距仪器的标称精度计算。

2 任一边的实际测距中误差:

$$m_{Di} = \mu\sqrt{\frac{1}{P_i}} \tag{3.3.25-2}$$

式中 m_{Di}——第 i 边的实际测距中误差(mm);
   P_i——第 i 边距离测量的先验权。

3 网的平均测距中误差:

$$m_{Di} = \sqrt{\frac{[dd]}{2n}} \tag{3.3.25-3}$$

式中 m_{Di}——平均测距中误差(mm)。

3.3.26 测距边长度的归化投影计算,应符合下列规定:

1 归算到测区平均高程面上的测距边长度,应按(3.3.26-1)式计算:

$$D_H = D_P\left(1 + \frac{H_P - H_m}{R_A}\right) \tag{3.3.26-1}$$

式中 D_H——归算到测区平均高程面上的测距边长度(m);
   D_P——测线的水平距离(m);
   H_P——测区的平均高程(m);
   H_m——测距边两端点的平均高程(m);
   R_A——参考椭球体在测距边方向法截弧的曲率半径(m)。

2 归算到参考椭球面上的测距边长度,应按(3.3.26-2)式计算:

$$D_0 = D_P\left(1 - \frac{H_m + h_m}{R_A + H_m + h_m}\right) \tag{3.3.26-2}$$

式中 D_0——归算到参考椭球面上的测距边长度(m);
   h_m——测区大地水准面高出参考椭球面的高差(m)。

3 测距边在高斯投影面上的长度,应按(3.3.26-3)式计算:

$$D_g = D_0\left(1 + \frac{y_m^2}{2R_m^2} + \frac{\Delta y^2}{24R_m^2}\right) \tag{3.3.26-3}$$

式中 D_g——测距边在高斯投影面上的长度(m);
   y_m——测距边两端点横坐标的平均值(m);
   R_m——测距边中点处在参考椭球面上的平均曲率半径(m);
   Δy——测距边两端点横坐标的增量(m)。

3.3.27 一级及以上等级的导线网计算,应采用严密平差法;二、三级导线网,可根据需要采用严密或简化方法平差。当采用简化方法平差时,成果表中的方位角和边长应采用坐标反算值。

3.3.28 导线网平差时,角度和距离的先验中误差,可分别按3.3.24条和3.3.25条中的方法计算,也可用数理统计等方法求得的经验公式估算先验中误差的值,并用以计算角度及边长的权。

3.3.29 平差计算时,对计算略图和计算机输入数据应进行仔细校对,对计算结果应进行检查。打印输出的平差成果,应包含起算数据、观测数据以及必要的中间数据。

3.3.30 平差后的精度评定,应包含有单位权中误差、点位误差椭圆参数或相对点位误差椭圆参数、边长相对中误差或点位中误差等。当采用简化平差时,平差后的精度评定,可作相应简化。

3.3.31 内业计算中数字取位,应符合表3.3.31的规定。

表3.3.31 内业计算中数字取位要求

等级	观测方向值及各项修正数(″)	边长观测值及各项修正数(m)	边长与坐标(m)	方位角(″)
三、四等	0.1	0.001	0.001	0.1
一级及以下	1	0.001	0.001	1

3.4 三角形网测量

（Ⅰ）三角形网测量的主要技术要求

3.4.1 各等级三角形网测量的主要技术要求，应符合表3.4.1的规定。

3.4.2 三角形网中的角度宜全部观测，边长可根据需要选择观测或全部观测；观测的角度和边长均应作为三角形网中的观测量参与平差计算。

3.4.3 首级控制网定向时，方位角传递宜联测2个已知方向。

表3.4.1 三角形网测量的主要技术要求

等级	平均边长 (km)	测角中误差 (″)	测边相对中误差	最弱边边长相对中误差	测回数			三角形最大闭合差 (″)
					1″级仪器	2″级仪器	6″级仪器	
二等	9	1	≤1/250000	≤1/120000	12	—	—	3.5
三等	4.5	1.8	≤1/150000	≤1/70000	6	9	—	7
四等	2	2.5	≤1/100000	≤1/40000	4	6	—	9
一级	1	5	≤1/40000	≤1/20000	—	2	4	15
二级	0.5	10	≤1/20000	≤1/10000	—	1	2	30

注：当测区测图的最大比例尺为1:1000时，一、二级网的平均边长可适当放长，但不应大于表中规定长度的2倍。

（Ⅱ）三角形网的设计、选点与埋石

3.4.4 作业前，应进行资料收集和现场踏勘，对收集到的相关控制资料和地形图（以1:10000～1:100000为宜）应进行综合分析，并在图上进行网形设计和精度估算，在满足精度要求的前提下，合理确定网的精度等级和观测方案。

3.4.5 三角形网的布设，应符合下列要求：

1 首级控制网中的三角形，宜布设为近似等边三角形。其三角形的内角不应小于30°；当受地形条件限制时，个别角可放宽，但不应小于25°。

2 加密的控制网，可采用插网、线形网或插点等形式。

3 三角形网点位的选定，除应符合本规范3.3.5条1～4款的规定外，二等网视线距障碍物的距离不宜小于2m。

3.4.6 三角形网点位的埋石应符合附录B的规定，二、三、四等点应绘制点之记，其他控制点可视需要而定。

（Ⅲ）三角形网观测

3.4.7 三角形网的水平角观测，宜采用方向观测法。二等三角形网也可采用全组合观测法。

3.4.8 三角形网的水平角观测，除满足3.4.1条外，其他要求按本章第3.3.7条、3.3.8条及3.3.10～3.3.13条执行。

3.4.9 二等三角形网测距边的边长测量除满足第3.4.1条和表3.4.9外，其他技术要求按本章第3.3.14～3.3.17条、3.3.19条及3.3.20条执行。

表3.4.9 二等三角形网边长测量主要技术要求

平面控制网等级	仪器精度等级	每边测回数		一测回读数较差 (mm)	单程各测回较差 (mm)	往返较差 (mm)
		往	返			
二等	5mm级仪器	3	3	≤5	≤7	≤2(a+b·D)

注：1 测回是指照准目标一次，读数2～4次的过程。
2 根据具体情况，测边可采取不同时间段测量代替往返观测。

3.4.10 三等及以下等级的三角形网测距边的边长测量，除满足3.4.1条外，其他要求按本章第3.3.14～3.3.20条执行。

3.4.11 二级三角形网的边长也可采用钢尺量距，按本章3.3.21条执行。

（Ⅳ）三角形网测量数据处理

3.4.12 当观测数据中含有偏心测量成果时，应首先进行归心改正计算。

3.4.13 三角形网的测角中误差，应按（3.4.13）式计算：

$$m_\beta = \sqrt{\frac{[WW]}{3n}} \quad (3.4.13)$$

式中 m_β——测角中误差（″）；
W——三角形闭合差（″）；
n——三角形的个数。

3.4.14 水平距离计算和测边精度评定按本章3.3.23条和3.3.25条执行。

3.4.15 当测区需要进行高斯投影时，四等及以上等级的方向观测值，应进行方向改化计算。四等网也可采用简化公式。

方向改化计算公式：

$$\delta_{1,2}=\frac{\rho}{6R_m^2}(x_1-x_2)(2y_1+y_2) \quad (3.4.15\text{-}1)$$

$$\delta_{2,1}=\frac{\rho}{6R_m^2}(x_2-x_1)(y_1+2y_2) \quad (3.4.15\text{-}2)$$

方向改化简化计算公式：

$$\delta_{1,2}=-\delta_{2,1}=\frac{\rho}{2R_m^2}(x_1-x_2)y_m \quad (3.4.15\text{-}3)$$

式中 $\delta_{1,2}$——测站点 1 向照准点 2 观测方向的方向改化值（″）；

$\delta_{2,1}$——测站点 2 向照准点 1 观测方向的方向改化值（″）；

$x_1、y_1、x_2、y_2$——1、2 两点的坐标值（m）；

R_m——测距边中点处在参考椭球面上的平均曲率半径（m）；

y_m——1、2 两点的横坐标平均值（m）。

3.4.16 高山地区二、三等三角形网的水平角观测，如果垂线偏差和垂直角较大，其水平方向观测值应进行垂线偏差的修正。

3.4.17 测距边长度的归化投影计算，按本章第 3.3.26 条执行。

3.4.18 三角形网外业观测结束后，应计算网的各项条件闭合差。各项条件闭合差不应大于相应的限值。

1 角—极条件自由项的限值。

$$W_j=2\frac{m_\beta}{\rho}\sqrt{\sum\cot^2\beta} \quad (3.4.18\text{-}1)$$

式中 W_j——角—极条件自由项的限值；

m_β——相应等级的测角中误差（″）；

β——求距角。

2 边（基线）条件自由项的限值。

$$W_b=2\sqrt{\frac{m_\beta^2}{\rho^2}\sum\cot^2\beta+\left(\frac{m_{S_1}}{S_1}\right)^2+\left(\frac{m_{S_2}}{S_2}\right)^2} \quad (3.4.18\text{-}2)$$

式中 W_b——边（基线）条件自由项的限值；

$\frac{m_{S_1}}{S_1}、\frac{m_{S_2}}{S_2}$——起始边边长相对中误差。

3 方位角条件自由项的限值。

$$W_f=2\sqrt{m_{\alpha 1}^2+m_{\alpha 2}^2+nm_\beta^2} \quad (3.4.18\text{-}3)$$

式中 W_f——方位角条件自由项的限值（″）；

$m_{\alpha 1}、m_{\alpha 2}$——起始方位角中误差（″）；

n——推算路线所经过的测站数。

4 固定角自由项的限值。

$$W_g=2\sqrt{m_g^2+m_\beta^2} \quad (3.4.18\text{-}4)$$

式中 W_g——固定角自由项的限值（″）；

m_g——固定角的角度中误差（″）。

5 边—角条件的限值。

三角形中观测的一个角度与由观测边长根据各边平均测距相对中误差计算所得的角度限差，应按下式进行检核：

$$W_r=2\sqrt{2\left(\frac{m_D}{D}\rho\right)^2(\cot^2\alpha+\cot^2\beta+\cot\alpha\cot\beta)+m_\beta^2} \quad (3.4.18\text{-}5)$$

式中 W_r——观测角与计算角的角值限差（″）；

$\frac{m_D}{D}$——各边平均测距相对中误差；

$\alpha、\beta$——三角形中观测角之外的另两个角；

m_β——相应等级的测角中误差（″）。

6 边—极条件自由项的限值。

$$W_z=2\rho\frac{m_D}{D}\sqrt{\sum\alpha_W^2+\sum\alpha_f^2} \quad (3.4.18\text{-}6)$$

$$\alpha_W=\cot\alpha_i+\cot\beta_i \quad (3.4.18\text{-}7)$$

$$\alpha_f=\cot\alpha_i\pm\cot\beta_{i-1} \quad (3.4.18\text{-}8)$$

式中 W_z——边—极条件自由项的限值（″）；

α_W——与极点相对的外围边两端的两底的余切函数之和；

α_f——中点多边形中与极点相连的辐射边两侧的相邻底角的余切函数之和；四边形中内辐射边两侧的相邻底角的余切函数之和以及外侧的两辐射边的相邻底角的余切函数之差；

i——三角形编号。

3.4.19 三角形网平差时，观测角（或观测方向）和观测边均应视为观测值参与平差，角度和距离的先验中误差，应按本规范第 3.4.13 条和 3.3.25 条中的方法计算，也可用数理统计等方法求得的经验公式估算先验中误差的值，并用以计算角度（或方向）及边长的权。平差计算按本章第 3.3.29～3.3.30 条执行。

3.4.20 三角形网内业计算中数字取位，二等应符合表 3.4.20 的规定，其余各等级应符合本规范表 3.3.31 的规定。

表 3.4.20 三角形网内业计算中数字取位要求

等级	观测方向值及各项修正数（″）	边长观测值及各项修正数（m）	边长与坐标（m）	方位角（″）
二等	0.01	0.0001	0.001	0.01

4 高程控制测量

4.1 一般规定

4.1.1 高程控制测量精度等级的划分，依次为二、

三、四、五等。各等级高程控制宜采用水准测量,四等及以下等级可采用电磁波测距三角高程测量,五等也可采用GPS拟合高程测量。

4.1.2 首级高程控制网的等级,应根据工程规模、控制网的用途和精度要求合理选择。首级网应布设成环形网,加密网宜布设成附合路线或结点网。

4.1.3 测区的高程系统,宜采用1985国家高程基准。在已有高程控制网的地区测量时,可沿用原有的高程系统;当小测区联测有困难时,也可采用假定高程系统。

4.1.4 高程控制点间的距离,一般地区应为1～3km,工业厂区、城镇建筑区宜小于1km。但一个测区及周围至少应有3个高程控制点。

4.2 水准测量

4.2.1 水准测量的主要技术要求,应符合表4.2.1的规定。

表4.2.1 水准测量的主要技术要求

等级	每千米高差全中误差(mm)	路线长度(km)	水准仪型号	水准尺	观测次数		往返较差、附合或环线闭合差	
					与已知点联测	附合或环线	平地(mm)	山地(mm)
二等	2	—	DS1	因瓦	往返各一次	往返各一次	$4\sqrt{L}$	—
三等	6	≤50	DS1	因瓦	往返各一次	往一次	$12\sqrt{L}$	$4\sqrt{n}$
			DS3	双面		往返各一次		
四等	10	≤16	DS3	双面	往返各一次	往一次	$20\sqrt{L}$	$6\sqrt{n}$
五等	15	—	DS3	单面	往返各一次	往一次	$30\sqrt{L}$	

注:1 结点之间或结点与高级点之间,其路线的长度,不应大于表中规定的0.7倍。
2 L为往返测段、附合或环线的水准路线长度(km);n为测站数。
3 数字水准仪测量的技术要求和同等级的光学水准仪相同。

4.2.2 水准测量所使用的仪器及水准尺,应符合下列规定:

1 水准仪视准轴与水准管轴的夹角i,DS1型不应超过15″;DS3型不应超过20″。

2 补偿式自动安平水准仪的补偿误差$\Delta\alpha$对于二等水准不应超过0.2″,三等不应超过0.5″。

3 水准尺上的米间隔平均长与名义长之差,对于因瓦水准尺,不应超过0.15mm;对于条形码尺,不应超过0.10mm;对于木质双面水准尺,不应超过0.5mm。

4.2.3 水准点的布设与埋石,除满足4.1.4条外还应符合下列规定:

1 应将点位选在土质坚实、稳固可靠的地方或稳定的建筑物上,且便于寻找、保存和引测;当采用数字水准仪作业时,水准路线还应避开电磁场的干扰。

2 宜采用水准标石,也可采用墙水准点。标志及标石的埋设应符合附录D的规定。

3 埋设完成后,二、三等点应绘制点之记,其他控制点可视需要而定。必要时还应设置指示桩。

4.2.4 水准观测,应在标石埋设稳定后进行。各等级水准观测的主要技术要求,应符合表4.2.4的规定。

表4.2.4 水准观测的主要技术要求

等级	水准仪型号	视线长度(m)	前后视的距离较差(m)	前后视的距离较差累积(m)	视线离地面最低高度(m)	基、辅分划或黑、红面读数较差(mm)	基、辅分划或黑、红面所测高差较差(mm)
二等	DS1	50	1	3	0.5	0.5	0.7
三等	DS1	100	3	6	0.3	1.0	1.5
	DS3	75				2.0	3.0
四等	DS3	100	5	10	0.2	3.0	5.0
五等	DS3	100	近似相等	—	—	—	—

注:1 二等水准视线长度小于20m时,其视线高度不应低于0.3m。
2 三、四等水准采用变动仪器高度观测单面水准尺时,所测两次高差较差,应与黑面、红面所测高差之差的要求相同。
3 数字水准仪观测,不受基、辅分划或黑、红面读数较差指标的限制,但测站两次观测的高差较差,应满足表中相应等级基、辅分划或黑、红面所测高差较差的限值。

4.2.5 两次观测高差较差超限时应重测。重测后，对于二等水准应选取两次异向观测的合格结果，其他等级则应将重测结果与原测结果分别比较，较差均不超过限值时，取三次结果的平均数。

4.2.6 当水准路线需要跨越江河（湖塘、宽沟、洼地、山谷等）时，应符合下列规定：

1 水准作业场地应选在跨越距离较短、土质坚硬、密实便于观测的地方；标尺点须设立木桩。

2 两岸测站和立尺点应对称布设。当跨越距离小于200m时，可采用单线过河；大于200m时，应采用双线过河并组成四边形闭合环。往返较差、环线闭合差应符合表4.2.1的规定。

3 水准观测的主要技术要求，应符合表4.2.6的规定。

表4.2.6 跨河水准测量的主要技术要求

跨越距离(m)	观测次数	单程测回数	半测回远尺读数次数	测回差（mm）		
				三等	四等	五等
<200	往返各一次	1	2	—	—	—
200~400	往返各一次	2	3	8	12	25

注：1 一测回的观测顺序：先读近尺，再读远尺；仪器搬到对岸后，不动焦距先读远尺，再读近尺。

2 当采用双向观测时，两条跨河视线长度宜相等，两岸岸上长度宜相等，并大于10m；当采用单向观测时，可分别在上午、下午各完成半数工作量。

4 当跨越距离小于200m时，也可采用在测站上变换仪器高度的方法进行，两次观测高差较差不应超过7mm，取其平均值作为观测高差。

4.2.7 水准测量的数据处理，应符合下列规定：

1 当每条水准路线分测段施测时，应按(4.2.7-1)式计算每千米水准测量的高差偶然中误差，其绝对值不应超过本章表4.2.1中相应等级每千米高差全中误差的1/2。

$$M_\Delta = \sqrt{\frac{1}{4n}\left[\frac{\Delta\Delta}{L}\right]} \quad (4.2.7\text{-}1)$$

式中 M_Δ——高差偶然中误差（mm）；
Δ——测段往返高差不符值（mm）；
L——测段长度（km）；
n——测段数。

2 水准测量结束后，应按(4.2.7-2)式计算每千米水准测量高差全中误差，其绝对值不应超过本章表4.2.1中相应等级的规定。

$$M_W = \sqrt{\frac{1}{N}\left[\frac{WW}{L}\right]} \quad (4.2.7\text{-}2)$$

式中 M_W——高差全中误差（mm）；
W——附合或环线闭合差（mm）；
L——计算各W时，相应的路线长度（km）；
N——附合路线和闭合环的总个数。

3 当二、三等水准测量与国家水准点附合时，高山地区除应进行正常位水准面不平行修正外，还应进行其重力异常的归算修正。

4 各等级水准网，应按最小二乘法进行平差并计算每千米高差全中误差。

5 高程成果的取值，二等水准应精确至0.1mm，三、四、五等水准应精确至1mm。

4.3 电磁波测距三角高程测量

4.3.1 电磁波测距三角高程测量，宜在平面控制点的基础上布设成三角高程网或高程导线。

4.3.2 电磁波测距三角高程测量的主要技术要求，应符合表4.3.2的规定。

表4.3.2 电磁波测距三角高程测量的主要技术要求

等级	每千米高差全中误差（mm）	边长（km）	观测方式	对向观测高差较差（mm）	附合或环形闭合差（mm）
四等	10	≤1	对向观测	$40\sqrt{D}$	$20\sqrt{\Sigma D}$
五等	15	≤1	对向观测	$60\sqrt{D}$	$30\sqrt{\Sigma D}$

注：1 D为测距边的长度（km）。

2 起讫点的精度等级，四等应起讫于不低于三等水准的高程点上，五等应起讫于不低于四等的高程点上。

3 路线长度不应超过相应等级水准路线的长度限值。

4.3.3 电磁波测距三角高程观测的技术要求，应符合下列规定：

1 电磁波测距三角高程观测的主要技术要求，应符合表4.3.3的规定。

表4.3.3 电磁波测距三角高程观测的主要技术要求

等级	垂直角观测				边长测量	
	仪器精度等级	测回数	指标差较差（″）	测回较差（″）	仪器精度等级	观测次数
四等	2″级仪器	3	≤7″	≤7″	10mm级仪器	往返各一次
五等	2″级仪器	2	≤10″	≤10″	10mm级仪器	往一次

注：当采用2″级光学经纬仪进行垂直角观测时，应根据仪器的垂直角检测精度，适当增加测回数。

2 垂直角的对向观测，当直觇完成后应即刻迁站进行返觇测量。

3 仪器、反光镜或觇牌的高度，应在观测前后各量测一次并精确至1mm，取其平均值作为最终高度。

4.3.4 电磁波测距三角高程测量的数据处理，应符合下列规定：

1 直返觇的高差，应进行地球曲率和折光差的改正。

2 平差前，应按本章（4.2.7-2）式计算每千米高差全中误差。

3 各等级高程网，应按最小二乘法进行平差并计算每千米高差全中误差。

4 高程成果的取值，应精确至1mm。

4.4 GPS拟合高程测量

4.4.1 GPS拟合高程测量，仅适用于平原或丘陵地区的五等及以下等级高程测量。

4.4.2 GPS拟合高程测量宜与GPS平面控制测量一起进行。

4.4.3 GPS拟合高程测量的主要技术要求，应符合下列规定：

1 GPS网应与四等或四等以上的水准点联测。联测的GPS点，宜分布在测区的四周和中央。若测区为带状地形，则联测的GPS点应分布于测区两端及中部。

2 联测点数，宜大于选用计算模型中未知参数个数的1.5倍，点间距宜小于10km。

3 地形高差变化较大的地区，应适当增加联测的点数。

4 地形趋势变化明显的大面积测区，宜采取分区拟合的方法。

5 GPS观测的技术要求，应按本规范3.2节的有关规定执行；其天线高应在观测前后各量测一次，取其平均值作为最终高度。

4.4.4 GPS拟合高程计算，应符合下列规定：

1 充分利用当地的重力大地水准面模型或资料。

2 应对联测的已知高程点进行可靠性检验，并剔除不合格点。

3 对于地形平坦的小测区，可采用平面拟合模型；对于地形起伏较大的大面积测区，宜采用曲面拟合模型。

4 对拟合高程模型应进行优化。

5 GPS点的高程计算，不宜超出拟合高程模型所覆盖的范围。

4.4.5 对GPS点的拟合高程成果，应进行检验。检测点数不少于全部高程点的10%且不少于3个点；高差检验，可采用相应等级的水准测量方法或电磁波测距三角高程测量方法进行，其高差较差不应大于 $30\sqrt{D}$ mm（D 为检查路线的长度，单位为 km）。

5 地形测量

5.1 一般规定

5.1.1 地形图测图的比例尺，根据工程的设计阶段、规模大小和运营管理需要，可按表5.1.1选用。

表5.1.1 测图比例尺的选用

比例尺	用途
1：5000	可行性研究、总体规划、厂址选择、初步设计等
1：2000	可行性研究、初步设计、矿山总图管理、城镇详细规划等
1：1000 1：500	初步设计、施工图设计；城镇、工矿总图管理；竣工验收等

注：1 对于精度要求较低的专用地形图，可按小一级比例尺地形图的规定进行测绘或利用小一级比例尺地形图放大成图。

2 对于局部施测大于1：500比例尺的地形图，除另有要求外，可按1：500地形图测量的要求执行。

5.1.2 地形图可分为数字地形图和纸质地形图，其特征按表5.1.2分类。

表5.1.2 地形图的分类特征

特征	分类	
	数字地形图	纸质地形图
信息载体	适合计算机存取的介质等	纸质
表达方法	计算机可识别的代码系统和属性特征	线划、颜色、符号、注记等
数学精度	测量精度	测量及图解精度
测绘产品	各类文件：如原始文件、成果文件、图形信息数据文件等	纸图、必要时附细部点成果表
工程应用	借助计算机及其外部设备	几何作图

5.1.3 地形的类别划分和地形图基本等高距的确定，应分别符合下列规定：

1 应根据地面倾角（α）大小，确定地形类别。
平坦地：$\alpha < 3°$；
丘陵地：$3° \leqslant \alpha < 10°$；
山地：$10° \leqslant \alpha < 25°$；
高山地：$\alpha \geqslant 25°$。

2 地形图的基本等高距，应按表5.1.3选用。

表 5.1.3　地形图的基本等高距（m）

地形类别	比例尺			
	1：500	1：1000	1：2000	1：5000
平坦地	0.5	0.5	1	2
丘陵地	0.5	1	2	5
山地	1	1	2	5
高山地	1	2	2	5

注：1　一个测区同一比例尺，宜采用一种基本等高距。
　　2　水域测图的基本等高距，可按水底地形倾角所比照地形类别和测图比例尺选择。

5.1.4　地形测量的区域类型，可划分为一般地区、城镇建筑区、工矿区和水域。

5.1.5　地形测量的基本精度要求，应符合下列规定：

　1　地形图图上地物点相对于邻近图根点的点位中误差，不应超过表5.1.5-1的规定。

表 5.1.5-1　图上地物点的点位中误差

区域类型	点位中误差（mm）
一般地区	0.8
城镇建筑区、工矿区	0.6
水域	1.5

注：1　隐蔽或施测困难的一般地区测图，可放宽50%。
　　2　1：500比例尺水域测图、其他比例尺的大面积平坦水域或水深超出20m的开阔水域测图，根据具体情况，可放宽至2.0mm。

　2　等高（深）线的插求点或数字高程模型格网点相对于邻近图根点的高程中误差，不应超过表5.1.5-2的规定。

表 5.1.5-2　等高（深）线插求点或数字高程模型格网点的高程中误差

	地形类别	平坦地	丘陵地	山地	高山地
一般地区	高程中误差(m)	$\frac{1}{3}h_d$	$\frac{1}{2}h_d$	$\frac{2}{3}h_d$	$1h_d$
水域	水底地形倾角 α	$\alpha<3°$	$3°\leq\alpha<10°$	$10°\leq\alpha<25°$	$\alpha\geq25°$
	高程中误差(m)	$\frac{1}{2}h_d$	$\frac{2}{3}h_d$	$1h_d$	$\frac{3}{2}h_d$

注：1　h_d为地形图的基本等高距（m）。
　　2　对于数字高程模型，h_d的取值应以模型比例尺和地形类别按表5.1.3取用。
　　3　隐蔽或施测困难的一般地区测图，可放宽50%。
　　4　当作业困难、水深大于20m或工程精度要求不高时，水域测图可放宽1倍。

　3　工矿区细部坐标点的点位和高程中误差，不应超过表5.1.5-3的规定。

表 5.1.5-3　细部坐标点的点位和高程中误差

地物类别	点位中误差(cm)	高程中误差(cm)
主要建(构)筑物	5	2
一般建(构)筑物	7	3

　4　地形点的最大点位间距，不应大于表5.1.5-4的规定。

表 5.1.5-4　地形点的最大点位间距（m）

比例尺		1：500	1：1000	1：2000	1：5000
一般地区		15	30	50	100
水域	断面间	10	20	40	100
	断面上测点间	5	10	20	50

注：水域测图的断面间距和断面的测点间距，根据地形变化和用图要求，可适当加密或放宽。

　5　地形图上高程点的注记，当基本等高距为0.5m时，应精确至0.01m；当基本等高距大于0.5m时，应精确至0.1m。

5.1.6　地形图的分幅和编号，应满足下列要求：

　1　地形图的分幅，可采用正方形或矩形方式。

　2　图幅的编号，宜采用图幅西南角坐标的千米数表示。

　3　带状地形图或小测区地形图可采用顺序编号。

　4　对于已施测过地形图的测区，也可沿用原有的分幅和编号。

5.1.7　地形图图式和地形图要素分类代码的使用，应满足下列要求：

　1　地形图图式，应采用现行国家标准《1：500　1：1000　1：2000地形图图式》GB/T 7929和《1：5000　1：10000地形图图式》GB/T 5791。

　2　地形图要素分类代码，宜采用现行国家标准《1：500 1：1000 1：2000地形图要素分类与代码》GB 14804和《1：5000 1：10000 1：25000 1：50000 1：100000地形图要素分类与代码》GB/T 15660。

　3　对于图式和要素分类代码的不足部分可自行补充，并应编写补充说明。对于同一个工程或区域，应采用相同的补充图式和补充要素分类代码。

5.1.8　地形测图，可采用全站仪测图、GPS-RTK测图和平板测图等方法，也可采用各种方法的联合作业模式或其他作业模式。在网络RTK技术的有效服务区作业，宜采用该技术，但应满足本规范地形测量的基本要求。

5.1.9　数字地形测量软件的选用，宜满足下列要求：

　1　适合工程测量作业特点。

　2　满足本规范的精度要求、功能齐全、符号规范。

　3　操作简便、界面友好。

　4　采用常用的数据、图形输出格式。对软件特有的线型、汉字、符号，应提供相应的库文件。
   5 具有用户开发功能。
   6 具有网络共享功能。
5.1.10 计算机绘图所使用的绘图仪的主要技术指标，应满足大比例尺成图精度的要求。
5.1.11 地形图应经过内业检查、实地的全面对照及实测检查。实测检查量不应少于测图工作量的10%，检查的统计结果，应满足表5.1.5-1～5.1.5-3的规定。

5.2 图根控制测量

5.2.1 图根平面控制和高程控制测量，可同时进行，也可分别施测。图根点相对于邻近等级控制点的点位中误差不应大于图上0.1mm，高程中误差不应大于基本等高距的1/10。
5.2.2 对于较小测区，图根控制可作为首级控制。
5.2.3 图根点点位标志宜采用木（铁）桩，当图根点作为首级控制或等级点稀少时，应埋设适当数量的标石。
5.2.4 解析图根点的数量，一般地区不宜少于表5.2.4的规定。

表 5.2.4　一般地区解析图根点的数量

测图比例尺	图幅尺寸（cm）	解析图根点数量（个）		
		全站仪测图	GPS-RTK 测图	平板测图
1∶500	50×50	2	1	8
1∶1000	50×50	3	1～2	12
1∶2000	50×50	4	2	15
1∶5000	40×40	6	3	30

注：表中所列数量，是指施测该幅图可利用的全部解析控制点数量。

5.2.5 图根控制测量内业计算和成果的取位，应符合表5.2.5的规定。

表 5.2.5　内业计算和成果的取位要求

各项计算修正值（"或mm）	方位角计算值（"）	边长及坐标计算值（m）	高程计算值（m）	坐标成果（m）	高程成果（m）
1	1	0.001	0.001	0.01	0.01

（Ⅰ）图根平面控制

5.2.6 图根平面控制，可采用图根导线、极坐标法、边角交会法和GPS测量等方法。
5.2.7 图根导线测量，应符合下列规定：
   1 图根导线测量，宜采用6″级仪器1测回测定水平角。其主要技术要求，不应超过表5.2.7的规定。

表 5.2.7　图根导线测量的主要技术要求

导线长度（m）	相对闭合差	测角中误差（"）		方位角闭合差（"）	
		一般	首级控制	一般	首级控制
≤α×M	≤1/(2000×α)	30	20	$60\sqrt{n}$	$40\sqrt{n}$

注：1　α为比例系数，取值宜为1，当采用1∶500、1∶1000比例尺测图时，其值可在1～2之间选用。
   2　M为测图比例尺的分母；但对于工矿区现状图测量，不论测图比例尺大小，M均取值为500。
   3　隐蔽或施测困难地区导线相对闭合差可放宽，但不应大于1/(1000×α)。

   2 在等级点下加密图根控制时，不宜超过2次附合。
   3 图根导线的边长，宜采用电磁波测距仪器单向施测，也可采用钢尺单向丈量。
   4 图根钢尺量距导线，还应符合下列规定：
   　1）对于首级控制，边长应进行往返丈量，其较差的相对误差不应大于1/4000。
   　2）量距时，当坡度大于2%、温度超过钢尺检定温度范围±10℃或尺长修正大于1/10000时，应分别进行坡度、温度和尺长的修正。
   　3）当导线长度小于规定长度的1/3时，其绝对闭合差不应大于图上0.3mm。
   　4）对于测定细部坐标点的图根导线，当长度小于200m时，其绝对闭合差不应大于13cm。
5.2.8 对于难以布设附合导线的困难地区，可布设成支导线。支导线的水平角观测可用6″级经纬仪施测左、右角各1测回，其圆周角闭合差不应超过40″。边长应往返测定，其较差的相对误差不应大于1/3000。导线平均边长及边数，不应超过表5.2.8的规定。

表 5.2.8　图根支导线平均边长及边数

测图比例尺	平均边长（m）	导线边数
1∶500	100	3
1∶1000	150	3
1∶2000	250	4
1∶5000	350	4

5.2.9 极坐标法图根点测量，应符合下列规定：
   1 宜采用6″级全站仪或6″级经纬仪加电磁波测距仪，角度、距离1测回测定。
   2 观测限差，不应超过表5.2.9-1的规定。

表 5.2.9-1　极坐标法图根点测量限差

半测回归零差（"）	两半测回角度较差（"）	测距读数较差（mm）	正倒镜高程较差
≤20	≤30	≤20	≤$h_d/10$

注：h_d 为基本等高距（m）。

3 测设时，可与图根导线或二级导线一并测设，也可在等级控制点上独立测设。独立测设的后视点，应为等级控制点。

4 在等级控制点上独立测设时，也可直接测定图根点的坐标和高程，并将上、下两半测回的观测值取平均值作为最终观测成果，其点位误差应满足本章第5.2.1条的要求。

5 极坐标法图根点测量的边长，不应大于表5.2.9-2的规定。

表5.2.9-2 极坐标法图根点测量的最大边长

比例尺	1∶500	1∶1000	1∶2000	1∶5000
最大边长（m）	300	500	700	1000

6 使用时，应对观测成果进行充分校核。

5.2.10 图根解析补点，可采用有校核条件的测边交会、测角交会、边角交会或内外分点等方法。当采用测边交会和测角交会时，其交会角应在30°～150°之间，观测限差应满足表5.2.9-1的要求。分组计算所得坐标较差，不应大于图上0.2mm。

5.2.11 GPS图根控制测量，宜采用GPS-RTK方法直接测定图根点的坐标和高程。GPS-RTK方法的作业半径不宜超过5km，对每个图根点均应进行同一参考站或不同参考站下的两次独立测量，其点位较差不应大于图上0.1mm，高程较差不应大于基本等高距的1/10。其他技术要求应按本章第5.3.10～5.3.15条的有关规定执行。

（Ⅱ）图根高程控制

5.2.12 图根高程控制，可采用图根水准、电磁波测距三角高程等测量方法。

5.2.13 图根水准测量，应符合下列规定：
1 起算点的精度，不应低于四等水准高程点。
2 图根水准测量的主要技术要求，应符合表5.2.13的规定。

表5.2.13 图根水准测量的主要技术要求

每千米高差全中误差（mm）	附合路线长度（km）	水准仪型号	视线长度（m）	观测次数		往返较差、附合或环线闭合差（mm）	
				附合或闭合路线	支水准路线	平地	山地
20	≤5	DS10	≤100	往一次	往返各一次	$40\sqrt{L}$	$12\sqrt{n}$

注：1 L为往返测段、附合或环线水准路线的长度（km）；n为测站数。
　　2 当水准路线布设成支线时，其路线长度不应大于2.5km。

5.2.14 图根电磁波测距三角高程测量，应符合下列规定：
1 起算点的精度，不应低于四等水准高程点。
2 图根电磁波测距三角高程的主要技术要求，应符合表5.2.14的规定。
3 仪器高和觇标高的量取，应精确至1mm。

表5.2.14 图根电磁波测距三角高程的主要技术要求

每千米高差全中误差（mm）	附合路线长度（km）	仪器精度等级	中丝法测回数	指标差较差（″）	垂直角较差（″）	对向观测高差较差（mm）	附合或环形闭合差（mm）
20	≤5	6″级仪器	2	25	25	$80\sqrt{D}$	$40\sqrt{\Sigma D}$

注：D为电磁波测距边的长度（km）。

5.3 测绘方法与技术要求

（Ⅰ）全站仪测图

5.3.1 全站仪测图所使用的仪器和应用程序，应符合下列规定：
1 宜使用6″级全站仪，其测距标称精度，固定误差不应大于10mm，比例误差系数不应大于5ppm。
2 测图的应用程序，应满足内业数据处理和图形编辑的基本要求。
3 数据传输后，宜将测量数据转换为常用数据格式。

5.3.2 全站仪测图的方法，可采用编码法、草图法或内外业一体化的实时成图法等。

5.3.3 当布设的图根点不能满足测图需要时，可采用极坐标法增设少量测站点。

5.3.4 全站仪测图的仪器安置及测站检核，应符合下列要求：
1 仪器的对中偏差不应大于5mm，仪器高和反光镜高的量取应精确至1mm。
2 应选择较远的图根点作为测站定向点，并施测另一图根点的坐标和高程，作为测站检核。检核点的平面位置较差不应大于图上0.2mm，高程较差不应大于基本等高距的1/5。
3 作业过程中和作业结束前，应对定向方位进行检查。

5.3.5 全站仪测图的测距长度，不应超过表5.3.5的规定。

表5.3.5 全站仪测图的最大测距长度

比例尺	最大测距长度（m）	
	地物点	地形点
1：500	160	300
1：1000	300	500
1：2000	450	700
1：5000	700	1000

5.3.6 数字地形图测绘，应符合下列要求：

1 当采用草图法作业时，应按测站绘制草图，并对测点进行编号。测点编号应与仪器的记录点号相一致。草图的绘制，宜简化标示地形要素的位置、属性和相互关系等。

2 当采用编码法作业时，宜采用通用编码格式，也可使用软件的自定义功能和扩展功能建立用户的编码系统进行作业。

3 当采用内外业一体化的实时成图法作业时，应实时确立测点的属性、连接关系和逻辑关系等。

4 在建筑密集的地区作业时，对于全站仪无法直接测量的点位，可采用支距法、线交会法等几何作图方法进行测量，并记录相关数据。

5.3.7 当采用手工记录时，观测的水平角和垂直角宜记读至秒，距离宜读记至cm，坐标和高程的计算（或读记）宜精确至1cm。

5.3.8 全站仪测图，可按图幅施测，也可分区施测。按图幅施测时，每幅图应测出图廓线外5mm；分区施测时，应测出区域界线外图上5mm。

5.3.9 对采集的数据应进行检查处理，删除或标注作废数据、重测超限数据、补测错漏数据。对检查修改后的数据，应及时与计算机联机通信，生成原始数据文件并做备份。

（Ⅱ）GPS-RTK测图

5.3.10 作业前，应搜集下列资料：

1 测区的控制点成果及GPS测量资料。

2 测区的坐标系统和高程基准的参数，包括：参考椭球参数，中央子午线经度，纵、横坐标的加常数，投影面正常高，平均高程异常等。

3 WGS-84坐标系与测区地方坐标系的转换参数及WGS-84坐标系的大地高基准与测区的地方高程基准的转换参数。

5.3.11 转换关系的建立，应符合下列规定：

1 基准转换，可采用重合点求定参数（七参数或三参数）的方法进行。

2 坐标转换参数和高程转换参数的确定宜分别进行；坐标转换位置基准应一致，重合点的个数不少于4个，且应分布在测区的周边和中部；高程转换可采用拟合高程测量的方法，按本规范4.4节的有关规定执行。

3 坐标转换参数也可直接应用测区GPS网二维约束平差所计算的参数。

4 对于面积较大的测区，需要分区求解转换参数时，相邻分区应不少于2个重合点。

5 转换参数宜采取多种点组合方式分别计算，再进行优选。

5.3.12 转换参数的应用，应符合下列规定：

1 转换参数的应用，不应超越原转换参数的计算所覆盖的范围，且输入参考站点的空间直角坐标，应与求取平面和高程转换参数（或似大地水准面）时所使用的原GPS网的空间直角坐标成果相同，否则，应重新求取转换参数。

2 使用前，应对转换参数的精度、可靠性进行分析和实测检查。检查点应分布在测区的中部和边缘。检测结果，平面较差不应大于5cm，高程较差不应大于$30\sqrt{D}$mm（D为参考站到检查点的距离，单位为km）；超限时，应分析原因并重新建立转换关系。

3 对于地形趋势变化明显的大面积测区，应绘制高程异常等值线图，分析高程异常的变化趋势是否同测区的地形变化相一致。当局部差异较大时，应加强检查，超限时，应进一步精确求定高程拟合方程。

5.3.13 参考站点位的选择，应符合下列规定：

1 应根据测区面积、地形地貌和数据链的通信覆盖范围，均匀布设参考站。

2 参考站站点的地势应相对较高，周围无高度角超过15°的障碍物和强烈干扰接收卫星信号或反射卫星信号的物体。

3 参考站的有效作业半径，不应超过10km。

5.3.14 参考站的设置，应符合下列规定：

1 接收机天线应精确对中、整平。对中误差不应大于5mm；天线高的量取应精确至1mm。

2 正确连接天线电缆、电源电缆和通信电缆等；接收机天线与电台天线之间的距离，不宜小于3m。

3 正确输入参考站的相关数据，包括：点名、坐标、高程、天线高、基准参数、坐标高程转换参数等。

4 电台频率的选择，不应与作业区其他无线电通信频率相冲突。

5.3.15 流动站的作业，应符合下列规定：

1 流动站作业的有效卫星数不宜少于5个，PDOP值应小于6，并应采用固定解成果。

2 正确的设置和选择测量模式、基准参数、转换参数和数据链的通信频率等，其设置应与参考站相一致。

3 流动站的初始化，应在比较开阔的地点进行。

4 作业前，宜检测 2 个以上不低于图根精度的已知点。检测结果与已知成果的平面较差不应大于图上 0.2mm，高程较差不应大于基本等高距的 1/5。

5 数字地形图的测绘，按本节 5.3.6 条执行。

6 作业中，如出现卫星信号失锁，应重新初始化，并经重合点测量检查合格后，方能继续作业。

7 结束前，应进行已知点检查。

8 每日观测结束，应及时转存测量数据至计算机并做好数据备份。

5.3.16 分区作业时，各应测出界线外图上 5mm。

5.3.17 不同参考站作业时，流动站应检测一定数量的地物重合点。点位较差不应大于图上 0.6mm，高程较差不应大于基本等高距的 1/3。

5.3.18 对采集的数据应进行检查处理，删除或标注作废数据、重测超限数据、补测错漏数据。

（Ⅲ）平板测图

5.3.19 平板测图，可选用经纬仪配合展点器测绘法、大平板仪测绘法。

5.3.20 地形原图的图纸，宜选用厚度为 0.07～0.10mm，伸缩率小于 0.2‰的聚酯薄膜。

5.3.21 图廓格网线绘制和控制点的展点误差，不应大于 0.2mm。图廓格网的对角线、图根点间的长度误差，不应大于 0.3mm。

5.3.22 平板测图所用的仪器和工具，应符合下列规定：

1 视距常数范围应在 100±0.1 以内。

2 垂直度盘指标差，不应超过 2′。

3 比例尺尺长误差，不应超过 0.2mm。

4 量角器半径，不应小于 10cm，其偏心差不应大于 0.2mm。

5 坐标展点器的刻划误差，不应超过 0.2mm。

5.3.23 当解析图根点不能满足测图需要时，可增补少量图解交会点或视距支点。图解补点应符合下列规定：

1 图解交会点，必须选多余方向作校核，交会误差三角形内切圆直径应小于 0.5mm，相邻两线交角应在 30°～150°之间。

2 视距支点的长度，不宜大于相应比例尺地形点最大视距长度的 2/3，并应往返测定，其较差不应大于实测长度的 1/150。

3 图解交会点、视距支点的高程测量，其垂直角应 1 测回测定。由两个方向观测或往、返观测的高程较差，在平地不应大于基本等高距的 1/5，在山地不应大于基本等高距的 1/3。

5.3.24 平板测图的视距长度，不应超过表 5.3.24 的规定。

表 5.3.24 平板测图的最大视距长度

比例尺	最大视距长度（m）			
	一般地区		城镇建筑区	
	地物	地形	地物	地形
1∶500	60	100	—	70
1∶1000	100	150	80	120
1∶2000	180	250	150	200
1∶5000	300	350	—	—

注：1 垂直角超过±10°范围时，视距长度应适当缩短；平坦地区成像清晰时，视距长度可放长 20%。

2 城镇建筑区 1∶500 比例尺测图，测站点至地物点的距离应实地丈量。

3 城镇建筑区 1∶5000 比例尺测图不宜采用平板测图。

5.3.25 平板测图时，测站仪器的设置及检查，应符合下列要求：

1 仪器对中的偏差，不应大于图上 0.05mm。

2 以较远一点标定方向，另一点进行检核，其检核方向线的偏差不应大于图上 0.3mm，每站测图过程中和结束前应注意检查定向方向。

3 检查另一测站点的高程，其较差不应大于基本等高距的 1/5。

5.3.26 测图时，每幅图应测出图廓线外 5mm。

5.3.27 纸质地形图绘制的主要技术要求，按本节第 5.3.38～5.3.44 条执行。

5.3.28 图幅的接边误差不应大于本章表 5.1.5-1 和表 5.1.5-2 规定值的 $2\sqrt{2}$ 倍，小于规定值时，可平均配赋；超过规定值时，应进行实地检查和修改。

5.3.29 纸质地形图的内外业检查，应按本章 5.1.11 条的规定执行。

（Ⅳ）数字地形图的编辑处理

5.3.30 数字地形图编辑处理软件的应用，应符合下列规定：

1 首次使用前，应对软件的功能、图形输出的精度进行全面测试。满足本规范要求和工程需要后，方能投入使用。

2 使用时，应严格按照软件的操作要求作业。

5.3.31 观测数据的处理，应符合下列规定：

1 观测数据应采用与计算机联机通信的方式，转存至计算机并生成原始数据文件；数据量较少时也可采用键盘输入，但应加强检查。

2 应采用数据处理软件，将原始数据文件中的控制测量数据、地形测量数据和检测数据进行分离（类），并分别进行处理。

3 对地形测量数据的处理，可增删和修改测点的编码、属性和信息排序等，但不得修改测量数据。

4 生成等高线时，应确定地性线的走向和断裂线的封闭。

5.3.32 地形图要素应分层表示。分层的方法和图层的命名对同一工程宜采用统一格式，也可根据工程需要对图层部分属性进行修改。

5.3.33 使用数据文件自动生成的图形或使用批处理软件生成的图形，应对其进行必要的人机交互式图形编辑。

5.3.34 数字地形图中各种地物、地貌符号、注记等的绘制、编辑，可按本节第5.3.38～5.3.44条的要求进行。当不同属性的线段重合时，可同时绘出，并采用不同的颜色分层表示（对于打印输出的纸质地形图可择其主要表示）。

5.3.35 数字地形图的分幅，除满足本章第5.1.6条外，还应满足下列要求：

　　1 分区施测的地形图，应进行图幅裁剪。分幅裁剪时（或自动分幅裁剪后），应对图幅边缘的数据进行检查、编辑。

　　2 按图幅施测的地形图，应进行接图检查和图边数据编辑。图幅接边误差应符合本节第5.3.28条的规定。

　　3 图廓及坐标格网绘制，应采用成图软件自动生成。

5.3.36 数字地形图的编辑检查，应包括下列内容：

　　1 图形的连接关系是否正确，是否与草图一致、有无错漏等。

　　2 各种注记的位置是否适当，是否避开地物、符号等。

　　3 各种线段的连接、相交或重叠是否恰当、准确。

　　4 等高线的绘制是否与地性线协调、注记是否适宜、断开部分是否合理。

　　5 对间距小于图上0.2mm的不同属性线段，处理是否恰当。

　　6 地形、地物的相关属性信息赋值是否正确。

5.3.37 数字地形图编辑处理完成后，应按相应比例尺打印地形图样图，并按本章第5.1.11条的规定进行内外业检查和绘图质量检查。外业检查可采用GPS-RTK法，也可采用全站仪测图法。

　　　　　　　（Ⅴ）纸质地形图的绘制

5.3.38 轮廓符号的绘制，应符合下列规定：

　　1 依比例尺绘制的轮廓符号，应保持轮廓位置的精度。

　　2 半依比例尺绘制的线状符号，应保持主线位置的几何精度。

　　3 不依比例尺绘制的符号，应保持其主点位置的几何精度。

5.3.39 居民地的绘制，应符合下列规定：

　　1 城镇和农村的街区、房屋，均应按外轮廓线准确绘制。

　　2 街区与道路的衔接处，应留出0.2mm的间隔。

5.3.40 水系的绘制，应符合下列规定：

　　1 水系应先绘桥、闸，其次绘双线河、湖泊、渠、海岸线、单线河，然后绘堤岸、陡岸、沙滩和渡口等。

　　2 当河流遇桥梁时应中断；单线沟渠与双线河相交时，应将水涯线断开，弯曲交于一点。当两双线河相交时，应互相衔接。

5.3.41 交通及附属设施的绘制，应符合下列规定：

　　1 当绘制道路时，应先绘铁路，再绘公路及大车路等。

　　2 当实线道路与虚线道路、虚线道路与虚线道路相交时，应实部相交。

　　3 当公路遇桥梁时，公路和桥梁应留出0.2mm的间隔。

5.3.42 等高线的绘制，应符合下列规定：

　　1 应保证精度，线划均匀、光滑自然。

　　2 当图上的等高线遇双线河、渠和不依比例尺绘制的符号时，应中断。

5.3.43 境界线的绘制，应符合下列规定：

　　1 凡绘制有国界线的地形图，必须符合国务院批准的有关国境界线的绘制规定。

　　2 境界线的转角处，不得有间断，并应在转角上绘出点或曲折线。

5.3.44 各种注记的配置，应分别符合下列规定：

　　1 文字注记，应使所指示的地物能明确判读。一般情况下，字头应朝北。道路河流名称，可随现状弯曲的方向排列。各字侧边或底边，应垂直或平行于线状物体。各字间隔尺寸应在0.5mm以上；远间隔的也不宜超过字号的8倍。注字应避免遮断主要地物和地形的特征部分。

　　2 高程的注记，应注于点的右方，离点位的间隔应为0.5mm。

　　3 等高线的注记字头，应指向山顶或高地，字头不应朝向图纸的下方。

5.3.45 外业测绘的纸质原图，宜进行着墨或映绘，其成图应墨色黑实光润、图面整洁。

5.3.46 每幅图绘制完成后，应进行图面检查和图幅接边、整饰检查，发现问题及时修改。

5.4 纸质地形图数字化

5.4.1 纸质地形图的数字化，可采用图形扫描仪扫描数字化法或数字化仪手扶跟踪数字化法。

5.4.2 选用的图形扫描仪或数字化仪的主要技术指标，应满足大比例尺成图的基本精度要求。

5.4.3 扫描数字化的软件系统，应具备下列基本功能：
　1 图纸定向和校正。
　2 数据采集和编码输入。
　3 数据的计算、转（变）换和编辑。
　4 图形的实时显示、检查和修改。
　5 点、线、面状地形符号的绘制。
　6 地形图要素的分层管理。
　7 格栅数据的运算（包括灰度值变换、格栅图像的平移和格栅图像的组合等）。
　8 坐标转换。
　9 线状格栅数据的细化。
　10 格栅数据的自动跟踪矢量化。
　11 人机交互式矢量化。

5.4.4 手扶跟踪数字化的软件系统，应具备本章第5.4.3条第1~6款的基本功能。

5.4.5 数字化图中的地形、地物要素和各种注记的图层设置及属性表示，应满足用户要求和数据入库需要。

5.4.6 纸质地形图数字化对原图的使用，应符合下列规定：
　1 原图的比例尺不应小于数字化地形图的比例尺。
　2 原图宜采用聚酯薄膜底图；当无法获取聚酯薄膜底图时，在满足用户用图要求的前提下，也可选用其他纸质图。
　3 图纸平整、无褶皱，图面清晰。
　4 对原图纸或扫描图像的变形，应进行修正。

5.4.7 图纸、图像的定向，应符合下列规定：
　1 宜选用内图廓的四角坐标点或格网点作为定向点。
　2 定向点不应少于4点，位置应分布均匀、合理。
　3 当地形图变形较大时，应适当增加图纸定向点。
　4 定向完成后，应作格网检查。其坐标值与理论坐标值的较差，不应大于图上0.3mm。
　5 数字化仪采集数据的作业过程中和结束时，还应对图纸作定向检查。

5.4.8 地形图要素的数字化，应符合下列规定：
　1 对图纸中有坐标数据的控制点和建（构）筑物的细部坐标点的点位绘制，不得采用数字化的方式而应采用输入坐标的方式进行；无坐标数据的控制点可不绘制。
　2 图廓及坐标格网的绘制，应采用输入坐标的方法由绘图软件按理论值自动生成，不得采用数字化方式产生。
　3 原图中地形、地物符号与现行图式不相符时，应采用现行图式规定的符号。
　4 点状符号、线状符号和地貌、植被的填充符号的绘制，应采用绘图软件生成；各种注记的位置应与符号相协调，重叠时可进行交互式编辑调整。
　5 等高线、地物线等线条的数字化，应采用线跟踪法。采样间隔合理、线划粗细均匀、线条连续光滑。

5.4.9 每幅图数字化完成后，应进行图幅接边和图边数据编辑；接边完成后，应输出检查图。

5.4.10 检查图与原图比较，点状符号及明显地物点的偏差不宜大于图上0.2mm，线状符号的误差不宜大于图上0.3mm。

5.5　数字高程模型（DEM）

5.5.1 数字高程模型的数据源，宜采用数字地形图的等高线数据，也可采用野外实测的数据或对原有纸质地形图数字化的数据。

5.5.2 数字高程模型建立的主要技术要求，应符合下列规定：
　1 比例尺的确定，宜根据工程的需要，按本章表5.1.1选择，但不应大于数据源的比例尺。
　2 数字高程模型格网点的高程中误差，应满足本章表5.1.5-2的要求。
　3 数字高程模型的格网间距，应符合表5.5.2的规定。

表5.5.2　数字高程模型的格网间距

比例尺	1:500	1:1000	1:2000	1:5000
格网间距（m）	2.5	2.5或5	5	10

　4 数字高程模型的分幅及编号，应满足本章5.1.6条的要求。
　5 数字高程模型的构建，宜采用不规则三角网法，也可采用规则格网法，或者二者混合使用。
　6 规则格网点、特征点及边界线的数据应完整。
　7 数字高程模型表面应平滑，且应充分反映地形地貌的特征。

5.5.3 采用不规则三角网法构建模型时，应符合下列规定：
　1 确定并完整连接地性线、断裂线、边界线等特征线。
　2 以同一特征线上相邻两点的连线，作为构建三角形的必要条件。
　3 构建三角形宜使三角形的边长尽可能接近等边、三角形的边长之和最小或三角形外接圆的半径最小。
　4 当采用等高线数据构建三角网时，宜将等高线作为特征线处理，并满足本条第1~3款的规定。
　5 不规则三角网点数据，宜通过插值处理生成规则的格网点数据。

5.5.4 采用规则格网法构建模型时，应符合下列规定：

1 根据离散点数据插求格网点高程，可采用插值法、曲面拟合法，也可二者混合使用。

2 格网点的高程，也可由等高线数据插求。

3 特征线两侧的离散点，不应同时用于同一插值或拟合方程的建立。

5.5.5 建立数字高程模型作业时，应符合下列规定：

1 对新购置的软件，应进行全面测试。满足本规范要求和工程需要后，方能投入使用。

2 使用时，应严格按照软件的操作要求作业。

3 数字高程模型的建立，可按图幅进行，也可分区建立。其数据源覆盖范围，不应小于图廓线或分区线外图上20mm。

4 一个数字高程模型应只有一个封闭的外边界线，但其内部的道路、建筑物、水域、地形突变等断裂线，均应独立连成内边界线；不同的内边界线可以相邻，但不得相交。

5 对构建模型的数据源，作业时应进行粗差检验与剔除。可通过模型与数字地形图等高线数据叠合对比的方法进行检查。对发现的不合理之处，应及时进行处理；必要时，应适当增补高程点，并重新构建模型。

6 必要时，可对构建的数字高程模型进行模型优化。

7 接边范围的数据，应有适当的重叠。

5.5.6 数字高程模型接边，应满足下列要求：

1 同名格网点的高程应一致。

2 相邻格网点的平面坐标应连续，且高程变化符合地形连续的总特征。

3 用实测数据所建立的数字高程模型的接边误差，不应大于表5.1.5-2规定的2倍；小于规定值时，可平均配赋，超过规定值时，应进行检查和修改。

5.5.7 数字高程模型建立后应进行检查，并符合下列规定：

1 对用实测数据建立的数字高程模型，应进行外业实测检查并统计精度。每个图幅的检测点数，不应少于20点，且均匀分布。模型的高程中误差，按(5.5.7)式计算，其值不应大于本章表5.1.5-2的规定。

$$M_h = \sqrt{\frac{[\Delta h_i \Delta h_i]}{n}} \quad (5.5.7)$$

式中 M_h——模型的高程中误差（m）；

n——检查点个数；

Δh_i——检测高程与模型高程的较差（m）。

2 对以数字地形图产品和纸质地形图数字化作为数据源所建立的数字高程模型，宜采用数字高程模型的高程与数据源同名点高程比较的方法进行检查。

5.6 一般地区地形测图

5.6.1 一般地区宜采用全站仪或GPS-RTK测图，也可采用平板测图。

5.6.2 各类建（构）筑物及其主要附属设施均应进行测绘。居民区可根据测图比例尺大小或用图需要，对测绘内容和取舍范围适当加以综合。临时性建筑可不测。

建（构）筑物宜用其外轮廓表示，房屋外廓以墙角为准。当建（构）筑物轮廓凸凹部分在1:500比例尺图上小于1mm或在其他比例尺图上小于0.5mm时，可用直线连接。

5.6.3 独立性地物的测绘，能按比例尺表示的，应实测外廓，填绘符号；不能按比例尺表示的，应准确表示其定位点或定位线。

5.6.4 管线转角部分，均应实测。线路密集部分或居民区的低压电力线和通信线，可选择主干线测绘；当管线直线部分的支架、线杆和附属设施密集时，可适当取舍；当多种线路在同一杆柱上时，应择其主要表示。

5.6.5 交通及附属设施，均应按实际形状测绘。铁路应测注轨面高程，在曲线段应测注内轨面高程；涵洞应测注洞底高程。

1:2000及1:5000比例尺地形图，可适当舍去车站范围内的附属设施。小路可选择测绘。

5.6.6 水系及附属设施，宜按实际形状测绘。水渠应测注渠顶边高程；堤、坝应测注顶部及坡脚高程；水井应测注井台高程；水塘应测注塘顶边及塘底高程。当河沟、水渠在地形图上的宽度小于1mm时，可用单线表示。

5.6.7 地貌宜用等高线表示。崩塌残蚀地貌、坡、坎和其他地貌，可用相应符号表示。山顶、鞍部、凹地、山脊、谷底及倾斜变换处，应测注高程点。露岩、独立石、土堆、陡坎等，应注记高程或比高。

5.6.8 植被的测绘，应按其经济价值和面积大小适当取舍，并应符合下列规定：

1 农业用地的测绘按稻田、旱地、菜地、经济作物地等进行区分，并配置相应符号。

2 地类界与线状地物重合时，只绘线状地物符号。

3 梯田坎的坡面投影宽度在地形图上大于2mm时，应实测坡脚；小于2mm时，可量注比高。当两坎间距在1:500比例尺地形图上小于10mm、在其他比例尺地形图上小于5mm时或坎高小于基本等高距的1/2时，可适当取舍。

4 稻田应测出田间的代表性高程，当田埂宽在地形图上小于1mm时，可用单线表示。

5.6.9 地形图上各种名称的注记，应采用现有的法定名称。

5.7 城镇建筑区地形测图

5.7.1 城镇建筑区宜采用全站仪测图，也可采用平板测图。

5.7.2 各类的建（构）筑物、管线、交通等及其相应附属设施和独立性地物的测量，应按本章第5.6.2～5.6.5条执行。

5.7.3 房屋、街巷的测量，对于1∶500和1∶1000比例尺地形图，应分别实测；对于1∶2000比例尺地形图，小于1m宽的小巷，可适当合并；对于1∶5000比例尺地形图，小巷和院落连片的，可合并测绘。

街区凸凹部分的取舍，可根据用图的需要和实际情况确定。

5.7.4 各街区单元的出入口及建筑物的重点部位，应测注高程点；主要道路中心在图上每隔5cm处和交叉、转折、起伏变换处，应测注高程点；各种管线的检修井，电力线路、通信线路的杆（塔），架空管线的固定支架，应测出位置并适当测注高程点。

5.7.5 对于地下建（构）筑物，可只测量其出入口和地面通风口的位置和高程。

5.7.6 小城镇的测绘，可按本规范5.6节的要求执行。街巷的取舍，可按5.7.3条的要求适当放宽。

5.8 工矿区现状图测量

5.8.1 工矿区现状图测量，宜采用全站仪测图。测图比例尺，宜采用1∶500或1∶1000。

5.8.2 建（构）筑物宜测量其主要细部坐标点及有关元素。细部坐标点的取舍，应根据工矿区建（构）筑物的疏密程度和测图比例尺确定。建（构）筑物细部坐标点测量的位置可按表5.8.2选取。

表5.8.2 建（构）筑物细部坐标点测量的位置

类别		坐标	高程	其他要求
建（构）筑物	矩形	主要墙角	主要墙外角、室内地坪	
	圆形	圆心	地面	注明半径、高度或深度
	其他	墙角、主要特征点	墙外角、主要特征点	
地下管道		起、终、转、交叉点的管道中心	地面、井台、井底、管顶、下水测出入口管底或沟底	经委托方开挖后测
架空管道		起、终、转、交叉点的支架中心	起、终、交叉点、变坡点的基座面或地面	注明通过铁路、公路的净空高
架空电力线路、电信线路		铁塔中心、起、终、转、交叉点杆柱的中心	杆（塔）的地面或基座面	注明通过铁路、公路的净空高
地下电缆		起、终、转、交叉点的井位或沟道中心，入地处、出地处	起、终、交叉点，入地点、出地点、变坡点的地面和电缆面	经委托方开挖后测

续表5.8.2

类别	坐标	高程	其他要求
铁路	车档、岔心、进厂房处、直线部分每50m一点	车档、岔心、变坡点、直线段每50m一点，曲线内轨每20m一点	
公路	干线交叉点	变坡点、交点、直线段每30～40m一点	
桥梁、涵洞	大型的四角点，中型的中线两端点，小型的中心点	大型的四角点，中型的中线两端点，小型的中心点、涵洞进出口底部高	

注：1 建（构）筑物轮廓凸凹部分大于0.5m时，应丈量细部尺寸。
　　2 厂房门宽度大于2.5m或能通行汽车时，应实测位置。

5.8.3 细部坐标点的测量，应符合下列规定：

1 细部坐标宜采用全站仪极坐标法施测，细部高程可采用水准测量或电磁波测距三角高程的方法施测。测量精度应满足本章表5.1.5-3的要求。成果取值，应精确至1cm。

2 细部坐标点的检核，可采用丈量间距或全站仪对边测量的方法进行。两相邻细部坐标点间，反算距离与检核距离的较差，不应超过表5.8.3的规定。

表5.8.3 反算距离与检核距离较差的限差

类别	主要建（构）筑物	一般建（构）筑物
较差的限差（cm）	7+S/2000	10+S/2000

注：S为两相邻细部点间的距离（cm）。

3 细部坐标点的综合信息，宜在点或地物的属性中进行表述。当不采用属性表述时，应对细部坐标点进行分类编号，并编制细部坐标点成果表；当细部坐标点的密度不大时，可直接将细部坐标或细部高程注记于图上。

5.8.4 对于工矿区其他地形、地物的测量，可按本章第5.6节和第5.7节的有关规定执行。

5.8.5 工矿区应绘制现状总图。当有特殊需要或现状总图中图面负载较大且管线密集时，可分类绘制专业图。其绘制要求，按本规范第9.2.4～9.2.8条的技术要求执行。

5.9 水域地形测量

5.9.1 水深测量可采用回声测深仪、测深锤或测深杆等测深工具。测深点定位可采用GPS定位法、无线电定位法、交会法、极坐标法、断面索法等。

测深点宜按横断面布设，断面方向宜与岸线（或主流方向）相垂直。

1—25

5.9.2 水深测量方法应根据水下地形状况、水深、流速和测深设备合理选择。测深点的深度中误差，不应超过表 5.9.2 的规定。

表 5.9.2 测深点深度中误差

水深范围 (m)	测深仪器或工具	流 速 (m/s)	测点深度中误差 (m)
0~4	宜用测深杆	—	0.10
0~10	测深锤	<1	0.15
1~10	测深仪	—	0.15
10~20	测深仪或测深锤	<0.5	0.20
>20	测深仪	—	$H \times 1.5\%$

注：1 H 为水深（m）。
2 水底树林和杂草丛生水域不适合使用回声测深仪。
3 当精度要求不高、作业特殊困难、用测深锤测深流速大于表中规定或水深大于 20m 时，测点深度中误差可放宽 1 倍。

5.9.3 水域地形测量与陆上地形测量应互相衔接。作业应充分利用岸上经检查合格的控制点；当控制点的密度不能满足工程需要时，应布设适当数量的控制点。

5.9.4 在水下环境不明的区域进行水域地形测量时，必须了解测区的礁石、沉船、水流和险滩等水下情况。作业中，如遇有大风、大浪，应停止水上作业。

5.9.5 水尺的设置应能反映全测区内水面的瞬时变化，并应符合下列规定：

1 水尺的位置，应避开回流、壅水、行船和风浪的影响，尺面应顺流向岸。

2 一般地段 1.5~2.0km 设置一把水尺。山区峡谷、河床复杂、急流滩险河段及海域潮汐变化复杂地段，300~500m 设置一把水尺。

3 河流两岸水位差大于 0.1m 时，应在两岸设置水尺。

4 测区范围不大且水面平静时，可不设置水尺，但应于作业前后测量水面高程。

5 当测区距离岸边较远且岸边水位观测数据不足以反映测区水位时，应增设水尺。

5.9.6 水位观测的技术要求，应符合下列规定：

1 水尺零点高程的联测，不低于图根水准测量的精度。

2 作业期间，应定期对水尺零点高程进行检查。

3 水深测量时的水位观测，宜提前 10min 开始推迟 10min 结束；作业中，应按一定的时间间隔持续观测水尺，时间间隔应根据水情、潮汐变化和测图精度要求合理调整，以 10~30min 为宜；水面波动较大时，宜读取峰、谷的平均值，读数精确至 1cm。

4 当水位的日变化小于 0.2m 时，可于每日作业前后各观测一次水位，取其平均值作为水面高程。

5.9.7 水深测量宜采用有模拟记录的测深仪或具有模拟记录的数字测深仪进行作业，并应符合下列规定：

1 工作电压与额定电压之差，直流电源不应超过 10%，交流电源不应超过 5%。

2 实际转速与规定转速之差不应超出 ±1%，超出时应加修正。

3 电压与转速调整后，应在深、浅水处作停泊与航行检查，当有误差时，应绘制误差曲线图予以修正。

4 测深仪换能器可安装在距船头 1/3~1/2 船长处，入水深度以 0.3~0.8m 为宜。入水深度应精确量至 1cm。

5 定位中心应与测深仪换能器中心设置在一条垂线上，其偏差不得超过定位精度的 1/3，否则应进行偏心改正。

6 每次测量前后，均应在测区平静水域进行测深比对，并求取测深仪的总改正数。比对可选用其他测深工具进行。对既有模拟记录又有数字记录的测深仪进行检查时，应使数字记录与模拟记录一致，二者不一致时以模拟记录为准。

7 测深过程应实测水温及水中含盐度，并进行深度改正。

8 测量过程中船体前后左右摇摆幅度不宜过大。当风浪引起测深仪记录纸上的回声线波形起伏值，在内陆水域大于 0.3m、海域大于 0.5m 时，宜暂停测深作业。

5.9.8 测深点的水面高程，应根据水位观测值进行时间内插和位置内插，当两岸水位差较大时，还应进行横比降改正。

5.9.9 交会法、极坐标法定位，应符合下列规定：

1 测站点的精度，不应低于图根点的精度。

2 作业中和结束前，均应对起始方向进行检查，其允许偏差，经纬仪应小于 1′，平板仪宜为图上 0.3mm，超限时应予改正。

3 交会法定位的交会角宜控制在 30°~150° 之间。

5.9.10 断面索法定位，索长的相对误差应小于 1/200。

5.9.11 无线电定位，应根据仪器的实际精度、测区范围、精度要求及地形特征合理配置岸台；岸台的个数及分布，应满足水域地形测图的需要。

5.9.12 GPS 定位宜采用 GPS-RTK 或 GPS-RTD (DGPS) 方式；当定位精度符合工程要求时，也可采用后处理差分技术。定位的主要技术要求，应符合下列规定：

1 参考站点位的选择和设置，应符合本章第 5.3.13 条和第 5.3.14 条的规定，作业半径可放宽至 20km。

2 船台的流动天线，应牢固地安置在船侧较高处并与金属物体绝缘，天线位置宜与测深仪换能器处于同一垂线上。

3 流动接收机作业的有效卫星数不宜少于5个，PDOP值应小于6。

4 GPS-RTK流动接收机的测量模式、基准参数、转换参数和数据链的通信频率等，应与参考站相一致，并应采用固定解成果。

5 每日水深测量作业前、结束后，应将流动GPS接收机安置在控制点上进行定位检查；作业中，发现问题应及时进行检验和比对。

6 定位数据与测深数据应同步，否则应进行延时改正。

5.9.13 当采用GPS-RTK定位时，也可采用无验潮水深测量方式，但天线高应量至换能器底部并精确至1cm，其他技术要求除符合本章第5.9.12条的规定外还应符合本规范中4.4节的有关规定。

5.9.14 测深过程中或测深结束后，应对测深断面进行检查。检查断面与测深断面宜垂直相交，检查点数不应少于5%。检查断面与测深横断面相交处，图上1mm范围内水深点的深度较差，不应超过表5.9.14的规定。

表5.9.14　深度检查较差的限差

水深 H (m)	$H \leqslant 20$	$H > 20$
深度检查较差的限差（m）	0.4	$0.02 \times H$

5.10　地形图的修测与编绘

（Ⅰ）地形图的修测

5.10.1 地形图修测前应进行实地踏勘，确定修测范围，并制订修测方案。如修测的面积超过原图总面积的1/5，应重新进行测绘。

5.10.2 地形图修测的图根控制，应符合下列规定：

1 应充分利用经检查合格的原有邻近图根点；高程应从邻近的高程控制点引测。

2 局部修测时，测站点坐标可利用原图已有坐标的地物点按内插法或交会法确定，检核较差不应大于图上0.2mm。

3 局部地区少量的高程补点，也可利用3个固定的地物高程点作为依据进行补测，其高程较差不得超过基本等高距的1/5，并应取用平均值。

4 当地物变动面积较大、周围地物关系控制不足，应补设图根控制。

5.10.3 地形图的修测，应符合下列规定：

1 新测地物与原有地物的间距中误差，不得超过图上0.6mm。

2 地形图的修测方法，可采用全站仪测图法和支距法等。

3 当原有地形图图式与现行图式不符时，应以现行图式为准。

4 地物修测的连接部分，应从未变化点开始施测；地貌修测的衔接部分应施测一定数量的重合点。

5 除对已变化的地形、地物修测外，还应对原有地形图上已有地物、地貌的明显错误或粗差进行修正。

6 修测完成后，应按图幅将修测情况作记录，并绘制略图。

5.10.4 纸质地形图的修测，宜将原图数字化再进行修测；如在纸质地形图上直接修测，应符合下列规定：

1 修测时宜用实测原图或与原图等精度的复制图。

2 当纸质图图廓伸缩变形不能满足修测的质量要求时，应予以修正。

3 局部地区地物变动不大时，可利用经过校核，位置准确的地物点进行修测。使用图解法修测后的地物不应再作为修测新地物的依据。

（Ⅱ）地形图的编绘

5.10.5 地形图的编绘，应选用内容详细、现势性强、精度高的已有资料，包括图纸、数据文件、图形文件等进行编绘。

5.10.6 编绘图应以实测图为基础进行编绘，各种专业图应以地形图为基础结合专业要求进行编绘；编绘图的比例尺不应大于实测图的比例尺。

5.10.7 地形图编绘作业，应符合下列规定：

1 原有资料的数据格式应转换成同一数据格式。

2 原有资料的坐标、高程系统应转换成编绘图所采用的系统。

3 地形要素的综合取舍，应根据编绘图的用途、比例尺和区域特点合理确定。

4 编绘图应采用现行图式。

5 编绘完成后，应对图的内容、接边进行检查，发现问题应及时修改。

6　线路测量

6.1　一般规定

6.1.1 本章适用于铁路、公路、架空索道、各种自流和压力管线及架空送电线路工程的通用性测绘工作。

6.1.2 线路控制测量的坐标系统和高程基准，分别按本规范第3.1.4条和4.1.3条中的规定选用。

6.1.3 线路的平面控制，宜采用导线或GPS测量方法，并靠近线路贯通布设。

6.1.4 线路的高程控制，宜采用水准测量或电磁波测距三角高程测量方法，并靠近线路布设。

6.1.5 平面控制点的点位，宜选在土质坚实、便于观测、易于保存的地方。高程控制点的点位，应选在施工干扰区的外围。平面和高程控制点的点位，应根据需要埋设标石。

6.1.6 线路测图的比例尺，可按表6.1.6选用。

表6.1.6 线路测图的比例尺

线路名称	带状地形图	工点地形图	纵断面图 水平	纵断面图 垂直	横断面图 水平	横断面图 垂直
铁路	1:1000 1:2000 1:5000	1:200 1:500	1:1000 1:2000 1:10000	1:100 1:200 1:000	1:100 1:200	1:100 1:200
公路	1:2000 1:5000	1:200 1:500 1:1000	1:2000 1:5000	1:200 1:500	1:100 1:200	1:100 1:200
架空索道	1:2000 1:5000	1:200 1:500	1:2000 1:5000	1:200 1:500	—	—
自流管线	1:1000 1:2000	1:200 1:500	1:1000 1:2000	1:100 1:200	1:100 1:200	1:100 1:200
压力管线	1:1000 1:2000	1:200 1:500	1:1000 1:2000	1:200 1:500	—	—
架空送电线路	—	1:200 1:500	1:2000 1:5000	1:200 1:500	1:200 1:500	1:200 1:500

注：1　1:200比例尺的工点地形图，可按对1:500比例尺地形测图的技术要求测绘。
2　当架空送电线路通过市区的协议区或规划区时，应根据当地规划部门的要求，施测1:1000或1:2000比例尺的带状地形图。
3　当架空送电线路需要施测横断面图时，水平和垂直比例尺宜选用1:200或1:500。

6.1.7 当线路与已有的道路、管道、送电线路等交叉时，应根据需要测量交叉角、交叉点的平面位置和高程及净空高或负高。

6.1.8 纵断面图图标格式中平面图栏内的地物，可根据需要实测位置、高程及必要的高度。

6.1.9 所有线路的起点、终点、转角点和铁路、公路的曲线起点、终点，均应埋设固定桩。

6.1.10 线路施工前，应对其定测线路进行复测，满足要求后方可放样。

6.2 铁路、公路测量

6.2.1 高速公路和一级公路的控制测量。平面控制可采用GPS测量和导线测量等方法，按本规范第3.2节、3.3节中的有关规定执行，导线总长可放宽一倍；高程控制应布设成附合路线，按本规范第4.2节中四等水准测量的有关规定执行。

6.2.2 铁路、二级及以下等级公路的平面控制测量，应符合下列规定：

　　1　平面控制测量可采用导线测量方法。导线的起点、终点及每间隔不大于30km的点上，应与高等级控制点联测检核；当联测有困难时，可分段增设GPS控制点。

　　2　导线测量的主要技术要求，应符合表6.2.2的规定。

表6.2.2 铁路、二级及以下等级公路导线测量的主要技术要求

导线长度（km）	边长（m）	仪器精度等级	测回数	测角中误差（″）	测距相对中误差	联测检核 方位闭合差（″）	联测检核 相对闭合差
≤30	400～600	2″级仪器	1	12	≤1/2000	$24\sqrt{n}$	≤1/2000
		6″级仪器		20		$40\sqrt{n}$	

注：表中 n 为测站数。

　　3　分段增设GPS控制点时，其测量的主要技术要求，按本规范3.2节的规定执行。

6.2.3 铁路、二级及以下等级公路的高程控制测量，应符合下列规定：

　　1　高程控制测量的主要技术要求，应符合表6.2.3的规定。

表6.2.3 铁路、二级及以下等级公路高程控制测量的主要技术要求

等级	每千米高差全中误差（mm）	路线长度（km）	往返较差、附合或环线闭合差（mm）
五等	15	30	$30\sqrt{L}$

注：L 为水准路线长度（km）。

　　2　水准路线应每隔30km与高等级水准点联测一次。

6.2.4 定测放线测量，应符合下列规定：

　　1　作业前，应收集初测导线或航测外控点的测量成果，并应对初测高程控制点逐一检测。高程检测较差不应超过 $30\sqrt{L}$ mm（L 为检测路线长度，单位为km）。

　　2　放线测量应根据图纸上定线线位，采用极坐标法、拨角法、支距法或GPS-RTK法进行。

　　3　交点的水平角观测，正交点1测回，副交点2测回。副交点水平角观测的角值较差不应大于表6.2.4-1的规定。

表6.2.4-1 副交点测回间角值较差的限差

仪器精度等级	副交点测回间角值较差的限差（″）
2″级仪器	15
6″级仪器	20

4 线路中线测量，应与初测导线、航测外控点或 GPS 点联测。联测间隔宜为 5km，特殊情况下不应大于 10km。线路联测闭合差不应大于表 6.2.4-2 的规定。

表 6.2.4-2　中线联测闭合差的限差

线路名称	方位角闭合差(″)	相对闭合差
铁路、一级及以上公路	$30\sqrt{n}$	1/2000
二级及以下公路	$60\sqrt{n}$	1/1000

注：n 为测站数；计算相对闭合差时，长度采用初、定测闭合环长度。

6.2.5 定测中线桩位测量，应符合下列规定：

1 线路中线上，应设立线路起终点桩、千米桩、百米桩、平曲线控制桩、桥梁或隧道轴线控制桩、转点桩和断链桩，并应根据竖曲线的变化适当加桩。

2 线路中线桩的间距，直线部分不应大于 50m，平曲线部分宜为 20m。当铁路曲线半径大于 800m 且地势平坦时，其中线桩间距可为 40m。当公路曲线半径为 30～60m 或缓和曲线长度为 30～50m 时，其中线桩间距不应大于 10m；对于公路曲线半径小于 30m、缓和曲线长度小于 30m 或回头曲线段，中线桩间距均不应大于 5m。

3 中线桩位测量误差，直线段不应超过表 6.2.5-1 的规定；曲线段不应超过表 6.2.5-2 的规定。

表 6.2.5-1　直线段中线桩位测量限差

线路名称	纵向误差(m)	横向误差(cm)
铁路、一级及以上公路	$\frac{S}{2000}+0.1$	10
二级及以下公路	$\frac{S}{1000}+0.1$	10

注：S 为转点桩至中线桩的距离（m）。

表 6.2.5-2　曲线段中线桩位测量闭合差限差

线路名称	纵向相对闭合差(m)		横向闭合差(cm)	
	平地	山地	平地	山地
铁路、一级及以上公路	1/2000	1/1000	10	10
二级及以下公路	1/1000	1/500	10	15

4 断链桩应设立在线路的直线段，不得在桥梁、隧道、平曲线、公路立交或铁路车站范围内设立。

5 中线桩的高程测量，应布设成附合路线，其闭合差不应超过 $50\sqrt{L}$ mm（L 为附合路线长度，单位为 km）。

6.2.6 横断面测量的误差，不应超过表 6.2.6 的规定。

表 6.2.6　横断面测量的限差

线路名称	距离(m)	高程(m)
铁路、一级及以上公路	$\frac{l}{100}+0.1$	$\frac{h}{100}+\frac{l}{200}+0.1$
二级及以下公路	$\frac{l}{50}+0.1$	$\frac{h}{50}+\frac{l}{100}+0.1$

注：1　l 为测点至线路中线桩的水平距离（m）。
2　h 为测点至线路中线桩的高差（m）。

6.2.7 施工前应复测中线桩，当复测成果与原测成果的较差符合表 6.2.7 的限差规定时，应采用原测成果。

表 6.2.7　中线桩复测与原测成果较差的限差

线路名称	水平角(″)	距离相对中误差	转点横向误差(mm)	曲线横向闭合差(cm)	中线桩高程(cm)
铁路、一级及以上公路	≤30	≤1/2000	每 100m 小于 5，点间距大于等于 400m 小于 20	≤10	≤10
二级及以下公路	≤60	≤1/1000	每 100m 小于 10	≤10	≤10

6.3　架空索道测量

6.3.1 架空索道的平面控制测量，宜采用导线测量，也可采用 GPS 测量方法。

6.3.2 导线测量的相对闭合差，不应大于 1/1000；方位闭合差，不应超过 $30\sqrt{n}$（方位角闭合差单位为″，n 为测站数）。

6.3.3 当架空索道起点至转角点或转角点间的距离大于 1km 时，应增加方向点。方向点偏离直线，应在 180°±20″以内。

6.3.4 架空索道的起点、终点、转点和方向点的高程测量，可采用图根水准或图根电磁波测距三角高程测量方法。

6.3.5 纵断面测量，在转角点及方向点之间应进行附合。其距离相对闭合差不应大于 1/300，高程闭合差不应超过 $0.1\sqrt{n}$（高程闭合差单位为 m，n 为测站数）。山脊、山顶的纵断面点，不应少于 3 点；山谷、沟底，可适当简化。

6.3.6 当线路走向与等高线平行时，线路附近的陡峭地段，应视需要加测横断面。

6.4　自流和压力管线测量

6.4.1 自流和压力管线平面控制测量，可采用 GPS-RTK 测量方法或导线测量方法。

当采用 GPS-RTK 测量方法时，应符合下列 1～4

款规定；当采用导线测量方法时，应符合下列 5～7 款规定。

1 应沿线路每隔10km布设（或成对布设）GPS控制点，并埋设标石。标石的埋设规格，应符合附录B的规定。

2 所有GPS控制点宜沿线路贯通布设。

3 GPS控制点测量，应采用GPS静态测量模式进行观测，并符合本规范第3.2节的有关规定。

4 线路其他控制点，可采用GPS-RTK定位方式测量，并满足本规范第5.2.11条的规定。

5 导线测量的主要技术要求，应符合表6.4.1的规定。

表6.4.1 自流和压力管线导线测量的主要技术要求

导线长度(km)	边长(km)	测角中误差(″)	联测检核 方位角闭合差(″)	联测检核 相对闭合差	适用范围
≤30	<1	12	$24\sqrt{n}$	1/2000	压力管线
≤30	<1	20	$40\sqrt{n}$	1/1000	自流管线

注：n为测站数。

6 导线的起点、终点及每间隔不大于30km的点上，应与高等级平面控制点联测。当导线联测有困难时，可分段测设GPS控制点作为检核。

7 导线点宜埋设在管道线路附近且在施工干扰区的外围。管道线路的起点、终点和转角点也可作为导线点。

6.4.2 自流和压力管线高程控制测量，应符合下列规定：

1 水准测量和电磁波测距三角高程测量的主要技术要求，应符合表6.4.2的规定；

表6.4.2 自流和压力管线高程控制测量的主要技术要求

等级	每千米高差全中误差(mm)	路线长度(km)	往返较差、附合或环线闭合差(mm)	适用范围
五等	15	30	$30\sqrt{L}$	自流管线
图根	20	30	$40\sqrt{L}$	压力管线

注：1 L为路线长度(km)。
2 作业时，根据需要压力管线的高程控制精度可放宽1～2倍执行。

2 GPS拟合高程测量，应符合本规范第4.4节的相关规定。

6.4.3 自流和压力管线的中线测量，应符合下列规定：

1 当管道线路相邻转角点间的距离大于1km或不通视时，应加测方向点。

2 线路的起点、终点、转角点和方向点的位置和高程应实测，并符合下列规定：

1）当采用极坐标法测量时，角度、距离1测回测定，距离读数较差应小于20mm；高程可采用变化镜高的方法各测一次，两次所测高差较差不应大于0.2m。

2）当采用GPS-RTK测量时，每点应观测两次，两次测量的纵、横坐标及高程的较差均不应大于0.2m。

3 当管道线路的转弯为曲线时，应实测线路偏角，计算曲线元素，测设曲线的起点、中点和终点。

4 断链桩应设置在管道线路的直线段，不得设置在穿跨越段或曲线段。断链桩上应注明管道线路来向和去向的里程。

6.4.4 管线的断面测量，应符合下列规定：

1 纵断面测量时，在转角点与转角点之间或转角点与方向点之间应进行附合。其距离相对闭合差不应大于1/500，高程闭合差不应超过$0.2\sqrt{n}$（高程闭合差单位为m，n为测站数）。

2 纵断面测量的相邻断面点间距，不应大于图上5cm；在地形变化处应加测断面点，局部高差小于0.5m的沟坎可舍去；当线路通过河流、水塘、道路或其他管道时也应加测断面点。

3 横断面测量的相邻断面点间距，不应大于图上2cm。

6.5 架空送电线路测量

6.5.1 架空送电线路的选线，应根据批准的路径方案，配合设计实地选定。当线路通过协议区和相关地物比较密集的地段时，应进行必要的联测和相关地物、地貌测量。

6.5.2 定线测量，应符合下列规定：

1 方向点偏离直线，应在180°±1′以内。

2 定线方式可采用直接定线或间接定线。直接定线可采用正倒镜分中法；间接定线，可采用钢尺量距的矩形法、等腰三角形法。

3 定线测量的主要技术要求，应符合表6.5.2的规定。

表6.5.2 定线测量的主要技术要求

定线方式	仪器精度等级	仪器对中误差	管水准气泡偏离值	正倒镜定点差	距离相对误差
直接定线	6″级仪器	≤3mm	≤1格	每100m不大于60mm	—
间接定线	6″级仪器	≤3mm	≤1格	每10m不大于3mm	≤1/2000

注：钢尺量距应往返进行，当量距边小于20m或大于80m时，应适当提高测量精度。

4 定线桩之间距离测量的相对误差,同向观测不应大于 1/200,对向观测不应大于 1/150;大跨越档间距,宜采用电磁波测距,测距相对中误差不应大于 1/D（D 为档距,单位为 m）。

5 定线桩之间对向观测的高差较差,不应大于 0.1S（高差较差单位为 m,S 为以 100m 为单位的桩间距离）;大跨越档高差测量,宜采用图根电磁波测距三角高程。

6 定线也可采用导线测量法或用 GPS-RTK 方法直接放线。

6.5.3 纵断面测量,应符合下列规定:

1 纵断面测量的视距长度,不宜大于 300m,距离的相对误差不应大于 1/200,垂直角较差不应大于 1′。超过 300m 时,宜采用电磁波测距方法。

2 断面点的间距不宜大于 50m,地形变化处应适当加测点;独立山头不应少于 3 个断面点。

3 在送电导线的对地距离可能有危险影响的地段,应适当加密断面点。

4 在线路经过山谷、深沟等不影响送电导线对地距离安全之处,纵断面线可中断。

5 送电导线排列较宽的线路,当边线的地面高出实测中心线地面 0.5m 时,应施测边线纵断面。

6 纵断面图图标格式中平面图栏内的地物测量,除满足本章第 6.1.8 条的要求外,还应进行线路走廊内的植被测量。

6.5.4 杆（塔）位桩,宜用邻近的控制桩进行定位,其测量精度应满足本节第 6.5.2 条第 1、4、5 款的要求。

6.5.5 在杆（塔）定位过程中,还应进行下列内容的测量:

1 有危险影响的中线、边线点。

2 有危险影响的被交叉跨（穿）越物的位置和高程。

3 当送电线路通过或接近斜坡、陡岸、高大建（构）筑物时,应按设计需要施测风偏横断面或风偏危险点。

4 线路的直线偏离度和转角。

5 当设计需要时,应施测杆（塔）基断面图和地形图。

6.5.6 杆（塔）施工前,应对杆（塔）位桩或直线桩进行复测,并满足下列要求:

1 桩间距的相对误差,不应大于 1/100。

2 所测高差与原成果较差,不应大于本节第 6.5.2 条第 5 款规定的 1.5 倍。

3 直线偏离度、线路转角的复测成果与原成果的较差,不应大于 1′30″。

6.5.7 10kV 以下架空送电线路测量,其主要技术要求可适当放宽;500kV 及以上等级的架空送电线路测量,宜采用摄影测量和 GPS 测量方法。

7 地下管线测量

7.1 一般规定

7.1.1 本章适用于埋设在地下的各类管道、各种电缆的调查和测绘。

7.1.2 地下管线测量的对象包括:给水、排水、燃气、热力管道;各类工业管道;电力、通信电缆。

7.1.3 地下管线测量的坐标系统和高程基准,宜与原有基础资料相一致。平面和高程控制测量,可根据测区范围大小及工程要求,分别按本规范第 3 章和第 4 章有关规定执行。

7.1.4 地下管线测量成图比例尺,宜选用 1∶500 或 1∶1000,长距离专用管线可选用 1∶2000～1∶5000。

7.1.5 地下管线图的测绘精度,应满足实际地下管线的线位与邻近地上建（构）筑物、道路中心线或相邻管线的间距中误差不超过图上 0.6 mm。

7.1.6 作业前,应充分收集测区原有的地下管线施工图、竣工图、现状图和管理维修资料等。

7.1.7 地下管线的开挖、调查,应在安全的情况下进行。电缆和燃气管道的开挖,必须有专业人员的配合。下井调查,必须确保作业人员的安全,且应采取防护措施。

7.2 地下管线调查

7.2.1 地下管线调查,可采用对明显管线点的实地调查、隐蔽管线点的探查、疑难点位开挖等方法确定管线的测量点位。对需要建立地下管线信息系统的项目,还应对管线的属性做进一步的调查。

7.2.2 隐蔽管线点探查的水平位置偏差 ΔS 和埋深较差 ΔH,应分别满足 (7.2.2-1)、(7.2.2-2) 式的要求。

$$\Delta S \leqslant 0.10 \times h \quad (7.2.2\text{-}1)$$

$$\Delta H \leqslant 0.15 \times h \quad (7.2.2\text{-}2)$$

式中 h——管线埋深（cm）,当 $h < 100$cm 时,按 100cm 计。

7.2.3 管线点,宜设置在管线的起止点、转折点、分支点、变径处、变坡处、交叉点、变材点、出（人）地口、附属设施中心点等特征点上;管线直线段的采点间距,宜为图上 10～30cm;隐蔽管线点,应明显标识。

7.2.4 地下管线的调查项目和取舍标准,宜根据委托方要求确定,也可依管线疏密程度、管径大小和重要性按表 7.2.4 确定。

表7.2.4 地下管线调查项目和取舍标准

管线类型		埋深		断面尺寸		材质	取舍要求	其他要求
		外顶	内底	管径	宽×高			
给水		*	—	*	—	*	内径≥50mm	—
排水	管道	—	*	*	—	*	内径≥200mm	注明流向
	方沟	—	*	—	*	*	方沟断面≥300mm×300mm	
燃气		*	—	*	—	*	干线和主要支线	注明压力
热力	直埋	*	—	*	—	*	干线和主要支线	注明流向
	沟道	—	*	—	*	*	全测	
工业管道	自流	—	*	*	—	*	工艺流程线不测	自流管道注明流向
	压力	*	—	*	—	*		
电力	直埋	*	—	—	—	*	电压≥380V	注明电压
	沟道	—	*	—	*	*	全测	注明电缆根数
通信	直埋	*	—	—	—	*	干线和主要支线	
	管块	*	—	—	*	*	全测	注明孔数

注：1 * 为调查或探查项目。
2 管道材质主要包括：钢、铸铁、钢筋混凝土、混凝土、石棉水泥、陶土、PVC塑料等。沟道材质主要包括：砖石、管块等。

7.2.5 在明显管线点上，应查明各种与地下管线有关的建（构）筑物和附属设施。

7.2.6 对隐蔽管线的探查，应符合下列规定：

1 探查作业，应按仪器的操作规定进行。

2 作业前，应在测区的明显管线点上进行比对，确定探查仪器的修正参数。

3 对于探查有困难或无法核实的疑难管线点，应进行开挖验证。

4 对隐蔽管线点探查结果，应采用重复探查和开挖验证的方法进行质量检验，并分别满足下列要求：

　　1）重复探查的点位应随机抽取，点数不宜少于探查点总数的5%，并分别按(7.2.6-1)、(7.2.6-2)式计算隐蔽管线点的平面位置中误差 m_H 和埋深中误差 m_V，其数值不应超过本规范7.2.2条限差的1/2。

隐蔽管线点的平面位置中误差：

$$m_H = \sqrt{\frac{[\Delta S_i \Delta S_i]}{2n}} \quad (7.2.6\text{-}1)$$

隐蔽管线点的埋深中误差：

$$m_V = \sqrt{\frac{[\Delta H_i \Delta H_i]}{2n}} \quad (7.2.6\text{-}2)$$

式中 ΔS_i——复查点位与原点位间的平面位置偏差（cm）；
　　ΔH_i——复查点位与原点位的埋深较差（cm）；
　　n——复查点数。

　　2）开挖验证的点位应随机抽取，点数不宜少于隐蔽管线点总数的1‰，且不应少于3个点；所有点的平面位置误差和埋深误差，不应超过7.2.2条的规定。

7.3 地下管线施测

7.3.1 图根控制测量，按本规范第5.2节的规定执行。

7.3.2 管线点相对于邻近控制点的测量点位中误差不应大于5cm，测量高程中误差不应大于2cm。

7.3.3 地下管线图测量，包括管线线路、管线附属设施和地上相关的主要建（构）筑物等。

7.3.4 管线点的平面坐标宜采用全站仪极坐标法施测，高程可采用水准测量或电磁波测距三角高程测量的方法施测；管线点也可采用GPS-RTK方法施测。点位的调查编号应与测量点号相一致或对应。

7.3.5 管线附属设施以及地上相关的主要建（构）筑物、道路、围墙等的测量，应按本规范第5.3.1～5.3.18条执行。

7.4 地下管线图绘制

7.4.1 地下管线应绘制综合管线图。当线路密集或工程需要时，还应绘制专业管线图。

7.4.2 地下管线图的图幅与编号，宜与测区原有地形图保持一致。也可采用现行设计图幅尺寸 A_0、A_1、A_2 等。

7.4.3 地下管线图的图式和要素分类代码，应符合下列规定：

1 地下管线图图式，应采用国家标准《1：500

1:1000 1:2000 地形图图式》GB/T 7929。

2 地下管线及其附属设施的要素分类代码，应采用国家标准《1:500 1:1000 1:2000 地形图要素分类与代码》GB 14804。

3 对于图式和要素分类代码中的不足部分，应进行补充。补充的图式和代码，可根据工程总图、给排水、热力、燃气、电力、电信等专业的国家标准或行业标准中的相关部分进行确定。

7.4.4 测绘软件和绘图仪的选用，应分别符合本规范第5.1.9条和5.1.10条的规定。

7.4.5 数字地下管线图的编辑处理，应符合下列规定：

1 综合管线图，宜分色、分层表示。

2 管线图上高程点的注记，应精确至0.01m。

3 管线图的编辑处理，应按本规范第5.3.30～5.3.34条和5.3.36条的相关规定执行。

7.4.6 纸质地下管线图的绘制，应满足下列要求：

1 管线图的绘制，应符合本规范第5.3.38～5.3.41条的相关规定。

2 综合管线图，可分色表示。

3 管线的起点、分支点、转折点及终点的细部坐标、高程及管径等，宜注记在图上。坐标和高程的注记，应精确至0.01m。当图面的负荷较大时，可编制细部坐标成果表并在图上注记分类编号。但对同一个工程或同一区域，应采用同一种方法。

4 直立排列或密集排列的管线，可用一条线上分别注记各管线代号的方法表示；当密集管线需要分别表示时，如图上间距小于0.2mm，应按压力管线让自流管线，分支管线让主干管线，小管径管线让大管径管线，可弯曲管线让不易弯曲管线的原则，将避让管线偏移，绘图间距宜为0.2mm。根据需要，管线局部可绘制放大图。

5 同专业管线立体相交时，宜绘出上方的管线，下方的管线两侧各断开0.2mm；不同专业管线相交时不应断开。

6 管沟的绘制，宜用双线表示，双线间距为2.5mm；当管沟宽度大于图上2.5mm时，应按实际宽度比例绘制；管沟尺寸应在图上标注。

7.5 地下管线信息系统

7.5.1 地下管线信息系统，可按城镇大区域建立，也可按居民小区、校园、医院、工厂、矿山、民用机场、车站、码头等独立区域建立，必要时还可按管线的专业功能类别如供油、燃气、热力等分别建立。

7.5.2 地下管线信息系统，应具有以下基本功能：

1 管线图数据库的建库、数据库管理和数据交换。

2 管线数据和属性数据的输入和编辑。

3 管线数据的检查、更新和维护。

4 管线系统的检索查询、统计分析、量算定位和三维观察。

5 用户权限的控制。

6 网络系统的安全监测与安全维护。

7 数据、图表和图形的输出。

8 系统的扩展功能。

7.5.3 地下管线信息系统的建立，应包括以下内容。

1 地下管线图库和地下管线空间信息数据库。

2 地下管线属性信息数据库。

3 数据库管理子系统。

4 管线信息分析处理子系统。

5 扩展功能管理子系统。

7.5.4 地下管线信息的要素标识码，可按现行国家标准《城市地理要素—城市道路、道路交叉口、街坊、市政工程管线编码结构规则》GB/T 14395的规定执行；地下管线信息的分类编码，可按国家现行标准《城市地下管线探测技术规程》CJJ 61 J271的相关规定执行。不足部分，可根据其编码规则扩展和补充。

7.5.5 地下管线信息系统建立后，应根据管线的变化情况和用户要求进行定期维护、更新。

7.5.6 当需要对地下管线信息系统的软、硬件进行更新或升级时，必须进行相关数据备份，并确保在系统和数据安全的情况下进行。

8 施工测量

8.1 一般规定

8.1.1 本章适用于工业与民用建筑、水工建筑物、桥梁及隧道的施工测量。

8.1.2 施工测量前，应收集有关测量资料，熟悉施工设计图纸，明确施工要求，制定施工测量方案。

8.1.3 大中型的施工项目，应先建立场区控制网，再分别建立建筑物施工控制网；小规模或精度高的独立施工项目，可直接布设建筑物施工控制网。

8.1.4 场区控制网，应充分利用勘察阶段的已有平面和高程控制网。原有平面控制网的边长，应投影到测区的主施工高程面上，并进行复测检查。精度满足施工要求时，可作为场区控制网使用。否则，应重新建立场区控制网。

8.1.5 新建立的场区平面控制网，宜布设为自由网。控制网的观测数据，不宜进行高斯投影改化，可将观测边长归算到测区的主施工高程面上。

新建场区控制网，可利用原控制网中的点组（由三个或三个以上的点组成）进行定位。小规模场区控制网，也可选用原控制网中一个点的坐标和一个边的方位进行定位。

8.1.6 建筑物施工控制网，应根据场区控制网进行

1—33

定位、定向和起算；控制网的坐标轴，应与工程设计所采用的主副轴线一致；建筑物的±0高程面，应根据场区水准点测设。

8.1.7 控制网点，应根据设计总平面图和施工总布置图布设，并满足建筑物施工测设的需要。

8.2 场区控制测量

（Ⅰ）场区平面控制网

8.2.1 场区平面控制网，可根据场区的地形条件和建（构）筑物的布置情况，布设成建筑方格网、导线及导线网、三角形网或GPS网等形式。

8.2.2 场区平面控制网，应根据工程规模和工程需要分级布设。对于建筑场地大于1km^{2}的工程项目或重要工业区，应建立一级或一级以上精度等级的平面控制网；对于场地面积小于1km^{2}的工程项目或一般性建筑区，可建立二级精度的平面控制网。

场区平面控制网相对于勘察阶段控制点的定位精度，不应大于5cm。

8.2.3 控制网点位，应选在通视良好、土质坚实、便于施测、利于长期保存的地点，并应埋设相应的标石，必要时还应增加强制对中装置。标石的埋设深度，应根据地冻线和场地设计标高确定。

8.2.4 建筑方格网的建立，应符合下列规定：

1 建筑方格网测量的主要技术要求，应符合表8.2.4-1的规定。

表 8.2.4-1 建筑方格网的主要技术要求

等级	边长（m）	测角中误差（″）	边长相对中误差
一级	100～300	5	≤1/30000
二级	100～300	8	≤1/20000

2 方格网点的布设，应与建（构）筑物的设计轴线平行，并构成正方形或矩形格网。

3 方格网的测设方法，可采用布网法或轴线法。当采用布网法时，宜增测方格网的对角线；当采用轴线法时，长轴线的定位点不得少于3个，点位偏离直线应在180°±5″以内，短轴线应根据长轴线定向，其直角偏差应在90°±5″以内。水平角观测的测角中误差不应大于2.5″。

4 方格网点应埋设顶面为标志板的标石，标石埋设应符合附录E的规定。

5 方格网的水平角观测可采用方向观测法，其主要技术要求应符合表8.2.4-2的规定。

表 8.2.4-2 水平角观测的主要技术要求

等级	仪器精度等级	测角中误差（″）	测回数	半测回归零差（″）	一测回内2C互差（″）	各测回方向较差（″）
一级	1″级仪器	5	2	≤6	≤9	≤6
	2″级仪器	5	3	≤8	≤13	≤9
二级	2″级仪器	8	2	≤12	≤18	≤12
	6″级仪器	8	4	≤18	—	≤24

6 方格网的边长宜采用电磁波测距仪器往返观测各1测回，并应进行气象和仪器加、乘常数改正。

7 观测数据经平差处理后，应将测量坐标与设计坐标进行比较，确定归化数据，并在标石标志板上将点位归化至设计位置。

8 点位归化后，必须进行角度和边长的复测检查。角度偏差值，一级方格网不应大于90°±8″，二级方格网不应大于90°±12″；距离偏差值，一级方格网不应大于D/25000，二级方格网不应大于D/15000（D为方格网的边长）。

8.2.5 当采用导线及导线网作为场区控制网时，导线边长应大致相等，相邻边的长度之比不宜超过1:3，其主要技术要求应符合表8.2.5的规定。

8.2.6 当采用三角形网作为场区控制网时，其主要技术要求应符合表8.2.6的规定。

表 8.2.5 场区导线测量的主要技术要求

等级	导线长度（km）	平均边长（m）	测角中误差（″）	测距相对中误差	测回数 2″级仪器	测回数 6″级仪器	方位角闭合差（″）	导线全长相对闭合差
一级	2.0	100～300	5	1/30000	3	—	10$\sqrt{n}$	≤1/15000
二级	1.0	100～200	8	1/14000	2	4	16$\sqrt{n}$	≤1/10000

注：n为测站数。

表8.2.6 场区三角形网测量的主要技术要求

等级	边长(m)	测角中误差(″)	测边相对中误差	最弱边边长相对中误差	测回数 2″级仪器	测回数 6″级仪器	三角形最大闭合差(″)
一级	300～500	5	≤1/40000	≤1/20000	3	—	15
二级	100～300	8	≤1/20000	≤1/10000	2	4	24

8.2.7 当采用GPS网作为场区控制网时,其主要技术要求应符合表8.2.7的规定。

表8.2.7 场区GPS网测量的主要技术要求

等级	边长(m)	固定误差 A(mm)	比例误差系数 B(mm/km)	边长相对中误差
一级	300～500	≤5	≤5	≤1/40000
二级	100～300			≤1/20000

8.2.8 场区导线网、三角形网及GPS网测量的其他技术要求,可按本规范第3章的有关规定执行。

（Ⅱ）场区高程控制网

8.2.9 场区高程控制网,应布设成闭合环线、附合路线或结点网。

8.2.10 大中型施工项目的场区高程测量精度,不应低于三等水准。其主要技术要求,应按本规范第4.2节的有关规定执行。

8.2.11 场区水准点,可单独埋设在场地相对稳定的区域,也可设置在平面控制点的标石上。水准点间距宜小于1km,距离建(构)筑物不宜小于25m,距离回填土边线不宜小于15m。

8.2.12 施工中,当少数高程控制点标石不能保存时,应将其高程引测至稳固的建(构)筑物上,引测的精度,不应低于原高程点的精度等级。

8.3 工业与民用建筑施工测量

（Ⅰ）建筑物施工控制网

8.3.1 建筑物施工控制网,应根据建筑物的设计形式和特点,布设成十字轴线或矩形控制网。施工控制网的定位应符合本章8.1.6条的规定,民用建筑物施工控制网也可根据建筑红线定位。

8.3.2 建筑物施工平面控制网,应根据建筑物的分布、结构、高度、基础埋深和机械设备传动的连接方式、生产工艺的连续程度,分别布设一级或二级控制网。其主要技术要求,应符合表8.3.2的规定。

表8.3.2 建筑物施工平面控制网的主要技术要求

等级	边长相对中误差	测角中误差
一级	≤1/30000	$7″/\sqrt{n}$
二级	≤1/15000	$15″/\sqrt{n}$

注：n为建筑物结构的跨数。

8.3.3 建筑物施工平面控制网的建立,应符合下列规定：

1 控制点,应选在通视良好、土质坚实、利于长期保存、便于施工放样的地方。

2 控制网加密的指示桩,宜选在建筑物行列线或主要设备中心线方向上。

3 主要的控制网点和主要设备中心线端点,应埋设固定标桩。

4 控制网轴线起始点的定位误差,不应大于2cm；两建筑物(厂房)间有联动关系时,不应大于1cm,定位点不得少于3个。

5 水平角观测的测回数,应根据表8.3.2中测角中误差的大小,按表8.3.3选定。

表8.3.3 水平角观测的测回数

仪器精度等级	测角中误差 2.5″	3.5″	4.0″	5″	10″
1″级仪器	4	3	2	—	—
2″级仪器	6	5	4	3	1
6″级仪器	—	—	—	4	3

6 矩形网的角度闭合差,不应大于测角中误差的4倍。

7 边长测量宜采用电磁波测距的方法,作业的主要技术要求应符合本规范表3.3.18的相关规定。二级网的边长测量也可采用钢尺量距,作业的主要技术要求应符合本规范表3.3.21的规定。

8 矩形网应按平差结果进行实地修正,调整到设计位置。当增设轴线时,可采用现场改点法进行配赋调整；点位修正后,应进行矩形网角度的检测。

8.3.4 建筑物的围护结构封闭前,应根据施工需要将建筑物外部控制转移至内部。内部的控制点,宜设置在浇筑完成的预埋件上或预埋的测量标板上。引测的投点误差,一级不应超过2mm,二级不应超过3mm。

8.3.5 建筑物高程控制,应符合下列规定：

1 建筑物高程控制,应采用水准测量。附合路线闭合差,不应低于四等水准的要求。

2 水准点可设置在平面控制网的标桩或外围的固定地物上,也可单独埋设。水准点的个数,不应少于2个。

3 当场地高程控制点距离施工建筑物小于200m

时，可直接利用。

8.3.6 当施工中高程控制点标桩不能保存时，应将其高程引测至稳固的建筑物或构筑物上，引测的精度，不应低于四等水准。

（Ⅱ）建筑物施工放样

8.3.7 建筑物施工放样，应具备下列资料：
1 总平面图。
2 建筑物的设计与说明。
3 建筑物的轴线平面图。
4 建筑物的基础平面图。
5 设备的基础图。
6 土方的开挖图。
7 建筑物的结构图。
8 管网图。
9 场区控制点坐标、高程及点位分布图。

8.3.8 放样前，应对建筑物施工平面控制网和高程控制点进行检核。

8.3.9 测设各工序间的中心线，宜符合下列规定：
1 中心线端点，应根据建筑物施工控制网中相邻的距离指标桩以内分法测定。
2 中心线投点，测角仪器的视线应根据中心线两端点决定；当无可靠校核条件时，不得采用测设直角的方法进行投点。

8.3.10 在施工的建（构）筑物外围，应建立线板或轴线控制桩。线板应注记中心线编号，并测设标高。线板和轴线控制桩应注意保存。必要时，可将控制轴线标示在结构的外表面上。

8.3.11 建筑物施工放样，应符合下列要求：
1 建筑物施工放样、轴线投测和标高传递的偏差，不应超过表 8.3.11 的规定。

表 8.3.11 建筑物施工放样、轴线投测和标高传递的允许偏差

项目	内容		允许偏差 (mm)
基础桩位放样	单排桩或群桩中的边桩		±10
	群桩		±20
各施工层上放线	外廓主轴线长度 L (m)	L≤30	±5
		30＜L≤60	±10
		60＜L≤90	±15
		90＜L	±20
	细部轴线		±2
	承重墙、梁、柱边线		±3
	非承重墙边线		±3
	门窗洞口线		±3

续表 8.3.11

项目	内容		允许偏差 (mm)
轴线竖向投测	每层		3
	总高 H (m)	H≤30	5
		30＜H≤60	10
		60＜H≤90	15
		90＜H≤120	20
		120＜H≤150	25
		150＜H	30
标高竖向传递	每层		±3
	总高 H (m)	H≤30	±5
		30＜H≤60	±10
		60＜H≤90	±15
		90＜H≤120	±20
		120＜H≤150	±25
		150＜H	±30

2 施工层标高的传递，宜采用悬挂钢尺代替水准尺的水准测量方法进行，并应对钢尺读数进行温度、尺长和拉力改正。

传递点的数目，应根据建筑物的大小和高度确定。规模较小的工业建筑或多层民用建筑，宜从 2 处分别向上传递，规模较大的工业建筑或高层民用建筑，宜从 3 处分别向上传递。

传递的标高较差小于 3mm 时，可取其平均值作为施工层的标高基准，否则，应重新传递。

3 施工层的轴线投测，宜使用 2″级激光经纬仪或激光铅直仪进行。控制轴线投测至施工层后，应在结构平面上按闭合图形对投测轴线进行校核。合格后，才能进行本施工层上的其他测设工作；否则，应重新进行投测。

4 施工的垂直度测量精度，应根据建筑物的高度、施工的精度要求、现场观测条件和垂直度测量设备等综合分析确定，但不应低于轴线竖向投测的精度要求。

5 大型设备基础浇筑过程中，应及时监测。当发现位置及标高与施工要求不符时，应立即通知施工人员，及时处理。

8.3.12 结构安装测量的精度，应分别满足下列要求：
1 柱子、桁架和梁安装测量的偏差，不应超过表 8.3.12-1 的规定。

表8.3.12-1 柱子、桁架和梁安装测量的允许偏差

测量内容		允许偏差（mm）
钢柱垫板标高		±2
钢柱±0标高检查		±2
混凝土柱（预制）±0标高检查		±3
柱子垂直度检查	钢柱牛腿	5
	柱高10m以内	10
	柱高10m以上	$H/1000$，且≤20
桁架和实腹梁、桁架和钢架的支承结点间相邻高差的偏差		±5
梁间距		±3
梁面垫板标高		±2

注：H为柱子高度（mm）。

2 构件预装测量的偏差，不应超过表8.3.12-2的规定。

表8.3.12-2 构件预装测量的允许偏差

测量内容	测量的允许偏差（mm）
平台面抄平	±1
纵横中心线的正交度	$±0.8\sqrt{l}$
预装过程中的抄平工作	±2

注：l为自交点起算的横向中心线长度的米数。长度不足5m时，以5m计。

3 附属构筑物安装测量的偏差，不应超过表8.3.12-3的规定。

表8.3.12-3 附属构筑物安装测量的允许偏差

测量项目	测量的允许偏差（mm）
栈桥和斜桥中心线的投点	±2
轨面的标高	±2
轨道跨距的丈量	±2
管道构件中心线的定位	±5
管道标高的测量	±5
管道垂直度的测量	$H/1000$

注：H为管道垂直部分的长度（mm）。

8.3.13 设备安装测量的主要技术要求，应符合下列规定：

1 设备基础竣工中心线必须进行复测，两次测量的较差不应大于5mm。

2 对于埋设有中心标板的重要设备基础，其中心线应由竣工中心线引测，同一中心标点的偏差不应超过±1mm。纵横中心线应进行正交度的检查，并调整横向中心线。同一设备基准中心线的平行偏差或同一生产系统的中心线的直线度应在±1mm以内。

3 每组设备基础，均应设立临时标高控制点。标高控制点的精度，对于一般的设备基础，其标高偏差，应在±2mm以内；对于与传动装置有联系的设备基础，其相邻两标高控制点的标高偏差，应在±1mm以内。

8.4 水工建筑物施工测量

8.4.1 水工建筑物施工平面控制网的建立，应满足下列要求：

1 施工平面控制网，可采用GPS网、三角形网、导线及导线网等形式；首级施工平面控制网等级，应根据工程规模和建筑物的施工精度要求按表8.4.1-1选用。

表8.4.1-1 首级施工平面控制网等级的选用

工程规模	混凝土建筑物	土石建筑物
大型工程	二等	二或三等
中型工程	三等	三或四等
小型工程	四等或一级	一级

2 各等级施工平面控制网的平均边长，应符合表8.4.1-2的规定。

表8.4.1-2 水工建筑物施工平面控制网的平均边长

等级	二等	三等	四等	一级
平均边长(m)	800	600	500	300

3 施工平面控制网宜按两级布设。控制点的相邻点位中误差，不应大于10mm。对于大型的、有特殊要求的水工建筑物施工项目，其最末级平面控制点相对于起始点或首级网点的点位中误差不应大于10mm。

4 施工平面控制测量的其他技术要求，应符合本规范第3章的有关规定。

8.4.2 水工建筑物施工高程控制网的建立，应满足下列要求：

1 施工高程控制网，宜布设成环形或附合路线；其精度等级的划分，依次为二、三、四、五等。

2 施工高程控制网等级的选用，应符合表8.4.2的规定。

表8.4.2 施工高程控制网等级的选用

工程规模	混凝土建筑物	土石建筑物
大型工程	二等或三等	三
中型工程	三	四
小型工程	四	五

3 施工高程控制网的最弱点相对于起算点的高程中误差,对于混凝土建筑物不应大于10mm,对于土石建筑物不应大于20mm。根据需要,计算时应顾及起始数据误差的影响。

4 施工高程控制测量的其他技术要求,应符合本规范第4章的有关规定。

8.4.3 水工建筑物施工控制网应定期复测,复测精度与首次测量精度相同。

8.4.4 填筑及混凝土建筑物轮廓点的施工放样偏差,不应超过表8.4.4的规定。

表8.4.4 填筑及混凝土建筑物轮廓点施工放样的允许偏差

建筑材料	建筑物名称	允许偏差(mm)	
		平面	高程
混凝土	主坝、厂房等各种主要水工建筑物	±20	±20
	各种导墙及井、洞衬砌	±25	±20
	副坝、围堰心墙、护坦、护坡、挡墙等	±30	±30
土石料	碾压式坝(堤)边线、心墙、面板堆石坝等	±40	±30
	各种坝(堤)内设施定位、填料分界线等	±50	±50

注:允许偏差是指放样点相对于邻近控制点的偏差。

8.4.5 建筑物混凝土浇筑及预制构件拼装的竖向测量偏差,不应超过表8.4.5的规定。

表8.4.5 建筑物竖向测量的允许偏差

工程项目	相邻两层对接中心线的相对允许偏差(mm)	相对基础中心线的允许偏差(mm)	累计偏差(mm)
厂房、开关站等的各种构架、立柱	±3	H/2000	±20
闸墩、栈桥墩、船闸、厂房等侧墙	±5	H/1000	±30

注:H为建(构)筑物的高度(mm)。

8.4.6 水工建筑物附属设施安装测量的偏差,不应超过表8.4.6的规定。

表8.4.6 水工建筑物附属设施安装测量的允许偏差

设备种类	细部项目	允许偏差(mm)		备注
		平面	高程(差)	
压力钢管安装	始装节管口中心位置	±5	±5	相对钢管轴线和高程基点
	有连接的管口中心位置	±10	±10	
	其他管口中心位置	±15	±15	
平面闸门安装	轨间间距	−1~+4		相对门槽中心线
弧形门、人字门安装		—	±2	相对安装轴线
			±3	
天车、起重机轨道安装	轨距	±5		一条轨道相对于另一条轨道
	平行轨道相对高差	—	±10	
	轨道坡度	—	L/1500	

注:1 L为天车、起重机轨道长度(mm)。
2 垂直构件安装,同一铅垂线上的安装点点位中误差不应大于±2mm。

8.5 桥梁施工测量

(Ⅰ)桥梁控制测量

8.5.1 桥梁施工项目,应建立桥梁施工专用控制网。对于跨越宽度较小的桥梁,也可利用勘测阶段所布设的等级控制点,但必须经过复测,并满足桥梁控制网的等级和精度要求。

8.5.2 桥梁施工控制网等级的选择,应根据桥梁的结构和设计要求合理确定,并符合表8.5.2的规定。

表8.5.2 桥梁施工控制网等级的选择

桥长L(m)	跨越的宽度l(m)	平面控制网的等级	高程控制网的等级
L>5000	l>1000	二等 或 三等	二等
2000≤L≤5000	500≤l≤1000	三等 或 四等	三等
500<L<2000	200≤l<500	四等 或 一级	四等
L≤500	l≤200	一级	四等 或 五等

注:1 L为桥的总长。
2 l为跨越的宽度指桥梁所跨越的江、河、峡谷的宽度。

8.5.3 桥梁施工平面控制网的建立,应符合下列规定:

1 桥梁施工平面控制网,宜布设成自由网,并根据线路测量控制点定位。

2 控制网可采用GPS网、三角形网和导线网等形式。

3 控制网的边长，宜为主桥轴线长度的0.5～1.5倍。

4 当控制网跨越江河时，每岸不少于3点，其中轴线上每岸宜布设2点。

5 施工平面控制测量的其他技术要求，应符合本规范第3章的有关规定。

8.5.4 桥梁施工高程控制网的建立，应符合下列规定：

1 两岸的水准测量路线，应组成一个统一的水准网。

2 每岸水准点不应少于3个。

3 跨越江河时，根据需要，可进行跨河水准测量。

4 施工高程控制测量的其他技术要求，应符合本规范第4章的有关规定。

8.5.5 桥梁控制网在使用过程中应定期检测，检测精度与首次测量精度相同。

（Ⅱ）桥梁施工放样

8.5.6 桥梁施工放样前，应熟悉施工设计图纸，并根据桥梁设计和施工的特点，确定放样方法。平面位置放样宜采用极坐标法、多点交会法等，高程放样宜采用水准测量方法。

8.5.7 桥梁基础施工测量的偏差，不应超过表8.5.7的规定。

表8.5.7 桥梁基础施工测量的允许偏差

类 别	测量内容		测量允许偏差（mm）
灌注桩	基础桩桩位		40
	排架桩桩位	顺桥纵轴线方向	20
		垂直桥纵轴线方向	40
沉桩	群桩桩位	中间桩	$d/5$，且≤100
		外缘桩	$d/10$
	排架桩桩位	顺桥纵轴线方向	16
		垂直桥纵轴线方向	20
沉井	顶面中心、底面中心	一般	$h/125$
		浮式	$h/125+100$
垫层	轴线位置		20
	顶面高程		$0\sim-8$

注：1 d 为桩径（mm）。
    2 h 为沉井高度（mm）。

8.5.8 桥梁下部构造施工测量的偏差，不应超过表8.5.8的规定。

表8.5.8 桥梁下部构造施工测量的允许偏差

类 别	测量内容		测量允许偏差（mm）
承台	轴线位置		6
	顶面高程		±8
墩台身	轴线位置		4
	顶面高程		±4
墩、台帽或盖梁	轴线位置		4
	支座位置		2
	支座处顶面高程	简支梁	±4
		连续梁	±2

8.5.9 桥梁上部构造施工测量的偏差，不应超过表8.5.9的规定。

表8.5.9 桥梁上部构造施工测量的允许偏差

类 别	测量内容		测量允许偏差（mm）
梁、板安装	支座中心位置	梁	2
		板	4
	梁板顶面纵向高程		±2
悬臂施工梁	轴线位置	跨距小于或等于100m的	4
		跨距大于100m的	$L/25000$
	顶面高程	跨距小于或等于100m的	±8
		跨距大于100m的	$±L/12500$
	相邻节段高差		4
主拱圈安装	轴线横向位置	跨距小于或等于60m的	4
		跨距大于60m的	$L/15000$
	拱圈高程	跨距小于或等于60m的	±8
		跨距大于60m的	$±L/7500$
腹拱安装	轴线横向位置		4
	起拱线高程		±8
	相邻块件高差		2
钢筋混凝土索塔	塔柱底水平位置		4
	倾斜度		$H/7500$，且≤12
	系梁高程		±4
钢梁安装	钢梁中线位置		4
	墩台处梁底高程		±4
	固定支座顺桥向位置		8

注：1 L 为跨径（mm）。
    2 H 为索塔高度（mm）。

8.6 隧道施工测量

8.6.1 隧道工程施工前，应熟悉隧道工程的设计图纸，并根据隧道的长度、线路形状和对贯通误差的要求，进行隧道测量控制网的设计。

8.6.2 隧道工程的相向施工中线在贯通面上的贯通误差，不应大于表8.6.2的规定。

表8.6.2 隧道工程的贯通限差

类 别	两开挖洞口间长度(km)	贯通误差限差(mm)
横向	$L<4$	100
横向	$4 \leq L < 8$	150
横向	$8 \leq L < 10$	200
高程	不限	70

注：作业时，可根据隧道施工方法和隧道用途的不同，当贯通误差的调整不会显著影响隧道中线几何形状和工程性能时，其横向贯通限差可适当放宽1～1.5倍。

8.6.3 隧道控制测量对贯通中误差的影响值，不应大于表8.6.3的规定。

表8.6.3 隧道控制测量对贯通中误差影响值的限值

两开挖洞口间的长度(km)	横向贯通中误差 (mm)			高程贯通中误差 (mm)	
	洞外控制测量	洞内控制测量		洞外	洞内
		无竖井的	有竖井的	竖井联系测量	
$L<4$	25	45	35	25	25	25
$4 \leq L<8$	35	65	55	35	25	25
$8 \leq L<10$	50	85	70	50		

8.6.4 隧道洞外平面控制测量的等级，应根据隧道的长度按表8.6.4选取。

表8.6.4 隧道洞外平面控制测量的等级

洞外平面控制网类别	洞外平面控制网等级	测角中误差(″)	隧道长度 L (km)
GPS网	二等	—	$L>5$
GPS网	三等	—	$L \leq 5$
三角形网	二等	1.0	$L>5$
三角形网	三等	1.8	$2<L \leq 5$
三角形网	四等	2.5	$0.5<L \leq 2$
三角形网	一级	5	$L \leq 0.5$
导线网	三等	1.8	$L \leq 5$
导线网	四等	2.5	$0.5<L \leq 2$
导线网	一级	5	$L \leq 0.5$

8.6.5 隧道洞内平面控制测量的等级，应根据隧道两开挖洞口间长度按表8.6.5选取。

表8.6.5 隧道洞内平面控制测量的等级

洞内平面控制网类别	洞内导线网测量等级	导线测角中误差(″)	两开挖洞口间长度 L (km)
导线网	三 等	1.8	$L \geq 5$
导线网	四 等	2.5	$2 \leq L<5$
导线网	一级	5	$L<2$

8.6.6 隧道洞外、洞内高程控制测量的等级，应分别依洞外水准路线的长度和隧道长度按表8.6.6选取。

表8.6.6 隧道洞外、洞内高程控制测量的等级

高程控制网类别	等级	每千米高差全中误差（mm）	洞外水准路线长度或两开挖洞口间长度 S (km)
水准网	二 等	2	$S>16$
水准网	三 等	6	$6<S \leq 16$
水准网	四 等	10	$S \leq 6$

8.6.7 隧道洞外平面控制网的建立，应符合下列规定：

1 控制网宜布设成自由网，并根据线路测量的控制点进行定位和定向。

2 控制网可采用GPS网、三角形网或导线网等形式，并沿隧道两洞口的连线方向布设。

3 隧道的各个洞口（包括辅助坑道口），均应布设两个以上且相互通视的控制点。

4 隧道洞外平面控制测量的其他技术要求，应符合本规范第3章的有关规定。

8.6.8 隧道洞内平面控制网的建立，应符合下列规定：

1 洞内的平面控制网宜采用导线形式，并以洞口投点（插点）为起始点沿隧道中线或隧道两侧布设成直伸的长边导线或狭长多环导线。

2 导线的边长宜近似相等，直线段不宜短于200m，曲线段不宜短于70m；导线边距离洞内设施不小于0.2m。

3 当双线隧道或其他辅助坑道同时掘进时，应分别布设导线，并通过横洞连成闭合环。

4 当隧道掘进至导线设计边长的2～3倍时，应进行一次导线延伸测量。

5 对于长距离隧道，可加测一定数量的陀螺经纬仪定向边。

6 当隧道封闭采用气压施工时，对观测距离必须作相应的气压改正。

7 洞内导线测量的其他技术要求，应符合本规范3.3节的有关规定。

8.6.9 隧道高程控制测量，应符合下列规定：

1 隧道洞内、外的高程控制测量，宜采用水准测量方法。

2 隧道两端的洞口水准点、相关洞口水准点（含竖井和平洞口）和必要的洞外水准点，应组成闭合或往返水准路线。

3 洞内水准测量应往返进行，且每隔200~500m应设立一个水准点。

4 隧道高程控制测量的其他技术要求，应符合本规范第4章的有关规定。

8.6.10 隧道竖井联系测量的方法，应根据竖井的大小、深度和结构合理确定，并符合下列规定：

1 作业前，应对联系测量的平面和高程起算点进行检核。

2 竖井联系测量的平面控制，宜采用光学投点法、激光准直投点法、陀螺经纬仪定向法或联系三角形法；对于开口较大、分层支护开挖的较浅竖井，也可采用导线法（或称竖直导线法）。

3 竖井联系测量的高程控制，宜采用悬挂钢尺或钢丝导入的水准测量方法。

8.6.11 隧道洞内施工测量，应符合下列规定：

1 隧道的施工中线，宜根据洞内控制点采用极坐标法测设。当掘进距离延伸到1~2个导线边（直线不宜短于200m、曲线部分不宜短于70m）时，导线点应同时延伸并测设新的中线点。

2 当较短隧道采用中线法测量时，其中线点间距，直线段不宜小于100m，曲线段不宜小于50m。

3 对于大型掘进机械施工的长距离隧道，宜采用激光指向仪、激光经纬仪或陀螺仪导向，也可采用其他自动导向系统，其方位应定期校核。

4 隧道衬砌前，应对中线点进行复测检查并根据需要适当加密。加密时，中线点间距不宜大于10m，点位的横向偏差不应大于5mm。

8.6.12 施工过程中，应对隧道控制网定期复测。

8.6.13 隧道贯通后，应对贯通误差进行测定，并在调整段内进行中线调整。

8.6.14 当隧道内可能出现瓦斯气体时，必须采取安全可靠的防爆措施，并须使用防爆型测量仪器。

9 竣工总图的编绘与实测

9.1 一般规定

9.1.1 建筑工程项目施工完成后，应根据工程需要编绘或实测竣工总图。竣工总图，宜采用数字竣工图。

9.1.2 竣工总图的比例尺，宜选用1：500；坐标系统、高程基准、图幅大小、图上注记、线条规格，应与原设计图一致；图例符号，应采用现行国家标准《总图制图标准》GB/T 50103。

9.1.3 竣工总图应根据设计和施工资料进行编绘。当资料不全无法编绘时，应进行实测。

9.1.4 竣工总图编绘完成后，应经原设计及施工单位技术负责人审核、会签。

9.2 竣工总图的编绘

9.2.1 竣工总图的编绘，应收集下列资料：

1 总平面布置图。

2 施工设计图。

3 设计变更文件。

4 施工检测记录。

5 竣工测量资料。

6 其他相关资料。

9.2.2 编绘前，应对所收集的资料进行实地对照检核。不符之处，应实测其位置、高程及尺寸。

9.2.3 竣工总图的编制，应符合下列规定：

1 地面建（构）筑物，应按实际竣工位置和形状进行编制。

2 地下管道及隐蔽工程，应根据回填前的实测坐标和高程记录进行编制。

3 施工中，应根据施工情况和设计变更文件及时编制。

4 对实测的变更部分，应按实测资料编制。

5 当平面布置改变超过图上面积1/3时，不宜在原施工图上修改和补充，应重新编制。

9.2.4 竣工总图的绘制，应满足下列要求：

1 应绘出地面的建（构）筑物、道路、铁路、地面排水沟渠、树木及绿化地等。

2 矩形建（构）筑物的外墙角，应注明两个以上的坐标。

3 圆形建（构）筑物，应注明中心坐标及接地处半径。

4 主要建筑物，应注明室内地坪高程。

5 道路的起终点、交叉点，应注明中心点的坐标和高程；弯道处，应注明交角、半径及交点坐标；路面，应注明宽度及铺装材料。

6 铁路中心线的起终点、曲线交点，应注明坐标；曲线上，应注明曲线的半径、切线长、曲线长、外矢矩、偏角等曲线元素；铁路的起终点、变坡点及曲线的内轨轨面应注明高程。

7 当不绘制分类专业图时，给水管道、排水管道、动力管道、工艺管道、电力及通信线路等在总图上的绘制，还应符合9.2.5条~9.2.7条的规定。

9.2.5 给水排水管道专业图的绘制，应满足下列要求：

1 给水管道，应绘出地面给水建筑物及各种水处理设施和地上、地下各种管径的给水管线及其附属设备。

对于管道的起终点、交叉点、分支点，应注明坐标；变坡处应注明高程；变径处应注明管径及材料；不同型号的检查井应绘制详图。当图上按比例绘制管道结点有困难时，可用放大详图表示。

2 排水管道，应绘出污水处理构筑物、水泵站、检查井、跌水井、水封井、雨水口、排出水口、化粪池以及明渠、暗渠等。检查井，应注明中心坐标、出入口管底高程、井底高程、井台高程；管道，应注明管径、材质、坡度；对不同类型的检查井，应绘出详图。

3 给水排水管道专业图上，还应绘出地面有关建（构）筑物、铁路、道路等。

9.2.6 动力、工艺管道专业图的绘制，应满足下列要求：

1 应绘出管道及有关的建（构）筑物。管道的交叉点、起终点，应注明坐标、高程、管径和材质。

2 对于沟道敷设的管道，应在适当地方绘制沟道断面图，并标注沟道的尺寸及各种管道的位置。

3 动力、工艺管道专业图上，还应绘出地面有关建（构）筑物、铁路、道路等。

9.2.7 电力及通信线路专业图的绘制，应满足下列要求：

1 电力线路，应绘出总变电所、配电站、车间降压变电所、室内外变电装置、柱上变压器、铁塔、电杆、地下电缆检查井等；并应注明线径、送电导线数、电压及送变电设备的型号、容量。

2 通信线路，应绘出中继站、交接箱、分线盒（箱）、电杆、地下通信电缆人孔等。

3 各种线路的起终点、分支点、交叉点的电杆应注明坐标；线路与道路交叉处应注明净空高。

4 地下电缆，应注明埋设深度或电缆沟的沟底高程。

5 电力及通信线路专业图上，还应绘出地面有关建（构）筑物、铁路、道路等。

9.2.8 当竣工总图中图面负载较大但管线不甚密集时，除绘制总图外，可将各种专业管线合并绘制成综合管线图。综合管线图的绘制，也应满足本章第9.2.5～9.2.7条的要求。

9.3 竣工总图的实测

9.3.1 竣工总图的实测，宜采用全站仪测图及数字编辑成图的方法。成图软件和绘图仪的选用，应分别满足本规范第5.1.9条和5.1.10条的要求。

9.3.2 竣工总图中建（构）筑物细部点的点位和高程中误差，应满足本规范表5.1.5-3的规定。

9.3.3 竣工总图的实测，应在已有的施工控制点上进行。当控制点被破坏时，应进行恢复。

9.3.4 对已收集的资料应进行实地对照检核。满足要求时应充分利用，否则应重新测量。

9.3.5 竣工总图实测的其他技术要求，应按本规范第5.8节的有关规定执行。

10 变形监测

10.1 一般规定

10.1.1 本章适用于工业与民用建（构）筑物、建筑场地、地基基础、水工建筑物、地下工程建（构）筑物、桥梁、滑坡等的变形监测。

10.1.2 重要的工程建（构）筑物，在工程设计时，应对变形监测的内容和范围做出统筹安排，并应由监测单位制定详细的监测方案。首次观测，宜获取监测体初始状态的观测数据。

10.1.3 变形监测的等级划分及精度要求，应符合表10.1.3的规定。

表10.1.3 变形监测的等级划分及精度要求

等级	垂直位移监测		水平位移监测	适用范围
	变形观测点的高程中误差（mm）	相邻变形观测点的高差中误差（mm）	变形观测点的点位中误差（mm）	
一等	0.3	0.1	1.5	变形特别敏感的高层建筑、高耸构筑物、工业建筑、重要古建筑、大型坝体、精密工程设施、特大型桥梁、大型直立岩体、大型坝区地壳变形监测等
二等	0.5	0.3	3.0	变形比较敏感的高层建筑、高耸构筑物、工业建筑、古建筑、特大型和大型桥梁、大中型坝体、直立岩体、高边坡、重要工程设施、重大地下工程、危害性较大的滑坡监测等
三等	1.0	0.5	6.0	一般性的高层建筑、多层建筑、工业建筑、高耸构筑物、直立岩体、高边坡、深基坑、一般地下工程、危害性一般的滑坡监测、大型桥梁等
四等	2.0	1.0	12.0	观测精度要求较低的建（构）筑物、普通滑坡监测、中小型桥梁等

注：1 变形观测点的高程中误差和点位中误差，是指相对于邻近基准点的中误差。

2 特定方向的位移中误差，可取表中相应等级点位中误差的$1/\sqrt{2}$作为限值。

3 垂直位移监测，可根据需要按变形观测点的高程中误差或相邻变形观测点的高差中误差，确定监测精度等级。

10.1.4 变形监测网的网点，宜分为基准点、工作基点和变形观测点。其布设应符合下列要求：

1 基准点，应选在变形影响区域之外稳固可靠的位置。每个工程至少应有3个基准点。大型的工程项目，其水平位移基准点应采用带有强制归心装置的观测墩，垂直位移基准点宜采用双金属标或钢管标。

2 工作基点，应选在比较稳定且方便使用的位置。设立在大型工程施工区域内的水平位移监测工作基点宜采用带有强制归心装置的观测墩，垂直位移监测工作基点可采用钢管标。对通视条件较好的小型工程，可不设立工作基点，在基准点上直接测定变形观测点。

3 变形观测点，应设立在能反映监测体变形特征的位置或监测断面上，监测断面一般分为：关键断面、重要断面和一般断面。需要时，还应埋设一定数量的应力、应变传感器。

10.1.5 监测基准网，应由基准点和部分工作基点构成。监测基准网应每半年复测一次；当对变形监测成果发生怀疑时，应随时检核监测基准网。

10.1.6 变形监测网，应由部分基准点、工作基点和变形观测点构成。监测周期，应根据监测体的变形特征、变形速率、观测精度和工程地质条件等因素综合确定。监测期间，应根据变形量的变化情况适当调整。

10.1.7 各期的变形监测，应满足下列要求：

1 在较短的时间内完成。

2 采用相同的图形（观测路线）和观测方法。

3 使用同一仪器和设备。

4 观测人员相对固定。

5 记录相关的环境因素，包括荷载、温度、降水、水位等。

6 采用统一基准处理数据。

10.1.8 变形监测作业前，应收集相关水文地质、岩土工程资料和设计图纸，并根据岩土工程地质条件、工程类型、工程规模、基础埋深、建筑结构和施工方法等因素，进行变形监测方案设计。

方案设计，应包括监测的目的、精度等级、监测方法、监测基准网的精度估算和布设、观测周期、项目预警值、使用的仪器设备等内容。

10.1.9 每期观测前，应对所使用的仪器和设备进行检查、校正，并做好记录。

10.1.10 每期观测结束后，应及时处理观测数据。当数据处理结果出现下列情况之一时，必须即刻通知建设单位和施工单位采取相应措施：

1 变形量达到预警值或接近允许值。

2 变形量出现异常变化。

3 建（构）筑物的裂缝或地表的裂缝快速扩大。

10.2 水平位移监测基准网

10.2.1 水平位移监测基准网，可采用三角形网、导线网、GPS网和视准轴线等形式。当采用视准轴线时，轴线上或轴线两端应设立校核点。

10.2.2 水平位移监测基准网宜采用独立坐标系统，并进行一次布网。必要时，可与国家坐标系统联测。狭长形建筑物的主轴线或其平行线，应纳入网内。大型工程布网时，应充分顾及网的精度、可靠性和灵敏度等指标。

10.2.3 基准网点位，宜采用有强制归心装置的观测墩。观测墩的制作与埋设，应符合本规范附录B中B.3的规定。

10.2.4 水平位移监测基准网的主要技术要求，应符合表10.2.4的规定。

表10.2.4 水平位移监测基准网的主要技术要求

等级	相邻基准点的点位中误差(mm)	平均边长 L(m)	测角中误差(″)	测边相对中误差	水平角观测测回数	
					1″级仪器	2″级仪器
一等	1.5	≤300	0.7	≤1/300000	12	—
		≤200	1.0	≤1/200000	9	—
二等	3.0	≤400	1.0	≤1/200000	9	—
		≤200	1.8	≤1/100000	6	9
三等	6.0	≤450	1.8	≤1/100000	6	9
		≤350	2.5	≤1/80000	4	6
四等	12.0	≤600	2.5	≤1/80000	4	6

注：1 水平位移监测基准网的相关指标，是基于相应等级相邻基准点的点位中误差的要求确定的。

2 具体作业时，也可根据监测项目的特点在满足相邻基准点的点位中误差要求前提下，进行专项设计。

3 GPS水平位移监测基准网，不受测角中误差和水平角观测测回数指标的限制。

10.2.5 监测基准网的水平角观测，宜采用方向观测法。其技术要求应符合本规范第3.3.8条的规定。

10.2.6 监测基准网边长，宜采用电磁波测距。其主要技术要求，应符合表10.2.6的规定。

表 10.2.6　测距的主要技术要求

等级	仪器精度等级	每边测回数		一测回读数较差 (mm)	单程各测回较差 (mm)	气象数据测定的最小读数		往返较差 (mm)
		往	返			温度 (℃)	气压 (Pa)	
一等	1mm级仪器	4	4	1	1.5	0.2	50	$\leqslant 2(a+b\times D)$
二等	2mm级仪器	3	3	3	4			
三等	5mm级仪器	2	2	5	7			
四等	10mm级仪器	4	—	8	10			

注：1　测回是指照准目标一次，读数 2~4 次的过程。
　　2　根据具体情况，测边可采取不同时间段代替往返观测。
　　3　测量斜距，须经气象改正和仪器的加、乘常数改正后才能进行水平距离计算。
　　4　计算测距往返较差的限差时，a、b 分别为相应等级所使用仪器标称的固定误差和比例误差系数，D 为测量斜距（km）。

10.2.7　对于三等以上的 GPS 监测基准网，应采用双频接收机，并采用精密星历进行数据处理。

10.2.8　水平位移监测基准网测量的其他技术要求，按本规范第 3 章的有关规定执行。

10.3　垂直位移监测基准网

10.3.1　垂直位移监测基准网，应布设成环形网并采用水准测量方法观测。

10.3.2　基准点的埋设，应符合下列规定：
　　1　应将标石埋设在变形区以外稳定的原状土层内，或将标志镶嵌在裸露基岩上。
　　2　利用稳固的建（构）筑物，设立墙水准点。
　　3　当受条件限制时，在变形区内也可埋设深层钢管标或双金属标。
　　4　大型水工建筑物的基准点，可采用平洞标志。
　　5　基准点的标石规格，可根据现场条件和工程需要，按本规范附录 D 进行选择。

10.3.3　垂直位移监测基准网的主要技术要求，应符合表 10.3.3 的规定。

表 10.3.3　垂直位移监测基准网的主要技术要求

等级	相邻基准点高差中误差 (mm)	每站高差中误差 (mm)	往返较差或环线闭合差 (mm)	检测已测高差较差 (mm)
一等	0.3	0.07	$0.15\sqrt{n}$	$0.2\sqrt{n}$
二等	0.5	0.15	$0.30\sqrt{n}$	$0.4\sqrt{n}$
三等	1.0	0.30	$0.60\sqrt{n}$	$0.8\sqrt{n}$
四等	2.0	0.70	$1.40\sqrt{n}$	$2.0\sqrt{n}$

注：表中 n 为测站数。

10.3.4　水准观测的主要技术要求，应符合表 10.3.4 的规定。

表 10.3.4　水准观测的主要技术要求

等级	水准仪型号	水准尺	视线长度 (m)	前后视的距离较差 (m)	前后视的距离较差累积 (m)	视线离地面最低高度 (m)	基本分划、辅助分划读数较差 (mm)	基本分划、辅助分划所测高差较差 (mm)
一等	DS05	因瓦	15	0.3	1.0	0.5	0.3	0.4
二等	DS05	因瓦	30	0.5	1.5	0.5	0.3	0.4
三等	DS05	因瓦	50	2.0	3	0.3	0.5	0.7
	DS1	因瓦	50	2.0	3	0.3	0.5	0.7
四等	DS1	因瓦	75	5.0	8	0.2	1.0	1.5

注：1　数字水准仪观测，不受基、辅分划读数较差指标的限制，但测站两次观测的高差较差，应满足表中相应等级基、辅分划所测高差较差的限值。
　　2　水准路线跨越江河时，应进行相应等级的跨河水准测量，其指标不受该表的限制，按本规范第 4 章的规定执行。

10.3.5　观测使用的水准仪和水准标尺，应符合本规范第 4.2.2 条的规定，DS05 级水准仪视准轴与水准管轴的夹角不得大于 10″。

10.3.6　起始点高程，宜采用测区原有高程系统。较小规模的监测工程，可采用假定高程系统；较大规模的监测工程，宜与国家水准点联测。

10.3.7 水准观测的其他技术要求，应符合本规范第4章的有关规定。

10.4 基本监测方法与技术要求

10.4.1 变形监测的方法，应根据监测项目的特点、精度要求、变形速率以及监测体的安全性等指标，按表10.4.1选用。也可同时采用多种方法进行监测。

表10.4.1 变形监测方法的选择

类别	监测方法
水平位移监测	三角形网、极坐标法、交会法、GPS测量、正倒垂线法、视准线法、引张线法、激光准直法、精密测（量）距、伸缩仪法、多点位移计、倾斜仪等
垂直位移监测	水准测量、液体静力水准测量、电磁波测距三角高程测量等
三维位移监测	全站仪自动跟踪测量法、卫星实时定位测量（GPS-RTK）法、摄影测量法等
主体倾斜	经纬仪投点法、差异沉降法、激光准直法、垂线法、倾斜仪、电垂直梁等
挠度观测	垂线法、差异沉降法、位移计、挠度计等
监测体裂缝	精密测（量）距、伸缩仪、测缝计、位移计、摄影测量等
应力、应变监测	应力计、应变计

10.4.2 当采用三角形网测量时，其技术要求应符合本规范10.2节的相关规定。

10.4.3 交会法、极坐标法的主要技术要求，应符合下列规定：

1 用交会法进行水平位移监测时，宜采用三点交会法；角交会法的交会角，应在60°～120°之间，边交会法的交会角，宜在30°～150°之间。

2 用极坐标法进行水平位移监测时，宜采用双测站极坐标法，其边长应采用电磁波测距仪测定。

3 测站点应采用有强制对中装置的观测墩，变形观测点，可埋设安置反光镜或觇牌的强制对中装置或其他固定照准标志。

10.4.4 视准线法的主要技术要求，应符合下列规定：

1 视准线两端的延长线外，宜设立校核基准点。

2 视准线应离开障碍物1m以上。

3 各测点偏离视准线的距离，不应大于2cm；采用小角法时可适当放宽，小角角度不应超过30″。

4 视准线测量，可选用活动觇牌法或小角度法。当采用活动觇牌法观测时，监测精度宜为视准线长度的1/100000；当采用小角度法观测时，监测精度应按（10.4.4）式估算：

$$m_s = m_\beta L/\rho \qquad (10.4.4)$$

式中 m_s——位移中误差（mm）；
m_β——测角中误差（″）；
L——视准线长度（mm）；
ρ——206265″。

5 基准点、校核基准点和变形观测点，均应采用有强制对中装置的观测墩。

6 当采用活动觇牌法观测时，观测前应对觇牌的零位差进行测定。

10.4.5 引张线法的主要技术要求，应符合下列规定：

1 引张线长度大于200m时，宜采用浮托式。

2 引张线两端，可设置倒垂线作为校核基准点，也可将校核基准点设置在两端山体的平洞内。

3 引张线宜采用直径为$\phi 0.8 \sim \phi 1.2$mm的不锈钢丝。

4 观测时，测回较差不应超过0.2mm。

10.4.6 正、倒垂线法的主要技术要求，应符合下列规定：

1 应根据垂线长度，合理确定重锤重量或浮子的浮力。

2 垂线宜采用直径为$\phi 0.8 \sim \phi 1.2$mm的不锈钢丝或因瓦丝。

3 单段垂线长度不宜大于50m。

4 需要时，正倒垂可结合布设。

5 测站应采用有强制对中装置的观测墩。

6 垂线观测可采用光学垂线坐标仪，测回较差不应超过0.2mm。

10.4.7 激光测量的主要技术要求，应符合下列规定：

1 激光器（包括激光经纬仪、激光导向仪、激光准直仪等）宜安置在变形区影响之外或受变形影响较小的区域。激光器应采取防尘、防水措施。

2 安置激光器后，应同时在激光器附近的激光光路上，设立固定的光路检核标志。

3 整个光路上应无障碍物，光路附近应设立安全警示标志。

4 目标板（或感应器），应稳固立在变形比较敏感的部位并与光路垂直；目标板的刻划，应均匀、合理。观测时应将接收到的激光光斑，调至最小、最清晰。

10.4.8 当采用水准测量方法进行垂直位移监测时，应符合下列规定：

1 垂直位移监测网的主要技术要求，应符合表10.4.8的规定。

表10.4.8 垂直位移监测网的主要技术要求

等级	变形观测点的高程中误差（mm）	每站高差中误差（mm）	往返较差、附合或环线闭合差（mm）	检测已测高差较差（mm）
一等	0.3	0.07	$0.15\sqrt{n}$	$0.2\sqrt{n}$
二等	0.5	0.15	$0.30\sqrt{n}$	$0.4\sqrt{n}$
三等	1.0	0.30	$0.60\sqrt{n}$	$0.8\sqrt{n}$
四等	2.0	0.70	$1.40\sqrt{n}$	$2.0\sqrt{n}$

注：表中 n 为测站数。

  2 水准观测的主要技术要求，应符合本规范10.3.4条的规定。
10.4.9 静力水准测量，应满足下列要求：
  1 静力水准观测的主要技术要求，应符合表10.4.9的规定。

表10.4.9 静力水准观测的主要技术要求

等级	仪器类型	读数方式	两次观测高差较差（mm）	环线及附合路线闭合差（mm）
一等	封闭式	接触式	0.15	$0.15\sqrt{n}$
二等	封闭式、敞口式	接触式	0.30	$0.30\sqrt{n}$
三等	敞口式	接触式	0.60	$0.60\sqrt{n}$
四等	敞口式	目视式	1.40	$1.40\sqrt{n}$

注：表中 n 为高差个数。

  2 观测前，应对观测头的零点差进行检验。
  3 应保持连通管路无压折，管内液体无气泡。
  4 观测头的圆气泡应居中。
  5 两端测站的环境温度不宜相差过大。
  6 仪器对中误差不应大于2mm，倾斜度不应大于10′。
  7 宜采用两台仪器对向观测，也可采用一台仪器往返观测。液面稳定后，方能开始测量；每观测一次，应读数3次，取其平均值作为观测值。
10.4.10 电磁波测距三角高程测量，宜采用中点单觇法，也可采用直返觇法。其主要技术要求应符合下列规定：
  1 垂直角宜采用1″级仪器中丝法对向观测各6测回，测回间垂直角较差不应大于6″。
  2 测距长度宜小于500m，测距中误差不应超过3mm。
  3 觇标高（仪器高），应精确至0.1mm。
  4 必要时，测站观测前后各测量一次气温、气压，计算时加入相应改正。
10.4.11 主体倾斜和挠度观测，应符合下列规定：

  1 可采用监测体顶部及其相应底部变形观测点的相对水平位移值计算主体倾斜。
  2 可采用基础差异沉降推算主体倾斜值和基础的挠度。
  3 重要的直立监测体的挠度观测，可采用正倒垂线法、电垂直梁法。
  4 监测体的主体倾斜率和按差异沉降推算主体倾斜值，按本规范附录F的公式计算；按差异沉降推算基础相对倾斜值和基础挠度，按本规范附录G的公式计算。
10.4.12 当监测体出现裂缝时，应根据需要进行裂缝观测并满足下列要求：
  1 裂缝观测点，应根据裂缝的走向和长度，分别布设在裂缝的最宽处和裂缝的末端。
  2 裂缝观测标志，应跨裂缝牢固安装。标志可选用镶嵌式金属标志、粘贴式金属片标志、钢尺条、坐标格网板或专用量测标志等。
  3 标志安装完成后，应拍摄裂缝观测初期的照片。
  4 裂缝的量测，可采用比例尺、小钢尺、游标卡尺或坐标格网板等工具进行；量测应精确至0.1mm。
  5 裂缝的观测周期，应根据裂缝变化速度确定。裂缝初期可每半个月观测一次，基本稳定后宜每月观测一次，当发现裂缝加大时应及时增加观测次数，必要时应持续观测。
10.4.13 全站仪自动跟踪测量的主要技术要求，应符合下列规定：
  1 测站应设立在基准点或工作基点上，并采用有强制对中装置的观测台或观测墩；测站视野应开阔无遮挡，周围应设立安全警示标志；应同时具有防水、防尘设施。
  2 监测体上的变形观测点宜采用观测棱镜，距离较短时也可采用反射片。
  3 数据通信电缆宜采用光缆或专用数据电缆，并应安全敷设，连接处应采取绝缘和防水措施。
  4 作业前应将自动观测成果与人工测量成果进行比对，确保自动观测成果无误后，方能进行自动监测。
  5 测站和数据终端设备应备有不间断电源。
  6 数据处理软件，应具有观测数据自动检核、超限数据自动处理、不合格数据自动重测，观测目标被遮挡时，可自动延时观测处理和变形数据自动处理、分析、预报和预警等功能。
10.4.14 当采用摄影测量方法时，应满足下列要求：
  1 应根据监测体的变形特点、监测规模和精度要求，合理选用作业方法，可采用时间基线视差法、立体摄影测量方法或实时数字摄影测量方法等。

2 监测点标志，可采用十字形或同心圆形，标志的颜色应使影像与标志背景色调有明显的反差，可采用黑、白、黄色或两色相间。

3 像控点应布设在监测体的四周；当监测体的景深较大时，应在景深范围内均匀布设。像控点的点位精度不宜低于监测体监测精度的1/3。

当采用直接线性变换法解算待定点时，一个像对的控制点宜布设6～9个；当采用时间基线视差法时，一个像对宜布设4个以上控制点。

4 对于规模较大、监测精度要求较高的监测项目，可采用多标志、多摄站、多相片及多量测的方法进行。

5 摄影站，应设置在带有强制归心装置的观测墩上。对于长方形的监测体，摄影站宜布设在与物体长轴相平行的一条直线上，并使摄影主光轴垂直于被摄物体的主立面；对于圆柱形监测体，摄影站可均匀布设在与物体中轴线等距的周围。

6 多像对摄影时，应布设像对间起连接作用的标志点。

7 变形摄影测量的其他技术要求，应满足现行国家标准《工程摄影测量规范》GB 50167的有关规定。

10.4.15 当采用卫星实时定位测量（GPS-RTK）方法时，其主要技术要求应符合下列规定：

1 应设立永久性固定参考站作为变形监测的基准点，并建立实时监控中心。

2 参考站，应设立在变形区之外或受变形影响较小的地势较高区域，上部天空应开阔，无高度角超过10°的障碍物，且周围无GPS信号反射物（大面积水域、大型建构物），及无高压线、电视台、无线电发射站、微波站等干扰源。

3 流动站的接收天线，应永久设置在监测体的变形观测点上，并采取保护措施。接收天线的周围无高度角超过10°的障碍物。变形观测点的数目应依具体的监测项目和监测体的结构灵活布设。接收卫星数量不应少于5颗，并采用固定解成果。

4 数据通信，对于长期的变形监测项目宜采用光缆或专用数据电缆通信，对于短期的监测项目也可采用无线电数据链通信。

10.4.16 应力、应变监测的主要技术要求，应符合下列规定：

1 监测点，应根据设计要求和工程需要合理布设。

2 传感器应具有足够的强度、抗腐蚀性和耐久性，并具有抗震和抗冲击性能；传感器的量程宜为设计最大压力的1.2倍，其精度应满足工程监控的要求；连接电缆应采用耐酸碱、防水、绝缘的专用电缆。

3 传感器埋设前，应进行密封性检验、力学性能检验和温度性能检验，满足要求后方能使用。

4 传感器应密实埋设，其承压面应与受力方向垂直；连接电缆应进行编号。

5 传感器预埋稳定后，方能测定静态初始值。

6 应力、应变监测周期，宜与变形监测周期同步。

10.5 工业与民用建筑变形监测

10.5.1 工业与民用建筑变形监测项目，应根据工程需要按表10.5.1选择。

表10.5.1 工业与民用建筑变形监测项目

项目		主要监测内容	备注
场地		垂直位移	建筑施工前
基坑	支护边坡 不降水	垂直位移	回填前
		水平位移	
	支护边坡 降水	垂直位移	降水期
		水平位移	
		地下水位	
		基坑回弹	基坑开挖期
地基		分层地基土沉降	主体施工期、竣工初期
		地下水位	降水期
建筑物	基础变形	基础沉降	主体施工期、竣工初期
		基础倾斜	
	主体变形	水平位移	竣工初期
		主体倾斜	
		建筑裂缝	发现裂缝初期
		日照变形	竣工后

10.5.2 拟建建筑场地的沉降观测，应在建筑施工前进行。变形观测，可采用四等监测精度，点位间距，宜为30～50m。

10.5.3 基坑的变形监测，应符合下列规定：

1 基坑变形监测的精度，不宜低于三等。

2 变形观测点的点位，应根据工程规模、基坑深度、支护结构和支护设计要求合理布设。普通建筑基坑，变形观测点点位宜布设在基坑的顶部周边，点位间距以10～20m为宜；较高安全监测要求的基坑，变形观测点点位宜布设在基坑侧壁的顶部和中部；变形比较敏感的部位，应加测关键断面或埋设应力和位移传感器。

3 水平位移监测可采用极坐标法、交会法等；垂直位移监测可采用水准测量方法、电磁波测距三角高程测量方法等。

4 基坑变形监测周期，应根据施工进程确定。当开挖速度或降水速度较快引起变形速率较大时，应增加观测次数；当变形量接近预警值或有事故征兆时，应持续观测。

5 基坑开始开挖至回填结束前或在基坑降水期间，还应对基坑边缘外围 1～2 倍基坑深度范围内或受影响的区域内的建（构）筑物、地下管线、道路、地面等进行变形监测。

10.5.4 对于开挖面积较大、深度较深的重要建（构）筑物的基坑，应根据需要或设计要求进行基坑回弹观测，并符合下列规定：

1 回弹变形观测点，宜布设在基坑的中心和基坑中心的纵横轴线上能反映回弹特征的位置；轴线上距离基坑边缘外的 2 倍坑深处，也应设置回弹变形观测点。

2 观测标志，应埋入基底面下 10～20cm。其钻孔必须垂直，并应设置保护管。

3 基坑回弹变形观测精度等级，宜采用三等。

4 回弹变形观测点的高程，宜采用水准测量方法，并在基坑开挖前、开挖后及浇灌基础前，各测定 1 次。对传递高程的辅助设备，应进行温度、尺长和拉力等项修正。

10.5.5 重要的高层建筑或大型工业建（构）筑物，应根据工程需要或设计要求，进行地基土的分层垂直位移观测，并符合下列规定：

1 地基土分层垂直位移观测点位，应布设在建（构）筑物的地基中心附近。

2 观测标志埋设的深度，最浅层应埋设在基础底面下 50cm；最深层应超过理论上的压缩层厚度。

3 观测标志，应由内管和保护管组成，内管顶部应设置半球状的立尺标志。

4 地基土的分层垂直位移观测宜采用三等精度，且应在基础浇灌前开始；观测的周期，宜符合本规范第 10.5.8 条第 3 款的规定。

10.5.6 地下水位监测，应符合下列规定：

1 监测孔（井）的布设，应顾及施工区至河流（湖、海）的距离、施工区地下水位、周边水域水位等因素。

2 监测孔（井）的建立，可采用钻孔加井管进行，也可直接利用区域内的水井。

3 水位量测，宜与沉降观测同步，但不得少于沉降观测的次数。

10.5.7 工业与民用建（构）筑物的水平位移测量，应符合下列规定：

1 水平位移变形观测点，应布设在建（构）筑物的下列部位：

1）建筑物的主要墙角和柱基上以及建筑沉降缝的顶部和底部。

2）当有建筑裂缝时，还应布设在裂缝的两边。

3）大型构筑物的顶部、中部和下部。

2 观测标志宜采用反射棱镜、反射片、照准觇牌或变径垂直照准杆。

3 水平位移观测周期，应根据工程需要和场地的工程地质条件综合确定。

10.5.8 工业与民用建（构）筑物的沉降观测，应符合下列规定：

1 沉降观测点，应布设在建（构）筑物的下列部位：

1）建（构）筑物的主要墙角及沿外墙每 10～15m 处或每隔 2～3 根柱基上。

2）沉降缝、伸缩缝、新旧建（构）筑物或高低建（构）筑物接壤处的两侧。

3）人工地基和天然地基接壤处、建（构）筑物不同结构分界处的两侧。

4）烟囱、水塔和大型储藏罐等高耸构筑物基础轴线的对称部位，且每一构筑物不得少于 4 个点。

5）基础底板的四角和中部。

6）当建（构）筑物出现裂缝时，布设在裂缝两侧。

2 沉降观测标志应稳固埋设，高度以高于室内地坪（±0 面）0.2～0.5m 为宜。对于建筑立面后期有贴面装饰的建（构）筑物，宜预埋螺栓式活动标志。

3 高层建筑施工期间的沉降观测周期，应每增加 1～2 层观测 1 次；建筑物封顶后，应每 3 个月观测一次，观测一年。如果最后两个观测周期的平均沉降速率小于 0.02mm/日，可以认为整体趋于稳定，如果各点的沉降速率均小于 0.02mm/日，即可终止观测。否则，应继续每 3 个月观测一次，直至建筑物稳定为止。

工业厂房或多层民用建筑的沉降观测总次数，不应少于 5 次。竣工后的观测周期，可根据建（构）筑物的稳定情况确定。

10.5.9 建（构）筑物的主体倾斜观测，应符合下列规定：

1 整体倾斜观测点，宜布设在建（构）筑物竖轴线或其平行线的顶部和底部，分层倾斜观测点宜分层布设高低点。

2 观测标志，可采用固定标志、反射片或建（构）筑物的特征点。

3 观测精度，宜采用三等水平位移观测精度。

4 观测方法，可采用经纬仪投点法、前方交会法、正锤线法、激光准直法、差异沉降法、倾斜仪测记法等。

10.5.10 当建（构）筑物出现裂缝且裂缝不断发展时，应进行建筑裂缝观测。裂缝观测，应满足本规范 10.4.12 条的要求。

10.5.11 当建（构）筑物因日照引起的变形较大或工程需要时，应进行日照变形观测且符合下列规定：

1 变形观测点，宜设置在监测体受热面不同的高度处。

2 日照变形的观测时间,宜选在夏季的高温天进行。一般观测项目,可在白天时间段观测,从日出前开始定时观测,至日落后停止。

3 在每次观测的同时,应测出监测体向阳面与背阳面的温度,并测定即时的风速、风向和日照强度。

4 观测方法,应根据日照变形的特点、精度要求、变形速率以及建(构)筑物的安全性等指标确定,可采用交会法、极坐标法、激光准直法、正倒垂线法等。

10.6 水工建筑物变形监测

10.6.1 水工建筑物及其附属设施的变形监测项目和内容,应根据水工建筑物结构及布局、基坑深度、水库库容、地质地貌、开挖断面和施工方法等因素综合确定。监测内容应在满足工程需要和设计要求的基础上,可按表10.6.1选择。

表 10.6.1 水工建筑物变形监测项目

阶段	项目	主要监测内容
施工期	高边坡开挖稳定性监测	水平位移、垂直位移、挠度、倾斜、裂缝
	堆石体监测	水平位移、垂直位移
	结构物监测	水平位移、垂直位移、挠度、倾斜、接缝、裂缝
	临时围堰监测	水平位移、垂直位移、挠度
	建筑物基础沉降观测	垂直位移
	近坝区滑坡监测	水平位移、垂直位移、深层位移
运行期	坝体 混凝土坝	水平位移、垂直位移、挠度、倾斜、坝体表面接缝、裂缝、应力、应变等
	坝体 土石坝	水平位移、垂直位移、挠度、倾斜、裂缝等
	坝体 灰坝、尾矿坝	水平位移、垂直位移
	坝体 堤坝	水平位移、垂直位移
	涵闸、船闸	水平位移、垂直位移、挠度、裂缝、张合变形等
	库首区、库区 滑坡体	
	库首区、库区 地质软弱层	水平位移、垂直位移、深层位移、裂缝
	库首区、库区 跨断裂(断层)	
	库首区、库区 高边坡	

10.6.2 施工期变形监测的精度要求,不应超过表10.6.2的规定。

表10.6.2 施工期变形监测的精度要求

项目名称	位移量中误差(mm)		备 注
	平面	高程	
高边坡开挖稳定性监测	3	3	岩石边坡
	5	5	岩土混合或土质边坡
堆石体监测	5	5	
结构物监测	根据设计要求确定		
临时围堰监测	5	10	
建筑物基础沉降观测	—	3	
裂缝观测	1	—	混凝土筑物、大型金属构件
	3	—	其他结构
近坝区滑坡监测	3	3	岩体滑坡体
	5~6	5	岩土混合或土质滑坡体

注:1 临时围堰位移量中误差是指相对于围堰轴线,裂缝观测是指相对于观测线,其他项目是指相对于工作基点而言。
2 垂直位移观测,应采用水准测量;受客观条件限制时,也可采用电磁波测距三角高程测量。

10.6.3 混凝土水坝变形监测的精度要求,不应超过表10.6.3的规定。

表10.6.3 混凝土水坝变形监测的精度要求

项 目			测量中误差
水平位移(mm)	坝体	重力坝、支墩坝	1.0
		拱坝 径向	2.0
		拱坝 切向	1.0
	坝基	重力坝、支墩坝	0.3
		拱坝 径向	1.0
		拱坝 切向	0.5
垂直位移(mm)			1.0
挠度(mm)			0.3
倾斜(″)	坝体		5.0
	坝基		1.0
坝体表面接缝、裂缝(mm)			0.2

注:1 中小型混凝土水坝的水平位移监测精度,可放宽1倍执行;土石坝,可放宽2倍执行。
2 中小型水坝的垂直位移监测精度,小型混凝土坝不应超过2mm,中型土石坝不应超过3mm,小型土石坝不应超过5mm。

10.6.4 水坝坝体变形观测点的布设,应符合下列规定:

1 坝体的变形观测点，宜沿坝轴线的平行线布设。点位宜设置在坝顶和其他能反映坝体变形特征的部位；在关键断面、重要断面及一般断面上，应按断面走向相应布点。

2 混凝土坝每个坝段，应至少设立1个变形观测点；土石坝变形观测点，可均匀布设，点位间距不应超过50m。

3 有廊道的混凝土坝，可将变形观测点布设在基础廊道和中间廊道内。

4 水平位移与垂直位移变形观测点，可共用同一桩位。

10.6.5 水坝的变形监测周期，应符合下列规定：

1 坝体施工过程中，应每半个月或每个月观测1次。

2 坝体竣工初期，应每个月观测1次；基本稳定后，宜每3个月观测1次。

3 土坝宜在每年汛前、汛后各观测1次。

4 当出现下列情况之一时，应及时增加观测次数：

1) 水库首次蓄水或蓄水排空。
2) 水库达到最高水位或警戒水位。
3) 水库水位发生骤变。
4) 位移量显著增大。
5) 对大坝变形影响较大的高低温气象天气。
6) 库区发生地震。

10.6.6 灰坝、尾矿坝的变形监测，可根据水坝的技术要求适当放宽执行。

10.6.7 堤坝工程在施工期和运行期的变形监测内容、精度和观测周期，应根据堤防工程的级别、堤形、设计要求和水文、气象、地形、地质等条件合理确定。

10.6.8 大型涵闸除进行位移监测外，还应进行闸门、闸墙的张合变形监测。监测中误差不应超过1.0mm。大型涵闸的变形观测点，应布设在闸墙两边和闸门附近等位置。

10.6.9 库首区、库区地质缺陷、跨断裂及地震灾害监测，应符合下列规定：

1 库首区、库区地质缺陷监测的对象包括滑坡体、地质软弱层、施工形成的高边坡等。其监测项目、点位布设和观测周期，按本章10.9节的有关规定执行。

2 跨断裂及地震灾害监测，应结合地震台网的分布及区域地质资料进行，并满足下列要求：

1) 监测点位，应布设在地质断裂带的两侧；点位间距，根据需要合理确定。必要时还应进行平洞监测。
2) 变形监测宜采用三角形网、GPS网、水准测量、精密测（量）距、裂缝观测等方法。重要监测项目，变形观测点的点位和高程中误差不应超过1.0mm；普通监测项目，精度可适当放宽。
3) 监测周期，应按不同监测区域的重要性和危害程度分别确定。对于重要的、变形速率较快的监测体，宜每周观测1次；变形速率较小时，其监测周期可适当加大。

10.7 地下工程变形监测

10.7.1 地下工程变形监测项目和内容，应根据埋深、地质条件、地面环境、开挖断面和施工方法等因素综合确定。监测内容应根据工程需要和设计要求，按表10.7.1选择。应力监测和地下水位监测选项，应满足工程监控和变形分析的需要。

表10.7.1 地下工程变形监测项目

阶段	项目		主要监测内容
地下工程施工阶段	地下建（构）筑物基坑	支护结构 位移监测	支护结构水平侧向位移、垂直位移
			立柱水平位移、垂直位移
		挠度监测	桩墙挠曲
		应力监测	桩墙侧向水土压力和桩墙内力、支护结构界面上侧向压力、水平支撑轴力
	地基	位移监测	基坑回弹、分层地基土沉降
		地下水	基坑内外地下水位
	地下建（构）筑物	结构、基础 位移监测	主要柱基、墩台的垂直位移、水平位移、倾斜
			连续墙水平侧向位移、垂直位移、倾斜
			建筑裂缝
			底板垂直位移
		挠度监测	桩墙（墙体）挠曲、梁体挠度
		应力监测	侧向地层抗力及地基反力、地层压力、静水压力及浮力

续表10.7.1

阶段	项目		主要监测内容
地下工程施工阶段	地下隧道	隧道结构 位移监测	隧道拱顶下沉、隧道底面回弹、衬砌结构收敛变形
			衬砌结构裂缝
			围岩内部位移
		挠度监测	侧墙挠曲
		地下水	地下水位
		应力监测	围岩压力及支护间应力、锚杆内力和抗拔力、钢筋格栅拱架内力及外力、衬砌内应力及表面应力
	受影响的地面建（构）筑物、地表沉陷、地下管线	地表面地面建（构）筑物地下管线 位移监测	地表沉陷
			地面建筑物水平位移、垂直位移、倾斜
			地面建筑裂缝
			地下管线水平位移、垂直位移
			土体水平位移
		地下水	地下水位
地下工程运营阶段	地下建（构）筑物	结构、基础 位移监测	主要柱基、墩台的垂直位移、水平位移、倾斜
			连续墙水平侧向位移、垂直位移、倾斜
			建筑裂缝
			底板垂直位移
		挠度监测	连续墙挠曲、梁体挠度
		地下水	地下水位
	地下隧道	结构、基础 位移监测	衬砌结构变形
			衬砌结构裂缝
			拱顶下沉
			底板垂直位移
		挠度监测	侧墙挠曲

10.7.2 地下工程变形监测的精度，应根据工程需要和设计要求合理确定，并符合下列规定：

1 重要地下建（构）筑物的结构变形和地基基础变形，宜采用二等精度；一般的结构变形和基础变形，可采用三等精度。

2 重要的隧道结构、基础变形，可采用三等精度；一般的结构、基础变形，可采用四等精度。

3 受影响的地面建（构）筑物的变形监测精度，应符合表10.1.3的规定。地表沉陷和地下管线变形的监测精度，不低于三等。

10.7.3 地下工程变形监测的周期，应符合下列规定：

1 地下建（构）筑物的变形监测周期应根据埋深、岩土工程条件、建筑结构和施工进度确定。

2 隧道变形监测周期，应根据隧道的施工方法、支护衬砌工艺、横断面的大小以及隧道的岩土工程条件等因素合理确定。

当采用新奥法施工时，新设立的拱顶下沉变形观测点，其初始观测值应在隧道下次掘进爆破前获取。变形观测周期，应符合表10.7.3-1的规定。

表10.7.3-1 新奥法施工拱顶下沉变形监测的周期

阶段	0～15天	16～30天	31～90天	>90天
周期	每日观测1～2次	每2日观测1次	每周观测1～2次	每月观测1～3次

当采用盾构法施工时，对不良地质构造、断层和衬砌结构裂缝较多的隧道断面的变形监测周期，在变形初期宜每天观测1次，变形相对稳定后可适当延长，稳定后可终止观测。

3 对于基坑周围建（构）筑物的变形监测，应在基坑开始开挖或降水前进行初始观测，回填完成后可终止观测。其变形监测宜与基坑变形监测同步。

4 对于受隧道施工影响的地面建（构）筑物、

地表、地下管线等的变形监测，应在开挖面距前方监测体 $H+h$（H 为隧道埋深，单位为 m；h 为隧道高度，单位为 m）时进行初始观测。观测初期，宜每天观测 1～2 次，相对稳定后可适当延长监测周期，恢复稳定后可终止观测。

当采用新奥法施工时，其地面建（构）筑物、地表沉陷的观测周期应符合表 10.7.3-2 的规定。

表 10.7.3-2 新奥法施工地面建（构）筑物、地表沉陷的观测周期

监测体或监测断面距开挖工作面的前、后距离	$L<2B$	$2B\leq L<5B$	$L\geq 5B$
周 期	每日观测 1～2 次	每 2 日观测 1 次	每周观测 1 次

注：1 表中 L 为监测体或监测断面距开挖工作面的前、后距离，单位为 m；B 为开挖面宽度，单位为 m。
　　2 新奥法施工时，当地面建（构）筑物、地表沉陷观测 3 个月后，可根据变形情况将观测周期调整为每月观测 1 次，直到恢复稳定为止。

　　5 地下工程施工期间，当监测体的变形速率明显增大时，应及时增加观测次数；当变形量接近预警值或有事故征兆时，应持续观测。

　　6 地下工程在运营初期，第一年宜每季度观测一次，第二年宜每半年观测一次，以后宜每年观测 1 次，但在变形显著时，应及时增加观测次数。

10.7.4 地下工程基坑变形监测的主要技术要求，应符合本规范第 10.5.3 条第 1～4 款的规定；应力监测的计量仪表，应满足测试要求的精度；基坑回弹、分层地基土和地下水位的监测，应分别符合本规范第 10.5.4～10.5.6 条的规定。

10.7.5 地下建（构）筑物的变形监测，应符合下列规定：

　　1 水平位移观测的基准点，宜布设在地下建（构）筑物的出入口附近或地下工程的隧道内的稳定位置。工作基点，应设置在底板的稳定区域且不少于 3 点；变形观测点，应布设在变形比较敏感的柱基、墩台和梁体上；水平位移观测，宜采用交会法、视准线法等。

　　2 垂直位移观测的基准点，应选在地下建（构）筑物的出入口附近不受沉降影响的区域，也可将基准点选在地下工程的隧道横洞内，必要时应设立深层钢管标，基准点个数不应少于 3 点；变形观测点应布设在主要的柱基、墩台、地下连续墙墙体、地下建筑底板上；垂直位移观测宜采用水准测量方法或静力水准测量方法，精度要求不高时也可采用电磁波测距三角高程测量方法。

10.7.6 隧道的变形监测，应符合下列规定：

　　1 隧道的变形监测，应对距离开挖面较近的隧道断面、不良地质构造、断层和衬砌结构裂缝较多的隧道断面的变形进行监测。

　　2 隧道内的基准点，应埋设在变形区外相对稳定的地方或隧道横洞内。必要时，应设立深层钢管标。

　　3 变形观测点应按断面布设。当采用新奥法施工时，其断面间距宜为 10～50m，点位应布设在隧道的顶部、底部和两腰，必要时可加密布设，新增设的监测断面宜靠近开挖面。当采用盾构法施工时，监测断面应选择并布设在不良地质构造、断层和衬砌结构裂缝较多的部位。

　　4 隧道拱顶下沉和底面回弹，宜采用水准测量方法。

　　5 衬砌结构收敛变形，可采用极坐标法测量，也可采用收敛计进行监测。

10.7.7 地下建筑物的建筑裂缝观测，按本规范第 10.4.12 条的要求执行。

10.7.8 地下建（构）筑物、地下隧道在施工和运营初期，还应对受影响的地面建（构）筑物、地表、地下管线等进行同步变形测量，并符合下列规定：

　　1 地面建（构）筑物的垂直位移变形观测点应布设在建筑物的主要柱基上，水平位移变形观测点宜布设在建筑物外墙的顶端和下部等变形敏感的部位。点位间距以 15～20m 为宜。

　　2 地表沉陷变形观测点应布设在地下工程的变形影响区内。新奥法隧道施工时，地表沉陷变形观测点，应沿隧道地面中线呈横断面布设，断面间距宜为 10～50m，两侧的布点范围宜为隧道深度的 2 倍，每个横断面不少于 5 个变形观测点。

　　3 变形区内的燃气、上水、下水和热力等地下管线的变形观测点，宜设立在管顶或检修井的管道上。变形观测点可采用抱箍式和套筒式标志；当不能在管线上直接设点时，可在管线周围土体中埋设位移传感器间接监测管线的变形。

　　4 变形观测宜采用水准测量方法、极坐标法、交会法等。

10.7.9 地下工程变形监测的各种传感器，应布设在不良地质构造、断层、衬砌结构裂缝较多和其他变形敏感的部位，并与水平位移和垂直位移变形观测点相协调；应力、应变监测的主要技术要求，应符合本规范第 10.4.16 条的规定。

10.7.10 地下工程运营期间，变形监测的内容可适当减少，监测周期也可相应延长，但必须满足运营安全监控的需要。其主要技术要求与施工期间相同。

10.8 桥梁变形监测

10.8.1 桥梁变形监测的内容，应根据桥梁结构类型按表 10.8.1 选择。

表 10.8.1 桥梁变形监测项目

类型	施工期主要监测内容	运营期主要监测内容
梁式桥	桥墩垂直位移 悬臂法浇筑的梁体水平、垂直位移 悬臂法安装的梁体水平、垂直位移 支架法浇筑的梁体水平、垂直位移	桥墩垂直位移 桥面水平、垂直位移
拱桥	桥墩垂直位移 装配式拱圈水平、垂直位移	桥墩垂直位移 桥面水平、垂直位移
悬索桥斜拉桥	索塔倾斜、塔顶水平位移、塔基垂直位移 主缆线性形变（拉伸变形） 索夹滑动位移 梁体水平、垂直位移 散索鞍相对转动 锚碇水平、垂直位移	索塔倾斜、垂直位移 桥面水平、垂直位移
桥梁两岸边坡	桥梁两岸边坡水平、垂直位移	桥梁两岸边坡水平、垂直位移

10.8.2 桥梁变形监测的精度，应根据桥梁的类型、结构、用途等因素综合确定，特大型桥梁的监测精度，不宜低于二等，大型桥梁不宜低于三等，中小型桥梁可采用四等。

10.8.3 变形监测可采用 GPS 测量、极坐标法、精密测（量）距、导线测量、前方交会法、正垂线法、电垂直梁法、水准测量等。

10.8.4 大型桥梁的变形监测，必要时应同步观测梁体和桥墩的温度、水位和流速、风力和风向。

10.8.5 桥梁变形观测点的布设，应满足下列要求：

1 桥墩的垂直位移变形观测点，宜沿桥墩的纵、横轴线布设在外边缘，也可布设在墩面上。每个桥墩的变形观测点数，视桥墩大小布设1～4点。

2 梁体和构件的变形观测点，宜布设在其顶板上。每块箱体或板块，宜按左、中、右分别布设三点；构件的点位宜布设在其1/4、1/2、3/4处。

悬臂法浇筑或安装梁体的变形观测点，宜沿梁体纵向轴线或两侧边缘分别布设在每段梁体的前端和后端。

支架法浇筑梁体的变形观测点，可沿梁体纵向轴线或两侧边缘布设在每个桥墩和墩间梁体的1/2、1/4处。

装配式拱架的变形观测点，可沿拱架纵向轴线布设在每段拱架的两端和拱架的1/2处。

3 索塔垂直位移变形观测点，宜布设在索塔底部的四角；索塔倾斜变形观测点，宜在索塔的顶部、中部和下部并沿索塔横向轴线对称布设。

4 桥面变形观测点，应在桥墩（索塔）和墩间均匀布设，点位间距以 10～50m 为宜。大型桥梁，应沿桥面的两侧布点。

5 桥梁两岸边坡变形观测点，宜成排布设在边坡的顶部、中部和下部，点位间距以 10～20m 为宜。

10.8.6 桥梁施工期的变形监测周期，应根据桥梁的类型、施工工序、设计要求等因素确定。

10.8.7 桥梁运营期的变形监测，每年应观测 1 次。也可在每年的夏季和冬季各观测 1 次。当洪水、地震、强台风等自然灾害发生时，应适当增加观测次数。

10.9 滑坡监测

10.9.1 滑坡监测的内容，应根据滑坡危害程度或防治工程等级，按表 10.9.1 选择。

表 10.9.1 滑坡监测内容

类型	阶段	主要监测内容
滑坡	前期	地表裂缝
	整治期	地表的水平位移和垂直位移、深部钻孔测斜、土体或岩体应力、水位
	整治后	地表的水平位移和垂直位移、深部钻孔测斜、地表倾斜、地表裂缝、土体或岩体应力、水位

注：滑坡监测，必要时还应监测区域的降雨量和进行人工巡视。

10.9.2 滑坡监测的精度，不应超过表 10.9.2 的规定。

表 10.9.2 滑坡监测的精度要求

类型	水平位移监测的点位中误差（mm）	垂直位移监测的高程中误差（mm）	地表裂缝的观测中误差（mm）
岩质滑坡	6	3.0	0.5
土质滑坡	12	10	5

10.9.3 滑坡水平位移观测，可采用交会法、极坐标法、GPS 测量和多摄站摄影测量方法；深层位移观测，可采用深部钻孔测斜方法。垂直位移观测，可采用水准测量和电磁波测距三角高程测量方法。地表裂缝观测，可采用精密测（量）距方法。

10.9.4 滑坡监测变形观测点位的布设，应符合下列规定：

1 对已明确主滑方向和滑动范围的滑坡，监测网可布设成十字形和方格形，其纵向应沿主滑方向，横向应垂直于主滑方向；对主滑方向和滑动范围不明确的滑坡，监测网宜布设成放射形。

2 点位应选在地质、地貌的特征点上。

3 单个滑坡体的变形观测点不宜少于 3 点。

4 地表变形观测点，宜采用有强制对中装置的墩标，困难地段也应设立固定照准标志。

10.9.5 滑坡监测周期，宜每月观测一次。并可根据旱、雨季或滑移速度的变化进行适当调整。

邻近江河的滑坡体，还应监测水位变化。水位监测次数，不应少于变形观测的次数。

10.9.6 滑坡整治后的监测期限，当单元滑坡内所有监测点三年内变化不显著并预计若干年内周边环境无重大变化时，可适当延长监测周期或结束阶段性监测。

10.9.7 工程边坡和高边坡监测的点位布设，可根据边坡的高度，按上中下成排布点。其监测方法、监测精度和监测周期与滑坡监测的基本要求一致。

10.10 数据处理与变形分析

10.10.1 对变形监测的各项原始记录，应及时整理、检查。

10.10.2 监测基准网的数据处理，应符合下列规定：

1 观测数据的改正计算、检核计算和数据处理方法，按本规范第3、4章的相关规定执行。

2 规模较大的网，还应对观测值、坐标和高程值、位移量进行精度评定。

3 监测基准网平差的起算点，必须是经过稳定性检验合格的点或点组。监测基准网点位稳定性的检验，可采用下列方法进行：

   1) 采用最小二乘测量平差的检验方法。复测的平差值与首次观测的平差值较差 Δ，在满足 (10.10.2) 式要求时，可认为点位稳定。

$$\Delta < 2\mu\sqrt{2Q} \quad (10.10.2)$$

式中 Δ——平差值较差的限值；
μ——单位权中误差；
Q——权系数。

   2) 采用数理统计检验方法。
   3) 采用1)、2)项相结合的方法。

10.10.3 变形监测网观测数据的改正计算和检核计算，应符合本节10.10.2条第1、2款的规定；监测网的数据处理，可采用最小二乘法进行平差。

10.10.4 变形监测数据处理中的数值取位要求，应符合表10.10.4的规定。

表 10.10.4 数据处理中的数值取位要求

等级	方向值 (″)	边长 (mm)	坐标 (mm)	高程 (mm)	水平位移量 (mm)	垂直位移量 (mm)
一、二等	0.01	0.1	0.1	0.01	0.1	0.01
三、四等	0.10	1.0	1.0	0.10	1.0	0.10

10.10.5 监测项目的变形分析，对于较大规模的或重要的项目，宜包括下列内容；较小规模的项目，至少应包括本条第1～3款的内容。

1 观测成果的可靠性。

2 监测体的累计变形量和两相邻观测周期的相对变形量分析。

3 相关影响因素（荷载、气象和地质等）的作用分析。

4 回归分析。

5 有限元分析。

10.10.6 变形监测项目，应根据工程需要，提交下列有关资料：

1 变形监测成果统计表。

2 监测点位置分布图；建筑裂缝位置及观测点分布图。

3 水平位移量曲线图；等沉降曲线图（或沉降曲线图）。

4 有关荷载、温度、水平位移量相关曲线图；荷载、时间、沉降量相关曲线图；位移（水平或垂直）速率、时间、位移量曲线图。

5 其他影响因素的相关曲线图。

6 变形监测报告。

附录 A 精度要求较高工程的中误差评定方法

A.0.1 对于精度要求较高的工程，且多余观测数小于20时，可按本附录的方法评定观测精度。

A.0.2 评定对象的中误差，应按（A.0.2）式计算：

$$\sigma = K_M m \quad (A.0.2)$$

式中 σ——评定对象的中误差（母体中误差估值）；
K_M——观测中误差修正系数；
m——由观测数据计算的中误差（子样中误差）。

A.0.3 评定对象的中误差值，应满足（A.0.3）式要求：

$$\sigma \leq \sigma_0 \quad (A.0.3)$$

式中 σ_0——本规范规定的评定对象的中误差值。

A.0.4 观测中误差修正系数，应根据多余观测个数 n 按表 A.0.4 选取。

表 A.0.4 观测中误差修正系数表

多余观测个数（或自由度）n	K_M 值
1	2.22
2	1.47
3	1.29
4	1.20
5	1.15
6	1.12
7	1.10
8	1.08
9	1.07
10	1.05
11	1.04
12	1.04
13	1.03
14	1.02
15	1.02
16	1.01

续表 A.0.4

多余观测个数（或自由度）n	K_M 值
17	1.01
18	1.01
19	1.00
20	1

附录 B 平面控制点标志及标石的埋设规格

B.1 平面控制点标志

B.1.1 二、三、四等平面控制点标志可采用磁质或金属等材料制作，其规格如图 B.1.1 和图 B.1.2 所示。

B.1.2 一、二级平面控制点及三级导线点、埋石图根点等平面控制点标志可采用 $\phi14\sim\phi20$mm、长度为 $30\sim40$cm 的普通钢筋制作，钢筋顶端应锯"十"字标记，距底端约 5cm 处应弯成勾状。

B.2 平面控制点标石埋设

B.2.1 二、三等平面控制点标石规格及埋设结构图，如图 B.2.1 所示，柱石与盘石间应放 $1\sim2$cm 厚粗砂，两层标石中心的最大偏差不应超过 3mm。

B.2.2 四等平面控制点可不埋盘石，柱石高度应适当加大。

B.2.3 一、二级平面控制点标石规格及埋设结构图，如图 B.2.3 所示。

B.2.4 三级导线点、埋石图根点的标石规格及埋设，可参照图 B.2.3 略缩小或自行设计。

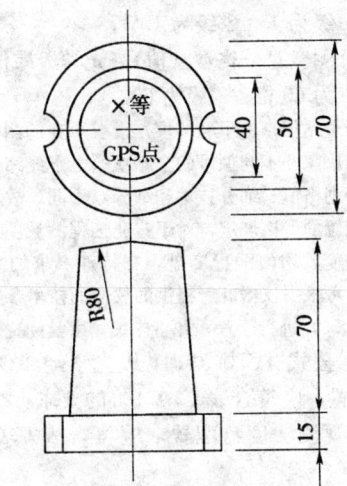

图 B.1.1 磁质标志图（mm）

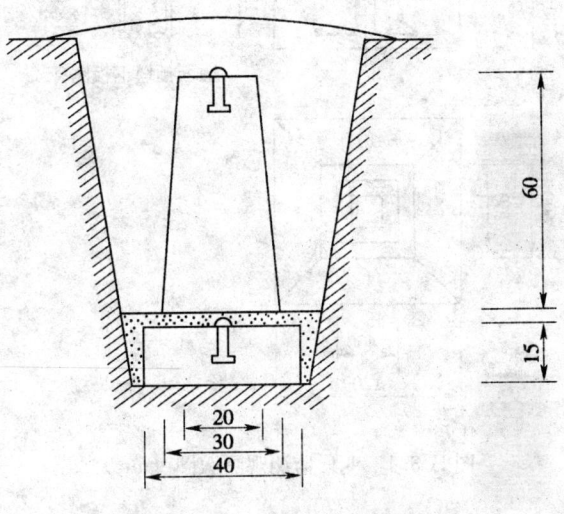

图 B.2.1 二、三等平面控制点标石埋设图（cm）

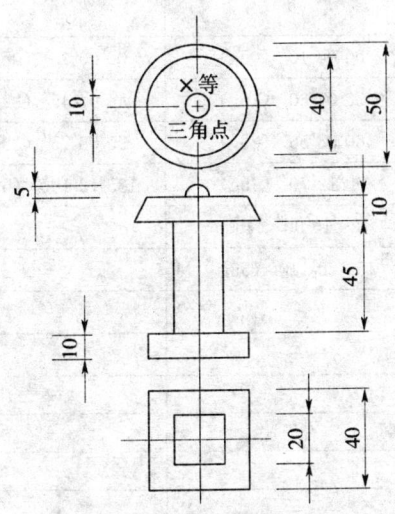

图 B.1.2 金属标志图（mm）

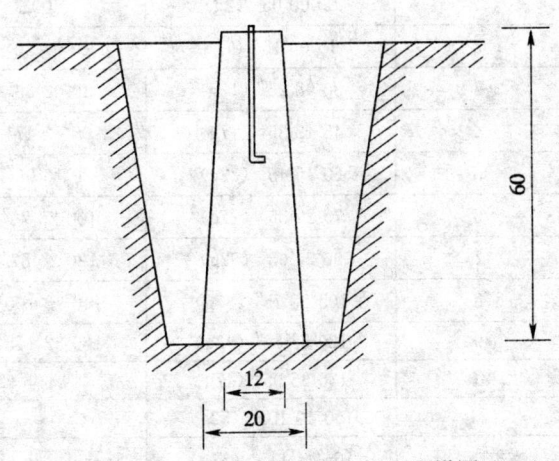

图 B.2.3 一、二级平面控制点标石埋设图（cm）

B.3 变形监测观测墩结构图

B.3.1 变形监测观测墩制作规格,如图 B.3.1 所示。
B.3.2 墩面尺寸可根据强制归心装置尺寸确定。

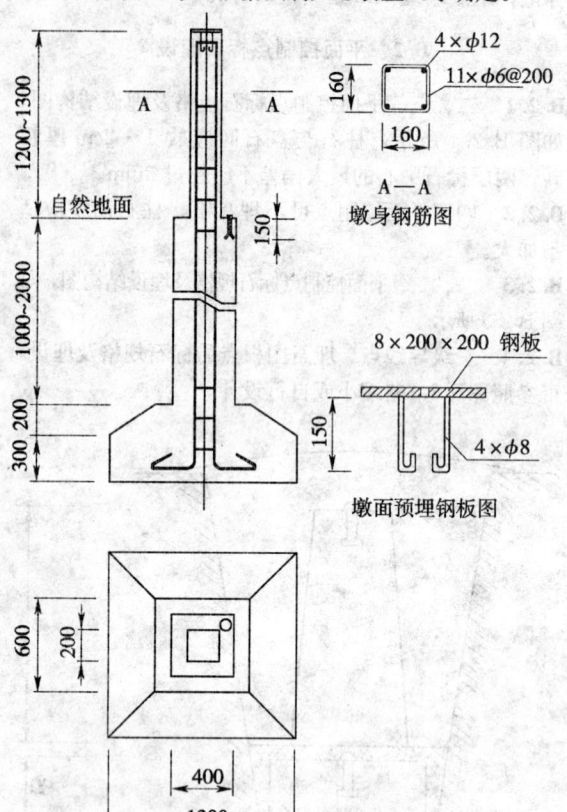

图 B.3.1 变形监测观测墩图(mm)

附录C 方向观测法度盘和测微器位置变换计算公式

C.0.1 光学经纬仪、编码式测角法和增量式测角法全站仪(或电子经纬仪)在进行方向法多测回观测时,应配置度盘。

C.0.2 采用动态式测角系统的全站仪或电子经纬仪不需进行度盘配置。

C.0.3 度盘和测微器位置变换计算公式:

$$\sigma=\frac{180°}{m}(j-1)+i(j-1)+\frac{\omega}{m}\left(j-\frac{1}{2}\right) \quad (C.0.3)$$

式中 σ——度盘和测微器位置变换值(° ′ ″);
m——测回数;
j——测回序号;
i——度盘最小间隔分划值(光学经纬仪的1″级为4′,2″级为10′);
ω——测微盘分格数(值)(光学经纬仪的1″级为60格;2″级为600″)。

注:由于全站仪(电子经纬仪)没有单独的测微器,且不同厂家和不同型号的全站仪(电子经纬仪)度盘的分划格值、细分技术和细分数不同,故不做测微器配置的严格规定,对于普通工程测量项目,只要求按度数均匀配置度盘。有特殊要求的高精度项目,可根据仪器商所提供的仪器的技术参数按公式(C.0.3)进行配置,并事先编制度盘配置表。

C.0.4 根据公式(C.0.3),1″级光学经纬仪方向观测法度盘配置,应符合表 C.0.4-1 的要求;2″级光学经纬仪方向观测法度盘配置,应符合表 C.0.4-2 的要求。

表 C.0.4-1 1″级光学经纬仪方向观测度盘配置表

测回序号\测回数	12	9	6	4
1	00°00′05″ (2g)	00°00′7″ (3g)	00°00′10″ (05g)	00°00′15″ (08g)
2	15°04′15″ (7g)	20°04′20″ (10g)	30°04′30″ (15g)	45°04′45″ (22g)
3	30°08′25″ (12g)	40°08′33″ (17g)	60°08′50″ (25g)	90°08′75″ (38g)
4	45°12′35″ (17g)	60°12′47″ (23g)	90°12′70″ (35g)	135°12′105″ (52g)
5	60°16′45″ (22g)	80°16′60″ (30g)	120°16′90″ (45g)	—
6	75°20′55″ (27g)	100°20′73″ (37g)	150°20′110″ (55g)	—
7	90°24′65″ (32g)	120°24′87″ (43g)	—	—
8	105°28′75″ (37g)	140°28′100″ (50g)	—	—
9	120°32′85″ (42g)	160°32′113″ (57g)	—	—
10	135°36′95″ (47g)	—	—	—
11	150°40′105″ (52g)	—	—	—
12	165°44′115″ (57g)	—	—	—

表 C.0.4-2　2″级光学经纬仪方向观测度盘配置表

测回序号 \ 测回数	9	6	3	2
1	00°00′33″	00°00′50″	00°01′40″	00°02′30″
2	20°11′40″	30°12′30″	60°15′00″	90°17′30″
3	40°22′47″	60°24′10″	120°28′20″	—
4	60°33′53″	90°35′50″	—	—
5	80°45′00″	120°47′30″	—	—
6	100°56′07″	150°59′10″	—	—
7	120°07′13″	—	—	—
8	140°18′20″	—	—	—
9	160°29′27″	—	—	—
10	—	—	—	—
11	—	—	—	—
12	—	—	—	—

附录 D　高程控制点标志及标石的埋设规格

D.1　高程控制点标志

D.1.1　二、三、四等水准点标志可采用磁质或金属等材料制作，其规格如图 D.1.1-1 和图 D.1.1-2 所示。

D.1.2　三、四等水准点及四等以下高程控制点也可利用平面控制点点位标志。

D.1.3　墙脚水准点标志制作和埋设规格结构图，如图 D.1.3 所示。

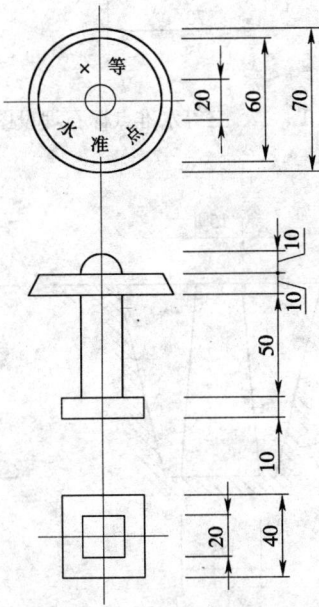

图 D.1.1-2　金属标志图（mm）

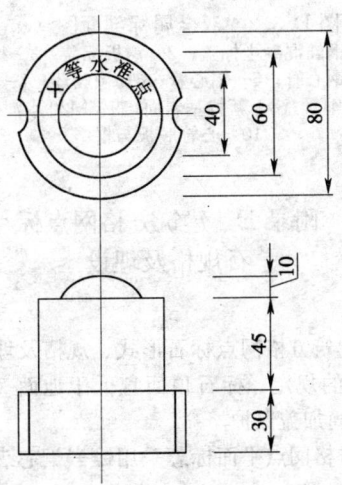

图 D.1.1-1　磁质标志图（mm）

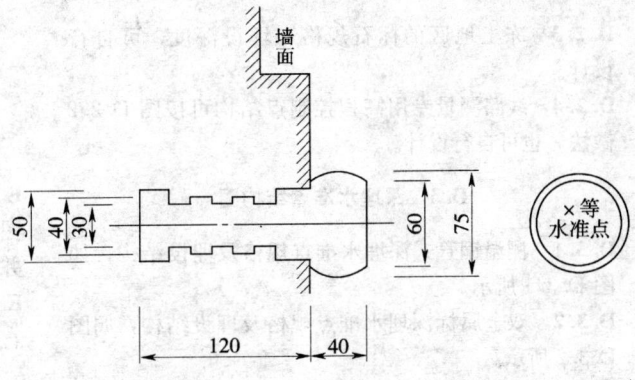

图 D.1.3　墙角水准点标志图（mm）

1—57

D.2 水准点标石埋设

D.2.1 二、三等水准点标石规格及埋设结构，如图D.2.1所示。

D.2.2 四等水准点标石的埋设规格结构，如图D.2.2所示。

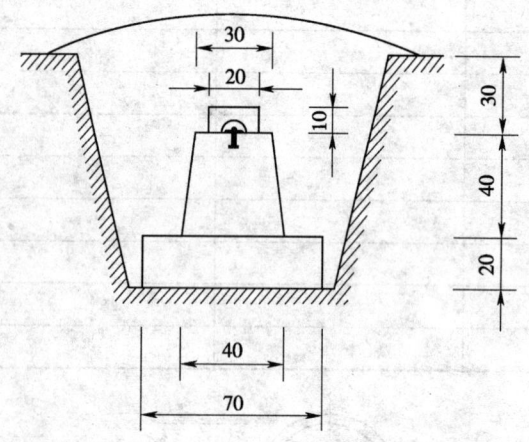

图 D.2.1 二、三等水准点标石埋设图（cm）

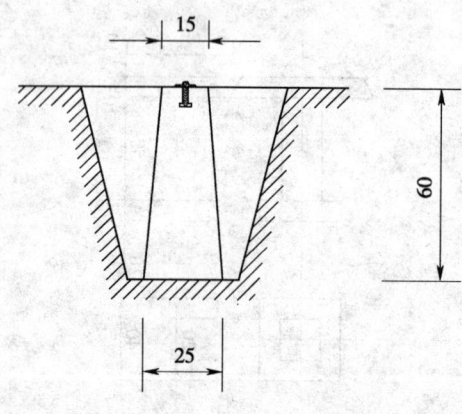

图 D.2.2 四等水准点标石埋设图（cm）

D.2.3 冻土地区的标石规格和埋设深度，可自行设计。

D.2.4 线路测量专用高程控制点结构可按图D.2.2做法，也可自行设计。

D.3 深埋水准点结构图

D.3.1 测温钢管式深埋水准点规格及埋设结构，如图D.3.1所示。

D.3.2 双金属标深埋水准点规格及埋设结构，如图D.3.2所示。

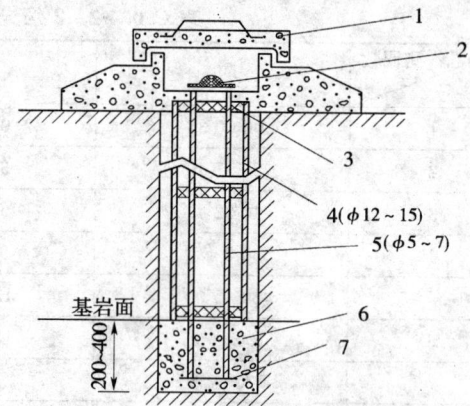

图 D.3.1 测温钢管标剖面图（cm）
1—标盖；2—标心（有测温孔）；3—橡胶环；4—钻孔保护钢管；5—心管（钢管）；6—混凝土（或M20水泥砂浆）；7—心管封底钢板与根络

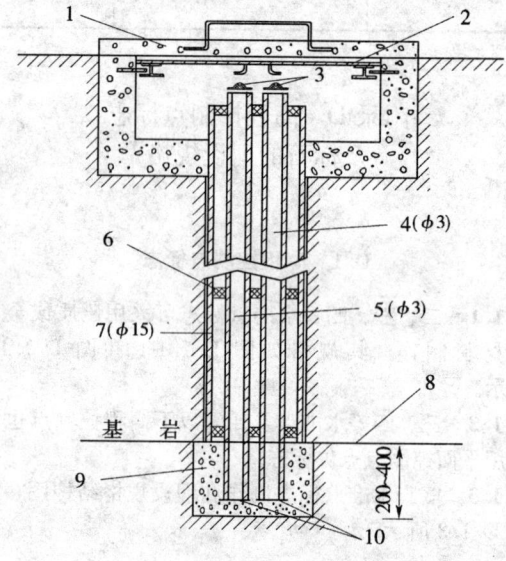

图 D.3.2 双金属标剖面图（cm）
1—钢筋混凝土标盖；2—钢板标盖；3—标心；4—钢心管；5—铝心管；6—橡胶环；7—钻孔保护钢管；8—新鲜基岩面；9—M20水泥砂浆；10—心管底板与根络

附录 E 建筑方格网点标石规格及埋设

E.0.1 建筑方格网点标石形式、规格及埋设应符合图E.0.1的规定，标石顶面宜低于地面20～40cm，并砌筑井筒加盖保护。

E.0.2 方格网点平面标志采用镶嵌铜芯表示，铜芯直径应为1～2mm。

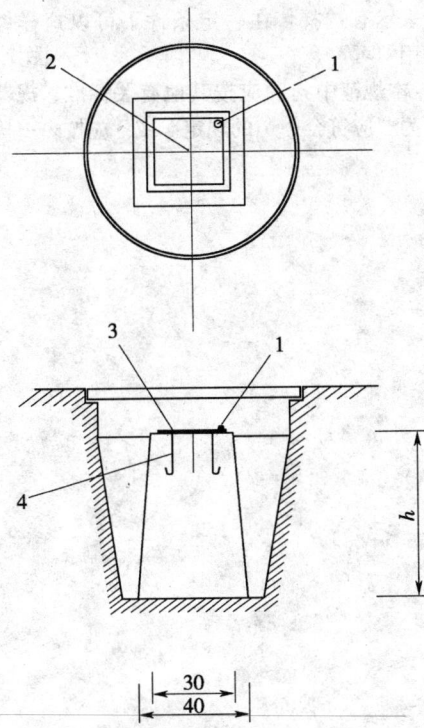

图 E.0.1 建筑方格网点标志规格、
形式及埋设图（cm）

1—ϕ20mm铜质半圆球高程标志；2—ϕ1～ϕ2mm铜芯平面标志；3—200mm×200mm×5mm 标志钢板；4—钢筋爪；
h—为埋设深度，根据地冻线和场地平整的设计高程确定

附录 F 建（构）筑物主体倾斜率和按差异沉降推算主体倾斜值的计算公式

F.0.1 建（构）筑物主体的倾斜率，应按（F.0.1）式计算。

$$i = \tan\alpha = \frac{\Delta D}{H} \quad (F.0.1)$$

式中 i——主体的倾斜率；
ΔD——建（构）筑物顶部观测点相对于底部观测点的偏移值（m）；
H——建（构）筑物的高度（m）；
α——倾斜角（°）。

F.0.2 按差异沉降推算主体的倾斜值，应按（F.0.2）式计算。

$$\Delta D = \frac{\Delta S}{L} H \quad (F.0.2)$$

式中 ΔD——倾斜值（m）；
ΔS——基础两端点的沉降差（m）；
L——基础两端点的水平距离（m）；
H——建（构）筑物的高度（m）。

附录 G 基础相对倾斜值和基础挠度计算公式

G.0.1 基础相对倾斜值，应按（G.0.1）式进行计算。

$$\Delta S_{AB} = \frac{S_A - S_B}{L} \quad (G.0.1)$$

式中 ΔS_{AB}——基础相对倾斜值；
S_A、S_B——倾斜段两端观测点 A、B 的沉降量（m）；
L——A、B 间的水平距离（m）。

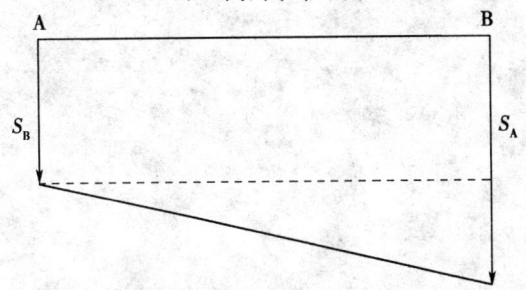

附图 G.0.1 基础的相对倾斜

G.0.2 基础挠度，应按（G.0.2）式计算。

$$f_C = \Delta S_{BC} - \frac{L_1}{L_1 + L_2} \Delta S_{AB} \quad (G.0.2)$$

式中 f_C——基础挠度（m）；
ΔS_{BC}——B、C 两点的沉降差（m）；
ΔS_{AB}——A、B 两点的沉降差（m）；
L_1——B、C 两点间的水平距离（m）；
L_2——A、C 两点间的水平距离（m）。

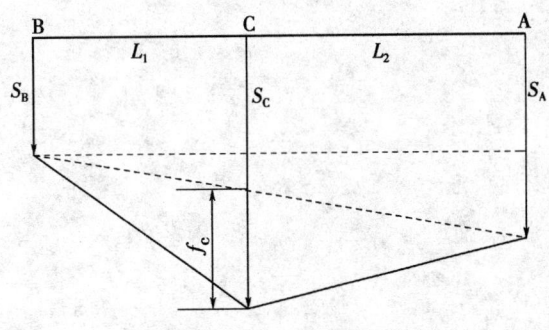

附图 G.0.2 基础的挠度

本规范用词说明

1 为便于在执行本规范条文时区别对待，对要求严格程度不同的用词说明如下：
1）表示很严格，非这样做不可的用词：

正面词采用"必须",反面词采用"严禁"。
  2)表示严格,在正常情况下均应这样做的用词:
    正面词采用"应",反面词采用"不应"或"不得"。
  3)表示允许稍有选择,在条件许可时首先应这样做的用词:

正面词采用"宜",反面词采用"不宜";
    表示有选择,在一定条件下可以这样做的用词,采用"可"。
  2 本规范中指明应按其他有关标准、规范执行的写法为"应符合……的规定"或"应按……执行"。

中华人民共和国国家标准

工程测量规范

GB 50026—2007

条文说明

目 次

1 总则 ····· 1—63
2 术语和符号 ····· 1—64
　2.1 术语 ····· 1—64
　2.2 符号 ····· 1—64
3 平面控制测量 ····· 1—64
　3.1 一般规定 ····· 1—64
　3.2 卫星定位测量 ····· 1—65
　3.3 导线测量 ····· 1—69
　3.4 三角形网测量 ····· 1—73
4 高程控制测量 ····· 1—75
　4.1 一般规定 ····· 1—75
　4.2 水准测量 ····· 1—75
　4.3 电磁波测距三角高程测量 ····· 1—76
　4.4 GPS拟合高程测量 ····· 1—78
5 地形测量 ····· 1—79
　5.1 一般规定 ····· 1—79
　5.2 图根控制测量 ····· 1—81
　5.3 测绘方法与技术要求 ····· 1—82
　5.4 纸质地形图数字化 ····· 1—84
　5.5 数字高程模型（DEM） ····· 1—85
　5.6 一般地区地形测图 ····· 1—85
　5.7 城镇建筑区地形测图 ····· 1—86
　5.8 工矿区现状图测量 ····· 1—86
　5.9 水域地形测量 ····· 1—86
　5.10 地形图的修测与编绘 ····· 1—87
6 线路测量 ····· 1—87
　6.1 一般规定 ····· 1—87
　6.2 铁路、公路测量 ····· 1—87
　6.3 架空索道测量 ····· 1—88
　6.4 自流和压力管线测量 ····· 1—88
　6.5 架空送电线路测量 ····· 1—89
7 地下管线测量 ····· 1—90
　7.1 一般规定 ····· 1—90
　7.2 地下管线调查 ····· 1—90
　7.3 地下管线施测 ····· 1—91
　7.4 地下管线图绘制 ····· 1—91
　7.5 地下管线信息系统 ····· 1—91
8 施工测量 ····· 1—91
　8.1 一般规定 ····· 1—91
　8.2 场区控制测量 ····· 1—92
　8.3 工业与民用建筑施工测量 ····· 1—92
　8.4 水工建筑物施工测量 ····· 1—93
　8.5 桥梁施工测量 ····· 1—94
　8.6 隧道施工测量 ····· 1—95
9 竣工总图的编绘与实测 ····· 1—96
　9.1 一般规定 ····· 1—96
　9.2 竣工总图的编绘 ····· 1—96
　9.3 竣工总图的实测 ····· 1—97
10 变形监测 ····· 1—97
　10.1 一般规定 ····· 1—97
　10.2 水平位移监测基准网 ····· 1—98
　10.3 垂直位移监测基准网 ····· 1—99
　10.4 基本监测方法与技术要求 ····· 1—100
　10.5 工业与民用建筑变形监测 ····· 1—101
　10.6 水工建筑物变形监测 ····· 1—101
　10.7 地下工程变形监测 ····· 1—102
　10.8 桥梁变形监测 ····· 1—103
　10.9 滑坡监测 ····· 1—103
　10.10 数据处理与变形分析 ····· 1—103

1 总 则

1.0.1 本规范是在《工程测量规范》GB 50026—93（以下简称《93规范》）的基础上修订而成的。

《93规范》执行以来，对保证工程测量作业质量，促进测绘事业的发展，起到了应有的作用。十多年来，测绘技术、仪器设备、作业手段发生了很大的变化，因此，在维持《93规范》总体框架基本不变的情况下，对其进行了一次全面修订。增加和补充了已发展成熟的新技术和新经验，调整或删除了《93规范》中某些已不适当、不确切的条款，按新的规范编写规定修改了体例，并与有关规范进行了协调。修订主要体现原则性的和全国通用性的技术要求。因地制宜的具体细节和技术指标，留给相关的行业标准和地方标准规定。

1.0.2 工程建设通常包括勘察、设计、施工、生产运营和维护管理等阶段，每个阶段都需要进行相应的测绘工作。

当工程测量需要采用摄影测量方法时，可按现行国家标准《工程摄影测量规范》GB 50167执行。

1.0.3 关于工程测量的精度衡量标准：

1 根据偶然中误差出现的规律，以二倍中误差作为极限误差时，其误差出现的或然率不大于5%，这样规定是合理的。

2 对精度要求较高的工程，且多余观测数较少时，可采用附录A中数理统计方法计算测量精度，说明如下：

根据数理统计原理中子样中误差与母体方差的χ^2分布关系，

有 $\sigma = m\sqrt{\dfrac{n}{\chi^2}}$ (1)

令 $K_M = \sqrt{\dfrac{n}{\chi^2}}$ (2)

则有 $\sigma = K_M m$ (3)

式中 σ——母体中误差估值（评定对象的中误差）；
K_M——子样中误差的修正系数；
m——子样中误差（由观测数据计算的中误差）；
n——多余观测个数。

令规范规定的中误差为σ_0，则母体中误差估值小于或等于规范规定的中误差的概率为：

$P(\sigma \leqslant k\sigma_0) = P = 1 - \alpha$ (4)

或 $P(\sigma > k\sigma_0) = 1 - P = \alpha$ (5)

式中 α称为显著水平，$1-\alpha$称为置信水平或置信概率。α在数理统计理论中一般的取值为0.1、0.05和0.001。

但α的这种取值，跟工程测量的实际观测特点不尽一致。工程测量是用少量的观测个数算得的中误差（子样中误差）与规范规定的中误差（母体中误差σ_0）进行比较，判别其是否达到要求。

在正态分布的概率统计中，小于1倍中误差（即$k=1$）的概率为0.68268；则$\alpha = 1 - 0.68268 = 0.31732$。

在χ^2检验中，对测量中误差置信概率的取值，应与正态分布的检验相同，即其右尾的σ也应为0.31732。

按（2）式计算的K_M结果见表1。

表1 置信概率为0.68268的K_M值及归算值

自由度（或多余观测个数）n	K_M值	K_M归算值
1	2.4461	2.2244
2	1.6186	1.4718
3	1.4151	1.2868
4	1.3218	1.2020
5	1.2675	1.1526
6	1.2316	1.1200
7	1.2059	1.0966
8	1.1865	1.0789
9	1.1712	1.0650
10	1.1588	1.0538
11	1.1486	1.0444
12	1.1399	1.0366
13	1.1324	1.0298
14	1.1260	1.0239
15	1.1203	1.0188
16	1.1153	1.0142
17	1.1107	1.0101
18	1.1067	1.0064
19	1.1030	1.0030
20	1.0997	1
40	1.0649	—
100	1.0382	—
500	1.0159	—
∞	1	

从表1可以看出，只有当n为无穷大时，K_M为1。也就是说由观测数据统计的子样中误差等于估算的母体中误差，除此之外，所有由观测数据统计的子样中误差均需要修正。

但从测量的角度，多余观测数不可能是无穷多，通常认为多余观测数为20以上时，子样中误差等于估算的母体中误差（其差异小于10%）。即$n=20$时，令$K_M = 1$，按比例将多余观测数小于20的K_M值进行归算，见表1第3列的 K_M 归算值，取其小数两位作为附录A表A.0.4的修正系数。

现以由8个三角形构成的某四等三角形网为例，说明附录A表A.0.4的应用。

如果按8个三角形闭合差算得的测角中误差 m_β 为 $2.3''$（其测角的多余观测数为 $8<20$），则其母体中误差的估算值为：$\sigma=K_M m=1.19\times 2.3''=2.48''<2.5''$，即满足四等三角形网对测角中误差的要求。如果 m_β 为 $2.4''$，则 $\sigma=2.59''>2.5''$ 不能满足四等三角形网对测角中误差的要求。

1.0.4 测量仪器是工程测量的主要工具，其良好的运行状态对工程测量作业至关重要，所以本规范要求对测量仪器和相关设备要加强维护保养、定期检修。

2 术语和符号

2.1 术　语

2.1.1 卫星定位测量的概念，主要是面向多元化的全球空间卫星定位系统而提出的，如美国的GPS、俄罗斯的GLONASS和欧洲的GALILEO等卫星导航定位系统，不仅仅局限于美国的GPS。

工程测量主要采用载波相位观测值进行相对定位。

2.1.2 卫星定位测量控制网，是对应用空间卫星定位技术建立的工程控制网的统称。

2.1.3、2.1.4 本次修订引入三角形网和三角形网测量的统一概念，是对已往的三角网、三边网、边角网的概念综合，也是因为纯粹的三角网、三边网已极少应用，所以不再严加区分。

三角形网测量的含义相对《93规范》中边角网测量的概念有所拓展，即要将所有观测的角度、边长观测值作为观测量看待。

2.1.5 关于测角仪器的分级与命名。

已往工程测量规范的编写，对测角仪器一直沿用我国光学经纬仪的系列划分方法，即划分为DJ05、DJ1、DJ2、DJ6等。随着全站仪、电子经纬仪的普及应用，这一划分方法已显得不够全面。为了规范编写的方便，本次修订采用了大家对常规测量仪器的习惯称谓，并跟原来的划分方法保持一致，在概念上略作拓展。即，测角的 $1''$、$2''$、$6''$ 级仪器分别包括全站仪、电子经纬仪和光学经纬仪，并分别命名为 $1''$ 级仪器、$2''$ 级仪器和 $6''$ 级仪器。

对于其他精度的仪器，如，$3''$、$5''$ 等类型，使用时，按"就低不就高"的原则归类。

2.1.6 关于测距仪器的分级与命名。

本次修订时，取消了《93规范》对测距仪按每千米标称的测距中误差 m_D 的三级（Ⅰ、Ⅱ、Ⅲ）划分方法，而采用按测距仪器的标称精度直接表示，并分为1mm级仪器、5mm级仪器和10mm级仪器三个类别。由于20mm级的仪器已不再生产，作业中也很少使用，故取消了该级别的定义。对精度要求较高的测量项目，有时会采用1mm、2mm的测距仪器，其含义是相同的。

将《93规范》中测距仪的概念拓展为测距仪器，使其涵盖电磁波测距仪和全站仪。

2.1.7 本规范数字地形图的概念涵盖内外业一体化数字测图数字成图所获得的数字地形图（即数字线划图，Digital Line Graphic，缩写DLG）和经原图数字化所获得的数字地形图（即栅格地形图，Digital Raster Graphic，缩写DRG）两种类型。

2.1.8 纸质地形图的概念是对传统平板测图、手工描图所获得的地形图产品的概括。

2.1.9 变形监测是对变形测量概念的拓展，主要是为了扩大工程测量作业者的服务领域，也是全面进行变形分析和变形监测预报的需要，故增加了应力、应变、地下水、环境温度等监测项目和监测内容。

2.2 符　号

关于固定误差和比例误差系数的符号说明：

符号 A、B 适用于公式 $\sigma=\sqrt{A^2+B^2\cdot D^2}$，符号 a、b 适用于公式 $\sigma=a+b\cdot D$，二者是两种不同的精度表达式。

3 平面控制测量

3.1 一　般　规　定

3.1.1 卫星定位测量技术以其精度高、速度快、全天候、操作简便而著称，已被广泛应用于测绘领域，故本规范将卫星定位测量技术列为平面控制网建立的首选方法。

鉴于GPS特指美国的卫星定位系统——The Global Position System；俄罗斯的GLONASS卫星定位系统也于1996年1月18日正式起用；欧盟委员会2002年3月26日最终通过启动GALILEO研制发射计划，准备于2008年正式建成世界上第一个民用卫星导航系统。目前，我国也建立了北斗一号卫星导航定位系统。导航卫星定位系统领域将出现多元化或多极化的格局。故本规范初步引入卫星定位测量概念，代替单一的GPS测量。关于GPS测量部分依然称之为GPS测量。

根据工程测量部门现时的情况和发展趋势，首级网大多采用卫星定位测量控制网，加密网较多采用导线或导线网形式。三角形网用于建立大面积控制或控制网加密已较少使用。所以本章按卫星定位测量、导线测量和三角形网测量的顺序编写。

3.1.2 将卫星定位测量控制网精度等级纳入工程测量的统一体系，精度等级的划分与传统的三角形网（三角网、三边网、边角网）精度等级划分方法相同，依次为二、三、四等和一、二级。导线及导线网测量精度等级的划分不变，依然为三、四等和一、二、三级。

要说明的是，从本章内容和章节的编排上，不采用《93规范》该章按工序编写的方式，改用按作业方法进行分类的模式。即由原来一般规定，设计、选点、造标与埋石，水平角观测，距离测量，内业计算等的编排，改为3.1一般规定、3.2卫星定位测量、3.3导线测量、3.4三角形网测量等。调整的目的是基于可操作性的考虑，另外从作业方法的编排上也体现了选择各种测量手段的主次之分，这也是根据工程应用情况确定的，也体现了测量作业方法的发展与应用趋势。

3.1.3 随着科学技术的发展，测量仪器和计算手段都得到了相应的提高。因此，工程控制网不再强调逐级布网。只要满足工程的精度要求，各等级均可作为测区的首级控制网。当测区已有高等级控制网时，可越级布网。

3.1.4 满足测区内投影所引起的长度变形不大于2.5cm/km，是建立或选择平面坐标系统的前提条件。因为每千米长度变形为 2.5cm 时，即其相对中误差为 1/40000。这样的长度变形，可满足大部分建设工程施工放样测量精度不低于 1/20000 的要求。经过近30年的应用，该指标已成为建立区域控制网的基本原则。在此基础上，对坐标系统的选择，要求首先考虑采用统一的高斯投影3°带平面直角坐标系统，与国家坐标系统相一致；其次，可采用高斯投影3°带，投影面为测区抵偿高程面或测区平均高程面的平面直角坐标系统；再次，可采用任意带，投影面为1985国家高程基准面的平面直角坐标系统；特殊要求的工程，也可采用建筑坐标系或独立坐标系统。

常用的大地坐标系地球椭球基本参数如下：

1 1980 年西安坐标系的地球椭球基本几何参数。

长半轴 $a=6378140$m
短半轴 $b=6356755.2882$m
扁 率 $\alpha=1/298.257$
第一偏心率平方 $e^2=0.00669438499959$
第二偏心率平方 $e'^2=0.00673950181947$

2 1954 年北京坐标系的地球椭球基本几何参数。

长半轴 $a=6378245$m
短半轴 $b=6356863.0188$m
扁 率 $\alpha=1/298.3$
第一偏心率平方 $e^2=0.006693421622966$
第二偏心率平方 $e'^2=0.006738525414683$

3 WGS-84 大地坐标系的地球椭球基本几何参数。

长半轴 $a=6378137$m
短半轴 $b=6356752.3142$m
扁 率 $\alpha=1/298.257223563$
第一偏心率平方 $e^2=0.00669437999013$
第二偏心率平方 $e'^2=0.006739496742227$

3.2 卫星定位测量

（Ⅰ）卫星定位测量的主要技术要求

3.2.1 卫星定位测量控制网主要技术要求的确定，是从工程测量对相应等级的大型工程控制网的基本技术要求出发，并以三角形网的基本指标为依据制定的，也是为了使卫星定位测量的应用具有良好的可操作性而提出的。

3.2.2 相邻点的基线长度中误差公式中的固定误差 A 和比例误差系数 B，与接收机厂家给出的精度公式（$\sigma=a+b$ppm$\times D$）中的 a、b 含义相似。厂家给出的公式和规范中（3.2.2）式是两种类型的精度计算公式，应用上各有其特点。基线长度中误差公式主要应用于控制网的设计和外业观测数据的检核。

3.2.3 卫星定位测量控制网外业观测精度的评定，应按异步环的实际闭合差进行统计计算。这里采用全中误差的计算方法，来衡量控制网的实际观测精度，网的全中误差不应超过基线长度中误差的理论值。

（Ⅱ）卫星定位测量控制网的设计、选点与埋石

3.2.4 卫星定位测量控制网布设的技术要求：

1 卫星定位测量控制网的设计是一个综合设计的过程，首先应明确工程项目对控制网的基本精度要求，然后才能确定控制网或首级控制网的基本精度等级。最终精度等级的确立还应考虑测区现有测绘资料的精度情况、计划投入的接收机的类型、标称精度和数量、定位卫星的健康状况和所能接收的卫星数量，同时还应兼顾测区的道路交通状况和避开强烈的卫星信号干扰源等。

2 由于卫星定位测量所获得的是空间基线向量或三维坐标向量，属于其相应的空间坐标系（如GPS WGS-84坐标系），故应将其转换至国家坐标系或地方独立坐标系方能使用。为了实现这种转换，要求联测若干个旧有控制点以求得坐标转换参数。故规定联测 2 个以上高等级国家平面控制点或地方坐标系的高等级控制点。

对控制网内的长边，宜构成大地四边形或中点多边形的规定，主要是为了保证控制网进行约束平差后坐标精度的均匀性，也是为了减少尺度比误差的影响。

3 规范课题组对 $m\times n$ 环组成的连续网形进行了研究，结果见表 2。

表 2 控制网最简闭合环的边数分析

最简闭合环的基线数	网的平均可靠性指标	平均可靠性指标满足1/3时的条件	图形	备注
3	$\dfrac{2}{3+\dfrac{1}{n}+\dfrac{1}{m}}$	不限	三边形网格图	三边形 点数：$nm+n+m+1$ 总观测独立基线数：$3nm+n+m$ 环数：$2nm$ 必要基线数：$nm+n+m$ 多余观测数：$2nm$
4	$\dfrac{1}{2+\dfrac{1}{n}+\dfrac{1}{m}}$	$n=m\geqslant 2$	四边形网格图	四边形 点数：$nm+n+m+1$ 总观测独立基线数：$2nm+n+m$ 环数：nm 必要基线数：$nm+n+m$ 多余观测数：nm
5	$\dfrac{3}{7+\dfrac{3}{n}+\dfrac{3}{m}}$	$n=m\geqslant 3$	五边形网格图	五边形 点数：$(nm+n+m+1)4/3$ 总观测独立基线数：$(nm+n+m)2/3$ 环数：nm 必要基线数：$(nm+n+m)4/3$ 多余观测数：nm
6	$\dfrac{1}{3+\dfrac{2}{m}+\dfrac{1}{n}}$	$n=m=\infty$	六边形网格图	六边形 点数：$2nm+2n+m+1$ 总观测独立基线数：$3nm+2n+m$ 环数：nm 必要基线数：$2nm+2n+m$ 多余观测数：nm
8	$\dfrac{1}{4+\dfrac{2}{n}+\dfrac{2}{m}}$	无法满足	八边形网格图	八边形 n 表示列数，m 表示行数 点数：$3nm+2n+2m+1$ 总观测独立基线数：$4nm+2n+2m$ 环数：nm 必要基线数：$3nm+2n+2m$ 多余观测数：nm
10	$\dfrac{1}{5+\dfrac{2}{n}+\dfrac{3}{m}}$	无法满足	十边形网格图	十边形 点数：$4nm+3n+2m+1$ 总观测独立基线数：$5nm+3n+2m$ 环数：nm 必要基线数：$4nm+3n+2m$ 多余观测数：nm

从表 2 中可以看出，3 条边的网型、4 条边 $n=m\geqslant 2$ 的网型、5 条边 $n=m\geqslant 3$ 的网型、6 条边无限大的网型都能达到要求。8 条、10 条边的网型规模不管多多大均无法满足网的平均可靠性指标为 1/3 的要求。故规定卫星定位测量控制网中构成闭合环或附合路线的边数以 6 条为限值。简言之，如果异步环中独立基线数太多，将导致这一局部的相关观测基线可靠性降低。

4 由于卫星定位测量过程中，要受到各种外界因素的影响，有可能产生粗差和各种随机误差。因此，要求由非同步独立观测边构成闭合环或附合路线，就是为了对观测成果进行质量检查，以保证成果可靠并恰当评定精度。

在一些规范和专业教科书中，各有观测时段数、施测时段数、重复设站数、平均重复设站数、重复测量的最少基线数、重复测量的基线占独立确定的基线总数的百分数等不同概念和技术指标的规定，且在观测基线数的计算中均涉及 GPS 网点数、接收机台数、平均重复设站数、平均可靠性指标等四项因素；工程应用上也显得比较繁琐、条理不清。

规范课题组研究认为：GPS 控制网的工作量与接收机台数不相关。

若采用符号：N_p——GPS 网点数；K_i——接收机台数；N_r——平均重复设站数。

全网总的站点数为 $N_p \cdot N_r$；全网的观测时段数为 $\frac{N_p N_r}{K_i}$；K_i 台接收机观测一个时段的独立观测基线数为 K_i-1 条。

则全网的独立观测基线数为：

$$S = \frac{N_p N_r}{K_i}(K_i-1) \quad (6)$$

由于网的必要观测基线数为 N_p-1（此处仅以自由网的情形讨论）。

则多余独立观测基线数为：

$$N_多 = S - (N_p-1) \quad (7)$$

网的平均可靠性指标为：

$$\tau = \frac{N_多}{S} = \frac{S-(N_p-1)}{S}$$

即

$$\tau = 1 - \frac{N_p-1}{S} \quad (8)$$

可将公式（8）转换为：$S = \frac{N_p-1}{1-\tau} \quad (9)$

工程控制网通常取 1/3 为网的可靠性指标，即有

$$S = 1.5(N_p-1) \quad (10)$$

故，规定全网独立观测基线总数，不宜少于必要观测基线数的 1.5 倍。必要观测基线数为网点数减 1。作业时，应准确把握以保证控制网的可靠性。

5 由于 GPS-RTK 测图对参考站点位的选择有具体要求，所以在布设首级控制网时，应顾及参考站点位的分布和观测条件的满足。

3.2.5 关于控制点点位的选定：

1 卫星定位测量控制网的点位之间原则上不要求通视，但考虑到在使用其他测量仪器对控制网进行加密或扩展时的需要，故提出控制网布设时，每个点至少应与一个以上的相邻点通视。

2 卫星高度角的限制主要是为了减弱对流层对定位精度的影响，由于随着卫星高度的降低，对流层影响愈显著，测量误差随之增大。因此，卫星高度角一般都规定大于 15°。

定位卫星信号本身是很微弱的，为了保证接收机能够正常工作及观测成果的可靠性，故应注意避开周围的电磁波干扰源。

如果接收机同时接收来自卫星的直接信号和很强的反射信号，会造成解算结果不可靠或出现错误，这种影响称为多路径效应。为了减少观测过程中的多路径效应，故提出控制点点位要远离强烈反射卫星接收信号的物体。

3 符合要求的旧有控制点就是指满足卫星定位测量的外部环境条件、满足网形和点位要求的旧有控制点。

3.2.6 布设在高层建筑物顶部的点位，其标石要求浇筑在楼板的混凝土面上。内部骨架可采用在楼板上钉入 3～4 个钢钉或膨胀螺栓，再绑扎钢筋。标石底部四周要求采取防漏措施。

（Ⅲ）GPS 观测

3.2.7 关于 GPS 控制测量作业的基本技术要求：

1 GPS 定位有绝对定位和相对定位两种形式，本规范所指的定位方式为相对定位。

依据测距的原理，GPS 定位可划分为伪距法定位、载波相位测量定位和 GPS 差分定位等。本章的 GPS 定位特指载波相位测量定位，测地型接收机目前主要采用载波相位观测值等进行相对定位。

2 GPS 定位卫星使用两种或两种以上不同频率的载波，即 L_1 载波、L_2 载波等；只能接收 L_1 载波的接收机称为单频接收机，能同时接收 L_1 载波和 L_2 载波的接收机称为双频接收机。利用双频技术可以建立较为严密的电离层修正模型，通过改正计算，可以消除或减弱电离层折射对观测量的影响，从而获得很高的精度，这便是后者的优点。对于前者，虽然可以利用导航电文所提供的参数，对观测量进行电离层影响修正，但由于修正模型尚不完善，故精度较差。

对一般的工程控制网，单频接收机便能满足精度要求。试验证明，当基线边超过 8km 时，双频接收机的精度尤为显著。故，规定二等网采用双频接收机。

3 GPS 卫星有两种星历，即卫星广播星历和精密星历。

通常我们所直接接收到的星历便是卫星广播星历，它是一种外推星历或者说预估星历。虽然在 GPS 卫星广播星历中给出了卫星钟差的预报值，但误差较大。可见卫星广播星历的精度相对不高，但通常可满足工程测量的需要。

对于有特殊精度要求的工程控制网，例如高精度变形监测网，需采用精密星历处理观测数据，才能获得更高的基线测量精度。

4 工程控制网的建立，可采用静态和快速静态两种 GPS 作业模式。

根据工程控制网的应用特点，规定了建立四等以上工程控制网时，需采用静态定位。为了快速求解整周未知数，要求每次至少观测 5 颗卫星。

由于快速静态定位对直接观测基线不构成闭合图形，可靠性较差。所以，规定仅在一、二级采用。

1—67

5 观测时段的长度和数据采样间隔的限制，是为了获得足够的数据量。足够的数据量有利于整周未知数的解算、周跳的探测与修复和观测精度的提高。

由于接收机的性能和功能在不断的提高和完善，对接收时段长度的要求也不尽相同，故本规范不做严格的规定。

6 GPS定位的精度因子通常包括：平面位置精度因子 HDOP，高程位置精度因子 VDOP，空间位置精度因子 PDOP，接收机钟差精度因子 TDOP，几何精度因子 GDOP 等。

用户接收机普遍采用空间位置精度因子（又称图形强度因子）PDOP 值，来直观地计算并显示所观测卫星的几何分布状况。其值的大小与观测卫星在空间的几何分布变化有关。所测卫星高度角越小，分布范围越大，PDOP 值越小。实际观测中，为了减弱大气折射的影响，卫星高度角不能过低。在满足15°高度角的前提下，PDOP 值越小越好。

为了保证观测精度，四等及以上等级限定为 PDOP≤6，一、二级限定为 PDOP≤8。

作业过程中，如受外界条件影响，持续出现观测卫星的几何分布图形很差，即 PDOP 值不能满足规范的要求时，则要求暂时中断观测并做好记录；待条件满足要求时，可继续观测；如果经过短时等待，依然无法满足要求时，则需要考虑重新布点。

7 由于工程控制网边长相对较短（二等网的平均边长也不超过10km），卫星信号在传播中所经过的大气状况较为相似，即同步观测中，经电离层折射改正后的基线向量长度的残差小于 1×10^{-6}。若采用双频接收机时，其残差会更小。加之在测站上所测定的气象数据，有一定局限性。因此，作业时可不观测相关气象数据。

3.2.8 GPS测量作业计划的编制仅限于规模较大的测区，其目的是为了进行统一的组织协调。编制预报表时所需测区中心的概略经纬度，可从小比例尺地图上量取并精确至分。小测区则无需进行此项工作。

3.2.9 关于 GPS 控制测量的测站作业：

1 接收机预热和静置的目的，是为了让接收机自动搜索并锁定卫星，并对机内的卫星广播星历进行更替，同时也是为了使机内的电子元件运转稳定。随着接收机制造技术的进一步完善，本条对预热和静置的时间不做统一规定，应根据接收机的品牌及性能具体掌握。

2 关于天线安置对中误差和天线高量取的规定，主要是为了减少人为误差对测量精度的影响，通常情况下都应该满足这一要求。

本条只提供了量取天线高的限差要求，由于当前GPS接收机天线类型的多样化，则天线高量取部位各不相同，因此，作业前应熟悉所使用的 GPS 接收机的操作说明，并严格按其要求量取。

3 由于GPS接收机数据采集的高度自动化，其记录载体不同于常规测量，人们容易忽视数据采集过程的其他操作。如果不严格执行各项操作或人工记录有误，如点名、点号混淆等给数据处理造成麻烦，天线高量错也将影响成果质量，以致造成超限返工。因此，应认真做好测站记录。

（Ⅳ）GPS测量数据处理

3.2.10 关于基线的解算：

1 基线解算时，起算点在 WGS-84 坐标系中的坐标精度，将会影响基线解算结果的精度。单点定位是直接获取已知点在 WGS-84 坐标系中已知坐标的方法。理论计算和试验表明：用 30min 单点定位结果的平均值作为起算数据，可以满足 1×10^{-6} 相对定位的精度要求。

2 多基线解算模式和单基线解算模式的主要区别是，前者顾及了同步观测图形中独立基线之间的误差相关性，后者没有顾及。大多数商业化软件基线解算只提供单基线解算模式，在精度上也能满足工程控制网的要求。因此，规定两种解算模式都是可以采用的。

3 由于基线长度的不同，观测时间长短和获得的数据量将不同，所以，解算整周期模糊度的能力不同。能获得全部模糊参数整数解的结果，称为双差固定解；只能获得双差模糊参数实数解的结果，称为双差浮点解；对于较长的基线，浮点解也不能得到好的结果，只能用三差分相位解，称为三差解。

基于对工程控制网质量和可靠性的要求，规定基线解算结果应采用双差固定解。

3.2.11 外业观测数据的检核，包括同步环、异步环和复测基线的检核，分别说明如下：

1 由同步观测基线组成的闭合环称为同步环。同步环闭合差理论上应为零。但由于观测时同步环基线间不能做到完全同步，即观测的数据量不同，以及基线解算模型的不完善，即模型的解算精度或模型误差而引起同步环闭合差不为零。因此，应对同步环闭合差进行检验。

2 由独立基线组成的闭合环称为异步环。异步环闭合差的检验是GPS控制网质量检核的主要指标。计算公式是按误差传播规律确定的，并取2倍中误差作为异步环闭合差的限差。

3 重复测量的基线称为复测基线。其长度较差也是按误差传播规律确定的，并取2倍中误差作为复测基线的限差。

以上三项检核计算中 σ 的取值，按本规范（3.2.2）式计算。

3.2.12 在异步环检核和复测基线比较检核中，允许舍去超限基线而不予重测或补测，但舍去超限基线后，异步环中所含独立基线边数不宜多于6条，反之就需重测。

3.2.14 关于无约束平差的说明：

1 无约束平差的目的，是为了提供 GPS 网平差后的 WGS-84 坐标系三维坐标，同时也是为了检验 GPS 网本身的精度及基线向量之间有无明显的系统误差和粗差。

2 无约束平差在 WGS-84 坐标系中进行。通常以一个控制点的三维坐标作为起算数据进行平差计算，实为单点位置约束平差或最小约束平差，它与完全无约束的亏秩自由网平差是等价的，因此称之为无约束平差。起算点坐标可选用控制点 30min 的单点定位结果（规范第 3.2.10 条）或已知控制点的 GPS 坐标。

3 基线向量改正数的绝对值限差的提出，是为了对基线观测量进行粗差检验。即基线向量各坐标分量改正数的绝对值，不应超过相应等级的基线长度中误差 σ 的 3 倍。超限时，认为该基线或邻近基线含有粗差，应采用软件提供的自动方法或人工方法剔除含有粗差的基线，并符合规范 3.2.12 条的规定。

3.2.15 关于约束平差的说明：

1 约束平差的目的，是为了获取 GPS 网在国家或地方坐标系的控制点坐标数据；这里的地方坐标系是指除标准国家坐标系统以外的其他坐标系统，即本规范 3.1.4 条 2~5 款所采用的坐标系统。

2 约束平差是以国家或地方坐标系的某些控制点的坐标、边长和坐标方位角作为约束条件进行平差计算。必要时，还应顾及 GPS 网与地面网之间的转换参数。

3 对已知条件的约束，可采用强制约束，也可采用加权约束。

强制约束，是指所有已知条件均作为固定值参与平差计算，不需顾及起算数据的误差。它要求起算数据应有很好的精度且精度比较均匀。否则，将引起 GPS 网发生扭曲变形，显著降低网的精度。

加权约束，是顾及所有或部分已知约束数据的起始误差，按其不同的精度加权约束，并在平差时进行适当的修正。定权时，应使权的大小与约束值精度相匹配。否则，也会引起 GPS 网的变形，或失去约束的意义。

平差时，在约束点间的边长相对中误差满足本规范表 3.2.1 相应等级要求的前提下，如果约束平差后最弱边的相对中误差也满足相应的要求，可以认为网平差结果是合格的。

4 对已知条件的约束，有三维约束和二维约束两种模式。三维约束平差的约束条件是控制点的三维大地坐标或三维直角坐标、空间边长、大地方位角；二维约束平差的约束条件是控制点的平面坐标、水平距离和坐标方位角。

3.3 导 线 测 量

（Ⅰ）导线测量的主要技术要求

3.3.1 对导线测量的主要技术要求说明如下：

1 随着全站仪在我国的普及应用，工程测量部门对中小规模的控制测量大部分采用导线测量的方法。基于控制测量的技术现状和应用趋势的考虑，本规范修订时，维持《93 规范》导线测量精度等级的划分和主要技术要求不变，将导线测量方法排列在三角形网测量之前。

导线测量的主要技术要求，是根据多数工程测量单位历年来实践经验、理论公式估算以及《78 规范》科研课题试验验证，基于以下条件确定的：

1）三、四等导线的测角中误差，采用同等级三角形网测量的测角中误差值 m_β。

2）导线点的密度应比三角形网密一些，故三、四等导线的平均边长 S，采用同等级三角形网平均边长的 0.7 倍左右。

3）测距中误差，是按以往中等精度电磁波测距仪器标称精度估算值制定的，近年来电磁波测距仪器的精度都相应提高，该指标是容易满足的。

4）设计导线时，中间最弱点点位中误差采用 50mm；起始误差 $m_起$ 和测量误差 $m_测$ 对导线中点的影响按"等影响"处理。

2 关于导线长度规定的说明：

对于导线中点（最弱点）：$m_{中} = m_{测中} = \dfrac{50}{\sqrt{2}}$ （11）

最弱点点位中误差：$m_{最弱}^2 = m_{起中}^2 + m_{测中}^2$ （12）

由于中点的测量误差包含纵向误差和横向误差两部分，即

$$m_{测中}^2 = m_{纵中}^2 + m_{横中}^2 \quad (13)$$

附合于高级点间的等边直伸导线，平差后中点纵横向误差可按（14）式、（15）式计算：

$$m_{纵中} = \frac{1}{2} m_D \sqrt{n} \quad (14)$$

$$m_{横中} = 0.35 m_\beta [S] \sqrt{5+n} \quad (15)$$

式中 n——导线边数；

$[S]$——导线总长。

所求的导线长度的理论公式为：

$$\frac{0.1225 m_\beta^2}{S} [S]^3 + 0.6125 m_\beta^2 [S]^2 + \frac{0.25 m_D^2}{S} [S] - 1250 = 0 \quad (16)$$

分别将各等级的 m_β、S 及 m_D 值代入（16）式，解出 $[S]$，即得导线长度。

3 关于相对闭合差限差的说明：

理论和计算证明：附合导线中点和终点的误差比

值，横向误差为$1:4$，纵向误差、起始数据的误差均为$1:2$。

则有，导线终点的总误差$M_终$的理论公式为：

$$M_终 = \sqrt{4m_纵^2 + 16m_横^2 + 4m_起^2} \quad (17)$$

取2倍导线终点的总误差作为限值。

则，导线全长相对闭合差为：

$$1/T = 2M_终/[S] \quad (18)$$

按1～3款计算，并适当取舍整理，得出导线测量的主要技术要求如规范表3.3.1。

以上导线测量的主要技术要求，与《78规范》科研课题在某测区的试验报告所提指标基本相符合。

4 由于本规范3.3.9条规定：当三、四等导线测量的测站只有2个方向时，须观测左右角。故，将三等导线2″级仪器的观测测回数规定为10测回，以便左右角各观测5测回（三等三角形网测量的水平角观测测回数2″级仪器为9测回）。

5 注2中，一、二、三级导线平均边长和总长放长的条件，是测区不再可能施测1:500比例尺的地形图。按1:1000估算，其点位中误差放大一倍，故平均边长相应放长一倍。

3.3.2 关于导线长度小于规定长度1/3时，全长绝对闭合差不应大于13cm的说明：

根据理论公式验证，直伸导线平差后，导线终点的总误差和导线中点的点位中误差的关系为：

$$M_终 = Km_中 \quad (19)$$

则导线全长的相对闭合差为：

$$1/T = 2M_终/[S] = 2Km_中/[S] \quad (20)$$

当附合导线长度小于规范表3.3.1所规定长度1/3时，导线全长的最大相对闭合差，不能满足规范的最低要求。此时，要求以导线终点的总误差$M_终$来衡量。按起算误差和测量误差等影响、测角误差和测距误差等影响考虑，则K为$\sqrt{7}$；因$m_中$为5cm，根据(19)式，则$M_终$约等于13cm。

3.3.3 从较常用的导线网形出发，当最弱点的中误差与单一附合导线最弱点中误差近似相等时，经过计算，各图形结点间、结点与高级点间长度约为附合导线长度的0.5～0.75倍，本规范取用0.7倍来限制结点间、结点与高级点间的导线长度。

（Ⅱ）导线网的设计、选点与埋石

3.3.4 导线网的布设要求：

1 首级网布设成环形网的要求，主要是基于首级控制应能有效地控制整个测区并且点位分布均匀而提出的。

2 直伸布网，主要指导线网中结点与已知点之间、结点与结点之间的导线段宜布设成直伸形式；直伸布网时，测边误差不会影响横向误差，测角误差不会影响纵向误差。这样可使纵横向误差保持最小，导线的长度最短，测边和测角的工作量最少；这是构网的原则，作业时应尽量直伸布网。

3 导线相邻边长不宜相差过大（一般不宜超过$1:3$的比例），主要是为了减少因望远镜调焦所引起的视准轴误差对水平角观测的影响。

4 不同环节的导线点相距较近时，相互之间的相对误差较大。

3.3.5 导线点的选定：

1 关于视线距离障碍物的垂距，《93规范》的测距部分规定为测线"应离开地面或障碍物1.3m以上"，选点部分则规定为三、四等视线不宜小于1.5m，本次修订均采用1.5m；另外《93规范》测角部分关于通视情况的描述用"视线"一词，测距部分描述则用"测线"一词，本次修订均采用视线。

2 相邻两点之间的视线倾角不宜过大的规定，是因为当视线倾角较大或两端高差相对较大时，高差的测量误差将对导线的水平距离产生较大的影响。

由本规范(3.3.23)式，测距边的中误差可表示为：

$$m_D^2 = \left(\frac{S}{D}m_S\right)^2 + \left(\frac{h}{D}m_h\right)^2 \quad (21)$$

式中 h——测距边两端的高差；
S——测距边的长度；
D——测距平距的长度；
m_D——测距边的中误差；
m_S——测距中误差；
m_h——高差中误差。

由(21)式可以看出：测距边两端高差越大，高差中误差m_h对测距边的中误差m_D影响也越大。因而，本规范提出测距边视线倾角不能太大的要求。

（Ⅲ）水平角观测

3.3.7 水平角观测仪器作业前检验。

水平角观测所用的仪器是以1″级、2″级和6″级仪器为基础，根据实际的检查需要和相关仪器的精度，分别规定出不同的指标。

本条增加了全站仪、电子经纬仪的相关检验要求，其中包括电子气泡和补偿器的检验等。

对具有补偿器（单轴补偿、双轴补偿或三轴补偿）的全站仪、电子经纬仪的检验可不受本条前3款相关检验指标的限制，但应确保在仪器的补偿区间（通常在3′左右），补偿器对观测成果能够进行有效补偿。

光学（或激光）对中器的视轴（或射线）与竖轴的重合度指标，是指仪器高度在0.8m至1.5m时的检验残差不应大于1mm。

3.3.8 水平角方向观测法的技术要求。

1 关于表3.3.8中部分观测指标的说明：

1）2C互差的限差。仪器视准轴误差C和横轴误差i，对同一方向盘左观测值减盘右观测值的影响公式为：

$$L-R=\frac{2C}{\cos\alpha}+2i\tan\alpha \qquad (22)$$

当垂直角 $\alpha=0$ 时，$L-R=2C$。即只有视线水平时，$L-R$ 才等于 2 倍照准差，因此，$2C$ 的较差受垂直角的影响为：

$$\Delta_{2C}=\left(\frac{2C}{\cos\alpha_1}+2i\tan\alpha_1\right)-\left(\frac{2C}{\cos\alpha_2}+2i\tan\alpha_2\right)$$

$$=2C\left(\frac{1}{\cos\alpha_1}-\frac{1}{\cos\alpha_2}\right)+2i(\tan\alpha_1-\tan\alpha_2)$$

$$\approx C\frac{\alpha_1^2-\alpha_2^2}{\rho^2}+2i\tan\Delta\alpha \qquad (23)$$

对于 $2''$ 级仪器，$2C$ 可校正到小于 $30''$，即 $C\leqslant 15''$，这时（23）式右端第一项取值较小。例如：$\alpha_1=5°$，$\alpha_2=0°$ 时，$C\frac{\alpha_1^2-\alpha_2^2}{\rho^2}=0.12''$，当 $\alpha_1=10°$，$\alpha_2=0°$ 时，$C\frac{\alpha_1^2-\alpha_2^2}{\rho^2}=0.46''$。可见，此值与一测回内 $2C$ 互差限差 $13''$ 相比是较小的，因此（23）式第二项才是影响 $2C$ 较差变化的主项。

对于 $2''$ 级仪器，一般要求 $i\leqslant15''$，但是由于测角仪器水平轴不便于外业校正，所以若 i 角较大时，也得用于外业。

i 角对 $2C$ 较差的影响，见表 3。

表 3　i 角对 $2C$ 较差的影响值 $2i\tan\Delta\alpha$

i \ α	5°	10°	15°
15″	2.6″	5.3″	8.0″
20″	3.5″	7.1″	10.7″

由表列数值可知，对 $2C$ 互差即使允许放宽 30% 或 50%，有时还显得不够合理，但是若再放宽此限值，则对于 i 角较小的仪器又显得太宽，失去限差的意义。因此，规范表 3.3.8 注释规定：当观测方向的垂直角超过 $\pm3°$ 时，该方向 $2C$ 互差可按相邻测回同方向进行比较。

2) 当采用 $2''$ 级仪器观测一级及以下等级控制网时，由于测角精度要求较低，边长较短、成像清晰，因此对相应的观测指标适当放宽。

3) 全站仪、电子经纬仪用于水平角观测时，其主要技术要求同本条表 3.3.8，但不受光学测微器两次重合读数之差指标的限制。

2 观测方向不多于 3 个时可不归零的要求，是根据历年来的实践经验确定的。由于方向数少，观测时间短，不归零对观测精度影响不大。相反，归零观测也会增加观测的工作量，因此没有必要。

3 观测方向超过 6 个时，可进行分组观测的要求，是由于方向数多，测站的观测时间会相应加长，气象等观测条件变化较大，各项观测限差不容易满足要求。因此，宜采用分组观测的方法进行。

4 当应用全站仪、电子经纬仪进行角度测量时，通常应进行度盘配置。因为电子测角可分为三种方法，即编码法、动态法和增量法。前两种属于绝对法测角，后一种属于相对法测角。不论是采用编码度盘还是光栅度盘，度盘的分划误差都是电子测角仪器测角误差的主要影响因素。只有采用动态法测角系统的仪器在测量中不需要配置度盘，因为该方法已有效地消除了度盘的分划误差。目前工程类的全站仪、电子经纬仪很少采用动态法测角系统，故规定应配置度盘。

3.3.9 当三、四等导线测量的测站只有两个方向时，须观测左右角，且要求配置度盘。但对于三等导线用 $2''$ 级仪器观测并按附录 C 公式计算度盘配置时，其结果如表 4。其配置尾数全为 $30''$，容易产生系统性差错，故观测时应注意适当调整度盘的尾数值配置。

表 4　$2''$ 级光学经纬仪的度盘配置

测回序号 j	σ
1	0°0′30″
2	18°11′30″
3	36°22′30″
4	54°33′30″
5	72°44′30″
6	90°55′30″
7	109°06′30″
8	127°17′30″
9	145°28′30″
10	163°39′30″

3.3.10 关于测站的技术要求：

1 增加仪器、反光镜（或觇牌）用脚架直接在点位上整平对中时，对中误差不应大于 2mm 的限制，以减少人为误差的影响。

2 由于本规范各等级水平角观测的限差是基于视线水平的条件下规定的。当观测方向的垂直角超过 $\pm3°$ 时，竖轴的倾斜误差对水平角观测影响较大，故要求在测回间重新整置气泡位置，观测限差还应满足 3.3.8 条第 1 款的规定。

另外，测回间对气泡位置的整置，即可通过调节竖轴的不同倾斜方位，使仪器误差在各测回间水平角的平均数中有所削弱。

具有垂直轴补偿器的仪器（补偿范围一般为 $3'$），它对观测的水平角可以进行自动改正，故不受此款的限制；作业时，应注意补偿器处于开启状态。

3 剧烈震动下，补偿器无法正常工作，故应停止观测。即便关闭补偿器，也无法获得好的观测结果。

4 鉴于工程测量作业中有时需要进行偏心观测，对归心元素测定的各项精度指标，都是在保证水平角观测精度的前提下提出的，测定时也是容易达到的。

3.3.12 对已知方向的联测精度，宜采用与所布设首级网的等级相同，不必采用过高的精度，更不必采用与联测已知点相同的精度。

3.3.13 增加了对电子记录和全站仪内存记录的要求。

（Ⅳ） 距离测量

3.3.14 由于测距仪器在生产中已得到广泛的应用，几乎取代了因瓦尺和钢尺量距。本次修订考虑到不同生产单位的装备水平，仍保留了低等级控制网边长量距的规定，但将钢尺量距的应用等级较《93规范》降低一级。

本次修订取消了因瓦尺测距和2m横基尺视差法测距的内容。

3.3.16 仪器厂家多采用固定误差和比例误差来直观表示测距仪器的精度。本规范修订时删去了测距仪器分级的内容，改用仪器的标称精度直接表示。

3.3.17 本规范修订时删去了测距仪器检校的具体内容，它属于仪器检定的范畴。但在高海拔地区作业时，对辅助工具送当地气象台（站）的检验校正是很有必要的。

3.3.18 测距的主要技术要求，是根据多数工程测量部门历年来的工程实践经验，基于以下条件制定的：

1 一测回读数较差是根据各等级仪器每千米标称精度规定的。

2 单程各测回较差为一测回较差乘以 $\sqrt{2}$。

3 往返较差的限差，取相应距离仪器标称精度的2倍。

4 仪器的精度等级和测回数，是根据相应等级平面控制网要求达到的测距精度而作出的规定。

3.3.19 测距边用垂直角进行平距改正时，垂直角的观测误差将对水平距离的精度产生影响。由高差测定误差 m_h 引起水平距离改正数的中误差 m_D 为：

$$m_D = \frac{h}{S} m_h \quad (24)$$

按（24）式分析，通常 h 之值远比 S 之值小得多，故其高程误差影响水平距离改正的中误差则更微小。本规范 4.3.2 条五等电磁波测距三角高程测量每千米高差中误差仅为15mm，故本条规定其垂直角的观测和对向观测高差较差放宽一倍，是完全能保证测距边精度的。

3.3.20 增加对电子记录和电子测角仪器内存记录的要求。

3.3.21 关于钢尺量距的说明：

1 普通钢尺量距在施工测量中的应用还很普遍，所以保留这部分内容，并采用量距一词，以示区分。

2 本规范表 3.3.1 中导线测量的主要技术要求，是针对电磁波测距而设计的技术规格。若导线边长采用普通钢尺量距，钢尺丈量较差的相对误差并不能代表规范表 3.3.1 中测距相对中误差。但根据各工程测量单位的实际作业经验，量距较差相对误差与导线全长相对闭合差的关系，其比例约为 1：2。因此，表 3.3.21 可分别适用于二、三级导线边长的量距工作。

本次修订将《93规范》钢尺量距的应用等级降低一级，即限定在二、三级。并在主要技术要求中明确了应用等级的划分。主要是由于测距类的仪器已经很普及，尤其是全站仪的应用，加之电磁波测距三角高程已广泛用于四等水准测量。所以，不提倡将钢尺量距用于一级导线的边长测量。明确应用等级的目的，主要是为了方便使用。

（Ⅴ） 导线测量数据处理

3.3.22 偏心观测在工程测量中已较少使用。使用时，归心改正按（25）式或（26）式计算。

1 当偏心距 $e \leq 0.3m$ 时，可按近似公式计算。

$$\Delta D_e = -e \cdot \cos\theta - e' \cos\theta' \quad (25)$$

式中 ΔD_e——归心改正值；

e——测站偏心值；

e'——镜站偏心值；

θ——测站偏心角；

θ'——镜站偏心角。

2 当偏心距 $e > 0.3m$ 时，根据余弦定理，水平距离按下式计算。

$$D = \sqrt{e^2 + S^2 - 2eS\cos\theta} \quad (26)$$

式中 D——归化后的水平距离；

e——偏心距；

S——测量水平距离；

θ——偏心角。

3.3.23 水平距离计算公式说明如下：

1 当边长 $S \leq 15km$ 时，其弧长与弦长之间差异较小，由图1，根据余弦定理，有

$$D_0^2 = 2R^2 - 2R^2 \cos\theta \quad (27)$$

则

$$\cos\theta = 1 - \frac{D_0^2}{2R^2} \quad (28)$$

又

$$S^2 = (R+H_1)^2 + (R+H_2)^2 - 2(R+H_1)(R+H_2)\cos\theta \quad (29)$$

令两点间的高差 $h = H_1 - H_2 \quad (30)$

则，归算到参考椭球面上的水平距离严密计算公式为：

$$D_0 = \sqrt{\frac{(S+h)(S-h)}{\left(1+\frac{H_1}{R}\right)\left(1+\frac{H_2}{R}\right)}} \quad (31)$$

归算到测区平均高程面 H_0 上的水平距离严密计算公式为：

$$D_H = \sqrt{\frac{(S+h)(S-h)}{\left(1+\frac{H_1-H_0}{R+H_0}\right)\left(1+\frac{H_2-H_0}{R+H_0}\right)}} \quad (32)$$

式中 D_H——归化到测区平均高程面上的水平距离

S——经气象及加、乘常数等改正后的斜距
(m);
D_0——归化到参考椭球面上的水平距离 (m);
H_1、H_2——分别为仪器的发射中心与反光镜的反射中心的高程值 (m);
h——仪器的发射中心与反光镜的反射中心之间的高差 (m);
H_0——测区平均高程面的高程 (m);
R——地球平均曲率半径 (m)。

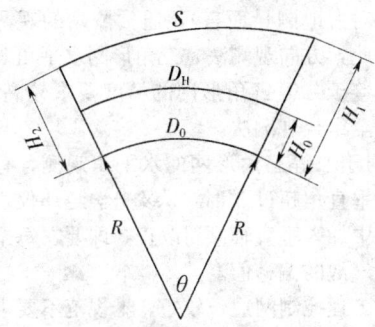

图 1 观测边长归化计算

(32) 式可以看作是水平距离计算的通用严密公式。应用时，当 H_0 为 0 时，其计算结果为参考椭球面上的水平距离；当 H_0 取测区平均高程面的高程时，其结果为测区平均高程面上的水平距离；当 H_0 取测区抵偿高程面的高程时，其结果为测区抵偿高程面上的水平距离；当 H_0 取测线两端的平均高程时，其结果为测线的水平距离。

2 如令 (32) 式的分母为

$$K=\sqrt{\left(1+\frac{H_1-H_0}{R+H_0}\right)\left(1+\frac{H_2-H_0}{R+H_0}\right)} \quad (33)$$

则有 $\quad D_p=\frac{1}{K}\sqrt{S^2-h^2} \quad (34)$

通过计算，当 H_0 为测线两端的平均高程时，$K \approx 1$，其误差小于 10^{-8}。

则测线的水平距离计算公式可表示为：

$$D_p=\sqrt{S^2-h^2} \quad (35)$$

要说明的是，在上面公式的推导中，椭球高是以正常高代替，椭球高只有在高等级大地测量中才用到。由于工程测量控制网边长较短、控制面积较小，椭球高和正常高之间的差别通常忽略不计。

3.3.26 本条给出了测距长度归化到不同投影面的计算公式。在作业时，应根据本规范 3.1.4 条对平面控制网的坐标系统选择的不同而取用不同的公式。

3.3.27 关于严密平差和近似平差方法的选用。根据历年来各工程测量单位的实践经验，对一级及以上精度等级的平面控制网，只有采用严密平差法才能满足其精度要求。对二级及以下精度等级的平面控制网，由于其精度要求较低一些，允许有一定的灵活性，不作严格的要求。

3.3.28 关于先验权计算。控制网平差时，需要估算角度及边长先验中误差的值，并用于计算其先验权的值。根据实践经验，采用经典的计算公式或数理统计的经验公式估算先验中误差，用于平差迭代计算，其最终平差结果是一样的，二者都是可行的办法。

3.3.30 根据历年来的实践经验，本条列出了一些必要的精度评定项目，需要时，作业者还可以增加更细致的精度评定项目。

3.3.31 内业计算中数字取位的要求，是为了保证提交成果的精度。

3.4 三角形网测量

(Ⅰ) 三角形网测量的主要技术要求

3.4.1 随着全站仪、电子经纬仪在工程测量单位的广泛应用，角度和距离测量已不再像以前那么困难，现在的外业观测不仅灵活且很方便。就布网而言，纯粹的三角网、三边网已极少应用。所以，本规范修订时引入三角形网测量的统一概念，对已往的三角网、三边网、边角网不再严加区分，将所有的角度、边长观测值均作为观测量看待。三角形网测量的精度指标，也是基于原三角网和三边网的相关指标制定。具体指标的确立，是根据工程测量单位完成的工程控制网统计资料并顾及不同行业的测量技术要求，在综合分析的基础上确定的，说明如下：

1 关于测角中误差和测回数。

本规范对二、三、四等三角形网测量的测角中误差仍分别沿用我国经典的 1.0″、1.8″、2.5″ 的划分方法。

水平角观测的测回数是根据工程测量单位的统计结果确定的，见表 5。

表 5 水平角观测中误差与测回数统计表

1″级			2″级		
测回数	测角中误差 (″)	网的个数	测回数	测角中误差 (″)	网的个数
3	0.90~1.66	4	1	5.00	1
4	0.89~2.40	8	3	2.40	2
6	0.80~1.70	17	4	1.55~2.10	4
8	0.85~1.68	3	6	1.30~2.55	9
9	0.55~1.79	26	8	1.90~2.20	5
10	1.01	1	9	0.95~1.80	6
12	0.40~1.02	7	9	2.12	1
			12	1.17~1.64	2

2 关于平面控制网的基本精度。

工程平面控制网的基本精度，应使四等以下的各级平面控制网的最弱边边长（或最弱点点位）中误差不大于 1:500 或 1:1000 比例尺地形图上 0.1mm。即，中误差相当于实地的 5cm 或 10cm。因此，本规

范取四等三角形网最弱边边长中误差为5cm。

就一般工程施工放样而言，通常要求新设建筑物与相邻已有建筑物的相关位置误差（或相对于主轴线的位置误差）小于10～20cm；对于改、扩建厂的施工图设计，通常要求测定主要地物点的解析坐标，其点位相对于邻近图根点的点位中误差为5～10cm。因此，本规范所规定的控制网精度规格，是可以满足大比例尺测图并兼顾一般施工放样需要的。

3 关于测边相对中误差和最弱边边长相对中误差的精度系列。

测边相对中误差的精度系列，沿用《93规范》三边测量测距相对中误差精度系列；最弱边边长相对中误差的精度系列，沿用《93规范》三角测量最弱边边长相对中误差精度系列。三角形网集两种精度系列于一体，不仅完全保证控制网的精度符合相应等级的精度要求，而且在工程作业中更容易实现。

4 关于各等级三角形网的平均边长。

根据一些工程测量单位的作业经验和对工程施工单位的调查走访认为，四等三角形网的平均边长为2km，最弱边边长相对中误差不低于1/40000，即相对点位中误差为5cm，这样密度和精度的网，可以满足一般工程施工放样的需要。故，本规范四等三角形网的平均边长规定为2km。其余各等级的平均边长，基本上按相邻两等级之比约为2∶1的比例确定，即有：三等为4.5km，二等为9km，一级为1km，二级为0.5km。

5 本规范表3.4.1注释中平均边长适当放长的条件，是测区不再可能施测1∶500比例尺的地形图。按1∶1000比例尺地形图估算，其点位中误差放大一倍，故平均边长相应放长一倍。

3.4.2 三角形网测量概念的提出，就是将所有的角度、边长观测值均作为观测量看待，所以均应参加平差计算。

（Ⅱ）三角形网的设计、选点与埋石

3.4.4 随着测绘科技的发展和作业技术手段的提高，工程测量已不再强调逐级布网，但应重视在满足工程项目基本精度要求的情况下，合理确定网的精度等级和观测方案，也允许在满足精度要求的前提下，采用比较灵活的布网方式。

3.4.5 关于三角形网设计、选点内容修订的几点说明：

1 由于工程测量单位在对三角形网加密时，现已很少采用插网、线性网或插点等形式，所以规范修订时取消了插网、线性网或插点的具体技术要求，仅保留相关概念和方法，同时也是为了表明不提倡这三种加密方式，可采用其他更容易、更方便、更灵活、更经济的方式加密，比如GPS方法和导线测量方法。

2 规范修订时，取消了《93规范》采用线性锁布设一、二级小三角的内容。主要是因为线性锁加密方法，现时几乎没有作业者采用。

3 规范修订时，取消了《93规范》建造觇标的相应条款，是因为目前的工程测量单位在工程项目的实施中很少建造觇标，同时造标也会增加工程成本。故，通常情况下不主张建造觇标。如需要建造，可参考相关国家标准或行业标准进行。

（Ⅲ）三角形网观测

3.4.7 由于工程控制网的平均边长较短，成像清晰、稳定（相对大地测量而言），通常测站的观测时间也较短，因此，方向观测法是三角形网水平角观测的主要方法。鉴于二等三角形网的精度要求较高，因此，也可采用全组合观测法。

3.4.8 对于二等三角形网的水平角观测，有些规范要求：当垂直角超过3°时，1″级光学经纬仪，要在方向观测值中加入垂直轴倾斜改正，即要在每个目标瞄准后读取气泡的偏移值。

鉴于工程控制网边长较短，本规范不要求进行此项改正，但观测过程中对光学经纬仪的气泡偏离值要求较严，也不允许超过1格（1″级仪器照准部旋转正确性指标检测值为不超过2格）。

3.4.9、3.4.10 由于导线测量的分级为三、四等和一、二、三级，故增加二等三角形网边长测量的技术要求，其余等级的边长测量则直接参见导线测量的相关条文。

（Ⅳ）三角形网测量数据处理

3.4.12 归心改正计算，可按本规范条文说明3.3.22条的公式计算。

3.4.15 增加了二、三、四等三角形网的方向观测值，应进行高斯投影方向改化的技术要求，并提供了方向改化的计算公式。即要求把椭球面上的方向观测值归化到高斯平面上，才能进行三角形网的平差计算（距离的归化投影计算也是如此，见本规范条文说明3.3.26条）。

3.4.16 关于垂线偏差的修正：

垂线偏差的修正，通常只有国家一、二等控制网才需要进行此项改正计算，对于国家三、四等控制网和工程测量控制网，一般不必进行。观测方向垂线偏差改正的计算公式如下：

$$\delta_u = (\eta\cos A - \xi\sin A)\cot z \quad (36)$$
$$\eta = u\sin\theta \quad (37)$$
$$\xi = u\cos\theta \quad (38)$$

式中 δ_u——观测方向垂线偏差改正；
η——垂线偏差的卯酉分量；
ξ——垂线偏差的子午分量；
A——以法线为准的大地方位角；
z——照准方向的天顶距；

u——垂线偏差的弧度元素；

θ——垂线偏差的角度元素。

但在高山地区或垂线偏差较大的地区作业时，其垂线偏差分量 η、ξ 较大，照准方向的高度角也很大时，它对观测方向的影响接近或大于相应等级控制网的测角中误差，有的影响更大。近年来的一些研究成果表明，垂线偏差对山区三角形网水平方向和垂直角的影响不可忽视。故，规定对高山地区二、三等三角形网点的水平角观测值，应进行垂线偏差的修正是完全必要的。具体作业时，还应参考国家大地测量的相关规范进行。

3.4.18 各种几何条件的检验是衡量其整体观测质量的主要标准，其理由如下：

1 测站的外业观测的检查，只能反映出测站的内部符合精度，它仅能部分体现出观测质量，无法体现系统误差的影响，更不能反映整体三角形网的观测质量。

2 就单个三角形而言，其闭合差只能反映出该三角形的观测质量或测角精度。

3 对于整个三角形网，以三角形闭合差为数最多，因此按菲列罗公式（规范 3.4.13 条）计算出的测角中误差，是衡量三角形网整体测角精度的主要指标。但当三角形的个数较少时，其可靠性就不是很高。

4 对三角形网所构成的各种几何条件的检验，是衡量其整体观测质量的充分条件。不满足时，应及时检查处理或进行粗差剔除，然后才能进行控制网的整体解算。

由于计算机的普及应用，本次修订时取消了有关对数形式的检验计算公式。

3.4.19 三角形网的平差计算，不再强调起始边或起算边的概念，故将其按观测值处理。

4 高程控制测量

4.1 一般规定

4.1.1 高程控制测量精度等级的划分，仍然沿用《93 规范》的等级系列。

对于电磁波测距三角高程测量适用的精度等级，《93 规范》是按四等设计的，但未明确表述它的地位。本次修订予以确定。

本次修订初步引入 GPS 拟合高程测量的概念和方法，现说明如下：

1 从上世纪 90 年代以来，GPS 拟合高程测量的理论、方法和应用均有很大的进展。

2 从工程测量的角度看，GPS 高程测量应用的方法仍然比较单一，仅局限在拟合的方法上，实质上是 GPS 平面控制测量的一个副产品。就其方法本身而言，可归纳为插值和拟合两类，但本次修订不严格区分它的数学含义，统称为"GPS 拟合高程测量"。

3 从统计资料看（表9），GPS 拟合高程测量所达到的精度有高有低，不尽相同，本次修订将其定位在五等精度，比较适中安全。

4.1.2 区域高程控制测量首级网等级的确定，一般根据工程规模或控制面积、测图比例尺或用途及高程网的布设层次等因素综合考虑，本规范不作具体规定。

本次修订虽然在 4.1.1 条明确了电磁波测距三角高程测量和 GPS 拟合高程测量的地位，但在应用上还应注意：

1 四等电磁波测距三角高程网应由三等水准点起算（见条文 4.3.2 条注释）。

2 GPS 拟合高程测量是基于区域水准测量成果，因此，其不能用于首级高程控制。

4.1.3 根据国测 [1987] 365 号文规定采用"1985 国家高程基准"，其高程起算点是位于青岛的"中华人民共和国水准原点"，高程值为 72.2604m。1956 年黄海平均海水面及相应的水准原点高程值为 72.289m，两系统相差 −0.0286m。对于一般地形测图来说可采用该差值直接换算。但对于高程控制测量，由于两种系统的差值并不是均匀的，其受施测路线所经过地区的重力、气候、路线长度、仪器及测量误差等不同因素的影响，须进行具体联测确定差值。

本条"高程系统"的含义不是大地测量中正常高系统、正高系统等意思。

假定高程系统宜慎用。

4.1.4 高程控制点数量及间距的规定，是根据历年来工程测量部门的实践经验总结出来的，便于使用且经济合理。

4.2 水准测量

4.2.1 关于水准测量的主要技术要求：

1 本规范水准测量采用每千米高差全中误差的精度系列与现行国家标准《国家一、二等水准测量规范》GB 12897 和《国家三、四等水准测量规范》GB 12898 相同。虽然这一系列对工程测量来讲并不一定恰当适宜，但从水准测量基本精度指标的协调统一出发，本规范未予变动。

五等水准是因工程需要而对水准测量精度系列的补充，其每千米高差全中误差仍沿用《93 规范》的指标。

2 本条所规定的附合水准路线长度，在按级布设时，其最低等级的最弱点高程中误差为 3cm 左右（已考虑起始数据误差影响）。

3 本条中的附合或环线四等水准测量，工测部门都采用单程一次测量。实践证明是能达到规定精度的；因为四等水准与三等水准使用的仪器、视线长度、操作方法等基本相同,只有单程和往返的区别;按此估算,四等水准单程观测是能达到规定精度指标的。

4 关于山地水准测量的限差。

在山地进行三、四等水准测量时,由于受客观条件的限制,其往返较差、附合或环线闭合差的限值可适当放宽,分别为 $\pm15\sqrt{L}$ 和 $\pm25\sqrt{L}$。但实测中,其限差常以测站数 n 来衡量,为此将上述限差转换为每站中误差的限差,通常每千米按 16 站计算,即

$$L=\frac{n}{16} \quad (39)$$

则

三等限差 $\Delta=\pm15\sqrt{L}=\pm15\sqrt{\frac{n}{16}}\approx\pm4\sqrt{n}$
(40)

四等限差 $\Delta=\pm25\sqrt{L}=\pm25\sqrt{\frac{n}{16}}\approx\pm6\sqrt{n}$
(41)

5 结点间或高级点间的路线长度,是基于以下两种图形进行推论的。

图2中,"⊙"表示高级点,"·"表示最弱点(由于图形的对称性,图中未标出全部最弱点)。

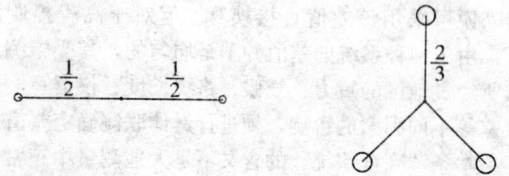

图 2 单一附合路线和最简结点网

推论可知:附合水准路线的最弱点在路线的中部,结点网的最弱点位于每个环节的3/4处。欲使两种图形最弱点的高程中误差相等,结点网的各环节长度应为单一附合水准路线长度的2/3倍。

故本规范表4.2.1的注1中,采用0.7倍的指标。

4.2.2 关于水准测量所使用的仪器及水准尺:

1 本次修订补充了,三等水准测量所使用的补偿式自动安平水准仪的补偿误差 $\Delta\alpha$ 不应超过 $0.5''$,数字水准仪条形码尺米间隔平均长与名义长之差,不应超过0.10mm的要求。

2 对于水准仪的视准轴与水准管轴的夹角 i,水准尺的米间隔平均长与名义长之差的限值,仍采用《93规范》的指标。

以上两款中的相关检验指标是根据多年来实践经验得出的,也与仪器的等级相适应,同时也是作业中应当满足的。

4.2.4 水准观测的主要技术指标,是基于不同型号的水准仪和不同类型的水准尺,按水准观测的误差理论进行分析推算,并结合历年来工程测量单位的实践经验,补充、调整而成的。

规范修订将数字水准仪归类于相应等级的光学水准仪中,并按相应等级的要求作业。

4.2.6 由于交通、水利等国家基础建设的快速发展,跨河水准在工程测量中的应用越来越多,故本次修订增加跨河水准测量内容。

跨河水准测量的主要技术要求,是根据我国航务测量部门长期的经验总结制定的。

对于工程测量单位较少涉及的大型跨越项目(跨越距离>400m),其技术要求,可参考相关国家标准或行业标准执行。必要时,在满足工程精度要求的前提下,也可单独制定跨河水准测量方案。

4.2.7 关于水准测量数据处理的精度评定公式:

水准测量的精度评定,通常采用(42)、(43)两个公式计算。

$$M_\Delta=\pm\sqrt{\frac{1}{4n}\left[\frac{\Delta\Delta}{L}\right]} \quad (42)$$

$$M_w=\pm\sqrt{\frac{1}{N}\left[\frac{WW}{L}\right]} \quad (43)$$

(42)式是利用测段的往返高差不符值来推求水准观测中误差,主要反映了测段间偶然误差的影响,因此称为水准测量每千米高差的偶然中误差。

(43)式是利用环线的闭合差来推求水准观测中误差,反映了偶然误差和系统误差的综合影响,因此称为水准测量每千米高差的全中误差。

4.3 电磁波测距三角高程测量

4.3.2 电磁波测距三角高程测量的主要技术要求:

1 直返觇观测每千米高差中误差。

1) 直返觇观测每千米高差中误差的计算公式为:

$$m_{hkm}=\pm\sqrt{\left[\frac{1}{2}(\sin\alpha\cdot m_S)^2+\frac{1}{2\rho^2}(S\cdot\cos\alpha\cdot m_\alpha)^2+\left(\frac{S^2}{4R}\cdot m_{\Delta k}\right)^2+m_G^2\right]/S\cos\alpha}$$
(44)

式中 m_{hkm} ——直返觇观测每千米高差中误差;
  α ——垂直角;
  S ——电磁波三角高程测量斜距;
  R ——地球曲率半径;
  m_G ——仪器和觇标的量高中误差;
  $m_{\Delta k}$ ——直返觇折光系数之差的中误差。

2) 各项误差估算:

测距误差:m_s 对高差的影响与垂直角 α 的大小有关,一般中、短程电磁波测距仪器的测距精度 m_s 为 $5+5ppm\times D$,由于测距精度高,因此它对高差精度的影响很小。

测角误差:垂直角观测误差 m_α 对高差的影响随边长 S 的增加而增大,这一影响比测边误差的影响要大得多。为了削减其影响,主要从两方面考虑,一是控制边长不要太长,本规范规定不要超过1km。二是增加垂直角的测回数,提高测角精度。

测角误差估算如下:

设 $m_{正镜}=m_{倒镜}=m_{半测回}$ (45)

则，指标差中误差和指标差较差中误差为：

$$m_{指标差}=\sqrt{\frac{1}{4}m_{正镜}^2+\frac{1}{4}m_{倒镜}^2}=\frac{m_{半测回}}{\sqrt{2}} \quad (46)$$

$$m_{指标差较差}=\sqrt{2}m_{指标差}=m_{半测回} \quad (47)$$

垂直角一测回测角中误差和测回较差的中误差为：

$$m_{垂直角一测回}=\sqrt{\frac{1}{4}m_{正镜}^2+\frac{1}{4}m_{倒镜}^2}=\frac{m_{半测回}}{\sqrt{2}} \quad (48)$$

$$m_{测回较差}=\sqrt{2}m_{垂直角一测回}=m_{半测回} \quad (49)$$

垂直角 n 测回测角中误差为：

$$m_{垂直角n测回}=\frac{m_{半测回}}{\sqrt{2n}} \quad (50)$$

根据本规范 4.3.3 条中指标差较差和垂直角较差的规定限差，即，四等为 $7''$，五等为 $10''$。则相应的 $m_{半测回}$ 值，四等为 $3.5''$，五等为 $5''$。四等 3 测回观测的测角中误差为 $1.43''$，五等 2 测回观测的测角中误差为 $2.5''$。该推算结果和 1985 年在广东珠海地区的实验结果是吻合的，多年来的工程实践证明，也是容易达到的。

这里需要提出的是，$2''$ 级全站仪和电子经纬仪的垂直角观测精度通常为 $2''$，$2''$ 级光学经纬仪的垂直角观测精度相对较低，且不同厂家的仪器差别较大，所以，当采用 $2''$ 级光学经纬仪进行垂直角测量时，应根据仪器的垂直角检测精度适当增加测回数，以 3～6 测回为宜。

大气折光影响的误差：垂直角采用对向观测，而且又在尽量短的时间内进行，大气折光系数的变化是较小的，因此，即刻进行的对向观测可以很好地抵消大气折光的影响。但实际上，无论采取何种措施，大气折光系数不可能完全一样，直觇和返觇时的 K 值总会有一定差值，所以，对向观测时 $m_{\Delta k}$ 应是直返觇大气折光系数 K 值之差的影响。

根据在河南信阳市郊区平坦地的电磁波测距三角高程测量试验研究资料，计算出 1h、0.5h、15min 折光系数变化的影响如表 6 所示。

表 6 折光系数的变化对高差平均值和高差较差的影响

时间间隔	1h	0.5h	15min
$m_{(k_1-k_2)}$	0.06833	0.02416	0.00854
$m_{\left(\frac{k_1+k_2}{2}\right)}$	0.16524	0.05842	0.02065

注：$m_{(k_1-k_2)}$ 用于对直返觇高差平均值影响的误差估算，$m_{\left(\frac{k_1+k_2}{2}\right)}$ 用于对直返觇高差较差影响的误差估算。

仪器和觇标的量高误差：作业时仪器高和觇标高各量两次并精确至 1mm，其中误差按 1～2mm 计。

顾及以上四种主要误差的影响，即测距中误差取

$5+5\text{ppm} \times D$；垂直角观测中误差，四等取 $2''$，五等取 $3''$；折光系数按 1h 变化估计；仪器和觇标的量高中误差取 2mm，可推算出电磁波测距三角高程对向观测的每千米高差中误差（见表 7）。

表 7 电磁波测距三角高程测量对向观测的每千米高差中误差

距离（km）		0.2	0.4	0.6	0.8	1.0	1.2	1.4	1.6
m_{hkm} (mm)	四等	5.5	5.4	6.0	6.8	7.6	8.4	9.3	10
	五等	6.5	7.3	8.4	9.6	11	12	13	14

从表 7 验算可看出，边长为 1km 时，每千米高差测量中误差四等可达 7.6mm、五等可达 11mm，若再顾及其他系统误差的影响，如垂线偏差等，则要满足四等 10mm、五等 15mm 是不困难的。

2 电磁波测距三角高程测量的对向观测高差较差。

1) 一些试验和工程项目证明：用四等水准测量的往返较差 $20\text{mm}\sqrt{L}$ 要求电磁波测距三角高程测量的对向观测较差是很难达到的。试验结果统计见表 8，其较差取 $30\sqrt{D}$。

表 8 电磁波测距三角高程测量对向观测高差较差

地区	项目	边数	边长（km）		较差大于 $\pm 30\sqrt{D}$		备注
			最大	最小	边数	百分比	
珠海	试验项目	62	<1		3	4.8	
西南某矿区	试验项目	61	1.83	0.05	5	8.2	其中两条边大于 1km
迁安	工程项目	70	0.92	0.14	4	5.7	
西南某矿区	工程项目	126	—	—	2	—	

从表 8 可看出：对于 $\pm 30\sqrt{D}$ 的限差要求，也有相当比例的直返觇较差超限。

2) 大气折光对直返觇较差的影响比对高差平均值的影响大 2～3 倍（表 6）。

3) 垂线偏差对直返觇较差也有一定影响。

顾及以上三点，本规范将四等对向观测高差较差放宽至 $\pm 40\sqrt{D}$；五等相应调整为 $\pm 60\sqrt{D}$。

3 附合或环形闭合差。

由于对向观测高差平均值能较好地抵消大气折光的影响，并顾及其他影响因素，本规范表 4.3.2 中附合或环形闭合差规定为：四等 $\pm 20\sqrt{\sum D}$，五等 $\pm 30\sqrt{\sum D}$，即和四、五等水准测量的限差相一致。

4 有些学者认为："三角高程测量的误差大致与距离成正比，因此其'权'应为距离平方的倒数，不能简单的套用水准测量的精度估算与限差规定的形式。"

修订组认为，本次规范修订正式将电磁波测距三角高程测量应用于四五等高程控制测量，因此其主要技术指标，如每千米高差全中误差、附合或环线闭合差必须与水准高程控制测量相一致。

至于观测权的问题，需在水准测量和电磁波测距三角高程测量混合平差时考虑。

4.3.3 为了减少大气折光对电磁波测距三角高程测量精度的影响（参见表6），要求即刻迁站进行返觇测量，这样整个测线的环境条件相对稳定，折光系数变化不大，取往返高差的平均值可削弱折光差的影响。

4.3.4 由于电磁波测距三角高程测量，大多是在平面控制点的基础上布设的。测距边超过200m时，地球曲率和折光差对高差将产生影响，因此，本条1款规定应进行此项改正计算。

4.4 GPS拟合高程测量

4.4.1 关于GPS拟合高程测量和应用等级的确定：

由于我国采用的是正常高高程系统，我们所应用的高程是相对似大地水准面的高程值，而GPS高程是相对于椭球面的高程值，为大地高。二者之间的差值为高程异常。因此，确定高程异常值，是GPS拟合高程测量的必要环节。高程异常的确定方法，一般分为数学模型拟合法和用地球重力场模型直接求算。对于一般工程测量单位而言，由于无法获得必要的重力数据，主要是根据联测的水准资料利用一定的数学模型拟合推求似大地水准面。

1 GPS高程数学模型拟合法。

大地高 H 与正常高 h 的关系为：

$$h = H - \xi \tag{51}$$

$$\xi = f(x, y) \tag{52}$$

式中 ξ——高程异常拟合函数。

高程异常拟合函数，应根据工程规模、测区的起伏状况和高程异常的变化情况选择合理的拟合形式。除了平面拟合、曲面拟合和表9第3栏中的拟合形式外，还有自然三次样条函数、几何模型法、附加参数法、相邻点间高程异常差法、附加已有重力模型法、神经网络法等。方法的选择，在满足本规范精度要求的前提下，不做具体规定。

2 GPS拟合高程精度统计。

国内部分工程项目GPS拟合高程精度统计资料，见表9。

表9 GPS拟合高程精度统计表

测区	面积（km²）	拟合类型	结点个数	检查点数	中误差（mm）
遵化测区	10×12	平面拟合	3～4	10～9	8～10
		二次曲面	6	7	7～14
王滩试验	170	多项式	10	17	14
		多面函数	10	17	15
某地	50×10	曲面样条	6～18	108～96	73～76
		二次多项式	6～18	108～96	80～189
		加权平均	6～18	108～96	205～273
海心岛	37	平面模型	6	6	11
		二次曲面	6	6	12
		多重曲面	6	6	12
汕头特区	—	二次曲面	9	10	22
		二次曲面	9	5（拟合区外）	290
某地	100	最佳三点平面	6～8	10～8	25～38
		二次多项式	6～8	10～8	26～33
		多面函数	6～8	10～8	22～34
海莱	140	—	外围5点中部3点	13	3
		—	外围8点	13	3
		—	东部8点西部0点	13	4
某地	—	多面函数	3～6	19～22	15～25
鲁西南	300	平面拟合	4～10	15～9	16～31
		平面相关	4～10	15～9	16～33
		二次多项式	6～7	13～12	17～18

注：部分工程实例来自1992～2003年国内公开发表的刊物。

从表9看出，少部分测区拟合精度较差，大多数测区可达到四等精度。本规范初次引入GPS拟合高程测量，为了稳妥安全，定位在五等精度。

4.4.3 GPS拟合高程测量的主要技术要求：

1 由于拟合区外部检查点的中误差显著增大，故要求联测点宜均匀分布在测区周围。

2 为了保证拟合高程测量的可靠性和进行粗差剔除并合理评定精度，故规定对联测点数的要求。

间距小于10km的要求，见4.4.4条的说明。

3 GPS拟合高程测量一般在平原或丘陵地区使用，但对于高差变化较大的地区，由于重力异常的变化导致高程异常变化较大。故，要求增加联测点和检查点的数量。

4.4.4 关于GPS拟合高程计算：

1 对于似大地水准面的变化，通常认为受长、中、短波项的影响。长波100km以内曲面非常光滑；中波20～100km仅区域或局部发生变化；短波小于20km受地形起伏影响。因此，利用已有的重力大地水准面模型能改善长、中波的影响。短波影响靠联测点的密度来弥补，故4.4.3条规定联测点的点间距不大于10km。

2 拟合高程模型的优化或多方案比较，是为了获取较好的拟合精度，这也是作业中普遍采用的方法。

3 对于超出拟合高程模型所覆盖范围的推算点，因缺乏必要的校核条件，所以在高程异常比较大的地方要慎用，并且要严格限制边长。

5 地 形 测 量

5.1 一 般 规 定

5.1.1 地形图的比例尺，反映了用户对地形图精度和内容的要求，是地形测量的基本属性之一。地形图的比例尺，要求按设计阶段、规模大小和运营管理需要选用，主要基于以下因素考虑：

1 用图特点、用图细致程度、设计内容和地形复杂程度是选择地形图比例尺的主要因素。

对于比较简单的情况，应采用较小比例尺；对于综合性用图与专业用图，需兼顾多方面需要，通常提供较大比例尺图；对于分阶段设计的情况，通常初步设计选择较小比例尺，两阶段设计合用一种比例尺的，一般选取一种适中的比例尺（1：1000或1：2000）或按施工设计的要求选择比例尺。

2 建厂规模、占地面积是选择比例尺的重要因素。

小型厂矿或单体工程设计，其用图要求精度不一定很高，但要求较大的图面以能反映设计内容的细部，因此多选用较大比例尺。

3 1：500～1：5000比例尺系列地形图，基本概括了工程测量的服务范畴。

目前，大量的1：1000比例尺地形图，已用于各专业的施工设计，所以1：1000比例尺地形图，应为施工设计的基本比例尺图。但是，还有不少厂矿企业或单项工程的施工设计，也采用1：500比例尺地形图，其主要原因在于：1：1000比例尺的图面偏小，并不是因为其精度不够。对于工业厂区、城市市区，情况有所不同，由于精度要求高，内容也复杂，以1：500比例尺图居多。还有一些工厂区，采用1：500比例尺作为维修管理用图。至于小城镇和部分中等城市，测绘1：1000比例尺地形图已能满足需要。根据目前现状。本规范仍把1：500比例尺列为常用测图比例尺。对于大部分线路测量（如铁路、公路等）、矿山、地质勘探、大型工程项目的初步设计，1：2000也是较常用的测图比例尺。1：5000比例尺地形图，一般为规划设计用图的最大比例尺。

5.1.2 随着测绘科技的快速发展，地形图的概念有所拓展，本规范把地形图分为数字地形图和纸质地形图。地形图则是二者的统称。

本条按地形图的信息载体、表达方法、数学精度、成果成图的表现形式和用户对地形图的应用等五种特征区分数字地形图和纸质地形图。

5.1.3 关于地形类别的划分和基本等高距的选择：

1 大比例尺地形测量的地形类别划分，是根据工程建设用地对地面坡度的要求和工程用图的实际情况确定的。仍沿用《93规范》的划分方法，即，平坦地 $\alpha<3°$；丘陵地 $3°\leqslant\alpha<10°$；山地 $10°\leqslant\alpha<25°$；高山地 $\alpha\geqslant25°$ 四类。

水域地形类别的划分与陆地相同，也按水底地形倾角分为四类（水底地形倾角可从小比例尺的水下地形图中获取）。

2 地形图的基本等高距，是以等高线的高程中误差的经验公式验算：

$$m_h = \frac{1}{4}h_d + \frac{0.8M}{1000}\tan\alpha \qquad (53)$$

式中 m_h——等高线高程中误差；

h_d——基本等高距；

M——测图比例尺分母；

α——地面倾角。

其中，等高线的高程中误差 m_h 的取值，对于常用的设计坡度，均不应大于基本等高距的1/2；对于较大的设计坡段，也不应大于一倍基本等高距。

实际上，地形图对高程精度的要求，很大程度体现在基本等高距的选择问题上，在缓坡地1：1000～1：5000比例尺，多取基本等高距 h_d 为比例尺分母 M 的 $\frac{1}{2000}$，山地为 $\frac{1}{1000}$；1：500比例尺的最小基本等高距为0.5m。

基本等高距的规格，可保持与等高线的名义值没有较大出入，同时还考虑等高线不宜过密，规格不宜过多等因素。

5.1.4 区域类型划分是根据工程测量部门多年来的实践经验确定的并划分为：一般地区，城镇建筑区、工矿区和水域，《93规范》认为其在施测方法和技术要求等方面均有所不同，但随着数字化测图的广泛应用，各区域类型受施测方法的影响已被弱化。本次修订仍沿用《93规范》的区域类型划分方法。对于水域测量，考虑到其与陆地地形测量并没有实质性的区别，本次修订将水域测量和陆地地形测量的内容作了部分融合，并将一些主要技术指标列入本章的一般规定中。

5.1.5 关于地形测量的基本精度要求。

本条将《93规范》中相关地形图精度的条款内容进行了归并，使结构层次更加清晰，易于作业者使用。

衡量地形图测量的技术指标主要有：地物点的点位中误差、等高线插求点的高程中误差、细部点的平面和高程中误差和地形点的最大点位间距等。

1 地形图图上地物点相对于邻近图根点的点位中误差，主要是根据用图需要和工程测量部门测图的实际情况确定的。

1) 根据以往用户对地形图的使用情况，工矿区的改扩建项目对精度要求较高，一般的图面精度无法满足其要求；城镇居民小区的地形图主要用于规划红线，牵涉到拆迁问题，对地形图精度要求也较高；城镇居住区应保留的建筑，对新建建筑的制约比较强，则要求图面位置较准确，以满足新建建筑对楼位间安全距离的要求；非建筑区的设计内容受已有地物的制约因素较少，有较大的选择余地。城镇居住区的地形图，由于要提供给各部门使用，保留时间要求10～20年，且要求不断进行修、补测，故要求地形图的精度有所储备。

根据目前多数工程测量部门的实际情况，测图方法、作业手段都有很大的改进，地形点的实际精度也提高很多。从设计部门的使用情况看来，大部分要求的是电子版地形图，很少采用复制拼接、图上直尺量算等方法进行设计。

考虑到测图和用图部门自身和相互间的发展不完全平衡，本次修订对地形图的精度指标未作调整。

2) 由于水域内的工程设施，一般多在20m水深范围内，而靠岸边的浅水区域，又多是施工重点，从工程需要出发，精度要求有所侧重。设计和施工要求近岸地形变化大的水域精度应高一些。大面积平坦区域与离岸线远的水域精度可放宽些。此外，1：500比例尺测图或交会距离在图上大于100cm时，要达到较高精度比较困难，因此也应适当放宽。而对于采用GPS或其他较高精度仪器进行作业时，满足精度要求是不成问题的。水域地形测量定位的试验值，见表10。

表10 水域地形测量定位精度的试验值

试验方法	比例尺	测点数	点位中误差（图上mm）
前方交会陆上模拟	1：500	194	±0.80
前方交会常规作业	1：2000	204	±0.80；±1.20
经纬仪垂直角定位	1：5000	200	±1.20
全站仪极坐标测量陆上模拟	1：1000	300	±0.50
实时差分DGPS方式陆上模拟	1：1000	236	±0.80
RTK方式陆上模拟	1：1000	433	±0.20
GPS后差分处理	1：1000	225	±0.80

顾及水域地形测量作业中受其他因素的影响，本规范的水域地形测量定位的点位中误差确定为图上1.5mm。

2 等高（深）线插求点的高程中误差，与工程设计应用高程数据进行土方预算、竖向设计、基础埋深设计等的关系较为密切。长期应用证明，本款指标是适宜的。加之数字测图的精度还会有所改善，满足该指标更是不成问题的。

3 关于细部坐标点的点位中误差。

为了使设计或运营管理者应用原图时，能有足够的精度，并符合新设建筑与邻近已有建筑的相关位置误差小于10～20cm的要求，故确定工业建筑区主要建（构）筑物的细部点相对于邻近图根点的点位中误差，不应超过5cm。

对于棱角不明显建（构）筑物，由于存在判别误差，其实测轴线和理论轴线（或理论中心）也存在误差。而对铁路、给水排水管道、架空线路等施工对象，其定位精度也是有区别的。因此，将诸如此类内容划归为一般建（构）筑物的细部点，其点位中误差规定为7cm。

4 由于工程用图不但要使用等高线，而且还要使用施测的地形点，所以将地形测图地形点的最大点位间距作为地形图的基本指标之一。表5.1.5-4中规定的各种比例尺地形测图地形点的最大点位间距，是根据地面坡度、等高线曲率变化、等高线插求点的高程精度、测量误差综合确定的，相当于图上2～3cm的间距。

对于水域地形测图，由于水下地形的起伏状况难以直观判别，所以要求断面间距和断面上测点间距较陆地地形图点间距密一些。通常，水下地貌垂直于岸线的地形变化远大于平行于岸线的地形变化，所以断面间距应大于测点间距。规范规定的断面间距和断面上测点间距分别相当于图上 2cm 和 1cm。

5.1.6 地形图的分幅及编号方法，是工程测量部门历年来经验的总结，其形式简单，使用方便，已为广大用户和测量部门所接受。

5.1.8 地形测图方法的分类，是基于当前测绘新技术的发展水平和应用现状确定的。以往经纬仪配合测距仪的测图方法归类于全站仪测图。考虑到平板测图作业方法有些部门还在使用，故依然将其作为一种作业方法供选择。

GPS-RTK（Real Time Kinematic 又称载波相位差分）方法，是近十年来逐渐普及的一项新技术。其基本原理是：参考站实时地将测量的载波相位观测值、伪距观测值、参考站坐标等用无线电台实时传送给流动站，流动站将载波相位观测值进行差分处理，即得到参考站和流动站间的基线向量（ΔX、ΔY、ΔZ）；基线向量加上参考站坐标即为流动站 WGS-84 坐标系的坐标值，经坐标转换得出流动站在地方坐标系的坐标和高程值。

5.1.9 关于数字地形图软件的选用。

1 符号规范，是指成图软件的符号库应使用国家和各行业的标准图式符号去建立。目前，有些商用软件的符号库不完全符合标准或不能满足生产要求，如线状符号其线型在特征点间不连续，且使用的是离散线型，符号库中的符号不齐全，给用户的作业造成不便，这些都需要软件商进一步去改进。

2 网络共享功能的要求，主要是基于工程测量的发展和规模化经营、作业的考虑，对地形测量软件的开发和应用所提出的一个基本功能要求。正在使用的功能良好的软件，如不具备该项功能，应逐步开发完善。

5.1.11 地形图检查办法及检查工作量的要求，是历年来工程测量部门为了确保成图质量而总结出来的一套行之有效的办法。

5.2 图根控制测量

5.2.1 为了保证大比例尺地形图质量，图根点相对于邻近等级控制点的点位中误差不应大于图上 0.1mm，这是一个传统指标，主要是基于人工展点误差和眼睛分辨率的考虑。

5.2.4 关于图幅中解析图根点的数量。

平板测图图幅中解析图根点的数量，是为了保证在不同测站测图时以最大视距测得的地形点能够衔接。取最大视距长度的 0.7 倍作为半径求出单个图根点有效测图面积，再分别推算出各种比例尺每幅图最少图根点的个数（相当于困难类别Ⅰ类地区）。然后按两相邻困难类别梯度系数 0.75（概值）换算出困难类别Ⅲ类地区每幅图的图根点数量，见规范表 5.2.4 第 5 列。对于其他困难类别地区，作业者可按该方法进行推算。

对于全站仪测图，由于电磁波测距代替了视距测量，有效降低了对解析图根点密度的要求，表中数值约为平板测图所需解析图根点个数的 1/4。

GPS-RTK 测图对解析图根点的要求，主要是用于对系统的校正、检核或进行全站仪联合作业使用。

5.2.5 图根控制测量内业计算和成果的取位要求，是为了避免计算过程对观测精度的损失。

（Ⅰ）图根平面控制

5.2.6 随着 GPS 接收机、全站仪的普及应用，图根平面控制的布设形式多采用图根导线、极坐标、边角交会、GPS 快速静态定位和 GPS-RTK 定位等。

规范修订时，考虑到图根三角测量已极少使用，故删去与其相关的内容。

5.2.7 关于图根导线测量的规定：

1 图根附合导线长度。

导线全长的最大相对闭合差的估算公式为：

$$\frac{1}{T}=\frac{2KM_2}{L} \quad (54)$$

式中 K——导线端点闭合差与导线中间点平差后点位中误差的比例系数；

L——导线全长；

M_2——导线中间点平差后的点位中误差。

根据 5.2.1 条"图根点相对于邻近等级控制点的点位中误差不应大于图上 0.1mm"的规定，则有实地误差

$$M_2=0.1M \quad (55)$$

式中 M——测图比例尺的分母。

按双等影响考虑，有 $K=\sqrt{7}$

令导线全长相对闭合差

$$\frac{1}{T}=\frac{1}{2000\times\alpha} \quad (56)$$

由（54）式有

$$\frac{1}{2000\times\alpha}=\frac{2\sqrt{7}\times 0.1M}{L}$$

则 $L=1058\alpha M$ (mm) $=1.058\alpha M$ (m) (57)

所以本规范取附合导线长度为 $L=\alpha M$。

2 对于地形隐蔽和地物复杂的地区，布设一个层次的图根控制，其图根点数量往往难以满足要求，需要进行二次加密。由 5.2.1 条知，图根点的点位中误差不大于图上 0.1mm，因此，二次附合图根点相对于等级控制点的点位精度，可按 $0.1\times\sqrt{2}$mm 估算，对地形图的精度影响不大。

3 关于图根钢尺量距导线。

1）本条第 4 款第 2 项，对于钢尺丈量的边长，当温度、坡度、尺长三项中任何一项超限时，均应进

行修正；

2) 本条第 4 款第 3、4 项的说明，参考本规范 3.3.2 条说明。

5.2.8 关于支导线边数的规定。

由于电磁波测距和钢尺量距两种方法所得边长的精度不等，故在相同精度要求的条件下，按直伸等边支导线推算端点的纵横向误差。

$$m_t = \sqrt{nm_s^2 + \lambda^2 L^2} \quad (58)$$

或

$$m_t' = \sqrt{n}(a + b \cdot D) \quad (59)$$

$$m_u = \frac{m_\beta}{\rho} \cdot L \sqrt{\frac{n+1.5}{3}} \quad (60)$$

式中 m_t——量距支导线端点的纵向中误差；
m_t'——测距支导线端点的纵向中误差；
m_u——支导线端点的横向中误差。

计算时，m_β 取 $20''$，m_s 取 $\frac{S}{2 \times 3000}$，$a + b \times D$ 取 $10 + 5ppm \times D$，λ 取 0.00005。

则支导线的推算和取用边数见表 11。

表 11 图根支导线边数的选取

比例尺	支导线端点点位中误差(m)	支导线边长(m)	量距支导线边数	测距支导线边数	规范取用边数
1:500	0.05	100	3.1	3.6	3
1:1000	0.1	150	4.1	4.6	3
1:2000	0.2	250	4.8	5.4	4
1:5000	0.5	350	7.6	8.1	4

5.2.9 关于极坐标法布设图根点。

图根点点位中误差按图上 0.1mm，测角中误差按 $20''$，测距中误差按 20mm 计。则，比例尺为 1:500 时，边长可达 450m；为 1:1000 时，边长可达 1000m。考虑一定的精度储备和作业方便，故极坐标法布设图根点的最大边长采用表 5.2.9-2 所列数据。

5.2.10 用交会法进行图根解析补点时，根据理论计算分析，当交会角在 $30°\sim150°$ 之间，交会误差较小，交会补点的质量较高。

5.2.11 GPS-RTK 图根控制测量为本次规范修订的增加内容，其作业半径较 GPS-RTK 测图减半，主要是出于精度和作业方便的考虑。对图根点的两次独立测量，主要是出于成果安全可靠的考虑，因为该作业方法缺少必要的检核条件。同一参考站下的两次独立测量是指两个不同时段的测量。

（Ⅱ）图根高程控制

5.2.13 图根水准测量的技术要求，是根据每千米高差中误差为 20mm 进行设计，并参考历年来的实践经验制定的。

由于五等水准是因工程需要而对水准测量精度系列的补充（见本规范 4.2.1 条说明），就应用的普遍性而言，本条将图根水准起算点的精度，定位于四等水准高程点。

对于水准支线的布设，因其不能附合或闭合至高级点且精度较低，因此，本规范将路线长度缩短为附合路线长度的一半，即不大于 2.5km，并采用往返观测。

5.2.14 图根电磁波测距三角高程测量，其闭合差与 5.2.13 条 $40\sqrt{L}$ 相当，附合路线长度，通常也应与图根水准测量相当。

5.3 测绘方法与技术要求

（Ⅰ）全站仪测图

5.3.1 本条是对全站仪测图所用仪器和应用程序的基本规定，对电子手簿的采用未作具体要求。测图的应用程序，是指全站仪的基本功能程序，除满足测量的基本程序要求外，还应具有数据记录、存储、代码编辑、通信等功能，以满足内业数据处理和图形编辑的需要。采用常用数据格式的规定，主要是为了满足数据交换的需要。

5.3.2 本规范将全站仪测图（也称为野外数据采集）分为三种类型：即编码法、草图法和内外业一体的实时成图法。但随着全站仪外围配套设备的逐步完善，有些电子手簿、电子平板或掌上电脑可绘制基本的草图，此时草图的概念较人工绘制纸质草图已有所延伸。

5.3.3 全站仪增设测站点，主要是指采用极坐标法半测回测设的坐标点。当然，也可采用其他交会的方法增设。增设测站点的平面和高程精度，应高于地物、地形测绘的精度。支点的高程应往返观测检查。为避免出现粗差，作业时应注意对其他测站已测地物点的重复测量检查。

5.3.4 本条规定了全站仪测图测站安置和检核的基本要求，为新增内容。

5.3.5 关于全站仪测图的测距长度。

测点的观测中误差可按（61）式估算：

$$m_p = D\sqrt{\left(\frac{m_D}{D}\right)^2 + \left(\frac{m_\beta}{\rho}\right)^2} \quad (61)$$

式中 D——测点至测站的距离；
$\frac{m_D}{D}$——测距相对中误差，按 1/5000 综合考虑；
m_β——测角中误差，按 $45''$ 计。

当测点距离为 100m，则可计算出每百米测点点位中误差为 3cm；考虑到数据采集时，觇牌棱镜的对中偏差、测站点误差以及实测时的客观条件限制等因素，取规范表 5.3.5 的限值。

5.3.6 本条是全站仪测图三种作业方法的最基本要

求。无论采用何种方法，对于测点的属性、地形要素的连接关系和逻辑关系等均应在作业现场清楚记载。

本条第 4 款几何作图法是对全站仪测图法的补充。对几何作图法的测量数据可采用电子手簿、全站仪或人工白纸草图等形式记录。

5.3.8 测出界线外的目的，主要是为了地形图的拼接检查。

5.3.9 原始数据文件是十分重要的文件，应注意备份。数据编辑时，如数据记录有误，可修改测点编号、编码、排序等，但对于记录中的三维坐标、角度、距离等测量数据不能修改，应对错误数据进行检查分析，及时补测或返工重测。

（Ⅱ）GPS-RTK 测图

5.3.10 本条所列资料，是 GPS-RTK 测图应具备的基础性资料。不仅要收集控制点在国家或地方坐标系和高程系的坐标、高程，而且还应收集相应的 WGS-84 坐标系的坐标、高程资料，以便求算转换参数或验证转换参数。

对已有转换参数的测区，应尽量收集应用。

本条将国家高程基准以外的其他高程基准称为地方高程基准。

5.3.11 由于 GPS 接收机所获得的是 WGS-84 坐标系中的空间三维直角坐标，而我们通常所使用的是国家或地方坐标及正常高系统。两套系统之间的转换，是由基准转换、平面坐标转换和高程转换构成。

1 关于基准转换。

要将空间三维直角坐标转换到高斯平面，必须通过某一椭球面作为过渡。这种转换可采用三参数或七参数法实现。对于小于 80km×80km 测图范围，一般可采用三参数单点定位确定转换关系；较大测图区域宜采用七参数多点定位确定转换关系。

一般来说，地方坐标系采用平均高程面或补偿高程面作为投影面，这个投影面与区域椭球面不平行，因此，在确定区域椭球的元素和定位时，应尽可能使投影面与区域椭球面吻合。事实上，在区域椭球面确定方面存在不足，较多采用国家参考椭球参数，其实，在目前的条件下，采用国家参考椭球元素、WGS-84 椭球元素均是一种选择。

2 关于平面坐标转换。

依据原有的中央子午线的经度将地方参考椭球（区域椭球）大地坐标转换到高斯平面。为了保证转换坐标的起始数据与地方平面坐标系统的一致性，可在高斯平面坐标系内将 GPS 网进行平移和旋转来实现。确定平移、旋转和缩放四参数，不应少于 4 个已知点，并采用最小二乘法求解。

3 关于高程转换。

高程转换，可采用拟合高程测量的方法进行，其起算点的精度应采用图根以上的高程控制点精度。参见本规范 4.4 节的有关说明。

5.3.12 由于转换参数的质量与所用控制点的精度及分布有关，因此转换参数的使用具有区域性，仅适用于所用控制点圈定的范围及邻近区域，但其外推精度明显低于内插精度，故规定不应超越转换参数的计算所覆盖的范围。

对输入参考站点空间直角坐标的规定，是为了避免不同时期参考站点定位的 WGS-84 坐标差异对 GPS-RTK 测量造成影响。

5.3.13 有文献认为，在 15km 之内 GPS-RTK 数据处理的载波相位的整周模糊度能够得到固定解，定位精度达到厘米级。GPS 测量的高程中误差通常是平面中误差的 2 倍，且与到参考站之间的距离成正比关系。为保证工程测图的高程精度，将作业半径限定为 10km 较为适宜，即控制在短基线范围内。

5.3.15 由于 GPS-RTK 测量的浮动解成果精度极差，无法满足工程测图的要求，故规定必须采用固定解成果。

5.3.17 不同参考站作业时，要求检测一定数量的地物重合点。重合点点位较差的限差，取城镇建筑区地形测量的地物点点位中误差的值（见本规范表 5.1.5-1）；重合点高程较差的限差，取一般地区地形测量（平坦地）高程中误差的值（见本规范表 5.1.5-2）。

（Ⅲ）平 板 测 图

5.3.19 平板测图的概念，是指传统意义上的手工成图法，即采用经纬仪或平板仪确定方向和视距、在平板上展绘成图。常用的方法有：经纬仪配合量角器测绘法、大平板仪测绘法、经纬仪（或水准仪）配合小平板测绘法等。

5.3.20 用于绘图的聚酯薄膜，应满足一定的透明度和伸缩率等要求。故本条给出了选择聚酯薄膜时的主要技术指标。

5.3.21 图廓格网线绘制和控制点展点等误差的规定，是为了保证测图最终精度所必需的精度要求，也是展点仪、坐标仪（尺）等工具可以达到的指标。

5.3.22 由于平板测图所用仪器、工具的各项误差，将直接影响测图的最终精度，即一般地区为 0.8mm，城镇建筑、工矿区为 0.6mm。故，将展绘工具的误差限定在 0.2mm 是可行的。

5.3.23 由于解析补点的精度要低于图根点的精度，点位中误差按 0.3mm 估算。因此，图解交会点的误差三角形内切圆直径规定为 0.5mm 是适宜的，对于视距支点长度相应缩短也是必要的；对于图解补点的高程较差，适当放宽为平地基本等高距的 1/5、山地基本等高距的 1/3 是合理的。

5.3.24 根据平板测图的最大视距长度，推算点位中误差见表 12，可以看出本条所采用的限值是合适的，点位中误差基本满足规范表 5.1.5-1 的要求。

表12 平板测图的最大视距长度和点位中误差

比例尺		1:500		1:1000		1:2000		1:5000	
	类别	地物	地形	地物	地形	地物	地形	地物	地形
一般地区	视距长度（m）	60	100	100	150	180	250	300	350
	点位中误差（m）	0.64	0.94	0.53	0.75	0.56	0.72	0.59	0.64
城镇建筑区	视距长度（m）	50（量距）	70	80	120	150	200	—	—
	点位中误差（m）	0.38	0.62	0.44	0.65	0.45	0.52	—	—

5.3.25 平板仪对中的偏差不应大于图上 0.05mm，当采用垂球对点时，也是容易达到的。测站上校核方向线的偏差不应大于图上 0.3mm，这是人眼可察觉到的图解误差的最小值。

5.3.26 根据实践经验，每幅图测出图廓外 5mm 是图幅接边所必须的，也是比较适宜的。

5.3.28 由于相邻两图幅接边处各自的中误差为 M，则，其较差为 $\sqrt{2}M$，限差为 $2\sqrt{2}M$。

（Ⅳ）数字地形图的编辑处理

5.3.30 近十年来，数字化成图软件发展迅速，但版本较杂，其输出结果也不尽相同，特别是在线型、图块的使用上，虽然输出纸图是一致的，但其电子版图却有许多差别，有些设计院反映，某些软件所生成的地形图使用不甚方便。如，在人机交互式绘图中往往出现点线不符、连接关系表示不明确、坎状物交叉处问题较多等。为此，规范修订对数字地形图的编辑处理给出了相关的具体要求，对数字地形图编辑处理软件的测试和使用作出了基本规定。

5.3.31 数据处理，是数字地形图绘制的重要环节。数据处理软件通常与成图软件为一体，组成数字地形图绘制系统。其基本功能是将采集的数据传输至计算机，并将不同记录格式的数据进行转换、分类、计算、编辑，为图形处理提供必要的绘图信息和数据源。

随着数字地形图的广泛应用，更加强调地形图各种属性信息的重要性。因此，地形、地物相关属性信息的编写赋值，是数字地形图编辑的一项重要内容。例如，有些数字地形图产品的等高线没有具体的高程赋值，给设计部门的应用造成一定的困难。

5.3.32 对地形图要素进行分层表示是十分必要的。基于目前现状，本规范对地形要素的分层等属性不作统一规定。

5.3.33、5.3.34 受成图软件功能的限制，在批量生成图形时，会出现一些符号、文字注记、高程注记、线条相互交叉重叠等现象；曲线拟合时，如拟合参数选取不当，也会使曲线失真等不符合本规范第 5.3.38～5.3.44 条要求的情况。因此，对所生成的图形还应进行全面的校对、检查和编辑处理。

5.3.35 关于数字地形图分幅。

1 根据成图需要进行分幅裁剪时，要求检查编辑每幅图的图边数据，避免出现以下情况：
  1) 点位（如控制点、地形点等）与注记分离；
  2) 点状符号（如独立地物、控制点、管线等符号）被裁分；
  3) 注记文字被裁分，出现注记不完整；
  4) 图边线条（或文字）被意外删除等。

2 图廓及坐标格网要求采用成图软件自动绘制。当个别格网需要编辑时，应采用坐标展绘。在计算机屏幕量取的图廓及格网坐标应和理论值一致。

5.3.36 数字地形图的编辑检查，类似于平板测图中的内业自检，是计算机成图不可缺少的一个过程。

5.3.37 图形编辑完成后，要求在绘图仪上按相应比例尺输出检查图，除对图面内容进行内外业检查外，还要求检查绘图质量。这里的绘图质量检查，主要是指图廓线的绘制精度检查。

（Ⅴ）纸质地形图的绘制

5.3.38～5.3.46 这里是对用手工完成地形图的绘制、原图着黑、映绘、清绘与刻绘等工作，而提出的绘图质量要求。

5.4 纸质地形图数字化

5.4.1 纸质地形图的数字化，是将原有的纸质地形图转化为数字地形图的过程。主要用于图纸的更新、修测、建立地形图数据库等。纸质地形图的数字化的方法主要有两种，即图形扫描仪扫描数字化法和数字化仪手扶跟踪数字化法。

图形扫描仪扫描数字化法，是将原有纸质地形图扫描为栅格图（又称为数字栅格图 DRG），通过矢量化后生成数字地形图（又称为数字线划图 DLG）的过程。其数字化速度较快，但在扫描过程中，会出现微小变形而降低精度。

数字化仪手扶跟踪数字化法，是通过数字化仪直接在原图上进行采点并生成数字地形图（DLG）的过程。其数字化精度较高，但速度较慢。

5.4.2 图形扫描仪的分辨率通常要求不小于每厘米 157 点。手扶跟踪数字化仪的分辨率通常要求不小于每厘米 394 线，精度不低于 0.127mm。

5.4.3、5.4.4 给出了数字化软件应具备的基本功能。

5.4.5 地形地物要素的图层分层和属性表示以满足用户需要为原则，同时宜兼顾建立地形图数据库的需要。在一个工程项目中，同一类地形要素的分层要求一致。

5.4.6 纸质地形图数字化后所获得的数字地形图的比例尺，要求与原图相同。也可将所获得的数字地形图缩为小比例尺的数字化图，但不能够将其放大为大比例尺数字地形图。

原图要尽可能选用经检查合格的聚酯薄膜底图。检查内容包括图面平整度、图廓方格网精度、四周接边精度和图纸变形情况。

5.4.7 图形扫描仪扫描数字化法的图像定向（即图像纠正）和数字化仪手扶跟踪数字化法的图纸定向，是数字化作业的重要环节。

定向点应选择具有理论坐标值的点位，其数量应根据原图检查情况合理确定。定向的误差来源主要是原图的综合误差（包括扫描图像的变形）和数字化综合误差。当定向检查点与理论值的差值较大时，应分析原因并适当增加图纸定向点，分区定向。

数字化仪作业过程中和结束时，对图纸定向点的检查是十分必要的，可以有效地防止数据采集过程中因图纸（图像）移位而发生差错。

5.4.8 为了保证纸质地形图数字化的质量，本条给出了地形图要素数字化的具体规定。

5.4.9、5.4.10 图幅接边和图边数据编辑是纸质地形图数字化作业的必要环节。对于数字化了的纸质地形图的检查方法，一般采用检查图与原图套合的方法进行。其误差来源考虑了图形输出误差 0.15mm；采点的点位误差 0.1mm，线状符号误差 0.2mm。故检查图与原图比较，数字化点状符号及明显地物点的平面位移中误差、线状符号的平面位移中误差分别规定为 0.2mm 和 0.3mm。

5.5 数字高程模型 (DEM)

5.5.1 数字高程模型是大比例尺地形测量的一种新的数字图形产品。主要应用于铁路、公路、水利、电力、能源和工业与民用建筑等行业。

对工程测量数字高程模型的数据源说明如下：

1 拟生成数字高程模型的区域已经完成了数字地形图测量，则可将数字地形图的等高线数据（本规范 5.3（Ⅳ）的结果）作为数据源。

2 在未进行测量的区域，则可采用本规范 5.3（Ⅰ）、5.3（Ⅱ）的方法在野外直接采集作为数据源。

3 对于已有纸质地形图的地区，如果现势性很好，也可采用本规范 5.4 节纸质地形图数字化的等高线数据，作为数据源。

5.5.2 数字高程模型建立的主要技术要求：

1 数字高程模型是地形起伏形态的数字表达方式，其在比例尺、高程中误差、分幅及编号等方面要求与地形测量一致。

2 关于数字高程模型格网间距（空间分辨率），取值太小会增加数据冗余，取值太大会损失内插精度。

当用地形测量的数据源建立数字高程模型时，如地形基本等高距用 h_d 表示，则格网间距 d 可表示为：

$$d = K \times h_d \times \cot\alpha \quad (62)$$

式中 α——地面倾角；
K——比例系数。

可以看出，格网间距与地形测量的比例尺、基本等高距和地面倾角等因素相关。数字高程模型的格网间距取值与地形测量地形点的最大点位间距比较见表 13。

表 13 格网点间距与地形图地形点间距比较表

比例尺		1:500	1:1000	1:2000	1:5000
常用基本等高距 (m)		0.5	1	2	5
数字高程模型格网间距	实地长度 (m)	2.5	2.5 或 5	5	10
	模型上长度 (mm)	5	2.5 或 5	2.5	2
地形图地形点的最大点位间距	实地长度 (m)	15	30	50	100
	图上长度 (mm)	30	30	25	20

5.5.3 不规则三角网法构建模型，就是通过从不规则分布的离散点生成连续的三角形（面）来逼近地形表面。本条给出了采用三角网法构建数字高程模型的具体规定。

5.5.4 本条是格网法建模的具体规定。对于插值方法的选择需慎重，如果方法不当，则产生较大的误差。

5.5.5、5.5.6 这两条是对建立数字高程模型作业的基本规定和模型接边的基本要求。由于数字高程模型是地形测量的一种新产品，还需要各部门不断总结经验，使其更加完善。

5.5.7 由于建立数字高程模型的数据源分为实测数据源和通过以数字地形图产品和纸质地形图数字化作为数据源两类，而实测数据源并没有经过地形图的成图过程，故本条分别给出了检查的要求。

5.6 一般地区地形测图

5.6.2 对建（构）筑物轮廓凹凸较小的部分，可视为一直线看待，并用直线连接表示，主要是基于测图工作量和设计部门使用方便的考虑。

5.6.3 对于一些独立性地物，如水塔、烟囱、杆塔、在图上比较明显、重要而又不能按比例尺表示其外廓形状时，要求准确表示其定位点或定位线位置。

5.6.4 对于密集的线路，按选择要点的原则进行测绘。其目的是在满足用户需要的基础上，使图纸负载合理，清晰易读。

5.6.5 对于1∶2000、1∶5000比例尺地形图交通及附属设施的测绘，不可能像1∶1000或1∶500地形测图那样详细，因此可适当舍去车站范围内的次要附属设施，以突出交通线路为主要目标。

5.6.6 由于渠和塘的顶部有时难以区分出明显的界线，因此应选择测出其顶部的适当位置，以不对渠、塘的容积大小产生疑义为原则。

5.6.7 其他地貌是指山洞、独立石、土堆、坑穴等。

5.6.9 法定名称是指各级主管机关颁布的名称。名称的注记不得自行命名。

5.7 城镇建筑区地形测图

5.7.1 对于城镇建筑区1∶500比例尺的地形测量，目前较多采用全站仪测图，故将其作为首选方法。当采用平板测图时，应注意：测站至主要建（构）筑物的距离宜使用钢尺或皮尺等工具丈量，不能采用视距测量。

5.7.3 对于街区凸凹部分的取舍，本规范没有给出具体规定，是因为如果规定街区或建筑区凹凸部分大于0.5m时应实测，则测绘内容太多。如果按照图上大于0.5mm的应施测表示，则城镇建筑区1∶500测图，实地仅有25cm，统一规定起来比较困难。所以作业时，要求应根据用图的需要和实际情况确定。

5.7.4 高程点的注记位置和间距要求，主要是根据用户需要确定的。

5.7.6 由于小城镇规划设计和其他设计对地形图的要求有别于大、中城市，故规范对此作了放宽处理。

5.8 工矿区现状图测量

5.8.2 随着全站仪的普及应用，细部坐标测量已十分方便快捷，按表5.8.2进行细部测量，通常可满足工矿区现状图测量的需要。数字地形图已成为测绘部门的主要产品，对细部测量的要求是否简化还须进一步调查总结。

5.8.3 关于细部坐标和细部高程测量的相关说明如下：

1 长期实践证明，采用全站仪或经纬仪加电磁波测距仪施测细部点的坐标和高程，是完全可以满足细部点精度要求的。

2 反算距离与检核距离较差的限差，是根据以往经纬仪和钢尺量距测绘细部坐标的统计资料确定的。反算距离与检核距离较差的大小，除与细部坐标点相对于邻近图根点的点位中误差有关外，还与施测细部点的两图根点之相对点位误差以及检核误差有关。随着全站仪的普及应用，满足限差要求不成问题。

3 随着数字地形图在各行业的广泛应用，对地物属性的综合体现，显得尤为重要。故本款新增了对点或地物属性的要求。

5.8.4 工矿区现状图中的其他地形、地貌，是指测区内的普通或简易建（构）筑物及一般地形、地貌。

5.9 水域地形测量

5.9.1 采用GPS测量技术对测深点进行定位，已得到广泛的应用，目前的发展已相对成熟，本次修订将其初次引入。

回声测深仪包括单波速测深仪和多波速测深仪，二者的基本技术要求相同。

5.9.2 由于测深的相关工具和仪器所适应的深度范围分别为，测深杆0～4m，测深锤0～20m；测深仪1m以上。而测深杆测深在0～4m范围内，其较差为0.2～0.3m；测深锤测深，在流速不大，水深小于20m的情况下，其较差为0.3～0.5m；测深仪测深，在电压、转速正常情况下，测深精度为水深的1%～2%。据此估算出测深深度中误差，如表5.9.2。相关行业规范的指标，与其基本相符。

5.9.4 水上作业本身就具有一定的危险性，而在水下环境不明的区域进行作业时，须对潜在的危险有所把握，并作好安全应急措施。

5.9.5 水尺设置的原则：要使所立的水尺对水位变化的范围能做到有效的控制，且相邻水尺的控制范围要有适当的重叠，水位观测资料要能充分反映全测区水位的变化。所以，当水尺的控制范围不能重叠时，应增设水尺。

5.9.6 为了与水深测量精度相匹配，并略高于其精度，因此对于水尺零点高程的联测，要求不低于图根水准测量精度的规定是适宜的。

5.9.7 强调使用模拟记录的目的，是为了及时发现测深粗差或减少测深粗差的影响。对测深仪作业规定说明如下：

1 对于工作时电压与额定电压及实际转速与规定转速之差的变动范围，这里仅作了一般性规定。作业时，还应以仪器说明书（鉴定书）为依据，适当调整。

2 换能器安装位置的规定，主要是要求尽量避免因船体运动（摇晃）而产生的干扰。船首附近受水流冲击影响较大，也容易在换能器底部产生气泡。故将换能器安装在距船头1/3～1/2船长处是比较合适的。

3 对于坡度变化较大的水下地形，如果定位中心与换能器中心偏移较大将导致所测的水深图失真，影响成图质量，因此必须进行偏心改正。

4 根据实践经验及有关资料，测船因风浪造成的摇动大小，取决于风浪的强弱及测船的抗风性能，而测深仪记录纸上回声线的起伏变化可反映出其对测深的影响。当起伏变化不大时，风浪对测深精度影响不大，可正常作业。如记录纸上出现有 0.4～0.5m 的锯齿形变化时，实际水面浪高一般将超出其值 1～2 倍，此时船身大幅度摇动，直接造成换能器入水深度变化较大，引起测深误差较大。按海上和内河船舶的抗风能力，规定了内陆水域和海域不同的回声线波形起伏限值。

5.9.11 要求根据水域地形图的精度、无线电定位精度的预估和测区范围，合理配置岸台数量及位置。

5.9.12 GPS 测深点定位的主要技术要求：

1 技术要求主要是基于本规范第 3 章和本章 5.3 节的内容，并参考现行国家标准《海道测量规范》GB 12327、《水运工程测量规范》JTJ 203 等的相关规定而提出的，着重考虑了水深测量实际需要及目前 GPS 接收机的发展现状。

2 在控制点上对流动 GPS 接收机进行检验和比对时间的长短，以能判断 GPS 接收机可稳定接收数据并能测出（或解算出）坐标为原则。

3 由于 GPS 接收机与测深仪是两种类型的仪器，即 GPS 接收机用于点位测量，测深仪用于水深测量。两种仪器采集到的数据进入计算机时，必须保持同步。

5.9.13 由于 GPS-RTK 定位技术能实时获得测深仪换能器底部的三维坐标数据，波浪的上下波动对其高程数据影响不大，减去水深即可获得水底坐标高程数据。而船体的前后起伏或左右摆动对其垂直方向的测量数据有一定影响。因此，作业时要注意控制船体的平稳。

5.9.14 由于受多种因素的影响，对 20m 以下的水深测量，取不同深度测点深度中误差平均值的 $2\sqrt{2}$ 倍，即为 0.4m，作为比对较差的限值指标；对大于 20m 的水深测量，将前述 0.4m 的限值按 20m 水深折合成百分比误差，即为 $0.02 \times H$（m）。本条为修订新增内容。

5.10 地形图的修测与编绘

（Ⅰ）地形图的修测

5.10.1～5.10.4 地形图的修测，是为了满足用户对地形图现势性的需要。作业时，应根据地形（地物、地貌）的变化情况和用户的要求，确定测区范围、制定测量方案。这里给出了地形图修测的具体规定。

（Ⅱ）地形图的编绘

5.10.5～5.10.7 编绘地形图主要是基于经济合理的考虑，将不同时期、不同比例尺的专业图和综合图进行统一编绘，生成新的满足用户需求的产品。这里给出了地形图编绘的原则性规定。

6 线 路 测 量

6.1 一 般 规 定

6.1.1 本章是各种线路工程测量的通用性技术要求，可满足线路工程选线、定线和施工各阶段的需要。

6.1.3 规范修订增加了 GPS 测量方法，这种方法方便、快捷且能有效保证线路测量的精度。

6.1.5 对于控制点是否埋设标石，不做具体规定，可根据实际需要确定。这是因为如果初测和定测间隔时间较长，就应考虑埋设标石。如果初测和定测一并进行，则有的控制点可不埋设标石。在人烟稀少地区，即使初测和定测间隔时间较长，也可不埋设标石。反之，则应考虑控制点位的长期保存的问题。

6.1.6 线路测量的带状地形图，主要用于方案比较和纸上定线；工点地形图，主要用于站场、隧道口、桥涵、泵站、取水构筑物、杆塔基础等设计；纵横断面图，主要用于竖向设计和土方量计算。

对带状地形图和工点地形图的施测，采用何种比例尺，应根据所需精度、幅面长度、图面负荷（含地形、地貌及设计占用图幅的复杂程度）、经济合理等因素，综合考虑选用。

6.1.7～6.1.10 其是各种线路测量的共性要求，也是作业时都应满足的基本要求。

6.2 铁路、公路测量

6.2.1 考虑到所在的地区、线路位置要求同国家点附合有一定的困难，最弱点点位中误差可按满足 1/1000（或 1/2000）比例尺测图的需要，故附合导线的长度在 3.3 节规定的基础上放宽一倍。

6.2.2 关于铁路、二级及以下等级公路的平面控制测量：

1 导线测量是铁路、公路线路测量的常用方法。为了使导线能得到可靠的检核和防止粗差，故提出联测要求。当导线联测有困难时，应预先用 GPS 测量方法进行控制点加密。

2 表 6.2.2 中导线测量主要技术要求的相关指标，较《93 规范》而言，作了适当的调整和完善。去掉了很少采用的真北观测方法和限差；测角中误差采用三级导线和图根导线的指标值。

根据实践和理论分析，为了减小导线的横向误差，应尽量减少转折角的个数，导线边则宜长些。但考虑到定线和地形测图的需要，导线平均边长限定在 400～600m 较为适宜。

6.2.3 关于铁路、二级及以下公路的高程控制测量。根据本规范 4.2.1 条规定五等的每千米全中误差为 15mm。而线路端点高程中误差要满足 1/2000 比例尺测图需要，取基本等高距的 1/20，即 $m_h=10cm$。由中误差公式 $m_h=M_W\sqrt{L}$ 计算可得 $L=44km$。为了留有一定的储备精度，并与平面控制的联测距离相协调，故规定水准路线应每隔 30km 与高等级水准点联测一次。

6.2.4 定测放线测量的技术要求：

1 由于定测与初测阶段有一定的时间间隔，对定测时所收集的控制点成果必须作相应的检测，确保定、初测成果的一致性。检测的精度要求与初测一致，即要求采用五等水准的精度。

2 极坐标法和 GPS-RTK 法定线，是目前较常用的方法。

3 对于交点的水平角观测，根据铁道部门的实践经验，确定正交点点位，有时会遇到各种障碍，直接设置仪器会比较困难，通常采用副交点观测代替。为防止误差累积，故规定副交点观测 2 测回。

4 铁路、一级及以上公路的测量限差相当于图根导线的指标，而二级及以下公路的限差比图根导线的指标还低一级，是容易达到的。

6.2.5 定测中线桩位测量的技术要求：

1 相关的中线桩，都是线路中线控制的必要桩位。

2 本款综合了铁路、公路行业对线路中线桩的间距要求。

3 对中线桩位测量的直线和曲线部分的限差，分别列表。其限差分为两档，即铁路、一级及以上公路列为一档，二级及以下公路列为另一档。

规范表 6.2.5-1 和表 6.2.5-2 中的相关精度指标，主要是基于传统的曲线测设方法制定的。此次修订仍采用这些精度指标，对于全站仪测设曲线也是很容易达到的。

传统方法进行曲线测设的纵向闭合差，主要由总偏角的测角误差、切线和弦长的丈量误差所构成，通常，总偏角的测角中误差将使计算的各项曲线要素产生同向误差，这种误差在曲线测设中互相抵消，切线和弦长丈量时的系统误差在纵向闭合差中影响甚微，偶然误差是影响纵向闭合差的主要因素。

4 断链桩应设在线路的直线段，本次修订突出这一要求。当然按作业习惯也可设立在直线上的百米桩或 20m 整倍数的桩上，本规范不做严格要求。

5 中线桩位高程测量的限差，是按下式计算：
$$W=\pm 2\sqrt{m_{起}^2+m_{测}^2}\cdot\sqrt{L} \qquad (63)$$

当起算点中误差 $m_{起}$ 取用 15mm（五等水准），测量中误差 $m_{测}$ 取用 20mm（图根水准）时，即有 $50\sqrt{L}$。

6.2.6 横断面测量限差公式，是依据误差理论统计出的实用表达式。

6.2.7 为保证线路工程质量，要求在施工前进行中线桩复测，并将复测数据与原测成果进行比较，改正超限的桩位，确保所有施工中线桩位置的准确性。

6.3 架空索道测量

6.3.1 随着测绘仪器设备的不断更新与发展，全站仪与 GPS 接收机已成为较常用的仪器装备，这里将其列为首选。当然，对精度要求不高的架空索道测量也可以选择其他测量设备。

6.3.2 按索道设计对施工要求，一般索道相邻支架间的偏角不许超过±30″；支架间距误差不超过架间距的 1/500。由此确定了架空索道导线测量的基本精度指标。

6.3.3 增加方向点主要是为了满足施工需要和通视要求。起点到转角点或转角点间距离大于 1km 时，方向点偏离直线不应超过 180°±20″ 的规定，较设计要求的±30″（见 6.3.2 条说明）有所提高，这主要是出于对载人索道和大型运输索道安全的考虑。

6.3.4 根据架空索道施工安装时，架顶、索底标高误差通常不超过 1/1000 架间距的要求，若测量限差采用测高误差与距离之比不低于 1/2000 考虑。则，图根水准和图根电磁波测距三角高程测量方法均可满足其对高程的精度要求。

6.3.5 对于架空索道的纵断面测量，保留了《93 规范》的基本指标，具体施测方法可根据现有条件选择。由于架空索道的杆塔通常设置在山脊、山顶部位，而在山谷、沟底设置的可能性小，故要求在山脊、山顶的断面点要密些，在山谷、沟底，可适当简化。

6.3.6 为了保证高程精度和提高杆塔位置设计的准确性，要求在线路走向与等高线平行的陡峭地段，根据需要加测横断面。

6.4 自流和压力管线测量

6.4.1 关于自流和压力管线平面控制测量。

1 管线平面控制测量的精度，对一般自流管线，根据多年来的实践经验，其纵向误差达到 1/500，就能满足设计要求，故测量精度提高一倍，规定为 1/1000；压力管线设计要求稍高，规定为 1/2000。

2 修订增加了 GPS-RTK 定位的方法，给出了对控制点的布设要求。成对布设 GPS 点且要求互相通视的目的，是为了 GPS-RTK 的作业检核，也是为了后续使用其他常规仪器作业的考虑；成对布设 GPS 点的数量，可根据工程需要确定。如后续作业使用 GPS-RTK 定位方法，则要求每隔 10km 布设一个控制点，作为 GPS-RTK 参考站；GPS-RTK 作业的检核，可采用同一参考站或不同参考站下的两次独立测量进行。

3 长距离管线的导线测量的主要技术指标，是根据管线平面控制测量的精度（本条说明 1 款）要求进行了细化。并参照铁路、公路对线路控制的规定，增加了每隔30km附合一次的要求。

6.4.2 关于自流和压力管线高程控制测量。

1 管线高程控制测量的精度，对压力管线，采用图根水准可满足精度要求；自流管线对高程的精度要求稍高些，规定采用五等水准测量。

2 水准测量和电磁波测距三角高程测量是五等和图根高程控制测量的基本作业方法。为了和平面控制测量相一致，规定附合路线长度为30km。

3 GPS拟合高程测量的精度，可满足自流和压力管线的要求。

6.4.3 本条综合了长距离输水、输气、输油等管线的中线测量要求，并结合长期的实践经验给出了相关技术指标。就目前的测量设备水平而言，该规定是容易达到的。

6.4.4 本条给出了管线断面测量的具体要求。地形变化处是断面的特征点，因而要求加测断面点。

6.5 架空送电线路测量

6.5.1 架空送电线路的选线，是根据不同的电压等级和不同的地段，在各种不同的比例尺地形图上进行方案设计（一般为1∶5万～1∶1万），并经相关部门批准，才能进行实地选线。对线路通过协议区和相关地物比较密集的地段，为了保证线路的安全，要求进行必要的联测和相关地物、地貌测量。

6.5.2 关于架空送电线路的定线测量说明如下：

1 对于方向点偏离直线的精度，根据一般设计要求，杆塔偏离直线相差$3'\sim 4'$时，所引起的垂直于线路方向的水平负荷、放电间隙的改变及绝缘子串的歪斜程度是允许的。从施工工艺来看，当偏离$1'$时，相邻杆塔的绝缘子串的歪斜是用肉眼观察不出来的。取其较高要求，方向点偏离直线不应超过$1'$。

2 经综合试验分析，正倒镜分中法延伸直线，其精度受仪器对中误差、置平误差、目标偏斜误差和照准误差等的影响。采用规范规定的指标，基本上能满足定线误差不超过$180°\pm 1'$的精度要求。但在前视过长或后视过短时，则应从严掌握。

3 对于间接定线，根据间接定线的方向偏差不大于$1'$的要求，

则
$$m_U = \frac{L \times 60''}{2\rho} \quad (64)$$

取桩间距为300m，有$m_U = 0.043$m。

根据电力部门的试验论证，当采用四边形时，量距精度估算公式为：

$$m_L = \frac{1}{2}\sqrt{m_U^2 + m_A^2} \quad (65)$$

式中 m_A——量距边起始点的横向误差，取值为0.016m。

将m_U和m_A数值代入(65)式，得$m_L = 0.02$m。

由不同丈量距离算得的相对中误差列于表14。可以看出，当采用钢尺量距时，相对中误差大于1/4000时，就需采取必要的量距措施，才能达到精度要求。

表14 不同距离算得的相对中误差

L（m）	20	40	60	80	100
m_L/L	1/1000	1/2000	1/3000	1/4000	1/5000

根据试验证明，当丈量长度小于20m时，求得的延伸直线也很难满足精度要求。

因此，规范规定丈量长度大于80m或丈量长度小于20m时，应适当提高测量精度。

4 定线桩之间距离测量的相对误差，是根据500kV架空送电线路确定的裕度值不大于1m的规定，并在各项误差概略分析的基础上推算的。对于大档距，要求采用电磁波测距，其测距精度为$1/D$（D为档距，单位为m），即实地档距中误差为1m。

6.5.3 断面测量的技术要求：

1 断面测量的精度要求是和定线桩之间的距离和高差测量精度相匹配的。

2 断面点的选取，直接与设计排位有关。设计排位，与送电导线弧垂变化的对地面安全距离、杆塔类型及地形、地物的变化特征等因素有关。

对于山区送电线路，杆塔位通常立在山头制高点或附近位置，要求不应少于3个断面点以反映地形变化；送电导线的最大弧垂处，如对应地形为深凹山谷，断面点可少测或不测。

3 在送电导线对地安全距离的危险地段或在离杆塔位1/4档距内地形高差变化较大的区段，由于送电导线轨迹对地切线变化较大，则要求加测断面点。

4 对于送电导线排列较宽的线路，边线断面施测的位置，由设计人员确定。通常，当送电线路与所通过的缓坡、梯田、沟渠、堤坝交叉角较小时，如边线对应中线高出0.5m以上的地形、地物，要求施测边线断面。

5 由于线路施工后，其走廊内植被将保持，因此应在断面测量的平面图上注明植被名称、高度及界限。线路交叉跨越的相对关系也应在图上绘出。

6.5.4 根据现行国家标准《110～500kV架空送电线路施工及验收规范》GB 50233中的相关规定，以相邻直线桩为基准，其横线路方向偏差不大于50mm。定位时若跳桩或远距离定杆（塔）位，按直线精度要求，满足不了上述规定，故本条要求在就近桩位测定杆（塔）位置。

6.5.5 在杆（塔）位排定后，对于送电导线排列较宽的线路，当对地构成危险时，不仅要测中线与被交叉跨（穿）越物的位置和高程，还要施测边线与被交叉跨（穿）越物的位置和高程。

由于送电导线的风偏摆动，可能对地面安全构成

威胁，故规范要求施测风偏横断面或风偏危险点。

6.5.7 10kV 以下的架空送电线路一般为单杆，距地面较近，送电导线横向跨度也较小。测量时，其技术要求可适当放宽。对于 500kV 及以上电压等级的架空送电线路，由于投资大，为了降低工程造价，选择最优路径方案，建设单位一般要求采用数字摄影及 GPS 测量等技术。

7 地下管线测量

7.1 一般规定

7.1.1 本条确定地下管线测量的适用范围。其中调查的含义，是指在收集已有管线资料的基础上，采用对明显管线点实地调查、隐蔽管线点探查、疑难管线点位开挖等方法，查明地下管线的相对关系及相关属性，并将管线特征点标示在地面上的过程。测绘的含义，是指对已查明标示出的地下管线点及附属设施进行测量，并编绘综合、专业地下管线图的过程。地下管线测量，是调查和测绘全过程的统称。地下管线信息系统，是在地下管线测量的基础上建立的一个集基础资料、应用、管理于一体的综合信息系统。

地下管线测量为规范修订新增加的内容。

7.1.2 地下管线分为地下管道和地下电缆两类，不包括地下人防巷道。地下管道有给水、排水、燃气、热力和工业管道，其中排水管道还可分为雨水、污水及雨污合流管道；工业管道主要包括油管、化工管、通风管、压缩空气、氧气、氮气、氯气和二氧化碳等管道；地下电缆有电力和电信，其中电信包括电话、广播、有线电视和各种光缆等。

7.1.3 地下管线测量成果作为规划、建设、管理部门的重要资料，是与其他已有基础资料结合应用的，因此坐标系统和高程基准应与原有主要基础资料保持一致，其控制测量作业方法与本规范 3、4 章相同。

7.1.4 地下管线测量的成图比例尺，主要是基于地下管线测量是在相应比例尺地形图基础上附加更多的内容和信息，所以管线图的比例尺是按该地区地形图最大比例尺确定。对于道路与建筑物密集的建成区，直接选用 1/500 比例尺。对于长距离专用管线，在满足变更、维护与安全运营需要的基础上兼顾整体性，适当放小比例尺至 1/2000～1/5000。

7.1.5 地下管线图的测绘精度，与城镇建筑区、工矿区地形图图上地物点相对于邻近图根点的点位中误差不大于 0.6mm 的要求相一致（见本规范 5.1.5 条 1 款）。

7.1.6 对原有地下管线资料的收集整理是很重要的环节。从地下管线测量工程实践来看，首先是现状调绘。即，将已有地下管线情况根据竣工资料、设计图纸或其他变更维修资料标示在已有的大比例尺地形图上，作为野外实际调查的参考和有关属性说明的依据，减少实地作业的盲目性。对部分埋设年代早或资料不全的管线，甚至可采取请当时参与设计、施工或其他熟悉情况的人指导，将管线大致位置标注在图上。这些做法均会有效提高实际调查的效率。

7.1.7 本条对下井调查与管线开挖提出安全性要求，实际作业人员必须时刻提高安全防范意识。

7.2 地下管线调查

7.2.1 地下管线调查的方法主要包括，实地踏勘、仪器探查和疑难点位开挖等方法。对明显管线点如各种窨井、阀门井、消防栓等一系列的附属设施，可以进行实地开井核查和量测；对隐蔽管线点如埋设在地下的各种管道、电缆等，采用探测仪器进行搜索定位和定深；对用探测仪器无法查清的隐蔽管线段，可以采用开挖的方法查明。

7.2.2 由于目前普遍使用的管线探测仪器多是以电磁场原理为基础设计的，埋深越大探测误差越大。实际作业时，不同地段信号干扰因素及施测人员的操作熟练程度也影响探查的精度，所以对其精度过细的划分意义不大。探查的精度公式是以仪器的基本精度指标为依据，结合长期的实践经验确定的。

7.2.3 关于管线点设置的要求。通常对所有的明显管线特征部位，都要求设点；对隐蔽管线点，要以明显标识为原则；在标明所有特征点基础上，对直线段适当加测管线点，对曲线段加密增设管线点，以能用管线点拟合出来的走向与实际管线线路相符合为原则。

7.2.4 地下管线调查需查明的内容和取舍标准，是以满足多数用户对地下管线图的使用要求为基础，以既能把握主体管线的来龙去脉，又能剔除次要管线对管线总体走向与连接关系的干扰为原则确定的。并要求做到经济、合理、实用。具体作业时，对管线的最终取舍，应结合管线测量项目的性质并根据不同工程规模、特点、管线疏密程度等，以满足委托方要求为准。

7.2.5 管线测量的目的是为管线的使用、规划和建设服务的，其相关的建（构）筑物和附属设施段是管线维护、扩展、变更的主要部位，故要求查明。

7.2.6 隐蔽管线探查的技术要求：

1 由于探查仪器的类型与探查方法较多，操作程序也不尽相同。为保证探查的有效精度，故要求作业人员应严格执行所使用仪器的操作规定。

2 由于地区差异、探测人员的操作习惯与作业经验，都会引起系统性探查误差。故要求在作业区明显管线点上进行探查结果的比对，以确定探查的有效方法和仪器的修正参数。

3 由于探查技术发展与探查设备性能的局限性，如在管线埋设过深、密集且纵横交错、信号受干扰较大等部位会出现很难核实管线点的现象,对此要求采用开挖的方法进行验证。

4 为保证探查成果精度与质量,采用重复探查和开挖验证的方法对隐蔽管线点的探查成果进行质量检验。

对于开挖验证方法的采用,尚存在争议。一种意见认为,既然无损伤探查技术已经成熟,通过重复探查并进行精度统计基本能反映管线探查的精度,若再于明显管线点附近进行探查验证后就无需进行开挖验证。另一种意见认为,探查仪器精度和稳定性在不断提高,对管线走向明显不存在疑难的部位,可以不进行开挖验证;但对存在疑难点的部位必须进行开挖验证。

7.3 地下管线施测

7.3.2 对于明显管线点,要求按主要建(构)筑物细部坐标点的测量精度施测(见本规范表5.1.5-3),对于隐蔽管线探查点,采用该精度也不会造成探查精度的损失。

7.3.4 本条规定了管线施测的基本方法,其中GPS-RTK法是管线点测量的新方法。管线点调查编号与测量点号的相一致或对应,是防止管线探查成果出现粗差的有效措施。

7.4 地下管线图绘制

7.4.1 对于一般地下管线测量项目,要求绘制综合管线图。即,将各种专业管线与沿管线两侧的主要建(构)筑物等表示在同一张图上。对于密集的管线线路或工程需要时,要求分专业绘制管线图。即,将不同的专业管线和沿管线两侧的建(构)筑物等分别绘制在不同的专业管线图上。

7.4.2 一般工程项目的分幅与编号,通常要求与原有地形图一致,即采用本规范5.1.6条的规定;单一的管线测量项目,通常是以表示管线的连续性为主,也可采用现行设计图幅。

7.4.3 本条要求对地下管线图的图式和要素分类代码,首先采用现行国家标准,对不足部分,可采用相关专业的行业规定或惯用符号补充表示,并在项目技术报告书中予以说明。

7.4.5 综合管线图要求分层分色表示,主要是基于成图的需要和用户使用方便。

7.4.6 纸质管线图绘制技术要求的提出,是考虑到纸质管线图尚在应用,其应用现状与纸质地形图相似。

7.5 地下管线信息系统

7.5.1 地下管线信息系统,是工程测量在信息管理领域的延伸。近年来,此类项目在国内已逐步展开。本次修订将其纳入,并给出了一些原则性的规定,有待在今后的工程实践中进一步总结和完善。

本章所指的地下管线信息系统,是基于数字地下管线图和相应的管线属性数据成果,建立的一种区域性或专业性的独立系统。对已具有信息管理系统的行业或区域,可将本系统作为完整的子系统纳入或链接到其信息库。

7.5.2、7.5.3 地下管线信息系统的建立,只能是一个基础的或基本的框架,其应用领域将随着用户认识水平的不断提高和需求的不断增加,系统的服务功能还需要进一步的扩展,如,管理方案和事故处理方案的制定,标准管网设备库和管线辅助设施的管理等。

7.5.4 为了使地下管线信息系统能够与其他信息管理系统相兼容,故应该使用统一的标准编码与标识。对不足部分,应根据其编码规则结合行业的特点进行扩展和补充。

7.5.5 只有对地下管线信息系统进行不断的维护和更新,才能保持其现势性,也才能为用户提供更精良的信息服务。

7.5.6 确保系统和数据安全,是系统的软、硬件进行更新或升级的前提条件。

8 施 工 测 量

8.1 一 般 规 定

8.1.1 本条是施工测量的适用范围,其中桥梁和隧道施工测量为新增内容。

8.1.3 施工控制网通常分为场区控制网和建筑物施工控制网,后者是在前者或勘察阶段的控制网基础上建立起来的。对于规模较小的单体项目或当项目间无刚性联接时,可根据实际情况,减少施工控制网的布网层次,直接布设建筑物施工控制网。

8.1.4 对勘察阶段控制网的充分利用,主要是基于全局和经济的考虑。投影到主施工高程面的要求,主要是为了施工时对已知坐标和边长使用方便。

8.1.5 新建的场区施工控制网不同于原有控制网下的加密网,其性质是自由网。这里所谓的自由网,主要是指控制网的平差计算要独立进行,不受上级控制网或起始数据的影响。亦即,坐标系统是一致的或延续的,但其精度或自身精度是独立的。

要求利用原控制网的点组对新建的场区施工控制网进行定位。点组定位的含义,是指定位后各点剩余误差的平方和最小。小规模场区控制网,可简化定位。

工程项目的施工区一般较小,为避免施工控制网的长度变形对施工放样的影响,可将观测边长归算到测区的主施工高程面上,没有必要进行高斯投影。

1—91

8.2 场区控制测量

（Ⅰ）场区平面控制网

8.2.2 场区控制网的分级布设，不是逐级控制或加密的意思。即，一级和二级的关系只有精度的高低之分，没有先后之分。具体作业时，要根据工程规模和工程需要选择合适的精度等级。

为使新建的场区控制网与勘察阶段的控制网相协调，故本条规定场区控制网相对于勘察阶段控制点的定位精度，不应大于5cm。

8.2.3 控制网点位作为施工定位的依据，将在一定的时期内使用，只有这些点位标志完好无损，才能确保定位测量的正确性。标石的埋设深度，应考虑埋至比较坚实的原状土或冻土层下。由于埋设在设计回填范围内的控制点将无法保留，所以要求标石的埋设依场地设计标高确定。

8.2.4 关于建筑方格网的建立说明如下：

1 由于一般性建筑物定位的点位中误差 $m_点 \leqslant 10\text{mm}$，而点位误差则受场区控制点的起算误差和放样误差的共同影响，即：

$$m_点^2 = m_控^2 + m_放^2 \quad (66)$$

规定放样中误差 $m_放$ 为 6mm，则，$m_控 = 8\text{mm}$

若

$$m_控^2 = m_s^2 + \frac{m_\beta^2}{\rho^2}S^2 \quad (67)$$

在边角误差等影响下有：

$$m_控^2 = 2m_s^2 \quad (68)$$

或

$$m_控^2 = 2\frac{m_\beta^2}{\rho^2}S^2 \quad (69)$$

则

$$m_s = m_控/\sqrt{2} = 5.66\text{mm}$$

控制点间的平均距离为 200m，则，测距相对中误差为：

$m_S/S = 5.66/200000 = 1/35400$，取 $m_s/S = 1/30000$

由（69）式，有

$$m_\beta = \frac{m_控 \rho}{\sqrt{2}S} \quad (70)$$

则 $m_\beta = 5.8''$，取 $m_\beta = 5''$

基于以上估算，确定了一级方格网的基本指标，二级方格网的基本指标是在此基础上，作适当调整确定的。

2 布网法是目前较普遍采用的敷设建筑方格网的方法。其特点是一次整体布网，经统一平差后求得各点的坐标最或是值，然后改正至设计坐标位置。规模较大的网，增测对角线有利于提高网的强度和加强检核。

轴线法的特点，是先测设控制轴线（相当于较高一级的施工控制），再将方格网分割成几个大矩形。规范规定轴交角的观测精度为 2.5″，其目的是为了减小整个网形的扭曲。

3 方格网水平角观测相对勘察阶段的控制网，其测回数略有增加，观测限差提高一个级别。

4 为了确保点位归化的正确性，要求对方格网的角度和边长进行复测检查。复测检查的偏差限值，分别取其相应等级的测角中误差和边长中误差的 $\sqrt{2}$ 倍。

8.2.5 基于施工项目对场区控制网的要求和方格网的基本精度指标，从保证相邻最弱点精度出发，规范给出了场区导线网的基本要求，其主要指标和本规范 3.3 节要求是一致的。

8.2.6 三角形网的技术指标，是基于相邻最弱点的点位中误差为 10mm（施工要求）提出的。以二级三角形网为例，其边长为 200m，最弱边长相对中误差为 1/20000。根据（70）式，其测角中误差为：

$$m_\beta = \frac{m_点 \rho}{\sqrt{2}S} = \frac{10 \times 206265}{\sqrt{2} \times 200000} \approx 8''$$

8.2.7 GPS场区控制网边长和边长相对中误差指标与三角形网相同。但对边长较短的控制网，应注意观测方法，否则相对精度难以满足要求。

（Ⅱ）场区高程控制网

8.2.10 在通常的施工放样中，要求工业场地和城镇拟建区场地平整、建筑物基坑、排水沟、下水管道等的竖向相对误差不应大于±10mm。因此，要求场区的高程控制网不低于三等水准测量精度。

8.3 工业与民用建筑施工测量

（Ⅰ）建筑物施工控制网

8.3.2 建筑物施工平面控制网是建筑物施工放样的基本控制。其主要技术指标应依据建筑设计的施工限差，建筑物的分布、结构、高度和机械设备传动的连接方式、生产工艺的连续程度等情况推算出测设精度指标。

建筑限差，是施工点位相对纵横轴线偏离值的限值。在现行国家标准《建筑工程施工质量验收统一标准》GB 50300 及各专业工程施工质量验收规范 GB 50202～GB 50209 等规范中，对建筑施工限差，均作了明确的规定。其中，对地脚螺栓中心线允许偏差 $\Delta_限 = \pm 5\text{mm}$ 的精度要求最高。故，建筑物（或工业厂房）控制网的精度按此限差进行推算。

取限差的 1/2 作为地脚螺栓纵向和横向位移的中误差 m 为 2.5mm。

则

$$m^2 = m_控^2 + m_放^2 + m_安^2 \quad (71)$$

按现行国家标准《混凝土结构施工及验收规范》GB 50204 第 4.2.6 条规定，预埋地脚螺栓的安装允许偏差 $\Delta_安 = \pm 2\text{mm}$（对定位线而言），取限差的 1/2 作为地脚螺栓安装中误差 $m_安 = 1\text{mm}$。

通常取定位线放样中误差 $m_放 = 1.5\text{mm}$，则可根据（71）式推导出控制线（两相对控制点的连线）的

中误差 $m_{控}=1.73\text{mm}$。

若控制线纵向误差（相邻两列线间的长度误差）和横向误差（相邻两行线间的偏移误差）都应等于或小于控制线的测量误差，即：

$$m_纵=m_横 \leqslant m_控 \tag{72}$$

就工业厂房而论，其特点是：行线之间的间距一般为 6～24m，列线间距为 18～48m，列线跨距大于行线跨距。若列线跨数多，其控制线就长，建筑物控制的精度就应高。

(72) 式是 1 个列线跨数（单跨）的情形。当列线跨数为 n 时，有：

$$m_{S_i}=m_纵 \times \sqrt{n} \tag{73}$$

则相对中误差为：

$$\frac{m_{S_i}}{S_i \cdot n}=\frac{m_纵}{S_i\sqrt{n}} \tag{74}$$

通常工业厂房的列线间距为 18～48m 取 $S_i=30\text{m}$，跨数为 1～5 跨取 $n=3$，则相对中误差为 1/30000；建筑物控制网的测角中误差为：

$$m_\beta=\frac{m_横 \cdot \rho}{S_i} \tag{75}$$

列线间最长跨距 $S_i=48\text{m}$，当 $n=1$ 时，测角中误差：

$m_\beta=1.73\times 206265''/48000=7.43''$，取 $m_\beta=7''$

根据以上推算结果，确定了一级建筑物施工控制网主要技术指标，取边长相对中误差和测角中误差的 2 倍作为二级网的主要技术指标值。

8.3.3 建筑物施工控制网水平角观测的测回数，是根据本规范 8.3.2 条算出不同列线跨数的测角中误差如表 15，并取用 2.5″、3.5″、4.0″、5″、10″作为区间，规定出相应的测回数。

表 15 建筑物（厂房）施工控制网测角中误差

列线跨数		$n=1$	$n=2$	$n=3$	$n=4$	$n=5$
测角中误差	一级	7.0″	4.9″	4.0″	3.5″	3.1″
	二级	15″	10.6″	8.7″	7.5″	6.7″

8.3.4 根据施工测量的工序，建筑物的围护结构封闭前，将外部控制转移至内部，以便日后内部继续施工的需要。其引测时规定的投点误差，一般都能做到。

8.3.5 本次修订将建筑物高程控制的精度，明确为不低于四等，主要是基于建筑规模的大小、建筑结构的复杂程度和建筑物的高度等因素综合确定的。

（Ⅱ）建筑物施工放样

8.3.7 施工放样应具备的资料，是施工测量部门经过历年实践总结出来的，是施工测量人员应具备的基本资料。

8.3.8 复测校核施工控制点的目的，是为了防止和避免点位变化给施工放样带来错误。

8.3.9 有关各工序间中心线测设的作法和注意事项，是根据施工测量部门的经验总结出来的。

8.3.10 在建筑物外围建立线板或轴线控制桩的目的，一是便利施工，二是容易保存。

建筑物的控制轴线一般包括：建筑物的外廓轴线，伸缩缝、沉降缝两侧轴线，电梯间、楼梯间两侧轴线，单元、施工流水段分界轴线等。

8.3.11 关于建筑物施工放样说明如下：

1 建筑物施工放样允许偏差值的规定，是依据建筑工程各专业工程施工质量验收规范 GB 50202～GB 50209 等的施工要求限差，取其 0.4 倍作为测量放样的允许偏差，较《93 规范》按测量元素（角度和距离）确定放样的技术要求有所改进。

对采用 0.4 倍的施工限差作为测量允许偏差，推论如下：

设总误差由两个独立的单因素误差组成，则中误差的关系为：

$$m_总^2=m_1^2+m_2^2=m_2^2\left(1+\frac{m_1^2}{m_2^2}\right)$$

令 $\dfrac{m_1^2}{m_2^2}=\kappa$

则

$$m_2=\frac{1}{\sqrt{1+\kappa}} \cdot m_总=Bm_总 \tag{76}$$

$$m_1=\sqrt{\frac{\kappa}{1+\kappa}} \cdot m_总=Am_总 \tag{77}$$

当 κ 为不同值时，相应的 A、B 值如表 16。

表 16 误差分配系数表

κ	0	0.2	0.4	0.6	0.8	1.0	2	5	10	∞
A	0	0.41	0.53	0.61	0.67	0.71	0.81	0.91	0.95	1
B	1	0.91	0.85	0.79	0.75	0.71	0.58	0.41	0.30	0

按施工测量的习惯做法，采用 $\kappa=0.2$ 时误差的比例关系比较适中，可将测量误差对放样误差的影响限定在一个较小的合理范围，即

$$m_{测量}\approx 0.4m_总 \tag{78}$$

$$m_{其他}\approx 0.9m_总 \tag{79}$$

2 施工层的标高传递较差，是按每层的标高允许偏差确定的。

8.3.12 结构安装测量的精度，是根据国标建筑工程各专业工程施工质量验收规范和施工测量部门所提供的数据确定的，并经历年来实践验证是可行的（参见本规范 8.3.2 条文说明）。

8.3.13 设备安装测量，主要指大型设备的整体安装测量。以校核和测定设备基础中心线和基础标高为主要测量内容。

8.4 水工建筑物施工测量

8.4.1 施工平面控制网是施工放样的基础，对施工

平面控制网的建立说明如下：

1 根据多年施工测量的实践，不同规模的工程，应该采用不同等级的施工控制网做到经济合理。

2 由于水工建筑物控制网往往受地形约束较大，一级网点往往离建筑物轴线较远，通常须用高精度导线或交会法加密，这样可使首级网点受地形制约较小一些，有可能选出图形好、精度高的网形。因此，本规范提出，施工平面控制网宜按两级布设。

3 对施工控制网，由于平均边长较本规范第3章相应缩短，而其控制点的相邻点位中误差要求不应大于10mm。根据这些条件，对测角或测距精度需要进行专门估算，其基本方法与本规范第3章相同。

大型的、有特殊要求的水工建筑物施工项目，其通常以点位中误差作为平面控制网的精度衡量指标，其首级网的点位中误差一般规定为5～10mm。也同时提倡布设一个级别的全面网并进行整体平差。为了防止布网梯级过多，导致最末一级的点位中误差不能满足施工需要，故提出"最末级平面控制点相对于起始点或首级网点的点位中误差不应大于10mm"的要求。

8.4.2 首级高程控制网的等级选择，是根据水利枢纽工程的特点、坝体的类型和工程规模确定的。精度指标是根据水利部门长期的施工经验确定的。

8.4.3 由于水利工程建设周期较长，所以规定对施工控制网应定期复测，以确定控制点的变化情况，保证各阶段测量成果正确、可靠。

8.4.4 关于填筑及混凝土建筑物轮廓点放样测量的允许偏差。其是参照国家现行标准《水电水利工程施工测量规范》DL/T 5173对本规范相关内容进行修订的，将《93规范》的原点位中误差指标改为允许偏差值，并对个别指标做了适当调整。

8.4.6 水工建筑物附属设施的安装测量偏差，是参照国家现行标准《水电水利工程施工测量规范》DL/T 5173和《水利水电工程施工测量规范》SL 52制定的。

8.5 桥梁施工测量

（Ⅰ）桥梁控制测量

8.5.1 桥梁控制精度要求与桥梁长度和墩间最大跨距有关。根据桥梁施工单位的经验统计，一般对于跨越宽度大于500m的桥梁，需要建立桥梁施工专用控制网；对于500m以下跨越宽度的桥梁，当勘察阶段控制网的相对中误差不低于1:20000时，即可利用原有等级控制点，但必须经过复测方能作为桥梁施工控制点使用。

8.5.2 桥梁平面和高程测量控制网等级的选取，是参照国家现行标准《新建铁路工程测量规范》TB 10101和《公路桥涵施工技术规范》JTJ 041中桥梁施工测量的有关规定，并结合本规范第3章的基本技术指标确定的。

公路桥梁施工，一般要求桥墩中心线在桥轴线方向上的测量点位中误差不应大于15mm。铁路桥梁施工，一般要求主桥轴线长度测量中误差不应大于10mm。

对于大桥、特大桥，在完成控制网的图上设计及精度、可靠性估算后，顾及经济实用因素，对其精度等级可作适当调整。

8.5.5 由于桥梁施工周期较长，施工环境比较复杂，控制点位有可能发生位移，因此，定期检测是必要的。

（Ⅱ）桥梁施工放样

8.5.6 采用极坐标法、交会法放样平面位置和水准测量方法放样高程，是较常用的放样方法。具体作业时，在满足放样精度要求的前提下，也可以灵活采用其他作业方法。

8.5.7～8.5.9 采用桥梁施工允许偏差的0.4倍（见8.3.11条说明），作为桥梁施工测量的精度指标。表17是根据国家现行标准《公路桥涵施工技术规范》JTJ 041和《公路工程质量检验评定标准》JTJ 071统计出的桥梁施工允许偏差。

表17 桥梁施工允许偏差统计（mm）

			基 础	
灌注桩	桩位	\multicolumn{2}{c}{基 础 桩}	100
		排架桩	顺桥纵轴线方向	50
			垂直桥纵轴线方向	100
沉桩	桩位	群桩	中间桩	$d/2$ 且不大于250
			外缘桩	$d/4$
		排架桩	顺桥纵轴线方向	40
			垂直桥纵轴线方向	50
沉井	顶、底面中心偏位		一般	1/50 井高
			浮式	1/50 井高+250
垫层			轴线位移	50
			顶面高程	0，−20
			下 部 构 造	
承台			轴线偏位	15
			顶面高程	±20
墩台身			轴线偏位	10
			顶面高程	±10

续表17

下 部 构 造			
墩、台帽或盖梁	轴线偏位		10
	支座位置		5
	支座处顶面高程	简支梁	±10
		连续梁	±5

上 部 构 造			
梁、板安装	支座中心偏位	梁	5
		板	10
	梁板顶面纵向高程		+8,−5
悬臂施工梁	轴线偏位	L≤100m	10
		L>100m	L/10000
	顶面高程	L≤100m	±20
		L>100m	±L/5000
	相邻节段高差		10
主拱圈安装	轴线横向偏位	L≤60m	10
		L>60m	L/6000
	拱圈高程	L≤60m	±20
		L>60m	±L/3000

续表17

上 部 构 造		
腹拱安装	轴线横向偏位	10
	起拱线高程	±20
	相邻块件高差	5
钢筋混凝土索塔	塔柱底水平偏位	10
	倾斜度	H/3000,且≤30
	系梁高程	±10
钢梁安装	钢梁中线偏位	10
	墩台处梁底标高	±10
	固定支座顺桥向偏差	20

注：d 为桩径、L 为跨径、H 为索塔高度，单位均为 mm。

8.6 隧道施工测量

8.6.1 隧道控制网的设计，是隧道施工测量前期工作的重要内容，其主要包括洞外、洞内控制网的网形设计、贯通误差分析和精度估算，并根据所使用的仪器设备制定作业方案。

8.6.2 国内有关隧道施工测量的横向贯通误差和高程贯通误差统计见表18及表19：

表18 横向贯通误差统计

行业规范名称 \ 横向贯通限差（mm）	100	150	200	300	400	500
《新建铁路工程测量规范》TB 10101—99	L<4	4≤L<8	8≤L<10	10≤L<13	13≤L<17	17≤L<20
《公路勘测规范》JTJ 061—99	—	L<3	3≤L<6	L>6		
《水电水利工程施工测量规范》DL/T 5173—2003	L≤5	5≤L<10				
《水工建筑物地下开挖工程施工技术规范》DL/T 5099—1999	L≤4	4≤L<8				
《水利水电工程施工测量规范》SL 52—93	1≤L<4	4≤L<8				

表19 高程贯通误差统计

行业规范名称 \ 高程贯通限差（mm）	50	70	75
《新建铁路工程测量规范》TB 10101—99	L<4 / 4≤L<20		
《公路勘测规范》JTJ 061—99	—	L<3 / 3≤L<6 / L≥6	
《水电水利工程施工测量规范》DL/T 5173—2003	L<5	—	5≤L<10
《水工建筑物地下开挖工程施工技术规范》DL/T 5099—1999	L≤4	4≤L<8	
《水利水电工程施工测量规范》SL 52—93	1≤L<4	4≤L<8	

注：原《铁路测量技术规则》TBJ 101—85 规定隧道高程贯通误差为 70mm。

从统计表中可以看出，不同规范对贯通误差的要求既有共同性，也有差异性。本规范表8.6.2中所选取的精度指标，主要基于两方面考虑：其一是因为贯通误差是隧道施工的一项关键指标，所以本规范在选取贯通误差限差时，稍趋严格一点。其二，经过统计资料及长期实践证明，满足规范要求不会给测量工作带来很大的困难，随着GPS接收机、全站仪在隧道施工中的广泛应用和高精度陀螺经纬仪的使用，达到此限差是不困难的。

8.6.3 关于隧道控制测量对贯通中误差影响值的确定：

由于隧道的纵向贯通误差，对隧道工程本身的影响不大，而横向贯通误差的影响将比较显著，故以下仅讨论对横向贯通误差的影响。

1 平面控制测量总误差对横向贯通中误差的影响主要由四个方面引起,即洞外控制测量的误差、洞内相向开挖两端支导线测量的误差、竖井联系测量的误差。将该四项误差按等影响考虑,则:

$$m_{洞外}=m_{竖井}=\sqrt{\frac{1}{4}}m_{总} \quad (80)$$

$$m_{洞内}=\sqrt{2}\times\sqrt{\frac{1}{4}}m_{总} \quad (81)$$

2 无竖井时,为了与第 1 款保持一致,且洞外的观测条件较好,这里对 $m_{外}$ 仍取 $\sqrt{\frac{1}{4}}m_{总}$,则洞内控制测量在贯通面上的影响为:

$$m_{洞内}=\sqrt{m_{总}^2-m_{洞外}^2} \quad (82)$$

$$m_{洞内}=\sqrt{\frac{3}{4}}m_{总} \quad (83)$$

8.6.4~8.6.6 隧道平面和高程测量控制网等级的选取,是参照铁路、公路、水利等行业标准中关于隧道测量的有关规定,并结合本规范 3、4 章的基本技术指标确定的。

对于大中型隧道工程,还需进行贯通中误差的估算,使其满足规范表 8.6.3 的要求。

本规范不要求洞内高程控制测量的等级与洞外相一致,在满足贯通高程中误差的基础上,洞内、洞外的高程精度可适当调剂。

8.6.7 隧道洞外平面控制测量宜布设成自由网,因为自由网能很好的保持控制网的图形结构与精度,不至于因起算点的误差导致控制网变形。

8.6.8 关于隧道洞内平面控制网的建立:

1 由于受到隧道形状和空间的限制,洞内的平面控制网,只能以导线的形式进行布设,对于短隧道,可布设单一的直伸长边导线。对于较长隧道可布设成狭长多环导线。狭长多环导线有多种布网形式,其中洞内多边形导线一般应用较多。

2 导线边长在直线段不宜短于 200m,是基于仪器和前、后视觇标的对中误差对测角精度的影响不大于 1/2 的测角中误差推算而得的;导线边长在曲线段不宜短于 70m,是基于线路设计规范中的最小曲线半径、隧道施工断面宽度及导线边距洞壁不小于 0.2m 等参数估算而得。在实际作业时,应根据隧道的设计文件、施工方法、洞内环境及采用的测量设备,按实际条件布设尽可能长的导线边。

3 双线隧道通过横洞将导线连成闭合环的目的,主要是为了加强检核,是否参与网的整体平差视具体情况而定。

4 气压施工的目的,是通过加压防止渗水和塌方。由于气压变化较大,必须对观测距离进行气压改正。

8.6.10 由于洞内的坐标系统、高程系统必须与洞外一致,因而要进行洞内、洞外的联系测量。联系测量的目的,是为了获得洞内导线的起算坐标、方位和高程。竖井联系测量只是洞内、洞外联系测量的一个途径。随着测绘技术和仪器设备的发展,竖井联系测量有较多的方法可供选择,无论采用哪种方法,都应满足 8.6.3 条中隧道贯通对竖井联系测量的基本精度要求。

8.6.11 隧道的施工中线,主要是用于指导隧道开挖和衬砌放样。

8.6.12 在隧道掘进过程中,由于施工爆破、岩层或土体应力的变化等原因,可能会使控制点产生位移,所以要定期进行复测。

8.6.13 隧道贯通后,应及时测定贯通误差,包括:横向贯通误差、纵向贯通误差、高程贯通误差及贯通总误差,并对最终的贯通结果和估算的贯通误差进行对比分析,总结经验,以便指导日后的隧道测量工作。

关于隧道中线的调整,应在未衬砌地段(调线地段)进行调整。调线地段的开挖初砌,均应按调整后的中线和高程进行放样。

8.6.14 由于隧道内可能出现瓦斯气体,所以常规的电子测量仪器是不能使用的,必须使用防爆型测量仪器,并采取安全可靠的有效防护措施。必要时,须要求瓦斯监测员一同前往配合作业。

9 竣工总图的编绘与实测

9.1 一般规定

9.1.1~9.1.3 竣工总图与一般的地形图不完全相同,主要是为了反映设计和施工的实际情况,是以编绘为主。当编绘资料不全时,需要实测补充或全面实测。为了使实测竣工总图能与原设计图相协调,因此,其坐标系统、高程基准、测图比例尺、图例符号等,应与施工设计图相同。

采用数字竣工图要求的提出,主要是考虑到设计、施工图多数采用数字图形式,也是考虑到用户对竣工总图的方便使用和将来的补充完善。

9.2 竣工总图的编绘

9.2.1、9.2.2 完整充分的收集、整理已有的设计、施工和验收资料,是编绘竣工总图的首要任务。与实地的对照检查,是为确定资料的完整性、正确性和需要实测补充的范围。

9.2.3 由于竣工总图基本上是一种设计图的再现,因此,图的编制内容及深度也基本上和设计图一致,本条是竣工总图编制的基本原则。

9.2.4 本次修订对竣工总图的绘制,按三种情况进行分类。即,简单项目,只绘制一张总图;复杂项目,除绘制总图外,还应绘制给水排水管道专业图、动力工艺管道专业图、电力及通信线路专业图等；较复杂项目，除绘制总图外，可将相关专业图合并绘制成综合管线图。

本条是简单项目竣工总图的绘制要求，是根据历年来的编绘经验确定的。

9.2.5 给水管道的各种水处理设施，主要包括：水源井、泵房、水塔、水池、消防设施等；地上、地下各种管径的给水管线及其附属设备，主要包括：检查井、水封井、水表、各种阀门等。

9.2.6 动力管道主要包括：热力管道、煤气管道等；工艺管道主要包括：输送各种化学液体、气体的管道；管道的构筑物主要包括：地沟、支架、各种阀门，涨缩圈以及锅炉房、烟囱、煤场等。

9.2.7 电力及通信线路主要包括：地上、地下敷设的电力电信线和电缆。地上敷设方式包括：塔杆架设、沿建（构）筑物架设、多层管桥架设等；地下敷设方式包括直埋、地沟、管沟、管块等。

9.2.8 综合管线图是对地上、地下各种专业管线在同一图中进行综合表示。当管道密集处及交叉处在平面图上无法清楚表示其相互关系时，可采用剖面图表示，必要时，也可以采用立体图表示。总之，以清晰表示为原则。

9.3 竣工总图的实测

9.3.1～9.3.5 当竣工总图无法编绘时，应采用实测的方法进行。本节给出了竣工总图实测的基本原则和主要技术要求。

10 变 形 监 测

10.1 一 般 规 定

10.1.1 本章是为了满足工程建设领域对变形监测的需要而编制的。修订时，增加了一些新的测量方法和物理的监测方法，也将《93规范》中变形测量一词引伸为变形监测。

为了对监测体的变形情况有更全面准确的把握，使监测数据基本能反映监测体变化的真实情况，反映变形量（位移量和沉降量的统称）与相关变形因子间的物理关系或统计关系，找出监测体的变形规律，合理地解释监测体的各种变化现象，比较准确地评价监测体的安全态势，并提供较为准确的分析预报，是变形监测的目的。

10.1.2 建（构）筑物在施工期和运营期的变形监测，是建设项目的一个必要环节，能及时地为项目的施工安全和运营安全提供监测预报。因此，对重要的建（构）筑物，要求在项目的设计阶段对变形监测的内容、范围和必要监测设施的位置做出统筹安排，也应由监测单位制定详细的监测方案。

初始状态的观测数据，是指监测体未受任何变形影响因子作用或变形影响因子没有发生变化的原始状态的观测值。该状态是首次变形观测的理想时机，但实际作业时，由于受各种条件的限制较难把握，因此，首次观测的时间，应选择尽量达到或接近监测体的初始状态，以便获取监测体变形全过程的数据。变形影响因子，是对变形影响因素的细化，它是导致监测体产生变形的主要原因，也是变形分析的主要参数。

10.1.3 关于变形监测的等级划分及精度要求：

1 变形监测的精度等级，是按变形观测点的水平位移点位中误差、垂直位移的高程中误差或相邻变形观测点的高差中误差的大小来划分的。它是根据我国变形监测的经验，并参考国外规范有关变形监测的内容确定的。其中，相邻点高差中误差指标，是为了适合一些只要求相对沉降量的监测项目而规定的。

2 变形监测分为四个精度等级，一等适用于高精度变形监测项目，二、三等适用于中等精度变形监测项目，四等适用于低精度的变形监测项目。

变形监测的精度指标值，是综合了设计和相关施工规范已确定了的允许变形量的1/20作为测量精度值，这样，在允许变形范围之内，可确保建（构）筑物安全使用，且每个周期的观测值能反映监测体的变形情况。

3 重大地下工程，是指开挖面较大、地质条件复杂和环境变形敏感的地下工程，其他则为一般地下工程。

10.1.4 变形监测点的分类，是按照变形监测精度要求高的特点，以及标志的作用和要求不同确定的，本规范将其分为三种：

1 基准点是变形监测的基准，点位要具有更高的稳定性，且须建立在变形区以外的稳定区域。其平面控制点位，一般要有强制归心装置。

2 工作基点是作为高程和坐标的传递点使用，在观测期间要求稳定不变。其平面控制点位，也要具有强制归心装置。

3 变形观测点，直接埋设在能反映监测体变形特征的部位或监测断面两侧。要求结构合理、设置牢固、外形美观、观测方便且不影响监测体的外观和使用。

监测断面，是根据监测体的基础地质条件、建筑结构的复杂程度和对监测体安全所起作用的重要性进行划分的。

10.1.5 监测基准网布设的目的，主要是为了建立变形监测的基准体系。复测的目的，是为了检验基准点的稳定性和可靠性。

基准体系的建立，是确定监测体变形量大小的依据。但由于自然条件的变化，人为破坏等原因，不可避免地有个别点位会发生变化，为了验证基准网点的稳定性，对其进行定期复测是必要的，复测时间间隔的长短，要根据点位稳定程度或自然条件的变化情况来确定。

10.1.6 变形监测网的布设，是为了直接获取监测体的变形量。变形监测周期，应根据监测体的特性、变形速率、变形影响因子的变化和观测精度等综合确定。当监测体的变形受多因子影响时，以其作用最短的周期为监测周期。

监测周期并非一成不变，作业过程中要依据监测体变形量的变化情况适当调整，以确保监测结果和监测预报的适时准确。

通常，当最后的三个较长监测周期的变形量小于观测精度时，可视监测体为稳定状态。

10.1.7 本条是各期变形监测的作业原则，主要为了将观测中的系统误差减到最小，从而达到保障监测精度的目的。

10.1.10 变形监测的目的是及时掌握监测体的变形情况，确保监测体在施工或运营期间安全，并提供准确的安全预报。所以，一旦观测成果出现本条所指的3种异常情形，要求即刻通知建设单位和施工单位，及时采取相应措施，防止工程事故发生。

常见的建（构）筑物的地基变形允许值，参考表20。其他类型的监测项目的变形允许值，可参考相关的设计规范，或由设计部门确定。变形监测的变形量预警值，通常取允许变形值的75%。

表20 建筑物的地基变形允许值

变形特征	地基土类别	
	中、低压缩性土	高压缩性土
砌体承重结构基础的局部倾斜	0.002	0.003
工业与民用建筑相邻柱基的沉降差		
（1）框架结构	$0.002l$	$0.003l$
（2）砌体墙填充的边排柱	$0.0007l$	$0.001l$
（3）当基础不均匀沉降时不产生附加应力的结构	$0.005l$	$0.005l$
单层排架结构（柱距为6m）柱基的沉降量（mm）	(120)	200
桥式吊车轨面的倾斜（按不调整轨道考虑）		
纵向	0.004	
横向	0.003	
多层和高层建筑的整体倾斜		
$H\leqslant 24$	0.004	
$24<H\leqslant 60$	0.003	
$60<H\leqslant 100$	0.0025	
$H>100$	0.002	
体型简单的高层建筑基础的平均沉降量（mm）	200	

续表20

变形特征	地基土类别	
	中、低压缩性土	高压缩性土
高耸结构基础的倾斜		
$H\leqslant 20$	0.008	
$20<H\leqslant 50$	0.006	
$50<H\leqslant 100$	0.005	
$100<H\leqslant 150$	0.004	
$150<H\leqslant 200$	0.003	
$200<H\leqslant 250$	0.002	
高耸结构基础的沉降量（mm）		
$H\leqslant 100$	400	
$100<H\leqslant 200$	300	
$200<H\leqslant 250$	200	

注：1 本表引用自现行国家标准《建筑地基基础设计规范》GB 50007。
2 表中数值，为建筑物地基实际最终变形允许值。
3 有括号的数值，仅适用于中压缩性土。
4 l 为相邻柱基的中心距离，单位为mm；H 为自室外地面起算的建筑物高度，单位为m。
5 倾斜，指基础倾斜方向两端点的沉降差与其距离的比值。
6 局部倾斜，指砌体承重结构沿纵向6～10m内，基础两点的沉降差与其距离的比值。

10.2 水平位移监测基准网

10.2.1 三角形网是变形监测基准网常用的布网形式，其图形强度、可靠性和观测精度都较高，可满足各种精度的变形监测对基准网的要求。GPS定位技术在变形监测基准网的建立中，正在发挥着越来越重要的作用。导线网以其布网形式灵活见长，但其检核条件较少，常用于困难条件下低等级监测基准网的建立。视准轴线是最简单的监测基准网，但须在轴线上或轴线两端设立检核点。

10.2.2 水平位移监测基准网的布设：

1 由于变形监测是以单纯测定监测体的变形量为目的，因此，采用独立坐标系统即可满足要求。

2 由于变形监测区域面积一般较小，采用一次布网形式，其点位精度比较均匀，有利于保证基准网的布网精度。

3 将狭长形建筑物的主轴线或其平行线纳入网内，是监测基准网布网的典型做法。

4 大型工程布网时，应充分顾及网的精度、可靠性和灵敏度等指标的规定为新增内容，主要是基于大型工程监测精度要求较高、内容较多、监测周期较长的考虑。

10.2.3 由于监测基准网的边长较短，观测精度和点位的稳定性要求较高，采用有强制归心装置的观测墩是较为普遍的做法。

10.2.4 水平位移监测基准网测量的主要技术要求：

1 相邻基准点的点位中误差，是制定相关技术指标的依据。它也和表10.1.3中变形观测点的点位中误差系列数值相同。但变形观测点的点位中误差，是指相对于邻近基准点而言；而基准点的点位中误差，是相对相邻基准点而言。

理论上，监测基准网的精度应采用高于或等于监测网的精度，但如果提高监测基准网点的精度，无疑会给高精度观测带来困难，加大工程成本。故，采用相同的点位中误差系列数值。换句话说，监测基准网的点位精度和监测点的点位精度要求是相同的。

2 关于水平位移变形监测基准网的规格。

为了让变形监测的精度等级（水平位移）一、二、三、四等和工程控制网的精度等级系列一、二、三、四等相匹配或相一致，仍然取 0.7″、1.0″、1.8″和2.5″作为相应等级的测角精度序列，取1/300000、1/200000、1/100000和1/80000作为相应等级的测边相对中误差精度序列，取12、9、6、4测回作为相应等级的测回数序列，取 1.5mm、3.0mm、6mm 和12mm作为相应等级的点位中误差的精度序列。

根据纵横向误差计算点位中误差的公式：

$$m_{\text{点}} = L\sqrt{\left(\frac{m_\beta}{\rho}\right)^2 + \left(\frac{1}{T}\right)^2} \qquad (84)$$

式中 L——平均边长；
  m_β——测角中误差；
  T——边长相对中误差分母。

可推算出监测基准网相应等级的平均边长，如表21。

表21 水平位移监测基准网精度规格估算

等级	相邻基准点的点位中误差(mm)	测角中误差(″)	测边相对中误差	平均边长计算值(m)	平均边长取值(m)
一等	1.5	0.7	≤1/300000	315	300
		1.0	≤1/200000	215	200
二等	3.0	1.0	≤1/200000	431	400
		1.8	≤1/100000	226	200
三等	6.0	1.8	≤1/100000	452	450
		2.5	≤1/80000	345	350
四等	12.0	2.5	≤1/80000	689	600

要说明的是，相应等级监测网的平均边长是保证点位中误差的一个基本指标。布网时，监测网的平均边长可以缩短，但不能超过该指标，否则点位中误差将无法满足。平均边长指标也可以理解为相应等级监测网平均边长的限值。以四等网为例，其平均边长最多可以放长至 600m，反之点位中误差将达不到12.0mm 的监测精度要求。

3 关于水平角观测测回数。

对于测角中误差为1.8″和2.5″的水平位移监测基准网的测回数，采用相应等级工程控制网的传统要求，见本规范第 3 章。

对于测角中误差为0.7″和1.0″的水平位移监测基准网的测回数，分别规定为12测回和9测回（1″级仪器），主要是由于变形监测网边长较短，目标成像清晰，加之采用强制对中装置，根据理论分析并结合工程测量部门长期的变形监测基准网的观测经验，制定出相应等级的测回数。其较《93规范》的测回数有所减少，例如一等网的观测，规定为采用1″级仪器，测角中误差为 0.7″时，测回数为 12 测回。工程实践也证明，测回数在 12 测回以上时，测回数的增加，对测角精度的影响很小。

另外，在国家大地测量中，测角中误差为 0.7″时，将1″级仪器的测回数规定为：三角网 21 测回，导线网 15 测回；本次修订将监测基准网的测回数规定为 12 测回，其较国家导线测量的测回数 15 略少。

测角中误差为 1.0″时，在国家大地测量中，将1″级仪器的测回数规定为：三角网 15 测回，导线网 10 测回；在本规范第 3 章中，将1″级仪器的测回数规定为 12 测回。本次修订将监测基准网的测回数规定为 9 测回，其与国家导线测量的测回数 10 接近，较《93规范》的测回数降低一个级别。

注：测回数，是按全组合法折算成方向法的测回数。

4 当水平位移监测基准网设计成 GPS 网时，须满足表10.2.4中相应等级的相邻基准点的点位中误差的精度要求，基准网边长的设计须和观测精度相匹配。

10.2.6 对于三、四等监测基准网，采用与本规范第3章相同的电磁波测距精度系列，即 5mm 级仪器和10mm 级仪器，补充了一、二等监测基准网的 1mm级和 2mm 级仪器的测距精度系列。考虑到监测基准网的精度较高，对测回数作了适当调整。

10.2.7 三等以上的 GPS 监测基准网，只有采用精密星历进行数据处理，才能满足相应的精度要求。

10.3 垂直位移监测基准网

10.3.2 本条给出了不同类型基准点的埋设要求，作业时，可根据工程的类型、监测周期的长短和监测网精度的高低合理选择。

10.3.3 关于垂直位移监测基准网的主要技术要求：

1 相邻基准点的高差中误差，是制定相关技术指标的依据。它也是和表10.1.3中变形观测点的高程中误差系列数值相同。但变形观测点的高程中误差，是指相对于邻近基准点而言，它与相邻基准点的高差中误差概念不同。

2 每站高差中误差，采用本规范传统的系列数值，经多年的工程实践证明是合理可行的，其保证了各级监测网的观测精度。

3 取水准观测的往返较差或环线闭合差为每站高差中误差的 $2\sqrt{n}$ 倍，取检测已测高差较差为每站高差中误差的 $2\sqrt{2}\sqrt{n}$ 倍，作为各自的限值，其中 n 为站数。

10.3.4 水准观测的主要技术要求，是参考了现行国家标准《国家一、二等水准测量规范》GB 12897、《国家三、四等水准测量规范》GB 12898 和本规范 4.2 节水准测量的相关要求制定的。

10.4 基本监测方法与技术要求

10.4.1 本条列出了不同监测类别的变形监测方法。具体应用时，要根据监测项目的特点、精度要求、变形速率以及监测体的安全性等指标，综合选用。本次修订增加了一些新的观测方法和物理的监测方法。

10.4.2、10.4.3 三角形网、交会法、极坐标法，是水平位移观测常采用的方法。

10.4.4 视准线法主要用于单一方向水平位移测量，本条给出了作业的具体要求。

10.4.5 引张线法适用于单一方向水平位移测量，对其主要构成和要求说明如下：

1 引张线分为有浮托的引张线和无浮托的引张线。它由端点装置、测点装置、测线及保护管等组成。固定端装置包括定位卡、固定栓；加力端包括定位卡、滑轮和重锤等。要求对所有金属材料做防锈处理，或重要部件如V型槽、滑轮等要求采用不锈钢材制作。

2 有浮托的引张线的测点装置包括水箱、浮船、读数尺及测点保护箱；无浮托的引张线则无水箱、浮船。

3 测线一般采用 0.8～1.2mm 的不锈钢丝。测线越长，所需拉力越大，所选钢丝的极限拉力应为所需拉力的 2 倍以上。40～80kg 的拉力，适用于 200～600m 长度的引张线。

10.4.6 正、倒垂线法，是大坝水平位移观测行之有效的方法。该方法也可在高层建筑物的主体挠度观测中采用。对正倒垂线的主要构成和要求分别说明如下：

1 正垂线由悬线装置、不锈钢丝或不锈因瓦丝、带止动叶片的重锤、阻尼箱、防锈抗冻液体、观测墩、强制对中基座、安全保护观测室等组成。

悬挂点应考虑换线及调整方便且必须保证换线前后位置不变；观测墩宜采用带有强制对中底盘的钢筋混凝土墩，必要时可建观测室加以保护；不锈钢丝或不锈因瓦丝的极限拉力应大于重锤重量的 2 倍；在竖井、野外等易受风影响的地方，应设置直径大于 100mm 的防风管。

重锤重量一般按（85）式确定：

$$W > 20(1+0.02L) \tag{85}$$

式中 W——重锤重量（kg）；
L——测线长度（m）。

2 倒垂线由固定锚块、无缝钢管保护管、不锈钢丝或不锈因瓦丝、浮体组（浮筒）、防锈抗冻液体（变压油）、观测墩、强制对中基座、安全保护观测室等组成。

钻孔保护管宜用经防锈处理的无缝钢管，壁厚宜在 6.5～8mm，内径大于 100mm；观测墩宜采用带有强制对中底盘的钢筋混凝土墩，必要时可建观测室加以保护；不锈钢丝或不锈因瓦丝的极限拉力应大于浮子浮力的 3 倍。

浮体组宜采用恒定浮力式，也可是非恒定浮力式。浮子的浮力一般按（86）式确定：

$$P > 200(1+0.01L) \tag{86}$$

式中 P——重锤重量（N）；
L——测线长度（m）。

10.4.7 激光测量技术，在变形监测项目中有所应用。基于安全的考虑，要求在光路附近设立安全警示标志。

10.4.9 本条给出了静力水准测量作业的具体要求，为新增加内容。取表 10.3.3 中水准观测每站高差中误差系列数值的 2 倍，作为静力水准两次观测高差较差的限值。取表 10.3.3 中水准观测的往返较差、附合或环线闭合差，作为静力水准观测的环线及附合路线的闭合差。静力水准测量仪器的种类比较多，作业时应严格按照仪器的操作手册进行测量。

10.4.10 电磁波测距三角高程测量，可用于较低精度（三、四等）的垂直位移监测。

10.4.11 本条给出了主体倾斜和挠度观测的常用方法和计算公式。对其中电垂直梁法说明如下：

1 电垂直梁法的设备是由安装在被监测物体上的专用支架（加工）、专用电垂直梁倾斜仪传感器、专用电缆、读数仪等组成。

2 安装电垂直梁倾斜仪传感器的支架时，应注意仪器测程的有效性。

3 用专用电垂直梁倾斜仪传感器直接测量被监测物体的相对转角时，应根据结构的几何尺寸换算出被监测部位的位移量。

4 电垂直梁法观测的技术要求，可按产品手册进行。

10.4.12 裂缝观测主要是测定监测体上裂缝的位置和裂缝的走向、长度、宽度及其变化情况，其是变形监测的重要手段之一。裂缝的变化情况，可局部反映监测体的稳定性或治理的效果。裂缝观测要细心进行，尽量减少不规范量测所带来的影响。

10.4.13 自动跟踪测量全站仪是全站仪系列中的高端产品，在大型工程中已得到较为广泛的应用。反射片通常用于较短的距离测量，其精度可满足普通精度的变形监测的需要。鉴于变形监测的重要性，要求数据通信稳定、可靠，故数据电缆以光缆或专用电缆为宜。

10.4.14 摄影测量，是变形监测较常使用的方法之一，无论是对单体建筑物的变形监测，还是较大面积的山体滑坡监测，都有所应用。为了使用方便，修订增加编写了摄影测量的主要技术要求，其他相关规定，参见现行国家标准《工程摄影测量规范》GB 50167。

10.4.15 卫星实时定位（GPS-RTK）技术，主要适用于变形量大、需要连续监测、适时处理数据、即时预报的监测项目。

10.4.16 应力、应变监测是属于物理的监测方法，为规范新增内容。本条给出了应力、应变传感器的必要性能、检验要求和埋设规定。

10.5 工业与民用建筑变形监测

10.5.1 本条给出了工业与民用建筑在施工和运营期间对建筑场地、建筑基坑、建筑主体进行变形监测的主要内容。

10.5.2 拟建建筑场地的沉降观测，主要是为了确定建筑场地的稳定性。通常采用水准测量的方法，确定地面沉陷、地面裂缝或场地滑坡等的稳定性。

10.5.3 基坑支护结构的安全，是建筑物基础施工的重要保证。基坑的变形监测，具体反映了基坑支护结构的变化情况，并为其安全使用提供准确的预报。

根据经验，通常将基坑开挖深度的4‰，作为基坑顶部侧向位移的施工监测预警值。监测精度通常采用二、三等。

10.5.4 由于地面大量卸载，原来的土体平衡被打破，基坑的回弹量较大，故会发生基坑底面的"爆底"或"鼓底"现象。所以，基坑的回弹对重要建（构）筑物的影响不容忽视。对基坑回弹观测，目前认识较统一，即测定大型深埋基础在地基土卸载后相对于开挖前基坑内外影响范围内的回弹量。本条给出了回弹观测的具体规定。

10.5.5 地基土分层观测，就是测定高层或大型建筑物地基内部各分层土的沉降量、沉降速率以及有效压缩层的厚度。

观测标志的埋设深度，最深应超过地基土的理论压缩层厚度（根据工程地质资料确定），否则将失去土的分层沉降观测的意义。

10.5.6 地下水位的变化，也是影响建筑物沉降变化的重要因素。故，对地下水位变化比较频繁的地区或受季节、周边环境（江、河等）水位变化影响较大的地区，要进行地下水位监测。本条为新增内容。

当地下水位的变化，成为影响建筑物沉降的主要因素时（如基坑降水或潮汐），要及时根据地下水位的变化调整沉降观测周期。

10.5.8 关于建（构）筑物的沉降观测周期和终止观测的沉降稳定指标：

1 建（构）筑物沉降观测的时间长短，以全面反映整个沉降过程为宜。

2 对于建（构）筑物沉降观测，广大作业人员和建设单位，都希望规范能给出一个恰当的终止观测的稳定指标值。

经规范组调研，不同地域的指标有所差异，基本上在0.01～0.04mm/日之间。为稳妥，规范修订采用相对较严的0.02mm/日，作为统一的终止观测稳定指标值。

3 修订增加建筑物封顶后每3个月观测一次并持续观测一年的要求，主要是考虑多数建筑物在封顶后一年大多都可进行竣工验收且建筑物的沉降趋于稳定（日沉降速率小于0.02mm/日）。

10.5.9 建（构）筑物的主体倾斜观测，是指测定其顶部和相应底部观测点的相对偏移值。本条给出了采用水平位移观测方法测定建（构）筑物主体倾斜的具体规定。当建（构）筑物整体刚度较好时，也可采用基础差异沉降推算主体倾斜的方法，参见本规范10.4.11条的相关规定。

10.5.11 日照变形量与日照强度和建筑的类型、结构及材料相关，周期性变化较为显著，对建筑结构的抗弯、抗扭、抗拉性能均有一定影响。因此，应对特殊需要的建（构）筑物进行日照变形观测。本条给出了日照变形观测的具体要求。

10.6 水工建筑物变形监测

10.6.1 本条给出了水工建筑物的开挖场地、围堰、坝体、涵闸、船闸和库首区、库区，在施工和运营期间的主要监测内容。

本规范将工矿企业的灰坝、尾矿坝等也归在此类（见本规范10.6.6条），监测内容可参照选取、监测精度可适当放宽。

就水工建筑物的变形监测而言，本规范提倡采用自动化监测手段。目前，在国内多个大型水工建筑物的施工和运营中都有所采用且效果良好。但对一些关键部位的自动化监测设施，在应用初期，有必要采用与人工测读同步进行的方法，以便得到完整、准确、可靠的监测数据。

10.6.2 施工期变形监测是为保证施工安全而进行的阶段性变形监测。监测内容和监测精度是参照国家现行标准《水电水利工程施工测量规范》DL/T 5173和《水利水电工程施工测量规范》SL 52—93对本规范相关内容进行修订的，并对个别指标做了适当调整。

10.6.3 混凝土水坝变形监测的精度要求，是在《93规范》的基础上，参照国家现行标准《混凝土坝安全监测技术规范》DL/T 5178 综合制定的，并增加了挠度观测的精度要求。

10.6.4 本条是水坝变形观测点布设的基本要求，监测断面及观测点的布置，宜遵循少而精的原则。

10.6.5 水坝的变形监测周期，是根据我国大坝施工和大坝安全监测的长期实践经验制定的。

本条对《93 规范》的相关内容作了细化处理，可操作性更强。

在第 4 款中所列几种情况，是大坝变形的最敏感时期，要求增加观测次数；以取得完整有效的分析数据，也可对主体工程设计作进一步验证。

10.6.6 由于灰坝、尾矿坝是用来集中堆放工业废渣、废料等污染物的，虽然规模不大，但其对环境的危害性较大，故提出要对坝体的安全性进行监测。变形监测可参照水坝的主要技术要求放宽执行。

10.6.7 堤坝工程属土埧或夹防渗心墙，变形监测的精度要求一般相对较低。具体监测精度可根据堤防工程的级别、堤形、设计要求和水文、气象、地形、地质等条件综合确定。

10.6.8 大型涵闸监测的精度指标，是参照混凝土坝变形监测的精度要求确定的。

10.6.9 库区地质缺陷、跨断裂及地震灾害的监测，是为确保水利枢纽工程安全运行而进行的一项重要监测工作，主要是为了分析评价水库蓄水对周围环境的影响和周围环境的变化对水库运行的影响等，根据影响的程度将其分为重要监测项目和普通监测项目。本条是库首区、库区地质缺陷、跨断裂及地震灾害监测的原则性规定。

10.7 地下工程变形监测

10.7.1 地下工程主要是指位于地下的大型工业与民用建筑工程，包括地下商场、地下车库、地下仓库、地下车站及隧道等工程项目。

地下工程所处的环境条件与地面工程全然不同，由于自然地质现象的复杂性、多样性，地下工程变形监测对于指导施工、修正设计和保证施工安全及营运安全等方面具有重要意义。实践表明，如对地下建筑物和地下隧道的变形控制不力，将出现围岩迅速松弛，极易发生冒顶塌方或地表有害下沉，并危及地表建（构）筑物的安全。

地下工程变形监测，一般分为施工阶段变形监测和运营阶段变形监测。本条按这两个阶段分别给出了相关的监测项目和主要监测内容。

10.7.2 地下建（构）筑物和隧道的结构、基础变形，与其埋设深度、开挖跨度、围岩类别、支护类型、施工方法等因素有关。由于水土压力的变化，势必要对地面的建（构）筑物及地下的管线设施，造成影响。本条对相关的监测项目分别给出了不同的监测精度要求。

地下建（构）筑物的监测精度，通常较地面同类建（构）筑物提高一个监测精度等级。

隧道监测精度，主要是根据铁路、公路隧道设计和施工规范中初期支护相对位移允许值，并结合隧道工程变形监测的特点综合确定的。

受影响的地面建（构）筑物的变形监测精度，是根据该建（构）筑物的重要性和变形的敏感性来确定的。

10.7.3 地下工程变形监测周期与埋深、地质条件、环境条件、施工方法、变形量、变形速率和监测点距开挖面的距离等因素有关。就不同监测体分别说明如下：

1 由于地下建（构）筑物的多样性和岩土工程条件的复杂性，因此，变形监测周期要根据具体情况并配合施工进度确定。

2 常见的隧道施工方法有新奥法和盾构法两种，根据施工工艺的不同，分别给出了不同的监测周期要求。

对于盾构法施工的隧道，由于隧道的管片衬砌支护和隧道掘进几乎同时进行，管片背后的注浆也能及时的跟进，该施工工艺的整体安全性较好。因此，只需对不良地质构造、断层和衬砌结构裂缝较多的隧道断面进行变形监测。

3 基坑开挖或基坑降水，会破坏周围建（构）筑物基础的土体平衡，因此要对相关建（构）筑物进行变形监测，变形监测的周期要求与基坑的安全监测同步进行。

4 隧道的掘进，会对隧道上方的地面建（构）筑物造成影响，特别是采用新奥法掘进工艺。首次观测要求在影响即将发生前进行，即在开挖面距前方监测体 $H+h$（H 为隧道埋深，h 为隧道高度）前进行初始观测。

5 第 5、6 两款的要求，与对地面建（构）筑物的监测要求相同，也符合变形监测的基本原则。

10.7.5、10.7.6 地下建（构）筑物和隧道变形监测的变形观测点布设和观测要求：

1 地下工程基准点的布设和地面的要求有所不同，根据地下工程的特点，分别给出了地下建（构）筑物和隧道基准点的布设要求。

2 地下建（构）筑物的变形观测点要求布设在主要的柱基、墩台、地下连续墙墙体、地下建筑底板上，隧道的变形观测点要求按断面布设在顶部、底部和两腰，这些都是监测体上的基本特征点。规范对新奥法的断面间距提出了具体要求（10～50m），由于盾构法施工工艺的整体安全性较好，故不做具体规定，只要求对不良地质构造、断层和衬砌结构裂缝较多部位的断面进行监测。

3 变形观测方法与地面的基本相同。收敛计适用于隧道衬砌结构收敛变形测量，作业时应注意其精度须满足位移监测的要求。

10.7.8 本条对受影响的不同对象，如地面建（构）筑物、地表、地下管线等的点位布设分别给出了具体要求。地下管线变形观测点采用抱箍式和套筒式标志，主要是防止对监测体造成破坏；当不能在管线上直接设点时（如燃气管道），可在管线周围土体中埋设位移传感器间接监测。

10.7.9 地下工程变形监测布设各种物理监测传感器（应力、应变传感器和位移计、压力计等）的目的，主要是为了监测不良地质构造、断层、衬砌结构裂缝较多部位和其他变形敏感部位的内部（深层）压力、内应力和位移的变化情况，为进一步治理和防范提供依据。

10.7.10 在地下工程运营期间，各种位移的变化进入相对缓慢的阶段，因此，变形监测的内容可适当减少，监测周期也可相应延长。

10.8 桥梁变形监测

10.8.1 桥梁的种类较多，主要以梁式桥、拱桥、悬索桥、斜拉桥为主。十多年来，我国各种桥梁的建设速度发展很快，桥梁的变形监测是桥梁施工安全和运营安全必不可少的内容。本条按桥梁的类型分别列出了施工期和运营期的主要监测项目。本节为规范新增内容。

10.8.2 特大型、大型、中小型桥梁的划分方法，可参考相关公路、铁路桥梁设计和施工规范的划分方法确定，本规范不再另行规定。

10.8.3 GPS测量、极坐标法、精密测（量）距、导线测量、前方交会法和水准测量是桥梁变形监测的常用方法。正垂线法和电垂直梁法分别见本规范第10.4.6条和第10.4.11条的相关说明。

10.8.4 温度因素是分析研究大桥结构及基础变形不可缺少的条件。因此，对重要的特大型桥梁有必要建立与变形监测同步的温度量测系统，以便掌握大桥及其基础内的温度分布与温度变化规律。水位和流速、风力和风向等是引起桥梁变形的外界因素。

10.8.5 本条针对桥型、桥式、桥梁结构的不同，结合本规范表10.8.1的监测内容，分别给出了桥墩、梁体和构件（悬臂法浇筑或安装梁体、支架法浇筑梁体、装配式拱架）、索塔、桥面、桥梁两岸边坡等不同类型的变形点位布设要求，这些都是桥梁变形监测的重要特征部位。

10.8.6 由于各种类型桥梁的施工工艺流程差别较大，建设周期也不同，跨越的形式不同（江河、沟谷）很难做出统一的要求。因此，本规范对桥梁施工期的变形监测周期，不做具体规定。

10.8.7 对桥梁运营期的变形监测，要求每年观测1次或每年的夏季和冬季各观测1次。这是保证桥梁安全运营的常规要求。洪水、地震、强台风等自然灾害的发生，会对桥梁的安全构成威胁，因此，要求在此阶段适当增加观测次数。

10.9 滑坡监测

10.9.1 滑坡是一种对工程安全有严重威胁的不良地质作用和地质灾害，可能造成重大人身伤亡和经济损失，并产生严重后果。因此，规范修订增加了滑坡监测的内容。

本条按三个阶段（前期、整治期、整治后）分别给出了主要的监测内容。降雨和山洪是山体滑坡的主要诱发因素，因此，降雨期间，有必要密切关注滑坡的动向。

10.9.2 本条按滑坡体的性质，将其分为岩质滑坡和土质滑坡两种，分别按水平位移、垂直位移和地表裂缝给出了相应的监测精度指标。

10.9.3 本条给出了滑坡监测的常用方法。当滑坡体的滑移速度较快时，也可采用其他自动化程度较高的方法。

10.9.4 滑坡监测变形观测点的布设方法和点位要求，是为了准确掌握滑坡体的整体滑移情况而制定的，也是根据滑坡监测部门多年来的工程经验总结出来的。

10.9.5 由于旱季发生滑坡的可能性较少、雨季则较多，因此，旱季可减少观测次数，雨季则要求增加观测次数。

江河水位变化会对邻近江河的滑坡体产生影响。因此，要求在滑坡监测时，要同时观测邻近的江河水位。

10.9.6 单元滑坡内所有监测点三年内变化不显著，可认为滑坡体已相对稳定。在周围环境无大变化时，可减少监测次数或结束阶段性监测。

10.9.7 边坡稳定性监测，可为工程的安全施工和运营提供重要保证。本规范将其纳入滑坡监测的范畴一并编写，其主要技术要求是一致的。

10.10 数据处理与变形分析

10.10.2 关于监测基准网的数据处理：

1 观测数据的改正计算和检核计算是数据处理的首要步骤。

2 良好的观测数据，是变形监测的质量保证。规模较大的网，由于观测数据量较大，很难直接判断观测质量的高低，因此，要求进行精度评定。精度评定，可采用本规范第3、4章的相关方法或其他数理统计方法。

3 基准网平差的起算点，要求是稳定可靠的点或点组。最小二乘测量平差检验法是点位稳定性检验的常用方法。本规范提倡采用其他更好的、更可靠的统计检验方法。

10.10.3 监测基准网和变形监测网，只是构网内涵的不同，没有等级的差异，二者的观测方法和精度要求是完全等同的（参见本规范第 10.2.4 条和 10.3.3 条的说明），故其数据处理方法也是相同的。

10.10.5 本条是根据目前国内外变形分析的理论并结合监测工程的要求确定。其中的观测成果可靠性分析、累计变形量和两相邻观测周期的相对变形量分析、相关影响因素的作用分析是变形分析的基本内容，要求所有的监测项目都应该做到。回归分析和有限元分析是对较大规模或重要的监测项目的要求。

通过准确全面的变形分析，可对监测体的变形情况做出恰当的物理解释。

10.10.6 将《93 规范》中按水平位移测量和垂直位移测量分别提交资料的要求，改为按监测工程项目提交资料。

其他影响因素的相关曲线图主要有：位移量、降雨量与时间关系曲线图、位移量与降雨量相关曲线图、位移量与地下水动态相关曲线图、深部位移量曲线图等。

中华人民共和国国家标准

工业循环冷却水处理设计规范

Code for design of industrial recirculating
cooling water treatment

GB 50050—2007

主编部门：中国工程建设标准化协会化工分会
批准部门：中华人民共和国建设部
施行日期：２００８年５月１日

中华人民共和国建设部
公 告

第742号

建设部关于发布国家标准
《工业循环冷却水处理设计规范》的公告

现批准《工业循环冷却水处理设计规范》为国家标准，编号为GB 50050—2007，自2008年5月1日起实施。其中，第3.1.6（2、4、5、6）、3.1.7、3.2.7、6.1.6、8.1.7、8.2.1、8.2.2、8.5.1（1、2、3、4、5、6、7）、8.5.4条（款）为强制性条文，必须严格执行。原《工业循环冷却水处理设计规范》GB 50050—95同时废止。

本规范由建设部标准定额研究所组织中国计划出版社出版发行。

中华人民共和国建设部
二〇〇七年十月二十五日

前　言

根据建设部《关于印发"二○○四年工程建设国家标准制订、修订计划"的通知》（建标〔2004〕67号），本规范由中国寰球工程公司会同有关单位，对《工业循环冷却水处理设计规范》GB 50050—95 进行修订而成的。

修订工作是在原规范的基础上进行的。根据国家现行的方针政策，重点突出节水和保护环境。通过有针对性的调查和资料收集，召开多次行业专题研讨会，广泛征求了全国有关单位和专家的意见，经审查会审查并修改后，完成了规范报批稿。

本次修订对原规范做了较大改动，修订和增加内容如下：

再生水处理、直冷循环冷却水处理、间冷闭式循环冷却水处理、术语、符号、间冷（开式和闭式）和直冷循环冷却水水质指标、腐蚀速率、黏泥量、浓缩倍数、硫酸投加量计算、旁滤量、高碱及高硬补充水处理、含磷超标排水处理、自动化监控、水质分析数据校核计算及标准等。

本规范中以黑体字标志的条文为强制性条文，必须严格执行。

本规范由建设部负责管理和对强制性条文的解释，由中国工程建设标准化协会化工分会负责日常管理，由中国寰球工程公司负责具体技术内容的解释。各单位在执行过程中如有需要修改或补充的建议，请将相关资料寄送中国寰球工程公司《工业循环冷却水处理设计规范》国家标准管理组（地址：北京市朝阳区樱花东街7号，邮编：100029），以供修订时参考。

本规范主编单位、参编单位和主要起草人：

主编单位：中国寰球工程公司

参编单位：中冶京诚工程技术有限公司
　　　　　北京国电华北电力工程有限公司
　　　　　中国纺织化纤工程总公司
　　　　　纳尔科工业服务（苏州）有限公司

主要起草人：薛树森　孙继涛　包义华　战　科
　　　　　　韩　寒　苏　雷　魏安仁　马学文
　　　　　　宋　奕　丁贵智　黄安炫　杨　力
　　　　　　陈英祖

目　次

1 总则 ························ 2—5
2 术语、符号 ················ 2—5
　2.1 术语 ··················· 2—5
　2.2 符号 ··················· 2—6
3 循环冷却水处理 ············ 2—6
　3.1 一般规定 ··············· 2—6
　3.2 系统设计 ··············· 2—8
　3.3 阻垢缓蚀处理 ··········· 2—8
　3.4 沉淀、过滤处理 ········· 2—9
　3.5 微生物控制 ············· 2—9
　3.6 清洗和预膜 ············· 2—10
4 旁流水处理 ················ 2—10
5 补充水处理 ················ 2—10
6 再生水处理 ················ 2—11
　6.1 一般规定 ··············· 2—11
　6.2 深度处理 ··············· 2—11
7 排水处理 ·················· 2—11
8 药剂贮存和投配 ············ 2—12
　8.1 一般规定 ··············· 2—12
　8.2 硫酸贮存及投加 ········· 2—12
　8.3 阻垢缓蚀剂配制及投加 ··· 2—12
　8.4 杀生剂贮存及投加 ······· 2—12
　8.5 液氯贮存及投加 ········· 2—13
9 监测、控制和检测 ·········· 2—13
附录 A　水质分析项目表 ······ 2—14
附录 B　水质分析数据校核 ···· 2—14
附录 C　循环冷却水的 pH 与 Mr
　　　　变化曲线图 ··········· 2—15
本规范用词说明 ·············· 2—15
附：条文说明 ················ 2—16

1 总则

1.0.1 为了贯彻国家节约水资源和保护环境的方针政策，促进工业冷却水的循环利用和污水资源化，有效控制和降低循环冷却水所产生的各种危害，保证设备的换热效率和使用年限，减少排污水对环境的污染，使工业循环冷却水处理设计做到技术先进、经济实用、安全可靠，制定本规范。

1.0.2 本规范适用于以地表水、地下水和再生水作为补充水的新建、扩建、改建工程的循环冷却水处理设计。

1.0.3 工业循环冷却水处理设计应符合安全生产、保护环境、节约能源和节约用水的要求，并便于施工、维修和操作管理。

1.0.4 工业循环冷却水处理设计应不断地吸取国内外先进的生产实践经验和科研成果，积极稳妥地采用新技术。

1.0.5 工业循环冷却水处理设计除应按本规范执行外，还应符合国家现行有关标准的规定。

2 术语、符号

2.1 术语

2.1.1 循环冷却水系统 recirculating cooling water system

以水作为冷却介质，并循环运行的一种给水系统，由换热设备、冷却设备、处理设施、水泵、管道及其他有关设施组成。

2.1.2 间冷开式循环冷却水系统（间冷开式系统）indirect open recirculating cooling water system

循环冷却水与被冷却介质间接传热且循环冷却水与大气直接接触散热的循环冷却水系统。

2.1.3 间冷闭式循环冷却水系统（闭式系统）indirect closed recirculating cooling water system

循环冷却水与被冷却介质间接传热且循环冷却水与冷却介质也是间接传热的循环冷却水系统。

2.1.4 全闭式系统 totally closed system

系统中的循环冷却水不与大气接触的间冷闭式循环冷却水系统。

2.1.5 半闭式系统 semi closed system

系统中的循环冷却水局部与大气接触的间冷闭式循环冷却水系统。

2.1.6 直冷开式循环冷却水系统（直冷系统）direct open recirculating cooling water system

循环冷却水与被冷却介质直接接触换热且循环冷却水与大气直接接触散热的循环冷却水系统。

2.1.7 开式系统 open system

间冷开式和直冷系统的统称。

2.1.8 药剂 chemicals

循环冷却水处理过程中所使用的各种化学品。

2.1.9 异养菌总数 count of aerobic heterotrophic bacteria

以细菌平皿计数法统计出每毫升水中的异养菌落个数，单位为个/mL。

2.1.10 生物黏泥 slime

微生物及其分泌的黏液与其他有机和无机杂质混合在一起的黏浊物质。

2.1.11 生物黏泥量 slime content

用生物过滤网法测定的循环冷却水所含生物黏泥体积，以 mL/m^3 表示。

2.1.12 污垢热阻值 fouling resistance

换热设备传热面上因沉积物而导致传热效率下降程度的数值，单位为 $m^2 \cdot K/W$。

2.1.13 腐蚀速率 corrosion rate

以金属腐蚀失重而算得的每年平均腐蚀深度，单位为 mm/a。

2.1.14 粘附速率 adhesion rate

换热器单位传热面上每月的污垢增长量，单位为 $mg/cm^2 \cdot 月$。

2.1.15 系统水容积 system capacity volume

循环冷却水系统内所有水容积的总和，单位为 m^3。

2.1.16 浓缩倍数 cycle of concentration

循环冷却水与补充水含盐量的比值。

2.1.17 监测试片 monitoring test coupon

置于监测换热设备、测试管或塔池中用于监测腐蚀的标准金属试片。

2.1.18 预膜 prefilming

以预膜液循环通过换热设备，使其金属表面形成均匀致密保护膜的过程。

2.1.19 旁流水 side stream

从循环冷却水系统中分流并经处理后，再返回系统的那部分水。

2.1.20 药剂允许停留时间 permitted retention time of chemicals

药剂在循环冷却水系统中的有效时间。

2.1.21 补充水量 amount of makeup water

指补充循环冷却水系统运行过程中损失的水量。

2.1.22 排污水量 Amount of Blowdown

在确定的浓缩倍数条件下，需要从循环冷却水系统中排放的水量。

2.1.23 泥浆浓度（含固率）mud concentration

单位质量污泥所含固体物质的质量分数。

2.1.24 含水率 containing water rate

单位质量污泥所含水分的质量分数。

2.1.25 再生水 reclaimed water

污水及其他各种废水经处理后，达到一定的水质指标可进行再利用的水。

2.1.26 深度处理 advanced treatment
对再生水进一步处理。

2.1.27 超滤 ultra filtration
系膜式分离技术，过滤精度在 0.01～0.1μm 范围之内。

2.1.28 微滤 micro filtration
系膜式分离技术，过滤精度在 0.1～1.0μm 范围之内。

2.1.29 稳定指数 stability index
指 2 倍水的饱和 pH 值和水的实际 pH 值的差值。以此判定水的腐蚀或结垢倾向。

2.2 符 号

A——冷却塔空气流量（m^3/h）；
A_c——硫酸投加量（kg/h）；
C——空气含尘量（g/m^3）；
C_{mi}——补充水某项成分含量（mg/L）；
C_{ms}——补充水悬浮物含量（mg/L）；
C_{rs}——循环冷却水悬浮物含量（mg/L）；
C_{ri}——循环冷却水某项成分含量（mg/L）；
C_{si}——旁流处理后水的某项成分含量（mg/L）；
C_{ss}——滤后水悬浮物含量（mg/L）；
G_f——首次加药量（kg）；
G_n——非氧化型杀生剂每次加药量（kg）；
G_o——氧化型杀生剂加药量（kg/h）；
G_r——系统运行时加药量（kg/h）；
g——每升循环冷却水加药量（mg/L）；
g_n——每升循环冷却水非氧化型杀生剂加药量（mg/L）；
g_o——每升循环冷却水氧化型杀生剂加药量（mg/L）；
K_s——悬浮物沉降系数；
k——气温系数（1/℃）；
M_m——补充水碱度（mg/L，以 $CaCO_3$ 计）；
M_r——循环冷却水控制碱度（mg/L，以 $CaCO_3$ 计）；
N——浓缩倍数；
Q_b——排污水量（m^3/h）；
Q_{b1}——强制排污水量（m^3/h）；
Q_{b2}——循环冷却水处理过程中损失水量，即自然排污水量（m^3/h）；
Q_e——蒸发水量（m^3/h）；
Q_m——补充水量（m^3/h）；
Q_r——循环冷却水量（m^3/h）；
Q_{sf}——旁滤水量（m^3/h）；
Q_{si}——旁流处理水量（m^3/h）；
Q_w——风吹损失水量（m^3/h）；

T_d——设计停留时间（h）；
Δt——冷却塔进出水温差（℃）；
V——系统水容积（m^3）；
V_e——循环冷却水泵、换热器、处理设施等设备中的水容积（m^3）；
V_p——工艺生产设备内的水容积（m^3）；
V_k——膨胀罐或水箱的水容积（m^3）；
V_r——循环冷却水管道容积（m^3）。

3 循环冷却水处理

3.1 一般规定

3.1.1 循环冷却水处理方案设计应包括下列内容：
1 补充水来源、水量、水质及其处理方案；
2 设计浓缩倍数、阻垢缓蚀、清洗预膜处理方案及控制条件；
3 系统排水处理方案；
4 旁流水处理方案；
5 微生物控制方案。

3.1.2 循环冷却水量应根据生产工艺的最大小时用水量确定。开式系统给水温度应根据生产工艺要求并结合气象条件确定，闭式系统给水温度应结合冷却介质温度确定。

3.1.3 直冷系统循环冷却水的回水量、水温、水质和间冷开式、闭式系统循环冷却水回水水温应按工艺要求确定。

3.1.4 补充水水质资料收集宜符合下列规定：
1 补充水为地表水，不宜少于一年的逐月水质全分析资料；
2 补充水为地下水，不宜少于一年的逐季水质全分析资料；
3 补充水为再生水，不宜少于一年的逐月水质全分析资料，并应包括再生水水源组成及其处理工艺等资料；
4 水质分析项目宜符合本规范附录 A 的要求，数据分析误差应满足附录 B 的规定。

3.1.5 补充水水质应以逐年水质分析数据的平均值作为设计依据，并以最不利水质校核设备能力。

3.1.6 间冷开式系统循环冷却水换热设备的控制条件和指标应符合下列规定：
1 循环冷却水管程流速不宜小于 0.9m/s；
2 当循环冷却水壳程流速小于 0.3m/s 时，应采取防腐涂层、反向冲洗等措施；
3 设备传热面冷却水侧壁温不宜高于 70℃；
4 设备传热面水侧污垢热阻值应小于 3.44×10^{-4} $m^2 \cdot K/W$；
5 设备传热面水侧粘附速率不应大于 15mg/cm^2·月，炼油行业不应大于 20mg/cm^2·月；

6 碳钢设备传热面水侧腐蚀速率应小于0.075mm/a，铜合金和不锈钢设备传热面水侧腐蚀速率应小于0.005mm/a。

3.1.7 闭式系统设备传热面水侧污垢热阻值应小于0.86×10^{-4} m²·K/W，腐蚀速率应符合本规范第3.1.6条第6款规定。

3.1.8 间冷开式系统循环冷却水水质指标应根据补充水水质及换热设备的结构型式、材质、工况条件、污垢热阻值、腐蚀速率并结合水处理药剂配方等因素综合确定，并宜符合表3.1.8的规定。

表3.1.8 间冷开式系统循环冷却水水质指标

项目	单位	要求或使用条件	许用值
浊度	NTU	根据生产工艺要求确定	≤20
		换热设备为板式、翅片管式、螺旋板式	≤10
pH	—	—	6.8～9.5
钙硬度+甲基橙碱度（以CaCO₃计）	mg/L	碳酸钙稳定指数RSI≥3.3	≤1100
		传热面水侧壁温大于70℃	钙硬度小于200
总Fe	mg/L	—	≤1.0
Cu²⁺	mg/L	—	≤0.1
Cl⁻	mg/L	碳钢、不锈钢换热设备，水走管程	≤1000
		不锈钢换热设备，水走壳程 传热面水侧壁温不大于70℃ 冷却水出水温度小于45℃	≤700
SO₄²⁻+Cl⁻	mg/L		≤2500
硅酸（以SiO₂计）	mg/L		≤175
Mg²⁺×SiO₂（Mg²⁺以CaCO₃计）	mg/L	pH≤8.5	≤50000
游离氯	mg/L	循环回水总管处	0.2～1.0
NH₃-N	mg/L	—	≤10
石油类	mg/L	非炼油企业	≤5
		炼油企业	≤10
COD_Cr	mg/L		≤100

3.1.9 闭式系统循环冷却水水质指标应根据系统特性和用水设备的要求确定，并宜符合表3.1.9的规定。

表3.1.9 闭式系统循环冷却水水质指标

适用对象	水质指标		
	项目	单位	许用值
钢铁厂闭式系统	总硬度	mg/L	≤2
火力发电厂发电机内冷水系统	电导率（25℃）	μs/cm	≤2¹
	pH（25℃）	—	7.0～9.0
	含铜量	μg/L	≤40
各行业闭式系统	电导率（25℃）	μs/cm	≤10¹
	pH（25℃）	—	8.0～9.0

注：1 循环冷却水投加阻垢缓蚀剂后，电导率将比表中数值升高；
2 钢铁厂闭式系统的补充水为软化水，其余两系统为除盐水。

3.1.10 直冷系统循环冷却水水质应根据工艺要求并结合补充水水质、工况条件及药剂处理配方等因素综合确定，并宜符合表3.1.10的规定。

表3.1.10 直冷系统循环冷却水水质指标

项目	单位	适用对象	许用值
pH	—	高炉煤气清洗水	6.5～8
		合成氨厂造气洗涤水	7.5～8.5
		炼钢真空处理、轧钢、轧钢层流水、轧钢除鳞给水及连铸二次冷却水	7～9
		转炉煤气清洗水	9～12
电导率	μs/cm	高炉转炉煤气清洗水	≤3000
		炼钢、轧钢直接冷却水	≤2000
悬浮物	mg/L	连铸二次冷却水及轧钢直接冷却水、挥发窑窑体表面清洗水	≤30
		炼钢真空处理冷却水	≤50
		高炉转炉煤气清洗水 合成氨厂造气洗涤水	≤100
碳酸盐硬度（以CaCO₃计）	mg/L	转炉煤气清洗水	≤100
		合成氨厂造气洗涤水	≤200
		连铸二次冷却水	≤400
		炼钢真空处理、轧钢、轧钢层流水及轧钢除鳞给水	≤500
Cl⁻	mg/L	轧钢层流水	≤300
		轧钢、轧钢除鳞给水及连铸二次冷却水、挥发窑窑体表面清洗水	≤500
硫酸盐（以SO₄²⁻计）	mg/L	高炉转炉煤气清洗水	≤2000
		炼钢、轧钢直接冷却水	≤1500
油类	mg/L	轧钢层流水	≤5
		轧钢、轧钢除鳞给水及连铸二次冷却水	≤10

3.1.11 间冷开式系统与直冷系统的钙硬度与甲基橙碱度之和大于1100mg/L，稳定指数RSI＜3.3时，应加硫酸或进行软化处理。

3.1.12 间冷开式系统的设计浓缩倍数不宜小于5.0，且不应小于3.0；直冷系统的设计浓缩倍数不应小于3.0。浓缩倍数可按下式计算：

$$N=\frac{Q_m}{Q_b+Q_w} \quad (3.1.12)$$

式中 N——浓缩倍数；
Q_m——补充水量（m^3/h）；
Q_b——排污水量（m^3/h）；
Q_w——风吹损失水量（m^3/h）。

3.1.13 间冷开式系统的微生物控制指标宜符合下列规定：
  1 异养菌总数不大于$1×10^5$个/mL；
  2 生物黏泥量不大于3 mL/m^3。

3.2 系统设计

3.2.1 开式系统循环冷却水的设计停留时间不应超过药剂的允许停留时间。设计停留时间可按下式计算：

$$T_d=\frac{V}{Q_b+Q_w} \quad (3.2.1)$$

式中 T_d——设计停留时间（h）；
V——系统水容积（m^3）。

3.2.2 间冷开式系统水容积宜小于循环冷却水量的1/3，系统水容积可按下式计算：

$$V=V_e+V_r+V_t \quad (3.2.2)$$

式中 V_e——循环冷却水泵、换热器、处理设施等设备中的水容积（m^3）；
V_r——循环冷却水管道容积（m^3）；
V_t——水池水容积（m^3）。

3.2.3 闭式系统宜根据运行操作要求和技术经济比较，选用全闭式系统或半闭式系统。

3.2.4 闭式系统水容积可按下式计算：

$$V=V_p+V_e+V_r+V_k \quad (3.2.4)$$

式中 V_p——工艺生产设备内的水容积（m^3）；
V_k——膨胀罐或水箱的水容积（m^3）。

3.2.5 全闭式系统的膨胀罐应具有氮气自动调压、水位检测、自动补水与泄水以及防止空气进入水系统等功能。膨胀罐气水容积的比值宜为0.75～1.00，水容积宜按4℃水温与最高设计水温的比容差乘以系统容积确定，并应增加15%的安全余量。

3.2.6 当发生停电事故时，闭式系统应根据工艺设备的事故用水量与安全给水时间的不同要求，采用下列安全给水措施：
  1 当安全给水时间大于1h，且事故用水量与正常给水量相同时，宜采用快速柴油机泵直接供水；
  2 当安全给水时间大于1h，但事故用水量小于正常给水量时，宜采用快速柴油泵与高位水箱结合供水，同时系统低点应设置事故泄水池；
  3 当安全给水时间小于1h，宜采用高位水箱供水，同时系统低点应设置事故排水阀。

3.2.7 **循环冷却水不应作直流水使用。**

3.2.8 循环水场的布置宜避开工厂的下风向，并应远离煤场、锅炉、高炉等场所，冷却塔周围地面应铺砌或植被。

3.2.9 间冷开式系统管道设计应符合下列规定：
  1 循环冷却水回水管应设接至冷却塔水池的旁路管；
  2 换热设备循环冷却水接管应设旁路管或旁路管接口；
  3 循环冷却水系统的补充水管径、水池排净水管径应根据排净、清洗、预膜置换时间要求确定，置换时间不宜大于8h。当补充水管设有计量仪表时，应设旁路管；
  4 管径大于或等于800mm的循环冷却水管道宜设检修人孔，间距不宜大于500m；
  5 管道系统的低点宜设置泄水阀，高点宜设置排气阀。

3.2.10 闭式系统管道设计应符合下列规定：
  1 循环冷却水给水总管和换热设备的给水管宜设置管道过滤器；
  2 补充水管道宜按4～6h充满系统设计；
  3 当补充水pH＜7.5时，其输水管道应采用耐腐蚀管材；
  4 管道系统的低点应设置泄水阀，高点应设置通气设施。

3.2.11 冷却塔水池应设置便于排除或清除淤泥的设施；冷却塔水池出水口或循环冷却水泵吸水池前应设置便于清洗的拦污滤网，拦污滤网宜设置两道。

3.3 阻垢缓蚀处理

3.3.1 循环冷却水的阻垢缓蚀处理药剂配方宜经动态模拟试验和技术经济比较确定，或根据水质和工况条件相类似的工厂运行经验确定。动态模拟试验应结合下列因素进行：
  1 补充水水质；
  2 污垢热阻值；
  3 粘附速率；
  4 腐蚀速率；
  5 浓缩倍数；
  6 换热设备材质；
  7 换热设备传热面的冷却水侧壁温；
  8 换热设备内水流速；
  9 循环冷却水温度；
  10 药剂的稳定性及对环境的影响。

3.3.2 阻垢缓蚀药剂应选择高效、低毒、化学稳定性及复配性能良好的环境友好型水处理药剂，当采用含锌盐药剂配方时，循环冷却水中的锌盐含量应小于 2.0mg/L（以 Zn^{2+} 计）。

3.3.3 循环冷却水系统中有铜合金换热设备时，水处理药剂配方应有铜缓蚀剂。

3.3.4 闭式系统设置有旁流混合阴阳离子交换器时，不应加缓蚀剂。

3.3.5 循环冷却水系统阻垢缓蚀剂的首次加药量，可按下列公式计算：

$$G_f = \frac{V \cdot g}{1000} \quad (3.3.5)$$

式中 G_f——首次加药量（kg）；
g——每升循环冷却水加药量（mg/L）。

3.3.6 循环冷却水系统运行时，阻垢缓蚀剂加药量可按下式计算。

1 间冷开式和直冷系统：

$$G_r = \frac{(Q_b + Q_w) \cdot g}{1000} \quad (3.3.6-1)$$

式中 G_r——系统运行时加药量（kg/h）。

2 闭式系统：

$$G_r = \frac{Q_m \cdot g}{1000} \quad (3.3.6-2)$$

3.3.7 循环冷却水采用硫酸处理时，硫酸投加量宜按下式计算：

$$A_c = \frac{(M_m - M_r/N) \cdot Q_m}{1000} \quad (3.3.7)$$

式中 A_c——硫酸投加量（kg/h，纯度为 98%）；
M_m——补充水碱度（mg/L，以 $CaCO_3$ 计）；
M_r——循环冷却水控制碱度（mg/L，以 $CaCO_3$ 计），按附录 C 确定。

3.3.8 高炉、转炉煤气清洗直冷循环冷却水处理宜加酸或加碱调节 pH 值，并宜投加阻垢剂。

3.4 沉淀、过滤处理

3.4.1 直冷系统沉淀、过滤处理工艺应根据循环冷却水给水及回水水质，经技术经济比较确定，并宜选用表 3.4.1 中的基本工艺。

表 3.4.1 沉淀、过滤处理基本工艺

基本工艺	适用对象
平流式沉淀池	合成氨厂造气洗涤水处理等
斜板沉淀器或中速过滤器	炼钢真空精炼装置冷却水及挥发窑窑体表面清洗水处理等
辐射沉淀池或斜板沉淀器	高炉煤气清洗水及挥发窑窑体表面清洗水处理等
粗颗粒分离机—辐射沉淀池或斜板沉淀器	转炉煤气清洗水处理等
一次平流沉淀池或漩流沉淀池—化学除油沉淀器	中小型轧钢装置直接冷却循环冷却水处理等
一次平流沉淀池或漩流沉淀池—二次平流沉淀池或化学除油沉淀器—高速过滤器	连铸二次冷却及轧钢装置直接冷却循环处理等

3.4.2 直冷系统循环冷却水的沉淀、过滤处理水量，应为 100% 的循环冷却水量；对不吹氧的炼钢真空精炼装置，宜为循环水量的 30%～50%。

3.4.3 直冷系统循环冷却水的混凝沉淀处理，应根据试验或现场实际情况确定混凝剂配方。

3.4.4 直冷系统泥浆处理应符合下列规定：

1 泥浆处理宜采用下列流程：
  1）斜板沉淀器和化学除油器的泥浆：调节池—脱水机；
  2）辐射沉淀池、过滤器的泥浆：调节池—浓缩池—脱水机。

2 泥浆调节池宜用机械搅拌或压缩空气搅拌。

3 化学除油器、斜板沉淀器或浓缩池排出的泥浆宜采用真空过滤机、板框压滤机、带式压滤机等设备脱水。

4 脱水设备的滤液应返回直冷循环冷却水系统的沉淀池。

3.5 微生物控制

3.5.1 循环冷却水微生物控制宜以氧化型杀生剂为主，非氧化型杀生剂为辅。杀生剂的品种应进行经济技术比较确定。

3.5.2 氧化型杀生剂宜采用次氯酸钠、液氯、无机溴化物、有机氯等，投加方式及投加量宜符合下列规定：

1 次氯酸钠或液氯宜采用连续投加，也可采用冲击投加。连续投加时，宜控制循环冷却水中余氯为 0.1～0.5 mg/L；冲击投加时，宜每天投加 1～3 次，每次投加时间宜控制水中余氯 0.5～1.0mg/L，保持 2～3h。

2 无机溴化物宜经现场活化后连续投加，循环冷却水的余溴浓度宜为 0.2～0.5 mg/L（以 Br_2 计）。

3.5.3 非氧化型杀生剂应具有高效、低毒、广谱、pH 值适用范围宽，与阻垢剂、缓蚀剂不相互干扰，易于降解，使生物黏泥易于剥离等性能。非氧化型杀生剂宜选择多种交替使用。

3.5.4 炼钢真空处理和高炉、转炉煤气清洗的直冷循环冷却水可不投加杀生剂。

3.5.5 氧化型杀生剂连续投加时，加药设备能力应满足冲击加药量的要求，加药量可按下式计算：

$$G_o = \frac{Q_r \cdot g_o}{1000} \quad (3.5.5)$$

式中 G_o——氧化型杀生剂加药量（kg/h）；
g_o——每升循环冷却水氧化型杀生剂加药量（mg/L），连续投加宜取 0.1～0.5 mg/L，冲击投加宜取 2～4mg/L，以有效氯计。

3.5.6 非氧化型杀生剂，宜根据微生物监测数据不定期投加。每次加药量可按下式计算：

$$G_n = \frac{V \cdot g_n}{1000} \quad (3.5.6)$$

式中 G_n——非氧化型杀生剂每次加药量（kg）；
g_n——每升循环冷却水非氧化型杀生剂加药量（mg/L）。

3.6 清洗和预膜

3.6.1 间冷开式系统开车前应进行清洗和预膜处理，清洗和预膜程序宜按人工清扫、水清洗、化学清洗、预膜处理顺序进行；闭式和直冷系统的清洗和预膜可根据工程具体条件确定。

3.6.2 人工清扫范围应包括冷却塔水池、吸水池和首次开车时管径大于或等于 800mm 的管道等。

3.6.3 水清洗应符合下列规定：
 1 管道内的清洗流速不应低于 1.5m/s；
 2 首次开车清洗水应从换热设备的旁路管通过。

3.6.4 化学清洗应符合下列规定：
 1 根据换热设备传热表面的污垢锈蚀情况，选择不同的清洗剂和清洗方式。
 2 化学清洗后应立即进行预膜处理。

3.6.5 预膜应符合下列规定：
 1 预膜剂配方和预膜操作条件应根据换热设备的材质、水质、温度等因素由试验或相似条件的运行经验确定。
 2 预膜方案宜采用以下两种：
  1）以正常运行阻垢缓蚀剂 7~8 倍的剂量作为预膜剂进行预膜处理，pH 值 5.5~6.5，持续时间为 120h；
  2）预膜剂成分为六偏磷酸钠和一水硫酸锌，质量比为 4∶1，浓度为 200mg/L，pH 值 6.0~7.0，持续时间为 48h。

3.6.6 循环冷却水系统清洗、预膜水应通过旁路管直接回到冷却塔水池。

3.6.7 当一个循环冷却水系统向两个或两个以上生产装置给水时，清洗、预膜应采取不同步开车的处理措施。

4 旁流水处理

4.0.1 循环冷却水处理设计中有下列情况之一时，应设置旁流水处理设施：
 1 循环冷却水在循环过程中受到污染，不能满足循环冷却水水质标准的要求；
 2 经过技术经济比较，需要采用旁流水处理以提高设计浓缩倍数。

4.0.2 旁流水处理设计方案应根据循环冷却水水质标准，结合去除的杂质种类、数量等因素综合比较确定。

4.0.3 当采用旁流水处理去除碱度、硬度、某种离子或其他杂质时，其旁流水量应根据浓缩或污染后的水质成分、循环冷却水水质标准和旁流处理后的水质要求等，可按下式计算确定：

$$Q_{si}=\frac{Q_m \cdot C_{mi}-(Q_b+Q_w) \cdot C_{ri}}{C_{ri}-C_{si}} \quad (4.0.3)$$

式中 Q_{si}——旁流处理水量（m³/h）；
C_{mi}——补充水某项成分含量（mg/L）；
C_{ri}——循环冷却水某项成分含量（mg/L）；
C_{si}——旁流处理后水的某项成分含量（mg/L）。

4.0.4 间冷开式系统旁流水处理按下列规定执行：
 1 间冷开式系统宜设有旁滤处理设施，小型或间断运行的循环冷却水系统视具体情况确定。
 2 间冷开式系统旁滤水量可按下式计算：

$$Q_{sf}=\frac{Q_m \cdot C_{ms}+K_s \cdot A \cdot C-(Q_b+Q_w) \cdot C_{rs}}{C_{rs}-C_{ss}}$$

$$(4.0.4)$$

式中 Q_{sf}——旁滤水量（m³/h）；
C_{ms}——补充水悬浮物含量（mg/L）；
C_{rs}——循环冷却水悬浮物含量（mg/L）；
C_{ss}——滤后水悬浮物含量（mg/L）；
A——冷却塔空气流量（m³/h）；
C——空气含尘量（g/m³）；
K_s——悬浮物沉降系数，可通过试验确定。当无资料时可选用 0.2。

 3 间冷开式系统旁滤水量宜为循环水量的 1%~5%，对于多沙尘地区或空气灰尘指数偏高地区可适当提高。
 4 间冷开式系统的旁滤设施宜采用砂、纤维等介质过滤器。旁流过滤器出水浊度应小于 3NTU。

5 补充水处理

5.0.1 开式及闭式系统补充水处理设计方案应根据补充水量、补充水水质、循环冷却水的水质指标、设计浓缩倍数等因素，并结合旁流处理和全厂给水处理工艺综合技术经济比较确定。设计方案应包括如下内容：
 1 补充水处理水量及处理后的水质指标；
 2 工艺流程、平面布置、设备选型并进行技术经济比较；
 3 水、电、汽、药剂等消耗量及经济指标。

5.0.2 间冷开式系统补充水宜采用再生水，直冷系统补充水宜采用间冷开式系统排污水及再生水。

5.0.3 当补充水为高硬度、高碱度水质时，宜采用石灰或弱酸树脂软化等处理方法，以提高循环冷却水的浓缩倍数。石灰处理后的碳酸盐硬度宜为 25~50mg/L（以 $CaCO_3$ 计），浊度小于 3NTU。

5.0.4 直冷系统补充水为新鲜水与间冷开式系统排污水的混合水时，应按节约用水的原则，结合直冷循环冷却水水质指标、间冷开式系统的浓缩倍数及排污水水质、新鲜水水质等因素，确定水处理方案及补充水最佳混合比例。

5.0.5 开式系统的补充水量可按下式计算：

$$Q_m = Q_e + Q_b + Q_w \quad (5.0.5-1)$$

$$Q_m = \frac{Q_e \cdot N}{N-1} \quad (5.0.5-2)$$

$$Q_e = k \cdot \Delta t \cdot Q_r \quad (5.0.5-3)$$

式中 Q_e——蒸发水量（m^3/h）；
Q_r——循环冷却水量（m^3/h）；
Δt——冷却塔进出水温差（℃）；
k——气温系数（1/℃），按表5.0.5选用。

表 5.0.5 气温系数 k

进塔大气温度（℃）	-10	0	10	20	30	40
k（1/℃）	0.0008	0.0010	0.0012	0.0014	0.0015	0.0016

5.0.6 闭式系统的补充水量宜为循环水量的1‰。

5.0.7 闭式系统补充水设计流量宜为循环水量的0.5‰~1‰。

6 再生水处理

6.1 一般规定

6.1.1 再生水水源应包括工业及城镇污水处理厂的排水、矿井排水、间冷开式系统的排污水等。

6.1.2 再生水水源的选择应进行技术经济比较确定，再生水的设计水质应结合再生水水源远期水质变化综合确定。

6.1.3 再生水直接作为间冷开式系统补充水时，水质指标宜符合表6.1.3规定或根据试验和类似工程的运行数据确定。

表 6.1.3 再生水水质指标

序号	项目	单位	水质控制指标
1	pH值（25℃）	—	7.0~8.5
2	悬浮物	mg/L	≤10
3	浊度	NTU	≤5
4	BOD_5	mg/L	≤5
5	COD_{Cr}	mg/L	≤30
6	铁	mg/L	≤0.5
7	锰	mg/L	≤0.2
8	Cl^-	mg/L	≤250
9	钙硬度（以$CaCO_3$计）	mg/L	≤250
10	甲基橙碱度（以$CaCO_3$计）	mg/L	≤200
11	NH_3-N	mg/L	≤5
12	总磷（以P计）	mg/L	≤1
13	溶解性总固体	mg/L	≤1000
14	游离氯	mg/L	末端 0.1~0.2
15	石油类	mg/L	≤5
16	细菌总数	个/mL	<1000

6.1.4 再生水水源可靠性不能保证时，应有备用水源。

6.1.5 再生水作为补充水时，循环冷却水的浓缩倍数应根据再生水水质、循环冷却水水质控制指标、药剂处理配方和换热设备材质等因素，通过试验或参考类似工程的运行经验确定，不应低于2.5。

6.1.6 再生水输配管网应设计为独立系统，并应设置水质、水量监测设施，严禁与生活用水管道连接。

6.2 深度处理

6.2.1 再生水深度处理工艺的选择应根据再生水的水质及补充水量、循环冷却水水质指标、浓缩倍数和换热设备的材质、结构型式等条件，进行技术经济比较，并借鉴类似工程的运行经验或试验确定。

6.2.2 深度处理系统的进水水质应达到现行国家标准《城镇污水处理厂污染物排放标准》GB 18918—2002中的二级标准。

6.2.3 深度处理系统的进水为城镇污水再生水时，应设置再生水调节池，并在池内加杀生剂。

6.2.4 污水再生水深度处理宜选用以下基本工艺：
1 过滤—消毒；
2 混凝—沉淀—消毒—过滤；
3 超滤或微滤；
4 生物滤池或膜生物（MBR）处理；
5 超（微）滤—反渗透/电渗析除盐。

6.2.5 间冷开式系统排污水深度处理基本工艺应包括澄清、过滤、石灰处理、弱酸树脂处理、超（微）滤和反渗透处理等，工艺处理方案可根据工程的具体条件，进行技术经济比较确定。

6.2.6 采用石灰处理时，石灰药剂宜用消石灰粉。

6.2.7 采用超（微）滤和反渗透处理时，超（微）滤膜的材质应选择耐氧化型的材质，反渗透膜应选用抗污染复合膜。

6.2.8 采用澄清、超（微）滤、反渗透组合工艺时，出水水质和超（微）滤、反渗透系统水回收率及反渗透系统除盐率应进行试验确定。没有试验条件时，宜符合表6.2.8的要求。

表 6.2.8 澄清、超（微）滤、反渗透组合处理工艺出水水质

处理工艺	出水水质		自用水率（%）	水利用率（%）	除盐率（%）
	浊度(NTU)	SDI			
混凝澄清	10	—	≤10		
超（微）滤	0.2	≤3		≥90%	
反渗透	—	—		60~75	≥95

7 排水处理

7.0.1 开式系统的排水应包括系统排污水、排泥、清洗和预膜的排水、旁流水处理及补充水处理过程中的排水等。

7.0.2 在选择排水处理方案时，应贯彻综合利用原则，根据环保要求，并结合全厂污水处理设施，进行经济技术比较确定。设计方案应包括如下内容：

1 处理水量、水质、排放地点及水质排放指标；
2 处理工艺、设备选型、平面布置；
3 水、电、汽、药剂等消耗量及经济指标；
4 排水处理过程中产生的污水、污泥的处置方案。

7.0.3 开式系统的排污水量可按下式计算：

$$Q_b = \frac{Q_e}{N-1} - Q_w \quad (7.0.3a)$$

$$Q_b = Q_{b1} + Q_{b2} \quad (7.0.3b)$$

式中 Q_{b1}——强制排污水量（m^3/h）；
Q_{b2}——循环冷却水处理过程中损失水量，即自然排污水量（m^3/h）。直冷系统的$Q_w + Q_{b2}$宜为0.004～0.008Q_r。

7.0.4 排水处理设施的设计能力应按正常排放量确定，对于系统检修时的排水、清洗和预膜排水、旁流处理排水等超标间断排水，应结合全厂排水设施设置调节池。

7.0.5 含磷超标排水宜采用石灰处理，混凝剂宜用铁盐。

7.0.6 当排水需要进行生物处理时，宜结合全厂的生物处理设施统一设计。

7.0.7 密闭式系统因试车、停车或紧急情况排出含有高浓度药剂的循环冷却水时，应设置贮存设施。

8 药剂贮存和投配

8.1 一般规定

8.1.1 循环冷却水系统的水处理药剂宜在化学品仓库贮存，并应在循环冷却水装置区内设药剂贮存间。危险化学品药剂贮存应符合国家相关规定。

8.1.2 药剂的贮存量应根据药剂的消耗量、供应情况和运输条件等因素确定，或按下列要求计算：

1 全厂仓库中贮存的药剂量宜按15～30d消耗量计算；
2 药剂贮存间贮存的药剂量宜按7～10d消耗量计算；
3 浓硫酸贮罐的容积宜按10～15d消耗量并结合运输条件确定；
4 贮存间NaClO的贮存量宜按7～10d消耗量确定。

8.1.3 药剂堆放高度宜符合下列规定：

1 袋装药剂为1.5～2.0m；
2 桶装药剂为0.8～1.2m。

8.1.4 药剂贮存间宜与加药间相互毗连，并宜设运输设备。

8.1.5 药剂的贮存、配置、投加设施、计量仪表和输送管道等，应根据药剂性质采取相应的防腐、防潮、保温和清洗措施。

8.1.6 药剂贮存间、加药间、加氯间、浓硫酸贮罐、加酸设施等，应根据药剂性质及贮存、使用条件设置相应的生产安全防护设施。

8.1.7 加药间、药剂贮存间、酸贮罐附近应设置安全洗眼淋浴器等防护设施。

8.1.8 各种药剂和杀生剂的投加点宜靠近冷却塔水池出口或循环冷却水泵吸水池进口以及其他易与循环冷却水混合处，并且各投加点之间应保持一定距离。

8.2 硫酸贮存及投加

8.2.1 浓硫酸装卸和输送应采取负压抽吸、泵输送或重力自流，不应采用压缩空气压送。

8.2.2 浓硫酸贮罐应设安全围堰或放置于事故池内，围堰或事故池的容积应能容纳最大一个酸贮罐的容积，围堰内应做防腐处理并应设集水坑。酸贮罐应设防护型液位计和通气管，通气管上应设通气除湿设施。

8.2.3 采用硫酸调节循环冷却水的pH值时，宜直接投加。

8.3 阻垢缓蚀剂配制及投加

8.3.1 固体药剂应经溶解并调配成一定浓度，均匀地投加到循环冷却水中，药剂溶解槽和投配槽的设置应符合下列规定：

1 药剂溶解槽：
  1) 溶解槽的总容积宜按8～24h的药剂消耗量和5%～20%的溶液浓度计算确定；
  2) 溶解槽应设搅拌设施；
  3) 溶解槽宜设1个；
  4) 溶解槽的材质及防腐、保温等要求应根据药剂的性质确定。

2 投配槽的容积宜按8～24h投药量和1%～5%的溶液浓度确定，槽体应设液位计，出口应设滤网。

8.3.2 液体药剂宜直接投加。

8.3.3 药剂溶液的计量宜采用计量泵或转子流量计，计量泵宜设备用。

8.3.4 药液输送应采用耐腐蚀管道。

8.3.5 药剂管道宜架空或在管沟内敷设，不宜直接埋地。

8.4 杀生剂贮存及投加

8.4.1 氧化型和非氧化型杀生剂应贮存在避光、通风、防潮、防腐的贮存间内。

8.4.2 液体制剂宜采用计量泵投加，固体制剂宜直接投加。

8.5 液氯贮存及投加

8.5.1 液氯瓶应贮存在氯瓶间内，氯瓶间和加氯间的设计应符合下列规定：

 1 必须与其他工作间隔开，氯瓶间与加氯间之间不应设相通的门；

 2 应设观察窗和直接通向室外的外开门；

 3 氯瓶和加氯机不应靠近采暖设备并应避免日照；

 4 应设通风设备和漏氯检测报警装置，通风量按每小时换气次数不少于8次计算，通风孔应设在外墙下方；

 5 室内电气设备及灯具应采用密闭、防腐类型产品，照明和通风设备的开关应设在室外；

 6 氯瓶间和加氯间附近应设置空气呼吸器、抢救器材、工具箱；

 7 氯瓶间应设置漏氯处理设施；

 8 氯瓶间宜设置起吊、运输设备。

8.5.2 加氯机的总容量和台数应按最大小时加氯量确定，加氯机应设备用。

8.5.3 加氯机出口宜设转子流量计进行瞬时计量，在线氯瓶下应设电子秤或磅秤对液氯消耗量进行累计计量。

8.5.4 当液氯蒸发量不足时，应设置液氯蒸发器，严禁使用蒸汽、明火直接加热氯瓶。

8.5.5 氯气输送管道应采用无缝钢管或紫铜管，氯水输送管道应采用耐腐蚀管道。

8.5.6 加氯点宜在正常水位下2/3水深处。

9 监测、控制和检测

9.0.1 循环冷却水系统宜采用以下各项监测与控制：

 1 pH值在线监测与加酸量联锁控制；

 2 电导率在线监测与排污水量联锁控制；

 3 ORP（氧化还原电位）在线监测与氧化型杀生剂投加量联锁控制；

 4 阻垢缓蚀剂浓度在线监测与阻垢缓蚀剂投加量联锁控制。

9.0.2 循环冷却水系统监测仪表的设置应符合下列要求：

 1 循环给水总管应设置流量、温度、压力仪表；

 2 循环回水总管应设置温度和压力仪表，流量仪表的设置应根据工程具体情况确定；

 3 补充水管、排污水管、旁流水管应设置流量仪表；

 4 间冷系统换热设备对腐蚀速率和污垢热阻值有严格要求时，在换热设备的进水管上应设置流量、温度和压力仪表，在出水管上应设置温度、压力仪表。

9.0.3 间冷开式系统在给水总管上宜设模拟监测换热器，在回水总管上宜设监测试片架和生物黏泥测定器。

9.0.4 循环冷却水系统宜在下列管道上设置取样管：

 1 循环给水总管；

 2 循环回水总管；

 3 补充水管；

 4 旁流处理出水管；

 5 间冷开式或间冷闭式系统换热设备进、出水管。

9.0.5 循环冷却水泵吸水池或冷却塔水池应设置液位计，液位计宜与补充水控制阀联锁并宜设高低液位报警。

9.0.6 化验室的设置应根据循环冷却水系统的水质检测要求确定，常规项目检测宜在循环冷却水系统化验室进行，非常规项目宜利用全厂中央化验室进行。

9.0.7 循环冷却水的常规检测项目应根据补充水水质和循环冷却水水质要求确定，宜符合表9.0.7的规定。

表9.0.7 常规检测项目

序号	项目	间冷开式系统	间冷闭式系统	直冷系统
1	pH	每天1次	每天1次	每天1次
2	电导	每天1次	每天1次	可抽检
3	浊度	每天1次	每天1次	每天1次
4	悬浮物	每月1~2次	不检测	每天1次
5	总硬度	每天1次	每天1次或抽检	每天1次
6	钙硬度	每天1次	每天1次或抽检	每天1次
7	总碱度	每天1次	每天1次或抽检	每天1次
8	氯离子	每天1次	每天1次或抽检	每天1次或抽检
9	总铁	每天1次	每天1次	不检测
10	异养菌总数	每周1次	每周1次	不检测
11	油含量*	可抽检	不检测	每天1次
12	药剂浓度	每天1次	每天1次	不检测
13	游离氯	每天1次	视药剂而定	可不测

注：油含量检测仅对炼钢轧钢装置的直冷系统；对炼油装置的间冷开式系统，视具体情况定。

9.0.8 循环冷却水非常规检测项目宜符合表9.0.8的规定。

表 9.0.8 非常规检测项目

项 目	间冷开式和闭式系统		直冷系统		检测方法
	检测时间	检测点	检测时间	检测点	
腐蚀率	月、季、年或在线	—	可不测		挂片法
污垢沉积量	大检修	典型设备	大检修	设备/管线	检测换热器检测管
生物黏泥量	每周1次	—	可不测		生物滤网法
垢层或腐蚀产物成分	大检修	典型设备	大检修	设备/管线	化学/仪器分析

9.0.9 每月宜进行一次补充水和循环冷却水的水质全分析。

附录 A 水质分析项目表

表 A 水质分析项目表

水样(水源名称)：　　　　　外观：
取样地点：　　　　　　　　水温：℃
取样日期：

分析项目	单 位	数 量
K^+	mg/L	
Na^+	mg/L	
Ca^{2+}	mg/L	
Mg^{2+}	mg/L	
Cu^{2+}	mg/L	
$Fe^{2+}+Fe^{3+}$	mg/L	
Mn^{2+}	mg/L	
Al^{3+}	mg/L	
NH_4^+	mg/L	
SO_4^{2-}	mg/L	
CO_3^{2-}	mg/L	
HCO_3^-	mg/L	
OH^-	mg/L	
Cl^-	mg/L	
NO_2^-	mg/L	
NO_3^-	mg/L	
PO_4^{3-}	mg/L	

续表 A

分析项目	单 位	数 量
pH		
悬浮物	mg/L	
浊度	NTU	
溶解氧	mg/L	
游离 CO_2	mg/L	
氨氮(以 N 计)	mg/L	
石油类	mg/L	
溶解固体	mg/L	
COD_{Cr}	mg/L	
总硬度(以 $CaCO_3$ 计)	mg/L	
总碱度(以 $CaCO_3$ 计)	mg/L	
碳酸盐硬度(以 $CaCO_3$ 计)	mg/L	
全硅(以 SiO_2 计)	mg/L	
总磷(以 P 计)	mg/L	

注：再生水作为补充水时，需增加 BOD_5 项目。

附录 B 水质分析数据校核

B.0.1 分析误差 $|\delta| \leqslant 2\%$，δ 按下式计算：

$$\delta = \frac{\sum(C \cdot n_c) - \sum(A \cdot n_a)}{\sum(C \cdot n_c) + \sum(A \cdot n_a)} \times 100\% \quad (B.0.1)$$

式中　C——阳离子毫摩尔浓度（mmol/L）；
　　　A——阴离子毫摩尔浓度（mmol/L）；
　　　n_c——阳离子电荷数；
　　　n_a——阴离子电荷数。

B.0.2 pH 值实测误差 $|\delta_{pH}| \leqslant 0.2$，$\delta_{pH}$ 按下式计算：

$$\delta_{pH} = pH - pH' \quad (B.0.2\text{-}1)$$

式中　pH——实测 pH 值；
　　　pH'——计算 pH 值。
　　对于 pH<8.3 的水质，pH' 按下式计算：

$$pH' = 6.35 + \lg[HCO_3^-] - \lg[CO_2]$$
$$(B.0.2\text{-}2)$$

式中　6.35——在 25℃水溶液中 H_2CO_3 的一级电离常数的负对数；
　　　$[HCO_3^-]$——实测 HCO_3^- 的毫摩尔浓度（mmol/L）；
　　　$[CO_2]$——实测 CO_2 的毫摩尔浓度（mmol/L）。

附录C 循环冷却水的pH与Mr变化曲线图

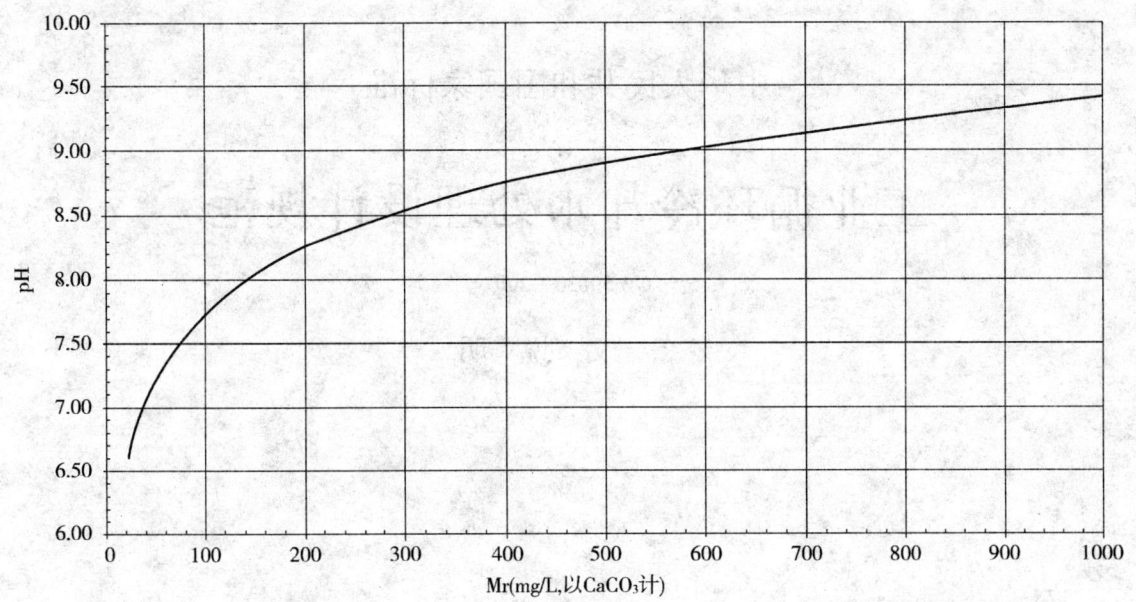

图C 循环冷却水的pH与Mr变化曲线图

本规范用词说明

1 为便于在执行本规范条文时区别对待，对要求严格程度不同的用词说明如下：

1）表示很严格，非这样做不可的用词：

正面词采用"必须"，反面词采用"严禁"。

2）表示严格，在正常情况下均应这样做的用词：

正面词采用"应"，反面词采用"不应"或"不得"。

3）表示允许稍有选择，在条件许可时首先应这样做的用词：

正面词采用"宜"，反面词采用"不宜"；

表示有选择，在一定条件下可以这样做的用词，采用"可"。

2 本规范中指定应按其他有关标准、规范执行的写法为"应符合……的规定"或"应按……执行"。

中华人民共和国国家标准

工业循环冷却水处理设计规范

GB 50050—2007

条 文 说 明

目 次

1 总则 …………………………………… 2—18
2 术语、符号 …………………………… 2—19
  2.1 术语 ………………………………… 2—19
3 循环冷却水处理 ……………………… 2—20
  3.1 一般规定 …………………………… 2—20
  3.2 系统设计 …………………………… 2—23
  3.3 阻垢缓蚀处理 ……………………… 2—23
  3.4 沉淀、过滤处理 …………………… 2—24
  3.5 微生物控制 ………………………… 2—24
  3.6 清洗和预膜 ………………………… 2—25
4 旁流水处理 …………………………… 2—25
5 补充水处理 …………………………… 2—26
6 再生水处理 …………………………… 2—26
  6.1 一般规定 …………………………… 2—26
  6.2 深度处理 …………………………… 2—26
7 排水处理 ……………………………… 2—27
8 药剂贮存和投配 ……………………… 2—27
  8.1 一般规定 …………………………… 2—27
  8.2 硫酸贮存及投加 …………………… 2—28
  8.3 阻垢缓蚀剂配制及投加 …………… 2—28
  8.4 杀生剂贮存及投加 ………………… 2—28
  8.5 液氯贮存及投加 …………………… 2—28
9 监测、控制和检测 …………………… 2—29

1 总 则

1.0.1 本条阐明了编制本规范的宗旨以及为其实现而执行的技术经济原则。

众所周知，我国是一个严重缺水的国家，随着我国经济实力的崛起，水资源短缺这一现实也日益突显，它不仅将制约国家经济建设的可持续发展，甚至威胁到人们的生存。为了缓解这一矛盾，国家制定了一系列合理利用水资源的政策和法规，核心是开源节流、科学用水。工业领域是用水大户，随着经济建设发展，从1980年到2004年，工业用水量占全国用水量的比例由9.1％提高到22.2％，而且还将继续增长，因此工业领域的节水事关全局。

在工业用水中冷却水约占70％～80％，节约冷却水是工业节水的关键，循环用水则是节约冷却水的最有效措施。以每小时10000m^3的冷却水为例，由直流改为循环冷却水，若浓缩倍数为3，每小时只需用水240m^3即可满足要求；如果浓缩倍数提高到5，则只需200m^3。由此可见，采用循环冷却水的巨大节水成效。但是循环冷却水在运行过程中不可避免地对换热设备产生一系列的危害，即水垢、污垢的沉积、腐蚀的加剧、菌藻的孳生等，如不进行有效治理，循环冷却水系统则很难正常运行，因此本规范就是为控制这些危害，以确保生产装置的换热效率和使用寿命而制定的。从而促进和推动循环冷却水的利用，达到大量节水的目的。本次修订将近年来适合国情的国际、国内先进技术、经验纳入规范。

循环冷却水的利用固然节约了大量新鲜水，但是从另一方面看，大量使用循环冷却水则反映了生产工艺的热能利用效率较差，大量的热能被白白地散发到大气中，因此改进生产工艺提高热能利用率，不仅是节能而且也是节水的根本途径。

工业循环冷却水处理技术的应用，不仅节约了用水，而且也取得了巨大的经济效益，例如，某化工厂，原来循环冷却水的补充水是未经处理的深井水，每小时的循环水量9560t。由井水硬度、碱度高，每运行50h后，有50％的碳酸盐在设备、管道内沉积下来，严重影响了换热效率。据统计，空分透平压缩机冷却器，在运转3个月后，结垢厚20mm，打气量减少20％。该厂不少换热设备在运转3个月后，必须停车酸洗一次，不但影响生产，而且浪费人力、物力。为了防止设备管道内产生结垢，该厂在循环冷却水中直接加入六偏磷酸钠、EDTMP和T-801水质稳定剂之后，机器连续3年运转正常。虽然每年需要增加药剂费用2万元，但经济效益综合评价还是合算的。又如某石油化工厂，常减压车间设备腐蚀与结垢现象十分严重，$\phi 57 \times 3.5$ 碳钢排管平均使用16～20个月就出现严重泄漏，水浸式列管换热器投入使用后3～5d就开始结垢，3个月后，垢厚达15～40mm。经投加聚磷酸盐＋磷酸盐＋聚合物的复合药剂和杀菌剂进行处理，对腐蚀、结垢、菌藻的控制均取得了良好的效果。每年可节约停车检修费用约60万元，延长生产周期增产的利润约70万元，减少设备更新费用约4.7万元。现将该厂水质处理前后的冷却设备更新情况列于表1：

表1 某石油化工厂冷却设备更新情况统计表（台）

更换台数 装置	水质情况 年份	水质未加处理		水质经过处理			
		1971	1972	1973	1974	1975	1976
一套常减压		4	5	—	—	—	—
二套常减压		12	10	7	—	7	3
热裂化		2	8	1	2	3	1

根据化肥厂、化工厂、冶金厂、发电厂等200家的统计，采用了循环冷却水处理技术既保证生产的稳定运行又节约了52亿m^3/a的水量。由此推算，全国采用此项技术所带来的节水成果和经济效益是非常可观的。

本规范是根据国内外一些先进技术并结合国内的生产运行实践经验，制定出关于循环冷却水处理设计的一系列技术规定，同时条文也体现了国家对水资源的有关法规和政策。

过去人们对污水造成环境污染的认识还是比较充分的，但是对循环冷却水造成的环境污染却有所忽视，特别是对间断性的污染更加轻视，例如：清洗、预膜、投加非氧化性杀菌剂等排水，基本上是未经任何处理直接排放，所造成的污染后果对比污水虽有所减轻，但鉴于循环冷却水装置遍地皆是，其危害也是很严重的。本次修订，对循环冷却水所造成的环境污染作了一些强制规定，因为我国环境污染已非常严重，不严控将无法扭转环境日益恶化的严重局面。

1.0.2 本条修订首先是扩大了冷却方式的适用范围，不仅适用于间接冷却循环冷却水处理设计，也适用于直接冷却循环冷却水处理设计，扩大对象主要是冶金行业的直冷循环冷却水系统（其他行业也适用）。目前在国家标准或行业标准中均缺少直冷循环冷却水处理方面的标准，增加这一内容，不仅满足有关行业的需求，也将对节水、保护环境收到巨大的社会效益；其次是扩大了补充水的范围，增加了以污水经处理后的再生水作为循环冷却水补充水的新内容，将对节水和减少环境污染有显著的作用。采用污水回用缓解水资源短缺，已是全世界各国的共识，一些先进的国家在这方面已取得了很大的成功，例如：某国某地由于采用了污水回用技术，可节约新水量的2/3；又如某国淡水使用量逐年攀升，而开采量却逐年下降，其原因就是采用了污水回用技术。近年来，我国在污水回用方面也有很多成功的实例，为本次修订奠定了基础。

1.0.3 本条提出循环冷却水处理设计的原则和要求。安全生产、保护环境、节约能源、节约用水是在工业循环冷却水处理设计中需要贯彻的国家技术方针政策的几个重要方面。

在符合安全生产要求方面：循环冷却水处理不当，首先会使冷却设备产生不同程度的结垢和腐蚀，导致能耗增加，严重时不仅会损坏设备，而且会引起工厂停车、停产和减产的生产事故，造成极大的经济损失。因此安全生产首先应保证循环冷却水处理设施连续、稳定地运行并能达到预期的处理要求。其次，在循环冷却水处理的各个环节，如循环冷却水处理、旁流水处理、补充水处理、排水处理及其辅助生产设施，如仓库、加药间等，设计中都应该考虑生产上安全操作的要求。特别是使用的各种药剂如酸、碱、阻垢剂、缓蚀剂、杀菌剂等，常常是有腐蚀性、有毒、对人体有害的。因此，对各种药剂的贮存、运输、配制和使用，设计上都必须考虑有保证工作人员卫生、安全的设施，并按使用药剂的特性，具体考虑其防火、防腐、防毒、防尘等安全生产要求。

在保护环境方面：使用各种化学药剂处理时，要注意避免和消除各种可能产生危害周围环境的不利因素，对于循环冷却水各种处理设施中的"三废"排放处理，尤需符合环境保护要求，严加控制。

在节约能源方面：循环冷却水系统中由水质形成冷却设备的污垢是最常见的一种危害。垢层降低了设备的换热效率，影响产品的产量和质量，并且造成能源的浪费。1mm的垢厚大约相当于8%的能源损失，垢层越厚，换热效率越低，能源消耗越大，同时也使水系统管道的阻力增大，直接造成动力的浪费。在循环冷却水、补充水和旁流水处理设计系统中，各种构筑物或设备及其管线布置等，都要注意节约能源、动力，应该力求达到单位水处理成本最低、动力消耗最小的技术经济指标。

在节约用水方面：工业冷却水占工业用水的70%～80%。要节约用水，首先要做到工业冷却水循环使用，以减少净水消耗和废水排放量。在循环冷却水系统中，提高设计浓缩倍数，是循环冷却水系统的节水关键，对于充分利用水资源、节约用水、节约药剂、降低处理成本有很大的经济效果。现代化的大型工业企业尤其如此。如某化肥厂循环冷却水系统的浓缩倍数由3提高到5，即节约补充水量20%左右，减少排污水量50%以上，且每月可节约6万元左右的经营管理费用。在循环冷却水处理的各个工艺过程中，还有相当一部分的自用水量，同样应该贯彻节约用水的原则，充分利用循环冷却水的优越性，进一步发挥其节水潜力。

因此，本条规定循环冷却水处理设计应符合安全生产、保护环境、节约能源、节约用水的要求。其次，工程设计是国家基本建设的重要环节，设计的好坏直接影响到今后的施工、运行和管理各方面的质量。在设计过程中，从一开始就应考虑便于施工、操作与维修，做到安全可靠，确保质量。

1.0.4 本条提出在设计上采用新技术（包括新工艺、新药剂、新设备、新材料等方面）的原则要求。

我国循环冷却水处理技术的发展，大体上形成了两个阶段：从单纯防止碳酸钙结垢到控制污垢、腐蚀和菌藻的综合处理。到目前为止，积累了比较成熟的使用经验。但我国的循环冷却水处理技术在各行业之间，以及在大、中、小容量不同的水系统的发展上是很不均衡的。目前综合处理不仅应用在现代的大型工程上，对中、小型工程也取得了良好的处理效果。在综合处理方面，从20世纪70年代引进技术以来，已经取得了比较好的成绩，有的已经达到国际先进水平，但某些方面也还存在差距。例如目前在循环冷却水处理上使用的化学药剂，主要还只限于磷系药剂，旁流水处理技术还只是以旁流过滤为主等。因此，在循环冷却水处理的各个环节上，都还面临开发新技术、使用新的药剂品种、采用新的工艺技术这样一些重要课题，还需要不断地吸收符合我国具体情况的国外先进经验。在国内各行业之间，也要根据生产实际需要，不断吸收符合本部门具体情况的国内其他行业的实践经验。这些情况，都应该落实在总结生产实践和科学试验的基础上。对待新技术的采用，采取既积极又稳妥的态度，使我国这门工程技术得以稳步地向前发展。

本条修订增加了"吸取国内外先进的生产实践经验"的内容。改革开放、学习国外先进的东西为我所用是既定的国策，循环冷却水处理技术的发展，并在我国经济建设的实践中取得了巨大成就，也有力印证了这一政策的重要作用。

1.0.5 本规范所涉及的给水处理、污水处理及环境保护等内容，可参见《室外给水设计规范》GB 50013、《室外排水设计规范》GB 50014和《污水综合排放标准》GB 8978等标准规范。

2 术语、符号

2.1 术　语

2.1.1 本条中换热设备指生产工艺的换热器、冷凝器等；冷却设备指循环冷却水系统中的冷却塔、空气冷却器等；处理设施指沉淀池、澄清池、过滤池（器）等。

2.1.8 循环冷却水处理过程中所使用的药剂包括补充水处理、旁流过滤水处理、排水处理、循环水处理等所使用的药剂，如凝聚剂、阻垢剂、缓蚀剂、杀生剂等。

2.1.15 系统水容积包括冷却塔水池的水容积、管道容积、换热设备水侧容积及旁流处理设备水容积等。

2.1.21 循环冷却水系统在运行过程中所损失的水量包括蒸发、强制排污、风吹以及循环冷却水处理过程中损失的水量。

2.1.25 污水指工业污水和城市污水的总称，初级处理：对城市污水即二级处理或二级强化处理，对工业污水和各种排水（矿井排水、循环冷却水系统排污水等）则是达标处理。

3 循环冷却水处理

3.1 一般规定

3.1.1 本条主要对循环冷却水处理方案设计的基本内容作出相应的规定。

3.1.2 循环冷却水用水量是由生产性质、产量、工艺流程、工况条件等决定的，因此用水量应按照生产工艺的要求确定，对于按最大小时用水量的规定，是出于保证生产能力的考虑。开式循环冷却水的供水最低温度是由气象条件决定的，即水温不能低于或等于湿球温度，只能高于湿球温度，至于高多少则需要根据生产工艺要求和经济因素比较确定。闭式系统循环冷却水的冷却，通常多采用空气、新鲜水、海水来完成，因此其供水温度应结合这些冷却介质的温度确定。

3.1.3 直冷系统在循环冷却过程中不同于间冷系统，因对物料直接冷却使水质受到污染（悬浮物、油类等），水量也发生较大变化，所以水量和水质应由工艺确定。

3.1.4 本条对不同水源的补充水资料的收集、整理、校核作出相应规定。

从统计学的观点来看，数据年代越长则代表性越强，因此应尽量收集长时间的数据。

pH值是水质稳定性的重要数据之一，附录B中的校核是保证水质分析的准确性。

3.1.5 本条规定主要是在补充水水质变化时，保证循环冷却水处理设备有足够的设计能力。

3.1.6 本条规定包括两个内容，一个是循环冷却水处理所要求具备的条件，即对换热设备内的水流速、壁温等作出规定；另一个是循环冷却水处理最终达到的特性指标，即对污垢热阻、腐蚀速率、粘附速率等作出规定。

关于换热设备的规定是根据目前国内能够广泛采用的药剂种类性能（包括聚磷酸盐、磷酸盐、聚丙烯酸盐、聚马来酸等）及其复合配方，参照国外经验，并结合国内一些工厂在生产运行中易于出现故障的换热器的工况条件而提出的。

对国内一些工厂的壳程换热器调查表明，流速低于0.3m/s的换热器，普遍存在污垢和垢下腐蚀问题，流速越低问题就越突出。根据目前药剂处理的效能与壳程换热器设计流速选用的常规范围，流速不应低于0.3m/s，以保证处理效果。

当换热器水侧流速低于0.3m/s时，尤其在折流板的负压区容易产生污垢，降低了传热效果，而且还将导致垢下腐蚀。

在壳程换热器的结构上，由于几何形状的限制，要做到各个部位具有均一的流速是不可能的，即使设计计算的平均流速（认为是均一的）为0.3m/s，实际上个别部位，尤其是靠近管板、折流板的死角区流速远低于此值，因此发生的问题就更为严重。这一点已为很多工厂的生产实践所证实。在这种不利的工况下，药剂处理难以发挥其应有的效果。国外报道的经验也表明，在这种情况下，即使投加像铬酸盐这种效果很好的强缓蚀剂，其保护作用也变差，换热器仍过早地损坏。为此，条文规定对这种换热器可采用涂层防腐作为附加的保护措施。

国内已有一些厂在碳钢壳程换热器的涂层防腐方面做了试验研究，有的厂通过实践证实这一措施是有效的，可供设计采用。

此外，涂层防腐也可推广到管程换热器的封头、端板碳钢材质的保护方面，作为附加的措施也是有益的。

防腐涂层应有导热系数的测定值，并不得低于换热管本体金属的导热系数，否则，应考虑增加换热设备的换热面积。

关于反向冲洗，常用压缩气体（如氮气）振荡、搅拌相配合，对清除污垢、增强清洗效果，都为国内外运行经验所证实，设计中可供参照选用。

对于管程换热器，根据有关资料统计，一般取用大于0.9m/s的流速传热效果较好，因此将0.9m/s作为规定流速的下限。

流速上限的要求则需结合不同材质考虑防止冲刷侵蚀，这方面一般在设备设计中已有考虑，这里未作规定。水侧壁温70℃是根据国内大型厂换热设备的调查结果而制定的。原规范规定热流密度的指标，其实质也是对壁温的限制，现予以删去，只规定壁温指标更为直接明了。

污垢热阻值与粘附速率指标与国际水平相当。

污垢热阻值的法定计量单位为 $m^2 \cdot K/W$，$1m^2 \cdot h \cdot ℃/kcal = 0.86m^2 \cdot K/W$。

关于腐蚀速率：原规范规定，碳钢设备的腐蚀速率为0.125mm/a，铜合金、不锈钢设备规定为宜小于0.005mm/a。由于循环冷却水处理技术的提高，本次修订碳钢设备应小于0.075mm/a，铜合金、不锈钢设备修订为应小于0.005mm/a，国内很多企业完全能达到这一标准。这两项指标实际上是对循环冷却水处理提出的要求，或者说是对阻垢缓蚀效果的检验标准，也是在设计阶段作为确定阻垢缓蚀剂配方的依据。设计时应该从设备设计方面的合理性、水质处理的合理性、适宜的运行周期、折旧年限等多方面因素进行综合权衡确定。

3.1.7 对于闭式系统，由于工况条件较为苛刻（如温度较高），对传热效率要求比较严格，通常采用除盐水或软化水作为补充水，污垢热阻值一般均可小于 $0.86×10^{-4} m^2·K/W$。

3.1.8 循环冷却水水质指标与换热设备的结构型式、材质、工况条件、污垢热阻值、腐蚀速率，尤其是与循环冷却水药剂处理配方的性能密切相关，本条规定所给出的循环冷却水水质指标，均是在本规范所给定的有关条件下，结合当前药剂配方的性能作出的规定。设计中应根据补充水水质指标结合上述条件加以确定。

很显然，表 3.1.8 中指标是循环冷却水处理技术的阶段成果，随着技术的发展，表中数据也将随着改变。

1 浊度：循环冷却水的浊度对换热设备的污垢热阻和腐蚀速率影响很大，所以要求越低越好。工厂运行的实践证明循环冷却水系统设有旁滤池时，补充水浊度可控制在 5NTU 以内，我国大部分地区的循环冷却水的浊度可以控制在 10NTU 以下，因此表3.1.8 规定板式、螺旋板式和翅片管式换热设备，浊度不宜大于 10NTU，其他一般不应大于 20NTU，工厂运行数据表明这一规定完全满足本规范的污垢热阻值指标。

对于电厂凝汽器，因其传热管内循环冷却水的流速一般均大于 1.5m/s，另外凝汽器均设有胶球清洗设施，因此电厂凝汽器内循环冷却水的浊度指标可适当放宽。

本次修订将悬浮物指标改为浊度，虽然两者都是表示水中悬浮固体含量，但是两者所表示的悬浮颗粒直径却不相同，悬浮物所表示的颗粒粒径为 $1\mu m$ 以上，而浊度所表示的颗粒粒径为 $1nm\sim1\mu m$，即通常所说的胶体物质，而且两者的测试方法也不同，前者是过滤法测定，后者是利用光学原理测定。两者并没有换算关系。因为胶体物质对循环冷却水产生污垢、菌藻孳生起着至关重要的作用，所以将悬浮物质指标改为浊度更为确切，并且应将这一指标尽量控制在更低的水平。

2 pH 值：循环冷却水的 pH 值，由补充水水质、浓缩倍数以及药剂配方等因素确定，本次修订为加酸调节 pH 值低限不宜低于 6.8；不加酸运行的自然 pH 值上限一般不高于 9.5。

3 钙硬度+甲基橙碱度的指标，是根据国内多数工厂采用的控制项目而增订的，它取代了 Ca^{2+} 和碱度的分列指标，更能科学地反映两者之间的关系。指标值是根据国内药剂配方不加酸运行数据确定的。主要目的是控制水垢的形成。

壁温大于 70℃，钙硬度小于 200mg/L 的规定主要是针对冶金行业高炉和炼钢直冷循环冷却水系统。

4 总 Fe：据资料介绍，水中有 2mg/L 的 Fe^{2+} 存在时，会使碳钢换热器年腐蚀速率增加 6~7 倍，且局部腐蚀加剧。铁离子含量高会给铁细菌的繁殖创造有利条件。此外，当采用聚磷酸盐作为缓蚀剂时，铁离子还会干扰聚磷酸盐在缓蚀方面的作用，同时还可能导致坚硬的磷酸铁垢。本条指标是根据国内外运行经验确定的，此外，如果循环冷却水中 Fe^{2+} 不断升高，则表明设备被腐蚀。

随着药剂处理配方的不断改进，本次修订将总 Fe 指标由 0.5mg/L 提高至 1.0mg/L，这一数值是工厂运行的平均先进指标，实际总铁指标可达 2mg/L，为了留有余地，而没有采用这一数值。

5 Cu^{2+}：本次修订增加的指标，防止铜离子沉积，引起碳钢的缝隙腐蚀和点蚀。如果系统中有铝材设备，Cu^{2+} 指标应不大于 $40\mu g/L$。

6 Cl^-：国内有关循环冷却水处理试验和工厂调查表明，氯离子对不锈钢的腐蚀有影响，但不是唯一因素。不锈钢设备在循环冷却水中的腐蚀与设备的结构形式、应力情况、使用温度、水的流速、污垢沉积等有密切关系，氯离子只是在一定条件下起催化作用。不锈钢设备的腐蚀损坏首先是由于设备本身存在一些缺陷，冷却水中的氯离子在缺陷部位富集，导致设备的损坏。我国 20 世纪 70 年代引进的大化肥循环冷却水系统，曾有过循环冷却水中每升只有几十毫克氯离子时，而发生不锈钢设备损坏的事例。也有循环冷却水中的氯离子达到 1000mg/L 时，系统中的不锈钢换热器，未出现腐蚀穿孔情况。长期以来，由于循环冷却水中氯离子指标的限制，制约了黄河流域、长江入海口附近工厂的循环冷却水浓缩倍数的提高。我国是一个水资源极为匮乏的国家，循环冷却水中氯离子指标对节约我国宝贵的水资源有着重要意义。氯离子多少合适？根据掌握的资料，我国某些大型化工厂采用磷系复合配方，循环冷却水中氯离子浓度控制在 500~1000mg/L，壳程不锈钢设备未出现腐蚀。因此，对不锈钢换热设备，本次修订将循环冷却水中氯离子指标提高至不宜大于 700mg/L，同时对壁温和水温也加以限制。管程换热设备流速条件较好，Cl^- 含量不宜大于 1000mg/L。

根据某高等院校研究资料表明，Cl^- 腐蚀的诸多因素中，关键的是温度，据资料介绍，同等条件下温度高者腐蚀加剧，因此在选用 Cl^- 指标时应结合温度因素确定。

7 $SO_4^{2-}+Cl^-$：通常采用这个指标来限制 SO_4^{2-} 的含量。根据国外公司的药剂处理配方在国内的使用经验，本次将 $SO_4^{2-}+Cl^-$ 的指标修订为 2500mg/L。

另外当水中 SO_4^{2-} 与 Ca^{2+} 的乘积超过其溶度积时，则会产生 $CaSO_4$ 沉淀。

SO_4^{2-} 对混凝土材质的腐蚀影响，按《岩土工程勘察规范》GB 50021—94 的规定执行。

8 硅酸：指标 175mg/L 是根据硅酸盐的饱和溶解度确定的，主要是防止循环冷却水中形成硅酸盐垢。

9 $Mg^{2+} \times SiO_2$ 指标：主要是防止形成黏性较大、颗粒较细的硅酸镁黏泥。两个指标值均根据国外资料和国内运行经验确定。

10 游离氯：为控制循环冷却水中菌、藻微生物而制定的。指标值是结合国内运行情况确定的。根据国内最新运行数据，本次将指标值 0.5～1.0mg/L 修订为 0.2～1.0mg/L。

11 NH_3-N：主要是针对氨厂和污水回用循环冷却水系统制定的。氨的危害在国内氨厂不乏先例，氨的存在促使硝化菌群的大量繁殖，导致系统 pH 值降低，腐蚀加剧，同时也消耗大量的液氯，严重时使其失去杀菌作用，因而使系统中各类细菌数量和黏泥量猛增，COD_{Cr} 及浊度增加，水质发黑变臭，后果是相当严重的。

12 石油类：石油类杂质易形成油污粘附于设备传热面上，影响传热效率和产生垢下腐蚀。

由于炼油企业的特殊性，对其指标略微放宽一些，根据试验室所取得的数据，循环冷却水中石油类杂质的含量达到 10mg/L 时，污垢热阻和腐蚀率均在本规范的限值之内。

13 COD_{Cr}：这是表示水中有机物多少的一个指标，有机物是微生物的营养源，有机物含量增多将导致细菌大量繁殖，从而产生黏泥沉积、垢下腐蚀等一系列恶果。根据试验资料，$COD_{Cr}>100mg/L$ 时，则腐蚀加剧。

3.1.9 闭式系统中被冷却的工艺介质或设备，对污垢热阻值有较高的要求，因此一般均采用除盐水或者软化水，水质应根据冷却对象的要求确定。电力系统目前一般采用除盐水，并加氨或联氨（或磷酸盐）调节 pH 值；钢铁行业采用软水或除盐水。表 3.1.9 中各行业闭式系统水质指标是综合有关标准和实际运行数据确定的，当采用除盐水为补充水时，投加缓试剂后，循环冷却水的电导率指标将有所上升，一般可达 200～300μs/cm，但对设备无负面影响。

3.1.10 直冷循环冷却水水质指标的提出，是综合目前设计采用与实际运行指标确定的，由于直冷循环冷却水水质稳定的实测资料较少，且工艺设备对水质的要求差别较大（如引进不同国家及厂家的工艺设备要求不同），因此在采用表 3.1.10 时，应与工艺专业协商确定。

3.1.11 钙硬度＋甲基橙碱度和稳定指数两个指标结合使用，更能准确地控制碳酸钙沉淀。当水质超过上述任何一个指标时，应根据加酸、旁流软化（除盐）、补充水软化（除盐）等处理进行综合比较确定处理方案。

3.1.12 在浓缩倍数 1.5～10.0 的条件下，通过对循环冷却水量为 10000m³/h 的计算得出表 2。

计算条件：气温 40℃，k 值选用 0.0016/℃。

表 2 不同浓缩倍数系统的补充水量与排污水量

计算项目 \ 浓缩倍数 N	1.5	2.0	3.0	4.0	5.0	6.0	7.0	10.0
循环冷却水量 R（m³/h）	10000	10000	10000	10000	10000	10000	10000	10000
水温差 Δt（℃）	10	10	10	10	10	10	10	10
排污水量 B（m³/h）	320	160	80	53.3	40	32.0	26.7	17.8
补充水量 M（m³/h）	480	320	240	213.3	200	192	186.7	177.8
排污水量占循环冷却水量的百分比（%）	3.20	1.60	0.80	0.53	0.40	0.32	0.27	0.18
补充水量占循环冷却水量的百分比（%）	4.80	3.20	2.40	2.13	2.00	1.92	1.87	1.78

本次规范修订，将浓缩倍数从 3 倍提高到 5 倍，按上表的计算结果，节水效果能提高 0.4 个百分点，折合全国节水量可达 176 亿 m³ 之多，这是一个很可观的数量。现在很多新工程项目不仅要求高浓缩倍数，甚至还限制使用新水，可见用水形势的紧张程度。另外国内各行各业为求节水也都纷纷研制新的药剂处理配方，达到浓缩倍数 5 的企业比比皆是，甚至有少数企业已达到浓缩倍数 10 以上，可见这一指标还是可以做到的。虽然由此可能引起一些运行费用的增长，但是面对有限的水资源和经济建设可持续发展的需要，孰重孰轻显而易见。

冶金、电力行业在水平衡方案设计时往往为了满足串级用水（冲灰等）的需要，加大循环冷却水系统的排污水量，因而降低了浓缩倍数，但是只要能减少新鲜水用量,浓缩倍数不受此限。

3.1.13 微生物在循环冷却水系统中大量繁殖,会使循环冷却水颜色变黑,发生恶臭,并形成大量黏泥沉积于冷却塔和换热设备内,隔绝了药剂对金属的保护作用,降低了冷却塔的冷却效果和设备的传热效率,同时还对金属设备造成严重的垢下腐蚀,微生物对循环冷却水系统的危害较之水垢、电化腐蚀来说更为严重,因此控制微生物的危害是首要的。

1 循环冷却水中,以异养菌的生长繁殖最快,数量也最多,它基本上代表了水中全部细菌的数量,所以测定时,常以异养菌的数量代表水中全部细菌总数。这类细菌属于黏液型细菌,所产生的黏液对循环冷却水系统危害很大。根据国内最新的运行经验将异养菌指标修订为不大于 1×10^5 个/mL。

2 循环冷却水中生物黏泥量的多少直接反映出系统中微生物的危害程度,因此生物黏泥量的控制是非常重要的。本次修订为不大于 $3mL/m^3$。

3.2 系 统 设 计

3.2.1 本条规定当采用阻垢缓蚀药剂处理时应考虑药剂所允许的停留时间,对于目前使用聚磷酸盐作为缓蚀剂主剂的配方,对此加以强调是必要的。

聚磷酸盐转化成正磷酸盐除了水温、pH 值等因素以外,还与时间因素有关。设计停留时间(T_d)可用条文所列的公式计算。当已知对应于某一浓缩倍数的 Q_b 值时,确定 V 值即可计算出 T_d 值,该值应小于药剂允许的停留时间。当不能满足这一要求时,则需调整 V 值直至满足为止,或者更换药剂配方。药剂停留时间一般由厂家提供。

系统水容积越大,药剂在系统中停留的时间就越长,则药剂分解的比例也越高,同时初始加药量也增多,杀生剂的消耗量也增大,而且循环冷却水还易受到二次污染,所以系统容积在保证泵吸水容积的条件下应尽量减少。

3.2.2 根据工程设计资料统计,系统水容积一般均小于循环冷却水小时流量的 1/3,国内工厂实际运行经验表明,这个指标均能保证系统安全运行。但对冶金、电力、炼油等行业可适当放宽。

3.2.3 根据系统运行操作要求和技术经济比较,可选用全闭式系统或半闭式系统。全闭式系统利用了回水背压,能耗较低,并隔绝了溶解氧的腐蚀,但操作管理较为复杂,初期投资稍高;半闭式系统运行操作简单,投资相对较少,缺点是能耗高。两种系统均能满足工艺用水设备需要,但从国家提倡的循环经济和节能降耗的意义上讲,设计人员应优先采用全闭式系统。

3.2.4 工艺生产设备内的水容积一般由工艺专业提供。

3.2.5 设计人员应根据设计配置的补水泵能力校核氮气自动调压系统的进、排气流量。应慎用防止气体进入系统的金属浮球式阻塞阀,有些现场出现过浮球进水从而导致自动稳压补水系统失效的事故。

3.2.6 不同的安全供水措施,主要取决于用户的事故用水量和安全供水时间。高位水箱供水,由于水箱容积所限,常常不能满足事故用水量大和安全供水时间较长的用户。

3.2.7 循环冷却水作直流水使用,不仅会影响浓缩倍数的提高与控制,对节水、节药都不利,而且排放含有药剂的循环冷却水将对环境造成污染。

国内有些厂,由于循环冷却水管网上供直流用水的接管太多,用水量过大,使浓缩倍数的提高受到限制或无法控制,造成药剂和循环冷却水的大量损失。因此,条文明确限制是必要的。

3.2.8 本条是为减少环境对循环冷却水水质污染而制定的,国内运行经验也证实了这一点。

3.2.9 本条制定的目的主要是方便操作管理。

1 主要是避免系统清洗的脏物堵塞冷却塔配水系统和淋水填料,因为冷却塔本身不需要清洗和预膜。

2 避免系统清洗时脏物堵塞换热设备。

3 当清洗、预膜转换至正常运行阶段时,均要求尽快地将水置换,避免置换时间过长而引起腐蚀;另外预膜之后由于有热负荷,置换时间过长会导致预膜药剂在换热设备传热管壁的沉积,因此补充水管管径、冷却塔水池排净管管径,均应满足清洗、预膜置换时间的要求。

相对来说置换要求的水量远比补充水量大,因此易对补充水的计量仪表造成损坏,所以要设补充水旁路管。

3.2.10 本条制定的目的也是方便操作管理。

1 清除系统运行中产生的污物。

2 见第 3.2.9 条第 3 款的条文说明。

3 由于补水管路中无法得到循环冷却水系统中缓蚀剂的保护,所以当软化水或除盐水设备的出水未经过 pH 值调节时,补水管路应采用耐腐蚀管材。

3.2.11 为减轻循环冷却水在冷却过程中带入杂物的危害,则需设置两道拦污滤网(便于清理),以免对换热器特别是列管式换热器,造成严重堵塞。国内很多工厂的运行经验突出地说明了这一问题,其中尤其严重的是飞虫堵塞,因此,还需对冷却塔的夜间照明予以控制。国内一些工厂的运行经验表明,系统运行中所产生的污泥沉积对水质构成二次污染。因此设计中应结合冷却塔型式,采取有效的池底排污措施(如池底有一定坡度,分布几处设置排污泥管等)。

3.3 阻垢缓蚀处理

3.3.1 循环冷却水的阻垢缓蚀处理配方一般要经过动态模拟试验确定。国内的运行经验表明,经试验所选定的处理配方可以满足设计的预期要求。本条给出了做动态模拟试验应考虑的一些因素。对于水量比较小且对循环冷却水质要求不太严格的系统，也可参照工况水质条件相似工厂的运行经验确定。

3.3.2 锌盐成膜迅速，与其他阻垢缓蚀剂复合使用时，能够起到很好的增效作用，但不宜单独使用。锌盐对水生物有一定毒性，排放受到限制，本条规定的锌盐指标是根据《污水综合排放标准》GB 8978—1996 中一级标准确定的。磷系配方目前被广泛采用，虽然具有价格便宜、效果良好的优势，但却存在系统排污水磷含量超标的严重问题。目前我国水系污染严重，大部分水系都不同程度存在富营养化的问题，循环冷却水系统的排污是造成这种局面的主要原因之一，因此，作为问题的源头应从设计上严格把关。目前暂时无法禁用磷系配方，但从长远考虑必须向无磷配方过渡。

3.3.3 在碳钢与铜合金（或铝与铜合金）材质组合使用的系统中，为防止铜离子对碳钢（或铝）形成电偶腐蚀——点蚀，需投加铜缓蚀剂保护。

一般常用的铜缓蚀剂有巯基苯并噻唑、苯并三氮唑、甲基苯并三氮唑等，可结合水质与杀菌剂的使用条件等选择。巯基苯并噻唑抗氯性差（易氧化），但价格较便宜；苯并三氮唑、甲基苯并三氮唑抗氯性强，但价格较贵。

根据国内电力系统的经验总结，提出了采用硫酸亚铁成膜及胶球清洗等措施。这两项措施对冷凝器铜管缓蚀及在运行中清垢方面是有效的，具备条件的其他行业的工厂设计时也可选用。

3.3.4 防止影响循环冷却水水质。

3.3.5、3.3.6 阻垢缓蚀剂投加量的计算公式，可满足设计人员计算阻垢缓蚀剂的用量，对确定计量设备、运输以及仓库贮存都是需要的。

3.3.7 很多情况都是由于补充水中的碱度和 Ca^{2+} 含量较高，而限制了浓缩倍数的提高，因此加酸调节循环冷却水 pH 值以提高浓缩倍数，不失为简便而有效的一种方法，目前很多运行装置都采取了这一措施，已达到节水的目的。

条文中给出了循环冷却水调节 pH 值的加酸计算公式，式中所涉及到的循环冷却水控制碱度 Mr 可根据循环冷却水调控 pH 查附录 C 得出。

当系统投加氧化性杀生剂 NaClO 或 Cl_2 时，因其水解产生 NaOH 或 HCl，所以加酸量应予以修正。经验数据：投加 1mg/L 的 NaClO（纯度 100%），增加 1mg/L 的硫酸量（纯度 98%）；投加 1mg/L 的 Cl_2，减少 0.7mg/L 的硫酸量（纯度 98%）。

3.3.8 高炉、转炉煤气清洗直冷循环冷却水加酸或加碱处理取决于炼铁原料的不同，设计时应与工艺协商确定。

3.4 沉淀、过滤处理

3.4.1 表 3.4.1 中直冷循环冷却水沉淀、过滤处理的基本工艺是近期比较普遍采用的处理程序。其中，化学除油器运行需要投加药剂，且操作比较复杂，出水水质不大稳定，因此对水量较大，水质要求严格的大型热轧板厂，基于对水质和运行费用的考虑还应采用二次平流沉淀＋高速过滤工艺。对连铸二冷水，为了保证工艺要求的悬浮物≤20mg/L，通常在化学除油之后增加高速过滤工艺。

3.4.2 直冷系统循环冷却水水质，在冷却水过程中污染较为严重，除个别装置外，循环冷却水的沉淀、过滤处理水量一般均为 100%。

3.4.3 高炉、转炉煤气清洗水水质变化有其特殊性，比较复杂。目前多采用混凝、沉淀处理，并调节 pH 值，投加阻垢药剂。混凝剂的配方应现场进行试验最后确定。

3.4.4 直冷系统泥浆处理：

1 泥浆处理流程：

1）斜板沉淀器及化学除油沉淀器的排泥浓度，一般控制在 30% 左右，可经泥浆调节池后，直接进脱水机脱水。

2）辐射沉淀池及过滤器的排泥浓度在 5% 左右，不能直接进脱水机脱水，需经过泥浆调节池，在经过浓缩池浓缩，使泥浆浓度达到 30% 左右，进脱水机脱水。

2 为防止泥浆的沉积，应根据调节池的形状与面积采用机械搅拌或压缩空气搅拌。圆形调节池不宜设单台搅拌机。泥浆调节池不宜设溢流管，要求生产操作严格控制调节池液位。

3 脱水机的选型需考虑多方面的因素，主要根据泥浆的特性，选择脱水效果好、经济、适用、操作简便的机型。

4 脱水机的滤液，一般在平台下设排水管自流排入沉淀池，不宜排入泥浆调节池，以免冲稀泥浆浓度。

3.5 微生物控制

3.5.1 国内绝大多数循环冷却水装置的微生物控制都是按照以氧化型杀生剂为主，非氧化型杀生剂为辅的原则进行操作管理，其效果是很成功的，虽然有的装置只用氧化型杀生剂也获得了不错的效果，但这只是个例，并且需要具备水质和环境良好的条件。

3.5.2 关于液氯，这是国内最常用的氧化型杀生剂，它具有效果好、价格便宜等优点，受到用户的普遍欢迎，但液氯是剧毒气体，国内在用于循环冷却水处理过程中，虽未发生过重大的事故，但时时受到潜在的威胁。最近在液氯生产、运输各环节连连发生爆炸、泄漏重大事故，造成人员伤亡和财产损失。北京市出于安全考虑，已提出禁用液氯，中石化也规定了禁用液氯。按照以人为本和安全生产的原则，液氯也应当逐渐淡出循环冷却水处理行业，转而应用更加安全的氧化型杀生剂。溴和溴化物用作杀生剂比氯及次氯酸盐有明显的优点，杀生速度快，对金属腐蚀低，排放无污染，挥发性低，而且当水中有氨存在时，溴耗并不增加；但是由于价格较贵，限制了大范围的使用。目前，国内有的工厂采用以氯为主，辅以溴杀生剂，效果很好，费用也比较经济。无机溴化物的活化，通常采用 NaClO，纯品比例为 NaBr：NaClO＝1：1～4，连续投加，投加量为 0.2～0.5mg/L（以 Br_2 计），每天维持 4h 即可，其余时间保持余氯为 0.3～0.5mg/L。

3.5.3 非氧化型杀生剂的投加次数，应根据季节和循环冷却水中异养菌数量、冷却系统黏泥附着程度而定，一般气温高的季节每月投加 2 次，气温低的季节如冬季每月投加 1 次；当异养菌数量较高或黏泥附着程度较严重时，不论季节气温高低，每月均需投加 2 次。非氧化性杀生剂的投加方式：根据计算用量一次性投放在水池水流速度较高处。为避免菌藻产生抗药性，宜选择多品种交替使用。

3.5.4 条文中所列各生产装置，在直冷过程中，由于被冷却的工艺物料温度很高，已起到杀生作用。

3.5.5 条文中的氧化型杀生剂的加药量，为工厂实际运行的调查数据。实践中可调整。现实操作中氧化型杀生剂液氯的投加方式是连续和冲击并存，根据调查结果，某厂原先采用的是冲击投加，后来改为连续投加，杀菌效果比冲击投加稳定，而且液氯耗量也不增加。

3.5.6 条文中非氧化型杀生剂的加药量，是根据药剂生产厂家的数据或借鉴相似条件的运行数据确定。

3.6 清洗和预膜

3.6.1 直冷系统只需清洗，不需预膜；电力行业的闭式系统也不需预膜。

3.6.2 新建循环冷却水系统开车前，循环冷却水管道、水池内常有基建施工遗留的焊渣、泥渣等杂物，开车前必须进行人工清扫，以免污染和堵塞换热设备和管道。

3.6.3 水清洗主要是清除管道、水池、设备表面的浮尘，为下一步的化学清洗创造条件。为保证冲洗流速可开启备用泵。

3.6.4 化学清洗主要是清除水洗不能清除的设备表面污物，根据污物的差异，选择不同的清洗剂，化学清洗配方可由实验确定。

换热设备水侧表面经化学清洗之后呈活化状态，极易产生二次腐蚀，因此要求在化学清洗之后立即进行预膜处理，以保证活化的金属表面不被腐蚀并形成一层密致的缓蚀保护膜。

3.6.5 预膜过程中，要对水的 pH 值、温度、钙离子、铁离子、浊度、药剂浓度严格监控，防止产生结垢或腐蚀。预膜结束时要大量排水、补水，尽快转入正常运行条件。预膜方案以第一种较好，因为排污水量较少。

3.6.6 循环冷却水系统清洗水通过旁路管直接回到冷却塔水池，可避免系统清洗时的脏物堵塞冷却塔配水系统和填料。预膜水通过旁路管直接回到冷却塔水池，可减少预膜水容量，减少药剂的用量。

3.6.7 对新建系统，由于施工进度的原因，生产装置一般不能同时开车；对老系统而言，年度大检修后，由于生产装置开车程序的安排，两个装置开车也会出现不同步的情况。因此，当一个循环水系统向两个以上生产装置供水时，循环冷却水系统应考虑有临时切换设施，以避免开车不同步所产生的不利影响。

4 旁流水处理

4.0.1 本条规定设置旁流处理水的条件。

1 循环冷却水在循环冷却的过程中由于受到空气污染（灰尘、粉尘等悬浮固体物）或循环过程中由于工艺侧渗漏污染（如油及其他杂质等），使循环冷却水水质不断恶化而超出允许值。因此，必须采用旁流水处理，以维持循环冷却水的水质指标在允许范围之内。

2 由于水的浓缩，引起循环冷却水某一项或几项成分超过允许值，可考虑采取旁流水处理以提高浓缩倍数。由于设计的浓缩倍数需综合很多因素（如水源水质、水量，各种处理方法处理费用比较等）才能确定，是否采用旁流水处理需要经过技术、经济比较才能确定。

4.0.2 本条说明选择旁流水处理设计方案时应考虑的主要因素。同时应该考虑阻垢缓蚀剂对旁流水处理方案的影响和干扰。

4.0.3 本条给出的旁流处理水量的计算式为理论计算公式，公式中"某项成分"的含义为需处理的物质。

4.0.4 本条规定了间冷开式系统设置旁流水处理的条件及旁流处理水量。

1 间冷开式循环冷却水在循环冷却的过程中，不断地受到来自空气的污染（泥沙、粉尘、微生物及孢子）和微生物孳生的危害，导致水的浊度上升，水质恶化，由此带来一系列严重后果。因此，对于间冷开式冷却水系统必须设置旁滤设施以控制浊度。但是对于小型或间断运行的系统以及设有胶球清洗的系统则可视工艺要求及环境空气的清洁程度而定。

2 计算公式中的空气含尘量，一般在环保部门大气监测站均有测定数据，如某些地区无测定资料时，可在工厂建设的前期工作中进行测定，也可参照附近地区的测定资料。

含尘量数据的选取可根据保证率的要求来确定。

3 由于很多建厂地区缺乏空气含尘数据,不能按公式计算旁滤水量,因此本款给出一些经验数据。

4 无阀滤池是普遍采用的一种旁滤设备,操作管理都十分简便,但是,据某些使用单位反映,效果不够理想,分析原因可能是低浊度的条件下,悬浮胶体的颗粒很微小,单纯的筛分过滤不易去除,若想进一步提高效率,需投加混凝剂。

除无阀滤池外,有的企业采用纤维过滤器,效果也不错。

5 补充水处理

5.0.1 本条规定指出了间冷开式循环冷却水系统补充水处理方案应考虑的一些因素及设计方案应做的工作。

5.0.2 我国是一个水资源极其匮乏的国家,因此采用再生水和间冷开式系统的排污水作为循环冷却水补充水是节水的有效措施。

5.0.3 高硬、高碱水的钙、镁重碳盐含量较高。在循环冷却的过程中,由于游离二氧化碳被吹脱和水的不断浓缩,造成钙、镁盐的沉淀,影响了浓缩倍数的提高,甚至使系统无法运行。因此,必须进行处理以提高浓缩倍数。石灰处理是比较便宜的处理方法。

5.0.4 本条的核心是最大限度地利用间冷开式系统的排污水,以节约新鲜水。

5.0.5 条文中的补充水量计算公式是理论计算式。

5.0.7 本条规定的是补充水的设计流量,而非实际的补充水量。

6 再生水处理

6.1 一般规定

6.1.1 本条给出了再生水的各种来源,扩展了利用再生水的设计空间。面对我国水资源短缺的现状,采用再生水为循环冷却水补充水是一项既节水又环保的有效措施。

6.1.2 条文提出在有多个可利用的污水水源时,应根据污水水量、水质、污水处理厂的距离、污水深度处理系统的初投资和制水成本等,进行综合技术经济比较后确定。在工程设计前,应取得再生水的水质及水量等资料,作为设计依据。再生水的设计水质,应根据现有污水的水质和预期水质变化的综合情况确定;无水质资料时,可参考类似工程的水质;在取得实际水质资料后,再进行调整。

6.1.3 表 6.1.3 中的水质要求主要参照国家标准《污水再生利用工程设计规范》GB 50335—2002 中的"再生水用作冷却用水的水质控制指标"和有关工程污水回用试验和运行经验综合制定。再生水作为补充水的实例较少,表中钙硬度、甲基橙碱度、Cl^-、溶解性总固体及氨氮等指标也可根据再生水水源、处理方法及冷却系统浓缩倍数和系统材质等因素确定。在缓蚀处理方面,除了采用药剂处理外,也可采用提高换热器管材耐蚀等级的办法(此法可减轻药剂处理难度并有可靠的安全保证)。根据有关火力发电厂采用再生水的运行经验和污水再利用试验的情况,电厂凝汽器和辅机冷却系统设备的材质宜选用 316L 或 317L 不锈钢。

6.1.4 当再生水为工业循环冷却水系统的单一水源时,为保证用水的安全性,应进行水源可靠性的论证,可靠性不能保证时,应考虑事故备用水源。

6.1.5 条文提出再生水作为循环冷却水补充水时,确定浓缩倍数的诸多因素。根据目前城市污水深度处理系统的运行经验,为有效控制有机物所产生的危害,其浓缩倍数宜控制在 2.5~3.0。如有机物和氨氮含量不高,可采用较高的浓缩倍数。

6.1.6 本条为强制性条文,防止再生水污染生活水和其他给水。

6.2 深度处理

6.2.1 当再生水水质未满足表 6.1.3 中的水质指标时,需进行深度处理后方可补入间冷开式循环冷却水系统。本条文提出了深度处理工艺选择需考虑的基本因素。

6.2.3 因为城镇污水处理厂的来水不太均衡,应设调节池进行调节,以保证均衡供水。

6.2.4 条文给出了污水再生水深度处理的基本工艺,在具体工程中,可根据用水水质的要求等具体条件,进行优化组合,并进行技术经济比较确定。其中,超(微)滤—反渗透/电渗析除盐工艺处理水也可用于高水质净化系统的给水。

6.2.5 条文提出了循环冷却水系统排污水深度处理基本工艺。

石灰凝聚澄清处理不仅可去除碳酸盐硬度,而且对浊度、COD_{Cr}、BOD 和氨氮也有较高的去除率,当系统处理容量较大时,有较好的经济效益。

在选用反渗透工艺时,应消除由于水的过度浓缩可能引起反渗透膜表面产生 $CaCO_3$、$CaSO_4$、$BaSO_4$、$SrSO_4$、CaF_2 和 SiO_2 等盐类和氧化物的结垢。

6.2.6 为改善石灰系统的运行条件,减少系统排渣量,石灰药剂宜采用消石灰粉。

6.2.7 条文对深度处理系统中超(微)滤和反渗透除盐装置膜组件形式、膜材质和运行方式提出基本要求。目前超(微)滤膜的材质有醋酸纤维、超高分子聚乙烯、聚丙烯和聚偏二氟乙烯(PVDF)等材料,其中 PVDF 可耐浓度为 10000mg/L 的 NaClO 1h,是再生水深度处理系统超（微）滤膜的优选材质。

6.2.8 表 6.2.8 中各项指标是根据电力行业的规程和实际运行数据制定的。

7 排水处理

7.0.1 本条明确了开式系统的排水种类，设计者可按此范围逐一落实排水量、水质，对其中超过排放标准的排水应予以处理。排放标准是指国家标准、地方标准、市政排水标准以及污水处理厂的接受指标。

7.0.2 本条规定了排水处理方案设计工作的具体内容，确保方案设计的完整性。

7.0.3 在直冷系统中，由于循环过程中损失水量较多，如工艺设备直冷喷洒飞溅蒸发的水量，水处理设备及构筑物（如一次沉淀、二次沉淀、化学除油、中高速过滤、泥浆调节、浓缩、脱水等过程）自然损失的水量。因此对 Q_w+Q_{b2} 提出了 $0.004\sim0.008Q_r$ 的经验数据。例如铸坯喷淋水量较大，可取上限，大型板坯甚至可扩大到 $0.01Q_r$。

7.0.4 循环冷却水系统的排水，除了排污水之外，其余均为间断排水，为保持处理水量的稳定，结合全厂排水设施如污染雨水池，污水调节池等，设置调节池是必要的，并且可以有效节省投资。

7.0.5 目前循环冷却水大多采用磷系配方处理，系统排水磷含量超标是一个普遍现象，禁用磷系配方显然不现实，因此，本条文推荐石灰—铁盐混凝沉淀法除磷，据某行业已实施的结果，除磷效果可达 80%～98.0%。

7.0.6 本条说明一般不宜单独设置排水的生物处理设施，这是由于生物处理设施投资较多或占地较大。一般情况下循环冷却水系统的排水需采用生物处理的原因，大多是由于工艺物料的污染所致，结合全厂生物处理设施统一考虑也比较恰当。

7.0.7 本条对密闭式系统在停车或紧急情况下排出的、能够造成环境污染的循环冷却水，规定了应采取的解决方法。从环境保护的角度而言是需要的，同时也考虑到临时排出的有高浓度药剂的循环冷却水，在未受工艺侧物料污染情况下常可继续回用，因此加以贮存，以免浪费。

8 药剂贮存和投配

8.1 一般规定

8.1.1 本条提出了循环冷却水处理药剂的贮存原则。

缓蚀、阻垢剂露天随意堆放，易使包装受损，导致药剂泄漏、失效、甚至变质。不仅污染腐蚀周围环境，而且也影响处理效果。基于以上情况，本条规定循环冷却水处理药剂宜放入全厂性化学品仓库集中贮存。考虑到药剂的配置方便需在循环冷却水装置区内设置药剂贮存间，贮存一定量的药剂，以备日常使用。

氧化性杀生剂有一定的毒性，其中液氯毒性很强而且还有爆炸危险，应与缓蚀、阻垢剂分开单独存放于专用仓库内。非氧化性杀生剂必须集中管理，根据用量大小设置专用库、专用间或专用柜，建立严格的贮存、保管和使用制度，保证使用安全，保护环境不受污染，防止人身伤害事故。

8.1.2 本条列出了确定药剂贮存量时应考虑的主要因素：

1 全厂仓库贮存的药剂量按 15～30d 的消耗量确定，这是国内多数工厂的经验。设计时除考虑药剂消耗量外，库容大小还与工厂所在地的运输条件有关。如地处偏僻、交通不便的一些工厂，药剂仓库又远离车站或码头，药剂经由火车、轮船、汽车等多次转运才能入库，如果库容量过小，不但运输成本增加，而且偶有交通运输不畅，还会发生供药中断，对循环冷却水系统生产运行极为不利。贮存量还应考虑药剂市场的供应情况。

2 药剂贮存间的储备量，按目前大多数工厂的生产实践，一般每月进药 3～4 次。故本条规定最大贮存量宜按 7～10d 计算。

3 酸的总贮量应根据酸的来源、运输工具和运输距离等因素综合考虑确定。目前国内一般按 15～30d 的用量来贮存。用量小且靠近酸的来源地时，贮存天数可以少些，反之则可多些。

当用槽罐车（火车的或汽车的）运输时，一般以槽罐车容量加上运输周转期中酸库剩余量来考虑贮量。如不考虑周转期的库存酸量会使槽罐车不能卸空，使运输车皮积压，造成不应有的经济损失。根据历年来各厂的生产经验，以槽罐车的容量加上 10d 用酸量计算贮量为宜。

4 NaClO 杀生剂的有效氯含量随着贮存时间的延长而降低，根据调查，有的厂采用罐装贮存，夏季，有效氯一个月降低 1%；有的厂桶装贮存，夏季一周降低 1%，因此本条规定的贮存时间对药效影响很小。

8.1.3 根据药剂的贮存量，就可以依药剂包装形式与容许的堆高算出药剂库的设计面积。在确定药剂的堆放高度时，应考虑药剂包装形式和包装强度。

8.1.4 为便于操作管理，药剂贮存间应尽量靠近加药间。目前大部分工厂的药剂贮存间与加药间合并，在加药间内留有一定面积堆放药剂。这种方式对用药品种少、药剂毒性小是合适的。有的工厂将加药间和药剂贮存间用墙隔开，但留有便于通行的门洞相互连通，这种方式不如合用方式操作方便，但对药剂管理、改善加药间的操作条件，尤其对某些有毒药剂、要求避光药剂及一些有特殊要求的药剂还是较合适的。

目前的水处理药剂大部分采用25kg的塑料桶包装，因此人工搬卸药剂的劳动强度较大，故本条推荐采用运输设备，以减轻操作人员的劳动强度。

8.1.5 循环冷却水处理使用的药剂性质是多种多样的，有的有毒，有的无毒，有的具有腐蚀性，有的具有粘附性，有的易于潮解，有的要求避光保存等。故药剂的贮存、配制、投加设施、计量仪表和输送管道等应分别不同情况采用相应措施。

8.1.6 循环冷却水处理使用的药剂有凝聚剂、助凝剂、缓蚀剂、阻垢剂、杀生剂，以及其他常用水处理药剂等。药剂的性质、状态、包装多种多样，因此药剂的贮存间和加药间的设计都应根据药剂性状与其贮存、使用条件，在建筑标准、防火等级、卫生、环境保护、安全生产等方面按相关标准、规范执行。

8.1.7 此条规定是为减轻对人体的伤害。

8.1.8 硫酸、次氯酸钠、液氯等都是强氧化剂，如果与阻垢缓蚀剂加药点相距太近，由于这些强氧化剂未能均匀扩散，浓度很高，将与阻垢缓蚀剂产生化学反应，严重影响药效。

8.2 硫酸贮存及投加

8.2.1 运酸槽罐为常压设备，禁止带压操作，如果采用压缩空气加压方式卸酸、加酸时，可能使槽罐破裂，酸液外泄，造成人身伤害事故。因此槽罐卸酸一般都采用负压抽吸、泵输送或自流的方式。

8.2.2 酸贮罐周围设置围堰或放置于事故池内是为了当罐体发生腐蚀穿孔或阀门、管道接口处有严重泄漏时，围堰或事故池用以贮存泄漏出来的酸液，避免四处溢流烧伤操作人员和腐蚀地面。围堰或事故池内的集水坑主要是用来收集泄漏出来的酸液，便于泵抽吸排出。

8.2.3 循环冷却水系统通常使用硫酸调节pH值。这是因为用盐酸调节pH值时，会将氯离子带进水中，对系统中的不锈钢换热设备有害。

采用浓硫酸直接投加方式较为简便。浓硫酸的贮存、输送及提升设备使用普通碳钢材料即可。当采用稀硫酸投加时，其运输、贮存、投加设施要求的材质较高，需要不锈钢管道和设备。碳钢制的贮存设备需要用铅或橡胶衬里。

加酸点不宜距冷却塔水池池底太近，因为酸的比重大，会沉到水池底部，对池底的混凝土有腐蚀作用。当加酸管和均匀混合设施的材质采用非金属材料时，由于酸的稀释是放热过程，非金属材料不耐热，加酸口均匀混合装置会很快受热变形，影响酸液的分布和混合。

8.3 阻垢缓蚀剂配制及投加

8.3.1 本条规定是为了保证加药均匀，减少操作的随意性，充分发挥循环水处理药剂的作用。药液的投配浓度对溶解槽的影响较大，浓度越高，黏度越大，输送越困难，越不易做到均匀投加。

1 本款提出了药剂溶解槽的设置要求。

1）本项提出的药剂配置每日按8～24h的药剂消耗量确定，考虑了两个因素：

一是溶解槽不宜过小，过小则溶药次数过于频繁。二是某些药剂不宜在溶解槽中停留时间过长，即溶解槽不宜过大。按照工厂的操作习惯，每班配一次药或每天配一次药是可行的。

药液的投配浓度对溶解槽的容积影响较大，浓度越高，黏度越大，虽然槽体减小但泵或管道易堵，输送不便。因此药液的配置浓度需结合药剂溶解度来确定。根据近几年采用的缓蚀、阻垢等药剂调配浓度的运行经验，条文提出的取值范围能够满足生产要求。

2）溶解槽设搅拌设施可加速药液的溶解。一般采用机械、压缩空气等方法进行搅拌，但应注意适应被溶解药剂的特性。

3）当前使用的水处理药剂绝大部分为易溶药剂，难溶药剂已相当少见，故溶解槽宜设1个。当与投配槽合并时则不宜少于2个。易溶药剂的溶解槽与投配槽合并，可简化药剂配制过程，节省设备费用。

4）常用的水处理药剂都具有不同程度的腐蚀性，因此溶解槽应采用具有防腐性能的玻璃钢、不锈钢、钢衬（涂）防腐材料或其他非金属防腐蚀材料。

2 当采用固体药剂时，药剂中的一些不溶物会导致出液管、输送管道、计量泵堵塞。即便是液体药剂，由于存放时间长，也可能会生成沉淀。因此在投配槽的出口处应设过滤设施。

8.3.2 液体药剂采用原液投加方式（经计量泵或水射器），操作简便，运行情况良好。

8.3.3 对循环冷却水进行处理时，投加药剂是否准确，直接影响到循环冷却水处理效果的好坏。采用计量泵或水射器（以转子流量计计量）投加，可保证投加量的稳定和准确。

为保证计量设施在出现故障时也能正常工作，故本条规定计量泵宜有备用。

8.3.4 考虑到药液都具有不同程度的腐蚀性，输送药液的管道应采用耐腐蚀材料。

8.3.5 药剂管道架空明设，有利于安全生产及检修。

8.4 杀生剂贮存及投加

8.4.1 杀生剂都具有一定的毒性和腐蚀性，条文中的各项要求是保证杀生剂安全贮存的必要条件。

8.4.2 本条规定是根据杀生剂的性质制定的。

8.5 液氯贮存及投加

8.5.1 氯气是有毒气体，具有强烈的刺激性。氯气在低温加压后呈液体注入能承受一定压力的特制钢瓶内，即通常所见的液氯钢瓶。如放置在露天，经曝晒后，瓶内液氯吸热气化，钢瓶内压增加，有爆炸的危险。任意在露天乱放，还会使钢瓶上的保险帽锈蚀，使用时打不开，或者松动脱落，或者碰坏保险阀造成氯气外逸，污染环境。故本条规定，液氯钢瓶应贮存在专用仓库中，不能露天存放。本条提出了氯瓶间和加氯间的设计要求：

1 主要是防止一旦发生漏氯事故避免事态扩大，保证人员安全，故氯瓶间和加氯间以及其他工作间要隔开。

2 设观察窗，可通过观察窗观察加氯间内情况，是否发生泄漏等异常现象，以便及时采取措施设法排除故障，保证安全操作。设置通向室外的外开门，是为了当加氯间内发生严重泄漏故障不能当即排除时，为保证操作人员的安全，可以推门而出，以便进一步采取措施。

3 氯瓶不应靠近采暖设备和受阳光直射，是为了防止氯瓶受热，瓶内压力增高，发生爆炸。采暖设备包括暖气、火炉、电炉等。

4 加氯间内应保持良好的换气通风条件，以保证操作、维修人员的安全。氯气比重大于空气，通风孔应设在外墙下方，并应朝向无人员流动的方向，使泄漏的氯气易于排出室外。但当泄漏量很大时，不应开启通风设备，以免造成更大范围的伤害事故。

5 泄漏氯气与空气中的水分反应后对钢铁材料有一定的腐蚀性，因此本款规定加氯间内的电气设备及灯具应采用密闭、防腐类型产品，以防因腐蚀造成电器短路。照明和通风设备的开关设在室外是为了保证安全操作。

6 配备空气呼吸器、抢救器材和工具箱是为了在发生事故时能够安全、及时、有效地采取处理措施。

7 漏氯处理设施指碱水池、氯气吸收装置等，根据工程具体情况选定。

8 因为氯瓶较重，单瓶重量有500kg和1000kg两种规格，为方便搬运，减少劳动强度，宜设起吊、运输设备，但不得使用叉车。

8.5.2 本条规定加氯机的总容量应按最大小时的加氯量确定。同时为了保证加氯的正常运行，一般情况宜设一台备用，当一台发生故障时，另一台即可投入使用。

8.5.3 采用加氯机投加液氯时，因缺少累计计量，容易发生氯瓶已空而操作人员尚未发现的情况，故还需用磅秤称重，进行累计计量，避免发生上述情况。

8.5.4 在非采暖地区，由于冬季室温较低，氯气蒸发量不足，应设置液氯蒸发器或采取其他措施，但不得使用蒸汽、明火直接加热钢瓶，因为这样做会导致氯瓶爆炸。

8.5.5 由于氯水具有腐蚀性，故氯水输送管道宜采用耐腐蚀管（ABS塑料管等）。

8.5.6 本条对氯气的投加点进行了规定，其目的是使氯气投加到水中后，不易逸出，并能均匀地扩散到水中。

9 监测、控制和检测

9.0.1 为了保证循环冷却水的处理效率，降低系统运行管理成本，确保系统安全稳定运行，宜采用在线检测技术，实时监控循环冷却水的水质、水量和药剂变化，通过自动控制系统能够实现循环冷却水系统的高效稳定运行。

9.0.2 设置这些仪表的目的在于及时掌握运行情况，以利于操作管理，也便于考核系统的各项经济指标和事故分析。

在总管上设仪表，可以减少仪表重复设置的数量。当循环冷却水系统同时向几个生产装置供水时，每个装置的供水干管上均应设置仪表。

仪表的型式、精度，既与循环冷却水系统操作、管理需要有关，又应和各工艺生产装置的仪表水平相适应。

在供水干管上设置仪表，有时不足以反映工况条件要求严格的换热设备的腐蚀或结垢状况，因此对个别要求严格的关键性换热设备，亦应在设备进水和出水管上设置流量、温度、压力仪表。

增加对排污水计量的规定，可有效监控循环冷却水的浓缩倍数。

9.0.3 为了检验循环冷却水处理效果，可在给水总管或在生产装置的给水干管上设置具有模拟功能的小型监测换热器，可在热流密度、壁温、材质、流速、流态、水温等方面模拟实际换热设备的条件，用来检测污垢热阻值（或粘附速率）和腐蚀速率。

监测试片主要用来监测腐蚀情况，比较多的是设在给水管路上。有的工厂也安装在回水管道上，缺点是没有换热面，优点是迅速、简便，同时可设多种材质试片。

在冷却塔水池内设监测试片，由于池内水流速不均，不同位置的监测试片，其腐蚀速率差异较大，故一般较少采用。

生物黏泥测定一般由给水总管或回水总管取样。生物黏泥量的多少，反映了循环冷却水中微生物危害的程度。

9.0.4 取样管容易在设计时被忽视，造成检测不便，故有必要进行规定，这些取样管可以就地，也可集中，在北方冬季要注意防冻。

换热设备出水管设取样管的目的，在于检查该设备是否有物料泄漏。

9.0.5 为控制循环冷却水系统的浓缩倍数，维持系统中稳定的药剂浓度，便于操作管理，并达到预期效果，要求系统内各水池的水位变化能控制在一定的范围内，同时也为了防止补充水量的突然变化，引起池内水位下降或升高，造成水泵抽空的事故或溢流，所以吸水池一般都设有液位计（引至值班室），并设高、低液位报警。水池水位与补充水管阀门宜设联锁控制。

9.0.6 本条规定了设置化验室的基本原则。

化验室规模和设施因工厂的生产性质、规模，以及对循环冷却水处理的检测项目的不同而有差异。

常规检测项目是分析循环冷却水处理是否正常运行和处理效果好坏的必要手段，因此每班或每天都需进行检测，这些项目的分析化验设施宜设在循环冷却水装置区内，便于工作和管理。

非常规检测项目的数据需较长时间才能有所变化，因此检测周期较长，有的一周，有的一月或者更长。为了节约化验室的投资，这些项目的分析化验宜利用全厂中央化验室或与当地其他单位协作。

总之，化验室的设置应按化验分析内容和规模、管理体制等因素统一考虑后确定。

9.0.7 水质常规检测是为了及时发现循环冷却水水质的异常变化，以便采取应对措施。不同的循环冷却水系统对水质控制指标的要求也不同。

1 对间冷系统：表9.0.7中各项目均与循环冷却水的水质变化趋势密切相关，通过数据的变化可反映出循环冷却水系统的腐蚀、结垢情况及运行是否正常。

药剂浓度分析的目的是保持加药量的稳定，及早发现问题，及时处理，确保稳定的处理效果。

2 对直冷系统：水处理主要目标是净化水质、控制系统结垢问题，应检测控制的项目有4项：悬浮物、pH、硬度和碱度，其他检测项目可作参考。

控制水质指标的最终目的是控制循环冷却水系统中换热设备的腐蚀、结垢和微生物数量，确保生产运行的稳定高效。

9.0.8 通过循环冷却水非常规项目的检测可以直观准确地判定水质处理效果，并根据检测结果找出问题的症结，改进处理方法。

9.0.9 水质全分析可从多方面分析判断补充水和循环冷却水水质存在的问题，制定针对性的解决办法。

对间冷系统而言，补充水水质是循环冷却水水质处理的基准数据。有些地区补充水水质随季节而变化，因此要密切掌握其水质变化规律。

中华人民共和国国家标准

喷灌工程技术规范

Technical code for sprinkler engineering

GB/T 50085—2007

主编部门：中华人民共和国水利部
批准部门：中华人民共和国建设部
施行日期：２００７年１０月１日

中华人民共和国建设部
公 告

第 624 号

建设部关于发布国家标准
《喷灌工程技术规范》的公告

现批准《喷灌工程技术规范》为国家标准，编号为 GB/T 50085—2007，自 2007 年 10 月 1 日起实施。原《喷灌工程技术规范》GBJ 85—85 同时废止。

本规范由建设部标准定额研究所组织中国计划出版社出版发行。

中华人民共和国建设部
二〇〇七年四月六日

前 言

本规范是根据建设部建标〔1998〕94号文《关于印发"一九九八年工程建设国家标准制定、修订计划（第一批）"的通知》的要求，由北京工业大学继续教育学院、中国水利水电科学研究院会同有关单位，对原国家标准《喷灌工程技术规范》GBJ 85—85（以下简称原规范）进行全面修订的基础上编制完成的。修订过程中总结了20年来喷灌工程设计与施工经验，特别是"九五"、"十五"全国开展建设300个节水增产重点县和500个节水示范项目的经验，同时广泛征求了全国有关设计、科研、生产厂家、管理等部门及专家和技术人员的意见，最后经有关部门共同审查定稿。

本规范共分11章，主要内容有：总则、术语和符号、喷灌工程总体设计、喷灌技术参数、管道水力计算、设备选择、工程设施、工程施工、设备安装、管道水压试验、工程验收等。本次修订的主要技术内容有：

1. 在总则中增加了对承担喷灌工程设计与施工安装单位的资质要求和喷灌工程采用材料设备的质量要求，以及主要引用标准等内容。

2. 增加了术语一章，将原规范附录中17个名词解释充实、完善为22条术语并入本章。

3. 在喷灌工程总体设计一章中，增加了系统选型一节，强调了根据多种因素因地制宜选型的主要原则，并规定了各类系统的适用条件。

4. 在喷灌技术参数一章中，对原规范规定的10个参数进行了充实，并划分为基本参数、质量控制参数、设计参数和工作参数四节；对喷灌工程灌溉设计保证率、设计日灌水时间等进行了完善，并增加了一天工作位置数、同时工作喷头数等参数。

5. 在管道水力计算一章中，补充了水锤压力验算的部分内容。

6. 考虑设备选择和工程设施的各自特点，将原规范第五章设备选择与工程设施分解为设备选择、工程设施两章，并按系统组成进行编写，对内容进行了较多的补充、完善。

7. 在设备安装一章中，将原规范中金属管道安装、塑料管道安装、水泥制品管道安装合并为管道安装，并增加了喷灌机的安装规定。

8. 在管道水压试验一章中，对不同材质管道耐水压试验的试验压力作了规定，并对渗水量试验要求进行了充实、完善。

本规范由建设部负责管理，水利部负责日常管理，中国水利水电科学研究院负责具体内容解释。本规范在执行过程中，请各单位结合工程实践，认真总结经验，注意积累资料，随时将意见和建议反馈给中国水利水电科学研究院（地址：北京市海淀区车公庄西路20号，邮编：100044），以供今后修订时参考。

本规范主编单位、参编单位和主要起草人：

主 编 单 位：北京工业大学继续教育学院（原华北水利水电学院北京研究生部）
中国水利水电科学研究院

参 编 单 位：水利部农村水利司
中国灌溉排水发展中心
中国农业科学院农田灌溉研究所
中国农业机械化科学研究院
扬州大学
武汉大学
河北工程大学
江苏大学

主要起草人：窦以松　龚时宏　金兆森
　　　　　　王晓玲　黄修桥　兰才有
　　　　　　吴涤非　任晓力　罗金耀
　　　　　　史　群　张玉欣　李远华
　　　　　　潘中永

目 次

1 总则 ·· 3—5
2 术语和符号 ·································· 3—5
　2.1 术语 ······································ 3—5
　2.2 主要符号 ································ 3—5
3 喷灌工程总体设计 ························· 3—6
　3.1 一般规定 ································ 3—6
　3.2 水源分析计算 ·························· 3—6
　3.3 系统选型 ································ 3—6
4 喷灌技术参数 ································ 3—6
　4.1 基本参数 ································ 3—6
　4.2 质量控制参数 ·························· 3—7
　4.3 设计参数 ································ 3—7
　4.4 工作参数 ································ 3—8
5 管道水力计算 ································ 3—8
　5.1 设计流量和设计水头 ·················· 3—8
　5.2 水头损失计算 ·························· 3—8
　5.3 水锤压力验算 ·························· 3—9
6 设备选择 ······································ 3—9
　6.1 喷头 ······································ 3—9
　6.2 管及管道连接件 ······················· 3—9
　6.3 管道控制件 ···························· 3—10
　6.4 水泵及动力机 ························· 3—10
　6.5 喷灌机组 ······························· 3—10
　6.6 自动控制设备 ························· 3—10
7 工程设施 ···································· 3—10
　7.1 水源工程 ······························· 3—10
　7.2 首部枢纽工程 ························· 3—10
　7.3 管道工程 ······························· 3—11
　7.4 田间配套工程 ························· 3—11
8 工程施工 ···································· 3—11
　8.1 一般规定 ······························· 3—11
　8.2 水源工程 ······························· 3—11
　8.3 首部枢纽工程 ························· 3—11
　8.4 管道工程 ······························· 3—11
9 设备安装 ···································· 3—12
　9.1 一般规定 ······························· 3—12
　9.2 机电设备 ······························· 3—12
　9.3 管道 ····································· 3—12
　9.4 竖管和喷头 ···························· 3—12
　9.5 喷灌机 ·································· 3—12
10 管道水压试验 ······························ 3—13
　10.1 一般规定 ······························ 3—13
　10.2 耐水压试验 ··························· 3—13
　10.3 渗水量试验 ··························· 3—13
11 工程验收 ···································· 3—13
　11.1 一般规定 ······························ 3—13
　11.2 施工期间验收 ························ 3—14
　11.3 竣工验收 ······························ 3—14
本规范用词说明 ································ 3—14
附：条文说明 ···································· 3—15

1 总 则

1.0.1 为统一喷灌工程设计和施工要求，提高工程建设质量，吸收喷灌科学技术发展的成果和经验，促进节水灌溉事业健康发展，制定本规范。

1.0.2 本规范适用于新建、扩建和改建的农业、林业、牧业及园林绿地等喷灌工程的设计、施工、安装及验收。

1.0.3 喷灌工程建设应认真执行国家的技术经济政策，因地制宜，充分利用原有水利设施，节省能源，开展综合利用，做到切合实际、技术先进、经济合理和安全可靠。

1.0.4 从事喷灌工程设计的设计单位应具有相应的工程设计资质。承担工程的施工、安装单位应具有相应的工程施工、安装资质。

1.0.5 喷灌工程应选用经过法定检测机构检测或认定合格的材料及设备。

1.0.6 喷灌工程的设计、施工、安装及验收，除应符合本规范的规定外，尚应符合国家现行有关标准的规定。

2 术语和符号

2.1 术 语

2.1.1 喷灌 sprinkler irrigation
喷洒灌溉的简称。是利用专门设备将有压水流送到灌溉地段，通过喷头以均匀喷洒方式进行灌溉的方法。

2.1.2 喷灌系统 sprinkler irrigation system
自水源取水并加压后输送、分配到田间实行喷洒灌溉的系统。

2.1.3 机压喷灌系统 mechanical pressure sprinkler irrigation system
由动力机和水泵提供工作压力的喷灌系统。

2.1.4 自压喷灌系统 gravity sprinkler irrigation system
利用自然水头获得工作压力的喷灌系统。

2.1.5 固定管道式喷灌系统 sprinkler system with permanent pipe
全部管道都固定不动的喷灌系统。

2.1.6 半固定管道式喷灌系统 sprinkler system with semi-permanent pipe
动力机、水泵和干管固定不动而支管、喷头可移动的喷灌系统。

2.1.7 移动管道式喷灌系统 sprinkler system with traveling pipe
全部管道可移动进行轮灌的喷灌系统。

2.1.8 机组式喷灌系统 unit sprinkler system
以喷灌机组为主体的喷灌系统。

2.1.9 定喷 sprinkler fixed in place during watering
喷水时喷头位置不移动的喷灌形式。

2.1.10 行喷 traveling sprinkler irrigation
喷头边移动边喷洒的喷灌形式。

2.1.11 喷灌均匀度 uniformity of water distribution
喷灌面积上喷洒水量分布的均匀程度。

2.1.12 喷灌强度 sprinkler water application rate
单位时间内喷洒在地面上的水深。

2.1.13 雾化程度 degree of mist
以喷头工作压力与喷嘴直径的比值表示的喷射水流的碎裂程度。

2.1.14 喷洒水利用系数 water efficiency of sprinkler
喷洒范围内地面和作物的受水量与喷头出水量的比值。

2.1.15 喷头工作压力 sprinkler operating pressure
喷头工作时，在距其进口下方200mm处的实测压力值。

2.1.16 喷头流量 sprinkler flow rate
单位时间内喷头喷出的水量。

2.1.17 喷点 sprinkler site
喷头的工作位置。

2.1.18 喷头射程 sprinkler pattern radius
喷头正常工作时，喷洒有效湿润范围的半径。

2.1.19 喷洒方式 spray pattern
喷头工作时所采用的全圆、扇形或带状等方式。

2.1.20 干管 main pipe
支管以上各级管道（分干管、干管、主干管）的统称。

2.1.21 支管 lateral pipe
喷灌系统末级并能连接喷洒装置的管道。

2.1.22 竖管 riser pipe
连接支管与喷头，并将喷头安置在适当高度的竖直短管。

2.2 主要符号

m——设计灌水定额
T——设计灌水周期
γ——土壤容重
h——计划湿润层深度
β_1——适宜土壤含水量上限（体积百分比）
β_2——适宜土壤含水量下限（体积百分比）
β'_1——适宜土壤含水量上限（重量百分比）
β'_2——适宜土壤含水量下限（重量百分比）
t——一个工作位置的灌水时间
a——喷头布置间距
b——支管布置间距

q_p——喷头设计流量
n_d——一天工作位置数
t_d——设计日灌水时间
C_u——喷灌均匀系数
h_p——喷头工作压力水头
R——喷头射程
Q——喷灌系统设计流量
N_p——灌区喷头总数
n_p——同时工作喷头数
η_c——管道系统水利用系数
η_p——田间喷洒水利用系数
H——喷灌系统设计水头
h_f——管道沿程水头损失
h'_{fz}——多喷头（孔）支管沿程水头损失
F——多口系数
N——喷头或孔口数
X——多孔支管首孔位置系数
T_s——关阀历时
a_w——水锤波传播速度
K——水的体积弹性模数
E——管材的弹性模量
D——管径
e——管壁厚度

3 喷灌工程总体设计

3.1 一般规定

3.1.1 喷灌工程的总体设计应符合当地水资源开发利用规划及农业、林业、牧业、园林绿地规划的要求，并与工程设施、道路、林带、供电等系统建设和土地开发整理复垦规划、农业结构调整规划相结合。

3.1.2 喷灌工程的总体设计应根据地形、土壤、气象、水文与水文地质、灌溉对象以及社会经济条件，通过技术经济分析及环境评价确定。

3.1.3 发展喷灌工程应优先考虑经济作物、园林绿地及蔬菜、果树、花卉等高附加值的作物，灌溉水源缺乏的地区、高扬程提水灌区、受土壤或地形限制难以实施地面灌溉的地区和有自压喷灌条件的地区，集中连片作物种植区及技术水平较高的地区。

3.1.4 喷灌工程宜采取连片开发、整体设计和分期实施的方式，形成具有适度规模的喷灌系统。

3.2 水源分析计算

3.2.1 喷灌工程总体设计必须对水源水量进行分析计算，应兼顾环境用水确定设计年供水量。对于由已建成的水利工程供水的喷灌系统，供水流量应根据工程原设计和运用情况确定；对于新建水源工程，供水流量应根据水源类型和勘测资料计算确定。

3.2.2 当水源为河川径流时，应通过频率计算推求符合设计频率的年径流量及其年内分配、灌水临界期日平均流量。资料较少或无实测资料时，可采用相关分析法插补延长或利用参证站资料推求径流资料。

3.2.3 当水源为地面径流时，可按地区性水文手册或图集，结合调查资料，确定设计频率的年径流量。

3.2.4 当水源为地下水时，水源水量应根据已有水文地质资料，分析本区域地下水源开采条件，并通过对邻近机井出水情况的调查确定。对于无水文地质资料的地区，应打勘探井并经抽水试验确定水源水量。

3.2.5 当水源的天然来水过程不能满足喷灌用水量要求时，应建蓄水工程。

3.2.6 喷灌水质应符合现行国家标准《农田灌溉水质标准》GB 5084 的规定。

3.3 系统选型

3.3.1 喷灌工程应根据因地制宜的原则，综合考虑以下因素选择系统类型：
1 水源类型及位置。
2 地形地貌，地块形状、土壤质地。
3 降水量，灌溉期间风速、风向。
4 灌溉对象。
5 社会经济条件、生产管理体制、劳动力状况及使用管理者素质。
6 动力条件。

3.3.2 符合下列条件的系统宜选用固定管道式：
1 地形起伏较大。
2 灌水频繁。
3 劳动力缺乏。
4 灌溉对象为经济作物及园林、果树、花卉和绿地。

3.3.3 符合下列条件的系统宜选用半固定管道式或移动管道式：
1 地面较为平坦。
2 灌溉对象为大田粮食作物。
3 气候严寒、冻土层较深。

3.3.4 符合下列条件的系统宜选用大中型机组式：
1 土地开阔连片、田间障碍物少。
2 使用管理者技术水平较高。
3 灌溉对象为大田作物、牧草等。
4 集约化经营程度相对较高。

3.3.5 符合下列条件的系统宜选用轻小型机组式：
1 丘陵地区零星、分散耕地。
2 水源较为分散、无电源或供电保证程度较低。

4 喷灌技术参数

4.1 基本参数

4.1.1 以地下水为水源的喷灌工程其灌溉设计保证

率不应低于90%，其他情况下喷灌工程灌溉设计保证率不应低于85%。

4.1.2 作物蒸发蒸腾量ET应依据当地喷灌条件下的灌溉试验资料确定；缺少资料地区可参考条件相近地区试验资料确定，或根据气象资料分析计算确定。分析计算作物蒸发蒸腾量时，参考作物蒸发蒸腾量应按彭曼-蒙蒂斯（Penman-Monteith）公式计算，作物系数应采用喷灌条件下的试验值。

4.1.3 喷灌的灌溉水利用系数可按下式确定。

$$\eta = \eta_G \cdot \eta_p \quad (4.1.3)$$

式中 η——灌溉水利用系数；

η_G——管道系统水利用系数，可在0.95～0.98之间选取；

η_p——田间喷洒水利用系数，根据气候条件可在下列范围内选取：

风速低于3.4m/s，$\eta_p=0.8\sim0.9$；

风速为3.4～5.4m/s，$\eta_p=0.7\sim0.8$。

注：湿润地区取大值，干旱地区取小值。

4.1.4 设计风速应采用设计年灌溉季节作物月平均蒸发蒸腾量峰值所在月份的多年平均风速值。设计风向取上述月份的主风向；当不存在主风向时，应按风向多变设计。

4.2 质量控制参数

4.2.1 定喷式喷灌系统的设计喷灌强度不得大于土壤的允许喷灌强度，不同类别土壤的允许喷灌强度可按表4.2.1-1确定。当地面坡度大于5%时，允许喷灌强度应按表4.2.1-2进行折减。行喷式喷灌系统的设计喷灌强度可略大于土壤的允许喷灌强度。

表4.2.1-1 各类土壤的允许喷灌强度（mm/h）

土壤类别	允许喷灌强度
砂土	20
砂壤土	15
壤土	12
壤黏土	10
黏土	8

注：有良好覆盖时，表中数值可提高20%。

表4.2.1-2 坡地允许喷灌强度降低值（%）

地面坡度（%）	允许喷灌强度降低值
5～8	20
9～12	40
13～20	60
＞20	75

4.2.2 定喷式喷灌系统喷灌均匀系数不应低于0.75，行喷式喷灌系统不应低于0.85。喷灌均匀系数在有实测数据时应按下式计算：

$$C_u = 1 - \frac{\Delta h}{h} \quad (4.2.2)$$

式中 C_u——喷灌均匀系数；

h——喷洒水深的平均值（mm）；

Δh——喷洒水深的平均离差（mm）。

4.2.3 喷灌均匀系数在设计中可通过控制以下因素实现：

1 喷头的组合间距。
2 喷头的喷洒水量分布。
3 喷头工作压力。

4.2.4 喷头的组合间距可按表4.2.4确定。

表4.2.4 喷头组合间距

设计风速（m/s）	组合间距	
	垂直风向	平行风向
0.3～1.6	(1.1～1)R	1.3R
1.6～3.4	(1～0.8)R	(1.3～1.1)R
3.4～5.4	(0.8～0.6)R	(1.1～1)R

注：1 R为喷头射程；
　　2 在每一档风速中可按内插法取值；
　　3 在风向多变采用等间距组合时，应选用垂直风向栏的数值。

4.2.5 喷灌系统中喷头的工作压力应符合下列要求：

1 设计喷头工作压力均应在该喷头所规定的压力范围内。
2 任何喷头的实际工作压力不得低于设计喷头工作压力的90%。
3 同一条支管上任意两个喷头之间的工作压力差应在设计喷头工作压力的20%以内。

4.2.6 喷灌系统中压力变化较大时，应划分压力区域，并分区进行设计。

4.2.7 喷灌的雾化指标可按下式计算，并应符合表4.2.7的规定。

$$W_h = h_p / d \quad (4.2.7)$$

式中 W_h——喷灌的雾化指标；

h_p——喷头工作压力水头（m）；

d——喷头主喷嘴直径（m）。

表4.2.7 不同作物的适宜雾化指标

作物种类	h_p/d
蔬菜及花卉	4000～5000
粮食作物、经济作物及果树	3000～4000
饲草料作物、草坪	2000～3000

4.3 设 计 参 数

4.3.1 设计灌溉定额应依据设计代表年的灌溉试验

资料确定，或按水量平衡原理确定。

灌溉定额应按下式计算：

$$M=\sum_{i=1}^{n} m_i \quad (4.3.1)$$

式中 M——作物全生育期内的灌溉定额（mm）；
m_i——第 i 次灌水定额（mm）；
n——全生育期灌水次数。

4.3.2 最大灌水定额宜按下式确定：

$$m_s=0.1h(\beta_1-\beta_2) \quad (4.3.2-1)$$
$$m_s=0.1\gamma h(\beta'_1-\beta'_2) \quad (4.3.2-2)$$

式中 m_s——最大灌水定额（mm）；
h——计划湿润层深度（cm）；
β_1——适宜土壤含水量上限（体积百分比）；
β_2——适宜土壤含水量下限（体积百分比）；
γ——土壤容重（g/cm³）；
β'_1——适宜土壤含水量上限（重量百分比）；
β'_2——适宜土壤含水量下限（重量百分比）。

4.3.3 设计灌水定额应根据作物的实际需水要求和试验资料按下式选择：

$$m \leqslant m_s \quad (4.3.3)$$

式中 m——设计灌水定额（mm）。

4.3.4 灌水周期和灌水次数应根据当地试验资料确定。缺少试验资料时灌水次数可根据设计代表年按水量平衡原理拟定的灌溉制度确定；灌水周期可按下式计算：

$$T=m/ET_d \quad (4.3.4)$$

式中 T——设计灌水周期，计算值取整（d）；
ET_d——作物日蒸发蒸腾量，取设计代表年灌水高峰期平均值（mm/d）；
m——设计灌水定额（mm）。

4.4 工 作 参 数

4.4.1 设计日灌水时间宜按表 4.4.1 取值：

表 4.4.1 设计日灌水时间（h）

喷灌系统类型	固定管道式			半固定管道式	移动管道式	定喷机组式	行喷机组式
	农作物	园林	运动场				
设计日灌水时间	12~20	6~12	1~4	12~18	12~16	12~18	14~21

4.4.2 一个工作位置的灌水时间应按下式计算：

$$t=\frac{mab}{1000 q_p \eta_p} \quad (4.4.2)$$

式中 t——一个工作位置的灌水时间（h）；
m——设计灌水定额（mm）；
a——喷头布置间距（m）；
b——支管布置间距（m）；
q_p——喷头设计流量（m³/h）。

4.4.3 一天工作位置数应按下式计算：

$$n_d=\frac{t_d}{t} \quad (4.4.3)$$

式中 n_d——一天工作位置数；
t_d——设计日灌水时间（h）。

4.4.4 同时工作喷头数应按下式计算：

$$n_p=\frac{N_p}{n_d T} \quad (4.4.4)$$

式中 n_p——同时工作喷头数；
N_p——灌区喷头总数。

5 管道水力计算

5.1 设计流量和设计水头

5.1.1 喷灌系统设计流量应按下式计算：

$$Q=\sum_{i=1}^{n_p} q_p/\eta_G \quad (5.1.1)$$

式中 Q——喷灌系统设计流量（m³/h）；
q_p——设计工作压力下的喷头流量（m³/h）；
n_p——同时工作的喷头数目；
η_G——管道系统水利用系数，取 0.95~0.98。

5.1.2 喷灌系统的设计水头应按下式计算：

$$H=Z_d-Z_s+h_s+h_p+\sum h_f+\sum h_j \quad (5.1.2)$$

式中 H——喷灌系统设计水头（m）；
Z_d——典型喷点的地面高程（m）；
Z_s——水源水面高程（m）；
h_s——典型喷点的竖管高度（m）；
h_p——典型喷点喷头的工作压力水头（m）；
$\sum h_f$——由水泵进水管至典型喷点喷头进口处之间管道的沿程水头损失（m）；
$\sum h_j$——由水泵进水管到典型喷点喷头进口处之间管道的局部水头损失（m）。

5.1.3 自压喷灌支管首端的设计水头，应根据灌区或压力区最不利的灌水情况，按下式计算：

$$H_z=Z_d-Z_z+h_s+h_p+h_{fz}+h_{jz} \quad (5.1.3)$$

式中 H_z——自压喷灌支管首端的设计水头（m）；
Z_z——支管首端的地面高程（m）；
h_{fz}——支管的沿程水头损失（m）；
h_{jz}——支管的局部水头损失（m）。

5.2 水头损失计算

5.2.1 管道沿程水头损失应按下式计算，各种管材的 f、m、b 值可按表 5.2.1 确定。

$$h_f=f\frac{LQ^m}{d^b} \quad (5.2.1)$$

式中 h_f——沿程水头损失（m）；
f——摩阻系数；
L——管长（m）；
Q——流量（m³/h）；

d——管内径（mm）；
m——流量指数；
b——管径指数。

表 5.2.1 f、m、b 取值表

管材		f	m	b
混凝土管、钢筋混凝土管	$n=0.013$	1.312×10^6	2	5.33
	$n=0.014$	1.516×10^6	2	5.33
	$n=0.015$	1.749×10^6	2	5.33
钢管、铸铁管		6.25×10^5	1.9	5.1
硬塑料管		0.948×10^5	1.77	4.77
铝管、铝合金管		0.861×10^5	1.74	4.74

注：n 为粗糙系数。

5.2.2 等距等流量多喷头（孔）支管的沿程水头损失可按下式计算：

$$h'_{fz}=Fh_{fz} \quad (5.2.2-1)$$

$$F=\frac{N\left(\frac{1}{m+1}+\frac{1}{2N}+\frac{\sqrt{m-1}}{6N^2}\right)-1+X}{N-1+X} \quad (5.2.2-2)$$

式中 h'_{fz}——多喷头（孔）支管沿程水头损失；
N——喷头或孔口数；
X——多孔支管首孔位置系数，即支管入口至第一个喷头（或孔口）的距离与喷头（或孔口）间距之比；
F——多口系数。

5.2.3 管道局部水头损失应按下式计算，也可按沿程水头损失的 10%～15% 估算：

$$h_j=\xi\frac{v^2}{2g} \quad (5.2.3)$$

式中 h_j——局部水头损失（m）；
ξ——局部阻力系数；
v——管道流速（m/s）；
g——重力加速度，9.81m/s²。

5.2.4 机压喷灌系统支管以上各级管道的直径，应通过技术经济分析确定。

5.2.5 自压喷灌系统干管输水段的长度和直径，应根据管道材质、流量、地面坡度和喷灌需要的工作压力水头等因素，经技术经济分析确定。

5.2.6 校核设计计算时，管道最小流速不应低于 0.3m/s，最大流速不宜超过 2.5m/s。

5.3 水锤压力验算

5.3.1 遇下述情况时，应进行水锤压力验算：
1 管道布设有易滞留空气和可能产生水柱分离的凸起部位。
2 阀门开闭时间小于压力波传播的一个往返周期。
3 对于设有单向阀的上坡干管，应验算事故停泵时的水锤压力；未设单向阀时，应验算事故停泵时水泵机组的最高反转转速。对于下坡干管应验算启闭阀门时的水锤压力。

5.3.2 遇下列情况时，管道应采取相应的水锤防护措施：
1 水锤压力超过管道试验压力。
2 水泵最高反转转速超过额定转速1.25倍。
3 管道水压接近汽化压力。

5.3.3 当关阀历时符合下式时，可不验算关阀水锤压力：

$$T_s\geq 40\frac{L}{a} \quad (5.3.3-1)$$

$$a_w=1425\bigg/\sqrt{1+\frac{K}{E}\cdot\frac{D}{e}\cdot c} \quad (5.3.3-2)$$

式中 T_s——关阀历时（s）；
L——管长（m）；
a_w——水锤波传播速度（m/s）；
K——水的体积弹性模数（GPa），常温时 $K=2.025$GPa；
E——管材的纵向弹性模数（GPa），各种管材的 E 值见表5.3.3；
D——管径（m）；
e——管壁厚度（m）；
c——管材系数，匀质管 $c=1$，钢筋混凝土管 $c=1/(1+9.5a_0)$；
a_0——管壁环向含钢系数，$a_0=f/e$；
f——每米长管壁内环向钢筋的断面面积（m²）。

表 5.3.3 各种管材的纵向弹性模数（GPa）

管材	钢管	球墨铸铁管	铸铁管	钢筋混凝土管	铝管	PE管	PVC管
E	206	151	108	20.58	69.58	1.4～2	2.8～3

6 设备选择

6.1 喷头

6.1.1 喷头应根据灌区地形、土壤、作物、水源和气象条件以及喷灌系统类型，通过技术经济比较，优化选择。

6.1.2 宜优先采用低压喷头；灌溉季节风大的地区或实施树下喷灌的喷灌系统，宜采用低仰角喷头；草坪宜采用地埋式喷头；同一轮灌区内的喷头宜选用同一型号。

6.2 管及管道连接件

6.2.1 管道应根据价格、配套性、可靠性、折旧年

限、安装维修方便性等，择优选择。

6.2.2 灌区地形复杂或其他原因造成管道压力变化较大的灌溉系统，可根据各管段的压力范围选择不同类型和材质的管道。

6.2.3 对于易锈蚀的管道，应采取防锈措施；使用过程中暴露于阳光下的塑料管道，应含有抗紫外线添加剂。

6.2.4 移动管除应满足耐水压要求外，尚应具有足够的机械强度。

6.2.5 管道连接方式及连接件应根据管道类型和材质选择，连接部位的额定工作压力和机械强度不得小于所连接管道的额定工作压力和机械强度。

6.3 管道控制件

6.3.1 各级管道的首端应设置开关阀。公称通径大于 $DN50mm$ 的开关阀宜采用闸阀、截止阀等不易快速开启和关闭的阀门。

6.3.2 在管道起伏的高处应设置进排气装置，进排气装置的进气和排气量应能满足该管段进气和排气的要求。

6.3.3 当管道过长或压力变化过大时，应在适当部位设置节制阀或压力调节装置，压力调节装置的输出压力范围应满足喷灌系统设计工作压力的要求。

6.3.4 各级管道首端和管道压力变化较大的部位应设置测压点，所选压力表的最大量程应与喷灌系统设计工作压力相匹配，并不得小于测压点可能出现的最高压力。

6.4 水泵及动力机

6.4.1 水泵应根据灌区水源条件、动力资源状况以及喷灌系统的设计流量和设计水头等因素，通过技术经济对比，优化选择。

6.4.2 水泵应在高效区运行。

6.4.3 多台并联运行的水泵扬程应相等或相近，多台串联运行的水泵流量应相等或相近。

6.4.4 动力机应根据所选水泵转速、轴功率和当地动力资源状况等进行选择。

6.4.5 喷灌泵站的水泵及动力机数宜为1~3台；只设置1台水泵时，应配备足够数量的易损零部件。

6.5 喷灌机组

6.5.1 喷灌机组应根据水源、地形、作物、耕作方式、动力资源和管理体制等选择。

6.5.2 同一灌区宜采用同一制造厂家生产的喷灌机组。

6.5.3 中心支轴式、平移式和滚移式喷灌机的地隙高度应满足所灌作物生长高度的需求。

6.5.4 行喷式喷灌机的通过能力应能满足地形、土壤等实际工作条件要求。

6.6 自动控制设备

6.6.1 园林绿地以及经济条件许可的喷灌系统可采用自动控制。

6.6.2 当灌区土地开阔且位于雷电多发地区时，自动控制系统应具有防雷电措施。

6.6.3 年降水量较大的地区，自动控制系统宜具有遇雨延时灌水功能。

6.6.4 电磁阀工作电压必须为安全电压。

7 工程设施

7.1 水源工程

7.1.1 取水建筑物的设计，可按现行国家标准《泵站设计规范》GB/T 50265、《室外给水设计规范》GB 50013等有关规定执行。

7.1.2 喷灌引水渠或工作渠宜做防渗处理。行喷式喷灌系统或从渠道直接取水的定喷式喷灌系统，其工作渠内水深必须满足水泵进水要求；当工作渠内水深不能满足要求时，应设置工作池。工作池尺寸应满足水泵正常进水和清淤要求。平移式喷灌机工作渠应顺直，若主机跨渠行进，渠道两旁的机行道路面高程应相等。

7.1.3 对于兼起调蓄作用的工作池，当工作池为完全调节时，其容积应满足系统作物一次关键灌水的要求。

7.1.4 喷灌系统中的暗渠或暗管在交叉、分支及地形突变处应设置配水井，其尺寸应满足清淤、检修要求。

7.2 首部枢纽工程

7.2.1 泵站前池或进水池内应设拦污栅，并应具备良好的水流条件。对于开敞型前池，水流平面扩散角应小于40°；对于分室型前池，各室扩散角不应大于20°，总扩散角不宜大于60°。前池底部纵坡不应大于1/5。进水池容积，应按容纳不少于水泵运行5min的出水量确定。

7.2.2 在多沙河道取水，应在系统首部设置沉淀过滤设施。

7.2.3 泵房平面布置及设计，可按现行国家标准《泵站设计规范》GB/T 50265或《灌溉与排水工程设计规范》GB 50288的有关规定执行。

7.2.4 水泵进水管直径不应小于水泵进口直径。当水泵可能处于自灌式充水时，其进水管道应设检修阀。

7.2.5 水泵安装高程应根据防止水泵产生汽蚀、减少基础开挖量的原则确定。

7.2.6 当泵站安装多台水泵且出水管线较长时，出水管宜并联。

7.2.7 施肥和化学药物注入装置应根据设计流量大小、肥料和化学药物的性质选择，化肥注入、储存设备应耐腐蚀。

7.2.8 对直接以自来水系统作为压力水源的绿地喷灌系统，应在系统首部设置防回流装置。

7.2.9 首部应设置流量（水量）与压力量测装置。

7.3 管道工程

7.3.1 喷灌管道的布置，应符合下列规定：
    1 符合喷灌工程总体设计的要求。
    2 管道总长度短。
    3 满足各用水单位的需要且管理方便。
    4 在垄作田内，应使支管与作物种植方向一致。在丘陵山丘，应使支管沿等高线布置。在可能的条件下，支管宜垂直主风向。
    5 管道的纵剖面应力求平顺，减少折点；有起伏时应避免产生负压。

7.3.2 在连接地埋管和地面移动管的出地管上，应设给水栓；在地埋管道的阀门处应建阀门井；在管道起伏的低处及管道末端应设泄水装置。

7.3.3 固定管道应根据地形、地基和直径、材质等条件确定其敷设坡度以及对管基的处理。固定管道的末端及变坡、转弯和分叉处宜设镇墩，管段过长或基础较差时，应设支墩。

7.3.4 对刚性连接的硬质管道，应设伸缩装置。

7.3.5 地埋管道的埋深应根据气候条件、地面荷载和机耕要求等确定。

7.3.6 移动式管道应根据作物种植方向、机耕等要求铺设，应避免横穿道路。

7.3.7 高寒地区应根据需要对管道设置专用防冻措施。

7.4 田间配套工程

7.4.1 喷灌系统的田间配套工程应满足人、畜作业或机耕作业的要求；应结合林带、排水系统协调统一规划布置。

7.4.2 田间道路、田间排水系统及林带布置应按现行国家标准《灌溉与排水工程设计规范》GB 50288 有关规定执行。

8 工程施工

8.1 一般规定

8.1.1 喷灌工程施工应按已批准的设计进行，修改设计或更换材料、设备应经设计部门同意，必要时需经主管部门批准。

8.1.2 工程施工应符合下列程序和要求：

    1 施工现场应设置施工测量控制网，并保存到施工完毕；应定出建筑物的主要轴线或纵横轴线、基坑开挖线与建筑物轮廓线等，并标明建筑物主要部位和基坑开挖的深度。

    2 基坑开挖必须保证边坡稳定。若基坑挖好后不能进行下道工序，应预留 15～30cm 土层不挖，待下道工序开始前再挖至设计标高。

    3 当基坑需要排水时，应设置明沟或井点排水系统。

    4 地基承载力小于设计要求时应进行地基处理。

    5 建筑物砌筑应符合现行国家标准《砌体工程施工及验收规范》GB 50203、《混凝土结构工程施工及验收规范》GB 50204、《地下防水工程施工及验收规范》GB 50208、《建筑地面工程施工及验收规范》GB 50209 的有关规定；砌筑完毕，应待砌体砂浆或混凝土凝固达到设计强度后回填；回填土应干湿适宜，分层夯实，与砌体接触密实。

8.1.3 施工过程中应做好施工记录。隐蔽工程应填写隐蔽工程验收记录，经验收合格后方可进行下道工序施工。全部工程施工完毕后应及时编写竣工报告。

8.2 水源工程

8.2.1 机井施工应符合国家现行标准《供水管井技术规范》GB 50296、《机井技术规范》SL 256 的有关规定。

8.2.2 蓄水池防水部分施工应符合现行国家标准《地下防水工程质量验收规范》GB 50208 中的有关规定。

8.2.3 输水渠道的施工应符合国家现行标准《渠道防渗工程技术规范》SL 18 的有关规定。

8.3 首部枢纽工程

8.3.1 泵站机组的基础施工应符合下列要求：
    1 基础必须浇筑在坚实的地基上。
    2 基础轴线及需要预埋的地脚螺栓或二期混凝土预留孔的位置应正确无误。
    3 基础浇筑完毕拆模后，应用水平尺校平，其顶面高程应正确无误。

8.3.2 中心支轴式喷灌机的中心支座采用混凝土基础时，应按设计要求于安装前浇筑好。

8.4 管道工程

8.4.1 管道沟槽应按施工放样中心线和槽底设计标高开挖。如局部超挖，应用相同的土料填补夯实至接近天然密度。沟槽底宽应根据管道直径及施工方法确定，接口槽坑应满足施工要求。沟槽经过岩石、卵石等容易损坏管道的地段应挖至槽底下 15cm，并用砂或细土回填至设计槽底标高。

8.4.2 管道安装完毕应填土定位，经试压合格后回

3—11

填。回填必须在管道两侧同时进行，填土应分层夯实或分层灌水沉实。塑料管道回填宜在地面和地下温度接近时进行，管周填土不得有直径大于 2.5cm 的石子及直径大于 5cm 的硬土块。

8.4.3 阀门井和镇墩施工应符合现行国家标准《砌体工程施工及验收规范》GB 50203 的规定。

9 设备安装

9.1 一般规定

9.1.1 喷灌系统设备安装人员应持证上岗；安装用的工具、材料应准备齐全，安装用的机具应经检查确认安全可靠；与设备安装有关的土建工程应验收合格。

9.1.2 待安装设备应按设计核对无误，并进行现场抽检，检验记录应归档。

9.2 机电设备

9.2.1 机电设备安装应符合现行国家标准《机械设备安装工程施工及验收规范》GB 50231 和《电气装置安装工程 低压电器施工及验收规范》GB 50254 的规定。

9.2.2 水泵与动力机直联机组安装时，同轴度、联轴器的断面间隙应符合国家现行标准《泵站安装及验收规范》SL 317 要求；非直联卧式机组安装时，动力机和水泵轴心线必须平行。

9.2.3 柴油机排气管应通向室外，电动机外壳接地应符合要求。

9.2.4 电器设备安装后应进行对线检查和试运行。

9.3 管 道

9.3.1 管道安装应符合下列要求：

1 管道安装前应将管与管件按施工要求摆放，摆放位置应便于起吊、下管及运送，并应再次进行外观及启闭等复验。

2 管道下入沟槽时，不得与槽内管道碰撞。

3 管道安装时，应将管道的中心对正。

4 管道穿越道路应加套管或修筑涵洞保护。

5 管道采用法兰连接时，法兰应保持同轴、平行，并保证螺栓自由穿入，不得用强紧螺栓的方法消除歪斜。

6 安装柔性承插接口的管道，当其纵坡大于 18%或安装刚性接口的管道纵坡大于 36%时，应采取防止管道下滑的措施。

7 管道安装分期进行或因故中断时，应用堵头将其敞口封闭。

8 移动管道安装应按安装使用说明书要求进行。

9.3.2 镀锌钢管和铸铁管安装应符合现行国家标准《工业金属管道工程施工及验收规范》GB 50235 的有关规定。

9.3.3 塑料管道安装应符合下列要求：

1 聚氯乙烯管宜采用承插式橡胶圈止水连接、承插连接或套管粘接；聚乙烯硬管宜采用承插式橡胶圈止水连接或热熔对接；聚丙烯硬管不宜用粘接法连接。

2 采用粘接法安装时，应按设计要求选择合适的粘接剂，并按粘接技术要求对管与管件进行去污、打毛等预加工处理。粘接时粘接剂涂抹应均匀，涂抹长度应符合设计规定，周围配合间隙应相等，并用粘接剂填满，且有少量挤出。粘接剂固化前管道不得移动。

3 采用法兰连接时，法兰应放入接头坑内，并应保证管道中心线平直。管底与沟槽底面应贴合良好，法兰密封圈应与管同心。拧紧法兰螺栓时，扭力应符合规定，各螺栓受力应均匀。

4 采用可控温电热板对接机进行热熔对接时，应按产品说明书要求控制热熔对接的时间和温度。

9.3.4 钢筋混凝土管安装应符合下列要求：

1 平地安装时，承口宜朝向水流来水方向。坡地安装时，承口应向上。

2 安装前承插口应刷净，胶圈上不得粘有杂物。胶圈安装后不得扭曲、偏斜。插口应均匀进入承口，回弹就位后，仍应保持对口间隙 10～17mm。

3 在沟槽土壤对胶圈有腐蚀性的地段，管道覆土前应将接口封闭。

4 配用的金属管件应进行防锈、防腐处理。

9.4 竖管和喷头

9.4.1 喷头安装前应进行检查，其转动部分应灵活，弹簧不得锈蚀，竖管外螺纹无碰伤。

9.4.2 支管与竖管、竖管与喷头的连接应密封可靠。

9.4.3 竖管安装应牢固、稳定。

9.5 喷灌机

9.5.1 喷灌机安装前，应对安装所用的工具和设备进行检查。工具、设备应良好、备齐。喷灌机部件应按照顺序摆放在安装的位置上，各部件应齐全、完好无损。

9.5.2 喷灌机的安装必须严格按照使用说明书的安装顺序和步骤进行，必须待各部件组装完毕检查无误后再进行总装。

9.5.3 安装时接头处应用密封材料密封，防止漏水、漏油。

9.5.4 滚移式喷灌机的轮轴应用轮轴夹板固定，防止滑脱；整条管线的喷头安装孔应对准在一条直线上。

9.5.5 绞盘式喷灌机在试运行调整喷头小车的行走

速度时,不得使喷洒水在地表产生径流。

9.5.6 带移动管道的轻小型喷灌机的安装,应首先将喷灌机的进水管和供水管的供水阀连接好,再按本规范第9.3.1条第8款与第9.4节的有关要求安装移动管道、竖管和喷头。

9.5.7 喷灌机安装完毕后应先检查各部件连接状况,螺栓应紧固到位,各部件不得漏装、错装,电控系统接线应正确可靠。柴油机、发电机、水泵的安装和轮胎的充气均应符合要求。

10 管道水压试验

10.1 一般规定

10.1.1 管道安装完毕埋土定位后,应进行管道水压试验并填写水压试验报告。对于面积大于等于30hm²的喷灌工程,应分段进行管道水压试验。

10.1.2 水压试验应选用经校验合格且精度不低于1.0级的标准压力表,表的量程宜为管道试验压力的1.3～1.5倍。

10.1.3 水压试验宜在环境温度5℃以上进行,否则应有防冻措施。

10.1.4 水压试验前应进行下列准备工作:
 1 充水、排水和进排气设施应可靠,试压泵及压力表安装应到位,与试验管道无关的系统应封堵隔开。
 2 管道所有接头处应显露并能清楚观察渗水情况。
 3 管道应冲洗干净。

10.1.5 管道水压试验包括耐水压试验和渗水量试验。若耐水压试验合格,即可认定为管道水压试验合格,不再进行渗水量试验。

10.2 耐水压试验

10.2.1 管道试验段长度不宜大于1000m。

10.2.2 试验管道充水时,应缓慢灌入,管道内的气体应排净。试验管道充满水后,金属管道和塑料管道经24h、钢筋混凝土管道经48h,方可进行耐水压试验。

10.2.3 高密度聚乙烯塑料管道(HDPE)试验压力不应小于管道设计工作压力的1.7倍;低密度聚乙烯塑料管道(LDPE、LLDPE)试验压力不应小于管道设计工作压力的2.5倍;其他管材的管道试验压力不应小于管道设计工作压力的1.5倍。

10.2.4 试验时升压应缓慢。达到试验压力保压10min,管道压力下降不大于0.05MPa,管道无泄漏、无破损即为合格。

10.3 渗水量试验

10.3.1 若耐水压试验保压期间管道压力下降大于等于0.05MPa,应进行渗水量试验。

10.3.2 试验时,先将管道压力缓慢升至试验压力,关闭进水阀,记录管道压力下降0.1MPa所需时间T。再将管道压力升至试验压力,关闭进水阀后立即开启放水阀向量水器中放水,记录管道压力下降0.1MPa时放出的水量W。按下式计算实际渗水量:

$$q_s = \frac{1000W}{TL} \quad (10.3.2)$$

式中 q_s——管道实际渗水量〔L/(min·km)〕;
 L——试验管道长度(m);
 T——管道密封时,其水压力下降0.1MPa所经过的时间(min);
 W——开启放水阀放水,管道压力下降0.1MPa时所放出的水量(L)。

10.3.3 对于管道内径分别小于等于250mm和150mm的钢管以及铸铁管、球墨铸铁管,其允许渗水量可按表10.3.3确定。

表10.3.3 管道允许渗水量〔L/(min·km)〕

管道内径(mm)	允许渗水量	
	钢 管	铸铁管、球墨铸铁管
100	0.28	0.70
125	0.35	0.90
150	0.42	1.05
200	0.56	—
250	0.70	—

其他管材、管径的管道允许渗水量,可按下式计算:

$$[q_s] = k\sqrt{d} \quad (10.3.3)$$

式中 $[q_s]$——管道允许渗水量〔L/(min·km)〕;
 k——渗水系数:钢管0.05,聚氯乙烯管、聚丙烯管0.08,铸铁管0.10,聚乙烯管0.12,钢筋混凝土管0.14;
 d——管道内径(mm)。

10.3.4 实际渗水量不大于允许渗水量即为合格;实际渗水量大于允许渗水量时,应修补后重测,直至合格为止。

11 工程验收

11.1 一般规定

11.1.1 喷灌工程验收前应提交全套设计文件、施工期间验收报告、管道水压试验报告、试运行报告、工程决算报告、运行管理办法、竣工图纸和竣工报告。

11.1.2 对于规模较小的喷灌工程,验收前可只提交设计文件、竣工图纸和竣工报告。

11.2 施工期间验收

11.2.1 喷灌的隐蔽工程必须在施工期间进行验收并填写隐蔽工程验收记录。隐蔽工程验收合格后，应有签证和验收报告。

11.2.2 水源工程、首部枢纽工程及管道工程的基础尺寸和高程应符合设计要求；预埋铁件和地脚螺栓的位置及深度，孔、洞、沟及沉陷缝、伸缩缝的位置和尺寸均应符合设计要求；地埋管道的沟槽及管基处理、施工安装质量应符合设计要求。

11.3 竣工验收

11.3.1 应全面审查技术文件和工程质量。技术文件应齐全、正确；工程应按批准文件和设计要求全部建成；土建工程应符合设计要求和本规范的规定；设备配置应完善，安装质量应达到本规范的规定；应进行全系统的试运行，并对主要技术参数进行实测。

11.3.2 竣工验收应对工程的设计、施工和工程质量作全面评价，验收合格的工程应填写竣工验收报告。

本规范用词说明

1 为便于在执行本规范条文时区别对待，对要求严格程度不同的用词说明如下：
1) 表示很严格，非这样做不可的用词：
   正面词采用"必须"，反面词采用"严禁"。
2) 表示严格，在正常情况下均应这样做的用词：
   正面词采用"应"，反面词采用"不应"或"不得"。
3) 表示允许稍有选择，在条件许可时首先应这样做的用词：
   正面词采用"宜"，反面词采用"不宜"；
   表示有选择，在一定条件下可以这样做的用词，采用"可"。

2 本规定中指明应按其他有关标准、规范执行的写法为"应符合……的规定"或"应按……执行"。

中华人民共和国国家标准

喷灌工程技术规范

GB/T 50085—2007

条 文 说 明

目　　次

1 总则 …………………………… 3—17
3 喷灌工程总体设计 …………… 3—17
　3.1 一般规定 ………………… 3—17
　3.2 水源分析计算 …………… 3—17
　3.3 系统选型 ………………… 3—17
4 喷灌技术参数 ………………… 3—18
　4.1 基本参数 ………………… 3—18
　4.2 质量控制参数 …………… 3—18
　4.3 设计参数 ………………… 3—20
　4.4 工作参数 ………………… 3—20
5 管道水力计算 ………………… 3—20
　5.1 设计流量和设计水头 …… 3—20
　5.2 水头损失计算 …………… 3—20
　5.3 水锤压力验算 …………… 3—20
6 设备选择 ……………………… 3—21
　6.1 喷头 ……………………… 3—21
　6.4 水泵及动力机 …………… 3—21
7 工程设施 ……………………… 3—21
　7.1 水源工程 ………………… 3—21
　7.2 首部枢纽工程 …………… 3—21
8 工程施工 ……………………… 3—21
　8.1 一般规定 ………………… 3—21
　8.2 水源工程 ………………… 3—21
　8.3 首部枢纽工程 …………… 3—21
　8.4 管道工程 ………………… 3—21
9 设备安装 ……………………… 3—21
　9.1 一般规定 ………………… 3—21
　9.3 管道 ……………………… 3—21
　9.5 喷灌机 …………………… 3—22
10 管道水压试验 ………………… 3—22
　10.1 一般规定 ……………… 3—22
　10.2 耐水压试验 …………… 3—22
　10.3 渗水量试验 …………… 3—23
11 工程验收 ……………………… 3—23
　11.1 一般规定 ……………… 3—23
　11.2 施工期间验收 ………… 3—24
　11.3 竣工验收 ……………… 3—24

1 总 则

1.0.1、1.0.4、1.0.5 为新增内容。1.0.1强调了提高工程建设质量，即指搞高喷灌工程的设计、施工和安装质量；1.0.4规定承担设计、施工的单位应分别具有相应的工程设计、施工和安装资质；1.0.5规定工程所用材料及设备应经法定检测机构检测或认定合格。

3 喷灌工程总体设计

3.1 一般规定

3.1.1 喷灌工程是农田水利工程的一个组成部分，它们之间的关系是局部与整体的关系，因此喷灌工程的总体设计必须建立在当地水资源开发利用和农村水利规划的基础上，并与之相符合。另一方面，与灌溉、排水、道路、林带、供电等系统以及居民点密切关联，互相影响，互相制约。此外，喷灌设计必须和土地整理复垦规划、农业结构调整规划相结合。只有统筹兼顾才能做出技术和经济上有利于全局的合理设计。

3.1.3 根据喷灌发展经验，对种植经济作物、蔬菜、果树、花卉等高附加值的作物的地区及在灌溉水源缺乏的地区、高扬程提水灌区、受土壤或地形限制难以实施地面灌溉的地区、有自压喷灌条件的地区及技术水平较高的地区可获得较好的效益，故作此规定。

3.2 水源分析计算

3.2.1 本条规定在进行喷灌工程的总体设计时，必须对水源水量进行分析计算，以使整个工程落实在可靠的基础上，避免因水量不足而使工程建成后其效益不能充分发挥。

当喷灌灌区是由已建成的水利工程（如水库、渠道）供水时，应调查收集该工程历年向各用水单位供水的流量资料，经分析计算，推算符合设计频率的年份可向本灌区提供的水量和流量，以便判断喷灌用水量是否有保障，确定是否需要再调节等。对于新建水源工程，其水量计算方法与要求在以下几条中作了规定。

3.2.2 本条对河川径流的计算分三种情况作了规定：

1 当具有较长系列的径流资料时，可直接通过频率计算推求设计年径流量、各月径流量或灌水临界期日平均流量。月径流量用于年调节计算，若为日调节或多日调节则用灌水临界期平均流量。

2 当径流资料年数很少，不足以进行频率计算时，应先通过相关关系插补延长径流资料后进行频率计算。相关关系的建立，可利用本流域降水量和径流量之间的关系，本站径流量与上下游站的径流量之间的关系，本流域径流量和邻近相似流域的径流量之间的关系等，视具体条件采用之。

3 没有实测径流资料，这是中小型河流上常见的。在条件许可时，可选取具有径流资料且气候和自然地理条件类似的流域，按面积的比例将径流量换算过来。也可将相似流域的降水径流关系移用过来，由本流域的降水量推求径流量。在本流域上下游水文测站具有资料时，也可用内插法推求本站径流量。

3.2.3 在拦截当地地面径流作为喷灌水源时，多无实测流量资料。通常可参考地区性水文手册或图集所提供的经验图表（如等值线图）或公式来估算，但还应进行深入的实地调查。因为，水文手册或图集很难全面反映各集水面积上的具体情况，通过调查分析可对计算成果加以检验或进行必要的修正。

3.2.4 当喷灌水源为地下水时，考虑到现今的喷灌系统规模都不太大，其水源常是单井或有数的几口井，而水文地质资料只能反映较大区域的地下水开采条件，故本条规定在分析已有水文地质资料的基础上，还要对邻近机井的出水情况作调查，才能较为可靠地确定井的动水位和单井涌水量。对于地下水未开发又无资料的地区，只有打勘探井作抽水试验，才能搞清其开采条件。

3.2.5 本条是关于水利计算的规定，有以下两层意思：

为使喷灌用水落实在可靠的基础上，总体设计中强调必须对来水和用水进行水量平衡计算。

在水量平衡计算中可出现三种情况：一是当来水量及其在时间上的分配都达到或超过用水量时，说明天然的来水能够满足任何时候的用水要求，一般无需再建蓄水工程；二是来水量等于或大于喷灌用水量，但其时间分配状况不相适应，这时既具备了调蓄的条件，又存在调蓄的必要，故应建工程调蓄水量，改变天然的来水过程以适应用水要求；三是来水量小于用水量时，失去了调蓄的条件，这时必须通过延长调节周期或另辟水源，先使来水量等于或大于用水量，而后考虑调节问题。

3.3 系统选型

3.3.1 喷灌系统的类型很多，按获得压力的方式可分为机压式和自压式；按喷洒特征可分为定喷式和行喷式；按设备的组成特点可分为管道式和机组式，管道式系统又可分为固定管道式、半固定管道式和移动管道式，机组式系统又有轻型、小型、中型等定喷机组或中心支轴、平移、绞盘、悬臂式等行喷机组之别。各类系统都有其适用条件，并且投资造价和运行成本高低各异，管理运行要求不同，生产效率与喷洒质量也有区别。只有因地制宜地考虑本条中所列各因素，从技术上和经济上加以比较论证，才能确定适宜的系统类型，收到最大的经济效益。对于面积较大或自然条件复杂的灌区，如采用几种系统类型比单一类型在技术和经济上更为合理时，则应分区进行选型。

4 喷灌技术参数

4.1 基本参数

4.1.1 原规范喷灌设计保证率规定系根据1982年全国喷灌技术研究班讨论意见并参考1977年水利电力部颁发的《水利水电工程水利动能设计规范》作出的，而本次修订是依据 GB 50288，并且为保证术语的统一与含义清晰，将喷灌设计保证率改为喷灌工程灌溉设计保证率。

4.1.2 喷灌作物蒸发蒸腾量 ET 直接影响着灌水周期的确定，ET 的确定应采用相应的方法。本条规定了应采用灌溉试验资料确定，对于缺少气象资料的喷灌区采用相近地区试验资料或彭曼－蒙蒂斯公式计算。

4.1.3 确定喷灌系统设计流量依据喷灌的灌溉水利用系数，而田间喷洒水利用系数仅是其中的一部分。因此，本条修订为喷灌的灌溉水利用系数，定义为管道系统水利用系数与田间喷洒水利用系数的乘积。

根据国内外的一些实测资料，管道系统水利用系数在0.95～0.98。田间喷洒水利用系数按风速分两档给出，这是因为喷洒水利用系数取决于当地的气象条件和喷头的运行参数，它随风速、气温、相对湿度、喷头工作压力和射程等变化而变化。根据 GBJ 85 编制组安排在湖北、河南、陕西、北京、宁夏、新疆、云南、福建等省、自治区、直辖市进行现场测定证明：在喷头工作压力水头为20～50m、喷嘴直径为4～11mm、气温为20～39.5℃、相对湿度为30%～90%、风速为0～6.4m/s的条件下，喷洒水利用系数为0.68～0.93（详见表1）。据此，本条按风速分两档给出喷洒水利用系数的取值范围。

表1 喷洒水利用系数实测值

序号	相对湿度（%）	气温（℃）	喷头压力（kPa）	喷嘴直径（mm）	风速（m/s）	喷洒水利用系数
1	30	39.5	300	4.9	0.24	0.84
2	30	30.4	300	4.9	1.46	0.88
3	30	27.5	290	8.0	4.3	0.75
4	40	27.5	290	4.9	4.9	0.74
5	50	34.5	300	4.9	0.97	0.72
6	45	20.9	300	4.9	6.39	0.68
7	50	30.6	400	11.0	6.0	0.79
8	50	30.6	400	11.0	6.0	0.78

续表1

序号	相对湿度（%）	气温（℃）	喷头压力（kPa）	喷嘴直径（mm）	风速（m/s）	喷洒水利用系数
9	48	34.0	350	11.0	1.0	0.96
10	42	25.6	320	8.0	4.0	0.76
11	54	29.2	500	11.0	2.0	0.88
12	52	24.0	320	8.0	1.0	0.88
13	54	31.5	300	4.0	0.56	0.73
14	53.6	33.5	300	4.0	0.74	0.82
15	52	22.8	320	4.0	1.2	0.88
16	60	22.4	320	4.0	3.7	0.81
17	63	25.0	300	4.9	0.28	0.88
18	63	20.0	300	4.9	0.56	0.93
19	65	27.0	350	11.0	5.0	0.92
20	62	24.0	300	11.0	3.0	0.93

4.1.4 喷灌受到风的影响会降低喷洒质量，以往在设计中因忽略风的影响导致漏喷的情况颇多，常使工程不得不返工重新布置，造成人力、物力的浪费。为此，本条规定设计必须考虑风的影响。

4.2 质量控制参数

4.2.1 为了不产生地面积水和径流，喷灌强度不应大于土壤入渗速度。喷灌土壤的入渗速度除与土壤质地有关以外，还随水滴大小、水滴降落速度和喷洒水深变化而变化，但目前在我国还没有足够的试验资料可以确定在各种情况下的土壤入渗速度数值。本条采用了国际上通用的对允许喷灌强度的规定，也是多年来我国在设计实践中所使用的。

本次修订本条增加了对行喷式喷灌系统的喷灌强度允许略大于土壤入渗速度，其限制条件是不得出现地面径流。这就是说在喷洒过程中允许地面出现当时渗不下去而过后能很快渗入的小水洼。这样既确保了表土结构不被水流浸蚀破坏，又提高了喷灌机械的效率。

4.2.2 我国以往采用均匀系数 K 值表示喷灌的均匀度，现按国际标准的规定，采用 J.E.克里斯琴森均匀系数表示，符号用 C_u。C_u 值和 K 值可按下式换算：

$$C_u = \left(2 - \frac{1}{K}\right) \times 100\% \quad (1)$$

至于喷洒水深的平均值其平均离差的计算方法，在本次修订中将其移为条文说明，即按下列公式计算：

1 测点所代表的面积相等时：

$$h = \frac{\sum_{i=1}^{n} h_i}{n} \quad (2)$$

$$\Delta h = \frac{\sum_{i=1}^{n}|h_i - h|}{n} \quad (3)$$

2 测点所代表的面积不等时：

$$h = \frac{\sum_{i=1}^{n} S_i h_i}{\sum_{i=1}^{n} S_i} \quad (4)$$

$$\Delta h = \frac{\sum_{i=1}^{n} S_i |h_i - h|}{\sum_{i=1}^{n} S_i} \quad (5)$$

式中 h_i——某测点的喷洒水深（mm）；
　　S_i——某测点所代表的面积（m²）；
　　n——测点数。

本条规定均匀系数 C_u 值的下限不低于75%，不作上限规定。这是因为低于75%容易漏喷，从而失去喷灌的优越性，而不规定上限则给设计均匀系数的优选提供了余地。

本条规定的 C_u 值下限与国际标准相比，数值略低，但实际上相当。因国际标准对 C_u 值不低于80%的规定是在风速为0.9~3m/s条件下测试，风速超过这个范围没有新的要求。实际上当风速超过2m/s时 C_u 值必然下降。在一般情况下，设计风速为2~3m/s最为常见，此时按本规范设计，其均匀系数 C_u 值并不低于国际标准。因此本条规定保留了国际标准中只规定下限的合理部分，而对下限的数值，则按实际情况统一要求，使其在设计风速下都能保证均匀度的最低要求。

4.2.3 本条为本次修订中新增的，说明喷灌均匀系数在设计中可以通过设计风速下喷头的组合间距、喷头的喷洒水量分布、喷头工作压力等因素来控制。

4.2.4 本条作了修订，利用设计风速下的喷头组合间距来保证其设计均匀系数时，将原 PY_1 系列喷头组合间距表修订为旋转式喷头组合间距表。该表是结合以往 PY_1 系列15、20、30、40型喷头的实测数据和近几年来国内对 ZY-1、ZY-2、30PSH 等型号旋转式喷头的实测数据汇总而成的。同样，该表不限制设计人员取较密的间距作优化选择。由于本条对确定间距没有作方法上的规定，因而并不排斥其他可保证均匀度的间距确定方法。

4.2.5 本条在原规范中条文编号是3.0.12，是对喷灌系统中喷头的实际工作压力所作的规定，以确保技术、经济的合理。分为三款：

1 本款参照喷头的国际标准和国家标准，对喷头实际使用的参数作了规定，以杜绝目前国内存在的升压或降压运行现象，从而避免损坏设施和降低喷灌质量，确保系统正常工作。

2 我国过去习惯按保证灌区内各个喷头的工作压力都不低于设计工作压力来确定水泵扬程。这种方法使绝大多数的喷头都在超过设计工作压力下运行，从而导致系统流量增大，迫使机组加大容量，结果是投资造价和运行费用都增加。为了消除这一弊端，本款规定允许降低实际工作压力为最小的喷头运行压力，但不得低于设计工作压力的90%。这样，在我国通常使用的工作压力范围内，系统设计水头可降低2~5m，实际流量也将与设计流量相近，这对节能和减少水的浪费都是很有意义的。

3 本款的规定是国际上设计喷灌系统时的常规，其目的是控制同一支管上喷头流量的差别不致过大，以保证喷洒的总体均匀性。但在文字上多写成首末两喷头的压力差不超过设计工作水头的20%，这一写法有一定的局限性，因为在支管有明显变坡的情况下，最大的压力差不见得发生在首末喷头之间，为此，本款改为"同一条支管上任意两个喷头之间的工作压力差应在设计喷头工作压力的20%以内"，则各种情况均可概括。

4.2.6 本条这次未作修订。它对喷灌系统的压力分区作了原则性规定，目的是为了较为充分地利用能源。

在机压喷灌系统中，一般当最大喷头工作压力超过设计工作压力0.1MPa时，就应通过技术经济比较做出压力分区，以减少通过闸阀人为地消除压力。在自压喷灌系统中，管内水流压力随地形由上往下逐渐增大。在地形坡度较陡、面积较大、管道较长的喷灌区，上部和下部压力往往相差很大，如果全灌区仅按一种喷头压力规划设计，很难达到理想效果。如全部选用压力小的喷头，虽然可扩大上部自压喷灌面积，但下部水头利用不充分，剩余水头大，喷灌效率低；如全部选用压力大的喷头，自然水头可得到较充分的利用，喷灌效率高，但上部有一部分面积不能自压喷灌，受益面积小。因此，为了充分利用自然水头，扩大自压喷灌效益，应根据压力随地形变化的特点，按压力大小进行分区，并分别选配喷头进行设计。划分压力区时，应根据地形、压力和面积大小、喷头产品类型、管理、投资等具体条件，综合考虑，合理确定。

4.2.7 本条这次未作修订。对于喷灌的适宜雾化强度，比较理想的方法是直接根据作物、土壤等因素确定允许打击强度（或能量），并依此确定喷头的工作参数范围。但对此目前国内外尚处于研究阶段，还不能实际应用。

喷灌水滴直径可在一定程度上反映喷洒水的打击强度。但采用水滴直径作为标准也不现实，主要是采用什么样的直径（如平均直径、中数直径、某部位的直径等）国内外都无定论，无法统一规定，测定雨滴直径的方法也多种多样不好统一，且国外也没有一个标准规定采用水滴直径表示雾化程度的，因此本规范亦不采用。

当前国际、国内多采用 h_p/d 值作为喷灌雾化程度的指标，此法使用简单方便，本规范采用之。表4.2.7中适宜的 h_p/d 值是我国多年生产实践中采用的数值，效果较好。当然用 h_p/d 法表示喷灌雾化程度也并非理想的办法，例如对于主喷嘴为异形或带有碎水装置时则不能使用，有待进一步改进。

4.3 设 计 参 数

4.3.1 本条为本次修订中新增的，设计灌溉定额是确定喷灌系统灌溉用水量的依据。

4.3.2 设计灌水定额是确定喷灌系统设计流量的依据，直接影响着喷灌工程的投资，故应根据当地试验资料确定。在无试验资料时，采用本条列出的公式计算灌水定额，实践证明是可行的，当然需要有当地的试验资料作为计算基础，以便确定公式中的各项参数。

本次修订中，去掉了公式（4.3.2）中的 η，这样符合灌水定额的含义。

4.3.4 设计灌水周期同样是确定喷灌系统设计流量的依据，直接影响着喷灌工程的投资，故应根据当地试验资料确定。在无试验资料时，采用本条列出的公式（4.3.4）计算灌水周期，实践证明是可行的。

公式（4.3.2）和（4.3.3）的应用，可以先按式（4.3.2）计算灌水定额，再按式（4.3.4）计算灌水周期；也可参照当地经验先确定灌水周期，再用式（4.3.4）反算灌水定额。这两种应用方式都是可行的。

4.4 工 作 参 数

4.4.1 设计日灌水时间也是决定系统设计流量的重要参数。设计日灌水时间长，系统设施的利用率高，系统容量就小，投资就低；反之，投资就高。国外的喷灌工程，一般说日灌水时间较长，我国已往的设计中则取得较短。考虑到近几年喷灌设备的质量与自动化程度以及运行管理人员的素质均有很大的提高，因此在本次修订中分别提高固定管道式、半固定管道式、移动管道式和定喷机组式系统的设计日灌水时间下限。

4.4.2 本条为本次修订中新增的，一个工作位置的灌水时间与设计灌水定额、喷头的设计流量、组合间距有关。公式（4.4.2）反映它们的关系。

4.4.3 本条为本次修订中新增的。一天的工作位置数与日灌水时间、一个工作位置的灌水时间有关。公式（4.4.3）反映它们的关系。

4.4.4 本条为本次修订中新增的。同时工作喷头数与一天工作位置数、灌区喷头总数有关。公式（4.4.4）反映它们的关系。

5 管道水力计算

5.1 设计流量和设计水头

5.1.1 由于喷灌管道系统存在水量损失，故喷灌系统设计流量为喷头流量的总和与管道系统水利用系数之比。

5.2 水头损失计算

5.2.1 鉴于公式（5.2.1）及表5.2.1中参数已在工程中得到广泛应用，故仍采用该经验公式，但由于石棉水泥管在工程中较少使用，故表中不再列示。

5.2.3 喷灌管道的局部水头损失应逐项按公式计算，然后叠加，得出总的局部水头损失。但考虑实际工程中有些局部损失难以计算确定，故规定计算时喷灌管道系统的局部水头损失可按沿程水头损失的10%～15%估算，待系统确定后，仍应逐项按公式核算。

5.3 水锤压力验算

5.3.1 设有单向阀的机压喷灌系统的最高与最低水锤压力，通常都在事故停泵过程中出现。如果管道在该压力作用下安全，同时也会满足其他水锤压力的要求，故应以此作为验算管道强度的依据。

未设单向阀的机压喷灌系统的最高水锤压力，远小于设有单向阀的情况，故不宜以此作为验算的依据；同时，由于系统中未设单向阀门，在事故停泵时，必然会发生反转，而且其反转转速还取决于事故停泵时出现的最高水锤压力值，因此验算反转转速也意味着验算其水锤压力。由于不允许的反转转速首先出现，故应以水泵机组允许的最高反转转速作为验算的依据。

对于下坡干管的最高与最低水锤压力，一般是在迅速关闭或开启管道末端闸阀时产生，故应以此作为验算管道强度的依据。

5.3.2 水锤压力出现的历时极短，对于管道来讲可视为临时性荷载。同时，此值也应作为是否需要防护措施的依据。

事故停泵时，水泵从正转水泵工况，经制动工况、水轮机工况，最后达到飞逸状态。在整个过渡过程中水泵承受的转矩都是逐步衰减的，故不能以水泵作为控制条件；电动机是根据允许比额定值超速1.25倍运行2min设计的。故以此作为判断设置防护措施的依据。

在事故停泵和启闭阀门过程中，管道内的压力如果降低到水的汽化压力，说明管道中的水柱将产生分离现象，这种分离的水柱当其惯性耗尽后又会出现再度弥合现象，这时产生的水锤压力将比根据本规范第4.3.1条的条件计算出的压力大得多。为了防止上述情况出现，应以该值作为确定设置防护措施的依据。

5.3.3 由于喷头工作需要一定的压力水头，所以水泵（或自压）水头多大于20m，水锤波传播速度为1000m/s左右，管中流速多小于3m/s，因此管路常数 $\rho = \dfrac{a_w v_0}{2gH_0} < 8$；同时，关阀历时 T_s 与水锤相 $\dfrac{2L}{a_w}$ 之

比为 $\frac{a_w T_s}{2L}$。根据 ρ 和 $\frac{a_w T_s}{2L}$ 两个参数查阿列维关阀水锤计算曲线可知 $\rho=8$，$\frac{a_w T_s}{2L}=20$ 时，对应的水锤增压值为 $0.5H_0$。因此，可以认为喷灌系统的关阀历时 $T_s \geq 40 \frac{L}{a_w}$，其发生最大水锤压力不超过 $1.5H_0$。

6 设备选择

6.1 喷头

6.1.2 为降低系统能耗，规定宜优先采用低压喷头；为减少喷射水流受风或树冠的影响，规定灌溉季节风大的地区或实施树下喷灌的喷灌系统，宜采用低仰角喷头。

6.4 水泵及动力机

6.4.5 喷灌泵站的装机台数，是根据国内外有关标准资料，并参照我国泵站建设与管理实践经验规定的。机组愈大，效率愈高；机组台数愈少，管理费用、泵房面积、建筑物尺寸、配电设备及机电控制设备均可减少，因而较为经济，但是机组台数过少时，常不能满足泵站调节流量的要求。故选用 1～3 台为宜。

7 工程设施

7.1 水源工程

7.1.1 取水建筑物的设计在现行国家标准《泵站设计规范》GB/T 50265 和《室外给水设计规范》GB 50013 中规定得比较详细，可以满足喷灌取水建筑物的要求，故可按其执行。

7.2 首部枢纽工程

7.2.1 前池和进水池的水流条件对水泵工作性能影响很大，如果池内产生漩涡，会破坏水流的连续性，导致空气进入水泵，减少水泵出水量，降低水泵效率。本规范引用了现行国家标准《泵站设计规范》GB/T 50265 的这些数据，作为前池及进水池设计的基本规定。

8 工程施工

8.1 一般规定

8.1.1 本条针对目前有些喷灌工程没有完全按照批准的文件和设计要求进行施工，任意改变工程规模、修改设计等问题，特别强调应按已批准的设计施工，以控制工程投资和保证工程质量满足要求。

8.1.2 喷灌工程施工应首先设置施工测量控制网，管道和建筑物的基坑开挖应符合本条规定，建筑物砌筑标准则直接引用建筑行业的规范。

8.2 水源工程

8.2.1～8.2.3 水源工程主要为机井、蓄水池和输水渠道，各部分均已有相应规范对其施工进行规定，故直接引用。

8.3 首部枢纽工程

8.3.1 除自压喷灌和机组式喷灌系统外，大部分喷灌工程的首部枢纽主要是泵站和过滤、施肥等设施，属于土建工程施工的主要是泵站机组的基础施工，故本条对泵站机组基础施工做了规定，而属于设备安装的要求均列入下一章设备安装中。

8.3.2 机组式喷灌系统只有中心支轴式需有固定基础，故本条作了简单规定，其他设备安装问题均未涉及。

8.4 管道工程

8.4.1 本条对管道沟槽开挖作出规定，目的是为了保证管道沟槽开挖既能达到设计要求，同时也能满足施工需要。对局部岩石地段做出规定，是为了防止岩石、卵石等损坏管道。

8.4.2 填土双侧进行主要是为了防止管道移位。填土后分层夯实或分层灌水沉实可根据各地经验和土料实际情况选用。对塑料管道，由于温度变化其线胀系数较大，故规定宜在地面、地下温度相近时进行，而且塑料管硬度低于金属管道和水泥制品管道，故又规定管道周边填土不得有石子和硬土块。

8.4.3 阀门井和镇墩施工属于砌体工程，故本条直接规定应符合现行国家标准《砌体工程施工质量验收规范》GB 50203 的规定。

9 设备安装

9.1 一般规定

9.1.1 根据国家对各种行业技术人员都应进行培训，并发给合格者资格证书的要求，增添了"持证上岗"的规定，以保证安装质量要求。同时根据有关单位意见，将原规范第 7.1.1 条第 1、2、3、4 款简化后改写本规范的 9.1.1 条。

9.1.2 根据有关单位意见，将原规范第 7.1.2 条第 1、2、3、4 款简化后改写成本规范的 9.1.2 条。

9.3 管 道

节名改为"管道"，内容包括地埋管道和移动管道安装的一般要求。原规范中第7.1.3条第1款中"不得安装在冻结的土基上"这句话，根据东北和其他地区提出地埋管不会因埋在冻土层冻坏的实践而取消，不予肯定，也不予否定。

9.3.1 本条第6款是根据《给水排水管道工程施工及验收规范》GB 50268中第4.1节一般规定的18条规定而引入本规范的。

9.3.2 金属管道安装在现行国家标准《工业金属管道工程施工及验收规范》GB 50235中要求十分详尽，故本条规定按现行的上述规范要求执行。

9.3.3 根据有关单位意见，取消了原规范中有关塑料管安装前宜进行爆破压力试验的规定。

本条第2款是将原规范第7.4.3条第2、3两款归纳合并后的规定要求，并根据有关单位意见取消了原规范第7.4.4条的塑料管翻边连接的安装要求内容。第4款增加了我国目前塑料管连接方法中先进的半自动化热熔对接技术，目的就是要求用此种先进技术替代落后的手工热熔对接技术。

9.3.4 因本规范中取消了石棉水泥管，故将本条改为"钢筋混凝土管安装"。

9.5 喷灌机

为新增内容。鉴于大型自走式喷灌机的安装较复杂，且至今只有安装使用说明书，没有国家和行业的安装规范，故本规范中将各类型喷灌机的安装使用规定写入，待将来再根据需要决定是否编制各种喷灌机的安装规范。

10 管道水压试验

10.1 一般规定

10.1.1 本条明确了水压试验在喷灌工程建设程序中的位置。为避免因局部管道水压试验不合格而导致大量返工，还明确规定了面积在30hm² 以上的喷灌工程水压试验应分段进行。

10.1.2 在《给水排水管道工程施工及验收规范》GB 50268和《工业金属管道工程施工及验收规范》GB 50235中，均规定试验用压力表的精度不得低于1.5级，在《长期恒定内压下热塑性塑料管材破坏时间的测定方法》GB 6111中规定压力表的精度不得低于1%，即1.0级，由于喷灌工程中使用的管材不仅有金属的、钢筋混凝土的，而且有塑料的，故规定压力表的精度不得低于1.0级。为了减小压力表读数时的人为误差，又规定了压力表的量程宜为管道试验压力的1.3～1.5倍，即管道的试验压力值宜为压力表盘满刻度值的2/3～3/4。

10.2 耐水压试验

10.2.2 试验管道充水时，水流速度不能太快，应使进入管道的水量与管道的排气量相匹配，以保证管道内的气体排放干净。否则滞留在管道内的气体在水压试验时易形成气囊，影响试验效果；严重时，因滞留气体的压缩，还可将管道胀裂，造成不该发生的事故。

10.2.3 从国家现行标准《喷灌与微灌工程技术管理规程》SL 236可知，地埋塑料管的折旧年限为20年；从国家标准《给水用高密度聚乙烯（HDPE）管材》GB/T 13663—92、《给水用硬聚氯乙烯（PVC-U）管材》GB/T 10002.1—1996和行业标准《给水用聚丙烯（PP）管材》QB 1929、《给水用低密度聚乙烯（LDPE、LLDPE）管材》QB 1930中可知，塑料管材的最大连续工作压力会随着管道所处环境温度的升高和使用寿命的延长而降低；又根据不同深度（50～100cm）土壤温度月变化、日变化的基本规律，从安全角度出发，取地埋塑料管道的土壤温度为小于等于35℃。地埋塑料管道的压力下降系数可按表2选取。

表2 最大连续工作压力下降系数

管材种类	使用寿命(a)	使用温度(℃)	下降系数
PVC-U	20	≤35	0.80
PP	20	≤35	0.82*
HDPE	20	≤35	0.70
LDPE、LLDPE	20	≤35	0.48

注：1 表中下降系数值分别取自上述相应规范；
    2 带*数字是通过内插得到的。

另外，考虑到管道实际工作时可能出现的压力脉动，再增加一个安全系数1.2，则地埋塑料管道水压试验的试验压力应按下式确定：

$$\text{管道试验压力} \geq \frac{\text{管道设计工作压力}}{\text{下降系数}} \times 1.2 \quad (6)$$

经换算，地埋塑料管道水压试验的试验压力可按表3选取。

表3 地埋塑料管道水压试验的试验压力

管材种类	管道设计工作压力	试验压力
PVC-U	P	$1.5P$
PP	P	$1.5P$
HDPE	P	$1.7P$
LDPE、LLDPE	P	$2.5P$

又根据《给水排水管道工程施工及验收规范》GB 50268和《工业金属管道工程施工及验收规范》GB 50235的规定，金属管道和水泥制品管道水压试验时的试验压力均不得低于1.5P。所以，综合上述各项要求，本条中规定了高密度聚乙烯塑料管道（HDPE）试验压力不应低于1.7P，低密度聚乙烯塑料管道（LDPE、LLDPE）试验压力不应低于2.5P，其余管材的管道试验压力不应低于1.5P。

10.2.4 金属管道和水泥制品管道是刚性材料，不发生破损就不会发生变形。而塑料管材的管道受内压后，有时会发生轻微变形而并不会发生破损，故在管道耐水压试验保压期间，只要管道无泄漏、无破损即可认为合格。

10.3 渗水量试验

10.3.2 管道密封时其内压力下降 0.1MPa 的原因，是因管道严密性不好引起管道内部分水量外渗造成的。所谓渗水是指在管道外表面潮湿形成的水膜，但不会形成下落的水滴。由于施工现场无法进行管道渗水量 W_1 的测量，只能借助于测量管道全部开启放水使管内压力下降 0.1MPa 时放出的水量 W_2 来代替。从理论上讲，如果管道密封承压时渗水，则管道全部开启放水的同时也会有渗水量 ΔW 存在，即有 $W_1 = W_2 + \Delta W$。但实际上管道全部开启放出水量 W_2 的时间很短，且渗水的力度也应比管道封闭时要小，所以，可以认为 ΔW 是一个高阶微量，若忽略不计是不会影响试验精度的。

下面以渗水系数最大的钢筋混凝土管道在喷灌工程中常用管径下的算例来说明之：

1 有压管道管径与流量间的经验公式为：

$$Q = 5d^2 \quad (7)$$

式中　Q——有压管道的估算流量（m^3/h）；
　　　d——管道内径（in）。

2 1000m 长的钢筋混凝土管道 10min 内允许渗水量的计算公式为：

$$[W] = 10 \times 0.14\sqrt{d} \quad (8)$$

式中　$[W]$——1000m 长管道 10min 内的允许渗水量（L）；
　　　d——管道内径（mm）。

3 计算 1000m 长管道在全部开启放出 $[W]$ 水量时所用的时间 t：

$$t = 0.06[W]/Q \quad (9)$$

式中　t——放出水量 $[W]$ 时所用的时间（min）。

计算结果见表 4。

表 4　管道流量、渗水量计算结果

管道内径 d		管道流量 Q		1000m 长管道 10min 内允许渗水量 $[W]$	管道全开放出 $[W]$ 水量所用时间 t	
mm	in	m^3/h	L/min	L	min	s
100	4	80	1333.3	14.00	0.0105	0.63
125	5	125	2083.3	15.65	0.0075	0.45
150	6	180	3000.0	17.15	0.0057	0.34
200	8	320	5333.3	19.80	0.0037	0.22
250	10	500	8333.3	22.14	0.0027	0.16
300	12	720	12000.0	24.25	0.0020	0.12
350	14	980	16333.3	26.19	0.0016	0.10
400	16	1280	21333.3	28.00	0.0013	0.08
450	18	1620	27000.0	29.70	0.0011	0.07
500	20	2000	33333.3	31.30	0.0009	0.05

从上述算例中可知，渗水系数最大的 1000m 长钢筋混凝土管在喷灌工程中常用的管径下，管道全部开启放出水量 W_2（$W_2 = [W]$）所用的时间 $t \leq 0.63s$，显然该管道同时存在（$t \leq 0.63s$ 内）的渗水量 ΔW 必定是一个高阶微量。因此，可以认为管道密封时其内压力由试验压力始下降 0.1MPa 止所经过的时间 T 内，外渗的水量 W_1 与将该管道全部开启由试验压力起下降 0.1MPa 时止放出的水量 W_2 是相等的。所以计算实际渗水量的公式应如规范中公式（10.3.2）所示。

10.3.3 对于钢管和铸铁管、球墨铸铁管，当其管道内径分别小于等于 250mm 和 150mm 时，直接用规范中公式（10.3.3）计算出的管道允许渗水量值与《给水排水管道工程施工及验收规范》GB 50268 的第 10.2.13 条 1 款规定值相比，误差较大（见表 5）。因此，将上述管材相应内径时的允许渗水量按照《给水排水管道工程施工及验收规范》GB 50268 的第 10.2.13 条 1 款规定，分档列于正文的表 10.3.3 中。其余管径时，用规范中公式（10.3.3）计算出的管道允许渗水量值与《给水排水管道工程施工及验收规范》GB 50268 的第 10.2.13 条 1 款规定值相比，误差均在 7% 以下，所以在规范中规定，其余管径管道的允许渗水量可用规范中公式（10.3.3）计算。

表 5　允许渗水量值对比表

管道内径 (mm)	允许渗水量 [L/(min·km)]			
	钢管		铸铁管、球墨铸铁管	
	用公式计算值	GB 50268 规定值	用公式计算值	GB 50268 规定值
100	0.50	0.28	1.00	0.70
125	0.56	0.35	1.12	0.90
150	0.61	0.42	1.22	1.05
200	0.71	0.56		
250	0.79	0.70		

11　工程验收

11.1　一般规定

一般规定主要是提出工程验收应提交的文件资料。对于喷灌工程，由于有些工程较小，故又作了些简化规定。

11.2 施工期间验收

11.2.1 本对强调对于隐蔽工程必须在施工期间验收,并填写记录、通过验收报告,目的是为了确保工程的质量。

11.2.2 对于施工期间的工程验收,本条规定了验收的重点是工程各部位的位置、尺寸、高程及基础处理和施工安装质量等方面。

11.3 竣 工 验 收

既包含竣工验收的程序,也强调了竣工验收的重点。

中华人民共和国国家标准

民用爆破器材工程设计安全规范

Safety code for design of engineering of
civil explosives materials

GB 50089—2007

主编部门：国防科学技术工业委员会
批准部门：中华人民共和国建设部
施行日期：２００７年８月１日

中华人民共和国建设部
公 告

第578号

建设部关于发布国家标准
《民用爆破器材工程设计安全规范》的公告

现批准《民用爆破器材工程设计安全规范》为国家标准，编号为GB 50089—2007，自2007年8月1日起实施。其中，第3.2.2、3.2.3、3.3.1、3.3.2、3.3.3、3.3.6、4.2.2、4.2.3、4.2.4、4.3.2、4.3.3、5.1.1(3)、5.2.2(1)(3)(5)(6)(7)(8)、5.2.3(1)(3)、5.2.4、5.3.2(1)(2)(3)(5)、5.3.3(1)(2)(3)(5)、5.4.2(1)、5.4.3(1)、6.0.2(2)(3)(4)(5)(9)、6.0.3(2)(4)、6.0.4、6.0.5、6.0.6(1)(3)(4)(6)(8)(9)(10)(11)(12)、6.0.7、6.0.8、6.0.9、7.1.1、7.1.2、7.1.3、7.1.4、7.1.6、7.1.7(2)、8.1.1、8.2.1、8.2.6、8.4.4、8.4.8、8.4.9、8.4.10、8.5.1、8.6.2、8.6.6、8.6.7、9.0.1、9.0.5、9.0.6、9.0.10、9.0.11、9.0.12(2)(3)、10.0.1、10.0.3、11.2.1、11.2.2(4)、11.3.3、11.3.4、11.3.6、11.3.7、12.2.1(2)(3)(5)(6)(8)、12.2.2、12.2.3(1)(2)(4)、12.2.4、12.3.3(1)(2)、12.3.4(2)、12.3.5、12.3.6、12.5.4、12.5.5(1)(3)、12.6.2、12.6.3、12.6.5、12.6.6、12.7.2、12.7.3、12.7.6、12.7.7、12.8.1、12.8.3、13.1.2、13.1.3、13.1.4、14.2.2、15.2.1、15.2.3、15.2.5、15.2.6、15.3.4、15.4.1、15.4.2、15.6.2、15.7.1、15.7.2、15.7.3、15.7.4、15.7.6、A.0.1、A.0.2条（款）为强制性条文，必须严格执行。原《民用爆破器材工厂设计安全规范》GB 50089—98同时废止。

本规范由建设部标准定额研究所组织中国计划出版社出版发行。

中华人民共和国建设部
二〇〇七年二月二十七日

前　言

本规范是根据建设部《关于印发"二〇〇二～二〇〇三年度工程建设国家标准制定、修订计划"的通知》(建标[2003] 102 号)的要求，由五洲工程设计研究院会同有关设计、科研、生产和流通单位对《民用爆破器材工厂设计安全规范》GB 50089—98 进行修订而成。

本规范共分 15 章、6 个附录。主要内容包括总则，术语，危险等级和计算药量，企业规划和外部距离，总平面布置和内部最小允许距离，工艺与布置，危险品贮存和运输，建筑与结构，消防给水，废水处理，采暖、通风和空气调节，电气，危险品性能试验场和销毁场，混装炸药车地面辅助设施和自动控制等。

本次修订，与原国家标准《民用爆破器材工厂设计安全规范》GB 50089—98 相比，保留了 90 条、3 个附录，修改了 109 条，取消了 24 条，增加了 95 条、3 个附录。规范修订后为 294 条、6 个附录。主要修订内容是：调整了建筑物的危险等级，进一步明确生产线联建的安全技术要求，补充调整了内、外部最小允许距离，修订了防护屏障的作用系数，增加了钢结构的要求，修订了电气危险场所的区域划分，通过试验增加了电磁辐射对电雷管的安全场强要求，补充了流通企业库房设计的安全技术规定等。

修订过程中，遵照《中华人民共和国安全生产法》和国家基本建设的有关政策，贯彻"安全第一，预防为主"的方针，针对民爆行业发展趋势，开展了专题研究和部分试验研究，总结了近五年来民用爆破器材工程建设设计方面的安全科研成果和经验教训，有选择地吸收了国外符合我国实际情况的先进安全技术。在全国范围内广泛征求了有关设计、科研、生产、流通民爆行业单位及行业主管部门的意见。最后经国防科学技术工业委员会民爆器材监督管理局会同有关部门审查定稿。

本规范以黑体字标志的条文为强制性条文，必须严格执行。

本规范由建设部负责管理和对强制性条文的解释，由五洲工程设计研究院（中国兵器工业第五设计研究院）负责具体技术内容的解释。本规范在执行过程中，如发现需要修改或补充之处，请将意见和有关资料寄送五洲工程设计研究院（地址：北京市宣武区西便门内大街 85 号，邮编：100053，传真：010-83111943）。

本规范主编单位、参编单位和主要起草人：

主 编 单 位：五洲工程设计研究院（中国兵器工业第五设计研究院）

参 编 单 位：中国爆破器材行业协会
中国兵器工业规划研究院民爆咨询中心
广东南海化工总厂有限公司
福建永安化工厂
浙江利民化工有限公司
新疆雪峰民爆器材有限公司
湖南南岭爆破器材有限公司
福建龙岩红炭山七〇八有限公司
长沙矿冶研究院
西安庆华民爆公司
西安应用物理化学研究所
河南省前进化工有限公司
重庆八四五化工公司
葛洲坝易普力化工公司
甘肃和平民爆有限公司

主要起草人：魏新熙　杨家福　张嘉浩　王爱凤
陶少萍　郑志良　尹君平　管怀安
王泽溥　张幼平　白春光　张国辉
梁景堂　张利洪　刘晓苗

目 录

1 总则 ································ 4—5
2 术语 ································ 4—5
3 危险等级和计算药量 ·············· 4—6
　3.1 危险品的危险等级 ············ 4—6
　3.2 建筑物的危险等级 ············ 4—6
　3.3 计算药量 ······················ 4—9
4 企业规划和外部距离 ·············· 4—9
　4.1 企业规划 ······················ 4—9
　4.2 危险品生产区外部距离 ······ 4—10
　4.3 危险品总仓库区外部距离 ··· 4—12
5 总平面布置和内部最小允许距离 ··· 4—12
　5.1 总平面布置 ··················· 4—12
　5.2 危险品生产区内最小允许距离 ··· 4—12
　5.3 危险品总仓库区内最小允许距离 ··· 4—13
　5.4 防护屏障 ······················ 4—14
6 工艺与布置 ························ 4—15
7 危险品贮存和运输 ················ 4—16
　7.1 危险品贮存 ··················· 4—16
　7.2 危险品运输 ··················· 4—18
8 建筑与结构 ························ 4—18
　8.1 一般规定 ······················ 4—18
　8.2 危险性建筑物的结构选型 ··· 4—18
　8.3 危险性建筑物的结构构造 ··· 4—19
　8.4 抗爆间室和抗爆屏院 ········ 4—19
　8.5 安全疏散 ······················ 4—20
　8.6 危险性建筑物的建筑构造 ··· 4—20
　8.7 嵌入式建筑物 ················ 4—21
　8.8 通廊和隧道 ··················· 4—21
　8.9 危险品仓库的建筑构造 ····· 4—21
9 消防给水 ··························· 4—21
10 废水处理 ························· 4—22
11 采暖、通风和空气调节 ········ 4—23
　11.1 一般规定 ···················· 4—23
　11.2 采暖 ·························· 4—23
　11.3 通风和空气调节 ············ 4—23
12 电气 ······························· 4—24
　12.1 电气危险场所分类 ········· 4—24
　12.2 电气设备 ···················· 4—26
　12.3 室内电气线路 ··············· 4—27
　12.4 照明 ·························· 4—28
　12.5 10kV及以下变(配)电所和配电室 ··· 4—28
　12.6 室外电气线路 ··············· 4—29
　12.7 防雷和接地 ·················· 4—29
　12.8 防静电 ······················· 4—29
　12.9 通讯 ·························· 4—30
13 危险品性能试验场和销毁场 ··· 4—30
　13.1 危险品性能试验场 ········· 4—30
　13.2 危险品销毁场 ··············· 4—30
14 混装炸药车地面辅助设施 ····· 4—30
　14.1 固定式辅助设施 ············ 4—30
　14.2 移动式辅助设施 ············ 4—31
15 自动控制 ························· 4—31
　15.1 一般规定 ···················· 4—31
　15.2 检测、控制和联锁装置 ···· 4—31
　15.3 仪表设备及线路 ············ 4—31
　15.4 控制室 ······················· 4—31
　15.5 安全防范系统 ··············· 4—32
　15.6 火灾报警系统 ··············· 4—32
　15.7 工业电雷管射频辐射安全防护 ··· 4—32
附录 A 有关地形利用的条件及增减值 ··· 4—32
附录 B 计算药量与 $R_{1.1}$ 值 ··········· 4—33
附录 C 常用火药、炸药的梯恩梯当量系数 ··· 4—34
附录 D 防护土堤的防护范围 ········ 4—34
附录 E 危险品生产工序的卫生特征分级 ··· 4—34
附录 F 火药、炸药危险场所电气设备最高表面温度的分组划分 ····· 4—36
本规范用词说明 ····················· 4—36
附：条文说明 ························ 4—37

1 总 则

1.0.1 为贯彻执行《中华人民共和国安全生产法》，坚持"安全第一，预防为主"的方针，采用技术手段，防止和减少生产安全事故，保障人民群众生命和财产安全，促进经济建设的发展，制定本规范。

1.0.2 本规范适用于民爆行业生产、流通企业的新建、改建、扩建和技术改造工程项目。

1.0.3 民用爆破器材工程设计除应执行本规范外，还应符合国家现行有关标准的规定。

2 术 语

2.0.1 民用爆破器材 civil explosives materials

用于非军事目的的各种炸药（起爆药、猛炸药、火药、烟火药等）及其制品（油气井及地震勘探用或其他用途的爆破器材等）和火工品（雷管、导火索、导爆索等）的总称。

2.0.2 危险品 dangerous goods

指民爆行业研究、生产、流通与应用过程中的具有燃烧、爆炸危险的原材料、半成品、在制品、成品等。

2.0.3 在制品 work in-process

指正在各生产阶段加工中的产品。

2.0.4 半成品 semi-finished product

指在某些生产阶段上已完工，但尚需进一步加工的产品。

2.0.5 梯恩梯当量 TNT equivalent

在距爆源相同的径向距离上，产生相同爆炸参数时的梯恩梯装药质量与被测试装药质量之比。

2.0.6 整体爆炸 mass-detonation

整个危险品的某一部分被引爆后，导致全部危险品的瞬间爆炸。

2.0.7 计算药量 explosive quantity

能同时爆炸或燃烧的危险品药量。

2.0.8 设计药量 design quantity of explosive

折合成梯恩梯当量的可能同时爆炸的危险品药量。

2.0.9 危险性建筑物 dangerous goods building

生产或贮存危险品的建筑物，包括危险品生产厂房和危险品贮存库房。

2.0.10 非危险性建筑物 nondangerous goods building

本规范未列入危险等级的建筑物。

2.0.11 生产线 production line

在危险品生产中，能确保完成连续性工序的一组生产系统、建筑物、构筑物或相关设施等。

2.0.12 内部最小允许距离 internal separation distance

指危险性建筑物之间，在规定的破坏标准下所需的最小距离。它是按危险性建筑物的危险等级和计算药量确定的。

2.0.13 外部距离 external separation distance

指危险性建筑物与外部各类目标之间，在规定的破坏标准下所需的最小距离。它是按危险性建筑物的危险等级和计算药量确定的。

2.0.14 防护屏障 protecting barrier

天然或人工的挡墙，其形式、尺寸及结构均能按规定方式限制爆炸冲击波、破片、火焰对附近建筑物及设施的影响。

2.0.15 钢刚架结构 steel-frame construction

采用刚架型式的钢结构。

2.0.16 轻钢刚架结构 light steel-frame construction

围护结构采用轻型夹层保温板、轻钢檩条的钢刚架结构。

2.0.17 抗爆间室 blast resistant chamber

具有承受本室内因发生爆炸而产生破坏作用的间室。可根据间室内生产或贮存的危险品性质、恢复生产的要求，按能承受一次或多次爆炸荷载进行设计。

2.0.18 抗爆屏院 blast resistant shield yard

当抗爆间室内发生爆炸事故时，为阻止爆炸冲击波或爆炸破片向四周扩散，而在抗爆间室外设置的屏院。

2.0.19 抑爆间室 suppressive shield chamber

具有承受本室内发生爆炸而产生破坏作用的间室，且可通过能控制冲击波泄出强度的墙体泄出间室之外，符合环境安全要求。

2.0.20 嵌入式建筑物 built-in building

嵌入防护屏障外侧，三面墙外侧及顶盖上覆土、一面外露的建筑物。

2.0.21 轻型泄压屋盖 light relief roof

泄压部分（不包括檩条、梁、屋架）由轻质材料构成，当建筑物内部发生事故时，具有泄压效能，使建筑物主体结构尽可能不遭受破坏的屋盖。

轻质泄压部分的单位面积重量不应大于 $0.8kN/m^2$。

2.0.22 轻质易碎屋盖 light fragile roof

由轻质易碎材料构成，当建筑物内部发生事故时，不仅具有泄压效能，且破碎成小块，减轻对外部影响的屋盖。

轻质易碎部分的单位面积重量不应大于 $1.5kN/m^2$。

2.0.23 安全出口 emergency exit

建筑物内的作业人员能通过它直接到达室外安全处的疏散出口。

2.0.24 辅助用室 auxiliary room

辅助用室是指更衣室、盥洗室、浴室、洗衣房、休息室、厕所等，根据生产特点、实际需要和使用方便的原则而设置。

2.0.25 卫生特征分级 industrial hygiene classification

根据生产过程接触的药物经皮肤吸收或通过呼吸系统吸入体内引起中毒的危害程度所进行的分级，分为1、2、3三个级别。

2.0.26 电气危险场所 electrical installation in hazardous locations

燃烧爆炸性物质出现或预期可能出现的数量达到足以要求对电气设备的结构、安装和使用采取预防措施的场所。

2.0.27 可燃性粉尘环境 combustible dust atmosphere

在大气环境条件下，粉尘或纤维状的可燃性物质与空气的混合物点燃后，燃烧传至全部未燃混合物的环境。

2.0.28 爆炸性气体环境 explosive gas atmosphere

在大气环境条件下，气体或蒸气可燃物质与空气的混合物点燃后，燃烧将传至全部未燃烧混合物的环境。

2.0.29 直接接地 direct-earthing

将金属设备或金属构件与接地系统直接用导体进行可靠连接。

2.0.30 间接接地 indirect-earthing

将人体、金属设备等通过防静电材料或防静电制品与接地系统进行可靠连接。

2.0.31 防静电材料 anti-electrostatic material

通过在聚合物内添加导电性物质（炭黑、金属粉等）、抗静电剂等，以降低电阻率，增加电荷泄漏能力的材料的统称。

2.0.32 防静电制品 anti-electrostatic ware

由防静电材料制成，具有固定形状，电阻值在 $5\times10^4 \sim 1\times10^8$ Ω范围内的物品。

2.0.33 独立变电所 independent electrical substation

变电所为一独立建筑物或独立的箱式变电站。

2.0.34 静电泄漏电阻 electrostatically leakage resistance

物体的被测点与大地之间的总电阻。

2.0.35 防静电地面 anti-electrostatic floor

能有效地泄漏或消散静电荷，防止静电荷积累所采用的地面。

2.0.36 静电非导电材料 electrostatic non-conducting material

体电阻率值大于或等于 1.0×10^{10} Ω·m的物体或表面电阻率值大于或等于 1.0×10^{11} Ω·m的材料。

2.0.37 无线电通信 radio communication

利用无线电波的通信。

2.0.38 移动站 mobile station

用于移动业务，是指在运动状态使用移动设备或在非明确点暂停使用的站点。

2.0.39 基站 base station

用于陆地移动业务或陆地的电台。

2.0.40 固定站 fixed station

使用固定设备的站点。

2.0.41 无线电定位 radio location

用于无线电定位业务，在固定点使用（不在移动时使用）的电台。

2.0.42 民用波段无线电广播 civilian use radio

用于个人或商用无线电通信，无线电信号，远程目标或设备控制的固定站、地面站、移动站的无线电通信设备。

2.0.43 天线 antenna

一种将信号源射频功率发射到空间或截获空间电磁场转变为电信号的转换器。

3 危险等级和计算药量

3.1 危险品的危险等级

3.1.1 危险品的危险等级应符合下列规定：

1 1.1级：危险品具有整体爆炸危险性。

2 1.2级：危险品具有迸射破片的危险性，但无整体爆炸危险性。

3 1.3级：危险品具有燃烧危险和较小爆炸或较小迸射危险，或两者兼有，但无整体爆炸危险性。

4 1.4级：危险品无重大危险性，但不排除某些危险品在外界强力引燃、引爆条件下的燃烧爆炸危险作用。

3.2 建筑物的危险等级

3.2.1 建筑物危险等级主要指建筑物内所含有的危险品危险等级及生产工序的危险等级，分为1.1（含1.1*）、1.2、1.4级。

注：1 民用爆破器材尚无1.3级危险品，不设对应的1.3级建筑物危险等级。

2 1.1*是特指生产无雷管感度炸药、硝铵膨化工序及在抗爆间室中进行的炸药准备、药柱压制、导爆索制索等建筑物危险等级。

3.2.2 生产、加工、研制危险品的建筑物危险等级应符合表3.2.2-1的规定，贮存危险品的建筑物危险等级应符合表3.2.2-2的规定。

表 3.2.2-1　生产、加工、研制危险品的建筑物危险等级

序号	危险品名称	危险等级	生产加工工序	技术要求或说明
	工业炸药				
1	铵梯（油）类炸药	1.1	梯恩梯粉碎、梯恩梯称量、混药、筛药、凉药、装药、包装	—
		1.4	硝酸铵粉碎、干燥	
		1.4	废水处理	
2	粉状铵油炸药、铵松蜡炸药、铵沥蜡炸药	1.1	混药、筛药、凉药、装药、包装	—
		1.1*	混药、筛药、凉药、装药、包装	无雷管感度炸药，且厂房内计算药量不应大于5t
		1.4	硝酸铵粉碎、干燥	
3	多孔粒状铵油炸药	1.1*	混药、包装	无雷管感度炸药，且厂房内计算药量不应大于5t
4	膨化硝铵炸药	1.1*	膨化	厂房内计算药量不应大于1.5t
		1.1	混药、凉药、装药、包装	—
5	粒状黏性炸药	1.1*	混药、包装	无雷管感度炸药，且厂房内计算药量不应大于5t
		1.4	硝酸铵粉碎、干燥	
6	水胶炸药	1.1	硝酸甲胺制造和浓缩、混药、凉药、装药、包装	
		1.4	硝酸铵粉碎、筛选	
7	浆状炸药	1.1	梯恩梯粉碎、炸药熔药、混药、凉药、包装	
		1.4	硝酸铵粉碎	
8	胶状、粉状乳化炸药	1.1	乳化、乳胶基质冷却、乳胶基质贮存、敏化（制粉）、敏化后的保温（凉药）、贮存、装药、包装	
		1.4	硝酸铵粉碎、硝酸钠粉碎	
9	黑梯药柱（注装）	1.1	熔药、装药、凉药、检验、包装	
10	梯恩梯药柱（压制）	1.1*	压制	应在抗爆间室内进行
			检验、包装	—
11	太乳炸药	1.1	制片、干燥、检验、包装	
	工业雷管				
12	火雷管、电雷管、导爆管雷管、继爆管	1.1	黑索今或太安的造粒、干燥、筛选、包装	—
			火雷管干燥、烘干	—
		1.1*	继爆管的装配、包装	—
		1.2	二硝基重氮酚制造（中和、还原、重氮、过滤）	二硝基重氮酚应为湿药
			二硝基重氮酚的干燥、凉药、筛选、黑索今或太安的造粒、干燥、筛选	应在抗爆间室内进行
			火雷管装药、压药	应在抗爆间室内进行
			电雷管、导爆管雷管装配、雷管编码	应在钢板防护下进行
			雷管检验、包装、装箱	检验应在钢板防护下进行
			雷管试验站	—
			引火药头用和延期药用的引火药剂制造	—
			引火元件制造	—
		1.4	延期药混合、造粒、干燥、筛选、装药	按工艺要求可设抗爆间室或钢板防护
			延期元件制造	—
			二硝基重氮酚废水处理	—

续表 3.2.2-1

序号	危险品名称	危险等级	生产加工工序	技术要求或说明
工业索类火工品				
13	导火索	1.1	黑火药三成分混药、干燥、凉药、筛选、包装	—
			导火索制造中的黑火药准备	
		1.4	导火索制索、盘索、烘干、普检、包装	—
			硝酸钾干燥、粉碎	
14	导爆索	1.1	炸药的筛选、混合、干燥	当包塑等在抗爆间室内进行，可按 1.1* 级处理
			导爆索包塑、涂索、烘索、盘索、普检、组批、包装	
		1.1*	炸药的筛选、混合、干燥	应在抗爆间室内进行
			导爆索制索	应在抗爆间室内进行
		1.2	导爆索性能测试	—
15	塑料导爆管	1.2	炸药的粉碎、干燥、筛选、混合	应在抗爆间室内或钢板防护下进行
		1.4	塑料导爆管制造	按工艺要求，导爆管挤出处可设防护
16	爆裂管	1.1	爆裂管的切割、包装	—
		1.2	爆裂管装药	应在抗爆间室内进行
油气井用起爆器材				
17	射孔弹、穿孔弹	1.1	炸药准备（筛选、烘干等）	—
		1.2	炸药暂存、保温、压药	应在抗爆间室内进行
			装配、包装	宜在钢板防护下进行
			试验室	可用试验塔
地震勘探用爆破器材				
18	震源药柱	高爆速	1.1	炸药准备、熔混药、装药、压药、凉药、装配、检验、装箱	—
		中爆速	1.1	炸药准备、震源药柱检验、装箱	—
				装药、压药	
				钻孔	
				装传爆药柱	
		低爆速	1.1	炸药准备、装药、装传爆药柱、检验、装箱	—
19	黑火药、炸药、起爆药	1.4	理化试验室	单间计算药量不宜超过 600g
		—	理化试验室	药量不大于 300g，单间计算药量不超过 20g 时，可为防火甲级

注：雷管制造中所用药剂（单组分或多组分药剂），其作用和起爆药类似者，此类药剂的危险等级应按表内二硝基重氮酚确定。

表 3.2.2-2 贮存危险品的建筑物危险等级

序号	危险品名称	危险等级	
		中转库	总仓库
1	黑索今、太安、奥克托金、梯恩梯、苦味酸、黑梯药柱（注装）、梯恩梯药柱（压制）、太乳炸药	1.1	1.1
	铵梯（油）类炸药、粉状铵油炸药、铵松蜡炸药、铵沥蜡炸药、多孔粒状铵油炸药、膨化硝铵炸药、粒状黏性炸药、水胶炸药、浆状炸药、胶状和粉状乳化炸药、黑火药		
2	起爆药	1.1	—
3	雷管（火雷管、电雷管、导爆管雷管、继爆管）	1.1	1.1
4	爆裂管	1.1	1.1
5	导爆索、射孔（穿孔）弹、震源药柱	1.1	1.1
6	延期药	1.4	—
7	导火索	1.4	1.4
8	硝酸铵、硝酸钠、硝酸钾、氯酸钾、高氯酸钾	1.4	1.4

3.2.3 同一建筑物内存在不同的危险品或生产工序时，该建筑物的危险等级应按其中最高的危险等级确定。

3.3 计算药量

3.3.1 建筑物内的成品、半成品、在制品等及生产设备、运输器具或设备里，能引起同时爆炸或燃烧的危险品最大药量为该建筑物内的计算药量。

3.3.2 包装、装车时，位于防护屏障内车辆中的药量应计入厂房的计算药量；位于防护屏障外车辆中的药量与厂房内的存药有同时爆炸可能时，其药量亦应计入厂房的计算药量。

3.3.3 当1.1级危险品与1.2级危险品同时存在时，应将1.1级危险品的计算药量与1.2级危险品中属于1.1级危险品的计算药量合并计算。

3.3.4 建筑物中抗爆间室、防爆装置内危险品的药量可不计入该建筑物的计算药量。

3.3.5 炸药生产厂房外废水沉淀池中的药量，可不计入该厂房的计算药量。

3.3.6 当炸药生产厂房内的硝酸铵与炸药在同一工作间内存放时，应将硝酸铵存量的一半计入该厂房的计算药量。当硝酸铵为水溶液时，可不计入该厂房的计算药量，该工位应有实心砌体隔墙。当炸药生产厂房内的硝酸铵与炸药不在同一工作间内存放，且有符合表3.3.6间隔距离和隔墙厚度的要求时，可不将硝酸铵存量计入该厂房的计算药量。

表 3.3.6 炸药生产厂房内硝酸铵存放间与炸药的间隔及隔墙厚度

厂房内存放的炸药总量（kg）	硝酸铵存放间与炸药的间隔距离（m）	硝酸铵存放间与炸药工作间的隔墙厚度（m）
≤500	≥2	≥0.37
>500 ≤1000	≥2.5	≥0.37
>1000 ≤2000	≥3	≥0.37
>2000 ≤3000	≥3.5	≥0.37
>3000 ≤4000	≥4	≥0.49
>4000 ≤5000	≥4.5	≥0.49

注：1 表中硝酸铵存放间与炸药的间隔距离为硝酸铵存放间的隔墙至炸药工作间内最近的炸药存放点的距离。

2 表中隔墙为实心砌体墙。

3 硝酸铵存放间与炸药工作间之间不宜有门相通。当生产必需有门相通时，不应在门相通处存放硝酸铵或炸药。

4 企业规划和外部距离

4.1 企业规划

4.1.1 民用爆破器材生产、流通企业厂（库）址选择应符合现行国家标准《工业企业总平面设计规范》

GB 50187的相应规定。

4.1.2 民用爆破器材生产企业，应根据生产品种、生产特性、危险程度等因素进行分区规划。企业宜设危险品生产区（包括辅助生产部分）、危险品总仓库区、性能试验场、销毁场及生活区。

4.1.3 民用爆破器材生产企业各区的规划，应符合下列要求：

　　1 根据企业生产、生活、运输和管理等因素确定各区相互位置。危险品生产区宜设置在适中位置，危险品总仓库区、性能试验场、销毁场宜设置在偏僻地带或边缘地带。

　　2 企业各区不应分设在国家铁路线、一级公路的两侧，宜规划在运输线路的一侧。

　　3 当企业位于山区时，不应将危险品生产区布置在山坡陡峻的狭窄沟谷中。

　　4 辅助生产部分宜靠近生活区的方向布置。

　　5 无关的人流和物流不应通过危险品生产区和危险品总仓库区。危险品的运输不应通过生活区。

4.1.4 民用爆破器材流通企业设置危险品仓库区时，库址应选择在远离居住区的地带，且应符合本规范第4.3节危险品总仓库区外部距离和第5.3节危险品总仓库区内最小允许距离的规定。

4.2 危险品生产区外部距离

4.2.1 危险品生产区内的危险性建筑物与其周围居住区、公路、铁路、城镇规划边缘等的外部距离，应根据建筑物的危险等级和计算药量计算确定。

外部距离应自危险性建筑物的外墙面算起。

表 4.2.2 危险品生产区 1.1 级建筑物的外部距离 (m)

序号	项目	单个建筑物内计算药量 (kg)																			
		20000	18000	16000	14000	12000	10000	9000	8000	7000	6000	5000	4000	3000	2000	1000	500	300	200	100	50	30	10
1	人数小于等于50人或户数小于等于10户的零散住户边缘、职工总数小于50人的工厂企业围墙、本厂危险品总仓库区、加油站	380	360	350	340	320	300	290	280	270	260	250	240	230	210	170	150	140	130	95	80	65
2	人数大于50人且小于等于500人的居民点边缘、职工总数小于500人的工厂企业围墙、有摘挂作业的铁路中间站站界或建筑物边缘	580	560	540	520	490	460	450	430	410	390	370	340	310	270	230	190	170	150	140	125	105	75
3	人数大于500人且小于等于5000人的居民点边缘、职工总数小于5000人的工厂企业围墙	680	660	630	600	570	540	520	500	480	450	430	400	360	320	250	200	180	160	140	120	100
4	人数小于等于2万人的乡镇规划边缘、220kV架空输电线路、110kV区域变电站围墙	830	800	770	730	700	660	630	610	580	550	520	480	440	390	310	250	220	200	180	160	140	120
5	人数小于等于10万人的城镇规划边缘、220kV以上架空输电线路、220kV及以上的区域变电站围墙	1040	1010	970	940	880	830	810	770	740	700	670	610	560	490	400	350	320	300	280	250	230	200
6	人数大于10万人的城市市区规划边缘	2030	1960	1890	1820	1720	1610	1580	1510	1440	1370	1300	1190	1090	950	770	650	550	450	350	280	260	250
7	国家铁路线、二级以上公路、通航的河流航道、110kV架空输电线路	440	420	410	390	370	350	340	320	310	290	280	260	230	200	170	150	130	120	100	80	70	60
8	非本厂的工厂铁路支线、三级公路、35kV架空输电线路	260	250	240	230	220	210	200	190	180	170	160	150	140	120	100	90	80	70	60	55	50	45

注：**1** 计算药量为中间值时，外部距离采用线性插入法确定。
　　2 表中二级以上公路系指年平均昼夜行车量大于等于2000辆者；三级公路系指年平均昼夜行车量小于2000辆且大于等于200辆者。
　　3 新建危险品工厂的外部距离应满足表中序号1~8的规定。现有工厂如在市区或城镇规划范围内，其外部距离应满足表中除序号5、6外的规定。
　　4 表中外部距离适用于平坦地形，遇有利地形可适当折减，遇不利地形宜适当增加。有关地形利用的条件及增减值见本规范附录A。

表 4.3.2 危险品总仓库区 1.1 级建筑物的外部距离 (m)

序号	项目	单个建筑物内计算药量 (kg)																														
		100	300	500	1000	2000	5000	6000	7000	8000	9000	10000	12000	14000	16000	18000	20000	25000	30000	35000	40000	45000	50000	60000	70000	80000	90000	100000	120000	140000	160000	180000	200000
1	人数小于等于50人或零散住户边缘,职工总数小于等于50人的工厂企业围墙,本厂危险品生产区,加油站	130	140	160	180	200	220	230	240	250	260	270	280	300	310	330	340	360	380	400	420	440	460	490	510	530	550	570	610	640	670	700	720
2	人数大于50人且小于等于500人的居民点边缘,职工总数小于等于500人的工厂企业围墙,有铁路作业的铁路中间站站界或建筑物边缘	140	160	170	200	250	330	350	360	380	400	410	430	460	480	500	520	550	590	620	650	670	700	740	780	820	850	880	930	980	1030	1070	1110
3	人数大于500人且小于等于5000人的居民点边缘,职工总数小于等于5000人的工厂企业围墙	160	170	190	220	270	370	390	410	430	450	460	490	520	540	560	580	630	670	700	730	760	790	840	880	920	960	990	1050	1110	1160	1210	1250
4	人数小于等于2万人的乡镇规划边缘,220kV架空输电线路,110kV区域变电站围墙	170	190	220	250	320	430	460	480	500	520	540	580	610	630	660	680	740	780	820	860	900	920	980	1030	1080	1120	1160	1240	1300	1360	1420	1470
5	人数大于2万且小于等于10万人的城镇规划边缘,220kV以上架空输电线路,220kV及以上区域变电站围墙	280	310	380	430	590	630	650	680	720	740	770	830	860	900	940	990	1060	1120	1170	1210	1260	1330	1400	1480	1530	1580	1680	1760	1850	1930	2000	
6	人数大于10万人的城市市区规划边缘	350	500	600	700	830	1160	1230	1260	1330	1400	1440	1510	1610	1680	1750	1820	1930	2070	2170	2280	2350	2450	2590	2730	2870	2980	3080	3260	3430	3610	3750	3890
7	国家铁路线,二级以上公路,通航河流航道,110kV架空输电电线路	90	110	140	160	190	250	260	270	290	300	310	320	350	360	380	390	410	440	470	490	500	530	560	590	620	640	660	700	740	770	800	830
8	非本厂的工厂铁路支线,三级公路,35kV架空输电电线路	60	70	80	90	110	140	150	160	170	180	190	200	210	220	230	240	250	270	280	300	310	320	340	360	370	390	400	420	450	470	490	500

注:1 计算药量为中间值时,外部距离采用线性插入法确定。
2 表中二级以上公路系指年平均昼夜双向昼夜行车量大于2000辆者;三级公路系指年平均双向昼夜行车量小于2000辆且大于200辆者。
3 新建危险品工厂的外部距离应满足表中序号1~8的规定。如在市区或城镇规划范围内,其外部距离宜表中序号5,6外的规定。现有工厂,遇不利地形可适当增加。
4 表中外部距离适用于平坦地形,遇有利地形可适当折减,遇不利地形宜适当增加。有关地形利用的条件及增减数值见本规范附录A。

4.2.2 危险品生产区内，1.1级或1.1*级建筑物的外部距离不应小于表4.2.2的规定。

4.2.3 危险品生产区内，1.2级建筑物的外部距离不应小于表4.2.2的规定。

4.2.4 危险品生产区内，1.4级建筑物的外部距离不应小于50m。硝酸铵仓库的外部距离不应小于200m。

4.3 危险品总仓库区外部距离

4.3.1 危险品总仓库区内的危险性建筑物与其周围居住区、公路、铁路、城镇规划边缘等的外部距离，应根据建筑物的危险等级和计算药量计算确定。

外部距离应自危险性建筑物的外墙面算起。

4.3.2 危险品总仓库区内，1.1级建筑物的外部距离不应小于表4.3.2的规定。

4.3.3 危险品总仓库区内，1.4级建筑物的外部距离不应小于100m；硝酸铵仓库的外部距离不应小于200m。

5 总平面布置和内部最小允许距离

5.1 总平面布置

5.1.1 危险品生产区和总仓库区的总平面布置，应符合下列要求：

1 总平面布置应将危险性建筑物与非危险性建筑物分开布置。

2 危险品生产区总平面布置应符合生产工艺流程，避免危险品的往返或交叉运输。

3 危险性建筑物之间、危险性建筑物与其他建筑物之间的距离应符合最小允许距离的要求。因地形条件对最小允许距离造成的影响应符合本规范附录A的规定。

4 同一类的危险性建筑物和库房宜集中布置。

5 危险性或计算药量较大的建筑物，宜布置在边缘地带或有利于安全的地带，不宜布置在出入口附近。

6 两个危险性建筑物之间不宜长面相对布置。

7 危险性生产建筑物靠山布置时，距山坡脚不宜太近。

8 运输道路不应在其他危险性建筑物的防护屏障内穿行通过。非危险性生产部分的人流、物流不宜通过危险品生产地段。

9 未经铺砌的场地，均宜进行绿化，并以种植阔叶树为主。在危险性建筑物周围25m范围内，不应种植针叶树或竹子。危险性建筑物周围8m范围内，宜设防火隔离带。

10 危险品生产区和总仓库区应分别设置围墙。围墙高度不低于2m，围墙与危险性建筑物的距离不宜小于15m。

5.1.2 危险性生产建筑物抗爆间室的轻型面，不宜面向主干道和主要厂房。

5.1.3 危险品生产区内布置有不同性质产品的生产线时，生产线之间危险性建筑物的最小允许距离，应分别按各自的危险等级和计算药量计算确定后再增加50%。雷管生产线宜独立成区布置。

5.2 危险品生产区内最小允许距离

5.2.1 危险品生产区内各建筑物之间的最小允许距离，应分别根据建筑物的危险等级及计算药量所计算的距离和本节有关条款所规定的距离，取其最大值确定。

最小允许距离应自危险性建筑物的外墙轴线算起。

5.2.2 危险品生产区，1.1级建筑物应设置防护屏障，1.1级建筑物与其邻近建筑物的最小允许距离，应符合下列规定：

1 1.1级建筑物与其邻近生产性建筑物的最小允许距离，应根据设置防护屏障的情况，不小于表5.2.2的规定，且不应小于30m；当相邻生产性建筑物采用轻钢刚架结构时，其最小允许距离应按表5.2.2的规定数值再增加50%，且不应小于30m。

表5.2.2 1.1级建筑物距其他建（构）筑物的最小允许距离

建筑物危险等级	两个建筑物均无防护屏障	两个建筑物中仅有一方有防护屏障	两个建筑物均有防护屏障
1.1	$1.8R_{1.1}$	$1.0R_{1.1}$	$0.6R_{1.1}$

注：1 $R_{1.1}$是指单方有防护屏障、不同计算药量的1.1级建筑物与相邻无防护屏障的建筑物所需的最小允许距离值。$R_{1.1}$值应符合本规范附录B的规定。

2 表中指标按梯恩梯当量等于1时确定；当1.1级建筑物内危险品梯恩梯当量大于1时，应按本表所计算的距离再增加20%；当1.1级建筑物内危险品梯恩梯当量小于1时，应按本表所计算的距离再减少10%。常用火药、炸药的梯恩梯当量系数应符合本规范附录C的规定。

3 当厂房的防护屏障高出爆炸物顶面1m，低于屋檐高度时，在计算该厂房与邻近建筑物的距离时，该厂房应按有防护屏障计算；在计算邻近建筑物与该厂房的距离时，该厂房应按无防护屏障计算。

2 仅为1.1级装药包装建筑物服务的包装箱中转库与该厂房的最小允许距离，可不按本规范第5.2.2条第1款确定，但不应小于现行国家标准《建筑设计防火规范》GB 50016中防火间距的规定。

3 嵌入在1.1级建筑物防护屏障外侧的非危险性建筑物，与其邻近各危险性建筑物的距离，应分别按其邻近各危险性建筑物的要求确定。

4 1.1级建筑物采用抑爆间室等特殊结构建筑物时，与其邻近建筑物的最小允许距离，可由抗爆计算确定。

5 无雷管感度炸药生产、硝铵膨化工序等1.1*级建筑物不设置防护屏障时，与其邻近建筑物的最小允许距离应为50m。

6 梯恩梯药柱（压制）、继爆管、导爆索生产等1.1*级建筑物不设置防护屏障时，与其邻近建筑物的最小允许距离应为35m。

7 1.1级建筑物与公用建筑物、构筑物的最小允许距离应按表5.2.2的要求确定，并应符合下列规定：

　1) 与烟囱不产生火星的锅炉房的距离，应按表5.2.2要求的计算值再增加50%，且不应小于50m；与烟囱产生火星的锅炉房的距离，应按表5.2.2要求的计算值再增加50%，且不应小于100m。

　2) 与35kV总降压变电所、总配电所的距离，应按表5.2.2要求的计算值再增加1倍，且不应小于100m。

　3) 与10kV及以下的总变电所、总配电所的距离，应按表5.2.2要求进行计算，且不应小于50m；仅为一个1.1级建筑物服务的无固定值班人员单建的独立变电所，与该建筑物的距离不应小于现行国家标准《建筑设计防火规范》GB 50016中防火间距的规定。

　4) 与钢筋混凝土结构水塔的距离，应按表5.2.2要求的计算值再增加50%，且不应小于100m。

　5) 与地下或半地下高位水池的距离，不应小于50m。

　6) 与有明火或散发火星的建筑物的距离，应按表5.2.2的要求计算，且不应小于50m。

　7) 与车间办公室、车间食堂（无明火）、辅助生产部分建筑物的距离，应按表5.2.2要求的计算值再增加50%，且不应小于50m。

　8) 与厂部办公室、食堂、汽车库、消防车库的距离，应按表5.2.2要求的计算值再增加50%，且不应小于150m。

8 1.1*级建筑物与公用建筑物、构筑物的最小允许距离应按第5.2.3条第3款的要求确定。

5.2.3 危险品生产区，不设置防护屏障的1.2级建筑物，与其邻近建筑物的最小允许距离，应符合下列规定：

1 1.2级建筑物与其邻近建筑物，不应小于表5.2.3的规定。

表5.2.3 1.2级建筑物距其他建（构）筑物的最小允许距离

序号	生产分类	生产工房药量(kg)	距离(m)	集中存放炸药量(kg)
1	射孔弹、穿孔弹	药量≤500	35	≤150
		500＜药量≤1000	50	≤300
2	火工品	药量≤50	30	≤50
		50＜药量≤200	35	≤150

注：表中序号1和2中的建筑物根据其贮存或使用的危险品性质和计算药量，按1.1级计算出的最小允许距离如小于表列距离，则可采用计算所得的距离，但不得小于30m。

2 仅为1.2级装药包装建筑物服务的包装箱中转库与该厂房的最小允许距离，可不按第5.2.3条第1款确定，但不应小于现行国家标准《建筑设计防火规范》GB 50016中防火间距的规定。

3 1.2级建筑物与公用建筑物、构筑物的最小允许距离应按表5.2.3的要求确定，并应符合下列规定：

　1) 与锅炉房的距离，不应小于50m。

　2) 与35kV总降压变电所、总配电所的距离，不应小于50m。

　3) 与钢筋混凝土结构水塔、地下或半地下高位水池的距离，不应小于50m。

　4) 与厂部办公室、食堂、汽车库、消防车库、车间办公室、车间食堂、有明火或散发火星的建筑物、辅助生产部分建筑物的距离，不应小于50m。

5.2.4 危险品生产区，不设置防护屏障的1.4级建筑物，与其邻近建筑物的最小允许距离，应符合下列规定：

1 1.4级建筑物与其邻近建筑物的最小允许距离，不应小于25m。硝酸铵仓库与任何建筑物的最小允许距离，不应小于50m。

2 1.4级建筑物与公用建筑物、构筑物的最小允许距离，应符合下列规定：

　1) 与锅炉房、厂部办公室、食堂、汽车库、消防车库、有明火或散发火星的建筑物及场所的距离，不应小于50m。

　2) 与35kV总降压变电所、总配电所、钢筋混凝土结构水塔、地下或半地下高位水池的距离，不宜小于50m。

　3) 与车间办公室、车间食堂（无明火）、辅助生产部分建筑物的距离，不应小于30m。

5.3 危险品总仓库区内最小允许距离

5.3.1 危险品总仓库区内各建筑物之间的最小允许距离，应分别根据建筑物的危险等级及计算药量所计算的距离和本节有关条款所规定的距离，取其最大值确定。

最小允许距离应自危险性建筑物的外墙轴线算起。

5.3.2 危险品总仓库区，1.1级建筑物应设置防护屏障。与其邻近建筑物的最小允许距离，应符合下列规定：

　　1 有防护屏障的1.1级建筑物与其邻近有防护屏障建筑物的最小允许距离，不应小于表5.3.2-1的规定。

　　2 有防护屏障的1.1级建筑物与其邻近无防护屏障建筑物的最小允许距离，应按表5.3.2-1的规定数值增加1倍。

　　3 与10kV及以下变电所的距离，不应小于50m。

　　4 与消防水池的距离，不宜小于30m。

　　5 与值班室的最小允许距离，不应小于表5.3.2-2的规定。

表5.3.2-1　有防护屏障1.1级仓库距有防护屏障各级仓库的最小允许距离（m）

序号	危险品名称	单库计算药量（kg）								
		200000	150000	100000	50000	30000	10000	5000	1000	500
1	黑索今、奥克托金、太安、黑梯药柱				80	70	50	40	30	25
2	梯恩梯及其药柱、苦味酸、太乳炸药、震源药柱（高爆速）		45	40	35	30	20	20	20	20
3	雷管、继爆管、爆裂管、导爆索					70	50	40	30	25
4	铵梯（油）类炸药、粉状铵油炸药、铵松蜡炸药、铵沥蜡炸药、多孔粒状铵油炸药、膨化硝铵炸药、粒状黏性炸药、水胶炸药、浆状炸药、胶状和粉状乳化炸药、震源药柱（中低爆速）、射孔弹、穿孔弹、黑火药及其制品	45	40	35	30	25	20	20	20	20

注：对单库计算药量小于等于1000 kg，在两仓库间各自设置防护屏障的部位难以满足构造要求时，该部位处应设置一道防护屏障。

表5.3.2-2　有防护屏障1.1级仓库距仓库值班室的最小允许距离（m）

序号	值班室设置防护屏障情况	单库计算药量（kg）									
		200000	150000	100000	50000	30000	20000	10000	5000	1000	500
1	有防护屏障	220	210	200	170	140	130	110	90	70	50
2	无防护屏障	350	325	300	250	200	180	150	120	90	70

注：计算药量为中间值时，最小允许距离采用线性插入法确定。

5.3.3 危险品总仓库区，不设置防护屏障的1.4级建筑物与其邻近建筑物的最小允许距离，应符合下列规定：

　　1 与其邻近建筑物的最小允许距离，不应小于20m。

　　2 硝酸铵库与其邻近建筑物的最小允许距离，不应小于50m。

　　3 与10kV及以下变电所的距离，不应小于50m。

　　4 与消防水池的距离，不宜小于20m。

　　5 与值班室的最小允许距离，不应小于50m。

5.3.4 当总仓库区设置岗哨时，岗哨距危险品仓库的距离，可不按本规范5.3.2条和第5.3.3条的要求进行限制。

5.4 防护屏障

5.4.1 防护屏障的形式，应根据总平面布置、运输方式、地形条件等因素确定。

防护屏障可采用防护土堤、钢筋混凝土挡墙等形式。

防护屏障的设置，应能对本建筑物及周围建筑物起到防护作用。防护土堤的防护范围应按本规范附录D确定。

5.4.2 防护屏障的高度，应符合下列规定：

　　1 当防护屏障内为单层建筑物时，不应小于屋檐高度；防护屏障内建筑物为单坡屋面时，不应小于低屋檐高度。

　　2 当防护屏障内建筑物较高，设置到檐口高度有困难时，防护屏障的高度可高出爆炸物顶面1m。

5.4.3 防护屏障的宽度，应符合下列规定：

　　1 防护土堤的顶宽，不应小于1m，底宽应根据土质条件确定，但不应小于高度的1.5倍。

　　2 钢筋混凝土防护屏障的顶宽、底宽，应根据计算药量设计确定。

5.4.4 防护屏障的边坡应稳定,其坡度应根据不同材料确定。当利用开挖的边坡兼作防护屏障时,其表面应平整,边坡应稳定,遇有风化危岩等应采取措施。

5.4.5 防护屏障的内坡脚与建筑物外墙之间的水平距离不宜大于3m。

在有运输或特殊要求的地段,其距离应按最小使用要求确定,但不应大于15m。有条件时该段防护屏障的高度宜增高2~3m。

5.4.6 防护屏障的设置应满足生产运输及安全疏散的要求,并应符合下列规定:

1 当防护屏障采用防护土堤时,应设置运输通道或运输隧道。运输通道的端部需设挡土墙时,其结构宜为钢筋混凝土结构。

运输通道和运输隧道应满足运输要求,并应使其防护土堤的无作用区为最小。运输通道净宽不宜大于5m。汽车运输隧道净宽度宜为3.5m,净高度不宜小于3m。

2 当在危险品生产厂房的防护土堤内设置安全疏散隧道时,应符合下列规定:

  1) 安全疏散隧道应设置在危险品生产厂房安全出口附近。
  2) 安全疏散隧道不得兼作运输用。
  3) 安全疏散隧道的净高度不宜小于2.2m,净宽度宜为1.5m。
  4) 安全疏散隧道的平面形式宜将内端的一半与土堤垂直,外端的一半呈35°角,宜按本规范附录D确定。

3 当防护屏障采用其他形式时,其生产运输和安全疏散要求,由抗爆设计确定。

5.4.7 在取土困难地区,可在防护土堤内坡脚处砌筑高度不大于1m的挡土墙,外坡脚处砌筑高度不大于2m的挡土墙。防护土堤的最小底宽应符合本规范第5.4.3条的规定。在特殊困难情况下,允许在防护土堤底部1m高度以下填筑块状材料。

5.4.8 当危险品生产区两个危险品中转库的计算药量总和不超过本规范第7.1.1条的各自允许最大计算药量规定时,两个中转库可组建在防护土堤相隔的联合防护土堤内。

联合防护土堤内建筑物的外部距离和最小允许距离,应按联合防护土堤内各建筑物计算药量总和确定。

当联合防护土堤内任何建筑物中的危险品发生爆炸不会引起该联合防护土堤内另一建筑物中的危险品殉爆时,其外部距离和最小允许距离,可分别按各个建筑物的危险等级和计算药量计算,按其计算结果的最大值确定。

6 工艺与布置

6.0.1 工艺设计中,应坚持减少厂房计算药量和操作人员的原则,对有燃烧、爆炸危险的作业应采用隔离操作、自动监控等可靠的先进技术。

6.0.2 危险品生产厂房和仓库平面布置应符合下列规定:

1 危险品生产厂房建筑平面宜为单层矩形,不宜采用封闭的口字形、冂字形。当工艺有特殊要求时,应尽可能采用钢平台。

2 危险品生产厂房不应建地下室、半地下室。

3 危险品仓库库房应为矩形单层建筑。

4 危险品生产厂房内设备、管道、运输装置和操作岗位的布置应方便操作人员的迅速疏散。

5 危险品生产厂房内的人员疏散路线,不应布置成需要通过其他危险操作间方能疏散的形式。当该厂房外设有防护屏障时,应在防护屏障就近处设置专用疏散隧道。

6 起爆器材生产厂房,宜设计成单面走廊形式。当中间布置走道、两边设工作间时,危险工作间应布置有直通室外的安全疏散口或安全窗。对两边工作间通向中间走道的门或门洞不应相对布置。

7 生产厂房内危险品暂存间,应采取措施使危险品存量不致危及其他房间,且宜布置在建筑物的端部,并不宜靠近出入口和生活间。起爆器材生产厂房中暂存的起爆药、炸药和火工品宜贮存在抗爆间室或可靠的防护装置内。当生产工艺需要时,也可贮存在沿厂房外墙布置成突出的贮存间内,该贮存间不应靠近厂房的出入口。

8 允许设辅助用室的危险品生产厂房,辅助用室宜设在厂房的端头。

9 危险性生产厂房内与生产无直接联系的辅助间应和生产工作间隔开,并应设直接通向室外的出入口。

6.0.3 危险品运输通廊应符合下列规定:

1 危险品运输通廊宜采用敞开式或半敞开式,不宜采用封闭式通廊。工艺要求采用封闭式通廊时,应符合本规范第8.8节通廊和隧道的设计规定。

2 在通廊内采用机械传送危险品时,应采取保障危险品之间不发生殉爆的设施。

3 危险品运输通廊不宜布置成直线。

4 危险品成品中转库与危险品生产厂房之间不应设置封闭式通廊。

6.0.4 1、2级厂房中易发生事故的工序应设在抗爆间室或防护装置内。

6.0.5 危险品生产厂房中,设置抗爆间室应符合下列要求:

1 抗爆间室之间或抗爆间室与相邻工作间之间

不应设地沟相通。

　　2 输送有燃烧爆炸危险物料的管道，在未设隔火隔爆措施的条件下，不应通过或进出抗爆间室。

　　3 输送没有燃烧爆炸危险物料的管道通过或进出抗爆间室时，应在穿墙处采取密封措施。

　　4 抗爆间室的门、操作口、观察孔、传递窗，其结构应能满足抗爆及不传爆的要求。

　　5 抗爆间室门的开启应与室内设备动力系统的启停进行联锁。

　　6 抗爆间室（泄爆面外）应设置抗爆屏院。

6.0.6 危险品生产厂房各工序的联建应符合下列规定：

　　1 有固定操作人员的非危险性生产厂房不应和1.1级危险品生产厂房联建。

　　2 工业炸药制造中的机制制管工序无固定操作人员，具有自动输送，且能与自动装药机对接的可与装药工序联建。

　　3 炸药制造中的装药与包装联建，且装药与包装以手工为主时，应设有不小于250mm的隔墙；装药间至包装间的输药通道不应与包装间的人工操作位置直接相对。

　　4 粉状铵梯炸药（含铵梯油炸药）生产中的梯恩梯粉碎、混药工序和铵油炸药热加工法生产中的混药工序应独立设置厂房。

　　5 粉状铵梯炸药（含铵梯油炸药）生产中的装药、包装工序可与筛药、凉药工序联建。

　　6 水胶炸药制造中的硝酸甲胺制造与浓缩应单独设置厂房。

　　7 工业炸药能做到工艺技术与设备匹配，制药至成品包装能实现自动化、连续化生产，且具有可靠的防止传爆和殉爆的安全防范措施时，可在一个厂房内联建。该厂房内在线生产人员不应超过15人、计算药量不应超过2.5t。制药与后工序之间、装药与后工序之间均应设置隔墙。

　　8 对联建在一个生产厂房内，采取轮换生产方式的两条工业炸药同类产品自动化、连续化生产线，应有保障在一条生产线未停工、未清理干净时，不能启动另一条生产线的技术管理措施。

　　9 对联建在一个生产厂房内，具备同时生产条件的两条工业炸药同类产品自动化、连续化生产线，应有防止生产线间传爆和殉爆的安全防范措施。该生产厂房内不应有固定位置的操作人员。

　　10 工业炸药制造的制药工序与装药包装工序采取分别独立设置厂房时，制药厂房在线生产人员不应超过6人、计算药量不应超过1.5t；装药包装厂房在线生产人员不应超过22人、计算药量不应超过3.5t。装药与后工序之间应设置隔墙。

　　11 工业炸药制造采用间断生产工艺，具有雷管感度的乳胶基质、乳化炸药需保温成熟或凉药工序应独立设置厂房。

　　12 雷管等起爆器材生产线的传输设备采取可靠的防止传爆和殉爆措施后，可贯穿各抗爆间室或钢板防护装置。

6.0.7 工业炸药制造采用轮碾工艺，混药厂房内设置的轮碾机台数不应超过2台。

6.0.8 导火索制索厂房内不应设黑火药暂存间。

6.0.9 危险品生产或输送用的设备和装置应符合下列要求：

　　1 制造炸药的设备在满足产品质量要求的前提下，应选择低转速、低压力、低噪音的设备。当温度、压力等工艺参数超标时，会引起燃烧爆炸的设备应设自动监控和报警装置。

　　2 与物料接触的设备零部件应光滑，有摩擦碰撞时不应产生火花，其材质与制造危险品的原材料、半成品、在制品、成品无不良反应。

　　3 设备的结构选型，不应有积存物料的死角，应有防止润滑油进入物料和防止物料进入保温夹套、空心轴或其他转动部分的措施。

　　4 有搅拌、碾压等装置的设备，当检修人员进行机内作业时，应设有能防止他人启动设备的安全保障措施。

　　5 在采用连续或半连续工艺的生产中，对具有发生燃烧、爆炸事故可能性的设备应采取防止传爆的安全防范技术措施。

　　6 输送危险品的管道不应埋地敷设。当采用架空敷设时，应便于检查。当两个厂房（工序）之间采用管道或运输装置输送危险品时，应采取防止传爆的措施。

　　7 生产或输送危险品的设备、装置和管道应设有导出静电的措施。

　　8 输送易燃、易爆危险品的设备，对不引起传爆的允许药层厚度应通过试验确定。

6.0.10 制造炸药的加热介质宜采用热水或低压蒸汽。但起爆药和黑索今、太安等较敏感的炸药干燥设备应采用热水。

6.0.11 起爆药除采用人力运输外，也可采用球形防爆车运送。

6.0.12 与防护屏障内危险品生产厂房生产联系密切的非危险性建筑物，可嵌设在防护屏障外侧，且不应以隧道形式直通防护屏障内侧的生产厂房。

7 危险品贮存和运输

7.1 危险品贮存

7.1.1 危险品生产区内应减少危险品的贮存，危险品生产区内单个危险品中转库允许最大计算药量应符合表7.1.1的规定。

表 7.1.1　危险品生产区内单个危险品中转库允许最大计算药量

危险品名称	允许最大计算药量（kg）
黑索今、太安、太乳炸药	3000
黑梯药柱	3000
起爆药	500
奥克托金	500
梯恩梯	5000
苦味酸	2000
雷管	800
继爆管	3000
导爆索	3000
黑火药	3000
导火索	8000
延期药	1500
铵梯（油）类炸药、铵油（含铵松蜡、铵沥蜡）炸药、膨化硝铵炸药、胶状和粉状乳化炸药、水胶炸药、浆状炸药、多孔粒状铵油炸药、粒状黏性炸药	20000
射孔弹、穿孔弹	1500
震源药柱	20000
爆裂管	10000

7.1.2 危险品生产区中转库炸药的总药量，应符合下列规定：

　　1 梯恩梯中转库的总计算药量不应大于 3d 的生产需要量。

　　2 炸药成品中转库的总计算药量不应大于 1d 的炸药生产量。当炸药日产量小于 5t 时，炸药成品中转库的总计算药量不应大于 5t。

7.1.3 危险品总仓库区内单个危险品仓库允许最大计算药量应符合表 7.1.3 的规定。

表 7.1.3　危险品总仓库内单个危险品仓库允许最大计算药量

危险品名称	允许最大计算药量（kg）
黑索今、太安、太乳炸药	50000
黑梯药柱	50000
梯恩梯	150000
苦味酸	30000
雷管	10000
继爆管	30000
导爆索	30000
导火索	40000

续表 7.1.3

危险品名称	允许最大计算药量（kg）
铵梯（油）类炸药、铵油（含铵松蜡、铵沥蜡）炸药、膨化硝铵炸药、胶状和粉状乳化炸药、水胶炸药、浆状炸药、多孔粒状铵油炸药、粒状黏性炸药、震源药柱	200000
奥克托金	3000
射孔弹、穿孔弹	10000
爆裂管	15000
黑火药	20000
硝酸铵	500000

7.1.4 硝酸铵仓库可设在危险品生产区内，单个硝酸铵仓库允许最大计算药量应符合本规范表 7.1.3 的规定。

7.1.5 危险品宜按不同品种，设专库单独存放。

7.1.6 不同品种危险品同库存放应符合下列规定：

　　1 当受条件限制时，各种包装完整无损的不同品种的危险品成品同库存放时，应符合表 7.1.6 的规定。

表 7.1.6　危险品同库存放

危险品名称	雷管类	黑火药	导火索	炸药类	射孔弹类	导爆索类
雷管类	○	×	×	×	×	×
黑火药	×	○	×	×	×	×
导火索	×	×	○	○	○	○
炸药类	×	×	○	○	○	○
射孔弹类	×	×	○	○	○	○
导爆索类	×	×	○	○	○	○

注：**1** ○表示可同库存放，×表示不得同库存放。

　　2 雷管类含火雷管、电雷管、导爆索雷管、继爆管。

　　3 导爆索类含导爆索和爆裂管。若需在危险品仓库存放塑料导爆管时，可按导爆索类对待。

　　2 当不同的危险品同库存放时，单库允许最大计算药量仍应符合本规范表 7.1.1 和表 7.1.3 的规定。当危险级别相同的危险品同库存放时，同库存放的总药量不应超过其中一个品种的单库允许最大计算药量；当危险级别不同的危险品同库存放时，同库存放的总药量不应超过其中危险级别最高品种的单库允许最大计算药量，且库房的危险级别应以危险级别最高品种的等级确定。

　　3 总仓库区和生产区的硝酸铵仓库不应和任何物品同库存放。

　　4 任何废品不应和成品同库存放。

　　5 当符合同库存放的不同品种的危险品同库贮存在危险品生产区的中转库内时，库房内应设隔墙分隔。

7.1.7 仓库内危险品的堆放应符合下列规定：

1 危险品应成垛堆放。堆垛与墙面之间、堆垛与堆垛之间应设置不宜小于 0.8m 宽的检查通道和不宜小于 1.2m 宽的装运通道。

2 堆放炸药类、索类危险品堆垛的总高度不应大于 1.8m，堆放雷管类危险品堆垛的总高度不应大于 1.6m。

7.2 危险品运输

7.2.1 危险品运输宜采用汽车运输，不应采用三轮汽车和畜力车运输。严禁采用翻斗车和各种挂车运输。

7.2.2 危险品生产区运输危险品的主干道中心线，与各类建筑物的距离，应符合下列规定：

1 距 1.1（1.1*）级建筑物不宜小于 20m。

2 距 1.2 级、1.4 级建筑物不宜小于 15m。

3 距有明火或散发火星地点不宜小于 30m。

7.2.3 危险品总仓库区运输危险品的主干道中心线，与各类危险性建筑物的距离不应小于 10m。

7.2.4 危险品生产区及危险品总仓库区内运输危险品的主干道，纵坡不宜大于 6%，以运输硝酸铵为主的道路纵坡不宜大于 8%。用手推车运输危险品的道路纵坡不宜大于 2%。

7.2.5 非防爆机动车辆不应直接进入危险性建筑物内，宜在其门前不小于 2.5m 处进行装卸作业。防爆机动车辆可进入库房内进行装卸作业。

7.2.6 人工提送起爆药时，应设专用人行道，纵坡不宜大于 6%，路面不应设有台阶，不宜与机动车行驶的道路交叉。

7.2.7 危险品总仓库区采用铁路运输时，宜将铁路通到仓库旁边。当条件困难时，可在危险品总仓库区设置转运站台。站台上允许最大存药量（包括车厢内的存药量）以及站台与其邻近建筑物的最小允许距离及站台的外部距离，均应按所转运产品同一危险等级的仓库要求确定。

当在危险品总仓库区以外的地方设置危险品转运站台，站台上的危险品可在 24h 内全部运走时，其外部距离可按危险品总仓库区同一危险等级的仓库要求相应减少 20%～30%。

当站台上的危险品可在 48h 内全部运走时，其外部距离可按危险品总仓库区同一危险等级的仓库要求相应减少 10%～20%。

8 建筑与结构

8.1 一般规定

8.1.1 危险性建筑物的耐火等级不应低于现行国家标准《建筑设计防火规范》GB 50016 中规定的二级耐火等级。

8.1.2 危险品生产工序的卫生特征分级应按本规范附录 E 确定，并按现行国家职业卫生标准《工业企业设计卫生标准》GBZ 1 设置卫生设施。

8.1.3 危险品生产厂房内辅助用室的设置，应符合下列规定：

1 1.1 级厂房内不应设置辅助用室，可设置带洗手盆的水冲厕所（黑火药和起爆药生产厂房除外）。

2 1.1 级厂房的辅助用室应集中单建或布置在非危险性建筑物内。

3 1.1*级、1.2 级、1.4 级厂房内可设置辅助用室。辅助用室应布置在厂房较安全的一端，且应设不小于 370mm 厚的实心砌体与危险性工作间隔开；层数不应超过二层。

4 在危险性工作间的上面或下面，不应设置辅助用室。

5 辅助用室的门窗，不宜直对邻近危险工作间的泄爆、泄压面。

8.2 危险性建筑物的结构选型

8.2.1 危险品生产厂房承重结构宜采用钢筋混凝土框架承重结构，不应采用独立砖柱承重。当符合下列条件之一者，可采用实心砌体结构承重：

1 单层厂房跨度不大于 7.5m，长度不大于 30m，室内净高不大于 5m，且操作人员少的 1.1（1.1*）级、1.2 级厂房。

2 单层厂房跨度不大于 12m，长度不大于 30m，室内净高不大于 6m 的 1.4 级厂房。

3 危险品生产工序全部布置在抗爆间室或钢板防护装置内，且抗爆间室或钢板防护装置外不存危险品的 1.1*级、1.2 级厂房。

4 粉状铵梯炸药生产线的梯恩梯球磨机粉碎厂房、轮碾机混药厂房。

5 横隔墙密、存药量小又分散的理化室、1.2 级试验站等。

6 无人操作的厂房。

8.2.2 不具有易燃易爆粉尘的危险品生产厂房和具有防粉尘措施的危险品生产厂房，可采用符合防火要求的钢刚架结构。危险品能与钢材反应产生敏感危险物的生产厂房不应采用钢刚架结构。

8.2.3 危险品仓库，可采用实心砌体结构承重。亦可采用符合防火要求的钢刚架结构。

8.2.4 危险性建筑物实心砌体厚度不应小于 240mm，且不应采用空斗砌体、毛石砌体。

8.2.5 危险性建筑物的屋盖宜采用现浇钢筋混凝土屋盖。不宜采用架空隔热层屋面。

8.2.6 黑火药生产厂房和库房、粉状铵梯炸药生产线的梯恩梯球磨机粉碎厂房和轮碾机混药厂房应采用轻质易碎屋盖或轻型泄压屋盖。

8.3 危险性建筑物的结构构造

8.3.1 具有易燃、易爆粉尘的厂房，宜采用外形平整不易集尘的结构构件和构造。

8.3.2 危险性建筑物结构应加强联结，如钢筋混凝土预制板与梁、梁与墙或柱锚固、柱与围护墙拉结以及砖墙墙体之间拉结等。

8.3.3 危险性建筑物在下列部位应设置现浇钢筋混凝土闭合圈梁。

  1 装配式钢筋混凝土屋盖宜在梁底或板底处，沿外墙及内纵、横墙设置圈梁，并与梁联成整体。

  2 轻质易碎屋盖或轻型泄压屋盖宜在梁底处，沿外墙及内纵、横墙设置圈梁，并与梁联成整体。

  3 危险性建筑物，应按上密下稀的原则，沿墙高每隔 4m 左右，在窗洞顶增设圈梁。

8.3.4 门窗洞口宜采用钢筋混凝土过梁，过梁支承长度不应小于 250mm。

8.3.5 当采用钢刚架结构体系时，应符合下列要求：

  1 结构横向体系应采用刚架。

  2 结构和构件应保证整体稳定和局部稳定。

  3 构件在可能出现塑性铰的最大应力区内，应避免焊接接头。

  4 节点（如柱脚、支撑节点、檩与梁连接点等）的破坏，不应先于构件全截面屈服。

  5 支撑杆件应用整根材料。

8.3.6 钢刚架结构体系应按上密下稀的原则沿柱高 4m 左右设置闭合连续钢圈梁，圈梁的接头、圈梁与柱的连接应加强。

8.3.7 当钢刚架结构体系的围护结构采用轻型夹层保温板时，保温板总厚度不应小于 80mm，上、下层钢板厚度均不应小于 0.6mm，檩距不应大于 1.5m。

8.3.8 轻钢刚架结构的屋面檩条应按简支檩设计，在支撑处两相邻檩条应加强连接，其破坏不应先于构件全截面屈服。

8.3.9 冷成型夹层保温板与支承构件的连接，应根据受力的大小，选用下列连接方法：

  1 带有特大号垫圈的加大直径的自穿、自攻螺栓。

  2 熔焊或加有大号垫板的塞焊。

  3 焊于支承构件上螺栓，用衬垫、特大号垫圈和螺帽，把板紧固于支承构件上。

8.4 抗爆间室和抗爆屏院

8.4.1 抗爆间室的墙应采用现浇钢筋混凝土，墙厚不宜小于 300mm。当设计药量小于 1kg 时，现浇钢筋混凝土墙厚不应小于 200mm，也可采用钢板结构。

8.4.2 抗爆间室的屋盖宜采用现浇钢筋混凝土。当抗爆间室发生爆炸时，屋面泄压对毗邻工作间不造成破坏时，宜采用轻质易碎屋盖，也可采用轻型泄压屋盖。

8.4.3 抗爆间室的墙和屋盖（不包括轻型窗和轻质易碎屋盖或轻型泄压屋盖），应符合下列规定：

  1 在设计药量爆炸空气冲击波和碎片的局部作用下，不应产生震塌、飞散和穿透。

  2 在设计药量爆炸空气冲击波的整体作用下，允许产生一定的残余变形。抗爆间室的墙和屋盖按弹性或弹塑性理论设计。

8.4.4 抗爆门、抗爆传递窗应符合下列规定：

  1 在爆炸碎片作用下，不应穿透。

  2 当抗爆间室内发出爆炸时，应能防止火焰及空气冲击波泄出。

  3 抗爆门应为单扇平开门，门的开启方向在空气冲击波作用下应能转向关闭状态。

  4 在设计药量爆炸空气冲击波的整体作用下，抗爆门的结构不应有残余变形。

  5 抗爆传递窗的内、外窗扇不应同时开启，并应有联锁装置。

8.4.5 抗爆间室朝向室外的一面应设轻型窗。窗台高度不应高于室内地面 0.4m。

8.4.6 抗爆间室与主厂房构造处理应符合下列规定：

  1 当抗爆间室采用轻质易碎屋盖时，与抗爆间室毗邻的主厂房屋盖不应高出抗爆间室屋盖；当高出时，抗爆间室应采用钢筋混凝土屋盖。

  2 当抗爆间室采用轻质易碎屋盖时，应在钢筋混凝土墙顶设置钢筋混凝土女儿墙与其相毗邻的主厂房屋盖隔开。女儿墙高度不应小于 500mm，厚度可为抗爆间室墙厚的 1/2，但不应小于 150mm。

  3 抗爆间室与相毗邻的主厂房之间的连接应符合下列规定：

    1）抗爆间室与主厂房间宜设置抗震缝。

    2）当抗爆间室屋盖为钢筋混凝土，室内设计药量小于 5kg 时，或抗爆间室屋盖为轻质易碎，室内设计药量小于 3kg 时，可不设抗震缝，但应加强结构构件的锚固。

    3）当抗爆间室屋盖为钢筋混凝土，室内设计药量为 5～20kg 时，或抗爆间室屋盖为轻质易碎，室内设计药量为 3～5kg 时，可不设抗震缝，主体厂房的结构可采用可动连接的方式支承于间室的墙上。

    4）当抗爆间室屋盖为钢筋混凝土，室内设计药量大于 20kg 时，或抗爆间室屋盖为轻质易碎，室内设计药量大于 5kg 时，应设抗震缝，主体厂房的结构不允许支承在间室的墙上。

8.4.7 在抗爆间室轻型窗的外面，应设置现浇钢筋混凝土屏院。抗爆屏院的平面形式和进深应符合表 8.4.7 的规定。

表 8.4.7 抗爆屏院平面形式和最小进深

设计药量(kg)	<3	3~15	15~30	30~50
平面形式				
最小进深(m)	3	4	5	6

当采用"冂"形屏院时，在轻型窗处应设置进出抗爆屏院的出入口。

8.4.8 抗爆屏院的高度不应低于抗爆间室的檐口高度。当抗爆屏院的进深超过 4m 时，屏院中墙高度应增高，其增加高度不应小于进深超过量的 1/2，屏院边墙由抗爆间室的檐口高度逐渐增加至屏院中墙高度。

8.4.9 抑爆泄压装置应采用钢结构或钢筋混凝土结构。抑爆泄压装置必须与抗爆间室的墙和屋盖有可靠连接，当发生爆炸事故时，不允许有任何碎片飞出。

8.4.10 抑爆泄压装置应采用合理的泄压比，并应符合下列规定：

1 能够承受爆炸产生的空气冲击波的整体和局部作用。

2 能够迅速泄出室内的爆炸气体。

3 泄出的冲击波压力能够满足对火焰、压力的控制。

8.5 安 全 疏 散

8.5.1 危险品生产厂房安全出口的设置应符合下列规定：

1 危险品生产厂房每层或每个危险性工作间安全出口的数目不应少于 2 个；当每层或每个危险工作间的面积不超过 65m²，且同一时间生产人数不超过 3 人时，可设 1 个安全出口。

2 安全出口应布置在室外有安全通道的一侧。

3 有防护屏障的危险性厂房安全出口，应布置在防护屏障的开口方向或安全疏散隧道的附近。

8.5.2 危险品生产厂房内非危险性工作间的安全出口，应根据各工作间的生产类别按现行国家标准《建筑设计防火规范》GB 50016 的有关规定执行。

8.5.3 1.1（1.1*）级、1.2 级生产厂房底层应设置安全窗，二层及以上厂房可设置安全滑梯、滑杆。安全窗、滑梯、滑杆不应计入安全出口的数目内。

8.5.4 安全滑梯、滑杆、疏散楼梯的设置应符合下列规定：

1 安全滑梯、滑杆不应直对疏散门，并应设置不小于 1.5m² 的装有不低于 1.1m 高的护栏平台。当共用一个平台时，其面积不应小于 2m²。

2 疏散楼梯、滑梯、滑杆可设在防护屏障外侧，厂房外门与疏散楼梯、滑梯、滑杆之间，应用钢筋混凝土平台相连。

8.5.5 危险性厂房由最远点至安全出口的疏散距离应符合下列规定：

1 当为 1.1（1.1*）级、1.2 级厂房时，不应超过 15m。

2 当为 1.4 级厂房时，不应超过 20m。

3 当中间走廊两边为生产间或中间布置连续作业流水线的 1.1（1.1*）级、1.2 级厂房时，不应超过 20m。

8.6 危险性建筑物的建筑构造

8.6.1 危险品生产厂房应采用平开门，不应设置门槛。供安全疏散用的封闭楼梯间，可采用向疏散方向开启的单向弹簧门。

8.6.2 危险品生产对火花或静电敏感时，其生产厂房的门窗及配件应采用不产生火花材料及防静电材料制品。黑火药生产厂房应采用木质门窗。

8.6.3 门的设置应符合下列规定：

1 疏散用门应向外开启，危险工作间的门不应与其他房间的门直对设置。

2 设置门斗时，应采用外门斗。门斗的内门和外门中心应在一直线上，开启方向应和疏散用门一致。

当危险生产厂房为中间走廊，两边为生产间的布置形式时，可采用内门斗。内门斗隔墙不应突出生产间内墙，且应砌到顶。

3 危险品生产间的外门口应做防滑坡道，不应设置台阶。

8.6.4 安全窗应符合下列规定：

1 洞口宽度不应小于 1m，不宜设置中梃。当设有中梃时，窗扇开启宽度不应小于 0.9m，不应设置固定扇。

2 洞口高度不应小于 1.5m。

3 窗台距室内地面不应大于 0.5m。

4 窗扇应向外平开，且一推即开。

5 保温窗宜采用单框双层玻璃或中空玻璃。当采用双层框窗扇时，应能同时向外开启。

8.6.5 危险生产区内建筑物的门窗玻璃宜采用防止碎玻璃伤人的措施。

8.6.6 具有易燃易爆粉尘的危险性建筑物不应设置天窗。

8.6.7 危险品生产间的地面，应符合下列规定：

1 当危险品生产间内的危险品遇火花能引起燃烧、爆炸时，应采用不发生火花的地面面层。

2 当危险品生产间内的危险品对撞击、摩擦作用敏感时，应采用不发生火花的柔性地面面层。

3 当危险品生产间内的危险品对静电作用敏感

时，应采用防静电地面面层。

8.6.8 危险品生产间的室内装修，应符合下列规定：

1 危险品生产间内墙面应抹灰。

2 具有易燃易爆粉尘的生产间的内墙面和顶棚表面应平整、光滑，所有凹角宜抹成圆弧。

3 经常冲洗和设有雨淋装置的生产间的顶棚和内墙应全部油漆。产品要求洁净而经常清扫的工作间应做油漆墙裙，墙裙以上的墙面应采用耐擦洗涂料。油漆和涂料的颜色应与危险品颜色相区别。

8.6.9 危险品生产间不宜设置吊顶棚。当生产工艺要求设置时，应符合下列条件：

1 吊顶棚底应平整、无缝隙、不易脱落。

2 吊顶棚不宜设置人孔、孔洞。如必须设置时，孔洞周边应有密封措施。

3 吊顶棚范围内不同危险等级的生产间的隔墙应砌至屋面板梁的底部。

8.6.10 危险品生产厂房内平台宜为钢或钢筋混凝土材料。梯宜为钢梯。

平台和钢梯踏步的面层应与生产间地面面层相适应。

8.7 嵌入式建筑物

8.7.1 嵌入式建筑物应采用钢筋混凝土结构。不覆土一面的墙体由抗爆设计确定。

8.7.2 嵌入式建筑物的覆土厚度，对墙顶外侧不应小于1.5m，对屋盖上部不应小于0.5m。

8.7.3 嵌入式建筑物的构造，应符合下列规定：

1 覆土部分的墙应采用现浇钢筋混凝土，墙厚不应小于250mm。

2 屋盖应采用现浇钢筋混凝土结构。

3 未覆土一面的墙应减少开窗面积。当采用钢筋混凝土时，墙厚不应小于200mm；当采用砖墙时，墙厚不应小于370mm，并应与顶盖、侧墙柱牢固连接。

8.7.4 嵌入式建筑物的门窗采光部分宜采用塑性透光材料。

8.8 通廊和隧道

8.8.1 危险品运输通廊设计，应符合下列规定：

1 通廊的承重及围护结构宜采用非燃烧体。

2 通廊应采用钢筋混凝土柱、符合防火要求的钢柱承重。

3 封闭式通廊，应采用轻易碎或轻型泄压屋盖和墙体，且应设置安全出口，安全出口间距不宜大于30m。通廊内不应设置台阶。

4 封闭式通廊两端距危险性建筑物墙面前不小于3m处应设置隔墙。隔爆墙的宽度和高度应超出通廊横断面边缘不小于0.5m。

5 运输中有可能洒落危险品的通廊，其地面面层应与连接的危险性建筑物地面面层相一致。

8.8.2 非危险品运输封闭式通廊与危险性建筑物连接时，应在连接前不小于3m处设置隔墙。隔爆墙与危险性建筑物之间通廊应采用轻型泄压或轻质易碎的屋盖和墙体。

8.8.3 防护屏障的隧道，应采用钢筋混凝土结构。运输中有可能洒落炸药的隧道地面，应采用不发生火花地面。隧道应取折向，且不应设置台阶。

8.9 危险品仓库的建筑构造

8.9.1 危险品仓库安全出口不应少于2个，当仓库面积小于220m^2时，可设1个安全出口。库房内任一点到安全出口的距离不应大于30m。

8.9.2 危险品仓库门的设计，应符合下列规定：

1 危险品仓库的门应向外平开，门洞宽度不应小于1.5m，且不应设置门槛。

2 当危险品仓库设置门斗时，应采用外门斗，此时的内、外两层门均应向外开启。

3 危险品总仓库的门宜为双层，内层门应为通风用门，外层门应为防火门，两层门均应向外开启。

8.9.3 危险品总仓库的窗，应设置铁栅、金属网和能开启的窗扇，在勒脚处宜设置可开、关的活动百叶窗或带活动防护板的固定百叶窗，并应装设金属网。

8.9.4 危险品仓库宜采用不发生火花地面，当危险品以包装箱方式存放且不在仓库内开箱时，可采用一般地面。

9 消 防 给 水

9.0.1 民用爆破器材工程的建设必须设置消防给水系统。

9.0.2 民用爆破器材工程的消防给水设计，除执行本章要求外，尚应符合现行国家标准《建筑设计防火规范》GB 50016和《自动喷水灭火系统设计规范》GB 50084等的有关规定。各级危险性建筑物的消防给水设计，不应低于现行国家标准《建筑设计防火规范》GB 50016中甲类生产厂房的要求和现行国家标准《自动喷水灭火系统设计规范》GB 50084中严重危险级的要求。

9.0.3 危险品生产区的消防给水管网或生产与消防联合给水管网应设计成环状管网。当受地形限制不能设置环状管网，且在生产无不间断供水要求，并设有对置高位水池等具有满足水量、水压要求的消防储备水时，可设计为枝状管网。

9.0.4 危险品生产区的消防储备水量应按下列情况计算：

1 当危险品生产区内不设消防雨淋系统时，消防储备水量应为室内、室外消火栓系统3h的用水量。

2 当危险品生产区内设置消防雨淋系统时，消防储备水量应为最大一组雨淋系统 1h 用水量与室内、室外消火栓系统 3h 用水量之和。

注：消防储备水量应采取平时不被动用的措施。

9.0.5 危险品生产区内应设置室外消火栓，当建筑物有防护屏障时，室外消火栓应设置在防护屏障的防护范围内，并且不应设在防护屏障内。

9.0.6 室外消防用水量应按现行国家标准《建筑设计防火规范》GB 50016 的规定计算，但不应小于 20L/s。消防延续时间应按 3h 计算。

9.0.7 设置有消防雨淋系统的生产区宜采用常高压给水系统。当采用临时高压给水系统时，应设置水塔或气压给水设备等。

9.0.8 采用临时高压给水系统时，其消防水泵的设置应符合下列要求：

1 消防水泵应设有备用泵，其工作能力不应小于 1 台主泵的工作能力。

2 消防水泵应保证在火警后 30s 内启动，并在火场断电时仍能正常运转。

3 消防水泵应有备用动力源。

9.0.9 危险品生产厂房均应设置室内消火栓，并应符合下列要求：

1 室内消火栓应布置在厂房出口附近明显易于取用的地点。

2 室内消火栓之间的距离应按计算确定，但不应超过 30m。

3 当易燃烧的危险品生产厂房开间较小，水带不易展开时，室内消火栓可安装在室外墙面上，但应采取防冻措施。

9.0.10 生产过程中下列生产工序应设置消防雨淋系统：

1 粉状铵梯炸药、铵油炸药生产的混药、筛药、凉药、装药、包装、梯恩梯粉碎。

2 粉状乳化炸药生产的制粉出料、装药、包装。

3 膨化硝铵炸药生产的混药、凉药、装药、包装。

4 黑梯药柱生产的熔药、装药。

5 导火索生产的黑火药三成分混药、干燥、凉药、筛选、准备及制索。

6 导爆索生产的黑索今或太安的筛选、混合、干燥。

7 震源药柱生产的炸药熔混药、装药。

9.0.11 下列设备的内部、上方或周围应设置雨淋喷头、闭式喷头或水幕管等消防设施：

1 粉状铵梯炸药、铵油炸药生产的轮碾机、凉药机、梯恩梯球磨机。

2 膨化硝铵炸药生产的轮碾机、破碎机、混药机、凉药机。

3 导火索生产的三成分球磨机。

4 粉状炸药螺旋输送设备。

注：设置在抗爆间室内的设备，可不设雨淋系统。

9.0.12 消防雨淋系统的设置应符合下列要求：

1 消防雨淋系统应设感温或感光探测自动控制启动设施，同时还应设置手动控制启动设施。当生产工序中药量很少，且有人在现场操作时，可只设手动控制的雨淋系统。手动控制设施应设在便于操作的地点和靠近疏散出口。

2 消防雨淋系统管网中最不利点的喷头出口水压不应低于 0.05MPa。

3 设有消防雨淋系统的厂房所需进口水压应按计算确定，但不应小于 0.2MPa。

4 消防雨淋系统作用时间应按 1h 确定。

5 消防雨淋系统应设置试验试水装置。

9.0.13 当火焰有可能通过工作间的门、窗和洞口蔓延至相邻工作间时，应在该工作间的门、窗和洞口设置阻火水幕，并与该工作间的雨淋系统同时动作。当相邻工作间与该工作间设置为同一淋水管网，或同时动作的雨淋系统时，中间隔墙的门、窗和洞口上可不设阻火水幕。

9.0.14 危险品生产区的中转库、硝酸铵库应设置室外消火栓。

9.0.15 危险品总仓库区应根据当地消防供水条件，设置高位水池、消防蓄水池或室外消火栓，并应符合下列要求：

1 消防用水量应按 20L/s 计算，消防延续时间按 3h 确定。

2 当危险品总仓库区总库存量不超过 100t 时，消防用水量可按 15L/s 计算。

3 高位水池或消防蓄水池中储水使用后的补水时间不应超过 48h。

4 供消防车使用的消防蓄水池，保护范围半径不应大于 150m。

9.0.16 民用爆破器材工程设计应按现行国家标准《建筑灭火器配置设计规范》GB 50140 的有关规定配备灭火器。

10 废水处理

10.0.1 民用爆破器材工程的废水排放设计，应与近似清洁生产废水分流。有害废水应采取治理措施，并应符合现行国家标准《污水综合排放标准》GB 8978、《兵器工业水污染物排放标准 火炸药》GB 14470.1、《兵器工业水污染物排放标准 火工药剂》GB 14470.2 等的有关规定。

10.0.2 民用爆破器材工程废水处理的设计，应符合重复或循环使用废水，达到少排和不排出废水的原则。

10.0.3 含有起爆药的废水，应采取消除其爆炸危险性的措施。几种能相互发生化学反应而生成易爆物的废水在进行销爆处理前，严禁排入同一管网。

10.0.4 在含有起爆药的工房中；当采用拖布拖洗地面时，其洗拖布的桶装废水，应送废水处理工房处理。

10.0.5 在有火药、炸药粉尘散落的工作间内，应使用拖布拖洗地面，并应设置洗拖布用水池。

11 采暖、通风和空气调节

11.1 一般规定

11.1.1 民用爆破器材工程的采暖、通风和空气调节设计除执行本章规定外，尚应符合现行国家标准《建筑设计防火规范》GB 50016和《采暖通风与空气调节设计规范》GB 50019等的规定。

11.1.2 除本章规定外，危险场所的通风、空调设备的选用还应符合本规范第12.2节的有关规定。

11.1.3 危险品生产区各级危险性建筑物室内空气的温度和相对湿度应符合国家相关的标准和规定。当产品技术条件有特殊要求时，可按产品的技术条件确定。

11.2 采 暖

11.2.1 危险性建筑物应采用热风或散热器采暖，严禁用明火采暖。

当采用散热器采暖时，其热媒应采用不高于110℃的热水或压力等于或小于0.05MPa的饱和蒸汽。但对下列厂房采用散热器采暖时，其热媒应采用不高于90℃的热水：

1 导火索生产的黑火药三成分混药、干燥、凉药、筛选、黑火药准备、包装厂房。

2 导爆索生产的黑索今或太安的筛选、混合、干燥厂房。

3 塑料导爆管生产的奥克托金或黑索今粉碎、干燥、筛选、混合厂房。

4 雷管生产的二硝基重氮酚（含作用和起爆药类似的药剂）的干燥、凉药、筛选厂房。

5 雷管生产的黑索今或太安的造粒、干燥、筛选、包装厂房。

6 雷管生产的雷管的装药、压药厂房。

11.2.2 危险性建筑物采暖系统的设计，应符合下列规定：

1 散热器应采用光面管或其他易于擦洗的散热器，不应采用带肋片的或柱型散热器。

2 散热器和采暖管道的外表面应涂以易于识别爆炸危险性粉尘颜色的油漆。

3 散热器的外表面与墙内表面的距离不应小于60mm，与地面的距离不宜小于100mm。散热器不应设在壁龛内。

4 抗爆间室的散热器，不应设在轻型面。采暖干管不应穿过抗爆间室的墙体，抗爆间室内的散热器支管上的阀门，应设在操作走廊内。

5 采暖管道不应设在地沟内。当在过门地沟内设置采暖管道时，应对地沟采取密闭措施。

6 蒸汽、高温水管道的入口装置和换热装置不应设在危险工作间内。

11.2.3 当采用电热锅炉作为热源，且汽量不大于1t/h时，电热锅炉可贴邻生产工房布置，但应布置在工房较安全的一端，并用防火墙隔离。电热锅炉间应设单独的外开门、窗。

11.3 通风和空气调节

11.3.1 危险性生产厂房中，散发燃烧爆炸危险性粉尘或气体的设备和操作岗位应设局部排风。

11.3.2 空气中含有燃烧爆炸危险性粉尘的厂房中，机械排风系统设计应符合下列规定：

1 排风口位置和入口风速的确定应能有效地排除燃烧爆炸危险性粉尘或气体。

2 含有燃烧爆炸危险性粉尘的空气应经净化处理后再排至大气。

3 散发有火药、炸药粉尘的生产设备或生产岗位的局部排风除尘，宜采用湿法方式处理，且除尘器应置于排风系统的负压段上。

4 水平风管内的风速应按燃烧爆炸危险性粉尘不在风管内沉积的原则确定，风管应设有坡度。

5 排除含有燃烧爆炸危险性粉尘或气体的局部排风系统，应按每个危险品生产间分别设置。排风管道不宜穿过与本排风系统无关的房间。排尘系统不应与排气系统合为一个系统。对于危险性大的生产设备的局部排风应按每台生产设备单独设置。

6 排风管道不宜设在地沟或吊顶内，也不应利用建筑物的构件作为排风管道。

7 排风管道或设备内有可能沉积燃烧爆炸危险性粉尘时，应设置清扫孔、冲洗接管等清理装置，需要冲洗的风管应设有大于1%的坡度。

11.3.3 散发燃烧爆炸危险性粉尘或气体的厂房的通风和空气调节系统，应采用直流式，其送风机和空气调节机的出口应装止回阀。

11.3.4 雷管、黑火药生产厂房的通风和空气调节系统应符合下列规定：

1 雷管装配、包装厂房的空气调节系统可以回风。

2 雷管装药、压药厂房的空气调节系统，当采用喷水式空气处理装置时可以回风。

3 黑火药生产厂房内，不应设计机械通风。

11.3.5 散发燃烧爆炸危险性粉尘或气体的厂房的通风设备及阀门的选型应符合下列规定：

1 进风系统的风管上设置止回阀时，通风机可采用非防爆型。

2 排除燃烧爆炸危险性粉尘或气体的排风系统，风机及电机应采用防爆型，且电机和风机应直联。

3 置于湿式除尘器后的排风机应采用防爆型。

4 散发燃烧爆炸危险性粉尘的厂房，其通风、空气调节风管上的调节阀应采用防爆型。

11.3.6 危险性建筑物均应设置单独的通风机室及空气调节机室，该室的门、窗不应与危险工作间相通，且应设置单独的外门。

11.3.7 各抗爆间室之间、抗爆间室与其他工作间及操作走廊之间不应有风管、风口相连通。

11.3.8 散发有燃烧爆炸危险性粉尘或气体的危险性建筑物的通风和空气调节系统的风管宜采用圆形风管，并架空敷设。

风管涂漆颜色应与燃烧爆炸危险性粉尘的颜色易于分辨。

11.3.9 危险性建筑物中通风、空调系统的风管应采用非燃烧材料制作，并且风管和设备的保温材料也应采用非燃烧材料。

12 电 气

12.1 电气危险场所分类

12.1.1 电气危险场所划分应符合下列规定：

1 F0类：经常或长期存在能形成爆炸危险的火药、炸药及其粉尘的危险场所。

2 F1类：在正常运行时可能形成爆炸危险的火药、炸药及其粉尘的危险场所。

3 F2类：在正常运行时能形成火灾危险，而爆炸危险性极小的火药、炸药、氧化剂及其粉尘的危险场所。

4 各类危险场所均以工作间（或建筑物）为单位。

常用的生产、加工、研制危险品的工作间（或建筑物）电气危险场所分类和防雷类别应符合表12.1.1-1的规定，贮存危险品的中转库和危险品总仓库危险场所（或建筑物）分类及防雷类别应符合表12.1.1-2的规定。

表12.1.1-1 生产、加工、研制危险品的工作间（或建筑物）电气危险场所分类及防雷类别

序号	危险品名称		工作间（或建筑物）名称	危险场所分类	防雷类别
工业炸药					
1	铵梯（油）类炸药		梯恩梯粉碎、梯恩梯称量、混药、筛药、凉药、装药、包装	F1	一
			硝酸铵粉碎、干燥	F2	二
2	粉状铵油炸药、铵松蜡炸药、铵沥蜡炸药		混药、筛药、凉药、装药、包装	F1	一
			硝酸铵粉碎、干燥	F2	二
3	多孔粒状铵油炸药		混药、包装	F1	一
4	膨化硝铵炸药		膨化	F1	一
			混药、凉药、装药、包装	F1	一
5	粒状黏性炸药		混药、包装	F1	一
			硝酸铵粉碎、干燥	F2	二
6	水胶炸药		硝酸甲胺制造和浓缩、混药、凉药、装药、包装	F1	一
			硝酸铵粉碎、筛选	F2	二
7	浆状炸药		梯恩梯粉碎、炸药熔药、混药、凉药、包装	F1	一
			硝酸铵粉碎、筛选	F2	二
8	乳化炸药	粉状	制粉、装药、包装	F1	一
			乳化、乳胶基质冷却	F2	二
			硝酸铵粉碎、硝酸钠粉碎	F2	二
		胶状	乳化、乳胶基质冷却、乳胶基质贮存、敏化、敏化后的保温（凉药）、贮存、装药、包装	F2	一
			硝酸铵粉碎、硝酸钠粉碎	F2	二

续表 12.1.1-1

序号	危险品名称	工作间（或建筑物）名称	危险场所分类	防雷类别
工业炸药				
9	黑梯药柱（注装）	熔药、装药、凉药、检验、包装	F1	一
10	梯恩梯药柱（压制）	压制	F1	一
		检验、包装	F1	一
11	太乳炸药	制片、干燥、检验、包装	F1	一
工业雷管				
12	火雷管、电雷管、导爆管雷管、继爆管	黑索今或太安的造粒、干燥、筛选、包装	F1	一
		火雷管干燥、烘干	F1	一
		继爆管的装配、包装	F1	一
		二硝基重氮酚制造（中和、还原、重氮、过滤）	F1	一
		二硝基重氮酚的干燥、凉药、筛选、黑索今或太安的造粒、干燥、筛选	F1	一
		火雷管装药、压药	F1	一
		电雷管、导爆管雷管装配、雷管编码	F1	一
		雷管检验、包装、装箱	F1	一
		雷管试验站	F1	一
		引火药头用和延期药用的引火药剂制造	F1	一
		引火元件制造	F1	一
		延期药混合、造粒、干燥、筛选、装药、延期元件制造	F1	一
		二硝基重氮酚废水处理	F2	二
工业索类火工品				
13	导火索	黑火药三成分混药、干燥、凉药、筛选、包装 导火索制造中的黑火药准备	F0	一
		导火索制索、盘索、烘干、普检、包装	F2	二
		硝酸钾干燥、粉碎	F2	二
14	导爆索	炸药的筛选、混合、干燥	F1	一
		导爆索包塑、涂索、烘索、盘索、普检、组批、包装	F1	一
		炸药的筛选、混合、干燥	F1	一
		导爆索制索	F1	一
15	塑料导爆管	炸药的粉碎、干燥、筛选、混合	F1	一
		塑料导爆管制造	F2	二
16	爆裂管	爆裂管切索、包装	F1	一
		爆裂管装药	F1	一
油气井用起爆器材				
17	射孔弹、穿孔弹	炸药暂存、烘干、称量	F1	一
		压药、装配	F1	一
		包装	F1	一
		试验室	F1	一

续表 12.1.1-1

序号	危险品名称		工作间（或建筑物）名称	危险场所分类	防雷类别
			地震勘探用爆破器材		
18	震源药柱	高爆速	炸药准备、熔混药、装药、压药、凉药、装配、检验、装箱	F1	一
		中爆速	炸药准备、震源药柱检验、装箱	F1	一
			装药、压药	F1	一
			钻孔	F1	一
			装传爆药柱	F1	一
		低爆速	炸药准备、装药、装传爆药柱、检验、装箱	F1	一
19	黑火药、炸药、起爆药		理化试验室	F2	二

注：1 雷管制造中所用药剂（单组分或多组分药剂），其作用与起爆药相类似者，此类药剂的电气危险场所类别应按表内二硝基重氮酚确定。
    2 粉状、胶状乳化炸药生产线联建，当出现电气危险场所类别不同时，以高者计。
    3 危险品性能试验塔（罐）工作间的危险作业场所分类应按本表确定，防雷类别宜为三类。

表 12.1.1-2 贮存危险品的中转库和危险品总仓库危险场所（或建筑物）分类及防雷类别

序号	危险品仓库（含中转库）名称	危险场所类别	防雷类别
1	黑索今、太安、奥克托金、梯恩梯、苦味酸、黑梯药柱、梯恩梯药柱、太乳炸药、黑火药 铵梯（油）类炸药、粉状梯油炸药、铵松蜡炸药、铵沥蜡炸药、多孔粒状铵油炸药、膨化硝铵炸药、粒状黏性炸药、水胶炸药、浆状炸药、粉状乳化炸药	F0	一
2	起爆药	F0	一
3	胶状乳化炸药	F1	一
4	雷管（火雷管、电雷管、导爆管雷管、继爆管）	F1	一
5	爆裂管	F1	一
6	导爆索、射孔（穿孔）弹、震源药柱	F1	一
7	延期药	F1	一
8	导火索	F1	一
9	硝酸铵、硝酸钠、硝酸钾、氯酸钾、高氯酸钾	F2	二

12.1.2 与危险场所采用非燃烧体密实墙隔开的非危险场所，当隔墙设门与危险场所相通时，如果所设门除有人出入外，其余时间均处于关闭状态，则该工作间的危险场所分类可按表 12.1.2 确定。当门经常处于敞开状态时，该工作间应与相毗邻危险场所的类别相同。

表 12.1.2 与危险场所相毗邻的场所类别

危险场所类别	用一道有门的密实墙隔开的工作间	用两道有门的密实墙通过走廊隔开的工作间
F0	F1	无危险
F1	F2	
F2	无危险	

注：1 本条不适用于配电室、电气室、电源室、电加热间、电机室。
    2 控制室、仪表室位置的确定应符合自动控制部分有关规定。
    3 密实墙应为非燃烧体的实体墙，墙上除设门外，无其他孔洞。

12.1.3 为各类危险场所服务的排风室应与所服务的场所危险类别相同。

12.1.4 为各类危险场所服务的送风室，当通往危险场所的送风管能阻止危险物质回到送风室时，可划为非危险场所。

12.1.5 在生产过程中，工作间存在两种及两种以上火药、炸药及氧化剂等危险物质时，应按危险性较高的物质确定危险场所类别。

12.1.6 危险场所既存在火药、炸药，又存在易燃液体时，除应符合本规范的规定外，尚应符合现行国家标准《爆炸和火灾危险环境电力装置设计规范》GB 50058 的有关规定。

12.1.7 运输危险品的通廊采用封闭式时，危险场所应划为 F1 类，防雷类别应为一类。当运输危险品的通廊采用敞开或半敞开式时，危险场所应划为 F2 类，防雷类别应为二类。

12.2 电气设备

12.2.1 危险场所电气设备应符合下列规定：
    1 危险场所电气设计时，宜将正常运行时可产生火花及高温的电气设备，布置在危险性较小或无危险的工作间。

2 危险场所采用的防爆电气设备，必须是符合现行国家标准生产，并由国家指定检验部门鉴定合格的产品。

3 危险场所不应安装、使用无线遥控设备、无线通信设备。

4 危险场所电气设备，如有过负载可能时，应符合现行国家标准《通用用电设备配电设计规范》GB 50055 的有关规定。

5 生产时严禁工作人员入内的工作间，其用电设备的控制按钮应安装在工作间外，并应将用电设备的启动与门的关闭连锁。

6 危险场所配线接线盒等选型，应与该危险场所的电气设备防爆等级相一致。

7 爆炸性气体环境用电气设备的Ⅱ类电气设备的最高表面温度分组，应符合表 12.2.1-1 的规定。火药、炸药危险场所电气设备最高表面温度的分组划分宜符合本规范附录 F 的规定。

表 12.2.1-1 爆炸性气体环境用电气设备的
Ⅱ类电气设备的最高表面温度分组

温度组别	最高表面温度（℃）
T1	450
T2	300
T3	200
T4	135
T5	100
T6	85

8 火药、炸药危险场所电气设备的最高表面温度应符合表 12.2.1-2 的规定。

表 12.2.1-2 火药、炸药危险场所
电气设备的最高表面温度（℃）

温度组别	无过负荷的设备	有过负荷的设备
T4	135	135
T5	100	85

注：危险场所电气设备的最高表面温度可标注温度值，或标注最高表面温度组别或两者都标注。

9 电气设备除按危险场所选型外，尚应考虑安装场所的其他环境条件。

12.2.2 F0 类危险场所电气设备选择应符合下列规定：

1 F0 类危险场所内不应安装电气设备，当工艺确有必要安装控制按钮及检测仪表（不含黑火药危险场所）时，控制按钮应采用可燃性粉尘环境用电气设备 DIP A21 或 DIP B21 型（IP65 级），检测仪表的选型应为本质安全型（IP65 级）。

2 采用非防爆电气设备隔墙传动时，应符合下列要求：

1）需要电气设备隔墙传动的工作间，应由生产工艺确定。

2）安装电气设备的工作间，应采用非燃烧体密实墙与危险场所隔开，隔墙上不应设门、窗。

3）传动轴通过隔墙处应采用填料函密封或有同等效果的密封措施。

4）安装电气设备工作间的门，应设在外墙上或通向非危险场所，且门应向室外或非危险场所开启。

3 F0 类危险场所电气照明应采用安装在窗外的可燃性粉尘环境用电气设备 DIP A22 或 DIP B22 型（IP54 级）灯具，安装灯具的窗户应为双层玻璃的固定窗。门灯及安装在外墙外侧的开关、控制按钮、配电箱选型应与灯具相同。采用干法生产黑火药的 F0 类危险场所的电气照明应采用可燃性粉尘环境用电气设备 DIP A21 或 DIP B21 型（IP65 级）灯具，安装在双层玻璃的固定窗外；亦可采用安装在室外的增安型投光灯。门灯及安装在外墙外侧的开关及控制按钮应采用增安型或可燃性粉尘环境用电气设备（IP65 级）。

12.2.3 F1 类危险场所电气设备选择应符合下列规定：

1 F1 类危险场所电气设备应采用可燃性粉尘环境用电气设备 DIP A21 或 DIP B21 型（IP65 级）、Ⅱ类 B 级隔爆型、增安型（仅限于灯具及控制按钮）、本质安全型（IP54 级）。

2 门灯及安装在外墙外侧的开关，应采用可燃性粉尘环境用电气设备 DIP A22 或 DIP B22 型（IP54 级）。

3 危险场所不宜安装移动设备用的接插装置。当确需设置时，应选择插座与插销带联锁保护装置的产品，满足断电后插销才能插入或拔出的要求。

4 当采用非防爆电气设备隔墙传动时，应符合本规范第 12.2.2 条第 2 款的规定。

12.2.4 F2 类危险场所电气设备、门灯及开关的选型均应采用可燃性粉尘环境用电气设备 DIP A22 或 DIP B22 型（IP54 级）。

12.3 室内电气线路

12.3.1 危险场所电气线路的一般规定：

1 危险性建筑物低压配电线路的保护应符合现行国家标准《低压配电设计规范》GB 50054 的有关规定。

2 危险场所的插座回路上应设置额定动作电流不大于 30mA 瞬时切断电路的剩余电流保护器。

3 各类危险场所电气线路，应采用阻燃型铜芯

绝缘导线或阻燃型铜芯金属铠装电缆。电缆沿桥架敷设时，可采用阻燃型铜芯绝缘护套电缆。

4 各类危险场所电力和照明线路的电线和电缆的额定电压不得低于750V。保护线的额定电压应与相线相同，并应在同一护套或钢管内敷设。电话线路的电线及电缆的额定电压不低于500V。

12.3.2 当危险场所采用电缆时，除照明分支线路外，电缆不应有分支或中间接头。电缆敷设以明敷为宜，在有机械损伤可能的部位应穿钢管保护。亦可采用钢制电缆桥架敷设。电缆不宜敷设在电缆沟内，如必须敷设在电缆沟内时，应设防止水或危险物质进入沟内的措施，在过墙处应设隔板，并对孔洞严密封堵。

12.3.3 当采用电线穿钢管敷设时，应符合下列规定：

1 穿电线敷设的钢管应采用公称口径不小于15mm的镀锌焊接钢管，钢管间应采用螺纹连接，连接螺纹不应少于6扣，在有剧烈振动的场所，应设防松装置。

2 电线穿钢管敷设的线路，进入防爆电气设备时，应装设隔离密封装置。

3 电气线路采用绝缘导线穿钢管敷设时宜明敷。

12.3.4 F0类危险场所的电气线路应符合下列规定：

1 F0类危险场所内不应敷设电力及照明线路。在确有必要时，可敷设本工作间使用的控制按钮及检测仪表线路。灯具安装在窗外的电气线路，应采用芯线截面不小于2.5mm²的铜芯绝缘导线穿镀锌焊接钢管敷设；亦可采用芯线截面不小于2.5mm²的铜芯金属铠装电缆敷设。

2 当采用穿钢管敷设时，接线盒的选型应与防爆设备（检测仪表）的等级相一致。当采用铠装电缆时，与设备连接处应采用铠装电缆密封接头。

12.3.5 F1类危险场所电气线路应符合下列规定：

1 电线或电缆的芯线截面应符合表12.3.5的规定。

表12.3.5 危险场所绝缘电线或电缆芯线截面选择

技术要求 危险场所 类别	绝缘电线或电缆芯线允许最小截面（mm²）			挠性连接
	电力	照明	控制按钮	
F0	—	—	铜芯1.5	DIP A21、DIP B21（IP65）、隔爆型ⅡB
F1	铜芯2.5	铜芯2.5	铜芯1.5	DIP A21、DIP B21（IP65）、隔爆型ⅡB、增安型
F2	铜芯1.5	铜芯1.5	铜芯1.5	DIP A22、DIP B22（IP54）

注：保护线截面选择应符合有关规范的规定。

2 引至1kV以下的单台鼠笼型感应电动机供电回路，电线或电缆芯线截面长期允许的载流量不应小于电动机额定电流的1.25倍。

3 采用穿钢管敷设的线路接线盒及铠装电缆密封装置应符合本规范第12.2.1条第6款的规定。

4 移动电缆应采用芯线截面不小于2.5mm²的重型橡套电缆。

12.3.6 F2类危险场所电气线路应符合下列规定：

1 电气线路采用的绝缘导线或电缆，其芯线截面选择应符合本规范表12.3.5的规定。

2 引至1kV以下单台鼠笼型感应电动机供电回路，电线或电缆芯线截面长期允许的载流量不应小于电动机的额定电流。当电动机经常接近满载运行时，导线的载流量应有适当的裕量。

3 移动电缆应采用芯线截面不小于1.5mm²的中型橡套电缆。

12.4 照 明

12.4.1 民用爆破器材工程的电气照明设计应符合现行国家标准《建筑照明设计标准》GB 50034的有关规定。

12.4.2 危险场所的主要工作间及主要通道应设应急照明，应急时间不少于30min。

12.4.3 应急照明照度标准不应低于该场所一般照明照度标准的10%。

12.5 10kV及以下变（配）电所和配电室

12.5.1 民用爆破器材工厂供电负荷等级宜为三级。当危险品生产中工艺要求不能中断供电时，其供电负荷应为二级。自动控制系统、消防系统及安全防范系统应设应急电源。应急电源设计应符合现行国家标准《供配电系统设计规范》GB 50052的有关规定。

12.5.2 设在危险品生产区的总变电所、总配电所应为独立式。危险品仓库区的变电所可为独立变电所或杆上变电所，必要时可附建于非危险性建筑物。

12.5.3 变电所设计除执行本规范外，尚应符合现行国家标准《10kV及以下变电所设计规范》GB 50053的有关规定。

12.5.4 车间变电所不应附建于1.1（1.1*）级建筑物。当附建于1.2级、1.4级建筑物时，应符合下列规定：

1 变电所应为户内式。

2 变电所应布置在建筑物较安全的一端，与危险场所相毗邻的隔墙应为非燃烧体密实墙，且隔墙上不应设门、窗。

3 变压器室及高、低压配电室的门、窗应设在外墙上，且门应向外开启。

4 与变电所无关的管线不应通过变电所。

12.5.5 配电室（含电气室、电加热间、电机间、电源室）可附建于各类危险性建筑物内，可在室内安装非防爆电气设备，但应符合下列要求：

1 配电室与危险场所相毗邻的隔墙应为非燃烧体密实墙，且不应设门、窗与 F0 类、F1 类、F2 类危险场所相通。

2 配电室的门、窗应设在建筑物的外墙上，且门应向外开启。门、窗与干法生产黑火药的 F0 类危险场所的门、窗之间的距离不宜小于 3m。

3 配电室不应通过与其无关的管线。

4 当危险性建筑物为多层厂房时，电源引入的配电室宜设在建筑物的一层，且不宜设在有爆炸和火灾危险场所的正上方或正下方。

12.5.6 独立变电所电源中性点的接地电阻不应大于 4Ω。附建于 1.2 级、1.4 级或其他非危险性建筑物的变电所，其电气系统接地电阻应符合本规范第 12.7.7 条的规定。

12.6 室外电气线路

12.6.1 引入危险性建筑物的 1kV 以下低压线路的敷设应符合下列规定：

1 从配电端到受电端宜全长采用金属铠装电缆埋地敷设，在入户端应将电缆的金属外皮、钢管接到防雷电感应的接地装置上。

2 当全线采用电缆埋地有困难时，可采用钢筋混凝土杆和铁横担的架空线，并应使用一段金属铠装电缆或护套电缆穿钢管直接埋地引入，其埋地长度应按式（12.6.1）计算，但不应小于 15m。

$$L \geqslant 2\sqrt{\rho} \qquad (12.6.1)$$

式中 L——金属铠装电缆或护套电缆穿钢管埋于地中的长度（m）；

ρ——埋电缆处的土壤电阻率（Ω·m）。

3 在架空线与电缆连接处，尚应装设避雷器。避雷器、电缆金属外皮、钢管和绝缘子铁脚、金具等应连在一起接地，其冲击接地电阻不应大于 10Ω。

12.6.2 引入采用干法生产黑火药建筑物的 1kV 以下的低压线路，从配电端到受电端应全长采用铜芯金属铠装电缆埋地敷设。

12.6.3 危险性建筑物区设置的各级架空线路不应跨越危险性建筑物。

12.6.4 在危险性建筑物区的 10kV 及以下的高压线路宜采用电缆埋地敷设。当采用架空线路时，架空线路的轴线与 1.1（1.1*）级（干法生产黑火药除外）、1.2 级建筑物的距离不应小于电杆档距的 2/3，且不应小于 35m，与干法生产黑火药的 1.1 级建筑物的距离不应小于 50m，与 1.4 级建筑物的距离不应小于电杆高度的 1.5 倍。

12.6.5 当在危险性建筑物区架设 1kV 以下的架空线路时，不应跨越危险性建筑物。其架空线的轴线与危险性建筑物的距离不应小于电杆高度的 1.5 倍，与干法生产黑火药的 1.1 级建筑物的距离不应小于 50m。

12.6.6 危险品生产区及危险品总仓库区不应建造无线通信塔（基站）。

12.7 防雷和接地

12.7.1 危险性建筑物的防雷设计应符合现行国家标准《建筑物防雷设计规范》GB 50057 的有关规定。建筑物防雷类别应符合本规范表 12.1.1-1 和表 12.1.1-2 的规定。

12.7.2 当电源采用 TN 系统时，从建筑物内总配电盘（箱）开始引出的配电线路和分支线路必须采用 TN-S 系统。

12.7.3 危险性建筑物内电气装置应采取等电位联结。当仅设总等电位联结不能满足要求时，尚应采取辅助等电位联结。

12.7.4 在危险场所内，穿电线的金属管、电缆的金属外皮等，应作为辅助接地线。输送危险物质的金属管道不应作为接地装置。

12.7.5 保护线截面选择应符合现行国家标准《低压配电设计规范》GB 50054 中有关条款的规定。

12.7.6 危险性建筑物电源引入总配电箱处应装设过电压电涌保护器。

12.7.7 危险性建筑物内电气设备的工作接地、保护接地、防雷接地、防静电接地、电子系统接地、屏蔽接地等应共用接地装置，接地电阻值应满足其中最小值。当需要接地的设备多且分散时，应在室内装设构成闭合回路的接地干线。室内接地干线每隔 18～24m 与室外环形接地干线连接一次，每个建筑物的连接不应少于 2 处。

12.7.8 架空金属管道，在进出建筑物处，应与防雷电感应的接地装置相连接。距离建筑物 100m 内的金属管道应每隔 25m 左右接地一次，其冲击接地电阻不应大于 20Ω。埋地或地沟内的金属管道在进、出建筑物处，亦应与防雷电感应的接地装置相连。

平行敷设的金属管道，其净距小于 100mm 时，应每隔 25m 左右用金属线跨接一次；交叉净距小于 100mm 时，其交叉处亦应跨接。

12.8 防静电

12.8.1 对危险场所中金属设备外露可导电部分或设备外部可导电部分、金属管道、金属支架等，均应做防静电直接接地。

12.8.2 防静电直接接地装置应与防雷电感应、等电位联结等共用同一接地装置。

12.8.3 危险场所中不能或不适宜直接接地的金属设备、装置等，应通过防静电材料间接接地。

12.8.4 当危险场所采用防静电地面时，其静电泄漏电阻值应按该工作间的危险品类别确定。

12.8.5 危险场所不应使用静电非导电材料制作的工

装器具。当必须使用这种工装器具时，应进行处理，使其静电泄漏电阻值符合要求。危险场所中，固定或移动设备上有外露静电非导电材料制作的部件存在时，该部件的面积不应大于 100cm²。

12.8.6 危险工作间相对湿度宜控制在 60% 以上。黑火药危险工作间宜控制在 65% 以上。当工艺有特殊要求时，可按工艺要求确定。

12.9 通 讯

12.9.1 危险性建筑物应设置畅通的电话设施，可兼作厂区火灾报警电话。

12.9.2 危险场所电话设备选择及线路要求，应符合本规范的有关规定。

13 危险品性能试验场和销毁场

13.1 危险品性能试验场

13.1.1 危险品性能试验场，宜布置在独立的偏僻地带，并宜设置铁刺网围墙，围墙距试验作业地点边缘不宜少于 50m。

13.1.2 危险品性能试验，当一次爆炸最大药量不超过 2kg 时，试验场围墙距居民点、村庄等建筑物的距离，不应小于 200m，距本厂生产厂房不应小于 100m。当一次爆炸最大药量超过 2kg 时，应布置在厂区以外符合安全的偏僻地带。

13.1.3 当危险品性能试验采用封闭爆炸试验塔（罐）时，应布置在厂区内有利于安全的边缘地带。该试验塔（罐）距其他建筑物的最小允许距离应按表 13.1.3 确定。

表 13.1.3 试验塔（罐）距其他建筑物的最小允许距离

爆炸药量（kg）	最小允许距离（m）
<0.5	20
1～2	25

13.1.4 危险品性能试验场中进行殉爆试验时，一次最大殉爆药量不应大于 1kg。殉爆试验的准备间距试验作业地点边缘不应小于 35m。

13.1.5 当受条件限制时，危险品性能试验场可和危险品销毁场设置在同一场地内进行轮换作业，且应符合危险品销毁场的外部距离规定。作业地点之间应设置防护屏障，防护屏障的高度不应低于 3m。

13.1.6 危险品性能试验场，根据其所在的环境，应符合现行国家标准《工业企业噪声控制设计规范》GBJ 87、《工业企业厂界噪声标准》GB 12348 和《城市区域环境噪声标准》GB 3096 的有关规定。

13.2 危险品销毁场

13.2.1 当采用炸毁法或烧毁法销毁危险品时，应设置危险品销毁场。销毁场应布置在厂区以外有利于安全的偏僻地带。

13.2.2 当采用炸毁法时，引爆一次最大药量不应超过 2kg；采用烧毁法时，一次最大销毁量不应超过 200kg。

采用炸毁法时，应在销毁坑中进行。当场地周围没有自然屏障时，炸毁地点周围宜设高度不低于 3m 的防护屏障。

13.2.3 当采用炸毁法或烧毁法时，销毁场边缘距周围建筑物的距离不应小于 200m，距公路、铁路等不应小于 150m。

13.2.4 销毁场不应设待销毁的危险品贮存库，可设置为销毁时使用的点火件或起爆件掩体。销毁场应设人身掩体，其位置应布置在销毁作业场常年主导风向的上风方向，掩体出入口应背向销毁作业地点，与作业地点边缘距离不应小于 50m。掩体之间距离不应小于 30m。

13.2.5 销毁场宜设围墙，围墙距作业地点边缘不宜小于 50m。

13.2.6 当销毁火工品及其药剂采用销毁塔炸毁时，该塔可布置在厂区有利于安全的边缘地带，与危险品生产厂房的最小允许距离，应按危险品生产厂房最大计算药量计算确定，且不应小于本规范表 13.1.3 的规定。根据其所在的环境，还应符合现行国家标准《工业企业噪声控制设计规范》GBJ 87、《工业企业厂界噪声标准》GB 12348 和《城市区域环境噪声标准》GB 3096 的规定。

14 混装炸药车地面辅助设施

14.1 固定式辅助设施

14.1.1 为现场混装炸药车而进行的原材料贮存，氧化剂溶液、油相及不在混装炸药车上进行的乳化液（乳胶体）等的制备及装车作业，宜建立地面制备站。

14.1.2 当地面制备站内不附建有起爆器材和炸药仓库时，该地面制备站的设计可执行现行国家标准《建筑设计防火规范》GB 50016 的有关规定。

14.1.3 当地面制备站内附建有起爆器材和炸药暂存库时，该地面制备站的设计应执行本规范相应的有关规定。

硝酸铵贮存、破碎，氧化剂溶液、油相、乳化液（乳胶体）等的制备及装车作业生产工序等的危险等级应为 1.4 级；电气危险场所应为 F2 类；防雷类别应为二类。地面制备站应设室外消火栓。

14.1.4 硝酸铵破碎、氧化剂溶液、油相、乳化液（乳胶体）等的制备工序可在一个建筑物内联建。硝酸铵破碎与其他工序之间应有隔墙。

14.1.5 混装车可进入 1.4 级建筑物进行装车作业。

14.1.6 地面制备站宜设混装车车库。该车库可与维修工房联建，并应有隔墙。

14.1.7 乳化剂、敏化剂库房和柴油库可联建，并应有隔墙。

14.1.8 硝酸铵仓库应独立设置，单库最大贮量应为600t。

14.1.9 危险品仓库区内应设置独立的危险品发放间，距其邻近库房不宜小于50m。

14.2 移动式辅助设施

14.2.1 为现场混装炸药车而进行的原材料贮存，氧化剂溶液、油相、乳化液（乳胶体）等的制备，可使用移动式辅助设施。

14.2.2 移动式辅助设施应根据不同的使用功能，分设制备挂车、生活挂车。移动式辅助设施不应附建起爆器材和炸药仓库。

14.2.3 移动式辅助设施站区的内部和外部距离可执行现行国家标准《建筑设计防火规范》GB 50016 的相关规定。

14.2.4 移动式辅助设施消防设计应符合现行国家标准《建筑设计防火规范》GB 50016 的相关规定。

14.2.5 移动式辅助设施电力装置应符合现行国家标准《爆炸和火灾危险环境电力装置设计规范》GB 50058的相关规定。

14.2.6 移动式辅助设施防雷设计应符合现行国家标准《建筑物防雷设计规范》GB 50057 中二类防雨要求的相关规定。

15 自动控制

15.1 一般规定

15.1.1 民用爆破器材工厂的自动控制设计除执行本规范外，尚应符合现行国家标准《自动化仪表工程施工及验收规范》GB 50093、《爆炸和火灾危险环境电力装置设计规范》GB 50058 的有关规定。

15.1.2 电气危险场所的分类，应按本规范第12.1节的规定确定。

15.2 检测、控制和联锁装置

15.2.1 在危险品生产过程中，当工艺参数超过某一界限能引起燃烧、爆炸等危险时，应根据要求设置反映该参数变化的信号报警系统、自动停机、消防雨淋等安全联锁装置。安全联锁控制系统除设有自动工作制外，尚应设有手动工作制。

15.2.2 按照安全生产条件要求，危险品生产工序宜设置电子监视系统，该系统的配置应满足摄像、显示、录制、存储和控制等功能。

15.2.3 对开、停车有顺序要求的生产过程应设有联锁控制装置。

15.2.4 自动控制系统应设置不间断应急电源，其应急时间不应少于30min。

15.2.5 自动控制系统发生停气、停水、停电等有可能引起危险事故时，应设置反映其参数的预警信号或自动联锁控制装置。

15.2.6 自动控制系统中执行机构的动作形式及调节器正、反作用的选择，应使组成的自动控制系统在突然停电或停气时，能满足安全要求。

15.3 仪表设备及线路

15.3.1 危险场所安装的电动仪表设备，其选型及有关要求应符合本规范第12.2节的规定。

15.3.2 安装在各类危险场所的检测仪表及电气设备，应有铭牌和防爆标志，并在铭牌上标明国家授权的部门所发给的防爆合格证编号。

15.3.3 防爆仪表和电气设备，除本质安全型外，应有"电源未切断不得打开"的标志。

15.3.4 F1类、F2类危险场所需要安装用电设备专用的控制箱（柜）时，F1类危险场所应采用可燃性粉尘环境用电气设备(IP65级)、Ⅱ类 B 级隔爆型；F2类危险场所应采用可燃性粉尘环境用电气设备（IP54级）。

15.3.5 危险场所内的自动控制系统、火灾自动报警系统及安全防范系统的线路应采用额定电压不低于500V铜芯金属铠装屏蔽电缆。当采用多芯电缆时，其芯线截面不宜小于$1.0mm^2$。当采用阻燃铜芯绝缘电线穿镀锌焊接钢管敷设时，其芯线截面选择应符合本规范表12.3.5的规定。各种线路的敷设方式应符合本规范第12.3节及现行国家标准《自动化仪表工程施工及验收规范》GB 50093 的有关规定。

15.3.6 自动控制系统、火灾自动报警系统及安全防范系统应采用金属铠装电缆埋地引入建筑物，且电缆的金属外皮、屏蔽层在进入建筑物处应接地。当电缆采用穿钢管敷设时，钢管两端及在进入建筑物处应接地。电缆线路首、末端，与电子器件连接处，应设置与电子器件耐压水平相适应的过电压保护（电涌保护）器。

15.3.7 对自动控制系统、火灾自动报警系统、安全防范系统，应进行可靠接地。接地要求除符合本规范外，尚应符合现行国家标准《自动化仪表工程施工及验收规范》GB 50093、《火灾自动报警系统设计规范》GB 50116、《安全防护工程技术规范》GB 50348的有关规定。

15.4 控制室

15.4.1 危险等级为1.1（1.1*）级的危险性建筑物，设置有人值班的控制室时，应嵌入防护屏障外侧或防护屏障外的合适位置。

15.4.2 危险等级为1.2级的危险性建筑物内附建控制室时,应符合下列规定:
    1 控制室与危险场所的隔墙应为非燃烧体密实墙。
    2 隔墙上不应设门窗与危险场所相通。
    3 控制室的门应通向室外或非危险场所。
    4 与控制室无关的管线不应通过控制室。

15.4.3 危险等级为1.1(1.1*)级危险性建筑物内可附建无人值班的控制室,但应符合本规范第15.4.2条的规定。

15.4.4 控制室应远离振动源和具有强电磁干扰的环境。

15.5 安全防范系统

15.5.1 民用爆破器材工厂的总仓库宜设置安全防范系统。

15.5.2 安全防范系统的配置、设备选择、传输线路要求、防雷设置等应符合现行国家标准《安全防护工程技术规范》GB 50348、《建筑物电子信息系统防雷技术规范》GB 50343和本规范相关条款的规定。

15.6 火灾报警系统

15.6.1 民用爆破器材工厂宜设置火灾自动报警系统,该系统的设计除应符合本规范的有关规定外,尚应符合现行国家标准《火灾自动报警系统设计规范》GB 50116的有关规定。

15.6.2 当不设置火灾自动报警系统时,应设置火灾报警信号。火灾报警信号可与生产调度电话兼容。

15.7 工业电雷管射频辐射安全防护

15.7.1 工业电雷管生产、贮存的建筑物与广播电台、电视台、移动站、固定站、无线电通信等发射天线的距离,应根据发射功率、频率和本节有关条款规定的距离,取其最大值。

15.7.2 工业电雷管生产、贮存建筑物与MF(中频)广播发射天线最小允许距离应符合表15.7.2的规定。

表15.7.2 工业电雷管生产、贮存建筑物与MF(中频)广播发射天线最小允许距离

发射机功率(W)	≤4000	5000	10000	25000	50000	100000
最小允许距离(m)	300	330	550	730	1100	1500

注: 1 MF(中频)广播发射天线的频率范围为0.535~1.60MHz。
    2 表中最小允许距离为发射天线至建筑物外墙外侧距离。

15.7.3 工业电雷管生产、贮存建筑物与FM调频广播发射天线的最小允许距离应符合表15.7.3的规定。

表15.7.3 工业电雷管生产、贮存建筑物与FM调频广播发射天线最小允许距离

发射机功率(W)	≤1000	10000	100000	316000
最小允许距离(m)	270	520	820	1500

注: 1 频率调制为88~108MHz。
    2 表中最小允许距离为发射天线至建筑物外墙外侧距离。

15.7.4 工业电雷管生产、贮存建筑物与民用波段无线电广播移动和固定通信发射天线的最小允许距离应符合表15.7.4的规定。

表15.7.4 工业电雷管生产、贮存建筑物与民用波段无线电广播发射天线最小允许距离

发射机功率(W)	<5	5~10	10~50	50~100	100~250	250~500	500~600	600~1000	1000~10000
最小允许距离(m)	25	35	80	120	168	240	270	370	1100

注: 1 本表适用于MF(中频)、VHF(甚高频)、UHF(超高频)移动站、固定站、无线电定位等。
    2 表中最小允许距离为发射天线至建筑物外墙外侧距离。

15.7.5 工业电雷管生产、贮存建筑物与VHF(TV)和UHF(TV)发射天线最小允许距离应符合表15.7.5的规定。

表15.7.5 工业电雷管生产、贮存建筑物与VHF(TV)和UHF(TV)发射天线最小允许距离

发射机功率(W)	≤10^3	10^3~10^4	10^4~10^5	10^5~10^6	$1×10^6$~$5×10^6$
最小允许距离(m)	350	610	1100	1500	2000

注:表中最小允许距离为发射天线至建筑物外墙外侧距离。

15.7.6 工业电雷管生产、贮存建筑物与发射天线之间不能满足最小允许距离时,应采用屏蔽措施防护。

附录A 有关地形利用的条件及增减值

A.0.1 当危险性建筑物紧靠山脚布置,其与山背后建筑物之间的外部距离调整应符合下列规定:
    1 计算药量小于20t,山高大于20m,山的坡度大于15°时,可减少25%~30%。
    2 计算药量在20~50t,山高大于30m,山的坡

度大于25°时,可减少20%～25%。

3 计算药量大于50t,山高大于50m,山的坡度大于30°时,可减少15%～20%。

A.0.2 在一条山沟中,对两侧山高为30～60m,坡度20°～30°,沟宽40～100m,纵坡4%～10%时,沿沟纵深和出口方向布置的建筑物之间的内部最小允许距离,与平坦地形相比,应适当增加10%～40%;对有可能沿山坡脚下直对布置的两建筑物之间的最小允许距离,与平坦地形相比,应增加10%～50%。

附录 B 计算药量与 $R_{1.1}$ 值

B.0.1 计算药量与 $R_{1.1}$ 值应符合表 B.0.1 的规定。

表 B.0.1 计算药量与 $R_{1.1}$ 值表

计算药量 (kg)	$R_{1.1}$ (m)	计算药量 (kg)	$R_{1.1}$ (m)
≤50	9	1400	46
100	12	1450	47
150	15	1500	48
200	17	1550	49
250	19	1600	50
300	21	1650	51
350	23	1700	52
400	25	1800	53
450	27	1900	54
500	28	2000	55
550	29	2100	56
600	30	2200	57
650	31	2300	58
700	32	2400	59
750	33	2500	60
800	34	2600	61
850	35	2700	62
900	36	2800	63
950	37	2900	64
1000	38	3000	65
1050	39	3100	66
1100	40	3200	67
1150	41	3300	68
1200	42	3400	69
1250	43	3500	70
1300	44	3600	71
1350	45	3700	72

续表 B.0.1

计算药量 (kg)	$R_{1.1}$ (m)	计算药量 (kg)	$R_{1.1}$ (m)
3800	73	9800	115
3900	74	10000	116
4000	75	10200	117
4100	76	10400	118
4200	77	10600	119
4300	78	10800	120
4400	79	11000	121
4500	80	11250	122
4600	81	11500	123
4700	82	11750	124
4800	83	12000	125
4900	84	12250	126
5000	85	12500	127
5100	86	12750	128
5200	87	13000	129
5300	88	13250	130
5400	89	13500	131
5500	90	13750	132
5600	91	14000	133
5800	92	14250	134
5900	93	14500	135
6100	94	14750	136
6250	95	15000	137
6400	96	15250	138
6550	97	15500	139
6700	98	15750	140
6850	99	16000	141
7000	100	16250	142
7150	101	16500	143
7300	102	16750	144
7450	103	17000	145
7600	104	17300	146
7800	105	17500	147
8000	106	17900	148
8200	107	18200	149
8400	108	18500	150
8600	109	18800	151
8800	110	19100	152
9000	111	19400	153
9200	112	19700	154
9400	113	20000	155
9600	114		

附录 C 常用火药、炸药的梯恩梯当量系数

C.0.1 常用火药、炸药的梯恩梯当量系数应符合表C.0.1的规定。

表 C.0.1 常用火药、炸药的梯恩梯当量系数

种 类	炸药名称	梯恩梯当量系数
炸药	梯恩梯	1.00
	粉状铵梯炸药	0.70
	水胶炸药	0.73
	乳化炸药	0.76
	黑索今	1.20
	太安	1.28
火药	黑火药	0.40

注：未列入本表的炸药梯恩梯当量系数应由试验确定。

C.0.2 民用爆破器材的传统产品和新产品，其梯恩梯当量系数可按下列规定确定：

1 粉状铵梯油炸药、粉状铵油炸药、铵松蜡炸药、铵沥蜡炸药、多孔粒状铵油炸药、膨化硝铵炸药、粒状黏性炸药、浆状炸药、射孔弹、穿孔弹、震源药柱（中、低爆速）等梯恩梯当量系数按小于1考虑。

2 苦味酸、太乳炸药、雷管制品、导爆索、继爆管、爆裂管、震源药柱（高爆速）等梯恩梯当量系数按等于1考虑。

3 奥克托金、黑梯药柱、起爆药剂等梯恩梯当量系数按大于1考虑。

附录 D 防护土堤的防护范围

D.0.1 防护土堤的防护范围见图D.0.1。

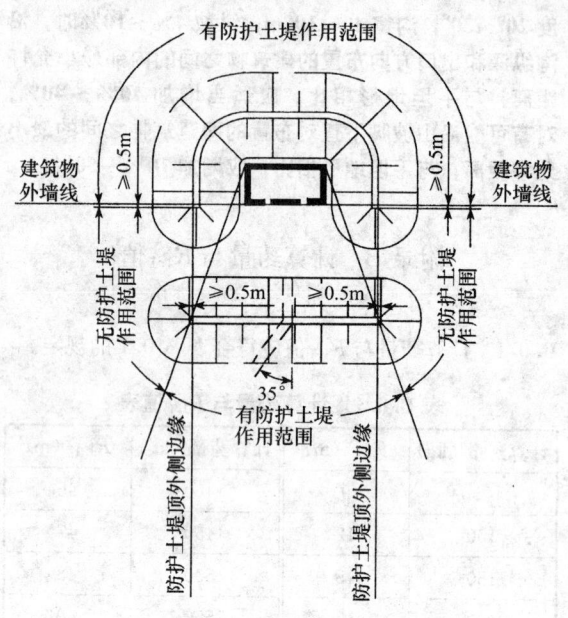

图 D.0.1 防护土堤的防护范围

附录 E 危险品生产工序的卫生特征分级

E.0.1 危险品生产工序的卫生特征分级，宜符合表E.0.1的规定。

表 E.0.1 危险品生产工序的卫生特征分级

序号	危险品名称	生产加工工序	卫生特征分级
		工业炸药	
1	铵梯（油）类炸药	梯恩梯粉碎、梯恩梯称量、混药、筛药、凉药、装药、包装	1
		硝酸铵粉碎、干燥	2
2	粉状铵油炸药、铵松蜡炸药、铵沥蜡炸药	混药、筛药、凉药、装药、包装	2
		硝酸铵粉碎、干燥	2
3	多孔粒状铵油炸药	混药、包装	2
4	膨化硝铵炸药	膨化	2
		混药、凉药、装药、包装	2
5	粒状黏性炸药	混药、包装	2
		硝酸铵粉碎、干燥	2
6	水胶炸药	硝酸甲胺制造和浓缩、混药、凉药、装药、包装	2
		硝酸铵粉碎、筛选	2
7	浆状炸药	梯恩梯粉碎、炸药熔药、混药、凉药、包装	1
		硝酸铵粉碎	2
8	胶状、粉状乳化炸药	乳化、乳胶基质冷却、乳胶基质贮存敏化（制粉）、敏化后的保温（凉药）、贮存、装药、包装	2
		硝酸铵粉碎、硝酸钠粉碎	2

续表 E.0.1

序号	危险品名称		生产加工工序	卫生特征分级
工业炸药				
9	黑梯药柱（注装）		熔药、装药、凉药、检验、包装	1
10	梯恩梯药柱（压制）		压制	1
			检验、包装	1
11	太乳炸药		制片、干燥、检验、包装	2
工业雷管				
12	火雷管、电雷管、导爆管雷管、继爆管		黑索今或太安的造粒、干燥、筛选、包装	2
			火雷管干燥、烘干	—
			继爆管的装配、包装	2
			二硝基重氮酚制造（中和、还原、重氮、过滤）	1
			二硝基重氮酚的干燥、凉药、筛选、黑索今或太安的造粒、干燥、筛选	2
			火雷管装药、压药	2
			电雷管、导爆管雷管装配、雷管编码	2
			雷管检验、包装、装箱	2
			雷管试验站	3
			引火药头用和延期药用的引火药剂制造	2
			引火元件制造	2
			延期药混合、造粒、干燥、筛选、装药、延期元件制造	2
			二硝基重氮酚废水处理	
工业索类火工品				
13	导火索		黑火药三成分混药、干燥、凉药、筛选、包装导火索制造中的黑火药准备	2
			导火索制索、盘索、烘干、普检、包装	2
			硝酸钾干燥、粉碎	2
14	导爆索		炸药的筛选、混合、干燥	2
			导爆索包塑、涂索、烘索、盘索、普检、组批、包装	2
			炸药的筛选、混合、干燥	2
			导爆索制索	2
15	塑料导爆管		炸药的粉碎、干燥、筛选、混合	2
			塑料导爆管制造	3
16	爆裂管		爆裂管切索、包装	2
			爆裂管装药	2
油气井用起爆器材				
17	射孔弹、穿孔弹		炸药暂存、烘干、称量	2
			压药、装配	2
			包装	2
			试验室	2
地震勘探用爆破器材				
18	震源药柱	高爆速	炸药准备、熔混药、装药、压药、凉药、装配、检验、装箱	1
		中爆速	炸药准备、震源药柱检验、装箱	1
			装药、压药、钻孔、装传爆药柱	1
		低爆速	炸药准备、装药、装传爆药柱、检验、装箱	2
19	黑火药、炸药、起爆药		理化试验室	2

附录F 火药、炸药危险场所电气设备最高表面温度的分组划分

F.0.1 火药、炸药危险场所电气设备最高表面温度的分组划分，宜符合表 F.0.1 的规定。

表 F.0.1 火药、炸药危险场所电气设备最高表面温度的分组划分

种类	粉尘名称	电气设备最高表面温度组别
炸药	梯恩梯	T4
	粉状铵梯炸药	T4
	奥克托金	T4
	铵油炸药	T4
	水胶炸药	T4
	浆状炸药	T4
	乳化炸药	T4
	黑索今	T5
	太安	T5
火药	黑火药	T4
起爆药	二硝基重氮酚	T5
	毫秒延期药	T5

本规范用词说明

1 为便于在执行本规范条文时区别对待，对要求严格程度不同的用词说明如下：
  1) 表示很严格，非这样做不可的用词：
     正面词采用"必须"，反面词采用"严禁"。
  2) 表示严格，在正常情况下均应这样做的用词：
     正面词采用"应"，反面词采用"不应"或"不得"。
  3) 表示允许稍有选择，在条件许可时首先应这样做的用词：
     正面词采用"宜"，反面词采用"不宜"；
     表示有选择，在一定条件下可以这样做的用词，采用"可"。

2 本规范中指明应按其他有关标准、规范执行的写法为"应符合……的规定"或"应按……执行"。

中华人民共和国国家标准

民用爆破器材工程设计安全规范

GB 50089—2007

条 文 说 明

目 录

1 总则 …… 4—39
3 危险等级和计算药量 …… 4—39
  3.1 危险品的危险等级 …… 4—39
  3.2 建筑物的危险等级 …… 4—39
  3.3 计算药量 …… 4—39
4 企业规划和外部距离 …… 4—39
  4.1 企业规划 …… 4—39
  4.2 危险品生产区外部距离 …… 4—40
  4.3 危险品总仓库区外部距离 …… 4—42
5 总平面布置和内部最小允许距离 …… 4—42
  5.1 总平面布置 …… 4—42
  5.2 危险品生产区内最小允许距离 …… 4—43
  5.3 危险品总仓库区内最小允许距离 …… 4—44
  5.4 防护屏障 …… 4—44
6 工艺与布置 …… 4—45
7 危险品贮存和运输 …… 4—46
  7.1 危险品贮存 …… 4—46
  7.2 危险品运输 …… 4—47
8 建筑与结构 …… 4—48
  8.1 一般规定 …… 4—48
  8.2 危险性建筑物的结构选型 …… 4—48
  8.3 危险性建筑物的结构构造 …… 4—49
  8.4 抗爆间室和抗爆屏院 …… 4—49
  8.5 安全疏散 …… 4—50
  8.6 危险性建筑物的建筑构造 …… 4—50
  8.7 嵌入式建筑物 …… 4—51
  8.8 通廊和隧道 …… 4—51
  8.9 危险品仓库的建筑构造 …… 4—51
9 消防给水 …… 4—51
10 废水处理 …… 4—53
11 采暖、通风和空气调节 …… 4—53
  11.1 一般规定 …… 4—53
  11.2 采暖 …… 4—53
  11.3 通风和空气调节 …… 4—54
12 电气 …… 4—55
  12.1 电气危险场所分类 …… 4—55
  12.2 电气设备 …… 4—55
  12.3 室内电气线路 …… 4—56
  12.4 照明 …… 4—56
  12.5 10kV 及以下变（配）电所和配电室 …… 4—56
  12.6 室外电气线路 …… 4—56
  12.7 防雷和接地 …… 4—56
  12.8 防静电 …… 4—56
13 危险品性能试验场和销毁场 …… 4—57
  13.1 危险品性能试验场 …… 4—57
  13.2 危险品销毁场 …… 4—57
14 混装炸药车地面辅助设施 …… 4—57
  14.1 固定式辅助设施 …… 4—57
  14.2 移动式辅助设施 …… 4—57
15 自动控制 …… 4—57
  15.1 一般规定 …… 4—57
  15.2 检测、控制和联锁装置 …… 4—58
  15.3 仪表设备及线路 …… 4—58
  15.4 控制室 …… 4—58
  15.6 火灾报警系统 …… 4—58
  15.7 工业电雷管射频辐射安全防护 …… 4—58

1 总 则

1.0.1 本条主要说明制定本规范的目的。民用爆破器材属易燃易爆品，在生产和贮存中，一旦发生火灾或爆炸事故，往往造成人员伤亡和经济的重大损失。在民用爆破器材工厂设计中，必须全面贯彻执行安全标准和法规，以便使新建工厂符合安全要求，预防事故，尽量减少事故损失，保障人民生命和国家财产的安全。

1.0.2 本条规定了本规范的适用范围。对在本规范修订颁布实施前已建成的老厂，如不符合本规范要求的，可根据实际情况创造条件，逐步进行安全技术改造。

3 危险等级和计算药量

3.1 危险品的危险等级

本节为新增条款，主要是考虑了与国家及国际相关的爆炸、燃烧危险品分类的衔接和一致。危险品的危险等级是根据危险品本身所具有的及其对周围环境可能造成的危险作用而定义的。即分为1.1、1.2、1.3和1.4四级。

危险品的危险等级与国际标准靠近，可以与国际产品接轨，方便使用，便于交流。

3.2 建筑物的危险等级

3.2.1 对生产或贮存危险品的建筑物划分危险等级的目的，主要是为了确定建筑物的内、外部距离和建筑物的结构形式，以及其他各种相关的安全技术措施。

《民用爆破器材工厂设计安全规范》GB 50089—98（以下简称原规范）对建筑物危险等级的划分方法主要是根据危险品发生爆炸事故时所产生的破坏能力，其次是考虑危险品的感度、生产工艺方法，以及建筑物本身抗爆、泄爆的措施而确定的，是一种以产品生产工序为主要依据的危险等级划分方法，基本上是沿用前苏联20世纪60年代初期的设计安全规范做法。这种分类方法对危险品生产工序、工艺方法的依赖性较大，每当有新产品出现时，就不容易确切划分建筑物危险等级，甚至发生对建筑物危险等级划分的歧义。目前世界上欧洲一些国家的类似规范对建筑物危险等级划分，主要是根据建筑物内危险品的爆炸、燃烧特性来确定的，基本不涉及危险品的生产工序或工艺方法。每当有新产品问世，只要性能确定了，危险等级所需的相应防护措施即可基本确定。应当说这是一个较好的建筑物危险等级划分方法，可以避免某些不确定性，从而提高了适用性。

修订的规范，在建筑物危险等级分类中，考虑到上述情况，同时考虑到我国民用爆破器材生产的历史及现状，确定主要是以建筑物内所含有的危险品危险等级并结合生产工序的危险程度来划分建筑物危险等级。应当指出的是，这里的危险品并非单纯指成品，还包括制造、加工过程中的半成品、在制品、原材料和制造、加工后的成品等。

3.2.2 本条具体给出了典型的、有代表性的生产、加工、研制危险品的建筑物危险等级。具体应用时可以比照。

这里需要指出的是，由国防科工委发布的《民用爆破器材分类与代码》WJ/T 9041—2004中已无铵梯黑炸药品目，本规范修订时不再将其列入。

3.3 计算药量

3.3.6 已有的技术资料和国内外燃烧、爆炸事故表明，硝酸铵在外界一定激发条件下是可以发生爆炸的。在炸药生产厂房内，规定当硝酸铵与炸药同在一个工作间时，应将硝酸铵重量的一半与爆炸物重量之和作为本建筑物的计算药量。例如，计算粉状铵梯炸药混药工房内的药量时，其计算药量等于正在混制的炸药加上已混制完成的炸药量，再加上备料物中的梯恩梯药量及硝酸铵重量的一半。又如，多孔粒状铵油炸药生产工房内的计算药量，等于正在混制及混制完成的药量之和，再加上贮存的硝酸铵重量的一半。

国内多次爆炸事故资料表明，在炸药生产工房内，如果硝酸铵贮存在单独的隔间内，炸药发生爆炸时，硝酸铵未被殉爆。美国专门就此做过大规模试验并纳入安全规范。利用美国有关规范并结合我国国情，确定了表3.3.6"炸药生产厂房内硝酸铵存放间与炸药的间隔及隔墙厚度"，从实践上看还是可行的。表中规定的炸药量最大为5t，也是适合目前实际生产状况的。

值得强调的是，表3.3.6中虽未对硝酸铵限量，但为安全计，硝酸铵在厂房内的贮存量应以满足班产或日产的需要量为宜，不应随意超量贮存。

硝酸铵存放间与炸药的间隔，是指二者平面布置而言，如利用地形位差建厂，将硝酸铵存放间布置在炸药工作间的侧上方是允许的，但不能将硝酸铵存放间直接布置在炸药工作间楼板的上面。

表3.3.6中规定的隔墙厚度，无论是硝酸铵存放间与炸药工作间相邻，还是其间有其他房间（不存放炸药）相隔，均指硝酸铵存放间靠近炸药工作间一侧的墙厚。

4 企业规划和外部距离

4.1 企业规划

4.1.1 本条为新增条款。民用爆破器材生产、流通企业厂（库）址选择，从工程建设的角度来讲，应考虑工程地质、地震基本烈度、水文条件、洪水情况，避免选择在不良地质等有直接危害的地段。

4.1.2 根据民用爆破器材企业的特点、多年生产实践和事故教训，本条明确规定了在企业规划时，要从整体布局上将企业进行分区。分区布置，其目的是有利于安全，同时也便于企业管理。

本规范修订时，把殉爆试验场改为性能试验场。

4.1.3 本条具体规定了在进行企业各区规划时，应遵循的基本原则和应考虑的主要问题。

1 本款强调在确定各区相互位置时，必须全面考虑企业生产、生活、运输和管理等多方面的因素。根据实践经验，在总体布置上首先应将危险品生产区的位置安排好，因为危险品生产区是工厂的主要部分，它与各区都有密切的联系，因此，首先合理确定其位置，将它布置在工厂的适中部位，有利于合理组织生产和方便生活。危险品总仓库区是工厂集中存放危险品的地方，从安全和保卫上考虑，宜设在有自然屏障遮挡或其他有利于安全的地带。为满足国家噪声的有关标准要求以及从安全角度考虑，性能试验场和销毁场，也宜设在工厂的偏僻地带或边缘地带。

2 本款从人流和物流安全的角度，规定企业各区不应规划在国家铁路线、一级公路的两侧，避免与国家主要运输线路交叉，以利于安全。

3 从试验和事故教训中得知，在山坡陡峻的狭窄沟谷中，山体对爆炸空气冲击波反射的影响要比开阔地形大很多，一旦发生爆炸事故，将会增大危害程度。同时，此种地形也不利于人员的安全疏散和有害气体的扩散。

4 辅助生产部分是为危险品生产区服务的，而其作业均是非危险性的，靠近生活区方向布置，可缩短职工上下班的距离。

5 本款主要是考虑安全性。无关的人流和物流不允许通过危险生产区和危险品总仓库区，可减少对危险品生产区和危险品总仓库区的影响，同时也避免不必要的威胁。

规定危险品的运输不应通过生活区，是考虑生活区人员密集，而工厂的危险品运输每天都在进行，势必增加危险性。

4.1.4 本条规定了民用爆破器材流通企业，当需设置危险品仓库区时，库址选择的原则。

4.2 危险品生产区外部距离

4.2.1 危险品生产区内，各危险性建筑物的危险等级及其计算药量不尽相同，因而所需外部距离也不一样，因此在确定外部距离时，应根据危险品生产区内1.1级、1.2级、1.4级建筑物的各自要求，经分别计算后确定。

4.2.2 本条规定了1.1级建筑物的外部距离。1.1级建筑物是指贮存不同梯恩梯当量的整体爆炸危险品的建筑物的总称。

表4.2.2中外部距离是按爆心设有防护屏障，而被保护对象不设防护屏障，且建筑物以砖混结构为标准确定的。外部距离只考虑爆炸空气冲击波的破坏效应，没有考虑飞散物的影响。

表4.2.2中项目较原规范增加两项：人数大于500人且小于等于5000人的居民点边缘、职工总数小于5000人的工厂企业围墙和人数小于等于2万人的乡镇规划边缘。主要是考虑乡镇发展很快，目前1万人左右的乡镇很多，为节省土地，方便使用，故增加此两项外部距离。在最小计算药量方面由小于或等于100kg降至10kg。

建筑物的破坏等级划分见表1。

表1 建筑物的破坏等级

破坏等级	破坏程度	破坏特征描述								备注
		玻璃	木门窗	砖外墙	木屋盖	钢筋混凝土屋盖	瓦屋面	顶棚	内墙	钢筋混凝土柱	超压 ΔP（$\times 10^5$Pa）
一	基本无破坏	偶然破坏	无损坏	无损坏	无损坏	无损坏	无损坏	无损坏	无损坏	无损坏	$\Delta P<0.02$
二	次轻度破坏	少部分到大部分呈大块条状或小块破坏	窗扇少量破坏	无损坏	无损坏	无损坏	少量移动	抹灰少量掉落	板条墙抹灰少量掉落	无损坏	$\Delta P=0.09$～0.02
三	轻度破坏	大部分呈小块破坏到粉碎	窗扇大量破坏，窗框门扇破坏	出现较小裂缝，最大宽度≤5mm，稍有倾斜	木屋面板变形、偶然折裂	无损坏	大量移动	抹灰大量掉落	板条墙抹灰大量掉落	无损坏	$\Delta P=0.25$～0.09
四	中等破坏	粉碎	窗扇掉落、内倒、窗框门扇大量破坏	出现较大裂缝，最大宽度在5～50mm，明显倾斜，砖梁出现较小裂缝	木屋面板、木屋檩条折裂、木屋架支座松动	出现微小裂缝，最大宽度≤1mm	大量移动到全部掀掉	木龙骨部分破坏、下垂	砖内墙出现小裂缝	无损坏	$\Delta P=0.40$～0.25

续表1

破坏等级	破坏程度	破坏特征描述									备注
		玻璃	木门窗	砖外墙	木屋盖	钢筋混凝土屋盖	瓦屋面	顶棚	内墙	钢筋混凝土柱	超压 ΔP ($\times 10^5$ Pa)
五	次严重破坏		门窗扇摧毁、窗框掉落	出现严重裂缝、最大宽度 >50mm,严重倾斜,砖垛出现较大裂缝	木檩条折断,木屋架杆件偶然折裂,支座错位	出现明显裂缝、最大宽度在1~2 mm,修理后能继续使用		塌落	砖内墙出现较大裂缝	无损坏	$\Delta P=$ 0.55~0.40
六	严重破坏			部分倒塌	部分倒塌	出现较宽裂缝、最大宽度 >2mm			砖内墙出现严重裂缝到部分倒塌	有倾斜	$\Delta P=$ 0.76~0.55

现将各项外部距离可能产生的破坏情况简要说明如下：

1 对人数小于等于50人或户数小于等于10户的零散住户边缘、职工总数小于50人的工厂企业围墙、危险品总仓库区、加油站考虑该项人员相对较少,因此对该项的外部距离,按轻度破坏标准的下限到次轻度破坏标准的上限考虑。需要指出的是,由于个别震落物及玻璃破碎对人员的偶然伤害是不可避免的。

2 对人数大于50人且小于等于500人的居民点边缘、职工总数小于500人的工厂企业围墙、有摘挂作业的铁路中间站站界或建筑物边缘,考虑该项人员相对较多,因此对该项的外部距离,按次轻度破坏标准考虑。

3 对人数大于500人且小于等于5000人的居民点边缘、职工总数小于5000人的工厂企业围墙,根据该项的重要性,对其外部距离,按次轻度破坏标准的中偏下标准考虑。

4 对人数小于等于2万人的乡镇规划边缘,其外部距离,按次轻度破坏标准的偏下标准考虑。

5 对人数小于等于10万人的城镇规划边缘,考虑该项居住和活动人员比较多,其外部距离,按次轻度破坏标准的下限标准考虑。

6 对人数大于10万人的城市市区规划边缘,其外部距离,按基本无破坏标准考虑。但偶然也会有少量的玻璃破坏。

7 对国家铁路线、二级以上公路等,考虑为重要的运输系统,昼夜行车量很大,但无论铁路列车或汽车,都是行进状态,在较短时间内即可通过危险区,而发生事故的可能有一定的偶然性。据此,规定其外部距离按次轻度破坏标准的上限标准考虑是可行的。

8 对非本厂的工厂铁路支线、三级以下公路等,考虑到这些项目是活动目标,工厂一旦发生事故恰遇有车辆通过,有一定的偶然性,据此,规定其外部距离按轻度破坏标准考虑,不会因爆炸空气冲击波的超压而使正常行驶的车辆发生事故,但偶然飞散物的伤害有可能发生,因其有很大的随机性,故这样的破坏标准是可以接受的。

9 对35kV、110kV、220kV以上的架空输电线路,考虑其重要程度、服务范围、经济效益以及一旦遭受破坏所造成的损失的大小,规范采用了不同的破坏标准。

对35kV、110kV的架空输电线路,考虑其服务范围有一定局限性,一旦遭受破坏其影响面不大的特点,因此规范中采用了轻度破坏标准。一般情况下由于架空线路呈细圆形截面,有利于冲击波的绕流,但对于个别飞散物的破坏影响,由于有很大的随机性,则很难防范。

对220kV的架空输电线路,考虑其服务范围比较广,一旦遭受破坏其影响面比较大、经济损失严重的特点,因此采用次轻度破坏标准。但尽管如此,仍不能避免个别飞散物的影响,但几率将是很低的。

对220kV以上的架空输电线路,目前有330kV、500kV、750kV,考虑它们是跨省输电,一旦遭受破坏其影响面非常大、经济损失非常严重的特点,因此,规范采用次轻度破坏标准的下限。

10 对110kV、220kV及以上的区域变电站,考虑其重要程度、服务范围、经济效益以及一旦遭受破坏所造成的损失的大小,规范采用了不同的破坏标准。

对110kV区域变电站,采用次轻度破坏标准。

对220kV及以上的区域变电站,采用次轻度破坏标准的下限。

本条还规定了1.1*级建筑物的外部距离按1.1级建筑物的外部距离的规定执行。

4.2.3 本条规定了1.2级建筑物的外部距离。1.2级建筑物内计算药量一般不大于200kg,原规范规定其外部距离均按表4.2.2中存药量大于100kg及小于等于200kg一档的外部距离确定。本次规范修订，规定了这类建筑物的外部距离按建筑物内计算药量对应表4.2.2中的距离确定。

4.2.4 1.4级建筑物的外部距离，主要是根据建筑物内的危险品能燃烧和在外界一定的引爆条件下也可能爆炸的特点而制定的。

1.4级建筑物中，除硝酸铵仓库外，其余1.4级建筑物的外部距离，保留原规范不应小于50m的规定。

硝酸铵仓库允许最大计算药量可达500t，而且又允许布置在危险品生产区内，如果一旦发生爆炸事故，对周围的影响后果是极其严重的。但考虑到原规范执行10年来在这个问题上未发生严重后果，故本条在修订时，仍保留原规范的规定。

4.3 危险品总仓库区外部距离

4.3.1 危险品总仓库区与其周围居住区、公路、铁路、城镇规划边缘等的距离，均属外部距离。由于总仓库区内各危险品仓库的危险等级和计算药量不尽相同，所要求的外部距离也不一样，为此，在确定总仓库区外部距离时，应分别按总仓库区内各个仓库的危险等级和计算药量计算后确定。

4.3.2 本条要说明的问题与第4.2.2条基本相同。鉴于危险品总仓库区发生爆炸事故的几率很低，又考虑到节省土地、少迁居民和节省投资等因素，1.1级总仓库距各类项目的外部距离，采用比危险品生产区1.1级建筑物的要求略小、破坏程度稍重一点的标准，总的比危险品生产区1.1级建筑物外部距离的破坏标准重半级左右。原规范也是这样定的，经过十多年的实践，证明也是可行的。

与原规范相比，在项目方面增加两项：人数大于500人且小于等于5000人的居民点边缘、职工总数小于5000人的工厂企业围墙和人数小于等于2万人的乡镇规划边缘；在最小计算药量方面由小于或等于1000kg降至100kg。

4.3.3 根据1.4级总仓库区内所贮存的危险品品种，一类为只燃烧，一类为氧化剂，故采用原规范标准，对只燃烧不会爆炸者，规定其外部距离不应小于100m；对硝酸铵仓库，由于存量较大，采用与危险品生产区相同的外部距离标准，规定其外部距离不应小于200m。

5 总平面布置和内部最小允许距离

5.1 总平面布置

5.1.1 本条规定了危险品生产区和总仓库区总平面布置的一般原则和基本要求。

1 将危险性建筑物与非危险性建筑物分开布置是最基本的原则。危险性建筑物相对集中布置，以与非危险性建筑物分开，可减少危险性建筑物对非危险性建筑物的影响，有利于安全。

2 危险品生产区总平面布置应符合生产工艺流程，避免危险品的往返或交叉运输，是从安全角度考虑而制定的。

3 本款所提出的建筑物之间要满足最小允许距离的要求，是基于危险性建筑物一旦发生意外爆炸事故时，对周围建筑物的影响不应超过所允许的破坏标准。

4 同类危险性建筑物集中布置可以减少影响面，有利于安全。

5 危险性或存药量较大的建筑物，不宜布置在出入口附近，主要考虑出入口附近非危险性的辅助建筑物和设施比较多，且人员比较集中，故规定不宜布置在出入口附近。

6 根据试验和爆炸事故证明，在一定范围内，建筑物的长面方向比山墙方向破坏力要大，因此规定了不宜长面相对布置的要求。

7 当危险性生产厂房靠山体布置太近时，由于山体对爆炸空气冲击波的反射作用，使邻近工序产生次生灾害，工厂的爆炸事故证明了这点。但具体在多少药量情况下距山体多少距离为宜，应视药量的大小和品种情况、山的坡度及植被分布情况而定。

8 从有利于安全的角度考虑，规定了运输道路不应在各危险性建筑物的防护屏障内穿行通过，这样从道路布置设计上就保证运输车辆不会在其他危险性建筑物的防护屏障内穿越。非危险性生产部分的人流、物流不宜通过危险品生产地带。

9 无论危险品生产区还是危险品总仓库区内，凡未经铺砌的场地均宜种植阔叶树，特别是在危险性建筑物周围25m范围内，不应种植针叶树或竹子。本款新增了危险性建筑物周围的防火隔离带的宽度。

10 围墙与危险性建筑物的距离，考虑公安部有关防火隔离带的规定和林业部强调生态防火距离的要求，以及参考国外若干国家对危险性建筑物周围防火隔离带的具体规定，本款保留原规范规定15m的要求。

5.1.2 由于危险品生产厂房抗爆间室的轻型面，实际上是爆炸时的泄压面，为了安全起见，在总平面布置时，应注意避免将抗爆间室的泄爆方向面对人多、车辆多的主干道和主要厂房。

5.1.3 本条为新增条款，主要是避免生产线之间人员、运输的交叉，使生产线相对独立，同时考虑一旦发生事故，相邻生产线的建筑物的破坏标准将降低一级，以减少生产线相互影响。

不同性质产品的生产线是指炸药及其制品生产线、黑火药生产线、起爆器材生产线等。不同品种的炸药生产线不在此规定的范围内。

本条规定雷管生产线宜独立成区布置，即要求雷管生产线布置在独立的场地上，且设置独立的围墙，不应与其他生产线混线布置。

5.2 危险品生产区内最小允许距离

5.2.1 危险品生产区内最小允许距离是指危险品生产区内各建筑物之间的最小允许距离。由于危险品生产区内不仅有1.1级、1.2级、1.4级建筑物，还有为生产服务的公用建筑物、构筑物，如锅炉房、变电所、水池、高位水塔、办公室等。对这些不同危险等级和不同用途的公用建筑物、构筑物，都规定有各自不同的最小允许距离要求。在确定各建筑物之间的距离时，要全面考虑到彼此各方的要求，从中取其最大值，即为所确定的符合要求的距离。

5.2.2 本条修改了双无防护屏障的距离系数，主要是考虑防护屏障对爆炸空气冲击波减弱作用没有原规范规定的那么大。同时最小允许距离由35m降至30m，突破最小允许距离35m的界线。

当相邻生产性建筑物采用轻钢刚架结构时，其最小允许距离应按规范表5.2.2的规定数值增加50%，该数值是经过计算分析而得到的。计算分析表明，一旦相邻建筑物发生爆炸，轻钢刚架结构的屋盖、墙面维护结构有可能造成塌落，但没有试验验证。对此在下阶段工作中还将进一步落实修订。

1 根据本款计算出的距离，是指1.1级建筑物一旦发生爆炸事故，对相邻砖混结构建筑物将产生次严重破坏，但不致倒塌，同时由于爆炸飞散物和震落物所造成的伤害和损失将是无法避免的。

2 本款的包装箱中转库是指专为单个1.1级装药包装建筑物服务的无固定人员的包装箱中转库。

5 1.1*级建筑物可以不设防护屏障，但它有爆炸的危险，故规定最小允许距离不小于50m。

7 本款规定了1.1级建筑物与各类公用建筑物、构筑物之间的最小允许距离。鉴于公用建筑物的功能不同，服务范围也不同，因此针对不同的公用建筑物、构筑物，分别确定了不同的允许破坏标准。

1）锅炉房是全厂的热力供应中心，一旦遭到破坏将直接影响到全厂的生产，而且锅炉房本身一旦遭受破坏，复建周期长，恢复生产困难，因此，锅炉房的破坏以越轻越好，但锅炉房的热力管线要加长，热损失将增大，技术经济不合理。经全面考虑后，本款保留原规范的规定，锅炉房的破坏标准以不超过中等破坏为准。本项规定的1.1级建筑物与锅炉房的距离除按计算外，且不应小于100m，是考虑烟囱的火星和灰尘对1.1级建筑物的影响；对无火星的锅炉房是指有可靠的除尘装置不产生火星的，其距离可适当减少。

2）总降压变电所、总配电所是全厂的供电中心，一旦遭到破坏将影响全厂，甚至产生相应的次生灾害，因此采用轻度破坏标准。

3）10kV及以下单建变电所服务范围有限，与所服务的对象距离太远，不仅线路长，管理也不便，为此采用次严重破坏标准。

4）钢筋混凝土水塔是全厂的供水主要来源，一旦遭受破坏不仅直接影响生产，还有可能影响消防用水的来源，因此颇为重要。本项规定的破坏标准为中等破坏标准。

5）地下或半地下高位水池覆土后，抗冲击波荷载的能力提高，且多数高位水池为圆形结构，其刚度大，较为有利。但地下、半地下高位水池要求承受来自爆炸源的地震波应力。鉴于工厂的爆轰源均产生于地面以上，经地表再经地下传至高位水池，其能量远比地下爆炸源减少许多，而且高位水池所在地由于地质条件不同也有很大差别。根据原规范10年来的执行情况，在这方面尚未发现有何问题，因此仍维持原规范的标准。但危险品生产区内1.1级建筑物的存药量变化幅度很大，原规范所规定的距离仅能保持在小药量情况下，高位水池不裂，药量大到一定程度，高位水池仍会出现裂缝等破坏情况。

6）火花在风的吹动下影响范围较大，在这个范围内散落的裸露易燃易爆品有可能因火花引燃而引发事故，故规定为不应小于50m。

7）考虑到车间办公室、辅助生产建筑物等距生产车间不宜太远，但也不宜一旦发生事故就遭受与生产工房一样的次严重破坏，因此本项采用中等破坏标准。本项保留了原规范的规定，与车间办公室、车间食堂（无明火）、辅助生产建筑物的距离，应按表5.2.2要求的计算值再增加50%，且不应小于50m。

8）全厂性公共建筑物，如厂部办公室是工厂的指挥中心，也是机要所在。食堂是工人集中的场所，消防车库是保护工厂安全的组成部分，从保护人身安全和减少事故损失考虑，其距离不宜太远，因此本项确定为轻度破坏标准。原规范要求最小允许距离不得小于150m，能满足轻度破坏标准，故保留150m的规定。

5.2.3 1.2级建筑物与其邻近建筑物的最小允许距离，是按下列原则确定的：

1 对1.2级建筑物的最小允许距离，改为按生产工房药量确定的距离。这是为防止工房药量大，一旦发生爆炸事故，对周围会加大影响而定的。

2 本款增加了为1.2级装药包装建筑物服务的包装箱中转库（无固定人员）与该装药包装建筑物的距离，按现行国家标准《建筑设计防火规范》GB 50016中防火间距执行的规定。

3 1.2级建筑物与公共建筑物、构筑物的最小允许距离，其确定原则基本与1.1级建筑物相同。只是由于危险作业在抗爆间室内，有破坏影响范围小的具体情况，因此，在确定其与公共建筑物、构筑物的最小允许距离时，比1.1级建筑物的要求略小。

5.2.4 1.4级建筑物与其邻近建筑物的最小允许距离，是按下列原则确定的：

1 危险品生产区内1.4级建筑物中的产品有燃烧危险，在一定条件下也可能发生爆炸，故根据1.4级建筑物中危险品存量的多少和周围建筑物的重要程度，分别规定了不同的距离。

1.4级建筑物中，需要指出的是硝酸铵仓库，其允许存量最大可达500t，混装炸药车地面辅助设施可达600t，按原规范规定，其与任何建筑物的距离均不应小于50m，考虑十余年来既无重大事故又无新的可供依据的数据，不好轻易变动，本次修订仍保留原规定。

需要指出的是，由于硝酸铵仓库存量很大，当硝酸铵仓库一旦发生事故时，其对周围建筑物的破坏，将会大大超过所允许的次严重破坏标准。

2 1.4级建筑物与公共建筑物、构筑物的最小允许距离，其确定原则基本与1.1级、1.2级建筑物相同，只是在多数情况下可能产生的是燃烧危险，在一定条件下也可能发生爆炸。据此，制定了与公共建筑物、构筑物的最小允许距离。必须指出的是，万一发生爆炸事故，对周围建筑物的破坏将是严重的，但几率是很低的。

5.3 危险品总仓库区内最小允许距离

5.3.1 危险品总仓库区内各建筑物之间的距离，属于内部最小允许距离。由于危险品总仓库区只有1.1级和1.4级危险品仓库，为了便于使用，已将1.1级仓库与其邻近建筑物的最小允许距离，列于表5.3.2-1中，使用时可直接查出。必须指出的是，使用时应将相互间要求的距离均查出，然后取其最大值作为建筑物间的最小允许距离。

5.3.2 本条规定了1.1级危险品总仓库区应设置防护屏障。

1 本款规定了1.1级仓库与其邻近建筑物的最小允许距离。其破坏标准是，当某个1.1级仓库一旦发生爆炸事故时，对邻近仓库内的危险品不产生殉爆而建筑物却全部倒塌。不仅相邻仓库倒塌，就是再远一点的仓库，也将随着爆炸事故仓库药量及距离的大小而产生不同的破坏后果。

危险品总仓库区内最小允许距离较原规范有所降低，主要是考虑相邻库房不被殉爆即可。

2 本款增加了有防护屏障的1.1级库房与相邻无防护屏障库房的最小允许距离应按双有防护屏障的距离增加1倍的规定。

5 总仓库区的值班室是仓库管理人员和保卫人员值班的地方。为有利于值班人员的安全，本款强调宜结合地形将其布置在有自然屏障的地方。考虑到值班室与1.1级仓库的距离远了，管理上不方便，近了又不利于安全，为此，值班室与1.1级仓库的距离，基本是按次严重破坏标准考虑的，并根据值班室是否设有防护屏障而分成几个档次确定。由于总仓库区内的库房存药量差别很大，当大药量仓库一旦发生爆炸事故，对值班室有可能产生超过次严重破坏标准的情况。

本款细化了1.1级库房与值班室的最小允许距离，库房计算药量由原来限定的30t，对应有防护屏障值班室需150m，调至库房计算药量20t、10t、5t、1t、0.5t，对应有防护屏障值班室需130m、110m、90m、70m、50m，主要是考虑在库房计算药量小时，减少库房与值班室的最小允许距离。

5.3.3 由于1.4级仓库在一定条件下也会爆炸，为减少发生事故的可能性，本条提出，1.4级仓库分一般1.4级和硝酸铵仓库两种办法处理其最小允许距离。当具有爆炸危险的1.4级仓库与1.1级仓库邻近时，其与1.1级仓库相对面的一侧，推荐设置防护屏障；否则，最小允许距离应按表5.3.2-1的规定数值增加1倍，且不小于本条规定。

除上述与原规范相比有补充外，其余无改变。

5.3.4 当危险品总仓库区设置岗哨时，岗哨与仓库的距离，在条文中未提出明确要求，因为岗哨是为仓库警卫用的，将根据保卫需要设置岗哨位置。因此，一旦仓库发生事故，岗哨上的警卫人员将不可避免地产生伤亡。

5.4 防 护 屏 障

5.4.1 防护屏障可以有多种形式，例如钢筋混凝土挡墙、防护土堤等。不论采用何种形式，都应能起到防护作用。本条以防护土堤为例，绘出防护土堤的有防护作用范围和无防护作用范围。

5.4.2 本条所规定的防护屏障的高度是最低要求高度，如有条件能做到高出屋檐高度，则对削弱爆炸空气冲击波和阻挡低角度飞散物更有好处。当防护屏障内建筑物较高，例如高度大于6m时，本条亦规定了防护屏障高度可按高出爆炸物顶面1m设置。但是，建筑物之间的最小允许距离计算应符合表5.2.2注3的规定。应该指出，适当增高防护屏障的高度，对安全有利。

5.4.3 本条分别对防护土堤和钢筋混凝土挡墙的防护屏障顶宽提出要求，其他防护屏障可按此原则处理。

5.4.4 防护屏障的边坡应稳定（主要指土堤），否则易塌落，将达不到规范标准，减弱了安全防护的作用。

5.4.5 建筑物的外墙与防护屏障内坡脚的水平距离越小，防护作用越好。但从生产、运输、采光和地面排水等多方面要求，两者必须保持一定距离。本条规定除运输或工艺方面有特殊要求的地段外，应尽量减少该段距离，以使防护屏障起到防护作用。

5.4.6 本条主要是对生产运输通道或运输隧道在穿越或通过防护屏障时的一些技术要求。同时对通过防护屏障的安全疏散隧道也提出了一些具体技术要求。

5.4.7 本条提出了当防护屏障采用防护土堤构造而取土又较为困难时，各种减少土方量的具体技术措施。

5.4.8 根据我国的具体情况，应尽可能减少占地面积，而又要保证安全，为此本条提出在危险品生产区，对两个危险品仓库可以组合在联合的防护土堤内的具体技术要求。

本次修订放宽了对联合土围的规定，不再限定仅用于起爆器材，而不能用于火药、炸药。

6 工艺与布置

6.0.1 工艺设计中坚持减少厂房计算药量和操作人员，是一个极为重要的原则，也可以说是通过血的教训得来的经验总结。从历次事故中可以看出，往往原发事故点并不严重，但由于厂房计算药量大、操作人员多，甚至严重超量、超员，酿成了极为惨烈的后果。

要求对于有燃烧、爆炸危险的作业应采用隔离操作、自动监控等可靠的先进技术，这是从技术上保障安全的基本要求。

6.0.2 本条是危险品生产厂房和仓库平面布置的规定。

1 本款规定是为在进行危险品生产厂房平面设计时应有利于人员的疏散。

口字形、 字形厂房都不利于人员疏散，并且当厂房的一面发生爆炸时会影响到其他面。因山体地形原因而设计为L形厂房，如内部布置合理，亦可这样设计。

4 本款规定在布置工艺设备、管道及操作岗位时，应有利于人员的疏散。传送皮带挡住操作者的疏散道路，工作面太小，人员交错等情况，在发生事故时均不利于人员的迅速疏散。

5 危险品生产厂房的底层，除了门作为疏散出口外，对距门较远或不能迅速到达疏散口的固定工位，应根据需要设置符合本规范第8.6.4条要求的安全窗，但应注意安全窗外要能便于疏散。

6 起爆器材生产厂房宜设计成一边为工作间，另一侧为通道，尤其是雷管生产中装药、压药工序，在条件允许的条件下首先应该这样设计。当设计成中间为通道，两侧为工作间时（如电雷管装配工序），如发生偶然事故，人员需经过中间通道才能向外疏散，在人员多的工序会拖延时间，甚至发生人员相互碰撞。所以规定在这种情况下，上述工作间应有直通室外的安全出口。对于固定工位设置直通室外的安全出口则可以是门，也可以是安全窗。

7 厂房内危险品暂存间存药量相对集中，若发生爆炸事故，爆源附近遭受的破坏更加严重，所以危险品暂存间宜布置在厂房的端部，并不宜靠近厂房出入口和生活间，以减少事故损失。

雷管等起爆器材生产厂房中人员较多，提倡炸药、起爆药和火工品宜暂存在抗爆间室或防护装甲（如防爆箱）内，以达到不能发生殉爆的目的。但有时因工艺流程的需要，危险品暂存间布置在端部对组织生产不便时，也可以沿外墙布置成突出的贮存间。但贮存间不应靠近人员的出口，以防止危险品与人流交叉，避免发生偶然事故时造成很多人员的伤亡。

9 危险性建筑物不可避免地存在火药、炸药粉尘，由于厂房中辅助间（如通风室、配电室、泵房等）内的操作不必和生产厂房随时保持联系，辅助间和生产工作间之间宜设隔墙，隔墙上不用门相通，辅助间的出入口不宜经过危险性生产工作间，而宜直通室外。

6.0.3 本条是危险品运输通廊的规定。

1 某厂乳化炸药生产线发生爆炸事故时，爆源在装药包装工房。由于装药工房与卷纸管工房之间有密封式通廊相连，通廊结构为预制板重型屋盖，两侧为石头砌墙，窗面积很小，通廊呈直线形式，这样，爆炸冲击波沿通廊直抵卷纸管工房，使该工房遭受严重破坏，工人伤亡。如果通廊为敞开式，或通廊虽为封闭式，但为易泄爆的轻型结构，则损失远不会如此严重。

地下通廊连接两个厂房时，发生事故时将给相邻厂房造成更严重的破坏，处于其间的人员也不易疏散，故本规范不推荐使用地下通廊。对于个别工厂的厂房之间需穿过局部山体而设的通道，可不视为地下通廊。

2 在前述某厂乳化炸药生产线中，乳化厂房利用悬挂式输送机输送药坯。原设计根据殉爆试验，对于每个药坯限重2.7kg，药坯间距则限定为900mm。事故发生时，每个药坯实际重量达20kg，而药坯间距又仅为500mm。装药厂房爆炸后，沿该药坯输送机殉爆至乳化厂房的制坯部分，造成乳化厂房严重破坏，死伤多人。

有鉴于此，采用机械化连续输送危险品时，输送设备上的危险品间距应能保证危险品爆炸时不发生殉爆。危险品殉爆距离应有可靠的依据，也可以模拟生产条件进行试验确定。

3 在条件允许的情况下，与危险性建筑物相连的通廊宜设计成折线形式。实践证明，在危险性建筑物内危险品发生爆炸事故时，与直线形通廊相比，折线形通廊可减少爆炸冲击波的破坏范围，降低相邻厂房的损失。折线的角度要适当，且应保证通廊内人员运输的安全与方便。

4 危险品成品中转库存药量较大，发生事故时影响范围大且严重，故作此规定。

6.0.4 雷管、导爆索等起爆器材生产中操作人员较多，有些工序（如雷管装、压药）易发生事故，而这些工序一般药量比较小，因此可把事故破坏限制在抗爆间室内，以减少事故的损失。采用钢板防护是为了防止传爆。

6.0.6 本条是危险品生产厂房各工序的联建问题。

1 有固定操作人员的非危险性生产厂房，是指炸药生产中的卷纸管、导火索生产中的缠线等生产厂房。

7 本款涉及对自动化、连续化生产的认识，有必要对"自动化"、"连续化"给予定义。自动化是指采用能自动调节、检查、加工和控制的机器设备进行生产作业，以代替人工直接操作。如果整个生产过程从进料、加工、传送、检查以至完成产品，能自动按人们预定的程序和要求进行，而启动、调整、停车以及排除故障等仍由人工操作，称"综合自动化"。如果启动、停车与排除故障等操作也都能自动实现，称为"全自动化"。

就目前我国的自动化、连续化工业炸药（如乳化炸药）生产线来讲，应当说还是处于"初级阶段"意义上的自动线，距真正意义上的自动化、连续化，并从本质上提高生产的安全程度尚有许多工作要做。尤其是真正与自动化、连续化生产线相匹配的各种设备更是关键性的问题。现在的情况是，制药部分的设备尚属规范，装药设备则急待完善，包装设备尚待继续生产实践检验。故本规范规定，工业炸药制造在一个厂房内联建的条件是：工艺技术与设备匹配，制药至成品包装实现自动化、连续化，有可靠的防止传爆和殉爆的措施，这三个条件缺一不可。

对于生产线在一个工房内联建的定员定量问题，是结合国防科工委乳化炸药安全生产研讨会议纪要及有关文件要求的精神，给出的具体规定和要求。

原规范中曾规定有对手工间断操作的无雷管感度乳化炸药生产工艺的要求，现已不再审批新建。对此，本次修订时予以取消。

8 工业炸药生产厂房单个厂房一般布置单条生产线。目前国内的情况是，工业炸药同类产品如胶状和粉状乳化炸药往往布置在一个生产厂房中，利用同一组乳化设备制造乳化基质。由于各自配方不同而采取轮换生产方式进行。当一条线停工，彻底清理完成后才开始另一条线的生产，实际上在厂房内仍是一条线在运行。考虑到国内生产实际及现状，作了本条规定。这里一定注意满足该条的条文要求，不能勉强凑合，降低要求。同时应指出，这种情况下，一旦发生偶然的燃烧、爆炸事故时，该厂房内的两条生产线设备设施可能会遭到破坏，在客观上存在增大设备设施财产损失的可能，进而提高了对事故破坏等级的判定。

9 考虑到目前国内两条工业炸药同类产品自动化、连续化生产线进行同时生产的情况尚无先例和成功的实践，为慎重起见，"具备同时生产条件"的问题应经过相关的专家论证和主管部门审批同意。

10 自动化、连续化工业炸药生产线或间断式生产线，由于各种条件限制，不能在一个厂房内联建时，还是将制药工序与装药包装工序分别建设厂房为好，这样做既方便生产、有利于安全，又便于产品的升级换代、产能产量的调节和设施的技术改造。本款还结合国防科工委乳化炸药安全生产研讨会议纪要及有关文件要求的精神，给出了具体的定员定量规定。

12 此款是针对目前雷管等起爆器材连续化生产线的出现而定的要求。强调对于贯穿各抗爆间室或钢板防护装置的传输应有可靠的隔爆措施。

6.0.7 原规范特别对粉状铵梯炸药生产的轮碾机设置台数规定为不应超过2台。根据民爆生产安全管理规定，轮碾机的砣重不应超过500kg，混药时的药温不应超过70℃。考虑到制造其他工业炸药时，也会采用轮碾机工艺进行混药，故本次修订作此规定。

6.0.9 本条是对危险品生产或输送用的设备和装置的要求。

8 这一款是新增加的，目的是强调对于输送易燃、易爆危险品的设备来讲，应注意所输送的危险品厚度要满足不引起燃烧爆炸的安全要求。

6.0.11 此条提出了除传统的人力运送起爆药方式外，还可以利用球形防爆车推送。

7 危险品贮存和运输

7.1 危险品贮存

7.1.1 危险品生产区内单个危险品中转库允许的最大存药量应符合表7.1.1的规定，当中转库需贮存的药量超过表7.1.1规定的数量时，可以增加库房的个数。

7.1.2 关于危险品生产区内炸药的总存药量的规定。

1 危险品生产区内梯恩梯中转库的存药量除应符合本规范第7.1.1条的规定外，其总存量不应超过3d的生产需要量。例如对于每天需要梯恩梯为4t的工厂，梯恩梯中转库总存量不应超过12t。可设计5t的梯恩梯中转库房2幢。在满足生产的前提下，生产区的危险品存量应尽量减少。

2 对于炸药成品中转库，除应符合本规范第7.1.1条的规定外，还不应大于1d的炸药生产量。例如日产铵梯炸药40t的工厂，其中转库总存药量不应超过40t，如设计为存药量20t的库房，则库房不应超过2幢。但对于生产量较小的工厂，例如当炸药日产量为3t时，其存药量允许稍大于1d的生产量，其中转库的总存量可为5t，这样规定可避免频繁运输，既保证生产安全，又便于组织生产。

7.1.3 本条是对危险品总仓库区内单个危险品仓库允许最大存药量的规定。

对硝酸铵仓库贮存量保留原规范规定的500t，国内民用爆破器材厂中未发生过硝酸铵仓库的燃烧爆炸事故，说明硝酸铵在管理好的情况下，是比较安定的，但一旦发生爆炸事故则破坏非常严重。1993年深圳清水河化学危险品仓库大爆炸中，硝酸铵发生爆炸，因硝酸铵与其他多种化学品混在一个库内。硝酸铵的爆炸可能是由其他化学品燃烧着火而引起的，其爆炸后果是相当严重的。以其中4号库为例，硝酸铵约数十吨，其爆炸后的爆坑直径23m，深7m，因仓库是互相连接的，并均存有易燃易爆物品，故引起邻近几百米范围内的大火。在国外文献的报道中，美国俄克拉荷马州皮罗尔的一个散装硝酸铵仓库发生着火，着火25min后，发生了爆炸。在弗吉尼亚州，一座混合工房内有铵油炸药30t，硝酸铵20t，在燃烧30min后发生强烈的爆炸。2001年9月21日法国南部城市Toulouse郊外AZF GP（Azote De France）化肥厂仓储的400t硝酸铵爆炸，形成了一个长65m、宽54m、深10m以上的弹坑，爆炸冲击波影响到3km以外的市中心。事故造成30人死亡，近4000人受伤，50所学校及10000幢建筑物受损。上述这些事故说明，硝酸铵在特定条件下是会燃烧爆炸的。

美国防火协会规定的硝酸铵贮量比较大，可达2268t。超过此量时必须配备完整的、强大的自动防火系统。

虽然硝酸铵在平时只是一种肥料，并无多大危险，但考虑到硝酸铵仓库设在生产区或库区，其周围有1.1级、1.2级危险厂房或库区，贮量不宜太大，故作了上述规定。

表7.1.3是对单个库房允许最大存药量的规定，当需要贮存量超过表中规定值时，可增加库房的幢数。

7.1.4 由于硝酸铵用量大，为便于生产和减少运输，硝酸铵仓库可以设在危险品生产区，其单库允许最大存药量应符合表7.1.3的规定。众所周知，硝酸铵在一定强度的外部作用下是可以发生燃烧爆炸的，所以在消防和建筑结构上应采取相应措施。一旦硝酸铵库发生爆炸事故，对生产区的破坏将是极其严重的。同样，根据生产需要，可在生产区设置多个硝酸铵库房。

7.1.6 本条是不同品种危险品同库存放的规定。

1 尽管危险品单品种专库存放有利于安全和管理，但当受条件限制时，在不增大事故可能性的前提下，不同品种包装完好的危险品是可以同库存放的。需要强调的是，危险品必须包装完整无损、无泄漏，分堆存放，避免互相混淆，并应符合表7.1.6的规定。

为便于掌握危险品同库存放的原则，将危险品分成六大类，危险品分类的原则和说明详见表7.1.6的注释。对于未列入规范的危险品，可参照分类和共存原则研究确定。

2 关于不同品种危险品同库存放的存药量的规定举例如下：如总仓库的梯恩梯和苦味酸同库存放，二者为同一危险等级，苦味酸不应超过表7.1.3中的30t，梯恩梯和苦味酸存放的总药量不应超过表7.1.3中梯恩梯允许最大存药量150t。又如梯恩梯和黑索今同库存放，二者为不同危险等级，梯恩梯和黑索今存放总药量不应超过表7.1.3中黑索今存药量50t，且库房应作为1.1级考虑。再如硝酸铵类炸药与梯恩梯，因是不同危险等级，同库存放总药量不是200t，而应是150t，且库房应按梯恩梯1.1级考虑。

3 硝酸铵仓库贮量大，且在一定条件下硝酸铵有燃烧爆炸危险，所以硝酸铵应专库存放，不应与任何物品同库存放。

4 危险品的废品和不合格品，由于其安定性较差，且不会有良好的包装，所以不应与成品同库贮存。

5 符合同库存放的不同品种危险品贮存在危险品生产区中的中转库内时，应存放在以隔墙互相隔开的贮存间内。这是由于中转库人员、物品出入频繁，危险品洒落的可能性大，为避免危险品相互混淆，作此规定。所以中转库除应符合同库存放的规定外，还应符合本款规定。

7.1.7 仓库内危险品堆放过密，会造成通风不良，堆垛过高也会对危险品存放和操作人员的安全产生不安全因素，所以特别制定危险品堆放的两款规定。

与原规范相比，增加了检查通道和装运通道的尺寸要求。

7.2 危险品运输

7.2.1 为满足危险品运输的要求，本条规定宜采用汽车运输。由于翻斗车的车厢形式不利于装载危险品，万一翻斗机构失灵就更加危险。挂车因刹车等因素易产生车辆碰撞，故禁止使用。用三轮车和畜力车运输危险品也有不安全因素，因此不应使用。

7.2.2 本条第1、2两款的规定是考虑到有可能在生产和运输过程中，在1.1级、1.2级、1.4级建筑物附近洒落危险品及其粉尘，所以要求车辆与建筑物保持一定距离，以避免行驶的车辆碾压危险品而发生意外事故。另外，在危险品生产建筑物靠近处，汽车经常往返行驶对建筑物内的生产会产生干扰，不利于生产。因此，要求必须有一定的距离。

第3款的规定是防止有火星飞散到运输危险品的

车上而造成意外事故。

7.2.3 增加危险品总仓库区运输危险品的主干道中心线与各类建筑物的距离不应小于10m的规定。原规范只对危险品生产区有规定，而危险品总仓库区没有相应规定，这次修订，考虑危险品总仓库区运输的危险品主要是包装好的、无散落的危险品粉尘，故危险品总仓库区运输危险品的主干道中心线，与各类建筑物的距离较危险品生产区的规定有所减小。

7.2.4 根据现行国家标准《厂矿道路设计规范》GBJ 22 的规定，提出经常运输易燃、易爆危险品专用道路的最大纵坡不得大于 6% 的规定，以及参照其他相应规定，提出本条的各项要求。

7.2.5 本条的规定，主要考虑机动车如果在紧靠危险性建筑物的门前进行装卸作业，一旦建筑物内发生危险情况，不利于建筑物内的人员疏散，从而增加不必要的事故损失。当机动车采取防爆措施后，参照国外同类行业的做法，允许防爆机动车辆进入库房内进行装卸作业。

7.2.6 起爆药是比较敏感的，为了防止人工提送中与其他行人或车辆碰撞而出现事故，为此规定用人工提送起爆药时，应设专用人行道。

7.2.7 为提高装卸效率，减少危险品的倒运，并有利于安全，在有条件时应尽量将铁路通到每个仓库旁边。

对必须在危险品总仓库区以外的地方设置危险转运站台时，本条提出了两种情况，即站台上的危险品可在 24h 内全部运走时和在 48h 内全部运走时的外部距离折减系数。目的在于鼓励尽快运走。

8 建筑与结构

8.1 一般规定

8.1.1 根据民用爆破器材工厂各类危险品的生产厂房性质分析，1.1级、1.2级厂房是炸药、起爆药的制造、加工厂房，都具有爆炸、燃烧的危险；1.4级厂房基本是氧化剂、燃烧剂一类的生产厂房，且厂房周围多有爆炸源，也具有燃烧、爆炸危险。所以，1.1级、1.2级、1.4级生产厂房的危险程度要比现行国家标准《建筑设计防火规范》GB 50016 中甲类生产厂房大得多。现行国家标准《建筑设计防火规范》GB 50016 厂房、库房的耐火等级规定，甲类厂房、库房的耐火等级为一、二级，所以本规范提出 1.1级、1.2级、1.4级厂房和库房的耐火等级应符合现行国家标准《建筑设计防火规范》GB 50016 中二级耐火等级的规定。

8.1.2 为了设计使用的方便，将现行各类生产中的各类危险品生产工序，按现行国家标准《工业企业设计卫生标准》GBZ 1 的车间卫生特征分级的原则做了分级。主要考虑原则是，凡生产或使用的物质极易经皮肤吸收引起中毒的，定为 1 级，如梯恩梯、二硝基重氮酚。其他按情况定为 2 级。

卫生特征分级为 1 级的应设通过式淋浴。

8.1.3 民用爆破器材工厂中辅助用室的设置是一个很重要的问题，因为在这种工厂中，危险生产厂房有爆炸的危险，因此，除了在生产中不能离开操作岗位的人员外，其他人员都应尽量远离危险品生产厂房，避免发生事故时造成不必要的伤亡。确保人员的安全是设计辅助用室的指导思想。

1 1.1级厂房是具有爆炸危险的厂房，发生爆炸时威力比较大，影响面也比较宽，从安全上考虑，规定不允许在这类厂房内设置辅助用室，而应将它们布置在远离危险品生产厂房的安全地带，这样，在发生事故时人员的安全才能得到保证。但考虑到生活上的方便和生产上的需要，不允许操作人员长时间离开工作岗位，因此允许在厂房内设置厕所，但对于敏感度特别高的黑火药、二硝基重氮酚等极易发生事故的生产厂房，连厕所也不允许设置。

2 1.1级厂房的辅助用室，应单建或设在附近其他非危险性的建筑物中。辅助用室可近一些布置，但应符合安全要求。

3 1.2级厂房，原则上不宜设置辅助用室。当存药量比较小，危险生产工序设在抗爆间室内或用钢板防护装置隔开时，一旦发生事故，一般只局限于抗爆间室内，危险程度大大降低，事故的影响面比较小。在这种火工品生产厂房内，如果必须设置，应符合条文中的规定。

8.2 危险性建筑物的结构选型

8.2.1 危险品生产厂房的承重结构首先推荐采用钢筋混凝土框架结构，其主要优点是整体性好、抗侧力强。现在钢模问世，大型预制构件隐退，大量采用现浇钢筋混凝土，这样框架结构优于铰接排架结构，由于柱、梁连接成为一个空间的整体，因而具有较强的抗爆能力。当厂房发生局部爆炸时，整个厂房全部倒塌的可能性较小，有望减少人员伤亡和财产损失。钢筋混凝土柱、梁连接的铰接排架，预制屋面板结构，当发生局部爆炸时，容易产生梁、板倒塌。砖混结构厂房，当发生局部爆炸时，容易产生墙倒屋塌。为此，本次修订，不论单层或多层的 1.1级、1.2级厂房和多层的 1.4级厂房，都推荐采用钢筋混凝土框架结构承重。这主要是考虑到厂房中某一部分发生事故时，不致因承重结构整体性差或承载能力不足而导致楼板或屋盖倒塌，使整个厂房受到严重破坏，造成更多人员的不必要伤亡和设备的不必要损失。

考虑到民用爆破器材工厂的实际生产情况，在符合特定条件下，可采用砖墙承重：

1 对于单层的 1.1级、1.2级厂房，在厂房面积小、层高低、操作人员较少的条件下允许采用砖墙承重。这主要考虑到这类厂房面积小，操作人员距爆炸中心一般都比较近，一旦发生事故，势必房毁人亡。故本规范对这类厂房提出了跨度、长度和高度以及人员的限制，凡符合条件的，可采用砖墙承重。

3 对于危险品生产工序全部布置在抗爆间室内，且间室外不存放或存放少量危险品时，一旦发生爆炸，则不会影响主体厂房。所以砖墙承重部分不存在因本厂房局部爆炸而倒塌的危险，允许采用砖墙承重。

4 梯恩梯球磨机粉碎厂房，轮碾机混药厂房的存药量较大，且药量又集中，操作人员距爆心近，厂房面积小，一旦爆炸事故发生，不论是否采用钢筋混凝土结构，都势必是房毁人亡。所以对这种厂房提出可采用砖墙承重。

5 承重横隔墙较密的厂房，刚度大，厂房存药量小，且又分散，当厂房内局部发生爆炸时，对相邻工作间的影响小，所以可采用砖墙承重。

6 对无人操作的厂房，由于不存在操作人员的伤亡问题，采用砖墙承重就可以满足要求。

8.2.2 钢刚架结构易于积尘，且为金属，故而要求没有炸药粉尘的或采取措施能防止积尘的危险品生产厂房，或与金属反应不产生敏感爆炸危险物的厂房，方可采用钢刚架结构，但必须符合现行国家标准《建筑设计防火规范》GB 50016 中二级耐火等级的要求。

8.2.3 危险品仓库允许采用砖墙承重，主要是考虑到仓库无固定人员、较厂房重要性低，且因仓库面积小，存药量集中，药量一般较大，一旦发生爆炸事故，出事仓库被摧毁，相邻库房允许破坏。因此，允许采用砖墙承重和符合防火要求的钢刚架结构。

8.2.4 小于 240mm 的砖墙、空斗墙、毛石墙等的抗震能力差，容易倒塌，不予采用。

8.2.5 危险品生产厂房的屋盖首先推荐采用现浇钢筋混凝土屋盖，它可与钢筋混凝土框架构成整体，当发生局部爆炸时，现浇屋面板倒塌面积较小，可减轻事故时屋盖下塌而造成的伤亡；从抗外爆角度来讲，钢筋混凝土屋面板抗外来飞散物是很有效的。预制屋面板容易产生梁、板倒塌而造成伤亡，故不推荐采用。

8.2.6 对厂房面积小，事故频率高的粉状铵梯炸药生产的轮碾机混药厂房、本身有泄压要求的黑火药生产厂房及梯恩梯球磨机粉碎厂房，条文中规定应采用轻质易碎屋盖或轻型泄压屋盖。目的是一旦发生燃爆或爆炸事故，易泄压，可减轻飞散物对周边的危害。但厂房刚度差，抗外来飞散物的防护能力差。

8.3 危险性建筑物的结构构造

8.3.1 易燃易爆粉尘是指各种爆炸物如粉状铵梯药、黑火药、起爆药等的粉尘，这些粉尘的积聚，不但增加了日常清扫工作，而且可能引起自燃，导致事故。所以，对危险品生产厂房的构件要求采用外形平整，不易积尘，易于清扫的结构构件和构造措施。特别是屋盖的选型，首先要考虑采用无檩、平板体系，不宜采用有檩体系，更不宜采用易于积尘的构件。如果必须采用易积尘的结构构件，就要设置吊顶，但设置吊顶也易积尘，在一定程度上也增加了不安全的因素。

8.3.2～8.3.4 从事故调查和一些国内外试验资料来看，对具有爆炸危险的 1.1 级、1.2 级、1.4 级厂房，当采取一定的构造措施后，对提高建筑物的抗震能力是有一定效果的。

本规范提出了几项主要的构造措施，着重在墙体方面、构件和墙体连接方面加强，以增强工房的整体性。

8.3.5、8.3.6 为了增强钢刚架结构的整体性和抗震能力，参考钢结构抗震构造措施而规定。

8.3.7 根据轻钢结构常规设计所采用的一般规格，经抗爆验算，提出与双无防护屏障内部最小允许距离（增大 50%）相应的结构构造最低要求。否则宜按抗爆炸荷载进行验算。

8.3.8 轻钢刚架结构的檩条按常规设计所采用的规格，其抗冲击波强度还是不足的。因此，作此规定，以达到提高檩条的抗冲击波作用的能力，防止发生外爆事故时，围护构件不致塌落伤人。

8.3.9 轻钢刚架结构的彩色钢板在爆炸冲击波作用下，回弹力较大，彩色钢板容易被撕裂，因此，在连接方法上要加强，这是参考美国抗爆钢结构的节点构造方法而规定的。

8.4 抗爆间室和抗爆屏院

8.4.1、8.4.2 这两条主要是对抗爆间室的结构作了规定。

抗爆间室，一般情况下应采用钢筋混凝土结构。目前国内广泛采用矩形钢筋混凝土抗爆间室，使用效果较好。钢筋混凝土是弹塑性材料，具有一定的延性，可经受爆炸荷载的多次反复作用，又具有抵抗破片穿透和爆炸震塌的局部破坏的性能。

抗爆间室的屋盖做成现浇钢筋混凝土的较好，其整体性强，可使间室的空气冲击波和破片对相邻部分不产生破坏作用，与轻质易碎屋盖相比，在爆炸事故后具有不需修理即可继续使用的优点。所以，在一般情况下，抗爆间室宜做成现浇钢筋混凝土屋盖。本次修改，取消了装配整体式屋盖，增加了钢结构。这一是工程需要，二是有了方法，至于装配整体式屋盖，随着钢模发展，已无需要，故而取消。

8.4.3、8.4.4 这两条是对抗爆间室提出具体的设防标准和要求，对原条文进行了修改。明确了在设计药量爆炸的局部作用下，不能震塌、飞散和穿透。

根据可能发生爆炸事故的多少，分别采用不同的控制延性比，达到控制抗爆间室的残余变形，可以与结构的计算联系起来，使概念清楚。

本次修订，取消了观察孔玻璃的规定，主要考虑采用摄像监视技术可替代人工观察，且有利于安全。

8.4.5 抗爆间室朝向室外的一面应设置轻型窗，这是为了保证抗爆间室至少有一个泄爆面，以减少冲击波反射产生的附加荷载。规定了窗台的高度，为了防止室外雨水的侵入，又要尽可能扩大泄爆面。

8.4.6 本条提出了抗爆间室与相邻主厂房的构造处理。

抗爆间室采用轻质易碎屋盖时，一旦发生事故，大部分冲击波和破片将从屋盖泄出。为了尽可能减少对相邻屋盖的影响以及构造上的需要，当与间室相邻的主厂房的屋盖低于间室屋盖或与间室屋盖等高时，可采用轻质易碎屋盖，应按第2款采取措施；当与间室相邻的主厂房的屋盖高出间室屋盖时，应采用钢筋混凝土屋盖。

抗爆间室与相邻主厂房间宜设抗震缝，这主要是从生产实践和事故中总结出来的。以往抗爆间室与主厂房之间不设抗震缝，当间室内爆炸后，发现由于间室墙体产生变位，连结松动，造成裂缝等不利于结构的影响。条文中针对药量较小时，爆炸荷载作用下变位不大的特点，确定可不设抗震缝，这是根据一定的实践经验和理论计算而决定的。规定轻盖设计药量小于5kg，重盖小于20kg时可不设抗震缝，是使间室顶部的相对变位控制在较小范围以内。

8.4.7 抗爆间室轻型窗的外面设置抗爆屏院，这主要是从安全角度提出来的要求。抗爆屏院是为了承受抗爆间室内爆炸后泄出的空气冲击波和爆炸飞散物所产生的两类破坏作用，一是空气冲击波对屏院墙面的整体破坏作用，二是飞散物对屏院墙面造成的震塌和穿透的局部破坏作用。一般情况下，要求从屏院泄出的冲击波和飞散物不致对周围建筑物产生较大的破坏，因此，必须确保在空气冲击波作用下，屏院不致倒塌或成碎块飞出。当抗爆间室是多室时，屏院还应阻挡经间室轻型窗泄出的空气冲击波传至相邻的另一间室，防止发生殉爆。为了保证抗爆屏院的作用，提出了抗爆屏院的高度要求。本次修订，还增加了抗爆屏院的构造、平面形式和最小进深要求。

8.5 安 全 疏 散

8.5.1 本条对安全出口的设置作了规定。

1 安全出口数量的规定。安全出口对厂房里人员的疏散起到重要作用，规定安全出口数量，是为了一旦发生事故，能确保操作人员迅速离开，减少人员伤亡。对面积小、人员少的厂房，一个安全出口可以满足疏散需要的，条文中作了适当的放宽。

3 防护屏障内厂房的安全出口，应布置在防护屏障的开口方向或防护屏障内安全疏散隧道的附近，其目的是便于操作人员能够迅速跑出危险区，而不会出了厂房又被困在防护屏障内受到伤害。

8.5.3 安全窗是根据危险品生产要求设置的，布置在外墙上，兼有采光和逃生功能。当发生事故时，安全窗可作为靠近该窗口人员的逃生口，它不同于一般疏散用门（可供众人逃生），所以，不能列入安全出口的数目中。

8.5.5 厂房疏散以安全到达安全出口为前提。安全出口包括直接通向室外的出口和安全疏散的楼梯。规定厂房安全疏散距离，是为了当发生事故时，人员能以极快的速度用最短的时间跑出，并到达安全地带。

8.6 危险性建筑物的建筑构造

8.6.1 各级危险品生产厂房都有不同程度的危险性，为了在发生事故时，操作人员能够迅速离开，防止堵塞或绊倒，所以危险品生产厂房的门应平开，不允许设置门槛，不应采用侧拉门、吊门。

弹簧门在危险品生产厂房的来往运输中，容易发生碰撞而造成事故，所以不允许采用弹簧门。但对疏散用的封闭楼梯间可以采用弹簧门，是为了防止事故时烟雾进入，影响疏散。

8.6.2 黑火药对机械碰撞和摩擦起火特别敏感，生产时药粉粉尘较大，事故频率比较高，所以规定了黑火药生产厂房的门窗应采用木质的，门窗配件应采用不发生火花的材料，对其他厂房的门窗材质和门窗配件材料，规范中不作限制性的规定。

8.6.3 疏散用门均应向外开启，室内的门应向疏散方向开启，主要是有利于疏散。

危险工作间的门不应与其他工作间的门直对设置，主要是从安全上考虑，尽量避免当一个工作间发生事故时，波及对面的工作间。

设置门斗时，一定要设计成外门斗，因为内门斗突出室内，对疏散不利，门斗的门应与房门的朝向一致，也是为了方便疏散。

8.6.4 本条是对安全窗的要求。安全窗的设置是为了发生事故时，操作人员能够利用靠近操作岗位的窗迅速跑出去，因此，窗洞口不能太小，否则人员不易疏散；窗口不能太低，以免碰着人的头部；窗台不能太高，否则人员迈不过去；双层安全窗应能同时向外开启，是为了开启方便，达到迅速疏散的目的。

8.6.6 有危险品粉尘的1.1级、1.2级生产厂房不应设置天窗，主要是从安全角度考虑的。天窗的构造比较复杂，易于积聚药粉，不易清扫，存在隐患。另外，现在民用爆破器材工厂的生产厂房的规模也没有必要设置天窗。

8.6.7 本条是对危险品生产间地面的规定。

1 不发生火花地面，主要防止撞击产生火花而引起事故。

塑料类材料地面，大多为不良导体，经摩擦易产生高压静电，易产生火花，所以这类材料不得作为不发生火花的地面使用。

2 柔性地面，一般指橡胶地面、沥青地面。橡胶地面不应浮铺，应铺贴平整，接缝严密。防止缝中积存药粉或橡胶滑动，确保安全。

3 近几年来，在一些生产中，静电已成为一个特别值得注意的问题。从分析许多事故资料来看，由于静电而引起的事故是很多的，人在走动或工作时的动作，将会产生静电荷并在一定条件下积聚，并表现出很高的静电电位，通过采用防静电地面，可以将人体上的静电荷导走。

8.6.8 有危险品粉尘的工作间，墙面、顶棚一般都要抹灰、粉刷。对经常需用水冲洗和设有雨淋装置的工作间，一般都应刷油漆，是为了便于冲洗。油漆颜色应区别于危险品的颜色，这样易于发现粉尘，便于彻底清洗。

8.6.9 在有易燃、易爆粉尘的工作间，规定不宜设置吊顶，是由于普通吊顶的密闭性一般不易保证，有可能积聚粉尘，在一定程度上增加了不安全的因素。

若必须设置吊顶时，吊顶设置孔洞时要有密封措施，主要是为了防止粉尘从这些薄弱环节进入吊顶，形成隐患。有吊顶的危险品工作间，要求隔墙砌至屋面板（梁）底部，是防止事故从吊顶上蔓延到另一个工作间，产生新的事故。

8.7 嵌入式建筑物

8.7.1、8.7.2 嵌入式建筑物是指非危险性建筑物嵌在1.1级厂房防护土堤的外侧。这类建筑物，既要考虑1.1级厂房事故爆炸时空气冲击波对它的影响，也要考虑室内的防水、防潮问题。所以，对嵌入土中的墙和顶盖应采用钢筋混凝土。未覆土一面的墙，以往由于多采用砖砌结构，在爆炸事故中，破坏比较严重，有倒塌现象，所以，应根据1.1级厂房内计算药量，按抗爆设计确定采用钢筋混凝土或砖墙结构。当采用砖墙围护时，承重结构应采用钢筋混凝土。

8.7.3 本条是嵌入式建筑物的构造要求。

未覆土一面墙应尽量减少开窗面积，是防止在药量较大的情况下，土堤内爆炸所形成的空气冲击波经过土堤顶部绕流，有可能透过门窗洞口进入室内，从而对室内人员造成伤害。

8.7.4 采用塑性玻璃是为了减少玻璃片对人员的伤害。

8.8 通廊和隧道

8.8.1、8.8.2 室外通廊与厂房相比，属于次要建筑物。但由于通廊与生产厂房直接连接，为了防止火灾通过通廊蔓延，故对通廊建筑物结构的材料提出要求。考虑到施工、安装的方便、快速以及工厂现状，规定通廊的承重及围护结构的防火性能不应低于非燃烧体。

当采用封闭式通廊时，由于通廊一端的厂房一旦发生爆炸，进入通廊的冲击波如果没有足够的泄爆面积，通廊会形成冲击波的传播渠道以致危及通廊另一端厂房的安全。为此，要求其屋盖与墙应采用轻质易碎屋盖，以便泄压。

本次修订，增加了轻型泄压屋盖和墙体，同时，要求增设隔爆墙。事故证明：封闭通廊虽然采用了轻质易碎和轻型泄压的屋盖和墙体，但还是起到了一定程度的传爆作用。将隔爆墙设在通廊穿土围处，隔爆墙上虽有洞口，但通廊的断面大大减小，爆炸冲击波在隔爆墙处受阻，土围里面的通廊的屋盖和墙体破坏，起了一定的泄爆作用，部分爆炸冲击波继而通过洞口进入土围外通廊时，通廊的断面又扩大，爆炸冲击波又经过再一次扩大，压力衰减，起到了一定程度的消波作用。

8.8.3 本条是对穿过防护土堤的疏散隧道、运输隧道结构的具体规定。

8.9 危险品仓库的建筑构造

8.9.1 本条对安全出口的数量作了规定。确定足够的安全出口数量，对保证安全疏散将起到重要作用。

8.9.2 危险品总仓库的门宜用双层门，内层为格栅门。这样做的目的，首先是考虑库房的通风，其次是考虑管理上的方便。

8.9.3 危险品总仓库的窗要求配铁栏杆和金属网，并在勒脚处设置进风窗。加铁栏杆是考虑安全，加金属网是防止虫、鸟、鼠进入库内，设进风窗则可满足自然通风的需要。对于严寒地区，进风窗最好能启闭。

9 消防给水

9.0.1 民用爆破器材生产、使用、运输过程中极易发生燃烧、爆炸事故，无论在起火时或爆炸后引起火灾时，都需要有足够的水来进行扑救，以防小火烧成大火，燃烧导致爆炸。这里强调能供给足够消防用水的消防给水系统，是指不但要有足够水量的消防水源，还应有能够供给足够消防用水的管网和供水设备。

9.0.2 本规范针对民用爆破器材工程设计，规定了消防给水的一些特殊要求，而对工程设计的一般要求，如非危险性建筑物以及总体设计方面的消防给水水量、水力计算、耐火等级、生产危险性分类、泵房布置等，不可能详闻阐述。因此在进行民用爆破器材工程设计时，还应遵守现行国家标准《建筑设计防火规范》GB 50016、《自动喷水灭火系统设计规范》GB 50084等的有关规定。

9.0.3 根据现行国家标准《建筑设计防火规范》GB 50016的要求，室外消防给水管网应采用环状管网。但是结合民用爆破器材工程领域的具体情况，有的厂房沿山沟设置，受地形限制，不易敷设成环状管网。为保证工厂消防给水不中断，提出在生产上无不间断供水要求，并在设有对置高位水池，可由两个相对方向向生产区供水的情况下，采用枝状管网。

9.0.4 本条规定了危险品生产区两种不同情况下的消防储备水量的计算方法。根据某些工厂发生火灾时，发现消防贮水池中的水因平时被动用而无水的情况，故在附注中注明：消防储备水量应采取平时不被动用的措施。

由于现行国家标准《建筑设计防火规范》GB 50016对甲、乙、丙类生产厂房的供水要求有所提高，即将火灾延续时间由2h改为3h。本规范从国家标准规范之间宜相协调的原则出发，同时考虑避免引起工程消防审查验收标准不一致的情况出现，故本规范采用3h。

9.0.5 为在发生事故时便于使用，减少对使用人员和设备的伤害，规定室外消火栓不得设在防护屏障围绕的范围内和防护屏障的开口处。应设在有防护屏障防护的范围内。

9.0.6 本条规定了室外消防用水量的下限不小于20L/s，是根据民用爆破器材工程领域的工房体积较小，并考虑到一辆消防车的供水能力等而确定的。对体积大的工房仍应按现行国家标准《建筑设计防火规范》GB 50016的规定计算确定，不受20L/s的限制。

9.0.7 消防雨淋系统任何时候都需要处于准工作状态，也就是平时一直都需要保持有足够的压力，一旦发生火情，就能立即喷水，扑灭火灾，因此消防给水管网宜为常高压给水系统。同时，室内、外消火栓也可以不需要使用消防车或消防水泵加压，直接由消火栓接出水带、水枪灭火。在有可能利用地势设置高位水池时，应尽可能这样做。

在地形不具备设置高位水池的条件时，消防给水的水量和压力需要由固定设置的消防水泵来加压供给，这是临时高压给水系统。这时，在消防加压设备启动供水前的头10min灭火用水，应当设置水塔或气压给水设备来保持。

9.0.8 本条为新增条文，主要针对民用爆破器材易燃烧、爆炸的特点，提出当采用临时高压给水系统时消防水泵的设置要求，目的是为了在起火时或爆炸后引起火灾时，能及时、有效地启动消防水泵，保证灭火不中断供水和所必需的水量。

9.0.9 本条提出在危险品生产厂房中应设置室内消火栓的要求和一些具体规定。考虑到消防水带有一定长度，并且必须伸展开，不能打褶，才能顺利通水，因此提出在室内开间较小的厂房可将室内消火栓安装在室外墙面上。使用时，在室外展开水带，通水后，通过门、窗向室内或拉进室内喷射。但在寒冷地区，有结冰可能时，应采取防冻措施。

9.0.10 本条中所列应设置消防雨淋系统的生产工序，仅为当前生产民用爆破器材的品种和工艺，将来有新的品种和工序增加时，应参照所列生产工序的燃烧、爆炸特性，设置自动喷水雨淋灭火系统。

随着工厂生产能力的增加，设置消防雨淋系统的生产工序的面积亦不断扩大，并且现行国家标准《自动喷水灭火系统设计规范》GB 50084中自动喷水灭火系统的设计喷水强度也有所提高，为避免由于消防雨淋面积的大幅增加导致消防储水量的成倍增长，出现消防系统庞大、难于实现的情况，可由工艺设置消防雨淋系统的生产工序，根据炸药的燃烧特性及生产过程中炸药的存在位置，确定设置消防雨淋系统的具体位置，并在工艺图上明确表示。

9.0.11 本条规定了药量比较集中的设备内部、上方或周围应设雨淋喷头、闭式喷头或水幕管。

9.0.12 消防雨淋系统是扑救易燃、易爆危险物品火灾的有效手段，本条对设置雨淋系统的要求作了明确规定。

为了防止自控失灵，在设置感温或感光探测自动控制启动雨淋系统的设施时，还应设置手动控制启动雨淋系统的设施。

对于存药量很少，且有人在现场工作，工作人员操作手动开关更方便的场所，也可设只有手动控制的雨淋系统。

本条中对雨淋管网要求的压力和作用延续时间也作了规定，提出了最低压力的要求。必须指出，雨淋管网设计中，应通过计算确定厂房给水管道入口处所需的压力，如经计算所需压力低于0.2MPa时，应按0.2MPa设计；如经计算高于0.2MPa时，必须按计算值供给消防用水。

雨淋系统设置试验试水装置，是为了在不影响生产的情况下，能定期对雨淋系统进行试验和检测，以确保雨淋系统处于正常状态。

9.0.13 本条对工作间、生产工序间的门洞有可能导致火灾蔓延的场所提出了应设置阻火水幕，并强调了应与厂房中的雨淋系统同时动作。为了合理减少消防用水量，对设有同时动作的雨淋系统的相邻工作间，其中间的门窗、洞口可不设阻火水幕。

9.0.14 本条为新增条文，对危险品生产区的中转库、硝酸铵库的消防要求提出了明确的规定。

9.0.15 本条是针对民用爆破器材工程中危险品总仓库区的消防给水设计提出的要求。条文中的数据是参照现行国家标准《建筑设计防火规范》GB 50016等有关资料而确定的。

库区水池的补水源，可为生产区接来的管道，或利用就近的天然水源（山溪、蓄水塘、蓄水库等）。在没有就近的、经济的水源可利用时，也可利用水槽车等运水供给。

当危险品总仓库区总库存量不超过100t时，其消防用水量可按15L/s计算（原规范为20L/s），并不应低于现行国家标准《建筑设计防火规范》GB 50016中甲类物品仓库的要求。此条为增加内容。

9.0.16 本条为新增条文，增加了民用爆破器材工程设计应按现行国家标准《建筑灭火器配置设计规范》GB 50140的有关规定配备灭火器的要求。

10 废水处理

10.0.1 本条是为满足环保要求而作出的规定。为了避免将不需处理的近似清洁生产废水混入，增加废水处理量，特别强调了排水应做到清污分流。

10.0.2、10.0.3 规定含有起爆药的废水，应采取有效的方法消除其爆炸危险性后才能排出，不允许不经处理直接排入下水道内，造成隐患。含有能相互发生化学反应而生成易爆物质的不同废水，也不应排入同一下水道，以防相互作用形成隐患，例如氮化钠废水和硝酸铅废水。

10.0.5 用水冲洗地面，用水量很大，带出的有害、有毒物质也多，为加强操作管理，及时清除洒落在地面上的药粒粉尘，改冲洗为拖布擦洗地面，水量减少很多，带出的有害、有毒物质也大为降低。因此尽量不用大量水冲洗地面，并规定在设计中应考虑设置有洗拖布的水池。

11 采暖、通风和空气调节

11.1 一般规定

11.1.1 本章根据民用爆破器材工程的特点规定了采暖通风与空气调节设计安全方面的特殊要求，并且还应符合现行国家标准《建筑设计防火规范》GB 50016和《采暖通风与空气调节设计规范》GB 50019等的规定。

11.1.2 同样是防爆设备，如防爆电动机，在不同的电气危险区域，其防护等级要求是不一致的，本条是为了使通风、空调设备的选用与电气对危险场所电气设备的安全要求保持一致而作出的规定。

11.1.3 本条为新增条文，增加了对危险性建筑物室内温、湿度的要求。在无特殊要求时，按国家相关的标准和规定执行。当产品技术条件有特殊要求时，以满足产品的技术条件为主。

11.2 采暖

11.2.1 火药、炸药对火焰的敏感度都比较高，如与明火接触便会剧烈燃烧或爆炸，因此，在危险性建筑物中严禁用明火采暖。

火药、炸药除了对火焰的敏感度较高以外，对温度的敏感度也较高，它与高温物体接触也能引起燃烧、爆炸事故。火药、炸药发生燃烧、爆炸危险的大小与接触物体表面温度的高低成正比。温度愈高，发生燃烧、爆炸危险的可能性愈大；温度愈低，发生燃烧、爆炸危险的可能性愈小。

火药、炸药的品种不同，对火焰、温度的敏感程度也不一样。即使是同一种火药、炸药，由于其状态和所处生产工段的不同，以及厂房中存药量多少的不同，发生燃烧、爆炸危险性的大小也不同。

根据上述情况，为确保安全，在本规范中对各生产厂房中各工段的采暖方式、热媒及其温度作了必要的规定。

11.2.2 本条是危险性建筑物采暖系统设计的有关规定。

1 在火药、炸药生产厂房内，生产过程中散发的燃烧、爆炸危险性粉尘会沉积在散热器的表面，因此需要将它经常擦洗干净，以免引起事故。采用光面管散热器或其他易于擦洗的散热器，是为了方便清扫和擦洗。凡是带肋片的散热器或柱型散热器，由于不便擦洗，不应采用。

2 在火药、炸药生产厂房中，为了易于发现散热器和采暖管道表面所积存的燃烧、爆炸危险性粉尘，以便及时擦洗，规定了散热器和采暖管道外表面涂漆的颜色应与燃烧、爆炸危险性粉尘的颜色相区别。

3 规定散热器外表面距墙内表面的距离不应小于60mm，距地面不宜小于100mm，散热器不应装在壁龛内，这些规定都是为了留出必要的操作空间，以便能将散热器和采暖管道上积存的燃烧、爆炸危险性粉尘擦洗干净。

4 抗爆间室的轻型面是用轻质材料做成的，它是作为泄压用的。不应将散热器安装在轻型面上，是为了当发生爆炸事故时，避免散热器被气浪掀出，防止事故扩大。

采暖干管不应穿过抗爆间室的墙，是避免当抗爆间室炸毁时，采暖干管受到破坏而可能引起的传爆。

把散热器支管上的阀门装在操作走廊内，是考虑当抗爆间室内发生爆炸，散热器及其管道受到破坏时，能及时将阀门关闭。

5 散发火药、炸药粉尘的厂房内，由于冲洗地面，燃烧、爆炸危险性粉尘会被冲入地沟内，时间长了，这些危险性粉尘就会在地沟内积存起来，形成隐患，所以采暖管道不应设在地沟内。

6 蒸气、高温水管道的入口装置和换热装置所使用的热媒压力和温度都比较高，超过了第11.2.1条关于危险品厂房采暖热媒及其参数的规定，为避免发生事故，规定了蒸气管道、高温水管道的入口装置及换热装置不应设在危险工作间内。

11.2.3 此条是新增条款，考虑到有的生产厂仅一或两个工房用汽或热水，且用量较少，而生产区又无热源，电热锅炉又较方便，故从经济和安全的角度出发作出本条规定。

11.3 通风和空气调节

11.3.1 在危险性生产厂房中有一些生产设备或操作岗位散发有大量的火药、炸药粉尘或气体，如不及时处理，不仅危害操作人员的身体健康，更重要的是增加了发生事故的可能性。为了避免或减少事故的发生，规定了在这些设备或操作岗位处，必须设计局部排风。

11.3.2 本条是机械排风系统设计时的一些具体规定，设计中应遵守。

1 确定合适的排风口位置和风速是为了提高排风效果，以有效地排除危险性粉尘。

2 含火药、炸药粉尘的空气，如果没有经过净化处理而直接排至室外，火药、炸药粉尘将会沉降下来，日积月累，在工房的屋面及周围地面上会形成火药、炸药药层，一旦发生事故，将会造成严重的后果。因此规定了含火药、炸药粉尘的空气必须经过净化装置处理才允许排至大气。

3 考虑到以往的爆炸事故，对于含有火药、炸药粉尘的排风系统，推荐采用湿式除尘器除尘。目前常用的湿式除尘器为水浴除尘器，因为水浴除尘器使药粉处于水中，不易发生爆炸。同时将除尘器置于排风机的负压段上，其目的是为使粉尘经过净化后，再进入排风机，减少事故的发生。

4 如果水平风管内的风速过低，火药、炸药粉尘就会沉积在管壁上，一旦发生事故时，它就向导火索、导爆索一样起着传火导爆的作用。

5 总结事故的经验和教训，提出了排风系统的布置要符合"小、专、短"的原则。

排除含有燃烧、爆炸危险性粉尘的局部排风系统，应按每个危险品生产间分别设置。主要是考虑到生产的安全和减少事故的蔓延扩大，把危害程度减少到最低限度。

排风管道不宜穿过与本排风系统无关的房间，是为了避免发生事故时，火焰及冲击波通过风管而扩大到无关的房间。

排气系统主要是指排除沥青、蜡蒸气的系统，如果排气系统与排尘系统合为一个系统，会使炸药粉尘和沥青、蜡蒸气一起凝固在风管内壁，不易清除，增加了发生事故的可能性。

对于易发生事故的生产设备，局部排风应按每台生产设备单独设置，主要是考虑风管的传爆而引起事故的扩大。如粉状铵梯炸药混药厂房内的每台轮碾机应单独设置排风系统。

6 排风管道不宜设在地沟或吊顶内，也不应利用建筑物构件作排风道，主要是从安全角度出发，减少事故的危害程度。

7 设置风管清扫孔及冲洗接管等也是从安全角度出发，及时将留在风管内的火药、炸药粉尘清理干净。

11.3.3 凡散发燃烧、爆炸危险性粉尘和气体的厂房，原则上规定了这类厂房的通风和空气调节系统只能用直流式，不允许回风。若将其含有火药、炸药粉尘的空气循环使用，会使粉尘浓度逐渐增高，当遇到火花时就会发生燃烧、爆炸，因此，空气不应再循环。

在送风机和空气调节机的出口处安装止回阀是防止当风机停止运转时，含有火药、炸药粉尘的空气会倒流入通风机或空气调节机内。

11.3.4 考虑到生产厂房各工段（工作间）散发的燃烧、爆炸危险性粉尘的量是不同的，有的工段（工作间）散发的量多，有的工段（工作间）散发的量少，有的工段（工作间）只散发微量粉尘。根据不同情况区别对待的原则，规定了雷管装配、包装厂房可以回风；雷管装药、压药厂房在采用喷水式空气处理装置的条件下，可以回风。

黑火药的摩擦感度和火焰感度都比较高。特别是含有黑火药粉尘的空气在风管内流动时，会产生电压很高的静电火花，引起事故。为安全起见，规定了黑火药生产厂房内不应设计机械通风。

11.3.5 通风设备的选型主要是考虑安全。

1 因进风系统的风机是布置在单独隔开的送风机室内，由于所输送的空气比较清洁，送风机室内的空气质量也比较好，所以规定了当通风系统的风管上设有止回阀时，通风机可采用非防爆型。

2 排除含有火药、炸药粉尘或气体的排风系统，由于系统内、外的空气中均含有火药、炸药粉尘或气体，遇火花即可能引起燃烧或爆炸，为此，规定了其排风机及电机均为防爆型。通风机和电机应为直联，因为采用三角胶带或联轴器传动会由于摩擦产生静电而易发生爆炸事故。

3 经过净化处理后的空气中，仍会含有少量的火药、炸药粉尘，所以置于湿式除尘器后的排风机应采用防爆型。

4 散发燃烧、爆炸危险性粉尘的厂房，其通风、空气调节风管上的调节阀应采用防爆阀门，是因为防爆阀门在调节风量、转动阀板时不会产生火花。

11.3.6 危险性建筑物应设置单独的通风机室及空气调节机室，且不应有门、窗和危险工作间相通，而应设置单独的外门。其目的是为了当危险性建筑物发生事故时，通风机室和空气调节机室内的人员和设备免遭伤害和损坏。

11.3.7 抗爆间室发生的爆炸事故比较多，发生事故时，风管将成为传爆管道。为了避免一个抗爆间室发生爆炸时波及到另一个抗爆间室或操作走廊而引起连锁爆炸，因此规定了抗爆间室之间或抗爆间室与操作走廊之间不允许有风管、风口相连通。

11.3.8 采用圆形风管主要是为了减少火药、炸药粉尘在其外表面的聚集，且便于清洗。规定风管架空敷设的目的，是为了防止一旦风管爆炸时减少对建筑物的危害程度，并便于检修。

风管涂漆颜色应与燃烧、爆炸危险性粉尘的颜色易于分辨，其目的是在火药、炸药生产厂房中，易于发现风管外表面所积存的燃烧、爆炸危险性粉尘，便于及时擦洗。

11.3.9 本条是新增条款。通风、空调系统的风管是火灾蔓延的通道。为了避免火灾通过通风、空调系统的风管进一步扩大，规定了风管及风管和设备的保温材料应采用非燃烧材料制作。

12 电 气

12.1 电气危险场所分类

12.1.1 为防止由于电气设备和电气线路在运行中产生电火花及高温引起燃烧爆炸事故，根据民用爆破器材工厂生产状况及贮存情况，发生事故几率和事故后造成的破坏程度以及工厂多年运行的经验，将电气危险场所划分为三类。电气危险场所划分是根据危险品与电气设备有关的因素确定的：

1 危险品电火花感度及热感度。

危险场所中电气设备可能产生电火花及表面发热产生高温均是引燃引爆火药、炸药的主要因素，不同的产品对电火花感度及热感度是不一样的，因此分类时应考虑危险品电火花和热感度性能的因素，如黑火药的电火花感度高，危险场所分类就划分的较高。

2 粉尘的浓度与积聚程度。

火药、炸药是以粉尘扩散到空气中，有可能积聚在电气设备上或进入电气设备内部，从而接触到火源，所以危险品粉尘浓度与积聚程度和电气危险场所的分类关系最密切，粉尘浓度大、积聚程度严重，与电气设备点火源接触机会多，发生事故的可能性就大，因此必须考虑。

3 危险品的存量。

工作间（或建筑物）存药量大，一旦发生事故后果严重，所以危险品库房划分的类别较生产厂房高。

4 危险品的干湿度。

火药、炸药的干湿度不同，其危险性是不同的，如火药、炸药及起爆药生产过程中，处在水中或酸中时比较安全，电气设备和电气线路引起爆燃事故的可能性较小，安全措施可降低些。

根据电气危险场所分类划分原则，在表12.1.1-1及表12.1.1-2中将常用危险品工作间及总仓库列出。

但划分危险场所的因素很多，如生产过程中火药、炸药的散露程度、存药量、空气中散发的粉尘浓度及电气设备表面粉尘的积聚程度、干湿程度、空气流通程度等都与生产管理有着密切关系，在设计时应根据生产情况采取合理的安全措施。

电气危险场所的分类与建筑物危险等级不同，前者以工作间为单位，后者以整个建筑物为单位。

12.1.2 考虑防止火药、炸药物质（含粉尘）进入正常介质的工作间，特别是配电室、电源室等工作间安装的电气设备及元器件均为非防爆产品，操作时易产生火花，所以配电室等工作间不应采用本条的规定。

12.1.3 此条是借鉴了乌克兰有关规范的规定。

12.1.6 危险场所既有火药、炸药，又有易燃液体及爆炸性气体时，为了保证安全，应根据本规范和现行国家标准《爆炸和火灾危险环境电力装置设计规范》GB 50058中安全措施较高者设防。

12.1.7 运输危险品的通廊存在危险性，应根据其构造形式采取相应的安全措施。

12.2 电 气 设 备

12.2.1 近年来我国防爆电气设备品种有所增加，但目前生产的防爆电气设备没有完全适合火药、炸药危险场所使用的产品。火药、炸药危险场所设计时，电气设备及线路尽量布置在爆炸危险场所以外或危险性较小的场所，目的是为了安全。

本条第7、8款，火药、炸药危险场所电气设备的最高表面温度确定，是借鉴了现行国家标准《可燃性粉尘环境用电气设备 第1部分：用外壳和限制表面温度保护的电气设备 第1节：电气设备的技术要求》GB 12476.1、《可燃性粉尘环境用电气设备 第1部分：用外壳和限制表面温度保护的电气设备 第2节：电气设备的选择、安装和维护》GB 12476.2和《爆炸性气体环境用电气设备第1部分：通用要求》GB 3836.1确定的。

本条第9款电气设备的安装位置除考虑电气危险场所外，还应考虑防腐、海拔高度等环境因素。

12.2.2 F0类危险场所，由于生产时工作间粉尘比较多，且电火花感度高或存药量大，危险性高，发生事故后果严重，必须采取最安全的措施。工艺要求在该场所必须安装检测仪表（黑火药电火花感度比较高，因此除外）时，其外壳防护等级应能完全阻止火药、炸药粉尘进入仪表内。该内容是借鉴了瑞典国家电气检验局的规定。

由于火药、炸药危险场所专用的防爆电气设备没有解决，因此电动机采用隔墙传动，照明采用可燃性粉尘环境用防爆灯具（IP65）安装在固定窗外，这些措施是防止由于电气设备产生火花及高温引起事故。

12.2.3 根据火药、炸药生产过程及产品的特点，F1类危险场所中，粉尘较多的工作间电气设备采用尘密外壳防爆产品比较合适。目前我国已有等同于国际电工委员会标准生产的可燃性粉尘环境用电气设备可以选用。Ⅱ类B级隔爆型防爆电气设备，已使用几十年而未发生过事故，实践证明是可以采用的。

12.2.4 目前我国已有等同于国际电工委员会标准的现行国家标准《可燃性粉尘环境用电气设备 第1部分：用外壳和限制表面温度保护的电气设备 第1节：电气设备的技术要求》GB 12476.1 的 DIP A22 或 DIP B22（IP54）电气设备（含电动机）适用于 F2 类危险场所选用。

12.3 室内电气线路

12.3.1 第2款增加了插座回路上应设置动作电流不大于30mA、能瞬时切断电路的剩余电路保护器，是为了避免操作者受到电击，保护人身安全。

12.3.2 危险场所尽量不采用电缆敷设在电缆沟内，因为火药、炸药危险场所经常用水冲洗地面，电缆沟内容易沉积危险物质，又不易清除，容易造成安全隐患。

12.3.4 F0类危险场所除增加敷设控制按钮及检测仪表线路外，不允许安装电气设备，无需敷设电气线路。

12.3.5 第2款鼠笼型感应电动机有一定的过载能力，因此电动机配电线路导线长期允许的载流量应为电动机额定电流的1.25倍。

第4款主要考虑移动电缆应满足的机械强度，故规定需选用不小于2.5mm²的铜芯重型橡套电缆。

12.4 照 明

12.4.2 为保证在停电事故情况下，危险场所的操作人员能迅速安全疏散，因此危险场所应设置应急照明。当应急照明作为正常照明的一部分同时使用时，两者的电源、线路及控制开关应分开设置；应急照明灯具自带蓄电池时，照明控制开关及其线路可共用。

12.5 10kV及以下变（配）电所和配电室

12.5.1 民用爆破器材工厂生产时，因突然停电一般不会引起事故，故规定供电负荷为三级。随着科学技术发展，民爆器材生产工艺采用了自动控制的连续化生产线，如果该类生产线因突然停电会影响产品质量，造成一定的经济损失时，供电负荷可高于三级。按照现行国家有关规范规定，消防及安防系统应设应急电源，应急电源的类型可按现行国家标准《供配电系统设计规范》GB 50052 和工厂的具体情况确定。

12.5.4 民用爆破器材工厂的1.1（1.1*）级建筑物存药量大，万一发生事故影响供电范围大，故车间变电所不应附建于1.1（1.1*）级建筑物。当附建于1.2级、1.4级建筑物时，采取本规范所列的措施后，可以满足安全供电。

12.5.5 附建于各类危险性建筑物内的配电室等，均安装非防爆电气设备（含非防爆电气设备、电子元器件），因此，必须采取措施防止危险物质及粉尘进入配电室与易产生火花和高温的电气设备接触。

12.6 室外电气线路

12.6.1 为了防止雷击电气线路时，高电位侵入危险性建筑物内，引起爆炸事故，低压供电线路宜采用从配电端到受电端埋地引入，不得将架空线路直接引入建筑物内。全线埋地有困难时，允许架空线路换接一段金属铠装电缆或护套电缆穿钢管埋地引入。应特别强调，在架空线与电缆换接处和进建筑物时，必须采取本条规定的安全措施，这样电缆进户端的高电位就可以降低很多，起到了保护作用。

12.6.2 我国目前黑火药生产工艺一般采用干法生产，生产过程中粉尘很多，且电火花感度高，为避免由于电气线路引入高电位引发燃爆事故，所以要求低压供电线路全长采用铠装电缆埋地引入。

12.6.6 无线电通信系统是以电磁波方式传播，在一定情况下，这种电磁波产生的磁场电能，能引起危险品（如工业电雷管）爆炸，为防止引发事故，制定本条。

12.7 防雷和接地

12.7.1 各类危险性建筑物的防雷类别见表12.1.1-1和表12.1.1-2，防雷实施的设计应按现行国家标准《建筑物防雷设计规范》GB 50057 的规定进行。

12.7.2、12.7.3 危险性建筑物的低压供电系统采用TN-S接地形式比较安全。因为该系统中PE线不通过工作电流，不产生电位差。等电位联结能使电气装置内的电位差减少或消除，在爆炸和火灾危险场所电气装置中可有效地避免电火花发生。总等电位联结可消除TN-C-S系统电源线路中PEN线电压降在建筑物内引起的电位差，因此，各类危险性建筑物内实施等电位联结后，可采用TN-C-S接地形式，但PE线和N线必须在总配电箱开始分开后严禁再混接。

12.7.6 安装过电压保护器，是为了钳制过电压，使过电压限制在设备所能耐受的数值内，因而能保护设备，避免雷电损坏设备。

12.8 防 静 电

12.8.2 一般危险场所防静电接地、防雷（一类防雷建筑物的防直击雷除外）、防止高电位引入、工作接地、电气装置内不带电金属部分接地等共用同一接地装置，接地装置的电阻值应其中最小值。

12.8.4 危险场所中防静电地面、工作台面泄漏电阻，应根据危险场所危险品类别确定，因为危险品不同，其防静电地面泄漏电阻值也不同。

12.8.6 危险场所中湿度对静电影响很大。美国《兵工安全规范》DAR COM-R385-100 中规定危险场所内相对湿度大于 65%，在澳大利亚《The control of undesitable static electricity》AS 1020-1984 中规定，起爆药感度高的危险环境相对湿度不低于 70%，对不敏感环境相对湿度要求在 50% 及以上，本规范参考了上述标准，作适当的调整后确定为一般危险场所相对湿度控制在 60% 以上，黑火药静电感度高，相对湿度要求高些。

13 危险品性能试验场和销毁场

13.1 危险品性能试验场

13.1.1 危险品性能试验场的选址原则。危险品性能试验场是工厂经常做产品性能试验的地方，因此宜布置在相对独立偏僻的地带，如厂区后面丘陵洼谷中，以利于安全。

13.1.2 危险品性能试验场的外部距离规定。危险品性能试验一次爆炸最大药量一般不超过 2kg，但震源药柱性能试验由于用户的不同要求，一次爆炸的药量有 12kg、20kg 等，对此情况，本条进行了原则规定，应布置在厂区以外符合安全要求的偏僻地带。

13.1.3 为了节省土地，便于保卫管理及使用方便，对危险品性能试验，国内已有部分工厂采用封闭式爆炸试验塔（罐）来做殉爆等性能试验。当采用封闭式爆炸试验塔（罐）时，其可布置在厂区内有利于安全的边缘地带。本条规定了其要求的内部距离。

13.1.5 当受条件限制时，可以将危险品性能试验与销毁场设置在同一场地内，两个作业地点之间需设置不应低于 3m 高度的防护屏障。重要的一点是，为了安全，这两个作业地点不能同时使用。

13.1.6 危险品性能试验场、封闭式爆炸试验塔（罐），由于试验时噪声较大，故工程建设和使用时应考虑噪声对周围的影响，且应满足国家现行有关标准的规定。

13.2 危险品销毁场

13.2.1 销毁场是工厂不定期销毁危险品的地方，为了不影响工厂安全，故规定销毁场应布置在厂区以外有利于安全的偏僻地带。

13.2.2 为了有利于安全，当用爆炸法销毁炸药时，最好是在有自然屏障遮挡处进行，当无自然屏障可利用时，宜在爆炸点周围设置防护屏障。一次最大销毁量不应超过 2kg，是指每次一炮的最大药量。

13.2.3 为防止在销毁作业中发生意外爆炸事故对周围的影响，特规定销毁场边缘与周围建筑物、公路、铁路等应保持一定的距离。

13.2.4 根据生产实践，销毁场一般无人值班，故本条规定销毁场不应设待销毁的危险品贮存库。但由于供销毁时使用的点火件或起爆件放在露天不利于安全，所以允许设置销毁时使用的点火件或起爆件掩体。考虑到销毁人员的安全，规定设人身掩体，**掩体应具有一定的防护强度，如采用钢筋混凝土结构等。**

13.2.5 根据以往的事故教训，销毁场宜设围墙，以防无关人员进入，造成意外事故。

13.2.6 为了节省土地，节约资金，便于管理及使用方便，可以采用销毁塔来销毁处理火工品及其药剂，该销毁塔可以布置在厂区内有利于安全的边缘地带。根据试验数据，确定不同销毁药量的销毁塔采用不同的最小允许距离，以利安全。

14 混装炸药车地面辅助设施

14.1 固定式辅助设施

本节规定了现场混装炸药车固定式地面辅助设施的具体要求。明确地面辅助设施内附建有起爆器材或炸药仓库时，应执行本规范的有关规定。实践中，不少固定式地面辅助设施不附建有起爆器材和炸药仓库，而仅有原材料贮存及氧化剂溶液、油相、乳化液（乳胶基质）等制备工作，对这样的固定式地面辅助设施，本规范规定执行现行国家标准《建筑设计防火规范》GB 50016 即可，这样规定与国外规定一致。但应注意，这里的乳化液（乳胶基质）不应有雷管感度。

条文中提出的联建原则为指导性要求，条件许可时，还是单建为宜。硝酸铵溶解、油相配置危险性不大，如单独设置厂房，则可不列入危险等级。

危险品发放间的设立是为避免在库房内开箱作业，以保证安全。

14.2 移动式辅助设施

此节为修订新增的内容，规定了移动式辅助设施的具体要求。明确移动式辅助设施应根据使用功能进行分设，且不应附建有起爆器材和炸药仓库；移动式辅助设施的内、外部距离执行现行国家标准《建筑设计防火规范》GB 50016 规定的防火间距；消防、电气、防雷执行国家现行有关标准的规定。

但应注意，这里的乳化液（乳胶基质）不应有雷管感度。

15 自动控制

15.1 一般规定

15.1.1、15.1.2 自动控制设计中，所用的仪表和控制装置一般属于电气设备，因此，危险场所自动控制设计时，除符合本专业技术规定外，对自控专业未作规定的内容,应符合本规范第12章电气专业的有关规定。同时还应符合现行国家标准《自动化仪表工程施工及验收规范》GB 50093第9部分"电气防爆和接地"和《爆炸和火灾危险环境电力装置设计规范》GB 50058中的有关规定。

15.2 检测、控制和联锁装置

15.2.5 为防止自动控制系统突然停气而引发事故,必须设置预先报警信号,可避免事故发生。

15.2.6 本条是自动控制系统安全设计的基本要求,规定在确定调节系统中对执行机构和调节器的选型应满足本条的要求。例如,有一用于物料烘干的温度调节系统,加热介质为蒸汽或热风,即调节系统通过改变蒸汽或热风量来保证物料烘干温度在规定范围内。对于这样的温度调节系统,其调节器应选用"反作用"形式的,调节阀的执行机构应选"气(电)开"式的,当突然停气或停电时阀门关闭,即切断蒸汽或热风,保证温度不升高,不会发生危险事故。

15.3 仪表设备及线路

15.3.1 自动控制系统的设备大多为电气设备,因此,其选型应按本规范第12.2节的规定确定。

15.3.2 本条强调了用在危险场所中仪器仪表的质量要求,目的是为了安全。

15.3.3 防止误操作的安全措施。

15.3.4 F1类、F2类危险场所不允许安装非防爆仪表箱、控制箱(柜)等,因此,原规范规定采用正压型控制箱(柜),但实施比较困难。随着技术的进步,我国已能生产可燃性粉尘环境用电气设备(IP65级)。应该说明的是,F1类、F2类危险场所用电设备专用的控制箱(柜)属非标准设备,其控制原理图、箱体布置图、防爆等级等应由设计单位向制造厂家提出要求。

15.3.5 从控制室到现场仪表的信号线,具有一定的分布电容和电感,储有一定的能量。对于本质安全线路,为了限制它们的储能,确保整个回路的安全火花性能,因而本质安全型仪表制造厂对信号线的分布电容和分布电感有一定的限制,一般在其仪表使用说明书中提出它们的最大允许值。因此在进行工程设计时,为使线路的分布电容和分布电感不超过仪表使用说明书中规定的数值,应从本质安全线路的敷设长度上来满足其规定。

15.3.6 为防止高电位引入危险场所而作的规定。

15.4 控 制 室

15.4.1 为1.1(1.1*)级生产工房设置有人值班的控制室,原规范中规定宜嵌入防护屏外侧,修订后变为1.1(1.1*)级工房服务的控制室应嵌入防护屏障外侧或选择在符合规范规定的安全距离的地方建造,目的是为了人员安全。

15.4.2 1.2级生产工房设置的控制室,均安装非防爆电气设备仪器及仪表,为防止危险物质进入控制室引起燃爆事故,因此,要求控制室采用密实墙与危险场所隔开,门应通向安全场所。

15.4.4 控制室一般安装有电子仪器、仪表、工控机及计算机等设备,为保证电子仪器设备正常运行,控制室应布置在无振动源和电磁干扰的环境。

15.6 火灾报警系统

15.6.1、15.6.2 民用爆破器材属于易燃易爆物品,一旦发生燃烧或由此引发爆炸事故造成的后果是很严重的。为了及时监测和发现火情,以便及时采取措施防止酿成重大损失,要求在危险场所设置火灾报警信号。有条件的时候,最好设置火灾自动报警系统。安装在危险场所的火灾检测设备及线路要求应符合本规范第12章的有关规定;对于系统的控制则可按现行国家标准《火灾自动报警系统设计规范》GB 50116的有关规定进行设计。

15.7 工业电雷管射频辐射安全防护

随着电子科学技术的发展,无线电业务日益扩展,发射功率不断增大,电磁环境(存在的所有电磁现象的总和)日趋恶化。工业电雷管在电磁环境中为敏感器材,民爆行业电雷管生产或流通企业对此非常关注。为此,本次规范修订特委托兵器工业第二一三研究所进行了"工业电雷管射频感度试验"。试验结果证明,工业电雷管在电磁环境中摄取足够射频能量会发火引爆。在试验数据的基础上,参考了美国商用电雷管有关安全的规定,以及现行国家标准《爆破安全规程》GB 6722—2003和《中华人民共和国无线电频率划分规定》、《国家电磁兼容标准指南》等资料编制了本节内容。

15.7.1 为了防止工业电雷管生产、贮存过程中因电磁辐射(任何源的能量流以无线电波的形式向外发出)造成危险,应根据生产和贮存建筑物周围射频源(存源向外发出电磁能的装置)的频率范围及发射天线功率确定最小允许距离。

15.7.2 据美国有关资料介绍,工业电雷管在中频(0.535~1.60MHz)频段是比较危险的。这是因为有大的功率,且同时有很低的频率,使得射频能量衰减比较小。

15.7.3、15.7.5 据美国有关资料介绍,调频FM和TV发射机虽然其功率很大,且天线是水平极化,但产生危险性的可能性比较小,因为在工业电雷管中高频电流会迅速衰减。

15.7.4 本条包括的范围比较广,如无线电信号、远程目标或设备控制的固定站(在特定固定点间使用的无线电通信站)、地面站(运动状态下移动设备不能使用的站)、基站(用于陆地移动业务或陆地电台)、无线电定位(不在移动时使用)的电台、无线对讲(运动时使用的通信设备)等。

15.7.6 当受条件限制,工业电雷管生产、贮存建筑物不能满足相关表中规定的最小允许距离时,应采用无源电磁屏蔽防护,并请有资质的单位按照国家有关标准检测确认。民用爆破器材生产企业内运输,应采用金属或与金属同等效果的材料进行防护。

中华人民共和国国家标准

架空索道工程技术规范

Technical standard for aerial ropeway engineering

GB 50127—2007

主编部门：中国有色金属工业协会
批准部门：中华人民共和国建设部
施行日期：2007年12月1日

中华人民共和国建设部
公　告

第 604 号

建设部关于发布国家标准《架空索道工程技术规范》的公告

现批准《架空索道工程技术规范》为国家标准，编号为 GB 50127—2007，自 2007 年 12 月 1 日起实施。其中，第 3.6.3、3.7.4、3.8.1、4.2.1（3）、5.2.2、6.2.1（5）、7.2.2 条（款）为强制性条文，必须严格执行。原《架空索道工程技术规范》GBJ 127—89 同时废止。

本规范由建设部标准定额研究所组织中国计划出版社出版发行。

中华人民共和国建设部
二〇〇七年三月二十七日

前　言

本规范是根据建设部建标〔2002〕85 号文件《关于印发"二〇〇一～二〇〇二年度工程建设国家标准制订、修订计划"的通知》要求，由昆明有色冶金设计研究院主编，会同国内有关设计、科研、制造、安装和使用单位组成修订组，对《架空索道工程技术规范》GBJ 127—89 进行了全面修订。

在修订过程中，修订组进行了广泛深入地调查研究，总结了我国索道工程设计、施工和运行的实践经验，吸取了近年来有关的科研成果，借鉴了国外同类标准中的有关内容，在全国范围内，多次征求了有关单位及业内专家的意见，对一些重要问题进行了专题研究和反复讨论，最后召开了全国审查会议，会同有关部门共同审查定稿。

本规范共分 9 章，主要内容有：总则、术语和符号、索道设计基本规定、双线循环式货运索道工程设计、单线循环式货运索道工程设计、双线往复式客运索道工程设计、单线循环式客运索道工程设计、索道工程施工和索道工程验收。

本规范修订的主要内容有：

1. 本规范积极采用国外同类标准中符合世界索道发展趋势并适合我国索道实际情况的内容，尽量与国际接轨。

2. 凝聚了索道专家和业内人士的智慧，借鉴国际先进标准和采用国内科研成果，努力提高我国索道的设计水平、技术经济指标和安全可靠性。

3. 在索道类型选用、主要参数确定、线路选择、站址选择、站房设计、索道施工等主要环节中，都提出了更为严格的环保要求，使索道运输能取得更好的环境效益。

4. 新增术语和符号一章。

5. 强调回运与营救在客运索道设计中的重要性，在索道设计基本规定一章中新增回运与营救一节。

6. 对各类索道最高运行速度、驱动装置抗滑安全系数、客运索道钢丝绳抗拉安全系数、乘客的计算载荷等重要参数进行修订。

7. 对各类索道的电气设计进行全面修订，新增了提高电气设计装备水平方面的许多要求，并在索道设计基本规定一章中新增电气一节。

8. 对各类索道的站房设计进行修订，在人身安全和人性化设计方面提出更高要求，并在索道设计基本规定一章中新增站房设计一节。

9. 对于双线往复式客运索道，新增了双承载、两端锚固、客车制动器设置条件等设计要求，全面修订客车、驱动装置、线路配置等设计要求。

10. 对单线循环式客运索道进行全面修订，新增了抱索器力源及检测、客车强度计算方法、托索轮靠贴条件、驱动装置装备水平、液压拉紧装置、压索支架二次保护等方面的一系列设计要求。

11. 对于拖牵式索道，新增了拖牵座设计、线路配置、端站设计、钢丝绳靠贴条件等内容。

12. 在索道工程验收一章中，新增试车一节。

本规范以黑体字标志的条文为强制性条文，必须严格执行。

本规范由建设部负责管理和对强制性条文进行解释，由中国有色金属工业协会负责日常管理工作，由昆明有色冶金设计研究院负责具体技术内容的解释。

本规范在执行过程中，请各单位注意总结经验，积累资料，随时将有关意见和建议反馈给昆明有色冶金设计研究院（地址：昆明市东风东路48号，邮编：650051），以便今后修订时参考。

本规范主编单位、参编单位和主要起草人：

主 编 单 位：昆明有色冶金设计研究院

参 编 单 位：中国有色工程设计研究总院
　　　　　　　南昌有色冶金设计研究院
　　　　　　　长沙有色冶金设计研究院
　　　　　　　鞍山冶金矿山设计研究总院
　　　　　　　泰安泰山索道运营中心
　　　　　　　泰安索道安装公司
　　　　　　　云马飞机制造厂索道缆车工业公司
　　　　　　　宁夏恒力钢丝绳股份有限公司

主要起草人：王庆武　杨家麟　任宏州　王红敏
　　　　　　郭向东　彭加宁　苏莘文　田庆林
　　　　　　李爱国　王晓晴　白文华　徐海西
　　　　　　蒲德友　包兴元

目 次

1 总则 ··· 5—5
2 术语和符号 ································· 5—5
  2.1 术语 ··· 5—5
  2.2 符号 ··· 5—7
3 索道设计基本规定 ························· 5—8
  3.1 一般规定 ··································· 5—8
  3.2 风雪荷载 ··································· 5—9
  3.3 线路和站址选择 ························· 5—9
  3.4 净空尺寸 ··································· 5—9
  3.5 支架 ······································· 5—10
  3.6 站房设计 ································· 5—11
  3.7 电气 ······································· 5—11
  3.8 回运与营救 ······························ 5—12
4 双线循环式货运索道工程设计 ········· 5—12
  4.1 货车 ······································· 5—12
  4.2 承载索与有关设备 ···················· 5—13
  4.3 牵引索与有关设备 ···················· 5—14
  4.4 牵引计算与驱动装置选择 ·········· 5—14
  4.5 线路设计 ································· 5—15
  4.6 站房设计 ································· 5—16
  4.7 电气 ······································· 5—18
  4.8 保护设施 ································· 5—18
5 单线循环式货运索道工程设计 ········· 5—18
  5.1 货车 ······································· 5—18
  5.2 运载索与有关设备 ···················· 5—19
  5.3 牵引计算与驱动装置选择 ·········· 5—19
  5.4 线路设计 ································· 5—19
  5.5 站房设计 ································· 5—19
6 双线往复式客运索道工程设计 ········· 5—20
  6.1 客车 ······································· 5—20
  6.2 承载索与有关设备 ···················· 5—22
  6.3 牵引索、平衡索、辅助索与
     有关设备 ································· 5—23
  6.4 牵引计算与驱动装置选择 ·········· 5—23
  6.5 线路设计 ································· 5—24
  6.6 站房设计 ································· 5—24
  6.7 电气 ······································· 5—24
7 单线循环式客运索道工程设计 ········· 5—25
  7.1 客车 ······································· 5—25
  7.2 运载索与有关设备 ···················· 5—26
  7.3 牵引计算与驱动装置选择 ·········· 5—27
  7.4 线路设计 ································· 5—27
  7.5 站房设计 ································· 5—29
  7.6 电气 ······································· 5—29
8 索道工程施工 ······························ 5—29
  8.1 一般规定 ································· 5—29
  8.2 钢结构安装 ······························ 5—30
  8.3 线路设备安装 ·························· 5—31
  8.4 钢丝绳安装 ······························ 5—32
  8.5 站内设备安装 ·························· 5—33
9 索道工程验收 ······························ 5—35
  9.1 试车 ······································· 5—35
  9.2 试运行 ··································· 5—36
  9.3 工程验收 ································· 5—36
本规范用词说明 ··································· 5—36
附：条文说明 ······································ 5—37

1 总则

1.0.1 为了规范和指导架空索道工程设计、施工及验收工作，确保工程质量和安全运行，促进技术进步，并使索道运输在国民经济中发挥更大的作用，特制定本规范。

1.0.2 本规范适用于双线循环式货运索道、单线循环式货运索道、双线往复式客运索道和单线循环式客运索道的新建、扩建或改建工程。

1.0.3 客、货运索道的运输方案，应根据建设条件、技术条件等经过综合技术经济比较后合理确定。

1.0.4 索道设计、设备研制和设备出厂，应符合下列要求：

    1 技术先进、经济合理、安全可靠。

    2 涉及人身安全的新设备，必须经过试验或通过生产实践证明其安全可靠并鉴定合格后，才能在工程中采用。

    3 索道设备出厂时，应进行严格检验，建立技术档案并出具合格证书。

1.0.5 建在风景名胜区的客运索道，应以保护风景和方便旅游为原则。索道站址和线路选择，应符合风景名胜区总体规划或区域规划的要求。

1.0.6 索道建设应强化环保意识，制定环保措施，保护自然环境。

1.0.7 索道工程应经竣工验收后，才能正式投入运行或运营。

1.0.8 索道工程设计、施工及验收，除执行本规范的规定外，还应符合国家现行有关标准、规范的要求。

2 术语和符号

2.1 术 语

2.1.1 架空索道 aerial ropeway

一种将钢丝绳架设在支承结构上作为运行轨道，用以运输物料或人员的运输系统。

2.1.2 单线循环式货运索道 monocable circulating material ropeway

仅有运载索，货车在线路上循环运行，用于运输物料的索道。

2.1.3 双线循环式货运索道 bicable circulating material ropeway

既有承载索又有牵引索，货车在线路上循环运行，用于运输物料的索道。

2.1.4 单线循环式客运索道 monocable circulating passenger ropeway

仅有运载索，客车在线路上循环运行，用于运输人员的索道。其中，由于客车形式的不同又分为单线循环脱挂抱索器车厢（吊篮、吊椅）式客运索道和单线循环固定抱索器车厢（吊篮、吊椅、拖牵）式客运索道。

此外，由于运行方式的不同又分为单线循环固定抱索器车厢式客运索道、单线脉动循环固定抱索器车组式客运索道和单线间歇循环固定抱索器车组式客运索道。

2.1.5 双线往复式客运索道 bicable reversible aerial ropeway for passenger

既有承载索又有牵引索，客车在线路上往复运行，用于运输人员的索道。其中，由于客车编组的不同又分为双线往复车厢式客运索道和双线往复车组式客运索道。

2.1.6 货车 bucket

运输物料的运载工具。其中主要包括抱索器或运行小车、吊杆或吊架、货箱。

2.1.7 客车 carrier

运输人员的运载工具。其中主要包括抱索器或运行小车、吊杆或吊架、客厢或其他乘坐器具。客车可分为车厢、吊篮、吊椅、拖牵座等不同形式。

2.1.8 抱索器、固定式抱索器、脱挂式抱索器 grip, fixed grip, detachable grip

客车或货车中与运载索或牵引索连接的装置，称为抱索器。

进、出站时无需从钢丝绳上脱开和挂结的抱索器，称为固定式抱索器。

进、出站时需要从钢丝绳上脱开、挂结的抱索器，称为脱挂式抱索器。

2.1.9 线路侧形 line profile

表明地形特征、站房和支架配置的索道线路纵断面。

2.1.10 运输能力 transport capacity

单位时间内的单方向运输量。

2.1.11 高差、平距、斜距 vertical rise, horizontal length, inclined length

两站之间或线路支架两点之间的索底标高之差，称为高差。

两点之间的水平距离称为平距。

两点之间的直线距离称为斜距。

2.1.12 索距、跨距、车距、时间距 gauge, span, pitch, interval

支架两侧的运载索或承载索中心线之间的距离，称为索距。对于采用双承载索的双线索道，索距为支架两侧双承载索中心线之间的距离。

相邻支架间或站房与相邻支架间的水平距离，称为跨距。

循环式索道中，客、货车发车的间隔距离，称为车距；发车的间隔时间，称为时间距。

2.1.13 倾角 inclination angle

钢丝绳在支承点上与水平线形成的角度，称为倾角。其中，倾角在支承点水平线以下的，称为正倾角；在水平线以上的，称为负倾角。

2.1.14 进站角、仰角进站、俯角进站 entrance angle, ascending entrance angle, descending entrance angle

线路中的承载索或运载索与站口支承点水平线形成的角度，称为进站角。

进站角在水平线以上的，称为仰角进站。

进站角在水平线以下的，称为俯角进站。

2.1.15 挠度 sag

跨距内钢丝绳悬曲线上任意一点与弦线之间在垂直方向上的距离，称为钢丝绳在该点的挠度。

2.1.16 传动区段 driving section

由一个独立的驱动装置和拉紧装置或由一个驱动与拉紧联合装置和迂回轮组成的传动系统。

2.1.17 拉紧区段、拉紧区段站 tension section, tension section station

在双线循环式货运索道线路中，把承载索分成数段，其中每一段即可称为拉紧区段。

相邻拉紧区段之间的站房，称为拉紧区段站。其中，承载索两端拉紧的称为双拉站；两端锚固的称为双锚站；一端拉紧、一端锚固的称拉锚站。

2.1.18 承载索、牵引索、运载索 carrying rope, hauling rope, carrying-hauling rope

承受客车或货车重力的钢丝绳，称为承载索。

牵引客车或货车在承载索上运行的钢丝绳，称为牵引索。

在单线索道中，既做承载又做牵引用的钢丝绳，称为运载索。

2.1.19 拉紧索、平衡索、辅助索 tension rope, counter rope, auxiliary rope

连接拉紧小车与拉紧重锤的钢丝绳，称为拉紧索。

在双线往复式客运索道中，绕过拉紧装置，把往复运行的两辆客车连接起来，并起平衡牵引索拉力作用的钢丝绳，称为平衡索。

当索道发生故障时，牵引营救小车将滞留在线路上的乘客运至安全地点的钢丝绳，称为辅助索。

2.1.20 空索、空载索、重索 empty rope, unloaded rope, loaded rope

线路上没有运载工具时的承载索或运载索，称为空索。

线路上按设计车距布满空运载工具时的承载索或运载索，称为空载索。

线路上按设计车距布满满载运载工具的承载索或运载索，称为重索。

2.1.21 钢丝绳的抗拉安全系数 tensile safety factor of steel wire rope

钢丝绳最小破断拉力与最大工作拉力的比值。

2.1.22 编接接头 splice

将牵引索或运载索两端编接在一起的连接段。

2.1.23 线路套筒、过渡套筒、末端套筒 rope socket, transition rope socket, end socket

将2根相同规格的承载索连接起来的设备，称为线路套筒。

将承载索和拉紧索连接起来的设备，称为过渡套筒。

将承载索一端锚固在支座上的设备，称为末端套筒。

2.1.24 鞍座、固定鞍座、摇摆鞍座、偏斜鞍座 saddle, fixed saddle, oscillating saddle, deflecting saddle

在站内或线路支架上，支承承载索的设备，称为鞍座。

鞍座固定不动的，称为固定鞍座。

鞍座可纵向摇摆一定角度的，称为摇摆鞍座。

可使承载索的方向在水平和垂直面上发生改变的鞍座，称为偏斜鞍座。

2.1.25 托索轮、托索轮组 support roller, support roller battery

在站内或线路支架上，承受运载索或牵引索向下作用力的小直径绳轮，称为托索轮。

由2个或2个以上托索轮组成的轮组，称为托索轮组。

2.1.26 压索轮、压索轮组 compression roller, compression roller battery

在站内或线路支架上，承受运载索或牵引索向上作用力的小直径绳轮，称为压索轮。

由2个或2个以上压索轮组成的轮组，称为压索轮组。

2.1.27 托索与压索联合轮组 combined roller battery

由托索轮与压索轮联合组成的轮组。

2.1.28 支索器 suspended haul rope support

对于采用双承载索的双线索道，在大跨距内吊装在双承载索上用于支承牵引索或平衡索的装置。

2.1.29 保护桥 protection bridge

建在被保护对象上方的桥式保护设施。

2.1.30 保护网 protection net

建在被保护对象上方的网式保护设施。

2.1.31 垂直营救、水平营救 vertical rescue, horizontal rescue

客运索道发生故障时，利用救护设备把滞留在线路上的乘客垂直降落到地面或其他设施上的营救方式，称为垂直营救；沿线路方向转移至附近支架或站内的营救方式，称为水平营救。

2.1.32 上站、下站 upper station, lower station

在客运索道中，标高较高的端站，称为上站；标高较低的端站，称为下站。

2.1.33 装载站、卸载站 loading station, unloading station

在货运索道中，进行装载作业的站房，称为装载站；进行卸载作业的站房，称为卸载站。

2.1.34 驱动站、拉紧站 driving station, tension station

设有驱动装置的站房，称为驱动站。
设有拉紧装置的站房，称为拉紧站。

2.1.35 转角站、自动转角站 angle station, automatic angle station

为改变索道线路方向所设置的站房，称为转角站。
采用机械设备自动改变索道线路方向的转角站，称为自动转角站。

2.1.36 迂回站、自动迂回站 return station, automatic return station

客车或货车在站内完成作业并返回的站房，称为迂回站。
客车或货车在站内自动完成作业并返回的迂回站，称为自动迂回站。

2.1.37 驱动装置 driving device

驱动运载索或牵引索运行的装置。其中，驱动轮水平配置时，称为卧式驱动装置；驱动轮垂直配置时，称为立式驱动装置。

2.1.38 拉紧装置 tension device

使运载索、牵引索或平衡索保持设计拉力的装置。

2.1.39 脱开器、挂结器 grip opening rail, grip closing rail

客车或货车进站时，能使脱挂式抱索器从钢丝绳上自动脱开的装置，称为脱开器。
客车或货车出站时，能使脱挂式抱索器自动挂结到钢丝绳上的装置，称为挂结器。

2.1.40 滚轮、垂直滚轮组、水平滚轮组 roller, vertical roller battery, horizontal roller battery

在双线循环式货运索道中，承受牵引索较小压力或防止牵引索颤动的小直径绳轮，称为滚轮。
按一定曲率半径垂直配置的滚轮组，称为垂直滚轮组。
按一定曲率半径水平配置的滚轮组，称为水平滚轮组。

2.1.41 驱动轮、迂回轮、导向轮 driving sheave, return sheave, deflection sheave

驱动装置中驱动钢丝绳运行的绳轮，称为驱动轮。
当索道一个端站采用可移动的驱动与拉紧联合装置时，另一端站固定安装的绳轮，称为迂回轮。
引导钢丝绳改变方向的绳轮，称为导向轮。

2.1.42 主驱动 main drive

有独立的动力源和传动机构，在各种载荷情况下都能启动的驱动系统。对于双线往复式客运索道，主驱动应具有双向频繁运行的性能；对于单线循环式客运索道，主驱动以单向运行为主，必要时应具有低速度、短距离反向运行的性能。

2.1.43 紧急驱动 emergency drive

在索道的外部供电、主电气传动或机械设备局部出现故障时，利用备用动力源带动主驱动系统中的传动机构或部分传动机构，把滞留在线路上的客车低速运回站内的驱动系统。该系统只能在紧急救援时使用，不能做营业性运行。

2.1.44 辅助驱动 auxiliary drive

在索道的主电气传动出现故障时，利用独立的备用动力源带动主驱动系统中的传动机构，使索道运行的驱动系统。必要时该系统可全负荷或半负荷做营业性运行。

2.1.45 营救驱动 rescue drive

与主驱动系统脱离，有独立的动力源和传动机构，当索道发生故障时，牵引营救小车将滞留在线路上的乘客转移至附近支架或站内的驱动系统。

2.2 符 号

2.2.1 基本参数

A——运输能力、面积；
H——高差；
L——平距、距离、长度；
l——跨距、轴距；
l'——斜距、斜长；
λ——车距；
v——运行速度；
t——发车间隔时间（时间距）。

2.2.2 钢丝绳

d_c——承载索公称直径；
d——牵引索或运载索公称直径；
F——钢丝绳金属断面积；
σ_B——钢丝绳的公称抗拉强度；
n——钢丝绳的抗拉安全系数。

2.2.3 牵引计算与设备选择

Q——重车重力；
Q_z——重车侧集中载荷；
q_c——承载索每米重力；
q_0——牵引索或运载索每米重力；
q——线路均布载荷；
T_0——钢丝绳初拉力；
T_{max}——钢丝绳最大工作拉力；
T_{min}——钢丝绳最小工作拉力；
T_0——钢丝绳平均拉力；
W——重锤重力；
J——惯性力；

t_r——驱动轮入侧牵引索拉力；
t_c——驱动轮出侧牵引索拉力；
f_0——货车或客车的运行阻力系数；
μ——摩擦系数；
P——圆周力、比压；
$[P]$——允许比压、允许径向载荷；
D——绳轮直径；
R——曲率半径、轮压。

2.2.4 线路设计
f_x——考察点挠度；
φ——折角；
α——弦倾角；
β——空索倾角；
θ——重索倾角；
δ——总折角；
ω——体型系数；
k——拉紧区段内承载索摩擦力的折减系数；
H_{max}——传动区段的最大高差；
L_{max}——拉紧或传动区段最大平距。

3 索道设计基本规定

3.1 一般规定

3.1.1 索道的最大运输能力应根据建设项目的实际情况，经过技术经济比较后合理确定。

3.1.2 索道的最高运行速度不宜超过下列规定：

1 单线循环式货运索道为4.5m/s；双线循环式货运索道为5m/s；单线往复式货运索道为6m/s；双线往复式货运索道为8m/s。

2 配备乘务员的双线往复式客运索道，在跨距内为12m/s，过支架时为10m/s。

不配备乘务员的双线往复式客运索道，在跨距内为7m/s，过支架时双承载为7m/s，单承载为6m/s。

3 对于双线脉动式客运索道，配备乘务员时为7m/s；不配备乘务员时为5m/s。

4 对于单线循环脱挂抱索器索道，车厢式为6m/s，吊椅或吊篮式为5m/s。

5 对于单线循环固定抱索器索道，当客车定员不超过2人时，车厢或吊篮式为1.1m/s，吊椅为1.3m/s；当客车定员超过2人时，车厢或吊篮式为0.8m/s。

6 对于单线脉动式客运索道为5.0m/s。

7 对于单线循环固定抱索器滑雪专用索道，1座或2座吊椅为2.5m/s，3座或4座吊椅为2.3m/s，6座吊椅为2.0m/s。

8 高位拖牵式索道为3.5m/s；低位拖牵式索道为2.0m/s。

3.1.3 工作制度应符合下列规定：

1 货运索道的工作制度，宜与相衔接企业的工作制度一致。

1）年工作日应符合有关行业的规定，但非连续工作制索道不宜小于290d；连续工作制索道不宜大于330d。

2）每日工作小时数和运输不均衡系数，一班作业时宜取7.5h和1.1；两班作业时宜取14h和1.15；三班作业时宜取19.5h和1.2。

2 客运索道的年工作日和每日工作小时数，应按当地气候条件、客流变化情况和索道本身的特点确定。

3.1.4 索距应符合下列规定：

1 对于双线循环式货运索道，当货车容积为0.5～1.0m³时宜取3.0m；当货车容积为1.25～1.6m³时宜取3.5m；当货车容积为2.0～2.5m³时宜取4.0m。

2 对于单线循环式货运索道，当货车容积为0.2～0.25m³时宜取2.5m；当货车容积为0.32～0.8m³时宜取3.0m；当货车容积为1.0～1.25m³时宜取3.5m；当驱动轮直径大于3.5m时，索距宜与驱动轮直径相同。

3 验算货运索道的索距时，应选择最大跨距的中点位置，在0.25kN/m²工作风压作用下，重车侧承载索或运载索和货车，应向外侧偏斜；空车侧承载索或运载索和货车，亦应向同一方向偏斜，此时空车不得接触重车侧任何部位。

4 双线往复式客运索道：

1）在客车交会的跨距内，应按两侧客车均向内侧摆动0.20rad计算。客车间的净空尺寸，当跨距小于300m时，不得小于1m；当跨距大于300m时，跨距每增加100m，索距相应再增大0.2m。

2）在客车不交会的跨距内，应按一侧客车向内侧摆动0.20rad计算。该侧的客车与另一侧承载索水平投影的净空尺寸，当跨距小于300m时，不得小于2m；当跨距大于300m时，跨距每增加100m，索距再增大0.2m。

5 对于单线循环式客运索道，应在一重车侧的运载索保持垂直、另一重车侧的运载索按等速运行时最大挠度的5%向内侧偏斜的条件下，按两侧的客车均向内侧摆动0.20rad进行计算。客车间的净空尺寸不得小于1m。

3.1.5 当索距发生变化或索道方向发生改变时，承载索或运载索在支架上的水平力，不得大于垂直压力的10%，承载索或运载索在该支架上的水平偏角，不得大于0.005rad。

3.1.6 索道应配有相应的消防设施。

3.2 风雪荷载

3.2.1 基本风压应符合下列规定：

1 索道运行时为 0.25kN/m²，索道停运时为 0.8kN/m²，但对于拖牵式索道，运行时为 0.3kN/m²，停运时为 0.8kN/m²。

2 最大风速大于 44m/s 的地区，应取当地最大风压值。

3.2.2 体型系数宜符合下列规定：

1 密封钢丝绳取 1.2。
2 非密封钢丝绳取 1.3。
3 货车取 1.4。
4 客车
　1）运行小车和吊架取 1.6。
　2）矩形截面的车厢取 1.3。
　3）带圆角的矩形截面车厢，其体型系数宜按下式计算：

$$\omega = 1.3 - \frac{2r}{l_1} \quad (3.2.2)$$

式中　ω——体型系数；
　　　r——圆角半径（mm）；
　　　l_1——车厢长度（mm）。

5 托、压索轮组取 1.6。

3.2.3 当跨距大于 400m 时，钢丝绳承受风力的计算长度应按下式计算：

$$l_j = 240 + 0.4 l' \quad (3.2.3)$$

式中　l_j——钢丝绳承受风力的计算长度（m）；
　　　l'——斜长（m）。

3.2.4 冰、雪荷载应按国家现行的有关规范执行。

3.3 线路和站址选择

3.3.1 线路选择应符合下列规定：

1 索道线路的中心线在水平面上的投影应为一直线。但受条件限制需设置转角站时，索道线路应经多方案比较后合理确定。

2 循环式索道线路，应避开多次起伏的地形和高差很大的凸起地段以及难以跨越的凹陷地段；往复式索道线路应力求通过凹陷地形；拖牵式索道线路不得与冬季使用的公路或雪道交叉。

3 索道线路应避开滑坡、雪崩、沼泽、泥石流、溶洞等不良工程地质区域或采矿崩落人为不良影响区域。当受条件限制不能避开时，站房和支架应采取可靠的工程措施。

4 索道线路不宜跨越工厂区和居民区，亦不宜多次跨越铁路、公路、航道和架空电力线路。当货运索道跨越上述设施时，应设保护设施。当客运索道跨越铁路和高压电力线路时，应符合国家有关规定并与有关部门协商解决。

5 建在风景名胜区的客运索道，其线路选择应符合第 1.0.5 条的规定。

6 建在机场或军事设施附近的索道，其线路选择应符合国家有关规定。

7 宜尽量减小索道线路与主导风向的夹角。

8 客运索道线路应便于营救。

3.3.2 站址选择应符合下列规定：

1 站址地形宜平坦。
2 站址应不占或少占农田。
3 站址应有良好的工程地质条件。
4 站址宜设在供电、供水、交通和施工条件较好的位置。
5 客运索道的站址应便于客流集散。
6 货运索道站址的选择应使钢丝绳的进、出站角满足站口设计的要求。

3.4 净空尺寸

3.4.1 索道跨越或穿越有关设施、区域时的最小垂直净空尺寸，应符合表 3.4.1 的规定。

表 3.4.1　最小垂直净空尺寸（m）

跨越或穿越类别	跨越或穿越说明	净空尺寸
铁路	保护设施底部距轨面	应符合国家有关标准规范的要求
公路	索道或保护设施底部距路面	
架空电力线路	索道穿越时电力线距索道顶部	
架空电力线路	索道跨越时保护设施底部距电力线	
航道	索道或保护网底部距桅杆顶	
建、构筑物	索道或保护设施底部距建、构筑物顶	2.0
禁伐林木	索道底部距林木最高点	2.0
非机耕地	索道底部距耕地表面	3.0
滑雪道	索道底部距雪道表面	3.5
机耕地	索道底部距耕地表面	4.5
街道、广场	索道或保护设施底部距地面	5.0
人烟稀少区	索道底部距地面或雪面	3.0
无人通行区	索道底部距地面或雪面	2.0

注：1　索道底部是指客、货车或空牵引索在跨间的最低静态位置再加上动态附加值（货运索道承载索挠度的 5% 或运载索挠度的 25%、客运索道运载索挠度的 10% 或牵引索挠度的 15%），以最低位置为准。

　　2　索道顶部是指线路上没有客车或货车，承载索或运载索最大拉力增大 10% 时，在跨间的最高静态位置。

　　3　索道跨越航道时的净空尺寸，应以 50 年一遇洪水的最高水位为准。

　　4　对于单线循环固定抱索器索道，无人通行区的净空尺寸可为 1m。

　　5　高位拖牵式索道的空拖牵座与滑雪道的最小垂直净空尺寸为 2.3m，低位拖牵式索道的空拖牵座不得接触拖牵道。

3.4.2 客、货车与内外侧障碍物之间的最小水平净空尺寸，应符合表3.4.2的规定。

表3.4.2 最小水平净空尺寸（m）

障碍物名称	客、货车或钢丝绳摆动情况	净空尺寸
无导向装置的支架	双线索道空车厢横向内摆0.20rad，单线索道车厢横向内摆0.35rad	—
	货车、吊篮和吊椅横向内摆0.20rad	0.5
有导向装置的支架	车厢横向内摆0.20rad	—
	配备乘务员的客车横向内摆0.10rad、不配备乘务员的客车和货车横向内摆0.14rad、无制动器客车横向内摆0.20rad	0.5
与索道平行的交通运输道路	承载索或运载索或牵引索最大静挠度的20%横向外摆	1.5
与索道平行的架空电力线路	承载索或运载索或牵引索最大静挠度的20%横向外摆	不小于电杆的高度
建筑物、岩石	双线索道客货车横向外摆0.20rad，再加上跨距大于300m时的0.2%增加值	3.0
	运载索最大静挠度的10%横向外摆加上固定式抱索器客货车横向外摆0.20rad	1.5
	运载索最大静挠度的10%横向外摆加上脱挂式抱索器客货车横向外摆0.35rad	1.0
林间通道	双线索道客货车横向外摆0.20rad，再加上跨距大于300m时的0.2%增加值	1.5
	运载索最大静挠度的10%横向外摆加上固定式抱索器客货车横向外摆0.20rad	1.0
	运载索最大静挠度的10%横向外摆加上脱挂式抱索器客货车横向外摆0.35rad	0.5

注：1 跨距大于300m时的0.2%增加值，是指当跨距大于300m时，跨距每增大100m，客货车纵向中心线向外侧移动0.2m。
2 对于拖牵式索道，运载索与上行侧支架的最小水平净空尺寸为0.9m，运载索与下行侧支架的最小水平净空尺寸为0.6m。

3.5 支 架

3.5.1 支架设计应符合下列规定：
1 支架应优先采用钢结构，特殊条件下也可采用钢筋混凝土结构。

2 在温度低于-20℃环境中工作的支架，其主要承载构件应具有良好的低温冲击韧性。

3 支架采用开口型材时，其壁厚不得小于5mm；采用闭口型材时，其壁厚不得小于2.5mm，且内壁应进行防腐处理。

4 支架导向装置：
  1）当客车按表3.4.2中摆动情况横向内摆和纵向摆动0.35rad或货车横向内摆0.14rad和纵向摆动0.20rad时，应能顺利通过支架导向装置的导向段和工作段。
  2）双线往复式客运索道支架的导向装置，宜为对称于支架纵向中心线的封闭曲线环。

5 当客车按表3.4.2中摆动情况横向内摆和纵向摆动0.35rad或货车横向内摆和纵向摆动0.20rad时，客、货车应能顺利通过无导向装置的支架。

6 支架顶部应设能满足安装和维修要求的起重架。

7 支架头部应设带栏杆的操作台。当承载索或运载索在支架上的倾角较大时，操作台应设计成与倾角一致的台阶形。

8 支架应设爬梯。当支架高度大于10m时，爬梯应设防坠保护设施。

9 支架应编号，并设非工作人员不得攀登的标志。

3.5.2 支架计算应符合下列要求：
1 支架荷载：
  1）支架的主要荷载为支架重力、线路设备重力、各种钢丝绳的垂直力和水平力以及密封钢丝绳与鞍座的摩擦力。
  2）附加荷载为风荷载和冰、雪荷载。
  3）特殊荷载为客车制动力、货车卡车力和按有关规定确定的地震力。

2 荷载组合分为索道运行和索道停运两种不同情况，应按最不利荷载组合并考虑钢丝绳的动力影响进行计算。

3 支架的结构重要性系数应为1.1。

4 支架的主要承载构件，应进行疲劳校核。

3.5.3 支架顶部的允许变形，不得超过下列规定：
1 索道运行时，托索式支架的横向偏移为其高度的0.002倍，纵向偏移为其高度的0.003倍；压索式和托、压式支架的横向偏移为其高度的0.001倍，纵向偏移为其高度的0.002倍。

2 索道停运时，支架的横向偏移为其高度的0.005倍，纵向偏移为其高度的0.001倍。

3 索道运行时，水平扭转角为0.003rad。

3.5.4 支架基础应符合下列规定：
1 一般应采用短柱式钢筋混凝土基础。对于良好的岩石类地基宜采用梁式或锚杆基础。

2 在最不利荷载组合下，基础的抗滑移、抗倾覆和抗扭转，应按照现行国家标准《建筑地基基础设计规范》GB 50007中对于甲级设计等级的基础要求进行设计。

3 基础位于边坡附近时，应校验边坡稳定性。
4 在冰冻地区，基础底面应埋至冻土深度以下。
5 钢支架基础顶面露出设计地面的高度，一般情况下不得小于300mm；钢筋混凝土支架的基础顶面宜低于地面200～300mm。
6 基础周围应有必要的防护及排水设施。

3.6 站房设计

3.6.1 索道站房的配置在满足使用功能、保证人员安全的前提下，应尽量减小其占地面积和体量。
3.6.2 应根据地形特征、地质条件、配置方式、设备起吊高度等因素，综合确定站房高度。
3.6.3 有行人或车辆通过的单层站房的站口，应设防止横穿线路的隔离设施；高架站房的站口，应设防止人员或物体坠落的保护设施。
3.6.4 索道站房边缘高差大于1.0m的悬空处或陡坡处，应设防护设施。对于站口的悬空处，距离站房地面不超过1.0m的范围内，应设可靠的防护设施。
3.6.5 索道站内应有检修设备和更换钢丝绳的必要设施。
3.6.6 客运索道站房应符合下列规定：

1 站房的建筑设计应与当地环境相适应，并与自然景观相协调。
2 站内的机械设备、电气设备、钢丝绳等不得危及乘客和工作人员的人身安全。
3 乘客进出站的通道不得互相干扰。
4 非公共通行的区域应隔离，非工作人员不得入内。
5 在乘客入口处应设醒目的关于乘坐注意事项的告示牌。

3.7 电 气

3.7.1 索道供电应符合下列规定：

1 有条件时，索道应优先采用独立的双回路电源供电，当其中一路电源发生故障时，应能及时接通另一路电源。
2 采用单电源供电的客运索道，应配备能以低速回运全部客车的柴油发电机组或其他形式的内燃机，作为索道的应急电源或驱动源。

3.7.2 索道的驱动控制应符合下列规定：

1 客运索道主驱动系统的电气传动，应采用具有无级调速性能的直流或交流变频的传动方式。紧急驱动、辅助驱动和营救驱动系统的电气传动，宜采用交流拖动或液力传动方式。
2 货运索道主传动系统的电气传动，可采用交流或直流传动方式。对于有负力的货运索道，宜采用具有无级调速性能的直流或交流变频的传动方式。
3 采用主驱动系统驱动索道，在空索状态下正常运行时，索道运行速度应保持不变；在最不利载荷情况下，索道运行速度的变化范围不得大于额定速度的±5%。

3.7.3 采用自动控制运行方式的索道，应同时具备半自动和手动控制运行方式。
3.7.4 客运索道应设由站内安全装置和线路安全装置组成的安全电路。
3.7.5 在一般情况下，客运索道的安全电路应符合下列要求：

1 当索道发生故障引起安全装置动作时，安全电路应使索道自动停止运行，并显示故障位置。索道应在排除故障和安全装置经人工复位后，方能重新启动。
2 索道在运行过程中出现下列故障之一时，应能自动停止运行，并应在控制台或控制柜上显示相应的故障位置。

　　1）电气控制系统的常规保护出现异常情况如：过流、过压、缺相等。
　　2）运行速度超过额定速度的10%。
　　3）站内和线路监控装置动作。
　　4）拉紧小车或拉紧重锤超过极限位置。
　　5）液压拉紧装置的油压超过正常值的±10%。
　　6）紧急停车按钮动作。

3 线路安全回路的工作电压不应超过50V。

3.7.6 当索道驱动装置的制动和润滑系统的油压、油位、油温等异常时，宜发出报警信号。
3.7.7 站台、控制室和驱动装置操作平台应设紧急停车按钮；在驱动装置和拉紧装置处，应设带自保的检修开关。
3.7.8 通讯与信号应符合下列规定：

1 各站房及控制室之间，应设内部专用直通电话；若索道建在通讯信号完全不能覆盖的区域，至少在一个站房内应设当地公用电话。
2 各站房与控制室之间，应设联络信号，联络信号应同时具备声、光功能。
3 各站房及控制室之间应设置无线通讯设备，以保证当有线电话系统发生故障、索道线路检修和营救时的通讯联系。
4 对于客车定员超过15人的索道，车厢和驱动站之间宜设通讯装置。当客车与驱动站之间未设通讯装置时，站房及部分支架宜设广播扩音系统。
5 应在索道沿线主要风口处设电传风向风速仪，其数据宜在控制台上显示，当风速达到报警值时，应能发出报警信号。风速达到20m/s时，索道应能自动减速或停止运行。

3.7.9 索道照明应符合下列规定：

1 各站房应设照明装置并配备应急照明灯具。

2 夜间运行的营业性索道，站口应设投光灯，线路上宜设适当的照明装置，封闭式客厢内宜设简易照明装置。

3.7.10 有必要时，索道各站和沿线重要地段可设闭路电视监控装置，其显示屏宜设在控制室内。

3.7.11 防雷与接地应符合下列规定：

1 索道站房应设防雷设施。防雷接地的冲击接地电阻不得大于5Ω。防雷接地应和站内所有金属构件、电气设备等接地共用同一接地装置，并应采取等电位连接措施。

2 应采取防止雷电波形成的高电压从电源入户侧侵入的技术措施。

3 在电源引入的总配电箱处，宜设过电压保护器。

4 承载索或运载索应与站房防雷接地装置联接，联接点不少于2点。

5 线路支架的接地电阻不得大于30Ω。

6 客车的金属部件与运载索之间，不应实施电气绝缘。

3.8 回运与营救

3.8.1 客运索道应有适合索道实际情况的回运设计和营救设计。

3.8.2 客运索道的运营单位应主动利用自身和社会资源，配备适合索道实际情况的营救设施，并制订应急预案。

3.8.3 在索道发生不能恢复正常运行的故障时，应优先采用回运方式；当不能采用回运方式时，则应实施营救作业。

3.8.4 对于符合下列条件的索道，宜采用垂直营救方式：

1 客车的定员、数量和离地高度适合垂直营救作业时。

2 索道线路的地形条件适合乘客疏散时。

3 索道线路的气象条件允许时。

4 营救人员便于进入客车时。

3.8.5 对于出现下列情况之一的索道，宜采用水平营救方式：

1 客车的定员、数量和离地高度不适合垂直营救作业时。

2 索道线路的地形条件不适合乘客疏散时。

3 索道线路的气象条件不允许时。

4 索道线路中有难以进行垂直营救作业的障碍物时。

3.8.6 对于某些条件特殊的索道，宜采用水平与垂直联合营救方式。

3.8.7 在营救设计中，不应考虑乘客积极协助的因素。

3.8.8 在营救设计中，应考虑将营救作业的时间控制在3h内。

4 双线循环式货运索道工程设计

4.1 货 车

4.1.1 货车选择应符合下列规定：

1 根据线路实际情况，一般地形应选用下部牵引式货车；对于凸起地形，线路长度不超过2km且不需要转角的，宜选用水平牵引式货车。

2 一般应选用重力式抱索器；当承载能力大于3200kg和运行速度大于3.6m/s时，应选用弹簧式抱索器。

3 根据物料特性选用翻转式货车或底卸式货车。当运输黏结性物料时，宜选用底卸式货车。

4 货车有效容积的利用系数：当运输松散物料时宜采用0.9～1.0；当运输黏结性物料时宜采用0.8～0.9。

5 货箱装料宽度与运输物料最大块度之比：当采用回转式装载设备时不得小于8；当采用重力装载闸门和其他非振动装载设备时不得小于4；当采用振动式装载设备时其比值可适当减小。

4.1.2 货车设计应符合下列规定：

1 货车承载能力系列应为：1000、2000和3200kg。

2 货车容积系列应为：0.5、0.63、0.8、1.0、1.25、1.6、2.0和2.5m³。

3 货车的运行小车：

1）承载能力为1000kg时宜采用2轮式，承载能力为2000kg时宜采用4轮式。

2）车轮轮缘断面形状应与线路套筒相适应，车轮直径不宜超过280mm。

3）车轮宜设对承载索有保护作用的耐磨轮衬。

4）各车轮之间应设平衡装置。

4 货车吊架应采用焊接结构。吊架高度应按货车在承载索倾角最大的支架上纵、横向摆动0.20rad时，货车不得接触该支架任何部位的条件确定。

5 抱索器的抗滑力不得小于货车重力在最大倾角处沿钢丝绳方向分力的1.3倍，当牵引索直径增大或减小10%时，抱索器的夹紧力也应能满足抗滑要求。对于采用重力式抱索器的货车，应分别校验空车和重车的抗滑能力。

6 货车应设防止自行卸载的装置，该装置应启闭灵活。

4.1.3 货车的运行速度宜为1.6、2.0、2.5、2.8、3.15、3.6、4.0、4.5和5.0m/s。设置自动转角站或自动迂回站的索道，货车的最高运行速度应符合表4.1.3的规定。检修速度应为0.3～0.5m/s。

表 4.1.3 货车自动转角或自动迂回时最高运行速度

水平滚轮组曲率半径（m）	—	40	50	60	70
迂回轮直径（m）	5	6	—	—	—
最高运行速度（m·s^{-1}）	1.6	2.0	2.5	2.8	3.15

4.1.4 货车的发车间隔时间应根据索道运量、货车容积、物料性质和装载机械性能决定，一般宜取 12～40s。

4.2 承载索与有关设备

4.2.1 承载索选择应符合下列规定：

1 应选用密封钢丝绳，其公称抗拉强度不宜小于 1370MPa。

2 承载索拉紧端的初拉力，应同时符合下列公式的要求：

$$\frac{T_0}{R} \geq 60 \quad (4.2.1-1)$$

$$\frac{T_0}{R} \geq 0.045\sqrt{N_0} \quad (4.2.1-2)$$

式中 T_0——承载索拉紧端的初拉力（N）；
　　R——每个车轮作用在承载索上的压力（N）；
　　N_0——每年通过承载索的车轮的次数。

3 承载索的抗拉安全系数不得小于 3.0。

4.2.2 承载索计算应符合下列规定：

1 每个车轮作用在承载索上的压力，应按下列公式计算：

对于下部牵引式货车 $R=\dfrac{Q+q_0\lambda+t_\varphi}{i}$ （4.2.2-1）

对于水平牵引式货车 $R=\dfrac{Q}{i}$ （4.2.2-2）

式中 R——每个车轮作用在承载索上的压力（N）；
　　Q——货车重力（N）；
　　q_0——牵引索每米重力（N/m）；
　　λ——车距（m）；
　　t_φ——牵引索作用在支架上的附加压力（N）。侧形平坦时 $t_\varphi=(0.2\sim0.25)Q$；侧形复杂时 $t_\varphi=(0.3\sim0.35)Q$；
　　i——每辆货车的车轮数。

2 承载索的最大与最小工作拉力，应按下列公式计算：

$$T_{max}=W\pm q_c h+k\Sigma\Delta T \quad (4.2.2-3)$$
$$T_{min}=W\pm q_c h-k\Sigma\Delta T \quad (4.2.2-4)$$

式中 T_{max}——承载索的最大工作拉力（N）；
　　T_{min}——承载索的最小工作拉力（N）；
　　W——承载索拉紧重锤重力（N）；
　　q_c——承载索每米重力（N/m）；
　　h——承载索与计算点之间的高差（m）；
　　$\Sigma\Delta T$——计算区段内承载索摩擦力按同向叠加计算的总和（N）；
　　k——计算区段内承载索摩擦力折减系数。

3 承载索摩擦力的折减系数，宜按表 4.2.2-1 选取：

表 4.2.2-1 承载索摩擦力的折减系数 k

侧形情况	划分拉紧区段时	计算任意支架时
凸起侧形	0.5	0.5~1.0
平坦或坡度均匀侧形	0.6	0.6~1.0
凹陷侧形	0.7	0.7~1.0

4 承载索与鞍座之间的摩擦系数，宜按表 4.2.2-2 选取：

表 4.2.2-2 承载索与鞍座之间的摩擦系数 μ

鞍座结构形式	摩擦系数
无衬铸钢鞍座	0.15
尼龙或青铜衬鞍座	0.10

4.2.3 拉紧区段划分应符合下列规定：

1 拉紧区段总长内承载索摩擦阻力总和，不宜大于承载索拉紧重锤重力的 25%。

2 对于多个拉紧区段的索道，应进行多方案比较后，合理划分各拉紧区段，一般宜将承载索锚固站设在高端，拉紧站设在低端。

4.2.4 承载索拉紧与锚固应符合下列规定：

1 在一个拉紧区段内，承载索宜采用一端重锤拉紧，另一端锚固的方式。在拉紧力可测可调的条件下，也可采用两端锚固的方式。

2 拉紧重锤宜采用重锤箱，重锤箱应设刚性导轨。重锤架或重锤井应便于检查和维护，重锤井应设排水设施。

3 承载索宜采用夹块、夹楔或圆筒锚固方式。

4 采用夹块锚固方式时，应符合本规范第 6.2.3 条的要求。

5 采用圆筒锚固方式时，承载索在圆筒上应至少缠绕 3 圈，其末端应有可靠的固定，圆筒直径不得小于承载索直径的 60 倍。

4.2.5 拉紧索及其导向轮应符合下列规定：

1 承载索的拉紧索宜选用挠性好和耐挤压的股捻钢丝绳。

2 拉紧索的抗拉安全系数不得小于 4.5。

3 拉紧索导向轮直径不得小于拉紧索直径的 25 倍。

4.2.6 拉紧重锤的行程，应计入线路载荷变化引起的重锤位移，以及承载索弹性、温差和结构性伸长所需的调节距离，还应计入 0.5~1.0m 的余量。

4.2.7 承载索连接应符合下列规定：

1 在一个拉紧区段内，宜采用整根密封钢丝绳，需要连接时应采用加楔线路套筒连接。

2 承载索与拉紧索的连接应采用过渡套筒，过渡套筒的承载索端应采用加楔连接。

4.2.8 鞍座应符合下列规定：

1 承载索的鞍座应采用铸钢或焊接结构，绳槽宜设带润滑装置的尼龙或青铜衬垫。

2 承载索在鞍座上的比压按下式计算：

$$p=\frac{1.5T}{dR} \quad (4.2.8-1)$$

式中 p——比压（MPa）；
T——作用在鞍座绳槽上承载索的拉力（N）；
d——承载索直径（mm）；
R——鞍座绳槽的曲率半径（mm）。

计算出的比压不得大于衬垫材料的允许值。

3 承载索在支架上的最大折角小于或等于16°时，应选用摇摆鞍座；大于16°时可选用固定鞍座。

4 鞍座绳槽曲率半径应按下式计算：

$$R \geqslant 0.5v^2 \quad (4.2.8-2)$$

式中 R——鞍座绳槽曲率半径（m）；
v——货车的运行速度（m/s）。

同时应满足：无衬或青铜衬鞍座绳槽的曲率半径，不小于承载索直径的100倍；尼龙衬鞍座绳槽的曲率半径，不小于承载索直径的150倍。

4.3 牵引索与有关设备

4.3.1 牵引索应选用线接触或面接触同向捻带绳芯的股捻钢丝绳，公称抗拉强度不宜小于1670MPa。

4.3.2 牵引索的抗拉安全系数不得小于4.5。

4.3.3 传动区段划分应符合下列规定：

1 根据索道长度、高差、地形等因素进行传动区段的划分，应尽量采用一段传动。

2 对于不能采用一段传动的索道，应合理划分各传动区段。对于设有转角站和采用多传动区段的索道，宜将转角站和传动区段的中间站合并设计。

3 在采用多传动区段的索道中，各传动区段牵引索的规格应一致，各驱动装置的形式宜相同。

4.3.4 牵引索导向轮直径和牵引索直径的比值，不得小于表4.3.4中的数值。

表 4.3.4 导向轮和拉紧轮直径 D 与牵引索直径 d 的比值

包角（°）	>4～20	>20～90	>90
D/d	40	60	80

4.3.5 拉紧装置应符合下列规定：

1 牵引索宜采用重锤拉紧方式。重锤箱应设刚性导轨。

2 应根据站房的高度和地形，合理配置重锤架和拉紧索的导绕系统。

3 应设调节重锤位置的装置；当牵引索重锤移动速度较快时，应设阻尼装置。

4 当计算拉紧小车的行程时，应计入牵引索截去一次接头所需补偿的长度。

4.3.6 牵引索拉紧轮直径与索距宜相等，并符合本节第4.3.4条的规定，拉紧轮应设软质耐磨衬垫。

4.3.7 拉紧索及其导向轮选择应符合下列规定：

1 牵引索的拉紧索，宜选用挠性好和耐挤压的股捻钢丝绳，其公称抗拉强度不宜小于1670MPa。

2 拉紧索的抗拉安全系数不得小于5.0。

3 拉紧索导向轮直径不得小于拉紧索直径的40倍。

4 导向轮应设软质耐磨衬垫。

4.4 牵引计算与驱动装置选择

4.4.1 牵引计算应符合下列规定：

1 采用从拉紧轮两侧分别向驱动轮方向计算各特征点的牵引索拉力。

2 应按下列3种载荷情况分别进行牵引计算：

1) 重车侧和空车侧按设计车距布满重车和空车的正常运行载荷情况。
2) 由于线路下坡区段缺重车或空车所产生的最不利动力运行载荷情况。
3) 由于线路上坡区段缺重车或空车所产生的最不利制动运行载荷情况。

3 缺车区段的长度应按连续不发5辆货车计算。

4 牵引索通过各种导向轮的阻力，应计入牵引索的刚性阻力和导向轮轴承的阻力。

5 计算惯性力时，应计入下列各种质量：

1) 牵引索质量。
2) 牵引索闭合环内的货车质量总和。
3) 货车的装载质量总和。
4) 导向轮、滚轮组和驱动装置旋转部分的变位质量。

4.4.2 货车的承载索上的运行阻力系数，对于采用铸钢车轮的货车，制动运行时宜取0.0045，动力运行时宜取0.0065；对于采用铸型尼龙轮衬的货车，制动运行时宜取0.0055，动力运行时宜取0.0075。

4.4.3 牵引索最小拉力的选择应符合下列规定：

1 应保证牵引索在驱动轮上不打滑，并在垂直或水平滚轮组上稳定靠贴。

2 牵引索的最小拉力应按下式计算：

$$t_{\min} \geqslant C_2 q_0 \quad (4.4.3)$$

式中 $t_{\min}$——牵引索的最小拉力（N）；
q_0——牵引索每米重力（N/m）；
C_2——牵引索最小拉力与牵引索每米重力的比值。

3 牵引索最小拉力与牵引索每米重力的比值：

1) 对于采用下部牵引式货车的索道，应使货车在线路上具有较稳定的运行速度，C_2 宜为车距（以m计）的10倍，但不宜小于600或大于1200。

2) 对于采用水平牵引式货车的索道，应使牵引索和承载索在跨距内的挠度相接近，以防货车在线路上产生横向歪斜。

4.4.4 驱动装置选择应符合下列规定：

1 对于高架站房宜采用立式驱动装置；对于单层站房宜采用卧式驱动装置。

2 应选用摩擦式驱动装置，不宜采用夹钳式驱动装置。

3 摩擦式驱动装置的抗滑安全系数，正常运行时不得小于 1.5；在最不利载荷情况下启动或制动时，不得小于 1.25，并按下式校核：

$$\frac{t_{\min}(e^{\mu\alpha}-1)}{t_{\max}-t_{\min}} \geqslant 1.25 \quad (4.4.4-1)$$

式中 $t_{\min}$——最不利载荷情况下，启、制动时驱动轮出侧或入侧牵引索的最小拉力（N）；
 $t_{\max}$——最不利载荷情况下，启、制动时驱动轮入侧或出侧牵引索的最大拉力（N）；
 μ——牵引索与驱动轮衬垫之间的摩擦系数；
 α——牵引索在驱动轮上的包角（rad）。

4 驱动轮衬垫的比压，应按下式校核：

$$\frac{1.5(t_r+t_c)}{Dd} \leqslant [P] \quad (4.4.4-2)$$

式中 t_r——驱动轮入侧的牵引索拉力（N）；
 t_c——驱动轮出侧的牵引索拉力（N）；
 D——驱动轮直径（mm）；
 d——牵引索直径（mm）；
 $[P]$——驱动轮衬垫的允许比压（MPa）。

4.4.5 驱动装置电动机的选择应符合下列规定：

1 宜选用交流电动机，对于侧形复杂、运行速度高或负力较大的索道，宜选用直流电动机。

2 按正常载荷情况计算电动机功率时，应计入功率备用系数，对于动力型索道取 1.15，对于制动型索道取 1.30，并应按最不利载荷情况下启动或制动时的功率与所选电动机额定功率的比值，不大于该电动机过载系数的 0.9 倍的条件校验。

4.4.6 驱动装置制动器应符合下列规定：

1 制动器应具有逐级加载和平稳停车的制动性能。

2 对于制动型索道和停车后会倒转的动力型索道，应设工作制动器和安全制动器。对于断电后能自行停车，并且停车后不会倒转的索道，可仅设工作制动器。

3 当运行速度超过额定值的 15% 时，工作制动器和安全制动器应能自动相继投入工作，并使减速度控制在 0.5～1.0m/s² 的范围内。

4.4.7 对于启动时会自行反转的索道，驱动装置宜设防止反转的装置。

4.5 线 路 设 计

4.5.1 线路配置应符合下列规定：

1 侧形应力求平滑，不应有过多过大的起伏。

2 在凸起侧形地段内，承载索在每个支架上的弦折角，对于采用下部牵引式货车的索道宜取 0.03～0.04rad；对于采用水平牵引式货车的索道宜取 0.05～0.06rad。

3 承载索在每个支架上的最大折角，一般宜控制在 0.10～0.15rad 范围内，大跨距两端支架的最大折角不宜超过 0.30rad。

4 凸起地段支架的高度不得小于 5m，跨距不宜小于 20m。在总折角较大并受到地形限制时，可采用带有大曲率半径垂直滚轮组的连环架代替支架群。

5 凹陷地段支架的高度，应满足在相邻两跨没有货车，承载索拉力增大 30% 时，承载索不脱离鞍座。

6 跨距与车距的水平投影值之比，宜为下列数值：0.3～0.4，0.85，1.15～1.3，1.75，2.3～2.6，3.45。

7 站前第一跨的支架配置：

1) 站前第一跨的跨距宜小于车距，并宜小于 60m。

2) 承载索仰角进站时，空索倾角应大于站口轨道倾角，但两者之差不宜大于 0.05rad。

3) 承载索俯角进站时，空索倾角应小于轨道倾角，但两者之差不宜大于 0.05rad。

4) 重索倾角不得大于 0.15rad。

4.5.2 弦倾角及承载索空索倾角计算应符合下列规定：

1 弦倾角应按下列公式计算：

$$\alpha_z = \tan^{-1}\frac{h_z}{l_z} \quad (4.5.2-1)$$

$$\alpha_y = \tan^{-1}\frac{h_y}{l_y} \quad (4.5.2-2)$$

式中 α_z——计算支架左侧的弦倾角（°）；
 α_y——计算支架右侧的弦倾角（°）；
 h_z——左跨支架的高差（m），计算支架高于左侧支架时为正，反之为负；
 h_y——右跨支架的高差（m），计算支架高于右侧支架时为正，反之为负；
 l_z——左跨的跨距（m）；
 l_y——右跨的跨距（m）。

2 承载索的空索倾角应按下列公式计算：

$$\beta_z = \sin^{-1}\frac{q_c l_z}{2T} + \alpha_z \quad (4.5.2-3)$$

$$\beta_y = \sin^{-1}\frac{q_c l_y}{2T} + \alpha_y \quad (4.5.2-4)$$

式中 β_z——计算支架左侧的空索倾角（°）；
 β_y——计算支架右侧的空索倾角（°）；
 q_c——承载索每米重力（N/m）；
 T——承载索在计算支架上的拉力，检查钢索在支架上的靠贴情况时取最大拉力（N）。

4.5.3 承载索的重索倾角,应按线路上均匀布满货车、其中一辆货车紧靠计算支架左侧或右侧和承载索出现最小拉力的条件确定。

1 承载索的重索倾角应按下列公式计算:

当一辆货车紧靠计算支架左侧时:

$$\theta_z = \sin^{-1}\frac{(1+\tau_z)Q_z\cos\alpha_z + 0.5q_c l_z}{T_{min}} + \alpha_z$$
(4.5.3-1)

$$\theta_y = \sin^{-1}\frac{\tau_z Q_z\cos\alpha_y + 0.5q_c l_y}{T_{min}} + \alpha_y$$
(4.5.3-2)

当一辆货车紧靠计算支架右侧时:

$$\theta'_z = \sin^{-1}\frac{\tau_z Q_z\cos\alpha_z + 0.5q_c l_z}{T_{min}} + \alpha_z$$
(4.5.3-3)

$$\theta'_y = \sin^{-1}\frac{(1+\tau_y)Q_z\cos\alpha_y + 0.5q_c l_y}{T_{min}} + \alpha_y$$
(4.5.3-4)

式中 θ_z、θ_y——一辆货车紧靠计算支架左侧时,该支架左侧或右侧的重索倾角(°);

θ'_z、θ'_y——一辆货车紧靠计算支架右侧时,该支架左侧或右侧的重索倾角(°);

τ_z——左跨载荷分配系数;

τ_y——右跨载荷分配系数;

T_{min}——承载索在计算支架上的最小拉力(N);

Q_z——包括牵引索重力在内的货车集中载荷(N)。

Q_z 由下式确定:

$$Q_z = Q + q_0\lambda$$

式中 Q——货车重力(N);

q_0——牵引索每米重力(N);

λ——车距(m)。

2 载荷分配系数应按下列公式计算:

$$\tau = (n-1)\left(1 - \frac{n\lambda\cos\alpha}{2l}\right) \quad (4.5.3-5)$$

$$n = 1 + \frac{l}{\lambda\cos\alpha} \text{(仅取整数部分)} \quad (4.5.3-6)$$

式中 τ——载荷分配系数;

n——支架间距内货车数目;

α——弦倾角(°)。

4.5.4 考察点的挠度,应按承载索出现最小拉力、线路上均匀布满货车且其中一辆货车正在考察点上方的条件确定。

1 考察点的挠度应按下式计算:

$$f_x = \frac{x(l-x)}{T_{min}\cos\alpha}\left(\frac{q_c}{2\cos\alpha} + \frac{\tau'Q_z}{l}\right) \quad (4.5.4-1)$$

式中 f_x——考察点的挠度(m);

x——考察点至左侧支架的水平距离(m);

T_{min}——相邻支架上承载索最小拉力的平均值(N);

τ'——载荷影响系数。

2 载荷影响系数应按下式计算:

$$\tau' = 1 + m\left(1 - \frac{1+m}{2x}\lambda\cos\alpha\right) + n\left[1 - \frac{1+n}{2(l-x)}\lambda\cos\alpha\right]$$
(4.5.4-2)

式中 m——考察点左侧货车数目,$x \leq \lambda\cos\alpha$ 时 $m=0$,$x > \lambda\cos\alpha$ 时 $m = \frac{x}{\lambda\cos\alpha}$(仅取整数部分);

n——考察点右侧货车数目,$(l-x) \leq \lambda\cos\alpha$ 时 $n=0$,$(l-x) > \lambda\cos\alpha$ 时 $n = \frac{l-x}{\lambda\cos\alpha}$(仅取整数部分)。

4.6 站房设计

4.6.1 站房配置应符合下列规定:

1 站房形式应根据其功能、地形、地质和相关车间或运输设备的衔接关系等条件确定。

2 站房配置应避免牵引索多次导绕。

3 站内离地高度小于2.5m的牵引索和设备运动部件,应设保护设施,货车在站内的净空尺寸,应符合本规范第4.6.2条的规定。

4 机械设备与墙壁之间的净空尺寸不得小于0.5m,设计通道宽度不得小于1m。站口滚轮组和安装高度超过2m的站内辅助设备,应设置带栏杆的操作平台或检修通道。

5 对于立式驱动装置,宜设单独驱动机房,机房的平面和空间布置,应便于驱动机的起吊和维护;驱动机的控制室应设在操作人员便于观察货车装、卸载和进、出站的位置。

6 装卸作业所产生的粉尘不符合环保和劳动卫生要求时,应采取有效的除尘措施。

4.6.2 货车在站内的净空尺寸,应符合下列要求:

1 货车的横向摆动值,在避风站内的直线轨道上为0.08rad,在曲线段轨道上为0.16rad;在非避风站内均为0.16rad。但设有双导向板的轨道段除外。

2 货车的纵向摆动值为0.14rad。

3 在计入货车的纵、横向摆动后,货箱在翻转或打开时的最小净空:

1) 距站房地坪不得小于0.2m,距卸载口格筛不得小于物料最大块度加上0.05m。

2) 有行人通行时,距墙面不得小于0.8m;无行人通行时,距墙面不得小于0.6m;距突出物不得小于0.3m。

4.6.3 装载站和卸载站料仓的有效容积应根据索道长度、运输能力、工作制度、检修和处理故障的时间以及相关车间或运输工具的生产要求确定。

4.6.4 货车的装载应符合下列规定:

1 应根据物料性质和索道运输能力选择装载

设备。

2 宜采用内侧装载方式。

3 在装载位置应设防止货箱摆动的导向板或稳车器。

4 装载口附近应设备用货车的轨道。

4.6.5 货车的卸载与复位应符合下列规定：

1 宜在料仓顶部设格筛。当卸载区段很长并采用机械推车时可不设格筛，但应在料仓两侧或中间设置带栏杆的操作通道。

2 运输松散物料的翻转式货车在运动中卸载时，卸载口长度宜按下式计算：

$$L \geq 3v + l \quad (4.6.5)$$

式中 L——卸载口长度（m）；
v——货车在卸载口的运行速度（m/s）；
l——货箱长度（m）。

3 卸载站内应设复位装置。

4.6.6 站口设计应符合下列规定：

1 对于采用下部牵引式货车的索道：

1）当承载索的俯角为 0.05～0.10rad 时，可采用无垂直滚轮组的站口设计。当采用无垂直滚轮组的站口设计时，应设站口托索轮。当货车挂接或脱开时，牵引索应靠贴在站口托索轮上。

2）当承载索的仰角大于 0.05rad 时，应设凹形垂直滚轮组。滚轮组曲率半径应按货车通过时牵引索不脱出钳口和不抬起空车的条件校验。

3）当承载索的俯角大于 0.10rad 时，应设凸形垂直滚轮组。滚轮组曲率半径应使牵引索作用在抱索器上的附加压力小于允许值。并应设防止货车滑向线路的抱索状态监控装置。

2 对于采用水平牵引式货车的索道：

1）承载索俯角出站时，站口可不设垂直滚轮组，但应设置托索轮。

2）承载索仰角出站时，应根据牵引索的向上合力确定凹形滚轮组参数。

4.6.7 挂结器与脱开器应符合下列规定：

1 应保证挂结器与脱开器前后的牵引索稳定运行。牵引索在挂结器和脱开器内托索轮上的折角宜为 0.01～0.02rad。

2 挂结器前和脱开器后，牵引索导向轮的安装高度应能调节。

3 抱索器与牵引索挂结时，货车的速度应与牵引索的速度一致。

4 挂结器前的轨道加速段和脱开器后轨道减速段的坡度，不宜大于 10%。

4.6.8 货车的轨道应符合下列规定：

1 轨道宜采用轧制的双头钢轨。

2 轨道及其吊挂系统的计算载荷，在货车不脱开牵引索的轨道段，应按设计车距并计入 1.1 的动力系数进行计算。在货车脱开牵引索的轨道段，应按货车紧密排列计算，可不计入动力系数。

3 吊架或吊钩的间距：重车侧直线宜为 2m；空车侧直线段宜为 2.5～3.0m；曲线段可根据曲率半径的不同适当减小。每根轨道的吊挂点不得少于 2 个，且吊挂点离开轨道接头处的距离不得小于 500mm。吊架和吊钩的结构应便于调整轨道坡度。

4 每个设有主轨的中间站，应设停放数辆货车的副轨。索道 2 个端站的主轨和副轨的总长，应能停放全部货车。

5 应减少轨道在平面和立面上的弯曲次数。主轨的最小平面曲率半径，应符合表 4.6.8 中的规定。副轨的最小平面曲率半径宜取 2m。主轨和副轨的立面曲率半径均不得小于 5m。

6 与挂结器或脱开器衔接的轨道，在 2m 长度范围内不得有平面上的弯曲。

7 轨道的反向弧之间应设不小于 1.5m 的直线段。

表 4.6.8 主轨的最小平面曲率半径

货车运行速度 (m·s^{-1})	0.5	1.2	1.6	2.0	2.5	3.0	3.6	4.0	4.5
最小平面曲率半径 (m)	2.5	4	7	10	12	15	18	20	25

4.6.9 货车的自溜速度应符合下列规定：

1 在等速段不宜大于 2.0m/s。

2 在直线段上不宜小于 0.8m/s；在曲线段上不宜小于 1.0m/s。

3 货车自溜至挂结点的速度应与牵引索的速度一致。

4 货车进入推车机时的自溜速度，宜比推车机运行速度大 30%～40%。

4.6.10 货车在站内的运行阻力应符合下列规定：

1 货车在直线段轨道上的运行阻力系数，当货车重力不大于 7.5kN 时，宜取 0.0065，当货车重力大于 7.5kN 时，宜取 0.0055。

2 货车在曲线段轨道上的附加运行阻力系数，可按下式计算：

$$f'_0 = 0.1 \frac{l}{R} \quad (4.6.10)$$

式中 f'_0——货车在曲线段轨道上的附加运行阻力系数；
l——二轮式货车的轴距或四轮式货车平面转向轴的轴距（m）；
R——曲线段轨道的平面曲率半径（m）。

3 货车通过站内有关设施的附加阻力换算为高差：道岔为 0.07m；卸载挡杆为 0.01m；螺旋复位器

为 0.1m；单导向板每米为 0.005m；双导向板每米为 0.008m。

4.6.11 自动转角站的水平滚轮组应符合下列规定：
1 滚轮的直径不宜小于 600mm，宽度不宜小于 140mm。
2 牵引索在每个滚轮上的折角不宜大于 3°，或按每个滚轮径向载荷不大于 6kN 的条件确定。
3 货车通过水平滚轮组时，牵引索作用在抱索器钳口上的水平力不得大于 10kN。

4.6.12 自动转角站与自动迂回站应符合下列规定：
1 在距离水平滚轮组或迂回轮进出点的 5m 处，应各设一个宽边垂直托辊，托辊上方的轨道应局部抬高便于货车通过。
2 轨道立面过渡曲线应符合本节第 4.6.8 条第 5、7 款的要求。
3 货车进出水平滚轮组或迂回轮，应设置使货车平稳通过的轨道曲线过渡段。

4.6.13 站内辅助设备应符合下列规定：
1 货车容积较大或站房较长时，应设推车设备。
2 对于运输黏结性物料的索道，装、卸料仓宜设便于装卸的相关设备。
3 装载位置宜设阻车、计量、推车等设备。
4 发车位置应设保证车距或发车间隔时间的发车设备。
5 复位处宜设推车设备。

4.7 电 气

4.7.1 索道的电气设计除应符合本规范第 3.7 节的有关规定外，尚应符合下列要求：
1 动力型索道启动时，应使驱动装置获得恒定的启动转矩。
对于采用交流拖动的负力较大的制动型索道，应采取动力制动的启动方式。
2 索道正常启、制动时的加、减速度，应控制在 $0.1\sim0.15\text{m/s}^2$ 的范围内。
3 未设机械变速的驱动装置，应有 0.3~0.5m/s 的检修速度。
4 因事故需低速反转运行的时间，不宜大于 3min。
5 对于多传动区段的索道，各段宜设同步启动与制动的装置。
6 索道应有下列保护措施：
 1）过电流保护。
 2）过负荷保护。
 3）失压保护。
 4）超速保护。
 5）对制动型索道应有零电流保护。

4.8 保护设施

4.8.1 保护设施设置应符合下列规定：

1 保护范围较长和货车坠落高度较大时，应采用保护网；保护范围较短和货车坠落高度较小时，应采用保护桥；索道线路横向坡度较大、货车或物料滚落后会造成事故时，应采用拦网。
2 应按货车冲击的条件校验保护网底面与跨越设施之间的净空尺寸。
3 保护设施顶面与运动货车底面之间的净空尺寸，不得小于货车的最大横向尺寸。
4 保护网的宽度至少比索距宽 3m；保护桥的宽度，当货车坠落高度不大于 3m 时，至少比索距宽 2.5m；当索道跨距大于 250m 时，保护设施的宽度，应按承载索和货车均受 0.25kN/m^2 工作风压作用而发生偏斜的条件校验。

4.8.2 保护网应符合下列规定：
1 保护网应由粗、细 2 层格网组成，细格网的网孔尺寸不宜大于 20mm×20mm。
2 当不允许坠落细料时，宜铺板或采用其他设施代替细格网。
3 保护网应有挡边，其高度宜为 0.5~1.2m。
4 保护网的跨距不宜大于 100m。
5 当保护网的跨距大于保护长度时，可仅在保护范围内设置格网。
6 保护网的支架应设工作梯。
7 主索宜选用镀锌钢丝绳。
8 主索应采用两端锚固方式，其中一端应设拉紧力调节装置。
9 保护网的计算：
 1）主索的最大工作拉力，应考虑保护网重力、冰雪荷载、工作温度等因素的影响。
 2）主索的抗拉安全系数不得小于 2.5。
 3）货车坠落的允许高度，应按保护网跨度中间承受一辆重车冲击载荷的条件计算。

4.8.3 保护桥应符合下列规定：
1 保护桥宜采用钢筋混凝土结构或钢结构。
2 保护桥的桥面应有缓冲设施。
3 保护桥的两侧应设栏杆和防止坠落物料滚出桥面的侧板。
4 保护桥应设工作梯。

5 单线循环式货运索道工程设计

5.1 货 车

5.1.1 货车选择应符合下列规定：
1 运行速度大于 2.5m/s 和爬坡角大于 30°时，宜选用弹簧式抱索器。
2 运行速度小于 2.5m/s 和爬坡角为 20°~30°时，可选用四连杆重力式抱索器。
3 线路比较平坦和爬坡角小于 20°时，宜选用鞍式抱索器。

 4 货车选择的其他要求，应符合本规范第4.1.1条的有关规定。

5.1.2 货车设计应符合下列规定：

 1 货车的承载能力系列应为：400、700、1000和1250kg。

 2 货车的容积系列应为：0.25、0.32、0.4、0.5、0.63、0.8、1.0和1.25m³。

 3 货车设计的其他要求，应符合本规范第4.1.2条的有关规定。

5.1.3 货车的发车间隔时间应符合本规范第4.1.4条的要求。

5.2 运载索与有关设备

5.2.1 运载索选择应符合下列规定：

 1 运载索应选用线接触或面接触同向捻带绳芯的股捻钢丝绳，公称抗拉强度不宜小于1670MPa。

 2 运载索表层钢丝的直径不得小于1.5mm。

 3 当采用鞍式抱索器时，运载索的捻距应与2个钳口的中心距相适应。

5.2.2 运载索的抗拉安全系数不得小于4.5。

5.2.3 运载索的导向轮及其拉紧装置和拉紧索及其导向轮的选择，应符合本规范第4.3.4～4.3.7条的有关要求。

5.3 牵引计算与驱动装置选择

5.3.1 牵引计算应符合本规范第4.4.1条的有关要求。

5.3.2 运载索在托、压索轮组上的阻力系数：对于无衬托、压索轮组，动力运行时宜取0.015～0.025，制动运行时宜取0.01～0.015；对于有衬托、压索轮组宜取0.03～0.04。

5.3.3 运载索的最小拉力，应按下式计算：

$$T_{min} \geq C_3 Q \qquad (5.3.3)$$

式中 T_{min}——运载索的最小拉力（N）；

 C_3——运载索最小拉力与重车重力的比值。选用四连杆重力式或弹簧式抱索器时，C_3宜取10～12，选用鞍式抱索器时，C_3宜取8～10；

 Q——重车重力（N）。

5.3.4 驱动装置选择，除应符合本规范第4.4.4～4.4.7条的有关要求外，尚应符合下列规定：

 1 宜选用卧式驱动装置。

 2 在多传动区段索道中，宜采用一台卧式驱动装置同时传动2个区段的方式。

5.4 线 路 设 计

5.4.1 线路配置除应符合本规范第4.5.1条的有关要求外，尚应符合下列规定：

 1 站前第一跨的跨距宜为5～10m。

 2 线路上每个托索轮的径向载荷宜相等。

 3 对于平坦地段或坡度均匀的倾斜地段，运载索在各支架上的载荷宜相等。

 4 凸起地段支架的高度不得小于4m，跨距不宜小于15m。

 5 凹陷地段支架的高度，应按最不利载荷条件校验，运载索在托索轮上的靠贴系数不得小于1.3。

 6 选用带导向翼的抱索器时，可采用压索式支架。

 7 运载索的最大倾角不得大于45°。

 8 计算支架两侧的倾角和考察点的挠度时，应采用本规范第4.5.2～4.5.4条中有关公式计算，但公式中 q_c 应以 q_0 代入，Q_z 应以 Q 代入。

5.4.2 托、压索轮组应符合下列规定：

 1 无衬托索轮的直径不宜小于运载索直径的15倍，并应符合300、400、500和600mm的直径系列。

 2 单个无衬托索轮上的径向载荷，宜符合表5.4.2的规定。

表5.4.2 无衬托索轮上的径向载荷

托索轮直径(mm)	允许径向载荷(kN)	适用钢丝绳直径(mm)
300	3.0	≤20
400		22～26
500	7.5	28～32
600	10.0	34～40

 3 设有软质耐磨衬垫的托、压索轮组应符合本规范第7.4.1条的有关要求。

 4 单个无衬托索轮的允许折角，应根据允许径向载荷和运载索的拉力计算确定，但不得大于5°。

 5 6轮和8轮托索轮组的大平衡梁，应设置在托索轮内侧，不宜采取重叠设置方式。

 6 托、压索轮组宜采用悬吊安装的可调式结构。

5.4.3 单线循环式货运索道保护设施的设计，应符合本规范第4.8节的有关要求。

5.5 站 房 设 计

5.5.1 站房和料仓的设计应符合本规范第4.6节的有关要求。

5.5.2 挂结段设计应符合下列规定：

 1 运载索的稳定措施：

  1）挂结段的两端应设稳索轮。

  2）站口稳索轮与站内稳索轮的平距，宜为2.5～4.0m；站内稳索轮与挂结点的平距，不宜大于1m。

  3）稳索轮宜采用可调式单轮结构，其直径不得小于运载索直径的15倍。

4) 运载索在每个稳索轮上的最小折角，不宜小于0.57°。
2 挂结段轨道：
   1) 挂结段轨道应具有足够刚度，轨道头部应与抱索器行走轮的轮缘相适应，并应保证行走轮的横向窜动不大于2mm。
   2) 挂结段轨道的立面变坡处，应采用曲线平缓过渡，其曲率半径不小于10m；站口端轨道应有适当长度的导向段，其坡度应与运载索出站角相适应，端部应为立面曲率半径不小于3m的弧形段。
   3) 挂结段轨道的平面布置，应保证抱索器在挂结过程中，不同开度钳口的中心线始终与运载索中心线相重合。轨道与运载索中心线之间的水平距离应能调节。
3 货车的挂结：
   1) 采用弹簧式抱索器的货车，挂结前应使钳口处于最大开口状态；采用四连杆重力式抱索器的货车进入挂结段之前，宜设钳口定向器，在挂结段内宜设可调式弹性压板。
   2) 挂结段之前的轨道，其平面曲率半径应符合本规范表4.6.8的规定，且不得小于12m。
   3) 货车进入挂结段时的横向摆动不得大于0.01rad。轨道下宜设限制货车左右摆动的双导向板。抱索器带有定位轮的货车，应设定位轮导轨使抱索器处于正确位置。
   4) 双导向板的结构及要求应符合本规范第5.5.3条第3款第1)项的要求。
   5) 抱索器与运载索挂结时，货车的运行速度应与运载索的速度一致。
   6) 货车通过挂结段时的纵向摆动不得大于0.10rad。

5.5.3 脱开段设计应符合下列规定：
1 运载索的稳定措施，应符合本规范第5.5.2条第1款的要求。
2 脱开段轨道：
   1) 脱开段轨道的结构、平面形状和支承或吊挂系统，应符合本规范第5.5.2条第2款第1)、3)项的规定。
   2) 脱开段轨道的立面变坡处，应采用曲线段平滑过渡，其曲率半径不小于10m；站口端轨道应有适当长度的导向段，其坡度应与运载索进站角相适应，端部应为立面曲率半径不小于5m的弧形段。
3 货车的脱开：
   1) 货车进入脱开段轨道的导向段之前，应采用双导向板限制其左右摆动。双导向板工作面的高度，应与站外运载索的挠度相适应。双导向板导向段的平面曲率半径不得小于5m，并应按货车纵、横向摆动0.20rad的条件，校验是否有相互干涉。
   2) 货车通过脱开段时，其横向摆动不宜大于0.01rad，纵向摆动不得大于0.10rad。
   3) 脱开段之后的轨道，其平面曲率半径不得小于12m。

5.5.4 采用弹簧式抱索器索道的站口辅助设备与监控装置应符合下列规定：
1 挂结段应设加速装置，脱开段应设减速装置。
2 挂结段应设运载索位置监控装置、定期投入工作的抱索力监控装置和抱索状态监控装置。
3 脱开段应设运载索位置监控装置和脱索状态监控装置。

5.5.5 货车轨道应符合下列规定：
1 轨道的配置应符合本规范第4.6.8条的有关要求。
2 轨道的支承或吊挂系统应有足够的刚度，并便于调整轨道坡度。
3 轨道平面形状应简单，尽量减少弯曲次数并采用较大的平面曲率半径。出站侧的站内轨道与站口轨道宜为一直线。
4 吊架或吊钩的间距：重车侧直线段宜取2m；空车侧直线段宜取2.5m；曲线段可根据曲率半径的不同适当减小。
5 货车在轨道直线段上的运行阻力系数，当货车重力不大于3.5kN时，宜取0.008；当货车重力大于3.5kN时，宜取0.0065。货车在轨道曲线段上的附加运行阻力系数和通过有关设施时的附加阻力，应符合本规范第.4.6.10条第2、3款的规定。

5.5.6 转角站配置应符合下列规定：
1 转角站的配置宜采用以转角的平分线为轴线的对称配置方式。
2 货车在转角站内的速度应与索道运行速度相适应，不得采用人工推车。
3 空、重车侧的出口应各设可以停放3辆以上货车的副轨。
4 当采用本规范第5.5.5条第3款配置方式时，2个转角轮应设置在主轨上方。

5.5.7 单线循环式货运索道的电气设计应符合本规范第4.7节的有关要求。

6 双线往复式客运索道工程设计

6.1 客 车

6.1.1 乘务员配备应符合下列规定：
1 定员超过15人的客车应配备乘务员。
2 夜间运行的索道，其客车内应配备乘务员。

3 对于定员超过 15 人的车组式索道,每组客车可仅配备乘务员 1 人。

6.1.2 在进行工艺或设备设计时,定员不超过 15 人的客车,每位乘客的计算载荷应取 740N;定员超过 15 人的客车,每位乘客的计算载荷应取 690N。对于滑雪或登山运动的专用索道,每位乘客的计算载荷应增加 100N。

6.1.3 客车计算应符合下列规定:

1 客车的主要载荷应为空车重力、乘客的计算载荷和牵引索对客车的附加压力之和;次要载荷应为风雪荷载、驱动装置或客车制动器的制动力、客车防摆装置的阻力和支架导向装置的阻力。

2 按主要载荷计算时,客车主要承载构件和重要部件的抗拉安全系数,不得小于 5。在主要载荷和次要载荷联合作用下,特别是在承受扭转和疲劳载荷时,各主要承载构件和重要部件,应校核其强度和刚度。

3 吊架头部和末端套筒的销轴,其抗拉安全系数不得小于 7.5。

6.1.4 运行小车应符合下列规定:

1 车轮应设软质耐磨衬垫。

2 各车轮之间应设平衡装置。

3 出现下列情况之一时,空车的各个车轮,不得从承载索上抬起或出轨:

　1) 客车纵、横向摆动均为 0.35rad。
　2) 牵引索的拉力增大 40%。
　3) 防摆装置的阻尼力或阻尼力矩达到最大值。
　4) 客车制动器在最不利位置紧急制动。
　5) 设有客车制动器的双承载索道,客车横向摆动 0.10rad。
　6) 不设客车制动器的双承载索道,客车横向摆动 0.20rad。

4 运行小车的两端应设防止小车出轨的衬有软金属的导靴。导靴的下缘不得高于承载索的底部。

5 在多雪或裹冰地区,运行小车的两端应设刮雪或破冰装置。

6 牵引索或平衡索与客车的连接装置,应采用夹索器、夹板或缠绕套筒,不宜采用浇铸套筒。

7 不设客车制动器的双承载索道,当客车横向摆动 0.20rad 时,任意一根承载索的载荷不得小于客车全部载荷的 25%。

6.1.5 吊架设计应符合下列规定:

1 吊架头部的销轴应能使车厢在等速运行时保持垂直状态。

2 吊架的高度应按客车在最大倾角处纵向摆动 0.35rad 时,车厢不得接触承载索或支架任何部位的条件确定。

3 运行速度大于 3.6m/s 和定员超过 15 人的客车,吊架与运行小车之间应设防摆装置。

4 吊架上部应设带栏杆的活动式或固定式检修平台并应设置工作梯。

5 吊架与车厢的连接处应设减振装置。

6.1.6 车厢设计应符合下列规定:

1 乘客站立乘车时,车厢内净空高度不得小于 2m;车厢地板的有效面积,应按下式计算:

$$A = 0.18n + 0.4 \quad (6.1.6)$$

式中　A——车厢地板的有效面积(m^2);

　　　n——客车定员。

2 车门应能可靠锁紧并能防止乘客在车厢内自行打开。门锁、车门及其导轨应抗振动和耐冲击。

3 车窗应采用不易碎裂的透明材料,其结构应能保证乘客的安全。

4 乘客站立乘车时,车厢内应设拉杆和扶手。

5 车厢内应设标有客车定员和最大载重的铭牌。

6 车厢内应有通风设施。

7 定员超过 15 人的车厢应设人孔;定员不超过 15 人的车厢根据需要设置。

8 车厢外部的两侧应设导向装置。

9 配备营救小车的索道,车厢的端部结构应便于营救。

6.1.7 客车制动器应符合下列规定:

1 对于单牵引索道,一般应设客车制动器。

2 出现下列情况之一时,客车制动器应能自动投入工作:

　1) 牵引索或平衡索断裂。
　2) 牵引索或平衡索与客车的连接件断裂。
　3) 速度超过最大运行速度的 30%。
　4) 牵引索的拉力小于 5kN。

3 制动力不得小于下列数值:

　1) 客车下行时,为上侧牵引索的最大拉力。
　2) 采用平均摩擦系数计算时,为重车在线路上最大下滑力的 1.5 倍。
　3) 采用最小摩擦系数计算时,为重车在线路上的最大下滑力。

4 客车制动器的制动距离应适宜。制动减速度不得大于 $1.5m/s^2$。

5 采用最大摩擦系数计算并考虑紧急制动的惯性力时,客车制动器及其构件对于屈服点的安全系数不得小于 2。

6 在长距离、高速度、定员多或倾角变化大的索道上,宜采用分级制动或自动调节制动力和客车制动器。

7 客车制动器投入制动时,驱动装置上的工作制动器应能自动投入工作。

8 在驱动装置以 $1.2m/s^2$ 减速度紧急制动的情况下,牵引索或平衡索产生最小拉力时,客车制动器不得产生误动作。

9 在客车制动器制动过程中,横向摆动 0.20rad

的客车，应能顺利通过支架或进入站房。

10 制动衬垫应耐磨，但不得损伤承载索。制动衬垫磨损后，制动弹簧的最小工作载荷不得小于设计允许值。

11 客车制动器应能由乘务员直接操纵。在线路任何位置上，乘务员既能使客车制动器制动，又能使客车制动器松开。

12 客车制动器的控制系统，应能识别客车的运行方向，并能自动控制两端制动器的制动顺序。

6.1.8 当采取一系列防止牵引索断裂的技术措施并经充分论证后，单牵引索道可不设客车制动器。不设客车制动器的单牵引索道，在运营过程中应严格遵守牵引索的安全操作规程。

双牵引索道可不设客车制动器。

6.1.9 客车夹索器应符合下列规定：

1 夹索器的抗滑力不得小于重车最大下滑力的3倍。

2 钳口两端应倒圆并宜设置减小牵引索弯曲应力的变刚度装置。

3 新夹索器应有无损探伤合格证书。

6.1.10 空车或重车对承载索中心铅垂线的向内或向外偏斜均不得大于 0.05rad。

6.2 承载索与有关设备

6.2.1 承载索选择与计算应符合下列规定：

1 承载索应选用密封钢丝绳。

2 在一个拉紧区段内承载索应为整根钢丝绳，不得采用线路套筒连接。

3 承载索的最小拉力，对于车厢式索道应符合下列公式的要求：

当车轮衬垫的弹性模量不超过 5000N/mm² 时

$$\frac{T_{min}}{R} \geq 60 \qquad (6.2.1-1)$$

当车轮衬垫的弹性模量超过 5000N/mm² 时

$$\frac{T_{min}}{R} \geq 80 \qquad (6.2.1-2)$$

采用重锤拉紧时

$$\frac{T_{min}}{Q} \geq 10 \qquad (6.2.1-3)$$

采用两端锚固时

$$\frac{T_{min}}{Q} \geq 8 \qquad (6.2.1-4)$$

式中 T_{min}——承载索的最小拉力（N）；
 R——车轮的最大轮压（N）；
 Q——重车重力（N）。

4 承载索的最大拉力，应由下列各项组成：

1）承载索初拉力：重锤拉紧时应为拉紧重锤的重力；液压拉紧时应为液压系统的设计拉力；两端锚固时应为空索低端的设计拉力。安装后应检查实际的初拉力是否符合设计要求。

2）承载索在滚子链上或拉紧索在其导向轮上的阻力。

3）承载索在鞍座上的摩擦阻力，密封钢丝绳与鞍座上尼龙或青铜衬垫之间的摩擦系数取 0.10。

4）由高差引起的承载索重力的分力。

5 承载索的抗拉安全系数，不得小于 3.15；计入客车制动器的制动力时，不得小于 2.7。

6.2.2 承载索拉紧应符合下列规定：

1 承载索可采用重锤拉紧、两端锚固或液压拉紧方式。采用两端锚固时，其中一端的拉力应可测可调；采用液压拉紧方式时应有失压保护。

2 滚子链曲率半径不得小于承载索直径的90倍。

3 拉紧索及其有关设备的选择：

1）拉紧索应采用挠性好和耐挤压的股捻钢丝绳。

2）拉紧索的抗拉安全系数不得小于5.5。

3）过渡套筒的螺纹连接应设可靠的防松装置。

4）拉紧索导向轮的直径应符合表 6.3.4 中的规定。

6.2.3 夹块锚固方式应符合下列规定：

1 夹块的数量应按计算确定。

2 应采用一组夹块工作，另一组夹块备用的双重锚固方式。2 组夹块的数量应相同，并在 2 组夹块之间留有 5mm 的观察缝。

6.2.4 圆筒锚固方式应符合下列规定：

1 圆筒的直径不得小于承载索直径的 65 倍和表层丝高度的 650 倍。

2 圆筒表面应衬抗滑耐压材料。

3 承载索在圆筒上的缠绕圈数应以 1.5 倍的最大拉力和 0.20 的摩擦系数来计算，且不得少于 3 圈。

4 承载索的尾部应采用至少 3 副夹块锚固在支座上，其中 2 副工作，1 副备用。工作夹块与备用夹块之间应留有 5mm 的观察缝。夹块的抗滑力不得小于剩余拉力的 2 倍。

5 圆筒上各金属零件的抗拉安全系数不得小于 6。

6.2.5 承载索的鞍座应符合下列规定：

1 应采用固定式鞍座。

2 有客车通过的鞍座，应符合下列要求：

1）曲率半径不得小于承载索直径的 300 倍并满足下式要求：

$$R \geq 0.5v^2 \qquad (6.2.5)$$

式中 R——固定式鞍座曲率半径（m）；
 v——客车通过鞍座时的运行速度（m/s）。

2）当客车车轮磨损 10mm 和客车按本规范表 3.4.2 中所规定的横向摆动值摆动时，客车应能顺利通过鞍座顶部。

3 重锤拉紧端站口鞍座的曲率半径不得小于承载索直径的 250 倍。

4 锚固端站口鞍座的曲率半径不得小于承载索直径的 200 倍。

5 承载索在鞍座上既无倾角变化又无轴向滑动时，鞍座的曲率半径不得小于承载索直径的 65 倍和表层丝高度的 650 倍。

6 鞍座的比压按公式 4.2.8-1 计算，其值不得大于衬垫材料的允许值。

7 在最不利的情况下，鞍座两端应留有 0.07～0.105rad 的余量。

8 鞍座衬垫应有润滑装置。

6.2.6 对于跨距较大且弦折角为负角的支架，其鞍座上应设防脱索装置。该装置应设在最小靠贴弧的中部，不得妨碍承载索的轴向滑动，也不得影响客车顺利通过。

6.3 牵引索、平衡索、辅助索与有关设备

6.3.1 牵引索、平衡索和辅助索的选择应符合下列规定：

1 应选用线接触或面接触同向捻带绳芯的股捻钢丝绳。

2 宜采用镀锌钢丝绳。

6.3.2 牵引索、平衡索和辅助索的抗拉安全系数应符合下列规定：

1 计算牵引索、平衡索和辅助索的抗拉安全系数时，应计入索道正常启动或正常制动的惯性力。

2 牵引索、平衡索和辅助索的抗拉安全系数，不得小于表6.3.2的规定。

表 6.3.2 牵引索、平衡索和辅助索的抗拉安全系数

钢丝绳的种类		安全系数
单牵引	牵引索、平衡索（线路上有客车制动器）	4.5
	牵引索、平衡索（线路上无客车制动器）	5.4
双牵引	牵引索	5.4
	平衡索	4.5
辅助索	运行时	4.5
	停运时	3.3

6.3.3 牵引索、平衡索和辅助索的拉紧应符合下列规定：

1 平衡索、无极缠绕的牵引索和辅助索的拉紧，应采用重锤或液压拉紧方式。

2 当牵引索重锤移动速度较快时，应设阻尼装置。

3 双牵引索道的每根平衡索，应采用单独的拉紧装置分别拉紧。

4 双牵引索道的牵引索应分别设置调绳装置。

6.3.4 导向轮和托索轮应符合下列规定：

1 导向轮和托索轮应设软质耐磨衬垫。

2 导向轮的直径应符合表 6.3.4 的规定。

表 6.3.4 导向轮直径与钢丝绳直径及表层丝直径之比

导向轮名称	导向轮直径与钢丝绳直径之比	导向轮直径与钢丝绳表层钢丝直径之比
牵引索、平衡索导向轮	80	800
辅助索导向轮	60	600
经常运动的拉紧索导向轮	50	750

3 托索轮的直径，不宜小于牵引索直径的 12 倍和辅助索直径的 10 倍。

4 牵引索或平衡索在每个托索轮上的允许折角和允许径向载荷应符合本规范第 7.4.1 条的有关要求。

6.4 牵引计算与驱动装置选择

6.4.1 牵引计算应符合下列规定：

1 应求出牵引索和平衡索等速运行时各特征点的拉力。

2 应求出索道正常启动或制动时的惯性力。

3 应求出驱动轮上出、入侧牵引索拉力之和的最大值。

4 应按重车上行、空车下行和空车上行、重车下行 2 种载荷情况求出等效圆周力。

5 牵引索的抗滑要求应符合本规范第 4.4.4 条的有关规定。

6 对于有客车制动器的索道，当驱动机以 1.2m/s² 的减速度制动时，牵引索或平衡索不得出现使客车制动器产生误动作的最小拉力。

6.4.2 牵引计算时，宜取表 6.4.2 中的阻力系数。

表 6.4.2 相关设备的阻力系数

设备名称	阻力系数
橡胶衬托索轮	0.03
塑料衬托索轮	0.02
有衬行走轮的客车	0.02
采用滚动轴承的导向轮	0.003
拉紧小车	0.01

6.4.3 驱动装置应符合下列规定：

1 驱动装置应设主驱动系统和紧急驱动系统。主驱动系统的运行速度应可调，并具有 0.3～0.5m/s 的检修速度。紧急驱动系统工作时，应能在索道最不利载荷情况下启动，并具有较低的运行速度。辅助索的驱动装置，可不设置紧急驱动系统。

2 双牵引索道的驱动装置，应设机械差动或电气同步装置。运行速度不大于 3m/s 的小型双牵引索道，可不设机械差动或电气同步装置。

3 驱动装置的抗滑性能应符合本规范第 4.4.4 条的有关要求。

4 牵引索和辅助索的驱动轮的直径，应符合表 6.4.3 中的规定。

表 6.4.3 驱动轮直径与钢丝绳直径及表层丝直径之比

驱动轮名称		驱动轮直径与钢丝绳直径之比	驱动轮直径与钢丝绳表层钢丝直径之比
牵引索驱动轮		80	800
辅助索驱动轮	无级缠绕	60	600
	有级缠绕	30	300

5 驱动轮应设软质耐磨衬垫。

6 驱动轮衬垫的比压应符合本规范第 4.4.4 条的有关要求。

6.4.4 驱动装置的制动器应符合下列规定：

1 应设工作制动器和安全制动器。工作制动器可设在高速轴或驱动轮上，安全制动器应设在驱动轮上。对断电后能自行停车且停车后不会倒转的索道，其驱动装置或辅助索的驱动装置可仅设工作制动器。

2 制动器主要受力构件，对屈服点的安全系数不得小于 3.5。

3 正常制动时，工作制动器与安全制动器不得同时投入工作。

4 紧急制动时的减速度应为 $0.5\sim2.0\text{m/s}^2$。

5 安全制动器应能手动控制。

6.5 线路设计

6.5.1 承载索在支架鞍座上的靠贴条件应符合下列规定：

1 空索折角不得小于 0.02rad。

2 承载索在支架鞍座上的靠贴力，不得小于在该支架相邻两跨斜长之和的 0.5 倍的空索上，由 0.5kN/m^2 风压而产生的作用力。

3 当承载索在鞍座上的包角为 180°时，在承载索同时承受上款向上作用力和基本风压的横向作用力的情况下，其合力应作用在绳槽内。

4 当承载索在鞍座上包角小于 180°时，在承载索分别承受 0.25kN/m^2 和 1kN/m^2 风压的横向作用力的情况下，承载索不得离开鞍座绳槽。

5 在下列情况下，靠贴力不得为负值：

1) 当承载索最大拉力增加 40%；

2) 在站内压索式支座处的承载索最小拉力减小 40%。

6.5.2 牵引索在支架托索轮组上的靠贴条件应符合下列规定：

1 相邻两跨没有客车、牵引索等速运行和相邻两跨的牵引索承受 0.375kN/m^2 风压向上作用时，靠贴力不得为负值。

2 等速运行的牵引索最大拉力增大 40%或驱动装置制动器以 1.2m/s^2 的减速度制动时，靠贴力不得为负值。

3 相邻两跨的牵引索承受 1.2kN/m^2 风压向上作用时，靠贴力不得为负值。

6.5.3 当出现下列情况之一时，宜采用双承载方案：

1 采用定员不少于 60 人的客车。

2 线路上出现 1000m 以上的跨距。

3 由于承载索直径过大或长度太长带来制造、运输、安装等困难。

6.5.4 对于跨距较大的双承载索道，当牵引索拉紧行程过长导致索道运行不平稳时，宜设能定期移位的支索器。支索器不得影响客车顺利运行，并应适应 2 根承载索移动不一致和相对横向摆动的工作状况。

6.5.5 双线往复式索道客车的离地高度不宜大于 100m。采用水平救护方式的索道，可不受此限。

6.6 站房设计

6.6.1 站房的设计应符合本规范第 3.6 节的有关要求。

6.6.2 站房应留有客车在极限位置纵向摆动 0.35rad 的空间。

6.6.3 站台设计应符合下列规定：

1 站台的地坪宜水平。

2 车槽长度不得小于车厢长度的 1.5 倍；车槽与客车的单侧间隙不得大于 50mm；客车出入口处的车槽，应具有缓冲作用的导向装置。

3 站台上、下车处的隔离设施应能开闭。

4 未设隔离设施的车槽两侧的站台不得作为候车区。

6.6.4 重锤间或重锤井设计应符合下列规定：

1 重锤间或重锤井应封闭或设栏杆。

2 拉紧系统应设便于观察拉紧行程的标尺。

3 重锤间或重锤井应便于检查和维护。重锤井应有防水和排水设施。

4 拉紧装置和重锤应分别设限位开关。

6.6.5 站内轨道与承载索之间应采用保证客车顺利运行的平滑曲线段进行过渡。

6.7 电 气

6.7.1 索道的电气设计除应符合本规范第 3.7 节的有关规定外，尚应符合下列要求：

1 在客车内进行遥控的索道，应通过控制电路对支架上除承载索外的钢丝绳的断绳、接地和相互接触进行监控，但双牵引索道，不应监控 2 根牵引索或 2 根平衡索之间的相互接触。

2 当客车内的遥控装置发生故障时，索道应能实现安全停车，并向站内发出信号，改由控制室控制运行。

6.7.2 电控系统的设计除应符合本规范第6.1.7条、第6.4.3条和第6.4.4条的有关要求外，尚应设置下列安全装置：

1 速度显示装置。

2 至少两套彼此独立的客车减速信号装置。

3 客车位置显示装置。

4 牵引索和平衡索的断绳监控装置。

5 双牵引索道的差速和差长监控装置。

6 牵引索鞭打或缠绕承载索的监控装置。

6.7.3 在站台、机房、控制室、瞭望台和由乘务员遥控的客车内，应设紧急停车按钮。

6.7.4 出现下列故障之一时，索道应能自动停车并在控制台上显示出故障部位：

1 减速点或减速度不符合设计规定。

2 牵引索或平衡索出现断裂。

3 双牵引索道的差速、差长超过规定值。

4 客车越位。

5 客车制动器投入制动。

6 紧急停车按钮动作。

6.7.5 除牵引索和平衡索外，承载索和辅助索应可靠接地。对地绝缘的牵引索和平衡索，根据需要应能临时接地。

7 单线循环式客运索道工程设计

7.1 客 车

7.1.1 乘客的计算载荷应符合下列规定：

1 客车定员不超过15人时，每位乘客应取740N。

2 对于滑雪专用索道和滑雪与登山兼用索道，在进行工艺设计和设备设计时，每位乘客应取840N。

3 对于拖牵式索道，在进行工艺设计时，每位乘客应取790N；在进行设备设计时，每位乘客应取980N。

7.1.2 客车计算应符合下列规定：

1 客车的主要载荷，应为空车重力和乘客的计算载荷之和。

2 次要载荷应为风荷载、索道紧急制动时的惯性力、线路及站内各种装置对客车的作用力。

3 对屈服点的安全系数：客车各主要承载构件和重要部件，在主要载荷作用下不得小于3.5，拖牵座不得小于4.0；在主要载荷和次要载荷联合作用下，两者均不得小于2.0。各主要承载构件和重要部件还应进行刚度校核。

7.1.3 抱索器设计应符合下列规定：

1 抱索器的结构应能防止任何事故性松动或松开。

2 抱索器的最大爬坡角应与线路的最大倾角相适应。

3 抱索器的抗滑力不得小于重车重力在最大倾角处沿钢丝绳方向分力的3倍，并且不得小于重车的重力。

对于拖牵式索道，抱索器的抗滑力不得小于重车重力在最大倾角处沿钢丝绳方向分力的2倍。

4 抱索器的抱索力：

1) 抱索器的抱索力应由数个弹簧产生。

2) 弹簧应具有当钢丝绳直径减小3%时，能符合本条第3款要求的特性。

3) 当钢丝绳直径的减小率超过3%时，抱索器经过调整后，其抗滑力应符合本条第3款的要求。

4) 当钢丝绳直径减小10%时，抱索器仍应有效地抱紧钢丝绳。

5) 弹簧受最大工作载荷作用所产生的变形量，不得超过弹簧总变形量的80%。

6) 对于碟形弹簧抱索器，当一片碟形弹簧损坏时，抱索力的减小不得大于15%。

7) 对于螺旋弹簧抱索器，当一个螺旋弹簧损坏时，抱索力的减小不得大于50%。

5 固定式抱索器和脱挂式抱索器的钳口与运载索之间的摩擦系数宜取0.13；当采用特殊设计的钳口或采取其他提高摩擦系数的措施时，钳口与运载索之间的摩擦系数可按试验结果取值。

6 抱索器钳口的形状与尺寸，应与托、压索轮组的轮槽相适应。当客车横向摆动0.35rad时，抱索器应能顺利通过托、压索轮组。

7 抱索器的内、外抱卡应采用优质合金钢锻造成型，不得采用铸造方法制造。

在温度低于—20℃环境中工作的抱索器，其材料应具有良好的低温冲击韧性。

8 抱索器钳口端部应倒圆。

9 抱索器的导向翼宜采用轻质、弹性、减振和降噪的材料。

脱挂式抱索器的行走轮、脱挂轮和定位轮，宜采用轻质、耐磨、减振、抗冲击和降噪的材料。

10 固定式抱索器应能顺利通过驱动轮和迂回轮，通过时所产生的水平折角不得大于9°。

11 固定式抱索器应便于移位。

1) 移位的间隔时间，应按下式计算：

$$\tau = 0.56 \frac{l'}{v} \quad (7.1.3)$$

式中 τ——移位间隔时间（h）；

l'——索道线路斜距（m）；

v——客车运行速度（m/s）。

2) 固定式抱索器宜向钢丝绳运行的反方向移动，每次移动的距离，应为包括导向翼长度在内的抱索器总长加上2倍钢丝绳直径。

12 新抱索器应有无损探伤合格证书。

7.1.4 车厢设计应符合下列规定：

1 吊杆或吊架的高度，应按车厢在最大倾角处纵、横向摆动0.35rad时，车厢不得接触运载索或支架任何部位的条件确定。

2 吊杆或吊架与厢体的连接处应设减振装置。

3 吊架与车厢之间的连接应有防松装置。

4 车厢的承载及连接部件应便于检查。

5 车厢的承载构件宜采用轻质的高强材料；厢体的蒙皮、车门、地板、座椅的椅面等，应采用轻质的阻燃材料；车窗应采用不易碎裂的轻质的透明材料，其结构应能保证乘客的安全。

6 每位乘客的座位宽度不得小于450mm，深度宜为450mm。

7 车厢应设防止乘客在车内自行打开的自动开关门装置。

8 车厢应能通风。

9 车厢的底部或旁侧应设防止客车在站内横向摆动的导向装置。

10 应严格控制各主要承载件的焊接质量，对同一型号的车厢应抽样进行静力试验。

7.1.5 吊篮可按照第7.1.4条的有关规定进行设计。

7.1.6 吊椅设计应符合下列规定：

1 吊椅的设计应便于乘客上下车。

2 吊杆或吊架的高度，应按吊椅在最大倾角处纵、横向摆动0.35rad时，不得接触运载索或支架任何部位的条件确定。

3 吊椅的承载及连接部件应便于检查。

4 吊杆与吊架和吊架与座椅之间的连接应有防松装置。

5 吊椅应设安全扶手和脚踏板。但运行时间少于5min时，可不设脚踏板。

靠背和椅面之间的夹角宜为1.6rad，整个座椅宜向后倾斜0.2rad。

6 每位乘客的座位宽度不得小于450mm，深度宜为450mm。

7 采用脱挂式抱索器的吊椅，吊杆与吊架之间应设减振装置。

8 应严格控制各主要承载件的焊接质量，对同一型号的吊椅应抽样进行静力试验。

7.1.7 拖牵座设计应符合下列规定：

1 拖牵座的设计应便于滑雪者使用。

2 空拖牵座纵向摆动0.15rad或在最不利运行情况下，拖牵座与绳轮、保护装置等设施不得挂碰。

3 拖牵盒应能保证拖牵索在最大伸出长度时，按设定速度顺利缩回，在缩回过程中不得刮伤乘客也不得损伤拖牵座。

7.1.8 客车的最小发车间隔时间，不得小于表7.1.8的规定。

表7.1.8 客车的最小发车间隔时间（s）

索道型式		最小发车间隔时间
固定式抱索器旅游索道	吊椅	8
	吊篮（车厢）	12
固定式抱索器滑雪索道	上车方向与线路一致时	6
	上车方向与线路不一致时	$1.5(4+n/2)$
脱挂式抱索器索道	吊椅	5
	吊篮（车厢）	9

注：n为吊椅的座位数，$n \leq 6$。

7.2 运载索与有关设备

7.2.1 运载索选择应符合下列规定：

1 应选用线接触同向捻带绳芯的股捻钢丝绳。

2 宜采用镀锌钢丝绳。

7.2.2 运载索的抗拉安全系数不得小于4.5。

7.2.3 运载索拉紧装置应符合下列规定：

1 运载索的拉紧应采用液压、重锤或其他能使运载索保持恒定拉力的装置。各种拉紧装置都应有足够的拉紧行程，并在极限位置设置限位开关。

2 液压拉紧装置：

1) 应能显示油压、油温。

2) 应使拉紧力的变化保持在±5%范围内，当拉紧力的变化为±5%～±10%时，应能自动调整到±5%的范围内。

3) 当油压超过额定值的±10%时，索道应能自动停车。

4) 液压泵宜采用间歇工作制。

5) 液压系统应设手动控制装置。

6) 对低温环境中工作的液压装置应采取抗低温措施。

3 重锤拉紧装置：

1) 拉紧索应采用挠性好和耐挤压的股捻钢丝绳。

2) 拉紧索的抗拉安全系数不得小于5.5。

3) 应设能调节重锤位置的装置。

4) 拉紧索导向轮的直径，不得小于拉紧索直径的40倍和拉紧索表层丝直径的600倍。

5) 拉紧索的导向轮应设软质耐磨衬垫。

7.2.4 拉紧轮或迂回轮设计应符合下列规定：

1 拉紧轮或迂回轮的直径，不得小于运载索直径的80倍和钢丝绳表层丝直径的800倍。

对于拖牵式索道，拉紧轮或迂回轮的直径，不得小于运载索直径的60倍。

2 拉紧轮或迂回轮应设软质耐磨衬垫。

3 对于采用固定式抱索器的客车，拉紧轮或迂回轮的轮缘及护圈，应与客车的抱索器及吊杆相适应。

7.3 牵引计算与驱动装置选择

7.3.1 运载索的最小拉力，当客车定员不超过 2 人时，运载索的最小拉力不宜小于重车重力的 20 倍；当客车定员超过 2 人时，运载索的最小拉力不宜小于重车重力的 15 倍。

7.3.2 运载索的最大工作拉力，应在最不利载荷情况下计入下列数值：

1 从拉紧装置开始的初拉力。

2 由高差引起的运载索重力和重车重力的分力。

3 托、压索轮组的阻力。

4 站内各有关设备的运行阻力。

5 液压或其他拉紧装置拉紧力的增加值，但重锤拉紧装置的拉紧力增加值可忽略不计。

6 运载索的最大工作拉力不计入索道启、制动时的惯性力。

7.3.3 当进行牵引和线路计算时，运载索在橡胶衬托、压索轮组上的阻力系数应取 0.03；其他站内设备的阻力系数应按表 6.4.2 取值；拖牵式索道的滑雪者在拖牵道上的阻力系数应取 0.10。

7.3.4 牵引计算应符合下列规定：

1 应求出运载索等速运行时各特征点的拉力。

2 应求出索道正常启动或制动时的惯性力。

3 应求出驱动轮上出、入侧运载索拉力之和的最大值。

4 应求出驱动轮在下列载荷情况下的圆周力：

1) 重车上行、空车下行。
2) 空车上行、重车下行。
3) 重车上行、重车下行。
4) 空车上行、空车下行。
5) 空索运行时。
6) 低速反转时。

5 对于单线脉动循环或单线间歇循环固定抱索器车组式客运索道，应求出驱动轮在本条第 4 款第 1)～4)项载荷情况下的等效圆周力。

7.3.5 驱动装置应符合下列规定：

1 应采用单槽卧式驱动装置。

2 驱动装置除设主驱动系统外，还应设辅助或紧急驱动系统。对于采用固定式抱索器的索道，宜采用辅助驱动系统；对于采用脱挂式抱索器的索道，宜采用紧急驱动系统。

每条索道的 2 套驱动系统不得同时投入工作。

1) 采用主驱动系统驱动索道，在空索状态下正常运行时，索道运行速度应保持不变；在最不利载荷情况下索道运行速度的变化范围不得大于额定速度的 ±5%。

2) 在最不利荷载情况下，主驱动系统的启动加速度不宜小于 $0.15m/s^2$。

3) 索道应有 $0.3\sim 0.5m/s$ 的检修速度。

4) 在主电源、主电机或主电控系统不能投入工作的情况下，辅助或紧急驱动系统应能将线路上的乘客运回站内。

3 驱动轮的直径不得小于运载索直径的 80 倍和表层丝直径的 800 倍；

对于拖牵式索道，驱动轮的直径不得小于运载索直径的 60 倍。

4 驱动轮应设软质耐磨衬垫。

5 驱动装置的抗滑性能和驱动轮衬垫的比压，应符合本规范第 4.4.4 条的有关要求。

6 应设工作制动器和安全制动器。工作制动器可设在高速轴或驱动轮上，安全制动器应设在驱动轮上。

对于断电后能自行停车并且停车后不会倒转的索道，其驱动装置可仅设工作制动器。

1) 在最不利载荷情况下，工作制动器和安全制动器的平均减速度均不宜小于 $0.4m/s^2$。

2) 当正常制动时，工作制动器的减速度不得大于 $1.5m/s^2$。

3) 安全制动器应能手动控制。

4) 正常制动时，工作制动器与安全制动器不得同时投入工作。

7 对于采用固定式抱索器的客车，驱动轮的轮缘及护圈，应与客车的抱索器及吊杆相适应。

8 对于拖牵式索道，可仅设主驱动系统；当运行速度大于 2m/s 时，主驱动系统应能调速；主驱动系统宜设防倒转装置。

9 当上站海拔较高、站址狭小、供电困难、管理不便、机电设备搬运困难或在降噪方面有严格要求时，经技术经济比较后，可在上站仅设迂回轮，而在下站设置驱动与拉紧联合装置。

7.4 线路设计

7.4.1 托索轮组和压索轮组设计应符合下列规定：

1 托索轮直径不宜小于运载索直径的 10～12 倍；压索轮直径不宜小于运载索直径的 8～10 倍。

对于拖牵式索道，当运载索直径不大于 16mm 时，托、压索轮直径不得小于 200mm；当运载索直径大于 16mm 时，托、压索轮直径不得小于 250mm。

对于采用大直径托、压索轮的拖牵式索道，当运载索在支架上的最大折角不大于 17°时，其直径不得小于运载索直径的 40 倍；当运载索在支架上的最大折角大于 17°时，其直径不得小于运载索直径的 60 倍。

2 托、压索轮应设软质耐磨衬垫。

3 每个有衬托、压索轮的允许径向载荷，应按下式计算：

$$[P] = PD_2 d \quad (7.4.1)$$

式中 $[P]$——每个有衬托索轮的允许径向载荷（N）；

P——软质耐磨衬垫的比压，$P=0.25\sim0.5$MPa，根据衬垫材料的性能确定；

D_2——托、压索轮新衬垫绳槽底部的直径（mm）；

d——运载索直径（mm）。

4 运载索在每个托、压索轮上的允许折角不宜大于 $4°$。

5 托、压索轮组宜采用悬吊安装的可调式结构。

7.4.2 托、压索轮组的安全装置应符合下列规定：

1 托、压索轮组两端的内侧应设挡索板。挡索板的两端应有导向段。

2 托、压索轮组两端的外侧应设捕索器。捕索器工作面的边缘应修圆。

3 6 轮以下的托、压索轮组的入绳端和 6 轮及以上托、压索轮组的两端，应设运载索脱索时索道能自动停车的监控装置。

4 在压索式支架上，应设运载索脱索后的二次保护装置。

7.4.3 运载索在支架托索轮组和压索轮组上的靠贴条件应符合下列规定：

1 运载索在每个托索轮上的最小靠贴力不得小于 500N 并按下式确定。

$$P_{min} = 500 + 50[d - (D_1 - D_2)] \quad (7.4.3)$$

式中 P_{min}——最小靠贴力（N）；

d——运载索的直径（mm）；

D_1——托索轮外轮缘直径（mm）；

D_2——托索轮新衬垫绳槽底部直径（mm）。

$(D_1-D_2)/2$ 的值应大于 $d/3$ 或至少为 10mm，D_1 应大于新衬垫的最大直径。

2 运载索在每个托索式支架上的靠贴力不得小于下列数值：

　1）索道匀速运行时，应为在该支架两侧较大 1 跨内的空索或空载索上，由 0.25kN/m² 风压而产生的作用力的 1.5 倍。

　2）索道停运时，应为在该支架相邻两跨斜长之和的 0.5 倍的空索或空载索上，由 0.8kN/m² 风压而产生的作用力。

3 对于拖牵式索道的托索式支架，在空索状态匀速运行时，运载索在该支架上的靠贴力，当采用托索轮组时不得小于 500N；当采用大直径托索轮时不得小于 900N。

4 对于弦折角为负值的托索式支架，当运载索的最大拉力增大 40%时，运载索不得离开托索轮。

5 运载索在每个压索式支架上的靠贴力，不得小于在该支架两侧较大 1 跨内的重索上，由 0.25kN/m² 风压而产生的作用力的 1.5 倍。

6 对于拖牵式索道的压索式支架，在空索状态匀速运行时，运载索在该支架上的靠贴力，当采用压索轮组时不得小于 1000N；当采用大直径压索轮时不得小于 1800N。

7 当运载索的最小拉力减小 20%，有效载荷增大 25%时，运载索不得离开压索轮。

8 对于采用托索与压索联合轮组的支架，当运载索在该支架上所受的向上和向下的合力为零时，每个托压索轮上的最小靠贴力应符合本条第 1 款的要求，在其他情况下，运载索不得离开联合轮组中靠贴力较小的托索或压索轮。

7.4.4 支架配置应符合下列规定：

1 对于采用脱挂式抱索器的索道，当运载索俯角出站时，站前第一跨的运载索宜导平，且站前第一跨的跨距不得小于最大制动距离的 1.2 倍。

2 运载索的最大倾角不得大于 $45°$。

3 当一个跨距内有数辆客车时，重索与空载索在该跨端部的倾角之差不宜大于 0.15rad。

4 应尽量减少压索式支架的数量。

7.4.5 客车最大离地高度应符合下列规定：

1 吊椅式索道不宜大于 15m。当索道线路每侧凹陷地段长度不超过 200m 时，可达 20m，不超过 50m 时，可达 25m；当索道每侧多次出现凹陷地段时，上述离地高度需适当减小，凹陷地段长度则应减半。

2 吊篮式索道不宜大于 25m。当索道每侧凹陷地段长度不超过 200m 时，可取 30m，不超过 50m 时，可取 35m；当索道每侧多次出凹陷地段时，上述离地高度需适当减小，凹陷地段长度则应减半。

3 车厢式索道不宜大于 45m。当跨距内客车多达 5 辆时，索道每侧凹陷地段的离地高度可取 60m；当跨距内客车少于 5 辆时，索道每侧凹陷地段的离地高度还可适当增加。

7.4.6 拖牵式索道的线路配置应符合下列规定：

1 拖牵式索道的线路配置，不得将乘客向上拖起离开拖牵道，但紧急制动时不受此限。

2 低位拖牵式索道的水平长度不宜大于 300m。

3 对于低位拖牵式索道拖牵道的纵向向上坡度，当乘客握住运载索上的把手时，不得大于 25%；当采用拖牵座时，不得大于 40%。

4 对于高位拖牵式索道拖牵道的纵向向上坡度，当采用单人拖牵座时，不得大于 60%；当采用双人拖牵座时，不得大于 50%。

5 拖牵式索道的拖牵道不宜有纵向向下坡度。

6 拖牵式索道拖牵道的横向坡度：当采用单人拖牵座时，不得大于 10%；当采用双人拖牵座时，不得大于5%。

7.5 站房设计

7.5.1 站房设计,除应符合本规范第3.6节的有关规定外,尚应符合下列要求:

1 站口设备、站内主要设备和脱挂式抱索器的站内主要轨道,宜采用地面支撑方式进行配置。地面支撑构件应有足够的刚度。

2 对于有站房的索道,控制室应设在便于观察客车进、出站和乘客上、下车的站内的一侧。控制室应能隔音、通风和调温。索道的控制设备、控制按钮和计量仪表,应集中设在控制室内。

对于无站房的索道,控制室可单独设置。

3 站房的地坪宜水平,如有纵向坡度,其值不得大于10%。站内地面应防滑。

7.5.2 对于采用固定抱索器的吊椅或吊篮式索道,站房的设计除应符合本规范第7.5.1条的有关规定外,还应符合下列要求:

1 吊椅索道的上下车段,应有明显标志。在距离下车段前8s处,宜设提示收回扶手及脚踏板的明显标志。

2 在吊椅索道的上、下车段内,站台与吊椅椅面之间的高度宜为0.5m。

3 在上、下车段附近应设紧急停车按钮。

4 吊椅式索道下车段的长度,对于旅游索道,应为吊椅在5s内所运行的距离;对于滑雪专用索道,应为吊椅在1.5s内所运行的距离。

7.5.3 对于采用脱挂抱索器的车厢、吊篮或吊椅式索道,站房的设计除应符合本规范第7.5.1条的有关规定外,尚应符合下列要求:

1 单独设置的驱动机室应能隔音并有良好的通风设施,必要时应有降温设施。

2 每条索道至少应在一个端站内设置车库。

3 乘客在站内上、下车时客车的运行速度:车厢或吊篮式索道宜为0.5m/s;吊椅式索道宜为1.0m/s;滑雪专用吊椅式索道宜为1.3m/s。

4 对于车厢或吊篮式索道,站内应设防止客车横向摆动并与客车底部或旁侧导向装置相适应的导轨。

5 对于车厢或吊篮式索道,上、下车站台宜与客车地板齐平。

6 宜利用由运载索输出的动力直接驱动推车系统的加、减速器。

7.5.4 对于拖牵式索道,起点站和终点站的设计除应符合本规范第7.5.1条的有关规定外,尚应符合下列要求:

1 起点站和终点站的设计,应能防止乘客与驱动装置、拉紧装置、基础、支架和其他结构件相接触。

2 上车段的长度和上车点的位置,应根据索道运行速度、拖牵座形式和站内托索轮的位置确定。

3 上车道前的候车区,应设候车标志和引导乘客通向上车点的栏杆。上车道的设计,应便于乘客观察上车段。接近上车点的上车道,宜采用水平或微小的下坡坡度进行布置。

4 下车段的长度、下车点位置和下车道后的出口坡度,应根据索道运行速度、拖牵座形式和站内托索轮的位置确定。

5 下车段宜采用水平或微小的下坡坡度进行布置。

6 下车点与运载索终点轮的距离:对于有拖牵盒的拖牵座,不得小于拖牵座在16s内所运行的距离,当拖牵盒的拖牵索长度小于2.5m时,则不得小于拖牵座在11s内所运行的距离;对于有伸缩杆的拖牵座,不得小于拖牵座在6s内所运行的距离。

7 在上车点、准备下车的提示点、下车点、快速离开的提示点等位置,应设明显的标志。

8 当乘客在下车段未能及时离开拖牵座、拖牵杆未能缩到正常位置或乘客滑近终点站可能出现危险时,索道应能自动停车。

7.6 电 气

7.6.1 采用脱挂式抱索器的索道,其电气设计除应符合本规范第3.7节的有关规定外,尚应符合下列要求:

1 应在站内设置下列监控装置,下列监控装置之一动作时索道应能自动停止运行,并显示故障位置。

  1)抱索状态监控装置。
  2)抱索力监控装置。
  3)脱索状态监控装置。
  4)钢绳位置监控装置。

2 应在站内设置客车的排车和防撞系统。

3 在出站侧设有抱索力监控装置的索道,当抱索力降低到报警值时,应能发出提示工作人员快速排出故障的报警信号。

8 索道工程施工

8.1 一 般 规 定

8.1.1 索道工程的施工,应具备下列技术文件:

1 索道设计说明书、施工图、设备材料清单以及其他设计文件。

2 机电设备产品合格证。

3 钢结构产品合格证或现场制作单位的质量证明文件,主要焊缝检查记录和必要的预组装合格证。

4 钢丝绳产品合格证。

5 标有各测量桩点实测位置与实测标高的测量资料。

8.1.2 施工单位应根据索道工程的设计要求和复杂程度，编制施工组织设计或施工方案。

8.1.3 安装工程开始前，安装单位应对与索道安装有关的土建基础工程进行复验，不合格的土建基础不得进行安装。钢结构和设备基础的允许偏差，应符合表 8.1.3 的规定。

表 8.1.3 钢结构和设备基础允许偏差

序号	项目	允许偏差 (mm)
1	钢支架或钢结构基础纵向中心线对索道中心线的偏移（按相邻跨距中的较小跨距计算）	0.0005l 但不得大于 50
2	钢支架或钢结构基础纵向中心线对索道中心线的偏斜	1/1000
3	相邻支架或站房与最近支架的基础横向中心线之间的跨距	0.001l 但不得大于 100
4	同一钢支架或钢结构其分离基础中心线之间的距离	±10
5	同一钢支架或钢结构其分离基础顶面之差或不同标高分离基础顶面之间的高差	10
6	钢支架或钢结构基础顶面的标高	跨距和在 200m 以内时允许偏差 50，跨距和每增加 100m 允许偏差增加 10
7	与钢筋混凝土站房直接连接的钢结构基础顶面的标高	−10
8	无抹面的基础顶面对设计平面的倾斜度	1/1000
9	倾斜预埋的螺栓、锚杆或框架对设计平面的倾斜度	17/1000
10	预埋螺栓组中心线对设计中心线的偏移	5
11	设备基础的预埋地脚螺栓组 — 标高（顶部）	+20
11	设备基础的预埋地脚螺栓组 — 中心距	±2
11	钢结构或支架预埋地脚螺栓组 — 标高（顶部）	+20
11	钢结构或支架预埋地脚螺栓组 — 中心距	±5
11	地脚螺栓预留孔 — 中心线位置	+10
11	地脚螺栓预留孔 — 深度	−20
11	地脚螺栓预留孔 — 孔壁铅垂度	10/1000
12	预埋件的标高	−20

8.1.4 钢结构的运输与存放应符合下列规定：

1 钢结构应为便于运输的构件。各构件应先除锈后再做防腐处理并进行编号，其附件及连接零件等应单独进行标记。

2 钢结构在存放和搬运时，不得积水并应防止产生永久性变形及防腐层的大面积脱落。

8.1.5 索道工程施工前，施工单位应对所安装的设备及钢结构进行验收，不符合设计安装要求的产品不得交付安装。

8.1.6 机械设备的检查与安装应符合下列规定：

1 运输与保管过程中不能防止灰尘或杂物进入运动部位的机械设备，在安装前应进行解体检查和二次清洗，必要时应重新更换全部润滑剂。

2 机械设备通用部分的安装，应按现行的机械设备安装工程施工及验收规范或设备技术文件的有关规定执行。

8.1.7 电气设备的检查、保管和安装，应按现行的电气装置安装工程施工及验收规范的有关规定执行。

8.1.8 索道工程施工时，钢丝绳安装应符合下列要求：

1 承载索和牵引索各种套筒的加楔连接或铸接及运载索和牵引索的编接工作，应由考核合格的人员担任。

2 套筒的分布位置及试验记录、套筒加楔连接或铸接的操作记录、运载索或牵引索的编接记录、检查结果、操作及检查人员的姓名均应登记在册。

8.2 钢结构安装

8.2.1 采用螺栓连接并需预组装的钢结构，应在制造现场进行预组装，并应出具预组装合格证。

8.2.2 在安装钢结构前，应检查并消除运输与存放过程中所产生的变形或缺陷。

8.2.3 永久性的普通螺栓，应接触紧密、连接牢固、防松可靠，外露丝扣不得少于 2 扣。各种形式的高强度螺栓，应按现行的钢结构工程施工质量验收规范的有关规定施工。

8.2.4 钢结构底板与基础面之间，金属垫板的斜度不得大于 1/20，每叠垫板不得超过 3 块，校正完毕应将垫板与钢结构底板焊在一起，防止二次灌浆时垫板移动。

8.2.5 钢结构安装时，应采取合理的施工工艺。

1 由钢结构基础顶面设计中心点引出索道纵、横向中心线控制桩，并用测量仪器严格控制钢结构的垂直偏差。

2 钢结构就位前，基础四角每一组地脚螺栓中，应预先拧上一个螺母，以便调整钢结构的垂直偏差。

3 逐段测量并控制每一段钢结构的各种偏差。在安装上一段钢结构时，应消除或减小下一段钢结构的各种累积偏差，特别应防止连续出现同向偏差。

桁架式钢结构支架，应严格校正每一层水平格的对角线尺寸，其偏差不得大于对角线长度的1/1000。首层钢结构校正后应初步拧紧主肢底部的地脚螺栓。

4 钢结构之间的连接面应接触紧密，接触面不少于70%。

5 桅杆式钢结构的拉索，应从低排向高排顺序安装和拉紧。每一排拉索，应按对角线方向，成对地调节拉力，边观测边调节，直至达到设计拉力。

6 钢结构安装的允许偏差，应符合表8.2.5的规定。

表8.2.5 钢结构安装的允许偏差

序号	项目	允许偏差（mm）
1	钢支架或钢结构顶面中心点对基础顶面设计中心点垂直线的偏移（按钢结构高度h计算）	0.001h 且不得大于50
2	钢支架鞍座（托、压索轮组）纵向中心线或钢结构站口桁架纵向中心线对索道中心线偏移（按较小跨距l计算）	双线货运索道为0.0002l但不得大于20，其他索道为0.0001l但不得大于10
3	钢支架或钢结构顶面的标高（在鞍座底面或轨道顶面测量）	跨距和200m以内时允许偏差50，跨距和每增加100m允许偏差增加10
4	钢结构与同其直接连接的钢筋混凝土站房的标高之差（在鞍座底面或轨道顶面测量）	15
5	钢支架横担或钢结构站口桁架在索道横向中心线方向的水平度	1/1000
6	钢支架横担或钢结构站口桁架横向中心线在水平面上的扭转偏斜	3/1000
7	构件的弯曲矢高（按构件长度l计算）	0.001l但不得大于10
8	构件的水平度	2/1000
9	构件的垂直度（按构件高度h计算）	0.001h

8.2.6 已安装的钢结构，在测量或校正时，应尽量避开风力、日照、温差等所造成的变形影响。

8.2.7 倾斜设计的钢支架除按设计要求外，其安装要求和允许偏差，可按照垂直设计的钢支架的要求。

8.2.8 对于可调式或采用可调式线路设备的钢支架或钢站房，其安装偏差可大于表8.2.5的规定，但其线路设备的安装应符合本规范第8.3节的有关要求。

8.2.9 钢结构就位并检查合格后，需要进行二次灌浆时，宜采用C25细石混凝土。二次灌浆层应密实平整，其厚度不宜小于50mm。

8.2.10 钢结构固定后，在运输、保管和安装过程中脱落的防腐层以及安装连接处，应在彻底除锈后进行防腐处理。

8.3 线路设备安装

8.3.1 单线循环式索道托、压索轮组的安装应符合下列规定：

1 托、压索轮组的绳槽中心线应与运载索中心线吻合，偏移或偏斜的最大横向值，不得大于索距的1/2000和运载索直径的1/15。

2 各托、压索轮绳槽中心面，在承受牵引索的空索载荷后，其垂直度的偏差，不得大于1/1000。

8.3.2 单线循环式索道线路监控装置的安装应符合下列规定：

1 控制回路应配线整齐、绝缘良好、连接牢固。在可动部位两端，应用卡子固定牢固，并留出适当裕度，不应使导线受到机械应力和磨损。

2 线路监控装置必须进行模拟试验，检验该装置是否符合设计要求。

8.3.3 固定鞍座的安装应符合下列规定：

1 衬垫应镶嵌密实，绳槽应平整光滑，各润滑点油路应畅通，绳槽应均匀涂上润滑油。

2 绳槽中心线应与承载索中心线吻合，偏移或偏斜的最大横向值，不得大于索距的1/2000和承载索直径的1/15。

3 托索轮组绳槽中心线应与牵引索中心线吻合，偏移或偏斜的最大横向值，不得大于牵引索直径的1/10。

4 托索轮组中的每个托索轮均应调整到设计位置。

5 对于采用双承载索的双线往复式客运索道，每侧承载索的固定鞍座，其绳槽的允许偏差，除应符合本条第2款的规定外，2个绳槽的间距和平行度的偏差，均不得大于2mm，同一横截面绳槽中心标高的偏差，不得大于±2mm。

8.3.4 货运索道摇摆鞍座的安装应符合下列规定：

1 绳槽应清理干净并均匀涂上润滑脂。

2 绳槽的允许偏差，应符合本规范第8.3.3条第2款的规定。

3 中心轴水平度的偏差，不得大于2/1000。

4 水平牵引式索道的摇摆鞍座，其托索轮绳槽中心线应与牵引索中心线吻合，偏移不得大于1.5mm，偏斜不得大于1/1000。

8.3.5 偏斜鞍座的安装应符合下列规定：

1 绳槽的清理和允许偏差，应符合本规范第8.3.4条第1、2款的规定。

2 偏斜鞍座底面对设计平面的倾斜度，其偏差不得大于2/1000。

3 轨道中心线应与承载索中心线吻合，偏移不得大于1.5mm。

4 检查弹性轨道有无变形，并应校正其对称度。

8.4 钢丝绳安装

8.4.1 承载索、运载索、牵引索、平衡索和辅助索的展开应符合下列规定：

1 绳盘损坏、钢丝锈蚀、铭牌或证书不符合设计要求时，不得展开。

2 绳盘应设置带有制动装置的托架或托盘，并有专人操作。

3 保持施工组织设计所规定的拉力。

4 各种钢丝绳宜支承在支架的托索轮或特制的托辊上展开。

5 应防止各种钢丝绳受到磨损、擦伤、弯折、打结、开裂、松散等意外损伤。

6 不得在土壤、岩石、树桩、钢结构或钢筋混凝土构筑物上拖牵各种钢丝绳。

7 各种钢丝绳严禁在水中浸泡。

8 每隔一定距离应配备专人观察钢丝绳的展开情况；各种钢丝绳端部应有随行人员进行观察；所有观察人员应配备与指挥人员联系的通讯工具。

8.4.2 承载索起吊应符合下列规定：

1 起吊前应详细检查承载索表面的涂油情况，必要时应进行补涂。

2 起吊前应逐个清理并润滑各种鞍座。

3 在起吊过程中，应防止承载索过度弯曲，承载索不得在起吊中因弯曲半径太小，使其表层丝之间产生开裂现象。

4 不应单点起吊承载索。起吊时宜采用两端带有托座的起吊横梁。

8.4.3 承载索的连接应符合下列规定：

1 线路套筒与支架鞍座横向中心线之间的距离，不得小于该支架鞍座总长的15倍。

2 紧靠线路套筒、过渡套筒和末端套筒的承载索或拉紧索，应有检查连接质量的明显标记。

3 各种套筒受力3d后，承载索或拉紧索从套筒内拉出长度，采用加楔连接时不得大于承载索直径的1/3；采用铸接时不得大于承载索直径的1/6。

4 采用铸接时，浇铸后的锥体必须从套筒中抽出进行检查。

5 当重锤在导轨中运动到上、下极限位置时，过渡套筒与偏斜鞍座或拉紧索导向轮之间的净空尺寸，不得小于0.5m。

6 每个套筒应单独编号。

8.4.4 承载索的拉紧与锚固应符合下列规定：

1 宜向锚固端方向拉紧。

2 应符合设计文件中规定的安装顺序和安装拉力。

3 承载索拉紧到设计值时，重锤应处于设计给定的位置。

4 重锤定位后，承载索的锚固：

1）采用夹块锚固方式时，夹块槽部和承载索的相应表面，必须彻底去除油污；工作夹块组的端面应紧贴支承面，相邻的工作夹块应互相紧贴，备用夹块与工作夹块之间应留出5mm的观察缝；夹块上的每个螺母，应按对角线循环交叉的顺序按设计的力矩拧紧；采用双螺母时，应在基本螺母拧紧之后，按相同的顺序和要求拧紧防松螺母。

2）采用夹楔锚固方式时，楔块槽部和承载索的相应表面，必须彻底去除油污，再按设计要求将承载索楔紧。

3）采用圆筒锚固方式时，承载索应紧密整齐地缠绕在圆筒上，最少圈数必须符合设计规定；应按设计要求用夹块将承载索固定在锚固支座上，夹块之间应紧贴，螺栓的拧紧与防松必须可靠。

5 承载索锚固前，在每一个拉紧区段内，应选择一个靠近重锤的跨距，进行挠度测量，承载索挠度的偏差，不得大于设计值的5%。

6 承载索锚固后，根据重锤撞杆的具体位置，安装上、下限位开关，限位开关的位置应可调。

8.4.5 运载索、牵引索、平衡索和辅助索的连接与就位应符合下列规定：

1 牵引索和平衡索应为整根钢丝绳，不得有编接接头，但在安装或使用中发生意外损伤时，可增加一个接头或编入一段新钢丝绳。编接接头与客车之间的距离应大于钢丝绳直径的3000倍。

2 无级缠绕的运载索、牵引索和辅助索，其编接接头不得超过2个。

3 编接接头的长度不得小于钢丝绳直径的1200倍。相邻2个编接接头之间没有编接的钢丝绳长度，不得小于钢丝绳直径的3000倍。

4 编接接头的内部，所插入的绳股应与原绳芯互相衔接，插入长度不得小于钢丝绳直径的60倍。

5 被编接的2盘钢丝绳的结构、规格、厂家等应完全相同。

6 在编接过程中拉紧钢丝绳时，应使用不损伤钢丝绳的专用夹具，不得使用普通的U形绳夹。

7 应用拉紧装置预拉伸钢丝绳不少于48h后再进行编接。

8 编接接头的外观，应浑圆饱满、压头平滑、捻距均匀、松紧一致。编接完毕，钢丝绳空载运行24h后，编接段绳股交叉点的直径增大率，不得超过钢丝绳公称直径的10%；编接段其他部位的直径增大率，不得大于钢丝绳实际直径的5%和公称直径的6%。

9 采用缠绕式套筒连接时，套筒受力3d后，钢丝绳从套筒内拉出的长度不得大于钢丝绳的直径。

8.4.6 对于采用双牵引索的双线往复式客运索道，应准确测量每根牵引索和平衡索的长度，安装后应使2根牵引索的拉力相接近。

8.5 站内设备安装

8.5.1 吊梁安装应符合下列规定：

1 站口段吊梁的平面位置，对设计位置的偏差，不得大于5mm；非站口吊梁的平面位置，对设计位置的偏差，不得大于10mm。

2 吊梁标高的偏差，不得大于±5mm。

3 对于单线循环脱挂式抱索器客运索道，前后横梁的水平度的偏差不得大于1/2000，2根横梁的间距偏差不得大于5mm。

8.5.2 吊钩和吊架的安装应符合下列规定：

1 吊钩或吊架与轨道的结合面，应平行于轨道中心线，其间距偏差不得大于5mm。

2 吊钩或吊架与轨道的结合面，其中心标高的偏差，不得大于±5mm。

3 吊钩或吊架与轨道的结合面，其垂直度的偏差，不得大于5/1000。

8.5.3 轨道安装应符合下列规定：

1 运行区段的轨道，其允许偏差应符合表8.5.3的规定。检修区段的轨道，其允许偏差可增大1倍。

表8.5.3 运行轨道的允许偏差

序号	项 目		允许偏差（mm）
1	站内轨道的标高（在轨道顶部测量）		±5
2	站内轨道中心线与相关设备中心线的距离		±5
3	直线轨道的直线度（在轨道顶部和两侧测量）		1/1000
4	曲线轨道的曲率半径R	与设备配套使用时	±5
		其他曲线段	0.005R
5	水平轨道的水平度（在轨道顶部测量）		1/1000
6	轨道坡度的倾斜度（在轨道顶部测量）		1.5/1000
7	轨道腹板的垂直度		5/1000

2 站内轨道接头处的轨顶高差不得大于0.5mm。

3 轨道接头至最近吊钩的距离，直线段不得大于0.7m；曲线段不得大于0.5m。

4 轨道工作面应润滑。

8.5.4 道岔安装应符合下列规定：

1 搭接道岔的标高，应与基本轨道的标高一致。

2 搭接道岔的岔尖，应与基本轨道紧贴。当客、货车通过道岔时，岔尖应无翘起和摇动。

3 平移道岔的轨道中心线，对基本轨道中心线偏移不得大于0.5mm，接头间隙不得大于2mm，轨顶高差不得大于0.5mm。

8.5.5 导向板安装应符合下列规定：

1 导向板与轨道之间的水平距离，其偏差不得大于±2mm。

2 导向板与轨道之间的垂直距离，当客、货车上装有导向滚轮时其偏差不得大于±5mm；没有导向滚轮时其偏差不得大于±10mm。

3 导向板的接头应平滑。

4 导向板的工作面应润滑。

8.5.6 挂结器和脱开器的安装应符合下列规定：

1 挂结器或脱开器安装的允许偏差，应符合表8.5.6的规定。

表8.5.6 挂结器和脱开器安装的允许偏差

序号	项 目		允许偏差（mm）
1	轨道工作面的标高		±2
2	轨道中心线与牵引索或运载索中心线之间的水平距离	货运索道	±1.5
		客运索道	±1.0
3	轨道工作面与抱索或脱索导轨工作面的高差	货运索道	±1.5
		客运索道	±1.0
4	轨道中心线与有关机构或设备中心线之间的水平距离	货运索道	±1.5
		客运索道	±1.0
5	轨道坡度的倾斜度	货运索道	1.5/1000
		客运索道	1/1000

2 采用脱挂式抱索器的索道，必须按照设计图纸的要求，以牵引索或运载索为基准，严格检查各特征点横剖面上的相关尺寸和各特征点的纵向定位尺寸，精确校正各种设备和各种监控装置工作面与牵引索或运载索的相对位置。

3 挂结器或脱开器安装后，必须慢速驱动牵引索或运载索和挂结器或脱开器中的有关设备，使一辆客、货车缓慢通过挂结器或脱开器，反复检查抱索器在各特征点的动作状态和客、货车的进、出站情况，不得出现抱索失误、抱索不良、脱索失误、脱索不良等现象，客、货车在进、出站时也不得出现异常摆动现象。

8.5.7 驱动装置安装应符合下列规定：

1 除放置垫板处外，其余的基础顶面应铲麻处理，每100cm²面积内应有3～4个小坑，小坑的深度不得小于20mm，铲麻后用水冲洗干净。

2 驱动轮和从动轮安装：

1）驱动轮纵、横向中心线对设计中心线的偏差，货运索道不得大于 2mm，客运索道不得大于 1mm。

2) 卧式驱动装置的驱动轮，其中心标高的偏差，货运索道不得大于±2mm，客运索道不得大于±1mm。

3) 卧式或立式驱动装置的驱动轮，在任意方向检测时，其水平度或垂直度的偏差，货运索道不得大于 0.3/1000，客运索道不得大于 0.15/1000。

4) 单槽或双槽驱动轮的绳槽中心线，应与出侧和入侧牵引索的中心线吻合，偏移不得大于牵引索直径的 1/20，偏斜不得大于 1/1000。

5) 从动轮的绳槽中心，应对准双槽驱动轮相应的绳槽中心，用拉线法检测时，其偏差不得大于牵引索直径的 1/10。

6) 立式驱动装置从动轮垂直度的偏差，不得大于 0.3/1000。卧式驱动装置从动轮的轴心线，对驱动轮横向中心线方向的垂直剖面的平行度，其偏差不得大于 0.5mm。

3 电机、减速机、制动器、联轴器等设备的安装，应按机械设备安装工程施工及验收规范中的有关规定执行。

8.5.8 拉紧装置安装应符合下列规定：

1 小车轨道中心线与设计中心线的偏差，不得大于 2mm。

2 轨道工作面标高的偏差，不得大于±2mm。

3 轨距的偏差，不得大于+5mm。

4 轨道的接头，应平整光滑。

5 拉紧轮或拉紧索导向轮绳槽的中心线，应与出侧和入侧牵引索、运载索或拉紧索的中心线吻合，偏移不得大于拉紧索直径的 1/20，偏斜不得大于 1/1000。

6 拉紧装置安装后，拉紧小车的 4 个滚轮，均应靠贴在轨道上。

7 采用液压拉紧方式时，液压拉紧装置的安装应按机械设备安装工程施工及验收规范中的有关规定执行。

8.5.9 导向轮安装应符合下列规定：

1 导向轮中心标高的偏差，不得大于±3mm。当导向轮中心的标高直接关系到挂结或脱开质量时，其偏差不得大于±1mm。

2 导向轮绳槽中心线应与牵引索或运载索的中心线吻合，偏移不得大于牵引索或运载索直径的 1/15，偏斜不得大于 1/1000。

3 垂直导向轮的垂直度、水平导向轮的水平度或倾斜导向轮的倾斜度，其偏差均不得大于 0.5/1000。

8.5.10 双线循环式货运索道迂回轮的安装应符合下列规定：

1 直径为 5m 或 6m 的迂回轮，在现场组装后，直径的偏差不得大于±6mm，径向圆跳动不得大于 8mm，端面圆跳动不得大于 10mm。

2 迂回轮工作面与轨道中心线之间的径向尺寸，其偏差不得大于±10mm。

3 迂回轮校正合格后，应将底座焊牢在支座上。

8.5.11 双线循环式货运索道滚轮组的安装应符合下列规定：

1 每个滚轮的径向圆跳动和端面圆跳动不得大于 2mm。

2 滚轮轮缘与货车运行小车之间的间隙不得大于 10mm。

3 滚轮组应能保证货车顺利通过。

4 滚轮组的曲率半径，应采用弦长不小于 1500mm 的弧形样板检查，其间隙不得大于 2mm。

5 滚轮组的曲率半径应与轨道的曲率半径相适应，径向尺寸的偏差不得大于±5mm。

6 垂直滚轮组各滚轮绳槽中心直线度的偏差，不得大于牵引索直径的 1/10。

7 垂直滚轮组绳槽中心线应与牵引索中心线吻合，偏移的最大横向值，不得大于牵引索直径的 1/10。

8 水平滚轮组各滚轮绳槽中心平面对设计平面的偏差，不得大于牵引索直径的 1/10。

9 滚轮组弧长范围内轨道顶部的标高，其偏差不得大于±5mm。

8.5.12 双线往复式客运索道滚子链的安装应符合下列规定：

1 导轨或滚子架的工作面，在安装过程中不得受到损伤。

2 导轨或滚子架工作面的曲率半径，应采用弦长不小于 1500mm 的弧形样板检查，其间隙不得大于 1mm。

3 导轨任意横截面的槽底轮廓线或固定滚子的工作母线，其水平度的偏差不得大于 3/1000。

4 导轨或滚子架的接缝处，间隙不得大于 1mm，高差不得大于 0.5mm。

5 小链板滚轮中心线应与导轨及大链板导槽中心线吻合，滚轮运动时，滚轮不得损伤上、下导槽边缘。

6 大链板绳槽或固定滚子中心线应与承载索中心线吻合，偏移的最大横向值，不得大于承载索直径的 1/20。

7 大链板绳槽中心或固定滚子工作面的标高，其偏差不得大于±3mm。

8 大链板绳槽与承载索表面，或固定滚子工作面与承载索保护面，应普遍接触，个别未接触处的间隙，不得大于 1mm。

9 扁钢或滚子架与预埋件的正式焊接，应在滚子链安装合格后进行。

10 采用双承载索的双线往复式客运索道，每个轨路中的双滚子链，除应符合本条1~9款的规定外，2个绳槽的间距和平行度的偏差，均不得大于2mm。同一横截面绳槽中心标高的偏差，不得大于±2mm。

8.5.13 重锤安装应符合下列规定：

1 导轨中心线对设计中心线的偏差不得大于20mm。

2 导轨垂直度的偏差，在全长范围内不得大于10mm。

3 导轨轨距的偏差不得大于+50mm。

4 导轨的接头应平整光滑。

5 重锤块应交错排列、互相靠紧、避免松动和掉落。

6 整体混凝土重锤应按设计施工，并应取样测定密度和强度。

7 重锤或重锤箱上的导向块与导轨之间的间隙，上下、左右应大致相等，否则应调整重锤块的位置。

8 重锤或重锤箱在升降过程中不得出现卡阻现象。

9 牵引索或运载索重锤质量的偏差，货运索道不得大于8/1000，客运索道不得大于4/1000。

10 承载索重锤质量的偏差，货运索道不得大于12/1000，客运索道不得大于6/1000。

8.5.14 货车安装应符合下列规定：

1 货车应按设计要求逐辆检查抱索器的功能尺寸，不合格的货车不得交付安装。

2 吊架在纵、横向的各种变形不得大于5mm；吊钩间距的偏差不得大于3mm；吊钩孔同轴度的偏差不得大于2mm。

3 货箱箱体不得产生明显变形，货箱口对角线长度之差不得大于5mm，两端销轴同轴度的偏差不得大于2mm。

4 对于翻转式货车，应检查启闭机构的灵活性与可靠性和货箱翻转的灵活性。

5 对于底卸式货车，应检查启闭机构和底板的灵活性与可靠性。

6 应检查货车与站内轨道、道岔、吊钩、护轨、挡轨、导向板、装载、卸载、复位等设施的适应性。

7 货车应按顺序编号。

8.5.15 客车安装应符合下列规定：

1 双线往复车厢式索道的客车：

1) 运行小车应先在地面进行检查，各车轮绳槽中心直线度的偏差，不得大于运行小车总长的1/1500和承载索直径的1/20。各车轮与小横梁或各大、小横梁之间，应无松动、无窜动、无碰刮和无卡阻。

2) 牵引索末端套筒的连接，应符合本规范第8.1.8条和第8.4.5条第9款的要求。

3) 采用双承载索的客车，其运行小车的安装，除应符合本款第1项的规定外，两个运行小车的间距和平行度的偏差，均不得大于3mm。

2 单线循环式索道的客车：

1) 吊椅的安全扶手、踏板或围栏，应动作灵活。

2) 车厢和吊篮的车门应启闭灵活，设有自动开关门机构的车厢，应与站内的开关门机构相协调。

3) 减振器、导向器等重要部件的安装，应符合设备技术文件的规定。

3 各种客车的导向器，应与站内的导向装置相协调。

4 应检查各种客车与站内有关设施的适应性。

5 客车应按顺序编号。

9 索道工程验收

9.1 试 车

9.1.1 索道试车，应在土建、设备安装工程完毕后，经全面检查已具备试车条件时进行。

9.1.2 索道无负荷试车，应由安装单位组织进行，有关单位参加；索道负荷试车，应由建设单位组织进行，有关单位参加。

9.1.3 无负荷试车应符合下列规定：

1 单机调试：

1) 应从部件到组件，从组件到单机逐级调试，上一步骤未合格前，不得进行下一步骤的调试。

2) 驱动装置等主要设备的连续运转时间不得少于4h，其中额定速度的运转时间不应少于全部运转时间的60%。

3) 驱动装置等主要设备的液压与润滑系统的油压、油位和油温等应正常。

2 机组联动试车：

在单机调试的基础上，应进行机组联动试车。各设备应配合良好、动作协调，累计试车时间不得少于4h。

3 牵引索和运载索试车：

1) 牵引索或运载索安装合格后，应由慢速至额定速度进行试车，累计试车时间不得少于4h。

2) 牵引索或运载索在托、压索轮组上应稳定靠贴。

3) 有关设备及运行系统的工作应正常。

9.1.4 负荷试车应符合下列规定：

1 空车试车：
　　1）从端站或中间站各发一辆空车，由慢速至额定速度进行通过性检查，不得有任何阻碍。
　　2）循环式索道应以额定运行速度，先从端站或中间站分别将空车按8倍设计车距布满全线进行试车，再按4倍、2倍直至设计车距布满全线进行试车。
上一步骤未合格前，不得进行下一步骤的试车。全过程累计试车的时间，不得少于4h。

2 货运索道重车试车：
　　1）在全线按设计车距布满空车的基础上，由装载站发出一辆重车，以额定运行速度进行通过性检查，其净空尺寸应符合本规范第3.4节的有关规定。
　　2）在全线按设计车距布满空车的基础上，先按8倍设计车距，将重车布满重车侧线路，再按4倍、2倍直至设计车距将重车布满重车侧线路，以额定运行速度进行重车试车。
　　3）在最不利的缺车试车时，应检查驱动装置在启动和制动时的抗滑性能和电动机的过载、发热等情况。
全过程累计试车的时间，不得少于4h。

3 往复式客运索道重车试车：
　　1）采用设计规定的计算载荷进行往复式客运索道重车试车。
　　2）应按设计载荷的半载、满载分别进行试车。
　　3）控制系统应进行多次检测，并应检查超速、减速、越位、速度同步等监控装置的联锁性能。
　　4）客车制动器应按设计要求进行检测。
全过程累计试车的时间，不得少于4h。

4 循环式客运索道重车试车：
　　1）采用设计规定的计算载荷进行循环式客运索道重车试车。
　　2）应按设计载荷的半载、满载分别进行试车。
　　3）控制系统应进行多次检测，并应检查索道在半载、满载情况下的启动和制动性能，并应检查站内和线路监控装置的联锁性能。
全过程累计试车的时间，不得少于4h。

9.1.5 客运索道试车期间，应在满载情况下进行回运试验，并在索道线路适当地段，对营救设施的性能进行检查。

9.1.6 在整个试车过程中应进行详细记录。

9.2 试运行

9.2.1 索道经联动负荷试车合格后，可进行试运行。
9.2.2 索道试运行工作应由建设单位组织。
9.2.3 索道试运行不宜少于60h。

9.3 工程验收

9.3.1 索道试运行结束后，可进行工程验收。
9.3.2 索道工程验收工作应由建设单位组织，有关单位参加。
9.3.3 索道工程验收时，应具备下列技术文件和资料：
　　1 全套施工图及设计说明书。
　　2 设计变更通知单。
　　3 主要材料出厂合格证及检验报告。
　　4 重要焊接部位的焊接试验记录。
　　5 机电设备和钢丝绳出厂合格证。
　　6 索道竣工测量成果。
　　7 隐蔽工程验收文件。
　　8 混凝土结构和钢结构工程验收文件。
　　9 设备安装工程验收文件。
　　10 接地电阻测试记录。
　　11 各种套筒的试验记录、操作记录、检查结果和分布位置。
　　12 牵引索或运载索的编接记录。
　　13 承载索、牵引索或运载索的挠度测量记录。
　　14 客车制动器的制动性能试验记录。
　　15 索道试车记录。

本规范用词说明

1 为便于在执行本规范条文时区别对待，对要求严格程度不同的用词说明如下：
　1）表示很严格，非这样做不可的用词：
　　　正面词采用"必须"，反面词采用"严禁"。
　2）表示严格，在正常情况下均应这样做的用词：
　　　正面词采用"应"，反面词采用"不应"或"不得"。
　3）表示允许稍有选择，在条件许可时首先应这样做的用词：
　　　正面词采用"宜"，反面词采用"不宜"；
　　　表示有选择，在一定条件下可以这样做的用词，采用"可"。

2 本规范中指明应按其他有关标准、规范执行的写法为"应符合……的规定"或"应按……执行"。

中华人民共和国国家标准

架空索道工程技术规范

GB 50127—2007

条 文 说 明

目　次

1　总则 ················· 5—39
2　术语和符号 ············ 5—39
　　2.1　术语 ············· 5—39
　　2.2　符号 ············· 5—40
3　索道设计基本规定 ······· 5—40
　　3.1　一般规定 ········· 5—40
　　3.2　风雪荷载 ········· 5—40
　　3.3　线路和站址选择 ···· 5—40
　　3.4　净空尺寸 ········· 5—41
　　3.5　支架 ············· 5—41
　　3.6　站房设计 ········· 5—41
　　3.7　电气 ············· 5—41
　　3.8　回运与营救 ······· 5—42
4　双线循环式货运索道工程设计 ··· 5—42
　　4.1　货车 ············· 5—42
　　4.2　承载索与有关设备 ··· 5—43
　　4.3　牵引索与有关设备 ··· 5—46
　　4.4　牵引计算与驱动装置选择 ··· 5—47
　　4.5　线路设计 ········· 5—49
　　4.6　站房设计 ········· 5—49
　　4.7　电气 ············· 5—51
　　4.8　保护设施 ········· 5—51
5　单线循环式货运索道工程设计 ··· 5—52
　　5.1　货车 ············· 5—52
　　5.2　运载索与有关设备 ··· 5—52
　　5.3　牵引计算与驱动装置选择 ··· 5—53
　　5.4　线路设计 ········· 5—53
　　5.5　站房设计 ········· 5—54
6　双线往复式客运索道工程设计 ··· 5—55
　　6.1　客车 ············· 5—55
　　6.2　承载索与有关设备 ··· 5—56
　　6.3　牵引牵、平衡索、辅助索与
　　　　有关设备 ·········· 5—57
　　6.4　牵引计算与驱动装置选择 ··· 5—57
　　6.5　线路设计 ········· 5—57
7　单线循环式客运索道工程设计 ··· 5—58
　　7.1　客车 ············· 5—58
　　7.2　运载索与有关设备 ··· 5—59
　　7.3　牵引计算与驱动装置选择 ··· 5—59
　　7.4　线路设计 ········· 5—60
　　7.5　站房设计 ········· 5—60
8　索道工程施工 ·········· 5—60
　　8.1　一般规定 ········· 5—60
　　8.2　钢结构安装 ······· 5—61
　　8.3　线路设备安装 ····· 5—62
　　8.4　钢丝绳安装 ······· 5—62
　　8.5　站内设备安装 ····· 5—62
9　索道工程验收 ·········· 5—63
　　9.1　试车 ············· 5—63

1 总 则

1.0.1 本条文指出了制定本规范的宗旨。

本次修订时，积极采用了国外同类标准中符合世界索道发展趋势并适合我国索道实际情况的技术内容，使其与国际标准接轨，以便更好地规范和指导我国的索道建设事业，从而提高我国索道的设计水平、技术经济指标和安全可靠性，使索道运输在国民经济中发挥更大的作用。

1.0.2 本规范适用于目前我国各种类型索道的设计、施工及验收工作。

单线脉动循环固定抱索器车组式、单线间歇循环固定抱索器车组式、双线往复固定抱索器车组式等客运索道和特种型式的货运索道的技术要求，未设单独章节进行规定，实施时可参照本规范有关条款执行。

1.0.3 为了保证索道工程建成后，能取得良好的经济效益、社会效益和环境效益，本条强调在工程进行可行性研究时，对总体方案必须从建设条件、技术条件等多方面论证其合理性，作为选择运输方案的依据。

建设条件，一般是指索道站址和线路通过区域地形、地貌、植被、景观、地质、气象等自然情况，以及水、电、路、通讯等基建时的外部情况。

技术条件，是指根据建设条件所采取的技术方案和技术措施，能否满足建设规模、建设周期、景观协调、安装运行、规程规范等技术要求。

1.0.4 本条提出了在索道设计、设备研制和设备出厂方面比较重要的要求。

由于客、货运索道涉及人身安全方面的环节较多，加上目前国内具备资质的设计单位和生产索道定型产品的制造厂家为数较少，因此，应对新开发的、关系到人身安全的设备提出严格的要求。

鉴于目前国内客运索道的技术水平领先于货运索道，因此，在工程设计中，应将客运索道中行之有效的新技术、新工艺、新设备、新材料，有目的、有选择、有步骤地运用到货运索道中来，从而迅速提高我国货运索道的技术水平。

1.0.5 本条规定了在风景名胜区建设客运索道应遵循的两项基本原则。

在确定索道线路和站址方案时，应以保护风景、方便旅游为原则，二者有主、有次，但必须兼顾。这是我国20多年来客运索道建设的基本经验。

1.0.6 虽然索道属于一种比较符合环保要求的交通运输工具，但在索道建设过程中，如果缺乏环保意识，不制定环保措施，仍然会对自然环境造成一定程度的影响甚至破坏。因此，在建设过程中对索道所在区域的环境保护问题，必须引起与工程有关的各方面人士的足够重视。

经验证明，索道工程对自然环境的影响或破坏，集中体现在施工期。不同的施工方法、不同的管理措施，将会产生不同的施工效果，或者说它会直接影响对自然环境的破坏程度。

索道施工结束后，索道沿线除少量施工痕迹难以迅速恢复外，其他受到影响或破坏的场所，应采取具体措施及时进行修复，尽快还大自然以本来的面目。

因此，索道工程建设的各个环节除强化环保意识外，还要把建设期间和建设期后各阶段的环保措施落到实处，以求索道建成后取得最佳的环境效益。

1.0.7 为了确保工程质量和安全运行，本条要求索道建设必须按照基建程序进行，各种形式的客、货运索道工程施工完成后，需经主管部门验收合格后，才能正式移交运营或运行。

1.0.8 本规范为专业性的全国通用规范。为了精简规范内容，凡引用或参照其他全国通用的设计标准、规范的内容，除必要的规定之外，本规范不再另设条文。

因此，本条规定了除执行本规范的规定外，还应符合国家现行有关标准、规范的要求。

2 术语和符号

2.1 术 语

2.1.1～2.1.8 主要解释索道类型、运载工具、抱索器等术语的含义。

索道从功能上分，有客运索道和货运索道两大类；从索系上分，有单线索道和双线索道两大类；从运行方式上分，有往复式、循环式、脉动循环式、间歇循环式等索道形式；从抱索器结构上分，有固定抱索器索道和脱挂抱索器索道两种；从运载工具上分，有车厢、车组、吊篮、吊椅、拖牵座等形式。

上述四大类别与各种结构形式，组成了名目繁多和用途广泛的架空索道。如单线循环脱挂抱索器车厢式客运索道、双线往复固定抱索器货运索道、单线脉动循环固定抱索器车组式客运索道等。

2.1.9～2.1.15 主要解释线路侧形、高差、进站角、索道运输能力等术语的含义。

为了真实反映索道的总体配置和索道与外界的关系，索道线路侧形图的绘制需注意以下事项：

1 高程和平距的比例必须一致。

2 在纵断面图中，应清楚地绘出地形、地物、站房、支架和需要控制最小垂直净空尺寸的各种障碍物。对于难以辨认的细小障碍物（例如，位于索道上方并与索道正交的电力线路），应绘出其位置，并加注文字说明。在各跨距内，宜采用细实线、粗实线、虚线和点划线分别绘出各跨的弦线、空索曲线、空载索曲线和重载索曲线。各站的上方应标出站名，各支架的上方应有编号。

3 必要时应绘出附有带状地形图的平面图,平面图的绘制可参照纵断面图的制图要求。

4 必要时应绘出站房放大图。

5 图中应标明站名、支架编号、钢丝绳标高、支架高度、跨距、累计平距、线路设备规格等名称和数据。

2.1.16~2.1.30 主要解释传动区段、拉紧区段、索道用钢丝绳专业名称、各种线路设备、线路设施等术语的含义。

钢丝绳的抗拉安全系数为钢丝绳最小破断拉力与最大工作拉力的比值。其中,钢丝绳最大工作拉力是指不计入惯性力的最大工作拉力。本规范中最大工作拉力需要计入惯性力时,应按有关条文执行。

2.1.31 当客运索道发生故障时,对滞留在线路上的乘客采用的营救方式主要有两种:一种是水平营救;另一种是垂直营救。采用何种营救方式,需根据不同的地形条件、实施的难易程度及营救时间的长短来选择。为了确保乘客安全,每条索道必须配备上述两种营救方式之一的设备,或同时配备两种营救方式的设备。

2.1.32~2.1.41 主要解释各种站房和站内设备术语的含义。

2.1.42~2.1.45 索道的主驱动、紧急驱动、辅助驱动和营救驱动,各有不同的使用功能并体现不同的装备水平,在确定索道工艺方案和设备选型时,应根据具体情况分别对待,真正发挥索道运输的经济效益、环境效益和社会效益。

2.2 符　号

2.2.1 本条列举了索道基本参数方面的主要符号,有些符号如驱动机功率、客车或货车单程运行时间等,本条中没有一一列入。

2.2.3、2.2.4 有些常用符号有多重性,在使用中请注意区别。如曲率半径符号 R,既可表示鞍座、垂直滚轮组和水平滚轮组的曲率半径,又可表示货车或客车每个行走轮作用在承载索上的轮压。又如 α 既可表示二点之间弦倾角,又可表示驱动轮上的包角等。

在索道设计工作中,通常采用 T_0、T_1、T_2、T_{max} 等符号代表承载索的各点拉力,采用 t_0、t_1、t_2、t_{max} 等符号代表牵引索的各点拉力,以示区别。

3 索道设计基本规定

3.1 一般规定

3.1.1 由于旅游事业的蓬勃发展和索道技术的不断进步,发展大运量索道已成为必然趋势,各种类型索道的运输记录不断刷新,因此修订时取消了对索道最大运输能力的限制。

3.1.2 从安全角度考虑,应限制索道的最高运行速度,但随着技术的发展,索道的运行速度也会不断提高。因此,修订时对索道的最高运行速度未作限制,而是从国内的实际情况出发,推荐了现阶段各类型索道的最高运行速度。

3.1.3 根据国内外生产实践经验,对货运索道的年工作日、每日工作小时数和运输不均衡系数,作出了具体规定。

客运索道和货运索道不同,其季节性很强,客流的高峰期各地区也不相同,因此,本规范对客运索道的工作制度不作具体规定。

3.1.4 对于双线循环式货运索道,国内过去有2.5、3.0和3.5m三种索距。考虑到采用高强度钢丝绳后可改善牵引索的工作条件,因此,取消了2.5m并增加了4.0m。货车容积与索距的匹配关系,根据国内外索道工程设计经验,进行了局部调整。

对于单线循环式货运索道,国内过去采用的索距和匹配关系均保持不变,为了适应大运量单线货运索道的发展需要,增加了允许采用大于3.5m索距的规定。

3.2 风雪荷载

3.2.1 由于国外各规范的风压取值不尽相同,本次修订时,采用了欧洲 CEN/TC 242 标准的风压值。执行时需注意:当计算钢丝绳侧向位移和校核承载索在鞍座上靠贴安全性时,风压的取值有所不同。

3.3 线路和站址选择

3.3.1 本条规定了各种类型索道线路选择的一些基本原则,目的是为了保证索道运行的安全可靠性并使索道建设获得较好的经济、社会和环境效益。

3.3.2 对站址选择作以下说明:

1 站址的选择是否合理和能否满足建站要求,关系到站房乃至整条索道工程基建费用的高低,并对基建施工和生产管理产生较大的影响。

2 在索道工程建设中,不占或少占农田,是必须遵守的一项基本原则。

3 站址要避开不良工程地质区域或采矿崩落等人为不良影响区域,并设在具有一定耐力的工程地质区。

4 索道钢丝绳进、出站角的要求:

1) 双线货运索道承载索的进、出站角,宜为 0.05~0.10rad 的仰角或 0.05~0.10rad 的俯角;以 0.05~0.10rad 的俯角进、出站时,可不设站口滚轮组,以俯角小于 0.05rad 至仰角小于 0.10rad 进、出站时,可仅设 3~5 个垂直滚轮,这就最大限度地缩短了站口的长度,改善了牵引索的工作条件,提高了抱索器的挂结、脱开可靠性。

2) 单线货运索道运载索的进站角,当采用四连杆式或鞍式抱索器时,不宜大于 0.10rad 的仰角。这样,既能减小抱索器钳口与运载索之间的摩擦,又能减轻货车车轮对站口轨道的冲击。出站角约为 0.10rad 的仰角时,抱索器与运载索的挂结效果最好。

3) 运载索的出站角,当采用四连杆式或鞍式抱索器时,不宜大于 0.10rad 的仰角;当采用弹簧式抱索器时,运载索以俯角出站时宜导平。

3.4 净空尺寸

3.4.1、3.4.2 这两条条文是参照国内外资料制定的,执行时应注意下列三点:

1 净空尺寸过去称为界限尺寸,但索道的净空尺寸与铁道的界限尺寸,是完全不同的两个概念。前者是指索道的最大轮廓线与障碍物表面之间的距离,即安全距离;后者是指轨道顶面或轨道中心线与障碍物表面之间的控制尺寸,必须减去车辆的轮廓尺寸,才能求出实际的安全距离。

2 从安全角度出发,当校验索道上方障碍物的最小垂直净空尺寸时,以索道顶部的最高静态位置为准;当校验索道下方障碍物的最小垂直净空尺寸时,以索道底部的最低静态位置加上动态附加值,以最低位置为准。

3 客、货车与内、外障碍物之间的最小水平净空尺寸,是指已经考虑了客、货车或钢丝绳摆动之后的净空尺寸,此点在选用时请特别注意。

3.5 支 架

3.5.1~3.5.4 对这 4 条作以下几点说明:

1 钢支架具有结构轻巧、制造精确、拆卸容易、搬运方便、施工周期短、安装精度高等优点,因此,设计支架时应优先采用钢结构。

2 支架头部的操作台,过去设计时多半采用水平结构或坡度不大的台阶形结构。当钢丝绳的倾角较大、客车或货车产生纵向摆动时,往往会碰撞操作台,因此,要求将操作台设计成与钢丝绳倾角一致的台阶形。

3 支架基础的混凝土用量,在整条索道的混凝土用量中,占有相当大的比重。在山地条件下,材料运输非常困难,为了降低施工费用,设计时应优先采用体积较小的短柱式钢筋混凝土基础。

对于岩石类地基,经技术经济比较后,可采用梁式或锚杆式基础,以达到降低基建费用的目的。

4 本次修订时为了提高支架的设计水平,新增了支架顶部的允许变形等方面的规定。

3.6 站房设计

3.6.3、3.6.4 在过去设计的索道中,由于在高架站房的站口和站房边缘的悬空处,曾发生过工作人员或乘客坠落或被出站车辆撞落的事故。因此,本次修订时新增了设置安全网或其他安全防护设施的要求,从而,可有效防止类似事故的发生。

3.7 电 气

3.7.1 对索道供电作以下说明:

1 为了提高索道运输的安全可靠性,无论是客运索道还是货运索道,采用双回路电源供电是最佳的供电方式,但根据对国内供电情况的调查,采用双电路电源供电难度较大。因此,本条对此不作硬性规定。

2 由于客运索道对安全可靠性的特殊要求,对采用独立的双回路电源供电有困难的客运索道,当采用单回路电源供电时,应配备柴油发电机组或其他形式的内燃机,作为索道的应急电源或驱动源,其容量应满足至少能以低速回运全部客车的要求。

3.7.2 随着我国节能政策的推行和自动化控制技术的不断提高,国内索道,尤其是客运索道的主驱动系统大量采用调速性能好、运行平稳、安全可靠和维修方便的直流拖动或交流变频拖动的自动控制方式。根据国内外客货运索道的实践经验,本次修订时,对客运索道主驱动系统的电气传动,推荐采用具有四象限运行特性和无级调速性能的直流拖动或交流变频拖动的自动控制技术。对于有负力的货运索道,也应优先采用该技术。紧急驱动、辅助驱动和营救驱动系统,由于仅在应急情况下使用,考虑到技术经济原因,其电气传动多采用交流或液力传动方式,其电控多采用常规电气控制方式。

3.7.3 本条规定采用自动控制运行方式的索道还应同时具备半自动和手动控制运行方式,其原因有两点:一是索道在特定条件下或检修时,需要用到半自动或手动控制;二是一旦自动运行系统发生故障时,可改用半自动或手动控制方式。

3.7.4 安全电路的设计,是客运索道的重要设计环节。安全电路无论是常规继电器控制系统,还是 PLC 控制系统,都应该设计成静态-电流型回路,即各个安全装置的常闭接点在安全回路中为串联形式。当其中任何一个安全接点动作时,安全回路断电,安全继电器动作,并发出停车及报警信号。当索道停车后,只有在排除故障并且安全电路经人工复位后,索道才能重新启动,也就是说,安全电路应具有故障记忆功能。

3.7.6 对不涉及到人身安全和设备事故的一般性故障,如驱动装置的制动系统和润滑系统的油压、油位、油温等异常,宜发报警信号,提醒操作人员在本次人员运送完毕后,立即停机检查。

3.7.8 本条第 5 款所述的"风速达到 20m/s"是指与 $0.2kN/m^2$ 工作风压相对应的工作风速值。根据索道的实践经验,报警风速值一般设定在工作风速的

70%左右。当报警信号发出后,操作人员需采取降低运行速度等措施,以保证索道的安全运行。

3.7.11 由于绝大多数索道均建在山区和丘陵地带,因此,索道的防雷与接地显得更为重要。

索道最容易遭受雷击和雷电入侵的位置在站房、沿线支架、钢丝绳以及电源入户侧。在雷击频繁地区,除了站房的屋顶应设避雷带或避雷针外,在有条件的地方,宜在沿索道线路运载索或承载索的上方,设置单避雷线或平行双避雷线,并在电源进线侧(如电源进线柜)设置过电压吸收装置。此方法在索道的实际使用中效果很好。

为了防止雷电波形成的高电压从电源入户侧侵入,入户电源一般采用电缆穿钢管(或铠装电缆)进线,钢管及电缆金属外皮接地;架空入户电源应在距墙15m处换成电缆穿钢管(或铠装电缆)进线,钢管及电缆金属外皮接地。

从防雷效果考虑,防雷接地的电阻越小越好,但这意味着投资的增大和施工难度的加大。客运索道多半建在多山的风景区内,其建筑物和构筑物多建在高电阻率的岩石地基上,景区的植被和山地岩石又不容过多破坏。考虑到以上实际情况,并参考了建筑物防雷设计规范和欧洲CEN/TC 242标准,索道站房的防雷接地电阻以不大于5Ω,线路支架的防雷接地电阻以不大于30Ω比较合适。

3.8 回运与营救

3.8.1 本条为新增条文。

回运,是指当索道发生在较长时间内不能恢复运行的故障时,启动紧急驱动、辅助驱动和营救驱动系统,把滞留在线路上的乘客运回站内。

营救,是指索道发生在较长时间内不能恢复运行的故障而且不能实施回运作业时,把滞留在线路上的乘客在原位置下放至地面或沿线路直接运回站内或转移到附近支架的下车平台上,再通过支架爬梯回到地面,所采用的技术措施。

回运与营救是客运索道设计工作中不可或缺的组成部分,本次修订时,强调了客运索道应有适当装备水平的回运设计和适合索道实际情况的营救设计。

3.8.3 本条为新增条文。

当索道发生在较长时间内不能恢复运行的故障时,采用回运方式将滞留在线路上的乘客送回站内,既省时又省力,还能更好地保证乘客的安全和减小乘客的心理压力,所以,应该优先采用这种方式。营救作业只有在合理的时限内不能实现回运作业的情况下,才能实施。

对于双牵引索道,即使能够利用另一根牵引索进行回运,也需要配备垂直营救装备。

3.8.4 对于单线循环固定抱索器吊椅或吊篮式索道,由于客车的离地高度不大,其营救作业比较简单。根据国内一些索道的实践经验,将拉紧轮向站口方向移动,使大部分吊椅降落地面,未降落地面的少数吊椅,借助爬梯、安全带等简单的营救工具,便能实施垂直营救作业。

对于单线循环脱挂抱索器车厢式索道,由于客车的离地高度较大和客车的数量较多,营救难度相对增大。然而,采用性能良好的、并由地上营救人员操作的缓降器进行垂直营救,整个营救过程还是比较省时省力的。

对于客车定员较多的双线往复车厢式索道,由于配备了乘务员,借助于性能优良的缓降器,在客车离地高度不大于100m的条件下,也能实施垂直营救作业。

3.8.5 对于单线循环脱挂抱索器车厢式索道,在运载索的上方,另外架设一条结构简单的营救索道,并配备营救小车。进行水平营救时,乘客由营救人员协助进入营救小车,将乘客转移到支架的下车平台上,再通过支架爬梯回到地面。

对于双线往复车厢式索道,在承载索的上方,另外架设辅助索牵引系统,并配备营救小车。进行水平营救时,乘客由车厢进入营救小车内,将乘客营救到站内。

3.8.6 本条为新增条文。

水平营救与垂直营救各有不同的优缺点,对于某些条件特殊的索道,例如建在海拔很高、天气变化无常和地形起伏很大地区的索道和需要跨越原始森林、湍急河流、建筑群或高压输电线路的索道,单纯使用一种营救方法,很难奏效,此时,就应采用水平与垂直联合营救方式。

4 双线循环式货运索道工程设计

4.1 货 车

4.1.1 对本条作以下说明:

1 下部牵引式货车的牵引索位于承载索的下方,水平牵引式货车的牵引索位于承载索的侧边。两种牵引形式对各种线路侧形适应程度不同。

下部牵引式索道的地形适应能力较强,是国内外双线索道工程中的常用形式。

与采用下部牵引式货车的索道相比,采用水平牵引式货车的索道,在运行过程中牵引索的挠度和承载索基本一致,波动较小。承载索不受牵引索折角所引起的附加压力作用,承载索的工作寿命较长,货车运行平稳,因此,水平牵引式索道特别适用于凸起地形。但是,采用水平牵引式货车的索道要求牵引索和承载索在全线上保持大致相同的挠度,索道传动区段愈长、线路起伏变化愈大,挠度变化则愈不易控制。因此,牵引索拉得过紧或过松,就可能引起货车倾斜，甚至造成事故。同时，由于水平牵引式货车的抱索器是从上方抱住牵引索，一旦发生掉车事故，牵引索难以从抱索器中脱出，常常引起"一串货车"同时掉落。此外，水平牵引式货车不能自动转角，国内外还没有使用实例。综上所述，采用水平牵引式货车的索道只适用于凸起地形，线路长度较短（我国现有的几条采用水平牵引式货车的索道长度均没有超过2km)，并且不需要转角的场合。

2 目前，广泛使用的重力式抱索器，可适应运输能力为300t/h（货车承载能力为2000kg）或稍大的索道工程。当货车承载能力达3200kg和运行速度超过3.6m/s时，重力式抱索器就难以保证货车与牵引索可靠地挂结和脱开，因此，应选用弹簧式抱索器。

3 翻转式货车结构简单且卸料方便，在货运索道中得到广泛应用，但是运输黏结性物料时，货箱因黏结造成卸料不干净，影响索道的运输能力。目前，尚无可靠的清理方法，多数索道采用人工敲打方法清理货箱，不仅劳动强度大，而且使货箱严重变形，诱发事故。因此，建议采取底卸式货车运输黏结性的物料。

4 生产实践证明，只有当运输性能特别好的松散物料（如粒度较小、含泥量低或洗干净的矿石）时，货车有效容积的利用系数才能采用1.0。运输黏结性物料时，可根据具体情况采用0.8~0.9的有效容积利用系数。

5 为了保证货车装卸顺利，防止堵料、撒料，应使货箱装料宽度与物料最大块度符合一定比例关系。回转式装料机对装载均匀性要求高，因此，该比值较一般固定装料设备高1倍。振动给料可以改善物料的流动性能，对块度较大的物料适应性较强，根据矿山实践经验，并结合索道装载特点，比值可适当减小。

4.1.2 为了适应国内发展大运量双线循环式货运索道的需要，本次修订时货车容积增加了2.0m³和2.5m³两种规格，承载能力增加了3200kg的规格。

4.1.3 本次修订时，速度系列增加了3.6、4.0、4.5和5.0m/s，并增加了对检修速度的要求。

提高运行速度是提高索道运输能力的主要手段。在运输能力相同条件下，提高索道运行速度可减少货车数量、减小牵引索直径和减轻相关设备的重量，从而获得较好的经济效益。国外货运索道采用客运索道的技术成果，已将双线货运索道的运行速度提高到5m/s。鉴于国内索道设计及制造水平的不断提高和采用客运索道的技术成果，将索道运行速度提高到5m/s是可行的。

由于货车在自动转角或自动迂回时不脱开牵引索，运行速度受水平滚轮组曲率半径或迂回轮直径的限制。根据国内外索道运行经验，规定了货车自动转角或自动迂回时的最高运行速度。

4.1.4 一般的装料机械对货车发车间隔时间有一定限制，时间太短则无法实现有效装载，当小于20s时，应考虑采用回转式装料机。

4.2 承载索与有关设备

4.2.1 对本条作以下说明：

1 密封钢丝绳具有平滑的圆柱形表面，密封性和抗腐蚀性好，表层丝断裂后不易翘起。一般选用这种钢丝绳做承载索。

规定公称抗拉强度不宜低于1370MPa的出发点是：减轻承载索的单位长度重量，使承载索的费用相应降低；减小承载索的挠度，以改善货车的运行条件。国产密封钢丝绳已不低于该值。

2 理论分析和使用经验证明，承载索的失效主要是由于疲劳断丝引起的。为使承载索具有足够的工作寿命，必须限制车轮横向载荷引起的弯曲应力。国内外多采用限制承载索初拉力（而不是最小拉力）与轮压比值的方法，来达到此目的。

公式（4.2.1-1）的值有的国家规定为45。本规范考虑到以下原因将该值提高到60。

1）对于三班作业的索道，每年通过承载索车轮的次数很高，实际上45一值对承载索的初拉力不起控制作用，只有对于每年通过承载索的车轮的次数较少的索道，该值才起作用。由于以前国内双线索道承载索的工作寿命普遍较低，因而，提高T_0与R的比值有利于改变这种状况。

2）随着承载索的制造技术日益进步，密封钢丝绳的公称抗拉强度不断提高，对于高强度钢丝，更应严格限制拉应力与弯曲应力的比值，才能得到较好的应用效果。

3）货运索道每年通过承载索的车轮的次数远远大于客运索道，OITAF文件规定，客运索道T_0与R的最小比值为80，这亦说明有必要提高货运索道承载索T_0与R的最小比值。

3 本次修订时，根据OITAF文件的规定，并结合国内的使用经验，将承载索的抗拉安全系数规定为不得小于3.0。

4.2.2 对承载索计算以下说明：

1 计算每个车轮作用在承载索上的轮压时，对于下部牵引式货车应计入一个车距内的牵引索重力，以及货车通过支架时由于牵引索折角所产生的附加压力，其值为$2t\sin\frac{\varphi}{2}\approx t\varphi$，此处，$t$为牵引索的平均拉力（N）；$\varphi$为承载索在每个拉紧区段内各支架摇摆鞍座上的平均折角（rad）。对于水平牵引式货车，因牵引索由鞍座上的托索轮支承，其挠度与承载索大致相同，所以，计算货车每个车轮对承载索的轮压时，可不计牵引索的重力和附加压力。

2 在公式 4.2.2-3 和 4.2.2-4 中，对于整个拉紧区段内承载索摩擦力按同向叠加的总和 $\sum \Delta T$，可用下式表示：

$$\sum \Delta T = C_1 W + \mu \left[(q_c + q) L + 2W \sin \frac{\varphi}{2} + 2T_p \sin \frac{\varepsilon}{2} \right]$$
(1)

式中 C_1——拉紧索导向轮阻力系数，带滑动轴承的导向轮取 $0.05 \sim 0.06$；带滚动轴承的导向轮取 $0.03 \sim 0.04$；其中导向轮直径较大时取小值，反之取大值；

W——拉紧重锤重力（N）；

μ——承载索与鞍座的摩擦系数，见表 4.2.2-2；

q_c——承载索每米重力（N）；

L——拉紧区段的水平长度（m）；

φ——承载索在拉紧站偏斜鞍座上的水平折角（°）；

T_p——拉紧区段承载索的平均拉力（N）；

ε——锚固站站口第一跨弦线与拉紧站站内承载索之间的折角（°），凸起侧形为正号，凹陷侧形为负号；

q——线路均布载荷（N/m）；由下式确定：

$$q = \frac{Q}{\lambda} + q_0$$

Q——货车重力（N）；

λ——车距（m）；

q_0——牵引索每米重力（N/m）。

此近似公式在高阶段设计中应用比较方便，但其计算结果与依次从拉紧导向轮到各支架计算摩擦力累加的结果，不完全相等，设计时应予以注意。

3 计算承载索的最大与最小拉力时，假定每个鞍座上承载索均向拉紧端或锚固端滑动，这两种极端情况在索道运行过程中都是不可能发生的。这种偏于保守的设计方法，导致拉紧区段的长度过短，拉紧区段站增多，工程投资增加。

国内索道工程设计人员早就质疑这种方法的正确性，1958 年，在辽宁杨家杖子矿务局索道，用人工方法对承载索摩擦力的非同向性系数进行了测试，提出用减小承载索沿鞍座摩擦系数的方法来考虑摩擦力的折减。但是这种方法不管支架与拉紧之间的距离，一律采取减小摩擦系数的方法来计算承载索在各支架处的最大与最小拉力，有不足之处。

为了使拉紧区段的划分和承载索在各支架上的拉力计算更符合实际情况，原规范编制组曾委托昆明理工大学建工力学系，对摩擦力折减系数进行了专题计算研究和测试验证（详见专题报告《关于双线索道拉紧区段内承载索摩擦力非同向性系数的确定》）。

昆明理工大学在昆明钢铁厂上厂索道的 6 个拉紧区段内，对承载索摩擦力的非同向性系数 k'（摩擦力指向拉紧端或锚固端的支架数与拉紧区段内的支架数之比），进行了理论分析计算和实测验证。测试报告提出的 k' 值变化范围见表 1：

表 1 非同向性系数的变化范围

拉紧区段	承载索与鞍座之间的摩擦系数 $\mu=0.13$	承载索与鞍座之间的摩擦系数 $\mu=0.15$
Ⅰ区段重车侧	$0.462 \sim 0.231$	$0.385 \sim 0.231$
Ⅰ区段空车侧	$0.692 \sim 0.385$	$0.692 \sim 0.308$
Ⅱ区段重车侧	$0.571 \sim 0.143$	$0.429 \sim 0.143$
Ⅱ区段空车侧	$0.714 \sim 0.429$	$0.571 \sim 0.429$

根据测试报告，在本规范中摩擦力非同向性而形成的总摩擦力减小用折减系数 k 表示（暂且认为与 k' 近似相等），归纳成表 4.2.2-1。

应用表 4.2.2-1 计算任意支架上的拉力时，k 取值方法推荐如下：

1) 从拉紧端算起，前 3 个支架上的 k 值取 1.0。

2) 从第四个支架开始，根据不同的侧形，从表的该栏取对应的合适 k 值（例如凸起侧形，取 $k=0.5$），一直计算到锚固端。

按照传统设计方法，拉紧区段长度仅为 $1.0 \sim 1.5 \mathrm{km}$。考虑 k 值后的拉紧区段长度可增大 1 倍左右，既减少了设站环节，又降低建设费用。后来，国内多数索道按此方法设计，取得了良好的效果。

4.2.3 拉紧区段划分。

1 承载索拉紧区段的划分，是个比较复杂的问题。为减少设备安装总量和降低索道的建设费用，希望拉紧区段尽可能长，但由于高差影响和承载索在支架鞍座上的摩擦阻力作用，又不能将拉紧区段无限制地延长。规定承载索在鞍座上的摩擦阻力，以及拉紧索在导向轮上的阻力总和不超过重锤重力的 25%，就是为了限制承载索拉力不因摩擦力影响而增加或减小太大的幅度，从而达到合理使用承载索的目的。这一规定参考了国外规范，同时 OITAF 文件中也有类似规定。

拉紧区段的最大水平长度可按下式计算：

$$L_{\max} = \frac{W \left[0.25 - k \left(C_1 - 2\mu \sin \frac{\varphi}{2} - 2\mu \sin \frac{\varepsilon}{2} \right) \right]}{k \mu (q_c + q)}$$
(2)

式中 $L_{\max}$——拉紧区段的最大水平长度（m）；

W——拉紧重锤重力（N）；

k——拉紧区段承载索摩擦力折减系数，见表 4.2.2-1；

C_1——拉紧索导向轮阻力系数，带滑动轴承的导向轮取 $0.05 \sim 0.06$；带滚动轴承的导向轮取 $0.03 \sim 0.04$；其中导向轮直径较大时取小值，反之取大值；

μ——承载索与鞍座的摩擦系数;

φ——承载索在拉紧站偏斜鞍座上的水平折角(°);

ε——锚固站站口第一跨弦线与拉紧站站内承载索之间的折角(°),凸起侧形为正号,凹陷侧形为负号;

q_c——承载索每米重力(N);

q——线路均布载荷(N/m);由下式确定:

$$q = \frac{Q}{\lambda} + q_0$$

Q——货车重力(N);

λ——车距(m);

q_0——牵引索每米重力(N/m)。

在一个传动区段内,可以拟定若干个划分拉紧区段方案供技术经济比较。在进行方案比较时,应注意以下问题:

1)计算出最大水平长度后,端点所在地形不一定适于配置拉紧区段站,尚需调整位置。

2)一个传动区段长度不可能是拉紧区段长度的整数倍,有时需采取一些措施来增大拉紧区段长度,从而更合理地配置拉紧区段站。例如,提高运行速度、提高承载索抗拉强度,以减轻线路载荷,改善鞍座衬垫材料性能以降低摩擦系数等。

2 拉紧站设在低端时,承载索为仰角进入,其在偏斜鞍座上的摩擦力较小,可改善拉紧重锤对承载索拉力的调节作用。此外,拉紧重锤所需质量比设在高端小(减小 $q_c H$),拉紧索的规格可选小。所以,拉紧站一般应设在区段的低端,而锚固站设在高端。但在特殊情况下,当高差不大,因配置上的需要和为了降低站房高度,也可将拉紧站设在高端。

4.2.4 承载索拉紧与锚固。

1 承载索采用一端拉紧另一端锚固方式,可保证承载索在不同季节和不同线路载荷条件下,具有恒定的初拉力。

承载索两端锚固方式,已在往复式客运索道中得到推广应用,基于相同原理,只要承载索拉力可测可调,在货运索道中推广也是可行的。因此,本次修订时,新增了在承载索拉力可测可调的条件下,允许采用两端锚固方式的规定。

2 重锤拉紧是国内双线货运索道最常用的拉紧方式。不带导轨的、用混凝土块组装成的圆形重锤,不能限制承载索的扭转,安装、调整和使用都不方便,已逐渐被重锤箱所替代。

重锤箱一般用混凝土块或铸铁块充填,单块重量的设计,应考虑重锤箱容积合理利用以及搬运方便。当重锤配置受到空间限制而需要降低重锤架高度或重锤井深度时,重锤箱内充填物可选用铸铁块。

重锤架或重锤井宜考虑起吊装置以及爬梯,以便于拉紧系统的检查和维护。

3 拉紧区段采取可串绳的锚固方式,便于承载索安装,以及检修时切去损坏部位(线路套筒结合部和支架鞍座附近是承载索容易断丝的部位)。在我国夹块锚固方式最先应用于双线往复式客运索道。实践证明,这种锚固方式结构简单、安全可靠,应在货运索道中推广使用。

在四川攀枝花市许多索道上,圆筒锚固方式得以普遍使用。钢筋混凝土圆筒比较庞大,承载索安装以及串动调整劳动量较大。尽管圆筒锚固方式存在上述缺点,但在特定条件下,仍有一定的使用价值。因此,本次修订时,根据 OITAF 文件的有关规定,新增了圆筒锚固方式的有关内容。

夹楔锚固方式最初用于矿井提升装置,后来广东凡口索道也采用了夹楔锚固方式,取得了较好的使用效果。但由于结构上的限制和比压过大的缺点,当承载索直径或拉力较大时,不宜采用夹楔锚固方式。

4.2.6 为了保证承载索在索道运行过程中保持设计规定的初拉力,必须使拉紧重锤始终处于悬空状态。

重锤行程计算式为:

$$S = S_1 - S_2 + S_3 + S_4 + (0.5 \sim 1.0) \quad (3)$$

式中 S——重锤行程(m);

S_1——承载索从空索状态到重车或空车状态因挠度增大引起的几何长度变化(m);

S_2——承载索从空索状态到重车或空车状态因拉力变化引起的弹性伸长(m);

S_3——承载索的温差伸长(m);

S_4——承载索的结构性伸长(m)。

4.2.7 承载索连接。

1 在一个拉紧区段内采取整根密封钢丝绳,可以改善货车的运行条件,使承载索和货车的维修工作量减小。只要在钢丝绳供货和运输条件允许下,新建的双线索道应尽可能采用整根密封钢丝绳。

2 在承载索必须连接时,采用加楔线路套筒连接,即在连接锥形套筒内,打入楔钉和楔片固接承载索端部的钢丝。使用线路套筒的缺点是,货车通过时产生车轮冲击,套筒接口附近的承载索钢丝易断丝。如果线路套筒距支架过近,牵引索在支架附近引起的较大附加压力,将加速套筒两端承载索的疲劳断丝过程。故在索道施工安装时,对线路套筒与支架的最小距离有相应的规定,详见本规范第 8.4.3 条。

4.2.8 对本条作以下说明:

1 鞍座设置尼龙衬垫有以下优点:

1)与无衬鞍座相比,尼龙衬鞍座与承载索的摩擦系数减小 33%。

2)承载索的运行条件得到改善,工作寿命延长。

3)衬垫磨损时无需更换整个鞍座,仅需更换尼龙衬。

2 承载索在鞍座绳槽上的比压值与承载索在鞍座绳槽上的接触宽度密切相关,公式 4.2.8-1 中,承载索在鞍座绳槽上的接触宽度假定为 2/3 的承载索直径，该值不一定与厂家的试验条件一致，因此，厂家在提供衬垫材料的允许比压值时，应同时提供与该值对应的承载索在衬垫绳槽上的接触宽度。如果所提供的接触宽度值与假定值出入较大，设计者应进行必要的调整。

3 当货车通过支架鞍座时，易引起货箱摆动，故应对货车通过支架时产生的向心加速度作出规定。当把向心加速度限制在 $2m/s^2$ 以内时，即得公式 4.2.8-2。OITAF 文件建议，对于承载索在绳槽内移动的鞍座，其半径不小于承载索直径的 150 倍。在拉紧区段站，一般允许配置较长的固定鞍座（曲率半径 20m 以上的固定鞍座），有利于提高货车通过拉紧区段站的平稳性，并减小牵引索的附加压力，国内索道已有使用实例。

4.3 牵引索与有关设备

4.3.1 国内外货运索道牵引索使用的经验表明，线接触钢丝绳的工作寿命比点接触钢丝绳高出 1 倍左右，而面接触钢丝绳的寿命又比线接触钢丝绳高 1 倍以上（四川攀枝花市洗煤厂索道经验），为了提高货运索道牵引索的工作寿命，应采用线接触或面接触钢丝绳。

前苏联 Д.Г. 日特科夫所做的试验表明，在载荷相同条件下，当抗拉强度增大到 $\sigma_b=1746MPa$ 时，钢丝绳的耐久限（即钢丝绳到破坏时在滑轮上的弯曲次数）增大，而当 σ_b 的数值继续增大时，钢丝绳的耐久限稍微下降。为了保证索引绳具有适当的工作寿命，在正常条件下，最好选用 $\sigma_b \geq 1670MPa$ 的钢丝绳，这种抗拉强度的钢丝绳国内早已生产。

在同等条件下，当钢丝绳出现断丝时，交互捻钢丝绳在绳轮上的可承受弯曲次数，要比同向捻钢丝绳少得多。国内索道曾用过交互捻钢丝绳作牵引索，使用寿命仅数月，因此，牵引索不得采用交互捻，而应采用同向捻钢丝绳。

本次修订时，对钢丝绳的表层丝径不做具体规定，但适当选用表层丝较粗的钢丝绳，可提高牵引索的耐磨性。

经过预拉紧处理的钢丝绳作为牵引索，除了具有结构性伸长量小的优点外，由于预拉紧处理过程已使钢丝间的应力分布更趋均匀，钢丝绳的疲劳寿命至少能提高 30%。

牵引索采用编接方式连接，并形成闭合环。由于在编接接头处，取掉了纤维芯和绳股充填，其刚性比非编接段大得多，最易发生磨损和疲劳断丝，因此，牵引索的维修工作主要集中在接头的维修上。为了减少牵引索的维修工作量，在选用钢丝绳时，应对其出厂长度提出要求，以尽可能减少接头数量。

4.3.2 OITAF 文件规定，钢丝绳破断拉力与运行中所出现的最大轴向拉力之比不小于 4.5，牵引索最小破断拉力与匀速运行时的最大工作拉力之比为 4.0。

总结国内外使用经验，本次修订时，将不计入惯性力的牵引索抗拉安全系数定为不得小于 4.5。

4.3.3 传动区段划分。

1 增大传动区段长度，可以降低索道的建设费用、延长牵引索的工作寿命和提高长距离索道的运行可靠性。因此，对于长距离、大高差索道，在可能条件下应尽量采用一段传动。在国外索道工程建设中，出现了传动区段增大的趋势，据报道，在苏丹和巴西先后建成传动区段长达 20km 和 15km 的两条索道。

采用一端驱动时，一个传动区段的最长水平距离或最大高差，可按下列公式计算：

$$L_{max} = \frac{q_0\left(\varepsilon \dfrac{\sigma_B}{n} - C_2\right)}{\left[\dfrac{A(1+\beta)}{0.367v} + q_0\right](\tan\alpha \pm f_0)} \quad (4)$$

$$H_{max} = \frac{q_0\left(\varepsilon \dfrac{\sigma_B}{n} - C_2\right)}{\left[\dfrac{A(1+\beta)}{0.367v} + q_0\right]\left(1 \pm \dfrac{f_0}{\tan\alpha}\right)} \quad (5)$$

式中 L_{max}——一个传动区段的最长水平距离（m）；

H_{max}——一个传动区段的最大高差（m）；

q_0——牵引索每米重力（N/m）；

ε——牵引索的结构系数；

σ_B——牵引索的公称抗拉强度（MPa）；

n——牵引索的抗拉安全系数；

C_2——牵引索最小拉力与其每米重力的比值；

A——索道小时运输能力（t/h）；

β——空车重力与有效载荷的比值；

v——货车的运行速度（m/s）；

α——传动区段全线的平均倾角（°）；

f_0——货车的运行阻力系数，见本规范第 4.4.2 条。动力型索道为正号，制动型索道为负号。

从上述公式可见，提高运行速度和增大牵引索的直径或公称抗拉强度可以达到增大 L_{max} 或 H_{max} 的目的。

在增大传动长度的实践方面，国外已出现过以下两种新形式：

1) 双轮驱动，即一台驱动装置带有 2 个驱动单元，用 2 台功率不同的电动机分别驱动。它的传动原理与胶带输送机的双滚筒驱动相似，其作用是解决传动区段长度增大时，单轮驱动黏着系数不足的问题。

前苏联于 20 世纪 60 年代初期建成的、运输石灰石的大运量（运输能力为 450t/h）双线索道，就是采用这种驱动方式，效果良好。

2) 两端驱动即在一个传动区段的 2 个端站内分

别设置一台驱动装置，它的动作原理与胶带输送机的头、尾滚筒驱动相似。使用两端驱动方式之所以能延长传动区段的长度，其原因也与双轮驱动相似。

两台驱动装置传递的功率可这样确定：终端驱动装置以重车侧阻力作为传递的圆周力，而始端驱动装置以空车侧阻力作为传递的圆周力。苏丹一条运输石灰石的、传动区段的水平长度达20km的单线索道，即采用这种驱动方式。

2 在设有转角站和采用多传动区段的索道中，将转角站和传动区段的中间站合并设计，可避免设置造价很高的自动转角站。

4.3.4 牵引索绕过导向轮承受交变的弯曲应力和接触应力，选择牵引索导向轮的直径时，应考虑这些应力对钢丝绳疲劳磨损的影响。此外，在其他条件相同情况下，钢丝绳的寿命随着钢丝绳在导向轮上包角的增大而减小。因此，参考了国内外有关资料，规定了导向轮直径与牵引索直径的比值。

4.3.5 对本条作以下说明：

1 由于双线循环式索道牵引索拉紧轮移动频繁而且行程较长，因此，采用重锤拉紧方式较为合适。

2 拉紧小车有单、双和4绳拉紧方式。

3 在现代索道工程设计中，为了便于牵引索的安装和维修，出现了增大拉紧小车行程的趋势，编接接头损坏截除再接后，拉紧小车位置仍在轨道行程内。但为了解决重锤行程与拉紧小车行程不一致的矛盾，采用了能够调节重锤箱在重锤架上位置的电动或手动绞车。

当重锤升降过快，影响索道正常运行时，可设阻尼装置。

4.3.6 拉紧轮的直径与索距相适应，可简化牵引索的导绕系统，减少导向轮数量，由此改善牵引索的运行条件、延长工作寿命。

拉紧轮的绳槽设软质耐磨衬垫，可减少牵引索磨损，提高牵引索的工作寿命。

4.3.7 由于双线循环式货运索道上的牵引索拉紧小车移动频繁，牵引索的拉紧索经常绕导向轮来回弯曲，所以，要求采用挠性好和耐挤压的钢丝绳，并且采用较大的轮绳比。

4.4 牵引计算与驱动装置选择

4.4.1 对牵引计算作以下说明：

1 从拉紧轮两侧的初拉力开始向驱动轮方向逐点计算各特征点牵引索的拉力。

在计算牵引索拉力时，主要应求出以下拉力：

1）牵引索的最大拉力，用于验算其强度。

2）牵引索的最小拉力，用于验算其挠度。

3）驱动轮上入侧牵引索和出侧牵引索的拉力，用于确定电动机的功率和校验牵引索在驱动轮上的抗滑性能。

2 为了保证驱动装置电动机适应索道不同运行状况，应考虑本条第2款所述的三种载荷情况。动力型索道应计算1）、2）种载荷情况；对制动型索道应计算1）、3）种载荷情况；对介于动力型和制动型之间的索道，应同时计算三种载荷情况。

3 线路上局部缺车，是由于处理站内偶然事故停止发车或线路上发生掉车事故所引起的，间断发车时间一般不超过5辆货车。

4 牵引索通过导向轮的各种阻力，可简化为钢丝绳的刚性阻力系数和轴承摩擦阻力系数之和与导向轮入侧牵引索拉力的乘积。

5 对于索道各种导向轮的变位质量，也可按其2/3的重量计算。当索道长度超过3km时，由于驱动装置高速旋转部分的变位质量所占比例较小，也可忽略不计。

4.4.2 对于铸钢车轮的货车在承载索上的运行阻力系数，可用下式计算：

$$f_0 = \mu \frac{d}{D} + 2 \frac{R}{D} \quad (6)$$

式中 f_0——货车在承载索上的运行阻力系数；

R——车轮的滚动摩擦系数，$R=0.3\sim0.4$mm；

d——车轮轴的直径（mm）；

D——车轮直径（mm）；

μ——车轮轴承摩擦系数，采用滚动轴承时 $\mu=0.06\sim0.10$。

前苏联起重运输机械研究所，根据d/D不同的比值对货车进行计算，f_0在0.005～0.006范围内变化。

对运行阻力系数进行了试验研究：直径为225mm的标准四轮货车，在经过润滑的、直径为35～48mm的密封钢丝绳上往复运行，试验结果为$f_0=0.0045\sim0.0055$。

本规范根据以上资料，并为了使牵引计算偏于安全，推荐动力运行时取$f_0=0.0065$，而制动运行时$f_0=0.0045$。

此外，货车车轮设铸型尼龙衬垫时，车轮在承载索上滚动摩擦系数增大，f_0相应增大到0.0055或0.0075。

4.4.3 正确确定牵引索的最小拉力，对于合理选择牵引索直径和保证索道安全运行，都具有重要意义，牵引索的最小拉力过小，除可能引起在驱动轮上打滑外，对索道安全运行的影响主要反映在以下几个方面：

1 使货车进入拉紧站的速度变化很大，有时慢到近似停止，而有时又大大超过货车的额定运行速度。

2 重锤升降剧烈，可能引起撞坏重锤架的事故。

3 电动机的负荷不均。

4 货车在线路上的运行速度不均匀、运行不平稳,并引起牵引索拉力波动,严重时导致断索事故。

根据采用下部牵引式货车索道的设计和使用经验,车距内牵引索的挠度与车距之比取 $f_{max}/\lambda=1/80$ 时,一般可保证货车在线路上平稳运行和限制进站速度的变化。

车距内牵引索分段的最大挠度为:

$$f_{max}=\frac{q_0\lambda^2}{8t_{min}} \quad (7)$$

式中　f_{max}——最大挠度(m);
　　　q_0——牵引索每米重力(N/m);
　　　λ——车距(m);
　　　t_{min}——牵引索的最小拉力(N)。

将 $\frac{f_{max}}{\lambda}=\frac{1}{80}$ 代入上式,即得:

$$t_{min}=10\lambda q_0$$

4.4.4 驱动装置选择。

1 对于高架站房,立式驱动装置可设在站房下面的独立基础上,利用站房下部空间作为机房;对于单层站房,卧式驱动装置可直接设在站房内,简化牵引索的导绕系统并改善牵引索的工作条件。

2 与夹钳式驱动装置相比,摩擦式驱动装置具有对牵引索损伤小、工作可靠、维修方便、无噪声、费用低等一系列优点。因此,应优先选用摩擦式驱动装置。

3 牵引索与驱动轮衬垫之间的摩擦力不足,可能导致牵引索在驱动轮上打滑,严重时索道将无法正常运行。这类事故在国内客货运索道中都曾发生过。故在此强调,应根据索道在最不利载荷情况下启动或制动时进行抗滑验算。

关于抗滑安全系数,有两种表达方式:

$$\frac{t_{min}e^{\mu\alpha}}{t_{max}}\geq k' \quad (8)$$

$$\frac{t_{min}e^{\mu\alpha}-t_{min}}{t_{max}-t_{min}}\geq k \quad (9)$$

二者关系为:

$$k'=\frac{k}{e^{\mu\alpha}+(k-1)}e^{\mu\alpha} \quad (10)$$

$k=1.25$, $\mu=0.2\sim0.25$ 时,当 $\alpha=\pi$,则 $k'=1.103\sim1.122$,而对于双线循环式货运索道常用的双槽驱动轮 $\alpha=2\pi$,则 $k'=1.167\sim1.188$。

《冶金矿山设计参考资料》和《采矿设计手册》第4卷采用和公式8相同的表达形式,动抗滑安全系数 k' 取1.1。对于单槽驱动机,用公式8与公式9计算结果(动抗滑安全系数 $k=1.25$)基本一致,而对于双槽驱动机则相差较大。原规范因采用和公式9相同的表示,但动抗滑安全系数采用1.1,则相差更大。

参照OITAF文件的规定,在最不利载荷并计入启、制动惯性力的情况下,驱动轮圆周增大25%不打滑。本次修订时,将动抗滑安全系数 k 值从1.1提高到1.25,这对保证货运索道的安全运行是有利的。

参照OITAF文件的规定,按等速运行时驱动轮最大拉力差的1.5倍进行抗滑验算。本次修订时将静抗滑安全系数 k 值从1.25提高到1.5,并取消了原规范中静抗滑计算公式。校验静抗滑性能时可直接采用公式9。

4 牵引索在驱动轮绳槽上的比压值与牵引索在驱动轮绳槽上的接触宽度密切相关,公式4.4.4-2中,牵引索在驱动轮绳槽上的接触宽度假定为2/3的牵引索直径,该值不一定与厂家的试验条件一致,因此,厂家在提供衬垫材料的允许比压值时,应同时提供与该值对应的牵引索在衬垫绳槽上的接触宽度。如果所提供的接触宽度值与假定值出入较大,设计者应进行必要的调整。

4.4.5 驱动装置电动机选择。

1 对于动力型或负力较小的制动型索道,交流绕线型电动机能满足索道运转的要求。但对于侧形复杂、运行速度和负力都较大的索道,交流电动机在一般控制技术条件下,就难以满足安全运转的要求。

国内索道在驱动装置电动机的选型方面有很多经验教训,例如,广西大厂单线索道、辽宁杨家杖子3号索道、陕西耀县水泥厂索道,由于采用直流拖动,有效防止了索道的超速,避免了"飞车事故";四川攀枝花市大宝顶索道和绿水洞索道、广东大宝山索道以及山西孝义索道等索道的负力都较大(约40~50kN),采用交流拖动,曾因"飞车"损坏过多台电动机(单机容量155~185kW)。由"飞车"引起的损失,超过了因采用直流拖动所增加的费用。

2 制动型索道的电动机功率应留有较大余量,备用系数取上限值1.3,有利于其安全、可靠运转。

4.4.6 对驱动装置制动器作以下说明:

1 考虑到索道变位质量大、运输线路起伏以及承载和牵引钢丝绳的弹性,采用具有逐级加载性能的制动器,才能保证索道系统平稳地停车。

2 根据索道安全运行的要求,国内外索道工程设计都规定:制动型索道和停车后会倒转的索道,应设两套制动器,其中,安全制动器应安装在驱动轮的轮缘上;停车后不会倒转的动力型索道可仅设一套制动器,它可装在电动机的输出轴上。

3 制动型索道在严重过载或其他故障情况下,可能产生严重超速(即飞车)现象。为了避免酿成危及人身或厂房安全的重大事故,应采取紧急制动,这时工作制动器和安全制动器应能自动地相继投入工作。但是,如果制动减速度太大,又会使牵引系统剧烈跳动,引起大面积掉车事故。所以,应按减速度为 $0.5\sim1.0m/s^2$ 的要求进行制动控制。

过去设计的块式液压制动器,不能适应负力很大的制动型索道。例如,广东大宝山索道和山西孝义索道，都发生过由于电源突然停电、制动器制动力不足而酿成严重飞车事故。盘式或钳式液压制动器具有结构紧凑、制动力矩可根据负荷大小来确定制动器数量的优点，现代索道应采用这种制动器。

4.5 线路设计

4.5.1 对本条作以下说明：

1 索道侧形的平滑程度，对于提高承载索的工作寿命和货车运行的平稳性，具有重要意义。索道侧形不应有过多、过大的起伏。

索道使用经验表明，凸起侧形处的承载索工作寿命要比凹陷侧形处的承载索工作寿命降低很多。因此，在条件许可时，采取开挖边坡、明槽或涵洞等措施，也可缓和侧形的凸起程度。

2 为了使货车顺利通过支架（特别是大跨距两端和凸起地段的支架），应将货车的附加压力限制在一定范围内。一方面应控制承载索在支架上的弦折角；另一方面应控制承载索受载后在支架上的最大折角。水平牵引式货车不受牵引索附加压力的作用，承载索在支架上的弦折角和最大折角可放大一些。

3 规定凸起地段的支架高度不小于 5m，是考虑到即使有一个货车掉落也不会影响其余货车通过，防止事故扩大。

凸起地段的支架采取不小于 20m 跨距配置的主要目的在于，当货车通过凸起地段的支架时（特别是在缺车情况下），减小牵引索在抱索器上形成的折角，控制牵引索对货车抱索器的压力。

所谓总折角较大并受地形限制的凸起地段，是指按每个支架允许的弦折角计算所需的支架总数 $n=\varepsilon/\delta$（n 为所需支架总数，ε 为凸起地段的总折角，δ 为每个支架允许的弦折角），大于按 20m 等跨距所能配置的支架数。在此情况下，用带有凸形滚轮组的连环架代替支架群，可使牵引索的附加压力转移到凸形滚轮组上，减轻对承载索的压力。

4 本规范采用 OITAF 文件中的规定。该规定亦可解释为靠贴系数不小于 1.3，即：

$$K = \frac{q_c(l_z/\cos\alpha_z + l_y/\cos\alpha_y)}{2T_{max}|\sin\alpha_z + \sin\alpha_y|} \geq 1.3 \quad (11)$$

式中 q_c——承载索每米重力（N/m）；

l_z，l_y——左跨或右跨的跨距（m）；

α_z，α_y——左跨或右跨的弦倾角（°），以支架顶点引出的水平线为准，弦线位于水平线上方时取负号，弦线位于水平线下方时取正号；

T_{max}——承载索的最大拉力（N）。

5 货车驶近支架时，其爬坡角达最大值，而通过支架之后，爬坡角将突然改变。如果线路上有大量货车同时驶过支架，将使牵引力和驱动装置的功率产生很大波动，导致索道运行不稳定。为此，应使跨距与车距的比值避开整数值。

6 为了减小站前第一跨牵引索的波动，从而保证货车和牵引索可靠挂结或平稳脱开，建议站前第一跨的跨距小于车距并不大于 60m。

控制空承载索在站口端的倾角与站口段轨道的倾角，是为了缓和货车特别是重车进站时的冲击和降低噪音。

根据索道系列产品设计中偏斜鞍座在立面上的允许斜度，重车驶近站口时，承载索的倾角应不大于 0.15rad。

4.5.2、4.5.3 计算钢丝绳在支架上的各种倾角时，我国索道界过去一直沿用 A. И. 杜盖尔斯基在 20 世纪 40 年代推导出来的正切函数计算公式。生产实践证明，采用这组公式时各种倾角的计算值普遍大于实际值。不仅如此，这组公式在力学原理方面也存在着一些值得商榷的问题。20 世纪 80 年代，昆明有色冶金设计研究院的几位索道设计人员，采用不同的推导方法，先后推导出另一组正弦函数计算公式。两组公式虽然同属抛物线方程近似公式，但计算精度大不相同。

举例说明：某支架上钢丝绳的拉力为 98067N，钢丝绳每米重力为 49.426N/m；左跨的跨距为 90m，其弦倾角为 $-23°$；右跨的跨距为 250m，其弦倾角为 $18°55'$；试求钢丝绳在该支架上的最小折角和最小靠贴力。按正切函数计算公式求解，最小折角为 $1°31'44''$，最小靠贴力为 2617N。按正弦函数计算公式求解，最小折角为 $0°49'41''$，最小靠贴力为 1417N。再按悬链线方程准确公式求解并求出上述两式的计算误差，最小折角的准确值为 $0°51'12''$，最小靠贴力的准确值为 1460N。正切公式的计算误差为 79%，正弦公式的计算误差为 3%。正切公式不仅计算误差太大，而且容易产生最小靠贴力已经有足够的错觉，因而，在设计过程中就给拟建索道带来了发生脱索事故的安全隐患（详见专题报告《索道倾角计算公式》）。

本规范采用了计算方便和精度更高的正弦函数计算公式。

本次修订简要介绍了我国索道计算理论方面的部分研究成果，并举例说明了这些研究成果在索道设计工作方面的使用价值。

4.6 站房设计

4.6.1 索道站房按用途区分，主要有装载站、卸载站、拉紧区段站、转角站等，由于功能不同，其构造形式也不一样。

索道装载站和卸载站与相关车间或运输系统有联系，还须考虑它们的需要，来决定配置方式。

不同形式的站房都应根据站址地形进行合理的设计。除转角站外，站房的主轴线应尽量保持一条直线，并与地形的等高线大致平行，以减小工程量。为了延长牵引索的工作寿命，应尽量简化牵引索的导绕系统。

4.6.3 装载料仓容积的确定，与运输能力、工作制度、索道长度以及装载站所处地形条件等有关。一般不宜小于1个班的运量，当线路长或与衔接车间作业班次不同时，容量宜为1～2个班的运量。对于大运量索道，至少应考虑处理索道偶然事故和一般检修时间（2～4h）所需的缓冲容量。

卸载仓的有效容积，一般取决于与索道相衔接的生产车间的工艺要求，以及相衔接的外部运输设备的工作特点，例如：

1 索道卸载站与矿山选矿厂相衔接时，有效容积一般不超过索道3～4h的运输量。

2 卸载站与火车、汽车、船舶等运输工具衔接时，卸料仓的有效容积按照这些运输工具停止装运的最长时间确定。

3 卸载站与电厂的贮煤场或水泥厂的碎石库相衔接并直接建在它们上面时，贮煤场和碎石库的有效容积，即为卸料仓的有效容积。

4.6.4 货车的装载。

1 物料特性和装载设备的性能影响着装料速度，对索道运输能力有直接影响。

2 内侧装载由于货车吊架远离装载口一侧，因此，装载口可伸入货箱放料，可使装载不偏心，并且不易撒漏，所以，应尽量采取内侧装载方式。

4.6.5 货车的卸载与复位。

1 为了保证操作人员安全作业和防止货车坠入卸料仓，卸载口原则上都应设置格筛。但当货车采用机械推车、卸载区很长时，可不设格筛，其原因如下：

1) 因为机械推车时速度很慢，一般为0.3～0.4m/s左右，货车不太可能发生掉道而坠入料仓的事故。

2) 在料仓上方设置带栏杆的通道，既可满足操作需要，又可防止操作人员坠入料仓。

3) 料仓顶部设置格筛需用大量钢材。例如柱距6m的料仓，根据已有设计资料，1个仓格两侧格筛的总质量约为7t。与铁路相衔接的料仓一般至少长60m，即10个仓格，钢材总用量达70t，索道卸载站的投资因此而增加。

4) 卸载站与铁路相衔接的福建潘田、江西七宝山以及贵州长冲河索道，料仓全长达60m或60m以上，料仓顶部均未设格筛，而仅沿料仓的纵向轴线上设置了带栏杆的、宽1.2m的操作通道。多年的使用情况表明，由于货车在低速下运行卸载，从未发生过货车因车轮掉道而坠入料仓的事故。同时，由于未设格筛，不存在格筛上积料的问题，因此，避免了人工清理作业。

2 据观测，当货车在运动中卸载时，从打开闸板到卸载完毕，所需时间不超过3s。卸载口的长度按公式4.6.5计算，一般都可满足卸载要求。

4.6.6 站口设计。

1 在承载索以0.05～0.10rad的俯角出站的条件下，采用无垂直滚轮组的站口设计，可以借助调整站口进、出桁架不同的高度来补偿货车沿站内部分轨道自溜损失的高差，也使轨道和牵引索进、出站侧的坡度适应挂结器和脱开器几何尺寸的要求。

无垂直滚轮组的站口，已在云锡松官索道使用多年。使用经验表明，除了承载索进站坡度是采用无垂直滚轮组站口的基本条件以外，较大的车距（至少应大于站口长度与第一跨的跨距之和）亦是保证可靠使用的重要因素。

2 国内过去设计承载索以俯角出站的站口时，只设凸形滚轮组，因此，站口长度较短。但是没有解决由于抱索失误的货车滑向线路引起事故的问题。广东大宝山索道就曾多次发生抱索失误货车滑向线路引起掉车和撞坏支架的事故。在凸形滚轮组与挂结器之间设置一段凹形轨道，可有效地防止此类事故。

4.6.7 对本条作以下说明：

1 抱索器与牵引索挂结时，二者具有相同速度，不仅能提高挂结质量，而且可减小牵引索和抱索钳口的磨损。

采取在挂结器之前设置轨道加速段的方法，虽然能使货车产生自溜加速，但是货车的车轮沿轨道的运行阻力系数是变化的，难以保证抱索器与牵引索挂结时的速度完全一致。国外运行速度达4m/s的大运量货运索道和国内的单线客运索道，采用轮胎式的加速器，有效地解决了速度同步问题。

2 将轨道加速段和减速段的坡度限制在10%以下，目的在于防止因货车加速度或减速度过大所产生的较大摆动。

4.6.8 对本条作以下说明：

1 货车沿站内轨道曲线段运行时，由于受离心力作用引起横向摆动，横向摆动的大小与货车运行速度和轨道曲率半径有关。为了减小横向摆动，应采用适当的曲率半径。本规范根据国内索道工程设计和运行经验，规定了主轨的最小平面曲率半径。

2 为了使货车顺利通过反向弧轨道，反向弧之间应插入大于行走小车轴距的直线段，该段长度对四轮式货车一般不小于1.5m。

4.6.9 考虑到货车在站内的运行安全，等速段的自溜速度不宜大于2.0m/s。由于每辆货车的运行阻力系数不尽相同，加之运行阻力系数又随季节波动，为了保证货车顺利地自溜运行，规定了货车在直线段和曲线段上最小自溜速度和货车进入推车机前的自溜速度。

4.6.11 对本条作以下说明：

1 推荐牵引索作用在滚轮上的折角不大于3°，

主要从提高索道运转平稳性考虑。

2 牵引索作用在抱索器钳口上的水平力不大于10kN，是按货车系列化设计中，对吊架的强度要求而规定的，可用下式表述：

$$A = 2T_{max}\sqrt{\frac{2m}{R+2m}} < 10\text{kN} \qquad (12)$$

式中 A——牵引索作用在抱索器钳口上的水平力（N）；

m——货车迂回水平滚轮组时，牵引索被抱索器拉开的距离（mm）；

T_{max}——牵引索在滚轮组处的最大工作拉力（N）；

R——水平滚轮组的曲率半径（mm）。

上式可用于验算水平滚轮组的曲率半径。

4.6.12 在距离水平滚轮组或迂回轮进出点的5m处，各设一个宽边垂直托辊。其作用及设计要求如下：

1 保证牵引索在运行过程中不脱索。

2 只有宽边托辊才能适应牵引索横向窜动的需要。

3 在宽边托辊上方所对应的轨道应有凸起过渡段，使货车通过时抱索器不碰宽边托辊。凸起过渡段两端的轨道用半径不小于5m的反向弧连接，反向弧之间插入不小于1.5m的直线段。

4 为了适应货车通过宽边托辊上方凸起过渡段轨道时，牵引索因水平滚轮组或迂回轮产生的偏角，宽边托辊距端部滚轮或迂回轮中心的距离应为5m左右。

由于货车以"外绕"或"内绕"方式通过水平滚轮组或迂回轮，在其进入前或离开后，轨道中心线和牵引索中心线在水平面上的投影，会形成85mm或155mm的尺寸变化，故对过渡段的要求是：反向弧的半径不小于12m，反向曲线段之间插入不小于1.5m的直线段。

4.7 电 气

4.7.1 对本条作以下说明：

1 索道的启动与制动。

对于动力型索道，为了使变位质量很大的牵引索闭合环平稳启动，要求驱动装置的电动机具有恒定的启动转矩。

动力型索道一般采用交流绕线型电动机，并在电动机转子上串入频敏变阻器或金属电阻器启动。

当采用交流拖动时，对于负力较小的制动型索道，有采用制动器松闸后索道自行加速的启动方式，但这种启动方式不适用于负力较大的制动型索道；对于负力较大的制动型索道，则应采用动力制动的启动方式，这种索道在停车时也应采取动力制动配合机械刹车的制动方式。

2 索道正常启、制动时的加、减速度不宜过大，是因为加、减速度过大可能引起牵引索急剧跳动，从而导致掉车事故的发生。同时，由于加、减速度过大又可能引起驱动轮出侧或入侧牵引索的拉力变化过大，导致牵引索在驱动轮上滑动，使衬垫磨损加剧。其次，循环式索道启、制动的次数很少，加、减速度的大小或启、制动时间的长短并不影响索道的运输能力。因此，在设计中加、减速度一般取 0.1~0.15m/s²，当运行速度为 2.5~3.15m/s 时相应的加、减速时间为 15~30s。

3 为了保证货车特别是重车在多传动区段索道线路上的车距一致，需采取联锁控制设施，使各区段驱动装置的电动机同步启动和制动。

4 电动机的保护：

1）对于动力型索道，应设过电流继电器保护装置，其整定电流可根据有关规定确定。

山西桐木沟索道由于没有设置过电流继电器保护装置，曾发生过由于强风作用引起货车卡住，但驱动装置未及时停车，而酿成拉倒支架的严重事故。

制动型索道发生货车卡住事故时，电动机的电流的绝对值开始由大变小，过零后再逐渐增大，因此过电流保护不适用。为此，应采取零电流（即欠电流）继电器保护措施。其整定电流可按正常制动运行时额定电流的40%左右计算。

2）对电动机的超速保护要求是：当运行速度超过设计运行速度的15%时，应使索道紧急制动停车。

4.8 保 护 设 施

4.8.1 保护设施设置。

1 保护设施形式的选择，取决于技术经济比较的结果。当保护范围较长、货车坠落高度较大时，采用保护网较为便宜。保护网可以利用索道支架或者专用支架贴近索道悬曲线架设，使货车坠落高度控制在合理范围之内。在沿其长度方向上的保护范围基本不受限制。而保护桥则适用于保护范围较小、货车坠落高度较小的场合。当索道线路在公路（或铁路）边坡的上方通过时，坠落的货车仍有可能从陡坡滚落到公路（或铁路）上，危及运输和人身安全。云锡索道就曾发生过坠落的货车滚到公路上伤人的事故。因此，应根据实地情况设置栏网。

2 保护网为柔性构件，当受货车冲击作用时，垂度明显增大。例如，某单跨 $l=90$m，单位面积重力 $q_1=100$N/m² 的保护网，在受货箱重力 2kN，有效载荷 14kN，最大坠落高度为 8m 的货车冲击作用下，计算垂度增大值达 2.26m。所以，应按受货车冲击条件校验保护网与跨越设施之间的净空尺寸。

3 考虑到货车掉落到保护设施上时，一般不会呈竖立状态，故运行中的货车底面与保护设施顶面之间的净空，按不小于货车最大横向尺寸进行校验，比较符合实际情况。特别是对于保护桥来说，应在保证货车自由通过的前提下，尽可能减小货车的下落高度。

4 当索道跨度大于250m时，承载索受风荷载引起的水平挠度明显增加，因此应按承载索和货车均受0.25kN/m² 基本风压作用发生偏斜的条件校验。

4.8.2 对保护网作以下说明：

1 保护网的粗格网用于承载，应能防止坠落货车砸穿。

2 保护网的跨距不宜过小，因跨距过小时，支架数目必须增多。但是跨距亦不宜大于100m，跨距过大时，所需的钢丝绳破断拉力增大，直径增大，而且过大的挠度还可能引起保护网的支架增高、货车坠落高度增大。因此，应从经济和安全两方面合理确定保护网跨距。

杨家杖子3号索道靠近卸载站的区段，线路跨越商场、居民点、工业区、公路以及铁路等设施，设置了多跨总长超过300m的保护网，该保护网除了充分利用索道支架以外，又在较大跨距内增设了单独的保护网支架，其平均跨距为80～100m。索道运转30多年来，保证了这个区段的安全。

3 保护网的主索，在一般情况下仅承受静载荷的作用，在特殊情况下才承受冲击力。从这一情况出发，国内外设计保护网时，最大静拉力下安全系数均取不小于2.5。根据国外资料，计算保护网时，雪荷载与裹冰荷载不同时计入，并且不计风荷载对主索拉力的影响。计算时，雪荷载取当地最低环境温度，而裹冰荷载按-5℃条件计算。

保护网受货车冲击时主索拉力增大，以保护网跨距中间受冲击拉力达到最大值，最大冲击拉力应符合下式：

$$T_c \leqslant T_p/n \tag{13}$$

式中 T_c——允许最大冲击拉力（N）；
T_p——最大的冲击拉力（N）；
n——钢丝绳受最大冲击拉力作用时的安全系数，取1.1。

根据有关设计参考资料，由 T_c 值可以算出允许的货车坠落高度。如果允许坠落高度大大超过或者小于货车实际落差，则应重选主索。

两端被锚固的主索最大静拉力是在雪荷载、环境温度最低条件下或裹冰荷载、环境温度-5℃条件下算得的，因此，施工安装前应按当时温度计算安装拉力，以保证保护网主索安全。

4.8.3 为了减轻保护桥面所受的冲击载荷，一方面要尽量减小货车的坠落高度；另一方面应在桥面铺设一层煤渣、粗砂、锯屑、木板、竹筏或几种材料组合的吸振层。

尖顶式保护桥利用尖劈效应，能承受坠落高度很大的货车的冲击，并将货车滑向保护桥的两侧。这是结构简单而又经济实用的保护桥。

带有柔性网桥面的保护桥，综合了保护网和保护桥的特点。当跨距不大于15m、货车坠落高度不大于10m时，特别适合采用这种保护设施。江西画眉坳钨矿索道曾用这种保护桥保护矿区公路，取得了较好效果。

5 单线循环式货运索道工程设计

5.1 货车

5.1.1 货车选择。

1 弹簧式抱索器广泛应用在国内外的单线循环式客运索道上，它能保证客车在爬坡角达45°的条件下安全运行。国内外使用经验证明，弹簧式抱索器用于货运索道，不仅技术上先进，而且安全可靠。然而，采用弹簧式抱索器索道的基建费用较高，但经营费用较低，有条件时可推广使用。

2 目前，尽管四连杆重力式抱索器仍是国内单线货运索道使用最多的抱索器形式，但使用该抱索器的单线索道掉车率普遍高达1/1000以上，这与其本身结构的缺点有关。这种抱索器理论上允许最大爬坡角为35°，但该数值未考虑这种抱索器的机械效率低以及夹持力随着钳口磨损而降低的情况。同时，由于其抱索力由货车重力产生，运行中若振动过大则会产生失重现象，容易发生掉车。因此，线路条件较差的索道，实际允许爬坡角大为降低，例如，广西大厂锡矿 $2^\#$ 索道实际使用的最大爬坡角不到29°。选择四连杆重力式抱索器时，应充分考虑不利因素，尽可能降低掉车率。国内这种抱索器在运行速度大于2.5m/s的索道上应用实例很少，故规定它仅在速度不大于2.5m/s和爬坡角为20°～30°的条件下使用。

3 鞍式抱索器是国外单线货运索道使用最广泛的抱索器形式，它与运载索挂结时，依靠前后2个钳口上的凸齿嵌入钢丝绳的绳沟内，因而爬坡角受到限制。鞍式抱索器的最大爬坡角一般不大于20°。国内系列产品中鞍式抱索器的允许爬坡角为24°。但据现场观测，当货车驶近钢丝绳爬坡角为22°的支架时，抱索器有滑动现象，在爬坡角小于20°的支架处则可安全运行。由于鞍式抱索器结构简单、造价低、维修方便，自重较四连杆重力式抱索器轻，货车有效载重量较大。因此，线路侧形平坦、爬坡角小于20°的单线货运索道，选用鞍式抱索器比较合适。

5.2 运载索与有关设备

5.2.1 运载索选择。

1 随着钢丝绳制造技术的进步，很多索道已使用公称抗拉强度不小于1670MPa 的运载索，取得了良好的技术经济效果。

2 影响单线货运索道运载索工作寿命的主要因素之一是表层丝磨损。甘肃武山水泥厂索道使用直径34.5mm的钢丝绳作为运载索,其表层丝直径为3.8mm,每条钢丝绳的实际运矿量达100万t。该索道运载索工作寿命长的原因,除了侧形条件和接头质量好这两个因素以外,丝径较粗是更为主要的因素。但是应当指出,表层丝的直径不宜过粗,否则容易引起疲劳断丝。

综上所述,规定表层丝的直径不得小于1.5mm。

3 鞍式抱索器2个钳口内的凸齿,必须嵌入运载索的绳沟内,才能可靠地卡住钢丝绳。因此,运载索的捻距应与鞍式抱索器2个钳口的中心距相适应。

5.2.3 本次修订时,新增了关于运载索导向轮选择方面的要求。

5.3 牵引计算与驱动装置选择

5.3.2 对于单线循环式货运索道的牵引计算或线路计算,通常把货车集中载荷折算成均布载荷进行计算。

阻力系数取值时应注意,货车随运载索升降起伏会导致部分能量损失,因此,阻力系数与索道侧形之间存在一定关系。对于动力型索道应考虑侧形对阻力系数的影响:侧形复杂时取上限值;侧形平坦时取下限值;线路上有压索轮组时亦取上限值。

单线货运索道有采用有衬托、压索轮组的发展趋势,因此,本次修订时,参考了国内外单线循环式客运索道阻力系数资料,取 $f_0=0.03\sim0.04$。

5.3.3 对运载索的最小拉力作以下说明:

1 确定运载索最小拉力应考虑下列因素:

1)限制运载索在集中载荷作用下产生的弯曲应力值,以保证运载索具有一定的工作寿命。

2)限制运载索在货车集中载荷作用下的挠度,以保证货车平稳地运行。

3)保证运载索在驱动轮上不打滑。

2 不同条件下 C_3 值的选取说明如下:

1)采用单钳口抱索器时,运载索的承载条件较差,C_3 可取 $10\sim12$。

2)采用鞍式抱索器时,运载索的承载条件较好,C_3 可取 $8\sim10$。

3)运输能力较大、高差较大或车距较小时取小值,反之取大值。

运输能力较大,是指运输能力大于150t/h的单线索道。这时 C_3 取小值是为了适当限制运载索的直径;高差较大时,运载索在下站站外的倾角较大,经2~3跨后,运载索拉力就显著增大,即运载索的最小拉力区段的长度很短,因此,C_3 亦可取小值;车距小于100m时,可视为车距较小,此时线路均布载荷较大,运载索的拉力就逐渐增大,即运载索的最小拉力区段的长度较短,因此,C_3 取小值。对于不同条件组合的场合,可通过分析后确定 C_3 的取值。

3 根据实践经验,当线路侧形较复杂且最大跨度大于300m时,为了减小大跨运载索的"浮动"现象,建议最大跨的最大挠度与跨距之比不大于1/14~1/16,宜按下式校核最小拉力(参阅起重运输机械杂志1993年第3期《单线货运索道承载-牵引索的浮动及其控制》一文):

$$T_{min} \geq (1.75\sim2.0)(Q/\lambda+q_0)L_{max} \quad (14)$$

式中 T_{min}——运载索的最小拉力(N);

Q——重车重力(N);

λ——发车间距(m);

q_0——运载索单位长度的重力(N/m);

L_{max}——最大跨的跨距(m)。

5.3.4 驱动装置选择。

1 卧式驱动装置结构简单、站房高度小,具有减少运载索弯曲次数、延长运载索的工作寿命及减小牵引阻力等优点,从而在工程中得到普遍应用。

2 选择卧式单轮双槽驱动装置同时传动2个区段,与2个区段单独设驱动装置的方案相比,具有以下优点:减少一套驱动装置和相应的辅助设施,配置紧凑,因此,设备费用大大降低;在相同负荷情况下,改善了驱动装置的运转状况;不需采用特殊装置就可使索道的2个传动段达到同步的目的。

同时传动2个区段的单轮双槽卧式驱动装置,曾在辽宁华铜索道、云南会泽索道和福建潘田索道等工程中得到应用,使用效果良好。由于2个传动段组合的负荷特征不同,共有4种不同的组合情况:

1)2个区段均为制动运行。

2)2个区段均为动力运行。

3)第一区段为动力运行,而第二区段为制动运行。

4)第一区段为制动运行,而第二区段为动力运行。

判断四种负荷组合是否适用联合驱动方式的依据是,运载索在驱动轮两侧的拉力比是否符合抗滑要求。有关不同负荷组合情况下抗滑性能的详细分析,可参阅《同时传动单线索道2个区段的双槽卧式驱动机》一文(《起重运输机械》1979年第三期)。

分析计算表明,在第3)、第4)两种负荷组合情况下采用联合驱动方案时,驱动装置的功率大大降低。以潘田索道为例。联合驱动方案用一台功率为70kW的电动机,而采取独立驱动方案时,则需功率各为95kW的两台电动机。在第1)、第2)两种负荷组合情况下,因为最不利的线路载荷情况和功率备用系数没有重复计入,所以,联合驱动方案主电动机的功率并不是单独驱动方案功率的叠加。

5.4 线路设计

5.4.1 线路配置。

1 过去索道设计中，站前第一跨的跨距多采用 2～2.5m，由于跨距太小，直接影响到抱索器的挂结与脱开质量。故规定站前第一跨的跨距为 5～10m。

2 托索轮绳槽的磨损取决于运载索与托索轮之间的比压。配置支架和选择托索轮组时，应尽量做到每个托索轮承受的径向载荷大致相等，可使每个托索轮工作寿命大致相同，亦可延长运载索的工作寿命。

3 在平坦地段或者坡度均匀的倾斜地段上配置支架时，一般重车侧采用 4 轮托索轮组，空车侧采用 2 轮式托索轮组，为了使各支架上每个托索轮的径向载荷大致相等，各支架上的载荷应力求相等。

4 支架的最小高度应按照以下条件确定：在支架处已掉落一个货车，运行中的货车以货箱翻转状态通过时能够不受阻碍。单线索道货车呈翻转状态时，高度方向的最大外形尺寸不大于 3m，货箱高度为 0.8m，故支架最小高度取不小于 4m。

在凸起区段上，跨距受地形限制，设计时最小跨距一般取 15m。不能满足时，可选 6 轮或 8 轮托索轮组。

5 最不利的载荷条件是由于线路缺车造成的，这时所考察支架的相邻跨无货车，而运载索的拉力达最大值。

由于影响运载索从凹陷区段上脱索的因素较多，而国内有些单线索道的脱索事故又较频繁，因此，从保证安全运行的观点出发，单线索道运载索的靠贴系数值，应大于双线索道承载索的靠贴系数值。必要时，可参照单线客运索道的方法校验最小靠贴力。

6 带导向翼的抱索器可以通过压索轮组，因此，允许采用压索式支架。压索式支架一般用于大凹陷区段，以便降低支架高度和减小支架跨距。压索式支架也可用于运载索仰角较大的站口，以达到把运载索压平的目的，使其坡度适应抱索器挂结和脱开的要求。在国内单线循环式客运索道中，有不少使用压索式支架的实例。

5.4.2 对本条以下说明：

1 为了便于设备标准化，规定了表 5.4.2 的托索轮允许径向载荷值。

无衬托索轮允许径向载荷，按下式计算：

$$P = 3.75 d D^{2/3} \tag{15}$$

式中 P——托索轮的允许径向载荷（N）；
d——运载索直径（mm）；
D——托索轮直径（mm）。

2 生产实践证明，如果不考虑每个支架处运载索拉力大小差异，每个托索轮的允许折角平均取 4°，将导致运载索拉力较大处托索轮磨损很快，对运载索的工作寿命也有不利影响。因此，应该按允许径向载荷和不同拉力的计算来确定不同支架上每个托索轮的允许折角。

3 6 轮、8 轮式托索轮组用于钢丝绳倾角较大的支架上时，因对应货箱长度的钢丝绳高差较大，而大平衡梁设在索轮正下方的 6 轮、8 轮式托索轮组整体的高度较大（例如 Φ600mm 的托索轮组，从大平衡梁底到托索轮顶面的高度为 700～800mm），容易与货箱相撞。以往采用 6 轮、8 轮式托索组的索道曾多次发生货车过支架碰撞大平衡梁的事故，所以，应改用大平衡梁设在托索轮内侧的 6 轮或 8 轮式托索轮组。

5.5 站 房 设 计

5.5.2 挂结不良是掉车率高的主要原因之一。在总结单线索道设计经验的基础上，本条对运载索在挂结段的稳定措施、轨道设计、货车在挂结段的运行速度，做出了相应规定。

1 设置稳索轮的目的是为了防止运载索上下左右颤动，为抱索器与运载索准确挂结创造条件。

2 限制车轮的横向窜动不大于 2mm，是保证抱索器与运载索准确挂结的重要条件之一。

当抱索器挂结不良时，需要驱动装置反转将货车倒回站内。为了防止抱索器车轮碰撞轨道，要求轨道前端的曲率半径不小于 3m，采用扁形轨时，其头部应削尖，而采用槽形轨时，其头部应扩口。

要求挂结段轨道与运载索之间保持如下关系：运载索与钳口底部接触之前，钳口一直保持完全张开状态；运载索刚接触到钳口底部钳口即迅速关闭。

3 钳口定向器和可调式压板是四连杆重力式抱索器挂结段上两种必不可少的设备，前者的作用是使钳口呈前高后低的状态进入压板，使钳口的背部接触压板；后者的作用是对钳口施加一定压力，使其抱好并抱紧钢绳。为了调节压板与运载索的距离，以保持钳口所需的压紧力，压板应为可调式。同时，钳口定向器和可调式压板的配置宜相互靠近，使钳口拨正后直接进入压板。

货车在进入挂结段之前和在挂结段内，由于速度变化，在弯道上运行以及重心偏离钳口中心等因素，经常产生横向摆动。在挂结段设双导向板可达到两个目的：防止货车产生横向摆动，为钳口中心对准运载索中心提供必要条件；配置双导向板时，应使货车重心恰好位于钳口中心的垂直线上，由此可消除因重心横移引起的偏斜，以及防止货车出站后产生大幅度的横向摆动。

要求货车进入挂结点的实际运行速度等于运载索运行速度，其目的在于：减小抱索器钳口相对运载索的滑动，最大限度地减轻二者的磨损，同时减小货车的纵向摆动。

使用四连杆重力式或鞍式抱索器时，通常设轨道加速段使货车加速。计算加速段的坡度时，应计入曲线轨道、直线轨道、导向板以及有关导轨的阻力损失。对于通过可调式压板的货车，尚应计入钳口对压板的冲击产生的能量损失。

使用带有摩擦板的弹簧式抱索器时，需采用轮胎式加减速装置。国内外单线循环式客运索道的使用经验证明，抱索器钳口的磨损在这种使用条件下微乎其微。

5.5.3 脱开段设计。

1 脱开段轨道端部形状的作用与挂结段轨道端部形状的作用一样，但由于货车进站速度较高，因此规定立面曲率半径不应小于 5m。

2 脱开段轨道与运载索之间，应保持如下关系：钳口没有达到完全张开之前，运载索始终接触钳口底部；钳口刚达到最大开度，运载索即迅速脱出。

3 脱开段双导向板的作用与挂结段相似。但是为了减轻货车对导向板的冲击和防止冲击，应将双导向板的进口端做成曲率半径不小于 5m 的喇叭口形，并按货车纵、横向摆动限制条件进行校验。

4 为使进站货车的运行速度降低到站内自溜时所需的速度（≤2.0m/s）或者比推车机速度大 30%～40%，应设置轨道减速段或者减速装置。脱开段减速装置的结构与挂结段加速装置的结构相似。

5.5.4 挂结段设置抱索状态监控装置，可以消除因抱索不良引起的掉车事故。货车通过脱开段抱索器不脱索，将酿成严重事故，因此，应设脱索状态监控装置。

5.5.5 站内轨道配置应保证脱挂安全可靠，尽可能减小货车的纵、横向摆动。广东云浮水泥厂站房采用运载索从轨道上方导出的配置方式，站内轨道可布置成一条直线。由于取消了反向弯曲段，货车在站内运行时没有横向摆动，挂结质量很高。因此，本次修订时推荐了这种配置方式。

5.5.6 转角站配置。

1 对称布置对设计、制造和安装均带来很大便利。

2 转角站有两种基本配置方式：一种是转角轮两端用压索轮组将运载索导平，中间由水平安装的转角轮转向；另一种是直接用倾斜安装的转角轮转向，无需在转角轮两端设置压索轮组。

3 转角站是货车通过站，为了保证货车在站内脱开、运行、挂结等过程连续平稳地进行，只能采取以较高速度（1.6～2.0m/s）自溜运行，不能采用人工推车。

转角站内的副轨用于停放发生故障的货车。

6 双线往复式客运索道工程设计

6.1 客车

6.1.2 每位乘客的计算载荷，各国的规定颇不一致。本次修订时，参考了欧洲 CEN/TC 242 标准和 OITAF 文件并结合乘客体重增加的趋势，对原规范的计算载荷分别增加了 50N。

值得注意的是：对于双线往复车厢或车组式索道，在进行工艺或设备设计时，每位乘客的计算载荷是一致的，这一点与单线循环式客运索道有所不同。

6.1.3 支架头部和末端套筒的销轴，均为客车上非常重要的零件。因此，本次修订时，参考了瑞士和日本的规定，新增了对吊架头部和末端套筒销轴抗拉安全系数的规定。

6.1.4 本次修订时根据我国索道工程的实践经验，对原条文内容进行了适当修改。

国内外双线往复式客运索道的实践经验证明，牵引索及平衡索与运行小车的连接处，是客车上最为薄弱的环节。本条虽然没有排斥浇铸套筒的连接方式，但为了安全起见，采用浇铸套筒连接牵引索或平衡索时，浇铸套筒在结构上应便于抽出检查浇铸质量，其锥体长度应为牵引索或平衡索直径的 5～7 倍，内部锥度应为 1/6～1/3，内部小端直径应为牵引索直径的 1.3 倍。

缠绕套筒的连接，是指将铝合金丝缠绕在钢丝绳末端的外层上，紧密排列成与套筒锥度相一致的密实锥体的连接方法，这种方法克服了浇铸套筒的部分缺点。因此，本次修订时，新增了缠绕套筒的连接方法，有条件时可在工程中采用。

6.1.6 根据 OITAF 文件的规定，车厢的地板面积为 $0.18n+0.6$（m^2）。日本则规定为每人的最小地板面积，车厢高度大于 2m 时为 $0.16m^2$；小于 2m 时为 $0.18m^2$。根据上述资料，结合我国的实际情况，做出本条规定。

6.1.7 客车制动器是双线往复式单牵引客运索道中保证安全运行的关键设备。因此，本次修订时，参考了欧洲 CEN/TC 242 和其他国家的有关标准并结合我国的实际情况，制定了本条。

1 客车制动器产生误动作，驱动装置上的工作制动器未能自动投入制动，将会导致恶性事故的发生。因此，将客车制动器制动时，驱动装置的工作制动器应能自动投入工作规定到条文内。

2 客车制动器制动力的大小，是个比较复杂的问题。制动力的大小，应综合考虑索道线路的坡度变化、客车的载荷变化、运行方向不同、运行速度的高低、制动材料的磨损情况和摩擦系数的变化等一系列因素后，合理确定。

3 在各国有关规定中，只有瑞士交通部规定了牵引索的最小拉力应保证在 $1.2m/s^2$ 减速度紧急制动时，客车制动器不产生误动作。因为这条规定很重要，因此规定到条文内。

6.1.8 本条为新增条文。

客车制动器存在着结构复杂、保养麻烦、控制困难、制动不够可靠等难以解决的设计问题。客车上末端套筒处的牵引索比较容易断裂，牵引索断裂后，客车制动器制动失灵所造成的重大事故，即使在国内也能举出实例。由于客车制动器工作上的要求，鞍座的绳槽必须设计得既窄又浅，且难以设置防脱索装置，承载索脱索后所造成的车毁人亡事故，在国外屡次发生。对于高速度、大运量、长距离、多支架、大倾角或风力强的索道，采用客车制动器时，更是难以保证乘客的安全。鉴于上述情况，自然产生了取消客车制动器的设计理念。

研制无客车制动器双线往复式单牵引客运索道是借鉴了单线循环式客运索道的设计经验，其指导思想是为了彻底改善牵引索的工作条件，努力防止牵引索断裂，并在设计、制造、检验、施工、验收、运营等全过程中保证牵引索和承载索安全可靠。

本条所述的一系列防止牵引索断裂的设计措施主要包括：

1 将牵引索设计成封闭环形，定期移动客车在牵引索上的夹紧位置，避免夹紧部位的牵引索长期受到反复弯曲所造成的损伤。

2 设计一种类似脱挂式抱索器的夹索器，数量不得少于2个，其抗滑安全系数不小于4.0，其结构应便于夹紧或脱开牵引索，为牵引索的全面检查和探伤创造条件。

3 增大牵引索直径。

4 提高牵引索的抗拉安全系数。

5 按零件失效后的危害程度，将牵引索及其有关设备的零件分成三类（一类为非常重要零件，二类为重要零件，三类为一般零件）。一类零件必须在设计、制造、检验、安装、使用、探伤、报废等全过程中防止失效。

6 设置防止牵引索鞭打或缠绕承载索的监控装置。

7 线路托索轮组除了设置挡索器和捕索器之外，还应设置牵引索离位监控装置。

8 驱动轮、拉紧轮和各种导向轮应设置防脱索装置。

9 为了减小牵引索的动载荷，对驱动装置的加速、减速、超速、失速等实行完善的电气控制；对拉紧装置增设阻尼装置。

10 在客车运行过程时，对牵引索的实际拉力进行自动测定与显示，牵引索的实际拉力超过规定值时，即自动报警或自动停车。

本条所述的保证牵引索安全的操作规程主要包括：

1 客车的夹索器应在200个工作小时或90个工作日之内进行移位。同时，应对使用中的夹索器的零件和焊接件进行肉眼检查。

2 应按以下时间间隔用探伤仪对牵引索进行全面检查：

1）投入使用的第一年，应在200个工作小时或4个工作周之内检查一次。

2）投入使用的第二年至第十年，应在1000个工作小时或一年之内检查一次。

3）投入使用的第十年以后，应在200个工作小时或90个工作日之内检查一次。

4）停止运行3个月或更长的时间后，在重新投入运行前检查一次。

3 对牵引索的夹紧段进行探伤检查时，如发现牵引索的损伤达到或超过规定指标的一半时，夹索器的移位和用探伤仪对牵引索进行全面检查的间隔时间还应缩短。

4 夹索器应沿固定方向进行移位，移位的距离不得小于夹索器长度、夹索器两端附加装置的长度和牵引索2倍捻距三者的总和。

5 不允许在牵引索编结接头的绳股交叉点上固定客车。夹索器与绳股交叉点之间的距离，不得小于夹索器总长的2倍。

1985年，法国在阿尔卑斯山率先建成了大型的无客车制动器双线往复单牵引车厢式客运索道，客车定员多达160人，客车通过支架时的运行速度高达11m/s，创造了多项世界纪录。1997年，我国张家界黄石寨也建成了无客车制动器的双线往复单牵引车组式客运索道。

6.1.9 本条为新增条文。

为了克服末端套筒固有的缺点，夹索器首先在车厢式客运索道中采用，获得了很好的使用效果。近几年来，车组式客运索道逐渐采用了夹索器。因此，本次修订时，新增了对客车夹索器的有关要求。

6.1.10 本条为新增条文。

为了保证客车在线路上的安全运行和顺利进出站房，本次修订时新增了空车或重车对承载索中心铅垂线的向内或向外偏斜的规定。为了符合这条规定，客车设计与制造均应注意控制空车或重车的重心位置。

6.2 承载索与有关设备

6.2.1 本条是参考了欧洲CEN/TC 242标准和OITAF文件的有关规定而制定的。

1 密封钢丝绳具有表面平滑、接触面大、密封性好、表层丝断裂后不会翘起等一系列优点，因此，强调应选用密封钢丝绳作承载索。

2 本次修订时，将承载索的抗拉安全系数由原规范的不得小于3.5改为不得小于3.15。

6.2.2 鉴于近年来国内外承载索采用两端锚固或液压拉紧的索道日渐增多，本次修订时，新增了承载索两端锚固和液压拉紧的内容。两端锚固或液压拉紧方式，具有简化站房配置、缩小站房体积、降低基建费用等特点。

在采用两端锚固时，要计算承载索在不同温度下各种载荷时的拉力，确保其在最不利条件下的$T_{min}/$

R、T_{min}/Q 等参数符合本规范规定。

6.2.3 双重锚固方式曾在泰山、黄山、峨嵋山、西樵山等索道工程中采用，生产实践证明，它具有结构简单、施工方便、管理容易、安全可靠、造价低廉等优点，是一种值得推广的锚固方式。为了便于检查承载索是否滑动，工作夹块组与备用夹块组之间应留出 5mm 的观察缝。

6.2.4 采用圆筒锚固方式时，承载索末端的工作夹块数量，各国的规定各异，OITAF 为 1 副，瑞士为计算确定，日本则没有规定。这反映了承载索在圆筒上缠绕的圈数不同，工作夹块的数量也不相同。为了安全起见，本规范规定：承载索的尾部应采用至少 3 副夹块锚固在支座上，其中 2 副工作，1 副备用。工作夹块与备用夹块之间，应留有 5mm 的观察缝。夹块的抗滑力不得小于剩余拉力的 2 倍。

6.2.5 根据多年的实践经验，本次修订时，新增了鞍座余量、鞍座润滑等方面的规定。

6.2.6 本条为新增条文。

为了防止承载索从支架鞍座上脱索后所造成的重大事故，特制定本条文。

承载索对鞍座的最小靠贴力，产生于承载索出现最大拉力和相邻两跨均无客车的载荷条件下。最小靠贴力所对应的靠贴弧称为最小靠贴弧。在正常情况下，防脱索装置不应承受承载索的上抬力，因此，规定该装置应设在最小靠贴弧的中部。

6.3 牵引索、平衡索、辅助索与有关设备

6.3.1 双线往复式客运索道牵引索、平衡索和辅助索通常使用的钢丝绳型号为：6×19S、6×25Fi、6×26SW、6×31SW、6×37S 等，不同型号的钢丝绳，具有不同的使用性能。在上述型号中，耐磨性依次降低，抗疲劳性则依次提高。设计时应按使用条件合理确定。

6.3.2 由于双线往复式客运索道的启动和制动比较频繁，因此，在计算牵引索、平衡索和辅助索的抗拉安全系数时，应计入正常启动或正常制动时的惯性力。

双牵引索道牵引索的抗拉安全系数，原规范规定为 5.5，结合国内工程实践经验，本次修订时规定为 5.4。

欧洲 CEN/TC 242 标准规定，无客车制动器单牵引索道牵引索的抗拉安全系数，比有客车制动器的提高了 20%。因此，本次修订时，有客车制动器单牵引索道牵引索的抗拉安全系数仍为 4.5，将无客车制动器单牵引索道牵引索的抗拉安全系数提高到 5.4。

无极缠绕的辅助索，在运行时重锤减轻，其安全系数为 4.5；在停运时重锤加重，因此，其安全系数为 3.3。

6.3.3 牵引索、平衡索和辅助索的拉紧。

1 为了提高索道运行的平稳性，本次修订时，新增了当重锤移动速度较快时，应设阻尼装置的规定。

2 双牵引索道的牵引索分别设置调绳装置后，可减少牵引索的截绳次数，使客车在站内准确停靠，并使驱动装置的受力更为均衡。我国自行设计的双牵引索道，如长江索道、鹿泉索道、衡山索道都设有调绳装置，后两条索道的调绳装置使用效果很好。因此，本次修订时，新增了设置调绳装置的规定。

6.3.4 本次修订时，将导向轮直径与钢丝绳直径及表层丝直径之比的表格进行了简化，使其与现行的欧洲 CEN/TC 242 标准相吻合。

关于牵引索托索轮的直径，瑞士规定不得小于牵引索直径的 10 倍，前苏联规定不得小于牵引索直径的 15 倍，通过分析比较，本规范采用了与欧洲 CEN/TC 242 标准和 OITAF 文件一致的不得小于牵引索直径 12 倍的规定。

6.4 牵引计算与驱动装置选择

6.4.1 由于重车上行、空车下行和空车上行、重车下行这两种载荷情况的计算结果，已经能够满足牵引计算的要求，因此，在修订时，将原规范的四种载荷情况归纳为：重车上行、空车下行和空车上行、重车下行两种最不利的载荷情况。

6.4.3 对本条作以下说明：

1 紧急驱动系统的传动机构分为两种：一种是直接传动驱动轮；另一种是利用主驱动的传动机构带动驱动轮。设计时应尽可能采用前一种方式。

2 双牵引索道驱动装置设机械差动或电气同步装置的目的是为了使 2 根牵引索的速度相等。机械差动装置具有结构简单、使用可靠、管理方便等优点，国内外双牵引索道多半采用机械差动装置。

6.4.4 由于盘式制动器的特有性能，可以通过增减制动器的数量和改变液压站的控制方式，实现工作制动器和安全制动器的不同功能，因此，工作制动器也可直接设在驱动轮上。

6.5 线 路 设 计

6.5.1、6.5.2 规定承载索和牵引索在支架上的靠贴条件，是为了确保承载索和牵引索在支架上有可靠的靠贴力，从而保证双线往复式客运索道的安全运行。

6.5.3 本条为新增条文。

由于旅游事业的蓬勃发展和索道技术的不断进步，大运量和大客车双线往复式客运索道，在我国有一定发展空间。定员不少于 60 人的客车，因其载荷较大，一根承载索已经难以承受这种载荷，此时，采用双承载方案比较合理。

当采用单承载方案时，如因承载索直径过大或长

度太长带来制造、运输、安装等困难，此时改用双承载方案更为合理。

鉴于上述情况，本规范新增了双承载索道的有关要求。

6.5.4 本条为新增条文。

在双承载索道中，采用支索器虽然可以缩短牵引索的拉紧行程和提高索道运行的平稳性，但存在维修困难、牵引索跑偏及脱槽等问题，设计时应注意加以解决。

7 单线循环式客运索道工程设计

7.1 客 车

7.1.1 本次修订时，参考了欧洲CEN/TC 242标准和OITAF文件的有关规定，并考虑到近年来客车大型化和乘客体重增加的趋势，对客车定员的划分和每位乘客的计算载荷进行了适当的调整。

客车定员不超过15人时，每位乘客的计算载荷，在工艺设计时取740N，建议在设备设计时取790N。这是因为，如果工艺设计时每位乘客的计算载荷取值略微增大，将会带来技术参数的较大变动，从而导致索道基建费用的明显增加。因此，本次修订时，对于每位乘客的计算载荷，在工艺设计和设备设计时，规定了不同的数值。

7.1.2 根据现代材料力学第三、第四强度理论，对于塑性材料的安全系数应按屈服点计算，因此，本条参考了OITAF文件的有关规定，并结合国内制造厂家的实践经验，规定了客车对屈服点的安全系数。

7.1.3 抱索器是保证单线客运索道安全运行的关键设备，为此，本次修订时，参照欧洲CEN/TC 242标准和OITAF文件的有关规定，对本条作了较大变动。

1 截止到1995年，大部分脱挂式抱索器都有单、双抱索器的区别。与双抱索器相比，单抱索器具有结构紧凑、维修方便、脱开和挂结更为可靠、运载索和加减速器轮胎磨损较小、过压索轮组时振动较小、过脱索轮组时钳口与运载索之间的贴合较好等优点。近20年来，单抱索器突破了只能用于2座客车的限制，相继应用在4座、6座和8座客车上，并且取得了比较满意的使用效果。单、双抱索器之间的界限事实上已经不复存在，为此，本次修订时进行了相应的调整。尽管如此，对于客车定员较多和运载索倾角较大的索道，应特别注意脱挂式抱索器的抗滑力是否符合本条的有关要求。

2 在抱索器的抱索力方面，本次修订时，对力源的产生、弹簧在钢丝绳直径发生变化时能自动补偿或人工调整的性能、弹簧局部损坏时抱索力的允许减小量和弹簧的允许变形量，作出了具体要求。这些要求都是保证抱索器安全可靠性的主要技术手段。其中，力源的产生和弹簧局部损坏时抱索力的允许减小量，这两点规定尤其重要。

3 在抱索器的材料方面，由于建在高海拔或高纬度地区的单线循环式客运索道数量较多，因此，本次修订时，规定了在低温环境中工作的抱索器，其材料应具有良好的低温冲击韧性。此外，对内、外抱卡的材质及成型方法，也做出了具体规定。

根据抱索器导向翼和脱挂式抱索器车轮材料的工作条件，增加了对所用材料使用性能方面的要求。

4 固定式抱索器和脱挂式抱索器的钳口与钢丝绳之间的摩擦系数在实际应用中可考虑取不同的数值，因为前者在较长时间内始终与钢丝绳固定连接，因而钳口与钢丝绳之间的贴合比较紧密；固定式抱索器钳口与钢丝绳的包角较大，经推导计算后所得到的摩擦系数值也较大；此外，固定式抱索器的运行速度较低。因此，钳口与钢丝绳之间的摩擦系数的取值可略高一些。

在国内外一些索道中，采取研磨钳口、增大钳口与钢丝绳之间的包角、在钳口最大比压处开槽等特殊设计，来提高钳口与运载索之间的摩擦系数。国内一些索道的生产实践证明，无需润滑的钢丝绳能显著提高抱索器的抗滑能力，这也是提高摩擦系数的措施之一。

5 按零件失效后的危害程度进行分类，抱索器的内抱卡、外抱卡、弹簧、各种销轴等，都属于非常重要的一类零件。一类零件必须在设计、制造、检验、安装、使用、探伤、报废等全过程中防止失效。本次修订时，新增了对新抱索器进行无损探伤的要求，其目的是严格控制抱索器的产品质量。无损探伤时，应对各类零件的高应力部位进行仔细探伤。

7.1.4～7.1.6 为了确保索道的安全，本次修订时，对车厢、吊篮和吊椅的设计，新增了材料选择、焊接质量、静力试验等方面的要求。

单线循环式客运索道约占我国客运索道总数的90%，而且绝大多数都建在风景名胜区，因此，在设计车厢、吊篮和吊椅时，除了考虑具有足够的强度和刚度之外，其结构和造型的设计还要考虑新颖、美观大方、乘坐舒适并与自然景观相协调。

7.1.7 拖牵座设计。本条为新增条文。

拖牵式索道在国外早已广泛使用，索道总数约有2万条。近年来，随着我国滑雪运动的兴起，高山滑雪场的相继建成，拖牵式索道的建成条数逐年增多。因此，本次修订时参考了欧洲CEN/TC 242标准和OITAF文件的有关规定，新增了拖牵式索道的有关内容。

7.1.8 近十几年来，我国旅游索道的数量日益增加，滑雪索道和拖牵式索道也在逐年增多。为此，本次修订时参考了欧洲CEN/TC 242标准和OITAF文件的有关规定，对客车的最小发车间隔时间作了适当调整。

近几年来，采用固定式抱索器的索道，其吊椅座位数的差异越来越大，为了适应这种情况，本次修订时参照了欧洲 CEN/TC 242 标准的规定，改为以吊椅的座位数来确定最小发车间隔时间。

7.2 运载索与有关设备

7.2.1 对本条作以下说明：

1 运载索的绳芯可采用合成纤维绳芯、天然纤维绳芯和钢绳芯。一般情况下推荐采用合成纤维芯；当对钢丝绳的结构性伸长有严格要求时，宜采用热压成型的尼龙棒芯；特殊需要时，可采用钢芯。这是因为：合成纤维芯具有比重小、韧性好、不吸水、耐酸、耐碱、耐腐蚀、耐挤压和耐磨损的特性，此外，还具有在动载荷条件下使用不易变形，保持绳径稳定等特点。目前，国内外索道多采用带合成纤维绳芯的钢丝绳。如果采用天然纤维芯，应选用较硬且防腐蚀的品种。

热压成型的尼龙棒芯钢丝绳的结构性伸长率约为合成纤维芯钢丝绳的 50%。绳芯为钢芯的钢丝绳承载能力较大、结构性伸长率最小，尽管在国内客运索道上使用得较少，但在国外单线脉动循环式索道和采用移动式站台的索道上应用较多。

2 推荐采用镀锌钢丝绳的原因如下：

1）采用镀锌钢丝绳可减少腐蚀断丝，延长钢丝绳的工作寿命。

2）采用无需润滑的镀锌钢丝绳可以提高钢丝绳与抱索器钳口或驱动轮衬垫之间的摩擦系数，从而提高了索道的安全可靠性。

3）采用无需润滑的镀锌钢丝绳可以延长单线客运索道唯一的易损件——轮衬的工作寿命，从而，提高了索道的经济效益。

4）无需润滑的镀锌钢丝绳不仅美观，而且不污染乘客衣物、车厢顶部、支架平台和站房地面，可实现清洁生产和文明运营。

5）无需润滑的镀锌钢丝绳便于编结并可减少钢丝绳的维护工作量。

7.2.2 运载索的抗拉安全系数为钢丝绳的最小破断拉力即制造厂家提供的最小破断拉力与运载索最大工作拉力之比。确定运载索的最大拉力时，不计入索道启动或制动时的惯性力，并且不考虑拉紧系统的摩擦阻力对初拉力的影响。

参考了欧洲 CEN/TC 242 标准的有关要求，本次修订时，将运载索的抗拉安全系数由不得小于 5.0 修改为不得小于 4.5。理由如下：

1 随着索道设计水平和计算精度的提高，加之钢丝绳结构设计的改进、制造质量的提高和使用经验的增多，单线循环式客运索道断绳的几率已降低到 $5×10^{-8}$ 以下。导致钢丝绳失效的主要原因，已从钢丝绳问世初期由于拉应力过大而造成断绳，演变为由于断丝总数达到报废标准而正常退役。钢丝绳的断丝主要分为疲劳断丝、腐蚀断丝和磨损断丝，三种断丝产生的原因都与钢丝绳的工作条件有很直接的关系，而与拉应力的关系相对较小。因此，适当减小钢丝绳抗拉安全系数，不会影响单线循环式客运索道的安全运行。

2 随着抗拉安全系数的降低，运载索的直径相应减小，使得所有与其相关的设备减轻，从而提高了索道的技术经济指标。

3 对钢丝绳耐久性的理论分析和实践证明，钢丝绳拉伸应力增大时，弯曲应力相对减小，有利于延长运载索的工作寿命。

4 索道在运载索较大拉力情况下运行时，钢丝绳产生的波动，特别是某些跨距内产生垂直波动的可能性减小；钢丝绳各跨的挠度、空车与重车的挠度差和索道启制动时的波幅都相应减小，从而提高了索道运行的平稳性。

5 随着运载索拉力的相对增大，客车行近支架时钢丝绳的倾角和重车与空车行近支架时钢丝绳的倾角之差，均相应减小，改善了运载索的工作条件，从而延长了运载索的工作寿命。

7.2.3 液压拉紧装置因其具有结构紧凑、性能优良、外形美观、配置方便、节省空间等优点，在工程中得到日益广泛的应用。因此，本次修订时增加了对液压拉紧装置的有关要求。

重锤拉紧装置因其具有结构简单、拉力恒定、反应迅速、维护方便、不需额外动力源等优点，在工程中仍有一定的使用价值。

7.2.4 拉紧轮和迂回轮均为非驱动端的大直径绳轮，但使用情况各不相同，当索道一个端站采用固定安装的驱动装置时，另一个端站则应采用可移动的、设在拉紧装置中拉紧小车上的拉紧轮。当索道一个端站采用可移动的驱动与拉紧联合装置时，另一个端站则应采用固定安装的迂回轮。

7.3 牵引计算与驱动装置选择

7.3.2 本条为新增条文。

抗拉安全系数是索道设计的重要参数。为了准确求出抗拉安全系数，必须准确地计算出运载索的最大工作拉力。

本次修订时，参考了欧洲 CEN/TC 242 标准和 OITAF 文件的有关规定，列举出运载索在最不利载荷情况下的最大工作拉力的各组成部分，其中，液压拉紧装置拉紧力的变化范围约为 ±10%，计算运载索的最大工作拉力时，应计入该拉紧装置拉紧力的增加值；重锤拉紧装置拉紧力的变化范围不超过 ±3%，因此，计算运载索的最大工作拉力时可忽略不计。与双线往复式客运索道相比，单线循环式客运索道的运行速度相对较低，启动和制动不算频繁，启、制动时的加、减速度相对较小，因此，在计算运载索的最大工作拉力时，可不计入启、制动时的惯性力。

7.3.3 运载索在橡胶衬托、压索轮组上的阻力系数，是单线客运索道牵引计算和线路计算中非常重要的基本参数。欧洲 CEN/TC 242 标准和 OITAF 文件规定：橡胶衬托、压索轮组的阻力，约为轮组径向载荷的 3%，该阻力已计入运载索通过轮组时的刚性阻力。结合我国的实际情况，将阻力系数定为 0.030。

执行时应注意：本条所规定的 0.030 的阻力系数，是按逐个站内阻力点和逐个线路支架计算的条件所采用的参数，若按均布载荷的近似计算方法计算时，应采用比 0.030 更大的阻力系数。

7.3.5 单槽卧式驱动装置具有体积小、重量轻、配置方便等特点。采用单槽卧式驱动装置时，能简化运载索的导绕系统，减少运载索的弯曲次数，延长运载索的工作寿命并能降低站房高度。因此，单槽卧式驱动装置几乎成了单线循环式客运索道唯一可以采用的形式。

索道的主驱动、紧急驱动、辅助驱动和营救驱动系统有各自不同的使用功能并体现着不同的装备水平。对于采用固定式抱索器的客运索道，由于索道长度较短、线路上乘客人数较少、客车离地高度较低等原因，除主驱动系统外，一般只需配备辅助驱动系统。对于长距离、高速度、大运量、客车离地高度较高和个别跨距内客车离地高度很高的脱挂式抱索器客运索道，除主驱动系统外，过去一般仅配备辅助驱动系统。但是，当主传动机构出现故障时，辅助驱动系统不能保证在合理的时间内将滞留在线路上的乘客回运至站内，因而，近几年来采用紧急驱动系统的索道逐渐增多，个别索道还另外配备了营救驱动系统。

7.4 线 路 设 计

7.4.2 在托、压索轮组上，设置挡索板、捕索器、运载索脱索时索道能自动停车的监控装置和运载索脱索后的二次保护装置，是保证单线客运索道安全运行的有效技术措施。

二次保护装置是设于压索支架横担上的挡臂。其作用是当运载索外脱索并越过捕索器后，能有效地挡住运载索，并使索道自动停车。工程实践证明，在压索支架上设置脱索二次保护装置是非常必要的，二次保护装置不仅能防止重大安全事故的发生，而且还能减少脱索后恢复索道正常运行的工作量。

7.4.3 运载索在支架上的托、压索轮组上的靠贴条件，直接关系到单线循环式客运索道的安全运行。在原规范中，运载索在每个托索轮上的最小靠贴力，仅规定为不得小于 500N，这一规定不仅数值偏小，而且无法适应不同轮缘直径的托、压索轮组。本次修订时，参考了欧洲 CEN/TC 242 标准和 OITAF 文件的有关要求，对运载索在每个托、压索轮组上的最小靠贴力改为由 7.4.3 式确定。

本次修订时，对运载索在每个托、压索式支架上的最小靠贴力，由原规范的半经验方法改为更为科学的风荷载计算方法进行控制。此外，本次修订时还对采用托索与压索联合轮组支架和拖牵式索道支架的最小靠贴力进行了规定。

实践证明，采用托索与压索联合轮组的支架不仅能减少线路上支架的数量，还能提高乘坐的舒适性，因而，有条件时应优先考虑采用该种形式的支架。

7.4.4 支架配置。

对于采用脱挂式抱索器的索道，规定当运载索俯角出站时，站前第一跨的运载索宜导平，且站前第一跨的跨距不得小于最大制动距离的 1.2 倍，是为了防止挂结失误的客车冲出支架滑向线路，造成重大事故，同时也便于将挂结不良的客车低速运回站内。

当客车通过压索式支架时，由于振动较大而影响到乘坐的舒适性。此外，压索轮的橡胶衬垫在实际使用中磨损严重，增大了索道的维修工作量并增加了索道的经营费用。因此，设计时应尽量减少压索式支架的数量。

7.5 站 房 设 计

7.5.1～7.5.3 拖牵式索道由于线路短和功能单一，其起点站和终点站几乎均采用无站房设计。此外，采用固定式抱索器的 2 座、4 座和 6 座滑雪专用吊椅道，由于站台与滑雪道直接连接，乘客脚穿滑雪板乘坐索道，到站后立即滑向滑雪道，其上站也多采用无站房设计方案，即目前国外比较流行的 "Ω" 设计方案。为此，本次修订时新增了无站房设计方面的内容。

近年来，国外在推行无维修设计的同时，还出现了推行人性化设计的趋势。国内的人性化设计也逐渐提上了议事日程，因此，本次修订时，对乘客的保护、控制室的装备、上下车台的高度、站内的地面、设置各种标志等等，提出了更高的设计要求。

7.5.4 本条为新增条文。

拖牵式索道起点站和终点站的设计与普通索道的站房设计不大相同，本次修订时，参考了欧洲 CEN/TC 242 标准和 OITAF 文件的有关规定，增加了对拖牵式索道起点站和终点站设计的基本要求。

8 索道工程施工

8.1 一 般 规 定

8.1.1 安装工程开始之前，建设单位应将本条所列的技术文件提交施工单位，作为施工单位安装及维修的质量控制文件。

安装单位在索道安装过程中,应按设计文件进行施工。如有不同意见,应取得设计单位、建设单位和监理单位的同意,并按设计变更通知进行施工。

近十几年来,国内索道特别是客运索道的成套设备,均在制造厂内经过预组装和单机试车后才出厂,因此,本次修订时取消了原条文中关于试车合格证的要求。

8.1.2 索道施工具有以下特点:线路较长、地形复杂、设备分散、场地狭窄、运输困难,一般没有公路及专用电力线路,施工条件较差而施工质量要求较高。因此,施工单位应根据索道类别、建设规模、技术复杂程度、地形与气象条件、五通一平等情况,编制施工组织设计或施工方案,作为指导安装工作的主要技术文件。

我国对安全生产高度重视,并制定了《安全生产法》来规范生产安全。此外,由于客运索道多建在风景名胜区,因而,必要时应编制安全施工方案和环境保护方案。

对于规模不大且技术不太复杂的客、货运索道,可用施工方案代替施工组织设计。施工方案应以简明扼要的形式,解决施工组织设计基本内容中的有关问题,特别是在山地条件下安装钢丝绳、大型钢结构、各主要设备和在索道联动调试时的有关问题。

对于规模较大且技术复杂的客、货运索道,在施工组织设计中,应编写解决山地运输问题的施工专用索道的有关内容。

8.1.3 作为施工中的一般工序,安装单位开始安装前,建设单位应向安装单位提供索道土建部分的验收文件,安装单位依据土建部分的验收文件,对索道土建部分进行复验,以确认是否符合安装条件,否则不得进行安装。即使土建施工与安装施工为同一施工单位,复验工作也应照常进行。此项工作对提高验收质量、保证安装工作顺利进行、确保索道正常运行等,均具有非常重要的意义。

索道中心线是各种钢结构、各主要设备和所有钢丝绳安装时的基准,验收时必须对各中心标志进行检查。检查时应以原始测量桩点为基准进行一次性检查,以免产生较大的误差。

站房和线路基础应同时验收。施工单位在对与安装有关的土建部分验收时,如发现有超出设计或规范要求偏差的预埋件或基础,安装前应按设计单位的整改意见,在保证质量的前提下彻底纠偏后,方可安装。

表8.1.3中的第11项,设备基础的预埋螺栓之间的距离,应在各预埋螺栓的根部和顶部两处分别测量,其偏差均不得大于±2mm。预埋螺栓标高在本规范中均规定其偏差为零或正值,即露出部分只能大于设计值而不能小于设计值,故统一规定为+20mm。

表8.1.3中的第12项,预埋件标高涉及众多设备安装的标高及安装精度,故只规定负值方向的偏差,避免统一标高平面上的预埋件高低差过大,降低安装精度。

8.1.4 钢结构的运输与存放。

1 目前,由于国内施工专用索道的最大单件运输重量尚未超过4t,如果独立构件质量过重或体积过大,则应分解成便于运输的构件。

钢结构在交付安装前应先除锈后再作防腐处理。目前,我国许多客、货运索道钢结构安装前往往不除锈就涂底漆,安装校正合格后再涂面漆,这样对防腐不利,应尽量避免。

2 一般按照建设单位与安装单位共同商定的进场顺序,运至施工组织设计所规定的安装场地或距安装场地最近的堆放场地,以便缩短二次搬运的距离,减少运输过程中的变形,加快施工进度。

各构件应稳固地堆存放在垫块上,堆层高度不得超过2m。桁架应直立存放,各构件上不应积水。

8.1.5 安装单位在安装前应对设备及钢结构进行检查验收,对不符合设计要求的产品不得交付安装。钢丝绳在展开过程中,当发现制造、运输、保管等方面的缺陷时,不得继续安装。对发现的问题,需经有关单位提出妥善的处理意见并妥善解决后,方可继续施工,施工单位不得擅自处理。

8.1.6 机械设备(如:驱动装置的主轴装置、液压站、润滑站、电动机、减速器、液压制动器等;客、货车的抱索器、拖牵盒、防摆器、减振器,等等)在制造厂家调试合格后,按成套方式进行供应、运输、保管及安装,对保证施工质量和加快施工进度,具有重要的意义。因此,凡是能够整体运输的设备不应拆零。尺寸太大的设备,应按设计分解成便于运输的独立部分。在运输与保管过程中,应防止灰尘或杂物进入机械设备的运动部位,尽量避免在安装时解体检查和二次清洗。机械设备安装的通用部分,应按现行机械设备安装工程施工及验收规范的有关规定执行。

8.2 钢结构安装

8.2.1 采用螺栓连接的钢支架或高架钢站房,为了保证安装进度和在安装现场一次组装成功,在一般情况下,均要求每一个钢结构在制造现场进行立体预组装,并应出具预组装合格证。

由于索道的支架形式不尽相同,制造数量不是很多,制作厂家比较分散,很难形成批量生产,因此,本次修订时取消了原条文中当钢结构进行批量生产,制造精度得到保证且经过施工验证时,可不进行预组装的规定。

8.2.2 本条的目的是尽量减少零部件的起吊次数和高空作业工作量,并保证安装质量和安全生产。

在矫正构件的直线度时,其弯曲矢高的允许偏差应符合表8.2.5第7项的规定。

不论用什么安装方法，钢结构在起吊前，必须检查地脚螺栓和地脚螺栓孔的实际尺寸。如果偏差超过允许值时，应按设计单位的要求，重新开孔或重新制作底板。在没有解决这些问题之前，不能贸然起吊钢结构。

8.2.4 钢结构底板下的垫板，一般直接承受主要载荷，因此，应使用成对斜垫铁。应尽量减少每叠垫板的数量，一般不超过3块，放置垫板时，厚的放在下面，薄的放在中间，找平后互相焊牢，并与钢结构底板焊在一起。

8.2.5 桁架式钢结构支架，底层钢结构如不经校正就拧紧地脚螺栓，将无法防止上部安装时的累计偏差，对质量较大的支架也无法进行调整。

在检查相接触的两个平面是否有70%以上的面积紧贴时，采用0.3mm塞尺，插入深度的面积之和不得大于总面积的30%。两个平面边缘的最大间隙不得大于0.8mm。

8.2.6 对于高度很大的钢支架，风力、日照和温差所造成的支架顶部的变形较大，且变形的数值难以计算，因此，应在风力很小的清晨或阴天进行测量或校正。

8.2.9 二次灌浆层的厚度如果太小，则浇灌施工困难，且二次灌浆层不易密实；如果太大，则垫板太厚，既不经济又影响施工质量，一般以50mm左右为宜。随着技术的进步，有的钢结构设计中，底板与基础面之间不需二次灌浆层。

8.2.10 在运输、保管和安装过程中脱落的底漆以及安装连接处，应采用风铲、化学除锈剂或其他方法。彻底除锈后立即补涂底漆，再按设计规定的颜色及要求涂刷面漆数遍。对于湿热或气象多变地区的钢结构，更应严格执行本条要求。

为了防止未刷漆的连接面受到水、气的腐蚀，钢结构固定后，构件安装连接处可用腻子对其周围缝隙进行密封。

8.3 线路设备安装

8.3.1 由于托、压索轮组中，每个索轮的装配质量应由制造厂家保证，因此，本次修订时取消了原条文中对每个托、压索轮的径向跳动和端面跳动的要求。

8.3.2 目前，线路监控装置广泛采用针形开关，折断针形开关的力矩的偏差，与材料标号、制造方法及尺寸精度等密切相关，抽检前需先核对设备的技术文件和产品工艺卡片。

8.3.5 偏斜鞍座是承载索从线路过渡到站内的衔接设备，安装后需要用一辆货车进行通过性检查，弹性轨道应转动灵活；水平牵引式索道的偏斜鞍座，其托索轮应转动轻快、灵活。

8.4 钢丝绳安装

8.4.1 本条第3款，保持施工组织设计所规定的拉力，是为了尽量使钢丝绳腾空展开。但对于大直径钢丝绳，由于质量较大，放索时很难保持其处于腾空状态，放索时可根据实际情况，不一定始终保持腾空状态进行展开。

本条第5款，为了防止各种钢丝绳在展开过程中受到松散等意外损伤，钢丝绳的端部需要用钢丝、夹块或套筒进行夹紧。并在钢丝绳端部的合适位置设置防转器。

为了执行本条第6款的规定，在展开过程中，可隔一定距离或凸出地点，设置托滚、胶带、枕木或其他防护物，防止钢丝绳接触地面或摩擦构筑物。

为了防止各种钢丝绳在水中浸泡，钢丝绳在跨越水面时，可用吊索、浮箱、船只或其他设施防止钢丝绳接触水面。

8.4.2 承载索在起吊前需详细检查涂油情况，受到破坏的涂油层，应尽可能进行立即补涂，亦可在安装后用加油车进行补涂。

对于设有高支架的客运索道或堆货索道，为了防止从地上起吊承载索时产生过度弯曲，应创造条件使承载索支承在牵引索托索轮上展开。

8.4.3 浇铸后的锥体，从套筒中抽出进行检查时，发现下列情况之一者，为不合格品，必须重新浇铸：

1 铸件表面有较大蜂窝或麻面。
2 铸件表面出现裸露钢丝。
3 锥件的锥口与钢丝绳结合不好或出现空隙。

8.4.4 本条第1款，采用向锚固端方向拉紧，便于拉出多余的承载索，并有利于锚固施工，亦易于控制重锤的安装位置。

对于夹块所用的螺栓，应按设计要求用大型扭力扳手一一拧紧。不应用大锤过度打击，防止螺栓或螺母受到疲劳损坏。

8.4.6 对于采用双牵引索的双线往复式客运索道，首先，要准确测量每根牵引索及平衡索的长度，做好截绳与挂绳的准备工作；其次，要控制每根平衡索的重锤的质量。当客车与牵引索及平衡索进行连接时，必须使2根牵引索的拉力接近相等；当索道进行空负荷试运行时，需通过牵引索调整装置，精确调整牵引索的长度，使2根牵引索的拉力相等。

8.5 站内设备安装

8.5.1、8.5.2 吊梁是吊钩或吊架的安装基础，所以，必须以索道中心线和测量桩点为基准，逐个测量各预埋件的平面位置和标高，偏差超过规定值时，安装前必须采取彻底的纠偏措施。

对于单线循环脱挂式抱索器客运索道，站内前后横梁如果安装偏差过大，则影响站内加、减速段及其大梁等设备的安装精度。因此，本次修订时，新增了对前后横梁的有关要求。

8.5.3 货运索道站内轨道的接头，目前，多采用焊接方式连接，因此，本次修订时，取消了对接头间隙的要求。

8.5.4 对本条作以下说明：

1 对于直线道岔，安装时直线段要和曲线段相切，搭接处不能有折曲现象；对于曲线道岔，安装时岔头要和基本轨道圆滑过渡。

2 道岔装好后，需保证客、货车通过时不产生冲击现象。

8.5.5 导向板安装后主要检查连接的可靠性，接头的平滑程度和其空间尺寸是否有利于客、货车的平稳运行。

8.5.7 对本条作以下说明：

1 驱动装置安装前要对基础进行检查，基础顶面要留出 50mm 左右的二次灌浆层的厚度。

2 在基础各部分尺寸都经过详细地校对后，才允许往基础上安装机座。首先，应按驱动机配置总图标定基础中心线，然后，按此中心线校对基础其他各部分尺寸，测量基础时，一律使用钢尺或钢卷尺。

3 安装机座时，基础顶面与机座之间要加垫板，垫板的表面应平整，垫板必须从地脚螺钉两侧施放，每组垫板块数不宜过多，通常以不超过 3 块为宜。

垫板要求垫放稳固，垫好后的垫板用小锤轻轻敲击检查，然后将垫板与机座焊牢。

机座找正后即可安装立架。

4 驱动轮的纵、横中心线应和设计中心线重合，经反复调整后的驱动轮，应保证其绳槽中心线与入侧或出侧牵引索的中心线相吻合。从动轮轮槽中心应该对正驱动轮出侧和入侧轮槽中心，并用拉线法检测。

驱动轮与从动轮调整定位后，即可进行二次浇灌水泥砂浆。

8.5.8 拉紧装置有两种安装形式，即下部支承和上部吊挂式。

1 安装前应对设备进行检查：

1) 各紧固件必须紧固牢靠，剖分式拉紧轮的精制螺栓连接应接触紧密和定位可靠；

2) 拉紧轮应转动灵活和无异常响声；

3) 拉紧装置轨道中心线应与设计中心线吻合，轨道的标高和轨距偏差值，按本条的偏差值进行检查。

2 安装后，拉紧轮的绳槽中心线应与出侧和入侧牵引索或运载索的中心线吻合；拉紧装置的 4 个滚轮应该靠贴在轨道面上。

8.5.9 导向轮含垂直导向轮、水平导向轮和倾斜导向轮。其中垂直导向轮的轮轴必须水平安装，但支撑轮轴的轴承座的基础表面可与水平面成任意角度。为了防止支撑轴承座沿基础表面移动，安装校正后，在支撑轴承座的两端应加挡铁，并应将挡铁焊在基础垫板上。

安装完毕的导向轮应转动灵活，无阻滞现象。

8.5.10 货车迂回轮主要用于自动转角站或端站，本设备的绳轮为型钢焊接结构，由于运输条件限制，制造厂在预组装后拆成便于运输的构件，因此，现场组装后需矫正运输过程中可能产生的变形，使迂回轮直径的偏差不大于 ±6mm，径向圆跳动不大于 8mm，端面圆跳动不大于 10mm，以保证货车平稳通过迂回轮。

迂回轮安装校正合格后，底座应焊牢于站内支座上。

8.5.12 滚子链是双线往复式客运索道导绕承载索的设备，其结构分为无极式和有极式两种，如黄山太平索道采用的是无极式；而重庆长江索道采用的是有极式。承载索滚子链的安装要求如下：

1 安装前对滚子架的定位面和滚子架的安装基础，均需检查并校正。

2 需预先划出滚子架和基础预埋钢板的中心线，校正后点焊定位，其中心线与承载索设计中心线应吻合，偏差小于 1mm。

3 整个滚子链安装好后，应以水平滚子顶面圆弧的半径制作长度不小于 1500mm 的弧形样板进行检查。任何一段内，滚子顶面应与样板密合，偏差不超过 1mm。经检验合格后，将垫板与预埋钢板焊牢。

4 安装完毕后，需先慢后快，先轻后重，经过各种速度和载荷的试运转。

5 各滚轮轴和链条销轴需采用润滑脂润滑。

8.5.13 重锤或重锤箱两侧的导向块或导向滚轮与导轨之间的间隙应该大致相等，否则应调整重锤块的位置，以保证升降过程中不得出现卡阻现象。

8.5.14 由于货车在运输和存放过程中比较容易产生变形，因此，要求在安装前逐辆检查脱挂式抱索器、吊架和货箱的功能尺寸。

为了保证挂结与脱开质量，在检查脱挂式抱索器的功能尺寸时，需采用专用检查工具，以轨道工作面的中点为基准点，检查钳口的定位尺寸和钳口的最大与最小开度，还需检查脱挂轮的定位尺寸和工作行程。

9 索道工程验收

9.1 试 车

9.1.2 对本条作以下说明：

1 索道无负荷试车由安装单位组织，建设单位派人参加，并且安装单位应做好无负荷试车的准备工作。

试车时需配备操作和维修人员，并制定必要的操作规程和安全技术措施。

　　2 索道负荷试车的指挥、操作和治保等工作,由建设单位负责,安装单位派人参加,并且建设单位应做好负荷试车的准备工作。

　　试车时需按岗位配备操作人员和保证供给运输物料、备品及生产与维修工具,并制定必要的操作规程和安全技术措施。

9.1.3 无负荷试车。

　　1 无负荷试车,包括单机调试、机组联动试车和牵引索或运载索试车3个步骤,必须按照要求逐级进行。

　　2 额定速度是指正常运行时的设计速度,试车时按额定速度运行的时间不能小于累计试车时间的60%。

　　3 无负荷试运行合格后,需签署无负荷试车合格证书。

9.1.4 客运索道负荷试车需注意以下几点:

　　1 客运索道需采用砂袋或其他重物进行负荷试车。

　　2 检查索道在自动、半自动和手动控制方式下各机电设备的工作情况。

　　3 在各种载荷情况下,检查启动、制动时间和加、减速度,并检查启动、匀速运行和制动时的电流变化情况。

　　4 观察在各种载荷情况下客车通过支架时的运行情况。

　　5 观察客车在最不利载荷情况下,启动和制动时的纵向摆动情况。

　　6 需测试站房和线路支架的接地电阻。

　　7 在站内乘客活动区、控制室和距离噪声源1m处需进行噪声测定。

　　8 负荷试车合格后,应签署负荷试车合格证书。

中华人民共和国国家标准

自动化仪表工程施工质量验收规范

Code for constructional quality acceptance of
automation instrumentation engineering

GB 50131—2007

主编部门：中国工程建设标准化协会化工分会
批准部门：中华人民共和国建设部
施行日期：２００８年５月１日

中华人民共和国建设部
公　告

第 727 号

建设部关于发布国家标准《自动化仪表工程施工质量验收规范》的公告

现批准《自动化仪表工程施工质量验收规范》为国家标准，编号为 GB 50131—2007，自 2008 年 5 月 1 日起实施。其中，第 3.3.10、3.3.17、4.1.3、9.1.1 条为强制性条文，必须严格执行。原《自动化仪表安装工程质量检验评定标准》GBJ 131—90 同时废止。

本规范由建设部标准定额研究所组织中国计划出版社出版发行。

中华人民共和国建设部
二〇〇七年十月二十三日

前　言

本规范是根据建设部"关于同意修订《工业金属管道工程质量检验评定标准》等两项国家标准的函"（建标〔1999〕38 号文）的要求，由全国化工施工标准化管理中心站会同化工、中石化、冶金等行业所属的有关单位，对原国家标准《自动化仪表安装工程质量检验评定标准》GBJ 131—90 进行修订而成的。

在修订过程中，修编组进行了广泛的调查研究，认真总结了我国近十年来自动化仪表工程施工管理和质量控制、质量验收工作的实践经验，广泛征求了国内化工、石化、电力、冶金、机械等行业的有关工程设计、施工、质量检测等单位的意见，经反复讨论、修改，最后经审查定稿。

本规范包括总则、术语、基本规定、取源部件安装、仪表设备安装、仪表线路安装、仪表管道安装、脱脂、电气防爆和接地、防护以及仪表试验等 11 章。

本规范以黑体字标志的条文为强制性条文，必须严格执行。

本规范由建设部负责管理和对强制性条文的解释，全国化工施工标准化管理中心站负责具体技术内容的解释。在执行过程中，请各单位结合工程实践，认真总结经验，注意积累资料，如发现本规范有需要修改和补充之处，请将意见和建议寄至全国化工施工标准化管理中心站（地址：河北省石家庄市槐中路 253 号，邮编：050021）。

本规范主编单位、参编单位和主要起草人：
主 编 单 位：全国化工施工标准化管理中心站
参 编 单 位：中国化学工程第四建设公司
　　　　　　中冶京唐建设有限公司
　　　　　　中国石化集团第十建设公司
　　　　　　中国化学工程第九建设公司
主要起草人：毛仲德　颜祖清　侯志文　闫长森
　　　　　　高秋克

目 次

1 总则 ·· 6—4
2 术语 ·· 6—4
3 基本规定 ·· 6—4
   3.1 质量管理 ······································ 6—4
   3.2 工程划分 ······································ 6—4
   3.3 检验数量 ······································ 6—4
   3.4 验收方法和质量合格评定 ················ 6—5
4 取源部件安装 ······································ 6—5
   4.1 一般规定 ······································ 6—5
   4.2 温度取源部件 ································ 6—5
   4.3 压力取源部件 ································ 6—6
   4.4 流量取源部件 ································ 6—6
   4.5 物位取源部件 ································ 6—7
   4.6 分析取源部件 ································ 6—7
5 仪表设备安装 ······································ 6—7
   5.1 一般规定 ······································ 6—7
   5.2 仪表盘、柜、箱 ····························· 6—7
   5.3 温度检测仪表 ································ 6—8
   5.4 压力检测仪表 ································ 6—8
   5.5 流量检测仪表 ································ 6—8
   5.6 物位检测仪表 ································ 6—9
   5.7 机械量检测仪表 ····························· 6—9
   5.8 成分分析和物性检测仪表 ················ 6—9
   5.9 其他检测仪表 ································ 6—10
   5.10 执行器 ·· 6—10
   5.11 控制仪表及综合控制系统 ··············· 6—10
   5.12 仪表电源设备 ······························· 6—10
6 仪表线路安装 ······································ 6—10
   6.1 一般规定 ······································ 6—10
   6.2 支架的制作与安装 ························· 6—11
   6.3 电缆槽安装 ··································· 6—11
   6.4 保护管安装 ··································· 6—12
   6.5 电缆、电线敷设 ····························· 6—12
   6.6 仪表线路配线 ································ 6—12
7 仪表管道安装 ······································ 6—12
   7.1 一般规定 ······································ 6—12
   7.2 测量管道 ······································ 6—13
   7.3 气动信号管道 ································ 6—13
   7.4 气源管道 ······································ 6—13
   7.5 液压管道 ······································ 6—13
   7.6 盘、柜、箱内的仪表管道 ················ 6—14
   7.7 管道试验 ······································ 6—14
8 脱脂 ·· 6—14
   8.1 一般规定 ······································ 6—14
   8.2 脱脂方法 ······································ 6—14
   8.3 脱脂件检查 ··································· 6—14
9 电气防爆和接地 ··································· 6—15
   9.1 爆炸和火灾危险环境的仪表装置
      施工 ··· 6—15
   9.2 接地 ··· 6—15
10 防护 ·· 6—15
   10.1 隔离与吹洗 ································· 6—15
   10.2 防腐与绝热 ································· 6—16
   10.3 伴热 ··· 6—16
11 仪表试验 ·· 6—16
   11.1 一般规定 ····································· 6—16
   11.2 单台仪表的校准和试验 ················· 6—16
   11.3 仪表电源设备的试验 ···················· 6—17
   11.4 综合控制系统的试验 ···················· 6—17
   11.5 回路试验和系统试验 ···················· 6—17
本规范用词说明 ····································· 6—18
附：条文说明 ··· 6—19

1 总　则

1.0.1 为统一自动化仪表（以下简称仪表）工程施工质量的验收，加强工程质量管理，制定本规范。

1.0.2 本规范适用于工业和民用仪表工程施工质量的验收。

本规范不适用于制造、贮存、使用爆炸物质的场所以及交通工具、矿井井下、气象等仪表工程施工质量的验收。

1.0.3 本规范应与现行国家标准《自动化仪表工程施工及验收规范》GB 50093—2002 配套使用。

1.0.4 仪表工程施工质量的验收，除应符合本规范外，尚应符合国家现行有关标准的规定。

2 术　语

2.0.1 自动化仪表　automation instrumentation

对被测变量和被控变量进行测量和控制的仪表装置和仪表系统的总称。

2.0.2 主控项目　dominant item

对安全、卫生、环境保护和公众利益以及工程质量起决定性作用的检验项目。

2.0.3 一般项目　general item

除主控项目以外的检验项目。

2.0.4 检验批　inspection lot

按同一生产条件或按规定的方式汇总起来供检验用的，由一定数量样本组成的检验体。

2.0.5 综合控制系统　comprehensive control system

采用数字技术、计算机技术和网络通信技术，具有综合控制功能的仪表控制系统。

2.0.6 回路　loop

在控制系统中，一个或多个相关仪表与功能的组合。

2.0.7 检验　inspection

通过观察和判断，适当时结合测量、试验所进行的符合性评价。

2.0.8 试验　testing

按照程序确定一个或多个特性。

2.0.9 检定　verfication

由法制计量部门或法定授权组织按照检定规程，通过校准和检查，提供证明确认计量器具是否符合规定要求的活动。

3 基本规定

3.1 质量管理

3.1.1 施工现场应有健全的质量管理体系。

3.1.2 仪表设备和材料到达现场后，应进行检验或验证。

3.1.3 仪表工程施工应根据相应的工程技术标准，对施工过程进行质量控制，并按工序和质量控制点进行检验。

3.1.4 仪表专业与相关专业之间应进行施工工序交接检验。

3.1.5 仪表工程施工的工程划分、质量控制点划分以及需要使用的质量记录表格，均应在施工方案或质量计划中明确。

3.2 工程划分

3.2.1 仪表工程施工质量验收应划分为单位工程、分部工程、分项工程和检验批。

3.2.2 单位工程由分部工程组成，分部工程按专业划分。当一个单位工程中仅有仪表分部工程时，该分部工程为单位工程。当单位工程为主控制室时，其中的仪表工程为主要分部工程。

3.2.3 分部工程由分项工程组成。同一单位工程的仪表工程，应为一个分部工程。

3.2.4 分项工程的划分应按下列原则确定：

1 当仪表工程为厂区、车间、站区、单元等单位工程中的分部工程时，应按仪表类别和安装工作内容划分为取源部件安装、仪表盘柜箱安装、仪表设备安装、仪表单台试验、仪表线路安装、仪表管道安装、脱脂、接地、防护等分项工程。

2 主控制室的仪表分部工程应划分为盘柜安装、电源设备安装、仪表线路安装、接地、系统硬件和软件试验等分项工程。

3 仪表回路试验和系统试验应划入主控制室仪表分部工程。

4 在大中型民用建筑设施中，应按楼层、跨间或区间划分分项工程，线路安装和仪表试验可单独划分为分项工程。

5 对小型工程，可简单划分为就地仪表及线路管道安装、控制室仪表安装、仪表试验等分项工程。

6 当大中型机组、设备由制造厂成套供应并且作为一个分部工程时，其配套的仪表和控制系统安装、试验可划分为一个分项工程。

3.2.5 分项工程由一个或若干个检验批组成。检验批应根据仪表和系统的类别，按照本规范第3.3节的规定进行抽样。

3.3 检验数量

3.3.1 本节内有关检验数量抽查比例的规定，在特殊情况下可增加检验数量。

3.3.2 用于高温、高压、易燃、易爆、有毒物料的取源部件安装，以及计量、安全监测报警和联锁系统的取源部件安装，应全部检验。其他取源部件应按温度、压力、流量、物位、分析等用途分类各抽检30%，且不得少于1件。

3.3.3 用于高温、高压、易燃、易爆、有毒物料的仪表设备安装，以及计量、安全监测报警和联锁系统的仪表设备安装，应全部检验。其他仪表设备应按类型各抽检30%，且不得少于1台（件）。

3.3.4 单独设置的仪表盘、柜、箱安装，应抽检20%，且不得少于1台。成排的仪表盘、柜、箱安装，应抽检50%，且不得少于1排。

3.3.5 仪表电源设备的安装应全部检验。

3.3.6 爆炸和火灾危险区域外的仪表电气线路安装应按系统抽检30%。

3.3.7 仪表光缆线路的安装应按系统抽检30%。

3.3.8 用于高温、高压、易燃、易爆、有毒物料的仪表管道安装，以及计量、安全监测报警和联锁系统的仪表管道安装，应全部检验。其他仪表管道应按系统抽检30%。

3.3.9 脱脂工程应全部检验。

3.3.10 **爆炸和火灾危险区域内的仪表安装工程必须全部检验。**

3.3.11 仪表接地安装工程应按系统抽检50%。

3.3.12 隔离与吹洗防护工程应全部检验。

3.3.13 防腐、绝热、伴热工程应按系统抽检30%。

3.3.14 用于高温、高压、易燃、易爆、有毒物料的仪表，以及计量、安全监测报警和联锁系统的仪表的单台校准和试验，应全部检验。其他仪表的单台校准和试验应按类型各抽检30%，且不得少于1台（件）。

3.3.15 仪表电源设备的试验应全部检验。

3.3.16 综合控制系统的试验应全部检验。

3.3.17 **仪表回路试验和系统试验必须全部检验。**

3.4 验收方法和质量合格评定

3.4.1 质量验收工作应按检验批、分项工程、分部工程、单位工程的顺序逐级进行。

3.4.2 质量检验应在施工过程中进行。

3.4.3 分项工程的质量验收工作应在检验批质量检验和验收工作完毕后进行。

3.4.4 分部工程、单位工程的质量验收工作应在分项工程质量验收完毕后逐级进行。

3.4.5 质量检验和验收的依据应为有关设计文件、国家现行有关施工验收规范和本规范。

3.4.6 质量检验和验收可采用工程项目统一确定的记录表格。

3.4.7 检验批质量合格应符合下列规定：
   1 主控项目和一般项目的质量经抽样检验合格。
   2 具有施工操作依据和施工记录。

3.4.8 分项工程质量验收合格应符合下列规定：
   1 分项工程所含的检验批中，全部主控项目和80%及其以上的一般项目应合格。在不符合质量要求的一般项目中，对于测量数值，其偏差不得超过规定允许偏差的10%；对于观察检查，其不符合程度为轻微，且不会影响仪表及控制系统的运行使用性能和安全。
   2 分项工程的质量控制资料应齐全。

3.4.9 分部工程质量验收合格应符合下列规定：
   1 分部工程所含分项工程的质量应全部为合格。
   2 分部工程的质量控制资料应齐全。

3.4.10 单位工程质量验收合格应符合下列规定：
   1 当单位工程仅由仪表工程组成时，则该仪表工程的质量验收即为单位工程的质量验收。
   2 当单位工程由仪表工程和其他专业工程组成时，则仪表工程作为一个分部工程参加该单位工程的质量验收。
   3 单位工程的质量控制资料应齐全。

3.4.11 质量检验不合格时，必须及时处理，经处理后的工程应按下列规定进行验收：
   1 返工后检验合格，可作为合格验收。
   2 返修后满足安全使用要求，可按返修方案和协商文件进行验收。

4 取源部件安装

4.1 一般规定

Ⅰ 主控项目

4.1.1 取源部件的结构尺寸、材质和安装位置应符合设计文件要求和国家现行有关标准规范的规定。

   检验方法：检查合格证、质量证明书，核对设计文件。

4.1.2 设计文件要求或规范规定脱脂的取源部件，应脱脂合格后安装。

   检验方法：检查脱脂记录。

4.1.3 **在设备或管道上安装取源部件的开孔和焊接工作，必须在设备或管道的防腐、衬里和压力试验前进行。**

   检验方法：检查施工记录。

Ⅱ 一般项目

4.1.4 取源部件安装完毕后，应随同设备和管道进行压力试验。

   检验方法：检查压力试验记录。

4.2 温度取源部件

主控项目

4.2.1 温度取源部件在管道上的安装，应符合下列规定：

1 与管道相互垂直安装时，取源部件轴线应与管道轴线垂直相交。

2 在管道的拐弯处安装时，宜逆着物料流向，取源部件轴线应与工艺管道轴线相重合。

3 与管道呈倾斜角度安装时，宜逆着物料流向，取源部件轴线应与管道轴线相交。

检验方法：观察检查，用尺测量检查。

4.3 压力取源部件

Ⅰ 主控项目

4.3.1 压力取源部件的安装位置应符合设计文件要求，当设计文件无要求时，应选择介质流束稳定的地方。

检验方法：观察检查，核对设计文件。

4.3.2 压力取源部件与温度取源部件在同一管段上时，应安装在温度取源部件的上游侧。

检验方法：观察检查。

4.3.3 压力取源部件的端部不应超出设备或管道的内壁。

检验方法：在安装时观察检查。

4.3.4 当检测带有灰尘、固体颗粒或沉淀物等混浊物料的压力时，在垂直和倾斜的设备和管道上，取源部件应倾斜向上安装，在水平管道上宜顺物料流束成锐角安装。

检验方法：观察检查。

4.3.5 压力取源部件在水平和倾斜管道上安装时，取压点的方位应符合下列规定：

1 测量气体压力时，在管道的上半部。

2 测量液体压力时，在管道的下半部与管道的水平中心线成0～45°夹角的范围内。

3 测量蒸汽压力时，在管道的上半部，以及下半部与管道水平中心线成0～45°夹角的范围内。

检验方法：观察检查。

Ⅱ 一般项目

4.3.6 在砌筑体上安装取压部件应固定牢固，其周围耐火泥浆应封堵严密。

检验方法：观察检查。

4.4 流量取源部件

主控项目

4.4.1 流量取源部件上、下游直管段的最小长度应符合设计文件要求，并符合产品技术文件的有关要求。

检验方法：观察检查，检查施工记录。

4.4.2 在规定的直管段最小长度范围内，不得设置其他取源部件或检测元件，直管段管子内表面应清洁，无凹坑和凸出物。

检验方法：观察检查，检查施工记录。

4.4.3 在节流件的上游安装温度计时，温度计与节流件间的最小直管段长度应符合下列规定：

1 当温度计套管和插孔直径小于或等于0.03D（D为管道内径）时，为5D。

2 当温度计套管和插孔直径在0.03D和0.13D之间时，为20D。

检验方法：用尺测量检查，检查施工记录。

4.4.4 在节流件的下游安装温度计时，温度计与节流件间的直管段长度不应小于管道内径的5倍。

检验方法：用尺测量检查。

4.4.5 在水平和倾斜的管道上安装节流装置时，取压口的方位应符合下列规定：

1 测量气体流量时，在管道的上半部。

2 测量液体流量时，在管道的下半部与管道的水平中心线成0～45°夹角的范围内。

3 测量蒸汽流量时，在管道的上半部与管道水平中心线成0～45°夹角的范围内。

检验方法：观察检查，检查施工记录。

4.4.6 孔板或喷嘴采用单独钻孔的角接取压时，应符合下列规定：

1 上、下游侧取压孔轴线，分别与孔板或喷嘴上、下游侧端面间的距离应等于取压孔直径的1/2。

2 取压孔的直径宜在4～10mm之间，上、下游侧取压孔的直径应相等。

3 取压孔的轴线应与管道的轴线垂直相交。

检验方法：检查施工记录。

4.4.7 孔板采用法兰取压时，应符合下列规定：

1 上、下游侧取压孔的轴线分别与上、下游侧端面间的距离，当直径比$\beta>0.60$且$D<150$mm时，为(25.4 ± 0.5)mm；当$\beta\leqslant0.60$或$\beta>0.60$且$150\text{mm}\leqslant D\leqslant1000\text{mm}$时，为$(25.4\pm1)$mm。

2 取压孔的直径宜在6～12mm之间，上、下游侧取压孔的直径应相等。

3 取压孔的轴线应与管道的轴线垂直相交。

检验方法：检查施工记录。

注：β为工作状态下节流件的内径与管道内径之比。

4.4.8 孔板采用D或$D/2$取压时，应符合下列规定：

1 上游侧取压孔的轴线与孔板上游侧端面间的距离应等$D\pm0.1D$；下游侧取压孔的轴线与孔板上游侧端面间的距离，当$\beta\leqslant0.60$时，等于$0.5D\pm0.02D$；当$\beta>0.60$时，等于$0.5D\pm0.01D$。

2 取压孔的轴线应与管道的轴线垂直相交。

3 上、下游侧取压孔的直径应相等。

检验方法：检查施工记录。

4.4.9 用均压环取压时，取压孔应在同一截面上均匀设置，且上、下游侧取压孔的数量应相等。

检验方法：观察检查。

4.4.10 皮托管、文丘里式皮托管和均速管等流量检测元件的取源部件的轴线，应与管道轴线垂直相交。

检验方法：观察检查，用尺测量检查。

4.5 物位取源部件

Ⅰ 主控项目

4.5.1 内浮筒液位计和浮球液位计采用导向管或其他导向装置时，导向管或导向装置应垂直安装，并应保证导向管内液流畅通。

检验方法：观察检查，用尺测量检查。

4.5.2 双室平衡容器的安装应符合下列规定：
1 安装前应复核制造尺寸，检查内部管道的严密性。
2 安装时应垂直安装，其中心点应与正常液位相重合。

检验方法：观察检查，检查施工记录。

4.5.3 单室平衡容器宜垂直安装，其安装标高应符合设计文件的规定。

检验方法：观察检查，检查施工记录。

4.5.4 补偿式平衡容器安装固定时，应有防止因被测容器的热膨胀而被损坏的措施。

检验方法：观察检查。

4.5.5 安装浮球式液位计的法兰短管的长度应保证浮球能在全量程范围内自由活动。

检验方法：观察检查。

4.5.6 电接点水位计的测量筒应垂直安装，筒体零水位电极的中轴线与被测容器正常工作时的零水位线应处于同一高度。

检验方法：观察检查，测量检查。

4.5.7 静压液位计取源部件的安装位置应避开液体进、出口。

检验方法：观察检查。

4.6 分析取源部件

Ⅰ 主控项目

4.6.1 在水平或倾斜管道上安装分析取源部件，其安装方位应符合本规范第4.3.5条的有关规定。

检验方法：观察检查。

4.6.2 被分析的气体内含有固体或液体杂质时，取源部件的轴线与水平线之间的仰角应大于15°。

检验方法：观察检查，用样板尺测量检查。

5 仪表设备安装

5.1 一般规定

Ⅰ 主控项目

5.1.1 仪表安装后应牢固、平正。仪表与设备、管道或构件的连接及固定部位应受力均匀，不应承受非正常的外力。

检验方法：观察检查。

5.1.2 设计文件规定需要脱脂的仪表，应经脱脂检查合格后安装。

检验方法：核对设计文件，检查脱脂记录。

5.1.3 直接安装在设备或管道上的仪表在安装完毕后，应随同设备或管道系统进行压力试验。

检验方法：检查施工和压力试验记录。

Ⅱ 一般项目

5.1.4 在设备和管道上安装的仪表应按设计文件确定的位置安装。

检验方法：核对设计文件。

5.2 仪表盘、柜、箱

Ⅰ 主控项目

5.2.1 仪表盘、柜、操作台之间及仪表盘、柜、操作台内各设备构件之间的连接应牢固，安装用的紧固件应为防锈材料。安装固定不应采用焊接方式。

检验方法：观察检查。

5.2.2 仪表盘、柜、台、箱不应有安装变形和油漆损伤。

检验方法：观察检查。

Ⅱ 一般项目

5.2.3 仪表盘、柜、操作台的型钢底座的制作尺寸，应与仪表盘、柜、操作台相符，其直线度允许偏差为1mm/m，当型钢底座长度大于5m时，全长允许偏差为5mm。

检验方法：用拉线和尺测量检查。

5.2.4 仪表盘、柜、操作台的型钢底座安装时，上表面应保持水平，其水平度允许偏差为1mm/m，当型钢底座长度大于5m时，全长允许偏差为5mm。

检验方法：用拉线、尺和水平尺测量检查。

5.2.5 单独的仪表盘、柜、操作台的安装应符合下列规定：
1 固定牢固。
2 垂直度允许偏差为1.5mm/m。
3 水平度允许偏差为1mm/m。

检验方法：用拉线、尺和水平尺测量检查。

5.2.6 成排的仪表盘、柜、操作台的安装，应符合下列规定：
1 同一系列规格相邻两仪表盘、柜、操作台的顶部高度允许偏差为2mm。
2 当同一系列规格仪表盘、柜、操作台间的连接处超过2处时，顶部高度允许偏差为5mm。
3 相邻两仪表盘、柜、操作台接缝处正面的平

6—7

面度允许偏差为1mm。

4 当仪表盘、柜、操作台间的连接处超过5处时,正面的平面度允许偏差为5mm。

5 相邻两仪表盘、柜、操作台之间的接缝的间隙不大于2mm。

检验方法:用拉线、尺和水平尺测量检查。

5.2.7 仪表箱、保温箱、保护箱的安装应符合下列规定:

1 固定牢固。

2 垂直度允许偏差为3mm;当箱的高度大于1.2m时,垂直度允许偏差为4mm。

3 水平度的允许偏差为3mm。

4 成排安装时应整齐美观。

检验方法:观察检查,用尺和水平尺测量检查。

5.2.8 就地接线箱的安装应密封并标明编号,箱内接线应标明线号。

检验方法:观察检查。

5.3 温度检测仪表

Ⅰ 主控项目

5.3.1 压力式温度计的温包必须全部浸入被测对象中,毛细管的敷设应有保护措施,其弯曲半径不应小于50mm,周围温度变化剧烈时应采取隔热措施。

检验方法:观察检查。

Ⅱ 一般项目

5.3.2 在多粉尘的部位安装测温元件时,应采取防止磨损的保护措施。

检验方法:观察检查。

5.4 压力检测仪表

主控项目

5.4.1 测量高压的压力表安装在操作岗位附近时,宜距地面1.8m以上,或在仪表正面加保护罩。

检验方法:观察检查。

5.5 流量检测仪表

主控项目

5.5.1 节流件的安装应符合下列规定:

1 安装前进行外观检查,孔板的入口和喷嘴的出口边缘应无毛刺、圆角和可见损伤,并按设计数据和制造标准规定测量验证其制造尺寸。

2 安装前进行清洗时不应损伤节流件。

3 节流件必须在管道吹洗后安装。

4 节流件的安装方向,必须使流体从节流件的上游端面流向节流件的下游端面。孔板的锐边或喷嘴的曲面侧应迎着被测流体的流向。

5 在水平和倾斜的管道上安装的孔板或喷嘴,有排泄孔时,排泄孔的位置为:当流体为液体时应在管道的正上方,当流体为气体或蒸气时应在管道的正下方。

6 环室上有"+"号的一侧应在被测流体流向的上游侧。当用箭头标明流向时,箭头的指向应与被测流体的流向一致。

7 节流件的端面应垂直于管道轴线,其允许偏差应为1°。

8 安装节流件的密封垫片的内径不应小于管道的内径,夹紧后不得突入管道内壁。

9 节流件应与管道或夹持件同轴,其轴线与上、下游管道轴线之间的不同轴线误差 e_x 应符合下式的要求:

$$e_x \leqslant \frac{0.0025D}{0.1+2.3\beta^4} \quad (5.5.1)$$

式中 D——管道内径;
  β——工作状态下节流件的内径与管道内径之比。

检验方法:观察检查,检查施工记录。

5.5.2 差压计或差压变送器正、负压室与测量管道的连接应正确,引压管倾斜方向和坡度以及隔离器、冷凝器、沉降器、集气器的安装均应符合设计文件的规定。

检验方法:观察检查,核对设计文件。

5.5.3 转子流量计中心线与铅垂线间的夹角不应超过2°,被测流体流向必须自下而上。

检验方法:观察检查,用尺测量检查。

5.5.4 靶式流量计靶的中心应与管道轴线同心,靶面应迎着流向且与管道轴线垂直,上、下游直管段长度应符合设计文件要求。

检验方法:观察检查,测量连接法兰与管道同轴度。

5.5.5 涡轮流量计信号线应使用屏蔽线,上、下游直管段的长度应符合设计文件要求,前置放大器与变送器间的距离不宜大于3m。

检验方法:观察检查,用尺测量检查。

5.5.6 涡街流量计信号线应使用屏蔽线,上、下游直管段的长度应符合设计文件要求,放大器与流量计分开安装时,两者之间的距离不应超过20m。

检验方法:观察检查,用尺测量检查。

5.5.7 电磁流量计的安装应符合下列规定:

1 流量计外壳、被测流体和管道连接法兰三者之间应做等电位连接,并应接地。

2 在垂直的管道上安装时,被测流体的流向应自下而上,在水平的管道上安装时,两个测量电极不应在管道的正上方和正下方位置。

3 流量计上游直管段长度和安装支撑方式应符

合设计文件要求。

　　检验方法：观察检查，用尺测量检查。

5.5.8 椭圆齿轮流量计的刻度盘面应处于垂直平面内。椭圆齿轮流量计和腰轮流量计在垂直管道上安装时，管道内流体流向应自下而上。

　　检验方法：观察检查。

5.5.9 超声波流量计上、下游直管段长度应符合设计文件要求。对于水平管道，换能器的位置应在与水平直径成45°夹角的范围内。被测管道内壁不应有影响测量精度的结垢层或涂层。

　　检验方法：观察检查，用尺测量检查。

5.5.10 均速管流量计的安装应符合下列规定：

　　1 总压测孔应迎着流向，其角度允许偏差不应大于3°。

　　2 检测杆应通过并垂直于管道中心线，其偏离中心和与轴线不垂直的误差均不应大于3°。

　　3 流量计上、下游直管段的长度应符合设计文件要求。

　　检验方法：观察检查，用尺测量检查。

5.6 物位检测仪表

Ⅰ 主控项目

5.6.1 钢带液位计的导管应垂直安装，钢带应处于导管的中心并滑动自如。

　　检验方法：观察检查。

5.6.2 双法兰式差压变送器毛细管的敷设应有保护措施，其弯曲半径不应小于50mm，周围温度变化剧烈时应采取隔热措施。

　　检验方法：观察检查。

5.6.3 核辐射式物位计安装应符合制造厂技术文件的要求，操作和防护警戒标志明显。

　　检验方法：观察检查，检查施工记录。

5.6.4 称重式物位计的安装应符合本规范第5.7.1条的规定。

　　检验方法：观察检查，检查施工记录。

Ⅱ 一般项目

5.6.5 浮力式液位计的安装高度应符合设计文件规定。

　　检验方法：观察检查，用尺测量检查。

5.6.6 浮筒液位计的安装应使浮筒呈垂直状态，并处于浮筒中心正常操作液位或分界液位的高度。

　　检验方法：观察检查，用尺测量检查。

5.7 机械量检测仪表

Ⅰ 主控项目

5.7.1 电阻应变式称重仪表的安装应符合下列规定：

　　1 负荷传感器的安装和承载应在称重容器及其所有部件和连接件的安装完成后进行。

　　2 负荷传感器的安装应呈垂直状态，保证传感器的主轴线与加荷轴线相重合，使倾斜负荷和偏心负荷的影响减至最小。各个传感器的受力应均匀。

　　3 当有冲击性负荷时应按设计文件要求采取缓冲措施。

　　4 称重容器与外部的连接应为软连接。

　　5 水平限制器的安装应符合设计要求。

　　6 传感器的支承面及底面均应平滑，不得有锈蚀、擦伤及杂物。

　　检验方法：观察检查，检查施工记录。

5.7.2 测量位移、振动、速度等机械量的仪表安装应符合下列规定：

　　1 测量探头的安装应在机械安装完毕、被测机械部件处于工作位置时进行，探头的定位应按照产品说明书和机械设备制造厂技术文件的要求确定和固定。

　　2 涡流传感器测量探头与前置放大器之间的连接应使用专用同轴电缆，该电缆的阻抗应与探头和前置放大器相匹配。

　　3 安装中应注意保护探头和专用电缆不受损伤。

　　检验方法：观察检查，检查施工记录。

Ⅱ 一般项目

5.7.3 测力仪表的安装应使被测力能均匀作用到传感器受力面上。

　　检验方法：观察检查。

5.7.4 电子皮带秤的安装地点距落料点的距离应符合产品技术文件的规定，秤架应安装在皮带张力稳定、无负荷冲击的位置。

　　检验方法：观察检查。

5.8 成分分析和物性检测仪表

Ⅰ 主控项目

5.8.1 分析取样系统应按设计文件的要求安装，应有完整的取样预处理装置，预处理装置应单独安装，并宜靠近传送器。

　　检验方法：核对设计文件，观察检查。

5.8.2 被分析样品的排放管直接与排放总管连接，总管应引至室外安全场所，其集液处应有排液装置。

　　检验方法：观察检查。

5.8.3 可燃气体检测器和有毒气体检测器的安装位置应根据所检测气体的密度确定。其密度大于空气时，检测器应安装在距地面200～300mm的位置；其密度小于空气时，检测器应安装在泄漏域的上方位置。

　　检验方法：观察检查。

Ⅱ 一般项目

5.8.4 湿度计测湿元件的安装地点应避开热辐射、剧烈振动、油污和水滴,或采取相应的防护措施。

检验方法:观察检查,检查施工记录。

5.9 其他检测仪表

Ⅰ 主控项目

5.9.1 核辐射式密度计的安装应符合制造厂技术文件的要求,操作和防护警戒标志明显。

检验方法:观察检查,检查施工记录。

Ⅱ 一般项目

5.9.2 噪声测量仪表的传声器的安装位置应有防止外部磁场、机械冲击和风力干扰的措施。

检验方法:观察检查。

5.10 执 行 器

主控项目

5.10.1 执行机构应固定牢固,机械传动应灵活,无松动和卡涩现象。执行机构连杆的长度应能调节,并应保证调节机构在全开到全关的范围内动作灵活、平稳。

检验方法:观察检查。

5.10.2 安装用螺纹连接的小口径控制阀时,应装有可拆卸的活动连接件。

检验方法:观察检查。

5.10.3 气动及液动执行机构的信号管应有足够的伸缩余度,不应妨碍执行机构的动作。

检验方法:观察检查。

5.10.4 液动执行机构的安装位置应低于控制器。当必须高于控制器时,两者间最大的高度差不应超过10m,且管道的集气处应有排气阀,靠近控制器处应有逆止阀或自动切断阀。

检验方法:观察检查。

5.10.5 电磁阀的进、出口方位应安装正确。安装前应按产品说明书的规定检查线圈与阀体间的绝缘电阻。

检验方法:观察检查,检查绝缘试验记录。

5.11 控制仪表及综合控制系统

Ⅰ 主控项目

5.11.1 综合控制系统设备安装前应具备下列条件:
1 基础底座安装完毕。
2 地板、顶棚、内墙、门窗施工完毕。
3 空调系统已投入运行。
4 供电系统及室内照明施工完毕并已投入运行。
5 接地系统施工完毕,接地电阻符合设计规定。

检验方法:观察检查,检查接地系统、接地电阻施工记录。

Ⅱ 一般项目

5.11.2 综合控制系统安装就位后应保证产品规定的供电、温度、湿度条件。

检验方法:观察检查。

5.12 仪表电源设备

Ⅰ 主控项目

5.12.1 电源设备的外观及技术性能应符合下列规定:
1 继电器、接触器和开关的触点,接触应紧密可靠,动作应灵活,无锈蚀、损坏。
2 固定和接线用的紧固件、接线端子应完好无损,且无污物和锈蚀。

检验方法:观察检查。

5.12.2 盘柜内安装的电源设备及配电线路,强、弱电的端子应分开布置。

检验方法:观察检查。

Ⅱ 一般项目

5.12.3 就地仪表供电箱的规格型号和安装位置应符合设计文件要求。供电箱的箱体中心距操作地面的高度宜为1.2~1.5m,成排安装时应排列整齐、美观。

检验方法:观察检查。

5.12.4 电源设备的安装应牢固、整齐、美观,设备位号、端子标号、用途标志、操作标志等应完整无缺。

检验方法:观察检查。

6 仪表线路安装

6.1 一 般 规 定

Ⅰ 主控项目

6.1.1 电缆、电线的绝缘电阻试验应采用500V兆欧表测量;100V以下的线路应采用250V兆欧表测量;电阻值不应小于5MΩ。

检验方法:检查电缆绝缘试验记录。

6.1.2 光缆敷设前应进行外观检查和光纤导通检查;光纤连接应按照制造厂规定的工艺方法进行操作,采用专用设备进行熔接。连接操作中应防止损伤或折断光纤。在光纤连接前和光纤连接后均应对光纤进行测试。

检验方法：检查施工测试记录。

Ⅱ 一般项目

6.1.3 线路不应敷设在易受机械损伤、有腐蚀性物质排放、潮湿及有强磁场和强电场干扰的区域，当无法避免时，应采取防护或屏蔽措施。

检验方法：观察检查。

6.1.4 线路不应敷设在影响操作和妨碍设备、管道检修的位置，应避开运输、人行通道和吊装孔。

检验方法：观察检查。

6.1.5 当线路环境温度超过65℃时应采取隔热措施；当线路附近有火源场所时，应采取防火措施。

检验方法：观察检查。

6.1.6 线路不应敷设在高温设备和管道上方，也不应敷设在具有腐蚀性液体的设备和管道的下方。

检验方法：观察检查。

6.1.7 线路与设备及管道绝热层之间的距离应大于或等于200mm；与其他设备和管道之间的距离应大于或等于150mm。

检验方法：用尺测量检查。

6.1.8 线路从室外进入室内时应有防水和封堵措施；线路进入室外的盘、柜、箱时宜从底部进入，并应有防水密封措施。

检验方法：观察检查。

6.1.9 线路的终端接线处及经过建筑物的伸缩缝和沉降缝处应留有余度。

检验方法：观察检查。

6.1.10 电缆不应有中间接头，无法避免时应在接线箱或拉线盒内接线，接头宜采用压接；当采用焊接时应用无腐蚀性的焊药。补偿导线应采用压接。

检验方法：观察检查，检查施工记录。

6.1.11 同轴电缆和高频电缆的连接应采用专用接头。

检验方法：观察检查。

6.1.12 线路敷设完毕，应进行校线和标号，并测量电缆电线的绝缘电阻。

检验方法：观察检查，检查绝缘试验记录。

6.1.13 在线路终端处，应加标志牌。地下埋设的线路，应有明显标识。

检验方法：观察检查。

6.1.14 光缆的弯曲半径不应小于光缆外径的15倍。

检验方法：观察检查，测量检查。

6.2 支架的制作与安装

Ⅰ 主控项目

6.2.1 支架材质、规格、结构形式应符合设计文件要求。

检验方法：观察检查。

6.2.2 安装支架时，应符合下列规定：

1 在允许焊接的金属结构上和混凝土构筑物的预埋件上，应采用焊接固定。

2 在混凝土上，宜采用膨胀螺栓固定。

3 在不允许焊接支架的管道上，应采用U型螺栓或卡子固定。

4 在允许焊接支架的金属设备和管道上，可采用焊接固定。当设备、管道与支架不是同一种材质或需要增加强度时，应预先焊接一块与设备、管道材质相同的加强板后，再在其上面焊接支架。

5 支架不应与高温或低温管道直接接触。

6 支架应固定牢固、横平竖直、整齐美观。在同一直线段上的支架间距应均匀。

7 支架安装在有坡度的电缆沟内或建筑结构上时，其安装坡度应与电缆沟或建筑结构的坡度相同。支架安装在有弧度的设备或结构上时，其安装弧度应与设备或结构的弧度相同。

检验方法：观察检查。

Ⅱ 一般项目

6.2.3 支架安装的间距、垂直度和水平度检验应符合表6.2.3的规定。

检验方法：观察检查，拉线用尺测量检查。

表6.2.3 支架安装间距、垂直度和水平度检验

检验内容		要求	允许偏差
直接敷设电缆的支架间距	水平敷设	0.8m	50mm
	垂直敷设	1m	50mm
同一直线段的支架间距		均匀	100mm
支架垂直度		垂直	2mm/m
成排支架顶部水平度		水平	2mm/m 总长大于5m时，为10mm

6.3 电缆槽安装

Ⅰ 主控项目

6.3.1 电缆槽内、外应平整，内部应光洁、无毛刺，尺寸应准确，配件应齐全。

检验方法：观察检查。

Ⅱ 一般项目

6.3.2 电缆槽的安装应横平竖直，排列整齐；连接处对合严密；电缆槽垂直段大于2m时，应在垂直段上、下端槽内增设固定电缆用的支架，当垂直段大于4m时，还应在其中部增设支架；电缆槽成排拐弯时弧度应一致。

检验方法：观察检查。

6.3.3 电缆槽采用螺栓连接时，宜用平滑的半圆头螺栓，螺母应在电缆槽外侧，固定应牢固。

检验方法：观察检查。

6.3.4 电缆槽的开孔应采用机械方法。

检验方法：观察检查。

6.4 保护管安装

Ⅰ 主控项目

6.4.1 保护管不应有变形及裂缝，其内部应清洁、无毛刺，管口应光滑、无锐边。

检验方法：观察检查。

Ⅱ 一般项目

6.4.2 保护管敷设应排列整齐，固定牢固。

检验方法：观察检查。

6.4.3 保护管弯曲处不应有凹陷、裂缝和明显的弯扁；弯曲后的角度不应小于90°。

检验方法：观察检查。

6.4.4 金属保护管采用螺纹连接时，管端螺纹长度不应小于管接头长度的1/2。

检验方法：观察检查。

6.4.5 埋设保护管连接处宜采用套管焊接，对口处应处于套管的中心；焊接应牢固、焊口应严密，并做防腐处理；引出地面时，管口宜高出地面200mm；当从地下引入落地式仪表盘、柜、箱时，宜高出盘、柜、箱内地面50mm。

检验方法：观察检查。

6.4.6 保护管在可能有粉尘、液体、蒸汽、腐蚀性或潮湿气体进入管内的位置敷设时，其两端管口应密封。

检验方法：观察检查。

6.4.7 保护管与检测元件或就地仪表之间，应用金属挠性管连接，并应设有防水弯。与就地仪表箱、接线箱、拉线盒等连接时应密封，并将管固定牢固。

检验方法：观察检查。

6.4.8 当保护管有可能受到雨水或潮湿气体浸入时，应在其最低点采取排水措施。

检验方法：观察检查。

6.5 电缆、电线敷设

Ⅰ 主控项目

6.5.1 电缆型号、规格应符合设计文件规定。

检验方法：检查电缆敷设记录。

6.5.2 电缆应排列整齐，固定时松紧适当；不应有绝缘层损坏等缺陷。

检验方法：观察检查。

Ⅱ 一般项目

6.5.3 电缆穿管敷设时，仪表信号线路、供电线路、安全联锁线路、补偿导线及本质安全型仪表线路和其他特殊仪表线路，应分别采用各自的保护管。

检验方法：观察检查。

6.5.4 电缆与绝热的设备和管道绝热层表面的距离应大于200mm；与其他设备和管道表面之间的距离应大于150mm。

检验方法：观察检查，用尺测量检查。

6.5.5 仪表电缆与电力电缆交叉敷设时宜成直角。平行敷设时其相互之间的距离应符合设计文件规定。

检验方法：观察检查。

6.5.6 电缆终端应有适当余量，敷设后两端应做电缆头。

检验方法：观察检查。

6.6 仪表线路配线

Ⅰ 主控项目

6.6.1 接线应正确、牢固，线端应有标号。

检验方法：观察检查。

Ⅱ 一般项目

6.6.2 仪表盘、柜、箱内的线路不应有接头，其绝缘保护层不应有损伤。

检验方法：观察检查。

6.6.3 仪表盘、柜、箱内的线路宜敷设在汇线槽内，明线敷设时线束扎带应使用绝缘材料。

检验方法：观察检查。

6.6.4 多股线芯端头宜采用接线片压接。

检验方法：观察检查。

6.6.5 备用芯线应接在备用接线端子上，无指定备用端子的备用线应按本盘、柜、箱的最大长度预留，并应按设计文件要求标注备用线号。

检验方法：观察检查。

7 仪表管道安装

7.1 一般规定

Ⅰ 主控项目

7.1.1 仪表管道的材质、规格、型号应符合设计要求。

检验方法：核对设计文件，检查合格证、质量证明书。

7.1.2 仪表管道埋地敷设时，应经试压合格和防腐处理后方可埋入。直接埋地的管道连接时必须采用焊接，在穿过道路及进、出地面处应加保护套管。
检验方法：施工时观察检查或检查施工记录。

7.1.3 仪表管道的焊接应符合现行国家标准《现场设备、工业管道焊接工程施工及验收规范》GB 50236—98 的要求。
检验方法：观察检查，着色检查。

Ⅱ 一般项目

7.1.4 高压钢管的弯曲半径宜大于管子外径的 5 倍，其他金属管的弯曲半径宜大于管子外径的 3.5 倍，塑料管的弯曲半径宜大于管子外径的 4.5 倍。
检验方法：观察检查。

7.1.5 金属管道弯制后不应有裂纹和凹陷。
检验方法：观察检查。

7.1.6 管道成排安装时，应排列整齐，间距应均匀一致。
检验方法：观察检查。

7.1.7 仪表管道支架的制作与安装，应符合本规范第 6.2 节的规定，同时还应满足仪表管道坡度的要求。支架的间距宜符合下列规定：
1 钢管：
水平安装：1.00～1.50m；
垂直安装：1.50～2.00m。
2 铜管、铝管、塑料管及管缆：
水平安装：0.50～0.70m；
垂直安装：0.70～1.00m。
检验方法：观察检查。

7.1.8 不锈钢管道固定时，不应与碳钢直接接触。
检验方法：观察检查。

7.2 测量管道

Ⅰ 主控项目

7.2.1 测量管道水平敷设时，应根据不同的物料及测量要求，有 1∶10～1∶100 的坡度，其倾斜方向应保证能排除气体或冷凝液。当不能满足时，应在管道的集气处安装排气装置，在集液处安装排液装置。
检验方法：观察检查。

7.2.2 测量管道在穿墙或过楼板处，应加保护套管或保护罩。管道的接头不应在保护套管或保护罩内。
检验方法：观察检查。

7.2.3 测量管道与高温设备、管道连接时，应采取热膨胀补偿措施。
检验方法：观察检查。

Ⅱ 一般项目

7.2.4 测量油类和易燃、易爆物质的测量管道与热表面的距离不宜小于 150mm。
检验方法：观察检查。

7.2.5 当测量管道与微压计之间采用软管连接时，连接处应高于仪表接头 150～200mm。
检验方法：测量检查。

7.3 气动信号管道

一般项目

7.3.1 气动信号管道安装无法避免中间接头时，应采用卡套式接头连接。
检验方法：观察检查。

7.3.2 气动信号管道终端应配装可拆卸的活动连接件。
检验方法：观察检查。

7.4 气源管道

Ⅰ 主控项目

7.4.1 气源管道采用镀锌钢管时，应用螺纹连接，拐弯处应采用弯头，连接处应密封；缠绕密封带或涂抹密封胶时，不应使其进入管内；采用无缝钢管时，应焊接连接。
检验方法：观察检查。

7.4.2 气源系统安装完毕后应进行吹扫。
检验方法：吹扫时观察检查，排出的吹扫气应用涂白漆的木制靶板检验，1min 内板上无铁锈、尘土、水分及其他杂物时，即为吹扫合格；或检查施工记录。

Ⅱ 一般项目

7.4.3 控制室内的气源总管应有不小于 1∶500 的坡度；积液处应有排污阀，排污管口应远离仪表、电气设备和线路。
检验方法：观察检查。

7.4.4 气源管道应整齐美观，水平干管上的支管引出口应在干管的上方。
检验方法：观察检查。

7.5 液压管道

Ⅰ 主控项目

7.5.1 油压管道不应平行敷设在高温设备和管道的上方，与热表面绝热层的距离应大于 150mm。
检验方法：观察检查。

7.5.2 自然流动回液管的坡度不应小于 1∶10。
检验方法：测量检查。

7.5.3 分支管与总管的连接角度，应顺介质流向成锐角。
检验方法：观察检查。

7.5.4 供液系统应进行清洗、检查和试验。

检验方法：检查施工记录。

7.5.5 供液系统的压力试验，应符合本规范第7.7.1条的有关规定。

检验方法：检查试验记录。

Ⅱ 一般项目

7.5.6 贮液箱的安装位置应低于回液集管，回液集管与贮液箱上的回液接头间的最小高差宜为0.3~0.5m。

检验方法：观察检查。

7.5.7 集气处应设有放空阀，放空管上端应向下弯曲180°。

检验方法：观察检查。

7.6 盘、柜、箱内的仪表管道

Ⅰ 主控项目

7.6.1 仪表管道与仪表连接时应无渗漏，不应使仪表承受机械应力。

检验方法：观察检查。

7.6.2 仪表管道引入安装在有爆炸和火灾危险、有毒及有腐蚀性物质环境的盘、柜、箱时，其引入孔处应密封。

检验方法：观察检查。

Ⅱ 一般项目

7.6.3 仪表管道应成排敷设，并且整齐、牢固。

检验方法：观察检查。

7.7 管道试验

主控项目

7.7.1 仪表管道的压力试验应符合下列要求：

1 在试验前应进行检查，不得有漏焊、堵塞和错接的现象。

2 压力试验应以液体为试验介质。仪表气源管道和气动信号管道以及设计压力小于或等于0.6MPa的仪表管道，可采用气体为试验介质。

3 液压试验压力应为1.5倍的设计压力，当达到试验压力后，稳压10min，再将试验压力降至设计压力，停压10min，以压力不降、无渗漏为合格。

4 气压试验压力应为1.15倍的设计压力，试验时应逐步缓慢升压，达到试验压力后，稳压10min，再将试验压力降至设计压力，停压5min，以发泡剂检验不泄漏为合格。

5 当工艺系统规定进行真空度或泄漏性试验时，其内的仪表管道系统应随同工艺系统一起进行试验。

6 液压试验介质应使用洁净水，当对奥氏体不锈钢管道进行试验时，水中氯离子含量不得超过25mg/L。试验后应将液体排净。在环境温度5℃以下进行试验时，应采取防冻措施。

7 气压试验介质应使用空气或氮气。

8 压力试验用的压力表应经检定合格，其准确度不得低于1.5级，刻度满度值应为试验压力的1.5~2.0倍。

检验方法：试压同时检验，或检查试压记录。

8 脱 脂

8.1 一般规定

主控项目

8.1.1 脱脂剂的选择应符合设计文件要求。

检验方法：检查施工记录。

8.1.2 用二氯乙烷和三氯乙烯脱脂时，脱脂件应干燥、无水分。

检验方法：脱脂同时观察检查。

8.1.3 接触脱脂件的工具、量具及仪器必须经脱脂合格后方可使用。

检验方法：脱脂同时观察检查。

8.1.4 脱脂合格的仪表、控制阀、管子和其他管道组成件必须封闭保存，并加标识。

检验方法：观察检查，检查脱脂记录。

8.2 脱脂方法

主控项目

8.2.1 有明显锈蚀的管道部位，应先除锈再脱脂。

检验方法：脱脂同时观察检查。

8.2.2 采用擦洗法脱脂时，脱脂后严禁纤维附着在脱脂件上。

检验方法：脱脂同时观察检查。

8.3 脱脂件检查

主控项目

8.3.1 仪表、管子、控制阀和管道组成件脱脂后应进行检查，检查结果应符合下列规定之一：

1 用清洁干燥的白滤纸擦洗脱脂件表面，纸上应无油迹。

2 用紫外线灯照射脱脂表面，应无紫蓝荧光。

3 用蒸汽吹洗脱脂件，将颗粒度小于1mm的数粒纯樟脑放入蒸汽冷凝液内，樟脑在冷凝液表面不停旋转。

4 用浓硝酸脱脂时，分析其酸中所含有机物的总量，不应超过0.03%。

检验方法：检查脱脂记录。

9 电气防爆和接地

9.1 爆炸和火灾危险环境的仪表装置施工

主控项目

9.1.1 安装在爆炸和火灾危险环境的仪表、仪表线路、电气设备及材料，必须符合设计文件规定。防爆设备必须有铭牌和防爆标志，并在铭牌上标明国家授权的机构所发给的防爆合格证编号。

检验方法：观察检查，核对标志和合格证。

9.1.2 防爆仪表和电气设备引入电缆时，应采用防爆密封圈挤紧或用密封填料进行封固，外壳上多余的孔应做防爆密封，弹性密封圈的一个孔应密封一根电缆。

检验方法：观察检查。

9.1.3 本质安全电路和非本质安全电路不应共用一根电缆或穿同一根保护管。

检验方法：观察检查。

9.1.4 本质安全电路与非本质安全电路在同一电缆槽或同一电缆沟道内敷设时，应用接地的金属隔板或具有足够耐压强度的绝缘板隔离，或分开排列敷设，其间距大于50mm，并分别固定牢固。

检验方法：观察检查。

9.1.5 仪表盘、柜、箱内的本质安全电路与关联电路或其他电路的接线端子之间的间距不应小于50mm；当间距不能满足要求时，应采用高于端子的绝缘板隔离。

检验方法：观察检查。

9.1.6 当电缆槽或电缆沟道通过不同等级的爆炸危险区域的分隔间壁时，在分隔间壁处必须做充填密封。

检验方法：观察检查。

9.1.7 安装在爆炸危险区域的电缆、电线保护管应符合下列规定：

1 保护管之间及保护管与接线箱、拉线盒之间应采用螺纹连接，螺纹有效啮合部分不应少于5扣，螺纹处应涂导电性防锈脂，并用锁紧螺母锁紧，连接处应保证良好的电气连续性。

2 保护管穿过不同等级爆炸危险区域的分隔间壁时，分界处必须用防爆阻火器件和密封组件隔离，并做好充填密封。

3 保护管与仪表、检测元件、电气设备、接线箱、拉线盒连接或进入仪表盘、柜、箱时，应安装防爆密封管件并做好充填密封。密封管件与仪表箱、接线箱、拉线盒之间的距离不应超过0.45m。密封管件与仪表、检测元件、电气设备之间可采用挠性管连接。

检验方法：观察检查。

9.1.8 对爆炸危险区域的线路进行接线时，必须在设计文件规定采用的防爆接线箱内接线。接线必须牢固可靠，接触良好，并应加防松和防拔脱装置。

检验方法：观察检查。

9.2 接 地

Ⅰ 主控项目

9.2.1 用电仪表的外壳，仪表盘、柜、箱、盒和电缆槽、保护管、支架、底座等正常不带电的金属部分，由于绝缘破坏而有可能带危险电压者，均应做保护接地。

检验方法：观察检查。

9.2.2 保护接地的接地电阻值，应符合设计文件规定。

检验方法：检查施工记录。

9.2.3 仪表及控制系统的工作接地系统连接方式和接地电阻值应符合设计文件规定。

检验方法：观察检查，检查施工记录。

9.2.4 信号回路的接地点应在显示仪表侧。当采用接地型热电偶和检测元件已接地的仪表时，显示仪表侧不应再接地。

检验方法：观察检查。

Ⅱ 一般项目

9.2.5 仪表盘、柜、箱内各回路的各类接地，应分别由各自的接地支线引至接地汇流排或接地端子板，由接地汇流排或接地端子板引出接地干线，再与接地总干线和接地极相连。各接地支线、汇流排或端子板之间在非连接处应彼此绝缘。

检验方法：观察检查。

9.2.6 接地系统的连线应使用铜芯绝缘电线或电缆，采用镀锌螺栓紧固，仪表盘、柜、箱内的接地汇流排应使用铜材，并有绝缘支架固定。接地总干线与接地体之间应采用焊接。

检验方法：观察检查。

9.2.7 接地线的颜色应为黄/绿色，并应符合设计文件的规定。

检验方法：观察检查。

10 防 护

10.1 隔离与吹洗

主控项目

10.1.1 膜片式隔离器的安装位置应紧靠检测点。

检验方法：观察检查。

10.1.2 隔离容器应垂直安装。成对安装的隔离容器标高应一致。

检验方法：测量检查。

10.1.3 隔离液的选用应符合下列要求：

1 与被测物质不发生化学反应。

2 与被测物质不相互混合或溶解。

3 与被测物质的密度相差尽可能大，分层明显。

4 在工作环境温度变化时，挥发和蒸发小，不黏稠，不凝结。

5 对仪表和测量管道无腐蚀。

检验方法：核对产品技术文件，必要时做分析检查。

10.1.4 采用吹洗法隔离时，吹洗介质的入口应接近检测点。

检验方法：观察检查。

10.2 防腐与绝热

Ⅰ 主控项目

10.2.1 仪表管道涂漆前，应清除表面的铁锈、焊渣、毛刺和污物。

检验方法：观察检查。

Ⅱ 一般项目

10.2.2 仪表管道焊接部位的涂漆应在系统试压后进行。

检验方法：观察检查，检查施工记录。

10.2.3 当碳钢仪表管道、设备底座、支架、电缆槽、保护管等外壁无防腐层时，应涂防锈漆和面漆防腐。

检验方法：观察检查。

10.2.4 绝热层的厚度应符合设计文件要求。

检验方法：观察检查。

10.3 伴 热

Ⅰ 主控项目

10.3.1 蒸汽伴热管线的安装应符合下列规定：

1 伴管的集液处应有排液装置。

2 伴管的连接宜焊接，固定不应过紧，应能自由伸缩。

3 伴管应单独供气，伴热系统之间不应串联连接，接汽点应在蒸汽管的顶部。

检验方法：观察检查。

10.3.2 电伴热电热线的安装应符合下列规定：

1 电热线在敷设前，应进行外观和绝缘检查。

2 电热线应均匀敷设，固定牢固。

3 敷设电热线时不应损坏绝缘层。

4 仪表箱内的电热管、板应安装在仪表箱的底部或后壁上。

检验方法：观察检查，检查绝缘记录。

10.3.3 热水伴热管线的安装应符合下列规定：

1 热水伴管应单独供水，伴热系统之间不应串联连接。

2 伴管的集气处有排气装置。

3 伴管的连接宜焊接，固定不应过紧，应能自由伸缩；接水点应在热水管的底部。

检验方法：观察检查。

Ⅱ 一般项目

10.3.4 重伴热的伴管与测量管道应紧密接触，轻伴热的伴管与测量管道间应留有间距。

检验方法：观察检查。

11 仪 表 试 验

11.1 一 般 规 定

Ⅰ 主控项目

11.1.1 仪表在安装和使用前，应进行检查、校准和试验，确认符合设计文件要求及产品技术文件所规定的技术性能。

检验方法：检查仪表检定、校准和试验记录。

11.1.2 仪表工程在系统投用前应进行回路试验。

检验方法：检查回路试验记录。

11.1.3 规定禁油和脱脂的仪表应按要求进行校准和试验。

检验方法：检查仪表检定、校准和试验记录。

Ⅱ 一般项目

11.1.4 仪表校准和回路试验用的标准仪器仪表应具备有效的计量检定合格证明。其准确度宜比被校准仪表的准确度高2个等级。

检验方法：检查标准仪器仪表的计量检定证书。

11.1.5 单台仪表校准点，应在仪表全量程范围内均匀选取5点，回路试验时，仪表校准点不应少于3点。

检验方法：检查仪表检定、校准和试验记录。

11.1.6 不具备现场校准条件的仪表，应对出厂检定合格证的有效性进行验证。

检验方法：检查仪表出厂合格证和计量检定证书。

11.2 单台仪表的校准和试验

主控项目

11.2.1 显示仪表应符合下列要求：

1 指针式显示仪表指针在全标度范围内移动应平稳、灵活,校准结果应符合仪表准确度的规定。

2 数字式显示仪表的示值应清晰、稳定,校准结果应符合仪表准确度的规定。

3 指针式记录仪表的记录机构的划线或打点清晰,打印纸移动正常;记录纸上打印的号码或颜色应与切换开关及接线端子上标示的编号一致。

4 带报警装置的仪表,其报警点应设置准确、输出接点通断正确、动作可靠。

检验方法:检查仪表检定、校准和试验记录。

11.2.2 变送器、转换器应进行输入输出特性校准和试验。输入输出信号范围和类型应与铭牌标志、设计文件要求一致。零点迁移量应符合设计文件要求。

检验方法:检查仪表检定、校准和试验记录。

11.2.3 温度检测仪表的校准试验点不应少于2点。直接显示温度计的被检示值应符合仪表准确度的规定。热电偶和热电阻可在常温下检测其完好状态。

检验方法:检查仪表检定、校准和试验记录。

11.2.4 积算仪表的准确度应符合产品技术性能要求。

检验方法:检查仪表检定、校准和试验记录。

11.2.5 流量检测仪表应对其制造厂产品合格证和有效的检定证明进行验证。

检验方法:检查制造厂产品合格证和检定证书。

11.2.6 浮筒式液位计可采用干校法或湿校法校准。干校挂重质量的确定以及湿校试验介质密度的换算,均应符合设计使用状态的要求。

检验方法:检查仪表检定、校准和试验记录。

11.2.7 储罐液位计、料面计可在安装完成后直接模拟物料进行就地校准。

检验方法:检查仪表检定、校准和试验记录。

11.2.8 称重仪表及传感器可在安装完成后直接均匀加载标准重量进行就地校准。

检验方法:检查仪表检定、校准和试验记录。

11.2.9 测量位移、振动等机械量的仪表,可使用专用试验设备进行校准试验。

检验方法:检查仪表检定、校准和试验记录。

11.2.10 分析仪表的显示仪表部分应按本规范中本节对显示仪表的要求进行校准。其检测、传感、转换等部分的性能校准试验,包括对试验用标准样品样气的要求,均应符合产品技术文件和设计文件的规定。

检验方法:检查仪表检定、校准和试验记录。

11.2.11 控制仪表的显示仪表部分应按本规范中本节对显示仪表的要求进行校准。仪表的控制点误差、比例、积分、微分作用,信号处理及各项控制性能、操作性能均应按照产品技术文件的规定和设计文件要求进行检查、试验、校准和调整,并进行有关组态模式设置和调节参数预整定。

检验方法:检查仪表检定、校准和试验记录。

11.2.12 控制阀阀体压力试验和阀座密封试验等项目,可对制造厂的产品合格证明和试验报告进行验证,对事故切断阀应进行阀座密封试验,其结果应符合产品技术文件的规定。膜头、缸体泄漏性试验应合格。行程试验应合格。事故切断阀和设计规定了全行程时间的阀门必须进行全行程时间试验。执行机构在试验时应整定到设计文件规定的工作状态。

检验方法:检查试验记录。

11.3 仪表电源设备的试验

主 控 项 目

11.3.1 电源设备的带电部分与金属外壳之间的绝缘电阻,用500V兆欧表测量时不应小于5MΩ。当产品说明书另有规定时,应符合其规定。

检验方法:检查试验记录。

11.3.2 电源整流和稳压性能试验应符合产品技术文件规定。

检验方法:检查试验记录。

11.3.3 不间断电源应进行自动切换性能试验,切换时间和切换电压值应符合产品技术文件规定。

检验方法:检查试验记录。

11.4 综合控制系统的试验

主 控 项 目

11.4.1 综合控制系统的硬件试验应包括:盘、柜和仪表装置的绝缘电阻测量,接地系统检查和接地电阻测量,电源设备和电源插卡各种输出电压的测量和调整,系统中全部设备和全部插卡的通电状态检查,系统中单独的显示、记录、控制、报警等仪表设备的单台校准和试验,通过直接信号显示和软件诊断程序对装置内的插卡、控制和通信设备、操作站、计算机及其外部设备等进行状态检查,输入、输出插卡的校准和试验。

检验方法:检查试验记录。

11.4.2 综合控制系统的软件试验应包括:系统显示、处理、操作、控制、报警、诊断、通信、打印、拷贝等基本功能的检查试验,控制方案、控制和联锁程序的检查。

检验方法:检查试验记录。

11.5 回路试验和系统试验

主 控 项 目

11.5.1 检测回路的试验:在检测回路的信号输入端输入模拟被测变量的标准信号,回路的显示仪表部分的示值误差不应超过回路内各单台仪表允许基本误差平方和的平方根值(温度检测回路可在检测元件的输

6—17

出端向回路输入相应电阻值信号或mV电压值信号）。

检验方法：检查回路试验记录。

11.5.2 控制回路的试验：通过控制器或操作站的输出向执行器发送控制信号，检查执行器执行机构的全行程动作方向和位置应正确；执行器带有定位器时应同时试验；当控制器或操作站上有执行器的开度和起点、终点信号显示时，应同时进行检查试验。

检验方法：检查回路试验记录。

11.5.3 报警系统的试验：系统中有报警信号的仪表设备，如各种检测报警开关、仪表的报警输出部件和接点，应根据设计文件规定的设定值进行整定；在报警回路的信号发生端模拟输入信号，检查报警灯光、音响和屏幕显示应正确；报警的消音、复位和记录功能应正确。

检验方法：检查系统试验记录。

11.5.4 程序控制系统和联锁系统的试验：系统有关装置的硬件和软件功能试验已经完成，系统相关的回路试验已经完成；系统中的各有关仪表和部件的动作设定值，应根据设计文件规定进行整定；程序控制系统的试验应按程序设计的步骤逐步检查试验，其条件判定、逻辑关系、动作时间和输出状态等应符合设计文件规定；联锁控制系统的联锁条件和输入输出功能应符合设计文件的规定。

检验方法：检查系统试验记录。

本规范用词说明

1 为便于在执行本规范条文时区别对待，对要求严格程度不同的用词说明如下：

　1）表示很严格，非这样做不可的用词：

　　正面词采用"必须"，反面词采用"严禁"。

　2）表示严格，在正常情况下均应这样做的用词：

　　正面词采用"应"，反面词采用"不应"或"不得"。

　3）表示允许稍有选择，在条件许可时首先应这样做的用词：

　　正面词采用"宜"，反面词采用"不宜"；

　表示有选择，在一定条件下可以这样做的用词，采用"可"。

2 本规范中指明应按其他有关标准、规范执行的写法为"应符合……的规定"或"应按……执行"。

中华人民共和国国家标准

自动化仪表工程施工质量验收规范

GB 50131—2007

条 文 说 明

目　次

1　总则 …………………………………… 6—21
2　术语 …………………………………… 6—21
3　基本规定 ……………………………… 6—21
　　3.1　质量管理 ………………………… 6—21
　　3.2　工程划分 ………………………… 6—21
　　3.3　检验数量 ………………………… 6—21
　　3.4　验收方法和质量合格评定 ……… 6—22
4　取源部件安装 ………………………… 6—22
　　4.1　一般规定 ………………………… 6—22
　　4.2　温度取源部件 …………………… 6—22
　　4.3　压力取源部件 …………………… 6—22
　　4.4　流量取源部件 …………………… 6—22
　　4.5　物位取源部件 …………………… 6—22
　　4.6　分析取源部件 …………………… 6—23
5　仪表设备安装 ………………………… 6—23
　　5.1　一般规定 ………………………… 6—23
　　5.2　仪表盘、柜、箱 ………………… 6—23
　　5.3　温度检测仪表 …………………… 6—23
　　5.4　压力检测仪表 …………………… 6—23
　　5.5　流量检测仪表 …………………… 6—23
　　5.6　物位检测仪表 …………………… 6—23
　　5.7　机械量检测仪表 ………………… 6—23
　　5.8　成分分析和物性检测仪表 ……… 6—24
　　5.9　其他检测仪表 …………………… 6—24
　　5.10　执行器 …………………………… 6—24
　　5.11　控制仪表及综合控制系统 ……… 6—24
　　5.12　仪表电源设备 …………………… 6—24
6　仪表线路安装 ………………………… 6—24
　　6.1　一般规定 ………………………… 6—24
　　6.2　支架的制作与安装 ……………… 6—24
　　6.3　电缆槽安装 ……………………… 6—24
　　6.4　保护管安装 ……………………… 6—24
　　6.5　电缆、电线敷设 ………………… 6—24
　　6.6　仪表线路配线 …………………… 6—25
7　仪表管道安装 ………………………… 6—25
　　7.1　一般规定 ………………………… 6—25
　　7.2　测量管道 ………………………… 6—25
　　7.3　气动信号管道 …………………… 6—25
　　7.4　气源管道 ………………………… 6—25
　　7.5　液压管道 ………………………… 6—25
　　7.6　盘、柜、箱内的仪表管道 ……… 6—25
　　7.7　管道试验 ………………………… 6—25
8　脱脂 …………………………………… 6—25
　　8.1　一般规定 ………………………… 6—25
　　8.2　脱脂方法 ………………………… 6—25
　　8.3　脱脂件检查 ……………………… 6—25
9　电气防爆和接地 ……………………… 6—26
　　9.1　爆炸和火灾危险环境的仪表装置
　　　　　施工 ………………………………… 6—26
　　9.2　接地 ……………………………… 6—26
10　防护 …………………………………… 6—26
　　10.1　隔离与吹洗 ……………………… 6—26
　　10.2　防腐与绝热 ……………………… 6—26
　　10.3　伴热 ……………………………… 6—26
11　仪表试验 ……………………………… 6—26
　　11.1　一般规定 ………………………… 6—26
　　11.2　单台仪表的校准和试验 ………… 6—26
　　11.3　仪表电源设备的试验 …………… 6—27
　　11.4　综合控制系统的试验 …………… 6—27
　　11.5　回路试验和系统试验 …………… 6—27

1 总 则

1.0.1 阐明本规范编写宗旨。本规范对原《自动化仪表安装工程质量检验评定标准》GBJ 131—90（以下简称原标准）的名称做了修改。

1.0.2 明确了本规范的适用范围和不适用范围。本规范适用于工业生产过程自动化仪表工程和民用建筑设施等自动化仪表工程的施工质量验收。

1.0.3 现行国家标准《自动化仪表工程施工及验收规范》GB 50093—2002是本规范的编制依据，本规范的章节编排和基本内容与现行国家标准《自动化仪表工程施工及验收规范》GB 50093—2002相呼应，因此，应与现行国家标准《自动化仪表工程施工及验收规范》GB 50093—2002配套使用。

1.0.4 仪表工程的施工质量验收工作，除本规范已包括的内容外，仪表工程中的电气施工、焊接施工、管道施工、防腐施工等内容还另有专业标准规定，因此本规范未包括的部分应遵守国家的有关现行标准的规定。

2 术 语

除本章术语条文外，本规范中使用的仪表工程术语与现行国家标准《自动化仪表工程施工及验收规范》GB 50093—2002 第2章中的术语一致。

2.0.2、2.0.3 本规范主控项目和一般项目的名称对应于原标准的主要项目和一般项目。

2.0.5 综合控制系统是一个总称，它包括各种类型的计算机控制系统、分散控制系统（Distributed Control System，DCS）、可编程序控制器（Programmable Logic Controller，PLC）、现场总线控制系统（Fieldbus Control System，FCS）和计算机集成制造系统等。

2.0.7、2.0.8 引自现行国家标准《质量管理体系基础和术语》GB/T 19000—2000。

3 基 本 规 定

3.1 质量管理

3.1.1 施工现场的质量管理体系是施工单位质量管理体系的重要部分。质量管理体系的建立、健全、运行和改进，是施工单位控制和保证工程质量的基础。

3.1.2 本条文引自现行国家标准《自动化仪表工程施工及验收规范》GB 50093—2002 中的第3.2.1条。

3.1.3 仪表工程需要使用的工程技术标准，包括仪表专业和相关专业的标准。对施工过程按照工序和质量控制点进行检验是工程实践证明行之有效的方法和重要措施。质量控制点按照其重要程度可划分为重要（A级，由施工单位、项目质量部门、监理单位或建设单位共同检查）、次要（B级，由施工单位、项目质量部门共同检查）、一般（C级，由施工单位检查）等三个级别。

3.1.4 仪表专业与相关专业之间存在工序交接，应该进行工序交接检验。

3.2 工程划分

3.2.1 工程划分与工程的规模、类型有关。在大中型工业建筑安装项目中，一个单位工程一般是独立建筑物、构筑物、厂区内的全部安装工程。在大中型民用建筑项目中，一个单位工程一般是独立建筑物、构筑物内的全部建筑安装工程。

3.2.4 本条是分项工程的划分原则。

原标准的分项工程划分，是按照由仪表设备、仪表管道和仪表线路组成的独立的检测、控制、报警系统安装试验来分类，以及按仪表类别划分。将一个系统作为分项工程，包括了从仪表开始就位安装到交工前的试验工作，不便于按工序过程进行控制、检验和评定。本规范对安装工作将仪表类别和安装工序内容结合起来划分，将试验工作按仪表和系统类别划分，便于过程控制和检验。

大中型机组、设备由制造厂成套供应时，其配套的仪表和控制系统安装、试验工作相对独立和集中，划分为一个分项工程便于过程控制和检验。

由于工程项目的规模、类型、工期、承包方式等具体内容差别很大，分项工程划分可以根据项目的特点确定。小型工程的仪表总台（件）数和回路数一般在100以内，工期短，其分项工程划分可以合并简化。

3.3 检验数量

3.3.1 检验只是质量管理的一个环节，抽查具有风险。本规范有关检查数量抽查比例的规定，适用于一般项目仪表工程施工质量的检验。对危险部位和危险区域的仪表设备和系统，以及用于监控关键工艺参数、计量核算的仪表设备和系统，要求全部检验，对一般仪表工程的检验数量规定了抽查比例。鉴于有的工程项目中可能存在本规范未提到的对特定仪表设备和系统的特殊要求，此时可以根据具体情况增加检验数量。

抽样方法应按本规范的规定，同时还应兼顾抽样的代表性、分布性。

工作原理、用途、安装方法相同或相似的仪表可划分为同一类型。

3.3.2、3.3.3、3.3.8、3.3.14 对高温、高压、易燃、易爆、有毒物料的检测和控制系统安装质量进行严格检验，是保证质量和安全的重点。对高温、高压、易燃、易爆、有毒物料的界定，可参照有关国家法规、标准,以及行业管理的有关规定。

3.4 验收方法和质量合格评定

3.4.2 施工过程包括了从仪表开始安装到交工前的试验期间的全部工序。本规范所指的检验并不是过程控制和施工人员自己的检查工作,而是由施工单位、监理单位、建设单位质量检验和质量管理人员进行的质量检验,一般均在工序完成后进行,或与交工验收工作结合进行。本规范中不少项目的检查方法为检查施工记录。对于压力试验、脱脂、回路试验和系统试验的检验等重要项目,本规范均要求全部检验,检验方法为检查施工试验记录,而不再重复抽查试验。因此,必须保证记录的正确和真实性。对于上述检验项目,质量检验人员可在工序过程中同时检查或同时检验确认。

观察检查是指检验人员用感官观察,包括用简单的手接触动作进行检查。

3.4.3 分项工程的质量验收是质量验收工作的基础。

3.4.7 检验批的抽样检验方法在本规范中均有规定,检验结果分为合格和不合格。质量检验除了对施工成果实物进行检验外,施工操作工艺和施工记录也属于质量检验内容。

施工操作的依据为设计文件、施工规范、操作规程、产品技术文件等。

施工记录为正式的表格和文字,应正确、清晰、完整地填写和签字。

3.4.8 分项工程、分部工程、单位工程的质量评定结果分为合格和不合格。

不符合质量要求的一般检验项目,有的是仅影响整齐美观的测量数值,其偏差不超过规定允许偏差的10%时,对质量仍无明显影响。仅影响外观的观察检查项目,通常表述为"清晰"、"整齐"、"牢固"等要求,其不符合程度为轻微时,不会影响仪表及控制系统的运行使用性能和安全。

3.4.11 关于返工和返修的术语含义,见现行国家标准《质量管理体系 基础和术语》GB/T 19000—2000。

4 取源部件安装

4.1 一般规定

Ⅰ 主控项目

4.1.1 取源部件的结构尺寸、材质和安装位置是直接影响测量准确度及安全性的主要因素,安装过程中也容易出错,因此,应按设计文件要求核实。

4.1.2 需要脱脂的取源部件不能遗漏,应在安装前进行脱脂。

4.1.3 当设备和管道防腐、衬里完毕后,在其上开孔及焊接取源部件,必然会破坏防腐或衬里层。在压力试验后再开孔或焊接必然将铁屑、焊渣溅落在设备或管道内,焊缝也可能不合格。

Ⅱ 一般项目

4.1.4 取源部件与工艺设备或管道同时进行压力试验,应同时做试验记录。

4.2 温度取源部件

主 控 项 目

4.2.1 本规定是为了保证测量元件能插入到工艺管道内物料流束的中心区域,从而测量到物料的真实温度。

4.3 压力取源部件

Ⅰ 主控项目

4.3.1 为了测量到工艺管道内的真实压力,压力取源部件要安装在流束稳定的直管段上,不应选在管道拐弯、分支等使流束呈旋涡处或死角处。在流束呈脉动状态处不但测量不到稳定的压力,而且容易使仪表损坏。

4.3.2 测温元件的套管所产生的阻力对被测压力有影响,故取压口应选在温度取源部件的前面。

4.3.4 本条规定是为了防止灰尘等杂质进入到测量管道或仪表内,从而造成管道或仪表堵塞,影响仪表正常工作。

4.4 流量取源部件

主 控 项 目

4.4.1~4.4.4 测量流量时,要保持物料流束平稳,不受到阻力部件的扰乱,否则将产生测量误差。

4.4.6~4.4.8 节流件常用的三种取压方式,其规定引自现行国家标准《流量测量节流装置 用孔板、喷嘴和文丘里管测量充满圆管的流体流量》GB/T 2624—1993。

4.4.9 在测量大直径管道内的流量时,特别是液体物料,管内壁四周的压力可能分布不均匀,此时必须取管同一截面上四周的平均压力,才能保证测量的准确度。

4.4.10 皮托管、文丘里式皮托管和均速管等流量检测元件的取源部件的安装质量,直接影响流量测量的准确度。

4.5 物位取源部件

主 控 项 目

4.5.1 导向管或导向装置垂直安装,是为了保证浮筒或浮球上、下移动时不与导向管或导向装置发生摩擦,能在其内部自由活动,从而保证了测量准确度。

4.5.2 双室平衡容器是用差压法的原理来测量液位的,其制造尺寸必须与差压仪表相配套,而且必须保证其两个室之间的严密性,否则就不能产生差压。

4.5.3 单室平衡容器的安装标高应使容器内预先加的被测液体的液柱产生的压力与设计规定的差压仪表测量范围相符合,否则将产生测量误差。

4.5.4 补偿式平衡容器一般用于测量高温高压设备的液位。高温设备在运行时,会受热膨胀。而补偿式平衡容器较重,不能以取源管作为支撑件,需要支架固定。此时,应考虑到设备膨胀时,不致损坏平衡容器。

4.5.6 被测容器的零水位点应和测量仪表的零位一致,否则会产生测量误差。

4.6 分析取源部件

主控项目

4.6.2 本条规定是为了防止对烟气等取样时带有水分和固体杂质。

5 仪表设备安装

5.1 一 般 规 定

Ⅰ 主控项目

5.1.1 强行组装会使仪表受到损坏或使仪表性能受到影响。

5.2 仪表盘、柜、箱

Ⅰ 主控项目

5.2.1 装置的改造可能需要移动和更换仪表盘、柜,因此不应采用焊接方法固定。

Ⅱ 一般项目

5.2.3、5.2.4 为保证仪表盘、柜的安装质量,首先应保证仪表盘、柜的制造质量,同时要防止安装中的变形。成排的仪表盘、柜是指同一制造厂同一规格的系列仪表盘、柜。

5.2.5 仪表箱的安装要求主要是牢固和美观,其底部标高、支托和固定方式需根据现场情况确定。

5.3 温度检测仪表

Ⅰ 主控项目

5.3.1 压力式温度计根据测温元件温包内所充填介质的热膨胀来测量温度,温包如不全部浸入被测对象则会因受热面积减小产生测量误差。毛细管内的介质也会因热胀冷缩影响测量系统内的压力,因此要保持其恒温。同时,毛细管容易被机械外力损伤,故规定了最小弯曲半径,以及采取保护措施。

Ⅱ 一般项目

5.3.2 粉尘的冲刷会对测温元件保护套管造成磨损和损坏,应采取加装角铁等保护措施,防止粉尘直接冲刷套管。

5.4 压力检测仪表

主控项目

5.4.1 高压的范围可按照有关压力容器和压力管道监察的现行国家标准中的规定来确定。保护罩的结构和制作固定方法可由设计单位和建设单位确定。

5.5 流量检测仪表

主控项目

5.5.2 差压计或差压变送器的安装方式,应由设计明确规定。

5.5.3~5.5.10 各类流量计的上下游直管段长度应在产品技术文件中说明,由设计文件做出规定,按设计文件施工。安装位置和流体流向的规定是为了符合仪表使用要求和保证测量精度。对流量计上下游直管段的通常要求,参见 GB 50093—2002 条文说明5.5.3~5.5.10。

5.6 物位检测仪表

Ⅰ 主控项目

5.6.3 核辐射式仪表从安装开始就应特别注意安全防护工作。

Ⅱ 一般项目

5.6.6 浮筒垂直度的要求未作规定,但要求呈垂直状态,使浮筒不与浮筒室相碰。浮筒安装高度应由设计文件确定。

5.7 机械量检测仪表

Ⅰ 主控项目

5.7.1 应保证负荷传感器不会因安装中的过载和撞击造成损坏。为保证测量准确,称重过程中不应有容器及被称重物料重量以外的附加力的作用,因此,称重对象以外的管线或结构等与容器之间的连接应采用挠性连接件等软连接方法。

5.7.2 这类仪表中典型的有旋转机械的轴位移、振动和转速监测系统,仪表的安装、试验应与机械的安装、试验密切配合。

5.8 成分分析和物性检测仪表

Ⅰ 主控项目

5.8.1、5.8.2 分析仪表的具体安装方法和要求应遵照产品技术文件的说明。

Ⅱ 一般项目

5.8.4 湿度是气体水蒸气的含量。本条规定是为了保证测湿元件的正常测量条件。

5.9 其他检测仪表

Ⅰ 主控项目

5.9.1 见本规范第5.6.3条的条文说明。

5.10 执 行 器

主控项目

5.10.1、5.10.2 控制阀的安装位置一般都在管道专业的施工图上标注并由管道专业安装,仪表专业予以配合。

5.10.3 本条规定是为了保证当工艺管道产生热位移时,不损坏控制机构和执行机构。

5.10.4 为保证控制系统管道内充满液体和液体内的气体能够顺利排出,液动执行机构的安装位置应低于控制器。

5.11 控制仪表及综合控制系统

综合控制系统的制造厂家一般都有关于安装要求的技术文件,应按照安装说明进行施工。安装检验可与本规范第11.4节的试验检验一起进行。

5.12 仪表电源设备

Ⅰ 主控项目

5.12.2 强、弱电的端子排应分别设置,如需共用端子排,相互之间应用空端子隔开。

6 仪表线路安装

6.1 一 般 规 定

Ⅰ 主控项目

6.1.1 仪表用电缆、电线虽然其绝大部分的工作电压值不高,但工作中的检测、控制信号大多数为毫伏、毫安级,为了使信号在通过线路时只有极小的漏电量以保证其准确度,所以对电缆、电线绝缘性能的要求是比较高的。即使是在多雨潮湿的区域,虽然气候对电缆、电线的绝缘有较大的影响,但只要不破坏绝缘层,其各芯线之间以及芯线对护套间的绝缘电阻值,一般都可以高于5MΩ。至于特殊要求的电缆、电线,其绝缘电阻值的要求不一,此时应按产品说明书的规定值进行检查。

Ⅱ 一般项目

6.1.5 为保证线路在运行过程中的安全,橡皮和塑料绝缘电缆的有关产品标准中规定:当电缆长期工作温度超过65℃时,应采取隔热措施。

6.1.9 终端余度是为了便于施工和维修。建筑物的伸缩缝和沉降缝处留出的补偿余度,是为了避免线路受损伤。

6.1.10 线路的中间接头会影响线路工作的可靠性,因此一般不应有中间接头。但是有时线路太长或在中间分支,不可避免要有中间接头。遇到这种情况时,应该将接头放在接线盒内,以便于维修。为了避免酸性等焊药腐蚀线路,因而在焊接时应采用无腐蚀性焊药。

6.2 支架的制作与安装

Ⅱ 一般项目

6.2.3 安装电缆槽及保护管时,其支架之间的距离主要决定于电缆槽和保护管本身的强度。这方面的因素很多,如电缆槽和保护管的规格,以及槽内电缆的多少等都要考虑。本条中规定的支架间距和允许偏差,可作为一般情况下的检验要求。

6.3 电缆槽安装

Ⅱ 一般项目

6.3.3 电缆槽具有镀锌或其他防腐保护层,一般情况下都采用螺栓连接,以利于美观、防护和保证安装质量。

6.4 保护管安装

Ⅰ 主控项目

6.4.1 本条是为了保证顺利地将电缆或电线穿入保护管内,避免损伤电缆或电线而规定。

Ⅱ 一般项目

6.4.6、6.4.7 为了防止水或其他液体进入检测元件、仪表和仪表箱、接线箱、拉线盒的内部,与保护管连接时,应密封并有防水措施。与检测元件及仪表连接时,为了维修和拆卸方便,规定用金属挠性管连接。

6.5 电缆、电线敷设

Ⅱ 一般项目

6.5.3 本条规定是为了减少各种不同信号、不同电压等级线路的相互干扰。

6.5.4 为了电缆的运行安全和便于维修，故制定本条。

6.5.6 制作电缆头的作用，主要是通过密封电缆头保护电缆不被潮气等有害气体侵入而损坏芯线绝缘。

6.6 仪表线路配线

为了保证接线质量和便于安装维修作出本节规定。

备用芯线应标注设计文件所编的线号，当设计文件未对备用芯线编号时，应在现场编号并记录在施工图上。

7 仪表管道安装

7.1 一般规定

Ⅱ 一般项目

7.1.5 国家现行标准《自动化仪表工程施工及验收规范》GB 50093—2002要求仪表金属管道冷弯并一次弯成，以保证弯管的质量。

7.1.8 本条规定是为了防止碳离子渗透到不锈钢内而使不锈钢材质性能发生变化。

7.2 测量管道

Ⅰ 主控项目

7.2.1 为了保证仪表的测量准确度，减少滞后，测量管道应尽可能短地敷设，并兼顾整齐。

Ⅱ 一般项目

7.2.5 连接处高于仪表接头可防止压力波动时仪表内的液体冲入测量管道内。

7.3 气动信号管道

一般项目

7.3.1 本条规定是为了保证管道清洁，减少泄漏点，便于仪表拆卸维修。

7.4 气源管道

Ⅰ 主控项目

7.4.1 本条是为了保证仪表空气的清洁和气动仪表的正常工作而作的规定，弯头指制成品。

7.4.2 对气源系统的吹扫及检验是为了保证整个气源系统管道的清洁。

7.5 液压管道

Ⅰ 主控项目

7.5.1 本条规定是为了避免引起火灾。

Ⅱ 一般项目

7.5.6 保证高差是为了使液体顺利流回贮液箱。

7.6 盘、柜、箱内的仪表管道

Ⅰ 主控项目

7.6.1 本条规定是为了保证仪表管道的连接质量，避免渗漏和损坏仪表。

7.7 管道试验

主控项目

7.7.1 对仪表管道压力试验的规定是参照现行国家标准《工业金属管道工程施工及验收规范》GB 50235—97，并结合仪表管道的特点制定的。

8 脱 脂

由于脱脂工序的特殊性，对施工过程的检验要求与施工同时进行。

8.1 一般规定

主控项目

8.1.1 选用脱脂溶剂应考虑的因素有：脱脂要求的严格程度和脱脂剂的去油能力，不腐蚀脱脂件，脱脂后的副产物容易从脱脂件上清除，脱脂溶剂的毒性、可燃性、挥发性及成本等。现行国家标准《自动化仪表工程施工及验收规范》GB 50093—2002 中第 8.1.3 条第 1 款的脱脂溶剂四氯化碳在本规范中已删除，因为国家环保总局 2003 年发布了禁止将四氯化碳作为清洗剂的公告，不得再使用。

8.1.2 在有水的情况下，二氯乙烷和三氯乙烯能分解出盐酸，有腐蚀作用。

8.2 脱脂方法

主控项目

8.2.1、8.2.2 这两条规定是为了保证脱脂质量和脱脂件的清洁。

8.3 脱脂件检查

主控项目

8.3.1 对脱脂件脱脂后的检查是施工人员的自检，

可根据脱脂对象构造特点、操作难易程度选用本条文列举的检查方法之一,并做好记录。工程验收的检验是检查脱脂记录。

9 电气防爆和接地

9.1 爆炸和火灾危险环境的仪表装置施工

主控项目

9.1.1 本条强调了对用在防爆工程上的仪表、电气设备和材料的进货质量检验要求。

9.1.2 爆炸危险环境的气体可顺着未密封的电缆芯线周围的空隙进入仪表箱、接线箱及仪表、电气设备的内部,从而发生爆炸或火灾事故,故制定本条。

9.1.3~9.1.5 在操作或运行的过程中,本质安全与非本质安全电路系统的导电部分互相接触,会造成能量混触,为了避免这种现象的发生,作了这几条规定。

9.1.7 关于隔离密封的规定,目的是使爆炸性混合物或火焰隔离断开,以防止其扩散到其他部分和其他区域。本条要求源自现行国家标准《自动化仪表工程施工及验收规范》GB 50093—2002 中的第 9.1.8 条。根据电气专业相关标准的规定,在本规范中将采用圆柱管螺纹连接修改为采用螺纹连接。

9.2 接 地

Ⅰ 主控项目

9.2.2 保护接地的接地极和接地网一般都由电气专业设计和施工,并提供接地电阻测试值。

10 防 护

10.1 隔离与吹洗

主控项目

10.1.2 成对安装的隔离器标高不一致会造成测量误差。

10.1.3 因为隔离液直接与被测物料相接触,必须根据被测物料的物理及化学性质来选用合适的隔离液。

10.2 防腐与绝热

Ⅱ 一般项目

10.2.2 焊接部位是主要泄漏部位之一,所以规定焊接部位在压力试验前不应涂漆,以便于发现焊接部位的泄漏。

10.3 伴 热

Ⅰ 主控项目

10.3.1、10.3.3 单独供汽、供水是为了保证热源供应可靠。

Ⅱ 一般项目

10.3.4 重伴热还是轻伴热是由设计文件规定的。将轻伴热误作为重伴热,会使有些沸点较低的物料由于测量管道过热而蒸发成气体,造成测量误差。

11 仪表试验

11.1 一般规定

Ⅰ 主控项目

11.1.1 对仪表在安装和使用前进行检查、检定、校准和试验,目的在于发现仪表产品质量问题和运输、贮存中产生的损坏和缺陷。根据工程项目情况,一般在仪表安装前进行此工作,有的可在安装后、使用前或回路试验前进行此工作。

11.1.2 回路试验是对仪表性能、仪表管线连接正确性的全面试验,其目的在于对仪表和控制系统的设计质量、设备材料质量和安装质量进行全面的检查,确认仪表工程质量符合运行使用要求。

Ⅱ 一般项目

11.1.4 标准仪器仪表的准确度宜比被检仪表准确度高 2 个等级。由于现在工程选用的一些仪表准确度较高,在现场选择标准仪器仪表时,至少应保证其准确度比被检仪表准确度高 1 个等级。

11.2 单台仪表的校准和试验

本节对典型仪表的单台检定、校准和试验要求作了一般性的规定。单台仪表的性能、质量取决于制造质量。根据多年来工程项目的通常做法和实际条件,对现场不具备校准和试验条件的项目,可对制造厂出具的产品合格证、试验报告和检定证明进行验证,需要时还可再送计量机构检定。检定、校准和试验的主要依据是国家计量法规,以及有关的检定、校准、试验规程。特殊仪表的校准、试验可参照类似仪表的相应规程,按制造厂技术文件说明,编制试验方案后实施。

主控项目

11.2.3 热电阻、热电偶的热电性能主要依靠其材质来保证,在常温下可采用普通电测仪表检测出正常或损坏状态。必要时可做热电性能试验或送检定。

11.3 仪表电源设备的试验

本节指独立的仪表用电源的试验。仪表盘、柜内的仪表电源单元只需对其输出电压进行测量和调整。

11.4 综合控制系统的试验

本节提出了对综合控制系统进行试验的一般性要求。由于综合控制系统的产品种类多，系统结构不同，工程规模也有差别，施工中应根据设计文件、产品技术文件要求和项目特点编制技术方案，明确试验项目。

11.5 回路试验和系统试验

主 控 项 目

11.5.1、11.5.2 仪表系统可由简单回路和复杂回路组成，在设计文件中，回路和回路中的仪表设备均标有由代号、符号和编号组成的位号，并有各回路的回路图。根据回路图并结合工程项目现场特点可以合理安排仪表回路试验和系统试验计划，对试验质量可以按照试验记录进行检验。

中华人民共和国国家标准

土的工程分类标准

Standard for engineering classification of soil

GB/T 50145—2007

主编部门：中华人民共和国水利部
批准部门：中华人民共和国建设部
施行日期：2008年6月1日

中华人民共和国建设部
公 告

第 772 号

建设部关于发布国家标准《土的工程分类标准》的公告

现批准《土的工程分类标准》为国家标准，编号为 GB/T 50145—2007，自 2008 年 6 月 1 日起实施。原《土的分类标准》GBJ 145—90 同时废止。

本标准由建设部标准定额研究所组织中国计划出版社出版发行。

中华人民共和国建设部
二〇〇七年十二月二十四日

前 言

本标准是根据建设部建标〔2004〕67 号文《关于印发"二〇〇四年工程建设国家标准制订、修订计划"的通知》要求，由南京水利科学研究院会同有关单位，在《土的分类标准》GBJ 145—90 的基础上修订而成的。

《土的工程分类标准》共分 5 章，主要内容有：总则，术语、符号和代号，基本规定，土的分类，土的简易鉴别、分类和描述等。另有一个附录。

本标准修订的主要内容有：取消了原标准正文中特殊土部分内容；增加了"术语、符号和代号"，取消了"附录一 基本代号"；粒组划分中砾粒增加了 1 组细分，砂粒增加了 2 组细分；取消了锥尖入土深度 10mm 液限标准塑性图及其相关内容；增加了"附录 A 土的工程分类体系框图"。

本标准由建设部负责管理，由水利部水利水电规划设计总院负责日常管理，由南京水利科学研究院负责具体技术内容解释。在执行本标准过程中，请各单位结合工程实践，认真总结经验，并将意见和建议寄送南京水利科学研究院（地址：南京市广州路 223 号，邮编：210029），以供今后修订时参考。

本标准主编单位、参编单位和主要起草人：

主 编 单 位：南京水利科学研究院

参 编 单 位：中国建筑科学研究院
建设综合勘察研究设计院
北京市勘察设计研究院
铁道科学研究院
交通部公路科学研究所
中冶集团建筑研究总院
机械工业勘察设计研究院
中国水利水电科学研究院
长江科学院
西安理工大学
吉林大学

主要起草人：范明桥 滕延京 武 威 刘艳华
罗梅云 王 园 辛鸿博 张 炜
温彦峰 龚壁卫 胡再强 王 清
田喜春 王 芳

目　次

1　总则 …………………………………… 7—4
2　术语、符号和代号 …………………… 7—4
　2.1　术语 ……………………………… 7—4
　2.2　符号 ……………………………… 7—4
　2.3　代号 ……………………………… 7—4
3　基本规定 ……………………………… 7—5
4　土的分类 ……………………………… 7—5
5　土的简易鉴别、分类和描述 ………… 7—6
　5.1　简易鉴别方法 …………………… 7—6
　5.2　鉴别分类 ………………………… 7—6
　5.3　土的描述 ………………………… 7—7
附录A　土的工程分类体系框图 ……… 7—7
本标准用词说明 ………………………… 7—8
附：条文说明 …………………………… 7—9

1 总 则

1.0.1 为统一土的工程分类，便于对土的性状作定性评价，制定本标准。

1.0.2 本标准适用于土的基本分类。各行业在遵守本标准的基础上可根据需要编制专门分类标准。

1.0.3 土的分类指标试验除应符合本标准的规定外，尚应符合国家现行有关标准的规定。

2 术语、符号和代号

2.1 术 语

2.1.1 粒径 grain size
土粒能通过的最小筛孔孔径，或土粒在静水中具有相同下沉速度的当量球体直径。

2.1.2 粒径分布曲线 grain size distribution curve
反映小于某粒径的土颗粒质量占土的总质量百分率的关系曲线。

2.1.3 限制粒径 constrained grain size
粒径分布曲线上小于该粒径的土粒质量占土的总质量的60%的粒径。

2.1.4 有效粒径 effective grain size
粒径分布曲线上小于该粒径的土粒质量占土的总质量的10%的粒径。

2.1.5 粒组 fraction
按粒径大小划分的组。

2.1.6 不均匀系数 coefficient of uniformity
土颗粒粒径分布均匀性的系数。

2.1.7 曲率系数 coefficient of curvature
土颗粒粒径分布曲线形态的系数。

2.1.8 级配 gradation
土样中各粒组占总土粒质量的比例。

2.1.9 液限 liquid limit
细粒土流动状态与可塑状态间的界限含水率。

2.1.10 塑限 plastic limit
细粒土可塑状态与半固体状态间的界限含水率。

2.1.11 塑性指数 plasticity index
液限与塑限的差值。

2.1.12 塑性图 plasticity chart
以塑性指数 I_P 为纵坐标、液限 w_L 为横坐标用于细粒土分类的图。

2.1.13 有机质土 organic soil
有机质含量 O_m 一定（$5\% \leqslant O_m < 10\%$），有特殊气味，压缩性高的黏土或粉土。

2.1.14 有机土 organo-soil
有机质含量 O_m 较高（$O_m \geqslant 10\%$），有特殊气味，压缩性高的黏土或粉土。

2.2 符 号

C_c——曲率系数；
C_u——不均匀系数；
d——颗粒粒径；
d_{60}——限制粒径；
d_{10}——有效粒径；
I_P——塑性指数；
w_L——液限；
w_P——塑限；
O_m——有机质含量。

2.3 代 号

2.3.1 基本代号：
B——漂石；
C——黏土；
Cb——卵石；
F——细粒土；
G——砾；
H——高液限；
L——低液限；
M——粉土；
O——有机质土；
P——级配不良；
S——砂；
Sl——混合土；
W——级配良好。

2.3.2 土的工程分类代号：
BSl——混合土漂石；
CbSl——混合土卵石；
CH——高液限黏土；
CHG——含砾高液限黏土；
CHO——有机质高液限黏土；
CHS——含砂高液限黏土；
CL——低液限黏土；
CLG——含砾低液限黏土；
CLO——有机质低液限黏土；
CLS——含砂低液限黏土；
GC——黏土质砾；
GF——含细粒土砾；
GM——粉土质砾；
GP——级配不良砾；
GW——级配良好砾；
MH——高液限粉土；
MHG——含砾高液限粉土；
MHO——有机质高液限粉土；
MHS——含砂高液限粉土；
ML——低液限粉土；
MLG——含砾低液限粉土；

MLO——有机质低液限粉土；
MLS——含砂低液限粉土；
SC——黏土质砂；
SF——含细粒土砂；
S1B——漂石混合土；
S1Cb——卵石混合土；
SM——粉土质砂；
SP——级配不良砂；
SW——级配良好砂。

3 基本规定

3.0.1 土的分类应根据下列指标确定：
1 土颗粒组成及其特征。
2 土的塑性指标：液限 w_L、塑限 w_P 和塑性指数 I_P。
3 土中有机质含量。

3.0.2 土的粒组应根据表3.0.2规定的土颗粒粒径范围划分。

表 3.0.2 粒组划分

粒组	颗粒名称		粒径 d 的范围（mm）
巨粒	漂石（块石）		$d>200$
	卵石（碎石）		$60<d\leqslant200$
粗粒	砾粒	粗砾	$20<d\leqslant60$
		中砾	$5<d\leqslant20$
		细砾	$2<d\leqslant5$
	砂粒	粗砂	$0.5<d\leqslant2$
		中砂	$0.25<d\leqslant0.5$
		细砂	$0.075<d\leqslant0.25$
细粒	粉粒		$0.005<d\leqslant0.075$
	黏粒		$d\leqslant0.005$

3.0.3 土颗粒级配特征应根据土的不均匀系数 C_u 和曲率系数 C_c 确定，并应符合下列规定：

1 不均匀系数 C_u，应按下式计算：

$$C_u=\frac{d_{60}}{d_{10}} \quad (3.0.3-1)$$

2 曲率系数 C_c，应按下式计算：

$$C_c=\frac{d_{30}^2}{d_{10}\times d_{60}} \quad (3.0.3-2)$$

式中 d_{30}——土的粒径分布曲线上的某粒径，小于该粒径的土粒质量为总土粒质量的30%。

3.0.4 土按其不同粒组的相对含量可划分为巨粒类土、粗粒类土和细粒类土，并应符合下列规定：
1 巨粒类土应按粒组划分。
2 粗粒类土应按粒组、级配、细粒含量划分。
3 细粒类土应按塑性图、所含粗粒类别以及有机质含量划分。

3.0.5 细粒土应根据塑性图分类（图3.0.5）。

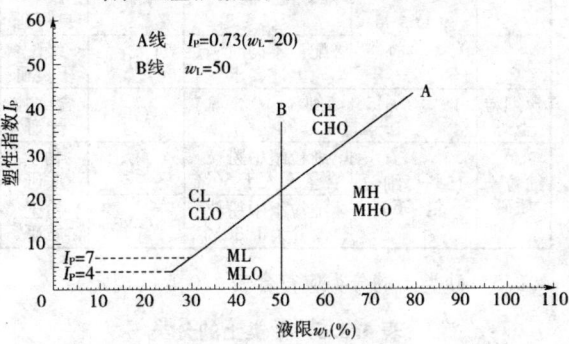

图 3.0.5 塑性图

注：1 图中横坐标为土的液限 w_L，纵坐标为塑性指数 I_P。
2 图中的液限 w_L 为用碟式仪测定的液限含水率或用质量76g、锥角为30°的液限仪锥尖入土深度17mm对应的含水率。
3 图中虚线之间区域为黏土-粉土过渡区。

4 土的分类

4.0.1 巨粒类土的分类应符合表4.0.1的规定。

表 4.0.1 巨粒类土的分类

土类	粒组含量		土类代号	土类名称
巨粒土	巨粒含量 $>75\%$	漂石含量大于卵石含量	B	漂石（块石）
		漂石含量不大于卵石含量	Cb	卵石（碎石）
混合巨粒土	$50\%<$巨粒含量$\leqslant75\%$	漂石含量大于卵石含量	BS1	混合土漂石（块石）
		漂石含量不大于卵石含量	CbS1	混合土卵石（碎石）
巨粒混合土	$15\%<$巨粒含量$\leqslant50\%$	漂石含量大于卵石含量	S1B	漂石（块石）混合土
		漂石含量不大于卵石含量	S1Cb	卵石（碎石）混合土

注：巨粒混合土可根据所含粗粒或细粒的含量进行细分。

4.0.2 试样中巨粒组含量不大于15%时，可扣除巨粒，按粗粒类土或细粒类土的相应规定分类；当巨粒对土的总体性状有影响时，可将巨粒计入砾粒组进行分类。

4.0.3 试样中粗粒组含量大于50%的土称粗粒类，其分类应符合下列规定：
1 砾粒组含量大于砂粒组含量的土称砾类土。
2 砾粒组含量不大于砂粒组含量的土称砂类土。

4.0.4 砾类土的分类应符合表4.0.4的规定。

表 4.0.4 砾类土的分类

土类	粒组含量	土类代号	土类名称
砾	细粒含量<5%	级配 $C_u \geq 5$ $1 \leq C_c \leq 3$	GW	级配良好砾
		级配：不同时满足上述要求	GP	级配不良砾
含细粒土砾	5%≤细粒含量<15%		GF	含细粒土砾
细粒土质砾	15%≤细粒含量<50%	细粒组中粉粒含量不大于50%	GC	黏土质砾
		细粒组中粉粒含量大于50%	GM	粉土质砾

4.0.5 砂类土的分类应符合表 4.0.5 的规定。

表 4.0.5 砂类土的分类

土类	粒组含量	土类代号	土类名称
砂	细粒含量<5%	级配 $C_u \geq 5$ $1 \leq C_c \leq 3$	SW	级配良好砂
		级配：不同时满足上述要求	SP	级配不良砂
含细粒土砂	5%≤细粒含量<15%		SF	含细粒土砂
细粒土质砂	15%≤细粒含量<50%	细粒组中粉粒含量不大于50%	SC	黏土质砂
		细粒组中粉粒含量大于50%	SM	粉土质砂

4.0.6 试样中细粒组含量不小于50%的土为细粒类土。

4.0.7 细粒类土应按下列规定划分：

　　1 粗粒组含量不大于25%的土称细粒土。

　　2 粗粒组含量大于25%且不大于50%的土称含粗粒的细粒土。

　　3 有机质含量小于10%且不小于5%的土称有机质土。

4.0.8 细粒土的分类应符合表 4.0.8 的规定。

表 4.0.8 细粒土的分类

土的塑性指标在塑性图 3.0.5 中的位置		土类代号	土类名称
$I_P \geq 0.73(w_L-20)$ 和 $I_P \geq 7$	$w_L \geq 50\%$	CH	高液限黏土
	$w_L < 50\%$	CL	低液限黏土
$I_P < 0.73(w_L-20)$ 或 $I_P < 4$	$w_L \geq 50\%$	MH	高液限粉土
	$w_L < 50\%$	ML	低液限粉土

注：黏土～粉土过渡区（CL-ML）的土可按相邻土层的类别细分。

4.0.9 含粗粒的细粒土应根据所含细粒土的塑性指标在塑性图中的位置及所含粗粒类别，按下列规定划分：

　　1 粗粒中砾粒含量大于砂粒含量，称含砾细粒土，应在细粒土代号后加代号 G。

　　2 粗粒中砾粒含量不大于砂粒含量，称含砂细粒土，应在细粒土代号后加代号 S。

4.0.10 有机质土应按表 4.0.8 划分，在各相应土类代号之后应加代号 O。

4.0.11 土的含量或指标等于界限值时，可使用目的偏于安全的原则分类。

4.0.12 土的分类可按附录 A 进行。

5 土的简易鉴别、分类和描述

5.1 简易鉴别方法

5.1.1 目测法鉴别：将研散的风干试样摊成一薄层，估计土中巨、粗、细粒组所占的比例确定土的分类。

5.1.2 干强度试验：将一小块土捏成土团，风干后用手指捏碎、掰断及捻碎，并应根据用力的大小进行下列区分：

　　1 很难或用力才能捏碎或掰断为干强度高。

　　2 稍用力即可捏碎或掰断为干强度中等。

　　3 易于捏碎或捻成粉末者为干强度低。

　　注：当土中含碳酸盐、氧化铁等成分时会使土的干强度增大，其干强度宜再将湿土作手捏试验，予以校核。

5.1.3 手捻试验：将稍湿或硬塑的小土块在手中捏捻，然后用拇指和食指将土捏成片状，并应根据手感和土片光滑度进行下列区分：

　　1 手滑腻，无砂，捻面光滑为塑性高。

　　2 稍有滑腻，有砂粒，捻面稍有光滑者为塑性中等。

　　3 稍有黏性，砂感强，捻面粗糙为塑性低。

5.1.4 搓条试验：将含水率略大于塑限的湿土块在手中揉捏均匀，再在手掌上搓成土条，并应根据土条不断裂而能达到的最小直径进行下列区分：

　　1 能搓成直径小于 1mm 土条为塑性高。

　　2 能搓成直径为 1～3mm 土条为塑性中等。

　　3 能搓成直径大于 3mm 土条为塑性低。

5.1.5 韧性试验：将含水率略大于塑限的土块在手中揉捏均匀，并在手掌中搓成直径为 3mm 的土条，并应根据再揉成土团和搓条的可能性进行下列区分：

　　1 能揉成土团，再搓成条，揉而不碎者为韧性高。

　　2 可再揉成团，捏而不易碎者为韧性中等。

　　3 勉强或不能再揉成团，稍捏或不捏即碎者为韧性低。

5.1.6 摇震反应试验：将软塑或流动的小土块捏成土球，放在手掌上反复摇晃，并以另一手掌击此手掌。土中自由水将渗出，球面呈现光泽；用二个手指捏土球，放松后水又被吸入，光泽消失。并应根据渗水和吸水反应快慢，进行下列区分：

　　1 立即渗水及吸水者为反应快。

　　2 渗水及吸水中等者为反应中等。

　　3 渗水、吸水慢者为反应慢。

　　4 不渗水、不吸水者为无反应。

5.2 鉴别分类

5.2.1 巨粒类土和粗粒类土可根据目测结果按第 4.0.1～4.0.6 条的分类定名。

5.2.2 细粒类土可根据干强度、手捻、搓条、韧性和摇震反应等试验结果按表 5.2.2 分类定名。

表 5.2.2 细粒土的简易分类

干强度	手捻试验	搓条试验 可搓成土条的最小直径(mm)	韧性	摇震反应	土类代号
低—中	粉粒为主,有砂感,稍有黏性,捻面较粗糙,无光泽	3～2	低—中	快—中	ML
中—高	含砂粒,有黏性,稍有滑腻感,捻面较光滑,稍有光泽	2～1	中	慢—无	CL
中—高	粉粒较多,有黏性,稍有滑腻感,捻面较光滑,稍有光泽	2～1	中—高	慢—无	MH
高—很高	无砂感,黏性大,滑腻感强,捻面光滑,有光泽	<1	高	无	CH

注：表中所列各类土凡呈灰色或暗色且有特殊气味的,应在相应土类代号后加代号 O,如 MLO、CLO、MHO、CHO。

5.2.3 土中有机质系未完全分解的动、植物残骸和无定形物质,可采用目测、手摸或嗅感判别,有机质一般呈灰色或暗色,有特殊气味,有弹性和海绵感。

5.3 土的描述

5.3.1 土的描述宜包含下列内容：

1 巨粒类土、粗粒类土：通俗名称及当地名称；土颗粒的最大粒径；土颗粒风化程度；巨粒、砾粒、砂粒组的含量百分数；巨粒或粗粒形状（圆、次圆、棱角或次棱角）；土颗粒的矿物成分；土颜色和有机质；天然密实度；所含细粒土类别（黏土或粉土）；土或土层的代号和名称。

2 细粒类土：通俗名称及当地名称；土颗粒的最大粒径；巨粒、砾粒、砂粒组的含量百分数；天然密实度；潮湿时的颜色及有机质；土的湿度（干、湿、很湿或饱和）；土的稠度（流塑、软塑、可塑、硬塑、坚硬）；土的塑性（高、中或低）；土的代号和名称。

附录 A 土的工程分类体系框图

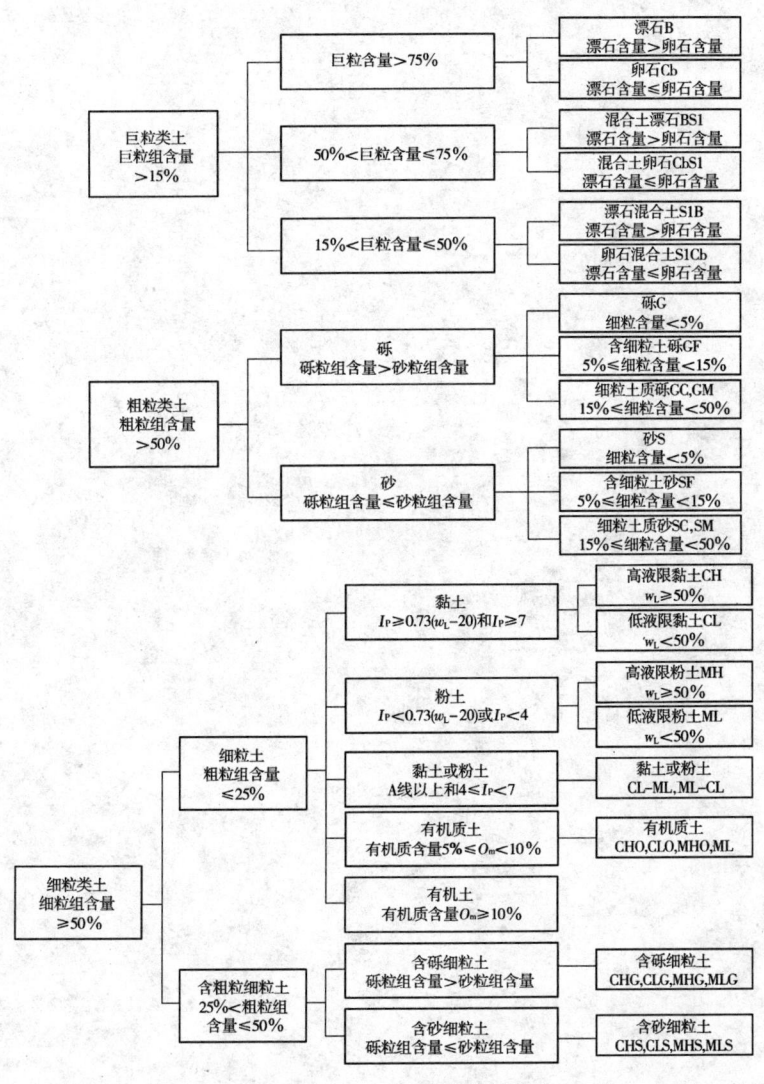

本标准用词说明

1 为便于在执行本标准条文时区别对待,对要求严格程度不同的用词说明如下:

1) 表示很严格,非这样做不可的用词:
  正面词采用"必须",反面词采用"严禁"。
2) 表示严格,在正常情况下均应这样做的用词:
  正面词采用"应",反面词采用"不应"或"不得"。
3) 表示允许稍有选择,在条件许可时首先应这样做的用词:
  正面词采用"宜",反面词采用"不宜";
  表示有选择,在一定条件下可以这样做的用词,采用"可"。

2 本标准中指明应按其他有关标准、规范执行的写法为"应符合……的规定"或"应按……执行"。

中华人民共和国国家标准

土的工程分类标准

GB/T 50145—2007

条 文 说 明

目 次

1 总则 ……………………………………… 7—11
2 术语、符号和代号 ……………………… 7—11
　2.1 术语 ………………………………… 7—11
　2.2 符号 ………………………………… 7—11
　2.3 代号 ………………………………… 7—11
3 基本规定 ………………………………… 7—11
4 土的分类 ………………………………… 7—12
5 土的简易鉴别、分类和描述 …………… 7—13
　5.1 简易鉴别方法 ……………………… 7—13
　5.2 鉴别分类 …………………………… 7—13
　5.3 土的描述 …………………………… 7—13

1 总 则

1.0.1 本标准系为工程用土进行分类而编制，其内容包括对土类进行鉴别，确定其名称与代号，并给以必要的描述。由此可使工程用土的名称得到统一，并对土的工程性状有定性的了解。

1.0.2 本标准对工程建设所涉及的土均是适用的。但混凝土中采用的砂、石骨料不属土的范畴。

本标准中所指的"土的分类"是从土的基本特性出发，以土的颗粒尺寸、水理性质等为界定指标的分类体系，是土的基本分类。对于特殊性土（如膨胀土、湿陷性黄土、红黏土、盐渍土等），其性质与其成因、环境、状态、结构性等有关，除按照本标准分类以外，还应根据土的特殊性（如胀缩特性、湿陷性、有机质含量等），依据相应土类的技术标准进行分类。

各行业在工程中对土的分类各有自己的专门需要，细节繁多，难以统一规定，故本标准只能从整体上建立共同遵守的体系，较为原则与概括，属通用分类范畴。各行业可据此延伸与充实，编制符合需要的专门分类标准。

1.0.3 土的工程分类是土工试验的内容之一，分类指标试验应遵照土工试验方法的国家标准。

2 术语、符号和代号

2.1 术 语

2.1.1～2.1.11 本标准规定了有关土分类的基本术语。有些名词术语在本标准中有明确详细的规定，如"级配良好砂"、"级配不良砂"等，这里不再重复收列。

2.2 符 号

这里列出了有关土分类的最常用的物理性质符号。

2.3 代 号

2.3.1、2.3.2 表示土类的代号按下列原则构成：

1 一个代号即表示土的名称。

2 由两个基本代号构成时，第一个基本代号表示土的主成分，第二个基本代号表示土的次成分，或土的级配、液限。

3 由三个基本代号构成时，第一个基本代号表示土的主成分，第二个基本代号表示液限的高低，第三个基本代号表示土的次成分。

3 基 本 规 定

3.0.1 将土按粒径级配及液塑性进行分类是世界上许多国家采用的土分类方法。根据当前的科技水平，认为粗粒土的性质主要决定于构成土的土颗粒的粒径分布和它们的特征，而细粒土的性质却主要取决于土粒和水相互作用时的性态，即决定于土的塑性。土中有机质对土的工程性质也有影响。土颗粒的分布特征可用筛分析方法确定，土的塑性指标可按常规试验方法测定。这些特征和指标在现场凭目测和触感的经验方法也容易予以估计。根据这些特征和指标判别土类，既能反映土的主要物理力学性质，也便于实际操作。

3.0.2 本标准采用的粒组范围主要是根据原标准确定。其中把过去的细砾粒组细分为中砾和细砾两个粒组，其界限粒径为 5mm，与粗粒土的各项试验中常用的粗粒料和细粒料的界限相一致；砂粒组细分为粗砂、中砂和细砂三个粒组。这样划分粗砾粒组和砂粒组与我国现行的多数标准或规范相一致。

3.0.3 粗粒类土的可压实性、强度、压缩性以及渗透性都和土的级配指标有关。C_u 和 C_c 两指标是国际通用指标，能较好地反映级配曲线形态和级配优劣性状。

3.0.4 本标准包括工程上所遇到的一般土类。由于土分类系根据扰动土试样，土的天然状态如密度的松、密，含水状态如干、湿，结构状态的成层或各向异性，历史应力为正常固结或超固结等，在分类中均未考虑。为此，软土、冻土等都没列入标准。土的地质成因对土的性质有一定影响，但是目前还没有反映这种因素的定量指标，而且属于同一成因的土类，其性质也会千差万别，所以绝大多数的分类法都不按其划分土类。填土实际上是一种无确定概念的材料，可以是本标准所包括的各种土类，也可以是建筑垃圾或工业弃料及矿碴等。遇到这种情况，建议在试样描述中详细记录、说明。

我国以往的土分类和国外绝大多数分类标准都将一般土划分为粗粒类土和细粒类土，鉴于水利和其他一些大型工程中，也常遇到主要是大石块或土中含相当数量大石块的情况，本标准为此增加了巨粒类土，使分类体系更为完整，而且也符合工程需要。

3.0.5 塑性图是美、英、日、德、印等国家长期用于细粒土分类的标准，国际上称它为卡萨格兰德塑性图（Cassagrande plasticity chart）。图中的液限是由国外广泛应用的卡氏碟式液限仪测定的。我国不少学者曾研究论证了该图的适用性。

根据我国现行《土工试验方法标准》规定，土的液限是用质量为 76g，锥尖角为 30°的锥体液限仪测定，取锥尖入土深度为 17mm 时土的含水率作为液限，并认为它和碟式仪测液限时土的不排水抗剪强度是等效的。为此，本标准规定，如果测定土液限用的是碟式仪或以入土深度 17mm 时的含水量作为液限，或用其他等效方法测定液限，应采用图 3.0.5 的塑性图作为细粒土分类依据。

由于历史的原因，我国部分行业取质量为 76g、锥尖角为 30°的锥尖入土深度为 10mm 时土的含水率作为液限，称为 10mm 液限。考虑到实际情况，《土的分类标准》GBJ 145—90 列入了 10mm 液限的塑性图作为过渡。然而从实际使用中我们发现凡是采用 10mm 液限标准的行业或部门均使用单一塑性指数，分类不使用塑性图分类，10mm 液限的塑性图失去了实用意义，因而本次修订取消了 10mm 液限的塑性图。

4 土 的 分 类

4.0.1 土中巨粒组含量（按质量计，巨粒可采用量取颗粒最小断面宽度大于 60mm 的方法确定）大于 75%时，它们在土中所占体积已超过 2/3，形成了骨架，对土性状起控制作用，这类土称巨粒土。应按巨粒组中的何种粒组（漂石或卵石）占优势给予定名。若按某种粒组（漂石或卵石）超过总质量的 50%来分类定名，可能会发生某种粒组如卵石含量极少而漂石含量大大超过卵石含量却被定名为卵石的情况；另外从力学性能上说，此种土可能被"降级"使用了，然而从渗透性能上说，此种土却被"升级"使用了，这是不合适的。

土中巨粒组质量大于总质量的 50%而不大于 75%的土称混合巨粒土，这时巨粒在土中已起骨架作用，决定着土的主要性状。

土中巨粒组质量大于总质量的 15%而不大于 50%时，其中的土占优势，巨粒部分起骨架作用，部分充填作用，实为含巨粒的土，统称为巨粒混合土。如有需要，此类土可以根据所含粗粒或细粒的多少进一步细分。

4.0.2 土中巨粒质量少于或等于总质量的 15%时，巨粒体积将不及试样总体积的 10%，可视为散布在土内的零星颗粒，当其对土的总体性状不致有明显影响时，可扣除巨粒，按粗粒类土或细粒类土的规定分类定名；当巨粒体积对土的总体性状有影响时，可将巨粒计入砾粒组按粗粒类土或细粒类土的相应规定分类定名。

4.0.3 粗粒组质量大于总质量的 50%，意味着粗粒组质量大于细粒组，应称其为粗粒类土。粗粒组包括砾粒和砂粒，按累积含量概念，应划分为砾类土和砂类土。

4.0.4 砾类土按其中所含细粒组的多少可以区分为三档。

当细粒组质量小于总质量的 5%时，细粒对砾类土性质无甚影响，应认为是（纯）砾。此时级配对土性质有明显影响，应予考虑。本标准采用的两个级配指标和界限系根据我国长期工程经验，并参考国外主要标准确定的。

当砾类土中细粒组质量大于或等于总质量的 15%且小于总质量的 50%时，区分细粒组类别可以更好地反映土的性质。

4.0.5 砂类土的分类定名和砾类土的分类定名是相对应的。

4.0.6 当试样中细粒组质量大于或等于粗粒组与巨粒组之和时，应称其为细粒土。

4.0.7 细粒土可分为以下几种情况：

1 土内粗粒组含量小于或等于总质量的 25%时，粗粒零星散布，对土性状影响不大，故称（纯）细粒土。

2 土内粗粒组质量大于总质量的 25%且小于或等于总质量的 50%时，粗粒已起部分骨架作用，为简便计，统称含粗粒的细粒土。

3 有机质成分对土的物理力学性质有不同程度的影响，在分类时应予反映。按理说只要土内含有机质，就应称为有机质土。但若有机质含量很低（不大于 5%），其性质与无机土没有太大区别，可视为无机土。只有有机质含量在一定程度内才称其为有机质土。如果有机质含量很高（大于 10%），其性质将大大不同于一般细粒土，可称其为有机土，本标准不再给予分类。

4.0.8 利用塑性图进行细粒土分类的依据见第 3.0.5 条说明。图中土类划分界限是按国际上广泛应用和我国多个行业采用的标准确定的。图 3.0.5 中有 $I_P=7$ 和 $I_P=4$ 的横虚线，表明其间区域可能由黏土过渡为粉土，在编制专门分类标准时，该区域的土可以考虑细分。原标准中表 3.0.9 细粒土的分类中左下栏内容 "$I_P<0.73(w_L-20)$ 和 $I_P<10$" 使用时会引起误解，应为 "A 线以下或 $I_P<7$"，这次作了更正。

4.0.9 土内粗粒组质量多于总质量的 25%且少于或等于总质量的 50%时，粗粒对土性状有相当影响，在分类定名时应予以反映，为简便计，统称为含粗粒的细粒土，并在细粒土代号后加所含粗粒代号。

4.0.10 有机质成分对土的物理力学性质有不同程度的影响，在分类时应予反映。卡萨格兰德原统计有机质土均位于塑性图 A 线以下，但我国学者杨可铭早在 1978～1979 年调查松嫩平原和三江平原 59 个市县所得 1804 组土料分析中，即发现 A 线以上也有有机质土存在。1981 年在沿海、内陆及山区搜集的 3902 组土粒资料中，再一次证实上述观点，发现沿海和内陆冲积河漫滩相的有机质土位于 A 线以上，而内陆湖泊相沉积的有机质土则位于 A 线以下（见图 1），A 线以上有机质土的灼烧损失一般为 5%～10%。A 线以下的则均在 15%以上，而且距 A 线愈远，灼烧损失愈大。

1983 年美国材料试验学会 ASTM 在修订分类标准时也发现塑性图 A 线以上有机质土存在。英国 BSCS—1981 分类标准同样承认了上述事实。

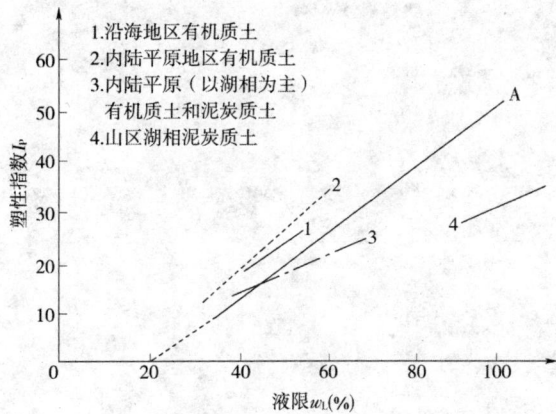

图 1 有机质土在塑性图上的分布
（根据杨可铭，1981 年资料）

国外分类标准对于 A 线以下的有机质土按其液限划分为两档：$w_L > 50\%$ 的记为 OH，$w_L < 50\%$ 的记为 OL。既然 A 线上、下均存在有机质土，为了将这类土的类别表示得更明确，本标准规定此种土应先根据塑性图按本标准第 4.0.9 条分类，若其中确含有一定有机质，则在其分类代号后缀以有机质代号"O"。

4.0.11 尽管本标准规定了土的含量或指标的分类界限，但当土的含量或指标等于界限值时，从工程的实际应用角度，土的分类可根据使用目的按偏于安全的原则分类。

4.0.12 本标准将土的分类体系制成框图，以便于使用，见附录 A。

5 土的简易鉴别、分类和描述

5.1 简易鉴别方法

5.1.1 本条说明对土粒粒组含量进行约估的具体方法。

5.1.2～5.1.6 说明几种简易鉴别的具体方法。土的简易鉴别、分类和描述是在现场勘探采样和试验室开启试样时，采用简易鉴别方法对土进行分类和描述。对每一种鉴别结果以三或四个档次表示，是根据我国工程勘察多年实践经验确定的，由此可以对土类进行较可靠的评价。

5.2 鉴别分类

5.2.1 本条说明巨粒类土和粗粒类土按鉴别结果进行分类定名的方法。

5.2.2 本条说明细粒类土的简易鉴别分类方法，是根据国内外有关标准、规程、技术手册，结合多年来的工程勘察经验综合后提出的。

5.2.3 土中有机质成分可能是未完全分解的动、植物残骸，也可能是经过分解失去了原成分性质的深色无定形物质，通常可由外观识别。例如它们呈灰色或黑、青黑、深绿等暗色；有特殊臭味；灼烧损失可达 20%；大多有弹性、塑性；搓条时有海绵感；有的夹有植物纤维。

5.3 土的描述

5.3.1 单独的土的分类名称和代号不能反映其原位状态和某些特殊状态。本条所列内容为描述土性状的最基本的内容，以便于为土的利用作出更准确的依据。

土的描述是工程中利用土或评价土的重要依据，故描述的重点应密切配合工程需要。例如，用土作为填料时，其天然含水率，密实度，有机质含量，粗细粒的搭配情况，土层分布以及厚度等直接影响到土料的适宜性和蕴藏量的估计等。如土用作建筑物地基，则其类别、天然密实度、稠度状态和结构性等，都与地基承载力、渗透性等关系密切。

中华人民共和国国家标准

火灾自动报警系统施工及验收规范

Code for installation and acceptance of fire alarm system

GB 50166—2007

主编部门：中华人民共和国公安部
批准部门：中华人民共和国建设部
施行日期：２００８年３月１日

中华人民共和国建设部
公 告

第 733 号

建设部关于发布国家标准
《火灾自动报警系统施工及验收规范》的公告

现批准《火灾自动报警系统施工及验收规范》为国家标准，编号为 GB 50166—2007，自 2008 年 3 月 1 日起实施。其中，第 1.0.3、2.1.5、2.1.8、2.2.1、2.2.2、3.2.4、5.1.1、5.1.3、5.1.4、5.1.5、5.1.7 条为强制性条文，必须严格执行。原《火灾自动报警系统施工及验收规范》GB 50166—92 同时废止。

本规范由建设部标准定额研究所组织中国计划出版社出版发行。

中华人民共和国建设部
二〇〇七年十月二十三日

前 言

本规范是根据建设部建标〔1999〕15 号文的要求，由公安部沈阳消防研究所会同有关单位对原国家标准《火灾自动报警系统施工及验收规范》GB 50166—92 进行全面修订的基础上编制而成。

在规范修订过程中，编制组遵循国家有关法律、法规和技术标准，进行了广泛深入的调查研究，认真总结了我国火灾自动报警系统工程施工验收的实践经验，征求了设计、监理、施工、产品制造、消防监督等各有关单位的意见，参考了国内外相关标准规范，最后经专家审查由有关部门定稿。

本次规范修订主要是结合实际应用反映的问题，补充完善了系统设备部件的安装、调试、验收等有关技术内容，增加了通过管路采样的吸气式感烟火灾探测器的施工及验收要求，修订了与《火灾自动报警系统设计规范》GB 50116—98 不一致、不协调的技术内容，将《火灾自动报警系统施工及验收规范》GB 50166—92 中系统运行一节改写为系统使用和维护，以强化系统的维护使用，并对规范从格式到内容的编写进行了全面修改，进一步明确了建设、施工、监理单位在施工及验收中的工作职责、工作程序，补充修改了施工及验收工作中需要填写的各类表格。

本规范以黑体字标志的条文为强制性条文，必须严格执行。

本规范由建设部负责管理和对强制性条文的解释，由公安部消防局负责日常管理工作，由公安部沈阳消防研究所负责具体技术内容的解释。在本规范执行过程中，希望各单位结合工程实践认真总结经验，注意积累资料，随时将有关意见和建议反馈给公安部沈阳消防研究所（地址：辽宁省沈阳市皇姑区文大路 218—20 号甲，邮政编码：110034），以供今后修订时参考。

本规范主编单位、参编单位和主要起草人：

主编单位：公安部沈阳消防研究所
参编单位：辽宁省消防局
　　　　　北京市消防局
　　　　　上海市消防局
　　　　　北京市建筑设计研究院
　　　　　西安盛赛尔电子有限公司
　　　　　上海市松江电子仪器厂
　　　　　深圳赋安安全设备有限公司
　　　　　北京狮岛消防电子有限公司
　　　　　北京利达华信电子有限公司
　　　　　中国中安消防安全工程有限公司
　　　　　北京利华消防工程公司
主要起草人：丁宏军　徐宝林　刘阿芳　张颖琮
　　　　　　沈希文　沈　纹　郭树林　王世斌
　　　　　　朱　鸣　宇　平　赵冀生　李　宁
　　　　　　李少军　涂燕平　孙　宇　罗崇嵩

目 次

1 总则 ·· 8—4
2 基本规定 ··· 8—4
  2.1 质量管理 ···································· 8—4
  2.2 设备、材料进场检验 ······················ 8—4
3 系统施工 ··· 8—4
  3.1 一般规定 ···································· 8—4
  3.2 布线 ·· 8—5
  3.3 控制器类设备安装 ························ 8—5
  3.4 火灾探测器安装 ··························· 8—6
  3.5 手动火灾报警按钮安装 ·················· 8—7
  3.6 消防电气控制装置安装 ·················· 8—7
  3.7 模块安装 ···································· 8—7
  3.8 火灾应急广播扬声器和火灾警报
      装置安装 ···································· 8—7
  3.9 消防电话安装 ······························ 8—7
  3.10 消防设备应急电源安装 ················· 8—8
  3.11 系统接地 ··································· 8—8
4 系统调试 ··· 8—8
  4.1 一般规定 ···································· 8—8
  4.2 调试准备 ···································· 8—8
  4.3 火灾报警控制器调试 ····················· 8—8
  4.4 点型感烟、感温火灾探测器调试 ······· 8—9
  4.5 线型感温火灾探测器调试 ··············· 8—9
  4.6 红外光束感烟火灾探测器调试 ········· 8—9
  4.7 通过管路采样的吸气式火灾
      探测器调试 ································· 8—9
  4.8 点型火焰探测器和图像型火灾探测器
      调试 ··· 8—9
  4.9 手动火灾报警按钮调试 ·················· 8—9
  4.10 消防联动控制器调试 ···················· 8—9
  4.11 区域显示器（火灾显示盘）调试 ······ 8—10
  4.12 可燃气体报警控制器调试 ·············· 8—10
  4.13 可燃气体探测器调试 ···················· 8—10
  4.14 消防电话调试 ····························· 8—11
  4.15 消防应急广播设备调试 ················· 8—11
  4.16 系统备用电源调试 ······················· 8—11
  4.17 消防设备应急电源调试 ················· 8—11
  4.18 消防控制中心图形显示装置调试 ····· 8—12
  4.19 气体灭火控制器调试 ···················· 8—12
  4.20 防火卷帘控制器调试 ···················· 8—12
  4.21 其他受控部件调试 ······················· 8—12
  4.22 火灾自动报警系统性能调试 ··········· 8—13
5 系统验收 ··· 8—13
  5.1 一般规定 ···································· 8—13
  5.2 验收准备 ···································· 8—14
  5.3 验收 ·· 8—14
6 系统使用和维护 ································ 8—17
  6.1 使用前准备 ································· 8—17
  6.2 使用和维护 ································· 8—17
附录 A 火灾自动报警系统分部、
       子分部、分项工程划分 ············· 8—18
附录 B 施工现场质量管理检查记录 ····· 8—19
附录 C 火灾自动报警系统施工
       过程检查记录 ·························· 8—19
附录 D 火灾自动报警系统工程质量
       控制资料核查记录 ···················· 8—24
附录 E 火灾自动报警系统工程验收
       记录 ······································· 8—24
附录 F 火灾自动报警系统日常维护
       检查记录 ································· 8—25
本规范用词说明 ····································· 8—26
附：条文说明 ·· 8—27

1 总 则

1.0.1 为了保障火灾自动报警系统的施工质量和使用功能，预防和减少火灾危害，保护人身和财产安全，制定本规范。

1.0.2 本规范适用于工业与民用建筑中设置的火灾自动报警系统的施工及验收。不适用于火药、炸药、弹药、火工品等生产和贮存场所设置的火灾自动报警系统的施工及验收。

1.0.3 火灾自动报警系统在交付使用前必须经过验收。

1.0.4 火灾自动报警系统的施工及验收除执行本规范外，尚应符合国家现行的有关标准的规定。

2 基本规定

2.1 质量管理

2.1.1 火灾自动报警系统的分部、子分部、分项工程应按本规范附录A划分。

2.1.2 火灾自动报警系统的施工必须由具有相应资质等级的施工单位承担。

2.1.3 火灾自动报警系统的施工应按设计要求编写施工方案。施工现场应具有必要的施工技术标准、健全的施工质量管理体系和工程质量检验制度，并应按本规范附录B的要求填写有关记录。

2.1.4 火灾自动报警系统施工前应具备下列条件：

　1 设计单位应向施工、建设、监理单位明确相应技术要求。

　2 系统设备、材料及配件齐全并能保证正常施工。

　3 施工现场及施工中使用的水、电、气应满足正常施工要求。

2.1.5 火灾自动报警系统的施工，应按照批准的工程设计文件和施工技术标准进行。不得随意变更。确需变更设计时，应由原设计单位负责更改。

2.1.6 火灾自动报警系统的施工过程质量控制应符合下列规定：

　1 各工序应按施工技术标准进行质量控制，每道工序完成后，应进行检查，检查合格后方可进入下道工序。

　2 相关各专业工种之间交接时，应进行检验，并经监理工程师签证后方可进入下道工序。

　3 系统安装完成后，施工单位应按相关专业调试规定进行调试。

　4 系统调试完成后，施工单位应向建设单位提交质量控制资料和各类施工过程质量检查记录。

　5 施工过程质量检查应由监理工程师组织施工单位人员完成。

　6 施工过程质量检查记录应按本规范附录C的要求填写。

2.1.7 火灾自动报警系统质量控制资料应按本规范附录D的要求填写。

2.1.8 火灾自动报警系统施工前，应对设备、材料及配件进行现场检查，检查不合格者不得使用。

2.1.9 分部工程质量验收应由建设单位项目负责人组织施工单位项目负责人、监理工程师和设计单位项目负责人等进行，并按本规范附录E的要求填写火灾自动报警系统工程验收记录。

2.2 设备、材料进场检验

2.2.1 设备、材料及配件进入施工现场应有清单、使用说明书、质量合格证明文件、国家法定质检机构的检验报告等文件。火灾自动报警系统中的强制认证（认可）产品还应有认证（认可）证书和认证（认可）标识。

　检查数量：全数检查。

　检验方法：查验相关材料。

2.2.2 火灾自动报警系统的主要设备应是通过国家认证（认可）的产品。产品名称、型号、规格应与检验报告一致。

　检查数量：全数检查。

　检验方法：核对认证（认可）证书、检验报告与产品。

2.2.3 火灾自动报警系统中非国家强制认证（认可）的产品名称、型号、规格应与检验报告一致。

　检查数量：全数检查。

　检验方法：核对检验报告与产品。

2.2.4 火灾自动报警系统设备及配件表面应无明显划痕、毛刺等机械损伤，紧固部位应无松动。

　检查数量：全数检查。

　检验方法：观察检查。

2.2.5 火灾自动报警系统设备及配件的规格、型号应符合设计要求。

　检查数量：全数检查。

　检验方法：核对相关资料。

3 系统施工

3.1 一般规定

3.1.1 火灾自动报警系统施工前，应具备系统图、设备布置平面图、接线图、安装图以及消防设备联动逻辑说明等必要的技术文件。

3.1.2 火灾自动报警系统施工过程中，施工单位应做好施工（包括隐蔽工程验收）、检验（包括绝缘电阻、接地电阻）、调试、设计变更等相关记录。

3.1.3 火灾自动报警系统施工过程结束后,施工方应对系统的安装质量进行全数检查。

3.1.4 火灾自动报警系统竣工时,施工单位应完成竣工图及竣工报告。

3.2 布 线

3.2.1 火灾自动报警系统的布线,应符合现行国家标准《建筑电气工程施工质量验收规范》GB 50303 的规定。

 检查数量:全数检查。

 检验方法:观察检查。

3.2.2 火灾自动报警系统布线时,应根据现行国家标准《火灾自动报警系统设计规范》GB 50116 的规定,对导线的种类、电压等级进行检查。

 检查数量:全数检查。

 检验方法:观察检查、核对相关资料。

3.2.3 在管内或线槽内的布线,应在建筑抹灰及地面工程结束后进行,管内或线槽内不应有积水及杂物。

 检查数量:全数检查。

 检验方法:观察检查。

3.2.4 火灾自动报警系统应单独布线,系统内不同电压等级、不同电流类别的线路,不应布在同一管内或线槽的同一槽孔内。

 检查数量:全数检查。

 检验方法:观察检查。

3.2.5 导线在管内或线槽内,不应有接头或扭结。导线的接头,应在接线盒内焊接或用端子连接。

 检查数量:全数检查。

 检验方法:观察检查。

3.2.6 从接线盒、线槽等处引到探测器底座、控制设备、扬声器的线路,当采用金属软管保护时,其长度不应大于 2m。

 检查数量:全数检查。

 检验方法:尺量、观察检查。

3.2.7 敷设在多尘或潮湿场所管路的管口和管子连接处,均应做密封处理。

 检查数量:全数检查。

 检验方法:观察检查。

3.2.8 管路超过下列长度时,应在便于接线处装接线盒:

 1 管子长度每超过 30m,无弯曲时;

 2 管子长度每超过 20m,有 1 个弯曲时;

 3 管子长度每超过 10m,有 2 个弯曲时;

 4 管子长度每超过 8m,有 3 个弯曲时。

 检查数量:全数检查。

 检验方法:尺量、观察检查。

3.2.9 金属管子入盒,盒外侧应套锁母,内侧应装护口;在吊顶内敷设时,盒的内、外侧均应套锁母。塑料管入盒应采取相应固定措施。

 检查数量:全数检查。

 检验方法:观察检查。

3.2.10 明敷设各类管路和线槽时,应采用单独的卡具吊装或支撑物固定。吊装线槽或管路的吊杆直径不应小于 6mm。

 检查数量:全数检查。

 检验方法:尺量、观察检查。

3.2.11 线槽敷设时,应在下列部位设置吊点或支点:

 1 线槽始端、终端及接头处;

 2 距接线盒 0.2m 处;

 3 线槽转角或分支处;

 4 直线段不大于 3m 处。

 检查数量:全数检查。

 检验方法:尺量、观察检查。

3.2.12 线槽接口应平直、严密,槽盖应齐全、平整、无翘角。并列安装时,槽盖应便于开启。

 检查数量:全数检查。

 检验方法:观察检查。

3.2.13 管线经过建筑物的变形缝(包括沉降缝、伸缩缝、抗震缝等)处,应采取补偿措施,导线跨越变形缝的两侧应固定,并留有适当余量。

 检查数量:全数检查。

 检验方法:观察检查。

3.2.14 火灾自动报警系统导线敷设后,应用 500V 兆欧表测量每个回路导线对地的绝缘电阻,且绝缘电阻值不应小于 20MΩ。

 检查数量:全数检查。

 检验方法:兆欧表测量。

3.2.15 同一工程中的导线,应根据不同用途选择不同颜色加以区分,相同用途的导线颜色应一致。电源线正极应为红色,负极应为蓝色或黑色。

 检查数量:全数检查。

 检验方法:观察检查。

3.3 控制器类设备安装

3.3.1 火灾报警控制器、可燃气体报警控制器、区域显示器、消防联动控制器等控制器类设备(以下称控制器)在墙上安装时,其底边距地(楼)面高度宜为 1.3~1.5m,其靠近门轴的侧面距墙不应小于 0.5m,正面操作距离不应小于 1.2m;落地安装时,其底边宜高出地(楼)面 0.1~0.2m。

 检查数量:全数检查。

 检验方法:尺量、观察检查。

3.3.2 控制器应安装牢固,不应倾斜;安装在轻质墙上时,应采取加固措施。

 检查数量:全数检查。

 检验方法:观察检查。

3.3.3 引入控制器的电缆或导线，应符合下列要求：

  1 配线应整齐，不宜交叉，并应固定牢靠。

  2 电缆芯线和所配导线的端部，均应标明编号，并与图纸一致，字迹应清晰且不易退色。

  3 端子板的每个接线端，接线不得超过2根。

  4 电缆芯和导线，应留有不小于200mm的余量。

  5 导线应绑扎成束。

  6 导线穿管、线槽后，应将管口、槽口封堵。

  检查数量：全数检查。

  检验方法：尺量、观察检查。

3.3.4 控制器的主电源应有明显的永久性标志，并应直接与消防电源连接，严禁使用电源插头。控制器与其外接备用电源之间应直接连接。

  检查数量：全数检查。

  检验方法：观察检查。

3.3.5 控制器的接地应牢固，并有明显的永久性标志。

  检查数量：全数检查。

  检验方法：观察检查。

3.4 火灾探测器安装

3.4.1 点型感烟、感温火灾探测器的安装，应符合下列要求：

  1 探测器至墙壁、梁边的水平距离，不应小于0.5m。

  2 探测器周围水平距离0.5m内，不应有遮挡物。

  3 探测器至空调送风口最近边的水平距离，不应小于1.5m；至多孔送风顶棚孔口的水平距离，不应小于0.5m。

  4 在宽度小于3m的内走道顶棚上安装探测器时，宜居中安装。点型感温火灾探测器的安装间距，不应超过10m；点型感烟火灾探测器的安装间距，不应超过15m。探测器至端墙的距离，不应大于安装间距的一半。

  5 探测器宜水平安装，当确需倾斜安装时，倾斜角不应大于45°。

  检查数量：全数检查。

  检验方法：尺量、观察检查。

3.4.2 线型红外光束感烟火灾探测器的安装，应符合下列要求：

  1 当探测区域的高度不大于20m时，光束轴线至顶棚的垂直距离宜为0.3～1.0m；当探测区域的高度大于20m时，光束轴线距探测区域的地（楼）面高度不宜超过20m。

  2 发射器和接收器之间的探测区域长度不宜超过100m。

  3 相邻两组探测器光束轴线的水平距离不应大于14m。探测器光束轴线至侧墙水平距离不应大于7m，且不应小于0.5m。

  4 发射器和接收器之间的光路上应无遮挡物或干扰源。

  5 发射器和接收器应安装牢固，并不应产生位移。

  检查数量：全数检查。

  检验方法：尺量、观察检查。

3.4.3 缆式线型感温火灾探测器在电缆桥架、变压器等设备上安装时，宜采用接触式布置；在各种皮带输送装置上敷设时，宜敷设在装置的过热点附近。

  检查数量：全数检查。

  检验方法：观察检查。

3.4.4 敷设在顶棚下方的线型差温火灾探测器，至顶棚距离宜为0.1m，相邻探测器之间水平距离不宜大于5m；探测器至墙壁距离宜为1～1.5m。

  检查数量：全数检查。

  检验方法：尺量、观察检查。

3.4.5 可燃气体探测器的安装应符合下列要求：

  1 安装位置应根据探测气体密度确定。若其密度小于空气密度，探测器应位于可能出现泄漏点的上方或探测气体的最高可能聚集点上方；若其密度大于或等于空气密度，探测器应位于可能出现泄漏点的下方。

  2 在探测器周围应适当留出更换和标定的空间。

  3 在有防爆要求的场所，应按防爆要求施工。

  4 线型可燃气体探测器在安装时，应使发射器和接收器的窗口避免日光直射，且在发射器与接收器之间不应有遮挡物，两组探测器之间的距离不应大于14m。

  检查数量：全数检查。

  检验方法：尺量、观察检查。

3.4.6 通过管路采样的吸气式感烟火灾探测器的安装应符合下列要求：

  1 采样管应固定牢固。

  2 采样管（含支管）的长度和采样孔应符合产品说明书的要求。

  3 非高灵敏度的吸气式感烟火灾探测器不宜安装在天棚高度大于16m的场所。

  4 高灵敏度吸气式感烟火灾探测器在设为高灵敏度时可安装在天棚高度大于16m的场所，并保证至少有2个采样孔低于16m。

  5 安装在大空间时，每个采样孔的保护面积应符合点型感烟火灾探测器的保护面积要求。

  检查数量：全数检查。

  检验方法：尺量、观察检查。

3.4.7 点型火焰探测器和图像型火灾探测器的安装应符合下列要求：

  1 安装位置应保证其视场角覆盖探测区域。

 2 与保护目标之间不应有遮挡物。
 3 安装在室外时应有防尘、防雨措施。
  检查数量：全数检查。
  检验方法：尺量、观察检查。

3.4.8 探测器的底座应安装牢固，与导线连接必须可靠压接或焊接。当采用焊接时，不应使用带腐蚀性的助焊剂。
  检查数量：全数检查。
  检验方法：观察检查。

3.4.9 探测器底座的连接导线应留有不小于150mm的余量，且在其端部应有明显标志。
  检查数量：全数检查。
  检验方法：尺量、观察检查。

3.4.10 探测器底座的穿线孔宜封堵，安装完毕的探测器底座应采取保护措施。
  检查数量：全数检查。
  检验方法：观察检查。

3.4.11 探测器报警确认灯应朝向便于人员观察的主要入口方向。
  检查数量：全数检查。
  检验方法：观察检查。

3.4.12 探测器在即将调试时方可安装，在调试前应妥善保管并应采取防尘、防潮、防腐蚀措施。
  检查数量：全数检查。
  检验方法：观察检查。

3.5 手动火灾报警按钮安装

3.5.1 手动火灾报警按钮应安装在明显和便于操作的部位。当安装在墙上时，其底边距地（楼）面高度宜为1.3～1.5m。
  检查数量：全数检查。
  检验方法：尺量、观察检查。

3.5.2 手动火灾报警按钮应安装牢固，不应倾斜。
  检查数量：全数检查。
  检验方法：观察检查。

3.5.3 手动火灾报警按钮的连接导线应留有不小于150mm的余量，且在其端部应有明显标志。
  检查数量：全数检查。
  检验方法：尺量、观察检查。

3.6 消防电气控制装置安装

3.6.1 消防电气控制装置在安装前，应进行功能检查，检查结果不合格的装置严禁安装。
  检查数量：全数检查。
  检验方法：观察检查。

3.6.2 消防电气控制装置外接导线的端部应有明显的永久性标志。
  检查数量：全数检查。
  检验方法：观察检查。

3.6.3 消防电气控制装置箱体内不同电压等级、不同电流类别的端子应分开布置，并应有明显的永久性标志。
  检查数量：全数检查。
  检验方法：观察检查。

3.6.4 消防电气控制装置应安装牢固，不应倾斜；安装在轻质墙上时，应采取加固措施。消防电气控制装置在消防控制室内安装时，还应符合本规范第3.3.1条要求。
  检查数量：全数检查。
  检验方法：观察检查。

3.7 模 块 安 装

3.7.1 同一报警区域内的模块宜集中安装在金属箱内。
  检查数量：全数检查。
  检验方法：观察检查。

3.7.2 模块（或金属箱）应独立支撑或固定，安装牢固，并应采取防潮、防腐蚀等措施。
  检查数量：全数检查。
  检验方法：观察检查。

3.7.3 模块的连接导线应留有不小于150mm的余量，其端部应有明显标志。
  检查数量：全数检查。
  检验方法：尺量、观察检查。

3.7.4 隐蔽安装时，在安装处应有明显的部位显示和检修孔。
  检查数量：全数检查。
  检验方法：观察检查。

3.8 火灾应急广播扬声器和火灾警报装置安装

3.8.1 火灾应急广播扬声器和火灾警报装置安装应牢固可靠，表面不应有破损。
  检查数量：全数检查。
  检验方法：观察检查。

3.8.2 火灾光警报装置应安装在安全出口附近明显处，距地面1.8m以上。光警报器与消防应急疏散指示标志不宜在同一面墙上，安装在同一面墙上时，距离应大于1m。
  检查数量：全数检查。
  检验方法：尺量、观察检查。

3.8.3 扬声器和火灾声警报装置宜在报警区域内均匀安装。

3.9 消防电话安装

3.9.1 消防电话、电话插孔、带电话插孔的手动报警按钮宜安装在明显、便于操作的位置；当在墙面上安装时，其底边距地（楼）面高度宜为1.3～1.5m。
  检查数量：全数检查。

检验方法：尺量、观察检查。

3.9.2 消防电话和电话插孔应有明显的永久性标志。
检查数量：全数检查。
检验方法：观察检查。

3.10 消防设备应急电源安装

3.10.1 消防设备应急电源的电池应安装在通风良好地方，当安装在密封环境中时应有通风措施。
检查数量：全数检查。
检验方法：观察检查。

3.10.2 酸性电池不得安装在带有碱性介质的场所，碱性电池不得安装在带酸性介质的场所。
检查数量：全数检查。
检验方法：观察检查。

3.10.3 消防设备应急电源不应安装在靠近带有可燃气体的管道、仓库、操作间等场所。
检查数量：全数检查。
检验方法：观察检查。

3.10.4 单相供电额定功率大于30kW、三相供电额定功率大于120kW的消防设备应安装独立的消防应急电源。
检查数量：全数检查。
检验方法：观察检查。

3.11 系统接地

3.11.1 交流供电和36V以上直流供电的消防用电设备的金属外壳应有接地保护，其接地线应与电气保护接地干线（PE）相连接。
检查数量：全数检查。
检验方法：观察检查。

3.11.2 接地装置施工完毕后，应按规定测量接地电阻，并做记录。
检查数量：全数检查。
检验方法：仪表测量。

4 系统调试

4.1 一般规定

4.1.1 火灾自动报警系统的调试，应在系统施工结束后进行。

4.1.2 火灾自动报警系统调试前应具备本规范第3.1.1～3.1.4条所列文件及调试必需的其他文件。

4.1.3 调试单位在调试前应编制调试程序，并应按照调试程序工作。

4.1.4 调试负责人必须由专业技术人员担任。

4.2 调试准备

4.2.1 设备的规格、型号、数量、备品备件等应按设计要求查验。

4.2.2 系统的施工质量应按本规范第3章的要求检查，对属于施工中出现的问题，应会同有关单位协商解决，并应有文字记录。

4.2.3 系统线路应按本规范第3章的要求检查，对于错线、开路、虚焊、短路、绝缘电阻小于20MΩ等问题，应采取相应的处理措施。

4.2.4 对系统中的火灾报警控制器、可燃气体报警控制器、消防联动控制器、气体灭火控制器、消防电气控制装置、消防设备应急电源、消防应急广播设备、消防电话、传输设备、消防控制中心图形显示装置、消防电动装置、防火卷帘控制器、区域显示器（火灾显示盘）、消防应急灯具控制装置、火灾警报装置等设备应分别进行单机通电检查。

4.3 火灾报警控制器调试

4.3.1 调试前应切断火灾报警控制器的所有外部控制连线，并将任一个总线回路的火灾探测器以及该总线回路上的手动火灾报警按钮等部件连接后，方可接通电源。
检查数量：全数检查。
检验方法：观察检查。

4.3.2 按现行国家标准《火灾报警控制器》GB 4717的有关要求对控制器进行下列功能检查并记录：
  1 检查自检功能和操作级别。
  2 使控制器与探测器之间的连线断路和短路，控制器应在100s内发出故障信号（短路时发出火灾报警信号除外）；在故障状态下，使任一非故障部位的探测器发出火灾报警信号，控制器应在1min内发出火灾报警信号，并应记录火灾报警时间；再使其他探测器发出火灾报警信号，检查控制器的再次报警功能。
  3 检查消音和复位功能。
  4 使控制器与备用电源之间的连线断路和短路，控制器应在100s内发出故障信号。
  5 检查屏蔽功能。
  6 使总线隔离器保护范围内的任一点短路，检查总线隔离器的隔离保护功能。
  7 使任一总线回路上不少于10只的火灾探测器同时处于火灾报警状态，检查控制器的负载功能。
  8 检查主、备电源的自动转换功能，并在备电工作状态下重复本条第7款检查。
  9 检查控制器特有的其他功能。
检查数量：全数检查。
检验方法：观察检查、仪表测量。

4.3.3 依次将其他回路与火灾报警控制器相连接，重复本规范第4.3.2条中第2、6、7款检查。
检查数量：全数检查。

检验方法：观察检查、仪表测量。

4.4 点型感烟、感温火灾探测器调试

4.4.1 采用专用的检测仪器或模拟火灾的方法，逐个检查每只火灾探测器的报警功能，探测器应能发出火灾报警信号。

检查数量：全数检查。

检验方法：观察检查。

4.4.2 对于不可恢复的火灾探测器应采取模拟报警方法逐个检查其报警功能，探测器应能发出火灾报警信号。当有备品时，可抽样检查其报警功能。

检查数量：全数检查。

检验方法：观察检查。

4.5 线型感温火灾探测器调试

4.5.1 在不可恢复的探测器上模拟火警和故障，探测器应能分别发出火灾报警和故障信号。

检查数量：全数检查。

检验方法：观察检查。

4.5.2 可恢复的探测器可采用专用检测仪器或模拟火灾的办法使其发出火灾报警信号，并在终端盒上模拟故障，探测器应能分别发出火灾报警和故障信号。

检查数量：全数检查。

检验方法：观察检查。

4.6 红外光束感烟火灾探测器调试

4.6.1 调整探测器的光路调节装置，使探测器处于正常监视状态。

检查数量：全数检查。

检验方法：观察检查。

4.6.2 用减光率为 0.9dB 的减光片遮挡光路，探测器不应发出火灾报警信号。

检查数量：全数检查。

检验方法：观察检查。

4.6.3 用产品生产企业设定减光率（1.0～10.0dB）的减光片遮挡光路，探测器应发出火灾报警信号。

检查数量：全数检查。

检验方法：观察检查。

4.6.4 用减光率为 11.5dB 的减光片遮挡光路，探测器应发出故障信号或火灾报警信号。

检查数量：全数检查。

检验方法：观察检查。

4.7 通过管路采样的吸气式火灾探测器调试

4.7.1 在采样管最末端（最不利处）采样孔加入试验烟，探测器或其控制装置应在 120s 内发出火灾报警信号。

检查数量：全数检查。

检验方法：秒表测量，观察检查。

4.7.2 根据产品说明书，改变探测器的采样管路气流，使探测器处于故障状态，探测器或其控制装置应在 100s 内发出故障信号。

检查数量：全数检查。

检验方法：秒表测量，观察检查。

4.8 点型火焰探测器和图像型火灾探测器调试

4.8.1 采用专用检测仪器或模拟火灾的方法在探测器监视区域内最不利处检查探测器的报警功能，探测器应能正确响应。

检查数量：全数检查。

检验方法：观察检查。

4.9 手动火灾报警按钮调试

4.9.1 对可恢复的手动火灾报警按钮，施加适当的推力使报警按钮动作，报警按钮应发出火灾报警信号。

检查数量：全数检查。

检验方法：观察检查。

4.9.2 对不可恢复的手动火灾报警按钮应采用模拟动作的方法使按钮发出火灾报警信号（当有备用启动零件时，可抽样进行动作试验），报警按钮应发出火灾报警信号。

检查数量：全数检查。

检验方法：观察检查。

4.10 消防联动控制器调试

4.10.1 将消防联动控制器与火灾报警控制器、任一回路的输入/输出模块及该回路模块控制的受控设备相连接，切断所有受控现场设备的控制连线，接通电源。

4.10.2 按现行国家标准《消防联动控制系统》GB 16806 的有关规定检查消防联动控制系统内各类用电设备的各项控制、接收反馈信号（可模拟现场设备启动信号）和显示功能。

检查数量：全数检查。

检验方法：观察检查。

4.10.3 使消防联动控制器分别处于自动工作和手动工作状态，检查其状态显示，并按现行国家标准《消防联动控制系统》GB 16806 的有关规定进行下列功能检查并记录，控制器应满足相应要求：

1 自检功能和操作级别。

2 消防联动控制器与各模块之间的连线断路和短路时，消防联动控制器应能在 100s 秒内发出故障信号。

3 消防联动控制器与备用电源之间的连线断路和短路时，消防联动控制器应能在 100s 内发出故障信号。

4 检查消音、复位功能。
　5 检查屏蔽功能。
　6 使总线隔离器保护范围内的任一点短路，检查总线隔离器的隔离保护功能。
　7 使至少50个输入/输出模块同时处于动作状态（模块总数少于50个时，使所有模块动作），检查消防联动控制器的最大负载功能。
　8 检查主、备电源的自动转换功能，并在备电工作状态下重复本条第7款检查。
　　检查数量：全数检查。
　　检验方法：观察检查。

4.10.4 接通所有启动后可以恢复的受控现场设备。
　　检查数量：全数检查。
　　检验方法：观察检查。

4.10.5 使消防联动控制器的工作状态处于自动状态，按现行国家标准《消防联动控制系统》GB 16806 的有关规定和设计的联动逻辑关系进行下列功能检查并记录：
　1 按设计的联动逻辑关系，使相应的火灾探测器发出火灾报警信号，检查消防联动控制器接收火灾报警信号情况、发出联动信号情况、模块动作情况、受控设备的动作情况、受控现场设备动作情况、接收反馈信号（对于启动后不能恢复的受控现场设备，可模拟现场设备启动反馈信号）及各种显示情况。
　2 检查手动插入优先功能。
　　检查数量：全数检查。
　　检验方法：观察检查。

4.10.6 使消防联动控制器的工作状态处于手动状态，按现行国家标准《消防联动控制系统》GB 16806 的有关规定和设计的联动逻辑关系依次手动启动相应的受控设备，检查消防联动控制器发出联动信号情况、模块动作情况、受控设备的动作情况、受控现场设备动作情况、接收反馈信号（对于启动后不能恢复的受控现场设备，可模拟现场设备启动反馈信号）及各种显示情况。
　　检查数量：全数检查。
　　检验方法：观察检查。

4.10.7 对于直接用火灾探测器作为触发器件的自动灭火控制系统除符合本节有关规定外，尚应按现行国家标准《火灾自动报警系统设计规范》GB 50116 的规定进行功能检查。
　　检查数量：全数检查。
　　检验方法：观察检查。

4.10.8 依次将其他回路的输入/输出模块及该回路模块控制的受控设备相连接，切断所有受控现场设备的控制连线，接通电源，重复第 4.10.3～4.10.7 条的各项检查。
　　检查数量：全数检查。
　　检验方法：观察检查、仪表测量。

4.11 区域显示器（火灾显示盘）调试

4.11.1 将区域显示器（火灾显示盘）与火灾报警控制器相连接，按现行国家标准《火灾显示盘通用技术条件》GB 17429 的有关要求检查其下列功能并记录，区域显示器应满足相应要求：
　1 区域显示器（火灾显示盘）应在3s内正确接收和显示火灾报警控制器发出的火灾报警信号。
　2 消音、复位功能。
　3 操作级别。
　4 对于非火灾报警控制器供电的区域显示器（火灾显示盘），应检查主、备电源的自动转换功能和故障报警功能。
　　检查数量：全数检查。
　　检验方法：观察检查。

4.12 可燃气体报警控制器调试

4.12.1 切断可燃气体报警控制器的所有外部控制连线，将任一回路与控制器相连接后，接通电源。
4.12.2 控制器应按现行国家标准《可燃气体报警控制器技术要求和试验方法》GB 16808 的有关要求进行下列功能试验，并应满足相应要求：
　1 自检功能和操作级别。
　2 控制器与探测器之间的连线断路和短路时，控制器应在100s内发出故障信号。
　3 在故障状态下，使任一非故障探测器发出报警信号，控制器应在1min内发出报警信号，并应记录报警时间；再使其他探测器发出报警信号，检查控制器的再次报警功能。
　4 消音和复位功能。
　5 控制器与备用电源之间的连线断路和短路时，控制器应在100s内发出故障信号。
　6 高限报警或低、高两段报警功能。
　7 报警设定值的显示功能。
　8 控制器最大负载功能，使至少4只可燃气体探测器同时处于报警状态（探测器总数少于4只时，使所有探测器均处于报警状态）。
　9 主、备电源的自动转换功能，并在备电工作状态下重复本条第8款的检查。
　　检查数量：全数检查
　　检验方法：观察检查、仪表测量。
4.12.3 依次将其他回路与可燃气体报警控制器相连接，重复本规范第4.12.2条的检查。
　　检查数量：全数检查。
　　检验方法：观察检查、仪表测量。

4.13 可燃气体探测器调试

4.13.1 依次逐个将可燃气体探测器按产品生产企业

提供的调试方法使其正常动作，探测器应发出报警信号。

　　检查数量：全数检查。
　　检验方法：观察检查。

4.13.2 对探测器施加达到响应浓度值的可燃气体标准样气，探测器应在30s内响应。撤去可燃气体，探测器应在60s内恢复到正常监视状态。

　　检查数量：全数检查。
　　检验方法：观察检查、仪表测量。

4.13.3 对于线型可燃气体探测器除符合本节规定外，尚应将发射器发出的光全部遮挡，探测器相应的控制装置应在100s内发出故障信号。

　　检查数量：全数检查。
　　检验方法：观察检查、仪表测量。

4.14　消防电话调试

4.14.1 在消防控制室与所有消防电话、电话插孔之间互相呼叫与通话，总机应能显示每部分机或电话插孔的位置，呼叫铃声和通话语音应清晰。

　　检查数量：全数检查。
　　检验方法：观察检查。

4.14.2 消防控制室的外线电话与另外一部外线电话模拟报警电话通话，语音应清晰。

　　检查数量：全数检查。
　　检验方法：观察检查。

4.14.3 检查群呼、录音等功能，各项功能均应符合要求。

　　检查数量：全数检查。
　　检验方法：观察检查。

4.15　消防应急广播设备调试

4.15.1 以手动方式在消防控制室对所有广播分区进行选区广播，对所有共用扬声器进行强行切换；应急广播应以最大功率输出。

　　检查数量：全数检查。
　　检验方法：观察检查。

4.15.2 对扩音机和备用扩音机进行全负荷试验，应急广播的语音应清晰。

　　检查数量：全数检查。
　　检验方法：观察检查。

4.15.3 对接入联动系统的消防应急广播设备系统，使其处于自动工作状态，然后按设计的逻辑关系，检查应急广播的工作情况，系统应按设计的逻辑广播。

　　检查数量：全数检查。
　　检验方法：观察检查。

4.15.4 使任意一个扬声器断路，其他扬声器的工作状态不应受影响。

　　检查数量：每一回路抽查一个。
　　检验方法：观察检查。

4.16　系统备用电源调试

4.16.1 检查系统中各种控制装置使用的备用电源容量，电源容量应与设计容量相符。

　　检查数量：全数检查。
　　检验方法：观察检查。

4.16.2 使各备用电源放电终止，再充电48h后断开设备主电源，备用电源至少应保证设备工作8h，且应满足相应的标准及设计要求。

　　检查数量：全数检查。
　　检验方法：观察检查。

4.17　消防设备应急电源调试

4.17.1 切断应急电源应急输出时直接启动设备的连线，接通应急电源的主电源。

4.17.2 按下列要求检查应急电源的控制功能和转换功能，并观察其输入电压、输出电压、输出电流、主电工作状态、应急工作状态、电池组及各单节电池电压的显示情况，做好记录，显示情况应与产品使用说明书规定相符，并满足要求。

　　1 手动启动应急电源输出，应急电源的主电和备用电源应不能同时输出，且应在5s内完成应急转换。

　　2 手动停止应急电源的输出，应急电源应恢复到启动前的工作状态。

　　3 断开应急电源的主电源，应急电源应能发出声提示信号，声信号应能手动消除；接通主电源，应急电源应恢复到主电工作状态。

　　4 给具有联动自动控制功能的应急电源输入联动启动信号，应急电源应在5s内转入到应急工作状态，且主电源和备用电源应不能同时输出；输入联动停止信号，应急电源应恢复到主电工作状态。

　　5 具有手动和自动控制功能的应急电源处于自动控制状态，然后手动插入操作，应急电源应有手动插入优先功能，且应有自动控制状态和手动控制状态指示。

　　检查数量：全数检查。
　　检验方法：观察检查。

4.17.3 断开应急电源的负载，按下列要求检查应急电源的保护功能，并做好记录：

　　1 使任一输出回路保护动作，其他回路输出电压应正常。

　　2 使配接三相交流负载输出的应急电源的三相负载回路中的任一相停止输出，应急电源应能自动停止该回路的其他两相输出，并应发出声、光故障信号。

　　3 使配接单相交流负载的交流三相输出应急电源输出的任一相停止输出，其他两相应能正常工作，并应发出声、光故障信号。

检查数量：全数检查。
检验方法：观察检查。

4.17.4 将应急电源接上等效于满负载的模拟负载，使其处于应急工作状态，应急工作时间应大于设计应急工作时间的1.5倍，且不小于产品标称的应急工作时间。

检查数量：全数检查。
检验方法：观察检查、仪表测量。

4.17.5 使应急电源充电回路与电池之间、电池与电池之间连线断线，应急电源应在100s内发出声、光故障信号，声故障信号应能手动消除。

检查数量：全数检查。
检验方法：观察检查。

4.18 消防控制中心图形显示装置调试

4.18.1 将消防控制中心图形显示装置与火灾报警控制器和消防联动控制器相连，接通电源。

4.18.2 操作显示装置使其显示完整系统区域覆盖模拟图和各层平面图，图中应明确指示出报警区域、主要部位和各消防设备的名称和物理位置，显示界面应为中文界面。

检查数量：全数检查。
检验方法：观察检查。

4.18.3 使火灾报警控制器和消防联动控制器分别发出火灾报警信号和联动控制信号，显示装置应在3s内接收，准确显示相应信号的物理位置，并能优先显示火灾报警信号相对应的界面。

检查数量：全数检查。
检验方法：观察检查。

4.18.4 使具有多个报警平面图的显示装置处于多报警平面显示状态，各报警平面应能自动和手动查询，并应有总数显示，且应能手动插入使其立即显示首次火警相应的报警平面图。

检查数量：全数检查。
检验方法：观察检查。

4.18.5 使显示装置显示故障或联动平面，输入火灾报警信号，显示装置应能立即转入火灾报警平面的显示。

检查数量：全数检查。
检验方法：观察检查。

4.19 气体灭火控制器调试

4.19.1 切断气体灭火控制器的所有外部控制连线，接通电源。

4.19.2 给气体灭火控制器输入设定的启动控制信号，控制器应有启动输出，并发出声、光启动信号。

检查数量：全数检查。
检验方法：观察检查。

4.19.3 输入启动设备启动的模拟反馈信号，控制器应在10s内接收并显示。

检查数量：全数检查。
检验方法：观察检查。

4.19.4 检查控制器的延时功能，延时时间应在0～30s内可调。

检查数量：全数检查。
检验方法：观察检查。

4.19.5 使控制器处于自动控制状态，再手动插入操作，手动插入操作应优先。

检查数量：全数检查。
检验方法：观察检查。

4.19.6 按设计控制逻辑操作控制器，检查是否满足设计的逻辑功能。

检查数量：全数检查。
检验方法：观察检查。

4.19.7 检查控制器向消防联动控制器发送的反馈信号正误。

检查数量：全数检查。
检验方法：观察检查。

4.20 防火卷帘控制器调试

4.20.1 防火卷帘控制器应与消防联动控制器、火灾探测器、卷门机连接并通电，防火卷帘控制器应处于正常监视状态。

4.20.2 手动操作防火卷帘控制器的按钮，防火卷帘控制器应能向消防联动控制器发出防火卷帘启、闭和停止的反馈信号。

检查数量：全数检查。
检验方法：观察检查。

4.20.3 用于疏散通道的防火卷帘控制器应具有两步关闭的功能，并应向消防联动控制器发出反馈信号。防火卷帘控制器接收到首次火灾报警信号后，应能控制防火卷帘自动关闭到中位处停止；接收到二次报警信号后，应能控制防火卷帘继续关闭至全闭状态。

检查数量：全数检查。
检验方法：观察检查、仪表测量。

4.20.4 用于分隔防火分区的防火卷帘控制器在接收到防火分区内任一火灾报警信号后，应能控制防火卷帘到全关闭状态，并应向消防联动控制器发出反馈信号。

检查数量：全数检查。
检验方法：观察检查。

4.21 其他受控部件调试

4.21.1 对系统内其他受控部件的调试应按相应的产品标准进行，在无相应国家标准或行业标准时，宜按产品生产企业提供的调试方法分别进行。

检查数量：全数检查。

检验方法：观察检查。

4.22 火灾自动报警系统性能调试

4.22.1 将所有经调试合格的各项设备、系统按设计连接组成完整的火灾自动报警系统，按现行国家标准《火灾自动报警系统设计规范》GB 50116 的有关规定和设计的联动逻辑关系检查系统的各项功能。

检查数量：全数检查。

检验方法：观察检查。

4.22.2 火灾自动报警系统在连续运行 120h 无故障后，按本规范附录 C 的规定填写调试记录表。

5 系统验收

5.1 一般规定

5.1.1 火灾自动报警系统竣工后，建设单位应负责组织施工、设计、监理等单位进行验收。验收不合格不得投入使用。

5.1.2 火灾自动报警系统工程验收时应按本规范附录 E 的要求填写相应的记录。

5.1.3 对系统中下列装置的安装位置、施工质量和功能等应进行验收。

 1 火灾报警系统装置（包括各种火灾探测器、手动火灾报警按钮、火灾报警控制器和区域显示器等）；

 2 消防联动控制系统（含消防联动控制器、气体灭火控制器、消防电气控制装置、消防设备应急电源、消防应急广播设备、消防电话、传输设备、消防控制中心图形显示装置、模块、消防电动装置、消火栓按钮等设备）；

 3 自动灭火系统控制装置（包括自动喷水、气体、干粉、泡沫等固定灭火系统的控制装置）；

 4 消火栓系统的控制装置；

 5 通风空调、防烟排烟及电动防火阀等控制装置；

 6 电动防火门控制装置、防火卷帘控制器；

 7 消防电梯和非消防电梯的回降控制装置；

 8 火灾警报装置；

 9 火灾应急照明和疏散指示控制装置；

 10 切断非消防电源的控制装置；

 11 电动阀控制装置；

 12 消防联网通信；

 13 系统内的其他消防控制装置。

5.1.4 按现行国家标准《火灾自动报警系统设计规范》GB 50116 设计的各项系统功能进行验收。

5.1.5 系统中各装置的安装位置、施工质量和功能等的验收数量应满足下列要求。

 1 各类消防用电设备主、备电源的自动转换装置，应进行 3 次转换试验，每次试验均应正常。

 2 火灾报警控制器（含可燃气体报警控制器）和消防联动控制器应按实际安装数量全部进行功能检验。消防联动控制系统中其他各种用电设备、区域显示器应按下列要求进行功能检验：

  1）实际安装数量在 5 台以下者，全部检验；

  2）实际安装数量在 6～10 台者，抽验 5 台；

  3）实际安装数量超过 10 台者，按实际安装数量30%～50%的比例抽验，但抽验总数不应少于 5 台；

  4）各装置的安装位置、型号、数量、类别及安装质量应符合设计要求。

 3 火灾探测器（含可燃气体探测器）和手动火灾报警按钮，应按下列要求进行模拟火灾响应（可燃气体报警）和故障信号检验：

  1）实际安装数量在 100 只以下者，抽验 20 只（每个回路都应抽验）；

  2）实际安装数量超过 100 只，每个回路按实际安装数量 10%～20%的比例抽验，但抽验总数不应少于 20 只；

  3）被检查的火灾探测器的类别、型号、适用场所、安装高度、保护半径、保护面积和探测器的间距等均应符合设计要求。

 4 室内消火栓的功能验收应在出水压力符合现行国家有关建筑设计防火规范的条件下，抽验下列控制功能：

  1）在消防控制室内操作启、停泵1～3次；

  2）消火栓处操作启泵按钮，按实际安装数量 5%～10%的比例抽验。

 5 自动喷水灭火系统，应在符合现行国家标准《自动喷水灭火系统设计规范》GB 50084 的条件下，抽验下列控制功能：

  1）在消防控制室内操作启、停泵1～3次；

  2）水流指示器、信号阀等按实际安装数量的 30%～50%的比例抽验；

  3）压力开关、电动阀、电磁阀等按实际安装数量全部进行检验。

 6 气体、泡沫、干粉等灭火系统，应在符合国家现行有关系统设计规范的条件下按实际安装数量的 20%～30%的比例抽验下列控制功能：

  1）自动、手动启动和紧急切断试验1～3次；

  2）与固定灭火设备联动控制的其他设备动作（包括关闭防火门窗、停止空调风机、关闭防火阀等）试验1～3次。

 7 电动防火门、防火卷帘，5 樘以下的应全部检验，超过 5 樘的应按实际安装数量 20%的比例抽验，但抽验总数不应小于 5 樘，并抽验联动控制功能。

 8 防烟排烟风机应全部检验，通风空调和防排

烟设备的阀门,应按实际安装数量10%～20%的比例抽验,并抽验联动功能,且应符合下列要求:

  1)报警联动启动、消防控制室直接启停、现场手动启动联动防烟排烟风机1～3次;

  2)报警联动停、消防控制室远程停通风空调送风1～3次;

  3)报警联动开启、消防控制室开启、现场手动开启防排烟阀门1～3次。

 9 消防电梯应进行1～2次手动控制和联动控制功能检验,非消防电梯应进行1～2次联动返回首层功能检验,其控制功能、信号均应正常。

 10 火灾应急广播设备,应按实际安装数量的10%～20%的比例进行下列功能检验。

  1)对所有广播分区进行选区广播,对共用扬声器进行强行切换;

  2)对扩音机和备用扩音机进行全负荷试验;

  3)检查应急广播的逻辑工作和联动功能。

 11 消防专用电话的检验,应符合下列要求:

  1)消防控制室与所设的对讲电话分机进行1～3次通话试验;

  2)电话插孔按实际安装数量10%～20%的比例进行通话试验;

  3)消防控制室的外线电话与另一部外线电话模拟报警电话进行1～3次通话试验。

 12 消防应急照明和疏散指示系统控制装置应进行1～3次使系统转入应急状态检验,系统中各消防应急照明灯具均应能转入应急状态。

5.1.6 本节各项检验项目中,当有不合格时,应修复或更换,并进行复验。复验时,对有抽验比例要求的,应加倍检验。

5.1.7 系统工程质量验收判定标准应符合下列要求:

 1 系统内的设备及配件规格型号与设计不符、无国家相关证书和检验报告的,系统内的任一控制器和火灾探测器无法发出报警信号,无法实现要求的联动功能的,定为A类不合格。

 2 验收前提供资料不符合本规范第5.2.1条要求的定为B类不合格。

 3 除1、2款规定的A、B类不合格外,其余不合格项均为C类不合格。

 4 系统验收合格判定应为:A=0,且B≤2,且B+C≤检查项的5%为合格,否则为不合格。

5.2 验收准备

5.2.1 系统验收时,施工单位应提供下列资料:

 1 竣工验收申请报告、设计变更通知书、竣工图;

 2 工程质量事故处理报告;

 3 施工现场质量管理检查记录;

 4 火灾自动报警系统施工过程质量管理检查记录;

 5 火灾自动报警系统的检验报告、合格证及相关材料。

5.2.2 火灾自动报警系统验收前,建设和使用单位应进行施工质量检查,同时确定安装设备的位置、型号、数量,抽样时应选择有代表性、作用不同、位置不同的设备。

5.3 验 收

5.3.1 按现行国家标准《建筑电气工程施工质量验收规范》GB 50303的规定和本规范第3.2节的要求对系统的布线进行检验。

  检查数量:全数检查。

  检验方法:尺量、观察检查。

5.3.2 按本规范第5.2.1条的要求验收技术资料。

  检查数量:全数检查。

  检验方法:观察检查。

5.3.3 火灾报警控制器的验收应符合下列要求:

 1 火灾报警控制器的安装应满足本规范第3.3节的要求。

  检验方法:尺量、观察检查。

 2 火灾报警控制器的规格、型号、容量、数量应符合设计要求。

  检验方法:对照图纸观察检查。

 3 火灾报警控制器的功能验收应按本规范第4.3节要求进行检查,检查结果应符合现行国家标准《火灾报警控制器》GB 4717和产品使用说明书的有关要求。

5.3.4 点型火灾探测器的验收应符合下列要求:

 1 点型火灾探测器的安装应满足本规范第3.4节的要求。

  检验方法:尺量、观察检查。

 2 点型火灾探测器的规格、型号、数量应符合设计要求。

  检验方法:对照图纸观察检查。

 3 点型火灾探测器的功能验收应按本规范第4.4节的要求进行检查,检查结果应符合要求。

5.3.5 线型感温火灾探测器的验收应符合下列要求:

 1 线型感温火灾探测器的安装应满足本规范第3.4节的要求。

  检验方法:尺量、观察检查。

 2 线型感温火灾探测器的规格、型号、数量应符合设计要求。

  检验方法:对照图纸观察检查。

 3 线型感温火灾探测器的功能验收应按本规范第4.5节的要求进行检查,检查结果应符合要求。

5.3.6 红外光束感烟火灾探测器的验收应符合下列要求:

 1 红外光束感烟火灾探测器的安装应满足本规

范第3.4节的要求。

2 红外光束感烟火灾探测器的规格、型号、数量应符合设计要求。

检验方法：对照图纸观察检查。

3 红外光束感烟火灾探测器的功能验收应按本规范第4.6节的要求进行检查，结果应符合要求。

5.3.7 通过管路采样的吸气式火灾探测器的验收应符合下列要求：

1 通过管路采样的吸气式火灾探测器的安装应满足本规范第3.4节的要求。

检验方法：尺量、观察检查。

2 通过管路采样的吸气式火灾探测器的规格、型号、数量应符合设计要求。

检验方法：对照图纸观察检查。

3 采样孔加入试验烟，空气吸气式火灾探测器在120s内应发出火灾报警信号。

检验方法：秒表测量，观察检查。

4 依据说明书使采样管气路处于故障时，通过管路采样的吸气式火灾探测器在100s内应发出故障信号。

检验方法：秒表测量，观察检查。

5.3.8 点型火焰探测器和图像型火灾探测器的验收应符合下列要求：

1 点型火焰探测器和图像型火灾探测器的安装应满足本规范第3.4节的要求。

检验方法：尺量、观察检查。

2 点型火焰探测器和图像型火灾探测器的规格、型号、数量应符合设计要求。

检验方法：对照图纸观察检查。

3 在探测区域最不利处模拟火灾，探测器应能正确响应。

检验方法：观察检查。

5.3.9 手动火灾报警按钮的验收应符合下列要求：

1 手动火灾报警按钮的安装应满足本规范第3.5节的要求。

检验方法：尺量、观察检查。

2 手动火灾报警按钮的规格、型号、数量应符合设计要求。

检验方法：对照图纸观察检查。

3 施加适当推力或模拟动作时，手动火灾报警按钮应能发出火灾报警信号。

检验方法：观察检查。

5.3.10 消防联动控制器的验收应符合下列要求：

1 消防联动控制器的安装应满足本规范第3.3节和第3.6节的要求。

检验方法：尺量、观察检查。

2 消防联动控制器的规格、型号、数量应符合设计要求。

检验方法：对照图纸观察检查。

3 消防联动控制器的功能验收应按本规范第4.10.1~4.10.6条逐项检查，检查结果应符合要求。

4 消防联动控制器处于自动状态时，其功能应满足现行国家标准《火灾自动报警系统设计规范》GB 50116和设计的联动逻辑关系要求。

检验方法：按设计的联动逻辑关系，使相应的火灾探测器发出火灾报警信号，检查消防联动控制器接收火灾报警信号情况、发出联动信号情况、模块动作情况、消防电气控制装置的动作情况、现场设备动作情况、接收反馈信号（对于启动后不能恢复的受控现场设备，可模拟现场设备启动反馈信号）及各种显示情况；检查手动插入优先功能。

5 消防联动控制器处于手动状态时，其功能应满足现行国家标准《火灾自动报警系统设计规范》GB 50116和设计的联动逻辑关系要求。

检验方法：使消防联动控制器的工作状态处于手动状态，按现行国家标准《消防联动控制系统》GB 16806和设计的联动逻辑关系依次启动相应的受控设备，检查消防联动控制器发出联动信号情况、模块动作情况、消防电气控制装置的动作情况、现场设备动作情况、接收反馈信号（对于启动后不能恢复的受控现场设备，可模拟现场设备启动反馈信号）及各种显示情况。

5.3.11 消防电气控制装置的验收应符合下列要求：

1 消防电气控制装置的安装应满足本规范第3.3节和第3.6节的要求。

检验方法：尺量、观察检查。

2 消防电气控制装置的规格、型号、数量应符合设计要求。

检验方法：对照图纸观察检查。

3 消防电气控制装置的控制、显示功能应满足现行国家标准《消防联动控制系统》GB 16806的有关要求。

检验方法：依据现行国家标准《消防联动控制系统》GB 16806的有关要求进行检查。

5.3.12 区域显示器（火灾显示盘）的验收应符合下列要求：

1 区域显示器（火灾显示盘）的安装应满足本规范第3.3节的要求。

检验方法：尺量、观察检查。

2 区域显示器（火灾显示盘）的规格、型号、数量应符合设计要求。

检验方法：对照图纸观察检查。

3 区域显示器（火灾显示盘）的功能验收应按本规范第4.11节的要求进行检查，检查结果应符合要求。

5.3.13 可燃气体报警控制器的验收应符合下列

要求：

　　1 可燃气体报警控制器的安装应满足本规范第3.3节的要求。

　　检验方法：尺量、观察检查。

　　2 可燃气体报警控制器的规格、型号、容量、数量应符合设计要求。

　　检验方法：对照图纸观察检查。

　　3 可燃气体报警控制器的功能验收应按本规范第4.12节的要求进行检查，检查结果应符合要求。

5.3.14 可燃气体探测器的验收应符合下列要求：

　　1 可燃气体探测器的安装应满足本规范第3.4节的要求。

　　检验方法：尺量、观察检查。

　　2 可燃气体探测器的规格、型号、数量应符合设计要求。

　　检验方法：对照图纸观察检查。

　　3 可燃气体探测器的功能验收应按本规范第4.13节的要求进行检查，检查结果应符合要求。

5.3.15 消防电话的验收应符合下列要求：

　　1 消防电话的安装应满足本规范第3.9节的要求。

　　检验方法：尺量、观察检查。

　　2 消防电话的规格、型号、数量应符合设计要求。

　　检验方法：对照图纸观察检查。

　　3 消防电话的功能验收应按本规范第4.14节的要求进行检查，检查结果应符合要求。

5.3.16 消防应急广播设备的验收应符合下列要求：

　　1 消防应急广播设备的安装应满足本规范第3.3节和第3.8节的要求。

　　检验方法：尺量、观察检查。

　　2 消防应急广播设备的规格、型号、数量应符合设计要求。

　　检验方法：对照图纸观察检查。

　　3 消防应急广播设备的功能验收应按本规范第4.15节的要求进行检查，检查结果应符合要求。

5.3.17 系统备用电源的验收应符合下列要求：

　　1 系统备用电源的容量应满足相关标准和设计要求。

　　检验方法：尺量、观察检查。

　　2 系统备用电源的工作时间应满足相关标准和设计要求。

　　检验方法：充电48h后，断开设备主电源，测量持续工作时间。

5.3.18 消防设备应急电源的验收应满足下列要求：

　　1 消防设备应急电源的安装应满足本规范第3.10节的要求。

　　检验方法：尺量、观察检查。

　　2 消防设备应急电源的功能验收应按本规范第4.17节的要求进行检查，检查结果应符合要求。

5.3.19 消防控制中心图形显示装置的验收应符合下列要求：

　　1 消防控制中心图形显示装置的规格、型号、数量应符合设计要求。

　　检验方法：对照图纸观察检查。

　　2 消防控制中心图形显示装置的功能验收应按本规范第4.18节的要求进行检查，检查结果应符合要求。

5.3.20 气体灭火控制器的验收应符合下列要求：

　　1 气体灭火控制器的安装应满足本规范第3.3节的要求。

　　检验方法：尺量、观察检查。

　　2 气体灭火控制器的规格、型号、数量应符合设计要求。

　　检验方法：对照图纸观察检查。

　　3 气体灭火控制器的功能验收应按本规范第4.19节的要求进行检查，检查结果应符合要求。

5.3.21 防火卷帘控制器的验收应符合下列要求：

　　1 防火卷帘控制器的安装应满足本规范第3.3节的要求。

　　检验方法：尺量、观察检查。

　　2 防火卷帘控制器的规格、型号、数量应符合设计要求。

　　检验方法：对照图纸观察检查。

　　3 防火卷帘控制器的功能验收应按本规范第4.20节的要求进行检查，检查结果应符合要求。

5.3.22 系统性能的要求应符合现行国家标准《火灾自动报警系统设计规范》GB 50116和设计的联动逻辑关系要求。

　　检验方法：依据现行国家标准《火灾自动报警系统设计规范》GB 50116和设计的联动逻辑关系进行检查。

5.3.23 消火栓的控制功能验收应符合现行国家标准《火灾自动报警系统设计规范》GB 50116和设计的有关要求。

　　检查方法：在消防控制室内操作启、停泵1～3次。

5.3.24 自动喷水灭火系统的控制功能验收应符合现行国家标准《火灾自动报警系统设计规范》GB 50116和设计的有关要求。

　　检查方法：在消防控制室内操作启、停泵1～3次。

5.3.25 泡沫、干粉等灭火系统的控制功能验收应符合现行国家标准《火灾自动报警系统设计规范》GB 50116和设计的有关要求。

　　检查方法：自动、手动启动和紧急切断试验1～3次；与固定灭火设备联动控制的其他设备动作（包括关闭防火门窗、停止空调风机、关闭防火阀等）试验 1～3 次。

5.3.26 电动防火门、防火卷帘、挡烟垂壁的功能验收应符合现行国家标准《火灾自动报警系统设计规范》GB 50116 和设计的有关要求。

检查方法：依据现行国家标准《火灾自动报警系统设计规范》GB 50116 和设计的有关要求进行检查。

5.3.27 防烟排烟风机、防火阀和防排烟系统阀门的功能验收应符合现行国家标准《火灾自动报警系统设计规范》GB 50116 和设计的有关要求。

检查方法：报警联动启动、消防控制室直接启停、现场手动启动防烟排烟风机 1～3 次；报警联动停、消防控制室直接停通风空调送风 1～3 次；报警联动开启、消防控制室开启、现场手动开启防排烟阀门 1～3 次。

5.3.28 消防电梯的功能验收应符合现行国家标准《火灾自动报警系统设计规范》GB 50116 和设计的有关要求。

检查方法：消防电梯应进行 1～2 次手动控制和联动控制功能检验，非消防电梯应进行 1～2 次联动返回首层功能检验。

6 系统使用和维护

6.1 使用前准备

6.1.1 火灾自动报警系统的使用单位应由经过专门培训的人员负责系统的管理操作和维护。

6.1.2 火灾自动报警系统正式启用时，应具有下列文件资料：

1 系统竣工图及设备的技术资料；
2 公安消防机构出具的有关法律文书；
3 系统的操作规程及维护保养管理制度；
4 系统操作员名册及相应的工作职责；
5 值班记录和使用图表。

6.1.3 火灾自动报警系统的使用单位应建立包括本规范第 6.1.2 条规定的技术档案，并应有电子备份档案。

6.2 使用和维护

6.2.1 火灾自动报警系统应保持连续正常运行，不得随意中断。

6.2.2 每日应检查火灾报警控制器的功能，并按本规范附录 F 的要求填写相应的记录。

6.2.3 每季度应检查和试验火灾自动报警系统的下列功能，并按本规范附录 F 的要求填写相应的记录。

1 采用专用检测仪器分期分批试验探测器的动作及确认灯显示。
2 试验火灾警报装置的声光显示。
3 试验水流指示器、压力开关等报警功能、信号显示。
4 对主电源和备用电源进行 1～3 次自动切换试验。
5 用自动或手动检查下列消防控制设备的控制显示功能：
 1）室内消火栓、自动喷水、泡沫、气体、干粉等灭火系统的控制设备；
 2）抽验电动防火门、防火卷帘门，数量不小于总数的 25%；
 3）选层试验消防应急广播设备，并试验公共广播强制转入火灾应急广播的功能，抽检数量不小于总数的 25%；
 4）火灾应急照明与疏散指示标志的控制装置；
 5）送风机、排烟机和自动挡烟垂壁的控制设备。
6 检查消防电梯迫降功能。
7 应抽取不少于总数 25% 的消防电话和电话插孔在消防控制室进行对讲通话试验。

6.2.4 每年应检查和试验火灾自动报警系统下列功能，并按本规范附录 F 的要求填写相应的记录。

1 应用专用检测仪器对所安装的全部探测器和手动报警装置试验至少 1 次。
2 自动和手动打开排烟阀，关闭电动防火阀和空调系统。
3 对全部电动防火门、防火卷帘的试验至少 1 次。
4 强制切断非消防电源功能试验。
5 对其他有关的消防控制装置进行功能试验。

6.2.5 点型感烟火灾探测器投入运行 2 年后，应每隔 3 年至少全部清洗一遍；通过采样管采样的吸气式感烟火灾探测器根据使用环境的不同，需要对采样管道进行定期吹洗，最长的时间间隔不应超过 1 年；探测器的清洗应由有相关资质的机构根据产品生产企业的要求进行。探测器清洗后应做响应阈值及其他必要的功能试验，合格者方可继续使用。不合格探测器严禁重新安装使用，并应将该不合格品返回产品生产企业集中处理，严禁将离子感烟火灾探测器随意丢弃。可燃气体探测器的气敏元件超过生产企业规定的寿命年限后应及时更换，气敏元件的更换应由有相关资质的机构根据产品生产企业的要求进行。

6.2.6 不同类型的探测器应有 10% 但不少于 50 只的备品。

附录 A 火灾自动报警系统分部、子分部、分项工程划分

表 A 火灾自动报警系统分部、子分部、分项工程划分表

分部工程	序号	子分部工程	分项工程	
火灾自动报警系统	1	设备、材料进场检验	材料类	电缆电线、管材
			探测器类设备	点型火灾探测器、线型感温火灾探测器、红外光束感烟火灾探测器、空气采样式火灾探测器、点型火焰探测器、图像型火灾探测器、可燃气体探测器等
			控制器类设备	火灾报警控制器、消防联动控制器、区域显示器、气体灭火控制器、可燃气体报警控制器等
			其他设备	手动报警按钮、消防电话、消防应急广播、消防设备应急电源、系统备用电源、消防控制中心图形显示装置等
	2	安装与施工	材料类	电缆电线、管材
			探测器类设备	点型火灾探测器、线型感温火灾探测器、红外光束感烟火灾探测器、空气采样式火灾探测器、点型火焰探测器、图像型火灾探测器、可燃气体探测器等
			控制器类设备	火灾报警控制器、消防联动控制器、区域显示器、气体灭火控制器、可燃气体报警控制器等
			其他设备	手动报警按钮、消防电气控制装置、火灾应急广播扬声器和火灾警报装置、模块、消防专用电话、消防设备应急电源、系统接地等
	3	系统调试	探测器类设备	点型火灾探测器、线型感温火灾探测器、红外光束感烟火灾探测器、空气采样式火灾探测器、点型火焰探测器、图像型火灾探测器、可燃气体探测器等
			控制器类设备	火灾报警控制器、消防联动控制器、区域显示器、气体灭火控制器、可燃气体报警控制器等
			其他设备	手动报警按钮、消防电话、消防应急广播、消防设备应急电源、系统备用电源、消防控制中心图形显示装置等
			整体系统	系统性能
	4	系统验收	探测器类设备	点型火灾探测器、线型感温火灾探测器、红外光束感烟火灾探测器、空气采样式火灾探测器、点型火焰探测器、图像型火灾探测器、可燃气体探测器等
			控制器类设备	火灾报警控制器、消防联动控制器、区域显示器、气体灭火控制器、可燃气体报警控制器等
			其他设备	手动报警按钮、消防电话、消防应急广播、消防设备应急电源、系统备用电源、消防控制中心图形显示装置等
			整体系统	系统性能

附录 B 施工现场质量管理检查记录

表 B 施工现场质量管理检查记录

工程名称			
建设单位		监理单位	
设计单位		项目负责人	
施工单位		施工许可证	
序号	项 目	内 容	
1	现场质量管理制度		
2	质量责任制		
3	主要专业工种人员操作上岗证书		
4	施工图审查情况		
5	施工组织设计、施工方案及审批		
6	施工技术标准		
7	工程质量检验制度		
8	现场材料、设备管理		
9	其他项目		
结论	施工单位项目负责人： （签章） 年 月 日	监理工程师： （签章） 年 月 日	建设单位项目负责人： （签章） 年 月 日

附录 C 火灾自动报警系统施工过程检查记录

C.0.1 火灾自动报警系统施工过程质量检查记录应由施工单位质量检查员填写，监理工程师进行检查，并作出检查结论。

C.0.2 设备、材料进场按照表 C.0.2 填写。

表 C.0.2 火灾自动报警系统施工过程检查记录

工程名称		施工单位	
施工执行规范名称及编号		监理单位	
子分部工程名称		设备、材料进场	
项 目	《规范》章节条款	施工单位检查评定记录	监理单位检查（验收）记录
检查文件及标识	2.2.1		
核对产品与检验报告	2.2.2、2.2.3		
检查产品外观	2.2.4		
检查产品规格、型号	2.2.5		
结论	施工单位项目经理：（签章） 年 月 日		监理工程师（建设单位项目负责人）： （签章） 年 月 日

注：施工过程若用到其他表格，则应作为附件一并归档。

C.0.3 安装按照表 C.0.3 填写。

表 C.0.3 火灾自动报警系统施工过程检查记录

工程名称		施工单位	
施工执行规范名称及编号		监理单位	
子分部工程名称		安 装	
项 目	《规范》章节条款	施工单位检查评定记录	监理单位检查（验收）记录
电缆电线	3.2.1		
	3.2.2		
	3.2.3		
	3.2.4		
	3.2.5		
	3.2.6		
	3.2.7		
	3.2.8		
	3.2.9		
	3.2.10		
	3.2.11		
	3.2.12		
	3.2.13		
	3.2.14		
	3.2.15		
控制器类设备	3.3.1		
	3.3.2		
	3.3.3		
	3.3.4		
	3.3.5		
火灾探测器	3.4.1		
	3.4.2		
	3.4.3		
	3.4.4		
	3.4.5		
	3.4.6		
	3.4.7		
	3.4.8		
	3.4.9		
	3.4.10		
	3.4.11		
	3.4.12		

续表 C.0.3

工程名称			施工单位	
施工执行规范名称及编号			监理单位	
子分部工程名称		安　　装		
项　目	《规范》章节条款	施工单位检查评定记录		监理单位检查（验收）记录
手动火灾报警按钮	3.5.1			
	3.5.2			
	3.5.3			
消防电气控制装置	3.6.1			
	3.6.2			
	3.6.3			
	3.6.4			
模　块	3.7.1			
	3.7.2			
	3.7.3			
	3.7.4			
火灾应急广播扬声器和火灾警报装置	3.8.1			
	3.8.2			
	3.8.3			
消防电话	3.9.1			
	3.9.2			
消防设备应急电源	3.10.1			
	3.10.2			
	3.10.3			
	3.10.4			
系统接地	3.11.1			
	3.11.2			
结论	施工单位项目经理：（签章） 年　月　日			监理工程师（建设单位项目负责人）：（签章） 年　月　日

注：施工过程若用到其他表格，则应作为附件一并归档。

C.0.4 调试按照表 C.0.4 填写。

表 C.0.4 火灾自动报警系统施工过程检查记录

工程名称			施工单位	
施工执行规范名称及编号			监理单位	
子分部工程名称			调 试	

项 目	调 试 内 容	施工单位检查评定记录	监理单位检查（验收）记录
调试前检查	查验设备规格、型号、数量、备品		
	检查系统施工质量		
	检查系统线路		
火灾报警控制器	自检功能及操作级别		
	与探测器连线断路、短路，控制器故障信号发出时间		
	故障状态下的再次报警功能		
	火灾报警时间的记录		
	控制器的二次报警功能		
	消音和复位功能		
	与备用电源连线断路、短路，控制器故障信号发出时间		
	屏蔽和隔离功能		
	负载功能		
	主备电源的自动转换功能		
	控制器特有的其他功能		
	连接其他回路时的功能		
点型感烟、感温火灾探测器	检查数量		
	报警数量		
线型感温火灾探测器	检查数量		
	报警数量		
	故障功能		
红外光束感烟火灾探测器	减光率 0.9dB 的光路遮挡条件，检查数量和未响应数量		
	1.0～10.0dB 的光路遮挡条件，检查数量和响应数量		
	11.5dB 的光路遮挡条件，检查数量和响应数量		
吸气式火灾探测器	报警时间		
	故障发出时间		
点型火焰探测器和图像型火灾探测器	报警功能		
	故障功能		
手动火灾报警按钮	检查数量		
	报警数量		
消防联动控制器	自检功能及操作级别		
	与模块连线断路、短路故障信号发出时间		
	与备用电源连线断路、短路故障信号发出时间		
	消音和复位功能		
	屏蔽和隔离功能		
	负载功能		
	主备电源的自动转换功能		
	自动联动、联动逻辑及手动插入优先功能		
	手动启动功能		
	自动灭火控制系统功能		

续表 C.0.4

工程名称			施工单位	
施工执行规范名称及编号			监理单位	
子分部工程名称		调　试		

项　目	调试内容	施工单位检查评定记录	监理单位检查（验收）记录
区域显示器（火灾显示盘）	接收火灾报警信号的时间		
	消音和复位功能		
	操作级别		
	火灾报警时间的记录		
	控制器的二次报警功能		
	主备电源的自动转换功能和故障报警功能		
可燃气体报警控制器	自检功能及操作级别		
	与探测器连线断路、短路故障信号发出时间		
	故障状态下的再次报警时间及功能		
	消音和复位功能		
	与备用电源连线断路、短路故障信号发出时间		
	高、低限报警功能		
	设定值显示功能		
	负载功能		
	主备电源的自动转换功能		
	连接其他回路时的功能		
可燃气体探测器	探测器响应时间		
	探测器恢复时间		
	发射器光路全部遮挡时，线性可燃气体探测器的故障信号发出时间		
消防电话	检查数量		
	功能正常、语音清晰的数量		
消防应急广播设备	手动强行切换功能		
	全负荷试验，广播语音清晰的数量		
	联动功能		
	任一扬声器断路条件下其他扬声器工作状态		
系统备用电源	电源容量		
	断开主电源，备用电源工作时间		
消防设备应急电源	控制功能和转换功能		
	显示状态		
	保护功能		
	应急工作时间		
	故障功能		
消防控制中心图形显示装置	显示功能		
	查询功能		
	手动插入及自动切换		
气体灭火控制器	启动及反馈功能		
	延时功能		
	自动及手动控制功能		
	信号发送功能		
防火卷帘控制器	手动控制功能		
	两步关闭功能		
	分隔防火分区功能		
其他受控部件	检查数量		
	合格数量		
系统性能	系统功能		

结论	施工单位项目经理： （签章） 年　月　日	监理工程师（建设单位项目负责人）： （签章） 年　月　日

注：施工过程若用到其他表格，则应作为附件一并归档。

附录 D 火灾自动报警系统工程质量控制资料核查记录

表 D 火灾自动报警系统工程质量控制资料核查记录

工程名称			分部工程名称		
施工单位			项目经理		
监理单位			总监理工程师		
序号	资料名称		数量	核查人	核查结果
1	系统竣工图				
2	施工过程检查记录				
3	调试记录				
4	产品检验报告、合格证及相关材料				
结论	施工单位项目负责人： （签章） 年 月 日	监理工程师： （签章） 年 月 日		建设单位项目负责人： （签章） 年 月 日	

附录 E 火灾自动报警系统工程验收记录

表 E 火灾自动报警系统工程验收记录

工程名称		分部工程名称		
施工单位		项目经理		
监理单位		总监理工程师		
序号	验收项目名称	条款	验收内容记录	验收评定结果
1	布线	5.3.1		
2	技术文件	5.3.2		
3	火灾报警控制器	5.3.3		
4	点型火灾探测器	5.3.4		
5	线型感温火灾探测器	5.3.5		
6	红外光束感烟火灾探测器	5.3.6		
7	空气吸气式火灾探测器	5.3.7		
8	点型火焰探测器和图像型火灾探测器	5.3.8		
9	手动火灾报警按钮	5.3.9		
10	消防联动控制器	5.3.10		
11	消防电气控制装置	5.3.11		
12	区域显示器（火灾显示盘）	5.3.12		
13	可燃气体报警控制器	5.3.13		
14	可燃气体探测器	5.3.14		
15	消防电话	5.3.15		
16	消防应急广播设备	5.3.16		

续表 E

工程名称			分部工程名称		
施工单位			项目经理		
监理单位			总监理工程师		
序号	验收项目名称		条款	验收内容记录	验收评定结果
17	系统备用电源		5.3.17		
18	消防设备应急电源		5.3.18		
19	消防控制中心图形显示装置		5.3.19		
20	气体灭火控制器		5.3.20		
21	防火卷帘控制器		5.3.21		
22	系统性能		5.3.22		
23	室内消火栓系统的控制功能		5.3.23		
24	自动喷水灭火系统的控制功能		5.3.24		
25	泡沫、干粉等灭火系统的控制功能		5.3.25		
26	电动防火门、防火卷帘门、挡烟垂壁的联动控制功能		5.3.26		
27	防烟排烟系统的联动控制功能		5.3.27		
28	消防电梯的联动控制功能		5.3.28		
29	消防应急照明和疏散指示系统		5.1.5第12款		
分部工程验收结论					
验收单位	施工单位：（单位印章）		项目经理：（签章） 年 月 日		
	监理单位：（单位印章）		总监理工程师：（签章） 年 月 日		
	设计单位：（单位印章）		项目负责人：（签章） 年 月 日		
	建设单位：（单位印章）		建设单位项目负责人： （签章） 年 月 日		

注：分部工程质量验收由建设单位项目负责人组织施工单位项目经理、总监理工程师和设计单位项目负责人等进行。

附录 F 火灾自动报警系统日常维护检查记录

表 F 火灾自动报警系统日常维护检查记录表

使用单位				
维护检查执行的规范名称及编号				
检查类别（日检、季检、年检）				
检查日期	检查项目	检查结论	处理结果	检查人员签字

本规范用词说明

1 为便于在执行本规范条文时区别对待，对要求严格程度不同的用词说明如下：

　1）表示很严格，非这样做不可的用词：

　　正面词采用"必须"，反面词采用"严禁"。

　2）表示严格，在正常情况下均应这样做的用词：

　　正面词采用"应"，反面词采用"不应"或"不得"。

　3）表示允许稍有选择，在条件许可时首先应这样做的用词：

　　正面词采用"宜"，反面词采用"不宜"；

　　表示有选择，在一定条件下可以这样做的用词，采用"可"。

2 本规范中指明应按其他有关标准、规范执行的写法为"应符合……的规定"或"应按……执行"。

中华人民共和国国家标准

火灾自动报警系统施工及验收规范

GB 50166—2007

条 文 说 明

目次

1 总则 …… 8—29
2 基本规定 …… 8—29
  2.1 质量管理 …… 8—29
  2.2 设备、材料进场检验 …… 8—29
3 系统施工 …… 8—30
  3.1 一般规定 …… 8—30
  3.2 布线 …… 8—30
  3.3 控制器类设备安装 …… 8—30
  3.4 火灾探测器安装 …… 8—30
  3.5 手动火灾报警按钮安装 …… 8—31
  3.6 消防电气控制装置安装 …… 8—31
  3.7 模块安装 …… 8—31
  3.8 火灾应急广播扬声器和火灾警报装置安装 …… 8—31
  3.9 消防电话安装 …… 8—31
  3.10 消防设备应急电源安装 …… 8—31
  3.11 系统接地 …… 8—31
4 系统调试 …… 8—31
  4.1 一般规定 …… 8—31
  4.2 调试准备 …… 8—32
  4.3 火灾报警控制器调试 …… 8—32
  4.4 点型感烟、感温火灾探测器调试 …… 8—32
  4.5 线型感温火灾探测器调试 …… 8—32
  4.6 红外光束感烟火灾探测器调试 …… 8—32
  4.7 通过管路采样的吸气式火灾探测器调试 …… 8—32
  4.8 点型火焰探测器和图像型火灾探测器调试 …… 8—33
  4.9 手动火灾报警按钮调试 …… 8—33
  4.10 消防联动控制器调试 …… 8—33
  4.11 区域显示器（火灾显示盘）调试 …… 8—33
  4.12 可燃气体报警控制器调试 …… 8—33
  4.13 可燃气体探测器调试 …… 8—33
  4.14 消防电话调试 …… 8—33
  4.15 消防应急广播设备调试 …… 8—33
  4.16 系统备用电源调试 …… 8—33
  4.17 消防设备应急电源调试 …… 8—33
  4.18 消防控制中心图形显示装置调试 …… 8—33
  4.19 气体灭火控制器调试 …… 8—33
  4.20 防火卷帘控制器调试 …… 8—33
  4.21 其他受控部件调试 …… 8—34
  4.22 火灾自动报警系统性能调试 …… 8—34
5 系统验收 …… 8—34
  5.1 一般规定 …… 8—34
  5.2 验收准备 …… 8—34
  5.3 验收 …… 8—35
6 系统使用和维护 …… 8—35
  6.1 使用前准备 …… 8—35
  6.2 使用和维护 …… 8—35

1 总　则

1.0.1 本条说明制定本规范的目的：即为了提高火灾自动报警系统的施工质量，确保系统正常运行，防止和减少火灾危害，保护人身和财产安全。

火灾自动报警系统是人们为了及早发现和通报火灾，并及时采取有效措施控制和扑灭火灾而设置在建筑物内或其他场所的一种自动消防系统，它是一种应用相当广泛的现代消防设施，是人们同火灾作斗争的一种有力工具。随着我国社会主义现代化建设事业的深入发展和消防保卫工作的不断加强，特别是近年来，随着现行国家标准《高层民用建筑设计防火规范》GB 50045、《建筑设计防火规范》GB 50016、《火灾自动报警系统设计规范》GB 50116 等一系列消防技术法规的贯彻实施，我国火灾自动报警系统的推广应用有了很大发展，火灾自动报警系统在安全防火工作中已经并将继续发挥出日益显著的作用。

本规范的制定，不仅为有关安装、使用等部门和单位提供了一个全国统一的较为科学合理的技术标准，也为验收机构提供了一个监督管理的技术依据。这对于更好地发挥火灾自动报警系统在安全防火工作中的重要作用，防止和减少火灾危害，保护人身和财产安全，保卫社会主义现代化建设，将具有十分重要的意义。

1.0.2 本条规定了本规范的适用范围和不适用范围。本规范是现行国家标准《火灾自动报警系统设计规范》GB 50116 的配套规范，适用范围和不适用范围与该规范是一致的。

1.0.3 火灾自动报警系统的安装、调试，是专业性很强的技术工作，需要具有一定专业技术水平的人员完成。此外，火灾自动报警系统在交付使用前必须经过建设部门组织的验收，以确保系统完好、无误，正常可靠。

1.0.4 本条规定了本规范与其他有关规范的关系。本规范是一本专业技术规范，其内容涉及范围较广。在执行中，除执行本规范外，还应符合国家现行的有关标准、规范的规定，以保证标准、规范的协调一致性。

2 基本规定

2.1 质量管理

2.1.1 本条按照火灾自动报警系统的特点对分部、分项工程进行划分。

2.1.2 本条对施工企业的资质要求作出了规定。施工队伍的素质是确保工程施工质量的关键。本条强调施工企业的资质等级应与工程的等级相对应，资质等级低的施工企业因其管理水平不高、施工专业技术人员素质等问题，无法完成等级高的施工项目。

2.1.3 施工方案对指导工程施工和提高施工质量，明确质量验收标准很有效，同时有利于监理或建设单位审查并互相遵守。

2.1.4 本条规定了系统施工前应具备的技术、物质条件。这些规定是施工前应具备的基本条件。

2.1.5 为保证工程质量，强调施工单位无权任意修改设计图纸，应按批准的工程设计文件和施工技术标准施工。有必要进行修改时，需经原设计单位负责修改。

2.1.6 本条具体规定了系统施工过程质量控制的主要方面。一是按施工技术标准控制每道工序的质量，二是施工单位每道工序完成后除了自检、专职质量检查员检查外，还强调了工序交接检查，上道工序还应满足下道工序的施工条件和要求；同样相关专业工序之间也应进行中间交接检验，使各工序和各相关专业之间形成一个有机的整体。三是工程完工后应进行调试，调试应按火灾自动报警系统的调试规定进行。

2.1.7 本条要求火灾自动报警系统质量控制资料填写格式应满足本规范附录 D 的要求。

2.1.8 本条强调在施工前应对设备、材料及配件进行检查，检查不合格的产品不得安装使用。

2.1.9 本条强调分部工程质量验收的责任人及填写记录表的格式要求。

2.2 设备、材料进场检验

2.2.1 本条规定了设备、材料及配件进入施工现场前文件检查的内容。其中检验报告及认证（认可）证书是国家法定机构颁发的，在火灾自动报警系统中，有许多产品是国家强制认证（认可）和型式检验的，进场前必须具备与产品对应的检验报告和证书；另外国家相关法规规定认证（认可）产品应贴有相应国家机构颁发的认证（认可）标识。因此检验报告、证书和标识是证明产品满足国家相关标准和法规要求的法定证据。

2.2.2 本条强调应重点检查产品名称、型号、规格是否与认证（认可）证书的内容一致。从近年来火灾自动报警系统的使用情况来看，个别企业存在送检产品与实际工程应用产品质量不一致或因考虑经济原因更改已通过检验的产品等现象，造成产品质量存在先天缺陷，使系统容易产生无法开通、误报率高、误动作等问题，严重影响系统的稳定性和可靠性。因此，在设备、材料及配件进场前，施工单位与建设单位应组织人员认真检查、核对。

2.2.3 本条强调应重点检查产品名称、型号、规格是否与检验报告的内容一致。对于非国家强制认证的产品，应通过核对检验报告来确保该产品是通过国家相关检验机构检验的产品。

2.2.4 通过目测检验主要设备、材料和配件的外观及结构完好性。

2.2.5 本条强调设备、材料及配件的规格、型号应与设计方案一致，符合设计要求，且应检查其产品合格证及安装使用说明书。

3 系统施工

3.1 一般规定

3.1.1 本规定考虑到在设计单位尚未最后选定设备、完成设计图纸的情况下，为了不影响施工单位与土建配合，故制定这条最低要求。

3.1.2 主要目的是强调在施工过程中做好相关记录，为竣工验收及资料归档做准备。

3.1.3 目的是强调施工方应全数检查系统的安装质量。

3.1.4 施工完毕后，可能有的图纸已经修改，有的产品已经变更。如果进行系统调试时缺乏必需的资料和文件，调试困难将很大。规定此条将便于调试能够顺利进行。

3.2 布 线

3.2.1 火灾自动报警系统的布线要求与现行国家标准《建筑电气工程施工质量验收规范》GB 50303 的规定是一致的，所以必须遵守此条规定。

3.2.2 参见现行国家标准《火灾自动报警系统设计规范》GB 50116—98 中第 10.1.1 条要求。火灾自动报警系统的传输线路和 50V 以下的供电线路，应采用电压等级不低于交流 250V 的铜芯绝缘导线或铜芯电缆。采用交流 220/380V 的供电和控制线路应采用电压等级不低于交流 500V 的铜芯导线或铜芯电缆。

3.2.3 在穿线前必须将管槽中积水及杂物清除干净，因为有些暗敷线路若不清除杂物势必影响穿线。内有积水影响线路的绝缘。有些施工单位对此条很不注意，有些工程在穿线时发生堵管现象，造成返工。有些备用管在急用时也有此类情况发生。此条规定，目的在于确保穿线顺利进行，提高系统运行的可靠性。

3.2.4 此条规定是为了确保系统的正常运行。

3.2.5 实践证明，因管内或槽内有接头将影响线路的机械强度，另外有接头也是故障的隐患点，不容易进行检查，所以必须在接线盒内进行连接，以便于检查。

3.2.6 此条主要是为了提高系统正常运行的可靠性。

3.2.7 在多尘和潮湿的场所，为防止灰尘和水汽进入管内引起导电，影响工程质量，所以规定管子的连接处、出线口均应做密封处理。

3.2.8 因管子太长和弯头太多，会使穿线时发生困难，故作本条规定。

3.2.9 为了保证管子与盒子不脱落，导线不致于穿在管子与盒子外面，确保工程质量，故作本条规定。

3.2.10 为了确保穿线顺利。若不做固定，在施工过程中将发生跑管现象。最好用单独的卡具，防止受其他设备检修的影响。

3.2.11 为了增加机械强度，防止弧垂很大，确保工程质量，设置吊点和支点。设置吊点和支点时，线槽重量大的间距 1.0m，重量轻的间距 1.5m。

3.2.12 本条规定目的是确保系统的可靠运行及便于维护。

3.2.13 本条规定是使线路不致断裂，从而提高系统运行的可靠性。

3.2.14 根据现行国家标准《建筑电气工程施工质量验收规范》GB 50303 的要求相应提出。

3.2.15 有些施工使用导线的颜色五花八门，有时接错，有时找不到线，影响调试与运行，为了避免上述问题，最低要求是把正极与负极区分开来，其他线路不作统一规定，但同一工程中相同用途的绝缘导线颜色应一致。

3.3 控制器类设备安装

3.3.1 按现行国家标准《火灾自动报警系统设计规范》GB 50116—98 的规定编写。落地安装时，为了防潮，规定距地面应有一定距离。

3.3.2 控制器要求安装牢固，不得倾斜，其目的是为了美观，并避免运行时因墙不坚固而脱落，影响使用。

3.3.3 从一些竣工工程的情况看，有不少工程控制器外接线很乱，无章法，随意接线。端子上的线并接太多，又无端子号，很不规范。故制定此条，以便于维修。

3.3.4 按消防设备通常要求，控制器的主电源应与消防电源连接，严禁用插头连接，这有利于消防设备安全运行。也为了防止用户经常拔掉插头做其他用。

3.3.5 控制器的接地是系统正常与安全可靠运行的保证，由于接地不牢固往往造成系统误报或其他不正常现象发生。所以控制器的接地必须牢固。

3.4 火灾探测器安装

3.4.1 按现行国家标准《火灾自动报警系统设计规范》GB 50116—98 的规定编写。

3.4.2 本条目的是规范线型红外光束感烟探测器的安装，确保系统的可靠运行。

3.4.3 本条目的是规范缆式线型感温探测器在某些场所的安装，确保其能可靠探测初期火灾。

3.4.4 本条目的是规范线型差温火灾探测器的安装，确保其能可靠运行。

3.4.5 可燃气体探测器的安装位置很重要，为确保其能有效探测，作此条规定。

3.4.6　本条目的是规范通过管路采样的吸气式火灾探测器的安装，确保其性能可靠。

3.4.7　本条目的是规范点型火焰探测器和图像型火灾探测器的安装，确保其性能可靠。

3.4.8　探测器底座安装应牢靠固定，以免工程完工后出现脱落现象，影响使用。焊接必须用无腐蚀的助焊剂，否则接头处腐蚀脱开或增加线路电阻，影响正常报警。

3.4.9　此条规定是为了便于维修。

3.4.10　封堵的目的是为了防止潮气、灰尘进管，影响绝缘。底座安装完毕后采取保护措施的目的是避免因施工时各工种交叉进行而损坏底座。为满足这条要求，有些制造厂的产品中自备保护部件，在无自备保护部件时，尤其要强调满足此条要求。

3.4.11　探测器报警确认灯面向便于人员观察的主要入口，是为了让值班人员能迅速找到哪只探测器报警，便于及时处理事故。

3.4.12　探测器在调试时方可安装的理由是，因为提前安装上，易在别的工种施工时被破坏；另一方面，施工现场未完工，灰尘及潮湿易使探测器误报或损坏，故一定要调试时再安装。探测器在安装前应妥善保管。从一些工程中发现，由于保管不善，造成探测器的不合格现象发生已有多起，故制定本条。

3.5　手动火灾报警按钮安装

3.5.1　按现行国家标准《火灾自动报警系统设计规范》GB 50116—98 的规定编写。

3.5.2　从一些施工完毕的工程中发现手动火灾报警按钮安装不牢固，有脱落现象，有的工程手动火灾报警按钮倾斜很多，既不美观，也不便操作，故规定此条。

3.5.3　此条规定为了便于调试、维修，确保正常工作。

3.6　消防电气控制装置安装

3.6.1　本条为一般原则要求，功能不合格的产品不能安装使用。

3.6.2　加端子号的目的是便于检查及校核接线是否正确。

3.6.3　消防控制设备盘（柜）内不同电压等级、不同电流类别的端子应严格分开并有标志，否则工程中由于安装疏忽，很容易造成设备烧毁，这样的现象在以往的调试中发现很多。为确保设备的正常运行与维修要求，必须严格执行此条。

3.6.4　为保证系统运行的可靠作此规定。

3.7　模块安装

3.7.1　模块安装在金属模块箱内，主要是考虑其运行的可靠性和检修的方便。

3.7.2　本条是用于保障模块安装的牢固并防潮、防腐蚀。

3.7.3　本条主要是为了便于调试和维修。

3.7.4　本条主要是为了便于调试和维修。

3.8　火灾应急广播扬声器和火灾警报装置安装

3.8.1　本条为一般原则要求。

3.8.2　本条主要是考虑发生火灾时，便于人员疏散。

3.8.3　本条主要是保障扬声器和火灾声警报装置能更好地发挥作用。

3.9　消防电话安装

3.9.1　本条主要是考虑使用方便。

3.9.2　消防电话和电话插孔安装处应有明显标志，主要是为了在火灾时能及时找到。

3.10　消防设备应急电源安装

3.10.1　本条主要考虑电池工作的安全性。

3.10.2　本条主要考虑电池的特性。

3.10.3　本条为安全性要求。

3.10.4　主要考虑到应急电源运行的可靠性和供电系统安全的冗余性，因为应急电源的容量加大，应急启动和运行的可靠性会下降；且容量过大时一旦应急电源发生故障，会导致所有负载均无法应急工作，因此有必要提高应急供电系统安全的冗余性。

3.11　系统接地

3.11.1　本条规定主要是为了保证使用人员及设备的安全。

3.11.2　按隐蔽工程要求，应及时测量，并做好记录。目的是为了确保隐蔽工程的质量，保证系统的正常运行。

4　系统调试

4.1　一般规定

4.1.1　本条规定的依据是世界各先进国家的安装规范都有类似的规定。同时我国多年来火灾报警系统的调试工作也表明，只有当系统全部安装结束后再进行系统调试工作，才能做到系统调试程序化、合理化。那种边进行安装，边进行调试的做法，会给日后的系统运行造成很多隐患。

4.1.2　典型调查表明，近年来由于文件资料不全给火灾自动报警系统的安装、调试和正常运行都带来很大困难。因此本条明确规定了火灾自动报警系统调试开通前必须具备的文件，这些文件包括：

1　火灾自动报警系统图。

2　设置火灾自动报警系统的建筑平面图。

3　消防设备联动逻辑说明或设计要求。
　　4　设备安装技术文件：
　　1）安装尺寸图（包括控制设备、联动设备的安装图，探测器预埋件，端子箱安装尺寸等）；
　　2）设备的外部接线图（包括设备尾线编号、端子板出线等）。
　　5　变更设计部分的实际施工图。
　　6　变更设计的证明文件（包括消防设备联动逻辑设计要求变更）；
　　7　安装验收单：
　　1）安装技术记录（包括隐蔽工程检验记录）；
　　2）安装检验记录（包括绝缘电阻、接地电阻的测试记录）。
　　8　设备的使用说明书（包括电路图以及备用电源的充放电说明）。

4.1.3　调试单位在火灾自动报警系统调试前，应针对不同的工程项目制定调试程序，尤其对重大工程调试前一定要编写调试方案（建议实行工程项目责任工程师制），如根据消防设备联动逻辑说明，在调试前作出"联动逻辑关系表"等。这样不仅可以保证调试工作顺利进行，还可以使调试工作最大限度地满足规范的各项要求，故本条对调试前编制调试程序作明确规定。

4.1.4　火灾自动报警系统调试工作是一项专业技术非常强的工作，国内外不同生产厂家的火灾自动报警产品不仅型号不同，外观各异，而且从报警概念、传输技术和系统组成上都有区别，特别是近年来国内外产品广泛采用了计算机、多路传输和智能化等多种高新技术，因此，对火灾自动报警系统的调试需要熟悉此专业技术的专门人员才能完成。所以本条明确规定了调试负责人必须由有资格的专业技术人员担任。一般应由生产厂的工程师（或相当于工程师水平的人员）或生产厂委托的经过训练的人员担任。

4.2　调试准备

4.2.1　本条规定了调试前应对火灾自动报警设备的规格、型号、数量和备品备件等进行查验。

　　从实际应用情况看，有的企业管理素质差，发货差错时有发生，特别是备品备件和技术资料不齐全，给调试和正常运行都带来了困难，甚至影响到火灾自动报警系统的可靠性。所以，按本条规定，备品备件和技术资料应齐备。

4.2.2　本条规定进行调试的人员，按本规范第3章的要求检查火灾自动报警系统的安装工作。这是一个交接程序。

　　从目前国内情况看，很多工程由于交接不清互相扯皮，耽误工期，从质量管理和质量控制的角度讲这是下道工序对上道工序的互检工作，对火灾自动报警系统的可靠运行会起到很好的保证作用。

4.2.3　本条规定了火灾自动报警系统外部线路的检查工作，它的必要性在于几乎没有一个工程不出现接线错误，这种错误往往会造成严重后果。另外，有很多工程由于施工中对外部线路接头未按规定进行操作，或导线划伤等原因造成绝缘电阻小于20MΩ，本条也规定了应对其进行处理。应该注意的是，在查线过程中一定要按厂家的说明，使用合适的工具，合理的方法检查线路，避免底座或探测器等设备元器件的损坏。

4.2.4　现行国家标准《火灾自动报警系统设计规范》GB 50116—98 第 5.2.1 条对火灾自动报警系统形式的选择作了具体规定。不论选用哪一种系统都应按照消防设备产品说明书要求，单机通电后才能接入系统。这样做可以避免单机工作不正常时，影响系统中其他设备的运行。

4.3　火灾报警控制器调试

本节按现行国家标准《火灾报警控制器》GB 4717 的要求列出了基本功能。这些功能是必备的，在调试开通过程中必须逐项检查，应全部满足要求并记录。对产品说明书的其他功能，如产品说明书有规定，在调试时就应逐一检查。

4.4　点型感烟、感温火灾探测器调试

本节规定系统正常后，应使用专用的检测仪器或模拟火灾的方法对每只探测器进行试验。特别要注意的是：当采用模拟火灾的方法对探测器进行试验时，不应使探测器受污染或使塑料外壳变色而影响使用效果。对不可恢复的火灾探测器应采用联动模拟报警方法检查其报警功能。

4.5　线型感温火灾探测器调试

本节规定系统正常后，对不可恢复的线型感温火灾探测器及可恢复的线型感温火灾探测器应分别进行模拟火警或模拟火灾的办法使其发出报警信号，并均应在其各自的终端盒上模拟故障。

4.6　红外光束感烟火灾探测器调试

本节规定系统正常后，应首先对红外光束感烟火灾探测器的光路调节装置进行调整，使探测器处于正常监视状态，然后再用产品生产企业设定的各种减光率的减光片遮挡光路对探测器进行各项功能试验。

4.7　通过管路采样的吸气式火灾探测器调试

本节规定强调两点，第一，对空气采样式火灾探测器进行调试时应在采样管的末端（最不利处）采样孔加入试验烟对其进行试验；第二，依据产品说明书，使探测器的采样管气路发生变化，探测器或其控制器应在 100s 内发出故障信号。

4.8 点型火焰探测器和图像型火灾探测器调试

本节强调在探测器监视区域最不利处采用专用检测仪器或模拟火灾的方法检查探测器的报警功能。

4.9 手动火灾报警按钮调试

本节规定在系统正常后,对每只可恢复或不可恢复的手动火灾报警按钮均应进行火灾报警试验。

4.10 消防联动控制器调试

本节按现行国家标准《消防联动控制系统》GB 16806 的要求列出了基本功能,这些功能是必备的,在调试时必须逐项检查,全部满足要求。在调试开通过程中,应先将消防联动控制器与火灾报警控制器一个回路的输入/输出模块及该回路模块控制的消防电器控制设备相连接。此时应注意:一定要将所有现场受控设备的控制连线断开(如消防泵电机连线等),方可接通电源进行本节第 4.10.2~4.10.6 条的各项检查,这样做的目的是避免在做上述各项检查时使现场受控设备误启动或造成不必要的其他损失,当第 4.10.2~4.10.6 条所规定的在一个回路上的各项检查全部满足后,最后进行本节第 4.10.8 条规定的各项检查。

消防联动控制器和消防电气控制设备的调试是一项复杂而细致的工作,调试单位应严格按照第 4.10.1~4.10.7 条的步骤进行调试,这样既可以满足规范要求,又可以减少不必要的损失。

4.11 区域显示器(火灾显示盘)调试

本节按现行国家标准《火灾显示盘通用技术条件》GB 17429—1998 的要求列出了基本功能,这些功能是必备的,在调试开通过程中必须逐项检查,应全部满足要求并对各功能检查进行记录。

如果区域显示器的显示方式是数码管或数字液晶显示时,调试单位应将区域显示的回路号地址号与实际显示的部位编制成对照表提供给用户。

4.12 可燃气体报警控制器调试

本节按现行国家标准《可燃气体报警控制器技术要求和试验方法》GB 16808—1997 列出了基本功能,在调试开通过程中必须逐项检查,全部满足要求并做记录。

4.13 可燃气体探测器调试

目前,可燃气体探测器一般是按生产企业提供的调试方法进行检查。调试时应逐项检查,并全部满足要求。如采用加入标准气样法进行调试,可参照现行国家标准《可燃气体探测器》GB 15322 的规定进行。

4.14 消防电话调试

本节规定了消防电话的调试内容。消防电话线路的可靠性关系到火灾时消防通信指挥系统是否灵活畅通,所以调试过程中应检查其线路是否为独立布线,且应使消防电话分机和电话插孔的功能正常,语音清晰。同时应对消防控制室的外线电话与另一部外线电话模拟"119"台通话进行检查。

4.15 消防应急广播设备调试

本节规定了火灾应急广播的调试内容及要求,火灾应急广播属于火灾警报装置类,对人员疏散起着至关重要的作用,因此建筑中火灾应急广播是非常重要的,所以本节中规定的调试内容应逐一检查并全部满足要求。

4.16 系统备用电源调试

本节规定强调了对系统备用电源的调试。国内近年来不少消防工程的火灾自动报警系统的备用电源存在容量不够或充电装置不符合要求的情况,当主电源断电后备用电源不能及时切换,或者虽能切换但因备用电源容量不够或电压过低使整个系统不能正常工作,故本节规定了检查系统中各种控制装置使用的备用电源容量,并进行放电、充电试验,且均应满足要求。

4.17 消防设备应急电源调试

本节规定强调了对消防设备用的应急电源的调试。国内近年来不少消防工程中使用的消防设备应急电源,当主电源断电后应急电源能及时切换保障消防设备的正常工作状态。消防设备应急电源的调试是一项复杂而细致的工作,调试单位应严格按照本节第 4.17.1~4.17.5 条的步骤进行调试,这样就可以满足规范要求。特别是对应急工作时间的调试,要在应急电源接上满负载后进行,才能保障应急电源的容量。

4.18 消防控制中心图形显示装置调试

调试单位应严格按照本节第 4.18.1~4.18.5 条的步骤进行调试,以满足规范要求。

4.19 气体灭火控制器调试

调试单位应严格按照本节第 4.19.1~4.19.7 条的步骤进行调试,以满足规范要求。

4.20 防火卷帘控制器调试

调试单位应严格按照本节第 4.20.1~4.20.4 条的步骤进行调试,以满足规范要求。

4.21 其他受控部件调试

本节规定是指火灾自动报警系统内的其他受控部件，也应按产品生产企业提供的调试方法分别对其进行调试。

4.22 火灾自动报警系统性能调试

本节规定指的是对火灾自动报警系统的联调，也就是说在系统联调之前各项设备、系统均经过调试并已合格后，将这些设备及系统连接组成完整的火灾自动报警系统对其进行联调，进行联调的目的是检查整个系统的关系功能是否符合现行国家标准《火灾自动报警系统设计规范》GB 50116 和设计的联动逻辑关系要求，全面调试系统的各项功能。

整个火灾自动报警系统调试正常后，应连续运行120h无故障，按本规范附录C的规定填写调试报告后，才能进行验收工作。

这是根据我国的实际情况，考虑到元器件的早期失效和各安装调试单位调试程序和方法所作的规定，时间过长，往往影响验收和建筑物的使用；时间太短，系统存在的问题未充分暴露，也会影响系统的可靠性。120h是基于二者的折中。

5 系统验收

5.1 一般规定

5.1.1 系统竣工验收是对系统设计和施工质量的全面检查。消防验收，主要是针对消防设计内容进行检查和必要的系统性能测试。对于设有自动消防设施工程验收机构的，要求建设和施工单位必须委托相关机构进行技术检测，取得技术测试报告，由建设单位组织验收。

5.1.2 本条规定了验收记录的格式。

5.1.3 本条规定了进行验收的设备。设备验收和系统功能的验收是根据现行国家标准《建筑设计防火规范》GB 50016、《高层民用建筑设计防火规范》GB 50045、《人民防空工程设计防火规范》GB 50098、《汽车库设计防火规范》GBJ 67 和《火灾自动报警系统设计规范》GB 50116、《自动喷水灭火系统设计规范》GB 50084 等规范中的有关规定综合制定的。将火灾自动报警设备有关的自动灭火设备及其他联动控制设备列入验收内容，这对保证整个消防设备施工安装的质量是十分必要的。

5.1.4 本条强调应验收系统功能是否满足设计要求。

5.1.5 本条具体规定了验收内容和抽验数量。这些抽验的比例是参照一些发达国家的技术规范并结合我国的经验而定。这次修订对个别条款作了完善和补充。如本条第3款规定：火灾探测器应按实际安装数量分不同情况抽验。实际安装数量在100只以下者，抽验20只；实际安装数量超过100只，按每个回路的10%~20%的比例进行抽验，但抽验总数应不少于20只；被抽验的探测器的功能均应正常。又如本条第2款，对火灾报警控制器抽验的数量，条文中规定应按实际安装数量全部进行功能检验。检验时，每个功能应重复1~2次，被检验的控制器、联动控制设备和区域显示器的基本功能均应符合相应的现行国家标准的要求。本条第5款对自动喷水灭火系统，要求在符合国家现行标准《自动喷水灭火系统设计规范》GB 50084 的条件下，在消防控制室操作启、停泵1~3次；水流指示器、信号阀等按实际安装数量的30%~50%的比例进行抽验；压力开关、电动阀、电磁阀等按实际安装数量全部进行检验。本条第6款对气体泡沫、干粉等灭火系统，要求在符合国家现行设计规范的条件下，按实际安装数量的20%~30%的比例抽验下列功能：自动、手动启动和紧急切断试验1~3次，与固定灭火设备联动控制的其他设备动作（包括关闭防火门窗、停止空调风机、关闭防火阀等）试验1~3次；上述试验控制功能、信号均应正常。此外，对电动防火门、防火卷帘、防排烟设备、火灾应急广播、消防电梯、消防电话等设备抽验比例也作了相应的规定。为了提高竣工验收的质量，验收机构要注意抽样试验的普遍性和代表性，尤其是系统的整体功能方面的要求，防止验收工作出现不符合实际的问题。

5.1.6 验收过程中若发现不合格，应立即进行整改，整改结束后应重新进行验收。重新验收时，抽验比例应加倍。

5.1.7 在系统验收中，被抽验的装置应该是全部合格的，但是，由于多方面的原因，可能出现一些差错。为了既保证工程质量，又能及时投入使用，本条提出了一个验收判定条件。如果抽验中的结果不满足判定条件，则判为不合格。如第一次验收不合格，验收机构应在限期修复后，进行第二次验收。第二次验收时，对有抽验比例要求的，应按条文规定的比例加倍抽验，且不得有差错；第二次验收不合格，不能通过验收。

5.2 验收准备

5.2.1 本条规定了系统验收前，建设单位应准备的技术文件。施工过程记录应由施工单位提交，其内容应包括如本规范第3.1.2条规定的隐蔽工程验收记录、系统回路绝缘电阻测试记录、接地电阻记录等；调试记录及施工图纸资料均应由施工单位和参与调试的产品厂家提供，调试报告内容除按本规范附录规定填写记录表外，还应包括调试、检验记录和消防联动逻辑关系表等；为了使当地验收机构通过验收了解掌握工程中使用产品的类别、数量、生产厂家等情况，建设和使用单位应提供产品检验报告、合格证及其他相关材料。

为了加强消防设备的维修和管理，在验收时，建设和使用单位就应确定管理和维修人员，同时，施工单位应向建设单位和验收机构提交验收文件资料。

5.2.2 本条规定了系统验收前，建设和使用单位应进行施工质量的复查。主要是进行系统功能性检查，及时发现和解决质量问题，抓紧整改，以便提高一次验收的合格率。在过去的验收中发现，有的建设和使用单位急于开业或投入使用，往往是在施工未完或是调试未完的情况下就要求验收，验收机构进行验收时，因施工质量不好，验收进行不下去或验收不合格。这样既浪费了时间，又不能保证验收工作的质量，所以必须要求，没有经过复查或复查时消防机构指出的质量问题没有整改的工程，不得进行验收。

5.3 验 收

5.3.1 布线和施工质量对整个系统工作的可靠性和稳定性都极为重要，因此其验收是非常必要的。火灾自动报警系统的施工与其他电气系统的施工都是相同的，在施工和验收时均应执行现行国家标准《建筑电气工程施工质量验收规范》GB 50303 的有关规定。

5.3.2 本条要求的技术文件对验收部门在验收前全面掌握该消防系统的情况及用户对该系统的使用和维护都是必要的，验收部门在验收时对这些文件要进行验收，且应抽查这些文件与现场具体情况的对应性。

5.3.3～5.3.28 这 26 条对整个火灾自动报警系统和消防联动控制、灭火设备的功能进行功能抽验的内容和方法作了规定。由于这些设备功能在现行国家标准《火灾自动报警系统设计规范》GB 50116—98中已有明确规定，本节不再赘述。

6 系统使用和维护

6.1 使用前准备

6.1.1 使用单位应由经过专门培训，并经考试合格的专人负责系统的管理、操作和维护。管理主要是落实人员加强日常管理，系统投入运行后，操作维护至关重要。尽管设备先进，设计安装合理，如管理不善，操作维护不当，同样不能充分发挥设备的作用。管理、操作、维护人员上岗必须进行专门培训，掌握有关业务知识和操作规程，以免由于知识缺乏操作不当或误操作造成设备损坏。培训和考核的方式可以根据各地具体的情况而定。

6.1.2 系统正式启用时，使用单位必备的文件资料，其格式不作统一规定。各地可根据实际需要自行确定。使用单位应建立系统的技术档案，将所有的有关文件资料整理存档，由于火灾自动报警系统使用时间较长，资料的保存有利于系统的使用、维护、修理。一般存档的资料有：

1 有关消防设备的施工图纸和技术资料；
2 变更设计部分的实际施工图；
3 变更设计的证明文件；
4 安装技术记录（包括隐蔽工程检验记录）；
5 检验记录（包括绝缘电阻、接地电阻的测试记录）；
6 系统竣工情况表；
7 安装竣工报告；
8 调试开通报告；
9 竣工验收情况表；
10 管理操作人员登记表；
11 操作使用规程；
12 值班记录和使用图表；
13 值班员职责；
14 设备维修记录等。

6.1.3 应建立技术档案，便于使用后的维护和保养。

6.2 使用和维护

6.2.1 系统正式启用后不得因误报等原因随意切断电源，使系统中断运行。

6.2.2 本条规定了每日应做的主要工作。火灾报警控制器及相关设备，如区域显示器、火灾显示盘是系统中的核心组成部分，一旦出现问题，会影响整个系统的工作。因此，必须做到及时发现问题，随时处理，以保证系统正常运行。检查的方法可以根据报警控制器的功能特点进行。

6.2.3 本条对每季度应做的检查和试验作了具体规定。

6.2.4 此条是对每年应做的检查作了具体规定。其中对影响建筑内其他系统使用的项目在具体操作时，应做好妥善安排，防止造成意外损失。

6.2.5 此条专门对探测器的清洗作了规定。

探测器投入运行后容易受污染，积聚灰尘，使可靠性降低，引起误报或漏报，因此必须进行清洗。我国地域辽阔，南、北方差别很大，南方多雨潮湿，水汽大，容易凝结水珠，北方干燥多风，容易积聚灰尘，这些都是影响探测器功能的不利因素。同时，同一建筑内，因安装场所不同，受污染的程度也不尽相同。总之，使用环境不同，受污染的程度不同，需要清洗的时间长短也不尽一致。因此，在应用此条文时应灵活掌握。如工厂、仓库、饭店（如厨房）容易受到污染，清洗周期宜短。办公楼环境较好，污染少，清洗时间可适当长些。但不管什么场合，投入运行 2 年后都应每隔 3 年进行一次清洗。在清洗中可分期分批进行，也可进行一次性清洗。通过管路采样的吸气式感烟火灾探测器的关键组成部分——采样管路如果不能被定期进行吹洗，将导致严重后果，探测器的灵敏度将严重降低，并可能产生不报警的情况。

探测器的清洗要由该探测器的生产企业或专门的清洗单位进行，使用单位（有清洗能力并获得消防监督机构批准的除外）不要自行清洗，以免损伤探测器部件和降低灵敏度。

清洗后要逐个做响应阈值试验，只有响应阈值合格的探测器才可重新安装使用。因为只有响应阈值合格才能表明探测器的火灾探测灵敏度符合标准要求，能够正常探测火灾的发生。若不合格则表明探测器无法正常探测火灾的发生，故无法使用，必须将该探测器统一交由探测器的生产企业集中进行处理。特别是离子感烟火灾探测器，由于其有放射性探测源，处理不当容易造成一定的环境污染，因此，必须由生产企业集中处理。

6.2.6 本条规定使用单位应有一定数量的备品探测器，以保障系统的完整性和可靠性。

中华人民共和国国家标准

镇 规 划 标 准

Standard for planning of town

GB 50188—2007

主编部门：中华人民共和国建设部
批准部门：中华人民共和国建设部
施行日期：２００７年５月１日

中华人民共和国建设部
公 告

第 553 号

建设部关于发布国家标准
《镇规划标准》的公告

现批准《镇规划标准》为国家标准，编号为 GB 50188—2007，自 2007 年 5 月 1 日起实施。其中，第 3.1.1、3.1.2、3.1.3、4.1.3、4.2.2、5.1.1、5.1.3、5.2.1、5.2.2、5.2.3、5.4.4、5.4.5、6.0.4、7.0.4、7.0.5、8.0.1（3）（4）、8.0.2（3）（4）、9.2.3、9.2.5（1）（2）、9.3.3、10.2.5（4）、10.3.6、10.4.6、11.2.2、11.2.6、11.3.4、11.3.6、11.3.7、11.4.4、11.4.5、11.5.4、12.4.3、13.0.1、13.0.4、13.0.5、13.0.6、13.0.7 条（款）为强制性条文，必须严格执行。原《村镇规划标准》GB 50188—2006 同时废止。

本规范由建设部标准定额研究所组织中国建筑工业出版社出版发行。

中华人民共和国建设部
2007 年 1 月 16 日

前 言

根据建设部建标〔1999〕308 号文件的通知要求，标准编制组广泛调查研究，认真总结实践经验，参考有关国际标准和国外先进标准，并在广泛征求意见的基础上，修订了本标准。

本标准的主要内容是：1. 总则；2. 术语；3. 镇村体系和人口预测；4. 用地分类和计算；5. 规划建设用地标准；6. 居住用地规划；7. 公共设施用地规划；8. 生产设施和仓储用地规划；9. 道路交通规划；10. 公用工程设施规划；11. 防灾减灾规划；12. 环境规划；13. 历史文化保护规划；14. 规划制图。

修订的主要技术内容是：在原标准 9 章的基础上增设了术语、防灾减灾规划、环境规划、历史文化保护规划和规划制图等 5 章；重点调整了镇村体系和规模分级、规划建设用地标准、公共设施项目配置；公用工程设施规划中增加了燃气工程、供热工程、工程管线综合等 3 节；并对原有其他各章也作了补充修改。

本标准以黑体字标志的条文为强制性条文，必须严格执行。

本标准由建设部负责管理和对强制性条文的解释，由主编单位负责具体技术内容的解释。

本标准主编单位：中国建筑设计研究院（北京市西直门外车公庄大街 19 号，邮政编码：100044）。

本标准参编单位：天津市城市规划设计研究院

吉林省城乡规划设计研究院
浙江省城乡规划设计研究院
浙江东华城镇规划建筑设计公司
武汉市城市规划设计研究院
四川省城乡规划设计研究院
宁夏自治区小城镇协会
北京市市政工程科学技术研究所
中国城市规划设计研究院
国家环境保护总局环境规划院

本标准主要起草人：任世英　赵柏年　寿　民
　　　　　　　　　赵保中　孙蕴山　杨斌辉
　　　　　　　　　邓竞成　郑向阳　傅芳生
　　　　　　　　　刘学功　崔招女　胡　桃
　　　　　　　　　乔　兵　沈　纹　徐詠九
　　　　　　　　　刘志刚　陈定外　潘顺昌
　　　　　　　　　赵中枢　何建清　王　宁
　　　　　　　　　赵　辉　冯新刚　卢比志
　　　　　　　　　宗羽飞　吴俊勤　汪　勰
　　　　　　　　　樊　晟　屈　扬　张燕霞
　　　　　　　　　邵爱云　杨金田

目 次

1 总则 ·· 9—4
2 术语 ·· 9—4
3 镇村体系和人口预测 ······················ 9—4
　3.1 镇村体系和规模分级 ················ 9—4
　3.2 规划人口预测 ·························· 9—4
4 用地分类和计算 ····························· 9—5
　4.1 用地分类 ································· 9—5
　4.2 用地计算 ································· 9—6
5 规划建设用地标准 ························· 9—6
　5.1 一般规定 ································· 9—6
　5.2 人均建设用地指标 ··················· 9—7
　5.3 建设用地比例 ·························· 9—7
　5.4 建设用地选择 ·························· 9—7
6 居住用地规划 ······························· 9—7
7 公共设施用地规划 ························· 9—8
8 生产设施和仓储用地规划 ··············· 9—9
9 道路交通规划 ······························· 9—9
　9.1 一般规定 ································· 9—9
　9.2 镇区道路规划 ·························· 9—9
　9.3 对外交通规划 ·························· 9—10
10 公用工程设施规划 ······················· 9—10
　10.1 一般规定 ······························· 9—10
　10.2 给水工程规划 ························ 9—10
　10.3 排水工程规划 ························ 9—11
　10.4 供电工程规划 ························ 9—11
　10.5 通信工程规划 ························ 9—12
　10.6 燃气工程规划 ························ 9—12
　10.7 供热工程规划 ························ 9—12
　10.8 工程管线综合规划 ················· 9—13
　10.9 用地竖向规划 ························ 9—13
11 防灾减灾规划 ······························ 9—13
　11.1 一般规定 ······························· 9—13
　11.2 消防规划 ······························· 9—13
　11.3 防洪规划 ······························· 9—13
　11.4 抗震防灾规划 ························ 9—14
　11.5 防风减灾规划 ························ 9—14
12 环境规划 ····································· 9—14
　12.1 一般规定 ······························· 9—14
　12.2 生产污染防治规划 ················· 9—14
　12.3 环境卫生规划 ························ 9—15
　12.4 环境绿化规划 ························ 9—15
　12.5 景观规划 ······························· 9—15
13 历史文化保护规划 ······················· 9—15
14 规划制图 ···································· 9—16
附录 A 用地计算表 ··························· 9—16
附录 B 规划图例 ······························· 9—17
附录 C 用地名称和规划图例中
　　　 英文词汇对照表 ···················· 9—28
本标准用词说明 ································· 9—28
附：条文说明 ···································· 9—29

1 总 则

1.0.1 为了科学地编制镇规划，加强规划建设和组织管理，创造良好的劳动和生活条件，促进城乡经济、社会和环境的协调发展，制定本标准。

1.0.2 本标准适用于全国县级人民政府驻地以外的镇规划，乡规划可按本标准执行。

1.0.3 编制镇规划，除应符合本标准外，尚应符合国家现行有关标准的规定。

2 术 语

2.0.1 镇 town
经省级人民政府批准设置的镇。

2.0.2 镇域 administrative region of town
镇人民政府行政的地域。

2.0.3 镇区 seat of government of town
镇人民政府驻地的建成区和规划建设发展区。

2.0.4 村庄 village
农村居民生活和生产的聚居点。

2.0.5 县域城镇体系 county seat, town and township system of county
县级人民政府行政地域内，在经济、社会和空间发展中有机联系的城、镇（乡）群体。

2.0.6 镇域镇村体系 town and village system of town
镇人民政府行政地域内，在经济、社会和空间发展中有机联系的镇区和村庄群体。

2.0.7 中心镇 key town
县域城镇体系规划中的各分区内，在经济、社会和空间发展中发挥中心作用的镇。

2.0.8 一般镇 common town
县域城镇体系规划中，中心镇以外的镇。

2.0.9 中心村 key village
镇域镇村体系规划中，设有兼为周围村服务的公共设施的村。

2.0.10 基层村 basic-level village
镇域镇村体系规划中，中心村以外的村。

3 镇村体系和人口预测

3.1 镇村体系和规模分级

3.1.1 镇域镇村体系规划应依据县（市）域城镇体系规划中确定的中心镇、一般镇的性质、职能和发展规模进行制定。

3.1.2 镇域镇村体系规划应包括以下主要内容：

1 调查镇区和村庄的现状，分析其资源和环境等发展条件，预测一、二、三产业的发展前景以及劳力和人口的流向趋势；

2 落实镇区规划人口规模，划定镇区用地规划发展的控制范围；

3 根据产业发展和生活提高的要求，确定中心村和基层村，结合村民意愿，提出村庄的建设调整设想；

4 确定镇域内主要道路交通、公用工程设施、公共服务设施以及生态环境、历史文化保护、防灾减灾防疫系统。

3.1.3 镇区和村庄的规划规模应按人口数量划分为特大、大、中、小型四级。

在进行镇区和村庄规划时，应以规划期末常住人口的数量按表3.1.3的分级确定级别。

表3.1.3 规划规模分级（人）

规划人口规模分级	镇 区	村 庄
特 大 型	>50000	>1000
大 型	30001～50000	601～1000
中 型	10001～30000	201～600
小 型	≤10000	≤200

3.2 规划人口预测

3.2.1 镇域总人口应为其行政地域内常住人口，常住人口应为户籍、寄住人口数之和，其发展预测宜按下式计算：

$$Q = Q_0(1+K)^n + P$$

式中 Q——总人口预测数（人）；

Q_0——总人口现状数（人）；

K——规划期内人口的自然增长率（％）；

P——规划期内人口的机械增长数（人）；

n——规划期限（年）。

3.2.2 镇区人口规模应以县域城镇体系规划预测的数量为依据，结合镇区具体情况进行核定；村庄人口规模应在镇域镇村体系规划中进行预测。

3.2.3 镇区人口的现状统计和规划预测，应按居住状况和参与社会生活的性质进行分类。镇区规划期内的人口分类预测，宜按表3.2.3的规定计算。

表3.2.3 镇区规划期内人口分类预测

人口类别		统计范围	预测计算
常住人口	户籍人口	户籍在镇区规划用地范围内的人口	按自然增长和机械增长计算
	寄住人口	居住半年以上的外来人口 寄宿在规划用地范围内的学生	按机械增长计算
通勤人口		劳动、学习在镇区内，住在规划范围外的职工、学生等	按机械增长计算
流动人口		出差、探亲、旅游、赶集等临时参与镇区活动的人员	根据调查进行估算

3.2.4 规划期内镇区人口的自然增长应按计划生育的要求进行计算，机械增长宜考虑下列因素进行预测：

　　1 根据产业发展前景及土地经营情况预测劳力转移时，宜按劳力转化因素对镇域所辖地域范围的土地和劳力进行平衡，预测规划期内劳力的数量，分析镇区类型、发展水平、地方优势、建设条件和政策影响以及外来人口进入情况等因素，确定镇区的人口数量。

　　2 根据镇区的环境条件预测人口发展规模时，宜按环境容量因素综合分析当地的发展优势、建设条件、环境和生态状况等因素，预测镇区人口的适宜规模。

　　3 镇区建设项目已经落实、规划期内人口机械增长比较稳定的情况下，可按带眷情况估算人口发展规模；建设项目尚未落实的情况下，可按平均增长预测人口的发展规模。

4 用地分类和计算

4.1 用地分类

4.1.1 镇用地应按土地使用的主要性质划分为：居住用地、公共设施用地、生产设施用地、仓储用地、对外交通用地、道路广场用地、工程设施用地、绿地、水域和其他用地 9 大类，30 小类。

4.1.2 镇用地的类别应采用字母与数字结合的代号，适用于规划文件的编制和用地的统计工作。

4.1.3 镇用地的分类和代号应符合表 4.1.3 的规定。

表 4.1.3 镇用地的分类和代号

类别代号		类别名称	范围
大类	小类		
R		居住用地	各类居住建筑和附属设施及其间距和内部小路、场地、绿化等用地；不包括路面宽度等于和大于 6m 的道路用地
	R1	一类居住用地	以一～三层为主的居住建筑和附属设施及其间距内的用地，含宅间绿地、宅间路用地；不包括宅基地以外的生产性用地
	R2	二类居住用地	以四层和四层以上为主的居住建筑和附属设施及其间距、宅间路、组群绿化用地
C		公共设施用地	各类公共建筑及其附属设施、内部道路、场地、绿化等用地
	C1	行政管理用地	政府、团体、经济、社会管理机构等用地
	C2	教育机构用地	托儿所、幼儿园、小学、中学及专科院校、成人教育及培训机构等用地

续表 4.1.3

类别代号		类别名称	范围
大类	小类		
C	C3	文体科技用地	文化、体育、图书、科技、展览、娱乐、度假、文物、纪念、宗教等设施用地
	C4	医疗保健用地	医疗、防疫、保健、休疗养等机构用地
	C5	商业金融用地	各类商业服务业的店铺，银行、信用、保险等机构，及其附属设施用地
	C6	集贸市场用地	集市贸易的专用建筑和场地；不包括临时占用街道、广场等设摊用地
M		生产设施用地	独立设置的各种生产建筑及其设施和内部道路、场地、绿化等用地
	M1	一类工业用地	对居住和公共环境基本无干扰、无污染的工业，如缝纫、工艺品制作等工业用地
	M2	二类工业用地	对居住和公共环境有一定干扰和污染的工业，如纺织、食品、机械等工业用地
	M3	三类工业用地	对居住和公共环境有严重干扰、污染和易燃易爆的工业，如采矿、冶金、建材、造纸、制革、化工等工业用地
	M4	农业服务设施用地	各类农产品加工和服务设施用地；不包括农业生产建筑用地
W		仓储用地	物资的中转仓库、专业收购和储存建筑、堆场及其附属设施、道路、场地、绿化等用地
	W1	普通仓储用地	存放一般物品的仓储用地
	W2	危险品仓储用地	存放易燃、易爆、剧毒等危险品的仓储用地
T		对外交通用地	镇对外交通的各种设施用地
	T1	公路交通用地	规划范围内的路段、公路站场、附属设施等用地
	T2	其他交通用地	规划范围内的铁路、水路及其他对外交通路段、站场和附属设施等用地

续表 4.1.3

类别代号		类别名称	范围
大类	小类		
S		道路广场用地	规划范围内的道路、广场、停车场等设施用地，不包括各类用地中的单位内部道路和停车场地
	S1	道路用地	规划范围内路面宽度等于和大于 6m 的各种道路、交叉口等用地
	S2	广场用地	公共活动广场、公共使用的停车场用地，不包括各类用地内部的场地
U		工程设施用地	各类公用工程和环卫设施以及防灾设施用地，包括其建筑物、构筑物及管理、维修设施等用地
	U1	公用工程用地	给水、排水、供电、邮政、通信、燃气、供热、交通管理、加油、维修、殡仪等设施用地
	U2	环卫设施用地	公厕、垃圾站、环卫站、粪便和生活垃圾处理设施等用地
	U3	防灾设施用地	各项防灾设施的用地，包括消防、防洪、防风等
G		绿地	各类公共绿地、防护绿地；不包括各类用地内部的附属绿化用地
	G1	公共绿地	面向公众、有一定游憩设施的绿地，如公园、路旁或临水宽度等于和大于 5m 的绿地
	G2	防护绿地	用于安全、卫生、防风等的防护绿地
E		水域和其他用地	规划范围内的水域、农林用地、牧草地、未利用地、各类保护区和特殊用地等
	E1	水域	江河、湖泊、水库、沟渠、池塘、滩涂等水域；不包括公园绿地中的水面

续表 4.1.3

类别代号		类别名称	范围
大类	小类		
E	E2	农林用地	以生产为目的的农林用地，如农田、菜地、园地、林地、苗圃、打谷场以及农业生产建筑等
	E3	牧草和养殖用地	生长各种牧草的土地及各种养殖场用地等
	E4	保护区	水源保护区、文物保护区、风景名胜区、自然保护区等
	E5	墓地	
	E6	未利用地	未使用和尚不能使用的裸岩、陡坡地、沙荒地等
	E7	特殊用地	军事、保安等设施用地；不包括部队家属生活区等用地

4.2 用地计算

4.2.1 镇的现状和规划用地应统一按规划范围进行计算。

4.2.2 规划范围应为建设用地以及因发展需要实行规划控制的区域，包括规划确定的预留发展、交通设施、工程设施等用地，以及水源保护区、文物保护区、风景名胜区、自然保护区等。

4.2.3 分片布局的规划用地应分片计算用地，再进行汇总。

4.2.4 现状及规划用地应按平面投影面积计算，用地的计算单位应为公顷（hm^2）。

4.2.5 用地面积计算的精确度应按图比例尺确定。1：10000、1：25000、1：50000 的图纸应取值到个位数；1：5000 的图纸应取值到小数点后一位数；1：1000、1：2000 的图纸应取值到小数点后两位数。

4.2.6 用地计算表的格式应符合本标准附录 A 的规定。

5 规划建设用地标准

5.1 一般规定

5.1.1 建设用地应包括本标准表 4.1.3 用地分类中的居住用地、公共设施用地、生产设施用地、仓储用地、对外交通用地、道路广场用地、工程设施用地和绿地 8 大类用地之和。

5.1.2 规划的建设用地标准应包括人均建设用地指标、建设用地比例和建设用地选择三部分。

5.1.3 人均建设用地指标应为规划范围内的建设用地面积除以常住人口数量的平均数值。人口统计应与用地统计的范围相一致。

5.2 人均建设用地指标

5.2.1 人均建设用地指标应按表5.2.1的规定分为四级。

表5.2.1 人均建设用地指标分级

级别	一	二	三	四
人均建设用地指标（m²/人）	>60~≤80	>80~≤100	>100~≤120	>120~≤140

5.2.2 新建镇区的规划人均建设用地指标应按表5.2.1中第二级确定；当地处现行国家标准《建筑气候区划标准》GB 50178 的Ⅰ、Ⅶ建筑气候区时，可按第三级确定；在各建筑气候区内均不得采用第一、四级人均建设用地指标。

5.2.3 对现有的镇区进行规划时，其规划人均建设用地指标应在现状人均建设用地指标的基础上，按表5.2.3规定的幅度进行调整。第四级用地指标可用于Ⅰ、Ⅶ建筑气候区的现有镇区。

表5.2.3 规划人均建设用地指标

现状人均建设用地指标（m²/人）	规划调整幅度（m²/人）
≤60	增 0~15
>60~≤80	增 0~10
>80~≤100	增、减 0~10
>100~≤120	减 0~10
>120~≤140	减 0~15
>140	减至 140 以内

注：规划调整幅度是指规划人均建设用地指标对现状人均建设用地指标的增减数值。

5.2.4 地多人少的边远地区的镇区，可根据所在省、自治区人民政府规定的建设用地指标确定。

5.3 建设用地比例

5.3.1 镇区规划中的居住、公共设施、道路广场、以及绿地中的公共绿地四类用地占建设用地的比例宜符合表5.3.1的规定。

表5.3.1 建设用地比例

类别代号	类别名称	占建设用地比例（%）	
		中心镇镇区	一般镇镇区
R	居住用地	28~38	33~43
C	公共设施用地	12~20	10~18
S	道路广场用地	11~19	10~17
G1	公共绿地	8~12	6~10
四类用地之和		64~84	65~85

5.3.2 邻近旅游区及现状绿地较多的镇区，其公共绿地所占建设用地的比例可大于所占比例的上限。

5.4 建设用地选择

5.4.1 建设用地的选择应根据区位和自然条件、占地的数量和质量、现有建筑和工程设施的拆迁和利用、交通运输条件、建设投资和经营费用、环境质量和社会效益以及具有发展余地等因素，经过技术经济比较，择优确定。

5.4.2 建设用地宜选在生产作业区附近，并应充分利用原有用地调整挖潜，同土地利用总体规划相协调。需要扩大用地规模时，宜选择荒地、薄地，不占或少占耕地、林地和牧草地。

5.4.3 建设用地宜选在水源充足，水质良好，便于排水、通风和地质条件适宜的地段。

5.4.4 建设用地应符合下列规定：
    1 应避开河洪、海潮、山洪、泥石流、滑坡、风灾、发震断裂等灾害影响以及生态敏感的地段；
    2 应避开水源保护区、文物保护区、自然保护区和风景名胜区；
    3 应避开有开采价值的地下资源和地下采空区以及文物埋藏区。

5.4.5 在不良地质地带严禁布置居住、教育、医疗及其他公众密集活动的建设项目。因特殊需要布置本条严禁建设以外的项目时，应避免改变原有地形、地貌和自然排水体系，并应制订整治方案和防止引发地质灾害的具体措施。

5.4.6 建设用地应避免被铁路、重要公路、高压输电线路、输油管线和输气管线等所穿越。

5.4.7 位于或邻近各类保护区的镇区，宜通过规划，减少对保护区的干扰。

6 居住用地规划

6.0.1 居住用地占建设用地的比例应符合本标准5.3的规定。

6.0.2 居住用地的选址应有利生产，方便生活，具有适宜的卫生条件和建设条件，并应符合下列规定：
    1 应布置在大气污染源的常年最小风向频率的下风侧以及水污染源的上游；

2 应与生产劳动地点联系方便，又不相互干扰；

3 位于丘陵和山区时，应优先选用向阳坡和通风良好的地段。

6.0.3 居住用地的规划应符合下列规定：

1 应按照镇区用地布局的要求，综合考虑相邻用地的功能、道路交通等因素进行规划；

2 根据不同的住户需求和住宅类型，宜相对集中布置。

6.0.4 居住建筑的布置应根据气候、用地条件和使用要求，确定建筑的标准、类型、层数、朝向、间距、群体组合、绿地系统和空间环境，并应符合下列规定：

1 应符合所在省、自治区、直辖市人民政府规定的镇区住宅用地面积标准和容积率指标，以及居住建筑的朝向和日照间距系数；

2 应满足自然通风要求，在现行国家标准《建筑气候区划标准》GB 50178 的Ⅱ、Ⅲ、Ⅳ气候区，居住建筑的朝向应符合夏季防热和组织自然通风的要求。

6.0.5 居住组群的规划应遵循方便居民使用、住宅类型多样、优化居住环境、体现地方特色的原则，应综合考虑空间组织、组群绿地、服务设施、道路系统、停车场地、管线敷设等的要求，区别不同的建设条件进行规划，并应符合下列规定：

1 新建居住组群的规划，镇区住宅宜以多层为主，并应具有配套的服务设施；

2 旧区居住街巷的改建规划，应因地制宜体现传统特色和控制住户总量，并应改善道路交通、完善公用工程和服务设施，搞好环境绿化。

7 公共设施用地规划

7.0.1 公共设施按其使用性质分为行政管理、教育机构、文体科技、医疗保健、商业金融和集贸市场六类，其项目的配置应符合表 7.0.1 的规定。

表 7.0.1 公共设施项目配置

类 别	项 目	中心镇	一般镇
一、行政管理	1. 党政、团体机构	●	●
	2. 法庭	○	—
	3. 各专项管理机构	●	●
	4. 居委会	●	●
二、教育机构	5. 专科院校	○	—
	6. 职业学校、成人教育及培训机构	○	○
	7. 高级中学	●	○
	8. 初级中学	●	●
	9. 小学	●	●
	10. 幼儿园、托儿所	●	●

续表 7.0.1

类 别	项 目	中心镇	一般镇
三、文体科技	11. 文化站（室）、青少年及老年之家	●	●
	12. 体育场馆	●	○
	13. 科技站	●	○
	14. 图书馆、展览馆、博物馆	●	○
	15. 影剧院、游乐健身场	●	○
	16. 广播电视台（站）	●	○
四、医疗保健	17. 计划生育站（组）	●	●
	18. 防疫站、卫生监督站	●	●
	19. 医院、卫生院、保健站	●	○
	20. 休疗养院	○	—
	21. 专科诊所	○	○
五、商业金融	22. 百货店、食品店、超市	●	●
	23. 生产资料、建材、日杂商店	●	●
	24. 粮油店	●	●
	25. 药店	●	●
	26. 燃料店（站）	●	●
	27. 文化用品店	●	●
	28. 书店	●	●
	29. 综合商店	●	●
	30. 宾馆、旅店	●	○
	31. 饭店、饮食店、茶馆	●	●
	32. 理发馆、浴室、照相馆	●	●
	33. 综合服务站	●	●
	34. 银行、信用社、保险机构	●	○
六、集贸市场	35. 百货市场	●	
	36. 蔬菜、果品、副食市场	●	
	37. 粮油、土特产、畜、禽、水产市场	根据镇的特点和发展需要设置	
	38. 燃料、建材家具、生产资料市场		
	39. 其他专业市场		

注：表中●——应设的项目；○——可设的项目。

7.0.2 公共设施的用地占建设用地的比例应符合本标准5.3的规定。

7.0.3 教育和医疗保健机构必须独立选址，其他公共设施宜相对集中布置，形成公共活动中心。

7.0.4 学校、幼儿园、托儿所的用地，应在阳光充足、环境安静、远离污染和不危及学生、儿童安全的地段，距离铁路干线应大于300m，主要入口不应开向公路。

7.0.5 医院、卫生院、防疫站的选址，应方便使用和避开人流和车流量大的地段，并应满足突发灾害事件的应急要求。

7.0.6 集贸市场用地应综合考虑交通、环境与节约用地等因素进行布置，并应符合下列规定：

　　1 集贸市场用地的选址应有利于人流和商品的集散，并不得占用公路、主要干路、车站、码头、桥头等交通量大的地段；不应布置在文体、教育、医疗机构等人员密集场所的出入口附近和妨碍消防车辆通行的地段；影响镇容环境和易燃易爆的商品市场，应设在集镇的边缘，并应符合卫生、安全防护的要求。

　　2 集贸市场用地的面积应按平集规模确定，并应安排好大集时临时占用的场地，休集时应考虑设施和用地的综合利用。

8　生产设施和仓储用地规划

8.0.1 工业生产用地应根据其生产经营的需要和对生活环境的影响程度进行选址和布置，并应符合下列规定：

　　1 一类工业用地可布置在居住用地或公共设施用地附近；

　　2 二、三类工业用地应布置在常年最小风向频率的上风侧及河流的下游，并应符合现行国家标准《村镇规划卫生标准》GB 18055的有关规定；

　　3 新建工业项目应集中建设在规划的工业用地中；

　　4 对已造成污染的二类、三类工业项目必须迁建或调整转产。

8.0.2 镇区工业用地的规划布局应符合下列规定：

　　1 同类型的工业用地应集中分类布置，协作密切的生产项目应邻近布置，相互干扰的生产项目应予分隔；

　　2 应紧凑布置建筑，宜建设多层厂房；

　　3 应有可靠的能源、供水和排水条件，以及便利的交通和通信设施；

　　4 公用工程设施和科技信息等项目宜共建共享；

　　5 应设置防护绿带和绿化厂区；

　　6 应为后续发展留有余地。

8.0.3 农业生产及其服务设施用地的选址和布置应符合下列规定：

　　1 农机站、农产品加工厂等的选址应方便作业、运输和管理；

　　2 养殖类的生产厂（场）等的选址应满足卫生和防疫要求，布置在镇区和村庄常年盛行风向的侧风位和通风、排水条件良好的地段，并应符合现行国家标准《村镇规划卫生标准》GB 18055的有关规定；

　　3 兽医站应布置在镇区的边缘。

8.0.4 仓库及堆场用地的选址和布置应符合下列规定：

　　1 应按存储物品的性质和主要服务对象进行选址；

　　2 宜设在镇区边缘交通方便的地段；

　　3 性质相同的仓库宜合并布置，共建服务设施；

　　4 粮、棉、油类、木材、农药等易燃易爆和危险品仓库严禁布置在镇区人口密集区，与生产建筑、公共建筑、居住建筑的距离应符合环保和安全的要求。

9　道路交通规划

9.1　一般规定

9.1.1 道路交通规划主要应包括镇区内部的道路交通、镇域内镇区和村庄之间的道路交通以及对外交通的规划。

9.1.2 镇的道路交通规划应依据县域或地区道路交通规划的统一部署进行规划。

9.1.3 道路交通规划应根据镇用地的功能、交通的流向和流量，结合自然条件和现状特点，确定镇区内部的道路系统，以及镇域内镇区和村庄之间的道路交通系统，应解决好与区域公路、铁路、水路等交通干线的衔接，并应有利于镇区和村庄的发展、建筑布置和管线敷设。

9.2　镇区道路规划

9.2.1 镇区的道路应分为主干路、干路、支路、巷路四级。

9.2.2 道路广场用地占建设用地的比例应符合本标准5.3的规定。

9.2.3 镇区道路中各级道路的规划技术指标应符合表9.2.3的规定。

表9.2.3　镇区道路规划技术指标

规划技术指标	道路级别			
	主干路	干路	支路	巷路
计算行车速度（km/h）	40	30	20	—
道路红线宽度（m）	24～36	16～24	10～14	

续表 9.2.3

规划技术指标	道路级别			
	主干路	干路	支路	巷路
车行道宽度 (m)	14～24	10～14	6～7	3.5
每侧人行道宽度 (m)	4～6	3～5	0～3	0
道路间距 (m)	≥500	250～500	120～300	60～150

9.2.4 镇区道路系统的组成应根据镇的规模分级和发展需求按表 9.2.4 确定。

表 9.2.4 镇区道路系统组成

规划规模分级	道路级别			
	主干路	干路	支路	巷路
特大、大型	●	●	●	●
中型	○	●	●	●
小型	—	○	●	●

注：表中●——应设的级别；○——可设的级别。

9.2.5 镇区道路应根据用地地形、道路现状和规划布局的要求，按道路的功能性质进行布置，并应符合下列规定：

1 连接工厂、仓库、车站、码头、货场等以货运为主的道路不应穿越镇区的中心地段；
2 文体娱乐、商业服务等大型公共建筑出入口处应设置人流、车辆集散场地；
3 商业、文化、服务设施集中的路段，可布置为商业步行街，根据集散要求应设置停车场地，紧急疏散出口的间距不得大于 160m；
4 人行道路宜布置无障碍设施。

9.3 对外交通规划

9.3.1 镇域内的道路交通规划应满足镇区与村庄间的车行、人行以及农机通行的需要。

9.3.2 镇域的道路系统应与公路、铁路、水运等对外交通设施相互协调，并应配置相应的站场、码头、停车场等设施，公路、铁路、水运等用地及防护地段应符合国家现行的有关标准的规定。

9.3.3 高速公路和一级公路的用地范围应与镇区建设用地范围之间预留发展所需的距离。

规划中的二、三级公路不应穿过镇区和村庄内部，对于现状穿过镇区和村庄的二、三级公路应在规划中进行调整。

10 公用工程设施规划

10.1 一般规定

10.1.1 公用工程设施规划主要应包括给水、排水、供电、通信、燃气、供热、工程管线综合和用地竖向规划。

10.1.2 镇的公用工程设施规划应依据县域或地区公用工程设施规划的统一部署进行规划。

10.2 给水工程规划

10.2.1 给水工程规划中的集中式给水主要应包括确定用水量、水质标准、水源及卫生防护、水质净化、给水设施、管网布置；分散式给水主要应包括确定用水量、水质标准、水源及卫生防护、取水设施。

10.2.2 集中式给水的用水量应包括生活、生产、消防、浇洒道路和绿化用水量，管网漏水量和未预见水量，并应符合下列规定：

1 生活用水量的计算：
1) 居住建筑的生活用水量可根据现行国家标准《建筑气候区划标准》GB 50178 的所在区域按表 10.2.2 进行预测；

表 10.2.2 居住建筑的生活用水量指标（L/人·d）

建筑气候区划	镇区	镇区外
Ⅲ、Ⅳ、Ⅴ区	100～200	80～160
Ⅰ、Ⅱ区	80～160	60～120
Ⅵ、Ⅶ区	70～140	50～100

2) 公共建筑的生活用水量应符合现行国家标准《建筑给水排水设计规范》GB 50015 的有关规定，也可按居住建筑生活用水量的 8%～25% 进行估算。

2 生产用水量应包括工业用水量、农业服务设施用水量，可按所在省、自治区、直辖市人民政府的有关规定进行计算。

3 消防用水量应符合现行国家标准《建筑设计防火规范》GB 50016 的有关规定。

4 浇洒道路和绿地的用水量可根据当地条件确定。

5 管网漏失水量及未预见水量可按最高日用水量的 15%～25% 计算。

10.2.3 给水工程规划的用水量也可按表 10.2.3 中人均综合用水量指标预测。

表 10.2.3 人均综合用水量指标（L/人·d）

建筑气候区划	镇区	镇区外
Ⅲ、Ⅳ、Ⅴ区	150～350	120～260
Ⅰ、Ⅱ区	120～250	100～200
Ⅵ、Ⅶ区	100～200	70～160

注：1 表中为规划期最高日用水量指标，已包括管网漏失及未预见水量；
2 有特殊情况的镇区，应根据用水实际情况，酌情增减用水量指标。

10.2.4 生活饮用水的水质应符合现行国家标准《生活饮用水卫生标准》GB 5749 的有关规定。

10.2.5 水源的选择应符合下列规定：

1 水量应充足，水质应符合使用要求；

2 应便于水源卫生防护；

3 生活饮用水、取水、净水、输配水设施应做到安全、经济和具备施工条件；

4 选择地下水作为给水水源时，不得超量开采；选择地表水作为给水水源时，其枯水期的保证率不得低于 90%；

5 水资源匮乏的镇应设置天然降水的收集贮存设施。

10.2.6 给水管网系统的布置和干管的走向应与给水的主要流向一致，并应以最短距离向用水大户供水。给水干管最不利点的最小服务水头，单层建筑物可按 10～15m 计算，建筑物每增加一层应增压 3m。

10.3 排水工程规划

10.3.1 排水工程规划主要应包括确定排水量、排水体制、排放标准、排水系统布置、污水处理设施。

10.3.2 排水量应包括污水量、雨水量，污水量应包括生活污水量和生产污水量。排水量可按下列规定计算：

1 生活污水量可按生活用水量的 75%～85% 进行计算；

2 生产污水量及变化系数可按产品种类、生产工艺特点和用水量确定，也可按生产用水量的 75%～90% 进行计算；

3 雨水量可按邻近城市的标准计算。

10.3.3 排水体制宜选择分流制；条件不具备可选择合流制，但在污水排入管网系统前应采用化粪池、生活污水净化沼气池等方法预处理。

10.3.4 污水排放应符合现行国家标准《污水综合排放标准》GB 8978 的有关规定；污水用于农田灌溉应符合现行国家标准《农田灌溉水质标准》GB 5084 的有关规定。

10.3.5 布置排水管渠时，雨水应充分利用地面径流和沟渠排除；污水应通过管道或暗渠排放，雨水的管、渠均应按重力流设计。

10.3.6 污水采用集中处理时，污水处理厂的位置应选在镇区的下游，靠近受纳水体或农田灌溉区。

10.3.7 利用中水应符合现行国家标准《建筑中水设计规范》GB 50336 和《污水再生利用工程设计规范》GB 50335 的有关规定。

10.4 供电工程规划

10.4.1 供电工程规划主要应包括预测用电负荷、确定供电电源、电压等级、供电线路、供电设施。

10.4.2 供电负荷的计算应包括生产和公共设施用电、居民生活用电。

用电负荷可采用现状年人均综合用电指标乘以增长率进行预测。

规划期末年人均综合用电量可按下式计算：

$$Q = Q_1(1+K)^n$$

式中 Q——规划期末年人均综合用电量（kWh/人·a）；

Q_1——现状年人均综合用电量（kWh/人·a）；

K——年人均综合用电量增长率（%）；

n——规划期限（年）。

K 值可依据人口增长和各产业发展速度分阶段进行预测。

10.4.3 变电所的选址应做到线路进出方便和接近负荷中心。变电所规划用地面积控制指标可根据表 10.4.3 选定。

表 10.4.3 变电所规划用地面积指标

变压等级（kV）一次电压/二次电压	主变压器容量 [kVA/台（组）]	变电所结构形式及用地面积（m²）	
		户外式用地面积	半户外式用地面积
110（66/10）	20～63/2～3	3500～5500	1500～3000
35/10	5.6～31.5/2～3	2000～3500	1000～2000

10.4.4 电网规划应符合下列规定：

1 镇区电网电压等级宜定为 110、66、35、10kV 和 380/220V，采用其中 2～3 级和二个变压层次；

2 电网规划应明确分层分区的供电范围，各级电压、供电线路输送功率和输送距离应符合表 10.4.4 的规定。

表 10.4.4 电力线路的输送功率、输送距离及线路走廊宽度

线路电压（kV）	线路结构	输送功率（kW）	输送距离（km）	线路走廊宽度（m）
0.22	架空线	50 以下	0.15 以下	—
	电缆线	100 以下	0.20 以下	—
0.38	架空线	100 以下	0.50 以下	—
	电缆线	175 以下	0.60 以下	—
10	架空线	3000 以下	8～15	—
	电缆线	5000 以下	10 以下	—
35	架空线	2000～10000	20～40	12～20
66、110	架空线	10000～50000	50～150	15～25

10.4.5 供电线路的设置应符合下列规定：

1 架空电力线路应根据地形、地貌特点和网络

规划，沿道路、河渠和绿化带架设；路径宜短捷、顺直，并应减少同道路、河流、铁路的交叉；

  2　设置35kV及以上高压架空电力线路应规划专用线路走廊（表10.4.4），并不得穿越镇区中心、文物保护区、风景名胜区和危险品仓库等地段；

  3　镇区的中、低压架空电力线路应同杆架设，镇区繁华地段和旅游景区宜采用埋地敷设电缆；

  4　电力线路之间应减少交叉、跨越，并不得对弱电产生干扰；

  5　变电站出线宜将工业线路和农业线路分开设置。

10.4.6　重要工程设施、医疗单位、用电大户和救灾中心应设专用线路供电，并应设置备用电源。

10.4.7　结合地区特点，应充分利用小型水力、风力和太阳能等能源。

10.5　通信工程规划

10.5.1　通信工程规划主要应包括电信、邮政、广播、电视的规划。

10.5.2　电信工程规划应包括确定用户数量、局（所）位置、发展规模和管线布置。

  1　电话用户预测应在现状基础上，结合当地的经济社会发展需求，确定电话用户普及率（部/百人）；

  2　电信局（所）的选址宜设在环境安全和交通方便的地段；

  3　通信线路规划应依据发展状况确定，宜采用埋地管道敷设，电信线路布置应符合下列规定：

    1)　应避开易受洪水淹没、河岸塌陷、土坡塌方以及有严重污染的地区；

    2)　应便于架设、巡察和检修；

    3)　宜设在电力线走向的道路另一侧。

10.5.3　邮政局（所）址的选择应利于邮件运输、方便用户使用。

10.5.4　广播、电视线路应与电信线路统筹规划。

10.6　燃气工程规划

10.6.1　燃气工程规划主要应包括确定燃气种类、供气方式、供气规模、供气范围、管网布置和供气设施。

10.6.2　燃气工程规划应根据不同地区的燃料资源和能源结构的情况确定燃气种类。

  1　靠近石油或天然气产地、原油炼制地、输气管沿线以及焦炭、煤炭产地的镇，宜选用天然气、液化石油气、人工煤气等矿物质气；

  2　远离石油或天然气产地、原油炼制地、输气管线、煤炭产地的镇区和村庄，宜选用沼气、农作物秸秆制气等生物质气。

10.6.3　矿物质气中的集中式燃气用气量应包括居住建筑（炊事、洗浴、采暖等）用气量、公共设施用气量和生产用气量。

  1　居住建筑和公共设施的用气量应根据统计数据分析确定；

  2　生产用气量可根据实际燃料消耗量折算，也可按同行业的用气量指标确定。

10.6.4　液化石油气供应基地的规模应根据供应用户类别、户数等用气量指标确定；每个瓶装供应站一般供应5000～7000户，不宜超过10000户。

  供应基地的站址应选择在地势平坦开阔和全年最小频率风向的上风侧，并应避开地震带和雷区等地段。

  供应基地和瓶装供应站的位置与镇区各项用地和设施的安全防护距离应符合现行国家标准《城镇燃气设计规范》GB 50028的有关规定。

10.6.5　选用沼气或农作物秸秆制气应根据原料品种与产气量，确定供应范围，并应做好沼水、沼渣的综合利用。

10.7　供热工程规划

10.7.1　供热工程规划主要应包括确定热源、供热方式、供热量，布置管网和供热设施。

10.7.2　供热工程规划应根据采暖地区的经济和能源状况，充分考虑热能的综合利用，确定供热方式。

  1　能源消耗较多时可采用集中供热；

  2　一般地区可采用分散供热，并应预留集中供热的管线位置。

10.7.3　集中供热的负荷应包括生活用热和生产用热。

  1　建筑采暖负荷应符合国家现行标准《采暖通风与空气调节设计规范》GB 50019、《公共建筑节能设计标准》GB 50189、《民用建筑节能设计标准（采暖居住建筑部分）》JGJ 26的有关规定，并应符合所在省、自治区、直辖市人民政府有关建筑采暖的规定；

  2　生活热水负荷应根据当地经济条件、生活水平和生活习俗计算确定；

  3　生产用热的供热负荷应依据生产性质计算确定。

10.7.4　集中供热规划应根据各地的情况选择锅炉房、热电厂、工业余热、地热、热泵、垃圾焚化厂等不同方式供热。

10.7.5　供热工程规划，应充分考虑以下可再生能源的利用：

  1　日照充足的地区可采用太阳能供热；

  2　冬季需采暖、夏季需降温的地区根据水文地质条件可设置地源热泵系统。

10.7.6　供热管网的规划可按现行行业标准《城市热力网设计规范》CJJ 34的有关规定执行。

10.8 工程管线综合规划

10.8.1 镇区工程管线综合规划可按现行国家标准《城市工程管线综合规划规范》GB 50289 的有关规定执行。

10.9 用地竖向规划

10.9.1 镇区建设用地的竖向规划应包括下列内容：

1 应确定建筑物、构筑物、场地、道路、排水沟等的规划控制标高；
2 应确定地面排水方式及排水构筑物；
3 应估算土石方挖填工程量，进行土方初平衡，合理确定取土和弃土的地点。

10.9.2 建设用地的竖向规划应符合下列规定：

1 应充分利用自然地形地貌，减少土石方工程量，宜保留原有绿地和水面；
2 应有利于地面排水及防洪、排涝，避免土壤受冲刷；
3 应有利于建筑布置、工程管线敷设及景观环境设计；
4 应符合道路、广场的设计坡度要求。

10.9.3 建设用地的地面排水应根据地形特点、降水量和汇水面积等因素，划分排水区域，确定坡向和坡度及管沟系统。

11 防灾减灾规划

11.1 一般规定

11.1.1 防灾减灾规划主要应包括消防、防洪、抗震防灾和防风减灾的规划。

11.1.2 镇的防灾减灾规划应依据县域或地区防灾减灾规划的统一部署进行规划。

11.2 消防规划

11.2.1 消防规划主要应包括消防安全布局和确定消防站、消防给水、消防通信、消防车通道、消防装备。

11.2.2 消防安全布局应符合下列规定：

1 生产和储存易燃、易爆物品的工厂、仓库、堆场和储罐等应设置在镇区边缘或相对独立的安全地带；
2 生产和储存易燃、易爆物品的工厂、仓库、堆场、储罐以及燃油、燃气供应站等与居住、医疗、教育、集会、娱乐、市场等建筑之间的防火间距不应小于50m；
3 现状中影响消防安全的工厂、仓库、堆场和储罐等应迁移或改造，耐火等级低的建筑密集区应开辟防火隔离带和消防车通道，增设消防水源。

11.2.3 消防给水应符合下列规定：

1 具备给水管网条件时，其管网及消火栓的布置、水量、水压应符合现行国家标准《建筑设计防火规范》GB 50016 的有关规定；
2 不具备给水管网条件时应利用河湖、池塘、水渠等水源规划建设消防给水设施；
3 给水管网或天然水源不能满足消防用水时，宜设置消防水池，寒冷地区的消防水池应采取防冻措施。

11.2.4 消防站的设置应根据镇的规模、区域位置和发展状况等因素确定，并应符合下列规定：

1 特大、大型镇区消防站的位置应以接到报警5min内消防队到辖区边缘为准，并应设在辖区内的适中位置和便于消防车辆迅速出动的地段；消防站的建设用地面积、建筑及装备标准可按《城市消防站建设标准》的规定执行；消防站的主体建筑距离学校、幼儿园、托儿所、医院、影剧院、集贸市场等公共设施的主要疏散口的距离不应小于50m。
2 中、小型镇区尚不具备建设消防站时，可设置消防值班室，配备消防通信设备和灭火设施。

11.2.5 消防车通道之间的距离不宜超过160m，路面宽度不得小于 4m，当消防车通道上空有障碍物跨越道路时，路面与障碍物之间的净高不得小于 4m。

11.2.6 镇区应设置火警电话。特大、大型镇区火警线路不应少于两对，中、小型镇区不应少于一对。

镇区消防站应与县级消防站、邻近地区消防站，以及镇区供水、供电、供气等部门建立消防通信联网。

11.3 防洪规划

11.3.1 镇域防洪规划应与当地江河流域、农田水利、水土保持、绿化造林等的规划相结合，统一整治河道，修建堤坝、圩垸和蓄、滞洪区等工程防洪措施。

11.3.2 镇域防洪规划应根据洪灾类型（河洪、海潮、山洪和泥石流）选用相应的防洪标准及防洪措施，实行工程防洪措施与非工程防洪措施相结合，组成完整的防洪体系。

11.3.3 镇域防洪规划应按现行国家标准《防洪标准》GB 50201 的有关规定执行；镇区防洪规划除应执行本标准外，尚应符合现行行业标准《城市防洪工程设计规范》CJJ 50 的有关规定。

邻近大型或重要工矿企业、交通运输设施、动力设施、通信设施、文物古迹和旅游设施等防护对象的镇，当不能分别进行设防时，应按就高不就低的原则确定设防标准及设置防洪设施。

11.3.4 修建围埝、安全台、避水台等就地避洪安全设施时，其位置应避开分洪口、主流顶冲和深水区，其安全超高值应符合表 11.3.4 的规定。

表 11.3.4 就地避洪安全设施的安全超高

安全设施	安置人口（人）	安全超高(m)
围埝	地位重要、防护面大、人口≥10000的密集区	＞2.0
围埝	≥10000	2.0～1.5
围埝	1000～＜10000	1.5～1.0
围埝	＜1000	1.0
安全台、避水台	≥1000	1.5～1.0
安全台、避水台	＜1000	1.0～0.5

注：安全超高是指在蓄、滞洪时的最高洪水位以上，考虑水面浪高等因素，避洪安全设施需要增加的富余高度。

11.3.5 各类建筑和工程设施内设置安全层或建造其他避洪设施时，应根据避洪人员数量统一进行规划，并应符合现行国家标准《蓄滞洪区建筑工程技术规范》GB 50181 的有关规定。

11.3.6 易受内涝灾害的镇，其排涝工程应与排水工程统一规划。

11.3.7 防洪规划应设置救援系统，包括应急疏散点、医疗救护、物资储备和报警装置等。

11.4 抗震防灾规划

11.4.1 抗震防灾规划主要应包括建设用地评估和工程抗震、生命线工程和重要设施、防止地震次生灾害以及避震疏散的措施。

11.4.2 在抗震设防区进行规划时，应符合现行国家标准《中国地震动参数区划图》GB 18306 和《建筑抗震设计规范》GB 50011 等的有关规定，选择对抗震有利的地段，避开不利地段，严禁在危险地段规划居住建筑和人员密集的建设项目。

11.4.3 工程抗震应符合下列规定：
   1 新建建筑物、构筑物和工程设施应按国家和地方现行有关标准进行设防；
   2 现有建筑物、构筑物和工程设施应按国家和地方现行有关标准进行鉴定，提出抗震加固、改建和拆迁的意见。

11.4.4 生命线工程和重要设施，包括交通、通信、供水、供电、能源、消防、医疗和食品供应等应进行统筹规划，并应符合下列规定：
   1 道路、供水、供电等工程应采取环网布置方式；
   2 镇区人员密集的地段应设置不同方向的四个出入口；
   3 抗震防灾指挥机构应设置备用电源。

11.4.5 生产和贮存具有发生地震的次生灾害源，包括产生火灾、爆炸和溢出剧毒、细菌、放射物等单位，应采取以下措施：

   1 次生灾害严重的，应迁出镇区和村庄；
   2 次生灾害不严重的，应采取防止灾害蔓延的措施；
   3 人员密集活动区不得建有次生灾害源的工程。

11.4.6 避震疏散地应根据疏散人口的数量规划，疏散场地应与广场、绿地等综合考虑，并应符合下列规定：
   1 应避开次生灾害严重的地段，并应具备明显的标志和良好的交通条件；
   2 镇区每一疏散场地的面积不宜小于 4000m²；
   3 人均疏散场地面积不宜小于 3m²；
   4 疏散人群至疏散场地的距离不宜大于 500m；
   5 主要疏散场地应具备临时供电、供水并符合卫生要求。

11.5 防风减灾规划

11.5.1 易形成风灾地区的镇区选址应避开与风向一致的谷口、山口等易形成风灾的地段。

11.5.2 易形成风灾地区的镇区规划，其建筑物的规划设计除应符合现行国家标准《建筑结构荷载规范》GB 50009 的有关规定外，尚应符合下列规定：
   1 建筑物宜成组成片布置；
   2 迎风地段宜布置刚度大的建筑物，体型力求简洁规整，建筑物的长边应同风向平行布置；
   3 不宜孤立布置高耸建筑物。

11.5.3 易形成风灾地区的镇区应在迎风方向的边缘选种密集型的防护林带。

11.5.4 易形成台风灾害地区的镇区规划应符合下列规定：
   1 滨海地区、岛屿应修建抵御风暴潮冲击的堤坝；
   2 确保风后暴雨及时排除，应按国家和省、自治区、直辖市气象部门提供的年登陆台风最大降水量和日最大降水量，统一规划建设排水体系；
   3 应建立台风预报信息网，配备医疗和救援设施。

11.5.5 宜充分利用风力资源，因地制宜地利用风能建设能源转换和能源储存设施。

12 环境规划

12.1 一般规定

12.1.1 环境规划主要应包括生产污染防治、环境卫生、环境绿化和景观的规划。

12.1.2 镇的环境规划应依据县域或地区环境规划的统一部署进行规划。

12.2 生产污染防治规划

12.2.1 生产污染防治规划主要应包括生产的污染控

制和排放污染物的治理。

12.2.2 新建生产项目应相对集中布置，与相邻用地间设置隔离带，其卫生防护距离应符合现行国家标准《村镇规划卫生标准》GB 18055 和本标准第 8 章的有关规定。

12.2.3 空气环境质量应符合现行国家标准《环境空气质量标准》GB 3095 的有关规定。

12.2.4 地表水环境质量应符合现行国家标准《地表水环境质量标准》GB 3838 的有关规定，并应符合本标准10.3.4～10.3.6 的规定。

12.2.5 地下水质量应符合现行国家标准《地下水质量标准》GB/T 14848 的有关规定。

12.2.6 土壤环境质量应符合现行国家标准《土壤环境质量标准》GB 15618 的有关规定。

12.2.7 生产中的固体废弃物的处理场设置应进行环境影响评价，并宜逐步实现资源化和综合利用。

12.3 环境卫生规划

12.3.1 环境卫生规划应符合现行国家标准《村镇规划卫生标准》GB 18055 的有关规定。

12.3.2 垃圾转运站的规划宜符合下列规定：
 1 宜设置在靠近服务区域的中心或垃圾产量集中和交通方便的地方；
 2 生活垃圾日产量可按每人 1.0～1.2kg 计算。

12.3.3 镇区应设置垃圾收集容器（垃圾箱），每一收集容器（垃圾箱）的服务半径宜为 50～80m。镇区垃圾应逐步实现分类收集、封闭运输、无害化处理和资源化利用。

12.3.4 居民粪便的处理应符合现行国家标准《粪便无害化卫生标准》GB 7959 的有关规定。

12.3.5 镇区主要街道两侧、公共设施以及市场、公园和旅游景点等人群密集场所宜设置节水型公共厕所。

12.3.6 镇区应设置环卫站，其规划占地面积可根据规划人口每万人 0.10～0.15hm² 计算。

12.4 环境绿化规划

12.4.1 镇区环境绿化规划应根据地形地貌、现状绿地的特点和生态环境建设的要求，结合用地布局，统一安排公共绿地、防护绿地、各类用地中的附属绿地，以及镇区周围环境的绿化，形成绿地系统。

12.4.2 公共绿地主要应包括镇区级公园、街区公共绿地，以及路旁、水旁宽度大于 5m 的绿带，公共绿地在建设用地中的比例宜符合本标准 5.3 的规定。

12.4.3 防护绿地应根据卫生和安全防护功能的要求，规划布置水源保护区防护绿地、工矿企业防护带、养殖业的卫生隔离带、铁路和公路防护绿带、高压电力线路走廊绿化和防风林带等。

12.4.4 镇建设用地中公共绿地之外的各类用地中的附属绿地宜结合用地中的建筑、道路和其他设施布置的要求，采取多种绿地形式进行规划。

12.4.5 对镇区生态环境质量、居民休闲生活、景观和生物多样性保护有影响的邻近地域，包括水源保护区、自然保护区、风景名胜区、文物保护区、观光农业区、垃圾填埋场地应统筹进行环境绿化规划。

12.4.6 栽植树木花草应结合绿地功能选择适于本地生长的品种，并应根据其根系、高度、生长特点等，确定与建筑物、工程设施以及地面上下管线间的栽植距离。

12.5 景观规划

12.5.1 景观规划主要应包括镇区容貌和影响其周边环境的规划。

12.5.2 镇区景观规划应充分运用地形地貌、山川河湖等自然条件，以及历史形成的物质基础和人文特征，结合现状建设条件和居民审美需求，创造优美、清新、自然、和谐、富于地方特色和时代特征的生活和工作环境，体现其协调性和整体性。

12.5.3 镇区景观规划应符合下列规定：
 1 应结合自然环境、传统风格、创造富于变化的空间布局，突出地方特色；
 2 建筑物、构筑物、工程设施的群体和个体的形象、风格、比例、尺度、色彩等应相互协调；
 3 地名及其标志的设置应规范化；
 4 道路、广场、建筑的标志和符号、杆线和灯具、广告和标语、绿化和小品，应力求形式简洁、色彩和谐、易于识别。

13 历史文化保护规划

13.0.1 镇、村历史文化保护规划必须体现历史的真实性、生活的延续性、风貌的完整性，贯彻科学利用、永续利用的原则。

13.0.2 镇、村历史文化保护规划应依据县域规划的基本要求和原则进行编制。

13.0.3 镇、村历史文化保护规划应纳入镇、村规划。镇区的用地布局、发展用地选择、各项设施的选址、道路与工程管网的选线，应有利于镇、村历史文化的保护。

13.0.4 镇、村历史文化保护规划应结合经济、社会和历史背景，全面深入调查历史文化遗产的历史和现状，依据其历史、科学、艺术等价值，确定保护的目标、具体保护的内容和重点，并应划定保护范围：包括核心保护区、风貌控制区、协调发展区三个层次，制订不同范围的保护管制措施。

13.0.5 镇、村历史文化保护规划的主要内容应包括：
 1 历史空间格局和传统建筑风貌；

2 与历史文化密切相关的山体、水系、地形、地物、古树名木等要素；

3 反映历史风貌的其他不可移动的历史文物、体现民俗精华、传统庆典活动的场地和固定设施等。

13.0.6 划定镇、村历史文化保护范围的界线应符合下列规定：

1 确定文物古迹或历史建筑的现状用地边界应包括：

　　1）街道、广场、河流等处视线所及范围内的建筑用地边界或外观界面；

　　2）构成历史风貌与保护对象相互依存的自然景观边界。

2 保存完好的镇区和村庄应整体划定为保护范围。

13.0.7 镇、村历史文化保护范围内应严格保护该地区历史风貌，维护其整体格局及空间尺度，并应制定建筑物、构筑物和环境要素的维修、改善与整治方案，以及重要节点的整治方案。

13.0.8 镇、村历史文化保护范围的外围应划定风貌控制区的边界线，并应严格控制建筑的性质、高度、体量、色彩及形式。根据需要并划定协调发展区的界线。

13.0.9 镇、村历史文化保护范围内增建设施的外观和绿化布局必须严格符合历史风貌的保护要求。

13.0.10 镇、村历史文化保护范围内应限定居住人口数量，改善居民生活环境，并应建立可靠的防灾和安全体系。

14 规 划 制 图

14.0.1 规划图纸绘制应符合下列规定：

1 规划图纸应标注图题、图界、指北针和风象玫瑰、比例和比例尺、规划期限、图例、署名、编制日期和图标等内容。

2 规划图例宜按本标准附录B"规划图例"的规定绘制。

附录 A 用地计算表

附表 A 用地计算表

类别代号	用地名称	现　状　年 人			规　划　年 人		
		面积(hm²)	比例(%)	人均(m²/人)	面积(hm²)	比例(%)	人均(m²/人)
R							
R1							
R2							
C							
C1							
C2							
C3							
C4							
C5							
C6							
M							
M1							
M2							
M3							
M4							
W							
W1							
W2							
T							
T1							
T2							
S							
S1							
S2							
U							
U1							
U2							
U3							
G							
G1							
G2							
建设用地			100			100	
E							
E1							
E2							
E3							
E4							
E5							
E6							
E7							
规划范围面积(hm²)							

附录 B 规划图例

附表 B.0.1 用地图例

代号	项　　目	单　色	彩　色
R	居住用地	▭	黄色 51
R1	一类居住用地	加注代码 R1	加注代码 R1
R2	二类居住用地	加注代码 R2	加注代码 R2
C	公共设施用地	▭（横线）	红色 10
C1	行政管理用地	C 加注符号	
	居委、村委、政府	居 村 ★	居 村 ★ 10
C2	教育机构用地	▭（横线）	橙色 31
	幼儿园、托儿所	C2 加注 幼	幼
	小学	小	小
	中学	中	中
	大、中专、技校	大 专 技	大 专 技
C3	文体科技用地	C 加注符号	
	文化、图书、科技	文 科 图	文 科 图
	影剧院、展览馆	影 展	影 展
	体育场（依实际比例绘出）	⌔	绿色 ⌔ 102

9—17

续附表 B.0.1

代号	项 目	单 色	彩 色
C4	医疗保健用地	C加注符号	
	医院、卫生院	⊕	⊕ 10
	休、疗养院	休疗	休疗
C5	商业金融用地	(横线填充矩形)	(红色矩形) 10
C6	集贸市场用地	C加注 集	C加注 集
M	生产设施用地	(竖线填充矩形)	(棕色矩形) 34
M1	一类工业用地	加注代码 M1	
M2	二类工业用地	加注代码 M2	
M3	三类工业用地	加注代码 M3	
M4	农业服务设施用地	加注代码 M4 或符号	
	兽医站	兽	兽 32
W	仓储用地		
W1	普通仓储用地	(斜线填充矩形)	(紫色矩形) 181
W2	危险品仓储用地	加注符号 W2	
T	对外交通用地	(双线矩形)	(灰色矩形) 253
T1	公路交通用地	加注符号	
	汽车站	⊗	⊗
T2	其他交通用地		
	铁路站场	(铁路符号)	(铁路符号)
	水运码头	T	T
S	道路广场用地	(道路符号)	(道路符号) 8

续附表 B.0.1

代号	项 目	单 色	彩 色
	停车场	P	P 8
U	工程设施用地	▭	▬ 153
U1	公用工程用地	加注符号	
	自来水厂	⊖	⊖ 131
	泵站、污水泵站	⊗ ⊗	⊗ 131 ⊗ 34
	污水处理场	⊖	⊖ 34
	供、变电站（所）	⚡	⚡ 10
	邮政、电信局（所）	邮 电	邮 电
	广播、电视站	📡	📡
	气源厂、汽化站	m — m_a	m — m_a
	沼气池	⊙	⊙
	热力站	▭	▭
	风能站	↑	↑
	殡仪设施	⚱	⚱
	加油站	⛽	⛽
U2	环卫设施用地	加注符号	
	公共厕所	WC	WC
	环卫站、垃圾收集点、转运站	H ▲ ◤	H ▲ ◤ 34
	垃圾处理场	⊠	⊠ 34

续附表 B.0.1

代号	项目	单色	彩色
U3	防灾设施用地	加注符号	
	消防站	⑲	⑲
	防洪堤、围埝		
G	绿地		
G1	公共绿地		72
G2	防护绿地		80
E	水域和其他用地		
E1	水域		131
	水产养殖		130
	盐田、盐场		130
E2	农林用地		
	旱地		60
	水田		60
	菜地		60
	果园		60
	苗圃		60
	林地		60
	打谷场	谷	谷 60

续附表 B.0.1

代号	项　目	单　色	彩　色
E3	牧草和养殖用地		61
	饲养场	加注〈鸡〉〈猪〉〈牛〉等符号	
E4	保护区		64
E5	墓地		60
E6	未利用地		
E7	特殊用地		64

附表 B.0.2　建筑图例

代号	项　目	现　状	规　划
B	建筑物及质量评定	注：字母 a、b、c 表示建筑质量好、中、差，数字表示建筑层数，写在右下角	注：数字表示建筑层数，平房不需表示，写在左下角
B1	居住建筑	a2 / a2　40	2 / 2　40
B2	公共建筑	a4 / a4　10	4 / 4　10
B3	生产建筑	a2 / a2　34	2 / 2　34
B4	仓储建筑	a / a　190	/ 　190
F	篱、墙及其他		
F1	围墙		
F2	栅栏		

续附表 B.0.2

代号	项目	现状	规划
F3	篱笆	—·—·—·—	
F4	灌木篱笆	○○·○··○··○·○○	
F5	挡土墙		
F6	文物古迹		
	古建筑		应标明古建名称
	古遗址	××遗址	应标明遗址名称
	保护范围	文保	指文物本身的范围
F7	古树名木		

附表 B.0.3 道路交通及工程设施图例

代号	项目	现状	规划
S0	道路工程		
S11	道路平面 红线、车行道、中心线、中心点坐标、标高、纵坡	$i=\%$	$x=$ $y=$ h
S12	道路平曲线	$\alpha=$; $x=$ $R=$; $y=$ h 注：α—转折角度；$\dfrac{x}{y}$—折点坐标 R—平曲线半径（m）；h—折点标高	
S13	道路交叉口 红线、车行道、中心线、交叉口坐标及标高、缘石半径		$x=$ $y=$ h $R=$
T0	对外交通		
T11	高速公路	(未建成)	
T12	公路	东山市	东山市
T13	乡村土路	— — — —	

9—22

续附表 B.0.3

代号	项 目	现 状	规 划
T14	人行小路		
T15	路堤		
T16	路堑		
T17	公路桥梁		
T18	公路涵洞、涵管		
T19	公路隧道		
T21	铁路线		
T22	铁路桥		
T23	铁路隧道		
T24	铁路涵洞、涵管		
T31	公路铁路平交道口		
T32	公路铁路跨线桥 公路上行		
T33	公路铁路跨线桥 公路下行		
T34	公路跨线桥		
T35	铁路跨线桥		
T41	港口		
T42	水运航线		
T51	航空港、机场		

续附表 B.0.3

代号	项目	现状	规划
U11	给水工程		
	水源地	131	130
	地上供水管线	DN200　　140	DN 200　　140
	地下供水管线	DN 200　　140	DN 200　　140
	输水槽（渡槽）	140	
	消火栓	140	140
	水井	140	140
	水塔	140	140
	水闸	140	140
U12	排水工程		
	排水明沟 流向、沟底纵坡	6‰　6‰　3	6‰　6‰　3
	排水暗沟 流向、沟底纵坡	6‰　6‰　3	6‰　6‰　3
	地下污水管线	34	D400　D400　34
	地下雨水管线	3	D500　D500　3
U13	供电工程		

续附表 B.0.3

代号	项 目	现 状	规 划
	高压电力线走廊		
	架空高压电力线		
	架空低压电力线		
	地下高压电缆		
	地下低压电缆		
	变压器		
U14	通信工程		
	架空电信电缆		
	地下电信电缆		
U15	其他管线工程		
	供热管线		
	工业管线		
	燃气管线		
	石油管线		

附表 B.0.4 地域图例

代号	项 目	单色/彩色	
L	边界线		
L1	国界	(黑色点划线) / (紫色点划线) 200	
L2	省级界	(黑色点划线) / (紫色点划线) 200	
L3	地级界	(黑色点划线) / (紫色点划线) 200	
L4	县级界	(黑色点划线) / (紫色点划线) 200	
L5	镇（乡）界	(黑色点划线) / (紫色点划线) 200	
L6	村界	(黑色虚线) / (紫色虚线) 200	
L7	保护区界	加注名称 74	
L8	镇区规划界	(单色)	(彩色) 221
L9	村庄规划界	(单色)	(彩色) 221
L10	用地发展方向	⇧	⇧ 221
A	居民点层次、人口及用地		
A1	中心城市	★ ★ 北京市 10	(人)/(hm²)
A2	县（市）驻地	★ ★ 甘泉县 10	(人)/(hm²)
A3	中心镇	● ● 太和镇 10	(人)/(hm²)
A4	一般镇	◎ ◎ 赤湖镇 10	(人)/(hm²)

续附表 B.0.4

代号	项 目	单色/彩色	
A5	中心村	● ● 梅竹村 47	(人)/(hm²)
A6	基层村	○ ○ 杨庄 47	(人)/(hm²)
Z	区域用地与资源分析		
Z1	适于修建的用地		70
Z2	需采取工程措施的用地		31
Z3	不适于修建的用地		45
Z4	土壤耐压范围	>20kN/m² <20kN/m²	>20kN/m² <20kN/m² 23+40
Z5	地下水等深范围	0.8m 1.5m	0.8m 1.5m 160
Z6	洪水淹没范围（100年、50年、20年）及标高	洪50年	洪50年 140+10
Z7	滑坡范围		虚线内为滑坡范围
Z8	泥石流范围		小点之内为泥石流边界
Z9	地下采空区		小点围合内为地下采空区范围
Z10	地面沉降区		小点围合内为地面沉降范围
Z11	金属矿藏	Fe	框内注明资源成分

续附表 B.0.4

代号	项目	单色/彩色	
Z12	非金属矿藏	Si	框内注明资源成分
Z13	地热	60℃	圈内注明地热温度
Z14	石油井、天然气井		
Z15	火电站、水电站		21+10　　130+10

附录 C　用地名称和规划图例中英文词汇对照表

附表 C　用地名称和规划图例中英文词汇对照表

代号 Codes	中文名称 Chinese	英文同（近）义词 English
R	居住用地	Residential land
C	公共设施用地	Public facilities
M	生产设施用地	Industry and agriculture manufacturing facilities land
W	仓储用地	Warehouse land
T	对外交通用地	Transportation land
S	道路广场用地	Roads and Squares
U	工程设施用地	Municipal utilities
G	绿地	Green space
E	水域和其他用地	Waters and miscellaneous
A	居民点层次	Settlement administrative levels
B	房屋建筑	Building
F	篱、墙	Fence, Wall
L	边界线	Boundary line
Z	区域用地与资源分析	Analysis for zonal land and resources

本标准用词说明

1 为便于在执行本标准条文时区别对待，对要求严格程度不同的用词说明如下：

　　1）表示很严格，非这样做不可的：
　　　正面词采用"必须"，反面词采用"严禁"；

　　2）表示严格，在正常情况下均应这样做的：
　　　正面词采用"应"，反面词采用"不应"或"不得"；

　　3）表示允许稍有选择，在条件许可时首先应这样做的：
　　　正面词采用"宜"，反面词采用"不宜"；
　　　表示有选择，在一定条件下可以这样做的，采用"可"。

2 条文中指明应按其他有关标准执行时的写法为：
　　"应符合……规定"或"应按……执行"。

中华人民共和国国家标准

镇 规 划 标 准

GB 50188—2007

条 文 说 明

前 言

《镇规划标准》GB 50188—2007 经建设部 2007 年 1 月 16 日以第 553 号公告批准发布。

本标准第一版《村镇规划标准》GB 50188—93 的主编单位是：中国建筑技术发展研究中心村镇规划设计研究所，参编单位是：四川省城乡规划设计研究院、吉林省城乡规划设计研究院、天津市城乡规划设计院、武汉市城市规划设计研究院、浙江省村镇建设研究会、陕西省村镇建设研究会。

为便于广大设计、施工、科研、学校等有关单位有关人员在使用本标准时能正确理解和执行条文规定，《镇规划标准》编制组按章、节、条顺序编制了本标准的条文说明，供使用者参考。在使用中如发现本标准条文和说明有不妥之处，请将意见函寄中国建筑设计研究院城镇规划设计研究院（北京市西直门外车公庄大街 19 号，邮政编码：100044）。

目 次

1 总则 ················· 9—32
3 镇村体系和人口预测 ········ 9—32
  3.1 镇村体系和规模分级 ····· 9—32
  3.2 规划人口预测 ········· 9—32
4 用地分类和计算 ·········· 9—33
  4.1 用地分类 ············ 9—33
  4.2 用地计算 ············ 9—34
5 规划建设用地标准 ········ 9—35
  5.1 一般规定 ············ 9—35
  5.2 人均建设用地指标 ····· 9—35
  5.3 建设用地比例 ········· 9—35
  5.4 建设用地选择 ········· 9—37
6 居住用地规划 ··········· 9—37
7 公共设施用地规划 ········ 9—37
8 生产设施和仓储用地规划 ··· 9—37
9 道路交通规划 ··········· 9—37
  9.2 镇区道路规划 ········· 9—37
  9.3 对外交通规划 ········· 9—38
10 公用工程设施规划 ······· 9—38
  10.2 给水工程规划 ········ 9—38
  10.3 排水工程规划 ········ 9—38
  10.4 供电工程规划 ········ 9—38
  10.6 燃气工程规划 ········ 9—39
  10.7 供热工程规划 ········ 9—39
  10.9 用地竖向规划 ········ 9—39
11 防灾减灾规划 ·········· 9—39
  11.2 消防规划 ············ 9—39
  11.3 防洪规划 ············ 9—39
  11.4 抗震防灾规划 ········ 9—40
  11.5 防风减灾规划 ········ 9—40
12 环境规划 ·············· 9—40
  12.2 生产污染防治规划 ···· 9—40
  12.3 环境卫生规划 ········ 9—40
  12.4 环境绿化规划 ········ 9—40
  12.5 景观规划 ············ 9—40
13 历史文化保护规划 ······· 9—41
14 规划制图 ·············· 9—41

1 总　　则

1.0.1 系统制订和不断完善有关镇规划的标准，是加强镇规划建设工作，使之科学化、规范化的一项重要内容。

这次修订是在总结《村镇规划标准》GB 50188—93颁布十多年来我国村镇规划建设事业发展变化的基础上，特别是镇的数量迅速增加和建设质量不断提高，镇的发展变化对于改变农村面貌和推进农村的现代化建设，加速我国城镇化的进程，日益显示出其重要性，而进行修编的。

规划是建设的先导，提高镇的规划水平，目的是为广大居民创造良好的生活和生产环境。为此，这次修订，除完善了已有的规划标准外，同时增补了有关内容，从而为规划编制和组织管理工作提供更为全面和更加严格的技术标准，以促进我国城乡经济、社会和环境的协调发展。

1.0.2 为适应镇的建设发展形势，本标准的名称改为镇规划标准，其适用范围为全国县级人民政府驻地以外的镇的规划，乡的规划可按本标准执行。

由于县级人民政府驻地镇与其他镇虽同为镇建制，但两者从其管辖的地域规模、性质职能、机构设置和发展前景来看却截然不同，两者并不处在同一层次，因此，本标准不适用于县级人民政府驻地镇。

乡规划可按本标准执行，是由于我国的镇与乡同为我国基层政权机构，且都实行以镇（乡）管村的行政体制，随着我国乡村城镇化的进展、体制的改革，使编制的规划得以延续，避免因行政建制的变更而重新进行规划。

1.0.3 本标准是一项综合性的通用标准，内容涉及多种专业，这些专业都颁布了相应的专业标准和规范。因此，编制镇规划时，除应执行本标准的规定外，还应遵守国家现行有关标准的规定。

3 镇村体系和人口预测

3.1 镇村体系和规模分级

3.1.1 镇的发展建设与其周围地域特别是县级人民政府行政地域（以下简称县域）的经济、社会发展具有密切的联系，因而必须依据县域范围的城镇体系规划，对其性质职能及发展规模合理进行定位与定量，划分为中心镇和一般镇。

3.1.2 镇村体系是县域以下一定地域内相互联系和协调发展的聚居点群体。这些聚居点在政治、经济、文化、生活等方面是相互联系和彼此依托的群体网络系统。随着行政体制的改革，商品经济的发展，科学文化的提高，镇与村之间的联系和影响将会日益增强。部分公共设施、公用工程设施和环境建设等也将做到城乡统筹、共建共享，以取得更好的经济、社会、环境效益。

本条规定了镇域镇村体系规划的主要内容。

综合各地有关镇域镇村体系层次的划分情况，自上而下依次可分为中心镇、一般镇、中心村和基层村等四个层次。

1 镇与村在体系中的职能，既有行政职能，也有经济与社会职能。

2 就一个县域的范围而言，上述镇村的四个层次，一般是齐全的。在一个镇所辖地域范围内，一般只有一个中心镇或一个一般镇，即两者不同时存在；中心村和基层村也有类似的情况，例如在北方平原地区，村庄人口聚集的规模较大，每个村庄都设有中心村级的基本生活设施，全部划定为中心村，而可以没有基层村这一层次。在规划中各地要根据镇与村的职能和特征进行具体分析，因地制宜地划分层次。

3.1.3 在镇、村层次划分的基础上，进一步按人口规模进行分级，为镇、村规划中确定各类建筑和设施的配置、建设的规模和标准，规划的编制程序、方法和要求等提供依据。表3.1.3所列镇区和村庄人口规模分级的要点是：

1 根据镇村体系中的居民点类别，对镇区、村庄的现状与发展趋势，分别按其规划人口的规模划分为特大、大、中、小型四级，以便确定其各项规划指标、建设项目和基础设施的配置等。

2 为统一计算口径，表中的人口规模均以每个镇区或村庄的规划范围内的规划期末常住人口数为准，而非其所辖地域范围内所有居民点的人口总和。

由于行政区划调整、镇乡合并等情况，根据规划的要求，如镇区采取组团式布局时，其镇区人口规模应为各组团的人口之和。

3 依据全国人口的统计资料和规划发展前景以及各省、自治区、直辖市对镇区和村庄人口规模分级情况，通过对不同的分级方案进行比较，确定了常住人口规模分级的定量数值。人口规模分级采用1、3、5和2、6、10的等差级数，数字系列简明，镇区规模符合全国各地的规划情况，村庄规模的现状平均值位于中型的中位值附近。考虑到我国的地域差异，镇区规模不再区分中心镇与一般镇，村庄规模不再区分中心村与基层村。同时，规定了小型的镇区和村庄的人口规模不封底，特大型的镇区和村庄的人口规模不封顶，以适应我国不同地区的镇区和村庄人口规模相差悬殊和发展不平衡的特点。

3.2 规划人口预测

3.2.1 规划期间人口规模的发展预测，主要是依据发展前景的需要，分析建设条件的可能，考虑人口的自然增长、机械增长和富余劳动力等情况，对到达规划期末的人口进行测算。规划人口规模预测的内容，包括对镇域总人口、镇区和各个村庄人口规模进行预测，目的是为确定建设用地、设施配置等各项规划内容提供依据。

镇域总人口是指该镇所辖地域范围内所有常住人口的总和，根据国家统计部门的规定，常住人口包括户籍人口和寄住半年以上的外来人口。本标准提出的采用综合分析法作为人口发展预测的方法，是目前各地进行镇和村规划普遍采用的一种比较符合实际的计算方法。其特点是，在计算人口时，将自然增长和机械增长两部分叠加。采取这种方法预测人口规模，符合我国镇和村人口的实际情况。

计算公式中的自然增长率 K 和机械增长数 P 可以是负值，即负增长。

关于人口自然增长率的取值，不仅要根据当地的计划生育规划指标，还要考虑用当地人口年龄与性别的构成情况加以校核，以使预测结果更加符合实际。

关于人口机械增长的数值，要根据本地区的具体情况确定。一般来说，在自然资源、地理位置、建设条件等具有较大优势、经济发展较快的镇，有可能接纳外地人员进入本镇工作；对于靠近城市、工矿区、耕地较少的镇，则可能有部分劳动力进入城市或转入工矿区，甚至部分转至外地工作。

3.2.2 规定了镇区人口规模要依据县域城镇体系规划中预测的数值，结合镇区情况加以核定。村庄人口应在镇域镇村体系规划中预测。

3.2.3 不同类型的人口，对各类用地和设施有着不同的需求和影响。为了反映镇村人口类型的实际情况，在规划中进行现状人口统计和规划人口预测时，本条规定了镇区人口按其居住的状况和参与社会生活的性质进行分类计算。

根据镇区人口的特点，常住人口都是居住的主体。其中包括本镇区户籍的居民和寄住半年以上的外来人口以及寄宿学生。参与镇区内社会生活的还有定时进入镇区的通勤工人、学生，差旅和探亲的流动人口，以及数量可观的赶集人员。为了统一概念，便于统计，镇区人口分为常住人口、通勤人口和流动人口三类。

1 常住人口是指户籍人口、居住半年以上的外来人口和寄宿学生。常住人口是镇区人口的主体。常住人口的数量决定了居住用地面积，也是确定建设用地规模和基础设施配置的主要依据。

2 通勤人口是指劳动、学习在镇区规划范围内，而户籍和居住在镇区外的职工和学生。这部分人对镇区内的部分公共建筑、基础设施以及生产设施的规模有较大的影响。

3 流动人口是指出差、旅游、探亲和赶集等临时参与镇区社会活动的人员。这部分人对一些公共设施、集贸市场、道路交通都有影响。

为使镇区人口规模的预测更加符合当地实际情况，规定了按人口类别分别计算其自然增长、机械增长和估算发展变化，以利于进一步分别计算各类用地规模。表 3.2.3 提出了各类人口预测的计算内容：

1 人口自然增长的计算，包括规划范围内的户籍人口，不包括居住半年以上的外来人口。

2 人口机械增长的计算，包括规划范围内的常住人口和通勤人口，但由于其情况的不同可分别计算。

3 流动人口的发展变化要分别进行计算或估算。虽然不作为人口规模的基数，由于影响用地的规模和设施的配置，也是确定人均建设用地指标的因素。

3.2.4 关于镇区人口机械增长的预测，总结各地的经验，本标准提出了根据劳力转化、环境容量、职工带眷或平均增长等因素进行预测，各地在进行村镇规划时，要结合当地的具体情况选择一种或多种因素进行综合分析。其中环境容量因素，需要充分分析当地的发展优势，并综合考虑建设条件（包括用地、供水、能源等）以及生态环境状况等客观制约条件，预测远景的合理发展规模，以避免造成建设的"超载"现象。

4 用地分类和计算

4.1 用地分类

4.1.1 针对各地在编制镇规划时，用地的分类和名称不一，计算差异较大，导致数据与指标可比性差，不利于规范规划和管理工作，本标准统一了用地的分类和名称，共分 9 大类、30 小类，这一分类具有以下特点：

1 概念明确、系统性强、易于掌握。

2 既同城市用地分类方法大致相同，又具有镇用地的特点。

3 有利于用地的定量分析，便于制订定额指标。

4 既同国家建设主管部门颁布的有关规定的精神一致，又同各地编制的镇规划以及制订的定额指标的分类基本相符。

以下就使用中的几种情况加以说明：

1 土地使用性质单一时，可明确归类。

2 一个单位的用地内，兼有两种以上性质的建筑和用地时，要分清主从关系，按其主要使用性能归类。如工厂内附属的办公、招待所等，则划为工业用地；如中学运动场，晚间、假日为居民使用，仍划为中学用地；又如镇属体育场兼为中小学使用，则划为文体科技用地小类。

3 一幢建筑内具有多种功能，该建筑用地具有多种使用性质时，要按其主要功能的性质归类。

4 一个单位或一幢建筑具有两种使用性质，而不分主次，如在平面上可划分地段界线时分别归类；若在平面上相互重叠，不能划分界线时，要按地面层的主要使用性能，作为用地分类的依据。

为适应镇区规划深度的要求，规定了将9大类用地按项目的功能再划分为30小类。

4.1.2 关于用地的分类代号的使用规定。类别代号中的大类以英文同（近）义词的字头表示，小类则在字头右边附加阿拉伯数字表示，供绘制图纸和编制文件时使用，也便于国际交流。

4.1.3 表4.1.3用地的分类和代号，对各类用地的范围均作了明确规定。现就有关用地分类的一些问题说明如下：

1 关于居住用地

为了区别不同类型的居住用地标准，有利于在规划中节约用地，本次修订根据近年来的实践进行了局部调整，将居住用地划分为一类居住用地和二类居住用地两小类。

2 关于公共设施用地

鉴于各地对公共设施的小类划分差别较大，现统一分为行政管理、教育机构、文体科技、医疗保健、商业金融和集贸市场六小类。

由于教育机构在公共建筑用地中占的比例较大，且与人口年龄构成以及提高人口素质密切相关，因而单独设小类。

集贸市场虽属商业性质，但与一般商业机构有较大不同，在用地布局和道路交通等方面具有不同要求，其用地规模与常住人口规模无直接关系，并在不同镇区的集贸市场的经营内容与方式，占地数量与选址等都有很大差异，因此单独设小类。

医疗保健的内容包括医疗、防疫、保健、休疗养等机构用地。

公用事业中的变电所、电信局（所）、公共厕所、垃圾站、消防站等设施均划入工程设施用地大类之中，不作为居住用地的配套公建，也不在公共建筑中设小类，而是将其归入工程设施用地。

考虑到民族习俗和国际惯例，将宗教用地划入公共设施用地中的文体科技小类。

位于大型风景名胜区内的文物古迹，同风景名胜区一起划入水域和其他用地大类。

3 生产设施用地

工业用地按其对居住和公共环境的干扰与污染程度分为三小类，以利于规划中的用地布局，并单设农业服务设施用地小类。包括镇区中的农业服务设施用地，如各类农产品加工包装厂、农机站、兽医站等，而不包括农业中直接进行生产的用地，如育秧房、打谷场、各类种植和养殖厂（场）等，将其归入农林用地之中，不参与建设用地的平衡。

4 关于仓储用地

将仓储用地分为普通仓储用地和危险品仓储用地两小类。

5 关于对外交通用地

对外交通用地分为公路交通用地和其他交通用地两小类。

6 关于道路广场用地

道路广场用地，包括道路用地和广场用地两小类。为兼顾镇区内不同的道路情况和规划深度的要求，作了如下规定：

对于路面宽度等于和大于6m的道路，均计入道路用地，路面宽度小于6m的小路，不计入道路用地，而计入该小路所服务的用地之中，以利于用地布局中各类用地面积的计算。

对于兼有公路和镇区道路双重功能时，可将其用地面积的各半，分别计入对外交通用地和道路广场用地。

7 工程设施用地，根据其功能不同划分为公用工程、环卫设施和防灾设施三小类用地。其中公用工程用地中的殡仪设施，包括殡仪馆、火化场、骨灰堂，不包括墓地。

8 绿地

绿地分为公共绿地和防护绿地两类，而不包括苗木、花圃等，因其属于农林生产用地，不参与建设用地平衡。考虑到镇与村中称公共绿地更为贴切，本次修订中未参照《城市绿地分类标准》CJJ/T 85采用"公园绿地"一词。

9 水域和其他用地

包括不参与建设用地平衡的水域、农林用地、牧草和养殖用地、各类保护区、墓地、未利用地、特殊用地共7小类。

4.2 用地计算

4.2.1 现状用地和规划用地，规定统一按规划范围进行统计，以利于分析比较在规划期内土地利用的变化，既增强了用地统计工作的科学性，又便于比较在规划期内土地利用的变化，也便于规划方案的比较和选定。应该说明，以往在统计用地时，现状用地多按建成区范围统计，而规划用地则按规划范围统计。两者统计范围不一致，只能了解两者的不同数值，而不知新增建设用地的原来使用功能的变化情况。在规划图中，将规划范围明确用一条封闭的点画线表示出来，这个范围既是统计范围，也是用地规划的工作范围。

4.2.2 规定了规划用地范围是建设用地以及因发展需要实行规划控制的区域。

4.2.3 规定了分片布置的镇区用地的计算方法。

4.2.4 规定了镇区用地面积的计算要求和计量单位，要按平面图进行量算。山丘、斜坡均按平面投影面积计算，而不按表面面积计算。

4.2.5 规定了根据图纸比例尺确定统计的精确度。

4.2.6 规定了镇区用地计算的统一表式，以利于不同镇用地间的对比分析。由于该表包括了建设用地平衡和规划范围统计两部分内容，因此表名定为用地计算表。

5 规划建设用地标准

5.1 一般规定

5.1.1 镇建设用地是指参与建设用地平衡和指标计算的用地，即镇用地分类表4.1.3中前八大类用地之和。第九大类"水域和其他用地"，不属于建设用地的范围，不参与建设用地的平衡和指标的计算。

5.1.2 为了节约用地、合理用地、节约投资、优化环境，对规划建设用地制订了严格的控制标准。

镇规划建设用地的标准包括数量和质量两个方面的内容，具体分为人均建设用地指标、建设用地比例和建设用地选择三项。

5.1.3 规定计算建设用地标准时的人口数量以规划范围内的常住人口为准。人口统计范围必须与用地统计范围一致。镇区规划范围内的常住人口包括户籍和寄住两种人口的人数。

需要说明，镇区的通勤人口和流动人口虽然对建设用地规模和构成有影响，但同常住人口相比，对建设用地的影响仍然是局部的、暂时的。为简化计算起见，对于这部分流动性强、变化幅度大的人数，要根据实际情况，除对某些公共建筑、生产建筑和基础设施用地予以考虑外，可在确定规划建设用地的指标级别的幅度中，适当提高取值或调整用地比例予以解决。

5.2 人均建设用地指标

5.2.1 我国幅员辽阔，自然环境、生产条件、风俗习惯多样，致使现状人均用地水平差异很大，难于在规划期内合理调整到位，这就决定了在规划中，需要制订不同的用地标准。具体情况如下：

根据有关部门提供的统计资料，一些省、自治区、直辖市（以下简称省）之间1991年的镇区现状人均用地幅度相差约10倍（64~647m²/人），2001年人均用地幅度减少到约6倍（84~509m²/人），2005年则减少到5倍多（72.4~387m²/人）。这一情况表明，镇区人均建设用地偏小的省人均用地有所增加，用地偏大的省人均用地则在减少，其发展趋势是合理的。其中，全国约70%的省的镇区现状人均建设用地为80~160m²/人。再从开展镇规划的情况看，全国大多数省制订的镇建设用地指标和规划建设实例都能控制在80~120m²/人之间。基于这一情况，本着严格控制建设用地的原则，这次修订将原标准规定的用地指标总区间值50~150m²/人内划分的五个级别，取消了其中的50~60m²/人和大于150m²/人的指标。将标准的总区间调整为60~140m²/人内，划分为四个级别。

5.2.2 由于大型工程项目等的兴建，需要选址新建的镇区，在条件许可时，本着既合理又节约的原则进行规划，人均建设用地指标可在表5.2.1中第二级（80~100m²/人）的范围内确定。在纬度偏北的Ⅰ、Ⅶ建筑气候区，建筑日照要求建筑间距大，用地标准可按第三级（100~120m²/人）范围内确定。在各建筑气候分区内，新建镇区均不得采用第一、四级人均建设用地指标。[附"中国建筑气候区划图"。摘自《建筑气候区划标准》GB 50178]

5.2.3 考虑到在10~20年的规划期限内，各地镇区的发展建设主要是在现状的基础上进行的。因此，在编制规划时，要以现状人均建设用地水平为基础，通过调整逐步达到合理。为严格控制用地，按表5.2.3及本条的规定，在确定规划建设用地指标时，该指标要同时符合指标级别和允许调整幅度的两项规定要求。

关于人均建设用地指标调整的原则如下：①对于现状用地偏紧、小于60m²/人的应增加；②对于现状用地在60~80m²/人区间的，各地根据土地的状况，可适当增加；③对于现状用地在80~100m²/人区间的，可适当增加或减少；④对于现状用地在100~140m²/人区间的，可适当压缩；⑤对于现状用地大于140m²/人的，要压缩到140m²/人以内。

第四级用地指标，只能用于Ⅰ、Ⅶ建筑气候区的现有镇区。

有关现状人均建设用地及其可采用的规划人均建设用地指标和相应地允许现状调整幅度，均在表5.2.3中作了规定。总的调整幅度一般控制在-15~+15m²/人范围内，主要是考虑到在10~20年规划期间，一般建设用地指标不可能大幅度增减，而是根据本镇区的具体条件，逐步调整达到合理。

5.2.4 考虑到边远地区地多人少的镇用地现状，不做出具体规定，可根据所在省、自治区制定的地方性标准确定。

5.3 建设用地比例

5.3.1 建设用地比例是人均建设用地标准的辅助指标，是反映规划用地内部各项用地数量的比例是否合理的重要标志。因此，在编制规划时，要调整各类建设用地的比例，使其用地达到合理。表5.3.1中确定的居住、公共设施、道路广场和公共绿地四类用地占建设用地的比例是总结多年来进行镇区规划建设的一些实例，并参照各地制订的用地比例标准的基础上提出的。通过对镇用地资料的分析表明，上述四类用地所占的比例具有一定的规律性，规定的幅度基本上可

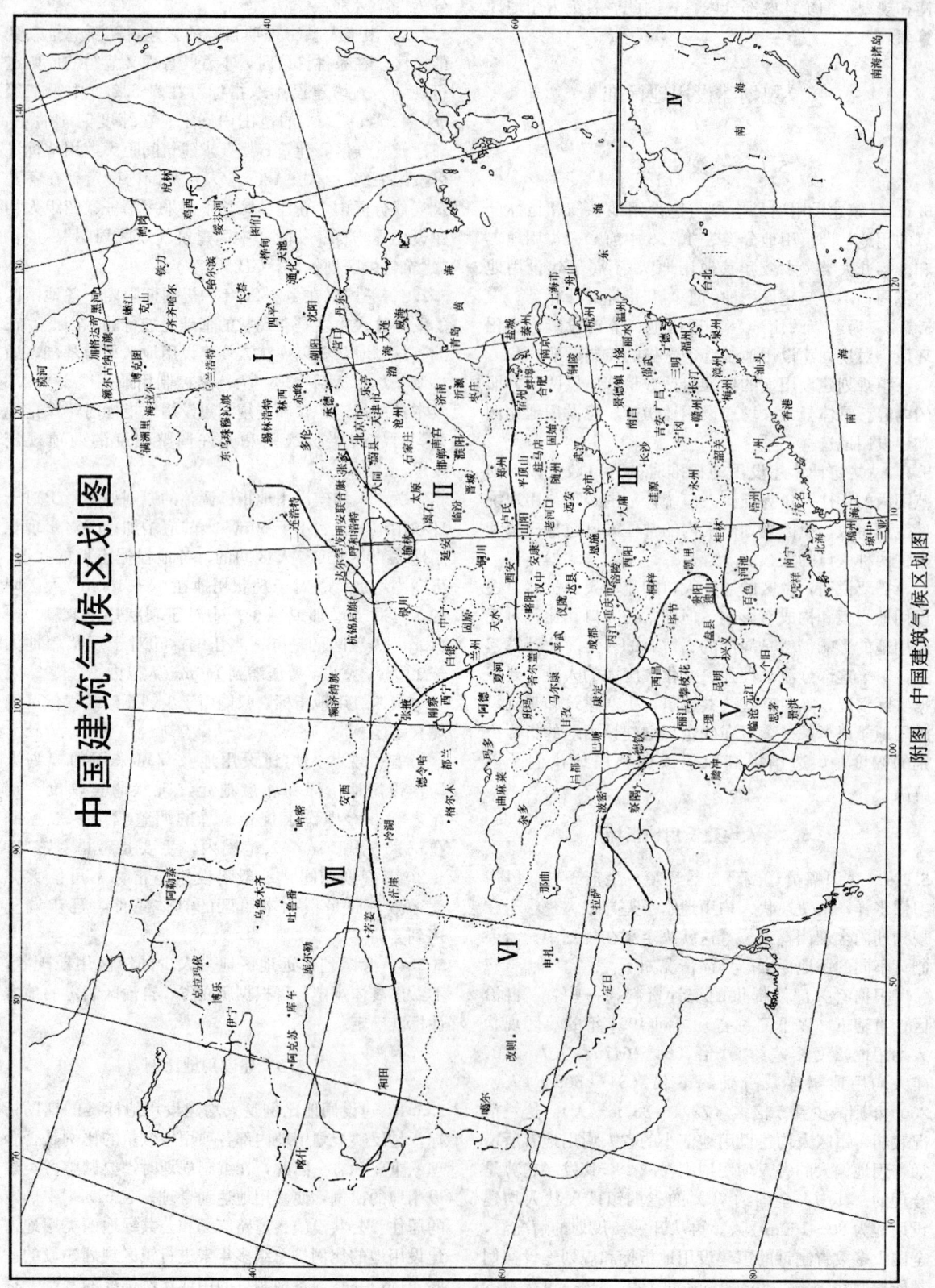

附图 中国建筑气候区划图

以达到用地结构的合理,而其他类的用地比例,由于不同类型的镇区的生产设施、对外交通等用地的情况相差极为悬殊,其建设条件差异又较大,可按具体情况因地制宜加以确定,本标准不作规定。

对于通勤人口和流动人口较多的中心镇的镇区,其公共设施用地所占比例宜选取规定幅度内的较大值。

表 5.3.1 规定了居住、公共设施、道路广场和公共绿地四类用地总和在建设用地中的适宜比例。需要说明,规划四类用地的比例要结合实际加以确定,不能同时都取上限或下限。

5.3.2 本条是对某些具有特殊建设要求的镇区,在选用表 5.3.1 中的建设用地比例时,作出的一些特殊规定。

5.4 建设用地选择

本节提出了选择建设用地要遵守的规定。其中 5.4.4 所述的生态敏感的地段是指生态敏感与脆弱的地区,如沙尘暴源区、荒漠中的绿洲、严重缺水地区、珍稀动植物栖息地或特殊生态系统、天然林、热带雨林、红树林、珊瑚礁、鱼虾产卵场、重要湿地和天然渔场等。5.4.5 所指的不良地质地带是指对建设项目具有直接危害和潜在威胁的滑坡、泥石流、崩塌以及岩溶、土洞的发育地段等。

6 居住用地规划

6.0.1 为适应我国各地镇区居住建筑差别的特点,居民住宅用地的面积标准,应在符合本标准 5.3 建设用地比例的规定范围内。

6.0.2~6.0.4 关于居住用地的选址和规划布置中要遵守的规定。根据各省、自治区、直辖市对本辖区范围内不同地区、不同类别的住户制定的用地面积、容积率指标、朝向、间距等标准结合本镇区的具体情况予以确定。

6.0.5 本次修订提出了"居住组群"规划的要求,是针对镇区居住用地规模与城市居住区相比要小得多,一次性建设开发的规模相对也小。"居住组群"是为了适应镇区发展建设要求,按不同居住人口规模而建设的居住建筑群体,其规模及组织形式具有因地制宜的特点。在居住用地规划中,根据方便居民使用、优化居住环境、集约利用资源、住宅类型多样、体现地方特色等原则,结合不同的地区、周围环境和建设条件,组织住宅空间,配置服务设施,以及布置绿地、道路交通和管线等,以提高居住用地的规划水平。

7 公共设施用地规划

7.0.1 镇区公共设施项目的配置,主要依据镇的层次和类型,并充分发挥其地位职能的作用而定。本标准按照分级配置的原则,在综合各地规划建设实践的基础上,参照近年来一些省、自治区、直辖市对镇公建项目配置的有关规定,调整制定了表 7.0.1 的项目内容。表中按镇的层次,提出了配置的项目,按其使用性质分为行政管理、教育机构、文体科技、医疗保健、商业金融、集贸市场六类,共 39 个项目。考虑到镇区的地位、层次的不同,规定了应设置和可设置的项目,供各地在规划时选定。

7.0.2 镇区公共设施的用地面积指标应在符合本标准 5.3 建设用地比例的规定范围内,考虑到各地建设情况的差异,在保证配置基本设施的前提下,逐步加以完善。

7.0.3~7.0.6 对各类公共设施用地的选址和规划的基本要求。其中 7.0.6 有关集贸市场的场地布置、市场选型应符合现行行业标准《乡镇集贸市场规划设计标准》CJJ/T 87 的有关规定。

8 生产设施和仓储用地规划

8.0.1 对工业生产用地的选址和布置的要求。按照生产经营的特点和对生活环境的影响程度,分别对无污染、轻度污染和严重污染三类情况,规定了选址要求。

根据工业应逐步向镇区工业用地集中的原则,对现有工业布局应进行必要的调整,规定了新建和扩建的二、三类工业应按规划的要求向工业用地集中。

对已造成污染的工厂规定了必须迁建或调整转产等的要求。

8.0.2 对镇区工业用地的规划布局和技术要求。包括:集约布置、节约和合理用地,一些基础设施的共建共享,环境绿化,以及预留发展用地等。

8.0.3 对一些农业生产和服务设施用地的选择和布置的要求。

1 规定农机站、农产品加工厂等的选址要求。

2 规定畜禽、水产等养殖类的生产厂(场)的选址,必须达到卫生防疫要求,并严格防止对生活环境的污染和干扰。

3 规定兽医站要布置在镇区的边缘,并应满足卫生和防疫的要求等。

8.0.4 对仓库及堆场用地的选址和布置的技术要求。对易燃易爆和危险品的仓库选址,应符合防火、环保、卫生和安全的有关规定。

9 道路交通规划

9.2 镇区道路规划

9.2.1 将镇区的道路按使用功能和通行能力划分为

主干路、干路、支路、巷路，不再称为一、二、三、四级，以避免与公路等级名称相混淆。

9.2.3 表9.2.3规定了镇区道路规划技术指标为计算行车速度、道路红线宽度、车行道宽度、人行道宽度及道路间距等五项设计指标。其中主干路的道路红线宽度由原标准的24～32m调整为24～36m，理由是：①考虑镇区发展需要和"节地"要求适当增加；②与《城市道路交通规划设计规范》GB 50220的规定基本协调。

9.2.4 规划镇区道路系统，要根据镇区的规模按表9.2.4的规定进行配置。表中应设的级别，是指在一般情况下，应该设置道路的级别；可设的级别是指在必要的情况下，可以设置的道路级别。

9.3 对外交通规划

9.3.1 镇域内道路规划的要求。

9.3.2 镇域的道路规划要与对外交通的各项设施协调配置，统筹安排客运和货运的站场、码头，以及为其服务的广场和停车场等设施。依据的主要标准包括：《公路工程技术标准》JTJ 001、《公路路线设计规范》JTJ 011、《公路环境保护设计规范》JTJ/T 006、《汽车客运站建筑设计规范》JGJ 60、《铁路线路设计规范》GB 50090、《铁路车站及枢纽设计规范》GB 50091、《铁路旅客车站建筑设计规范》GB 50226、《河港工程设计规范》GB 50192、《港口客运站建筑设计规范》JGJ 86等。

9.3.3 公路穿过镇区、村庄，影响通行能力，易造成安全事故，规划中应对穿过镇区和村庄的不同等级的公路进行调整。

10 公用工程设施规划

10.2 给水工程规划

10.2.2 给水工程规划中的集中式给水包括的内容和用水量计算的要求。镇区规划用水量应包括生活、生产、消防、浇洒道路和绿化用水量，管网漏失水和未预见水量。其中，生活用水包括居住建筑和公共建筑的生活用水，生产用水包括工业用水和农业服务设施用水。各部分用水量，分别按以下要求计算：

1 生活用水量的计算：
  1）居住建筑生活用水量，按表10.2.2进行预测。表10.2.2、表10.2.3中"镇区外"一栏系指规划范围内给水设施统建共享的村庄用水量指标。
  2）公共建筑的生活用水量。由于镇区公共建筑与城市公共建筑的功能、设施及要求等，没有实质性差别，所以可按现行国家标准《建筑给水排水设计规范》GB 50015的有关规定执行。为了便于规划操作，公共建筑的生活用水量也可按居住建筑生活用水量的8%～25%计算。

2 生产用水量的计算：
工业和农业服务设施用水量可按所在省、自治区、直辖市人民政府的有关规定进行计算。

3 消防用水量按现行国家标准《建筑设计防火规范》GB 50016的有关规定计算。

4 浇洒道路和绿化用水量。由于我国各地镇区的经济条件、建设标准、规模等差异很大，其用水量可按当地条件确定，不作具体规定。

5 在计算最高日用水量（即设计供水能力）时，要充分考虑管网漏失因素和未预见因素。管网漏失水量和未预见水量可按最高日用水量的15%～25%合并计算。

10.2.6 规定了给水干管布置走向要与给水的主要流向一致，并以最短距离向用水大户供水，以便降低工程投资，提高供水的保证率。本条还规定了给水干管的最小服务水头的要求。

10.3 排水工程规划

10.3.2 规定了排水工程规划包括的内容和排水量计算的要求。

排水分为生活污水、生产污水、径流的雨水和冰雪融化水，后者可统称雨水。

生活污水量可按生活用水量的75%～85%估算。

生产污水量及变化系数，要根据工业产品的种类、生产工艺特点和用水量确定。为便于操作，也可按生产用水量的75%～90%进行估算。水的重复利用率高的工业取下限值。

雨水量与当地自然条件、气候特征有关，可按邻近城市的相应标准计算。

10.3.3 排水体制选择的技术要求。

排水体制宜选择分流制。条件不具备的镇区可选择合流制。为保护环境，减少污染，污水排入管网系统前，要采用化粪池、生活污水净化沼气池等进行预处理。

对现有排水系统的改造，可创造条件，逐步向分流制过渡。

10.3.6 本条是对污水处理厂厂址选择的要求。

10.4 供电工程规划

10.4.2 镇所辖地区内的用电负荷，因其地理位置、经济社会发展与建设水平、人口规模及居民生活水平的不同，可采用现状人均综合用电指标乘以增长率进行预测较为实际。增长率应根据历年来增长情况并考虑发展趋势等因素加以确定。K值为年综合用电增长率，一般为5%～8%，位于发达地区的镇可取较小值，地处发展地区的镇可取较大值，K值也可根据规划期内的发展速度分阶段进行预测。同时还可根据当地实际情况，采用其他预测方法进行校核。

10.4.4 供配电系统如果结线复杂、层次过多，不仅管理不便、操作复杂，而且由于串联元件过多，元件故障和操作错误而产生事故的可能性也随之增加，因此要求合理地确定电压等级、输送距离，划分用电分区范围，以减少变电层次，优化网络结构。本条还规定了高压线路走廊宽度，表10.4.4中未列入的220kV、330kV、500kV电压，其线路走廊宽度分别为30～40m、35～45m、60～75m。

10.4.7 本条要求结合地方条件，因地制宜地确定电源，实行能源互补，开发小水电、风力和太阳能发电等能源。

10.6 燃气工程规划

10.6.2 目前常用燃气主要有矿物质气和生物质气两大类：矿物质气主要有天然气、液化石油气、焦炉煤气等。生物质气主要包括沼气和秸秆制气等。

矿物质气品质好，质量稳定，供应可靠，但要求具有一定的规模以及较高的资金投入和运行管理。生物质气燃烧放热值较低、质量不稳定，均为可再生资源，且资金投入少，运行管理要求不高，适合小规模建设。燃气工程的规划应根据资源情况确定燃气种类。

10.6.5 沼气的制备需要一定的条件，如温度对沼气的产生量有很大的影响，许多地区建设的沼气设施不能保证全年有效供应。农作物秸秆制气，也受秸秆数量、存放条件等的限制，因此在规划中应考虑与其他能源的互补，同时还应考虑制气后所产生的沼液、沼渣、炭灰等的综合利用。

10.7 供热工程规划

10.7.2 集中供热具有热效率高、对环境影响小、供热稳定、品质高的优点，但其初投资和运行管理费用较高；分散供热的热效率低、对环境影响较大，可按需分别设置，管理运行较简单，因此采暖地区应根据不同经济发展情况确定供热方式。

10.9 用地竖向规划

10.9.1、10.9.2 规定了建设用地竖向规划的内容和基本要求。其中在进行土方平衡时，要确定取土和弃土的地点，以避免乱挖乱弃，防止毁损农田、破坏自然地貌、造成水土流失。

10.9.3 规定了建设用地中，组织地面排水的一些要求。

11 防灾减灾规划

11.2 消防规划

11.2.2 提出了用地布局中满足消防安全的基本要求。

1 对生产和储存易燃、易爆物品的工厂、仓库、堆场等设施的布置要求。

2 对现状中影响消防安全的工厂、仓库、堆场和储罐等要迁移或改造，并对耐火等级低的建筑和居民密集区提出了改善消防安全条件的要求。

3 规定了生产和储存易燃、易爆物品的工厂、仓库、堆场储罐以及燃油、燃气供应站等与居住、医疗、教育、集会、娱乐、市场等大量人流活动设施的防火最小距离。

11.2.3 规定了消防给水的要求：

1 对具备给水管网的镇，提出了建设消防给水的要求。

2 对不具备给水管网的镇，提出了解决消防给水的办法。

3 对天然水源或给水管网不能满足消防给水以及对寒冷地区消防给水的要求。

11.2.4 对不同规模的镇，设置消防站、消防值班室、义务消防队的具体要求，按《城市消防站建设标准》中对消防站的责任区面积、建设用地所作的规定：标准型普通消防站的责任区面积不应大于$7km^2$，建设用地面积2400～$4500m^2$；小型普通消防站的责任区面积不应大于$4km^2$，建设用地面积400～$1400m^2$。

11.3 防洪规划

11.3.2 防洪措施要根据洪水类型确定。按洪灾成因可分为河洪、海潮、山洪和泥石流等类型。河洪一般应以堤防为主，配合水库、分（滞）洪、河道整治等措施组成防洪体系；海潮则以堤防、挡潮闸为主，配合排涝措施组成防洪体系；山洪和泥石流工程措施要同水土保持措施相结合等。

防洪措施要体现综合治理的原则，实行工程防洪措施与非工程防洪措施相结合。

11.3.3 在现行国家标准《防洪标准》GB 50201中，对于城镇、乡村分别规定了不同等级的防洪标准，城镇防洪规划要根据所在地区的具体情况，按照规定的防洪标准设防。镇如果靠近大型或重要工矿企业、交通运输设施、动力设施、通信设施、文物古迹和旅游设施等防护对象，并且又不能分别进行防护时，该防护区的防洪标准要按其中较高者加以确定。同时，镇区防洪规划尚应符合现行行业标准《城市防洪工程设计规范》CJJ 50的有关规定。

11.3.4 位于易发生洪灾地区的镇，设置就地避洪安全设施，要根据镇域防洪规划的需要，按其地位的重要程度以及安置人口的数量，因地制宜选择修建围埝、安全台、避水台等不同类型的就地避洪安全设施。本条对就地设置的避洪安全设施的位置选择和安全超高提出了要求。该安全超高的数值要按蓄、滞洪时的最高洪水位，考虑水面的浪高及设施的重要程度等因素按表 11.3.4 确定。

11.3.5 在各项建筑和工程设施内，根据镇域防洪规划需要设置安全层作为避洪时，要根据避洪人员数量进行统筹规划，并应符合现行国家标准《蓄滞洪区建筑工程技术规范》GB 50181 的有关规定。

11.3.6 在易发生内涝灾害的地区，既要注重镇域的防洪，又要重视镇区的防涝问题。为确保建设区内能够迅速排除涝水，需要综合规划和整治排水体系。

11.4 抗震防灾规划

11.4.2 规定在处于地震设防区内进行镇的规划，必须遵守现行国家标准《中国地震动参数区划图》GB 18306 和《建筑抗震设计规范》GB 50011 的有关规定，选择对抗震有利的地段，避开不利地段，严禁在危险地段布置人口密集的项目。

11.4.3

1 在工程抗震规划中规定了对新建建筑物、构筑物和工程设施要按国家现行的有关抗震标准进行设防。依据的主要标准包括：《建筑抗震设计规范》GB 50011、《构筑物抗震设计规范》GB 50191、《室外给水排水和燃气热力工程抗震设计规范》GB 50032，以及有关电力、通信、水运、铁路、公路等工程抗震设计规范。

同时，还要遵守所在省、自治区、直辖市现行的有关工程抗震设计标准的规定。

2 在工程抗震规划中规定了对现有建筑物、构筑物和工程设施要按国家现行的有关标准进行鉴定，并提出抗震加固、改建和拆迁的意见。依据的主要标准包括：《建筑抗震鉴定标准》GB 50023、《工业构筑物抗震鉴定标准》GBJ 117、《室外给水排水工程设施抗震鉴定标准》GBJ 43、《室外煤气热力工程设施抗震鉴定标准》GBJ 44、《建筑抗震设防分类标准》GB 50223，以及有关其他工程设施鉴定和设防分类标准。

同时，还要遵守所在省、自治区、直辖市现行的有关工程鉴定和设防分类标准的规定。

11.4.4 规定了抗震防灾的生命线工程和重要设施要进行统筹规划，并要符合本条规定的各项具体要求。

11.4.5 提出了生产和储存具有产生地震次生灾害源的单位及其预防措施，并根据次生灾害的严重程度，规定了必须采取的具体措施。

11.5 防风减灾规划

11.5.1 规定了易形成风灾的地区，镇区建设用地要避开同风向一致的天然谷口、山口等容易形成风灾的地段，因大风气流被突然压缩，急剧增大风速，会造成巨大风压或风吸力而形成灾害。

11.5.2 规定了对建筑的规划设计要遵守的各项要求，以尽量减少强大风速的袭击，降低建筑物本身受到的风压或风吸力。

11.5.3 在易形成风灾地区的镇区边缘种植密集型防护林带，防止被风拔起，需要加大树种的根基深度。同时，处于逆风向的电线杆、电线塔和其他高耸构筑物，均易被风拔起、折断和刮倒。因此，在易形成风灾地区的镇区规划建设，必须考虑加强对风的抗侧拉、抗折和抗拔力。

11.5.4 为抵御台风引起的海浪、狂风和暴雨，对处于台风袭击地区的镇区规划，应在滨海、岛屿地区首先考虑修建抵御风暴潮的堤坝，统一规划排水体系，及时排除台风带来的暴雨水。同时，要建立台风预报信息网，配备必要的救援设施。

11.5.5 规定了充分利用风力资源，因地制宜地建设能源转换和储存设施，是节约能源、推广清洁能源、实行能源互补的重要手段。

12 环境规划

12.2 生产污染防治规划

12.2.1~12.2.7 分别规定了生产污染防治中关于生产项目布置、空气环境质量、地表水环境质量、地下水环境质量、土壤环境质量、固体废弃物处理等应执行的国家现行标准。

12.3 环境卫生规划

12.3.2 规定了垃圾转运站设置的要求。转运站的位置宜靠近服务区域的中心或垃圾产量多和交通方便的地方。生活垃圾日产量可按每人 1.0~1.2kg 计算。

12.3.3 规定了镇区生活垃圾收集、运输、处理和利用的要求。

12.3.4 由于粪便中含有危害人群健康的病菌、病毒和寄生虫卵，规定了对居民粪便的处理要符合现行国家标准《粪便无害化卫生标准》GB 7959 的要求。

12.3.5 规定了镇区设置公共厕所的地点，并宜设置节水型公共厕所。

12.4 环境绿化规划

12.4.1~12.4.4 对镇区绿化规划的原则和各项绿地规划的具体要求。

12.4.5 对于镇区建设用地以外的水域和其他用地中对镇区环境产生影响的部分，也应统筹进行环境绿化规划，以达到优化生态环境的目标。

12.5 景观规划

12.5.1 镇的景观是展示镇形象的重要组成部分，规划内容包括镇区内的容貌和影响镇貌的周边环境的规划。

12.5.2 镇区景观规划的要求主要是充分运用自然条

件和历史形成的物质基础以及人文特征，结合现实建设的条件和居民审美要求，进行综合考虑和统一规划，为居民塑造具有时代特征、富有地方特色、体现优美和谐的生活和工作环境。

13 历史文化保护规划

13.0.1 本条确定保护规划应遵循的原则。

13.0.2 镇、村历史文化保护规划应依据县域规划的基本要求和原则进行编制。

13.0.3 本条说明了镇、村历史文化保护规划是镇、村规划不可分割的部分，在镇、村规划中的每个环节都与历史文化保护是密不可分。对于确认为历史文化名镇（村）的应严格按本章进行规划。

13.0.4 镇、村历史文化保护规划要结合经济、社会和历史背景，全面深入调查历史文化遗产的历史和现状，依据其历史、科学、艺术等价值，遵循保护历史真实载体，保护历史环境，科学利用、永续利用的原则，确定保护目标、保护内容、保护重点和保护措施，以利于从整体上保护风貌特色和文化特征。

13.0.5 镇、村历史文化保护规划的内容主要包括：
 1 历史空间格局和传统建筑风貌；
 2 与历史发展和文化传统形成有联系的自然和人文环境景观要素，如山体、水系、地形、地物、古树名木等；
 3 反映传统风貌的不可移动的历史文物，体现民俗精华、传统庆典活动的场地和固定设施等。

13.0.6 镇、村历史文化保护范围的具体边界应因地制宜进行划定：一是文物古迹或历史建筑现状的用地边界，在保护对象的主要视线景观通道的主要观景点向外眺望时，其视线可及处的建筑应被划入保护范围，包括街道、广场、河流等处视线所及范围内的建筑用地边界和外观边界；二是与保护对象的整体风貌相互依存的自然景观和环境，如山体、树木、林地、水体、河道和农田等，也应划入保护范围。

对保存完好的镇区和村庄的整体风貌，应当将其整体划为保护范围。

13.0.7 镇、村历史文化保护的主要目标是保护它的整体风貌、历史格局和空间尺度。保护规划应对保护对象制订相应的保护原则和保护要求。对与其风貌有冲突的建筑物、构筑物和环境要素提出在外观、材料、色彩、高度和体量等方面的整治要求。对其重要节点、建筑物、构筑物以及公共空间提出保护与整治规划。

13.0.8 镇、村历史文化保护范围的外围划出一定范围的风貌控制区的具体边界，是为了确保历史文化保护范围内风貌的完整。在风貌控制区内，为了避免在保护范围边界两侧形成两种截然不同甚至相互冲突的形象，有必要对保护区周围的建设活动进行严格的控制管理。

13.0.9 在镇、村历史文化保护范围内增建的设施，应该从尺度、形式、色彩、材料、风格等方面同历史文化协调一致，绿化的布局应符合当地的历史传统。

13.0.10 镇、村历史文化保护范围多数是居民日常生活的场所，普遍存在居住人口密集和基础设施不完善的状况。为了确保在保护范围内环境的协调，需要限定居住人口的数量，并逐步完善基础设施和公共服务设施，改善居民的生活环境，满足居民现代生活的需要。同时，为了保护历史文化遗产的安全，应建立可靠的防灾和安全体系。

14 规 划 制 图

14.0.1 为使镇的规划图纸达到完整、准确、清晰、美观，提高制图质量与效率，利于计算机制图软件研制，满足规划设计和建设管理等要求，规定了规划图纸绘制应标注的内容，以及规划使用的图例。其各项规定是在总结各地镇域和镇区规划图纸绘制的基础上，参照现行行业标准《城市规划制图标准》CJJ/T 97 和有关专业的制图标准，结合镇规划的特点而编制的。

附录 B "规划图例" 内容包括：
 1 用地图例——主要用于镇区用地布局规划；
 2 建筑图例——主要用于建筑质量调查和近期建设的详细规划；
 3 道路交通及工程设施图例——主要用于各项工程设施规划；
 4 地域图例——主要用于区位分析、镇村体系规划、用地分析等。

根据不同图纸的绘制要求，图例分为单色和彩色两种，并按计算机制图的要求，在图例的右下角标注了采用"Auto CAD"中256种颜色的色标数字作为参考。

中华人民共和国国家标准

电力工程电缆设计规范

Code for design of cables of electric engineering

GB 50217—2007

主编部门：中国电力企业联合会
批准部门：中华人民共和国建设部
施行日期：2008年4月1日

中华人民共和国建设部
公 告

第 732 号

建设部关于发布国家标准 《电力工程电缆设计规范》的公告

现批准《电力工程电缆设计规范》为国家标准,编号为 GB 50217—2007,自 2008 年 4 月 1 日起实施。其中,第 5.1.9、5.3.5 条为强制性条文,必须严格执行。原《电力工程电缆设计规范》GB 50217—94 同时废止。

本规范由建设部标准定额研究所组织中国计划出版社出版发行。

中华人民共和国建设部
二〇〇七年十月二十三日

前 言

本规范是根据建设部《关于印发"二〇〇一～二〇〇二年度工程建设国家标准制定、修订计划"的通知》(建标〔2002〕85 号)的要求,由中国电力工程顾问集团西南电力设计院会同有关单位对《电力工程电缆设计规范》GB 50217—1994 修订而成的。

本规范修订的主要技术内容包括:

1. 增加了中、高压电缆芯数选择要求;
2. 增加了电缆绝缘类型选择要求,取消了粘性浸渍纸绝缘电缆的相关内容;
3. 增加了主芯截面 $400mm^2 < S \leqslant 800mm^2$ 和 $S > 800mm^2$ 的保护地线允许最小截面选择要求;
4. 增加了大电流负荷的供电回路由多根电缆并联时对电缆截面、材质等要求;
5. 增加了电缆终端一般性选择要求;
6. 增加了直接对电缆实施金属层开断并作绝缘处理内容;
7. 增加了交流系统三芯电缆的金属层接地要求;
8. 增加了城市电缆系统的电缆与管道相互间允许距离相关规定;
9. 增加了架空桥架检修通道设置要求;
10. 增加了电缆隧道安全孔设置间距要求;
11. 增加了附录 B 和附录 F。

本规范以黑体字标志的条文为强制性条文,必须严格执行。

本规范由建设部负责管理和对强制性条文的解释,由中国电力企业联合会标准化中心负责具体管理,由中国电力工程顾问集团西南电力设计院负责具体技术内容的解释。本规范在执行过程中,请各单位结合工程实践,认真总结经验,注意积累资料,随时将意见和建议反馈给中国电力工程顾问集团西南电力设计院(地址:四川省成都市东风路 18 号,邮编:610021),以便今后修改时参考。

本规范主编单位、参编单位和主要起草人:

主 编 单 位:中国电力工程顾问集团西南电力设计院

参 编 单 位:中国电力工程顾问集团东北电力设计院

喜利得(中国)有限公司

主要起草人:李国荣 熊 涛 张天泽 齐 春 陶 勤 万里宁 王 鑫 王聪慧

目　次

1 总则 …………………………………… 10—4
2 术语 …………………………………… 10—4
3 电缆型式与截面选择 ………………… 10—4
　3.1 电缆导体材质 …………………… 10—4
　3.2 电力电缆芯数 …………………… 10—4
　3.3 电缆绝缘水平 …………………… 10—5
　3.4 电缆绝缘类型 …………………… 10—5
　3.5 电缆护层类型 …………………… 10—6
　3.6 控制电缆及其金属屏蔽 ………… 10—6
　3.7 电力电缆导体截面 ……………… 10—7
4 电缆附件的选择与配置 ……………… 10—8
　4.1 一般规定 ………………………… 10—8
　4.2 自容式充油电缆的供油系统 …… 10—10
5 电缆敷设 ……………………………… 10—11
　5.1 一般规定 ………………………… 10—11
　5.2 敷设方式选择 …………………… 10—13
　5.3 地下直埋敷设 …………………… 10—13
　5.4 保护管敷设 ……………………… 10—14
　5.5 电缆构筑物敷设 ………………… 10—15
　5.6 其他公用设施中敷设 …………… 10—16
　5.7 水下敷设 ………………………… 10—16
6 电缆的支持与固定 …………………… 10—16
　6.1 一般规定 ………………………… 10—16
　6.2 电缆支架和桥架 ………………… 10—17
7 电缆防火与阻止延燃 ………………… 10—18
附录 A 常用电力电缆导体的最高
　　　 允许温度 ……………………… 10—19
附录 B 10kV 及以下电力电缆经济
　　　 电流截面选用方法 …………… 10—20
附录 C 10kV 及以下常用电力电缆
　　　 允许 100% 持续载流量 ……… 10—21
附录 D 敷设条件不同时电缆允许持续
　　　 载流量的校正系数 …………… 10—23
附录 E 按短路热稳定条件计算电缆
　　　 导体允许最小截面的方法 …… 10—24
附录 F 交流系统单芯电缆金属层正常
　　　 感应电势算式 ………………… 10—24
附录 G 35kV 及以下电缆敷设度量时
　　　 的附加长度 …………………… 10—25
附录 H 电缆穿管敷设时容许最大管长
　　　 的计算方法 …………………… 10—25
本规范用词说明 ………………………… 10—26
附：条文说明 …………………………… 10—27

1 总则

1.0.1 为使电力工程电缆设计做到技术先进、经济合理、安全适用、便于施工和维护,制定本规范。

1.0.2 本规范适用于新建、扩建的电力工程中500kV及以下电力电缆和控制电缆的选择与敷设设计。

1.0.3 电力工程的电缆设计,除应符合本规范的规定外,尚应符合国家现行有关标准的规定。

2 术语

2.0.1 耐火性 fire resistance
在规定试验条件下,试样在火焰中被燃烧而在一定时间内仍能保持正常运行的性能。

2.0.2 耐火电缆 fire resistant cable
具有耐火性的电缆。

2.0.3 阻燃性 flame retardancy
在规定试验条件下,试样被燃烧,在撤去试验火源后,火焰的蔓延仅在限定范围内,且残焰或残灼在限定时间内能自行熄灭的特性。

2.0.4 阻燃电缆 flame retardant cable
具有阻燃性的电缆。

2.0.5 干式交联 dry-type cross-linked
使交联聚乙烯绝缘材料的制造能显著减少水分含量的交联工艺。

2.0.6 水树 water tree
交联聚乙烯电缆运行中绝缘层发生树枝状微细裂纹现象的略称。

2.0.7 金属塑料复合阻水层 metallic-plastic composite water barrier
由铝或铅箔等薄金属层夹于塑料层中特制的复合带沿电缆纵向包围构成的阻水层。

2.0.8 热阻 thermal resistance
计算电缆载流量采取热网分析法,以一维散热过程的热欧姆法则所定义的物理量。

2.0.9 回流线 auxiliary ground wire
配置平行于高压单芯电缆线路、以两端接地使感应电流形成回路的导线。

2.0.10 直埋敷设 direct burying
电缆敷设入地下壕沟中沿沟底铺有垫层和电缆上铺有覆盖层,且加设保护板再埋齐地坪的敷设方式。

2.0.11 浅槽 channel
容纳电缆数量较少未含支架的有盖槽式构筑物。

2.0.12 工作井 manhole
专用于安置电缆接头等附件或供牵拉电缆作业所需的有盖坑式电缆构筑物。

2.0.13 电缆构筑物 cable buildings
专供敷设电缆或安置附件的电缆沟、浅槽、排管、隧道、夹层、竖(斜)井和工作井等构筑物。

2.0.14 挠性固定 slip fixing
使电缆随热胀冷缩可沿固定处轴向角度变化或稍有横移的固定方式。

2.0.15 刚性固定 rigid fixing
使电缆不随热胀冷缩发生位移的夹紧固定方式。

2.0.16 电缆的蛇形敷设 snaking of cable
按定量参数要求减小电缆轴向热应力或有助自由伸缩量增大而使电缆呈蛇形状的敷设方式。

3 电缆型式与截面选择

3.1 电缆导体材质

3.1.1 控制电缆应选用铜导体。

3.1.2 用于下列情况的电力电缆,应选用铜导体:
1 电机励磁、重要电源、移动式电气设备等需保持连接具有高可靠性的回路。
2 振动剧烈、有爆炸危险或对铝有腐蚀等严酷的工作环境。
3 耐火电缆。
4 紧靠高温设备布置。
5 安全性要求高的公共设施。
6 工作电流较大,需增多电缆根数时。

3.1.3 除限于产品仅有铜导体和第3.1.1、3.1.2条确定应选用铜导体的情况外,电缆导体材质可选用铜或铝导体。

3.2 电力电缆芯数

3.2.1 1kV及以下电源中性点直接接地时,三相回路的电缆芯数的选择,应符合下列规定:
1 保护线与受电设备的外露可导电部位连接接地时,应符合下列规定:
 1)保护线与中性线合用同一导体时,应选用四芯电缆。
 2)保护线与中性线各自独立时,宜选用五芯电缆;当满足本规范第5.1.16条的规定时,也可采用四芯电缆与另外的保护线导体组成。
2 受电设备外露可导电部位的接地与电源系统接地各自独立时,应选用四芯电缆。

3.2.2 1kV及以下电源中性点直接接地时,单相回路的电缆芯数的选择,应符合下列规定:
1 保护线与受电设备的外露可导电部位连接接地时,应符合下列规定:
 1)保护线与中性线合用同一导体时,应选用两芯电缆。
 2)保护线与中性线各自独立时,宜选用三芯电缆；当满足本规范第 5.1.16 条的规定时，也可采用两芯电缆与另外的保护线导体组成。

2 受电设备外露可导电部位的接地与电源系统接地各自独立时，应选用两芯电缆。

3.2.3 3～35kV 三相供电回路的电缆芯数的选择，应符合下列规定：

1 工作电流较大的回路或电缆敷设于水下时，每回可选用 3 根单芯电缆。

2 除上述情况外，应选用三芯电缆；三芯电缆可选用普通统包型，也可选用 3 根单芯电缆绞合构造型。

3.2.4 110kV 三相供电回路，除敷设于湖、海水下等场所且电缆截面不大时可选用三芯型外，每回可选用 3 根单芯电缆。

110kV 以上三相供电回路，每回应选用 3 根单芯电缆。

3.2.5 电气化铁路等高压交流单相供电回路，应用两芯电缆或每回选用 2 根单芯电缆。

3.2.6 直流供电回路的电缆芯数的选择，应符合下列规定：

1 低压直流供电回路，宜选用两芯电缆；也可选用单芯电缆。

2 高压直流输电系统，宜选用单芯电缆；在湖、海等水下敷设时，也可选用同轴型两芯电缆。

3.3 电缆绝缘水平

3.3.1 交流系统中电力电缆导体的相间额定电压，不得低于使用回路的工作线电压。

3.3.2 交流系统中电力电缆导体与绝缘屏蔽或金属层之间额定电压的选择，应符合下列规定：

1 中性点直接接地或经低电阻接地的系统，接地保护动作不超过 1min 切除故障时，不应低于 100%的使用回路工作相电压。

2 除上述供电系统外，其他系统不宜低于 133%的使用回路工作相电压；在单相接地故障可能持续 8h 以上，或发电机回路等安全性要求较高时，宜采用 173%的使用回路工作相电压。

3.3.3 交流系统中电缆的耐压水平，应满足系统绝缘配合的要求。

3.3.4 直流输电电缆绝缘水平，应具有能承受极性反向、直流与冲击叠加等的耐压考核；使用的交联聚乙烯电缆应具有抑制空间电荷积聚及其形成局部高场强等适应直流电场运行的特性。

3.3.5 控制电缆的额定电压的选择，不应低于该回路工作电压，并应符合下列规定：

1 沿高压电缆并行敷设的控制电缆（导引电缆），应选用相适合的额定电压。

2 220kV 及以上高压配电装置敷设的控制电缆，应选用 450/750V。

3 除上述情况外，控制电缆宜选用 450/750V；外部电气干扰影响很小时，可选用较低的额定电压。

3.4 电缆绝缘类型

3.4.1 电缆绝缘类型的选择，应符合下列规定：

1 在使用电压、工作电流及其特征和环境条件下，电缆绝缘特性不应小于常规预期使用寿命。

2 应根据运行可靠性、施工和维护的简便性以及允许最高工作温度与造价的综合经济性等因素选择。

3 应符合防火场所的要求，并应利于安全。

4 明确需要与环境保护协调时，应选用符合环保的电缆绝缘类型。

3.4.2 常用电缆的绝缘类型的选择，应符合下列规定：

1 中、低压电缆绝缘类型选择除应符合本规范第 3.4.3～3.4.7 条的规定外，低压电缆宜选用聚氯乙烯或交联聚乙烯型挤塑绝缘类型，中压电缆宜选用交联聚乙烯绝缘类型。

明确需要与环境保护协调时，不得选用聚氯乙烯绝缘电缆。

2 高压交流系统中电缆线路，宜选用交联聚乙烯绝缘类型。在有较多的运行经验地区，可选用自容式充油电缆。

3 高压直流输电电缆，可选用不滴流浸渍纸绝缘、自容式充油类型。在需要提高输电能力时，宜选用以半合成纸材料构造的型式。

直流输电系统不宜选用普通交联聚乙烯型电缆。

3.4.3 移动式电气设备等经常弯移或有较高柔软性要求的回路，应选用橡皮绝缘等电缆。

3.4.4 放射线作用场所，应按绝缘类型的要求，选用交联聚乙烯或乙丙橡皮绝缘等耐射线辐照强度的电缆。

3.4.5 60℃以上高温场所，应按经受高温及其持续时间和绝缘类型要求，选用耐热聚氯乙烯、交联聚乙烯或乙丙橡皮绝缘等耐热型电缆；100℃以上高温环境，宜选用矿物绝缘电缆。

高温场所不宜选用普通聚氯乙烯绝缘电缆。

3.4.6 －15℃以下低温环境，应按低温条件和绝缘类型要求，选用交联聚乙烯、聚乙烯绝缘、耐寒橡皮绝缘电缆。

低温环境不宜选用聚氯乙烯绝缘电缆。

3.4.7 在人员密集的公共设施，以及有低毒阻燃性防火要求的场所，可选用交联聚乙烯或乙丙橡皮等不含卤素的绝缘电缆。

防火有低毒性要求时，不宜选用聚氯乙烯电缆。

3.4.8 除本规范第 3.4.5～3.4.7 条明确要求的情况外，6kV 以下回路，可选用聚氯乙烯绝缘电缆。

3.4.9 对 6kV 重要回路或 6kV 以上的交联聚乙烯电缆，应选用内、外半导电与绝缘层三层共挤工艺特征的型式。

3.5 电缆护层类型

3.5.1 电缆护层的选择，应符合下列要求：

1 交流系统单芯电力电缆，当需要增强电缆抗外力时，应选用非磁性金属铠装层，不得选用未经非磁性有效处理的钢制铠装。

2 在潮湿、含化学腐蚀环境或易受水浸泡的电缆，其金属层、加强层、铠装上应有聚乙烯外护层，水中电缆的粗钢丝铠装应有挤塑外护层。

3 在人员密集的公共设施，以及有低毒阻燃性防火要求的场所，可选用聚乙烯或乙丙橡皮等不含卤素的外护层。

防火有低毒性要求时，不宜选用聚氯乙烯外护层。

4 除-15℃以下低温环境或药用化学液体浸泡场所，以及有低毒难燃性要求的电缆挤塑外护层宜选用聚乙烯外，其他可选用聚氯乙烯外护层。

5 用在有水或化学液体浸泡场所的 6～35kV 重要回路或 35kV 以上的交联聚乙烯电缆，应具有符合使用要求的金属塑料复合阻水层、金属套等径向防水构造。

敷设于水下的中、高压交联聚乙烯电缆应具有纵向阻水构造。

3.5.2 自容式充油电缆的加强层类型，当线路未设置塞止式接头时最高与最低点之间高差，应符合下列规定：

1 仅有铜带等径向加强层时，容许高差应为 40m；但用于重要回路时宜为 30m。

2 径向和纵向均有铜带等加强层时，容许高差应为 80m；但用于重要回路时宜为 60m。

3.5.3 直埋敷设时电缆护层的选择，应符合下列规定：

1 电缆承受较大压力或有机械损伤危险时，应具有加强层或钢带铠装。

2 在流砂层、回填土地带等可能出现位移的土壤中，电缆应具有钢丝铠装。

3 白蚁严重危害地区用的挤塑电缆，应选用较高硬度的外护层，也可在普通外护层上挤包较高硬度的薄外护层，其材质可采用尼龙或特种聚烯烃共聚物等，也可采用金属套或钢带铠装。

4 地下水位较高的地区，应选用聚乙烯外护层。

5 除上述情况外，可选用不含铠装的外护层。

3.5.4 空气中固定敷设时电缆护层的选择，应符合下列规定：

1 小截面挤塑绝缘电缆直接在臂式支架上敷设时，宜具有钢带铠装。

2 在地下客运、商业设施等安全性要求高且鼠害严重的场所，塑料绝缘电缆应具有金属包带或钢带铠装。

3 电缆位于高落差的受力条件时，多芯电缆应具有钢丝铠装，交流单芯电缆应符合本规范第 3.5.1 条第 1 款的规定。

4 敷设在桥架等支承较密集的电缆，可不含铠装。

5 明确需要与环境保护相协调时，不得采用聚氯乙烯外护层。

6 除应按本规范第 3.5.1 条第 3、4 款和本条第 5 款的规定，以及 60℃ 以上高温场所应选用聚乙烯等耐热外护层的电缆外，其他宜选用聚氯乙烯外护层。

3.5.5 移动式电气设备等经常弯移或有较高柔软性要求回路的电缆，应选用橡皮外护层。

3.5.6 放射线作用场所的电缆，应具有适合耐受放射线辐照强度的聚氯乙烯、氯丁橡皮、氯磺化聚乙烯等外护层。

3.5.7 保护管中敷设的电缆，应具有挤塑外护层。

3.5.8 水下敷设时电缆护层的选择，应符合下列规定：

1 在沟渠、不通航小河等不需铠装层承受拉力的电缆，可选用钢带铠装。

2 江河、湖海中电缆，选用的钢丝铠装型式应满足受力条件。当敷设条件有机械损伤等防范要求时，可选用符合防护、耐蚀性增强要求的外护层。

3.5.9 路径通过不同敷设条件时电缆护层的选择，应符合下列规定：

1 线路总长未超过电缆制造长度时，宜选用满足全线条件的同一种或差别尽量小的一种以上型式。

2 线路总长超过电缆制造长度时，可按相应区段分别选用适合的不同型式。

3.6 控制电缆及其金属屏蔽

3.6.1 双重化保护的电流、电压，以及直流电源和跳闸控制回路等需增强可靠性的两套系统，应采用各自独立的控制电缆。

3.6.2 下列情况的回路，相互间不应合用同一根控制电缆：

1 弱电信号、控制回路与强电信号、控制回路。

2 低电平信号与高电平信号回路。

3 交流断路器分相操作的各相电控制回路。

3.6.3 弱电回路的每一对往返导线，应属于同一根控制电缆。

3.6.4 电流互感器、电压互感器每组二次绕组的相线和中性线应配置于同一根电缆内。

3.6.5 强电回路控制电缆，除位于高压配电装置或与高压电缆紧邻并行较长，需抑制干扰的情况外，其他可不含金属屏蔽。

3.6.6 弱电信号、控制回路的控制电缆，当位于存在干扰影响的环境又不具备有效抗干扰措施时，应具有金属屏蔽。

3.6.7 控制电缆金属屏蔽类型的选择，应按可能的电气干扰影响，计入综合抑制干扰措施，并应满足降低干扰或过电压的要求，同时应符合下列规定：

  1 位于110kV以上配电装置的弱电控制电缆，宜选用总屏蔽或双层式总屏蔽。

  2 用于集成电路、微机保护的电流、电压和信号接点的控制电缆，应选用屏蔽型。

  3 计算机监控系统信号回路控制电缆的屏蔽选择，应符合下列规定：

    1) 开关量信号，可选用总屏蔽。

    2) 高电平模拟信号，宜选用对绞线芯总屏蔽，必要时也可选用对绞线芯分屏蔽。

    3) 低电平模拟信号或脉冲量信号，宜选用对绞线芯分屏蔽，必要时也可选用对绞线芯分屏蔽复合总屏蔽。

  4 其他情况，应按电磁感应、静电感应和地电位升高等影响因素，选用适宜的屏蔽型式。

  5 电缆具有钢铠、金属套时，应充分利用其屏蔽功能。

3.6.8 需降低电气干扰的控制电缆，可增加一个接地的备用芯，并应在控制室侧一点接地。

3.6.9 控制电缆金属屏蔽的接地方式，应符合下列规定：

  1 计算机监控系统的模拟信号回路控制电缆屏蔽层，不得构成两点或多点接地，应集中式一点接地。

  2 集成电路、微机保护的电流、电压和信号的控制电缆屏蔽层，应在开关安置场所与控制室同时接地。

  3 除上述情况外的控制电缆屏蔽层，当电磁感应的干扰较大时，宜采用两点接地；静电感应的干扰较大时，可采用一点接地。

双重屏蔽或复合式总屏蔽，宜对内、外屏蔽分别采用一点、两点接地。

  4 两点接地的选择，还宜在暂态电流作用下屏蔽层不被烧熔。

3.6.10 强电控制回路导体截面不应小于1.5mm²，弱电控制回路不应小于0.5mm²。

3.7 电力电缆导体截面

3.7.1 电力电缆导体截面的选择，应符合下列规定：

  1 最大工作电流作用下的电缆导体温度，不得超过电缆使用寿命的允许值。持续工作回路的电缆导体工作温度，应符合本规范附录A的规定。

  2 最大短路电流和短路时间作用下的电缆导体温度，应符合本规范附录A的规定。

  3 最大工作电流作用下连接回路的电压降，不得超过该回路允许值。

  4 10kV及以下电力电缆截面除应符合上述1~3款的要求外，尚宜按电缆的初始投资与使用寿命期间的运行费用综合经济的原则选择。10kV及以下电力电缆经济电流截面选用方法宜符合本规范附录B的规定。

  5 多芯电力电缆导体最小截面，铜导体不宜小于2.5mm²，铝导体不宜小于4mm²。

  6 敷设于水下的电缆，当需导体承受拉力且较合理时，可按抗拉要求选择截面。

3.7.2 10kV及以下常用电缆按100%持续工作电流确定电缆导体允许最小截面，宜符合本规范附录C和附录D的规定，其载流量按照下列使用条件差异影响计入校正系数后的实际允许值应大于回路的工作电流。

  1 环境温度差异。

  2 直埋敷设时土壤热阻系数差异。

  3 电缆多根并列的影响。

  4 户外架空敷设无遮阳时的日照影响。

3.7.3 除本规范第3.7.2条规定的情况外，电缆按100%持续工作电流确定电缆导体允许最小截面时，应经计算或测试验证，计算内容和参数选择应符合下列规定：

  1 含有高次谐波负荷的供电回路电缆或中频负荷回路使用的非同轴电缆，应计入集肤效应和邻近效应增大等附加发热的影响。

  2 交叉互联接地的单芯高压电缆，单元系统中三个区段不等长时，应计入金属层的附加损耗发热的影响。

  3 敷设于保护管中的电缆，应计入热阻影响；排管中不同孔位的电缆还应分别计入互热因素的影响。

  4 敷设于封闭、半封闭或透气式耐火槽盒中的电缆，应计入包含该型材质及其盒体厚度、尺寸等因素对热阻增大的影响。

  5 施加在电缆上的防火涂料、包带等覆盖层厚度大于1.5mm时，应计入其热阻影响。

  6 沟内电缆埋砂且无经常性水分补充时，应按砂质情况选取大于2.0K·m/W的热阻系数计入电缆热阻增大的影响。

3.7.4 电缆导体工作温度大于70℃的电缆，计算持续允许载流量时，应符合下列规定：

  1 数量较多的该类电缆敷设于未装机械通风的隧道、竖井时，应计入对环境温升的影响。

  2 电缆直埋敷设在干燥或潮湿土壤中，除实施换土处理能避免水分迁移的情况外，土壤热阻系数取值不宜小于2.0K·m/W。

3.7.5 电缆持续允许载流量的环境温度，应按使用地区的气象温度多年平均值确定,并应符合表3.7.5的规定。

表3.7.5 电缆持续允许载流量的环境温度(℃)

电缆敷设场所	有无机械通风	选取的环境温度
土中直埋	—	埋深处的最热月平均地温
水下	—	最热月的日最高水温平均值
户外空气中、电缆沟	—	最热月的日最高温度平均值
有热源设备的厂房	有	通风设计温度
有热源设备的厂房	无	最热月的日最高温度平均值另加5℃
一般性厂房、室内	有	通风设计温度
一般性厂房、室内	无	最热月的日最高温度平均值
户内电缆沟	无	最热月的日最高温度平均值另加5℃*
隧道	无	最热月的日最高温度平均值另加5℃*
隧道	有	通风设计温度

注:当*属于本规范第3.7.4条1款的情况时,不能直接采取仅加5℃。

3.7.6 通过不同散热区段的电缆导体截面的选择,应符合下列规定:

1 回路总长未超过电缆制造长度时,应符合下列规定:

  1)重要回路,全长宜按其中散热较差区段条件选择同一截面。
  2)非重要回路,可对大于10m区段散热条件按段选择截面,但每回路不宜多于3种规格。
  3)水下电缆敷设有机械强度要求需增大截面时,回路全长可选同一截面。

2 回路总长超过电缆制造长度时,宜按区段选择电缆导体截面。

3.7.7 对非熔断器保护回路,应按满足短路热稳定条件确定电缆导体允许最小截面,并应按照本规范附录E的规定计算。

3.7.8 选择短路计算条件,应符合下列规定:

1 计算用系统接线,应采用正常运行方式,且宜按工程建成后5~10年发展规划。

2 短路点应选取在通过电缆回路最大短路电流可能发生处。

3 宜按三相短路计算。

4 短路电流的作用时间,应取保护动作时间与断路器开断时间之和。对电动机等直馈线,保护动作时间应取主保护时间;其他情况,宜取后备保护时间。

3.7.9 1kV以下电源中性点直接接地时,三相四线制系统的电缆中性线截面,不得小于按线路最大不平衡电流持续工作所需最小截面;有谐波电流影响的回路,尚宜符合下列规定:

1 气体放电灯为主要负荷的回路,中性线截面不宜小于相芯线截面。

2 除上述情况外,中性线截面不宜小于50%的相芯线截面。

3.7.10 1kV以下电源中性点直接接地时,配置保护接地线、中性线或保护接地中性线系统的电缆导体截面的选择,应符合下列规定:

1 中性线、保护接地中性线的截面,应符合本规范第3.7.9条的规定;配电干线采用单芯电缆作保护接地中性线时,截面应符合下列规定:

  1)铜导体,不小于10mm^2;
  2)铝导体,不小于16mm^2。

2 保护地线的截面,应满足回路保护电器可靠动作的要求,并应符合表3.7.10的规定。

表3.7.10 按热稳定要求的保护地线允许最小截面(mm^2)

电缆相芯线截面	保护地线允许最小截面
S≤16	S
16<S≤35	16
35<S≤400	S/2
400<S≤800	200
S>800	S/4

注:S为电缆相芯线截面。

3 采用多芯电缆的干线,其中性线和保护地线合一的导体,截面不应小于4mm^2。

3.7.11 交流供电回路由多根电缆并联组成时,各电缆宜等长,并应采用相同材质、相同截面的导体;具有金属套的电缆,金属材质和构造截面也应相同。

3.7.12 电力电缆金属屏蔽层的有效截面,应满足在可能的短路电流作用下温升值不超过绝缘与外护层的短路允许最高温度平均值。

4 电缆附件的选择与配置

4.1 一般规定

4.1.1 电缆终端的装置类型的选择,应符合下列规定:

1 电缆与六氟化硫全封闭电器直接相连时,应采用封闭式GIS终端。

2 电缆与高压变压器直接相连时,应采用象鼻式终端。

3 电缆与电器相连且具有整体式插接功能时，应采用可分离式（插接式）终端。

4 除上述情况外，电缆与其他电器或导体相连时，应采用敞开式终端。

4.1.2 电缆终端构造类型的选择，应按满足工程所需可靠性、安装与维护简便和经济合理等因素综合确定，并应符合下列规定：

1 与充油电缆相连的终端，应耐受可能的最高工作油压。

2 与六氟化硫全封闭电器相连的 GIS 终端，其接口应相互配合；GIS 终端应具有与 SF_6 气体完全隔离的密封结构。

3 在易燃、易爆等不允许有火种场所的电缆终端，应选用无明火作业的构造类型。

4 220kV 及以上 XLPE 电缆选用的终端型式，应通过该型终端与电缆连成整体的标准性资格试验考核。

5 在多雨且污秽或盐雾较重地区的电缆终端，宜具有硅橡胶或复合式套管。

6 66～110kV XLPE 电缆户外终端宜选用全干式预制型。

4.1.3 电缆终端绝缘特性的选择，应符合下列规定：

1 终端的额定电压及其绝缘水平，不得低于所连接电缆额定电压及其要求的绝缘水平。

2 终端的外绝缘，必须符合安置处海拔高程、污秽环境条件所需爬电比距的要求。

4.1.4 电缆终端的机械强度，应满足安置处引线拉力、风力和地震力作用的要求。

4.1.5 电缆接头的装置类型的选择，应符合下列规定：

1 自容式充油电缆线路高差超过本规范第 3.5.2 条的规定，且需分隔油路时，应采用塞止接头。

2 电缆线路距离超过电缆制造长度，且除本条第 3 款情况外，应采用直通接头。

3 单芯电缆线路较长以交叉互联接地的隔断金属层连接部位，除可在金属层上实施有效隔断及其绝缘处理的方式外，其他应采用绝缘接头。

4 电缆线路分支接出的部位，除带分支主干电缆或在电缆网络中应设置有分支箱、环网柜等情况外，其他应采用 T 型接头。

5 三芯与单芯电缆直接相连的部位，应采用转换接头。

6 挤塑绝缘电缆与自容式充油电缆相连的部位，应采用过渡接头。

4.1.6 电缆接头构造类型的选择，应按满足工程所需可靠性、安装与维护简便和经济合理等因素综合确定，并应符合下列规定：

1 海底等水下电缆的接头，应维持钢铠层纵向连续且有足够的机械强度，宜选用软性连接。

2 在可能有水浸泡的设置场所，6kV 及以上 XLPE 电缆接头应具有外包防水层。

3 在不允许有火种场所的电缆接头，不得选用热缩型。

4 220kV 及以上 XLPE 电缆选用的接头，应由该型接头与电缆连成整体的标准性试验确认。

5 66～110kV XLPE 电缆线路可靠性要求较高时，不宜选用包带型接头。

4.1.7 电缆接头的绝缘特性应符合下列规定：

1 接头的额定电压及其绝缘水平，不得低于所连接电缆额定电压及其要求的绝缘水平。

2 绝缘接头的绝缘环两侧耐受电压，不得低于所连接电缆护层绝缘水平的 2 倍。

4.1.8 电缆终端、接头的布置，应满足安装维修所需的间距，并应符合电缆允许弯曲半径的伸缩节配置的要求，同时应符合下列规定：

1 终端支架构成方式，应利于电缆及其组件的安装；大于 1500A 的工作电流时，支架构造宜具有防止横向磁路闭合等附加发热措施。

2 邻近电气化交通线路等对电缆金属层有侵蚀影响的地段，接头设置方式宜便于监察维护。

4.1.9 电力电缆金属层必须直接接地。交流系统中三芯电缆的金属层，应在电缆线路两终端和接头等部位实施接地。

4.1.10 交流单芯电力电缆线路的金属层上任一点非直接接地处的正常感应电势计算，宜符合本规范附录 F 的规定。电缆线路的正常感应电势最大值应满足下列规定：

1 未采取能有效防止人员任意接触金属层的安全措施时，不得大于 50V。

2 除上述情况外，不得大于 300V。

4.1.11 交流系统单芯电力电缆金属层接地方式的选择，应符合下列规定：

1 线路不长，且能满足本规范第 4.1.10 条要求时，应采取在线路一端或中央部位单点直接接地（图 4.1.11-1）。

2 线路较长，单点直接接地方式无法满足本规

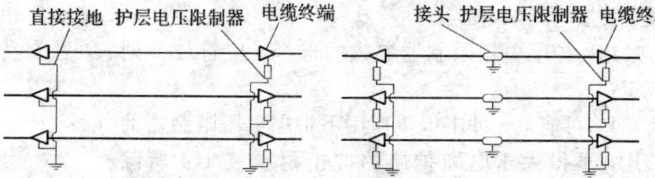

(a) 线路一端单点直接接地　　(b) 线路中央部位单点直接接地

图 4.1.11-1　线路一端或中央部位单点直接接地

注：设置护层电压限制器适合 35kV 以上电缆，35kV 电缆需要时可设置，35kV 以下电缆不需设置。

范第4.1.10条的要求时，水下电缆、35kV及以下电缆或输送容量较小的35kV以上电缆，可采取在线路两端直接接地（图4.1.11-2）。

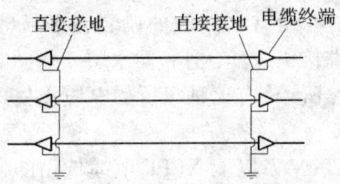

图4.1.11-2 线路两端直接接地

3 除上述情况外的长线路，宜划分适当的单元，且在每个单元内按3个长度尽可能均等区段，应设置绝缘接头或实施电缆金属层的绝缘分隔，以交叉互联接地（图4.1.11-3）。

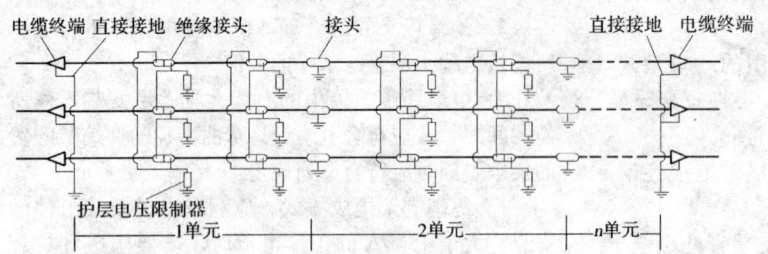

图4.1.11-3 交叉互联接地

注：图中护层电压限制器配置示例按Y_0接线。

4.1.12 交流系统单芯电力电缆及其附件的外护层绝缘等部位，应设置过电压保护，并应符合下列规定：

1 35kV以上单芯电力电缆的外护层、电缆直连式GIS终端的绝缘筒，以及绝缘接头的金属层绝缘分隔部位，当其耐压水平低于可能的暂态过电压时，应添加保护措施，且宜符合下列规定：

1) 单点直接接地的电缆线路，在其金属层电气通路的末端，应设置护层电压限制器。

2) 交叉互联接地的电缆线路，每个绝缘接头应设置护层电压限制器。线路终端非直接接地时，该终端部位应设置护层电压限制器。

3) GIS终端的绝缘筒上，宜跨接护层电压限制器或电容器。

2 35kV单芯电力电缆金属层单点直接接地，且有增强护层绝缘保护需要时，可在线路未接地的终端设置护层电压限制器。

4.1.13 护层电压限制器参数的选择，应符合下列规定：

1 可能最大冲击电流作用下护层电压限制器的残压，不得大于电缆护层的冲击耐压被1.4所除数值。

2 系统短路时产生的最大工频感应过电压作用下，在可能长的切除故障时间内，护层电压限制器应能耐受。切除故障时间应按5s以内计算。

3 可能最大冲击电流累积作用20次后，护层电压限制器不得损坏。

4.1.14 护层电压限制器的配置连接，应符合下列规定：

1 护层电压限制器配置方式，应按暂态过电压抑制效果、满足工频感应过电压下参数匹配、便于监察维护等因素综合确定，并应符合下列规定：

1) 交叉互联线路中绝缘接头处护层电压限制器的配置及其连接，可选取桥形非接地△、Y_0或桥形接地等三相接线方式。

2) 交叉互联线路未接地的电缆终端、单点直接接地的电缆线路，宜采取Y_0接线方式配置护层电压限制器。

2 护层电压限制器连接回路，应符合下列规定：

1) 连接线应尽量短，其截面应满足系统最大暂态电流通过时的热稳定要求。

2) 连接回路的绝缘导线、隔离刀闸等装置的绝缘性能，不得低于电缆外护层绝缘水平。

3) 护层电压限制器接地箱的材质及其防护等级应满足其使用环境的要求。

4.1.15 交流系统110kV及以上单芯电缆金属层单点直接接地时，下列任一情况下，应沿电缆邻近设置平行回流线。

1 系统短路时电缆金属层产生的工频感应电压，超过电缆护层绝缘耐受强度或护层电压限制器的工频耐压。

2 需抑制电缆邻近弱电线路的电气干扰强度。

4.1.16 回流线的选择与设置，应符合下列规定：

1 回流线的阻抗及其两端接地电阻，应达到抑制电缆金属层工频感应过电压，并应使其截面满足最大暂态电流作用下的热稳定要求。

2 回流线的排列配置方式，应保证电缆运行时在回流线上产生的损耗最小。

3 电缆线路任一终端设置在发电厂、变电所时，回流线应与电源中性线接地的接地网连通。

4.1.17 重要回路且可能有过热部位的高压电缆线路，宜设置温度检测装置。

4.1.18 重要交流单芯高压电缆金属层单点直接接地或交叉互联接地时，该电缆线路宜设置护层绝缘监察装置。

4.2 自容式充油电缆的供油系统

4.2.1 自容式充油电缆必须接有供油装置。供油装置的选择，应保证电缆工作的油压变化符合下列规定：

1 冬季最低温度空载时，电缆线路最高部位油压不得小于容许最低工作油压。

　　2 夏季最高温度满载时，电缆线路最低部位油压不得大于容许最高工作油压。

　　3 夏季最高温度突增至额定满载时，电缆线路最低部位或供油装置区间长度一半部位的油压不宜大于容许最高暂态油压。

　　4 冬季最低温度从满载突然切除时，电缆线路最高部位或供油装置区间长度一半部位的油压不得小于容许最低工作油压。

4.2.2 自容式充油电缆的容许最低工作油压，必须满足维持电缆电气性能的要求；容许最高工作油压、暂态油压，应符合电缆耐受机械强度的能力，并应符合下列规定：

　　1 容许最低工作油压不得小于 0.02MPa。

　　2 铅包、铜带径向加强层构成的电缆，容许最高工作油压不得大于 0.4MPa；用于重要回路时不宜大于 0.3MPa。

　　3 铅包、铜带径向与纵向加强层构成的电缆，容许最高工作油压不得大于 0.8MPa；用于重要回路时不宜大于 0.6MPa。

　　4 容许最高暂态油压，可按 1.5 倍容许最高工作油压计算。

4.2.3 供油装置的选择，应保证可能供油量大于电缆需要供油量，并应符合下列规定：

　　1 供油装置可采用压力油箱。压力油箱的可能供油量，宜按夏季高温满载、冬季低温空载等电缆可能有的工况下油压最大变化范围条件确定。

　　2 电缆需要的供油量，应计入负荷电流和环境温度变化所引起电缆线路本体及其附件的油量变化总和。

　　3 供油装置的供油量，宜有 40% 的裕度。

　　4 电缆线路一端供油且每相仅一台工作供油箱时，对重要回路应另设一台备用供油箱；当每相配有两台及以上工作供油箱时，可不设置备用供油箱。

4.2.4 供油箱的配置，应符合下列规定：

　　1 宜按相分别配置。

　　2 一端供油方式且电缆线路两端有较大高差时，宜配置在较高地位的一端。

　　3 线路较长且一端供油无法满足容许暂态油压要求时，可配置在电缆线路两端或油路分段的两端。

4.2.5 供油系统及其布置，应保证管路较短、部件数量紧凑，并应符合下列规定：

　　1 按相设置多台供油箱时，应并联连接。

　　2 供油管的管径不得小于电缆油道管径，宜选用含有塑料或橡皮绝缘护套的铜管。

　　3 供油管应经一段不低于电缆护层绝缘强度的耐油性绝缘管再与终端或塞止接头相连。

　　4 在可能发生不均匀沉降或位移的土质地方，供油箱与终端的基础应整体相连。

　　5 户外供油箱宜设置遮阳措施。环境温度低于供油箱工作容许最低温度时，应采取加热等改善措施。

4.2.6 供油系统应按相设置油压过低、过高越限报警功能的监察装置，并应保证油压事故信号可靠地传到运行值班处。

5 电缆敷设

5.1 一般规定

5.1.1 电缆的路径选择，应符合下列规定：

　　1 应避免电缆遭受机械性外力、过热、腐蚀等危害。

　　2 满足安全要求条件下，应保证电缆路径最短。

　　3 应便于敷设、维护。

　　4 宜避开将要挖掘施工的地方。

　　5 充油电缆线路通过起伏地形时，应保证供油装置合理配置。

5.1.2 电缆在任何敷设方式及其全部路径条件的上下左右改变部位，均应满足电缆允许弯曲半径要求。

　　电缆的允许弯曲半径，应符合电缆绝缘及其构造特性的要求。对自容式铅包充油电缆，其允许弯曲半径可按电缆外径的 20 倍计算。

5.1.3 同一通道内电缆数量较多时，若在同一侧的多层支架上敷设，应符合下列规定：

　　1 应按电压等级由高至低的电力电缆、强电至弱电的控制和信号电缆、通讯电缆"由上而下"的顺序排列。

　　当水平通道中含有 35kV 以上高压电缆，或为满足引入柜盘的电缆符合允许弯曲半径要求时，宜按"由下而上"的顺序排列。

　　在同一工程中或电缆通道延伸于不同工程的情况，均应按相同的上下排列顺序配置。

　　2 支架层数受通道空间限制时，35kV 及以下的相邻电压级电力电缆，可排列于同一层支架上；1kV 及以下电力电缆也可与强电控制和信号电缆配置在同一层支架上。

　　3 同一重要回路的工作与备用电缆实行耐火分隔时，应配置在不同层的支架上。

5.1.4 同一层支架上电缆排列的配置，宜符合下列规定：

　　1 控制和信号电缆可紧靠或多层叠置。

　　2 除交流系统用单芯电力电缆的同一回路可采取品字形（三叶形）配置外，对重要的同一回路多根电力电缆，不宜叠置。

　　3 除交流系统用单芯电缆情况外，电力电缆的相互间宜有 1 倍电缆外径的空隙。

5.1.5 交流系统用单芯电力电缆的相序配置及其相

间距离，应同时满足电缆金属护层的正常感应电压不超过允许值，并宜保证按持续工作电流选择电缆截面小的原则确定。

未呈品字形配置的单芯电力电缆，有两回线及以上配置在同一通路时，应计入相互影响。

5.1.6 交流系统用单芯电力电缆与公用通讯线路相距较近时，宜维持技术经济上有利的电缆路径，必要时可采取下列抑制感应电势的措施：

1 使电缆支架形成电气通路，且计入其他并行电缆抑制因素的影响。

2 对电缆隧道的钢筋混凝土结构实行钢筋网焊接连通。

3 沿电缆线路适当附加并行的金属屏蔽线或罩盒等。

5.1.7 明敷的电缆不宜平行敷设在热力管道的上部。电缆与管道之间无隔板防护时的允许距离，除城市公共场所应按现行国家标准《城市工程管线综合规划规范》GB 50289 执行外，尚应符合表 5.1.7 的规定。

表 5.1.7 电缆与管道之间无隔板防护时的允许距离（mm）

电缆与管道之间走向		电力电缆	控制和信号电缆
热力管道	平行	1000	500
	交叉	500	250
其他管道	平行	150	100

5.1.8 抑制电气干扰强度的弱电回路控制和信号电缆，除应符合本规范第 3.6.6～3.6.9 条的规定外，当需要时可采取下列措施：

1 与电力电缆并行敷设时相互间距，在可能范围内宜远离；对电压高、电流大的电力电缆间距宜更远。

2 敷设于配电装置内的控制和信号电缆，与耦合电容器或电容式电压互感、避雷器或避雷针接地处的距离，宜在可能范围内远离。

3 沿控制和信号电缆可平行敷设屏蔽线，也可将电缆敷设于钢制管或盒中。

5.1.9 在隧道、沟、浅槽、竖井、夹层等封闭式电缆通道中，不得布置热力管道，严禁有易燃气体或易燃液体的管道穿越。

5.1.10 爆炸性气体危险场所敷设电缆，应符合下列规定：

1 在可能范围应保证电缆距爆炸释放源较远，敷设在爆炸危险较小的场所，并应符合下列规定：

1）易燃气体比空气重时，电缆应埋地或在较高处架空敷设，且对非铠装电缆采取穿管或置于托盘、槽盒中等机械性保护。

2）易燃气体比空气轻时，电缆应敷设在较低处的管、沟内，沟内非铠装电缆应埋砂。

2 电缆在空气中沿输送易燃气体的管道敷设时，应配置在危险程度较低的管道一侧，并应符合下列规定：

1）易燃气体比空气重时，电缆宜配置在管道上方。

2）易燃气体比空气轻时，电缆宜配置在管道下方。

3 电缆及其管、沟穿过不同区域之间的墙、板孔洞处，应采用非燃性材料严密堵塞。

4 电缆线路中不应有接头；如采用接头时，必须具有防爆性。

5.1.11 用于下列场所、部位的非铠装电缆，应采用具有机械强度的管或罩加以保护：

1 非电气人员经常活动场所的地坪以上 2m 内、地中引出的地坪以下 0.3m 深电缆区段。

2 可能有载重设备移经电缆上面的区段。

5.1.12 除架空绝缘型电缆外的非户外型电缆，户外使用时，宜采取罩、盖等遮阳措施。

5.1.13 电缆敷设在有周期性振动的场所，应采取下列措施：

1 在支持电缆部位设置由橡胶等弹性材料制成的衬垫。

2 使电缆敷设成波浪状且留有伸缩节。

5.1.14 在有行人通过的地坪、堤坝、桥面、地下商业设施的路面，以及通行的隧洞中，电缆不得敞露敷设于地坪或楼梯走道上。

5.1.15 在工厂的风道、建筑物的风道、煤矿里机械提升的除运输机通行的斜井通风巷道或木支架的竖井井筒中，严禁敷设敞露式电缆。

5.1.16 1kV 以下电源直接接地且配置独立分开的中性线和保护地线构成的系统，采用独立于相芯线和中性线以外的电缆作保护地线时，同一回路的该两部分电缆敷设方式，应符合下列规定：

1 在爆炸性气体环境中，应敷设在同一路径的同一结构管、沟或盒中。

2 除上述情况外，宜敷设在同一路径的同一构筑物中。

5.1.17 电缆的计算长度，应包括实际路径长度与附加长度。附加长度，宜计入下列因素：

1 电缆敷设路径地形等高差变化、伸缩节或迂回备用裕量。

2 35kV 及以上电缆蛇形敷设时的弯曲状影响增加量。

3 终端或接头制作所需剥截电缆的预留段、电缆引至设备或装置所需的长度。35kV 及以下电缆敷设度量时的附加长度，应符合本规范附录 G 的规定。

5.1.18 电缆的订货长度，应符合下列规定：

1 长距离的电缆线路，宜采用计算长度作为订货长度。

对35kV以上单芯电缆,应按相计算;线路采取交叉互联等分段连接方式时,应按段开列。

2 对35kV及以下电缆用于非长距离时,宜计及整盘电缆中截取后不能利用其剩余段的因素,按计算长度计入5%～10%的裕量,作为同型号规格电缆的订货长度。

3 水下敷设电缆的每盘长度,不宜小于水下段的敷设长度。有困难时,可含有工厂制的软接头。

5.2 敷设方式选择

5.2.1 电缆敷设方式的选择,应视工程条件、环境特点和电缆类型、数量等因素,以及满足运行可靠、便于维护和技术经济合理的要求选择。

5.2.2 电缆直埋敷设方式的选择,应符合下列规定:

1 同一通路少于6根的35kV及以下电力电缆,在厂区通往远距离辅助设施或城郊等不易经常性开挖的地段,宜采用直埋;在城镇人行道下较易翻修情况或道路边缘,也可采用直埋。

2 厂区内地下管网较多的地段,可能有熔化金属、高温液体溢出的场所,待开发有较频繁开挖的地方,不宜采用直埋。

3 在化学腐蚀或杂散电流腐蚀的土壤范围内,不得采用直埋。

5.2.3 电缆穿管敷设方式的选择,应符合下列规定:

1 在有爆炸危险场所明敷的电缆,露出地坪上需加以保护的电缆,以及地下电缆与公路、铁道交叉时,应采用穿管。

2 地下电缆通过房屋、广场的区段,以及电缆敷设在规划中将作为道路的地段时,宜采用穿管。

3 在地下管网较密的工厂区、城市道路狭窄且交通繁忙或道路挖掘困难的通道等电缆数量较多时,可采用穿管。

5.2.4 下列场所宜采用浅槽敷设方式:

1 地下水位较高的地方。

2 通道中电力电缆数量较少,且在不经常有载重车通过的户外配电装置等场所。

5.2.5 电缆沟敷设方式的选择,应符合下列规定:

1 在化学腐蚀液体或高温熔化金属溢流的场所,或在载重车辆频繁经过的地段,不得采用电缆沟。

2 经常有工业水溢流、可燃粉尘弥漫的厂房内,不宜采用电缆沟。

3 在厂区、建筑物内地下电缆数量较多但不需要采用隧道,城镇人行道开挖不便且电缆需分期敷设,同时不属于上述情况时,宜采用电缆沟。

4 有防爆、防火要求的明敷电缆,应采用埋砂敷设的电缆沟。

5.2.6 电缆隧道敷设方式的选择,应符合下列规定:

1 同一通道的地下电缆数量多,电缆沟不足以容纳时应采用隧道。

2 同一通道的地下电缆数量较多,且位于有腐蚀性液体或经常有地面水溢流的场所,或含有35kV以上高压电缆以及穿越公路、铁道等地段,宜采用隧道。

3 受城镇地下通道条件限制或交通流量较大的道路下,与较多电缆沿同一路径有非高温的水、气和通讯电缆管线共同配置时,可在公用性隧道中敷设电缆。

5.2.7 垂直走向的电缆,宜沿墙、柱敷设;当数量较多,或含有35kV以上高压电缆时,应采用竖井。

5.2.8 电缆数量较多的控制室、继电保护室等处,宜在其下部设置电缆夹层。电缆数量较少时,也可采用有活动盖板的电缆层。

5.2.9 在地下水位较高的地方,化学腐蚀液体溢流的场所,厂房内应采用支持式架空敷设。建筑物或厂区不宜地下敷设时,可采用架空敷设。

5.2.10 明敷且不宜采用支持式架空敷设的地方,可采用悬挂式架空敷设。

5.2.11 通过河流、水库的电缆,无条件利用桥梁、堤坝敷设时,可采用水下敷设。

5.2.12 厂房内架空桥架敷设方式不宜设置检修通道,城市电缆线路架空桥架敷设方式可设置检修通道。

5.3 地下直埋敷设

5.3.1 直埋敷设电缆的路径选择,宜符合下列规定:

1 应避开含有酸、碱强腐蚀或杂散电流电化学腐蚀严重影响的地段。

2 无防护措施时,宜避开白蚁危害地带、热源影响和易遭外力损伤的区段。

5.3.2 直埋敷设电缆方式,应符合下列规定:

1 电缆应敷设于壕沟里,并应沿电缆全长的上、下紧邻侧铺以厚度不小于100mm的软土或砂层。

2 沿电缆全长应覆盖宽度不小于电缆两侧各50mm的保护板,保护板宜采用混凝土。

3 城镇电缆直埋敷设时,宜在保护板上层铺设醒目标志带。

4 位于城郊或空旷地带,沿电缆路径的直线间隔100m、转弯处和接头部位,应竖立明显的方位标志或标桩。

5 当采用电缆穿波纹管敷设于壕沟时,应沿波纹管顶全长浇注厚度不小于100mm的素混凝土,宽度不应小于管外侧50mm,电缆可不含铠装。

5.3.3 直埋敷设于非冻土地区时,电缆埋置深度应符合下列规定:

1 电缆外皮至地下构筑物基础,不得小于0.3m。

2 电缆外皮至地面深度,不得小于0.7m;当位于行车道或耕地下时,应适当加深,且不宜小于1.0m。

5.3.4 直埋敷设于冻土地区时,宜埋入冻土层以下;

当无法深埋时可埋设在土壤排水性好的干燥冻土层或回填土中，也可采取其他防止电缆受到损伤的措施。

5.3.5 直埋敷设的电缆，严禁位于地下管道的正上方或正下方。

电缆与电缆、管道、道路、构筑物等之间的容许最小距离，应符合表5.3.5的规定。

表5.3.5 电缆与电缆、管道、道路、构筑物等之间的容许最小距离（m）

电缆直埋敷设时的配置情况		平行	交叉
控制电缆之间		—	0.5①
电力电缆之间或与控制电缆之间	10kV及以下电力电缆	0.1	0.5①
	10kV以上电力电缆	0.25②	0.5①
不同部门使用的电缆		0.5②	0.5①
电缆与地下管沟	热力管沟	2③	0.5①
	油管或易（可）燃气管道	1	0.5①
	其他管道	0.5	0.5①
电缆与铁路	非直流电气化铁路路轨	3	1.0
	直流电气化铁路路轨	10	1.0
电缆与建筑物基础		0.6③	—
电缆与公路边		1.0③	—
电缆与排水沟		1.0③	—
电缆与树木的主干		0.7	—
电缆与1kV以下架空线电杆		1.0③	—
电缆与1kV以上架空线杆塔基础		4.0③	—

注：①用隔板分隔或电缆穿管时不得小于0.25m；
②用隔板分隔或电缆穿管时不得小于0.1m；
③特殊情况时，减小值不得大于50%。

5.3.6 直埋敷设的电缆与铁路、公路或街道交叉时，应穿保护管，保护范围应超出路基、街道路面两边以及排水沟边0.5m以上。

5.3.7 直埋敷设的电缆引入构筑物，在贯穿墙孔处应设置保护管，管口应实施阻水堵塞。

5.3.8 直埋敷设电缆的接头配置，应符合下列规定：
1 接头与邻近电缆的净距，不得小于0.25m。
2 并列电缆的接头位置宜相互错开，且净距不宜小于0.5m。
3 斜坡地形处的接头安置，应呈水平状。
4 重要回路的电缆接头，宜在其两侧约1.0m开始的局部段，按留有备用量方式敷设电缆。

5.3.9 直埋敷设电缆采取特殊换土回填时，回填土的土质应对电缆外护层无腐蚀性。

5.4 保护管敷设

5.4.1 电缆保护管内壁应光滑无毛刺。其选择，应满足使用条件所需的机械强度和耐久性，且应符合下列规定：

1 需采用穿管抑制对控制电缆的电气干扰时，应采用钢管。
2 交流单芯电缆以单根穿管时，不得采用未分隔磁路的钢管。

5.4.2 部分和全部露出在空气中的电缆保护管的选择，应符合下列规定：

1 防火或机械性要求高的场所，宜采用钢质管，并应采取涂漆或镀锌包塑等适合环境耐久要求的防腐处理。
2 满足工程条件自熄性要求时，可采用阻燃型塑料管。部分埋入混凝土中等有耐冲击的使用场所，塑料管应具备相应承压能力，且宜采用可挠性的塑料管。

5.4.3 地中埋设的保护管，应满足埋深下的抗压和耐环境腐蚀性的要求。管枕配置跨距，宜按管路底部未均匀夯实时满足抗弯矩条件确定；在通过不均匀沉降的回填土段或地震活动频发地区，管路纵向连接应采用可挠式管接头。

同一通道的电缆数量较多时，宜采用排管。

5.4.4 保护管管径与穿过电缆数量的选择，应符合下列规定：

1 每管宜只穿1根电缆。除发电厂、变电所等重要性场所外，对一台电动机所有回路或同一设备的低压电动机所有回路，可在每管合穿不多于3根电力电缆或多根控制电缆。
2 管的内径，不宜小于电缆外径或多根电缆包络外径的1.5倍。排管的管孔内径，不宜小于75mm。

5.4.5 单根保护管使用时，宜符合下列规定：

1 每根电缆保护管的弯头不宜超过3个，直角弯不宜超过2个。
2 地下埋管距地面深度不宜小于0.5m；与铁路交叉处路基不宜小于1.0m；距排水沟底不宜小于0.3m。
3 并列管相互间宜留有不小于20mm的空隙。

5.4.6 使用排管时，应符合下列规定：

1 管孔数宜按发展预留适当备用。
2 导体工作温度相差大的电缆，宜分别配置于适当间距的不同排管组。
3 管路顶部土壤覆盖厚度不宜小于0.5m。
4 管路应置于经整平夯实土层且有足以保持连续平直的垫块上；纵向排水坡度不宜小于0.2%。
5 管路纵向连接处的弯曲度，应符合牵引电缆时不致损伤的要求。
6 管孔端口应采取防止损伤电缆的处理措施。

5.4.7 较长电缆管路中的下列部位，应设置工作井：

1 电缆牵引张力限制的间距处。电缆穿管敷设时容许最大管长的计算方法，宜符合本规范附录H

的规定。

2 电缆分支、接头处。

3 管路方向较大改变或电缆从排管转入直埋处。

4 管路坡度较大且需防止电缆滑落的必要加强固定处。

5.5 电缆构筑物敷设

5.5.1 电缆构筑物的尺寸应按容纳的全部电缆确定，电缆的配置应无碍安全运行，满足敷设施工作业与维护巡视活动所需空间，并应符合下列规定：

1 隧道内通道净高不宜小于1900mm；在较短的隧道中与其他管沟交叉的局部段，净高可降低，但不应小于1400mm。

2 封闭式工作井的净高不宜小于1900mm。

3 电缆夹层室的净高不得小于2000mm，但不宜大于3000mm。民用建筑的电缆夹层净高可稍降低，但在电缆配置上供人员活动的短距离空间不得小于1400mm。

4 电缆沟、隧道或工作井内通道的净宽，不宜小于表5.5.1所列值。

表5.5.1 电缆沟、隧道或工作井内通道的净宽（mm）

电缆支架配置方式	具有下列沟深的电缆沟			开挖式隧道或封闭式工作井	非开挖式隧道
	<600	600～1000	>1000		
两侧	300*	500	700	1000	800
单侧	300*	450	600	900	800

注：*浅沟内可不设置支架，勿需有通道。

5.5.2 电缆支架、梯架或托盘的层间距离，应满足能方便地敷设电缆及其固定、安置接头的要求，且在多根电缆同于一层情况下，可更换或增设任一根电缆及其接头。

在采用电缆截面或接头外径尚非很大的情况下，符合上述要求的电缆支架、梯架或托盘的层间距离的最小值，可取表5.5.2所列值。

表5.5.2 电缆支架、梯架或托盘的层间距离的最小值（mm）

电缆电压级和类型、敷设特征		普通支架、吊架	桥架
控制电缆明敷		120	200
电力电缆明敷	6kV以下	150	250
	6～10kV交联聚乙烯	200	300
	35kV单芯	250	300
	35kV三芯	300	350
	110～220kV、每层1根以上	300	350
	330kV、500kV	350	400
电缆敷设于槽盒中		$h+80$	$h+100$

注：h为槽盒外壳高度。

5.5.3 水平敷设时电缆支架的最上层、最下层布置尺寸，应符合下列规定：

1 最上层支架距构筑物顶板或梁底的净距允许最小值，应满足电缆引接至上侧柜盘时的允许弯曲半径要求，且不宜小于表5.5.2所列数再加80～150mm的和值。

2 最上层支架距其他设备的净距，不应小于300mm；当无法满足时应设置防护板。

3 最下层支架距地坪、沟道底部的最小净距，不宜小于表5.5.3所列值。

表5.5.3 最下层支架距地坪、沟道底部的最小净距（mm）

电缆敷设场所及其特征		垂直净距
电缆沟		50
隧道		100
电缆夹层	非通道处	200
	至少在一侧不小于800mm宽通道处	1400
公共廊道中电缆支架无围栏防护		1500
厂房内		2000
厂房外	无车辆通过	2500
	有车辆通过	4500

5.5.4 电缆构筑物应满足防止外部进水、渗水的要求，且应符合下列规定：

1 对电缆沟或隧道底部低于地下水位、电缆沟与工业水管沟并行邻近、隧道与工业水管沟交叉时，宜加强电缆构筑物防水处理。

2 电缆沟与工业水管沟交叉时，电缆沟宜位于工业水管沟的上方。

3 在不影响厂区排水的情况下，厂区户外电缆沟的沟壁宜高出地坪。

5.5.5 电缆构筑物应实现排水畅通，且应符合下列规定：

1 电缆沟、隧道的纵向排水坡度，不得小于0.5%。

2 沿排水方向适当距离宜设置集水井及其泄水系统，必要时应实施机械排水。

3 隧道底部沿纵向宜设置泄水边沟。

5.5.6 电缆沟沟壁、盖板及其材质构成，应满足承受荷载和适合环境耐久的要求。

可开启的沟盖板的单块重量，不宜超过50kg。

5.5.7 电缆隧道、封闭式工作井应设置安全孔，安全孔的设置应符合下列规定：

1 沿隧道纵长不应少于2个。在工业性厂区或变电所内隧道的安全孔间距不宜大于75m。在城镇公共区域开挖式隧道的安全孔间距不宜大于200m，非开挖式隧道的安全孔间距可适当增大，且宜根据隧道埋深和结合电缆敷设、通风、消防等综合确定。

隧道首末端无安全门时，宜在不大于5m处设置安全孔。

2 对封闭式工作井，应在顶盖板处设置2个安全孔。位于公共区域的工作井，安全孔井盖的设置宜使非专业人员难以启开。

3 安全孔至少应有一处适合安装机具和安置设备的搬运，供人出入的安全孔直径不得小于700mm。

4 安全孔内应设置爬梯，通向安全门应设置步道或楼梯等设施。

5 在公共区域露出地面的安全孔设置部位，宜避开公路、轻轨，其外观宜与周围环境景观相协调。

5.5.8 高落差地段的电缆隧道中，通道不宜呈阶梯状，且纵向坡度不宜大于15°，电缆接头不宜设置在倾斜位置上。

5.5.9 电缆隧道宜采取自然通风。当有较多电缆导体工作温度持续达到70℃以上或其他影响环境温度显著升高时，可装设机械通风，但机械通风装置应在一旦出现火灾时能可靠地自动关闭。

长距离的隧道，宜适当分区段实行相互独立的通风。

5.5.10 非拆卸式电缆竖井中，应有人员活动的空间，且宜符合下列规定：

1 未超过5m高时，可设置爬梯，且活动空间不宜小于800mm×800mm。

2 超过5m高时，宜设置楼梯，且每隔3m宜设置楼梯平台。

3 超过20m高且电缆数量多或重要性要求较高时，可设置简易式电梯。

5.6 其他公用设施中敷设

5.6.1 通过木质结构的桥梁、码头、栈道等公用构筑物，用于重要的木质建筑设施的非矿物绝缘电缆时，应敷设在不燃性的保护管或槽盒中。

5.6.2 交通桥梁上、隧洞中或地下商场等公共设施的电缆，应具有防止电缆着火危害、避免外力损伤的可靠措施，并应符合下列规定：

1 电缆不得明敷在通行的路面上。

2 自容式充油电缆在沟槽内敷设时应埋砂，在保护管内敷设时，保护管应采用非导磁的不燃性材质的刚性保护管。

3 非矿物绝缘电缆用在无封闭式通道时，宜敷设在不燃性的保护管或槽盒中。

5.6.3 公路、铁道桥梁上的电缆，应采取防止振动、热伸缩以及风力影响下金属套因长期应力疲劳导致断裂的措施，并应符合下列规定：

1 桥墩两端和伸缩缝处，电缆应充分松弛。当桥梁中有挠角部位时，宜设置电缆迂回补偿装置。

2 35kV以上大截面电缆宜采用蛇形敷设。

3 经常受到振动的直线敷设电缆，应设置橡皮、砂袋等弹性衬垫。

5.7 水下敷设

5.7.1 水下电缆路径的选择，应满足电缆不易受机械性损伤、能实施可靠防护、敷设作业方便、经济合理等要求，且应符合下列规定：

1 电缆宜敷设在河床稳定、流速较缓、岸边不易被冲刷、海底无石山或沉船等障碍、少有沉锚和拖网渔船活动的水域。

2 电缆不宜敷设在码头、渡口、水工构筑物附近，且不宜敷设在疏浚挖泥区和规划筑港地带。

5.7.2 水下电缆不得悬空于水中，应埋置于水底。在通航水道等需防范外部机械力损伤的水域，电缆应埋置于水底适当深度的沟槽中，并应加以稳固覆盖保护；浅水区的埋深不宜小于0.5m，深水航道的埋深不宜小于2m。

5.7.3 水下电缆严禁交叉、重叠。相邻的电缆应保持足够的安全间距，且应符合下列规定：

1 主航道内，电缆间距不宜小于平均最大水深的1.2倍。引至岸边间距可适当缩小。

2 在非通航的流速未超过1m/s的小河中，同回路单芯电缆间距不得小于0.5m，不同回路电缆间距不得小于5m。

3 除上述情况外，应按水的流速和电缆埋深等因素确定。

5.7.4 水下的电缆与工业管道之间的水平距离，不宜小于50m；受条件限制时，不得小于15m。

5.7.5 水下电缆引至岸上的区段，应采取适合敷设条件的防护措施，且应符合下列规定：

1 岸边稳定时，应采用保护管、沟槽敷设电缆，必要时可设置工作井连接，管沟下端宜置于最低水位下不小于1m处。

2 岸边未稳定时，宜采取迂回形式敷设以预留适当备用长度的电缆。

5.7.6 水下电缆的两岸，应设置醒目的警告标志。

6 电缆的支持与固定

6.1 一般规定

6.1.1 电缆明敷时，应沿全长采用电缆支架、桥架、挂钩或吊绳等支持与固定。最大跨距应符合下列规定：

1 应满足支件的承载能力和无损电缆的外护层及其导体的要求。

2 应保证电缆配置整齐。

3 应适应工程条件下的布置要求。

6.1.2 直接支持电缆的普通支架（臂式支架）、吊架的允许跨距，宜符合表6.1.2所列值。

表6.1.2 普通支架（臂式支架）、吊架的允许跨距（mm）

电缆特征	敷设方式	
	水平	垂直
未含金属套、铠装的全塑小截面电缆	400*	1000
除上述情况外的中、低压电缆	800	1500
35kV以上高压电缆	1500	3000

注：*维持电缆较平直时，该值可增加1倍。

6.1.3 35kV及以下电缆明敷时，应设置适当固定的部位，并应符合下列规定：

1 水平敷设，应设置在电缆线路首、末端和转弯处以及接头的两侧，且宜在直线段每隔不少于100m处。

2 垂直敷设，应设置在上、下端和中间适当数量位置处。

3 斜坡敷设，应遵照1、2款因地制宜。

4 当电缆间需保持一定间隙时，宜设置在每隔约10m处。

5 交流单芯电力电缆，还应满足按短路电动力确定所需予以固定的间距。

6.1.4 35kV以上高压电缆明敷时，加设固定的部位除应符合本规范第6.1.3条的规定外，尚应符合下列规定：

1 在终端、接头或转弯处紧邻部位的电缆上，应设置不少于1处的刚性固定。

2 在垂直或斜坡的高位侧，宜设置不少于2处的刚性固定；采用钢丝铠装电缆时，还宜使铠装钢丝能夹持住并承受电缆自重引起的拉力。

3 电缆蛇形敷设的每一节距部位，宜采取挠性固定。蛇形转换成直线敷设的过渡部位，宜采取刚性固定。

6.1.5 在35kV以上高压电缆的终端、接头与电缆连接部位，宜设置伸缩节。伸缩节应大于电缆容许弯曲半径，并应满足金属护层的应变不超出容许值。未设置伸缩节的接头两侧，应采取刚性固定或在适当长度内电缆实施蛇形敷设。

6.1.6 电缆蛇形敷设的参数选择，应保证电缆因温度变化产生的轴向热应力、无损充油电缆的纸绝缘，不致对电缆金属套长期使用产生应变疲劳断裂，且宜按允许拘束力条件确定。

6.1.7 35kV以上高压铅包电缆在水平或斜坡支架上的层次位置变化端、接头两端等受力部位，宜采用能适应方位变化且避免棱角的支持方式。可在支架上设置支托件等。

6.1.8 固定电缆用的夹具、扎带、捆绳或支托件等部件，应具有表面平滑、便于安装、足够的机械强度和适应使用环境的耐久性。

6.1.9 电缆固定用部件的选择，应符合下列规定：

1 除交流单芯电力电缆外，可采用经防腐处理的扁钢制夹具、尼龙扎带或镀塑金属扎带。强腐蚀环境，应采用尼龙扎带或镀塑金属扎带。

2 交流单芯电力电缆的刚性固定，宜采用铝合金等不构成磁性闭合回路的夹具；其他固定方式，可采用尼龙扎带或绳索。

3 不得采用铁丝直接捆扎电缆。

6.1.10 交流单芯电力电缆固定部件的机械强度，应验算短路电动力条件。并宜满足下列公式：

$$F \geqslant \frac{2.05i^2 Lk}{D} \times 10^{-7} \quad (6.1.10\text{-}1)$$

对于矩形断面夹具：

$$F = b \cdot h \cdot \sigma \quad (6.1.10\text{-}2)$$

式中 F——夹具、扎带等固定部件的抗张强度（N）；

i——通过电缆回路的最大短路电流峰值（A）；

D——电缆相间中心距离（m）；

L——在电缆上安置夹具、扎带等的相邻跨距（m）；

k——安全系数，取大于2；

b——夹具厚度（mm）；

h——夹具宽度（mm）；

σ——夹具材料允许拉力（Pa），对铝合金夹具，σ取80×10^6。

6.1.11 电缆敷设于直流牵引的电气化铁道附近时，电缆与金属支持物之间宜设置绝缘衬垫。

6.2 电缆支架和桥架

6.2.1 电缆支架和桥架，应符合下列规定：

1 表面应光滑无毛刺。

2 应适应使用环境的耐久稳固。

3 应满足所需的承载能力。

4 应符合工程防火要求。

6.2.2 电缆支架除支持工作电流大于1500A的交流系统单芯电缆外，宜选用钢制。在强腐蚀环境，选用其他材料电缆支架、桥架，应符合下列规定：

1 电缆沟中普通支架（臂式支架），可选用耐腐蚀的刚性材料制。

2 电缆桥架组成的梯架、托盘，可选用满足工程条件阻燃性的玻璃钢制。

3 技术经济综合较优时，可选用铝合金制电缆桥架。

6.2.3 金属制的电缆支架应有防腐处理，且应符合下列规定：

1 大容量发电厂等密集配置场所或重要回路的

钢制电缆桥架，应从一次性防腐处理具有的耐久性，按工程环境和耐久要求，选用合适的防腐处理方式。

在强腐蚀环境，宜采用热浸锌等耐久性较高的防腐处理。

  2 型钢制臂式支架，轻腐蚀环境或非重要性回路的电缆桥架，可采用涂漆处理。

  6.2.4 电缆支架的强度，应满足电缆及其附件荷重和安装维护的受力要求，且应符合下列规定：

  1 有可能短暂上人时，计入 900N 的附加集中荷载。

  2 机械化施工时，计入纵向拉力、横向推力和滑轮重量等影响。

  3 在户外时，计入可能有覆冰、雪和大风的附加荷载。

6.2.5 电缆桥架的组成结构，应满足强度、刚度及稳定性要求，且应符合下列规定：

  1 桥架的承载能力，不得超过使桥架最初产生永久变形时的最大荷载除以安全系数为 1.5 的数值。

  2 梯架、托盘在允许均布承载作用下的相对挠度值，钢制不宜大于 1/200；铝合金制不宜大于 1/300。

  3 钢制托臂在允许承载下的偏斜与臂长比值，不宜大于 1/100。

6.2.6 电缆支架型式的选择，应符合下列规定：

  1 明敷的全塑电缆数量较多，或电缆跨越距离较大、高压电缆蛇形安置方式时，宜选用电缆桥架。

  2 除上述情况外，可选用普通支架、吊架。

6.2.7 电缆桥架型式的选择，应符合下列规定：

  1 需屏蔽外部的电气干扰时，应选用无孔金属托盘加实体盖板。

  2 在有易燃粉尘场所，宜选用梯架，最上一层桥架应设置实体盖板。

  3 高温、腐蚀性液体或油的溅落等需防护场所，宜选用托盘，最上一层桥架应设置实体盖板。

  4 需因地制宜组装时，可选用组装式托盘。

  5 除上述情况外，宜选用梯架。

6.2.8 梯架、托盘的直线段超过下列长度时，应留有不少于 20mm 的伸缩缝：

  1 钢制 30m。

  2 铝合金或玻璃钢制 15m。

6.2.9 金属制桥架系统，应设置可靠的电气连接并接地。采用玻璃钢桥架时，应沿桥架全长另敷设专用接地线。

6.2.10 振动场所的桥架系统，包括接地部位的螺栓连接处，应装置弹簧垫圈。

6.2.11 要求防火的金属桥架，除应符合本规范第 7 章的规定外，尚应对金属构件外表面施加防火涂层，其防火涂层应符合现行国家标准《电缆防火涂料通用技术条件》GA 181 的有关规定。

7 电缆防火与阻止延燃

7.0.1 对电缆可能着火蔓延导致严重事故的回路、易受外部影响波及火灾的电缆密集场所，应设置适当的阻火分隔，并应按工程重要性、火灾几率及其特点和经济合理等因素，采取下列安全措施：

  1 实施阻燃防护或阻止延燃。

  2 选用具有阻燃性的电缆。

  3 实施耐火防护或选用具有耐火性的电缆。

  4 实施防火构造。

  5 增设自动报警与专用消防装置。

7.0.2 阻火分隔方式的选择，应符合下列规定：

  1 电缆构筑物中电缆引至电气柜、盘或控制屏、台的开孔部位，电缆贯穿隔墙、楼板的孔洞处，工作井中电缆管孔等均应实施阻火封堵。

  2 在隧道或重要回路的电缆沟中的下列部位，宜设置阻火墙（防火墙）。

  1）公用主沟道的分支处。

  2）多段配电装置对应的沟道适当分段处。

  3）长距离沟道中相隔约 200m 或通风区段处。

  4）至控制室或配电装置的沟道入口、厂区围墙处。

  3 在竖井中，宜每隔 7m 设置阻火隔层。

7.0.3 实施阻火分隔的技术特性，应符合下列规定：

  1 阻火封堵、阻火隔层的设置，应按电缆贯穿孔洞状况和条件，采用相适合的防火封堵材料或防火封堵组件。用于电力电缆时，宜使载流量影响较小；用于楼板竖井孔处时，应能承受巡视人员的荷载。

阻火封堵材料的使用，对电缆不得有腐蚀和损害。

  2 阻火墙的构成，应采用适合电缆线路条件的阻火模块、防火封堵板材、阻火包等软质材料，且应在可能经受积水浸泡或鼠害作用下具有稳固性。

  3 除通向主控室、厂区围墙或长距离隧道中按通风区段分隔的阻火墙部位应设置防火门外，其他情况下，有防止窜燃措施时可不设防火门。防窜燃方式，可在阻火墙紧靠两侧不少于 1m 区段所有电缆上施加防火涂料、包带或设置挡火板等。

  4 阻火墙、阻火隔层和阻火封堵的构成方式，应按等效工程条件特征的标准试验，满足耐火极限不低于 1h 的耐火完整性、隔热性要求确定。

当阻火分隔的构成方式不为该材料标准试验的试件装配特征涵盖时，应进行专门的测试论证或采取补加措施；阻火分隔厚度不足时，可沿封堵侧紧靠的约 1m 区段电缆上施加防火涂料或包带。

7.0.4 非阻燃性电缆用于明敷时，应符合下列规定：

  1 在易受外因波及着火的场所，宜对该范围内的电缆实施阻燃防护；对重要电缆回路，可在适当部位设置阻火段实施阻止延燃。

阻燃防护或阻火段，可采取在电缆上施加防火涂料、包带；当电缆数量较多时，也可采用阻燃、耐火槽盒或阻火包等。

　　2 在接头两侧电缆各约 3m 区段和该范围内邻近并行敷设的其他电缆上，宜采用防火包带实施阻止延燃。

7.0.5 在火灾几率较高、灾害影响较大的场所，明敷方式下电缆的选择，应符合下列规定：

　　1 火力发电厂主厂房、输煤系统、燃油系统及其他易燃易爆场所，宜选用阻燃电缆。

　　2 地下的客运或商业设施等人流密集环境中需增强防火安全的回路，宜选用具有低烟、低毒的阻燃电缆。

　　3 其他重要的工业与公共设施供配电回路，当需要增强防火安全时，也可选用具有阻燃性或低烟、低毒的阻燃电缆。

7.0.6 阻燃电缆的选用，应符合下列规定：

　　1 电缆多根密集配置时的阻燃性，应符合现行国家标准《电缆在火焰条件下的燃烧试验 第 3 部分：成束电线或电缆的燃烧试验方法》GB/T 18380.3 的有关规定，并应根据电缆配置情况、所需防止灾难性事故和经济合理的原则，选择适合的阻燃性等级和类别。

　　2 当确定该等级类阻燃电缆能满足工作条件下有效阻止延燃性时，可减少本规范第 7.0.4 条的要求。

　　3 在同一通道中，不宜把非阻燃电缆与阻燃电缆并列配置。

7.0.7 在外部火势作用一定时间内需维持通电的下列场所或回路，明敷的电缆应实施耐火防护或选用具有耐火性的电缆：

　　1 消防、报警、应急照明、断路器操作直流电源和发电机组紧急停机的保安电源等重要回路。

　　2 计算机监控、双重化继电保护、保安电源或应急电源等双回路合用同一通道未相互隔离时的其中一个回路。

　　3 油罐区、钢铁厂中可能有熔化金属溅落等易燃场所。

　　4 火力发电厂水泵房、化学水处理、输煤系统、油泵房等重要电源的双回供电回路合用同一电缆通道而未相互隔离时的其中一个回路。

　　5 其他重要公共建筑设施等需有耐火要求的回路。

7.0.8 明敷电缆实施耐火防护方式，应符合下列规定：

　　1 电缆数量较少时，可采用防火涂料、包带加于电缆上或把电缆穿于耐火管中。

　　2 同一通道中电缆较多时，宜敷设于耐火槽盒内，且对电力电缆宜采用透气型式，在无易燃粉尘的环境可采用半封闭式，敷设在桥架上的电缆防护区段不长时，也可采用阻火包。

7.0.9 耐火电缆用于发电厂等明敷有多根电缆配置中，或位于油管、有熔化金属溅落等可能波及场所时，其耐火性应符合现行国家标准《电线电缆燃烧试验方法 第 1 部分：总则》GB/T 12666.1 中的 A 类耐火电缆。除上述情况外且为少量电缆配置时，可采用符合现行国家标准《电线电缆燃烧试验方法 第 1 部分：总则》GB/T 12666.1 中的 B 类耐火电缆。

7.0.10 在油罐区、重要木结构公共建筑、高温场所等其他耐火要求高且敷设安装和经济合理时，可采用矿物绝缘电缆。

7.0.11 自容式充油电缆明敷在公用廊道、客运隧洞、桥梁等要求实施防火处理时，可采取埋砂敷设。

7.0.12 靠近高压电流、电压互感器等含油设备的电缆沟，该区段沟盖板宜密封。

7.0.13 在安全性要求较高的电缆密集场所或封闭通道中，宜配备适于环境的可靠动作的火灾自动探测报警装置。

　　明敷充油电缆的供油系统，宜设置反映喷油状态的火灾自动报警和闭锁装置。

7.0.14 在地下公共设施的电缆密集部位、多回充油电缆的终端设置处等安全性要求较高的场所，可装设水喷雾灭火等专用消防设施。

7.0.15 电缆用防火阻燃材料产品的选用，应符合下列规定：

　　1 阻燃性材料应符合现行国家标准《防火封堵材料的性能要求和试验方法》GA 161 的有关规定。

　　2 防火涂料、阻燃包带应分别符合现行国家标准《电缆防火涂料通用技术条件》GA 181 和《电缆用阻燃包带》GA 478 的有关规定。

　　3 用于阻止延燃的材料产品，除上述第 2 款外，尚应按等效工程使用条件的燃烧试验满足有效的自熄性。

　　4 用于耐火防护的材料产品，应按等效工程使用条件的燃烧试验满足耐火极限不低于 1h 的要求，且耐火温度不宜低于 1000℃。

　　5 用于电力电缆的阻燃、耐火槽盒，应确定电缆载流能力或有关参数。

　　6 采用的材料产品应适于工程环境，并应具有耐久可靠性。

附录 A　常用电力电缆导体的最高允许温度

表 A　常用电力电缆导体的最高允许温度

电　缆			最高允许温度 (℃)	
绝缘类别	型式特征	电压 (kV)	持续工作	短路暂态
聚氯乙烯	普通	≤6	70	160
交联聚乙烯	普通	≤500	90	250
自容式充油	普通牛皮纸	≤500	80	160
	半合成纸	≤500	85	160

附录 B 10kV 及以下电力电缆经济电流截面选用方法

B.0.1 电缆总成本计算式如下:

电缆线路损耗引起的总成本由线路损耗的能源费用和提供线路损耗的额外供电容量费用两部分组成。

考虑负荷增长率 a 和能源成本增长率 b,电缆总成本计算式如下:

$$C_T = C_I + I_{max}^2 \cdot R \cdot L \cdot F \quad (B.0.1-1)$$

$$F = N_p \cdot N_c \cdot (\tau \cdot P + D)\Phi/(1+i/100) \quad (B.0.1-2)$$

$$\Phi = \sum_{n=1}^{N}(r^{n-1}) = (1-r^N)/(1-r) \quad (B.0.1-3)$$

$$r = (1+a/100)^2(1+b/100)/(1+i/100) \quad (B.0.1-4)$$

式中 C_T——电缆总成本(元);
  C_I——电缆本体及安装成本(元),由电缆材料费用和安装费两部分组成;
  I_{max}——第一年导体最大负荷电流(A);
  R——单位长度的视在交流电阻(Ω);
  L——电缆长度(m);
  F——由计算式(B.0.1-2)定义的辅助量(元/kW);
  N_p——每回路相线数目,取 3;
  N_c——传输同样型号和负荷值的回路数,取 1;
  τ——最大负荷损耗时间(h),即相当于负荷始终保持为最大值,经过 τ 小时后,线路中的电能损耗与实际负荷在线路中引起的损耗相等。可使用最大负荷利用时间(T)近似求 τ 值,$T = 0.85\tau$;
  P——电价(元/kW·h),对最终用户取现行电价,对发电企业取发电成本,对供电企业取供电成本;
  D——由于线路损耗额外的供电容量的成本(元/kW·年),可取 252 元/kW·年;
  Φ——由计算式(B.0.1-3)定义的辅助量;
  i——贴现率(%),可取全国现行的银行贷款利率;
  N——经济寿命(年),采用电缆的使用寿命,即电缆从投入使用一直到使用寿命结束整个时间年限;
  r——由计算式(B.0.1-4)定义的辅助量;
  a——负荷增长率(%),在选择导体截面时所使用的负荷电流是在该导体截面允许的发热电流之内的,当负荷增长时,有可能会超过该截面允许的发热电流。a 的波动对经济电流密度的影响很小,可忽略不计,取 0;
  b——能源成本增长率(%),取 2%。

B.0.2 电缆经济电流截面计算式如下:

1 每相邻截面的 A_1 值计算式:

$$A_1 = (S_{1总投资} - S_{2总投资})/(S_1 - S_2)(元/m \cdot mm^2) \quad (B.0.2-1)$$

式中 $S_{1总投资}$——电缆截面为 S_1 的初始费用,包括单位长度电缆价格和单位长度敷设费用总和(元/m);
  $S_{2总投资}$——电缆截面为 S_2 的初始费用,包括单位长度电缆价格和单位长度敷设费用总和(元/m)。

同一种型号电缆的 A 值平均值计算式:

$$A = \sum_{n=1}^{N} A_n/n(元/m \cdot mm^2) \quad (B.0.2-2)$$

式中 n——同一种型号电缆标称截面档次数,截面范围可取 25~300mm²。

2 电缆经济电流截面计算式:

1) 经济电流密度计算式:

$$J = \sqrt{\frac{A}{F \times \rho_{20} \times B \times [1+\alpha_{20}(\theta_m-20)] \times 1000}} \quad (B.0.2-3)$$

2) 电缆经济电流截面计算式:

$$S_j = I_{max}/J \quad (B.0.2-4)$$

式中 J——经济电流密度(A/mm²);
  S_j——经济电缆截面(mm²);
  $B = (1+Y_p+Y_s)(1+\lambda_1+\lambda_2)$,可取平均值 1.0014;
  ρ_{20}——20℃时电缆导体的电阻率($\Omega \cdot mm^2/m$),铜芯为 18.4×10^{-9}、铝芯为 31×10^{-9},计算时可分别取 18.4 和 31;
  α_{20}——20℃时电缆导体的电阻温度系数(1/℃),铜芯为 0.00393、铝芯为 0.00403。

B.0.3 10kV 及以下电力电缆按经济电流截面选择,宜符合下列要求:

1 按照工程条件、电价、电缆成本、贴现率等计算拟选用的 10kV 及以下铜芯或铝芯的聚氯乙烯、交联聚乙烯绝缘等电缆的经济电流密度值。

2 对备用回路的电缆,如备用的电动机回路等,宜按正常使用运行小时数的一半选择电缆截面。对一些长期不使用的回路,不宜按经济电流密度选择截面。

3 当电缆经济电流截面比按热稳定、容许电压降或持续载流量要求的截面小时,则应按热稳定、容许电压降或持续载流量较大要求截面选择。当电缆经济电流截面介于电缆标称截面档次之间，可视其接近程度，选择较接近一档截面，且宜偏小选取。

附录C 10kV及以下常用电力电缆允许100%持续载流量

C.0.1 1～3kV 常用电力电缆允许持续载流量见表C.0.1-1～表C.0.1-4。

表C.0.1-1 1～3kV油纸、聚氯乙烯绝缘电缆空气中敷设时允许载流量（A）

绝缘类型	不滴流纸			聚氯乙烯		
护套	有钢铠护套			无钢铠护套		
电缆导体最高工作温度（℃）	80			70		
电缆芯数	单芯	二芯	三芯或四芯	单芯	二芯	三芯或四芯
2.5	—	—	—	—	18	15
4	—	30	26	—	24	21
6	—	40	35	—	31	27
10	—	52	44	—	44	38
16	—	69	59	—	60	52
25	116	93	79	95	79	69
35	142	111	98	115	95	82
50	174	138	116	147	121	104
70	218	174	151	179	147	129
95	267	214	182	221	181	155
120	312	245	214	257	211	181
150	356	280	250	294	242	211
185	414	—	285	340	—	246
240	495	—	338	410	—	294
300	570	—	383	473	—	328
环境温度（℃）	40					

注：1 适用于铝芯电缆，铜芯电缆的允许持续载流量值可乘以1.29。
　　2 单芯只适用于直流。

表C.0.1-2 1～3kV油纸、聚氯乙烯绝缘电缆直埋敷设时允许载流量（A）

绝缘类型	不滴流纸			聚氯乙烯		
护套	有钢铠护套			无钢铠护套		有钢铠护套
电缆导体最高工作温度（℃）	80			70		
电缆芯数	单芯	二芯	三芯或四芯	单芯	二芯	三芯或四芯
4	—	34	29	47	36	31
6	—	45	38	58	45	38
10	—	58	50	81	62	53
16	—	76	66	110	83	70
25	143	108	88	138	105	134
35	172	126	105	172	136	110

（续表 C.0.1-2）

绝缘类型	不滴流纸			聚氯乙烯					
护套	有钢铠护套			无钢铠护套			有钢铠护套		
电缆导体最高工作温度（℃）	80			70					
电缆芯数	单芯	二芯	三芯或四芯	单芯	二芯	三芯或四芯	单芯	二芯	三芯或四芯
50	198	146	126	203	157	134	194	152	129
70	247	182	154	244	184	157	235	180	152
95	300	219	186	295	226	189	281	217	180
120	344	251	211	332	254	212	319	249	207
150	389	284	240	374	287	242	365	273	237
185	441	—	275	424	—	273	410	—	264
240	512	—	320	502	—	319	483	—	310
300	584	—	356	561	—	347	543	—	347
400	676	—	—	639	—	—	625	—	—
500	776	—	—	729	—	—	715	—	—
630	904	—	—	846	—	—	819	—	—
800	1032	—	—	981	—	—	963	—	—
土壤热阻系数（K·m/W）	1.5			1.2					
环境温度（℃）	25								

注：1 适用于铝芯电缆，铜芯电缆的允许持续载流量值可乘以1.29。
　　2 单芯只适用于直流。

表C.0.1-3 1～3kV交联聚乙烯绝缘电缆空气中敷设时允许载流量（A）

电缆芯数	三芯		单 芯						
单芯电缆排列方式			品字形				水平形		
金属层接地点			单侧		两侧		单侧		两侧
电缆导体材质	铝	铜	铝	铜	铝	铜	铝	铜	铝	铜
25	91	118	100	132	100	132	114	150	114	150
35	114	150	127	164	127	164	146	182	141	178
50	146	182	155	196	155	196	173	228	168	209
70	178	228	196	255	196	251	228	292	214	264
95	214	273	241	310	241	305	278	356	260	310
120	246	314	283	360	273	351	319	410	292	351
150	278	360	328	419	301	401	365	479	337	392
185	319	410	372	479	365	461	424	546	369	438
240	378	483	442	565	424	546	502	643	424	502
300	419	552	506	643	493	611	588	738	479	552
400	—	—	611	771	579	716	707	908	546	625
500	—	—	712	885	661	803	830	1026	611	693
630	—	—	826	1008	734	894	963	1177	680	757
环境温度（℃）	40									
电缆导体最高工作温度（℃）	90									

注：1 允许载流量的确定，还应符合本规范第3.7.4条的规定。
　　2 水平形排列电缆相互间中心距为电缆外径的2倍。

表C.0.1-4 1~3kV交联聚乙烯绝缘电缆直埋敷设时允许载流量（A）

电缆芯数		三芯		单芯			
单芯电缆排列方式				品字形		水平形	
金属层接地点				单侧		单侧	
电缆导体材质		铝	铜	铝	铜	铝	铜
电缆导体截面（mm²）	25	91	117	104	130	113	143
	35	113	143	117	169	134	169
	50	134	169	139	187	160	200
	70	165	208	174	226	195	247
	95	195	247	208	269	230	295
	120	221	282	239	300	261	334
	150	247	321	269	339	295	374
	185	278	356	300	382	330	426
	240	321	408	348	435	378	478
	300	365	469	391	495	430	543
	400	—	—	456	574	500	635
	500	—	—	517	635	565	713
	630	—	—	582	704	635	796
电缆导体最高工作温度（℃）		90					
土壤热阻系数（K·m/W）		2.0					
环境温度（℃）		25					

注：水平形排列电缆相互间中心距为电缆外径的2倍。

C.0.2 6kV常用电缆允许持续载流量见表C.0.2-1和表C.0.2-2。

表C.0.2-1 6kV三芯电力电缆空气中敷设时允许载流量（A）

绝缘类型		不滴流纸	聚氯乙烯		交联聚乙烯	
钢铠护套		有	无	有	无	有
电缆导体最高工作温度（℃）		80	70		90	
电缆导体截面（mm²）	10	—	40	—	—	—
	16	58	54	—	—	—
	25	79	71	—	—	—
	35	92	85	—	114	—
	50	116	108	—	141	—
	70	147	129	—	173	—
	95	183	160	—	209	—
	120	213	185	—	246	—
	150	245	212	—	277	—
	185	280	246	—	323	—
	240	334	293	—	378	—
	300	374	323	—	432	—
	400	—	—	—	505	—
	500	—	—	—	584	—
环境温度（℃）		40				

注：1 适用于铝芯电缆，铜芯电缆的允许持续载流量值可乘以1.29。
2 电缆导体工作温度大于70℃时，允许载流量还应符合本规范第3.7.4条的规定。

表C.0.2-2 6kV三芯电力电缆直埋敷设时允许载流量（A）

绝缘类型		不滴流纸	聚氯乙烯		交联聚乙烯	
钢铠护套		有	无	有	无	有
电缆导体最高工作温度（℃）		80	70		90	
电缆导体截面（mm²）	10	—	51	50	—	—
	16	63	67	65	—	—
	25	84	86	83	87	87
	35	101	105	100	105	102
	50	119	126	126	123	118
	70	148	149	149	148	148
	95	180	181	177	178	178
	120	209	209	205	200	200
	150	232	232	228	232	222
	185	264	264	255	262	252
	240	308	309	300	300	295
	300	344	346	332	343	333
	400	—	—	—	380	370
	500	—	—	—	432	422
土壤热阻系数（K·m/W）		1.5	1.2		2.0	
环境温度（℃）		25				

注：适用于铝芯电缆，铜芯电缆的允许持续载流量值可乘以1.29。

C.0.3 10kV常用电力电缆允许持续载流量见表C.0.3。

表C.0.3 10kV三芯电力电缆允许载流量（A）

绝缘类型		不滴流纸		交联聚乙烯			
钢铠护套				无		有	
电缆导体最高工作温度（℃）		65		90			
敷设方式		空气中	直埋	空气中	直埋	空气中	直埋
电缆导体截面（mm²）	16	47	59	—	—	—	—
	25	63	79	100	90	100	90
	35	77	95	123	110	123	105
	50	92	111	146	125	141	120
	70	118	138	178	152	173	152
	95	143	169	219	182	214	182
	120	168	196	251	205	246	205
	150	189	220	283	223	278	219
	185	218	246	324	252	320	247
	240	261	290	378	292	373	292
	300	295	325	433	332	428	328
	400	—	—	506	378	501	374
	500	—	—	579	428	574	424
环境温度（℃）		40	25	40	25	40	25
土壤热阻系数（K·m/W）		—	1.2	—	2.0	—	2.0

注：1 适用于铝芯电缆，铜芯电缆的允许持续载流量值可乘以1.29。
2 电缆导体工作温度大于70℃时，允许载流量还应符合本规范第3.7.4条的规定。

附录 D 敷设条件不同时电缆允许持续载流量的校正系数

D.0.1 35kV 及以下电缆在不同环境温度时的载流量校正系数见表 D.0.1。

表 D.0.1 35kV 及以下电缆在不同环境温度时的载流量校正系数

敷设位置	空气中				土壤中			
环境温度(℃)	30	35	40	45	20	25	30	35
电缆导体最高工作温度(℃) 60	1.22	1.11	1.0	0.86	1.07	1.0	0.93	0.85
65	1.18	1.09	1.0	0.89	1.06	1.0	0.94	0.87
70	1.15	1.08	1.0	0.91	1.05	1.0	0.94	0.88
80	1.11	1.06	1.0	0.93	1.04	1.0	0.95	0.90
90	1.09	1.05	1.0	0.94	1.04	1.0	0.96	0.92

D.0.2 除表 D.0.1 以外的其他环境温度下载流量的校正系数可按下式计算:

$$K = \sqrt{\frac{\theta_m - \theta_2}{\theta_m - \theta_1}} \quad (D.0.2)$$

式中 θ_m——电缆导体最高工作温度 (℃);
θ_1——对应于额定载流量的基准环境温度 (℃);
θ_2——实际环境温度 (℃)。

D.0.3 不同土壤热阻系数时电缆载流量的校正系数见表 D.0.3。

表 D.0.3 不同土壤热阻系数时电缆载流量的校正系数

土壤热阻系数 (K·m/W)	分类特征(土壤特性和雨量)	校正系数
0.8	土壤很潮湿,经常下雨。如湿度大于 9% 的沙土;湿度大于 10% 的沙-泥土等	1.05
1.2	土壤潮湿,规律性下雨。如湿度大于 7% 但小于 9% 的沙土;湿度为 12%~14% 的沙-泥土等	1.0
1.5	土壤较干燥,雨量不大。如湿度为 8%~12% 的沙-泥土等	0.93
2.0	土壤干燥,少雨。如湿度大于 4% 但小于 7% 的沙土;湿度为 4%~8% 的沙-泥土等	0.87
3.0	多石地层,非常干燥。如湿度小于 4% 的沙土等	0.75

注:1 适用于缺乏实测土壤热阻系数时的粗略分类,对 110kV 及以上电缆线路工程,宜以实测方式确定土壤热阻系数。
2 校正系数适用于附录 C 各表中采取土壤热阻系数为 1.2K·m/W 的情况,不适用于三相交流系统的高压单芯电缆。

D.0.4 土中直埋多根并行敷设时电缆载流量的校正系数见表 D.0.4。

表 D.0.4 土中直埋多根并行敷设时电缆载流量的校正系数

并列根数		1	2	3	4	5	6
电缆之间净距 (mm)	100	1	0.9	0.85	0.80	0.78	0.75
	200	1	0.92	0.87	0.84	0.82	0.81
	300	1	0.93	0.90	0.87	0.86	0.85

注:不适用于三相交流系统单芯电缆。

D.0.5 空气中单层多根并行敷设时电缆载流量的校正系数见表 D.0.5。

表 D.0.5 空气中单层多根并行敷设时电缆载流量的校正系数

并列根数		1	2	3	4	5	6
电缆中心距	S=d	1.00	0.90	0.85	0.82	0.81	0.80
	S=2d	1.00	1.00	0.98	0.95	0.93	0.90
	S=3d	1.00	1.00	1.00	0.98	0.97	0.96

注:1 S 为电缆中心间距,d 为电缆外径。
2 按全部电缆具有相同外径条件制订,当并列敷设的电缆外径不同时,d 值可近似地取电缆外径的平均值。
3 不适用于交流系统中使用的单芯电力电缆。

D.0.6 电缆桥架上无间距配置多层并列电缆载流量的校正系数见表 D.0.6。

表 D.0.6 电缆桥架上无间距配置多层并列电缆载流量的校正系数

叠置电缆层数		一	二	三	四
桥架类别	梯架	0.8	0.65	0.55	0.5
	托盘	0.7	0.55	0.5	0.45

注:呈水平状并列电缆数不少于 7 根。

D.0.7 1~6kV 电缆户外明敷无遮阳时载流量的校正系数见表 D.0.7。

表 D.0.7 1~6kV 电缆户外明敷无遮阳时载流量的校正系数

电缆截面 (mm²)			35	50	70	95	120	150	185	240
电压 (kV)	1	芯数 三	—	—	—	0.90	0.98	0.97	0.96	0.94
	6	三	0.96	0.95	0.93	0.92	0.91	0.90	0.88	
		单	—	—	0.99	0.99	0.99	0.99	0.98	

注:运用本表系数校正对应的载流量基础值,是采用户外环境温度的户内空气中电缆载流量。

附录 E 按短路热稳定条件计算电缆导体允许最小截面的方法

E.1 固体绝缘电缆导体允许最小截面

E.1.1 电缆导体允许最小截面,由下列公式确定:

$$S \geqslant \frac{\sqrt{Q}}{C} \times 10^2 \quad \text{(E.1.1-1)}$$

$$C = \frac{1}{\eta}\sqrt{\frac{Jq}{\alpha K\rho}\ln\frac{1+\alpha(\theta_m-20)}{1+\alpha(\theta_p-20)}} \quad \text{(E.1.1-2)}$$

$$\theta_p = \theta_o + (\theta_H - \theta_o)\left(\frac{I_P}{I_H}\right)^2 \quad \text{(E.1.1-3)}$$

E.1.2 除电动机馈线回路外,均可取 $\theta_p = \theta_H$。

E.1.3 Q 值确定方式,应符合下列规定:

1 对火电厂 3~10kV 厂用电动机馈线回路,当机组容量为 100MW 及以下时:

$$Q = I^2(t+T_b) \quad \text{(E.1.3-1)}$$

2 对火电厂 3~10kV 厂用电动机馈线回路,当机组容量大于 100MW 时,Q 的表达式见表 E.1.3-1。

表 E.1.3-1 机组容量大于 100MW 时火电厂电动机馈线回路 Q 值表达式

t(s)	T_b(s)	T_d(s)	Q 值($A^2 \cdot S$)
0.15	0.045	0.062	$0.195I^2 + 0.22II_d + 0.09I_d^2$
	0.06		$0.21I^2 + 0.23II_d + 0.09I_d^2$
0.2	0.045	0.062	$0.245I^2 + 0.22II_d + 0.09I_d^2$
	0.06		$0.26I^2 + 0.24II_d + 0.09I_d^2$

注: 1 对于电抗器或 $U_d\%$ 小于 10.5 的双绕组变压器,取 $T_b=0.045$,其他情况取 $T_b=0.06$。
2 对中速断路器,t 可取 0.15s,对慢速断路器,t 可取 0.2s。

3 除火电厂 3~10kV 厂用电动机馈线外的情况:

$$Q = I^2 \cdot t \quad \text{(E.1.3-2)}$$

式中 S——电缆导体截面(mm²);
J——热功当量系数,取 1.0;
q——电缆导体的单位体积热容量(J/cm³·℃),铝芯取 2.48,铜芯取 3.4;
θ_m——短路作用时间内电缆导体允许最高温度(℃);
θ_p——短路发生前的电缆导体最高工作温度(℃);
θ_H——电缆额定负荷的电缆导体允许最高工作温度(℃);
θ_o——电缆所处的环境温度最高值(℃);
I_H——电缆的额定负荷电流(A);
I_P——电缆实际最大工作电流(A);
I——系统电源供给短路电流的周期分量起始有效值(A);
I_d——电动机供给反馈电流的周期分量起始有效值之和(A);
t——短路持续时间(s);
T_b——系统电源非周期分量的衰减时间常数(s);
α——20℃时电缆导体的电阻温度系数(1/℃),铜芯为 0.00393、铝芯为 0.00403;
ρ——20℃时电缆导体的电阻系数(Ω·cm²/cm),铜芯为 0.0184×10^{-4}、铝芯为 0.031×10^{-4};
η——计入包含电缆导体充填物热容影响的校正系数,对 3~10kV 电动机馈线回路,宜取 $\eta=0.93$,其他情况可按 $\eta=1$;
K——电缆导体的交流电阻与直流电阻之比值,可由表 E.1.3-2 选取。

表 E.1.3-2 K 值选择用表

电缆类型	6~35kV 挤塑					自容式充油		
导体截面(mm²)	95	120	150	185	240	240	400	600
芯数 单芯	1.002	1.003	1.004	1.006	1.010	1.003	1.011	1.029
多芯	1.003	1.006	1.008	1.009	1.021	—	—	—

E.2 自容式充油电缆导体允许最小截面

E.2.1 电缆导体允许最小截面应满足下式:

$$S^2 + \left(\frac{q_o}{q}S_o\right)S \geqslant \left[\alpha K\rho I^2 t / Jq\ln\frac{1+\alpha(\theta_m-20)}{1+\alpha(\theta_p-20)}\right]10^4 \quad \text{(E.2.1)}$$

式中 S_o——不含油道内绝缘油的电缆导体中绝缘油充填面积(mm²);
q_o——绝缘油的单位体积热容量(J/cm³·℃),可取 1.7。

E.2.2 除对变压器回路的电缆可按最大工作电流作用时的 θ_p 值外,其他情况宜取 $\theta_p=\theta_H$。

附录 F 交流系统单芯电缆金属层正常感应电势算式

F.0.1 交流系统中单芯电缆线路一回或两回的各相按通常配置排列情况下,在电缆金属层上任一点非直接接地处的正常感应电势值,可按下式计算:

$$E_s = L \cdot E_{so} \quad \text{(F.0.1)}$$

式中 E_s——感应电势(V);
L——电缆金属层的电气通路上任一部位与其直接接地处的距离(km);
E_{so}——单位长度的正常感应电势(V/km)。

F.0.2 E_{so} 的表达式见表 F.0.2。

表 F.0.2 E_{so} 的表达式

电缆回路数	每根电缆相互间中心距均等时的配置排列特征	A 或 C 相（边相）	B 相（中间相）	符号 Y	符号 a (Ω/km)	符号 b (Ω/km)	符号 X_s (Ω/km)
1	2 根电缆并列	IX_s	IX_s	—	—	—	—
1	3 根电缆呈等边三角形	IX_s	IX_s	—	—	—	—
1	3 根电缆呈直角形	$\frac{I}{2}\sqrt{3Y^2+\left(X_s-\frac{a}{2}\right)^2}$	IX_s	$X_s+\frac{a}{2}$	$(2\omega\ln 2)\times 10^{-4}$	—	$\left(2\omega\ln\frac{S}{r}\right)\times 10^{-4}$
1	3 根电缆呈直线并列	$\frac{I}{2}\sqrt{3Y^2+(X_s-a)^2}$	IX_s	X_s+a	$(2\omega\ln 2)\times 10^{-4}$	—	$\left(2\omega\ln\frac{S}{r}\right)\times 10^{-4}$
2	两回电缆等距直线并列（相序同）	$\frac{I}{2}\sqrt{3Y^2+\left(X_s-\frac{b}{2}\right)^2}$	$I(X_s+\frac{a}{2})$	$X_s+a+\frac{b}{2}$	$(2\omega\ln 2)\times 10^{-4}$	$(2\omega\ln 5)\times 10^{-4}$	$\left(2\omega\ln\frac{S}{r}\right)\times 10^{-4}$
2	两回电缆等距直线并列（但相序排列互反）	$\frac{I}{2}\sqrt{3Y^2+\left(X_s-\frac{b}{2}\right)^2}$	$I(X_s+\frac{a}{2})$	$X_s+a-\frac{b}{2}$	$(2\omega\ln 2)\times 10^{-4}$	$(2\omega\ln 5)\times 10^{-4}$	$\left(2\omega\ln\frac{S}{r}\right)\times 10^{-4}$

注：1 $\omega=2\pi f$；
2 r—电缆金属层的平均半径(m)；
3 I—电缆导体正常工作电流(A)；
4 f—工作频率(Hz)；
5 S—各电缆相邻之间中心距(m)；
6 回路电缆情况，假定其每回 I、r 均等。

附录 G　35kV 及以下电缆敷设度量时的附加长度

表 G　35kV 及以下电缆敷设度量时的附加长度

项目名称		附加长度(m)
电缆终端的制作		0.5
电缆接头的制作		0.5
由地坪引至各设备的终端处	电动机（按接线盒对地坪的实际高度）	0.5～1
	配电屏	1
	车间动力箱	1.5
	控制屏或保护屏	2
	厂用变压器	3
	主变压器	5
	磁力启动器或事故按钮	1.5

注：对厂区引入建筑物，直埋电缆因地形及埋设的要求，电缆沟、隧道、吊架的上下引接，电缆终端、接头等所需的电缆预留量，可取图纸量出的电缆敷设路径长度的 5%。

附录 H　电缆穿管敷设时容许最大管长的计算方法

H.0.1 电缆穿管敷设时的容许最大管长，应按不超过电缆容许拉力和侧压力的下列关系式确定：

$$T_{i=n} \leqslant T_m$$
$$\text{或 } T_{j=m} \leqslant T_m \quad \text{(H.0.1-1)}$$
$$P_j \leqslant P_m \quad (j=1,2\cdots\cdots) \quad \text{(H.0.1-2)}$$

式中　$T_{i=n}$——从电缆送入管端起至第 n 个直线段拉出时的牵引力（N）；

$T_{j=m}$——从电缆送入管端起至第 m 个弯曲段拉出时的牵引力（N）；

T_m——电缆容许拉力（N）；

P_j——电缆在 j 个弯曲管段的侧压力（N/m）；

P_m——电缆容许侧压力（N/m）。

H.0.2 水平管路的电缆牵拉力可按下列公式计算：

1 直线段：
$$T_i = T_{i-1} + \mu CWL_i \quad \text{(H.0.2-1)}$$

2 弯曲段：
$$T_j = T_i \cdot e^{\mu\theta_j} \quad \text{(H.0.2-2)}$$

式中　T_{i-1}——直线段入口拉力（N），起始拉力 $T_0 = T_{i-1}$（$i=1$），可按 20m 左右长度

电缆摩擦力计，其他各段按相应弯曲段出口拉力；

μ——电缆与管道间的动摩擦系数；

W——电缆单位长度的重量（kg/m）；

C——电缆重量校正系数，2根电缆时，$C_2=1.1$，3根电缆品字形时，$C_3=1+\left[\frac{4}{3}+\left(\frac{d}{D-d}\right)^2\right]$；

L_i——第 i 段直线管长（m）；

θ_j——第 j 段弯曲管的夹角角度（rad）；

d——电缆外径（mm）；

D——保护管内径（mm）。

H.0.3 弯曲管段电缆侧压力可按下列公式计算：

1 1根电缆：

$$P_j = T_j/R_j \quad (H.0.3\text{-}1)$$

式中 R_j——第 j 段弯曲管道内半径（m）。

2 2根电缆：

$$P_j = 1.1T_j/2R_j \quad (H.0.3\text{-}2)$$

3 3根电缆呈品字形：

$$P_j = C_3 T_j/2R_j \quad (H.0.3\text{-}3)$$

H.0.4 电缆容许拉力，应按承受拉力材料的抗张强度计入安全系数确定。可采取牵引头或钢丝网套等方式牵引。

用牵引头方式的电缆容许拉力计算式：

$$T_m = k\sigma q s \quad (H.0.4)$$

式中 k——校正系数，电力电缆 $k=1$，控制电缆 $k=0.6$；

σ——导体允许抗拉强度（N/m²），铜芯 68.6×10^6、铝芯 39.2×10^6；

q——电缆芯数；

s——电缆导体截面（mm²）。

H.0.5 电缆容许侧压力，可采取下列数值：

1 分相统包电缆 $P_m=2500\text{N/m}$；

2 其他挤塑绝缘或自容式充油电缆 $P_m=3000\text{N/m}$。

H.0.6 电缆与管道间动摩擦系数，可取表 H.0.6 所列数值。

表 H.0.6 电缆穿管敷设时动摩擦系数 μ

管壁特征和管材	波纹状		平滑状	
	聚乙烯	聚氯乙烯	钢	石棉水泥
μ	0.35	0.45	0.55	0.65

注：电缆外护层为聚氯乙烯，敷设时加有润滑剂。

本规范用词说明

1 为便于在执行本规范条文时区别对待，对要求严格程度不同的用词说明如下：

1）表示很严格，非这样做不可的用词：

正面词采用"必须"，反面词采用"严禁"。

2）表示严格，在正常情况下均应这样做的用词：

正面词采用"应"，反面词采用"不应"或"不得"。

3）表示允许稍有选择，在条件许可时首先应这样做的用词：

正面词采用"宜"，反面词采用"不宜"；

表示有选择，在一定条件下可以这样做的用词，采用"可"。

2 本规范中指明应按其他有关标准、规范执行的写法为"应符合……的规定"或"应按……执行"。

中华人民共和国国家标准

电力工程电缆设计规范

GB 50217—2007

条 文 说 明

目 次

1 总则 ……………………………………… 10—29
2 术语 ……………………………………… 10—29
3 电缆型式与截面选择 …………………… 10—29
   3.1 电缆导体材质 ……………………… 10—29
   3.2 电力电缆芯数 ……………………… 10—29
   3.3 电缆绝缘水平 ……………………… 10—30
   3.4 电缆绝缘类型 ……………………… 10—31
   3.5 电缆护层类型 ……………………… 10—32
   3.6 控制电缆及其金属屏蔽 …………… 10—32
   3.7 电力电缆导体截面 ………………… 10—33
4 电缆附件的选择与配置 ………………… 10—34
   4.1 一般规定 …………………………… 10—34
   4.2 自容式充油电缆的供油系统 ……… 10—42
5 电缆敷设 ………………………………… 10—42
   5.1 一般规定 …………………………… 10—42
   5.2 敷设方式选择 ……………………… 10—42
   5.3 地下直埋敷设 ……………………… 10—42
   5.4 保护管敷设 ………………………… 10—43
   5.5 电缆构筑物敷设 …………………… 10—43
   5.6 其他公用设施中敷设 ……………… 10—44
   5.7 水下敷设 …………………………… 10—44
6 电缆的支持与固定 ……………………… 10—44
   6.1 一般规定 …………………………… 10—44
   6.2 电缆支架和桥架 …………………… 10—44
7 电缆防火与阻止延燃 …………………… 10—44
附录A 常用电力电缆导体的最高
      允许温度 …………………………… 10—45
附录B 10kV及以下电力电缆经济
      电流截面选用方法 ………………… 10—46
附录C 10kV及以下常用电力电缆
      允许100%持续载流量 …………… 10—47
附录D 敷设条件不同时电缆允许持
      续载流量的校正系数 ……………… 10—47
附录E 按短路热稳定条件计算电缆
      导体允许最小截面的方法 ………… 10—47
附录F 交流系统单芯电缆金属层
      正常感应电势算式 ………………… 10—48
附录G 35kV及以下电缆敷设度量
      时的附加长度 ……………………… 10—48
附录H 电缆穿管敷设时容许最大
      管长的计算方法 …………………… 10—48

1 总 则

1.0.1 系原条文 1.0.1 保留条文。条文中"电力工程"系指包括发电、输变电、石油、冶金、化工、建筑、市政等电力工程。

1.0.2 系原条文 1.0.2 修改条文。近十年来，我国先后在多个发电工程建成使用 500kV 电缆，城网 220kV 电缆输送容量不断增大，已难以适应供电需求，500kV 电缆随将应用，且会越来越广泛，规范适用范围需由 220kV 扩大至 500kV。

改建的电力工程可参照本规范执行。

1.0.3 系原条文 1.0.3 保留条文。

2 术 语

2.0.1 系原条文 2.0.1 修改条文。给出电缆的耐火性定义。

2.0.2 系新增条文。

2.0.3 系原条文 2.0.2 修改条文。给出电缆的阻燃性定义。

2.0.4 系新增条文。消防术语关于材料的燃烧属性是按不燃、难燃、易燃等来划分的，"阻燃"往往被误理解为"阻止燃烧"或不会着火，所以在《电力工程电缆设计规范》GB 50217—94 报批时，原国家主管部门审定"明确不用阻燃而用难燃来表征电缆属性"。本次修编基于一些单位反映，在工程应用中对难燃与阻燃是否等同有误解，十年来的实际工作已习惯"阻燃性"和"阻燃电缆"，因此现以"阻燃性"及"阻燃电缆"取代原规范的"难燃性"和"难燃电缆"，达到使用与制造两方面统一。

2.0.5 系原条文 2.0.3 保留条文。
2.0.6 系原条文 2.0.4 修改条文。
2.0.7 系原条文 2.0.5 修改条文。
2.0.8、2.0.9 系原条文 2.0.6、2.0.7 保留条文。
2.0.10 系原条文 2.0.8 修改条文。
2.0.11 系原条文 2.0.10 保留条文。
2.0.12 系原条文 2.0.13 修改条文。
2.0.13 系原条文 2.0.14 修改条文。"排管"也作为较常采用的电缆构筑物型式，因此增加"排管"。
2.0.14、2.0.15 系原条文 2.0.15、2.0.16 保留条文。
2.0.16 系原条文 2.0.17 修改条文。

3 电缆型式与截面选择

3.1 电缆导体材质

3.1.1 系原条文 3.1.1 修改条文。有关"芯"、"芯线"名称，按照现行电缆有关标准统一称为"导体"。

控制和信号电缆导体截面一般较小，使用铝芯在安装时的弯折常有损伤，与铜导体和端子的连接往往出现接触电阻过大，且铝材具有蠕动属性，连接的可靠性较差，故统一明确采用铜导体。

3.1.2 系原条文 3.1.2、3.1.3 合并修改条文。几点说明如下：

1 在相同条件下铜与铜导体比铝和铜导体连接的接触电阻要小约 10～30 倍，另据美国消费品安全委员会（CPCS）统计的火灾事故中，铜导体电线电缆只占铝的 1/55，可确认铜导体电缆比铝导体电缆的连接可靠性和安全性高，我国的工程实践也在一定程度上反映，铝比铜导体的事故率较高。

2 电源回路一般电流较大，同一回路往往需要多根电缆，采用铝芯电缆更需增加电缆数量，造成柜、盘内连接拥挤，曾多次因连接处发生故障导致严重事故。

3 耐火电缆需具有在经受 750～1000℃作用下维持通电的功能，铝的熔融温度为 660℃，而铜可达到 1080℃。

4 水下敷设比陆上的费用高许多，采用铜芯电缆有助于减少电缆根数，从而节省施工费用和缩短施工工期，对工程有利。

5 我国的铝和铜资源都欠充足，长期以来均需自国际市场购进 20% 以上，在加入 WTO 以后，电工铜的原材料来源有了较大的改善。

6 将原条文 3.1.3 的 3 种"宜"使用铜的情况一并修改为"应"，既符合当前实际情况和趋势，也是更好地体现经济发展强调安全生产的国策。

3.1.3 系原条文 3.1.4 修改条文。产品仅有铜导体的指充油电缆、耐火电缆、矿物绝缘电缆等。

3.2 电力电缆芯数

3.2.1、3.2.2 系原条文 3.2.1、3.2.2 保留条文。

3.2.3 系原条文 3.2.3 修改条文。3～35kV 中压三相供电电缆，我国长期以来惯用普通统包三芯型，单芯型使用不多，近年开始有采用绞合三芯型（工厂化以 3 根单芯电缆绞合构造成 1 根，也称扭绞型）。

1 3 根单芯比 1 根普通三芯电缆投资大，但优点是：①电缆与柜、盘内终端连接时，由于可减免交叉，使电气安全间距较宽裕，改善了安装作业条件；②在长线路工程可减免电缆接头，增强运行可靠性；③其截流量较高，约增大 10% 左右，可使截面选择降低 1 档；④一旦电缆发生接地，难以发展至相间短路；⑤容许弯曲半径较小，利于大截面电缆的敷设。

2 绞合三芯型电缆在日、法早已应用，其构造特征是把 3 根单芯电缆沿纵向全长采用钢带按恰当螺距以螺旋式环绕（日），或按适当间距以间隔式捆扎（法）形成 1 根整体，不存在统包三芯电缆的各缆芯之间需有填充料。

绞合三芯型电缆除具有单芯电缆的上述优点外，还具有普通统包三芯电缆的敷设较简单的特点，且造价也相近。这对于 XLPE 电缆如今趋向采用预制式附件，以及环网柜等使用情况，尤显其优越性。

3.2.4 系新增条文。世界上 66～132kV 级截面不超过 500mm² 的电缆，日本、欧洲等除单芯型外，还早已生产应用三芯型。如日本名古屋航空港供电的 77kV 海底电缆，美国西海岸圣胡安岛供电电缆敷设于水深 100m 海峡，先后建成 115kV 充油（1982 年）、69kV XLPE 500mm²（2004 年），电缆线路均为三芯型（见《广东电缆技术》2005，No.3；2005，No.4）。欧洲正开发 132kV 800mm² 三芯 XLPE 电缆（总外径 184mm），用于长距离跨海工程（见《ETEP》，Vol.13，2003），日本近又开发出 154kV 1000mm² 三芯 XLPE 电缆，用于埋管敷设，降低工程造价（见《IEEJ Trans.PE》，Vol.126，No.4，2006）。近年，我国中部某大湖的 110kV XLPE 小截面水下电缆工程，就采用了引进欧洲制造的三芯型，由于在海、湖中水下电缆敷设的难度大、占工程造价的份额高，这就可显著缩短工期降低投资。

3.2.5 系新增条文。电气化铁道的牵引变电站通常为交流单相，近年我国北方曾有 220kV 系统向牵引变供电，其线路每回由 2 根单芯电缆组成，已建成投入运行。

3.2.6 系原条文 3.2.5 修改条文。高压直流输电电缆线路敷设于海底，其施工往往很复杂。为减少工作量和降低造价，日本近年曾开发出直流 120kV 同轴型 XLPE 绝缘电缆，如截面为 200mm² 的电缆，采用 17mm 直径缆芯导体作为主回路导体，9mm 厚的主绝缘外围以 50 根 2.1mm 线径构成返回路导体，其外围依次为 4mm 厚绝缘层、2.6mm 厚铅包、3.5mm 厚挤包聚乙烯内护层、垫层、41 根 6mm 外径钢丝、4.5mm 外护层，电缆总外径 98mm，重约 22.5kg/m（空气中）；该型电缆的接头由工厂化制作。已按国际大电网会议（CIGRE）推荐标准通过试验获确认可使用。这显示了直流输电电缆并非只限于以往的 2 根单芯组成方式（详见《广东电缆技术》，2003，No.1）。

3.3 电缆绝缘水平

3.3.1 系原条文 3.3.1 保留条文。

3.3.2 系原条文 3.3.2 修改条文。

1 本款将"中性点经低阻抗接地"修改为"中性点经低电阻接地"，以避免"低阻抗"误解为含有消弧线圈接地。

2 中性点不直接接地系统的电缆导体与金属层之间额定电压级的选择要求，原规范编制时，根据供电系统一些曾采用相电压 U_0 级（如 10kV 系统 U_0 为 6kV 的标称 6/10kV）电缆，运行中曾屡有发生绝缘击穿故障，造成巨大损失现象，分析是缘于单相接地引起健全相电压升高，且持续时间较长，故需采用比 U_0 高一档的电压级（如 8.7/10kV 等）以增强安全。但另有煤矿等个别行业，认为其使用 U_0 级的电缆，在较长实践中却并不存在此现象，坚持无必要比 U_0 级提高。为兼顾两方面情况，同时仍偏重安全考虑，对规范初稿所拟不应低于 133%U_0 的要求，定稿时把"应"改为"宜"，同时添加"供电系统"前置词。这仍然被认为还不足以反映其特点，因而不得不在条文说明中含有如下的阐述：对采用 U_0 后的电缆运行实践尚无问题的情况，可允许区别对待。

近有报道，某行业系统使用 6/10kV 级 XLPE 电缆运行 14 年来，累计发生单相接地 80 余次，接地持续时间有达 2h 15min，累计接地持续时间有超过 7h 15min；在 46 次电缆故障中，电缆绝缘击穿占 65%，充分显示了 U_0 级电缆不能可靠运行。在更换抑或继续使用这批电缆的处理对策上，涉及投资而争议难决，就有认为原规范条文说明中的一些不确定提法应予删除（见《电力设备》，Vol.6，No.10，2005，P63～65）。这一报道事例，再次印证本条第 2 款成立无误。

3.3.3 系原条文 3.3.3 保留条义。

3.3.4 系原条文 3.3.4 修改条文。高压输电用直流电缆，由于不存在电容电流，输送有功功率不受距离限制，且导体直流电阻比交流电阻小，又无金属套电阻损耗和介质、涡流、磁滞损耗，从而具有比交流电缆较大的载流量。通常 100kV 以上输电超过约 30km，尤其是海底敷设时，多倾向用直流电缆，世界上迄今使用只有不滴流浸渍（Mass Impregnated Non Draining，简称 MIND 或 MI）层状绝缘或自容式充油电缆两类型，但国外正竞相研制适用于直流输电的 XLPE 电缆，近年日本开发出直流型 250kV、500kV 的 XLPE 电缆，即将应用。

直流电缆的电场分布依赖绝缘电阻率（ρ），且受空间电荷影响，由于 ρ 是温度的函数，电缆最大场强的部位就随负荷大小改变，故绝缘特性与交流电缆有显著不同。若使用现行交流 XLPE 电缆，其交联残渣因素，在高温时影响电荷积聚会形成局部高场强，从而导致绝缘击穿强度降低。

本条文关于输电直流电缆绝缘特性的要点，与交流电缆具有不同的特征，是源于国际大电网会议（CIGRE）20 世纪 80 年代的挤包绝缘直流电缆试验导则（草案），以及 20 世纪 90 年代日本开发 250kV 与研制 500kV XLPE 电缆的试验项目（参见《广东电缆技术》，2004，No.1，No.2）。

3.3.5 系原条文 3.3.5 修改条文。控制电缆 600/1000V 与 450/750V 没有本质区别，控制电缆制造要求的最小绝缘厚度的绝缘强度远大于 600/1000V。因此，取消 600/1000V 电压等级。

3.4 电缆绝缘类型

3.4.1 系新增条文。条文不只是针对现行电缆，也适合不久或将有新型绝缘电缆之应用。如高温（指在低温范畴意义上比以往极低温有大幅提高）超导电缆正进入工业性试运行阶段，我国在世界上也位于前列，其传输大容量时的能耗显著较小，应用前景看好；又如，超高压输电使用压缩气体管道绝缘线（GIL）在一些国家已成功实践，我国随着大容量输电需求也将可能运用。另一方面，近年曾有新型绝缘电缆的推出，虽示出其独特优点，但须以满足条文第1款的试验论证，来规范引导其健康发展。此外，按条文第2款来评估，有的新型绝缘电缆虽具备部分优越特性，但对工程条件并不适用（如易着火，毒性大等），这一规范性制约就具有积极意义。

1 电缆绝缘在一定条件下的常规预期使用寿命不少于30～50年，它与电缆应通过的标准性老化试验实质对应。

2 同一使用条件的不同类型绝缘电缆，有的安装与维护管理较麻烦，但经历长期实践其运行可靠性易于把握；有的造价虽较低，但容许最高工作温度不高从而载流量较低，所需电缆截面较大。在未能兼顾情况下，需视使用条件及其侧重性来选择。

除矿物绝缘型外的电缆绝缘固体或液体材料，都属可燃物质，由含氯、氟等卤化物构成的绝缘电缆，不能用于有低毒无卤化防火要求的场所。

3 21世纪全球进入生态协调呼声日益高涨。日本从20世纪末开始由政府明令公用事业需使用环保型电缆，日本电线工业协会制定了JCS第419号（1998）控制电缆、JCS第418号A（1999）低压电力电缆等环保型产品标准，主要特征是不用聚氯乙烯（PVC）。欧洲的环保活动声势早盛，但在电缆上禁用PVC却经历了反复，如瑞典已明确PVC的淘汰推迟至2007年；此外，基于SF_6气体的温室效应相当于CO_2的2.4万倍，西门子公司推出具有80%N_2与20%SF_6混合气体的500kV GIL，于2001年在日内瓦的工程成功实践，日本近年也步其后尘开发这种环保型GIL。我国电力行业标准DL/T 978—2005中含N_2/SF_6混合气体构造，显示了适应环保之考虑。由此可见，电缆的绝缘用材或构造有适应环保化趋向。

环保型电缆具有的特征：①使用期间对周围生态环境和人体安全不致产生危害；②废弃处理焚烧时不会有二噁英等致癌物质扩散，或掩埋时不会有铅（如用于塑料的稳定剂）之类流失危害；③材料将有再生循环利用可能。

3.4.2 系新增条文。本条文中的"常用"是指在工业与民用范围已广泛应用。

1 中低压电缆曾长期使用粘性浸渍纸绝缘型，世界上除英、俄等少数国家外，如今多已被挤塑绝缘电缆取代，我国现也如此，因而本次修订不再纳入。

低压系统中挤塑类PVC型电缆广泛使用的主要因素是其造价较低，而交联聚乙烯（XLPE）型电缆在近十年来也大量应用，我国XLPE电缆生产能力有了充足发展，两种材料的价格差距逐渐缩小，且XLPE的容许最高工作温度较大，从而按截流量确定的电缆导体截面可较小，XLPE电缆的经济性与PVC电缆不相上下，况且XLPE电缆符合环保化趋势，故在维持继续使用PVC型的同时又纳入XLPE电缆。

2 35kV以上高压电缆的应用，世界上有自容式充油（FF）、钢管充油（PFF）、聚乙烯（PE）、乙丙橡胶（EPR）、XLPE、GIL等类型，其中EPR多在意大利使用且用于150kV及以下，PE在法国、美国等曾有少量使用，我国个别水电厂也引进500kV PE电缆投入运行，PFF、GIL虽在不少国家使用但数量不多，常用的是FF与XLPE电缆，我国也如此。66～330kV FF电缆有30年以上运行实践，而电压至220kV的XLPE电缆比FF电缆使用晚20年左右，近10年有大量应用趋势，且两类电缆在国内均能制造。

FF电缆在国内外已有相当长的成功运行经验，其可靠耐久性较易把握。它比XLPE电缆虽多增了油务的管理，但却因此有油压监视和报警，线路一旦受损能从其信号显示及时发现；此外，对运行电缆抽取油样做色谱分析、电气测试，可实现有效的绝缘监察。这些恰是XLPE电缆所没有的长处。

XLPE电缆不存在供油系统附属装置及其油务带来的麻烦，易受欢迎，包括超高压系统的应用已是大势所趋。但是其实践时间还不够长，400～500kV级XLPE电缆在欧洲、日本的运行实践才不过10年。此外，较长的电缆线路其投资在目前还比FF型贵。因此，在推广XLPE型的同时并考虑了有选用FF型电缆的空间。

3 高压直流输电电缆迄今在世界上使用不滴流浸渍纸绝缘（MI）与FF两种类型，且近年已开发半合成纸（或称聚丙烯薄膜，简称PPLP）取代以往用的牛皮纸，使MI型电缆的容许最高工作温度由原来的50～55℃提升到80℃，载流能力可显著增大。

现行交流系统用的普通XLPE电缆不适合直流输电，因直流电场下交联残渣影响杂电荷的产生，当温度较高时空间电荷积聚易形成局部高场强，这将会导致绝缘击穿强度降低，且其直流击穿强度还具有随温度升高而降低的特性。

另一方面，国外研究直流输电用新型XLPE电缆已见成效，如日本采用在XLPE料中添加具有导电性或者有极性的无机填料两种方法，均可使直流击穿电压提高50%～80%，固有绝缘电阻率也显著提高，据此确认250kV直流XLPE电缆开发成功；随后，又完成500kV级模型的实物性能试验验证，包括在

PE料中加入极性团实施聚合物材料的改性方式，证实直流击穿与极性反转击穿，能分别提高约70%和50%，可认为用XLPE构造直流输电电缆的技术已攻克，不久将获应用。以上简介了国外近年已研究开发XLPE构造直流输电电缆的可行，也就反衬出现行交流常规型XLPE电缆，不能直接用于直流输电系统（可参见《广东电缆技术》，2004，No.1）。

3.4.3、3.4.4 系原条文3.4.3、3.4.4保留条文。

3.4.5 系原条文3.4.5修改条文。

3.4.6 系原条文3.4.6修改条文。用于额定电压$U_0/U \leqslant 1.8/3kV$电缆的聚氯乙烯绝缘混合料（PVC/A）的耐受最低温度为-15℃。

3.4.7 系原条文3.4.7修改条文。

3.4.8 系原条文3.4.8修改条文。

3.4.9 系原条文3.4.9修改条文。绝缘层和内、外半导电层三层共挤工艺比二层共挤加半导电包带的工艺构造电缆，有较优的耐水树特性，得到长期实践证实，有利于提高电缆的运行可靠性，且目前国内大多数制造厂已具备此工艺条件，强调6kV重要回路或6kV以上的交联聚乙烯电缆采用该工艺是必要的。

3.5 电缆护层类型

3.5.1 系原条文3.5.1修改条文。

1 曾有多个工程交流单芯电力电缆采用钢带或钢丝铠装，未达载流量就出现电缆过热甚至烧毁事故，因此判断钢带或钢丝铠装所作非磁性处理的实际效果不好，铠装层产生涡流、磁滞损耗并未抑制到预期程度。故本条文强调非磁性处理需确有效，又考虑到现今技术难以实现，故对需要增强电缆抗外力的外护层，首先示明铠装层应采用非磁性金属材料，主要有铝合金等。如广东某核电厂使用的法国铝合金铠装单芯电力电缆，运行中没有过热现象，反映良好，此外，英国等单芯电力电缆也采用铝合金铠装。

2 以聚乙烯（PE）作外护层的电缆，在实际工程中得到较广泛应用，反映较好。

3 原条款3的低温值-20℃修改为-15℃，是基于电缆外护层用聚氯乙烯（PVC）的ST_1、ST_2混合料的耐受最低温度为-15℃。

4 电缆外护层塑料护套的化学稳定性，可参照《城市电力电缆线路设计技术规定》DL/5221—2005附录E。

3.5.2 系原条文3.5.2保留条文。

3.5.3 系原条文3.5.3修改条文。我国南方一些地区，电缆遭受不同程度白蚁危害的现象较普遍，有的蛀蚀电缆外护层乃至金属套，造成110kV、220kV电缆故障，不容忽视。由于化学防治方法的副作用将危害生态环境协调，因而合理的对策是采取物理防治法。

国内外工程实践的做法有：日本强调用硬度较高的光滑尼龙外护层，防蚁性优越，但成本高，且耐酸蚀性较差。以往英国BICC电缆公司在东南亚的白蚁活动地区，采用邵氏硬度不小于65的聚乙烯外护层（见G.F.Moore，《Electric Cables Handbook》，1997），近年梅戈诺（Megolon）公司推出一种Termigon（译称退灭虫）特种聚烯烃共聚物防蚁护套料，不仅硬度比以往毫不逊色，且光洁有弹性又耐磨，防蚁性与抗酸蚀性均优，成本比尼龙低。国内有关单位与之合作，用于通信电缆，经测定符合GB/T 2951.38—1986标准，在电讯行业逐渐使用，2002年又用于肇庆110kV电缆工程实践（见《广东电缆技术》，2003，No.3）。

物理防治方法晚于化学防治方法，经验还不足，认识有待深化。虽然个别地区的金属套或钢铠曾遭白蚁蛀蚀，但还不宜完全否定其功效，仍作为一种防白蚁手段保留。

地下水位较高的地区，采用聚乙烯（PE）外护层，是就材料透水率（$g \cdot cm/cm^3 \cdot dmm\ H_2O$）而论，一般性PE为$28 \times 10^{-8}$，而PVC为$160 \times 10^{-8}$，因此PE的阻水性较好（见《日立电线》，No.2，1982）。

3.5.4 系原条文3.5.4修改条文。原条文第1、7款取消，保留第2款，其他各款有不同程度的修改。

1 除俄、英等极少数国家，一般在中低压回路不再选用浸渍纸绝缘电缆，我国也如此。不滴流浸渍纸绝缘电缆在国外直流400kV及以下输电虽有应用，但今后可能被已开发的XLPE直流电缆取代，故本规范不再纳入浸渍纸绝缘电缆内容。

2 由于铠装电缆成本增加不多且有利安全，故用词"可"改为"应"。

3 交流回路单芯电力电缆铠装层，避免使用钢铠。

4 增加第5款，以适应今后环保要求。

3.5.5、3.5.6 系原条文3.5.5、3.5.6保留条文。

3.5.7 系原条文3.5.7修改条文。取消油浸纸绝缘铅套电缆相关内容。

3.5.8、3.5.9 系原条文3.5.8、3.5.9保留条文。

3.6 控制电缆及其金属屏蔽

3.6.1 系原条文3.6.1保留条文。

3.6.2 系原条文3.6.2修改条文。为防止相互间干扰，确保运行安全，用词"宜"改为"应"。

3.6.3 系原条文3.6.3修改条文。为防止相互间干扰，确保运行安全，用词"宜"改为"应"。

3.6.4 系新增条文。电流互感器、电压互感器的每组二次绕组各相线和中性线处于同一根电缆中，是消除由于设计配置不当引起干扰的有效措施。

3.6.5 系原条文3.6.4保留条文。

3.6.6 系原条文3.6.5修改条文。目前国内普通控制电缆与带屏蔽的控制电缆价差已缩小，且安全性要求也越来越重要，因此将"宜"改为"应"。

3.6.7 系原条文 3.6.6 修改条文。增加第 2 款，是基于原电力工业部 1994 年 1 月发布的"电力系统继电保护及安全自动装置反事故措施要点"第 7.1 条，以增强控制信号回路安全可靠性。

3.6.8 系原条文 3.6.7 修改条文。备用芯以一端接地方式，可增强屏蔽作用，但备用芯如果两端接地，则会增添电磁感应干扰途径反而不利，故补充只能以一点接地。

3.6.9 系原条文 3.6.8 修改条文。

1 "一点接地"的要求由"宜"改为"应"，是基于现今不存在条件不许可情况，以确保安全。

2 增加第 2 款，是基于原电力工业部 1994 年 1 月发布的"电力系统继电保护及安全自动装置反事故措施要点"第 7.1 条，以增强控制信号回路安全可靠性。

3.6.10 系新增条文。规定了控制信号电缆容许最小截面，以防止出现断线，有助于增强安全性。

3.7 电力电缆导体截面

3.7.1 系原条文 3.7.1 修改条文。

1 电缆导体的持续容许最高温度（θ_m），对应绝缘耐热使用寿命约 40 年，明确最大工作电流（I_R）需满足不得超过 θ_m，是实现电缆预期使用寿命的要素。直接取 θ_m 求算 I_R 时，需把所有涉及发热的因素计全才符合上述原则，否则，客观存在的发热因素未完全计入，I_R 计算值就会偏大，运行中导体实际温度将超出 θ_m。

I_R 的算法标准 IEC 287（1982）或 IEC 60287-1-1（1995），不再像 1968 年初版时示出各类电缆的 θ_m 值，而提示 θ_m 值确定需留有安全裕度。不妨就高压单芯电缆 I_R 求算时 θ_m 值的择取作一辨析：1993 年 IEC 287-1-2 首次公布双回并列电缆的涡流损耗率 λ''_{1d} 算式，此前只有单回电缆涡流损耗率 λ''_1 的算式，而 $\lambda''_{1d} > \lambda''_1$，可认为双回并列电缆在依照 λ''_{1d} 与 θ_m 计算的 I_R，与仅依 λ''_1（即未计入并行回路引起涡流损耗增大的影响）求算 I_R 时，要使两者相同或相近，就需对后者采取低于 θ_m 的 θ'_m 值。这也昭示了 IEC 287 并非是所有的算式一次性制订完备，因而它不硬性规定单一 θ_m 值，以不失科学严谨性。藉此还需指出，IEC 60287-1-2（1993）只适合两回单芯电缆并列配置，它主要反映直埋或穿管埋地敷设电缆方式，但我国多以隧道、沟或排管敷设电缆方式，并行两回电缆为层叠配置情况，其 λ''_{1d} 算式在该标准中却未给出，也没有说明可略而不计。然而，在日本电线工业协会标准 JCS 第 168 号 E（1995）《电力电缆的容许电流（之一）》中，却示明包含 2 层及其以上层叠配置单芯电缆的 λ''_{1d} 算式，经按一般电缆使用条件计算分析，其 λ''_{1d} 与 λ''_1 值差异明显而不能忽视（可参见《广东电缆技术》2001，No.3）。因此，在并非所有发热因素计全时，求算 I_R 若仍依固定的 θ_m 值计，就满足不了本条款要求。

美国爱迪生照明公司联合会（AEIC）制订的 AEIC CS7（1993）《额定电压 69kV 至 138kV XLPE 屏蔽电力电缆技术要求》标准中载明："当 I_R 计算涉及电缆存在的全部热性数据充分已知，确保 θ_m 不致超过时，可按 θ_m 为 90℃，否则应采取比该温度降低 10℃ 或其他适当值"。这对于辨析地择取 θ_m 值的理解，可供参考。

2 关于条款 4，电力电缆截面最佳经济性算法 IEC 1959 标准于 1991 年首次公示，后又纳入电缆额定电流计算标准系列 IEC 60287-3-2（1995；1996 修订）。其算法是基于电缆线路初始投资与今后运行期间的能量损耗综合最小。

多年来我国经济持续高速增长，发供电随着用电需求虽在不断迅猛发展，但一些地区仍感电力不足。分析认为，以往一般只按载流量紧凑地选择电缆截面，导致线损较大，这一影响不可忽视；现今地球"温室效应"愈益严重，尤因火力发电的 CO_2 排放影响占有相当大成分，在这一形势下，需着眼于努力降低损耗、减少电源增长（火电厂一直占有较大份额）带来温室效应的加剧，就需要考虑电缆的经济截面。至于经济截面比按载流量选择截面增大后，降低年损耗的同时会引起初投资的增加，从我国宏观经济条件来看，现已能适应。

由于电缆经济电流密度受电缆成本、贴现率、电价、使用寿命、最大负荷利用小时数等诸多因素影响，难以给出固定不变的电缆经济电流密度曲线或数据，需要时，可按照本规范附录 B 的方法计算。

3 条款 5 在原条文基础上新增铜芯电缆最小截面的规定。

3.7.2 系原条文 3.7.2 修改条文。

IEC 等标准关于电缆的持续容许工作电流算法分两类：①负荷为 100% 持续（100% Load factor），即常年持续具有日负荷率（L_f）为 1 时的 I_{R1}，如发电厂中持续满发机组及其辅机，或工矿主要用电器具等供电回路的负荷电流；②负荷虽持续但并非 100% 恒定最大，而是周期性变化，即常年持续具有 $L_f < 1$ 时的 I_{R2}，如城网供电电缆线路等公用负荷电流。

IEC 60287（以往称 IEC 287）为 I_{R1} 算法标准，IEC 60851（原 IEC 851）为 $I_{R2} = M \cdot I_{R1}$ 的 M 算法标准，日本电线工业协会 JCS 第 168 号 E（1994）、美国电子电气工程师学会 IEEE Std 853（1995）标准均同时含 I_{R1}、I_{R2}。在空气中敷设的电缆，$I_{R1} = I_{R2}$，直埋或穿管埋地（包括排管）敷设的电缆，$I_{R1} < I_{R2}$；当 L_f 约为 0.7 左右时，一般 I_{R2} 比 I_{R1} 增大约 20% 以上。我国长期以来工程实践只计 I_{R1} 且一般遵循 IEC 60287，至于 IEC 851-1、IEC 853-2 虽早于 1985、

1989年公示，但国内迄今几乎未在工程中运用，或缘于该算法需按日负荷曲线分时计算感到繁琐，而日、美标准只需计入 L_f 求算 I_{R2}，适合工程设计阶段（可参见《广东电缆技术》，2001，No. 4，P. 2～12）。在我国由于尚未广为知晓和缺乏应用，故此次修改标准就没有直接示出 I_{R2}，只在持续工作电流之首增加100%，这虽是沿袭原规范基本内容，但冠以100%的持续工作电流不仅表明归属 I_{R1}，也意味着对于 I_{R2} 和短时应急过载 I_E（参见《广东电缆技术》，2002，No. 4）以及提高载流量的途径（参见《广东电缆技术》，2003，No. 4），都留有另行考虑的空间，显然不应被误解为 I_{R2}、I_E 均排斥或拒绝。从这一意义不妨强调，本规范现仅规定电缆载流能力中属于 I_{R1} 的基本要求。

此外，100%持续工作电流之称谓，既与 IEC 60287 标准名称一致，又与本规范附录C内容能相呼应。

3.7.3 系原条文 3.7.3 修改条文。

1 因为含变流、电子电压调整等装置的负荷有高次谐波，诸如变频空调、电气化铁道等。在香港的低压配电电缆、东北某电铁牵引变电站的 220kV 供电缆工程实践，都已显示了计入高次谐波的影响。

2 条款3去掉"塑料"。因为电缆保护管并不局限塑料材质，如复合式玻纤增强塑料、陶瓷等管材，均有应用。

3.7.4～3.7.7 系原条文 3.7.4～3.7.7 保留条文。

3.7.8 系原条文 3.7.8 修改条文。

1 工程建成后5～10年取代原条文的5年以上，可与较多的工程实际相结合，利于安全，也与《导体和电器选择设计技术规定》DL/T 5222—2005 中的规定一致。

2 将原条文中"保护切除时间"和"断路器全分闸时间"分别改为"保护动作时间"和"断路器开断时间"，使概念更清晰。

3.7.9 系原条文 3.7.9 保留条文。

3.7.10 系原条文 3.7.10 修改条文。

1 补充"配电干线采用单芯电缆作保护接地中性线时"的前提条件，以与《低压配电设计规范》GB 50054—95 协调一致。

2 补充主芯截面 $400\text{mm}^2 < S \leq 800\text{mm}^2$ 和 $S > 800\text{mm}^2$ 的保护地线允许最小截面选择要求。

3 新增条款3。

因多芯电缆的中性线和保护地线合一时的芯线要求，原规范中没有叙及，而实际已较多采用。

3.7.11 系原条文 3.7.11 修改条文。大电流负荷的供电回路，往往由多根单芯大截面电缆并联组成，运行时屡因电流分配不均，其中有电缆出现过热乃至影响继续供电。

交流供电回路多根电缆并联时的电流分配，主要依赖于导体阻抗，同时还受金属层（有环流时）阻抗的影响。并联各电缆的长度以及导体、金属层截面等，是使电流能均匀分配的必要条件，在应用单芯电缆时，各电缆在空间上几何配置的相互关系，常难使各阻抗值均等；而各电缆的相序排列关系，也影响电流分配。故应以计算方式确定各电流分配的电流值，较为复杂繁琐。近年，首次公布的 IEC 60287-3-1（2002）《多根单芯电缆并联电流分配及其金属层环流损耗的计算》标准，是按照并联电缆的各导体阻抗、金属层阻抗均等的前提下，建立联立方程导出，其算法具有公认的可行性。需要指出的是，该算法从工程实用意义上已并不简单，可推论若不具备并联电缆各导体阻抗、金属层阻抗均等的条件，计算各电缆的电流分配必将更繁琐复杂。

现今，供电回路由多根并列组成的电缆采取相同截面，既不存在条件不许可的情况，而基于上述考虑，故需对原条文用词的"宜"改为"应"，且补增电缆长度尽量相等的要求。

3.7.12 系原条文 3.7.12 保留条文。

4 电缆附件的选择与配置

4.1 一般规定

4.1.1 系原条文 4.1.1 修改条文。

4.1.2 系原条文 4.1.2 修改条文。电缆终端的构造类型，随电压等级、电缆绝缘类别、终端装置型式等有所差异。在同一电压级的特定绝缘电缆及其终端装置情况下，终端构造方式可能有多种类型。

66kV 以上自容式充油电缆终端构造已基本定型且种类有限，然而 XLPE 电缆的终端构造类型较多，其户外式终端、GIS 终端的构造类型及其世界上主要应用概况，列于表1。XLPE 电缆远晚于充油电缆运用实践，在逐步提升其应用电压等级的初期，常沿袭后者终端构造型式，其可靠性较易把握；然而在电缆使用增多后，具有注入油/SF_6 的非干式构造终端，往往感到安装或运行管理较麻烦，且有安装质量等因素出现漏油之类缺陷，促使趋向用干式构造；但干式终端实践历史尚不够长，荷兰 150kV 电缆系统曾在 1993 年1天中发生多个干式终端一连串故障，经分析判明是橡胶应力锥与 XLPE 电缆绝缘间界面问题所导致（详 IEEE Electrical Insulation Magazine, Yol. 15, No. 4, 1999），荷兰于 1997 年向 IEC 提出关于界面绝缘评价的试验方法标准化提案，只因基础性研究不够充分尚未被采纳（详见日本《电气学会技术报告》第 948 号，2004，1），然而，至少可认为，干式终端所含不同绝缘材料间弹性压接的界面压力，长期使用将有自然减小，是否确实不影响绝缘击穿特性，依现行标准试验似还难以充分地评断。这对于电压等级越高其意义显然越需重视。

表1 66kV 及以上 XLPE 电缆户外式、GIS 终端的构造类型及其应用概况

序号	终端装置名称	终端构造类型特征 类别	终端构造类型特征 型式	主要特点	主要国家应用电压（年份）及其他
1	户外式终端	干式	热缩式	需明火作业	欧美应用最高工作电压72kV
2	户外式终端	干式	橡胶预制	安装与维护简便	法国66～110kV，我国、日本近已开发
3	户外式终端	非干式（套管内注入绝缘油或SF_6气体）	增绕应力锥	沿袭充油电缆所用，有长期实践经验，易把握可靠性。但安装费时	日本275kV（1980年）、500kV（1988年）；法国66～190kV；英国、韩国400kV
4	户外式终端	非干式（套管内注入绝缘油或SF_6气体）	电容锥	—	
5	户外式终端	非干式（套管内注入绝缘油或SF_6气体）	导向锥		
6	户外式终端	非干式（套管内注入绝缘油或SF_6气体）	预制应力锥	安装较简便，可减免潮气影响，绝缘可靠性较高	日本66～275kV，欧美澳200～500kV，法国190kV（注油）、200～500kV（SF_6）
7	户外式终端	非干式（套管内注入绝缘油或SF_6气体）	预制应力锥复合套管	复合式套管改善耐污特性，可避免爆裂碎片溅飞的破坏影响	瑞士20世纪80年代开创至1995年，110～170kV、220～400kV各已运行15年、5年；日本近年也开发
8	GIS 终端	无套管	直浸式	预制应力锥+SF_6气体构成	法国、瑞典200～500kV
9	GIS 终端	有套管非干式	电容锥	长期实践证实绝缘性可靠	法国66～190kV，德国310～500kV
10	GIS 终端	有套管非干式	预制应力锥	安装较简便	广泛用于500kV及以下各高压级
11	GIS 终端	有套管干式	预制应力锥	安装更简便，运行管理也简单	欧洲首创，英国500kV，日本275kV
*12	GIS 终端	有套管干式	预制应力锥，导体插接	部件分解简单，安装更进一步简化	德国110～220kV（20世纪90年代以来）

注：1 表中内容摘自2000年日本《电气学会技术报告》第767号"关于海外输电电缆的技术动向"。
    2 我国的工程实践中序号2、3、6、7、9、10、11、12都有不同程度的应用。

本条文既对各类型终端构造的使用特征归纳出合理选择原则，还基于某些电缆或终端的特点，以条款1、2、3分别示明必要的制约，又按《额定电压150kV（U_m=170kV）以上至500kV（U_m=550kV）挤出绝缘电力电缆及其附件——试验方法和要求》IEC 62067—2001标准，以条款4提示需具备满足该标准资格试验（国内常称预鉴定试验）为选用前提；另以条款5、6示出并非严格而留有选择余地的推荐内容，它们反映了大多数工程设计的做法或趋向。

4.1.3 系原条文4.1.3修改条文。一般套管外绝缘的爬电比距要求，在《高压架空线路和发电厂、变电所环境污区分级及外绝缘选择标准》GB/T 16434中有选择方法的规定，电缆终端的套管不应低于其要求。GB/T 16434标准附录B提示影响外绝缘发生污闪的因素，往往随时间推移会出现难以预料的变化，工程设计应给今后运行管理留有适当安全裕度。近年，有论述对东北、华北和河南电网大面积污闪事故分析，除证实必须满足爬电比距标准要求外，还强调500kV级变电设备的爬电比距应高于所在污秽地区的规定值（可参见《电力设备》，Vol，No.4，2001）。

电缆终端与一般支持绝缘子在出现闪络击穿事故后的更换影响不同，前者价昂且换装费时，故宜有较大安全裕度。此外，同一盐密度表征的污秽条件下，日本高压电缆终端套管的爬电比距较GB/T 16434规定值要粗大些。

综上，本次规范修改以"必须"取代"应"。

4.1.4 系原条文4.1.4保留条文。

4.1.5 系原条文4.1.5修改条文。

本条款3：在275kV及以下单芯XLPE电缆线路，直接对电缆实施金属层开断并做绝缘处理，以减免绝缘接头的设置，为最近欧洲、日本开创的新方法。欧洲是在需要实施交叉互联的局部段，剥切其外护层、金属套和外半导电层，且对露出的该段绝缘层实施表面平滑打磨后，再进行绝缘增强和密封防水处理，形成等效于绝缘接头的功能；日本的方法不同之处只是不切剥外半导电层，从而不存在绝缘层表面的再处理（可参见《广东电缆技术》，2002，No.4）。

我国近年在220kV XLPE电缆线路工程已如此

实践。这种做法，常被称为假绝缘接头。

本条款 4：带分支主干电缆（Main cable with branches）（有称预分支电缆）是一种在主干电缆多个特定部位实施工厂化预制分支的特殊形式电缆，它的分支接头，已被纳入该电缆整体，无须另用 T 型接头。这种电缆目前我国只有低压级，国外已有 6～10kV 级，它主要用于高层建筑配电。

4.1.6 系原条文 4.1.6 修改条文。电力电缆，尤其是高压 XLPE 电缆的接头构造类型较多。接头的装置类型中直通接头与绝缘接头的基本构成相同，此类接头使用广泛，就高压范围看，充油电缆接头构造几乎已定型，而 XLPE 电缆随着应用不断扩展和技术进步，其接头选用问题则愈益受到关注。

现将世界上 66kV 以上 XLPE 电缆直通接头的构造类型、特点及其主要应用概况列示于表 2。从不完全的调查所知，除了表中序号 3、5、6 等项外，列示的其他类型接头在我国 66～220kV 系统均有不同程度的应用，实践历史最长不到 30 年，而近年来，采用预制式接头已是较普遍趋向。

以往使用 PJ、PMJ 的工程实践中，有在竣工试验或运行不长时间发生绝缘击穿，但这些归属初期实践缺乏经验的因素，易于克服改观，无碍其继续有效应用（参见全国第六次电力电缆运行经验交流会论文集）。同属预制式的 CSJ、SPJ，近年虽有较多选用趋向，从减免安装过程中绝缘件受污损，有利于增强绝缘可靠性，但其长期运行的界面压力将自然减小，就使用寿命期内未来是否确能保持所需绝缘特性而论，还不一定优于 PJ。综合分析，表 2 所列各类型构造，除个别外，或许评断为时尚早，因而从一般性考虑按使用特征归纳出合理选择原则。

虽然 66～110kV 电缆线路原有的 TJ 多在正常运行，且还将继续。但对于 TJ 的应用问题，要看到以往采用它是由于接头的构造类型有限，其选择条件不像如今的多样化；TJ 的可靠性受人为因素影响较大，是其本质弱点；既然可靠性相对较高的构造类型已不乏供选择，国产 PMJ 等也已问世，而 TJ 的应用电压不可能进入 220kV 级，其发展空间有限，再开发国产绕包机等缺乏实际意义，因此，对于工程设计限制选用 TJ，有其积极意义。但这显然不意味现已正常运行的 TJ 均需撤换，它也不应属于工程设计范畴。

表 2　66kV 及以上 XLPE 电缆接头构造类型和主要应用概况

序号	接头构造类型的中英文名称（英文简称）	构成特征与使用性特点	国内外主要应用电压、时间及其反映
1	包带型接头（TJ）Taped Joint	安装过程绝缘易受潮或污染，带与带间空隙难限制在 150μm 以下，工艺要求高。可靠性缺乏保障	日本用于 154kV 以下，我国 110kV 早期曾有相当数量运用，大多正常但发生过几起故障。多认为可靠性难负期望，而几乎不再选用*
2	包带模塑型接头（TMJ）Taping Molded Joint	比 TJ 绝缘性较好，但安装环境的洁净与防潮要求仍较高	我国某工程 110kV TMJ 竣工试验曾发生 5 个击穿，缘于安装工艺欠当**
3	橡胶带绕包模塑型接头（RMJ）Rubber Mold Joint	与 TMJ 用 0.5mm 厚可交联的聚乙烯带不同，是用 0.25mm 橡胶带。比 TMJ 的加热温度低，时间较短，造价降 20%	日本于 20 世纪 90 年代末开发，已在 66kV 实践
4	挤出模塑型接头（EMJ）Extruded Molded Joint	在严格实施安装过程的质量管理，包含藉助电脑处理的 X 射线成像检测，能检出杂质 50、伤痕深 60、微孔 40μm	日本克服了早期曾出现施工质量问题后，不仅在 275kV 大量应用，500kV 接头的首次实践也采用此型
5	注入模塑型接头（IMJ）	预制橡胶应力锥和增强绝缘件套入连接处，注入液态橡胶，常温固化成形	德国 420kV 首创，1995 年开始做预鉴定试验
6	部件模塑型接头（BMJ）Block Molded Joint	预制出与 XLPE 同材质的模件套入后模塑成形。比 EMJ 费时少一半，投资省 10%	不存在相异材质的绝缘界面特性影响，可靠性高，日本 1996 年用于 275kV
7	向对型接头（BBJ）Back to Back Joint	由置于注有油/SF_6 的封闭筒内 2 个终端呈顶构成；它也可构成分支接头	澳大利亚 1991 年用于 220kV，德国也应用
8	组合预制期（PJ）Prefabricated Joint	由乙丙橡胶应力锥、环氧树脂绝缘件、弹簧构成。橡胶预制件较小	日本首创，用于 132～400kV，韩国 66～500kV；英国、丹麦、加拿大、德国用于 300～500kV
9	整体预制型（PMJ）Pre-molded Joint	由单一硅橡胶绝缘件构成，其内径与电缆绝缘外径有较大的过盈配合，比 PJ 安装较简，但需来回拖拽易污损	欧洲首创，瑞典 1972 年用于 80kV，现已至 275kV；瑞士、荷兰用于 60～500kV；英国、美国、法国、澳大利亚用于 200～300kV；德国、加拿大、意大利、法国用于 300～500kV

续表2

序号	接头构造类型的中英文名称（英文简称）	构成特征与使用性特点	国内外主要应用电压、时间及其反映
10	导体插接式整体预制型（PMJ-CF）	安装时不存在PMJ的来回拖拽，绝缘完整性获保障，安装更简，费用更少	荷兰首创，50～150kV已应用1500个以上，275kV级已通过型式试验
11	预扩径冷缩型（CSJ）Cold-Shrinkable Joint	工厂化预扩径，按所匹配电缆设螺旋形内衬，比PMJ易安装，增强绝缘可靠性	日本于20世纪90年代后期开发用于66～400kV
12	现场扩径冷缩型或称自压缩型（SPJ）Self-Pressurized Jiont	安装时的扩径使绝缘界面压力特性难免有差异，优点是它在隔氧密封下可保持10年，而CSJ只2～3年	日本首创，1995年以来66～132kV已应用1300个、154kV81个、220kV包含在我国应用的已有100个以上

注：1 *详见1997年、2000年全国第五次、第六次电力电缆运行经验交流会论文集，《上海电力》1993，No.1。
　　　**详见1992年全国第四次电力电缆运行经验会论文集。
　　2 除注1所示外，其余详见《电气学会技术报告》第767号，2000，3。

4.1.7、4.1.8 系原条文4.1.7、4.1.8保留条文。

4.1.9 系新增条文。电力电缆的金属层直接接地，是保障人身安全所需，也有利于电缆安全运行。

交流系统中三芯电缆的金属层，在两终端等部位以不少于2点接地，正常运行时金属层不感生环流。未规定单芯电缆一般也如此实施接地，是考虑正常运行的单芯电缆金属层感生环流及其损耗发热影响，故另以第5.1.10条区分要求。

电力电缆的金属层，为金属屏蔽层、金属套的总称，对于既有金属屏蔽层又有金属套的单芯电缆，金属层的接地是指二者均连通接地。

4.1.10 系原条文4.1.9修改条文。交流单芯电缆金属层正常感应电势（E_S）的推荐算法示于本规范附录F，适合包括并列双回电缆的常用配置方式。它引自日本东京电力公司饭冢喜八郎等编著《电力ケーブル技术ハソドブシク》，1994年第2版。以往虽有资料给出E_S算法，或较繁琐；或仅示出1回电缆，而并列双回是大多电缆线路工程的一般性情况，忽视相邻回路影响的E_S算值，就比实际值偏小而欠安全。

1 50V是交流系统中人体接触带电设备装置的安全容许限值。它基于IEC 61936—1标准中所示人体安全容许电压50～80V；IEC 61200—413标准通过人体不危及生命安全的容许电流29mA（试验测定值为30～67mA）和人体电阻1725Ω计，推荐在带电接触时容许电压为50V。

2 本款原规范感应电势容许值为100V，此次修改提升为300V，修改原因及其可行性、注意事项和这一修改的积极意义，分述如下：

1）高压电缆截面和负荷电流的愈益增大，在较长距离电缆线路工程，受金属正常感应电势容许值（E_{SM}）仅100V的制约，往往不仅不能采取单点接地，而且交叉互联接地需以较多单元，使得不长的电缆段就需设置绝缘接头。如500kV 1×2500mm² 电缆通常三相直列式配置时，每隔约250m就需设置接头；若以品字形配置虽可增大距离，但在沟道中会使蛇形敷设施工困难，且支架的承受荷载过重、截流量较小以及安全性降低，因而靠限制电缆三相配置方式并非上策。

又基于超高压电缆的接头造价昂贵，接头数量若多，不仅安装工作量大、工期长，且将影响运行可靠性降低，因而，近些年来日本、欧洲在大幅度增加电缆制造长度的同时，还采取提升E_{SM}的做法，以作为一揽子对策。如：日本中部电力公司海部线275kV 1×2500mm² XLPE电缆23km长，实施5个交叉互联单元，平均4300m长单元的3个区间段中，最长段按电缆制造长度1800m考虑；福冈220kV 1×2000mm² XLPE电缆线路2.8km长，若按以往电缆制造长度约500m，需实施2个交叉互联单元，现可采取1个交叉互联，其最长区段按电缆制造长度增加为1050m考虑，由于接头减少，工程总投资节省了5%；其他还有类似的工程实践，都具有E_S达200～300V的特点（参见《电气评论》，1997.7和《フジクラ技报》，1998.10等）。英国国家电网公司于20世纪初对运行30年的21km长275kV电缆线路改造，研究了由原来的28个交叉互联单元缩减为7个可行，交叉互联单元段增至2955～3099m，其中最大E_S达214V；西班牙马德里地区400kV 1×2500mm² XLPE电缆12.7km长输电干线，采取5个交叉互联单元，单元中最长区段按电缆制造长度850m考虑，E_S达263～317V，该线路于2004年建成运行（参见《IEEE TPD》，Vol. 18，No. 3，2003和《Transmission & Distribution world》，2005，8）。

2）原规范规定E_{SM}≤100V，主要是参照日本1979年出版的《地中送电规程》JEAC 6021，该规程2000年修订版取消100V，改为在采取有效绝缘防护时不大于300V；着有绝缘防护用具或带电作业器具时不大于7000V（见《地中送电规程》JEAC 6021—2000）。此外，IEC的有关标准迄今未显示E_{SM}值，然而在国际大电网会议（CIGRE）的有关专题论述中，曾涉及E_{SM}的提升，20世纪70年代，当时一般按E_{SM}为50～65V的情况下，CIGRE有撰文提出，在人体不能任意接触的情况，E_{SM}可取60～100V；2000年CIGRE的论述则提出E_{SM}可取400V。美国电子电气工程师学会（IEEE）较早的标准《交流单相电缆金属层连接方式适用性以及电缆金属层感应电势和电流的计算导则》IEEE Std575—1988 载有：应以安全性限制 E_S，却未明示 E_{SM} 值，只指出按通常电缆外护层的绝缘性，E_{SM} 可达 300V，但需以 600V 为限；该导则附录中还示出当时北美地区电缆工程实践的 E_S 最大值：美国 60～90V，加拿大 100V，均比同期欧洲广泛以 65V 的做法为高。

3) E_{SM} 超出 50V 时，不论是 100V 或 300V，都属于人体不能任意接触需安全防护的范畴，这一电压终究不很高，在考虑工作人员万一可能带电接触，如电缆外护层破损有金属层裸露时，运行管理中可明确需着绝缘靴或设绝缘垫等；至于在终端或绝缘头有局部裸露金属，除了可设置警示牌外，对安置场所可采取埋设均压带或设置局部范围绝缘垫等措施。

顺便指出，按带电作业用绝缘垫产品适用电压等级划分为4类，其0类、1类为380V、3000V，相应耐压为10kV、20kV，故可认为 E_{SM} 无论是100V 或 300V，绝缘垫选用也无差异（见《带电作业用绝缘垫》DL/T 853—2004标准）。

4) E_{SM} 值由 100V 提升至 300V，对于电缆外护层绝缘保护器（简称护层电压限制器）的三相配置接线与参数匹配，有如下考虑：

①由于金属层上电气通路远离直接接地点的 E_S 值，较以往可能增大3倍，在系统发生短路时该处的工频过电压（U_{ov}）相应也将比以往情况增大3倍，为使装设于该处的护层电压限制器承受的 U_{ov} 不致过高，可把三相接线由过去的 Y_0 改为采取 $\triangle$ 或 Y 等，从而使作用于护层电压限制器的 U_{ov}，可降至 Y_0 时的 $1/\sqrt{3}$ 或 1/2 倍或者更低。

②护层电压限制器的残压（U_r），不得超出电缆外护层冲击过电压作用时的保护水平（U_L），其工频耐压（U_R）应满足 $U_R \geqslant U_{ov}$，是其参数选择匹配原则。如果因 U_{ov} 比以往显著增大而不再满足该关系式，其方法之一是添加阀片串联数来提高 U_R，但伴随着 U_r 会增大，需验核 $U_r \leqslant U_L$ 是否仍满足。近年日本的工程为适应 E_{SM} 提升，曾采用此方法实践，或有启迪性。

③若上述①、②尚不足以适应，可促使开发更佳参数的护层电压限制器，也并不存在克服不了的技术障碍。

5) 提升 E_{SM} 的积极意义，是减免单芯电缆线路接头的配置，既降低工程造价和缩短工期，又有利于增强电缆线路系统的可靠性。电压等级越高，其效益越明显。此外，还将会促使我国生产厂家增大电缆制造长度，随之更有助于上述积极意义的体现。总之，在我国经济形势持续高涨下，高压、超高压的大截面单芯电缆线路工程建设，将不断发展，提升 E_{SM} 仅每年投资节省费，估计将超过百万元或千万元以上。

4.1.11 系原条文 4.1.10 修改条文。

1 单点接地方式增添在线路中央部位也可实施，有利于其应用范围扩大。

2 原条文"35kV 及以上的电缆线路"系印误，现更正为"35kV 及以下电缆"。

3 电缆金属层实施绝缘分隔以取代绝缘接头，近年在国内外已成功实践。见第4.1.5条说明。

关于接地方式选择在中低压单芯电缆的国外做法简介如下：

35（或33）kV 及以下电缆线路在不能以单点接地时，英国、日本等国通常是采取全接地方式，仅在33kV级大截面线路可用交叉互联（见 G.F. Moore，《Electric Cables Handbook》，1997）。

4.1.12 系原条文 4.1.11 修改条文。

单芯电力电缆及其接头的外护层和终端支座、绝缘接头的金属层绝缘分隔、GIS 终端的绝缘筒这三个部位，冲击耐压指标在国内外标准中有不尽全面的各自规定，现列于表3。

表3 国内外标准中载列单芯电缆及其附件的冲击耐压（kV）指标

标准号	部位	各额定电压级对应外护层等冲击耐压（kV）				
GB/T 11017 GB 2952 GB/Z 18890.1	额定电压（kV）	≤35	66	110	220	500
	电缆外护层、户外终端支座	20	—	37.5	47.5	72.5
IEC 60229	电缆主绝缘额定冲击耐压（kV）	<380	—	380～750	750～1175	≥1550
	电缆外护层	20	—	37.5	47.5	72.5
IEC 60840—1999	电缆主绝缘额定冲击耐压（kV）	250～325	—	550～750	—	—
	电缆及其接头外护层、终端支座	30	—	30 (37.5)	—	—
	绝缘接头的金属层分隔绝缘	60	—	60 (75)	—	—
JEC 3402（日）	额定电压（kV）	—	66～77	110～187	220～275	500
	电缆外护层等	—	45 (50)	60	65	80
	GIS 终端的绝缘筒	—	40	50	—	—
IEEE 404—1993（美）	额定电压（kV）	—	46～138			
	绝缘接头的金属分隔绝缘	—	60			

为评估电缆系统上述部位可能作用的暂态过电压,可经由计算或测试两个途径,简述如下:

1 按电缆连接特征的等价电路求算:

1) 电缆与架空线直接相连的情况,外护层的雷电冲击过电压算法:

①首侧终端接地、电缆尾侧金属层开路端的冲击过电压 U_{SA} 的表达式:

$$U_{SA}=2E\frac{RZ_{se}/(R+Z_{se})}{Z_o+Z_c+[RZ_{se}/(R+Z_{se})]}\ (kV) \quad (1)$$

或当电缆尾端接有大的电容时:

$$U_{SA}=-4E\frac{Z_c}{Z_o+Z_c}\times\frac{Z_{se}}{Z_c+Z_{se}}\ (kV) \quad (2)$$

②尾侧终端接地、电缆首侧金属层开路端的冲击电压 U_{SB} 的表达式:

$$U_{SB}=2E\frac{Z_{se}}{Z_o+Z_c+Z_{se}} \quad (3)$$

式中 E——雷电进行波幅值(kV);
Z_o——架空线波阻抗(Ω),一般为 400~600Ω;
Z_c——电缆导体与金属层之间波阻抗(Ω);
Z_{se}——电缆金属层与大地之间波阻抗(Ω);
R——金属层接地电阻(Ω)。

Z_c、Z_{se} 与电缆规格、型式和敷设方式有关,尤其后者影响差异较明显。理论计算值与实测值往往有较大差异,现从日本和国际大电网会议(CIGRE)文献中摘列部分 Z_c、Z_{se} 值,列于表 4。

表 4 部分单芯电缆 Z_c、Z_{se} 值

电缆敷设方式	电缆规格、型式			实测值(Ω)		计算值(Ω)	
	电压(kV)	截面(mm²)	型式	Z_c	Z_{se}	Z_c	Z_{se}
隧道	275	2500	充油	17.6	77	17.6	78.4
	220	2500	充油	17.8	53.9	15.5	79.2
	154	800	充油	13	21.4~22.6	10.9	87.5
管道	154	800	充油	15	22~25	16.6	5.7
	77	400	充油	14.3	12.7	13.2	8.6
	77	400	XLPE	29.6	25.5	26.4	6.9
	77	2000	XLPE	19.9	55.9	15.7	5.1
直埋	275	1000	充油	19	10.9	19.2	2.6
	225	400	充油	30	12.1	23.6	3.3
	110	1400	充油	10	11.5	8.8	3.2

2) 电缆直连 GIS 终端的绝缘筒,因断路器切合时产生操作过电压,具有约 20MHz 高频衰减振荡波和波头长 0.1μs 陡度的特征,该行波沿电缆导体浸入,在金属层感生暂态过电压的相关因素和等价电路,示于图 1,可得到绝缘筒间过电压(U_{ab})、电缆金属层对地过电压(U_s)的表达式:

$$U_{ab}=2E_1\frac{\frac{L_2Z_{cs}}{L_2+Z_{cs}}+\frac{L_1Z_{se}}{L_1+Z_{se}}}{Z_c+Z_{cb}+\frac{L_2Z_{cs}}{L_2+Z_{cs}}+\frac{L_1Z_{se}}{L_1+Z_{se}}} \quad (4)$$

$$U_s=\frac{Z_{se}}{Z_{se}+Z_{cs}}U_{ab}(1-\varepsilon^{-\alpha}) \quad (5)$$

$$\alpha=\frac{1}{C}\cdot\frac{Z_c+Z_{cb}+Z_{se}+Z_{cs}}{(Z_c+Z_{cb})(Z_{se}+Z_{cs})} \quad (6)$$

式中 E_1——GIS 的断路器切合过电压沿电缆导体进行波幅值(kV);
Z_{cb}——气体绝缘母线的芯线与护层间波阻抗(Ω);
Z_{cs}——气体绝缘母线的护层与大地间波阻抗(Ω);
L_1、L_2——气体绝缘母线和电缆的各自接地线感抗(Ω);
C——两护层间的杂散电容(F);
其余符号含意同上。

以上算法虽不复杂,然而在工程设计中要确定准确的有关参数,一般较难办。

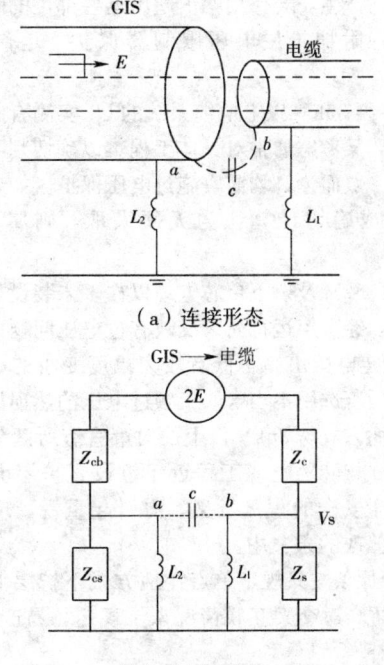

(a)连接形态

(b)等价电路

图 1 电缆直连 GIS 终端绝缘筒的暂态过电压计算用等价电路

2 经由实际系统的测试结果评估。迄今所见,主要有日本报道过 66kV 及以上单芯电缆线路的系列实际测试,现摘列部分结果如下:

1) 对于 66~275kV 电缆未设置护层电压限制器情况,20 世纪 80 年代起先后进行过 10 次以上测试,电缆线路金属层对地暂态过电压(U_s)分别达 45.6kV、100~219kV、90~246kV(相应额定电压级为 66kV、154kV、275kV），均已超出电缆外护层绝缘耐压水平。

此外，系列 66～154kV 电缆具有多个交叉互联单元的长线路测试数据，显示了电缆线路首端（雷电波侵入侧；若线路另一侧直连架空线，则存在两侧首端）起始 1～2 个交叉互联单元的 U_s 才有超过耐压值情况，其后的 U_s 均在耐压水平以下。虽如此，但日本对 275kV 及以上电缆线路所有的绝缘接头，均仍设置护层电压限制器以策安全。

2) 66～275kV 电缆直连 GIS 终端的绝缘筒，在 3 种不同条件电缆线路的测试结果，U_{ab} 分别达 44.9kV、52.4kV、104.4kV、186.6kV（相应额定电压级为 66kV、77kV、154kV、275kV），均超出耐压值，若在绝缘筒并联 0.03μF 电容或护层电压限制器，则测得 U_{ab} 不超过 6～14kV，证实有效。[参见日本《电气学会技术报告》第 366 号（1991）、第 527 号（1994）等专题论述]。

3 基于以上论述就本条文内容作如下解释。

1) 单芯电缆的外护层等 3 类部位，在运行中承受可能的暂态过电压，如雷电波或断路器操作、系统短路时所产生，若作用幅值超出这些部位的耐压指标时，就应附加护层电压限制器保护，是作为原则要求。

2) 因 35kV 以上电缆系统的 U_s 实测有超出耐压值情况，又考虑通常对具体工程难以确切判明，为安全计就一般而论，均需实施过电压保护。如果有工程经实测或确切计算认为无须采取，则属"一般"之外。

3) 35kV 及以下单芯电缆以往多未装设护层电压限制器，经多年运行尚未反映有过电压问题；而实测 U_s 随额定电压由高至低有较大幅度变小的趋势，况且设置后若选用不当（如工频过电压的热损坏）也会带来弊病，故与 35kV 以上的对策宜有所区分。鉴于国内有的 35kV 电缆工程近年也设置护层电压限制器，利于安全的积极意义，需引起重视，现都综合反映于修改的条文中。

4) 原条文只规定单点接地方式下护层电压限制器的设置，对交叉互联情况未予规定，易产生误解，现予以补增。

5) 本条款 1 的第 3) 项也系补增。首先需指出，我国迄今使用电缆直连 GIS 终端为国外引进产品，国内有关标准尚无 GIS 终端的绝缘筒耐压指标，现基于上述第 1 款第 2) 项，并借鉴日本《地中送电规程》JEAC 6021—2000 规定（如图 2）拟定此对策。其次在用词上并未以"应"而取"宜"，是考虑到一旦若选用较高的耐压指标而能耐受 U_{ab} 时，保护措施或将免除。

4.1.13 系原条文 4.1.12 修改条文。现行的电缆用护层电压限制器（Sheath Voltage Limiter，简称

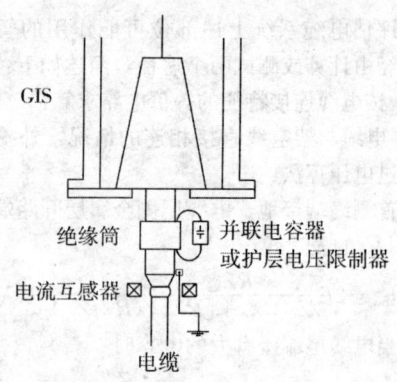

图 2 GIS 终端绝缘筒及其接地和保护示意

SVL）主体为无间隙的氧化锌阀片，具有电压为电流函数的非线性变化特征，其特征参数含：①起始动作电压 U_{1mA}；②残压 U_r；③一定时间内的工频耐压 $U_{AC,t}$。

1 雷电波侵入或断路器操作时产生的冲击感应过电压，使 SVL 动作形成的 U_r，不致超过电缆护层绝缘耐受水平，是作为其功能的基本要素之一。U_r 乘以 1.4 是计入绝缘配合系数。

2 电缆金属层相连的 SVL，在系统正常运行时所承受几百伏内的电压下，具有很高的电阻性，犹如对地隔断状态；当系统短路时产生的工频过电压（$U_{OV,AC}$），在短路切除时间（t_k）内，不超出 $U_{AC,t}$ 则 SVL 能保持正常工作。

我国现行 SVL 用的串联阀片，显示有单个阀片的特性参数，其 $U_{AC,t}$ 按 2s 给出。日本按 66～275kV 电缆系统用的整体 SVL 示出参数含有 $U_{1mA} \geqslant 4.5$kV，$U_r \leqslant 14$kV；另对 SVL 在工频过电压下是否出现热损坏的界定，曾基于系列试验归纳出电压、时间临界关系曲线，如 t_k 为 0.2s 或 2s 时，不发生热破坏的相应临界工频电压为 6.4kV 或 6kV（参见《电气评论》1997 年 7 月号载"电力ケーブル防食层保护装置的适用基准"）。

就 t_k 值的确定而论，不同电压级系统继电保护与断路器动作的可靠性统计，显示了 t_k 存在差别，如日本 1984～1991 年根据 3 大电力系统实绩，按电压级 500kV、275kV、154kV 及以下，推荐 t_k 相应为 0.2s、0.4s、2s（见《电气学会技术报告》第 527 号，1994）；但英国则按继电保护的第 2 级动作来采取 t_k（见 G. F. Moore，《Electric Cables Handbook》，1997）；我国的部分运行统计，则显示与日本类似规律。按原条文 t_k 统一按 5s 计诚然偏安全，但考虑此次修改正常感应电势由 100V 提升至 300V 后，将使 $U_{OV,AC}$ 值比以往会增大，随之给 SVL 的 $U_{AC,t}$ 选择可能带来困难，而对超高压电缆的 t_k 考虑比 5s 减小时就有所弥补，故修改原条文硬性的 5s 规定，采取变通的表达。

4.1.14 系原条文 4.1.13 修改条文。

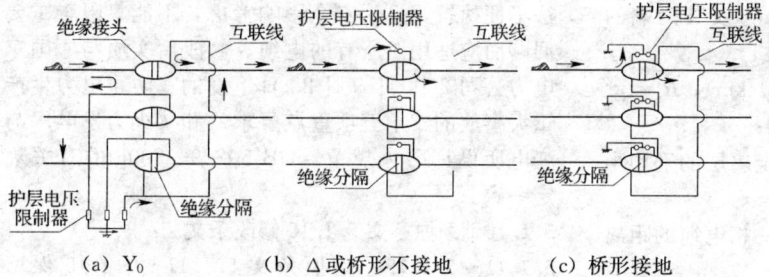

(a) Y_0　　(b) △或桥形不接地　　(c) 桥形接地

图3　交叉互联线路设置护层电压限制器的三相接线方式

1 单点接地方式电缆线路的 SVL 接线配置方式有 Y_0、Y 或 △。一般安置 SVL 的环境较潮湿，△、Y 法的 SVL 需保持对地绝缘性，且不及 Y_0 法易于实施阀片的老化检测，故以往实践中多使用 Y_0 法，且三相装一箱，其中每台 SVL 还配置连接片或隔离刀闸。又 △ 比 Y_0 的抑制过电压效果较好，但承受工频过电压却是 Y_0 法的 1.73 倍；Y 则比 Y_0 的工频过电压稍低，它适合接地电阻大于 0.2Ω 情况。

2 交叉互联电缆线路在绝缘接头部位，设置 SVL 的三相连接方式有多种提议，主要有：(a) Y_0；(b) △或桥形不接地；(c) 桥形接地；(d) △加 Y_0 双重式等。日本《地中送电规程》JEAC 6021—2000 载有 (a)～(c) 示例，如图3所示。

从暂态过电压保护效果看，按最佳到较差的顺序依次有 (d)>(c)>(b)>(a)；就 (b) 与 (c) 相比，如果保护回路一旦断线时，对地的暂态感应电势 (U_s) 二者虽相当，但绝缘接头金属层绝缘分隔的跨接暂态感应电势 (U_{AA})，(b) 比 (c) 显著较高；就连接线长度影响而论，(a) 方式的连接线比 (b)、(c) 长，一般达 2～10m 或电缆直埋时可能更长，暂态冲击波沿连接的波阻产生压降，与 SVL 的 U_r 一起叠加作用之 U_s，前者就往往占有相当份额，而 (c) 配置方式跨接于绝缘接头的 SVL 以铜排连接时长度只为 0.02～0.2m。

从系统短路时产生 $U_{OV.AC}$ 作用于 SVL 的大小来看，(a) 为 (b) 的 $1/\sqrt{3}$，(c) 为 (b) 的 1/2。

从运行中定期需进行检测的方便性来看，带有隔离刀闸的 Y_0 接线方式 (a)，就有其优点。

英国等欧洲电缆直埋线路曾广泛使用 Y_0 接线，日本以往曾用 Y_0，近年则主要采取上述 (b)、(c)，也有采取 (b) 与 (a) 联合方式。

3 SVL 连接回路的要求，除了从电气性协调一致考虑外，还从实际使用条件以及经验启迪所归纳，尤其是直埋电缆的环境。例如英国直埋电缆线路设置的 SVL 箱，按可能处于 1m 深水中条件做防水密封；箱壳顶采取钟罩式；箱体采取铸铁或不锈钢；箱内绝缘支承用瓷质件；对同轴电缆引入处加密封套；部分空隙以沥青化合物充填等。国际大电网会议（CIGRE）的有关导则也强调箱体应密封防潮。又如我国工程实践，有的箱底胶木板在运行中受潮丧失绝缘性，同轴电缆未与它充分隔开时，进行绝缘检测易出现误判等。

注：参见《电气学会技术报告》第 366 号（1991），第 527 号（1994）；G.F. Moore，《Electric cables Handbook》，1997；《Electra》No.128，1990；《上海电力》No.4，2001 等。

4.1.15 系原条文 4.1.14 修改条文。工程实践显示，一般是在单点接地方式下考虑设置回流线所带来改善的功能，现按此改变原条文表达方式，既确切又有助提示其积极意义，以适应规范有关条款改变后的局面，即此次单芯电缆金属层正常运行下感应电势限值由 100V 提升至 300V，将使电缆线路单点接地方式的容许距离显著增长，随之在系统短路时产生的工频感应过电压 ($U_{OV.AC}$)，会比以往有增大至约 3 倍可能，设置回流线以抑制 $U_{OV.AC}$ 就不失为一有效对策。

如 $U_{OV.AC}$ 值增高超出 SVL 的 $U_{AC.t}$ 时，交叉互联接地具有的使 SVL 由 △ 接法改变为 Y_0、桥形接地来降低 $U_{OV.AC}$ 之途径，对单点接地方式却不适应，需以回流线的设置来适应。

4.1.16 系原条文 4.1.15 修改条文。110kV 及以上交流系统中性点为直接接地，系统发生单相短路时，在金属层单点接地的电缆线路，沿金属层产生的 $U_{OV.AC}$ 有下列表达式：

无并行回流线：

$$U_{OV.AC} = \left[R + \left(R_g + jw \times 10^{-4} \ln \frac{D}{r_s}\right)l\right]I_k \quad (7)$$

有并行回流线，回流线与电源中性线接地的地网未连通：

$$U_{OV.AC} = \left(R_P + j2w \times 10^{-4} \ln \frac{s^2}{r_P r_s}\right)lI_k \quad (8)$$

有并行回流线，回流线与电源中性线接地的地网连通：

$$U_{OV.AC} = \left(Z_{AA} - Z_{PA}\frac{R_1 + R_2 + lZ_{PA}}{R_1 + R_2 + lZ_{PP}}\right)lI_k \quad (9)$$

$$Z_{AA} = R_g + j2w \times 10^{-4} \ln \frac{D}{r_s} \quad (10)$$

$$Z_{PA} = R_g + j2w \times 10^{-4} \ln \frac{D}{s} \quad (11)$$

$$Z_{PP} = R_P + R_g + j2w \times 10^{-4} \ln \frac{D}{r_P} \quad (12)$$

式中　D——地中电流穿透深度；当 $f=50Hz$ 时，$D=93.18\sqrt{\rho}(m)$；ρ 为土壤电阻率（Ω·m），通常为 20～100，直埋取 50～100；

R——金属层单点接地处的接地电阻（Ω）；

R_P 和 R_1、R_2——回流线电阻（Ω/km）及其两端的接地电阻（Ω）；

R_g——大地的漏电电阻（Ω/km），$R_g = \pi^2 \times f \times 10^{-4} = 0.0493$；

r_P、r_s——回流线导体、电缆金属层的平均半径（m）；

s——回流线至相邻最近一相电缆的距离（m）；

I_k——短路电流（kA），$w = 2\pi f$，f 为工作频率（Hz）；

l——电缆线路计算长度（km）；当 SVL 设置于线路中央或者设置于两侧终端而在线路中央直接接地时，l 为两侧终端之间线路长度的一半。

运用（7）～（9）式的一般结果显示：（7）式中 R 占相当份额，同一条件下有（8）比（7）式算值小，（9）比（8）式算值较小因而比（7）式算值更小。由此，本条款 3 和条款 1 的前一段，得以释明，后一段则指，系统短路时在回流线感生的暂态环流，按发热温升不致熔融导体是保持继续使用功能的最低要求，现以热稳定计是留有充分的安全裕度。

需指出，当电缆并非直埋或排管敷设而是在隧道、沟道中，则金属支架接地的连接线就具有一定程度的回流线功能。

注：上述算式可参见江日洪《交联聚乙烯电力电缆线路》，1997；《Elactra》No. 128，1990 等。

4.1.17 系原条文 4.1.16 保留条文。

4.1.18 系原条文 4.1.17 修改条文。电缆的金属层是金属屏蔽层、金属套的总称。

4.2 自容式充油电缆的供油系统

4.2.1～4.2.6 系原条文 4.2.1～4.2.6 保留条文。

5 电缆敷设

5.1 一般规定

5.1.1 系原条文 5.1.1 修改条文。

5.1.2 系原条文 5.1.2 保留条文。

5.1.3 系原条文 5.1.3 保留条文。

5.1.4 系原条文 5.1.4 修改条文。用词"应"修改为"宜"。

5.1.5、5.1.6 系原条文 5.1.5、5.1.6 保留条文。

5.1.7 系原条文 5.1.7 修改条文。城市电缆从原条文表列值适用范围剔出，是因为《城市工程管线综合规划规范》GB 50289—98 含有相关规定，以避免两个等同规范存在差异时不便执行。

5.1.8 系原条文 5.1.8 保留条文。

5.1.9 系原条文 5.1.9 修改条文。原条文的 5℃提法不便执行，且从安全影响考虑，不能只限于重要回路而应适用于所有的电缆。修改后实质与原国家电力公司 2000 年 9 月 28 日下发的《防止电力生产重大事故的二十五项重点要求》和《火力发电厂与变电所设计防火规范》GB 50229—2006 的有关规定一致。

5.1.10 系原条文 5.1.10 修改条文。

5.1.11～5.1.15 系原条文 5.1.11～5.1.15 保留条文。

5.1.16 系原条文 5.1.16 修改条文。原条文"1kV 以上"属印误，更正为"1kV 以下"。

5.1.17、5.1.18 系原条文 5.1.17、5.1.18 保留条文。

5.2 敷设方式选择

5.2.1～5.2.3 系原条文 5.2.1～5.2.3 保留条文。

5.2.4 系原条文 5.2.4 修改条文。用词"应"改为"宜"。

5.2.5～5.2.7 系原条文 5.2.5～5.2.7 保留条文。

5.2.8 系原条文 5.2.8 修改条文。实际已经有许多不设电缆夹层工程的事例，因此将用词"应"改为"宜"，可根据不同条件留有选择余地，对节省电缆工程土建费用具有积极意义。

5.2.9～5.2.11 系原条文 5.2.9～5.2.11 保留条文。

5.2.12 系新增条文。发电厂等工业厂房采用的桥架是按长时间耐久性要求做一次性防腐处理，又因电缆接头少，故维修周期长，工作量少，而厂房具有管道布置密集、空间受限的特点，因此架空桥架不宜设置检修通道。但城市电缆线路较长，路径常处于交通繁忙且管线设施较多，或有立体交叉等复杂环境中，加之有些桥架一次性防腐处理的耐久性时间不够长，又存在较多电缆接头，需有一定的维护工作量，以往电缆线路架空桥架却因缺乏检修通道，而在维护时阻碍正常交通。故作此规定。

5.3 地下直埋敷设

5.3.1 系原条文 5.3.1 保留条文。

5.3.2 系原条文 5.3.2 修改条文。在我国经济持续增长形势下，许多城镇不断扩大，以致原来未在道路范围内的直埋电缆，随着市政建设快速发展，时有因机械施工被外力损坏，造成人身伤亡、供电中断等事故，故需强调城镇所有地方，不仅局限于道路范围，沿电缆直埋敷设路径需设置标识带。

5.3.3、5.3.4 系原条文 5.3.3、5.3.4 保留条文。

5.3.5 系原条文 5.3.5 保留条文。经多年工程实践，原条文规定的电缆与电缆、管道、道路、构筑物等之间的容许最小距离对保证安全具有重要的指导意义，本次修纳入强制性条文。

5.3.6～5.3.9 系原条文 5.3.6～5.3.9 保留条文。

5.4 保护管敷设

5.4.1 系原条文5.4.1修改条文。

5.4.2 系原条文5.4.2保留条文。

5.4.3 系原条文5.4.3修改条文。地中电缆保护管的耐受压力,除了覆盖土层的重量,在可能有汽车通行的地方(有的现虽无道路但并不能断定没有载重车经过)还需计入其影响。日本《地中送电规程》JEAC 6021—2000也如此规定,还给出有关计算数据:土层的单位体积重量为$16\sim18kN/m^3$(不含水分)或$20kN/m^3$(含水分);路面交通荷重(埋深不超过3m时,计入车辆急刹车时冲击力)为$12\sim35.5kN/mm^2$(相应埋深由3m至1m变化)。其载重车总重按220kN或250kN,后轮重$2\times47.5kN$或$2\times50kN$,依55°分布角推算出均布荷载。

电缆保护管可使用钢管、塑料管、玻纤增强塑料(FRP)管等,由于FRP管强度较高,不像塑料管需以混凝土加固,可纵向以适当间距设置管枕来直接埋土敷设。现对管枕的容许最大间距示明确定原则,是基于实践的安全性考虑。它与日本同类应用FPR管的技术要求一样。

5.4.4 系原条文5.4.4修改条文。

5.4.5 系原条文5.4.5修改条文。根据设计和现场施工实践,电缆保护管弯头一般不会超过3个,当电缆路径复杂需要3个以上弯头时,可采用两段保护管。

5.4.6、5.4.7 系原条文5.4.6、5.4.7保留条文。

5.5 电缆构筑物敷设

5.5.1 系原条文5.5.1修改条文。电缆构筑物内电缆配置遵循本规范第5.1.2~5.1.4条和第6.1.5条规定,是安全运行的基本要求,此外,电缆配置方式还可有进一步增强安全或提高运行经济性的其他考虑,诸如:①在工作井的管路接口引入的局部段,也以弧形敷设形成伸缩节,使在热伸缩下避免电缆金属套出现疲劳应变超过容许值而导致的开裂;②在隧道等全长线路,每回单芯电缆各相以适当间距,组成品字或直角乃至平列式配置,有助于提高载流量;③2回及以上高压单芯电缆并列敷设情况,加大其并列间距可减少金属套涡流损耗,从而能提高载流量等。这都在一定程度上导致空间尺寸增大,进而可能影响工程造价增加,尤其地中长隧道较显著,因而同时需顾及投资增加因素,选择恰当的配置以使技术经济综合效益最佳。

电缆构筑物内敷设施工与巡视维护作业所需通道的宽、高空间容许最小尺寸,原规范规定值获实践认同,现基本沿袭,仅按新情况稍作调整充实。

1 如今城网电缆隧道以地中推进的构建方式为多,且由于其空间尺寸较大,会导致工程造价很高,故考虑非开挖式比开挖式隧道的通道宽度宜紧凑些。日本《地中送电规程》JEAC 6021—2000规定:"考虑到隧道中施工与巡视维护活动的有限次数,通道宽度按正常步行姿势所需不小于700~800mm即可,高度则为不小于2000mm"。可借鉴作为非开挖式隧道引用。

考虑到地中推进大口径管构建的隧道,一般在断面为圆形的下侧弓弦处设置步行地坪,故不再采用隧道净高而采用通道净高。

2 隧道与其他管沟交叉的局部段,容许比人员通行所需高度适当降低的情况,不适用于长距离隧道,以策安全。

5.5.2 系原条文5.5.2修改条文。本条文首先规定电缆支架、梯架或托盘的层间距离确定的原则要求。而影响层间距离的主要因素有:

1 高压单芯电缆呈品字形配置时,可能以铝合金制夹具固定,故对3根电缆外接圆的外径,需计入金具凸出的附加尺寸。

2 接头一般比电缆外径粗,不同构造型式接头有一定差异,就高压XLPE电缆用整体橡胶预制式(简称PMJ或RMJ等)与组合预制式(即橡胶制应力锥与环氧树脂模制部件组装,简称PJ)相比,PJ约比PMJ粗100mm。如220kV $1\times2000mm^2$ XLPE电缆外径约为138mm、PJ的外径约为360mm。此外,绝缘接头上直接以铜排跨接护层电压限制器时,又占有一定空间。

3 电缆支架托臂通常为不等腰梯形断面,随着电缆外径越粗其承受荷载就越重,则托臂的断面包含高度尺寸会相应较大。

4 同一电压级电缆截面供选择的范围很大,像中压电缆一般有$50\sim1000mm^2$,高压有$200\sim2500mm^2$,故同级电缆的外径变化约1.5~1.7倍。

鉴于上述因素,如果没有前提限制,按电压级来制定满足条文要求的层间距离值,就必然很大,这对使用电缆截面尚小、接头外径不大等情况,显然会导致构筑物尺寸很不经济合理。此外,日本《地中送电规程》JEAC 6021—2000虽未规定统一的层间距离容许值,但就各类使用条件(包含电压级、某一电缆截面以下等)给出示例值以供参考(可参见《广东电缆技术》,2006,No.3)。

考虑原规范表5.5.2所列值历经多年实践,供实际工作者遵循且广受欢迎,再增加330、500kV级数值以充实,并补充使用前提条件后纳入本条文,将给实际工作带来便利。而表5.5.2所列值虽并非适合各电压级的全部截面电缆或所有接头,但如有截面很大或接头外径很粗的情况,由于已明示使用条件具有提示性,将促使按条文原则要求去校核,就可再作调整。

5.5.3 系原条文5.5.3修改条文。原条文"最下层电缆支架距地坪、沟道底部的最小净距（mm）"表中"电缆沟"、"隧道"及"公共廊道中电缆支架未有围栏防护"栏给出的最小尺寸是一个范围，现修改给出明确单一的限定值。

5.5.4～5.5.6 系原条文 5.5.4～5.5.6 保留条文。

5.5.7 系原条文 5.5.7 修改条文。在沿袭原规范条文基本要求基础上，作了适当调整。

1 考虑电缆隧道中巡检人员安全出口的需要，城镇公共区域不宜设置过密间距的安全孔（门），且结合一般电缆敷设与通风装置，由 75m 放宽至 200m 较合适，但对于非开挖式隧道，通常埋深可能达 10～50m，加以大口径管顶进的构建方式，其安全孔设置难度很大，不便对安全孔间距作硬性规定。

2 封闭式工作井当成安全孔供人进出时，在公共区域需要防止非专业人员可能随便进入。如日本《地中送电规程》JEAC 6021—2000 就明确规定："工作井的盖板应使得专业工作人员外的一般人不容易开启，以预防任意进入的危险，为此，不仅需盖板具有足够重的重量，而且需使用特殊的开启工具"。

3 敷设电缆用牵引机、电缆接头组装用机具、隧道内安置防噪声的大叶片风机、照明箱和控制箱等，其尺寸较大，安全孔（门）需有适合通过的尺寸。

4 安全孔设置合适的爬梯，是指一般为固定式，且在高差较大时宜有单侧或双侧的扶手栏杆，以保证安全。

5 隧道安全孔的出口设置在车辆通行道路上，将达不到安全效果，宜尽可能避免。

5.5.8～5.5.10 原条文 5.5.8～5.5.10 保留条文。

5.6 其他公用设施中敷设

5.6.1 系原条文 5.6.1 保留条文。

5.6.2 系原条文 5.6.2 修改条文。自容式充油电缆除采用沟槽内埋砂敷设方式外，还可以敷设在不燃性材质的刚性保护管中。

5.6.3 系原条文 5.6.3 保留条文。

5.7 水下敷设

5.7.1～5.7.6 系原条文 5.7.1～5.7.6 保留条文。

6 电缆的支持与固定

6.1 一般规定

6.1.1 系原条文 6.1.1 修改条文。在原条文"电缆明敷时，应沿全长采用电缆支架、挂钩或吊绳等支持"中补充"桥架"。

6.1.2～6.1.11 系原条文 6.1.2～6.1.11 保留条文。

6.2 电缆支架和桥架

6.2.1 系原条文 6.2.1 修改条文。原条文对电缆支架提出的要求，同样适合电缆桥架，故条文中补充"桥架"。

6.2.2 系原条文 6.2.2 修改条文。原条文中的电流取值"1000A"修改为"1500A"，与本规范第 4.1.8 条一致，也与《导体和电器选择设计技术规定》DL/T 5222—2005 第 7.3.9 条相协调。

6.2.3～6.2.6 系原条文 6.2.3～6.2.6 保留条文。

6.2.7 系原条文 6.2.7 修改条文。

1 实践证明，屏蔽外部的电气干扰，采用无孔金属托盘加实体盖板能起到较好的效果。

2 在有易燃粉尘场所如火电厂的输煤系统，桥架最上一层装设实体盖板时，以下各层梯架上粉尘不易积聚，又利于电缆散热。

3 高温、腐蚀性液体或油的溅落等需防护场所使用的托盘，最上一层装设实体盖板，可增强防护措施。

6.2.8～6.2.11 系原条文 6.2.8～6.2.11 保留条文。

7 电缆防火与阻止延燃

7.0.1 系原条文 7.0.1 保留条文。

7.0.2 系原条文 7.0.2 修改条文。排管中电缆引至工作井的管孔，也需实施阻火封堵。

7.0.3 系原条文 7.0.3 修改条文。

1 条款1说明：

1）正在编制的《防火封堵材料》国家标准中已明确，孔洞用的该材料含有：①柔性有机堵料；②无机堵料；③阻火包；④阻火模块；⑤防火封堵板材；⑥泡沫封堵材料。我国已广泛应用①～⑤类，⑥类在欧洲已应用。生产厂家早已推出①～⑤类产品，近年又开发有膨胀型防火密封胶、防火灰泥、防火发泡砖、防火涂层矿棉板等品种。

2）防火封堵组件是一种由非单一封堵材料构成特定厚度的组合体，可含有支撑件。国外如日本电气施工协会按使用条件特征（孔洞口径及其贯穿电缆所占其面积百分数、封堵材料品种组合及其构成方式等）制定系列分类组装件模式，经日本建筑中心（BCJ）防火特性评定委员会评定，通过标准试验确定（BCJ-防火-型号标志）供应用，使封堵阻火性能较可靠地把握（参见日本期刊《电设工业》，2000，5，P44～56）。我国的生产厂家近年也有推出封堵组件，经标准试验证实了阻火性。

3）长期运行中电缆载流量（I_M）受制于电缆导体工作温度（θ_M），封堵部位的散热变差会使局部电缆导体温度持续增高 $\Delta\theta$，使 I_M 值降低，就采用有机堵料与无机堵料两种而论，国内外曾进行过测试，如封堵层102～340mm厚且使用无机堵料时，$\Delta\theta$达8～18℃，相应I_M需减少10%～20%；若使用有机堵料时，$\Delta\theta$的增值很小可忽略（参见《电力设备》，2002，No.3，P45～51）；像膨胀式有机防火堵料、膨胀式阻火包之类材料，用于封堵时，可使电缆周围存在一定空隙以利正常运行时的散热，而一旦有火焰高温作用，热膨胀形成密封，能起阻火作用，因而也有利于I_M不致降低。

4）按不同封堵材料的技术经济性，结合使用条件优化选择，如：当电缆贯穿孔洞为适应扩建而留有较大空间时，除对电缆周围宜用有机堵料外，其他空间的填充，可采用廉价、利于工效提高的无机堵料、阻火包等。

2 根据中国移动通讯调查，户外电缆沟设置阻火墙用的阻火包，由于积水浸泡曾有坍塌。故作此规定。

3 条款4说明：

1）电缆贯穿孔洞封堵的一侧，若发生电缆着火，通过电缆导体、金属套的热传导，使背火侧出现高温，当电缆表面温度（θ_f）达到外护层材料的引燃温度时，则继续形成电缆延燃。通常电缆外护层为PVC，其引燃温度约380℃。而阻火隔板的背火侧高温水随其厚度越薄越显著。对此，常用隔热性来表征，在此项燃烧试验标准中应有所反映，如美国IEEE Std 634（1978年）规定θ_f不得超过370℃；日本建设者公告2999号、通商产业者第122号令所颁标准中，封堵层背火面限值为260℃、θ_f为360℃。

2）防火封堵材料和其组件的阻火性，均经标准试验考核确认。当阻火分隔的构成特征如封堵厚度较薄或电缆截面很大、根数较多等，比该材料的标准试件装置条件苛刻时，其阻火有效性就需再证实。对隔热性不足需施加防火涂料等措施的长度值确定，是基于国内外测试值，一般可考虑0.5～1m；至于在封堵一侧或两侧施加，需视情况而定，如贯穿楼板孔洞引至柜、盘的电缆，一般在楼板上侧施加即可。

7.0.4 系原条文7.0.4保留条文。

7.0.5 系原条文7.0.5修改条文。修改原条文对采用阻燃电缆需具有300MW及以上机组的条件，改为不限机组容量，以增强电厂的安全。

7.0.6 系原条文7.0.6保留条文。

7.0.7 系原条文7.0.7修改条文。新增条款4。

7.0.8 系原条文7.0.8保留条文。

7.0.9 系原条文7.0.9保留条文。耐火电缆是具有在规定试验条件下，试样在火焰中被燃烧而在一定时间内仍能够保持正常运行性能的电缆，与阻燃电缆有显著区别。耐火电缆有较好的耐燃烧性能，但造价较高。

耐火电缆需着重考核在模拟工程条件及一定温度和时间的外部火焰作用下的持续通电能力。IEC 331耐火性试验标准规定，火焰作用温度为750℃时间为3h，被试电缆应能在工作电压下维持连续通电。日本消防厅1978年修正的公告（强制性标准）规定，耐火电缆需在燃烧试验炉内按标准升温曲线的30min高温考核，30min的最高温度为840℃。我国《电线电缆燃烧试验方法 第1部分：总则》GB/T 12666.1—1990和《在火焰条件下电缆或光缆的线路完整性试验 第21部分 试验步骤和要求 额定电压0.6/1.0kV及以下电缆》GB/T 19216.21—2003等效IEC 331，但试验温度和时间与IEC 331不同，划分为A级950～1000℃、B级750～800℃两类，时间均为1.5h，要求较IEC 331高。

在模拟工程条件及一定温度和时间的外部火焰作用下进行的电缆持续通电能力试验，国内外都进行过多次。在完成《电力工程电缆设计规范》GB 50217—94报批稿前，国内曾按工程隧道和大厅式条件、配置4～9层支架、数十至上百根电缆，进行多次燃烧试验，测得火焰温度高达875～990℃，每区段800℃以上的时间未超过0.5h，接近1000℃的时间约在10min内。前苏联在隧道中3～5层支架多根电缆做燃烧试验，测得高温多在850～1100℃，700～800℃持续时间12min，隧道中空气温度850～930℃。美国在大厅条件下配置7层电缆托架多根电缆，进行过燃烧试验，测得温度达850～930℃。

20世纪80年代初，日本东京高层建筑曾发生电缆火灾事故，事后测试，该建筑中的耐火电缆外护层被烧损但绝缘性仍能符合要求，表明符合日本耐火试验标准的耐火电缆经受住了高温火焰考验。英国军舰在马尔维纳斯海战中，其耐火电缆被烧损不能使用，反映出仅达到IEC 331标准（750℃），并不足以满足实际所需耐火性，此后促使英国制定出BS 6387标准，该标准的电缆耐火最高温度为950℃、作用时间20min。

综上所述，耐火电缆符合GB 12666.1标准的A类较为可靠。

7.0.10～7.0.12 系原条文7.0.10～7.0.12保留条文。

7.0.13 系原条文7.0.13修改条文。

7.0.14 系原条文7.0.14保留条文。

7.0.15 系原条文7.0.15修改条文。

附录A 常用电力电缆导体的最高允许温度

系在原规范附录A基础上删改。

1 交流系统中不滴流浸渍、粘性浸渍纸绝缘电缆，现今除俄、英等极少数国家尚继续有限地采用外，我国与大多数国家一样，已不再选用，故删去。

2 电力电缆的耐高温特性与作用时间密切有关，一般分为：①长期持续；②短时应急过载；③短路暂态。世界上仅日、美的标准示出①～③相应允许最高温度 θ_m、θ_{me}、θ_{mk}，迄今 IEC 标准中未曾示明 θ_{me}，且本规范也尚未涉及②项，故仍只列示①、③。

3 自容式充油电缆除以牛皮纸作层状绝缘基材料，国外近有用半合成（聚丙烯薄膜，即 Polypropylene Laminated Paper，简称 PPLP）取代，我国也已具备这一制作能力。现所示普通型 θ_m 值比原规范提高，是根据《交流 330kV 及以下油纸绝缘自容式充油电缆及附件》GB 9326；半合成纸型 θ_m 值则参照日本 JCS 第 168 号 E（1995）、美国 AEIC CS$_1$（1993）标准。它比法国 275～400kV 自容式电缆 ES 109—5（1991）标准 θ_m 为 90℃稍低。

4 聚氯乙烯（PVC）绝缘电缆的 θ_m 示出值，是按现行国家标准《额定电压 1kV（U_m=1.2kV）到 35kV（U_m=40.5kV）挤包绝缘电力电缆及附件》GB/T 12706。它称之为普通型，因另曾研制有耐热型，需有所区分。国外关于 PVC 电缆类型可能的 θ_m 范围，如加拿大有撰述认为可在 60～105℃（参见《IEEE Transactions on Dielectrics and Electrical Insulation》，Vol. 8，No. 5，2001），日本 JCS 第 168 号 E 标准所示 PVC 电缆 θ_m 为 60℃。

5 交联聚乙烯（XLPE）绝缘电缆的 θ_m 示出值，依 220kV 及以下电缆制造标准 GB/T 12706、《额定电压 110kV 交联聚乙烯绝缘电力电缆及其附件》GB/T 11017、《额定电压 220kV（U_m=252kV）交联聚乙烯绝缘电力电缆及其附件》GB/Z 18890.1～3，以及 500kV 级电缆需满足 IEC 62027—2001 标准试验考核所确定。与原规范 10kV 以上 θ_m 取 80℃不同，现不再按电压区分，都取统一的 90℃，是基于如下考虑：

XLPE 电缆迄今运行已达 30 年以上，并未显示 θ_m 需比额定值有所降低后才能可靠工作。至于日本 JCS 第 168 号 E（1995）标准中虽加注 110kV 以上 XLPE 电缆多使用 θ_m 为 80℃，但从 2001 年 IEC 62027 标准公布推行后，国际上无一例外地都遵从该标准满足长达 1 年的资格试验（或称预鉴定试验），因而再无须留有裕度。此外，按美国标准 AEIC CS7（1993）对 θ_m 值选取要求：需在计算载流量所涉及电缆存在的全部热性数据充分已知，确保 θ_m 不致超过时可采取 90℃，否则应取比该温度降低 10℃或其他适当值。借鉴已纳入本规范 3.7.1 的条文说明中提示，故无必要对本附录列示 θ_m 值打折扣。

需指出的是，国内外现行 XLPE 电缆的 θ_m 均为 90℃，且仅此一种，但日本近有特别选用非交联时具有高熔点（128℃）的聚乙烯料，来研制 θ_m 达 105℃ 的耐高温 XLPE 电缆，且包含接头等附件也能适应（参见《电气学会论文志》B，Vol. 123，No. 12 或《广东电缆技术》2004，No. 2），因而，或许今后将可能不止当今一种型式，故对所列 XLPE 电缆也注明属普通型。

6 原规范关于 θ_{mk} 的备注，源自早期苏联《电气安装规程》，苏联第 6 版修订已不再含有，而原规范当时沿袭自较早的电力部颁布的《发电厂、变电所电缆选择与敷设设计规程》。现鉴于实际工作多未照办又尚无不良反应，因此，本次修订删除该备注。

附录 B　10kV 及以下电力电缆经济电流截面选用方法

系新增附录。

电缆的经济电流密度是选择电缆的必要条件之一，对于选择电缆继而节省能源、改善环境、提高电力运行可靠性有着重要的技术经济意义。

导体的截面选择过小，将增加电能的损耗；选择过大，则增加初投资。使用经济电流密度选择电缆的目的，就是在已知负荷的情况下，选择最经济的电缆截面。

在经济电流密度的表达式中，有以下几个参数：C_1、A、Y_p、Y_s、P、i、b、a、N、R、N_p、N_c、τ。参数中除 i 为国家规定的贷款利息外，其余的参数均要进行数据统计或调查研究。

经济电流密度计算公式中参数的确定：

（1）C_1：电缆本体及安装成本（元），由电缆材料费用和安装费两部分组成。电缆安装费中不包括电缆头制作及直埋电缆挖填土的费用。

（2）A：电缆投资中有一部分和电缆截面有关，这部分叫做成本的可变部分即为 A。其数值是相邻截面电缆的投资差与截面差的比值，即是电缆截面与投资形成函数的曲线的斜率。单位为元/m·mm^2，其公式见本规范式（B.0.2-1）。

对相同型号的电缆，随着截面积的变化 A 值变化的幅度不大，取其平均值作为计算数值。

（3）Y_p、Y_s：Y_p 为集肤效应系数，Y_s 为临近效应系数。

集肤效应系数 Y_p 与导体的直流电阻、截面积及材质有关，其函数表达式为：

$$Y_p = f(X) \tag{13}$$

$X = 1256/(R_0 \cdot K_1)$，其中 $R_0 \cdot K_1$ 为在工作温度下导体的直流电阻（Ω/m）。

$R_0 = \rho_{20}/S(\Omega/m)$ 为 20℃下的直流电阻最大值。

$K_1 = 1 + \alpha_{20}(\theta_m - 20)$，为温度系数，其中 θ_m 为经验数值（见 IEC 287-3-2/1995）取 40℃。

K_1（铝）=1.0806

$K_1(铜)=1.077$

邻近效应系数 Y_s 的表达式为：

$$Y_s=1.5(d_1/S)^2 \cdot G(X')/[1-5(d_1/S)^2 \cdot H(X')/24] \quad (14)$$

$$H(X')=F(X')/G(X')$$
$$X'=0.984X$$

式中 d——导体外径；
$\quad\quad S$——导体中心距离。

每种不同型号和材料的电缆，都可以求出各自对应截面的 Y_p、Y_s 值，因同种型号和材料的导体的 Y_p、Y_s 值随截面的变化波动不大，所以在计算中取其平均值。

(4) P：根据 IEC 287-3-2/1995，P 为电价，是在相关电压水平上 kW·h 的成本，也就是使用者的用电成本。P 值根据使用对象的不同是各不相同的。对于使用本专题的三类用户，即发电企业、供电企业和最终用户，要分别进行讨论。对于最终用户 P 值为现行电价，而对于发电企业和供电企业来说则是发电成本和供电成本。

由于发电行业和供电行业还没有完全分开，他们之间仍存在千丝万缕的联系，而且发电厂本身由于发电方式的差异和地域性的差别，其发电成本是千差万别的，而发电企业给电网的上网电价也是各不相同的。因此，国家电力公司动力经济研究中心建议发电成本和供电成本各取一个全国平均价。

(5) i：为贴现率（%），可取全国现行的银行贷款利率。

(6) b：为能源成本增长率（%），根据 IEC 287-3-2/1995，取 2%。

(7) a：为负荷增长率。我们在选择导体截面时所使用的负荷电流是在该导体截面允许的发热电流之内的，当负荷增长时，有可能会超过该截面允许的发热电流。考虑 a 的目的是预计负荷的增长而将导体截面留有一定的裕度。

当使用经济电流密度选择导体截面时，往往选的经济截面要比发热截面大很多，不存在负荷的增长使发热截面不满足要求的情况；同时，负荷增长率是随时间、空间不断变化的，很难确定其数值；根据灵敏度分析，a 的波动对 J 的影响又很小，所以忽略不计。

(8) N：为经济寿命，即采用导体的使用寿命。考虑某种导体从投入使用一直到使用寿命结束整个时间内的投资和运行费用的总和最小，而不是使用中的某个阶段。

根据 IEC 287-3-2/1995 及国家电力公司动力经济研究中心的建议，N 取 30 年。

(9) R：为交流电阻（Ω/m）。计算公式为：

$$R=R_0 \cdot B \cdot K_1 \quad (15)$$

式中 R_0——20℃下的直流电阻；
$\quad\quad B$——导体损耗系数；
$\quad\quad K_1$——温度系数。

(10) N_p：为每回路相线数。本报告中讨论的均为三相导体，所以 N_p 取 3。

(11) N_c：为传输同样型号和负荷值的回路数。考虑为独立的导体，N_c 取 1。

(12) τ：为最大负荷损耗时间，即相当于负荷始终保持为最大值，经过 τ 小时后，线路中的电能损耗与实际负荷在线路中引起的损耗相等。单位为小时，其表达式如下：

$$\tau = (\int_0^{8760} W_o^2 dt)/W_m^2 \quad (16)$$

式中 W_o——视在功率；
$\quad\quad W_m$——视在功率最大值。

实际系统中负荷是随时间变化的，所以送电网络的功率损耗也随着负荷变化而变化。表示负荷随时间变化的曲线称之为负荷曲线。设计新电网时，负荷曲线是不知道的，同时负荷变化同很多因素有关，因此要准确预测某线路的 τ 值是相当困难的。特别是最大负荷损耗时间 τ 和视在功率（全电流）的负荷曲线有关，而一般负荷曲线都是用有功负荷表示，若要将有功负荷曲线改为视在功率负荷曲线就要知道每一时刻的功率因素，这就更困难了。目前可使用最大负荷利用时间 T 来近似求 τ 值。所谓最大负荷利用时间，就是负荷始终等于最大负荷，经过 T 小时后它所送出的电能恰好等于负荷的全年实际用电量。显然 T 与 τ 的关系是由负荷曲线的形状和功率因素决定的。T 的表达式如下：

$$T = (\int_0^{8760} P dt)/P_m \quad (17)$$

式中 P——有功功率；
$\quad\quad P_m$——有功功率的最大值。

附录 C　10kV 及以下常用电力电缆允许 100% 持续载流量

系原附录 B。

附录 D　敷设条件不同时电缆允许持续载流量的校正系数

系原附录 C。

附录 E　按短路热稳定条件计算电缆导体允许最小截面的方法

系原附录 D。

附录 F　交流系统单芯电缆金属层正常感应电势算式

系新增附录。

附录 G　35kV 及以下电缆敷设度量时的附加长度

系原附录 E。

附录 H　电缆穿管敷设时容许最大管长的计算方法

系原附录 F。

中华人民共和国国家标准

铁路旅客车站建筑设计规范

Code for design of railway passenger station buildings

GB 50226—2007

主编部门：中华人民共和国铁道部
批准部门：中华人民共和国建设部
施行日期：2007年12月1日

中华人民共和国建设部
公　告

第 665 号

建设部关于发布国家标准
《铁路旅客车站建筑设计规范》的公告

现批准《铁路旅客车站建筑设计规范》为国家标准，编号为 GB 50226—2007，自 2007 年 12 月 1 日起实施。其中，第 4.0.8、4.0.11、5.2.4、5.2.5、5.7.1、5.8.8、5.9.2、6.1.1、6.1.3、6.1.4（3）、6.1.7（1）（3）（7）、6.4.5、7.1.1、7.1.2、7.1.4、7.1.5、7.1.6、8.3.2（5）、8.3.4 条（款）为强制性条文，必须严格执行。原《铁路旅客车站建筑设计规范》GB 50226—95 同时废止。

本规范由建设部标准定额研究所组织中国计划出版社出版发行。

中华人民共和国建设部
二〇〇七年六月二十二日

前 言

本规范是根据建设部建标〔2003〕102号文《关于印发"二○○二～二○○三年度工程建设国家标准制订、修订计划"的通知》的要求,由铁道第三勘察设计院集团有限公司在《铁路旅客车站建筑设计规范》GB 50226—95 的基础上修订而成的。

本规范共分8章,其内容包括总则,术语,选址和总平面布置,车站广场,站房设计,站场客运建筑,消防与疏散,建筑设备等。另有1个附录。

本规范按照铁路要实现跨越式发展的总体要求,遵循"以人为本,服务运输,强本简末,系统优化,着眼发展"的原则,坚持依靠科技进步,改革运输管理体制,并依照调整生产力布局的要求,合理确定设计标准和站房规模,使铁路旅客车站建筑设计体现"功能性、系统性、先进性、文化性、经济性"的要求。在修订过程中,吸纳了原规范执行以来在铁路旅客车站建筑设计、运营等方面的成功经验和科研成果,并广泛征求了有关单位和专家的意见。

本次修订的主要内容有:

1. 修订了原规范按最高聚集人数确定车站建筑规模的内容,并根据客货共线铁路旅客车站与客运专线铁路旅客车站的不同特点,分别采用按最高聚集人数和高峰小时发送量划分车站建筑规模。

2. 将进站广厅改为集散厅,增加了出站集散厅并明确了进、出集散厅的概念。

3. 按客货共线和客运专线铁路分别确定候车面积和售票窗口数。

4. 根据行李、包裹不同性质,将原行包用房改为行李、包裹用房,按列车编组形式明确客运专线不设置行李、包裹用房。

5. 站房内的商业设施,限为旅客服务的小型商业设施。

6. 修改了男女旅客人数和厕所厕位比例,由原人数设定男占70%、女占30%,修改为男女旅客比例1:1,厕位比由原接近1:1改为1:1.5。

7. 取消了原规范中第6章"特殊类型站房设计"中的"综合型站房"和"旅游站房"的内容。

8. 修订了大型及以上车站防火分区的规定。

9. 增加了地板采暖和空气调节等新技术应用内容,以及设置疏散照明和安全照明等规定。

本规范中以黑体字标志的条文为强制性条文,必须严格执行。

本规范由建设部负责管理和对强制性条文的解释。铁道部建设管理司负责具体技术内容的解释。

在执行本规范过程中,希望各单位结合工程实践,总结经验,积累资料。如发现需要修改和补充之处,请及时将意见及有关资料寄交铁道第三勘察设计院集团有限公司(天津市河北区中山路10号,邮政编码:300142),并抄送铁道部经济规划研究院(北京市海淀区羊坊店路甲8号,邮政编码:100038),以供今后修订时参考。

本规范主编单位和主要起草人:

主编单位:铁道第三勘察设计院集团有限公司
主要起草人:李 京 刘力进 王雪晴 孟 然
          杜 爽 张国梁 李国富 于世平
          赵树学 张 媛 张延翔

目 次

1 总则 …………………………………… 11—5
2 术语 …………………………………… 11—5
3 选址和总平面布置 …………………… 11—6
  3.1 选址 ……………………………… 11—6
  3.2 总平面布置 ……………………… 11—6
4 车站广场 ……………………………… 11—6
5 站房设计 ……………………………… 11—7
  5.1 一般规定 ………………………… 11—7
  5.2 集散厅 …………………………… 11—7
  5.3 候车区（室） …………………… 11—7
  5.4 售票用房 ………………………… 11—8
  5.5 行李、包裹用房 ………………… 11—8
  5.6 旅客服务设施 …………………… 11—9
  5.7 旅客用厕所、盥洗间 …………… 11—9
  5.8 客运管理、生活和设备用房 …… 11—10
  5.9 国境（口岸）站房 ……………… 11—10
6 站场客运建筑 ………………………… 11—10
  6.1 站台、雨篷 ……………………… 11—10
  6.2 站场跨线设施 …………………… 11—11
  6.3 站台客运设施 …………………… 11—12
  6.4 检票口 …………………………… 11—12
7 消防与疏散 …………………………… 11—12
  7.1 建筑防火 ………………………… 11—12
  7.2 消防设施 ………………………… 11—12
8 建筑设备 ……………………………… 11—12
  8.1 给水、排水 ……………………… 11—12
  8.2 采暖、通风和空气调节 ………… 11—13
  8.3 电气、照明 ……………………… 11—13
  8.4 旅客信息系统 …………………… 11—14
附录 A 设计包裹库存件数计算 ……… 11—14
本规范用词说明 ………………………… 11—14
附：条文说明 …………………………… 11—15

1 总则

1.0.1 为统一铁路旅客车站建筑设计标准，使铁路旅客车站建筑设计符合"功能性、系统性、先进性、文化性、经济性"的要求，制定本规范。

1.0.2 本规范适用于新建铁路旅客车站建筑设计。

1.0.3 旅客车站布局应符合城镇发展和铁路运输要求，并根据当地经济、交通发展条件，合理确定建筑形式。

1.0.4 铁路旅客车站建筑设计应积极采用安全、节能和符合环境保护要求的先进技术。

1.0.5 客货共线和客运专线铁路旅客车站的建筑规模，应分别根据最高聚集人数和高峰小时发送量按表 1.0.5-1 和表 1.0.5-2 确定。

表 1.0.5-1　客货共线铁路旅客车站建筑规模

建筑规模	最高聚集人数 H（人）
特大型	H≥10000
大型	3000≤H<10000
中型	600<H<3000
小型	H≤600

表 1.0.5-2　客运专线铁路旅客车站建筑规模

建筑规模	高峰小时发送量 pH（人）
特大型	pH≥10000
大型	5000≤pH<10000
中型	1000≤pH<5000
小型	pH<1000

1.0.6 铁路旅客车站无障碍设计应符合国家现行标准《铁路旅客车站无障碍设计规范》TB 10083 和《城市道路和建筑物无障碍设计规范》JGJ 50 的有关规定。

1.0.7 铁路旅客车站建筑节能设计应符合现行国家标准《公共建筑节能设计标准》GB 50189 的有关规定。

1.0.8 铁路旅客车站建筑设计除应符合本规范外，尚应符合国家现行有关标准的规定。

2 术语

2.0.1 铁路旅客车站　railway passenger station

为旅客办理客运业务，设有旅客乘降设施，并由车站广场、站房、站场客运建筑三部分组成整体的车站。

2.0.2 客货共线铁路旅客车站　mixed traffic railway line station

设在客货共线运行的铁路沿线，主要办理客运业务的车站。

2.0.3 客运专线铁路旅客车站　passenger dedicated railway line station

设在客运专线铁路沿线，专门办理客运业务的车站。

2.0.4 旅客最高聚集人数　maximum passengers in waiting room

旅客车站全年上车旅客最多月份中，一昼夜在候车室内瞬时（8～10min）出现的最大候车（含送客）人数的平均值。

2.0.5 高峰小时发送量　peak hour departing quantum

车站全年上车旅客最多月份中，日均高峰小时旅客发送量。

2.0.6 站房平台　platform for station building

由站房外墙向城市方向延伸一定宽度，连接站房各个部位及进出口的平台。

2.0.7 旅客车站专用场地　special area for passenger station

自站房平台外缘至相邻城市道路内缘和相邻建筑基地边缘范围内的区域，包括旅客活动地带、人行通道、车行道和停车场。

2.0.8 集散厅　concourse

用于旅客站房内疏导旅客，并设有安检、问询等服务设施的大厅。

2.0.9 线下式站房　low-lying station building

旅客车站站场线路的高程高于车站广场地面高程，站房首层地面低于站台面，且高差较大的站房。

2.0.10 高架候车室　elevated over-crossing waiting room

位于车站站台与线路上方，且与站房相连，主要为候车旅客使用的建筑物。

2.0.11 设计行包库存件数　designed capacity of luggage office

设计年度内最高月的日平均行包库存件数。

2.0.12 站场客运建筑　buildings for passenger traffic in station yard

在站场范围内，为客运服务的站台、雨篷、地道、天桥等建筑物，以及检票口、站台售货亭、站名牌等设施的统称。

2.0.13 旅客信息系统　passenger information system

向旅客通告事项、提供各类视听信息、组织客运作业、疏导客流、保证站车及旅客安全、有效地进行客运管理与服务的设施。

2.0.14 揭示牌　bulletin board

向旅客通告事项，提供运营、管理、安全、服务等视觉信息的告示牌。

3 选址和总平面布置

3.1 选 址

3.1.1 铁路旅客车站的选址应符合下列规定:

    1 旅客车站应设于方便旅客集散、换乘并符合城镇发展的区域。

    2 有利于铁路和城镇多种交通形式的发展。

    3 少占或不占耕地,减少拆迁及填挖方工程量。

    4 符合国家安全、环境保护、节约能源等有关规定。

3.1.2 铁路旅客车站选址不应选择在地形低洼、易淹没以及不良地址地段。

3.2 总平面布置

3.2.1 铁路旅客车站的总平面布置应包括车站广场、站房和站场客运设施,并应统一规划,整体设计。

3.2.2 铁路旅客车站的总平面布置应符合下列规定:

    1 符合城镇发展规划要求,结合城市轨道交通、公共交通枢纽、机场、码头等道路的发展,合理布局。

    2 建筑功能多元化、用地集约化,并留有发展余地。

    3 使用功能分区明确,各种流线简捷、顺畅。

    4 车站广场交通组织方案遵循公共交通优先的原则,交通站点布局合理。

    5 特大型、大型站的站房应设置经广场与城市交通直接相连的环形车道。

    6 当站区有地下铁道车站或地下商业设施时,宜设置与旅客车站相连接的通道。

3.2.3 铁路旅客车站的流线设计应符合下列规定:

    1 旅客、车辆、行李、包裹和邮件的流线应短捷、避免交叉。

    2 进、出站旅客流线应在平面或空间上分开。

    3 减少旅客进出站和换乘的步行距离。

3.2.4 特大型站站房宜采用多方向进、出站的布局。

3.2.5 特大型、大型站应设置垃圾收集设施和转运站。站内废水、废气的处理,应符合国家有关标准的规定。

3.2.6 车站的各种室外地下管线应进行总体综合布置,并应符合现行国家标准《城市工程管线综合规划规范》GB 50289 的有关规定。

4 车 站 广 场

4.0.1 车站广场宜由站房平台、旅客车站专用场地、公交站点及绿化与景观用地四部分组成。

4.0.2 车站广场设计应符合下列规定:

    1 车站广场应与站房、站场布置密切结合,并符合城镇规划要求。

    2 车站广场内的旅客、车辆、行李和包裹流线应短捷,避免交叉。

    3 人行通道、车行通道应与城市道路互相衔接。

    4 除绿化用地外,车站广场应采用刚性地面,并符合排水要求。

    5 特大型和大型旅客车站宜采用立体车站广场。

    6 受季节性或节假日影响客流大的车站,其车站广场应有设置临时候车设施的条件。

4.0.3 客货共线铁路旅客车站专用场地最小面积应按最高聚集人数确定,客运专线铁路旅客车站专用场地最小面积应按高峰小时发送量确定,其最小面积指标均不宜小于 $4.8m^2$/人。

4.0.4 站房平台设计应符合下列规定:

    1 平台长度不应小于站房主体建筑的总长度。

    2 平台宽度,特大型站不宜小于 30m,大型站不宜小于 20m,中型站不宜小于 10m,小型站不宜小于 6m。

    3 立体车站广场的平台应分层设置,每层平台的宽度不宜小于 8m。

4.0.5 旅客活动地带与人行通道的设计应符合下列规定:

    1 人行通道应与公交(含城市轨道交通)站点相通。

    2 旅客活动地带与人行通道的地面应高出车行道,并且不应小于 0.12m。

4.0.6 客货共线铁路的特大型、大型和中型旅客车站的行李和包裹托取厅附近应设停放车辆的场地。

4.0.7 车站广场绿化率不宜小于10%,绿化与景观设计应按功能和环境要求布置。

4.0.8 出境入境的旅客车站应设置升挂国旗的旗杆。

4.0.9 当城市轨道交通与铁路旅客车站衔接时,人员进出站流线应顺畅衔接。

4.0.10 城市公交、轨道交通站点设计应符合下列规定:

    1 城市公交、轨道交通站点应设于安全部位,并应方便旅客乘降及换乘。

    2 公交站点应设停车场地,停车场面积应符合当地公共交通规划的要求;当无规划要求时,公交停车场最小面积宜根据最高聚集人数或高峰小时发送量确定,且不宜小于 $1.0m^2$/人。

    3 当铁路旅客车站站房的进站和出站集散厅与城市轨道交通站厅连接,且不在同一平面时,应设垂直交通设施。

4.0.11 广场内的各种揭示牌和引导系统应醒目,其结构、构造应设置安全。

4.0.12 车站广场应设置厕所,最小使用面积可根据最高聚集人数或高峰小时发送量按每千人不宜小于

25m² 或 4 个厕位确定。当车站广场面积较大时宜分散布置。

5 站房设计

5.1 一般规定

5.1.1 站房内应按功能划分为公共区、设备区和办公区，各区应划分合理，功能明确，便于管理，并应符合下列规定：

    1 公共区应设置为开敞、明亮的大空间，旅客服务设施齐备，旅客流线清晰、组织有序。

    2 设备区应远离公共区设置，并充分利用地下空间。

    3 办公区宜集中设置于站房次要部位，并与公共区有良好的联系条件，与运营有关的用房应靠近站台。

5.1.2 站房设计应符合国家有关安全、节约能源、环境保护和防火等规定的要求。

5.1.3 当站房与城市轨道交通站点合建时，应整体规划，统一设计。

5.1.4 线侧式站房设置多层候车室时，应设置与站台相连的跨线设施。

5.1.5 站房的进出站通道、换乘通道、楼梯、天桥和检票口应满足旅客进出站高峰通过能力的需要，其净宽度不应小于 0.65m/100 人；地道净宽度不应小于 1.00m/100 人。

5.1.6 特大型、大型和中型站应有设置防爆及安全检测设备的位置。

5.1.7 旅客站房宜独立设置。当与其他建筑合建时，应保证铁路旅客车站功能的完整和安全。

5.1.8 站房内综合管线宜集中布置，并满足防火要求。

5.1.9 客运专线铁路旅客车站可不设行李、包裹用房。

5.2 集 散 厅

5.2.1 中型及以上的旅客车站宜设进站、出站集散厅。客货共线铁路车站应按最高聚集人数确定其使用面积，客运专线铁路车站应按高峰小时发送量确定其使用面积，且均不宜小于 0.2m²/人。

5.2.2 集散厅应有快速疏导客流的功能。

5.2.3 特大型、大型站的站房内应设置自动扶梯和电梯，中型站的站房宜设置自动扶梯和电梯。

5.2.4 进站集散厅内应设置问询、邮政、电信等服务设施。

5.2.5 大型及以上站的出站集散厅内应设置电信、厕所等服务设施。

5.3 候 车 区（室）

5.3.1 客货共线铁路旅客车站站房可根据车站规模设普通、软席、军人（团体）、无障碍候车区及贵宾候车室。各类候车区（室）候乘人数占最高聚集人数的比例可按表 5.3.1 确定。

表 5.3.1 各类候车区（室）人数比例（%）

建筑规模	候 车 区（室）				
	普通	软席	贵宾	军人（团体）	无障碍
特大型站	87.5	2.5	2.5	3.5	4.0
大型站	88.0	2.5	2.0	3.5	4.0
中型站	92.5	2.5	2.0	—	3.0
小型站	100.0	—	—	—	—

注：1 有始发列车的车站，其软席和其他候车室的比例可根据具体情况确定。
    2 无障碍候车区（室）包含母婴候车区位，母婴候车区内宜设置母婴服务设施。
    3 小型车站应在候车室内设置无障碍轮椅候车位。

5.3.2 客运专线铁路车站候车区总使用面积应根据高峰小时发送量，按不应小于 1.2m²/人确定。各类候车区（室）的设置可按具体情况确定。

5.3.3 客货共线铁路旅客车站候车区总使用面积应根据最高聚集人数，按不应小于 1.2m²/人确定。小型站候车区的使用面积宜增加 15%。

5.3.4 候车区（室）设计应符合下列规定：

    1 普通、软席、军人（团体）和无障碍候车区宜布置在大空间下，并可采用低矮轻质隔断划分各类候车区。

    2 利用自然采光和通风的候车区（室），其室内净高宜根据高跨比确定，并不宜小于 3.6m。

    3 窗地比不应小于 1:6，上下窗宜设开启扇，并应有开闭设施。

    4 候车室座椅的排列方向应有利于旅客通向进站检票口。普通候车室的座椅间走道净宽度不得小于 1.3m。

    5 候车区（室）应设进站检票口。

    6 候车区应设饮水处，并应与盥洗间和厕所分开设置。

5.3.5 无障碍候车区设计应符合下列规定：

    1 无障碍候车区可按本规范第 5.3.1 条确定其使用面积，并不宜小于 2m²/人。

    2 无障碍候车区的位置宜邻近站台，并宜单独设置检票口。

    3 在有多层候车区的站房，无障碍候车区宜设在首层或站台层，靠近检票口附近。

5.3.6 软席候车区可按本规范第5.3.1条确定其使用面积，并不宜小于2m²/人。

5.3.7 军人（团体）候车区应与普通候车区合设，其使用面积可按本规范第5.3.1条确定，并不宜小于1.2m²/人。

5.3.8 贵宾候车室设计应符合下列规定：

　　1 中型及以上站宜设贵宾候车室。

　　2 特大型站宜设两个贵宾候车室，每个使用面积不宜小于150m²；大型站宜设一个贵宾候车室，使用面积不宜小于120m²；中型站可设一个贵宾候车室，使用面积不宜小于60m²。

　　3 贵宾候车室应设置单独出入口和直通车站广场的车行道。

　　4 贵宾候车室内应设厕所、盥洗间、服务员室和备品间。

5.4 售票用房

5.4.1 售票用房的主要组成应符合表5.4.1的规定。

表5.4.1 售票用房主要组成

房间名称	旅客车站建筑规模			
	特大型	大型	中型	小型
售票厅	应设	应设	应设	不设
售票室	应设	应设	应设	应设
票据室	应设	应设	应设	宜设
办公室	应设	应设	应设	宜设
进款室	应设	应设	应设	宜设
总账室	应设	应设	不设	不设
订、送票室	应设	宜设	不设	不设
微机室	应设	应设	应设	应设
自动售票机	宜设	宜设	宜设	不设

注：1 有始发车的车站应设订、送票室。
　　2 自动售票机宜设置在进站流线上。

5.4.2 售票处应按下列要求设置：

　　1 特大型、大型站的售票处除应设置在站房进站口附近外，还应在进站通道上设置售票点或自动售票机。

　　2 中型、小型站的售票处宜设置在站房内候车区附近。

　　3 当车站为多层站房时，售票处宜分层设置。

5.4.3 站房售票窗口的设置数量应符合下列规定：

　　1 客货共线铁路旅客车站售票窗口的设置数量应根据最高聚集人数经计算确定，并符合下列要求：

　　　　1）特大型站售票窗口的设置数量不宜少于55个；

　　　　2）大型站售票窗口的设置数量可为25～50个；

　　　　3）中型站售票窗口的设置数量可为5～20个；

　　　　4）小型站售票窗口的设置数量可为2～4个。

　　2 客运专线铁路旅客车站售票窗口的设置数量应根据高峰小时发送量经计算确定，并符合下列要求：

　　　　1）特大型站售票窗口的设置数量不宜少于100个；

　　　　2）大型站售票窗口的设置数量可为50～100个；

　　　　3）中型站售票窗口的设置数量可为15～50个；

　　　　4）小型站售票窗口的设置数量可为2～4个。

5.4.4 售票厅每个售票窗口的设置面积，特大型站不宜小于24m²/窗口、大型站不宜小于20m²/窗口、中型站和小型站均不宜小于16m²/窗口。

5.4.5 售票厅应有良好的自然采光和自然通风条件。

5.4.6 售票室设计应符合下列规定：

　　1 每个售票窗口的使用面积不应小于6m²。

　　2 售票室的最小使用面积不应小于14m²。

　　3 售票室与售票厅之间不应设门。

　　4 售票室内工作区地面宜高出售票厅地面0.3m。严寒和寒冷地区宜采用保暖材质地面。

　　5 售票室内采光和通风应良好，并应设置防盗设施。

5.4.7 售票窗口的设计应符合下列规定：

　　1 与相邻售票窗口之间的中心距离宜为1.8m，靠墙售票窗口中心距墙边不宜小于1.2m。

　　2 售票窗台面至售票厅地面的高度宜为1.1m。

　　3 特大型、大型站应设置无障碍售票窗口，其设计应符合国家现行标准《铁路旅客车站无障碍设计规范》TB 10083的有关规定。

5.4.8 自动售票机的最小使用面积可按4m²/个确定。

5.4.9 票据室设计应符合下列规定：

　　1 票据室使用面积，中型和小型站不宜小于15m²，特大型和大型站不应小于30m²。

　　2 票据室应有防潮、防鼠、防盗和报警措施。

5.5 行李、包裹用房

5.5.1 客货共线铁路旅客车站宜设置行李托取处。特大型、大型站的行李托运和提取应分开设置，行李托运处的位置应靠近售票处，行李提取宜设置在站房出站口附近。中型和小型站的行李托、取处可合并设置。

5.5.2 特大型、大型站房的行李和包裹库房，宜与跨越股道的行李、包裹地道相连。

5.5.3 包裹用房的主要组成应符合表5.5.3的规定。

表5.5.3 包裹用房主要组成

房间名称	设计包裹库存件数 N（件）			
	N≥2000	1000≤N<2000	400≤N<1000	N<400
包裹库	应设	应设	应设	应设
包裹托取厅	应设	应设	应设	不设
办公室	应设	应设	应设	宜设
票据室	应设	应设	宜设	不设
总检室	应设	不设	不设	不设
装卸工休息室	应设	应设	宜设	不设
牵引车库	应设	应设	宜设	宜设
微机室	应设	应设	应设	应设
拖车存放处	应设	宜设	宜设	不设

注：1000件以下包裹库的微机室宜与办公室合并设置。

5.5.4 包裹库、行李库的设计应符合下列规定：

1 各旅客车站的包裹库和行李库的位置应统一设置。

2 多层的特大型、大型站的站房和线下式站房的包裹库应设置垂直升降设施，升降机应能容纳一辆包裹拖车。

3 特大型站的包裹库各层之间应有供包裹车通行的坡道，其净宽度不应小于3m。当坡道无栏杆时，其净宽度不应小于4m，坡度不应大于1:12。

4 特大型站的行李提取厅宜设置行李传送带。

5.5.5 包裹库的使用面积应按下列公式计算：

$$A = N \times 0.35 \quad (5.5.5)$$

式中 A——包裹库的使用面积（m²）；

N——设计包裹库存件数（件），可根据本规范附录A计算；

0.35——每件包裹占用面积（m²/件）。

当设计库存件数少于400件时，包裹库的使用面积应增加10m²。

5.5.6 设计包裹库存件数2000件及以上的站房宜预留室外堆放场地。

5.5.7 特大型、大型站宜设无主包裹存放间，其使用面积可按设计包裹库存件数的1%设置，并不宜小于20m²。

5.5.8 办理运输鲜活货业务的站房，包裹库内宜设置专用存放间，并应设清洗、排水设施。

5.5.9 包裹库内净高度不应小于3m。

5.5.10 有机械作业的包裹库，应满足机械作业的要求，其门的宽度和高度均不应小于3m。

5.5.11 包裹库宜设高窗，并应加设防护设施。

5.5.12 包裹托取厅使用面积及托取窗口数不应小于表5.5.12的规定。

表5.5.12 包裹托取厅使用面积及托取窗口数

名称	设计行包库存件数 N（件）					
	N<600	600≤N<1000	1000≤N<2000	2000≤N<4000	4000≤N<10000	N≥10000
托取窗口（个）	1	1	2	4	7	10
托取厅（m²）	—	25	30	60	150	300

注：表中所列数值为设计包裹库存件数下限的最小数值，当采用上限时，其数值应适当提高。

5.5.13 包裹托取柜台面高度不宜大于0.6m，柜台面宽度不宜小于0.6m。当包裹库与托取厅之间采用柜台分隔时，应留有不小于1.5m宽的通道。

5.6 旅客服务设施

5.6.1 站房内宜设置问询处，小件寄存处，邮政、电信、商业服务设施，医务室，自助存包柜，自动取款机，时钟等，并应设置饮水设施和导向标志。

5.6.2 特大型、大型和中型站应设有人值守问询处。

5.6.3 特大型、大型和中型站应设置小件寄存处，并宜设自助存包柜。小件寄存处使用面积可根据最高聚集人数或高峰小时发送量按0.05m²/人确定。

小型站的小件寄存处可与问询处合并设置。

5.6.4 特大型、大型站应设置吸烟处。

5.6.5 特大型、大型和中型旅客车站宜设旅客医务室。

5.6.6 旅客车站的广场、站房出入口、集散厅、候车区（室）、旅客通道、站台等处均应设置导向标志。

5.6.7 旅客车站宜设置为旅客服务的小型商业设施。

5.7 旅客用厕所、盥洗间

5.7.1 旅客站房应设厕所和盥洗间。

5.7.2 旅客站房厕所和盥洗间的设计应符合下列规定：

1 设置位置明显，标志易于识别。

2 厕位数宜按最高聚集人数或高峰小时发送量2个/100人确定，男女人数比例应按1:1、厕位按1:1.5确定，且男、女厕所大便器数量均不应少于2个，男厕应布置与大便器数量相同的小便器。

3 厕位间应设隔板和挂钩。

4 男女厕所宜分设盥洗间，盥洗间应设面镜，水龙头应采用卫生、节水型，数量宜按最高聚集人数或高峰小时发送量1个/150人设置，并不得少于2个。

5 候车室内最远地点距厕所距离不宜大于50m。

6 厕所应有采光和良好通风。

7 厕所或盥洗间应设污水池。

5.7.3 特大型、大型站的厕所应分散布置。

5.8 客运管理、生活和设备用房

5.8.1 客运管理用房应根据旅客车站建筑规模及使用需要集中设置，其用房宜包括客运值班室、交接班室、服务员室、补票室、公安值班室、广播室、上水工室、开水间、清扫工具间以及生产用车停车场地等。

5.8.2 服务员室应设在候车区（室）或旅客站台附近，其使用面积应根据最大班人数，按不宜小于 $2m^2$/人确定，并不得小于 $8m^2$。

5.8.3 检票员室应设在检票口附近，其使用面积应根据最大班人数，按不宜小于 $2m^2$/人确定，并不得小于 $8m^2$。

5.8.4 特大型、大型和中型站在站房出口处宜设补票室，其使用面积不宜小于 $10m^2$，并应有防盗设施。

5.8.5 特大型、大型和中型站应设交接班室，其使用面积应根据最大班人数，按 $1m^2$/人确定，并不宜小于 $30m^2$。

5.8.6 旅客车站应设广播室，其使用面积不宜小于 $10m^2$。广播室应有符合运输组织工作要求的设施。

5.8.7 有客车给水设施的车站应设上水工室，其位置宜设在旅客站台上，使用面积根据最大班人数，按不宜小于 $3m^2$/人确定，且不得小于 $8m^2$。

5.8.8 旅客车站均应有饮用水供应设施。

5.8.9 特大型、大型和中型站的集散厅、候车区（室）、售票厅附近宜设清扫工具间。采用机械清扫时，应设置存放间。

5.8.10 站房内在旅客相对集中处，应设置公安值班室，其使用面积不宜小于 $25m^2$。

5.8.11 旅客车站可根据需要设置通信、供电、供水、供气和暖通等设备的技术作业用房。各类技术作业房屋应集中设置。

5.8.12 客运办公用房应根据车站规模确定，使用面积不宜小于 $3m^2$/人。办公用房宜采用大开间、集中办公的模式。

5.8.13 旅客车站宜设间休室、更衣室和职工厕所等职工生活用房，并应符合下列规定：

 1 客运服务人员、售票与行李、包裹工作人员间休室的使用面积应按最大班人数的2/3且不宜小于 $2m^2$/人确定，并不得小于 $8m^2$。

 2 客运服务人员、售票与行李、包裹工作人员更衣室的使用面积应根据最大班人数，按不宜小于 $1m^2$/人确定。

 3 特大型、大型和中型站应在售票、行李、包裹及职工工作场地附近设置厕所和盥洗间。

 4 特大型、大型和中型站宜设置职工活动室、浴室、就餐间和会议室等生活用房。

5.9 国境（口岸）站房

5.9.1 国境（口岸）站房应设客运和联检设施。

5.9.2 国境（口岸）站房应设置标志牌、揭示牌、导向牌，其标志内容及有关文字的使用应符合国家有关规定。

5.9.3 国境（口岸）站房的客运设施应符合下列规定：

 1 客运设施应设出入境和境内两套设施。

 2 出入境候车室宜按中型和小型分室设置。

 3 出入境候车室及行李、包裹托运处应布置于联检后的监护区内。

 4 站房、站台和旅客通道等应设置出入境旅客与境内旅客分开或隔离的设施。

5.9.4 国境（口岸）站房的联检设施应符合下列规定：

 1 联检设施应包括车站边防检查站、海关办事处、出入境检验检疫机构、国家安全检查站和口岸联检办公业务用房及查验设施。

 2 出入境旅客的联检可按卫生检疫、边防检查、海关检查、动植物检疫的流程布置。

 3 联检设施宜分为相互分离、完全封闭的出境和入境两套设施。

5.9.5 出入境旅客服务设施可设免税商店、货币兑换处、邮政、电信及世界时钟等，并宜设旅游咨询、接待服务和小型餐饮等设施。

6 站场客运建筑

6.1 站台、雨篷

6.1.1 客货共线铁路车站站台的长度、宽度、高度应符合现行国家标准《铁路车站及枢纽设计规范》GB 50091 的有关规定。客运专线铁路车站站台的设置应符合国家及铁路主管部门的有关规定。

6.1.2 铁路站房或建筑物最外凸出部分外缘至基本站台边缘的距离，特大型站宜为20～25m；大型站宜为15～20m；中型站宜为8～12m；小型站宜为8m，困难条件下不应小于6m。

6.1.3 当旅客站台上设有天桥或地道出入口、房屋等建筑物时，其边缘至站台边缘的距离应符合下列规定：

 1 特大型和大型站不应小于3m。

 2 中型和小型站不应小于2.5m。

 3 改建车站受条件限制时，天桥或地道出入口其中一侧的距离不得小于2m。

 4 当路段设计速度在120km/h及以上时，靠近有正线一侧的站台应按本条1～3款的数值加宽0.5m。

6.1.4 旅客站台设计应符合下列规定：
   1 站台应采用刚性防滑地面，并满足行李、包裹车荷载的要求，通行消防车的站台还应满足消防车荷载的要求。
   2 站台地面应有排水措施。
   3 旅客列车停靠的站台应在全长范围内，距站台边缘1m处的站台面上设置宽度为0.06m的黄色安全警戒线，安全警戒线可与提示盲道结合设计。当有速度超过120 km/h的列车临近站台通过时，安全警戒线和防护设施应符合铁路主管部门的有关规定。
6.1.5 当中间站台上需要设置房屋时，宜集中设置。
6.1.6 客运专线铁路旅客车站应设置与站台同等长度的站台雨篷。客货共线铁路的特大型、大型旅客车站应设置与站台同等长度的站台雨篷。根据所在地的气候特点，中型及以下车站宜设置与站台同等长度的站台雨篷或在站台局部设置雨篷，其长度可为200~300m。
6.1.7 旅客站台雨篷设置应符合下列规定：
   1 雨篷各部分构件与轨道的间距应符合现行国家标准《标准轨距铁路建筑限界》GB 146.2的有关规定。
   2 中间站台雨篷的宽度不应小于站台宽度。
   3 通行消防车的站台，雨篷悬挂物下缘至站台面的高度不应小于4m。
   4 基本站台上的旅客进站口、出站口应设置雨篷并应与基本站台雨篷相连。
   5 地道出入口处无站台雨篷时应单独设置雨篷，并宜为封闭式雨篷，其覆盖范围应大于地道出入口，且不应小于4m。
   6 特大型、大型旅客车站宜设置无站台柱雨篷。
   7 采用无站台柱雨篷时，铁路正线两侧不得设置雨篷立柱，在两条客车到发线之间的雨篷柱，其柱边最突出部分距线路中心的间距，应符合铁路主管部门的有关规定。
   8 无站台柱雨篷除应满足采光、排气和排水等要求外，还应考虑吸音和隔音效果。
6.1.8 设无站台柱雨篷的车站，站台上不宜设置厕所。

6.2 站场跨线设施

6.2.1 旅客车站的地道、天桥设置数量应符合下列规定：
   1 旅客用地道或天桥，特大型站不应少于3处，大型站不应少于2处，中型和小型站不应少于1处。当设有高架候车室时，出站地道或天桥不应少于1处。
   2 特大型站可设2处行李或包裹地道，1处地上或地下联络通道；大型站可设1处行李或包裹地道。

6.2.2 旅客用地道、天桥的宽度和高度应通过计算确定，最小净宽度和最小净高度应符合表6.2.2的规定。

表6.2.2 地道、天桥的最小净宽度和最小净高度（m）

项目	旅客用地道、天桥		行李、包裹地道
	特大型、大型站	中型、小型站	
最小净宽度	8.0	6.0	5.2
最小净高度	2.5 (3.0)		3.0

注：表中括号内的数值为封闭式天桥的尺寸。

6.2.3 设置在站台上通向地道、天桥的出入口应符合下列规定：
   1 旅客用地道、天桥宜设双向出入口，其宽度特大型站不应小于4m，大型站不应小于3.5m，中型、小型站不应小于2.5m。当为单向出入口时，其宽度不应小于3m。
   2 特大型、大型站应设自动扶梯，中型站宜设自动扶梯。
   3 旅客用地道设双向出入口时，宜设阶梯和坡道各1处。
   4 客货共线铁路旅客车站行李、包裹地道通向各站台时，应设单向出入口，其宽度不宜小于4.5m。当受条件限制且出入口处有交通指示时，其宽度不应小于3.5m。
6.2.4 地道、天桥的阶梯或坡道设计应符合下列规定：
   1 旅客用地道、天桥的阶梯踏步高度不宜大于0.14m，踏步宽度不宜小于0.32m，每个梯段的踏步不应大于18级，直跑阶梯平台宽度不宜小于1.5m，踏步应采取防滑措施。
   2 旅客用地道、天桥采用坡道时应有防滑措施，坡度不宜大于1：8。
   3 行李、包裹地道出入口坡道的坡度不宜大于1：12，起坡点距主通道的水平距离不宜小于10m。
6.2.5 地道设计应符合下列规定：
   1 地道出入口的地面应高出站台面0.1m，并采用缓坡与站台面相接。
   2 地道应设置防水及排水设施。
   3 出站地道的出口宜直对站房的出站口。
6.2.6 旅客用天桥设计应符合下列规定：
   1 天桥应设有顶棚，严寒及寒冷地区应采用封闭式，非寒冷地区天桥两侧宜设置安全、通透的金属栏杆或玻璃隔断。
   2 天桥栏杆或隔断的净高度不应小于1.4m。

6.3 站台客运设施

6.3.1 特大型、大型站可设站台售货亭,其位置宜设在站台中心两侧各 90～100m 处。客运专线的站台宜设旅客候车座椅。

6.3.2 站名牌、导向牌的设置应符合下列规定:

1 有雨篷的站台每侧应设置不少于 2 个悬挂式站名牌,并可垂直于线路方向布置。

2 无雨篷的站台应设置不少于 2 块立柱式站名牌,并应平行于线路方向布置。

3 采用悬挂式站名牌的车站可根据需要,结合站台建筑设施,在站台上合理设置平行于线路的低位站名牌。

4 站名牌、站台号牌应醒目、坚固。

5 旅客站台上均应设车次、走向等导向牌,导向牌应设于地道、天桥出入口和旅客进出站主要通道处。

6.4 检 票 口

6.4.1 进站检票口的设置数量应符合下列规定:

1 客货共线铁路旅客车站进站检票口的设置数量不宜少于表 6.4.1 的规定。

表 6.4.1 客货共线车站检票口设置数量

最高聚集人数(人)	进站检票口(个)
≥8000	28
4000～7000	15～24
2000～3000	9～12
1000～1800	5～8
600～800	6
300～500	4
100～200	2

注: 1 当普通旅客进站检票口分散设置时,其数量可根据候车室设置情况适当增加。

2 有始发终到业务的车站,其检票口应满足始发终到作业要求,并应通过计算确定其数量。

2 客运专线铁路旅客车站的检票口数量应根据高峰小时发送量,按每个检票口 1500 人/h 的通过能力和 15min 的检票时间计算确定。

6.4.2 检票口应采用柔性或可移动栏杆,其通道应顺直,净宽度不应小于 0.75m。

6.4.3 出站行李车辆通道净宽度不宜小于 1.5m。

6.4.4 在楼层候车室设进站检票口时,检票口距进站楼梯踏步的净距离不得小于 4m。

6.4.5 旅客进站检票口和出站口必须具备安全疏散功能,并应符合现行国家标准《建筑设计防火规范》GB 50016 的有关规定。

7 消防与疏散

7.1 建筑防火

7.1.1 旅客车站的站房及地道、天桥的耐火等级均不应低于二级。站台雨篷的防火等级应符合国家现行标准《铁路工程设计防火规范》TB 10063 的有关规定。

7.1.2 其他建筑与旅客车站合建时必须划分防火分区。

7.1.3 旅客车站集散厅、候车区(室)防火分区的划分应符合国家现行标准《铁路工程设计防火规范》TB 10063 的有关规定。

7.1.4 特大型、大型和中型站内的集散厅、候车区(室)、售票厅和办公区、设备区、行李与包裹库,应分别设置防火分区。集散厅、候车区(室)、售票厅不应与行李及包裹库上下组合布置。

7.1.5 疏散安全出口、走道和楼梯的净宽度除应符合现行国家标准《建筑设计防火规范》GB 50016 的有关规定外,尚应符合下列要求:

1 站房楼梯净宽度不得小于 1.6m;

2 安全出口和走道净宽度不得小于 3m。

7.1.6 旅客车站消防安全标志和站房内采用的装修材料应分别符合现行国家标准《消防安全标志设置要求》GB 15630 和《建筑内部装修设计防火规范》GB 50222 的有关规定。

7.2 消防设施

7.2.1 旅客车站站台消火栓的设置应符合国家现行标准《铁路工程设计防火规范》TB 10063 的有关规定。

7.2.2 旅客车站站房的室内消防管网应设消防水泵接合器,其数量应根据室内消防用水量计算确定。

7.2.3 特大型、大型、国境(口岸)站的贵宾候车室和综合机房、票据库、配电室,国境(口岸)站的联检和易发生火灾危险的房屋,应设置火灾自动报警系统。设有火灾自动报警系统的车站应设置消防控制室。

7.2.4 建筑面积大于 500m² 的地下包裹库,应设置自动喷水灭火系统;建筑面积大于 300m² 且独立设置的行李或包裹库,应设室内消火栓。

8 建 筑 设 备

8.1 给水、排水

8.1.1 旅客车站应设室内给水、排水系统。严寒地区的特大型、大型站内的盥洗间宜设热水供应设备。

8.1.2 旅客生活用水定额及小时变化系数应符合表8.1.2的规定。

表8.1.2 旅客生活用水定额及小时变化系数

建筑性质	生活用水定额（最高日）(L/d·人)	小时变化系数
客货共线	15～20	3.0～2.0
客运专线	3～4	3.0～2.5

注：旅客计算人数和用水量计算应符合国家现行标准《铁路给水排水设计规范》TB 10010的有关规定。

8.1.3 客货共线铁路旅客车站内宜按1～2L/d·人设置饮水供应设备，客运专线铁路旅客车站内宜按0.2～0.4L/d·人设置饮水供应设备。饮水供应时间内的小时变化系数宜取为1。

8.1.4 站房内公共场所的生活污水排水管径应比计算管径加大一级。

8.2 采暖、通风和空气调节

8.2.1 站房各主要房间的采暖计算温度应符合表8.2.1的规定。

表8.2.1 站房各主要房间采暖计算温度

房间名称	室内采暖计算温度（℃）
进站集散厅	12～14
售票厅、行李和包裹托取处、小件寄存处	14～16
候车区（室）、售票室、车站办公室、旅客信息系统设备机房	18
票据室	10
行李、包裹库（有消防管道）	5
行李和包裹库（无消防管道）、旅客地道	不采暖

注：1 采用低温地板辐射采暖时，室内采暖计算温度应比表中规定温度低2℃。
    2 当出站集散厅设于室内时，其采暖温度与进站集散厅相同，当设于室外时不设采暖。

8.2.2 严寒地区的特大型、大型站站房的主要出入口应设热风幕；中型站当候车室热负荷较大时，其站房的主要出入口宜设热风幕；寒冷地区的特大型、大型站站房的主要出入口宜设热风幕。

8.2.3 夏热冬冷地区及夏热冬暖地区的特大型、大型、中型站和国境（口岸）站的候车室及售票厅宜设空气调节系统。

8.2.4 空气调节的室内计算温度，冬季宜为18～20℃，相对湿度不小于40%；夏季宜为26～28℃，相对湿度宜为40%～65%。

8.2.5 站房内各主要房间空气调节系统的新风量和计算冷负荷应符合表8.2.5的规定。

表8.2.5 主要房间空气调节系统的新风量和计算冷负荷

房间名称	最大人员密度（人/m²）		最小新风量（m³/h·人）	
	客货共线	客运专线	客货共线	客运专线
普通候车区	0.91	0.67	8	10
军人（团体）候车区	0.91	0.67	8	10
软席候车区	0.50	0.67	20	20
无障碍候车区	0.50	0.67	20	20
贵宾候车室	0.25	0.25	20	20
售票厅	0.91	0.91	10	10
售票室	每个窗口1人		25	25
乘务员公寓、候乘人员待班室	—		30	30

8.2.6 空调系统应采用节能型设备和置换通风、热泵、蓄冷（热）等技术，并应满足使用功能要求；对有共享空间的多层候车区，应考虑温度梯度对多层候车区的影响。

8.2.7 候车室、售票厅等房间应以自然通风为主，辅以机械通风；厕所、吸烟室应设机械通风。其换气次数宜符合表8.2.7的规定。

表8.2.7 换气次数

房间名称	换气次数
候车区、售票厅	2～3（次/h）
旅客厕所大便器	40m³/h·厕位
旅客厕所小便器	20m³/h·厕位
吸烟室	10（次/h）

8.3 电气、照明

8.3.1 铁路旅客车站的用电负荷等级应符合国家现行标准《铁路电力设计规范》TB 10008的有关规定。

8.3.2 旅客车站主要场所的照明除应符合现行国家标准《建筑照明设计标准》GB 50034的有关规定外，尚应符合下列要求：

1 照明灯具的选择应与建筑物的形式、室内装修的色彩及风格相协调。

2 车站广场、站台、天桥等室外场所及较高的室内场所的照明，宜采用高压钠灯、金属卤化物灯等高光强气体放电光源或由上述光源组成的混光灯；安装高度较低的室内场所的照明，宜采用节能型荧光灯、紧凑型荧光灯。

3 检票口、售票工作台、结账交班台、海关验证处等场所宜增设局部照明。

4 候车室、售票厅、集散厅、旅客地道、天桥、行李和包裹托取厅及行李和包裹库等场所的照明，应设置不少于两种均匀照度的控制模式，特大型、大型站的照明宜采用智能化控制装置。

5 旅客站台所采用的光源不应与站内的黄色信号灯的颜色相混。

6 特大型、大型和中型站的广场宜采用升降式高杆灯照明。

8.3.3 除正常照明外，站房应设有疏散照明和安全照明系统。

8.3.4 旅客车站疏散和安全照明应有自动投入使用的功能，并应符合下列规定：

1 各候车区（室）、售票厅（室）、集散厅应设疏散和安全照明；重要的设备房间应设安全照明。

2 各出入口、楼梯、走道、天桥、地道应设疏散照明。

8.3.5 设有火灾自动报警系统及消防控制室的车站，当正常照明出现故障时，其设有疏散照明和安全照明的场所，应有自动开启和由消防控制室集中强行开启的功能。

8.3.6 特大型、大型站的站房应为第二类防雷建筑物；中型和小型站的站房应为第三类防雷建筑物。建筑物的防雷措施应符合现行国家标准《建筑物防雷设计规范》GB 50057 的有关规定。

8.3.7 站房应按自然分区采取可靠的总等电位联接；金属物体或金属构件集中的场所应增设局部或辅助等电位联接。

8.4 旅客信息系统

8.4.1 旅客车站的信息设备应根据车站的建筑规模、总体布局和客运作业综合管理现代化的需要配置，并应符合国家现行标准《铁路车站客运信息设计规范》TB 10074 的有关规定。

8.4.2 客运及行李、包裹无线通信系统的设置应符合国家现行标准《铁路运输通信设计规范》TB 10006 的有关规定。

8.4.3 旅客车站安全防范系统的设计应符合现行国家标准《安全防范工程技术规范》GB 50348 的有关规定。

8.4.4 特大型、大型旅客车站应设置通告显示网。列车到发通告系统主机可作为网络服务器；客运广播系统主机、旅客引导显示系统主机、旅客查询系统主机及综合显示屏系统主机可作为网络工作站与网络服务器进行行车信息交换。

8.4.5 旅客车站客运广播系统应作分区设计。

8.4.6 车站旅客信息系统的配线应采用综合布线，并宜采取暗敷方式。

8.4.7 车站旅客信息系统的电源应采用交流直供方式。

8.4.8 车站旅客信息系统机房宜按综合机房设计。

8.4.9 车站旅客信息系统应设接地装置。

附录 A 设计包裹库存件数计算

A.0.1 改建铁路旅客车站的设计包裹库存件数可按下式计算确定：

$$N = M \cdot P \cdot S \quad (A.0.1-1)$$
$$P = (1+g)^n \quad (A.0.1-2)$$

式中 N——设计包裹库存件数，可按发送、中转、到达作业分别计算；

M——距设计最近统计年度的最高月日均包裹作业件数（由所在站统计资料提供），可按发送、中转、到达作业分别计算；

P——发展系数；

g——设计前十年实际最高月日均包裹作业件数的平均递增率（%）；

n——统计年度至设计年度（远期）间的年数；

S——周转系数，可按表 A.0.1 选取：

表 A.0.1 周转系数

作业分类	周转系数
发送	0.5~0.8
中转	0.8~1.5
到达	1.5~2.5

注：在按式（A.0.1-1）计算时，周转系数宜根据所在站实际统计资料分析调整取值。

A.0.2 新建旅客车站设计包裹库存件数应根据车站所在区域的产业性质和经济发展因素，在调查分析和类比既有车站包裹运输资料作出评估后确定。

本规范用词说明

1 为便于在执行本规范条文时区别对待，对要求严格程度不同的用词说明如下：

1）表示很严格，非这样做不可的用词：
正面词采用"必须"，反面词采用"严禁"。

2）表示严格，在正常情况下均应这样做的用词：
正面词采用"应"，反面词采用"不应"或"不得"。

3）表示允许稍有选择，在条件许可时首先应这样做的用词：
正面词采用"宜"，反面词采用"不宜"；

表示有选择，在一定条件下可以这样做的用词，采用"可"。

2 本规范中指明应按其他有关标准、规范执行的写法为"应符合……的规定"或"应按……执行"。

中华人民共和国国家标准

铁路旅客车站建筑设计规范

GB 50226—2007

条 文 说 明

目 次

1 总则 …………………………………… 11—17
3 选址和总平面布置 …………………… 11—17
　3.1 选址 ……………………………… 11—17
　3.2 总平面布置 ……………………… 11—18
4 车站广场 ……………………………… 11—19
5 站房设计 ……………………………… 11—21
　5.1 一般规定 ………………………… 11—21
　5.2 集散厅 …………………………… 11—21
　5.3 候车区（室） …………………… 11—22
　5.4 售票用房 ………………………… 11—23
　5.5 行李、包裹用房 ………………… 11—26
　5.6 旅客服务设施 …………………… 11—27
　5.7 旅客用厕所、盥洗间 …………… 11—27
　5.8 客运管理、生活和设备用房 …… 11—27
　5.9 国境（口岸）站房 ……………… 11—28
6 站场客运建筑 ………………………… 11—28
　6.1 站台、雨篷 ……………………… 11—28
　6.2 站场跨线设施 …………………… 11—29
　6.4 检票口 …………………………… 11—29
8 建筑设备 ……………………………… 11—30
　8.1 给水、排水 ……………………… 11—30
　8.2 采暖、通风和空气调节 ………… 11—30
　8.3 电气、照明 ……………………… 11—30
　8.4 旅客信息系统 …………………… 11—30

1 总 则

1.0.1 本规范是在原国家标准《铁路旅客车站建筑设计规范》GB 50226—95 的基础上修订的。本条明确规定了铁路旅客车站建筑设计应遵循的功能性、系统性、先进性、文化性、经济性的原则。其中，功能性主要是"以人为本"，即以旅客为本，以方便旅客使用为前提，并将这一观念贯穿始终，落实到每一细节，强调站区内各种流线在动态中的合理性。系统性强调通过局部设计的集成，使整个铁路车站达到整体优化。如对铁路车站与城市、各种交通方式的组合、客站内各功能的组成、流线的布置、各专业系统的综合能力、设计近（远）期以及与运营等各方面关系，进行系统的、动态的综合考虑，处理好局部与整体的关系。先进性是要求铁路旅客车站体现社会经济发展进程，符合时代特征，满足旅客对旅行生活品质的需要。在旅客车站设计中要具有前瞻的、发展的观念，要博采众长、与时俱进，采用先进的设计理念，推广新技术、新材料、新工艺、新设备，充分落实安全、节能、环保的要求，设计出经得起时间考验的铁路旅客车站。文化性应体现铁路旅客车站的历史和现代价值，并具有引导时尚的作用，同时也表达了对地域性、民族性的深层次的理解。铁路旅客车站的文化性，重点在于追求现代铁路旅客车站的交通内涵与地域文化完美结合，依据地方特点，遵循科学规律，尊重地方特征与环境风格，做到总体谋划、有序发展、多元共处、显示特色，设计出具有不同风格的旅客车站。经济性应体现在铁路旅客车站的建设投入、建成品质、使用效果全过程内，达到运营维护最优化以及效益最大化。建设具有良好经济性的铁路旅客车站，应以全面落实科学发展观、建立节约型社会理念为先导，以合理的旅客车站规模及适宜的技术标准为基础，以先进的节能技术措施和手段为保障，在实现铁路旅客车站功能性、文化性、先进性的前提下，对旅客车站的经济性进行有效延展。

1.0.2 新建铁路旅客车站包括了近年发展较快的客运专线铁路旅客车站，虽然其基本功能与客货共线铁路旅客车站基本相同，但在客运组织方式和运营管理方面还是存在较大差异，所以对客运专线铁路旅客车站做了相应的规定。

1.0.3 铁路旅客车站的布局应兼顾铁路和城镇二者的发展要求，在实现铁路运输功能的同时，还要符合和满足城市发展和整个区域交通网络及城市景观等方面的需求。因此，根据城市土地资源和城市交通条件，合理确定铁路车站规模、布局、站型，使之符合铁路行车组织管理规定，以适应铁路运输长期发展要求。

1.0.5 铁路旅客站房建筑规模由所在地的城市规模和经济发达程度、客运量、客车到发线及站台数量、列车开行模式、运营管理模式以及地理位置等多种因素决定。

目前，我国铁路旅客车站客流存在"等候式"、"通过式"、"等候与通过混合式"三种旅客流线模式。"等候式"旅客需在车站滞留，对候车和相应服务设施的空间有一定的要求，车站的规模主要为最高聚集人数所控制。我国现有铁路大部分采用客货共线运行模式，因此，与其相适应的旅客车站均为"等候式"，原规范也是以"等候式"车站为基础，用最高聚集人数来确定铁路旅客车站的规模。本次规范保留了采用最高聚集人数确定铁路旅客车站规模的方法。根据近年客流量迅速增长的状况，在原规范基础上，对铁路旅客车站规模的最高聚集人数进行了适当的调整。"通过式"是客运专线旅客车站采用的旅客流线模式，特点是旅客以直接通过站房的形式到达站台上车。这种形式对集散空间需求大，对候车空间要求小，车站的规模主要受旅客流量控制。因此，本次修编增加了以高峰小时发送量确定客运专线旅客车站规模。"等候与通过混合式"为"等候"与"通过"同时存在于一个车站的形式，在其功能设置和空间布局上具有双重性和复杂性，与等候式和通过式站房都有所不同，此种站型应结合实际情况进行设计。

3 选址和总平面布置

3.1 选 址

3.1.1 铁路旅客车站选址在铁路站场与枢纽的总体布局范围内，对铁路和城市发展都有一定的影响。

1 铁路旅客车站一方面是国家铁路交通网络的交汇点，它的设置应满足铁路路网规划的要求，另一方面它也是城市综合运输网络中的重要环节，具有客流集散、运输组织与管理、中转换乘和辅助服务等多项功能，因此应正确、合理的选择铁路旅客车站位置，既方便旅客提高旅行效率，又满足城市发展要求。

2 铁路旅客车站是城镇综合运输网络中的重要节点。布设合理的铁路旅客车站、对未来城市建设的格局，城市其他交通干线的设置，以及站场周边的经济、政治、文化和生活会产生重要的影响。对改善城镇和区域交通系统功能，提高运营效率和解决出行换乘问题都具有重要意义。

3 铁路旅客车站的选址，除应根据车站工程项目的使用功能要求，还要结合使用场地的自然地形的特点、平面布局与施工技术条件，研究建筑物、构筑物与其他设施之间的高程关系，充分利用地形，节约用地，尤其是少占耕地。正确合理的车站选址关系到国家经济可持续发展和社会稳定。铁路工程建设要贯彻国家《土地管理法》的规定，坚持依法用地、合理用地和节约用地的原则。

　　减少工程填挖土方量，因地制宜合理确定建筑、道路的竖向位置，合理组织用地范围内的场地排水和管线敷设，以保证合理性、经济性，达到降低成本实现加快建设速度的目的。

　　4　建设节能型、环境友好型铁路旅客车站，是社会发展的必然趋势。应通过综合考虑自然气候条件、各种传热方式、建筑装修、材料性能以及采暖、通风、制冷等各种建筑设备的选择和使用等因素，以周密合理的设计，较好地改善建筑耗能状况。在室内为旅客提供清新空气和适宜的声、光、热环境，并通过解决热岛效应、列车噪声、雨水收集与再利用等问题，通透空间光效应以及高大空间环境的控制等，为旅客提供舒适的候车环境。当代建筑发展已呈现多元化的态势，应按可持续发展的战略目标将铁路旅客车站功能定位在综合功能、多能转换、立体用地、立体绿化、生态平衡、面向未来与持续发展的构想上，将铁路旅客车站建筑融入历史与地域的人文环境中，适应城市、社会、经济发展的需要。

3.1.2　不良地质会对铁路旅客车站构成安全隐患，甚至影响车站的使用。我国不少铁路依山傍水修建，因地形、地质条件复杂或受河流水域等不稳定因素影响，造成铁路线路中断，车站受损，影响铁路运输安全和畅通。

3.2　总平面布置

3.2.1　车站广场、站房和站场客运设施为铁路旅客车站的三大组成部分，尽管功能各有区别，但相互之间联系紧密，休戚相关，形成了有机统一的整体。在平面位置上，现代铁路旅客车站由于站型多样化，各种交通形式的引入等因素，改变了以往单一、简单的平面布局，在平面位置、空间关系上相互重叠交融。因此，铁路旅客车站的总平面布置应以功能为核心，进行整体统一规划和设计，以达到资源共享，体现功能最优化。

3.2.2　总平面布置要求。

　　1　城市规划工作包括城镇体系规划、城市总体规划、分区规划和详细规划等阶段，而详细规划又分为控制性详细规划和修建性规划，其中控制性详细规划对铁路工程设计的控制最为具体，它以总体或分区规划为依据，详细规定建设用地的各项控制指标和其他规划管理要求，或直接对建设作出指导性意见和规划设计。因此，铁路旅客车站的总平面布置应在城市规划指导性意见的指导下，采用适应性设计，不断调整铁路旅客车站自身各个构成要素，达到车站功能与城市规划的协调统一。铁路旅客车站与城市轨道交通、公共交通枢纽、机场、码头等道路的发展相结合，是体现铁路旅客车站系统性发展的一项基本要求。现代旅客车站设计应积极体现综合交通枢纽的理念，既有效地整合和利用了资源，合理确定了建设用地，又为广大旅客提供了方便快捷的交通条件。

　　2　新时期的铁路旅客车站尤其是大型站房，已不仅是作为城市大门形象出现，围绕车站迅速发展起来的商业设施，带动了城市区域经济发展，公交、轻轨、地铁等多种交通方式在车站默契配合、有机衔接，使铁路旅客车站成为城市交通换乘枢纽和现代化客运中心，车站已经越来越多地和整个城市、区域交通规划融为一体。因此，铁路旅客车站的定位应向功能多元化和开放的"综合交通换乘枢纽"转化。

　　新时期的铁路旅客车站总平面布置的另一特点是广场、站房和站场互相关联、互相影响，已不再像以往那样可以截然分开，而趋于互相融合，成为一个满足旅客乘降和换乘的综合体。在土地利用上，应根据这一特点，采用集约化的原则，合理利用地形，少占土地，最大限度利用好有限的空间、有限的环境、有限的资源，重视与周边环境的协调统一。

　　3　使用功能分区明确，即要求旅客车站各部分功能划分合理，服务内容、使用目的明确。流线简捷即要求旅客车站对客流、车流整体规划中实现合理流动，减少各流线之间相互影响，特别是对旅客流线要做到简单、快捷，使之顺利到达目的地。

　　4　公共交通优先是铁路旅客车站建设系统化的具体体现。城市公共交通与铁路旅客车站的驳接一般体现在车站广场上，所以铁路车站广场实质上是一种多功能广场。目前出现的新站型，从使用方便出发将驳接的位置引入地上高架或地下层，与旅客进出站位置贴近。公共交通优先首先考虑公交车的流线以及上下车的位置，占用较好、较近的道路和广场资源，并注意把公交车与小汽车的进站通路有效分开，提高公交车辆的运行效率。明确划分各类车的停车区域，尽量使其贴近旅客进出站的位置，减少旅客步行距离。

　　5　设置环形车道，其作用是为了满足消防使用需要。一般线上式的大型、特大型站房，可在广场设置经站房的地道进入基本站台，线下式站房可利用站前坡道进入基本站台。多层高架站房，应根据站房平面与站台布置，与防火设计共同采取有效措施，解决车道设置问题。

　　6　铁路旅客车站是城市的重要组成部分，车站的设计应该系统整合车站与城市的关系，以开放的理念融入城市，使铁路旅客车站功能与城市发展互补、互动、互相促进。车站设置地下通道，使进出站流线与地下铁道车站、地下商业设施连通，在为旅客提供安全、便捷换乘和购物条件的同时，也为车站的畅通和流线布局、增加集散能力以及完善综合交通枢纽作用，提供了条件。

3.2.3　各种流线短捷、避免互相交叉干扰，是建筑流线设计的一般要求。在铁路旅客车站设计中，在方便、安全使用的前提下，对车站各种流线，尤其是进、出站旅客流线实现平面或空间上分流，集中体现了铁路旅客车站功能设计以人为本，方便旅客的原则。目前旅客车站结合站型采用的平进下出、上进下出等旅客流线形式，取得了良好的效果。

3.2.4 特大型、大型站所在的城市，一般是直辖市、省会所在地和重要的交通枢纽所在地，其客流量较大也比较密集，采用多向进出的站房布局形式比单向进出有许多优点。第一，可以使旅客能方便地进、出站，避免了单向进出站布局旅客必须绕行，增加行程的缺点；第二，可以较快地疏散旅客并且相应缩小主要广场的范围；第三，有利于改变车站切割城市，造成车站两侧城市不均衡发展的现象。

3.2.6 铁路旅客车站作为一个集合众多设备体系的综合系统，管道工程非常复杂。应通过管线综合设计合理布局、有序排列，合理利用高程与平面，方便施工和检修，尽量少占空间，达到便于管理、节约工程投资的目的。

4 车站广场

4.0.1 车站广场是铁路与城市联系的节点，换乘场所，不仅具有解决旅客、车辆集散的功能，还兼有景观、环境、综合开发等多种功能。在形式上，现已由单一的平面形式发展为广场与站房、站场等互相融合的多层立体空间，在利用空间、节省土地、顺利的交通转换等方面取得了良好的效果。

车站广场一般由下列四部分组成：

站房平台。各型站房建筑的室外部分均设有向城市方向延伸一定宽度的平台，此平台具有联系站房各个部位、方便旅客办理各项旅行手续的功能，并与进出站口和旅客活动地带及人行通道连接，起到连接站房与车站广场的作用。

旅客车站专用场地。旅客车站由于人员流动、车辆流动的密集程度及频率远高于其他公共建筑，为便于使用及管理、维护车站良好秩序以保障旅客及车辆安全，需要有专用的室外集散场地，此专用场地由旅客活动地带、人行通道、车行道、停车场组成。

公共交通站点。多数旅客到站、离站均以各类公共交通车辆为主要代步工具，此类站点通常主要根据公交线路的设置情况，以起、终点站的形式常设于车站广场。

绿化与景观用地。绿化与景观除美化车站环境外，绿化还能减轻广场噪声及太阳辐射，改善环境。结合车站环境设置的建筑小品、座椅、风雨亭、廊道等可以为旅客提供方便。本次修订将这部分内容单独列出，是考虑车站广场虽然以交通功能为主，但同时也体现城市的形象，各地对于景观问题都比较重视，同时广场本身也需要一定的绿化率来保证环境质量。

绿化与景观用地可以单独设置，也可以与广场的其他内容相结合。

4.0.2 车站广场设计。

1 车站广场与站房、站场布局密切结合，在平面位置和空间关系上达到广场、站房、站场设施及流线互相融合，实现以铁路旅客车站功能为中心，车站建筑、客运设施及与相关设备等多项内容形成统一规划下的综合体，以达到资源的最佳利用和功能最大限度发挥。

旅客车站是城镇建设的组成部分，广场则是车站与城市连接的纽带，其设计应符合城镇规划的要求。广场设计应与城市环境相协调，并以其自身优势吸引商业设施，带动经济繁荣，促进城市发展。

2 车站广场、站房、站场客运设施等铁路客站各组成部分，构成了旅客出行及换乘的基础。合理的流线设置利于构成高效、快捷、便利的出行路线，以满足铁路旅客车站的功能要求。车站广场交通设施规划应与站房旅客进出站流线以及售票、行李、包裹、商业服务设施的布局相适应。合理布置旅客、车辆、行李和包裹三种主要流线，并要求其短捷，无交叉，提高交通效率。

3 车站广场上的人行通道布置主要为进站和出站旅客提供简捷、短直的通道，使旅客更方便的转换各种交通。合理布置各种停车场和车行道的位置，使车站广场与城市道路互相衔接顺畅。布置车行通道要遵循公交优先的原则，首先考虑公交车的流线设计以及停车位置。布置时注意把公交车与小型汽车的进站通道有效分开，这样可提高车辆运行效率和广场的使用效率。

4 旅客车站广场客流密集，流动性大，地面任何损坏都将给旅客的行动和安全带来影响。刚性地面平整坚实，可根据车站的性质，选择美观、实用、经济、耐久的刚性地面材料。

旅客车站广场面积大，地面积水难以自然排除，可借助于设在广场上的暗沟排除积水。

5 大型旅客车站采用立体车站广场时，常用的方法有设置高架车道和地下停车场等。

目前，我国很多铁路旅客车站的广场采用了立体方式，为了减少占地，更好地解决旅客集散和换乘问题，大型及以上车站应该有效利用车站内的空间位置关系，解决车辆停放、旅客换乘和进出站问题，这样不仅可解决平面布置流线的交叉和互相干扰，还可缩短旅客步行距离，提高整个车站的使用效率。

目前正在设计阶段的大型旅客车站也增加了此部分内容，从当前各旅客车站客流增长的具体情况看，无论新建还是改、扩建，立体广场设计方案均已经提到日程。

6 由于季节性或节假日客流量远大于本规范规

定的最高聚集人数或高峰小时流量，车站规模不可能按此进行设计，所以在有季节性和节假日客流量大的旅客车站只能通过在广场上增加临时设施解决旅客候车问题。

4.0.3 车站专用场地最小用地面积指标的计算随着城市发展和车辆不断增加，停车场地也在逐步增加和扩大，所以车站专用场地的面积也应随之发生变化。经调查，目前大多数出行旅客一般采用公共交通。考虑车站长远发展及民众生活水平的提高，参考比较发达国家的交通水平，按出行旅客 40% 乘坐出租车，40%乘坐公交车辆，20%使用社会其他车辆到达或离开车站，如其中送站车辆约 20%进入停车场，接站车辆约 80%进入停车场，按每辆出租车平均载客 1.5 人，每辆社会车辆平均载客 3.5 人计，各种车辆在停车场的停留时间平均以 0.5h 计。

现以最高聚集人数 4000 人的车站为例（其日发送量、日到达量均为 20000 人）。

一昼夜出租车、社会车辆到达车站为：
$(20000+20000) \times 0.4 \div 1.5 + (20000+20000) \times 0.2 \div 3.5 \approx 12953$（辆）

每小时出租车、社会车辆到达车站量为：
$$12953 \div 24 \times 1.5 \approx 810（辆）$$

式中，1.5 为超高峰小时系数。

按送站车约 20%进入停车场，接站车约 80%进入停车场，每辆车在停车场的停留时间以 0.5h 计的停车数量为：
$(810 \times 0.5 \times 0.2 + 810 \times 0.5 \times 0.8) \times 0.5 \approx 203$（辆）

各类车辆的平均停放面积计算：小轿车 $27m^2$/辆，大客车 $68m^2$/辆，行包卡车 $52m^2$/辆；取小轿车数量占 70%，大客车占 5%，行包卡车占 25%，得出三者平均停放面积为 $35m^2$/辆。根据对部分旅客车站设计的统计分析，停车场面积约占停车场与车行道总面积的 60%，所以得出停车场面积为：
$$203 \times 35 \div 0.6 \approx 11841（m^2）$$

停车场地部分的每人面积指标为：
$$11841 \div 4000 \approx 2.96（m^2/人）$$

旅客活动地带的每人面积指标仍沿用原规范《铁路旅客车站建筑设计规范》GB 50226—95 中 $1.83m^2$/人的标准。

$2.96+1.83=4.79（m^2/人）\approx 4.8m^2/人$

即得出旅客车站专用用地的最小面积指标。

本次修订将原指标按最高聚集人数不小于 $4.5m^2$/人的规定修改为 $4.8m^2$/人，并将原混杂在其中的部分绿化面积分离出来单独计列，扩大了专用场地的面积。修改后的人均面积指标基本可以同时满足客流量、车流量的使用要求。

4.0.4 平台具有一定的宽度，可以避免人群拥挤，保证旅客行走畅通。平台宽度的确定，主要决定于客流量。本条规定是根据对现有站房平台宽度的调查（见表 1），经分析而提出的。

表 1 现有站房平台宽度

旅客车站名称	最高聚集人数（人）	平台宽度（m）	旅客车站名称	最高聚集人数（人）	平台宽度（m）
北京	10000	40	大同	1200	15
西安	7000	30	昆明	4000	11
广州	6800	30	无锡	6500	25
兰州	4000	27	苏州	2500	25
乌鲁木齐	2000	40	赤峰	1000	5.5
西宁	2000	10	泊镇	600	3.6
银川	2000	60	通辽	1200	6
保定	2000	7	胶县	800	5

一般立体广场与多层站房相接，所以也应该在每层设置站房平台。

4.0.5 车站广场人行通道设计除应首先保证进出站旅客流线畅通，还要有足够的宽度和避免相互交叉，引导旅客到达和离开车站，人行通道的设计应短捷，方便旅客通往公交站点。

旅客活动地带与人行通道高出车行道不应小于 0.12m，是为使两者高程有区别，防止车辆穿越，发生危险。另外，0.12m 的高度也是人跨越台阶比较舒适的高度，同时还可以起到避免雨水汇集的作用。

4.0.6 本条规定主要是为了方便旅客托取行李、包裹，停放车辆场地的规模要视站房规模大小而定，但应满足托取行李、包裹车辆的停放要求。

4.0.7 车站广场绿化及景观的功能除美化车站改善环境外，还能起到功能分区及导向作用。本条提出 10%指标，主要是考虑到目前各地的广场绿化水平程度不同，在有条件的情况下可以相应提高车站广场绿化程度。

4.0.8 本条依据《中华人民共和国国旗法》第五条和第七条制定。

4.0.9 城市轨道交通具有大运量、快速、准时等优点，我国许多大城市总体规划都将城市轨道交通作为城市发展的重要建设项目。铁路车站作为重要的交通枢纽，应该与城市的交通共同发展和繁荣，这就需要在前期规划设计阶段进行有效整合，做到功能互补，流线衔接顺畅，工程实施合理，使铁路与城市轨道交通在未来的运营中能够最大限度地方便乘客。

4.0.10 城市公交、轨道交通站点的设计：

1 城市公共交通与轨道交通是大型和特大型铁路旅客车站旅客集散的主要交通工具，处理好相互之间的位置关系，是体现铁路旅客车站系统性的一项基本要求。在一些特大型和大型站房的设计中，公交车经常将首末车站设于车站广场，所以在广场总平面设计时应考虑与其站房进出口的位置关系，给旅客创造较好的换乘条件。如可将公交站设置在专用场地边缘及出站口附近，或将站房平台设计为半岛形式。这样可减少公交流线与客流的交叉。

2 公交停车场的主要功能是为公交线路营运车辆提供合理的停放场地和必要的设施，车站广场合理布置公交停车场是完善车站集散功能、提高广场效率的重要措施。

由于公交车场的面积受公交线路数量、运营里程及车辆数量影响，特别是在发展中的小城市，交通规划尚不能准确提供这方面的数据，为解决公交车辆的停车问题，根据《城市道路交通规划设计规范》GB 50220 的规定，运用当量换算的方法，得知公交车的运输能力为小型车辆的 2 倍，而公交车场面积仅相当于社会停车场面积或出租车场面积的一半。

现仍以最高聚集人数 4000 人的站房为例，公交车建议停车场面积为旅客专用场地的 1/3。根据本规范第 4.0.3 条条文说明得出：

公交车场的面积：$11841 \div 3 = 3947$（m^2）

人均指标：$3947 \div 4000 = 0.98675$（m^2/人）$\approx 1.0 m^2$/人

根据以上计算结果，公交停车场面积指标宜按最高聚集人数 $1.0 m^2$/人确定。

4.0.11 揭示引导系统是车站设施的重要组成部分，在视觉上起到确认环境并引导旅客行动的作用。引导标识醒目、通用、连续，可以有效地引导旅客到达目的地。

4.0.12 车站广场是人员密集的场所，应按需要设置厕所。车站广场厕所的建设应纳入城市总体规划和旅客车站建设规划，使其规划、设计、建设和管理符合市容环境卫生要求，更好地为出行旅客服务。根据《城市公共厕所设计标准》CJJ 14 的有关要求，本条规定按 $25 m^2$/千人或 4 个厕位/千人设置厕所。

5 站房设计

5.1 一般规定

5.1.1 铁路旅客车站是一个多功能集成的综合系统，铁路客运效率和服务质量往往取决于组成综合系统的各部门之间的协同工作、默契配合。对铁路旅客车站内按使用性质特点划分区域，目的在于根据站房功能要求，对各专业的系统方案、设备选型、运营管理方式等统一规划、精心设计，加强专业配合，通过各专业之间的有效互动、配合，处理好局部与整体的关系，力求在铁路客运效率和服务质量上，达到最优。

公共区为向旅客开放使用的区域，进出站集散厅、候车厅（室）、售票厅、行李、包裹托取厅、旅客服务设施（问讯、邮电、商业、卫生）以及进站通廊等从属于这个区域。公共区内还可按"已检票"和"未检票"分别划分付费区和非付费区。旅客主要活动的公共区，在空间上要开敞、明亮。对区域内需分割的部位如候车区，可通过低矮的护栏或轻巧安全透明的隔断进行灵活划分，以增加视觉上的通透性和旅客的方位感。公共区内保证旅客流线通畅，引导旅客合理有序的流动，是旅客车站规划设计和运营管理水平的具体体现。

设备区包括水、暖、电设备、设施及其用房。其作用是向站房提供清新的空气，适宜的声、光、热环境和有效的安全防范措施。为旅客创造舒适、安全的旅客车站室内环境。

办公区由行政、技术管理及其辅助用房组成，担负着站内运营与管理。管理及辅助用房应设在站房内非主要部位，与运营有关的办公用房靠近站台，具有较好的联系、瞭望条件，便于管理人员使用。

5.1.5 本条是根据现行国家标准《建筑设计防火规范》GB 50016 的有关要求制定的。

5.1.7 铁路旅客车站有独特的功能性，当与其他建筑合建时，不但平面布局复杂，也给车站管理带来困难，影响其使用功能。尤其是在合建部分设有大型餐饮、娱乐和商业设施时，将造成火灾隐患，这种教训在现实中已有先例。当铁路车站需要与其他建筑合建时，合建部分及与站房的衔接应符合现行国家标准《建筑设计防火规范》GB 50016 的有关规定。

5.2 集散厅

5.2.1 本次规范修订将原"进站广厅"改为"集散厅"，原因是：近年来，随着城市交通建设的发展，大型站尤其是特大型站所在城市的地铁、轻轨、地下过站通道、商场通道等的引入，使得原进站广厅集散功能更为突出，从原有站内旅客经入口进入广厅后简单分流，到多种交通形式的人员互动，形成了多种流线的聚集与分散功能。"集散厅"比"进站广厅"更为确切，因此，本条把"进站广厅"改为"集散厅"。

集散厅为旅客站房的主要组成部分，尽管站房规模不同，但作为旅客进入站内或离开车站集散的功能却是共同的。因此，本次修订除将原规范关于特大型、大型站可设进站广厅改为中型及以上车站宜设集散厅外，还增加了设置出站集散厅的规定。对客货共线和客运专线铁路旅客车站，分别采用最高聚集人数和高峰小时发送量确定集散厅面积，但人均使用面积仍采用原规范不宜小于 $0.2 m^2$/人的规定。

5.2.2 集散厅是旅客进入客站首到之处，厅内人员密度大，集散厅应有尽快疏导客流的功能，帮助旅客迅速到达目标。在发挥疏导客流功能上，集散厅要求开敞明亮、视线通透、引导设施齐全和服务及时，这应借助于设计上开放的平面布局、结构采用大空间、设置高效的楼梯、电梯和扶梯、完善的引导系统以及齐全的旅客服务设施（问询、小件寄存、邮电、电信及小型商业设施等)来完成。安全防范设施的设置对旅客安全起着重要保证作用,因此,集散厅内还应设置必要的安全检测设备。

5.2.3 我国大型、特大型站的站房大多已设置了自动扶梯和电梯。由于自动扶梯和电梯是一种既方便又安全的提升交通工具,在当今的公共建筑中已广为应用,很受使用者欢迎。对于人员密度大、时间性要求强、携带包裹的旅客站房更为适用。

5.3 候车区(室)

5.3.1 客货共线铁路旅客车站客流以"等候式"模式为主,站房应根据不同旅客的特点,设置候车区域满足其等候的需要。

不同类别的旅客对候车的环境和条件有不同的要求,因此车站内设置了普通、软席、贵宾、军人(团体)及无障碍候车区(室)。

另外本次修订增加了表注,规定有始发列车的车站,其软席和其他候车室的比例可具体考虑。这有利于今后车站根据列车的开行情况重新进行面积调整。

母婴候车区,是为方便妇女携带婴儿专门设置的候车区域。中型尤其是大型和特大型车站,母婴旅客较多,此类车站除考虑妇女携带婴儿所需候车面积外,有条件时还应该考虑母婴服务设施的面积。母婴候车区面积一般可以按照无障碍候车区(室)面积的3/4考虑。

母婴服务设施一般包括婴儿床、婴儿车以及在母婴候车区(室)附近厕所内设置的婴儿换尿布平台等。

各类候车区的计算如下:

软席候车仍采用原规范2.5%的比例。该比例是按每列车容载旅客1200人,一般挂1节软卧车厢,软席旅客以32人计算,软席旅客约占容载旅客的2.5%计算出的。现到站车次和种类变化较多,软席列车编挂的数量也不统一,可采用提高和改善普通候车区的质量解决软席旅客候车问题。

军人(团体)候车区仍采用原规范3.5%的比例,分析计算如表2所列。

表2 军人(团体)候车区规模调查分析

旅客车站名称	旅客最高聚集人数(人)	军人(团体)候车区使用面积(m²)	按1.2m²/人计算规模人数(人)	占最高聚集人数百分率(%)
上海	10000	129	108	1.08
天津	10000	505	421	4.21
沈阳北	10000	792	660	6.60
郑州	16000	607	506	3.16
平 均				3.76

综合上述情况,规定军人(团体)候车室计算人数按最高聚集人数的3.5%设置。考虑军人(团体)候车室使用频率较低,在实际设计中一般不单独设置,而是与普通候车室合并设置。本次修订将原指标改为1.2m²/人,与普通候车室相同。

5.3.4 本条主要针对各种候车区(室)的共性而制定。

1 大空间开敞明亮、视线通透,候车区设置在环境宜人的大空间,符合车站旅客在生活水平和审美观不断提高基础上对候车环境的要求。大空间的设计须以功能需要为前提,充分重视并积极运用当代科学技术的成果,包括新型的材料、结构,以及为其创造良好声、光、热环境的设施设备。

近年来,软席候车需要量不断增加,越来越多的旅客乘坐软席列车,因此,将软席与普通候车共同设在候车区大空间中,以解决软席候车不足问题。另外,军人(团体)候车存在时间上的不定因素。利用轻质低矮隔断和易移动的特点,对候车空间按候车需要进行分割,可起到灵活调整候车区面积的作用。

乘坐客运专线旅客列车的客流基本为"通过式"模式,旅客多采用通过客站直接进入站台。对客站空间的要求应与其逗留时间短、通过迅速的特点相适应,此外,车次多、发车频率高,客站集聚人数受高峰小时发送量影响,客运专线铁路车站候车厅应为集售票、候车、进站通道、服务设施为一体的综合性大空间。

2 自然采光可节约能源,并让人在视觉上更为习惯和舒适,心理上更能与自然接近、协调,有利健康。自然通风(或机械辅助式自然通风)是当今生态建筑中广泛采用的一项技术措施,其能耗小、污染少,有利于人的生理和心理健康。自然采光和自然通风应为设计候车区(室)首选光源、风源。

站房属于公共建筑,候车室聚集较多的旅客,从观瞻及通风的要求出发,需要有适合的净高。经查阅多项近年设计的小型站房净高绝大部分为4m以上,也有旅客站房净高为3.2m,但通风效果不好,故本条规定最小净高为3.6m。

3 为旅客候车时有舒适、卫生的室内环境,并节约能源,候车室应有较好的天然采光及自然通风。采用一般公共建筑的标准,窗地比不应小于1:6。有些既有站房的上部侧窗采用固定窗扇,只能达到采光的目的,不利于空气流通,因此规定上下窗宜设开启窗,并应有开闭的设施。

玻璃幕墙有很好的透光、借景效果。但构造复杂、投资大,宜在采用集中空调的特大型、大型旅客车站采用。采用时应按有关规范进行构造、安全、防火设计,并按要求设置一定数量的开启扇,以保证自然通风的利用。

4 为保持候车室候车秩序,我国多数较大规模站房候车室,在进站检票排队位置的两侧设置候车座椅,使旅客能按进站顺序就座候车休息,检票时起立顺序排队,达到休息与排队相结合的目的。因此本规范规定设计候车室的座椅排列应有利于旅客通向检票口。座椅之间的距离应有排队及放置物件的水平空间。经过实测一些候车室的实际情况，旅客就座后，1.3m的间距可满足基本需要，因此将其定为最小间距。

5 我国部分既有站房的候车室入口不设检票口，当进站检票开始时，候车室的出口处易出现拥挤、交叉等混乱现象，故本条规定候车区设进站检票口。

6 本款根据《中华人民共和国铁路法》的规定，铁路应为旅客供应饮水，因此候车室内应设饮水处。

5.3.5 本次修订、增加了对无障碍候车区设计的相关规定。由于无障碍候车区需要考虑儿童休息和活动的空间，另外残疾人轮椅活动也需要一定的空间，根据对部分旅客车站调查，认为每人1.5～2.0m² 比较合适，为此本条规定将使用面积定为不宜小于2.0 m²/人。

5.3.6 本次修订时对部分车站征询了意见（见表3）。

表3 软席候车区使用面积指标分析

旅客车站名称	使用面积（m²/人）	旅客车站名称	使用面积（m²/人）
沈阳	3.00	合肥	2.00
长春	2.50	青岛	4.00
锦州	2.00	徐州	3.00
北京	3.60	武昌	1.70
天津	2.50	西安	4.00
上海	4.60	成都	3.00
无锡	3.30	厦门	1.60

从上表分析得知，软席候车区每人使用面积指标平均值大于2.5m²。结合天津站软席候车区的实测，其每人使用面积为2m²，但活动空间并不狭小，因此本条仍采用每人使用面积的最低限值为2m²。

5.3.7 考虑军人（团体）旅客携带物品与普通旅客相似，所以本条规定军人（团体）候车区的每人使用面积不宜小于1.2m²。

5.4 售票用房

5.4.1 由于目前售票一般为电脑现制车票，原有的打号室可以取消，票据库的规模可以大幅度削减。订票室和送票室合一，主要是考虑城市内增设了许多售票处和售票点，这样不仅方便了广大旅客，同时减少了车站售票的压力。

随着车次的增加，客运专线的增多，给售票工作带来比较大的压力，所以应大力发展自动售票系统和采用多点售票的方法，给广大旅客提供更为快捷和便利的购票方式。

5.4.2 售票处的设置。

随着联网电子售票的普及，大量设置售票窗口的集中售票方式，已不是客站售票的主要形式，但客站仍是预售车票的当然场所，尤其是大城市的客站，设置规模相当的售票厅预售车票、办理中转签证和退票等业务仍有必要。

中型、小型站旅客少、面积小，在靠近候车区或在候车室内布置售票窗口既方便旅客又有效利用了面积。

售票处在站房内占有一定的空间，客流高峰期尤其是在大型及以上站房，旅客购票排队长度都较长，为避免混乱和干扰进出站客流，应在进站口附近单独设置售票处。

随着客站延伸服务的不断完善，车站的运营管理模式逐步从封闭的形式向开放转变，在集中售票的基础上，可以采用分散售票或分散与集中相结合的布置方式，即在广场、集散厅、候车区以及进站通道增设人工或自动售票点，售票点与流线相结合，使旅客购票更加灵活、方便。

发展多种售票方式，可以缓解车站内的售票压力。如特大型、大型站位于大城市，信息和交通比较发达，车站可办理订送票业务，可在市内设售票网点，车站设置自动售票机、增设流动售票、在出站口设中转售票口等。这样可以从很大程度上避免客流的过度集中。

近几年设计的新型站房改变了原有站房单面进出站的布局形式，大型站的站房结合出入口的变化，采用了分散布置售票处的办法。最新设计的北京南站，整个站房为一圆形建筑，垂直股道的两个方向有十多个入口。上海南站，客流可以从四个方向进入站房，这样增加了售票口布置的灵活性。

5.4.3 本次规范修编根据客货共线和客运专线铁路旅客车站旅客购票不同特点，对站房的售票窗口设置数量分别进行了调整和规定。

本次修订售票窗口数量，是根据客货共线铁路站房的"等候式"和客运专线站房的"通过式"不同客流特点，分别对售票窗口设置提出了不同的规定。

关于售票窗口的数量，本次修编先从调查分析国内现有部分旅客车站设置售票窗口开始，再按各型旅客车站每天上车人数，结合建筑规模进行核证后确定。

1 客货共线铁路站房售票窗口数量的确定。

目前国内部分既有站房售票窗口设置数量见表4。

表4 部分客货共线铁路特大型、大型站售票窗口数量统计

站房	日平均发送量（人）	日最高发送量（人）	最高聚集人数（人）	售票窗口数量（个）	使用情况
上海	85427	129000	14000	原设计34个 现为160个	合适

续表4

站房	日平均发送量（人）	日最高发送量（人）	最高聚集人数（人）	售票窗口数量（个）	使用情况
天津	51800	81000	10000	38	较拥挤
济南	51000	65000	11000	48（不含市内设流动售票点）	合适
长春	28600	50000	9000	42	合适
杭州	52600	65000	7000	36	拥挤
成都	31600	40000	7000	28	—
广州	53000	196000	6800	28	拥挤
无锡	25000	—	6500	15	—
大连	—	25000	6000	固定17个临时4个	富裕
青岛	20000	30000	4000	16	基本合适
大石桥			1400	6	合适
汉中			800	3	合适

由表中可看出，售票口数量较原规范指标有很大变化。

1) 特大型站设计售票口数量一般为34～40个，大型站售票窗口15～28个。多年前这些站的售票口基本能够满足使用要求，但随着客流量的增加，多数车站售票都出现拥挤的情况，特别是节假日，一些城市车站增加了售票口数量或采取了多种售票方式缓解售票压力。以杭州站为例，杭州站设计售票口为30个（老站为16个），目前实际使用需求增设到74个，最多达79个。其中：广场上4个；进站集散厅3个；出站口8个（中转售票口）；软席2个；另外在市内设10个联网售票点，并在周边城市慈溪、宁波、温州等地增设售票点。因此增加售票口，重新调整售票窗口数量指标是必要的。

2) 同一规模车站（最高聚集人数相同的车站）日发送量也有很大区别，所需售票口数量也不同。如上海和沈阳北站同为最高聚集人数10000人以上的特大型站房，上海站的日发送量是沈阳北站的2.7倍。设计34个售票口的上海站显然不能满足要求，上海站目前增至160个售票窗口。从这里也可以看出单靠最高聚集人数确定售票口显然不科学。

3) 中型、小型站售票口在16个以下基本满足要求，但应考虑备用售票口，以利高峰期使用。而类似大连站这种尽端站，都是始发车和终到车。按规定的方式计算确定的窗口数量，显得比较富裕，所以在确定售票窗口数量时可根据实际情况考虑设置数量。

4) 大型以上车站设置单一集中售票方式弊端较大。主要表现为：售票口集中，服务半径过大、旅客步行距离长、中转旅客更为不便。售票口数量越多，购票旅客越集中，一是室内温度不易控制，空气质量不能保证，不利于提高站房服务质量；二是节假日购票拥挤。旅客大量聚集在售票厅，秩序不易维持，存在安全隐患。

5) 每个窗口的售票能力：长途为80～100张/h；中转为100～140张/h；短途为150～180张/h。按两班一天工作约16个小时，人工售票速度平均在110～140张/h。原规范中1000张/h的规定偏于保守，但考虑售票员班组的替换，不一定每个窗口都按平均速度发售车票，考虑平时与高峰期的相互关系，此指标可以继续使用。

综上所述，按下列原则及具体情况定出客货共线各型旅客车站设置售票窗口数量：

1) 特大型、大型站除比照已建成车站的售票口数量，还考虑了为方便特殊旅客购票需要增设的售票专口。本规范将售票口最小数量定为特大型站55个，大型站25～50个，这样特大型、大型站较原规范售票口数量有所增加。

2) 中型站定为5～20个之间，小型站按至少2个设置。中型站低限值和小型站，由于铁路提速后旅客列车停靠次数少，相比之下与原规范接近。

3) 关于售票窗口的数量与C值（最高聚集人数占一昼夜上车人数的百分率）之间的关系，根据对北京等车站的调查：一般车站最高聚集人数与日发送量之间的关系基本是1：5的关系（高峰小时发送量与日发送量之间的关系基本是1：10的关系）。C值按原规范：特大型、大型站取18%；中型站取20%；小型站取22%。但对于较发达的大城市，比如上海、杭州，其比值会大一些（客运专线则更大）。C值概括性分为三种比值，基本符合我国铁路运输现状。因此本次修订依然采用这个比值。

4) 售票窗口数量计算仍采用原规范计算公式，计算如下：

售票窗口数＝一昼夜售票总数÷每个售票口一昼夜平均售票量

式中，一昼夜售票总数（售票总数量）＝最高聚集人数÷C

每个售票口一昼夜平均售票能力按1000张计

计算结果列入对照表（见表5），可看出：特大型、大型站和大多数中、小型站售票窗口数量基本满足实际需要。

表5 售票窗口计算数量和实际需要与原规范售票口数量对照

售票窗口计算数量与实际需要对照					原规范售票口数量				
旅客车站建筑规模		计算售票窗口数(个) A	实际售票窗口数(个) B	B/A (%)	旅客车站建筑规模		计算售票窗口数(个) A	规定售票窗口数(个) B	B/A (%)
车站类型	最高聚集人数(人)				车站类型	最高聚集人数(人)			
特大型	10000	55	54	98	特大型	10000	56	38	68
大型	9000	50	50	100	大型	9000	50	36	72
	8000	44	44	100		8000	44	33	75
	7000	39	39	100		7000	39	30	77
	6000	33	33	100		6000	33	26	79
	5000	28	28	100		5000	28	22	79
	4000	22	22	100		4000	22	18	82
	3000	17	17	100		3000	17	14	82
中型	2000	11	11	100	中型	2000	11	10	91
	1800	9	9	100		1800	9	9	100
	1500	8	8	100		1500	8	8	100
	1200	6	7	117		1200	6	7	117
	1000	5	6	120		1000	5	6	120
	800	4	5	125		800	4	5	125
小型	600	3	4	133	小型	600	3	4	133
	500	3	4	133		500	3	4	133
	400	2	3	150		400	2	3	150
	300	2	3	150		300	2	3	150
	200	1	2	200		200	1	2	200
	100	1	2	200		100	1	2	200
						50	1	1	100

季节性和传统节假日客运高峰所需增设的售票窗口未计在内。

2 客运专线铁路站房售票窗口数量的确定。

由于目前国内已建成的客运专线为数不多,尚缺乏比较成熟的资料,因此,有关售票窗口的设置数量是参考设计中的部分客运专线铁路站房并经计算和分析后得出的结果(见表6)。

表6 京沪客运专线各站售票口设计数量

车站	日发送量(人)	最高聚集人数(人)	经公式计算售票窗口数量(个)	自动售票机数量(个)	售票窗口、售票机数量总和(个)
北京南	150000	10000	84	40	124
天津西	50000	4000	28	20	48
华苑	20000	2000	12	10	22

续表6

车站	日发送量(人)	最高聚集人数(人)	经公式计算售票窗口数量(个)	自动售票机数量(个)	售票窗口、售票机数量总和(个)
沧州	20000	1100	12	6	18
德州	20000	1200	12	2	14
济南	50000	11000	28	20	48
泰山	20000	1200	12	6	18
曲阜	20000	1300	12	7	19
枣庄	20000	1000	12	5	17

5.4.4 按相邻售票口中心距1.8m计,结合进深及建筑模数考虑,并根据售票口前排队不超过20人,每售一张票时间不超过20s的要求,对售票厅进深做以下几个方面的考虑:

特大型站售票厅进深13m（计算依据：20×0.45+4=13，每个售票口前按20人排队，每人站立长度0.45m计，并留有4m宽的人行通道）。

大型站售票厅进深11m（计算依据：15×0.45+4=11，每个售票口前按15人排队，每人站立长度0.45m计，并留有4m宽的人行通道）。

中型站售票厅进深9m（计算依据：10×0.45+4=9，每个售票口前按10人排队，每人站立长度0.45m计，并留有4m宽的人行通道）。

小型站可以根据具体情况设置。

售票厅开间=1.8m（售票口中心距）×售票口数量+1.2m（靠墙售票口距墙距离）。

由以上数据可得出售票厅最小使用面积（见表7）：

表7 售票厅最小使用面积

旅客车站建筑规模		售票厅最小使用面积指标（m²/1个售票窗口）
型级	最高聚集人数（人）	
特大型	10000	24
大型	3000~9000	20
中型	800~2000	16
小型	100~600	

通过以上计算可以看出特大型、大型站房售票厅面积比原规范均有所减少，中、小型站没有变化。这种变化的出现主要是售票口数量的增加、售票方式的多样化引起的。

5.4.6 售票室设计。

1、2 售票室最小使用面积指标的确定主要考虑售票室进深，除了布置售票台、通道外，还要放置办公桌椅等，所以其进深尺寸不宜小于3.3m；按每个售票窗口宽1.8m计算，故规定其最小使用面积为每窗口6m²。最少设置两个售票口的售票室，室内除办公桌椅外还设有票据柜，所以规定使用面积不应小于14m²。

3 售票室是专为旅客办理乘车证的地方，现金及有价证券较多，为避免外来干扰，并确保室内安全，售票室的门不应直接向旅客用厅（房）开设。

4 售票室内地面高出售票厅地面0.3m，主要是考虑售票人员与旅客合适的售、购票高度。另外，售票人员工作时间长，严寒和寒冷地区采用保暖材质地面主要起防寒保护作用。

5.4.9 票据室设计。

1 票据室的使用面积较原规范有所减少，原因是改为电脑现制软票后，票据存储有所减少，所以其票据室的面积也相应核减。

2 票据为有价票证，所以应重视防潮、防鼠、防盗和报警措施。

5.5 行李、包裹用房

5.5.1 行李为随旅客出行物品，为方便旅客，托运位置宜靠近进站口，提取位置宜布置在出站口，这样符合旅客流线的要求。

5.5.2 特大型站的行李和包裹量大、作业频率高且物品复杂，行李、包裹库房与跨越股道地道相连，将大大减少拖车在站台、站内作业时对站内流线形成的干扰，并可提高作业效率。

5.5.3 包裹库的规模主要取决于包裹的储存量，由于行李、包裹分开后对其业务性质影响不大，故本次规范修订其用房组成仍按包裹库存件数分四个档次配置房间。原规定包裹用房中计划室、行包主任室、安全室等用房在本次修订中划入办公室范畴，因为各站行包部门下属组织分工名称不统一，因此房间名称以办公室统列，不再按具体分工机构单列。

5.5.4 有关包裹库、行李库设计的规定。

各旅客车站包裹库的设置位置统一，主要是考虑列车编组和车站组织货物流线，同时包裹库设置位置应考虑缩短包裹流线，避免与旅客流线相互干扰。

特大型、大型站建设用地受到限制，不能满足要求，所以在这些车站一般设多层包裹库房，层间设垂直升降机和包裹运输坡道以保证运输通道的畅通。

5.5.5 每件包裹占地面积0.35m²，是根据下列分析计算确定：

发送及中转包裹：

$$\frac{0.40（堆放面积占使用面积的比重）}{0.45（每件包裹平均占地面积）}\times 3.5（堆放层数）$$

=3.11（每平方米使用面积可堆放包裹件数）

平均每件包裹折合占地面积：

$$1\div 3.11=0.322（m²）$$

到达包裹：

$$\frac{0.42（堆放面积占使用面积的比重）}{0.45（每件包裹平均占地面积）}\times 3.0（堆放层）$$

=2.8（每平方米使用面积可堆放包裹件数）

平均每件包裹折合占地面积：

$$1\div 2.8=0.357（m²）$$

上述计算中，堆放面积占使用面积的比重（发送及中转包裹采用0.40，到达包裹采用0.42）及每件包裹平均占地面积为0.45m²，均根据1990年铁道科学研究院对包裹运输设备能力查定研究课题成果确定。

发送、中转、到达包裹平均每件包裹折合占地面积：

$$(0.322+0.357)\div 2=0.34(m^2)$$

为使包裹库具有一定余地，规定为 $0.35m^2$/件。

每件包裹折合占地面积按 $0.35m^2$ 确定已使用多年，按此指标计算仍然满足使用要求。

5.5.6 设计包裹库存件数 2000 件及以上旅客车站所在地区，一般工矿企业单位比较集中，发送及到达包裹件数较多，有的企业单位与车站签订合同，到达包裹由站台直接装车出站，不需进库存放。为便于这些包裹临时在室外停放，在新建或改扩建包裹库时，宜考虑预留室外堆放场地。该室外场地指位于包裹库侧面或站台方向的位置，为便于管理，不宜设于站房平台方向，以免影响车站环境及旅客通行。

5.5.12 表 5.5.12 列出的包裹托取窗口数量是根据发送、到达包裹库存件数提出的，按每 600～1000 件设一个托取窗口，相当于每日每一窗口管理包裹作业量 400～600 件左右。

关于包裹托取厅的面积，主要为方便货主排队取票、交付款项、填写标签、安全检查及取送货物的通道等必要的活动场地。每一托取窗口最小宽度一般为 4～6m、进深约 6m，即一个托取窗口最小面积约为 25～30m^2。

5.5.13 有的包裹体大、物重，托取柜台高度要适宜，通过调查及征询运营部门意见，将托取柜台高度及柜台面宽度定为 0.6m。为便于笨重包裹托取及平板车进出，托取柜台应留出 1.5m 宽的运输通道。

5.6 旅客服务设施

5.6.6 旅客在车站内的活动受时间的制约，设置导向标志的目的是帮助旅客完成连贯、完整的活动过程，并帮助旅客在视觉上迅速确定环境，引导行动。

5.6.7 本条规定的商业服务设施仅指设在旅客站房范围内，专为候车旅客服务的小型零售、餐饮、书报杂志等设施。车站内不应设置大型的商业设施，包括大型的零售、餐饮、住宿、娱乐等，因这些设施易发生火灾。车站为人员密集的场所，一旦发生安全事故，将危及整个车站的安全。旅客到达车站的目的不是为了购物，而是购置一些路途上使用的食品、用品、书报杂志等。所以设置一些小型商业设施可以基本满足旅客需求。

5.7 旅客用厕所、盥洗间

5.7.2 厕所、盥洗间设计。

根据对部分已建成车站厕所的调查（见表 8），从中可以感到车站厕所的设置数量不足，男女厕位比例不当。本次修订将旅客男女人数比例修改为 1∶1，厕位比例修改为 1∶1.5，当按最高聚集人数或高峰小时发送量设置厕所时，按 2 个/100 人可以满足使用要求。

表 8 厕所厕位调查

站名	最高聚集人数	男厕位	面积(m^2)	女厕位	面积(m^2)	调查结论	厕位/百人（个）
丹东	2000	12	—	18	—	合适	1.50
满洲里	1000	3	12	2	10	拥挤	0.50
昆明	4000	—	30	—	22	拥挤	1.30
无锡	6500	21	84	21	84	—	0.64
兰州	4000	48	200	12	68	—	1.25
西宁	2000	22	62	24	58	富裕	2.30
银川	2000	10	36	6	16	富裕	0.80
乌鲁木齐	2000	20	39	20	48	合适	2.00
苏州	2500	14	100	14	78	稍挤	1.12
重庆	7000	28	140	28	140	拥挤	0.80

5.7.3 大型站使用面积较大，旅客分散，流线复杂，如果集中设置过大的厕所，因服务半径不合理，达不到方便旅客的要求，而且在卫生、管理等方面都有所不便。所以，特大型、大型旅客车站的厕所应酌情合理分散设置。

5.8 客运管理、生活和设备用房

5.8.1 与原规范相比，本条的变化主要是增加了公安值班室和生产用车停车场地。

5.8.2 服务员室是供服务员在接、发客车空隙时间内临时休息的地方，室内仅设有桌椅等，因此，按每人 $2m^2$ 的使用面积是可以满足使用要求的。由于小型（或部分中型）站的客运服务人员很少，所以仅设一间服务员室，但也要有合理空间，故规定最小使用面积不应小于 $8m^2$。特大型、大型站旅客流量大，服务员接发列车的业务量也大，故在站台附近设服务员室以方便使用。

5.8.3 检票员室是供检票员工作间歇休息的房间，其使用面积与服务员室相同，为方便工作故规定应位于检票口附近。

5.8.4 补票室位于出站口，其室内一般设有办公桌、椅及票据柜等，故规定房间最小使用面积不应小于 $10m^2$。由于室内存有票据及现金，故其门窗应有防盗设施。

5.8.5 客运服务人员一般采用多班制工作，在上班前先在交接班室进行点名，传达有关事项。交接班室的使用情况相当于一般的会议室，故规定其使用面积不宜小于 $1m^2$/人，并不宜小于 $30m^2$。

5.8.6 由于广播室设有播音机、扩音机以及必要的通信设备，所以本条规定最小使用面积不宜小于 $10m^2$。

5.8.10 站房内公安值班室的位置应根据安全保卫工

作需要设置。其使用面积是根据公安部门有关规定确定的。

5.8.12 客运办公用房使用面积按 3m²/人，系根据《办公建筑设计规范》JGJ 67 的有关规定确定的。

5.8.13 旅客车站生活用房主要由间休室、更衣室、职工厕所等用房组成，上述用房根据车站建筑规模不同及需要予以设置。

1 客运服务人员，售票及行李、包裹作业人员按照作息制度，允许值班期间轮流休息，因此各型旅客车站均设置间休室。

由于使用间休室的只是部分当班人员，本规范规定其使用面积按最大班人数的 2/3 计算。使用面积是参照《宿舍建筑设计规范》JGJ 36 的规定确定的。最低面积指标定为双层床每人使用面积 3m²，考虑间休室仅供职工轮流休息用，无需存放诸多生活用品，故规定每人使用面积 2m²。

4 为改善铁路旅客车站职工的工作条件，本规范提出设置职工活动室、洗澡间、就餐间等设施的要求，设置方式可采用车站单独设置或与其他铁路单位联合设置。

5.9 国境（口岸）站房

5.9.1 客运设施指售票、候车、检票、行李、服务和管理等与一般旅客车站相同的厅室，联检设施见本规范第 5.9.4 条条文说明。

5.9.3 国境（口岸）站房的客运设施。

国境（口岸）站一般也是国内终端站，要同时办理境内外客运业务。由于口岸联检的要求，出入境旅客进站后必须接受联检和监护。因此，境内和出入境旅客使用的客运设施包括站房、通道、站台等要分开，并使两者的旅客流线严格隔离。

出入境旅客的成分复杂，信仰不同、习俗各异，故出入境候车室宜作多室布置，以利于灵活安排不同组团的旅客。同时出入境旅客中的贵宾也较多，分室接待也有利于安全。

出境旅客和行李经联检后方许进入候车室和行李厅，故出入境候车室和行李托运处都应布置在监护区内。

5.9.4 国境（口岸）站房的联检设施。

1 车站边防检查站、海关办事处、出入境检验检疫机构和国家安全检查站是国境联检的基本组成部门，他们的任务是对出入境旅客实行查验，代表国家在车站行使权力，以维护国家安全与主权。口岸联检办公室则是各驻站联检部门的统管、协调机构，各部门都需要在车站设置一定的旅客检查厅室、工作间、值班室和检验设备，可视各站的实际需要进行设置。

2 目前我国采用的联检方式主要有两种：一为全部旅客携带随身物品进入联检厅进行联检，流程为卫生检疫→边防检查→海关检查→动植物检疫，主要适用于始发、终到站，如广九站；二为当国际联运列车通过国境站时，列车到站后由联检小组上车观察初检，而后将重点对象监护下车，进入有关的联检厅室进行复检，其余旅客可不携物下车进站候车或购物、餐饮、娱乐等活动，而后再上车继续旅行。第二种联检方式对联检厅室的排列顺序要求不严，多用于国际列车中间通过的国境站，如丹东站、满洲里站等。设计中应采取哪一种方式可视各站的实际情况而定。

5.9.5 出入境旅客在站内须完成联检流程，逗留的时间较长，有较充分的时间在站内进行活动，因此站内应有比较齐全、良好的服务设施，各站可视实际需要进行设置。

6 站场客运建筑

6.1 站台、雨篷

6.1.2、6.1.3 系根据《铁路车站及枢纽设计规范》GB 50091 制定。

6.1.4 旅客站台设计。

1、2 旅客站台承受客流、行李和包裹搬运、迎宾、消防车辆等通行时的磨压，故站台应采用刚性地面，以满足耐磨和较大荷载使用的要求。站台面应防滑并应做好排水，以保证旅客的行走、行李和包裹搬运车辆通行安全。

3 列车进站时车速较快，会危及靠近站台边缘的旅客，据铁道科学研究院测试和国外有关资料，在距站台边缘 1m 处，列车以 120km/h 时速通过站台所产生的气动作用，不足以威胁旅客安全，我国铁路车站站台沿用多年的 1m 安全退避距离，实践证明也是安全的。因此，本条保留了原规范在站台全长范围内距站台边缘 1m 处应设置明显安全标记的规定。并以国际上通常用来表明环境变化的黄颜色定为警戒线的颜色，其宽度定为 0.06m 以加强标记的确认程度。

1m 警戒线的位置适用于停靠站台的客货共线和客运专线旅客列车，一般旅客列车停靠站台时的进站速度小于 120km/h。

6.1.6 旅客站台设置雨篷目的在于避免旅客和行李、包裹、邮件受风雪侵袭和烈日照晒。客运专线、客货共线铁路的特大及大型站旅客多，行李、包裹、邮件量大，故宜设置与列车同长的站台雨篷。客货共线铁路的中型站及以下的站房，旅客相对较少，行李、包裹、邮件的作业量也不大，可以根据车站所在地气候特点考虑雨篷的设置长度。

6.1.7 旅客站台雨篷设置。

"铁路建筑接近限界"是站台雨篷设计的重要依据，站台雨篷任何部位侵入限界都将危及行车和旅客的安全。

无站台柱雨篷覆盖面大，在设计时除结构本身的问题外，还要考虑安全因素，所以本条规定铁路正线两侧不得设置无站台柱雨篷立柱，在顶棚设计上可以采用一些吸音材料，减少声音的反射，避免产生混响效果。另外还应考虑车体产生的烟气、噪声、振动，以及采光、排水、通风等一系列环境问题。

6.2 站场跨线设施

6.2.1 本条系根据《铁路车站及枢纽设计规范》GB 50091制定。

6.2.2 近年来由于列车提速，车次增加，旅客进出地道、天桥人数也相应增多，原规范规定的地道、天桥的最小宽度已不能满足旅客流量变化和快速疏散的要求，故对原规范旅客车站地道、天桥最小宽度进行了修订。

6.2.3 旅客地道、天桥的出入口设计。

1 站台上疏导旅客进入、离开站台的能力取决于旅客地道和天桥的出入口的数量和宽度。由于地道和天桥的出入口的宽度受站台宽度的限制，为增加通过能力，应尽量设计为双向出入口，这对旅客人数较多的特大型、大型站尤为重要。

2 自动扶梯具有输送快捷、平稳、安全的性能，尤其符合客运专线对客流高效率通过的要求。故应在客流量较大的特大型、大型和部分中型旅客车站设置自动扶梯。

3 旅客地道出入口全部采用阶梯式，对行动不便人员形成障碍，故本条规定设双向出入口时，宜设阶梯和坡道各1处。由于天桥距站台面高度较大，如采用坡道代替阶梯，则会长度过大，所以本款规定只限于地道，不包括天桥。

4 客货共线铁路的行李、包裹地道通向站台出入口的坡道较长，为减少占用旅客站台，应设单向出入口。行李、包裹地道的主要通行车辆为行李包裹搬运车辆，每列行李包裹车辆宽度为1.7m，并列时车辆宽度为3.4m，上下行时如车辆间隙为0.5m，靠墙一侧的间隙为0.3m，因此行李、包裹地道出入口最小宽度为：3.4+0.5+0.3×2=4.5m。当站台宽度受到限制时，行李、包裹地道可按单向通行设计，并在出入口处设置标明地道使用情况的警示通行标志。

6.2.4 地道、天桥的阶梯及坡道设计。

1 阶梯踏步高度定为不宜大于0.14m，宽度不宜小于0.32m，有利于旅客在楼梯上平稳通行。

3 行李、包裹出入口坡道坡度为1：12，既考虑了安全和经济的因素，也符合国际上采用的惯例。在坡道与主通道转弯处，为使车辆便于上、下坡，避免碰撞，自起坡点至主通道需要一段水平距离，按3辆行李拖车计，每辆车长3.25m，加牵引车总长约为11m，所以规定该段水平距离为10m可满足使用要求。

6.4 检 票 口

6.4.1 设置足够数量的检票口是快速疏导客流的重要环节。规定检票口的最少设置数量是结合现状调查，以计算结果为依据，并适当预留高峰期和发展备用而考虑的。检票口的设置数量系根据以下计算确定：

有始发车业务的车站其检票口的数量按每列车编组14节1200人计，其中普通旅客进站按90％计算，出站按100％计算。

每个进站检票口通过能力按1800人/h计（每分钟每个口的通过能力30人）。

进站检票计算时间取15min。

预留备用进站检票口数：中、小型站各2个；大型站3个；特大型站4个。

计算如下：

现以最高聚集人数为例：

1）最高聚集人数等于或大于8000人的站房进站检票口最少数量：

始发车时一列车人数：1200×90％=1080（人）

一列车人同时进站需要检票口数：1080÷30÷15=2.4，需要3个检票口。

有始发业务的车站当最高聚集人数达到8000人时，需要候车室数量：8000÷1080=7.4，需要8个候车室。

检票口最少设置数量：3×8=24（个）

2）最高聚集人数4000～7000人的站房需要候车室数量：

4000÷1080=3.7，需要4个候车室。

7000÷1080=6.5，需要7个候车室。

检票口最少数量：3×4=12（个）

3×7=21（个）

3）最高聚集人数2000～3000人的站房需要候车室数量：

2000÷1080=1.9，需要2个候车室。

3000÷1080=2.8，需要3个候车室。

检票口最少数量：3×2=6（个）

3×3=9（个）

4）最高聚集人数1000～1800的站房需要候车室数量：

1000÷1080=0.93，需要1个候车室。

1800÷1080=1.7，需要2个候车室。

检票口最少数量：3×1=3（个）

3×2=6（个）

将原规范和现在修订的规范进站检票口设置数量进行对比（见表9、表10）：

表9 原规范进站检票口设置最少数量

最高聚集人数（人）	进站检票口（个）
≥8000	18
4000～7000	14
2000～3000	12
1000～1800	8

表 10　现在修订规范进站检票口设置最少数量

最高聚集人数（人）	进站检票口（个）
≥8000	28
4000～7000	15～24
2000～3000	9～12
1000～1800	5～8

通过对比得知，特大型、大型站进站检票口需要量远大于原规范规定。

6.4.2 检票口采用柔性或可移动栏杆是出于安全方面的问题，在发生意外情况时，可迅速拆除和移动栏杆，形成疏散通道。

8 建筑设备

8.1 给水、排水

8.1.1 本着经济适用的原则，对严寒地区特大型、大型站内的旅客用盥洗间作了宜设热水供应的规定。

8.2 采暖、通风和空气调节

8.2.2 《采暖通风与空气调节设计规范》GB 50019 中明确规定："位于严寒地区、寒冷地区的公共建筑和工业建筑，对经常开启的外门，且不设门斗和前室时，宜设置热空气幕"。因此本条对特大型和大型站的热风幕设置作了明确的规定。

站房建筑空间较高，门窗尺寸大，室内采暖设备布置数量与热负荷数值存在较大缺口，故本条规定中型站的候车室，如热负荷较大，可设热风幕以补充热量的不足。

8.2.3 特大型、大型站中的普通候车区，目前常设计为高架或高大空间的新型建筑，维护结构的热工性能指标较低，人员聚集，致使室内温度升高，而且盛夏的七、八月又是客运负荷的高峰，因此，客运部门和广大旅客迫切需要设置空调设备。为体现以人为本的原则，同时考虑到国家能源仍很紧张，财力有限，故本条对特大型、大型、中型站和国境（口岸）站人员聚集的候车区、售票厅作了宜设空气调节系统的明确规定。

8.2.4 舒适性空气调节的室内计算参数，主要是根据《采暖通风与空气调节设计规范》GB 50019 中的有关规定制定的。

8.2.6 本条为新增条文。置换通风是一种新的通风方式，与传统的混合通风方式相比较，室内工作区可得到较高的空气品质和舒适性，并具有较高的通风效率。传统的混合通风是以稀释原理为基础的，而置换通风是以浮力控制为动力。传统的混合通风是以建筑空间为主，而置换通风是以人群为主。由此在通风动力源、通风技术措施、气流分布等方面及最终的通风效果发生了一系列变化，这也是一种节能的有效通风方式。

冷热源设计方案是空气调节设计的首要问题，应根据各城市供电、供热、供气的不同情况而确定。可采用空气源热泵、水源（地源）热泵。蓄冷（热）空气调节系统可均衡用电负荷，缩小峰谷用电差，经过技术经济比较，宜采用蓄冷（热）空气调节系统。

8.3 电气、照明

8.3.2 照明设计。

2 候车室、售票厅、集散厅、行李和包裹托取厅、包裹库等高大空间场所的一般照明采用高压钠灯、金属卤化物灯等高光强气体放电光源或混光光源，不仅节电而且照明效果好。由于节能型荧光灯的光电参数较白炽灯的光电参数提高了发光效率，因此，一般场所宜采用节能型荧光灯。

3 本条所列场所，其工作特点对照度要求较高，一般照明满足不了功能要求，需增设局部照明设备。例如，检票口、售票工作台等处，要求迅速无误地辨认票面最小文字，以提高工作效率，减少旅客等候时间，所以需具有良好的照明。

4 本条所列场所昼夜客流量差别较大，根据对特大型站照明使用的调查及从节能的角度出发，在不影响安全的前提下适当设置照明控制模式，节电效果显著。

5 根据对运营单位实际情况的调查，站台采用高压钠灯，由于点燃后呈现橙黄色，极易与黄色信号灯的颜色相混，特作出规定，以引起注意。

6 车站广场应根据广场面积和客流量情况设置照明。在广场面积大时，宜采用高杆照明，面积小时，宜采用灯杆照明。但无论采用何种形式均宜选用高强气体放电光源，以利节能。为维修方便，高杆灯宜采用升降式，灯杆宜采用折杆式。

8.4 旅客信息系统

8.4.4 特大型、大型旅客车站客运工作繁忙，各系统工作业务量大，随着计算机网络的发展，同时也为了适应旅客车站综合管理现代化的要求，迅速、准确地向旅客传达列车行车信息，站内应设通告显示网。旅客车站服务的基础是列车到发时刻，因此，列车到发通告系统主机可作为网络服务器，其他子系统实时共享网络服务器上的列车运行计划和到发时刻信息，并及时、准确通过子系统向旅客传达。

8.4.8 旅客车站信息系统机房相对较多，设置综合机房可节省房屋面积，同时也便于系统联网及运营维护管理。

中华人民共和国国家标准

气体灭火系统施工及验收规范

Code for installation and acceptance of gas extinguishing systems

GB 50263—2007

主编部门：中华人民共和国公安部
批准部门：中华人民共和国建设部
施行日期：２００７年７月１日

中华人民共和国建设部
公 告

第 565 号

建设部关于发布国家标准
《气体灭火系统施工及验收规范》的公告

现批准《气体灭火系统施工及验收规范》为国家标准，编号为 GB 50263—2007，自 2007 年 7 月 1 日起实施。其中，第 3.0.8（3）、4.2.1、4.2.4、4.3.2、5.2.2、5.2.7、5.4.6、5.5.4、6.1.5、7.1.2、8.0.3 条（款）为强制性条文，必须严格执行。原《气体灭火系统施工及验收规范》GB 50263—97 同时废止。

本规范由建设部标准定额研究所组织中国计划出版社出版发行。

中华人民共和国建设部
二〇〇七年一月二十四日

前　言

本规范是根据建设部建标［2003］102 号文的要求，由公安部消防局组织公安部天津消防研究所会同有关参编单位，共同对《气体灭火系统施工及验收规范》GB 50263—97 进行全面修订而成。

在修订过程中，修订组遵照国家有关基本建设的方针政策，以及"预防为主、防消结合"的消防工作方针，对我国气体灭火系统施工及验收的现状，进行了广泛的调查研究，在总结国内实践经验的基础上，参考了 ISO 和美国、英国、德国、日本等国外相关标准，对 GB 50263—97 做了补充和修改。增加了 IG 541 混合气体灭火系统、七氟丙烷灭火系统、热气溶胶灭火装置等内容，补充了低压二氧化碳灭火系统，删除了卤代烷 1211 灭火系统。本规范的修订以多种方式广泛征求了有关单位和专家的意见，对主要问题，进行了反复论证研究、多次修改，最后经专家审查，由有关部门定稿。

本规范共分 8 章和 6 个附录，内容包括：总则、术语、基本规定、进场检验、系统安装、系统调试、系统验收、维护管理及附录等。

本规范中以黑体字标志的条文为强制性条文，必须严格执行。

本规范由建设部负责管理和对强制性条文的解释，公安部负责日常管理，公安部天津消防研究所负责具体技术内容的解释。请有关单位在执行本规范过程中，注意总结经验、积累资料，并及时把意见和有关资料寄公安部天津消防研究所《气体灭火系统施工及验收规范》管理组（地址：天津市南开区卫津南路 110 号，邮编：300381），以供今后修订时参考。

本规范主编单位、参编单位和主要起草人：

主 编 单 位：公安部天津消防研究所

参 编 单 位：广东胜捷消防企业集团
　　　　　　　云南天宵消防安全技术有限公司
　　　　　　　四川威龙消防设备有限公司
　　　　　　　昆明市公安消防支队
　　　　　　　广东卫保消防工程有限公司
　　　　　　　西安坚瑞化工有限责任公司

主要起草人：东靖飞　宋旭东　马　恒　沈　纹
　　　　　　石守文　田　野　伍建许　汪映标
　　　　　　林凯前　陈雪峰　高振锡　岳大可
　　　　　　陆　曦　刘庭全

目 次

1 总则 ·················· 12—4
2 术语 ·················· 12—4
3 基本规定 ·················· 12—4
4 进场检验 ·················· 12—5
   4.1 一般规定 ·················· 12—5
   4.2 材料 ·················· 12—5
   4.3 系统组件 ·················· 12—5
5 系统安装 ·················· 12—6
   5.1 一般规定 ·················· 12—6
   5.2 灭火剂储存装置的安装 ·················· 12—6
   5.3 选择阀及信号反馈装置的安装 ·················· 12—7
   5.4 阀驱动装置的安装 ·················· 12—7
   5.5 灭火剂输送管道的安装 ·················· 12—7
   5.6 喷嘴的安装 ·················· 12—8
   5.7 预制灭火系统的安装 ·················· 12—8
   5.8 控制组件的安装 ·················· 12—8
6 系统调试 ·················· 12—8
   6.1 一般规定 ·················· 12—8
   6.2 调试 ·················· 12—8
7 系统验收 ·················· 12—8
   7.1 一般规定 ·················· 12—8
   7.2 防护区或保护对象与储存装置间验收 ·················· 12—9
   7.3 设备和灭火剂输送管道验收 ·················· 12—9
   7.4 系统功能验收 ·················· 12—9
8 维护管理 ·················· 12—10
附录 A 施工现场质量管理检查记录 ·················· 12—10
附录 B 气体灭火系统工程划分 ·················· 12—11
附录 C 气体灭火系统施工记录 ·················· 12—11
附录 D 气体灭火系统验收记录 ·················· 12—13
附录 E 试验方法 ·················· 12—14
附录 F 气体灭火系统维护检查记录 ·················· 12—15
本规范用词说明 ·················· 12—15
附：条文说明 ·················· 12—16

1 总则

1.0.1 为统一气体灭火系统（或简称系统）工程施工及验收要求，保障气体灭火系统工程质量，制定本规范。

1.0.2 本规范适用于新建、扩建、改建工程中设置的气体灭火系统工程施工及验收、维护管理。

1.0.3 气体灭火系统工程施工中采用的工程技术文件、承包合同文件对施工及质量验收的要求不得低于本规范的规定。

1.0.4 气体灭火系统工程施工及验收、维护管理，除应符合本规范的规定外，尚应符合国家现行的有关标准的规定。

2 术语

2.0.1 气体灭火系统 gas extinguishing systems
以气体为主要灭火介质的灭火系统。

2.0.2 惰性气体灭火系统 inert gas extinguishing systems
灭火剂为惰性气体的气体灭火系统。

2.0.3 卤代烷灭火系统 halocarbon extinguishing systems
灭火剂为卤代烷的气体灭火系统。

2.0.4 高压二氧化碳灭火系统 high-pressure carbon dioxide extinguishing systems
灭火剂在常温下储存的二氧化碳灭火系统。

2.0.5 低压二氧化碳灭火系统 low-pressure carbon dioxide extinguishing systems
灭火剂在$-18\sim-20℃$低温下储存的二氧化碳灭火系统。

2.0.6 组合分配系统 combined distribution systems
用一套灭火剂储存装置，保护两个及以上防护区或保护对象的灭火系统。

2.0.7 单元独立系统 unit independent system
用一套灭火剂储存装置，保护一个防护区或保护对象的灭火系统。

2.0.8 预制灭火系统 pre-engineered systems
按一定的应用条件，将灭火剂储存装置和喷放组件等预先设计、组装成套且具有联动控制功能的灭火系统。

2.0.9 柜式气体灭火装置 cabinet gas extinguishing equipment
由气体灭火剂瓶组、管路、喷嘴、信号反馈部件、检漏部件、驱动部件、减压部件、火灾探测部件、控制器组成的能自动探测并实施灭火的柜式灭火装置。

2.0.10 热气溶胶灭火装置 condensed aerosol fire extinguishing device
使气溶胶发生剂通过燃烧反应产生气溶胶灭火剂的装置。通常由引发器、气溶胶发生剂和发生器、冷却装置（剂）、反馈元件、外壳及与之配套的火灾探测装置和控制装置组成。

2.0.11 全淹没灭火系统 total flooding extinguishing systems
在规定时间内，向防护区喷放设计规定用量的灭火剂，并使其均匀地充满整个防护区的灭火系统。

2.0.12 局部应用灭火系统 local application extinguishing systems
向保护对象以设计喷射率直接喷射灭火剂，并持续一定时间的灭火系统。

2.0.13 防护区 protected area
满足全淹没灭火系统要求的有限封闭空间。

2.0.14 保护对象 protected object
被局部应用灭火系统保护的目的物。

3 基本规定

3.0.1 气体灭火系统工程的施工单位应符合下列规定：

1 承担气体灭火系统工程的施工单位必须具有相应等级的资质。

2 施工现场管理应有相应的施工技术标准、工艺规程及实施方案、健全的质量管理体系、施工质量控制及检验制度。

施工现场质量管理应按本规范附录A的要求进行检查记录。

3.0.2 气体灭火系统工程施工前应具备下列条件：

1 经批准的施工图、设计说明书及其设计变更通知单等设计文件应齐全。

2 成套装置与灭火剂储存容器及容器阀、单向阀、连接管、集流管、安全泄放装置、选择阀、阀驱动装置、喷嘴、信号反馈装置、检漏装置、减压装置等系统组件，灭火剂输送管道及管道连接件的产品出厂合格证和市场准入制度要求的有效证明文件应符合规定。

3 系统中采用的不能复验的产品，应具有生产厂出具的同批产品检验报告与合格证。

4 系统及其主要组件的使用、维护说明书应齐全。

5 给水、供电、供气等条件满足连续施工作业要求。

6 设计单位已向施工单位进行了技术交底。

7 系统组件与主要材料齐全，其品种、规格、型号符合设计要求。

8 防护区、保护对象及灭火剂储存容器间的设置条件与设计相符。

9 系统所需的预埋件及预留孔洞等工程建设条件符合设计要求。

3.0.3 气体灭火系统的分部工程、子分部工程、分项工程划分可按本规范附录B执行。

3.0.4 气体灭火系统工程应按下列规定进行施工过程质量控制：

1 采用的材料及组件应进行进场检验，并应经监理工程师签证；进场检验合格后方可安装使用；涉及抽样复验时，应由监理工程师抽样，送市场准入制度要求的法定机构复验。

2 施工应按批准的施工图、设计说明书及其设计变更通知单等设计文件的要求进行。

3 各工序应按施工技术标准进行质量控制，每道工序完成后，应进行检查；检查合格后方可进行下道工序。

4 相关各专业工种之间，应进行交接认可，并经监理工程师签证后方可进行下道工序。

5 施工过程检查应由监理工程师组织施工单位人员进行。

6 施工过程检查记录应按本规范附录C的要求填写。

7 安装工程完工后，施工单位应进行调试，并应合格。

3.0.5 气体灭火系统工程验收应符合下列规定：

1 系统工程验收应在施工单位自行检查评定合格的基础上，由建设单位组织施工、设计、监理等单位人员共同进行。

2 验收检测采用的计量器具应精度适宜，经法定机构计量检定、校准合格并在有效期内。

3 工程外观质量应由验收人员通过现场检查，并应共同确认。

4 隐蔽工程在隐蔽前应由施工单位通知有关单位进行验收，并按本规范附录C进行验收记录。

5 资料核查记录和工程质量验收记录应按本规范附录D的要求填写。

6 系统工程验收合格后，建设单位应在规定时间内将系统工程验收报告和有关文件，报有关行政管理部门备案。

3.0.6 检查、验收合格应符合下列规定：

1 施工现场质量管理检查结果应全部合格。

2 施工过程检查结果应全部合格。

3 隐蔽工程验收结果应全部合格。

4 资料核查结果应全部合格。

5 工程质量验收结果应全部合格。

3.0.7 系统工程验收合格后，应提供下列文件、资料：

1 施工现场质量管理检查记录。

2 气体灭火系统工程施工过程检查记录。

3 隐蔽工程验收记录。

4 气体灭火系统工程质量控制资料核查记录。

5 气体灭火系统工程质量验收记录。

6 相关文件、记录、资料清单等。

3.0.8 气体灭火系统工程施工质量不符合要求时，应按下列规定处理：

1 返工或更换设备，并应重新进行验收。

2 经返修处理改变了组件外形但能满足相关标准规定和使用要求，可按经批准的处理技术方案和协议文件进行验收。

3 经返工或更换系统组件、成套装置的工程，仍不符合要求时，严禁验收。

3.0.9 未经验收或验收不合格的气体灭火系统工程不得投入使用，投入使用的气体灭火系统应进行维护管理。

4 进场检验

4.1 一般规定

4.1.1 进场检验应按本规范表C-1填写施工过程检查记录。

4.1.2 进场检验抽样检查有1处不合格时，应加倍抽样；加倍抽样仍有1处不合格时，判定该批为不合格。

4.2 材 料

4.2.1 管材、管道连接件的品种、规格、性能等应符合相应产品标准和设计要求。

检查数量：全数检查。

检查方法：核查出厂合格证与质量检验报告。

4.2.2 管材、管道连接件的外观质量除应符合设计规定外，尚应符合下列规定：

1 镀锌层不得有脱落、破损等缺陷。

2 螺纹连接管道连接件不得有缺纹、断纹等现象。

3 法兰盘密封面不得有缺损、裂痕。

4 密封垫片应完好无划痕。

检查数量：全数检查。

检查方法：观察检查。

4.2.3 管材、管道连接件的规格尺寸、厚度及允许偏差应符合其产品标准和设计要求。

检查数量：每一品种、规格产品按20%计算。

检查方法：用钢尺和游标卡尺测量。

4.2.4 对属于下列情况之一的灭火剂、管材及管道连接件，应抽样复验，其复验结果应符合国家现行产品标准和设计要求。

1 设计有复验要求的。

2 对质量有疑义的。

检查数量：按送检需要量。

检查方法：核查复验报告。

4.3 系统组件

4.3.1 灭火剂储存容器及容器阀、单向阀、连接管、集流管、安全泄放装置、选择阀、阀驱动装置、喷嘴、信号反馈装置、检漏装置、减压装置等系统组件的外观质量应符合下列规定：

　　1 系统组件无碰撞变形及其他机械性损伤。
　　2 组件外露非机械加工表面保护涂层完好。
　　3 组件所有外露接口均设有防护堵、盖，且封闭良好，接口螺纹和法兰密封面无损伤。
　　4 铭牌清晰、牢固、方向正确。
　　5 同一规格的灭火剂储存容器，其高度差不宜超过20mm。
　　6 同一规格的驱动气体储存容器，其高度差不宜超过10mm。

　　检查数量：全数检查。
　　检查方法：观察检查或用尺测量。

4.3.2 灭火剂储存容器及容器阀、单向阀、连接管、集流管、安全泄放装置、选择阀、阀驱动装置、喷嘴、信号反馈装置、检漏装置、减压装置等系统组件应符合下列规定：

　　1 品种、规格、性能等应符合国家现行产品标准和设计要求。

　　检查数量：全数检查。
　　检查方法：核查产品出厂合格证和市场准入制度要求的法定机构出具的有效证明文件。

　　2 设计有复验要求或对质量有疑义时，应抽样复验，复验结果应符合国家现行产品标准和设计要求。

　　检查数量：按送检需要量。
　　检查方法：核查复验报告。

4.3.3 灭火剂储存容器内的充装量、充装压力及充装系数、装量系数，应符合下列规定：

　　1 灭火剂储存容器的充装量、充装压力应符合设计要求，充装系数或装量系数应符合设计规范规定。
　　2 不同温度下灭火剂的储存压力应按相应标准确定。

　　检查数量：全数检查。
　　检查方法：称重、液位计或压力计测量。

4.3.4 阀驱动装置应符合下列规定：

　　1 电磁驱动器的电源电压应符合系统设计要求。通电检查电磁铁芯，其行程应能满足系统启动要求，且动作灵活，无卡阻现象。
　　2 气动驱动装置储存容器内气体压力不应低于设计压力，且不得超过设计压力的5%。气体驱动管道上的单向阀应启闭灵活，无卡阻现象。
　　3 机械驱动装置应传动灵活，无卡阻现象。

　　检查数量：全数检查。
　　检查方法：观察检查和用压力计测量。

4.3.5 低压二氧化碳灭火系统储存装置、柜式气体灭火装置、热气溶胶灭火装置等预制灭火系统产品应进行检查。

　　检查数量：全数检查。
　　检查方法：观察外观、核查出厂合格证。

5 系统安装

5.1 一般规定

5.1.1 气体灭火系统的安装应按本规范表C-2填写施工过程检查记录。防护区地板下、吊顶上或其他隐蔽区域内管网应按本规范表C-3填写隐蔽工程验收记录。

5.1.2 阀门、管道及支、吊架的安装除应符合本规范的规定外，尚应符合现行国家标准《工业金属管道工程施工及验收规范》GB 50235中的有关规定。

5.2 灭火剂储存装置的安装

5.2.1 储存装置的安装位置应符合设计文件的要求。

　　检查数量：全数检查。
　　检查方法：观察检查、用尺测量。

5.2.2 灭火剂储存装置安装后，泄压装置的泄压方向不应朝向操作面。低压二氧化碳灭火系统的安全阀应通过专用的泄压管接到室外。

　　检查数量：全数检查。
　　检查方法：观察检查。

5.2.3 储存装置上压力计、液位计、称重显示装置的安装位置应便于人员观察和操作。

　　检查数量：全数检查。
　　检查方法：观察检查。

5.2.4 储存容器的支、框架应固定牢靠，并应做防腐处理。

　　检查数量：全数检查。
　　检查方法：观察检查。

5.2.5 储存容器宜涂红色油漆，正面应标明设计规定的灭火剂名称和储存容器的编号。

　　检查数量：全数检查。
　　检查方法：观察检查。

5.2.6 安装集流管前应检查内腔，确保清洁。

　　检查数量：全数检查。
　　检查方法：观察检查。

5.2.7 集流管上的泄压装置的泄压方向不应朝向操作面。

　　检查数量：全数检查。
　　检查方法：观察检查。

5.2.8 连接储存容器与集流管间的单向阀的流向指示箭头应指向介质流动方向。

　　检查数量：全数检查。
　　检查方法：观察检查。

5.2.9 集流管应固定在支、框架上。支、框架应固定牢靠，并做防腐处理。

　　检查数量：全数检查。
　　检查方法：观察检查。

5.2.10 集流管外表面宜涂红色油漆。

5.3 选择阀及信号反馈装置的安装

5.3.1 选择阀操作手柄应安装在操作面一侧,当安装高度超过 1.7m 时应采取便于操作的措施。
检查数量:全数检查。
检查方法:观察检查。

5.3.2 采用螺纹连接的选择阀,其与管网连接处宜采用活接。
检查数量:全数检查。
检查方法:观察检查。

5.3.3 选择阀的流向指示箭头应指向介质流动方向。
检查数量:全数检查。
检查方法:观察检查。

5.3.4 选择阀上应设置标明防护区或保护对象名称或编号的永久性标志牌,并应便于观察。
检查数量:全数检查。
检查方法:观察检查。

5.3.5 信号反馈装置的安装应符合设计要求。
检查数量:全数检查。
检查方法:观察检查。

5.4 阀驱动装置的安装

5.4.1 拉索式机械驱动装置的安装应符合下列规定:
1 拉索除必要外露部分外,应采用经内外防腐处理的钢管防护。
2 拉索转弯处应采用专用导向滑轮。
3 拉索末端拉手应设在专用的保护盒内。
4 拉索套管和保护盒应固定牢靠。
检查数量:全数检查。
检查方法:观察检查。

5.4.2 安装以重力式机械驱动装置时,应保证重物在下落行程中无阻挡,其下落行程应保证驱动所需距离,且不得小于 25mm。
检查数量:全数检查。
检查方法:观察检查和用尺测量。

5.4.3 电磁驱动装置驱动器的电气连接线应沿固定灭火剂储存容器的支、框架或墙面固定。
检查数量:全数检查。
检查方法:观察检查。

5.4.4 气动驱动装置的安装应符合下列规定:
1 驱动气瓶的支、框架或箱体应固定牢靠,并做防腐处理。
2 驱动气瓶上应有标明驱动介质名称、对应防护区或保护对象名称或编号的永久性标志,并应便于观察。

5.4.5 气动驱动装置的管道安装应符合下列规定:
1 管道布置应符合设计要求。
2 竖直管道应在其始端和终端设防晃支架或采用管卡固定。
3 水平管道应采用管卡固定。管卡的间距不宜大于 0.6m。转弯处应增设 1 个管卡。
检查数量:全数检查。
检查方法:观察检查和用尺测量。

5.4.6 气动驱动装置的管道安装后应做气压严密性试验,并合格。
检查数量:全数检查。
检查方法:按本规范第 E.1 节的规定执行。

5.5 灭火剂输送管道的安装

5.5.1 灭火剂输送管道连接应符合下列规定:
1 采用螺纹连接时,管材宜采用机械切割;螺纹不得有缺纹、断纹等现象;螺纹连接的密封材料应均匀附着在管道的螺纹部分,拧紧螺纹时,不得将填料挤入管道内;安装后的螺纹根部应有 2~3 条外露螺纹;连接后,应将连接处外部清理干净并做防腐处理。
2 采用法兰连接时,衬垫不得凸入管内,其外边缘宜接近螺栓,不得放双垫或偏垫。连接法兰的螺栓,直径和长度应符合标准,拧紧后,凸出螺母的长度不应大于螺杆直径的 1/2 且保证有不少于 2 条外露螺纹。
3 已经防腐处理的无缝钢管不宜采用焊接连接,与选择阀等个别连接部位需采用法兰焊接连接时,应对被焊接损坏的防腐层进行二次防腐处理。
检查数量:外观全数检查,隐蔽处抽查。
检查方法:观察检查。

5.5.2 管道穿过墙壁、楼板处应安装套管。套管公称直径比管道公称直径至少应大 2 级,穿墙套管长度应与墙厚相等,穿楼板套管长度应高出地板 50mm。管道与套管间的空隙应采用防火封堵材料填塞密实。当管道穿越建筑物的变形缝时,应设置柔性管段。
检查数量:全数检查。
检查方法:观察检查和用尺测量。

5.5.3 管道支、吊架的安装应符合下列规定:
1 管道应固定牢靠,管道支、吊架的最大间距应符合表 5.5.3 的规定。

表 5.5.3 支、吊架之间最大间距

DN(mm)	15	20	25	32	40	50	65	80	100	150
最大间距(m)	1.5	1.8	2.1	2.4	2.7	3.0	3.4	3.7	4.3	5.2

2 管道末端应采用防晃支架固定,支架与末端喷嘴间的距离不应大于 500mm。
3 公称直径大于或等于 50mm 的主干管道,垂直方向和水平方向至少应各安装 1 个防晃支架,当穿过建筑物楼层时,每层应设 1 个防晃支架。当水平管

道改变方向时，应增设防晃支架。

　　检查数量：全数检查。

　　检查方法：观察检查和用尺测量。

5.5.4　灭火剂输送管道安装完毕后，应进行强度试验和气压严密性试验，并合格。

　　检查数量：全数检查。

　　检查方法：按本规范第E.1节的规定执行。

5.5.5　灭火剂输送管道的外表面宜涂红色油漆。

　　在吊顶内、活动地板下等隐蔽场所内的管道，可涂红色油漆色环，色环宽度不应小于50mm。每个防护区或保护对象的色环宽度应一致，间距应均匀。

　　检查数量：全数检查。

　　检查方法：观察检查。

5.6　喷嘴的安装

5.6.1　安装喷嘴时，应按设计要求逐个核对其型号、规格及喷孔方向。

　　检查数量：全数检查。

　　检查方法：观察检查。

5.6.2　安装在吊顶下的不带装饰罩的喷嘴，其连接管管端螺纹不应露出吊顶；安装在吊顶下的带装饰罩的喷嘴，其装饰罩应紧贴吊顶。

　　检查数量：全数检查。

　　检查方法：观察检查。

5.7　预制灭火系统的安装

5.7.1　柜式气体灭火装置、热气溶胶灭火装置等预制灭火系统及其控制器、声光报警器的安装位置应符合设计要求，并固定牢靠。

　　检查数量：全数检查。

　　检查方法：观察检查。

5.7.2　柜式气体灭火装置、热气溶胶灭火装置等预制灭火系统装置周围空间环境应符合设计要求。

　　检查数量：全数检查。

　　检查方法：观察检查。

5.8　控制组件的安装

5.8.1　灭火控制装置的安装应符合设计要求，防护区内火灾探测器的安装应符合现行国家标准《火灾自动报警系统施工及验收规范》GB 50166的规定。

　　检查数量：全数检查。

　　检查方法：观察检查。

5.8.2　设置在防护区处的手动、自动转换开关应安装在防护区入口便于操作的部位，安装高度为中心点距地（楼）面1.5m。

　　检查数量：全数检查。

　　检查方法：观察检查。

5.8.3　手动启动、停止按钮应安装在防护区入口便于操作的部位，安装高度为中心点距地（楼）面1.5m；防护区的声光报警装置安装应符合设计要求，并应安装牢固，不得倾斜。

　　检查数量：全数检查。

　　检查方法：观察检查。

5.8.4　气体喷放指示灯宜安装在防护区入口的正上方。

　　检查数量：全数检查。

　　检查方法：观察检查。

6　系统调试

6.1　一般规定

6.1.1　气体灭火系统的调试应在系统安装完毕，并宜在相关的火灾报警系统和开口自动关闭装置、通风机械和防火阀等联动设备的调试完成后进行。

6.1.2　气体灭火系统调试前应具备完整的技术资料，并应符合本规范第3.0.2条和第5.1.2条的规定。

6.1.3　调试前应按本规范第4章和第5章的规定检查系统组件和材料的型号、规格、数量以及系统安装质量，并应及时处理所发现的问题。

6.1.4　进行调试试验时，应采取可靠措施，确保人员和财产安全。

6.1.5　调试项目应包括模拟启动试验、模拟喷气试验和模拟切换操作试验，并应按本规范表C-4填写施工过程检查记录。

6.1.6　调试完成后应将系统各部件及联动设备恢复正常状态。

6.2　调　　试

6.2.1　调试时，应对所有防护区或保护对象按本规范第E.2节的规定进行系统手动、自动模拟启动试验，并应合格。

6.2.2　调试时，应对所有防护区或保护对象按本规范第E.3节的规定进行模拟喷气试验，并应合格。

　　柜式气体灭火装置、热气溶胶灭火装置等预制灭火系统的模拟喷气试验，宜各取1套分别按产品标准中有关联动试验的规定进行试验。

6.2.3　设有灭火剂备用量且储存容器连接在同一集流管上的系统应按本规范第E.4节的规定进行模拟切换操作试验，并应合格。

7　系统验收

7.1　一般规定

7.1.1　系统验收时，应具备下列文件：

　　1　系统验收申请报告。

2 本规范第3.0.1条列出的施工现场质量管理检查记录。

3 本规范第3.0.2条列出的技术资料。

4 竣工文件。

5 施工过程检查记录。

6 隐蔽工程验收记录。

7.1.2 系统工程验收应按本规范表D-1进行资料核查；并按本规范表D-2进行工程质量验收，验收项目有1项为不合格时判定系统为不合格。

7.1.3 系统验收合格后，应将系统恢复到正常工作状态。

7.1.4 验收合格后，应向建设单位移交本规范第3.0.7条列出的资料。

7.2 防护区或保护对象与储存装置间验收

7.2.1 防护区或保护对象的位置、用途、划分、几何尺寸、开口、通风、环境温度、可燃物的种类、防护区围护结构的耐压、耐火极限及门、窗可自行关闭装置应符合设计要求。

检查数量：全数检查。

检查方法：观察检查、测量检查。

7.2.2 防护区下列安全设施的设置应符合设计要求。

1 防护区的疏散通道、疏散指示标志和应急照明装置。

2 防护区内和入口处的声光报警装置、气体喷放指示灯、入口处的安全标志。

3 无窗或固定窗扇的地上防护区和地下防护区的排气装置。

4 门窗设有密封条的防护区的泄压装置。

5 专用的空气呼吸器或氧气呼吸器。

检查数量：全数检查。

检查方法：观察检查。

7.2.3 储存装置间的位置、通道、耐火等级、应急照明装置、火灾报警控制装置及地下储存装置间机械排风装置应符合设计要求。

检查数量：全数检查。

检查方法：观察检查、功能检查。

7.2.4 火灾报警控制装置及联动设备应符合设计要求。

检查数量：全数检查。

检查方法：观察检查、功能检查。

7.3 设备和灭火剂输送管道验收

7.3.1 灭火剂储存容器的数量、型号和规格，位置与固定方式，油漆和标志，以及灭火剂储存容器的安装质量应符合设计要求。

检查数量：全数检查。

检查方法：观察检查、测量检查。

7.3.2 储存容器内的灭火剂充装量和储存压力应符合设计要求。

检查数量：称重检查按储存容器全数（不足5个的按5个计）的20%检查；储存压力检查按储存容器全数检查；低压二氧化碳储存容器按全数检查。

检查方法：称重、液位计或压力计测量。

7.3.3 集流管的材料、规格、连接方式、布置及其泄压装置的泄压方向应符合设计要求和本规范第5.2节的有关规定。

检查数量：全数检查。

检查方法：观察检查、测量检查。

7.3.4 选择阀及信号反馈装置的数量、型号、规格、位置、标志及其安装质量，应符合设计要求和本规范第5.3节的有关规定。

检查数量：全数检查。

检查方法：观察检查、测量检查。

7.3.5 阀驱动装置的数量、型号、规格和标志，安装位置，气动驱动装置中驱动气瓶的介质名称和充装压力，以及气动驱动装置管道的规格、布置和连接方式，应符合设计要求和本规范第5.4节的有关规定。

检查数量：全数检查。

检查方法：观察检查、测量检查。

7.3.6 驱动气瓶和选择阀的机械应急手动操作处，均应有标明对应防护区或保护对象名称的永久标志。

驱动气瓶的机械应急操作装置均应设安全销并加铅封，现场手动启动按钮应有防护罩。

检查数量：全数检查。

检查方法：观察检查、测量检查。

7.3.7 灭火剂输送管道的布置与连接方式、支架和吊架的位置及间距、穿过建筑构件及其变形缝的处理、各管段和附件的型号规格以及防腐处理和涂刷油漆颜色，应符合设计要求和本规范第5.5节的有关规定。

检查数量：全数检查。

检查方法：观察检查、测量检查。

7.3.8 喷嘴的数量、型号、规格、安装位置和方向，应符合设计要求和本规范第5.6节的有关规定。

检查数量：全数检查。

检查方法：观察检查、测量检查。

7.4 系统功能验收

7.4.1 系统功能验收时，应进行模拟启动试验，并合格。

检查数量：按防护区或保护对象总数（不足5个按5个计）的20%检查。

检查方法：按本规范第E.2节的规定执行。

7.4.2 系统功能验收时，应进行模拟喷气试验，并合格。

检查数量：组合分配系统不应少于1个防护区或

保护对象，柜式气体灭火装置、热气溶胶灭火装置等预制灭火系统应各取1套。

检查方法：按本规范第E.3节或按产品标准中有关联动试验的规定执行。

7.4.3 系统功能验收时，应对设有灭火剂备用量的系统进行模拟切换操作试验，并合格。

检查数量：全数检查。

检查方法：按本规范第E.4节的规定执行。

7.4.4 系统功能验收时，应对主用、备用电源进行切换试验，并合格。

检查方法：将系统切换到备用电源，按本规范第E.2节的规定执行。

8 维 护 管 理

8.0.1 气体灭火系统投入使用时，应具备下列文件，并应有电子备份档案，永久储存。

1 系统及其主要组件的使用、维护说明书。
2 系统工作流程图和操作规程。
3 系统维护检查记录表。
4 值班员守则和运行日志。

8.0.2 气体灭火系统应由经过专门培训，并经考试合格的专职人员负责定期检查和维护。

8.0.3 应按检查类别规定对气体灭火系统进行检查，并按本规范表F做好检查记录。检查中发现的问题应及时处理。

8.0.4 与气体灭火系统配套的火灾自动报警系统的维护管理应按现行国家标准《火灾自动报警系统施工及验收规范》GB 50116执行。

8.0.5 每日应对低压二氧化碳储存装置的运行情况、储存装置间的设备状态进行检查并记录。

8.0.6 每月检查应符合下列要求：

1 低压二氧化碳灭火系统储存装置的液位计检查，灭火剂损失10%时应及时补充。
2 高压二氧化碳灭火系统、七氟丙烷管网灭火系统及IG 541灭火系统等系统的检查内容及要求应符合下列规定：

  1) 灭火剂储存容器及容器阀、单向阀、连接管、集流管、安全泄放装置、选择阀、阀驱动装置、喷嘴、信号反馈装置、检漏装置、减压装置等全部系统组件应无碰撞变形及其他机械性损伤，表面应无锈蚀，保护涂层应完好，铭牌和标志牌应清晰，手动操作装置的防护罩、铅封和安全标志应完整。
  2) 灭火剂和驱动气体储存容器内的压力，不得小于设计储存压力的90%。

3 预制灭火系统的设备状态和运行状况应正常。

8.0.7 每季度应对气体灭火系统进行1次全面检查，并应符合下列规定：

1 可燃物的种类、分布情况，防护区的开口情况，应符合设计规定。
2 储存装置间的设备、灭火剂输送管道和支、吊架的固定，应无松动。
3 连接管应无变形、裂纹及老化。必要时，送法定质量检验机构进行检测或更换。
4 各喷嘴孔口应无堵塞。
5 对高压二氧化碳储存容器逐个进行称重检查，灭火剂净重不得小于设计储存量的90%。
6 灭火剂输送管道有损伤与堵塞现象时，应按本规范第E.1节的规定进行严密性试验和吹扫。

8.0.8 每年应按本规范第E.2节的规定，对每个防护区进行1次模拟启动试验，并应按本规范第7.4.2条规定进行1次模拟喷气试验。

8.0.9 低压二氧化碳灭火剂储存容器的维护管理应按《压力容器安全技术监察规程》执行；钢瓶的维护管理应按《气瓶安全监察规程》执行。灭火剂输送管道耐压试验周期应按《压力管道安全管理与监察规定》执行。

附录A 施工现场质量管理检查记录

施工现场质量管理检查记录应由施工单位质量检查员按表A填写，监理工程师进行检查，并做出检查结论。

表A 施工现场质量管理检查记录

工程名称		施工许可证	
建设单位		项目负责人	
设计单位		项目负责人	
监理单位		项目负责人	
施工单位		项目负责人	
序号	项目	内容	
1	现场质量管理制度		
2	质量责任制		
3	主要专业工种人员操作上岗证书		
4	施工图审查情况		
5	施工组织设计、施工方案及审批		
6	施工技术标准		
7	工程质量检验制度		
8	现场材料、设备管理		
9	其他		
⋮			
施工单位项目负责人：（签章）	监理工程师：（签章）	建设单位项目负责人：（签章）	
年 月 日	年 月 日	年 月 日	

附录 B 气体灭火系统工程划分

表 B 气体灭火系统子分部工程、分项工程划分

分部工程	子分部工程	分项工程
系统工程	进场检验	材料进场检验
		系统组件进场检验
	系统安装	灭火剂储存装置的安装
		选择阀及信号反馈装置的安装
		阀驱动装置的安装
		灭火剂输送管道的安装
		喷嘴的安装
		预制灭火系统的安装
		控制组件的安装
	系统调试	模拟启动试验
		模拟喷气试验
		模拟切换操作试验
	系统验收	防护区或保护对象与储存装置间验收
		设备和灭火剂输送管道验收
		系统功能验收

附录 C 气体灭火系统施工记录

施工过程检查记录应由施工单位质量检查员按表C-1～表C-4填写,监理工程师进行检查,并做出检查结论。

表 C-1 气体灭火系统工程施工过程检查记录

工程名称			
施工单位		监理单位	
施工执行规范名称及编号		子分部工程名称	进场检验
分项工程名称	质量规定(规范条款)	施工单位检查记录	监理单位检查记录
管材、管道连接件	4.2.1		
	4.2.2		
	4.2.3		
	4.2.4		
灭火剂储存容器及容器阀、单向阀、连接管、集流营、安全泄放装置、选择阀、阀驱动装置、喷嘴、信号反馈装置、检漏装置、减压装置等系统组件	4.3.1		
	4.3.2		
	4.3.4		
灭火剂储存容器内的充装量与充装压力	4.3.3		
低压二氧化碳灭火系统储存装置、柜式气体灭火装置、热气溶胶灭火装置等预制灭火系统	4.3.5		
施工单位项目负责人:(签章)		监理工程师:(签章)	
年 月 日		年 月 日	

注:施工过程若用到其他表格,则应作为附件一并归档。

表 C-2 气体灭火系统工程施工过程检查记录

工程名称				
施工单位		监理单位		
施工执行规范名称及编号			子分部工程名称	系统安装
分项工程名称	质量规定（规范条款）	施工单位检查记录	监理单位检查记录	
灭火剂储存装置	5.2.1			
	5.2.2			
	5.2.3			
	5.2.4			
	5.2.5			
	5.2.6			
	5.2.7			
	5.2.8			
	5.2.9			
	5.2.10			
选择阀及信号反馈装置	5.3.1			
	5.3.2			
	5.3.3			
	5.3.4			
	5.3.5			
阀驱动装置	5.4.1			
	5.4.2			
	5.4.3			
	5.4.4			
	5.4.5			
	5.4.6			
灭火剂输送管道	5.5.1			
	5.5.2			
	5.5.3			
	5.5.4			
	5.5.5			
喷嘴	5.6.1			
	5.6.2			
预制灭火系统	5.7.1			
	5.7.2			
控制组件	5.8.1			
	5.8.2			
	5.8.3			
	5.8.4			
施工单位项目负责人：（签章）		监理工程师：（签章）		
年 月 日		年 月 日		

注：施工过程若用到其他表格，则应作为附件一并归档。

表 C-3 隐蔽工程验收记录

工程名称		建设单位	
设计单位		施工单位	
防护区/保护对象名称		隐蔽区域	
验收项目		验收结果	
管道、管道连接件品种、规格、尺寸及偏差、性能和质量			
管道的安装质量和涂漆			
支、吊架规格、数量和安装质量			
喷嘴的型号、规格、数量和安装质量			
施工过程检查记录			
验收结论：			
验收单位	设计单位：（公章）	项目负责人：（签章）	
		年 月 日	
	施工单位：（公章）	项目负责人：（签章）	
		年 月 日	
	监理单位：（公章）	监理工程师：（签章）	
		年 月 日	

表 C-4 气体灭火系统工程施工过程检查记录

工程名称			
施工单位		监理单位	
施工执行规范名称及编号		子分部工程名称	系统调试
分项工程名称	质量规定（规范条款）	施工单位检查记录	监理单位检查记录
模拟启动试验	6.2.1		
模拟喷气试验	6.2.2		
备用灭火剂储存容器模拟切换操作试验	6.2.3		
调试人员：（签字）			年 月 日
施工单位项目负责人：（签章）		监理工程师：（签章）	
			年 月 日

注：施工过程若用到其他表格，则应作为附件一并归档。

附录 D 气体灭火系统验收记录

气体灭火系统验收应由建设单位项目负责人组织监理工程师、施工单位项目负责人和设计单位项目负责人等进行，并按表 D-1、表 D-2 记录。

表 D-1 气体灭火系统工程质量控制资料核查记录

工程名称		施工单位		
序号	资料名称	资料数量	核查结果	核查人
1	经批准的施工图、设计说明书及设计变更通知书			
	竣工图等其他文件			
2	成套装置与灭火剂储存容器及容器阀、单向阀、连接管、集流管、安全泄放装置、选择阀、阀驱动装置、喷嘴、信号反馈装置、检漏装置、减压装置等系统组件，灭火剂输送管道及管道连接件的产品出厂合格证和市场准入制度要求的有效证明文件			
	系统及其主要组件的使用、维护说明书			
3	施工过程检查记录，隐蔽工程验收记录			

核查结论：

验收单位	设计单位	施工单位	监理单位	建设单位
	（公章）项目负责人：（签章）	（公章）项目负责人：（签章）	（公章）监理工程师：（签章）	（公章）项目负责人：（签章）
	年 月 日	年 月 日	年 月 日	年 月 日

表 D-2 气体灭火系统工程质量验收记录

工程名称			
施工单位		监理单位	
施工执行规范名称及编号		子分部工程名称	系统验收
分项工程名称	质量规定（规范条款）	验收内容记录	验收评定结果
防护区或保护对象与储存装置间验收	7.2.1		
	7.2.2		
	7.2.3		
	7.2.4		
设备和灭火剂输送管道验收	7.3.1		
	7.3.2		
	7.3.3		
	7.3.4		
	7.3.5		
	7.3.6		
	7.3.7		
	7.3.8		
系统功能验收	7.4.1		
	7.4.2		
	7.4.3		
	7.4.4		

验收结论：

验收单位	设计单位	施工单位	监理单位	建设单位
	（公章）项目负责人：（签章）	（公章）项目负责人：（签章）	（公章）监理工程师：（签章）	（公章）项目负责人：（签章）
	年 月 日	年 月 日	年 月 日	年 月 日

附录 E 试验方法

E.1 管道强度试验和气密性试验方法

E.1.1 水压强度试验压力应按下列规定取值：

1 对高压二氧化碳灭火系统，应取 15.0MPa；对低压二氧化碳灭火系统，应取 4.0 MPa。

2 对 IG 541 混合气体灭火系统，应取 13.0MPa。

3 对卤代烷 1301 灭火系统和七氟丙烷灭火系统，应取 1.5 倍系统最大工作压力，系统最大工作压力可按表 E 取值。

E.1.2 进行水压强度试验时，以不大于 0.5 MPa/s 的升压速率缓慢升压至试验压力，保压 5min，检查管道各处无渗漏、无变形为合格。

E.1.3 当水压强度试验条件不具备时，可采用气压强度试验代替。气压强度试验压力取值：二氧化碳灭火系统取 80% 水压强度试验压力，IG 541 混合气体灭火系统取 10.5 MPa，卤代烷 1301 灭火系统和七氟丙烷灭火系统取 1.15 倍最大工作压力。

E.1.4 气压强度试验应遵守下列规定：

试验前，必须用加压介质进行预试验，预试压力宜为 0.2 MPa。

试验时，应逐步缓慢增加压力，当压力升至试验压力的 50% 时，如未发现异状或泄漏，继续按试验压力的 10% 逐级升压，每级稳压 3min，直至试验压力。保压检查管道各处无变形、无泄漏为合格。

E.1.5 灭火剂输送管道经水压强度试验合格后还应进行气密性试验，经气压强度试验合格且在试验后未拆卸过的管道可不进行气密性试验。

E.1.6 灭火剂输送管道在水压强度试验合格后，或气密性试验前，应进行吹扫。吹扫管道可采用压缩空气或氮气，吹扫时，管道末端的气体流速不应小于 20m/s，采用白布检查，直至无铁锈、尘土、水渍及其他异物出现。

E.1.7 气密性试验压力应按下列规定取值：

1 对灭火剂输送管道，应取水压强度试验压力的 2/3。

2 对气动管道，应取驱动气体储存压力。

E.1.8 进行气密性试验时，应以不大于 0.5 MPa/s 的升压速率缓慢升压至试验压力，关断试验气源 3min 内压力降不超过试验压力的 10% 为合格。

E.1.9 气压强度试验和气密性试验必须采取有效的安全措施。加压介质可采用空气或氮气。气动管道试验时应采取防止误喷射的措施。

表 E 系统储存压力、最大工作压力

系统类别	最大充装密度 (kg/m^3)	储存压力 (MPa)	最大工作压力 (MPa)（50℃时）
混合气体 (IG 541) 灭火系统	—	15.0	17.2
	—	20.0	23.2
卤代烷 1301 灭火系统	1125	2.50	3.93
		4.20	5.80
七氟丙烷灭火系统	1150	2.5	4.2
	1120	4.2	6.7
	1000	5.6	7.2

E.2 模拟启动试验方法

E.2.1 手动模拟启动试验可按下述方法进行：

按下手动启动按钮，观察相关动作信号及联动设备动作是否正常（如发出声、光报警，启动输出端的负载响应，关闭通风空调、防火阀等）。

人工使压力信号反馈装置动作，观察相关防护区门外的气体喷放指示灯是否正常。

E.2.2 自动模拟启动试验可按下述方法进行：

1 将灭火控制器的启动输出端与灭火系统相应防护区驱动装置连接。驱动装置应与阀门的动作机构脱离。也可以用一个启动电压、电流与驱动装置的启动电压、电流相同的负载代替。

2 人工模拟火警使防护区内任意一个火灾探测器动作，观察单一火警信号输出后，相关报警设备动作是否正常（如警铃、蜂鸣器发出报警声等）。

3 人工模拟火警使该防护区内另一个火灾探测器动作，观察复合火警信号输出后，相关动作信号及联动设备动作是否正常（如发出声、光报警，启动输出端的负载，关闭通风空调、防火阀等）。

E.2.3 模拟启动试验结果应符合下列规定：

1 延迟时间与设定时间相符，响应时间满足要求。

2 有关声、光报警信号正确。

3 联动设备动作正确。

4 驱动装置动作可靠。

E.3 模拟喷气试验方法

E.3.1 模拟喷气试验的条件应符合下列规定：

1 IG 541 混合气体灭火系统及高压二氧化碳灭火系统应采用其充装的灭火剂进行模拟喷气试验。试验采用的储存容器数应为选定试验的防护区

或保护对象设计用量所需容器总数的5%,且不得少于1个。

2 低压二氧化碳灭火系统应采用二氧化碳灭火剂进行模拟喷气试验。试验应选定输送管道最长的防护区或保护对象进行,喷放量不应小于设计用量的10%。

3 卤代烷灭火系统模拟喷气试验不应采用卤代烷灭火剂,宜采用氮气,也可采用压缩空气。氮气或压缩空气储存容器与被试验的防护区或保护对象用的灭火剂储存容器的结构、型号、规格应相同,连接与控制方式应一致,氮气或压缩空气的充装压力按设计要求执行。氮气或压缩空气储存容器数不应少于灭火剂储存容器数的20%,且不得少于1个。

4 模拟喷气试验宜采用自动启动方式。

E.3.2 模拟喷气试验结果应符合下列规定:

1 延迟时间与设定时间相符,响应时间满足要求。

2 有关声、光报警信号正确。

3 有关控制阀门工作正常。

4 信号反馈装置动作后,气体防护区门外的气体喷放指示灯应工作正常。

5 储存容器间内的设备和对应防护区或保护对象的灭火剂输送管道无明显晃动和机械性损坏。

6 试验气体能喷入被试防护区内或保护对象上,且应能从每个喷嘴喷出。

E.4 模拟切换操作试验方法

E.4.1 按使用说明书的操作方法,将系统使用状态从主用量灭火剂储存容器切换为备用量灭火剂储存容器的使用状态。

E.4.2 按本规范第 E.3.1 条的方法进行模拟喷气试验。

E.4.3 试验结果应符合本规范第 E.3.2 条的规定。

附录 F 气体灭火系统维护检查记录

表 F 气体灭火系统维护检查记录

使用单位	
防护区/保护对象	
维护检查执行的规范名称及编号	
检查类别(日检、季检、年检)	

检查日期	检查项目	检查情况	故障原因及处理情况	检查人员签字

备注	

本规范用词说明

1 为便于在执行本规范条文时区别对待,对要求严格程度不同的用词说明如下:

1)表示很严格,非这样做不可的用词:
   正面词采用"必须",反面词采用"严禁"。

2)表示严格,在正常情况下均应这样做的用词:
   正面词采用"应",反面词采用"不应"或"不得"。

3)表示允许稍有选择,在条件许可时首先应这样做的用词:
   正面词采用"宜",反面词采用"不宜"。

   表示有选择,在一定条件下可以这样做的用词,采用"可"。

2 本规范中指明应按其他有关标准、规范执行的写法为"应符合……的规定"或"应按……执行"。

中华人民共和国国家标准

气体灭火系统施工及验收规范

GB 50263—2007

条 文 说 明

目　次

3　基本规定 ································ 12—18
4　进场检验 ································ 12—18
　4.1　一般规定 ·························· 12—18
　4.2　材料 ································ 12—18
　4.3　系统组件 ·························· 12—18
5　系统安装 ································ 12—19
　5.1　一般规定 ·························· 12—19
　5.2　灭火剂储存装置的安装 ········ 12—19
　5.3　选择阀及信号反馈装置的安装 ··· 12—19
　5.4　阀驱动装置的安装 ··············· 12—19
　5.5　灭火剂输送管道的安装 ········ 12—20
　5.6　喷嘴的安装 ························ 12—20
　5.7　预制灭火系统的安装 ··········· 12—20
　5.8　控制组件的安装 ·················· 12—20
6　系统调试 ································ 12—20
　6.1　一般规定 ·························· 12—20
　6.2　调试 ································ 12—21
7　系统验收 ································ 12—21
　7.1　一般规定 ·························· 12—21
　7.2　防护区或保护对象与储存
　　　装置间验收 ······················· 12—21
　7.3　设备和灭火剂输送管道验收 ··· 12—21
　7.4　系统功能验收 ···················· 12—22
8　维护管理 ································ 12—22

3 基本规定

3.0.1 新增条文。为贯彻《建设工程质量管理条例》和实施"市场准入制度",故规定了从事气体灭火系统工程施工及验收应具备的条件和质量管理应具备的标准、规章制度。

3.0.2 是对原规范第 2.1.1 条、第 2.1.2 条的进一步完善,并增加了新内容。本条符合《消防法》和《建设工程质量管理条例》精神,多年实践证明可行。

其中,成套装置指低压二氧化碳灭火系统储存装置及柜式气体灭火装置、热气溶胶灭火装置等预制灭火系统,不能复验的产品指安全膜片等。

给水、供电、供气条件是施工作业的起码条件;技术交底是保证正确施工的关键;系统组件和材料是系统的组成;防护区等设置条件是设计的依据;基建条件还包括基础、泄压孔、防护区严密性,等等。

3.0.4 新增条文。本条规定了气体灭火系统工程施工质量控制的基本要求,其中施工过程检查包括材料及系统组件进场检验、包括隐蔽工程验收在内的设备安装各工序检查、系统调试试验,特别强调了工序检查和工种交接认可。这些要求是保证工程质量所必需的。

3.0.5 新增条文。本条规定了系统工程验收程序、组织及合格评定,验收检测采用的计量器具要求,以及验收合格后应做的工作。

3.0.6 新增条文。本条规定了气体灭火系统工程施工质量合格的标准,其中包括施工过程各工序质量、质量控制资料、工程质量、系统工程验收,这些涵盖了施工全过程。

3.0.7 新增条文。本条规定了系统工程验收合格后应提供的文件、资料,这是确保工程质量和建立工程档案所必需的。为日后查对提供方便。

3.0.8 新增条文。本条规定了气体灭火系统工程施工质量不符合要求时的处理办法,这是施工过程中会遇到的问题。其中返工针对工序工艺,更换系统组件、成套装置针对系统组成硬件,从这两方面着手能把问题解决、通过验收;否则不予验收,以保证工程质量。

4 进场检验

4.1 一般规定

4.1.1 新增条文。此条明确规定了气体灭火系统安装施工过程中需要填写的施工质量检查记录,以便建立统一格式的完整档案。

4.1.2 新增条文。加倍抽样是产品抽样的例行做法。

4.2 材料

4.2.1 新增条文。本条规定了材料进入市场时应具备的质量有效证明文件,灭火剂输送管道应提供相应规格的质量合格证、力学性能及材质检验报告。管道连接件则应提供相应制造单位出具的检验合格报告,其中应包括水压强度试验、气压严密性试验等内容。

4.2.2 新增条文。本条规定了材料进场时的外观质量检查要求。气体灭火系统喷放时,管道及管道连接件承受的压力较高,这些要求是保证管网的耐压强度、严密性能和耐腐蚀性能所必需的。

4.2.3 新增条文。本条规定了材料进场时的验收检测要求。条文中给出了检测时的抽查数量,使条文具有可操作性,且通过实践证明能达到检测的需要和目的。

4.2.4 新增条文。本条规定了材料需要复检的具体情况,并给出处理办法。具体检测内容视设计要求和质疑点而定。

4.3 系统组件

4.3.1 对原规范第 2.2.1 条的进一步完善。本条规定了系统组件进场时的外观质量检查要求及方法。

铭牌及其内容是由生产厂封贴标注的,它真实地反映了产品的规格、型号、生产日期、主要物理参数等,是施工单位和消防监督机构进行核查、用户进行日常维护检查的依据,应清晰明白。

对规格相同的灭火剂储存容器和驱动气体储存容器的高度偏差规定,除考虑到安装美观外,更重要的是选用高度一致的容器可以减小容器容积和灭火剂充装率的误差。

4.3.2 新增条文。本条第 1 款规定了系统组件进场时应核查其产品的出厂合格证和由相应市场准入制度要求的法定机构——目前是国家质量监督检验中心——出具的有效证明文件。鉴于目前施工单位很少做试验检验,现场做组件水压试验确实也有一定困难,这里不要求试验检验,只要求核查书面证明。本条第 2 款是第 1 款的补充。

4.3.3 对原规范第 2.2.2 条的进一步完善。本条规定了对灭火剂储存容器的充装量、充装压力、充装系数或装量系数的要求。气体灭火剂的充装量和充装压力是通过管道流体计算后确定的。这两者的变化将直接影响到管道的计算结果,如喷嘴的孔径和管道的管径。通常充装压力和充装量小于设计值则会影响灭火效果,会降低喷嘴入口的工作压力,延长喷射时间;反之,也会因扩容压力损失太快,影响喷射强度和时间。另外,灭火剂充装压力、充装系数或装量系数还涉及安全问题。

IG 541 和七氟丙烷系统储存压力随温度变化参考值见表1。二氧化碳灭火剂的泄漏从储存压力上反映不出来，故没在表中给出。高压二氧化碳系统可借助称重检查泄漏，低压二氧化碳系统可借助液位计或称重检查泄漏。

表1 IG 541 和七氟丙烷系统储存压力随温度变化参考值

储存温度（℃）		0	10	20	30	40	50
储存压力（MPa）	IG 541	15.0	13.5	14.3	15.0	15.7	16.5	17.2
	七氟丙烷	2.5	1.88	1.93	2.16	2.45	3.02	4.2
		4.2	3.74	3.86	4.30	4.93	5.94	6.7
		5.6	4.73	4.81	5.33	6.04	7.06	8.25

注：1 IG 541 为计算值。
  2 七氟丙烷为实测值，由国家固定灭火系统和耐火构件质量监督检验中心提供。
  测试方法为：在23℃环境温度下，取容积为4L的储瓶。首先，对2.5、4.2和5.6MPa储存压力分别以1150、1120kg/m³和1040kg/m³充装密度充装灭火剂，充压到预定压力。然后，使储瓶温度降到0℃，再逐步升温，每升10℃测一次压力值，分别得出表中数值。这里，由于增压气体溶解于灭火剂，储存压力值有变化。

4.3.4 原规范第2.2.4条。本条规定了对阀驱动装置的要求，根据设计规范，气体灭火系统灭火剂储存容器的容器阀可采用气动型驱动装置、电磁型驱动装置和机械型驱动装置控制。

鉴于引爆型驱动装置以火药作驱动力，其瞬间压力大，不易计算，易发生事故，固定式灭火系统用得不多，故本规范不予考虑。

4.3.5 新增条文。目前的产品标准有《低压二氧化碳灭火系统及部件》GB 19572、《柜式气体灭火装置》GB 16670、《气溶胶灭火系统 第1部分：热气溶胶灭火装置》GA 499.1等。外观质量可参照本规范第4.3.1条进行检查。

5 系统安装

5.1 一般规定

5.1.1 新增条文。施工过程中的各种检查记录，特别是隐蔽工程的质量检查记录，是保证施工质量的重要环节，是工程质量档案的重要组成部分。此条明确规定了气体灭火系统安装施工过程中需要填写的施工质量检查记录。

5.1.2 对原规范第3.1.3条的修改。删除集流管制作，因其是组件，不能现场制作，连带也删除了原规范第3.3.2条和原规范第3.3.3条。删除了高压软管安装、支架制作、管道吹扫和试验，因本规范对此有规定。对《工业金属管道工程施工及验收规范》GB 50235的引用包括不同材料的加工方法、切口质量、垫片质量、涂漆工艺等。

5.2 灭火剂储存装置的安装

5.2.2 新增条文。气体灭火系统由于储存高压气体，特别是IG 541混合气体灭火系统等，为人员安全，故作此规定。

5.2.3 对原规范第3.2.3条的进一步完善。此条规定是为了方便灭火系统的日常检查和维护保养。

5.2.4 原规范第3.2.4条。储存容器在释放时会受到高速流体冲击而发生振动、摇晃等，因此，在安装时应将储存容器固定牢靠。

5.2.5 原规范第3.2.5条。储存容器的表面涂层习惯为红色。此条规定为检查、复位、维护记录提供方便。

5.2.6 原规范第3.3.4条。保持内腔清洁是为防止异物进入管网堵塞喷嘴。

5.2.7 原规范第3.3.7条。防止泄压时气流冲向操作人员或现场工作人员，保证操作人员或现场工作人员的安全。

5.2.9 原规范第3.3.5条。集流管在灭火剂喷放时也会发生冲击、振动、摇晃等，因此，在安装时应将集流管固定牢靠。

5.2.10 原规范第3.3.6条。气体灭火系统管道的表面涂层习惯为红色。

5.3 选择阀及信号反馈装置的安装

5.3.1 原规范第3.4.1条。气体灭火系统的选择阀都带有机械应急操作手柄。将操作手柄安装在操作面一侧，且安装高度不超过1.7m，是为了保证在系统采用机械应急操作启动时，方便快捷。

5.3.2 原规范第3.4.2条。本条规定是为了方便选择阀的安装以及以后的维护检修。

5.3.4 原规范第3.4.3条。每个选择阀对应一个防护区或保护对象，灭火操作时，将打开发生火灾的防护区或保护对象对应的选择阀实施灭火，为防止机械应急操作时误操作，故作此规定。

5.4 阀驱动装置的安装

5.4.1 原规范第3.5.2条。拉索式机械驱动装置是通过拉索控制灭火剂释放的远程手动装置。拉索式机械驱动装置通常安装在防护区外，一般是在防护区门口，与电气启动/停止按钮设于同一处。此条规定是为了提高灭火系统的可靠性，防止误动作。

5.4.2 原规范第3.5.3条。本条规定与产品标准《气体灭火系统及零部件性能要求和试验方法》GA 400—2002第5.11.4.2条要求相同，以保证其动作的可靠性。

5.4.3 原规范第3.5.1条。本条的要求可使布线整齐美观，不易损坏。

5.4.4 原规范第3.5.4条。驱动气瓶在释放时会受到高速气流的冲击而发生振动、摇晃等，因此，在安装时应将驱动气瓶固定牢靠。通常每个驱动气瓶对应启动一个防护区的选择阀及容器阀，正确、清晰的标志可避免操作人员误操作。

5.4.6 原规范第3.5.6条。通常气动驱动装置的出口与灭火剂储存容器的容器阀及防护区或保护对象的选择阀直接相连，若有泄漏，驱动气体的压力有可能低于打开选择阀和容器阀所需的压力，导致打不开选择阀和容器阀。故需要在安装后做气压严密性试验。

5.5 灭火剂输送管道的安装

5.5.1 对原规范第3.6.1条的扩充。本条要求依据征求意见结果并参照《建筑给水排水及采暖工程施工质量验收规范》GB 50242—2002 第3.3.15条制定。在实际工程中，经常需要在现场进行焊接，特别是带法兰的弯头，如不对其进行防腐处理，则以后焊接处将最先被腐蚀，故本条要求安装前应对焊接部位进行防腐处理。

5.5.2 对原规范第3.6.2条的进一步完善。气体灭火系统的管道直接与墙壁或楼板接触，容易发生腐蚀，影响气体灭火系统的安全，同时也不便于维修。故本条要求管道穿过墙壁、楼板处应安装套管。本条参照《工业金属管道工程施工及验收规范》GB 50235—97 第6.3.19条制定。并依据征求意见结果取套管公称直径比管道公称直径至少应大2级。

5.5.3 对原规范第3.6.3条的修改。表5.5.3参照英国标准《室内灭火装置和设备·pt4·二氧化碳灭火系统规范》BS 5306：pt4：1986 第41.3条制定。由于气体灭火系统在喷放时有冲击、振动和摇晃，加上自身的重量较大，故管道应该用支吊架进行固定。

5.5.4 原规范第3.7.1条。对试验方法第E.1节说明如下：

第E.1.1条，第1款依据《二氧化碳灭火系统设计规范》GB 50193—93（1999年版）第5.3.1条；第2款依据水压强度试验压力取气压强度试验压力的1.25倍得出；第3款依据产品标准《气体灭火系统及零部件性能要求和试验方法》GA 400—2002 第5.15.3条。

第E.1.2条依据《气体灭火系统及零部件性能要求和试验方法》GA 400—2002 第6.2条。

第E.1.3条，用气压强度试验代替水压强度试验依据原规范第3.7.3条。二氧化碳灭火系统试验压力取值依据原规范第3.7.3条；IG 541混合气体灭火系统气压试验压力取值依据目前对储存压力为15MPa的系统取10.5 MPa的实践；卤代烷1301灭火系统和七氟丙烷灭火系统气压强度试验压力取值系数依据《工业金属管道工程施工及验收规范》GB 50235—97 第7.5.4条。

第E.1.4条依据《工业金属管道工程施工及验收规范》GB 50235—97 第7.5.4条和原规范第3.7.4条。

第E.1.5条依据《工业金属管道工程施工及验收规范》GB 50235—97 第7.5.5条。

第E.1.6条依据原规范第3.7.6条。

第E.1.7条，第1款依据原规范第3.7.5条；第2款依据原规范第3.5.6条。

第E.1.8条依据《气体灭火系统及零部件性能要求和试验方法》GA 400—2002 第6.3条和原规范第3.7.5条。

第E.1.9条依据原规范第3.7.3条、第3.7.5条和《气体灭火系统及零部件性能要求和试验方法》GA 400—2002 第6.3条。

气压强度试验或气密性试验时，选择阀上、下游可同时试验，从而可查出选择阀连接处泄漏问题。

5.5.5 对原规范第3.7.7条的进一步完善，依据征求意见结果增加色环规定。气体灭火系统管道的表面涂层习惯为红色，以区别于其他管道。

5.6 喷嘴的安装

5.6.1 原规范第3.8.2条。喷嘴是气体灭火系统中控制灭火剂流速并保证灭火剂均匀分布的重要部件，由于喷头的结构形式相似，规格较多，安装时应核对清楚。

5.7 预制灭火系统的安装

5.7.1 新增条文。预制灭火系统在喷放时，要产生冲击和震动，所以应将其固定牢靠；另外，为防止这些灭火装置被任意移动也应固定牢靠。

5.7.2 新增条文。满足设备周围空间环境要求是保证系统性能和可靠灭火的条件，同时也方便维护工作。

5.8 控制组件的安装

5.8.2～5.8.4 新增条文。由于《火灾自动报警系统施工及验收规范》GB 50166—92对手动与自动转换开关、手动启动与停止按钮、防护区的声光报警装置、气体喷放指示灯等安装技术要求未作出规定，为便于这些组件的安装，故本规范提出安装技术要求。

6 系统调试

6.1 一般规定

6.1.1 原规范第4.1.1条。本条明确了调试程序，有利于调试工作顺利进行。

6.1.2 原规范第4.1.2条。气体灭火系统调试是保证系统能正常工作的重要步骤。技术资料的完整、准确是完成该项工作的必要条件。

6.1.3 原规范第4.1.4条。为了确保气体灭火系统调试工作顺利进行,本条规定调试前应再一次对系统组件、材料以及安装质量进行检查,并应及时处理发现的问题。

6.1.5 新增条文。本条规定了调试内容和记录格式。

6.2 调 试

6.2.1 新增条文。模拟启动试验的目的在于检测控制系统的动作正确性和可靠性,从而保证控制系统能起到预期作用。

第 E.2 节是对原规范第 5.4.2 条的完善,是控制系统应满足的功能。

6.2.2 对原规范第4.2.1的扩充。模拟喷气试验的目的在于检测灭火系统的动作可靠性和管道连接正确性,也是一次实战演习,从而保证灭火系统能起到预期作用。

第 E.3 节是对原规范第4.2.3条和第4.2.4条的完善,规定的试验容器数量是根据目前工程实践确定的。

柜式气体灭火装置、热气溶胶灭火装置等预制灭火系统有合格证,没做现场组装,可不做检查;但从灭火可靠性考虑,建议做联动试验。

6.2.3 原规范第4.2.1条。第 E.4 节是对原规范第4.2.5条的改写。进行模拟切换操作试验的目的在于检查备用量灭火剂储存容器管道连接和系统操作装置的正确性、可靠性,从而保证该系统能起到预期作用。

7 系统验收

7.1 一般规定

7.1.1 对原规范第5.1.2条的进一步完善。本条规定了工程竣工后验收前所应具备的全部技术资料。

7.1.2 对原规范第5.1.3条的改写,增加了资料核查内容。资料核查是实施《建设工程质量管理条例》第17条,建立完善的技术档案的基本条件;工程质量验收是对施工质量的全面考核。

7.2 防护区或保护对象与储存装置间验收

7.2.1 原规范第5.2.1条,根据征求意见结果,补充对防护区维护结构的耐压、耐火极限及门窗可自行关闭装置的检查。

本条规定了对防护区或保护对象验收的内容、方法及数量。

7.2.2 原规范第5.2.2条。本条规定了防护区安全设施验收的内容、方法及数量;关系到人员安全。

7.2.3 原规范第5.2.3条。本条规定了对储存装置间验收的内容、方法及数量,是根据我国现行的气体灭火系统设计规范制定的。储存装置间的位置将影响系统的结构,我国目前一些工程设计中已确定好储存装置间的位置,但施工时往往变动,使得灭火剂输送管道也随之变化,因此在系统工程验收时,应进行检查。

通道、耐火等级、应急照明及地下储存装置间机械排风装置等要求,关系到人员安全,应予重视,故列入系统工程验收内容。需要指出,火灾报警控制装置包括设在防护区门口的手动控制器、设在储存装置间的灭火控制盘和设在消防中心的显示控制器等。

7.2.4 新增条文。本条规定了与灭火系统配套的火灾报警、灭火控制装置、其他联动设备的验收要求、方法和数量。火灾报警控制装置能否正常工作关系到系统能否启动,空调、送风、防排烟系统等联动设备直接影响灭火效能。

7.3 设备和灭火剂输送管道验收

7.3.1 原规范第5.3.1条。本条规定了对灭火剂储存容器的相关技术参数及安装质量进行验收的方法、数量。

7.3.2 对原规范第5.3.2条的补充。本条规定了对灭火剂充装量和储存压力检查的方法、数量;储存容器内灭火剂充装量及误差应符合设计要求。

高压二氧化碳灭火系统的泄漏反映为失重,可称重检查;低压二氧化碳灭火系统的泄漏反映为液位下降,可液位检查;IG 541 等惰性气体灭火系统泄漏反映为压力下降,可压力计检查;七氟丙烷等卤代烷灭火系统泄漏反映为压力下降和失重,可压力计检查和称重检查。

7.3.3 原规范第5.3.3条。本条规定了对集流管验收检查的有关项目。

7.3.4 原规范第5.3.5条。本条规定了检查与选择阀及信号反馈装置有关的技术参数的方法;需特别注意选择阀的安装位置不宜过高,其手动操作点距地面的高度不宜超过1.7m。

7.3.5 原规范第5.3.4条。本条规定了检查与驱动装置有关的技术参数的方法。在执行本条规定时注意的事项有:一是阀驱动装置包括系统中选择阀和容器阀的驱动装置;二是阀驱动装置有机械驱动、电磁驱动和气动驱动,其检查和安装要求在本规范第4、5章中已作出规定。

7.3.7 原规范第5.3.7条。本条规定了对管道安装质量检查的方法及数量。确定以上项目是否合格,是确定管道施工质量是否合格的重要内容。管道施工质量将影响气体灭火系统使用效果和使用寿命。

7.3.8 原规范第5.3.8条。本条规定了检查与喷嘴有关的技术参数的方法。气体灭火系统的喷嘴是系统中较为重要和技术要求较高的组件,其主要功能是控制灭火剂的喷射速率及分布状况。因此,喷嘴的数量、型号、规格、安装位置和方向等均对灭火剂的喷射性能甚至能否扑灭火灾有重要作用,在系统工程验收时,应对这些项目重新检查确认,以防产生差错。

7.4 系统功能验收

7.4.1 原规范第5.4.1条第1款。本规范第6.2.1条已按防护区或保护对象全数进行了模拟启动试验,这里采取抽样方法检查。

7.4.2 对原规范第5.4.1条第2款的扩充。本规范第6.2.2条已按防护区或保护对象全数进行了模拟喷气试验,这里采取抽样方法检查。

8 维护管理

8.0.1 对原规范第5.5.2条的改写。本条规定了系统维护管理应具备的文件资料;为了搞好检查、维护工作,管理人员应熟悉系统的性能、构造和检查维护方法,才能完成所承担的工作。

为了保持系统的正常工作状态,在需要灭火时能合理、有效地进行各种操作,应预先制定系统的操作规程。

8.0.2 原规范第5.5.1条。本条规定了专职消防人员上岗制度;检查、维护是气体灭火系统能否发挥正常作用的关键,因此,应不断维护。气体灭火系统结构较为复杂,又属中、高压系统,其检查维护人员应具有一定的基本技术和专业知识,并经专门培训才能胜任。

8.0.3 原规范第5.5.3条。本条规定是根据气体灭火系统的结构特点、产品维护使用要求确定的;该项检查宜由专业厂商进行。

8.0.5 新增条文。本条参照美国标准《二氧化碳灭火系统标准》NFPA 12-2000 §1-11.3.3制定。

8.0.6 对原规范第5.5.4条的进一步完善。本条规定了月检应进行的内容及达到的标准,主要是用目测法对系统外观进行检查。

8.0.7 对原规范第5.5.5条的进一步完善。本条规定了季度检应对系统进行除模拟喷气试验外的全面检查,参照国外标准并结合工程实践制定。

8.0.8 新增条文。本条参照美国标准《二氧化碳灭火系统标准》NFPA 12-2000 §1-11.3.2制定。规定了年检时应进行的工作。

8.0.9 新增条文。依据征求意见结果增加。

中华人民共和国国家标准

工业炉砌筑工程质量验收规范

Code for quality inspection and acceptance of industrial furnaces building

GB 50309—2007

主编部门：中国冶金建设协会
批准部门：中华人民共和国建设部
施行日期：2008年4月1日

中华人民共和国建设部
公 告

第 737 号

建设部关于发布国家标准
《工业炉砌筑工程质量验收规范》的公告

现批准《工业炉砌筑工程质量验收规范》为国家标准，编号为 GB 50309—2007，自 2008 年 4 月 1 日起实施。其中，第 3.3.3、4.1.4、7.3.3、7.4.3、7.5.3、10.1.4、10.1.5、15.1.6 条为强制性条文，必须严格执行。原《工业炉砌筑工程质量检验评定标准》GB 50309—92 同时废止。

本规范由建设部标准定额研究所组织中国计划出版社出版发行。

中华人民共和国建设部
二〇〇七年十月二十三日

前 言

本规范是根据建设部《关于印发"二〇〇四年工程建设国家标准制订、修订计划"的通知》（建标〔2004〕67 号）的要求，由武汉冶金建筑研究院会同冶金、有色、金属、化工、建材、机械等行业所属有关单位，对《工业炉砌筑工程质量检验评定标准》GB 50309—92（以下简称原标准）进行修订而成。

在修订过程中，编制组认真总结了近十年来工业炉砌筑工程设计、施工、科研和生产使用等方面的经验，广泛征求全国有关单位意见，结合我国工程质量检验的发展趋势，并根据建设部关于工程建设标准的编写规定进行修订。

本规范共分 17 章，其中前 5 章是通用部分，包括各种工业炉工程质量验收的共同规定；其余各章为所列各专业炉砌筑工程质量验收的特殊要求。各工业部门中未列入本规范专门章节的工业炉，可按本规范的通用部分进行质量验收。

这次修订的主要内容有：

1. 本规范名称由原"工业炉砌筑工程质量检验评定标准"改为现用名称。取消质量等级的评定，同时取消"工程观感质量评定"的内容，提供判断工程质量是否通过验收的规定。

2. 为使质量验收更加细化，突出过程质量控制，有利于整个工程的质量控制，本规范增加新的检验层次——"检验批"。并将原标准中的"保证项目"改为"主控项目"，"基本项目"改为"一般项目"，"允许误差项目"合并进"一般项目"。

3. 配合现行国家标准《工业炉砌筑工程施工及验收规范》GB 50211—2004（以下简称施工规范）的内容，同时结合实际施工的要求，在第 3 章中增加"管道"一节。

4. 为体现与施工规范修订口径一致，不再推荐现场调制泥浆，有关内容予以修订。"不定形耐火材料"章节中删除工地自配不定形耐火材料的相关内容，并新增第 5 章"耐火陶瓷纤维"。

5. "焦炉和熄焦罐"一章更名为"焦炉及干熄焦设备"，并对原条文进行大幅度的修订。新增内容较多，反映了我国干熄焦设备砌筑的现代技术水准。

6. 炼钢炉一章新增"RH 精炼炉"一节，补充了 RH 精炼炉砌体质量验收的相关内容。

7. 为了与施工规范内容相适应，本次修订将加热炉章节中的均热炉和加热炉分别单独成节编写，并新增加环形加热炉有关质量验收的内容。

8. 重有色炉增加了回转熔炼炉、艾萨炉各一节，取消鼓风炉一节。

9. 原标准第十三章包括隧道窑、倒焰窑和回转窑。因近十年来建材工业生产和技术发展很快，故将回转窑单列一章。倒焰窑因节能和环保原因被列为行业限建项目，结构也不太复杂，本次修订予以取消。同时增加陶瓷工业主体设备——"辊道窑"一节。

10. 近年来城市煤气部门大多以焦炉煤气、天然气和石油液化气作为能源的主要来源，很少再新建连续式直立炉，而且其结构和材料均与焦炉相近。因此本次修订将该章节予以取消。

本规范以黑体字标志的条文为强制性条文，必须严格执行。

本规范由建设部负责管理和对强制性条文的解释，由武汉冶金建筑研究院负责具体技术内容的解释。各单位在执行本规范过程中，如发现需要修改和补充之处，请将意见和有关资料寄交武汉冶金建筑研究院规范管理组（地址：湖北省武汉市青山区和平大道1256号，邮政编码：430081），以供今后修订时参考。

本规范主编单位、参编单位和主要起草人：

主 编 单 位：武汉冶金建筑研究院
参 编 单 位：中国第一冶金建设公司
　　　　　　上海宝冶建设工业炉工程技术有限公司
　　　　　　中国第五冶金建设公司
　　　　　　中国第二十二冶金建设公司
　　　　　　宝钢股份宝钢分公司
　　　　　　武钢精鼎工业炉有限公司
　　　　　　南昌有色冶金设计研究院
　　　　　　景德镇陶瓷学院
　　　　　　中国第七冶金建设公司
　　　　　　大冶有色金属公司
　　　　　　北京瑞泰高温材料科技股份有限公司
　　　　　　天津金耐达筑炉衬里有限公司
　　　　　　中国建材国际工程公司
　　　　　　机械工业第五设计研究院
　　　　　　全国化工工业炉设计技术中心站
　　　　　　中国第十九冶金建设公司
　　　　　　焦作市宏达耐火材料有限公司
　　　　　　巩义市金岭耐火材料有限公司

主要起草人：谢朝晖　胡孝成　李世耀　孙怀平
　　　　　　袁海松　许嘉庆　白明根　李国庆
　　　　　　黄志球　姜　华　张和平　刘红浪
　　　　　　范江民　石永红　冯　青　汪和平
　　　　　　刘成西　张传望　舒旭波　戴兰生
　　　　　　金烈火　苏延秋　王宗伟　康　建
　　　　　　郑步东　任　杰　彭　艳

目　次

1 总则 ··· 13—5
2 质量验收的划分、程序及组织 ············· 13—5
　2.1 质量验收的划分 ···························· 13—5
　2.2 质量验收 ······································· 13—5
　2.3 质量验收的程序及组织 ··················· 13—5
3 工业炉砌筑工程质量验收的
　共同规定 ··· 13—6
　3.1 一般规定 ······································· 13—6
　3.2 底和墙 ·· 13—6
　3.3 拱顶 ··· 13—7
　3.4 管道 ··· 13—8
4 不定形耐火材料 ································· 13—8
　4.1 耐火浇注料 ···································· 13—8
　4.2 耐火可塑料 ···································· 13—9
　4.3 耐火捣打料 ···································· 13—9
　4.4 耐火喷涂料 ···································· 13—9
5 耐火陶瓷纤维 ···································· 13—10
　5.1 层铺式内衬 ·································· 13—10
　5.2 叠砌式内衬 ·································· 13—10
　5.3 不定形耐火陶瓷纤维内衬 ·············· 13—10
6 高炉及其附属设备 ····························· 13—11
　6.1 一般规定 ····································· 13—11
　6.2 高炉炉底 ····································· 13—11
　6.3 高炉炉缸 ····································· 13—12
　6.4 高炉炉腹及其以上部位 ················· 13—13
　6.5 热风炉炉底、炉墙 ······················· 13—14
　6.6 热风炉砖格子 ······························ 13—15
　6.7 热风炉炉顶 ·································· 13—15
　6.8 热风管道 ····································· 13—15
7 焦炉及干熄焦设备 ····························· 13—16
　7.1 焦炉基础平台砌体 ······················· 13—16
　7.2 焦炉蓄热室 ·································· 13—16
　7.3 焦炉斜烟道 ·································· 13—17
　7.4 焦炉炭化室 ·································· 13—18
　7.5 焦炉炉顶 ····································· 13—19
　7.6 熄焦室冷却段 ······························ 13—19
　7.7 熄焦室斜风道 ······························ 13—20
　7.8 熄焦室预存段 ······························ 13—20
　7.9 集尘沉降槽底、墙 ······················· 13—20
　7.10 集尘沉降槽拱顶 ························· 13—21
　7.11 旋风除尘器 ································ 13—21
8 炼钢转炉、炼钢电炉、
　混铁炉、混铁车和 RH 精炼炉 ··········· 13—22
　8.1 炼钢转炉 ····································· 13—22
　8.2 炼钢电炉 ····································· 13—23
　8.3 混铁炉 ··· 13—23
　8.4 混铁车 ··· 13—24
　8.5 RH 精炼炉 ·································· 13—24
9 均热炉、加热炉和热处理炉 ················ 13—25
　9.1 均热炉 ··· 13—25
　9.2 加热炉和热处理炉 ······················· 13—26
10 反射炉、回转熔炼炉、闪速炉、
　 艾萨炉、卧式转炉和矿热电炉 ··········· 13—27
　10.1 反射炉 ······································· 13—27
　10.2 回转熔炼炉 ································ 13—27
　10.3 闪速炉 ······································· 13—28
　10.4 艾萨炉 ······································· 13—29
　10.5 卧式转炉 ···································· 13—30
　10.6 矿热电炉 ···································· 13—30
11 铝电解槽 ··· 13—31
12 炭素煅烧炉和炭素焙烧炉 ·················· 13—32
　12.1 炭素煅烧炉 ································ 13—32
　12.2 炭素焙烧炉 ································ 13—33
13 玻璃熔窑 ··· 13—35
14 回转窑及其附属设备 ························· 13—36
15 隧道窑和辊道窑 ······························· 13—37
　15.1 隧道窑 ······································· 13—37
　15.2 辊道窑 ······································· 13—38
16 转化炉和裂解炉 ······························· 13—39
　16.1 一段转化炉 ································ 13—39
　16.2 二段转化炉 ································ 13—40
　16.3 裂解炉 ······································· 13—40
17 工业锅炉 ··· 13—41
附录 A　检验批质量验收记录 ··············· 13—42
附录 B　分项工程质量验收记录 ··········· 13—43
附录 C　分部（子分部）工程
　　　　质量验收记录 ························· 13—43
附录 D　质量保证资料核查记录 ··········· 13—44
附录 E　单位（子单位）工程质量
　　　　竣工验收记录 ························· 13—44
附录 F　检验器具表 ···························· 13—45
本规范用词说明 ···································· 13—45
附：条文说明 ······································· 13—46

1 总 则

1.0.1 为了统一工业炉砌筑工程质量验收方法，促进企业加强管理，确保工程质量，制定本规范。

1.0.2 本规范适用于各种工业炉砌筑工程的质量验收。

1.0.3 本规范的主控项目，当没有注明检查数量时，均应按全数检查。

1.0.4 工业炉砌筑工程的质量验收，除应按本规范执行外，还应符合国家现行有关标准的规定。

2 质量验收的划分、程序及组织

2.1 质量验收的划分

2.1.1 工业炉砌筑工程的质量验收，应按检验批、分项工程、分部工程和单位工程进行划分。

2.1.2 工业炉砌筑工程质量验收的检验批、分项工程、分部工程和单位工程的划分，应符合下列规定：

　　1 检验批应根据工业炉工程量大小、施工及质量检查控制需要按部位的层数、施工段、膨胀缝等进行划分。

　　2 分项工程应按工业炉的结构组成或区段进行划分，分项工程可由一个或若干个检验批组成。当工业炉砌体工程量小于100m³时，可将一座（台）炉作为一个分项工程。

　　3 分部工程应按工业炉的座（台）进行划分。当一个分部工程较大，且可以分成两个或两个以上相互独立的工程项目时，则这两个或两个以上相互独立的工程项目也可各自成为一个分部工程（或子分部工程）。当一个分部工程中仅有一个分项工程时，则该分项工程即为分部工程。

　　4 单位工程应按一个独立生产系统的工业炉砌筑工程划分。当一个单位工程较大，且可以分成两个或两个以上相互独立的工程项目时，则这两个或两个以上相互独立的工程项目也可各自成为一个单位工程（或子单位工程）。当一个单位工程中仅有一个分部工程时，则该分部工程即为单位工程。

　　　1）一个独立生产系统中，当工业炉砌体工程量小于500m³时，工业炉砌筑工程可作为一个分部工程与其他专业或其他建筑安装工程一并作为一个单位工程。

　　　2）当一个建筑物或构筑物内有数座（台）工业炉时，数座（台）工业炉砌筑工程可作为一个单位工程，而将每座（台）工业炉砌筑工程作为一个分部工程。

2.2 质量验收

2.2.1 检验批质量合格应符合下列规定：

　　1 主控项目应符合本规范的规定；

　　2 一般项目每项抽检均应符合本规范的规定。允许误差项目抽检的点数中，应有80%及其以上的实测值在本规范的允许误差范围内（其中关键项的实测值应全部在本规范的允许误差范围内）。

2.2.2 分项工程质量合格应符合下列规定：

　　1 分项工程所含的检验批均应符合质量合格的规定；

　　2 分项工程所含的检验批的质量保证资料应齐全。

2.2.3 分部工程质量合格应符合下列规定：

　　1 分部工程所含分项工程的质量应全部合格；

　　2 分部工程所含分项工程的质量保证资料应齐全。

2.2.4 单位工程质量合格应符合下列规定：

　　1 单位工程所含分部工程的质量应全部合格；

　　2 单位工程所含分部工程的质量保证资料应齐全。

2.2.5 检验批的质量不符合本规范合格的规定时，应及时处理，直至达到质量合格。

当处理后经检查鉴定仍达不到原设计规定的，经原设计单位认可能够满足生产安全和使用功能的检验批，可予以验收。

2.3 质量验收的程序及组织

2.3.1 检验批质量应在作业班组自检、工段长组织自检的基础上，由施工单位项目专业质量检查员填写"检验批质量验收记录"并签字后报验。监理工程师或建设单位项目专业技术负责人应组织施工单位项目专业质量检查员等进行验收。

检验批质量验收记录应采用本规范附录A的格式。

2.3.2 分项工程质量应由施工单位项目专业质量检查员填写"分项工程质量验收记录"，交项目技术负责人签字后报验。监理工程师或建设单位项目专业技术负责人应组织施工单位项目专业质量检查员等进行验收。

分项工程质量验收记录应采用本规范附录B的格式。

2.3.3 分部工程质量应由施工单位项目专业质量检查员填写"分部（子分部）工程质量验收记录"，交项目经理签字后报验。总监理工程师或建设单位项目专业负责人应组织监理、建设和施工等单位的项目负责人共同进行验收。

分部（子分部）工程质量验收记录应采用本规范附录C的格式。

2.3.4 单位工程质量应由施工单位填写"单位（子单位）工程质量竣工验收记录"报验，并将有关资料提交建设单位、监理单位和设计单位审核。验收结论应由监理或建设单位填写。综合验收结论应由参加验收各方共同商定，建设单位填写质量保证资料核查记录应采用本规范附录D的格式。

单位（子单位）工程质量竣工验收记录应采用本规范附录E的格式。

3 工业炉砌筑工程质量验收的共同规定

3.1 一般规定

3.1.1 本规范中未列入各专门章节的工业炉砌筑工程，其质量验收可按本章规定执行。本规范中列入各专门章节的工业炉砌筑工程，应按本章有关规定和各专门章节的要求进行质量验收。

3.2 底和墙

Ⅰ 主控项目

3.2.1 耐火材料和制品的品种、牌号应符合设计要求和国家现行有关标准的规定。

检验方法：观察检查，检查质量证明书或检验报告。

3.2.2 耐火泥浆的品种、牌号应符合设计要求。泥浆的稠度应与砌体类别相适应，不同稠度的泥浆及其适用的砌体类别应符合表3.2.2的规定。

表3.2.2 泥浆稠度及其适用的砌体类别

名称	稠度	砌体类别
泥浆	320～380	Ⅰ、Ⅱ
	280～320	Ⅲ
	260～280	Ⅳ

检验方法：观察检查，检查质量证明书或检验报告，检查泥浆试配记录。

3.2.3 砌体砖缝的泥（砂）浆饱满度应符合下列规定：

1 耐火砌体砖缝的泥浆饱满度应大于90%，对气密性有较严格要求以及有熔融金属或渣侵蚀的底和墙，泥浆饱满度应大于95%；

2 普通黏土砖内衬砖缝的泥浆饱满度应大于85%；

3 外部普通黏土砖砌体砖缝的砂浆饱满度应大于80%。

检查数量：每层炉底抽查2～4处；炉墙每1.25m高检查1次，每次抽查2～4处。

检验方法：用百格网检查砖面与泥浆粘接面积，每处掀3块砖，取其平均值。

注：1 耐火砌体干砌时，缝内应以干耐火粉填满或填以规定的材料。检查数量应符合本条规定，检验方法应为观察检查。

2 当耐火砖的体积、质量很大，无法按上述方法检查泥浆饱满度时，应在施工时观察检查。

Ⅱ 一般项目

3.2.4 工业炉炉底、炉墙砌体的砖缝厚度应符合表3.2.4的规定，其检查数量和检验方法应符合下列规定：

检查数量：炉底表面抽查2～4处；对有熔融金属或渣侵蚀的炉底应逐层检查，每层抽查2～4处；炉墙每1.25m高检查1次，每次抽查2～4处。

检验方法：在每处砌体的5m²表面上用塞尺检查10点，比规定砖缝厚度大50%以内的砖缝，Ⅱ类砌体不超过4点，Ⅲ、Ⅳ类砌体不超过5点。

表3.2.4 工业炉炉底、炉墙砌体的砖缝厚度

项次	项目	砖缝厚度(mm)≤
1	底、墙	3
2	高温或有炉渣作用的底、墙	2
3	隔热耐火砖（黏土质、高铝质和硅质） （1）工作层 （2）非工作层	 2 3
4	烧嘴砖	2
5	硅藻土砖	5
6	普通黏土砖内衬	5
7	外部普通黏土砖	10

注：当设计对炉底、炉墙的砖缝有特殊要求时，其砖缝厚度应符合设计要求。

3.2.5 工业炉炉底、炉墙砌体的允许误差和检验方法应符合表3.2.5的规定。

表3.2.5 工业炉炉底、炉墙砌体的允许误差和检验方法

项次	项目		允许误差(mm)	检验方法
1	垂直误差	（1）墙 每米高 全高	3 15	托线板检查，吊线和尺量检查。每面墙（或砖墩）抽查3处（或1处），每处上、中、下各检查1点
		（2）基础 每米高 砖墩 全高	3 10	
2	表面平整误差	（1）墙面	5	2m靠尺检查。每1.25m高检查1次，每次抽查2～4处
		（2）挂砖墙面	7	
		（3）拱脚砖下炉墙上表面	5	2m靠尺检查。每侧墙抽查2～4处

续表 3.2.5

项次	项目		允许误差 (mm)	检验方法
3	线尺寸误差	(1) 矩（或方）形炉膛的长度和宽度	±10	尺量检查。沿墙的上、中、下各检查1处
		(2) 矩（或方）形炉膛的对角线长度差	15	尺量检查。上、中、下各检查1处
		(3) 圆形炉膛内半径 ≥2m <2m	±15 ±10	钢卷尺检查。按砌体部位每1.25m高检查1次，每次沿圆周平均分度检查8点
		(4) 烟道的高度、宽度	±15	尺量检查。每5m长抽查1处，整个烟道的抽查数量不少于3处
4	膨胀缝宽度	≤20mm	+2 −1	尺量检查。按砌体部位抽查2～4处
		>20mm	±10%	

注：项次2中(3)、项次4为关键项。

3.2.6 炉底砌体应符合下列规定：

1 砌体应错缝砌筑；

2 砌体表面应平整，表面平整误差不应超过5mm；

3 最上层炉底的标高及结构形式应符合设计要求，非弧形炉底、通道底的最上层砖的长边，应与炉料、金属、渣或气体的流动方向垂直，或成一交角。

检查数量：炉底表面每5m²抽查1处，但不少于3处。

检验方法：观察检查，2m靠尺检查，拉线或水准仪检查，检查施工记录。

3.2.7 炉墙错缝应符合下列规定：

1 砌体应错缝正确；

2 圆形炉墙不应有三层重缝或三环通缝，合门砖应均匀分布。

检查数量：每4m高检查1次，不足4m按4m计，每次抽查2～4处，每处长3m；合门砖全数检查。

检验方法：观察检查，尺量检查，检查施工记录。

注：1 圆形炉墙上、下两层砖或同层两环砖的错缝距离小于12mm，即认为重缝。

2 单环同径圆形炉墙上、下两层砖不应有重缝。

3.2.8 砌体中的各种烧嘴、孔洞、通道、膨胀缝及隔热层的构造，应符合下列规定：

1 烧嘴砖砌体中心线的标高应符合设计要求；

2 孔洞、通道应砌筑正确；

3 隔热层的构造应符合设计要求；

4 烧嘴砖砌体、孔洞砖砌体与其周围砌体的结合处不应有明显错牙；

5 膨胀缝应留设均匀、平直，位置正确，缝内清洁，并应按规定填充材料。

检查数量：烧嘴、膨胀缝均按全数检查，其他项目按砌体部位抽查2～4处。

检验方法：观察检查，尺量检查，检查施工记录。

3.2.9 炉墙工作面应组砌正确、勾缝密实、横平竖直，墙面应平整、清洁。

检查数量：按本规范第3.2.7条的规定执行。

检验方法：观察检查。

3.2.10 外部普通黏土砖墙面应组砌正确、刮缝深度适宜、墙面整洁，游丁走缝的误差不应超过20mm。

检查数量：按本规范第3.2.7条的规定执行。

检验方法：观察检查，吊线检查，尺量检查。

3.3 拱 顶

Ⅰ 主控项目

3.3.1 耐火材料和制品的品种、牌号，耐火泥浆的品种、牌号、稠度应符合本规范第3.2.1条和第3.2.2条的规定。

3.3.2 砌体砖缝的泥浆饱满度应大于90%。

检查数量：按拱顶部位抽查2～4处。

检验方法：按本规范第3.2.3条的规定执行。

3.3.3 拱脚砖必须紧靠拱脚梁或金属箍。

吊挂砖的主要受力部位严禁有各种裂纹，其余部位不得有显裂纹。

检验方法：观察检查。裂纹的检查应符合现行国家标准《定形耐火制品尺寸、外观及断面的检查方法》GB/T 10326的有关规定。

Ⅱ 一般项目

3.3.4 工业炉拱顶砌体的砖缝厚度应符合表3.3.4的规定，其检查数量和检验方法应符合下列规定：

检查数量：按拱顶部位抽查2～4处。

检验方法：在每处砌体的5m²表面上用塞尺检查10点，比规定砖缝厚度大50%以内的砖缝，Ⅱ类砌体不超过4点，Ⅲ类砌体不超过5点。

表3.3.4 工业炉拱顶砌体的砖缝厚度

项次	项目	砖缝厚度(mm)≤
1	拱顶 (1) 湿砌 (2) 干砌	2 1.5
2	带齿挂砖 (1) 湿砌 (2) 干砌	3 2

注：当设计对炉底、炉墙的砖缝有特殊要求时，其砖缝厚度应符合设计要求。

3.3.5 工业炉拱顶砌体的允许误差和检验方法应符合表3.3.5的规定。

表3.3.5 工业炉拱顶砌体的允许误差和检验方法

项次	项目		允许误差(mm)	检验方法
1	拱顶的跨度尺寸		±10	拉线检查。每3m长检查1处
2	膨胀缝宽度	≤20mm	+2 -1	尺量检查。按砌体部位抽查2～4处
		>20mm	±10%	

注：项次2为关键项。

3.3.6 拱顶砌体应符合下列规定：
  1 环砌拱顶的砖环应平整、彼此平行，且应与纵向中心线垂直；
  2 错砌拱顶的纵向砖列应平直，且应与纵向中心线平行；
  3 拱顶内表面应平整，错牙不应超过3mm。
  检查数量：环砌拱顶抽查3～5环，错砌拱顶抽查3～5列；错牙按拱顶抽查2～4处，每处5m²。
  检验方法：拉线检查，塞尺检查，观察检查，检查施工记录。

3.3.7 球形或圆形拱顶砌体的内弧面应平整，错牙不应超过3mm；每环砖应排列匀称，合门砖应均匀分布。
  检查数量：错牙按拱顶抽查2～4处，每处5m²；合门砖全数检查。
  检验方法：塞尺检查，观察检查，检查施工记录。

3.3.8 吊挂拱顶或平顶砌体应符合下列规定：
  1 内表面应平整，错牙不应超过3mm；
  2 吊挂砖或吊挂垫板应排列均匀、整齐；
  3 镁质吊挂顶砖环中的钢垫片、销钉的制作、安装，应符合设计要求；
  4 在镁质吊挂拱顶的砖环中，砖与砖之间应插入销钉和夹入钢垫片，不应遗漏或多夹。销钉的直径和长度、钢垫片的长度和宽度，均不应做成正公差。钢垫片的穿销孔不应做成负公差。钢垫片应平直，不应有扭曲和毛刺。
  检查数量：错牙按拱顶抽查2～4处，每处5m²；吊挂砖或吊挂垫板各抽查3～5列（环）。
  检验方法：塞尺检查，观察检查，检查施工记录。

3.3.9 拱顶砌体的各种烧嘴、孔洞、膨胀缝及隔热层的构造，应符合本规范第3.2.8条的规定。

3.4 管 道

Ⅰ 主控项目

3.4.1 耐火材料和制品的品种、牌号，耐火泥浆的品种、牌号、稠度应符合本规范第3.2.1条和第3.2.2条的规定。

3.4.2 砌体砖缝的泥浆饱满度应大于90%。
  检查数量：每5～8m长抽查1～2处。
  检验方法：按本规范第3.2.3条的规定执行。

Ⅱ 一般项目

3.4.3 管道砌体的砖缝厚度应符合表3.4.3的规定，其检查数量和检验方法应符合下列规定：
  检查数量：每5～8m长抽查1～2处。
  检验方法：在每处砌体的5m²表面上用塞尺检查10点，比规定砖缝厚度大50%以内的砖缝，Ⅱ类砌体不超过4点，Ⅲ类砌体不超过5点。

表3.4.3 管道砌体的砖缝厚度

项次	项目	砖缝厚度(mm)≤
1	用磷酸盐泥浆砌筑的耐火砖砌体	3
2	用非磷酸盐泥浆砌筑的耐火砖砌体	2

3.4.4 管道砌体的允许误差和检验方法应符合表3.4.4的规定。

表3.4.4 管道砌体的允许误差和检验方法

项次	项目		允许误差(mm)	检验方法
1	内(直)径误差	有喷涂层	±15	钢卷尺检查。管道每5～8m长和每个支管各抽查1处，沿圆周平均分度检查4～8点
		无喷涂层	±20	
2	膨胀缝宽度	≤20mm	+2 -1	钢卷尺或钢尺检查。管道每5～8m长和每个支管各抽查1处，沿圆周平均分度检查4～8点
		>20mm	±10%	
3	法兰面与耐火砖砌体之间的间隙尺寸		+3 0	靠尺和塞尺检查。每面沿圆周平均分度检查4～8点
4	内表面的错牙		3	塞尺检查。抽查2～4处，每处5m²，合门砖全数检查

注：项次2、3为关键项。

3.4.5 管道砌体的膨胀缝应符合本规范第3.2.8条的规定。

4 不定形耐火材料

4.1 耐火浇注料

Ⅰ 主控项目

4.1.1 耐火浇注料的品种、牌号应符合设计要求和国家现行有关标准的规定。

检验方法：检查质量证明书、使用说明书、有效期限和检验报告。

4.1.2 耐火浇注料施工时，其模板、配料计量、搅拌、养护、施工缝处理应符合使用说明书要求及现行国家标准《工业炉砌筑工程施工及验收规范》GB 50211—2004 第4.1.3条和第4.2节的规定。

检验方法：观察检查，检查施工记录。

4.1.3 现场浇注耐火浇注料时，应留置试块检验现场的浇注质量。

每一种牌号或配合比应按每 $20m^3$ 为一个检验批，留置试块进行检验，不足此数时亦作一批检验。采用同一种牌号或配合比多次施工时，每次均应留置试块进行检验。

检验方法：检查试块质量检验报告。

4.1.4 锚固件的留设应符合设计要求，焊接必须牢固。

锚固砖或吊挂砖的主要受力部位严禁有各种裂纹，其余部位不得有显裂纹。

检验方法：观察检查，锤击检查。裂纹的检查应按本规范第3.3.3条的规定执行。

Ⅱ 一般项目

4.1.5 耐火浇注料内衬的允许误差和检验方法，可按本规范第3.2.5条的规定执行。

4.1.6 耐火浇注料内衬的质量，应符合下列规定：

 1 耐火浇注料应振捣密实，表面不应有剥落、裂缝、孔洞等缺陷，可有轻微的网状裂纹；

 2 膨胀缝应留设均匀、平直，位置正确，缝内清洁，并应按规定填充材料；

 3 隔热层的构造应符合设计要求。

检查数量：膨胀缝全数检查。其他项目：炉底、拱顶各抽查2～4处；炉墙每4m高检查1次，不足4m按4m计，每次抽查2～4处，每处$5m^2$。

检验方法：观察检查，刻度放大镜检查，检查施工记录。

4.2 耐火可塑料

Ⅰ 主控项目

4.2.1 耐火可塑料的品种、牌号和可塑性指数应符合设计要求和国家现行有关标准的规定。

检验方法：检查质量证明书、使用说明书、有效期限和检验报告。

4.2.2 锚固件的留设、锚固砖或吊挂砖应符合本规范第4.1.4条的规定。

Ⅱ 一般项目

4.2.3 耐火可塑料内衬的允许误差和检验方法，可按本规范第3.2.5条的规定执行。

4.2.4 耐火可塑料内衬的质量应符合下列规定：

 1 耐火可塑料内衬应密实、均一，与锚固砖或吊挂砖咬合紧密，其施工缝应留设在同一排锚固砖或吊挂砖的中心线处；

 2 可塑料内衬受热面应开设$\phi 4\sim 6mm$的通气孔，孔的间距宜为150～230mm，孔的位置宜在两个锚固砖中间，深度宜为捣固体厚度的1/2～2/3；

 3 膨胀线的留设应符合设计要求，膨胀线宽宜为5mm，深宜为50～80mm。

检查数量：按本规范第4.1.6条的规定执行。

检验方法：观察检查，尺量检查，检查施工记录。

4.2.5 烘炉前耐火可塑料内衬的修补应符合现行国家标准《工业炉砌筑工程施工及验收规范》GB 50211—2004 第4.3.15条的规定。

检验方法：观察检查，尺量检查。

4.3 耐火捣打料

Ⅰ 主控项目

4.3.1 耐火捣打料的品种、牌号应符合设计要求。

检验方法：检查质量证明书、使用说明书、有效期限和检验报告。

Ⅱ 一般项目

4.3.2 耐火捣打料内衬的质量应符合下列规定：

 1 采用风动锤捣打时，每层铺料的厚度不应超过100mm；

 2 振捣应密实、无空鼓，接槎处应粘接牢固，捣实后的体积密度或压缩比应达到设计要求。

检查数量：炉底、炉墙逐层各抽查2～4处。

检验方法：观察检查，体积密度或压缩比检查，检查施工记录。

4.4 耐火喷涂料

Ⅰ 主控项目

4.4.1 耐火喷涂料的品种、牌号应符合设计要求。

检验方法：检查质量证明书、使用说明书、有效期限和检验报告。

4.4.2 金属支承件的留设应符合设计要求，焊接必须牢固。

检验方法：观察检查，锤击检查。

Ⅱ 一般项目

4.4.3 耐火喷涂料内衬的表面应平整，粗细颗粒分布均匀；料体应密实，不应有明显的夹层、空洞等缺陷；喷涂层应厚度一致。

检查数量：按本规范第4.1.6条的规定执行。
检验方法：观察检查，锤击检查，尺量检查，检查施工记录。

5 耐火陶瓷纤维

5.1 层铺式内衬

Ⅰ 主控项目

5.1.1 耐火陶瓷纤维毯的品种、牌号和粘接剂，应符合设计要求。

检查数量：不同品种、牌号的耐火陶瓷纤维，按20t为一检验批进行验收。

检验方法：检查质量证明书或检验报告。

5.1.2 锚固件的材质应符合设计要求，焊接必须牢固。

检验方法：锤击检查，检查质量证明书。

Ⅱ 一般项目

5.1.3 层铺式耐火陶瓷纤维毯的固定应符合下列规定：

1 层铺式耐火陶瓷纤维毯应与受热面平行，用陶瓷杯、陶瓷螺母或金属转卡压盖固定；

2 陶瓷杯内应均匀填充保护金属锚固钉的耐火陶瓷纤维，并用杯盖封住保护；

3 采用陶瓷螺母、金属转卡压盖固定时，其表面应用耐火陶瓷纤维毯覆盖，并粘贴牢固。

检查数量：每100m²抽查3处，每处5m²；不足100m²按100m²计，少于5m²全数检查。

检验方法：观察检查，检查施工记录。

5.1.4 层铺式耐火陶瓷纤维毯内衬应符合下列规定：

1 耐火陶瓷纤维毯应紧贴基层表面铺贴，松紧适度、接缝严密，不应有松散、折皱、拉裂、毛刺现象；

2 层间宜错缝铺设，各层间错缝距离应大于100mm；

3 隔热层可对缝铺贴；

4 受热面层应搭接，搭接长度宜为100mm，搭接方向应顺气流方向，不得逆向。

检查数量：每100m²抽查3处，每处5m²；不足100m²按100m²计，少于5m²全数检查。

检验方法：观察检查，尺量检查，检查施工记录。

5.1.5 层铺式耐火陶瓷纤维内衬锚固件的安装应位置正确，允许误差不应超过±5mm。

检查数量：每100m²抽查3处，每处5m²；不足100m²按100m²计，少于5m²全数检查。

检验方法：观察检查，尺量检查。

5.1.6 耐火陶瓷纤维毯应在炉墙拐角、炉墙与砌体或其他耐火炉衬的连接处相互交错，不应出现通缝。

检查数量：全数检查。

检验方法：观察检查。

5.2 叠砌式内衬

Ⅰ 主控项目

5.2.1 耐火陶瓷纤维模块的品种、牌号，应符合设计要求。

检查数量：不同品种、牌号的耐火陶瓷纤维模块，按20t为一检验批进行验收。

检验方法：检查质量证明书或检验报告。

5.2.2 锚固件应符合本规范第5.1.2条的规定。

Ⅱ 一般项目

5.2.3 耐火陶瓷纤维模块相邻的模块应挤紧，不应有模块交叉角的窜气缝。

检查数量：每100m²抽查3处，每处5m²；不足100m²按100m²计，少于5m²全数检查。

检验方法：观察检查。

5.2.4 当模块为非折叠方向时，应在耐火陶瓷纤维模块与砌体或其他耐火炉衬连接处的直通缝中，加装对折压缩的耐火陶瓷纤维毯。

检查数量：每100m²抽查3处，每处5m²；不足100m²按100m²计，少于5m²全数检查。

检验方法：观察检查。

5.2.5 耐火陶瓷纤维模块内衬中，锚固件的安装应位置正确，允许误差不应超过±3mm。

检查数量：每100m²抽查3处，每处5m²；不足100m²按100m²计，少于5m²全数检查。

检验方法：观察检查，尺量检查。

5.3 不定形耐火陶瓷纤维内衬

Ⅰ 主控项目

5.3.1 不定形耐火陶瓷纤维的品种、牌号和粘接剂，应符合设计要求。

检查数量：不同品种、牌号的耐火陶瓷纤维喷涂料或可塑料，按20t为一检验批进行验收。

检验方法：检查质量证明书或检验报告。

5.3.2 锚固件应符合本规范第5.1.2条的规定。

5.3.3 炉顶或仰面耐火陶瓷纤维喷涂时，V形锚固钉结构层间应缠绕米字形耐热钢丝，L形锚固钉结构应安装快速夹子固定。

检查数量：全数检查。

检验方法：观察检查，检查施工记录。

5.3.4 不定形耐火陶瓷纤维内衬，其现场留置试块的性能指标应符合设计要求。

检查数量：分项工程中每种牌号每50m³为一个检验批。工程试块尺寸：耐火陶瓷纤维喷涂料100mm×100mm×20mm，耐火陶瓷纤维可塑料40mm×40mm×160mm，每批留置不少于2组，每组3块。

检验方法：检查试块检验报告。

Ⅱ 一般项目

5.3.5 不定形耐火陶瓷纤维内衬应符合下列规定：

1 锚固件的安装应位置正确，允许误差不应超过±5mm；

2 内衬体积应密度均匀、表面平整，不应有明显疏松、孔洞和缝隙。

检查数量：每100m²抽查3处，每处5m²；不足100m²按100m²计，少于5m²全数检查。

检验方法：观察检查，尺量检查。

6 高炉及其附属设备

6.1 一般规定

6.1.1 高炉及其附属设备的砌筑应为一个单位工程。当高炉容积或工程量较大时，每座高炉或热风炉也可各为一个单位工程或子单位工程。

6.1.2 高炉砌筑分部工程和分项工程的划分应符合表6.1.2的规定。

表6.1.2 高炉砌筑分部工程和分项工程的划分

项次	分部工程	分项工程
1	高炉炉体	炉底、炉缸、炉腹、炉腰、炉身、煤气封板和钢砖
2	粗煤气管道	上升管、下降管、除尘器
3	热风围管	喷涂层、耐火砖砌体、送风支管
4	出铁场	主沟、铁沟、渣沟和冲渣沟、残铁沟、摆动流嘴、沟盖板、出铁场平台和风口平面、其他零星部位

6.1.3 热风炉砌筑分部工程和分项工程的划分应符合表6.1.3的规定。

表6.1.3 热风炉砌筑分部工程和分项工程的划分

项次	分部工程	分项工程
1	每座热风炉炉体	内燃式：炉底和炉墙、砖格子、燃烧器、炉顶 外燃式：蓄热室炉底和炉墙、砖格子、燃烧室炉底和炉墙、燃烧器、炉顶（含连接管） 顶燃式：炉底和炉墙、砖格子、炉顶 混风室底、墙、顶可作为一个分项工程

续表6.1.3

项次	分部工程	分项工程
2	热风总管和支管	热风总管和支管的喷涂层、热风总管砌砖、热风支管砌砖
3	烟道管和余热回收管道	烟道管、余热回收管道

6.1.4 分项工程可由一个或若干个检验批组成，检验批可根据高炉容积大小、施工和质量检查控制的需要，按层数、施工段、膨胀缝等进行划分。

6.2 高炉炉底

Ⅰ 主控项目

6.2.1 耐火材料和制品的品种、牌号，耐火泥浆的品种、牌号、稠度应符合本规范第3.2.1条和第3.2.2条的规定。

6.2.2 砌体砖缝的泥浆饱满度应大于95%。

检查数量和检验方法应按本规范第3.2.3条的规定执行。

6.2.3 炉底上表面与出铁口中心或风口中心平均的距离、每层炉底的砌筑中心线与出铁口中心线的交错角度，均应符合设计要求。

检验方法：尺量检查，检查施工记录。

Ⅱ 一般项目

6.2.4 炉底砌体的砖缝厚度应符合表6.2.4的规定，其检查数量和检验方法应符合下列规定：

检查数量：炉底逐层检查，每层抽查2~4处。

检验方法：在每处砌体的5m²表面上用塞尺检查10点，比规定砖缝厚度大50%以内的砖缝，Ⅱ类砌体不超过4点，Ⅲ类砌体不超过5点。

表6.2.4 炉底砌体的砖缝厚度

项 目		砖缝厚度（mm）≤
炭砖砌体	垂直缝	1.5
	水平缝	2
其他耐火砖砌体	垂直缝	2
	水平缝	2.5

注：当炭砖外形尺寸的允许误差为±0.5mm时，砖缝厚度不应超过1mm。

6.2.5 炉底砌体的允许误差和检验方法应符合表6.2.5的规定。

表 6.2.5 炉底砌体的允许误差和检验方法

项次	项目		允许误差（mm）		检验方法
			炭砖砌体	其他耐火砖砌体	
1	表面平整误差	(1) 炉底砖层表面的错牙		2	钢板尺和楔形塞尺检查，逐层检查，每层抽查2～4处，每处5m²
		(2) 炉底炭素料找平层、炉底各砖层和炉底最上层砌筑炉缸墙的地点	2	5	2m靠尺和塞尺检查，逐层检查，每层表面分格抽查8～24点
		(3) 炉底炭素料找平层和各砖层上表面各点的相对标高差	5	8	测量仪器检查，逐层检查，每层表面分格抽查8～24点
2	垂直误差	炉底的每块砖		2	水平尺检查，逐层检查，每层抽查4～8块砖
3	环状炭砖砌体径向倾斜度误差			2	水平尺和塞尺检查，每次抽查6～10处

注：1 项次1中（1）、（3）为关键项。
　　2 炉底最上一层除砌筑炉墙的地点外，砖层表面的错牙和各点的相对标高差可不检查。
　　3 满铺炭砖炉底砌体（包括炉底炭素料找平层）的表面平整误差，应用3m钢靠尺检查。

6.2.6 炉底炭素捣打料找平层应配料正确、拌和均匀，铺料厚度应符合规定；捣打应密实，捣实后的体积密度或压缩比应符合设计的要求。
　　检查数量：逐层检查，每层抽查4处。
　　检验方法：观察检查，体积密度或压缩比检查。

6.2.7 满铺炭砖砌体应符合下列规定：
　　1 炭砖列应平直，平面位置应正确；
　　2 炭砖砌体与冷却壁或炉壳之间缝隙的炭素捣打料捣实后的压缩比应大于40%。
　　检查数量：逐层检查，每层抽查3～5处。
　　检验方法：观察检查，压缩比检查。

6.2.8 环状大块炭砖砌体应符合下列规定：
　　1 放射缝应与半径方向相吻合，上、下层砖缝应错开；
　　2 炭砖砌体与冷却壁或炉壳、底垫耐火砖之间缝隙的炭素（刚玉）捣打料捣实后的压缩比分别应大于40%和45%。
　　检查数量：逐层检查，每层抽查4处。
　　检验方法：观察检查，压缩比检查。

6.2.9 其他耐火砖砌体应符合下列规定：
　　1 上、下两层炉底的砌筑中心线应交错成30°角，并均应与出铁口中心线成30°～60°角；
　　2 通过上、下层中心点的垂直缝不应重合。
　　检查数量：逐层检查。
　　检验方法：观察检查。

6.3 高炉炉缸

Ⅰ 主控项目

6.3.1 耐火材料和制品的品种、牌号、耐火泥浆的品种、牌号、稠度应符合本规范第3.2.1条和第3.2.2条的规定。

6.3.2 砌体砖缝的泥浆饱满度应符合本规范第6.2.2条的规定。

6.3.3 出铁口框和渣口大套外环宽500mm范围内的砌体以及风口带的砌体应紧靠冷却壁或炉壳，间隙内的耐火泥浆应饱满、密实。
　　检验方法：观察检查，尺量检查。

Ⅱ 一般项目

6.3.4 炉缸砌体的砖缝厚度应符合表6.3.4的规定，其检查数量和检验方法应符合下列规定：
　　检查数量：每1.25m高检查1次，每次抽查2～4处。
　　检验方法：在每处砌体的5m²表面上用塞尺检查10点，比规定砖缝厚度大50%以内的砖缝，Ⅱ类砌体不超过4点。

表 6.3.4 炉缸砌体的砖缝厚度

项次	项目		砖缝厚度（mm）≤
1	炭砖砌体	垂直缝	1.5
		水平缝	2
2	其他耐火砖砌体		2

注：1 当炭砖外形尺寸的允许误差为±0.5mm时，砖缝厚度不应超过1mm。
　　2 用磷酸盐泥浆砌筑时，圆形砌体的环缝厚度可增大，但不应超过5mm。

6.3.5 炉缸砌体的允许误差和检验方法应符合表6.3.5的规定。

表6.3.5 炉缸砌体的允许误差和检验方法

项次	项目	允许误差(mm) 炭砖砌体	允许误差(mm) 其他耐火砖砌体	检验方法
1	各砖层上表面平整误差	2	5	2m靠尺和塞尺检查。逐层检查,每层表面抽查6～10处
2	半径误差	±15	±15	拉中心线,钢卷尺或半径规检查。每1.25m高检查1次,每次沿圆周平均分度检查4～8点
3	径向倾斜度误差	2	5	水平尺和塞尺检查。每次抽查6～10处

注:项次1为关键项。

6.3.6 环状大块炭砖砌体的砌筑应符合本规范第6.2.8条的规定。

6.3.7 其他耐火砖砌体应符合下列规定:
　　1 砌筑时不应同时有3层以上的退台;
　　2 在同一层内,每环"合门"不应多于4处,并应均匀分布;
　　3 不应有三层重缝或三环通缝,上、下两层重缝与相邻两环通缝不应在同一地点;
　　4 砌体与冷却壁或炉壳间应填料密实。
　　检查数量:随时抽查。
　　检验方法:观察检查。

6.4 高炉炉腹及其以上部位

Ⅰ 主控项目

6.4.1 耐火材料和制品的品种、牌号,耐火泥浆的品种、牌号、稠度应符合本规范第3.2.1条和第3.2.2条的规定。

6.4.2 砌体砖缝的泥浆饱满度应大于90%。
　　检查数量和检验方法应按本规范第3.2.3条的规定执行。

6.4.3 厚壁炉腰和炉身砌体的中心线应以炉口钢圈中心为准。
　　检验方法:经纬仪和吊线检查,检查施工记录。

Ⅱ 一般项目

6.4.4 炉腹及其以上部位砌体的砖缝厚度应符合表6.4.4的规定,其检查数量和检验方法应符合下列规定:
　　检查数量:每1.25m高检查1次,每次抽查2～4处。
　　检验方法:在每处砌体的5m²表面上用塞尺检查10点,比规定砖缝厚度大50%以内的砖缝,Ⅱ类砌体不超过4点,Ⅲ类砌体不超过5点。

表6.4.4 炉腹及其以上部位砌体的砖缝厚度

项次	项目		砖缝厚度(mm)≤
	含炭耐火砖砌体		
1	炉腹及其以上部位	垂直缝	2
		水平缝	2.5
	用磷酸盐泥浆砌筑的耐火砖砌体		
2	炉腹和炉腰		2.5
3	炉身		3
	用非磷酸盐泥浆砌筑的耐火砖砌体		
4	炉身上部		2

注:1 用磷酸盐泥浆砌筑时,圆形砌体的环缝厚度可增大,但不应超过5mm。
　　2 用非磷酸盐泥浆砌筑(含硅砖)时,环缝厚度不应超过规定砖缝厚度的50%。

6.4.5 炉腹及其以上部位砌体的允许误差和检验方法应符合表6.4.5的规定。

表6.4.5 炉腹及其以上部位砌体的允许误差和检验方法

项次	项目	允许误差(mm) 含炭耐火砖砌体	允许误差(mm) 其他耐火砖砌体	检验方法
1	砖层上表面平整误差	2	10	2m靠尺和塞尺检查。每1.25m高检查1次,每次沿圆周平均分度检查4～8点
2	厚壁炉腰和炉身半径误差	±15	±15	拉中心线,钢卷尺或半径规检查。每1.25m高检查1次,每次沿圆周平均分度检查4～8点
3	径向倾斜度误差	2	5	水平尺和塞尺检查。每1.25m高检查1次,每次沿圆周平均分度检查4～8点

6.4.6 炉腹和薄壁炉腰砌体应紧靠冷却壁或炉壳,间隙内的耐火泥浆应饱满、密实。

检查数量：随时抽查。
检验方法：观察检查。

6.4.7 厚壁炉腰和炉身砌体应符合下列规定：

1 砌体与冷却板（壁、箱）、炉身砌体与钢砖底部之间的缝隙尺寸应符合设计要求；

2 冷却板（箱）周围的一块砖应紧靠炉壳砌筑，不应留填料缝；

3 炉身砌体与钢砖底部之间的缝隙应为50～120mm，当设计没有规定时，缝内应填黏土质耐火泥料；

4 填料或捣打料应密实，砌体不应有三层重缝或三环通缝。

检查数量：炉身砌体与钢砖底部之间的缝隙尺寸沿圆周平均分度检查4～8点；重缝或通缝随时检查。

检验方法：观察检查，尺量检查。

6.5 热风炉炉底、炉墙

Ⅰ 主控项目

6.5.1 耐火材料和制品的品种、牌号，耐火泥浆的品种、牌号、稠度应符合本规范第3.2.1条和第3.2.2条的规定。

6.5.2 砌体砖缝的泥浆饱满度应符合本规范第6.4.2条的规定。

6.5.3 当设计图纸无规定时，热风口、燃烧口和炉顶连接管口等周围环宽1m范围内，耐火砖应紧靠炉壳或喷涂层，间隙内的耐火泥浆应饱满、密实。

检验方法：观察检查，尺量检查，检查施工记录。

Ⅱ 一般项目

6.5.4 炉底、炉墙砌体的砖缝厚度应符合表6.5.4的规定，其检查数量和检验方法应符合下列规定：

检查数量：炉底表面抽查2～4处；炉墙每1.25m高检查1次，每次抽查2～4处。

检验方法：在每处砌体的5m²表面上用塞尺检查10点，比规定砖缝厚度大50%以内的砖缝，Ⅱ类砌体不超过4点，Ⅲ类砌体不超过5点。

表6.5.4 炉底、炉墙砌体的砖缝厚度

项次	项 目		砖缝厚度（mm）≤
1	用磷酸盐泥浆砌筑的耐火砖砌体		3
2	用非磷酸盐泥浆砌筑的耐火砖砌体	炉墙	2
		炉底	2.5
3	硅砖砌体		2

注：1 用磷酸盐泥浆砌筑时，圆形砌体的环缝厚度可增大，但不应超过5mm。

2 用非磷酸盐泥浆砌筑（含硅砖）时，环缝厚度不应超过规定砖缝厚度的50%。

6.5.5 蓄热室、燃烧室、混风室炉底、炉墙砌体的允许误差和检验方法，应符合表6.5.5的规定。

表6.5.5 炉底、炉墙砌体的允许误差和检验方法

项次	项 目		允许误差（mm）	检验方法
1	表面平整误差	(1) 炉墙各砖层上表面	10	2m靠尺和塞尺检查。每1.25m高检查1次，每次沿圆周平均分度检查4～8点
		(2) 炉顶下的炉墙上表面	5	2m靠尺和塞尺检查。沿圆周平均分度检查4～8点
		(3) 径向倾斜度误差	10	水平尺和塞尺检查。每1.25m高检查1次，每次沿圆周平均分度检查4～8点
2	半径误差	(1) 炉壳喷涂层	+10 0	半径规或拉十字中心线和钢卷尺检查。每1.25m高检查1次，每次沿圆周平均分度检查4～8点
		(2) 有喷涂层的炉墙	+10 -5	
		(3) 无喷涂层的炉墙	±10	
		(4) 内燃式热风炉燃烧室炉墙	±10	
3	内燃式热风炉燃烧室炉墙垂直误差	每米高	5	2m托线板或吊线锤检查。沿圆周平均分度检查8点
		全高	30	
4	标高误差	组合砌体下的炉墙上表面	0 -5	测量仪器和钢尺检查。沿圆周平均分度检查8点
5	膨胀缝宽度	≤20mm	+2 -1	尺量检查。每1.25m高检查1次，每次沿圆周平均分度检查4～8点
		>20mm	±10%	

注：项次1中(2)为关键项。

6.5.6 热风炉炉底砌体应符合本规范第3.2.6条的规定。

6.5.7 热风炉炉墙砌体的膨胀缝应符合本规范第3.2.8条的规定。

6.6 热风炉砖格子

Ⅰ 主控项目

6.6.1 格子砖的品种、牌号,应符合设计要求和国家现行有关标准的规定。

检验方法:观察检查,检查质量证明书或检验报告。

6.6.2 砌筑砖格子以前,应检查炉箅子和支柱。炉箅子上表面的平整误差不应超过5mm,炉箅子格孔中心线对设计位置的误差不应超过3mm。

检验方法:拉线检查,检查工序交接书。

Ⅱ 一般项目

6.6.3 砖格子砌体堵塞格孔的数量不应超过第一层完整格孔数量的3%;砖格子与炉墙间的膨胀缝内应清洁,并用木楔楔紧。

检查数量:全数检查。

检验方法:灯光透过格孔检查;用绳子从上面放下钢钎,检查钢钎是否能够通过格孔全高。

注:采用上、下带沟舌的多孔格子砖砌筑时,砖格子的堵孔率可不作为检查项目。

6.7 热风炉炉顶

Ⅰ 主控项目

6.7.1 耐火材料和制品的品种、牌号,耐火泥浆的品种、牌号、稠度应符合本规范第3.2.1条和第3.2.2条的规定。

6.7.2 砌体砖缝的泥浆饱满度应大于90%。

检查数量:按拱顶部位抽查2~4处。

检验方法:按本规范第3.2.3条的规定执行。

6.7.3 炉顶砌体或喷涂层的中心,应根据炉顶孔的中心和标高确定。

检验方法:尺量和吊线检查,检查施工记录。

Ⅱ 一般项目

6.7.4 炉顶砌体的砖缝厚度应符合表6.7.4的规定,其检查数量和检验方法应符合下列规定:

检查数量:炉顶内表面抽查2~4处。

检验方法:在每处砌体的5m²表面上用塞尺检查10点,比规定砖缝厚度大50%以内的砖缝,Ⅱ类砌体不超过4点,Ⅲ类砌体不超过5点。

表6.7.4 炉顶砌体的砖缝厚度

项次	项 目	砖缝厚度(mm)≤
1	用磷酸盐泥浆砌筑的耐火砖砌体	3

续表6.7.4

项次	项 目	砖缝厚度(mm)≤
2	用非磷酸盐泥浆砌筑的耐火砖砌体	2
3	硅砖炉顶砌体	2

6.7.5 炉顶砌体的允许误差和检验方法应符合表6.7.5的规定。

表6.7.5 炉顶砌体的允许误差和检验方法

项次	项 目		允许误差(mm)	检验方法
1	砖层表面的错牙		3	观察和塞尺检查。抽查2~4处
2	半径误差	外燃式	+10 −5	半径规检查。每1.25m高检查1次,每次沿圆周平均分度检查4~8点
		内燃式	±10	
		顶燃式	±15	
3	膨胀缝宽度	≤20mm	+2 −1	尺量检查。每1.25m高检查1次,每次沿圆周平均分度检查4~8点
		>20mm	±10%	

6.7.6 炉顶砌体合门砖应分布均匀。

检查数量:全数检查。

检验方法:观察检查。

6.8 热风管道

Ⅰ 主控项目

6.8.1 耐火材料和制品的品种、牌号,耐火泥浆的品种、牌号、稠度应符合本规范第3.2.1条和第3.2.2条的规定。

6.8.2 砌体砖缝的泥浆饱满度应大于90%。

检查数量:每5~8m长抽查1~2处。

检验方法:按本规范第3.2.3条的规定执行。

Ⅱ 一般项目

6.8.3 热风管道砌体的砖缝厚度、检查数量和检验方法应符合本规范第3.4.3条的规定。

6.8.4 热风管道砌体的允许误差和检验方法应符合表6.8.4的规定。

表6.8.4 热风管道砌体的允许误差和检验方法

项次	项目		允许误差(mm)	检验方法
1	内径误差	有喷涂层	±10	钢卷尺检查。总管、围管每5～8m长和每个支管各抽查1处,沿圆周平均分度检查4～8点
		无喷涂层	±15	
2	膨胀缝宽度	≤20mm	+2 -1	钢卷尺或钢尺检查。总管、围管每5～8m长和每个支管各抽查1处,沿圆周平均分度检查4～8点
		>20mm	±10%	
3	内表面的错牙		3	塞尺检查。抽查2～4处,每处约5m²,合门砖全数检查

6.8.5 热风阀处法兰面与耐火砖砌体间隙尺寸的允许误差不应超过0～+3mm。

检查数量:每面沿圆周平均分度检查4～8点。

检验方法:靠尺检查,塞尺检查。

6.8.6 热风管道砌体的膨胀缝应符合本规范第3.2.8条的规定。

7 焦炉及干熄焦设备

焦炉应按结构、部位划分为基础平台砌体、蓄热室、斜烟道、炭化室和炉顶5个分部工程。每个分部工程可按4～6孔(室)为一区段划分为若干分项工程,每个分项工程可由一个或若干个检验批组成。检验批可根据施工和质量检查控制的需要,按层数、施工段、膨胀缝等进行划分。

每套干熄焦设备应按结构、部位划分为熄焦室、除尘系统、余热锅炉3个分部工程。熄焦室可划分为冷却段、斜风道、预存段3个分项工程;除尘系统可划分为集尘沉降槽底和墙、拱顶、旋风除尘器3个分项工程;余热锅炉可按工业锅炉的标准进行验收。

7.1 焦炉基础平台砌体

Ⅰ 主控项目

7.1.1 耐火材料和制品的品种、牌号,耐火泥浆的品种、牌号、稠度应符合本规范第3.2.1条和第3.2.2条的规定。

7.1.2 普通黏土砖砌体砖缝的泥浆饱满度应大于90%

检查数量:每个检验批抽查3处。

检验方法:按本规范第3.2.3条的规定执行。

Ⅱ 一般项目

7.1.3 基础平台普通黏土砖和高强隔热耐火砖砌体顶面的平整误差不应超过5mm。

检查数量:在机侧、机中、中心、焦中、焦侧每个检验批各检查1点。

检验方法:2m靠尺检查。

7.1.4 基础平台砌体顶面标高的允许误差不应超过±5mm,顶面相邻测点间(间距1.0～1.5m)标高的允许误差不应超过5mm。

检查数量:在机侧、机中、中心、焦中、焦侧每个检验批各检查1点。

检验方法:水准仪检查。

7.1.5 砌体砖缝厚度的允许误差不应超过-1～+2mm。

检查数量:在机侧、机中、中心、焦中、焦侧每个检验批各检查1点。

检验方法:塞尺检查。

7.2 焦炉蓄热室

Ⅰ 主控项目

7.2.1 耐火材料和制品的品种、牌号,耐火泥浆的品种、牌号、稠度应符合本规范第3.2.1条和第3.2.2条的规定。

7.2.2 砌体砖缝的泥浆饱满度应大于95%。

检查数量和检验方法应按本规范第3.2.3条的规定执行。

7.2.3 箅子砖号的排列应准确无误。

检验方法:观察检查,尺量检查,检查施工记录。

Ⅱ 一般项目

7.2.4 蓄热室砌体的允许误差和检验方法应符合表7.2.4的规定。

表7.2.4 蓄热室砌体的允许误差和检验方法

项次	项目			允许误差(mm)	检验方法
1	线尺寸误差	(1)	小烟道和蓄热室的宽度	±4	用伸缩尺在机侧、机中、中心、焦中、焦侧上、下各检查1点
		(2)	蓄热室炉头脱离正面线	±3	拉线或弹线,用钢板尺在机、焦侧上、中、下各检查1点
		(3)	相邻焦炉煤气道的中心线间的间距及各孔道中心线与焦炉纵中心线的间距	±3	用钢卷尺或水平标尺杆检查1道墙

续表 7.2.4

项次	项目		允许误差(mm)	检验方法
2	标高误差	(1) 蓄热室墙顶的标高差	±4	用水准仪在机侧、机中、中心、焦中、焦侧各检查1点
		(2) 相邻蓄热室墙顶的标高差	3	
3	表面平整误差	(1) 蓄热室墙及箅子砖表面	5	用2m靠尺在机侧、机中、中心、焦中、焦侧左右各检查1处
		(2) 蓄热室炉头正面	5	用2m靠尺在机、焦侧炉头各检查1处
4	垂直误差	(1) 蓄热室墙	5	用线锤在机侧、机中、中心、焦中、焦侧各检查1处
		(2) 蓄热室墙炉头正面	5	用线锤在机、焦侧炉头各检查1处
5	砖缝厚度	一般砖缝	+2 -1	用塞尺在机侧、机中、中心、焦中、焦侧各检查1处

注：1 项次2中（2）为关键项。
2 当设计规定砖缝厚度为5mm时，最小的砖缝厚度应大于3mm。

检查数量：每个分项工程抽查1孔（室）。

7.2.5 膨胀缝和滑动缝应符合下列规定：

1 一般膨胀缝尺寸的允许误差不应超过-1～+2mm，端墙膨胀缝尺寸的允许误差不应超过±4mm；

2 膨胀缝应留设均匀、平直，位置正确，缝内清洁，并应按规定填充材料；

3 滑动缝纸应位置正确。

检查数量：每个检验批抽查1处。

检验方法：观察检查，尺量检查，检查施工记录。

7.2.6 小烟道承插口的宽度和高度的允许误差不应超过±4mm。

检查数量：每个检验批抽查1处。

检验方法：尺量检查，检查施工记录。

7.2.7 蓄热室炉头表面、墙表面应勾缝密实，无空缝。

检查数量：每个分项工程抽查1孔（室）。

检验方法：观察检查，塞尺检查。

7.3 焦炉斜烟道

Ⅰ 主控项目

7.3.1 耐火材料和制品的品种、牌号，耐火泥浆的品种、牌号、稠度应符合本规范第3.2.1条和第3.2.2条的规定。

7.3.2 砌体砖缝的泥浆饱满度应符合本规范第7.2.2条的规定。

7.3.3 炭化室的底面不得有逆向错牙。

检验方法：观察检查。

Ⅱ 一般项目

7.3.4 斜烟道砌体的允许误差和检验方法应符合表7.3.4的规定。

表7.3.4 斜烟道砌体的允许误差和检验方法

项次	项目		允许误差(mm)	检验方法
1	线尺寸误差	(1) 相邻斜烟道口的中心线间的间距及各孔道中心线与焦炉纵中心线的间距	±3	用钢卷尺或水平标尺杆检查1道墙
		(2) 斜烟道炉头脱离正面线	±3	拉线或弹线，用钢板尺在机、焦侧上、下各检查1点
		(3) 斜烟道口的长度和宽度	±2	用钢板尺或钢卷尺检查
		(4) 保护板砖座到炭化室底的距离	+3 0	
2	标高误差	(1) 斜烟道在蓄热室顶盖下一层相邻墙顶的标高差	2	用水准仪在机侧、机中、中心、焦中、焦侧各检查1点
		(2) 相邻水平煤气道砖座的标高差	2	
		(3) 相邻燃烧室保护板砖座的标高差	2	用水准仪在机、焦侧左、右各检查1点
		(4) 相邻炭化室底的标高差	3	用水准仪在机侧、机中、中心、焦中、焦侧各检查1点

续表 7.3.4

项次	项目		允许误差(mm)	检验方法
3	表面平整误差	(1) 炭化室底	3	用2m靠尺在机侧、机中、中心、焦中、焦侧各检查1处
		(2) 斜烟道炉头正面	5	用2m靠尺在机、焦侧炉头各检查1处
4	错牙	炭化室底表面(非逆向)	1	用钢板尺和楔形塞尺在机侧、机中、中心、焦中、焦侧各检查1处
5	砖缝厚度	一般砖缝	+2 -1	用塞尺在机侧、机中、中心、焦中、焦侧各检查1处

注：1 项次2中(4)、项次4为关键项。
    2 当设计规定砖缝厚度为5mm时，最小的砖缝厚度应大于3mm。

检查数量：每个分项工程抽查1孔(室)。

7.3.5 膨胀缝和滑动缝应符合本规范第7.2.5条的规定。

7.3.6 斜烟道出口处宽度的允许误差不应超过±1mm，孔内应清洁。

检查数量：每个分项工程抽查1孔(室)。
检验方法：观察检查，尺量检查。

7.3.7 炭化室底标高的允许误差不应超过±3mm。

检查数量：每个分项工程抽查1孔(室)，在机侧、机中、中心、焦中、焦侧各检查1点。
检验方法：水准仪检查。

7.3.8 斜烟道炉头表面、墙表面应勾缝密实，无空缝。

检查数量：每个分项工程抽查1孔(室)。
检验方法：观察检查，塞尺检查。

7.4 焦炉炭化室

Ⅰ 主控项目

7.4.1 耐火材料和制品的品种、牌号，耐火泥浆的品种、牌号、稠度应符合本规范第3.2.1条和第3.2.2条的规定。

7.4.2 砌体砖缝的泥浆饱满度应符合本规范第7.2.2条的规定。

7.4.3 炭化室的墙面不得有逆向错牙。
检验方法：观察检查。

Ⅱ 一般项目

7.4.4 炭化室砌体的允许误差和检验方法应符合表7.4.4的规定。

表7.4.4 炭化室砌体的允许误差和检验方法

项次	项目		允许误差(mm)	检验方法
1	线尺寸误差	(1) 相邻立火道的中心线间的间距及各孔道中心线与焦炉纵中心线的间距	±3	用钢卷尺或水平标尺杆检查1道墙
		(2) 炭化室炉头肩部脱离正面线	±3	拉线或弹线，用钢板尺在机、焦侧上、中、下各检查1点
		(3) 炭化室的宽度	±3	用伸缩尺在机侧、机中、中心、焦中、焦侧上、中、下各检查1点
2	标高误差	(1) 炭化室墙顶的标高差	±5	用水准仪在机侧、机中、中心、焦中、焦侧左、右各检查1点
		(2) 相邻炭化室墙顶的标高差	3	
3	表面平整误差	(1) 炭化室墙	3	用2m靠尺在机侧、机中、中心、焦中、焦侧左、右各检查1处
		(2) 炭化室炉肩部	3	用2m靠尺在机、焦侧炉头各检查1处
4	错牙	炭化室墙面(非逆向)	1	用钢板尺和楔形塞尺在机侧、机中、中心、焦中、焦侧各检查1处
5	垂直误差	(1) 炭化室墙	4	用线锤在机侧、机中、中心、焦中、焦侧各检查1处
		(2) 炭化室墙炉头肩部	4	用线锤在机、焦侧炉头各检查1处
6	砖缝厚度	(1) 炭化室墙面砖缝	±1	用塞尺在机侧、机中、中心、焦中、焦侧各检查1处
		(2) 一般砖缝	+2 -1	

注：1 项次2中(2)、项次4为关键项。
    2 当设计规定砖缝厚度为5mm时，最小的砖缝厚度应大于3mm。

检查数量：每个分项工程抽查1孔(室)。

7.4.5 端墙膨胀缝尺寸的允许误差不应超过±4mm；膨胀缝应留设均匀、平直，位置正确，缝内清洁，并应按规定填充材料。

检查数量：每道膨胀缝在上、中、下部位于机侧、机中、中心、焦中、焦侧各检查1点。
检验方法：观察检查，尺量检查，检查施工

记录。

7.4.6 炭化室炉头表面、墙表面应勾缝密实、无空缝。

检查数量：每个分项工程抽查1孔（室）。

检验方法：观察检查，塞尺检查。

7.5 焦炉炉顶

Ⅰ 主控项目

7.5.1 耐火材料和制品的品种、牌号，耐火泥浆的品种、牌号、稠度应符合本规范第3.2.1条和第3.2.2条的规定。

7.5.2 砌体砖缝的泥浆饱满度应大于95%。

检查数量：按拱顶部位抽查2~4处。

检验方法：按本规范第3.2.3条的规定执行。

7.5.3 炭化室跨顶砖除长度方向的端面外，其他面均不得加工；跨顶砖的工作面，不得有横向裂纹，其余部位不得有显裂纹。

检验方法：观察检查。裂纹的检查应按本规范第3.3.3条的规定执行。

Ⅱ 一般项目

7.5.4 炉顶砌体的允许误差和检验方法应符合表7.5.4的规定。

表7.5.4 炉顶砌体的允许误差和检验方法

项次	项 目		允许误差(mm)	检验方法
1	线尺寸误差	（1）相邻看火孔的中心线间的间距及各孔道中心线与焦炉纵中心线的间距	±3	用钢卷尺或水平标尺杆检查1道墙
		（2）装煤孔和上升管孔的中心线与焦炉纵中心线的间距	±3	拉线或弹线，用钢卷尺检查
		（3）炭化室机、焦侧跨顶砖（及其上部与保护板接触的砌体）与炉肩的正面差	0 −5	用钢板尺在机、焦侧炉头左、右各检查1点
2	标高误差	炉顶表面的标高差	±6	用水准仪在机侧、机中、中心、焦中、焦侧各检查1点
3	砖缝厚度	一般砖缝	+2 −1	用塞尺在机侧、机中、中心、焦中、焦侧各检查1处

注：当设计规定砖缝厚度为5mm时，最小的砖缝厚度应大于3mm。

检查数量：每个分项工程抽查1孔（室）。

7.5.5 膨胀缝和滑动缝应符合本规范第7.2.5条的规定。

7.6 熄焦室冷却段

Ⅰ 主控项目

7.6.1 耐火材料和制品的品种、牌号，耐火泥浆的品种、牌号、稠度应符合本规范第3.2.1条和第3.2.2条的规定。

7.6.2 砌体砖缝的泥浆饱满度应符合本规范第7.2.2条的规定。

Ⅱ 一般项目

7.6.3 熄焦室冷却段砌体的允许误差和检验方法应符合表7.6.3的规定。

表7.6.3 熄焦室砌体的允许误差和检验方法

项次	项 目		允许误差(mm)	检验方法
1	线尺寸误差	（1）预存段筒身砌体半径	±10	尺量检查。①斜风道顶部内墙、外墙各检查16点；②环形排风道内墙上、中、下各检查8点；③上调节孔中部、顶部各检查8点；④预存段筒身上部砌体的中部、顶部各检查8点
		（2）室顶进料口半径	0 −3	尺量检查。上部、下部各检查8点
		（3）环形排风道的宽度	±10	上部、下部各检查8点
		（4）调节孔 长度 宽度	±10 ±6	尺量检查。每孔检查1点
		（5）通风孔孔的内表面距孔中心 孔中心与风管中心的高向间距	±5 ±10	尺量检查。检查2点
		（6）测温孔的底面和两侧面距孔中心	±5	尺量检查。每孔检查3点
		（7）预存段室顶锥体部位的喷涂层厚度	+10 0	尺量检查。下部通风道上、中、下各检查8点；锥体部位分4段，每段检查8点

续表 7.6.3

项次	项目		允许误差(mm)	检验方法
2	标高误差	(1) 冷却段墙顶面	±5	水准仪检查。沿圆周平均分度检查8点
		(2) 斜风道隔墙顶面	±3	水准仪检查。每道隔墙检查1点
		(3) 下部调节孔上表面	±3	水准仪检查。沿圆周平均分度检查8点
		(4) 预存段砌体滑动层	±3	水准仪检查。沿圆周平均分度检查8点
		(5) 预存段砌体顶面	±3	水准仪检查。沿圆周平均分度检查8点
		(6) 通风孔底面	±5	水准仪检查。检查2点
		(7) 进料口上表面	0 / −3	水准仪检查。沿圆周平均分度检查8点
3	砖缝厚度	(1) 水平缝和放射缝	±2	尺量检查。每个分项工程抽查4处
		(2) 环缝	+4 / −2	
4	膨胀缝宽度	(1) 预存段托砖板部位的水平膨胀缝	+10 / 0	尺量检查。沿圆周平均分度检查8点
		(2) 预存段上部的放射形膨胀缝	+20 / 0	
		(3) 进料口砌体与炉壳之间的膨胀缝	+30 / 0	

注：1 项次1中(1)、(2)，项次2中(2)、(7)为关键项。
    2 拱顶工作层放射缝的厚度不应超过2mm。

7.6.4 熄焦室冷却段砌体应错缝正确，不应有三层重缝或三环通缝，合门砖应均匀分布。

检查数量：每4m高检查1次，不足4m按4m计，每次抽查2~4处，每处长3m；合门砖全数检查。

检验方法：观察检查，尺量检查，检查施工记录。

7.6.5 熄焦室冷却段上部砌体最后10层应以熄焦室纵中心线为基准；筒身半径的允许误差不应超过±7mm，结合段应平滑过渡。

检查数量：沿圆周平均分度检查8点。

检验方法：观察检查，尺量检查。

7.7 熄焦室斜风道

Ⅰ 主控项目

7.7.1 耐火材料和制品的品种、牌号，耐火泥浆的品种、牌号、稠度应符合本规范第3.2.1条和第3.2.2条的规定。

7.7.2 砌体砖缝的泥浆饱满度应符合本规范第7.2.2条的规定。

7.7.3 熄焦室斜风道支柱砖的砌筑应以熄焦室纵中心线为基准，支柱半径的允许误差不应超过±5mm。

检验方法：观察检查，尺量检查。

Ⅱ 一般项目

7.7.4 熄焦室斜风道砌体的允许误差和检验方法应符合本规范第7.6.3条的规定。

7.7.5 熄焦室斜风道砌体的错缝和合门砖应符合本规范第7.6.4条的规定。

7.8 熄焦室预存段

Ⅰ 主控项目

7.8.1 耐火材料和制品的品种、牌号，耐火泥浆的品种、牌号、稠度应符合本规范第3.2.1条和第3.2.2条的规定。

7.8.2 砌体砖缝的泥浆饱满度应符合本规范第7.2.2条的规定。

7.8.3 γ射线孔应符合下列规定：

1 γ射线孔上、下表面距孔中心尺寸的允许误差不应超过±1.5mm，孔两侧面距孔中心尺寸的允许误差不应超过±1mm；

2 相对的两个γ射线孔的中心线应在同一条直径线上。

检查数量：内、外墙每孔检查4点。

检验方法：拉线检查，尺量检查。

Ⅱ 一般项目

7.8.4 熄焦室预存段砌体的允许误差和检验方法应符合本规范第7.6.3条的规定。

7.8.5 熄焦室预存段砌体的错缝和合门砖应符合本规范第7.6.4条的规定。

7.8.6 熄焦室预存段下、中部砌体应以熄焦室纵中心线为基准，锥形砌体上部应以炉壳为导面砌筑，中、上部砌体半径的允许误差不应超过±15mm。

检查数量：每4层沿圆周平均分度检查8点。

检验方法：观察检查，尺量检查。

7.8.7 膨胀缝应留设均匀、平直，位置正确，缝内清洁，并应按规定填充材料；滑动缝纸应位置正确。

检查数量：全数检查。

检验方法：观察检查，检查施工记录。

7.9 集尘沉降槽底、墙

Ⅰ 主控项目

7.9.1 耐火材料和制品的品种、牌号，耐火泥浆的品种、牌号、稠度应符合本规范第3.2.1条和第3.2.2条的规定。

7.9.2 砌体砖缝的泥浆饱满度应符合本规范第7.2.2条的规定。

Ⅱ 一般项目

7.9.3 集尘沉降槽底、墙砌体的允许误差和检验方法应符合表7.9.3的规定。

表7.9.3 集尘沉降槽砌体的允许误差和检验方法

项次	项目		允许误差(mm)	检验方法
1	线尺寸误差	炉中心线到墙边间距	±5	经纬仪与钢卷尺检查。沿长度方向每3m长抽查1处，全部抽查数量不少于3处
2	表面平整误差	墙面	5	2m靠尺检查。每1.25m高检查1次，每次抽查2~4处
3	标高误差	拱脚	±3	水准仪检查。沿长度方向每3m长抽查1处，全部抽查数量不少于3处
4	垂直误差	墙面 每米高 全高	3 15	托线板检查，吊线和尺量检查。每面墙抽查3处，每处上、中、下各检查1点
5	膨胀缝宽度	(1) 拱顶膨胀缝	+4 -2	尺量检查。按砌体部位抽查2~4处
		(2) 拱与炉墙之间膨胀缝	+5 -3	
		(3) 拱脚砖托板与炉墙之间膨胀缝	+5 -2	
		(4) 隔墙与拱顶之间膨胀缝	+5 -2	
		(5) 隔墙上膨胀缝	+2 -1	
		(6) 伸缩节两侧膨胀缝	+3 -2	
		(7) 伸缩节中间膨胀缝	+3 -2	
		(8) 炉墙与托砖板之间水平膨胀缝	±2	

续表7.9.3

项次	项目		允许误差(mm)	检验方法
6	砖缝厚度	(1) 墙、底砖缝	+2 -1	尺量检查。按砌体部位抽查2~4处
		(2) 拱顶环缝	±2	

7.9.4 集尘沉降槽底、墙砌体的膨胀缝和滑动缝应符合本规范第7.8.7条的规定。

7.10 集尘沉降槽拱顶

Ⅰ 主控项目

7.10.1 耐火材料和制品的品种、牌号、耐火泥浆的品种、牌号、稠度应符合本规范第3.2.1条和第3.2.2条的规定。

7.10.2 砌体砖缝的泥浆饱满度应大于95%。

检查数量：按拱顶部位抽查2~4处。

检验方法：按本规范第3.2.3条的规定执行。

7.10.3 拱脚砖应紧靠炉壳砌筑，拱脚砖与炉壳之间应用规定的材料填充密实。

检验方法：观察检查，尺量检查，检查施工记录。

Ⅱ 一般项目

7.10.4 集尘沉降槽拱顶砌体的允许误差和检验方法应符合本规范第7.9.3条的规定。

7.10.5 集尘沉降槽拱顶砌体的膨胀缝和滑动缝应符合本规范第7.8.7条的规定。施工上层隔热耐火砖时，膨胀缝处应严格按照设计要求用耐火砖代替隔热耐火砖封堵严密。

7.10.6 有填充料的拱顶，耐火砖的外弧面错台不应超过3mm；施工上层隔热耐火砖前，可用耐火泥浆将外弧面涂抹光滑并铺设好滑动纸。

检查数量：全数检查。

检验方法：观察检查，尺量检查，检查施工记录。

7.11 旋风除尘器

Ⅰ 主控项目

7.11.1 耐火材料和制品的品种、牌号、耐火泥浆的品种、牌号、稠度应符合本规范第3.2.1条和第3.2.2条的规定。

7.11.2 砌体砖缝的泥浆应饱满，不应出现中空现象。

检查数量：每1m高随机抽查3处。

检验方法：观察检查，锤击、听音。

Ⅱ 一 般 项 目

7.11.3 旋风除尘器内衬砌体的允许误差和检验方法应符合表7.11.3的规定。

表7.11.3 旋风除尘器内衬砌体的允许误差和检验方法

项次	项目	允许误差(mm)	检验方法
1	砖缝厚度	+4 −1	钢板尺检查。每1.25m高检查1次，每次抽查4~8点
2	表面平整误差	5	2m靠尺检查。每1.25m高检查1次，每次沿圆周平均分度检查2~4点
3	内径	±10	半径规检查。每1.25m高检查1次，每次沿圆周平均分度检查4~8点

7.11.4 锚固钢丝网应焊接牢固，焊接点应分布合理，符合设计要求。

检查数量：全数检查。

检验方法：观察检查，检查施工记录。

8 炼钢转炉、炼钢电炉、混铁炉、混铁车和RH精炼炉

8.1 炼钢转炉

8.1.1 每座炼钢转炉应为一个分部工程。每个分部工程可划分为炉底、熔池（包括活炉底的接炉底）、炉身、炉帽及出钢口等分项工程。每个分项工程可按施工段和同一部位的不同砌筑材料划分为一个或若干个检验批进行验收。

Ⅰ 主 控 项 目

8.1.2 耐火材料和制品的品种、牌号，耐火泥浆的品种、牌号、稠度应符合本规范第3.2.1条和第3.2.2条的规定。

8.1.3 耐火浇注料、耐火捣打料的品种、牌号应符合本规范第4.1.1条和第4.3.1条的规定。

8.1.4 砌体砖缝的泥浆饱满度应达到：工作层部位应大于95%，其他部位应大于90%；干砌砖缝应填满干细耐火粉或规定的材料。

检查数量和检验方法应按本规范第3.2.3条和第3.3.2条的规定执行。

8.1.5 炉底工作层最上层砖应竖砌。反球拱底与炉身墙的接触面应严密，其表面平整误差不应超过2mm，并应符合设计标高。

活炉底与炉身的接缝应符合现行国家标准《工业炉砌筑工程施工及验收规范》GB 50211—2004第8.2.9条的规定。

检验方法：观察检查，2m靠尺检查，检查施工记录。

8.1.6 膨胀缝的留设应符合设计要求和本规范第3.2.8条的规定。

Ⅱ 一 般 项 目

8.1.7 炼钢转炉砌体的砖缝厚度应符合表8.1.7的规定，其检查数量和检验方法应符合下列规定：

检查数量：炉底逐层检查，每层抽查1~2处；熔池、炉身、炉帽每1.25m高抽查1~2处。

检验方法：在每处砌体的5m²表面上用塞尺检查10点，比规定砖缝厚度大50%以内的砖缝，工作层不超过2点，非工作层不超过4点。

表8.1.7 炼钢转炉砌体的砖缝厚度

项次	项目	砖缝厚度(mm) ≤
1	工作层（镁碳砖）	2
2	永久层（镁砖）	2
3	其他	3
4	供气砖与周边砖层	2

8.1.8 炉底砌体应符合下列规定：

1 按十字形对称砌筑的炉底，上、下两层砖的纵向长缝应砌成30°~60°的交角，最上层炉底砖的纵向长缝应与出钢口的中心线成一交角，通过上、下层中心点的垂直缝不应重合；

2 炉底隔热材料的铺设应符合设计要求，捣打料应密实。

检查数量：逐层检查，每层抽查1~2处。

检验方法：观察检查，检查施工记录。

8.1.9 炉身砌体应符合下列规定：

1 砌体应错缝正确；

2 上、下层合门砖应位置错开，砌在易补炉侧，合门应紧密；

3 永久层和工作层之间应填料密实，隔热材料的铺设应符合设计要求。

检查数量：每1.25m高检查1次，每次抽查1~2处。

检验方法：观察检查。

8.1.10 炉帽砌体应符合下列规定：

1 砌体应紧靠炉壳、错缝正确，内表面应平整；

2 上、下层合门砖应错开、紧密，填料应密实；

3 出钢口位置应符合设计要求，出钢口砌

体与出钢口铁壳的间隙应用设计规定的填料填实。

检查数量：每1.25m高检查1次，每次抽查1~2处。

检验方法：观察检查。

8.1.11 炉墙砖层的表面平整误差不应超过3mm，径向倾斜误差不应超过2mm。

检查数量：每1.25m高检查1次，每次抽查1~2处。

检验方法：1m靠尺检查。

8.1.12 砌体工作面的错牙不应超过3mm。

检查数量：每1.25m高检查1次，每次抽查8~10处。

检验方法：尺量检查。

8.2 炼钢电炉

8.2.1 每座炼钢电炉应为一个分部工程。每个分部工程可划分为炉底、炉墙和炉盖等分项工程。每个分项工程可按施工段和同一部位的不同砌筑材料划分为一个或若干个检验批进行验收。

Ⅰ 主控项目

8.2.2 耐火材料和制品的品种、牌号，耐火泥浆的品种、牌号、稠度应符合本规范第3.2.1条和第3.2.2条的规定。

8.2.3 耐火浇注料、耐火捣打料的品种、牌号应符合本规范第4.1.1条和第4.3.1条的规定。

8.2.4 砌体砖缝的泥浆饱满度应符合本规范第8.1.4条的规定。

8.2.5 炉底与炉身墙的接触面应严密，其表面平整误差不应超过2mm。

检验方法：观察检查，2m靠尺检查，检查施工记录。

8.2.6 电极口及其周围砌体的接触处应严密，并应保持电极口砖圈的直径，各电极口中心之间的距离误差不应超过±5mm。

检验方法：观察检查，尺量检查。

8.2.7 膨胀缝的留设应符合本规范第3.2.8条的规定。

Ⅱ 一般项目

8.2.8 炼钢电炉砌体的砖缝厚度应符合表8.2.8的规定，其检查数量和检验方法应符合下列规定：

检查数量：炉底逐层检查，每层抽查1~2处；炉墙、炉盖分别抽查1~2处。

检验方法：在每处砌体的5m²表面上用塞尺检查10点，比规定砖缝厚度大50%以内的砖缝，工作层不超过2点，非工作层不超过4点。

表8.2.8 炼钢电炉砌体的砖缝厚度

项次	项 目	砖缝厚度(mm)≤
1	炉底、炉墙： （1）工作层（镁砖） （2）永久层（黏土耐火砖、硅砖）	1 2
2	炉盖： （1）干砌 （2）湿砌	1.5 2

8.2.9 炉底砌体应符合下列规定：

1 炉底应错缝干砌，砖缝内应填满干细耐火粉；

2 上、下砖层纵向长缝的交角应为30°~60°；

3 炉底最上层砖应竖砌，捣打料应密实。

检查数量：逐层检查。

检验方法：观察检查，检查施工记录。

8.2.10 炉墙砌体应符合下列规定：

1 砌体应错缝正确；

2 上、下层合门砖位置错开，合门紧密；

3 永久层和工作层之间应填料密实，隔热材料的铺设应符合设计要求；

4 出钢口应符合设计要求，填料应密实。

检查数量：每1.25m高检查1次，每次抽查1~2处。

检验方法：观察检查。

8.2.11 炉盖砌体应符合下列规定：

1 内弧面应平整，错牙不应超过3mm；

2 合门砖应分布均匀，合门紧密。

检查数量：抽查1~2处。

检验方法：塞尺检查，观察检查。

8.2.12 炉墙砖层的表面平整误差不应超过3mm。

检查数量：每1.25m高检查1次，每次抽查1~2处。

检验方法：1m靠尺检查。

8.3 混铁炉

8.3.1 每座混铁炉应为一个分部工程。每个分部工程可划分为炉底、炉墙和炉顶等分项工程。每个分项工程可按施工段和同一部位的不同砌筑材料划分为一个或若干个检验批进行验收。

Ⅰ 主控项目

8.3.2 耐火材料和制品的品种、牌号，耐火泥浆的品种、牌号、稠度应符合本规范第3.2.1条和第3.2.2条的规定。

8.3.3 砌体砖缝的泥浆饱满度应符合本规范第8.1.4条的规定。

8.3.4 炉底、炉墙和炉顶填充层的填料应饱满、密实。

检验方法：观察检查。

8.3.5 炉底与炉墙、受铁口与炉顶交接处的接缝均应严密；平砌的前、后墙和端墙，应交错成整体。

检验方法：观察检查。

8.3.6 膨胀缝的留设应符合本规范第 3.2.8 条的规定。

Ⅱ 一般项目

8.3.7 混铁炉砌体的砖缝厚度应符合表 8.3.7 的规定，其检查数量和检验方法应符合下列规定：

检查数量：炉底逐层检查，每层抽查 2~4 处；炉墙每 1.25m 高检查 1 次，每次抽查 2~4 处；炉顶抽查 2~4 处。

检验方法：在每处砌体的 5m² 表面上用塞尺检查 10 点，比规定砖缝厚度大 50% 以内的砖缝，工作层不超过 2 点，非工作层不超过 4 点。

表 8.3.7 混铁炉砌体的砖缝厚度

项次	项　目	砖缝厚度 (mm) ≤
1	炉底、炉墙： 铁水面以下 （1）工作层（镁砖） （2）永久层（黏土耐火砖） 铁水面以上	 1 2 2
2	炉顶（高铝耐火砖） 放射缝 环缝	 2 2

8.3.8 炉底砌体应砖列平直，砖层的表面平整误差不应超过 5mm。

检查数量：逐层检查，每层抽查 2~4 处。

检验方法：2m 靠尺检查，观察检查。

8.3.9 炉墙砌体出铁口两侧墙与前墙应交错成整体，炉墙砌体的表面平整误差和向炉内倾斜误差不应超过 5mm。

检查数量：每 1.25m 高检查 1 次，每次抽查 2~4 处。

检验方法：观察检查，铁水平尺和 2m 靠尺检查。

8.3.10 炉顶砌体应符合下列规定：

1 拱顶砖环应平整垂直，合门砖应紧密；
2 拱顶内表面的错牙不应超过 3mm；
3 隔热填料的厚度应符合设计要求。

检查数量：拱顶抽查 3~5 环；错牙按拱顶抽查 2~4 处，每处 5m²；隔热填料全数检查。

检验方法：观察检查，拉线检查，2m 靠尺检查，检查施工记录。

8.4 混铁车

8.4.1 若干台混铁车应为一个分部工程，一台混铁车应为一个分项工程。每个分项工程可按施工段和同一部位的不同砌筑材料划分为一个或若干个检验批进行验收。

Ⅰ 主控项目

8.4.2 耐火材料和制品的品种、牌号，耐火泥浆的品种、牌号、稠度应符合本规范第 3.2.1 条和第 3.2.2 条的规定。

8.4.3 砌体砖缝的泥浆饱满度应大于 95%。

检查数量：每台混铁车抽查 2~4 处。

检验方法：按本规范第 3.2.3 条的规定执行。

8.4.4 永久层黏土耐火砖应紧靠炉壳或喷涂层砌筑。

检验方法：观察检查。

8.4.5 端部与锥形部接触处应严密，端部与炉壳间应填料密实。

检验方法：观察检查。

Ⅱ 一般项目

8.4.6 混铁车砌体工作层和非工作层的砖缝厚度不应超过 2mm。

检查数量：逐层检查，每层抽查 2~4 处。

检验方法：在每处砌体的 5m² 表面上用塞尺检查 10 点，比规定砖缝厚度大 50% 以内的砖缝，工作层不超过 2 点，非工作层不超过 4 点。

8.4.7 砌体应符合下列规定：

1 错砌部位的纵向砖列应平直，环砌部位的砖环应平整垂直；
2 下半圆工作层和永久层之间的耐火浇注料应密实找圆，其纵向表面平整误差不应超过 3mm，圆弧面与弧形样板之间的间隙不应超过 2mm；
3 端部工作层的垂直误差不应超过 2mm。

检查数量：每 5 列（环）砖检查 1 次；浇注料纵向表面及圆弧面抽查 5~8 处；垂直误差每端面抽查 2 处。

检验方法：观察检查，拉线检查，2m 靠尺检查，弧形样板（弦长 1m）检查，托线板检查。

8.5 RH 精炼炉

8.5.1 每座 RH 精炼炉应为一个分部工程。每个分部工程可划分为底部、中部、顶部、插入管等分项工程。每个分项工程可按施工段和同一部位的不同砌筑材料划分为一个或若干个检验批进行验收。

Ⅰ 主控项目

8.5.2 耐火材料和制品的品种、牌号，耐火泥浆的品种、牌号、稠度应符合本规范第 3.2.1 条和第 3.2.2 条的规定。

8.5.3 耐火浇注料、耐火捣打料的品种、牌号应符合本规范第 4.1.1 条和第 4.3.1 条的规定。

8.5.4 砌体湿砌时，砖缝的泥浆饱满度应大于95%。

检查数量和检验方法应按本规范第3.2.3条和第3.3.2条的规定执行。

Ⅱ 一般项目

8.5.5 RH精炼炉砌体的砖缝厚度应符合表8.5.5的规定,其检查数量和检验方法应符合下列规定:

检查数量:每个检验批抽查1~2处。

检验方法:在每处砌体的5m²表面上用塞尺检查10点,比规定砖缝厚度大50%以内的砖缝,工作层其他部位不超过2点(插入管、循环管和底部的砖缝厚度应全部符合规定),非工作层不超过4点。

表8.5.5 RH精炼炉砌体的砖缝厚度

项次	项 目	砖缝厚度(mm)≤
1	镁铬砖(工作层)	1
2	高铝砖(永久层)	2
3	插入管、循环管及其对接缝	1
4	轻质黏土砖永久层	5

8.5.6 RH精炼炉砌体的允许误差和检验方法应符合表8.5.6的规定。

表8.5.6 RH精炼炉砌体的允许误差和检验方法

项次	项 目	允许误差(mm)	检验方法
1	底部内径	±15	尺量检查。每项各检查2点
2	中部下段内径	±15	
3	中部上段内径	±10	
4	顶部内径	±10	

8.5.7 底部砌体应符合下列规定:

1 插入管与循环管的对接偏心度不应超过3mm;

2 壁永久层及最上层的锁口砖应低于法兰面;

3 浇注体应符合设计标高,纤维毡的铺设应符合设计要求,捣打料应密实。

检查数量:逐层检查。

检验方法:观察检查,尺量检查,检查施工记录。

8.5.8 中部砌体应符合下列规定:

1 砌体应错缝正确;

2 合门砖应位置错开,合门紧密;

3 永久层和工作层之间应泥浆饱满,各种开孔的孔径及留设位置应符合设计要求。

检查数量:每1.25m高检查1次,每次抽查1~2处;各种开孔全数检查。

检验方法:观察检查,尺量检查。

8.5.9 顶部砌体应符合下列规定:

1 砌体应紧靠炉壳,内表面应平整;

2 上、下层砖缝应错开,合门砖应分布均匀,合门紧密;

3 填料应密实,各种开孔的孔径及留设位置应符合设计要求。

检查数量:每个顶抽查1~2处;各种开孔全数检查。

检验方法:观察检查,尺量检查。

8.5.10 插入管砌体应符合下列规定:

1 砌体与钢结构的间距应均等,砌体与法兰盘的偏心度不应超过3mm;

2 上、下砖环的工作面应对齐,四周的浇注料应捣打密实;

3 上升管的氩气管道应畅通。

检查数量:全数检查。

检验方法:观察检查,通气检查,尺量检查。

8.5.11 循环管砌体上、下砖环的工作面应对齐,砌体与法兰盘的偏心度不应超过3mm,非工作面应填料密实。

检查数量:全数检查。

检验方法:观察检查,水平尺检查,尺量检查。

8.5.12 砖层的表面平整误差不应超过2mm。

检查数量:每个检验批抽查1~2处。

检验方法:1m靠尺检查。

8.5.13 砌体工作面的错牙不应超过2mm。

检查数量:每个检验批抽查8~10处。

检验方法:尺量检查,塞尺检查。

9 均热炉、加热炉和热处理炉

每座均热炉、加热炉和热处理炉应为一个分部工程。每个分部工程可划分为炉底、炉墙和炉顶或炉盖等分项工程。每个分项工程可按施工段和同一部位的不同砌筑材料划分为一个或若干个检验批进行验收。

9.1 均 热 炉

Ⅰ 主控项目

9.1.1 耐火材料和制品的品种、牌号,耐火泥浆的品种、牌号、稠度应符合本规范第3.2.1条和第3.2.2条的规定。

9.1.2 砌体砖缝的泥浆饱满度应大于90%。

检查数量和检验方法应按本规范第3.2.3条和第3.3.2条的规定执行。

9.1.3 各组均热炉中心线对设计位置的误差不应超过20mm,炉膛墙上表面和主烧嘴烧嘴砖的标高(冷态尺寸)应符合设计要求。

检验方法:水准仪检查,尺量检查。

9.1.4 吊挂炉盖周围的楔形砖经加工后,其小头尺寸应大于60mm。

检验方法：尺量检查。

Ⅱ 一 般 项 目

9.1.5 均热炉砌体的砖缝厚度应符合表9.1.5的规定，其检查数量和检验方法应符合下列规定：

检查数量：炉底、拱顶各抽查2～4处；炉墙每1.25m高检查1次，每次抽查2～4处。

检验方法：在每处砌体的5m²表面上用塞尺检查10点，比规定砖缝厚度大50%以内的砖缝，Ⅱ类砌体不超过4点。

表9.1.5 均热炉砌体的砖缝厚度

项次	项 目	砖缝厚度（mm）≤
1	炉底、炉墙和吊挂炉盖	2
2	烧嘴砖	2
3	拱形炉盖	1.5

9.1.6 均热炉砌体的允许误差和检验方法应符合表9.1.6的规定。

表9.1.6 均热炉砌体的允许误差和检验方法

项次	项 目		允许误差（mm）	检验方法
1	线尺寸误差	(1) 并列通道中心线的距离和砌体的外形尺寸	±10	拉线和尺量检查。（1）并列通道中心线的距离，每3m长检查1次；（2）砌体外形尺寸，沿砌体四周上、中、下各检查1次
		(2) 烟道拱顶的跨度	±10	尺量检查。每5m长抽查1处，整个烟道的抽查数量不少于3处
		(3) 炉膛的长度和宽度	±10	尺量检查。沿墙上、中、下各检查1次
2	烟道底衬表面平整误差		10	2m靠尺检查。每层抽查2～4处
3	烟道下部通风道砖垛上表面的相对标高差		5	测量仪器检查。检查测量记录
4	炉膛墙全高的垂直误差		10	托线板或吊线检查。每面墙抽查3处，每处上、中、下各检查1点

9.1.7 均热炉的拱形炉盖应从四边拱脚开始砌筑，其对角线部分应交错砌筑，不应加工成直缝。

检查数量：全数检查。

检验方法：观察检查。

9.2 加热炉和热处理炉

Ⅰ 主 控 项 目

9.2.1 耐火材料和制品的品种、牌号，耐火泥浆的品种、牌号、稠度应符合本规范第3.2.1条和第3.2.2条的规定。

9.2.2 砌体砖缝的泥浆饱满度应符合本规范第9.1.2条的规定。

9.2.3 环形加热炉炉底边缘砖与炉墙凸缘砖之间的环形间隙不应小于设计尺寸，内环炉墙应保持垂直，不应向炉内倾斜。

检验方法：尺量检查，托线板检查。

9.2.4 连续式加热炉水管托墙下面不应砌隔热耐火砖，水管托墙最上层砖与水管托座间应紧密接触。

检验方法：观察检查。

Ⅱ 一 般 项 目

9.2.5 加热炉和热处理炉砌体的砖缝厚度应符合表9.2.5的规定，其检查数量和检验方法应符合下列规定：

检查数量：炉底、拱顶各抽查2～4处；炉墙每1.25m高检查1次，每次抽查2～4处。

检验方法：在每处砌体的5m²表面上用塞尺检查10点，比规定砖缝厚度大50%以内的砖缝，Ⅱ类砌体不超过4点，Ⅲ类砌体不超过5点。

表9.2.5 加热炉和热处理炉砌体的砖缝厚度

项次	项 目	砖缝厚度（mm）≤
1	镁砖或镁铬砖炉底	2
2	加热炉预热段、加热段和均热段的墙	2
3	其他底和墙	3
4	炉顶、拱	2
5	烧嘴砖	2

9.2.6 加热炉和热处理炉砌体的允许误差和检验方法应符合本规范第3.2.5条和第3.3.5条的规定。

9.2.7 烧嘴砖应紧靠烧嘴铁件（或烧嘴安装板）砌筑，其间隙应用耐火泥浆填充密实，不应在烧嘴砖与烧嘴铁件（或烧嘴安装板）之间填轻质隔热棉等松软材料。

检查数量：全数检查。

检验方法：观察检查。

10 反射炉、回转熔炼炉、闪速炉、艾萨炉、卧式转炉和矿热电炉

本章条文所列分项工程、分部工程是根据炉子的结构部位和座（台）数划分。回转式阳极炉、倾动式阳极炉等其他炉型的砌筑工程可按本章类似炉型的规定进行验收。

10.1 反 射 炉

10.1.1 每台反射炉应为一个分部工程。每个分部工程根据结构可划分为炉底、炉墙和炉顶等分项工程。每个分项工程可按施工段和同一部位的不同砌筑材料划分为一个或若干个检验批进行验收。

Ⅰ 主控项目

10.1.2 耐火材料和制品的品种、牌号，耐火泥浆的品种、牌号、稠度应符合本规范第 3.2.1 条和第 3.2.2 条的规定。

10.1.3 砌体砖缝的泥浆饱满度应达到：工作层部位应大于 95%，其他部位应大于 90%；干砌砖缝应填满干细耐火粉或规定的材料。

检查数量和检验方法应按本规范第 3.2.3 条和第 3.3.2 条的规定执行。

10.1.4 炉底工作层反拱拱脚砖必须砌入墙内。反拱砌体与侧墙、端墙的接触面必须湿砌，接合应严密、牢固。拱脚砖不得现场加工。

反拱下部有捣打料层时，应待捣打料层干燥并达到技术要求和施工要求后，进行反拱的施工。

检验方法：现场观察检查，检查施工记录。

10.1.5 炉顶拱脚砖必须紧靠拱脚梁。

吊挂砖的主要受力部位严禁有各种裂纹，其余部位不得有显裂纹。

检验方法：观察检查。裂纹的检查应按本规范第 3.3.3 条的规定执行。

Ⅱ 一般项目

10.1.6 反射炉砌体的砖缝厚度应符合表 10.1.6 的规定，其检查数量和检验方法应符合下列规定：

检查数量：反拱逐层检查，每层抽查 2～4 处；炉墙每 1.25m 高检查 1 次，每次抽查 2～4 处；炉顶抽查 2～4 处。

检验方法：在每处砌体的 5m² 表面上用塞尺检查 10 点，比规定砖缝厚度大 50% 以内的砖缝，Ⅰ、Ⅱ类砌体均不超过 4 点。

表 10.1.6 反射炉砌体的砖缝厚度

项次	项 目		砖缝厚度（mm）≤
1	炉底	（1）反拱下部砌体	2
		（2）反拱环缝	1.5
		放射缝	1
2	炉墙	（1）渣线以下	1.5
		（2）渣线以上	2
3	炉顶	（1）错缝砌	1.5
		（2）环砌 环缝	1.5
		放射缝	1
4	上升烟道		2

注：炉顶的砖缝厚度，不应包括夹入垫片的厚度。

10.1.7 反射炉砌体的允许误差和检验方法应符合本规范第 3.2.5 条和第 3.3.5 条的规定。

10.1.8 反拱捣打层应密实均匀，与砌体表面接合紧密；捣打层表面与弧形样板间隙的允许误差不应超过 3mm。

检查数量：每 5m² 的表面上抽查 1 处，整个表面的抽查数量不少于 3 处。

检验方法：观察检查，弧形样板检查，检查施工记录。

10.1.9 反拱砌体表面的弧度应符合设计规定，错牙不应超过 3mm。

检查数量：弧长每 5m 抽查 1 处，整个弧长的抽查数量不少于 3 处；错牙按反拱抽查 2～4 处，每处 5m²，对小于 10m² 的表面，抽查数量不少于 4 处。

检验方法：弧形样板检查，塞尺检查。

10.1.10 炉墙砌体应符合下列规定：

1 砌体应错缝正确，表面应平直；

2 各孔口应仔细加工、错缝湿砌，其中心线和尺寸应准确；

3 膨胀缝应留设均匀、平直，位置正确，缝内清洁，并应按规定填充材料。

检查数量：墙面抽查 1～3 处，每处长 3m；各孔口、膨胀缝全数检查。

检验方法：观察检查，尺量检查，检查施工记录。

10.1.11 炉顶砌体应符合本规范第 3.3.6 条或第 3.3.8 条的规定，其中各孔口应符合本规范第 10.1.10 条的规定。

10.2 回转熔炼炉

10.2.1 每台回转熔炼炉（也称诺兰达炉）应为一个分部工程。每个分部工程可划分端墙、炉身圆周砌体和风口区等分项工程。每个分项工程可按施工段和同一部位的不同砌筑材料划分为一个或若干个检验批进行验收。

Ⅰ 主控项目

10.2.2 耐火材料和制品的品种、牌号,耐火泥浆的品种、牌号、稠度应符合本规范第3.2.1条和第3.2.2条的规定。

10.2.3 砌体砖缝的泥浆饱满度应大于95%。
检查数量和检验方法应按本规范第3.2.3条和第3.3.2条的规定执行。

10.2.4 耐火捣打料的品种、牌号应符合本规范第4.3.1条的规定。

10.2.5 膨胀缝的留设应符合本规范第3.2.8条的规定。

10.2.6 风口区砌体应符合下列规定:
 1 风口区应湿砌,不留膨胀缝,风口区砖与炉壳之间应填约8mm厚碳化硅泥浆;
 2 对现场钻孔的风口,钻孔前,风口区表面应填约20mm厚高强镁铬质泥浆,泥浆硬化后应支好木支撑,由外向内钻孔。
检验方法:观察检查,检查施工记录。

Ⅱ 一般项目

10.2.7 回转熔炼炉砌体的砖缝厚度应符合表10.2.7的规定,其检查数量和检验方法应符合下列规定:
检查数量:抽查1~3处。
检验方法:在每处砌体的5m²表面上用塞尺检查10点,比规定砖缝厚度大50%以内的砖缝,Ⅰ、Ⅱ类砌体不超过4点。

表10.2.7 回转熔炼炉砌体的砖缝厚度

项次	项 目	砖缝厚度(mm)≤
1	渣线以下砌体、风口区、冰铜放出口、放渣口	1
2	渣线以上砌体、烧嘴口、加料口、测量孔	1.5
3	炉口反拱:(1) 放射缝 (2) 环缝	1 2

注:炉顶的砖缝厚度,不应包括夹入垫片的厚度。

10.2.8 回转熔炼炉砌体的允许误差和检验方法应符合本规范第3.2.5条和第3.3.5条的规定。

10.2.9 直形端墙应错缝严密,砌体与炉壳间的填料应逐层密实;墙面应平直,其表面平整误差不应超过4mm。
检查数量:全数检查。
检验方法:观察检查,2m靠尺检查。

10.2.10 圆周砌体应符合下列规定:
 1 圆周砌体应锁砖严紧,内、外砖缝一致,且应与端墙接触严密;
 2 砌体与炉壳的间隙应用规定的填充料逐层填捣密实,上部1/3砌体与炉壳间应按设计要求留设空气间隙;
 3 圆周砌体应弧度圆滑,错牙不应超过3mm。
检查数量:全数检查。
检验方法:观察检查,塞尺检查,检查施工记录。

10.2.11 冰铜放出口、放渣口、烧嘴口、测量孔等孔口砌体的位置与角度应准确、表面平整,中心线应符合设计要求。
检查数量:全数检查。
检验方法:观察检查,角度板、尺量检查。

10.2.12 炉口砌体应仔细加工并湿砌;炉口支撑拱应紧靠拱下砌体,接触严密;炉口应尺寸准确,表面美观。
检查数量:全数检查。
检验方法:观察检查,尺量检查,检查施工记录。

10.3 闪 速 炉

10.3.1 每台闪速炉应为一个分部工程。每个分部工程根据结构和熔炼过程可划分为反应塔、沉淀池和上升烟道等分项工程。每个分项工程可按施工段和同一部位的不同砌筑材料划分为一个或若干个检验批进行验收。

Ⅰ 主控项目

10.3.2 耐火材料和制品的品种、牌号,耐火泥浆的品种、牌号、稠度应符合本规范第3.2.1条和第3.2.2条的规定。

10.3.3 砌体砖缝的泥浆饱满度应符合本规范第10.2.3条的规定。

10.3.4 耐火浇注料的品种、牌号、施工及质量应符合本规范第4.1节的规定。

10.3.5 耐火捣打料的品种、牌号、施工及质量应符合本规范第4.3节的规定。

10.3.6 反拱砌体与炉墙接触面应符合本规范第10.1.4条的规定。

10.3.7 膨胀缝的留设应符合本规范第3.2.8条的规定。

10.3.8 各部位水冷装置周围及其与砌体之间的间隙,应用设计规定的材料逐层填捣密实。
检验方法:观察检查,检查施工记录。

10.3.9 沉淀池的吊挂砖应符合本规范第10.1.5条的规定。

Ⅱ 一般项目

10.3.10 闪速炉砌体的砖缝厚度应符合表10.3.10

的规定，其检查数量和检验方法应符合下列规定：

检查数量：反拱逐层检查，每层抽查2～4处；炉墙每1.25m高检查1次，每次抽查2～4处；炉顶（包括反应塔顶和上升烟道斜顶、平顶）抽查2～4处。

检验方法：在每处砌体的5m²表面上用塞尺检查10点，比规定砖缝厚度大50%以内的砖缝，Ⅰ、Ⅱ类砌体不超过4点。

表10.3.10 闪速炉砌体的砖缝厚度

项次	项 目		砖缝厚度(mm)≤
1	沉淀池炉底	(1) 镁铬砖环缝 　　两层反拱之间 　　同层反拱两环之间 (2) 铬砖放射缝 (3) 黏土耐火砖	2 1 1 2
2	沉淀池	(1) 炉墙渣线以上 (2) 炉墙渣线以下 (3) 炉顶（平顶、拱顶）	2 1 2
3	反应塔	(1) 反应塔体 (2) 反应塔顶	2 1.5
4	上升烟道	(1) 上升烟道墙 (2) 上升烟道顶	2 1.5

注：炉顶的砖缝厚度，不应包括夹入垫片的厚度。

10.3.11 闪速炉砌体的允许误差和检验方法应符合本规范第3.2.5条和第3.3.5条的规定。

10.3.12 炉底砌体应符合下列规定：

1 砌体应密实，两层反拱间及反拱与其下层表面应接触严密；

2 弧度应符合设计要求，错牙不应超过2mm。

检查数量：弧长每5m抽查1处，整个弧长的抽查数量不少于3处；错牙按反拱抽查2～4处，每处5m²。

检验方法：观察检查，弧形样板检查，塞尺检查，检查施工记录。

10.3.13 炉墙砌体除应符合本规范第3.2.7条和第3.2.9条的规定外，还应符合下列规定：

1 斜墙的斜度应符合设计要求；

2 2m高直墙的垂直误差不应超过5mm，大于2m高直墙的垂直误差不应超过10mm；

3 反应塔内径的允许误差不应超过±8mm。

检查数量：垂直误差每面墙抽查3处，每处上、中、下各检查1点；半径误差每1.25m高检查1次，每次沿圆周平均分度检查8点。

检验方法：观察检查，吊线检查，半径规检查。

10.3.14 冰铜放出口、渣口、料口及其他孔洞砌体的组合砖应精细修正加工，位置与角度应准确，表面平整，中心线应符合设计要求。

检查数量：全数检查。

检验方法：观察检查，角度板、尺量检查。

10.3.15 吊挂拱顶砌体应符合本规范第3.3.8条的规定。

10.4 艾 萨 炉

10.4.1 每台艾萨炉应为一个分部工程。每个分部工程根据结构可划分为炉底、炉身和炉顶等分项工程。每个分项工程可按施工段和同一部位的不同砌筑材料划分为一个或若干个检验批进行验收。

Ⅰ 主控项目

10.4.2 耐火材料和制品的品种、牌号，耐火泥浆的品种、牌号、稠度应符合本规范第3.2.1条和第3.2.2条的规定。

10.4.3 砌体砖缝的泥浆饱满度应符合本规范第10.2.3条的规定。

10.4.4 耐火浇注料的品种、牌号、施工及质量应符合本规范第4.1节的规定。

10.4.5 耐火捣打料的品种、牌号、施工及质量应符合本规范第4.3节的规定。

10.4.6 反拱砌体与炉墙接触面应符合本规范第10.1.4条的规定。

10.4.7 膨胀缝的留设应符合本规范第3.2.8条的规定。

10.4.8 对有水套的艾萨炉，各部位水冷装置周围及其与砌体之间的间隙，应用设计规定的材料逐层填捣密实。

检验方法：观察检查，检查施工记录。

Ⅱ 一般项目

10.4.9 艾萨炉砌体的砖缝厚度应符合表10.4.9的规定，其检查数量和检验方法应符合下列规定：

检查数量：反拱逐层检查，每层抽查2～4处；炉墙每1.25m高检查1次，每次抽查2～4处；炉顶抽查2～4处。

检验方法：在每处砌体的5m²表面上用塞尺检查10点，比规定砖缝厚度大50%以内的砖缝，Ⅰ、Ⅱ类砌体不超过4点。

表10.4.9 艾萨炉砌体的砖缝厚度

项次	项 目		砖缝厚度(mm)≤
1	炉底	(1) 镁铬砖环缝 　　两层反拱之间 　　同层反拱两环之间 (2) 铬砖放射缝 (3) 黏土耐火砖	2 1 1 2
2	炉墙	(1) 渣线以上 (2) 渣线以下	2 1

注：炉顶的砖缝厚度，不应包括夹入垫片的厚度。

10.4.10 艾萨炉砌体的允许误差和检验方法应符合本规范第3.2.5条和第3.3.5条的规定。

10.4.11 炉底砌体应符合下列规定：

　　1 砌体应密实，两层反拱间及反拱与其下层表面应接触严密；

　　2 弧度应符合设计要求，错牙不应超过3mm。

　　检查数量：弧长每5m抽查1处，整个弧长的抽查数量不少于3处；错牙按反拱抽查2~4处，每处5m²。

　　检验方法：观察检查，弧形样板检查，塞尺检查，检查施工记录。

10.4.12 炉墙砌体除应符合本规范第3.2.7条和第3.2.9条的规定外，直墙的垂直误差不应超过12mm，半径的允许误差不应超过±4mm。

　　检查数量：垂直误差每面墙抽查3处，每处上、中、下各检查1点；半径误差每1.25m高检查1次，每次沿圆周平均分度检查8点。

　　检验方法：观察检查，吊线检查，半径规检查。

10.4.13 冰铜放出口、渣口、料口及其他孔洞砌体的组合砖应精细修正加工，位置与角度应准确、表面平整，中心线应符合设计要求。

　　检查数量：全数检查。

　　检验方法：观察检查，角度板、尺量检查。

10.5 卧式转炉

10.5.1 每台卧式转炉应为一个分部工程。每个分部工程可划分为端墙、炉身圆周砌体和风口、冰铜放出口等分项工程。每个分项工程可按施工段和同一部位的不同砌筑材料划分为一个或若干个检验批进行验收。

Ⅰ 主控项目

10.5.2 耐火材料和制品的品种、牌号，耐火泥浆的品种、牌号、稠度应符合本规范第3.2.1条和第3.2.2条的规定。

10.5.3 砌体砖缝的泥浆饱满度应大于95%，干砌砖缝应填满干细耐火粉或规定的材料。

　　检查数量和检验方法应按本规范第3.2.3条和第3.3.2条的规定执行。

10.5.4 风眼砖、还原风口砖和冰铜放出口砖应放正砌平、无三角缝，填料应密实；风眼上部砌体的每层退台应一致。

　　检验方法：观察检查，尺量检查。

Ⅱ 一般项目

10.5.5 卧式转炉砌体的砖缝厚度应符合表10.5.5的规定，其检查数量和检验方法应符合下列规定：

　　检查数量：抽查1~3处。

　　检验方法：在每处砌体的5m²表面上用塞尺检查10点，比规定砖缝厚度大50%以内的砖缝，Ⅰ、Ⅱ类砌体不超过4点。

表10.5.5 卧式转炉砌体的砖缝厚度

项次	项目	砖缝厚度（mm）≤
1	风眼区、风口区、冰铜放出口区	1
2	其他砌体	1.5

注：炉顶的砖缝厚度，不应包括夹入垫片的厚度。

10.5.6 卧式转炉砌体的允许误差和检验方法应符合本规范第3.2.5条和第3.3.5条的规定。

10.5.7 端墙砌体应符合下列规定：

　　1 直形端墙应错缝严密，砌体与炉壳间的填料应逐层密实，圆周砌体应牢固；

　　2 墙面应平直，其表面平整误差不应超过4mm；

　　3 球形端墙应表面平滑，弧度应符合设计要求，错牙不应超过3mm。

　　检查数量：全数检查。

　　检验方法：观察检查，2m靠尺检查，塞尺检查，尺量检查。

10.5.8 圆周砌体应符合下列规定：

　　1 圆周砌体应锁砖严紧，内、外砖缝一致，且应与端墙接触严密；

　　2 砌体与炉壳的间隙应用规定的填充料逐层填捣密实；

　　3 圆周砌体应弧度圆滑，错牙不应超过3mm。

　　检查数量：全数检查。

　　检验方法：观察检查，塞尺检查，检查施工记录。

10.5.9 炉口砌体应仔细加工并湿砌；炉口支撑拱应紧靠拱下砌体，接触严密。

　　检查数量：全数检查。

　　检验方法：观察检查，尺量检查，检查施工记录。

10.6 矿热电炉

10.6.1 每台矿热电炉应为一个分部工程。每个分部工程根据结构可划分为炉底、炉墙和炉顶等分项工程。每个分项工程可按施工段和同一部位的不同砌筑材料划分为一个或若干个检验批进行验收。

Ⅰ 主控项目

10.6.2 耐火材料和制品的品种、牌号，耐火泥浆的品种、牌号、稠度应符合本规范第3.2.1条和第3.2.2条的规定。

10.6.3 砌体砖缝的泥浆饱满度应符合本规范第10.2.3条的规定。

10.6.4 耐火浇注料的品种、牌号、施工及质量应符合本规范第4.1节的规定。

10.6.5 耐火捣打料的品种、牌号、施工及质量应符合本规范第4.3节的规定。

10.6.6 反拱砌体与炉墙接触面应符合本规范第10.1.4条的规定，炉底接地线铜带与炉底砌体应接触严密，并应露出炉底上表面30～50mm。

检验方法：观察检查，尺量检查，检查施工记录。

10.6.7 炉顶拱脚砖必须紧靠拱脚梁。

检验方法：观察检查。

Ⅱ 一般项目

10.6.8 矿热电炉砌体的砖缝厚度应符合表10.6.8的规定，其检查数量和检验方法应符合下列规定：

检查数量：反拱逐层检查，每层抽查2～4处；炉墙每1.25m高检查1次，每次抽查2～4处；炉顶抽查2～4处。

检验方法：在每处砌体的5m²表面上用塞尺检查10点，比规定砖缝厚度大50%以内的砖缝，Ⅰ、Ⅱ类砌体不超过4点。

表10.6.8 矿热电炉砌体的砖缝厚度

项次	项	目	砖缝厚度(mm)≤
1	炉底	(1) 铬砖环缝 两层反拱之间	1.5
		同层反拱两环之间	1.5
		(2) 铬砖放射缝	1
		(3) 黏土耐火砖	2
2	炉墙	(1) 渣线以上	2
		(2) 渣线以下	1.5
3	炉顶		1.5

注：炉顶的砖缝厚度，不应包括夹入垫片的厚度。

10.6.9 矿热电炉砌体的允许误差和检验方法应符合本规范第3.2.5条和第3.3.5条的规定。

10.6.10 反拱捣打层应符合本规范第10.1.8条的规定，反拱砌体应符合本规范第10.1.9条的规定。

10.6.11 炉墙砌体除应符合本规范第3.2.7条、第3.2.8条和第3.2.9条的规定外，还应符合下列规定：

1 出料口的中心线和尺寸应准确，炉墙上表面平整误差不应超过2mm；

2 两侧墙应顶面平整，其相对标高差不应超过5mm。

检查数量：全数检查。

检验方法：尺量检查，水准仪检查，靠尺检查，检查施工记录。

10.6.12 炉顶砌体除应符合本规范第3.3.6条的规定外，还应符合下列规定：

1 各孔口周围的砖应位置正确，砌筑紧密，锁砖应避开孔口；

2 砌体应表面平整，错牙不应超过3mm。

检查数量：全数检查。

检验方法：观察检查，塞尺检查，检查施工记录。

11 铝电解槽

11.0.1 若干台铝电解槽可为一个分部工程，每台铝电解槽应为一个分项工程。每个分项工程可划分为槽底、阴极炭块组装和安装、侧部炭块和碳化硅砖砌筑、槽底扎固和阳极等检验批。

Ⅰ 主控项目

11.0.2 耐火材料和制品的品种、牌号，耐火泥浆的品种、牌号、稠度应符合本规范第3.2.1条和第3.2.2条的规定。

11.0.3 砌体砖缝的泥浆饱满度应达到：炭块应大于95%，碳化硅砖应大于95%，黏土耐火砖应大于90%；干砌砖缝应填满规定的材料。

检查数量和检验方法应按本规范第3.2.3条的规定执行。

11.0.4 耐火浇注料的品种、牌号、施工及质量应符合本规范第4.1节的规定。

11.0.5 置于炭槽部分的阴极钢棒、预焙阳极的钢爪与炭素捣打料或磷生铁接触的表面，均应除锈至呈现金属光泽。

阴极炭块组制品应符合设计要求。

检验方法：观察检查，仪器检查，检查施工记录。

11.0.6 槽底采用干式防渗料夯实的，其压缩比应大于18%。

检验方法：观察检查，尺量检查，检查施工记录。

11.0.7 炭素捣打料应密实均匀、接触面结合严密，其压缩比应大于40%。

检验方法：观察检查，尺量检查，检查施工记录。

Ⅱ 一般项目

11.0.8 铝电解槽砌体的砖缝厚度应符合表11.0.8的规定，其检查数量和检验方法应符合下列规定：

检查数量：底逐层检查，墙每面检查1～3处。

检验方法：在每处砌体5m²的表面上用塞尺检查10点，比规定砖缝厚度大50%以内的砖缝，Ⅰ、Ⅱ类砌体不超过4点，Ⅲ类砌体不超过5点。

表 11.0.8 铝电解槽砌体的砖缝厚度

项次	项 目	砖缝厚度(mm)≤
1	底： (1) 隔热耐火砖 (2) 黏土耐火砖	2 2
2	墙： (1) 黏土耐火砖 (2) 侧部炭块相邻两块间的垂直缝 　　干砌 　　炭胶泥砌 (3) 侧部碳化硅砖相邻两块间的垂直缝 　　干砌 　　湿砌	2 0.3 1.5 0.3 1
3	(1) 侧部炭块与黏土耐火砖接触面 (2) 侧部碳化硅砖与黏土耐火砖接触面	3 1

11.0.9 铝电解槽砌体的允许误差和检验方法应符合表 11.0.9 的规定。

表 11.0.9 铝电解槽砌体的允许误差和检验方法

项次	项 目		允许误差(mm)	检验方法
1	表面平整误差	侧部炭块下部砌体	3	2m靠尺检查，抽查2～4处
2	垂直误差	侧部黏土耐火砖砌体	3	吊线检查，每面墙检查4处（各1点）
3	标高误差	炭块组顶面	±5	水准仪检查，全数检查

11.0.10 黏土耐火砖砌体应符合下列规定：

1 黏土耐火砖应错缝砌筑；

2 槽底黏土耐火砖的顶面标高差不应超过 3mm，表面平整误差不应超过 5mm，阴极钢棒应位于阴极窗口的中心；

3 侧部黏土耐火砖的墙面应平整。

检查数量：全数检查。

检验方法：拉线检查，水准仪检查，观察检查。

11.0.11 振捣干式防渗料应符合下列规定：

1 振捣干式防渗料的压缩比应符合设计要求，振捣高度超过 180mm 时应分层振捣，振捣后的干式防渗料表面应用专用刮尺找平；

2 振捣干式防渗料的顶面标高差不应超过 3mm，表面平整误差不应超过 5mm，阴极钢棒应位于阴极窗口的中心。

检查数量：全数检查。

检验方法：拉线检查，水准仪检查，观察检查。

11.0.12 阴极炭块组的安装应符合下列规定：

1 阴极炭块组应安装平稳，与底层接合严密；

2 阴极钢棒与阴极窗口四周的间隙应大于 5mm，并用设计规定的材料密封；

3 相邻炭块组的顶面标高差不应超过 5mm，阴极炭块组之间垂直缝的宽度与设计尺寸的误差不应超过 ±2mm，安装阴极炭块组后的两侧边缘线与槽体的纵、横中心线之间的误差不应超过 ±3mm。

检查数量：全数检查。

检验方法：尺量检查，观察检查，水准仪检查，检查施工记录。

11.0.13 侧部炭块或碳化硅砖砌体应接缝严密；侧部和角部炭块或碳化硅砖应紧贴槽壳，顶面与槽沿板间应按设计要求密封。

检查数量：全数检查。

检验方法：观察检查，检查施工记录。

11.0.14 阳极应符合下列规定：

1 预焙阳极浇注的磷生铁应与炭阳极、钢爪接合严密；

2 炭阳极不应有水平方向的裂纹；

3 钢爪中心线与炭阳极中心线之间的尺寸误差不应超过 5mm；

4 铝导杆的垂直误差全高不应超过 5mm；

5 组合的炭阳极，其底面应平整，顶面的高低差不应超过 5mm。

检查数量：全数检查。

检验方法：观察检查，尺量检查，检查施工记录。

12 炭素煅烧炉和炭素焙烧炉

12.1 炭素煅烧炉

12.1.1 每座炭素煅烧炉应为一个分部工程。每个分部工程按炉体结构可划分为底部黏土耐火砖段、中部硅砖段和顶部黏土耐火砖段等分项工程。每个分项工程可按每天的砌砖高度划分为若干个检验批进行验收。

Ⅰ 主控项目

12.1.2 耐火材料和制品的品种、牌号，耐火泥浆的品种、牌号、稠度应符合本规范第 3.2.1 条和第 3.2.2 条的规定。

12.1.3 砌体砖缝的泥浆饱满度应大于 95%，煅烧罐的内、外砖缝均应勾缝严密。

检查数量：抽查罐数的 20%。每 1.25m 高检查 1 次，每次抽查 2～4 处。

检验方法：泥浆饱满度按本规范第 3.2.3 条的规定执行；勾缝为观察检查，并检查施工记录。

12.1.4 砌体内表面不应有与排料方向逆向的错牙,其顺向错牙不应超过2mm。

检验方法:观察检查,塞尺检查。

Ⅱ 一般项目

12.1.5 炭素煅烧炉黏土耐火砖砌体的砖缝厚度应符合表12.1.5的规定,其检查数量和检验方法应符合下列规定:

检查数量:抽查罐数的20%;每1.25m高检查1次,每次抽查2~4处。

检验方法:在每处砌体的5m²表面上用塞尺检查10点,比规定砖缝厚度大50%以内的砖缝,Ⅱ类砌体不超过4点,Ⅲ类砌体不超过5点。

表12.1.5 炭素煅烧炉黏土耐火砖砌体的砖缝厚度

项次	项目	砖缝厚度(mm)≤
1	底、墙	3
2	烧嘴砖	2

12.1.6 炭素煅烧炉硅砖砌体的砖缝厚度应符合下列规定:

煅烧罐和火道盖板:1~3mm;

火道隔墙和四周墙:2~4mm。

检查数量:抽查罐数的20%;每1.25m高检查1次,每次在5m²表面上检查10点。

检验方法:塞尺检查。

12.1.7 炭素煅烧炉砌体的允许误差和检验方法应符合表12.1.7的规定。

表12.1.7 炭素煅烧炉砌体的允许误差和检验方法

项次	项目		允许误差(mm)	检验方法
1	线尺寸误差	(1) 相邻烧嘴中心线的间距	±2	拉线检查。抽查罐数的20%
		(2) 烧嘴中心线与火道中心线的间距	±2	
		(3) 煅烧罐的长度	±4	尺量检查。抽查罐数的20%,每罐上、中、下各检查1点
		(4) 煅烧罐的宽度	±2	
2	表面平整误差	(1) 炉底最上层砖	3	2m靠尺检查。抽查罐数的20%,每5m²抽查1处
		(2) 每组煅烧罐各层火道盖板砖下的砌体上表面:每米长 总长	2 4	拉线检查。抽查罐数的20%

续表12.1.7

项次	项目		允许误差(mm)	检验方法
3	标高误差	(1) 烧嘴中心	±5	水准仪检查。全数检查
		(2) 煅烧室硅砖砌体上表面	±7	水准仪检查。全数检查,每2m²抽查1点
		(3) 炉顶表面	±10	
4	垂直误差	煅烧罐全高	4	吊线检查。抽查罐数的20%,每罐抽查2处,每处上、中、下各检查1点
5	膨胀缝宽度(黏土耐火砖墙与硅砖砌体之间)		+2 -1	尺量检查。抽查罐数的20%

注:项次2中(2)、项次4为关键项。

12.1.8 相邻煅烧罐中心线间距的允许误差不应超过±2mm,各组煅烧罐中心线间距的允许误差不应超过±5mm。

检查数量:抽查罐数的50%。

检验方法:拉线检查,尺量检查。

12.1.9 膨胀缝应留设均匀、平直,位置正确,缝内清洁,并应按规定填充材料;滑动缝纸应按规定铺设。

检查数量:全数检查。

检验方法:观察检查,检查施工记录。

12.1.10 所有孔道在换向和封闭前应做彻底清扫,孔道应畅通、无残留渣物、整洁美观。

检查数量:抽查罐数的20%。

检验方法:观察检查,灯光检查,检查施工记录。

12.2 炭素焙烧炉

12.2.1 每座炭素焙烧炉应为一个分部工程。每个分部工程可划分为炉底、炉墙、炉盖、连通火道等分项工程。每个分项工程可按施工段和同一部位的不同砌筑材料划分为一个或若干个检验批进行验收。

Ⅰ 主控项目

12.2.2 耐火材料和制品的品种、牌号,耐火泥浆的品种、牌号、稠度应符合本规范第3.2.1条和第3.2.2条的规定。

12.2.3 砌体砖缝的泥浆饱满度应大于95%,密闭式焙烧炉料箱内表面的砖缝应勾缝严密。

检查数量:抽查室数的20%。炉底每层抽查2处;炉墙每1.25m高检查1次,每次抽查2处;每个炉盖抽查1~2处。

检验方法:泥浆饱满度按本规范第3.2.3条的规

定执行；勾缝为观察检查，并检查施工记录。

12.2.4 炉盖拱脚砖必须紧靠金属箍。

　　检验方法：观察检查。

Ⅱ 一般项目

12.2.5 炭素焙烧炉砌体的砖缝厚度应符合表12.2.5的规定，其检查数量和检验方法应符合下列规定：

　　检查数量：抽查室数的20%。炉底每层抽查2处；炉墙每1.25m高检查1次，每次抽查2处；每个炉盖抽查1~2处。

　　检验方法：在每处砌体的5m²表面上用塞尺检查10点，比规定砖缝厚度大50%以内的砖缝，Ⅱ类砌体不超过4点，Ⅲ类砌体不超过5点。

表12.2.5　炭素焙烧炉砌体的砖缝厚度

项次	项　目	砖缝厚度（mm）≤
1	密闭式焙烧炉 （1）炉底、炉墙 （2）拱 （3）料箱墙、炕面砖 （4）炉盖	3 2 3 2
2	敞开式焙烧炉 （1）炉底、炉墙 （2）横墙	3 3

注：敞开式焙烧炉火道封顶下部砌体的砖缝厚度和砌筑方法应符合设计要求。

12.2.6 炭素焙烧炉砌体的允许误差和检验方法应符合表12.2.6的规定。

表12.2.6　炭素焙烧炉砌体的允许误差和检验方法

项次	项　目		允许误差（mm）		检验方法
			密闭式	敞开式	
1	线尺寸误差	（1）焙烧室中心线的间距	±3	±3	拉线检查。抽查室数的20%
		（2）横墙中心线的间距	±2	±2	
		（3）料箱中心线的间距	±2	±2	
		（4）火井中心线的间距	±2	—	
		（5）烧嘴中心线的间距	±3	±3	
		（6）操作孔中心线的间距	±3	±3	
		（7）料箱长度	±4	—	尺量检查。抽查室数的20%
		（8）料箱宽度	±3	—	

续表12.2.6

项次	项　目		允许误差（mm）		检验方法
			密闭式	敞开式	
2	表面平整误差	（1）炕面砖	3	—	2m靠尺检查。抽查室数的20%，每5m²检查1点
		（2）料箱墙下的相邻炕面砖	2	—	
		（3）料箱墙各层砖	3	—	
		（4）炉底最上层砖	—	3	
		（5）火道墙各层砖	—	3	
		（6）焙烧室间横墙最上层砖	5	5	
		（7）全炉炉墙上表面各点相对标高差	20	20	水准仪检查。每2m²检查1点
3	标高误差	火道顶表面	—	±5	水准仪检查。每2m²检查1点
4	垂直误差	料箱墙： 每米高 全高	3 10	3 8	吊线检查。抽查室数的20%
5	膨胀缝宽度		+2 -1	+2 -1	尺量检查。抽查室数的20%

注：项次2中（2）、项次5为关键项。

12.2.7 密闭式焙烧炉底和炉墙砌体应符合本规范第3.2.6~3.2.10条的规定，烧嘴中心标高的允许误差不应超过±3mm，孔道在转向、封闭前应清扫干净。

　　检查数量：抽查室数的20%。

　　检验方法：水准仪检查，观察检查，检查施工记录。

12.2.8 敞开式焙烧炉的炉底和炉墙砌体除应符合本规范第3.2.6~3.2.10条的规定外，还应符合下列规定：

　　1 侧墙与横墙上凹形砌体的内表面应平直，线尺寸的允许误差不应超过0~+3mm，其中有60%及其以上检查点不应超过0~+2mm；

　　2 装配式火道墙的锁砖打入后，火道砌体不应产生变形和位移。

　　检查数量：抽查室数的20%。

　　检验方法：观察检查，尺量检查，检查施工记录。

12.2.9 炭素焙烧炉的炉盖应符合本规范第3.3.7条的规定。

12.2.10 炭素焙烧炉砌体的膨胀缝和滑动缝应符合本规范第12.1.9条的规定。

12.2.11 连通火道中心线与火道墙接口的孔洞中心线允许误差不应超过±3mm,孔洞四周砌体墙的厚度和尺寸应符合设计要求。

检查数量:全数检查。

检验方法:观察检查,尺量检查,检查施工记录。

13 玻璃熔窑

13.0.1 每座玻璃熔窑应为一个分部工程。每个分部工程可划分为烟道、蓄热室和小炉、熔化部和冷却部、供料通路和成型室等分项工程。每个分项工程可按施工段和同一部位的不同砌筑材料划分为一个或若干个检验批进行验收。

Ⅰ 主控项目

13.0.2 耐火材料和制品的品种、牌号,耐火泥浆的品种、牌号、稠度应符合本规范第 3.2.1 条和第 3.2.2 条的规定。

13.0.3 除设计另有要求外,干砌砌体砖与砖之间应相互靠紧,不应加填充物。

检验方法:观察检查,检查施工记录。

13.0.4 湿砌砌体砖缝的泥浆饱满度应达到:烟道应大于90%,其他部位应大于95%。

检查数量和检验方法应按本规范第 3.2.3 条和第 3.3.2 条的规定执行。

13.0.5 成型室的尺寸、成型室与玻璃成型设备的相对位置应符合设计要求。

锡槽纵向中心线应与熔窑纵向中心线一致,锡槽底锚固件的焊接应牢固。

检验方法:经纬仪检查,拉线检查,锤击检查。

13.0.6 拱脚砖必须紧靠拱脚梁,各部位窑拱砌体不应有下沉、变形和局部下陷。

检验方法:观察检查,尺量检查。

Ⅱ 一般项目

13.0.7 玻璃熔窑砌体的砖缝厚度应符合表 13.0.7 的规定,其检查数量和检验方法应符合下列规定:

检查数量:每个检验批中,按砌体部位抽查2~4处,不足5m² 的部位抽查1处。

检验方法:在每处砌体 5m² 的表面上用塞尺检查10点,比规定砖缝厚度大 50%以内的砖缝,Ⅰ、Ⅱ类砌体不超过4点,Ⅲ类砌体不超过5点。

表 13.0.7 玻璃熔窑砌体的砖缝厚度

项次	项 目	砖缝厚度 (mm)≤
1	烟道和蓄热室 (1)底、墙 (2)蓄热室拱脚以上的分隔墙 (3)拱	3 2 2

续表 13.0.7

项次	项 目	砖缝厚度 (mm)≤
2	小炉 (1)用硅砖砌筑的墙和拱 (2)用熔铸砖砌筑的墙和拱 (3)用熔铸砖砌筑的小炉口 (4)底	2 2 1(干砌) 2
3	熔化部和冷却部 (1)用大型熔铸砖砌筑的池壁 (2)窑拱 (3)前墙拱、分隔装置的单环拱 (4)用硅砖砌筑的胸墙 (5)用熔铸砖砌筑的胸墙 (6)流液洞砖砌体	2(干砌) 1.5 1 1.5 2 1(干砌)
4	通路 (1)用大型熔铸砖砌筑的池壁 (2)供料通路接触玻璃液的底和墙 (3)拱(用带子母口砖或不带子母口砖砌筑) (4)上部墙	1(干砌) 1 1.5 2

注:表中用熔铸砖砌筑的部位,砖已经过切磨加工。

13.0.8 玻璃熔窑砌体的允许误差和检验方法应符合表 13.0.8 的规定。

表 13.0.8 玻璃熔窑砌体的允许误差和检验方法

项次	项 目		允许误差 (mm)	检验方法
1	线尺寸误差	蓄热室炉条的间距	±2	拉线检查,尺量检查,抽查全数的20%
2	垂直误差	蓄热室砖格子高度方向的倾斜	10	观察检查,尺量检查,每个蓄热室抽查2~4处
3	标高误差	(1)次梁 (2)碹梁	±3 ±2	水准仪检查,抽查全数的20%
4	膨胀缝宽度		+2 -1	尺量检查,全数检查

注:项次 4 为关键项。

13.0.9 烟道、蓄热室和小炉砌体除应符合本规范第 3.2.8 条、第 3.2.9 条和第 3.3.6 条的规定外,还应符合下列规定:

1 砖格子应表面水平,上、下层格孔垂直,砖格子与墙间缝隙应符合设计要求;

2 蓄热室实际中心线的允许误差不应超过±5mm,各小炉实际中心线的允许误差不应超过±3mm。

检查数量:全数检查。

检验方法:观察检查,尺量检查,检查施工记录。

13.0.10 池底、池壁应符合下列规定:

1 池底砖应搁放准确,池壁顶面标高的允许误差不应超过±5mm（浮法窑池壁顶面标高的允许误差不应超过0~+5mm）；

2 各处膨胀缝应符合本规范第3.2.8条的规定。

检查数量：池底砌体抽查4~6处，标高每3m长检查1点，膨胀缝全数检查。

检验方法：观察检查，水准仪检查，尺量检查，检查施工记录。

13.0.11 各部位窑拱砌体拱脚砖的位置和标高应符合设计要求；窑顶内表面应平整，错牙不应超过3mm。

检查数量：错牙抽查2~4处，每处5m²；其他项目全数检查。

检验方法：观察检查，塞尺检查，尺量检查。

13.0.12 接触玻璃液的池底、池壁及其上部结构全部砌完后，应进行清理；砌体内表面应清洁，砖缝内不应有杂物。

检查数量：按部位抽查3~5处，每处5m²。

检验方法：观察检查。

14 回转窑及其附属设备

14.0.1 回转窑及其附属设备应为一个单位工程。每台回转窑应为一个分部工程，并按区段划分为若干个分项工程，每个分项工程可按施工段与同一部位的不同砌筑材料划分为一个或若干个检验批进行验收；回转窑的附属设备（预热器、分解炉、窑门罩、冷却机、三次风管和沉降室等）可各为一个分部工程，按本规范第3章和第4章的规定进行验收。

Ⅰ 主控项目

14.0.2 耐火材料和制品的品种、牌号，耐火泥浆的品种、牌号、稠度应符合本规范第3.2.1条和第3.2.2条的规定。

14.0.3 砌体砖缝的泥浆饱满度应大于95%。

检查数量和检验方法应按本规范第3.2.3条的规定执行。

14.0.4 回转窑筒体和单筒冷却机内壁上过高的焊缝和渣屑应打磨平整，焊缝高度不应超过3mm；回转窑筒体内应按规定预先划出纵向施工标准线、环向施工标准线和实际施工控制线。

检验方法：观察检查。

14.0.5 锁口时宜选用专用锁砖；如需要在楔形面上加工耐火砖，应精细加工，切加工后砖的厚度应大于原砖厚度的2/3，并不得作为本环最后一块锁砖打入砌体。

检验方法：观察检查，尺量检查。

14.0.6 回转窑或单筒冷却机内每环耐火砖必须环环紧锁，一个锁口缝内应只使用一块2~3mm厚的钢板锁片。每环锁口区的锁片不应超过4块，并均匀分布在锁口区内。

检查数量：每个砌筑区段内抽查2~4处。

检验方法：观察检查，检查施工记录。

14.0.7 膨胀缝应留设均匀、平直，位置正确，缝内清洁，并应按规定填充材料。

检验方法：观察检查，尺量检查。

Ⅱ 一般项目

14.0.8 回转窑及其附属设备砌体的砖缝厚度应符合表14.0.8的规定，其检查数量和检验方法应符合下列规定：

检查数量：回转窑或单筒冷却机的每个区段内抽查2~4处；其他各分部工程抽查2~4处。

检验方法：在每处砌体的5m²表面上用塞尺检查10点，比规定砖缝厚度大50%以内的砖缝，Ⅱ类砌体不超过4点，Ⅲ类砌体不超过5点。

表14.0.8 回转窑及其附属设备砌体的砖缝厚度

项次	项 目	砖缝厚度(mm)≤
1	回转窑和单筒冷却机（包括环砌、错缝砌筑） (1) 纵向缝 　　湿法砌筑 　　干法或钢板砌筑 (2) 环向缝	 2 依设计规定 3
2	预热器、分解炉 (1) 窑尾烟室和分解炉内直（圆）墙和斜墙的耐火砖 (2) 其他各部位的耐火砖 (3) 隔热耐火砖、隔热板	 2 3 3
3	窑门罩、箅式冷却机和三次风管 (1) 耐火砖 (2) 隔热耐火砖和隔热板	 2 3

注：用镁质耐火制品砌筑的内衬，其砖缝厚度应由设计规定。

14.0.9 回转窑或单筒冷却机内衬的纵向砖缝应与窑轴线在同一平面内，环向砖缝应与窑轴线垂直。环砌时，环向缝的最大扭曲偏差每米应小于3mm，全环不应超过10mm；交错砌筑时，纵向缝的最大扭曲偏差每米应小于3mm，同一砌筑段内（通常为5~6m）不应超过20mm。

检查数量：每个砌筑区段内抽查2~4处。

检验方法：观察检查，拉线检查，尺量检查，重锤吊线检查。

14.0.10 旋风筒和分解炉的锥体、窑尾烟室的下料斜坡以及相关设备中的斜墙等部位的内衬表面应光滑平直、无麻面，物料运动方向上的表面平整误差不应超过5mm，无逆向错牙。

检查数量：每个分项工程内抽查2~4处。

检验方法：观察检查，2m靠尺检查。

14.0.11 耐火浇注料的品种、牌号、施工及质量应符合本规范第4.1节的规定。

15 隧道窑和辊道窑

15.1 隧道窑

15.1.1 每座隧道窑应为一个分部工程。每个分部工程可划分为窑墙、窑顶、窑车等分项工程。每个分项工程可按施工工段和同一部位的不同砌筑材料划分为一个或若干个检验批进行验收。

Ⅰ 主控项目

15.1.2 耐火材料和制品的品种、牌号,耐火泥浆的品种、牌号、稠度应符合本规范第 3.2.1 条和第 3.2.2 条的规定。

15.1.3 耐火浇注料、耐火捣打料的品种、牌号应符合本规范第 4.1.1 条和第 4.3.1 条的规定。

15.1.4 砌体砖缝的泥(砂)浆饱满度应达到:耐火砖应大于 90%,外部普通黏土砖应大于 80%。

检查数量和检验方法应按本规范第 3.2.3 条和第 3.3.2 条的规定执行。

15.1.5 窑体砌筑的标高和中心线,应以窑车轨面的标高和轨道中心线为准。

检验方法:检查测量记录。

15.1.6 窑顶拱脚砖必须紧靠拱脚梁。

吊挂砖的留设应符合设计要求,其主要受力部位严禁有各种裂纹,其余部位不得有显裂纹。

检验方法:观察检查。裂纹的检查应按本规范第 3.3.3 条的规定执行。

Ⅱ 一般项目

15.1.7 隧道窑砌体的砖缝厚度应符合表 15.1.7 的规定,其检查数量和检验方法应符合下列规定:

检查数量:窑墙每 1.25m 高检查 1 次,每次抽查 2~4 处;窑顶每 10m 长检查 1 次,每次抽查 1 处;窑车抽查全数的 10%。

检验方法:在每处砌体的 5m² 表面上用塞尺检查 10 点,比规定砖缝厚度大 50% 以内的砖缝,Ⅱ类砌体不超过 4 点,Ⅲ、Ⅳ类砌体不超过 5 点。

表 15.1.7 隧道窑砌体的砖缝厚度

项次	项 目	砖缝厚度(mm)≤
1	窑墙 (1) 预热带及冷却带内层耐火砖(包括隔焰板和空心砖砌体) (2) 烧成带内层耐火砖(包括隔焰板) (3) 隔热层砌体 (4) 外墙耐火砖 (5) 外部普通黏土砖	3 2 3 3 10

续表 15.1.7

项次	项 目	砖缝厚度(mm)≤
2	散热孔拱、燃烧室拱及其他拱	2
3	烧嘴砖	2
4	窑顶 (1) 耐火砖 (2) 黏土质隔热耐火砖	2 3
5	窑车砌体 (1) 普型砖 (2) 大型砖	3 5

15.1.8 隧道窑砌体的允许误差和检验方法应符合表 15.1.8 的规定。

表 15.1.8 隧道窑砌体的允许误差和检验方法

项次	项 目		允许误差(mm)		检验方法
			陶瓷窑	耐火窑	
1	线尺寸误差	(1) 窑墙内各种气道的纵向中心线	±3	±5	尺量检查。每 5m 长检查 1 处
		(2) 窑车砌体的宽度	0 -5	0 -5	尺量检查。抽查窑车数的 20%
2	垂直误差	(1) 内墙	3	5	吊线检查。每 5m 抽查 1 处,每处上、中、下各检查 1 点
		(2) 外墙	5	10	
3	标高误差	(1) 砂封槽下墙面	±3	±3	水准仪检查。每 5m 长检查 1 处
		(2) 窑墙顶面	±3	±5	
4	表面平整误差	(1) 内墙	3	5	2m 靠尺检查。每 5m 长检查 1 处
		(2) 窑墙顶面	3	5	
5	膨胀缝宽度		+2 -1	+2 -1	尺量检查。全数检查

注:项次 4 中(2)、项次 5 为关键项。

15.1.9 曲封砖砌体应符合下列规定:

两侧墙曲封砖间间距尺寸的允许误差:陶瓷窑不应超过 0~+5mm,耐火窑不应超过 -5~+10mm;

顶面标高的允许误差:陶瓷窑不应超过 -3~+3mm,耐火窑不应超过 -5~+5mm;

表面平整误差:陶瓷窑不应超过 3mm,耐火窑不应超过 5mm。

检查数量:两侧墙曲封砖间的间距尺寸和表面平整误差每 5m 长检查 1 处;顶面标高全数检查,每 2m 长检查 1 点。

检验方法:尺量检查,水准仪检查,2m 靠尺检查。

15.1.10 隧道窑的断面尺寸应符合下列规定：

宽度和高度尺寸的允许误差：陶瓷窑不应超过-5～+5mm，耐火窑不应超过-5～+10mm；

窑墙内表面与中心线间距的允许误差：陶瓷窑不应超过-3～+3mm，耐火窑不应超过-5～+5mm。

检查数量：每1.25m高检查1次，沿纵长方向每5m检查1处。

检验方法：尺量检查。

15.1.11 隧道窑的膨胀缝应符合本规范第3.2.8条的规定。

15.1.12 外部普通黏土砖砌体应符合本规范第3.2.10条的规定。

15.1.13 隧道窑窑顶砌体应符合本规范第3.3.6条或第3.3.8条的规定。

15.2 辊 道 窑

15.2.1 每座辊道窑应为一个分部工程。每个分部工程可划分为窑墙、窑底、窑顶、辊孔等分项工程。窑墙可划分为辊孔砖下部和上部两个检验批，窑顶可划分为吊挂砖（拱顶砖）和隔热层两个检验批。

Ⅰ 主控项目

15.2.2 耐火材料和制品的品种、牌号，耐火泥浆的品种、牌号、稠度应符合本规范第3.2.1条和第3.2.2条的规定。

15.2.3 砌体砖缝的泥浆饱满度应符合本规范第15.1.4条的规定。

15.2.4 辊孔砖砌体的标高和辊道轴线位置的允许误差均不应超过±2mm。

检验方法：检查测量记录。

15.2.5 窑顶的拱脚砖和吊挂砖应符合本规范第15.1.6条的规定。

Ⅱ 一般项目

15.2.6 辊道窑砌体的砖缝厚度应符合表15.2.6的规定，其检查数量和检验方法应符合下列规定：

检查数量：窑墙每个检验批检查1次，每次抽查2～4处；窑底和窑顶每10m长检查1次，每次抽查1处。

检验方法：在每处砌体的5m²表面上用塞尺检查10点，比规定砖缝厚度大50%以内的砖缝，Ⅱ类砌体不超过4点，Ⅲ、Ⅳ类砌体不超过5点。

表15.2.6 辊道窑砌体的砖缝厚度

项次	项 目	砖缝厚度（mm）≤
1	窑底	3
2	窑墙	2
3	窑拱顶和拱	2

续表15.2.6

项次	项 目		砖缝厚度（mm）≤
4	烧嘴砖		2
5	隔热耐火砖	（1）工作层	2
		（2）非工作层	3
6	硅藻土砖		5
7	普通黏土砖内衬		5
8	外部普通黏土砖	（1）底、墙	10
		（2）拱顶、拱	8

15.2.7 辊道窑砌体的允许误差和检验方法应符合表15.2.7的规定。

表15.2.7 辊道窑砌体的允许误差和检验方法

项次	项 目		允许误差（mm）	检验方法
1	线尺寸误差	（1）窑体纵向中心线的直线度	±2	尺量检查。每5m长检查1处
		（2）窑体的断面尺寸 宽度	±3	
		高度	±3	
		（3）窑体内表面与纵向中心线的间距	±2	
		（4）窑墙内各种气道的纵向中心线的直线度	3	
		（5）拱顶跨度	±10	拉线检查。每3m长检查1处
2	垂直误差	侧墙 内墙	±2	吊线检查。每5m抽查1处，每处上、中、下各检查1点
		外墙	±5	
3	标高误差	（1）窑顶	±3	水准仪检查。每5m长检查1处
		（2）窑底	±3	
		（3）拱脚砖下顶面	±3	
		（4）辊孔砖中心	±1	
4	表面平整误差	（1）内墙	2	2m靠尺检查。每5m长检查1处
		（2）窑墙顶面	3	
		（3）窑底内表面	3	
		（4）辊道上表面	1	
5	膨胀缝宽度	（1）窑墙	+2 0	尺量检查。全数检查
		（2）拱顶	+2 -1	尺量检查。按砌体部位抽查2～4处

注：项次3中(4)、项次4中(4)、项次5为关键项。

15.2.8 辊道窑辊孔砖应进行检选,尺寸应符合设计要求,不应有裂纹和进行过磨削加工。

　　检查数量:按部位检查,每个部位抽查2~4处。
　　检验方法:观察检查。

15.2.9 辊道窑事故处理孔的过桥砖不应有裂纹、层裂等质量缺陷,其工作面的表面平整误差不应超过±3mm;事故处理孔的底面不应高于辊道窑的底平面。

　　检查数量:全数检查。
　　检验方法:靠尺检查,观察检查。

15.2.10 上挡板与插入孔之间应用耐火陶瓷纤维密封严密。

　　检查数量:全数检查。
　　检验方法:观察检查。

15.2.11 辊道窑窑顶砌体应符合本规范第3.3.6条和第3.3.7条的规定。

15.2.12 辊道窑砌体中各种烧嘴、孔洞、通道、膨胀缝及隔热层的构造应符合本规范第3.2.8条的规定。

16 转化炉和裂解炉

16.1 一段转化炉

16.1.1 每座一段转化炉应为一个分部工程。每个分部工程按区段可划分为辐射段、过渡段、对流段和输气总管等分项工程。每个分项工程可按施工段和同一部位的不同砌筑材料划分为一个或若干个检验批进行验收。

Ⅰ 主控项目

16.1.2 耐火材料和制品的品种、牌号,耐火泥浆的品种、牌号、稠度应符合本规范第3.2.1条和第3.2.2条的规定。

16.1.3 砌体砖缝的泥浆饱满度应大于95%。

　　检查数量和检验方法应按本规范第3.2.3条和第3.3.2条的规定执行。

16.1.4 隔热耐火浇注料的品种、牌号和锚固件应符合本规范第4.1.1条和第4.1.4条的规定。

16.1.5 耐火陶瓷纤维内衬的品种、牌号和粘接剂应符合本规范第5.1.1条的规定,锚固件应符合本规范第5.1.2条的规定。

16.1.6 炉顶砖与吊挂砖的搭接应稳定可靠,搭接尺寸应大于12mm;炉顶内表面的错牙不应超过3mm。

　　检查数量:每5m²的表面上检查2处。
　　检验方法:观察检查,尺量检查,塞尺检查。

Ⅱ 一般项目

16.1.7 一段转化炉砌体的砖缝厚度应符合表16.1.7的规定,其检查数量和检验方法应符合下列规定:

　　检查数量:炉底表面抽查2~4处;炉墙每1.25m高检查1次,每次抽查2~4处;炉顶按部位抽查2~4处。
　　检验方法:在每处砌体的5m²表面上用塞尺检查10点,比规定砖缝厚度大50%以内的砖缝,Ⅱ类砌体不超过4点,Ⅲ、Ⅳ类砌体不超过5点。

表16.1.7　一段转化炉砌体的砖缝厚度

项次	项目	砖缝厚度(mm)≤
1	炉墙	2
2	辐射段炉顶	4
3	烟道、挡火墙	2
4	辅助锅炉炉顶	3

16.1.8 一段转化炉砌体的允许误差和检验方法应符合表16.1.8的规定。

表16.1.8　一段转化炉砌体的允许误差和检验方法

项次	项目		允许误差(mm)	检验方法
1	垂直误差	(1)隔热耐火浇注料炉墙 　全高:≤4.0m 　　　　>4.0m (2)耐火砖砌炉墙 　每米高 　全高 (3)烟道、挡火墙 (4)耐火陶瓷纤维炉墙 　每米高 　全高	12 15 3 15 3 10 20	吊线和尺量检查。每面墙抽查3处,每处上、中、下各检查1点
2	表面平整误差	(1)隔热耐火浇注料内衬 　长度:≤2.0m 　　　　2.0~4.0m (2)炉墙上层砖 (3)炉顶吊挂砖 (4)烟道、挡火墙 (5)炉底、烟道底 (6)耐火陶瓷纤维炉墙、炉顶	3 10 5 5 6 5 10	2m靠尺检查。每1.25m高检查1次,每次抽查2~4处
3	线尺寸误差	(1)隔热耐火浇注料内衬 　厚度:≤150mm 　　　　>150mm (2)炉膛内层长度、宽度 (3)炉墙对角线长度差 (4)耐火陶瓷纤维内衬 　厚度:≤100mm 　　　　>100mm	±4 ±10 ±10 15 10 15	尺量检查。沿墙上、中、下各检查1处
4	膨胀缝宽度	(1)一般膨胀缝 (2)隔热耐火砖炉墙膨胀缝	+2 -1 +2 0	尺量检查。按部位检查2~4处

注:项次1中(2)、项次3中(1)、项次4为关键项。

16.1.9 炉墙隔热板应紧贴炉壳、铺砌平稳；板与板之间应靠紧，每处的轻微松动不应超过2块。

检查数量：按隔热层面积每$100m^2$抽查3处，每处$5m^2$；不足$100m^2$按$100m^2$计，少于$5m^2$全数检查。

检验方法：观察检查。

16.1.10 预埋拉砖钩应符合下列规定：

1 数量、长度均应符合设计要求，且位于隔热耐火砖的中间；

2 当个别拉砖钩遇到砖缝时，可水平转动拉砖钩，使其嵌入处与砖缝间的距离应大于40mm；

3 插入锚钉孔的深度应大于25mm，且应平直地嵌入砖内，无未拉或虚拉。

检查数量：全数检查。

检验方法：观察检查，尺量检查，检查施工记录。

16.1.11 输气总管锐角处的隔热耐火浇注料应捣固密实，气孔不应超过50mm。

检查数量：全数检查。

检验方法：X射线检查。

16.1.12 隔热耐火浇注料的内衬表面应平整，无剥落、起砂等缺陷，烘炉后裂缝宽度不应超过3mm。

检查数量：每$10m^2$检查1次，每次抽查3处，不足$10m^2$按$10m^2$计。

检验方法：观察检查，尺量检查。

16.1.13 耐火陶瓷纤维模块内衬中，模块和锚固件的安装应符合本规范第5.2.3～5.2.5条的规定。

16.2 二段转化炉

16.2.1 每座二段转化炉应为一个分部工程。每个分部工程按结构部位可划分为炉墙（拱脚）、炉底、球拱顶三个分项工程。每个分项工程可按施工段和同一部位的不同砌筑材料划分为一个或若干个检验批进行验收。

Ⅰ 主控项目

16.2.2 耐火材料和制品的品种、牌号，耐火泥浆的品种、牌号、稠度应符合本规范第3.2.1条和第3.2.2条的规定。

16.2.3 砌体砖缝的泥浆饱满度应符合本规范第16.1.3条的规定。

16.2.4 隔热耐火浇注料的品种、牌号和锚固件应符合本规范第4.1.1条和第4.1.4条的规定。

16.2.5 隔热耐火浇注料内衬应密实，不应有施工缝，并符合设计要求的强度。

检验方法：检查试验报告和施工记录。

16.2.6 球拱拱脚表面和筒体中心线的夹角、拱脚砖的标高、带孔砖与不带孔砖的位置均应符合设计要求。

检验方法：观察检查，尺量检查。

Ⅱ 一般项目

16.2.7 二段转化炉砌体的砖缝厚度应符合表16.2.7的规定，其检查数量和检验方法应符合下列规定：

检查数量：按部位各抽查2～4处。

检验方法：在每处砌体的$5m^2$表面上用塞尺检查10点，比规定砖缝厚度大50%以内的砖缝，Ⅱ类砌体不超过4点。

表16.2.7 二段转化炉砌体的砖缝厚度

项次	项 目	砖缝厚度（mm）≤
1	炉墙（拱脚）	2
2	球形拱顶	2

16.2.8 二段转化炉砌体的允许误差和检验方法应符合表16.2.8的规定。

表16.2.8 二段转化炉砌体的允许误差和检验方法

项次	项 目	允许误差（mm）	检验方法
1	炉墙内直径误差	±15	半径规检查，尺量检查。
2	隔热耐火浇注料的内衬椭圆度	直径的0.4%，并不应大于20mm	沿圆周平均分度检查8处

注：项次2为关键项。

16.2.9 隔热耐火浇注料内衬的质量应符合本规范第16.1.12条的规定。

16.2.10 刚玉砖砌体应组砌正确、排列匀称、烘烤得当；弧面应平整，错牙不应超过3mm；砌体砖缝应泥浆饱满。

检查数量：全数检查。

检验方法：观察检查，尺量检查，检查烘烤记录。

16.3 裂解炉

16.3.1 每座裂解炉应为一个分部工程。每个分部工程按区段可划分为辐射段、对流段等分项工程。每个分项工程可按施工段和同一部位的不同砌筑材料划分为一个或若干个检验批进行验收。

Ⅰ 主控项目

16.3.2 耐火材料和制品的品种、牌号，耐火泥浆的品种、牌号、稠度应符合本规范第3.2.1条和第3.2.2条的规定。

16.3.3 砌体砖缝的泥浆饱满度应符合本规范第16.1.3条的规定。

16.3.4 隔热耐火浇注料的品种、牌号和锚固件应符合本规范第4.1.1条和第4.1.4条的规定。

16.3.5 耐火陶瓷纤维毯的品种、牌号和粘接剂应符合本规范第5.1.1条的规定，锚固件应符合本规范第5.1.2条的规定。

16.3.6 隔热耐火浇注料的内衬应密实，不应有施工缝，强度应符合设计要求。

检验方法：检查试验报告和施工记录。

Ⅱ 一般项目

16.3.7 裂解炉砌体的砖缝厚度应符合表16.3.7的规定，其检查数量和检验方法应符合下列规定：

检查数量：炉墙每1.25m高检查1次，每次抽查2～4处；炉顶按部位抽查2～4处；燃烧器砖全数检查。

检验方法：在每处砌体的5m²表面上用塞尺检查10点，比规定砖缝厚度大50%以内的砖缝，Ⅱ类砌体不超过4点，Ⅳ类砌体不超过5点。

表16.3.7 裂解炉砌体的砖缝厚度

项次	项　目	砖缝厚度（mm）≤
1	炉墙	2
2	辐射段炉顶	4
3	燃烧器	2

16.3.8 裂解炉砌体的允许误差和检验方法应符合本规范第16.1.8条的规定。

16.3.9 隔热耐火浇注料内衬的质量应符合本规范第16.1.12条的规定。

16.3.10 层铺式耐火陶瓷纤维内衬的质量应符合本规范第5.1.4条的规定。

16.3.11 耐火陶瓷纤维模块内衬中，模块和锚固件的安装应符合本规范第5.2.3～5.2.5条的规定。

17 工业锅炉

17.0.1 每台工业锅炉应为一个分部工程。每个分部工程可划分为落灰斗、燃烧室、炉顶和省煤器等分项工程。每个分项工程可按施工段和同一部位的不同砌筑材料划分为一个或若干个检验批进行验收。

Ⅰ 主控项目

17.0.2 耐火材料和制品的品种、牌号，耐火泥浆的品种、牌号、稠度应符合本规范第3.2.1条和第3.2.2条的规定。

17.0.3 砌体砖缝的泥浆饱满度应达到：黏土耐火砖应大于90%，普通黏土砖应大于80%。

检查数量和检验方法应按本规范第3.2.3条和第3.3.2条的规定执行。

17.0.4 通过砌体的水冷壁集箱和管道以及管道的滑动支座，不应固定。

检验方法：观察检查。

17.0.5 耐火砌体（包括耐火浇注料）中锅炉零件和各种管子的周围，膨胀缝应留设均匀、平直，位置正确，缝内清洁，并应按规定填充材料。

检验方法：观察检查，尺量检查，检查施工记录。

Ⅱ 一般项目

17.0.6 工业锅炉砌体的砖缝厚度应符合表17.0.6的规定，其检查数量和检验方法应符合下列规定：

检查数量：落灰斗炉墙每1.25m高检查1次，每次抽查1～3处；炉顶抽查1～3处。

检验方法：在每处砌体的5m²表面上用塞尺检查10点，比规定砖缝厚度大50%以内的砖缝，Ⅱ类砌体不超过4点，Ⅲ类砌体不超过5点。

表17.0.6 工业锅炉砌体的砖缝厚度

项次	项　目	砖缝厚度（mm）≤
1	落灰斗	3
2	燃烧室 （1）无水冷壁 （2）有水冷壁	 2 3
3	前后拱、各类拱门	2
4	折焰墙	3
5	炉顶	3
6	省煤器墙	3

17.0.7 工业锅炉砌体的允许误差和检验方法应符合表17.0.7的规定。

表17.0.7 工业锅炉砌体的允许误差和检验方法

项次	项目		允许误差（mm）	检验方法
1	线尺寸误差	（1）水冷壁管、对流管束与炉墙表面之间的间隙	+20 -10	尺量检查，按部位抽查2～4处
		（2）过热器管、再热器、省煤器管与炉墙表面之间的间隙	+20 -5	
		（3）汽包与炉墙表面之间的间隙	+10 -5	
		（4）集箱、穿墙管壁与炉墙之间的间隙	+10 0	
		（5）水冷壁下联箱与灰渣室炉墙之间的间隙	+10 0	

续表 17.0.7

项次	项目		允许误差(mm)	检验方法
2	表面平整误差	(1) 墙面	5	2m靠尺检查。每面墙检查2~4处
		(2) 挂砖墙面	7	
3	垂直误差	炉墙 每米高 全高	3 15	吊线检查。每面墙抽查1~3处,每处上、中、下各检查1点
4	膨胀缝宽度		+2 -1	尺量检查。全数检查

注：项次4为关键项。

17.0.8 耐火砖砌体内墙表面与管壁的间隙中不应有碎砖等杂物，炉墙拉砖钩的留设应位置正确。

　　检查数量：全数检查。
　　检验方法：观察检查。

17.0.9 耐火浇注料内衬的埋设件和钢筋表面不应有污垢，沥青不应漏刷；耐火浇注料应密实，不应露筋和有蜂窝。

　　检查数量：按耐火浇注料部位抽查2~4处。
　　检验方法：观察检查。

附录 A 检验批质量验收记录

工程名称：　　　　　　　　　分项工程名称：
验收部位：　　　　　　　　　施工单位：

	项目			检查记录										监理或建设单位验收记录
主控项目	1													
	2													
	3													
	4													
一般项目	砖缝厚度(mm)	项目	规定值	检查记录										
				1	2	3	4	5	6	7	8	9	10	
		1												
		2												
		3												
	允许误差(mm)	项目	允许误差	实测记录										
				1	2	3	4	5	6	7	8	9	10	
		1												
		2												
		3												
		4												
		5												
		6												
	其他	项目	检查记录											
		1												
		2												
		3												

检查结果	主控项目			
	一般项目	砖缝厚度	检查　点，其中合格　点	点合格率　%
		允许误差	实测　点，其中合格　点	
		其他		

施工单位检查结果	工段长：　　　　专检员：　　　　　　　　年　月　日
监理或建设单位验收结论	监理工程师（建设单位项目专业技术负责人）：　　年　月　日

附录B 分项工程质量验收记录

工程名称：　　　　　　　　分项工程名称：
分部工程名称：　　　　　　施工单位：

序号	检验批部位、区段	施工单位检查结果	监理或建设单位验收结论
1			
2			
3			
4			
5			
6			
7			
8			
9			
10			
检查结果	专检员： 项目技术负责人： 年　月　日		验收结论	监理工程师： （建设单位项目专业技术负责人） 年　月　日

附录C 分部（子分部）工程质量验收记录

工程名称：　　　　　　　　分部工程名称：
施工单位：

序号	分项工程名称	检验批数	施工单位检查结果	监理或建设单位验收结论
1				
2				
3				
4				
5				
6				
7				
8				
9				

验收单位	施工单位	项目经理： 年　月　日
	建设单位	项目专业负责人： 年　月　日
	监理单位	总监理工程师： 年　月　日

附录D 质量保证资料核查记录

工程名称：

序号	项目名称	份数	施工单位自查情况	监理或建设单位验收结论
1	耐火材料和制品的质量证明书或试验报告			
2	隔热材料和制品的质量证明书或试验报告			
3	建筑材料和制品的出厂合格证或试验报告			
4	不定形耐火材料的质量证明书或检验报告及试块检验报告			
5	耐火泥浆和不定形耐火材料的现场配制记录			
6	炉子基础、炉体骨架结构和有关设备安装的工序交接证明书			
7	筑炉隐蔽工程记录			
8	冬期施工的测温记录			
9	炉子主要部位的测量记录			

结论：

施工单位项目经理：　　　总监理工程师：
　　　　　　　　　　　　（建设单位项目专业负责人）

　　　　年 月 日　　　　　　年 月 日

注：1 有特殊要求的工业炉砌筑工程，可据实增加核查项目。
　　2 质量证明书、合格证、试（检）验单或记录内容应齐全、准备、真实；复印件应注明原件存放单位，并有复印件单位的签字和盖章。

附录E 单位（子单位）工程质量竣工验收记录

工程名称			
施工单位	技术负责人		开工日期
项目经理	项目技术负责人		竣工日期

序号	项目	验收记录	验收结论
1	分部工程质量汇总	共 分部，经查 分部符合规范及设计要求	
2	质量保证资料核查	共 项，经查 项符合规范及设计要求	
3	综合验收结论		

参加验收单位	建设单位	监理单位	施工单位	设计单位
	（公章）	（公章）	（公章）	（公章）
	单位（项目）负责人：	总监理工程师：	单位负责人：	单位（项目）负责人：
	年 月 日	年 月 日	年 月 日	年 月 日

注：验收记录由施工单位填写，验收结论由监理或建设单位填写。综合验收结论由参加验收各方共同商定，建设单位填写，应对工程质量是否符合设计和规范要求及总体质量水平作出评价。

附录F 检验器具表

名　称	规　格　型　号
塞尺	厚 0.3mm、0.5mm、0.75mm、1.0mm、1.5mm、2.0mm、3.0mm，宽 15mm，长 120mm
炭砖塞尺	厚 0.5mm、1.0mm、1.5mm、2.0mm，宽 30mm，长 300mm
靠尺	1.0m、1.5m、2.0m
钢靠尺	长 3m，精度▽▽▽$_9$
楔形塞尺	15mm×15mm×120mm，其 70mm 长斜坡上均分 15 格
百格网	114mm×230mm，长宽方向各均分 10 格
托线板	15mm×120mm×1500～2000mm
小线	尼龙线，ϕ0.5mm
线锤	0.25kg
小锤	0.50kg
铁水平尺	镶有水平珠直尺，长度 150～1000mm
小钢卷尺	2m、3m
大钢卷尺	30m、50m
刻度放大镜	5～8 倍
透孔钎子	ϕ20mm×200mm
温度计	－30～150℃不同区界
游标卡尺	分刻度 0.1mm
经纬仪	DJ$_2$级

续附表F

名　称	规　格　型　号
水准仪	S$_1$级～S$_3$级
容重取样器	自制
托盘天平	最大称量 2kg，最小分度值 2g
量筒	100～500mL
塔尺	2m、3m、5m
钢板尺	150mm、300mm
针入度测定器	符合国家现行标准《耐火泥浆稠度试验方法》YB/T 5121—93 的规定
宽座直角尺	400mm×250mm
弹簧秤	10kg

本规范用词说明

1 为便于在执行本规范条文时区别对待，对要求严格程度不同的用词说明如下：

1）表示很严格，非这样做不可的用词：
正面词采用"必须"，反面词采用"严禁"。

2）表示严格，在正常情况下均应这样做的用词：
正面词采用"应"，反面词采用"不应"或"不得"。

3）表示允许稍有选择，在条件许可时首先应这样做的用词：
正面词采用"宜"，反面词采用"不宜"；
表示有选择，在一定条件下可以这样做的用词，采用"可"。

2 本规范中指明应按其他有关标准、规范执行的写法为"应符合……的规定"或"应按……执行"。

中华人民共和国国家标准

工业炉砌筑工程质量验收规范

GB 50309—2007

条 文 说 明

目　次

1　总则 ………………………………… 13—48
2　质量验收的划分、程序及组织 …… 13—48
　　2.1　质量验收的划分 ………………… 13—48
　　2.2　质量验收 ………………………… 13—48
　　2.3　质量验收的程序及组织 ………… 13—49
3　工业炉砌筑工程质量验收的
　　共同规定 ………………………………… 13—49
　　3.1　一般规定 ………………………… 13—49
　　3.2　底和墙 …………………………… 13—49
　　3.3　拱顶 ……………………………… 13—50
　　3.4　管道 ……………………………… 13—51
4　不定形耐火材料 …………………… 13—51
　　4.1　耐火浇注料 ……………………… 13—51
　　4.2　耐火可塑料 ……………………… 13—51
　　4.3　耐火捣打料 ……………………… 13—52
　　4.4　耐火喷涂料 ……………………… 13—52
5　耐火陶瓷纤维 ……………………… 13—52
　　5.1　层铺式内衬 ……………………… 13—52
　　5.2　叠砌式内衬 ……………………… 13—52
　　5.3　不定形耐火陶瓷纤维内衬 ……… 13—53
6　高炉及其附属设备 ………………… 13—53
　　6.1　一般规定 ………………………… 13—53
　　6.2　高炉炉底 ………………………… 13—53
　　6.3　高炉炉缸 ………………………… 13—54
　　6.4　高炉炉腹及其以上部位 ………… 13—54
　　6.5　热风炉炉底、炉墙 ……………… 13—54
　　6.6　热风炉砖格子 …………………… 13—55
　　6.7　热风炉炉顶 ……………………… 13—55
　　6.8　热风管道 ………………………… 13—55
7　焦炉及干熄焦设备 ………………… 13—55
　　7.1　焦炉基础平台砌体 ……………… 13—56
　　7.2　焦炉蓄热室 ……………………… 13—56
　　7.3　焦炉斜烟道 ……………………… 13—56
　　7.4　焦炉炭化室 ……………………… 13—56
　　7.5　焦炉炉顶 ………………………… 13—56
　　7.6　熄焦室冷却段 …………………… 13—56
　　7.7　熄焦室斜风道 …………………… 13—57
　　7.8　熄焦室预存段 …………………… 13—57
　　7.9　集尘沉降槽底、墙 ……………… 13—57
　　7.10　集尘沉降槽拱顶 ………………… 13—57
8　炼钢转炉、炼钢电炉、混铁炉、
　　混铁车和 RH 精炼炉 ……………… 13—57
　　8.1　炼钢转炉 ………………………… 13—57
　　8.2　炼钢电炉 ………………………… 13—57
　　8.3　混铁炉 …………………………… 13—58
　　8.4　混铁车 …………………………… 13—58
　　8.5　RH 精炼炉 ……………………… 13—58
9　均热炉、加热炉和热处理炉 ……… 13—58
　　9.1　均热炉 …………………………… 13—58
　　9.2　加热炉和热处理炉 ……………… 13—59
10　反射炉、回转熔炼炉、闪速炉、
　　艾萨炉、卧式转炉和矿热电炉 …… 13—59
　　10.1　反射炉 …………………………… 13—59
　　10.2　回转熔炼炉 ……………………… 13—59
　　10.3　闪速炉 …………………………… 13—60
　　10.4　艾萨炉 …………………………… 13—60
　　10.5　卧式转炉 ………………………… 13—60
　　10.6　矿热电炉 ………………………… 13—61
11　铝电解槽 …………………………… 13—61
12　炭素煅烧炉和炭素焙烧炉 ………… 13—62
　　12.1　炭素煅烧炉 ……………………… 13—62
　　12.2　炭素焙烧炉 ……………………… 13—62
13　玻璃熔窑 …………………………… 13—62
14　回转窑及其附属设备 ……………… 13—63
15　隧道窑和辊道窑 …………………… 13—63
　　15.1　隧道窑 …………………………… 13—63
　　15.2　辊道窑 …………………………… 13—64
16　转化炉和裂解炉 …………………… 13—64
　　16.1　一段转化炉 ……………………… 13—64
　　16.2　二段转化炉 ……………………… 13—65
　　16.3　裂解炉 …………………………… 13—65
17　工业锅炉 …………………………… 13—65
附录 A　检验批质量验收记录 ………… 13—65
附录 B　分项工程质量验收记录 ……… 13—65
附录 C　分部（子分部）工程
　　　　质量验收记录 ………………… 13—65
附录 D　质量保证资料核查记录 ……… 13—65
附录 E　单位（子单位）工程质量
　　　　竣工验收记录 ………………… 13—66
附录 F　检验器具表 …………………… 13—66

1 总 则

1.0.1 本条阐明编制本规范的宗旨。为了适应工业炉建设的发展,对各种工业炉的砌筑工程分别制定质量标准,统一验收方法,达到质量控制的目的。使所检验的工程质量结果具有一致性和可比性,有利于促进企业加强管理,确保工程质量。本条是对《工业炉砌筑工程质量检验评定标准》GB 50309—1992(以下简称原标准)原条文的改写,取消"评定"二字,是为了坚持"验评分离、强化验收、完善手段、过程控制"的指导思想。评定工作以后由行业协会去做,对工程质量只需判断合格与否即可。

1.0.2 本条是对原条文的改写,取消"评定"二字,指出本规范的适用范围。

1.0.3 本条是对原条文的改写,将"保证项目"改为"主控项目"。本条属于本规范各章节主控项目检查数量的通用规定。在各章节的主控项目中,凡未注明检查数量的均按全数检查。

1.0.4 工业炉砌筑工程的施工是按现行国家标准《工业炉砌筑工程施工及验收规范》GB 50211—2004(以下简称施工规范)执行,质量验收规范的制定是为了确定工程质量是否符合规定。两者的技术规定应是一致的。因此,本规范的主要指标和要求根据施工规范的规定提出,而且把主要的、足以代表工程质量的技术规定列上,作为工程质量验收的准绳。

2 质量验收的划分、程序及组织

本章将原标准章节的"等级"二字取消,是因为质量目前只有"合格"这一级。增加"检验批"这一检验层次,使质量检查控制更加细化,有利于质量控制。

2.1 质量验收的划分

2.1.1 本条规定了工业炉砌筑工程的质量验收应按检验批、分项工程、分部工程和单位工程来划分,并且按先检验批、后分项工程、再分部工程、最后单位工程的程序进行验收。本条是对原条文的改写,取消"评定"二字,增加了"检验批"这一检验层次。

2.1.2 本条增加了"检验批"这一检验层次,对检验批的划分是根据工业炉工程的实际而规定的。历年来的实践证明,工业炉砌筑工程按检验批、分项工程、分部工程和单位工程四级来划分是可行的。并且原则上规定:分项工程按工业炉的结构组成或区段划分,如高炉炉底、炉缸等,转化炉辐射段、过渡段和对流段等;分部工程按工业炉的座(台)划分,如一座高炉、一座热风炉、一座均热炉、数台铝电解槽、一座裂解炉等;单位工程则按一个独立生产系统的工业炉砌筑工程划分,如高炉及热风炉的砌筑工程、铝电解车间内所有铝电解槽的砌筑工程、轧钢车间内所有工业炉的砌筑工程等。轧钢车间内所有工业炉的砌筑工程包括以下情况,如热轧车间内有若干座加热炉,某薄板车间内有2座加热炉、4座热处理炉等。它们的砌筑工程均可作为一个单位(或子单位)工程。

考虑到有些工业炉的砌体工程量较小,划分不宜过细,故条文对分项工程、分部工程作了不同的规定。当砌体工程量小于100m³时,可将一座(台)炉作为一个分项工程,如一座混铁炉、一座热处理炉等;也可将两个或两个以上的部位或区段合并为一个分项工程,如加热炉的炉底、炉墙等,回转窑的预热段、加热段、冷却段等。在一个独立生产系统中,当工业炉的砌体工程量小于500m³时,工业炉砌筑工程可作为一个分部工程,与其他专业或其他建筑安装工程一并作为一个单位工程。鉴于某些工业炉是关键的热工设备,且其砌筑工程的技术要求非常复杂,质量上稍有不慎就会导致严重的后果,不便与其他专业或其他建筑安装工程合并为一个单位工程,故本条文中采用了"可"。

近年来单位工程的划分并不是固定不变的,经常与各地的档案要求不一致。作为施工单位,应尽量满足业主档案的要求。

2.2 质量验收

2.2.1 本条是对原条文的修改,将原条文的内容代之以检验批质量合格的规定。检验批的质量验收由"主控项目"和"一般项目"两部分组成,将"允许误差项目"合并到"一般项目"中。

"主控项目"是保证工程安全或使用功能的重要验收项目,应全部满足规定的指标要求。鉴于主控项目是应达到的质量要求,因而是主要项目、基础项目。据此,特将主要材料(耐火材料和制品、耐火泥浆等)的质量、性能及施工中关键的技术要求列入主控项目。

"一般项目"是保证工程安全或使用功能的验收项目。其中"允许误差项目"是检验批实际检验中规定有允许误差范围的项目,验收时允许有少量抽检点的测量结果略超过允许误差范围。

一般项目的重要性虽比主控项目稍差,但质量检验时所占比重很大,并且对使用安全、炉龄长短、外表美观均有影响。允许误差项目中,实测值允许有20%的点超过规定的误差值。应该指出,这些点也应基本达到本规范允许误差的规定,不得超差太大,以这些点的实测值不超过本规范规定允许误差范围的1.5倍为宜。否则,会影响炉子的结构安全和使用功能。

生产实践表明:工业炉内衬的破坏,首先从砌体的砖缝开始。因此,砖缝是砌体中的薄弱环节。砖缝厚度和泥浆饱满度是衡量砌体砖缝砌筑质量的两项重要指标。两者相比,泥浆饱满度更为主要。砌体最忌空缝、花脸。为此,将砌体砖缝泥浆饱满度的检验列入主控项目,而将砖缝厚度的检验列入一般项目。根据当前砌筑工程质量的情况,在其他一般项目的编写上尽可能地给出量的规定,使条文内容具体、实在,以便验收中易于掌握。

2.2.2 分项工程质量验收是综合各个检验批工程质量验收而来的。

2.2.3 分部工程质量验收是综合各个分项工程质量验收而来的。

2.2.4 单位工程的质量验收综合了各个分部工程的质量验收,而且增加了反映单位工程内在质量的质量保证资料核查记录。这样,单位工程的整体质量就有比较系统、全面的检查。

从控制检验批质量开始,逐级控制分项工程、分部工程和单位工程的质量,一环扣一环,前后衔接。这样,就能保证单位工程质量验收工作做到全面、系统、真实。

本规范是检验批、分项工程、分部工程和单位工程竣工后(有的指标是在施工过程中)检验工程质量的统一尺度。施工过程应按设计要求和施工规范进行,并按本规范的规定进行验收。

2.2.5 当前工业炉砌筑工程大部分为手工操作,一些企业的管理水平、工人的操作素质参差不齐,加之国内生产的耐火制品的外形扭曲和尺寸偏差尚难全部达到设计和施工规范的要求,因此有时会出现砌筑质量的波动。为此,如遇检验批质量不符合合格的规定时,应及时处理。

例如:高炉炉底分项工程中,当某层砌体砖缝厚度超过规定时,应进行返工重砌。返工重砌后的这层炉底,应重新抽检。

又如:均热炉分部工程中,炉墙分项工程的炉膛尺寸误差超过本规范的合格规定。经原设计单位鉴定,认为超差值还不太大,能够满足生产安全和使用功能的要求,则该检验批可予以验收。

2.3 质量验收的程序及组织

2.3.1 本条为新增条文。本条重点指出施工者负责质量的原则,并就检验批质量的验收规定由工段长组织班组长进行自检,由施工单位项目专业质量检查员申报查验,由监理工程师或建设单位项目专业技术负责人组织验收。条文强调在班组自检的基础上,控制与加强检验批的质量,从而为确保分项工程、分部工程、单位工程的质量提供有利的条件。

2.3.2 本条是对原条文的改写,目的是为适应现在的质量管理体制。本条规定了分项工程的质量由项目技术负责人签字报验,监理工程师或建设单位项目专业技术负责人组织施工单位的项目专业质量检查员进行验收。

2.3.3 为适应现在的质量管理体制,本条突出了项目经理对工程质量负责的原则。项目经理应关心工程质量,正确执行技术法规,严格贯彻质量责任制,推行全面质量管理,对每项工程严格把好质量关。规定分部工程的质量由项目经理签字报验,总监理工程师或建设单位项目专业负责人组织监理、建设和施工单位的项目负责人共同进行验收。

2.3.4 施工单位提交建设单位、监理单位和设计单位核定工程质量的有关质量验收资料,一般包括:检验批质量验收记录、分项工程质量验收记录、分部(子分部)工程质量验收记录、质量保证资料核查记录、单位(子单位)工程质量竣工验收记录等。

3 工业炉砌筑工程质量验收的共同规定

3.1 一般规定

3.1.1 本条指出各种专业炉的砌筑工程除应遵守所列专门章节的特殊要求外,还应遵守本章共同规定的要求。对于未列入专门章节的工业炉砌筑工程,则应按本章的规定进行质量验收。

3.2 底 和 墙

Ⅰ 主控项目

3.2.1 根据施工规范第 3.1.1 条编写。炉子内衬设计时,耐火材料和制品的选择与确定取决于内衬结构及其生产时的工作条件(工作温度、熔融金属或渣的侵蚀、烟气流的冲刷等)。所用的耐火材料和制品应具有承受主要破坏的能力。因此,其品种、牌号应符合设计要求和国家现行有关标准的规定。如果使用不当或不符合设计要求,则将导致内衬的加速破坏,缩短炉体的使用寿命,严重时还可能造成重大事故。

3.2.2 根据施工规范第 3.1.7～3.1.10 条、第 3.1.12 条和第 3.1.15 条综合编写。在工业炉内,砌体砖缝中耐火泥浆与耐火砖的工作条件相同,两者的理化性能也应相同或相似。故耐火泥浆的品种、牌号应符合设计要求。

如果泥浆的稠度及其适用的砌体类别不符合施工规范的规定,说明泥浆中的加水量已经失控,这样就会严重影响砌体的质量。

3.2.3 根据施工规范第 3.2.11 条和第 3.2.26 条编写。砖缝是耐火砌体的薄弱环节,耐火砌体的破坏一般首先从砖缝开始。而且,对整个砌体而言,砖缝是透气度最大的部位。为了使泥浆将砖粘接成致密的整体内衬,砖缝内的泥浆应密实饱满。故条文规定了底和墙耐火泥浆饱满度的具体数值。

泥浆饱满度以百分数表示,其计算式如下:

$$泥浆饱满度 = 泥浆饱满的格数 / 被检查面的格数 \times 100\%$$

工业炉普通黏土耐火砖砌体作内衬或外墙时均应有气密性要求,故对其泥(砂)浆饱满度分别作出规定。

Ⅱ 一般项目

3.2.4 根据施工规范第 3.2.2 条和第 3.2.26 条编

写。砖缝厚度标志着砌筑的精细程度。控制砖缝厚度是为了强化耐火砌体的薄弱环节，满足炉子正常生产的要求。条文规定达到验收规范规定的为合格，目的就是确保砌体的质量。这里"高温"定义为"≥1000℃"。

检验时，被检查砖缝的位置是随机的。随机抽样是指从总体单位中抽取部分单位进行调查，取得资料，并以之推断总体的有关指标。按照随机原则，在抽取被查单位时，每个单位都有同等被抽到的机会。被抽中的单位完全是偶然性的、无意识的。

耐火砌体分类的定义，见施工规范第3.2.1条规定。

3.2.5 根据施工规范第3.2.3条编写。表3.2.5中检验方法内已包含检查数量，故检查数量不再单独列出。本条将原标准表3.2.10中项次4，即膨胀缝的宽度要求分为两种情况来写。规定膨胀缝的宽度≤20mm时，其允许误差为－1～＋2mm；膨胀缝的宽度>20mm时，其允许误差为±10%。当膨胀缝的宽度>20mm时，实际上对膨胀缝的宽度要求已没有那么严格，这里提出的±10%是依据上海宝冶建设工业炉工程技术有限公司及其他单位的实践经验确定的。

3.2.6 根据施工规范第3.2.3条、第3.2.10条和第3.2.32条综合编写。条文中的几项规定是工业炉砌筑的基本要求。其中最上层炉底的结构形式与炉底的结构强度有关；而标高的控制，是保证炉膛或通道的高度尺寸符合设计要求的主要前提，故本条作此规定。

3.2.7 根据施工规范第3.2.10条和第3.2.40条编写。除专门尺寸设计的砖型外，用一般直形砖和楔形砖砌筑的多环圆形炉墙，都不可避免出现重缝。夹砌条子砖虽可消除局部重缝，但其使用应适度。否则，砖缝将增多，相应地也增加了重缝的次数。两层重缝在施工规范中是允许的，但如能均匀散开，则墙面比较美观。"合门"是砌体中的薄弱环节，故砌筑时合门砖应均匀分布。

3.2.8 根据施工规范第3.2.15条、第3.2.20条、第9.1.6条和第16.1.6条综合编写。规定此条主要是为了使砌体各结构部位的尺寸符合设计要求，以便炉子正常投产。为此，施工中应着重检查中心线、标高、放线、撂底、标杆等是否正确。膨胀缝的留设是为了更好地吸收砌体加热后的膨胀，故要求均匀、平直，位置正确，缝内清洁，并应按规定填充材料。

3.2.9、3.2.10 根据施工规范第3.2.11条和第3.2.33条编写。这两条都是对砌体表面质量的要求，指出应着重检查组砌正确、勾缝密实、横平竖直、墙面清洁等内容。

3.3 拱 顶

Ⅰ 主控项目

3.3.3 根据施工规范第3.2.46条和第3.2.57条编写。本条是确保炉衬结构安全和使用寿命的重要条文，文内所述是拱顶砌筑的基本要求。如被忽视，将导致拱顶砌体产生位移、塌落、漏气、窜火等事故。故特别提出，并纳入主控项目。

吊挂砖的主要受力部位如有裂纹，投产后可能断裂或脱落，从而导致漏气、窜火，影响正常生产。

关于耐火砖裂纹在现行国家标准《定形耐火制品尺寸、外观及断面的检查方法》GB/T 10326中有明确的定义和检查方法，具体的规定是：

裂纹的定义：① 细裂纹：砖面上目视可见的微小裂纹，其长度可测量，宽度≤0.2mm；② 表面网状裂纹：在砖面上形成的网状细裂纹；③ 显裂纹：砖面上的裂纹或裂口，其长度＞10mm，宽度＞0.2mm。

裂纹的检查方法：① 裂纹的长度用钢卷尺测量，当裂纹不成直线时，可进行一次或多次的直线测量，各段长度之和即为该裂纹的长度。如果裂纹的延伸跨越了一个砖面，裂纹的长度等于每一个砖面上该裂纹长度之和。当一条裂纹同时跨越工作面和非工作面时，一律按工作面考核。② 裂纹的宽度用塞丝测量，检查时将塞丝自然插入裂纹的最宽处，但不得插入目视可见颗粒脱落处，凡0.25mm塞丝不能插入的裂纹，其宽度用＜0.25mm表示；凡0.25mm塞丝能够插入而0.5mm塞丝不能插入的裂纹，其宽度用0.26～0.5mm表示，以此类推。③ 表面网状裂纹的测量按面积计算。因冷却不当而形成的裂纹为急冷裂纹（炸裂），应按不合格品计算。④ 测量裂纹的长度精确到1mm。

因此本规范各章节中对耐火砖裂纹的检查均应符合上述规定。

Ⅱ 一般项目

3.3.4 根据施工规范第3.2.2条和第3.2.26条编写。拱顶是炉子的重要部位，受力情况比较复杂，且承受火焰气流的冲刷。生产时如"抽签"、甚至脱落，则将导致漏气、窜火，影响炉子的正常生产。故对其砖缝厚度的要求较高，检验时也应力求仔细。

3.3.5 根据施工规范第3.2.3条编写。表3.3.5中检验方法已包含检查数量，故检查数量不再单独列出。膨胀缝的改写理由同本规范第3.2.5条条文说明。

3.3.6 根据施工规范第3.2.47条、第3.2.49条和第3.2.51条综合编写。条文内容是检验拱顶砌筑质量的主要方面。

环砌拱顶的砖环均应平整，彼此平行，且与纵向中心线垂直；错砌拱顶的纵向砖列均应平直，且与纵向中心线平行。目的都是使拱顶砖砌筑平直、整齐，避免环缝处出现"张嘴"和收口时产生扭曲现象。砌体内表面平整、错牙较少，意味着拱顶的放射缝与半径方向相吻合。

3.3.7 根据施工规范第3.2.55条编写。条文是检验球形（圆形）拱顶砌筑质量的主要方面。

球形（圆形）拱顶的内表面不平整、错牙过多，则砌体的放射缝与半径方向必然不相吻合，几何尺寸不准确，并且其弧度也不符合设计要求。收口处将呈现不规则的圆形，导致砖的加工量大大增加。球形（圆形）拱顶的合门砖处，一般是该砖环的薄弱环节。如果分布不均匀或集中在一处，就会降低拱顶的结构强度。

3.3.8 根据施工规范第 3.2.56 条和第 3.2.61 条编写。内表面平整，吊挂砖或吊挂垫板排列均匀、整齐，是保证吊挂拱顶（或平顶）砌筑质量的基本要求。

钢垫片、销钉和镁质吊挂拱顶砖是配套件，相互的尺寸应配合适当。制作时，一定要符合设计要求和施工规范规定。如果钢垫片遗漏，砖与砖之间就不能产生烧结熔融状物质，达不到黏结和密封的目的。反之，多夹钢垫片，则将导致砖缝厚度超过规定的尺寸。

3.4 管　道

本节为新增内容，是为了与现行国家标准《工业炉砌筑工程施工及验收规范》GB 50211—2004 相适应。

Ⅱ　一般项目

3.4.4 本条规定了管道砌体各项目的允许误差和检验方法。其中内（直）径允许误差是参考本规范表 3.2.5 项次 3（3）圆形炉膛内半径允许误差的数值，并结合各施工单位的实际经验综合而来。膨胀缝允许误差的修改理由同前。

4 不定形耐火材料

4.1 耐火浇注料

Ⅰ　主控项目

4.1.1 根据施工规范第 3.1.1 条编写。耐火浇注料的品种、牌号是根据生产时炉衬的工作条件选定，关系到耐火浇注料的理化性能能否符合设计要求和施工规范的规定，是牵涉耐火浇注料内衬质量的关键问题。因此，施工时应符合设计要求和国家现行有关标准的规定，不得任意更改。

4.1.2 根据施工规范第 4.1.3 条和第 4.2 节综合编写。在施工规范中，第 4.1.3 条、第 4.2.2 条和第 4.2.10 条是强制性条文，应严格执行。

浇注用模板直接关系到浇注料质量的好坏，浇注前应严格检查模板是否符合各项要求（刚度、强度、尺寸、严密性、防黏措施等）。以隔热耐火砖砌体代替模板的，应检查防水措施。

成品浇注料的加水量对耐火浇注料的施工性能和热工性能影响很大，应予以特别注意。搅拌用水的质量也不容忽视，其相关规定参见施工规范第 4.2.1 条及条文说明。

养护是为了使浇注料凝结并硬化，以获得初期强度。各种浇注料因成分、配方不同，养护要求的环境、温度和时间也不同，因此应按施工规范第 4.2.9 条执行。

施工缝不是结构缝，施工时应尽量少留。当必须留设时，其处理方式和留设位置应符合施工规范第 4.2.8 条的规定。

4.1.4 根据施工规范第 4.1.6 条和第 4.1.7 条编写。锚固件、锚固砖或吊挂砖在荷载作用下是力的传递元件。其作用是使炉子内衬牢固地连接在炉壳（或支承吊梁）上，从而增加内衬的整体强度。

锚固件如果焊接不牢固，生产时炉子内衬会由于与炉壳的连接松弛而脱落。锤击检查是指用小锤轻轻敲击。

有横向裂纹的锚固砖或吊挂砖，在荷载作用下可能断裂并易引起连锁反应，故不得使用。

Ⅱ　一般项目

4.1.5 根据施工规范第 4.1.9 条编写。不定形耐火材料与耐火砖作内衬的工业炉，其生产时的工艺要求相同。故两者尺寸的允许误差及检验方法应基本一致。

4.1.6 根据施工规范第 3.2.15 条、第 3.2.20 条、第 4.2.7 条和第 4.2.12 条综合编写。膨胀缝漏留或留设不当，都会导致烘炉和生产过程中耐火浇注料内衬胀裂或窜火。因此，膨胀缝的留设应符合设计要求。在优质耐火砖等定形耐火制品的标准中规定，0.1～0.25mm 的裂纹属轻微裂纹，一般不作限制。由于是不定形耐火产品，故将"轻微的网状裂纹"定义为小于 0.25mm。

4.2 耐火可塑料

Ⅰ　主控项目

4.2.1 根据施工规范第 3.1.1 条和第 4.3.1 条编写。耐火可塑料的品种、牌号是根据生产时炉衬的工作条件选定的。因此，施工时应符合设计要求和国家现行有关标准的规定，不得任意更改。

可塑性指数是衡量耐火可塑料施工性能的重要指标。指数小于规定值，难于捣打密实；指数大于规定值，不但捣打不易密实，而且烧成收缩大。故条文规定，可塑性指数应符合设计要求和国家现行有关标准的规定。

Ⅱ　一般项目

4.2.3 根据施工规范第 4.1.9 条编写。不定形耐火材料与耐火砖作内衬的工业炉，其生产时的工艺要求相同。故两者尺寸的允许误差及检验方法应基本一致。

4.2.4 根据施工规范第 4.3.3 条、第 4.3.5 条、第 4.3.11 条和第 4.3.13 条综合编写。膨胀缝漏留或留设不当，会导致可塑料内衬加热后胀裂或窜火，故应符合设计要求。

可塑料一般含有 8%～10% 的游离水，此外还有结合水，修整的目的是将捣实后的内衬表面加工成设计要求的尺寸。与此同时，将表面致密层削去，形成粗糙表面，露出内部气孔，使水分容易散发出去。在干燥升温过程中，开通气孔不仅便于内衬深部的水分逸出，还可对该过程中产生的收缩和膨胀起缓冲作用，故是施工中不可缺少的环节。

膨胀线的开设，则是将不规则的干燥开裂集中于膨胀线处，减少墙面裂缝，使墙面完整。

4.2.5 根据施工规范第 4.3.15 条编写。在烘烤前，应对耐火可塑料内衬表面出现的裂缝按施工规范的规定进行修补。否则烘炉后无法弥补，将形成永久性缺陷。

4.3 耐火捣打料

I 主控项目

4.3.1 根据施工规范第 3.1.1 条编写。耐火捣打料的品种、牌号是根据生产时炉衬的工作条件选定。施工时，应按设计要求采用，不得任意更改。

II 一般项目

4.3.2 根据施工规范第 4.4.2 条和第 4.4.3 条编写。捣打料铺料厚度应适中，如过厚则不易捣实。接槎处粘接牢固，是为了使捣打料内衬形成整体。

捣打料捣实后的体积密度或压缩比是检验施工质量的主要指标，应予确保。如捣实后的实际体积密度或压缩比低于设计规定值，就不能保证捣打料内衬具有必要的强度和高温物理性能。从而缩短炉子的使用寿命，甚至可能造成重大事故。

4.4 耐火喷涂料

I 主控项目

4.4.2 根据施工规范第 4.5.2 条编写。金属支承件的作用是使喷涂料内衬紧密地连接在炉壳上，从而增强其整体强度。如果焊接不牢固，则内衬组织松弛，容易脱落。

不定形耐火材料内衬锚固件（包括金属支承件）的焊接由安装单位施工时，安装单位应按规定向筑炉公司（队）进行工序交接。

II 一般项目

4.4.3 根据施工规范第 4.5.6 条编写。喷涂料粗细颗粒分布均匀，意味着内衬组织密实，体积密度均匀，可获得较好的力学性能和高温性能。

5 耐火陶瓷纤维

5.1 层铺式内衬

I 主控项目

5.1.1 根据施工规范第 5.1.2 条编写。不同材质的耐火陶瓷纤维有不同的耐高温等级，不得越级使用。耐火陶瓷纤维的导热系数随着其体积密度、使用温度的不同而变化。导热系数是衡量纤维制品节能效果的重要指标，在质量证明书中应有导热系数的检验结果。

5.1.2 根据施工规范第 5.2.2 条编写。锚固件焊接不牢、焊缝断裂会导致耐火陶瓷纤维内衬脱落。

II 一般项目

5.1.3 根据施工规范第 5.2.10 条编写。用锚固件固定时，其表面应做保护性处理，以免锚固件暴露在高温炉膛中被氧化烧损。这对安全使用至关重要。

5.1.4 根据施工规范第 5.2.4 条编写。为提高内衬的气密性，避免内衬因耐火陶瓷纤维在高温下收缩而产生贯通缝，不易受气流冲刷而脱落，故作此规定。

5.1.5 根据施工规范第 5.2.3 条编写。锚固件是层铺式耐火陶瓷纤维毯内衬的固定结构，位置应符合设计要求，以防止耐火陶瓷纤维毯下垂、产生空隙，影响炉子的隔热效果。

5.1.6 根据施工规范第 5.2.9 条编写。耐火陶瓷纤维在高温状态下有收缩的特点，为保证耐火陶瓷纤维内衬的严密性，所有内衬连接处应相互交错，避免通缝使炉壁出现热点。

5.2 叠砌式内衬

I 主控项目

5.2.1 耐火陶瓷纤维模块是穿钉式结构和吊杆式结构的统称。

II 一般项目

5.2.3 根据施工规范第 5.3.12 条编写。模块无论采用单向排列还是拼花式排列，安装时都应避免模块交叉角的窜气缝。

5.2.4 根据施工规范第 5.3.13 条编写。由于耐火陶瓷纤维在高温下有收缩的特点，当模块为非折叠方向时，应在耐火陶瓷纤维模块与砌体或其他耐火炉衬连接处的直通缝中，加装对折压缩的耐火陶瓷纤维毯，以补偿高温状态下耐火陶瓷纤维的收缩，避免炉壁出现热点。拼花式排列的模块由于尺寸误差，十字缝处的窜气缝不可避免，施工时应用耐火陶瓷纤维棉加粘接剂填塞密实。

5.2.5 锚固件是耐火陶瓷纤维模块的支撑结构，必须焊接牢固；其安装位置应正确，以保证模块安装紧密。模块间接缝严密是保证炉壁无热点的重要项目。

5.3 不定形耐火陶瓷纤维内衬

Ⅰ 主控项目

5.3.3 耐火陶瓷纤维内衬炉顶或仰面耐火陶瓷纤维喷涂时，层间应缠绕米字形耐热钢丝或安装快速夹子固定，防止耐火陶瓷纤维炉顶坠落。

5.3.4 现场试块性能指标检验是炉墙质量验收的主控项目。体积密度能体现导热性能，故控制喷涂料体的密度均匀性十分重要。

Ⅱ 一般项目

5.3.5 不定形耐火陶瓷纤维内衬（耐火陶瓷纤维喷涂料、耐火陶瓷纤维可塑料）表面应致密平整，不得加浆抹面。

6 高炉及其附属设备

6.1 一般规定

6.1.1 高炉及其附属设备砌筑工程的质量直接影响到炉子的功能和使用寿命，故明确规定"高炉及其附属设备的砌筑应为一个单位工程"。高炉及其附属设备往往分成高炉和热风炉两个标段进行招投标，由两个施工单位分别承担砌筑任务，尤其是大型和特大型高炉。为了有利于施工管理、工程质量检验和交工验收，本条增加了"当高炉容积或工程量较大时，每座高炉或热风炉也可各为一个单位工程或子单位工程"的内容。

6.1.2 高炉包括炉体、粗煤气管道、热风围管和出铁场几个相对独立的部分。因此，砌筑工程的质量验收可将这几个部分分别作为分部工程，而将这些分部工程中的各个不同部位（如高炉炉体的炉底、炉缸、炉腹及其以上部位等）作为分项工程。

6.1.3 热风炉包括多座热风炉炉体、热风总管和支管、烟道管和余热回收管道几个相对独立的部分。因此，砌筑工程的质量验收可将这几个部分分别作为分部工程，而将这些分部工程中的各个不同部位（如热风炉炉体的炉底和炉墙、砖格子、炉顶、热风管道等）作为分项工程。

热风炉因其炉型、构造不同，按内燃式、外燃式和顶燃式分别划分不同的分项工程。

6.1.4 高炉及其附属设备的各分项工程划分成一个或若干个检验批进行验收，有助于及时纠正施工中出现的质量问题，确保工程质量，符合施工实际需要。例如，高炉炉底作为一个分项工程，而将炉底炭素料找平层和每层炉底均作为一个检验批，既有利于保证工程质量，又便于操作，不留后患；热风炉炉墙高、层数多，将20～30层砖作为一个检验批，是比较切合

实际的；热风管道比较长，以膨胀缝为界分段划分成若干个检验批进行检验，每个热风炉的热风支管可作为一个检验批检验。

热风炉烟道、余热回收管道、粗煤气管道中的下降管和除尘器以及只有一个出铁口的高炉的渣铁沟等，由于构造简单，一个分项工程一般划分为一个检验批（每个上升管可作为一个检验批）。

6.2 高炉炉底

Ⅰ 主控项目

6.2.3 根据施工规范第6.2.1条、第6.2.7条和第6.2.22条综合编写。炉底各砖层的标高以出铁口中心或风口中心的平均标高往下返，并在炉壳（或冷却壁）上做标记，逐层按控制线砌筑。这样可保证出铁口中心或风口中心与炉底上表面的平均距离符合设计要求，并能与出铁场的设备以及风口组合砖协调配合。

高炉出铁时，炉底承受铁水冲刷，故每层炉底的砌筑中心线应与出铁口中心线交错成一角度。

Ⅱ 一般项目

6.2.4 根据施工规范第6.1.1条编写。砖缝厚度符合规定是防止高炉炉底铁水渗透的重要保证条件。表6.2.4项目栏将施工规范表6.1.1中"Ⅱ 以磷酸盐泥浆砌筑的耐火砖砌体"改为"其他耐火砖砌体"更确切，也是为了与本规范表6.2.5的提法一致。

6.2.5 根据施工规范第6.1.2条编写。本条表6.2.5项目栏中用"炉底炭素料找平层"代替施工规范表6.1.2中"高炉炉底底基"更确切，真实反映了高炉的炉底构造。

炉底炭素料的找平是十分重要的工作。只有上表面平整，才能保证炭砖砌体的砖缝厚度，并为保证以上各层炉底的表面平整度提供良好的基础；只有上表面标高准确，才能保证出铁口中心或风口中心与炉底上表面的平均距离符合设计要求。

保证炉底每块砖砌筑的垂直度，能消除垂直三角缝和上表面过大的错牙。

表6.2.5中"项次3 环状炭砖砌体径向倾斜度误差2mm"，是根据施工规范表6.1.2注2和原规范第5.1.7条编写。环状炭砖砌体径向水平，也是保证砌筑工程质量的一个方面，故表6.2.5对砌体径向倾斜度的允许误差作出规定。

6.2.6 根据施工规范第6.2.3条和第6.2.4条编写。炉底炭素料要求捣打密实，以使整个找平层具有较高的强度和导热能力，而捣打密实度是用压缩比或体积密度来衡量。要达到规定的压缩比或体积密度，应做到配料正确、拌和均匀，并逐层控制铺料厚度。

6.2.7 根据施工规范第6.2.3条和第6.2.8条编写。炭砖列平直，是为了使砖缝达到规定厚度和上表面平整；平面位置正确，可保证周围间隙均匀；周围间隙

炭素捣打料压缩比达到规定值，可确保其获得应有的导热性能。

若由于堆放或运输原因使炭素捣打料被压缩，影响压缩比指标，可预先与监理和业主共同进行试验，将体积密度符合规定的压缩比作为检验标准（本条说明适用于以下相关条款）。

6.2.8 根据施工规范第6.2.3条和第6.2.11条编写。只有楔形炭砖的放射缝与半径相吻合，砖的前后才不会出现错牙，而且砌体内受力均匀。上、下层砖错缝砌筑，可提高砌体的耐压强度。

炭砖砌体与底垫耐火砖之间的缝隙为工作缝，一般采用刚玉捣打料，捣打后的压缩比应大于45%。

6.2.9 根据施工规范第6.2.7条和第6.2.22条编写。其规定是为了增强炉底砌体的整体性，避免铁水沿垂直贯通缝向下渗透和出铁时铁水沿砖缝冲刷。

6.3 高炉炉缸

Ⅰ 主控项目

6.3.3 根据施工规范第6.2.26条编写。主要是为了保证这几个部位的砌体严密，防止铁水、炉渣或火焰从不严密处喷出而烧坏冷却壁及炉壳。因此，这些部位的耐火砖应紧靠冷却壁或炉壳，间隙内的耐火泥浆应饱满、密实。

Ⅱ 一般项目

6.3.4 根据施工规范第6.1.1条编写。表6.3.4项目栏将施工规范表6.1.1中"Ⅱ 以磷酸盐泥浆砌筑的耐火砖砌体"改为"其他耐火砖砌体"更确切，也是为了与本规范表6.3.5的提法一致。

6.3.5 根据施工规范第6.1.2条编写。"各砖层上表面平整误差"和"径向倾斜度误差"是根据施工规范表6.1.2注2编写，目的是提高砌体的砌筑质量。规定半径的允许误差值，是为了保证高炉的有效容积和铁水产量。

6.3.7 根据施工规范第3.2.40条、第6.2.32条和实际施工经验综合编写。圆形砌体过多的退台会影响工程质量，也容易造成上、下层的"合门"在同一位置，因此对退台的砌筑作了限制；重缝和合门砖是砌体的薄弱部位，其数量愈少，砌体的质量就愈好。

用直形砖和楔形砖、楔形砖和楔形砖砌筑多环圆形炉墙，两层重缝或两环通缝是不可避免的，但也应通过干排预演。适当夹砌少量的条砖，可尽量减少两层重缝或两环通缝，但不应有三层重缝或三环通缝。

砌体与冷却壁或炉壳间填料密实是为了保证砌体的稳定性和导热能力。

6.4 高炉炉腹及其以上部位

高炉炉腹及其以上的各部位都为圆柱形或圆锥台形砌体，质量要求大致相同。因此，把炉腹、炉腰、炉身等分项工程合写一节，作为质量验收的依据。炉喉主要是配合安装钢砖施工浇注料，炉顶即煤气封板多采用耐火喷涂料，这两个部分的质量验收可按本规范第4章的有关规定执行。

Ⅰ 主控项目

6.4.3 根据施工规范第6.2.1条和第6.2.33条编写。厚壁炉腰以上的砌体以炉口钢圈中心为基准砌筑，是为了保证炉子开炉后布料均匀（不偏料）、生产顺行。因此，砌筑时应按施工规范的规定挂设中心线，并随时检查砌体半径，以保证炉体内形准确。

Ⅱ 一般项目

6.4.4 根据施工规范第3.2.26条和第6.1.1条编写。由于高温的渣蚀、急速上升气流的冲刷、炭素沉积等作用，炉腹及其以上部位是砌体较为薄弱的环节，严格控制其砖缝厚度很重要。

本条将施工规范表6.1.1的"Ⅰ 高炉炭砖砌体"改为"含炭耐火砖砌体"更确切，因该部位可采用铝碳质、碳化硅质或石墨砖等含炭耐火制品。

6.4.5 根据施工规范第6.1.2条和实际施工经验综合编写。砖层上表面平整误差和径向倾斜度误差过大，都会影响砌体的稳定性，并给其上砖层的砌筑造成困难。过大的半径误差会影响炉子开炉后布料的均匀性。

6.4.6 砌体紧靠冷却壁或炉壳砌筑，间隙内的耐火泥浆饱满、密实，有利于保证砌体的稳定性和导热性能。

6.4.7 根据施工规范第3.2.40条、第6.2.34条和第6.2.36条综合编写。高炉砌体在高温下会产生膨胀，因此，砌体与冷却板（壁、箱）、炉身砌体与钢砖底部间都应留有间隙，以吸收砌体的膨胀，不致破坏设备。填料或捣打料应密实，是为了防止烟气窜漏，影响炉子的正常生产。重缝和通缝是砌体的薄弱位置，应愈少愈好。

6.5 热风炉炉底、炉墙

Ⅰ 主控项目

6.5.3 根据施工规范第6.3.7条编写。热风口等周围环宽1m范围内的耐火砖紧靠炉壳（或喷涂层）砌筑，是为了防止从这些不严密处向外窜火而烧坏炉壳或管壳。作为主控项目，应仔细检查。但近几年由于耐火材料材质的提高和结构设计的改进，该部位也有用隔热耐火砖和耐火陶瓷纤维毯（毡）紧靠炉壳（或喷涂层）的，故本条作了适当的修改。

Ⅱ 一般项目

6.5.4 根据施工规范第3.2.26条和第6.1.1条编

写。砌体的砖缝厚度是衡量热风炉砌筑工程的重要质量指标之一。施工规范对热风炉各部位砌体砖缝厚度所作的规定，只要认真操作，是完全可以达到的，而且能满足生产顺行和炉体长寿的需要。

6.5.5 根据施工规范第6.1.2条、第6.1.3条和第6.3.3条综合编写，对内燃式、外燃式热风炉均适用。

砌体表面平整误差对保证砌体质量至关重要。根据历年来的施工经验，由于操作者操作不当，炉墙上表面经常砌成波浪样，愈砌愈难砌；组合砖砌体下炉墙上表面的标高控制不好，会直接影响到孔口组合砖砌体的几何尺寸、孔口水平中心标高，并造成组合砖单体砖的二次加工；炉顶下的炉墙上表面平整误差是保证炉顶砌体几何形状、膨胀缝尺寸和砖缝厚度的重要前提条件。

热风炉砌筑中，大量采用喷涂层、组合砖、交错砌筑的多孔格子砖、垂直滑动缝等新技术，而这些新技术都要求炉墙内径准确。因此，应严格按中心线控制喷涂层和砌体的半径。

对内燃式热风炉燃烧室炉墙的垂直度作严格要求，目的是保证炉墙砌体的稳定性和燃烧室的几何形状，满足使用功能的要求。

膨胀缝是保证砌体受热后稳定性和几何形状的重要条件，根据历年来的施工经验和生产实践，对膨胀缝宽度的允许误差作严格规定是完全有必要的。

6.5.7 根据施工规范第3.2.18条和第3.2.20条编写。膨胀缝是保证砌体受热后不变形、不窜火、稳定顺行和较长的使用寿命的重要因素之一。

6.6 热风炉砖格子

Ⅰ 主控项目

6.6.2 根据施工规范第6.3.11条编写。炉箅子上表面愈平整，格孔中心线对设计位置的误差就愈小，砌筑的砖格子就愈平整，格子砖与炉箅子的错位也愈小。能保证生产时气流顺行，有利于生产。

虽然炉箅子一般由安装单位安装，但在正式砌筑格子砖前，仍应认真检查验收，为后续的砌筑创造良好条件。

Ⅱ 一般项目

6.6.3 根据施工规范第6.3.16条编写。格孔堵塞会减少砖格子的蓄热面积，影响风温的提高，故根据以往施工经验和生产实践，将格孔的堵塞率定为不超过第一层砖格子完整格孔数量的3%。采用上、下带沟舌的多孔格子砖砌筑时，一般是上、下咬合砌筑；同时，与炉墙接触的周边格子砖采用预加工砌筑，加工砖碎块堵塞格孔的可能性很小，故不将格子砖的堵孔率作为检查项目。

用木楔楔紧砖格子与围墙之间的间隙，是为了防止冷态时边缘的格子砖产生位移，从而增强砖格子的

稳定性，保证格孔畅通。

6.7 热风炉炉顶

Ⅰ 主控项目

6.7.3 根据施工规范第6.3.18条编写。按炉顶孔的中心和标高来确定球形拱顶砌砖（或喷涂层）的中心，可以使砌体与炉壳之间的间隙符合要求，便于热电偶管的安装。

Ⅱ 一般项目

6.7.4 根据施工规范第3.2.26条和第6.1.1条编写。热风炉炉顶砌体内表面易沿砖缝裂开，采用磷酸盐耐火泥浆砌筑后，炉顶裂缝大为减少。但由于炉顶长期处于高温和气流冲刷的条件下，故其砖缝厚度仍是很重要的质量验收指标之一。

6.7.5 根据施工规范第6.1.2条编写。内弧面平整、砖层表面的错牙小，说明砌筑时砖型使用得当，砖缝与半径方向一致，砌体内受力均匀，气流阻力小。炉顶内径是保证炉顶几何形状和使用功能的必要条件。膨胀缝是保证炉顶砌体受热后稳定性、几何形状和使用寿命的重要条件。

6.7.6 根据施工规范第3.2.55条编写。合门砖是拱顶的薄弱环节，应分布均匀。

6.8 热风管道

Ⅱ 一般项目

6.8.4 根据施工规范第3.2.3条和实际施工经验综合编写。管道内径是满足管道使用功能的重要条件之一。

6.8.5 为保证热风阀在生产使用过程中能正常开闭，应确保热风阀两边法兰面与管道耐火砖砌体之间的间隙尺寸。根据施工经验和生产实践，规定热风阀处法兰面与耐火砖砌体之间间隙尺寸的允许误差不应超过0～+3mm。

6.8.6 根据施工规范第3.2.18条和第3.2.20条编写。

7 焦炉及干熄焦设备

焦炉砌筑工程具有独立施工条件，无其他附属设备，故可划分为一个单位工程。并应按结构、部位划分为基础平台砌体、蓄热室、斜烟道、炭化室和炉顶5个分部工程，每个分部工程可按4～6孔（室）为一区段划分为若干分项工程。每个分项工程与每个施工小组负责的孔（室）数的倍数相一致，这样有利于对施工小组的砌筑质量进行考核。当一个部位砌筑完成后，即可进行分项工程的质量验收，分部工程的验收也可同时进行。

一套干熄焦设备的砌筑工程，一般由熄焦室、除

尘系统、余热锅炉3部分组成,除尘系统还包括集尘沉降槽和二次除尘器。故本次修订增加了集尘沉降槽砌体的验收条文,并对余热锅炉的验收作了界定。

7.1 焦炉基础平台砌体

Ⅰ 主控项目

7.1.2 焦炉基础平台普通黏土砖是使用加水泥的耐热泥浆砌筑。除具有一定的耐压强度外,还应具有一定的耐热性和气密性。由于不同于用砂浆砌筑的普通黏土砖砌体,故砖缝的泥浆饱满度应大于90%。

砌完后的砌体不宜过多地掀砖检查,而应加强过程中的操作监督和塞尺检查。在分项工程的质量检验中,确定每个分项工程抽查3块砖,用百格网检查砖面与泥浆的粘接面积,计算其平均值。

Ⅱ 一般项目

7.1.3 为保证焦炉基础平台砌体顶面与滑动钢板更好地接触,以及在烘炉过程中炉体能够顺利滑动,对基础平台砌体顶面的表面平整误差作出规定。

7.1.4 为更好地控制炉子的整体标高,对基础平台砌体顶面标高的允许误差作出规定。检验时,在每个检验批中抽查相邻两道墙,测出机侧、机中、中心、焦中、焦侧各两点的标高值,计算出机侧、机中、中心、焦中、焦侧相邻测点间的标高差。

7.2 焦炉蓄热室

Ⅰ 主控项目

7.2.2 焦炉砌体砖缝的泥浆应饱满,避免气体窜漏而影响生产,故规定其砖缝的泥浆饱满度应大于95%。焦炉砌体的结构和砖型较复杂,有些部位的砖无法用挤浆法砌筑,其垂直缝的泥浆饱满度较难保证。对于这些部位应加强勾缝,以保证该部位砖缝的泥浆饱满度也应大于95%。

7.2.3 国内设计的大、中型焦炉都配有控制空气和高炉煤气流量的箅子砖。通过箅子砖孔的大小控制气体的流量,使加热后炭化室的温度分布均匀。由于箅子砖孔的大小对生产影响较大,加之耐火材料厂所生产的箅子砖的孔径尺寸误差偏大,故规定砌筑前应按设计要求,将箅子砖按箅孔的实际尺寸准确排列好后再进行砌筑。

Ⅱ 一般项目

7.2.5 焦炉各部位的膨胀缝和滑动缝十分重要,关系到烘炉期间焦炉砌体的顺利膨胀和滑动。通常在砌筑完上一层砖后,无法对该层的膨胀缝和滑动缝进行检查。故需加强过程中的检查工作,并做好记录。

7.2.6 为保证烟道的废气开闭器顺利安装,使两叉部突缘与小烟道承插口周围的间隙不致过大或过小,影响废气开闭器的安装质量,故作出此规定。

7.3 焦炉斜烟道

Ⅰ 主控项目

7.3.3 炭化室底面的逆向错牙会增大推焦时的阻力,影响推焦的顺利进行。为了提高焦炉的生产效率,延长焦炉的使用寿命,减少生产中的不利因素,故提出此要求。

验收时,每个分项工程抽查一个炭化室,并沿炭化室底的全长进行检查。

Ⅱ 一般项目

7.3.6 斜烟道出口处是控制进入燃烧室气体流量的一个关口。气体流量过大或过小时,在其长度方向上,可用调节砖加以调节,而在其宽度方向上则无法进行调节。所以严格控制其宽度尺寸是十分必要的。

7.3.7 为了使推焦机的推焦杆不因炭化室底标高的允许误差过大而无法正常运行,特提出此要求。

7.4 焦炉炭化室

Ⅰ 主控项目

7.4.3 本条说明同第7.3.3条条文说明。但验收时,应在被抽检炭化室的两个墙面上全面进行检查。

Ⅱ 一般项目

7.4.5 在焦炉炭化室部位只有端墙留有膨胀缝,端墙膨胀缝与其他部位膨胀缝同样重要。分项工程验收时,膨胀缝的内部无法检查。故应加强施工过程中的检查工作,并做好记录。

7.4.6 炭化室炉头表面、墙面勾缝是一项比较重要的工作。将墙表面的砖缝勾紧,不仅美观,还可借此将砖缝表面的泥浆勾压密实,提高砖缝烧结后的强度。为避免勾缝不严、丢缝等现象,特制定本条。

7.5 焦炉炉顶

Ⅰ 主控项目

7.5.3 炭化室跨顶砖除要承受炉顶砖砌体的自重外,还要承受装煤车等重量。如果跨顶砖工作面有横向裂纹,可能会断裂,并且无法修理,直接影响生产。因此,制定本条文以严格要求,并加强这方面的施工管理和验收工作。

7.6 熄焦室冷却段

Ⅱ 一般项目

7.6.5 熄焦室冷却段顶部是斜风道支柱的基础,其圆弧度直接影响到支柱的受力分配,故制定本条。

7.7 熄焦室斜风道

Ⅰ 主控项目

7.7.3 熄焦室斜风道支柱的圆弧度直接影响到受力分配的均匀性和支柱的使用寿命，从而影响炉子的使用寿命，故制定本条。

7.8 熄焦室预存段

Ⅰ 主控项目

7.8.3 熄焦室两个相对γ射线孔的中心线位置应处在同一条直径线上，采用拉细钢丝的方法进行检查。生产过程中的上、下料位由此控制，故对其位置控制相对较严。

Ⅱ 一般项目

7.8.7 在砌体中，熄焦室砌体膨胀缝和滑动缝的留设十分重要，它关系到烘炉期间熄焦室砌体的顺利膨胀和滑动。通常在砌完上一层砖后，无法对该层的膨胀缝和滑动缝进行检查。需加强施工过程中的检查工作，并做好记录。

7.9 集尘沉降槽底、墙

Ⅱ 一般项目

7.9.3 根据多年的干熄焦筑炉检修经验，炉子内衬中影响干熄焦顺行和使用寿命的主要部位有如下几个：冷却段、斜风道、环形排风道、集尘沉降槽拱顶、集尘沉降槽隔墙等。故本次修订增加了集尘沉降槽砌体的允许误差和检验方法的内容。

7.10 集尘沉降槽拱顶

Ⅱ 一般项目

7.10.6 集尘沉降槽在生产时为负压状态，为避免拱顶填充粉料被吸进槽内堵塞料口，保证系统的气密性，特制定此条规定。

8 炼钢转炉、炼钢电炉、混铁炉、混铁车和RH精炼炉

8.1 炼 钢 转 炉

8.1.1 氧气顶吹转炉的分项工程、分部工程是根据炉子的结构部位和座（台）来进行划分的。

Ⅰ 主控项目

8.1.4 由于镁碳砖制砖精度的提高和溅渣护炉技术的推广，工作层一般是干砌，不需要接缝料。只有当砖的接触面不平和砖环合门时才允许使用耐火泥浆，且泥浆的厚度不得超过砖缝的允许厚度。

8.1.5 炉底工作层最上层砖应竖砌，是为了增强炉底层结构的稳定性，并防止砖的漂浮。转炉反球拱底与炉身墙的接触面，是砌体中的薄弱环节。该处砖如加工不平，势必导致砖缝厚度超过规定，使钢水容易渗透，并影响上部炉身墙的平整。活炉底与炉身接缝的质量直接关系到转炉的安全生产，应严格检查。

8.1.6 正确留设膨胀缝对炉衬的安全使用起着至关重要的作用，因此将此条列入主控项目。

Ⅱ 一般项目

8.1.8 炉底按十字形对称砌筑，砌体的整体性较其他形式好，尤其是圆形底和球形底更是如此。上、下层纵向砖缝错开，避免形成贯通缝，从而防止钢水沿贯通缝往下渗透。最上层炉底砖的纵向长缝与出钢口中心线成一交角，是为了防止钢水沿砖缝冲刷而损坏炉底。

8.1.9 转炉在冶炼过程中，炉体经常倾动。条文明确提出应错缝正确、合门紧密，位置错开且填料密实。

8.1.11 炉墙砖层的表面平整误差直接影响砌体的结构强度，同时也影响砖缝的厚度。

8.2 炼钢电炉

Ⅰ 主控项目

8.2.1 炼钢电炉的分项工程、分部工程是根据炉子的结构部位和座（台）来进行划分的。

8.2.5 炉底与炉身墙接触面是一直通缝，应严格控制其表面平整误差，防止出现较大的砖缝。

8.2.6 由于电极口及其周围砌体是技术要求高的关键部位，故条文中着重提出其接触处应严密。即砌筑时，砖应仔细加工、组砌正确，使其形成结构紧密的整体，特别忌用小条砖加工。

电极口砖圈的直径是否准确，也关系到电炉的正常生产。直径过小，会影响电极的正常生产操作；直径过大，又会导致大量烟尘窜出，损失热能、污染环境。

各电极口中心之间的距离应符合设计要求，以免电极口和电极棒的位置对不上。条文中规定的允许误差值是应达到的指标。

Ⅱ 一般项目

8.2.11 条文内容是检验球形（圆形）拱顶砌筑质量的主要方面。

球形（圆形）拱顶的内表面不平整、错牙过多，则砌体的放射缝与半径方向必然不相吻合，其弧度也无法符合设计要求。收口处呈现不规则的圆形，从而大大增加砖的加工量。球形拱顶的合门砖处，一般是该砖环的薄弱环节，如果分布不均匀或集中在一处，会降低拱顶的结构强度。

8.3 混铁炉

8.3.1 混铁炉砖的分项工程、分部工程是根据炉子的结构部位和座（台）来进行划分的。

Ⅰ 主控项目

8.3.4 填料是起隔热作用的散状材料，施工时往往为人们所忽视，不注意捣实。由于这种材料有一定的压缩性，如不捣实，在炉子生产加热转动时，砌体极易松动、变形，甚至出现坍塌等事故。

8.3.5 混铁炉的炉底和炉墙交接处、受铁口和炉顶交接处，都是砌体的薄弱部位。而且镁质材料加工困难，不易达到1mm的砖缝厚度；砖缝厚度超过规定值又会有铁水渗透的危险。故条文中规定，交接处的接缝均应严密。平砌的前、后墙与端墙交错砌成整体，可增加整个炉衬的整体性和稳定性，有利于防止铁水的渗漏。

8.3.6 混铁炉膨胀缝的留设较为复杂，通常设计图纸规定是每隔多少块砖留设一个膨胀缝。砌筑时，偶尔偏差一块砖还是允许的。

Ⅱ 一般项目

8.3.7 混铁炉是盛装铁水的设备，倾动频繁，故要求砌体砖缝厚度愈小愈好，防止铁水渗透。根据以往的经验，镁砖经过加工后，按施工规范规定的砖缝厚度精心砌筑的砌体，能够满足炉子正常生产的需要。

8.3.8 保证炉底砖列平直，是为了避免砌体出现三角缝。

8.3.9 混铁炉炉墙一般为平砌，其前、后墙与端墙、出铁口两侧墙与前墙都应交错砌成整体。生产时，混铁炉不仅要前后倾动，还要受到铁水的冲刷。如果这些部位不交错砌成整体，炉墙很容易拉裂坍塌。

8.4 混铁车

Ⅰ 主控项目

8.4.4 混铁车在运行或转动时，为了防止砌体松动，永久层黏土耐火砖应紧靠炉壳（或喷涂层）砌筑，其间不得有空隙，并一次性砌完。这点很重要，故列为主控项目。

8.4.5 混铁车的两端部与锥形部接触处是整个内衬的薄弱环节，如果接触不严，很容易渗漏铁水。

端部与炉壳间有一定的空隙用来填充可塑料或浇注料。填料应捣打密实，使其结合紧密，增强端部砌体的整体性。

Ⅱ 一般项目

8.4.7 错砌部位的纵向砖列平直、环砌部位的砖环平整垂直，是为了避免收口处出现扭斜、环缝处产生"张嘴"现象。

下半圆工作层和永久层之间的耐火浇注料密实找圆，可增强混铁车的整体性和严密性。其表面（纵向面、圆弧面）力求平整，为永久层的砌筑创造条件。

端墙砌得愈垂直，则锥体环砌的砖就愈平直，为环缝彼此平行创造良好的条件。

8.5 RH精炼炉

8.5.1 RH精炼炉可以拆分为底部、中部、顶部和插入管等部位单个进行施工，最后通过法兰将各个部位安装成整体。因此，可按可拆分的部位分为四个分项工程。

Ⅰ 主控项目

8.5.4 工作层一般是用镁铬砖干砌，不需要接缝料。只有当砖的接触面不平和砖环合门时才允许使用耐火泥浆，但泥浆的厚度不得超过砖缝的允许厚度。

Ⅱ 一般项目

8.5.5 RH精炼炉对砖缝厚度的要求很严格，特别是插入管、循环管和底部等直接接触钢水的部位，其砖缝厚度不应超过1mm。

8.5.7 插入管与循环管是用法兰连接，如果砖环与法兰盘之间的偏心度较大，插入管与循环管的连接处就会出现较大错台。这种错台不但对钢流、气流产生较大的阻力，还会减薄砌体的有效厚度。因此，为防止产生较大错台，应严格控制其偏心度。

8.5.8~8.5.11 由于RH精炼炉是在相对真空的条件下工作，故要求衬体具有较好的气密性。工作层与非工作层的砖缝尽量错开，防止直通缝；砌体与钢结构之间的耐火浇注料应捣打密实。工作层与非工作层之间应泥浆饱满、填料密实，法兰盘的连接应严密。同时还要求内衬平整，各种开孔（包括电极孔、摄像孔、合金料槽和窥视孔等）的留设位置和尺寸大小应符合设计要求。

8.5.12 RH精炼炉对砖缝厚度的要求很严格，若砖层的表面平整误差较大，会导致较大的三角缝。

8.5.13 为了尽量减少气流、钢流的阻力，应严格控制砌体工作面的错牙。

9 均热炉、加热炉和热处理炉

本次修订将均热炉、加热炉和热处理炉分别单独成节编写，目的是与施工规范相适应，条文内容上也作了较大的修改。

对均热炉、加热炉和热处理炉的检验批、分项工程、分部工程的划分原则作了明确规定。

9.1 均热炉

Ⅰ 主控项目

9.1.3 实践证明本条内容宽严适度，符合实际情况。由于目前均热炉炉膛的主烧嘴都设计在炉墙的上部，投产后炉墙和主烧嘴同时向上膨胀，故炉膛墙上表面和主烧嘴烧嘴砖的标高（冷态尺寸）应符合设计要求。

9.1.4 吊挂炉盖边缘的砌体是较薄弱的环节，故应仔细加工砌筑。为避免吊挂炉盖周围的楔形砖经加工后的尺寸过小而影响砌筑质量，对其加工后的小头尺寸作了必要规定。

Ⅱ 一般项目

9.1.7 拱形炉盖从四边拱脚开始砌筑，其对角线部分交错砌筑，对保证砌筑质量、加快施工进度都是有利的。

9.2 加热炉和热处理炉

Ⅰ 主控项目

9.2.3 设计已考虑了炉子加热后各部位砌体的膨胀，施工时应注意。环形加热炉炉底边缘砖与炉墙凸缘砖及其以下墙间的环形间隙（冷态尺寸）不应小于设计尺寸，以免影响炉体的正常运转。

环形加热炉的内墙、外墙系圆形墙，内墙砖的大头均朝向炉内，受热膨胀会使砌体胀松。因此，砌筑时内墙应保持垂直。如向炉内倾斜，炉墙在生产时极易倾倒。

9.2.4 本条为新增内容。考虑到炉料荷重的影响，连续式加热炉水管托墙下面不应砌筑耐压强度较低的隔热耐火砖。因一般图纸上均不画大样图，也很少在图上加以说明，故纳入主控项目，引起注意。

加热炉的水管托墙最上层砖与水管托座间应紧密接触，其间不得有缝隙或松软材料，防止炉墙局部松动，造成水管下扰而影响推钢。

Ⅱ 一般项目

9.2.7 本条为新增内容。烧嘴砖与烧嘴铁件（或烧嘴安装板）间如填松软材料，投产后该部位炉壳容易烧红变形。所以强调烧嘴砖应紧靠烧嘴铁件（或烧嘴安装板）砌筑，不应在其间填轻质隔热棉等松软材料。

10 反射炉、回转熔炼炉、闪速炉、艾萨炉、卧式转炉和矿热电炉

10.1 反 射 炉

10.1.1 条文中所列分项工程、分部工程是根据炉子的结构部位和座（台）划分的。

Ⅰ 主控项目

10.1.4 根据施工规范第10.1.6条和第10.1.7条编写。生产中炉底承受高温和熔体的侵蚀，反拱砌体与侧墙、端墙的接触面为薄弱环节，较易渗透。故应精细加工并湿砌，结合要紧密牢固。

Ⅱ 一般项目

10.1.6 根据施工规范第3.2.26条和第10.1.1条编写。反射炉在熔体侵蚀和高温的条件下工作，要求砌体稳固、耐高温、抗侵蚀、不渗漏。砖缝厚度是衡量和检验砌体质量的重要指标之一，所以条文强调该项的检查。

10.1.8 根据施工规范第10.1.3条编写。反拱下部捣打层只有捣打密实均匀、弧度准确，才能与其上、下层接合紧密，防止熔体渗漏。

10.1.9 根据施工规范第3.2.51条与实际施工经验综合编写。拱内应表面平整，按规定安设膨胀缝纸板和铁片。如果是止推吊压式或吊挂式拱顶，应安装相应的铁销子，弧度应准确圆滑，相应接触面吻合。这样砌体才牢固，在生产中才能抵抗高温与烟气的冲刷。

10.1.10 根据施工规范第3.2.10条、第3.2.20条、第10.1.9条和实际施工经验综合编写。反射炉墙体无论干砌还是湿砌，各孔口处都应仔细加工；错缝湿砌是因为这些部位受高温、熔体冲刷侵蚀以及操作机具碰撞等影响，容易松动损坏。

10.2 回转熔炼炉

10.2.1 回转熔炼炉（也称诺兰达炉）的分项工程是根据其结构部位划分的。

Ⅰ 主控项目

10.2.6 风口区是该炉最易损坏部位，其炉衬寿命决定了诺兰达炉炉衬的检修周期。为了防止高温及熔体对该部位的侵蚀，风口区除选用优质镁铬砖外，还应选用高强镁铬质泥浆砌筑。该部位不留膨胀缝，膨胀由相邻部位的砌体承受。

风口区砖与炉壳之间填约8mm厚碳化硅泥浆，是因碳化硅导热系数大、传热快。值得注意的是，碳化硅泥浆不能太厚，以免过厚的碳化硅层因钻孔而损坏，无法形成良好的传热层。

钻孔前，在风口区表面填约20mm厚高强镁铬质耐火泥浆。一般12h硬化后形成一个加固层整体，再支好木支撑，由外向内钻孔。填高强镁铬质耐火泥浆层可以防止钻孔时，机具对炉膛内所钻砖层的损坏。

Ⅱ 一般项目

10.2.7 根据施工规范第3.2.26条和第10.1.1条编写。

10.2.10 根据施工规范第10.4.4条和第10.4.7条编写。诺兰达炉内温度高、化学反应激烈、熔体渗透性强、炉体转动角度较大且频繁，所以端墙和圆周砌体应接触严密。关键部位风口区、加料口、烧嘴口、放渣口、测量孔均应精细加工并湿砌。砌体与炉壳之间的填充料应逐层填捣密实，防止砌体松动，增

强砌体的整体性和稳定性，提高其抵抗高温、烟气以及熔体渗透冲刷的能力。

圆周横中心线上部炉体与炉壳之间按设计要求留设50mm空气间隙，且不填任何耐火材料（实为膨胀缝）是该炉的一个特点。该部位的砌筑是在操作平台上支好钢拱胎后进行的。

10.2.11、10.2.12 根据施工规范第10.4.5条、第10.4.9条和第10.4.10条综合编写。为保证冰铜放出口位置准确，砌筑时要求采用定位钢支架。炉口受高温烟气冲刷，生产时转动频繁，所以炉口反拱砖与反拱砖脚应精细加工并湿砌。炉口两侧最后一环砖合门时，利用炉体上部空气间隙，用1mm钢带将合门砖包围顶入砌体中，然后向下拉紧，注意合门砖不得使用直形砖。这种炉口合门砖砌筑技术与其他卧式转炉、回转式阳极炉有所不同，经实践证明可行且砌筑质量好，能保证砌筑的整体性与稳定性。

10.3 闪 速 炉

10.3.1 条文中所列分项工程是根据炉体的结构部位和冶炼流程划分的。

Ⅰ 主控项目

10.3.4、10.3.5 耐火浇注料和耐火捣打料在该冶金炉炉体砌筑中的使用量比以往大，且使用部位多。有必要增加该条，以强化对砌筑部位的质量控制。

10.3.7 各种耐火砌体在受热后均会产生不同程度的膨胀，膨胀缝能缓冲、吸收砌体的膨胀。各种膨胀缝均应按规定留设，否则会引起砌体变形，甚至胀裂。闪速炉结构复杂、温度高，高温区域可达1400℃以上，工作条件极为苛刻。故列入主控项目，严格要求。

10.3.8 我国第一座闪速炉于1985年年底建成投产，经过近20年的发展，高投料量、高冰铜品位、高富氧浓度、高热负荷的强化冶炼技术在闪速炉上得到应用。以炼铜闪速炉为例，单座闪速炉的产量由最初的年产铜10万t发展到年产铜30万t以上。为适应新的冶炼作业条件，闪速炉所采用的特殊立体冷却系统（该系统采用的水冷元件主要包含带翅片水冷铜管、水平铜水套、倾斜铜水套、倒"F"形铜水套、"H"形水冷梁等）也有所发展。水冷元件无论在品种上还是数量上都较以往有所增加，其分布范围也有所扩大。它们不仅延长了耐火内衬的使用寿命，还改善了操作环境。条文中要求各部位水冷装置周围及其与砌体之间的间隙应用设计规定的材料逐层填捣密实，就是为了加强砌体的整体性，保证冷却系统充分发挥其作用。

10.3.9 沉淀池吊挂砖主要集中在反应塔塔壁与沉淀池连接部的三角区、沉淀池顶、上升烟道的倾斜顶与水平顶等处。这些部位跨度大，砌筑用砖大部分无大、小头。即使有很少一部分有大、小头，大、小头尺寸也相差甚微，不超过5mm。砖完全依靠其上端吊挂件吊挂，因此，将该条列为主控项目。

Ⅱ 一般项目

10.3.10 根据施工规范第3.2.26条和第10.1.1条编写。

10.3.11 一般工业炉底、墙和拱顶的允许误差基本适用于闪速炉，故采用其有关项目。炉墙垂直误差及反应塔的内半径误差已列入一般项目（第10.3.13条），不再视作允许误差项目。

10.3.12 炉底反拱砌体弧度准确、错牙小可使两层反拱之间、反拱砌体与其下层砌体间相互接触严密，加强整体性。

10.3.13 根据施工规范第3.2.3条和实际施工经验综合编写。炉墙砌体的垂直度是保证炉墙与炉壳间间隙均匀、炉墙砌体稳定的重要方面。鉴于闪速炉的工作条件极为苛刻，故列入质量验收项目。

10.3.14 冰铜放出口、渣口、料口及其他孔洞砌体常受到操作机具、物料和熔体的冲击摩擦，且高温下易受侵蚀并松动。故应仔细砌筑，保证其中心线符合设计要求，尺寸准确。

10.4 艾 萨 炉

10.4.1 条文中所列分项工程是根据其结构部位划分的。

Ⅰ 主控项目

10.4.2 为提高工业炉的砌筑质量，应选择优良的耐火材料，故列入主控项目。

10.4.3 砌体砖缝泥浆是否饱满，是衡量砖缝厚度和熔体渗透程度的参数，故列入主控项目。

10.4.4、10.4.5 为提高工业炉的砌筑质量，应选择优良的耐火材料，故列入主控项目。

10.4.7 熔炼炉膨胀缝的留设和填充材料的填塞是关键的砌筑步骤，应符合本规范第3.2.8条的规定。

10.4.8 艾萨炉（包括奥斯炉）是一种大型熔池熔炼炉，作为引进炉型，其冷却方式、各部位水冷装置周围及其与砌体之间的间隙都有独特的要求。所以，条文中要求应符合设计要求。

Ⅱ 一般项目

10.4.9 根据施工规范第3.2.2条、第10.1.1条和实际施工经验综合编写。

10.4.12 根据施工规范第3.2.3条和实际施工经验综合编写。炉墙砌体的垂直度是保证炉墙与炉壳及水套正确接触、炉墙砌体稳定的重要方面。鉴于艾萨炉的工作条件极为苛刻，故列入一般项目以引起重视。

10.4.13 同本规范第10.3.14条条文说明。

10.5 卧 式 转 炉

10.5.1 因回转式阳极炉和卧式转炉炉体结构相近，且应用较少，故其砌筑工程可按卧式转炉的规定进行验收。其分项工程都是根据炉体的结构部位进行划分。

Ⅰ 主控项目

10.5.4 根据施工规范第10.6.9条和第10.6.10条编写。风眼区是卧式转炉的重要部位,而风口区和冰铜放出口区是回转式阳极炉的重要部位,其工作条件均非常恶劣。风眼砖、风口砖和冰铜放出口砖一般为梯形大块砖,单块砖的重量接近50kg,砌筑难度较大。如砌筑不当,将导致风眼砖之间出现三角缝,容易引起砌体松动。风眼区、风口区和冰铜放出口区应填料密实,保证该区域砌体的整体性和严密性。

Ⅱ 一般项目

10.5.5 根据施工规范第3.2.26条和第10.1.1条编写。

10.5.7、10.5.8 根据施工规范第10.6.4~10.6.6条和第10.6.11条综合编写。卧式转炉和回转式阳极炉炉内温度较高,炉体转动角度大。故端墙和圆周砌体均应砌筑严密,防止砌体松动,以增强砌体的稳定性和耐熔体冲刷、侵蚀的能力。另外,圆周砌体采用转动砌筑,故锁砖应按施工规范规定锁紧,内外砖缝一致。

10.5.9 根据施工规范第10.6.12条编写。炉口常受高温物料冲刷,生产时转动频繁,极易损坏。故炉口支撑拱应紧靠拱下砌体、接触严密,以增强炉口砌体的稳定性和耐侵蚀性。

10.6 矿热电炉

10.6.1 矿热电炉的种类较多,本条文是按一般矿热电炉的结构部位来划分分项工程的。

Ⅰ 主控项目

10.6.6 第一段条文同本规范第10.1.4条条文说明,第二段条文根据施工规范第10.3.2条编写。炉底接地线铜带与炉底砌体的接缝是整个炉底的薄弱环节,应砌筑严密,防止渗透。接地线如不按规定露出炉底上表面,则失去其接地作用。

Ⅱ 一般项目

10.6.8 根据施工规范第3.2.26条和第10.1.1条编写。

10.6.10 同本规范第10.1.8条和第10.1.9条条文说明。

10.6.11 根据施工规范第10.3.3条和实际施工经验综合编写。为保证矿热电炉拱顶砌筑的准确性,对炉墙上表面的表面平整误差及两侧墙上表面的相对标高差作出规定。

10.6.12 根据施工规范第10.3.4条编写。炉顶孔口砌体为薄弱环节,周围砖应砌筑紧密,锁砖应避开孔口。矿热电炉炉顶结构复杂、孔口较多,其位置正确与否直接影响到设备的安装。

11 铝电解槽

Ⅰ 主控项目

11.0.3 由于目前在铝电解槽侧部小墙的砌筑中,大量使用复合碳化硅砖,因此本条增加了碳化硅砖砌筑的要求。

11.0.4 目前,国内绝大多数铝电解槽侧部小墙下的阴极钢棒间不再使用耐火砖砌体,而改用钢棒浇注料或耐火浇注料。因为在下一道工序中温度最高可达1100℃,所以本条强调对耐火浇注料质量的要求。

11.0.5 根据施工规范第11.1.4条编写。铝电解槽的强大电流是通过炭阳极引入,经槽内的铝电解液,由阴极炭块组的钢棒导出。要求阴、阳极均应具有较强的耐腐蚀性和良好的导电性。对与炭素捣打料或磷生铁接触的钢结构构件表面进行除锈,目的是使两者能够紧密接合,降低其接触电阻。

11.0.6 根据施工规范第11.2.3条编写。近年来不少铝厂用干式防渗料替代黏土耐火砖进行槽底砌筑,故增加本条。

11.0.7 根据施工规范第11.3.8条和第11.3.9条编写。炭素捣打料捣打密实、均匀,才能经受金属熔液的侵蚀,导电性好。炭素捣打料的压缩比应按施工条件和材料的性质、配合比在施工前由实验确定,但其压缩比应大于40%。

Ⅱ 一般项目

11.0.8 根据施工规范第11.1.5条编写。现在不少铝厂均强调,侧部炭块(碳化硅砖)相邻两块间的垂直缝(干砌)需在0.2mm以内,这在精心准备和施工的条件下是可以做到的。但由于目前国内耐火材料允许误差的限制以及施工条件和技术的局限,有时0.2mm的要求难以实现,故本条仍维持在0.3mm以内。现在电解槽侧部小墙的砌筑中,大量使用复合碳化硅砖,所以也增加了对碳化硅砖砌筑的要求。

11.0.10、11.0.11 根据施工规范第11.2.3条和实际施工经验综合编写。铝电解槽底部黏土耐火砖或振捣干式防渗料的顶面标高差直接关系到阴极钢棒是否能位于阴极窗口的中心;侧部黏土耐火砖墙面是否平整,将影响到侧部炭块的砌筑;现在铝电解槽槽底大多采用振捣干式防渗料施工,故本规范也增加了相应的验收要求。

11.0.12 根据施工规范第11.3.4条和第11.3.10条编写。阴极炭块组安装平稳且与底层接合严密,相邻炭块组的顶面标高差不超过规定值,这都是阴极炭块组安装的基本要求;并且要求阴极炭块组安装后的两侧边缘线与槽体纵横中心线的误差不超过规定值,以保证周围炭素捣打料施工的宽度和厚度。

11.0.13 要求侧部和角部炭块或碳化硅砖紧贴槽壳砌筑对保证砌筑质量有益，因此增加此内容。

11.0.14 根据施工规范第11.4.1条和第11.4.2条编写。实践证明，预焙阳极浇注的磷生铁与炭阳极、钢爪接合严密，炭阳极无水平方向的裂纹等，能保证阳极导电性能良好，延长其使用寿命。

12 炭素煅烧炉和炭素焙烧炉

12.1 炭素煅烧炉

12.1.1 每座炭素煅烧炉应为一个分部工程，分项工程可按煅烧炉的罐体结构划分。罐体中段是硅砖段，上、下段是黏土耐火砖段，故划分为3个分项工程。本条也根据目前质量验收的程序增加了检验批的划分。

Ⅰ 主控项目

12.1.3 由于煅烧炉的罐壁很薄，为防止火道与罐室窜漏，应对罐体内、外砖缝泥浆的饱满度进行检查。每层火道盖板盖死后，罐体外部的砖缝无法勾缝，故将相关的验收列入主控项目。

12.1.4 根据施工规范第12.2.5条编写。煅烧罐由上部装料、下部排料，罐体高而窄小。为了出料方便、操作顺利，规定煅烧罐砌体的内表面不应有与排料方向逆向的错牙，其顺向错牙也不应超过2mm。

Ⅱ 一般项目

12.1.8 根据施工规范第12.2.1条编写。多室煅烧罐同时向上砌筑。严格检查相邻煅烧罐、各组煅烧罐中心线的间距是否符合设计要求，无疑是砌筑质量验收的重要环节。

12.1.9 根据施工规范第12.2.6条编写。煅烧炉的主要部位采用硅砖，而下部和上部都是黏土耐火砖。因此，正确留设各部位、各砖种的膨胀缝以及它们之间的滑动缝，对保证煅烧炉的砌筑质量至关重要。

12.1.10 根据施工规范第12.1.3条编写。煅烧炉孔道众多、布置密集，有的转向频繁，有的分层封闭。为了保证孔道畅通，在换向与封闭前应对各孔道做彻底的清扫。并且应在封闭前会同建设、监理单位的质检人员共同检查，作出记录。

12.2 炭素焙烧炉

Ⅰ 主控项目

12.2.3 根据施工规范第12.3.4条编写。密闭式焙烧炉的料箱墙由于经过设计的改变，应随砌随勾缝。而近年来连通火道的结构也有了新的变化，故本条文作出相应补充。

Ⅱ 一般项目

12.2.5 根据施工规范第12.1.1条编写。砌体各部位的砖缝厚度是否符合要求，是工程质量检验的主要方面，故予以列出。

12.2.6 根据施工规范第12.3.1条编写。本条增加横墙中心线间距和操作孔中心线间距的允许误差，是由于这两个要求对焙烧炉的使用寿命都有直接的影响，实践证明也是切实可行的。

12.2.7 密闭式焙烧炉的炉底和炉墙基本与普通工业窑炉类同，故应符合本规范第3.2.6～3.2.10条的有关规定。此外，密闭式焙烧炉烧嘴中心的标高是炉子热工制度的重要环节，故根据施工规范第12.3.1条予以列入。关于孔道砌体，本规范第3.2.8条已有规定，本条文主要强调转向、封闭前的清扫工作。

12.2.8 敞开式焙烧炉的炉底和炉墙也应符合本规范第3.2.6～3.2.10条的有关规定。此外，按其结构特点，根据施工规范第12.3.9条和第12.3.12条作了补充。敞开式焙烧炉的火道墙是一个独立的砌体，其两端均插入横墙上的凹形槽内，故将凹形砌体墙面线尺寸的允许误差列入一般项目。

12.2.10 膨胀缝和滑动缝对火道墙的变形起着很关键的作用，故增加本条，强调对其的检验。

12.2.11 为保证连通火道与火道墙接口孔洞内壁墙体的厚度符合设计尺寸，故增加本条内容。

13 玻璃熔窑

13.0.1 本条提出按区段将玻璃熔窑分成烟道、蓄热室和小炉、熔化部和冷却部、供料通路和成型室等分项工程，并增加按施工段和材质划分检验批的规定。

Ⅰ 主控项目

13.0.3 根据玻璃熔窑的功能特点和使用要求，玻璃熔窑的几个主要部位需要干砌。除设计规定留设膨胀缝或加入填充物外，砖与砖之间应相互靠紧，不添加填充物。对用于干砌部位的耐火材料，其干砌的接合面应进行切、磨加工；重要部位的砖需进行预排，以保证其接合紧密。

13.0.4 当采用湿砌时，玻璃熔窑关键部位的砌筑要求高于普通工业窑炉。特别是熔化部的拱和山墙的拱，检查时应注意。

13.0.5 成型室的尺寸、成型室与玻璃成型设备的相对位置直接关系到玻璃成型时的温度和玻璃产品产量的高低、质量的好坏，故将其列为主控项目。

13.0.6 拱脚砖必须紧靠拱脚梁对保证烘炉期间窑拱的整体均匀膨胀非常重要。

Ⅱ 一般项目

13.0.7 各部位砌体的砖缝厚度是否符合要求，是检验窑炉砌筑质量的主要方面，对保证玻璃熔窑的使用寿命和玻璃产品的质量非常重要。

13.0.9 砖格子表面水平，上、下层格孔垂直，砖格子与墙间缝隙符合设计要求是衡量蓄热室砌筑质量的主要环节。蓄热室、各小炉实际中心线与设计的误差是否符合要求，是保证小炉和胸墙结合部紧密接合的重要方面。

13.0.10 池底砖位置搁放准确是保证烘炉期间砌体整体均匀膨胀的重要方面。控制池壁顶面标高和按设计规定留设膨胀缝，对保证玻璃熔窑的使用寿命也很重要。

13.0.11 玻璃熔窑各部位的窑拱砌体，特别是熔化部窑拱的砌筑质量直接关系到玻璃熔窑的使用寿命和玻璃产品的质量。故对完工后的窑拱砌体，条文明确提出应对拱脚砖的位置和标高、砌体内表面的平整度进行检验。

13.0.12 为保证投产后玻璃的质量，规定完工后应对接触玻璃液的池壁、池底及其上部结构进行清理。

14 回转窑及其附属设备

14.0.1 回转窑与预热器系统、分解炉、窑门罩、冷却机、三次风管和沉降室等附属设备组成一个完整的烧成系统。每台回转窑的砌筑工程应为一个分部工程，并可按砌筑段划分为若干个分项工程。预热器系统的各级旋风筒（包括相应的下料管）及其进风管、分解炉、窑门罩、冷却机、三次风管和沉降室均各为一个分部工程。由于对这些附属设备衬里的砌筑基本上没有太多的特殊要求，本章只提及少数较为重要的验收条款，其他质量验收应按本规范的有关规定执行。

Ⅰ 主控项目

14.0.4 根据施工规范第14.1.2～14.1.4条综合编写。严格按基准线砌筑耐火砖，不但能保证砌筑质量，还能加快施工进度，并保证锁砖区的每环砖首尾相对，便于锁砖。为此，在砌筑回转窑和筒式冷却机内的耐火砖之前，应先做好窑筒内砌筑用基准线的放线工作。轴向基准线沿窑体周长每1.5m放一条，每条线均应与窑体的轴线平行；环向基准线沿窑体长度每10m放一条，每条线均应相互平行且垂直于窑体的轴线；实际施工控制线每隔1～2m放一条。基准线可借助激光装置和水准仪绘制，有时也可将窑体的轴向和环向焊缝作为辅助基准线。

14.0.5 根据施工规范第14.1.13条和第14.1.14条编写。回转窑和筒式冷却机的锁砖区往往是整个窑衬中最易被损坏的薄弱环节，所以各个砖环的锁缝正确极为重要。要求尽量用原砖锁砖，尽可能避免使用在楔形面上经过加工的砖。如不得已需要在厚度方向（楔形面）加工耐火砖，则应精细加工。

14.0.6 根据施工规范第14.1.8条和第14.1.15条编写。要在回转窑和筒式冷却机内砌出高质量的窑衬，还应做到砌体内的每一块砖与窑体"同心"。这就要求砖衬尽可能砌紧，不论在冷态下还是在热态运行中，每圈砖衬的顶部都与筒体紧贴；每环中相邻两砖的楔形面也紧密接触；每块砖大头的四个角尽量与筒体接触，避免局部应力集中的现象。需要用数块薄形的锁砖时，不得将它们在轴向或环向上连续并排使用，应用标准的主砖将它们隔开；锁砖打入后，还应用钢板再将砖环锁紧。每条锁口缝内只允许使用一块钢板，钢板的一边需磨尖，其厚度为2～3mm；如需用几块钢板来锁砖时，应将它们均匀地分布在整个锁砖区内，尽量避免在薄形的锁砖边打入钢板。

Ⅱ 一般项目

14.0.8 根据施工规范第14.0.1条编写。施工规范第14.0.1条中对回转窑和筒式冷却机衬里纵向缝的规定不够具体。湿法砌筑时，将纵向砖缝厚度控制在2mm以内是合理的；但是将干法砌筑时的纵向砖缝厚度也控制在2mm以内，就不太合理。因此，规定湿法砌筑时的纵向砖缝厚度应控制在2mm以内；干法砌筑（包括净砌筑法、钢板法砌筑镁质砖等）时纵向砖缝的厚度应符合设计规定。在回转窑和筒式冷却机衬里的砌筑过程中，纵向砖缝应尽可能小，而对环向砖缝的要求则比较宽松。本规范将两种砌筑情况下的环向砖缝厚度都规定在3mm以内。

14.0.9 要砌筑出高质量的回转窑和筒式冷却机耐火衬里，另一个关键要做到的是：环向砖缝与窑轴向线垂直，不能扭曲；纵向砖缝与窑轴向线平行，不应偏离。施工规范第14.1.12条只对交错砌筑时纵向砖缝的允许扭曲偏差作了规定，而没有提及环砌时环向砖缝的允许扭曲偏差。另外，实际施工中普遍使用环法砌筑，交错砌筑法则较少使用。因而，作为补充，本条对环砌法和交错砌筑法的环向砖缝和纵向砖缝的允许扭曲偏差都作了明确的规定。

14.0.10 根据施工规范第14.2.7条编写。旋风筒和分解炉的锥体、窑尾烟室的下料斜坡等部位的内衬表面如不平整，生产过程中物料就会在这些部位逐渐堆积，堆积到一定程度后又会突然坍塌。这将破坏整个烧成系统的平衡，严重影响系统的正常运行。为此，本条特别对这些部位衬里的表面平整度作了必要的规定和要求。

15 隧道窑和辊道窑

15.1 隧道窑

15.1.1 隧道窑按窑体结构划分为窑墙、窑顶、窑车3个分项工程。

Ⅰ 主控项目

15.1.5 隧道窑窑体很长，超过100m甚至近200m。

在此长度方向上要使窑车顺利运行，窑体砌筑的标高和中心线，应以窑车轨面标高和轨道中心线为准，不得各行其是。

Ⅱ 一般项目

15.1.7 检验各部位砌体的砖缝厚度是否符合规范要求，是窑炉砌筑质量验收的主要方面。施工规范第15.1.1条对隧道窑砌体的砖缝厚度作了规定，经多年实践证明是行之有效的。

15.1.8 施工规范允许误差表中的一些主要项目已在本节某些条文中提到。其他一些项目，经多年实践证明是行之有效的，故列入本条内容。隧道窑的膨胀缝通常留成直缝式，其留设要求在本规范第15.1.11条作了规定。此处仅对膨胀缝尺寸的允许误差作出规定。

15.1.9 曲封砖是隧道窑的关键部位。两侧墙曲封砖之间的间距、曲封砖顶面的标高与表面平整度的允许误差符合规定，才能保证其与窑车间的间隙符合设计要求，确保上部砌体的质量。条文中对两侧墙曲封砖之间间距误差的规定是根据施工规范第15.1.3条编写，以确保窑车的顺利运行。

15.1.10 生产时要保证窑车顺利运行，除应按本规范第15.1.5条的规定执行外，还应保证整个窑体的断面尺寸正确，包括高度、宽度、窑墙内表面与中心线的间距。本条分别制定了陶瓷窑和耐火窑的验收规定。

15.1.11～15.1.13 隧道窑膨胀缝的留设、外部普通黏土砖砌体和窑顶砌体的砌筑质量验收均与普通工业炉类同，故应按本规范第3章的有关规定执行。

15.2 辊 道 窑

15.2.1 辊道窑可按窑体结构划分分项工程。窑墙砌筑至辊孔处时，应对标高及表面平整度进行检查，故将窑墙分成辊孔砖下部与上部两个检验批。窑顶吊挂砖（拱顶砖）的砌筑非常关键，故单列为一个检验批。

15.2.4 辊道窑较长，辊孔砖的基准定位、尺寸直接影响到正常生产，故本条对其质量验收作出相应的规定。

Ⅱ 一般项目

15.2.6 各部位砌体的砖缝厚度是否符合规定，是检验窑炉砌筑质量的主要方面。本条是根据施工规范第15.1.1条及国家现行标准《陶瓷工业窑炉施工及验收规程》CECS 166：2004 第3.2.8条的规定编写。

15.2.7 辊道窑的砌筑质量对以后的生产和使用有很大影响，应高度重视辊道窑砌体各部位的允许误差，在施工过程中认真进行检查。本条是根据施工规范第15.1.3条及国家现行标准《陶瓷工业窑炉施工及验收规程》CECS 166：2004 第5.1.2条的规定编写。

15.2.8 辊道窑较长，辊孔砖的质量直接影响到生产，故本条对其质量验收作出相应的规定。

15.2.9 过桥砖一般为承重的异型砖，不应有质量缺陷，以免下沉或断裂。为了保证砖缝厚度和方便处理事故，本条文对其质量验收作了规定。

15.2.10 耐火陶瓷纤维的密封是为了保证辊道窑的气密性，以免冷风进入窑体，降低窑内温度，增大能耗。

15.2.12 辊道窑窑体砌筑时，应按设计要求留设膨胀缝，并用耐火陶瓷纤维束填充。箱体结构的辊道窑，一般2.0～2.2m为一节，每节砌体宜在箱体中部留设一道膨胀缝。

16 转化炉和裂解炉

16.1 一段转化炉

16.1.1 大型合成氨装置的转化系统是由一段转化炉和二段转化炉两部分组成。因此，每座一段转化炉应为一个分部工程，分项工程按区段进行划分。

Ⅰ 主控项目

16.1.6 根据施工规范第16.2.5条编写。炉顶砖与吊挂砖若搭接不好，在生产过程中容易造成掉砖事故，打坏烟道盖板，甚至将一段转化炉底部的下集气管打坏，严重影响炉子的正常生产。

Ⅱ 一般项目

16.1.7 根据施工规范第16.1.1条编写。砖缝是耐火砌体的薄弱环节，耐火砌体的破坏首先从砖缝开始。而砖缝厚度是衡量耐火砌体砌筑质量的重要指标，故本条对其作出规定。

16.1.8 根据施工规范第16.1.2条编写。转化炉结构复杂，对砌体的严密性要求更为严格。多年实践证明，这些允许误差对保证炉子的砌筑质量和使用寿命大有好处。只要精心施工并加强质量管理和验收工作，是完全可以做到的。

16.1.9 根据施工规范第16.2.2条编写。炉墙隔热板紧贴炉壳铺砌，是为了得到良好的绝热效果。因此，本条规定隔热板铺砌平稳，板与板之间应靠紧，每处的轻微松动不应超过2块。

16.1.10 根据施工规范第3.2.38条、第3.2.39条和第16.2.3条综合编写。炉墙耐火砌体与炉壳的连接全靠拉砖钩，但有的施工单位对预埋拉砖钩重视不够。有的拉砖钩直径、长度不符合设计要求，有的预埋位置不准确、间距未按设计要求设置，甚至有漏埋现象，严重影响砌体的质量。因此，本条规定拉砖钩插入锚钉孔的深度应大于25mm，避免生产过程中砌体受热膨胀而导致拉砖钩脱离锚钉孔。

16.1.11 根据施工规范第16.2.19条编写。隔热耐火浇注料内衬的耐火性能与浇注料的密实程度有关，施工时，浇注方法直接影响到浇注体的密实性。因此，本条文强调输气总管隔热耐火浇注料应捣固密实，尤其是锐角处，并用 X 射线拍片检查是否有气孔存在。

16.1.12 根据施工规范第 4.2.12 条和第 16.1.8 条编写。浇注隔热耐火浇注料时，表面允许出现少量气孔。浇注体投产后，表面出现一些干燥裂纹也在所难免。但对检查出的缺陷应及时进行处理。

16.2 二段转化炉

16.2.1 每座二段转化炉应为一个分部工程，其分项工程可按结构部位划分为炉墙（拱脚）、炉底、球拱顶三部分。

Ⅰ 主控项目

16.2.5 隔热耐火浇注料的隔热性能与料体的密实程度有关，施工时其配合比和浇注方法直接影响到浇注料的密实性。因此，条文规定隔热耐火浇注料的内衬应密实。二段转化炉在高温气体下工作，要求浇注料具有良好的整体性，故不应留设施工缝。

16.2.6 根据施工规范第 16.3.9 条和第 16.3.10 条编写。为了确保球拱顶砌体的质量，满足气体合理均匀分布的要求，作此规定。

Ⅱ 一般项目

16.2.8 根据施工规范第 16.1.2 条编写。只要加强质量管理和检验工作，这些允许误差值均能达到并满足生产要求。

16.2.10 刚玉砖砌体比较复杂，施工质量的好坏直接关系到气体能否顺利进入废热锅炉。因此，刚玉砖组砌是否正确、砖缝泥浆是否饱满、烘烤是否得当等均是保证砌体质量的关键。

16.3 裂解炉

16.3.1 每座裂解炉应为一个分部工程，并可按区段将其划分为辐射段、对流段两个分项工程。

Ⅱ 一般项目

16.3.10 根据施工规范第 5.2.3 条和第 16.4.14 条编写。耐火陶瓷纤维毯刚度好、锚固钉留设位置正确，是为了防止耐火陶瓷纤维毯因下垂而出现空隙，影响炉子的隔热效果。同时还规定其应紧贴基层表面铺贴，保证耐火陶瓷纤维内衬的质量。

17 工业锅炉

Ⅰ 主控项目

17.0.4 通过砌体的水冷壁集箱和管道以及管道的滑动支座在冷态下就位、找正后，热态下会向自由端产生膨胀。故规定其不得固定，防止膨胀无法顺利进行。

17.0.5 工业锅炉长期在高温下运行，砌体中的锅炉零件和各种管子会因受热膨胀而发生移动。如果和耐火砌体（包括耐火浇注料）不加分开而结合在一起，将妨碍锅炉零件和管子的伸胀，导致砌体拉裂。故锅炉零件和各种管子的周围应按设计要求留设膨胀缝，并逐根（件）检查。

Ⅱ 一般项目

17.0.8 工业锅炉在高温下运行时，水冷壁排管随温度的升降而上下移动。如果不保持一定的距离或者间隙内夹有碎砖等，会影响水冷壁的自由伸缩，甚至磨坏管壁。

因工业锅炉炉墙较高，内衬耐火砖又较薄，故在黏土耐火砖墙和普通黏土砖墙之间设置拉砖钩，以增加内衬砌体的稳定性。拉砖钩的位置一般由设计规定，施工时可根据内、外墙砖层的情况适当调整。

17.0.9 耐火浇注料和钢筋的膨胀率不同，为防止高温下因膨胀出现问题，在埋设件和钢筋表面以沥青为隔离层，并不应漏刷。

附录 A 检验批质量验收记录

附录 A 是在原标准附录一的基础上并结合实际施工情况修改而成。将原标准"保证项目"、"基本项目"分别改为"主控项目"、"一般项目"，同时将"允许误差项目"合并进"一般项目"，并增加"监理或建设单位验收记录"一栏，由监理填写。

附录 B 分项工程质量验收记录

附录 B 是在原标准附录二的基础上修改而成。增加"监理或建设单位验收结论"一栏，由监理填写。

附录 C 分部（子分部）工程质量验收记录

附录 C 是在原标准附录二的基础上修改而成。增加"监理或建设单位验收结论"一栏，由监理填写。

附录 D 质量保证资料核查记录

附录 D 是在原标准附录三的基础上修改而成。增加"监理或建设单位验收结论"一栏，由监理填写。

本次修编取消了原标准附录四《单位工程观感质量评定表》。

附录 E 单位（子单位）工程质量竣工验收记录

附录 E 是在原标准附录五的基础上并结合实际施工情况修改而成。

附录 F 检验器具表

附录 F 是在原标准附录六的基础上修改而成。

中华人民共和国国家标准

综合布线系统工程设计规范

Code for engineering design of generic cabling system

GB 50311—2007

主编部门：中华人民共和国信息产业部
批准部门：中华人民共和国建设部
施行日期：２００７年１０月１日

中华人民共和国建设部
公 告

第 619 号

建设部关于发布国家标准《综合布线系统工程设计规范》的公告

现批准《综合布线系统工程设计规范》为国家标准，编号为 GB 50311—2007，自 2007 年 10 月 1 日起实施。其中，第 7.0.9 条为强制性条文，必须严格执行。原《建筑与建筑群综合布线系统工程设计规范》GB/T 50311—2000 同时废止。

本规范由建设部标准定额研究所组织中国计划出版社出版发行。

中华人民共和国建设部
二〇〇七年四月六日

前　　言

本规范是根据建设部建标〔2004〕67 号文件《关于印发"二〇〇四年工程建设国家标准制订、修订计划"的通知》要求，对原《建筑与建筑群综合布线系统工程设计规范》GB/T 50311—2000 工程建设国家标准进行了修订，由信息产业部作为主编部门，中国移动通信集团设计院有限公司会同其他参编单位组成规范编写组共同编写完成的。

本规范在修订过程中，编制组进行了广泛的市场调查并展开了多项专题研究，认真总结了原规范执行过程中的经验和教训，加以补充完善和修改，广泛吸取国内有关单位和专家的意见。同时，参考了国内外相关标准规定的内容。

本规范中以黑体字标志的条文为强制性条文，必须严格执行。

本规范由建设部负责管理和对强制性条文的解释，信息产业部负责日常管理，中国移动通信集团设计院有限公司负责具体技术内容的解释。在应用过程中如有需要修改与补充的建议，请将有关资料寄送中国移动通信集团设计院有限公司（地址：北京市海淀区丹棱街 16 号，邮编：100080），以供修订时参考。

本规范主编单位、参编单位和主要起草人：
主 编 单 位：中国移动通信集团设计院有限公司
参 编 单 位：中国建筑标准设计研究院
中国建筑设计研究院
中国建筑东北设计研究院
现代集团华东建筑设计研究院有限公司
五洲工程设计研究院
主要起草人：张 宜　张晓微　孙 兰　李雪佩
张文才　陈 琪　成 彦　温伯银
赵济安　瞿二澜　朱立彤　刘 侃
陈汉民

目 次

1 总则 …………………………………… 14—4
2 术语和符号 …………………………… 14—4
   2.1 术语 ……………………………… 14—4
   2.2 符号与缩略词 …………………… 14—5
3 系统设计 ……………………………… 14—6
   3.1 系统构成 ………………………… 14—6
   3.2 系统分级与组成 ………………… 14—6
   3.3 缆线长度划分 …………………… 14—7
   3.4 系统应用 ………………………… 14—7
   3.5 屏蔽布线系统 …………………… 14—8
   3.6 开放型办公室布线系统 ………… 14—8
   3.7 工业级布线系统 ………………… 14—8
4 系统配置设计 ………………………… 14—9
   4.1 工作区 …………………………… 14—9
   4.2 配线子系统 ……………………… 14—9
   4.3 干线子系统 ……………………… 14—9
   4.4 建筑群子系统 …………………… 14—10
   4.5 设备间 …………………………… 14—10
   4.6 进线间 …………………………… 14—10
   4.7 管理 ……………………………… 14—10
5 系统指标 ……………………………… 14—10
6 安装工艺要求 ………………………… 14—14
   6.1 工作区 …………………………… 14—14
   6.2 电信间 …………………………… 14—14
   6.3 设备间 …………………………… 14—14
   6.4 进线间 …………………………… 14—15
   6.5 缆线布放 ………………………… 14—15
7 电气防护及接地 ……………………… 14—15
8 防火 …………………………………… 14—16
本规范用词说明 ………………………… 14—16
附：条文说明 …………………………… 14—18

1 总则

1.0.1 为了配合现代化城镇信息通信网向数字化方向发展，规范建筑与建筑群的语音、数据、图像及多媒体业务综合网络建设，特制定本规范。

1.0.2 本规范适用于新建、扩建、改建建筑与建筑群综合布线系统工程设计。

1.0.3 综合布线系统设施及管线的建设，应纳入建筑与建筑群相应的规划设计之中。工程设计时，应根据工程项目的性质、功能、环境条件和近、远期用户需求进行设计，并应考虑施工和维护方便，确保综合布线系统工程的质量和安全，做到技术先进、经济合理。

1.0.4 综合布线系统应与信息设施系统、信息化应用系统、公共安全系统、建筑设备管理系统等统筹规划，相互协调，并按照各系统信息的传输要求优化设计。

1.0.5 综合布线系统作为建筑物的公用通信配套设施，在工程设计中应满足为多家电信业务经营者提供业务的需求。

1.0.6 综合布线系统的设备应选用经过国家认可的产品质量检验机构鉴定合格的、符合国家有关技术标准的定型产品。

1.0.7 综合布线系统的工程设计，除应符合本规范外，还应符合国家现行有关标准的规定。

2 术语和符号

2.1 术语

2.1.1 布线 cabling
能够支持信息电子设备相连的各种缆线、跳线、接插软线和连接器件组成的系统。

2.1.2 建筑群子系统 campus subsystem
由配线设备、建筑物之间的干线电缆或光缆、设备缆线、跳线等组成的系统。

2.1.3 电信间 telecommunications room
放置电信设备、电缆和光缆终端配线设备并进行缆线交接的专用空间。

2.1.4 工作区 work area
需要设置终端设备的独立区域。

2.1.5 信道 channel
连接两个应用设备的端到端的传输通道。信道包括设备电缆、设备光缆和工作区电缆、工作区光缆。

2.1.6 链路 link
一个CP链路或是一个永久链路。

2.1.7 永久链路 permanent link
信息点与楼层配线设备之间的传输线路。它不包括工作区缆线和连接楼层配线设备的设备缆线、跳线，但可以包括一个CP链路。

2.1.8 集合点（CP） consolidation point
楼层配线设备与工作区信息点之间水平缆线路由中的连接点。

2.1.9 CP链路 cp link
楼层配线设备与集合点（CP）之间，包括各端的连接器件在内的永久性的链路。

2.1.10 建筑群配线设备 campus distributor
终接建筑群主干缆线的配线设备。

2.1.11 建筑物配线设备 building distributor
为建筑物主干缆线或建筑群主干缆线终接的配线设备。

2.1.12 楼层配线设备 floor distributor
终接水平电缆、水平光缆和其他布线子系统缆线的配线设备。

2.1.13 建筑物入口设施 building entrance facility
提供符合相关规范机械与电气特性的连接器件，使得外部网络电缆和光缆引入建筑物内。

2.1.14 连接器件 connecting hardware
用于连接电缆线对和光纤的一个器件或一组器件。

2.1.15 光纤适配器 optical fibre connector
将两对或一对光纤连接器件进行连接的器件。

2.1.16 建筑群主干电缆、建筑群主干光缆 campus backbone cable
用于在建筑群内连接建筑群配线架与建筑物配线架的电缆、光缆。

2.1.17 建筑物主干缆线 building backbone cable
连接建筑物配线设备至楼层配线设备及建筑物内楼层配线设备之间相连接的缆线。建筑物主干缆线可为主干电缆和主干光缆。

2.1.18 水平缆线 horizontal cable
楼层配线设备到信息点之间的连接缆线。

2.1.19 永久水平缆线 fixed horizontal cable
楼层配线设备到CP的连接缆线，如果链路中不存在CP点，为直接连至信息点的连接缆线。

2.1.20 CP缆线 cp cable
连接集合点（CP）至工作区信息点的缆线。

2.1.21 信息点（TO） telecommunications outlet
各类电缆或光缆终接的信息插座模块。

2.1.22 设备电缆、设备光缆 equipment cable
通信设备连接到配线设备的电缆、光缆。

2.1.23 跳线 jumper
不带连接器件或带连接器件的电缆线对与带连接器件的光纤，用于配线设备之间进行连接。

2.1.24 缆线（包括电缆、光缆） cable
在一个总的护套里，由一个或多个同一类型的缆线线对组成，并可包括一个总的屏蔽物。

2.1.25 光缆 optical cable

由单芯或多芯光纤构成的缆线。

2.1.26 电缆、光缆单元 cable unit
型号和类别相同的电缆线对或光纤的组合。电缆线对可有屏蔽物。

2.1.27 线对 pair
一个平衡传输线路的两个导体，一般指一个对绞线对。

2.1.28 平衡电缆 balanced cable
由一个或多个金属导体线对组成的对称电缆。

2.1.29 屏蔽平衡电缆 screened balanced cable
带有总屏蔽和/或每线对均有屏蔽物的平衡电缆。

2.1.30 非屏蔽平衡电缆 unscreened balanced cable
不带有任何屏蔽物的平衡电缆。

2.1.31 接插软线 patch calld
一端或两端带有连接器件的软电缆或软光缆。

2.1.32 多用户信息插座 muiti-user telecommunications outlet
在某一地点，若干信息插座模块的组合。

2.1.33 交接（交叉连接） cross-connect
配线设备和信息通信设备之间采用接插软线或跳线上的连接器件相连的一种连接方式。

2.1.34 互连 interconnect
不用接插软线或跳线，使用连接器件把一端的电缆、光缆与另一端的电缆、光缆直接相连的一种连接方式。

2.2 符号与缩略词

英文缩写	英文名称	中文名称或解释
ACR	Attenuation to crosstalk ratio	衰减串音比
BD	Building distributor	建筑物配线设备
CD	Campus Distributor	建筑群配线设备
CP	Consolidation point	集合点
dB	dB	电信传输单元：分贝
d.c.	Direct current	直流
EIA	Electronic Industries Association	美国电子工业协会
ELFEXT	Equal level far end crosstalk attenuation (loss)	等电平远端串音衰减
FD	Floor distributor	楼层配线设备
FEXT	Far end crosstalk attenuation (loss)	远端串音衰减（损耗）
IEC	International Electrotechnical Commission	国际电工技术委员会
IEEE	The Institute of Electrical and Electronics Engineers	美国电气及电子工程师学会
IL	Insertion loss	插入损耗
IP	Internet Protocol	因特网协议
ISDN	Integrated services digital network	综合业务数字网
ISO	International Organization for Standardization	国际标准化组织
LCL	Longitudinal to differential conversion loss	纵向对差分转换损耗
OF	Optical fibre	光纤
PS NEXT	Power sum NEXT attenuation (loss)	近端串音功率和
PS ACR	Power sum ACR	ACR 功率和
PS ELFEXT	Power sum ELFEXT attenuation (loss)	ELFEXT 衰减功率和
RL	Return loss	回波损耗
SC	Subscriber connector (optical fibre connector)	用户连接器（光纤连接器）
SFF	Small form factor connector	小型连接器
TCL	Transverse conversion loss	横向转换损耗
TE	Terminal equipment	终端设备
TIA	Telecommunications Industry Association	美国电信工业协会
UL	Underwriters Laboratories	美国保险商实验所安全标准
Vr.m.s	Vroot.mean.square	电压有效值

3 系统设计

3.1 系统构成

3.1.1 综合布线系统应为开放式网络拓扑结构，应能支持语音、数据、图像、多媒体业务等信息的传递。

3.1.2 综合布线系统工程宜按下列七个部分进行设计：

1 工作区：一个独立的需要设置终端设备（TE）的区域宜划分为一个工作区。工作区应由配线子系统的信息插座模块（TO）延伸到终端设备处的连接缆线及适配器组成。

2 配线子系统：配线子系统应由工作区的信息插座模块、信息插座模块至电信间配线设备（FD）的配线电缆和光缆、电信间的配线设备及设备缆线和跳线等组成。

3 干线子系统：干线子系统应由设备间至电信间的干线电缆和光缆，安装在设备间的建筑物配线设备（BD）及设备缆线和跳线组成。

4 建筑群子系统：建筑群子系统应由连接多个建筑物之间的主干电缆和光缆、建筑群配线设备（CD）及设备缆线和跳线组成。

5 设备间：设备间是在每幢建筑物的适当地点进行网络管理和信息交换的场地。对于综合布线系统工程设计，设备间主要安装建筑物配线设备。电话交换机、计算机主机设备及入口设施也可与配线设备安装在一起。

6 进线间：进线间是建筑物外部通信和信息管线的入口部位，并可作为入口设施和建筑群配线设备的安装场地。

7 管理：管理应对工作区、电信间、设备间、进线间的配线设备、缆线、信息插座模块等设施按一定的模式进行标识和记录。

3.1.3 综合布线系统的构成应符合以下要求：

1 综合布线系统基本构成应符合图 3.1.3-1 要求。

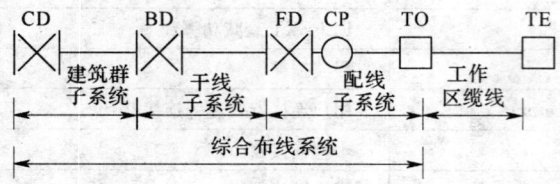

图 3.1.3-1 综合布线系统基本构成

注：配线子系统中可以设置集合点（CP点），也可不设置集合点。

2 综合布线子系统构成应符合图 3.1.3-2 要求。

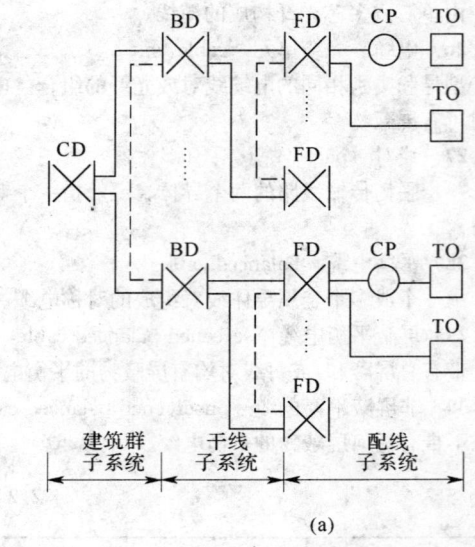

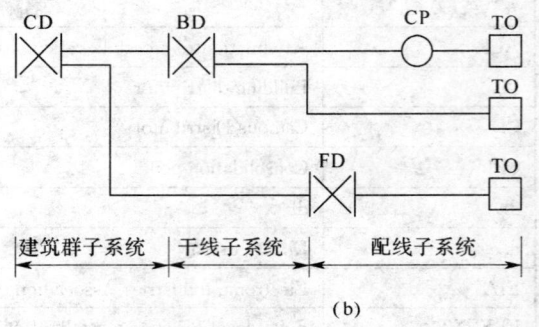

图 3.1.3-2 综合布线子系统构成

注：1 图中的虚线表示 BD 与 BD 之间，FD 与 FD 之间可以设置主干缆线。
    2 建筑物 FD 可以经过主干缆线直接连至 CD，TO 也可以经过水平缆线直接连至 BD。

3 综合布线系统入口设施及引入缆线构成应符合图3.1.3-3的要求。

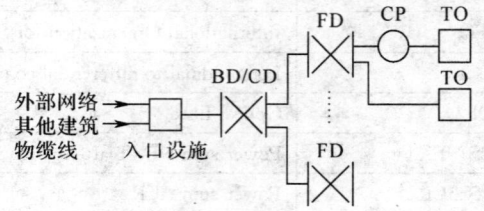

图 3.1.3-3 综合布线系统引入部分构成

注：对设置了设备间的建筑物，设备间所在楼层的 FD 可以和设备间中的 BD/CD 及入口设施安装在同一场地。

3.2 系统分级与组成

3.2.1 综合布线铜缆系统的分级与类别划分应符合表 3.2.1 的要求。

3.2.2 光纤信道分为 OF-300、OF-500 和 OF-2000 三个等级，各等级光纤信道应支持的应用长度不应小于

300m、500m 及 2000m。

表 3.2.1　铜缆布线系统的分级与类别

系统分级	支持带宽 (Hz)	支持应用器件 电缆	支持应用器件 连接硬件
A	100K	—	—
B	1M	—	—
C	16M	3 类	3 类
D	100M	5/5e 类	5/5e 类
E	250M	6 类	6 类
F	600M	7 类	7 类

注：3 类、5/5e 类（超 5 类）、6 类、7 类布线系统应能支持向下兼容的应用。

3.2.3 综合布线系统信道应由最长 90m 水平缆线、最长 10m 的跳线和设备缆线及最多 4 个连接器件组成，永久链路则由 90m 水平缆线及 3 个连接器件组成。连接方式如图 3.2.3 所示。

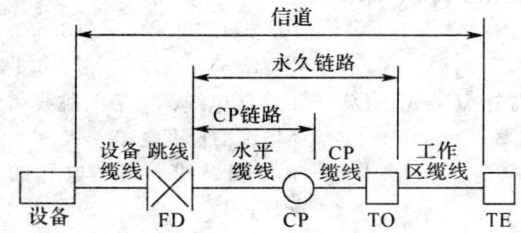

图 3.2.3　布线系统信道、永久链路、CP 链路构成

3.2.4 光纤信道构成方式应符合以下要求：

1 水平光缆和主干光缆至楼层电信间的光纤配线设备应经光纤跳线连接构成（图 3.2.4-1）。

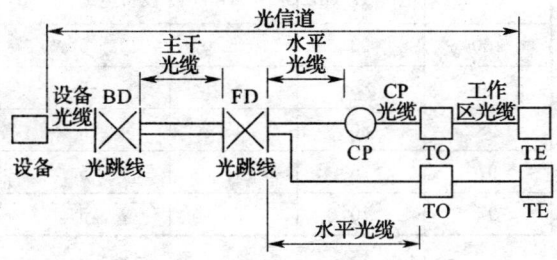

图 3.2.4-1　光纤信道构成（一）
（光缆经电信间 FD 光跳线连接）

2 水平光缆和主干光缆在楼层电信间应经端接（熔接或机械连接）构成（图 3.2.4-2）。

3 水平光缆经过电信间直接连至大楼设备间光配线设备构成（图 3.2.4-3）。

3.2.5 当工作区用户终端设备或某区域网络设备需直接与公用数据网进行互通时，宜将光缆从工作区直接布放至电信入口设施的光配线设备。

3.3 缆线长度划分

3.3.1 综合布线系统水平缆线与建筑物主干缆线及建

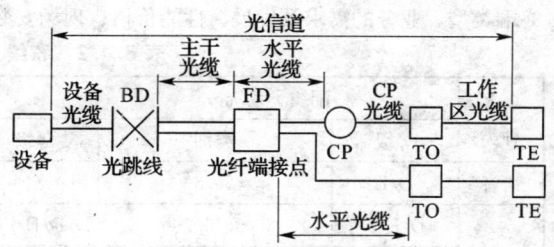

图 3.2.4-2　光纤信道构成（二）
（光缆在电信间 FD 做端接）

注：FD 只设光纤之间的连接点。

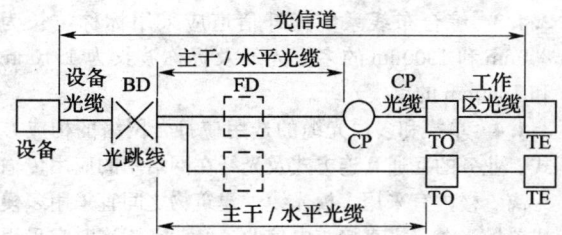

图 3.2.4-3　光纤信道构成（三）
（光缆经过电信间 FD 直接
连接至设备间 BD）

注：FD 安装于电信间，只作为光缆路径的场合。

筑群主干缆线之和所构成信道的总长度不应大于 2000m。

3.3.2 建筑物或建筑群配线设备之间（FD 与 BD、FD 与 CD、BD 与 BD、BD 与 CD 之间）组成的信道出现 4 个连接器件时，主干缆线的长度不应小于 15m。

3.3.3 配线子系统各缆线长度应符合图 3.3.3 的划分并应符合下列要求：

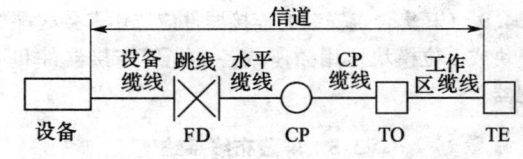

图 3.3.3　配线子系统缆线划分

1 配线子系统信道的最大长度不应大于 100m。

2 工作区设备缆线、电信间配线设备的跳线和设备缆线之和不应大于 10m，当大于 10m 时，水平缆线长度（90m）应适当减少。

3 楼层配线设备（FD）跳线、设备缆线及工作区设备缆线各自的长度不应大于 5m。

3.4 系统应用

3.4.1 同一布线信道及链路的缆线和连接器件应保持系统等级与阻抗的一致性。

3.4.2 综合布线系统工程的产品类别及链路、信道等级确定应综合考虑建筑物的功能、应用网络、业务终端类型、业务的需求及发展、性能价格、现场安装条件等因素，应符合表3.4.2要求。

表3.4.2 布线系统等级与类别的选用

业务种类	配线子系统		干线子系统		建筑群子系统	
	等级	类别	等级	类别	等级	类别
语音	D/E	5e/6	C	3（大对数）	C	3（室外大对数）
数据	D/E/F	5e/6/7	D/E/F	5e/6/7（4对）	—	—
	光纤（多模或单模）	62.5μm多模/50μm多模/<10μm单模	光纤	62.5μm多模/50μm多模/<10μm单模	光纤	62.5μm多模/50μm多模/<10μm单模
其他应用	可采用5e/6类4对对绞电缆和62.5μm多模/50μm多模/<10μm多模、单模光缆					

注：其他应用指数字监控摄像头、楼宇自控现场控制器（DDC）、门禁系统等采用网络端口传送数字信息时的应用。

3.4.3 综合布线系统光纤信道应采用标称波长为850nm和1300nm的多模光纤及标称波长为1310nm和1550nm的单模光纤。

3.4.4 单模和多模光缆的选用应符合网络的构成方式、业务的互通互连方式及光纤在网络中的应用传输距离。楼内宜采用多模光缆，建筑物之间宜采用多模或单模光缆，需直接与电信业务经营者相连时宜采用单模光缆。

3.4.5 为保证传输质量，配线设备连接的跳线宜选用产业化制造的电、光各类跳线，在电话应用时宜选用双芯对绞电缆。

3.4.6 工作区信息点为电端口时，应采用8位模块通用插座（RJ45），光端口宜采用SFF小型光纤连接器件及适配器。

3.4.7 FD、BD、CD配线设备应采用8位模块通用插座或卡接式配线模块（多对、25对及回线型卡接模块）和光纤连接器件及光纤适配器（单工或双工的ST、SC或SFF光纤连接器件及适配器）。

3.4.8 CP集合点安装的连接器件应选用卡接式配线模块或8位模块通用插座或各类光纤连接器件和适配器。

3.5 屏蔽布线系统

3.5.1 综合布线区域内存在的电磁干扰场强高于3V/m时，宜采用屏蔽布线系统进行防护。

3.5.2 用户对电磁兼容性有较高的要求（电磁干扰和防信息泄漏）时，或网络安全保密的需要，宜采用屏蔽布线系统。

3.5.3 采用非屏蔽布线系统无法满足安装现场条件对缆线的间距要求时，宜采用屏蔽布线系统。

3.5.4 屏蔽布线系统采用的电缆、连接器件、跳线、设备电缆都应是屏蔽的，并应保持屏蔽层的连续性。

3.6 开放型办公室布线系统

3.6.1 对于办公楼、综合楼等商用建筑物或公共区域大开间的场地，由于其使用对象数量的不确定性和流动性等因素，宜按开放办公室综合布线要求进行设计，并应符合下列规定：

  1 采用多用户信息插座时，每一个多用户插座包括适当的备用量在内，宜能支持12个工作区所需的8位模块通用插座；各段缆线长度可按表3.6.1选用，也可按下式计算。

$$C = (102 - H)/1.2 \quad (3.6.1-1)$$
$$W = C - 5 \quad (3.6.1-2)$$

式中 $C = W + D$——工作区电缆、电信间跳线和设备电缆的长度之和；

  D——电信间跳线和设备电缆的总长度；

  W——工作区电缆的最大长度，且$W \leq 22m$；

  H——水平电缆的长度。

表3.6.1 各段缆线长度限值

电缆总长度(m)	水平布线电缆H(m)	工作区电缆W(m)	电信间跳线和设备电缆D(m)
100	90	5	5
99	85	9	5
98	80	13	5
97	75	17	5
97	70	22	5

  2 采用集合点时，集合点配线设备与FD之间水平线缆的长度应大于15m。集合点配线设备容量宜以满足12个工作区信息点需求设置。同一个水平电缆路由不允许超过一个集合点（CP）；从集合点引出的CP线缆应终接于工作区的信息插座或多用户信息插座上。

3.6.2 多用户信息插座和集合点的配线设备应安装于墙体或柱子等建筑物固定的位置。

3.7 工业级布线系统

3.7.1 工业级布线系统应能支持语音、数据、图像、视频、控制等信息的传递，并能应用于高温、潮湿、电磁干扰、撞击、振动、腐蚀气体、灰尘等恶劣环境中。

3.7.2 工业布线应用于工业环境中具有良好环境条件的

办公区、控制室和生产区之间的交界场所、生产区的信息点，工业级连接器件也可应用于室外环境中。

3.7.3 在工业设备较为集中的区域应设置现场配线设备。

3.7.4 工业级布线系统宜采用星形网络拓扑结构。

3.7.5 工业级配线设备应根据环境条件确定IP的防护等级。

4 系统配置设计

4.1 工 作 区

4.1.1 工作区适配器的选用宜符合下列规定：

　　1 设备的连接插座应与连接电缆的插头匹配，不同的插座与插头之间应加装适配器。

　　2 在连接使用信号的数模转换，光、电转换，数据传输速率转换等相应的装置时，采用适配器。

　　3 对于网络规程的兼容，采用协议转换适配器。

　　4 各种不同的终端设备或适配器均安装在工作区的适当位置，并应考虑现场的电源与接地。

4.1.2 每个工作区的服务面积，应按不同的应用功能确定。

4.2 配线子系统

4.2.1 根据工程提出的近期和远期终端设备的设置要求，用户性质、网络构成及实际需要确定建筑物各层需要安装信息插座模块的数量及其位置，配线应留有扩展余地。

4.2.2 配线子系统缆线应采用非屏蔽或屏蔽4对对绞电缆，在需要时也可采用室内多模或单模光缆。

4.2.3 电信间FD与电话交换配线及计算机网络设备之间的连接方式应符合以下要求：

　　1 电话交换配线的连接方式应符合图4.2.3-1要求。

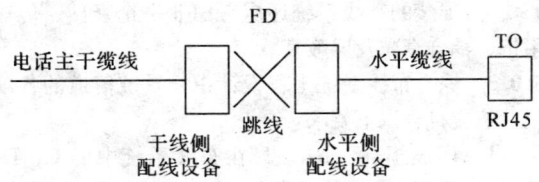

图 4.2.3-1　电话系统连接方式

　　2 计算机网络设备连接方式。

　　　　1）经跳线连接应符合图4.2.3-2要求。

　　　　2）经设备缆线连接方式应符合图4.2.3-3要求。

4.2.4 每一个工作区信息插座模块（电、光）数量不宜少于2个，并满足各种业务的需求。

4.2.5 底盒数量应以插座盒面板设置的开口数确定，每一个底盒支持安装的信息点数量不宜大于2个。

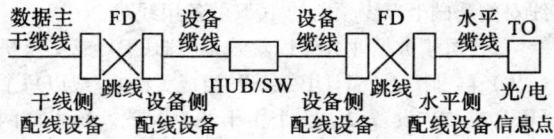

图 4.2.3-2　数据系统连接方式（经跳线连接）

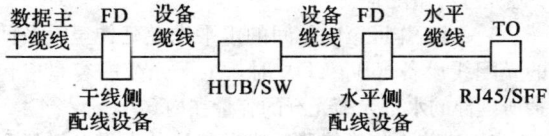

图 4.2.3-3　数据系统连接方式（经设备缆线连接）

4.2.6 光纤信息插座模块安装的底盒大小应充分考虑到水平光缆（2芯或4芯）终接处的光缆盘留空间和满足光缆对弯曲半径的要求。

4.2.7 工作区的信息插座模块应支持不同的终端设备接入，每一个8位模块通用插座应连接1根4对对绞电缆；对每一个双工或2个单工光纤连接器件及适配器连接1根2芯光缆。

4.2.8 从电信间至每一个工作区水平光缆宜按2芯光缆配置。光纤至工作区域满足用户群或大客户使用时，光纤芯数至少应有2芯备份，按4芯水平光缆配置。

4.2.9 连接至电信间的每一根水平电缆/光缆应终接于相应的配线模块，配线模块与缆线容量相适应。

4.2.10 电信间FD主干侧各类配线模块应按电话交换机、计算机网络的构成及主干电缆/光缆的所需容量要求及模块类型和规格的选用进行配置。

4.2.11 电信间FD采用的设备缆线和各类跳线宜按计算机网络设备的使用端口容量和电话交换机的实装容量、业务的实际需求或信息点总数的比例进行配置，比例范围为25%～50%。

4.3 干线子系统

4.3.1 干线子系统所需要的电缆总对数和光纤总芯数，应满足工程的实际需求，并留有适当的备份容量。主干缆线宜设置电缆与光缆，并互相作为备份路由。

4.3.2 干线子系统主干缆线应选择较短的安全的路由。主干电缆宜采用点对点终接，也可采用分支递减终接。

4.3.3 如果电话交换机和计算机主机设置在建筑物内不同的设备间，宜采用不同的主干缆线来分别满足语音和数据的需要。

4.3.4 在同一层若干电信间之间宜设置干线路由。

4.3.5 主干电缆和光缆所需的容量要求及配置应符合以下规定：

　　1 对语音业务，大对数主干电缆的对数应按每一个电话8位模块通用插座配置1对线，并在总需求线对的基础上至少预留约10%的备用线对。

　　2　对于数据业务应以集线器（HUB）或交换机（SW）群（按4个HUB或SW组成1群）；或以每个HUB或SW设备设置1个主干端口配置。每1群网络设备或每4个网络设备宜考虑1个备份端口。主干端口为电端口时，应按4对线容量，为光端口时则按2芯光纤容量配置。

　　3　当工作区至电信间的水平光缆延伸至设备间的光配线设备（BD/CD）时，主干光缆的容量应包括所延伸的水平光缆光纤的容量在内。

　　4　建筑物与建筑群配线设备处各类设备缆线和跳线的配备宜符合第4.2.11条的规定。

4.4　建筑群子系统

4.4.1　CD宜安装在进线间或设备间，并可与入口设施或BD合用场地。

4.4.2　CD配线设备内、外侧的容量应与建筑物内连接BD配线设备的建筑群主干缆线容量及建筑物外部引入的建筑群主干缆线容量相一致。

4.5　设　备　间

4.5.1　在设备间内安装的BD配线设备干线侧容量应与主干缆线的容量相一致。设备侧的容量应与设备端口容量相一致或与干线侧配线设备容量相同。

4.5.2　BD配线设备与电话交换机及计算机网络设备的连接方式亦应符合第4.2.3条的规定。

4.6　进　线　间

4.6.1　建筑群主干电缆和光缆、公用网和专用网电缆、光缆及天线馈线等室外缆线进入建筑物时，应在进线间成端转换成室内电缆、光缆，并在缆线的终端处可由多家电信业务经营者设置入口设施，入口设施中的配线设备应按引入的电、光缆容量配置。

4.6.2　电信业务经营者在进线间设置安装的入口配线设备应与BD或CD之间敷设相应的连接电缆、光缆，实现路由互通。缆线类型与容量应与配线设备相一致。

4.6.3　在进线间缆线入口处的管孔数量应满足建筑物之间、外部接入业务及多家电信业务经营者缆线接入的需求，并应留有2～4孔的余量。

4.7　管　理

4.7.1　对设备间、电信间、进线间和工作区的配线设备、缆线、信息点等设施应按一定的模式进行标识和记录，并宜符合下列规定：

　　1　综合布线系统工程宜采用计算机进行文档记录与保存，简单且规模较小的综合布线系统工程可按图纸资料等纸质文档进行管理，并做到记录准确、及时更新、便于查阅；文档资料应实现汉化。

　　2　综合布线的每一电缆、光缆、配线设备、端接点、接地装置、敷设管线等组成部分均应给定唯一的标识符，并设置标签。标识符应采用相同数量的字母和数字等标明。

　　3　电缆和光缆的两端均应标明相同的标识符。

　　4　设备间、电信间、进线间的配线设备宜采用统一的色标区别各类业务与用途的配线区。

4.7.2　所有标签应保持清晰、完整，并满足使用环境要求。

4.7.3　对于规模较大的布线系统工程，为提高布线工程维护水平与网络安全，宜采用电子配线设备对信息点或配线设备进行管理，以显示与记录配线设备的连接、使用及变更状况。

4.7.4　综合布线系统相关设施的工作状态信息应包括：设备和缆线的用途、使用部门、组成局域网的拓扑结构、传输信息速率、终端设备配置状况、占用器件编号、色标、链路与信道的功能和各项主要指标参数及完好状况、故障记录等，还应包括设备位置和缆线走向等内容。

5　系统指标

5.0.1　综合布线系统产品技术指标在工程的安装设计中应考虑机械性能指标（如缆线结构、直径、材料、承受拉力、弯曲半径等）。

5.0.2　相应等级的布线系统信道及永久链路、CP链路的具体指标项目，应包括下列内容：

　　1　3类、5类布线系统应考虑指标项目为衰减、近端串音（NEXT）。

　　2　5e类、6类、7类布线系统，应考虑指标项目为插入损耗（IL）、近端串音、衰减串音比（ACR）、等电平远端串音（ELFEXT）、近端串音功率和（PS NEXT）、衰减串音比功率和（PS ACR）、等电平远端串音功率和（PS ELEFXT）、回波损耗（RL）、时延、时延偏差等。

　　3　屏蔽的布线系统还应考虑非平衡衰减、传输阻抗、耦合衰减及屏蔽衰减。

5.0.3　综合布线系统工程设计中，系统信道的各项指标值应符合以下要求：

　　1　回波损耗（RL）只在布线系统中的C、D、E、F级采用，在布线的两端均应符合回波损耗值的要求，布线系统信道的最小回波损耗值应符合表5.0.3-1的规定。

表5.0.3-1　信道回波损耗值

频率 (MHz)	最小回波损耗 (dB)			
	C级	D级	E级	F级
1	15.0	17.0	19.0	19.0
16	15.0	17.0	18.0	18.0

续表 5.0.3-1

频率(MHz)	最小回波损耗 (dB)			
	C级	D级	E级	F级
100	—	10.0	12.0	12.0
250	—	—	8.0	8.0
600	—	—	—	8.0

2 布线系统信道的插入损耗（IL）值应符合表5.0.3-2 的规定。

表 5.0.3-2 信道插入损耗值

频率(MHz)	最大插入损耗 (dB)					
	A级	B级	C级	D级	E级	F级
0.1	16.0	5.5	—	—	—	—
1	—	5.8	4.2	4.0	4.0	4.0
16	—	—	14.4	9.1	8.3	8.1
100	—	—	—	24.0	21.7	20.8
250	—	—	—	—	35.9	33.8
600	—	—	—	—	—	54.6

3 线对与线对之间的近端串音（NEXT）在布线的两端均应符合 NEXT 值的要求，布线系统信道的近端串音值应符合表5.0.3-3的规定。

表 5.0.3-3 信道近端串音值

频率(MHz)	最小近端串音 (dB)					
	A级	B级	C级	D级	E级	F级
0.1	27.0	40.0	—	—	—	—
1	—	25.0	39.1	60.0	65.0	65.0
16	—	—	19.4	43.6	53.2	65.0
100	—	—	—	30.1	39.9	62.9
250	—	—	—	—	33.1	56.9
600	—	—	—	—	—	51.2

4 近端串音功率和（PS NEXT）只应用于布线系统的 D、E、F 级，在布线的两端均应符合 PS NEXT 值要求，布线系统信道的 PS NEXT 值应符合表 5.0.3-4 的规定。

表 5.0.3-4 信道近端串音功率和值

频率(MHz)	最小近端串音功率和 (dB)		
	D级	E级	F级
1	57.0	62.0	62.0
16	40.6	50.6	62.0
100	27.1	37.1	59.9
250	—	30.2	53.9
600	—	—	48.2

5 线对与线对之间的衰减串音比（ACR）只应用于布线系统的 D、E、F 级，ACR 值是 NEXT 与插入损耗分贝值之间的差值，在布线的两端均应符合 ACR 值要求。布线系统信道的 ACR 值应符合表 5.0.3-5 的规定。

表 5.0.3-5 信道衰减串音比值

频率(MHz)	最小衰减串音比 (dB)		
	D级	E级	F级
1	56.0	61.0	61.0
16	34.5	44.9	56.9
100	6.1	18.2	42.1
250	—	−2.8	23.1
600	—	—	−3.4

6 ACR 功率和（PS ACR）为表 5.0.3-4 近端串音功率和值与表5.0.3-2 插入损耗值之间的差值。布线系统信道的 PS ACR 值应符合表5.0.3-6 规定。

表 5.0.3-6 信道 ACR 功率和值

频率(MHz)	最小 ACR 功率和 (dB)		
	D级	E级	F级
1	53.0	58.0	58.0
16	31.5	42.3	53.9
100	3.1	15.4	39.1
250	—	−5.8	20.1
600	—	—	−6.4

7 线对与线对之间等电平远端串音（ELFEXT）对于布线系统信道的数值应符合表 5.0.3-7 的规定。

表 5.0.3-7 信道等电平远端串音值

频率(MHz)	最小等电平远端串音 (dB)		
	D级	E级	F级
1	57.4	63.3	65.0
16	33.3	39.2	57.5
100	17.4	23.3	44.4
250	—	15.3	37.8
600	—	—	31.3

8 等电平远端串音功率和（PS ELFEXT）对于布线系统信道的数值应符合表 5.0.3-8 的规定。

表 5.0.3-8　信道等电平远端串音功率和值

频率 (MHz)	最小等电平远端串音功率和（dB）		
	D级	E级	F级
1	54.4	60.3	62.0
16	30.3	36.2	54.5
100	14.4	20.3	41.4
250	—	12.3	34.8
600	—	—	28.3

9 布线系统信道的直流环路电阻（d.c.）应符合表5.0.3-9的规定。

表 5.0.3-9　信道直流环路电阻

最大直流环路电阻（Ω）					
A级	B级	C级	D级	E级	F级
560	170	40	25	25	25

10 布线系统信道的传播时延应符合表5.0.3-10的规定。

表 5.0.3-10　信道传播时延

频率 (MHz)	最大传播时延（μs）					
	A级	B级	C级	D级	E级	F级
0.1	20.000	5.000	—	—	—	—
1	—	5.000	0.580	0.580	0.580	0.580
16	—	—	0.553	0.553	0.553	0.553
100	—	—	—	0.548	0.548	0.548
250	—	—	—	—	0.546	0.546
600	—	—	—	—	—	0.545

11 布线系统信道的传播时延偏差应符合表5.0.3-11的规定。

表 5.0.3-11　信道传播时延偏差

等级	频率（MHz）	最大时延偏差（μs）
A	$f=0.1$	—
B	$0.1 \leqslant f \leqslant 1$	—
C	$1 \leqslant f \leqslant 16$	0.050①
D	$1 \leqslant f \leqslant 100$	0.050①
E	$1 \leqslant f \leqslant 250$	0.050①
F	$1 \leqslant f \leqslant 600$	0.030②

注：① 0.050 为 0.045+4×0.00125 计算结果。
　　② 0.030 为 0.025+4×0.00125 计算结果。

12 一个信道的非平衡衰减〔纵向对差分转换损耗（LCL）或横向转换损耗（TCL）〕应符合表5.0.3-12的规定。在布线的两端均应符合不平衡衰减的要求。

表 5.0.3-12　信道非平衡衰减

等级	频率（MHz）	最大不平衡衰减（dB）
A	$f=0.1$	30
B	$f=0.1$ 和 1	在0.1MHz时为45；1MHz时为20
C	$1 \leqslant f \leqslant 16$	$30-5 \lg(f)$ f.f.s.
D	$1 \leqslant f \leqslant 100$	$40-10 \lg(f)$ f.f.s.
E	$1 \leqslant f \leqslant 250$	$40-10 \lg(f)$ f.f.s.
F	$1 \leqslant f \leqslant 600$	$40-10 \lg(f)$ f.f.s.

5.0.4 对于信道的电缆导体的指标要求应符合以下规定：

1 在信道每一线对中两个导体之间的不平衡直流电阻对各等级布线系统不应超过3%。

2 在各种温度条件下，布线系统D、E、F级信道线对每一导体最小的传送直流电流应为0.175A。

3 在各种温度条件下，布线系统D、E、F级信道的任何导体之间应支持72V直流工作电压，每一线对的输入功率应为10W。

5.0.5 综合布线系统工程设计中，永久链路的各项指标参数值应符合表5.0.5-1～表5.0.5-11的规定。

1 布线系统永久链路的最小回波损耗值应符合表5.0.5-1的规定。

表 5.0.5-1　永久链路最小回波损耗值

频率 (MHz)	最小回波损耗（dB）			
	C级	D级	E级	F级
1	15.0	19.0	21.0	21.0
16	15.0	19.0	20.0	20.0
100	—	12.0	14.0	14.0
250	—	—	10.0	10.0
600	—	—	—	10.0

2 布线系统永久链路的最大插入损耗值应符合表5.0.5-2的规定。

表 5.0.5-2　永久链路最大插入损耗值

频率 (MHz)	最大插入损耗（dB）					
	A级	B级	C级	D级	E级	F级
0.1	16.0	5.5	—	—	—	—
1	—	5.8	4.0	4.0	4.0	4.0
16	—	—	12.2	7.7	7.1	6.9
100	—	—	—	20.4	18.5	17.7
250	—	—	—	—	30.7	28.8
600	—	—	—	—	—	46.6

3 布线系统永久链路的最小近端串音值应符合表5.0.5-3的规定。

表 5.0.5-3　永久链路最小近端串音值

频率(MHz)	最小 NEXT (dB)					
	A级	B级	C级	D级	E级	F级
0.1	27.0	40.0	—	—	—	—
1	—	25.0	40.1	60.0	65.0	65.0
16	—	—	21.1	45.2	54.6	65.0
100	—	—	—	32.3	41.8	65.0
250	—	—	—	—	35.3	60.4
600	—	—	—	—	—	54.7

4　布线系统永久链路的最小近端串音功率和值应符合表5.0.5-4的规定。

表 5.0.5-4　永久链路最小近端串音功率和值

频率(MHz)	最小 PS NEXT (dB)		
	D级	E级	F级
1	57.0	62.0	62.0
16	42.2	52.2	62.0
100	29.3	39.3	62.0
250	—	32.7	57.4
600	—	—	51.7

5　布线系统永久链路的最小 ACR 值应符合表5.0.5-5 的规定。

表 5.0.5-5　永久链路最小 ACR 值

频率(MHz)	最小 ACR (dB)		
	D级	E级	F级
1	56.0	61.0	61.0
16	37.5	47.5	58.1
100	11.9	23.3	47.3
250	—	4.7	31.6
600	—	—	8.1

6　布线系统永久链路的最小 PSACR 值应符合表 5.0.5-6 的规定。

表 5.0.5-6　永久链路最小 PS ACR 值

频率(MHz)	最小 PS ACR (dB)		
	D级	E级	F级
1	53.0	58.0	58.0
16	34.5	45.1	55.1
100	8.9	20.8	44.3
250	—	2.0	28.6
600	—	—	5.1

7　布线系统永久链路的最小等电平远端串音值应符合表5.0.5-7的规定。

表 5.0.5-7　永久链路最小等电平远端串音值

频率(MHz)	最小 ELFEXT (dB)		
	D级	E级	F级
1	58.6	64.2	65.0
16	34.5	40.1	59.3
100	18.6	24.2	46.0
250	—	16.2	39.2
600	—	—	32.6

8　布线系统永久链路的最小 PS ELFEXT 值应符合表5.0.5-8规定。

表 5.0.5-8　永久链路最小 PS ELFEXT 值

频率(MHz)	最小 PS ELFEXT (dB)		
	D级	E级	F级
1	55.6	61.2	62.0
16	31.5	37.1	56.3
100	15.6	21.2	43.0
250	—	13.2	36.2
600	—	—	29.6

9　布线系统永久链路的最大直流环路电阻应符合表5.0.5-9的规定。

表 5.0.5-9　永久链路最大直流环路电阻（Ω）

A级	B级	C级	D级	E级	F级
530	140	34	21	21	21

10　布线系统永久链路的最大传播时延应符合表5.0.5-10 的规定。

表 5.0.5-10　永久链路最大传播时延值

频率(MHz)	最大传播时延（μs）					
	A级	B级	C级	D级	E级	F级
0.1	19.400	4.400	—	—	—	—
1	—	4.400	0.521	0.521	0.521	0.521
16	—	—	0.496	0.496	0.496	0.496
100	—	—	—	0.491	0.491	0.491
250	—	—	—	—	0.490	0.490
600	—	—	—	—	—	0.489

11　布线系统永久链路的最大传播时延偏差应符合表5.0.5-11的规定。

表 5.0.5-11 永久链路传播时延偏差

等级	频率（MHz）	最大时延偏差（μs）
A	$f=0.1$	—
B	$0.1 \leqslant f \leqslant 1$	—
C	$1 \leqslant f \leqslant 16$	0.044①
D	$1 \leqslant f \leqslant 100$	0.044①
E	$1 \leqslant f \leqslant 250$	0.044①
F	$1 \leqslant f \leqslant 600$	0.026②

注：① 0.044 为 0.9×0.045+3×0.00125 计算结果。
② 0.026 为 0.9×0.025+3×0.00125 计算结果。

5.0.6 各等级的光纤信道衰减值应符合表 5.0.6 的规定。

表 5.0.6 信道衰减值（dB）

信道	多模		单模	
	850nm	1300nm	1310nm	1550nm
OF-300	2.55	1.95	1.80	1.80
OF-500	3.25	2.25	2.00	2.00
OF-2000	8.50	4.50	3.50	3.50

5.0.7 光缆标称的波长，每公里的最大衰减值应符合表 5.0.7 的规定。

表 5.0.7 最大光缆衰减值（dB/km）

项目	OM1，OM2 及 OM3 多模		OS1 单模	
波长	850nm	1300nm	1310nm	1550nm
衰减	3.5	1.5	1.0	1.0

5.0.8 多模光纤的最小模式带宽应符合表 5.0.8 的规定。

表 5.0.8 多模光纤模式带宽

光纤类型	光纤直径（μm）	最小模式带宽（MHz·km）		
		过量发射带宽		有效光发射带宽
		波 长		
		850nm	1300nm	850nm
OM1	50 或 62.5	200	500	—
OM2	50 或 62.5	500	500	—
OM3	50	1500	500	2000

6 安装工艺要求

6.1 工 作 区

6.1.1 工作区信息插座的安装宜符合下列规定：

1 安装在地面上的接线盒应防水和抗压。
2 安装在墙面或柱子上的信息插座底盒、多用户信息插座盒及集合点配线箱体的底部离地面的高度宜为 300mm。

6.1.2 工作区的电源应符合下列规定：

1 每 1 个工作区至少应配置 1 个 220V 交流电源插座。
2 工作区的电源插座应选用带保护接地的单相电源插座，保护接地与零线应严格分开。

6.2 电 信 间

6.2.1 电信间的数量应按所服务的楼层范围及工作区面积来确定。如果该层信息点数量不大于 400 个，水平缆线长度在 90m 范围以内，宜设置一个电信间；当超出这一范围时宜设两个或多个电信间；每层的信息点数量数较少，且水平缆线长度不大于 90m 的情况下，宜几个楼层合设一个电信间。

6.2.2 电信间应与强电间分开设置，电信间内或其紧邻处应设置缆线竖井。

6.2.3 电信间的使用面积不应小于 5m²，也可根据工程中配线设备和网络设备的容量进行调整。

6.2.4 电信间的设备安装和电源要求，应符合本规范第 6.3.8 条和第 6.3.9 条的规定。

6.2.5 电信间应采用外开丙级防火门，门宽大于 0.7m。电信间内温度应为 10~35℃，相对湿度宜为 20%~80%。如果安装信息网络设备时，应符合相应的设计要求。

6.3 设 备 间

6.3.1 设备间位置应根据设备的数量、规模、网络构成等因素，综合考虑确定。

6.3.2 每幢建筑物内应至少设置 1 个设备间，如果电话交换机与计算机网络设备分别安装在不同的场地或根据安全需要，也可设置 2 个或 2 个以上设备间，以满足不同业务的设备安装需要。

6.3.3 建筑物综合布线系统与外部配线网连接时，应遵循相应的接口标准要求。

6.3.4 设备间的设计应符合下列规定：

1 设备间宜处于干线子系统的中间位置，并考虑主干缆线的传输距离与数量。
2 设备间宜尽可能靠近建筑物线缆竖井位置，有利于主干缆线的引入。
3 设备间的位置宜便于设备接地。
4 设备间应尽量远离高低压变配电、电机、X射线、无线电发射等有干扰源存在的场地。
5 设备间室温度应为 10~35℃，相对湿度应为 20%~80%，并应有良好的通风。
6 设备间内应有足够的设备安装空间，其使用面积不应小于 10m²，该面积不包括程控用户交换机、计算机网络设备等设施所需的面积在内。

7 设备间梁下净高不应小于2.5m，采用外开双扇门，门宽不应小于1.5m。

6.3.5 设备间应防止有害气体（如氯、碳水化合物、硫化氢、氮氧化物、二氧化碳等）侵入，并应有良好的防尘措施，尘埃含量限值宜符合表6.3.5的规定。

表 6.3.5 尘埃限值

尘埃颗粒的最大直径（μm）	0.5	1	3	5
灰尘颗粒的最大浓度（粒子数/m³）	1.4×10⁷	7×10⁵	2.4×10⁵	1.3×10⁵

注：灰尘粒子应是不导电的、非铁磁性和非腐蚀性的。

6.3.6 在地震区的区域内，设备安装应按规定进行抗震加固。

6.3.7 设备安装宜符合下列规定：

1 机架或机柜前面的净空不应小于800mm，后面的净空不应小于600mm。

2 壁挂式配线设备底部离地面的高度不宜小于300mm。

6.3.8 设备间应提供不少于两个220V带保护接地的单相电源插座，但不作为设备供电电源。

6.3.9 设备间如果安装电信设备或其他信息网络设备时，设备供电应符合相应的设计要求。

6.4 进 线 间

6.4.1 进线间应设置管道入口。

6.4.2 进线间应满足缆线的敷设路由、成端位置及数量、光缆的盘长空间和缆线的弯曲半径、充气维护设备、配线设备安装所需要的场地空间和面积。

6.4.3 进线间的大小应按进线间的进局管道最终容量及入口设施的最终容量设计。同时应考虑满足多家电信业务经营者安装入口设施等设备的面积。

6.4.4 进线间宜靠近外墙和在地下设置，以便于缆线引入。进线间设计应符合下列规定：

1 进线间应防止渗水，宜设有抽排水装置。

2 进线间应与布线系统垂直竖井沟通。

3 进线间应采用相应防火级别的防火门，门向外开，宽度不小于1000mm。

4 进线间应设置防有害气体措施和通风装置，排风量按每小时不小于5次容积计算。

6.4.5 与进线间无关的管道不宜通过。

6.4.6 进线间入口管道口所有布放缆线和空闲的管孔应采取防火材料封堵，做好防水处理。

6.4.7 进线间如安装配线设备和信息通信设施时，应符合设备安装设计的要求。

6.5 缆 线 布 放

6.5.1 配线子系统缆线宜采用在吊顶、墙体内穿管或设置金属密封线槽及开放式（电缆桥架，吊挂环等）敷设，当缆线在地面布放时，应根据环境条件选用地板下线槽、网络地板、高架（活动）地板布线等安装方式。

6.5.2 干线子系统垂直通道穿过楼板时宜采用电缆竖井方式。也可采用电缆孔、管槽的方式，电缆竖井的位置应上、下对齐。

6.5.3 建筑群之间的缆线宜采用地下管道或电缆沟敷设方式，并应符合相关规范的规定。

6.5.4 缆线应远离高温和电磁干扰的场地。

6.5.5 管线的弯曲半径应符合表6.5.5的要求。

表 6.5.5 管线敷设弯曲半径

缆 线 类 型	弯曲半径（mm）/倍
2芯或4芯水平光缆	>25mm
其他芯数和主干光缆	不小于光缆外径的10倍
4对非屏蔽电缆	不小于电缆外径的4倍
4对屏蔽电缆	不小于电缆外径的8倍
大对数主干电缆	不小于电缆外径的10倍
室外光缆、电缆	不小于缆线外径的10倍

注：当缆线采用电缆桥架布放时，桥架内侧的弯曲半径不应小于300mm。

6.5.6 缆线布放在管与线槽内的管径与截面利用率，应根据不同类型的缆线做不同的选择。管内穿放大对数电缆或4芯以上光缆时，直线管路的管径利用率应为50%～60%，弯管路的管径利用率应为40%～50%。管内穿放4对对绞电缆或4芯光缆时，截面利用率应为25%～30%。布放缆线在线槽内的截面利用率应为30%～50%。

7 电气防护及接地

7.0.1 综合布线电缆与附近可能产生高电平电磁干扰的电动机、电力变压器、射频应用设备等电器设备之间应保持必要的间距，并应符合下列规定：

1 综合布线电缆与电力电缆的间距应符合表7.0.1-1的规定。

表 7.0.1-1 综合布线电缆与电力电缆的间距

类 别	与综合布线接近状况	最小间距（mm）
380V电力电缆<2kV·A	与缆线平行敷设	130
	有一方在接地的金属线槽或钢管中	70
	双方都在接地的金属线槽或钢管中②	10①

续表 7.0.1-1

类　别	与综合布线接近状况	最小间距（mm）
380V电力电缆 2～5kV·A	与缆线平行敷设	300
	有一方在接地的金属线槽或钢管中	150
	双方都在接地的金属线槽或钢管中②	80
380V电力电缆 >5kV·A	与缆线平行敷设	600
	有一方在接地的金属线槽或钢管中	300
	双方都在接地的金属线槽或钢管中②	150

注：① 当380V电力电缆<2kV·A，双方都在接地的线槽中，且平行长度≤10m时，最小间距可为10mm。
② 双方都在接地的线槽中，系指两个不同的线槽，也可在同一线槽中用金属板隔开。

2 综合布线系统缆线与配电箱、变电室、电梯机房、空调机房之间的最小净距宜符合表7.0.1-2的规定。

表7.0.1-2　综合布线缆线与电气设备的最小净距

名　称	最小净距（m）
配电箱	1
变电室	2
电梯机房	2
空调机房	2

3 墙上敷设的综合布线缆线及管线与其他管线的间距应符合表7.0.1-3的规定。当墙壁电缆敷设高度超过6000mm时，与避雷引下线的交叉间距应按下式计算：

$$S \geq 0.05L \quad (7.0.1)$$

式中　S——交叉间距（mm）；
　　　L——交叉处避雷引下线距地面的高度（mm）。

表7.0.1-3　综合布线缆线及管线与其他管线的间距

其他管线	平行净距（mm）	垂直交叉净距（mm）
避雷引下线	1000	300
保护地线	50	20
给水管	150	20
压缩空气管	150	20
热力管（不包封）	500	500
热力管（包封）	300	300
煤气管	300	20

7.0.2 综合布线系统应根据环境条件选用相应的缆线和配线设备，或采取防护措施，并应符合下列规定：

1 当综合布线区域内存在的电磁干扰场强低于3V/m时，宜采用非屏蔽电缆和非屏蔽配线设备。

2 当综合布线区域内存在的电磁干扰场强高于3V/m时，或用户对电磁兼容性有较高要求时，可采用屏蔽布线系统和光缆布线系统。

3 当综合布线路由上存在干扰源，且不能满足最小净距要求时，宜采用金属管线进行屏蔽，或采用屏蔽布线系统及光缆布线系统。

7.0.3 在电信间、设备间及进线间应设置楼层或局部等电位接地端子板。

7.0.4 综合布线系统应采用共用接地的接地系统，如单独设置接地体时，接地电阻不应大于4Ω。如布线系统的接地系统中存在两个不同的接地体时，其接地电位差不应大于1Vr.m.s。

7.0.5 楼层安装的各个配线柜（架、箱）应采用适当截面的绝缘铜导线单独布线至就近的等电位接地装置，也可采用竖井内等电位接地铜排引到建筑物共用接地装置，铜导线的截面应符合设计要求。

7.0.6 缆线在雷电防护区交界处，屏蔽电缆屏蔽层的两端应做等电位连接并接地。

7.0.7 综合布线的电缆采用金属线槽或钢管敷设时，线槽或钢管应保持连续的电气连接，并应有不少于两点的良好接地。

7.0.8 当缆线从建筑物外面进入建筑物时，电缆和光缆的金属护套或金属件应在入口处就近与等电位接地端子板连接。

7.0.9 当电缆从建筑物外面进入建筑物时，应选用适配的信号线路浪涌保护器，信号线路浪涌保护器应符合设计要求。

8　防　火

8.0.1 根据建筑物的防火等级和对材料的耐火要求，综合布线系统的缆线选用和布放方式及安装的场地应采取相应的措施。

8.0.2 综合布线工程设计选用的电缆、光缆应从建筑物的高度、面积、功能、重要性等方面加以综合考虑，选用相应等级的防火缆线。

本规范用词说明

1 为便于在执行本规范条文时区别对待，对要求严格程度不同的用词说明如下：

　　1）表示很严格，非这样做不可的用词：
　　　　正面词采用"必须"，反面词采用"严禁"。

2）表示严格，在正常情况下均应这样做的用词：
正面词采用"应"，反面词采用"不应"或"不得"。

3）表示允许稍有选择，在条件许可时首先应这样做的用词：

正面词采用"宜"，反面词采用"不宜"；

表示有选择，在一定条件下可以这样做的用词，采用"可"。

2 本规范中指明应按其他有关标准、规范执行的写法为"应符合……的规定"或"应按……执行"。

中华人民共和国国家标准

综合布线系统工程设计规范

GB 50311—2007

条 文 说 明

目 次

1 总则 ·· 14—20
3 系统设计 ·· 14—20
　3.1 系统构成 ·································· 14—20
　3.2 系统分级与组成 ······················ 14—20
　3.3 缆线长度划分 ·························· 14—21
　3.4 系统应用 ·································· 14—22
　3.5 屏蔽布线系统 ·························· 14—23
　3.6 开放型办公室布线系统 ·········· 14—23
　3.7 工业级布线系统 ······················ 14—23
4 系统配置设计 ································ 14—24
　4.1 工作区 ······································ 14—24
　4.2 配线子系统 ······························ 14—25
　4.3 干线子系统 ······························ 14—25
　4.7 管理 ·· 14—25
5 系统指标 ·· 14—26
6 安装工艺要求 ································ 14—26
　6.2 电信间 ······································ 14—26
　6.3 设备间 ······································ 14—27
　6.4 进线间 ······································ 14—27
　6.5 缆线布放 ·································· 14—27
7 电气防护及接地 ···························· 14—27
8 防火 ·· 14—28

1 总 则

1.0.1 随着城市建设及信息通信事业的发展，现代化的商住楼、办公楼、综合楼及园区等各类民用建筑及工业建筑对信息的要求已成为城市建设的发展趋势。在过去设计大楼内的语音及数据业务线路时，常使用各种不同的传输线、配线插座以及连接器件等。例如：用户电话交换机通常使用对绞电话线，而局域网络（LAN）则可能使用对绞线或同轴电缆，这些不同的设备使用不同的传输线来构成各自的网络；同时，连接这些不同布线的插头、插座及配线架均无法互相兼容，相互之间达不到共用的目的。

现在将所有语音、数据、图像及多媒体业务的设备的布线网络组合在一套标准的布线系统上，并且将各种设备终端插头插入标准的插座内已属可能之事。在综合布线系统中，当终端设备的位置需要变动时，只需做一些简单的跳线，这项工作就完成了，而不需要再布放新的电缆以及安装新的插座。

综合布线系统使用一套由共用配件所组成的配线系统，将各个不同制造厂家的各类设备综合在一起同时工作，均可相兼容。其开放的结构可以作为各种不同工业产品标准的基准，使得配线系统将具有更大的适用性、灵活性，而且可以利用最低的成本在最小的干扰下对设于工作地点的终端设备重新安排与规划。大楼智能化建设中的建筑设备、监控、出入口控制等系统的设备在提供满足 TCP/IP 协议接口时，也可使用综合布线系统作为信息的传输介质，为大楼的集中监测、控制与管理打下了良好的基础。

综合布线系统以一套单一的配线系统，综合通信网络、信息网络及控制网络，可以使相互间的信号实现互联互通。

城市数字化建设，需要综合布线系统为之服务，它有着及其广阔的使用前景。

1.0.3 在确定建筑物或建筑群的功能与需求以后，规划能适应智能化发展要求的相应的综合布线系统设施和预埋管线，防止今后增设或改造时造成工程的复杂性和费用的浪费。

1.0.5 综合布线系统作为建筑的公共电信配套设施在建设期应考虑一次性投资建设，能适应多家电信业务经营者提供通信与信息业务服务的需求，保证电信业务在建筑区域内的接入、开通和使用；使得用户可以根据自己的需要，通过对入口设施的管理选择电信业务经营者，避免造成将来建筑物内管线的重复建设而影响到建筑物的安全与环境。因此，在管道与设施安装场地等方面，工程设计中应充分满足电信业务市场竞争机制的要求。

3 系统设计

3.1 系统构成

3.1.2 进线间一般提供给多家电信业务经营者使用，通常设于地下一层。进线间主要作为室外电缆和光缆引入楼内的成端与分支及光缆的盘长空间位置。对于光缆至大楼（FTTB）至用户（FTTH）、至桌面（FT-TO）的应用及容量日益增多，进线间就显得尤为重要。由于许多的商用建筑物地下一层环境条件已大大改善，也可以安装配线架设备及通信设施。在不具备设置单独进线间或入楼电缆和光缆数量及入口设施容量较小时，建筑物也可以在入口处采用挖地沟或使用较小的空间完成缆线的成端与盘长，入口设施则可安装在设备间，但宜单独地设置场地，以便功能分区。

3.1.3 设计综合布线系统应采用开放式星型拓扑结构，该结构下的每个分支子系统都是相对独立的单元，对每个分支单元系统改动都不影响其他子系统。只要改变结点连接就可使网络在星型、总线、环形等各种类型间进行转换。综合布线配线设备的典型设置与功能组合见图1所示。

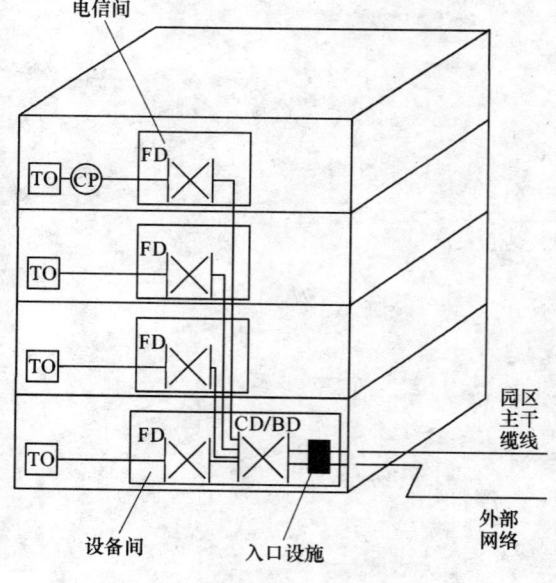

图 1 综合布线配线设备典型设置

3.2 系统分级与组成

3.2.1 在《商业建筑电信布线标准》TIA/EIA 568 A 标准中对于 D 级布线系统，支持应用的器件为5类，但在 TIA/EIA 568 B.2-1 中仅提出 5e 类（超5类）与6类的布线系统，并确定6类布线支持带宽为 250MHz。在 TIA/EIA 568 B.2-10 标准中又规定了 6A 类（增强6类）布线系统支持的传输带宽为 500MHz。

目前，3类与5类的布线系统只应用于语音主干布线的大对数电缆及相关配线设备。

3.2.3 F级的永久链路仅包括90m水平缆线和2个连接器件（不包括CP连接器件）。

3.3 缆线长度划分

本节按照《用户建筑综合布线》ISO/IEC 11801 2002—09 5.7与7.2条款与TIA/EIA 568 B.1标准的规定，列出了综合布线系统主干缆线及水平缆线等的长度限值。但是综合布线系统在网络的应用中，可选择不同类型的电缆和光缆，因此，在相应的网络中所能支持的传输距离是不相同的。在IEEE 802.3 an标准中，综合布线系统6类布线系统在10G以太网中所支持的长度应不大于55m，但6A类和7类布线系统支持长度仍可达到100m。为了更好地执行本规范，现将相关标准对于布线系统在网络中的应用情况，在表1、表2中分别列出光纤在100M、1G、10G以太网中支持的传输距离，仅供设计者参考。

表1　100M、1G以太网中光纤的应用传输距离

光纤类型	应用网络	光纤直径（μm）	波长（nm）	带宽（MHz）	应用距离（m）
—	100BASE-FX	—			2000
多模	1000BASE-SX	62.5	850	160	220
	1000BASE-LX			200	275
				500	550
	1000BASE-SX	50		400	500
				500	550
	1000BASE-LX		1300	400	550
				500	550
单模	1000BASE-LX	<10	1310		5000

注：上述数据可参见IEEE 802.3—2002。

表2　10G以太网中光纤的应用传输距离

光纤类型	应用网络	光纤直径（μm）	波长（nm）	模式带宽（MHz·km）	应用范围（m）
多模	10GBASE-S	62.5	850	160/150	26
				200/500	33
		50		400/400	66
				500/500	82
				2000/—	300
	10GBASE-LX4	62.5	1300	500/500	300
		50		400/400	240
				500/500	300
单模	10GBASE-L	<10	1310	—	1000
	10GBASE-E		1550		30000~40000
	10GBASE-LX4		1300		1000

注：上述数据可参见IEEE 802.3ac—2002。

3.3.1 在条款中列出了ISO/IEC 11801 2002—09版中对水平缆线与主干缆线之和的长度规定。为了使工程设计者了解布线系统各部分缆线长度的关系及要求，特依据TIA/EIA 568 B.1标准列出表3和图2，以供工程设计中应用。

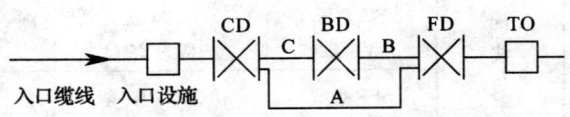

图2　综合布线系统主干缆线组成

表3　综合布线系统主干缆线长度限值

缆线类型	各线段长度限值（m）		
	A	B	C
100Ω对绞电缆	800	300	500
62.5m多模光缆	2000	300	1700
50m多模光缆	2000	300	1700
单模光缆	3000	300	2700

注：1　如B距离小于最大值时，C为对绞电缆的距离可相应增加，但A的总长度不能大于800m。
  2　表中100Ω对绞电缆作为语音的传输介质。
  3　单模光纤的传输距离在主干链路时允许达60km，但被认可至本规定以外范围的内容。
  4　对于电信业务经营者在主干链路中接入电信设施能满足的传输距离不在本规定之内。
  5　在总距离中可以包括入口设施至CD之间的缆线长度。
  6　建筑群与建筑物配线设备所设置的跳线长度不应大于20m，如超过20m时主干长度应相应减少。
  7　建筑群与建筑物配线设备连至设备的缆线不应大于30m，如超过30m时主干长度应相应减少。

3.4 系统应用

综合布线系统工程设计应按照近期和远期的通信业务，计算机网络拓扑结构等需要，选用合适的布线器件与设施。选用产品的各项指标应高于系统指标，才能保证系统指标，得以满足和具有发展的余地，同时也应考虑工程造价及工程要求，对系统产品选用应恰如其分。

3.4.1 对于综合布线系统，电缆和接插件之间的连接应考虑阻抗匹配和平衡与非平衡的转换适配。在工程（D级至F级）中特性阻抗应符合100Ω标准。在系统设计时，应保证布线信道和链路在支持相应等级应用中的传输性能，如果选用6类布线产品，则缆线、连接硬件、跳线等都应达到6类，才能保证系统为6类。如果采用屏蔽布线系统，则所有部件都应选用带屏蔽的硬件。

3.4.2 在表3.4.2中，其他应用一栏应根据系统对网络的构成、传输缆线的规格、传输距离等要求选用相应等级的综合布线产品。

3.4.5 跳线两端的插头，IDC指4对或多对的扁平模块，主要连接多端子配线模块；RJ45指8位插头，可与8位模块通用插座相连；跳线两端如为ST、SC、SFF光纤连接器件，则与相应的光纤适配器配套相连。

3.4.6 信息点电端口如为7类布线系统时，采用RJ45或非RJ45型的屏蔽8位模块通用插座。

3.4.7 在ISO/IEC 11801 2002—09标准中，提出除了维持SC光纤连接器件用于工作区信息点以外，同时建议在设备间、电信间、集合点等区域使用SFF小型光纤连接器件及适配器。小型光纤连接器件与传统的ST、SC光纤连接器件相比体积较小，可以灵活地使用于多种场合。目前SFF小型光纤连接器件被布线市场认可的主要有LC、MT-RJ、VF-45、MU和FJ。

电信间和设备间安装的配线设备的选用应与所连接的缆线相适应，具体可参照表4内容。

表4　配线模块产品选用

类别	产品类型		配线模块安装场地和连接缆线类型		
	配线设备类型	容量与规格	FD（电信间）	BD（设备间）	CD（设备间/进线间）
电缆配线设备	大对数卡接模块	采用4对卡接模块	4对水平电缆/4对主干电缆	4对主干电缆	4对主干电缆
		采用5对卡接模块	大对数主干电缆	大对数主干电缆	大对数主干电缆
	25对卡接模块	25对	4对水平电缆/4对主干电缆/大对数主干电缆	4对主干电缆/大对数主干电缆	4对主干电缆/大对数主干电缆
电缆配线设备	回线型卡接模块	8回线	4对水平电缆/4对主干电缆	大对数主干电缆	大对数主干电缆
		10回线	大对数主干电缆	大对数主干电缆	大对数主干电缆
	RJ45配线模块	一般为24口或48口	4对水平电缆/4对主干电缆	4对主干电缆	4对主干电缆
光缆配线设备	ST光纤连接盘	单工/双工，一般为24口	水平/主干光缆	主干光缆	主干光缆
	SC光纤连接盘	单工/双工，一般为24口	水平/主干光缆	主干光缆	主干光缆
	SFF小型光纤连接盘	单工/双工一般为24口、48口	水平/主干光缆	主干光缆	主干光缆

3.4.8 当集合点（CP）配线设备为8位模块通用插座时，CP电缆宜采用带有单端RJ45插头的产业化产品，以保证布线链路的传输性能。

3.5 屏蔽布线系统

3.5.1 根据电磁兼容通用标准《居住、商业的轻工业环境中的抗扰度试验》GB/T 177991—1999 与国际标准草案 77/181/FDIS 及 IEEE 802.3—2002 标准中都认可3V/m的指标值，本规范做出相应的规定。

在具体的工程项目的勘察设计过程中，如用户提出要求或现场环境中存在磁场的干扰，则可以采用电磁骚扰测量接收机测试，或使用现场布线测试仪配备相应的测试模块对模拟的布线链路做测试，取得了相应的数据后，进行分析，作为工程实施依据。具体测试方法应符合测试仪表技术内容要求。

3.5.4 屏蔽布线系统电缆的命名可以按照《用户建筑综合布线》ISO/IEC 11801 中推荐的方法统一命名。

对于屏蔽电缆根据防护的要求，可分为 F/UTP（电缆金属箔屏蔽）、U/FTP（线对金属箔屏蔽）、SF/UTP（电缆金属编织丝网加金属箔屏蔽）、S/FTP（电缆金属箔编织网屏蔽加上线对金属箔屏蔽）几种结构。

不同的屏蔽电缆会产生不同的屏蔽效果。一般认可金属箔对高频、金属编织丝网对低频的电磁屏蔽效果为佳。如果采用双重屏蔽（SF/UTP 和 S/FTP）则屏蔽效果更为理想，可以同时抵御线对之间和来自外部的电磁辐射干扰，减少线对之间及线对对外部的电磁辐射干扰。因此，屏蔽布线工程有多种形式的电缆可以选择，但为保证良好屏蔽，电缆的屏蔽层与屏蔽连接器件之间必须做好360°的连接。

铜缆命名方法见图3。

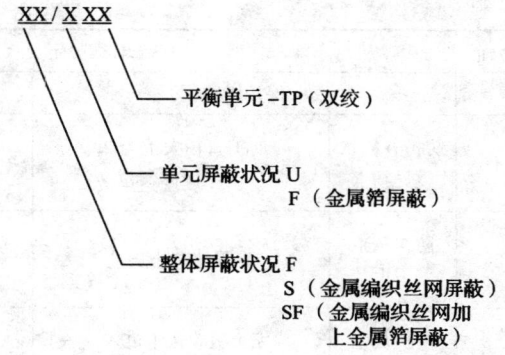

图3 铜缆命名方法

3.6 开放型办公室布线系统

3.6.1 开放型办公室布线系统对配线设备的选用及缆线的长度有不同的要求。

1 计算公式 $C=(102-H)/1.2$ 针对24号线规{24AWG}的非屏蔽和屏蔽布线而言，如应用于26号线规{26AWG}的屏蔽布线系统，公式应为 $C=(102-H)/1.5$。工作区设备电缆的最大长度要求，《用户建筑综合布线》ISO/IEC 11801 2002 中为20m，但在《商业建筑电信布线标准》TIA/EIA 568 B.1 6.4.1.4 中为22m，本规范以 TAI/EIA 568 B.1 规范内容列出。

2 CP点由无跳线的连接器件组成，在电缆与光缆的永久链路中都可以存在。

集合点配线箱目前没有定型的产品，但箱体的大小应考虑至少满足12个工作区所配置的信息点所连接4对对绞电缆的进、出箱体的布线空间和CP卡接模块的安装空间。

3.7 工业级布线系统

3.7.5 工业级布线系统产品选用应符合IP标准所提出的保护要求，国际防护（IP）定级如表5所示内容要求。

表5 国际防护（IP）定级

级别编号	IP编号定义（二位数）			级别编号
	保护级别	保护级别		
0	没有保护	对于意外接触没有保护，对异物没有防护	对水没有防护	没有防护	0
1	防护大颗粒异物	防止大面积人手接触，防护直径大于50mm的大固体颗粒	防护垂直下降水滴	防水滴	1
2	防护中等颗粒异物	防止手指接触，防护直径大于12mm的中固体颗粒	防止水滴溅射进入（最大15°）	防水滴	2
3	防护小颗粒异物	防止工具、导线或类似物体接触，防护直径大于2.5mm的小固体颗粒	防止水滴（最大60°）	防喷溅	3

续表5

级别编号	IP编号定义（二位数）				级别编号
	保护级别		保护级别		
4	防护谷粒状异物	防护直径大于1mm的小固体颗粒	防护全方位、泼溅水，允许有限进入	防喷溅	4
5	防护灰尘积垢	有限地防止灰尘	防护全方位泼溅水（来自喷嘴），允许有限进入	防浇水	5
6	防护灰尘吸入	完全阻止灰尘进入，防护灰尘渗透	防护高压喷射或大浪进入，允许有限进入	防水淹	6
—	—	—	可沉浸在水下0.15～1m深度	防水浸	7
—	—	—	可长期沉浸在压力较大的水下	密封防水	8

注：1 2位数用来区别防护等级，第1位针对固体物质，第2位针对液体。
    2 如IP67级别就等同于防护灰尘吸入和可沉浸在水下0.15～1m深度。

4 系统配置设计

综合布线系统在进行系统配置设计时，应充分考虑用户近期与远期的实际需要与发展，使之具有通用性和灵活性，尽量避免布线系统投入正常使用以后，较短的时间又要进行扩建与改建，造成资金浪费。一般来说，布线系统的水平配线应以远期需要为主，垂直干线应以近期实用为主。

为了说明问题，我们以一个工程实例来进行设备与缆线的配置。例如，建筑物的某一层共设置了200个信息点，计算机网络与电话各占50%，即各为100个信息点。

1 电话部分：

1）FD水平侧配线模块按连接100根4对的水平电缆配置。

2）语音主干的总对数按水平电缆总对数的25%计，为100对线的需求；如考虑10%的备份线对，则语音主干电缆总对数需求量为110对。

3）FD干线侧配线模块可按卡接大对数主干电缆110对端子容量配置。

2 数据部分：

1）FD水平侧配线模块按连接100根4对的水平电缆配置。

2）数据主干缆线。

a 最少量配置：以每个HUB/SW为24个端口计，100个数据信息点需设置5个HUB/SW；以每4个HUB/SW为一群（96个端口），组成了2个HUB/SW群；现以每个HUB/SW群设置1个主干端口，并考虑1个备份端口，则2个HUB/SW群需设4个主干端口。如主干缆线采用对绞电缆，每个主干端口需设4对线，则线对的总需求量为16对；如主干缆线采用光缆，每个主干光端口按2芯光纤考虑，则光纤的需求量为8芯。

b 最大量配置：同样以每个HUB/SW为24端口计，100个数据信息点需设置5个HUB/SW；以每1个HUB/SW（24个端口）设置1个主干端口，每4个HUB/SW考虑1个备份端口，共需设置7个主干端口。如主干缆线采用对绞电缆，以每个主干电端口需要4对线，则线对的需求量为28对；如主干缆线采用光缆，每个主干光端口按2芯光纤考虑，则光纤的需求量为14芯。

3）FD干线侧配线模块可根据主干电缆或主干光缆的总容量加以配置。

配置数量计算得出以后，再根据电缆、光缆、配线模块的类型、规格加以选用，做出合理配置。

上述配置的基本思路，用于计算机网络的主干缆线，可采用光缆；用于电话的主干缆线则采用大对数对绞电缆，并考虑适当的备份，以保证网络安全。由于工程的实际情况比较复杂，不可能按一种模式，设计时还应结合工程的特点和需求加以调整应用。

4.1 工 作 区

4.1.2 目前建筑物的功能类型较多，大体上可以分为商业、文化、媒体、体育、医院、学校、交通、住宅、通用工业等类型，因此，对工作区面积的划分应根据应用的场合做具体的分析后确定，工作区面积需求可参照表6所示内容。

表 6 工作区面积划分表

建筑物类型及功能	工作区面积（m²）
网管中心、呼叫中心、信息中心等终端设备较为密集的场地	3～5
办公区	5～10
会议、会展	10～60
商场、生产机房、娱乐场所	20～60
体育场馆、候机室、公共设施区	20～100
工业生产区	60～200

注：1 对于应用场合，如终端设备的安装位置和数量无法确定时，或使用场地为大客户租用并考虑自设置计算机网络时，工作区的面积可按区域（租用场地）面积确定。
2 对于 IDC 机房（为数据通信托管业务机房或数据中心机房）可按生产机房每个机架的设置区域考虑工作区面积。对于此类项目，涉及数据通信设备安装工程设计，应单独考虑实施方案。

4.2 配线子系统

4.2.4 每一个工作区信息点数量的确定范围比较大，从现有的工程情况分析，从设置 1 个至 10 个信息点的现象都存在，并预留了电缆和光缆备份的信息插座模块。因为建筑物用户性质不一样，功能要求和实际需求不一样，信息点数量不能仅按办公楼的模式确定，尤其是对于专用建筑（如电信、金融、体育场馆、博物馆等建筑）及计算机网络存在内、外网等多个网络时，更应加强需求分析，做出合理的配置。

每个工作区信息点数量可按用户的性质、网络构成和需求来确定。表 7 做了一些分类，仅提供设计者参考。

表 7 信息点数量配置

建筑物功能区	信息点数量（每一工作区）			备注
	电话	数据	光纤（双工端口）	
办公区（一般）	1 个	1 个	—	
办公区（重要）	1 个	2 个	1 个	对数据信息有较大的需求
出租或大客户区域	2 个或 2 个以上	2 个或 2 个以上	1 或 1 个以上	指整个区域的配置量
办公区（政务工程）	2～5 个	2～5 个	1 或 1 个以上	涉及内、外网络时

注：大客户区域也可以为公共实施的场地，如商场、会议中心、会展中心等。

4.2.7 1 根 4 对对绞电缆应全部固定终接在 1 个 8 位模块通用插座上。不允许将 1 根 4 对对绞电缆终接在 2 个或 2 个以上 8 位模块通用插座上。

4.2.9、4.2.10 根据现有产品情况配线模块可按以下原则选择：

1 多线对端子配线模块可以选用 4 对或 5 对卡接模块，每个卡接模块应卡接 1 根 4 对对绞电缆。一般 100 对卡接端子容量的模块可卡接 24 根（采用 4 对卡接模块）或卡接 20 根（采用 5 对卡接模块）4 对对绞电缆。

2 25 对端子配线模块可卡接 1 根 25 对大对数电缆或 6 根 4 对对绞电缆。

3 回线式配线模块（8 回线或 10 回线）可卡接 2 根 4 对对绞电缆或 8/10 回线。回线式配线模块的每一回线可以卡接 1 对入线和 1 对出线。回线式配线模块的卡接端子可以为连通型、断开型和可插入型三类不同的功能。一般在 CP 处可选用连通型，在需要加装过压过流保护器时采用断开型，可插入型主要使用于断开电路做检修的情况下，布线工程中无此种应用。

4 RJ45 配线模块（由 24 或 48 个 8 位模块通用插座组成）每 1 个 RJ45 插座应可卡接 1 根 4 对对绞电缆。

5 光纤连接器件每个单工端口应支持 1 芯光纤的连接，双工端口则支持 2 芯光纤的连接。

4.2.11 各配线设备跳线可按以下原则选择与配置：

1 电话跳线宜按每根 1 对或 2 对对绞电缆容量配置，跳线两端连接插头采用 IDC 或 RJ45 型。

2 数据跳线宜按每根 4 对对绞电缆配置，跳线两端连接插头采用 IDC 或 RJ45 型。

3 光纤跳线宜按每根 1 芯或 2 芯光纤配置，光跳线连接器件采用 ST、SC 或 SFF 型。

4.3 干线子系统

4.3.2 点对点端接是最简单、最直接的配线方法，电信间的每根干线电缆直接从设备间延伸到指定的楼层电信间。分支递减终接是用 1 根大对数干线电缆来支持若干个电信间的通信容量，经过电缆接头保护箱分出若干根小电缆，它们分别延伸到相应的电信间，并终接于目的地的配线设备。

4.3.5 如语音信息点 8 位模块通用插座连接 ISDN 用户终端设备，并采用 S 接口（4 线接口）时，相应的主干电缆则应按 2 对线配置。

4.7 管 理

4.7.1 管理是针对设备间、电信间和工作区的配线设备、缆线等设施，按一定的模式进行标识和记录的规定。内容包括：管理方式、标识、色标、连接等。这些内容的实施，将给今后维护和管理带来很大的方便，有利于提高管理水平和工作效率。特别是较为复杂的综合布线系统，如采用计算机进行管理，其效果将十分明显。目前，市场上已有商用的管理软件可供选用。

综合布线的各种配线设备，应用色标区分干线电缆、配线电缆或设备端点，同时，还应采用标签表明端接区域、物理位置、编号、容量、规格等,以便维护人员在现场一目了然地加以识别。

4.7.2 在每个配线区实现线路管理的方式是在各色标区域之间按应用的要求,采用跳线连接。色标用来区分配线设备的性质,分别由按性质划分的配线模块组成,且按垂直或水平结构进行排列。

综合布线系统使用的标签可采用粘贴型和插入型。

电缆和光缆的两端应采用不易脱落和磨损的不干胶条标明相同的编号。

目前,市场上已有配套的打印机和标签纸供应。

4.7.3 电子配线设备目前应用的技术有多种,在工程设计中应考虑到电子配线设备的功能,在管理范围、组网方式、管理软件、工程投资等方面,合理地加以选用。

5 系统指标

5.0.1 综合布线系统的机械性能指标以生产厂家提供的产品资料为依据,它将对布线工程的安装设计,尤其是管线设计产生较大的影响,应引起重视。

本规范列出布线系统信道和链路的指标参数,但6A、7类布线系统在应用时,工程中除了已列出的各项指标参数以外,还应考虑信道电缆(6根对1根4对对绞电缆)的外部串音功率和(PS ANEXT)和2根相邻4对对绞电缆间的外部串音(ANEXT)。

目前只在 TIA/EIA 568 B.2-10 标准中列出了6A类布线从1~500MHz带宽的范围内信道的插入损耗、NEXT、PS NEXT、FEXT、ELFEXT、PS ELFEXT、回波损耗、ANEXT、PS ANEXT、PS AELFEXT 等指标参数值。在工程设计时,可以参照使用。

布线系统各项指标值均在环境温度为20℃时的数据。根据 TIA/EIA 568.B.2-1 中列表分析,当温度从20~60℃的变化范围内,温度每上升5℃,90m的永久链路长度将减短1~2m,在89~75m(非屏蔽链路)及89.5~83m(屏蔽链路)的范围之内变化。

5.0.3 按照 ISO/IEC 11801 2002—09 标准列出的布线系统信道指标值,提出了需执行的和建议的两种表格内容。对需要执行的指标参数在其表格内容中列出了在某一频率范围的计算公式,但在建议的表格中仅列出在指定的频率时的具体数值,本规范以建议的表格列出各项指标参数要求,供设计者在对布线产品选择时参考使用。信道的构成可见图3.2.3内容。

指标项目中衰减串音比(ACR)、非平衡衰减和耦合衰减的参数中仍保持使用"衰减"这一术语,但在计算 ACR、PS ACR、ELFEXT 和 PS ELFEXT 值时,使用相应的插入损耗值。衰减这一术语在电缆工业生产中被广泛采用,但由于布线系统在较高的频率时阻抗的失配,此特性采用插入损耗来表示。与衰减不同,插入损耗不涉及长度的线性关系。

5.0.5 本条款内容是按照 ISO/IEC 11801 2002—09 的附录 A 所列出的永久链路和 CP 链路的指标参数值提出的,但在附录 A 中是以需执行的和建议的两种表格列出。在需执行的表格中针对永久链路和 CP 链路列出指标计算公式,在建议表格中只是针对永久链路某一指定的频率指标而言。本规范以建议表格内容列出永久链路各项指标参数要求。永久链路和 CP 链路的构成可见图3.2.3内容。

对于等级为 F 的信道和永久链路(包括5.0.3条中的),只存在两个连接器件时(无 CP 点)的最小 ACR 值和 PS ACR 值应符合表8要求,具体连接方式如图4中所示。

表8 信道和永久链路为 F 级(包括2个连接点)时,ACR 与 PS ACR 值

频率	信 道		永久链路	
(MHz)	最小 ACR (dB)	最小 PS ACR (dB)	最小 ACR (dB)	最小 PS ACR (dB)
1	61.0	58.0	61.0	58.0
16	57.1	54.1	58.2	55.2
100	44.6	41.6	47.5	44.5
250	27.3	24.3	31.9	28.9
600	1.1	−1.9	8.6	5.6

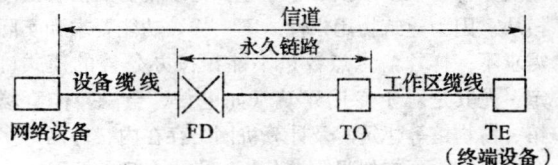

图4 两个连接器件的信道与永久链路

6 安装工艺要求

6.2 电信间

6.2.1 电信间主要为楼层安装配线设备(为机柜、机架、机箱等安装方式)和楼层计算机网络设备(HUB 或 SW)的场地,并可考虑在该场地设置缆线竖井、等电位接地体、电源插座、UPS 配电箱等设施。在场地面积满足的情况下,也可设置建筑物诸如安防、消防、建筑设备监控系统、无线信号覆盖等系统的布缆线槽和功能模块的安装。如果综合布线系统与弱电系统设备合设于同一场地,从建筑的角度出发,称为弱电间。

6.2.3 一般情况下,综合布线系统的配线设备和计算机网络设备采用19″标准机柜安装。机柜尺寸通常为600mm(宽)×900mm(深)×2000mm(高),共有42U的安装空间。机柜内可安装光纤连接盘、RJ45(24口)配线模块、多线对卡接模块(100对)、理线架、计算机HUB/SW设备等。如果按建筑物每层电话和数据信息点各为200个考虑配置上述设备，大约需要有2个19″(42U)的机柜空间，以此测算电信间面积至少应为5m²(2.5m×2.0m)。对于涉及布线系统设置内、外网或专用网时，19″机柜应分别设置，并在保持一定距的情况下预测电信间的面积。

6.2.5 电信间温、湿度按配线设备要求提出，如在机柜中安装计算机网络设备（HUB/SW）时的环境应满足设备提出的要求，温、湿度的保证措施由空调专业负责解决。

本条与6.3.4条所述的安装工艺要求，均以总配线设备所需的环境要求为主，适当考虑安装少量计算机网络等设备制定的规定，如果与程控电话交换机、计算机网络等主机和配套设备合装在一起，则安装工艺要求应执行相关规范的规定。

6.3 设备间

6.3.2 设备间是大楼的电话交换机设备和计算机网络设备，以及建筑物配线设备（BD）安装的地点，也是进行网络管理的场所。对综合布线工程设计而言，设备间主要安装总配线设备。当信息通信设施与配线设备分别设置时考虑到设备电缆有长度限制的要求，安装总配线架的设备间与安装电话交换机及计算机主机的设备间之间的距离不宜太远。

如果一个设备间以10m²计，大约能安装5个19″的机柜。在机柜中安装电话大对数电缆多对卡接式模块，数据主干缆线配线设备模块，大约能支持总量为6000个信息点所需（其中电话和数据信息点各占50%）的建筑物配线设备安装空间。

6.4 进线间

进线间一个建筑物宜设置1个，一般位于地下层，外线宜从两个不同的路由引入进线间，有利于与外部管道沟通。进线间与建筑物红外线范围内的人孔或手孔采用管道或通道的方式互连。进线间因涉及因素较多，难以统一提出具体所需面积，可根据建筑物实际情况，并参照通信行业和国家的现行标准要求进行设计，本规范只提出原则要求。

6.5 缆线布放

6.5.2 干线子系统垂直通道有下列三种方式可供选择：

1 电缆孔方式，通常用一根或数根外径63~102mm的金属管预埋在楼板内，金属管高出地面25~50mm，也可直接在楼板上预留一个大小适当的长方形孔洞；孔洞一般不小于600mm×400mm（也可根据工程实际情况确定）。

2 管道方式，包括明管或暗管敷设。

3 电缆竖井方式，在新建工程中，推荐使用电缆竖井的方式。

6.5.6 某些结构（如"+"型等）的6类电缆在布放时为减少对绞电缆之间串音对传输信号的影响，不要求完全做到平直和均匀，甚至可以不绑扎，因此对布线系统管线的利用率提出了较高要求。对于综合布线管线可以采用管径利用率和截面利用率的公式加以计算，得出管道缆线的布放根数。

1 管径利用率=d/D。d为缆线外径；D为管道内径。

2 截面利用率=A_1/A。A_1为穿在管内的缆线总截面积；A为管子的内截面积。

缆线的类型包括大对数屏蔽与非屏蔽电缆（25对、50对、100对），4对对绞屏蔽与非屏蔽中缆（5e类、6类、7类）及光缆（2芯至24芯）等。尤其是6类与屏蔽缆线因构成的方式较复杂，众多缆线的直径与硬度有较大的差异，在设计管线时应引起足够的重视。为了保证水平电缆的传输性能及成束缆线在电缆线槽中或弯角处放不会产生溢出的现象，故提出了线槽利用率在30%~50%的范围。

7 电气防护及接地

7.0.1 随着各种类型的电子信息系统在建筑物内的大量设置，各种干扰源将会影响到综合布线电缆的传输质量与安全。表9列出的射频应用设备又称为ISM设备，我国目前常用的ISM设备大致有15种。

表9 CISPR推荐设备及我国常见ISM设备一览表

序 号	CISPR推荐设备	我国常见ISM设备
1	塑料缝焊机	介质加热设备，如热合机等
2	微波加热器	微波炉
3	超声波焊接与洗涤设备	超声波焊接与洗涤设备
4	非金属干燥器	计算机及数控设备
5	木材胶合干燥器	电子仪器，如信号发生器
6	塑料预热器	超声波探测仪器
7	微波烹饪设备	高频感应加热设备，如高频熔炼炉等
8	医用射频设备	射频溅射设备、医用射频设备

续表9

序 号	CISPR 推荐设备	我国常见 ISM 设备
9	超声波医疗器械	超声波医疗器械,如超声波诊断仪等
10	电灼器械、透热疗设备	透热疗设备,如超短波理疗机等
11	电火花设备	电火花设备
12	射频引弧弧焊机	射频引弧弧焊机
13	火花透热疗法设备	高频手术刀
14	摄谱仪	摄谱仪用等离子电源
15	塑料表面腐蚀设备	高频电火花真空检漏仪

注：国际无线电干扰特别委员会称 CISPR。

7.0.2 本条中第1和第2款综合布线系统选择缆线和配线设备时，应根据用户要求，并结合建筑物的环境状况进行考虑。

当建筑物在建或已建成但尚未投入使用时，为确定综合布线系统的选型，应测定建筑物周围环境的干扰场强度。对系统与其他干扰源之间的距离是否符合规范要求进行摸底，根据取得的数据和资料，用规范中规定的各项指标要求进行衡量，选择合适的器件和采取相应的措施。

光缆布线具有最佳的防电磁干扰性能，既能防电磁泄漏，也不受外界电磁干扰影响，在电磁干扰较严重的情况下，是比较理想的防电磁干扰布线系统。本着技术先进、经济合理、安全适用的设计原则在满足电气防护各项指标的前提下，应首选屏蔽缆线和屏蔽配线设备或采用必要的屏蔽措施进行布线，待光缆和光电转换设备价格下降后，也可采用光缆布线。总之应根据工程的具体情况，合理配置。

如果局部地段与电力线等平行敷设，或接近电动机、电力变压器等干扰源，且不能满足最小净距要求时，可采用钢管或金属线槽等局部措施加以屏蔽处理。

7.0.5 综合布线系统接地导线截面积可参考表10确定。

表10 接地导线选择表

名　称	楼层配线设备至大楼总接地体的距离	
	30m	100m
信息点的数量（个）	75	>75,450
选用绝缘铜导线的截面（mm²）	6~16	16~50

7.0.6 对于屏蔽布线系统的接地做法，一般在配线设备（FD、BD、CD）的安装机柜（机架）内设有接地端子，接地端子与屏蔽模块的屏蔽罩相连通，机柜（机架）接地端子则经过接地导体连至大楼等电位接地体。为了保证全程屏蔽效果，终端设备的屏蔽金属罩可通过相应的方式与TN-S系统的PE线接地，但不属于综合布线系统接地的设计范围。

8 防　火

8.0.2 对于防火缆线的应用分级，北美、欧洲及国际的相应标准中主要以缆线受火的燃烧程度及着火以后，火焰在缆线上蔓延的距离、燃烧的时间、热量与烟雾的释放、释放气体的毒性等指标，并通过实验室模拟缆线燃烧的现场状况实测取得。表11～表13分别列出缆线防火等级与测试标准，仅供参考。

表11 通信缆线国际测试标准

IEC 标准（自高向低排列）	
测试标准	缆线分级
IEC 60332-3C-	—
IEC 60332-1	—

注：参考现行 IEC 标准。

表12 通信电缆欧洲测试标准及分级表

欧盟标准（草案）（自高向低排列）	
测试标准	缆线分级
prEN 50399-2-2 和 EN 50265-2-1	B1
	B2
prEN 50399-2-1 和 EN 50265-2-1	C
	D
EN 50265-2-1	E

注：欧盟 EU CPD 草案。

表13 通信缆线北美测试标准及分级表

测试标准	NEC 标准（自高向低排列）	
	电缆分级	光缆分级
UL910(NFPA262)	CMP（阻燃级）	OFNP 或 OFCP
UL1666	CMR（主干级）	OFNR 或 OFCR
UL1581	CM、CMG（通用级）	OFN(G) 或 OFC(G)
VW-1	CMX（住宅级）	

注：参考现行 NEC 2002 版。

对欧洲、美洲、国际的缆线测试标准进行同等比较以后，建筑物的缆线在不同的场合与安装敷设方式时，建议选用符合相应防火等级的缆线，并按以下几种情况分别列出：

1 在通风空间内（如吊顶内及高架地板下等）采用敞开方式敷设缆线时，可选用CMP级（光缆为OFNP或OFCP）或B1级。

2 在缆线竖井内的主干缆线采用敞开的方式敷设时，可选用CMR级（光缆为OFNR或OFCR）或B2、C级。

3 在使用密封的金属管槽做防火保护的敷设条件下，缆线可选用CM级（光缆为OFN或OFC）或D级。

中华人民共和国国家标准

综合布线系统工程验收规范

Code for engineering acceptance of generic cabling system

GB 50312—2007

主编部门：中华人民共和国信息产业部
批准部门：中华人民共和国建设部
施行日期：2007年10月1日

中华人民共和国建设部
公 告

第 620 号

建设部关于发布国家标准
《综合布线系统工程验收规范》的公告

现批准《综合布线系统工程验收规范》为国家标准，编号为 GB 50312—2007，自 2007 年 10 月 1 日起实施。其中，第 5.2.5 条为强制性条文，必须严格执行。原《建筑与建筑群综合布线系统工程验收规范》GB/T 50312—2000 同时废止。

本规范由建设部标准定额研究所组织中国计划出版社出版发行。

中华人民共和国建设部
二〇〇七年四月六日

前 言

本规范是根据建设部建标〔2004〕67 号文件《关于印发"二〇〇四年工程建设国家标准制定、修订计划"的通知》的要求，对原《建筑与建筑群综合布线系统工程验收规范》GB/T 50312—2000 工程建设国家标准进行了修订，由信息产业部作为主编部门，中国移动通信集团设计院有限公司会同其他参编单位组成规范编写组共同编写完成的。

本规范在修订过程中，编制组进行了广泛的市场调查并展开了多项专题研究，认真总结了规范执行过程中的经验和教训，加以补充完善和修改，广泛吸取国内有关单位和专家的意见。同时，参考了国内外相关标准规定的内容。

本规范中以黑体字标志的条文为强制性条文，必须严格执行。

本规范由建设部负责管理和对强制性条文的解释，信息产业部负责日常管理，中国移动通信集团设计院有限公司负责具体技术内容的解释。在应用过程中如有需要修改与补充的建议，请将有关资料寄送中国移动通信集团设计院有限公司（地址：北京市海淀区丹棱街 16 号，邮编：100080），以供修订时参考。

本规范主编单位、参编单位和主要起草人：

主 编 单 位：中国移动通信集团设计院有限公司
参 编 单 位：中国建筑标准设计研究院
中国建筑设计研究院
中国建筑东北设计研究院
现代集团华东建筑设计研究院有限公司
五洲工程设计研究院

主要起草人：张 宜 张晓微 孙 兰 李雪佩
张文才 陈 琪 成 彦 温伯银
赵济安 瞿二澜 朱立彤 刘 侃
陈汉民

目 次

1 总则 ·············· 15—4
2 环境检查 ·············· 15—4
3 器材及测试仪表工具检查 ·············· 15—4
4 设备安装检验 ·············· 15—5
5 缆线的敷设和保护方式检验 ·············· 15—5
　5.1 缆线的敷设 ·············· 15—5
　5.2 保护措施 ·············· 15—6
6 缆线终接 ·············· 15—7
7 工程电气测试 ·············· 15—8
8 管理系统验收 ·············· 15—9
9 工程验收 ·············· 15—9
附录 A 综合布线系统工程检验项目及内容 ·············· 15—10
附录 B 综合布线系统工程电气测试方法及测试内容 ·············· 15—11
附录 C 光纤链路测试方法 ·············· 15—18
附录 D 综合布线工程管理系统验收内容 ·············· 15—19
附录 E 测试项目和技术指标含义 ·············· 15—20
本规范用词说明 ·············· 15—21
附：条文说明 ·············· 15—22

1 总则

1.0.1 为统一建筑与建筑群综合布线系统工程施工质量检查、随工检验和竣工验收等工作的技术要求,特制定本规范。

1.0.2 本规范适用于新建、扩建和改建建筑与建筑群综合布线系统工程的验收。

1.0.3 综合布线系统工程实施中采用的工程技术文件、承包合同文件对工程质量验收的要求不得低于本规范规定。

1.0.4 在施工过程中,施工单位必须执行本规范有关施工质量检查的规定。建设单位应通过工地代表或工程监理人员加强工地的随工质量检查,及时组织隐蔽工程的检验和验收。

1.0.5 综合布线系统工程应符合设计要求,工程验收前应进行自检测试、竣工验收测试工作。

1.0.6 综合布线系统工程的验收,除应符合本规范外,还应符合国家现行有关技术标准、规范的规定。

2 环境检查

2.0.1 工作区、电信间、设备间的检查应包括下列内容:

1 工作区、电信间、设备间土建工程已全部竣工。房屋地面平整、光洁,门的高度和宽度应符合设计要求。

2 房屋预埋线槽、暗管、孔洞和竖井的位置、数量、尺寸均应符合设计要求。

3 铺设活动地板的场所,活动地板防静电措施及接地应符合设计要求。

4 电信间、设备间应提供220V带保护接地的单相电源插座。

5 电信间、设备间应提供可靠的接地装置,接地电阻值及接地装置的设置应符合设计要求。

6 电信间、设备间的位置、面积、高度、通风、防火及环境温、湿度等应符合设计要求。

2.0.2 建筑物进线间及入口设施的检查应包括下列内容:

1 引入管道与其他设施如电气、水、煤气、下水道等的位置间距应符合设计要求。

2 引入缆线采用的敷设方法应符合设计要求。

3 管线入口部位的处理应符合设计要求,并应检查采取排水及防止气、水、虫等进入的措施。

4 进线间的位置、面积、高度、照明、电源、接地、防火、防水等应符合设计要求。

2.0.3 有关设施的安装方式应符合设计文件规定的抗震要求。

3 器材及测试仪表工具检查

3.0.1 器材检验应符合下列要求:

1 工程所用缆线和器材的品牌、型号、规格、数量、质量应在施工前进行检查,应符合设计要求并具备相应的质量文件或证书,无出厂检验证明材料、质量文件或与设计不符者不得在工程中使用。

2 进口设备和材料应具有产地证明和商检证明。

3 经检验的器材应做好记录,对不合格的器件应单独存放,以备核查与处理。

4 工程中使用的缆线、器材应与订货合同或封存的产品在规格、型号、等级上相符。

5 备品、备件及各类文件资料应齐全。

3.0.2 配套型材、管材与铁件的检查应符合下列要求:

1 各种型材的材质、规格、型号应符合设计文件的规定,表面应光滑、平整,不得变形、断裂。预埋金属线槽、过线盒、接线盒及桥架等表面涂覆或镀层应均匀、完整,不得变形、损坏。

2 室内管材采用金属管或塑料管时,其管身应光滑、无伤痕,管孔无变形,孔径、壁厚应符合设计要求。

金属管槽应根据工程环境要求做镀锌或其他防腐处理。塑料管槽必须采用阻燃管槽,外壁应具有阻燃标记。

3 室外管道应按通信管道工程验收的相关规定进行检验。

4 各种铁件的材质、规格均应符合相应质量标准,不得有歪斜、扭曲、飞刺、断裂或破损。

5 铁件的表面处理和镀层应均匀、完整,表面光洁,无脱落、气泡等缺陷。

3.0.3 缆线的检验应符合下列要求:

1 工程使用的电缆和光缆型式、规格及缆线的防火等级应符合设计要求。

2 缆线所附标志、标签内容应齐全、清晰,外包装应注明型号和规格。

3 缆线外包装和外护套需完整无损,当外包装损坏严重时,应测试合格后再在工程中使用。

4 电缆应附有本批量的电气性能检验报告,施工前应进行链路或信道的电气性能及缆线长度的抽验,并做测试记录。

5 光缆开盘后应先检查光缆端头封装是否良好。光缆外包装或光缆护套如有损伤,应对该盘光缆进行光纤性能指标测试,如有断纤,应进行处理,待检查合格才允许使用。光纤检测完毕,光缆端头应密封固定,恢复外包装。

6 光纤接插软线或光跳线检验应符合下列规定:

 1)两端的光纤连接器件端面应装配合适的保护盖帽。

2) 光纤类型应符合设计要求,并应有明显的标记。

3.0.4 连接器件的检验应符合下列要求:

1 配线模块、信息插座模块及其他连接器件的部件应完整,电气和机械性能等指标符合相应产品生产的质量标准。塑料材质应具有阻燃性能,并应满足设计要求。

2 信号线路浪涌保护器各项指标应符合有关规定。

3 光纤连接器件及适配器使用型式和数量、位置应与设计相符。

3.0.5 配线设备的使用应符合下列规定:

1 光、电缆配线设备的型式、规格应符合设计要求。

2 光、电缆配线设备的编排及标志名称应与设计相符。各类标志名称应统一,标志位置正确、清晰。

3.0.6 测试仪表和工具的检验应符合下列要求:

1 应事先对工程中需要使用的仪表和工具进行测试或检查,缆线测试仪表应附有相应检测机构的证明文件。

2 综合布线系统的测试仪表应能测试相应类别工程的各种电气性能及传输特性,其精度符合相应要求。测试仪表的精度应按相应的鉴定规程和校准方法进行定期检查和校准,经过相应计量部门校验取得合格证后,方可在有效期内使用。

3 施工工具,如电缆或光缆的接续工具:剥线器、光缆切断器、光纤熔接机、光纤磨光机、卡接工具等必须进行检查,合格后方可在工程中使用。

3.0.7 现场尚无检测手段取得屏蔽布线系统所需的相关技术参数时,可将认证检测机构或生产厂家附有的技术报告作为检查依据。

3.0.8 对绞电缆电气性能、机械特性、光缆传输性能及连接器件的具体技术指标和要求,应符合设计要求。经过测试与检查,性能指标不符合设计要求的设备和材料不得在工程中使用。

4 设备安装检验

4.0.1 机柜、机架安装应符合下列要求:

1 机柜、机架安装位置应符合设计要求,垂直偏差度不应大于3mm。

2 机柜、机架上的各种零件不得脱落或碰坏,漆面不应有脱落及划痕,各种标志应完整、清晰。

3 机柜、机架、配线设备箱体、电缆桥架及线槽等设备的安装应牢固,如有抗震要求,应按抗震设计进行加固。

4.0.2 各类配线部件安装应符合下列要求:

1 各部件应完整,安装就位,标志齐全。

2 安装螺丝必须拧紧,面板应保持在一个平面上。

4.0.3 信息插座模块安装应符合下列要求:

1 信息插座模块、多用户信息插座、集合点配线模块安装位置和高度应符合设计要求。

2 安装在活动地板内或地面上时,应固定在接线盒内,插座面板采用直立和水平等形式;接线盒盖可开启,并应具有防水、防尘、抗压功能。接线盒盖面应与地面齐平。

3 信息插座底盒同时安装信息插座模块和电源插座时,间距及采取的防护措施应符合设计要求。

4 信息插座模块明装底盒的固定方法根据施工现场条件而定。

5 固定螺丝需拧紧,不应产生松动现象。

6 各种插座面板应有标识,以颜色、图形、文字表示所接终端设备业务类型。

7 工作区内终接光缆的光纤连接器件及适配器安装底盒应具有足够的空间,并应符合设计要求。

4.0.4 电缆桥架及线槽的安装应符合下列要求:

1 桥架及线槽的安装位置应符合施工图要求,左右偏差不应超过50mm。

2 桥架及线槽水平度每米偏差不应超过2mm。

3 垂直桥架及线槽应与地面保持垂直,垂直度偏差不应超过3mm。

4 线槽截断处及两线槽拼接处应平滑、无毛刺。

5 吊架和支架安装应保持垂直,整齐牢固,无歪斜现象。

6 金属桥架、线槽及金属管各段之间应保持连接良好,安装牢固。

7 采用吊顶支撑柱布放缆线时,支撑点宜避开地面沟槽和线槽位置,支撑应牢固。

4.0.5 安装机柜、机架、配线设备屏蔽层及金属管、线槽、桥架使用的接地体应符合设计要求,就近接地,并应保持良好的电气连接。

5 缆线的敷设和保护方式检验

5.1 缆线的敷设

5.1.1 缆线敷设应满足下列要求:

1 缆线的型式、规格应与设计规定相符。

2 缆线在各种环境中的敷设方式、布放间距均应符合设计要求。

3 缆线的布放应自然平直,不得产生扭绞、打圈、接头等现象,不应受外力的挤压和损伤。

4 缆线两端应贴有标签,应标明编号,标签书写应清晰、端正和正确。标签应选用不易损坏的材料。

5 缆线应有余量以适应终接、检测和变更。对绞电缆预留长度:在工作区宜为3~6cm,电信间宜为0.5~2m,设备间宜为3~5m;光缆布放路由宜盘留，预留长度宜为3~5m，有特殊要求的应按设计要求预留长度。

  6 缆线的弯曲半径应符合下列规定：

   1）非屏蔽4对对绞电缆的弯曲半径应至少为电缆外径的4倍。

   2）屏蔽4对对绞电缆的弯曲半径至少为电缆外径的8倍。

   3）主干对绞电缆的弯曲半径应至少为电缆外径的10倍。

   4）2芯或4芯水平光缆的弯曲半径应大于25mm；其他芯数的水平光缆、主干光缆和室外光缆的弯曲半径应至少为光缆外径的10倍。

  7 缆线间的最小净距应符合设计要求：

   1）电源线、综合布线系统缆线应分隔布放，并应符合表5.1.1-1的规定。

表5.1.1-1 对绞电缆与电力电缆最小净距

条件	最小净距（mm）		
	380V <2kV·A	380V 2~5kV·A	380V >5kV·A
对绞电缆与电力电缆平行敷设	130	300	600
有一方在接地的金属槽道或钢管中	70	150	300
双方均在接地的金属槽道或钢管中②	10①	80	150

注：①当380V电力电缆<2kV·A，双方都在接地的线槽中，且平行长度≤10m时，最小间距可为10mm。
②双方都在接地的线槽中，系指两个不同的线槽，也可在同一线槽中用金属板隔开。

   2）综合布线与配电箱、变电室、电梯机房、空调机房之间最小净距宜符合表5.1.1-2的规定。

表5.1.1-2 综合布线电缆与其他机房最小净距

名称	最小净距（m）	名称	最小净距（m）
配电箱	1	电梯机房	2
变电室	2	空调机房	2

   3）建筑物内电、光缆暗管敷设与其他管线最小净距见表5.1.1-3的规定。

表5.1.1-3 综合布线缆线及管线与其他管线的间距

管线种类	平行净距（mm）	垂直交叉净距（mm）
避雷引下线	1000	300
保护地线	50	20
热力管（不包封）	500	500
热力管（包封）	300	300
给水管	150	20
煤气管	300	20
压缩空气管	150	20

   4）综合布线缆线宜单独敷设，与其他弱电系统各子系统缆线间距应符合设计要求。

   5）对于有安全保密要求的工程，综合布线缆线与信号线、电力线、接地线的间距应符合相应的保密规定。对于具有安全保密要求的缆线应采取独立的金属管或金属线槽敷设。

  8 屏蔽电缆的屏蔽层端到端应保持完好的导通性。

5.1.2 预埋线槽和暗管敷设缆线应符合下列规定：

  1 敷设线槽和暗管的两端宜用标志表示出编号等内容。

  2 预埋线槽宜采用金属线槽，预埋或密封线槽的截面利用率应为30%~50%。

  3 敷设暗管宜采用钢管或阻燃聚氯乙烯硬质管。布放大对数主干电缆及4芯以上光缆时，直线管道的管径利用率应为50%~60%，弯管道应为40%~50%。暗管布放4对对绞电缆或4芯及以下光缆时，管道的截面利用率应为25%~30%。

5.1.3 设置缆线桥架和线槽敷设缆线应符合下列规定：

  1 密封线槽内缆线布放应顺直，尽量不交叉，在缆线进出线槽部位、转弯处应绑扎固定。

  2 缆线桥架内缆线垂直敷设时，在缆线的上端和每间隔1.5m处应固定在桥架的支架上；水平敷设时，在缆线的首、尾、转弯及每间隔5~10m处进行固定。

  3 在水平、垂直桥架中敷设缆线时，应对缆线进行绑扎。对绞电缆、光缆及其他信号电缆应根据缆线的类别、数量、缆径、缆线芯数分束绑扎。绑扎间距不宜大于1.5m，间距应均匀，不宜绑扎过紧或使缆线受到挤压。

  4 楼内光缆在桥架敞开敷设时应在绑扎固定段加装垫套。

5.1.4 采用吊顶支撑柱作为线槽在顶棚内敷设缆线时，每根支撑柱所辖范围内的缆线可以不设置密封线槽进行布放，但应分束绑扎，缆线应阻燃，缆线选用应符合设计要求。

5.1.5 建筑群子系统采用架空、管道、直埋、墙壁及暗管敷设电、光缆的施工技术要求应按照本地网通信线路工程验收的相关规定执行。

5.2 保护措施

5.2.1 配线子系统缆线敷设保护应符合下列要求：

  1 预埋金属线槽保护要求：

   1）在建筑物中预埋线槽，宜按单层设置，每一路由进出同一过路盒的预埋线槽均不应超过3根，线槽截面高度不宜超过25mm，总宽度不宜超过300mm。线槽路由中若包括过线盒和出线盒，截面高度宜在70～100mm范围内。
   2) 线槽直埋长度超过30m或在线槽路由交叉、转弯时，宜设置过线盒，以便于布放缆线和维修。
   3) 过线盒盖能开启，并与地面齐平，盒盖处应具有防灰与防水功能。
   4) 过线盒和接线盒盒盖应能抗压。
   5) 从金属线槽至信息插座模块接线盒间或金属线槽与金属钢管之间相连接时的缆线宜采用金属软管敷设。
 2 预埋暗管保护要求：
   1) 预埋在墙体中间暗管的最大管外径不宜超过50mm，楼板中暗管的最大管外径不宜超过25mm，室外管道进入建筑物的最大管外径不宜超过100mm。
   2) 直线布管每30m处应设置过线盒装置。
   3) 暗管的转弯角度应大于90°，在路径上每根暗管的转弯角不得多于2个，并不应有S弯出现，有转弯的管段长度超过20m时，应设置管线过线盒装置；有2个弯时，不超过15m应设置过线盒。
   4) 暗管管口应光滑，并加有护口保护，管口伸出部位宜为25～50mm。
   5) 至楼层电信间暗管的管口应排列有序，便于识别与布放缆线。
   6) 暗管内应安置牵引线或拉线。
   7) 金属管明敷时，在距接线盒300mm处，弯头处的两端，每隔3m处应采用管卡固定。
   8) 管路转弯的曲率半径不应小于所穿入缆线的最小允许弯曲半径，并且不应小于该管外径的6倍，如暗管外径大于50mm时，不应小于10倍。
 3 设置缆线桥架和线槽保护要求：
   1) 缆线桥架底部应高于地面2.2m及以上，顶部距建筑物楼板不宜小于300mm，与梁及其他障碍物交叉处间的距离不宜小于50mm。
   2) 缆线桥架水平敷设时，支撑间距宜为1.5～3m。垂直敷设时固定在建筑物结构体上的间距宜小于2m，距地1.8m以下部分应加金属盖板保护，或采用金属走线柜包封，门应可开启。
   3) 直线段缆线桥架每超过15～30m或跨越建筑物变形缝时，应设置伸缩补偿装置。
   4) 金属线槽敷设时，在下列情况下应设置支架或吊架：线槽接头处；每间距3m处；离开线槽两端出口0.5m处；转弯处。
   5) 塑料线槽槽底固定点间距为1m。
   6) 缆线桥架和缆线线槽转弯半径不应小于槽内线缆的最小允许弯曲半径，线槽直角弯处最小弯曲半径不应小于槽内最粗缆线外径的10倍。
   7) 桥架和线槽穿过防火墙体或楼板时，缆线布放完成后应采取防火封堵措施。
 4 网络地板缆线敷设保护要求：
   1) 线槽之间应沟通。
   2) 线槽盖板应可开启。
   3) 主线槽的宽度宜在200～400mm，支线槽宽度不宜小于70mm。
   4) 可开启的线槽盖板与明装插座底盒间应采用金属软管连接。
   5) 地板块与线槽盖板应抗压、抗冲击和阻燃。
   6) 当网络地板具有防静电功能时，地板整体应接地。
   7) 网络地板块间的金属线槽段与段之间应保持良好导通并接地。
 5 在架空活动地板下敷设缆线时，地板内净空应为150～300mm。若空调采用下送风方式则地板内净高应为300～500mm。
 6 吊顶支撑柱中电力线和综合布线缆线合一布放时，中间应有金属板隔开，间距应符合设计要求。
5.2.2 当综合布线缆线与大楼弱电系统缆线采用同一线槽或桥架敷设时，子系统之间应采用金属板隔开，间距应符合设计要求。
5.2.3 干线子系统缆线敷设保护方式应符合下列要求：
 1 缆线不得布放在电梯或供水、供气、供暖管道竖井中，缆线不应布放在强电竖井中。
 2 电信间、设备间、进线间之间干线通道应沟通。
5.2.4 建筑群子系统缆线敷设保护方式应符合设计要求。
5.2.5 当电缆从建筑物外面进入建筑物时，应选用适配的信号线路浪涌保护器，信号线路浪涌保护器应符合设计要求。

6 缆线终接

6.0.1 缆线终接应符合下列要求：
 1 缆线在终接前，必须核对缆线标识内容是否正确。
 2 缆线中间不应有接头。
 3 缆线终接处必须牢固、接触良好。
 4 对绞电缆与连接器件连接应认准线号、线位色标，不得颠倒和错接。
6.0.2 对绞电缆终接应符合下列要求：
 1 终接时，每对对绞线应保持扭绞状态，扭绞松开长度对于3类电缆不应大于75mm；对于5类电缆不应大于13mm；对于6类电缆应尽量保持扭绞状态，减小扭绞松开长度。

2 对绞线与8位模块式通用插座相连时，必须按色标和线对顺序进行卡接。插座类型、色标和编号应符合图6.0.2的规定。两种连接方式均可采用，但在同一布线工程中两种连接方式不应混合使用。

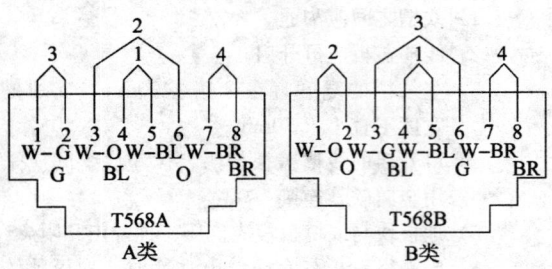

图6.0.2 8位模块式通用插座连接
G (Green)—绿；BL (Blue)—蓝；BR (Brown)—棕；
W (White)—白；O (Orange)—橙

3 7类布线系统采用非RJ45方式终接时，连接图应符合相关标准规定。

4 屏蔽对绞电缆的屏蔽层与连接器件终接处屏蔽罩应通过紧固器件可靠接触，缆线屏蔽层应与连接器件屏蔽罩360°圆周接触，接触长度不宜小于10mm。屏蔽层不应用于受力的场合。

5 对不同的屏蔽对绞线或屏蔽电缆，屏蔽层应采用不同的端接方法。应对编织层或金属箔与汇流导线进行有效的端接。

6 每个2口86面板底盒宜终接2条对绞电缆或1根2芯/4芯光缆，不宜兼做过路盒使用。

6.0.3 光缆终接与接续应采用下列方式：

1 光纤与连接器件连接可采用尾纤熔接、现场研磨和机械连接方式。

2 光纤与光纤接续可采用熔接和光连接子（机械）连接方式。

6.0.4 光缆芯线终接应符合下列要求：

1 采用光纤连接盘对光纤进行连接、保护，在连接盘中光纤的弯曲半径应符合安装工艺要求。

2 光纤熔接处应加以保护和固定。

3 光纤连接盘面板应有标志。

4 光纤连接损耗值，应符合表6.0.4的规定。

表6.0.4 光纤连接损耗值（dB）

连接类别	多模		单模	
	平均值	最大值	平均值	最大值
熔接	0.15	0.3	0.15	0.3
机械连接	—	0.3	—	0.3

6.0.5 各类跳线的终接应符合下列规定：

1 各类跳线缆线和连接器件间接触应良好，接线无误，标志齐全。跳线选用类型应符合系统设计要求。

2 各类跳线长度应符合设计要求。

7 工程电气测试

7.0.1 综合布线工程电气测试包括电缆系统电气性能测试及光纤系统性能测试。电缆系统电气性能测试项目应根据布线信道或链路的设计等级和布线系统的类别要求制定。各项测试结果应有详细记录，作为竣工资料的一部分。测试记录内容和形式宜符合表7.0.1-1和表7.0.1-2的要求。

表7.0.1-1 综合布线系统工程电缆（链路/信道）性能指标测试记录

序号	工程项目名称									备注
	编号			内容						
				电缆系统						
	地址号	缆线号	设备号	长度	接线图	衰减	近端串音	……	电缆屏蔽层连通情况	其他任选项目	
测试日期、人员及测试仪表型号测试仪表精度										
处理情况										

表 7.0.1-2 综合布线系统工程光纤（链路/信道）性能指标测试记录

工程项目名称											
序号	编号			光缆系统							备注
				多模				单模			
	地址号	缆线号	设备号	850nm		1300nm		1310nm		1550nm	
				衰减（插入损耗）	长度	衰减（插入损耗）	长度	衰减（插入损耗）	长度	衰减（插入损耗）	长度	
测试日期、人员及测试仪表型号测试仪表精度											
处理情况											

7.0.2 对绞电缆及光纤布线系统的现场测试仪应符合下列要求：

1 应能测试信道与链路的性能指标。

2 应具有针对不同布线系统等级的相应精度，应考虑测试仪的功能、电源、使用方法等因素。

3 测试仪精度应定期检测，每次现场测试前仪表厂家应出示测试仪的精度有效期限证明。

7.0.3 测试仪表应具有测试结果的保存功能并提供输出端口，将所有存贮的测试数据输出至计算机和打印机，测试数据必须不被修改，并进行维护和文档管理。测试仪表应提供所有测试项目、概要和详细的报告。测试仪表宜提供汉化的通用人机界面。

8 管理系统验收

8.0.1 综合布线管理系统宜满足下列要求：

1 管理系统级别的选择应符合设计要求。

2 需要管理的每个组成部分均设置标签，并由唯一的标识符进行表示，标识符与标签的设置应符合设计要求。

3 管理系统的记录文档应详细完整并汉化，包括每个标识符相关信息、记录、报告、图纸等。

4 不同级别的管理系统可采用通用电子表格、专用管理软件或电子配线设备等进行维护管理。

8.0.2 综合布线管理系统的标识符与标签的设置应符合下列要求：

1 标识符应包括安装场地、缆线终端位置、缆线管道、水平链路、主干缆线、连接器件、接地等类型的专用标识，系统中每一组件应指定一个唯一标识符。

2 电信间、设备间、进线间所设置配线设备及信息点处均应设置标签。

3 每根缆线应指定专用标识符，标在缆线的护套上或在距每一端护套300mm内设置标签，缆线的终接点应设置标签标记指定的专用标识符。

4 接地体和接地导线应指定专用标识符，标签应设置在靠近导线和接地体的连接处的明显部位。

5 根据设置的部位不同，可使用粘贴型、插入型或其他类型标签。标签表示内容应清晰，材质应符合工程应用环境要求，具有耐磨、抗恶劣环境、附着力强等性能。

6 终接色标应符合缆线的布放要求，缆线两端终接点的色标颜色应一致。

8.0.3 综合布线系统各个组成部分的管理信息记录和报告，应包括如下内容：

1 记录应包括管道、缆线、连接器件及连接位置、接地等内容，各部分记录中应包括相应的标识符、类型、状态、位置等信息。

2 报告应包括管道、安装场地、缆线、接地系统等内容，各部分报告中应包括相应的记录。

8.0.4 综合布线系统工程如采用布线工程管理软件和电子配线设备组成的系统进行管理和维护工作，应按专项系统工程进行验收。

9 工 程 验 收

9.0.1 竣工技术文件应按下列要求进行编制：

1 工程竣工后，施工单位应在工程验收以前，将工程竣工技术资料交给建设单位。

2 综合布线系统工程的竣工技术资料应包括以下内容：

1) 安装工程量。

2) 工程说明。

3) 设备、器材明细表。

4) 竣工图纸。
5) 测试记录（宜采用中文表示）。
6) 工程变更、检查记录及施工过程中，需更改设计或采取相关措施，建设、设计、施工等单位之间的双方洽商记录。
7) 随工验收记录。
8) 隐蔽工程签证。
9) 工程决算。

  3 竣工技术文件要保证质量，做到外观整洁，内容齐全，数据准确。

9.0.2 综合布线系统工程，应按本规范附录 A 所列项目、内容进行检验。检测结论作为工程竣工资料的组成部分及工程验收的依据之一。

  1 系统工程安装质量检查，各项指标符合设计要求，则被检项目检查结果为合格；被检项目的合格率为100%，则工程安装质量判为合格。

  2 系统性能检测中，对绞电缆布线链路、光纤信道应全部检测，竣工验收需要抽验时，抽样比例不低于10%，抽样点应包括最远布线点。

  3 系统性能检测单项合格判定：
    1) 如果一个被测项目的技术参数测试结果不合格，则该项目判为不合格。如果某一被测项目的检测结果与相应规定的差值在仪表准确度范围内，则该被测项目应判为合格。
    2) 按本规范附录 B 的指标要求，采用 4 对对绞电缆作为水平电缆或主干电缆，所组成的链路或信道有一项指标测试结果不合格，则该水平链路、信道或主干链路判为不合格。
    3) 主干布线大对数电缆中按 4 对对绞线对测试，指标有一项不合格，则判为不合格。
    4) 如果光纤信道测试结果不满足本规范附录 C 的指标要求，则该光纤信道判为不合格。
    5) 未通过检测的链路、信道的电缆线对或光纤信道可在修复后复检。

  4 竣工检测综合合格判定：
    1) 对绞电缆布线全部检测时，无法修复的链路、信道或不合格线对数量有一项超过被测总数的1%，则判为不合格。光缆布线检测时，如果系统中有一条光纤信道无法修复，则判为不合格。
    2) 对绞电缆布线抽样检测时，被抽样检测点（线对）不合格比例不大于被测总数的1%，则视为抽样检测通过，不合格点（线对）应予以修复并复检。被抽样检测点（线对）不合格比例如果大于1%，则视为一次抽样检测未通过，应进行加倍抽样，加倍抽样不合格比例不大于1%，则视为抽样检测通过。若不合格比例仍大于1%，则视为抽样检测不通过，应进行全部检测，并按全部检测要求进行判定。
    3) 全部检测或抽样检测的结论为合格，则竣工检测的最后结论为合格；全部检测的结论为不合格，则竣工检测的最后结论为不合格。

  5 综合布线管理系统检测，标签和标识按10%抽检，系统软件功能全部检测。检测结果符合设计要求，则判为合格。

附录 A 综合布线系统工程检验项目及内容

表 A 检验项目及内容

阶段	验收项目	验收内容	验收方式
施工前检查	1. 环境要求	(1) 土建施工情况：地面、墙面、门、电源插座及接地装置； (2) 土建工艺：机房面积、预留孔洞； (3) 施工电源； (4) 地板铺设； (5) 建筑物入口设施检查	施工前检查
	2. 器材检验	(1) 外观检查； (2) 型式、规格、数量； (3) 电缆及连接器件电气性能测试； (4) 光纤及连接器件特性测试； (5) 测试仪表和工具的检验	
	3. 安全、防火要求	(1) 消防器材； (2) 危险物的堆放； (3) 预留孔洞防火措施	
设备安装	1. 电信间、设备间、设备机柜、机架	(1) 规格、外观； (2) 安装垂直、水平度； (3) 油漆不得脱落，标志完整齐全； (4) 各种螺丝必须紧固； (5) 抗震加固措施； (6) 接地措施	随工检验
	2. 配线模块及8位模块式通用插座	(1) 规格、位置、质量； (2) 各种螺丝必须拧紧； (3) 标志齐全； (4) 安装符合工艺要求； (5) 屏蔽层可靠连接	
电、光缆布放（楼内）	1. 电缆桥架及线槽布放	(1) 安装位置正确； (2) 安装符合工艺要求； (3) 符合布放缆线工艺要求； (4) 接地	
	2. 缆线暗敷（包括暗管、线槽、地板下等方式）	(1) 缆线规格、路由、位置； (2) 符合布放缆线工艺要求； (3) 接地	隐蔽工程签证

续表 A

阶段	验收项目	验收内容	验收方式
电、光缆布放（楼间）	1. 架空缆线	(1) 吊线规格、架设位置、装设规格； (2) 吊线垂度； (3) 缆线规格； (4) 卡、挂间隔； (5) 缆线的引入符合工艺要求	随工检验
	2. 管道缆线	(1) 使用管孔孔位； (2) 缆线规格； (3) 缆线走向； (4) 缆线的防护设施的设置质量	
	3. 埋式缆线	(1) 缆线规格； (2) 敷设位置、深度； (3) 缆线的防护设施的设置质量； (4) 回土夯实质量	隐蔽工程签证
	4. 通道缆线	(1) 缆线规格； (2) 安装位置、路由； (3) 土建设计符合工艺要求	
	5. 其他	(1) 通信线路与其他设施的间距； (2) 进线室设施安装、施工质量	随工检验或隐蔽工程签证
缆线终接	1. 8位模块式通用插座	符合工艺要求	随工检验
	2. 光纤连接器件	符合工艺要求	
	3. 各类跳线	符合工艺要求	
	4. 配线模块	符合工艺要求	
系统测试	1. 工程电气性能测试	(1) 连接图； (2) 长度； (3) 衰减； (4) 近端串音； (5) 近端串音功率和； (6) 衰减串音比； (7) 衰减串音比功率和； (8) 等电平远端串音； (9) 等电平远端串音功率和； (10) 回波损耗； (11) 传播时延； (12) 传播时延偏差； (13) 插入损耗； (14) 直流环路电阻； (15) 设计中特殊规定的测试内容； (16) 屏蔽层的导通	竣工检验
	2. 光纤特性测试	(1) 衰减； (2) 长度	

续表 A

阶段	验收项目	验收内容	验收方式
管理系统	1. 管理系统级别	符合设计要求	竣工检验
	2. 标识符与标签设置	(1) 专用标识符类型及组成； (2) 标签设置； (3) 标签材质及色标	
	3. 记录和报告	(1) 记录信息； (2) 报告； (3) 工程图纸	
工程总验收	1. 竣工技术文件	清点、交接技术文件	
	2. 工程验收评价	考核工程质量，确认验收结果	

注：系统测试内容的验收亦可在随工中进行检验。

附录 B 综合布线系统工程电气测试方法及测试内容

B.0.1 3类和5类布线系统按照基本链路和信道进行测试，5e类和6类布线系统按照永久链路和信道进行测试，测试按图 B.0.1-1～图 B.0.1-3 进行连接。

1 基本链路连接模型应符合图 B.0.1-1 的方式。

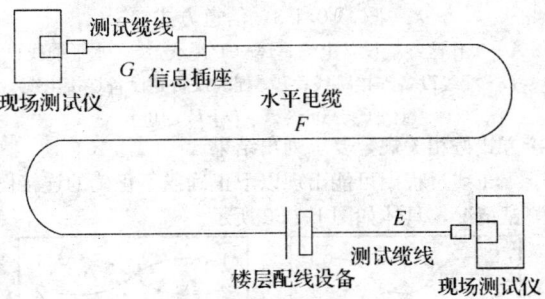

图 B.0.1-1 基本链路方式
$G=E=2m$ $F \leqslant 90m$

2 永久链路连接模型：适用于测试固定链路（水平电缆及相关连接器件）性能。链路连接应符合图 B.0.1-2 的方式。

3 信道连接模型：在永久链路连接模型的基础上，包括了工作区和电信间的设备电缆和跳线在内的整体信道性能。信道连接应符合图 B.0.1-3 方式。

信道包括：最长90m的水平缆线、信息插座模块、集合点、电信间的配线设备、跳线、设备线缆在内，总长不得大于100m。

B.0.2 测试包括以下内容：

1 接线图的测试，主要测试水平电缆终接在工作区或电信间配线设备的8位模块式通用插座的安装连接正确或错误。正确的线对组合为：1/2、3/6、4/5、7/8，分为非屏蔽和屏蔽两类，对于非RJ45的连

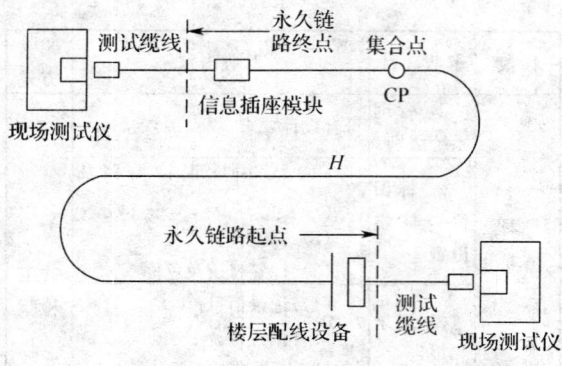

图 B.0.1-2 永久链路方式
H—从信息插座至楼层配线设备
（包括集合点）的水平电缆，$H \leqslant 90m$

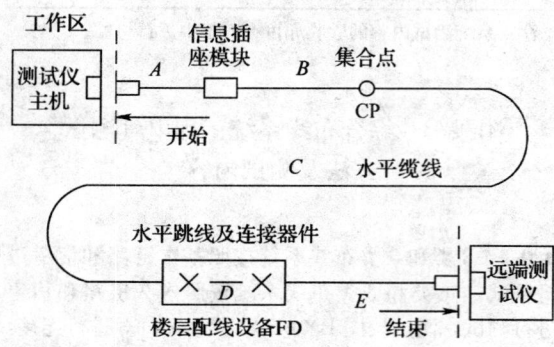

图 B.0.1-3 信道方式
A—工作区终端设备电缆；B—CP 缆线；C—水平缆线；
D—配线设备连接跳线；E—配线设备到设备连接电缆
$B+C \leqslant 90m$　$A+D+E \leqslant 10m$

接方式按相关规定要求列出结果。

布线过程中可能出现以下正确或不正确的连接图测试情况，具体如图 B.0.2 所示。

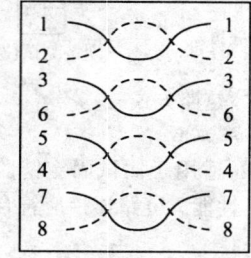
（a）正确连接

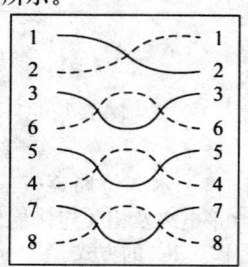
（b）反向线对

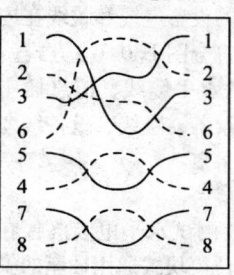
（c）交叉线对

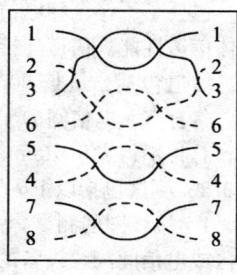
（d）串对

图 B.0.2 接线图

2 布线链路及信道缆线长度应在测试连接图所要求的极限长度范围之内。

B.0.3 3 类和 5 类水平链路及信道测试项目及性能指标应符合表 B.0.3-1 和表 B.0.3-2 的要求（测试条件为环境温度 20℃）。

表 B.0.3-1　3 类水平链路及信道性能指标

频率（MHz）	基本链路性能指标		信道性能指标	
	近端串音(dB)	衰减(dB)	近端串音(dB)	衰减(dB)
1.00	40.1	3.2	39.1	4.2
4.00	30.7	6.1	29.3	7.3
8.00	25.9	8.8	24.3	10.2
10.00	24.3	10.0	22.7	11.5
16.00	21.0	13.2	19.3	14.9
长度（m）	94		100	

表 B.0.3-2　5 类水平链路及信道性能指标

频率（MHz）	基本链路性能指标		信道性能指标	
	近端串音(dB)	衰减(dB)	近端串音(dB)	衰减(dB)
1.00	60.0	2.1	60.0	2.5
4.00	51.8	4.0	50.6	4.5
8.00	47.1	5.7	45.6	6.3
10.00	45.5	6.3	44.0	7.0
16.00	42.3	8.2	40.6	9.2
20.00	40.7	9.2	39.0	10.3
25.00	39.1	10.3	37.4	11.4
31.25	37.6	11.5	35.7	12.8
62.50	32.7	16.7	30.6	18.5
100.00	29.3	21.6	27.1	24.0
长度（m）	94		100	

注：基本链路长度为 94m，包括 90m 水平缆线及 4m 测试仪表的测试电缆长度，在基本链路中不包括 CP 点。

B.0.4 5e 类、6 类和 7 类信道测试项目及性能指标应符合以下要求（测试条件为环境温度 20℃）。

1 回波损耗（RL）：只在布线系统中的 C、D、E、F 级采用，信道的每一线对和布线的两端均应符合回波损耗值的要求，布线系统信道的最小回波损耗值应符合表 B.0.4-1 的规定，并可参考表 B.0.4-2 所列关键频率的回波损耗建议值。

表 B.0.4-1　信道回波损耗值

级别	频率（MHz）	最小回波损耗（dB）
C	$1 \leqslant f \leqslant 16$	15.0
D	$1 \leqslant f < 20$	17.0
	$20 \leqslant f \leqslant 100$	$30 - 10 \lg(f)$
E	$1 \leqslant f < 10$	19.0
	$10 \leqslant f < 40$	$24 - 5 \lg(f)$
	$40 \leqslant f < 250$	$32 - 10 \lg(f)$
F	$1 \leqslant f < 10$	19.0
	$10 \leqslant f < 40$	$24 - 5 \lg(f)$
	$40 \leqslant f < 251.2$	$32 - 10 \lg(f)$
	$251.2 \leqslant f \leqslant 600$	8.0

表 B.0.4-2 信道回波损耗建议值

频率(MHz)	最小回波损耗 (dB)			
	C级	D级	E级	F级
1	15.0	17.0	19.0	19.0
16	15.0	17.0	18.0	18.0
100	—	10.0	12.0	12.0
250	—	—	8.0	8.0
600	—	—	—	8.0

2 插入损耗（IL）：布线系统信道每一线对的插入损耗值应符合表 B.0.4-3 的规定，并可参考表 B.0.4-4 所列关键频率的插入损耗建议值。

表 B.0.4-3 信道插入损耗值

级别	频率(MHz)	最大插入损耗（dB）
A	$f=0.1$	16.0
B	$f=0.1$	5.5
	$f=1$	5.8
C	$1 \leq f \leq 16$	$1.05 \times (3.23\sqrt{f}) + 4 \times 0.2$
D	$1 \leq f \leq 100$	$1.05 \times (1.9108\sqrt{f} + 0.0222 \times f + 0.2/\sqrt{f}) + 4 \times 0.04 \times \sqrt{f}$
E	$1 \leq f \leq 250$	$1.05 \times (1.82\sqrt{f} + 0.0169 \times f + 0.25/\sqrt{f}) + 4 \times 0.02 \times \sqrt{f}$
F	$1 \leq f \leq 600$	$1.05 \times (1.8\sqrt{f} + 0.01 \times f + 0.2/\sqrt{f}) + 4 \times 0.02 \times \sqrt{f}$

注：插入损耗（IL）的计算值小于 4.0dB 时均按 4.0dB 考虑。

表 B.0.4-4 信道插入损耗建议值

频率(MHz)	最大插入损耗 (dB)				
	A级	B级	C级	D级	E级	F级
0.1	16.0	5.5	—	—	—	—
1	—	5.8	4.2	4.0	4.0	4.0
16	—	—	14.4	9.1	8.3	8.1
100	—	—	—	24.0	21.7	20.8
250	—	—	—	—	35.9	33.8
600	—	—	—	—	—	54.6

3 近端串音（NEXT）：在布线系统信道的两端，线对与线对之间的近端串音值均应符合表 B.0.4-5 的规定，并可参考表 B.0.4-6 所列关键频率的近端串音建议值。

表 B.0.4-5 信道近端串音值

级别	频率(MHz)	最小 NEXT (dB)
A	$f=0.1$	27.0
B	$0.1 \leq f \leq 1$	$25 - 15 \lg(f)$
C	$1 \leq f \leq 16$	$39.1 - 16.4 \lg(f)$
D	$1 \leq f \leq 100$	$-20\lg[10^{\frac{65.3-15\lg(f)}{-20}} + 2 \times 10^{\frac{83-20\lg(f)}{-20}}]$ ①

续表 B.0.4-5

级别	频率(MHz)	最小 NEXT (dB)
E	$1 \leq f \leq 250$	$-20\lg[10^{\frac{74.3-15\lg(f)}{-20}} + 2 \times 10^{\frac{94-20\lg(f)}{-20}}]$ ②
F	$1 \leq f \leq 600$	$-20\lg[10^{\frac{102.4-15\lg(f)}{-20}} + 2 \times 10^{\frac{102.4-15\lg(f)}{-20}}]$ ②

注：① NEXT 计算值大于 60.0dB 时均按 60.0dB 考虑。
② NEXT 计算值大于 65.0dB 时均按 65.0dB 考虑。

表 B.0.4-6 信道近端串音建议值

频率(MHz)	最小 NEXT (dB)				
	A级	B级	C级	D级	E级	F级
0.1	27.0	40.0	—	—	—	—
1	—	25.0	39.1	60.0	65.0	65.0
16	—	—	19.4	43.6	53.2	65.0
100	—	—	—	30.1	39.9	62.9
250	—	—	—	—	33.1	56.9
600	—	—	—	—	—	51.2

4 近端串音功率和（PS NEXT）：只应用于布线系统的 D、E、F 级，信道的每一线对和布线的两端均应符合 PS NEXT 值要求，布线系统信道的最小 PS NEXT 值应符合表 B.0.4-7 的规定，并可参考表 B.0.4-8 所列关键频率的近端串音功率和建议值。

表 B.0.4-7 信道 PS NEXT 值

级别	频率(MHz)	最小 PS NEXT (dB)
D	$1 \leq f \leq 100$	$-20\lg[10^{\frac{62.3-15\lg(f)}{-20}} + 2 \times 10^{\frac{80-20\lg(f)}{-20}}]$ ①
E	$1 \leq f \leq 250$	$-20\lg[10^{\frac{72.3-15\lg(f)}{-20}} + 2 \times 10^{\frac{90-20\lg(f)}{-20}}]$ ②
F	$1 \leq f \leq 600$	$-20\lg[10^{\frac{99.4-15\lg(f)}{-20}} + 2 \times 10^{\frac{99.4-15\lg(f)}{-20}}]$ ②

注：① PS NEXT 计算值大于 57.0dB 时均按 57.0dB 考虑。
② PS NEXT 计算值大于 62.0dB 时均按 62.0dB 考虑。

表 B.0.4-8 信道 PS NEXT 建议值

频率(MHz)	最小 PS NEXT (dB)		
	D级	E级	F级
1	57.0	62.0	62.0
16	40.6	50.6	62.0
100	27.1	37.1	59.9
250	—	30.2	53.9
600	—	—	48.2

5 线对与线对之间的衰减串音比（ACR）：只应用于布线系统的 D、E、F 级，信道的每一线对和布线的两端均应符合 ACR 值要求。布线系统信道的 ACR 值可用以下计算公式进行计算，并可参考表 B.0.4-9 所列关键频率的 ACR 建议值。

线对与 i 与 k 间衰减串音比的计算公式：

$$ACR_{ik} = NEXT_{ik} - IL_k \quad (B.0.4\text{-}1)$$

式中 i ——线对号;
$\quad\quad k$ ——线对号;
$\quad NEXT_{ik}$ ——线对 i 与线对 k 间的近端串音;
$\quad IL_k$ ——线对 k 的插入损耗。

表 B.0.4-9　信道 ACR 建议值

频率 (MHz)	最小 ACR (dB)		
	D 级	E 级	F 级
1	56.0	61.0	61.0
16	34.5	44.9	56.9
100	6.1	18.2	42.1
250	—	−2.8	23.1
600	—	—	−3.4

6 ACR 功率和（PS ACR）：为近端串音功率和与插入损耗之间的差值，信道的每一线对和布线的两端均应符合要求。布线系统信道的 PS ACR 值可用以下计算公式进行计算，并可参考表 B.0.4-10 所列关键频率的 PS ACR 建议值。

线对 k 的 ACR 功率和的计算公式：

$$PS\ ACR_k = PS\ NEXT_k - IL_k \quad (B.0.4\text{-}2)$$

式中 k ——线对号;
$\quad PS\ NEXT_k$ ——线对 k 的近端串音功率和;
$\quad IL_k$ ——线对 k 的插入损耗。

表 B.0.4-10　信道 PS ACR 建议值

频率 (MHz)	最小 PS ACR (dB)		
	D 级	E 级	F 级
1	53.0	58.0	58.0
16	31.5	42.3	53.9
100	3.1	15.4	39.1
250	—	−5.8	20.1
600	—	—	−6.4

7 线对与线对之间等电平远端串音（ELFEXT）：为远端串音与插入损耗之间的差值，只应用于布线系统的 D、E、F 级。布线系统信道每一线对的 ELFEXT 数值应符合表 B.0.4-11 的规定，并可参考表 B.0.4-12 所列关键频率的 ELFEXT 建议值。

表 B.0.4-11　信道 ELFEXT 值

级别	频率 (MHz)	最小 ELFEXT (dB)[①]
D	$1 \leqslant f \leqslant 100$	$-20\lg[10^{\frac{63.8-20\lg(f)}{-20}} + 4 \times 10^{\frac{75.1-20\lg(f)}{-20}}]$[②]
E	$1 \leqslant f \leqslant 250$	$-20\lg[10^{\frac{67.8-20\lg(f)}{-20}} + 4 \times 10^{\frac{83.1-20\lg(f)}{-20}}]$[③]
F	$1 \leqslant f \leqslant 600$	$-20\lg[10^{\frac{94-20\lg(f)}{-20}} + 4 \times 10^{\frac{90-15\lg(f)}{-20}}]$[③]

注：① 与测量的近端串音 FEXT 值对应的 ELFEXT 值若大于 70.0dB 则仅供参考。
　　② ELFEXT 计算值大于 60.0dB 时均按 60.0dB 考虑。
　　③ ELFEXT 计算值大于 65.0dB 时均按 65.0dB 考虑。

表 B.0.4-12　信道 ELFEXT 建议值

频率 (MHz)	最小 ELFEXT (dB)		
	D 级	E 级	F 级
1	57.4	63.3	65.0
16	33.3	39.2	57.5
100	17.4	23.3	44.4
250	—	15.3	37.8
600	—	—	31.3

8 等电平远端串音功率和（PS ELFEXT）：布线系统信道每一线对的 PS ELFEXT 数值应符合表 B.0.4-13 的规定，并可参考表 B.0.4-14 所列关键频率的 PS ELFEXT 建议值。

表 B.0.4-13　信道 PS ELFEXT 值

级别	频率 (MHz)	最小 PS ELFEXT (dB)[①]
D	$1 \leqslant f \leqslant 100$	$-20\lg[10^{\frac{60.8-20\lg(f)}{-20}} + 4 \times 10^{\frac{72.1-20\lg(f)}{-20}}]$[②]
E	$1 \leqslant f \leqslant 250$	$-20\lg[10^{\frac{64.8-20\lg(f)}{-20}} + 4 \times 10^{\frac{80.1-20\lg(f)}{-20}}]$[③]
F	$1 \leqslant f \leqslant 600$	$-20\lg[10^{\frac{91-20\lg(f)}{-20}} + 4 \times 10^{\frac{87-15\lg(f)}{-20}}]$[③]

注：① 与测量的远端串音 FEXT 值对应的 PS ELFEXT 值若大于 70.0dB 则仅供参考。
　　② PS ELFEXT 计算值大于 57.0dB 时均按 57.0dB 考虑。
　　③ PS ELFEXT 计算值大于 62.0dB 时均按 62.0dB 考虑。

表 B.0.4-14　信道 PS ELFEXT 建议值

频率 (MHz)	最小 PS ELFEXT (dB)		
	D 级	E 级	F 级
1	54.4	60.3	62.0
16	30.3	36.2	54.5
100	14.4	20.3	41.4
250	—	12.3	34.8
600	—	—	28.3

9 直流（d.c.）环路电阻：布线系统信道每一线对的直流环路电阻应符合表 B.0.4-15 的规定。

表 B.0.4-15　信道直流环路电阻

最大直流环路电阻（Ω）					
A 级	B 级	C 级	D 级	E 级	F 级
560	170	40	25	25	25

10 传播时延：布线系统信道每一线对的传播时延应符合表 B.0.4-16 的规定，并可参考表 B.0.4-17 所列的关键频率建议值。

表 B.0.4-16　信道传播时延

级别	频率（MHz）	最大传播时延（μs）
A	$f=0.1$	20.000
B	$0.1 \leqslant f \leqslant 1$	5.000
C	$1 \leqslant f \leqslant 16$	$0.534+0.036/\sqrt{f}+4 \times 0.0025$
D	$1 \leqslant f \leqslant 100$	$0.534+0.036/\sqrt{f}+4 \times 0.0025$
E	$1 \leqslant f \leqslant 250$	$0.534+0.036/\sqrt{f}+4 \times 0.0025$
F	$1 \leqslant f \leqslant 600$	$0.534+0.036/\sqrt{f}+4 \times 0.0025$

表 B.0.4-17　信道传播时延建议值

频率（MHz）	最大传播时延（μs）					
	A级	B级	C级	D级	E级	F级
0.1	20.000	5.000	—	—	—	—
1	—	5.000	0.580	0.580	0.580	0.580
16	—	—	0.553	0.553	0.553	0.553
100	—	—	—	0.548	0.548	0.548
250	—	—	—	—	0.546	0.546
600	—	—	—	—	—	0.545

11 传播时延偏差：布线系统信道所有线对间的传播时延偏差应符合表 B.0.4-18 的规定。

表 B.0.4-18　信道传播时延偏差

等级	频率（MHz）	最大时延偏差（μs）
A	$f=0.1$	—
B	$0.1 \leqslant f \leqslant 1$	—
C	$1 \leqslant f \leqslant 16$	0.050①
D	$1 \leqslant f \leqslant 100$	0.050①
E	$1 \leqslant f \leqslant 250$	0.050①
F	$1 \leqslant f \leqslant 600$	0.030②

注：① 0.050 为 0.045+4×0.00125 计算结果。
② 0.030 为 0.025+4×0.00125 计算结果。

B.0.5 5e 类、6 类和 7 类永久链路或 CP 链路测试项目及性能指标应符合以下要求：

1 回波损耗（RL）：布线系统永久链路或 CP 链路每一线对和布线两端的回波损耗值应符合表 B.0.5-1 的规定，并可参考表 B.0.5-2 所列的关键频率建议值。

表 B.0.5-1　永久链路或 CP 链路回波损耗值

级别	频率（MHz）	最小回波损耗（dB）
C	$1 \leqslant f \leqslant 16$	15.0
D	$1 \leqslant f < 20$	19.0
	$20 \leqslant f \leqslant 100$	$32-10 \lg(f)$
E	$1 \leqslant f < 10$	21.0
	$10 \leqslant f < 40$	$26-5 \lg(f)$
	$40 \leqslant f \leqslant 250$	$34-10 \lg(f)$

续表 B.0.5-1

级别	频率（MHz）	最小回波损耗（dB）
F	$1 \leqslant f < 10$	21.0
	$10 \leqslant f < 40$	$26-5 \lg(f)$
	$40 \leqslant f < 251.2$	$34-10 \lg(f)$
	$251.2 \leqslant f \leqslant 600$	10.0

表 B.0.5-2　永久链路回波损耗建议值

频率（MHz）	最小回波损耗（dB）			
	C级	D级	E级	F级
1	15.0	19.0	21.0	21.0
16	15.0	19.0	20.0	20.0
100	—	12.0	14.0	14.0
250	—	—	10.0	10.0
600	—	—	—	10.0

2 插入损耗（IL）：布线系统永久链路或 CP 链路每一线对的插入损耗值应符合表 B.0.5-3 的规定，并可参考表 B.0.5-4 所列的关键频率建议值。

表 B.0.5-3　永久链路或 CP 链路插入损耗值

级别	频率（MHz）	最大插入损耗（dB）①
A	$f=0.1$	16.0
B	$f=0.1$	5.5
	$f=1$	5.8
C	$1 \leqslant f \leqslant 16$	$0.9 \times (3.23\sqrt{f})+3 \times 0.2$
D	$1 \leqslant f \leqslant 100$	$(L/100) \times (1.9108\sqrt{f}+0.0222 \times f +0.2/\sqrt{f}) +n \times 0.04 \times \sqrt{f}$
E	$1 \leqslant f \leqslant 250$	$(L/100) \times (1.82\sqrt{f}+0.0169 \times f +0.25/\sqrt{f}) +n \times 0.02 \times \sqrt{f}$
F	$1 \leqslant f \leqslant 600$	$(L/100) \times (1.8\sqrt{f}+0.01 \times f +0.2/\sqrt{f}) +n \times 0.02 \times \sqrt{f}$

注：插入损耗（IL）计算值小于 4.0dB 时均按 4.0dB 考虑。
$L=L_{FC}+L_{CP}Y$
L_{FC}——固定电缆长度（m）；
L_{CP}——CP 电缆长度（m）；
Y——CP 电缆衰减（dB/m）与固定水平电缆衰减（dB/m）比值；
$n=2$ 对于不包含 CP 点的永久链路的测试或仅测试 CP 链路；
$n=3$ 对于包含 CP 点的永久链路的测试。

表 B.0.5-4 永久链路插入损耗建议值

频率(MHz)	最大插入损耗 (dB)				
	A级	B级	C级	D级	E级	F级
0.1	16.0	5.5	—	—	—	—
1	—	5.8	4.0	4.0	4.0	4.0
16	—	—	12.2	7.7	7.1	6.9
100	—	—	—	20.4	18.5	17.7
250	—	—	—	—	30.7	28.8
600	—	—	—	—	—	46.6

3 近端串音（NEXT）：布线系统永久链路或CP链路每一线对和布线两端的近端串音值应符合表B.0.5-5的规定，并可参考表B.0.5-6所列的关键频率建议值。

表 B.0.5-5 永久链路或CP链路近端串音值

级别	频率（MHz）	最小 NEXT (dB)
A	$f=0.1$	27.0
B	$0.1 \leq f \leq 1$	$25-15 \lg(f)$
C	$1 \leq f \leq 16$	$40.1-15.8 \lg(f)$
D	$1 \leq f \leq 100$	$-20\lg[10^{\frac{65.3-15\lg(f)}{-20}}+10^{\frac{83-20\lg(f)}{-20}}]$ ①
E	$1 \leq f \leq 250$	$-20\lg[10^{\frac{74.3-15\lg(f)}{-20}}+10^{\frac{94-20\lg(f)}{-20}}]$ ②
F	$1 \leq f \leq 600$	$-20\lg[10^{\frac{102.4-15\lg(f)}{-20}}+10^{\frac{102.4-15\lg(f)}{-20}}]$ ②

注：① NEXT计算值大于60.0dB时均按60.0dB考虑。
② NEXT计算值大于65.0DB时均按65.0DB考虑。

表 B.0.5-6 永久链路近端串音建议值

频率(MHz)	最小 NEXT (dB)					
	A级	B级	C级	D级	E级	F级
0.1	27.0	40.0	—	—	—	—
1	—	25.0	40.1	60.0	65.0	65.0
16	—	—	21.1	45.2	54.6	65.0
100	—	—	—	32.3	41.8	65.0
250	—	—	—	—	35.3	60.4
600	—	—	—	—	—	54.7

4 近端串音功率和（PS NEXT）：只应用于布线系统的D、E、F级，布线系统永久链路或CP链路每一线对和布线两端的近端串音功率和值应符合表B.0.5-7的规定，并可参考表B.0.5-8所列的关键频率建议值。

表 B.0.5-7 永久链路或CP链路近端串音功率和值

级别	频率（MHz）	最小 PS NEXT (dB)
D	$1 \leq f \leq 100$	$-20\lg[10^{\frac{62.3-15\lg(f)}{-20}}+10^{\frac{80-20\lg(f)}{-20}}]$ ①
E	$1 \leq f \leq 250$	$-20\lg[10^{\frac{72.3-15\lg(f)}{-20}}+10^{\frac{90-20\lg(f)}{-20}}]$ ②
F	$1 \leq f \leq 600$	$-20\lg[10^{\frac{99.4-15\lg(f)}{-20}}+10^{\frac{99.4-15\lg(f)}{-20}}]$ ②

注：① PS NEXT 计算值大于57.0dB时均按57.0dB考虑。
② PS NEXT 计算值大于62.0dB时均按62.0dB考虑。

表 B.0.5-8 永久链路近端串音功率和参考值

频率(MHz)	最小 PS NEXT (dB)		
	D级	E级	F级
1	57.0	62.0	62.0
16	42.2	52.2	62.0
100	29.3	39.3	62.0
250	—	32.7	57.4
600	—	—	51.7

5 线对与线对之间的衰减串音比（ACR）：只应用于布线系统的D、E、F级，布线系统永久链路或CP链路每一线对和布线两端的ACR值可用以下计算公式进行计算，并可参考表B.0.5-9所列关键频率的ACR建议值。

线对i与线对k间ACR值的计算公式：

$$ACR_{ik} = NEXT_{ik} - IL_k \quad (B.0.5-1)$$

式中 i——线对号；
      k——线对号；
$NEXT_{ik}$——线对i与线对k间的近端串音；
IL_k——线对k的插入损耗。

表 B.0.5-9 永久链路ACR建议值

频率(MHz)	最小 ACR (dB)		
	D级	E级	F级
1	56.0	61.0	61.0
16	37.5	47.5	58.1
100	11.9	23.3	47.3
250	—	4.7	31.6
600	—	—	8.1

6 ACR功率和（PS ACR）：布线系统永久链路或CP链路每一线对和布线两端的PS ACR值可用以下计算公式进行计算，并可参考表B.0.5-10所列关键频率的PS ACR建议值。

线对k的PS ACR值计算公式：

$$PS\ ACR_k = PS\ NEXT_k - IL_k \quad (B.0.5-2)$$

式中 k——线对号；
$PS\ NEXT_k$——线对k的近端串音功率和；
IL_k——线对k的插入损耗。

表 B.0.5-10 永久链路 PS ACR 建议值

频率(MHz)	最小 PS ACR (dB)		
	D级	E级	F级
1	53.0	58.0	58.0
16	34.5	45.1	55.1
100	8.9	20.8	44.3
250	—	2.0	28.6
600	—	—	5.1

7 线对与线对之间等电平远端串音（ELF-EXT）：只应用于布线系统的 D、E、F 级。布线系统永久链路或 CP 链路每一线对的等电平远端串音值应符合表 B.0.5-11 的规定，并可参考表 B.0.5-12 所列的关键频率建议值。

表 B.0.5-11 永久链路或 CP 链路等电平远端串音值

级别	频率（MHz）	最小 ELFEXT（dB）①
D	$1 \leqslant f \leqslant 100$	$-20\lg[10^{\frac{63.8-20\lg(f)}{-20}} + n \times 10^{\frac{75.1-20\lg(f)}{-20}}]$②
E	$1 \leqslant f \leqslant 250$	$-20\lg[10^{\frac{67.8-20\lg(f)}{-20}} + n \times 10^{\frac{83.1-20\lg(f)}{-20}}]$③
F	$1 \leqslant f \leqslant 600$	$-20\lg[10^{\frac{94-20\lg(f)}{-20}} + n \times 10^{\frac{90-15\lg(f)}{-20}}]$③

注：$n=2$ 对于不包含 CP 点的永久链路的测试或仅测试 CP 链路；

$n=3$ 对于包含 CP 点的永久链路的测试。

① 与测量的远端串音 FEXT 值对应的 ELFEXT 值若大于 70.0dB 则仅供参考。

② ELFEXT 计算值大于 60.0dB 时均按 60.0dB 考虑。

③ ELFEXT 计算值大于 65.0dB 时均按 65.0dB 考虑。

表 B.0.5-12 永久链路等电平远端串音建议值

频率（MHz）	最小 ELFEXT（dB）		
	D 级	E 级	F 级
1	58.6	64.2	65.0
16	34.5	40.1	59.3
100	18.6	24.2	46.0
250	—	16.2	39.2
600	—	—	32.6

8 等电平远端串音功率和（PS ELFEXT）：布线系统永久链路或 CP 链路每一线对的 PS ELFEXT 值应符合表 B.0.5-13 的规定，并可参考表 B.0.5-14 所列的关键频率建议值。

表 B.0.5-13 永久链路或 CP 链路 PS ELFEXT 值

级别	频率（MHz）	最小 PS ELFEXT（dB）①
D	$1 \leqslant f \leqslant 100$	$-20\lg[10^{\frac{60.8-20\lg(f)}{-20}} + n \times 10^{\frac{72.1-20\lg(f)}{-20}}]$②
E	$1 \leqslant f \leqslant 250$	$-20\lg[10^{\frac{64.8-20\lg(f)}{-20}} + n \times 10^{\frac{80.1-20\lg(f)}{-20}}]$②
F	$1 \leqslant f \leqslant 600$	$-20\lg[10^{\frac{91-20\lg(f)}{-20}} + n \times 10^{\frac{87-15\lg(f)}{-20}}]$③

注：$n=2$ 对于不包含 CP 点的永久链路的测试或仅测试 CP 链路；

$n=3$ 对于包含 CP 点的永久链路的测试。

① 与测量的远端串音 FEXT 值对应的 ELFEXT 值若大于 70.0dB 则仅供参考。

② PS ELFEXT 计算值大于 57.0dB 时均按 57.0dB 考虑。

③ PS ELFEXT 计算值大于 62.0dB 时均按 62.0dB 考虑。

表 B.0.5-14 永久链路 PS ELFEXT 建议值

频率（MHz）	最小 PS ELFEXT（dB）		
	D 级	E 级	F 级
1	55.6	61.2	62.0
16	31.5	37.1	56.3
100	15.6	21.2	43.0
250	—	13.2	36.2
600	—	—	29.6

9 直流（d.c.）环路电阻：布线系统永久链路或 CP 链路每一线对的直流环路电阻应符合表 B.0.5-15 的规定，并可参考表 B.0.5-16 所列的建议值。

表 B.0.5-15 永久链路或 CP 链路直流环路电阻值

级别	最大直流环路电阻（Ω）
A	530
B	140
C	34
D	$(L/100) \times 22 + n \times 0.4$
E	$(L/100) \times 22 + n \times 0.4$
F	$(L/100) \times 22 + n \times 0.4$

注：$L = L_{FC} + L_{CP} Y$

L_{FC}——固定电缆长度（m）；

L_{CP}——CP 电缆长度（m）；

Y——CP 电缆衰减（dB/m）与固定水平电缆衰减（dB/m）比值；

$n=2$ 对于不包含 CP 点的永久链路的测试或仅测试 CP 链路；

$n=3$ 对于包含 CP 点的永久链路的测试。

表 B.0.5-16 永久链路直流环路电阻建议值

最大直流环路电阻（Ω）					
A 级	B 级	C 级	D 级	E 级	F 级
530	140	34	21	21	21

10 传播时延：布线系统永久链路或 CP 链路每一线对的传播时延应符合表 B.0.5-17 的规定，并可参考表 B.0.5-18 所列的关键频率建议值。

表 B.0.5-17 永久链路或 CP 链路传播时延值

级别	频率（MHz）	最大传播时延（μs）
A	$f=0.1$	19.400
B	$0.1 \leqslant f \leqslant 1$	4.400
C	$1 \leqslant f \leqslant 16$	$(L/100) \times (0.534 + 0.036/\sqrt{f}) + n \times 0.0025$
D	$1 \leqslant f \leqslant 100$	$(L/100) \times (0.534 + 0.036/\sqrt{f}) + n \times 0.0025$

续表 B.0.5-17

级别	频率（MHz）	最大传播时延（μs）
E	$1 \leqslant f \leqslant 250$	$(L/100) \times (0.534 + 0.036/\sqrt{f}) + n \times 0.0025$
F	$1 \leqslant f \leqslant 600$	$(L/100) \times (0.534 + 0.036/\sqrt{f}) + n \times 0.0025$

注：$L = L_{FC} + L_{CP}$

L_{FC}——固定电缆长度（m）；

L_{CP}——CP 电缆长度（m）；

$n=2$ 对于不包含 CP 点的永久链路的测试或仅测试 CP 链路；

$n=3$ 对于包含 CP 点的永久链路的测试。

表 B.0.5-18　永久链路传播时延建议值

频率（MHz）	最大传播时延（μs）					
	A级	B级	C级	D级	E级	F级
0.1	19.400	4.400	—	—	—	—
1	—	4.400	0.521	0.521	0.521	0.521
16	—	—	0.496	0.496	0.496	0.496
100	—	—	—	0.491	0.491	0.491
250	—	—	—	—	0.490	0.490
600	—	—	—	—	—	0.489

11 传播时延偏差：布线系统永久链路或 CP 链路所有线对间的传播时延偏差应符合表 B.0.5-19 的规定，并可参考表 B.0.5-20 所列的建议值。

表 B.0.5-19　永久链路或 CP 链路传播时延偏差

级别	频率（MHz）	最大时延偏差（μs）
A	$f=0.1$	—
B	$0.1 \leqslant f \leqslant 1$	—
C	$1 \leqslant f \leqslant 16$	$(L/100) \times 0.045 + n \times 0.00125$
D	$1 \leqslant f \leqslant 100$	$(L/100) \times 0.045 + n \times 0.00125$
E	$1 \leqslant f \leqslant 250$	$(L/100) \times 0.045 + n \times 0.00125$
F	$1 \leqslant f \leqslant 600$	$(L/100) \times 0.025 + n \times 0.00125$

注：$L = L_{FC} + L_{CP}$

L_{FC}——固定电缆长度（m）；

L_{CP}——CP 电缆长度（m）；

$n=2$ 对于不包含 CP 点的永久链路的测试或仅测试 CP 链路；

$n=3$ 对于包含 CP 点的永久链路的测试。

表 B.0.5-20　永久链路传播时延偏差建议值

等级	频率（MHz）	最大时延偏差（μs）
A	$f=0.1$	—
B	$0.1 \leqslant f \leqslant 1$	—
C	$1 \leqslant f \leqslant 16$	0.044①
D	$1 \leqslant f \leqslant 100$	0.044①
E	$1 \leqslant f \leqslant 250$	0.044①
F	$1 \leqslant f \leqslant 600$	0.026②

注：① 0.044 为 $0.9 \times 0.045 + 3 \times 0.00125$ 计算结果。

② 0.026 为 $0.9 \times 0.025 + 3 \times 0.00125$ 计算结果。

B.0.6 所有电缆的链路和信道测试结果应有记录，记录在管理系统中并纳入文档管理。

附录 C　光纤链路测试方法

C.0.1 测试前应对所有的光连接器件进行清洗，并将测试接收器校准至零位。

C.0.2 测试应包括以下内容：

1 在施工前进行器材检验时，一般检查光纤的连通性，必要时宜采用光纤损耗测试仪（稳定光源和光功率计组合）对光纤链路的插入损耗和光纤长度进行测试。

2 对光纤链路（包括光纤、连接器件和熔接点）的衰减进行测试，同时测试光跳线的衰减值可作为设备连接光缆的衰减参考值，整个光纤信道的衰减值应符合设计要求。

C.0.3 测试应按图 C.0.3 进行连接。

1 在两端对光纤逐根进行双向（收与发）测试，连接方式见图 C.0.3。

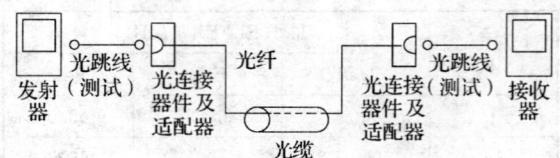

图 C.0.3　光纤链路测试连接（单芯）

注：光连接器件可以为工作区 TO、电信间 FD、设备间 BD、CD 的 SC、ST、SFF 连接器件。

2 光缆可以为水平光缆、建筑物主干光缆和建筑群主干光缆。

3 光纤链路中不包括光跳线在内。

C.0.4 布线系统所采用光纤的性能指标及光纤信道指标应符合设计要求。不同类型的光缆在标称的波长，每公里的最大衰减值应符合表 C.0.4 的规定。

表 C.0.4　光缆衰减

最大光缆衰减（dB/km）			
项目	OM1、OM2 及 OM3 多模		OS1 单模	
波长	850 nm	1300 nm	1310 nm	1550 nm
衰减	3.5	1.5	1.0	1.0

C.0.5 光缆布线信道在规定的传输窗口测量出的最大光衰减（介入损耗）应不超过表 C.0.5 的规定，该指标已包括接头与连接插座的衰减在内。

表 C.0.5　光缆信道衰减范围

级别	最大信道衰减（dB）			
	单模		多模	
	1310nm	1550nm	850nm	1300nm
OF-300	1.80	1.80	2.55	1.95

续表 C.0.5

级别	最大信道衰减（dB）			
	单模		多模	
	1310nm	1550nm	850nm	1300nm
OF-500	2.00	2.00	3.25	2.25
OF-2000	3.50	3.50	8.50	4.50

注：每个连接处的衰减值最大为 1.5 dB。

C.0.6 光纤链路的插入损耗极限值可用以下公式计算：

光纤链路损耗 ＝ 光纤损耗＋连接器件损耗
   ＋光纤连接点损耗　　（C.0.6-1）

光纤损耗 ＝ 光纤损耗系数(dB/km)
   ×光纤长度(km)　　（C.0.6-2）

连接器件损耗 ＝ 连接器件损耗／个
   ×连接器件个数　　（C.0.6-3）

光纤连接点损耗 ＝ 光纤连接点损耗／个
   ×光纤连接点个数　　（C.0.6-4）

表 C.0.6　光纤链路损耗参考值

种类	工作波长（nm）	衰减系数（dB/km）
多模光纤	850	3.5
多模光纤	1300	1.5
单模室外光纤	1310	0.5
单模室外光纤	1550	0.5
单模室内光纤	1310	1.0
单模室内光纤	1550	1.0
连接器件衰减	0.75dB	
光纤连接点衰减	0.3 dB	

C.0.7 所有光纤链路测试结果应有记录，记录在管理系统中并纳入文档管理。

附录 D　综合布线工程管理系统验收内容

D.0.1 综合布线系统工程的技术管理涉及综合布线系统的工作区、电信间、设备间、进线间、入口设施、缆线管道与传输介质、配线连接器件及接地等各方面，根据布线系统的复杂程度分为以下4级：

1 一级管理：针对单一电信间或设备间的系统。

2 二级管理：针对同一建筑物内多个电信间或设备间的系统。

3 三级管理：针对同一建筑群内多栋建筑物的系统，包括建筑物内部及外部系统。

4 四级管理：针对多个建筑群的系统。

5 管理系统的设计应使系统可在无需改变已有标识符和标签的情况下升级和扩充。

D.0.2 综合布线系统应在需要管理的各个部位设置标签，分配由不同长度的编码和数字组成的标识符，以表示相关的管理信息。

1 标识符可由数字、英文字母、汉语拼音或其他字符组成，布线系统内各同类型的器件与缆线的标识符应具有同样特征（相同数量的字母和数字等）。

2 标签的选用应符合以下要求：

　　1）选用粘贴型标签时，缆线应采用环套型标签，标签在缆线上至少应缠绕一圈或一圈半，配线设备和其他设施应采用扁平型标签；

　　2）标签衬底应耐用，可适应各种恶劣环境；不可将民用标签应用于综合布线工程；插入型标签应设置在明显位置、固定牢固；

3 不同颜色的配线设备之间应采用相应的跳线进行连接，色标的规定及应用场合宜符合下列要求（图 D.0.2）：

　　1）橙色——用于分界点，连接入口设施与外部网络的配线设备。

　　2）绿色——用于建筑物分界点，连接入口设施与建筑群的配线设备。

　　3）紫色——用于与信息通信设施（PBX、计算机网络、传输等设备）连接的配线设备。

　　4）白色——用于连接建筑物内主干缆线的配线设备（一级主干）。

　　5）灰色——用于连接建筑物内主干缆线的配线设备（二级主干）。

　　6）棕色——用于连接建筑群主干缆线的配线设备。

　　7）蓝色——用于连接水平缆线的配线设备。

　　8）黄色——用于报警、安全等其他线路。

　　9）红色——预留备用。

4 系统中所使用的区分不同服务的色标应保持一致，对于不同性能缆线级别所连接的配线设备，可用加强颜色或适当的标记加以区分。

D.0.3 记录信息包括所需信息和任选信息，各部位相互间接口信息应统一。

1 管线记录包括管道的标识符、类型、填充率、接地等内容。

2 缆线记录包括缆线标识符、缆线类型、连接状态、线对连接位置、缆线占用管道类型、缆线长度、接地等内容。

3 连接器件及连接位置记录包括相应标识符、安装场地、连接器件类型、连接器件位置、连接方式、接地等内容。

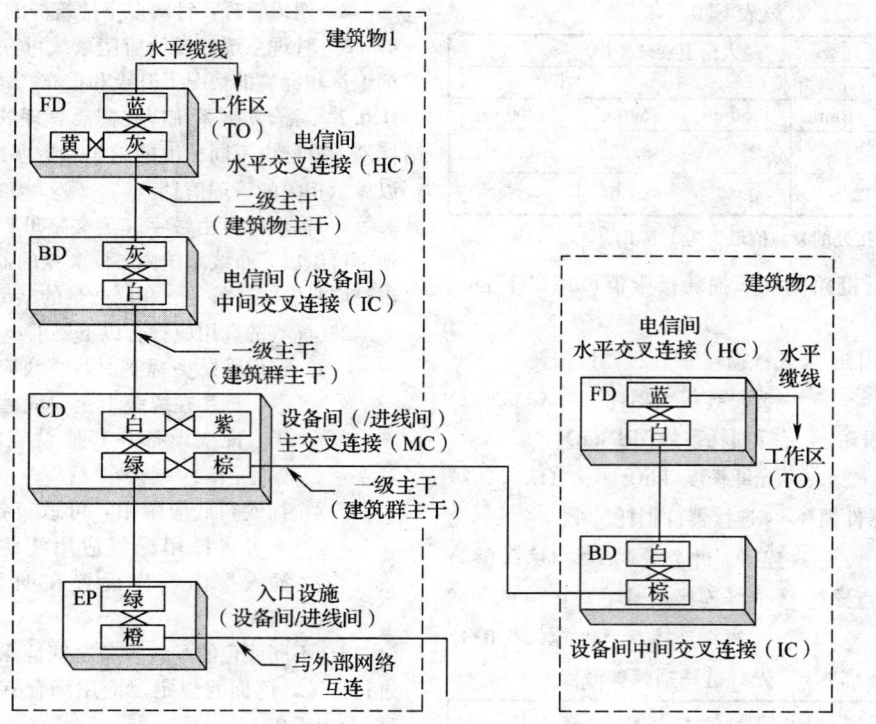

图 D.0.2 色标应用位置示意

4 接地记录包括接地体与接地导线标识符、接地电阻值、接地导线类型、接地体安装位置、接地体与接地导线连接状态、导线长度、接地体测量日期等内容。

D.0.4 报告可由一组记录或多组连续信息组成,以不同格式介绍记录中的信息。报告应包括相应记录、补充信息和其他信息等内容。

D.0.5 综合布线系统工程竣工图纸应包括说明及设计系统图、反映各部分设备安装情况的施工图。竣工图纸应表示以下内容:

  1 安装场地和布线管道的位置、尺寸、标识符等。

  2 设备间、电信间、进线间等安装场地的平面图或剖面图及信息插座模块安装位置。

  3 缆线布放路径、弯曲半径、孔洞、连接方法及尺寸等。

附录 E 测试项目和技术指标含义

E.0.1 综合布线系统对绞线永久链路或信道测试项目及技术指标的含义如下:

  1 接线图:测试布线链路有无终接错误的一项基本检查,测试的接线图显示出所测每条 8 芯电缆与配线模块接线端子的连接实际状态。

  2 衰减:由于绝缘损耗、阻抗不匹配、连接电阻等因素,信号沿链路传输损失的能量为衰减。

  传输衰减主要测试传输信号在每个线对两端间传输损耗值及同一条电缆内所有线对中最差线对的衰减量,相对于所允许的最大衰减值的差值。

  3 近端串音(NEXT):近端串扰值(dB)和导致该串扰的发送信号(参考值定为 0)之差值为近端串扰损耗。

  在一条链路中处于线缆一侧的某发送线对,对于同侧的其他相邻(接收)线对通过电磁感应所造成的信号耦合(由发射机在近端传送信号,在相邻线对近端测出的不良信号耦合)为近端串扰。

  4 近端串音功率和(PS NEXT):在 4 对对绞电缆一侧测量 3 个相邻线对对某线对近端串扰总和(所有近端干扰信号同时工作时,在接收线对上形成的组合串扰)。

  5 衰减串音比值(ACR):在受相邻发送信号线对串扰的线对上,其串扰损耗(NEXT)与本线对传输信号衰减值(A)的差值。

  6 等电平远端串音(ELFEXT):某线对上远端串扰损耗与该线路传输信号衰减的差值。

  从链路或信道近端线缆的一个线对发送信号,经过线路衰减从链路远端干扰相邻接收线对(由发射机在远端传送信号,在相邻线对近端测出的不良信号耦合)为远端串音(FEXT)。

  7 等电平远端串音功率和(PS ELFEXT):在 4 对对绞电缆一侧测量 3 个相邻线对对某线对远端串扰总和(所有远端干扰信号同时工作时,在接收线对上形成的组合串扰)。

  8 回波损耗(RL):由于链路或信道特性阻抗偏

离标准值导致功率反射而引起（布线系统中阻抗不匹配产生的反射能量）。由输出线对的信号幅度和该线对所构成的链路上反射回来的信号幅度的差值导出。

9 传播时延：信号从链路或信道一端传播到另一端所需的时间。

10 传播时延偏差：以同一缆线中信号传播时延最小的线对作为参考，其余线对与参考线对时延差值（最快线对与最慢线对信号传输时延的差值）。

11 插入损耗：发射机与接受机之间插入电缆或元器件产生的信号损耗。通常指衰减。

本规范用词说明

1 为便于在执行本规范条文时区别对待，对要求严格程度不同的用词说明如下：
　　1）表示很严格，非这样做不可的用词：
　　　正面词采用"必须"，反面词采用"严禁"。
　　2）表示严格，在正常情况下均应这样做的用词：
　　　正面词采用"应"，反面词采用"不应"或"不得"。
　　3）表示允许稍有选择，在条件许可时首先应这样做的用词：
　　　正面词采用"宜"，反面词采用"不宜"；
　　　表示有选择，在一定条件下可以这样做的用词，采用"可"。

2 本规范中指明应按其他有关标准、规范执行的写法为"应符合……的规定"或"应按……执行"。

中华人民共和国国家标准

综合布线系统工程验收规范

GB 50312—2007

条 文 说 明

目 次

1 总则 ……………………………… 15—24
2 环境检查 ……………………………… 15—24
3 器材及测试仪表工具检查 ………… 15—24
5 缆线的敷设和保护方式检验 ……… 15—24
5.1 缆线的敷设 ……………………… 15—24
5.2 保护措施 ………………………… 15—25
7 工程电气测试 ……………………… 15—25

1 总 则

1.0.1 综合布线系统在建筑与建筑群的建设中，得到了广泛应用。但是如果工程存在施工质量问题，将给通信网络和计算机网络造成潜在的隐患，影响信息的传送。因此制定本规范，为综合布线系统工程的质量检测和验收提供判断是否合格的标准，提出切实可行的验收要求，从而起到确保综合布线系统工程质量的作用。

1.0.5 本规范规定了综合布线系统工程的验收测试形式，其中自检测试由施工单位进行，主要验证布线系统的连通性和终接的正确性；竣工验收测试则由测试部门根据工程的类别，按布线系统标准规定的连接方式完成性能指标参数的测试。

1.0.6

本规范应与现行国家标准《综合布线系统工程设计规范》GB 50311配套使用，此外，综合布线系统工程验收还涉及其他标准规范，如：《智能建筑工程质量验收规范》GB 50339、《建筑电气工程施工质量验收规范》GB 50303、《通信管道工程施工及验收技术规范》GB 50374等。

工程技术文件、承包合同文件要求采用国际标准时，应按要求采用适用的国际标准，但不应低于本规范规定。以下国际标准可供参考：

《用户建筑综合布线》ISO/IEC 11801；
《商业建筑电信布线标准》EIA/TIA 568；
《商业建筑电信布线安装标准》EIA/TIA 569；
《商业建筑通信基础结构管理规范》EIA/TIA 606；
《商业建筑通信接地要求》EIA/TIA 607；
《信息系统通用布线标准》EN 50173；
《信息系统布线安装标准》EN 50174。

2 环境检查

2.0.1 本规范只对综合布线系统的安装环境检查提出规定。如果电信间安装有源设备（集线器、局域网交换机等）、设备间安装计算机主机、电话交换机、传输等设备时，建筑物的环境条件应按上述系统设备的安装工艺设计要求进行检查。

电信间、设备间安装设备所需要的交流供电系统和接地装置及预埋的暗管、线槽应由工艺设计提出要求，在土建工程中实施；设备的直流供电系统及UPS供电系统应另立项目实施，并按各系统要求进行工艺设计。设备供电系统均按工艺设计要求进行验收。

2.0.2 本规范只对建筑物涉及综合布线系统的进线间及入口设施检查提出规定。进线间的设置、引入管道和孔洞的封堵、引入缆线的排列布放等应按照现行国家标准《通信管道工程施工及验收技术规范》GB 50374等相关国家标准和行业规范进行检查。

3 器材及测试仪表工具检查

3.0.1 本条对器材检验的一般要求做出了规定。

1 器材应具备的质量文件或证书包括产品合格证（质量合格证或出厂合格证）、国家指定的检测单位出具的检验报告或认证标志、认证证书、质量保证书等。工程具体要求可由建设单位、工程监理部门、施工单位、生产厂家等共同商讨确定。

3.0.3 本条对缆线的检验要求做出了规定。

2 缆线识别标记包括缆线标志和标签。

缆线标志：在缆线的护套上以不大于1m的间隔印有生产厂厂名或代号，缆线型号及生产年份。以1m的间距印有以m为单位的长度标志。

标签：应在每根成品缆线所附的标签或在产品的包装外给出下列信息：制造厂名及商标；电缆型号；电缆长度（m）；毛重（kg）；出厂编号；制造日期。

4 电气性能抽验可使用现场电缆测试仪对电缆长度、衰减、近端串音等技术指标进行测试。

应从本批量对绞电缆中的任意三盘中各截出90m长度，加上工程中所选用的连接器件按永久链路测试模型进行抽样测试。如按照信道连接模型进行抽样测试，则电缆和跳线总长度为100m。另外从本批量电缆配盘中任意抽取三盘进行电缆长度的核准。

5 作为抽测，光纤链路通常可以使用可视故障定位仪进行连通性的测试，一般可达3～5km。故障定位仪也可与光时域反射仪（OTDR）配合检查故障点。光缆外包装受损时也可用相应的光缆测试仪对每根光缆按光纤链路进行衰减和长度测试。

3.0.6 本条对测试仪表和工具的检验做出了规定。

1 相应检测机构的证明文件可包括：国际和国内检测机构的认证书、产品合格证及计量证书等。

2 测试仪表应能测试3类、5类（包含5e类）、6类、7类及光纤布线工程的各种电气性能与光纤传输性能。

3.0.7 由于屏蔽布线系统的屏蔽效果与系统投入运行后的各系统设备配置、建筑物内外电磁干扰环境变化等因素密切相关，并且现场测试仪仅能对屏蔽电缆屏蔽层两端做导通测试，目前尚无有效的现场检测手段对屏蔽效果的其他技术参数（如耦合衰减值等）进行测试，因此，应根据相关标准或生产厂家提供的技术参数进行对比验收。

5 缆线的敷设和保护方式检验

5.1 缆线的敷设

5.1.1 本条规定了缆线敷设的一般要求。

综合布线子系统与建筑物内缆线敷设通道对应关系如下：

配线子系统对应于水平缆线通道；

干线子系统对应于主干缆线通道，电信间之间的缆线通道，电信间与设备间、电信间及设备间与进线间之间的缆线通道；

建筑群子系统对应于建筑物间缆线通道。

对建筑物内缆线通道较为拥挤的部位，综合布线系统与大楼弱电系统各子系统合用一个金属线槽布放缆线时，各子系统的线束间应用金属板隔开。一般情况下，各子系统的缆线应布放在各自的金属线槽中，金属线槽应可靠就近接地。各系统缆线间距应符合设计要求。

5 缆线预留长度按照电信间、设备间内安装的机架数量以及在同一架内、不同架间进行终接和变更的需要进行预留。

5.1.2 本条规定了在暗管中布放不同缆线时，对于管径和截面利用率的要求，并可用以下的公式进行计算。

穿放线缆的暗管管径利用率的计算公式：

$$管径利用率 = d/D \quad (1)$$

式中 d——缆线的外径；

D——管道的内径。

穿放缆线的暗管截面利用率的计算公式：

$$截面利用率 = A_1/A \quad (2)$$

式中 A——管子的内截面积；

A_1——穿在管子内缆线的总截面积（包括导线的绝缘层的截面）。

在暗管中布放的电缆为屏蔽电缆（具有总屏蔽和线对屏蔽层）或扁平型缆线（可为2根非屏蔽4对绞电缆或2根屏蔽4对对绞电缆组合及其他类型的组合）；主干电缆为25对及以上，主干光缆为12芯及以上时，宜采用管径利用率进行计算，选用合适规格的暗管。

在暗管中布放的对绞电缆采用非屏蔽或总屏蔽4对对绞电缆及4芯以下光缆时，为了保证线对扭绞状态，避免缆线受到挤压，宜采用管截面利用率公式进行计算，选用合适规格的暗管。

5.1.3 本条规定了在电缆桥架和线槽中敷设缆线的要求。

3 为减少缆间串扰，6类4对对绞电缆可采用电缆桥架和线槽中顺直绑扎或随意布放。针对"十"字、"一"字等不同骨架结构的6类4对对绞电缆，其布放要求不同，具体布放方式宜根据生产厂家的要求确定。

5.1.5 建筑群区域内综合布线系统电、光缆与各种设施之间的间距要求按国家现行标准《本地网通信线路工程验收规范》YD 5051中的相关规定执行。

5.2 保护措施

5.2.1 本条规定了水平子系统缆线敷设的保护要求。

3 根据现行国家标准《建筑电气工程施工质量验收规范》GB 50303相关规定，直线段钢制桥架长度超过30m、铝合金或玻璃钢制桥架长度超过15m设有伸缩节；电缆桥架跨越建筑物变形缝处设置补偿装置。

7 工程电气测试

7.0.1 本规范参照《用户建筑综合布线》ISO/IEC 11801标准要求，提出综合布线系统工程电气性能测试项目（参见附录A～附录C），可以根据工程的具体情况、用户的要求、现场测试仪表的功能及施工现场所具备的条件进行各项指标参数的测试，并做好记录。

本规范主要体现5e类和6类布线内容，现有的工程中3类、5类布线除了支持语音主干电缆的应用外，在水平子系统已基本不采用。但原有的3类、5类布线工程在扩容或整改时，仍需加以检测，应按照本规范相关要求 及《商业建筑电信布线标准》TIA/EIA 568A、TSB67要求进行。

大对数主干电缆（一般为3类或5类）及所连接的配线模块可按链路的连接方式进行4对线线对长度、接线图、衰减的测试，其近端串音指标测试结果不得低于3类、5类4对对绞电缆布线系统所规定的数值。

综合布线系统只有在投入实际运行环境时，方能检验其电磁特性是否符合电磁兼容标准。网络的电磁特性要受到布线系统的平衡和/或屏蔽参数的影响，对于其特性要求和测试方法，国际上正在制定相关的标准和规定，目前不具备现场测试条件。

7.0.2 参照光缆系统相关测试标准规定，光纤链路测试分为等级1和等级2。等级1要求光纤链路都应测试衰减（插入损耗）、长度及极性。等级1测试使用光缆损失测试器OLTS（为光源与光功率计的组合）测量每条光纤链路的插入损耗及计算光纤长度，使用OLTS或可视故障定位仪验证光纤的极性。等级2除了包括等级1的测试内容，还包括对每条光纤做出OTDR曲线。等级2测试是可选的。

光纤现场测试仪应根据网络的应用情况，选用相应的光源（LED、VCSEL、LASER）和光功率计或光时域反射仪（OTDR）。测试所选光源应与网络应用相一致，光源可以从表1内容中加以选用。

表1 常见光源比较

光源类型	工作波长(nm)	光纤类型	带宽	元器件	价格
LED	850	多模	>200MHz	简单	便宜
VCSEL	850	多模	>5GHz	适中	适中
LASER	850、1310、1550	单模	>1GHz	复杂	昂贵

中华人民共和国国家标准

煤矿立井井筒及硐室设计规范

Code for design of coal mine shaft and chamber

GB 50384—2007

主编部门：中 国 煤 炭 建 设 协 会
批准部门：中华人民共和国建设部
施行日期：２００７年８月１日

中华人民共和国建设部
公　告

第 566 号

建设部关于发布国家标准
《煤矿立井井筒及硐室设计规范》的公告

现批准《煤矿立井井筒及硐室设计规范》为国家标准，编号为 GB 50384—2007，自 2007 年 8 月 1 日起实施。其中，第 5.3.6（3）、5.4.1（1、3）、6.2.1（1、5）、6.3.8（1、3）、6.3.21（1）条（款）为强制性条文，必须严格执行。

本规范由建设部标准定额研究所组织中国计划出版社出版发行。

中华人民共和国建设部
二○○七年一月二十四日

前　言

本规范是根据建设部《关于印发"2005 年工程建设标准规范制定、修订计划（第二批）"的通知》建标函〔2005〕124 号文的要求，由中煤国际工程集团南京设计研究院会同有关单位编制而成。

本规范在编制过程中，认真分析、总结和吸取了多年来我国煤炭系统立井井筒和硐室设计、施工的实践经验，引入了经实践检验已成熟的新技术、新工艺及新的科研成果。征求意见稿提出后，以多种形式广泛征求了设计、科研教学、建设、管理等单位的意见，对有关问题进行了修改，最后经组织审查定稿。

本规范共 7 章，9 个附录。主要内容有总则、术语、主要符号、基本规定、材料、井筒装备、井筒支护、硐室等。

本规范中以黑体字标志的条文为强制性条文，必须严格执行。

本规范由建设部负责管理和对强制性条文的解释，由中煤国际工程集团南京设计院负责具体内容解释。本规范在执行过程中，请各单位结合设计、施工、生产实践，注意总结经验和积累资料，需要修改和补充之处，请将意见和有关资料寄交中煤国际工程集团南京设计研究院（地址：江苏省南京市浦口区浦东路 20 号；邮编：210031；传真：025-85046441），以便今后修订时参考。

本规范主编单位、参编单位和主要起草人：
主 编 单 位：中煤国际工程集团南京设计研究院
参 编 单 位：安徽理工大学
　　　　　　　煤炭工业合肥设计研究院
主要起草人：李现春　林鸿苞　江新春　孔祥国
　　　　　　陈长臻　陈招宣　赵汝顺　王经东
　　　　　　王仲民　吴文彬　周秀忠　由胜武
　　　　　　陈元艳　黄　忠　于为芹　刘晓群
　　　　　　李吉太　翟坊中

目 次

- 1 总则 ························ 16—4
- 2 术语、主要符号 ················ 16—4
  - 2.1 术语 ······················ 16—4
  - 2.2 主要符号 ·················· 16—4
- 3 基本规定 ····················· 16—5
- 4 材料 ······················· 16—6
  - 4.1 混凝土 ···················· 16—6
  - 4.2 钢筋 ······················ 16—7
  - 4.3 钢材 ······················ 16—7
  - 4.4 玻璃钢 ···················· 16—7
  - 4.5 其他常用材料 ·············· 16—8
- 5 井筒装备 ····················· 16—8
  - 5.1 井筒平面布置 ·············· 16—8
  - 5.2 钢丝绳罐道 ················ 16—9
  - 5.3 刚性罐道和罐道梁 ·········· 16—9
  - 5.4 梯子间 ···················· 16—10
  - 5.5 过放保护和稳罐装置 ········ 16—10
  - 5.6 管路及电缆的敷设 ·········· 16—12
- 6 井筒支护 ····················· 16—12
  - 6.1 普通法凿井井筒支护 ········ 16—12
  - 6.2 冻结法凿井井筒支护 ········ 16—14
  - 6.3 钻井法凿井井筒支护 ········ 16—15
  - 6.4 沉井法凿井井筒支护 ········ 16—18
  - 6.5 帷幕法凿井井筒支护 ········ 16—20
- 7 硐室 ······················· 16—21
  - 7.1 马头门 ···················· 16—21
  - 7.2 井底煤仓及箕斗装载硐室 ···· 16—21
  - 7.3 箕斗立井井底清理撒煤硐室 ·· 16—22
  - 7.4 罐笼立井井底水窝及清理 ···· 16—23
  - 7.5 立风井井口及井底布置 ······ 16—23
- 附录 A 土的平均物理、力学性质指标 ······················ 16—24
- 附录 B 岩石物理力学性质 ········ 16—24
- 附录 C 混凝土井壁内力及承载力计算 ···················· 16—25
- 附录 D 井塔(架)影响段井壁计算 ·· 16—27
- 附录 E 法兰盘的连接及计算 ······ 16—31
- 附录 F 不均匀压力作用下的井壁圆环内力及钢筋配筋计算 ···· 16—32
- 附录 G 半球和削球式井壁底计算 ·· 16—33
- 附录 H 半椭圆回转扁球壳井壁底计算 ···················· 16—33
- 附录 J 钻井法凿井井筒钢板—混凝土复合井壁计算 ········ 16—36
- 本规范用词说明 ·················· 16—37
- 附:条文说明 ···················· 16—38

1 总　则

1.0.1 为统一煤矿立井井筒、井筒装备及相关硐室工程设计标准,提高设计质量,特制定本规范。

1.0.2 本规范适用于煤矿立井井筒及相关硐室工程的设计。

1.0.3 煤矿立井井筒及硐室设计,应体现技术先进、安全可靠、经济合理的原则,积极推广应用经过实践检验成熟的科研成果,因地制宜地采用新技术、新工艺、新材料,提高设计的综合效益。

1.0.4 煤矿立井井筒及硐室工程设计,必须具有符合设计要求的井筒检查钻孔资料,根据有关资料进行多方案的技术、经济比较,确定最优方案。

1.0.5 煤矿立井井筒及硐室工程所采用材料的性能、规格、质量应符合国家有关标准。

1.0.6 煤矿立井井筒及硐室工程设计除应符合本规范外,尚应符合国家现行有关标准的规定。

2 术语、主要符号

2.1 术　语

2.1.1 罐道　guide

罐道是立井井筒中提升容器运行的导向设施。常用的柔性罐道有钢丝绳罐道,刚性罐道有钢轨罐道、型钢组合罐道、冷弯方型型钢罐道、冷拔方管型钢罐道、玻璃钢复合罐道、木罐道等。

2.1.2 冲积层　alluvium

覆盖于基岩之上的第四系、未成岩的第三系地层。

2.1.3 单层井壁　single-layer lining

井壁为一层钢筋混凝土、混凝土或由钢板和钢筋混凝土(或混凝土)复合而成的构筑物,随井筒分段掘进后现浇筑或在地面预制而成。其厚度和强度应能承受临时荷载及永久地压的作用。

2.1.4 双层井壁　double-layer lining

由外层井壁和内层井壁组合而成。外层井壁由上而下随井筒短段掘砌至一定深度,内层井壁由下而上浇筑。外层井壁应能承受冻结压力的作用;内层井壁应能承受静水压力的作用;内、外层井壁的厚度和强度应能承受永久地压及竖向附加力的作用。

2.1.5 竖向附加力　add load of vertical

地层因疏水等原因产生沉降而作用于井壁上的竖直向下的力。

2.1.6 荷载标准值　characteristic value of load

未考虑结构安全系数的荷载值。

2.1.7 荷载计算值　effective value of load

标准荷载乘以安全系数后的荷载值。

2.1.8 承载力　load-carrying

井壁承受荷载(或内力)的能力。

2.1.9 薄壁圆筒　thin shell tube

壁厚与内半径之比小于规定数的圆筒。立井井筒中,井壁厚度 t 与井筒井壁中心半径 r_0 之比小于10 (即 $\frac{t}{r_0} < 10$) 时称薄壁圆筒。

2.1.10 厚壁圆筒　thick shell tube

壁厚与内半径之比大于规定数的圆筒。立井井筒中,井壁厚度 t 与井筒井壁中心半径 r_0 之比大于或等于10 (即 $\frac{t}{r_0} \geqslant 10$) 时称厚壁圆筒。

2.2 主要符号

2.2.1 普通法、冻结法凿井及井筒支护

A_0——计算截面井壁横截面面积;

A_n——岩(土)层水平荷载系数;

A_s——每米井壁截面配置钢筋面积;

b——井壁截面计算宽度;

D——井筒外直径;

d——井筒内直径;

E_c——混凝土弹性模量;

E_s——钢筋弹性模量;

F_w——计算截面以上井壁外表面积;

f_c——混凝土轴心抗压强度设计值;

$f_{cu,k}$——混凝土立方体抗压强度标准值;

f_s——井壁材料强度设计值;

f_t——混凝土抗拉强度设计值;

f'_y、f_y——普通钢筋抗压、抗拉强度设计值;

H——所设计的井壁计算处深度;

I——井筒横截面惯性矩;

L_0——计算处井壁圆环计算长度;

M_0——井塔嵌固水平的弯矩;

N——单位高度井壁圆环截面上的轴向力计算值;

N_0——井塔嵌固水平的轴向力;

P——计算处作用在井壁上的设计荷载计算值;

P_k——作用在结构上的均匀荷载标准值;

$P_{A,k}$、$P_{B,k}$——井壁所受最小、最大荷载标准值;

$P_{f,k}$——计算截面以上井壁单位外表面积竖向附加力标准值;

$P^s_{n,k}$、$P^x_{n,k}$——第 n 层岩层顶、底板作用井壁上的均匀荷载标准值;

Q_0——井塔嵌固水平的水平力;

$Q_{1,k}$——直接支承在井筒上的井塔重量标准值;

$Q_{2,k}$——计算截面以上井筒装备重量标准值;

$Q_{f,k}$——计算截面以上井壁所受竖向附加力标准值之和；
$Q_{Z,k}$——井壁所受的竖向荷载标准值；
$Q_{Z1,k}$——计算截面以上井壁自重标准值；
r_0——计算处井壁中心半径；
r_n——计算处井壁内半径；
r_w——计算处井壁外半径；
t——井壁厚度；
ν_k——结构的安全系数；
φ——钢筋混凝土抽心受压构件稳定系数；
φ_1——素混凝土构件稳定系数；
ϕ——土层内摩擦角；
β_t——冲积地层不均匀荷载系数；
β_y——岩层水平荷载不均匀系数；
ν_c——混凝土泊松比；
γ_h——混凝土（或钢筋混凝土）的重力密度；
ρ——井壁圆环截面配筋率；
ρ_{min}——井壁圆环截面的最小配筋率；
σ_t——井壁圆环截面切向应力；
σ_{Z1}——计算截面井壁自重应力计算值；
σ_Z——计算截面井壁纵向应力计算值；
σ_r——计算截面井壁径向应力计算值。

2.2.2 钻井法凿井及井筒支护

A_{sy}——井壁竖向钢筋横截面面积；
A_y、A_y'——受拉、受压钢筋的截面面积；
D_s——井筒净断面的设计直径；
D_y——井筒净断面的有效直径；
h_z——井壁节高；
$N_{Z,k}$——提吊时井壁受到的竖向荷载标准值；
n——钢筋和混凝土弹性模量的比值；
$P_{w,k}$——泥浆压力标准值；
$P_{n,k}$——配重水压力标准值；
P_g——井壁底所受到的压力计算值；
P_w——泥浆压力计算值；
P_n——配重水压力计算值；
V_Q、V_T——壳体、筒体体积；
V_n——井壁底壳体、筒体排开泥浆体积；
ν_f——抗裂安全系数；
λ——壳体常数；
η——设计采用的成井偏斜率；
γ_w——泥浆的重力密度；
γ_n——配重水的重力密度。

2.2.3 沉井法凿井及井筒支护

d——沉井设计内直径；
d_1——沉井有效内直径；
D——沉井井筒外直径；
D_1——刃脚外直径；
D_2——套井井筒内直径；
D_3——套井井筒外直径；

E——套井井壁厚度；
F——井壁与土壤直接接触面之间的单位摩阻力；
F'——井壁与泥浆之间的单位摩阻力；
G——沉井井壁自重；
G'——沉井总重（扣除浮力）；
G_1——沉井井壁刃脚自重（不扣除浮力）；
G_2——沉井井筒重量（不扣除浮力）；
G_3——沉井井壁后泥浆筒重量（不扣除浮力）；
h——沉井井壁厚度；
H——沉井有效深度；
H_1——套井总深度；
H_2——套井刃脚尖以下至沉井刃脚台阶高度；
H_3——刃脚高度；
L_1——沉井与套井之间间隙；
N——沉井正面阻力；
R_t——土壤极限抗压强度；
S——沉井井壁外表面积；
T——沉井下沉总阻力；
T_1——刃脚外侧与土层间的侧面阻力；
T_2——井壁外侧与触变泥浆的摩阻力；
W——井壁计算重率；
a——刃脚插入土层深度；
β——刃脚尖夹角；
η——沉井允许偏斜率；
μ——套井偏斜率。

2.2.4 混凝土帷幕法凿井及井筒支护

B_0——套壁厚度；
B——混凝土帷幕有效厚度；
D——钻孔直径；
H——混凝土帷幕设计深度；
R——帷幕有效厚度净半径；
R_0——井筒净半径；
R_1——帷幕中心线半径；
i——造孔最大允许偏斜率。

3 基本规定

3.0.1 立井井筒井壁结构重要性系数选取应符合以下规定：

1 服务年限不少于50年、大型矿井、冲积层深度不小于400m的立井井筒应按1.0～1.05选取。

2 服务年限少于50年且冲积层深度小于400m的中小型矿井的立井井筒应按1.0选取。

3.0.2 立井井筒井壁、井筒装备在不同受力状态下的安全系数选取应符合表3.0.2的规定。

3.0.3 立井井筒断面形状及尺寸应根据井筒用途、服务年限、井筒穿过的岩层性质和涌水情况，以及选择的支护和施工方法等因素确定，应优先选用圆形断面。采用圆形断面时，其净直径宜按0.5m进级，净直径为6.5m以上井筒和采用钻井法、沉井法、混凝土帷幕法施工的井筒可不受此限。

表3.0.2 结构安全系数值

受力特征			结构安全系数(v_k)值
井壁和锅底	井壁筒体	均匀水土压力	1.35
		静水压力 永久荷载	1.35
		静水压力 临时荷载	1.1
		稳定性	1.3
		井塔纵向偏压	1.2
		不均匀压力	1.1
		冻土压力	1.00～1.05
		泥浆压力	1.1
		交界面受力	1.2
		井壁吊挂力	1.2
		附加力	1.2
	锅底	静水压力（永久荷载）	1.80
井筒装备	罐道	荷载计算	1.00～1.05
	罐道梁	荷载计算	1.00～1.05

3.0.4 对有可能因建井或生产等因素而引起冲积地层沉降的立井井筒，应考虑冲积地层沉降对立井井筒的影响。必要时，可采用适应冲积地层沉降的井壁结构。

3.0.5 立井井筒支护类型应根据井筒穿过地层的地质及水文地质资料和施工方法确定，一般宜采用钢筋混凝土或混凝土支护。当地质条件复杂，地压大时，亦可采用其他支护结构。

3.0.6 立井硐室的断面形状及支护方式应根据地质条件、使用要求、服务年限等因素确定，并应符合下列规定：

1 立井硐室的断面形状。
   1）一般宜选用半圆拱形断面，当顶压、侧压均大时，可采用双曲拱形断面，当底压也较大时，底部可增设反拱或采用圆形断面。
   2）立煤仓宜采用圆形断面。
   3）风硐、安全出口及斜煤仓可选用半圆拱形或矩形断面。

2 立井硐室的支护方式。
   一般可采用混凝土、钢筋混凝土、料石砌碹或锚喷金属网支护。其支护参数应根据围岩条件、硐室形状、尺寸及地压大小计算确定。条件特殊时，也可采用其他支护方式。

3.0.7 位于地震烈度为8度及以上地区，或处于表土段不稳定地层时，风硐及安全出口和井筒上段30m以内井壁必须采用钢筋混凝土结构。

3.0.8 罐笼立井马头门、箕斗装载硐室、给煤机硐室、水泵房、泄水巷、立风井安全出口等，应进行铺底。

4 材 料

4.1 混 凝 土

4.1.1 立井井筒及硐室支护用的混凝土强度等级应符合下列要求：

1 用于立井井筒支护的钢筋混凝土，其混凝土强度等级不得低于C30；素混凝土的强度等级不得低于C25。

2 用于硐室支护的混凝土或钢筋混凝土，其混凝土强度等级不宜低于C20。

4.1.2 立井井筒及硐室为钢筋混凝土结构时，混凝土轴心抗压、轴心抗拉强度标准值f_{ck}、f_{tk}应按表4.1.2-1采用；混凝土轴心抗压、轴心抗拉强度设计值f_c、f_t应按表4.1.2-2采用。

表4.1.2-1 混凝土强度标准值（N/mm²）

强度种类	混凝土强度等级													
	C15	C20	C25	C30	C35	C40	C45	C50	C55	C60	C65	C70	C75	C80
f_{ck}	10.0	13.4	16.7	20.1	23.4	26.8	29.6	32.4	35.5	38.5	41.5	44.5	47.4	50.2
f_{tk}	1.27	1.54	1.78	2.01	2.20	2.39	2.51	2.64	2.74	2.85	2.93	2.99	3.05	3.11

表4.1.2-2 混凝土强度设计值（N/mm²）

强度种类	混凝土强度等级													
	C15	C20	C25	C30	C35	C40	C45	C50	C55	C60	C65	C70	C75	C80
f_c	7.2	9.6	11.9	14.3	16.7	19.1	21.1	23.1	25.3	27.5	29.7	31.8	33.8	35.9
f_t	0.91	1.10	1.27	1.43	1.57	1.71	1.80	1.89	1.96	2.04	2.09	2.14	2.18	2.22

注：计算现浇钢筋混凝土轴心受压和偏心受压构件时，如截面的长边或直径小于300mm，则表中混凝土的强度设计值应乘以系数0.8；当构件质量（如混凝土成型、截面和轴线尺寸等）确有保证时，可不受此限。

4.1.3 立井井筒及硐室为素混凝土结构时，其轴心抗压强度设计值应按表4.1.2-2中数据乘以系数0.85取用，并应符合现行国家标准《混凝土结构设计规范》GB 50010中的有关规定。

4.1.4 混凝土受压或受拉的弹性模量 E_c 应按表4.1.4采用。

表 4.1.4 混凝土弹性模量 E_c （$\times 10^4 \text{N/mm}^2$）

混凝土强度等级	C15	C20	C25	C30	C35	C40	C45	C50	C55	C60	C65	C70	C75	C80
E_c	2.20	2.55	2.80	3.00	3.15	3.25	3.35	3.45	3.55	3.60	3.65	3.70	3.75	3.80

4.2 钢 筋

4.2.1 立井井筒及硐室钢筋混凝土结构宜采用HRB335级、HRB400级、RRB400级钢筋，联系筋可采用HPB235级钢筋。

4.2.2 钢筋强度标准值应按表4.2.2采用。

表 4.2.2 钢筋强度标准值 f_{yk}（N/mm²）

种 类		符号	d	f_{yk}
热轧钢筋	HPB 235（Q235）	φ	8~20	235
	HRB 335（20MnSi）	⏀	6~50	335
	HRB 400（20MnSiV、20MnSiNb、20MnTi）	⏀	6~50	400
	RRB 400（K20 MnSi）	⏀R	8~40	400

注：热轧钢筋直径 d 系指公称直径。

4.2.3 钢筋抗拉强度设计值 f_y 及抗压强度设计值 f'_y 应按表4.2.3采用。

表 4.2.3 钢筋强度设计值（N/mm²）

种 类		符号	f_y	f'_y
热轧钢筋	HPB 235（Q235）	φ	210	210
	HRB 335（20MnSi）	⏀	300	300
	HRB 400（20MnSiV、20MnSiNb、20MnTi）	⏀	360	360
	RRB 400（K20 MnSi）	⏀R	360	360

注：在钢筋混凝土结构中，轴心受拉和小偏心受拉构件的钢筋抗拉强度设计值大于300N/mm²时，仍应按300N/mm²取用。

4.2.4 钢筋弹性模量 E_s 应按表4.2.4采用。

表 4.2.4 钢筋弹性模量 E_s（$\times 10^5 \text{N/mm}^2$）

种 类	E_s
HPB 235（Q235）级	2.1
HRB 335级钢筋、HRB 400级钢筋、RRB 400级钢筋、热处理钢筋	2.0

4.3 钢 材

4.3.1 立井井筒及硐室设计中钢材选用应符合现行国家标准《钢结构设计规范》GB 50017的有关规定。一般应优先选用强度高、塑性好、刚性强、可焊性好的普通碳素钢和低合金钢。对于特殊的要求，也可以选用一些特殊钢材。

4.3.2 立井井筒及硐室设计所用钢材的连接，宜采用焊缝连接或螺栓连接。焊缝连接和螺栓连接应符合现行国家标准《钢结构设计规范》GB 50017中的有关规定。

4.3.3 螺栓的排列距离应符合现行国家标准《钢结构设计规范》GB 50017中的有关规定。

4.3.4 钢材的强度设计值应符合现行国家标准《钢结构设计规范》GB 50017中的有关规定。

4.3.5 焊缝的强度设计值应符合现行国家标准《钢结构设计规范》GB 50017中的有关规定。

4.3.6 螺栓连接的强度设计值应符合现行国家标准《钢结构设计规定》GB 50017中的有关规定。

4.4 玻 璃 钢

4.4.1 玻璃钢复合材料的基料宜采用不饱和聚酯树脂，其质量应符合表4.4.1的规定。当设计有特殊要求时，也可采用其他树脂作为基料。

表 4.4.1 不饱和聚酯树脂的质量指标、特性及应用

树脂型号	外观	酸值(mgKOH/g)	黏度(min)	树脂含量(%)	胶化时间(min)	热稳定性	性能和用途
191	透明淡黄色液体	28~36	25℃时6~13	60~66（固体含量）	25℃时10~25	25℃时0.5 (a)，80℃时24 (h)	是一种低黏度光稳定性聚酯树脂，对于玻璃纤维有良好的浸渍性能，经常用于制造半透明波形瓦、煤矿井筒梯子间构件以及其他接触成型产品

4.4.2 玻璃钢复合材料内嵌钢芯一般宜选用Q235钢、16Mn钢等。其规格尺寸及质量应符合设计要求和有关质量标准；内嵌钢芯必须进行除锈处理，并达到国际通用瑞典标准Sa2.5级。

4.4.3 立井井筒及硐室中玻璃钢材料制成品的抗静电指标不应大于 $3.0×10^8Ω$。

4.4.4 立井井筒及硐室里的玻璃钢材料制成品的阻燃系数应大于26氧指数。

4.4.5 立井井筒罐道梁及其他梁、梯子间采用的玻璃钢制成品的机械、安全性能应符合表4.4.5的规定。

表4.4.5 梁及梯子间用玻璃钢制成品机械、安全性能指标

项目		指标		根据国家有关标准确定试验方法
	类型	优良	合格	
机械性能	抗拉强度≥(MPa) 玻纤纱	140	120	GB 3354
	抗拉强度≥(MPa) 玻纤布	160	130	GB 1447
	抗压强度≥(MPa) 玻纤纱	50	35	GB 1448
	抗压强度≥(MPa) 玻纤布	60	40	GB 1448
	弯曲强度≥(MPa) 玻纤纱	90	70	GB 3356
	弯曲强度≥(MPa) 玻纤布	100	80	GB 1449
表面电阻(Ω)		≤3.0×10⁸		MT 113
安全性能	酒精喷灯火焰燃烧试验 有焰燃烧时间(s)	当酒精喷灯移走后，每组6条试件的有焰燃烧时间总和不得超过18，其中任何一试件的续燃时间不得超过10		MT 113 试件置于酒精喷灯火焰中燃烧时间为30
	酒精喷灯火焰燃烧试验 无焰燃烧时间(s)	当酒精喷灯移走后，每组6条试件的无焰燃烧时间总和不得超过120，其中任何一条试件的续燃时间不得超过60		

4.4.6 立井井筒用玻璃钢罐道制成品的机械、安全性能等应符合表4.4.6的规定。

表4.4.6 玻璃钢罐道制成品的机械、安全性能指标

项目	机械性能			安全性能		技术要求	
	抗拉强度≥(MPa)	抗弯强度≥(MPa)	弹性模量(MPa)	滚动磨损30a≤(mm)	滚动磨损30a≤(mm)	表面电阻(Ω)	阻燃性能<(s)	罐道直线度(‰)	罐道扭曲度(‰)
指标	160	130	1.9×10⁵	1	3	3×10⁵	18	0.7	0.7

注：1 抗拉、抗弯、弹性模量为罐道整体值。
2 阻燃性能为有焰续燃总时间。

4.5 其他常用材料

4.5.1 用于立井井筒冻结段井壁的外井壁与冻土之间的聚苯乙烯泡沫塑料板的物理机械性能应符合表4.5.1的规定。

表4.5.1 聚苯乙烯泡沫塑料板物理机械性能指标

序号	项目 \ 密度(g/cm³)	0.021	0.031	0.041	0.051
1	抗压强度(MPa) 压缩10%	0.122	0.181	0.243	0.286
	压缩25%	0.144	0.216	0.296	0.358
	压缩50%	0.305	0.364	0.395	0.515
	压缩75%	0.331	—	—	—
2	抗拉强度(MPa)	0.13	0.25	0.29	0.34
3	抗弯强度(MPa)	0.302	0.38	0.517	0.527
4	冲击强度(MPa)	0.046	0.049	0.056	0.082
5	冲击弹性(%)	28	30	29	30
6	耐热性(不变形)(℃)	75	75	75	75
7	耐寒性(不变形、不脆)(℃)	−80	−80	−80	−80
8	体积吸水率(24h)(%)	0.016	0.004		
9	吸声系数(700~2000Hz)(%)	50~80(使用前须具体测定)			
10	导热系数(kJ/m·h·℃)	0.0271	0.0276	0.036	0.04
11	水分渗透(g/m²·h)	0.38	0.31	0.31	0.32

4.5.2 用于立井井筒中冻结段井壁的内、外层井壁之间的聚乙烯塑料薄板的物理机械性能应符合表4.5.2的规定。

表4.5.2 聚乙烯塑料薄板物理机械性能指标

项目	指标
拉伸强度(MPa)	≥17
断裂伸长率(%)	≥450
直角撕裂强度(N/mm)	≥80
水蒸气渗透系数[g·cm/(cm²·s·Pa)]	≤1.0×10⁻¹⁶
−70℃低温冲击脆化性能	通过
尺寸稳定性(%)	±3

5 井筒装备

5.1 井筒平面布置

5.1.1 立井井筒平面布置应根据提升容器的种类、数量、最大外形尺寸，井筒装备的类型和规格，提升容器与井筒装备、井壁之间的间隙，梯子间、管路、电缆的平面布置尺寸，井筒延深方式以及井筒所需通过的风量等确定；立井井筒平面布置应合理利用井筒断面，布置紧凑，减少井筒掘砌工程量，节省材料消耗。

5.1.2 立井井筒装备按罐道结构形式的不同，可分为柔性罐道（即钢丝绳罐道）和刚性罐道两种。

5.1.3 立井井筒装备应采取防腐蚀措施或选择耐腐蚀材料制作。井筒装备防腐蚀设计及耐腐蚀材料的选择应符合国家现行标准《煤矿立井井筒装备防腐蚀技术规范》MT/T 5017 中有关规定。

5.2 钢丝绳罐道

5.2.1 立井井筒采用钢丝绳罐道时，应符合以下要求：

  1 单绳提升人员的罐笼必须装备可靠的防坠器。

  2 罐道绳宜采用密封或半密封式钢丝绳，对提升终端荷载不大，服务年限较短矿井，也可采用 6 股 7 丝普通钢丝绳。

  3 每个提升容器的罐道宜采用四角布置，受条件限制时也可采用四绳单侧布置。对提升终端荷载不大的浅井，可采用两绳或三绳对角或三角布置。

  4 罐道绳张紧装置宜采用井架液压拉紧或螺杆拉紧方式，也可采用井底重锤拉紧方式。每根罐道绳的百米拉紧力为 8～12kN。

  5 同一提升容器的各罐道绳的张力可相差 5%～10%。当提升容器为两根罐道绳时，各绳张力应相等。

5.3 刚性罐道和罐道梁

5.3.1 根据提升容器的要求、终端荷载和提升速度大小及结构计算结果，刚性罐道可选用钢轨罐道、型钢组合罐道、冷弯方型型钢罐道、冷拔方管型钢罐道、玻璃钢复合罐道或木罐道等。罐道型号（断面尺寸）可按表 5.3.1 选用并符合以下要求：

  1 钢轨罐道，可采用 38kg/m 或 43kg/m 钢轨。

  2 型钢组合罐道，可采用球扁钢组合罐道或槽钢组合罐道。球扁钢组合罐道应采用球扁钢和扁钢组合焊成；槽钢组合罐道宜采用两根 16 号或 18 号槽钢和扁钢焊成。

  3 冷弯方型型钢罐道、冷拔方管型钢罐道，技术参数应分别符合现行国家标准《立井罐道用冷弯方型空心型钢》MT/T 557 和现行国家标准《冷拔异形钢管》GB/T 3094 的有关规定。

  4 玻璃钢复合罐道，采用内衬钢芯、外包玻璃钢经模压热固化处理制成。内衬钢芯厚度不宜小于 6mm，外包玻璃钢厚度不宜小于 4mm。玻璃钢罐道加工质量应符合本规范第 4.4 节中有关规定。

  5 木罐道应采用木质致密、强度较大的松木制作并应进行防腐处理。

  6 罐道荷载可按下列公式计算：

$$P_{y,k} = Q_k/12 \quad (5.3.1-1)$$
$$P_{x,k} = 0.8 P_{y,k} \quad (5.3.1-2)$$
$$P_{v,k} = 0.25 P_{y,k} \quad (5.3.1-3)$$

式中 $P_{y,k}$——罐道与罐道梁正面水平力标准值（MN）；

  $P_{x,k}$——罐道与罐道梁侧面水平力标准值（MN）；

  $P_{v,k}$——罐道与罐道梁的垂直力标准值（MN）；

  Q_k——提升绳端荷重（包括提升容器自重、滚动罐耳、首绳悬挂装置、尾绳悬挂装置及载重之和）标准值（MN）。

  7 钢罐道的强度、刚度宜按下列公式验算：

$$\frac{M_{x1}}{W_{x1}} + \frac{M_{y1}}{W_{y1}} \leq f_1 \quad (5.3.1-4)$$

$$\frac{Z_1}{L_1} \leq \frac{1}{400} \quad (5.3.1-5)$$

式中 M_{x1}——在正面水平力作用下罐道的最大弯矩计算值（MN·m）；

  M_{y1}——在侧面水平力作用下罐道的最大弯矩计算值（MN·m）；

  W_{x1}、W_{y1}——对 x 轴、y 轴的净截面抵抗矩（m³）；

  f_1——罐道材料的强度设计值（MN/m²）；

  Z_1——罐道的挠度（m）；

  L_1——罐道的跨度（m）。

表 5.3.1 罐道型号（断面尺寸）

罐道名称		钢轨罐道（kg/m）	型钢组合罐道		冷弯冷拔型钢罐道（mm）	玻璃钢复合罐道（mm）	木罐道（mm）
			球扁钢组合罐道（mm）	槽钢组合罐道（mm）			
型号（断面尺寸）	1	38	180×188	180×160	180×180	180×180	180×160
	2	43	200×188	180×180	200×200	200×200	—
	3			200×200	220×220	—	

5.3.2 井筒内刚性罐道可采用单侧罐道、双侧罐道和端面罐道三种布置形式，并宜符合下列规定：

  1 当罐笼井使用木罐道时，应采用双侧布置。

  2 对提升速度低、终端荷载小的罐笼或箕斗，可采用钢轨罐道单侧或双侧布置。

  3 对提升速度高、终端荷载大的罐笼或箕斗，宜采用型钢罐道或玻璃钢复合罐道端面布置。

5.3.3 罐道梁可采用工字钢、槽钢组合、冷弯异型型钢、冷拔异型型钢等形式。罐道梁的强度、刚度宜按下列公式验算：

$$\frac{M_{x2}}{W_{x2}} + \frac{M_{y2}}{W_{y2}} \leq f_2 \quad (5.3.3-1)$$

$$\frac{Z_2}{L_2} \leq \frac{1}{400} \quad (5.3.3-2)$$

式中 M_{x2}、M_{y2}——绕 x、y 轴的弯矩（x 轴为强轴，y 为弱轴）计算值（MN·m）；

  W_{x2}、W_{y2}——对 x 轴、y 轴的净截面抵抗矩（m³）；

  f_2——罐道梁材料的强度设计值

(MN/m^2)；

Z_2——罐道梁的总挠度（含集中荷载及罐道梁自重产生的挠度）（m）；

L_2——罐道梁的跨度（m）。

5.3.4 罐道梁可采用简支梁、连续梁或悬臂梁等支承形式。采用悬臂梁时，其悬臂长度不宜超过700mm。悬臂梁强度可按下式验算：

$$\frac{Q_x L}{f_u} \leq W_x \quad (5.3.4)$$

式中 Q_x——悬臂梁所承受的集中荷载计算值（MN）；

L——集中荷载作用点至井壁的距离（m）；

f_u——悬臂梁材料的抗弯强度设计值（MN/m²）；

W_x——悬臂梁对 x 轴的净截面抵抗矩（m³）。

5.3.5 罐道梁层间距应根据所选用的罐道类型、罐道长度，并根据提升容器作用在罐道上的荷载计算确定。钢轨罐道宜采用4.168m或6.252m；组合钢罐道、型钢罐道、玻璃钢复合罐道宜采用4m、5m或6m；木罐道可采用2m。

5.3.6 井筒中各种梁在井壁上的固定应符合下列规定：

1 宜采用树脂锚杆、预埋钢板和梁窝埋入式三种方式。

2 应优先采用树脂锚杆固定方式。

3 井筒在不稳定含水冲积层内严禁采用梁窝固定方式。

5.3.7 当采用树脂锚杆固定立井井筒装备时，锚杆的锚固长度应满足锚固力要求，且不应超过单层井壁厚度的3/5、双层井壁中内层井壁厚度的4/5。

5.3.8 采用树脂锚杆固定悬臂支座、罐道梁、井梁、梯子梁等应符合下列规定：

1 固定单个托架的锚杆根数，应按计算确定，一般不应少于两根。

2 相邻两锚杆孔间距不宜小于180mm。

3 锚杆的锚固力应根据需要按计算确定；但固定悬臂支座及各种梁时，每根锚杆的锚固力不应小于 4.9×10^4 N。

每根锚杆的锚固力应按下式计算：

$$P_{mg} = \pi d [\tau] L \quad (5.3.8)$$

式中 P_{mg}——树脂锚杆的锚固力（N）；

d——锚杆杆体直径（mm）；

L——锚固长度（mm）；

$[\tau]$——允许黏结力，可取 2.5N/mm²。

5.3.9 罐道托架强度可按下列公式验算：

$$\frac{M_{x3}}{W_{y3}} + \frac{M_v}{W_{x3}} \leq f_3 \quad (5.3.9)$$

式中 M_{x3}——由水平力产生的弯矩计算值（MN·m）；

M_v——由竖向力产生的弯矩计算值（MN·m）；

W_{x3}、W_{y3}——托架截面对 x 轴、y 轴的截面系数（m³）；

f_3——托架材料的强度设计值（MN/m²）。

5.3.10 同一提升容器的两根罐道的接头不应布置在同一个水平面内；当两根罐道安装在同一罐道梁上时，接头位置应错开。

5.3.11 罐道接头布置应符合下列规定：

1 木罐道的接头宜布置在罐道梁上。

2 钢罐道和玻璃钢复合罐道的接头应设在罐道与罐道梁连接的位置上，即设在罐道梁中间。

3 钢罐道接头之间应有 2～4mm 间隙，木罐道间隙不大于5mm。

5.3.12 在井筒装备中，钢罐道梁应尽可能不设置接头。当必须由两节组成时，其接头应设在弯矩较小的地方，且上下两层罐道梁的接头处应错开布置；两节罐道梁连接时，宜采用夹板焊接或螺栓连接，连接处的强度不应小于罐道梁的强度。

5.3.13 罐道与罐道梁连接，应有足够的强度，同时还应考虑结构简单、安装和维修方便。

5.3.14 当井筒为竖向可缩型井壁结构时，井筒装备构件及管路等应采用适合井壁沉降的结构形式。

5.4 梯 子 间

5.4.1 立井井筒梯子间的设置应符合下列规定：

1 作为矿井安全出口的立井井筒，必须设置由井下通达地面的梯子间。

2 当井深超过 300m 时，宜每隔 200m 左右设置一休息点。休息点可在靠近梯子间位置处的井壁上开凿一硐室与梯子间连通。

3 休息硐室严禁设在不稳定含水冲积层中。

5.4.2 梯子间布置可采用顺向和折返式两种形式。在条件允许的情况下，应优先采用折返式梯子间。

5.4.3 梯子间的布置应符合下列要求：

1 梯子斜度不应大于80°。

2 梯子间相邻两个平台的垂直距离不应大于8m。

3 梯子孔左右宽度不应小于600mm，前后长度不应小于700mm。

4 梯子宽度不应小于400mm，梯阶间距不宜大于400mm，每架梯子上端必须伸出平台不应小于1000mm，梯子正面下端距井壁不应小于600mm。

5.4.4 梯子间宜采用玻璃钢复合材料制作，也可采用金属等材料制作。

5.5 过放保护和稳罐装置

5.5.1 立井提升井筒应在井底设置过放保护装置，

并应符合下列规定：

1 保护装置应具有制动和托罐两部分功能。

2 制动可采用柔性过放缓冲装置、楔形木罐道或其他行之有效的吸能缓冲装置，并宜优先采用柔性过放缓冲装置。

3 托罐装置可采用带缓冲木或缓冲橡胶的钢质托罐梁。

5.5.2 井底过放保护装置设计应符合下列要求：

1 过放距离必须满足现行《煤矿安全规程》的规定。

2 过放保护装置应能在过放距离内将全速过放的容器或平衡锤平稳的停住，并保证不再反弹。

3 井底过放保护装置设计最大制动减速度，对空载容器和平衡锤不得大于5g，对有载人可能的空罐和重载容器不得大于3g。

4 过放时井底制动与井口制动应分别进行计算。

5 摩擦式提升机提升过放时，井底下降容器制动始点相对井口上升容器制动始点应有一定超前距，使井口上升容器进入制动始点时，井底下降容器已对主绳失重。当始点制动减速度大于或等于3g时，超前距数值可采用0.9～1.3m，在使用约1:80斜度的楔形木罐道条件下可采用1.5～2.0m。

6 在各种可能载荷状态下过放时，井下容器制动终点与井上容器制动终点计算差距不应大于4m。

7 井底过放保护装置的制动性能应长期保持稳定。

8 如采用楔形木罐道，应符合下列规定：

1）材料宜采用红松，并应进行防变形、防潮、防腐蚀处理。

2）设计计算中所需的单位变形体积吸收能量 E_A 可取 $5×10^7 J/m^3$。

3）每根罐道允许有接头，但接头应在罐道梁处。

4）楔形木罐道与矩形钢罐道连接处，两罐道的宽度应一致。楔形木斜度根据制动距离的要求由计算确定。楔形木最大宽度不得大于正常段宽度的1.55倍。不与主罐道接轨的楔形木的正常段宽度由容器的制动罐耳确定。

9 井底托罐梁的设置应符合下列规定：

1）托罐梁顶面距最大载荷状态下计算制动终点时的容器底面不得小于1.5m，这段预留的安全制动能量不得小于最大制动能量的30%。

2）井上最大过卷高度不得大于井底最大过放高度2m。

3）托罐梁及其支持梁强度应按承受4倍最大制动载荷不产生永久变形设计。

4）当制动盘接触托罐梁顶面时，托罐梁顶面与容器底面宜保持200mm的间隙。

10 尾绳防扭结、防磨等保护装置可设在托罐梁梁底或腹部；尾绳保护装置下应设检修平台。

11 井底过放部分的井筒装备，应有切实可行的检修措施，可采用检修小罐笼或梯子间，且能使检修人员易于通行至各层罐道梁和罐道连接处。

5.5.3 有人员上、下的井筒，在井底各水平进出车两侧马头门上方井壁与容器间应设防砸保护板。

5.5.4 井筒淋水较大的罐笼井，井底各水平进出车两侧马头门上方沿井壁做截水槽，用管路沿两边将水导引至水沟。马头门两侧应做淋水棚，装卸长度较大材料时，一侧的淋水棚可移动，另一侧固定。棚顶材料应采用耐腐蚀、阻燃的非金属板材。

截水槽和防砸板可合并设置。

5.5.5 罐笼井马头门、箕斗井装载硐室处井筒内应设钢套架，支承该处的罐道、安全门等，结构应采用螺栓连接。并应符合下列要求：

1 套架立柱间在不影响使用位置加横梁连接，边立柱与侧壁加横向支撑，井筒内两边梁可加水平支撑与井壁连接。

2 采用端面刚性罐道或绳罐道的井筒在钢套架处应变换成刚性侧罐道或四角罐道，四角罐道应能承受容器运行正常水平力和装载冲击力，保证刚度，防止变形。

3 箕斗井可只变换装载端为角罐道，后部仍为连续端面刚性罐道。

4 在不经常进出车的端面罐道罐笼井管子道，可不变换罐道形式而采用可左右移动或上下伸缩的活动端罐道。

5 在不经常进出车的绳罐道罐笼井中间水平，可采用活动四角稳罐装置。

5.5.6 托罐梁、楔形木罐道顶梁、钢套架顶梁、底梁应预留梁窝固定，其他楔形罐道梁、钢套架支承梁等可用树脂锚杆托架固定。

5.5.7 井口、井底或中间水平应设置下列平台：

1 井口在接近井颈水平处设置主绳活动验绳平台；摩擦式提升机提升的罐笼井底接近出车水平处、箕斗井接近装载水平处应设置尾绳活动验绳平台。收起时活动平台应加锁紧机构。

2 双层或多层罐笼间同时上下人员的井筒，井底水平应设置人行平台或人行地道，人行平台在长材料侧应设计成可开启结构。

平台两边缘处至硐顶净高不得小于1.6m。

3 井上下与井筒连接的各轨道水平、人行地道、管子道等通道处，应将提升容器与井壁之间或井梁与井壁之间的空缺部分进行铺板。铺板的侧边应加护栏防止人员坠井。

4 各平台应设置人员进出的梯子或通道。

5 人行平台、淋水棚、防砸板、截水槽及各通道铺板与提升容器之间安全间隙不应小于50mm。

5.6 管路及电缆的敷设

5.6.1 井筒中各类管路的敷设一般应符合以下要求：

1 管路布置应考虑安装、检修和更换方便，并宜集中一侧布置，以利于用同一托管梁。

2 在设有梯子间的井筒中，管路宜靠近梯子间主梁或罐道梁、并与罐笼长边平行布置。管子导向梁宜利用罐道梁或梯子梁，其层间距宜与罐道梁，梯子梁相一致。

5.6.2 井筒中各类电缆的敷设应符合以下要求：

1 电缆敷设应考虑出线简单，易于安装、检修和更换。

2 电缆悬挂点的间距，在立井井筒内一般不超过6m，并宜与罐道梁、梯子梁的层间距相一致。

3 在同一井筒内的通信电缆应敷设在距动力电缆0.3m以外的地方。

4 各类电缆卡应留有备用量。

6 井筒支护

6.1 普通法凿井井筒支护

6.1.1 普通法凿井的井筒宜采用整体灌筑混凝土、钢筋混凝土井壁支护。提升井不得采用喷射混凝土和金属网、喷射混凝土及锚杆、金属网、喷射混凝土作为永久支护。有条件时，可采用料石、混凝土砌块支护。

6.1.2 井壁接茬处，应采取可靠的封水措施。

6.1.3 井壁所受径向荷载标准值计算应符合下列规定：

1 表土段井壁所受径向荷载标准值计算。

1) 均匀荷载标准值应按下式计算：
$$P_k = 0.013H \quad (6.1.3-1)$$

式中 P_k——作用在结构上的均匀荷载标准值（MPa）；

0.013——似重力密度（MN/m³）；

H——所设计的井壁冲积层计算处深度（m）。

2) 不均匀荷载标准值应按下列公式计算：
$$P_{A,k} = P_k \quad (6.1.3-2)$$
$$P_{B,k} = P_{A,k}(1+\beta_t) \quad (6.1.3-3)$$
$$\beta = \frac{\tan^2\left(45° - \frac{\phi-3}{2}\right)}{\tan^2\left(45° - \frac{\phi+3}{2}\right)} \quad (6.1.3-4)$$

式中 $P_{A,k}$、$P_{B,k}$——最小、最大荷载标准值（MPa）；

β_t——冲击地层不均匀荷载系数；

ϕ——土层内摩擦角，以井筒检查钻孔资料为准，也可按表6.1.3-1选用或查本规范附录A。

表6.1.3-1 岩（土）层水平荷载系数 A_n 值

秦氏岩（土）层分类	物理机械特征				岩（土）层水平荷载系数 A_n	
	抗压强度（MPa）	内摩擦角 ϕ				
		最大~最小	平均		最大~最小	平均
砂层	—	0°~18°	9°		1.0~0.64	0.757
松散岩石	—	18°~26°34′	22°15′		0.64~0.5	0.526
软地层	—	26°34′~50°	38°15′		0.5~0.3	0.387
弱岩层	2~10	50°~70°	60°		0.3~0.031	0.164
中硬岩层	10~40	70°~80°	75°		0.031~0.008	0.017

2 基岩段井壁所受径向荷载标准值计算。

1) 均匀荷载标准值应按下列公式计算：
$$P^s_{n,k} = (\gamma_1 h_1 + \gamma_2 h_2 + \cdots + \gamma_{n-1} h_{n-1})A_n \quad (6.1.3-5)$$
$$P^x_{n,k} = (\gamma_1 h_1 + \gamma_2 h_2 + \cdots + \gamma_n h_n)A_n \quad (6.1.3-6)$$
$$A_n = \tan^2(45° - \phi_n/2) \quad (6.1.3-7)$$

式中 $P^s_{n,k}$、$P^x_{n,k}$——第 n 层岩层顶、底板作用井壁上的均匀荷载标准值（MPa）；

h_1、h_2、…、h_n——各岩层厚度（m）；

γ_1、γ_2、…、γ_n——各岩层的重力密度（MN/m³）；

A_n——岩（土）层水平荷载系数；可按表6.1.3-1选用；

ϕ_n——第 n 层岩层内摩擦角，以井筒检查钻孔资料为准，也可按表6.1.3-1选用或查本规范附录B。

2) 不均匀荷载标准值应按下列公式计算：
$$P_{A,k} = P^x_{n,k} \quad (6.1.3-8)$$
$$P_{B,k} = P_{A,k}(1+\beta_y) \quad (6.1.3-9)$$

式中 β_y——岩层水平荷载不均匀系数，可按表6.1.3-2选用。

表6.1.3-2 岩层水平荷载不均匀系数 β

岩层倾角	≤55°	≤65°	≤75°	≤85°
水平荷载不均匀系数 β_y	0.2	0.3	0.4	0.5

3) 岩层破碎带均匀荷载标准值应按下列公式计算：
$$P^s_{n,k} = (\gamma_{k+1}h_{k+1} + \gamma_{k+2}h_{k+2} + \cdots + \gamma_{n-1}h_{n-1})A_n \quad (6.1.3-10)$$
$$P^x_{n,k} = (\gamma_{k+1}h_{k+1} + \gamma_{k+2}h_{k+2} + \cdots + \gamma_n h_n)A_n \quad (6.1.3-11)$$

式中 k——破碎带以上岩层层数。

6.1.4 冲积层段井壁所受的竖向荷载标准值应按下

列公式计算：

$$Q_{Z,k} = Q_{Z1,k} + Q_{f,k} + Q_{1,k} + Q_{2,k} \quad (6.1.4-1)$$
$$Q_{f,k} = P_{f,k} \times F_w \quad (6.1.4-2)$$

式中 $Q_{Z,k}$——井壁所受的竖向荷载标准值（MN）；
　　$Q_{Z1,k}$——计算截面以上井壁自重标准值（MN）；
　　$Q_{f,k}$——计算截面以上井壁所受竖向附加力标准值之和（MN）；
　　$P_{f,k}$——计算截面以上井壁单位外表面积竖向附加力标准值（MN/m²）；
　　F_w——计算截面以上井壁外表面积（m²）；
　　$Q_{1,k}$——直接支承在井筒上的井塔重量标准值（MN）；
　　$Q_{2,k}$——计算截面以上井筒装备重量标准值（MN）。

6.1.5 当井塔直接支承在井筒上时，井塔影响段井壁应考虑 N_0、Q_0、M_0 等荷载的作用。
　　N_0——井塔嵌固水平的轴向力（MN）；
　　Q_0——井塔嵌固水平的水平力（MN）；
　　M_0——井塔嵌固水平的弯矩（MN·m）。

6.1.6 井筒支护中，井壁结构的承载力设计应采用下列设计表达式：

$$S(\nu_k P_k) \leq R \quad (6.1.6-1)$$
$$R = R(f_c, f_y', \cdots) \quad (6.1.6-2)$$

式中 $S(\cdot)$——内力组合计算函数；
　　ν_k——结构的安全系数，见表3.0.2；
　　R——结构的承载力；
　　$R(\cdot)$——结构的承载力函数；
　　f_c——混凝土轴心抗压强度设计值（MN/m²）；
　　f_y'——普通钢筋抗压强度设计值（MN/m²）。

6.1.7 冲积层段井壁不同受力状态下的安全系数选取应符合表3.0.2的规定。

6.1.8 普通法凿井井筒的井壁厚度可按下列规定拟定：
　　1 通过工程类比初步拟定。
　　2 按下列公式计算初步拟定混凝土井壁厚度：

$$t = r_n \left(\sqrt{\frac{f_s}{f_s - 2P}} - 1 \right) \quad (6.1.8-1)$$

混凝土井壁：$f_s = 0.85 f_c \quad (6.1.8-2)$
钢筋混凝土井壁：$f_s = 0.9(f_c + \rho_{min} f_y') \quad (6.1.8-3)$

$$P = \nu_k P_k \quad (6.1.8-4)$$

式中 t——井壁厚度（m）；
　　r_n——计算处井壁内半径（m）；
　　f_s——井壁材料强度设计值（MN/m²）；
　　f_c——混凝土轴心抗压强度设计值（MN/m²）；
　　f_y'——普通钢筋抗压强度设计值（MN/m²）；
　　P——计算处作用在井壁上的设计荷载计算值（MPa）；
　　ρ_{min}——井壁圆环截面的最小配筋率，应按本规范第6.1.10条规定采用。

6.1.9 冲积层段井筒的井壁圆环内力及承载力应按本规范附录C中C.1.1和C.1.2的规定计算。

6.1.10 钢筋混凝土井壁配筋应符合下列规定：
　　1 全截面配筋率不应小于0.4%；当采用HRB400级、RRB400级钢筋时，配筋率不应小于0.3%；当混凝土强度等级为C60及以上时，配筋率不应小于0.5%。
　　2 截面单侧配筋率不应小于0.2%。
　　3 配置构造钢筋宜符合表6.1.10的规定。

表6.1.10 井壁构造配筋

井筒深度（m）	钢筋最小直径（mm）	钢筋最大间距（mm）	钢筋最小间距（mm）
100	16	300~330	200
200	18	300	200
>300	20	300	150

　　4 钢筋保护层（钢筋外边缘至混凝土表面的距离）厚度，内缘钢筋宜为50mm；外缘钢筋宜为70mm。

6.1.11 井壁纵向承载力应按下式计算：

$$Q_{Z,k} \leq f_c A_0 + f_y A_z \quad (6.1.11)$$

式中 A_z——竖向钢筋横截面积（m²）；
　　A_0——计算截面井壁横截面面积（m²）；
　　f_y——普通钢筋抗拉强度设计值（MN/m²）。

6.1.12 井塔（架）影响段井壁应按本规范附录D的规定计算。

6.1.13 基岩段井筒的井壁厚度可按以下规定确定：
　　1 按类比法确定。
　　2 采用表6.1.13推荐的经验数值。
　　3 有条件时，可按本规范第6.1.3条、6.1.8条及附录C中C.1.1和C.1.2中有关公式计算。

表6.1.13 基岩井壁厚度经验数值

井筒直径（m）	井壁厚度（mm）			壁后充填厚度（mm）
	混凝土	料石	混凝土砌块	
3.0~4.5	300	300~350	400	混凝土砌块、料石井壁的壁后充填为100mm；现浇混凝土为0
4.5~5.0	300~350	350~400	400	
5.0~6.0	350~400	400~450	500	
6.0~7.0	400~450	450~500	500	
7.0~8.0	450~500	500	600	

注：1 本表厚度不包括壁后充填。
　　2 混凝土强度等级不得低于C25。
　　3 本表适用于深度不大于600m的井筒，对于深度大于600m的井筒，可适当加大井壁厚度或提高混凝土强度等级。

6.2 冻结法凿井井筒支护

6.2.1 冻结法凿井井筒支护应符合下列规定：

1 冻结法凿井井筒掘砌深度必须进入稳定基岩一定距离作为壁基。壁基高度由计算确定，并不应小于10m。

2 采用如图6.2.1所示井壁结构形式时，壁基高度应按下式计算：

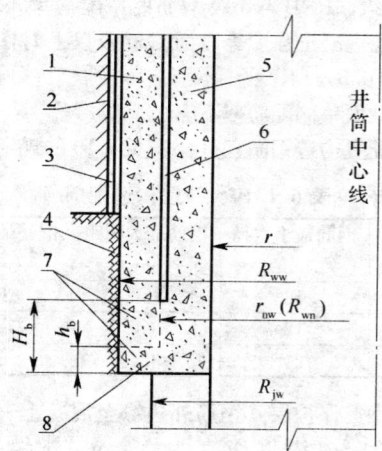

图6.2.1 壁基、壁座高度计算简图
1—外井壁；2—冲积层；3—泡沫塑料板；4—基岩；
5—内井壁；6—塑料夹层；7—壁基；8—壁座

$$H_b \geq \frac{G + N_f - \pi(R_{ww}^2 - R_{jw}^2)[\sigma] - \pi(R_{jw}^2 - r^2)f_c}{2\pi R_{ww}\sigma_n - G_l}$$
(6.2.1-1)

式中 H_b——壁基高度（m）；
G——壁基以上井筒内、外井壁的计算重量（MN）；
N_f——壁基以上井筒所受到的竖向附加力计算值（MN）；
r——井筒内半径（m）；
R_{wn}——外井壁内半径（m）；
R_{ww}——外井壁（壁基）外半径（m）；
R_{jw}——基岩段井壁外半径（m）；
G_l——每延米壁基的计算重量（MN）；
$[\sigma]$——壁基下部围岩容许压应力（MPa）；坚硬致密的岩层，$[\sigma]=3.0\sim3.5$MPa；中等硬度的岩层，$[\sigma]=2.5$MPa；软岩层，$[\sigma]=2.0$MPa；
σ_n——壁基外缘与围岩的黏结强度（MPa），$\sigma_n=0.5\sim2.0$MPa，混凝土强度等级高、围岩岩性好，σ_n取上限，反之取下限。

3 冻结法凿井井筒掘砌深度应在井筒冻结深度之上5~8m，井筒净直径、井筒冻结深度较大时，可适当加大。

4 冻结法凿井的井筒宜采用复合井壁、双层钢筋混凝土或混凝土井壁支护。

5 冻结法凿井井筒掘砌的底部必须将一定高度的内、外层井壁整体浇筑作为壁座。

6 整体壁座应符合下列规定：

1）壁座的结构形式应根据围岩强度、壁座所承受的荷载、井壁结构形式等经计算确定。

2）采用如图6.2.1所示井壁及壁座的结构形式时，壁座厚度不应小于内、外层井壁厚度之和；其高度应按下式计算，但不应小于4m。

$$h_b \geq \frac{G_n}{2\pi r_{nw}[f_j]}$$
(6.2.1-2)

式中 h_b——内外井壁整体浇筑段高度（m）；
G_n——整体浇筑段以上井筒内井壁的计算重量（MN）；
r_{nw}——内井壁外半径（m）；
$[f_j]$——混凝土容许抗剪强度（MN/m²）。

3）内、外层井壁整体浇筑部分以下井壁应渐变至正常基岩段井壁厚度。

7 冻结壁与现浇混凝土外层井壁之间，宜根据冻结壁的位移量铺设25~75mm厚的泡沫塑料板。

8 宜在内外层井壁之间铺设塑料夹层，厚度以1.5~3.0mm为宜，也可铺设二层柔韧性较好的沥青油毡。

9 冻结段井筒双层井壁之间宜进行注浆防水。

10 冻结段井筒内层、外层井壁厚度均不应于300mm。

6.2.2 冻结法凿井井壁钢筋配置应同时满足以下要求：

1 井壁配筋率应根据计算确定。最小配筋率应符合本规范第6.1.10条有关规定。

2 竖向钢筋宜优先选用直螺纹或锥螺纹连接，连接质量应符合国家现行标准《钢筋机械连接通用技术规程》JGJ 107中有关规定的最高等级；钢筋搭接长度应符合现行国家标准《混凝土结构设计规范》GB 50010有关规定。

3 钢筋间距宜控制在150~330mm。构造钢筋配置应符合本规范表6.1.10规定。

6.2.3 井壁所受径向荷载标准值应按下列公式计算：

1 内、外层井壁整体所受径向荷载标准值计算：

1）均匀荷载标准值应按本规范6.1.3-1式计算。

2）不均匀荷载标准值：

$$P_{A,k} = P_k$$
(6.2.3-1)

$$P_{B,k} = P_{A,k}(1+\beta_t)$$
(6.2.3-2)

式中 β_t——冲积地层不均匀荷载系数，冻结法凿井时，$\beta_t=0.2\sim0.3$。

    2 内、外层井壁分别承受的径向荷载标准值计算：

      1) 内层井壁荷载标准值：

$$P_{n,k}=0.01k_zH \quad (6.2.3-3)$$

式中 $P_{n,k}$——内层井壁所承受的荷载标准值（MPa）；

    k_z——荷载折减系数，一般取 $0.81\sim1.00$；

    0.01——水的似重力密度（MN/m³）。

      2) 外层井壁荷载：

外层井壁承受的冻结压力 $P_{d,k}$ 可按本规范表 6.2.3 选取。

表 6.2.3 不同深度黏土层的冻结压力标准值

表土层深度（m）	100	150	200～400	400～500
冻结压力 $P_{d,k}$（MPa）	1.2～1.5	1.5～1.8	$0.01H$	$(0.01\sim0.012)H$

注：表中 H 为冲积地层深度（m）。

6.2.4 井壁所受的竖向荷载标准值应按本规范 6.1.4-1 式计算。

6.2.5 井塔荷载应按本规范第 6.1.5 条执行。

6.2.6 冻结法凿井井筒支护强度应满足下列要求：

    1 井筒支护强度应符合下列要求：

      1) 承受径向均匀荷载的作用。

      2) 承受径向不均匀荷载的作用。

      3) 承受竖向荷载的作用。

      4) 保证井筒整体的稳定性。

    2 内层井壁强度应满足作用在内层井壁上荷载的要求。

    3 外层井壁强度应满足冻胀荷载作用力及井壁吊挂、抗裂、稳定性计算的要求。

    4 当井塔直接支承在井筒上时，井塔影响段井筒必须采用经计算确定的双层钢筋混凝土井壁结构。

6.2.7 冻结法凿井井筒的井壁结构承载力设计应采用本规范式（6.1.6-1）和式（6.1.6-2）。

6.2.8 冻结法凿井井壁不同受力状态下的安全系数选取应符合表 3.0.2 的规定。

6.2.9 冻结法凿井井筒的井壁厚度应按下式计算初步拟定：

$$t=r_n\left(\sqrt{\dfrac{f_s}{f_s-2P}}-1\right) \quad (6.2.9-1)$$

混凝土井壁：$f_s=0.85f_c \quad (6.2.9-2)$

钢筋混凝土井壁：$f_s=0.9(f_c+\rho_{min}f'_y)$

$$(6.2.9-3)$$

$$P=\nu_kP_k \quad (6.2.9-4)$$

式中 P——计算处作用在井壁上的设计荷载计算值（MPa）。根据不同受力状况，采用冻土压力、均匀水土压力、静水压力等相应的荷载计算值。

6.2.10 均匀压力作用下的井壁圆环内力及承载力应按本规范附录 C 中 C.1.1 的规定计算。

6.2.11 不均匀压力作用下的井壁整体圆环内力及承载力应按本规范附录 C 中 C.1.2 的规定计算。

6.2.12 井壁纵向承载力应按下列规定计算：

    1 井壁在自重力和附加力等共同作用下的纵向承载力应按本规范第 6.1.11 条的有关规定计算。

    2 外层井壁在吊挂力作用下的承载力应按下列公式计算：

$$N_d\leqslant f_yA_z \quad (6.2.12-1)$$

$$N_{d,k}=\pi\gamma_h h_d(R_{ww}^2-R_{wn}^2) \quad (6.2.12-2)$$

$$N_d=\nu_kN_{d,k} \quad (6.2.12-3)$$

式中 N_d——井壁吊力的计算值（MN）；

    f_y——普通钢筋抗拉强度设计值（MN/m²）；

    $N_{d,k}$——井壁吊挂力的标准值（MN）；

    h_d——井壁吊挂段高（m），取 $h_d=15\sim20$m；

    γ_h——混凝土（或钢筋混凝土）的重力密度（MN/m³）。

6.2.13 井塔（架）影响段井壁应按本规范附录 D 的有关规定计算。

6.2.14 井壁环向稳定性应按本规范附录 C 中 C.2 的规定计算。

6.2.15 三向应力作用下井壁的承载力可按本规范附录 C 中的 C.3 的规定计算。

6.3 钻井法凿井井筒支护

6.3.1 钻井法凿井的井壁结构应按所受地压进行设计，并应考虑竖向荷载对井壁的影响；井壁底应按井壁悬浮下沉时所受到的内外压力进行设计。

6.3.2 井筒支护深度必须进入不透水的稳定基岩，进入深度应根据所需抵抗井壁下滑的围抱力等因素确定，但不得小于 10m。

6.3.3 提升井筒设计净直径应按下列规定计算。

    1 当井筒中心的坐标可按成井实测位置调整时：

$$D_s=D_y+H\cdot\eta \quad (6.3.3-1)$$

    2 当井筒中心的坐标不允许按成井实测位置调整时：

$$D_s=D_y+2H\cdot\eta \quad (6.3.3-2)$$

式中 D_s——井筒净断面的设计直径（m）；

    D_y——井筒净断面的有效直径（m）；

    H——井壁设计深度（m）；

η——设计采用的成井偏斜率（‰），提升井 $\eta \leqslant 0.4‰$；非提升井 $\eta \leqslant 0.8‰$。

6.3.4 根据井筒支护材料及结构不同，井壁结构可分为钢筋混凝土井壁和钢板-混凝土复合井壁等类型，应优先选用钢筋混凝土井壁。

6.3.5 钢筋混凝土井壁的混凝土强度等级不宜小于C30；受力钢筋宜采用 HRB335 级、HRB400 级、RRB400 级钢筋，联系筋可采用 HPB235 级钢筋；法兰盘宜采用 Q235 钢。

6.3.6 钢板-混凝土复合井壁的混凝土强度等级不宜低于C45；受力钢筋宜采用 HRB335 级、HRB400 级、RRB400 级钢筋，联系筋可采用 HPB235 级钢筋；钢板筒宜采用 Q235 钢或 16Mn 钢，钢板厚度除满足计算要求外，还应预留有 2mm 的腐蚀层，钢板厚度宜为 15～50mm。

6.3.7 钢板-混凝土复合井壁根据钢板位置不同可分为内层钢板和外层钢筋混凝土复合井壁、双层钢板和混凝土夹层复合井壁等。设计中应根据地压大小、井筒特征、技术经济因素等合理选用。

6.3.8 内层钢板筒的设置应符合以下规定：
1 钢板筒内侧必须进行防腐蚀处理。
2 钢板筒外侧应设置锚固件。
3 必须设置若干个直径 10～20mm 的泄水孔。
4 泄水孔孔间距以 2.5m 为宜。

6.3.9 井壁的节高应按提吊设备能力确定，并应与井筒装备罐道梁层间距相适应，除最上部一节外，最小节高不宜小于 3m，宜控制在 3.5～8m。

6.3.10 每节井壁应设上法兰盘和下法兰盘。法兰盘可采用单钢板法兰盘、型钢法兰盘和梁板式法兰盘等型式。单钢板和梁板式法兰盘板厚不宜小于 15mm，型钢法兰盘槽钢型号不宜小于 16 号普通槽钢，角钢宜选用边长 80～100mm 的角钢。加劲肋板厚度不宜小于 10mm，间距宜为 200～300mm。

6.3.11 井壁应进行节间注浆，并应在钢筋混凝土井壁的下法兰盘上留设注浆管，在钢板混凝土井壁的下端留有节间注浆孔；当钢筋混凝土井壁采用节间注浆时，法兰盘内外缘应采用连续焊缝焊接；当井壁非节间注浆时，可在法兰盘外缘采用连续焊缝焊接，在内缘采用螺栓连接。

6.3.12 当井筒深度小于 400m 时，自马头门上方不少于 15m 范围内，继续掘进的井筒，在井壁底上方不少于 25m 范围内和井壁底应设检查孔；当井筒深度大于 400m 时，在马头门或井壁底结构上方预留壁后检查孔的范围应适当加大。检查孔应沿井壁周圈均匀布置，每个水平不应少于 4 个，水平间高差不应大于 5m，上下水平孔位应居中错开，并应保证马头门上方有孔。

6.3.13 井壁底结构形式应根据井筒深度、提吊设备能力、施工捣固混凝土的质量水平、模壳加工难易程度等因素选择，宜选用削球壳、半球壳和半椭圆回转扁球壳等形式，其厚度宜与井壁厚度相同。

6.3.14 井壁和井壁底中受力钢筋的混凝土保护层厚度（钢筋外边缘至混凝土表面的距离）不应小于40mm。

6.3.15 井壁钢筋最小配筋率不应小于 0.4%；井壁环向钢筋间距不宜小于 150mm，竖向钢筋间距不宜小于 220mm，竖向钢筋两端应与井壁法兰盘焊接。

6.3.16 井壁底结构组合壳的含筋率不应小于 0.8%，其余部分含筋率不应小于 0.4%，钢筋宜采用内外层对称配置。当井壁底中心部分钢筋布置过分密集时，可采用圆形钢板代替，其含钢量不应低于计算含筋量。

6.3.17 井壁底结构径向钢筋应延伸至井壁筒体内，作为井壁筒体的竖向钢筋。

6.3.18 井壁内钢筋的接头应优先采用焊接接头，焊接接头除应满足现行国家标准《混凝土结构设计规范》GB 50010 有关要求外，接头质量应符合国家现行标准《钢筋焊接及验收规程》JGJ 18 的规定。

6.3.19 当井壁内钢筋采用搭接接头时，其搭接长度不应小于表 6.3.19 中规定的数值：

表 6.3.19 受力钢筋搭接时的最小搭接长度

钢筋类型		最小搭接长度
	I 级钢筋	20d
月牙纹	II 级钢筋	25d
	III 级钢筋	30d

6.3.20 受力钢筋接头的位置应相互错开。当采用非焊接的搭接接头时，从任一接头中心至 1.3 倍搭接长度的区段范围，或当采用焊接接头时在任一焊接接头中心至长度为钢筋直径 35 倍的区段范围且不小于 500mm，有接头的受力钢筋截面积占受力钢筋总截面积的百分率应符合表 6.3.20 的规定。

表 6.3.20 接头区段内钢筋接头面积的允许百分率

接头形式	接头面积允许百分率（%）	
	受拉区	受压区
绑扎骨架的搭接接头	25	50
焊接骨架的搭接接头	50	50
受力钢筋焊接接头	50	不限制

6.3.21 吊环的设置应符合以下规定：
1 必须采用热轧碳素圆钢制作，严禁冷弯加工。
2 宜采用预埋方式固定。
3 采用预埋方式固定时，埋入井壁深度不应小于 30d（d 为吊环圆钢直径），且不应小于 1m，并应焊接或绑扎在钢筋网上。

4 吊环应在井壁上对称布置；吊环个数不应少于 8 个，并宜为 4 的倍数。

6.3.22 每个吊环圆钢截面积可按下式计算：

$$A_s = \nu_d \times \nu_l \times \frac{Q_j}{f_{y,y}} \times \frac{1}{2 \times n_d} \quad (6.3.22)$$

式中 A_s——吊环圆钢截面积（mm^2）；
ν_d——吊装动力系数，取 $\nu_d=1.5$；
ν_l——吊环受力不均匀系数，取 $\nu_l=1.35$；
Q_j——起吊井壁重量（N）；
$f_{y,y}$——圆钢抗拉强度设计值（N/mm^2）；
n_d——吊环个数（个）。

6.3.23 井壁法兰盘连接应符合本规范附录 E 中 E.1 的要求。

6.3.24 井壁法兰盘计算应符合本规范附录 E 中 E.2 的要求。

6.3.25 钢板筒和法兰盘的加工与焊接应符合以下规定：

1 钢板-混凝土复合井壁中的钢板筒和井壁连接法兰盘可分段（片）加工与焊接，分段（片）尺寸应根据井筒直径、井壁节高及运输、加工等因素确定。

2 钢板筒和法兰盘各段（片）之间应采用对接焊缝，对接焊缝的坡口形式和尺寸应符合现行国家标准《手工电弧焊焊接接头的基本形式与尺寸》GB 985 和《埋弧焊焊接接头的基本形式与尺寸》GB 986 的有关规定。

3 钢板筒和法兰盘各组件之间连接焊缝金属宜与基本金属相适应。当不同强度的钢材连接时，可采用与低强度钢材相适应的焊接材料。

4 钢板筒和法兰盘各组件之间连接焊缝质量应符合现行国家标准《钢结构工程施工及验收规范》GB 50205 中相关规定。

6.3.26 井壁及井壁底外荷载标准值应按以下规定计算：

1 井壁所受永久径向均匀荷载标准值：

冲积地层段：$P_k = 0.012H$ （6.3.26-1）
基岩段：$P_{j,k} = 0.010H$ （6.3.26-2）

式中 $P_{j,k}$——基岩段井壁所受径向均匀荷载标准值（MPa）；
H——所设计的井壁计算处深度（m）；
0.012——似重力密度（MN/m^3）；
0.010——水的似重力密度（MN/m^3）。

2 井壁所受径向不均匀荷载标准值：

$$P_{a,k} = P_{A,k}(1 + \beta_z \sin\theta) \quad (6.3.26-3)$$

冲积地层段：$P_{A,k} = 0.012H$ （6.3.26-4）
基岩段：$P_{A,k} = 0.010H$ （6.3.26-5）

式中 $P_{a,k}$——井壁所受径向不均匀荷载标准值（MPa）；
$P_{A,k}$——井壁外侧所受最小荷载标准值（MPa）；
β_z——不均匀压力系数，钻井法施工时，取 0.10~0.20；
θ——不均匀荷载分布角度（度），取 0°~90°。

3 井壁所受竖向荷载标准值应按本规范 6.1.4 式计算。

4 井壁运输（提吊）时所受到的竖向荷载标准值应按下列公式计算：

$$N_{Z,k} = q_f \times h_z \quad (6.3.26-6)$$

式中 $N_{Z,k}$——提吊时井壁受到的竖向荷载标准值（MN）；
q_f——单位长度井壁的重力（MN/m）；
h_z——井壁节高（m）。

5 井壁底所受临时荷载标准值应按下列公式计算：

$$P_{w,k} = \gamma_w H_w \quad (6.3.26-7)$$
$$P_{n,k} = \gamma_n H_n \quad (6.3.26-8)$$

式中 $P_{w,k}$——泥浆压力标准值（MPa）；
$P_{n,k}$——配重水压力标准值（MPa）；
γ_w——泥浆的重力密度（MN/m^3）取 0.012，井壁悬浮下沉初期应取 $\gamma_w = 0.010 MN/m^3$；
γ_n——配重水的重力密度（MN/m^3）取 0.010；
H_w——泥浆液面距井壁底底部高度（m）；
H_n——配重水液面距井壁底底部高度（m）。

6.3.27 钻井法凿井壁不同受力状态下的安全系数选取应符合表 3.0.2 规定。

6.3.28 钻井法凿井井筒的井壁厚度应按下列公式计算初步拟定：

1 薄壁圆筒（$t < r_0/10$）井壁：

$$t = \frac{P \times r_n}{f_s - P} \quad (6.3.28-1)$$

2 厚壁圆筒（$t \geq r_0/10$）井壁：

$$t = r_n\left(\sqrt{\frac{f_s}{f_s - 2P}} - 1\right) \quad (6.3.28-2)$$

$$f_s = 0.9(f_c + \rho_{min} f'_y) \quad (6.3.28-3)$$

$$P = \nu_k P_k \quad (6.3.28-4)$$

式中 P——计算处作用在井壁上的设计荷载计算值（MPa），根据不同受力状况，采用均匀水土压力、静水压力、泥浆压力等相应的荷载计算值；
ρ_{min}——最小配筋率，$\rho_{min} = 0.4\%$。

6.3.29 均匀压力作用下的井壁圆环内力及承载力应按本规范附录C的C.1.1中关于钢筋混凝土井壁的规定计算。

6.3.30 不均匀压力作用下的井壁圆环内力及环向钢筋配筋应按本规范附录F中F.1、F.2的规定计算。

6.3.31 井壁竖向钢筋配筋应按本规范附录F中F.3的规定计算。

6.3.32 半球和削球式井壁底可按本规范附录G的规定计算。

6.3.33 半椭圆回转扁球壳井壁底可按本规范附录H中的规定计算。

6.3.34 井壁稳定性应按以下规定验算：

1 井壁环向稳定性应按本规范附录C中C.2的规定验算。

2 等厚井壁的竖向稳定性宜按下列公式验算：

$$H_{cr} = \sqrt[3]{\frac{AE_cI}{q \times 10^2}} \geqslant H \quad (6.3.34-1)$$

$$A = \frac{\pi^2}{4(0.13137 - 0.00535K_{CT})} \quad (6.3.34-2)$$

$$K_{CT} = \frac{10A_1 \cdot \gamma_w}{q} \quad (6.3.34-3)$$

$$q = q_s + q_w \quad (6.3.34-4)$$

式中 H_{cr}——井壁临界深度（m）；
I——井筒横截面惯性矩（m^3）；
q_s——延米井壁重量（kN/m）；
q_w——延米井筒内平衡水重量（kN/m）；
A_1——井筒的外断面积（m^2）；
A——系数值，可按表6.3.34选取；
K_{CT}——系数值。

表6.3.34 井壁稳定计算系数

K_{CT}	A	K_{CT}	A	K_{CT}	A
0.0	18.76	0.70	19.33	0.84	19.45
0.1	18.85	0.72	19.35	0.86	19.46
0.2	18.94	0.74	19.37	0.88	19.48
0.3	19.01	0.76	19.38	0.90	19.50
0.4	19.09	0.78	19.40	1.00	19.58
0.5	19.17	0.80	19.41	—	—
0.6	19.25	0.82	19.43		

6.3.35 钢板-混凝土复合井壁承载力应按本规范附录J的规定计算。

6.3.36 每节钢板-混凝土复合井壁上端应留有吊钩；中部宜留壁后注浆孔。

6.3.37 井壁下沉过程中，内外层钢板对接时均必须焊接。可沿外层钢板节间四周采用厚度10mm、宽度约为200mm的钢带补焊。

6.4 沉井法凿井井筒支护

6.4.1 沉井法凿井井筒支护宜采用现浇钢筋混凝土井壁；井壁厚度应同时满足所受地压作用和井壁下沉要求。

6.4.2 沉井井壁下沉深度应进入不透水稳定地层3.0m以上。

6.4.3 沉井井筒内直径及外直径应按下式计算：

$$d = d_1 + H \cdot \eta \quad (6.4.3-1)$$

$$D = d + 2h \quad (6.4.3-2)$$

式中 d——沉井设计内直径（m）；
d_1——沉井有效内直径（m）；
H——沉井有效深度（m）；
D——沉井井筒外直径（m）；
h——沉井井壁厚度（m）；
η——沉井允许偏斜率（%），不得大于0.5%。

6.4.4 现浇钢筋混凝土井壁的混凝土强度等级不宜小于C30；受力钢筋宜采用HRB335级、HRB400级、RRB400级钢筋，联系筋可采用HPB235级钢筋；刃脚钢板筒宜采用Q235钢或16Mn钢。

6.4.5 沉井井壁刃脚设计应符合以下规定：

1 刃脚可采用锐角、钝尖和踏面断面形状。

2 刃脚宜采用钢筋混凝土钝尖，再穿钢靴的复合结构。

3 刃脚钢靴的类型及设计宜符合以下规定：
  1）钢板钢靴，钢板厚度不宜大于20mm；
  2）圆钢钢靴，圆钢直径不宜大于28mm；
  3）钢轨钢靴，钢轨规格不宜大于24kg/m。

4 刃脚钢靴高度不宜小于500mm。

5 刃脚外壁应做成锥形；锥角宜向外倾斜，倾斜率应按1%～2%选用。

6 刃脚内应设置横向拉结钢筋，并应与钢靴的加强部件连接焊牢。

6.4.6 采用泥浆或压气沉井的井筒，在刃脚上方的井壁内，应均匀预埋泥浆管或压气管。

6.4.7 井壁钢筋设置应符合以下规定：

1 井壁受力钢筋间距宜采用150～300mm。

2 联系钢筋：
  1）井壁联系钢筋，直径应按8～12mm选用；竖向间距不宜大于600mm，水平间距不宜大于1000mm；
  2）刃脚联系钢筋，直径应按10～24mm选用；竖向间距不宜大于300mm，水平间距不宜大于 500mm。

3 刃脚内应均匀预埋吊挂钢筋，其直径不宜小于 16mm，间距不宜小于 300mm。

6.4.8 施工用的套井应符合以下要求：

1 采用沉井法施工的套井，应采用钢筋混凝土结构，混凝土强度等级不得低于 C30。

2 套井内径应大于沉井井筒外径，其间隙不得小于 500mm。套井内、外径应按下式计算：

$$D_2 = D + 2L_1 + H_1\mu \quad (6.4.8-1)$$
$$D_3 = D_2 + 2E \quad (6.4.8-2)$$

式中 D_2——套井井筒内直径（m）；
D_3——套井井筒外直径（m）；
L_1——沉井与套井之间间隙（m）；
H_1——套井总深度（m）；
μ——套井偏斜率（%），不得大于 0.5%；
E——套井井壁厚度（m）。

3 套井结构应满足纠偏操作和储存泥浆的要求，其深度不宜大于 15m。

4 套井内应设置纠偏工作台，其位置应高于地下最高水位 1~2m。

5 套井底部应坐落在不透水的黏土层中，距下部的砂层不宜小于 3.0m。

6 套井上部应与锁口盘联成整体。

6.4.9 套井及沉井井壁的地层压力应按下式计算：

$$P_k = 0.012H \quad (6.4.9-1)$$

6.4.10 井筒支护应符合下列规定：

1 沉井法凿井井筒的井壁结构承载力设计应采用本规范中式（6.1.6-1）和式（6.1.6-2）。

2 井筒支护强度应满足径向均匀荷载及径向不均匀荷载作用的要求并保证井筒整体的稳定性。

3 当井塔直接支承在井筒上时，井塔影响段井筒必须采用经计算确定的双层钢筋混凝土井壁结构。

6.4.11 沉井法凿井井壁不同受力状态下的安全系数选取应符合表 3.0.2 的规定。

6.4.12 套井及沉井井壁厚度可按下列规定拟定：

1 通过工程类比初步拟定。

2 可按下式计算初步拟定混凝土井壁厚度：

$$t = r_n \left(\sqrt{\frac{f_s}{f_s - 2P}} - 1 \right) \quad (6.4.12-1)$$

$$f_s = 0.9(f_c + \rho_{min} f_y') \quad (6.4.12-2)$$

$$P = \nu_k P_k \quad (6.4.12-3)$$

式中 ν_k——钢筋混凝土结构安全系数，取 1.20；
ρ_{min}——井壁圆环截面的最小配筋率（%），可取 0.4%。

6.4.13 沉井法凿井井筒的井壁圆环内力及承载力应按本规范附录 C 的 C.1 中关于钢筋混凝土井壁的规定计算。

6.4.14 沉井井壁（见图 6.4.14）厚度验算应符合以下规定：

1 井壁重率应按下式计算：

$$W = \frac{G}{S} \quad (6.4.14-1)$$

式中 W——井壁计算重率（kN/m²），宜取 20~26kN/m²；
G——沉井井壁自重（不扣除浮力）（kN）；
S——沉井井壁外表面积（m²）。

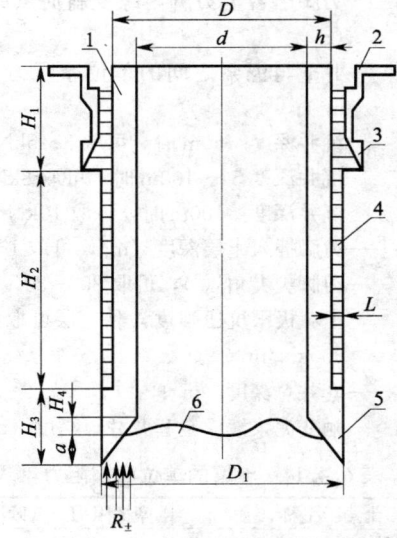

图 6.4.14 沉井井壁计算简图
1—井壁；2—套井井壁；3—套井刃脚；
4—泥浆；5—沉井井壁刃脚；6—沉井工作面
注：图中 H_4 为刃脚凸台至刃脚内缘变斜面点的距离。

2 按下沉条件验算时应符合以下规定：

$$G' > 1.15T \quad (6.4.14-2)$$
$$G' = G_1 + G_2 + G_3 \quad (6.4.14-3)$$
$$T = T_1 + T_2 + N \quad (6.4.14-4)$$
$$T_1 = \pi D_1 H_3 F \quad (6.4.14-5)$$
$$T_2 = \pi D (H_2 + H_1 - X) F' \quad (6.4.14-6)$$
$$N = R_t \pi (D_1 - a\tan\beta) a\tan\beta \quad (6.4.14-7)$$
$$L = \frac{1}{2}(D_1 - D) \quad (6.4.14-8)$$

式中 G'——沉井总重（扣除浮力）（kN）；
G_1——沉井井壁刃脚自重（不扣除浮力）（kN）；
G_2——沉井井筒重量（不扣除浮力）（kN）；
G_3——沉井壁后泥浆筒重量（不扣除浮力）（kN）；
T——沉井下沉总阻力（kN）；

T_1——刃脚外侧与土层间的侧面阻力（kN）；
T_2——井壁外侧与触变泥浆的摩阻力（kN）；
N——沉井正面阻力（kN）；
L——沉井井壁与井帮之间的间隙（m）；
D_1——刃脚外直径（m）；
D——沉井井筒外直径（m）；
H_3——刃脚高度（m）；
F——井壁与土壤直接接触面之间的单位摩阻力（kN/m²），见表 6.4.14；
H_2——套井刃脚尖以下至沉井刃脚台阶高度（m）；
H_4——刃脚凸台至刃脚内缘变斜面点的距离（m）；
F'——井壁与泥浆之间的单位摩阻力（kN/m²）；

沉井深度<50m 时，可取 3～5kN/m²；
沉井深度 50～100m 时，可取 8kN/m²；
沉井深度>100m 时，可取 10kN/m²；

a——刃脚插入土层深度（m），可取 1～2m；
β——刃脚尖夹角（°），可取 25°～30°；
R_t——土壤极限抗压强度，黏土层可取 250～500kN/m²；
H_1——套井总深度（m）；
X——触变泥浆液面至套井井口高度（m）。

表 6.4.14 土壤的单位摩擦阻力

土 壤 名 称	摩擦阻力 F（kN/m²）
黏土及黏性土	12.5～20.0
胶性黏土、砂质黏土、含砾黏土	25.0～50.0
砂壤土及淤泥	12.0～25.0
砂及细砂	15.0～25.0
砾石及粗砂	20.0～30.0
流沙	12.0～25.0
卵石	15.0～30.0

6.5 帷幕法凿井井筒支护

6.5.1 混凝土帷幕进入不透水的稳定岩层中的深度不应小于 3.0m。

6.5.2 采用帷幕法施工的井筒，井壁结构设计应符合以下规定：

1 提升井井筒，混凝土帷幕应作为临时支护，自下而上内套井壁作为永久支护。
2 风井井筒，混凝土帷幕可作为永久支护。

6.5.3 帷幕法凿井井筒（见图 6.5.3）净直径应按下式计算：

$$R_1 = R_0 + B_0 + \frac{D+0.1}{2} + iH \quad (6.5.3)$$

式中 R_1——帷幕中心线半径（m）；
R_0——井筒净半径（m）；

B_0——套壁厚度（m）；
R——帷幕有效厚度净半径（m）；
D——钻孔直径（m）；
0.1——钻进扩孔量（m）；
B——混凝土帷幕有效厚度（m）；
i——造孔最大允许偏斜率（%）。当钻孔深度小于 30m 时，i 可取 0.5%；当钻孔深度小于 50m 时，i 可取 0.4%；当钻孔深度大于 50m 时，i 可取 0.3%；
H——混凝土帷幕设计深度（m）。

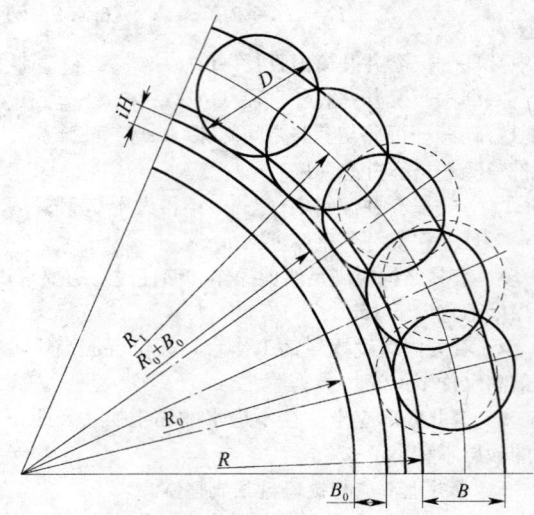

图 6.5.3 混凝土帷幕几何关系图

6.5.4 帷幕法施工井壁所受径向荷载标准值应按下列公式计算：

1 单层井壁承受的径向荷载标准值应按下式计算：

$$P_k = 0.013H \quad (6.5.4-1)$$

2 内层井壁承受的径向荷载标准值应按下式计算：

$$P_{n,k} = 0.01 k_z H \quad (6.5.4-2)$$

6.5.5 帷幕法凿井井筒的井壁厚度可按下列规定拟定：

1 可按下列计算初步拟定混凝土帷幕有效厚度或内层井壁厚度：

1）混凝土帷幕有效厚度可按下式计算：

$$B = R\left(\sqrt{\frac{f_s}{f_s - 2\nu_k P_k}} - 1\right) \quad (6.5.5-1)$$

2）内层井壁厚度可按下式计算：

$$B_0 = R_0\left(\sqrt{\frac{f_s}{f_s - 2\nu_k P_k}} - 1\right) \quad (6.5.5-2)$$

$$f_s = f_c + \rho_{\min} f'_y \quad (6.5.5-3)$$

式中 f_s——帷幕材料强度设计值（MPa）；
$\rho_{\min}$——最小配筋率（%），取 0.2%；
ν_k——安全系数，当混凝土帷幕作为临时支护时，可取 1.7；当混凝土帷幕作为永久支护时，可取 3.4。

2 通过工程类比初步拟定内层井壁厚度，但不宜小于 0.3m，并配置构造配筋。

7 硐 室

7.1 马 头 门

7.1.1 罐笼立井马头门，可分为双面斜顶式、双面平顶式及单面式等三种形式。

7.1.2 马头门尺寸应符合下列规定：

1 用罐笼提升的马头门应设双边人行道，其宽度不应小于 0.8m。采用综合机械化采煤的矿井，其中一侧不应小于 1.0m。

2 马头门巷道的高度和长度，应满足设备布置、通过最长材料、罐笼同时进出车层数及操车设备的要求，其净高度不应小于 4.5m。马头门加强支护段长度应按受力计算确定，且不应小于井筒净半径的 3 倍。

7.1.3 马头门断面形状及支护应符合下列规定：

1 马头门应布置在坚固岩层中，断面形状宜采用拱形断面。当侧压较大时可采用马蹄形断面；当顶、侧、底压均较大时可采用圆形全封闭断面。

2 马头门应选择不燃性材料支护。支护结构应进行受力分析。当马头门位于软岩岩层中时，可采用锚喷或锚喷加金属网作临时支护，并对围岩的变形进行观测，待围岩变形趋于稳定后再砌筑永久支护。

3 马头门上、下不小于 2.0m 一段井壁应予加固。

7.1.4 信号室、控制室的设置应符合以下规定：

1 罐笼井井底提升信号室，可设于进车侧马头门两边或悬吊于轨道上方。

2 操车设备控制室可与信号室联合。

3 有两套提升设备的井筒，信号室应分设在两边，控制室可集中在一边，也可分设在两边。

4 信号室和控制室底板应高出轨面水平 0.1～0.3m。

5 设在两边的信号室和控制室应突出巷道壁，在信号操作人员视线高度范围内，外墙应全部为没有窗框的固定玻璃和玻璃拉窗。

7.1.5 罐笼井筒与各水平车场马头门，应有人行通道互相联络，人行通道可与等候室联合布置。当罐笼井筒采用端头梯子间时，连接处或等候室应设有通至梯子间的通道。

7.1.6 用箕斗提升的主井井筒，应根据生产及施工需要布置马头门。

7.2 井底煤仓及箕斗装载硐室

7.2.1 井底煤仓应符合下列规定：

1 井底煤仓的位置。

1) 井底煤仓的位置应根据井筒提升和大巷运输方式选择，并应与箕斗装载硐室、装载胶带输送机巷的位置统一考虑。

2) 井底煤仓及相关硐室宜布置在围岩稳定、无地质构造的非含水层层位中。

2 井底煤仓的形式及容量。

1) 主井井底煤仓可分为直立式、倾斜式及水平式三种。一般情况下宜选择直立式。

2) 圆形直立煤仓其直径与高之比一般宜采用 1∶3～1∶4。

3) 倾斜式拱形煤仓，其倾角不小于 60°。斜仓必须设置平行于煤仓的人行道，并在煤仓与人行道的隔墙上设置观察孔。

4) 煤仓上口应设 300mm×300mm 孔眼的铁箅子。

5) 煤仓应有防堵措施。直立仓下口可采用双曲线形或设置坡拱装置。

6) 井底煤仓铺底应采用耐磨材料。

7) 井底煤仓的有效容量可按下式计算：

$$Q_{mc} = (0.15 \sim 0.25) A_{mc} \quad (7.2.1)$$

式中 Q_{mc}——井底煤仓有效容量（t）；
A_{mc}——矿井设计日产量（t）；
0.15～0.25——系数，大型矿井取小值，中、小型矿井取大值。

8) 当煤仓的个数超过 2 个时，煤仓间应留有岩柱，其大小由煤仓所在位置的岩性确定。一般不宜小于煤仓掘进直径的 2.5 倍。

3 井底煤仓的断面及支护。

1) 井底煤仓的断面形式可分为圆形、矩形及半圆拱形，一般直仓为圆形，斜仓为半圆拱形。

2) 井底煤仓的支护，可采用锚喷、混凝土或钢筋混凝土三种支护方式，以煤仓所在位置的岩性及地压决定。煤仓的漏斗口宜采用钢筋混凝土支护。

7.2.2 箕斗装载硐室应符合下列规定：

1 箕斗装载硐室的位置。

1) 箕斗装载硐室的位置应根据地质条件、大巷运输方式、建井工期、初期投资、运行费用、管理维护等因素，经技术经济比较确定。宜布置在无地质构造、围岩坚固部位。

2) 当遇含水层或岩性较差、有断层、构造或大巷采用胶带输送机运输时，也可将箕斗装载硐室布置在运输水平以上。

2 箕斗装载硐室的布置形式。

1) 箕斗装载硐室，根据装载设备和装载方式可布置为通过式或非通过式；根据提升设备及提升容器的要求可布置为单侧式或双侧式。
   2) 一般情况下，可选择非通过式，单侧布置。
   3) 单水平或多水平同时生产的最终水平，采用非通过式；多水平同时生产的中间水平采用通过式。
   4) 当井型大，提升设备布置在井筒两侧时，硐室应采用双侧式。
   5) 硐室的尺寸，应根据选用的装载设备规格和布置方式等确定。
  3 箕斗装载硐室的断面形状及支护方式。
   1) 箕斗装载硐室的断面形状可采用矩形或半圆拱形。当硐室围岩岩性较差，地压大时，可采用马蹄形全封闭式断面。
   2) 装载硐室的支护方式，可采用锚喷、混凝土或钢筋混凝土三种。一般情况下，宜选择钢筋混凝土支护。当围岩特别坚固时，可采用锚喷支护。
   3) 硐室内承受动荷载的结构应采用钢筋混凝土或钢结构。
   4) 装载硐室上下一段井壁应进行加固。
  4 装载硐室内的设施及要求。
   1) 硐室应设人行道，上通装载胶带输送机巷或斜仓的人行检查道，下与主井底检修间相联系；硐室上、下之间应设置人行通道。
   2) 硐室顶部应根据机械布置、安装与检修要求，设起重梁或起吊环。
   3) 硐室的人行孔、起吊孔应设盖板或栅栏。硐室与井筒连接处，顶部应设雨篷，平台应设栅栏。
   4) 箕斗装载硐室的一侧或两侧（两套提升）应设置信号及控制室，其位置应能较清楚地观察到装载口。

7.2.3 装载胶带输送机巷应符合下列要求：
  1 装载胶带输送机巷的布置。
  根据装载系统的设备布置，装载胶带输送机巷可采用单机布置或双机布置两种方式。当单机布置时，巷道一侧应设人行检修道；当双机布置时，应在巷道两侧各设 800mm 宽的人行检修道；非行人侧，设备最突出部分的距离不得小于 300mm。
  2 装载胶带输送机巷断面及支护。
   1) 断面形状可采用半圆拱形，当地压大时，宜采用马蹄形或椭圆形。
   2) 断面尺寸、巷道预埋件（孔）应根据机械设备的要求确定。
   3) 支护方式可采用料石、混凝土砌碹。当围岩稳定时，也可采用锚喷支护。巷道应铺底。

7.3 箕斗立井井底清理撒煤硐室

7.3.1 箕斗立井井底受煤漏斗及撒煤溜道应符合下列规定：
  1 当箕斗立井清理撒煤系统布置在井底车场水平时，沉淀清理池应布置在箕斗井底部，并采用钢筋混凝土对称喇叭形受煤漏斗。漏斗壁倾角可采用 55°～60°。漏斗应在非装载硐室一侧设检修孔。井壁上应设爬梯，顶部应设铁盖板。漏斗内应设检修平台。
  2 当箕斗立井清理撒煤系统布置在井底车场水平以下时，沉淀清理池宜布置在箕斗井的一侧，并采用钢筋混凝土非对称喇叭形受煤漏斗。漏斗与撒煤溜道联合布置，底板倾角可采用 55°～60°。当考虑井筒延深时，井窝最低点不宜高于沉淀池水平。
  3 撒煤溜道断面可采用半圆拱形，混凝土支护。受煤漏斗侧壁及溜道底板应铺铁屑混凝土。

7.3.2 井底沉淀池硐室应符合下列规定：
  1 沉淀池的容量可按矿井日产量 3‰～5‰，结合清理工作制度和机械设备布置确定。
  2 沉淀池应设两个，两沉淀池之间应设隔离墙与排水沟。隔墙厚可采用 200mm，排水沟宽可采用 500mm 并加盖板，隔墙上一侧应设栏杆。
  3 沉淀池宜采用耐磨而光滑的材料铺底，厚度在 150～200mm 之间。
  4 沉淀池宜采用不大于 10°的上坡通至清理撒煤斜巷装载点顶部，通过卸煤台板装矿车或小箕斗运出撒煤。

7.3.3 井底清理撒煤水仓应符合下列规定：
  1 当箕斗立井清理撒煤系统布置在井底车场水平时，清理撒煤系统不设水仓。主井井筒淋水从沉淀池溢出，经水沟直接流入井底车场主水仓。
  2 当箕斗立井清理撒煤系统布置在井底车场水平以下时，清理撒煤系统应设水仓、水泵，将主井撒煤系统积水排至井底车场主水仓。
   1) 水仓宜采用单巷布置，可在巷道中间设一道隔墙分两仓室使用。
   2) 水仓底板设整体道床，坡度 3‰，坡向吸水井。
   3) 仓室隔墙每隔 5～8m 应设置一道改变流向的挡板，并在距吸水井约 15m 处设置一道溢流挡板。
   4) 水仓容量以 4h 流入水量计算。
  3 泵房宜装备三台水泵。工作、备用、检修各一台。
  4 水仓断面可采用半圆拱形、混凝土支护。

7.3.4 井底清理撒煤斜巷应符合下列规定：
  1 清理斜巷倾角不宜大于 25°，清理斜巷起坡点至沉淀池硐室中心线平距可取 4～5m。
  2 清理斜巷上部应设能存 4～6 个空车的存车线。
  3 清理斜巷上部变坡点附近的平段上，应设置阻车器或逆止器，在变坡点处应设置托绳轮，并在清理斜巷底板上每隔 15m 设置一个地滚。

4 清理斜巷应设水沟、人行台阶及扶手。副井井筒淋水也可引至清理斜巷，经水窝泵房排至井底车场水平。

5 清理斜巷绞车房，一般情况下可不设回风巷；当设备布置超过 6m 时，绞车房回风巷应与井底车场巷道连通。

6 清理斜巷，一般情况下可采用半圆拱形断面、料石或混凝土砌碹支护；当岩性较好时，也可采用锚喷支护。

7.4 罐笼立井井底水窝及清理

7.4.1 罐笼立井井底水窝，应根据提升设备布置的要求，井筒是否延深，井底水窝内设施的布置、安装检修，水窝的清理方式等因素综合确定，并应符合下列规定：

1 不提升人员的罐笼井底水窝，当井筒不需延深时，最小应留 2m；当井筒需延深时，最小应留 10m。

2 提升人员的罐笼井底水窝，当设泄水巷排水、不考虑井筒延深时，最小应留 5m。当考虑井筒延深时，最小应留 10m；若设水泵排水，井底水窝内的设备最低点至水窝内最高水位面应留有 2～3m 的距离，水面以下的水窝深度一般取 5m。

7.4.2 井底水窝宜采用混凝土支护，窝底宜采用圆弧结构，弧高约为井筒内径的 1/10。

7.4.3 罐笼立井井底水窝排水及清理应符合下列规定：

1 用于不提升人员的罐笼井可采用自溢排水，吊桶清理。

2 小型矿井，用于提升人员的罐笼井可采用水泵排水，吊桶清理。泵房宜设于井底水窝便于人员进出、满足水泵吸水高度的位置。

3 中、大型矿井，当主井为箕斗提升，且清理撒煤系统布置在井底车场水平以下时，宜在副井井底开凿泄水巷，将水引至主井底集中排除，泄水巷坡度宜采用 5‰。当单独设清理斜巷及水池进行排水、清理时，清理斜巷倾角不宜超过 25°。并应设水窝排水设施。

7.4.4 井底水窝内应设置检修梯子间与井底车场连接处相通。水窝段应设置壁梯通至窝底。

7.5 立风井井口及井底布置

7.5.1 立风井井口应符合下列规定：

1 井壁上风硐口、安全出口等各种硐口，不得布置在同一水平截面或垂直截面上。

2 当表土层不含水时，风硐下口与井筒连接端距设计地坪不宜小于 6m；当表土含水时，风硐下口的高程可适当抬高。

3 装有主要通风机的井口必须封闭严密，出风口应安装防爆门，防爆门不得小于出风井的断面积，并应正对出风井的风流方向。

4 安全出口应布置在风井梯子间一侧，安全出口与风井相连接的平道底板高程，应高出风硐下口底板高程 2m 以上；地面出口平道底板应高于出口处工业场地地坪 0.5m。

7.5.2 防爆门基础应符合下列规定：

1 当防爆门基础高度大于或等于 1.5m 时，基础的外壁应设置壁梯和扶手。

2 基础应采用强度等级不低于 C20 的混凝土浇筑；当设计地震烈度为 8 度及以上时，应采用钢筋混凝土结构。

7.5.3 安全出口应符合下列规定：

1 安全出口宜采用矩形断面或半圆拱形断面。在稳定岩层内或设计地震烈度为 7 度及以下时，可采用混凝土或砖石结构砌筑。

2 安全出口与风井井筒连接端应设置一段平道，长度为 5～8m，安装 2～3 道双向风门，并设倾斜人行道通至地面。

3 倾斜人行道的长度及倾角，应根据井口工业场地的地形、地物确定，倾角可采取 25°～30°，并应设台阶和扶手。

4 地面出口端应设置一段长度不小于 2m 的平道，并装设一道向外开的单向风门。

5 风门宜采用铁风门，当服务年限较短时也可采用包铁皮的木风门，风门安设应向顺风流方向倾斜 3°～5°。

6 安全出口应采用混凝土铺底，其厚度可采用 100～150mm。

7.5.4 风硐应符合下列规定：

1 风硐与井筒的夹角宜采用 40°～50°，在特殊情况下可大于 50°，风硐与井筒连接部分应做成圆滑曲线。

2 风硐上口应以圆弧曲线与通风机引风道连接，其底板竖曲线半径可取 6～8m，圆心角不大于 45°。

3 风硐中的风流速度不得大于 15m/s。

4 当风井装有提升设备并采用钢丝绳罐道时，风硐口应设在提升设备窄面侧。

7.5.5 风井马头门应符合下列规定：

1 马头门根据服务年限及用途，可做成单面斜顶式、双面斜顶式、单面平顶式及双面平顶式。马头门应位于稳定的岩层内。

2 采用斜顶式连接时，马头门长度不应小于 5m；马头门高度应根据通风和装卸长度较大材料需要确定。

3 采用平顶式连接时，马头门高度即为回风巷高度。

7.5.6 风井井底水窝应符合下列规定：

1 风井无提升设备时，井底可不设水窝；有提升设备时，应根据提升系统的要求确定水窝深度。

2 当风井需要延深时，应留不小于10m的水窝。

附录 A 土的平均物理、力学性质指标

表 A 土的平均物理、力学性质指标

土类			孔隙比	塑限W_P(%)	重力密度(kN/m³)	内摩擦角ϕ(°)	土类		孔隙比	塑限W_P(%)	重力密度(kN/m³)	内摩擦角ϕ(°)
砂土	粗砂		0.4~0.5 0.5~0.6 0.6~0.7	—	20.5 19.5 19.0	42 40 38	黏性土	亚黏土	0.4~0.5 0.5~0.6 0.6~0.7 0.7~0.8	12.5~15.4	21.0 20.0 19.5 19.0	24 23 22 21
	中砂		—	—	20.5 19.5 19.0	40 38 35			0.5~0.6 0.6~0.7 0.7~0.8 0.8~0.9 0.9~1.0	15.5~18.4	20.0 19.5 19.0 18.5 18.0	22 21 20 19 18
	黏砂		—	—	20.5 19.5 19.0	36 34 28		黏土	0.6~0.7 0.7~0.8 0.8~0.9 0.9~1.0	18.5~22.4	19.5 19.0 18.5 18.0	20 19 18 17
黏性土	亚黏土	轻亚黏土	0.4~0.5 0.5~0.6 0.6~0.7	<9.4	20.5 19.5 19.0	30 28 27			0.7~0.8 0.8~0.9 0.9~1.1	22.5~26.4	19.0 18.5 17.5	18 17 16
			0.4~0.5 0.5~0.6 0.6~0.7	9.5~12.4	20.5 19.5 19.0	25 24 23			0.8~0.9 0.9~1.1	26.5~30.4	18.5 17.5	16 15

附录 B 岩石物理力学性质

表 B 岩石物理力学性质

岩石名称	重力密度γ(kN/m³)	强度（N/mm²）		弹性模量10^4（N/mm²）	泊松比	内摩擦角ϕ(°)
		抗压	抗拉			
闪长岩	27~28	10~25	1.0~2.5	7~15	0.1~0.3	53~55
宠山岩	22~25	10~25	1.0~2.0	5~12	0.2~0.3	45~50
玄武岩	28~30	15~30	1.0~3.0	6~12	0.1~0.35	48~55
石英岩	26.5~27	15~35	1.0~3.0	6~20	0.1~0.25	50~60
片麻岩	27~30	5~20	0.5~2.0	1~10	0.22~0.35	30~50
片岩	26.4~28	1~10	0.1~0.6	1~8	0.2~0.4	26~65
板岩	26~27	6~20	0.7~1.5	2~8	0.2~0.3	45~60
页岩	20~24	1~10	0.2~1.0	2~8	0.2~0.4	15~30
砂岩	20~26	2~20	0.4~2.5	1~10	0.2~0.3	35~50
砾岩	23~26	1~15	0.2~2.0	1~8	0.2~0.3	35~50
石灰岩	22~27	5~20	0.5~2.0	5~10	0.2~0.35	35~50
白云岩	25~28	8~25	1.5~2.5	4~8	0.2~0.35	35~50
大理岩	26~27	10~25	0.7~2.0	1~9	0.2~0.35	35~50

附录 C 混凝土井壁内力及承载力计算

C.1 井壁圆环截面内力及承载力计算

C.1.1 均匀压力作用下混凝土井壁单位高度圆环截面内力及承载力应按下列规定计算：

1 薄壁圆筒（$t<r_0/10$）井壁。

1）井壁圆环截面轴向力（见图 C.1.1-1）应按下式计算：

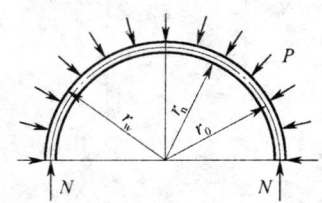

图 C.1.1-1 薄壁圆筒井壁圆环截面轴向力图

$$N = r_w P \quad \text{(C.1.1-1)}$$

式中 N——单位高度井壁圆环截面上的轴向力计算值（MN/m）；
r_w——计算处井壁外半径（m）；
P——计算处作用在井壁上的设计荷载计算值（MPa）。

2）素混凝土井壁圆环截面承载力应按下式计算：

$$N \leqslant 0.85 \varphi_1 t f_c \quad \text{(C.1.1-2)}$$
$$L_0 = 1.814 r_0 \quad \text{(C.1.1-3)}$$

式中 φ_1——素混凝土构件稳定系数（见表 C.1.1-1）；
r_0——计算处井壁中心半径（m）；
L_0——计算处井壁圆环计算长度（m）；
f_c——混凝土轴心抗压强度设计值（N/mm²）。

表 C.1.1-1 素混凝土构件稳定系数 φ_1

L_0/b	<4	4	6	8	10	12	14	16
φ_1	1.00	0.98	0.96	0.91	0.86	0.82	0.77	0.72
L_0/b	18	20	22	24	26	28	30	—
φ_1	0.68	0.63	0.59	0.55	0.51	0.47	0.44	—

注：b 的取值：对于偏心受压构件，取弯矩作用平面的截面高度；对于轴心受压构件，取截面短边尺寸。

3）钢筋混凝土井壁圆环截面承载力应按下式计算：

$$N \leqslant 0.9 \varphi (t f_c + A_s f'_y) \quad \text{(C.1.1-4)}$$

式中 φ——钢筋混凝土轴心受压构件稳定系数（见表 C.1.1-2）；
A_s——每米井壁截面配置钢筋面积（m²）；
f'_y——普通钢筋抗压强度设计值（N/mm²）。

表 C.1.1-2 钢筋混凝土轴心受压构件稳定系数 φ

L_0/b	≤8	10	12	14	16	18	20	22	24	26	28
φ	1.00	0.98	0.95	0.92	0.87	0.81	0.75	0.70	0.65	0.60	0.56
L_0/b	30	32	34	36	38	40	42	44	46	48	50
φ	0.52	0.48	0.44	0.40	0.36	0.32	0.29	0.26	0.23	0.21	0.19

注：表中 L_0 为构件计算长度（按 C.1.1-3 式计算）。

2 厚壁圆筒（$t \geqslant r_0/10$）井壁。

1）井壁圆环截面轴向力（见图 C.1.1-2）应按 C.1.1-1 式计算。

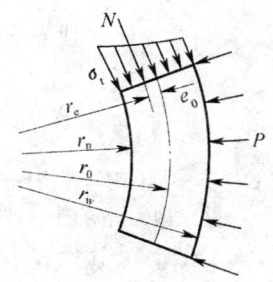

图 C.1.1-2 厚壁圆筒井壁圆环截面轴向力图

2）井壁圆环截面切向应力应按下式计算：

$$\sigma_t = \frac{2 r_w^2 P}{r_w^2 - r_n^2} \quad \text{(C.1.1-5)}$$

式中 σ_t——井壁圆环截面切向应力（MPa）；
r_w——计算处井壁外半径（m）；
r_n——计算处井壁内半径（m）。

3）素混凝土井壁圆环截面承载力应按下式计算：

$$\sigma_t \leqslant 0.85 f_c \quad \text{(C.1.1-6)}$$

4）钢筋混凝土井壁圆环截面承载力应按下式计算：

$$\sigma_t \leqslant 0.9 (f_c + \rho f'_y) \quad \text{(C.1.1-7)}$$

式中 ρ——井壁圆环截面配筋率（%）。

井壁圆环截面配筋率 ρ 和钢筋截面面积 A_s 的确定：

当 $\sigma_t \leqslant 0.9 f_c$ 时，按构造规定配置钢筋；当 $\sigma_t > 0.9 f_c$ 时，按下式计算配筋率：

$$\rho = \frac{\sigma_t - 0.9 f_c}{0.9 f'_y} \quad \text{(C.1.1-8)}$$

当计算结果 $\rho > \rho_{min}$ 时，A_s 应按下式计算：

$$A_s = \rho b_n (r_w - r_n) \quad \text{(C.1.1-9)}$$

当计算结果 $\rho \leqslant \rho_{min}$ 时，A_s 应按下式计算：

$$A_s = \rho_{min} b_n (r_w - r_n) \quad \text{(C.1.1-10)}$$

当计算结果 ρ 值过大时，则应加大井壁厚度。

式中 b_n——井壁截面计算宽度（m），取1.0m；
ρ_{min}——最小配筋率（%），采用普通法和冻结法凿井时应执行本规范6.1.10条规定；采用钻井法和沉井法凿井时取0.4%。

C.1.2 不均匀压力作用下的混凝土井壁整体圆环内力及承载力应按下列规定计算：

1 井壁圆环截面轴向力和弯矩（见图C.1.2-1）计算。

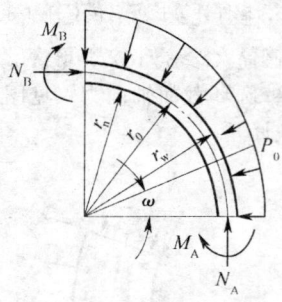

图C.1.2-1 不均匀压力作用井壁内力计算图

1) $\omega=0°$（A截面）时应按下列公式计算：

$$N_A = (1+0.785\beta) r_w P_A \quad (C.1.2-1)$$
$$M_A = -0.149\beta r_w^2 P_A \quad (C.1.2-2)$$

2) $\omega=90°$（B截面）时应按下列公式计算：

$$N_B = (1+0.5\beta) r_w P_A \quad (C.1.2-3)$$
$$M_B = 0.137\beta r_w^2 P_A \quad (C.1.2-4)$$
$$P_B = P_A (1+\beta) \quad (C.1.2-5)$$

式中 N_A、N_B——A、B截面的轴向力计算值（MN）；
M_A、M_B——A、B截面的弯矩计算值（MN·m）；
P_A、P_B——A、B截面的压力计算值（MPa）；
β——不均匀荷载系数，冲积地层段，$\beta=\beta_c=0.2\sim0.3$；基岩段，$\beta=\beta_y$，β_r可按表6.1.3-2选用。

3) 按$\omega=0°$及$\omega=90°$时两组公式计算后，取一组较大数值进行偏心矩和承载力计算。

2 素混凝土井壁承载力应按下列公式计算：

1) 当偏心矩$e_0<0.225t$时，应按下式计算：

$$N \leq 0.85\varphi_1 f_c b_n (t-2e_0) \quad (C.1.2-6)$$
$$e_0 = \frac{M_A}{N_A} \text{ 或 } \frac{M_B}{N_B} \quad (C.1.2-7)$$

式中 e_0——轴向力作用点至受拉钢筋合力点之间的距离（mm）。

2) 当偏心矩$e_0 \geq 0.225t$时，应按下式计算：

$$N \leq \varphi_1 \frac{0.8525 f_t bt}{\frac{6e_0}{t}-1} \quad (C.1.2-8)$$

式中 f_t——混凝土抗拉强度设计值（N/mm²）。

3 钢筋混凝土井壁偏心受压承载力和钢筋配置（见图C.1.2-2）应按下列公式计算：

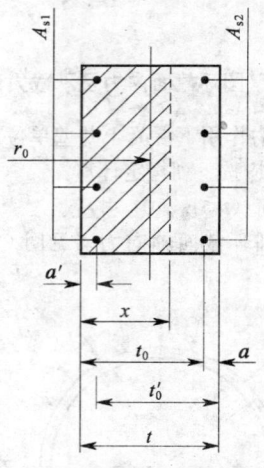

图C.1.2-2 井壁截面偏心受压钢筋配置计算图示

$$N \leq \alpha_1 f_c x + f_y' A_{s1} - \sigma_s A_{s2} \quad (C.1.2-9)$$
$$N \cdot e \leq \alpha_1 f_c x \left(t_0 - \frac{x}{2}\right) + f_y' A_{s1} (t_0 - a') \quad (C.1.2-10)$$
$$e = \eta e_i + \frac{t}{2} - a \quad (C.1.2-11)$$
$$e_i = e_0 + e_a \quad (C.1.2-12)$$
$$\eta = 1 + \frac{1}{1400 \frac{e_i}{t_0}} \left(\frac{L_0}{t}\right)^2 \zeta_1 \zeta_2 \quad (C.1.2-13)$$
$$\zeta_1 = \frac{0.5 f_c A}{N} \quad (C.1.2-14)$$
$$\zeta_2 = 1.15 - 0.01 \times \frac{L_0}{t} \quad (C.1.2-15)$$

受拉边或受压较小边钢筋A_{s2}的应力σ_s应按下列情况计算：

1) 当$\xi_x \leq \xi_b$时为大偏心构件，取$\sigma_s = f_y$，此处相对受压区高度$\xi_x = x/t_0$（令$N = f_c bx$即可求得x值）。

2) 当$\xi_x > \xi_b$时为小偏心构件，σ_s应按下式计算：

$$\sigma_s = \frac{f_y}{\xi_x - \beta_1} \left(\frac{x}{t_0} - \beta_1\right) \quad (C.1.2-16)$$

受拉钢筋屈服和受压区混凝土破坏同时发生时的相对界限受压区高度ξ_b应按下列公式计算：

$$\xi_b = \frac{\beta_1}{1 + \frac{f_y}{\varepsilon_{cu} E_s}} \quad (C.1.2-17)$$

$$\varepsilon_{cu} = 0.0033 - (f_{cu,k} - 50) \times 10^{-5} \quad (C.1.2-18)$$

计算中若计入钢筋A_{s2}时，受压区高度应满足

$x \geq 2a'$ 的条件。当不满足此条件时，其正截面受压承载力应按下式计算：

$$N \cdot e_s' \leq f_y A_{S2}(t-a-a') \quad \text{(C.1.2-19)}$$

由于井壁一般均采用双侧对称配筋，若计算判断为小偏心受压构件，可按下列近似公式计算钢筋截面面积：

$$A_{S1} = A_{S2} = \frac{Ne - \xi(1-0.5\xi)\alpha_1 f_c t_0^2}{f_y'(t_0-a')} \quad \text{(C.1.2-20)}$$

此处，相对受压区高度可按下式计算：

$$\xi = \frac{N - \xi_b \alpha_1 f_c t_0}{\frac{Ne - 0.43\alpha_1 f_c t_0^2}{(\beta_1 - \xi_b)(t_0-a')} + \alpha_1 f_c t_0} + \xi_b \quad \text{(C.1.2-21)}$$

式中 α_1——系数，为矩形应力图的应力取值与混凝土轴心抗压强度设计值的比值。当混凝土强度等级不超过 C50 时，α_1 取为 1.0；当混凝土强度等级为 C80 时，α_1 取为 0.94，其间按线性内插法确定；

β_1——系数，为矩形应力图的受压区高度取值与中和轴高度的比值，当混凝土强度等级不超过 C50 时，β_1 取为 0.8；当混凝土强度等级为 C80 时，β_1 取为 0.74，其间按线性内插法确定；

ε_{cu}——混凝土的极限压应变，如计算值大于 0.0033，取为 0.0033；

$f_{cu,k}$——混凝土立方体抗压强度标准值（MN/m²）；

x——混凝土受压区高度（m）；

A_{S1}、A_{S2}——受压区、受拉区环向钢筋的截面面积（m²）；

σ_S——受拉边或受压较小边的钢筋应力（MN/m²）；

a、a'——受拉、受压钢筋的合力点至构件截面边缘的距离（m）；

e——轴向力作用点至受拉钢筋合力点之间的距离（m）；

η——偏心受压构件考虑二阶弯矩影响的轴向压力偏心矩增大系数，当构件长细比 $L_0/i \leq 17.5$ 时，取 $\eta=1$；

e_i——初始偏心矩（m）；

e_a——附加偏心矩（m），取偏心方向截面最大尺寸的 1/30 和 0.02m 两者的较大值；

ζ_1——偏心受压构件的截面曲率修正系数，当 $\zeta_1 > 1$ 时，取 $\zeta_1 = 1$；

ζ_2——构件长细比对截面曲率的影响系数，$L_0/t \leq 15$ 时，取 $\zeta_2 = 1$；

e_s'——轴向压力作用点至受压区钢筋 A_{S1} 合力点的距离（m）。

C.2 井壁环向稳定性计算

C.2.1 保证井壁环向稳定应符合下列基本条件：

1 素混凝土井壁：

$$\frac{L_0}{t} \leq 24 \quad \text{(C.2.1-1)}$$

2 钢筋混凝土井壁：

$$\frac{L_0}{t} \leq 30 \quad \text{(C.2.1-2)}$$

C.2.2 井壁环向稳定性可按下式验算：

$$\frac{E_c t^3}{4 r_0^3 (1-\nu_c^2)} \geq P \quad \text{(C.2.2)}$$

式中 ν_c——混凝土泊松比，$\nu_c = 0.2$；

E_c——混凝土弹性模量（N/mm²）。

C.3 三向应力作用下井壁承载力计算

C.3.1 井壁在三向应力作用下可按下式验算其内缘的承载力：

$$\sqrt{\sigma_t^2 + \sigma_r^2 + \sigma_z^2 - \sigma_t \sigma_r - \sigma_r \sigma_z - \sigma_z \sigma_t} \leq 0.9(f_c + \rho f_y') \quad \text{(C.3.1-1)}$$

$$\sigma_z = \frac{Q_{Z1,k} + Q_{1,k} + Q_{2,k} + P_{f,k} F_w}{A_0} \quad \text{(C.3.1-2)}$$

式中 σ_z——计算截面井壁纵向应力计算值（MN/m²）；

σ_r——计算截面井壁径向应力计算值（MN/m²）；

σ_t——井壁圆环截面切向应力（MN/m²）；

F_w——计算截面以上井壁外表面积（m²）；

A_0——计算截面井壁横截面积（m²）；

$P_{f,k}$——计算截面以上井壁单位外表面积竖向附加力标准值（MPa）。

附录 D 井塔（架）影响段井壁计算

D.1 井塔（架）基础置于天然冲积层地基上影响段井壁计算

D.1.1 侧向压力应按下列规定计算：

井塔（架）基础置于天然地基上，最大侧向压应力出现在基础底以下 $h = L - A/2$ 处。不同类型基础对井壁产生的最大侧向压力（见图 D.1.1）分别应按下列规定计算：

1 带形基础时应按以下公式计算：

$$P_{\max} = \frac{QA_n}{2L(2L-A+B)} \quad \text{(D.1.1-1)}$$

2 环形基础时应按以下公式计算：

$$P_{\max} = \frac{QA_n}{\pi[(r_w+2L)^2 - r_w^2]} \quad \text{(D.1.1-2)}$$

$$A_n = \tan^2\left(45° - \frac{\phi}{2}\right) \quad \text{(D.1.1-3)}$$

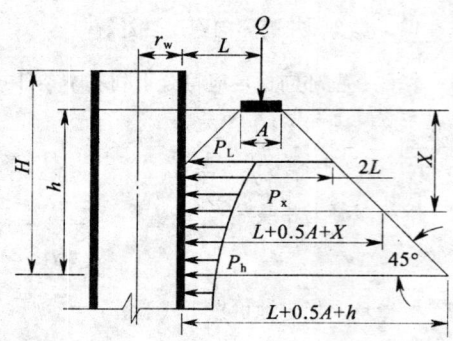

图 D.1.1 井塔(架)基础引起的
侧向压力分布图

h—基础底至计算深度距离(m);H—井口设计标高到计算深度距离(m);X—基础底至计算深度范围内某一深度的距离(m);P_L—基础底以下 L 深处井壁所受侧压力(MPa);P_h—基础底以下 h 深处井壁所受侧压力(MPa);P_x—基础底以下 x 深处井壁所受侧压力(MPa)

式中 P_{max}——基础对井壁产生的最大侧向压力计算值(MPa);

Q——基础上部结构总重力(包括基础自重力)计算值(MN);

A_n——岩(土)层水平荷载系数;可按 D.1.1-3 式计算,也可按本规范表 6.1.3-1 查取;

ϕ——土层的内摩擦角(°),按本规范表 6.1.3-1 查取;

L——基础中心至井壁外缘距离(m);

A——带形或环形基础宽度(m);

B——带形或环形基础长度(m)。

D.1.2 井壁圆环截面内力应按下列规定计算:

1 带形基础(见图 D.1.2)时应按下列公式计算:

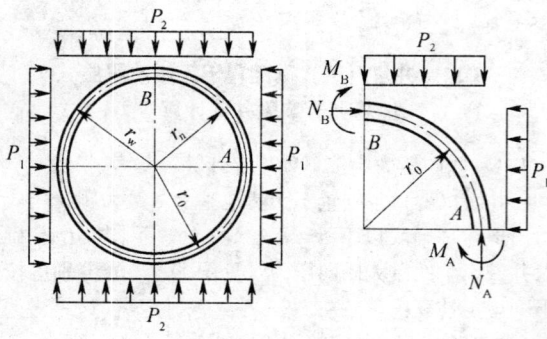

图 D.1.2 带形基础对井壁产生的
侧向压力及内力图

1) A 截面上的内力:
$$N_A = r_w P_2 \quad (D.1.2-1)$$
$$M_A = -0.25 r_w^2 (P_2 - P_1) \quad (D.1.2-2)$$

2) B 截面上的内力:
$$N_B = r_w P_1 \quad (D.1.2-3)$$
$$M_B = 0.25 r_w^2 (P_2 - P_1) \quad (D.1.2-4)$$

式中 P_1、P_2——按公式 D.1.1-1 计算出的各方向最大侧向压力计算值(MPa)。

2 环形基础时影响段井壁圆环截面内力计算应执行本规范附录 C 中 C.1 的有关规定。

D.2 井塔直接支承在井筒上影响段井壁计算

D.2.1 井塔直接支承在井筒上时,影响段井壁宜采用"m"法计算,井壁受力(计算简图如图 D.2.1)应按以下规定计算:

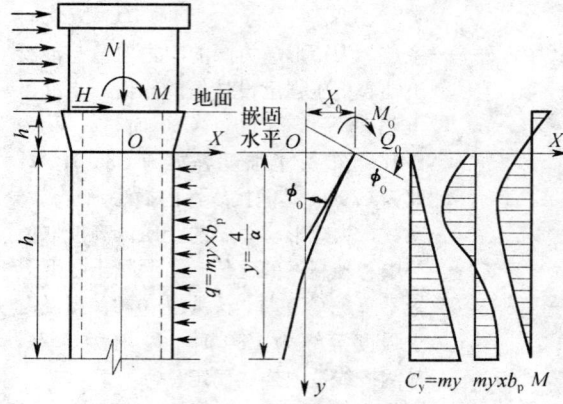

图 D.2.1 "M"法计算简图

1 基础(即井筒)计算宽度 b_p 应按下式计算:
$$b_p = 0.9(D+1) \quad (D.2.1-1)$$

式中 b_p——基础(即井筒)计算宽度(m);

D——井筒外直径(m)。

2 基础变形系数应按下式计算:
$$\alpha = \sqrt[5]{\frac{mb_p}{E_c I}} \quad (D.2.1-2)$$
$$I = \pi(D^4 - d^4)/64 \quad (D.2.1-3)$$

式中 α——基础变形系数(1/m);

m——地基变形系数(MN/m⁴),见表 D.2.1-1;

d——井筒内直径(m);

I——井筒横截面惯性矩(m⁴)。

表 D.2.1-1 推荐使用的 m 值

土壤名称	m (MN/m⁴)
流塑性黏土、亚黏土、亚砂土、淤泥	3~5
软塑性的黏土、亚黏土、亚砂土、粉土、松散砂	5~10
硬塑性的黏土、亚砂土、亚黏土、中砂、细砂	10~20
硬黏土、亚黏土、亚砂土、砂黏土、夹姜石密实粗砂	20~30

续表 D.2.1-1

土壤名称	m (MN/m⁴)
砂砾、大块碎石类土	30～85
密实粗砂夹卵石、密实漂卵石	85～180

3 井塔基础对井筒影响深度应按下式计算：

$$y = \frac{4}{a} \quad (D.2.1-4)$$

式中 y——井塔基础对井筒影响深度（m）。

4 嵌固水平处横向位移 x_0 及转角 Ψ_0 应按下列公式计算：

$$x_0 = Q_0 \delta_{QQ} + M_0 \delta_{QM} \quad (D.2.1-5)$$

$$\Psi_0 = -(Q_0 \delta_{MQ} + M_0 \delta_{MM}) \quad (D.2.1-6)$$

$$\delta_{QQ} = \frac{2.441}{\alpha^3 E_c I} \quad (D.2.1-7)$$

$$\delta_{QM} = \delta_{MQ} = \frac{1.625}{\alpha^2 E_c I} \quad (D.2.1-8)$$

$$\delta_{MM} = \frac{1.751}{\alpha E_c I} \quad (D.2.1-9)$$

式中 x_0、Ψ_0——井塔基础嵌固水平处的横向位移及转角；
　　Q_0、M_0——井塔作用于基础上的水平力和弯矩计算值；
　　δ_{QQ}——$M_0 = 0$，$Q_0 = 1$ 时的位移；
　　δ_{QM}——$Q_0 = 0$，$M_0 = 1$ 时的位移；
　　δ_{MQ}——$M_0 = 0$，$Q_0 = 1$ 时的转角；
　　δ_{MM}——$M_0 = 1$，$Q_0 = 0$ 时的转角；
　　E_c——混凝土弹性模量（N/mm²）；
　　I——井筒截面惯性矩（m³）。

5 嵌固水平以下沿井筒深度弯矩和侧向水平压应力应按下列公式计算：

$$M_y = \alpha^2 E_c I X_0 A_3 + \alpha E_c I \Psi_0 B_3 + M_0 C_3 + \frac{Q_0}{\alpha} D_3$$
$$(D.2.1-10)$$

$$\sigma_x = m \cdot y \left(x_0 A_1 + \frac{\Psi_0}{\alpha} B_1 + \frac{M_0}{\alpha^2 E_c I} C_1 + \frac{Q_0}{\alpha^3 E_c I} D_1 \right)$$
$$(D.2.1-11)$$

式中 A_3、B_3、C_3、D_3、A_1、B_1、C_1、D_1——系数，见表 D.2.1-2；
　　M_y——嵌固水平以下沿井筒深度弯矩计算值（MN·m）；
　　σ_x——嵌固水平以下沿井筒深度侧向水平压应力计算值（MN/m²）。

6 井筒上部井壁横截面承载力应按下列规定计算：

1) 根据 $y = 4/a$ 深度范围内的最大弯矩 M_{max} 和该点的竖向力 N（嵌固面处轴向力 N_0 与计算位置以上井壁自重之和），计算出偏心矩：

$$e_0 = \frac{M_{max}}{N} \quad (D.2.1-12)$$

2) 计算长度（即纵向屈曲长度）L_0：
　　当 $h < 4/a$ 时，$L_0 = h_1 + h$ （D.2.1-13）
　　当 $h \geq 4/a$ 时，$L_0 = h_1 + 4/a$ （D.2.1-14）

式中 h——计算水平至嵌固水平高度（m）；
　　h_1——井筒上部井塔大块基础高度（m）。

3) 井壁横截面偏心受压承载力按下列公式计算：

$$N \leq \alpha_1 \alpha_0 f_c A_0 + (\alpha_0 - \alpha_t) f'_y A_z \quad (D.2.1-15)$$

$$N \eta e_i \leq \alpha_1 f_c A_0 (r_n + r_w) \frac{\sin\pi\alpha_0}{2\pi} + f_y A_z r_0 \frac{\sin\pi\alpha_0 + \sin\pi\alpha_t}{\pi}$$
$$(D.2.1-16)$$

式中 α_0——受压区混凝土截面面积与全截面面积的比值；
　　α_t——受拉纵向钢筋截面面积与全部纵向钢筋截面面积的比值；当 $\alpha_0 > 2/3$ 时，$\alpha_t = 0$。

上述各公式中的系数和偏心距应按下列公式计算：

$$\alpha_t = 1 - 1.5\alpha_0 \quad (D.2.1-17)$$

$$e_i = e_0 + e_a \quad (D.2.1-18)$$

7 在 $y = 4/a$ 深度范围内，应以土层对井壁的弹性抗力 σ_x 与水土压力组合的最大值对井壁环向承载力进行验算。

表 D.2.1-2　A、B、C、D 各系数值

换算深度 $h = ay$	A_1	B_1	C_1	D_1	A_2	B_2	C_2	D_2
0	1.00000	0.00000	0.00000	0.00000	0.00000	1.00000	0.00000	0.00000
0.1	1.00000	0.10000	0.00500	0.00017	0.00000	1.00000	0.10000	0.00500
0.2	1.00000	0.20000	0.02000	0.00133	−0.00007	1.00000	0.20000	0.02000
0.3	0.99998	0.30000	0.04500	0.00450	−0.00034	0.99996	0.30000	0.04500
0.4	0.99991	0.39999	0.08000	0.01067	−0.00107	0.99983	0.39998	0.08000
0.5	0.99974	0.49996	0.12500	0.02083	−0.00260	0.99948	0.49994	0.12499
0.6	0.99935	0.59987	0.17998	0.03600	−0.00540	0.99870	0.59981	0.17998

续表 D.2.1-2

换算深度 $h=ay$	A_1	B_1	C_1	D_1	A_2	B_2	C_2	D_2
0.7	0.99860	0.69967	0.24495	0.05716	−0.01000	0.99720	0.69951	0.24494
0.8	0.99727	0.79927	0.31988	0.08532	−0.01707	0.99454	0.79891	0.31983
0.9	0.99508	0.89852	0.40472	0.12146	−0.02733	0.99016	0.89779	0.40462
1.0	0.99167	0.99722	0.49941	0.16657	−0.04167	0.98333	0.99583	0.49921
1.1	0.98658	1.09508	0.60384	0.22163	−0.06096	0.97317	1.09262	0.60346
1.2	0.97927	1.19171	0.71787	0.28758	−0.08632	0.95855	1.18756	0.71716
1.3	0.96908	1.28660	0.84127	0.36536	−0.11883	0.93817	1.27990	0.84002
1.4	0.95523	1.37910	0.97373	0.45588	−0.15973	0.91047	1.36865	0.97163
1.5	0.93681	1.46839	1.11484	0.55997	−0.21030	0.87365	1.45259	1.11145
1.6	0.91280	1.55346	1.26403	0.67842	−0.27194	0.82565	1.53020	1.25872
1.7	0.88201	1.63307	1.42061	0.81193	−0.34604	0.76413	1.59963	1.41247
1.8	0.84313	1.70575	1.58362	0.96109	−0.43412	0.68645	1.65867	1.57150
1.9	0.79467	1.76972	1.75190	1.12637	−0.53768	0.58967	1.70468	1.73422
2.0	0.73502	1.82294	1.92402	1.30801	−0.65822	0.47061	1.73457	1.89872
2.2	0.57491	1.88709	2.27217	1.72042	−0.95616	0.15127	1.73110	2.22299
2.4	0.34691	1.87450	2.60882	2.19535	−1.33889	−0.30273	1.61286	2.51874
2.6	0.03315	1.75473	2.90670	2.72365	−1.81479	−0.92602	1.33485	2.74972
2.8	−0.38548	1.49037	3.12843	3.28769	−2.38756	−1.75483	0.84177	2.86653
3.0	−0.92809	1.03679	3.22471	3.85838	−3.05319	−2.82410	0.06837	2.80406
3.5	−2.92799	−1.27172	2.46304	4.97982	−4.98062	−6.70806	−3.58647	1.27018
4.0	−5.85333	−5.94097	−0.92677	4.54780	−6.53316	−12.15810	−10.60840	−3.76647
换算深度 $h=ay$	A_3	B_3	C_3	D_3	A_4	B_4	C_4	D_4
0	0.00000	0.00000	1.00000	0.00000	0.00000	0.00000	0.00000	1.00000
0.1	−0.00017	−0.00001	1.00000	0.10000	−0.00500	−0.00033	−0.00001	1.00000
0.2	−0.00133	−0.00013	0.99999	0.20000	−0.02000	−0.00267	−0.00020	0.99999
0.3	−0.00450	−0.00067	0.99994	0.30000	−0.04500	−0.00900	−0.00101	0.99992
0.4	−0.01067	−0.00213	0.99974	0.39998	−0.08000	−0.02133	−0.00320	0.99966
0.5	−0.02083	−0.00521	0.99922	0.49991	−0.12499	−0.04167	−0.00781	0.99896
0.6	−0.03600	−0.01080	0.99806	0.59974	−0.17997	−0.07199	−0.01620	0.99741
0.7	−0.05716	−0.02001	0.99580	0.69935	−0.24490	−0.11433	−0.03001	0.99440
0.8	−0.08532	−0.03412	0.99181	0.79854	−0.31975	−0.17060	−0.05120	0.98908
0.9	−0.12144	−0.05466	0.98524	0.89705	−0.40443	−0.24284	−0.08198	0.98032
1.0	−0.16652	−0.08329	0.97501	0.99445	−0.49881	−0.33298	−0.12493	0.96667
1.1	−0.22152	−0.12192	0.95975	1.09016	−0.60268	−0.44292	−0.18285	0.94634
1.2	−0.28737	−0.17260	0.93783	1.18342	−0.71573	−0.57450	−0.26886	0.91712
1.3	−0.36496	−0.23760	0.90727	1.27320	−0.83753	−0.72950	−0.35631	0.87638
1.4	−0.45515	−0.31933	0.86573	1.35821	−0.96746	−0.90954	−0.47883	0.82102

续表 D.2.1-2

换算深度 $h=ay$	A_3	B_3	C_3	D_3	A_4	B_4	C_4	D_4
1.5	−0.55870	−0.42039	0.81054	1.43680	−1.10468	−1.11609	−0.63027	0.74745
1.6	−0.67629	−0.54348	0.73859	1.50695	−1.24808	−1.35042	−0.81466	0.65156
1.7	−0.80848	−0.69144	0.64637	1.56621	−1.39623	−1.61346	−1.03616	0.52871
1.8	−0.95564	−0.86715	0.52997	1.61162	−1.54728	−1.90577	−1.29909	0.37368
1.9	−1.11796	−1.07375	0.38503	1.63969	−1.69889	−2.22745	−1.60770	0.18071
2.0	−1.29535	−1.31361	0.20676	1.64628	−1.84818	−2.57798	−1.96620	−0.05652
2.2	−1.69334	−1.90567	−0.27087	1.57538	−2.12481	−3.35952	−2.84858	−0.69158
2.4	−2.14117	−2.66329	−0.94885	1.35201	−2.33901	−4.22811	−3.97323	−1.59151
2.6	−2.62126	−3.59987	−1.87734	0.91679	−2.43695	−5.14023	−5.35541	−2.82106
2.8	−3.10341	−4.71748	−3.10791	0.19729	−2.34558	−6.02299	−6.99007	−4.44491
3.0	−3.54058	−5.99979	−4.68788	−0.89126	−1.96928	−6.76460	−8.84029	−6.51972
3.5	−3.91921	−9.54367	−10.34040	−5.85402	1.07408	−6.78895	−13.69240	−13.82610
4.0	−1.61428	−11.73070	−17.91860	−15.07550	9.24368	−0.35762	−15.61050	−23.14040

附录 E 法兰盘的连接及计算

E.1 法兰盘的连接

E.1.1 井壁法兰盘连接应符合以下要求：

1 预埋吊环提吊的井壁，其法兰盘按构造要求采用螺栓连接时，内缘螺栓间距宜按 300~500mm 配置，连接螺栓直径可采用 16~24mm，井壁法兰盘外缘应采用连续焊缝满焊焊接，焊缝高度不应小于 10mm。

2 当井壁采用吊帽吊运时，也可根据安装需要，在上法兰盘外缘预留螺栓孔。连接螺栓直径可按下式计算：

$$d_0 = \sqrt{\frac{4 \times 0.9 \times \nu_d \times \nu_2 \times Q_f}{\pi \times n \times f_t^b}} \quad (E.1.1)$$

式中 d_0——连接螺栓直径（mm）；
ν_2——受力不均匀系数（取 1.2）；
Q_f——起吊井壁自重（N）；
n——螺栓个数（个）；
f_t^b——螺栓抗拉强度设计值（N/mm²）；
0.9——临时吊装运输验算折减系数。

E.2 法兰盘的计算

E.2.1 井壁法兰盘计算应符合以下要求：

1 当井壁采用吊环或提吊螺栓吊运时，井壁法兰盘型钢型号或钢板厚度按构造要求选用。

2 当井壁采用吊帽吊运时，井壁法兰盘型钢翼缘板厚度或钢板厚度可按下列公式计算：

$$\delta = \sqrt{\frac{6\nu_3 M}{f}} \quad (E.2.1-1)$$

$$M = \beta q l_1^2 \quad (E.2.1-2)$$

$$q = \frac{0.9 \times \nu_d \times \nu_4 \times Q_f}{A} \quad (E.2.1-3)$$

式中 δ——钢板厚度或型钢翼缘厚度（mm）；
ν_3——受力不均匀系数，$\nu_3=1.5$；
ν_4——运输及吊装阶段强度设计安全系数，取 $\nu_4=1.5$；
M——计算弯矩（N·m/m）；
f——法兰盘材料的强度设计值（N/mm²）；
β——弯矩计算系数，可按表 E.2.1 选用；
q——法兰盘上计算荷载集度（N/mm²）；
A——法兰盘面积（mm²）；
l_1——法兰盘加劲肋间距（mm）；
l_2——法兰盘计算宽度（mm），型钢法兰盘为槽钢翼缘宽度；钢板法兰盘为翼缘宽度；
Q_f——提吊时法兰盘受到的竖向提吊力（N）。

表 E.2.1 系数 β

l_2/l_1	0.5	0.6	0.7	0.8	0.9	1.0	1.2	1.4	2.0	∞
β	0.06	0.074	0.088	0.097	0.107	0.112	0.120	0.126	0.132	0.133

3 法兰盘各连接件之间应采用贴角焊缝焊接，焊缝高度可按下式计算，但不宜小于 8mm。

$$h_f = \frac{0.9 \times \nu_d \times \nu_3 \times Q_h}{0.7 \times L_w \times f_t^w} \quad (E.2.1-4)$$

式中 h_f——角焊缝计算高度（mm）；
Q_h——计算部位作用在焊缝上的外力值（N）；

L_w——角焊缝计算长度之和（mm）；
f_t^w——角焊缝抗剪强度设计值（N/mm²）。

附录 F 不均匀压力作用下的井壁圆环内力及钢筋配筋计算

F.1 不均匀压力作用下的井壁圆环内力计算

F.1.1 井壁圆环截面轴向力和弯矩应按下列公式计算：

1 $\omega=0°$（A 截面）时，井壁圆环 A 截面轴向力 N_A 和弯矩 M_A 应按下列公式计算：

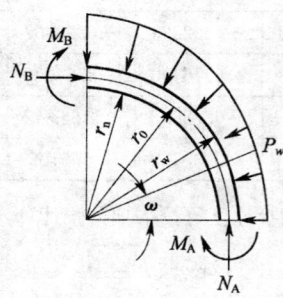

图 F.1.1 不均匀压力作用井壁内力计算图

$$N_A = (1+0.785\beta_z) r_w P_A \quad (F.1.1-1)$$
$$M_A = -0.149\beta_z r_w^2 P_A \quad (F.1.1-2)$$

2 $\omega=90°$（B 截面）时，井壁圆环 B 截面轴向力 N_B 和弯矩 M_B 应按下列公式计算：

$$N_B = (1+0.5\beta_z) r_w P_A \quad (F.1.1-3)$$
$$M_B = 0.137\beta_z r_w^2 P_A \quad (F.1.1-4)$$
$$P_B = P_A (1+\beta_z) \quad (F.1.1-5)$$

3 按 $\omega=0°$ 及 $\omega=90°$ 时两组公式计算后，取一组较大数值进行偏心矩和承载力计算。

F.2 环向钢筋配筋计算

F.2.1 井壁环向钢筋配筋应按附录 C 中 C.1.2 的有关公式计算。

F.3 竖向钢筋配筋计算

F.3.1 按井壁提吊计算竖向钢筋时应按以下公式计算：

$$A_{sy} = \frac{\nu_3 \nu_d N_z}{f_y} \quad (F.3.1-1)$$
$$N_z = N_{z,k} \quad (F.3.1-2)$$

式中 A_{sy}——井壁竖向钢筋横截面积（mm²）；
N_z——提吊时井壁受到的竖向荷载计算值（MN）。

F.3.2 按井壁提吊抗裂计算竖向钢筋时应按以下公式计算：

$$\nu_d \cdot \nu_f \cdot N_z \leq f_t (A + 2n \cdot A_{sy}) \quad (F.3.2-1)$$
$$n = E_s / E_c \quad (F.3.2-2)$$

式中 ν_f——抗裂安全系数，取 $\nu_f=1.5$；
f_t——混凝土轴心抗拉强度设计值（MN/m²）；
A——井壁横截面积（m²）；
n——钢筋和混凝土弹性模量的比值；
E_s——钢筋弹性模量（N/mm²）。

F.3.3 按竖向不均匀地压计算竖向钢筋时应按以下规定计算：

1 井壁在冲积层与基岩交界面处因侧向地压突变而受到的纵向弯矩（见图 F.3.3）应按下列公式计算：

$$M_{max} = 0.0806 \frac{P_0}{\lambda^2} \quad (F.3.3-1)$$
$$\lambda = \sqrt[4]{\frac{3(1-\nu_c^2)}{r_0^2 \times t^2}} \quad (F.3.3-2)$$

式中 M_{max}——交界面处每米井壁最大纵向弯矩计算值（MN·m）；
P_0——交界面处井壁受到的均匀水土压力计算值（MPa）；
λ——壳体常数（m⁻¹）。

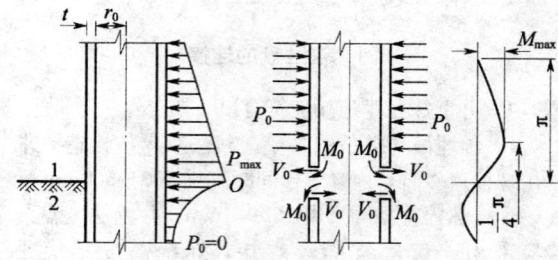

图 F.3.3 纵向不均匀压力计算简图
1—冲积层；2—基岩；
P_{max}—井壁在冲积地层段受到的最大水土压力计算值（MPa）；V_0—0—0 截面产生的剪力（MPa）；M_0—剪力 V_0 使井壁在 0—0 截面产生的弯矩（MPa）

2 井壁在冲积层与基岩交界面处的纵向钢筋配置应符合下列规定：

1) 交界面上下段井壁的纵向钢筋配置应能承受按 F.3.3-1 式计算出的弯矩。其受弯承载力应符合下列规定：

$$M \leq \alpha_1 f_c x \left(t_0 - \frac{x}{2}\right) + f_y' A_{sl} (t_0 - a')$$
$$(F.3.3-3)$$

2) 混凝土受压区高度应按下式计算：
$$\alpha_1 f_c x = f_y A_{s2} - f_y' A_{sl} \quad (F.3.3-4)$$

3) 混凝土受压区高度尚应符合下列条件：
$$x \leq \xi_b t_0 \quad (F.3.3-5)$$
$$x \geq 2a' \quad (F.3.3-6)$$

3 井壁在冲积层与基岩交界面处斜截面的抗剪

强度应按下式计算：

$$V_{max} \leq 0.25\beta_c f_c b_n t_0 \quad (F.3.3-7)$$

式中 V_{max}——交界面处每米井壁最大剪力计算值（MN）；

β_c——混凝土强度影响系数，当混凝土强度等级不超过C50时，取$\beta_c=1.0$；当混凝土强度等级为C80时，取$\beta_c=0.8$；其间按线形内插法确定；

t_0——井壁截面有效厚度（m）。

4 井壁在冲积层与基岩交界面处的纵向钢筋配置长度应取界面上下各一个波长，内外缘配筋相同。波长可按下式计算：

$$L = \frac{2\pi}{\lambda} \quad (F.3.3-8)$$

式中 L——波长（m）。

附录 G 半球和削球式井壁底计算

G.1 半球和削球式井壁底内力计算

G.1.1 半球和削球式井壁底内力（见图G.1.1）可按下列公式计算：

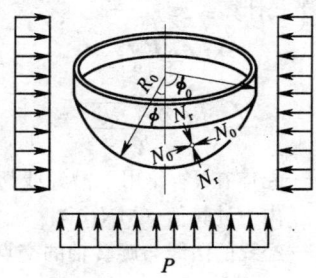

图 G.1.1 半球和削球式井壁底计算简图

$$N_r = \frac{1}{2}P_g R_0 \quad (G.1.1-1)$$

$$N_0 = \frac{1}{2}P_g R_0 \quad (G.1.1-2)$$

$$U = \frac{1}{4}P_g R_0^2 \sin 2\phi_0 \quad (G.1.1-3)$$

$$P_g = P_{w,k} - P_{n,k} \quad (G.1.1-4)$$

$$P_w = \nu_w P_{w,k} \quad (G.1.1-5)$$

$$P_n = \nu_n P_{n,k} \quad (G.1.1-6)$$

式中 R_0——球壳厚度的平均半径（m）；

P_g——井壁底所受到的压力计算值（MPa）；

P_w——泥浆压力计算值（MPa）；

$P_{w,k}$——泥浆压力标准值（MPa）；

P_n——配重水压力计算值（MPa）；

$P_{n,k}$——配重水压力标准值（MPa）；

ϕ_0——削球壳所对圆心角的一半；

N_r——削球壳面径向内力计算值（MN/m）；

N_0——削球壳面纬向内力计算值（MN/m）；

ν_w——井壁底在泥浆作用下的安全系数；

ν_n——井壁底在配重水作用下的安全系数；

U——支承环内力计算值（MN）。

G.2 半球和削球式井壁底钢筋配置计算

G.2.1 半球和削球式井壁底钢筋配置可按下列公式计算：

$$A_g = \frac{N - f_c t}{f_y'} \quad (G.2.1-1)$$

式中 N——削球壳面内力计算值（MN/m），$N = N_r$ 或 $N = N_0$；

t——球壳厚度（m）。

在均匀压力作用下，以轴心受拉构件按下式计算井壁底支承环需要的抗拉钢筋：

$$A_g = \frac{U}{f_y} \quad (G.2.1-2)$$

采用半球式井壁底时，$\phi_0 = 90°$，$U = 0$；此时，按构造配筋。

附录 H 半椭圆回转扁球壳井壁底计算

H.1 筒体与壳体界面的内力计算

H.1.1 筒与壳（壳体的几何关系见图H.1.1）界面的内力 N_0 宜按下式计算：

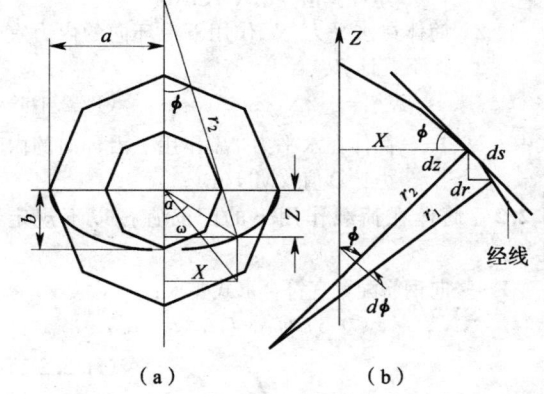

图 H.1.1 半椭圆回转扁球壳式井壁底几何关系图

$$N_0 = \frac{P_g a^2}{8\lambda b^2} \quad (H.1.1-1)$$

式中 N_0——筒与壳界面的内力计算值（MN/m）；

a——筒体厚度中线半径（m）；

b——壳体厚度中线高度（m），一般可取$\frac{1}{2}a$。

H.2 筒体内力及配筋计算

H.2.1 筒体在荷载作用下的内力宜按以下规定

计算：

1 筒体在 P_g 作用下沿环向的内力宜按下式计算：

$$N_{2T}^{P_g} = P_g a \quad (H.2.1\text{-}1)$$

式中 $N_{2T}^{P_g}$ ——筒体在 P_g 作用下沿环向的内力计算值（MN/m）。

2 筒体在井壁自重 Q_{Z1} 作用下沿经向的内力宜按下式计算：

$$N_{1T}^{Q_{Z1}} = \frac{Q_{Z1}}{2\pi a} \quad (H.2.1\text{-}2)$$

式中 $N_{1T}^{Q_{Z1}}$ ——筒体在 Q_{Z1} 作用下沿经向的内力计算值（MN/m）。

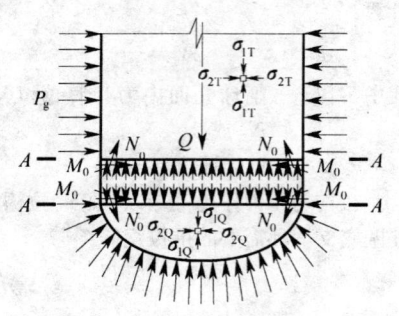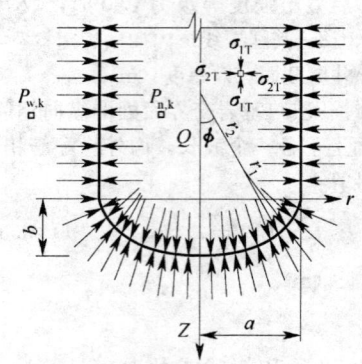

图 H.2.1 半椭圆回转扁球壳式井壁底受力简图

3 筒体在水平力 N_0 作用下的内力宜按以下规定计算：

1) 筒体在水平力 N_0 作用下沿经向的弯矩宜按下式计算：

$$M_{1T}^{N_0} = \frac{1}{\lambda} N_0 e^{-\lambda x} \sin\lambda x \quad (H.2.1\text{-}3)$$

式中 $M_{1T}^{N_0}$ ——筒体在水平力 N_0 作用下沿经向的弯矩计算值（MN·m/m）。

2) 筒体在水平力 N_0 作用下沿环向的内力宜按下式计算：

$$N_{2T}^{N_0} = -2N_0 \lambda a e^{-\lambda x} \cos\lambda x \quad (H.2.1\text{-}4)$$

式中 $N_{2T}^{N_0}$ ——筒体在水平力 N_0 作用下沿环向的内力计算值（MN/m）。

H.2.2 筒体在荷载作用下的配筋宜按以下规定计算：

1 竖向钢筋配置宜符合下式要求：

$$N_{1T}^{Q_{Z1}} \cdot e \leqslant 0.5 f_c b t_0 + f_y' A_y' (t_0 - a_s')$$
$$(H.2.2\text{-}1)$$

$$e = \frac{t}{2} - a + e_0 \quad (H.2.2\text{-}2)$$

$$e_0 = \frac{M_{1T\max}^{N_0}}{N_{1T}^{Q_{Z1}}} \quad (H.2.2\text{-}3)$$

2 环向钢筋宜按下式计算：

$$A_y' = \frac{N_{\max} - f_c t}{f_y} \quad (H.2.2\text{-}4)$$

式中 $N_{\max}$ ——按 H.2.1-4 式计算出的 $N_{2T}^{N_0}$ 的拉、压力最大值的绝对值之和（MN/m）；

A_y' ——钢筋横截面积（m^2/m）。

H.3 壳体内力及配筋计算

H.3.1 壳体在荷载作用下的内力宜按以下规定计算：

1 壳体在 P_g、N_0 作用下沿经线切线方向的内力计算。

1) 壳体在 P_g 作用下沿经线切线方向的内力宜按下式计算：

$$N_{1T}^{P_g} = \frac{P_g r_2}{2} \quad (H.3.1\text{-}1)$$

$$r_2 = \sqrt{\frac{a^4 Z^2 + b^4 x^2}{b^2}} \quad (H.3.1\text{-}2)$$

式中 $N_{1T}^{P_g}$ ——壳体在 P_g 作用下沿经线切线方向的内力计算值（MN/m）；

r_2 ——经线的法线与旋转轴的交点，到壳体曲面之间的长度（m）；

Z, x ——计算点坐标值（m）。

2) 壳体在 N_0 作用下沿经线切线方向的弯矩宜按下式计算：

$$M_{1Q}^{N_0} = \frac{P_g a t}{\sqrt{12(1-\nu_c^2)}} e^{-\beta} \sin\beta \quad (H.3.1\text{-}3)$$

$$\beta = \sqrt[4]{3(1-\nu_c^2)} \sum \frac{\Delta S}{\sqrt{r_2 t}} \quad (H.3.1\text{-}4)$$

$$S = \int_0^a \sqrt{a^2 - (a^2-b^2)\sin^2\alpha}\, d\alpha \quad (H.3.1\text{-}5)$$

令 $K = \sqrt{\dfrac{a^2-b^2}{a^2}}$

当 $\dfrac{a}{b} = 2$ 时，$K = 0.866$；$\sin^{-1}K = 60°$

则：$E(\alpha \cdot K) = \int_0^a \sqrt{1-K^2\sin^2\alpha}\, d\alpha \quad (H.3.1\text{-}6)$

查椭圆积分数值表 $\sin^{-1}K = 60°$ 时不同 α 的 $E(\alpha \cdot K)$ 值可得：

$$S = a \cdot E(\alpha \cdot K) \quad (H.3.1\text{-}7)$$

式中 $M_{1Q}^{N_0}$——壳体在 N_0 作用下沿经线切线方向的弯矩计算值（MN·m/m）；

ν_c——混凝土泊松比。

3) 壳体在荷载作用下沿经线切线方向的应力宜按下列公式计算：

$$\sigma_{1Q}^{N_0} = \frac{6}{t^2} M_{1Q}^{N_0} \quad (H.3.1-8)$$

$$\sigma_{1Q}^{P_g} = \frac{1}{t} N_{1Q}^{P_g} \quad (H.3.1-9)$$

$$\sigma_1 = \sigma_{1Q}^{N_0} + \sigma_{1Q}^{P_g} \quad (H.3.1-10)$$

式中 $\sigma_{1Q}^{N_0}$——壳体在 N_0 作用下沿经线切线方向的应力计算值（MPa）；

$\sigma_{1Q}^{P_g}$——壳体在 P_g 作用下沿经线切线方向的应力计算值（MPa）；

σ_1——壳体在荷载作用下沿经线切线方向的应力计算值（MPa）。

2 壳体在 P_g、N_0 作用下沿环向的内力计算：

1) 壳体在 P_g 作用下沿环向的内力宜按下列公式计算：

$$N_{2Q}^{P_g} = P_g \left(r_2 - \frac{r_2^2}{2r_1} \right) \quad (H.3.1-11)$$

$$r_1 = \frac{\sqrt{(a^4 Z^2 + b^4 x^2)^3}}{a^4 b^4} \quad (H.3.1-12)$$

式中 $N_{2Q}^{P_g}$——壳体在 P_g 作用下沿环向的内力计算值（MN/m）；

r_1——经线的曲率半径（m）。

2) 壳体在 N_0 作用下沿经线切线方向的内力宜按下式计算：

$$M_{2Q}^{N_0} = P_g a e^\beta \cdot \cos\beta \quad (H.3.1-13)$$

式中 $M_{2Q}^{N_0}$——壳体在 N_0 作用下沿环向的内力计算值（MN/m）。

β 与壳体在 N_0 作用下沿经线切线方向的弯矩计算时相同。

3) 壳体在荷载作用下沿环向的应力宜按下列公式计算：

$$\sigma_{2Q}^{N_0} = \frac{1}{t} N_{2Q}^{N_0} \quad (H.3.1-14)$$

$$\sigma_{2Q}^{P_g} = \frac{1}{t} N_{2Q}^{P_g} \quad (H.3.1-15)$$

$$\sigma_2 = \sigma_{2Q}^{N_0} + \sigma_{2Q}^{P_g} \quad (H.3.1-16)$$

式中 $\sigma_{2Q}^{N_0}$——壳体在 N_0 作用下沿环向的应力计算值（MPa）；

$\sigma_{2Q}^{P_g}$——壳体在 P_g 作用下沿环向的应力计算值（MPa）；

σ_2——壳体在荷载作用下沿环向的应力计算值（MPa）。

H.3.2 壳体在荷载作用下的配筋宜按以下规定计算：

1 壳体在荷载作用下的计算应力宜符合以下规定：

分别计算出 $\omega=90°\sim 0°$ 不同角度时的 σ_1、σ_2 值，采用 σ_{1max}、σ_{2max} 进行壳体配筋计算。

$$\sigma_{max} \leqslant 0.9(f_c + \rho f_y') \quad (H.3.2-1)$$

式中 ρ——井壁截面配筋率（%）；

σ_{max}——分别按 H.3.1-10、H.3.1-16 式计算出的壳体在荷载作用下沿经线切线方向和沿环向的最大应力计算值，$\sigma_{max}=\sigma_{1max}$ 或 $\sigma_{max}=\sigma_{2max}$。

2 井壁截面配筋率 ρ 和钢筋截面面积 A_s 宜按以下规定确定：

1) 当 $\sigma_{max} \leqslant 0.9 f_c$ 时，应按构造规定配置钢筋；当 $\sigma_{max} > 0.9 f_c$ 时，配筋率宜按下式计算：

$$\rho = \frac{\sigma_{max} - 0.9 f_c}{0.9 f_y} \quad (H.3.2-2)$$

2) 当计算结果 $\rho > \rho_{min}$ 时，A_s 宜按下式计算：

$$A_s = \rho b (r_w - r_n) \quad (H.3.2-3)$$

3) 当计算结果 $\rho \leqslant \rho_{min}$ 时，A_s 宜按下式计算：

$$A_s = \rho_{min} b (r_w - r_n) \quad (H.3.2-4)$$

4) 当计算结果 ρ 值过大时，应加大井壁厚度。

式中 b——井壁截面计算宽度（m），取 1.0m；

ρ_{min}——最小配筋率（%），$\rho_{min}=0.8\%$。

H.4 壳顶浅碟效应计算

H.4.1 壳顶浅碟效应宜按以下规定计算：

1 壳顶浅碟效应宜采用 $\phi=10°$（见图 H.4.1）进行计算。

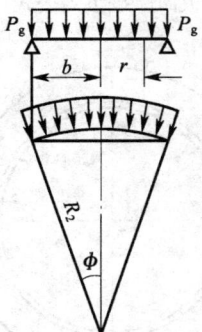

图 H.4.1 壳顶浅碟效应计算简图

$$R_2 = \frac{a^2}{(a^2 \sin^2\phi + b^2 \cos^2\phi)^{\frac{1}{2}}} \quad (H.4.1-1)$$

$$b = R_2 \cdot \sin\phi \quad (H.4.1-2)$$

2 径向弯矩宜按下式计算：

$$M_1 = \frac{P_g}{16}(3+\mu)(b^2 - r^2) \quad (H.4.1-3)$$

3 切向弯矩宜按下式计算：

$$M_2 = \frac{P_g}{16}\left[(3+\mu)b^2 - (1+3\mu)r^2\right]$$

$$(H.4.1-4)$$

式中 M_1、M_2——壳顶径向、切向弯矩计算值（MN·m/m）。

采用 $r=0$ 时的 M_{1max}、M_{2max} 进行配筋计算。由于中心部分弯矩比较大，可采用钢板替代钢筋。

H.5 井壁底浮起验算

H.5.1 井壁底浮起应按下列公式验算：

$$V_n \gamma_w > (V_Q + V_T) \gamma_h \quad (H.5.1-1)$$

$$V_Q = \frac{2}{3}\pi (R_1^2 H_w - R_2^2 H_n) \quad (H.5.1-2)$$

$$V_T = \pi (R_1^2 - R_2^2) H_T \quad (H.5.1-3)$$

$$V_n = \pi R_1^2 H_T + \frac{2}{3}\pi R_1^2 H_w \quad (H.5.1-4)$$

式中 V_Q、V_T——壳体、筒体体积（m³）；
V_n——井壁底壳体、筒体排开泥浆体积（m³）；
R_1、R_2——壳体、筒体的外半径、内半径（m）；
H_w、H_n——壳体的外高度、内高度（m）；
H_T——筒体高度（m）。

附录 J 钻井法凿井井筒钢板—混凝土复合井壁计算

J.1 内层钢板—外层混凝土复合井壁承载力计算

J.1.1 内层钢板—外层混凝土复合井壁（见图 J.1.1）的内层钢板筒应按下列公式计算：

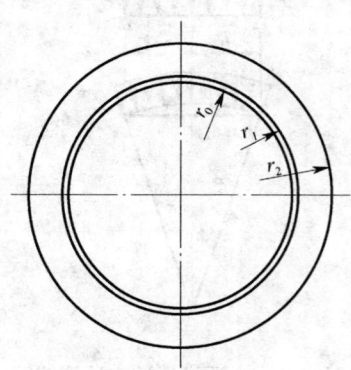

图 J.1.1 内层钢板—外层混凝土复合井壁

$$\sigma_{gn} = \frac{2P_{12} r_1}{r_0 + r_1} \quad (J.1.1-1)$$

$$\sigma_{gn} \leq f \quad (J.1.1-2)$$

$$P_{12} = \frac{f_3 P}{f_1 + f_2} \quad (J.1.1-3)$$

$$f_1 = (1+\mu_g)\left(\frac{1+t_1^2-2\mu_g t_1^2}{t_1^2-1}\right)\frac{r_1}{E} \quad (J.1.1-4)$$

$$f_2 = (1+\mu_g)\left(\frac{t_2^2+1-2\mu_h}{t_2^2-1}\right)\frac{r_1}{E_c} \quad (J.1.1-5)$$

$$f_3 = (1+\mu_h)\left[\frac{2t_2^2(1-\mu_h)}{t_2^2-1}\right]\frac{r_2}{E_c} \quad (J.1.1-6)$$

$$t_1 = \frac{r_1}{r_0} \quad (J.1.1-7)$$

$$t_2 = \frac{r_2}{r_1} \quad (J.1.1-8)$$

式中 P——计算处地层荷载计算值（MPa）；
σ_{gn}——内层钢板应力计算值（MPa）；
f——钢板设计强度（MPa）；
μ_g——钢板材料泊松比；
μ_h——井壁混凝土材料泊松比；
f_1——钢板井壁外表面在单位外荷载作用下的径向位移（m）；
f_2——钢板井壁内表面在单位外荷载作用下的径向位移（m）；
f_3——外层混凝土井壁内表面在单位外荷载作用下的径向位移（m）；
P_{12}——钢板井壁外表面荷载计算值（MPa）；
E——钢板材料弹性模量（MPa）；
E_c——井壁混凝土材料弹性模量（MPa）。

J.1.2 外层钢筋混凝土井壁应按下式计算：

$$\sigma_h = \frac{(r_1^2 + r_2^2)}{r_1^2(t_2^2-1)} P_{12} - \frac{r_1^2 t_2^2 + r_2^2}{r_1^2(t_2^2-1)} P \quad (J.1.2-1)$$

$$\sigma_h \leq f_c \quad (J.1.2-2)$$

式中 σ_h——混凝土应力计算值（MPa）。

J.2 双层钢板和混凝土夹层复合井壁承载力计算

J.2.1 双层钢板和混凝土夹层复合井壁（见图 J.2.1）的内层钢板筒应按下列公式计算：

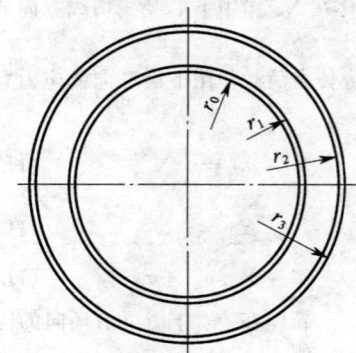

图 J.2.1 双层钢板和混凝土夹层复合井壁

$$\sigma_{gn} = \frac{2P_{12} r_0}{r_0 + r_1} \quad (J.2.1-1)$$

$$\sigma_{gn} \leq f \quad (J.2.1-2)$$

$$P_{12} = \frac{f_3}{f_1 + f_2} P_{23} \quad (J.2.1-3)$$

$$f_1 = (1+\mu_g)\left(\frac{1+t_1^2-2\mu_g t_1^2}{t_1^2-1}\right)\frac{r_1}{E} \quad (J.2.1-4)$$

$$f_2 = (1+\mu_h)\left(\frac{t_2^2+1-2\mu_h}{t_2^2-1}\right)\frac{r_1}{E_c} \quad (J.2.1\text{-}5)$$

$$f_3 = (1+\mu_h)\left[\frac{2t_2(1-\mu_h)}{t_2^2-1}\right]\frac{r_2}{E_c} \quad (J.2.1\text{-}6)$$

$$t_1 = \frac{r_1}{r_0} \quad (J.2.1\text{-}7)$$

$$t_2 = \frac{r_2}{r_1} \quad (J.2.1\text{-}8)$$

J.2.2 中间混凝土层应按下式计算：

$$\sigma_h = \frac{r_1^2+r_2^2}{r_1^2\left[\left(\frac{r_2}{r_1}\right)^2-1\right]}P_{12} - \frac{r_1^2\left(\frac{r_2}{r_1}\right)^2+r_2^2}{r_1^2\left[\left(\frac{r_2}{r_1}\right)^2-1\right]}P_{23}$$

$$(J.2.2\text{-}1)$$

$$P_{23} = \frac{f_7 P}{f_5+f_6-\frac{f_3 f_4}{f_1+f_2}} \quad (J.2.2\text{-}2)$$

$$f_4 = (1+\mu_h)\left[\frac{2t_2(1-\mu_h)}{t_2^2-1}\right]\frac{r_2}{E_c} \quad (J.2.2\text{-}3)$$

$$f_5 = (1+\mu_h)\left(\frac{1+t_2^2-2\mu_h t_2^2}{t_2^2-1}\right)\frac{r_2}{E_c} \quad (J.2.2\text{-}4)$$

$$f_6 = (1+\mu_g)\left(\frac{t_3^2+1-2\mu_g}{t_3^2-1}\right)\frac{r}{E} \quad (J.2.2\text{-}5)$$

$$f_7 = (1+\mu_g)\left[\frac{2t_3(1-\mu_g)}{t_3^2-1}\right]\frac{r_3}{E} \quad (J.2.2\text{-}6)$$

$$t_3 = \frac{r_3}{r_2} \quad (J.2.2\text{-}7)$$

$$\sigma_h \leqslant f_c \quad (J.2.2\text{-}8)$$

式中 P_{23}——混凝土夹层井壁外表面荷载计算值（MPa）；
f_4——混凝土夹层井壁内表面在单位外荷载作用下的径向位移（m）；
f_5——混凝土夹层井壁外表面在单位外荷载作用下的径向位移（m）；
f_6——外层钢板井壁内表面在单位外荷载作用下的径向位移（m）；
f_7——外层钢板井壁外表面在单位外荷载作用下的径向位移（m）。

J.2.3 外层钢板筒应按下式计算：

$$\sigma_{gw} = \frac{2(P_{23}r_2-Pr_3)}{r_2+r_3} \quad (J.2.3\text{-}1)$$

$$\sigma_{gw} \leqslant f \quad (J.2.3\text{-}2)$$

式中 σ_{gw}——外层钢板应力计算值（MPa）。

本规范用词说明

1 为便于在执行本规范条文时区别对待，对要求严格程度不同的用词说明如下：
　1）表示很严格，非这样做不可的用词：
　　正面词采用"必须"，反面词采用"严禁"。
　2）表示严格，在正常情况下均应这样做的用词：
　　正面词采用"应"，反面词采用"不应"或"不得"。
　3）表示允许稍有选择，在条件许可时首先应这样做的用词：
　　正面词采用"宜"，反面词采用"不宜"；
　　表示有选择，在一定条件下可以这样做的词，采用"可"。

2 本规范中指明应按其他有关标准、规范执行的写法为"应符合……的规定"或"应按……执行"。

中华人民共和国国家标准

煤矿立井井筒及硐室设计规范

GB 50384—2007

条 文 说 明

目 次

1 总则 ································ 16—40
3 基本规定 ·························· 16—40
4 材料 ································ 16—40
   4.1 混凝土 ························ 16—40
   4.2 钢筋 ···························· 16—40
   4.3 钢材 ···························· 16—41
   4.4 玻璃钢 ························ 16—41
   4.5 其他常用材料 ················ 16—41
5 井筒装备 ·························· 16—41
   5.1 井筒平面布置 ················ 16—41
   5.2 钢丝绳罐道 ···················· 16—41
   5.3 刚性罐道和罐道梁 ············ 16—41
   5.4 梯子间 ························ 16—42
   5.5 过放保护和稳罐装置 ········ 16—42
   5.6 管路及电缆的敷设 ············ 16—43

6 井筒支护 ·························· 16—43
   6.1 普通法凿井井筒支护 ········ 16—43
   6.2 冻结法凿井井筒支护 ········ 16—43
   6.3 钻井法凿井井筒支护 ········ 16—44
   6.4 沉井法凿井井筒支护 ········ 16—44
   6.5 帷幕法凿井井筒支护 ········ 16—45
7 硐室 ································ 16—45
   7.1 马头门 ························ 16—45
   7.2 井底煤仓及箕斗装载硐室 ···· 16—45
   7.3 箕斗立井井底清理撒煤硐室 ···· 16—45
   7.4 罐笼立井井底水窝及清理 ···· 16—45
   7.5 立风井井口及井底布置 ······ 16—45
附录 J 钻井法凿井井筒钢板—
        混凝土复合井壁计算 ···· 16—45

1 总 则

1.0.1 本条文指出了制定本规范的目的，本规范各章、节的条文都是在该原则下制定的。

1.0.2 本规范第6章井筒支护部分中，第1节普通法凿井井筒支护；第2节冻结法凿井井筒支护；第3节钻井法凿井井筒支护适用于冲积层厚度小于500m、特殊凿井深度小于600m、基岩深度小于800m的立井井筒设计；第4节沉井法凿井井筒支护适用于冲击层厚度小于200m的立井井筒设计；第5节帷幕法凿井井筒支护适用于冲击层厚度小于60m的立井井筒设计。对于超出本规范适用范围的特厚冲积地层、深立井井筒可参考本规范进行设计。

1.0.3 本条文针对采用新技术时可能存在的盲目性，强调了采用新技术所应遵循的原则。

1.0.4 立井井筒井壁结构及硐室设计应根据井筒检查钻孔提供的地质、水文地质资料进行多方案的技术、经济比较，确定最优方案。

当距井筒中心25m范围内已有钻孔，并有符合检查钻孔要求的地质、水文地质资料时，可作为检查钻孔使用。

1.0.6 本条条文规定，立井井筒及硐室工程设计，除应符合本规范外，尚应符合国家现行的有关标准的规定。

3 基本规定

3.0.1 根据现行国家标准《混凝土结构设计规范》GB 50010，作为混凝土结构的立井井筒，其设计基准期为50年，但许多矿井的设计服务年限多于50年，同时，由于我国自20世纪90年代以来，煤矿立井井筒所穿过的冲积层越来越深，作为矿井咽喉的立井井筒，有必要适当提高其安全度，因此，立井井筒设计时，可根据实际情况选择结构重要性系数。

3.0.2 混凝土结构安全系数值是以现行国家标准《混凝土结构设计规范》GB 50010为基础，结合以往设计经验统计归纳制订的。

本规范立井井筒采用以安全系数法为基础的计算方法进行井壁结构设计，考虑以下因素：

1 立井井筒为地下结构，受力状态复杂，荷载类型、大小及其不均匀程度的确定等都比较粗略。现阶段采用分项多系数极限状态设计法尚不成熟。

2 现行国家标准《混凝土结构设计规范》GB 50010第5.3.1条规定：对要求不出现裂缝的结构，不应采用考虑塑性内力重分布的分析方法。立井井筒井壁属不允许出现裂缝的结构。

3 多年来，我国采用普通法、特殊凿井法已建成大量立井井筒，设计井筒净直径最大为8.0m，穿过冲积层最大厚度为457.78m，最大冻结深度为488.0m，最大钻井深度为582.75m，这些井筒的井壁都是采用弹性体系设计的，积累了丰富的经验，并建立了一套较完整的计算方法。实践证明，按此方法进行井壁结构的设计计算是完全能满足安全、合理、经济、适用的要求。

提升终端荷载45t以下的井筒，罐道、罐道梁计算时，安全系数可按1.0选取；提升终端荷载45t及以上的井筒，可按1.0～1.05选取。

3.0.3 采用钻井法、沉井法、混凝土帷幕法施工的井筒，确定井筒断面尺寸时，必须考虑井筒偏斜对井筒有效直径的影响；圆形断面井筒有承受地压性能好、通风阻力小、便于施工等优点，应优先选用；规定井筒直径0.5m进级是为了重复使用建井设备及采用通用设计。净直径6.5m以上的井筒和采用钻井法施工的井筒因采用0.5m进级，井筒工程量大而不经济，可根据实际需要确定。

3.0.4 1987年以来先后在大屯、淮北地区部分井筒遭到破坏，1993年以来兖州矿区的部分井筒也发生类似问题，其破坏位置多在表土与基岩交界面上下。经模拟试验和专家论证，认为与地层疏水而引起地表下沉有关，地层的地质及水文地质情况不同对其影响较大，因此在厚冲积层或有地层沉降的地区建井时，应考虑地表沉降、地层突变等因素产生的竖向附加力对井筒的影响。在井壁结构上采取的对应措施目前也各不相同。一般情况下，对表土层厚度不大于200m的井筒，井壁结构可采用加强双层钢筋混凝土的强度，以抵抗竖向附加力和水平地压的共同作用；对冲积层厚度大于200m的井筒，井壁结构可采用"内抗外让"型滑动井壁，也可采用"可缩"型井壁。采用何种结构形式，应根据井筒通过地层的水文地质情况，通过技术、经济比较后确定。

3.0.7 地震强度较大时，易对上段井筒造成破坏，这已在唐山地震中充分地表现出来。因此，该地区地震烈度为8度及以上时，上部井筒的井壁必须采用钢筋混凝土结构。

4 材 料

4.1 混 凝 土

本节混凝土强度设计值、混凝土强度标准值、混凝土弹性模量是按现行国家标准《混凝土结构设计规范》GB 50010中有关规定编制的。

4.2 钢 筋

本节钢筋强度设计值、标准值、钢筋弹性模量是按现行国家标准《混凝土结构设计规范》GB 50010中有关规定编制的。

4.3 钢 材

本节钢材的强度规定及钢结构设计原则是按现行国家标准《钢结构设计规范》GB 50017 等规范中有关规定编制的。

4.4 玻 璃 钢

本节规定是根据《煤矿立井井筒预制梯子间复合材料质量检验评定标准》(讨论稿 1992 年 7 月)制定,其目的是为了保证井筒用玻璃钢制品的安全性和可靠性。

立井井筒及硐室用玻璃钢宜采用以合成树脂为基料、玻璃纤维制品为增强材料、内嵌(或不内嵌)一定规格的钢芯,并具有抗静电、阻燃性能的复合材料制作。

4.5 其他常用材料

聚苯乙烯泡沫塑料板可按密度 0.021～0.051g/cm³ 范围选择,但不得采用密度小于 0.021g/cm³ 的聚苯乙烯泡沫塑料板。

5 井筒装备

5.1 井筒平面布置

5.1.1 本条规定了井筒平面布置时应考虑的因素以及对井筒装备和平面布置形式的要求和设计原则。

5.2 钢丝绳罐道

5.2.1 钢丝绳罐道与刚性罐道相比具有结构简单、节省钢材、安装维修方便、井筒通风阻力小、提升容器运行平稳等优点,但钢丝绳罐道要求提升容器之间及提升容器与井壁、罐梁之间的安全间隙比刚性罐道大,故井筒断面一般要相应加大。因此,钢丝绳罐道宜应用于小型矿井或浅井井筒中。

5.3 刚性罐道和罐道梁

5.3.1 刚性罐道与钢丝绳罐道相比具有井筒断面一般要小、井筒深度相应减少、有利于多水平提升等优点。但刚性罐道一般有钢材消耗量大、结构较复杂、安装工程量大等缺点。

1 钢轨罐道具有加工与安装方便的优点。

2 型钢组合罐道强度大,使用年限长,但加工与安装工程量大。

3 冷弯方型型钢罐道、冷拔方管型钢罐道的截面参数见图 1,技术参数应分别按国家现行标准《立井罐道用冷弯方型空心型钢》MT/T 557 和现行国家标准《冷拔异型钢管》GB/T 3094 执行。

4 玻璃钢复合罐道,采用内衬钢芯,外包玻璃钢经模压热固化处理制成。它具有成型误差小、耐腐蚀、使用年限长等优点,并可根据强度要求经计算而选择内衬钢芯的厚度。但内衬钢芯与玻璃钢的黏结强度等性能参数应符合有关技术规定。

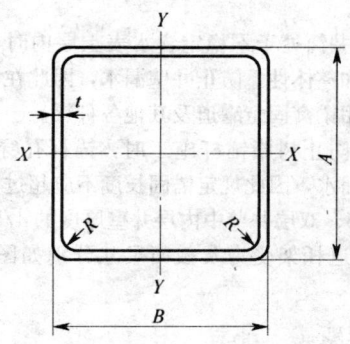

图 1 方型型钢罐道截面形状

5 木罐道强度低,服务年限短,新建矿井宜少采用。

6 对于提升容器作用在罐道上的水平力,多年来国内科研、设计单位做了大量的测试工作,取得了丰富的测试资料。但由于这些测试的井筒其提升终端荷载一般在 45t 以下,对提升终端荷载超过 45t 以上井筒测试工作做的不多,还有待于今后继续做一些研究工作,因此提升终端荷载 45t 以下的井筒,其罐道水平力可按本条各公式计算;提升终端荷载 45t 及以上的井筒,其罐道水平力可参考本条各公式计算。

5.3.2 罐道布置在容器一侧,一般适用于钢轨罐道长条形罐笼提升的井筒;罐道布置在容器两侧,一般适用于提升容器长宽比不大,采用钢轨罐道的箕斗井或木罐道罐笼井;罐道布置在容器两端,一般适用于提升速度高,终端荷载大、长条形容器的井筒中。

5.3.3 工字钢罐道梁加工安装方便,但受力性能差;槽钢组合罐道梁由两根 18 号或 16 号槽钢对焊加工制成,具有强度大、受力性能好的优点,但加工工作量大;冷弯、冷拔矩型型钢罐道梁加工方便,截面参数见图 2,技术参数应分别按国家现行标准《立井罐道用冷弯方型空心型钢》MT/T 557、现行国家标准《冷拔异型钢管》GB/T 3094 执行。

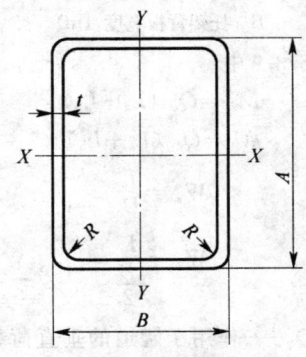

图 2 矩型型钢罐道梁截面形状

5.3.4 简支梁具有结构简单、安装方便、受力条件好等优点，但材料消耗及通风阻力大；悬臂式罐道梁具有构件小、节省钢材、井筒通风阻力小等优点，但结构受力性能差，所以一般悬臂长度不宜超过 700mm。

5.3.6 当井筒处于不稳定含水表土层内时，为保证井壁强度和整体性，防止井壁漏水，因此在该段井筒内严禁采用梁窝固定罐道及其他各种梁。

5.3.7 为防止树脂锚杆施工时，锚杆孔穿透井壁，造成井壁漏水，因此规定锚固长度不应超过单层井壁厚度的 3/5、双层井壁中内层井壁厚度的 4/5。

5.3.9 罐道托架受力及截面尺寸分别如图 3、图 4 所示。

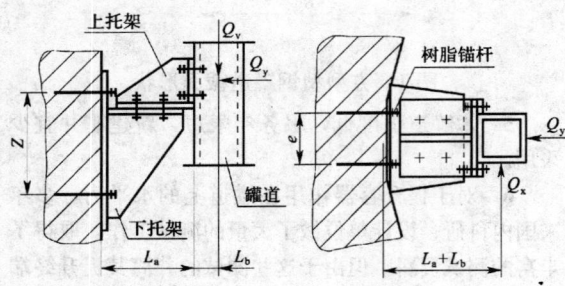

图 3 托架受力简图
L_b—罐道中心线至罐道与托架联结点的距离（m）；
L_a—罐道与托架联结点至井壁的垂直距离（m）；
Z、e—固定托架的锚杆的垂直、水平距离（m）

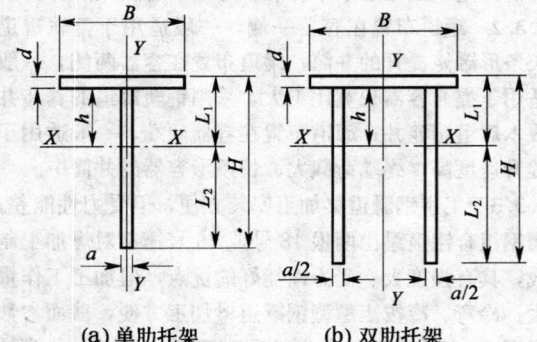

(a) 单肋托架　　(b) 双肋托架

图 4 托架截面尺寸简图
L_1—托架截面形心至背板外缘的距离（m）；
B—托架背板宽度（m）

条文式 5.3.9 中：

$$M_{x3} = Q_x (L_a + L_b) \tag{1}$$

$$M_v = Q_v (L_a + L_b) \tag{2}$$

$$W_{x3} = \frac{I_x}{L_1} \tag{3}$$

$$W_{y3} = \frac{I_y}{\frac{B}{2}} \tag{4}$$

式中 Q_v、Q_x——作用于罐道的垂直荷载、测面水平荷载计算值（MN）；

I_x——罐道截面对 x 轴的惯性矩（m^3）

5.3.12 当一根罐道梁需要由两节梁连接组成时，无论采用夹板焊接还是夹板螺栓连接，其连接处应做强度验算，要求连接处强度不小于正常罐道梁的强度，以保证罐道梁正常使用。

5.4 梯子间

5.4.1 《煤矿安全规程》规定："每个生产矿井必须至少有 2 个能使行人的通达地面的安全出口"。为使梯子间的使用方便，当井深超过 300m 的井筒，一般每隔 200m 左右设置一个休息硐室。休息硐室一般采用拱形断面，宽一般是 1.5m，长一般为 2.0m。休息硐室严禁设在不稳定含水表土层段井筒内。

5.4.2 在井筒装备中，顺向和折返式两种梯子间布置形式应用较多。其中折返式梯子间使用安全、方便，但需要的平面尺寸较大。在井筒装备设计中，根据需要也可采用其他形式的梯子间，但各项参数必须满足本规范第 5.4.3 条的要求。

5.4.3 为确保梯子间的安全、正常使用，本条对梯子间布置做了具体规定。

5.5 过放保护和稳罐装置

5.5.2

3 制动装置最大减速度限制，是从保护人身安全和保护容器不发生永久变形为出发点。有人员上下的罐笼井，主要限制是空罐（乘 1 人）下降制动减速度不得大于人能承受的 3g（g 为重力加速度，下同）。箕斗井或不上下人员的罐笼井最大减速度限制，采用空罐不大于 5g，重罐不大于 3g，是考虑与现行容器设计强度在最大静载荷下主要杆件安全系数 10～7 倍相适应的。也就是在最大制动减速度时主要杆件受力不超过屈服极限。

4 井上、下容器是通过柔性提升钢绳及尾绳连接的。在制动状态下，井上容器的动能是不会传到井下制动装置上。在井下提前制动的情况下，井下容器的动能一般也不会传到井上制动装置上。

另外，国内多绳提升重大过卷事故都为提升机电控失灵，带电全速过卷进入制动装置。此状态下井上制动装置除吸收上升容器在全速状态下动能外，还要克服提升机巨大牵引力所做的功，而井下制动装置只吸收全速下降容器的动能。为此，对井口和井底制动应分别计算。

5 采用恒制动力的制动装置，例如利用摩擦制动的钢绳制动系统，制动减速度基本上是恒定值。如减速度约等于或大于 3g，制动距离可较短，故超前值也可缩短。如采用 1：100 或 1：80 斜率的楔形木罐道制动，制动减速度是递增的。在吸收相同功能的条件下，制动距离也要加长。

6 由于井下容器相对于井上容器超前进入制动

段及井上容器在提升机带电全速过卷状态下制动距离会远大于井下制动距离。这样井上下容器制动终点距离（相对于井上下标准停罐位置）就会有相当大的差值。为避免过卷时松绳过多，限制井上下制动终点计算差距不得大于4m。

8 楔形木罐道的设置应符合的规定：

1）根据矿井过卷实际情况及煤科院试验资料，采用水曲柳等硬杂木做楔形罐道时，一般都会折断，而采用红松可连续挤压至终端。

2）红松质地较松软，单位变形体积吸收能量相对硬杂木也较小。根据试验资料取$5×10^7 J/m^3$。

9 井底托罐梁的设置应符合的规定：

1）为保证井下制动装置在提升机过放时吸收全部下降容器的动能而不致撞在托罐梁上，所以要求在最大制动载荷时制动距离要留有1.5m以上的余量，并且按制动能量计算，要留有30%以上的余量。

2）为保持井上下布置上的平衡，限制此差距不大于2m；条文中，"井上最大过卷高度"——井上装卸标准位置时容器上盘顶面至井上防撞梁底面高度；"井底最大过放高度"——井下装卸标准位置时容器底面至井下托罐梁顶面高度。

4）此项规定是指井底采用上盘制动容器的情况。

5.5.4 在一些淋水较大的井筒，对井底水平上下人员、设备维护造成很大困难。在目前暂不能从井壁结构上彻底消除淋水的情况下，要求在井筒与井底车场连接处上方沿井壁截水，通过管路导引至下方水沟，以改善上下人及生产操作条件。

5.6 管路及电缆的敷设

5.6.2 在井筒装备中，如果罐道梁采用树脂锚杆固定，电缆卡也应采用树脂锚杆固定，给井筒装备安装提供方便。

6 井筒支护

6.1 普通法凿井井筒支护

6.1.1 普通法凿井井筒宜采用整体浇筑混凝土或钢筋混凝土单层井壁。当非提升井井筒处在Ⅰ~Ⅲ类中等稳定以上且淋水较小的岩层中时，可采用喷射混凝土或金属网、喷射混凝土及锚杆、金属网、喷射混凝土支护，且喷射混凝土的强度等级不应低于C20。

6.1.2 为提高井壁的防水性能，要求在井壁接茬处应进行喷射混凝土充填，处于含水基岩中的井筒应进行壁后注浆封水。

6.1.3 本条及其他条文中所述的标准荷载、标准内力，是指未考虑结构安全系数的荷载或内力值。标准荷载乘以安全系数即为计算荷载；由计算荷载求得的内力值或由标准内力乘以安全系数求得的内力值称为计算内力值。按标准荷载乘以安全系数求得的内力值与按准内力乘以安全系数求得的内力值是等效的。

6.1.4 20世纪80年代以后，在我国两淮、大屯、兖州等矿区相继发生了井壁破损现象，破坏多发生在表土—基岩界面附近，破坏形态似为受压破坏，此现象引起了人们的注意，并从多方面进行了大量研究。研究结果表明，井壁破损是由于地层周围土层下降在井壁外侧产生了竖向附加力引起的。因此，在近些年的井壁结构设计中均考虑了竖向附加力的影响，并采取了相应的措施。本规范中规定竖向力计算中应考虑竖向附加力的影响，但由于各矿区地层条件不同，该力大小也不尽相同，有的矿区也可能不存在该力，设计时可根据具体条件按试验数据或经验选取，也可参考本规范第6.1.11条条文说明中有关数据。

6.1.11 条文中井壁纵向承载力的计算考虑了附加力。中国矿业大学根据试验提出安徽省宿县矿区祁南矿井副井井筒井壁外缘单位面积的附加力值为50kPa；煤科总院北京建井所提出其设计标准值，淮北矿区为61.5kPa，大屯、徐州矿区为56.4kPa，其他矿区为62.1kPa；竖向附加力的大小与地层的地质和水文地质条件、地层是否疏水以及疏水的速率、井壁结构等多种因素有关。设计中可参考或根据经验选用。

6.1.13 当井筒处在Ⅰ~Ⅲ类中等稳定以上岩层中时，可采用类比法或经验数据确定井壁厚度。

6.2 冻结法凿井井筒支护

6.2.1

1 采用冻结法施工的井筒，为保证表土段井筒自重及因地层沉降等作用在井壁上的竖向力能够被基岩所吸收，冻结法凿井段井筒掘砌深度应进入稳定基岩一定距离，该段井壁称为"壁基"。

3 采用冻结法施工的井筒，要求井筒冻结段井壁的掘砌深度比井筒冻结深度少5~8m；井筒净直径、井筒冻结深度较大时，适当加大该距离，是为了保证井筒冻结段底部的掘砌施工安全，防止井筒突水。

4 冻结法施工的井筒一般宜采用双层钢筋混凝土井壁，当井筒承受竖向附加力时，可采用柔性滑动井壁或纵向可缩井壁等其他结构形式。

5 在如图6.2.1所示冻结法凿井井壁结构中，按计算将底部一段高度的内外层井壁整体浇筑作为壁座，是为了防止内外层井壁之间的水进入井筒。

7 在冻结井筒处于较厚，易膨胀的黏土层内时，宜在冻结壁与外层井壁之间铺设25~75mm厚的泡沫塑料板，以减缓冻结壁对外层井壁的冻胀力作用；调节作用在井壁上的不均匀压力；利用泡沫塑料板良好的隔热保温性能，为现浇混凝土外井壁提供一个良好的养护条件。

8 在冻结井筒中，内层井壁相对比较厚，在内层井壁砌筑后，井壁内将产生一定量的温度应力。由于外层井壁对内层井壁的约束，使内壁外缘不能自由收缩而造成内层井壁横向裂隙。内、外层井壁间铺设1.5～3.0mm的塑料板或一定厚度的油毡后，可减少内、外层井壁的约束力，防止内层井壁出现横向裂缝。

9 为提高内、外层井壁的整体强度和井壁抗渗能力，冻结段井筒双层井壁之间宜进行注浆。

6.2.3 外层井壁承受的冻胀力的大小与土层的埋深、土层的性质、井帮的温度、井帮的裸露时间、外层井壁的结构形式等因素有关。本规范表6.2.3中给出的值，是在大量测试资料的基础上归纳出的经验数据，设计单位可根据不同地区的地层情况，对表中的数值作适当调整。

6.2.9～6.2.12 规定了井壁厚度、井壁在均匀压力和不均匀压力作用下的井壁圆环内力、承载力计算以及井壁纵向承载力计算内容。

6.2.14、6.2.15 规定了井壁环向稳定性和井壁在三向应力作用下井壁承载力验算内容。

6.3 钻井法凿井井筒支护

6.3.1 本条规定了钻井法凿井井壁结构计算原则，应按地压大小分段设计；如果建井地区存在竖向附加力时，应一并考虑。

6.3.3 由于钻井法凿井可能产生允许的偏斜，因此提升井筒断面除应满足提升容器、井筒装备等布置要求及通风要求外，还应考虑偏斜的影响；如果井筒采取变内断面设计，也应考虑变断面以上井筒净直径增大可部分抵消整个井筒偏斜的作用，以保证井筒的正常使用。

6.3.4 钻井法凿井井壁结构包括有钢筋混凝土结构和钢板—混凝土复合结构，由于钢板—混凝土复合壁有较高的承载能力，可减薄井壁厚度，因而在深井支护中得到广泛采用。近几年，通过研制高强度等级混凝土材料，混凝土等级提高到C50～C75，使混凝土支护强度大大提高，有效地减薄了井壁厚度取得较大技术经济效益。所以在设计时，应优先考虑采用高强混凝土结构井壁。

6.3.7 双层钢板和混凝土夹层复合井壁中的内层钢板厚度不得小于外层钢板厚度。

6.3.8 钢板筒内侧是指钢板筒朝向井筒中心线一侧。

6.3.13 以往的锅底结构设计中，也有采用浅碟式的，但由于其结构不甚合理，受力性能差，施工性能差，仅适用于直径较小的浅井中，目前应用较少，故本规范不再列入。

半球式井底承受均匀的泥浆压力，受力性能较好，但井壁底高度大、球面施工较困难，对于掌握地膜施工的单位，是可以选用的一种较好的形式；削球式井壁底高度小，但受力性能较差，一般宜应用于浅井井筒中；半椭圆回转扁球壳井壁底高度较小，受力性能较好。

6.3.25 钢板筒和法兰盘是钻井井壁结构中的重要组成部分，其作用十分重要。由于其尺寸较大，一般需分片（段）加工、焊接，加工、焊接质量直接影响到井壁质量的好坏，因此规范中对其作了具体规定。

6.3.26 以往在钻井法凿井井壁结构设计时，井壁外侧所受径向水平荷载均按1.3倍静水压力计算，这一结果是沿用国外某些资料而来的。近几年来，国内许多单位对钻井井筒所受径向水平荷载进行了大量实测研究。研究结构表明，表土段井壁径向水平荷载均未超过1.2倍静水压力，基岩段未超过1.0倍静水压力。这一研究结果已纳入原煤炭部有关行业标准，本规范采用这一研究结果。

6.3.27 钻井法凿井井壁不同受力状态的安全系数的制定除考虑了本规范第3.0.2条条文说明中所述因素外，还考虑到井壁底的重要性和特殊性等，相应提高了其安全系数值。

6.3.34 规定了井壁稳定性验算内容。

6.3.36、6.3.37 根据钻井钢板井壁设计和施工经验，确定钻井钢板井壁构造设计的主要原则。

6.4 沉井法凿井井筒支护

沉井法是在不稳定含水地层中开凿井筒的一种特殊施工方法。分为：普通法沉井、壁后泥浆沉井、壁后河卵石沉井和震动沉井。我国采用沉井法施工的井筒多在20世纪50～70年代末。20世纪80年代以来，采用沉井法施工的立井井筒较少。目前采用沉井法施工的井筒最大深度为单家村副井井筒，沉井深度为180.0m。

6.4.2 当沉井进入不透水岩层的深度小于规定时，必须采取封底措施。

6.4.3 由于沉井法凿井可能产生允许的偏斜，因此井筒断面除应满足提升容器、井筒装备等布置要求及通风要求外，还应考虑偏斜的影响，以保证井筒的正常使用。

6.4.4 采用沉井法施工的井筒多在20世纪80年代以前，当时的混凝土强度等级较低，随着混凝土技术的发展，用于井筒支护的混凝土强度等级已达到C75（冻结法施工），使井壁混凝土支护强度大大提高，有效地减薄了井壁厚度，取得较大技术经济效益。所以在设计时，应优先考虑采用高强混凝土结构井壁。

6.4.8 套井是采用沉井法施工的一个附加临时结构，用于防止沉井过程中四周土层的坍塌，同时作为沉井纠偏及加压下沉操作的一个工作平台。

6.4.9 当采用壁后触变泥浆沉井时，其泥浆比重不大于$0.012MN/m^3$，因此参考钻井法凿护壁泥浆和井壁结构设计，冲积层段井壁径向水平荷载按1.2倍静水压力取值。

6.5 帷幕法凿井井筒支护

6.5.1 帷幕法（地下连续墙法）是在不稳定含水地层中开凿井筒的一种特殊施工方法。我国从1974年开始引入煤矿建井中，到目前为止已有24个井筒采用帷幕法施工，均是在20世纪70～80年代中期完成施工的，最大帷幕深度为56.0m，20世纪90年代以来，采用帷幕法施工的立井井筒较少。

6.5.4 帷幕法施工井壁地层压力按重液公式估算，由于帷幕深度不大于60.0m，地压计算也可采用其他方法（如朗金公式）。帷幕法套壁时荷载计算可按静水压力（即 $P=0.01H$）计算。

7 硐 室

7.1 马 头 门

7.1.2 马头门连接尺寸的确定。

1 人行道宽，《煤矿安全规程》（2004年发布）第二十二条："……新建矿井、生产矿井新掘运输巷的一侧，从巷道道碴面起1.6m的高度内，必须留有0.8m（综合机械化采煤矿井为1m）以上的人行道……"。据此规定，确定采用综合机械化采煤矿井，马头门双侧人行道中，其中一侧不应小于1m。

2 马头门长度，马头门的受力比较复杂，当井筒开挖后，围岩应力相当于在均匀受力板中圆孔附近的应力集中问题。

马头门加强支护段长度，自井筒中心线计起。

马头门围岩应力的大小不但与开挖的井筒半径有关，而且与井筒中心距离有关。

7.1.3 马头门断面位于软岩岩层中时，可采用锚喷加金属网作临时支护，并对围岩的变形进行观测，待围岩变形趋于稳定后再砌筑永久支护。此规定是吸收"新奥法"而制定的。新奥法在各类巷道中使用时都收到良好的效果。在不稳定岩体中掘进巷道时，优点更为显著。其支护的原则就是保证最大限度地利用岩石的抗力去支护它自身。其实质就是将锚喷支护的构筑分两步来完成。

7.2 井底煤仓及箕斗装载硐室

7.2.1 井底煤仓的有效容量计算式摘自国家标准《煤炭工业矿井设计规范》GB 50215—2005。

7.2.2 箕斗装载硐室一般设有给煤皮带框架、定量仓等，受动荷载。考虑到箕斗装载硐室是井下原煤的转运站，硐室与井筒相连接维修困难且影响生产等因素，故规定"硐室内承受动荷载的结构应采用钢筋混凝土或钢结构"。

7.3 箕斗立井井底清理撒煤硐室

7.3.3 清理撒煤水仓一般采用单巷布置，在巷道中间设置一道钢筋混凝土结构的隔墙，使其分为两个互不渗漏、可交替使用的水仓，以便清理。

水仓底板铺设整体道床，坡度3‰，坡向吸水井。其中的"坡向吸水井"指水仓处略高，对沉淀有利。

7.4 罐笼立井井底水窝及清理

7.4.1 罐笼立井井底水窝包括罐笼进出车水平以下井筒装备段井筒和井底水窝两部分。

7.4.2 水窝底的弧高约为井筒内径的1/10，是为了改善水窝底的衬砌体受力确定的。

7.5 立风井井口及井底布置

7.5.1 风硐下口与井筒连接端距设计地坪不宜小于6m，是从减少外部漏风因素考虑的。当表土层为不稳定的第四系含水层时，为避开含水砂层，便于施工，风硐下口高程可适当提高。

安全出口与风硐口不得布置在同一水平截面或垂直截面上，且安全出口底板应高出风硐口底板2m以上是为了改善井壁的受力状况，减少漏风和梯子间的使用安全。

附录 J 钻井法凿井井筒钢板—混凝土复合井壁计算

根据弹性力学，推导出的二层不同材料组合筒在外侧均匀荷载作用下各层的内力计算（不考虑材料在三轴荷载作用下的强度提高因素），分别根据内层钢板结构（薄壁筒）和外层混凝土结构（厚壁筒）的最大切向应力作为控制应力；根据弹性力学，推导出的三层不同材料组合筒在外侧均匀荷载作用下各层的内力计算（不考虑材料在三轴荷载作用下的强度提高因素），分别根据内层钢板结构（薄壁筒）和中间层混凝土结构（厚壁筒）及外层钢板结构（薄壁筒）的最大切向应力作为控制应力。

中华人民共和国国家标准

入侵报警系统工程设计规范

Code of design for intrusion alarm systems engineering

GB 50394—2007

主编部门：中华人民共和国公安部
批准部门：中华人民共和国建设部
施行日期：２００７年８月１日

中华人民共和国建设部
公 告

第 586 号

建设部关于发布国家标准《入侵报警系统工程设计规范》的公告

现批准《入侵报警系统工程设计规范》为国家标准，编号为GB 50394—2007，自2007年8月1日起实施。其中，第3.0.3、5.2.2、5.2.3、5.2.4、9.0.1(3)条(款)为强制性条文，必须严格执行。

本规范由建设部标准定额研究所组织中国计划出版社出版发行。

中华人民共和国建设部
二〇〇七年三月二十一日

前 言

根据建设部建标〔2001〕87号文件《关于印发"二〇〇〇至二〇〇一年度工程建设国家标准制订、修订计划"的通知》的要求，本规范编制组在认真总结我国入侵报警系统工程实践经验的基础上，参考国内外相关行业的工程技术标准，广泛征求国内相关技术专家和管理机构的意见，制定了本规范。

本规范是《安全防范工程技术规范》GB 50348的配套标准，是安全防范系统工程建设的基础性标准之一，是保证安全防范工程建设质量、保护公民人身安全和国家、集体、个人财产安全的重要技术保障。

本规范共10章，主要内容包括：总则，术语，基本规定，系统构成，系统设计，设备选型与设置，传输方式、线缆选型与布线，供电、防雷与接地，系统安全性、可靠性、电磁兼容性、环境适应性，监控中心。

本规范中黑体字标志的条文为强制性条文，必须严格执行，本规范由建设部负责管理和对强制性条文的解释，由公安部负责日常管理，由全国安全防范报警系统标准化技术委员会（SAC/TC 100）负责具体技术内容的解释。在应用过程中如有需要修改和补充之处，请将意见和有关资料寄送全国安全防范报警系统标准化技术委员会秘书处（北京市海淀区首都体育馆南路一号，邮政编码：100044，电话：010-88512998，传真：010-88513960，E-mail：tc100sjl@263.net）以供修订时参考。

本规范主编单位、参编单位和主要起草人：

主编单位：全国安全防范报警系统标准化技术委员会

参编单位：中国兵器工业集团第二一二研究所
西安北方信息产业有限公司
陕西省公安厅科技处

主要起草人：李天鋆 施巨岭 刘希清 万 军 金 巍

目 次

1 总则 …………………………………… 17—4
2 术语 …………………………………… 17—4
3 基本规定 ……………………………… 17—4
4 系统构成 ……………………………… 17—5
5 系统设计 ……………………………… 17—6
　5.1 纵深防护体系设计 ………………… 17—6
　5.2 系统功能性能设计 ………………… 17—6
6 设备选型与设置 ……………………… 17—6
　6.1 探测设备 …………………………… 17—6
　6.2 控制设备 …………………………… 17—7
　6.3 无线设备 …………………………… 17—7
　6.4 管理软件 …………………………… 17—8
7 传输方式、线缆选型与布线 ………… 17—8
　7.1 传输方式 …………………………… 17—8
　7.2 线缆选型 …………………………… 17—8
　7.3 布线设计 …………………………… 17—8
8 供电、防雷与接地 …………………… 17—8
9 系统安全性、可靠性、电磁兼容性、
　环境适应性 …………………………… 17—9
10 监控中心 …………………………… 17—9
附录 A 设计流程与深度 ……………… 17—9
附录 B 常用入侵探测器的
　　　 选型要求 ……………………… 17—11
本规范用词说明 ………………………… 17—13
附：条文说明 …………………………… 17—14

1 总 则

1.0.1 为了规范入侵报警系统工程的设计，提高入侵报警系统工程的质量，保护公民人身安全和国家、集体、个人财产安全，制定本规范。

1.0.2 本规范适用于以安全防范为目的的新建、改建、扩建的各类建筑物（构筑物）及其群体的入侵报警系统工程的设计。

1.0.3 入侵报警系统工程的建设，应与建筑及其强、弱电系统的设计统一规划，根据实际情况，可一次建成，也可分步实施。

1.0.4 入侵报警系统工程应具有安全性、可靠性、开放性、可扩充性和使用灵活性，做到技术先进，经济合理，实用可靠。

1.0.5 入侵报警系统工程的设计，除应执行本规范外，尚应符合国家现行有关技术标准、规范的规定。

2 术 语

2.0.1 入侵报警系统 intruder alarm system (IAS)
利用传感器技术和电子信息技术探测并指示非法进入或试图非法进入设防区域（包括主观判断面临被劫持或遭抢劫或其他危急情况时，故意触发紧急报警装置）的行为、处理报警信息、发出报警信息的电子系统或网络。

2.0.2 报警状态 alarm condition
系统因探测到风险而作出响应并发出报警的状态。

2.0.3 故障状态 fault condition
系统不能按照设计要求进行正常工作的状态。

2.0.4 防拆报警 tamper alarm
因触发防拆探测装置而导致的报警。

2.0.5 防拆装置 tamper device
用来探测拆卸或打开报警系统的部件、组件或其部分的装置。

2.0.6 设防 set condition
使系统的部分或全部防区处于警戒状态的操作。

2.0.7 撤防 unset condition
使系统的部分或全部防区处于解除警戒状态的操作。

2.0.8 防区 defence area
利用探测器（包括紧急报警装置）对防护对象实施防护，并在控制设备上明确显示报警部位的区域。

2.0.9 周界 perimeter
需要进行实体防护或/和电子防护的某区域的边界。

2.0.10 监视区 surveillance area
实体周界防护系统或/和电子周界防护系统所组成的周界警戒线与防护区边界之间的区域。

2.0.11 防护区 protection area
允许公众出入的、防护目标所在的区域或部位。

2.0.12 禁区 restricted area
不允许未授权人员出入（或窥视）的防护区域或部位。

2.0.13 盲区 blind zone
在警戒范围内，安全防范手段未能覆盖的区域。

2.0.14 漏报警 leakage alarm
入侵行为已经发生，而系统未能做出报警响应或指示。

2.0.15 误报警 false alarm
由于意外触动手动装置、自动装置对未设计的报警状态做出响应、部件的错误动作或损坏、操作人员失误等而发出的报警信号。

2.0.16 报警复核 check to alarm
利用声音和/或图像信息对现场报警的真实性进行核实的手段。

2.0.17 紧急报警 emergency alarm
用户主观判断面临被劫持或遭抢劫或其他危急情况时，故意触发的报警。

2.0.18 紧急报警装置 emergency alarm switch
用于紧急情况下，由人工故意触发报警信号的开关装置。

2.0.19 探测器 detector
对入侵或企图入侵行为进行探测做出响应并产生报警状态的装置。

2.0.20 报警控制设备 controller
在入侵报警系统中，实施设防、撤防、测试、判断、传送报警信息，并对探测器的信号进行处理以断定是否应该产生报警状态以及完成某些显示、控制、记录和通信功能的装置。

2.0.21 报警响应时间 response time
从探测器（包括紧急报警装置）探测到目标后产生报警状态信息到控制设备接收到该信息并发出报警信号所需的时间。

3 基本规定

3.0.1 入侵报警系统工程的设计应符合国家现行标准《安全防范工程技术规范》GB 50348和《入侵报警系统技术要求》GA/T 368的相关规定。

3.0.2 入侵报警系统工程的设计应综合应用电子传感（探测）、有线/无线通信、显示记录、计算机网络、系统集成等先进而成熟的技术，配置可靠而适用的设备，构成先进、可靠、经济、适用、配套的入侵探测报警应用系统。

3.0.3 入侵报警系统中使用的设备必须符合国家法律法规和现行强制性标准的要求，并经法定机构检验或认证合格。

3.0.4 入侵报警系统工程的设计应遵循以下原则：
1 根据防护对象的风险等级和防护级别、环境条件、功能要求、安全管理要求和建设投资等因素，确定系统的规模、系统模式及应采取的综合防护措施。

2 根据建设单位提供的设计任务书、建筑平面图和现场勘察报告，进行防区的划分，确定探测器、传输设备的设置位置和选型。

3 根据防区的数量和分布、信号传输方式、集成管理要求、系统扩充要求等，确定控制设备的配置和管理软件的功能。

4 系统应以规范化、结构化、模块化、集成化的方式实现，以保证设备的互换性。

3.0.5 入侵报警系统工程的设计流程与设计深度应符合附录A的规定。设计文件应准确、完整、规范。

4 系统构成

4.0.1 入侵报警系统通常由前端设备（包括探测器和紧急报警装置）、传输设备、处理/控制/管理设备和显示/记录设备四个部分构成。

4.0.2 根据信号传输方式的不同，入侵报警系统组建模式宜分为以下模式：

1 分线制：探测器、紧急报警装置通过多芯电缆与报警控制主机之间采用一对一专线相连（图4.0.2-1）。

2 总线制：探测器、紧急报警装置通过其相应的编址模块与报警控制主机之间采用报警总线（专线）相连（图4.0.2-2）。

3 无线制：探测器、紧急报警装置通过其相应的无线设备与报警控制主机通讯，其中一个防区内的紧急报警装置不得大于4个（图4.0.2-3）。

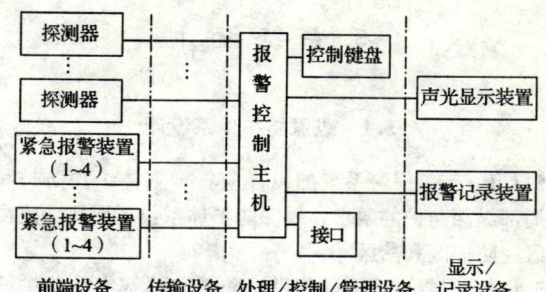

图4.0.2-1 分线制模式

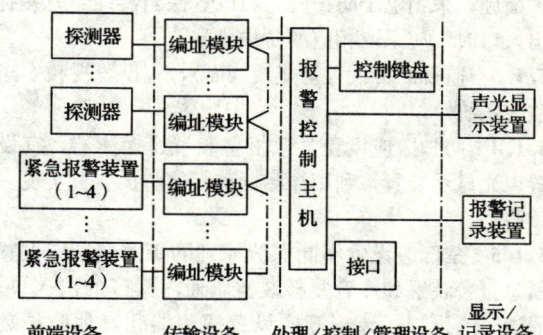

图4.0.2-2 总线制模式

4 公共网络：探测器、紧急报警装置通过现场报警控制设备和/或网络传输接入设备与报警控制主机之间采用公共网络相连。公共网络可以是有线网络，也可以是有线—无线—有线网络（图4.0.2-4）。

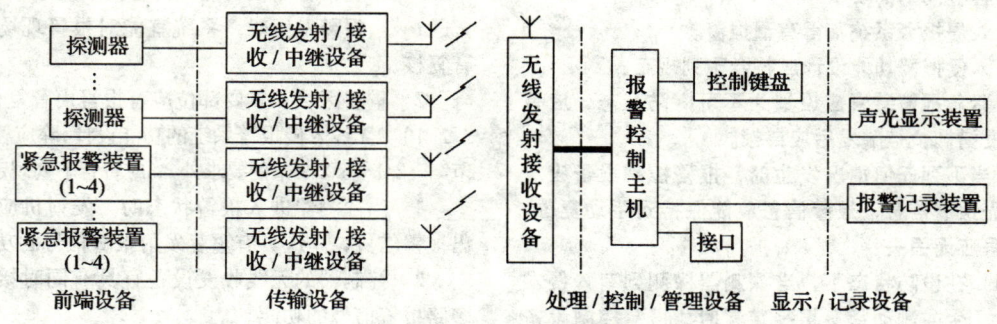

图4.0.2-3 无线制模式

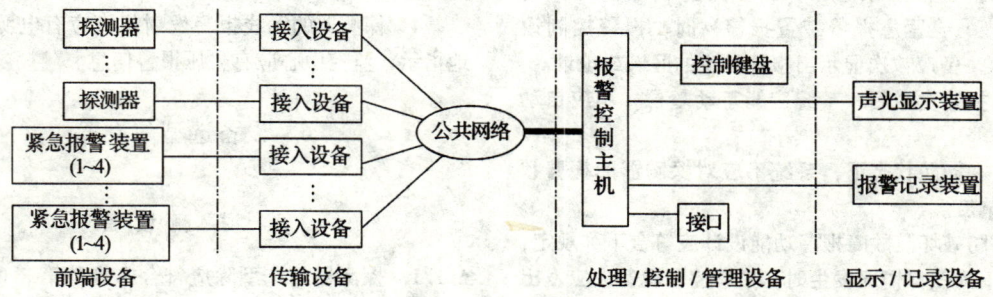

图4.0.2-4 公共网络模式

注：以上四种模式可以单独使用，也可以组合使用；可单级使用，也可多级使用。

5 系统设计

5.1 纵深防护体系设计

5.1.1 入侵报警系统的设计应符合整体纵深防护和局部纵深防护的要求，纵深防护体系包括周界、监视区、防护区和禁区。

5.1.2 周界可根据整体纵深防护和局部纵深防护的要求分为外周界和内周界。周界应构成连续无间断的警戒线（面）。周界防护应采用实体防护或/和电子防护措施；采用电子防护时，需设置探测器；当周界有出入口时，应采取相应的防护措施。

5.1.3 监视区可设置警戒线（面），宜设置视频安防监控系统。

5.1.4 防护区应设置紧急报警装置、探测器，宜设置声光显示装置，利用探测器和其他防护装置实现多重防护。

5.1.5 禁区应设置不同探测原理的探测器，应设置紧急报警装置和声音复核装置，通向禁区的出入口、通道、通风口、天窗等应设置探测器和其他防护装置，实现立体交叉防护。

5.1.6 被防护对象的设防部位应符合现行国家标准《安全防范工程技术规范》GB 50348 的相关要求。

5.2 系统功能性能设计

5.2.1 入侵报警系统的误报警率应符合设计任务书和/或工程合同书的要求。

5.2.2 入侵报警系统不得有漏报警。

5.2.3 入侵报警功能设计应符合下列规定：

 1 紧急报警装置应设置为不可撤防状态，应有防误触发措施，被触发后应自锁。

 2 当下列任何情况发生时，报警控制设备应发出声、光报警信息，报警信息应能保持到手动复位，报警信号应无丢失：

  1) 在设防状态下，当探测器探测到有入侵发生或触动紧急报警装置时，报警控制设备应显示出报警发生的区域或地址；

  2) 在设防状态下，当多路探测器同时报警（含紧急报警装置报警）时，报警控制设备应依次显示出报警发生的区域或地址。

 3 报警发生后，系统应能手动复位，不应自动复位。

 4 在撤防状态下，系统不应对探测器的报警状态做出响应。

5.2.4 防破坏及故障报警功能设计应符合下列规定：
当下列任何情况发生时，报警控制设备上应发出声、光报警信息，报警信息应能保持到手动复位，报警信号应无丢失：

 1 在设防或撤防状态下，当入侵探测器机壳被打开时。

 2 在设防或撤防状态下，当报警控制器机盖被打开时。

 3 在有线传输系统中，当报警信号传输线被断路、短路时。

 4 在有线传输系统中，当探测器电源线被切断时。

 5 当报警控制器主电源/备用电源发生故障时。

 6 在利用公共网络传输报警信号的系统中，当网络传输发生故障或信息连续阻塞超过 30s 时。

5.2.5 记录显示功能设计应符合下列规定：

 1 系统应具有报警、故障、被破坏、操作（包括开机、关机、设防、撤防、更改）等信息的显示记录功能。

 2 系统记录信息应包括事件发生时间、地点、性质等，记录的信息应不能更改。

5.2.6 系统应具有自检功能。

5.2.7 系统应能手动/自动设防/撤防，应能按时间在全部及部分区域任意设防和撤防；设防、撤防状态应有明显不同的显示。

5.2.8 系统报警响应时间应符合下列规定：

 1 分线制、总线制和无线制入侵报警系统：不大于 2s。

 2 基于局域网、电力网和广电网的入侵报警系统：不大于 2s。

 3 基于市话网电话线入侵报警系统：不大于 20s。

5.2.9 系统报警复核功能应符合下列规定：

 1 当报警发生时，系统宜能对报警现场进行声音复核。

 2 重要区域和重要部位应有报警声音复核。

5.2.10 无线入侵报警系统的功能设计，除应符合本规范第 5.2.1～5.2.9 条的要求外，尚应符合下列规定：

 1 当探测器进入报警状态时，发射机应立即发出报警信号，并应具有重复发射报警信号的功能。

 2 控制器的无线收发设备宜具有同时接收处理多路报警信号的功能。

 3 当出现信道连续阻塞或干扰信号超过 30s 时，监控中心应有故障信号显示。

 4 探测器的无线报警发射机，应有电源欠压本地指示，监控中心应有欠压报警信息。

6 设备选型与设置

6.1 探测设备

6.1.1 探测器的选型除应符合本规范第 3.0.3 条的规定外，尚应符合下列规定：

 1 根据防护要求和设防特点选择不同探测原理、

不同技术性能的探测器。多技术复合探测器应视为一种技术的探测器。

2 所选用的探测器应能避免各种可能的干扰，减少误报，杜绝漏报。

3 探测器的灵敏度、作用距离、覆盖面积应能满足使用要求。

6.1.2 周界用入侵探测器的选型应符合下列规定：

1 规则的外周界可选用主动式红外入侵探测器、遮挡式微波入侵探测器、振动入侵探测器、激光式探测器、光纤式周界探测器、振动电缆探测器、泄漏电缆探测器、电场感应式探测器、高压电子脉冲式探测器等。

2 不规则的外周界可选用振动入侵探测器、室外用被动红外探测器、室外用双技术探测器、光纤式周界探测器、振动电缆探测器、泄漏电缆探测器、电场感应式探测器、高压电子脉冲式探测器等。

3 无围墙/栏的外周界可选用主动式红外入侵探测器、遮挡式微波入侵探测器、激光式探测器、泄漏电缆探测器、电场感应式探测器、高压电子脉冲式探测器等。

4 内周界可选用室内用超声波多普勒探测器、被动红外探测器、振动入侵探测器、室内用被动式玻璃破碎探测器、声控振动双技术玻璃破碎探测器等。

6.1.3 出入口部位用入侵探测器的选型应符合下列规定：

1 外周界出入口可选用主动式红外入侵探测器、遮挡式微波入侵探测器、激光式探测器、泄漏电缆探测器等。

2 建筑物内对人员、车辆等有通行时间界定的正常出入口（如大厅、车库出入口等）可选用室内用多普勒微波探测器、室内用被动红外探测器、微波和被动红外复合入侵探测器、磁开关入侵探测器等。

3 建筑物内非正常出入口（如窗户、天窗等）可选用室内用多普勒微波探测器、室内用被动红外探测器、室内用超声波多普勒探测器、微波和被动红外复合入侵探测器、磁开关入侵探测器、室内用被动式玻璃破碎探测器、振动入侵探测器等。

6.1.4 室内用入侵探测器的选型应符合下列规定：

1 室内通道可选用室内用多普勒微波探测器、室内用被动红外探测器、室内用超声波多普勒探测器、微波和被动红外复合入侵探测器等。

2 室内公共区域可选用室内用多普勒微波探测器、室内用被动红外探测器、室内用超声波多普勒探测器、微波和被动红外复合入侵探测器、室内用被动式玻璃破碎探测器、振动入侵探测器、紧急报警装置等。宜设置两种以上不同探测原理的探测器。

3 室内重要部位可选用室内用多普勒微波探测器、室内用被动红外探测器、室内用超声波多普勒探测器、微波和被动红外复合入侵探测器、磁开关入侵探测器、室内用被动式玻璃破碎探测器、振动入侵探测器、紧急报警装置等。宜设置两种以上不同探测原理的探测器。

6.1.5 探测器的设置应符合下列规定：

1 每个/对探测器应设为一个独立防区。

2 周界的每一个独立防区长度不宜大于200m。

3 需设置紧急报警装置的部位宜不少于2个独立防区，每一个独立防区的紧急报警装置数量不应大于4个，且不同单元空间不得作为一个独立防区。

4 防护对象应在入侵探测器的有效探测范围内，入侵探测器覆盖范围内应无盲区，覆盖范围边缘与防护对象间的距离宜大于5m。

5 当多个探测器的探测范围有交叉覆盖时，应避免相互干扰。

6.1.6 常用入侵探测器的选型要求宜符合附录B的规定。

6.2 控 制 设 备

6.2.1 控制设备的选型除应符合本规范第3.0.3条的规定外，尚应符合下列规定：

1 应根据系统规模、系统功能、信号传输方式及安全管理要求等选择报警控制设备的类型。

2 宜具有可编程和联网功能。

3 接入公共网络的报警控制设备应满足相应网络的入网接口要求。

4 应具有与其他系统联动或集成的输入、输出接口。

6.2.2 控制设备的设置应符合下列规定：

1 现场报警控制设备和传输设备应采取防拆、防破坏措施，并应设置在安全可靠的场所。

2 不需要人员操作的现场报警控制设备和传输设备宜采取电子/实体防护措施。

3 壁挂式报警控制设备在墙上的安装位置，其底边距地面的高度不应小于1.5m，如靠门安装时，宜安装在门轴的另一侧；如靠近门轴安装时，靠近其门轴的侧面距离不应小于0.5m。

4 台式报警控制设备的操作、显示面板和管理计算机的显示器屏幕应避开阳光直射。

6.3 无 线 设 备

6.3.1 无线报警的设备选型除应符合本规范第3.0.3条的规定外，尚应符合下列规定：

1 载波频率和发射功率应符合国家相关管理规定。

2 探测器的无线发射机使用的电池应保证有效使用时间不少于6个月，在发出欠压报警信号后，电源应能支持发射机正常工作7d。

3 无线紧急报警装置应能在整个防范区域内触发报警。

4 无线报警发射机应有防拆报警和防破坏报警功能。

6.3.2 接收机的位置应由现场试验确定,保证能接收到防范区域内任意发射机发出的报警信号。

6.4 管理软件

6.4.1 系统管理软件的选型应符合《安全防范工程技术规范》GB 50348 等国家现行相关标准的规定,尚应具有以下功能:

1 电子地图显示,能局部放大报警部位,并发出声、光报警提示。

2 实时记录系统开机、关机、操作、报警、故障等信息,并具有查询、打印、防篡改功能。

3 设定操作权限,对操作(管理)员的登录、交接进行管理。

6.4.2 系统管理软件应汉化。

6.4.3 系统管理软件应有较强的容错能力,应有备份和维护保障能力。

6.4.4 系统管理软件发生异常后,应能在 3s 内发出故障报警。

7 传输方式、线缆选型与布线

7.1 传输方式

7.1.1 传输方式应符合现行国家标准《安全防范工程技术规范》GB 50348 的相关规定。

7.1.2 传输方式的确定应取决于前端设备分布、传输距离、环境条件、系统性能要求及信息容量等,宜采用有线传输为主、无线传输为辅的传输方式。

7.1.3 防区较少,且报警控制设备与各探测器之间的距离不大于 100m 的场所,宜选用分线制模式。

7.1.4 防区数量较多,且报警控制设备与所有探测器之间的连线总长度不大于 1500m 的场所,宜选用总线制模式。

7.1.5 布线困难的场所,宜选用无线制模式。

7.1.6 防区数量很多,且现场与监控中心距离大于 1500m,或现场要求具有设防、撤防等分控功能的场所,宜选用公共网络模式。

7.1.7 当出现无法独立构成系统时,传输方式可采用分线制模式、总线制模式、无线制模式、公共网络模式等方式的组合。

7.2 线缆选型

7.2.1 线缆选型应符合现行国家标准《安全防范工程技术规范》GB 50348 的相关规定。

7.2.2 系统应根据信号传输方式、传输距离、系统安全性、电磁兼容性等要求,选择传输介质。

7.2.3 当系统采用分线制时,宜采用不少于 5 芯的通信电缆,每芯截面不宜小于 $0.5mm^2$。

7.2.4 当系统采用总线制时,总线电缆宜采用不少于 6 芯的通信电缆,每芯截面积不宜小于 $1.0mm^2$。

7.2.5 当现场与监控中心距离较远或电磁环境较恶劣时,可选用光缆。

7.2.6 采用集中供电时,前端设备的供电传输线路宜采用耐压不低于交流 500V 的铜芯绝缘多股电线或电缆,线径的选择应满足供电距离和前端设备总功率的要求。

7.3 布线设计

7.3.1 布线设计除应符合现行国家标准《安全防范工程技术规范》GB 50348 的相关规定外,尚应符合以下规定:

1 应与区域内其他弱电系统线缆的布设综合考虑,合理设计。

2 报警信号线应与 220V 交流电源线分开敷设。

3 隐蔽敷设的线缆和/或芯线应做永久性标记。

7.3.2 室内管线敷设设计应符合下列规定:

1 室内线路应优先采用金属管,可采用阻燃硬质或半硬质塑料管、塑料线槽及附件等。

2 竖井内布线时,应设置在弱电竖井内。如受条件限制强弱电竖井必须合用时,报警系统线路和强电线路应分别布置在竖井两侧。

7.3.3 室外管线敷设设计应满足下列规定:

1 线缆防潮性及施工工艺应满足国家现行标准的要求。

2 线缆敷设路径上有可利用的线杆时可采用架空方式。当采用架空敷设时,与共杆架设的电力线(1kV 以下)的间距不应小于 1.5m,与广播线的间距不应小于 1m,与通信线的间距不应小于 0.6m,线缆最低点的高度应符合有关规定。

3 线缆敷设路径上有可利用的管道时可优先采用管道敷设方式。

4 线缆敷设路径上有可利用建筑物时可优先采用墙壁固定敷设方式。

5 线缆敷设路径上没有管道和建筑物可利用,也不便立杆时,可采用直埋敷设方式。引出地面的出线口,宜选在相对隐蔽地点,并宜在出口处设置从地面计算高度不低于 3m 的出线防护钢管,且周围 5m 内不应有易攀登的物体。

6 线缆由建筑物引出时,宜避开避雷针引下线,不能避开处两者平行距离应不小于 1.5m,交叉间距应不小于 1m,并宜防止长距离平行走线。在间距不能满足上述要求时,可对电缆加缠铜皮屏蔽,屏蔽层要有良好的就近接地装置。

8 供电、防雷与接地

8.0.1 供电设计除应符合现行国家标准《安全防范

工程技术规范》GB 50348 的相关规定外，尚应符合下列规定：

1 系统供电宜由监控中心集中供电，供电宜采用 TN-S 制式。

2 入侵报警系统的供电回路不宜与启动电流较大设备的供电同回路。

3 应有备用电源，并应能自动切换，切换时不应改变系统工作状态，其容量应能保证系统连续正常工作不小于 8h。备用电源可以是免维护电池和/或 UPS 电源。

8.0.2 防雷与接地除应符合现行国家标准《安全防范工程技术规范》GB 50348 的相关规定外，尚应符合下列规定：

1 置于室外的入侵报警系统设备宜具有防雷保护措施。

2 置于室外的报警信号线输入、输出端口宜设置信号线路浪涌保护器。

3 室外的交流供电线路、信号线路宜采用有金属屏蔽层并穿钢管埋地敷设，屏蔽层及钢管两端应接地。

9 系统安全性、可靠性、电磁兼容性、环境适应性

9.0.1 系统安全性设计除应符合现行国家标准《安全防范工程技术规范》GB 50348 的相关规定外，尚应符合下列规定：

1 系统选用的设备，不应引入安全隐患，不应对被防护目标造成损害。

2 系统的主电源宜直接与供电线路物理连接，并对电源连接端子进行防护设计，保证系统通电使用后无法人为断电关机。

3 **系统供电暂时中断，恢复供电后，系统应不需设置即能恢复原有工作状态。**

4 系统中所用设备若与其他系统的设备组合或集成在一起时，其入侵报警单元的功能要求、性能指标必须符合本规范和《防盗报警控制器通用技术条件》GB 12663 等国家现行标准的相关规定。

9.0.2 系统可靠性设计应符合现行国家标准《安全防范工程技术规范》GB 50348 的相关规定。

9.0.3 系统电磁兼容性设计应符合现行国家标准《安全防范工程技术规范》GB 50348 的相关规定。系统所选用的主要设备应符合电磁兼容试验系列标准的规定，其严酷等级应满足现场电磁环境的要求。

9.0.4 系统环境适应性除应符合现行国家标准《安全防范工程技术规范》GB 50348 的相关规定外，尚应符合下列规定：

1 系统所选用的主要设备应符合现行国家标准《报警系统环境试验》GB/T 15211 的相关规定，其严酷等级应符合系统所在地域环境的要求。

2 设置在室外的设备、部件、材料，应根据现场环境要求做防晒、防淋、防冻、防尘、防浸泡等设计。

10 监控中心

10.0.1 监控中心的设计应符合现行国家标准《安全防范工程技术规范》GB 50348 的相关规定。

10.0.2 当入侵报警系统与安全防范系统的其他子系统联合设置时，中心控制设备应设置在安全防范系统的监控中心。

10.0.3 独立设置的入侵报警系统，其监控中心的门、窗应采取防护措施。

附录 A 设计流程与深度

A.1 设计流程

A.1.1 入侵报警系统工程的设计应按照"设计任务书的编制—现场勘察—初步设计—方案论证—施工图设计文件的编制（正式设计）"的流程进行。

A.1.2 对于新建建筑的入侵报警系统工程，建设单位应向入侵报警系统设计单位提供有关建筑概况、电气和管槽路由等设计资料。

A.2 设计任务书的编制

A.2.1 入侵报警系统工程设计前，建设单位应根据安全防范需求，提出设计任务书。

A.2.2 设计任务书应包括以下内容：

1 任务来源。

2 政府部门的有关规定和管理要求（含防护对象的风险等级和防护级别）。

3 建设单位的安全管理现状与要求。

4 工程项目的内容和要求（包括功能需求、性能指标、监控中心要求、培训和维修服务等）。

5 建设工期。

6 工程投资控制数额及资金来源。

A.3 现场勘察

A.3.1 入侵报警系统工程设计前，设计单位和建设单位应进行现场勘察，并编制现场勘察报告。

A.3.2 现场勘察除应符合现行国家标准《安全防范工程技术规范》GB 50348 的相关规定外，尚应符合以下规定：

1 了解防护对象所在地以往发生的有关案件、周边噪声及振动等环境情况。

2 了解监控中心和/或报警接收中心有关的信息传输要求。

A.4 初步设计

A.4.1 初步设计的依据应包括以下内容：
1 相关法律法规和国家现行标准。
2 工程建设单位或其主管部门的有关管理规定。
3 设计任务书。
4 现场勘察报告、相关建筑图纸及资料。

A.4.2 初步设计应包括以下内容：
1 建设单位的需求分析与工程设计的总体构思（含防护体系的构架和系统配置）。
2 防护区域的划分、前端设备的布设与选型。
3 中心设备（包括控制主机、显示设备、记录设备等）的选型。
4 信号的传输方式、路由及管线敷设说明。
5 监控中心的选址、面积、温湿度、照明等要求和设备布局。
6 系统安全性、可靠性、电磁兼容性、环境适应性、供电、防雷与接地等的说明。
7 与其他系统的接口关系（如联动、集成方式等）。
8 系统建成后的预期效果说明和系统扩展性的考虑。
9 对人防、物防的要求和建议。
10 设计施工一体化企业应提供售后服务与技术培训承诺。

A.4.3 初步设计文件应包括设计说明、设计图纸、主要设备器材清单和工程概算书。

A.4.4 初步设计文件的编制应包括以下内容：
1 设计说明应包括工程项目概述、设防策略、系统配置及其他必要的说明。
2 设计图纸应包括系统图、平面图、监控中心布局示意图及必要说明。
3 设计图纸应符合以下规定：
　　1）图纸应符合国家制图相关标准的规定，标题栏应完整，文字应准确、规范，应有相关人员签字，设计单位盖章；
　　2）图例应符合《安全防范系统通用图形符号》GA/T 74等国家现行相关标准的规定；
　　3）在平面图中应标明尺寸、比例和指北针；
　　4）在平面图中应包括设备名称、规格、数量和其他必要的说明。
4 系统图应包括以下内容：
　　1）主要设备类型及配置数量；
　　2）信号传输方式、系统主干的管槽线缆走向和设备连接关系；
　　3）供电方式；
　　4）接口方式（含与其他系统的接口关系）；
　　5）其他必要的说明。
5 平面图应包括以下内容：
　　1）应标明监控中心的位置及面积；
　　2）应标明前端设备的布设位置、设备类型和数量等；
　　3）管线走向设计应对主干管路的路由等进行标注；
　　4）其他必要的说明。
6 对安装部位有特殊要求的，宜提供安装示意图等工艺性图纸。
7 监控中心布局示意图应包括以下内容：
　　1）平面布局和设备布置；
　　2）线缆敷设方式；
　　3）供电要求；
　　4）其他必要的说明。
8 主要设备材料清单应包括设备材料名称、规格、数量等。
9 按照工程内容，根据《安全防范工程费用预算编制办法》GA/T 70等国家现行相关标准的规定，编制工程概算书。

A.5 方案论证

A.5.1 工程项目签订合同、完成初步设计后，宜由建设单位组织相关人员对包括入侵报警系统在内的安防工程初步设计进行方案论证。风险等级较高或建设规模较大的安防工程项目应进行方案论证。

A.5.2 方案论证应提交以下资料：
1 设计任务书。
2 现场勘察报告。
3 初步设计文件。
4 主要设备材料的型号、生产厂家、检验报告或认证证书。

A.5.3 方案论证应包括以下内容：
1 系统设计是否符合设计任务书的要求。
2 系统设计的总体构思是否合理。
3 设备的选型是否满足现场适应性、可靠性的要求。
4 系统设备配置和监控中心的设置是否符合防护级别的要求。
5 信号的传输方式、路由及管线敷设是否合理。
6 系统安全性、可靠性、电磁兼容性、环境适应性、供电、防雷与接地是否符合相关标准的规定。
7 系统的可扩展性、接口方式是否满足使用要求。
8 初步设计文件是否符合 A.4.3 和 A.4.4 的规定。
9 建设工期是否符合工程现场的实际情况和满足建设单位的要求。
10 工程概算是否合理。
11 对于设计施工一体化企业，其售后服务承诺和培训内容是否可行。

A.5.4 方案论证应对第 A.5.3 条的内容做出评价，

形成结论（通过、基本通过、不通过），提出整改意见，并经建设单位确认。

A.6 施工图设计文件的编制（正式设计）

A.6.1 施工图设计文件编制的依据应包括以下内容：
1 初步设计文件。
2 方案论证中提出的整改意见和设计单位所做出的并经建设单位确认的整改措施。

A.6.2 施工图设计文件应包括设计说明、设计图纸、主要设备材料清单和工程预算书。

A.6.3 施工图设计文件的编制应符合以下规定：
1 施工图设计说明应对初步设计说明进行修改、补充、完善，包括设备材料的施工工艺说明、管线敷设说明等，并落实整改措施。
2 施工图纸应包括系统图、平面图、监控中心布局图及必要说明，并应符合第 A.4.4 条第 3 款的规定。
3 系统图应在第 A.4.4 条第 4 款的基础上，充实系统配置的详细内容（如立管图），标注设备数量，补充设备接线图，完善系统内的供电设计等。
4 平面图应包括下列内容：
 1) 前端设备设防图应正确标明设备安装位置、安装方式和设备编号等，并列出设备统计表；
 2) 前端设备设防图可根据需要提供安装说明和安装大样图；
 3) 管线敷设图应标明管线的敷设安装方式、型号、路由、数量，末端出线盒的位置高度等；分线箱应根据需要，标明线缆的走向、端子号，并根据要求在主干线路上预留适当数量的备用线缆，并列出材料统计表；
 4) 管线敷设图可根据需要提供管路敷设的局部大样图；
 5) 其他必要的说明。
5 监控中心布局图应包括以下内容：
 1) 监控中心的平面图应标明控制台和显示设备的位置、外形尺寸、边界距离等；
 2) 根据人机工程学原理，确定控制台、显示设备、机柜以及相应控制设备的位置、尺寸；
 3) 根据控制台、显示设备、设备机柜及操作位置的布置，标明监控中心内管线走向、开孔位置；
 4) 标明设备连线和线缆的编号；
 5) 说明对地板敷设、温湿度、风口、灯光等装修要求；
 6) 其他必要的说明。
6 按照施工内容，根据《安全防范工程费用预算编制办法》GA/T 70 等国家现行相关标准的规定编制工程预算书。

附录 B 常用入侵探测器的选型要求

B.0.1 常用入侵探测器的选型要求宜符合表 B.0.1 的规定。

表 B.0.1 常用入侵探测器的选型要求

名称	适应场所与安装方式		主要特点	安装设计要点	适宜工作环境和条件	不适宜工作环境和条件	附加功能
超声波多普勒探测器	室内空间型	吸顶	没有死角且成本低	水平安装，距地宜小于 3.6m	警戒空间要有较好密封性	简易或密封性不好的室内；有活动物和可能活动物；环境嘈杂，附近有金属打击声、汽笛声、电铃等高频声响	智能鉴别技术
		壁挂		距地 2.2m 左右，透镜的法线方向宜与可能入侵方向成 180°角			
微波多普勒探测器	室内空间型：壁挂式		不受声、光、热的影响	距地 1.5～2.2m 左右，严禁对着房间的外墙、外窗，透镜的法线方向宜与可能入侵方向成 180°角	可在环境噪声较强、光变化、热变化较大的条件下工作	有活动物和可能活动物；微波段高频电磁场环境；防护区域内有过大、过厚的物体	平面天线技术；智能鉴别技术
被动红外入侵探测器	室内空间型	吸顶	被动式（多台交叉使用互不干扰），功耗低，可靠性较好	水平安装，距地宜小于 3.6m	日常环境噪声，温度在 15～25℃ 时探测效果最佳	背景有热冷变化，如：冷热气流、强光间歇照射等；背景温度接近人体温度；强电磁场干扰；小动物频繁出没场合等	自动温度补偿技术；抗小动物干扰技术；防遮挡技术；抗强光干扰技术；智能鉴别技术
		壁挂		距地 2.2m 左右，透镜的法线方向宜与可能入侵方向成 90°角			
		楼道		距地 2.2m 左右，视场面对楼道			
		幕帘		在顶棚与立墙拐角处，透镜的法线方向宜与窗户平行	窗户内窗台较大或与窗户平行的墙面无遮挡；其他与上同	窗户内窗台较小或与窗户平行的墙面有遮挡或紧贴窗帘安装；其他与上同	

续表 B.0.1

名称	适应场所与安装方式		主要特点	安装设计要点	适宜工作环境和条件	不适宜工作环境和条件	附加功能
微波和被动红外复合入侵探测器	室内空间型	吸顶	误报警少（与被动红外探测器相比）；可靠性较好	水平安装，距地宜小于4.5m	日常环境噪声，温度在15～25℃时探测效果最佳	背景温度接近人体温度；小动物频繁出没场合等	双—单转换型；自动温度补偿技术；抗小动物干扰技术；防遮挡技术；智能鉴别技术
		壁挂		距地2.2m左右，透镜的法线方向宜与可能入侵方向成135°角			
		楼道		距地2.2m左右，视场面对楼道			
被动式玻璃破碎探测器	室内空间型：有吸顶、壁挂等		被动式；仅对玻璃破碎等高频声响敏感	所要保护的玻璃应在探测器保护范围之内，并应尽量靠近所要保护玻璃附近的墙壁或天花板上，具体按说明书的安装要求进行	日常环境噪声	环境嘈杂，附近有金属打击声、汽笛声、电铃等高频声响	智能鉴别技术
振动入侵探测器	室内、室外		被动式	墙壁、天花板、玻璃；室外地表面层物下面、保护栏网或桩柱，最好与防护对象实现刚性连接	远离振源	地质板结的冻土或土质松软的泥土地，时常引起振动或环境过于嘈杂的场合	智能鉴别技术
主动红外入侵探测器	室内、室外（一般室内机不能用于室外）		红外脉冲，便于隐蔽	红外光路不能有阻挡物；严禁阳光直射接收机透镜内；防止入侵者从光路下方或上方侵入	室内周界控制；室外"静态"干燥气候	室外恶劣气候，特别是经常有浓雾、毛毛雨的地域或动物出没的场所，灌木丛、杂草、树叶树枝多的地方	
遮挡式微波入侵探测器	室内、室外周界控制		受气候影响小	高度应一致，一般为设备垂直作用高度的一半	无高频电磁场存在场所；收发机间无遮挡物	高频电磁场存在的场所；收发机间有可能有遮挡物	报警控制设备宜有智能鉴别技术
振动电缆入侵探测器	室内、室外均可		可与室内外各种实体周界配合使用	在围栏、房屋墙体、围墙内侧或外侧高度的2/3处。网状围栏上安装应满足产品安装要求	非嘈杂振动环境	嘈杂振动环境	报警控制设备宜有智能鉴别技术
泄漏电缆入侵探测器	室内、室外均可		可随地形埋设，可埋入墙体	埋入地域应尽量避开金属堆积物	两探测电缆间无活动物体；无高频电磁场存在场所	高频电磁场存在场所；两探测电缆间有易活动物体（如灌木丛等）	报警控制设备宜有智能鉴别技术
磁开关入侵探测器	各种门、窗、抽屉等		体积小，可靠性好	舌簧管宜置于固定框上，磁铁置于门窗等的活动部位上，两者宜安装在产生位移最大的位置，其间距应满足产品安装要求	非强磁场存在情况	强磁场存在情况	在特制门窗使用时宜选用特制门窗专用门磁开关
紧急报警装置	用于可能发生直接威胁生命的场所（如金融营业场所、值班室、收银台等）		利用人工启动（手动报警开关、脚踢报警开关）发出报警信号	要隐蔽安装，一般安装在紧急情况下人员易可靠触发的部位	日常工作环境		防误触发措施，触发报警后能自锁，复位需采用人工再操作方式

本规范用词说明

1 为便于在执行本规范条文时区别对待,对要求严格程度不同的用词说明如下:

1) 表示很严格,非这样做不可的用词:

正面词采用"必须",反面词采用"严禁"。

2) 表示严格,在正常情况下均应这样做的用词:

正面词采用"应",反面词采用"不应"或"不得"。

3) 表示允许稍有选择,在条件许可时首先应这样做的用词:

正面词采用"宜",反面词采用"不宜";

表示有选择,在一定条件下可以这样做的用词,采用"可"。

2 本规范中指明应按其他有关标准、规范执行的写法为"应符合……的规定"或"应按……执行"。

中华人民共和国国家标准

入侵报警系统工程设计规范

GB 50394—2007

条 文 说 明

目 次

1 总则 …………………………………… 17—16
2 术语 …………………………………… 17—16
3 基本规定 ……………………………… 17—16
4 系统构成 ……………………………… 17—16
5 系统设计 ……………………………… 17—17
　5.1 纵深防护体系设计 ………………… 17—17
　5.2 系统功能性能设计 ………………… 17—17
6 设备选型与设置 ……………………… 17—17
　6.1 探测设备 …………………………… 17—17
　6.2 控制设备 …………………………… 17—18
　6.3 无线设备 …………………………… 17—18
　6.4 管理软件 …………………………… 17—18
7 传输方式、线缆选型与布线 ………… 17—18
　7.1 传输方式 …………………………… 17—18
　7.2 线缆选型 …………………………… 17—18
　7.3 布线设计 …………………………… 17—18
8 供电、防雷与接地 …………………… 17—18
9 系统安全性、可靠性、电磁兼容性、
　 环境适应性 …………………………… 17—18
附录 A　设计流程与深度 ……………… 17—19

1 总 则

1.0.1 随着通讯技术、传感器技术和计算机技术的日益发展，入侵报警系统作为防入侵、防盗窃、防抢劫、防破坏的有力手段已得到越来越广泛的应用。利用高科技所建立的一套反应迅速、准确高效的报警系统，并与公安接处警部门联网已逐步成为"保护人民、制止犯罪"的有效手段。报警系统的建设不仅是公安部门维护社会安定的需要，也是广大公民的需求。对于安装此类系统的公民来讲，他们得到的是安全和放心，社会效益和经济效益均相当可观。

为了适应入侵报警系统工程设计的需要，规范设计行为，保障我国安全防范工程领域工程设计的质量，有必要制定本规范。

1.0.2 本规范是《安全防范工程技术规范》GB 50348的配套标准，是对GB 50348中关于入侵报警系统工程通用性设计的补充和细化。

2 术 语

2.0.1 本条文是在《安全防范工程技术规范》GB 50348的基础上，增加了"包括主观判断面临被劫持或遭抢劫或其他危急情况时，故意触发紧急报警装置"的内容，使得入侵报警系统的定义更加完善。

2.0.2 本条引用的是《入侵报警系统技术要求》GA/T 368—2001中关于"报警状态"的定义〔引用的是（IEC 60839-1-1）〕，而《防盗报警控制器通用技术条件》GB 12663—2001中关于"报警状态"的定义为：响应存在危险而导致的报警控制器的一种状态。从字面意义上看，《入侵报警系统技术要求》GA/T 368—2001中关于"报警状态"的定义更为广泛、准确。因此，本规范采用《入侵报警系统技术要求》GA/T 368—2001关于"报警状态"的定义。

2.0.3 本条引用的是《入侵报警系统技术要求》GA/T 368—2001中关于"故障状态"的定义〔引用的是（IEC 60839-1-1）〕，而《防盗报警控制器通用技术条件》GB 12663—2001中关于"故障状态"的定义为：与相应标准的要求不一致的状态。从字面意义上看，《入侵报警系统技术要求》GA/T 368—2001中关于"故障状态"的定义更为准确。因此，本规范采用《入侵报警系统技术要求》GA/T 368—2001关于"故障状态"的定义。

2.0.4 本条引用的是《防盗报警控制器通用技术条件》GB 12663—2001中关于"防拆报警"的定义，而《入侵报警系统技术要求》GA/T 368—2001中关于"防拆报警"的定义为：由防拆装置的动作而发出的报警（IEC 60839-1-1），从字面意义上是一致的，但GB 12663—2001中的解释对入侵报警系统中关于"防拆报警"的概念更为准确。因此，本规范采用《防盗报警控制器通用技术条件》GB 12663—2001中关于"防拆报警"的定义。

2.0.19 本条引用的是《入侵探测器 第1部分：通用要求》GB 10408.1—2000（idt IEC 839-2-2：1987）中关于"探测器"的定义，而《入侵报警系统技术要求》GA/T 368—2001中关于"探测器"的定义为：用来辨别面临危险的不正常情况下而产生报警状态的装置（IEC 60839-1-1），从字面意义上是一致的，但GB 10408.1—2000中的解释对入侵报警系统中关于"探测器"的概念更为准确。因此，本规范采用《入侵探测器 第1部分：通用要求》GB 10408.1—2000中关于"探测器"的定义。

2.0.20 本条文引用的是《入侵报警系统技术要求》GA/T 368—2001关于"控制器"的定义〔引用的是（IEC 60839-1-1）〕，而《防盗报警控制器通用技术条件》GB 12663—2001中关于"报警控制器"的定义为：在入侵报警系统中，实施设置警戒、解除警戒、判断、测试、指示、传送报警信息以及完成某些控制功能的设备。随着电子技术的发展，具有报警控制设备功能的其他综合功能的控制设备层出不穷，如采用《防盗报警控制器通用技术条件》GB 12663—2001中关于"报警控制器"的定义，其解释比较狭义，因此，本条文采用广义解释的《入侵报警系统技术要求》GA/T 368—2001关于"控制器"的定义。

3 基本规定

3.0.3 随着入侵报警系统的广泛应用，新技术、新产品层出不穷。由于利益驱动，产品质量鱼目混珠，因此，在进行工程设计时，入侵报警系统所选用的设备、器材必须符合国家有关技术标准和安全标准，并经过国家法定检测机构或认证机构检验/认证合格。

3.0.4 在进行系统设计时，要注意充分了解防护对象的风险等级、防护级别和建设单位的具体要求，同时有必要进行现场勘察，现场勘察和现场勘察报告的内容应符合国家现行标准《安全防范工程技术规范》GB 50348的相关规定。前端设备的安装布设位置要结合平面图和现场勘察情况来确定。环境条件包括气候变化（含风、雨、雪、雾及雷电等）、电磁场辐射、噪声、振动、小动物出没等。为适应不同的使用环境，前端设备要考虑采用相应的保护措施。

4 系统构成

4.0.2

1 分线制也称多线制，通常用于距离较近、探测防区较少并集中的情况。该构成模式最简单、传统，报警控制设备的每个探测回路与前端探测防区的探测器采用电缆直接相连。多用于小于 16 防区的系统。

2 总线制模式通常用于距离较远、探测防区较多并分散的情况。该模式前端每个探测防区的探测器利用相应的传输设备（俗称模块）通过总线连接到报警控制设备。多用于小于 128 防区的系统。

3 无线制模式通常用于现场难以布线的情况。前端每个探测防区的探测器通过分线方式连接到现场无线发射接收中继设备，再通过无线电波传送到无线发射接收设备，无线发射接收设备的输出与报警控制设备相连。其中探测器与现场无线发射接收中继设备、报警控制主机与无线发射接收设备可为独立的设备，也可集成为一体。目前前端多数产品是集成为一体的，一般采用电池供电。

4 公共网络包括局域网、广域网、电话网络、有线电视网、电力传输网等现有的或未来发展的公共传输网络。基于公共网络的报警系统应考虑报警优先原则，同时要具有网络安全措施。

5 一般来说，入侵报警系统结构可以是以上四种基本模式的组合，也可以单独使用。

5 系 统 设 计

5.1 纵深防护体系设计

纵深防护是从里到外或从外到里层层设防的设计理念。纵深防护体系的周界、监视区、防护区、禁区四个区域的防护措施要逐渐加强，各区域之间的交界面也要采取一定的防护措施。

5.2 系统功能性能设计

5.2.1 误报警与设计、安装、气候、环境等因素有很大关系，需要设计安装部门按照现场具体情况进行细致的考察和实验。

5.2.2 建立入侵报警系统的目的就是防盗窃、防抢劫，如在发生盗窃、抢劫时，出现不报警，无法向外求援，而导致人员的伤害和财产的损失，因此，正常工作的入侵报警系统不允许出现漏报警现象。

5.2.3 "紧急报警装置应设置为不可撤防状态"就是要求紧急报警装置要采用 24h 设防。入侵报警系统可采用自动设防功能，但不应采用自动撤防方式，特别是在发生报警后，不得采用自动撤防方式，应采用手动复位，以保证值班人员及时对警情进行处理。报警控制设备在报警发生后，警号发出声响的时间一般设定为固定的，当超过这一时间，警号就停止鸣响，此时若系统未手动复位或撤防，在以下任一情况下，建议要求警号再次发出警告：

一是报警防区再次发生入侵时；

二是警号停止鸣响时间超过 30s。

5.2.4 入侵报警系统的设备保护再严密，系统如不具备检测传输线路断路、短路和故障的报警功能，系统将是摆设。

探测器、传输设备箱（包括分线箱）、报警控制设备或控制箱如不具备防拆报警功能，将导致探测器、传输、控制设备起不到应有的探测、传输、控制作用。在很多工程中，经常出现设备的防拆开关不连接，或入侵探测器的报警信号与防拆报警信号连接到一个防区，在撤防状态下，系统对探测器的防拆信号不响应，这种设计或安装是不符合探测器防拆保护要求的。因此，为保证系统使用的有效性，对于可设防/撤防防区设备的防拆装置，即探测器、传输设备箱（包括分线箱）、报警控制设备或控制箱等的防拆报警要设为独立防区，且 24h 设防。

5.2.5 本条所要求系统能够显示和记录各种信息、发生报警后报警信息的保持以及信息保持最新、不可更改等，就是为了能够实现责任认定和防止造假。因此，使用入侵报警系统时，不同的操作员要设置其不同的操作密码。

5.2.8

2 随着技术的发展，入侵报警系统的传输逐步与公共网络融合，由于公共网络主要是为其他服务，并不是专为入侵报警系统应用的，且其网络内数据流量变化较大，而入侵报警系统是为安全而设，需要报警响应时间要短。因此，为了保证监控中心能够及时知道各防范区域的情况，本款规定"基于局域网、电力网和广电网的入侵报警系统：不大于 2s"，也就是说，不满足该要求的局域网、电力网和广电网不能使用，即要求局域网、电力网和广电网如用于入侵报警系统的传输，要为入侵报警系统信号的传输有一个相对独立的信道，以保证报警响应的时间。

5.2.9 声音复核装置要能清晰地探测现场内人的话音、走动、撬、挖、凿、锯时发出的声音，在背景噪声不大于 45dB（A）的情况下，声音复核装置灵敏度调到最大值的 90% 时，所能探测的最大范围，应能满足现场保护的需要，其信噪比≥45dB。

5.2.10 由于前端无线设备大多采用电池供电，一旦电池的电耗尽，设备将无法工作，因此，要求前端无线设备工作在欠压状态时，应发射故障信号给监控中心，以便及时更换电池，保证系统的正常使用。

6 设备选型与设置

6.1 探测设备

探测器的选型和布设是系统设计的关键，要根据报警设备的原理、特点、适用范围、局限性、现场环境状况、气候情况、电磁场强度及光线照射变化等来选择合适的探测器，设计合适的安装位置、安装角度以及系统布线。还要根据使用的具体情况来选型，如用途或使用场所不同、探测的原理不同、探测器的工作方式不同、探测器输出的开关信号不同、探测器与报警控制设备各防区的连接方式不同等。

探测器的种类较多，按探测器的警戒范围一般分为以下几类：

空间式入侵探测器：包含室内用多普勒微波探测器、室内用被动红外探测器、室内用超声波多普勒探测器、微波和被动红外复合入侵探测器、磁开关入侵探测器、室内用被动式玻璃破碎探测器等；

面控式入侵探测器：振动入侵探测器、声控振动双技术玻璃破碎探测器等；

线控式探测器：主动式红外入侵探测器、微波墙式探测器、激光式探测器、光纤式周界探测器、长导电体断裂原理探测器、振动电缆探测器、泄漏电缆探测器、电场线感应式探测器等；

开关点控式探测器：磁开关入侵探测器、微动开关、紧急报警装置、压力垫、短导电体的断裂原理探测器等。

6.2 控制设备

比较完善的报警控制设备具有不同功能特点的防区类型，且每个防区回路都可独立编程。防区设防类型一般有以下几种：

按防区报警是否设有延时时间可分为：瞬时防区和延时防区；

按探测器安装的不同位置和所起的防范功能不同可分为：内部防区、出入防区、周界防区、日夜防区、24h防区和火警防区等；

按用户的主人是否外出还是逗留室内的不同设防情况可分为：外出设防、留守设防、快速设防、全防设防等。

报警控制设备的操作要具有保密措施。

6.3 无线设备

无线入侵报警系统一般用于布线较困难、不适合布线等场合。当应用于室外时，要考虑配置防雷接地设施。

6.4 管理软件

系统要优先选用网络安全性高、具有防火墙功能的软件。

7 传输方式、线缆选型与布线

7.1 传输方式

有线报警传输方式的系统已由传统的专线，发展到通过公共电话网、局域网、广域网等现行及将来扩展其他有线方式。对于采用公共电话网的入侵报警系统，其设备除应符合安防的有关标准外，还应符合通信的有关标准及规范；对于采用公共局域网和广域网等的入侵报警系统，不要对网内的其他信息的传输产生干扰或阻塞。

7.2 线缆选型

通信线缆应符合国家标准及规范，不应使用不符合国家标准及规范的线缆。系统设计时，要认真计算系统供电电压、电流，所选用的线缆实际截面积要大于理论值。建议采用多芯通信电缆（RVV或RVVP）。

7.3 布线设计

管线敷设的设计要根据环境、场合等进行，同时还要参照其他国家现行标准的相关规定。

8 供电、防雷与接地

8.0.1 入侵报警系统的电源要保证系统正常工作，其工作时间要按照系统满载工作时进行计算。异地供电的前端设备要有备用电源。

9 系统安全性、可靠性、电磁兼容性、环境适应性

9.0.1

1 入侵报警系统本身就是为了提高防护单位的安全而建设的，由于系统所用的设备大多是电子产品，因此，在进行设备配置、安装时，要与现场相结合，不要造成安全隐患，不对被防护的目标造成损害。

2 在现实使用过程中，出现过系统关机或拔掉电源、电池作为撤防的现象，为防止个别场所操作人员的野蛮操作或工程公司对使用操作人员培训的不到位，特制定本条文。当然，如由于供电停电原因，而导致系统自动关机另当别论。

3 本款要求系统的报警控制设备具备各种信息的记忆功能，如停电前的状态为设防状态，当重新供电时，系统要自动恢复设防状态。

4 入侵报警系统通常是高风险场所安全技术防范系统的一个子系统，它在安全技术防范系统中起到至关重要的作用。当出现防盗窃、防抢劫、防破坏等时，入侵报警系统发出报警信息、指明报警部位，提醒有关人员尽快出警，向视频安防监控系统、出入口控制系统发出联动信息，启动相关设备采用必要的措施。如入侵报警系统与其他系统采用同一个传输设备和控制设备，一旦该设备出现故障，该两个子系统都将失效。因此，为了保证整个安全技术防范系统的可

靠性、有效性，入侵报警系统要能独立运行，在管理系统或其他子系统出现故障时，入侵报警系统要能正常运行。

附录 A 设计流程与深度

A.1 设计流程

A.1.1 本条说明设计流程的基本步骤。由于历史原因，安防行业相对独立发展了很多年，形成了特定的术语和设计流程。一般来说，基于安全考虑，会对某些重要设计环节和资料提出保密的要求。

1 设计任务书。是工程建设单位依据工程项目立项的可行性研究报告而编制的、对工程建设项目提出设计要求的技术文件。是工程招（投）标的重要文件之一，是设计单位（或承建单位）进行工程设计的重要依据之一。

2 现场勘察。在进行工程设计前，设计者对被防护对象的现场进行与系统设计相关的各方面情况的了解、调查和考察。

3 初步设计。工程设计单位（或承建单位）依据设计任务书（或工程合同书）、现场勘察报告和国家相关法律法规以及现行规范、标准的要求，对工程建设项目进行方案设计的活动。初步设计阶段所形成的技术文件应包括：设计说明、设计图纸、主要设备材料清单和工程概算书等。

在安防系统中，这个阶段比建设行业要求的设计深度会有所加深，并且由于安防产品的离散化特点，要求提供产品的供应厂家或者品牌信息，以便核定造价。

这个阶段的许多工作为建筑设计等其他专业设计的配合设计做了一个基本的准备。

4 方案论证。是建设单位组织的对设计单位（或承建单位）编制的初步设计文件进行质量评价的一种评定活动。它是保证工程设计质量的一项重要措施。方案论证的评价意见是进行工程项目正式设计的重要依据之一。

5 正式设计。是由设计单位（或承建单位）依据方案论证的评价结论和整改意见，对初步设计文件进行深化设计的一种设计活动。正式设计阶段所形成的技术文件应包括：设计说明（包含整改意见落实措施）、设计图纸、主要设备材料清单和工程预算书等。

这个阶段相当于建设行业的施工图设计阶段。本规范中，称为施工图文件的编制。

A.1.2 建设单位提供的有关建筑概况、电气和管槽路由等设计资料是入侵报警系统设计的重要依据，这为入侵报警系统提出对新建建筑工程做好预埋预留提供重要保证，是交流设计信息，确保工程设计可行性的重要环节。

A.2 设计任务书的编制

设计任务书是工程设计的依据。在入侵报警系统工程建设初期，通常由建设单位规划工程的规模、资金来源和实施计划，并编制设计任务书，也可委托具有编制能力的单位代为编制。

A.3 现场勘察

对于不同的建筑体（群），现场勘察的侧重点是有所区别的。

对于已有建筑进行的入侵报警系统的建设，要按照一般原则逐一收集现场的各种相关信息，如原有管线敷设信息，建筑格局信息，安全管理的历史信息等。对于古建筑等需要保护的设施还需要特别了解安装的可行性问题。

对于新建建筑，强调对建筑设计资料的获取。要与建设单位充分沟通，了解未来使用的需求、周围的社情民意和自然环境，要与建筑设计单位充分配合，确定好建筑格局和用途，做好管线综合和专业配合（如现场的照明设计信息、供电信息、装饰效果信息和其他安防系统信息等），做好预埋预留的设计工作，减少施工过程中的不必要拆改。

现场勘察报告要由建设单位和设计单位共同签署。

A.4 初步设计

A.4.1、A.4.2 这两条说明系统设计的基本工作思路或者工作内容。特别指出的是随着新建建筑工程的大规模建设，安全技术防范系统工程设计需要直接对建筑设计（物防）和其后的保卫管理措施提出要求和建议，并尽可能满足安全保卫部门的在设计前提出的管理要求，这也充分体现了人防、物防和技防相结合的原则。

在这里，特别强调总体构思的要求，这是全面规划、统筹设计的重要环节。一方面结合纵深防护体系的思想，针对现场建筑格局分布情况，合理设定探测器的安装位置和配置数量，另一方面，还要根据现场分布特点，合理选择传输方式，从而进一步确认技术路线，确定系统配置。

特别针对高风险等级工程项目，要注意对入侵报警系统的特别设计要求：如不得漏报警，多种不同探测原理的交叉防护，防护对象的覆盖范围等。

结合选定的入侵报警系统设备的特点，对人防和物防提出一些合理化的建议，这是保证入侵报警系统正常发挥效能的基本条件。

以监控中心的位置为例，特别强调值班制度，对值机人员和系统管理员素质和数量的基本要求，监控中心防入侵措施与基本生活设施的配置，以及紧急情况下的应急预案等。

A.4.4

3 图纸要能对系统进行有效、准确的描述，并做到与文字说明相互印证和相互呼应，图文表的数据要一致，格式符合规范要求。图纸设计不在于有几张、几类图，而是要做到能够向审核者和施工者提供完整、明晰、准确的设计信息。

5 平面图通常包括前端设备设防图和管线走向图。管线走向设计要对主干管路的路由等进行设计标注，特别是安防管线通道的指定。

6 对于某些关键或者特殊的安装场所，需特别指明安装方法，如需要，提供相应的安装工艺示意图，以保证设计方案的可实施性。

7 监控中心的设计需在前期就提出与装修、暖通、强电和其他弱电专业的配合要求，以保证值机人员的工作环境。

8 主要设备材料清单的编制：从经济上对初步设计进行评估以达到系统的最佳性价比。

A.5 方案论证

A.5.1 强调方案的论证、审核和批准，以保证设计方案的科学性和合理性。强调合同的签订以确保方案实施主体的有效性，以便于落实后续的工作内容。

A.5.2 主要设备材料需要在初步设计的基础上，补充设备材料相应的生产厂家、检验报告或认证证书等资料，以便于评审者确定系统设计的可实施性。

A.5.3 在方案论证内容中，要充分考虑到一些高风险等级的单位的要求，如文博系统对设备材料安装工艺、对实施的可行性、工程造价等给出较为详细的论证。

A.5.4 方案论证的结论可分为通过、基本通过、不通过，对初步设计的整改措施要由建设单位和设计单位确认。

A.6 施工图设计文件的编制（正式设计）

A.6.1 本条所列的依据，并不是设计依据的全部，但这是最关键的内容。

A.6.2 施工图设计文件的编制的主要内容体现了两个目的：

1 针对整改要求和更详细、准确的现场条件，修改、补充、细化初步设计文件的相关内容，确保设备安装的可行性和良好的使用效果，着重体现现场安装的可实施性。

2 结合系统构成和选用设备的特点，进行全面的图纸修改、补充、细化设计，确保系统的互联互通，着重体现系统的可实现性。

A.6.3 施工图设计文件的编制在原有初步设计文件的基础上，至少完善如下内容：

1 提供详细的各类图纸，特别需要增加安装大样图、设备连接关系图等。

2 管线敷设图也可以进一步分解为管路敷设图和线缆敷设图，以利于分阶段组织人员实施，同时保护有关安全信息。预留管线指的是并行预留敷设的管或者线的根数和规格，不是指长度的简单延伸。

3 做出更为详尽的设备材料清单和工程预算书，作为设备订货和工程安装的重要依据。

中华人民共和国国家标准

视频安防监控系统工程设计规范

Code of design for video monitoring system

GB 50395—2007

主编部门：中华人民共和国公安部
批准部门：中华人民共和国建设部
施行日期：2007年8月1日

中华人民共和国建设部
公　告

第 587 号

建设部关于发布国家标准《视频安防监控系统工程设计规范》的公告

现批准《视频安防监控系统工程设计规范》为国家标准，编号为GB 50395—2007，自2007年8月1日起实施。其中，第3.0.3、5.0.4(3)、5.0.5、5.0.7(3)条(款)为强制性条文，必须严格执行。

本规范由建设部标准定额研究所组织中国计划出版社出版发行。

中华人民共和国建设部
二〇〇七年三月二十一日

前　言

根据建设部建标〔2001〕87号文件《关于印发"二〇〇〇年至二〇〇一年度工程建设国家标准制订、修订计划"的通知》的要求，本规范编制组在认真总结我国视频安防监控系统工程的实践经验基础上，参考国内外相关行业的工程技术规范，广泛征求国内相关技术专家和管理机构的意见，制定本规范。

本规范是《安全防范工程技术规范》GB 50348的配套标准，是安全防范系统工程建设的基础性标准之一，是保证安全防范工程建设质量、保护公民人身安全和国家、集体、个人财产安全的重要技术保障。

本规范共10章，主要内容包括：总则，术语，基本规定，系统构成，系统功能、性能设计，设备选型与设置，传输方式、线缆选型与布线，供电、防雷与接地，系统安全性、可靠性、电磁兼容性、环境适应性，监控中心。

本规范中黑体字标志的条文为强制性条文，必须严格执行。本规范由建设部负责管理和对强制性条文的解释，由公安部负责日常管理。本规范由全国安全防范报警系统标准化技术委员会(SAC/TC 100)负责具体技术内容的解释工作。在应用过程中如有需要修改和补充之处，请将意见和有关资料寄送全国安全防范报警系统标准化技术委员会秘书处(北京市海淀区首都体育馆南路一号，邮政编码：100044，电话：010-88512998，传　真：010-88513960，E-mail: tc100sjl@263.net)以供修订时参考。

本规范主编单位、参编单位和主要起草人：
主编单位：全国安全防范报警系统标准化技术委员会
参编单位：公安部第一研究所
　　　　　北京联视神盾安防技术有限公司
　　　　　北京蓝盾世安信息咨询有限公司
主要起草人：李加洪　杨国胜　施巨岭　陈朝武
　　　　　　周　群　刘希清

目　次

1 总则 …………………………… 18—4
2 术语 …………………………… 18—4
3 基本规定 ……………………… 18—5
4 系统构成 ……………………… 18—5
5 系统功能、性能设计 ………… 18—6
6 设备选型与设置 ……………… 18—7
7 传输方式、线缆选型与布线 … 18—9

8 供电、防雷与接地……………… 18—9
9 系统安全性、可靠性、电磁兼容性、
　环境适应性 …………………… 18—9
10 监控中心 ……………………… 18—9
附录 A　设计流程与深度 ………… 18—9
本规范用词说明 …………………… 18—11
附：条文说明 ……………………… 18—12

1 总则

1.0.1 为了规范安全防范工程的设计，提高视频安防监控系统工程的质量，保护公民人身安全和国家、集体、个人财产安全，制定本规范。

1.0.2 本规范适用于以安全防范为目的的新建、改建、扩建的各类建筑物（构筑物）及其群体的视频安防监控系统工程的设计。

1.0.3 视频安防监控系统工程的建设，应与建筑及其强弱电系统的设计统一规划，根据实际情况，可一次建成，也可分步实施。

1.0.4 视频安防监控系统应具有安全性、可靠性、开放性、可扩充性和使用灵活性，做到技术先进，经济合理，实用可靠。

1.0.5 视频安防监控系统工程的设计，除应执行本规范外，尚应符合国家现行有关技术标准、规范的规定。

2 术语

2.0.1 视频安防监控系统 video surveillance & control system（VSCS）

利用视频探测技术、监视设防区域并实时显示、记录现场图像的电子系统或网络。

2.0.2 模拟视频信号 video signal

基于目前的模拟电视模式，所需的大约为6MHz或更高带宽的基带图像信号。

2.0.3 数字视频 digital video

利用数字化技术将模拟视频信号经过处理，或从光学图像直接经数字转换获得的具有严格时间顺序的数字信号，表示为特定数据结构的能够表征原始图像信息的数据。

2.0.4 视频探测 video detection

采用光电成像技术（从近红外到可见光谱范围内）对目标进行感知并生成视频图像信号的一种探测手段。

2.0.5 视频监控 video monitoring

利用视频手段对目标进行监视和信息记录。

2.0.6 视频传输 video transport

利用有线或无线传输介质，直接或通过调制解调等手段，将视频图像信号从一处传到另一处，从一台设备传到另一台设备的过程。

2.0.7 前端设备 front-end device

在本规范中，指摄像机以及与之配套的相关设备（如镜头、云台、解码驱动器、防护罩等）。

2.0.8 视频主机 video controller/switcher

通常指视频控制主机，它是视频系统操作控制的核心设备，通常可以完成对图像的切换、云台和镜头的控制等。

2.0.9 数字录像设备 digital video recorder（DVR）

利用标准接口的数字存储介质，采用数字压缩算法，实现视（音）频信息的数字记录、监视与回放的视频设备。

数字录像设备俗称数字录像机，又因记录介质以硬盘为主，故又称硬盘录像机。

2.0.10 分控 branch console

在监控中心以外设立的控制终端设备。

2.0.11 模拟视频监控系统 analog video surveillance system

除显示设备外的视频设备之间以端对端模拟视频信号传输方式的监控系统。

2.0.12 数字视频监控系统 digital video surveillance system

除显示设备外的视频设备之间以数字视频方式进行传输的监控系统。

由于使用数字网络传输，所以又称网络视频监控系统。

2.0.13 环境照度 environmental illumination

反映目标所处环境明暗（可见光谱范围内）的物理量，数值上等于垂直通过单位面积的光通量。

2.0.14 图像质量 picture quality

是指图像信息的完整性，包括图像帧内对原始信息记录的完整性和图像帧连续关联的完整性。它通常按照如下的指标进行描述：像素构成、分辨率、信噪比、原始完整性等。

2.0.15 原始完整性 original integrality

在本规范中，专指图像信息和声音信息保持原始场景特征的特性，即无论中间过程如何处理，最后显示/记录/回放的图像和声音与原始场景保持一致，即在色彩还原性、灰度级还原性、现场目标图像轮廓还原性（灰度级）、事件后继顺序、声音特征等方面均与现场场景保持最大相似性（主观评价）的程度。

2.0.16 实时性 real time

一般指图像记录或显示的连续性（通常指帧率不低于25fps的图像为实时图像）；在视频传输中，指终端图像显示与现场发生的同时性或者及时性，它通常由延迟时间表征。

2.0.17 图像分辨率 picture resolution

人眼对电视图像细节辨认清晰程度的量度，在数值上等于在显示平面水平扫描方向上，能够分辨的最多的目标图像的电视线数。

2.0.18 图像数据格式 video data format

指数字视频图像的表示方法，用像素点阵序列来表征。

2.0.19 数字图像压缩 digital compression for video

利用图像空间域、时间域和变换域等分布特点，采用特殊的算法，减少表征图像信息冗余数据的处理过程。

2.0.20 视频音频同步 synchronization of video and audio

视频显示的动作信息与音频的对应的动作信息具有一致性。

2.0.21 报警图像复核 video check to alarm

当报警事件发生时,视频监控系统调用与报警区域相关图像的功能。

2.0.22 报警联动 action with alarm

报警事件发生时,引发报警设备以外的相关设备进行动作(如报警图像复核、照明控制等)。

2.0.23 视频移动报警 video moving detection

利用视频技术探测现场图像变化,一旦达到设定阈值即发出报警信息的一种报警手段。

2.0.24 视频信号丢失报警 video loss alarm

当接收到视频信号的峰峰值小于设定阈值(视频信号丢失)时给出报警信息的功能。

3 基本规定

3.0.1 视频安防监控系统工程设计应符合国家现行标准《安全防范工程技术规范》GB 50348 和《视频安防监控系统技术要求》GA/T 367的相关规定。

3.0.2 视频安防监控系统工程的设计应综合应用视频探测、图像处理/控制/显示/记录、多媒体、有线/无线通讯、计算机网络、系统集成等先进而成熟的技术,配置可靠而适用的设备,构成先进、可靠、经济、适用、配套的视频监控应用系统。

3.0.3 视频安防监控系统中使用的设备必须符合国家法律法规和现行强制性标准的要求,并经法定机构检验或认证合格。

3.0.4 系统的制式应与我国的电视制式一致。

3.0.5 系统兼容性应满足设备互换性要求,系统可扩展性应满足简单扩容和集成的要求。

3.0.6 视频安防监控系统工程的设计应满足以下要求:

1 不同防范对象、防范区域对防范需求(包括风险等级和管理要求)的确认;

2 风险等级、安全防护级别对视频探测设备数量和视频显示/记录设备数量要求;对图像显示及记录和回放的图像质量要求;

3 监视目标的环境条件和建筑格局分布对视频探测设备选型及其设置位置的要求;

4 对控制终端设置的要求;

5 对系统构成和视频切换、控制功能的要求;

6 与其他安防子系统集成的要求;

7 视频(音频)和控制信号传输的条件以及对传输方式的要求。

3.0.7 视频安防监控系统工程的设计流程与深度应符合附录 A 的规定。设计文件应准确、完整、规范。

4 系统构成

4.0.1 视频安防监控系统包括前端设备、传输设备、处理/控制设备和记录/显示设备四部分。

4.0.2 根据对视频图像信号处理/控制方式的不同,视频安防监控系统结构宜分为以下模式:

1 简单对应模式:监视器和摄像机简单对应(图 4.0.2-1)。

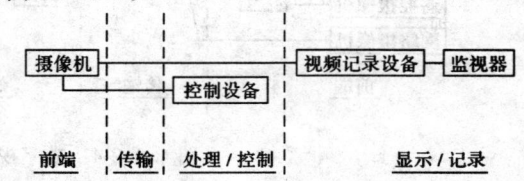

图 4.0.2-1 简单对应模式

2 时序切换模式:视频输出中至少有一路可进行视频图像的时序切换(图 4.0.2-2)。

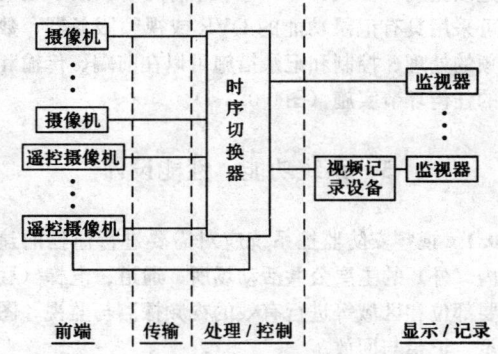

图 4.0.2-2 时序切换模式

3 矩阵切换模式:可以通过任一控制键盘,将任意一路前端视频输入信号切换到任意一路输出的监视器上,并可编制各种时序切换程序(图 4.0.2-3)

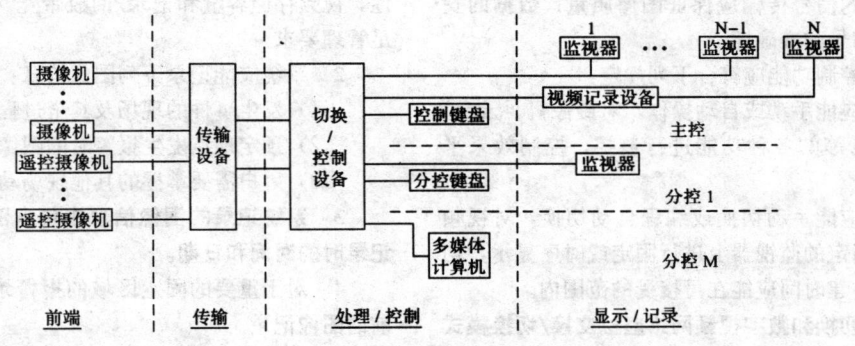

图 4.0.2-3 矩阵切换模式

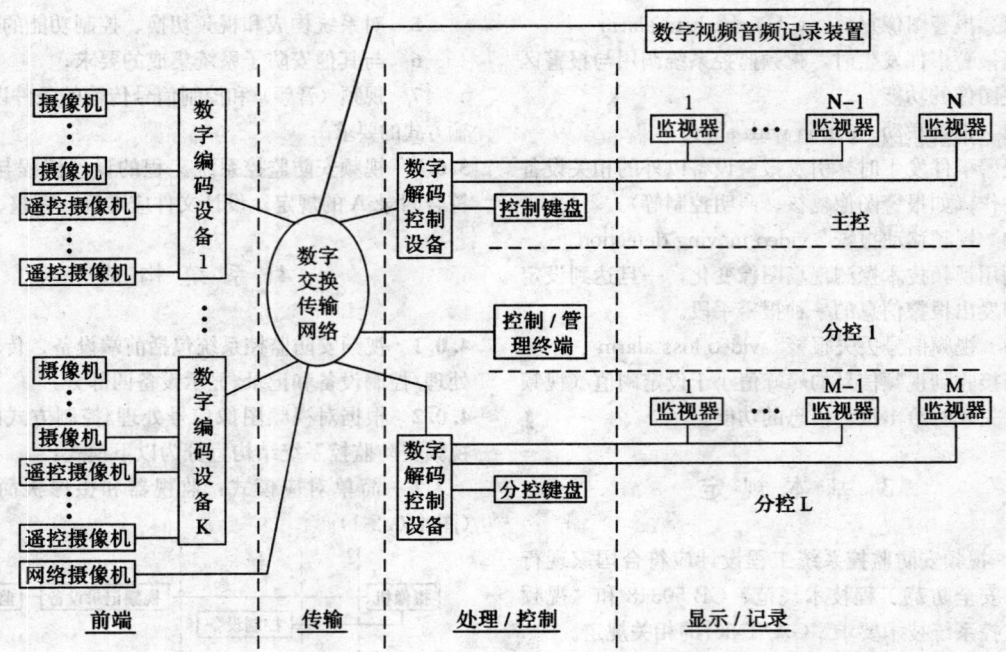

图 4.0.2-4 数字视频网络虚拟交换/切换模式

4 数字视频网络虚拟交换/切换模式：模拟摄像机增加数字编码功能，被称作网络摄像机，数字视频前端也可以是别的数字摄像机。数字交换传输网络可以是以太网和DDN、SDH等传输网络。数字编码设备可采用具有记录功能的DVR或视频服务器，数字视频的处理、控制和记录措施可以在前端、传输和显示的任何环节实施（图4.0.2-4）。

5 系统功能、性能设计

5.0.1 视频安防监控系统应对需要进行监控的建筑物内（外）的主要公共活动场所、通道、电梯（厅）、重要部位和区域等进行有效的视频探测与监视，图像显示、记录与回放。

5.0.2 前端设备的最大视频（音频）探测范围应满足现场监视覆盖范围的要求，摄像机灵敏度应与环境照度相适应，监视和记录图像效果应满足有效识别目标的要求，安装效果宜与环境相协调。

5.0.3 系统的信号传输应保证图像质量、数据的安全性和控制信号的准确性。

5.0.4 系统控制功能应符合下列规定：

1 系统应能手动或自动操作，对摄像机、云台、镜头、防护罩等的各种功能进行遥控，控制效果平稳、可靠。

2 系统应能手动切换或编程自动切换，对视频输入信号在指定的监视器上进行固定或时序显示，切换图像显示重建时间应能在可接受的范围内。

3 矩阵切换和数字视频网络虚拟交换/切换模式的系统应具有系统信息存储功能，在供电中断或关机后，对所有编程信息和时间信息均应保持。

4 系统应具有与其他系统联动的接口。当其他系统向视频系统给出联动信号时，系统能按照预定工作模式，切换出相应部位的图像至指定监视器上，并能启动视频记录设备，其联动响应时间不大于4s。

5 辅助照明联动应与相应联动摄像机的图像显示协调同步。

6 同时具有音频监控能力的系统宜具有视频音频同步切换的能力。

7 需要多级或异地控制的系统应支持分控的功能。

8 前端设备对控制终端的控制响应和图像传输的实时性应满足安全管理要求。

5.0.5 监视图像信息和声音信息应具有原始完整性。

5.0.6 系统应保证对现场发生的图像、声音信息的及时响应，并满足管理要求。

5.0.7 图像记录功能应符合下列规定：

1 记录图像的回放效果应满足资料的原始完整性，视频存储容量和记录/回放带宽与检索能力应满足管理要求。

2 系统应能记录下列图像信息：

1）发生事件的现场及其全过程的图像信息；

2）预定地点发生报警时的图像信息；

3）用户需要掌握的其他现场动态图像信息。

3 系统记录的图像信息应包含图像编号/地址、记录时的时间和日期。

4 对于重要的固定区域的报警录像宜提供报警前的图像记录。

5 根据安全管理需要，系统应能记录现场声音信息。

5.0.8 系统监视或回放的图像应清晰、稳定，显示方式应满足安全管理要求。显示画面上应有图像编号/地址、时间、日期等。文字显示应采用简体中文。电梯轿厢内的图像显示宜包含电梯轿厢所在楼层信息和运行状态的信息。

5.0.9 具有视频移动报警的系统，应能任意设置视频警戒区域和报警触发条件。

5.0.10 在正常工作照明条件下系统图像质量的性能指标应符合以下规定：

1 模拟复合视频信号应符合以下规定：

视频信号输出幅度	$1V_{P-P} \pm 3dB$ VBS
实时显示黑白电视水平清晰度	≥400TVL
实时显示彩色电视水平清晰度	≥270TVL
回放图像中心水平清晰度	≥220TVL
黑白电视灰度等级	≥8
随机信噪比	≥36dB

2 数字视频信号应符合以下规定：

单路画面像素数量	≥352×288（CIF）
单路显示基本帧率	≥25fps

数字视频的最终显示清晰度应满足本条第1款的要求。

3 监视图像质量不应低于《民用闭路监视电视系统工程技术规范》GB 50198—1994 中表 4.3.1-1 规定的四级，回放图像质量不应低于表 4.3.1-1 规定的三级；在显示屏上应能有效识别目标。

6 设备选型与设置

6.0.1 摄像机的选型与设置应符合以下规定：

1 为确保系统总体功能和总体技术指标，摄像机选型要充分满足监视目标的环境照度、安装条件、传输、控制和安全管理需求等因素的要求。

2 监视目标的最低环境照度不应低于摄像机靶面最低照度的50倍。

3 监视目标的环境照度不高，而要求图像清晰度较高时，宜选用黑白摄像机；监视目标的环境照度不高，且需安装彩色摄像机时，需设置附加照明装置。附加照明装置的光源光线宜避免直射摄像机镜头，以免产生晕光，并力求环境照度分布均匀，附加照明装置可由监控中心控制。

4 在监视目标的环境中可见光照明不足或摄像机隐蔽安装监视时，宜选用红外灯作光源。

5 应根据现场环境照度变化情况，选择适合的宽动态范围的摄像机；监视目标的照度变化范围大或必须逆光摄像时，宜选用具有自动电子快门的摄像机。

6 摄像机镜头安装宜顺光源方向对准监视目标，并宜避免逆光安装；当必须逆光安装时，宜降低监视区域的光照对比度或选用具有帘栅作用等具有逆光补偿的摄像机。

7 摄像机的工作温度、湿度应适应现场气候条件的变化，必要时可采用适应环境条件的防护罩。

8 选择数字型摄像机应符合本规范第3.0.5条，第5.0.2条，第5.0.3条，第5.0.4条第2、8款，第5.0.5条，第5.0.6条，第5.0.10条的规定。

9 摄像机应有稳定牢固的支架；摄像机应设置在监视目标区域附近不易受外界损伤的位置，设置位置不应影响现场设备运行和人员正常活动，同时保证摄像机的视野范围满足监视的要求。设置的高度，室内距地面不宜低于2.5m；室外距地面不宜低于3.5m。室外如采用立杆安装，立杆的强度和稳定度应满足摄像机的使用要求。

10 电梯轿厢内的摄像机应设置在电梯轿厢门侧顶部左或右上角，并能有效监视乘员的体貌特征。

6.0.2 镜头的选型与设置应符合以下规定（图6.0.2）：

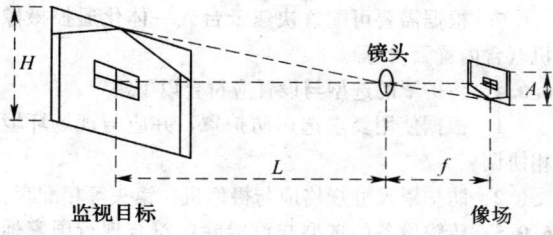

图 6.0.2 光学成像关系图

1 镜头像面尺寸应与摄像机靶面尺寸相适应，镜头的接口与摄像机的接口配套。

2 用于固定目标监视的摄像机，可选用固定焦距镜头，监视目标离摄像机距离较大时可选用长焦镜头；在需要改变监视目标的观察视角或视场范围较大时应选用变焦距镜头；监视目标离摄像机距离近且视角较大时可选用广角镜头。

3 镜头焦距的选择根据视场大小和镜头到监视目标的距离等来确定，可参照如下公式计算：

$$f = \frac{A \times L}{H} \quad \text{（式 6.0.2）}$$

式中 f——焦距（mm）；

A——像场高/宽（mm）；

L——镜头到监视目标的距离（mm）；

H——视场高/宽（mm）。

4 监视目标环境照度恒定或变化较小时宜选用手动可变光圈镜头。

5 监视目标环境照度变化范围高低相差达到100倍以上，或昼夜使用的摄像机应选用自动光圈或遥控电动光圈镜头。

6 变焦镜头应满足最大距离的特写与最大视场角观察需求，并宜选用具有自动光圈、自动聚焦功能的变焦镜头。变焦镜头的变焦和聚焦响应速度应与移动目标的活动速度和云台的移动速度相适应。

7 摄像机需要隐蔽安装时应采取隐蔽措施，镜头宜采用小孔镜头或棱镜镜头。

6.0.3 云台/支架的选型与设置应符合以下规定：

1 根据使用要求选用云台/支架，并与现场环境相协调。

2 监视对象为固定目标时，摄像机宜配置手动云台即万向支架。

3 监视场景范围较大时，摄像机应配置电动遥控云台，所选云台的负荷能力应大于实际负荷的1.2倍；云台的工作温度、湿度范围应满足现场环境要求。

4 云台转动停止时应具有良好的自锁性能，水平和垂直转角回差不应大于1°。

5 云台的运行速度（转动角速度）和转动的角度范围，应与跟踪的移动目标和搜索范围相适应。

6 室内型电动云台在承受最大负载时，机械噪声声强级不应大于50dB。

7 根据需要可配置快速云台或一体化遥控摄像机（含内置云台等）。

6.0.4 防护罩的选型与设置应符合以下规定：

1 根据使用要求选用防护罩，并应与现场环境相协调。

2 防护罩尺寸规格应与摄像机、镜头等相配套。

6.0.5 传输设备的选型与设置除应符合现行国家标准《安全防范工程技术规范》GB 50348 的相关规定外，还要符合下列规定：

1 传输设备应确保传输带宽、载噪比和传输时延满足系统整体指标的要求，接口应适应前后端设备的连接要求。

2 传输设备应有自身的安全防护措施，并宜具有防拆报警功能；对于需要保密传输的信号，设备应支持加/解密功能。

3 传输设备应设置于易于检修和保护的区域，并宜靠近前/后端的视频设备。

6.0.6 视频切换控制设备的选型应符合以下规定：

1 视频切换控制设备的功能配置应满足使用和冗余要求。

2 视频输入接口的最低路数应留有一定的冗余量。

3 视频输出接口的最低路数应根据安全管理需求和显示、记录设备的配置数量确定。

4 视频切换控制设备应能手动或自动操作，对镜头、电动云台等的各种动作（如转向、变焦、聚焦、光圈等动作）进行遥控。

5 视频切换控制设备应能手动或自动编程切换，对所有输入视频信号在指定的监视器上进行固定或时序显示。

6 视频切换控制设备应具有配置信息存储功能，在供电中断或关机后，对所有编程设置、摄像机号、地址、时间等均可记忆，在开机或电源恢复供电后，系统应恢复正常工作。

7 视频切换控制设备应具有与外部其他系统联动的接口。当与报警控制设备联动时应能切换出相应部位摄像机的图像，并显示记录。

8 具有系统操作密码权限设置和中文菜单显示。

9 具有视频信号丢失报警功能。

10 当系统有分控要求时，应根据实际情况分配控制终端如控制键盘及视频输出接口等，并根据需要确定操作权限功能。

11 大型综合安防系统宜采用多媒体技术，做到文字、动态报警信息、图表、图像、系统操作在同一套计算机上完成。

6.0.7 记录与回放设备的选型与设置应符合以下规定：

1 宜选用数字录像设备，并宜具备防篡改功能；其存储容量和回放的图像（和声音）质量应满足相关标准和管理使用要求。

2 在同一系统中，对于磁带录像机和记录介质的规格应一致。

3 录像设备应具有联动接口。

4 在录像的同时需要记录声音时，记录设备应能同步记录图像和声音，并可同步回放。

5 图像记录与查询检索设备宜设置在易于操作的位置。

6.0.8 数字视频音频设备的选型与设置应符合以下规定：

1 视频探测、传输、显示和记录等数字视频设备符合本规范第3.0.5条，第5.0.2条，第5.0.3条，第5.0.4条第2、8款，第5.0.5条，第5.0.6条，第5.0.10条的规定。

2 宜具有联网和远程操作、调用的能力。

3 数字视频音频处理设备，其分析处理的结果应与原有视频音频信号对应特征保持一致。其误判率应在可接受的范围内。

6.0.9 显示设备的选型与设置应符合以下规定：

1 选用满足现场条件和使用要求的显示设备。

2 显示设备的清晰度不应低于摄像机的清晰度，宜高出100TVL。

3 操作者与显示设备屏幕之间的距离宜为屏幕对角线的4～6倍，显示设备的屏幕尺寸宜为230mm到635mm。根据使用要求可选用大屏幕显示设备等。

4 显示设备的数量，由实际配置的摄像机数量和管理要求来确定。

5 在满足管理需要和保证图像质量的情况下，可进行多画面显示。多台显示设备同时显示时，宜安装在显示设备柜或电视墙内，以获取较好的观察效果。

6 显示设备的设置位置应使屏幕不受外界强光直射。当有不可避免的强光入射时,应采取相应避光措施。

7 显示设备的外部调节旋钮/按键应方便操作。

8 显示设备的设置应与监控中心的设计统一考虑,合理布局,方便操作,易于维修。

6.0.10 控制台的选型与设置应符合以下规定:

1 根据现场条件和使用要求,选用适合形式的控制台。

2 控制台的设计应满足人机工程学要求;控制台的布局、尺寸、台面及座椅的高度应符合现行国家标准《电子设备控制台的布局、形式和基本尺寸》GB 7269 的规定。

7 传输方式、线缆选型与布线

7.0.1 传输方式除应符合现行国家标准《安全防范工程技术规范》GB 50348 的相关规定外,对有安全保密要求的传输方式还应采取信号加密措施。

7.0.2 线缆选择除应符合现行国家标准《安全防范工程技术规范》GB 50348 的相关规定外,还应符合下列规定:

1 模拟视频信号宜采用同轴电缆,根据视频信号的传输距离、端接设备的信号适应范围和电缆本身的衰耗指标等确定同轴电缆的型号、规格;信号经差分处理,也可采用不劣于五类线性能的双绞线传输。

2 数字视频信号的传输按照数字系统的要求选择线缆。

3 根据线缆的敷设方式和途经环境的条件确定线缆型号、规格。

7.0.3 布线设计应符合现行国家标准《安全防范工程技术规范》GB 50348 的相关规定。

8 供电、防雷与接地

8.0.1 系统供电除应符合现行国家标准《安全防范工程技术规范》GB 50348 的相关规定外,还应符合以下规定:

1 摄像机供电宜由监控中心统一供电或由监控中心控制的电源供电。

2 异地的本地供电,摄像机和视频切换控制设备的供电宜为同相电源,或采取措施以保证图像同步。

3 电源供电方式应采用 TN-S 制式。

8.0.2 系统防雷与接地除应符合现行国家标准《安全防范工程技术规范》GB 50348 的相关规定外,还应符合下列规定:

1 采取相应隔离措施,防止地电位不等引起图像干扰。

2 室外安装的摄像机连接电缆宜采取防雷措施。

9 系统安全性、可靠性、电磁兼容性、环境适应性

9.0.1 系统安全性除应符合现行国家标准《安全防范工程技术规范》GB 50348 的相关规定外,还应符合以下规定:

1 具有视频丢失检测示警能力。

2 系统选用的设备不应引入安全隐患和对防护对象造成损害。

9.0.2 系统可靠性应符合现行国家标准《安全防范工程技术规范》GB 50348 的相关规定。

9.0.3 系统电磁兼容性应符合现行国家标准《安全防范工程技术规范》GB 50348 的相关规定,选用的控制、显示、记录、传输等主要设备的电磁兼容性应符合电磁兼容试验和测量技术系列标准的规定,其严酷等级应满足现场电磁环境的要求。

9.0.4 系统环境适应性应符合现行国家标准《安全防范工程技术规范》GB 50348 的相关规定。

10 监控中心

10.0.1 监控中心的设置应符合现行国家标准《安全防范工程技术规范》GB 50348 的相关规定。

10.0.2 对监控中心的门窗应采取防护措施。

10.0.3 监控中心宜设置独立设备间,保证监控中心的散热、降噪。

10.0.4 监控中心宜设置视频监控装置和出入口控制装置。

附录 A 设计流程与深度

A.1 设计流程

A.1.1 视频安防监控系统工程的设计应按照"设计任务书的编制—现场勘察—初步设计—方案论证—施工图设计文件的编制(正式设计)"的流程进行。

A.1.2 对于新建建筑的视频安防监控系统工程,建设单位应向视频安防监控系统设计单位提供有关建筑概况、电气和管槽路由等设计资料。

A.2 设计任务书的编制

A.2.1 视频安防监控系统工程设计前,建设单位应根据安全防范需求,提出设计任务书。

A.2.2 设计任务书应包括以下内容:

1 任务来源。

2 政府部门的有关规定和管理要求(含防护对

象的风险等级和防护级别)。
　　3　建设单位的安全管理现状与要求。
　　4　工程项目的内容和要求(包括功能需求、性能指标、监控中心要求、培训和维修服务等)。
　　5　建设工期。
　　6　工程投资控制数额及资金来源。

A.3　现场勘察

A.3.1　视频安防监控系统工程设计前,设计单位与建设单位应进行现场勘察,并编制现场勘察报告。
A.3.2　现场勘察应符合国家现行标准《安全防范工程技术规范》GB 50348的相关规定。

A.4　初步设计

A.4.1　初步设计的依据应包括以下内容:
　　1　相关法律法规和国家现行标准。
　　2　工程建设单位或其主管部门的有关管理规定。
　　3　设计任务书。
　　4　现场勘察报告、相关建筑图纸及资料。
A.4.2　初步设计应包括以下内容:
　　1　建设单位的需求分析与工程设计的总体构思(含防护体系的构架和系统配置)。
　　2　前端设备的布设及监控范围说明。
　　3　前端设备(包括摄像机、镜头、云台、防护罩等)的选型。
　　4　中心设备(包括控制主机、显示设备、记录设备等)的选型。
　　5　信号的传输方式、路由及管线敷设说明。
　　6　监控中心的选址、面积、温湿度、照明等要求和设备布局。
　　7　系统安全性、可靠性、电磁兼容性、环境适应性、供电、防雷与接地等的说明。
　　8　与其他系统的接口关系(如联动、集成方式等)。
　　9　系统建成后的预期效果说明和系统扩展性的考虑。
　　10　对人防、物防的要求和建议。
　　11　设计施工一体化企业应提供售后服务与技术培训的承诺。
A.4.3　初步设计文件应包括设计说明、设计图纸、主要设备材料清单和工程概算书。
A.4.4　初步设计文件的编制应包括以下内容:
　　1　设计说明应包括工程项目概述、布防策略、系统配置及其他必要的说明。
　　2　设计图纸应包括系统图、平面图、监控中心布局示意图及必要说明。
　　3　设计图纸应符合以下规定:
　　　　1)图纸应符合国家制图相关标准的规定,标题栏应完整、文字应准确、规范,应有相关人员签字,设计单位盖章;
　　　　2)图例应符合《安全防范系统通用图形符号》GA/T 74等国家现行相关标准的规定;
　　　　3)平面图应标明尺寸、比例和指北针;
　　　　4)在平面图中应包括设备名称、规格、数量和其他必要的说明。
　　4　系统图应包括以下内容:
　　　　1)主要设备类型及配置数量;
　　　　2)信号传输方式、系统主干的管槽线缆走向和设备连接关系;
　　　　3)供电方式;
　　　　4)接口方式(含与其他系统的接口关系);
　　　　5)其他必要的说明。
　　5　平面图应包括以下内容:
　　　　1)应标明监控中心的位置及面积;
　　　　2)应标明前端设备的布设位置、设备类型和数量等;
　　　　3)管线走向设计应对主干管路的路由等进行标注;
　　　　4)其他必要的说明。
　　6　对安装部位有特殊要求的,宜提供安装示意图等工艺性图纸。
　　7　监控中心布局示意图应包括以下内容:
　　　　1)平面布局和设备布置;
　　　　2)线缆敷设方式;
　　　　3)供电要求;
　　　　4)其他必要的说明。
　　8　主要设备材料清单应包括设备材料名称、规格、数量等。
　　9　按照工程内容,根据《安全防范工程费用预算编制办法》GA/T 70等国家现行相关标准的规定,编制工程概算书。

A.5　方案论证

A.5.1　工程项目签订合同、完成初步设计后,宜由建设单位组织相关人员对包括视频安防监控系统在内的安防工程初步设计进行方案论证。风险等级较高或建设规模较大的安防工程项目应进行方案论证。
A.5.2　方案论证应提交以下资料:
　　1　设计任务书。
　　2　现场勘察报告。
　　3　初步设计文件。
　　4　主要设备材料的型号、生产厂家、检验报告或认证证书。
A.5.3　方案论证应包括以下内容:
　　1　系统设计内容是否符合设计任务书的要求。
　　2　系统设计的总体构思是否合理。
　　3　设备选型是否满足现场适应性、可靠性的要求。
　　4　系统设备配置和监控中心的设置是否符合防

护级别的要求。

5 信号传输方式、路由和管线敷设方案是否合理。

6 系统安全性、可靠性、电磁兼容性、环境适应性、供电、防雷与接地是否符合相关标准的规定。

7 系统的可扩展性、接口方式是否满足使用要求。

8 初步设计文件是否符合 A.4.3 和 A.4.4 的规定。

9 建设工期是否符合工程现场的实际情况和满足建设单位的要求。

10 工程概算是否合理。

11 对于设计施工一体化企业，其售后服务承诺和培训内容是否可行。

A.5.4 方案论证应对 A.5.3 的内容做出评价，形成结论（通过、基本通过、不通过），提出整改意见，并由建设单位确认。

A.6 施工图设计文件编制

A.6.1 施工图设计文件编制的依据应包括以下内容：

1 初步设计文件。

2 方案论证中提出的整改意见和设计单位所做出的并经建设单位确认的整改措施。

A.6.2 施工图设计文件应包括设计说明、设计图纸、主要设备材料清单和工程预算书。

A.6.3 施工图设计文件的编制应符合以下规定：

1 施工图设计说明应对初步设计说明进行修改、补充、完善，包括设备材料的施工工艺说明、管线敷设说明等，并落实整改措施。

2 施工图纸应包括系统图、平面图、监控中心布局图及其必要说明，并应符合第 A.4.4 条第 3 款的规定。

3 系统图应在第 A.4.4 条第 4 款的基础上，充实系统配置的详细内容（如立管图等），标注设备数量，补充设备接线图，完善系统内的供电设计等。

4 平面图应包括以下内容：
1) 前端设备布防图应正确标明设备安装位置、安装方式和设备编号等，并列出设备统计表；
2) 前端设备布防图可根据需要提供安装说明和安装大样图；
3) 管线敷设图应标明管线的敷设安装方式、型号、路由、数量，末端出线盒的位置高度等；分线箱应根据需要，标明线缆的走向、端子号，并根据要求在主干线路上预留适当数量的备用线缆，并列出材料统计表；
4) 管线敷设图可根据需要提供管路敷设的局部大样图；
5) 其他必要的说明。

5 监控中心布局图应包括以下内容：
1) 监控中心的平面图应标明控制台和显示设备柜（墙）的位置、外形尺寸、边界距离等；
2) 根据人机工程学原理，确定控制台、显示设备、机柜以及相应控制设备的位置、尺寸；
3) 根据控制台、显示设备柜（墙）、设备机柜及操作位置的布置，标明监控中心内管线走向、开孔位置；
4) 标明设备连线和线缆的编号；
5) 说明对地板敷设、温湿度、风口、灯光等装修要求；
6) 其他必要的说明。

6 按照施工内容，根据《安全防范工程费用预算编制办法》GA/T 70 等国家现行相关标准的规定，编制工程预算书。

本规范用词说明

1 为便于在执行本规范条文时区别对待，对要求严格程度不同的用词说明如下：
1) 表示很严格，非这样做不可的用词：
正面词采用"必须"，反面词采用"严禁"。
2) 表示严格，在正常情况下均应这样做的用词：
正面词采用"应"，反面词采用"不应"或"不得"。
3) 表示允许稍有选择，在条件许可时首先应这样做的用词：
正面词采用"宜"，反面词采用"不宜"；
表示有选择，在一定条件下可以这样做的用词，采用"可"。

2 本规范中指明应按其他有关标准、规范执行的写法为"应符合……的规定"或"应按……执行"。

中华人民共和国国家标准

视频安防监控系统工程设计规范

GB 50395—2007

条 文 说 明

目 次

1 总则 …………………………………… 18—14
2 术语 …………………………………… 18—14
3 基本规定 ……………………………… 18—14
4 系统构成 ……………………………… 18—15
5 系统功能、性能设计 ………………… 18—15
6 设备选型与设置 ……………………… 18—16
7 传输方式、线缆选型与布线 ……… 18—18
8 供电、防雷与接地 ………………… 18—18
9 系统安全性、可靠性、电磁兼容性、
  环境适应性…………………………… 18—18
附录 A 设计流程与深度 ……………… 18—19

1 总 则

1.0.1 本条说明制订本规范的目的。

视频安防监控系统是安全技术防范系统中的主要子系统之一。本规范的制定是为了适应安全防范工程的实际需要，为了提高工程设计质量，为广大工程设计人员设计视频安防监控系统提供一个全国统一的、较为科学合理的设计规范，也为中介服务机构和政府监督管理部门提供方案论证、系统评估和监督检查的技术依据。

1.0.2 本规范是《安全防范工程技术规范》GB 50348的配套标准，是对GB 50348中关于视频安防监控系统工程通用性设计的补充和细化。

1.0.3 本条强调了工程建设的总体规划与协调。

1.0.4 视频安防监控系统的设计包括设备配置、设备控制及显示记录功能的要求都要符合各防护目标的风险等级和防护级别的要求，强调它的经济、实用、安全、可靠。

1.0.5 本条规定了本规范与其他有关规范的关系。

本规范是一个专业技术规范，其内容涉及范围广，在设计视频安防监控系统时，除本专业范围的技术要求应执行本规范规定外，还有一些属于本专业范围以外的涉及其他有关标准、规范的要求，应当执行有关标准、规范，而不能与之相抵触。这就保证各相关标准、规范之间的协调一致性。

2 术 语

2.0.11、2.0.12 介绍了模拟视频监控系统和数字视频监控系统的基本内涵。

使用视频光端机，由于其端对端的模拟视频输入/输出，即使其采用数字化通过光传输，通常也视为模拟视频设备。

数字视频监控系统通常采用网络摄像机，视频服务器，或使用具有网络传输功能的DVR。一般的，同一台数字视频设备可支持多用户的网络并发访问。

2.0.13 介绍了摄像机工作环境的重要指标。

2.0.14～2.0.20 介绍了与图像性能指标有关的几个重要概念。

2.0.15 本条文中的灰度级是指电视图像中，从最黑到最白之间能区别的亮度等级。

2.0.16 在数字图像处理中，采用按照一定规则丢弃中间图像帧的做法叫做抽帧，若图像帧丢弃方法不当，会造成重要信息丢失的问题，这种情形叫丢帧。抽帧方式记录的图像回放时，会使人感觉目标动作不连续。

"实时"这一词被大家广泛使用，在不同的场合所指有所不同，如实时显示表示要及时显示和显示的图像严格连续；如实时记录，则更强调记录图像的帧率为25fps；实时传输，则强调数据的传输延迟足够小。

3 基 本 规 定

3.0.3 本条说明了选定视频安防监控系统的设备、材料的重要原则，是强制性条款。为保证视频安防监控系统工作的可靠和稳定，其设备和材料要经过法定机构的检测或认证，使其性能满足有关规范和使用要求。这是确保设计效果的重要措施之一。

3.0.4 本条说明视频安防监控系统的制式应与我国的目前电视制式一致。

由于视频安防监控系统所采用的设备及传输和电视有很多一致的地方，如显示设备就可采用收监两用机，因此二者制式需要一致。模拟视频安防监控系统所处理的信号是基带信号。

3.0.5 系统兼容性和可扩展性是满足系统灵活配置和经济实用性的重要前提。

1 为使视频安防监控系统在设备上互相兼容，在连接端口层面上保持物理特性和输入输出信号特性的一致性是十分必要的。如模拟视频输入/输出阻抗及同轴电缆特性阻抗都以目前的模拟电视制式为准；音频复核设备的输入/输出阻抗符合一般线路的通常特性阻抗等。

2 视频安防监控系统由多种设备组成。这些设备也由多个生产厂家生产，因此，各设备之间只有在技术性能上互相兼容才能组成一个完整的系统。

3.0.6 本条说明了系统设计应考虑的因素，这些因素也是视频安防监控系统设计中经常遇到的，所以在现场勘察时要充分了解。

1 通过对设计需求分析确认，明确设计目标。

2 系统的技术功能要求来自于防护对象相应的风险等级和防护级别的要求及主管部门或者建设单位的具体要求，系统各组成设备要达到这些技术要求。

图像的显示和记录，特别是回放的图像质量要求直接反映视频安防监控系统质量结果。其监控效果和风险等级及防护级别有直接的关系。

3 环境条件包括风、雨、雪、雾及雷电等气候变化、环境照度、电磁场辐射等情况。为适应不同的使用环境，前端摄像机要有相应的保护措施，如防尘采用防护罩，室外全天候防护罩要有自动调节温度、防雨水、遮阳等措施；高温环境使用的摄像机要有降温冷却措施；水下摄像机要有防水密封措施；在易燃、易腐蚀等环境中使用的摄像机要采取相应保护措施。

前端设备的安装位置要结合平面图和现场勘察情况来确定实际效果，如安装面的状况，有无视线遮挡。

　　4　控制终端和系统建设的管理要求密切相关，如主控和分控的设置要求。

　　5　视频切换控制包括视频输入输出信号的接口容量、显示分配、切换要求（切换时间、切换顺序及切换方式要求等）。

　　6　根据安全防范系统设计要求，各子系统之间要达到联动关系，如入侵报警子系统、出入口控制子系统等都要求和视频安防监控子系统联动，这就要求视频安防监控子系统具备通信接口，其通信协议要和其他子系统相适应才能达到集成要求。

　　7　前端摄像设备产生的模拟视频图像信号是一个 6MHz 的基带信号（目前的制式）。一般来说，近距离（数百米以内）传输可用视频同轴电缆（双绞电缆传输注意实际效果和阻抗匹配转换，可用视频补偿放大器），长距离传输须采用光纤传输，无论是电缆还是光缆传输都要通过管路敷设，因此要结合环境条件和摄像机的分布选择路由，以达到既经济又满足传输要求的目的。在某些场合下，无法进行管路敷设（中间经山坡或机场跑道等无法逾越的障碍），可以采用无线传输，即把视频信号调制到微波载波上发送，接收端解调成视频信号再进行显示记录等。无线传输一般在可视距离范围内（否则要进行转发）。

　　总之，设备的功能要满足整个系统的功能，但不同档次的设备其价格相差甚远，因此要根据投资情况选用相应档次的设备。

3.0.7　本条说明了设计文件的规范化、标准化要求，这是保证设计质量的基本要求。

　　设计文件包括设计说明书、设计图纸、主要设备材料清单、工程概（预）算书四部分内容。在安防界，把整套设计文件一般合称为设计方案。

　　设计图纸应符合国家现行相关标准的规定；标题栏应完整、文字应准确，应有相关人员签字、设计单位盖章。图例应符合《安全防范系统通用图形符号》GA/T 74 等国家现行相关标准的规定。

　　对于高风险等级的单位或者有特别安全要求的视频安防监控系统工程设计应按照安全保密要求对文件进行分类管理。

4　系统构成

4.0.2　本条说明视频安防监控系统的结构模式。

　　视频安防监控系统设计应根据实际使用需要，结合现场分布特点和设备的性能，综合平衡选择适合的结构模式。

　　下述模式中，传输环节可以是普通同轴电缆、复用方式的射频电缆、光缆、无线微波，或者数字网络传输介质及相应接口设备等。

　　1　本款描述了监控点较少情形下的系统构成模式：监视器和摄像机简单对应。

　　2　本款描述了监控点较多但不要求数字视频传输情形下的系统构成模式：视频输出中至少有一路可进行视频图像的时序切换。

　　3　本款描述了大规模模拟方式情形下的系统构成模式：可以是多前端视频设备输入、多终端显示控制的矩阵切换控制视频图像。

　　摄像机为模拟式的，传输设备是普通的模拟视频传输系统，中心控制主机为矩阵切换控制系统。

　　4　本款描述了数字视频网络虚拟交换/切换的系统构成模式

　　将模拟摄像机功能与数字编码功能结合在一起，即为网络摄像机。数字交换传输网络可以是局域以太网，也可以是 DDN，SDH 等公共数字传输网络。数字编码设备在许多场合被 DVR 所取代，具有记录功能。

　　图中所述的数字编码设备仅对模拟视频信号进行数字视频音频转换。数字编码设备主要是指信源编码，一般为视频音频的压缩编码；数字解码设备主要指信宿解码，一般指数字视频音频的解码还原。

　　摄像机可以是模拟式的，也可以是数字式；模拟式的摄像机需经由数字视频转换设备转换为数字视频输出，且此设备通常位于接近摄像机安装位置的附近。在这种情形下，特别要求数据的原始完整性、实时性和及时响应性。

　　在更大规模的系统互联中，这里要求的视频数据的原始完整性，更多地体现为系统的物理空间安全和系统操作安全的要求。

　　若模拟摄像机按照模拟信号传输到监控中心，然后在中心接入到 DVR 等进行记录和显示，通常不认为是数字视频监控系统，因为这种情况没有很好地体现数字视频在传输等方面的特点和优势。

　　在数字组网模式中，由于智能视频技术和分布存储技术的发展，使得对数字视频的处理、控制和记录措施可以在前端、传输和显示的任何环节实施。由于软硬件运算能力的大幅提升、传输能力进一步提高及其造价的进一步降低，在数字视频音频系统中，集处理、记录、控制与采集或传输于一体的集成智能结构会进一步涌现。图中给出的仅是一个示意的逻辑结构。

5　系统功能、性能设计

5.0.1　本条说明了系统功能设计的基本要求。

　　摄像机的安装部位主要集中于建筑物内的人流、车流和物流的主要通道和活动区，在区域边界的通行门区域，重要物资或现金、物品、票据等的接待交割区，重要物资设备等存放区及其附

18—15

近，重要工作区，建筑物的外周界区，以及其他认为需要安装的部位。

5.0.3 本条强调了信号传输选择以安全和可靠为基本原则。

5.0.4

8 强调了数字视频系统中的实时监控图像的显示重建时间和图像反馈时间的及时性。由于数字视频数据在图像切换时，需要延迟一定时间重新刷新显示缓冲区的数据，这些新数据在传输也存在一定延时，这些延迟的时间构成了显示图像的重建时间。由于对现场遥控设备如遥控摄像机的控制要通过反馈图像来观察控制效果，所以必须在控制现场设备和图像观察之间有一个合理的时间均衡，以保持控制动作的协调性。

5.0.5 本条强调了视频图像质量的严格原始完整性，保证后端显示与现场实际情况的一致性。

图像的原始完整性，是图像的重要指标。如果在图像采集、传输、处理、记录和显示任何一个环节出现不完整的问题，例如在数字视频系统中，技术上极有可能通过改变某些图像数据，明明是黑的，却改为了红的，明明有个人在现场，在显示图像上却看不到这个人，破坏图像的有效性而失去观察和取证的意义。

5.0.7 视频存储能力（包括存储容量，记录/回放带宽等）和检索能力应能满足管理要求。

检索能力是指对记录图像信息能够以适宜的速度查询到目标信息的能力。

5.0.8 本条中的显示画面上的时间、日期，是指监视图像的当前时间、日期，或回放图像的记录时的时间、日期。

5.0.9 作为视频报警的重要应用，设备应能具有良好的可操作性。

5.0.10 本技术性能指标和图像质量的要求是视频安防监控系统基本指标，也是系统的最低指标要求，实际工程的指标要根据被监控目标的风险等级和防护级别及实际现场来确定。一般来说，低于这些要求就满足不了安全防范要求。

正常工作照明条件通常应理解为防护目标被监视时所对应的环境照度条件。

1 视频安防监控效果受光照条件、气候条件、目标主体对比度、光学镜头指标、摄像机灵敏度等因素的限制，因此系统指标只反映一个基本要求，每个系统都要根据实际效果的要求来调整。就拿回放来说，它和所监视的目标（特别是人体特征）的即时位置有关，虽然电视线很高，但如果因为距离过远，或者镜头焦距过短，而没有记录下脸部主要特征（可能是侧面或背面，也可能是目标部分的电视线数量过少），也不能有满意的效果，若增加安装摄像机的数量又将提高成本。所以一定要做好现场勘察工作，选择好最佳的配置参数。

2 对于数字视频的图像要求，在不同的应用场合会有不同的特别要求，例如对于柜员制的实时录像强调的记录帧率至少为25帧/秒·路，而对于一般的保安录像可以采用动态检测的记录图像，帧率动态可变，或设定为不小于6帧/秒·路的记录方式，但无论哪种帧率，每路图像的单幅图像的像素均不低于352×288。

一般的DVR应支持快速跳帧检索图像资料的能力。

3 对于视频图像的评价目前主要依赖于人的心理因素，起主要作用的有灰度、清晰度和信噪比等指标。但图像质量高不等于监控效果好。即使图像质量好，若存在上述所讲的无法显示需要的目标特征，图像也不能很好地反映监控目标的有效信息，那么其监控效果也并不好。因此，这里强调在显示屏上应能辨别防护区域内目标的特征，如人的体貌或车辆的特征、车牌等，显示程度应满足管理要求。

6 设备选型与设置

6.0.1 摄像机是对防护目标进行探测，并将光信号转变为可以传输的电信号的光电器件，是取得现场第一信息的关键环节，也是反映视频安防监控系统性能指标的主要设备之一。因此，摄像机的选择是至关重要的，重点强调摄像机对基本功能的有效性和环境的适应性、协调性的要求。

1 摄像机产生的图像信号经过传输、控制设备等在监视器上显示，无论是其清晰度或信噪比都将下降，而视频安防监控系统的图像质量最终体现在图像显示上。所以摄像机的性能指标要充分考虑到传输、控制过程的损失。

2 摄像机的灵敏度也就是说该摄像机能得到可用图像的最低照度。防护目标光信号先通过光学镜头聚焦到摄像机靶面上，光学镜头的通光量和最大相对孔径有关。到达摄像机靶面的图像光线照度远小于实际环境光线照度。因此，为了保证摄像机靶面实际接收到的照度，环境照度大约要不低于摄像机靶面处最低照度的50倍。在有条件的情况下，可以提高环境照度（如增加照明装置等）以满足摄像机的灵敏度的需要。一般来说，灵敏度高的摄像机价格也高，要注意选择性能价格比好的摄像机。

3 一般的，黑白摄像机的灵敏度比彩色摄像机高。当环境照度不高的场合，黑白摄像机能得到高清晰度图像（注意摄像机灵敏度指标和环境照度相对应）。当使用彩色摄像机，而环境照度达不到要求时，可以附加照明装置，要求光源照明均匀，其光线不能直射摄像机镜头，否则产生晕光，无法得到明晰的图像信号。在没有任何可见光线的场合，普通摄像机必须附加照明装置。

4 红外光是人眼不可见的光线，在不需要或不能暴露可见光照明或隐蔽安装的场合，安装对红外光敏感的摄像机可以得到清晰的视频图像。有些摄像机自带红外光源，并由照度开关来启闭红外光源，注意不要选用有红曝的光源。

5 当监视目标的环境照度不是一个较为稳定的情况，如户外的光照变化很大，而且光线方向也在变化，若用固定光圈摄像机，则图像信号将随着光线的变化而变化，无法清晰稳定地观察监视目标。自动电子快门可以根据光线强弱来自动调整光圈，背景光处理能将晕光部分滤掉，这样就能得到质量高的图像。当然更大的变化范围还需要镜头光圈的配合，而且注意环境光照度变化范围过大与低照度适应需考虑平衡问题，以避免发生视频输出不稳定的情况。

6 为了清楚地显示被监控目标特别是人物面貌，一般顺光观察（相对于摄像机视线方向与光源光线的投射方向一致）。逆光不易得到清晰图像，在图像中易产生晕光现象（特别是采用自动光圈镜头而使背景偏暗）。

7 前端摄像机安装部位可能在各种环境下，各处的温度湿度相差很大。如在室外安装，摄像机将经受春夏秋冬各个季节，白天晚上温差也大，白天阳光照射，冬天结冰，雨天淋雨等，而摄像机的工作条件适应范围窄，为适应这些气候条件，须将摄像机安装在防护罩中，防护罩内可根据各种气候的变化进行自动调整。防护罩对摄像机起到保护作用，可以防尘，户外防护罩起到使摄像机在各种外界气候条件下正常工作的作用。

8 本款推荐在系统中采用更新技术和更好性能的摄像机，但强调保证符合本规范第 3.0.5 条，第 5.0.2 条，5.0.3 条，第 5.0.4 条第 2、8 款，第 5.0.5 条，第 5.0.6 条，第 5.0.10 条的规定。

6.0.2 镜头的作用是将从监控目标来的光线聚焦到摄像机靶面上，以得到清晰的图像。

如何选择摄像机镜头，关系到对防护目标的监控效果，要考虑被摄物体大小；需综合考虑被摄物体的细节尺寸、物距（被摄物体距摄像镜头的距离）尺寸、所用摄像镜头的焦距数值、光学成像接收器（摄像机靶面）的尺寸、镜头及摄像机的分辨率等因素。若考虑到红外成像，还需要选择具有能够矫正红外聚焦偏差的镜头。

1 当镜头成像的像面尺寸大于摄像机靶面尺寸，则摄像机图像不可能将视场内图像全部反映出来；当镜头成像的像面尺寸小于摄像机靶面尺寸，则摄像机图像的周边是一个空白，图像不是满幅。本款说明了各种焦距镜头的使用场合。

镜头与摄像机的接口分 C 型和 CS 型，镜头与摄像机的接口应配套，才能达到最佳聚焦。

2 视频安防监控的效果主要是所监控目标的细节要求。一般来说细节要求越高，需要镜头的焦距越长，监控视场越小。而要求监控视场大时则要求镜头焦距短，相对地，物体或人细节就观察不清楚。

3 式中，f 近似等于像距；A 像场高/宽可用靶面纵向/横向尺寸代替，表示满屏幕显示时的图像高度或者水平宽度；A 与 H 应对应，即纵向尺寸和横向尺寸不能交叉对应，"高"对应"高"。变焦镜头的焦距范围应根据实际监视范围综合确定；L 近似等于物距。

在物理原理上，式中的 f 应为像距，但摄像机镜头通常都是使用在物距远大于像距和镜头焦距的情况下，物距通常为米级，而焦距通常为毫米级，根据下述的焦距公式，可以得出，像距通常非常接近于镜头的焦距，在近似计算中，可将像距直接代换为镜头焦距。

$$\frac{1}{f}=\frac{1}{u}+\frac{1}{v}$$

式中　f——镜头焦距；
　　　u——观察的物体的物距；
　　　v——物体所成像的像距。

6 对于有跟踪移动目标和搜索移动目标需要的变焦镜头，其控制变焦和聚焦的速度应与实际需要相协调，特别是目标移动速度和云台移动速度。

6.0.3 云台是承载摄像机及附属物的支持物，包括手动云台和全方位云台。云台的选择根据摄像机的安装角度以及承载物的重量等来决定，并对云台的转动性能（转动速度，稳定性和制动性能）有要求，使摄像机的现场适应性进一步增强。

6.0.4 室内防护罩主要用于防尘、防潮湿等，有的还起隐蔽作用，外形宜美观大方，且易于安装。室外防护罩一般应具有全天候防护功能（可防高温、低温、风沙、雨雪、凝霜等）内设自动调节温度、自动除霜装置，所具功能可依据实际使用环境的气候条件加以选择。防护罩的外形尺寸可以根据实际环境和摄像机镜头尺寸来决定。它是摄像机环境适应性的重要保证。

6.0.5 图像信号的传输效果直接影响到视频安防监控系统的质量，在确保传输质量的条件下，尽量采用经济实用的传输方式。传输方式的选定对整个系统的成功与否至关重要，通常其传输指标应高于系统的总体指标（如带宽、延迟时间、信噪比、平均无故障工作时间等），传输设备的质量应确保在传输带宽、载噪比和传输时延等方面的性能。

6.0.6 一般的，视频切换控制设备是视频监控系统的控制中心，它直接关系到整个系统的管理功能和操作控制水平，是人机界面的重要内容。

有的视频切换控制设备还具有对音频的控制功能，其矩阵切换功能可比对视频矩阵切换控制进行考虑。本条内容主要针对模拟视频主机控制设备提出的要求。数字视频监控系统主机的配置可参照其功能和性能要求。

6.0.7 本条说明记录手段可以根据实际应用需要和费用情况来选定，数字录像设备具有保存性好、回放效果好等特点，被越来越广泛地使用。

6.0.8 在视频探测、传输、显示和记录等环节，可以采用数字视频监控设备，但应符合本规范第3.0.5条，第5.0.2条，第5.0.3条，第5.0.4条第2、8款，第5.0.5条，第5.0.6条，第5.0.10条的要求；后端（含传输）数字设备对前端设备的控制应与现场图像的观察相协调，如云台的动作和观察图像的变化在跟踪目标时，不应出现明显超前或滞后的现象。

实时监视和控制等基本功能是视频安防监控系统的基本需要，是用于现场观察、控制的必须手段，因此，任何其他手段的增加，尤其是某些智能型的视频音频分析设备，这些设备甚至可以帮助值机人员解决大面积长时间观察搜查异常事件工作而引起的生理、心理疲劳等问题，但也不能代替这些功能的保持。

6.0.9 显示是视频安防监控系统图像信号的探测采集、传输、控制质量的客观反映，因此，显示设备的型号、规格要和视频安防监控系统规模相适应，如控制室的大小、视频输入的数量，一般来说，小系统、控制不大的场合选用较小屏幕，如14″～17″（1″=25.4mm）之间，而大系统、控制室面积大的场合选用21″以上，特别是作为主显示设备可以采用29″或34″等。同时，还要充分考虑值机人员对显示图像的观察的人机关系。

显示设备的性能指标（主要是清晰度）比摄像机高才能将摄像机的信号水平充分反映。由于专用显示设备的价格贵，只要能满足监控要求，可以选用具有视频输入端子的收监两用电视机。

显示设备的配置数量是根据视频控制器的输出路数及需要显示的图像情况，有些重点部位不参加时序切换就专用显示，参加时序的图像信号根据显示时间和时序数量来确定，这些都要根据实际管理需求来设定。

6.0.10 控制台是监控中心的主要设施之一。一般经常操作的各类键盘、控制开关及经常操作的设备都布置在台面上，因此控制台的设计不但要考虑各设备的安排要方便操作，布设合理美观，又要考虑到人机关系，操作员的舒适等要求，GB 7269《电子设备控制台的布局、形式和基本尺寸》说明了基本要求。

7 传输方式、线缆选型与布线

7.0.1 传输环节是保证系统内信号和能量传输有效性和可靠性的重要条件。对于有安全保密要求的使用场合，特别是通过公网或无线网络传输视频图像时，应考虑加密措施。

7.0.2 线缆传输中，同轴电缆作为传输模拟视频信号的主要线缆，应合理规划选型。

300m以内的视频信号传输距离，推荐选用SYV75-5的同轴电缆。

若为内部近距离一般为30m内的视频设备间互连，推荐采用SYV75-3-2的同轴电缆。

更远距离的视频信号传输，一般可以采用SYV75-7的同轴电缆，也可采用有源方式传输，如双绞线缆或光缆。

7.0.3 布线设计应充分考虑前端设备分布、线缆选型和管槽的路由分布情况，以利于施工，使用可靠，便于保护。线路路由的设计原则为传输效果最优，包括以下方面：

满足电磁兼容要求：线路的路由应充分满足传输信号不易受到干扰和防泄漏的要求。

长度最优：路由最短，符合节约材料和信号衰减小的经济原则。

建立必要的管槽防护：敷设路径安全可靠，符合系统的物理安全和抗电磁干扰原则。

另外，符合现行的施工规范的规定，这是保证施工质量的重要前提。

8 供电、防雷与接地

8.0.1 本条说明了对供电的基本要求。视频安防监控系统的主电源宜按一级或二级负荷来考虑。安装视频安防监控系统的场所均为重要建筑或场所，因此要确保正常供电。当发生停电或意外事故时要能启用备用电源，并自动切换。为了保护系统免受外来的雷电冲击等和系统的操作使用安全，应采用TN-S交流电供电系统。

8.0.2 由于视频安防监控系统的前端设备安装在高处（有些在户外），雷电易通过这些设备（摄像机、解码驱动盒等）引入，不但易击毁设备，也可能造成人身伤害，所以应将防雷措施列为重点考虑的问题。对于单纯电缆传输视频信号的视频安防监控系统应注意防止地电位不等而使图像受到干扰，应采取前端设备接地悬浮，单点接地或者光电隔离等措施。

室外高处主要是指那些不在建筑体防雷保护范围内的安装位置。

9 系统安全性、可靠性、电磁兼容性、环境适应性

9.0.1 系统的安全性不仅需要考虑外界对自身的破坏干扰所能承受的能力，还要考虑某些设备对周围

环境或被防护目标的影响。这在文物保护中，辅助光源的应用不能对文物产生损害。

附录 A 设计流程与深度

A.1 设计流程

A.1.1 本条说明设计流程的基本步骤。

由于历史原因，安防行业相对独立发展了很多年，形成了一些特定的术语和工作方法。一般来说，基于安全考虑，会对某些重要设计环节和资料提出保密的要求。

1 设计任务书。是工程建设方依据工程项目立项的可行性研究报告而编制的、对工程建设项目提出设计要求的技术文件。是工程招（投）标的重要文件之一，是设计方（或承建方）进行工程设计的重要依据之一。

2 现场勘察。在进行工程设计前，设计者对被防护对象的现场进行与系统设计相关的各方面情况的了解、调查和考察。

3 初步设计。工程设计方（或承建方）依据设计任务书（或工程合同书）、现场勘察报告和国家相关法律法规以及现行规范、标准的要求，对工程建设项目进行方案设计的活动。初步设计阶段所形成的技术文件应包括：设计说明、设计图纸、主要设备材料清单和工程概算书等。

在安防系统中，这个阶段比建设行业要求的设计深度会有所加深，并且由于安防产品的离散化特点，要求提供产品的供应厂家或者品牌信息，以便核实造价。

这个阶段的许多工作为建筑设计等其他专业设计的配合设计做了一个基本的准备。

4 方案论证。是建设方组织的对设计方（或承建方）编制的初步设计文件进行质量评价的一种评定活动。它是保证工程设计质量的一项重要措施。方案论证的评价意见是进行工程项目正式设计的重要依据之一。

5 正式设计。是设计方（或承建方）依据方案论证的评价结论和整改意见，对初步设计文件进行深化设计的一种设计活动。正式设计阶段所形成的技术文件应包括：设计说明（包含整改意见落实措施）、设计图纸、主要设备材料清单和工程预算书等。

这个阶段相当于建设行业施工图设计阶段。本规范中，称为施工图文件的编制。

A.1.2 建设单位提供的有关建筑概况、电气和管槽路由等设计资料是视频安防监控系统设计的重要依据，这为视频安防系统提出对新建建筑工程做好预埋预留提供重要的保证，是交流设计信息、确保工程设计可行性的重要环节。

A.2 设计任务书的编制

设计任务书是工程设计的依据。在视频安防监控系统工程建设之初通常由建设单位规划视频安防监控系统工程的规模、资金来源和实施计划，并编制设计任务书，也可委托具有编制能力的单位代为编制。

A.3 现场勘察

对于不同的建筑体（群），现场勘察的侧重点是有所区别的。

对于已有建筑进行的视频安防监控系统的建设，应按照一般原则逐一收集现场的各种相关信息，如原有管线敷设信息，建筑格局信息，安全管理的历史信息等。对于古建筑等需要保护的设施还需要特别了解协调安装的可行性问题。

对于新建建筑，强调对建筑设计资料的获取。应与建设单位充分沟通，了解未来使用的需求、周围的社情民意和自然环境，与建筑设计单位充分配合，确定好建筑格局和用途，做好管线综合和专业配合（如现场的照明设计信息、供电信息、装饰效果信息和其他安防系统信息等），做好预埋预留的设计工作，减少施工过程中的不必要拆改。

现场勘察报告应由建设单位和设计单位共同签署。

A.4 初步设计

A.4.1、A.4.2 这两条说明系统设计的基本工作思路或者工作内容。特别指出的是随着新建工程的大规模建设，安全技术防范系统工程设计需要直接对建筑设计（物防）和其后的保卫管理措施提出要求和建议，并尽可能满足安全保卫部门在设计前提出的管理要求，这也充分体现了人防、物防和技防相结合的原则。

在这里，特别强调总体构思的要求，这是全面规划、统筹设计的重要环节。一方面结合纵深防护体系的思想，针对现场建筑格局分布情况，合理设定摄像机的设置位置和配置数量；另一方面，还要根据现场分布特点，合理选择传输方式，从而进一步确认技术路线和系统配置。

特别针对高风险等级工程项目，应注意对视频安防监控系统的特别设计要求：如低照度，宽动态摄像机要求，摄像机的隐蔽协调安装等。

结合选定的视频安防监控系统设备的特点，对人防和物防提出一些合理化的建议，这是保证视频安防监控系统正常发挥效能的基本条件。以监控中心的设置为例，特别强调值班制度，提出对值机人员和系统管理员素质和数量的基本要求，监控中心防入侵措施与基本生活设施的配置，以及紧急情况下的应急预案等。

A.4.4

　　3　图纸应能对系统进行有效、准确的描述，并做到与文字说明相互印证和相互呼应，图文表的数据应一致，格式符合规范要求。图纸设计要以能够向审核者和施工者提供完整、明晰、准确的设计信息为目的，不强调几类几张图。

　　5　平面图通常包括前端设备布防图和管线走向图。管线走向设计应对主干管路的路由等进行设计标注，特别是安防管线通道的确定。

　　6　对于某些关键或者特异的安装场所，特别是需要其他专业如建筑装修等配合的情形，要特别指明安装方法，并提供相应的安装工艺示意图，以保证设计方案的可实施性。

　　7　监控中心的设计需在前期就提出与装修、暖通、强电和其他弱电专业的配合要求，以保证值机人员的工作环境。

　　8　主要设备材料清单的编制：从经济上对初步设计进行评估以达到系统的最佳性价比。

A.5　方 案 论 证

A.5.1　强调方案的论证、审核和批准，以保证设计方案的科学性和合理性。强调合同的签订，以确保方案实施主体的有效性，以便于落实后续的工作内容。

A.5.2　主要设备材料需要在初步设计的基础上，补充设备材料相应的生产厂家、检验报告或认证证书等资料，以便于评审者确定系统设计的可实施性。

A.5.3　在方案论证内容中，应充分考虑到一些高风险等级的单位要求，如文博系统对设备材料安装工艺、对实施的可行性、工程造价等给出较为详细的论证。

A.5.4　方案论证的结论可分为通过、基本通过、不通过，对初步设计的整改措施须由建设单位和设计单位确认。

A.6　施工图设计文件的编制（正式设计）

A.6.1　本条所列的依据，并不是设计依据的全部，但这是最关键的内容。

A.6.2　施工图设计文件的编制的主要内容体现了两个目的：

　　一是针对整改要求和更详细、准确的现场条件，修改、补充、细化初步设计文件的相关内容，确保设备安装的可行性和良好的使用效果（主要是观察效果），着重体现现场安装的可实施性。

　　二是结合系统构成和选用设备的特点，进行全面的图纸修改、补充、细化设计，确保系统的互联互通，着重体现系统配置的可实现性。

A.6.3　施工图设计文件的编制在原有初步设计文件的基础上，至少完善如下内容：

　　提供详细的各类图纸，特别需要增加安装大样图、设备连接关系图等。

　　管线敷设图也可以进一步分解为管路敷设图和线缆敷设图，以利于分阶段组织人员实施，同时保护有关安全信息。预留管线指的是并行预留敷设的管或者线的根数和规格，不是指长度的简单延伸。

　　按照施工图，编制的设备材料清单和工程预算书，是设备订货和工程实施的重要依据。

中华人民共和国国家标准

出入口控制系统工程设计规范

Code of design for access control systems engineering

GB 50396—2007

主编部门：中华人民共和国公安部
批准部门：中华人民共和国建设部
施行日期：2007年8月1日

中华人民共和国建设部
公 告

第 588 号

建设部关于发布国家标准
《出入口控制系统工程设计规范》的公告

现批准《出入口控制系统工程设计规范》为国家标准，编号为 GB 50396—2007，自 2007 年 8 月 1 日起实施。其中，第 3.0.3、5.1.7 (3)、6.0.2 (2)、7.0.4、9.0.1 (2) 条（款）为强制性条文，必须严格执行。

本规范由建设部标准定额研究所组织中国计划出版社出版发行。

中华人民共和国建设部
二〇〇七年三月二十一日

前 言

根据建设部建标〔2001〕87 号文件《关于印发"二〇〇〇至二〇〇一年度工程建设国家标准制订、修订计划"的通知》的要求，本规范编制组在认真总结我国出入口控制系统工程建设实践经验的基础上，参考国内外相关行业的工程技术标准，广泛征求国内相关技术专家和管理机构的意见，制定了本规范。

本规范是《安全防范工程技术规范》GB 50348 的配套标准，是安全防范系统工程建设的基础性标准之一，是保证安全防范工程建设质量、保护公民人身安全和国家、集体、个人财产安全的重要技术保障。

本规范共 10 章，主要内容包括：总则，术语，基本规定，系统构成，系统功能、性能设计，设备选型与设置，传输方式、线缆选型与布线，供电、防雷与接地，系统安全性、可靠性、电磁兼容性、环境适应性，监控中心。

本规范中黑体字标志的条文为强制性条文，必须严格执行。本规范由建设部负责管理和对强制性条文的解释，由公安部负责日常管理。本规范由全国安全防范报警系统标准化技术委员会（SAC/TC 100）负责具体技术内容的解释工作。在应用过程中如有需要修改和补充之处，请将意见和有关资料寄送全国安全防范报警系统标准化技术委员会秘书处（北京市海淀区首都体育馆南路一号，邮政编码：100044，电话：010-88512998，传 真：010-88513960，E-mail：tc100sjl@263.net）以供修订时参考。

本规范主编单位、参编单位和主要起草人员：

主 编 单 位：全国安全防范报警系统标准化技术委员会

参 编 单 位：北京艾克塞斯科技发展有限责任公司

北京天龙控制系统公司

主要起草人：朱 峰 刘希清 施巨岭 何培重

目　次

1　总则 …………………………………… 19—4
2　术语 …………………………………… 19—4
3　基本规定 ……………………………… 19—5
4　系统构成 ……………………………… 19—5
5　系统功能、性能设计 ………………… 19—7
　　5.1　一般规定 ……………………… 19—7
　　5.2　各部分功能、性能设计 ……… 19—8
6　设备选型与设置 ……………………… 19—8
7　传输方式、线缆选型与布线 ………… 19—8
8　供电、防雷与接地 …………………… 19—9
9　系统安全性、可靠性、电磁兼容性、
　　环境适应性 …………………………… 19—9
10　监控中心 ……………………………… 19—9
附录 A　设计流程与深度 ……………… 19—9
附录 B　系统防护等级分类 …………… 19—11
附录 C　常用识读设备选型要求 ……… 19—13
附录 D　常用执行设备选型要求 ……… 19—15
本规范用词说明 ………………………… 19—16
附：条文说明 …………………………… 19—17

1 总　则

1.0.1 为了规范出入口控制系统工程的设计，提高出入口控制系统工程的质量，保护公民人身安全和国家、集体、个人财产安全，制定本规范。

1.0.2 本规范适用于以安全防范为目的的新建、改建、扩建的各类建筑物（构筑物）及其群体的出入口控制系统工程的设计。

1.0.3 出入口控制系统工程的建设，应与建筑及其强、弱电系统的设计统一规划，根据实际情况，可一次建成，也可分步实施。

1.0.4 出入口控制系统应具有安全性、可靠性、开放性、可扩充性和使用灵活性，做到技术先进，经济合理，实用可靠。

1.0.5 出入口控制系统工程的设计，除应执行本规范外，尚应符合国家现行有关技术标准、规范的规定。

2 术　语

2.0.1 出入口控制系统　access control system (ACS)

利用自定义符识别或/和模式识别技术对出入口目标进行识别并控制出入口执行机构启闭的电子系统或网络。

2.0.2 目标　object

通过出入口且需要加以控制的人员和/或物品。

2.0.3 目标信息　object information

赋予目标或目标特有的、能够识别的特征信息。数字、字符、图形图像、人体生物特征、物品特征、时间等均可成为目标信息。

2.0.4 钥匙　key

用于操作出入口控制系统、取得出入权的信息和/或其载体。

钥匙所表征的信息可以具有表示人和/或物的身份、通行的权限、对系统的操作权限等单项或多项功能。

2.0.5 自定义特征信息识别

1 人员编码识别　human coding identification

通过编码识别（输入）装置获取目标人员的个人编码信息的一种识别。

2 物品编码识别　article coding identification

通过编码识别（输入）装置读取目标物品附属的编码载体而对该物品信息的一种识别。

2.0.6 模式特征信息识别

1 人体生物特征信息　human body biologic characteristic

目标人员个体与生俱有的、不可模仿或极难模仿的那些体态特征信息或行为，且可以被转变为目标独有特征的信息。

2 人体生物特征信息识别　human body biologic characteristic identification

采用生物测定（统计）学方法，获取目标人员的生物特征信息并对该信息进行的识别。

3 物品特征信息　article characteristic

目标物品特有的物理、化学等特性且可被转变为目标独有特征的信息。

4 物品特征信息识别　article characteristic identification

通过辨识装置对预定物品特征信息进行的识别。

2.0.7 密钥、密钥量与密钥差异　key-code, amount of key-code, difference of key-code

可以构成单个钥匙的目标信息即为密钥。

系统理论上可具有的所有钥匙所表征的全体密钥数量即为系统密钥量。如果某系统具有不同种类的、权限并重的钥匙，则分别计算各类钥匙的密钥量，取其中密钥量最低的作为系统的密钥量。

构成单个钥匙的目标信息之间的差别即为密钥差异。

2.0.8 钥匙的授权　key authorization

准许某系统中某种或某个、某些钥匙的操作。

2.0.9 误识　false identification

系统将某个钥匙识别为该系统其他钥匙，包括误识进入和误识拒绝，通常以误识率表示。

2.0.10 拒认　refuse identification

系统对某个经正常操作的本系统钥匙未做出识别响应，通常以拒认率表示。

2.0.11 识读现场　identification locale

对钥匙进行识读的场所和/或环境。

2.0.12 识读现场设备　locale identify equipment

在识读现场的、出入目标可以接触到的、有防护面的设备（装置）。

2.0.13 防护面　protection surface

设备完成安装后，在识读现场可能受到人为被破坏或被实施技术开启，因而需加以防护的设备的结构面。

2.0.14 防破坏能力　anti destroyed ability

在系统完成安装后，具有防护面的设备（装置）抵御专业技术人员使用规定工具实施破坏性攻击，即出入口不被开启的能力（以抵御出入口被开启所需要的净工作时间表示）。

2.0.15 防技术开启能力　anti technical opened ability

在系统完成安装后，具有防护面的设备（装置）抵御专业技术人员使用规定工具实施技术开启（如各种试探、扫描、模仿、干扰等方法使系统误识或误动作而开启），即出入口不被开启的能力（以抵御出入口被开启所需要的净工作时间表示）。

2.0.16 复合识别 combination identification

系统对某目标的出入行为采用两种或两种以上的信息识别方式并进行逻辑相与判断的一种识别方式。

2.0.17 防目标重入 anti pass-back

能够限制经正常操作已通过某出入口的目标，未经正常通行轨迹而再次操作又通过该出入口的一种控制方式。

2.0.18 多重识别控制 multi-identification control

系统采用某一种识别方式，需同时或在约定时间内对两个或两个以上目标信息进行识别后才能完成对某一出入口实施控制的一种控制方式。

2.0.19 异地核准控制 remote approve control

系统操作人员（管理人员）在非识读现场（通常是控制中心）对虽能通过系统识别、允许出入的目标进行再次确认，并针对此目标遥控关闭或开启某出入口的一种控制方式。

2.0.20 受控区、同级别受控区、高级别受控区 controlled area, the same level controlled area, high level controlled area

如果某一区域只有一个（或同等作用的多个）出入口，则该区域视为这一个（或这些）出入口的受控区，即：某一个（或同等作用的多个）出入口所限制出入的对应区域，就是它（它们）的受控区。

具有相同出入限制的多个受控区，互为同级别受控区。

具有比某受控区的出入限制更为严格的其他受控区，是相对于该受控区的高级别受控区。

3 基本规定

3.0.1 出入口控制系统工程的设计应符合国家现行标准《安全防范工程技术规范》GB 50348 和《出入口控制系统技术要求》GA/T 394 的相关规定。

3.0.2 出入口控制系统的工程设计应综合应用编码与模式识别、有线/无线通讯、显示记录、机电一体化、计算机网络、系统集成等技术，构成先进、可靠、经济、适用、配套的出入口控制应用系统。

3.0.3 出入口控制系统中使用的设备必须符合国家法律法规和现行强制性标准的要求，并经法定机构检验或认证合格。

3.0.4 出入口控制系统工程的设计，应符合下列要求：

1 根据防护对象的风险等级和防护级别、管理要求、环境条件和工程投资等因素，确定系统规模和构成；根据系统功能要求、出入目标数量、出入权限、出入时间段等因素来确定系统的设备选型与配置。

2 出入口控制系统的设置必须满足消防规定的紧急逃生时人员疏散的相关要求。

3 供电电源断电时系统闭锁装置的启闭状态应满足管理要求。

4 执行机构的有效开启时间应满足出入口流量及人员、物品的安全要求。

5 系统前端设备的选型与设置，应满足现场建筑环境条件和防破坏、防技术开启的要求。

6 当系统与考勤、计费及目标引导（车库）等一卡通联合设置时，必须保证出入口控制系统的安全性要求。

3.0.5 系统兼容性应满足设备互换的要求，系统可扩展性应满足简单扩容和集成的要求。

3.0.6 出入口控制系统工程的设计流程与深度应符合附录 A 的规定。设计文件应准确、完整、规范。

4 系统构成

4.0.1 出入口控制系统主要由识读部分、传输部分、管理/控制部分和执行部分以及相应的系统软件组成。系统有多种构建模式，可根据系统规模、现场情况、安全管理要求等，合理选择。

4.0.2 出入口控制系统按其硬件构成模式可分为以下型式：

1 一体型：出入口控制系统的各个组成部分通过内部连接、组合或集成在一起，实现出入口控制的所有功能（图 4.0.2-1）。

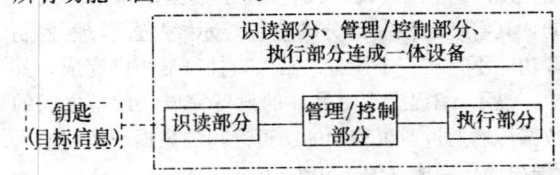

图 4.0.2-1 一体型产品组成

2 分体型：出入口控制系统的各个组成部分，在结构上有分开的部分，也有通过不同方式组合的部分。分开部分与组合部分之间通过电子、机电等手段连成为一个系统，实现出入口控制的所有功能〔图 4.0.2-2（a）、（b）〕。

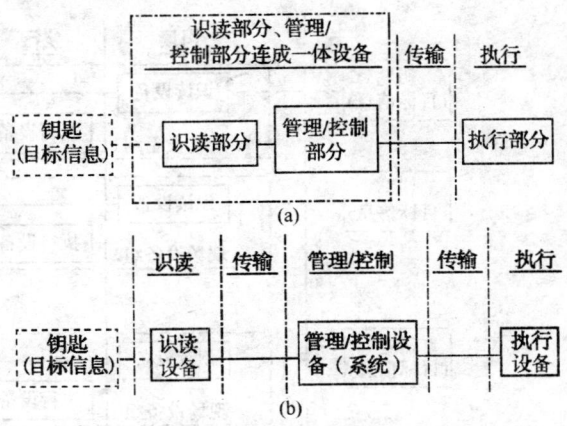

图 4.0.2-2 分体型结构组成
(a) 分体型结构组成之一；(b) 分体型结构组成之二

4.0.3 出入口控制系统按其管理/控制方式可分为以下型式：

1 独立控制型：出入口控制系统，其管理与控制部分的全部显示/编程/管理/控制等功能均在一个设备（出入口控制器）内完成（图4.0.3-1）。

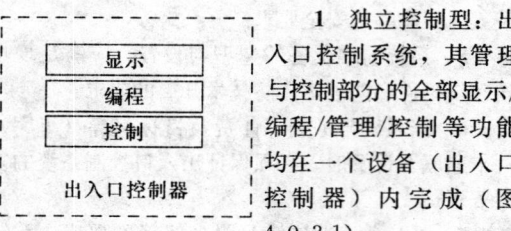

图 4.0.3-1 独立控制型组成

2 联网控制型：出入口控制系统，其管理与控制部分的全部显示/编程/管理/控制功能不在一个设备（出入口控制器）内完成。其中，显示/编程功能由另外的设备完成。设备之间的数据传输通过有线和/或无线数据通道及网络设备实现（图4.0.3-2）。

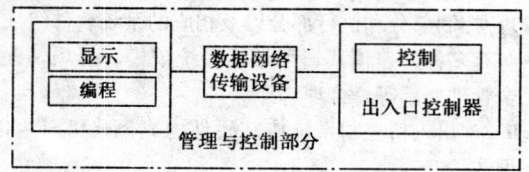

图 4.0.3-2 联网控制型组成

3 数据载体传输控制型：出入口控制系统与联网型出入口控制系统区别仅在于数据传输的方式不同，其管理与控制部分的全部显示/编程/管理/控制等功能不是在一个设备（出入口控制器）内完成。其中，显示/编程工作由另外的设备完成。设备之间的数据传输通过对可移动的、可读写的数据载体的输入/导出操作完成（图4.0.3-3）。

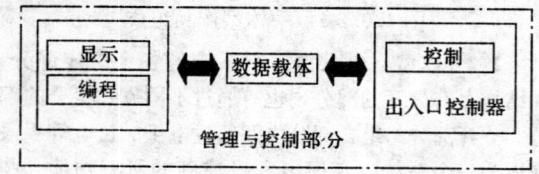

图 4.0.3-3 数据载体传输控制型组成

4.0.4 出入口控制系统按现场设备连接方式可分为以下型式：

1 单出入口控制设备：仅能对单个出入口实施控制的单个出入口控制器所构成的控制设备（图4.0.4-1）。

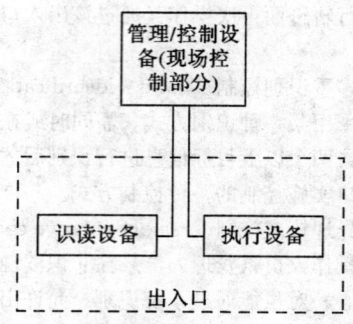

图 4.0.4-1 单出入口控制设备型组成

2 多出入口控制设备：能同时对两个以上出入口实施控制的单个出入口控制器所构成的控制设备（图4.0.4-2）。

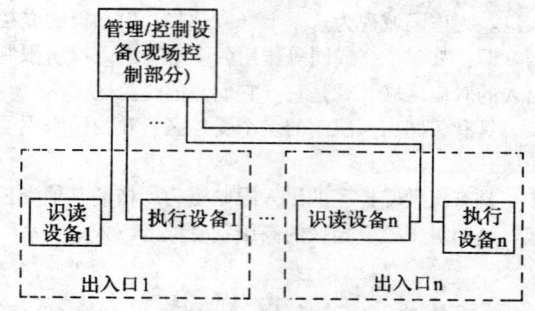

图 4.0.4-2 多出入口控制设备型组成

4.0.5 出入口控制系统按联网模式可分为以下型式：

1 总线制：出入口控制系统的现场控制设备通过联网数据总线与出入口管理中心的显示、编程设备相连，每条总线在出入口管理中心只有一个网络接口（图4.0.5-1）。

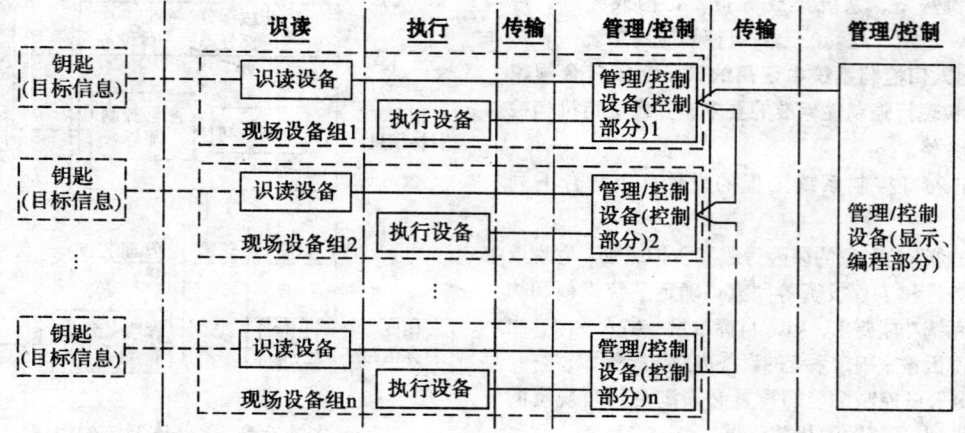

图 4.0.5-1 总线制系统组成

2 环线制：出入口控制系统的现场控制设备通过联网数据总线与出入口管理中心的显示、编程设备相连，每条总线在出入口管理中心有两个网络接口，当总线有一处发生断线故障时，系统仍能正常工作，并可探测到故障的地点（图4.0.5-2）。

3 单级网：出入口控制系统的现场控制设备与出入口管理中心的显示、编程设备的连接采用单一联网结构（图4.0.5-3）。

4 多级网：出入口控制系统的现场控制设备与出入口管理中心的显示、编程设备的连接采用两级以上串联的联网结构，且相邻两级网络采用不同的网络协议（图4.0.5-4）。

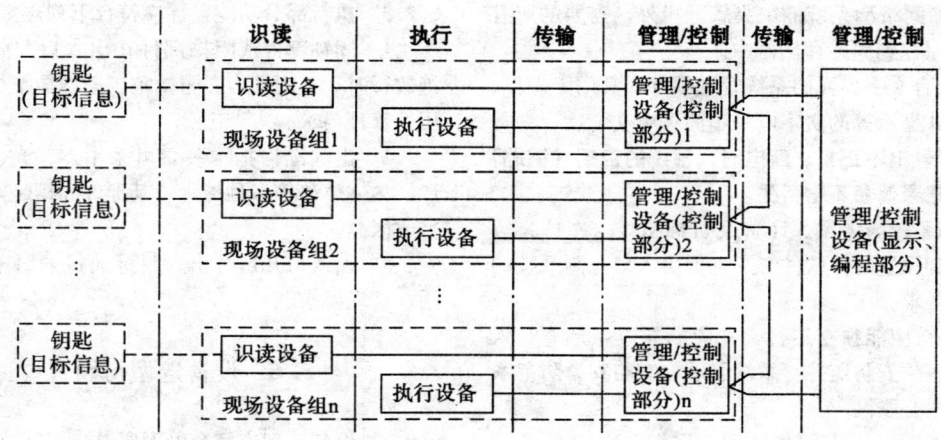

图 4.0.5-2 环线制系统组成

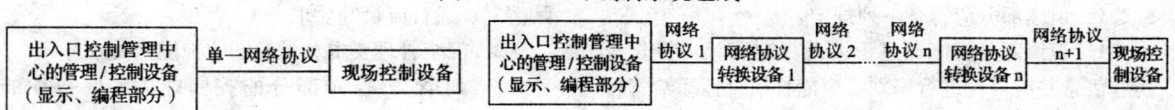

图 4.0.5-3 单级网系统组成示意图

图 4.0.5-4 多级网系统组成

5 系统功能、性能设计

5.1 一般规定

5.1.1 系统的防护能力由所用设备的防护面外壳的防护能力、防破坏能力、防技术开启能力以及系统的控制能力、保密性等因素决定。系统设备的防护能力由低到高分为A、B、C三个等级，分级方法宜符合附录B的规定。

5.1.2 系统响应时间应符合下列规定：
 1 系统的下列主要操作响应时间应不大于2s。
  1）在单级网络的情况下，现场报警信息传输到出入口管理中心的响应时间。
  2）除工作在异地核准控制模式外，从识读部分获取一个钥匙的完整信息始至执行部分开始启闭出入口动作的时间。
  3）在单级网络的情况下，操作（管理）员从出入口管理中心发出启闭指令始至执行部分开始启闭出入口动作的时间。
  4）在单级网络的情况下，从执行异地核准控制后到执行部分开始启闭出入口动作的时间。
 2 现场事件信息经非公共网络传输到出入口管理中心的响应时间应不大于5s。

5.1.3 系统计时、校时应符合下列规定：
 1 非网络型系统的计时精度应小于5s/d；网络型系统的中央管理主机的计时精度应小于5s/d，其他的与事件记录、显示及识别信息有关的各计时部件的计时精度应小于10s/d。
 2 系统与事件记录、显示及识别信息有关的计时部件应有校时功能；在网络型系统中，运行于中央管理主机的系统管理软件每天宜设置向其他的与事件记录、显示及识别信息有关的各计时部件校时功能。

5.1.4 系统报警功能分为现场报警、向操作（值班）员报警、异地传输报警等。报警信号应为声光提示。

5.1.5 在发生以下情况时，系统应报警：
 1 当连续若干次（最多不超过5次，具体次数应在产品说明书中规定）在目标信息识读设备或管理与控制部分上实施错误操作时；
 2 当未使用授权的钥匙而强行通过出入口时；
 3 当未经正常操作而使出入口开启时；
 4 当强行拆除和/或打开B、C级的识读现场装置时；
 5 当B、C级的主电源被切断或短路时；
 6 当C级的网络型系统的网络传输发生故障时。

5.1.6 系统应具有应急开启功能，可采用下列方法：

1 使用制造厂特制工具采取特别方法局部破坏系统部件后，使出入口应急开启，且可迅速修复或更换被破坏部分。

2 采取冗余设计，增加开启出入口通路（但不得降低系统的各项技术要求）以实现应急开启。

5.1.7 软件及信息保存应符合下列规定：

1 除网络型系统的中央管理机外，需要的所有软件均应保存到固态存储器中。

2 具有文字界面的系统管理软件，其用于操作、提示、事件显示等的文字应采用简体中文。

3 当供电不正常、断电时，系统的密钥（钥匙）信息及各记录信息不得丢失。

4 当系统与考勤、计费及目标引导（车库）等一卡通联合设置时，软件必须确保出入口控制系统的安全管理要求。

5.1.8 系统应能独立运行，并应能与电子巡查、入侵报警、视频安防监控等系统联动，宜与安全防范系统的监控中心联网。

5.2 各部分功能、性能设计

5.2.1 识读部分应符合下列规定：

1 识读部分应能通过识读现场装置获取操作及钥匙信息并对目标进行识别，应能将信息传递给管理与控制部分处理，宜能接受管理与控制部分的指令。

2 "误识率"、"识读响应时间"等指标，应满足管理要求。

3 对识读装置的各种操作和接受管理/控制部分的指令等，识读装置应有相应的声和/或光提示。

4 识读装置应操作简便，识读信息可靠。

5.2.2 管理/控制部分应符合下列规定：

1 系统应具有对钥匙的授权功能，使不同级别的目标对各个出入口有不同的出入权限。

2 应能对系统操作（管理）员的授权、登录、交接进行管理，并设定操作权限，使不同级别的操作（管理）员对系统有不同的操作能力。

3 事件记录：

1) 系统能将出入事件、操作事件、报警事件等记录存储于系统的相关载体中，并能形成报表以备查看。

2) 事件记录应包括时间、目标、位置、行为。其中时间信息应包含：年、月、日、时、分、秒，年应采用千年记法。

3) 现场控制设备中的每个出入口记录总数：A级不小于32条，B、C级不小于1000条。

4) 中央管理主机的事件存储载体，应至少能存储不少于180d的事件记录，存储的记录应保持最新的记录值。

5) 经授权的操作（管理）员可对授权范围内的事件记录、存储于系统相关载体中的事件信息，进行检索、显示和/或打印，并可生成报表。

4 与视频安防监控系统联动的出入口控制系统，应在事件查询的同时，能回放与该出入口相关联的视频图像。

5.2.3 执行部分功能设计应符合下列规定：

1 闭锁部件或阻挡部件在出入口关闭状态和拒绝放行时，其闭锁力、阻挡范围等性能指标应满足使用、管理要求。

2 出入准许指示装置可采用声、光、文字、图形、物体位移等多种指示。其准许和拒绝两种状态应易于区分。

3 出入口开启时出入目标通过的时限应满足使用、管理要求。

6 设备选型与设置

6.0.1 设备选型应符合以下要求：

1 防护对象的风险等级、防护级别、现场的实际情况、通行流量等要求。

2 安全管理要求和设备的防护能力要求。

3 对管理/控制部分的控制能力、保密性的要求。

4 信号传输条件的限制对传输方式的要求。

5 出入目标的数量及出入口数量对系统容量的要求。

6 与其他子系统集成的要求。

6.0.2 设备的设置应符合下列规定：

1 识读装置的设置应便于目标的识读操作。

2 **采用非编码信号控制和/或驱动执行部分的管理与控制设备，必须设置于该出入口的对应受控区、同级别受控区或高级别受控区内。**

6.0.3 设备选型宜符合附录B、附录C、附录D的要求。

7 传输方式、线缆选型与布线

7.0.1 传输方式除应符合现行国家标准《安全防范工程技术规范》GB 50348的有关规定外，还应考虑出入口控制点位分布、传输距离、环境条件、系统性能要求及信息容量等因素。

7.0.2 线缆的选型除应符合现行国家标准《安全防范工程技术规范》GB 50348的有关规定外，还应符合下列规定：

1 识读设备与控制器之间的通信用信号线宜采用多芯屏蔽双绞线。

2 门磁开关及出门按钮与控制器之间的通信用信号线，线芯最小截面积不宜小于$0.50mm^2$。

3 控制器与执行设备之间的绝缘导线,线芯最小截面积不宜小于 0.75mm²。

4 控制器与管理主机之间的通讯用信号线宜采用双绞铜芯绝缘导线,其线径根据传输距离而定,线芯最小截面积不宜小于 0.50mm²。

7.0.3 布线设计应符合现行国家标准《安全防范工程技术规范》GB 50348 的有关规定。

7.0.4 执行部分的输入电缆在该出入口的对应受控区、同级别受控区或高级别受控区外的部分,应封闭保护,其保护结构的抗拉伸、抗弯折强度应不低于镀锌钢管。

8 供电、防雷与接地

8.0.1 供电设计除应符合现行国家标准《安全防范工程技术规范》GB 50348 的有关规定外,还应符合下列规定:

1 主电源可使用市电或电池。备用电源可使用二次电池及充电器、UPS电源、发电机。如果系统的执行部分为闭锁装置,且该装置的工作模式为断电开启,B、C级的控制设备必须配置备用电源。

2 当电池作为主电源时,其容量应保证系统正常开启 10000 次以上。

3 备用电源应保证系统连续工作不少于 48h,且执行设备能正常开启 50 次以上。

8.0.2 防雷与接地除应符合现行国家标准《安全防范工程技术规范》GB 50348 的相关规定外,还应符合下列规定:

1 置于室外的设备宜具有防雷保护措施。

2 置于室外的设备输入、输出端口宜设置信号线路浪涌保护器。

3 室外的交流供电线路、控制信号线路宜有金属屏蔽层并穿钢管埋地敷设,钢管两端应接地。

9 系统安全性、可靠性、电磁兼容性、环境适应性

9.0.1 系统安全性设计除应符合现行国家标准《安全防范工程技术规范》GB 50348 的有关规定外,还应符合下列规定:

1 系统的任何部分、任何动作以及对系统的任何操作不应对出入目标及现场管理、操作人员的安全造成危害。

2 系统必须满足紧急逃生时人员疏散的相关要求。当通向疏散通道方向为防护面时,系统必须与火灾报警系统及其他紧急疏散系统联动,当发生火警或需紧急疏散时,人员不使用钥匙应能迅速安全通过。

9.0.2 系统可靠性设计应符合现行国家标准《安全防范工程技术规范》GB 50348 的有关规定。

9.0.3 系统电磁兼容性设计应符合现行国家标准《安全防范工程技术规范》GB 50348 的有关规定,并符合现场电磁环境的要求。

9.0.4 系统环境适应性设计应符合现行国家标准《安全防范工程技术规范》GB 50348 的有关规定,并符合现场地域环境的要求。

10 监控中心

10.0.1 监控中心应符合现行国家标准《安全防范工程技术规范》GB 50348 的有关规定。

10.0.2 当出入口控制系统与安全防范系统的其他子系统联合设置时,中心控制设备应设置在安全防范系统的监控中心。

10.0.3 当出入口控制系统的监控中心不是系统最高级别受控区时,应加强对管理主机、网络接口设备、网络线缆的保护,应有对监控中心的监控录像措施。

附录 A 设计流程与深度

A.1 设计流程

A.1.1 出入口控制系统工程的设计应按照"设计任务书的编制—现场勘察—初步设计—方案论证—施工图设计文件的编制(正式设计)"的流程进行。

A.1.2 对于新建建筑的出入口控制系统工程,建设单位应向出入口控制系统设计单位提供有关建筑概况、电气和管槽路由等设计资料。

A.2 设计任务书的编制

A.2.1 出入口控制系统工程设计前,建设单位应根据安全防范需求,提出设计任务书。

A.2.2 设计任务书应包括以下内容:

1 任务来源。

2 政府部门的有关规定和管理要求(含防护对象的风险等级和防护级别)。

3 建设单位的安全管理现状与要求。

4 工程项目的内容和要求(包括功能需求、性能指标、监控中心要求、培训和维修服务等)。

5 建设工期。

6 工程投资控制数额及资金来源。

A.3 现场勘察

除应符合《安全防范工程技术规范》GB 50348 的有关规定外,还应仔细了解各受控区的位置及其出入限制级别;了解每个受控区各出入口的现场情况;执行部分需采用闭锁部件的还应了解其被控对象(如:通道门体)的结构情况。

A.4 初步设计

A.4.1 初步设计的依据应包括以下内容:
1 相关法律法规和国家现行标准。
2 工程建设单位或其主管部门的有关管理规定。
3 设计任务书。
4 现场勘察报告、相关建筑图纸及资料。

A.4.2 初步设计应包括以下内容:
1 建设单位的需求分析与工程设计的总体构思（含防护体系的构架和系统配置）。
2 受控区域的划分，现场设备的布设与选型。
3 根据安全管理要求及现场勘察记录，制订每个出入口的识读模式、控制方案，选定执行部件，明确控制管理模式（单/双向控制、目标防重入、复合识别、多重识别、防胁迫、异地核准等）。
4 防护对象现场情况的分析与传输方式——路由——管线敷设方案。
5 监控中心的选址与设计方案。
6 系统安全性、可靠性、电磁兼容性、环境适应性、供电、防雷与接地等的说明。
7 火灾等紧急情况发生时人员疏散通道的控制方案。
8 与其他系统的接口关系（如联动、集成方式等）。
9 系统建成后的预期效果说明和系统扩展性的考虑。
10 对人防、物防的要求。
11 设计施工一体化企业应提供售后服务与技术培训承诺。

A.4.3 初步设计文件应包括设计说明、设计图纸、主要设备器材清单和工程预算书。

A.4.4 初步设计文件的编制应包括以下内容:
1 设计说明应包括工程项目概述、系统配置、受控区分布及其他必要的说明。
2 设计图纸应包括系统图、平面图、监控中心布局示意图及必要说明。
3 设计图纸应符合以下规定:
   1) 图纸应符合国家制图相关标准的规定，标题栏应完整，文字应准确、规范，应有相关人员签字，设计单位盖章;
   2) 图例应符合《安全防范系统通用图形符号》GA/T 74等国家现行相关标准的规定;
   3) 在平面图中应标明尺寸、比例和指北针;
   4) 在平面图中应包括设备名称、规格、数量和其他必要的说明。
4 系统图应包括以下内容:
   1) 主要设备类型及配置数量;
   2) 信号传输方式、系统主干的管槽线缆走向和设备连接关系;
   3) 供电方式;
   4) 接口方式（含与其他系统的接口关系）;
   5) 其他必要的说明。
5 平面图应包括以下内容:
   1) 应标明监控中心的位置及面积;
   2) 应标明前端设备的布设位置、设备类型和数量等;
   3) 管线走向设计应对主干管路的路由等进行标注;
   4) 其他必要的说明。
6 对安装部位有特殊要求的，宜提供安装示意图等工艺性图纸。
7 监控中心布局示意图应包括以下内容:
   1) 平面布局和设备布置;
   2) 线缆敷设方式;
   3) 供电要求;
   4) 其他必要的说明。
8 主要设备材料清单应包括设备材料名称、规格、数量等。
9 按照工程内容，根据《安全防范工程费用预算编制办法》GA/T 70等国家现行相关标准的规定，编制工程概算书。

A.5 方案论证

A.5.1 工程项目签订合同、完成初步设计后，宜由建设单位组织相关人员对包括出入口控制系统在内的安防工程初步设计进行方案论证。风险等级较高或建设规模较大的安防工程项目应进行方案论证。

A.5.2 方案论证应提交以下资料:
1 设计任务书。
2 现场勘察报告。
3 初步设计文件。
4 主要设备材料的型号、生产厂家、检验报告或认证证书。

A.5.3 方案论证应包括以下内容:
1 系统设计是否符合设计任务书的要求。
2 系统设计的总体构思是否合理。
3 设备选型是否满足现场适应性、可靠性的要求。
4 系统设备配置和监控中心的设置是否符合防护级别的要求。
5 信号的传输方式、路由和线缆敷设是否合理。
6 系统安全性、可靠性、电磁兼容性、环境适应性、供电、防雷与接地是否符合相关标准的规定。
7 系统的可扩展性、接口方式是否满足使用要求。
8 初步设计文件是否符合A.4.3和A.4.4的规定。
9 建设工期是否符合工程现场的实际情况和满足

建设单位的要求。

10 工程概算是否合理。

11 对于设计施工一体化企业，其售后服务承诺和培训内容是否可行。

A.5.4 方案论证应对A.5.3的内容做出评价，形成结论（通过、基本通过、不通过），提出整改意见，并由建设单位确认。

A.6 施工图设计文件的编制（正式设计）

A.6.1 施工图设计文件编制的依据应包括以下内容：

1 初步设计文件。

2 方案论证中提出的整改意见和设计单位所做出的并经建设单位确认的整改措施。

A.6.2 施工图设计文件应包括设计说明、设计图纸、主要设备材料清单和工程预算书。

A.6.3 施工图设计文件的编制应符合以下规定：

1 施工图设计说明应对初步设计说明进行修改、补充、完善，包括设备材料的施工工艺说明、管线敷设说明等，并落实整改措施。

2 施工图纸应包括系统图、平面图、监控中心布局图及其必要说明，并应符合第A.4.4条第3款的规定。

3 系统图应在第A.4.4条第4款的基础上，充实系统配置的详细内容（如立管图等），标注设备数量，补充设备接线图，完善系统内的供电设计等。

4 平面图应包括以下内容：

1）前端设备布防图应正确标明设备安装位置、安装方式和设备编号等，并列出设备统计表；

2）前端设备布防图可根据需要提供安装说明和安装大样图；

3）管线敷设图应标明管线的敷设安装方式、型号、路由、数量，末端出线盒的位置高度等；分线箱应根据需要，标明线缆的走向、端子号，并根据要求在主干线路上预留适当数量的备用线缆，并列出材料统计表；

4）管线敷设图可根据需要提供管路敷设的局部大样图；

5）宜说明每个受控区域的位置、尺寸，宜对同级别受控区和高级别受控区进行标注。

6）其他必要的说明。

5 监控中心布局图应包括以下内容：

1）监控中心的平面图应标明控制台和显示设备的位置、外形尺寸、边界距离等；

2）根据人机工程学原理，确定控制台、显示设备、机柜以及相应控制设备的位置、尺寸；

3）根据控制台、显示设备、设备机柜及操作位置的布置，标明监控中心内管线走向、开孔位置；

4）标明设备连线和线缆的编号；

5）说明对地板敷设、温湿度、风口、灯光等装修要求；

6）监控中心宜与视频安防监控中心联合设置；

7）其他必要的说明。

根据系统构成列出设备材料清单，并标明型号规格、产地和生产厂家等。

6 按照施工内容，根据《安全防范工程费用预算编制办法》GA/T 70等国家现行相关标准的规定，编制工程预算书。

附录B 系统防护等级分类

B.0.1 系统识读部分的防护等级分类宜符合表B.0.1的规定。

B.0.2 系统管理与控制部分的防护等级分类宜符合表B.0.2的规定。

B.0.3 系统执行部分的防护等级分类宜符合表B.0.3的规定。

表 B.0.1 系统识读部分的防护等级分类

要求\等级	外壳防护能力	保密性		防破坏		防技术开启	
		采用电子编码作为密钥信息的	采用图形图像、人体生物特征、物品特征、时间等作为密钥信息的	防复制和破译		有防护面的设备（抵抗时间 min）	
普通防护级别（A级）	外壳应符合GB 12663的有关要求；识读现场装置外壳应符合GB 4208—1993中IP42的要求；室外型的外壳还应符合GB 4208—1993中IP53的要求；	密钥量 $>10^4 \times n_{max}$	密钥差异 $>10 \times n_{max}$；误识率不大于 $1/n_{max}$	使用的个人信息识别载体应能防复制	防钻 10	防误识开启	1500
					防锯 3		
					防撬 10	防电磁场开启	1500
					防拉 10		

续表 B.0.1

要求 等级	外壳防护能力	保密性			防破坏		防技术开启
		采用电子编码作为密钥信息的	采用图形图像、人体生物特征、物品特征、时间等作为密钥信息的	防复制和破译	有防护面的设备（抵抗时间 min）		
中等防护级别（B级）	外壳应符合 GB 4208—1993 中 IP42 的要求；室外型的外壳还应符合 GB 4208—1993 中 IP53 的要求	密钥量 $>10^4 \times n_{max}$，并且至少采用以下一项： 1. 连续输入错误的钥匙信息时有限制操作的措施； 2. 采用自行变化编码； 3. 采用可更改编码（限制无授权人员更改）	密钥差异 $>10^2 \times n_{max}$； 误识率不大于 $1/n_{max}$	使用的个人信息识别载体应能防复制； 无线电传输密钥信息的，则至少经 24h 扫描时间（改变不少于 5000 种编码组合）获得正确码的概率小于 4%，或每次操作钥匙后自行变化编码	防钻	20	防误识开启 3000
					防锯	6	
					防撬	20	防电磁场开启 3000
					防拉	20	
高防护级别（C级）	外壳应符合 GB 4208—1993 中 IP43 的要求；室外型的外壳还应符合 GB 4208—1993 中 IP55 的要求	密钥量 $>10^6 \times n_{max}$，并且至少采用以下一项： 1. 连续输入错误的钥匙信息时有限制操作的措施； 2. 采用自行变化编码； 3. 采用可更改编码（限制无授权人员更改）。不能采用在空间可被截获的方式传输密钥信息	密钥差异 $>10^3 \times n_{max}$； 误识率不大于 $0.1/n_{max}$	制造的所有钥匙应能防未授权的读取信息、防复制	防钻	30	防误识开启 5000
					防锯	10	
					防撬	30	防电磁场开启 5000
					防拉	30	
					防冲击	30	60

表 B.0.2 系统管理与控制部分的防护等级分类

要求 等级	外壳防护能力	控制能力				保密性		防破坏 防技术开启
		防目标重入控制	多重识别控制	复合识别控制	异地核准控制	防调阅管理与控制程序	防当场复制管理与控制程序	抵抗时间（min）
普通防护级别（A级）	有防护面的管理与控制部分，其外壳应符合 GB 4208—1993 中 IP42 的要求；否则外壳应符合 GB 4208—1993 中 IP32 的要求	无	无	无	无	有	无	对于有防护面的管理与控制部分，与表 B.0.1 的此项要求相同； 对于无防护面的管理与控制部分不作要求
中等防护级别（B级）	有防护面的管理与控制部分，其外壳应符合 GB 4208—1993 中 IP42 的要求；否则外壳应符合 GB 4208—1993 中 IP32 的要求	有	无	无	无	有	有	
高防护级别（C级）	有防护面的管理与控制部分，其外壳应符合 GB 4208—1993 中 IP42 的要求；否则外壳应符合 GB 4208—1993 中 IP32 的要求	有	有	有	有	有	有	

表 B.0.3　系统执行部分的防护等级分类

要求等级	外壳防护能力	控制出入的能力		防破坏/防技术开启（抵抗时间 min 或次数）
		执行部件	强度要求	
普通防护级别（A级）	有防护的,外壳应符合 GB 4208—1993 中 IP42 的要求；否则外壳应符合 GB 4208—1993 中 IP32 的要求	机械锁定部件的（锁舌、锁栓等）	符合 GA/T 73—1994《机械防盗锁》A 级别要求	符合 GA/T 73—1994《机械防盗锁》A 级别要求
		电磁铁作为间接闭锁部件的	符合 GA/T 73—1994《机械防盗锁》A 级别要求	符合 GA/T 73—1994《机械防盗锁》A 级别要求；防电磁场开启 >1500min
		电磁铁作为直接闭锁部件的	符合 GA/T 73—1994《机械防盗锁》A 级别要求	符合 GA/T 73—1994《机械防盗锁》A 级别要求；防电磁场开启 >1500min；抵抗出入目标以 3 倍正常运动速度撞击 3 次
		阻挡指示部件的（电动挡杆等）	指示部件不作要求	指示部件不作要求
中等防护级别（B级）	有防护面的,外壳应符合 GB 4208—1993 中 IP42 的要求；否则外壳应符合 GB 4208—1993 中 IP32 的要求	机械锁定部件的（锁舌、锁栓等）	符合 GA/T 73—1994《机械防盗锁》B 级别要求	符合 GA/T 73—1994《机械防盗锁》B 级别要求
		电磁铁作为间接闭锁部件的	符合 GA/T 73—1994《机械防盗锁》B 级别要求	符合 GA/T 73—1994《机械防盗锁》B 级别要求；防电磁场开启 >3000min
		电磁铁作为直接闭锁部件的	符合 GA/T 73—1994《机械防盗锁》B 级别要求	符合 GA/T 73—1994《机械防盗锁》B 级别要求；防电磁场开启 >3000min；抵抗出入目标以 5 倍正常运动速度撞击 3 次
		阻挡指示部件的（电动挡杆等）	指示部件不作要求	指示部件不作要求
高防护级别（C级）	有防护面的,外壳应符合 GB 4208—1993 中 IP42 的要求；否则外壳应符合 GB 4208—1993 中 IP32 的要求	机械锁定部件的（锁舌、锁栓等）	符合 GA/T 73—1994《机械防盗锁》B 级别要求	符合 GA/T 73—1994《机械防盗锁》B 级别要求
		电磁铁作为间接闭锁部件的	符合 GA/T 73—1994《机械防盗锁》B 级别要求	符合 GA/T 73—1994《机械防盗锁》B 级别要求；防电磁场开启 >5000min
		电磁铁作为直接闭锁部件的	符合 GA/T 73—1994《机械防盗锁》B 级别要求	符合 GA/T 73—1994《机械防盗锁》B 级别要求；防电磁场开启 >5000min；抵抗出入目标以 10 倍正常运动速度撞击 3 次
		阻挡指示部件的（电动挡杆等）	指示部件不作要求	指示部件不作要求

附录 C　常用识读设备选型要求

C.0.1 常用编码识读设备的选型宜符合表 C.0.1 的要求。

C.0.2 常用人体生物特征识读设备的选型宜符合表 C.0.2 的要求。

表 C.0.1 常用编码识读设备选型要求

序号	名称	适应场所	主要特点	安装设计要点	适宜工作环境和条件	不适宜工作环境和条件
1	普通密码键盘	人员出入口；授权目标较少的场所	密码易泄漏、易被窥视，保密性差，密码需经常更换	用于人员通道门，宜安装于距门开启边200～300mm，距地面1.2～1.4m处；用于车辆出入口，宜安装于车道左侧距地面高1.2m，距挡车器3.5m处	室内安装；如需室外安装，需选用密封性良好的产品	不易经常更换密码且授权目标较多的场所
2	乱序密码键盘	人员出入口；授权目标较少的场所	密码易泄漏，密码不易被窥视，保密性较普通密码键盘高，需经常更换			
3	磁卡识读设备	人员出入口；较少用于车辆出入口	磁卡携带方便、便宜，易被复制、磁化，卡片及读卡设备易被磨损，需经常维护			室外可被雨淋处；尘土较多的地方；环境磁场较强的场所
4	接触式IC卡读卡器	人员出入口	安全性高，卡片携带方便，卡片及读卡设备易被磨损，需经常维护		室内安装；适合人员通道	室外可被雨淋处；静电较多的场所；尘土较多的地方
5	接触式TM卡（钮扣式）读卡器	人员出入口	安全性高，卡片携带方便，不易被磨损		可安装在室内、外；适合人员通道	
6	条码识读设备	用于临时车辆出入口	介质一次性使用，易被复制、易损坏	宜安装在出口收费岗亭内，由操作员使用	停车场收费岗亭内	非临时目标出入口
7	非接触只读式读卡器	人员出入口；停车场出入口	安全性较高，卡片携带方便，不易被磨损，全密封的产品具有较高的防水、防尘能力	用于人员通道门，宜安装于距门开启边200～300mm，距地面1.2～1.4m处；用于车辆出入口，宜安装于车道左侧距地面高1.2m，距挡车器3.5m处；用于车辆出入口的超远距离有源读卡器（读卡距离＞5m），应根据现场实际情况选择安装位置，应避免尾随车辆先读卡		电磁干扰较强的场所；较厚的金属材料表面；工作在900MHz频段下的人员出入口；无防冲撞机制（防冲撞：可依次读取同时进入感应区域的多张卡）；读卡距离＞1m的人员出入口
8	非接触可写、不加密式读卡器	人员出入口；消费系统一卡通应用的场所；停车场出入口	安全性不高，卡片携带方便，易被复制，不易被磨损，全密封的产品具有较高的防水、防尘能力		可安装在室内、外；近距离读卡器（读卡距离＜500mm）适合人员通道；远距离读卡器（读卡距离＞500mm）适合车辆出入口	
9	非接触可写、加密式读卡器	人员出入口；与消费系统一卡通应用的场所；停车场出入口	安全性高，无源卡片，携带方便不易被磨损，不易被复制，全密封的产品具有较高的防水、防尘能力			

表 C.0.2 常用人体生物特征识读设备选型要求

序号	名称	主要特点		安装设计要点	适宜工作环境和条件	不适宜工作环境和条件
1	指纹识读设备	指纹头设备易于小型化；识别速度很快，使用方便；需人体配合的程度较高	操作时需人体接触识读设备	用于人员通道门，宜安装于适合人手配合操作，距地面1.2~1.4m处；当采用的识读设备，其人体生物特征信息存储在目标携带的介质内时，应考虑该介质如被伪造而带来的安全性影响	室内安装；使用环境应满足产品选用的不同传感器所要求的使用环境要求	操作时需人体接触识读设备，不适宜安装在医院等容易引起交叉感染的场所
2	掌形识读设备	识别速度较快；需人体配合的程度较高				
3	虹膜识读设备	虹膜被损伤、修饰的可能性很小，也不易留下被复制的痕迹；需人体配合的程度很高；需要培训才能使用	操作时不需人体接触识读设备	用于人员通道门，宜安装于适合人眼部配合操作，距地面1.5~1.7m处	环境亮度适宜、变化不大的场所	环境亮度变化大的场所，背光较强的地方
4	面部识读设备	需人体配合的程度较低，易用性好，适于隐蔽地进行面像采集、对比		安装位置应便于摄取面部图像的设备能最大面积、最小失真地获得人脸正面图像		

注：1 当识读设备采用1：N对比模式时，不需由编码识读方式辅助操作，当目标数多时识别速度及误识率的综合指标下降；
  2 当识读设备采用1：1对比模式时，需编码识读方式辅助操作，识别速度及误识率的综合指标不随目标数多少变化；
  3 当采用的识读设备，其人体生物特征信息的存储单元位于防护面时，应考虑该设备被非法拆除时数据的安全性；
  4 当采用的识读设备，其人体生物特征信息存储在目标携带的介质内时，应考虑该介质如被伪造而带来的安全性影响。
  5 所选用的识读设备，其误识率、拒认率、识别速度等指标应满足实际应用的安全与管理要求。

附录 D 常用执行设备选型要求

D.0.1 常用执行设备的选型宜符合表 D.0.1 的要求。

表 D.0.1 常用执行设备选型要求

序号	应用场所	常采用的执行设备	安装设计要点
1	单向开启、平开木门（含带木框的复合材料门）	阴极电控锁	适用于单扇门；安装位置距地面0.9~1.1m边门框处；可与普通单舌机械锁配合使用
		电控撞锁	适用于单扇门；安装于门体靠近开启边，距地面0.9~1.1m处；配合件安装在边门框上
		一体化电子锁	
		磁力锁	安装于上门框，靠近开启边；配合件安装于门体上；磁力锁的锁体不应暴露在防护面（门外）
		阳极电控锁	
		自动平开门机	安装于上门框；应选用带闭锁装置的设备或另加电控锁；外挂式门机不应暴露在防护面（门外）；应有防夹措施
2	单向开启、平开镶玻璃门（不含带木框门）	阳极电控锁；磁力锁；自动平开门机	同本表第1条相关内容
3	单向开启、平开玻璃门	带专用玻璃门夹的阳极电控锁；带专用玻璃门夹的磁力锁；玻璃门夹电控锁	安装位置同本表第1条相关内容；玻璃门夹的作用面不应安装在防护面（门外）；无框（单玻璃框）门的锁引线应有防护措施

续表 D.0.1

序号	应用场所	常采用的执行设备	安装设计要点
4	双向开启、平开玻璃门	带专用玻璃门夹的阳极电控锁；玻璃门夹电控锁	同本表第3条相关内容
5	单扇、推拉门	阳极电控锁	同本表第1、3条相关内容
		磁力锁	安装于边门框；配合件安装于门体上；不应暴露在防护面（门外）
		推拉门专用电控挂钩锁	根据锁体结构不同，可安装于上门框或边门框；配合件安装于门体上；不应暴露在防护面（门外）
		自动推拉门机	安装于上门框；应选用带闭锁装置的设备或另加电控锁；应有防夹措施
6	双扇、推拉门	阳极电控锁	同本表第1、3条相关内容
		推拉门专用电控挂钩锁	应选用安装于上门框的设备；配合件安装于门体上；不应暴露在防护面（门外）
		自动推拉门机	同本表第5条相关内容
7	金属防盗门	电控撞锁；磁力锁；自动门机	同本表第1、5条相关内容
		电机驱动锁舌电控锁	根据锁体结构不同，可安装于门框或门体上
8	防尾随人员快速通道	电控三棍闸；自动启闭速通门	应与地面有牢固的连接；常与非接触式读卡器配合使用；自动启闭速通门应有防夹措施
9	小区大门、院门等（人员、车辆混行通道）	电动伸缩栅栏门	固定端应与地面有牢固的连接；滑轨应水平铺设；门开口方向应在值班室（岗亭）一侧；启闭时应有声、光指示；应有防夹措施
		电动栅栏式栏杆机	应与地面有牢固的连接，适用于不限高的场所，不宜选用闭合时间小于3s的产品，应有防砸措施
10	一般车辆出入口	电动栏杆机	应与地面有牢固的连接；用于有限高的场所时，栏杆应有曲臂装置；应有防砸措施
11	防闯车辆出入口	电动升降式地挡	应与地面有牢固的连接；地挡落下后，应与地面在同一水平面上；应有防止车辆通过时，地挡顶车的措施

本规范用词说明

1 为便于在执行本规范条文时区别对待，对要求严格程度不同的用词说明如下：

1) 表示很严格，非这样做不可的用词：
正面词采用"必须"，反面词采用"严禁"。

2) 表示严格，在正常情况下均应这样做的用词：
正面词采用"应"，反面词采用"不应"或"不得"。

3) 表示允许稍有选择，在条件许可时首先应这样做的用词：
正面词采用"宜"，反面词采用"不宜"；
表示有选择，在一定条件下可以这样做的用词，采用"可"。

2 本规范中指明应按其他有关标准、规范执行的写法为"应符合……的规定"或"应按……执行"。

中华人民共和国国家标准

出入口控制系统工程设计规范

GB 50396—2007

条 文 说 明

目 次

1 总则 …………………………………… 19—19
2 术语 …………………………………… 19—19
3 基本规定 ……………………………… 19—19
5 系统功能、性能设计 ………………… 19—20
   5.1 一般规定 ………………………… 19—20
6 设备选型与设置 ……………………… 19—20
7 传输方式、线缆选型与布线 ……… 19—22
9 系统安全性、可靠性、电磁兼容性、
   环境适应性 ………………………… 19—22
10 监控中心 …………………………… 19—22
附录 A 设计流程与深度 …………… 19—22

1 总 则

1.0.2 本条规定了本规范的适用范围。

对于广义的出入口控制系统，其范围可以是对人员流动、物品流动、信息流动、资金流动等的管理与控制（见图1）。

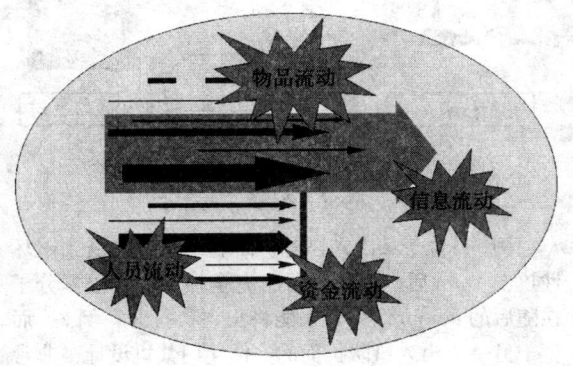

图1 广义的出入口控制系统

对于本标准讨论的出入口控制系统而言，仅是以安全防范为目的，对人员流动、物品流动的管理与控制。它不仅需采用电子与信息技术为系统平台，而且具有放行、拒绝、记录、报警这四个基本特征或称要素（见图2）。

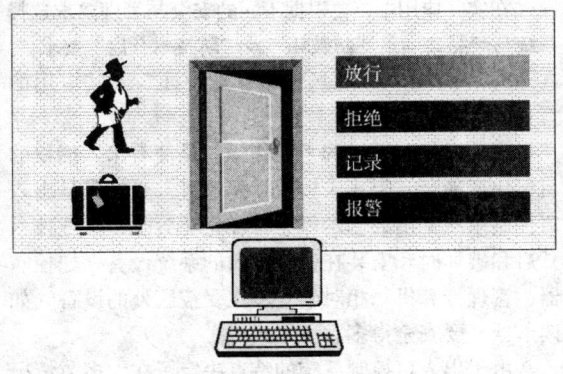

图2 本标准所讨论的出入口控制系统

门禁系统是出入口控制系统的通俗称谓，但从字面上看不能代表出入口控制系统的所有内涵。

把出入口控制系统看成仅是对目标人员通过受控门的管理与控制，是很不全面的。同样，仅对出入目标在出入口实施放行与拒绝操作而无事件记录及报警功能的系统，亦非本标准所讨论的范围。

2 术 语

本规范采用了《出入口控制系统技术要求》GA/T 394—2002 的相关术语。

3 基本规定

3.0.4 出入口控制系统的设计，应充分考虑"安全"因素，英文"Security"和"Safety"翻译成中文都是"安全"，但它们的含义有所不同，"Security"是"安全"的社会属性，"Safety"是"安全"的自然属性。以防入侵、防盗窃、防抢劫、防破坏、防爆炸等为目的的安全技术防范系统主要针对的是"Security"；而防火、防目标被非人为因素伤害等是"Safety"涉及的问题。当同时出现这两种"安全"问题时，在大多数情况下应优先解决"Safety"问题。这是设计系统与产品的基本原则。

在出入口控制系统中，识读部分与执行部分是出入目标最易接触的部分，也是最有可能对出入目标造成伤害的部分。但不同的产品类型，其对安全的影响也是不同的。

在生物特征识别中，指纹、掌形识别等需人体直接接触的识读装置就不如面部、眼虹膜识别这类不需人体直接接触的识读装置安全，因为直接接触的识读装置的接触面若不能及时清洁，就有可能成为某些传染性疾病传播的媒介。

另外，直接担负阻挡作用的执行机构，其启闭动作本身必须考虑出入目标的安全，如电动门的关闭动作必须等待出入目标安全离开时方可进行，挡车器必须等待车辆离开方可落下挡车臂等。

在安防系统中与紧急疏散及消防系统联系最为紧密的就是出入口控制系统。出入口控制系统强调的是对空间的隔离，以保证"Security"；而紧急疏散及消防系统强调的是能快速逃离，以保证"Safety"。

火

在"Safety"优先的原则指导下，出入口控制系统的设计必须满足紧急疏散及消防的需要，这并不是说出入口控制系统所管理与控制的每个出入口必须与消防联动。但在本标准9.0.1条第2款的条件下必须联动，保证在火灾等紧急情况发生时，用于闭锁或起到阻挡作用的出入口控制执行部件能自动释放疏散出口，不使用钥匙，人员应能迅速安全地疏散。

5 系统功能、性能设计

5.1 一般规定

5.1.1 关于设备的安全性问题及等级划分,由所用设备的防护能力决定,其指标由产品标准作出规定,本标准的附录 B 可作为参考。

5.1.8 本条强调了出入口控制系统可独立运行和联动的特征。独立性强调了本系统不依赖于其他系统的好坏而能可靠工作;联动性强调资源的合理利用,提高处警效率。

6 设备选型与设置

出入口控制系统各组成部分应根据不同的防护等级要求选择设备,参照附录 B、附录 C、附录 D。其中要注意以下三个问题:

1 关于"执行部分"的类型及防护要求问题。

本规范所讨论的"执行部分"的类型主要由 a)闭锁部件;b)阻挡部件;c)出入准许指示装置;d)前三种的组合部件或装置。

不同的管理要求、安全要求、现场环境以及需控制的出入目标种类、通过率指标等要求的不同,使得"执行部分"的产品形式、结构也有很大的差异。要注意"执行部件"多样性的特点,不要认为"执行部件"就一定是"电控锁具",这是很片面的理解。同时还应注意附录 B 表 B.0.3 对"执行部分"的防护要求主要针对闭锁及阻挡部件,对指示装置(部件)未做要求(见图3)。

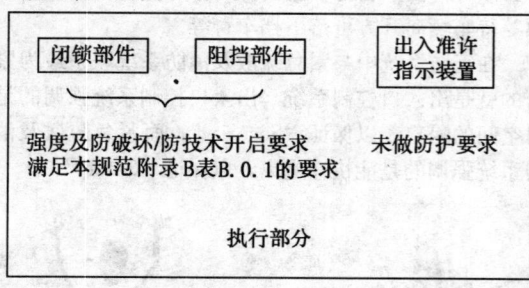

图 3 对执行部分的防护要求

在停车库(场)出入口使用的电动栏杆机,是常见的阻挡指示部件,它仅能起到阻挡指示作用,不能起到对其控制的出入目标——机动车的阻挡作用,要想达到阻止普通车辆非法闯入的高安全要求场合,必须使用有足够抗撞击能力的挡车设备。如:某驻华使馆的地下停车库的出入口采用了地面升降式阻挡设备,它能有效地阻止一般的"汽车炸弹"袭击,而普通的电动栏杆机根本做不到这点。

2 关于"防破坏、防技术开启"问题。

这里应特别注意:不要把"防破坏"看成"防设备被破坏",而要看位于防护面的设备遭到破坏性攻击时,出入口不被开启的能力(见图4)。

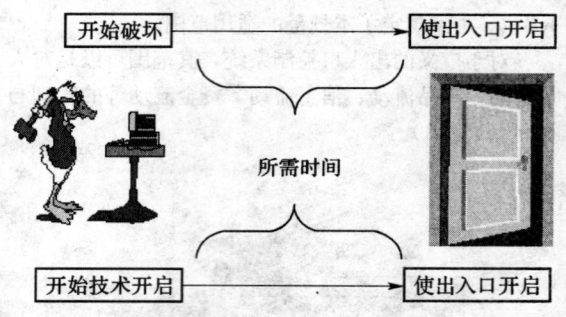

图 4 防破坏、防技术开启能力示意图

举例来说:

例1:位于某出入口防护面的读卡器在遭到破坏性攻击1min后,该读卡器已完全损坏,但犯罪分子在随后的40min内一直未能将出入口打开。例2:而位于另一个出入口防护面的一体化门禁机设计得非常坚固,犯罪分子用了8min才把它破坏,但在随后的1min内就把出入口打开了。在这两个例子中,例1的防破坏能力要强于例2的防破坏能力。

在附录 B"系统防护等级分类推荐表"中用3个子表对系统识别部分、系统管理/控制部分、系统执行部分的"防破坏能力"及"防技术开启能力"分别给出了规定。对无防护面的设备、出入准许指示部件,不做要求。

在实际应用中,要根据不同的安全与管理要求选择系统与产品,满足"防破坏"及"防技术开启"要求。

3 关于"识读现场设备、防护面"及其应用的意义。

出入口控制系统的主要作用就是使有出入授权的目标快速通行,阻止未授权目标通过。受控区是出入口控制系统提出的基本概念,在犯罪分子欲实施技术开启和破坏时,安装在受控区内的系统设备(如控制器、管理计算机)相对于安装在受控区外的设备(如读卡器)要安全得多。

由于出入口控制系统的特点决定了在大多数情况下其部分设备需暴露在受控区外,因此,在附录 B"系统防护等级分类推荐表"中许多地方及都提到了"防护面",在条文中强化了对位于"防护面"设备的防破坏、防技术开启等方面的要求,弱化了"非防护面"设备在这方面的要求(见图5)。

第6.0.2条第2款为强制性条款。在出入口控制系统中,应特别注意受控区域及其级别,以及现场设备安装位置和连接线缆的防护措施等因素对安全的影响。

出入口控制等技防系统在某种意义上来说,好比设置了一个技术迷宫,它增加了非法入侵者的作案难度,延迟了作案时间,并能提早报警以便及时处警。

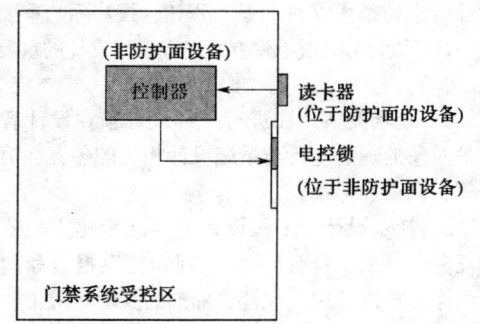

图 5　防护面设备及非防护面设备布置示意图

但在实际应用中,非法入侵者在初步了解技防系统后,并不直接去解开迷宫通路,而是寻找系统的薄弱点进行攻击从而达到犯罪目的。在出入口控制系统中,执行部分的输入线缆及其连接端,就是一个易于被攻击的薄弱点。

为此在本标准中对出入口控制系统特别提出了"受控区"等概念和对执行部分输入电缆的端接与防护要求,以便指导系统设计、施工安装、检测验收工作。

举例来说,一个管理了从 A～G 共 7 个受控区域的出入口控制系统(比如某个公司的多个办公室),如图 6 所示:

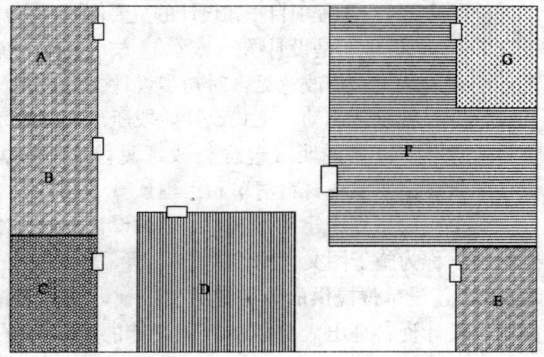

图 6　受控区分布示意图
(相同条纹的是同级别受控区)

其中:A、B、E 三个区域为同级别受控区,即它们对目标的授权是一致的,能进入 A 区的目标也可进入 B、E 区,能进入 B、E 区的目标也同样能进入 A 区。G 区是相对于 F 区的高级别受控区,即能进入 G 区的目标一定能进入 F 区,而能进入 F 区的目标不一定能进入 G 区。C 区和 D 区分别是相对于其他受控区的非同级别受控区,即能进入该区的目标不一定能进入其他区,而能进入其他区的目标也不一定能进入该区。若能进入 G 区的目标也能进入其他任何区的话,那么 G 区就是该出入口控制系统的最高级别受控区。

该例子若是某公司的多门联网门禁系统的话,有许多问题值得探讨:

问题一:采用多门门禁控制器应特别注意其安装位置。

目前采用直流或脉冲信号等非编码信号直接驱动电控锁具的门禁控制器占很大比例,在本例中采用双门控制器控制 A 和 B 两个门是合理的,若控制 B 和 C 门就存在问题,控制器安装在 B 区内 C 区就不安全,控制器安装在 C 区内 B 区就不安全。

安装在 G 区的双门控制器控制 G 和 F 两个门是否合理呢?答案是肯定的(见图 7)。

问题二:采用多门门禁控制器应特别注意对电控锁连接线的防护。

当电控锁的连接线必须离开本受控区、同级别受控区、高级别受控区敷设时,有可能成为被实施攻击的薄弱点,必须严格防护。

在多出入口系统中要想提高安全性和可靠性,减少工程施工带来的安全隐患,建议尽量采用联网控制的单出入口控制器。若必须采用多出入口控制器,则应安装在高级别防区内并做好对执行部分输入线缆的防护(见图 8)。

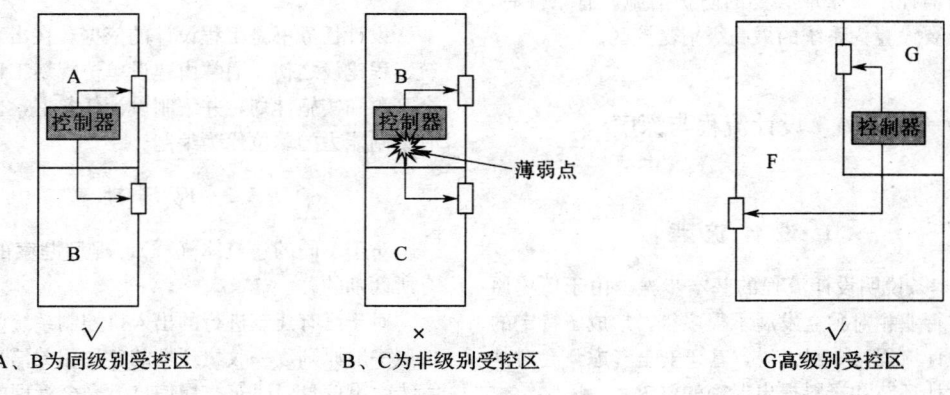

图 7　现场设备在不同受控区安装时对安全的影响

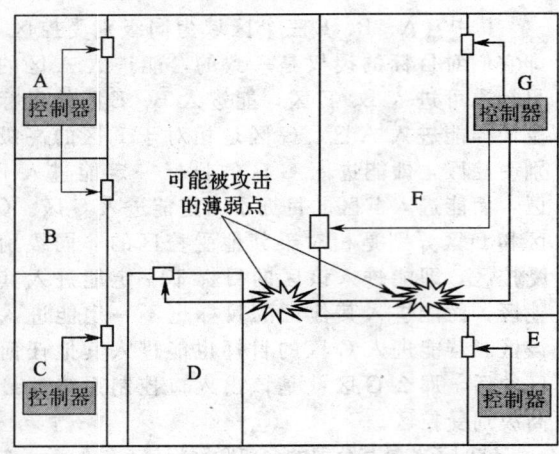

图8 电控锁连线的布设对安全的影响

7 传输方式、线缆选型与布线

7.0.2 系统设计时,应认真计算系统供电及信号的电压、电流,所选用的线缆实际截面积应大于理论值。

7.0.4 再次强调在出入口控制系统中,应特别注意受控区域及其级别,以及现场设备安装位置和连接线缆的防护措施等因素对安全的影响。

9 系统安全性、可靠性、电磁兼容性、环境适应性

9.0.1 本条第2款为强制性条款。再次强调"Safety"优先于"Security"的原则。

10 监控中心

10.0.3 因为出入口控制系统的监控中心承担编程与实时监控任务,进入监控中心的人员有可能通过各种手段对高级别受控区实施开启。为保证系统的安全性,要对监控中心采取必要的防护措施。有条件时,监控中心要设置为系统的最高级别受控区。

附录A 设计流程与深度

A.1 设计流程

A.1.1 本条说明设计流程的基本步骤。由于历史原因,安防行业相对独立发展了很多年,形成了特定的术语和设计流程。一般来说,基于安全考虑,会对某些重要设计环节和资料提出保密的要求。

1 设计任务书。是工程建设方依据工程项目立项的可行性研究报告而编制的、对工程建设项目提出设计要求的技术文件。是工程招(投)标的重要文件之一,是设计方(或承建方)进行工程设计的重要依据之一。

2 现场勘察。在进行工程设计前,设计者对被防护对象的现场进行与系统设计相关的各方面情况的了解、调查和考察。

3 初步设计。工程设计方(或承建方)依据设计任务书(或工程合同书)、现场勘察报告和国家相关法律法规以及现行规范、标准的要求,对工程建设项目进行方案设计的活动。初步设计阶段所形成的技术文件应包括:设计说明、设计图纸、主要设备材料清单和工程概算书等。

在安防系统中,这个阶段比建设行业要求的设计深度会有所加深,并且由于安防产品的离散化特点,要求提供产品的供应厂家或者品牌信息,以便核定造价。

这个阶段的许多工作为建筑设计等其他专业设计的配合设计做了一个基本的准备。

4 方案论证。是建设方组织的对设计方(或承建方)编制的初步设计文件进行质量评价的一种评定活动。它是保证工程设计质量的一项重要措施。方案论证的评价意见是进行工程项目正式设计的重要依据之一。

5 正式设计。是设计方(或承建方)依据方案论证的评价结论和整改意见,对初步设计文件进行深化设计的一种设计活动。正式设计阶段所形成的技术文件应包括:设计说明(包含整改意见落实措施)、设计图纸、主要设备材料清单和工程预算书等。

这个阶段相当于建设行业的施工图设计阶段。本规范中,称为施工图文件的编制。

A.1.2 建设单位提供的有关建筑概况、电气和管槽路由等设计资料是出入口控制系统设计的重要依据,这为出入口控制系统提出对新建建筑工程做好预埋预留提供重要保证,是交流设计信息,确保工程设计可行性的重要环节。

A.2 设计任务书的编制

设计任务书是工程设计的依据。在出入口控制系统工程建设之初,通常由建设单位规划工程规模、资金来源和实施计划,并编制设计任务书,也可委托具有编制能力的单位代为编制。

A.3 现场勘察

对于不同的建筑体(群),现场勘察的侧重点是有所区别的。

对于已有建筑进行的出入口控制系统的建设,应按照一般原则逐一收集现场的各种相关信息,如原有管线敷设信息,建筑格局信息,安全管理的历史信息等。对于古建筑等需要保护的设施还需要特别了解安装的可行性问题。

对于新建建筑,强调对建筑设计资料的获取。应与建设单位充分沟通,了解未来使用的需求、周围的社情民意和自然环境,与建筑设计单位充分配合,确定好建筑格局和用途,做好管线综合和专业配合(如现场的照明设计信息,供电信息,装饰效果信息和其他安防系统信息等),做好预埋预留的设计工作,减少施工过程中的不必要拆改。

现场勘察报告应由建设单位和设计单位共同签署。

A.4 初步设计

A.4.1、A.4.2 这两条说明系统设计的基本工作思路或者工作内容。指出应根据现场勘察结果按照不同受控区的不同安全与管理要求,选择设备及出入口管理模式。特别指出的是随着新建建筑工程的大规模建设,安全技术防范系统工程设计需要直接对建筑设计(物防)和其后的保卫管理措施提出要求和建议,并尽可能满足安全保卫部门在设计前提出的管理要求,这也充分体现了人防、物防和技防相结合的原则。还指出出入口控制系统的设计应不违背消防管理要求,确保火灾等紧急情况发生时人员能顺利疏散。

A.4.4

3 图纸应能对系统进行有效、准确的描述,并做到与文字说明相互印证和相互呼应,图文表的数据应一致,格式符合规范要求。图纸设计要能够向审核者和施工者提供完整、明晰、准确的设计信息,不强调几类几张图。

5 平面图通常包括前端设备布防图和管线走向图。管线走向设计应对主干管路的路由等进行设计标注,特别是安防管线通道的确定。

6 对于某些关键或者特异的安装场所,需特别指明安装方法,并提供相应的安装工艺示意图,以保证设计方案的可实施性。

7 监控中心的设计需在前期就提出与装修、暖通、强电和其他弱电专业的配合要求,以保证值机人员的工作环境。

8 主要设备材料清单的编制:

从经济上对初步设计进行评估以达到系统的最佳性价比。

A.5 方 案 论 证

A.5.1 强调方案的论证、审核和批准,以保证设计方案的科学性和合理性。强调合同的签订,确保方案实施主体的有效性,以便于落实后续的工作内容。

A.5.2 主要设备材料需要在初步设计的基础上,补充设备材料相应的生产厂家、检验报告或认证证书等资料,以便于评审者确定系统设计的可实施性。

A.5.3 在方案论证内容中,应充分考虑到一些高风险等级的单位的要求,如文博系统对设备材料安装工艺、对实施的可行性、工程造价等给出较为详细的论证。

A.5.4 方案论证的结论可分为通过、基本通过、不通过,对初步设计的整改措施须由建设单位和设计单位确认。

A.6 施工图设计文件的编制(正式设计)

A.6.1 是施工图设计文件编制的基本依据。

A.6.2 施工图设计文件的编制的主要内容体现了两个目的:

1 针对整改要求和更详细、准确的现场条件,修改、补充、细化初步设计文件的相关内容,确保设备安装的可行性和良好的使用效果,着重体现现场安装的可实施性。

2 结合系统构成和选用设备的特点,进行全面的图纸修改、补充、细化设计,确保系统的互联互通,着重体现系统配置的可实现性。

A.6.3 施工图设计文件的编制在原有初步设计文件的基础上,至少完善如下内容:

提供详细的各类图纸,特别需要增加安装大样图、设备连接关系图等。

管线敷设图也可以进一步分解为管路敷设图和线缆敷设图,以利于分阶段组织人员实施,同时保护有关安全信息。预留管线指的是并行预留敷设的管或者线的根数和规格,不是指长度的简单延伸。

按照施工图,编制的设备材料清单和工程预算书,是设备订货和工程实施的重要依据。

中华人民共和国国家标准

冶金电气设备工程安装验收规范

Code for acceptance of electrical construction installation in emtallurgy

GB 50397—2007

主编部门：中国冶金建设协会
批准部门：中华人民共和国建设部
施行日期：２００７年１０月１日

中华人民共和国建设部
公 告

第 621 号

建设部关于发布国家标准
《冶金电气设备工程安装验收规范》的公告

现批准《冶金电气设备工程安装验收规范》为国家标准，编号为 GB 50397—2007，自 2007 年 10 月 1 日起实施。其中，第 13.1.2、16.1.1、20.1.1、20.1.2、21.1.1、21.1.2、23.1.1、25.1.6、26.1.1 条为强制性条文，必须严格执行。

本规范由建设部标准定额研究所组织中国计划出版社出版发行。

中华人民共和国建设部
二〇〇七年四月六日

前 言

本规范是根据建设部建标函〔2005〕124 号文件《关于印发"2005 年工程建设标准规范制订、修订计划（第二批）"的通知》的要求，由中国第三冶金建设公司会同中国第五冶金建设公司、鞍钢矿山建设公司等有关单位编制而成的。

在编制过程中，规范编制组学习了有关现行国家法律、法规及标准，进行了调查研究，总结了多年来冶金电气设备工程安装质量验收的经验，对规范条文反复讨论修改，并广泛征求了有关单位和专家的意见，最后经审查定稿。

本规范共分 26 章和 6 个附录。本次修订将规范的适用范围由原来的 220kV 扩展到 500kV。增加了电力变压器、互感器、电抗器、避雷器、电容器、蓄电池、低压电器、起重机电气设备、滑触线和移动式软电缆、电气配管、电气照明、架空线路等章节。

本规范将来可能需要进行局部修订，有关局部修订的信息和条文内容将刊登在《工程建设标准化》杂志上。

本规范以黑体字标志的条文为强制性条文，必须严格执行。

本规范由建设部负责管理和对强制性条文的解释，由中国第三冶金建设公司负责具体内容解释。本规范在执行过程中，请各单位结合工程实践，认真总结经验，注意积累资料，随时将意见和建议反馈给中国第三冶金建设公司技术质量处（地址：辽宁省鞍山市立山区东建街 139 号，邮编：114039；E-mail：hezhijiang 2005 @ 163.com；传真：0412-6311035），以供修订时参考。

本规范主编单位、参编单位和主要起草人：

主 编 单 位：中国第三冶金建设公司
参 编 单 位：中国第五冶金建设公司
　　　　　　鞍钢矿山建设公司
主要起草人员：何志江　关振异　刘明伟
　　　　　　任传凯　唐洪志　张绍卿
　　　　　　李世宝　丁　维　张永吉
　　　　　　蔡　跃　周家治　吴　昊

目　次

1 总则 …………………………… 20—5
2 基本规定 ……………………… 20—5
　2.1 一般规定 …………………… 20—5
　2.2 主要设备及材料的检验 …… 20—5
　2.3 冶金电气设备工程安装质量
　　　验收的划分 ………………… 20—5
　2.4 冶金电气设备工程安装质量验收 …… 20—6
　2.5 冶金电气设备工程安装质量
　　　验收程序和组织 …………… 20—6
　2.6 竣工验收资料 ……………… 20—7
3 高压电器安装 ………………… 20—7
　3.1 主控项目 …………………… 20—7
　3.2 一般项目 …………………… 20—7
4 电力变压器安装 ……………… 20—8
　4.1 主控项目 …………………… 20—8
　4.2 一般项目 …………………… 20—9
5 互感器、电抗器、避雷器、
　电容器安装 …………………… 20—9
　5.1 主控项目 …………………… 20—9
　5.2 一般项目 …………………… 20—9
6 旋转电机安装 ………………… 20—10
　6.1 主控项目 …………………… 20—10
　6.2 一般项目 …………………… 20—10
7 配电盘、成套柜安装 ………… 20—12
　7.1 主控项目 …………………… 20—12
　7.2 一般项目 …………………… 20—12
8 蓄电池安装 …………………… 20—13
　8.1 主控项目 …………………… 20—13
　8.2 一般项目 …………………… 20—13
9 低压电器安装 ………………… 20—13
　9.1 主控项目 …………………… 20—13
　9.2 一般项目 …………………… 20—13
10 起重机电气设备安装 ………… 20—14
　10.1 主控项目 ………………… 20—14
　10.2 一般项目 ………………… 20—14
11 滑触线和移动式软电缆安装 … 20—15
　11.1 主控项目 ………………… 20—15
　11.2 一般项目 ………………… 20—15
12 母线装置安装 ………………… 20—15
　12.1 主控项目 ………………… 20—15
　12.2 一般项目 ………………… 20—16
13 电缆线路 ……………………… 20—17
　13.1 主控项目 ………………… 20—17
　13.2 一般项目 ………………… 20—17
14 露天采矿场线路敷设 ………… 20—18
　14.1 主控项目 ………………… 20—18
　14.2 一般项目 ………………… 20—18
15 矿井下电缆敷设 ……………… 20—18
　15.1 主控项目 ………………… 20—18
　15.2 一般项目 ………………… 20—19
16 电缆支架、桥架安装 ………… 20—19
　16.1 主控项目 ………………… 20—19
　16.2 一般项目 ………………… 20—19
17 电缆终端头、电缆接头制作 … 20—20
　17.1 主控项目 ………………… 20—20
　17.2 一般项目 ………………… 20—20
18 架空线路及杆上电气设备安装 …… 20—21
　18.1 主控项目 ………………… 20—21
　18.2 一般项目 ………………… 20—21
19 牵引网的安装 ………………… 20—22
　19.1 主控项目 ………………… 20—22
　19.2 一般项目 ………………… 20—22
20 配管、配线 …………………… 20—24
　20.1 主控项目 ………………… 20—24
　20.2 一般项目 ………………… 20—24
21 电气照明装置安装 …………… 20—26
　21.1 主控项目 ………………… 20—26
　21.2 一般项目 ………………… 20—26
22 矿井下照明灯具及配电箱安装 …… 20—27
　22.1 主控项目 ………………… 20—27
　22.2 一般项目 ………………… 20—27
23 避雷针（网）及接地装置安装 …… 20—28
　23.1 主控项目 ………………… 20—28
　23.2 一般项目 ………………… 20—28
24 爆炸危险场所电气线路敷设 … 20—30
　24.1 主控项目 ………………… 20—30
　24.2 一般项目 ………………… 20—30
25 爆炸危险场所电气设备安装 … 20—31

25.1　主控项目 …………………… 20—31
　25.2　一般项目 …………………… 20—32
26　火灾危险场所电气装置安装 ……… 20—33
　26.1　主控项目 …………………… 20—33
　26.2　一般项目 …………………… 20—33
附录A　施工现场质量检查及
　　　　验收记录 ………………… 20—34
附录B　蓄电池用材质及
　　　　电解液标准 ……………… 20—66
附录C　矩形母线搭接要求 ………… 20—67
附录D　配电装置的安全净距 ……… 20—68
附录E　直埋电缆之间电缆与管道、
　　　　公路、建筑物之间平行和
　　　　交叉时的最小净距 ……… 20—70
附录F　爆炸与火灾环境危险
　　　　区域划分 ………………… 20—70
本规范用词说明 …………………… 20—70
附：条文说明 ……………………… 20—71

1 总则

1.0.1 为了加强冶金电气设备安装工程的质量管理，统一冶金电气设备安装工程施工质量的验收，保证工程质量，制定本规范。

1.0.2 本规范适用于冶金企业新建、扩建和改建的额定电压为500kV及以下的电气设备安装工程的施工质量的验收。国外引进电气设备的验收应按合同规定执行。

1.0.3 冶金电气设备安装工程施工中采用的工程技术文件、承包合同文件对施工质量验收的要求不得低于本规范的规定。

1.0.4 冶金电气设备安装工程施工质量验收除应执行本规范外，尚应符合国家现行有关标准、规范的规定。

2 基本规定

2.1 一般规定

2.1.1 冶金电气设备安装工程施工应有相应施工技术标准，健全的质量管理体系，施工质量检验制度和综合施工质量水平评定考核制度。可按本规范附录A中表A.0.1的要求进行检查记录。

    1 安装电工、焊工、起重吊装工和电气调试人员等，按有关要求持证上岗。

    2 安装和调试用各类计量器具，应检定合格，使用时在检定有效期内。

2.1.2 冶金电气设备安装工程的施工应根据施工组织设计和施工方案进行组织，对复杂、关键的安装和试验工作应编制施工技术方案。施工前应对施工人员进行技术交底。

2.1.3 额定电压交流在1kV及以下、直流在1.5kV及以下的为低压电气设备、器具和材料；额定电压大于交流1kV、直流1.5kV的为高压电气设备、器具和材料。

2.1.4 电气设备上计量仪表和与电气保护有关的仪表应检定合格，当投入试运行时，应在有效期内。

2.1.5 冶金电气设备的交接试验必须符合现行国家标准《电气装置安装工程电气设备交接试验标准》GB 50150的规定。

2.1.6 工程使用的设备和材料，均应符合国家现行标准的规定，并有合格证件。设备应有铭牌。尚无标准的新设备和新材料，应有依法定程序获得准入的证明材料。国外引进的设备和材料应符合合同规定。

2.1.7 冶金电气设备安装工程施工应符合设计文件及本规范的规定，并应符合产品安装使用说明书的要求。对设计的修改必须有原设计者的文件确认。

2.1.8 爆炸危险场所电气线路敷设、电气设备安装仅适用于冶金工厂范围内的生产、加工、处理、转运或贮存过程中出现或可能出现气体、蒸汽、粉尘、纤维爆炸性混合物和火灾危险物质环境的电气安装工程。不适用于矿井井下及使用、贮存火药、炸药、起爆药等爆炸物质的环境。

2.1.9 火灾危险场所电气装置安装仅适用于冶金工厂范围内生产、加工、处理、转运或贮存过程中出现或可能出现火灾危险物质环境的电气安装工程。

2.2 主要设备及材料的检验

2.2.1 主要设备、材料、成品、半成品，应符合国家现行技术标准的规定，并应有合格证件，设备应有铭牌。进场检验应有记录。

2.2.2 工程使用的设备和材料到达现场后，应及时做好下列检查、验收：

    1 开箱清点检查，其规格、型号和数量与装箱单及设计文件的要求一致，且无残损和短缺。

    2 产品技术文件和质量证明书齐全，并登记保管好。

    3 按有关要求做好外观检查，并根据技术要求，采取必要措施，严防丢失、损坏和变质。

2.2.3 依法定程序批准进入市场的新电气设备、器具和材料进场验收，除符合本规范规定外，尚应提供安装、使用、维修和试验要求等技术文件。

2.3 冶金电气设备工程安装质量验收的划分

2.3.1 冶金电气设备工程安装质量验收应划分单位（子单位）工程、分部（子分部）工程、分项工程和检验批。

2.3.2 单位（子单位）工程应按下列原则确定：

    1 具备独立的工艺系统和使用功能的电气装置安装工程，为单位工程（如输电线路等）。

    2 建设规模较大的单位工程，可将其能形成独立使用功能的电气装置安装工程划定为子单位工程（如厂区电缆网等）。

2.3.3 分部（子分部）工程应按下列原则确定：

    1 分部工程可按工艺系统、区段、车间、厂房、设计图卷等进行划分。

    2 当分部工程规模较大、工艺系统较复杂时，可按分部工程划分原则划分子分部工程。

2.3.4 冶金电气设备工程安装的分项工程名称应符合表2.3.4的规定。分项工程可由一个或若干个检验批组成，检验批可根据施工及质量控制点和专业验收需要，按电气设备系统、楼层、厂房行、列柱及施工图卷号等划分。

表 2.3.4 冶金电气设备工程安装分项工程的划分表

序号	工程类别	分项工程名称	
		一般分项工程	特殊分项工程
1	线路敷设工程	架空线路及杆上电气设备安装工程，露天采矿场线路敷设工程，牵引网的安装工程，电缆线路工程，电缆终端头、电缆接头制作工程，电缆支架、桥架安装工程，配管、配线工程	矿井下电缆敷设工程，爆炸危险场所电气线路敷设工程
2	母线、滑线、吊车安装工程	母线装置安装工程，滑触线和移动式软电缆安装工程，起重机电气设备安装工程	
3	电气设备安装工程	高压电器安装工程，电力变压器安装工程，互感器、电抗器、避雷器、电容器安装工程，旋转电机安装、配电盘、成套柜安装工程，蓄电池安装工程，低压电器安装工程，电气照明装置安装工程	矿井下照明灯具及配电箱安装工程，爆炸危险场所电气设备安装工程，火灾危险场所电气装置安装工程
4	接地装置安装工程	避雷针（网）及接地装置的安装工程	

2.4 冶金电气设备工程安装质量验收

2.4.1 检验批质量验收合格应符合下列规定：

1 主控项目和一般项目的质量经抽样检验合格。

2 应有完整的施工操作依据、质量检查记录。

2.4.2 分项工程质量验收合格应符合下列规定：

1 分项工程所含的检验批均应符合合格质量的规定。

2 分项工程所含的检验批的质量验收记录应完整。

2.4.3 分部（子分部）工程质量验收合格应符合下列规定：

1 分部（子分部）工程所含分项工程的质量均应验收合格。

2 质量控制资料应完整。

3 分部工程中有关安全及功能的检验和抽样检测结果应符合有关规定。

4 观感质量验收应符合要求。

2.4.4 单位（子单位）工程质量验收合格应符合下列规定：

1 单位（子单位）工程所含分部（子分部）工程的质量均应验收合格。

2 主要功能项目的抽查结果应符合相关专业质量验收规范的规定。

3 单位（子单位）工程所含分部工程有关安全和功能的检测资料应完整。

4 主要功能项目的抽查结果应符合相关专业质量验收规范的规定。

5 观感质量验收应符合要求。

2.4.5 冶金电气设备工程安装质量验收记录应符合下列规定：

1 检验批质量验收可按本规范附录A中表A.0.2进行。

2 分项工程质量验收可按本规范附录A中表A.0.3进行。

3 分部（子分部）工程质量验收应按本规范附录A中表A.0.4进行。

4 单位（子单位）工程质量竣工验收、质量控制资料核查、安全和主要使用功能核查及抽查记录、观感质量验收应按本规范附录A中表A.0.5进行。

2.4.6 冶金电气设备工程安装质量不符合要求时，应按下列规定进行处理：

1 经返工重做或更换器具、设备的检验批，应重新进行验收。

2 经有资质的检测单位检测鉴定能够达到设计要求的检验批，应予以验收。

3 经有资质的检测单位检测鉴定达不到设计要求，但经原设计单位核算认可能够满足结构安全和使用功能的检验批，可予以验收。

4 经返修的分项、分部工程，能满足安全使用要求的，可按技术处理方案和协商文件进行验收。

5 通过返修仍不能满足安全使用要求的分部工程、单位工程，严禁验收。

2.5 冶金电气设备工程安装质量验收程序和组织

2.5.1 检验批及分项工程应由监理工程师（建设单位项目技术负责人）组织施工单位项目专业质量（技术）负责人等进行验收。

2.5.2 分部工程应由总监理工程师（建设单位项目负责人）组织施工单位项目负责人或技术、质量负责人等进行验收。

2.5.3 单位工程完工后，施工单位应自行组织有关人员进行检查评定，并向建设单位提交工程验收报告。

2.5.4 建设单位收到工程验收报告后，应由建设单位（项目）负责人组织施工（含分包单位）、设计、监理等单位（项目）负责人进行单位（子单位）工程验收。

2.5.5 单位工程有分包单位施工时，分包单位对所承包的工程项目应按本规范规定的程序检查评定，总包单位应派人参加。分包工程完成后，应将工程有关资料交总包单位。

2.5.6 当参加验收各方对工程质量验收意见不一致时，可请当地建设行政主管部门或工程质量监督机构协调处理。

2.6 竣工验收资料

2.6.1 竣工验收时，要进行交接签证，并应提交下列技术文件：
1 工程竣工图。
2 设计修改文件和材料代用文件。
3 主要设备、器具、材料的合格证、材质单和进场验收记录。
4 隐蔽工程记录。
5 随设备提供的技术文件。
6 施工安装记录。
7 电气设备交接试验记录。

3 高压电器安装

3.1 主控项目

3.1.1 3~500kV 六氟化硫组合电器、空气断路器、油断路器、手车式少油断路器、真空断路器及隔离开关等应按本规范第 2.1.5 条的规定交接试验合格。

3.1.2 裸露且正常不带电的金属部分的接地：各接口法兰跨接铜带，底座、支架接地线连接紧密牢固，铜带和支线截面选择正确，防腐无遗漏。

3.2 一般项目

3.2.1 六氟化硫组合电器安装应符合下列规定：
1 筒体内部洁净，载流体表面光滑无锈蚀，绝缘隔板完整，紧固连接螺栓扭矩应符合制造厂规定。
2 需要解体检查时：消弧室的检查，应采取防尘防潮措施，充气隔舱不漏气，各单元筒体真空度、气体的压力值应符合产品技术要求，吸潮剂的更换应符合制造厂的规定。
3 各单元装配时，插入式触头必须端正对准，插入深度和触头压力符合制造厂要求。
4 操动机构分、合闸及其指示，切换开关动作及联锁，压力信号指示均必须正确可靠。
5 充气管路内无锈蚀、水分、油污及杂物，法兰连接紧密无渗漏，密封材料必须符合产品的技术规定。
6 设备排列整齐，线路走向合理，器身表面油漆色泽均匀。
7 本体安装时不得任意拆卸，高强瓷套完整无损。六氟化硫组合电器安装允许偏差应符合表 3.2.1 的规定。

表 3.2.1 六氟化硫组合电器安装允许偏差（mm）

项 目	允许偏差
基础中心线	±5
底座中心线	±2
母线筒中心线	±3
基础标高	±5
底座标高	±2
母线筒标高	±3

3.2.2 3~500kV 空气断路器安装应符合下列规定：
1 空气断路器的解体检查，应按制造厂的规定进行；绝缘拉杆应清洁无损伤，绝缘应良好，端部的连接部件应牢固可靠，弯曲度不应超过产品的技术规定，喷口的缺口与触头的相对位置必须安装正确，灭弧触指的弹簧应完整。
2 底座安装应牢固，三相底座相间距离误差不应大于 5mm；三相连动的其支持瓷套法兰面宜在同一平面上，基础的中心距离及高度的误差不应大于 10mm；预留孔或预留铁板中心的误差不应大于 10mm，预留螺栓中心线误差不应大于 2mm。
3 空气断路器的各项调整数据，应符合产品要求。阀门系统功能良好，传动机构及缓冲器应动作灵活、无卡阻，操作时不应有剧烈振动。传动部分的连接应可靠，转轴应涂适合当地气候的润滑脂。
4 灭弧室外用于端子连接的软导线不应有断股，接地可靠。
5 连接瓷套法兰所用的橡皮密封圈不应变形、开裂或老化龟裂，其压缩量按产品的技术规定执行。
6 分、合闸及自动重合闸的动作性能应符合产品的技术规定，辅助开关接点动作准确，接触良好。

3.2.3 油断路器的组装应符合下列规定：
1 油断路器的安装基础允许偏差应符合表 3.2.3 的规定；油断路器垂直或水平安装，固定可靠，底座或支架与基础之间垫片应焊接牢固，其总厚度不大于 10mm。

表 3.2.3 断路器安装基础允许偏差（mm）

项 目	允许偏差
基础中心线	±10
预留孔或预埋铁板	±10
预埋螺栓中心线	±2

2 工作缸或定向三角架、定位连杆应固定牢固，

受力均匀。

  3 油断路器灭弧室应做解体检查，复原时安装正确。

  4 触头的中心应对准，分、合闸过程中无卡阻现象，同相各触头的弹簧压力应均匀一致，合闸时接触紧密，触头的表面清洁，触头不得有裂纹、脱焊或松动。

  5 导电部分的编织铜线或可挠软铜片不应断裂，固定螺栓应齐全紧固；缓冲器固定牢固，动作灵活，无卡阻间跳现象，油缓冲器注入油的规格及油位应符合产品的技术要求。油标的油位指示正确。油气分离装置和排气管安装正确，固定牢靠，接地良好。

3.2.4 手车式少油断路器的安装应符合下列规定：

  1 手车应能灵活轻便地推入拉出；制动装置应可靠，手动操作应灵活、轻巧；工作和试验位置定位准确，电气和机械联锁装置应动作准确可靠。

  2 油断路器安装调试电动合闸时用样板检查传动机构中间轴与样板的间隙；合闸后检查传动机构杠杆与止钉间的间隙；行程、超行程、相间和同相各断口间接触的同时性，应符合产品的技术规定。

  3 油断路器和操动机构的联合动作应符合下列规定：

   1) 在快速分、合闸前，必须先进行慢分、合的操作。

   2) 在慢分、合过程中，应运动缓慢、平稳，不得有卡阻、滞留现象。

   3) 断路器快速分、合闸前应按产品规定事先注好油。

3.2.5 真空断路器安装应符合下列规定：

  1 本体安装应垂直，固定应牢靠，相间支持瓷件在同一水平面上。

  2 三相联动连杆的拐臂应在同一水平面上，拐臂角度一致；先进行手动缓慢分、合闸操作，无不良现象时再进行电动分、合闸操作。

  3 导电部分的可挠铜片不应断裂，铜片间无锈蚀，固定螺栓应齐全紧固。

  4 导电杆表面洁净，导电杆与导电夹应接触紧密；导电回路接触电阻值应符合产品的技术要求。

  5 与操动机构的联动应正常、无卡阻，分、合闸指示正确，辅助开关动作准确可靠，接点无电弧烧损现象。

3.2.6 隔离开关、负荷开关及高压熔断器安装应符合下列规定：

  1 隔离开关的组装应符合下列规定：

   1) 隔离开关在合闸位置、备用行程及分闸状态时，触头间的净距或拉开角度应符合产品的技术规定。相间距离的误差：110kV及以下不大于10mm；110kV以上不大于20mm。

   2) 触头间接触紧密，两侧接触压力应均匀，带有接地刀刃的，刀刃与主触头间闭锁装置应动作灵活、准确可靠。

   3) 支柱绝缘子应垂直于底座平面（V形隔离开关除外），且连接牢固；同相各绝缘子柱的中心线应在同一垂直平面内，各支柱绝缘子间应连接牢固。

  2 传动装置和操动机构的安装应符合下列规定：

   1) 拉杆应校直，所有传动轴及拐臂安装位置正确，其带电部位的距离，触头接触不同期值应符合产品的技术规定。

   2) 拉杆损坏或折断有可能引起事故时，应加装保护环。

   3) 三相联动的隔离开关、触头接触时，不同期值应符合产品的技术规定，当无规定时，应符合表3.2.6的规定。

表3.2.6 三相隔离开关不同期允许值（mm）

电 压（kV）	相 差 值
10～35	≤5
63～110	≤10
220～330	≤20

  3 负荷开关的安装调整，除符合上述隔离开关的有关规定外，尚应符合下列规定：

   1) 负荷开关三相触头接触的同期性和分闸状态时触头间净距及拉开角度应符合产品的技术规定。

   2) 灭弧筒内有机绝缘物应完整无裂纹，灭弧触头与灭弧筒的间隙应符合要求。

   3) 带油负荷开关的外露部分及油箱内应清理干净，油箱内应注以合格油并无渗漏。

  4 高压熔断器的安装应符合下列规定：

   1) 带钳口的熔断器，其熔丝管应紧密地插入钳口内；装有动作指示器的熔断器，应便于检查指示器的动作情况。

   2) 跌落式熔断器应无裂纹、变形；熔管轴线与铅垂线的夹角应为15°～30°，其转动部分应灵活；熔丝的规格应符合设计要求，熔体与尾线应压接紧密牢固。

4 电力变压器安装

4.1 主控项目

4.1.1 变压器的中性点、变压器箱体、安装干式变压器的支架或外壳的接地应按设计给定的低压配电系统要求进行；连接正确可靠，接地电阻值应符合设计规定。

4.1.2 并联运行的变压器，必须符合并联条件。
4.1.3 变压器应按本规范第2.1.5条的规定交接试验合格。

4.2 一般项目

4.2.1 变压器器身检查的条件，应符合下列规定：
1 检查的主要项目和器身检查的周围环境应符合产品技术文件规定。
2 下列情况，可不进行器身检查：
　　1）制造厂规定不检查器身者。
　　2）就地生产的变压器，短途运输，无剧烈振动，无紧急制动，无严重颠簸或冲击等情况者。

4.2.2 本体就位，应符合下列规定：
1 装有气体继电器的变压器顶盖，沿气体继电器的气流方向有1.0%~1.5%的升高坡度。
2 变压器安装应位置准确，附件齐全，油浸变压器油位正常，无渗油现象。有滚轮的变压器就位后，应用制动装置将滚轮加以固定。

4.2.3 主要附件安装，应符合下列规定：
1 气体继电器、温度信号计安装前应进行校验，安装正确牢固、接线正确。
2 有载调压切换装置的传动机构及附件，固定牢靠，其机械联锁与极限开关的电气联锁动作可靠，工作顺序应符合产品要求。
3 散热器、冷却器的油水系应分别试压合格。
4 储油柜：密封良好、呼吸畅通，油标管指示与真空油位相符；充油套管应试验合格，油位正常、无渗油现象，套管末端应接地。高压套管与引出线接口安装应按制造厂的规定进行。

4.2.4 注油应按制造厂的产品技术文件的规定。
1 注油完毕后，在施加电压前，其静置时间应符合表4.2.4的规定。

表4.2.4 变压器注油后静置时间（h）

电压等级	静置时间
110kV及以下	≥24
220~330kV	≥48
500kV	≥72

2 静置后，应从变压器有关部位进行多次放气，并启动潜油泵，直至残余气体排尽。

4.2.5 整体密封检查：变压器安装完毕后，应在储油柜上用气压或油压进行整体密封试验，其压力为油箱盖上能承受的0.03MPa，试验持续时间为24h，应无渗油。整体运输的变压器，可不进行整体密封试验。

4.2.6 变压器试运行：试验按本规范第2.1.5条规定进行。变压器应进行5次电压冲击合闸，应无异常情况，第一次合闸后持续时间不应少于10min。励磁涌流不应引起保护装置的误动。

5 互感器、电抗器、避雷器、电容器安装

5.1 主控项目

5.1.1 互感器、电抗器、避雷器、电容器应按本规范第2.1.5条的规定交接试验合格。

5.1.2 电抗器的支柱绝缘子的接地，应符合下列要求：
1 上、下重叠安装时，底层的所有支柱绝缘子均应接地，其余的支柱绝缘子不接地。
2 单独安装时，每相支柱绝缘子均应接地。
3 支柱绝缘子的接地线不应成闭和环路。

5.1.3 避雷器组合单元应经试验合格，避雷器底座应接地，附放电记录的避雷器底座应与基础绝缘，其放电记录器应接地。

5.1.4 凡不与地绝缘的每个电容器的外壳及电容器的构架均应接地，凡与地绝缘的电容器的外壳均应接到固定的电位上。

5.2 一般项目

5.2.1 油浸式互感器的安装应符合下列规定：
1 互感器的安装应水平，并列安装应排列整齐，同一组互感器的极性方向应一致；互感器的变比分接头位置应符合设计规定；二次接线端子应接线牢固，绝缘良好，标志清晰。
2 隔膜式储油柜的隔膜完整无损，顶盖螺栓紧固，油位指示器位于检查一侧；呼吸孔塞子上垫片，在送电前应取下。
3 滚轮式互感器的滚轮应楔紧。
4 电压互感器的均压环装置应牢固、水平，方向正确。
5 油浸式互感器一般可不进行器身检查，当发现异常情况时，应会同制造厂人员进行器身检查。

5.2.2 干式互感器的安装应符合下列规定：
1 母线型互感器的等电位弹簧支点应固定牢固，母线应位于中心；与母线连接时端子应不受附加力作用，接触良好。
2 套管式互感器，额定电流大于1500A装于钢板构架上时，应有切断磁路措施。
3 电流互感器一、二次线圈不得有断线和开路；二次回路中接线铜导线截面不小于2.5mm²。
4 电容式电压互感器必须根据产品编号进行组装，不得互换；二次线圈不应短路，各组件连接处的接触表面，应除去氧化层并涂电力复合脂。

5.2.3 零序电流互感器的安装应符合下列规定：
1 母线型零序电流互感器距钢架或铁丝网的最小距离不应小于0.5m；互感器铁芯距其固定钢架的距

离应不小于40～50mm。

2 电缆式零序电流互感器距电缆终端头的距离不应小于0.7m；离其他母线及大电流导体距离不应小于1.5～2.0m；电缆对铁芯窗口的中心应对称排列。

3 不得有任何导磁物件与其铁芯接触，或与其构成分磁回路。

5.2.4 电抗器安装应符合下列规定：

1 电抗器安装应按其编号进行，三相垂直排列时，中间一相线圈的绕向应与上、下两相相反；两相重叠一相并列时，重叠的两相绕向应相反，另一相与上面的一相绕向相同；三相水平排列时，三相绕向应相同；垂直安装时，各相中心线应一致。

2 电抗器上、下重叠安装时，应在其绝缘子顶帽上，放置厚度不超过4mm的绝缘板垫片或橡胶垫片；在户外安装时，应用橡胶垫片。

3 设备接线端子与母线的连接，当其额定电流为1500A及以上时，应采用非磁性金属材料制成的螺栓。

4 电抗器间隔内所有磁性材料的部件，应可靠固定。

5.2.5 避雷器组装应符合下列规定：

1 其各节位置应符合产品出厂标定的编号。

2 避雷器各连接处的金属接触表面应除去氧化膜，涂电力复合脂；其引线的连接不应使端子受到超过允许的外加应力。

3 并列安装的避雷器三相中心应在同一直线上；其安装的垂直度应符合制造厂的规定，垂直度校正可在法兰间加金属垫片，保证其导电良好，并将其缝隙用腻子抹平后涂以油漆。

4 拉紧绝缘子串必须紧固，同相各拉紧绝缘子串的拉力应均匀，均压环应水平安装，不得歪斜。放电记数器安装位置应一致，应密封良好，接线正确，接地应可靠。

5 金属氧化物避雷器的防爆片，安全装置应完整无损，排气通道应畅通，排出的气体不致引起相间或对地闪络。

6 排气式避雷器的安装：应在管体的闭口端固定，开口端指向下方；当倾斜安装时，其轴线与水平方向的夹角不应小于15°，无续流避雷器不应小于45°。

7 接闪器的安装：接闪器电极的制作应符合设计要求，铁质材料制作的电极应镀锌；接闪器的轴线与避雷器管体轴线的夹角不应小于45°；接闪器宜水平安装，其间隙距离应符合设计规定。

5.2.6 电容器的安装应符合下列规定：

1 成组安装的电力电容器，三相电容量的差值宜调配到最小，其最大与最小的差值，不应超过三相平均电容值的5%；设计有要求时，应符合设计规定。

2 电容器构架应保持应有的水平及垂直位置，固定应牢靠，油漆应完整；电容器的配置应使其铭牌面向通道一侧，并有顺序编号。

3 电容器端子的连线应符合设计要求，接线应对称一致，整齐美观，母线及分支线应标以相色。

4 耦合电容器安装时，不应松动其顶盖上的紧固螺栓，接至电容器的引线不应使其端头受到横向拉力。

6 旋转电机安装

6.1 主控项目

6.1.1 电机应按本规范第2.1.5条的规定交接试验合格。

6.1.2 电机接线端子与导线端子必须紧密连接，牢固无额外张力，连接用紧固件的锁紧装置完整齐全。在电机接线盒内，裸露的不同相导线和导线对地间最小允许净距必须符合本规范附录D的规定。

6.1.3 电机接地应连接紧密、牢固，截面选择正确，防腐部分涂漆无遗漏，线路走向合理，色标准确。

6.2 一般项目

6.2.1 混凝土基础检测：电机安装前混凝土基础应符合现行国家标准《混凝土结构工程施工质量验收规范》GB 50204的规定，且混凝土基础的强度应达到75%以上，基础沉降稳定，标高、中心线等的标志应清楚，误差应在允许范围内，满足施工图纸的要求。

6.2.2 电机安装时应达到如下要求：

1 基础板纵横中心线的偏差应小于1mm。

2 基础板标高误差应小于1mm。

3 基础螺栓拧紧后，基础板的水平误差每米不大于0.15mm，螺栓应露出2～5螺距。

4 垫铁应放置在负荷集中的地方，一般在地脚螺栓两侧250mm处，其余部位距离宜为400～700mm；垫铁与设备接触面不得小于垫铁面积的70%，每组垫铁的总数不超过五块，垫铁总厚度宜为70～100mm；应放置平稳、紧压接触良好，点焊为一体；基础螺栓与锚板应互相垂直，锚板与基础面应接触紧密。

5 轴承座位置正确，与基础板结合紧密，绝缘轴承座的绝缘电阻值不低于1MΩ。

6 两瓣定子结合部应符合电机制造规范规定。

6.2.3 分解式电机定子、转子检查，应符合下列规定：

1 电机内部应清洁无杂物，通风孔道无堵塞。

2 绕组连接、焊接应正确良好。

3 槽楔应无断裂、凸出及松动，端部必须牢固。

4 线圈绝缘层应完好，无伤痕，绑线无松动。

5 磁极及铁轭、励磁线圈应紧固无松动。
6 转子铁芯、轴颈、滑环和换向器等应清洁、无伤痕、无锈蚀、通风孔道无堵塞。
7 转子的平衡块、平衡螺栓应锁牢,风扇方向应正确,叶片无裂纹。
8 鼠笼式电机转子导电条和端环应无裂纹,焊接应良好。
9 直流电机的磁极中心线与几何中心线应一致。
10 电刷与换向器、集电环接触良好。

6.2.4 电机定心,应符合下列规定:
1 电机定心应达到表6.2.4的要求。

表6.2.4 电机定心允许偏差(mm)

联轴器		允许偏差值	
形式	直径 ϕ	径向位移	轴向间隙
刚性	400以下	0.03	0.02
	400~600	0.04	0.03
	600~1000	0.05	0.04
齿轮	150以下	0.08	0.08
	150以上	$0.08+0.01\times(\phi-150)/100$	$0.08+0.01\times(\phi-150)/100$
弹性	200以下	0.05	0.05
	200以上	$0.05+0.01\times(\phi-200)/100$	$0.05+0.01\times(\phi-200)/100$

2 单轴承转子的定心,一般宜留下张口0.02~0.04mm。
3 对多联轴器的定心,应考虑转子自重的影响。

6.2.5 联轴器的安装应符合下列规定:
1 联轴器应加热装配,其内径受热膨胀比轴径大0.5~1.0mm为宜,位置应准确。
2 弹性联结的联轴器,其橡皮栓应能顺利地插入联轴器的孔内,并不得妨碍轴的轴向窜动。
3 刚性联结的联轴器,互相连接的联轴器各螺栓孔应一致,并使孔与连接螺栓精确配合,螺帽上应有防松装置。
4 齿轮传动的联轴器,其轴心距离为50~100mm时,其咬合间隙不应大于0.10~0.30mm;齿的接触部分不应小于齿宽的2/3。
5 联轴器端面的跳动允许值一般应为:刚性联轴器:0.02~0.03mm;半刚性联轴器:0.04~0.05mm。

6.2.6 气隙及不均匀度:测量电机传动侧和非传动侧的气隙值,每侧最少均匀测量4点,每侧的不均匀度应不大于10%。

6.2.7 滑动轴承与轴颈的配合,应符合下列规定:
1 轴瓦顶、侧间隙应符合制造厂的规定,无规定的应符合下列规定:
  1)轴颈与轴瓦的顶间隙:为轴颈直径的1.5‰~2.0‰。
  2)轴颈与轴瓦的侧面间隙:为轴颈直径的0.75‰~1.0‰。
  3)轴承盖与上瓦间隙:圆柱型轴瓦为-0.05~-0.15mm,环型轴瓦为±0.03mm。
2 下瓦接触弧度和接触点应符合制造厂的规定,无规定的应符合下列规定:
  1)接触弧度应为60°~90°;接触面上的接触点数为每平方厘米至少有2点。
  2)下瓦瓦枕垫块与轴瓦的接触面应大于60%;轴承座和轴瓦瓦背的接合面间隙不大于0.05mm。
  3)双向推力瓦的止推面间隙不应大于0.4mm。

6.2.8 小型电机盘车检查,应符合下列规定:
1 转子旋转灵活,无异常声音,与机械连接部分良好,螺栓紧固。
2 滚动轴承润滑脂有变色、变质、硬化的现象,应清洗更换新油。

6.2.9 轴承温升应符合制造厂的规定,厂家无明确规定时应符合下列规定:
1 油环润滑轴承:当温升最大限度为45℃时,最高允许温度为80℃。
2 循环油润滑轴承:当入口温度为35~45℃时,其允许温度为65℃。
3 滚动轴承:温升不应超过60℃。

6.2.10 电刷的检查与调整应符合下列规定:
1 电刷中性线位置,一般应在主极几何中心线上。
2 各极下电刷在换向器圆周上应分布均匀合理,其极距容许偏差一般为1.0mm。
3 刷盒至换向器或滑环表面距离应为2.5mm±0.5mm。
4 电刷与刷盒的间隙为0.1~0.2mm。
5 电刷接触面应与换向器或滑环的弧度相吻合,其面积应大于70%。
6 电刷的弹簧最低压力以电刷不冒火为宜,一般应保持在0.015~0.025MPa。
7 带有倾斜角的电刷,其锐角尖端与转动方向相反。
8 双倾斜电刷不应使两侧顶触,宜有1~2mm的间隙。
9 电刷在换向器表面上工作,升高片与刷盒的距离:一般中小型电机为5~17mm;大电机为35mm。
10 同一电机上不应同时使用不同牌号或不同制造厂的电刷。
11 允许在电刷下面有微火花。

6.2.11 电机转子的轴向窜动应不超过表6.2.11的规定。

表 6.2.11　电机转子的轴向窜动范围（mm）

电机容量（kW）	轴向窜动范围	
	向一侧	向两侧
10 及以下	0.5	1.00
10～30	0.75	1.50
31～70	1.00	2.00
71～125	1.50	3.00
125 以上	2.00	4.00

注：向两侧轴向窜动根据磁场中心位置确定。

6.2.12 电机的振动（双振幅值）应不超过表 6.2.12 的规定。

表 6.2.12　电机的振动标准

同步转速（r/min）	3000	1500	1000	750 以下
双振幅值（mm）	0.05	0.085	0.1	0.12

6.2.13 二次灌浆应符合下列规定：

1 二次灌浆前，应将基础表面及底板下面的毛刺、油污等清除，二次灌浆前将基础混凝土用水浸泡 6～12h，去除多余积水。

2 灌浆一般应用细碎石混凝土或适宜的灌浆料。基础板下面应灌实。灌浆工作不得中断，要一次完成。

3 二次灌浆达到强度后，应进行复查，再次定心。

6.2.14 电机干燥时应符合下列规定：

1 温度应缓慢上升，大型电机一般采取每小时温升 5～8℃，小型电机每小时温升 7～15℃。

2 绕组及铁芯的最高允许温度，应根据电机绝缘的等级来确定；当用酒精温度计测量时为 70～80℃；用电阻温度计测量时为 80～90℃。

3 带转子干燥的电机当温度达到 70℃后，宜约每隔 2h 将转子转动 180°。

4 以短路方式使直流电动机做发电机运行干燥时，应将电刷顺旋转方向移动 1～2 个换向片距离。

5 当吸收比和绝缘电阻符合要求，绝缘电阻下降后再上升，并在同一温度下经 5h 稳定不变时，即可认为干燥完毕。

7　配电盘、成套柜安装

7.1　主控项目

7.1.1 盘、柜的金属框架及基础型钢必须接地（PE）或接零（PEN）可靠。盘、柜的接地线应采用 10mm² 及以上铜导线与接地干线相连。装有电器的可开启的门，门和框架的接地端子间应用裸编织铜线可靠地连接。

7.1.2 需要绝缘安装的盘、柜与基础型钢、地脚螺栓之间用绝缘材料隔开，基础型钢和地脚螺栓等预埋件严禁与混凝土中的钢筋连接，应用绝缘导线与专用接地极连接。

7.1.3 盘、柜的调整试验应按有关规定执行，试验结果符合相关规定，操作及联动试验正确，符合设计要求，调试记录完整准确。

7.2　一般项目

7.2.1 基础型钢安装应符合下列规定：

1 允许偏差应符合表 7.2.1 的规定。

表 7.2.1　基础型钢安装允许偏差

项　目	允许偏差	
	（mm/m）	（mm/全长）
顶部平直度	1	5
侧面平直度	1	5
位置误差及不平行度	—	5

2 基础型钢安装后，其顶部宜高出抹平地面 10mm；手车式成套柜按产品技术要求执行。基础型钢应与接地干线相连，并至少有两点可靠接地。

7.2.2 盘、柜单独或成列安装时，其垂直度、水平偏差，以及盘、柜面偏差和盘、柜间接缝的允许偏差应符合表 7.2.2 的规定。

表 7.2.2　盘、柜安装的允许偏差（mm）

项　目		允许偏差
垂直度（每米）		1.5
盘间接缝		2
盘面偏差	相邻两盘	1
	成列盘面	5

7.2.3 盘、柜内设备的导电接触面与外部母线的连接必须符合本规范第 12.2.1 条的有关规定。盘、柜及盘、柜内设备与各构件应连接牢固，并有防松措施。安装于振动场所时，应按设计要求采取防振措施。主控制盘、继电保护盘和自动装置盘等不得与基础型钢焊死。

7.2.4 硅整流元件与外部连接严禁产生额外张力。

7.2.5 手车、抽屉式成套配电柜推拉应灵活，无卡阻碰撞现象；动触头与静触头中心线应一致且触头接触紧密。投入时，接地触头先于主触头接触；退出时，接地触头后于主触头脱开。

7.2.6 高压开关柜内应符合本规范第 3 章的有关规定，高压瓷件表面不得有裂纹、缺损和瓷釉损坏等缺陷。

7.2.7 盘、柜内所有二次回路接线应准确、连接可靠，标志齐全清晰，绝缘符合要求，同时满足本规范第20.2.9条的要求。

7.2.8 盘、柜的漆层应完整、无损伤。固定电器的支架等应防腐完好，安装于同一室内的盘、柜，其盘面颜色宜和谐一致。

7.2.9 端子箱、操作箱安装应牢固可靠，封闭良好，并应以防潮防尘。安装位置便于检查和操作。成列安装时应排列整齐。

7.2.10 户外安装的操作箱、动力开关柜等应有防雨设施；电缆进线应由箱、柜下部进入；操作箱安装高度宜为箱中心距地面1.5m；落地式动力开关柜应与基础槽钢连接牢固。

8 蓄电池安装

8.1 主控项目

8.1.1 蓄电池的绝缘应良好，绝缘电阻应不小于 $0.5M\Omega$。

8.1.2 初充电、放电容量及倍率校验的结果应符合产品技术条件的规定。

8.2 一般项目

8.2.1 蓄电池组平台，基架及间距应符合设计要求。蓄电池安装应平稳、间距均匀；同一排、列的蓄电池槽应高、低一致，排列整齐。

1 连接条及抽头接线正确，螺栓紧固，接头处应涂电力复合脂；有抗振要求时，其抗振设施应符合有关规定。

2 蓄电池的引出电缆的敷设，应按设计施工，引出线应用塑料包带标明极性，正极为赭色、负极为蓝色，电缆穿出蓄电池室的洞孔，应用耐酸、耐碱性的材料密封。

8.2.2 铅酸蓄电池电解液的配制应采用符合现行国家标准《蓄电池用硫酸》GB 4554规定的硫酸，当采用其他品级的硫酸时，其物理及化学性能应符合本规范附录B中表B.0.1的规定。蓄电池用水应符合国家现行标准《铅酸蓄电池用水》ZBK 8404的规定。

1 新配制的稀硫酸仅在有怀疑时才进行化验，其密度必须符合产品技术条件的规定。

2 蓄电池的防酸栓、催化栓及液孔塞，在注液完毕后应立即回装。

3 初充电期间，应保证电源可靠，不得随意中断；充电时禁止明火。

8.2.3 铅酸蓄电池组在5次充、放电循环内，当温度为25℃时，放电容量不应低于10h率放电容量的95%。

8.2.4 碱性蓄电池电解液的配制：应采用符合现行国家标准的三级即化学纯的氢氧化钾（KOH），其技术条件应符合本规范附录B中表B.0.2的规定。

1 配制电解液应用蒸馏水或去离子水，其密度必须符合产品技术条件的规定。

2 配制的电解液应加盖存放并沉淀6h以上，取其澄清液或过滤使用，对电解液有怀疑时应化验，其标准应符合本规范附录B中表B.0.3的要求。

8.2.5 碱性蓄电池在5次充、放电循环内，放电容量在20℃±5℃时应不低于额定容量。当放电时电解液初始温度低于15℃时，放电容量应按制造厂提供的修正系数进行修正。

9 低压电器安装

9.1 主控项目

9.1.1 低压电器的交接试验应符合本规范第2.1.5条的规定。

9.1.2 母线与电器连接时，接触面应符合本规范第12章母线装置安装的规定。连接处不同相的母线最小电气间隙应符合表9.1.2的规定。

表9.1.2 不同相母线最小电气间隙（mm）

额定电压（V）	最小电气间隙
U≤500	10
500<U≤1200	14

9.2 一般项目

9.2.1 低压断路器的安装应符合下列规定：

1 触头闭合、断开过程中，可动部分与灭弧室的零件不应有卡阻现象；各触头的接触面应平整；开合顺序，动静触头分闸距离应符合产品技术文件的规定。

2 宜垂直安装，其倾斜度不应大于5°；与熔断器配合使用时，熔断器安装在电源侧。

3 操作手柄或传动杆的开、合位置应正确，操作力不应大于产品的规定值。电动操作机构接线应正确；开关辅助接点动作应正确可靠，在合闸过程中接触应良好，开关不应跳跃。

4 抽屉式断路器的工作、试验、隔离3个位置的定位应明显，空载时进行抽、拉应无卡阻，机械联锁应可靠。

5 有半导体脱扣装置的低压断路器，其接线应符合相序要求，脱扣动作应可靠。

9.2.2 直流快速断路器的安装应符合下列规定：

1 安装时应防止断路器倾斜、碰撞及剧烈振动；基础槽钢与底座间应按设计要求采取防振措施。

2 断路器极间中心距离及与相邻设备或建筑物的距离，不应小于500mm；在灭弧室上方应留有不小于1000mm的空间。

3 与母线连接时，出线端子不应承受附加应力，母线支持点与断路器之间的距离，不应小于1000mm。

4 当触头及线圈标有正、负极性时，其接线应与主回路极性一致；配线应使控制线与主回路分开。

5 灭弧触头与主触头的动作顺序应正确，衔铁的吸、合动作应均匀，轴承转动应灵活，并应涂以润滑剂。

9.2.3 低压隔离开关、刀开关、转换开关及熔断器组合电器的安装应符合下列规定：

1 母线隔离开关：水平或垂直安装，其刀片均应位于垂直面上，刀片底部与基础之间的距离，不宜小于50mm。

2 安装杠杆操作机构时，应调节杠杆长度，使操作到位且灵活，开关辅助接点指示应正确。转换开关安装后，其手柄位置指示应与相应的接触片位置相对应，定位机构应可靠，所有的触头在任何接通位置上应接触良好。

3 刀体与母线直接连接时，母线固定端应牢固，可动触头与固定触头的接触应良好，大电流的触头宜涂电力复合脂。

4 带熔断器或灭弧装置的负荷开关接线后检查：熔断器应无损伤，灭弧栅完好，灭弧触头各相分、合闸应一致，且固定可靠。

9.2.4 电阻器和变阻器内部不应有断路或短路，其直流电阻的误差应符合产品技术文件的规定。多层叠装的电阻箱的引出导线应采用支架固定，不得妨碍电阻元件的更换。电阻器引出线夹板或螺栓应设置与设备接线图相应的标志。当与绝缘导线连接时，应采取防止接头处的温度升高而降低导线绝缘强度的措施。

10 起重机电气设备安装

10.1 主控项目

10.1.1 起重机配电屏、柜必须接地、接零可靠；门和框架的接地端子间应用带有标识的多股铜芯软导线连接。

10.1.2 起重机的每条轨道，应设2点接地。在轨道端之间的接头处，宜作电气跨接；接地电阻小于4Ω。

10.2 一般项目

10.2.1 电气设备的安装应符合下列规定：

1 起重机配电屏、柜的安装应符合本规范第7章"配电盘、成套柜安装"的相关规定。

2 起重机配电屏、柜、电阻器等设备均采用螺栓固定，紧固螺栓应有防松措施。

3 户外式起重机的配电屏、柜、电阻箱等电气设备应有防雨装置且安装正确、牢固。

4 起重机行程限位开关动作后，应能自动切断相关控制回路，并应使起重机各机构在下列位置停止：

1) 吊钩、抓斗升到离极限位置不小于100mm处。
2) 起重机桥架和小车等离行程末端不得小于200mm处。
3) 一台起重机临近另一台起重机，相距不小于400mm处。

5 电阻器直接叠装不应超过4箱，当超过4箱时应采用支架固定，并保持20~30mm间距，当超过6箱时应另列1组。电阻器的盖板或保护罩应安装正确、固定可靠。

10.2.2 配线应符合下列规定：

1 起重机所有的管口、出线口或电线电缆穿过钢制的孔洞处应加装护套等保护措施。

2 起重机上的配线除弱电系统外，均采用额定电压不小于500V的多股铜芯导线或电缆，导线截面面积不得小于1.5mm²，电缆芯线截面不得小于1.0mm²。

3 在起重机易受机械损伤、有润滑油滴落或热辐射的部位，导线、电缆应敷设于钢管、线槽、保护罩内或采取隔热保护措施。

4 起重机上固定电缆的敷设其弯曲半径大于电缆外径的5倍，电缆移动敷设时其弯曲半径应大于电缆外径的8倍，固定敷设电缆卡固支持点距离不应大于1m。

5 起重机上的配线应排列整齐，导线两端应牢固地压接相应的接线端子，并应标有明显的接线编号。

10.2.3 保护装置的安装应符合下列规定：

1 当起重机某一机构是由两组在机械上互不联系的电动机驱动时，两台电动机应有同步运行和同时断电的保护装置。

2 起重机制动装置的动作应迅速、准确、可靠。

3 起重机的撞杆安装应保证行程限位开关可靠动作，撞杆及撞杆支架在起重机工作时不应晃动，撞杆宽度应能满足机械（桥架及小车）横向窜动范围的要求，撞杆的长度应能满足机械（桥架及小车）最大制动距离的要求。

4 起重机照明装置应独立供电，照明电源不受主断路器控制；灯具配件应齐全，悬挂牢固，运行时灯具应无剧烈摆动，照明回路应设置专用零线或隔离变压器，不得利用电线管或起重机本体的接地线作零线。

10.2.4 起重机静负荷试运行：当吊起1.25倍的额定负荷地面高度为100~200mm处，悬空时间不得小于10min，电气装置应无异常情况。

10.2.5 专用车、装取料机，应符合下列规定：

1 按额定负荷的 1.1 倍做负荷试验，动作正常，设备组成的整个系统，按设备规定的各种工作制度和程序进行自控联动 10 次，确认动作、信号无误。

2 模拟调试：落放、提升、吊离、锁定动作达到准确、平稳、可靠，动作正常 5～10 次；然后在整机联锁状态下进行控制程序试验，连续 1～5 次，确认动作、信号无误。

10.2.6 焦炉四大车：各装置单独手动，自动运转符合要求后，按设备技术文件要求，在整机联锁状态下进行控制程序试验连续 1～5 次，确认动作、信号无误。

11 滑触线和移动式软电缆安装

11.1 主控项目

11.1.1 滑触线和移动式软电缆的相间或各相对地间的绝缘电阻值必须符合设计的规定。

11.2 一般项目

11.2.1 滑触线的支架及其绝缘子的安装应符合下列规定：

1 支架在轨道梁焊接安装时不得将支架焊接在轨道梁腹板上。

2 支架安装平整牢固、间距均匀，并应在同一水平面或垂直面上。

3 绝缘子、绝缘套管不得有机械损伤及缺陷，表面应清洁，绝缘性能应良好，与支架间的缓冲垫片齐全。

11.2.2 滑触线的安装应符合下列规定：

1 额定电压为 0.5kV 以下的滑触线，其相间和对地部分之间的净距离不得小于 30mm。户内 3kV 滑触线其相间和对地的净距不得小于 100mm，当不能满足以上要求时，滑触线应采取绝缘隔离措施。

2 滑触线安装后应平直。滑触线之间的距离应一致，其中心线应与起重机轨道的实际中心线保持平行，其偏差应小于 10mm；滑触线之间的水平偏差或垂直偏差小于 10mm。

3 滑触线在绝缘子上固定可靠，滑触线连接处平滑，滑接面应平整无锈蚀，在滑触线与导线连接处必须做镀锌和搪锡处理。

4 3kV 滑触线高压绝缘子安装前应进行耐压试验，并应符合本规范第 2.1.5 条的规定。

11.2.3 移动式软电缆的安装应符合下列要求：

1 软电缆的滑轨或吊索终端固定牢靠，吊索调节装置齐全。

2 软电缆的悬挂装置沿滑道或钢索移动应灵活平稳，无跳动、无卡阻现象，悬挂装置的电缆夹应与软电缆可靠固定。

3 软电缆移动段的长度应比起重机移动距离长 15%～20%，加装牵引绳时，牵引绳长度应短于软电缆移动段的长度。

4 软电缆移动部分两端应分别与起重机、钢索或滑道牢固固定。

11.2.4 安全式滑触线的安装应符合下列规定：

1 安全式滑触线的连接应平直牢固，支架夹安装应牢固，各支架夹之间的距离应小于 3m。

2 安全式滑触线的绝缘护套应完好，不应有裂纹及破损。

3 安全式滑触线的滑接器拉簧应完好灵活，耐磨石墨片应与滑触线可靠接触，滑动时不应跳弧，连接软电缆应符合载流量的要求。

11.2.5 起重机在终端位置时，滑接器与滑触线末端的距离不应小于 200mm。固定装设的型钢滑触线，其终端支架与滑触线末端的距离不应大于 800mm。

11.2.6 在伸缩补偿装置处，滑触线应留有 10～20mm 的间隙，间隙两侧的滑触线端头应加工圆滑，接触面应安装在同一水平面上，其两端间高度差不应大于 1mm。伸缩补偿装置间隙的两侧，均应有滑触线支持点，支持点与间隙之间的距离不宜大于 150mm。

11.2.7 滑触线连接接头处接触面应平整光滑其高度差不应大于 0.5mm，型钢滑触线焊接时应附连接托板。

11.2.8 卷筒式软电缆安装后软电缆与卷筒应保持适当拉力，起重机移动时不应挤压软电缆，起重机放缆到终端时，卷筒上应保留两圈以上的电缆。

11.2.9 滑接器的安装应符合下列规定：

1 滑接器支架的固定应牢靠，绝缘子和绝缘衬垫不得有裂纹、破损等缺陷，导线引线固定牢靠，导电部分对地的绝缘应良好。

2 滑接器应沿滑触线全长可靠地接触，自由无阻地滑动。

3 滑接器可动部分灵活无卡阻，滑接器与滑触线的接触部分不应有尖锐的边缘，压紧弹簧的压力应符合要求。

12 母线装置安装

12.1 主控项目

12.1.1 高压母线绝缘子和高压穿墙套管应按本规范第 2.1.5 条的规定交接试验合格。

12.1.2 绝缘子的底座、套管的法兰、保护网（罩）及母线支架等可接近裸露导体应按设计给定的低压配电系统，可靠接地（PE）或接零（PEN）。但不应作为接地（PE）或接零（PEN）的接续导体。

12.2 一般项目

12.2.1 母线连接时，接头应符合下列要求：

1 母线搭接，其接触面应研磨，搭接面人工处理应符合表12.2.1-1的规定。

表12.2.1-1 母线连接搭接面的要求

连接条件	干燥室内	干燥室外、高温且潮湿或对母线有腐蚀气体的室内
铜-铜	直接连接	挂锡
铝-铝	直接连接	直接连接
钢-钢	必须挂锡	必须挂锡
铜-铝	挂锡	铜铝过度板
钢(铝)-钢	钢表面挂锡	钢表面挂锡

2 矩形母线的搭接连接，应符合本规范附录C的规定。

3 接头应紧固：螺栓布置正确，齐全，螺纹应露出螺母2～3扣；相邻垫圈间应有不小于3mm的间隙；紧固螺栓用力矩扳手，拧紧力矩按表12.2.1-2的规定。

表12.2.1-2 钢制螺栓的紧固力矩值（N·m）

螺栓规格（mm）	力矩值
M8	8.8～10.8
M10	17.7～22.6
M12	31.4～39.2
M14	51.0～60.8
M16	78.5～98.1
M18	98.0～127.4
M20	156.9～196.2
M24	274.6～343.2

4 接头焊接：焊条材质应和母线材质一致；母线对接焊缝的上部应有2～4mm的加强高度，焊口两端侧各凸出4～7mm；焊缝无裂纹、未焊透等缺陷，残余焊药应清除干净。

12.2.2 母线弯曲时，应无裂纹和皱折。

12.2.3 母线绝缘子及支架安装：应横平竖直，排列整齐，间距均匀，固定母线的金具正确、齐全。

12.2.4 母线安装的允许偏差和弯曲半径的要求见表12.2.4。

表12.2.4 母线安装的允许偏差和弯曲半径的要求

项 目			允许偏差和弯曲半径
母线间距与设计尺寸间			±5mm
母线平弯最小弯曲半径	$b\times\delta\leqslant50\times5$	铜、铝	$>2\delta$
	$b\times\delta\leqslant120\times10$	铜、铝	$>2\delta$、$>2.5\delta$
母线立弯最小弯曲半径	$b\times\delta\leqslant50\times5$	铜、铝	$>1b$、$>1.5b$
	$b\times\delta\leqslant120\times5$	铜、铝	$>1.5b$、$>2b$

注：δ为母线的厚度，b为母线的宽度。

12.2.5 母线接头接触面应涂电力复合脂，螺栓受力均匀，不使电器的接线端子受额外应力。

12.2.6 母线安装时，室内、室外配电装置安全净距应符合本规范附录D的规定。

12.2.7 母线的固定应符合下列规定：

1 母线卡具与绝缘子间的固定应平整牢固，卡具不应构成闭合磁路。

2 母线平放时，母线支持夹板的上部压板应与母线保持1～1.5mm的间隙，立放时上部压板与母线间有1.5～2mm的间隙。

3 当母线与设备连接时，在最后一个瓷瓶上应将母线卡死。

12.2.8 母线的相序排列当设计无规定时应符合下列规定：

1 上、下布置的交流母线由上到下排列为A、B、C相，直流母线正极在上，负极在下。

2 水平布置的交流母线，由盘后向盘面排列为A、B、C相，直流母线正极在后，负极在前。

3 引下线的交流母线由左至右排列为A、B、C相，直流母线正极在左，负极在右。

12.2.9 母线涂漆的颜色应符合下列规定：

1 三相交流母线A相为黄色，B相为绿色，C相为红色，单相交流母线与引出相的颜色相同。

2 直流母线：正极为赭色，负极为蓝色。

3 直流均衡汇流母线及交流中性汇流母线：不接地者为紫色，接地者为紫色带黑色条纹。

4 封闭母线：母线外表面及外壳内表面涂无光泽黑漆，外壳外表面涂浅色漆。

12.2.10 母线刷相色漆应符合下列规定：

1 室外软母线、封闭母线应在两端和中间适当部位涂相色漆。

2 单片母线的所有面及多片、槽形、管形母线的所有可见面均应涂相色漆。

3 钢母线的所有表面应涂防腐相色漆。

4 刷漆应均匀无起层皱皮等缺陷并应整齐一致。

12.2.11 母线在下列各处不应刷相色漆：

1 母线的螺栓连接及支持连接处、母线与电器的连接处以及距所有连接处10mm以内的地方。

2 供携带式接地线连接用的接触面上，不刷漆部分的长度应为母线的宽度或直径，且不应小于50mm，并在其两侧涂以宽度为10mm的黑色标志带。

12.2.12 多片矩形母线的安装应符合下列规定：

1 母线间应保持与母线厚度相等的间隙。

2 母线与设备连接宜采用软性连接，其截面不应小于母线截面。

3 母线对口焊接，焊缝高度应符合本规范第12.2.1条第4款的规定。

12.2.13 插接式封闭母线安装，应符合下列规定：

1 吊挂安装时，其吊钩应有调整螺栓，固定距离不得大于3m。
2 母线槽的端头应装封闭罩，引出线孔的盖子完整。
3 每段母线槽的连接应牢固，插头插接应紧密可靠。

12.2.14 母线在隧道、通廊内安装应符合下列规定：
1 采用支架安装时，支架距离应按设计要求；车间主干线跨梁、柱或沿屋架敷设时，支架间距离应不大于6m，拉紧装置固定可靠，同一档内各母线弛度相互差不大于10%。
2 低压车间母线支架应用卡箍与房屋桁架固定，禁止直接焊接。
3 母线长度大于300~400m，应循环换位一次，槽形母线换位处可用矩形母线连接。

12.2.15 电炉短网的安装应符合下列规定：
1 母线束组合间距应一致，固定夹板间距以0.6m为宜，绝缘夹紧螺栓的绝缘应良好，吊挂装置高度应一致。
2 移动集电环与铜线的连接应接触良好，软电缆的长度应满足平台升降需要，母线水冷却管接头应不漏水。
3 抱闸的压力值应符合设计要求，母线端头和排管的夹具应为防磁式的。

12.2.16 绝缘子、套管的安装应符合下列规定：
1 支持绝缘子：瓷件无裂纹，胶合处填料牢固。
2 支持绝缘子顶面及中心线应一致，偏差不大于2mm；固定应牢固。
3 低压支持绝缘子与金属接触面间应垫橡胶或钢纸垫。
4 安装瓷套管孔洞直径应比嵌入部分至少大5mm。
5 额定电流在1500A及以上的套管，装于钢板上或钢筋混凝土出线板上时，其安装板孔应不成闭合磁路。
6 母线式套管600A及以上其端部的金属夹具，应为非磁性的，穿墙安装在潮湿或要求密封的环境，其两端应加密封。
7 充油套管接地端子及闲置的电压抽头端子应可靠接地。

13 电缆线路

13.1 主控项目

13.1.1 高压电缆应按本规范第2.1.5条的规定交接试验合格。

13.1.2 三相或单相的交流单芯电缆，不得单独穿于钢导管内。

13.2 一般项目

13.2.1 电缆敷设应符合下列规定：
1 电缆严禁有绞拧、铠装压扁、护层断裂和表面严重划伤等缺陷。
2 直埋敷设时，严禁在管道的上面或下面平行敷设。
3 禁止超过电缆允许敷设最低温度值敷设电缆；在电缆敷设前24h内的平均温度以及敷设现场的温度不应低于表13.2.1的规定；当温度低于表13.2.1规定值时，应采取措施。

表13.2.1 电缆允许敷设最低温度（℃）

电缆类型	电缆结构	允许敷设最低温度
充油电力电缆	充油电缆	−10
橡皮绝缘电力电缆	橡皮或聚氯乙烯护套	−15
塑料绝缘电力电缆	—	0
控制电缆	耐寒护套	−20
	橡皮绝缘聚氯乙烯护套	−15
	聚氯乙烯绝缘聚氯乙烯护套	−10

4 电力电缆在终端头或接头附近宜留有适当的备用长度。

13.2.2 充油电缆的油样应试验合格，充油电缆的油压不宜低于0.15MPa，供油阀门动作灵活，压力表指示正确，所有管接头无渗漏。在敷设过程中保持电缆内部有油压。

13.2.3 电缆桥架和电缆支架上电缆敷设应符合下列规定：
1 电缆桥架转弯处的弯曲半径，不应小于桥架内电缆最小允许弯曲半径。电缆最小允许弯曲半径见表13.2.3。

表13.2.3 电缆最小弯曲半径

电缆型式	多芯	单芯
控制电缆	10D	—
橡皮绝缘电力电缆 无铅包、钢铠电缆	10D	
铠装护套	20D	
聚氯乙烯绝缘电力电缆	10D	
交联聚乙烯绝缘电力电缆	15D	20D
自容式充油（铅包）电缆		20D

注：表中D为电缆外径。

2 高低压电力电缆，强电、弱电控制电缆应按顺序配置在不同桥架内。一般情况宜由下而上配置，电力电缆在支架上敷设不宜超过1层，桥架上不宜超过2层。
3 交流单芯电力电缆应布置在同侧支架上；当按紧贴的正三角形排列时，应每隔1m用绑带扎牢。
4 对有抗干扰要求的电缆线路，应按设计要求采取抗干扰措施。

13.2.4 桥架内、支架上电缆的固定应符合下列规定：
1 大于倾斜45°敷设的电缆，固定点间距不应大于2m。

　　2　水平敷设的电缆，首尾两端、转弯两侧设固定点。

　　3　垂直敷设于桥架内的电缆固定间距不大于表13.2.4的规定。

表13.2.4　电缆固定点间距离（mm）

电缆种类		固定点距离
电力电缆	全塑型	1000
	除全塑型外中低压电缆	1500
	35kV及以上高压电缆	2000
	控制电缆	1000

　　4　交流系统的单芯电缆或分相后的分相铅包电缆的固定夹具不应构成闭合磁路。

　　5　护套层有绝缘要求的电缆，在固定处应加绝缘衬垫。

13.2.5　管道内电缆的敷设应符合下列规定：

　　1　在下列各处应加保护管：电缆进入建筑物、隧道、穿过楼板及墙壁处及其他可能受到机械损伤的地方；从沟道引至电杆、设备、墙外表面或屋内行人容易接近处，距地面高度2m以下的一段加管保护。

　　2　穿入管中电缆的数量应符合设计要求。

13.2.6　混凝土槽内电缆的敷设应符合下列规定：

　　1　槽与槽的连接处应用混凝土砂浆抹平。

　　2　槽内应填充黄砂。

　　3　不同电压等级的电缆不得于同一槽内。

　　4　每一槽内允许敷设1~2根高压电缆，敷设低压电缆时，其占用率不得大于40%。

13.2.7　直埋电缆的敷设应符合下列规定：

　　1　电缆埋设于冻土层以下，一般电缆表面距地面的距离不应小于0.7m；穿越农田时不应小于1m。

　　2　在电缆线路路径上，遇有下列影响应采取措施：有可能使电缆受到机械性损伤、化学作用、地下电流、振动、热影响、腐蚀物质、虫鼠等危害的地段，应采取防护措施。

　　3　电缆之间、电缆与其他管道、道路、建筑物等之间平行和交叉的最小净距应按设计规定，无规定时应符合附录E的规定。

　　4　直埋电缆的上、下部应铺不小于100mm厚的软土或沙层，并加盖板保护，其覆盖宽度应超过电缆两侧各50mm。

　　5　直埋电缆在直线段为每隔50~100m处、电缆头处、转弯处、进入建筑等处，应设置标志牌。

　　6　并联敷设之电力电缆，其长度、型号、规格宜相同，排列整齐，无机械损伤。

　　7　沿电气化铁路或有电气化铁路通过的桥梁上，明敷的电缆管道的支架全长应与桥梁的金属结构绝缘。

　　8　在三相四线制系统中，禁止用三芯电缆加另一根导线作零线。

13.2.8　电缆线路的防火与阻燃应符合下列规定：

　　1　对电缆线路有防火和阻燃要求时，必须按设计要求的防火阻燃措施施工。

　　2　设计要求采用耐火或阻燃型电缆，施工时应在电缆接头两侧及相邻电缆2~3m长的区段施加防火涂料或防火包带。

　　3　对重要回路的电缆，设计多敷设于专门的沟道中和耐火封闭槽内，应按设计规定施工。

　　4　在重要的电缆沟和隧道中，按要求分段或用软质耐火材料设置耐火墙。

　　5　在电缆穿过竖井、墙壁、楼板或进入电气盘、柜的孔洞处，用耐火堵料密实封堵。

14　露天采矿场线路敷设

14.1　主控项目

14.1.1　高压绝缘子应按本规范第2.1.5条的规定交接试验合格。

14.1.2　高压电力电缆应按本规范第2.1.5条的规定交接试验合格。

14.2　一般项目

14.2.1　矿场内的横跨线为半固定线路，一般用木杆，埋深1~1.5m，每个梯段上至少设1根电杆，与采矿梯段边缘距离不应小于5m。

14.2.2　露天矿配电线路底层导线对地高度：

　　1　环型线不宜少于5.5m。

　　2　横跨线不宜少于6.5m。

　　3　纵架线不宜少于5.5m。

　　4　交叉跨越处应符合本规范第13.2.8条第3款的有关规定。

14.2.3　采用横跨线时，移动变电所高压侧的电缆长度不宜超过100m，移动高压电铲的电缆长度不宜超过250m。

14.2.4　采用纵架线时，移动变电所高压侧的电缆长度不宜超过50m，移动高压电铲的电缆长度不宜超过200m。

14.2.5　高压瓷件表面严禁有裂纹、缺损、瓷釉烧坏等缺陷；采矿场内的线路不能采用瓷横担。

14.2.6　导线连接必须紧密、牢固，连接处严禁有断股和损伤，导线的连接管在压接后严禁有裂纹。

15　矿井下电缆敷设

15.1　主控项目

15.1.1　高压电力电缆应按本规范第2.1.5条的规定交接试验合格。

15.2 一般项目

15.2.1 固定敷设的电力电缆、控制电缆、信号电缆，其型号必须符合设计要求。

1 高、低压电缆，敷设在井筒或巷道的同一侧时，其相互间净距不宜小于0.1m；高压电缆之间、低压电缆之间的净距，不宜小于50mm。

2 电力电缆与电话、信号电缆不宜敷设在巷道的同一侧，不应固定在同一个电缆卡子上，同侧敷设时，电力电缆应敷设在下方，与电话、信号电缆的净间距不应小于0.1m；二者平行敷设时，其净距应大于0.3m。

3 非固定敷设的电缆，如无设计要求时，应采用矿用橡套电缆。其接地芯线，只能用于接地不得兼作其他用途。

4 由地面至井下的主变（配）电所，不同回路的电源电缆，在井筒、巷道中平行敷设时，其电缆间距不应小于0.3m。在竖井中不宜敷设在同一支架上。

15.2.2 电缆在水平巷道或45°及以下倾角的斜井中敷设：在水平巷道或45°及以下倾角的斜井中，敷设电缆的悬挂位置应符合设计，如设计无规定时，其高度应保证电缆在矿车掉道时，不致受到撞击；在电缆坠落时，不得落在轨道或运输机上；负荷大的电缆应悬挂在上方，悬挂点间距不宜超过3m。

15.2.3 竖井或45°以上倾角斜井的电缆敷设，应符合下列要求：

1 电缆敷设前，井筒、井壁、井底车场的砌拱工程皆应竣工。

2 敷设电缆时宜采用手摇绞车或电动慢速绞车，应有可靠的制动和逆止装置，绞车要固定牢靠。将电缆捆在钢丝绳上，应松弛不受拉力，间距不宜大于3m。钢丝绳的安全系数不应小于5倍，导向轮直径不应小于电缆直径的15倍；放电缆绳速不宜超过15m/min。

3 电缆支架结构及安装：安装在斜井中角钢支架上平面应适合于斜井倾角，井筒中支架安装上、下偏差不应大于±10mm；安装地点应符合设计要求，无设计规定时，在井口4m以内，其间距应为0.5m，井筒中支架间距不得超过6m，斜井内固定点的距离不得大于3m。

4 电缆敷设位置应符合设计要求，如设计未明确时，不应敷设在罐笼卸车侧，应敷设在梯子间两侧，敷设在井壁上，应穿管或用其他方法保护。

5 电缆固定应自下而上进行，使电缆保持不受拉力状态；电缆在支架上固定松紧应适当，在井口处应留有1～1.5m长的电缆作为备用。

6 在井筒中应避免做电缆中间接头，如需设中间接头时，应按设计要求将接头设在中间水平巷道内或设在井壁特设的壁龛、硐室里，电缆并留有富裕长度。

15.2.4 在金属或木支护的斜井或巷道中悬挂电缆时，一般采用软固定，不得将电缆悬挂在风、水管上，电缆与风、水管平行敷设时，应在管道上方，其净距不宜小于0.3m；只有在混凝土、砖砌拱、坚固岩石的斜井和巷道中敷设电缆时，才可采用硬固定，固定件应横平竖直。

15.2.5 电缆进出巷道、硐室或过墙壁要穿保护管，并封堵管口，转弯处用金属材料保护；有外麻被层的电缆通过木支护的巷道或硐室时要把麻被层剥掉，并做防腐处理。

15.2.6 巷道和斜井内敷设的电缆不宜拉紧，每隔一定距离和在分路点上，应悬挂注明编号、用途和电压等的标志牌。

15.2.7 在个别地段需要沿地面敷设电缆时，应采用铁板或其他非燃性材料覆盖，但不得在排水沟中敷设电缆。

15.2.8 在钻孔中敷设电缆时，应事先在钻孔中敷好套管，将电缆牢固地固定在钢丝绳上，经套管向井下敷设电缆，在钻孔上、下部将钢丝绳固定在专设的装置上，钢丝绳应涂好钢丝油。套管应高出地面0.5～1.0m，将露出地面部分，用混凝土堆积好，管口用盖板封严，以防进水。

16 电缆支架、桥架安装

16.1 主控项目

16.1.1 金属电缆桥架及支架和引入或引出的金属电缆导管必须接地（PE）或接零（PEN）可靠，且必须符合下列规定：

1 金属电缆桥架及其支架全长不应少于2处与接地（PE）或接零（PEN）干线相连接。

2 非镀锌金属电缆桥架间连接板的两端应跨接铜芯接地线，接地线最小允许截面积不小于4mm²。

3 镀锌电缆桥架间连接板的两端不跨接接地线，但连接板两端不少于2个有防松螺帽或防松垫圈的连接固定螺栓。

16.2 一般项目

16.2.1 电缆桥架的立柱和电缆支架的安装应符合下列规定：

1 电缆桥架的立柱或支架与预埋件或钢结构上焊接固定时，应对固定点两侧焊接，焊缝饱满，在焊缝处做防腐处理；采用膨胀螺栓固定时，选用的螺栓要适配，连接紧固，防松零件齐全；禁止电缆桥架的立柱采用膨胀螺栓固定在砖墙上。

2 立柱的安装不得有明显的倾斜，其垂直偏差不得大于其长度的2‰。

3 当设计无要求时，电缆桥架水平安装的支架间距为1.5~3m，垂直安装的支架间距不大于2m，且在同一区内支架的间距应保持一致，其偏差不得大于100mm。

4 遇下列情况应增加立柱：
   1) 水平转弯之前、后约300mm处及其转弯的中间。
   2) 标高有明显变化之处的前、后约300mm。
   3) 过伸缩缝的前、后约300mm处。

16.2.2 电缆桥架托臂的安装应符合下列规定：

1 托臂与立柱之间固定牢固，托臂与立柱垂直，不应有左右倾斜。同一立柱上的各托臂其左右偏差不应大于±5mm，层间偏差不得大于±5mm。

2 托臂层间距离应符合设计要求。

16.2.3 电缆桥架的安装应符合下列规定：

1 桥架之间、桥架与托臂之间、以及托臂与立柱之间的固定不宜使用电焊或气焊。桥架在托臂上应固定牢固、平直，不得有明显的扭曲或倾斜，同一直线段上的电缆桥架中心线左右偏差不得大于±10mm，高低偏差不得大于±5mm。

2 桥架与托臂间螺栓、托盘连接板螺栓固定无遗漏，螺母位于桥架外侧。

3 直线段金属电缆桥架长度超过30m，玻璃钢制电缆桥架长度超过15m设有伸缩节，电缆桥架跨越建筑物变形缝处应断开（断缝为15~20mm），同时做Ω型跨接地线。

4 电缆桥架转弯处的转弯半径不小于桥架内电缆最小允许弯曲半径。

5 垂直安装的桥架宜采用梯架，当必须采用托盘型桥架时，应在槽内加装固定电缆的支架，支架间的距离应符合电缆在垂直方向的固定要求。

6 安装完的桥架应防腐层完好，无毛刺棱角，接口处平整，无凸起或扭曲现象。

17 电缆终端头、电缆接头制作

17.1 主控项目

17.1.1 高压电力电缆应按本规范第2.1.5条的规定交接试验合格。

17.1.2 接地正确、接地线截面符合要求，接地线焊接牢固、接触良好、固定牢靠。

17.1.3 高压电缆终端和接头的制作环境应符合电缆附件生产厂技术文件的规定。

17.2 一般项目

17.2.1 10~35kV电缆终端头制作，应符合下列要求：

1 电缆的剥切：电缆绝缘良好，不受潮，电缆端头不得进水；剥切电缆时不得伤及非剥切部分绝缘，定尺正确符合电缆附件生产厂技术文件的规定。

2 改善电场的措施：
   1) 高压电缆，应清除半导电屏蔽层并用溶剂进行擦洗。
   2) 35kV电缆应将绝缘末端削成30mm长的反应力锥。

3 填充绝缘：
   1) 在连接管压坑和两端间隙处、芯线与接线端子压坑；所有缝隙和反应力锥处填充、包缠绝缘，以形成均匀过渡的锥面，避免有隙缝。
   2) 绝缘管套放位置、部位正确。
   3) 分支套指端、35kV电缆外护层末端60mm一段包缠两层密封胶带。

4 接地要求：
   1) 电力电缆接地线应采用铜编织带，用裸铜线将铜编织带与金属屏蔽层绑扎后锡焊，铜编织带的截面积不应小于表17.2.1-1的规定。

表17.2.1-1 电缆终端接地线截面（mm²）

电缆截面	接地线截面
120及以下	16
150及以上	25

   2) 电缆带电裸露部分之间及至接地部分的最小距离见表17.2.1-2的要求。

表17.2.1-2 电缆带电裸露部分之间及至接地部分的最小距离（mm）

额定电压（kV）	最小距离
1	50
3	75
6	100
10	125
35	250

   3) 10kV三芯电缆接头，在套入热缩外护套管、绝缘管和半导电管的同时套入屏蔽铜网，使之覆盖在半导电管上。

5 电缆头的组装、密封：
   1) 冷（热）缩密封管长度：10kV电缆应与线芯绝缘末端平齐；35kV电缆密封管应与线芯绝缘锥面平齐。在接线端子压接部分加收缩衬管、套密封管、相色标志管，冷（热）收缩。
   2) 冷（热）缩电缆终端头：芯线绝缘与端子结合处应增加包缠绝缘，收缩时与手套紧密结合，户外型应加套防雨裙，在支架上的冷（热）缩头下边应加托板，直埋地下的应加保护盒。

3) 冷（热）缩管件不应在收缩后出现厚薄不均和层间夹有气泡的现象。安装后冷（热）缩电缆头不应再弯曲和扳动，如扳动应在定位后再加热收缩一次。

17.2.2 10～35kV 电缆接头制作应符合下列规定：

1 按照电缆附件生产厂的技术文件的规定，按尺寸剥去护层、钢带、外护层铜带、半导电层和线芯末端绝缘，剥切时不应伤及未剥切部分的绝缘层。

2 将绝缘管、半导电管和屏蔽铜丝网预先套在各相线芯上后，再压接导体连接管。

1) 安装应力管，使其覆盖屏蔽铜带 20mm，加热收缩固定。

2) 按程序将外护套热缩管、屏蔽铜网、绝缘管、半导电管分别套在剥切后的 3 根线芯上，压接导体连接管；安装内护套管、焊接铜带跨接线、将外护套管覆盖的内护套管上加热收缩。

3) 在安装过程中，除去飞边、毛刺和金属屑；连接管的压坑，管与管两端的搭接处和间隙，包缠绝缘密封胶带填充，以形成均匀过渡的锥面，避免有气隙。

17.2.3 10～35kV 预制件装配式电缆终端头，应符合下列规定：

1 按照制造厂的技术文件规定的尺寸剥切电缆外护层铜带，内护层及线芯间填料。

2 焊接接地线及安装分支套管，线芯护套管热缩到分支套分叉处，在分支套指端收缩相色标志管。

3 按照安装说明书将线芯屏蔽铜带裸露长度多余部分剥去，按规定尺寸剥去屏蔽铜带、半导电层和线芯末端绝缘，用 PVC 胶粘带临时包缠导体末端。将留下的屏蔽铜带处，用半导电自粘带包缠成圆柱形，宽约 20mm，直径按产品说明书规定。

4 套装预制件，用浸有清洗剂的布擦净电缆绝缘表面，并均匀地涂上硅脂，将预制件内壁也涂以硅脂，套装在电缆绝缘上，应一次套到位，严防顶端出现空隙。

5 压接接线端子，拆去导体末端临时包缠的 PVC 胶带，套上端子压接。户外终端在预制件下端与电缆接触处缠绕一圈密封胶带。

17.2.4 电缆头的安装：电缆终端头安装时应固定牢固，电缆端子与设备连接后对设备和电缆均不应产生外力，端子间及对地距离应符合要求。安装应整齐美观，电缆中间接头两端应留有适当余量。直埋电缆中间接头应采用防水措施。

18 架空线路及杆上电气设备安装

18.1 主控项目

18.1.1 高压绝缘子应按本规范第 2.1.5 条的规定交接试验合格。

18.1.2 变压器中性点的接地装置应按设计给定的低压配电系统进行施工，接地装置的接地电阻值必须符合设计要求。

18.2 一般项目

18.2.1 杆坑、拉线坑挖深应符合下列规定：

1 10kV 及以下电杆坑挖深允许偏差－50～+100mm。

2 35kV 双杆基坑挖深：根开的中心偏差不应超过±30mm；两杆坑深度宜一致。

18.2.2 电杆组立，电杆顶端应封堵。导线弛度的允许偏差应符合表 18.2.2 的规定。

表 18.2.2 电杆组立、导线弛度允许偏差（mm）

项　目		允许偏差
电杆组立	直线单杆、组合双杆中心的横向位置偏移	50
	组合双杆两杆高差	20
	电杆上垂直度（即杆梢倾斜位移）	0.5D
导线弛度	实际与设计值差	±5%
	同一档内导线间弛度差	50

注：D 为电杆梢径。

18.2.3 钢圈连接的钢筋混凝土电杆，连接钢圈的焊缝焊接后，电杆的弯曲度不超过其长度的 2/1000。

18.2.4 金属管塔安装应符合下列规定：

1 金属管塔中心与线路中心最大允许位移±50mm，倾斜度不应大于 5‰。

2 接地电阻应符合规程要求，一般应小于 10Ω。

18.2.5 35kV 架空线路的瓷悬式绝缘子绝缘电阻值不得小于 500MΩ。

18.2.6 横担、绝缘子及金具的安装应符合下列规定：

1 横担与电杆间接触紧密、安装牢固，绝缘子与电杆、导线金具连接处连接可靠，金具规格与导线匹配。部件防腐、镀层完好。

2 高压瓷件表面严禁有裂纹、缺损、瓷釉烧坏缺陷；耐张、悬垂绝缘子串上的弹簧销子、螺栓及穿钉安装正确。

3 横担与中心线的角度正确，导线连接必须紧密牢固，连接处严禁有断股和损伤，导线的连接应在压接或校直后严禁有裂纹。

18.2.7 双杆的横担安装应符合下列规定：

1 横担与电杆连接处高差不应大于连接距离的 5/1000。

2 左右扭斜不应大于横担总长度的 1/100。

18.2.8 拉线撑杆与电杆的夹角位置正确，金具齐全，连接牢固，同杆的各条拉线均受力正常。

18.2.9 导线架设应符合下列规定：

1 导线与绝缘子固定可靠，导线无断股、扭绞和死弯。

2 导线间及导线对地及交叉跨越最小安全距离按设计规定施工，导线紧线后，电杆梢无明显偏移。

3 线路的导线与拉线、电杆与构架之间，导线布置合理、整齐，线间连接走向清楚，安装后的净空距离应符合下列规定：

　　1) 35kV时：不应小于600mm。
　　2) 1～10kV时：不应小于200mm。
　　3) 1kV时：不应小于100mm。

18.2.10 杆上电气设备安装，应符合下列要求：

1 变压器油位正常、附件齐全、无渗油现象，外壳涂层完整。

2 跌落式熔断器安装：相间距离不小于500mm，熔管动作灵活无卡阻。

3 柱上开关分、合闸操动灵活，机械锁定可靠，分、合闸三相同期性好，接地可靠；绝缘电阻值不应小于0.5MΩ。

4 杆上避雷器排列整齐，相间距离不小于350mm，引线截面选择正确。

5 路灯安装：灯位正确、固定可靠，路灯的引线应拉紧，接线箱盖板齐全，防水措施良好。

19 牵引网的安装

19.1 主控项目

19.1.1 牵引网路应进行绝缘测定，其绝缘电阻不应小于1.6MΩ。

19.1.2 钢轨回路，作回流的钢轨应做电气连接，并应符合下列要求：

1 轨端、轨间、线间、各种电气连接线均应牢固地焊在轨头部位；回流母线应于并联各线路轨道上串联，且牢固焊接，焊接部位长度不应小于30mm；连接部位持续通过额定电流时，不应产生过热现象。

2 连接线连接正确，其材质、截面符合要求，焊接部位不得因振动而脱落，焊接工作不得在-5℃以下的环境中进行。

19.1.3 绝缘区分器应经绝缘试验合格。

19.1.4 角型接闪器的安装，其间隙值误差不应大于设计规定值的±0.5mm，接地电阻不得大于10Ω。

19.2 一般项目

19.2.1 各种线材、绝缘子、器材、构件和金具应符合国家现行标准的有关规定，应有产品合格证，质量完好无损。

1 电杆、底盘、卡盘、拉线盘等质量应符合建筑专业有关规范的规定。

2 混凝土构件强度，出厂时应不小于设计强度的70%，安装时强度应达到100%。金属部件加工允许误差：长、宽为±2%；孔径为$^{+0.5}_{0}$mm，内径为$^{+0.5}_{0}$mm，厚度为±0.5mm。

19.2.2 支柱（电杆）定位：牵引网的施工测量、电杆定位应根据牵引网设计平面布置图及施工说明书，定位误差不应超过下列数值：

1 档距：直线段±0.3m，曲线段1‰档距。

2 偏离中心：馈电线和回流线电杆±50mm，滑触线电杆与轨道中心距离$^{+50}_{0}$mm，电杆拉线：地面角±5°，方向角±5°。

3 单开道岔或对称道岔旁的电杆定位，应位于岔心与岔尾之间，见表19.2.2。

表 19.2.2 牵引网络电杆与岔心距离 （m）

道岔号码	1/6	1/7	1/8	1/9	1/10
电杆中心与岔心距离	2.5	2.8	3.2	3.8	4.3

4 复式交分、菱形交叉道岔上支柱位置，应位于岔心顺线路方向左或右侧0.8～1.5m处。

19.2.3 牵引网馈电线路电杆的坑深：

1 滑触线电杆坑深，应以铁路轨面减去400mm的平面为基准，坑深误差不应超过±50mm。

2 拉线基础坑深，应以拉线基础中心线地面为基准，坑深误差不应超过+100mm。

3 馈电线和回流线电杆基坑，以施工基面为基准，误差不应超过+100mm。

4 当电杆按设计设置底盘时，坑深应另加底盘的有效厚度。

19.2.4 基坑回填应填写施工记录，内容包括坑深、土质、底盘、拉线盘规格以及回填夯实和特殊处理方法。

19.2.5 混凝土电杆组立，对杆顶倾斜的要求见表19.2.5的规定。

表19.2.5 混凝土电杆组立对杆顶倾斜的要求

杆、柱名称	顺线路方向倾斜	向受力反方向倾斜
馈电、回流电杆	应不大于100mm	—
腕臂柱	—	应不大于100mm
硬横跨柱	—	应不大于100mm
补偿器柱	—	100～150mm
直腕臂柱	—	200～300mm
硬锚柱	—	500～600mm
软横跨柱	—	600～1000mm

19.2.6 支柱按设计装设接地线，其接地螺栓，应朝向铁路一侧，以便与轨道连接；支柱上按设计图纸标明号码：白底黑字，标写位置距地面1800mm处。

19.2.7 钢支柱安装要垂直，倾斜度不应大于柱高的1‰，焊缝必须交错，禁止在一个水平面上，底脚螺检应牢固，钢支柱须刷防锈漆和黑色铅油。混凝土基础表面，应符合专业技术要求。

19.2.8 支持装置安装，应符合下列规定：

1 绝缘腕臂、非绝缘腕臂在支柱上固定高度，直线区段、曲线内、外侧，偏差应为±100mm；拉线抱箍固定点距固定件的垂直距离，偏差应为±50mm。

2 下列固定件固定点高度，均以被跨越轨道最高轨面为准，采用测量仪将固定件安装高度投到支柱上：

1）直腕臂固定件，其高度偏差应为±100mm，两拉筋抱箍距固定件垂直高度应为 2500～3000mm，两拉筋应紧贴，并均保持受力。直腕臂安装后，与线路方向垂直偏差、端部上扬偏差都应不大于 100mm。

2）软横跨、链型悬挂、上下部固定索的安装：

上、下部固定索，允许向上弯曲，弛度相同，其值不应大于100mm；横向承力索的弛度，为横跨距的 1/10～1/12；软横跨在支柱上的简单悬挂，下部固定索安装偏差±50mm；上部固定索弛度最低点，距下部固定索为 500mm；两条上部对应的固定索应保持同一高度上，受力均衡，其弛度为横跨距的 1/10～1/12；软横跨两侧的调整螺栓，调整后不得小于最大调程的 1/2。软横跨装置的绝缘子，应在同一垂线上，允许误差±100mm。

3）硬横跨安装应垂直于线路，挠度应向上，中间挠度为全长的 1‰，焊缝不应在一个垂面上，下部主梁的安装高度偏差为±100mm。

4）拉手管采用 G25 或 G20 的镀锌钢管制成，安装应能灵活移动，全部偏移不大于全长的 1/3，下倾应不大于全长的 1/5～1/10。双拉手管的短拉手管安装位置，在腕臂上应位于长拉手管的上方，在软、硬横跨上，应位于长拉手管的下方。

19.2.9 架线：对沿途线路的检查、滑触线规格性能的复核、放线时对弯曲半径的要求、导线损伤的处理等应符合规定要求。

19.2.10 滑触线距轨面垂直高度，应符合下列规定：

1 直流 1500V 制，按设计架线要求高度，一般为 5700mm±100mm；遇有特殊情况，应由设计部门确定，但最大弛度的最低点，一般不得低于 5100mm。

2 滑触线工作位置应正确，除特殊地段按设计要求外，滑触线改变方向时，该线与原方向水平夹角，一般不宜超过 15°。

3 滑触线接头在每一档距内，不应多于 1 个，正交档距内应无接头；线夹接头的接触电阻与等长度滑触线电阻之比应不大于 1，接触良好并应涂电力复合脂，持续通过额定电流时，不应产生过热现象。

19.2.11 直线区段滑触线采用"之"字形线路，"之"字形两侧偏离中心线值应为 250～300mm；曲线区段滑触线的拉出值，应根据设计安装，一般为 150～350mm。

19.2.12 滑触线悬挂的安装，应符合下列规定：

1 承力索在跨距中间，最大弛度距滑触线垂直距离不得小于 400mm。

2 承力索在接头处采用五个钢线卡，间距为 150mm±50mm，一反一正卡牢，应留 200mm 的外露头，绑扎端部。

3 在吊挂点处承力索应能纵向位移，曲线区段软横跨的上部固定索上装有套环，向受力反方向拉承力索，卡牢。

19.2.13 滑动吊弦应符合下列规定：

1 吊弦卡必须安装端正、牢固，支柱吊挂点距最近的吊弦，其水平距离应为 3000mm±50mm。

2 跨距中间的其余吊弦，其间距应按设计规定，一般应为 4000～8000mm。架线后，吊弦最大偏移应不大于吊弦长度的 1/2。

3 横线路的偏移角，不得大于 20°。站场内几股道同类悬挂的吊弦，应尽量布置在同一端面上。

19.2.14 滑触线线岔交点安装应符合下列规定：

1 单开道岔的两线路中心线相距 600mm 处的中点上，允许偏差应为±50mm。

2 接触线线岔交点应在复式交分、菱形交叉和交叉渡线中的菱形交叉部分的岔心上。

3 正线应位于下方；线岔限制杆两端线卡，应牢靠固定于下方的滑触线上，并不得影响滑触线位移。

4 始触点（两滑触线间距 500mm 处）两工作支滑触线应等高，其偏差不得大于 20mm。

5 除交叉渡线中的菱形交叉部分的线岔交点外，其他线岔均应安装电连接线，电连接线采用截面积不小于 95mm² 铜绞线，应装设在两工作支滑触线间距 700～800mm 处。

19.2.15 锚定的安装应符合下列规定：

1 下锚处的承力索和滑触线，应比正常线路高，并符合表 19.2.15-1 的要求。

表 19.2.15-1　下锚处的承力索和滑触线的高度（mm）

下锚跨距长度（m）	≤30	35	≥40
滑触线固定高度	6000±50	6100±50	6200±50
承力索固定高度	7100±50	7200±50	7300±50

2 补偿器应动作灵活，升降自如，定滑轮应采用 400mm 长的两头带耳杆，固定在坠砣绳的固定点下方；坠砣绳在支柱上的固定点高度应符合表 19.2.15-2 的要求。

表 19.2.15-2　坠砣绳在支柱上的固定点高度（mm）

跨距长度（m）	≤30	35	≥40
补偿绳固定高度	6200±50	6300±50	6400±50

3 坠砣绳采用长度为 7500mm 的 12.5×6×19 钢丝绳，应无裂股、无锈蚀。

4 坠砣底部距地面的垂直高度，在最高温度时，不应小于 1000mm。

5 安装坠砣时，缺口应相互错开 180°。硬锚处的承力索和滑触线上的绝缘子，应保持在同一垂面上，允许偏差为 100mm。

6 中心锚结应装设在设计指定跨距内中间的位置上；中心锚结线卡两端，锚结绳的张力和长度应分别相等；线卡处滑触线的高度，应比相邻绑吊挂点高出 20～30mm；中心锚结绳的两端应分别用 3 个相互倒置的钢线卡固定，卡子间距为 150mm±20mm，每侧应留 200mm 外露头，并用细铁线绑扎。中心锚结范围内，不得有滑触线线头；中心锚结线卡安装应端正。

19.2.16 附属设备安装：断路器的安装，触头应清洁、无锈、接触良好；活动环节应加中性润滑剂，导线接续部分，均应采用接线端子或线夹，引线应正直。

20 配管、配线

20.1 主控项目

20.1.1 金属的导管和线槽必须接地（PE）或接零（PEN）可靠，并符合下列规定：

1 可挠性导管、金属线槽和明配的镀锌钢导管不得熔焊跨接接地线；以专用接地卡跨接的两卡间连线为铜芯软导线，截面积不小于 4mm²。

2 当非镀锌钢导管采用螺纹连接时，连接处的两端焊跨接接地线；当镀锌钢导管采用螺纹连接明配时，连接处的两端用专用接地卡固定跨接接地线；当镀锌钢导管采用螺纹连接暗配时，可用圆钢作跨接地线熔焊连接。

3 金属线槽不作设备的接地导体，当设计无要求时，金属线槽全长不少于 2 处与接地（PE）或接零（PEN）干线连接。

4 非镀锌金属线槽连接板的两端跨接铜芯接地线，镀锌线槽间连接板的两端不跨接接地线，但连接板两端不少于 2 个有防松螺帽或防松垫圈的连接固定螺栓。

20.1.2 金属导管严禁对口熔焊连接；镀锌和壁厚小于等于 2mm 的钢导管不得套管熔焊连接。

20.1.3 配线：采用多相导线时，相线与零线颜色应不同，保护地线（PE）应采用黄、绿相间的绝缘导线，零线（PEN）宜采用淡蓝色绝缘导线；相线间或相线对地间的绝缘电阻必须大于 0.5MΩ。

20.2 一般项目

20.2.1 钢管敷设应符合下列规定：

1 钢管的防腐：未防腐钢管的内、外壁均应涂防腐漆；当埋于混凝土内时，钢管外壁可不做防腐处理；镀锌管锌层剥落处应涂防腐漆。

2 钢管的连接应符合下列规定：

1) 采用螺纹连接时，管端螺纹长度不应小于管接头长度的 1/2，连接后，其螺纹宜外露 2～3 扣，螺纹表面应光滑、无缺损。

2) 采用套管连接时，套管长度宜不应小于电缆管外径的 2.2 倍；套管采用熔焊连接时，焊缝应牢固紧密，暗配管在有地下水的地方，套管连接处宜涂密封胶或边包麻布边涂热熔沥青密封。

3) 套管采用紧定螺钉紧固时，螺钉应拧紧，在振动的场所，紧定螺钉应有防松动措施。

4) 钢管连接处，管内表面应光滑、无毛刺。

3 钢管与盒（箱）或设备的连接应符合下列规定：

1) 盒（箱）设置正确、固定可靠，暗配管进入盒（箱）或设备处应顺直，在盒（箱）内露出的长度小于 5mm；用锁紧螺母固定的管口，管子露出锁紧螺母的螺纹宜为 2～4 扣；与建筑物、构筑物抹灰层的表面距离不应小于 15mm。

2) 钢管与设备间连接时，钢管端部宜增设电线保护软管或可挠金属电线保护管过渡，其管口应包扎密封。室外或潮湿的室内，钢管端部应增设防水弯头，导线应加套保护软管。

4 钢管的固定应明配钢管排列平直整齐，固定点间距应均匀，钢管管卡间的最大距离应符合表 20.2.1-1 的规定。

表 20.2.1-1 管卡间最大距离

敷设方式	管的种类	管的直径（mm）			
		15～20	25～32	40～50	65 以上
		管卡间最大距离（m）			
吊、支架或沿墙敷设	厚壁钢管	1.5	2.0	2.5	3.5
	薄壁钢管	1.0	1.5	2.0	—

5 电缆、电线管敷设在下列情况宜增加拉、接线箱（盒），见表 20.2.1-2。

表 20.2.1-2 电缆、电线管敷设在下列情况增加拉、接线箱（盒）

管长度每超过（m）			
30	20	15	8
无弯曲	有 1 个弯	有 2 个弯	有 3 个弯

6 电缆、电线保护管的弯曲半径应符合表 20.2.1-3 的规定，不应有折皱、凹陷和裂缝。

表20.2.1-3 电缆、电线保护管弯曲半径、弯扁度

序号	项目			
1	管子最小弯曲半径	暗配管		≥6D
		明配管	管子只有1个弯	≥4D
			管子有2个弯以上	≥6D
2	弯扁度			≤0.1D

注：D为管子直径。

7 电气线路经过沉降缝处应加装补偿装置，穿过建筑物、设备基础的地方应加保护管，导线应留有余量。

20.2.2 金属软管或可挠金属电线保护管的连接应符合下列规定：

1 金属软管或可挠金属电线保护管的长度不宜大于800mm。

2 固定点间距不应大于1m，管卡与终端、弯头中点的距离为300mm。

3 采用专用接头连接，应密封可靠。

20.2.3 阻燃塑料管敷设应符合下列规定：

1 管与管、管与盒（箱）等器件应采用插接法连接，连接处结合面应涂专用PVC胶合剂，接口应牢固密封。

2 沿建筑、构筑物表面敷设时，应按设计装设补偿装置；埋于建筑物、构筑结构物内，距抹灰层表面的距离不应小于15mm。

3 阻燃塑料管在下列情况下易受到机械损伤，应加保护措施：

1) 配管在露出地面高度500mm以上的一段。
2) 明配管在穿过楼板的地方。
3) 埋在需捣固的混凝土内的。

4 塑料管不应敷设于高温和易受机械损伤的场所。

20.2.4 管内穿线应符合下列规定：

1 穿管敷设的绝缘导线，其额定电压不应低于500V。

2 同一交流回路的导线应穿于同一钢管内；不同回路、不同电压等级的交流与直流的导线，不得穿在同一管内。

3 导线进入电气器具处，绝缘良好，拐弯和分支处整齐，严禁有扭绞、死弯、绝缘层损坏和护套断裂等缺陷。

20.2.5 塑料护套线的敷设应符合下列规定：

1 塑料护套线严禁直接埋入抹灰层内。

2 护套线敷设应平直、整齐、固定可靠。

3 穿过梁、墙、楼板和跨越线路的地方应有保护管。

4 跨越建筑物、变形缝处的导线两端固定可靠，并留有适当余量。

5 护套线配线的允许偏差或弯曲半径见表20.2.5的规定。

表20.2.5 护套线配线允许偏差值或弯曲半径（mm）

项目		允许偏差值或弯曲半径
固定点间距		5
水平、垂直敷设的直线段	水平度	5
	垂直度	5
最小弯曲半径		≥3b

注：b为平弯时护套线厚度或侧弯时护套线宽度。

20.2.6 槽板配线应符合下列规定：

1 槽板沿建筑物表面布置合理、固定可靠、横平竖直，水平或垂直配线允许偏差为其长度的2‰，直线段的盖板接口与底板接口错开，其距离不小于100mm。盖板锯成45°斜口对接，木槽板无劈裂。

2 塑料槽板无扭曲变形，盖板无翘角；分支接头槽板做成丁字三角叉接，接口严密整齐。

3 线路穿过墙和楼板应有保护管；跨越建筑物变形缝处，槽板应断开，导线加套保护软管，并留有适当余量，保护软管与槽板结合严密。

4 导线连接牢固、包扎严密、绝缘良好，不伤芯线，槽板内无接头，接头设在器具或接线盒内。

20.2.7 线槽敷设应平直整齐，水平、垂直允许偏差为其长度的2‰，且全长不允许超过20mm。

1 线槽的连接应连续无间断，每节线槽固定点不应少于2个；在转角、分支处和端部均应有固定点。

2 线槽接口应平直、严密，槽盖应齐全、平整、无翘角。

20.2.8 钢索配线应符合下列规定：

1 终端拉环必须固定可靠，拉环调节装置齐全；钢索端头卡具牢固，数量不少于2个。

2 中间固定间距不大于12m，吊钩可靠地吊挂钢索，吊杆或其他支持点受力正常，吊杆不歪斜，油漆完整。

3 塑料护套钢索的护套完好，固定点间距相同，钢索的弛度一致。

4 钢索及其吊架接地（接零）支线敷设，截面选用正确，连接紧密牢固。

20.2.9 芯线与电器设备的连接应符合下列规定：

1 截面积在10mm²及以下的单股铜芯线和单股铝芯线直接与设备、器具的端子连接；截面在10mm²以上的单股铜芯线和单股铝芯线，应压接端子后，与设备、器具的端子连接。

2 截面积在2.5mm²及以下的多股铜芯线拧紧搪锡或接续端子后与设备、器具的端子连接；截面积

大于2.5mm² 的多股铜芯线，除设备自带插接式端子外，接续端子后与设备或器具的端子连接；多股铜芯线与插接式端子连接前，端部拧紧搪锡。

3 每个设备和器具的端子接线不多于2根电线。

20.2.10 电线、电缆的芯线连接金具（连接管和端子），规格应与芯线的规格适配，且不得采用开口端子。

20.2.11 电线、电缆的回路标记应清晰，编号准确。

21 电气照明装置安装

21.1 主控项目

21.1.1 须接地、接零的灯具、开关、插座等非带电的金属导体，应有明显标志的专用接地螺栓，按TN接地系统要求实施接地。设计无规定时，应符合下列规定：

1 单相双孔插座的接线：面对插座，右孔或上孔接相线，左孔或下孔接零线。

2 单相三孔、三相四孔及三相五孔插座的接地（PE）或接零（PEN）线接在上孔。插座的接地端子不与零线端子连接。同一场所的三相插座，接线的相序一致。

3 接地（PE）或接零（PEN）线在插座间不得串联连接。

4 当灯具距地面高度小于2.4m时，灯具的可接近裸露导体必须接地（PE）或接零（PEN）可靠，并应有专用接地螺栓，且有标识。

21.1.2 花灯吊钩圆钢直径不应小于灯具挂销直径，且不应小于6mm。大型花灯的固定及悬吊装置，应按灯具重量的2倍做过载试验。

21.1.3 防爆灯具安装应符合下列规定：

1 灯具的防爆标志、外壳防护等级和级别应与爆炸危险环境相适配。当设计无要求时，灯具种类和防爆结构的选型应符合表21.1.3的规定。

表21.1.3 防爆灯具的选型

灯具种类 \ 防爆结构 \ 区域等级	1区		2区	
	隔爆型d	增安型e	隔爆型d	增安型e
固定式灯	○	×	○	○
移动式灯	△	—	○	—
携带式电池灯	○	—	○	—
指示灯类	○	×	○	○
镇流器	○	—	○	—

注：○为适用；△为慎用；×为不适用。

2 灯具配套齐全，不得用非防爆零件替代灯具配件（金属护网、灯罩、接线盒等）。

3 灯具的安装位置离开释放源，且不得在各种管道的泄压口及排放口上下方安装。

4 灯具及开关安装牢固可靠，灯具吊管及开关与接线盒螺纹啮合扣数不少于5扣，螺纹加工光滑、完整、无锈蚀，并在螺纹上涂以电力复合脂或导电性防锈脂。

21.2 一般项目

21.2.1 灯具的固定应符合下列规定：

1 灯具重量大于3kg时，固定在螺栓或预埋吊钩上。

2 软线吊灯，灯具重量在0.5kg及以下时，采用软电线自身吊装；大于0.5kg的灯具采用吊链，且软电线编叉在吊链内，使电线不受力。

3 灯具固定牢固可靠，不使用木楔。每个灯具固定螺钉或螺栓不少于2个；当绝缘台直径在75mm及以下时，采用1个螺钉或螺栓固定。

21.2.2 工厂罩吊杆灯、防爆弯杆灯的安装应符合下列规定：

1 灯杆的钢管直径应大于10mm；厚度不应小于1.5mm。

2 灯杆与接线盒螺纹啮合扣数不少于5扣。

21.2.3 吸顶灯的安装应符合下列规定：

1 吸顶灯内白炽灯泡，不应紧贴灯罩，距绝缘台的距离小于5mm时，应采取隔热措施。

2 嵌入顶棚内的组合日光灯的边框宜与顶棚面的装饰直线平行。

21.2.4 应急灯（自带电源型的）的安装应符合下列规定：

1 电源转换时间：疏散照明≤15s，备用照明≤15s，安全照明≤0.5s。

2 应急灯在运行中温度大于60℃，当靠近可燃物体时，应采取隔热、散热等防火措施。

21.2.5 配线连接应采用挂锡、线夹、瓷接头、螺旋帽、压接等方式连接；牢固紧密，防松垫圈等配件齐全；螺栓连接时，在同一端子上导线不超过2根。

1 开关切断相线，螺口灯头的相线接在中心触点的端子上。

2 三相插座，同样用途的相序排列应一致。

21.2.6 照明配电箱安装应位置正确、部件齐全、箱体开孔适合，切口整齐，零线采用汇流排或零线端子连接。接地正确，开关开闭正常，每个回路灯具试亮良好。

21.2.7 航空障碍标志灯的安装应符合下列规定：

1 灯具装设在建筑物最高部位，灯具选型按设计施工。

2 灯具在烟囱上装设时，安装在低于烟囱口1.5～3m的部位。

21.2.8 建筑物彩灯安装应符合下列规定：

1 彩灯的悬挂挑臂不小于 10# 槽钢，吊挂钢索的吊钩螺栓不小于 M10，与螺栓配套的防松件齐全。

2 吊挂钢丝绳直径不小于 4.5mm；地锚圆钢直径不小于 16mm。

3 彩灯下端灯头距地面高于 3m。

4 金属导管、钢索、彩灯的构架等应可靠接地。

21.2.9 霓虹灯安装应符合下列规定：

1 灯管采用专用的绝缘支架固定，且牢固可靠。灯管固定后，与建筑物、构筑物表面的距离不小于 20mm。

2 霓虹灯专用变压器采用双圈式，所供灯管长度不大于允许负载长度，露天安装的有防雨措施。

3 霓虹灯专用变压器二次电线和灯管间的连接线采用额定电压大于 15kV 高压绝缘电线。二次电线与建筑物的距离应不小于 20mm。

21.2.10 建筑物景观灯、庭院灯、路灯安装应符合下列规定：

1 每套灯具的导电部分对地绝缘电阻大于 2MΩ。

2 在人行道等人员来往密集场所，安装的落地式灯具，无围栏防护时，安装高度距地面应 2.5m 以上。

3 金属构架和灯具的可接近裸露导体及金属软管的接地，按 TN 接地系统要求进行施工，且有明显标志。

4 庭院灯单设接地干线，沿庭院灯形成环网状，不少于 2 处与接地干线连接。

5 架空线路电杆上的路灯，固定可靠，紧固件齐全并紧固，灯位正确；每套灯具配有熔断器保护。

21.2.11 灯具、开关、插座的安装固定、接线。成排安装的灯具，其中心线偏差不应大于 5mm。

1 引向每个灯具之导线线芯最小截面应符合表 21.2.11 的规定。

表 21.2.11 导线线芯最小截面（mm²）

灯具的安装场所及用途		线芯最小截面	
		铜芯软线	铜线
灯头线	民用建筑室内	0.5	0.5
	工业建筑室内	0.5	1.0
	室　外	1.0	1.0

2 吊链灯具之灯线，不应承受拉力，布线美观。

3 吊扇的扇叶距地面高度不宜小于 2.5m；严禁改变扇叶角度，运转时扇叶不应有明显的颤动。吊扇吊杆及其销钉的防松、防振装置齐全，配合紧固。

4 开关安装应符合下列规定：

1) 相同环境宜采用同一系列的产品，安装的位置应便于操作，开关边缘距门框的距离宜为 0.15～0.2m，距地面高度宜为 1.3m。

2) 并列安装同型开关高度差不应大于 1mm；

同一室内安装的开关高度差不应大于 5mm。

3) 拉线开关距地面高度宜为 2～3m；并列安装的相间间距不宜小于 20mm。

5 插座的安装高度应符合下列规定：

1) 设计无规定时，距地面高度不宜小于 1.3m；托儿所、幼儿园及小学校不宜小于 1.8m；同一场所安装的高度应一致。

2) 车间及试验室的插座距地面不宜小于 0.3m。

3) 特殊场所暗装的插座距地面不应小于 0.15m。

4) 并列安装的相同型号的插座高度差不宜大于 1mm。

5) 当交流、直流或不同电压等级的插座安装在同一场所时，应有明显的区别，必须选择结构、规格不能互换的插座，以防止误插。

21.2.12 室外安装的灯具距地面的高度不宜小于 3m。当在墙上安装时，距地面不宜小于 2.5m。

21.2.13 投光灯底座及支架应固定牢固，枢轴应沿需要光轴方向拧紧固定。

21.2.14 防爆灯具安装，应符合下列规定：

1 灯具及开关的外壳完整，无损伤、无凹陷或沟槽，灯罩无裂纹，金属护网无扭曲变形，防爆标志清晰。

2 灯具及开关紧固螺栓无松动、锈蚀、密封垫圈完好。螺旋式灯泡应旋紧，接触良好，不得松动。

21.2.15 火灾危险环境，移动式和携带式照明灯具的玻璃罩，应采用金属网保护。

22 矿井下照明灯具及配电箱安装

22.1 主控项目

22.1.1 井下照明网络的绝缘电阻一般不小于 0.2MΩ。

22.2 一般项目

22.2.1 井下照明安装，应符合下列规定：

1 从采区变电所到照明变压器的 380V 供电线路应设专线，不与动力线共用，且照明回路宜引自采区变电所变压器低压侧的自动空气开关前。

2 井下固定敷设的照明电缆型号应按设计要求，如设计无规定时，有机械损伤之处应采用钢带铠装电缆，无机械损伤时可采用无铠装电缆。

3 移动式照明线路应采用橡套电缆。

4 使用架线式电机车的井底车场、巷道及硐室，照明线路宜采用塑料绝缘导线敷设在绝缘子上。

22.2.2 主要巷道照明灯具的安装,应符合下列规定:

  1 灯具安装要牢固,排列整齐成直线,间距误差不应大于0.5m。

  2 高度应在2m以上,一般在人行道的侧上方。

  3 灯具零件应完整、齐全,结合面结合严密,保护玻璃罩无裂纹、破损。灯头进线胶圈应严密,不用的口应封堵严实。在较窄矮地段的普通型灯具应有防止机械损伤的措施。

22.2.3 照明电缆连接应牢固、整齐,接触良好。灯线不得承受拉力。

22.2.4 照明配电箱的安装应符合下列规定:

  1 配电箱内,分别设置零线(PN)和保护地线(PEN)汇流排,零线和保护地线经汇流排配出。

  2 配电箱安装牢固,垂直度允许偏差为1.5‰;底边距地面为1.5m。

23 避雷针(网)及接地装置安装

23.1 主控项目

23.1.1 测试接地装置的接地电阻值必须符合设计要求。

23.1.2 建筑物顶部的避雷针、避雷带等必须与顶部外露的其他金属物体连接成一个整体的电气通路,且与避雷引下线连接可靠,每点焊接处做油漆防腐且无遗漏。

23.1.3 防雷接地的接地装置埋设在人行通道下面时,应采取均压措施或在其上方铺设卵石或沥青地面。

23.1.4 人工接地装置或利用建、构筑物的自然接地装置必须在地面以上按设计要求位置设置测试点。

23.1.5 当中性点接地,保护接地与二、三类防雷建筑物中的防雷接地共用一个接地装置时,接地电阻值应限制在1Ω以下。

23.1.6 接地线或接零线可利用导通良好的金属管线或金属框架,但不得利用输送爆炸危险物质的管道。

23.1.7 接地模块顶面埋深不应小于0.6m,接地模块间距不应小于模块长度的3～5倍。接地模块埋设基坑一般为模块外形尺寸的1.2～1.4倍,且在开挖深度内详细记录地层情况。

23.1.8 接地模块应垂直或水平就位,不应倾斜设置,保持与原土层接触良好。

23.1.9 变压器室、高低压开关室内的接地干线不应少于2处与接地装置引出干线连接。

23.1.10 由同一发电机、同一变压器或同一段母线供电的低压(1kV以下)线路,不应同时采用接零保护和接地保护,若系统全部采用接零保护确有困难时,可同时采用两种保护方式,但不接零的电气设备或线段,应装设能自动切除接地故障的继电保护装置。

23.1.11 建筑物等电位连接干线应从与接地装置有不少于2处直接连接的接地干线或总等电位箱引出,等电位连接干线或局部等电位箱间的连接线形成环形网路,环形网路应就近与等电位连接干线或局部等电位箱连接。支线间不应串联连接。

23.1.12 等电位连接的线路最小允许截面应符合表23.1.12的规定。

表23.1.12 等电位连接的线路最小允许截面(mm²)

材料	截面	
	干线	支线
铜	16	6
钢	50	16

23.1.13 在爆炸危险环境,电气设备及灯具的专用接地线或接零保护线,应单独与接地干线(网)相连;接地干线应在不同方向与接地体相连,连接处不得少于2处;电气线路中的工作零线和输送爆炸危险物质的管道不得作为保护接地线。

23.1.14 设备、机组、贮罐、管道等的防静电接地线,应单独与接地体或接地干线相连,除并列管道外不得互相串联接地。

23.2 一般项目

23.2.1 电气装置的下列金属部分,均应接地或接零:

  1 电机、变压器、电器、携带式或移动式用电器具等的金属底座和外壳。

  2 电气设备的传动装置。

  3 屋内外配电装置的金属或钢筋混凝土构架以及靠近带电部分的金属遮栏和金属门。

  4 配电、控制、保护用的屏(柜、箱)及操作台等的金属框架和底座。

  5 交、直流电力电缆的接头盒,终端头和膨胀器的金属外壳和电缆的金属护层、可触及的电缆金属保护管和穿线的钢管。

  6 电缆桥架、支架和井架。

  7 装有避雷线的电力线路杆塔。

  8 装在配电线路杆上的电力设备。

  9 在非沥青地面的居民区内,无避雷线的小接地电流架空电力线路的金属杆塔和钢筋混凝土杆塔。

  10 电除尘器的构架。

  11 封闭母线的外壳及其他裸露的金属部分。

  12 六氟化硫封闭式组合电器和箱式变电站的金属箱体。

  13 电热设备的金属外壳。

14 控制电缆的金属护层。

23.2.2 当设计无要求时,接地装置顶面埋设深度不应小于0.6m。圆钢、角钢及钢管接地极应垂直埋入地下,间距不应小于5m。接地装置的焊接应采用搭接焊,搭接长度应符合下列规定:

1 扁钢与扁钢搭接为扁钢宽度的2倍,不少于三面施焊。

2 圆钢与圆钢搭接为圆钢直径的6倍,双面施焊。

3 圆钢与扁钢搭接为圆钢直径的6倍,双面施焊。

4 扁钢与钢管,扁钢与角钢焊接,紧贴角钢外侧两面,或紧贴3/4钢管表面,上下两面施焊。

5 除埋设在混凝土中的焊接接头外,应有防腐措施。

23.2.3 当设计无要求时,接地装置的材料采用经镀锌的钢材,其最小允许规格、尺寸应符合表23.2.3的规定。

表23.2.3 最小允许规格、尺寸

种类、规格及单位		敷设位置及使用类别			
		地上		地下	
		室内	室外	交流电流回路	直流电流回路
圆钢直径(mm)		6	8	10	12
扁钢	截面(mm²)	60	100	100	100
	厚度(mm)	3	4	4	6
角钢厚度(mm)		2	2.5	4	6
钢管管壁厚度(mm)		2.5	2.5	3.5	4.5

23.2.4 接地模块应集中引线,用干线把接地模块并联焊接成一个环路,干线的材质与接地模块焊接点的材质应相同,钢制的采用镀锌扁钢,引出线不少于2处。

23.2.5 矿井下接地装置的安装应符合下列规定:

1 当无设计要求时,每一矿井中的主接地极不应少于2组,设在主、副水仓,井底水窝或排水沟中。每组接地极应用面积不小于0.75m²,厚度不小于5mm的镀锌钢板制成,用镀锌钢绳两点吊挂。

2 当无设计要求时,矿井中局部接地极应采用面积为0.6m²,厚度不小于4mm的镀锌钢板制成,放置在水沟深处。在无水沟的巷道中,采用直径不小于40mm,厚度不小于3.5mm,长度不小于1.5m的钢管垂直埋入地下。

3 井下接地网的接地电阻值应限制在2Ω以下。

23.2.6 采用多股软铜线作接地线的携带式电气设备,其截面不应小于1.5mm²。

23.2.7 移动式的电气装置及金属框架与接地装置之间应采用金属软线或接地滑接装置连接,其截面应符合表23.2.7的规定。

表23.2.7 电气设备接地线和接地螺栓的最小规格

电气设备额定电流(A)	接地线截面(mm²)	接地螺栓直径(mm)
≤15	2.5	M5
>15~25	4	M6
>25~60	6	M6
>60~100	10	M8
>100~200	25	M8
>200~600	50	M10
>600	70~95	M12

注:接地线选用黄绿相间的绝缘线,螺栓选用镀锌螺栓。

23.2.8 接地线与电机、电器的外壳应采用螺栓连接,其螺栓与接地线的规格应符合表23.2.7的规定。

23.2.9 明敷的避雷带、接地引下线及室内接地干线的支持件间距应均匀,水平直线部分0.5~1.5m;垂直直线部分1.5~3m;弯曲部分0.3~0.5m。

1 避雷带应平整顺直,引下线应平直、无急弯,固定点支持件间距均匀、固定可靠,每个支持件应能承受大于49N(5kg)的垂直拉力。

2 接地线在穿越墙壁、楼板和地坪处应加套钢管或其他坚固的保护套管,钢套管应与接地线做电气连接。

3 明敷接地干线为便于检查,敷设位置不妨碍设备的拆卸与检修。

4 当沿建筑物墙壁水平敷设时,距地面高度250~300mm;与建筑物墙壁间的间隙10~15mm。

5 当接地线跨越建筑物变形缝时,设补偿装置。

6 变压器室、高压配电室的接地干线上应设置不少于2个供临时接地用的接线柱或接地螺栓。

23.2.10 当电缆穿过零序电流互感器时,电缆头的接地线应从零序电流互感器反穿回来再接地;由电缆头至穿过零序电流互感器的一段电缆金属护层和接地线应对地绝缘。

23.2.11 配电间隔和静止补偿装置的栅栏门及变配电室金属门铰链处的接地连接,应采用编织铜线。变配电室的避雷器应用最短的接地线与接地干线连接。

23.2.12 设计要求接地的幕墙金属框架和建筑物的金属门窗,应就近与接地干线连接可靠,连接处不同金属间应有防电化腐蚀措施。

23.2.13 等电位连接的可接近裸露导体或其他金属部件、构件与支线连接应可靠,熔焊、钎焊或机械紧固应导通正常。

23.2.14 需等电位连接的高级装修金属部件或零件,应有专用接线螺栓与等电位连接支线连接,且有标识;连接处螺帽紧固、防松零件齐全。

23.2.15 计算机系统、电子设备的接地应按设计要求施工。当设计没有特殊要求时，计算机系统的接地装置单独敷设，即不与防雷接地装置和保护接地装置相连，接地电阻应满足设计要求，当设计未明确时，接地电阻应小于1Ω。

23.2.16 在爆炸危险环境的电气设备的金属外壳、金属构架、金属配线管及其配件、电缆保护管、电缆的金属护套等非带电的裸露金属部分，均应接地或接零。

1 在爆炸性气体环境1区或爆炸性粉尘环境10区内所有的电气设备，以及爆炸性气体环境2区内除照明灯具以外的其他电气设备，应采用专用的接地线。金属管线、电缆的金属外壳等，应作为辅助接地线。

2 在爆炸性气体环境2区的照明灯具及爆炸性粉尘环境11区内的所有电气设备，可利用有可靠电气连接的金属管线系统作为接地线；在爆炸性粉尘环境11区内可采用金属结构作为接地线。

3 引入爆炸危险环境的金属管道、配线的钢管、电缆的铠装及金属外壳，均应在危险区域的进口处接地。

23.2.17 爆炸危险环境内的电气设备与接地线的连接要求，应符合下列规定：

1 电气设备与接地线的连接宜采用多股软绞线，其铜线最小截面不得小于4mm²，易受机械损伤的部位应装设保护管。

2 接地或接零用的螺栓应有防松装置；接地线紧固前，其接地端子及上述紧固件，均应涂电力复合脂。

23.2.18 在爆炸危险环境内，生产、贮存和装卸液化石油气、可燃气体、易燃液体的设备、贮罐、管道、机组和利用空气干燥、掺和、输送易产生静电的粉状、粒状的可燃固体物料的设备、管道以及可燃粉尘的袋式集尘设备，应按设计要求进行防静电接地的安装。

23.2.19 静电接地线的安装应符合下列规定：

1 静电接地线应与设备、机组、贮罐等固定接地端子或螺栓连接，连接螺栓不应小于M10，并应有防松装置和涂以电力复合脂。当采用焊接端子连接时，不得降低和损伤管道强度。

2 当金属法兰采用金属螺栓或卡子相紧固时，可不另装跨接线。在腐蚀条件下安装前，应有2个及以上螺栓和卡子之间的接触面去锈和除油污，并应加装防松螺母。

24 爆炸危险场所电气线路敷设

24.1 主控项目

24.1.1 电缆或绝缘导线的型号规格必须符合设计规定；电缆的耐压试验结果、泄漏电流和绝缘电阻必须符合现行国家标准《电气装置安装工程电气设备交接试验标准》GB 50150 的规定。

24.1.2 电缆必须在相应的防爆接线盒或防爆端子箱内完成连接或分路，不得直接连接。

24.1.3 严禁明敷绝缘导线。电缆或绝缘导线的保护导管必须采用镀锌低压流体输送用焊接钢管。

24.1.4 电气线路使用的接线盒、端子箱、分线盒、管路零件、隔离密封件、柔性导管等连接件的选型应符合现行国家标准《爆炸和火灾危险场所电力装置设计规范》GB 50058 的规定。

24.1.5 本质安全电路的线路走向、标高应符合设计；本质安全电路、关联电路的配线端子、电缆、钢导管均应有蓝色标记。

24.2 一般项目

24.2.1 电气线路的敷设方式和路径应按设计规定。当设计无明确规定时，应符合下列要求：

1 电气线路应在爆炸危险性较小的环境或远离释放源的地方敷设。

2 当易燃物质比空气重时，电气线路应在较高处敷设；当易燃物质比空气轻时，电气线路宜在较低处或电缆沟内敷设。

3 当电气线路沿输送可燃气体或易燃液体的管道栈桥敷设时，若管道内的易燃物质比空气重，电气线路应敷设在管道的上方；若管道内的易燃物质比空气轻，电气线路则应敷设在管道正下方的两侧。

24.2.2 导线或电缆的连接，应采用有防松装置的螺栓固定，或压接、钎焊、熔焊，但不得绕接。铝芯电缆与设备连接时，应采用铜-铝过渡接头。

24.2.3 爆炸危险场所除本质安全电路外，采用的电缆或绝缘导线，其铜、铝线芯最小截面应符合表24.2.3的规定。

表24.2.3 爆炸危险场所电缆或绝缘导线线芯最小截面（mm²）

爆炸危险环境	线芯最小截面积					
	铜			铝		
	电力	控制	照明	电力	控制	照明
1区	2.5	2.5	2.5	×	×	×
2区	1.5	1.5	1.5	4	×	2.5
10区	2.5	2.5	2.5	×	×	×
11区	1.5	1.5	1.5	2.5	2.5	2.5

注：表中符号"×"表示不适用。

24.2.4 电缆线路穿过不同危险区域或界壁时，应采取下列隔离密封措施：

1 在两级区域交界处的电缆沟内，采取充砂、填阻火堵料或加设防火隔墙。

2 电缆通过与相邻区域共用的隔墙、楼板、地面及易受机械损伤处，均要加以保护；留下的孔洞，要堵塞严密。

3 电缆保护管两端管口，应采用非燃性纤维将电缆周围堵塞严密，再填塞密封胶泥，其填入深度不小于管子内径，且不小于40mm。

24.2.5 钢导管的连接要求，应符合下列规定：

1 钢导管间、钢导管与钢导管附件间的连接应采用螺纹连接，且外露丝扣不应过长；不得采用套管连接。严禁倒扣连接钢导管；采用防爆活接头连接时，其结合面应密贴。

2 连接螺纹应采用圆柱管螺纹，螺纹加工应光滑、完整、无锈蚀，在螺纹上应涂电力复合脂或导电性防锈脂。不得在螺纹上缠麻或绝缘胶带及涂其他油漆。

3 在爆炸性气体环境1区和2区时，螺纹有效啮合扣数：管径为25mm及以下的钢管不应少于5扣；管径为32mm及以上的钢管不应少于6扣。

4 在爆炸性气体环境1区和2区与隔爆型设备连接时，螺纹连接处应有锁紧螺母。

5 在爆炸性粉尘环境10区和11区时，螺纹有效啮合扣数不应少于5扣。

6 除设计有特殊要求外，连接处可不焊跨接线。

24.2.6 爆炸性气体环境1区、2区和爆炸性粉尘环境10区的钢导管配线，在下列各处应装设不同形式的隔离密封件：

1 管路通过与其他场所相邻的隔墙时，应在隔墙的任意一侧装设横向式隔离密封件。

2 管路通过楼面或从地面引入其他场所时，应在楼板或地面的上方装设纵向式隔离密封件。

3 易集聚冷凝水的管路，应在其垂直段的下部装设排水式隔离密封件，排水口应朝下。

24.2.7 钢导管配线应在下列各处装设防爆柔性导管：

1 电机的进线口。

2 钢管与电气设备直接连接有困难处。

3 管路通过建筑物的伸缩缝、沉降缝处。

24.2.8 防爆柔性导管及安装要求，应符合下列要求：

1 防爆柔性导管应无裂纹、孔洞、机械损伤与变形等缺陷。

2 在需要防腐、防潮、耐高温等场所，应采用相应材质的防爆柔性导管。

3 弯曲半径不应小于柔性导管外径的5倍。

24.2.9 电缆（电线）引入装置或防爆电气设备进线口的密封要求，应符合下列规定：

1 电缆或导线必须通过"电缆引入装置"进入防爆电气设备，并配备相应的弹性（橡胶）密封圈和金属垫，电缆引入装置密封圈内径与电缆外径之差不得大于±1mm，电线引入装置密封圈内径与电线外径之差不得大于±0.5mm。电缆或导线必须穿过弹性密封圈且被密封圈挤紧。

2 当电气设备的电缆引入装置与电缆的外径不相适应时，应采用过渡接线方式，电缆与过渡线必须在相应的防爆接线盒内连接。

3 电气设备多余的电缆引入口，应用配套丝堵堵塞严密；当孔内垫有弹性密封圈时，则弹性密封圈外侧应设不低于2mm厚的无孔钢垫板经压盘或螺母压紧。

4 外径在20mm及以上的电缆，其隔离密封处应有防止电缆被拔脱的组件。

5 国外引进的防爆电气设备的电缆引入方式应符合其技术文件的规定；与防爆设备电缆引入装置连接的管路，其螺纹必须相匹配，否则应加螺纹相匹配的过渡接头，以保证连接紧密。

24.2.10 本质安全电路、关联电路的施工要求，应符合下列规定：

1 本质安全电路与关联电路不得共用同一电缆或钢导管；且严禁与其他电路共用同一电缆或钢导管。

2 2个及以上的本质安全电路，除电缆芯线分别屏蔽或者采用屏蔽导线者外，不应共用同一电缆或钢导管。

3 在盘、柜内配线时，本质安全电路、关联电路与其他电路的端子间的距离不得小于50mm；三种电路的配线应分开束扎、固定。

4 本质安全电路本身除设计有特殊规定外，不应接地；电缆的屏蔽层应在非爆炸危险场所一端单点接地。

5 所有需要密封的部位，应按规定进行隔离密封。

25 爆炸危险场所电气设备安装

25.1 主控项目

25.1.1 防爆电气设备的类型、级别、温度组别、环境条件以及特殊标志等，必须符合设计规定。

25.1.2 防爆电气设备应有"EX"标志和标明防爆电气设备类型、级别、温度组别标志的铭牌，铭牌中必须有国家指定的检验单位发给的防爆合格证号，其号码与防爆合格证相符。

25.1.3 防爆电气设备的外壳禁止有裂纹、损伤，接线盒应紧固，且紧固螺栓及防松装置必须齐全。

25.1.4 充油型防爆电气设备的油箱等不得有油渗漏，其油面高度符合规定。

25.1.5 独立供电的本质安全型电气设备的电池型号、规格，应与设备铭牌一致，严禁改用其他型号、规格的电池；防爆安全栅必须可靠接地，其接地电阻值符合设备技术条件的要求。

25.1.6 防爆电气设备的接地或接零必须符合设计

规定。

25.2 一般项目

25.2.1 防爆电气设备接线盒内部接线紧固后,裸露带电部分之间及与金属外壳之间的电气间隙和爬电距离不应小于现行国家标准《电气装置安装工程爆炸和火灾危险环境电气装置施工及验收规范》GB 50257的规定。

25.2.2 防爆电气设备外壳表面的最高温度(增安型和无火花型设备,包括设备内部),不应超过表25.2.2的规定。

表25.2.2 防爆电气设备外壳表面的最高温度

温度组别	T_1	T_2	T_3	T_4	T_5	T_6
最高温度(℃)	450	300	200	135	100	85

注:表中 T_1~T_6 温度组别应符合现行国家标准《爆炸性气体环境用电气设备》GB 3836 的有关规定,该标准是将爆炸性气体混合物按引燃温度分为六组,电气设备的温度组别与气体的分组是相适应的。

25.2.3 隔爆型电气设备的安装应符合下列要求:

1 隔爆结构及间隙符合要求。

2 隔爆接合面无锈蚀,其紧固螺栓应齐全,弹簧垫圈等防松装置应齐全完好,弹簧垫圈应被压平。

3 螺纹隔爆结构的螺纹最少啮合扣数和最小啮合深度,不得小于表25.2.3的规定。

表25.2.3 螺纹隔爆结构的螺纹最少啮合扣数和最小啮合深度(mm)

外壳净容积 V (cm²)	螺纹最小啮合深度	螺纹最少啮合扣数 ⅡA、ⅡB	ⅡC
$V \leq 100$	5.0		试验安全扣数的2倍但至少为6扣
$100 < V \leq 2000$	9.0	6	
$V > 2000$	12.5		

注:"ⅡA、ⅡB、ⅡC"分级指现行国家标准《爆炸性气体环境用电气设备》GB 3836 的有关规定,将Ⅱ类设备——工厂用电气设备分为A、B、C三级。

4 隔爆型电机的轴与轴孔、风扇与端罩之间在正常工作状态下,不应产生碰擦。

5 正常运行时产生火花或电弧的隔爆型电气设备,其电气联锁装置必须可靠;当通电时壳盖不能打开,壳盖打开后电源不能接通,且"断电后开盖"警告牌完好。

6 隔爆型插销的检查与安装要求,应符合下列规定:

1)插头插入时,接地或接零触头应先接通;拔出时主触头应先分断。

2)开关应在插头插入后才能闭合,开关在分断位置时,插头方能插入或拔脱。

3)防止插头被骤然拔脱的徐动装置应完好可靠,不得松脱。

25.2.4 增安型和无火花型电气设备的安装要求,应进行电动机定子与转子间的单边气隙的测量:

1 设有测隙孔的滚动轴承增安型电动机定子与转子间的单边气隙测定值,不得小于表25.2.4中的规定;

2 滑动轴承的增安型和无火花型电动机的定子与转子间的单边气隙测定值,不得小于表25.2.4中规定值的1.5倍。

表25.2.4 滚动轴承增安型电动机定子与转子间的最小单边气隙值 δ (mm)

极数	$D \leq 75$	$75 < D \leq 750$	$D > 750$
2	0.25	$0.25+(D-75)/300$	2.7
4	0.2	$0.2+(D-75)/500$	1.7
6及以上	0.2	$0.2+(D-75)/800$	1.2

注:1 "D"为转子直径;

2 变极电动机单边气隙按最少极数计算;

3 若铁芯长度 L 超过直径 D 的1.75倍,其气隙值按上表计算值乘以 $L/1.75D$;

4 径向气隙值需在电动机处于静止状态下测量。

25.2.5 正压型电气设备的安装要求,应符合下列规定:

1 进入通风、充气系统及电气设备内的气体或空气应清洁,不得含有爆炸性混合物及其他有害物质。

2 通风过程排出的气体,不宜排入爆炸危险环境,当排入爆炸性环境2区时,必须采取防止火花和炽热颗粒从电气设备及其通风系统吹出的有效措施。

3 通风、充气系统的电气联锁装置,应按先通风后供电、先停电后停风的程序正常动作。在电气设备启动前,外壳内的保护气体的体积不得小于产品技术条件规定的最小换气体积与5倍的相连管道容积之和。

4 微压继电器应装设在风压、气压最低的出口处。当系统内的风压、气压低于产品技术条件的规定值时,微压继电器应可靠动作,并应符合下列要求:

1)在1区时,应能可靠地切断电源。

2)在2区时,应能可靠地发出警告信号。

5 运行中的正压型电气设备内部的火花、电弧,不应从缝隙或出风口吹出。

6 通风管道应密封良好。

7 设备密封衬垫应齐全、完好、无老化变形,设备密封良好。

25.2.6 充油型电气设备的安装要求,应符合下列规定:

1 安装应垂直,其倾斜度不应大于5°。

2 设备的油面最高温升,不应超过表25.2.6的规定。

表25.2.6 充油型电气设备油面最高温升(℃)

温度组别	油面最高温升
T_1、T_2、T_3、T_4、T_5	60
T_6	40

注:表中温度组别应符合现行国家标准《爆炸性气体环境用电气设备》GB 3836 的有关规定。

3 设备的排油孔、排气孔应畅通，不得有杂物。

25.2.7 本质安全型电气设备的安装要求，应符合下列规定：

1 与本质安全型电气设备配套的关联电气设备的型号，必须与本质安全型电气设备铭牌中的关联电气设备的型号相同。

2 关联电气设备中的电源变压器，应符合设计要求：

　　1）变压器的铁芯与绕组间的屏蔽，必须有一点可靠接地。

　　2）直接与外部供电系统连接的电源变压器其熔断器的额定电流，不应大于变压器的额定电流。

3 本质安全型电气设备与关联电气设备之间的连接导线或电缆的型号、规格和长度，应符合设计规定。

25.2.8 粉尘防爆电气设备的安装要求，应符合下列规定：

1 电气设备的外壳应光滑、无裂纹、无损伤、无凹坑或沟槽，并应有足够的强度。

2 电气设备安装时不得损伤外壳和进线装置的完整及密封性能。

3 电气设备安装应牢固，接线应正确，接触应良好，通风孔道不得堵塞，电气间隙和爬电距离应符合设备的技术要求。

4 电气设备的表面最高温度，应符合表 25.2.8 的规定。

表 25.2.8　粉尘防爆电气设备表面最高温度（℃）

温度组别	无过负荷	有认可的过负荷
T_{11}	215	190
T_{12}	160	145
T_{13}	120	110

注：表中温度组别应符合现行国家标准《爆炸性气体环境用电气设备》GB 3836 的有关规定。

5 粉尘防爆电气设备安装后，应按产品技术要求做好保护装置的调整与试操作。

26　火灾危险场所电气装置安装

26.1　主控项目

26.1.1 电气设备的类型应符合设计规定。

26.1.2 火灾危险场所内装有电气设备的柜、箱及接线盒、拉线箱等均必须是金属制品。

26.1.3 火灾危险场所内的电热设备的安装底板必须采用非燃性材料。

26.1.4 用于火灾危险场所照明线路的电缆、绝缘导线的额定电压不得低于 750V，用于电力线路的电缆、绝缘导线的额定电压不得低于线路的额定电压，且不得低于 500V。

26.1.5 严禁架空线路跨越火灾危险场所，架空线路与火灾危险场所的水平距离不得小于杆塔高度的 1.5 倍。

26.2　一般项目

26.2.1 火灾危险场所电气设备安装的要求，应符合下列规定：

1 电气开关和正常运行产生火花或外壳表面温度较高的电气设备，其安装位置应远离可燃物质，最小距离不应小于 3m。

2 当露天安装的变压器或配电装置与火灾危险场所建筑物的外墙之间的距离小于 10m 时，应符合下列规定：

　　1）变压器或配电装置一侧的火灾危险场所建筑物的外墙，应为非燃烧体。

　　2）高出变压器或配电装置水平线 3m 以上或距变压器或配电装置外廓 3m 以外的墙壁上，可安装非燃烧的、镶有玻璃的固定窗。

26.2.2 火灾危险场所电气线路施工，应符合下列要求：

1 1000V 及以下的电气线路，可采用非铠装电缆或钢导管配线；在火灾危险 21 区或 23 区内，可采用阻燃型硬质 PVC 管配线；在 23 区内，当远离可燃物质时，可采用绝缘导线在瓷绝缘子上敷设。

2 在 23 区内，沿未抹灰的木质吊顶、木质墙壁等处及木质闷顶内的电气线路，应穿钢导管明敷，不得采用瓷夹、瓷珠配线。

3 当采用铝芯绝缘导线或铝芯电缆时，其连接应可靠、封端应严密。

4 在 21 区或 22 区内，电动起重机不得采用滑触线供电。

5 移动式和携带式电气设备的线路，应采用移动电缆或橡套绝缘软线。

6 在火灾危险场所安装裸铜、裸铝母线，应符合下列要求：

　　1）不需拆卸检修的母线的连接宜采用熔焊。

　　2）螺栓连接应可靠，并应有防松装置。

　　3）在 21 区、23 区内的母线宜装设金属网保护罩，其网孔直径不应大于 12mm；在 22 区内的母线应为 IP5X 型结构的外罩。

7 当电缆引入电气设备或接线盒、分线盒时，其进线口应密封。

8 钢导管与电气设备或接线盒、分线盒的连接，应符合下列要求：

　　1）以螺纹连接的进线口螺纹的啮合应紧密；非螺纹连接的进线口，在钢导管引入后应以锁紧螺母锁紧。

　　2）与电动机及有振动的电气设备连接时，应装设金属柔性导管。

附录 A 施工现场质量检查及验收记录

表 A.0.1 施工现场质量管理检查记录

开工日期：

工程名称			施工许可证（开工证）		
建设单位			项目负责人		
设计单位			项目负责人		
监理单位			总监理工程师		
施工单位		项目经理		项目技术负责人	
序号	项 目		主要内容		
1	现场质量管理制度				
2	质量责任制				
3	主要专业工种操作上岗证书				
4	分包方资质与对分包单位的管理制度				
5	施工图审查情况				
6	施工组织设计、施工方案及审批				
7	施工技术标准				
8	工程质量检验制度				
9	现场材料、设备存放与管理				
10					
11					
12					

检查结论：
　　总监理工程师：
　　（建设单位负责人）

年 月 日

表 A.0.2 检验批质量验收记录

工程名称			分项工程名称			
施工单位			专业工长（施工员）		项目经理	
分包单位			分包项目经理		施工班组长	
施工执行标准名称及编号				验收部位		
	质量验收规范的规定		施工单位检查评定记录		监理（建设）单位验收记录	
主控项目	1					
	2					
	3					
	4					
	5					
	6					
	7					
	8					
	9					
一般项目	1					
	2					
	3					
	4					
施工单位检查结果评定	项目专业质量检查员： 年 月 日			专业技术负责人： 年 月 日		
监理（建设）单位验收结论	专业监理工程师： （建设单位项目专业技术负责人） 年 月 日					

表 A.0.3 分项工程质量验收记录

工程名称		分项工程名称		检验批数	
施工单位		项目经理		项目技术负责人	
分包单位		分包单位负责人		分包项目经理	
序号	检验批部位、区段		施工单位检查评定结果		监理（建设）单位验收结论
1					
2					
3					
4					
5					
6					
7					
8					
9					
10					
11					
12					
13					
14					
15					
16					
17					
检查结论	项目专业技术负责人： 年 月 日		验收结论	监理工程师： （建设单位项目专业技术负责人） 年 月 日	

表 A.0.4 分部（子分部）工程质量验收记录

工程名称			分部工程名称			
施工单位			技术部门负责人		质量部门负责人	
分包单位			分包单位负责人		分包技术负责人	
序号	分项工程名称		检验批数	施工单位检查评定		监理（建设）单位验收意见
1						
2						
3						
4						
5						
6						
质量控制资料						
安全和功能检验（检测）报告						
观感质量验收						
验收单位	分包单位		项目经理			年 月 日
	施工单位		项目经理			年 月 日
	设计单位		项目负责人			年 月 日
	监理（建设）单位： 总监理工程师： （建设单位项目专业负责人） 年 月 日					

表 A.0.5 单位（子单位）工程质量竣工验收记录

工程名称					
施工单位		技术负责人		开工日期	
项目经理		项目技术负责人		竣工日期	

序号	项目	验收记录（施工单位填写）	验收结论（监理或建设单位填写）
1	分部工程	共 分部,经查 分部 符合标准及设计要求 分部	
2	质量控制资料核查	共 项,经审查符合要求 项 经核定符合规范要求 项	
3	安全和主要使用功能核查及抽查结果	共核查 项,符合要求 项 共抽查 项,符合要求 项 经返工处理符合要求 项	
4	观感质量验收	共抽查 项,符合要求 项 不符合要求 项	
5	综合验收结论（建设单位填写）		

	建设单位	设计单位	施工单位	监理单位
参加验收单位	（公章） 单位（项目） 负责人： 年 月 日	（公章） 单位（项目） 负责人： 年 月 日	（公章） 单位（项目） 负责人： 年 月 日	（公章） 单位（项目） 负责人： 年 月 日

表 A.0.6 分项工程检验批质量验收记录表高压电气安装检验批质量验收记录表（Ⅰ）SF_6 组合电气安装

编号：YD 001

工程名称				分项工程名称		
施工单位				专业工长		项目经理
分包单位				分包项目经理		施工班组长
施工执行标准名称及编号					验收部位	

	序号	项目		施工单位检查评定记录	监理（建设）单位验收记录
主控项目	1	六氟化硫组合电器的交接试验		第3.1.1条	
	2	裸露且正常不带电的金属部分应接地可靠		第3.1.2条	
一般项目	1	筒体内部洁净、紧固连接螺栓扭矩符合制造厂规定		第3.2.1.1条	
	2	各单元筒体真空度、充气压力值应符合产品技术要求		第3.2.1.2条	
	3	操动机构分、合闸及其信号指示必须正确可靠		第3.2.1.4条	
	4	法兰连接紧密无渗漏，密封材料必须符合产品的技术规定		第3.2.1.5条	
	5	设备排列整齐，线路走向合理，器身表面油漆色泽均匀		第3.2.1.6条	
	6	本体安装	基础中心线	±5mm	
			底座中心线	±2mm	
			母线筒中心线	±3mm	

施工单位检查评定结果	项目专业质量检查员： 年 月 日	专业技术负责人： 年 月 日
监理（建设）单位验收结论	监理工程师： （建设单位项目专业技术负责人） 年 月 日	

高压电气安装检验批质量验收记录表
（Ⅱ）高压开关安装

编号：YD 002

	工程名称			分项工程名称		
	施工单位			专业工长		项目经理
	分包单位			分包项目经理		施工班组长
	施工执行标准名称及编号				验收部位	

	序号	项 目		施工单位检查评定记录	监理（建设）单位验收记录
主控项目	1	高压开关的交接试验	第3.1.1条		
	2	裸露且正常不带电的金属部分应接地可靠	第3.1.2条		
一般项目	1	3~500kV空气断路器的安装	第3.2.2条		
	2	油断路器的安装	第3.2.3条		
	3	真空断路器的安装	第3.2.5条		
	4	隔离开关、负荷开关的安装	第3.2.6条		

施工单位检查评定结果	项目专业质量检查员： 专业技术负责人： 年 月 日
监理（建设）单位验收结论	监理工程师： （建设单位项目专业技术负责人） 年 月 日

电力变压器安装检验批质量验收记录表

编号：YD 003

工程名称		分项工程名称			
施工单位		专业工长		项目经理	
分包单位		分包项目经理		施工班组长	
施工执行标准名称及编号			验收部位		

	序号	项 目		施工单位检查评定记录	监理（建设）单位验收记录
主控项目	1	变压器接地电阻值应符合设计规定	第4.1.1条		
	2	并联运行的变压器应符合并联条件	第4.1.2条		
	3	变压器交接试验应符合要求	第4.1.3条		
一般项目	1	变压器器身检查	第4.2.1条		
	2	变压器本体就位	第4.2.2条		
	3	变压器主要附件安装	第4.2.3条		
	4	注油	第4.2.4条		
	5	整体密封检查	第4.2.5条		

施工单位检查评定结果	项目专业质量检查员： 年 月 日	专业技术负责人： 年 月 日
监理（建设）单位验收结论	监理工程师： （建设单位项目专业技术负责人） 年 月 日	

互感器、电抗器、避雷器、电容器安装检验批质量验收记录表

编号：YD 004

工程名称			分项工程名称		
施工单位			专业工长		项目经理
分包单位			分包项目经理		施工班组长
施工执行标准名称及编号			验收部位		

	序号	项目	施工单位检查评定记录	监理（建设）单位验收记录
主控项目	1	设备应交接试验合格	第5.1.1条	
	2	电抗器的支柱绝缘子的接地	第5.1.2条	
	3	避雷器底座的接地	第5.1.3条	
	4	电容器的接地	第5.1.4条	
一般项目	1	油浸式互感器安装	第5.2.1条	
	2	干式互感器安装	第5.2.2条	
	3	零序电流互感器安装	第5.2.3条	
	4	电抗器安装	第5.2.4条	
	5	避雷器组装	第5.2.5条	
	6	电容器安装	第5.2.6条	

施工单位检查评定结果	项目专业质量检查员： 年 月 日	专业技术负责人： 年 月 日
监理（建设）单位验收结论	监理工程师： （建设单位项目专业技术负责人） 年 月 日	

20—42

电机安装检验批质量验收记录表

编号：YD 005（表1）

工程名称				分项工程名称			
施工单位				专业工长		项目经理	
分包单位				分包项目经理		施工班组长	
施工执行标准名称及编号				验收部位			

	序号	项目				施工单位检查评定记录	监理（建设）单位验收记录
主控项目	1	电机的交接试验			第6.1.1条		
	2	电机接线检查			第6.1.2条		
	3	电机接地应连接紧密、牢固，截面选择正确			第6.1.3条		
一般项目	1	混凝土基础检测			第6.2.1条		
	2	垫铁的安放位置			第6.2.2条		
	3	分解式电机定子、转子检查			第6.2.3条		
	4	联轴器的安装			第6.2.5条		
	5	电刷安装	电刷与刷盒位置		第6.2.10条		
			电刷接触面				
	6	二次灌浆			第6.2.13条		
	7	电机的干燥			第6.2.14条		
	8	电机基础板安装	基础板标高误差（mm）		<1		
			基础板中心线偏差（mm）		<1		
			基础板水平误差（mm/m）		≤0.15		

施工单位检查评定结果	项目专业质量检查员： 年 月 日	专业技术负责人： 年 月 日
监理（建设）单位验收结论	监理工程师： （建设单位项目专业技术负责人） 年 月 日	

20—43

电机安装检验批质量验收记录表

编号：YD 005（表2）

工程名称					分项工程名称			
施工单位					专业工长		项目经理	
分包单位					分包项目经理		施工班组长	
施工执行标准名称及编号						验收部位		
	序号	项 目			允许偏差	计算结果	施工单位检查评定记录	监理（建设）单位验收记录
一般项目	9	电机定心检查 （6.2.4） （上＋上）－ （下＋下）/4 （左＋左）－ （右＋右）/4	轴向					
			径向					
	10	转定子间的气隙 （6.2.6） 平均间隙＝ （上＋下＋左＋右）/4 不均匀度＝ （最大值－最小值）/平均值	传动侧		不均匀度应不大于10%			
			非传动侧		不均匀度应不大于10%			
	11	滑动轴承和轴颈的配合应达到规范的要求 （第6.2.7条）	轴承盖与上瓦间隙					
			轴瓦顶间隙		1.5‰～2‰			
			轴瓦侧面间隙		0.75‰～1‰			
			下瓦接触弧度		60°～90°			
			下瓦接触点		2点以上			

施工单位检查评定结果	项目专业质量检查员： 年 月 日	专业技术负责人： 年 月 日
监理（建设）单位验收结论	监理工程师： （建设单位项目专业技术负责人） 年 月 日	

成套配电柜（盘）及动力开关柜安装检验批质量验收记录表

编号：YD 006

工程名称				分项工程名称			
施工单位				专业工长		项目经理	
分包单位				分包项目经理		施工班组长	
施工执行标准名称及编号					验收部位		

	序号	项目			施工单位检查评定记录	监理（建设）单位验收记录
主控项目	1	金属框架的接地或接零			第7.1.1条	
	2	需绝缘安装的盘（柜）的安装			第7.1.2条	
	3	盘（柜）的调整试验			第7.1.3条	
一般项目		项目		mm/m	mm/全长	实际测量值
	1	基础型钢安装允许偏差	不直度	1	5	
			水平度	1	5	
			不平行度	—	5	
	2	盘（柜）安装偏差	垂直度（mm/m）	1.5		
			盘间接缝（mm）	2		
			相邻盘面（mm）	1		
			成列盘面（mm）	5		
	3	盘（柜）间或与基础型钢的连接			第7.2.3条	
	4	盘（柜）的外观检查			第7.2.8条	
	5	操作箱、端子箱的安装			第7.2.9条	

施工单位检查评定结果	项目专业质量检查员： 年 月 日	专业技术负责人： 年 月 日
监理（建设）单位验收结论	监理工程师： （建设单位项目专业技术负责人） 年 月 日	

蓄电池安装检验批质量验收记录表

编号：YD 007

工程名称		分项工程名称		
施工单位		专业工长		项目经理
分包单位		分包项目经理		施工班组长
施工执行标准名称及编号			验收部位	

	序号	项　目	施工单位检查评定记录	监理（建设）单位验收记录
主控项目	1	蓄电池的绝缘电阻应不小于 0.5MΩ	第 8.1.1 条	
	2	初充、放电容量及倍率校验的结果应符合产品技术条件的规定	第 8.1.2 条	
一般项目	1	蓄电池组的平台、基架及间距应符合设计要求	第 8.2.1 条	
	2	铅酸蓄电池电解液配制应符合要求	第 8.2.2 条	
	3	铅酸蓄电池组在 5 次充放电循环内，放电量应不低于 10h 率放电容量的 95％	第 8.2.3 条	
	4	碱性蓄电池电解液的密度必须符合产品技术条件的规定	第 8.2.4 条	
	5	碱性蓄电池充、放电试验	第 8.2.5 条	

施工单位检查评定结果	项目专业质量检查员： 年　月　日	专业技术负责人： 年　月　日
监理（建设）单位验收结论	监理工程师： （建设单位项目专业技术负责人） 年　月　日	

低压电器安装检验批质量验收记录表

编号：YD 008

工程名称			分项工程名称		
施工单位			专业工长		项目经理	
分包单位			分包项目经理		施工班组长	
施工执行标准名称及编号				验收部位		

	序号	项目		施工单位检查评定记录	监理（建设）单位验收记录
主控项目	1	低压电器的交接试验		第9.1.1条	
	2	母线与电器的连接		第9.1.2条	
一般项目	1	低压断路器安装		第9.2.1条	
	2	直流快速断路器安装		第9.2.2条	
	3	低压隔离开关、刀开关、转换开关及熔断器组合电器的安装		第9.2.3条	
	4	电阻器及变阻器安装		第9.2.4条	

施工单位检查评定结果	项目专业质量检查员： 年 月 日	专业技术负责人： 年 月 日

监理（建设）单位验收结论	监理工程师： （建设单位项目专业技术负责人） 年 月 日

20—47

起重机电气设备安装检验批质量验收记录表

编号：YD 009

工程名称			分项工程名称			
施工单位			专业工长		项目经理	
分包单位			分包项目经理		施工班组长	
施工执行标准名称及编号				验收部位		

	序号	项目	施工单位检查评定记录	监理（建设）单位验收记录
主控项目	1	起重机电气设备的接地	第10.1.1条	
	2	起重机轨道的接地	第10.1.2条	
一般项目	1	起重机电气设备安装	第10.2.1条	
	2	电气配线	第10.2.2条	
	3	保护装置的安装	第10.2.3条	
	4	起重机静负荷试运行	第10.2.4条	
	5	专用车、装取料机的调试	第10.2.5条	
	6	焦炉四大车的调整	第10.2.6条	

施工单位检查评定结果	项目专业质量检查员： 年 月 日	专业技术负责人： 年 月 日
监理（建设）单位验收结论	监理工程师： （建设单位项目专业技术负责人） 年 月 日	

滑触线和移动式软电缆检验批质量验收记录表

编号：YD 010

工程名称		分项工程名称			
施工单位		专业工长		项目经理	
分包单位		分包项目经理		施工班组长	
施工执行标准名称及编号			验收部位		

	序号	项 目		施工单位检查评定记录	监理（建设）单位验收记录
主控项目	1	滑触线和移动式电缆的绝缘电阻值必须符合设计规定	第11.1.1条		
一般项目	1	滑触线的支架及其绝缘子的安装应符合要求	第11.2.1条		
	2	滑触线的安装	第11.2.2条		
	3	移动式软电缆的安装	第11.2.3条		
	4	安全式滑触线的安装	第11.2.4条		
	5	卷筒式软电缆的安装	第11.2.8条		
	6	滑接器的安装	第11.2.9条		
	7	起重机滑接器与滑触线末端距离	≥200mm		
		固定装设的型钢滑触线，其终端支架与滑触线末端的距离	≤800mm		
	8	在伸缩补偿装置处，滑触线应留有的间隙	10～20mm		
	9	伸缩补偿装置两侧支持点与间隙之间的距离	≤150mm		

施工单位检查评定结果	项目专业质量检查员： 年 月 日	专业技术负责人： 年 月 日

监理（建设）单位验收结论	监理工程师： （建设单位项目专业技术负责人） 年 月 日

母线装置安装检验批质量验收记录表

编号：YD 011

工程名称			分项工程名称		
施工单位			专业工长		项目经理
分包单位			分包项目经理		施工班组长
施工执行标准名称及编号			验收部位		

	序号	项 目		施工单位检查评定记录	监理（建设）单位验收记录
主控项目	1	高压母线绝缘子和高压穿墙套管的耐压试验	第12.1.1条		
	2	可接近裸露导体的接地或接零可靠	第12.1.2条		
一般项目	1	母线连接时接头的要求	第12.2.1条		
	2	母线弯曲时，应无裂纹和皱折	第12.2.2条		
	3	母线的弯曲半径应符合要求	第12.2.4条		
	4	母线的接头的要求	第12.2.5条		
	5	室内、外母线最小安全距离	第12.2.6条		
	6	母线的固定	第12.2.7条		
	7	母线的相序排列	第12.2.8条		
	8	多片母线的安装	第12.2.12条		
	9	插接式封闭母线的安装	第12.2.13条		
	10	电炉短网的安装	第12.2.15条		
	11	绝缘子、套管的安装	第12.2.16条		

施工单位检查评定结果	项目专业质量检查员： 年 月 日	专业技术负责人： 年 月 日
监理（建设）单位验收结论	监理工程师： (建设单位项目专业技术负责人) 年 月 日	

电缆线路检验批质量验收记录表

编号：YD 012

工程名称		分项工程名称			
施工单位		专业工长		项目经理	
分包单位		分包项目经理		施工班组长	
施工执行标准名称及编号			验收部位		

	序号	项　　目		施工单位检查评定记录	监理（建设）单位验收记录
主控项目	1	高压电缆试验	第13.1.1条		
	2	三相或单相的交流单芯电缆不得单独穿于钢管内	第13.1.2条		
一般项目	1	电缆敷设时的要求	第13.2.1条		
	2	充油电缆的油样试验	第13.2.2条		
	3	电缆桥架和电缆支架上电缆敷设	第13.2.3条		
	4	桥架内、支架上电缆的固定	第13.2.4条		
	5	管道内电缆的敷设	第13.2.5条		
	6	直埋电缆的敷设	第13.2.6条		
	7	电缆的防火与阻燃	第13.2.7条		

施工单位检查评定结果	项目专业质量检查员： 年　月　日	专业技术负责人： 年　月　日
监理（建设）单位验收结论	监理工程师： （建设单位项目专业技术负责人） 年　月　日	

露天采矿场线路敷设检验批质量验收记录表

编号：YD 013

工程名称		分项工程名称			
施工单位		专业工长		项目经理	
分包单位		分包项目经理		施工班组长	
施工执行标准名称及编号			验收部位		

	序号	项目		施工单位检查评定记录	监理（建设）单位验收记录
主控项目	1	高压绝缘子的交流耐压试验	第14.1.1条		
	2	高压电力电缆的试验	第14.1.2条		
一般项目	1	矿场内电杆的埋设要求	第14.2.1条		
	2	露天矿配电线路底层导线对地高度	第14.2.2条		
	3	高压瓷件外观检查	第14.2.5条		
	4	导线连接外观检查	第14.2.6条		

施工单位检查评定结果	项目专业质量检查员： 年 月 日	专业技术负责人： 年 月 日

监理（建设）单位验收结论	监理工程师： （建设单位项目专业技术负责人） 年 月 日

20—52

矿井下电缆敷设检验批质量验收记录表

编号：YD 014

工程名称		分项工程名称			
施工单位		专业工长		项目经理	
分包单位		分包项目经理		施工班组长	
施工执行标准名称及编号			验收部位		

	序号	项目		施工单位检查评定记录	监理（建设）单位验收记录
主控项目	1	电缆的耐压试验、绝缘电阻测定		第15.1.1条	
一般项目	1	电力电缆、控制电缆、信号电缆的敷设		第15.2.1条	
	2	电缆在45°及以下倾角的斜井中敷设		第15.2.2条	
	3	电缆在竖井或45°以上倾角斜井中敷设		第15.2.3条	
	4	电缆在木支护斜井或巷道中悬挂敷设		第15.2.4条	
	5	电缆与管道平行敷设		第15.2.4条	
	6	电缆在混凝土、砖砌拱、坚固岩石条件下敷设		第15.2.4条	
	7	电缆的保护和防腐		第15.2.5条	
	8	电缆标识		第15.2.6条	
	9	电缆在地面的敷设		第15.2.7条	
	10	电缆在钻孔中敷设		第15.2.8条	

施工单位检查评定结果	项目专业质量检查员： 年 月 日	专业技术负责人： 年 月 日
监理（建设）单位验收结论	监理工程师： （建设单位项目专业技术负责人） 年 月 日	

电缆支架、桥架安装检验批质量验收记录表

编号：YD 015

工程名称			分项工程名称			
施工单位			专业工长		项目经理	
分包单位			分包项目经理		施工班组长	
施工执行标准名称及编号				验收部位		

	序号	项目		施工单位检查评定记录	监理（建设）单位验收记录
主控项目	1	金属电缆桥架及支架和引入或引出的金属电缆导管与PE或PEN线连接	第16.1.1条		
一般项目	1	电缆桥架立柱或电缆支架的安装	第16.2.1条		
	2	桥架托臂的安装	第16.2.2条		
	3	电缆桥架的安装	第16.2.3条		
	4	误差要求	立柱垂直度偏差	≤2‰（全长）		
			同排立柱、支架间距	≤100mm		
			同一立柱上托臂左右偏差	≤±5mm		
			同一立柱上的层间偏差	≤±5mm		
			同一直线段上托盘中心线偏差	≤±10mm		
			同一直线段上托盘高低偏差	≤±5mm		

施工单位检查评定结果	项目专业质量检查员： 年 月 日	专业技术负责人： 年 月 日
监理（建设）单位验收结论	监理工程师： （建设单位项目专业技术负责人） 年 月 日	

电缆终端头、电缆接头制作检验批质量验收记录表

编号：YD 016

工程名称		分项工程名称			
施工单位		专业工长		项目经理	
分包单位		分包项目经理		施工班组长	
施工执行标准名称及编号		验收部位			

	序号	项目		施工单位检查评定记录	监理（建设）单位验收记录
主控项目	1	高压电力电缆耐压试验	第17.1.1条		
	2	接地线焊接牢固、接触良好	第17.1.2条		
	3	高压电缆终端头和接头的制作环境应符合要求	第17.1.3条		
一般项目	1	冷（热）缩电缆终端头的制作	第17.2.1条		
	2	10～35kV电缆冷（热缩）中间接头制作	第17.2.2条		
	3	10～35kV预制件装配式电缆终端头的制作	第17.2.3条		
	4	电缆头的安装	第17.2.4条		
	5				

施工单位检查评定结果	项目专业质量检查员： 年 月 日	专业技术负责人： 年 月 日

监理（建设）单位验收结论	监理工程师： （建设单位项目专业技术负责人） 年 月 日

架空线路及杆上电气设备安装检验批质量验收记录表

编号：YD 017

工程名称			分项工程名称			
施工单位			专业工长		项目经理	
分包单位			分包项目经理		施工班组长	
施工执行标准名称及编号				验收部位		

	序号	项目		施工单位检查评定记录	监理（建设）单位验收记录
主控项目	1	高压绝缘子的交流耐压试验		第18.1.1条	
	2	变压器中性点的接地装置的接地电阻值必须符合设计要求		第18.1.2条	
一般项目	1	电杆坑、拉线坑深度及误差		第18.2.1条	
	2	电杆组立及导线弛度	直线杆横向位移	≤50mm	
			组合双杆两杆高差	≤20mm	
			杆梢倾斜位移	≤0.5个梢径	
			导线实际弛度与设计差值	≤±5%	
			同一档内导线间弛度差	≤50mm	
	3	钢圈连接的钢筋混凝土电杆的弯曲度不超过其长度的2‰		第18.2.3条	
	4	金属管塔的安装		第18.2.4条	
	5	横担、绝缘子及金具安装		第18.2.6条	
	6	双杆横担安装		第18.2.7条	
	7	导线架设		第18.2.9条	
	8	杆上电气设备安装		第18.2.10条	

施工单位检查评定结果	项目专业质量检查员： 年 月 日	专业技术负责人： 年 月 日
监理（建设）单位验收结论	监理工程师： （建设单位项目专业技术负责人） 年 月 日	

牵引网路安装检验批质量验收记录表

编号：YD 018

工程名称			分项工程名称			
施工单位			专业工长		项目经理	
分包单位			分包项目经理		施工班组长	
施工执行标准名称及编号				验收部位		

	序号	项目	施工单位检查评定记录	监理（建设）单位验收记录
主控项目	1	牵引网路的绝缘电阻不应小于1.6MΩ	第19.1.1条	
	2	作回流的钢轨回路的安装	第19.1.2条	
	3	绝缘区分器的绝缘试验	第19.1.3条	
	4	角型接闪器的安装	第19.1.4条	
一般项目	1	线材、绝缘子、器材、构件和金具应符合国家产品标准，应有产品合格证，质量完好无损	第19.2.1条	
	2	支柱（电杆）定位	第19.2.2条	
	3	牵引网馈电线路电杆的坑深	第19.2.3条	
	4	支持装置安装	第19.2.8条	
	5	架线要求	第19.2.9条	
	6	滑动吊弦的安装	第19.2.13条	
	7	滑触线及滑触线线岔交点安装	第19.2.14条	
	8	锚定的安装	第19.2.15条	

施工单位检查评定结果	项目专业质量检查员： 年 月 日	专业技术负责人： 年 月 日
监理（建设）单位验收结论	监理工程师： （建设单位项目专业技术负责人） 年 月 日	

电气配管检验批质量验收记录表

编号：YD 019

工程名称				分项工程名称			
施工单位				专业工长		项目经理	
分包单位				分包项目经理		施工班组长	
施工执行标准名称及编号					验收部位		

	序号	项 目				施工单位检查评定记录	监理（建设）单位验收记录
主控项目	1	金属管和金属箱（盒）的接地或接零				第20.1.1条	
	2	金属管的焊接				第20.1.2条	
一般项目	1	钢管的防腐处理				第20.2.1条	
	2	钢管的连接				第20.2.1条	
	3	钢管与盒（箱）或设备的连接				第20.2.1条	
	4	钢管的固定				第20.2.1条	
	5	金属软管或可挠金属电线保护管的安装				第20.2.2条	
	6	阻燃塑料管的敷设				第20.2.3条	
	7	最小弯曲半径	暗配管			$\geqslant 6D$	
			明配管	管子只有1个弯		$\geqslant 4D$	
				管子有2个弯以上		$\geqslant 6D$	
			弯扁度			$\leqslant 0.1D$	

施工单位检查评定结果	项目专业质量检查员： 年 月 日	专业技术负责人： 年 月 日
监理（建设）单位验收结论	监理工程师： （建设单位项目专业技术负责人） 年 月 日	

20—58

电气配线检验批质量验收记录表

编号：YD 020

工程名称		分项工程名称			
施工单位		专业工长		项目经理	
分包单位		分包项目经理		施工班组长	
施工执行标准名称及编号			验收部位		

	序号	项目		施工单位检查评定记录	监理（建设）单位验收记录
主控项目	1	不同相导线的颜色应符合要求	第20.1.3条		
	2	相线间或相线对地间的绝缘电阻必须大于0.5MΩ	第20.1.3条		
一般项目	1	管内穿线的要求	第20.2.4条		
	2	塑料护套线敷设	第20.2.5条		
	3	槽板配线	第20.2.6条		
	4	线槽配线	第20.2.7条		
	5	钢索配线	第20.2.8条		
	6	导线在端子板、电器端子上的连接	第20.2.9条		

施工单位检查评定结果	项目专业质量检查员： 年 月 日	专业技术负责人： 年 月 日

监理（建设）单位验收结论	监理工程师： （建设单位项目专业技术负责人） 年 月 日

电气照明安装检验批质量验收记录表

编号：YD 021

工程名称			分项工程名称		
施工单位			专业工长		项目经理	
分包单位			分包项目经理		施工班组长	
施工执行标准名称及编号				验收部位		

	序号	项 目		施工单位检查评定记录	监理（建设）单位验收记录
主控项目	1	照明装置的接地、接零应符合要求	第21.1.1条		
	2	花灯、大型灯具的吊钩应符合要求	第21.1.2条		
	3	防爆灯具的外壳防护等级和级别应与爆炸危险环境相适配	第21.1.3条		
一般项目	1	灯具的固定	第21.2.1条		
	2	工厂罩吊杆灯、防爆弯杆灯的安装	第21.2.2条		
	3	吸顶灯的安装	第21.2.3条		
	4	应急灯的安装	第21.2.4条		
	5	灯具的接线	第21.2.5条		
	6	照明配电箱的安装	第21.2.6条		
	7	防空障碍标志灯的安装	第21.2.7条		
	8	路灯的安装	第21.2.10条		
	9	开关、插座的安装	第21.2.11条		
	10	防爆灯具的安装	第21.2.14条		

施工单位检查评定结果	项目专业质量检查员：	专业技术负责人：
		年 月 日

监理（建设）单位验收结论	监理工程师： （建设单位项目专业技术负责人）
	年 月 日

矿井下照明灯具及配电箱安装检验批质量验收记录表

编号：YD 022

工程名称			分项工程名称		
施工单位			专业工长		项目经理
分包单位			分包项目经理		施工班组长
施工执行标准名称及编号			验收部位		

	序号	项 目	施工单位检查评定记录	监理（建设）单位验收记录
主控项目	1	井下照明网络的绝缘电阻一般不小于 0.2MΩ	第 22.1.1 条	
一般项目	1	井下照明的安装	第 22.2.1 条	
	2	巷道照明灯具的安装	第 22.2.2 条	
	3	矿井下照明线路的要求	第 22.2.3 条	
	4	矿井下照明配电箱的安装	第 22.2.4 条	

施工单位检查评定结果	项目专业质量检查员： 专业技术负责人： 年 月 日
监理（建设）单位验收结论	监理工程师： （建设单位项目专业技术负责人） 年 月 日

20—61

避雷针（网）及接地装置安装检验批质量验收记录表

编号：YD 023

工程名称		分项工程名称			
施工单位		专业工长		项目经理	
分包单位		分包项目经理		施工班组长	
施工执行标准名称及编号			验收部位		

	序号	项 目		施工单位检查评定记录	监理（建设）单位验收记录
主控项目	1	接地装置的接地电阻值必须符合设计要求	第23.1.1条		
	2	建筑物避雷针（带）接地	第23.1.2条		
	3	接地模块的安装要求	第23.1.7条		
	4	变压器室、高低压开关室的接地	第23.1.9条		
	5	爆炸危险环境的接地	第23.1.13条		
一般项目	1	接地装置安装要求	第23.2.2条		
	2	接地模块的引线	第23.2.4条		
	3	矿井下接地装置的安装	第23.2.5条		
	4	电机、电器的外壳连接的接地线应符合要求	第23.2.8条		
	5	明敷避雷带，引下线及室内接地干线	第23.2.9条		
	6	计算机系统接地	第23.2.15条		
	7	静电接地的要求	第23.2.19条		

施工单位检查评定结果	项目专业质量检查员： 年 月 日	专业技术负责人： 年 月 日
监理（建设）单位验收结论	监理工程师： （建设单位项目专业技术负责人） 年 月 日	

20—62

爆炸危险场所线路敷设检验批质量验收记录表

编号：YD 024

工程名称			分项工程名称			
施工单位			专业工长		项目经理	
分包单位			分包项目经理		施工班组长	
施工执行标准名称及编号				验收部位		

	序号	项 目	施工单位检查评定记录	监理（建设）单位验收记录
主控项目	1	电缆和绝缘导线的型号、规格符合设计；电缆的耐压和绝缘测试符合规范	第24.1.1条	
	2	电缆和绝缘导线在防爆接线盒、箱内连接或分路	第24.1.2条	
	3	电缆和绝缘导线的钢导管保护	第24.1.3条	
	4	电气线路使用的盒、箱、管件、柔性导管符合规范	第24.1.4条	
	5	本质安全电路的线路安装	第24.1.5条	
一般项目	1	电气线路的敷设	第24.2.1条	
	2	电缆或导线的连接	第24.2.2条	
	3	电缆或绝缘导线的最小截面	第24.2.3条	
	4	电缆线路穿越不同区域或界壁的隔离密封	第24.2.4条	
	5	钢导管的连接	第24.2.5条	
	6	钢导管配线的隔离密封	第24.2.6条	
	7	防爆柔性导管的装设	第24.2.7条	
	8	防爆柔性导管的安装	第24.2.8条	
	9	电缆或电线引入装置或设备进线口的密封	第24.2.9条	
	10	本质安全电路、关联电路的施工	第24.2.10条	

施工单位检查评定结果	项目专业质量检查员： 年 月 日	专业技术负责人： 年 月 日

监理（建设）单位验收结论	监理工程师： (建设单位项目专业技术负责人) 年 月 日

爆炸危险场所电气设备安装检验批质量验收记录表

编号：YD 025

工程名称			分项工程名称		
施工单位			专业工长		项目经理
分包单位			分包项目经理		施工班组长
施工执行标准名称及编号				验收部位	

	序号	项 目	施工单位检查评定记录	监理（建设）单位验收记录
主控项目	1	防爆设备的类型、级别、温度级别、环境条件标志符合设计	第25.1.1条	
	2	防爆设备上有"Ex"标志和铭牌，铭牌上的防爆合格证号与防爆合格证书相符	第25.1.2条	
	3	设备无裂纹、损坏，防爆装置及密封完好	第25.1.3条	
	4	充油型设备无油渗漏，油面高度符合规定	第25.1.4条	
	5	本质安全型电气设备用电池符合要求，安全栅接地可靠	第25.1.5条	
	6	防爆电气设备的接地或接零符合要求	第25.1.6条	
一般项目	1	防爆电气设备内的电气间隙和爬电距离符合要求	第25.2.1条	
	2	防爆电气设备外壳表面的最高温度检查	第25.2.2条	
	3	隔爆型电气设备安装	第25.2.3条	
	4	增安型和无火花型电气设备安装	第25.2.4条	
	5	正压型电气设备安装	第25.2.5条	
	6	充油型电气设备安装	第25.2.6条	
	7	本质安全型电气设备安装	第25.2.7条	
	8	粉尘防爆电气设备安装	第25.2.8条	

施工单位检查评定结果	项目专业质量检查员：	专业技术负责人：
	年 月 日	年 月 日

监理（建设）单位验收结论	监理工程师： （建设单位项目专业技术负责人） 年 月 日

火灾危险场所电气装置安装检验批质量验收记录表

编号：YD 026

工程名称			分项工程名称		
施工单位			专业工长		项目经理
分包单位			分包项目经理		施工班组长
施工执行标准名称及编号				验收部位	

	序号	项目		施工单位检查评定记录	监理（建设）单位验收记录
主控项目	1	电气设备的类型应符合设计规定	第26.1.1条		
	2	装有电气设备的柜、箱及接线盒、拉线箱等均必须是金属制品	第26.1.2条		
	3	电热设备的安装底板必须采用非燃性材料	第26.1.3条		
	4	电缆、绝缘导线的额定电压符合规范要求	第26.1.4条		
	5	架空线路与火灾危险场所的水平距离符合规范要求	第26.1.5条		
一般项目	1	电气设备的安装方式和位置符合规范要求	第26.2.1条		
	2	电气线路的配线方式符合规范要求	第26.2.2.1条		
	3	电缆和绝缘导线连接可靠，封端严密	第26.2.2.3条		
	4	母线安装	第26.2.2.6条		
	5	电缆引入电气设备或接线盒、分线盒时，进线口的密封符合要求	第26.2.2.7条		
	6	钢导管与电气设备的连接	第26.2.2.8条		

施工单位检查评定结果	项目专业质量检查员：	专业技术负责人：
	年 月 日	年 月 日

监理（建设）单位验收结论	监理工程师： （建设单位项目专业技术负责人）
	年 月 日

附录 B 蓄电池用材质及电解液标准

表 B.0.1 铅酸蓄电池用材质及电解液标准（%）

指标名称	浓硫酸	使用中电解液	蒸馏水
硫酸（H_2SO_4）含量	≥92	40～15	—
灼烧残渣含量	≤0.05	≤0.02	≤0.01
锰（Mn）含量	≤0.0001	≤0.0004	≤0.0001
铁（Fe）含量	≤0.012	≤0.0004	≤0.0004
砷（As）含量	≤0.0001	≤0.0003	—
氯（Cl）含量	≤0.0001	≤0.0007	≤0.0005
氮氧化物（以 N 计）含量	≤0.001		
还原高锰酸钾物质（O）含量	≤0.002	≤0.0008	≤0.0002
色度测定（ml）	≤2.0		
透明度（mm）	≥50	透明无色	无色透明
电阻率（25℃）（Ω·cm）	—	—	≥10×10^4
硝酸及亚硝酸盐（以 N 计）		≤0.0005	≤0.0003
铵（NH_4）含量		≤0.005	≤0.0008
铜（Cu）含量		≤0.002	
碱土金属氧化物（CaO 计）			≤0.005
二氧化硫（SO_2）含量	≤0.007		

表 B.0.2 氢氧化钾技术条件（%）

指标名称	化学纯	指标名称	化学纯
氢氧化钾（KOH）	≥80	硅酸盐（SiO_3）	≤0.1
碳酸盐（以 K_2CO_3 计）	≤3	钠（Na）	≤2
氯化物（Cl）	≤0.025	钙（Ca）	≤0.02
硫酸盐（SO_4）	≤0.01	铁（Fe）	≤0.002
氮化合物（N）	≤0.001	重金属（以 Ag 计）	≤0.003
磷酸盐（PO_4）	≤0.01	澄清度试验	合格

表 B.0.3 碱性蓄电池用电解液标准

项目	新电解液	使用极限值
外观	无色透明、无悬浮物	—
密度	1.19～1.25（25℃）	1.19～1.21（25℃）
含量	KOH240～270g/L	KOH240～270g/L
Cl^-	<0.1g/L	<0.2g/L
CO_2^{2-}	<50g/L	<50g/L
Ca、Mg	<0.1g/L	<0.3g/L
氨沉淀物 Al/KOH	<0.02%	<0.02%
Fe/KOH	<0.05%	<0.05%

附录 C 矩形母线搭接要求

表 C.0.1 矩形母线搭接要求

搭接形式	类别	序号	连接尺寸（mm）			钻孔要求		螺栓规格
			b_1	b_2	a	ϕ (mm)	个数	
形式一	直线连接	1	125	125	b_1 或 b_2	21	4	M20
		2	100	100	b_1 或 b_2	17	4	M16
		3	80	80	b_1 或 b_2	13	4	M12
		4	63	63	b_1 或 b_2	11	4	M10
		5	50	50	b_1 或 b_2	9	4	M8
		6	45	45	b_1 或 b_2	9	4	M8
形式二	直线连接	7	40	40	80	13	2	M12
		8	31.5	31.5	63	11	2	M10
		9	25	25	50	9	2	M8
形式三	垂直连接	10	125	125	—	21	4	M20
		11	125	100～80	—	17	4	M16
		12	125	63	—	13	4	M12
		13	100	100～80	—	17	4	M16
		14	80	80～63	—	13	4	M12
		15	63	63～50	—	11	4	M10
		16	50	50	—	9	4	M8
		17	45	45	—	9	4	M8
形式四	垂直连接	18	125	50～40	—	17	2	M16
		19	100	63～40	—	17	2	M16
		20	80	63～40	—	15	2	M14
		21	63	50～40	—	13	2	M12
		22	50	45～40	—	11	2	M10
		23	63	31.5～25	—	11	2	M10
		24	50	31.5～25	—	9	2	M8
形式五	垂直连接	25	125	31.5～25	60	11	2	M10
		26	100	31.5～25	50	9	2	M8
		27	80	31.5～25	50	9	2	M8
形式六	垂直连接	28	40	40～31.5	—	13	1	M12
		29	40	25	—	11	1	M10
		30	31.5	31.5～25	—	11	1	M10
		31	25	22	—	9	1	M8

附录 D 配电装置的安全净距

表 D.0.1 室内配电装置的安全净距（mm）

符号	适用范围	图号	额定电压（kV）									
			0.4	1~3	6	10	15	20	35	60	110J	110	220J
A_1	1 带电部分至接地部分之间； 2 网状和板状遮栏向上延伸线距地 2.3m 处与遮栏上方带电部分之间	D.0.1	20	75	100	125	150	180	300	550	850	950	1800
A_2	1 不同相的带电部分之间； 2 断路器和隔离开关的断口两侧带电部分之间	D.0.1	20	75	100	125	150	180	300	550	900	1000	2000
B_1	1 栅状遮栏至带电部分之间； 2 交叉的不同时停电检修的无遮栏带电部分之间	D.0.1 D.0.2	800	825	850	875	900	930	1050	1300	1600	1700	2550
B_2	网状遮栏至带电部分之间	D.0.1 D.0.2	100	175	200	225	250	280	400	650	950	1050	1900
C	无遮栏裸导体至地（楼）面之间	D.0.1	2300	2375	2400	2425	2450	2480	2600	2850	3150	3250	4100
D	平行的不同时停电检修的无遮栏裸导体之间	D.0.1	1875	1875	1900	1925	1950	1980	2100	2350	2650	2750	3600
E	通向室外的出线套管至室外通道的路面	D.0.2	3650	4000	4000	4000	4000	4000	4000	4500	5000	5000	5500

注：1 110J、220J 系指中性点直接接地电网；
  2 网状遮栏至带电部分之间当为板状遮栏时，其 B 值可取 A_1+30mm；
  3 通向室外的出线套管至室外通道的路面，当出线套管外侧为室外配电装置时，其至室外地面的距离不应小于表 D.0.2 中所列室外部分之 C 值；
  4 海拔超过 1000m 时，A 值应按图 D.0.6 修正；
  5 本表所列各值不适用于制造厂生产的成套配电装置。

表 D.0.2 室外配电装置的安全净距（mm）

符号	适用范围	图号	额定电压（kV）									
			0.4	1~10	15~20	35	60	110J	110	220J	330J	500J
A_1	1 带电部分至接地部分之间； 2 网状遮栏向上延伸距地面 2.5m 处遮栏上方带电部分之间	D.0.3 D.0.4 D.0.5	75	200	300	400	650	900	1000	1800	2500	2800
A_2	1 不同相的带电部分之间； 2 断路器和隔离开关的断口两侧引线带电部分之间	D.0.3	75	200	300	400	650	1000	1100	2000	2800	4300
B_1	1 设备运输时，其外廓至无遮栏带电部分之间； 2 交叉的不同时停电检修的无遮栏带电部分之间； 3 栅状遮栏至绝缘体和带电部分之间； 4 带电作业时的带电部分至接地部分之间	D.0.3 D.0.4 D.0.5	825	950	1050	1150	1400	1650	1750	2550	3250	4550

续表 D.0.2

符号	适用范围	图号	额定电压 (kV)									
			0.4	1~10	15~20	35	60	110J	110	220J	330J	500J
B_2	网状遮栏至带电部分之间	D.0.4	175	300	400	500	750	1000	1100	1900	2600	3900
C	1 无遮栏裸导体至地面之间; 2 无遮栏裸导体至建筑物、构筑物顶部之间	D.0.4 D.0.5	2500	2700	2800	2900	3100	3400	3500	4300	5000	7500
D	平行的不同时停电检修的无遮栏带电部分之间	D.0.3	2000	2200	2300	2400	2600	2900	3000	3800	4500	5800
	带电部分与建筑物、构筑物的边沿部分之间	D.0.4										

注: 1 110J、220J、330J、500J 系指中性点直接接地电网;
    2 栅状遮栏至绝缘体和带电部分之间,对于 220kV 及以上电压,可按绝缘体电位的实际分布,采用相应的 B 值检验,此时允许栅状遮栏与绝缘体的距离小于 B_1 值。当无给定的分布电位时,可按线性分布计算。500kV 相间通道的安全净距,亦可用此原则;
    3 带电作业时的带电部分至接地部分之间(110J~500J),带电作业时,不同相或交叉的不同回路带电部分之间,其 B_1 值可取 A_2+750mm;
    4 500kV 的 A_1 值,双分裂软导线至接地部分之间可取 3500mm;
    5 海拔超过 1000m 时,A 值应按图 D.0.6 进行修正。

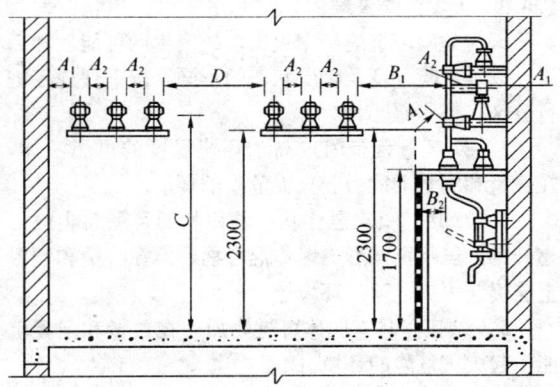

图 D.0.1 室内 A_1、A_2、B_1、B_2、C、D 值校验

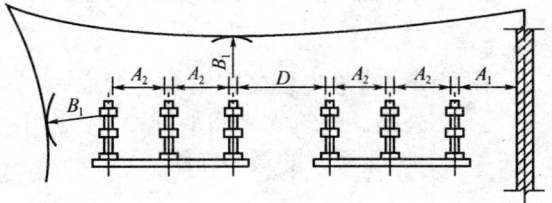

图 D.0.3 室内 A_1、A_2、B_1、D 值校验

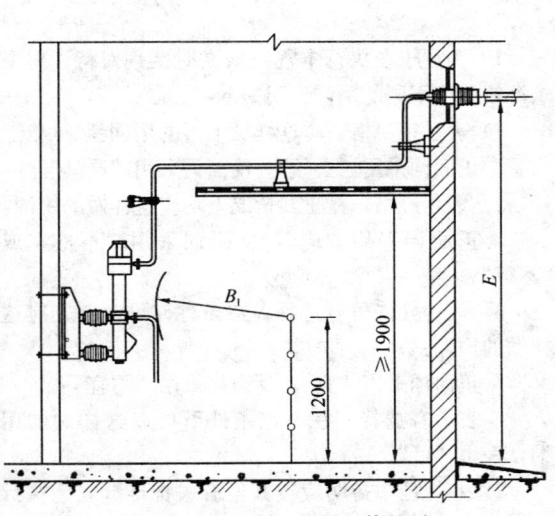

图 D.0.2 室内 B_1、E 值校验

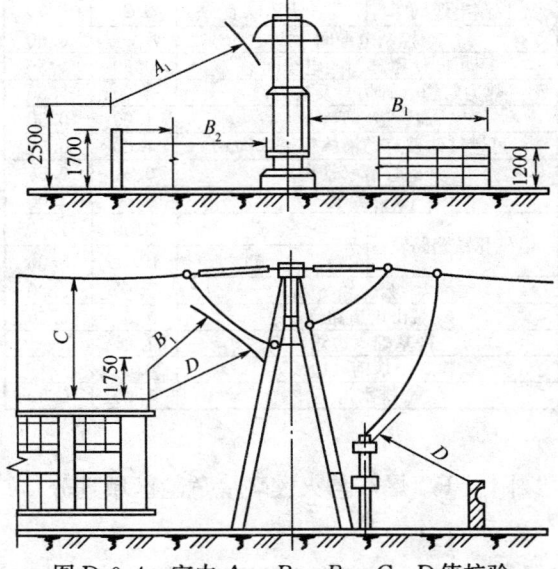

图 D.0.4 室内 A_1、B_1、B_2、C、D 值校验

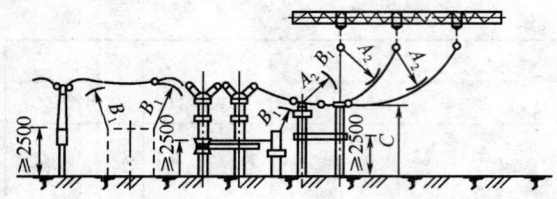

图 D.0.5 室外 A_2、B_1、C 值校验

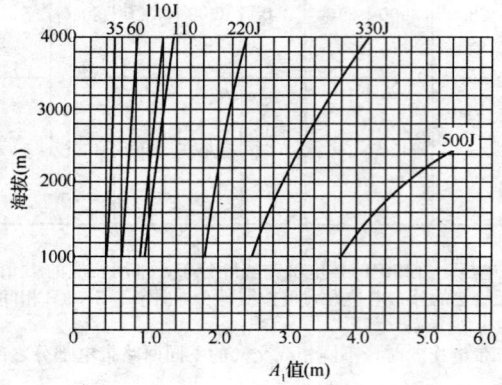

图 D.0.6 海拔大于 1000m 时，A 值的修正
（A_2 值和室内的 A_1、A_2 值可按本图之比例递增）

附录 E 直埋电缆之间电缆与管道、公路、建筑物之间平行和交叉时的最小净距

表 E.0.1 直埋电缆之间电缆与管道、公路、建筑物之间平行和交叉时的最小净距（m）

项目		最小净距	
		平行	交叉
电力电缆间及其与控制电缆间	10kV 及以下	0.10	0.50
	10kV 以上	0.25	0.50
控制电缆间		—	0.50
不同使用部门的电缆间		0.50	0.50
热力管道（管沟）及热力设备		2.00	0.50
油管道（管沟）		1.00	0.50
可燃气体及宜燃液体管道（沟）		1.00	0.50
其他管道（管沟）		0.50	0.50
铁路路轨		3.00	1.00
电气化铁路路轨	交流	3.00	1.00
	直流	10.00	1.00
公路		1.50	1.00
城市街道路面		1.00	0.70
杆基础（边线）		1.00	—
建筑物基础（边线）		0.60	—
排水沟		1.00	0.50

附录 F 爆炸与火灾环境危险区域划分

F.0.1 爆炸性气体环境危险区域划分：

爆炸性气体环境应根据爆炸性气体混合物出现的频繁程度和持续时间，按下列规定进行分区：

1 0 区：连续出现或长期出现爆炸性气体的环境。

2 1 区：在正常运行时可能出现爆炸性气体的环境。

3 2 区：在正常运行时不可能出现爆炸性气体的环境，或即使出现也仅是短时存在的爆炸性气体的环境。

注：正常运行是指正常的开车、运转、停车，易燃物质产品的装卸，密闭容器盖的开闭，安全阀、排放阀以及所有工厂设备都在其设计参数范围内工作的状态。

F.0.2 爆炸性粉尘环境危险区域划分：

爆炸性粉尘环境应根据爆炸性粉尘混合物出现的频繁程度和持续时间，按下列规定进行分区：

1 10 区：连续出现或长期出现爆炸性粉尘的环境。

2 11 区：有时会将积留下的粉尘扬起而偶然出现爆炸性粉尘混合物的环境。

F.0.3 火灾危险区域划分：

火灾危险环境应根据火灾事故发生的可能性和后果，以及危险程度及物质状态的不同，按下列规定进行分区：

1 21 区：具有闪点高于环境温度的可燃液体，在数量和配置上能引起火灾危险的环境。

2 22 区：具有悬浮状、堆积状的可燃粉尘或可燃纤维，虽不可能形成爆炸混合物，但在数量和配置上能引起火灾危险的环境。

3 23 区：具有固体可燃物质，在数量和配置上能引起火灾危险的环境。

本规范用词说明

1 为便于在执行本规范条文时区别对待，对要求严格程度不同的用词说明如下：

1) 表示很严格，非这样做不可的用词：
正面词采用"必须"，反面词采用"严禁"。

2) 表示严格，在正常情况下均应这样做的用词：
正面词采用"应"，反面词采用"不应"或"不得"。

3) 表示允许稍有选择，在条件许可时首先应这样做的用词：
正面词采用"宜"，反面词采用"不宜"；
表示有选择，在一定条件下可以这样做的用词，采用"可"。

2 本规范中指明应按其他有关标准、规范执行的写法为"应符合……的规定"或"应按……执行"。

中华人民共和国国家标准

冶金电气设备工程安装验收规范

GB 50397—2007

条 文 说 明

目　次

1 总则 …………………………………… 20—73
2 基本规定 ……………………………… 20—73
　2.1 一般规定 ………………………… 20—73
　2.2 主要设备及材料的检验 ………… 20—73
　2.3 冶金电气设备工程安装
　　　质量验收的划分 ………………… 20—73
　2.4 冶金电气设备工程安装质量验收 … 20—73
　2.5 冶金电气设备工程安装质量
　　　验收程序和组织 ………………… 20—73
　2.6 竣工验收资料 …………………… 20—73
3 高压电器安装 ………………………… 20—74
　3.1 主控项目 ………………………… 20—74
　3.2 一般项目 ………………………… 20—74
4 电力变压器安装 ……………………… 20—76
　4.1 主控项目 ………………………… 20—76
　4.2 一般项目 ………………………… 20—76
5 互感器、电抗器、避雷器、
　电容器安装 …………………………… 20—77
　5.1 主控项目 ………………………… 20—77
　5.2 一般项目 ………………………… 20—77
6 旋转电机安装 ………………………… 20—78
　6.1 主控项目 ………………………… 20—78
　6.2 一般项目 ………………………… 20—78
7 配电盘、成套柜安装 ………………… 20—79
　7.1 主控项目 ………………………… 20—79
　7.2 一般项目 ………………………… 20—79
8 蓄电池安装 …………………………… 20—79
9 低压电器安装 ………………………… 20—80
　9.1 主控项目 ………………………… 20—80
　9.2 一般项目 ………………………… 20—80
10 起重机电气设备安装 ………………… 20—80
　10.1 主控项目 ……………………… 20—80
　10.2 一般项目 ……………………… 20—80
11 滑触线和移动式软电缆安装 ………… 20—81
　11.1 主控项目 ……………………… 20—81
　11.2 一般项目 ……………………… 20—81
12 母线装置安装 ………………………… 20—81
　12.1 主控项目 ……………………… 20—81
　12.2 一般项目 ……………………… 20—81
13 电缆线路 ……………………………… 20—82
　13.1 主控项目 ……………………… 20—82
　13.2 一般项目 ……………………… 20—82
14 露天采矿场线路敷设 ………………… 20—83
　14.1 主控项目 ……………………… 20—83
　14.2 一般项目 ……………………… 20—83
15 矿井下电缆敷设 ……………………… 20—83
　15.1 主控项目 ……………………… 20—83
　15.2 一般项目 ……………………… 20—83
16 电缆支架、桥架安装 ………………… 20—83
　16.1 主控项目 ……………………… 20—83
　16.2 一般项目 ……………………… 20—83
17 电缆终端头、电缆接头制作 ………… 20—84
　17.1 主控项目 ……………………… 20—84
　17.2 一般项目 ……………………… 20—84
18 架空线路及杆上电气设备安装 ……… 20—84
　18.1 主控项目 ……………………… 20—84
　18.2 一般项目 ……………………… 20—84
19 牵引网的安装 ………………………… 20—85
　19.1 主控项目 ……………………… 20—85
　19.2 一般项目 ……………………… 20—85
20 配管、配线 …………………………… 20—85
　20.1 主控项目 ……………………… 20—85
　20.2 一般项目 ……………………… 20—85
21 电气照明装置安装 …………………… 20—85
　21.1 主控项目 ……………………… 20—85
　21.2 一般项目 ……………………… 20—85
22 矿井下照明灯具及配电箱安装 ……… 20—86
　22.1 主控项目 ……………………… 20—86
　22.2 一般项目 ……………………… 20—86
23 避雷针（网）及接地装置安装 ……… 20—86
　23.1 主控项目 ……………………… 20—86
　23.2 一般项目 ……………………… 20—87
24 爆炸危险场所电气线路敷设 ………… 20—87
　24.1 主控项目 ……………………… 20—87
　24.2 一般项目 ……………………… 20—88
25 爆炸危险场所电气设备安装 ………… 20—88
　25.1 主控项目 ……………………… 20—88
　25.2 一般项目 ……………………… 20—89
26 火灾危险场所电气装置安装 ………… 20—89
　26.1 主控项目 ……………………… 20—89
　26.2 一般项目 ……………………… 20—89

1 总 则

1.0.1 明确规范制定的目的。是为了对冶金电气设备工程安装施工质量验收时,提供判断质量是否合格的标准。

1.0.2 说明适用范围。目前500kV电气设备的安装技术较为成熟,本规范将适用范围由原标准220kV及以下,提高到500kV及以下。

1.0.3 本条是认真执行、具体落实《建设工程质量管理条例》规定的体现,也是符合标准化法的规定。

1.0.4 随着我国经济发展和技术进步加快,经济、技术管理趋向国际化,与规范相关的法律、法规、技术标准和管理标准,必然会更迭或修正,要有动态观点,密切注意变化,才能正确执行本规范。

2 基本规定

2.1 一般规定

2.1.1 本条结合电气专业特点,在符合现行国家标准《建筑工程施工质量验收统一标准》GB 50300第2.0.1条对施工现场应有的质量管理体系、制度和遵循的施工技术标准及其检查内容规定的前提下,对特殊工种作业人员和安装、调试用的精密计量器具作了补充规定。

2.1.2 施工组织设计和施工方案的编制和实施对控制工程进度、质量、安全、成本起着重要作用。施工单位技术人员应预先熟悉图纸,提前发现和解决问题。技术交底包括工程施工任务的具体内容和安排,以及有关施工工艺、方法、质量、安全、工程程序和要求。

2.1.3 本条是对冶金电气工程高、低压的定义。与《建筑电气工程施工质量验收规范》GB 50303及国际标准是相同的。

2.1.4 这些仪表的信号准确与否,关系到正确判断电气设备的运行状态以及预期的功能和安全要求。

2.1.5 冶金电气设备在投入运行前必须做交接试验,试验按现行国家标准《电气装置安装工程电气设备交接试验标准》GB 50150执行。

2.1.6 合格证表示制造商已做有关试验符合标准,可以出厂进入市场,同时也表明制造商对产品质量的承诺和负有相关质量法律责任。随着技术进步和创新,新的电气设备、器具、材料必然会被大量推广和应用,为了保证质量,作出此条规定。

2.1.7 施工的依据是经过批准的设计文件和已会审的施工图纸。工程施工将设计意图转化为实际,但施工单位无权擅自修改设计图纸。

2.2 主要设备及材料的检验

2.2.1 主要设备、材料进场检验工作,是施工管理的停止点,其工作过程、检验结论要有书面证据,所以要有记录,检验工作应有施工单位和监理单位参加,施工单位为主,监理单位确认。

2.2.2 根据质量体系的ISO 9000族标准的有关规定,设备、材料进入现场后,要进行检验或验证。

2.2.3 新的设备、器具、材料,必然有新的安装技术要求,使用维修保养有特定的规定,为便于作业人员熟悉掌握,作出此条规定。

2.3 冶金电气设备工程安装质量验收的划分

2.3.1 引用现行国家标准《建筑工程施工质量验收统一标准》GB 50300的第4.0.1条。

2.3.2 引用现行国家标准《建筑工程施工质量验收统一标准》GB 50300的第4.0.2条。

2.4 冶金电气设备工程安装质量验收

2.4.1 引用现行国家标准《建筑工程施工质量验收统一标准》GB 50300的第5.0.1条。

2.4.2 引用现行国家标准《建筑工程施工质量验收统一标准》GB 50300的第5.0.2条。

2.4.3 引用现行国家标准《建筑工程施工质量验收统一标准》GB 50300的第5.0.3条。

2.4.4 引用现行国家标准《建筑工程施工质量验收统一标准》GB 50300的第5.0.4条。

2.4.5 引用现行国家标准《建筑工程施工质量验收统一标准》GB 50300的第5.0.5条。

2.4.6 引用现行国家标准《建筑工程施工质量验收统一标准》GB 50300的第5.0.6条。

2.5 冶金电气设备工程安装质量验收程序和组织

2.5.1 引用现行国家标准《建筑工程施工质量验收统一标准》GB 50300的第6.0.1条。

2.5.2 引用现行国家标准《建筑工程施工质量验收统一标准》GB 50300的第6.0.2条。

2.5.3 引用现行国家标准《建筑工程施工质量验收统一标准》GB 50300的第6.0.3条。

2.5.4 引用现行国家标准《建筑工程施工质量验收统一标准》GB 50300的第6.0.4条。

2.5.5 引用现行国家标准《建筑工程施工质量验收统一标准》GB 50300的第6.0.5条。

2.5.6 引用现行国家标准《建筑工程施工质量验收统一标准》GB 50300的第6.0.6条。

2.6 竣工验收资料

2.6.1 对竣工验收资料的要求。

3 高压电器安装

近 10 年来，我国在交流 500kV 高压电器安装和运行方面积累了丰富的经验，国产 500kV 高压电器日趋成熟。为了与现行国家标准《电气装置安装工程高压电器施工及验收规范》GBJ 147 一致，这次编制本规范补充了空气断路器、油断路器、手车式少油断路器、隔离开关、负荷开关及高压熔断器，金属氧化物避雷器，电容器等项目。本规范适用于 3～500kV 六氟化硫组合电器，空气断路器，油断路器，手车式少油断路器，真空断路器，隔离开关、负荷开关及高压熔断器等电气设备的安装。

3.1 主控项目

3.1.1、3.1.2 高压电器的交接试验应符合本规范第 2.1.5 条的规定试验合格。要求壳体固定可靠、接地良好。

3.2 一般项目

3.2.1 六氟化硫组合电器安装的要求：

1 封闭式组合电器内部的导电回路的质量由制造厂保证，为了减少导体接触面的接触电阻，在各元件安装时，要求现场有防尘，防潮措施，空气相对湿度小于 80%；组装时应按制造厂的编号的规定顺序进行；应检查导电回路的各接触面，当不符合要求时，应与制造厂联系，采取必要的措施。为了使各密封部位的连接法兰紧固时受力均匀，规定所有部位的螺栓紧固使用力矩扳手。

2 六氟化硫组合电器的密封是否良好，是考核其可靠性的主要指标之一，使用的密封材料必须符合产品的技术规定。六氟化硫气体质量、纯度必须符合产品的技术规定。影响六氟化硫断路器灭弧性能的因素之一是六氟化硫气体的水分含量，在现场组装时，注意设备的密封工艺或采用吸附剂吸收水分。

3 插入式触头的接触紧密，是设备安全运行的保证，因此插入式触头插入深度压力应符合制造厂要求。

4 操动机构分、合闸及其指示、切换开关动作及联锁、压力信号指示均必须正确可靠。

5 六氟化硫断路器的密封是否良好，是考核可靠性的重要指标之一，为了防止水分渗入到内部，故强调了组装用的密封材料必须符合产品的技术规定。

6 应保证观感质量。

7 密封式组合电器每一间隔均由若干气室组成，并固定在同一支持钢架上，支持钢架坐落在基础或预埋槽钢上，因此基础及预埋槽钢的水平误差值是保证封闭式组合电器各元件组装质量的基本条件，各制造厂对其误差值均有明确规定。经验证明，只有保证基础及预埋槽钢的水平度才能使组装就位工作质量有可靠保证。

产品的技术文件中明确指出：制造厂已组装好的各元件和部件，在现场安装时，不得拆卸，若必须拆卸时，应事先取得制造厂同意，或由制造厂派人指导，方可进行。

3.2.2 3～500kV 空气断路器安装要求：

新装空气断路器应对各部件解体检查，哪些部件应做整体检查，哪些部件仅做部分检查，应视产品结构及工艺质量情况而定。阀门则须逐个整体分解，而某些组合部件应根据部件的重要性和制造工艺精度具体确定，一般灭弧室组合件在发运前工厂已调试好，为不影响部件的动作特性，如无特殊情况，可不予拆卸。

1 绝缘拉杆出厂时与本体分解包装，因此在安装前强调了应对其进行检查，以往曾发生过因绝缘杆问题，空气断路器在运行中发生过事故，后果极为严重，因此在条文中补充了弯曲度不超过产品技术规定，以保证安装质量。

瓷套有隐伤、法兰结合面不平整或不严密，会引起严重漏气，甚至瓷套爆炸，发现外观检查有疑问时，应做探伤试验。

空气通气孔关系到空气断路器的时间特性，检查时必须予以重视。喷口的作用：一方面排除电弧形成的大量游离状态的热空气，同时将电弧引长至喷口，借助于强大的冷空气加速电弧的熄灭。因此，喷口的缺口与触头的相对位置必须安装正确。灭弧触指弹簧往往制造厂未提供其压力值，故只要求灭弧触指弹簧应完整。

2 三相联动的空气断路器在制造厂组装时，瓷套法兰的水平度已经确定好并做了记号，在现场组装时应注意不要混装，对基础和支架操平找正，使其相间瓷套法兰面宜在同一水平面上。并对基础中心距离及标高、预埋件、预埋螺栓的安装提出了要求。

3 因空气断路器的阀门很多，而各阀门又有不同的功能，实际情况这方面的问题很多，故要求调整时，阀门系统功能应良好。

4 灭弧室外接端子连接用软导线应完好无损。

5 阀门的滑动密封用的"O"型橡皮密封圈较细，动力过程易引起扭曲变形，造成阀门在运行中漏气，安装时应注意。橡胶密封圈的压缩量，各个制造厂的规定不尽相同，故规定不宜超过其厚度的 1/3。或按产品的技术规定执行，并规定不应有变形，开裂或老化龟裂。

6 分、合闸及自动重合闸的最低动作气压的调整包括零气压闭锁；制造厂的产品使用说明书明确规定；在进行分、合闸及自动重合闸试验时，以一次气压降（表压）的变化值来进行调整，分、合闸及自动重合闸的气压降，过去曾发生过由于操作分、合闸的空气管路堵塞,而造成事故。应吸取这些教训,以引起调试时的注意。因空气断路器的阀门很多,而各阀门又有不同的功能,实际运行中这方面问题很多,故在调整工作时必须使阀门系统的功能达到要求。

KW4空气断路器曾在运行中多次出现重合闸循环中灭弧室烧损事故,经分析主要原因是:辅助开关接点动作时间与空气断路器重合闸过程不配合,前者动作较快;继电器保护出口误动作,即在空气断路器重合闸过程未结束前,分闸电脉冲经辅助开关接点已经接通,结果是断路排气阀活塞上方残留气体来不及排除,而分闸命令已使断路器重新分闸,致使主触头再次分离而喷口无法排气(因排气阀活塞打不开),造成电弧无法熄灭。灭弧室严重烧损,为此必须重视辅助开关的调试工作。

按产品的技术规定,充气时应分段增加压力,并在各规定气压下进行密封试验,确认机构动作正常后,再增高最高工作气压,配气管以1.25倍额定气压进行密封检查,做漏气量检查时,要求在24h内进行。

3.2.3 油断路器的组装要求:

1 油断路器动作时,水平动负荷最高可达6t,因此固定必须牢靠;底座或支架与基础的垫片的厚度与基础水平误差相配合,规定其总厚度应不大于10mm。

2 连杆与机构工作缸的活塞杆是否在同一中心线上,这是影响断路器动作特性的因素之一,施工安装时应予以重视。

3 110kV及以上的少油断路器,出厂前经组装并编号,出厂时将支持瓷套、拉杆、灭弧室等部件拆开运输。为此现场必须按制造厂编号进行组装,不得混装,以确保断路器动作特性。如SW6-220断路器,其B相高压油管与A、C相的油管长短不一,不得互换否则影响油压,以致相间接触的不同时性和分、合闸速度均无法达到要求。

对油断路器保留了做解体检查的规定。多年来,在进行油断路器灭弧室的解体检查时,确实发现了不少问题,如杂物、缺件等。虽然各制造厂间尚有差距,要达到不解体检查尚需一段时间,所以保留灭弧室的检查仍是必要的。主要内容是检查缺件、触头情况,并清洗部件。虽然有的制造厂生产的10kV少油断路器不经解体检查投入运行也未发生问题,考虑到总的具体情况,经研究认为:制造厂规定不做解体且有具体保证的,10kV少油断路器可进行抽查。

4 要求施工时调整好触头,在分、合闸过程中无卡阻现象,合闸接触紧密。根据以往发生的事故情况,辅助开关接点动作时间与断路器重合闸过程不配合,前者动作较快,继电器保护出口误动作,即断路器重合闸过程未结束前,分闸电脉冲经辅助开关接点已经接通,为此必须重视辅助开关的调试工作。

5 在合闸时触头的接触检查,原规范规定用塞尺检查,这种检查方法不可靠,故将塞尺检查的规定取消,主要是通过通电测试来确定导电回路的电阻。其电阻值制造厂都有规定,而以通电测试作为检查的手段。

弹簧或油缓冲器是断路器操作时起缓冲作用的重要部件,跳闸时的冲力高达几吨,因此安装时,油缓冲器内应注以干净的油,油的规格及注入油位应符合产品的技术规定。

多油断路器内部需要干燥时,应将其处于合闸状态,并将拉杆的防松螺帽拧紧,以防止拉杆变形或脱落;从安全的角度考虑,干燥时最高温度应控制在85℃以下,但任何情况下绝缘材料不得有局部过热现象。

3.2.4 手车式少油断路器的安装要求:安装调试时,其中分、合闸速度等的调整,已列入现行国家标准,应按国家标准执行。安装完毕后,油断路器应先进行慢分、合闸操作,以便检查其动作是否正常,安装是否正确,如一开始就进行快速分、合闸操作,则可能发生意外,损伤设备。为了便于运行、维护、检修,要求手车应能灵活轻便地推入或拉出,同型产品应具有互换性。

油断路器安装结束后注油前,有一项重要的检查,就是压油活塞尾部螺钉必须拧紧,否则在开断、短路故障时,将可能引起由于喷油而爆炸的事故。

3.2.5 真空断路器安装要求:真空断路器的安装与调整,包括对触头开距、超行程、合闸时外触头弹簧高度及油缓冲器调试、手动慢合闸操作等。灭弧室的真空度,目前采用电器耐压的间接测定方法,即断口间的工频电压耐压1min;有的灭弧室制造厂则用磁控真空计来测定,厂控标准为5×10^{-5} torr。

关于并联电阻,电容值,针对过电压及断口重燃现象,有的真空断路器采用RC阻容吸收装置保护,其中还包括有避雷器等辅助设备,其并联电阻值应符合产品的技术规定。

真空断路器的使用目前已在国内相当普遍,主要是在冶金,石油,化工,铁道等部门,尤其是10kV户内真空断路器选用的最多。

各开关厂也先后生产出35kV户内真空断路器,而且在一些部门投入运行。根据目前情况将适用范围规定为3~35kV。

验收检查项目与其他类型断路器基本类似,对灭弧室、绝缘部件应为重点。在导电回路中应对导电杆、可挠铜片、接线端子重点检查,可挠铜片有损坏时应采取措施。

3.2.6 隔离开关、负荷开关及高压熔断器安装一般要求:

1 隔离开关的安装:

1) 隔离开关应有防误操作的闭锁装置,不论是电器、电磁或机械闭锁装置均应操作灵活，正确可靠；安装在户外的闭锁装置应有防潮措施，以免影响电器回路的绝缘。

  2) 当使用拉杆式操动机构时，因手动操作合闸时往往用力过大或过小，故应注意调整定位装置与备用行程。

  3) 三相联动的隔离开关触头接触时的不同期值应符合产品的技术规定。应检查绝缘子是否有损坏，以往发现有的隔离开关底座由于装配过紧和轴承缺少润滑脂而造成转动不灵，因此应对转动部分进行检查。

 2 传动装置和操动机构的安装要求：

  1) 拉杆的内径与操动机构在安装时，应注意隔离开关，负荷开关在合闸时机构柄应处在正确的操作位置上。

  2) 据运行单位反映，在隔离开关触头表面涂以电力复合脂后，因转动会在触头表面产生堆积，而电力复合脂具有导电性能，曾发生过放电烧损事故。因此隔离开关的触头表面应涂以薄层中性凡士林。

  3) 隔离开关及负荷开关的辅助开关应调整合适，以确保开关操作时动作可靠。

 3 对负荷开关的安装要求。

 4 高压熔断器在安装时，应注意检查熔管、熔丝的质量及规格是否符合要求，并应按规定进行安装。

4 电力变压器安装

在原冶金电气设备安装工程施工及验收规范编制时，为了不与国家标准重复，没有编入电力变压器安装部分，造成工程中使用的标准不一致。这次编写冶金电气安装工程质量验收规范时，增编了电力变压器部分的内容。

国家标准《电气装置安装工程电力变压器、油浸电抗器、互感器施工及验收规范》条文说明第1.0.2条："到1998年底，我国已有交流500kV输电线路4000多公里，500kV变压站和升压站20多座，并已有10多年的建设和运行经验，500kV设备的安装技术较为成熟，已具备条件列入规范。故本规范的适用范围明确为适用于电压500kV及以下，频率为50Hz的电力变压器安装工程的施工质量的验收"。

本条所指特殊用途的电力变压器是指各工矿企业中有特殊使用要求或安装于特殊环境的设备，如整流变压器、电炉变压器、矿用变压器、调压器、大电流变压器等，对此类特殊用途的设备的安装除按本规范规定外，尚应符合制造厂及专业部门的有关规定。国产变压器以容量8000kV·A及以上划为大型变压器。

4.1 主控项目

4.1.1 变压器的中性点接地连线是否正确应根据设计给定的低压配电系统的要求进行。

4.1.2 变压器的并联运行，应满足并联运行条件的规定。在试运前应进行调试，再投入并联运行。

4.1.3 变压器安装完后，应按现行国家标准要求进行交接试验，交接试验合格后，才能交工验收。

4.2 一般项目

4.2.1 器身检查的条件：关于变压器到达现场后的器身检查，有各种不同意见和执行情况。

 1 在以往变压器器身检查中，曾发生紧固件松动，铁芯多点接地，油箱内遗留杂物，内部不干净以及在运输中受潮、剧烈冲击造成器身移位，绝缘板断裂，更为严重的有散架的情况，所以有些单位要求器身检查。

 2 有些单位认为施工现场进行器身检查是重复劳动，经过一次器身检查，增加一次受潮的机会，反而不利。从以往器身检查的结果来看，一般也未发现大问题，从国外引进的变压器都不进行检查。华北、东北地区均有实践经验，即就地生产仅做短途运输的变压器可不进行检查。

考虑了上述不同意见，认为现场不进行器身检查的安装方法是个方向，并促使制造厂保证制造质量。但就目前制造工艺的情况，仍应持慎重态度，以保证安全，故仍规定应进行器身的检查，但根据以往实践，也明确了可不进行器身检查的条件。

4.2.2 本体就位：

 1 是对装有气体继电器的变压器的要求。当变压器内部发生故障时，为了气体能顺利地进入气体继电器，确保气体继电器动作，故规定应使其顶盖沿气体继电器方向有1‰～1.5‰的升高坡度，此坡度是按前苏联标准规定，我国已采用多年。

4.2.3 主要附件安装：

 1 安装前应确保气体继电器，温度信号计经校验合格。

 2 调压切换器的安装：切换开关油箱中的变压器油，对其绝缘强度的要求，各制造厂有不同的规定，条文规定应符合产品的技术要求。切换开关油箱漏油影响本体油箱内绝缘油的性能。故要求安装时其油箱应做密封试验，其试验压力值应由制造厂提供。

 3 冷却装置的安装：冷却装置安装前应按制造厂规定的压力值进行密封试验。

 4 储油柜的安装：关于胶囊的漏气检查，其检漏压力目前尚无统一标准，胶囊的检漏很有必要。某厂曾发生过胶囊破裂情况，胶囊破裂后即失去应有的作用。检漏充气时务必缓慢，个别单位因充气过急而发生胶囊破裂情况。胶囊安装时，应沿其长度方向与储油柜的长轴保持平行，否则运行时可能在胶囊口密封处附近产生扭转或皱皮而使之损坏。油位表很容易出现假油位现象，应特别引起注意。

4.2.4 注油的方法和具体操作应按制造厂的产品技术文件的要求进行。要准确的规定注油后的静止时间是十分困难的。首先要知道气泡残留在什么部位，气泡周围的境膜厚度，以便确定气泡的溶解速度。实际上各国都是根据各制造厂多年的生产经验确定标准。

我们参照日本标准，结合我国已安装的500kV变压器的经验，在规范中作出规定。变压器注油静止后，油箱内残留气体以及绝缘油中的气泡不能立即全部逸出，往往逐渐集于各附件的高处，所以须进行多次放气，并应启动潜油泵以便加速将冷却装置中残留的空气驱出。

4.2.5 整体密封检查：密封检查主要是考核油箱及附件渗油情况，故规定"应在储油柜上用气压或油压进行整体密封试验"。据了解，现在现场做密封检查时基本上都是在储油柜上进行。

近年来制造厂的密封结构都采用压力释放装置，其动作压力为0.05MPa，做密封试验时，不应超过释放装置的动作压力。

在《三相油浸式变压器技术参数和要求》GB 6451.1中规定"变压器油箱及储油柜应承受0.5标准大气压的密封试验"，故压力应从箱盖算起，若在储油柜加压，应减去油面到油箱顶盖的油压，才是真正做试验的压力。

本条规定了"对整体运输的变压器可不进行此项试验"。

4.2.6 变压器试运行：变压器第一次全电压带电，必须对各部位进行检查，如声音是否正常、各连接处有无放电等异常情况，故规定第一次受电后持续时间应不少于10min。主要考验冲击合闸时变压器产生的励磁涌流对继电器保护的影响。

5 互感器、电抗器、避雷器、电容器安装

5.1 主控项目

5.1.1 交接试验应符合本规范第2.1.5条的规定，试验合格。
5.1.2 强调了电抗器底层所有支持绝缘子的接地，不应成闭合磁路，以防产生涡流。
5.1.3 避雷器的底座应接地，附放电记录器的避雷器底座应与基础绝缘，其放电记录器应接地。
5.1.4 安全运行的规定。

5.2 一般项目

5.2.1 油浸式互感器的安装：

由于互感器的型式、规格不同，布置也不全相同，但对于油浸式互感器，其安装面应水平，对于同一种型式、同一种电压等级的互感器，并列安装时，要求在同一水平面上。极性方向应一致。

隔膜式储油柜的隔膜应完好，瓷套式互感器多数利用瓷套帽中的耐油隔膜与外界空气隔绝，隔膜随温度的变化而伸缩。在安装前需拆开顶盖检查油膜是否破坏。以往发现互感器顶盖渗水情况较多，若隔膜破裂，水将直接进入油箱内。互感器进水往往是由于顶盖螺栓未拧紧或隔膜安放位置不妥所致，故须予以检查。现在有的制造厂，在产品出厂时将其封好，不允许打开，安装时应注意保持铅封完好，不要打开检查以免损坏。

220kV及以上电容式电压互感器及330kV以上电流互感器，其顶部大都装有均压环，使电压分部均匀，其安装方向有规定，须予以注意。有的互感器具有保护间隙，安装时应按产品技术要求将保护间隙距离调整合适，否则保护间隙起不了应有的作用。

油浸式互感器，可不进行检查，从以往的经验来看，不检查也未发生问题。现场条件差，吊芯检查反而对绝缘不利，密封也不易达到要求。

5.2.2 干式互感器的安装：

大型机组采用母线贯穿式互感器较多，对其安装要求作了规定。对各种不同型式的互感器应接地之处都作了规定。对电容式电压互感，制造厂根据不同的情况有些特殊规定，故应按制造厂的规定进行接地。

110kV以上的电流互感器，采用电容型结构，即在一次线圈绝缘中放置一定数量的同心圆型电容屏，其最内层电容屏与芯线连接，而最外层电容屏，制造厂往往通过绝缘小套管引出，所以安装后应予以可靠接地，避免在带电后，外屏有较高的悬浮电位而放电，以往曾发生过最外层电容屏未接地而带电后放电的情况。

电容式电压互感器，制造厂出厂时均已成套调试好后编号发运，现场施工时曾发生过非同一套组件混装，故安装时须仔细核对成套设备的编号，按套组装不得装错。各组件联接处的接触面，除去氧化层之后，应涂以电力复合脂。

5.2.3 零序电流互感器的安装：

母线型零序电流互感器安装距离钢架或铁丝网的安全距离、电缆式零序电流互感器距其他母线及大电流导体的距离，一般设计已给定，本条规定的距离与设计有矛盾时应按设计施工。

5.2.4 电抗器安装的一般要求：

适用于3～35kV电压等级中使用的混凝土电抗器、干式电抗器、主线圈的安装。

设备到达现场后，应及时进行检查，以便发现设备可能存在的缺陷和问题，并加以及时处理。混凝土支柱表面有轻微裂纹可予以填补，表面漆层如有脱落，只要用防潮绝缘漆修补好，并不影响其使用；混

凝土电抗器的线圈绝缘有损伤时，可用黑玻璃丝、漆布带等半叠一层包扎处理，干式电抗器线圈绝缘受损及导体裸露时，应按制造厂的技术规定，使用与原绝缘材料相同的绝缘材料进行局部处理。为了减少故障时垂直安装的电抗器相间支持瓷座的拉伸力，电抗器安装组合时应按本条规定配置。混凝土电抗器垂直安装时，三相中心线应在同一垂直线上，避免歪斜。

为了使支柱绝缘子受力均匀，安装时应注意设备的重心处于所有支柱绝缘子的几何中心处。为了缓冲短路时电抗器之间所受到的冲击，上下重叠安装的电抗器，应在其绝缘子顶帽上放置绝缘垫圈。户内安装时，垫圈可为绝缘纸板或橡胶垫片；户外安装时，应用橡胶垫片，因为绝缘纸板垫片受潮或雨淋后将失去作用。

当工作电流大于 1500A 时，为避免对周围铁构件因涡流引起发热，故其连接螺栓应采用非磁性金属材质。

电抗器间隔内，所有磁性材料的部件，均应可靠固定。为防短路时电动力的影响而作此规定。

5.2.5 避雷器安装的要求：

根据国内实际情况，将适用范围规定为 500kV 及以下，并包括金属氧化物避雷器。按现行国家标准《电工名词术语 避雷器》GB 2900 将"管型避雷器"改称为"排气式避雷器。"

1 目前磁吹阀式避雷器及金属氧化物避雷器制造厂水平尚达不到同相各节互相换装的条件，产品出厂前均经配装试验合格，若现场安装时互换，将使特性改变，故应严格按照制造厂编号组装。

2 为了减少各连接处的金属表面的接触电阻，其接触面应清洁干净，除去氧化膜和油漆，涂一层电力复合脂。因为电力复合脂与中性凡士林相比较，具有滴点高（200℃以上）、不流淌、耐潮湿、抗氧化、理化性能稳定、能长期稳定地保持低接触电阻等优点，故规定采用电力复合脂取代中性凡士林。避雷器引线横向拉力过大会损坏避雷器，为此要求其拉力不超过产品的技术规定。

3 阀式避雷器垂直安装时的中心线与避雷器安装中心线的垂直偏差的允许值，不同型号、不同厂家的产品略有不同，故应按制造厂家的要求进行调整，使之符合制造厂的规定。

4 拉紧绝缘子串既要紧固，又要求各串受力均匀，以免受到额外应力。

5 金属氧化物避雷器的排气方向应避开可能由于排气时造成电气设备相间短路和接地事故的发生。

6 普通排气式避雷器或无续流避雷器，其间隙均经制造厂调好，不允许拆除芯棒进行调节，以免影响灭弧性能。普通排气式避雷器喷口处灭弧管的内径尺寸与灭弧性能有关，因此安装前必须检查其内径是否符合有关要求。

7 接闪器宜水平安装，这样可避免雨滴造成短路，其间隙轴线与避雷器管体轴线的夹角不应大于 45°，以免引起管壁的外闪。为了防止外界杂物短接，制造厂把隔离间隙置于套管内，出厂时已将其调整好，安装时只需核对其尺寸是否符合规定即可。

5.2.6 电容器安装的一般要求：

1 三相电容量的差值，其最大与最小的差值不应超过三相平均值电容值的 5%，静止补偿电容器三相平均电容值及误差值，应能满足继电保护的要求。

2 便于维护与安全运行。

3 电容器端子的连接线，设计有规定时应按设计要求，若设计未作规定时，考虑到硬母线将会由于温度的变化而胀缩，使端子套管受力造成漏油，宜采用软导线连接。

4 两节或多节耦合电容器叠装时，制造厂均已选配好。其最大与最小电容值之差不超过其额定值的 5%，所以安装时应按制造厂的编号安装。

耦合电容器顶盖螺栓松动或接线端子受力过大，均将造成电容器进水而引起损坏或发生运行事故。

6 旋转电机安装

6.1 主控项目

6.1.1 电机的交接试验依据现行国家标准《电气装置安装工程电气设备交接试验标准》GB 50150 的规定。

6.1.2 电机接线端子与导线端子必须接触良好，以保证接触质量，在电机接线盒内，裸露的不同相导线和导线对地间最小允许净距必须符合本规范的规定，防止爬电现象产生。

6.1.3 为了防止轴电流产生，以保护滑动轴承。

6.2 一般项目

6.2.1 本条提出了在旋转电机安装前对建筑工程的一些具体要求，为安装工作的顺利进行创造条件，对保证安装质量和设备安全也很重要。

6.2.2 本条为电机安装过程中应达到的要求。

6.2.3 本条对电机解体检查的内容作了常规检查要求。

6.2.4 除无特殊要求外，本条为电机安装完毕应达到的要求。

6.2.5 应确保联轴器安装位置准确。

6.2.6 应保证电机气隙均匀，以免影响电机的电气性能。不均匀度 =（气隙的最大值－气隙的最小值）/气隙的平均值。如果设计有特殊要求时除外，日本的电机其不均匀度为不大于 20%。

6.2.7 滑动轴承与轴颈的配合要良好，以增加滑动轴承的使用寿命；现在电机的滑动轴承多为高压油顶起加辅助供油，滑动轴承在制造厂已经加工合格，现场不需要再次刮研。

6.2.8 小型电机盘车检查其转动是否灵活，有无刮卡现象。

6.2.9 油温过高将影响滑动轴承的巴氏合金的寿命，温度过低润滑不好。

6.2.10 电刷调整不好，将产生火花，影响电刷和滑环的使用寿命。

6.2.13 二次灌浆的好坏，对电机振动有影响。

7 配电盘、成套柜安装

7.1 主控项目

7.1.1 装有电器的可开启的盘、柜门，若无软导线与盘、柜的框架连接接地，当门上的电器绝缘损坏时，将使盘、柜门上带有危险的电位，危及运行人员人身安全。裸铜软线要有足够的机械强度，强调用裸铜软线以免断线时不易被发现。

7.1.2 有些电子器件盘、柜，为保证盘、柜外壳的电位不受接地网电位的影响，需要绝缘安装，特提出本条要求。

7.1.3 强调柜、盘内部的各种电气器件在安装完成后，投入运行前必须依据现行国家标准《电气装置安装工程电气设备交接试验标准》GB 50150 及相关规定进行试验，并且填写试验记录。

7.2 一般项目

7.2.1 为保证盘、柜安装的整齐，制定本条规定。基础型钢不平直和位置产生误差较大，会给设备安装带来麻烦，而且影响观感质量。按照主电室、控制室管理习惯，盘、柜前一般都铺一块橡胶板，型钢顶部高出地面 10mm 是出于铺垫橡胶板后不影响柜门开启和手车推入而要求的。

7.2.2 本条规定主要是从宏观整齐和连接牢固的角度提出的。

7.2.3 本条规定是为保证电缆与电器开关及母线的连接紧密可靠提出的。本规范第 12 章详细规定了电缆及设备与母线连接的要求（目前电气开关出现容量大、体积小的趋势，有一定比例的动力电缆接线端子大于开关的接线槽，处理上述情况多数采用过渡连接板或对接线端子进行打磨的办法）。强调按设计要求采取防震措施。因为设计部门掌握盘、柜安装地点的震动情况。据此提出不同的防振措施。一般在工厂的桥式吊车上安装的盘、柜均应采用防振措施，常用垫橡皮垫，防振弹簧等方法。另外，主控制盘继电保护盘、自动装置盘等在技术改造、扩建时有移动搬迁的可能，若将盘、柜焊死，移动、搬迁将造成困难。

7.2.5 本条规定产品制造时要确保达到，也是安装后必须检查的项目。动触头中心线一致，使通电可靠，接地触头的先入后出是保证安全的必要措施。

7.2.6 高压瓷件和低压绝缘部件的完好是电气设备的必要条件，但其在运输、安装过程中，容易受损，故提出本条要求。

7.2.7 本条是对柜、盘内所有二次回路接线的要求。

7.2.8 本条要求是为了保证观感质量提出的。

7.2.9 本条是对端子箱、操作箱的安装要求。

8 蓄电池安装

原《冶金电气设备安装工程施工及验收规范》没有蓄电池安装项目，这次编制质量验收规范时，根据现行国家标准《电气装置安装工程蓄电池施工及验收规范》GB 50172 和《冶金电气设备安装工程质量检验评定标准》YB 9239 增编了蓄电池安装内容。

原国家标准中固定型开口式及防酸隔爆式铅酸蓄电池，因为固定型开口式铅酸蓄电池固有的缺点，现在在工程建设中已不采用，而且国内大、中型蓄电池厂家也不再生产此品种，因此将有关固定型开口式蓄电池的相关内容在规范中全部删去。增编了固定型防酸式，固定型密闭式铅酸蓄电池的内容。

近年来，碱性蓄电池，主要是镉镍碱性蓄电池，由于其一系列优越性，在电气装置中作为直流电源得到了广泛的运用，在通讯、信号、操作、不间断电源系统中也得到了较普遍的运用，尤其是高倍率镉镍碱性蓄电池作为断路器操作电源，已在许多变电站中较多地被采用。为此需要制定有关镉镍碱性蓄电池的施工及验收标准，以利于提高工程安装质量。故此次修订时，增加了镉镍碱性蓄电池的相关内容，以适应发展的需要。

由于镉镍碱性蓄电池到目前为止，还没有正式的国家标准，有关的工程设计标准规范正在制定过程中，而运行经验也还没有很完善的总结，故在这次补充增加的有关镉镍碱性蓄电池的相关内容，其主要依据是国内几个主要的镉镍碱性蓄电池生产厂家所提供的产品使用说明书和有关设计，施工安装和运行单位提供的资料，有的条文不够完善，将来待产品的国家标准及相关的设计，运行维护技术标准规范正式颁布后，在不断总结基础上再补充，逐步完善。

蓄电池用的电解液，是具有很强腐蚀灼伤性的液体，蓄电池在充放电过程中都要放出氢气和氧气。空气中的氢气含量达到 2% 时，一遇火花极易引起爆炸。故蓄电池的安装，配液及充放电时，都应严格按照现行国家标准《电气装置安装工程爆炸和火灾危险场所电气装置施工及验收规范》及"劳动保护条例"等有关的安全技术标准规范的规定，做好安全技术措施，确保设备和人身安全。

蓄电池室及其附属小间的建筑工程，包括平台、基架、在地震区的防震措施、地面处理，上、下水道，室内装饰，门窗及玻璃、采暖、通风、消防、照明灯具、开关等设施在蓄电池安装前，均应按设计要求施工完毕并经过验收合格。

蓄电池安装时，应根据蓄电池使用维护说明书的规定施工。

9 低压电器安装

在编写原《冶金电气设备安装工程施工及验收规范》YBJ 217时，对低压电器没有规定，依照现行国家标准《电气装置安装工程施工及验收规范》GBJ 232中有关低压电器的规定执行；在编制施工质量验收规范时，结合现行国家标准《电气装置安装工程低压电器施工及验收规范》GB 50254及《冶金电气设备安装工程质量检验评定标准》YB 9239编入了低压断路器、直流快速断路器、低压隔离开关、刀开关、转换开关、熔断器组合电器及电阻器等低压电器。因为低压接触器及电动机启动器、接触器、继电器及熔断器等低压电器，设计时已在电气盘、箱、柜的安装中予以考虑，此次没有编入。

9.1 主控项目

9.1.1 测量绝缘电阻所用兆欧表的电压等级及所测量的绝缘电阻值，应符合现行国家标准《电气装置安装工程电气设备交接试验标准》GB 50150的有关规定。

9.1.2 大容量电器的引出线端头往往与母线连接，此时由于母线的宽度较大，而电器的结构尺寸又限制了接线端子间的距离。为了保证母线相间的安全距离，根据国家现行标准《一般工业用低压电器间隙和漏电距离》JB 911中的有关规定，施工时可将母线弯成侧弯，或截去一角等方法来达到最小净距的要求。

9.2 一般项目

9.2.1 低压断路器的安装要求：

1 强调按技术文件施工。

2 低压断路器多为垂直安装，但近年来由于低压断路器性能的改善，在一些场合有水平安装的，如直流快速断路器等。熔断器安装在电源侧主要是为了检修方便，当断路器检修时不必将母线停电，只需将熔断器拔掉即可。

3 低压断路器操作机构的功能和操作速度直接与触头的闭合速度有关，脱扣装置也比较复杂，操作机构的安装调整加以重视。

4 提出抽屉式断路器安装调试定位的重要性。

5 是对有半导体脱扣装置的低压断路器的安装要求。

9.2.2 直流快速断路器的安装要求：安装直流断路器除执行上面有关条文外，还应符合下列特殊要求：

1 直流断路器较重，吸合时动作力较大，故需采取防振措施，根据调查了解认为对基础槽钢采取防振措施是可行的。

2 直流快速断路器在整流装置中作为短路、过载和过流保护用的场合较多，为了安全的需要，根据产品技术说明书及现行国家标准《电气装置安装工程低压电器施工及验收规范》GB 50254的规定，规定了对距离的要求。

3 直流快速断弧焰喷射范围大，为此本条规定在断路器上方应有安全隔离措施，在灭弧室上方应留有不小于1000mm的空间；当不能满足要求时，在开关电流3000A以下断路器的灭弧室上方200mm处应加装隔离板；在开关电流3000A以上断路器的灭弧室上方500mm处应加装隔离板。

4 有极性的直流快速断路器，据施工单位反映容易接错线，造成断路器误动作或拒绝动作，为此特提出此款，以引起注意。

9.2.3 低压隔离开关、刀开关、转换开关及熔断器组合电器的安装：

1 刀开关在水平安装时断弧能力差，本条文规定的内容是根据产品技术文件提出的。

2、3 大电流开关，由于操作力大，触头和刀片的磨损也大，为此一些产品技术文件要求适当加些电力复合脂或中性凡士林，以延长使用寿命。

4 强调安装后对此种负荷开关所带熔断器及灭弧栅的检查，以确保开关可靠灭弧。

9.2.4 强调了电阻值的误差应符合产品技术文件的规定。

10 起重机电气设备安装

10.1 主控项目

10.1.1 本条文重点考虑人力、设备在通电运行中确保安全，保证各接地系统连接可靠，且标识明显。采用带标识的单芯多股塑料电缆是考虑标准化、规范化。

10.1.2 本条规定主要是为了保证人身安全。

10.2 一般项目

10.2.1 起重机配电屏、柜安装及二次回路接线见现行国家标准 GB 50171 条文说明。考虑起重机车体运行振动，配电屏、柜固定螺栓要加装弹簧垫圈的防松装置。户外起重机配电屏、柜的防雨装置必须保证雨天配电屏、柜内不受潮，起重机雨天正常运转。起重机行程限位开关动作后停止位置是保证机械设备运行安全而确定的，尤其在钢（铁）水跨的起重机，为防止两台起重机相撞引起钢（铁）水包钢（铁）水溢溅采用的防撞装置限定停车最小距离。电阻器安装要求是考虑电阻器本身强度及检修维护方便。

10.2.2 起重机配线主要考虑移动设备振动，为防止电缆、电线在管口、出线口或孔洞处振动磨擦，加装专用护口套或加橡胶板等保护措施。保证起重机运行时线路可靠，起重机上电缆、电线的选择及敷设弯曲半径均按移动设备而考虑。

10.2.3 起重机保护装置是保证设备、人身安全的重要措施。照明装置是考虑检修和处理故障时保证照明正常使用，照明回路不允许利用电线管或起重机本体的接地线作零线，以避免人身触电事故发生。

10.2.4 依据现行国家标准《起重设备安装工程施工及验收规范》GB 50278 第 10.0.5 条规定编制的。

10.2.5 依据现行国家标准《起重设备安装工程施工及验收规范》GB 50278 第 10.0.6 条规定编制的。

10.2.6 主要考虑焦炉推焦车、拦焦车摘挂炉门限位联锁动作及推焦车、拦焦车、熄焦车对中装置联锁动作可靠，运行安全。

11 滑触线和移动式软电缆安装

11.1 主控项目

11.1.1 滑触线和移动式软电缆安装完毕后，与其他电气设备、器具一样，要做电气交接试验，设计给出绝缘阻值时要满足绝缘阻值。设计没给出绝缘阻值时，绝缘电阻值必须大于 $1M\Omega/kV$，方能通电运行。

11.2 一般项目

11.2.1 滑触线的支架在钢结构轨道梁上安装时，支架应焊接在轨道梁的筋板上，绝不允许焊在轨道梁腹板上，如果轨道梁筋板的间距过大时，可采取在两梁板间加焊型钢支架。

11.2.2 滑触线带电导体与非带电物体或不同相带电导体间净距离尺寸要求，保证这个距离可以防止各种原因引起的过电压而发生空气击穿现象，诱发短路事故等电气故障。

11.2.3 移动式软电缆悬挂装置灵活性和移动软电缆端部固定可靠是影响安全的关键，所以必须注意。

11.2.4 安全式滑触线是制造厂商提供的成型产品，制造厂商提供的安装技术要求文件指明各节连接程序和连接方法及其他说明，所以安装时要注意符合产品技术文件要求。

11.2.5 主要考虑起重机在终端位置时，为保证集电器与滑触线接触可靠及保证型钢滑触线在末端稳定。

11.2.6、11.2.7 考虑建筑物膨胀时滑触线随之膨胀留有的间隙，并保证滑接器在通过伸缩补偿装置时滑触线固定及接触面光滑。滑接器在滑触线连接接头处无卡阻。

11.2.8 避免软电缆在卷筒上受力，影响软电缆使用寿命。

11.2.9 为保证接触器与滑触线接触可靠，不致通电运行后发生滑接器跳动、掉离等现象作此规定。需说明一下，滑接器是吊车制造商的成套产品，各厂商接触器结构不尽相同，安装时按各产品结构进行安装。

12 母线装置安装

冶金工业工程设计选用的母线均为铜、铝矩形母线，本规范仅对矩形母线装置的安装作出规定，所有规定均与现行国家标准《电气装置安装工程母线装置施工及验收规范》GBJ 149 一致。

12.1 主控项目

12.1.1 对高压母线绝缘子和高压穿墙套管的耐压试验至关重要。

12.1.2 为了防止当电气设备绝缘及绝缘子被击穿时，原不带电的金属构件有电压，而危及设备及人身安全。进行接地或接零，但不应作为接地或接零的接续导体。

12.2 一般项目

12.2.1 接头发热最严重的地方往往是母线与设备连接端子处，因此强调了接头处接触面氧化膜是否研磨干净，是母线能否紧密接触和不过热的关键。搭接面的处理是为了防电化腐蚀而作出的规定。应根据本规范表 12.2.1-1 的规定，对不同材质的母线连接接触面采取处理措施，以达到降低接头的接触电阻，减少接头发热。在安装母线接头时，螺栓规格、数量、质量和钻孔尺寸不得任意改动，螺孔间中心距离的误差允许为 $\pm 0.5mm$，为此螺孔的直径宜大于螺栓直径 1mm，螺孔直径若大于螺栓直径 2mm，这样将会减少接触的有效面积，相邻螺栓的垫圈间应有 3mm 以上间隙，是为了避免母线接头紧固螺栓间形成闭合磁路。造成接头连接不良而使接头温升过高。

3 在《冶金电气设备安装施工及验收规范》YBJ 217—89 中采用力矩扳手，而在冶金电气设备安装工程质量检验评定标准采用塞尺检查接头，两者不一致。在现行国家标准《电气装置安装工程母线装置施工及验收规范》GBJ 149 中规定母线的连接螺栓应用力矩扳手紧固，取消了用塞尺检查。此次修改与国际取得一致。拧紧力矩按本规范表 12.2.1-2 的规定。

4 在车间主干线安装时，因高空作业母线搭接施工困难，常采用焊接接头，要求焊条材质和母线材质一致；并强调在焊缝处要加强焊接，焊缝处应有 2～4mm 加强高度；焊口两端侧各凸出 4～7mm。

12.2.2 对母线弯曲的质量要求。

12.2.3 本条对母线绝缘子及支架安装提出了要求。

母线金具紧固螺栓外露不宜过长，以免产生电晕现象，在系统电压愈来愈高的情况下，尤应予以重视。

12.2.4 为了避免弯曲处出现裂纹及显著的折皱，其弯曲半径应尽可能大于规定的弯曲半径值；目前国内已能生产各种规格母线冷弯机，故不得进行热弯。

12.2.5 在相同的接触压力下，采用涂电力复合脂的接头接触电阻较小，经改涂电力复合脂后，接头发热情况有很大好转。电力复合脂其熔点可达180～220℃，在较高温度下不会流淌，电力复合脂中有导电的金属填料，故导电性能好，而且该填料的电位介于铜和铝之间，提高接头的安全运行。螺栓受力均匀，不使电器的接线端子受额外应力。

12.2.6 与有关现行国家标准相协调，室内、外配电装置的安全净距，指带电导体与非带电物体或不同相带电导体间的空间最近距离，这个距离是权威单位根据试验而定的数据，保持这个距离可防止空气击穿，诱发短路事故等电气故障。

12.2.7 保证母线通电后，在负荷电流下，不发生短路和涡流效应，母线可自由伸缩，防止因局部过热膨胀后应力增大而影响母线安全运行。

12.2.8～12.2.11 是为了鉴别相序而作的规定，以方便维护检修和扩建施工和操作人员的安全，因C相的相色漆规定为红色，故将其排列在最易接近的一侧，以引起接近母线人员的警觉。封闭母线的涂漆是与现行的国家标准相一致的。

凡是母线接头处或母线与其他电器有电气连接处，都不应刷漆，以免增大接触电阻，引起连接处过热。

12.2.13 在目前的产品中，封闭母线外壳构造一种是铝合金的，其在运行中外壳有电流通过，安装时不允许伤及母线外壳；另一种是高强度硬塑的，应按施工图订货和供应、生产厂提供安装技术文件，安装时要按产品技术文件进行施工。

13 电缆线路

13.1 主控项目

13.1.1 因电缆从出厂到工地，由于施工单位的运输方法、运输工具、道路及施工条件不同，电缆到工地是经过多次滚动和倒运，若运输和滚动方式不当或电缆盘质量不好，会引起电缆损坏，有此项控制，以保证质量。

13.1.2 本条是为了防止产生涡流效应必须遵守的规定。

13.2 一般项目

13.2.1 若电缆出现这些严重缺陷，一是电缆出厂运输不当，二是施工单位在低于电缆允许敷设最低温度值的情况下，未采取加热措施而敷设电缆，对电缆造成损伤。三是采取机械牵引方法敷设电缆时，必须事先制订好技术措施，根据电缆规格长度、重量、牵引速度和敷设路径计算出牵引力，防止牵引力过大造成电缆损伤，若施工时采取机械牵引敷设电缆，详见现行国家标准《电气装置安装工程电缆线路施工及验收规范》GB 50168的规定。

13.2.2 为了保证电缆的安全运行而规定。

13.2.3 目前在我国钢铁企业厂房内，设计逐渐采用电缆桥架和明管敷设电缆，因此在条文中规定了桥架内电缆最小允许弯曲半径的要求见表13.2.3；电力电缆和控制电缆敷设在桥架或支架上的排列和叠层，目前特别是工业和城市供电系统的电力电缆外径一般均较大，由于高电压和大截面电缆的增多，当电缆从支架上引出或进入电气盘、柜，有时弯曲困难，并难以满足电缆最小允许弯曲半径的要求，允许将高压电缆放在下面，同时电缆的放置也较方便。外国引进工程中也有从下而上的排列顺序。敷设三相的单芯电缆，并联三角形排列、层放排列，应尽量使三相或各并联回路的阻抗相等，因此各相或各回路的所有电缆长度应相等、隔一定距离、三相交替换位等措施施工。

重点强调了对有抗干扰要求的电缆敷设，应按设计要求采取抗干扰措施。目前已达成共识，提到足够重视的程度，尤其对控制、保护、测量、计算机等系统使用的电缆，采取抗干扰措施。在设计时有严格要求，如选用屏蔽电缆，加强接地等，因此敷设电缆时应按设计要求进行以保证施工质量。

13.2.4 桥架内、支架上电缆的固定：

电缆在运行时，由于电流作用而发热，电缆受热而产生膨胀，因此本条规定在电缆敷设后，对电缆要进行固定。电缆敷设条件和路径不同，固定要求各异，以利于电缆的安全运行。所有对固定规定是使电缆固定时受力合理，保证固定可靠，不因受到意外冲击时发生脱位而影响供电。

13.2.5 这条规定和现行国家标准《电气装置安装工程电缆线路施工及验收规范》GB 50168一致。

13.2.6 保留了原规范的内容。

13.2.7 直埋电缆的敷设：

本条文规定了敷设电缆应排列整齐，并联电缆敷设的要求作了规定。在三相四线制系统中，如用三芯电缆加另一根导线代替，当三相系统不平衡时，相当于单芯电缆的运行状态。在金属护套和铠装中，由于电磁感应产生感应电压和感应电流而发热，造成电能损失，对于裸铠装电缆，还会加速金属护套和铠装层的腐蚀。

沿电气化铁路或有电气化铁路通过的桥梁上敷设的电缆，由于电缆两端的金属护层是接地的，故此有地下杂散电流通过，并在其上产生电势；而电缆支架和桥梁构架是直接接地的，其电位与地相同；电缆金属护套的电位和地电位可能不同。因此如果电缆金属护层不与支架或桥梁构架绝缘，就可能发生火花放电现象，烧坏电缆金属护层而发生事故。

在钢铁企业的厂区内，由于杂散电流较大，也存在这样的问题，应引起注意。

并联敷设电缆，敷设前应按设计和实际路径计算电缆的长度，合理安排电缆接头，本条的规定旨在考虑施工现场因工期紧，电缆不全等问题，敷设并联电缆时用不同型号电缆代用，可能造成一根电缆过载而另一根电缆负荷不足，而影响电缆的安全运行。因为绝缘类型不同的电缆，其线芯最高允许运行温度也不同，同材质、同规格而绝缘不同的电缆其允许载流量也不同。

13.2.8 电缆防火与阻燃：

电缆防火与阻燃在原《冶金电气设备安装工程施工及验收规范》YBJ 217—89 中没有规定，这次编制施工质量验收规范时新增加了电缆防火与阻燃的条文，与现行国家标准《电气装置安装工程电缆线路施工及验收规范》GB 50168 取得一致。

自1960年以来仅发电厂发生的电缆火灾事故就达多起，且随着机组容量的增大，电缆增多，电缆火灾事故所造成的直接和间接的经济损失日益严重。化工、冶金等企业的电缆火灾事故也时有发生。因此电缆的防火及阻燃显得越来越重要。

造成电缆火灾事故的原因不外乎外部火灾引燃电缆和电缆本身事故造成电缆着火。因此除保证电缆敷设和电缆附件安装质量外，在施工中应按照设计做好防止外部因素引起电缆着火和电缆着火后防止延燃的措施。

本条这几种措施对电缆的防火及阻燃都很重要，具体工程中采用哪些措施，应按照设计要求进行。

14 露天采矿场线路敷设

14.1 主控项目

露天矿电力装置的安装和通用电力装置安装完全一致，所以露天矿的供电、配电、各电力装置的安装完全按本规范各章节执行。

14.1.1 线路安装完成后，对线路上的所有高压绝缘子进行交流耐压试验，试验合格后，填写耐压试验记录。试验结果必须符合现行国家标准《电气装置安装工程电气设备交接试验标准》GB 50150 的规定。

14.1.2 电缆在敷设完，做完电缆头后，进行耐压试验，试验合格后，填写耐压试验记录。试验的目的，是对出厂试验的复核，以使通电前对供电的安全性和可靠性作出判断。

14.2 一般项目

14.2.1 因为采场经常变化，供电点也变化，所以矿场内的横跨线要经常变动移位，不宜采用固定线路。为了确保导线对地高度，在每个梯段上要至少设一根电杆。

14.2.2 在采矿场内不能使用瓷横担，是因为采矿场内要经常放炮，防止飞石崩坏瓷横担，造成事故。

14.2.3、14.2.4 电缆长度的确定，随配电方式及不同的用电设备而异，电缆加长虽可减少接电次数，但移动不便，增加电缆损耗，故应选用一恰当长度。

14.2.5 本条是线路架设中首先要注意的问题，有缺陷的高压瓷件决不能安装。

15 矿井下电缆敷设

15.1 主控项目

15.1.1 电缆敷设前要做预试绝缘检查，如合格则可进行敷设，否则最终试验不合格，拆下返工浪费太大。

15.2 一般项目

15.2.1 为了防止动力电缆对电话、信号电缆产生的干扰，设此规定。

15.2.2 为保证电缆的安全运行，提出此条。

15.2.8 为了避免钻孔坍塌时压坏电缆，作为保护，要在钻孔中事先敷设好套管。为了避免电缆承受拉力可将电缆固定在钢绳上，钢绳吊挂在钻孔上面的支架上。

16 电缆支架、桥架安装

16.1 主控项目

16.1.1 冶金工厂内较多使用钢制镀锌电缆桥架，所以强调了接地或接零的重要性，目的是为了保证供配电线路使用安全和人身安全。有的工程设计时设计了一条沿电缆桥架全线的铜制或镀锌扁钢的保护接地线（PE），我们视其为接地干线，桥架可按要求与其连接。如果没有设计这条接地线，可以把桥架与接地网中的接地干线相连接。

16.2 一般项目

16.2.1 电缆桥架是成型的产品，安装后要求横平竖直有很好的观感，因此对立柱、托臂、桥架的误差提出要求，同时电缆桥架安装完成后，上面要敷设电缆，要求桥架具有一定的承重强度，所以要求安装要牢固。

16.2.2 直线安装的电缆桥架,要考虑因环境温度变化而引起膨胀或收缩。所以要装补偿伸缩节或断开,以免产生过大的应力而破坏桥架。建筑物伸缩缝处的桥架补偿装置是为了防止建筑物沉降切断桥架和电缆的措施,保证供电安全可靠。

16.2.3 考虑到电缆桥架为薄钢板和型钢制成的有镀层的成品,为防止在安装施工中变形和镀层被破坏,不出现外观质量下降和敷设电缆时划伤电缆的现象,因此要求安装桥架时不许使用气焊和电焊。

电缆桥架的转弯半径要求,是为了满足桥架内敷设电缆的弯曲半径要求而定的,目的是防止损伤电缆的绝缘层和外护层。

17 电缆终端头、电缆接头制作

17.1 主控项目

17.1.1 电缆做好电缆头后,与其他电气设备、器具一样,要做电气交接试验。合格后,方能通电运行。

17.1.2 对接地的要求。

17.1.3 施工现场的环境条件如温度、湿度、尘埃等因素直接影响绝缘处理效果,随着电压等级的提高,这方面的要求也愈来愈严格。

17.2 一般项目

17.2.1 是对 10~35kV 电缆端头制作过程的质量要求。

17.2.2 是对 10~35kV 电缆冷(热)缩接头制作过程的质量要求。

17.2.3 是对 10~35kV 预制件装配式电缆终端头制作过程的质量要求,这次将其编入了本规范。目前国内冶金工厂电气设计采用的比较多,工艺简单,施工质量好,密封可靠。生产电缆头冷(热)附件厂较多,施工时强调按生产厂家的资料说明书进行施工。

18 架空线路及杆上电气设备安装

电压等级规定为35kV,其理由如下:

1 随着我国电力工业的发展,35kV 电力线路工程,一般是在城市或农村,或在大城市内的工程,不少城市已将 35kV 线路工程列为城市配电电网的一部分。

2 35kV 线路在农村占的比重较大,大多采用单杆,档距不大,与10kV 线路工程的特性接近,施工质量要求存在共性处多,将 35kV 线路工程有关内容列入本规范。还有一部分 35kV 线路工程,由于输送容量大,使用导线截面大,采用了铁塔,其特性又接近110kV 线路施工,可根据其实际情况在施工及验收工作中按现行国家标准《110~500kV 架空电力线路施工及验收规范》执行。

18.1 主控项目

18.1.1 绝缘子在架空电力线路中很重要,安装前的检查,除为保证工程质量外,也是保证安全运行的必要条件。过去规定不严格,根据各地意见,提出这一规定内容是必要的。

18.1.2 对柱上变压器中性点接地的要求。

18.2 一般项目

18.2.1 电杆埋深要求关系重大,实际施工中受客观条件影响,存在着不能完全满足设计要求的事实。各地虽有一些电杆埋深的运行经验,为统一标准,强调应符合设计要求,本条文中所提出的允许偏差,是总结各地运行经验而定。对双杆基坑规定允许偏差是必要的,以满足电杆组立后的其他各项技术规定。

18.2.2 钢筋混凝土电杆上端要求封堵,主要是为了防止杆内积水,电杆投入运行后,侵蚀钢筋,导致电杆损伤,各地在运行中感到制造厂对此并未引起重视,只能由施工单位在施工时弥补这一缺陷。关于下端封堵问题,部分单位反映在一些地区某一地段,由于地下水位较高,且气候寒冷,电杆底部不封堵进水后,有造成电杆冻裂、损坏电杆现象,为此应该考虑此情况,安装时需按设计要求进行。

18.2.3 本条是对质量的要求。

18.2.5 经了解,近几年来电瓷检查的结果,国产电瓷在出厂前,其零值已占相当比重,包装不好再经长途运输,野蛮装卸,而使铁帽下的瓷质产生裂缝。为使这些不合格的绝缘子在安装前检查出来,要求对其逐个进行检查是必要的。按电瓷厂提供的数据,对铁帽下的瓷质厚度在 18mm 时,应使用电压不低于 6300V 的兆欧表,才能更有效地检查出是否已出现裂痕,国内现只有 5000V 兆欧表,故只能用此产品进行检测。

18.2.6 总结各地经验并按所提意见补充悬式绝缘子安装要求。

18.2.7 对质量的要求。

18.2.8 一些地区提出在地段狭窄或设置拉线、拉桩均有困难的情况下,为满足电杆受力后的强度,提出设置撑杆的意见,为满足撑杆安装质量的基本要求。

18.2.9 导线在展放过程中,容易出现一些损伤情况,有的还出现严重损伤,影响导线机械强度,应予以防止,以利导线架设后安全运行。

18.2.10 10kV 及以下架空电力线路,电杆上的电气设备是配电线路中的组成部分,是在各地的安装规定和运行经验的基础上提出来的要求。安装应牢固、可靠,电气连接紧密,按照制造厂的技术标准,各部电气距离安装尺寸等规定施工。其目的是为了保证安全运行。

19 牵引网的安装

19.1 主控项目

19.1.1 质量保证的要求。
19.1.2 按电气装置通用图集《矿山窄轨牵引网路》第一分册"施工及验收技术要求（三）"编制。
19.1.4 按电气装置通用图集《矿山窄轨牵引网路》第一分册"施工及验收技术要求（七）"中：防雷装置应设单独的接地装置，接地电阻一般不大于10Ω的要求编制。

19.2 一般项目

19.2.6 本条是为日常巡视和方便维护检修需要而作的规定。

20 配管、配线

20.1 主控项目

20.1.1 电气装置的可接近的裸露导体要接地和接零是用电安全的基本要求，以防产生电击现象。
20.1.2 本条引用现行国家标准《建筑电气工程施工质量验收规范》GB 50303第14.1.2条的规定。
20.1.3 电线外护层的颜色不同是为区别其功能不同而设定的，对识别和方便维护检修均有利。PE线的颜色是全世界统一的，其他电线的颜色还未一致起来。要求同一建筑物内其不同功能的电线颜色有区别，是提高服务质量的体现。

20.2 一般项目

20.2.1 对防腐提出了明确要求，目的是为了延长钢管的使用寿命，同时防止管内锈蚀严重，影响导线更换。埋入混凝土内的钢管外壁，因不易锈蚀，可不涂防腐漆，这样更有利于两者结合。对钢管的连接提出了具体要求，强调了暗配管在有地下水的地方，管接头焊缝处宜涂密封胶或边包麻布边涂热熔沥青密封。
20.2.2 金属软管又叫可挠性金属管，通常用于设备本体的电气配线，在配线工程中用于刚性保护管和设备器具间连接的过渡管段，鉴于软管不易更换导线，所以限定长度。
20.2.3 本条所指阻燃塑料管是刚性PVC管，现已在电气安装工程中大量使用，并部分取代了钢管作电线管。阻燃塑料管除有抗冲击性差、易老化、不能耐高温缺陷外，关键是在电气线路中使用时必须有良好的阻燃性能，否则隐患极大。管与管、管与器件连接的接口应牢固密封，操作时要严格按本条文的规定执行。塑料管的热膨胀系数与建筑物的热膨胀系数或变形量相差较大，为防止因温度变化伸缩时，造成连接处脱开，故规定装设温度补偿装置。
20.2.4 管内穿线的一般要求：

1 为提高管内配线的可靠性，防止因穿线而磨损绝缘，故规定低压线路穿管均应使用额定电压不低于500V的绝缘导线。

2 本条文是防止短路故障发生和抗干扰的技术规定。

20.2.5 塑料护套线直接进入抹灰层敷设时，由于用户向墙上钉钉子等，使导线形成短路或触电事故，故禁止采用此种敷设方法。规定弯曲半径最小值，可防止护套层开裂，易使导线平直。
20.2.6 本条文对槽板固定点间距作了具体规定，其数值经实践证明是可行的。为了保证连接紧密，对连接所作的规定，为了防止导线接头松脱，增大接触电阻，使接头处发热，引起火灾事故。由于槽板内导线接头不便于检查和维护，所以规定在槽板内导线不得有接头。
20.2.7 对线槽配线的质量要求。
20.2.8 制定本条文的主要目的是为了钢索的强度，确保安全。为防止终端拉环被拉脱，确保钢索连接可靠而作的技术性规定。钢索的弛度大小影响钢索所受的张力，钢索的弛度是靠花篮螺栓来调节的，为确保钢索在允许安全的强度下正常工作，并使钢索终端固定可靠作此规定。

21 电气照明装置安装

21.1 主控项目

21.1.1 是对插座接线统一的规定，目的是为了用电安全。

4 本款引用现行国家标准《建筑电气工程施工质量验收规范》GB 50303第19.1.6条的规定。

21.1.2 本条引用现行国家标准《建筑电气工程施工质量验收规范》GB 50303第19.1.2条的规定。
21.1.3 防爆灯具的安装应严格按图纸规定选用规格型号，且不得混淆，更不能用非防爆产品替代。考虑到防爆灯具的供货渠道存在诸多变数，故要求对到达现场的灯具按表21.1.3中的选型原则进行核定。该表引自现行国家标准《爆炸和火灾危险环境电力装置设计规范》GB 50058第2.5.3条的有关规定。各泄放口上下方不得安装灯具，主要因为泄放时有气体冲击，会损坏防爆灯灯具。如管道排出的是爆炸性气体，则更加危险。

21.2 一般项目

21.2.1 为防止灯具超重，发生坠落而作的技术性规定。

21.2.2 为了保证安装的灯具机械性能牢固可靠，用电安全、检修方便，本条文对一般管式灯杆的灯具安装作了具体的规定。

21.2.3 白炽灯泡离绝缘台过近，绝缘台易受热而烤焦、起火，故应在灯泡与绝缘台间设置隔热阻燃制品，如石棉布等。嵌入顶棚内的灯具，除有照明作用外，还有装饰功能，考虑到顶棚内通风差，不易散热，故电源线不能贴近灯具的发热表面；同时为检修方便，导线应留余量，以便在拆卸时不必剪断电源线，为保证装饰效果，对外观质量提出了技术要求。

21.2.4 本条文的规定，主要是为方便认识，以利于常规灯具的区别，节约电能。当建筑物处于特殊情况下，如火灾、空袭、供电中断等，为保证建筑物的某些关键位置的照明器具仍能持续工作，并有效指导人群安全撤离，所以是至关重要的。本条所述各项规定虽然应在施工设计中作出明确要求，但是均为实际施工中应认真执行的条款，有的还需施工终结时给予试验和检测，以确认是否达到预期的功能要求。

21.2.5 为了防止触电，特别是防止更换灯泡时触电而作的技术性规定。

21.2.6 为了保证安装质量。

21.2.7 随着高层建筑物和高耸构筑物的增多，航空障碍标志灯的安装也深为人们关注，虽然其安装位置造型由施工设计确定，但施工中应掌握的原则还是要纳入本规范。

21.2.8 采用何种安全防护措施，由施工设计确定，施工时按设计施工。

21.2.9 霓虹灯为高压气体放电装饰用灯具，通常安装在临街商店的正面，人行道的正上方，故特别注意安装牢固可靠，防止高电压泄漏和气体放电而使灯管破碎坠落伤人。为方便维修，变压器不宜装在吊棚顶内。

21.2.10 对景观灯、庭院灯的质量要求。

21.2.11 为了保证导线能随一定的机械应力和可靠的安全运行，根据灯具的不同用途和不同的安装场所，对导线线芯最小截面作了规定。根据《民用建筑电气设计规范》的规定，将生活用铜芯软线线芯最小截面改为 $0.5mm^2$ 。

本条是为吊扇使用安全，发挥正常功能而作的技术性规定。在实际使用中，由于灯泡温度过高，玻璃罩常有破碎现象发生。为确保安全，防止玻璃罩破裂后，向下溅落伤人事故的发生，须严格按设计施工。

为了统一开关通、断位置，便于判断是否带电而作的规定。

插座安装高度的规定主要是为了确保使用安全、方便，同一场所安装高度一致的规定，是为了装饰需要。

21.2.12 室外灯具的安装高度过低易发生意外撞击而损坏，故安装时应严格遵守本条文的规定。

21.2.13 是对投光灯的安装要求。

21.2.15 移动式和携带式照明灯具，如果没有金属网保护，容易碰破玻璃罩而引起火灾事故。

22 矿井下照明灯具及配电箱安装

22.1 主控项目

22.1.1 本条是按原煤炭工业部下发的《煤矿机电安装工程质量标准及检验评级试行办法》及实际施工经验而编制的。

22.2 一般项目

22.2.1 井下照明安装：

1 为了保证照明的质量，照明电源回路与低压动力回路分开，各用独立的线路，目的是保证照明不受动力网络的影响。

2 坑内照明网络的干线、分支线，在无机械损伤的情况下，可采用聚氯乙烯电力电缆或塑料导线，移动照明线路宜采用矿用橡套电缆。

22.2.2 本条第3款，在金属矿山一般是无爆炸危险的，因此可选用矿用一般型或带防水灯头的普通型灯具，但安装零件必须齐全。

23 避雷针（网）及接地装置安装

23.1 主控项目

23.1.1 由于建筑物的不同，建筑物内的设备种类不同，在施工设计时给出了不同的电阻值数据，施工结束后要对接地电阻值进行测试，结果必须符合设计要求。若不符合，由原设计单位提出措施，进行完善，直至符合要求为止。

23.1.2 形成等电位，可防静电危害，也是高处金属物体防雷的要求。

23.1.3 在施工设计时，一般尽量避免防雷接地干线穿越人行通道。如果穿越时，采取这些措施以防止雷击时跨步电压过高危及人身安全。

23.1.4 接地装置的接地电阻值会随时间的推移，地下水位的变化，土壤导电率的变化而变化，故需要对接地电阻值进行定期检测监视。

23.1.5 避免电流冲击后在接地装置上产生高电位。

23.1.6 是一条通用的要求，不能利用输送爆炸危险物质的管道作接地线是出于安全的考虑。

23.1.7、23.1.8 接地模块是新型的人工接地体，埋设时除按本规范规定执行外，还要参阅供货商提供的有关技术说明。

23.1.9 为保证供电系统接地可靠和故障电流的流散

畅通，故作此规定。

23.1.10 当接地设备发生接地短路故障时，能在接零设备外壳上产生电压危及人身安全，故作此规定。

23.1.11 建筑物是否需要等电位连接、哪些部位或设施需要等电位连接、等电位连接干线或等电位箱的布置均应由施工设计来确定。本规范仅对等电位连接施工中应遵守的事项作出规定。主旨是连接可靠合理，不因某个设施的检修而使等电位连接系统断开。

23.1.13、23.1.14 为了保证爆炸危险环境内电气设备接地和其他设备、管道的防静电接地安全可靠。

23.2 一般项目

23.2.1 本条引用现行国家标准《电气装置安装工程接地装置施工及验收规范》GB 50169 第 2.1.1 条，规定了哪些电气装置应接地或接零。

23.2.2 本条是对接地体的安装方式及接地线的连接作出的规定。接地体间距的要求是考虑相互的屏蔽作用，接地线连接的倍数要求考虑的是连接的截面。

23.2.3 热浸镀锌层厚、抗腐蚀、有较长的使用寿命，材料使用的最小允许规格的规定与现行国家标准《电气装置安装工程接地装置施工及验收规范》GB 50169 相一致，但不能作为施工中选择接地体的依据，选择的依据是施工设计，施工设计也不应选择比最小允许规格还小的规格。

23.2.4 有效的分散接地电流。

23.2.5 应按施工设计施工，无设计时是施工的最低要求。2Ω 以下的电阻值，可以降低接地网上的电位，以满足井下接地的要求。

23.2.6 考虑机械强度及载流量。

23.2.7、23.2.8 根据设备容量及导线的机械强度选择的导线及螺栓。

23.2.9 明敷接地引下线的间距均匀、平整顺直是观感的需要，规定间距的数值是考虑受力和可靠，并不因受外力作用而发生脱落现象。保护管的作用是避免接地引下线受到意外冲击而损坏或脱落。钢保护管要与接地线做电气连接，可使雷电泄放电流以最小的阻抗向接地装置泄放。

23.2.10 本条是为使零序电流互感器正确反映电缆运行情况，并防止离散电流的影响而使零序保护错误发出讯号或动作而作出的规定。

23.2.11 使避雷器工作时的电流迅速泄放，电流流经的路径最短。

23.2.12 不同的电气金属连接面电化腐蚀可使接触面电阻加大，运行时温度升高，一般的防止措施有搪锡或垫锡箔片。

23.2.14 在高级装修的卫生间内，各种金属部件外观华丽，应在内侧设置专用的等电位连接点与暗敷的等电位连接支线连通，这样就不会因乱接而影响观感质量。

23.2.15 近年来，国际上广泛采用等电位连接的接地方式，即共网接地，它与我国传统的接地设备有差别。近年来冶金系统的引进项目，在没有特殊接地要求的情况下，保护接地、计算机接地、电子设备接地，统一连成接地网，实现等电位连接，以避免电压反击，IEC 的标准也规定建筑物内电气装置必须实现等电位连接，对于有特殊接地要求的设备接地，就要按具体情况进行设计和施工。因此作本条规定。

23.2.16 按不同危险区域及其不同的电气设备，对其接地线或接零线的设置，加以区别对待。应特别注意，在非爆炸危险环境内不需接地的下列部分，在爆炸危险环境内仍应进行接地：

1 在不良导电地面处，交流额定电压为 380V 及以下和直流额定电压为 440V 及以下的电气设备正常不带电的金属外壳。

2 在干燥环境，交流额定电压为 127V 及以下和直流额定电压为 110V 及以下的电气设备正常不带电的金属外壳。

3 安装在已接地的金属结构上的电气设备。

规定引入爆炸危险环境的金属管道、配线的钢管、电缆的铠装及金属外壳均应在危险区域的进口处接地，是为了防止将高电位引入爆炸危险环境所产生的电气火花引起爆炸事故的发生。

23.2.17 为了保证爆炸危险环境内电气设备接地安全可靠。

23.2.18 在爆炸危险环境内，条文中所述的设备及管道易产生和集聚静电，当设计有防静电接地要求时，必须按设计规定进行接地，以防止产生静电火花而引起爆炸事故发生。

24 爆炸危险场所电气线路敷设

24.1 主控项目

24.1.1 避免因电气线路绝缘不良产生电火花而引起爆炸事故。

24.1.2 将可能因连接点松动所产生的电火花或电弧密封在防爆盒、箱之内，避免点燃周围的爆炸性物质而引起爆炸。

24.1.3 明敷的绝缘导线容易受到机械损伤与化学腐蚀；镀锌的低压流体输送用焊接钢管的管壁较厚且不容易腐蚀，提高了电气线路的安全性。

24.1.4 受设计、制造及供货渠道多种因素的影响，达到施工现场的电气线路使用的接线盒、端子箱、分线盒、管路零件、隔离密封件、柔性导管等不一定都符合现行国家标准《爆炸和火灾危险场所电力装置设计规范》GB 50058 的规定，必须进行进货检验。

24.1.5 为防止因配线工程施工不当而破坏了本质安全电气设备和本质安全电路的防爆性能；蓝色标记是

为了区别于其他线路，引起施工、生产维护人员的注意，防止任意改变线路或将线路接错。

24.2 一般项目

24.2.1 本条针对爆炸危险场所电气线路施工现场可能出现的具体情况，即设计未明确规定其敷设方式与路径的部位的布线原则作出的规定，依据是现行国家标准《爆炸和火灾危险场所电力装置设计规范》GB 50058。

24.2.2 绕接是一种不可靠的连接，往往会受外界的影响而松动，造成连接处接触不良、接触电阻增大，引起接头发热。

24.2.3 规范表24.2.3中所规定的电缆和绝缘导线的最小截面积，是从电缆和导线应满足其机械强度的角度规定的。实际施工时，应按设计规定。

24.2.4 本条的规定是为了防止爆炸性混合物沿管路或建筑物的孔洞、缝隙流动和火花的传播。

24.2.5 关于钢导管连接的要求：

1 规定采用螺纹连接是为了确保钢导管与钢导管、钢导管与电气设备、钢导管与钢导管附件之间的连接牢固；外露丝扣过长不但会破坏管壁的防腐性能，而且会降低管壁的强度。倒扣连接的钢导管，其丝扣长度会大大增加，这不仅降低了钢导管的强度，还容易造成接头松动；钢管活接头的结合面未结合密贴将影响管路的密封性能。

2 规定采用圆柱管螺纹，是为了避免因圆锥管螺纹的轴向直径大小不一致而影响连接的牢固性，同时避免了现场作业时，安装工人为保证螺纹的有效啮合扣数而增加丝扣部分的长度和深度，最终影响钢导管的机械强度的情况发生。在螺纹上涂抹电力复合脂，一方面可以增加连接处的导电性能，另一方面可以保护螺纹不被腐蚀。

3、5 规定钢导管采用螺纹连接时的最少有效啮合扣数，是为了保证钢导管连接紧密可靠。

4 钢导管在1区和2区与隔爆型设备连接时，螺纹连接处加装锁紧螺母是为了防止螺纹松动。

6 钢导管采用螺纹连接，并按本项要求认真执行，能保证其电气性能可靠，可不焊跨接线。镀锌钢管焊跨接线会损坏钢管的镀锌层和防腐性能。

24.2.6 根据现行国家标准《爆炸危险环境的配线和电气设备的安装通用图》"附录二"中隔离密封技术要求的规定编写。目的是为了隔离、切断爆炸性混合物或火焰通道，以防止沿管路扩散，提高管路防爆效果。

24.2.7 为了避免在这些地方钢导管直接连接时可能承受过大的额外应力与连接困难，规定应采用柔性导管连接。爆炸危险场所的钢导管配线需采用柔性导管连接外，应采用防爆柔性导管，以满足防爆要求。

24.2.8 本条规定是为了让柔性导管与爆炸危险场所相适应。

24.2.9 关于电缆（电线）引入装置或防爆电气设备进线口密封要求：

1～4 根据国家标准《爆炸危险环境用防爆电气设备通用要求》编写，目的是为了防止在电气设备内部发生爆炸时，由引入口的缝隙传导而引起外部爆炸。

5 根据近年来多项引进防爆电气设备工程的施工经验及相关资料编写。①从美国引进、按美国标准制造的电缆引入装置的螺纹系NPT螺纹，与国内防爆电气设备的电缆引入装置或钢导管常用的G螺纹（相当于PF螺纹）不相匹配而无法连接，所以必须加装一个一端是NPT螺纹，另一端是G螺纹的过渡螺纹短管，方可实施连接。②从德国引进、按德国标准用塑料材料制造的增安型防爆电气设备的外壳，因其进线口采用PG螺纹，故施工时必须配用随设备引进的带PG螺纹的引入装置。另一方面，考虑到这种塑料外壳的强度及其引入装置的结构和尺寸不适宜与钢导管或柔性导管相连接，故必须采用直接以电缆引入的电缆进线方式，否则可能造成破坏设备外壳的严重后果。

24.2.10 关于本质安全电路、关联电路的施工要求：

1～3 规定是为了避免本质安全电路之间、本质安全电路与关联电路之间、本质安全电路与其他电路之间发生混触而破坏本质安全设备和本质安全电路的防爆性能。

4 规定是为了满足本质安全电路的特殊要求，避免因屏蔽层中出现电流而影响本质安全电路的安全。屏蔽层只允许一点接地，施工时必须注意。

5 规定是为防止爆炸性混合物的流动或火花传递而引发爆炸事故。

25 爆炸危险场所电气设备安装

25.1 主控项目

25.1.1 防爆电气设备的类型、级别、温度组别与使用环境条件相符，才能保证安全。按新的防爆电气设备产品标准规定，对为保证安全，指明在规定条件下使用的电气设备和低冲击能量的电气设备的防爆合格证编号后加有特殊标志"EX"，此外为指定环境条件而设计的产品在产品后缀规定的符号，如：户外用产品——W、湿热带环境用产品——TH、中等防腐环境用产品——FI等，安装时需要注意。

25.1.2 按国家标准《爆炸性气体环境用电气设备》GB 3836的规定，防爆电气产品获得防爆合格证才能生产。防爆合格证号是设备的防爆性能经过国家指定的检验单位检验认证的证明。外壳上的"EX"标志是防爆电气设备的重要特征，安装前必须首先查明。

25.1.3 为保证防爆电气设备的防爆性能，必须事先检查。

25.1.4 充油型防爆电气设备的防爆原理是用油将设备中可能产生火花、电弧的部件或整个设备浸在绝缘油内，使设备不能点燃油面以上或外壳以外的爆炸性混合物，从而达到防爆的目的。所以，必须保持油面位置在规定高度，另一方面亦是为确保环境不被污染。

25.1.5 由于电池型号、规格的改变会改变本质安全型电气设备的能量供应，当能量超过设计规定值时，在事故情况下，产生的电火花和温度可能引起爆炸事故；防爆安全栅必须接地是现行产品制造国家标准的规定。

25.2 一般项目

25.2.1 避免电缆和绝缘导线在电气设备接线盒内部紧固后，因电气间隙和爬电距离过小而产生电弧和火花放电引起事故。

25.2.2 现行设备制造产品国家标准将电气设备允许最高表面温度定为6组，其中增安型和无火花型设备还包括设备内部的最高温度。

25.2.3 一般情况下，隔爆型电气设备达到现场后无需进行拆卸检查；当隔爆型电气设备需进行拆卸检查时，应详细参照其产品说明书的规定，按不同产品的不同隔爆结构进行并确保隔爆面不至于因拆卸、组装而影响其隔爆性能；制造标准中规定了正常运行时产生火花或电弧的设备要进行联锁或加警告牌，施工和验收时需要检验其可靠性，并保留完好的警告牌交付生产、使用者；有关隔爆型插销（座）的规定，是为防止插头插入或拔出时产生火花和电弧而引起爆炸事故。

25.2.4 增安型电动机和无火花型电动机有相同的定子与转子单边气隙最小值的要求。按现行国家标准《爆炸性气体环境用电气设备》GB 3836 相关规定，增加了表中的规定。目的是防止电动机定子与转子之间间隙过小，在长期使用后，电动机的定子与转子之间发生摩擦，产生高温和火花而引起爆炸事故。

25.2.5 关于正压型电气设备的安装要求：

1 进入正压型电气设备内的气体是防爆措施。故对进入通风、充气系统的气体来源作出相应规定，以防止有腐蚀金属、降低绝缘性能和损害设备性能的气体进入设备和管道。

2 此项规定是为了避免因火花或炽热颗粒排入爆炸危险场所而引起爆炸事故。

3 正压型电气设备的通风、充气系统的联锁装置是确保设备安全运行的技术措施，故要求其动作程序应正确。设备通电前的置换风量是随设备结构而异的，所以应按产品的技术条件或产品说明书的规定来确定；管道部分则按5倍相连管道的容积计算风量。

4 维持产品最低压力值是为防止外部可燃性气体进入。

5 不让运行中的正压型电气设备内部的火花、电弧从缝隙或出风口吹出，是防止点燃外部的爆炸性混合物。

6 通风管道应密封良好是为防止内部的火花和电弧从缝隙或通风口吹出引起爆炸事故。

7 本条系正压型电气设备交工验收基本要求。

25.2.6 关于充油型电气设备的安装要求：

1 当充油型电气设备倾斜时，其油标不能正确反映油位高度，有可能造成设备内部缺油而失去防爆功能，故要求垂直安装，其倾斜度不得大于5°。

2 产品制造标准将设备油面最高允许温度组别定为6组。在环境温度为40℃时，$T_1 \sim T_5$ 组设备油面最高允许温度为100℃、油面温升定为60℃；T_6 组设备的油面温升限定为40℃，以防止油面温度超过气体自燃点温度或变压器油的闪点。

25.2.7 关于本质安全型电气设备的安装要求：

1 如果关联电气设备的型号不符合本质安全型电气设备铭牌中的规定，则破坏了本质安全型电气设备的防爆性能。

2 本条规定是为了防止因电源变压器的缺陷而破坏了本质安全型电气设备及其线路的防爆性能。

25.2.8 本条列出了粉尘防爆电气设备安装的一些要求，是为了确保粉尘防爆电气设备的防爆性能，防止粉尘侵入与沉积、防止通风孔堵塞等；划分粉尘防爆电气设备的组别和划定其外壳表面最高温度值是为了防止可燃粉尘在受热后被引燃；粉尘防爆电气设备完成安装后按产品技术条件要求做好保护装置的调整与试操作，是为了能够发现问题及时处理，以确保设备的安全运行。

26 火灾危险场所电气装置安装

26.1 主控项目

26.1.2 避免采用木材等可燃材料制作柜、箱、盒，而可能引发着火事故。

26.1.3 电热器在使用时产生高温，容易引燃可燃物质。

26.1.4 防止因电缆、绝缘导线及其附件的绝缘被击穿引起电气火灾。

26.1.5 防止架空线路在事故情况下产生的电火花或电弧引起火灾事故。

26.2 一般项目

26.2.1 关于电气设备安装的要求。

1 避免因电气设备的表面高温、电弧及线路接触不良或断线引起的火花引燃周围的可燃物质，造成火灾事故。

  2 防止从上面落下物体时，引起短路或接地等事故。

26.2.2 关于火灾危险场所电气线路施工的要求。

  1～6 根据现行国家标准《爆炸和火灾危险环境电力装置设计规范》GB 50058 第 4.3.8 条的有关规定，施工时应认真遵照执行。

  7、8 是为防止可燃物质或灰尘等有害物质侵入电气设备和接线盒内。

中华人民共和国国家标准

消防通信指挥系统施工及验收规范

Code for installation and acceptance of
fire communication and command system

GB 50401—2007

主编部门：中华人民共和国公安部
批准部门：中华人民共和国建设部
施行日期：2007年7月1日

中华人民共和国建设部
公 告

第 575 号

建设部关于发布国家标准
《消防通信指挥系统施工及验收规范》的公告

现批准《消防通信指挥系统施工及验收规范》为国家标准，编号为 GB 50401—2007，自 2007 年 7 月 1 日起实施。其中，第 4.1.1、4.7.2 条为强制性条文，必须严格执行。

本规范由建设部标准定额研究所组织中国计划出版社出版发行。

中华人民共和国建设部
二〇〇七年二月二十七日

前 言

根据建设部《关于印发〈二〇〇四年工程建设标准制定、修订计划〉的通知》（建标〔2004〕67号）文件的要求，本规范由公安部沈阳消防研究所会同有关单位共同编制。

本规范在编制过程中，总结了我国消防通信指挥系统建设及施工验收方面的实践经验，参考了国内外有关标准规范，吸取了先进的科研成果，广泛征求了全国有关单位和专家的意见，最后经专家和有关部门审查定稿。

本规范共分五章及九个附录，主要包括：总则，施工前准备，系统施工，系统验收，系统使用和维护等。

本规范以黑体字标识的条文为强制性条文，必须严格执行。

本规范由建设部负责管理和对强制性条文的解释，由公安部负责日常管理工作，由公安部沈阳消防研究所负责具体技术内容的解释。在本规范执行过程中，希望各单位结合工程实践认真总结经验，注意积累资料，随时将有关意见和建议反馈给公安部沈阳消防研究所（地址：辽宁省沈阳市皇姑区蒲河街7号，邮政编码110031)，以供今后修订时参考。

本规范主编单位、参编单位和主要起草人：
主 编 单 位：公安部沈阳消防研究所
参 编 单 位：公安部信息通信局
　　　　　　信息产业部电信研究院
　　　　　　信息产业部电信科学技术第一研究所
　　　　　　中国人民武装警察部队学院
　　　　　　北京市公安消防总队
　　　　　　上海市公安消防总队
　　　　　　重庆市公安消防总队
　　　　　　福建省公安消防总队
　　　　　　辽宁省公安消防总队
　　　　　　北京市建筑设计研究院
　　　　　　厦门易帕通高科技发展有限公司
　　　　　　中科宏源科技有限公司
主要起草人：吕欣驰　马　恒　张春华　陈　剑
　　　　　　张　昊　程绍伟　南江林　王宝伟
　　　　　　朱春玲　周　炜　马晓东　龚双瑾
　　　　　　盛建国　张光荣　侯　健　范玉峰
　　　　　　马青波　汪　猛　仲永钦　雷　霆
　　　　　　彭　武　郑　雯

目　次

1 总则 …………………………………… 21—4
2 施工前准备 …………………………… 21—4
　2.1 一般规定 …………………………… 21—4
　2.2 系统的基础环境 …………………… 21—4
　2.3 产品进场检查 ……………………… 21—4
3 系统施工 ……………………………… 21—4
　3.1 一般规定 …………………………… 21—4
　3.2 设备的安装 ………………………… 21—5
　3.3 系统接口的连接 …………………… 21—5
　3.4 系统调试和试运行 ………………… 21—6
4 系统验收 ……………………………… 21—6
　4.1 一般规定 …………………………… 21—6
　4.2 火警受理子系统验收 ……………… 21—7
　4.3 消防有线、无线通信子系统验收 … 21—8
　4.4 火场通信指挥子系统验收 ………… 21—8
　4.5 消防信息综合管理子系统验收 …… 21—8
　4.6 消防通信指挥系统集成验收 ……… 21—9
　4.7 系统验收判定条件 ………………… 21—9
5 系统使用和维护 ……………………… 21—9
　5.1 使用前的准备 ……………………… 21—9
　5.2 使用和维护 ………………………… 21—9

附录A 消防通信指挥系统分部、分项工程划分 …………………… 21—10
附录B 消防通信指挥系统施工产品进场质量检查记录 …………… 21—10
附录C 消防通信指挥系统施工过程质量检查记录 ………………… 21—11
附录D 消防通信指挥系统工程验收记录 …………………………… 21—12
附录E 消防信息类型和主要内容 …… 21—12
附录F 消防通信指挥系统工程质量验收主控项 ……………………… 21—13
附录G 消防通信指挥系统每日检查记录表 ………………………… 21—14
附录H 消防通信指挥系统每月检查记录表 ………………………… 21—14
附录J 消防通信指挥系统每半年检查记录表 ……………………… 21—15
本规范用词说明 ………………………… 21—15
附：条文说明 …………………………… 21—16

1 总则

1.0.1 为了保障消防通信指挥系统（或简称系统）建设的施工质量，加强系统维护管理，确保系统正常运行，提高灭火救援快速反应和科学决策能力，保护人身和财产安全，制定本规范。

1.0.2 本规范适用于各类新建、扩建、改建的消防通信指挥系统的施工、验收及维护管理。

1.0.3 消防通信指挥系统的施工、验收及维护管理除应执行本规范外，尚应符合国家现行的有关标准、规范的规定。

2 施工前准备

2.1 一般规定

2.1.1 消防通信指挥系统的分部、分项工程应按附录 A 划分。

2.1.2 消防通信指挥系统设备及配件等产品应齐全并能保证正常施工。

2.1.3 通信基础、网络平台等施工现场环境应满足施工要求。

2.1.4 设计单位应提供消防通信指挥系统技术构成图、系统性能指标、系统明细（含硬件、软件、接口、配件等）、设备布置平面图、子系统功能说明等必要的设计文件和有关施工技术标准，并应进行技术交底和说明。

2.1.5 建设单位应提供消防通信指挥系统所需的基础数据资料。

2.2 系统的基础环境

2.2.1 系统的设备用房和供配电应符合国家标准《消防通信指挥系统设计规范》GB 50313 的有关要求。

2.2.2 综合布线应符合国家标准《建筑与建筑群综合布线系统工程验收规范》GB/T 50312 的有关要求。

2.2.3 接地及防雷应符合国家标准《建筑物电子信息系统防雷技术规范》GB 50343 的有关要求。

2.3 产品进场检查

2.3.1 消防通信指挥系统设备及配件等产品进入施工现场时应有设备清单、主要技术（性能）指标、安装使用说明书、产品合格证书。

检查数量及方法：全数检查有关资料。

2.3.2 消防通信指挥系统设备及配件等产品的表面应无明显凹陷、划痕、毛刺等机械损伤，紧固部位应无松动，包装应完好。

检查数量及方法：全数观察检查。

2.3.3 消防通信指挥系统使用的计算机、服务器、显示器、打印设备、数据终端等信息技术设备应为通过中国强制性产品质量认证的产品。消防通信指挥系统使用的电信终端设备、无线通信设备和涉及网间互联的网络设备等产品应具有国家信息产业主管部门电信设备进网许可证。

检查数量及方法：全数查验产品合格证和随带技术文件；查验产品的认证标志和许可证编号。

2.3.4 消防通信指挥系统使用的卫星通信设备等产品应具有国家信息产业主管部门产品许可证。消防通信指挥系统使用的各种车载通信系统设备等应采用符合国家有关技术规范和标准的系统或设备。

检查数量及方法：全数查验许可证、检测报告及随带技术文件。

2.3.5 消防通信指挥系统使用的开关插座、接线端子（盒）、电线电缆、线槽桥架等电器材料应采用符合国家有关标准的产品，实行生产许可证或安全认证制度的产品应有许可证编号或安全认证标志。

检查数量及方法：查验产品的许可证编号或安全认证标志。同一类产品按 20% 抽样检查。同一类产品数量少于 5 时，全数检查。

2.3.6 消防通信指挥系统使用的操作系统、数据库管理系统、地理信息系统、安全管理系统（信息安全、网络安全等）和网络管理系统等平台软件应具有软件使用（授权）许可证。

检查数量及方法：全数查验许可证及随带技术文件。

2.3.7 消防通信指挥系统的用户应用信息系统等专业应用软件应具有安装程序和程序结构说明、安装使用维护手册等技术文件；用户应用信息系统等专业应用软件应由国家相关产品质量监督检验机构按照有关标准的技术要求检测。

检查数量及方法：全数检查检测报告、技术文件等有关资料。

2.3.8 设备及配件、材料、软件等产品进场时应按附录 B 填写"消防通信指挥系统施工产品进场质量检查记录"。

3 系统施工

3.1 一般规定

3.1.1 消防通信指挥系统的施工应按设计文件和施工技术标准进行，不得随意修改。当确需更改设计时，应由原设计单位负责更改，并应经过建设单位确认。

3.1.2 消防通信指挥系统的施工应由具有相应资质的专业施工单位承担。

3.1.3 消防通信指挥系统施工过程中，施工单位应做好安装、调试等相关记录；当有设计变更时，应做好设计变更记录。

3.1.4 消防通信指挥系统的施工过程质量控制应按下列规定进行：

 1 各工序应按施工技术标准进行质量控制，每道工序检查合格后，方可进行下道工序。检查不合格，应进行整改。

 2 隐蔽工程在隐蔽前应验收合格，并应形成验收文件。

 3 相关各专业工种之间，应进行交接检验，并应经监理工程师签字后方可进行下道工序。

 4 安装工程完工后，施工单位应按有关专业调试规定进行调试。

 5 施工过程质量检查记录应按附录 C 填写"消防通信指挥系统施工过程质量检查记录"。

3.2 设备的安装

3.2.1 计算机网络设备、消防有线通信设备、消防无线通信设备、卫星通信设备、车载通信系统设备、消防信息显示装置、UPS 电源设备以及信息技术设备、火警受理终端设备、消防站终端设备的安装应符合下列基本要求：

 1 设备应根据实际工作环境合理摆放、安装牢固、适宜操作，并应留有人员检查、维护的空间。

 2 设备和线缆应有永久性标识，标识应准确清晰。

 3 设备连线应连接可靠、捆扎牢固、排列整齐，不得有扭绞、压扁和保护层断裂等现象，长度应留有余量。

检查数量及方法：全数观察检查和模拟操作检查。

3.2.2 计算机网络设备的网络交换机、路由器、硬件防火墙等网络设备宜安装在同一个机柜内。

检查数量及方法：全数观察检查。

3.2.3 消防有线通信设备应根据国家有关电信技术要求安装，网间配合接口、信令等应符合国家有关技术标准。

检查数量及方法：全数对照设计文件和有关技术要求检查。

3.2.4 消防无线通信设备的安装应符合下列要求：

 1 无线通信设备应根据国家无线电管理有关规定和行业有关技术要求安装。

 2 天线安装的最佳位置及高度应根据实地情况确定，并应满足组网要求的覆盖区。

 3 定向天线安装时，天线与铁塔的距离不应小于工作频段平均值的半个波长；全向天线安装时，天线与铁塔的距离不应小于工作频段平均值的 1 个波长。

 4 多天线共塔时，天线的垂直隔离度不应小于工作频段平均值的 3 个波长。

 5 室外天线抗风能力不应小于 9 级。

 6 天馈系统的驻波比不应大于 2。

检查数量及方法：全数估算、尺量检查及对照有关技术要求检查。

3.2.5 卫星通信设备的安装应符合下列要求：

 1 卫星通信设备安装应执行与其配套的国家技术标准和规范。

 2 固定天线宜安装在楼顶平台等视野开阔的地方，并应做天线基础底座。

 3 固定天线到卫星接收设备的馈线不应超过 30m。

检查数量及方法：全数尺量和观察检查。

3.2.6 车载通信系统设备的安装应符合下列要求：

 1 天线应安装在车顶合适位置，采用低损耗馈线。

 2 多天线共车时，各天线之间应有良好的隔离，不得相互影响。

 3 各种通信系统设备的安装应适应车载和灾害现场通信的环境要求，不得相互影响。

检查数量及方法：全数测试和观察检查。

3.2.7 消防信息显示装置的安装应符合下列要求：

 1 投影设备安装时应保证一定的视角。

 2 投影屏的表面涂层应平滑、均匀、色调一致，投影墙的整体拼接应整齐、无变形。

 3 LED 显示屏的边框应具有支撑屏幕的足够强度。

 4 投影设备、LED 显示设备的电源宜由主供电源直接独立供给。

检查数量及方法：全数观察检查。

3.2.8 为消防通信指挥系统集中供电的大型 UPS 电源设备宜安装在独立房间，有良好的通风散热环境。

检查数量及方法：全数观察检查。

3.3 系统接口的连接

3.3.1 消防通信指挥系统的设备安装完成后，应通过硬件或软件设置连接以下接口：

 1 火警电话通信接口。

 2 110、122、119 "三台合一"接处警系统传输接口。

 3 其他报警设备传输接口。

 4 固定报警电话装机地址和移动报警电话定位地址系统传输接口。

 5 火警调度专线通信接口。

 6 消防站话音、数据、图像通信接口。

 7 录音录时控制接口。

 8 现场指挥车（移动消防指挥中心）的话音、数据、图像通信接口。

 9 卫星通信传输接口。

10 公用移动网、专用集群网、无线宽带网等各种公网和专网的通信接入接口。
11 消防车辆动态管理装置控制接口。
12 外部显示装置管理终端通信接口。
13 警灯、警铃、火警广播等外部装置联动控制接口。
14 城市公共安全应急联动机构的话音、数据通信接口。
15 建筑消防设施及消防安全管理远程监控系统终端通信接口。
16 供水、供电、供气、通信、医疗、救护、交通、环卫等灭火救援有关单位的话音通信接口。
17 公安信息网数据通信接口。
18 远程数据查询通信接口。

检查数量及方法：全数模拟测试检查。

3.4 系统调试和试运行

3.4.1 消防通信指挥系统正式投入使用前必须对系统进行调试和试运行。

3.4.2 消防通信指挥系统调试前应符合以下条件：
1 各子系统按设计要求安装完毕。
2 系统的基础环境符合本规范第 2.2 节的有关要求。
3 开通系统调试电话中继引示号码。
4 制定调试和试运行方案。
5 备齐相关的技术文件。

3.4.3 火警受理子系统的调试应符合下列要求：
1 分别模拟火警电话、110、122、119 "三台合一"接处警系统和其他报警设备的报警呼入，报警呼入数不应小于火警受理终端数；报警电话能自动呼入排队分配，火警受理终端能接收并显示报警电话号码、固定报警电话装机地址、移动报警电话定位地址、重点单位报警地址等报警信息。
2 模拟不同灾害类型、灾害等级、各种加权因素和升级要素等，系统能自动或人工编制不同等级的第一出动方案和增援出动方案。
3 模拟不同灾害类型，系统能对各种类型消防车辆进行排序选择。
4 消防通信指挥中心发送出动命令，消防站能接收出动命令并打印出车单，并记录从发送到打印完出车单的时间。
5 模拟出动命令，系统能同时调度多个消防队。
6 模拟出动命令或人工设置车辆状态，系统能实时更新消防车辆状态。
7 修改系统时钟，观察火警受理终端时钟是否自动调整，同时观察其他终端的时钟是否同步。
8 在电子地图上手工或自动定位灾害地点，消防地理信息系统能进行地图功能操作及编辑操作。
9 消防站的警灯、警铃及火警广播等联动控制装置能自动或手动启动响应。
10 模拟报警接收设备通信故障、服务器通信故障、火警受理终端通信故障、消防站终端通信故障、录音录时系统通信故障、显示管理终端通信故障、联动控制装置连接故障等，系统能报警。

3.4.4 消防有线通信子系统的调试应符合下列要求：
1 分别模拟火警电话、火警调度专线、普通电话中继、内部专线电话的呼入、呼出通话，系统能正常通话。
2 火警受理终端能进行应答、监听、插入、转接等电话交换操作。
3 火警受理终端能通过计算机界面进行"一键呼"等调度电话操作。

3.4.5 消防无线通信子系统的调试应符合下列要求：
1 进行消防一级网无线话音通信。
2 进行消防二级网无线话音通信。
3 进行消防三级网无线话音通信。

3.4.6 火场通信指挥子系统的调试应符合下列要求：
1 进行现场指挥车（移动消防指挥中心）与消防通信指挥中心之间的话音、数据、图像通信。
2 进行现场指挥车（移动消防指挥中心）与消防通信指挥中心之间的卫星话音、数据、图像通信。
3 进行现场通信的管理与控制操作。
4 进行跨频段、跨网络通信交换操作。
5 进行灭火救援指挥辅助决策支持系统的实时检索查询、现场指挥功能操作。
6 模拟灾害事故现场摄录像、图像监控显示、移动终端使用过程。

3.4.7 消防信息综合管理子系统的调试应符合下列要求：
1 根据管理权限，对消防信息数据库的数据进行增、删、改等操作。
2 对火警受理信息、消防地理信息及其属性数据库进行检索查询，并生成相关统计报表。
3 根据备份方案进行数据的备份与恢复调试。
4 模拟报警呼入并进行接警和调度，查询受理过程的录音及相关信息，并能在授权终端进行录音播放。
5 进行消防信息显示和管理控制操作。
6 进行远程数据检索和信息发布操作。

3.4.8 消防通信指挥系统在调试后进行试运行，试运行时间不应少于 1 个月。

4 系统验收

4.1 一般规定

4.1.1 系统竣工后必须进行工程验收，验收不合格不得投入使用。

4.1.2 消防通信指挥系统工程验收应包括各子系统功能测试验收和系统集成验收。

4.1.3 消防通信指挥系统工程验收应由建设单位组织设计、施工、监理等单位进行。

4.1.4 消防通信指挥系统工程验收应准备下列技术文件：
1 系统竣工报告。
2 系统监理报告。
3 系统设计文件、施工技术标准、工程合同、设计变更通知书。
4 系统施工产品进场质量检查记录。
5 系统施工过程质量检查记录。

4.1.5 消防通信指挥系统工程验收时应符合下列条件：
1 系统基础环境应符合本规范第 2.2 节的有关要求。
2 系统施工产品进场质量检查应符合本规范第 2.3 节的有关要求。
3 系统设备的安装应符合本规范第 3.2 节的有关要求。
4 系统接口的连接应符合本规范第 3.3 节的有关要求。
5 系统按设计文件安装、调试完毕，系统整体已通过试运行。
6 维护工具和备件已按适应系统运行基本要求配齐。
7 使用、维护管理人员应适应系统运行需要。
8 其他相关要求。

4.1.6 消防通信指挥系统工程验收应按附录 D 填写"消防通信指挥系统工程验收记录"，验收记录应由建设单位填写。

4.2 火警受理子系统验收

4.2.1 火警受理子系统验收应包括消防通信指挥中心火警受理功能的测试验收和消防站火警受理功能的测试验收。

4.2.2 测试检验消防通信指挥中心火警受理功能，应符合下列要求：
1 接收火警电话和 110、122、119 "三台合一" 接处警系统及其他报警设备的报警信息。
2 集中受理不少于 2 起报警信息。
3 接收显示固定报警电话的电话号码及装机地址。
4 接收显示移动报警电话的电话号码及定位地址。
5 通过输入单位名称、地址、街路、目标物、电话号码等进行灾害地点的定位。
6 通过电子地图点击、固定报警电话装机地址、移动报警电话定位地址等方式进行灾害地点的定位。
7 根据灾害单位性质、周边环境情况、燃烧物性质、火势发展状态、灾害事故性质、建（构）筑物情况、有无被困人员、爆炸、倒塌、有害气体（液体）泄漏等报警信息进行灾害类型、灾害等级的确认。
8 根据灾害信息、消防实力及各种加权因素和升级要素等自动或人工编制不同等级的第一出动方案。
9 启动相应的灾害预警预案系统等。
10 具有有线、无线、卫星等话音数字录音时功能，并能在授权终端进行检索、录音播放。
11 具有灭火救援指挥辅助决策支持系统功能。
12 将灾害地点、灾害类型、灾害等级、出动方案等下达到相应的消防站。
13 根据灾害信息对各种类型消防车辆进行排序选择，编制联合作战增援出动方案。
14 与消防站及灭火救援有关单位进行话音、数据、图像通信。
15 接收消防车辆的状态信息或位置信息。
16 与现场指挥车（移动消防指挥中心）进行话音、数据、图像通信。
17 与建筑消防设施及消防安全管理远程监控系统终端进行数据通信。
18 显示消防队（站）名称、值班领导姓名、通信员姓名、战斗员人数、车辆数量、车辆编号、车辆类型、车辆状态、车辆位置等消防实力信息。
19 具有消防地理信息系统的放大、缩小、移动、导航、全屏显示、图层管理等基本功能，以及对图形数据和属性数据的编辑和修改功能。
20 对火警受理和调度指挥全过程的信息数据实时记录、检索、显示、备份。
21 对有关数据库进行统一管理、维护。
22 具有值班信息管理和日志记录功能。
23 具有火警受理终端、消防站终端、录音时系统等设备统一时钟管理功能。
24 具有系统管理权限的设定功能。
25 具有故障报警功能。
26 具有接处警模拟训练功能。
测试检验方法：模拟灾害报警呼入，启动火警受理指令流程工作状态，逐项检验本条第 1～18 款功能。进入系统日常管理工作状态，按本条第 19～26 款逐项进行实际功能操作检验。

4.2.3 测试检验消防站火警受理功能，应符合下列要求：
1 接收消防通信指挥中心的话音、数据信息。
2 接收消防通信指挥中心下达的出动命令并打印出车单。
3 自动或手动启动相应的警灯、警铃、火警广播等联动控制装置。

4 提供本站火警受理、消防实力、图像等信息。

5 具有消防车辆状态信息自动反馈功能。

测试检验方法：在进行本规范第4.2.2条测试检验的同时，随机抽测一台系统挂接的消防站火警受理终端设备，在火警受理指令流程工作状态下逐项检验本条第1～5款功能。

4.3 消防有线、无线通信子系统验收

4.3.1 消防有线、无线通信子系统验收应包括火警电话的接入、火警调度专线的接入；公用电话网、内部电话网、公安电话网的接入；有线调度指挥通信网络；无线调度指挥通信网络的测试验收。

4.3.2 测试检验消防有线通信子系统，应符合下列要求：

1 与公用电话网及其他专用通信网相连；能接收火警电话或其他报警电话。

2 具有火警应急接警电话。

3 具有与各消防站的话音、数据、图像通信线路。

4 具有与城市公共安全应急联动机构的话音、数据通信线路。

5 具有与建筑消防设施及消防安全管理远程监控系统终端的通信线路。

6 具有与供水、供电、供气、通信、医疗、救护、交通、环卫等灭火救援有关单位的话音通信线路。

7 具有能满足日常和突发情况下通信的内部专线电话。

8 具有在火警受理终端进行调度电话操作及电话交换操作等功能。

9 火警电话电路和火警调度专线的线路容量满足本地消防通信的需求。

10 火警电话电路和火警调度专线等重要通信线路具有故障报警和突发情况应急通信能力。

测试检验方法：按本条第1～10款逐项进行实际通信操作检验。

4.3.3 测试检验消防无线通信子系统，应符合下列要求：

1 能以三级组网为基本方式组织消防无线调度指挥通信网络。

2 消防一级网（城市消防管区覆盖网）能满足城市消防通信指挥中心与在城市消防管区内的固定和移动中的消防力量之间的无线通信联络；消防二级网（火场指挥网）能满足灭火作战现场范围内，总队指挥员、支（大）队指挥员、中队指挥员之间的无线通信联络；消防三级网（灭火战斗网）能满足消防中队指挥员、战斗班长、消防车、水枪手、消防战斗车辆驾驶员之间的无线通信联络，并以建制消防中队为单位分别组网，通过无支援关系中队间的频率复用，达到每个中队有一个专用信道。

3 能加入城市公安无线集群通信系统，并在系统中设置消防分调度系统和一定数量的独立编队（通话组）。

4 能与企事业单位专职消防队、其他多种形式消防队进行协同通信。

5 能在通信盲区、易燃易爆等特殊环境下进行通信联络。

测试检验方法：在消防无线调度指挥通信网络中，按本条第1～5款逐项进行实际通信操作检验。

4.4 火场通信指挥子系统验收

4.4.1 火场通信指挥子系统验收应包括现场决策指挥和实力调度通信、现场通信管理控制等功能的测试验收。

4.4.2 测试检验火场通信指挥子系统功能，应符合下列要求：

1 与消防通信指挥中心进行话音、数据、图像通信。

2 与消防通信指挥中心进行卫星话音、数据、图像通信。

3 对现场无线通信进行管理和控制，实现无线常规通信用户终端的快速入网、信道频率和用户终端的自动配置、动态分组、收发状态的控制等。

4 进行无线常规、无线集群、公用移动、卫星通信、微波通信、无线宽带等话音交换、数据通信；进行跨频段、跨网络的通信交换。

5 在现场进行消防实力调度。

6 记录现场的话音、数据、图像并存档。

7 显示灾害信息及其出动方案，在现场应用灭火救援指挥辅助决策支持系统等。

8 火场图像采集传输系统能摄录制火灾及灾害事故现场图像，并将图像传输到现场指挥车（移动消防指挥中心）和消防通信指挥中心。

9 消防车辆动态管理系统能实时传输消防车辆的状态信息或位置信息。

测试检验方法：模拟灾害现场环境，按本条第1～9款逐项进行实际功能操作检验。

4.5 消防信息综合管理子系统验收

4.5.1 消防信息综合管理子系统验收应包括消防信息类型及主要内容的检验验收和消防信息显示管理、远程数据检索、信息发布等功能的测试验收。

4.5.2 按照附录E划分的消防信息类型逐项检验其主要内容，每个信息类型抽查数据量不应小于2条。

4.5.3 测试检验消防信息显示管理功能，应符合下列要求：

1 显示消防站名称及其当前值班人员姓名、人

数等值班信息。

　　2　显示消防车辆的编号、类型、状态、位置等信息。

　　3　显示日期、时钟。

　　4　按日、月、年显示各种统计信息。

　　5　显示当前的火灾及灾害事故地点、出动方案。

　　6　显示气象、温度、湿度、风向、风力等气象信息。

　　7　接收、录制和切换显示火场及灾害事故现场图像、道路监视图像、消防站图像以及各类多媒体信息。声音和图像的播放、显示、控制的效果满足设计要求。

　　测试检验方法：通过现场演示的方式，按本条第1～7款逐项进行显示管理功能操作检验。

4.5.4　测试检验远程数据检索和信息发布功能，应符合下列要求：

　　1　在授权终端实时检索本规范第4.5.2条的有关信息。

　　2　通过信息网络发布火警受理和灭火救援的有关信息。

　　测试检验方法：通过现场演示的方式，按本条第1～2款逐项进行数据检索和信息发布功能操作检验。

4.6　消防通信指挥系统集成验收

4.6.1　消防通信指挥系统集成验收应包括以下内容：

　　1　按照系统设计文件和工程合同规定的全部通信指挥工作流程，在消防通信指挥中心、消防站和现场指挥车（移动消防指挥中心）进行系统集成的通信指挥功能和整体技术性能的测试验收，以及系统的安全性和可靠性的测试验收。

　　2　检查系统技术文件是否完整、正确、规范。

4.6.2　测试检验系统集成的通信指挥功能和整体技术性能，应符合下列要求：

　　1　火警受理指令流程应包括：报警接收、火警辨识、出动方案编制、出动命令下达、现场通信、灭火救援指挥辅助决策、联合出动方案编制、信息采集传输、灭火救援作战记录等。

　　2　从接收火警信号到显示报警号码、地址等信息的时间不应超过2s。

　　3　从受理火警到消防站接到出动命令的时间不应超过45s。

　　4　重大及以上火灾及其灾害事故录音文件应永久保存，其他灾害事故的录音文件保存时间不应少于6个月。

　　5　火警受理终端数量不应少于2个。

　　测试检验方法：模拟灾害报警呼入，启动火警受理指令流程工作状态，按本条第1～5款逐项进行功能和性能指标的操作检验。

4.6.3　测试检验系统的安全性和可靠性，应符合下列要求：

　　1　网络应设置防火墙、网闸等，内网与外网连接应进行物理隔离。

　　2　系统应安装防病毒软件，并能定期升级。

　　3　系统应及时安装操作系统的补丁程序。

　　4　系统运行不得随意退出。当系统程序发生重大故障不能正常运行时，应能保证接警调度的话音畅通。

　　5　系统程序未经授权不能进入和修改。

　　6　录音录时数据不能更改。

　　7　火警电话电路的路由不应少于2路，当其中一条路由出现故障时，应能切换到另一条路由。

　　8　系统不应少于2路火警应急接警电话，当火警电话电路全部出现故障时，应能将报警呼入切换到火警应急接警电话上。

　　9　当火警调度专线出现故障时，应能切换到无线通信调度等方式上。

　　10　重要设备或重要设备的核心部件应有备份。

　　测试检验方法：通过现场演示的方式，按本条第1～6款逐项进行安全性和可靠性要求的操作检验。模拟火警电话电路和火警调度专线故障，按本条第7～10款逐项进行故障处置的操作检验。

4.7　系统验收判定条件

4.7.1　系统工程质量验收主控项应按附录F要求划分。

4.7.2　**系统工程验收合格判定条件应为：主控项不合格数量为0项，否则为不合格。**

5　系统使用和维护

5.1　使用前的准备

5.1.1　消防通信指挥系统的使用单位应由经过培训的专人负责系统的使用操作和维护管理。

5.1.2　消防通信指挥系统正式启用时，应具有下列技术文件：

　　1　系统设计文件和施工技术标准。

　　2　系统施工产品进场质量检查记录。

　　3　系统施工过程质量检查记录。

　　4　消防通信指挥系统工程验收记录。

5.2　使用和维护

5.2.1　使用单位应建立消防通信指挥系统的技术档案，并应对系统的各种变更作详细记录。

5.2.2　消防通信指挥系统的数据应定期更新。

5.2.3　消防通信指挥系统应保持连续正常运行，不得中断。

5.2.4　每日应检查消防通信指挥系统的下列功能，

并应按附录 G 的格式填写"消防通信指挥系统每日检查记录表"。

    1 检查火警电话、火警调度专线、火警应急接警电话等线路。

    2 检查报警接收、应答和各种信息显示的功能。

    3 检查有线、无线等录音录时功能。

    4 检查消防通信指挥中心与消防站的话音、数据或图像通信。

    5 检查消防通信指挥系统与 110、122、119 "三台合一"接处警系统及其他报警设备的通信。

    6 检查火警受理终端、消防站终端、录音录时系统的时钟。

5.2.5 每月应检查消防通信指挥系统的下列功能，并应按附录 H 的格式填写"消防通信指挥系统每月检查记录表"。

    1 随机抽查两天的录音录时信息备份和灭火救援作战记录数据备份。

    2 检查出车单打印机、警灯、警铃、火警广播等联动控制装置的动作。

    3 检查消防通信指挥中心与灭火救援有关单位或系统的话音、数据通信。

    4 检查消防通信指挥中心与现场指挥车（移动消防指挥中心）进行话音、数据、图像通信。

    5 检查无线通信设备。

    6 检查车载通信系统。

    7 检查卫星话音、数据、图像通信。

    8 检查网络防火墙、网闸、防病毒软件、操作系统。

    9 检查系统的防火、防雷、防鼠等措施。

5.2.6 每半年应检查消防通信指挥系统的下列功能，并应按附录 J 的格式填写"消防通信指挥系统每半年检查记录表"。

    1 检查系统故障报警功能、信号显示功能。主要包括：报警接收设备通信故障、服务器通信故障、火警受理终端通信故障、消防站通信故障、录音录时系统通信故障、显示管理终端通信故障、联动控制装置连接故障。

    2 检查投影、LED 等外部显示装置的动作和显示功能。

    3 检查消防通信指挥系统与建筑消防设施及消防安全管理远程监控系统终端的数据通信功能。

    4 按本规范第 4.6.2 条和第 4.6.3 条的有关要求模拟测试检查系统集成功能和整体技术性能，并测试检查系统的安全性和可靠性要求。

附录 A 消防通信指挥系统分部、分项工程划分

消防通信指挥系统分部、分项工程应按表 A 划分。

表 A 消防通信指挥系统分部、分项工程划分

单位工程	序号	分部工程	分项工程
消防通信指挥系统	1	系统基础环境	1. 设备用房 2. 供配电 3. 综合布线 4. 接地及防雷
	2	设备的安装	1. 计算机网络设备 2. 信息技术设备 3. 消防有线通信设备 4. 消防无线通信设备 5. 卫星通信设备 6. 车载通信系统设备 7. 火警受理终端设备 8. 消防站终端设备 9. 消防信息显示设备 10. UPS 电源设备
	3	系统接口的连接	消防通信指挥系统在硬件或软件上连接的接口
	4	系统验收	1. 火警受理子系统功能测试 2. 消防有线、无线通信子系统功能测试 3. 火场通信指挥子系统功能测试 4. 消防信息综合管理子系统功能测试 5. 消防通信指挥系统集成验收

附录 B 消防通信指挥系统施工产品进场质量检查记录

消防通信指挥系统施工产品进场质量检查记录应由施工单位质量检查员按表 B 填写，监理工程师进行检查，并作出检查结论。

表 B 消防通信指挥系统施工产品进场质量检查记录

项目	产品名称	型号、规格	数量	安装使用说明书	产品合格证或许可证或检测报告	包装和外观	检查结论
信息技术设备							
电信终端设备							

续表 B

项目	产品名称	型号、规格	数量	安装使用说明书	产品合格证或许可证或检测报告	包装和外观	检查结论
无线通信设备							
网络设备							
卫星通信设备							
车载通信系统设备							
电器材料							
系统平台软件							
专业应用软件							

施工单位项目负责人：(签章)

年 月 日

监理工程师：(签章)

年 月 日

建设单位项目负责人：(签章)

年 月 日

附录 C 消防通信指挥系统施工过程质量检查记录

消防通信指挥系统施工过程质量检查记录应由施工单位质量检查员按表 C 填写，监理工程师进行检查，并作出检查结论。

表 C 消防通信指挥系统施工过程质量检查记录

工程名称		施工单位	
施工执行规范名称及编号		监理单位	
分部工程名称		分项工程名称	
项目	《规范》章节条款	施工单位检查评定记录	监理单位验收记录

结论	施工单位项目负责人：(签章)	监理工程师：(签章)
	年 月 日	年 月 日

附录 D 消防通信指挥系统工程验收记录

消防通信指挥系统工程验收记录应由建设单位按表 D 填写，综合验收结论由参加验收的各方共同商定并签章。

表 D 消防通信指挥系统工程验收记录

工程名称			
施工单位		项目负责人	
监理单位		监理工程师	
序号	检查项目名称	检查内容记录	检查评定结果
1	产品进场质量检查		
2	施工过程质量检查（基础环境、设备的安装、接口连接）		
3	火警受理子系统功能测试		
4	消防有线、无线通信子系统功能测试		
5	火场通信指挥子系统功能测试		
6	消防信息综合管理子系统功能测试		
7	消防通信指挥系统集成功能和整体技术性能测试		
8	系统的安全性和可靠性检查		
9	系统技术文件检查		
综合验收结论			

验收单位	施工单位：(单位印章)	项目负责人：(签章) 年 月 日
	监理单位：(单位印章)	监理工程师：(签章) 年 月 日
	设计单位：(单位印章)	项目负责人：(签章) 年 月 日
	建设单位：(单位印章)	项目负责人：(签章) 年 月 日

附录 E 消防信息类型和主要内容

消防信息类型和主要内容应按表 E 要求划分。

表 E 消防信息类型和主要内容

序号	类型	主要内容
1	录音录时信息	通道号、主叫电话号码、时间（开始录音时间、结束录音时间、录音时长）、通道模式（有线、无线）、录音文件名、附加信息等
2	出车单信息	灾害地点、报警电话、报警人、灾害类型、灾害等级、报警时间、下达命令时间、行车路线、出动车辆数量、出动车辆属性（编号、牌号、类型）、区域范围内的消防水源、地图信息（可选）等
3	常用电话号码信息	各级指挥机关及负责人和相关救援单位等的电话号码
4	火灾类型信息	普通建筑火灾、高层建筑火灾、地下空间火灾、油类火灾、气体火灾、露天堆场火灾、交通工具火灾、一般性火灾等
5	灾害事故类型信息	交通事故、倒塌事故、市政公用设施故障事故、危险化学品泄漏事故、爆炸事故、自然灾害、恐怖事件等
6	消防地理信息	道路、消防水源、消防站、消防安全重点单位、灭火救援有关单位（政府部门、救灾相关单位、城市公共安全应急联动机构）等地图信息及其属性数据
7	气象信息	气象、温度、湿度、风向、风力等
8	消防水源信息	消火栓的编号、名称、位置、状态、管网形式、口径、压力、流量（或储水量）、使用方法，天然水源及供水码头，缺水区域等
9	消防实力信息	消防队（站）名称及属性、值班领导姓名、通信员姓名、战斗员人数、车辆数量、车辆编号、车辆类型、车辆状态、车辆位置等
10	车辆状态信息	待命、出动、执勤、检修、途中、到场等

续表 E

序号	类型	主要内容
11	灭火救援器材信息	器材类别、名称、放置地点、数量、状态等
12	危险化学品信息	名称标识（中文名、英文名、分子式等）、理化性质（外观与形状、主要用途、闪点、熔点、沸点、相对密度、溶解性、爆炸极限等）、包装与储运（危险性类别、危险货物包装标志、储运注意事项等）、危害特点（燃烧爆炸危险性、扩散性、毒性及健康危害性、带电性等）、灭火处置方法等
13	灭火作战预案信息	单位（区域）概况、火灾特点、力量部署、扑救对策、供水方案、注意事项、战斗保障及各种图形、图片、图像信息等
14	抢险救援预案信息	灾害特点、情况设定、力量调集、处置程序、处置方法、注意事项、战斗保障及各种图形、图片、图像信息等
15	消防勤务预案信息	活动概况、指挥机构、重点目标、力量部署、注意事项、勤务保障及各种图形、图片、图像信息等
16	跨区域灭火救援预案信息	灭火救援区域、力量编成、调集程序、增援路线、指挥机构、任务分工、战斗保障及各种图形、图片、图像信息等
17	灭火救援作战记录信息	编号、灾害地点、报警人、灾害类型、灾害等级、有无人员被困或伤亡、报警时间、第一出动时间及到场时间、出水时间、增援出动时间及到场时间、控制时间、结束时间、各级指挥员姓名、出动队别及数量、出动人数、出动车辆类型及数量、使用消防水源情况、使用灭火剂情况、使用灭火救援器材情况、损失情况、伤亡情况、灭火救援作战图像和图表资料等
18	值班信息	调度员值班、战训值班、领导值班等
19	统计信息	火警报警次数、出动次数、出水次数、出动队次、出动人数等；抢险救援的报警次数、出动次数、出动队次、出动人数等；一般救助及勤务的报警次数、出动次数、出动队次、出动人数等数据的日统计、月统计、季度统计和年统计

附录 F 消防通信指挥系统工程质量验收主控项

消防通信指挥系统工程质量验收主控项应按表 F 划分。

表 F 消防通信指挥系统工程质量验收主控项

	主 控 项
条款编号	2.3.3条
	2.3.6条
	3.3.1条
	4.2.2条
	4.3.2条第1款
	4.3.2条第2款
	4.3.3条
	4.4.2条第1款
	4.4.2条第7款
	4.6.2条
	4.6.3条

附录 G 消防通信指挥系统每日检查记录表

消防通信指挥系统每日检查记录应按表 G 填写。

表 G 消防通信指挥系统每日检查记录表

单位名称： 　　　　　　　　　　　年　月　日

项目 子项	火警线路	报警接收应答	录音录时	消防站通信	报警设备通信	时钟
1	火警电话	1	1	1	1	火警受理终端
2	火警调度专线	2	2	2	2	消防站终端
3	火警应急接警电话	3	3	3	3	录音录时系统
		…	…	…	…	
		n	n	n	n	
检查人						
备注						

注：正常划"√"，有问题注明。

附录 H 消防通信指挥系统每月检查记录表

消防通信指挥系统每月检查记录应按表 H 填写。

表 H 消防通信指挥系统每月检查记录表

单位名称： 　　　　　　　　　　　年　月

项目 子项	备份	联动控制装置	与有关单位话音、数据通信	与现场指挥车话音、数据通信	无线通信设备	车载通信系统	卫星通信	网络防火墙、网闸、防病毒软件、操作系统	防火、防雷、防鼠措施
录音录时信息备份		打印机						网络防火墙	
灭火救援作战记录数据备份		警灯						防病毒软件	
		警铃						操作系统	
		火警广播							
检查人									
备注									

注：正常划"√"，有问题注明。

附录 J 消防通信指挥系统每半年检查记录表

消防通信指挥系统每半年检查记录应按表 J 填写。

表 J 消防通信指挥系统每半年检查记录表

单位名称：　　　　　　　　　　　年　半年

项目＼子项	故障报警功能	显示装置	与建筑消防设施及消防安全管理远程监控系统终端的通信	系统集成功能和整体技术性能
报警接收设备通信故障		投影		
服务器通信故障		LED		
火警受理终端通信故障				
消防站终端通信故障				
录音录时系统设备通信故障				
显示管理终端通信故障				
联动控制装置连接故障				
检查人				
备注				

注：正常划"√"，有问题注明。

本规范用词说明

1 为便于在执行本规范条文时区别对待，对要求严格程度不同的用词说明如下：

1）表示很严格，非这样做不可的用词：
正面词采用"必须"，反面词采用"严禁"。

2）表示严格，在正常情况下均应这样做的用词：
正面词采用"应"，反面词采用"不应"或"不得"。

3）表示允许稍有选择，在条件许可时首先应这样做的用词：
正面词采用"宜"，反面词采用"不宜"；
表示有选择，在一定条件下可以这样做的用词，采用"可"。

2 本规范中指明应按其他有关标准、规范执行的写法为"应符合……的规定"或"应按……执行"。

中华人民共和国国家标准

消防通信指挥系统施工及验收规范

GB 50401—2007

条文说明

目 次

1 总则 ………………………………… 21—18
2 施工前准备 ……………………… 21—18
　2.1　一般规定 …………………… 21—18
　2.2　系统的基础环境 …………… 21—18
　2.3　产品进场检查 ……………… 21—18
3 系统施工 ………………………… 21—19
　3.1　一般规定 …………………… 21—19
　3.2　设备的安装 ………………… 21—19
　3.3　系统接口的连接 …………… 21—19
　3.4　系统调试和试运行 ………… 21—19
4 系统验收 ………………………… 21—20
　4.1　一般规定 …………………… 21—20
　4.2　火警受理子系统验收 ……… 21—20
　4.3　消防有线、无线通信子系统验收 … 21—20
　4.4　火场通信指挥子系统验收 … 21—20
　4.5　消防信息综合管理子系统验收 … 21—20
　4.6　消防通信指挥系统集成验收 … 21—21
　4.7　系统验收判定条件 ………… 21—21
5 系统使用和维护 ………………… 21—21
　5.1　使用前的准备 ……………… 21—21
　5.2　使用和维护 ………………… 21—21

1 总 则

1.0.1 本条说明了制定本规范的目的。根据《中华人民共和国消防法》要求，消防通信等内容的消防规划已纳入城市总体规划。消防通信指挥系统是实施灭火救援行动的重要保障手段，系统应能达到及时受理火灾报警、进行消防指挥调度，保证各级消防指挥中心、消防站、灾害现场以及消防指战员之间通信畅通，及时交换信息、传达灭火救援指令的基本功能要求。国家标准《消防通信指挥系统设计规范》GB 50313的颁布实施，推动了我国消防通信指挥系统规范化建设的进程，但是在系统建设中还存在一些亟待解决的问题，如工程施工、竣工验收、维护管理等关键环节，目前还无章可循，致使一些系统没有发挥其作用，造成不必要的损失。为了适应形势发展和现实工作需要，保证消防通信指挥系统建设的施工质量和系统正常运行，制定可供遵循的、统一的、规范的消防通信指挥系统施工及验收技术标准是完全必要的。

1.0.2 本条明确了本规范适用范围。随着城市公共安全保障体系建设的发展，考虑到不同形式的应急指挥接警处理技术，消防通信指挥系统作为公安机关110、119、122"三台合一"接处警系统等城市应急联动系统的分系统建设时，也应执行本规范的规定和要求。

1.0.3 本条说明了消防通信指挥系统的施工及验收除应执行本规范外，还应与本规范有关配套执行的如综合布线系统、电子信息系统防雷等国家现行标准相协调一致。

2 施工前准备

2.1 一般规定

2.1.1 消防通信指挥系统建设工程是具有独立施工条件和能形成独立使用功能的单体工程。将工程各阶段和相近工作内容划分为若干个分部工程，将形成独立专业体系的工作划分为若干个分项工程，并按此划分收集整理施工技术资料，组织施工和验收，有利于控制工程质量，方便工程验收。

2.1.2 施工前备齐设备及配件是保证正常施工的必要条件。提出本条的目的是避免出现尚不具备施工条件时仓促开工的情况。

2.1.3 施工现场满足施工的要求是工程实施的必要条件。各地消防站、消防装备、通信基础、网络平台等差异较大，所以施工现场环境是否满足施工要求应由设计、施工、监理和建设单位协商确定。

2.1.4 本条规定了施工前应提供的最基本的技术文件。消防通信指挥系统是综合应用计算机、通信、网络等技术与消防指挥专业技术相结合的专业系统，所以在施工前，设计单位应向施工、监理和建设单位详细说明工程实施方案、施工图、技术要求、质量标准，明确工程部位、工序等。

2.1.5 专业应用信息系统的基础数据资料是系统建设的重要组成部分，是系统能否运行的基础。本条对建设单位的准备工作作出了明确规定。

2.2 系统的基础环境

2.2.1 消防通信指挥系统的设备用房、综合布线、供配电、接地及防雷等基础环境与系统施工和系统正常运行密切相关。因此本条提出系统施工前，不列入本系统施工范围但与系统施工和系统正常运行配套的基础环境应达到国家现行标准的有关要求。其中，系统的设备用房和供配电设施的有关要求在《消防通信指挥系统设计规范》GB 50313中已作出明确规定，不再重复。

2.2.2 本条规定了系统配套的综合布线工程的执行标准。

2.2.3 本条规定了系统配套的接地及防雷工程的执行标准。

2.3 产品进场检查

2.3.1 消防通信指挥系统包含各种不同的通用设备、配件、软件运行平台及专业应用软件产品等，在施工前必须对其质量进行现场检查。本条规定了系统设备及配件等产品进场时需要检查的技术文件。这些文件由供货商作为随机附件提供。

2.3.2 由于包装和运输等过程可能造成设备的损坏，所以本条规定了消防通信指挥系统的设备及配件进场时应进行外观检查。

2.3.3 消防通信指挥系统使用的信息技术设备（即计算机、服务器、显示器、打印设备、数据终端等）、电信终端设备、无线电通信设备和涉及网间互联的电信设备，均为必须通过中国强制性产品质量认证（即CCC认证）或实行进网许可制度的产品，所以只要提供合格证及进网许可证即视为符合要求，不再做重复检测。

2.3.4 消防通信指挥系统使用的卫星通信设备是指进行话音、数据、图像通信的卫星通信固定站、便携站等产品。消防通信指挥系统使用的车载通信系统设备等是指在现场指挥车（或移动消防指挥中心）中应用的各种话音、数据、图像通信系统以及现场通信管理与控制、网络通信交换、灭火救援指挥辅助决策支持系统、灾害事故现场摄录像、图像监控显示、移动终端等设备。这些系统或设备均应符合国家现行的有关技术规范和标准。

2.3.5 消防通信指挥系统使用的开关插座、接线端子（盒）、电线电缆、线槽桥架等电器材料的产品质量是否合格,对消防通信指挥系统的正常运行密切相关。所以本条规定其应为符合国家有关标准的产品。在进场质量检查时应查验生产许可证和安全认证标志。

2.3.6 消防通信指挥系统的各类功能大部分是由软件来完成和体现的。为保证系统工程质量,本条规定消防通信指挥系统使用的操作系统、数据库管理系统、地理信息系统、安全管理系统(信息安全、网络安全等)和网络管理系统等平台软件,可采用先进成熟的商业化软件产品,并应检查软件使用(授权)许可证,不再做重复检测。

2.3.7 系统施工中,为保证用户应用信息系统、接口软件等专业应用软件的质量和系统的运行维护管理,专业应用软件模块的检验和评测宜由国家相关产品质量监督检验中心等国家认证认可的产品质量检测机构实施,出具检测报告,并应提供应用软件安装程序和程序结构说明、安装使用维护手册等技术文件。由于这类专业应用软件模块还需要针对用户的具体需求和运行环境在安装调试中进行完善,所以消防通信指挥系统的用户应用信息系统等专业应用软件也可在进场后或调试后进行检测。

2.3.8 为了建立完善的系统技术档案,设备及配件、材料、软件产品进场质检验收时应填写《消防通信指挥系统施工产品进场质量检查记录》,出具书面结论。产品进场质量检查时应有施工单位、建设单位和监理单位参加,施工单位为主,监理和建设单位确认。

3 系统施工

3.1 一般规定

3.1.1 本条规定的目的是避免出现因随意修改设计导致无法保证工程质量和无法验收的情况。

3.1.2 消防通信指挥系统的施工单位应具有相应的专业施工资质,以利于与设计单位、建设单位之间有更好的沟通,对其专业应用有更深的理解,保证工程质量。

3.1.3 消防通信指挥系统施工过程中,做好设计变更、安装调试等相关记录,是实施工程质量控制和工程验收的必要条件。

3.1.4 消防通信指挥系统是综合应用各种技术的专业系统,施工过程的质量控制是非常必要的。本条对施工过程质量控制的程序、方法和执行责任人等作出原则性规定。

3.2 设备的安装

3.2.1 本条中的计算机网络设备、消防有线通信设备、消防无线通信设备、卫星通信设备、车载通信系统设备、消防信息显示装置、UPS电源设备以及信息技术设备、火警受理终端设备、消防站终端设备是指在消防通信指挥系统施工中用户自主建设和维护管理的设备。本条对设备安装的合理性、可靠性和方便检修方面提出安装基本要求。

3.2.2 网络交换机、路由器、硬件防火墙等网络设备安装在同一个机柜内,方便维护管理。

3.2.3 消防通信指挥系统有线通信设备的安装施工涉及到与公用网、公安网的连接,应执行与其配套的国家技术标准和规范,验收时应对照设计文件和有关技术要求检查。

3.2.4 本条规定了消防无线通信设备安装的基本要求。设计和施工时应遵守国家无线电管理委员会及相关业务部门的有关规定,周全考虑工作环境、组网覆盖区、天线和天线杆塔的强度、天线结构和布局、天馈系统参数以及安装工艺要求等问题。

3.2.5 本条规定了卫星通信固定站设备安装的基本要求。卫星通信设备安装应执行与其配套的国家技术标准和规范。

3.2.6 本条规定了车载通信系统设备安装的基本要求。车载通信系统应用的话音、数据、图像通信系统,和具有现场通信管理与控制、网络通信交换、灭火救援指挥辅助决策支持系统、灾害事故现场摄录像、图像监控显示等功能的设备的安装,应执行与其配套的国家现行技术标准和规范。

3.2.7 本条规定了投影系统类和LED显示系统类信息显示装置安装的基本要求。

3.2.8 本条仅对为消防通信指挥系统集中供电的大型UPS电源设备安装环境提出基本要求。除此之外应执行与其配套的国家技术标准和规范。

3.3 系统接口的连接

3.3.1 为了实现消防通信指挥系统与其他系统的互联互通、信息共享,发挥整体资源优势,本条规定了消防通信指挥系统应具有的最基本的通信、传输或控制接口,这些接口应由硬件或软件设置。

3.4 系统调试和试运行

3.4.1 消防通信指挥系统正式投入使用前,必须保证系统功能和技术性能已经达到设计要求。系统可能存在的缺陷、漏洞和潜在的故障隐患都需要在调试和试运行过程中排除解决。所以本条规定消防通信指挥系统必须完成调试和试运行后,方可正式投入使用。

3.4.2 本条说明了消防通信指挥系统调试前的准备工作内容,要求各子系统的功能达到设计要求、具备系统调试环境、有调试方案和相关的技术标准文件。系统调试按照各子系统的基本调试内容、方法等调试要点进行。

3.4.3 本条说明了火警受理子系统的基本调试内容、方法等调试要点。

3.4.4 本条说明了消防有线通信子系统的基本调试内容、方法等调试要点。

3.4.5 消防无线通信子系统的调试,应在消防实战组网模拟环境中进行。

3.4.6 火场通信指挥子系统的调试,应在模拟灾害现场环境中实现本条规定的功能要求。

3.4.7 本条说明了消防信息综合管理子系统的基本调试内容、方法等调试要点。

3.4.8 本条规定的试运行时间应为在真实环境中的持续运行时间。

4 系统验收

4.1 一般规定

4.1.1 工程验收是系统交付使用前的一项重要技术工作。由于以前没有验收统一标准和具体要求,造成对系统是否达到设计功能要求,能否投入正常使用等重大问题心中无数,鉴于这种情况,为确保系统发挥其作用,本条规定了消防通信指挥系统竣工后必须进行工程验收,强调验收不合格不得投入使用。

4.1.2 本条规定了消防通信指挥系统工程验收的主要内容。施工产品进场质量检查验收和施工过程质量检查验收是各子系统功能测试验收和系统集成验收的基础,应在各子系统功能测试验收和系统集成验收前完成。

4.1.3 本条规定了消防通信指挥系统工程验收的单位主体应由建设单位组织设计、施工、监理等单位进行。

4.1.4 为保证系统工程验收能顺利进行,本条规定了实施消防通信指挥系统工程验收时应具备的5种技术文件。

4.1.5 为保证系统工程验收能顺利进行,并且验收后系统即能正常运行,本条规定了实施消防通信指挥系统工程验收的8项必要条件。

4.1.6 《消防通信指挥系统工程验收记录》包括了施工产品进场质量检查验收、施工过程质量检查验收、各子系统功能测试验收、系统集成验收的结论。施工产品进场质量检查验收、施工过程质量检查验收、各子系统功能测试验收、系统集成验收的具体检查、测试报告作为《消防通信指挥系统工程验收记录》的附录归档,供系统验收时查验。参加验收的各方根据这些阶段验收结论,判定消防通信指挥系统整体工程是否合格,联合出具书面结论。

4.2 火警受理子系统验收

4.2.1 火警受理子系统是消防通信指挥系统的核心单元,它是由消防通信指挥中心和消防站两个层次的硬件和软件组成。因此火警受理子系统验收分解为消防通信指挥中心火警受理功能和消防站火警受理功能的验收。

4.2.2 本条规定了消防通信指挥中心火警受理功能测试验收的具体项目和测试方法。本条是系统验收的主控项,主要目的是保证系统完成报警接收、力量调度、通信指挥等火警受理基本功能。本条第25款规定的故障主要指报警接收设备通信故障、服务器通信故障、火警受理终端通信故障、消防站终端通信故障、录音录时系统通信故障、显示管理终端通信故障和联动控制装置连接故障等。

4.2.3 本条规定了消防站火警受理功能测试验收的具体项目和测试方法。

4.3 消防有线、无线通信子系统验收

4.3.1 本条规定了消防有线、无线通信子系统验收内容为报警电话的接入;公用、内部和公安电话网的接入;有线调度指挥通信网络;无线调度指挥通信网络。

4.3.2 本条规定了消防有线通信子系统测试验收的具体项目和测试方法。消防有线通信子系统的基本功能主要是完成报警接收、话音通信等。

4.3.3 消防无线通信子系统测试验收主要是无线网络运行情况的验收,其检验测试具体项目:一是无线三级组网功能;二是消防分调度系统功能;三是协同通信功能;四是特殊环境下的通信功能。消防无线通信子系统是消防部队通信使用的最基本技术手段。

4.4 火场通信指挥子系统验收

4.4.1 本条规定了火场通信指挥子系统验收内容主要包括系统在火场及灾害事故现场进行决策指挥及实力调度通信、现场通信管理控制等功能的验收。

4.4.2 本条规定了火场通信指挥子系统功能测试验收的具体项目和测试方法。本条第1、2款规定了火场通信指挥子系统应具备的通信技术手段;第3、4款规定了火场通信指挥子系统应具有的现场通信管理控制和跨频段、跨网络的通信交换能力,其中第3款规定的"收发状态的控制"主要包括单呼、组呼、群呼、禁收、禁发、遥控监听、遥毙解毙等状态的控制;第5、6、7、8、9款规定了在火场及灾害事故现场进行决策指挥及实力调度通信的功能。其中第1、9款是现场灭火救援通信指挥的重要保障,所以列为系统验收的主控项。

4.5 消防信息综合管理子系统验收

4.5.1 消防信息综合管理子系统验收主要是检查测试系统对规定的消防信息类型及内容进行采集、存储、检索、处理、显示、传输、分析的功能。

4.5.2 本条规定的消防信息类型和主要内容,可根据系统规模、系统环境、用户需求等具体情况选择

建设。

4.5.3 本条规定了在消防通信指挥中心的投影系统和 LED 显示系统等消防信息显示管理控制功能测试验收的具体项目和测试方法。

4.5.4 本条规定了远程数据检索和信息发布功能测试验收的具体项目和测试方法，具体实现技术手段不做限制。

4.6 消防通信指挥系统集成验收

4.6.1 消防通信指挥系统集成验收应在消防通信指挥中心、消防站和现场指挥车（移动消防指挥中心）进行，主要包括：测试系统集成的通信指挥功能和系统整体技术性能指标，验证系统能否通过全部通信指挥工作流程；检查系统的安全性和可靠性要求；检查本规范第 4.1.4 条规定的消防通信指挥系统质量验收技术文件。以此判定系统整体是否达到设计文件和工程合同规定要求，能否可靠运行。

4.6.2 本条规定了消防通信指挥系统集成的通信指挥功能和整体技术性能测试验收的具体项目和测试方法，是系统验收的主控项。本条第 2 款的显示报警号码、地址等信息，包括显示固定报警电话和移动报警电话的电话号码、地址。

4.6.3 本条规定的要求是系统集成验收的重要内容。为保证系统能可靠运行，本条规定了消防通信指挥系统的安全性和可靠性测试验收的具体项目和测试方法，是系统验收的主控项。

4.7 系统验收判定条件

4.7.1 本条规定了消防通信指挥系统工程质量验收的主控项，具体见附录 F。主控项是保证系统正常运行的基本功能项目，其他非主控项是不影响系统正常运行、具有较高级或辅助的功能项，建设单位可以根据系统建设的功能定位、系统规模、系统环境等灵活选择。

4.7.2 本条规定了消防通信指挥系统工程验收是否合格的判定条件，使消防通信指挥系统工程质量验收有统一的评价标准，操作上简便易行。本条明确了施工和质量验收的主控项必须全部合格，否则为系统验收不合格。验收不合格应限期整改，直至验收合格。整改完毕重新进入试运行和系统验收程序。复验时，《消防通信指挥系统工程验收记录》中已经有验收合格结论的，不再重复验收。

5 系统使用和维护

5.1 使用前的准备

5.1.1 为保证消防通信指挥系统的正常运行，本条规定了消防通信指挥系统投入使用时，应由经过培训的专人负责系统的使用操作和维护管理。

5.1.2 本条第 1 款系统设计文件是指系统技术构成图、系统性能指标、系统（含硬件、软件、接口、配件等）明细、设备布置平面图、系统功能说明、安装使用维护手册、用户应用软件的程序结构说明、系统录入的基础数据资料等使用操作和维护管理必需的技术文件。第 4 款《消防通信指挥系统工程验收记录》包括系统验收结论和作为附录的具体检查、测试报告。

5.2 使用和维护

5.2.1 建立和完善消防通信指挥系统的技术档案是做好系统使用维护的基础。系统技术档案除本规范第 5.1.2 条要求的技术文件外，还应有系统检查测试记录、系统维护记录、系统故障和排除记录、系统改动和升级完善等技术工作记录。

5.2.2 消防通信指挥系统的数据资料完整准确是系统能满足消防通信指挥实战要求的必要条件。使用单位应根据实际情况明确规定各类数据的更新时间和实施方法。

5.2.3 本条强调消防通信指挥系统正式启用后，在使用维护、检查和测试、排除故障等工作中，要始终保持系统正常运行，不得中断。

5.2.4～5.2.6 这三条规定了消防通信指挥系统维护管理中在每日、每月、每半年等时间段应定期检查和测试内容，这些规定有利于及时发现和排除故障问题，保持系统连续正常运行不中断。

中华人民共和国国家标准

烧结机械设备工程安装验收规范

Code for installation acceptance
of sintering mechanical equipment engineering

GB 50402—2007

主编部门：中国冶金建设协会
批准部门：中华人民共和国建设部
施行日期：２００７年７月１日

中华人民共和国建设部
公 告

第 564 号

建设部关于发布国家标准
《烧结机械设备工程安装验收规范》的公告

现批准《烧结机械设备工程安装验收规范》为国家标准，编号为 GB 50402—2007，自 2007 年 7 月 1 日起实施。其中，第 2.0.4、2.0.14、6.10.1、6.15.1、13.1.6、13.8.1 条为强制性条文，必须严格执行。

本规范由建设部标准定额研究所组织中国计划出版社出版发行。

中华人民共和国建设部
二〇〇七年一月二十四日

前 言

本规范是根据建设部建标函〔2005〕124 号"关于印发《2005 年工程建设标准规范制定、修订计划（第二批）》的通知"的要求，由中国冶金建设协会组织中国第十三冶金建设公司会同有关单位制定的。

在编制过程中，规范编制组学习了有关现行国家法律、法规及标准，进行了调查研究，总结了多年来烧结机械设备工程安装质量验收的经验，对规范条文反复讨论修改，并广泛征求了有关单位和专家的意见，最后经审查定稿。

本规范共 13 章，包括总则，基本规定，设备基础、地脚螺栓和垫板，设备和材料进场，原料及混合设备安装工程，烧结设备安装工程，环式冷却机设备安装工程，带式冷却机设备安装工程，主抽风机设备安装工程，电除尘设备安装工程，布袋除尘器，多管除尘器，烧结机械设备试运转以及 4 个附录。第 5 章至第 12 章为烧结机械设备安装工程的分部工程，第 3 章设备基础、地脚螺栓和垫板及第 4 章设备和材料进场的条文内容关系各分项工程，是各分项工程具有共性的质量控制要素，因此，将其单独列章。

本规范以黑体字标志的条文为强制性条文，必须严格执行。

本规范可进行局部修订，有关局部修订的信息和条文内容将刊登在有关杂志上。

本规范由建设部负责管理和对强制性条文的解释，由中国第十三冶金建设公司负责具体技术内容解释。本规范在执行过程中，请各单位注意总结经验，积累资料，随时将有关的意见和建议反馈给中国第十三冶金建设公司（地址：上海市宝山区铁力路 2469 号，邮政编码：201900，E-mail：office @ 13shmcc. cn，传真：021-56600177），以供今后修订时参考。

本规范主编单位、参编单位和主要起草人：
主编单位：中国第十三冶金建设公司
参编单位：中国第一冶金建设公司
中国第二十冶金建设公司
上海宝山钢铁质量监督站
中国第五冶金建设公司
主要起草人：郑永恒　周学民　吴景刚　王庆国
高丽华

目　次

1　总则 …………………………………… 22—5
2　基本规定 ……………………………… 22—5
3　设备基础、地脚螺栓和垫板 ………… 22—6
　3.1　一般规定 ………………………… 22—6
　3.2　设备基础 ………………………… 22—6
　3.3　地脚螺栓 ………………………… 22—6
　3.4　垫板 ……………………………… 22—6
4　设备和材料进场 ……………………… 22—7
　4.1　一般规定 ………………………… 22—7
　4.2　设备 ……………………………… 22—7
　4.3　原材料 …………………………… 22—7
5　原料及混合设备安装工程 …………… 22—7
　5.1　一般规定 ………………………… 22—7
　5.2　定量给料装置 …………………… 22—7
　5.3　混合机 …………………………… 22—8
6　烧结设备安装工程 …………………… 22—10
　6.1　一般规定 ………………………… 22—10
　6.2　烧结机机架 ……………………… 22—10
　6.3　梭式布料机 ……………………… 22—10
　6.4　铺底料槽和混合料槽 …………… 22—11
　6.5　圆筒给料机 ……………………… 22—11
　6.6　反射板 …………………………… 22—11
　6.7　辊式布料机 ……………………… 22—12
　6.8　头轮 ……………………………… 22—12
　6.9　传动装置 ………………………… 22—12
　6.10　点火装置 ………………………… 22—13
　6.11　头部弯道及中部轨道 …………… 22—14
　6.12　尾部装置 ………………………… 22—14
　6.13　密封滑道及密封板 ……………… 22—15
　6.14　台车及箅条清扫器 ……………… 22—16
　6.15　热破碎机 ………………………… 22—16
　6.16　风箱及主抽风管道 ……………… 22—17
　6.17　灰斗及溜槽 ……………………… 22—18
7　环式冷却机设备安装工程 …………… 22—18
　7.1　一般规定 ………………………… 22—18
　7.2　机架 ……………………………… 22—18
　7.3　漏斗 ……………………………… 22—18
　7.4　风箱与密封罩 …………………… 22—19
　7.5　轨道 ……………………………… 22—19
　7.6　传动框架 ………………………… 22—20
　7.7　台车及传动装置 ………………… 22—21
　7.8　挡辊及托辊 ……………………… 22—21
　7.9　环式刮板输送机 ………………… 22—22
　7.10　风机 ……………………………… 22—22
8　带式冷却机设备安装工程 …………… 22—22
　8.1　一般规定 ………………………… 22—22
　8.2　机架 ……………………………… 22—22
　8.3　密封罩和排气筒 ………………… 22—23
　8.4　传动装置 ………………………… 22—23
　8.5　带式刮板输送机 ………………… 22—24
　8.6　风机 ……………………………… 22—24
9　主抽风机设备安装工程 ……………… 22—24
　9.1　一般规定 ………………………… 22—24
　9.2　轴承底座 ………………………… 22—24
　9.3　轴承座 …………………………… 22—24
　9.4　机壳和转子 ……………………… 22—25
　9.5　附属设备 ………………………… 22—25
10　电除尘设备安装工程 ………………… 22—26
　10.1　一般规定 ………………………… 22—26
　10.2　机体 ……………………………… 22—26
　10.3　放电极和除尘极板 ……………… 22—26
　10.4　锤打装置 ………………………… 22—27
　10.5　粉尘输送装置 …………………… 22—27
11　布袋除尘器 …………………………… 22—28
　11.1　一般规定 ………………………… 22—28
　11.2　机体 ……………………………… 22—28
　11.3　粉尘输送装置安装 ……………… 22—28
12　多管除尘器 …………………………… 22—28
　12.1　一般规定 ………………………… 22—28
　12.2　机体安装 ………………………… 22—28
　12.3　旋风子 …………………………… 22—29
13　烧结机械设备试运转 ………………… 22—29
　13.1　一般规定 ………………………… 22—29
　13.2　定量给料装置试运转 …………… 22—29
　13.3　混合机试运转 …………………… 22—30
　13.4　烧结机试运转 …………………… 22—30
　13.5　环式冷却机试运转 ……………… 22—30
　13.6　带式冷却机试运转 ……………… 22—31

13.7 主抽风机试运转 …………………… 22—31
13.8 电除尘设备试运转 …………………… 22—31
13.9 布袋除尘设备试运转 ………………… 22—31
13.10 多管除尘设备试运转………………… 22—31
附录 A 烧结机械设备工程安装分项工程质量验收记录表 ………… 22—32
附录 B 烧结机械设备工程安装分部工程质量验收记录表 ………… 22—32
附录 C 烧结机械设备工程安装单位工程质量验收记录表 ………… 22—33
附录 D 烧结机械设备无负荷试运转记录表 …………………………… 22—34
本规范用词说明 ………………………… 22—35
附：条文说明 …………………………… 22—36

1 总 则

1.0.1 为了加强烧结机械设备工程安装质量管理，统一烧结机械设备工程安装的验收，保证工程质量，制定本规范。

1.0.2 本规范适用于带式烧结机及主要附属机械设备工程安装质量的验收。

1.0.3 烧结机械设备工程安装中采用的工程技术文件、承包合同对安装质量的要求不得低于本规范的规定。

1.0.4 烧结机械设备工程安装质量验收除应执行本规范的规定外，尚应符合国家现行有关标准的规定。

2 基本规定

2.0.1 烧结机械设备工程安装施工单位应具备相应的工程施工资质，施工现场应有相应的施工技术标准，健全的质量管理体系、质量控制及检验制度，并应有经项目技术负责人审批的施工组织设计、施工方案、作业设计等技术文件。

2.0.2 施工图纸变更应有设计单位的设计变更通知书或技术核定签证。

2.0.3 烧结机械设备工程安装质量检查和验收，应使用经计量检定、校准合格的计量器具。

2.0.4 烧结机械设备工程安装中从事施焊的焊工必须经考试合格并取得合格证书，在其考试合格项目及其认可的范围内施焊。

2.0.5 烧结机械设备工程安装应按规定的程序进行，相关各专业工种之间应交接检验，形成记录；本专业各工序应按施工技术标准进行质量控制，每道工序完成后，应进行检查，形成记录。上道工序未经检验认可，不得进行下道工序施工。

2.0.6 烧结机械设备工程安装中设备的二次灌浆及其他隐蔽工程，在隐蔽前应由施工单位通知有关单位进行验收，并应形成验收文件。

2.0.7 烧结机械设备工程安装质量验收应在施工单位自检基础上，按照分项工程、分部工程、单位工程进行。分部工程及分项工程划分宜按照表2.0.7的规定执行，单位工程可按工艺系统划分为原料及混合机械设备安装工程、烧结主机机械设备安装工程、冷却机机械设备安装工程、主抽风机机械设备安装工程、除尘设备机械设备安装工程。

2.0.8 分项工程质量验收合格应符合下列规定：

1 主控项目检验必须符合本规范质量标准要求。

2 一般项目检验中机械设备应全部符合本规范的规定，工艺钢结构应有80%及以上的检查点（值）符合标准，最大值不应超过其允许偏差值的1.2倍。

表2.0.7 烧结机械设备工程分部和分项工程划分

序号	分部工程	分项工程
1	原料及混合设备安装	定量给料装置、混合机
2	烧结机主机设备安装	机架、梭式布料机、铺底料槽和混合料槽、圆筒给料机、反射板、辊式布料机、头轮、传动装置、点火装置、头部弯道及中部轨道、尾部装置、密封滑道及密封板、台车及箅条清扫器、热破碎机、风箱及主抽风管道等
3	环式冷却机设备安装	机架、风箱及密封罩、轨道、传动框架、台车及传动装置、环式刮板输送机、风机等
4	带式冷却机设备安装	机架、密封罩和排气筒、传动装置、带式刮板输送机、风机等
5	主抽风机设备安装	主抽风机底座、轴承座、机壳和转子、附属设备
6	电除尘设备安装	机体、放电极和除尘极板、锤打装置、粉尘输送装置
7	布袋除尘设备安装	机体、粉尘输送装置
8	多管除尘器设备安装	机体、旋风子

3 质量验收记录及质量合格证明文件应完整。

2.0.9 分部工程质量验收合格应符合下列规定：

1 分部工程所含分项工程质量均应验收合格。

2 质量控制记录应完整。

3 设备单体无负荷试运转合格。

2.0.10 单位工程质量验收合格应符合下列规定：

1 单位工程所含的分部工程质量均应验收合格。

2 质量控制资料应完整。

3 设备单体无负荷试运转合格。

4 观感质量验收应合格。

2.0.11 单位工程观感质量检查项目应符合下列要求：

1 连接螺栓：螺栓、螺母与垫圈按设计配置齐全，紧固后螺栓应露出螺母或与螺母平齐，外露螺纹无损伤，螺栓拧入方向除构造原因外应一致。

2 密封状况：无明显漏油、漏水、漏气现象。

3 管道敷设：布置合理，排列整齐美观。

4 隔声与绝热材料敷设：层厚均匀，绑扎牢固，表面较平整。

5 油漆涂刷：涂层均匀，无漏涂，无脱皮，无明显皱皮和气泡，色泽基本一致。

6 走台、梯子、栏杆：固定牢固，无明显外观缺陷。

7 焊缝：焊波较均匀，焊渣和飞溅物清理干净。

8 切口：切口处无熔渣。

9 成品保护：设备无缺损，裸露加工面保护良好。

10 文明施工：施工现场管理有序，设备周围无施工杂物。

以上各项随机抽查应不少于10处。

2.0.12 烧结机械设备工程安装质量验收记录应符合下列规定：

1 分项工程质量验收记录应按本规范附录 A 进行。

2 分部工程质量验收记录应按本规范附录 B 进行。

3 单位工程质量验收记录应按本规范附录 C 进行。

4 设备无负荷试运转记录应按本规范附录 D 进行。

2.0.13 工程质量不符合要求，必须及时处理或返工，并重新进行验收。

2.0.14 **工程质量不符合要求，且经处理和返工仍不能满足安全使用要求的工程严禁验收。**

2.0.15 烧结机械设备安装工程质量验收应按下列程序组织进行：

1 分项工程应由监理工程师（建设单位项目技术负责人）组织施工单位项目专业技术负责人（工长）、质量检查员等进行验收。

2 分部工程应由总监理工程师（建设单位项目负责人）组织施工单位项目负责人和技术、质量负责人等进行验收。

3 单位工程完工后，施工单位应自行组织有关人员进行检查评定，并向建设单位提交工程验收报告。

4 建设单位收到工程验收报告后，应由建设单位（项目）负责人组织施工（含分包单位）、设计、监理等单位（项目）负责人进行单位工程验收。

5 单位工程有分包单位施工时，总包单位应对工程质量全面负责，分包单位应按本规范规定的程序对所承包的工程项目检查评定，总包单位派人参加。分包工程完成后，应将工程有关资料交总包单位。

3 设备基础、地脚螺栓和垫板

3.1 一般规定

3.1.1 本章适用于烧结机械设备基础、地脚螺栓和垫板安装的质量验收。

3.1.2 设备安装前应进行基础的检查验收，未经验收合格的基础，不得进行设备安装。

3.1.3 烧结机械主体设备基础应做沉降观测，并有沉降记录。

3.2 设备基础

Ⅰ 主控项目

3.2.1 设备基础强度应符合设计技术文件要求。

检查数量：全数检查。

检验方法：检查基础交接资料。

3.2.2 设备就位前，应按施工图并依据测量控制网绘制中心标板及标高基准点布置图，按布置图设置中心标板及标高基准点，并测量投点。主体设备和连续生产线应埋设永久中心标板和标高基准点。

检查数量：全数检查。

检验方法：检查测量成果单、观察检查。

Ⅱ 一般项目

3.2.3 设备基础轴线位置、标高、尺寸和地脚螺栓位置应符合设计技术文件要求或现行国家标准《机械设备安装工程施工及验收通用规范》GB 50231 的规定。

检查数量：全数检查。

检验方法：检查复查记录。

3.2.4 设备基础表面和地脚螺栓预留孔中的油污、碎石、泥土、积水等均应清除干净；预埋地脚螺栓和螺母应保护完好。

检查数量：全数检查。

检验方法：观察检查。

3.3 地脚螺栓

Ⅰ 主控项目

3.3.1 地脚螺栓的规格和紧固应符合设计技术文件要求。

检查数量：抽查20%，且不少于4个。

检验方法：检查质量合格证明文件、尺量，检查紧固记录，锤击螺母检查。

Ⅱ 一般项目

3.3.2 地脚螺栓上的油污和氧化皮等应清除干净，螺纹部分应涂适量油脂。

检查数量：全数检查。

检验方法：观察检查。

3.3.3 预留孔地脚螺栓应安设垂直，任一部分离孔壁的距离应大于15mm，且不应碰孔底。

检查数量：全数检查。

检验方法：观察检查。

3.4 垫 板

Ⅰ 主控项目

3.4.1 座浆法设置垫板，座浆混凝土48h的强度应达到基础混凝土的设计强度。

检查数量：逐批检查。

检验方法：检查座浆试块强度试验报告。

Ⅱ 一般项目

3.4.2 设备垫板的设置应符合设计技术文件要求或现行国家标准《机械设备安装工程施工及验收通用规范》GB 50231 的规定。

检查数量：抽查 20%。

检验方法：观察检查、尺量、塞尺检查、轻击垫板。

3.4.3 研磨法放置垫板的混凝土基础表面应凿平，混凝土表面与垫板的接触点应分布均匀。

检查数量：抽查 20%。

检验方法：观察检查。

4 设备和材料进场

4.1 一般规定

4.1.1 本章适用于烧结机械设备工程安装设备和材料的进场验收。

4.1.2 设备搬运和吊装时，吊装点应在设备或包装箱的标识位置，应有保护措施，不应因搬运和吊装而造成设备损伤。

4.1.3 设备安装前，应进行开箱检查，形成检验记录，设备开箱后应注意保护，并应及时进行安装。

4.1.4 原材料进入现场，应按规格堆放整齐，并有防损伤措施。

4.2 设 备

主控项目

4.2.1 设备的型号、规格、质量、数量应符合设计技术文件的要求。

检查数量：全数检查。

检验方法：观察检查，检查设备质量合格证明文件。

4.3 原 材 料

主控项目

4.3.1 原材料、标准件等其型号、规格、质量、数量、性能应符合设计技术文件和现行国家产品标准的要求。进场时应进行验收，并形成验收记录。

检查数量：质量合格证明文件全数检查。实物抽查 1%，且不少于 5 件。设计技术文件或有关国家规范规定有复验要求的，应按规定进行复验。

检验方法：检查质量合格证明文件、复验报告及验收记录，外观检查或实测。

5 原料及混合设备安装工程

5.1 一般规定

5.1.1 本章适用于定量给料装置、混合机设备安装的质量验收。

5.2 定量给料装置

一般项目

5.2.1 定量给料装置的胶带式电子秤的调整与校验应符合设计技术文件的规定。

检查数量：全数检查。

检验方法：检查调整与校验质量记录，实测检查。

5.2.2 定量给料装置安装允许偏差应符合表 5.2.2 的规定。

检查数量：全数检查。

检验方法：见表 5.2.2。

表 5.2.2 定量给料装置安装允许偏差

项次	项 目		允许偏差(mm)	检验方法
1	原料槽	槽上口与出料口纵、横中心线	5.0	挂线用尺量检查
2		出料口法兰标高	±5.0	用水准仪、钢直尺检查
3		出料口与圆盘顶面间距	±5.0	用钢直尺检查
4		法兰螺栓孔中心线在圆周方向错位	5.0	用钢直尺检查
5	给料机圆盘	纵、横向中心线	2.0	挂线用尺量检查
6		圆盘顶面标高	±3.0	用水准仪、钢直尺检查
7		圆盘顶面水平度	0.5/1000	用水平仪检查
8		圆盘内套筒底面与圆盘上表面的间距	±5.0	用钢直尺检查
9		传动装置	应符合GB 50231的规定	百分表、塞尺、钢尺检查

续表 5.2.2

项次	项目		允许偏差 (mm)	检验方法
10	胶带式电子秤	柱、梁纵、横中心线	3.0	挂线用尺量检查
11		机架 柱垂直度	1.0/1000	用线坠、钢尺检查
12		标高	±3.0	用水准仪、钢直尺检查
13		电子秤与圆盘给料机中心线的间距	±3.0	用钢盘尺检查
14		电子秤标高	±2.0	用水准仪、钢直尺检查
15		称量辊上表面略高于托辊（见图 5.2.2）	0 +2.0	用水准仪、钢直尺检查
16		称量辊与固定托辊中心线间距 ($a-a'$、$b-b'$)（见图 5.2.2）	1.0	用内径千分尺检查

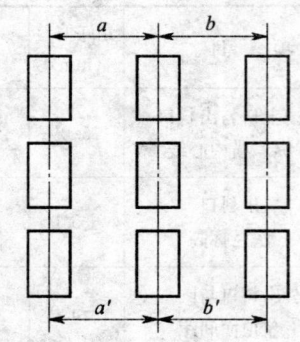

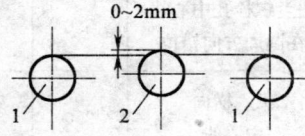

图 5.2.2 胶带式电子秤
1—托辊；2—秤量辊

5.3 混合机

Ⅰ 主控项目

5.3.1 下挡辊工作面与筒体滚圈侧面应贴合，上挡辊工作面与筒体滚圈侧面的间隙应符合设计技术文件的规定。

检查数量：全数检查。

检验方法：检查安装质量记录，塞尺检查。

5.3.2 齿圈与筒体装配，齿圈与筒体及两个半圆拼合的齿圈，螺栓紧固后，结合面应紧密贴合，用 0.05mm 塞尺检查，不得塞入。

检查数量：全数检查。

检验方法：检查安装质量记录，实测检查。

Ⅱ 一般项目

5.3.3 底座安装的允许偏差应符合表 5.3.3 的规定。

检查数量：全数检查。

检验方法：见表 5.3.3。

表 5.3.3 底座安装允许偏差

项次	项目		允许偏差 (mm)	检验方法
1	整体式底座	纵向中心线	2.0	挂线用尺量检查
2		横向中心线	2.0	挂线用尺量检查
3		标高	±2.0	用水准仪、钢直尺检查
4		纵向倾斜度	0.2/1000	水平仪、专用斜铁检查
5		横向水平度	0.2/1000	用水平仪检查
6	分散式底座（见图5.3.3）	纵向中心线	0.5	挂线用尺量检查
7		横向中心线	0.5	挂线用尺量检查
8		两托辊底座横向中心线间距差（$a-a'$）	0.5	挂线用尺量检查
9		两托辊座对角线差（$b-b'$）	1.0	用尺量检查
10		底座标高	±1.0	用水准仪、钢直尺检查
11		纵向倾斜度	0.1/1000	用专用斜铁和水平仪检查
12		横向水平度	0.1/1000	用水平仪检查

5.3.4 滚圈与托辊辊面应接触良好，接触宽度不得少于滚圈全宽的 60%。

检查数量：全数检查。

检验方法：0.05mm 塞尺检查。

5.3.5 托辊和挡辊安装的允许偏差应符合表 5.3.5 的规定。

检查数量：全数检查。

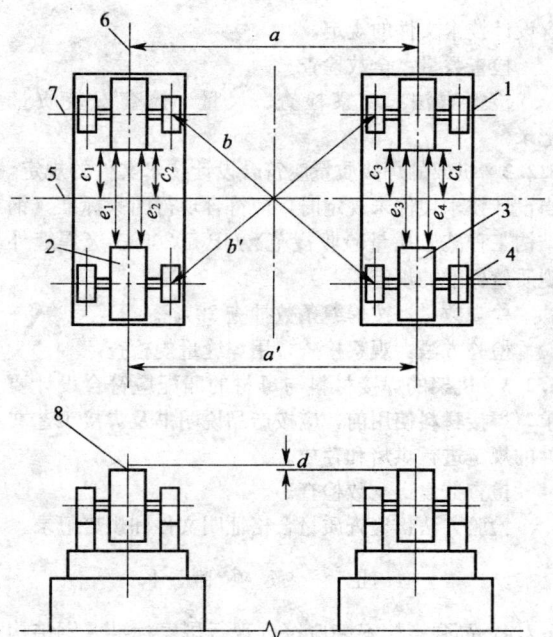

图 5.3.3 托辊与底座
1—底座；2—上托辊；3—下托辊；4—轴承座；
5—底座纵向中心线；6—底座横向中心线；
7—托辊轴向中心线；8—托辊上表面中心点

检验方法：见表5.3.5。

表 5.3.5　托辊和挡辊安装允许偏差

项次	项 目		允许偏差(mm)	检验方法
1	筒体直径不大于3m的托辊(见图5.3.3)	同侧上、下两托辊与混合机纵向中心线的间距差(c_1-c_2、c_3-c_4)	1.0	挂线用尺量检查
2		对应两托辊间距差(e_1-e_2、e_3-e_4)	1.0	挂线用尺量检查
3		对应两托辊径向中心线	2.0	挂线用尺量检查
4		对应两托辊上面中心点高低差	1.0	用水准仪、钢直尺检查
5		上、下两托辊表面中心点高低差(d)	0.5	用水准仪、钢直尺检查
6		托辊辊面斜度	0.1/1000	用专用斜铁和水平仪检查
7	筒体直径大于3m的托辊(见图5.3.3)	同侧上、下两托辊与混合机纵向中心线的间距差(c_1-c_2、c_3-c_4)	0.5	挂线用尺量检查
8		对应两托辊间距差(e_1-e_2、e_3-e_4)	0.2	挂线用尺量检查

续表 5.3.5

项次	项 目		允许偏差(mm)	检验方法
9	筒体直径大于3m的托辊(见图5.3.3)	对应两托辊径向中心线	2.0	挂线用尺量检查
10		对应两托辊上面中心点高低差	0.5	用水准仪、钢直尺检查
11		上、下两托辊表面中心点高低差(d)	0.5	用水准仪、钢直尺检查
12		托辊辊面斜度	0.05/1000	用专用斜铁和水平仪检查
13	轮胎式托辊	同侧的两组托辊轴向中心线	1.0	挂线用尺量检查
14		对应的托辊中心距离	±1.0	挂线用尺量检查
15		对应的托辊径向中心线	3.0	挂线用尺量检查
16		托辊倾斜度	0.2/1000	用专用斜铁和水平仪检查
17		对应两托辊上表面中心点高低差	1.0	用水准仪、钢直尺检查
18	挡辊	上、下两托辊轴向中心线	1.0	挂线用尺量检查

5.3.6 筒体和传动装置安装的允许偏差应符合表5.3.6的规定。

检查数量：全数检查。

检验方法：见表5.3.6。

表 5.3.6　筒体和传动装置安装允许偏差

项次	项 目		允许偏差(mm)	检验方法
1	筒体	齿圈的径向跳动量	1.5	用百分表检查
2		齿圈的端面游动量	1.5	用百分表检查
3		滚圈与托辊中心线	3.0	用钢直尺检查
4	传动装置	底座中心线	0.5	挂线用尺量检查
5		标 高	±1.0	水准仪、钢直尺检查
6		横向水平度	0.1/1000	用水平仪检查
7		纵向倾斜度	0.1/1000	用专用斜铁和水平仪检查
8		联轴器	应符合GB 50231的规定	百分表、塞尺、钢尺检查

5.3.7 传动装置的开式齿轮安装应符合设计技术文件或现行国家标准《机械设备安装工程施工及验收通用规范》GB 50231 的规定。

检查数量：全数检查。

检验方法：塞尺、着色、压铅检查。

5.3.8 料斗和罩子安装的允许偏差应符合表 5.3.8 的规定。

检查数量：全数检查。

检验方法：见表 5.3.8。

表 5.3.8 料斗和罩子安装允许偏差

项次	项 目		允许偏差（mm）	检验方法
1	料斗	进料斗、卸料斗纵向中心线	5.0	挂线用量检查
2		进料斗、卸料斗标高	±2.0	用水准仪、钢直尺检查
3		圆形挡料板与筒体端面的间距	±5.0	用钢直尺检查
4		卸料斗与筒体圆周间隙相对差 $D \leqslant 3m$	5.0	用钢直尺检查
		$D > 3m$	10.0	
5		卸料斗与挡料圈圆周端面间隙的相对差 $D \leqslant 3m$	5.0	用钢直尺检查
		$D > 3m$	10.0	
6	罩子	齿轮、滚圈罩子与筒体圆周间隙的相对差 $D \leqslant 3m$	5.0	用钢直尺检查
		$D > 3m$	10.0	
7		挡尘圈与罩子圆周端面间隙的相对差 $D \leqslant 3m$	5.0	用钢直尺检查
		$D > 3m$	10.0	

注：D 为筒体直径。

5.3.9 筒体进料侧散料斗，其端面与筒体进口端面的间距应符合设计技术文件的规定。

检查数量：全数检查。

检验方法：尺量检查。

6 烧结设备安装工程

6.1 一般规定

6.1.1 本章适用于带式烧结机设备安装的质量验收。

6.2 烧结机机架

Ⅰ 主控项目

6.2.1 机架安装的预留热膨胀间隙及定位方式应符合设计技术文件的规定。

检查数量：全数检查。

检验方法：观察检查、尺量、检查安装质量记录。

6.2.2 机架的焊接质量应符合设计技术文件的规定，当设计技术文件未规定时，应符合现行国家标准《钢结构工程施工质量验收规范》GB 50205 三级焊缝外观质量标准的规定。

检查数量：按焊缝条数抽查 20%。

检验方法：观察检查，用焊缝量规检查。

6.2.3 机架的焊接材料与母材的匹配应符合设计要求，焊接材料使用前，应按产品说明书及焊接工艺文件的规定进行烘焙和存放。

检查数量：全数检查。

检验方法：检查质量合格证明文件和烘焙记录。

Ⅱ 一般项目

6.2.4 高强螺栓安装应符合现行国家标准《钢结构工程施工质量验收规范》GB 50205 的规定。

检查数量：按节点数抽查 20%。

检验方法：检查质量合格证明文件、复验报告和安装质量记录，观察检查。

6.2.5 烧结机机架安装的允许偏差应符合表 6.2.5 的规定。

检查数量：全数检查。

检验方法：见表 6.2.5。

表 6.2.5 烧结机机架安装允许偏差

项次	项 目		允许偏差（mm）	检验方法
1	机架安装	纵、横中心线	2.0	挂线用尺量检查
2		柱子 垂直度	1.0/1000	用经纬仪或线坠检查
3		底板标高	±1.0	用水准仪、钢直尺检查
4	中部机架组装	机架 上部与下部宽度之差	5.0	用钢尺检查
5		对角线之差	5.0	用尺量检查

6.3 梭式布料机

Ⅰ 主控项目

6.3.1 梭式布料机的胶带运输机安装和胶带胶接应符合现行国家标准《连续输送设备安装工程施工及验收规范》GB 50270 的规定。

检查数量：全数检查。

检验方法：观察检查、检查安装质量记录、检查胶带胶接记录。

Ⅱ 一般项目

6.3.2 梭式布料机轨道安装允许偏差应符合表6.3.2的规定。

检查数量：全数检查。

检验方法：见表6.3.2。

表6.3.2 梭式布料机轨道安装允许偏差

项次	项目	允许偏差(mm)	检验方法
1	纵向中心线	2.0	挂线用尺量检查
2	横向中心线	2.0	挂线用尺量检查
3	轨距	±2.0	用钢直尺检查
4	标高	±1.0	用水准仪、钢直尺检查

6.4 铺底料槽和混合料槽

Ⅰ 主控项目

6.4.1 焊接质量应符合设计技术文件的规定，当设计技术文件未规定时，应符合现行国家标准《现场设备、工业管道焊接工程施工及验收规范》GB 50236中焊缝质量分级标准Ⅳ级的规定。

检查数量：按焊缝长度抽查20%。

检验方法：观察检查，用焊缝量规检查。

6.4.2 带有传感器的槽体，安装时不得直接在传感器上安装槽体。

检查数量：全数检查。

检验方法：观察检查。

Ⅱ 一般项目

6.4.3 铺底料槽、混合料槽安装的允许偏差应符合表6.4.3的规定。

检查数量：全数检查。

检验方法：见表6.4.3。

表6.4.3 铺底料槽、混合料槽安装允许偏差

项次	项目		允许偏差(mm)	检验方法
1	铺底料槽	纵向中心线	3.0	挂线用尺量检查
2		横向中心线	3.0	挂线用尺量检查
3		下料口与台车箅条顶面的间距	±5.0	用尺量
4		槽体耳轴轴承座 纵、横向中心线	1.0	挂线用尺量检查
5		槽体耳轴轴承座 两轴承座高低差	1.0	用水准仪、钢直尺检查

续表6.4.3

项次	项目		允许偏差(mm)	检验方法
6	铺底料槽	扇形门耳轴轴承座 纵、横向中心线	1.0	挂线用尺量检查
7		扇形门耳轴轴承座 两轴承座高低差	0.5	用水准仪、钢直尺检查
8		出料槽耳轴轴承座 纵、横向中心线	1.0	挂线用尺量检查
9		出料槽耳轴轴承座 两轴承座高低差	0.5	用水准仪、钢直尺检查
10	混合料槽	纵向中心线	3.0	挂线用尺量检查
11		横向中心线	3.0	挂线用尺量检查
12		出料口中心线	3.0	挂线用尺量检查
13		出料口与圆筒表面的间距	±3.0	用尺量检查
14		出料口与圆筒给料机轴的中心线	应符合设计技术文件的规定	挂线用尺量检查

6.5 圆筒给料机

一般项目

6.5.1 圆筒给料机安装的允许偏差应符合表6.5.1的规定。

检查数量：全数检查。

检验方法：见表6.5.1。

表6.5.1 圆筒给料机安装允许偏差

项次	项目	允许偏差(mm)	检验方法
1	纵横向中心线	2.0	挂线用尺量检查
2	标高	±0.5	用水准仪、钢直尺检查
3	水平度	0.1/1000	用水平仪检查
4	传动装置	应符合GB 50231的规定	百分表、塞尺、钢尺检查

6.6 反射板

一般项目

6.6.1 反射板的倾斜度及调整范围应符合设计技术文件的规定。

检查数量：全数检查。

检验方法：实测检查、检查安装质量记录。

6.6.2 可移动式反射板，水平移动量应符合设计技术文件的规定。

检查数量：全数检查。

检验方法：检查安装质量记录。

6.6.3 反射板安装的允许偏差应符合表6.6.3的规定。

检查数量：全数检查。

检验方法：见表6.6.3。

表6.6.3 反射板安装允许偏差

项次	项目	允许偏差(mm)	检验方法
1	纵向中心线与圆筒给料机轴向等分线应重合	2.0	挂线用尺量检查
2	下部出口与烧结机台车箅条间距	±3.0	用钢直尺检查

6.7 辊式布料机

一 般 项 目

6.7.1 辊面倾斜度与烧结机水平面的夹角应符合设计技术文件的规定。

检查数量：全数检查。

检验方法：检查安装质量记录。

6.7.2 辊式布料机安装的允许偏差应符合表6.7.2的规定。

检查数量：全数检查。

检验方法：见表6.7.2。

表6.7.2 辊式布料机安装允许偏差

项次	项目	允许偏差（mm）	检验方法
1	纵向中心线	2.0	挂线用尺量检查
2	轴向水平度	0.1/1000	用水平仪检查

6.8 头 轮

Ⅰ 主控项目

6.8.1 头轮链轮片组装，应符合设计技术文件的要求。

检查数量：全数检查。

检验方法：观察检查、实测、检查组装记录。

6.8.2 两轴承座的中心距离及轴向串动间隙应符合设计技术文件的规定，头轮找正后应在轴承座的径向两侧用挡块焊接固定。

检查数量：全数检查。

检验方法：检查安装质量记录，观察检查。

Ⅱ 一 般 项 目

6.8.3 轴承座与轴承底座、轴承底座与烧结机架之间，螺栓紧固后层间应紧密贴合，用0.05mm塞尺检查，塞入面积不得大于接触面积的1/3。

检查数量：全数检查。

检验方法：观察检查和用塞尺检查。

6.8.4 头轮安装的允许偏差应符合表6.8.4的规定，见图6.8.4。

检查数量：全数检查。

检验方法：见表6.8.4。

表6.8.4 头轮安装的允许偏差

项次	项目	允许偏差(mm)	检验方法
1	头轮轴向等分线与烧结机纵向中心线应重合（$a-a'$）	1.0	挂线用尺量检查
2	头轮轴向中心线与烧结机横向中心线应重合（$b-b'$、$c-c'$）	0.5	挂线用尺量检查
3	轴承标高（d、d'）	±0.5	用水准仪、钢直尺检查
4	轴水平度（e、e'）	0.05/1000	用水平仪检查

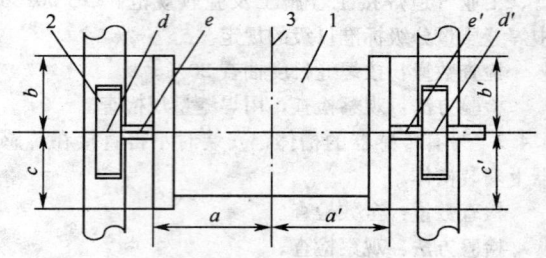

图6.8.4 烧结机头轮

1—头轮；2—轴承座；3—烧结机纵向中心线

6.9 传动装置

Ⅰ 主控项目

6.9.1 一般减速机的传动装置的安装，包括滑动轴承、滚动轴承、减速器、开式齿轮、联轴器的安装，应符合设计技术文件或现行国家标准《机械设备安装工程施工及验收通用规范》GB 50231的规定。

检查数量：全数检查。

检验方法：百分表、塞尺、钢尺、着色、压铅检查。

6.9.2 柔性传动装置的大齿轮与烧结机头轮轴，采用键连接时，键的研磨装配，应符合设计技术文件的规定。

检查数量：全数检查。

检验方法：检查安装质量记录，观察检查。

6.9.3 柔性传动装置的大齿轮与烧结机头轮轴,采用涨紧环无键连接时,涨紧环的螺栓紧固力或力矩,应符合设计技术文件的规定。

检查数量:全数检查。

检验方法:检查安装质量记录,观察检查。

6.9.4 柔性传动装置的连接杆、水平杆安装,球面轴承端面预留间隙及平面杆弹簧压缩量的调整,应符合设计技术文件的要求。

检查数量:全数检查。

检验方法:检查安装质量记录。

Ⅱ 一 般 项 目

6.9.5 由多组涨紧环组合使用的柔性传动装置,在涨紧环安装前,应对涨紧环、大齿轮孔及头轮轴做脱脂处理。

检查数量:全数检查。

检验方法:观察检查、检查脱脂记录。

6.9.6 柔性传动装置安装的允许偏差应符合表6.9.6的规定,见图6.9.6。

检查数量:全数检查。

检验方法:见表6.9.6。

表6.9.6 柔性传动装置安装允许偏差

项次	项 目	允许偏差(mm)	检验方法
1	扭矩杆底座标高	±0.5	用水准仪、钢直尺检查
2	扭矩杆轴承座纵、横向间距(a, a')(b, b')	±0.5	挂线用尺量检查
3	扭矩杆水平度	0.05/1000	用水平仪检查

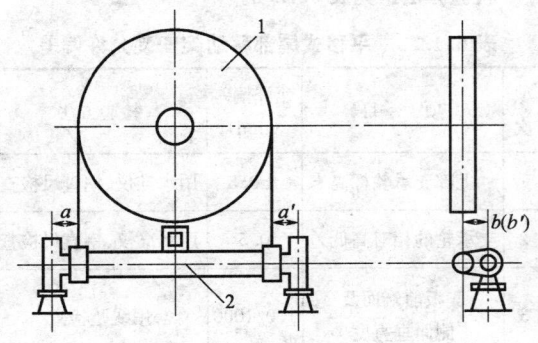

图6.9.6 柔性传动装置
1—大齿轮;2—扭矩杆

6.10 点 火 装 置

Ⅰ 主 控 项 目

6.10.1 炉体水冷隔板、冷却水箱必须在砌筑前进行水压试验,水压试验应符合设计技术文件的规定,当设计技术文件未规定时,试验压力应为工作压力的1.5倍。在试验压力下稳压10min,再将试验压力降至工作压力,停压30min,检查压力无下降、无渗漏为合格。

检查数量:全数检查。

检验方法:检查试压记录、观察检查。

6.10.2 炉体的焊接质量应符合设计技术文件的规定,当设计技术文件未规定时,应符合现行国家标准《现场设备、工业管道焊接工程施工及验收规范》GB 50236中焊缝质量分级标准Ⅳ级的规定。

检查数量:按焊缝长度抽查20%。

检验方法:观察检查,用焊缝量规检查。

6.10.3 焊接材料与母材的匹配应符合设计要求,焊接材料使用前,应按产品说明书及焊接工艺文件的规定进行烘焙和存放。

检查数量:全数检查。

检验方法:检查质量合格证明文件和烘焙记录。

Ⅱ 一 般 项 目

6.10.4 点火装置安装的允许偏差应符合表6.10.4的规定。

检查数量:全数检查。

检验方法:见表6.10.4。

表6.10.4 点火装置安装允许偏差

项次	项 目	允许偏差(mm)	检验方法
1	炉体纵向中心线和烧结机纵向中心线重合	2.0	挂线用尺量检查
2	柱子安装纵向中心线	2.0	挂线用尺量检查
3	柱子安装横向中心线	2.0	挂线用尺量检查
4	柱子垂直度	1.0/1000	用经纬仪或线坠检查
5	柱子标高	±5.0	用水准仪、钢直尺检查,挂线用尺量检查
6	相邻柱高低差	5.0	挂线用尺量检查
7	单片支架上部与下部长度差,对角线差	5.0	挂线用尺量检查
8	水冷隔板、冷却水箱标高	±5.0	用水准仪、钢直尺检查
9	水冷隔板、冷却水箱中心线	5.0	挂线用尺量检查
10	烧嘴位置中心线	3.0	挂线用尺量时检查
11	烧嘴标高	±5.0	用水准仪、钢直尺检查,挂线用尺量检查

6.11 头部弯道及中部轨道

Ⅰ 主控项目

6.11.1 轨道接头处预留热膨胀间隙应符合设计技术文件的规定。

检查数量：全数检查。

检验方法：检查安装质量记录或实测检查。

Ⅱ 一般项目

6.11.2 头部弯道安装应以头轮链轮片为基准，弯道各部位的安装允许偏差应符合表 6.11.2 的规定，见图 6.11.2。

检查数量：全数检查。

检验方法：见表 6.11.2。

表 6.11.2 头部弯道安装允许偏差

项次	项 目	允许偏差 (mm)	检验方法
1	固定弯道与链轮片的间距（两侧上中下对应点 a、b、c；a'、b'、c'）	±2.0	挂线用钢直尺检查
2	两侧链轮片的齿根与弧形导轨的间距（对应点 d、d'、e、e'测量）	±1.0	用钢尺检查
3	两侧弯道上部与下部对应点上的高低差 h	1.0	用钢尺检查
4	内、外轨道间距	应符合设计技术文件的规定	—

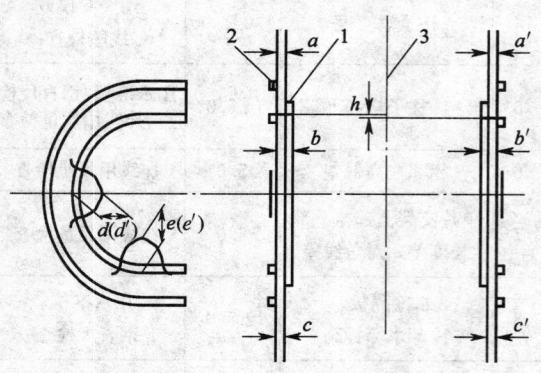

图 6.11.2 头部弯道
1—链轮；2—头部弯道；3—烧结机纵向中心线

6.11.3 中部轨道安装的允许偏差应符合表 6.11.3 的规定。

检查数量：全数检查。

检验方法：见表 6.11.3。

表 6.11.3 中部轨道安装允许偏差

项次	项 目	允许偏差 (mm)	检验方法
1	两轨道纵向中心线	1.0	经纬仪或挂线用尺量检查
2	轨距	±2.0	用轨距样规或钢直尺检查
3	上、下轨道标高	±1.0	用水准仪、直尺检查
4	轨道接头处高低差	0.5	用直尺检查

6.12 尾部装置

Ⅰ 主控项目

6.12.1 中部与尾部轨道交接处预留热膨胀间隙应符合设计技术文件的规定。

检查数量：全数检查。

检验方法：检查安装质量记录或实测检查。

Ⅱ 一般项目

6.12.2 高强螺栓安装应符合现行国家标准《钢结构工程施工质量验收规范》GB 50205 的规定。

检查数量：按节点数抽查20%。

检验方法：检查质量合格证明文件、复验报告和安装质量记录，观察检查。

6.12.3 平移式尾部移动架安装的允许偏差应符合表 6.12.3 的规定。

检查数量：全数检查。

检验方法：见表 6.12.3。

表 6.12.3 平移式尾部移动架安装允许偏差

项次	项 目	允许偏差 (mm)	检验方法
1	上部支承轮标高	±0.5	用水准仪、钢直尺检查
2	支承轮的相对高低差	0.5	用水准仪、钢直尺检查
3	侧板前端面及侧面垂直度	1.0/1000	用线坠检查
4	侧板横向中心线	2.0	挂线用尺量检查
5	侧板纵向中心线	2.0	挂线用尺量检查

6.12.4 平移式尾部弯道安装的允许偏差应符合表 6.12.4 的规定，见图 6.12.4。

检查数量：全数检查。

检验方法：见表 6.12.4。

表 6.12.4 平移式尾部弯道安装允许偏差

项次	项 目	允许偏差（mm）	检验方法
1	左、右弯道对烧结机纵向中心线的间距（d、d'）	±2.0	挂线用尺量检查
2	弯道标高	±1.0	用水准仪、钢直尺检查
3	左、右弯道上部、下部对应点的高低差（c）	2.0	用水准仪、钢直尺检查
4	上部与下部弯道侧面对铅垂线的间距差（$b-b'$）	2.0	用线坠、钢直尺检查

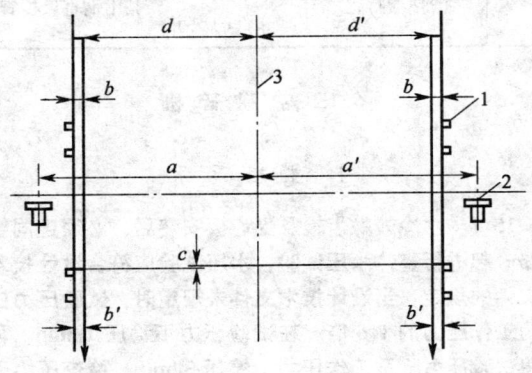

图 6.12.4 平移式尾轮弯道
1—尾部弯道；2—尾轮轴承座；3—烧结机纵向中心线

6.12.5 平移式尾轮安装的允许偏差应符合表 6.12.5 的规定，见图 6.12.4。

检查数量：全数检查。

检验方法：见表 6.12.5。

表 6.12.5 平移式尾轮安装允许偏差

项次	项 目	允许偏差（mm）	检验方法
1	左右、轴承座与烧结机纵向中心线的距离（a、a'）	±1.0	挂线用尺量检查
2	轴向中心线	1.5	挂线用尺量检查
3	轴承座标高	±0.5	用水准仪、钢直尺检查
4	尾轮轴水平度	0.1/1000	用水平仪检查

6.12.6 摆架式尾轮安装的允许偏差应符合表 6.12.6 的规定。

检查数量：全数检查。

检验方法：见表 6.12.6。

表 6.12.6 摆架式尾轮安装允许偏差

项次	项 目		允许偏差（mm）	检验方法
1	摆架上部轴	标高	±0.5	用水准仪、钢直尺检查
2		水平度	0.1/1000	用水平仪检查
3	轴承	轴向中心线	0.5	挂线用尺量检查
4		左、右摆架上部轴承座、尾轮轴承座的对称中心线与烧结机纵向中心线应重合	1.0	挂线用尺量检查
5		左、右摆动侧板立柱垂直度	1.0/1000	用线坠检查
6		尾轴承标高	±0.5	用水准仪、钢直尺检查
7		尾轮轴水平度	0.2/1000	用水平仪检查
8	尾轮弯道	左、右弯道纵向中心线	2.0	挂线用尺量检查
9		弯道标高	±1.0	用水准仪、钢直尺检查
10		左、右弯道上部、下部对应点的高低差	2.0	用水准仪、钢直尺检查
11		上部与下部弯道对铅垂线的间距	2.0	用线坠、钢尺检查

6.13 密封滑道及密封板

Ⅰ 主控项目

6.13.1 密封滑道固定的埋头螺钉应低于滑道的滑动面。

检查数量：全数检查。

检验方法：观察检查。

6.13.2 密封滑道各部位预留热膨胀间隙，应符合设计技术文件的规定。

检查数量：全数检查。

检验方法：检查安装质量记录或实测检查。

Ⅱ 一般项目

6.13.3 密封滑道安装的允许偏差应符合表 6.13.3 的规定，见图 6.13.3。

检查数量：全数检查。

检验方法：见表 6.13.3。

表 6.13.3 密封滑道安装允许偏差

项次	项 目	允许偏差（mm）	检验方法
1	两滑道对称的纵向中心线	2.0	挂线用尺量检查
2	横向中心线	2.0	挂线用尺量检查
3	标高	±1.0	用水准仪、钢直尺检查
4	滑道中心距	2.0	挂线用尺量检查
5	两滑道对应点的高低差（a，a'）	1.0	用轨道专用样杆和钢直尺检查

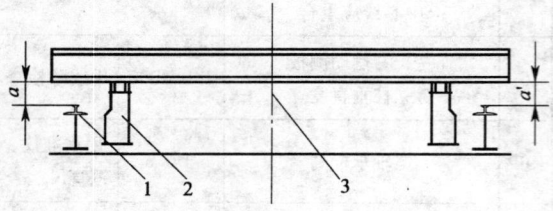

图 6.13.3 密封滑道标高测定
1—台车轨道；2—密封滑道；3—烧结机纵向中心线

6.13.4 平板式活动密封板安装的允许偏差应符合表 6.13.4 的规定。

检查数量：全数检查。

检验方法：见表 6.13.4。

表 6.13.4 平板式活动密封板安装允许偏差

项次	项 目	允许偏差（mm）	检验方法
1	纵向中心线	2.0	挂线用尺量检查
2	横向中心线	2.0	挂线用尺量检查
3	密封板上表面与烧结机台车底面间隙	2.0～3.0	用平尺、钢直尺检查

6.14 台车及箅条清扫器

一般项目

6.14.1 台车滑板与烧结机机体滑道应接触均匀。

检查数量：全数检查。

检验方法：观察检查。

6.14.2 箅条安装的热膨胀间隙应符合设计技术文件的规定。

检查数量：抽查 20%。

检验方法：观察检查、实测检查。

6.14.3 箅条清扫器的行程应符合设计技术文件的规定。

检查数量：全数检查。

检验方法：检查安装质量记录。

6.14.4 台车清扫器安装允许偏差应符合表 6.14.4 的规定。

检查数量：全数检查。

检验方法：见表 6.14.4。

表 6.14.4 台车清扫器安装允许偏差

项次	项 目	允许偏差（mm）	检验方法
1	纵向中心线	2.0	挂线用尺量检查
2	横向中心线	2.0	挂线用尺量检查
3	传动轴中心线对台车箅条的间距	±3.0	用钢直尺检查
4	清扫器行程	应符合设计技术文件的规定	用钢直尺检查

6.15 热破碎机

Ⅰ 主控项目

6.15.1 水冷式棘齿辊及受齿板安装后，必须连同管路一起进行整体水压试验，水压试验应符合设计技术文件的规定，当设计技术文件未规定时，试验压力应为工作压力的 1.5 倍。在试验压力下稳压 10min，再将试验压力降至工作压力，停压 30min，检查压力无下降、无渗漏为合格。

检查数量：全数检查。

检验方法：检查试压记录、观察检查。

Ⅱ 一般项目

6.15.2 定转矩联轴器调整弹簧的压缩量，应符合设计技术文件的规定。

检查数量：全数检查。

检验方法：检查安装质量记录。

6.15.3 传动装置的齿轮副装配应符合设计技术文件或现行国家标准《机械设备安装工程施工及验收通用规范》GB 50231 的规定。

检查数量：全数检查。

检验方法：塞尺、着色、压铅检查。

6.15.4 传动装置的联轴器安装应符合设计技术文件或现行国家标准《机械设备安装工程施工及验收通用规范》GB 50231 的规定。

检查数量：全数检查。

检验方法：百分表、塞尺、钢尺检查。

6.15.5 热破碎机安装的允许偏差应符合表 6.15.5 的规定。

检查数量：全数检查。

检验方法：见表 6.15.5。

表 6.15.5 热破碎机安装的允许偏差

项次	项目		允许偏差(mm)	检验方法
1	热破碎机	纵、横向中心线	1.0	挂线用尺量检查
2		主轴承座标高	±0.5	用水准仪、钢直尺检查
3		水平度	0.05/1000	用水平仪检查
4		两轴承座高低差	0.2	用水准仪、钢直尺检查
5		轴承座对称中心线与烧结机中心线应重合	1.0	挂线用尺量检查
6	可牵出式受齿台车	支承座纵向中心线	1.0	挂线用尺量检查
7		支承座横向中心线	1.0	挂线用尺量检查
8		支承座标高	±0.5	用水准仪、钢直尺检查
9		轨道纵向中心线	1.0	挂线用尺量检查
10		轨道的轨距	±2.0	用钢直尺检查
11		轨道标高	±1.0	用水准仪检查

6.16 风箱及主抽风管道

一般项目

6.16.1 风箱联系小梁与烧结机机架横梁预留膨胀间隙应符合设计技术文件的规定。

检查数量：全数检查。

检验方法：观察检查，塞尺检查。

6.16.2 焊接质量应符合现行国家标准《现场设备、工业管道焊接工程施工及验收规范》GB 50236 中焊缝质量分级标准Ⅳ级的规定。

检查数量：按焊缝长度抽查 10%。

检验方法：观察检查，用焊缝量规检查。

6.16.3 伸缩节安装应处于自由状态，不得承受外力。伸缩量及进、出口方向应符合设计技术文件的规定。

检查数量：全数检查。

检验方法：观察检查。

6.16.4 支管弹簧吊架压缩量应符合设计技术文件的规定。

检查数量：全数检查。

检验方法：检查安装质量记录或实测检查。

6.16.5 风箱安装的允许偏差应符合表 6.16.5 的规定。

检查数量：抽查 20%。

检验方法：见表 6.16.5。

表 6.16.5 风箱安装允许偏差

项次	项目	允许偏差(mm)	检验方法
1	纵向中心线	3.0	挂线用尺量检查
2	横向中心线	3.0	挂线用尺量检查
3	风箱联系小梁与烧结机机架横梁预留间隙	0.1~0.5	用塞尺检查

6.16.6 主抽风管道安装允许偏差应符合表 6.16.6 的规定，见图 6.16.6。

检查数量：抽查 20%。

检验方法：见表 6.16.6。

表 6.16.6 主抽风管道安装的允许偏差

项次	项目		允许偏差(mm)	检验方法
1	主抽风管道	中心线	3	经纬仪、钢直尺检查
2		标高	±3	用水准仪、钢直尺检查
3		管道上、下端面与铅垂线的间距差 ($a-a'$)	3.0	用线坠、尺量检查
4	风管	连接风箱和主抽风管道的支管中心线	5.0	挂线用尺量检查
5		下部灰斗中心线	5.0	挂线用尺量检查
6		下部法兰标高	±5.0	用水准仪、钢直尺检查
7	风管托架	中心线	2.0	挂线用尺量检查
8		标高	±1.0	用水准仪、钢直尺检查
9		水平度	0.3/1000	用水平仪检查
10		滑动式管道托架的滚柱安装位置	3	用钢直尺检查

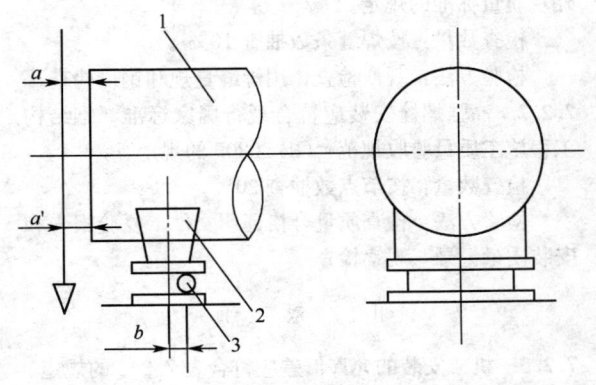

图 6.16.6 主抽风管道
1—管道；2—托架；3—滚柱

6.17 灰斗及溜槽

一般项目

6.17.1 灰斗和溜槽安装的允许偏差应符合表 6.17.1 的规定。

检查数量：全数检查。
检验方法：见表 6.17.1。

表 6.17.1 灰斗和溜槽安装允许偏差

项次	项 目		允许偏差(mm)	检验方法
1	烧结机下部灰斗	纵、横向中心线	5.0	挂线用尺量检查
2		标 高	±5.0	用水准仪检查
3	溜槽	纵、横向中心线	5.0	挂线用尺量检查
4		标 高	±5.0	用水准仪检查

7 环式冷却机设备安装工程

7.1 一般规定

7.1.1 本章适用于环式冷却机设备工程安装的质量验收。

7.2 机 架

Ⅰ 主控项目

7.2.1 机架的焊接质量应符合设计技术文件的规定，当设计技术文件未规定时，应符合现行国家标准《钢结构工程施工质量验收规范》GB 50205 中三级焊缝外观质量标准的规定。

检查数量：按焊缝条数抽查 10%。
检验方法：观察检查，用焊缝量规和钢尺检查。

7.2.2 高强螺栓安装应符合现行国家标准《钢结构工程施工质量验收规范》GB 50205 的规定。

检查数量：按节点数抽查 20%。
检验方法：检查质量合格证明文件、复验报告和安装质量记录，观察检查。

Ⅱ 一般项目

7.2.3 机架安装的允许偏差应符合表 7.2.3 的规定。

检查数量：全数检查。
检验方法：见表 7.2.3。

表 7.2.3 机架安装允许偏差

项次	项 目	允许偏差(mm)	检验方法
1	冷却机纵向中心线与烧结机纵向中心线重合	3.0	用经纬仪、尺量检查
2	柱子纵向中心线	5.0	用经纬仪、尺量检查
3	柱子横向中心线	5.0	用经纬仪、尺量检查
4	柱子底板标高	±2.0	用水准仪、尺量检查
5	柱子铅垂度	1.0/1000	用水准仪、尺量检查
6	径向梁与环形梁标高	±3.0	用水准仪、尺量检查
7	各钢轨支承梁两端支承点的高低差	2.0	用水准仪、尺量检查
8	抽风机支承梁标高	±5.0	用尺量检查

7.3 漏 斗

Ⅰ 主控项目

7.3.1 漏斗的焊接质量应符合现行国家标准《现场设备、工业管道焊接工程施工及验收规范》GB 50236 中焊缝质量分级标准Ⅳ级的规定。

检查数量：按焊缝长度抽查 10%。
检验方法：观察检查，用焊缝量规检查。

Ⅱ 一般项目

7.3.2 漏斗安装的允许偏差应符合表 7.3.2 的规定。

检查数量：全数检查。
检验方法：见表 7.3.2。

表 7.3.2 漏斗安装允许偏差

项次	项 目		允许偏差(mm)	检验方法
1	给矿漏斗	下表面标高	±10.0	用水准仪、直尺检查
2		纵、横向中心线	10.0	挂线用尺量检查
3		下部出料口纵、横向中心线	15.0	挂线用尺量检查
4	排矿漏斗	纵、横向中心线	5.0	挂线用尺量检查
5		下表面标高	±3.0	用水准仪、直尺检查
6	抽风式冷却机散料漏斗	标 高	±5.0	用水准仪、直尺检查
7		纵、横向中心线	5.0	挂线用尺量检查

7.4 风箱与密封罩

Ⅱ 一般项目

7.4.1 焊接质量应符合设计技术文件的规定,当设计技术文件未规定时,焊接质量应符合《现场设备、工业管道焊接工程施工及验收规范》GB 50236中焊缝质量分级标准Ⅳ级的规定。

检查数量:按焊缝长度抽查10%。

检验方法:观察检查,用焊缝量规检查。

7.4.2 风箱上部与横梁连接紧密,风箱上部密封板平滑无毛刺,与橡胶板接触贴合。

检查数量:抽查10处。

检验方法:观察检查。

7.4.3 抽风环式冷却机端部密封吊挂回转灵活,膨胀风罩内密封材料填满压紧。

检查数量:手扳动作5次。

检验方法:手扳和观察检查。

7.4.4 密封罩之间连接紧密;密封罩下端与台车侧板上端的间隙应符合设计技术文件的规定。

检查数量:抽查10处。

检验方法:观察检查。

7.4.5 风箱与密封罩安装的允许偏差应符合表7.4.5的规定。

检查数量:抽查20%。

检验方法:见表7.4.5。

表 7.4.5 风箱与密封罩安装允许偏差

项次	项 目	允许偏差(mm)	检验方法
1	风箱的环形中心线	10.0	挂线用尺量检查
2	风箱下部法兰处水平度	2.0/1000	用水平仪检查
3	排气筒垂直度	1.0/1000	用经纬仪、尺量检查
4	密封罩环形中心线	5.0	挂线用尺量检查
5	密封罩两侧面垂度	1.5/1000	吊线坠、尺量检查
6	密封罩下端与台车侧板上端间隙	±10.0	用尺量检查
7	双重阀水平度	2.0/1000	用水平仪检查

7.5 轨 道

Ⅰ 主控项目

7.5.1 环形轨道接头的预留热膨胀间隙,应符合设计技术文件的规定。

检查数量:全数检查。

检验方法:观察检查,用钢尺量。

Ⅱ 一般项目

7.5.2 环形水平轨道安装的允许偏差应符合表7.5.2的规定。

检查数量:全数检查。

检验方法:见表7.5.2。

表 7.5.2 环形水平轨道安装允许偏差

项次	项 目	允许偏差(mm)	检验方法
1	环形水平轨道的半径	±1.0	用尺量检查
2	内外环形水平轨道的轨距	±2.0	用尺量检查
3	轨道表面标高	±2.0	用水准仪、直尺检查
4	内或外圆周方向轨道面高低差	2.0	用水准仪、直尺检查
5	内与外水平轨道径向对应点高低差	1.0	用水准仪、直尺检查
6	轨道接头处高低差	0.5	用直尺、塞尺检查
7	轨道接头处错位	1.0	用直尺检查

7.5.3 环形侧轨安装的允许偏差应符合表7.5.3的规定。

检查数量:全数检查。

检验方法:见表7.5.3。

表 7.5.3 环形侧轨安装允许偏差

项次	项 目	允许偏差(mm)	检验方法
1	环形侧轨半径	±3.0	用尺量检查
2	环形侧轨标高	±2.0	用水准仪、直尺检查
3	轨道接头处高低差	1.0	用直尺检查
4	轨道接头处错位	1.0	用直尺检查

7.5.4 曲轨安装的允许偏差应符合表7.5.4的规定,见图7.5.4。

检查数量:全数检查。

检验方法:见表7.5.4。

表 7.5.4 曲轨安装允许偏差

项次	项 目	允许偏差(mm)	检验方法
1	内外曲轨与台车环形中心线的间距差($a-a'$、$b-b'$、$c-c'$)	1.5	用尺量检查

续表7.5.4

项次	项目	允许偏差 (mm)	检验方法
2	内、外曲轨的最低点与环形冷却机中心点连成一直线	±1.0	挂线用尺量检查
3	护轨与曲轨的间距	+3.0 / 0	用尺量检查
4	曲轨与环形水平轨道接头处高低差	0.5	用尺量检查
5	曲轨与环形水平轨道接头处错位	1.0	用直尺检查
6	曲轨与环形水平轨道接头间隙	1.0	用直尺检查

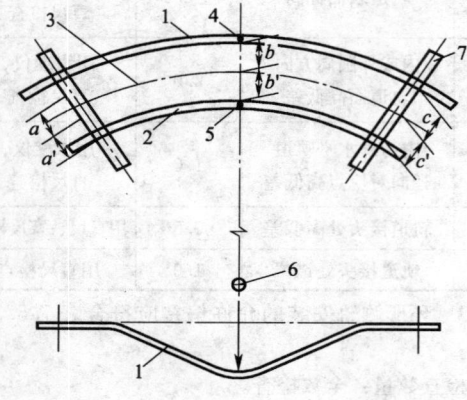

图7.5.4 曲轨
1—外曲轨；2—内曲轨；3—台车环形中心线；
4—外曲轨最低点；5—内曲轨最低点；6—环式
冷却机中心；7—机架径向梁

7.6 传动框架

一般项目

7.6.1 传动框架与加固板和连接板的焊接应符合设计技术文件的规定，当设计技术文件未规定时，焊接质量应符合《现场设备、工业管道焊接工程施工及验收规范》GB 50236中焊缝质量分级标准Ⅳ级的规定。

检查数量：按焊缝条数抽查10%。
检验方法：观察检查，焊缝量规检查。

7.6.2 焊接材料与母材的匹配应符合设计要求，焊接材料使用前，应按产品说明书及焊接工艺文件的规定进行烘焙和存放。

检查数量：全数检查。
检验方法：检查质量合格证明文件和烘焙记录。

7.6.3 正多边形传动框架安装的允许偏差应符合表

7.6.3的规定，见图7.6.3。
检查数量：全数检查。
检验方法：见表7.6.3。

表7.6.3 正多边形传动框架安装允许偏差

项次	项目	允许偏差 (mm)	检验方法
1	相邻两个台车外传动框架中心点间的直线距离（a）	±1.0	用尺量检查
2	相邻两个台车内传动框架中心点间的直线距离（b）	±0.5	用尺量检查
3	每间隔七个台车为一组外传动框架弧弦长度（c）	±3.0	挂线用尺量检查
4	每间隔七个台车为一组内传动框架弧弦长度（d）	±2.0	挂线用尺量检查
5	挡辊辊面至侧轨轨面距离（e）	±2.0	用尺量检查

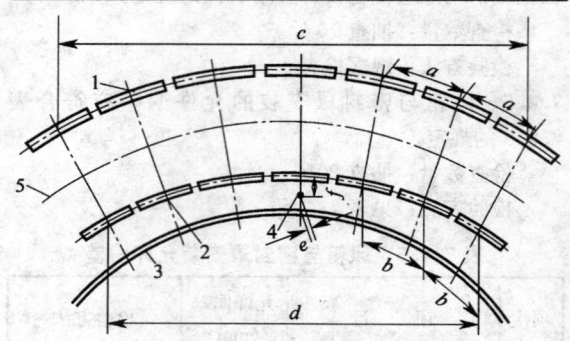

图7.6.3 正多边形传动框架安装
1—外传动框架；2—内传动框架；
3—环形侧轨；4—挡辊；5—台车环形中心

7.6.4 圆形摩擦传动框架安装的允许偏差应符合表7.6.4的规定。
检查数量：全数检查。
检验方法：见表7.6.4。

表7.6.4 圆形摩擦传动框架安装允许偏差

项次	项目	允许偏差 (mm)	检验方法
1	内外圆形摩擦传动框架的最大直径与最小直径差	10.0	挂线用尺量检查
2	传动框架上表面高低差	5.0	用水准仪、直尺检查
3	摩擦板接头处高低差	0.5	用塞尺和直尺检查
4	摩擦板接头处水平错位	1.0	用尺量检查

7.7 台车及传动装置

Ⅰ 主控项目

7.7.1 摩擦轮与被动摩擦轮的压紧力应符合设计技术文件的规定。

　　检查数量：全数检查。

　　检验方法：测量弹簧长度、观察检查。

Ⅱ 一般项目

7.7.2 定转矩联轴器的安装应符合设计技术文件的规定。

　　检查数量：全数检查。

　　检验方法：观察检查。

7.7.3 台车调节板边缘无毛刺。

　　检查数量：抽查10处。

　　检验方法：观察检查。

7.7.4 橡胶密封板与台车的接触贴合，无明显缝隙。

　　检查数量：抽查10处。

　　检验方法：观察检查。

7.7.5 台车安装的允许偏差应符合表7.7.5的规定。

　　检查数量：全数检查。

　　检验方法：见表7.7.5。

表7.7.5　台车安装允许偏差

项次	项	目	允许偏差(mm)	检验方法
1	抽风冷却式台车	两台车侧板嵌入部分间隙	6.0	用尺量检查
2		侧板上的内外调节板圆度	10.0	用尺量检查
3	鼓风冷却式台车	调节板之间水平错位	3.0	用尺量检查
4		应调整在同一水平面上，其台车下部内、外调节板高低差	3.0	用尺量检查

7.7.6 台车下部或上部的调节板，两端和外边应平滑，不得有毛刺。

　　检查数量：全数检查。

　　检验方法：观察检查。

7.7.7 传动装置安装的允许偏差应符合表7.7.7的规定，见图7.7.7。

　　检查数量：全数检查。

　　检验方法：见表7.7.7。

表7.7.7　传动装置安装的允许偏差

项次	项　目	允许偏差(mm)	检验方法
1	两个摩擦轮轴向中心线重合度	0.5	用线坠、尺量检查
2	两个摩擦轮轮缘端面错位	1.0	用线坠、尺量检查
3	主动摩擦轮轴向中心线的延伸线应与冷却机中心点重合	2.0	用经纬仪、尺量检查
4	底座中心线	1.0	挂线用尺量检查
5	减速机、联轴器	应符合GB 50231的规定	塞尺、百分表、钢尺检查

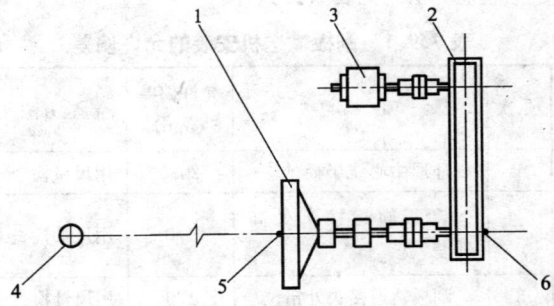

图7.7.7　传动装置
1—主动摩擦轮；2—减速机；3—电动机；
4—环冷机中心点；5—主动摩擦轮端面中心点；
6—减速机出轴中心点

7.8 挡辊及托辊

一般项目

7.8.1 弹簧支撑的托辊，弹簧压缩量的调整应符合设计技术文件的规定。

　　检查数量：全数检查。

　　检验方法：观察检查。

7.8.2 托辊与摩擦板或传动框架底面相接触。

　　检查数量：抽查10处。

　　检验方法：观察检查。

7.8.3 托辊及挡辊安装的允许偏差应符合表7.8.3的规定。

　　检查数量：全数检查。

　　检验方法：见表7.8.3。

表 7.8.3 托辊及挡辊安装的允许偏差

项次	项目	允许偏差(mm)	检验方法
1	托辊径向中心线	5.0	挂线用尺量检查
2	托辊轴向中心线	2.0	挂线用尺量检查
3	挡辊中心线	5.0	挂线用尺量检查
4	挡辊标高	±5.0	用水准仪、直尺检查
5	挡辊轴面至内传动框架纵向中心线距离	±1.0	用尺量检查

7.9 环式刮板输送机

Ⅱ 一般项目

7.9.1 刮板输送机安装的允许偏差应符合表 7.9.1 的规定。

检查数量：全数检查。

检验方法：见表 7.9.1。

表 7.9.1 刮板输送机安装的允许偏差

项次	项目	允许偏差(mm)	检验方法
1	环形中心线半径	20.0	用尺量检查
2	刮板轨道接头处高低差	1.0	用尺量检查
3	刮板轨道接头处错位	1.0	用尺量检查
4	轨道圆周方向各点高低差	3.0	用水准仪、直尺检查
5	内外轨道径向对应点高低差	2.0	用水准仪、直尺检查
6	传动装置中心线	2.0	挂线用尺量检查
7	标高	±2.0	用水准仪、直尺检查
8	传动齿轮、链轮轴向水平度	1.0/1000	用水平仪检查
9	开式齿轮	应符合 GB 50231 的规定	—
10	联轴器	应符合 GB 50231 的规定	

7.10 风 机

Ⅱ 一般项目

7.10.1 叶轮不得与机壳相碰，吸入口和排出口管道内应清理干净。

检查数量：全数检查。

检验方法：盘动叶轮检查，观察检查。

7.10.2 风机安装的允许偏差应符合表 7.10.2 的规定。

检查数量：全数检查。

检验方法：见表 7.10.2。

表 7.10.2 风机安装允许偏差

项次	项目	允许偏差(mm)	检验方法
1	纵、横向中心线	2.0	挂线用尺量检查
2	轴承座标高	±2.0	用水准仪、直尺检查
3	风机水平度	0.1/1000	用水平仪检查
4	减速机、联轴器	应符合 GB 50231 的规定	塞尺、百分表、钢尺检查

8 带式冷却机设备安装工程

8.1 一般规定

8.1.1 本章适用于带式冷却机设备工程安装的质量验收。

8.2 机 架

Ⅰ 主控项目

8.2.1 机架的焊接质量应符合现行国家标准《钢结构工程施工质量验收规范》GB 50205 中三级焊缝外观质量标准的规定。

检查数量：按焊缝条数抽查10%。

检验方法：观察检查、用焊缝量规和钢尺检查。

8.2.2 高强螺栓安装应符合现行国家标准《钢结构工程施工质量验收规范》GB 50205 的规定。

检查数量：按节点数抽查20%。

检验方法：检查质量合格证明文件、复验报告和安装质量记录，观察检查。

Ⅱ 一般项目

8.2.3 机架安装的允许偏差应符合表 8.2.3 的规定。

检查数量：全数检查。

检验方法：见表 8.2.3。

表 8.2.3 机架安装允许偏差

项次	项目	允许偏差(mm)	检验方法
1	柱子纵、横向中心线	2.0	用经纬仪、尺量检查
2	柱子底板标高	±2.0	用水准仪、尺量检查
3	柱子垂直度	1.0/1000	用经纬仪、尺量检查
4	上托辊的横梁水平度	0.5/1000	用水平仪或水准仪、直尺检查
5	机架的横向间距	±1.5	用尺量检查
6	上托辊座或下托辊座间距	±1.0	用尺量检查
7	上托辊座与下托辊座间距	±1.0	用尺量检查

8.3 密封罩和排气筒

一般项目

8.3.1 焊接质量应符合现行国家标准《现场设备、工业管道焊接工程施工及验收规范》GB 50236 中Ⅳ级焊缝质量标准的规定。

检查数量：按焊缝长度抽查 10%。

检验方法：观察检查，用焊缝量规检查。

8.3.2 密封罩橡胶密封板与台车挡板的接触贴合。隔热板下端与台车挡板上端的间隙应符合设计技术文件的规定，端部密封罩扇形板转动无卡住现象。

检查数量：抽查 10 处。

检验方法：观察检查。

8.3.3 密封罩和排气筒安装的允许偏差应符合表 8.3.3 的规定。

检查数量：全数检查。

检验方法：见表 8.3.3。

表 8.3.3 密封罩和排气筒安装允许偏差

项次	项目	允许偏差(mm)	检验方法
1	密封罩纵向中心线	3.0	挂线用尺量检查
2	排气筒垂直度	1.0/1000	用经纬仪、直尺检查

8.4 传动装置

Ⅰ 主控项目

8.4.1 安装前检查每五个链节在拉紧状态下的累计长度，应符合设计技术文件的规定。

检查数量：抽查 20%。

检验方法：尺量检查。

8.4.2 链条的安装方向、头尾链轮中心距及尾部链轮拉紧装置调整均应符合设计技术文件的规定。

检查数量：全数检查。

检验方法：观察检查。

Ⅱ 一般项目

8.4.3 链条与托辊接触良好。

检查数量：全数检查。

检验方法：观察检查。

8.4.4 托辊和链轮安装的允许偏差应符合表 8.4.4 的规定。

检查数量：全数检查。

检验方法：见表 8.4.4。

表 8.4.4 托辊和链轮安装允许偏差

项次	项目	允许偏差(mm)	检验方法
1	头尾链轮纵、横向中心线	1.0	挂线用尺量检查
2	头尾链轮标高	±2.0	用水准仪、直尺检查
3	头尾链轮轴向水平度	0.1/1000	用水平仪检查
4	头尾链轮轴向中心线与托辊面的距离	±1.0	挂线用尺量检查
5	托辊径向中心线	1.0	挂线用尺量检查
6	托辊之间的间距	±2.0	用尺量检查
7	上托辊与下托辊的间距	±0.5	用尺量检查
8	托辊面水平度	0.2/1000	用水平仪检查
9	两托辊高低差	0.5	用水准仪、直尺检查

8.4.5 台车和传动装置安装的允许偏差应符合表 8.4.5 的规定。

检查数量：全数检查。

检验方法：见表 8.4.5。

表 8.4.5 台车和传动装置安装允许偏差

项次	项目	允许偏差(mm)	检验方法
1	台车两侧板间距	±1.0	用尺量检查
2	同侧面的侧板错位	1.0	用尺量检查
3	同侧面的栏板错位	0.5	用尺量检查
4	减速机、传动装置	应符合GB 50231的规定	塞尺、百分表、钢尺检查

8.5 带式刮板输送机

一般项目

8.5.1 带式刮板输送机安装的允许偏差应符合表8.5.1的规定。

检查数量：全数检查。

检验方法：见表8.5.1。

表8.5.1 带式刮板输送机安装允许偏差

项次	项 目	允许偏差(mm)	检验方法
1	纵向中心线	3.0	挂线用尺量检查
2	上、下刮板轨道槽间距	±1.0	用尺量检查
3	左、右刮板轨道间距	±1.0	用尺量检查
4	轨道槽接头处高低差	0.5	用钢尺检查
5	头尾链轮横向中心线	1.0	挂线用尺量检查
6	头、尾链轮轴向中心线平行度	0.3/1000	挂线用尺量检查
7	头、尾链轮轴向水平度	0.2/1000	用水平仪检查
8	头、尾链轮标高	±2.0	用水准仪、直尺检查
9	联轴器	应符合GB 50231的规定	塞尺、百分表、钢尺检查

8.6 风 机

一般项目

8.6.1 叶轮不得与机壳相碰，吸入口和排出口管道内应清理干净。

检查数量：全数检查。

检验方法：盘动叶轮检查，观察检查。

8.6.2 风机安装的允许偏差应符合表8.6.2的规定。

检查数量：全数检查。

检验方法：见表8.6.2。

表8.6.2 风机安装允许偏差

项次	项 目	允许偏差(mm)	检验方法
1	纵、横向中心线	2.0	挂线用尺量检查
2	轴承座标高	±2.0	用水准仪、直尺检查
3	风机水平度	0.1/1000	用水平仪检查
4	减速机、联轴器	应符合GB 50231的规定	塞尺、百分表、钢尺检查

9 主抽风机设备安装工程

9.1 一般规定

9.1.1 本章适用于烧结机主抽风机设备工程安装的质量验收。

9.2 轴承底座

一般项目

9.2.1 轴承底座安装的允许偏差检验方法应符合表9.2.1的规定。

检查数量：全数检查。

检验方法：见表9.2.1。

表9.2.1 轴承底座安装允许偏差

项次	项 目	允许偏差(mm)	检验方法
1	纵向中心线	1.0	挂线用尺量检查
2	横向中心线	1.0	挂线用尺量检查
3	两底座的中心距离	±2.0	用钢尺检查
4	标 高	±2.0	用水准仪、钢直尺检查
5	两底座高低差	0.5	用水准仪、钢尺检查
6	横向水平度	0.05/1000	用水平仪检查
7	纵向水平度	0.1/1000	用水平仪检查

9.3 轴 承 座

Ⅰ 主控项目

9.3.1 轴承座与导向键之间的间隙，应符合设计技术文件的规定。

检查数量：全数检查。

检验方法：检查安装质量记录或钢尺检查。

9.3.2 轴承座与底座螺栓紧固后应紧密贴合，用0.05mm塞尺检查不得塞入。

检查数量：全数检查。

检验方法：塞尺检查。

Ⅱ 一般项目

9.3.3 轴承座安装的允许偏差应符合表9.3.3的规定。

检查数量：全数检查。

检验方法：见表9.3.3。

表 9.3.3 轴承座安装允许偏差

项次	项目	允许偏差(mm)	检验方法
1	纵向中心线	1.0	挂线用尺量检查
2	横向中心线	1.0	挂线用尺量检查
3	两轴承座中心距	±2.0	挂线用尺量检查
4	横向水平度	0.05/1000	用水平仪检查
5	纵向水平度	0.1/1000	用水平仪检查
6	两轴承座水平度	0.05/1000	用水准仪、平尺检查
7	滑动轴承装配	应符合GB 50231或设计技术文件的规定	塞尺、着色检查

9.4 机壳和转子

Ⅰ 主控项目

9.4.1 下机壳与底座应紧密贴合,除设计技术文件规定预留间隙外,局部间隙用0.05mm塞尺检查不得塞入。

检查数量:全数检查。

检验方法:用0.05mm塞尺检查。

9.4.2 机壳与导向键之间的间隙应符合设计技术文件的规定。

检查数量:全数检查。

检验方法:检查安装质量记录或用塞尺检查。

9.4.3 风机机壳与轴承底座之间的紧固螺栓间隙应符合设计技术文件的要求。

检查数量:全数检查。

检验方法:用塞尺检查。

9.4.4 推力轴承的轴向间隙,应符合设计技术文件的要求。

检查数量:全数检查。

检验方法:对照设计技术文件规定,用钢尺测量。

9.4.5 附有吸入锥套的叶轮与机壳水平方向的轴向重合长度、径向间隙应符合设计技术文件的要求。

检查数量:全数检查。

检验方法:用钢尺测量。

9.4.6 转子与电动机联轴器的安装应符合设计技术文件或现行国家标准《机械设备安装工程施工及验收通用规范》GB 50231的规定。

检查数量:全数检查。

检验方法:百分表、塞尺、激光对中仪。

Ⅱ 一般项目

9.4.7 油封和气封的间隙应符合设计技术文件的规定。

检查数量:全数检查。

检验方法:用塞尺检查。

9.4.8 机壳两侧双吸入管的安装应符合设计技术文件的规定。

检查数量:全数检查。

检验方法:对照技术文件规定、观察检查。

9.4.9 机壳和转子安装的允许偏差应符合表9.4.9的规定。

检查数量:全数检查。

检验方法:见表9.4.9。

表 9.4.9 机壳和转子安装允许偏差

序号	项目		允许偏差(mm)	检验方法
1	下机壳横向中心线		1.0	挂线用尺量检查
2	下机壳中分面横向水平度		0.1/1000	用水平仪检查
3	下机壳中分面纵向水平度		0.1/1000	用水平仪检查
4	下机壳与两轴承座膛孔同轴度	风量≤6500m³/min	0.03	挂线用内径千分尺或塞尺检查
		6500m³/min<风量<12000m³/min	0.04	
		风量≥12000m³/min	0.05	
5	转子轴向水平度(两轴颈水平度相对差)		0.05/1000	用水平仪检查

9.5 附属设备

一般项目

9.5.1 伸缩节、吸入和排出阀门的安装应与风管法兰连接严密。

检查数量:全数检查。

检验方法:观察检查。

9.5.2 伸缩节安装应处于自由状态,不得承受外力。伸缩量及进出口方向应符合设计技术文件的规定。

检查数量:全数检查。

检验方法:观察检查。

9.5.3 消音器安装的允许偏差应符合表9.5.3的规定。

检查数量:全数检查。

检验方法:见表9.5.3。

表 9.5.3 消音器安装允许偏差

项次	项目	允许偏差(mm)	检验方法
1	中心线	3.0	挂线用尺量检查
2	标高	±3.0	用水准仪、钢直尺检查
3	横向水平度	2.0/1000	用水平仪检查
4	纵向水平度	2.0/1000	用水平仪检查

10 电除尘设备安装工程

10.1 一般规定

10.1.1 本章适用于板式电除尘器设备安装的质量验收。

10.2 机 体

Ⅰ 主控项目

10.2.1 机体的焊接质量应符合设计技术文件的规定,当设计技术文件未规定时,应符合现行国家标准《现场设备、工业管道焊接工程施工及验收规范》GB 50236 中焊缝质量分级标准Ⅳ级的规定。

检查数量:按焊缝长度抽查10%。

检验方法:观察检查、焊缝量规检查。

10.2.2 高强螺栓安装应符合现行国家标准《钢结构工程施工质量验收规范》GB 50205 的规定。

检查数量:按节点数抽查20%。

检验方法:检查质量合格证明文件、复验报告和安装质量记录,观察检查。

10.2.3 预留热膨胀的部位安装应符合设计技术文件的规定。

检查数量:全数检查。

检验方法:观察检查、实测检查。

10.2.4 电除尘器应按设计技术文件的规定进行气密性试验。

检查数量:全数检查。

检验方法:检查气密性试验记录,观察检查。

10.2.5 电除尘器顶部保温层上的保护板不得漏水。

检查数量:全数检查。

检验方法:观察检查。

Ⅱ 一般项目

10.2.6 气流分布板安装位置应符合设计技术文件的规定。

检查数量:全数检查。

检验方法:观察检查。

10.2.7 电除尘器机架安装的允许偏差应符合表10.2.7的规定。

检查数量:抽查20%。

检验方法:见表10.2.7。

表10.2.7 电除尘器机架安装允许偏差

项次	项 目	允许偏差(mm)	检验方法
1	柱子纵、横向中心线	3.0	挂线用尺量检查
2	柱子底板标高	±3.0	用水准仪、直尺检查
3	柱子垂直度	1.0/1000	用经纬仪、钢尺检查
4	横梁各点高低差	5.0	用水准仪、直尺检查
5	横梁中心距	±L/1000	用尺量检查
6	横梁对角线之差	D/1000	用尺量检查
7	灰斗纵、横向中心线	5.0	挂线用尺量检查
8	灰斗高度	±10.0	用尺量检查
9	进、出口法兰纵、横向中心线	20.0	挂线用尺量检查
10	进、出口法兰端面铅垂度	2.0/1000	用线坠、钢尺检查
11	绝缘子室的纵、横向中心线	5.0	挂线用尺量检查

注:L为横梁中心距,D为对角线长度。

10.3 放电极和除尘极板

一般项目

10.3.1 放电极和除尘极板的安装方向应符合设计技术文件的规定。

检查数量:全数检查。

检验方法:观察检查。

10.3.2 放电极和除尘极板之间不得有任何物质短路,绝缘子表面应保持干净。

检查数量:全数检查。

检验方法:观察检查。

10.3.3 放电极和除尘极板安装的允许偏差应符合表10.3.3的规定。

检查数量:抽查20%。

检验方法:见表10.3.3。

表10.3.3 放电极和除尘极板安装允许偏差

项次	项 目		允许偏差(mm)	检验方法
1	放电极	每组框架长度、宽度	5.0	用尺量检查
2		每组框架对角线之差	5.0	用尺量检查
3		框架在垂直时的旁弯值	1.0/1000,且不大于5	用线坠、钢尺检查
4		支承托架纵、横向中心线	2.0	挂线用尺量检查
5		支承托架标高	±2.0	用尺量检查
6		支承托架中心距	2.0	用尺量检查
7		支承托座中心距	1.0	用尺量检查
8	除尘极板	绝缘子纵、横向中心线	5.0	挂线用尺量检查
9		支承梁纵、横向中心线	2.0	挂线用尺量检查
10		支承梁标高	±3.0	用尺量检查
11		吊梁中心距	2.0	挂线用尺量检查
12		除尘极板与放电极框架的间距	±10.0	用尺量检查

10.4 锤打装置

Ⅰ 主控项目

10.4.1 锤打装置的螺帽应按设计技术文件要求锁紧和点焊固定,不得松动。

检查数量:全数检查。

检验方法:观察检查。

Ⅱ 一般项目

10.4.2 锤打装置安装允许偏差应符合表 10.4.2 的规定,见图 10.4.2。

检查数量:全数检查。

检验方法:见表 10.4.2。

表 10.4.2 锤打装置安装允许偏差

项次	项 目	允许偏差(mm)	检验方法
1	传动轴承座标高	±2.0	挂线用尺量检查
2	传动轴承中心线	1.0	挂线用尺量检查
3	锤头与锤座中心线(a、b)	5.0	挂线用尺量检查
4	平台与走台板纵、横向中心线	5.0	用尺量检查
5	平台与走台板标高	±5.0	用尺量检查
6	联轴器	应符合 GB 50231 的规定	塞尺、百分表、钢尺检查

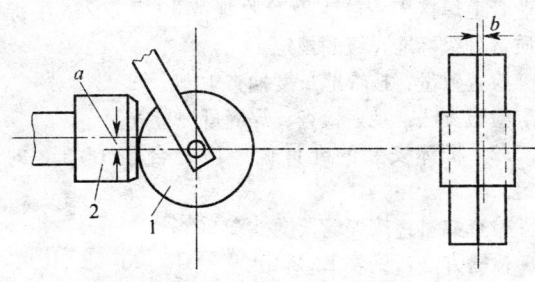

图 10.4.2 锤打装置中心线偏差
1—锤头;2—锤座

10.5 粉尘输送装置

一般项目

10.5.1 刮板输送机安装的允许偏差应符合表 10.5.1 的规定。

检查数量:全数检查。

检验方法:见表 10.5.1。

表 10.5.1 刮板输送机安装的允许偏差

项次	项 目	允许偏差(mm)	检验方法
1	滑道纵向中心线	5.0	挂线用尺量检查
2	滑道标高	±3.0	水准仪、直尺检查
3	滑道接头错位	2.0	钢尺检查
4	滑道接头高低差	1.0	钢尺检查
5	链轮纵、横向中心线	2.0	钢尺检查
6	两链轮轴向平行度	1.0/1000	挂线用尺量检查
7	两链轮轴线与输送机的纵向中心线的垂直度	1.0/1000	用尺量检查
8	链轮轴水平度	0.5/1000	水平仪
9	刮板链条与滑道两侧的最小侧间隙	应符合设计技术文件的要求	用钢尺检查

10.5.2 螺旋输送机安装的允许偏差应符合表 10.5.2 的规定。

检查数量:全数检查。

检验方法:见表 10.5.2。

表 10.5.2 螺旋输送机安装的允许偏差

项次	项 目	允许偏差(mm)	检验方法
1	纵、横向中心线	5.0	挂线用尺量检查
2	标 高	±3.0	水准仪、直尺检查
3	机壳内表面接头错位	2.0	挂线用尺量检查
4	螺旋体外径与机壳的间距	应符合设计技术文件的要求	用尺量检查

10.5.3 斗式提升机安装的允许偏差应符合表 10.5.3 的规定。

检查数量:全数检查。

检验方法:见表 10.5.3。

表 10.5.3 斗式提升机安装的允许偏差

项次	项 目	允许偏差(mm)	检验方法
1	机壳和下链轮纵、横向中心线	5.0	挂线用尺量检查
2	链轮标高	±2.0	水准仪、直尺检查
3	两链轮轴线与斗式提升机的纵向中心线的垂直度	1.0/1000	挂线尺量检查
4	两链轮轴向平行度	1/1000	挂线用尺量检查
5	链轮主轴水平度	0.3/1000	水平仪
6	机壳垂直度	1/1000	挂线用尺量检查

10.5.4 斗式提升机的牵引胶带接头应符合设计技术文件的规定。

检查数量：全数检查。
检验方法：观察检查。

11 布袋除尘器

11.1 一般规定

11.1.1 本章适用于布袋除尘器设备安装的质量验收。

11.2 机 体

一般项目

11.2.1 机体的焊接质量应符合设计技术文件的规定，当设计技术文件未规定时，应符合《现场设备、工业管道焊接工程施工及验收规范》GB 50236 中焊缝质量分级标准Ⅳ级的规定。

检查数量：按焊缝长度抽查10%。
检验方法：观察检查，用焊缝量规检查。

11.2.2 布袋安装拉紧程度应符合设计技术文件的规定。

检查数量：抽查5%。
检验方法：检查设计技术文件规定，观察检查。

11.2.3 布袋除尘器应按设计技术文件的规定进行气密性试验。

检查数量：全数检查。
检验方法：检查气密性试验记录，观察检查。

11.2.4 布袋除尘器安装的允许偏差应符合表11.2.4的规定。

检查数量：抽查20%。
检验方法：见表11.2.4。

表11.2.4 布袋除尘器安装的允许偏差

项次	项 目	允许偏差 (mm)	检验方法
1	柱子纵、横向中心线	3.0	挂线用尺量检查
2	柱子底板标高	±3.0	用水准仪、直尺检查
3	柱子垂直度	1.0/1000	用经纬仪、钢尺检查
4	横梁标高	±5.0	用尺量检查
5	横梁中心距	±L/1000	用尺量检查
6	横梁对角线之差	D/1000	用尺量检查
7	灰斗纵、横向中心线	±5.0	挂线用尺量检查
8	进、出口法兰纵、横向中心线	20.0	挂线用尺量检查
9	灰斗高度	10.0	用尺量检查
10	进、出口法兰端面垂直度	2.0/1000	用线坠、钢尺检查
11	横梁吊架中心线应与下部夹布袋的短管中心线相重合	H/1000	用线坠在每组吊架上检查2～3个点

注：L 为横梁中心距，D 为对角线长度，H 为布袋长度。

11.3 粉尘输送装置安装

一般项目

11.3.1 粉尘输送装置安装的允许偏差应符合本规范第10.5.1～10.5.4条的规定。

12 多管除尘器

12.1 一般规定

12.1.1 本章适用于多管除尘器设备安装的质量验收。

12.2 机体安装

一般项目

12.2.1 机体的焊接质量应符合设计技术文件的规定，当设计技术文件未规定时，应符合《现场设备、工业管道焊接工程施工及验收规范》GB 50236 中焊缝质量分级标准Ⅳ级的规定。

检查数量：按焊缝长度抽查10%。
检验方法：观察检查、焊缝量规检查。

12.2.2 机体安装的允许偏差应符合表12.2.2的规定。

检查数量：按焊缝长度抽查20%。
检验方法：见表12.2.2。

表12.2.2 机体安装允许偏差

项次	项 目	允许偏差 (mm)	检验方法
1	柱子纵、横向中心线	3.0	挂线用尺量检查
2	柱子底板标高	±3.0	用水准仪、直尺检查
3	柱子铅垂度	1.0/1000	用经纬仪、钢尺检查
4	横梁标高	±5.0	用尺量检查
5	横梁中心距	±L/1000	用尺量检查

续表 12.2.2

项次	项目	允许偏差(mm)	检验方法
6	横梁对角线之差	D/1000	用尺量检查
7	灰斗纵、横向中心线	5.0	挂线用尺量检查
8	灰斗高度	±10.0	用尺量检查
9	进出口法兰纵、横向中心线	20.0	挂线用尺量检查
10	进出口法兰端面垂直度	2.0/1000	用线坠、钢尺检查

注：L 为横梁中心距，D 为对角线长度。

12.3 旋 风 子

Ⅰ 主控项目

12.3.1 填料式的多管除尘器，填料配合比应符合设计技术文件的规定。填料应密实、表面平整。

检查数量：抽查20%。

检验方法：观察检查，检查配合比记录。

12.3.2 无填料式旋风子安装时应复查导向叶片外径与锥形外筒上口的内径，应符合设计技术文件的规定。

检查数量：抽查20%。

检验方法：观察检查、用尺量检查。

Ⅱ 一般项目

12.3.3 旋风子安装的允许偏差应符合表12.3.3的规定。

检查数量：抽查20%。

检验方法：见表12.3.3。

表 12.3.3 旋风子安装允许偏差

项次	项目	允许偏差(mm)	检验方法
1	支承梁纵、横向中心线	2.0	挂线用尺量检查
2	支承梁标高	±2.0	用尺量检查
3	多孔板纵、横向中心线	2.0	挂线用尺量检查
4	多孔板标高	±2.0	用尺量检查
5	锥形外筒支承板与导气管支承板间距	±2.0	用尺量检查
6	支承板上、下孔纵、横向中心线	2.0	用线坠、尺量检查
7	导气管与锥形外套纵、横向中心线	1.0	用线坠、尺量检查
8	有填料式的导向叶片与锥形外筒上口四周间隙	1.0	用钢尺检查
9	导气管插入锥形外筒内深度	3.0	用钢尺检查

13 烧结机械设备试运转

13.1 一 般 规 定

13.1.1 本章适用于烧结设备试运转。

13.1.2 试运转前，施工单位应编写试运转方案，并经总监理工程师（建设单位）批准后，方可进行试运转。

13.1.3 试运转所需要的能源、介质、材料、工机具、检测仪器、安全防护设施及用具等，均应符合试运转的要求。

13.1.4 试运转的设备及周围环境应清理干净，周围不得有粉尘和噪音较大的作业。

13.1.5 烧结机械设备及其附属装置、管路等均应全部施工完毕，施工记录和资料应齐全。润滑、液压、水、气、电气（仪表）控制等设备均应按系统检验完毕，并应符合试运转的要求。

13.1.6 设备的安全保护装置应符合设计规定，在试运转中需要调试的装置，应在试运转中完成调试，其功能符合设计要求。

13.1.7 设备单体无负荷试运转合格后，进行无负荷联动试运转，按设计规定的联动程序和时间要求连续操作运行3次，无故障。

13.1.8 每次试运转结束后，应及时做好下列工作：

1 切断电源和其他动力源；

2 进行必要的放气、排水、排污及必要的防锈涂油。

3 设备内有余压的卸压。

13.2 定量给料装置试运转

13.2.1 试运转时间、往返动作次数应符合下列规定：

1 圆盘给料机及胶带式电子秤连续试运转时间不得低于2h；

2 圆盘给料机手动挡板操作5次。

检验方法：检查试运转记录，观察检查。

13.2.2 滚动轴承正常运转时，温升不得超过40℃，且最高温度不得超过80℃。

检验方法：检查试运转记录，温度计检测。

13.2.3 电子秤胶带沿纵向中心线跑偏不得大于50mm。

检验方法：观察检查。

13.2.4 试运转过程中，检查的项目及内容，应符合下列规定：

1 设备运行平稳，无异常噪音和振动。

2 胶带松紧适宜，无打滑现象。

3 圆盘给料机手动挡板操作灵活。

检验方法：观察检查。

13.3 混合机试运转

13.3.1 试运转时间、往复次数应符合下列规定：
1 微动装置单独连续试运转不得少于0.5h；
2 手动离合的往复动作5次；
3 减速机单独连续试运转不得少于1h；
4 微动装置带混合机连续低速运转不得少于1h；
5 混合机连续试运转不得少于4h。
检验方法：检查试运转记录，观察检查。

13.3.2 轴承温度应符合下列规定：
1 滚动轴承正常运转时，轴承温升不得超过40℃，且最高温度不得超过80℃。
2 滑动轴承正常运转时，轴承温升不得超过35℃，且最高温度不得超过70℃。
检验方法：检查试运转记录，温度计检测。

13.3.3 试运转过程中，检查项目及内容应符合下列规定：
1 托辊与滚圈、开式齿轮喷油情况正常。
2 减速机及滚筒运转平稳，无异常噪音和振动。
3 进料、卸料斗及罩子安装牢固，与转动部分无碰卡，无抖动现象。
检验方法：观察检查。

13.4 烧结机试运转

13.4.1 烧结机试运转应具备下列条件：
1 设备及其附属装置应安装完毕，并经检查合格。
2 能源及工作介质应符合要求，满足试运转需要。
3 危险和易燃部位应设置安全和灭火设施。
4 设备及周围环境应清扫干净。
5 照明及通讯设施应能满足试运转的需要。
检验方法：观察检查。

13.4.2 给料装置试运转应符合下列规定：
1 圆筒给料机电动机按照不同速度各连续运转不少于1h，连接圆筒给料机按不同速度累计运转不少于4h，运转平稳，无异音，无异常振动，轴承温度符合规定。
2 可移动反射板，自动清扫器往复动作5次，位置准确，无卡阻。
3 辊式布料机运转不少于2h，运转平稳，无异音和振动，轴承温度符合规定。
4 梭式布料机运转往复10次，胶带运转机连续运转不少于2h，定位和转向应准确，胶带跑偏应符合规定。
5 轴承温度应符合本规范第13.3.2条的规定。
检验方法：检查试运转记录，观察检查。

13.4.3 头部传动装置试运转应符合下列规定：

1 电动机按照不同速度运转，每次运转不得少于2h，检查转数、电流应符合规定。
2 连接减速机和头轮低速连续运转不少于1h，再按照不同转速运转每次不得少于1h，检查电动机与定转矩联轴器出轴转数应一致，减速机及头轮运转平稳，无异音和振动。
3 轴承温度应符合本规范第13.3.2条的规定。
检验方法：检查试运转记录，观察检查。

13.4.4 平移式尾轮移动架往复动作5次，动作平稳可靠，行程准确。
检验方法：观察检查。

13.4.5 箅条清扫器试运转不少于1h，动作灵活，位置准确。
检验方法：观察检查。

13.4.6 烧结机带台车试运转，低速连续运转不少于0.5h后，停车检查。调整平移式尾轮平衡块重量，按照不同的台车走行速度分别连续运转不少于1h，累计不少于6h，应达到各部位运转平稳，无啃轨现象。各部位的轴承温度应符合本规范第13.3.2条的规定。
检验方法：检查试运转记录，观察检查。

13.4.7 热破碎机试运转应符合下列规定：
1 受齿台车拉出与装入往复试验3次，动作平稳，位置准确。
2 热破碎机电动机单独连续运转不少于1h。
3 连接减速机、破碎机试运转不少于6h，运转平稳，无异音，无异常振动。
4 轴承温度应符合本规范第13.3.2条的规定。
检验方法：检查试运转记录，观察检查。

13.4.8 主抽风管道手动调节阀及电动调节阀，往复试验3次，应动作灵活，极限位置准确。
检验方法：观察检查。

13.4.9 在开动主抽风机的情况下，主抽风管道应无漏风。

13.4.10 双重阀试运转，每组双重阀开闭5次，动作灵活，无卡阻现象，开闭程序正确。
检验方法：观察检查。

13.5 环式冷却机试运转

13.5.1 环式冷却机试运转应符合下列规定：
1 台车运行方向应符合设计要求，台车在曲轨处倾翻无卡阻、无跳动现象，两车轮与曲轨接触。
2 传动装置、台车、托辊和挡辊、刮板等运转状态正常，无异常声音和振动，无卡住和跳动现象，运行平稳，无严重跑偏现象。台车上、下密封板接触较好，无严重漏风现象。从低速到高速运转3周，最高速运转3周。
3 轴承温度应符合本规范第13.3.2条的规定。

检验方法：观察检查，检查试运转记录。

13.5.2 风机运转方向正确。风门开闭5次，开闭灵活。振动值符合设计技术文件规定，无异常声音。风机连续试运转不少于6h。轴承温度应符合本规范第13.3.2条的规定。

检验方法：检查试运转记录，用温度计检查。

13.5.3 双重阀开闭5次，动作灵活，无卡阻现象。

检验方法：观察检查。

13.5.4 环式刮板输送机试运转不少于2h，刮板运行平稳，无跳动和卡阻现象。

检验方法：观察检查。

13.6 带式冷却机试运转

13.6.1 台车运行方向应符合设计要求，台车在头尾链轮翻转时无卡阻、无跳动现象。

检验方法：观察检查。

13.6.2 传动装置、链轮、台车、托辊等运转状态正常，无异常声音和振动，无卡阻和跳动现象，运行平稳，无严重跑偏现象，台车上、下密封板接触较好，无严重漏风现象。连续低速运转不少于1h，升速运转不少于2h，高速运转不少于3h。

检验方法：观察检查，检查试运转记录。

13.6.3 风机运转方向正确，风门开闭5次，开闭灵活。振动值符合设计文件规定，无异常声音，风机试运转6h。

检验方法：观察检查，检查试运转记录。

13.6.4 带式刮板输送机连续试运转不得少于4h，刮板运行应平稳，无跳动和卡阻现象。

检验方法：观察检查。

13.6.5 各部位轴承温度应符合本规范第13.3.2条的规定。

13.7 主抽风机试运转

13.7.1 试运转应具备下列条件：

1 润滑系统、冷却系统应试运转合格，供油、供水正常。

2 进、出口风道及机壳应清扫干净。

检验方法：检查试运转记录，观察检查。

13.7.2 吸入和排出阀门试运转应符合下列规定：

1 手动操作阀的开闭机构，开闭动作5次，动作灵活，阀瓣开闭位置与指示器、限位开关应一致。

2 电动操作、开闭机构的减速机正、反转不得少于0.5h；连接阀瓣后，开闭动作5次，开闭位置与指示器、限位开关一致。

检验方法：观察检查。

13.7.3 主电动机连续试运转不得少于4h，无异常振动和异音，轴承温度应符合本规范第13.3.2条的规定。

检验方法：用振动仪和温度计检测，检查试运转记录，观察检查。

13.7.4 主抽风机连续试运转不少于4h，应符合下列规定：

1 轴承振动和温度应符合设计技术文件的规定，当设计技术文件未规定时，应符合表13.7.4的规定。

表13.7.4 轴承振动和温度值的规定
（额定转速1500r/min）

主抽风机进风量（m³/min）	最大振动值（mm）	最高温度值（℃）
≤6500	0.06	65
6500～12000	0.06	65
≥12000	0.06	70

2 机壳及法兰接口处无漏风、无漏油、无漏水等情况。

3 运转平稳，无异音。

4 噪音值应符合设计技术文件的规定。

检验方法：观察检查，用振动仪、温度计和噪音仪检测，检查试运转记录。

13.8 电除尘设备试运转

13.8.1 电除尘器升压试验前必须确认除尘室内无任何异物，接地装置良好，并应符合设计技术文件的规定。

检验方法：检查试运转记录，观察检查。

13.8.2 电除尘器试运转应符合下列规定：

1 灰斗的振动器振打2～3min，振打正常。

2 各种电动及气动排灰阀操作5次，动作灵活。

3 刮板输送机、螺旋输送机、斗式提升机无负荷试运转不得少于2h，运转平稳，无跑偏。

4 放电极及除尘极板的捶打装置单独运行不得少于30min，停机后检查锤打点的正确性。

5 电除尘整体无负荷试运转不得少于4h。

检验方法：检查试运转记录，观察检查。

13.9 布袋除尘设备试运转

13.9.1 布袋除尘器试运转应符合下列规定：

1 灰斗振动器振打3min，振打正常。

2 双重排灰阀操作5次，动作灵活。

3 刮板输送机、螺旋输送机、斗式提升机无负荷连续试运转不少于2h，运转平稳，无跑偏。

4 布袋除尘器整体无负荷试运转不少于4h。

检验方法：检查试运转记录，观察检查。

13.10 多管除尘设备试运转

13.10.1 多管除尘器除灰装置无负荷试运转，参照本规范第13.9.1条的有关规定执行。

检验方法：检查试运转记录，观察检查。

附录 A 烧结机械设备工程安装分项工程质量验收记录表

A.0.1 烧结机械设备工程安装分项工程质量验收应按表 A.0.1 进行记录。

表 A.0.1 _____ 分项工程质量验收记录

单位工程名称		分部工程名称	
施工单位		项目经理	
监理单位		总监理工程师	
分包单位		分包单位负责人	
执行标准名称			

检查项目		质量验收规范规定	施工单位检验结果	监理（建设）单位验收结果
主控项目	1			
	2			
	3			
	4			
	5			
一般项目	1			
	2			
	3			
	4			
	5			
	6			
	7			
	8			
	9			
	10			
	11			
	12			
	13			
	14			
	15			
	16			
	17			

施工单位检验评定结果	专业技术负责人（工长）： 　　　　　质量检查员： 　　　　　年 月 日　　　　　　　年 月 日
监理（建设）单位验收结论	监理工程师（建设单位项目技术人员）： 　　　　　　　　　　　　　　年 月 日

附录 B 烧结机械设备工程安装分部工程质量验收记录表

B.0.1 烧结机械设备工程安装分部工程质量验收应按表 B.0.1 进行记录。

表 B.0.1 _____ 分部工程质量验收记录

单位工程名称			
施工单位		分包单位	

序号	分项工程名称	施工单位检查评定	监理（建设）单位验收意见
1			
2			
3			
4			
5			
6			
7			
8			
9			
10			
11			
12			
13			
14			
15			
16			

设备单体无负荷联动试运转			
质量控制资料			

验收单位	施工单位	项目经理： 　　年 月 日	项目技术负责人： 　　年 月 日	项目质量负责人： 　　年 月 日
	分包单位	项目经理： 　　年 月 日	项目技术负责人： 　　年 月 日	项目质量负责人： 　　年 月 日
	监理（建设）单位	总监理工程师（建设单位项目负责人）： 　　　　　　　　　　　　年 月 日		

附录 C 烧结机械设备工程安装单位工程质量验收记录表

C.0.1 烧结机械设备工程安装单位工程质量验收应按表C.0.1进行记录。

表 C.0.1 单位工程质量验收记录

工程名称				
施工单位		技术负责人		开工日期
项目经理		项目技术负责人		交工日期
序号	项目	验收记录		验收结论
1	分部工程	共 分部,经查分部符合规范及设计要求 分部		
2	质量控制资料	共 项,经审查符合要求 项		
3	观感质量	共抽查 项,符合要求项,不符合要求 项		
4	综合验收结论			
参加验收单位	建设单位	监理单位	施工单位	设计单位
	(公章)	(公章)	(公章)	(公章)
	单位(项目)负责人:	总监理工程师:	单位负责人:	单位(项目)负责人:
	年 月 日	年 月 日	年 月 日	年 月 日

C.0.2 烧结机械设备工程安装单位工程质量控制资料应按表C.0.2进行记录。

表 C.0.2 单位工程质量控制资料核查记录

工程名称		施工单位		
序号	资料名称	份数	核查意见	核查人
1	图纸会审			
2	设计变更			
3	竣工图			
4	洽谈记录			
5	设备基础中间交接记录			
6	设备基础沉降记录			
7	设备基准线、基准点测量记录			
8	设备、构件、原材料质量合格证明文件			
9	焊工合格证编号一览表			
10	隐蔽工程验收记录			
11	焊接质量检验记录			
12	设备、管道吹扫、冲洗记录			
13	设备、管道压力试验记录			
14	通氧设备、管路脱脂记录			
15	设备安全装置检测报告			
16	设备无负荷试运转记录			
17	分项工程质量验收记录			
18	分部工程质量验收记录			
19	单位工程观感质量检查记录			
20	单位工程质量竣工验收记录			
21	工程质量事故处理记录			

结论:

施工单位项目经理: 　　　　　　总监理工程师:
　　　　　　　　　　　　　　　(建设单位项目负责人)

　　　　年 月 日　　　　　　　年 月 日

C.0.3 烧结机械设备工程安装单位工程观感质量验收应按表C.0.3进行记录。

表C.0.3 单位工程观感质量验收记录

工程名称		施工单位			
序号	项目	抽查质量状况		质量评价	
				合格	不合格
1	螺栓连接				
2	密封状况				
3	管道敷设				
4	隔声与绝热材料敷设				
5	油漆涂刷				
6	走台、梯子、栏杆				
7	焊缝				
8	切口				
9	成品保护				
10	文明施工				
	专业质量检查员：		专业监理工程师：		
观感质量综合评价	施工单位项目经理： 年 月 日		总监理工程师： (建设单位项目负责人) 年 月 日		

注：质量评价为差的项目，应进行返修。

附录D 烧结机械设备无负荷试运转记录表

D.0.1 烧结机械设备单体无负荷试运转应按表D.0.1进行记录。

表D.0.1 烧结机械设备单体无负荷试运转记录

单位工程名称		分部工程名称		分项工程名称	
施工单位			项目经理		
监理单位			总监理工程师		
分包单位			分包项目经理		
试运转项目		试运转情况		试运行结果	
评定意见：	项目经理： 年 月 日		技术负责人： 年 月 日		质量检查员： 年 月 日
	监理工程师： (建设单位项目专业技术负责人) 年 月 日				

D.0.2 烧结机械设备无负荷联动试运转应按表 D.0.2 进行记录。

表 D.0.2 无负荷联动试运转记录

单位工程名称				
施工单位			项目经理	
监理单位			总监理工程师	
分包单位			分包项目经理	
试运转项目		试运转情况		试运行结果
评定意见:	项目经理: 年 月 日	技术负责人: 年 月 日		质量检查员: 年 月 日
	监理工程师: (建设单位项目专业技术负责人) 年 月 日			

本规范用词说明

1 为便于在执行本规范条文时区别对待,对要求严格程度不同的用词说明如下:
  1) 表示很严格,非这样做不可的用词:
     正面词采用"必须",反面词采用"严禁"。
  2) 表示严格,在正常情况下均应这样做的用词:
     正面词采用"应",反面词采用"不应"或"不得"。
  3) 表示允许稍有选择,在条件许可时首先应这样做的用词:
     正面词采用"宜",反面词采用"不宜";
     表示有选择,在一定条件下可以这样做的用词,采用"可"。

2 本规范中指明应按其他有关标准、规范执行的写法为"应符合……的规定"或"应按……执行"。

中华人民共和国国家标准

烧结机械设备工程安装验收规范

GB 50402—2007

条 文 说 明

目 次

1 总则 …………………………………… 22—38
2 基本规定 ……………………………… 22—38
3 设备基础、地脚螺栓和垫板 ………… 22—39
 3.1 一般规定 ………………………… 22—39
 3.2 设备基础 ………………………… 22—39
 3.3 地脚螺栓 ………………………… 22—39
4 设备和材料进场 ……………………… 22—39
 4.1 一般规定 ………………………… 22—39
 4.2 设备 ……………………………… 22—39
 4.3 原材料 …………………………… 22—39
5 原料及混合设备安装工程 …………… 22—39
 5.3 混合机 …………………………… 22—39
6 烧结设备安装工程 …………………… 22—39
 6.1 一般规定 ………………………… 22—39
 6.2 烧结机机架 ……………………… 22—39
 6.3 梭式布料机 ……………………… 22—40
 6.4 铺底料槽和混合料槽 …………… 22—40
 6.6 反射板 …………………………… 22—40
 6.8 头轮 ……………………………… 22—40
 6.9 传动装置 ………………………… 22—40
 6.10 点火装置 ………………………… 22—40
 6.11 头部弯道及中部轨道 …………… 22—40
 6.12 尾部装置 ………………………… 22—40
 6.13 密封滑道及密封板 ……………… 22—40
 6.14 台车及箅条清扫器 ……………… 22—40
 6.15 热破碎机 ………………………… 22—40
 6.16 风箱及主抽风管道 ……………… 22—41
7 环式冷却机设备安装工程 …………… 22—41
 7.2 机架 ……………………………… 22—41
 7.5 轨道 ……………………………… 22—41
 7.6 传动框架 ………………………… 22—41
 7.7 台车及传动装置 ………………… 22—41
 7.10 风机 ……………………………… 22—41
9 主抽风机设备安装工程 ……………… 22—41
 9.4 机壳和转子 ……………………… 22—41
10 电除尘设备安装工程 ………………… 22—41
 10.2 机体 ……………………………… 22—41
 10.3 放电极和除尘极板 ……………… 22—42
 10.4 锤打装置 ………………………… 22—42
11 布袋除尘器 …………………………… 22—42
 11.2 机体 ……………………………… 22—42
13 烧结机械设备试运转 ………………… 22—42
 13.1 一般规定 ………………………… 22—42

1 总则

1.0.1 本条文阐明了制定本规范的目的。

1.0.2 本条文明确了本规范适用的对象。

1.0.4 本条文反映了其他相关标准、规范的作用。烧结机械设备工程安装涉及的工程技术及安全环保方面很多，并且烧结机械设备工程安装中除专业设备外，还有液压、气动和润滑设备、起重设备、连续运输设备、通用设备、各类介质管道制作安装、工艺钢结构制作安装、防腐、绝热等，因此，烧结机械设备工程安装验收除应执行本规范外，尚应符合国家现行有关标准的规定。

2 基本规定

2.0.1 烧结机械设备安装是专业性很强的工程施工项目，为保证工程施工质量，本条文规定对从事烧结机械设备工程安装的施工企业进行资质和质量管理内容的检查验收，强调市场准入制度。

2.0.2 施工过程中，经常会遇到需要修改设计的情况，本条文明确规定，施工单位无权修改设计图纸。施工中发现的施工图纸问题，应及时与建设单位和设计单位联系，修改施工图纸必须有设计单位的设计变更正式手续。

2.0.4 烧结机械设备工程安装中的焊接质量关系工程的安全使用，焊工是关键因素之一。本条文明确规定从事本工程施焊的焊工，必须经考试合格，方能在其考试合格项目认可范围内施焊，焊工考试按国家现行标准《冶金工程建设焊工考试规程》YB/T 9259 或国家现行其他相关焊工考试规程的规定进行。

2.0.5 与烧结机械设备工程安装相关的专业很多，例如土建专业、工业炉专业、电气专业等。各专业之间应按规定的程序进行交接，例如土建基础完工后交设备安装，设备安装完工后交工业炉砌筑，各专业之间交接时，应进行检验并形成质量记录。

2.0.6 烧结机械设备工程安装中的隐蔽工程主要是指设备的二次灌浆、变速箱的封闭、大型轴承座的封闭等。二次灌浆是在设备安装完成并验收合格后，对基础和设备底座间进行灌浆，二次灌浆应符合设计技术文件和现行国家标准《机械设备安装工程施工及验收通用规范》GB 50231 的规定。

2.0.7 根据现行国家标准《工业安装工程质量检验评定统一标准》GB 50252 的规定，结合冶金工业建设的特点和烧结机械设备安装工程具体情况，烧结机械设备安装工程可划分为几个独立的单位工程。本条文强调工程质量验收是在施工单位自检合格的基础上按分项工程、分部工程及单位工程进行。

2.0.8 分项工程是工程验收的最小单位，是整个工程质量验收的基础。分项工程质量检验的主控项目是保证工程安全和使用功能的决定性项目，必须全部符合工程验收规范的规定，不允许有不符合要求的检验结果。一般项目的检验也是重要的，其检验结果也应全部达到规范要求。

2.0.9 分部工程验收在分项工程验收的基础上进行。构成分部工程的各分项工程验收合格，质量控制资料完整，设备单体无负荷试运转合格，则分部工程验收合格。

2.0.10 单位工程的验收除构成单位工程的各分部工程验收合格，质量控制资料完整，设备无负荷联动试运转合格外，还须由参加验收的各方人员共同进行观感质量检查。

2.0.11 观感质量验收，往往难以定量，只能以观察、触摸或简单的量测方法，由个人的主观印象判断为合格、不合格的质量评价，不合格的检查点，应通过返修处理。

在烧结机械设备工程安装中，螺栓连接极为普遍，数量很多，工作量大。在一些现行国家标准中，对螺栓连接外露长度有不同的规定，常常成为工程验收的争论点。螺栓连接的长度通常是经设计计算，按规范优选尺寸确定的，外露长度不影响螺栓连接强度，因此本规范对螺栓连接的螺栓型号、规格及紧固力作出严格要求，而对外露长度不作量的规定，仅在工程观感质量检查时提出螺栓、螺母及垫圈按设计配备齐全，紧固后螺栓应露出螺母或与螺母平齐，外露螺纹无损伤的要求。

2.0.12 分项工程质量验收记录（附录 A），也可作为自检记录和专检记录。作为自检记录或专检记录时，需有相关质量检查人员签证。

2.0.15 本条文规定了工程质量验收的程序和组织，分项工程质量是工程质量的基础，验收前，由施工单位填写"分项工程质量验收记录"，并由项目专业质量检验员和项目专业技术负责人（工长）分别在分项工程质量检验记录中相关栏目签字，然后由监理工程师组织验收。

分部工程应由总监理工程师（建设单位项目负责人）组织施工单位的项目负责人和项目技术、质量负责人及有关人员进行验收。

单位工程完成后，施工单位首先要依据质量标准、设计技术文件等，组织有关人员进行自检，并对检查结果进行评定，符合要求后向建设单位提交工程验收报告和完整的质量控制资料，请建设单位组织验收。建设单位应组织设计、施工单位负责人或项目负责人及施工单位的技术、质量负责人和监理单位的总监理工程师参加验收。

单位工程有分包单位施工时，总承包单位应按照承包合同的权利与义务对建设单位负责，分包单位对总承包单位负责，亦应对建设单位负责。分包单位对承建的项目进行检验时，总包单位应参加，检验合格后，分包单位应将工程的有关资料移交总包单位。建设单位组织单位工程质量验收时，分包单位负责人应参加验收。

有备案要求的工程，建设单位应在规定的时间内将工程竣工验收报告和有关文件，报有关行政部门备案。

3 设备基础、地脚螺栓和垫板

3.1 一般规定

3.1.2 烧结机械设备的基础工程，由土建单位施工，土建单位应按现行国家有关标准验收后，向设备安装单位进行中间交接，未经验收和中间交接的设备基础，不得进行设备安装。

3.2 设备基础

Ⅰ 主控项目

3.2.2 设备安装前，应按施工图和测量控制网确定设备安装的基准线。所有设备安装的平面位置和标高，均应以确定的安装基准线为准进行测量。主体设备和连续生产线应埋设永久中心线标板和标高基准点，使安装施工和今后维修均有可靠的基准。

Ⅱ 一般项目

3.2.4 本条文规定的检查项目应在设备吊装就位前完成。

3.3 地脚螺栓

主控项目

3.3.1 烧结机械设备的地脚螺栓，在设备生产运行时受冲击力，涉及设备的安全使用功能，因此将地脚螺栓的规格和紧固必须符合设计技术文件的要求列入主控项目。设计技术文件明确规定了紧固力值的地脚螺栓，应按规定进行紧固，并有紧固记录。

4 设备和材料进场

4.1 一般规定

4.1.3 设备安装前，设备开箱检验是十分重要的，建设、监理、施工及厂商等各方代表均应参加，并应形成检验记录。检验内容主要有：箱号、设备名称、设备型号、设备规格、数量、表面质量、随机文件、备品备件、专用工具、混装箱设备清点分类登记等。

4.2 设 备

主控项目

4.2.1 设备必须有合格证明文件，进口设备应通过国家商检部门的查验，具有商检证明文件。以上文件为复印件时，应注明原件存放处，并有抄件人签字和单位盖章。

4.3 原 材 料

主控项目

4.3.1 烧结机械设备安装工程中所涉及的原材料、标准件等进场应进行验收，产品质量合格证明文件应全数检查。证明文件为复印件时，应注明原件存放处，并有经办人签字，单位盖章。实物宜按1%比例且不少于5件进行抽查，验收记录应包括原材料规格、进场数量、用在何处、外观质量等内容。

设计技术文件或现行国家有关标准要求复验的原材料、标准件，应按要求进行复验。

5 原料及混合设备安装工程

5.3 混 合 机

Ⅰ 主控项目

5.3.1 本条指出下挡辊工作面与筒体滚圈侧面贴合用塞尺检查，接触高度应在60%以上。上挡辊工作面与筒体滚圈侧面的间隙应按设计技术文件的要求进行调整。

5.3.2 本条指出大型混合机的筒体与齿圈是分体出厂，需在施工现场拼合装配时，其结合面应贴合。但对齿圈装配的质量标准应按第5.3.6条的规定执行。

6 烧结设备安装工程

6.1 一般规定

6.1.1 本条明确规定了本章的适用范围，适用于180m^2以上带式烧结机设备安装的质量验收。

6.2 烧结机机架

Ⅰ 主控项目

6.2.1 本条强调指出机架安装应按设计技术文件规定，预留热膨胀间隙，以保证机架在高温下热膨胀的需要。不得以实际的安装误差减小或增大此间隙。

6.2.3 本条强调焊接材料出厂质量应符合设计文件

的规定,规定了焊条的选用和使用要求,尤其强调了烘焙状态,这是保证焊接质量的必要手段。

Ⅱ 一般项目

6.2.4 机架制造厂家在出厂时应随箱带有高强螺栓连接副及检验报告,施工单位应及时复验。

6.3 梭式布料机

Ⅰ 主控项目

6.3.1 本条适用于输送机安装和胶带现场胶接的质量要求。而在制造厂已经胶接、成品供货的胶带,需提供胶接记录。

6.4 铺底料槽和混合料槽

Ⅰ 主控项目

6.4.2 本条目的是在施工时保护压力传感器不受损坏。

6.6 反射板

一般项目

6.6.3 本条规定反射板纵向中心线与圆筒给料机轴向等分线应重合,轴向等分线系指圆筒给料机两轴承座的距离等分线,或筒体长度的等分线,依据等分线为基准,找正反射板纵向中心线。

6.8 头 轮

Ⅰ 主控项目

6.8.2 本条强调轴承串动间隙应符合设计技术文件的规定。

Ⅱ 一般项目

6.8.4 本条规定头轮轴向等分线与烧结机纵向中心线应重合,头轮轴向等分线应以头轮两链轮片的中心距离的等分线为基准。

6.9 传动装置

Ⅰ 主控项目

6.9.2 本条指出头轮与轴的装配,采用有键连接(一对斜键的紧固方式),在大转矩多点啮合柔性传动中有时采用。

6.9.3 本条指出头轮与轴的装配,采用涨紧环无键连接时,主要依靠涨紧环对轴及轮毂的径向压力所产生的摩擦力,传递轴在旋转过程中的扭矩和轴向力,涨紧环的涨紧是通过拧紧螺栓而实现的,因此螺栓拧紧是非常关键的工序,应按设计技术文件规定的操作方法和程序进行认真操作,才能保证各螺栓均匀地达到设计规定的紧固力或紧固力矩。

Ⅱ 一般项目

6.9.5 在多组涨紧环组合使用及大转矩的情况下,为保证涨紧环紧固后的摩擦力,应进行脱脂处理。

6.10 点火装置

Ⅰ 主控项目

6.10.1 炉体水冷隔板和冷却水箱在制造厂应已进行水压试验合格,但经过运输、储存等过程至现场安装,会产生不安全因素,将影响设备的安全运行。本条文规定还必须在现场再做水压试验,以保证设备进、出水畅通而不漏。本条文还强调现场水压试验应在耐火材料砌筑前进行,以便检查修补。

6.11 头部弯道及中部轨道

Ⅰ 主控项目

6.11.1 现行的烧结机轨道由头部固定式弯道、中部水平轨道和尾部活动式轨道组成。烧结机的工作是在冷热交替、温差较大的状态下循环运行的。烧结机水平轨道间一般预留热膨胀间隙,在中部和头部、中部和尾部之间设有伸缩缝,验收时应按设计技术文件的规定,预留轨道接头的热膨胀间隙。

6.11.2 本条明确规定头部弯道安装应以头轮链轮片为基准。

6.12 尾部装置

Ⅰ 主控项目

6.12.1 参见第6.11.1条的条文说明。

6.13 密封滑道及密封板

Ⅰ 主控项目

6.13.1 密封滑道固定的埋头螺钉,必须低于滑道的滑动面,以免造成密封滑道设备损坏。

6.14 台车及箅条清扫器

一般项目

6.14.2 台车箅条的安装应按设计技术文件的要求,预留热膨胀间隙。间隙过小(无间隙),生产时高温产生的热膨胀可能导致台车侧板变形或断裂；间隙太大，则可能导致漏料。

6.15 热破碎机

Ⅰ 主控项目

6.15.1 水冷式棘齿辊及受齿板在制造厂已进行水压强度试验合格，经运输、储存等过程至现场安装，会产生不安全因素，将影响设备的安全运行，因此本条文规定还必须在现场和管道一起再做水压试验，以保证设备进、出水畅通而不漏，设备安全运行。

6.16 风箱及主抽风管道

一般项目

6.16.1 风箱联系小梁与烧结机机架横梁预留间隙，是为了控制由风箱负高压产生的风箱及密封滑道的上浮，同时保证风箱纵向膨胀。

7 环式冷却机设备安装工程

7.2 机架

Ⅰ 主控项目

7.2.2 机架制造厂家在出厂时应随箱带有高强螺栓连接副及检验报告，施工单位应及时复验。

7.5 轨道

Ⅰ 主控项目

7.5.1 本条特别指出轨道安装应符合设计技术文件的规定，预留热膨胀间隙，以保证机架在高温下热膨胀的需要。

Ⅱ 一般项目

7.5.2～7.5.4 由于环冷机的轨道安装质量对台车和环形摩擦传动装置的平稳运行有较大的影响，是环冷机最关键的工序，所以轨道安装质量应符合本节的规定。

7.6 传动框架

一般项目

7.6.3 本条指出正多边形传动框架安装，可每间隔七个台车为一组组装，检测弧弦长度（c、d）是否适宜；也可根据实际台车总数，适当分组进行。

7.7 台车及传动装置

Ⅰ 主控项目

7.7.1 在摩擦轮与被动摩擦轮之间有可调整压紧力的弹簧夹紧装置，通过调整弹簧的压缩长度，从而调整压紧力，以保证冷却机运转平稳，无打滑现象。本条强调摩擦轮与被动摩擦轮的压紧力，应符合设计技术文件的规定。

7.10 风 机

一般项目

7.10.1 本条强调叶轮不能碰机壳；如果出入口管道内不清理干净，风机在试运转时就会发生大的安全事故。

9 主抽风机设备安装工程

9.4 机壳和转子

Ⅰ 主控项目

9.4.2 本条强调机壳与支承座导向键之间的间隙应符合设计技术文件的要求，以满足主抽风机热态工作时机壳轴向热膨胀的需要。

9.4.3 主抽风机机壳的安装有固定式和游动式，风机机壳的游动支承座的地脚螺栓，在机壳找正完毕后，螺帽应略为松开，螺帽垫圈与风机支承座的间隙应符合设计技术文件的要求，以防止风机在热态运转时，机壳无法膨胀而产生振动等现象。

9.4.4 主抽风机的正常工作温度在150℃左右，转子运转过程中产生轴向热膨胀，因此本条强调传动侧和非传动侧推力轴承的轴向间隙，应符合设计技术文件的要求，以保证风机在热态运转状态下的安全运行。

9.4.5 本条强调主抽风机转子叶轮与机壳的间隙（包括叶轮与机壳水平方向的轴向重合长度、径向间隙），应符合设计技术文件的要求，以满足风机在热态运转时产生热膨胀的需要。

10 电除尘设备安装工程

10.2 机 体

Ⅰ 主控项目

10.2.3 本条指出电除尘设备的热膨胀部位，主要有下部机体柱子的游动自由端、屋面外装板、进出口管道等。

10.2.4 为了保证烧结机负压操作,保持电除尘器内的温度,防止结露与烧结机头烟气中的 SO_2 酸化而腐蚀设备,降低除尘效率,故对烧结机主电除尘器应进行气密性试验。

10.2.5 本条强调电除尘器顶部保温层上的保护板不得漏水,否则将严重影响除尘效率。

10.3 放电极和除尘极板

一般项目

10.3.2 本条强调在安装完毕后,放电极与除尘极板之间不得有任何物质短路,否则在升压时产生事故。

10.4 锤打装置

Ⅰ 主控项目

10.4.1 本条强调锤打装置的螺帽和螺栓的锁紧和点焊固定,是在锤打装置最终定位后点焊固定,防止长期振打螺栓松动而严重影响锤打效率。

11 布袋除尘器

11.2 机 体

一般项目

11.2.2 为保持布袋牢固的固定及具有一定的张紧力,在成批布袋安装前,应做布袋的张紧力试验,检查绷紧程度。

13 烧结机械设备试运转

13.1 一般规定

13.1.2～13.1.5 强调设备试运转具备的条件必须保证。

13.1.6 本条文规定的试运转前,安全保护装置应按设计技术文件的规定完成安装,例如联轴器的安全保护罩、制动器、限位保护装置等。在试运转中需调试的装置,例如制动器、限位保护装置等,应在试运转中完成调试,其功能符合设计要求。

中华人民共和国国家标准

炼钢机械设备工程安装验收规范

Code for engineering installment acceptance of
steel-making mechanical equipment

GB 50403—2007

主编部门：中 国 冶 金 建 设 协 会
批准部门：中华人民共和国建设部
施行日期：２００７年７月１日

中华人民共和国建设部
公 告

第 563 号

建设部关于发布国家标准《炼钢机械设备工程安装验收规范》的公告

现批准《炼钢机械设备工程安装验收规范》为国家标准，编号为 GB 50403—2007，自 2007 年 7 月 1 日起实施。其中，第 2.0.4、2.0.14、5.4.5、6.2.1、6.2.2、8.2.4、8.3.2、8.4.4、9.6.5、9.8.1、9.9.1、9.9.2、10.4.1、10.5.1、11.5.1、11.8.1、11.8.2、13.4.2、15.2.1、15.7.1、16.5.1、18.4.1、18.4.2、21.1.5 条为强制性条文，必须严格执行。

本规范由建设部标准定额研究所组织中国计划出版社出版发行。

中华人民共和国建设部
二〇〇七年一月二十四日

前 言

本规范是根据建设部《工程建设国家标准管理办法》和建标函 [2005] 124 号"关于印发《2005 年工程建设标准规范制定、修订计划（第二批）》的通知"的要求，由中国冶金建设协会组织，中国第一冶金建设有限责任公司会同有关单位制定的。

在编制过程中，规范编制组学习了有关现行国家法律、法规及标准，进行了调查研究，总结了多年来炼钢机械设备工程安装质量验收的经验，对规范条文反复讨论修改，并广泛征求了有关单位和专家的意见，最后经审查定稿。

本规范共分 21 章，包括总则，基本规定，设备基础、地脚螺栓和垫板，设备和材料进场，转炉设备安装，氧枪和副枪设备安装，烟罩设备安装，余热锅炉（汽化冷却装置）设备安装、电弧炉设备安装，钢包精炼炉（LF）设备安装，钢包真空精炼炉（VD）及真空吹氧脱碳炉（VOD）设备安装，循环真空脱气精炼炉（RH）设备安装，氩氧脱碳精炼炉（AOD）设备安装，浇注设备安装，连续铸钢设备安装，出坯和精整设备安装，混铁炉设备安装，铁水预处理设备安装，原料系统设备安装，煤气净化设备安装，炼钢机械设备试运转以及 6 个附录。第 5 章至第 20 章为炼钢机械设备工程安装的分部工程，第 3 章设备基础、地脚螺栓和垫板及第 4 章设备和材料进场的条文内容关系各分项工程，是各分项工程具有共性的质量控制要素，因此，将其单独列章。

本规范以黑体字标志的条文为强制性条文。必须严格执行。

本规范由建设部负责管理和对强制性条文的解释，由中国第一冶金建设有限责任公司负责具体技术内容的解释。本规范在执行过程中，请各单位结合工程实践，认真总结经验，积累资料，请将有关的意见和建议反馈给中国第一冶金建设有限责任公司（地址：湖北省武汉市青山区工业大道 3 号，邮政编码：430081，E-mail：jisc@cfmcc.com 或 xiaolw@cfmcc.com，传真：027-86308221），以便今后修改和补充。

本规范主编单位、参编单位和主要起草人：
主 编 单 位：中国第一冶金建设有限责任公司
参 编 单 位：中国第十三冶金建设公司
中国第二十冶金建设公司
主要起草人：邹益昌　蔡晓波　涂立成　苑玉成
艾庆祝　郭彦坤　郑国强　龚　旻
肖历文　金德伟　李少祥　张　莉

目　次

1 总则 …………………………………… 23—5
2 基本规定 ……………………………… 23—5
3 设备基础、地脚螺栓和垫板 ………… 23—6
　3.1 一般规定 ………………………… 23—6
　3.2 设备基础 ………………………… 23—6
　3.3 地脚螺栓 ………………………… 23—7
　3.4 垫板 ……………………………… 23—7
4 设备和材料进场 ……………………… 23—7
　4.1 一般规定 ………………………… 23—7
　4.2 设备 ……………………………… 23—7
　4.3 原材料 …………………………… 23—7
5 转炉设备安装 ………………………… 23—7
　5.1 一般规定 ………………………… 23—7
　5.2 耳轴轴承座 ……………………… 23—7
　5.3 托圈 ……………………………… 23—8
　5.4 炉体 ……………………………… 23—8
　5.5 倾动装置 ………………………… 23—9
　5.6 活动挡板和固定挡板 …………… 23—10
6 氧枪和副枪设备安装 ………………… 23—10
　6.1 一般规定 ………………………… 23—10
　6.2 氧枪、副枪及升降装置 ………… 23—10
　6.3 横移装置 ………………………… 23—11
　6.4 回转装置 ………………………… 23—11
　6.5 氮封装置 ………………………… 23—12
　6.6 探头装头机和拔头机 …………… 23—12
7 烟罩设备安装 ………………………… 23—12
　7.1 一般规定 ………………………… 23—12
　7.2 裙罩 ……………………………… 23—12
　7.3 移动烟罩 ………………………… 23—13
8 余热锅炉（汽化冷却装置）设备安装 … 23—13
　8.1 一般规定 ………………………… 23—13
　8.2 烟道 ……………………………… 23—13
　8.3 锅筒 ……………………………… 23—14
　8.4 汽、水系统管道 ………………… 23—14
　8.5 蓄热器 …………………………… 23—14
　8.6 除氧水箱 ………………………… 23—15
9 电弧炉设备安装 ……………………… 23—15
　9.1 一般规定 ………………………… 23—15
　9.2 轨座 ……………………………… 23—15
　9.3 摇架 ……………………………… 23—15
　9.4 倾动装置 ………………………… 23—16
　9.5 倾动锁定装置 …………………… 23—16
　9.6 炉体 ……………………………… 23—16
　9.7 炉盖、电极旋转及炉盖升降机构 … 23—17
　9.8 电极升降及夹持机构 …………… 23—17
　9.9 氧枪 ……………………………… 23—18
10 钢包精炼炉（LF）设备安装 ………… 23—18
　10.1 一般规定 ……………………… 23—18
　10.2 钢包车轨道 …………………… 23—18
　10.3 钢包车 ………………………… 23—18
　10.4 炉盖及炉盖升降机构 ………… 23—19
　10.5 电极升降及夹持机构 ………… 23—19
　10.6 氩气搅拌器 …………………… 23—19
　10.7 测温取样装置 ………………… 23—19
11 钢包真空精炼炉（VD）及真空吹氧脱碳炉（VOD）设备安装 …… 23—20
　11.1 一般规定 ……………………… 23—20
　11.2 真空罐 ………………………… 23—20
　11.3 真空罐盖车轨道 ……………… 23—20
　11.4 真空罐盖车 …………………… 23—20
　11.5 真空罐盖及罐盖升降机构 …… 23—20
　11.6 测温取样装置 ………………… 23—21
　11.7 真空装置 ……………………… 23—21
　11.8 氧枪（真空吹氧脱碳炉 VOD）… 23—21
12 循环真空脱气精炼炉（RH）设备安装 … 23—21
　12.1 一般规定 ……………………… 23—21
　12.2 钢包车轨道 …………………… 23—21
　12.3 钢包车 ………………………… 23—21
　12.4 真空脱气室车轨道 …………… 23—21
　12.5 真空脱气室及脱气室车 ……… 23—22
　12.6 真空装置 ……………………… 23—22
　12.7 钢包顶升装置 ………………… 23—22
　12.8 真空脱气室预热装置 ………… 23—22
13 氩氧脱碳精炼炉（AOD）设备安装 …… 23—23
　13.1 一般规定 ……………………… 23—23

13.2	耳轴轴承座	23—23	18.6	铁水罐车轨道	23—35
13.3	托圈	23—23	18.7	扒渣机	23—35
13.4	炉体	23—23	19	原料系统设备安装	23—35
13.5	倾动装置	23—23	19.1	一般规定	23—35
13.6	活动挡板和固定挡板	23—23	19.2	称量漏斗	23—35
14	浇注设备安装	23—23	19.3	汇集漏斗和回转漏斗	23—35
14.1	一般规定	23—23	20	煤气净化设备安装	23—36
14.2	钢包回转台	23—23	20.1	一般规定	23—36
14.3	中间罐车及轨道	23—24	20.2	煤气净化设备	23—36
14.4	烘烤器	23—24	21	炼钢机械设备试运转	23—36
15	连续铸钢设备安装	23—24	21.1	一般规定	23—36
15.1	一般规定	23—24	21.2	转炉设备试运转	23—36
15.2	结晶器和振动装置	23—24	21.3	氧枪和副枪装置试运转	23—36
15.3	二次冷却装置	23—25	21.4	烟罩试运转	23—37
15.4	扇形段更换装置	23—25	21.5	余热锅炉系统试运转	23—37
15.5	拉矫机	23—26	21.6	电弧炉试运转	23—37
15.6	引锭杆收送及脱引锭装置	23—27	21.7	钢包精炼炉（LF）试运转	23—37
15.7	火焰切割机	23—28	21.8	钢包真空精炼炉（VD）及真空吹氧脱碳炉（VOD）试运转	23—37
15.8	摆动剪切机	23—28			
15.9	切头收集装置	23—28	21.9	循环真空脱气精炼炉（RH）试运转	23—37
15.10	毛刺清理机	23—29			
16	出坯和精整设备安装	23—29	21.10	氩氧脱碳精炼炉（AOD）试运转	23—38
16.1	一般规定	23—29			
16.2	输送辊道	23—29	21.11	浇注设备试运转	23—38
16.3	转盘	23—30	21.12	连续铸钢设备试运转	23—38
16.4	推钢机、拉钢机、翻钢机	23—30	21.13	出坯和精整设备试运转	23—38
16.5	火焰清理机	23—30	21.14	混铁炉试运转	23—38
16.6	升降挡板、打印机	23—31	21.15	铁水预处理设备试运转	23—38
16.7	横移小车	23—31	附录 A	炼钢机械设备工程安装分项工程质量验收记录	23—38
16.8	对中装置	23—31			
17	混铁炉设备安装	23—32	附录 B	炼钢机械设备工程安装分部工程质量验收记录	23—40
17.1	一般规定	23—32			
17.2	底座和滚道	23—32	附录 C	炼钢机械设备工程安装单位工程质量验收记录	23—41
17.3	炉壳和箍圈	23—32			
17.4	倾动装置	23—33			
17.5	揭盖卷扬机	23—33	附录 D	炼钢机械设备无负荷试运转记录	23—44
18	铁水预处理设备安装	23—33			
18.1	一般规定	23—33	附录 E	焊缝外观质量标准	23—46
18.2	脱硫（磷）剂输送设备	23—33	附录 F	焊接接头焊后热处理	23—46
18.3	搅拌脱硫设备	23—34	本规范用词说明		23—46
18.4	喷枪脱磷设备	23—34	附：条文说明		23—47
18.5	铁水罐车	23—35			

1 总 则

1.0.1 为了加强炼钢机械设备工程安装质量管理，统一炼钢机械设备工程安装的验收，保证工程质量，制定本规范。

1.0.2 本规范适用于转炉、电弧炉、炉外精炼、连续铸钢机械设备和炼钢辅助机械设备工程安装的质量验收。

1.0.3 炼钢机械设备工程安装中采用的工程技术文件、承包合同对安装质量的要求不得低于本规范的规定。

1.0.4 炼钢机械设备工程安装质量验收除应执行本规范的规定外，尚应符合国家现行有关标准的规定。

2 基本规定

2.0.1 炼钢机械设备工程安装施工单位应具备相应的工程施工资质，施工现场应有相应的施工技术标准，健全的质量管理体系、质量控制及检验制度，应有经项目技术负责人审批的施工组织设计、施工方案、作业设计等技术文件。

2.0.2 施工图纸修改必须有设计单位的设计变更通知书或技术核定签证。

2.0.3 炼钢机械设备工程安装质量检查和验收，必须使用经计量检定、校准合格的计量器具。

2.0.4 炼钢机械设备工程安装中从事施焊的焊工必须经考试合格并取得合格证书，在其考试合格项目及其认可范围内施焊。

2.0.5 炼钢机械设备工程安装应按规定的程序进行，相关各专业工种之间应交接检验，形成记录；本专业各工序应按施工技术标准进行质量控制，每道工序完成后，应进行检查，形成记录。上道工序未经检验认可，不得进行下道工序施工。

2.0.6 炼钢机械设备工程安装中设备的二次灌浆及其他隐蔽工程，在隐蔽前应由施工单位通知有关单位进行验收，并应形成验收文件。

2.0.7 炼钢机械设备工程安装质量验收应在施工单位自检基础上，按照分项工程、分部工程、单位工程进行。分部工程及分项工程划分宜按表 2.0.7 的规定，单位工程可按工艺系统划分为转炉机械设备工程安装、电弧炉机械设备工程安装、钢包精炼炉（LF）机械设备工程安装、钢包真空精炼炉（VD）机械设备工程安装、真空吹氧脱碳炉（VOD）机械设备工程安装、循环真空脱气精炼炉（RH）机械设备工程安装、氩氧脱碳精炼炉（AOD）机械设备工程安装和连续铸钢机械设备工程安装。

2.0.8 分项工程质量验收合格应符合下列规定：

1 主控项目检验必须符合本规范质量标准要求。

表 2.0.7 炼钢机械设备安装分部工程、分项工程划分

序号	分部工程	分项工程
1	转炉	耳轴轴承座，托圈，炉体，倾动装置，活动挡板和固定挡板
2	氧枪和副枪	升降装置，横移装置，回转装置，氮封装置，探头装头机和拔头机
3	烟罩	裙罩，移动烟罩
4	余热锅炉（汽化冷却装置）	烟道，锅筒，汽、水系统管道，蓄热器，除氧水箱
5	电弧炉	轨座，摇架，倾动装置，倾动锁定装置，炉体、炉盖、电极旋转及炉盖升降机构，电极升降及夹持机构，氧枪
6	钢包精炼炉（LF）	钢包车轨道，钢包车，炉盖及炉盖升降机构，电极升降及夹持机构，氩气搅拌器，测温取样装置
7	钢包真空精炼炉（VD）	真空罐，真空罐盖车轨道，真空罐盖车，真空罐盖及罐盖升降机构，测温取样装置，真空装置
8	真空吹氧脱碳炉（VOD）	真空罐，真空罐盖车轨道，真空罐盖车，真空罐盖及罐盖升降机构，测温取样装置，真空装置，氧枪
9	循环真空脱气精炼炉（RH）	钢包车轨道，钢包车，真空脱气室车轨道，真空装置，钢包顶升装置，真空脱气室预热装置
10	氩氧脱碳精炼炉（AOD）	耳轴轴承座，托圈，炉体，倾动装置，活动挡板和固定挡板
11	浇注设备	钢包回转台，中间罐车及轨道，烘烤器
12	连续铸钢设备	结晶器和振动装置，二次冷却装置，扇形段更换装置，拉矫机，引锭杆收送及脱引锭装置，火焰切割机，摆动剪切机，切头收集装置，毛刺清理机
13	出坯和精整设备	输送辊道，转盘，推钢机，拉钢机，翻钢机，火焰清理机，升降挡板，打印机，横移小车，对中装置
14	混铁炉	底座和辊道，炉壳和箍圈，倾动装置，揭盖卷扬机
15	铁水预处理设置	脱硫（磷）剂输送设备，搅拌脱硫脱磷设备，喷枪脱磷设备，铁水罐，铁水罐车轨道，扒渣机
16	原料系统	称量漏斗，汇集漏斗和回转漏斗
17	煤气净化设备	文氏管，平旋器，喷淋塔，脱水器，三通切换阀，水封
18	其他设备	

2 一般项目检验结果应全部符合本规范的规定。

3 质量验收记录及质量合格证明文件应完整。

2.0.9 分部工程质量验收合格应符合下列规定：

1 分部工程所含分项工程质量均应验收合格。

2 质量控制资料应完整。

3 设备单体无负荷试运转应合格。

2.0.10 单位工程质量验收合格应符合下列规定：

1 单位工程所含的分部工程质量均应验收合格。

2 质量控制资料应完整。

3 设备无负荷联动试运转应合格。

4 观感质量验收应合格。

2.0.11 单位工程观感质量检查项目应符合下列要求：

1 连接螺栓：螺栓、螺母与垫圈按设计配置齐全，紧固后螺栓应露出螺母或与螺母平齐，外露螺纹无损伤，螺栓穿入方向除构造原因外应一致。

2 密封状况：无明显漏油、漏水、漏气。

3 管道敷设：布置合理，排列整齐。

4 隔声与绝热材料敷设：层厚均匀，绑扎牢固，表面较平整。

5 油漆涂刷：涂层均匀，无漏涂，无脱皮，无明显皱皮和气泡，色泽基本一致。

6 走台、梯子、栏杆：固定牢固，无明显外观缺陷。

7 焊缝：焊波较均匀，焊渣和飞溅物基本清理干净。

8 切口：切口处无熔渣。

9 成品保护：设备无缺损，裸露加工面保护良好。

10 文明施工：施工现场管理有序，设备周围无施工杂物。

以上各项随机抽查不应少于10处。

2.0.12 炼钢机械设备工程安装质量验收记录应符合下列规定：

1 分项工程质量验收记录应按本规范附录A进行。

2 分部工程质量验收记录应按本规范附录B进行。

3 单位工程质量验收记录应按本规范附录C进行。

4 设备无负荷试运转记录应按本规范附录D进行。

2.0.13 工程质量不符合要求，必须及时处理或返工，并重新进行验收。

2.0.14 **工程质量不符合要求，且经处理或返工仍不能满足安全使用要求的工程严禁验收。**

2.0.15 炼钢机械设备安装工程质量验收应按下列程序组织进行：

1 分项工程应由监理工程师（建设单位项目技术负责人）组织施工单位项目专业技术负责人（工长）、质量检查员等进行验收。

2 分部工程应由总监理工程师（建设单位项目负责人）组织施工单位项目负责人和技术、质量负责人等进行验收。

3 单位工程完工后，施工单位应自行组织有关人员进行检查评定，并向建设单位提交工程验收报告。

4 建设单位收到工程验收报告后，应由建设单位（项目）负责人组织施工（含分包单位）、设计、监理等单位（项目）负责人进行单位工程验收。

5 单位工程有分包单位施工时，总包单位应对工程质量全面负责，分包单位应按本规范规定的程序对所承包的工程项目检查评定，总包单位派人参加。分包工程完成后，应将工程有关资料交总包单位。

3 设备基础、地脚螺栓和垫板

3.1 一般规定

3.1.1 本章适用于炼钢机械设备基础及地脚螺栓和垫板安装质量的验收。

3.1.2 设备安装前必须进行基础的检查验收，未经验收合格的基础，不得进行设备安装。

3.1.3 炼钢机械主体设备基础应做沉降观测，并形成记录。

3.2 设备基础

Ⅰ 主控项目

3.2.1 设备基础强度必须符合设计技术文件的要求。

检查数量：全数检查。

检验方法：检查基础交接资料。

3.2.2 设备就位前，应按施工图并依据测量控制网绘制中心标板及标高基准点布置图，按布置图设置中心标板及标高基准点，并测量投点。主体设备和连续生产线应埋设永久中心标板和标高基准点。

检查数量：全数检查。

检验方法：检查测量成果单、观察检查。

Ⅱ 一般项目

3.2.3 设备基础轴线位置、标高、尺寸和地脚螺栓位置应符合设计技术文件的要求或现行国家标准《机械设备安装工程施工及验收通用规范》GB 50231的规定。

检查数量：全数检查。

检验方法：检查复查记录。

3.2.4 设备基础表面和地脚螺栓预留孔中的油污、碎石、泥土、积水等均应清除干净；预埋地脚螺栓的螺纹和螺母应保护完好。

检查数量：全数检查。

检验方法：观察检查。

3.3 地脚螺栓

Ⅰ 主控项目

3.3.1 地脚螺栓的规格和紧固必须符合设计技术文件的要求。

检查数量：抽查20%，且不少于4个。

检验方法：检查质量合格证明文件、尺量，检查紧固记录，锤击螺母检查。

Ⅱ 一般项目

3.3.2 地脚螺栓上的油污和氧化皮等应清除干净，螺纹部分应涂适量油脂。

检查数量：全数检查。

检验方法：观察检查。

3.3.3 预留孔地脚螺栓应安设垂直，任一部分离孔壁的距离应大于15mm，且不应碰孔底。

检查数量：全数检查。

检验方法：观察检查。

3.4 垫 板

Ⅰ 主控项目

3.4.1 座浆法设置垫板，座浆混凝土48h的强度应达到基础混凝土的设计强度。

检查数量：逐批检查。

检验方法：检查座浆试块强度试验报告。

Ⅱ 一般项目

3.4.2 设备垫板的设置应符合设计技术文件的要求或现行国家标准《机械设备安装工程施工及验收通用规范》GB 50231的规定。

检查数量：抽查20%。

检验方法：观察检查、尺量、塞尺检查、轻击垫板。

3.4.3 研磨法放置垫板的混凝土基础表面应凿平，混凝土表面与垫板的接触点应分布均匀。

检查数量：抽查20%。

检验方法：观察检查。

4 设备和材料进场

4.1 一般规定

4.1.1 本章适用于炼钢机械设备工程安装设备和材料的进场验收。

4.1.2 设备搬运和吊装时，吊装点应在设备或包装箱的标识位置，应有保护措施，不应因搬运和吊装而造成设备损伤。

4.1.3 设备安装前，应进行开箱检查，形成检验记录，设备开箱后应注意保护，并应及时进行安装。

4.1.4 原材料进入现场，应按规格堆放整齐，并有防损伤措施。

4.2 设 备

主控项目

4.2.1 设备的型号、规格、质量、数量必须符合设计技术文件的要求。

检查数量：全数检查。

检验方法：观察检查，检查设备质量合格证明文件。

4.3 原 材 料

主控项目

4.3.1 原材料、标准件等其型号、规格、质量、数量、性能应符合设计技术文件和现行国家产品标准的要求。进场时应进行验收，并形成验收记录。

检查数量：质量合格证明文件全数检查。实物抽查1%，且不少于5件。设计技术文件或有关国家标准有复验要求的，应按规定进行复验。

检验方法：检查质量合格证明文件、复验报告及验收记录，外观检查或实测。

5 转炉设备安装

5.1 一般规定

5.1.1 本章适用于单座公称容量100～300t转炉设备安装的质量验收。

5.2 耳轴轴承座

一般项目

5.2.1 耳轴轴承座安装的允许偏差应符合表5.2.1的规定（见图5.2.1）。

检查数量：全数检查。

检验方法：见表5.2.1。

表5.2.1 耳轴轴承座安装的允许偏差

项 目	允许偏差(mm)	检验方法
标高	±5.0	水准仪
固定端轴承座纵、横向中心线	1.0	挂线尺量

续表 5.2.1

项 目	允许偏差(mm)	检验方法
移动端轴承座纵、横向中心线（应与固定端轴承座中心线偏差方向一致）	1.0	挂线尺量
两轴承座中心距	±1.0	盘尺加衡力指示器
两轴承座对角线相对差	4.0	
两轴承座高低差	1.0	水准仪
纵向水平度	0.10/1000	
横向水平度（固定式）（靠炉体侧宜偏低）	0.20/1000	水平仪
横向水平度（铰结式）（靠炉体侧宜偏低）	0.10/1000	
轴承座、轴承支座、斜楔局部间隙	0.05	塞尺
轴承装配	应符合现行国家标准《机械设备安装工程施工及验收通用规范》GB 50231 的规定	

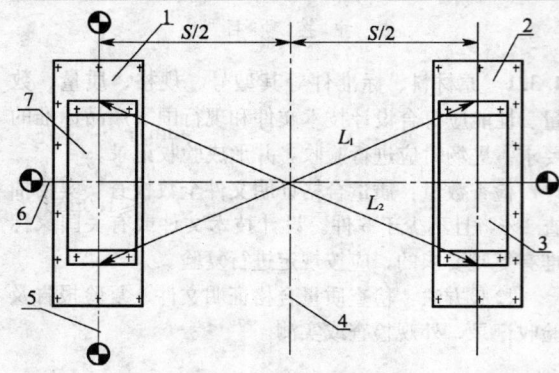

图 5.2.1 耳轴轴承座安装示意图
1、2—轴承支座；3—移动端轴承座；4—转炉中心线；
5—固定端轴承座纵向中心线；6—轴承座横向中心线；
7—固定端轴承座

5.3 托 圈

Ⅰ 主控项目

5.3.1 托圈组装施焊应有焊接工艺评定，并应根据评定报告确定焊接工艺，编制焊接作业指导书。

检查数量：全数检查。

检验方法：检查焊接工艺评定报告及焊接作业指导书。

5.3.2 托圈组装对接焊缝内部质量应符合设计技术文件的规定，设计技术文件未规定的，内部质量应符合现行国家标准《现场设备、工业管道焊接工程施工及验收规范》GB 50236 焊缝质量分级标准中Ⅲ级的规定。

检查数量：全数检查。

检验方法：检查超声波记录。

5.3.3 托圈组装对接焊缝外观质量应符合设计技术文件的规定，设计技术文件未规定的，应符合本规范附录 E 的规定。

检查数量：全数检查。

检验方法：观察或使用放大镜检查。

5.3.4 托圈组装对接焊缝的焊后热处理应符合设计技术文件的规定，设计技术文件未规定的，应符合本规范附录 F 的规定。

检查数量：全数检查。

检验方法：观察检查，检查热处理记录。

5.3.5 法兰连接托圈的螺栓最终紧固力应符合设计技术文件的规定。

检查数量：全数检查。

检验方法：现场观察，扭矩扳手检查，检查紧固记录。

5.3.6 法兰连接托圈的工形键装配应符合设计技术文件的规定。

检查数量：全数检查。

检验方法：塞尺，千分尺测量。

5.3.7 水冷托圈应按设计技术文件规定进行水压试验和通水试验，设计技术文件未规定时，试验压力应为设计压力的 1.25 倍，在试验压力下，稳压 10min，再将试验压力降至工作压力，停压 30min，以压力不降、无渗漏为合格。通水试验，进、出水应畅通无阻，连续通水时间不应小于 24h，无渗漏。

检查数量：全数检查。

检验方法：检查试压记录、通水记录，观察检查。

Ⅱ 一般项目

5.3.8 托圈组装尺寸的允许偏差应符合表 5.3.8 的规定。

检查数量：全数检查。

检验方法：见表 5.3.8。

表 5.3.8 托圈组装的允许偏差

项 目	允许偏差(mm)	检验方法
焊接托圈两耳轴同轴度（以传动侧耳轴轴线为基准轴线）	1.50	激光准直仪或挂线千分尺检查
法兰连接的托圈法兰结合面局部间隙	0.05	塞尺

5.4 炉 体

Ⅰ 主控项目

5.4.1 炉体组装施焊应有焊接工艺评定，并应根据评定报告制定焊接工艺，编制焊接作业指导书。

检查数量：全数检查。

检验方法：检查焊接工艺评定报告及焊接作业指

导书。

5.4.2 炉体组装对接焊缝内部质量应符合设计技术文件的规定，设计技术文件未规定的，其内部质量应符合现行国家标准《现场设备、工业管道焊接工程施工及验收规范》GB 50236 焊缝质量分级标准中Ⅲ级的规定。

检查数量：全数检查。
检验方法：检查超声波探伤记录。

5.4.3 炉体组装对接焊缝外观质量应符合设计技术文件的规定，设计技术文件未规定的，应符合本规范附录E的规定。

检查数量：全数检查。
检验方法：观察或使用放大镜检查。

5.4.4 炉体组装对接焊缝的焊后热处理应符合设计技术文件的规定，设计技术文件未规定的，应符合本规范附录F的规定。

检查数量：全数检查。
检验方法：观察检查，检查热处理记录。

5.4.5 水冷炉口必须按设计技术文件要求进行水压试验和通水试验，设计技术文件未规定时，试验压力应为工作压力的1.5倍，在试验压力下，稳压10min，再将试验压力降至工作压力，停压30min，以压力不降、无渗漏为合格。通水试验，进、出水应畅通无阻，连续通水时间不应小于24h，无渗漏。

检查数量：全数检查。
检验方法：检查试压记录、通水记录，观察检查。

5.4.6 炉体与托圈连接装置安装应符合设计技术文件的规定。

检查数量：全数检查。
检验方法：观察检查、实测、检查检测记录。

Ⅱ 一般项目

5.4.7 炉壳组装的允许偏差应符合表5.4.7的规定。
检查数量：全数检查。
检验方法：见表5.4.7。

表5.4.7 炉壳组装的允许偏差

项　　目	允许偏差（mm）	检验方法
炉壳直径	±10.0	尺量
炉壳最大直径与最小直径之差	3D/1000	尺量
炉壳高度	3H/1000	挂线尺量
炉壳垂直度*	1.0/1000	吊线尺量

注：1 表中的符号D为炉壳设计直径；H为炉壳设计高度。
　　2 *指炉口平面、炉底平面或炉底法兰平面对炉壳轴线的垂直度。

5.4.8 炉壳安装的允许偏差应符合表5.4.8的规定。
检查数量：全数检查。
检验方法：见表5.4.8。

表5.4.8 炉壳安装的允许偏差

项　　目	允许偏差（mm）	检验方法
炉口纵、横向中心线	2.0	挂线尺量
炉口平面至耳轴轴线距离	+1.0 -2.0	水准仪
炉壳轴线对托圈支承面的垂直度	1.0/1000	吊线尺量
炉口水冷装置中心与炉壳的炉口中心应在同一垂直线上	5.0	

注：托圈处于"零"位时检查。

炉口平面至耳轴轴线的实测距离应符合下式的规定：

$$L_0 = L + \frac{H_0 - H}{2} + K \quad (5.4.8)$$

式中　L_0——炉口平面至耳轴轴线的距离（mm）；
　　　L——炉口平面至耳轴轴线的设计距离（mm）；
　　　H_0——炉壳组装后的高度（mm）；
　　　H——炉壳设计高度（mm）；
　　　K——允许偏差，$-2.0\text{mm} \leqslant K \leqslant 1.0\text{mm}$。

5.5 倾动装置

Ⅰ 主控项目

5.5.1 耳轴与大齿轮装配必须符合下列规定：

1 大齿轮孔与耳轴的配合应符合设计技术文件的要求。

2 大齿轮孔与耳轴为圆柱形时，大齿轮端面与耳轴轴肩紧密接触，局部间隙不应大于0.05mm。

3 大齿轮孔与耳轴为圆锥形时，其轴向定位挡圈与大齿轮端面、耳轴沟槽端面应接触紧密，局部间隙不应大于0.05mm。

检查数量：全数检查。
检验方法：千分尺测量检查、着色法检查和塞尺检查。

4 每对切向键两斜面之间以及键工作面与键槽工作面之间的接触面积应大于70%；切向键与键槽配合的过盈量应符合设计技术文件的规定。

检查数量：全数检查。
检验方法：塞尺、着色法，千分尺检查。

Ⅱ 一般项目

5.5.2 倾动装置安装的允许偏差应符合表5.5.2的规定（见图5.5.2）。

检查数量：全数检查。
检验方法：见表5.5.2。

表5.5.2 倾动装置安装的允许偏差

项目			允许偏差（mm）	检验方法
一次减速机	水平度		0.10/1000	水平仪
	联轴器		应符合设计技术文件或GB 50231的规定	百分表、塞尺、钢尺
悬挂式二次减速器防扭转支座	纵、横向中心线		0.5	挂线尺量
	标高		±1.0	水准仪
	水平度		0.20/1000	水平仪
全悬式扭力杆机构	扭力杆轴承座	定位尺寸	A ±0.5	尺量
			B ±1.0	尺量
			C +1.0 / 0	尺量
	水平度		0.20/1000	水平仪
	止动支座定位尺寸		D ±2.0	尺量
			E ±2.0	尺量
			F ±1.0	尺量
	扭力杆水平度		1.0/1000	水平仪

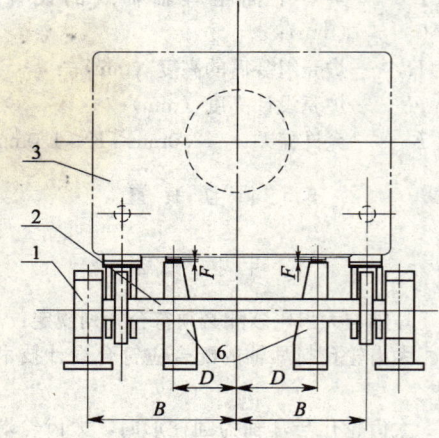

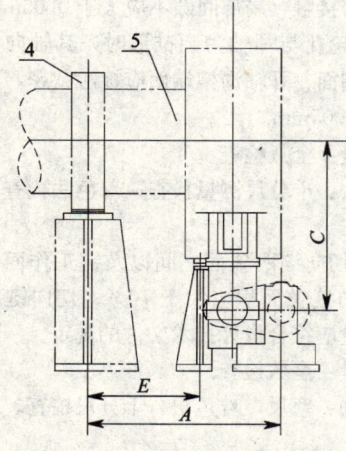

图5.5.2 全悬挂式倾动装置扭力杆机构安装示意图
1—扭力杆轴承座；2—扭力杆；3—倾动减速器；
4—固定端轴承座；5—耳轴；6—止动支座

5.6 活动挡板和固定挡板

Ⅱ 一般项目

5.6.1 活动挡板和固定挡板安装的允许偏差应符合表5.6.1的规定。
检查数量：全数检查。
检验方法：见表5.6.1。

表5.6.1 活动挡板和固定挡板安装的允许偏差

项目	允许偏差（mm）	检验方法
纵、横向中心线	10.0	挂线尺量
标高	±10.0	水准仪
水平度（或垂直度）	1.0/1000	水平仪、吊线尺量

6 氧枪和副枪设备安装

6.1 一般规定

6.1.1 本章适用于横移式、回转式氧枪和副枪装置以及副枪装头机、拔头机设备安装的质量验收。

6.2 氧枪、副枪及升降装置

Ⅰ 主控项目

6.2.1 氧枪和副枪的水压试验必须符合设计技术文件的规定。
检查数量：全数检验。
检验方法：检查水压试验记录，观察检查。

6.2.2 设备通氧的零件、部件及管路严禁沾有油脂。
检查数量：全数检查。
检验方法：检查脱脂记录，白色滤纸擦抹或紫外线灯照射检查。

6.2.3 升降小车断绳（松绳）安全装置的卡爪或摩擦楔块与两导轨之间的间隙应符合设计技术文件的规定。
检查数量：全数检查。
检验方法：塞尺检查。

Ⅱ 一般项目

6.2.4 升降装置安装的允许偏差应符合表6.2.4的规定。
检查数量：全数检查。
检验方法：见表6.2.4。

表6.2.4 升降装置安装的允许偏差

项目	允许偏差（mm）	检验方法
氧枪和副枪的直线度	应符合设计技术文件的规定	吊线尺量

续表 6.2.4

项 目		允许偏差（mm）	检验方法
固定导轨	纵向中心线	1.0	挂线尺量
	横向中心线	1.0	挂线尺量
	垂直度	0.5/1000，全长≤3.0	吊线尺量
	接头错位	0.5	平尺加塞尺
	接缝间隙	+1.0 / 0	尺量、塞尺
平衡导轨	纵向中心线	3.0	挂线尺量
	横向中心线	3.0	挂线尺量
	垂直度	1.0/1000，全长≤5.0	吊线尺量
	接头错位	0.5	平尺加塞尺
升降小车	上、下夹持器轴线	0.5	吊线尺量
	夹持器中心与炉口中心对中	3.0	吊线尺量
	导轮与导轨间隙	+1.0 / 0	塞尺
移动导轨	移动导轨与固定导轨间隙	+1.0 / 0	塞尺
	移动导轨与固定导轨错位	0.5	尺量
	导轨垂直度	0.5/1000	吊线尺量

6.3 横移装置

一般项目

6.3.1 单轨横移装置安装的允许偏差应符合表 6.3.1 的规定（见图 6.3.1）。

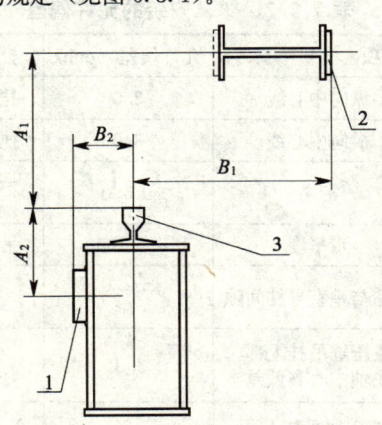

图 6.3.1 单轨横移小车轨道和导轨安装示意图
1—下导轨；2—上导轨；3—轨道

检查数量：全数检查。
检验方法：见表 6.3.1。

表 6.3.1 单轨横移装置安装的允许偏差

项 目		允许偏差（mm）	检验方法
单轨纵向中心线		1.0	尺量
单轨纵向水平度		0.5/1000	水平仪
单轨标高		±1.0	水准仪
单轨与导轨定位尺寸	A_1	±2.0	水准仪
	A_2	±2.0	水准仪
	B_1	±1.0	吊线尺量
	B_2	±1.0	吊线尺量
轨道垫板、螺栓的设置及紧固		应符合设计技术文件的规定	
升降小车卷扬机构		应符合设计技术文件的规定	
横移走行机构		应符合设计技术文件的规定	

6.3.2 双轨横移装置安装的允许偏差应符合表 6.3.2 的规定。

检查数量：全数检查。
检验方法：见表 6.3.2。

表 6.3.2 双轨横移装置安装的允许偏差

项 目	允许偏差（mm）	检验方法
轨道纵向中心线	2.0	挂线尺量
轨道纵向水平度	0.5/1000	水平仪
轨道标高	±1.0	水准仪
轨距	+2.0 / 0	尺量
同一截面两轨道高低差	2.00	水准仪
接头间隙	+1.0 / 0	尺量、塞尺
接头错位	0.5	尺量
轨道垫板、螺栓的设置及紧固	应符合设计技术文件的规定	
升降小车卷扬机构	应符合设计技术文件的规定	
横移走行机构	应符合设计技术文件的规定	

6.4 回转装置

一般项目

6.4.1 回转装置安装的允许偏差应符合表 6.4.1 的规定。

检查数量：全数检查。

检验方法：见表6.4.1。

表 6.4.1　回转装置安装的允许偏差

项　目		允许偏差(mm)	检验方法
氧枪回转台架立柱	纵向中心线	1.0	挂线尺量
	横向中心线	1.0	挂线尺量
	标高	±5.0	水准仪或平尺、尺量
	垂直度	0.5/1000，全长≤3.0	水平仪检查、吊线、尺量
氧枪回转台架与导轮间隙		+0.2 0	塞尺
副枪回转台架立柱	纵向中心线	1.0	挂线尺量
	横向中心线	1.0	挂线尺量
	标高	±2.0	水准仪或平尺、尺量
	垂直度	0.10/1000	水平仪
副枪回转台架在副枪工作位置时	升降小车导轨的垂直度	0.5/1000，全长≤3.0	吊线、尺量
	导轨锁定	应符合设计技术文件的规定	

6.5　氮封装置

Ⅰ　主控项目

6.5.1　氮封圈喷孔必须畅通。

　　检查数量：全数检查。
　　检验方法：观察检查。

Ⅱ　一般项目

6.5.2　氮封圈安装的允许偏差应符合表6.5.2的规定。

　　检查数量：全数检查。
　　检验方法：见表6.5.2。

表 6.5.2　氮封圈安装的允许偏差

项　目	允许偏差(mm)	检验方法
氧枪氮封圈纵向中心线	5.0	挂线尺量
氧枪氮封圈横向中心线	5.0	挂线尺量
副枪氮封圈纵向中心线	5.0	挂线尺量
副枪氮封圈横向中心线	5.0	挂线尺量

6.6　探头装头机和拔头机

一般项目

6.6.1　副枪探头装头机和拔头机安装的允许偏差应符合表6.6.1的规定。

　　检查数量：全数检查。
　　检验方法：见表6.6.1。

表 6.6.1　探头装头机和拔头机安装的允许偏差

项　目	允许偏差（mm）	检验方法
纵向中心线	1.0	挂线尺量
横向中心线	1.0	挂线尺量
标高	±1.0	水准仪
水平度或垂直度	0.10/1000	水平仪

7　烟罩设备安装

7.1　一般规定

7.1.1　本章适用于转炉移动烟罩、裙罩设备安装的质量验收。

7.2　裙　　罩

Ⅰ　主控项目

7.2.1　裙罩安装完后应参与系统水压试验，水压试验应符合设计技术文件的规定。

　　检查数量：全数检查。
　　检验方法：观察检查，检查试压记录。

Ⅱ　一般项目

7.2.2　裙罩安装的允许偏差应符合表7.2.2的规定。

　　检查数量：全数检查。
　　检验方法：见表7.2.2。

表 7.2.2　裙罩安装的允许偏差

项　目		允许偏差（mm）	检验方法
裙罩	纵向中心线	3.0	挂线尺量
	横向中心线	3.0	挂线尺量
	标高	±5.0	尺量、水准仪
	水平度	1.0/1000	吊线尺量
	导轮与垂直导柱间隙	+2.0 0	塞尺
液压升降式	液压缸吊挂上部铰轴中心高低差	3.0	水准仪或尺量
	液压缸吊挂上、下铰轴中心在同一垂直线上	2.0	吊线尺量
卷筒升降式	卷筒传动轴水平度	0.15/1000	水平仪
	卷筒联轴器	应符合GB 50231的规定	百分表、塞尺、钢尺

7.3 移动烟罩

Ⅰ 主控项目

7.3.1 移动烟罩安装完后应参与系统水压试验,水压试验应符合设计技术文件的规定。

检查数量:全数检查。

检验方法:观察检查,检查试压记录。

Ⅱ 一般项目

7.3.2 移动烟罩安装的允许偏差应符合表7.3.2的规定。

检查数量:全数检查。

检验方法:见表7.3.2。

表 7.3.2 移动烟罩安装的允许偏差

项 目		允许偏差(mm)	检验方法
移动烟罩	纵向中心线	3.0	挂线尺量
	横向中心线	3.0	挂线尺量
	标高	±5.0	水准仪
	下口段垂直度	1.0/1000	吊线尺量
接口法兰	同心度	2.0	尺量
	平行度	1.5/1000,且≤3.0	尺量、塞尺
烟罩横移小车	轨道	纵向中心线	2.0	挂线尺量
		纵向水平度	1.0/1000	水平仪
		标高	±2.0	水准仪
		轨距	+2.0 0	尺量
		同一截面两轨面高低差	1.0	水准仪
	走行机构	跨度	±2.0	尺量
		对角线	5.0	尺量
		同一侧梁下车轮同位差	2.0	挂线尺量

8 余热锅炉(汽化冷却装置)设备安装

8.1 一般规定

8.1.1 本章适用于转炉余热锅炉设备安装的质量验收。

8.1.2 余热锅炉的安装除应符合本章规定外,还必须执行《蒸汽锅炉安全技术监察规程》的规定。

8.1.3 余热锅炉系统的保温应符合设计技术文件的要求,层厚均匀,绑扎牢固,绝热层无外露。

8.2 烟 道

Ⅰ 主控项目

8.2.1 烟道的鳍片管必须畅通。

检查数量:全数检查。

检验方法:检查通球合格证,并观察检查管口有无堵塞,联箱内有无杂物。

8.2.2 烟道组装施焊应有焊接工艺评定,并应根据评定报告确定焊接工艺,编制焊接作业指导书。

检查数量:全数检查。

检验方法:检查焊接工艺评定报告及焊接作业指导书。

8.2.3 烟道组装对接焊缝质量应符合设计技术文件的要求,设计技术文件未注明的,其质量应符合《蒸汽锅炉安全技术监察规程》的有关规定。

检查数量:应按《蒸汽锅炉安全技术监察规程》的规定执行。

检验方法:观察或使用放大镜检查,检查超声波或射线探伤记录。

8.2.4 烟道安装完后必须参与系统水压试验,水压试验应符合设计技术文件的规定,设计技术文件未规定时,试验压力应为工作压力的1.25倍,在试验压力下稳压20min,再降至工作压力进行检查,检查期间无漏水和异常现象,压力应保持不变。

检查数量:全数检查。

检验方法:检查试压记录,观察检查。

8.2.5 烟道弹簧支座安装应保证弹簧预压缩量符合设计技术文件的规定,弹簧的支承面与受力方向垂直,各组弹簧受力均匀。

检查数量:抽查不少于3组。

检验方法:检查弹簧预压记录,观察检查。

Ⅱ 一般项目

8.2.6 烟道安装的允许偏差应符合表8.2.6的规定。

检查数量:全数检查。

检验方法:见表8.2.6。

表 8.2.6 烟道安装的允许偏差

项 目		允许偏差(mm)	检验方法
纵向中心线		5.0	挂线尺量
横向中心线		5.0	挂线尺量
标高		±5.0	水准仪
水平度(或垂直度)		1.0/1000	水平仪或吊线尺量
法兰接口	同心度	2.0	尺量
	平行度	1.5/1000,且≤3.0	尺量、塞尺

8.3 锅筒

Ⅰ 主控项目

8.3.1 锅筒移动端支座必须按设计技术文件的规定留出锅筒热膨胀的移动量,并确认无阻挡。

检查数量:全数检查。

检验方法:观察,尺量检查。

8.3.2 锅筒水压试验应符合本规范第 8.2.4 条的规定。

Ⅱ 一般项目

8.3.3 锅筒与支座安装的允许偏差应符合表 8.3.3 的规定。

检查数量:全数检查。

检验方法:见表 8.3.3。

表 8.3.3 锅筒与支座安装的允许偏差

项	目	允许偏差(mm)	检验方法
支座	纵向中心线	2.0	挂线尺量
	横向中心线	2.0	挂线尺量
	水平度	1.0/1000	水平仪
	标高	±3.0	水准仪
锅筒	纵向中心线	5.0	挂线尺量
	横向中心线	5.0	挂线尺量
	标高	±5.0	水准仪
	纵向水平度	全长≤2.0	水平仪或水准仪

8.4 汽、水系统管道

Ⅰ 主控项目

8.4.1 管道的焊接应有焊接工艺评定,并应根据评定报告确定焊接工艺,编制焊接作业指导书。

检查数量:全数检查。

检验方法:检查焊接工艺评定报告及焊接作业指导书。

8.4.2 管道焊接的焊缝质量应符合设计技术文件的规定,设计技术文件未规定的,其质量应符合《蒸汽锅炉安全技术监察规程》的有关规定。

检查数量:应按设计技术文件或《蒸汽锅炉安全技术监察规程》的规定执行。

检验方法:观察或使用放大镜检查,检查射线探伤记录。

8.4.3 管道支架的位置及管道支架的形式应符合设计技术文件的规定。

检查数量:全数检查。

检验方法:观察检查或尺量。

8.4.4 管道水压试验应符合本规范第 8.2.4 条的规定。

8.4.5 管道系统安装完毕后,应进行冲洗,排出的水色和透明度与人口水色目测一致为合格。

检查数量:全数检查。

检验方法:检查冲洗、吹扫记录,观察检查。

Ⅱ 一般项目

8.4.6 管道安装的允许偏差应符合表 8.4.6 的规定。

检查数量:抽查 10%。

检验方法:见表 8.4.6。

表 8.4.6 管道安装的允许偏差

项 目		允许偏差(mm)	检验方法
纵向中心线		15.0	挂线尺量
横向中心线		15.0	挂线尺量
标高		±15.0	水准仪
水平管道平直度	DN≤100	2L/1000,最大 50	拉线尺量
	>100	3L/1000,最大 80	
立管垂直度		5L/1000,最大 30	吊线尺量
成排管道间距		15	尺量
交叉管的外壁或绝热层间距		20	尺量

注:L 为管子有效长度,DN 为管子公称直径。

8.5 蓄热器

Ⅰ 主控项目

8.5.1 蓄热器的水压试验应符合设计技术文件的规定。

检查数量:全数检查。

检验方法:检查试压记录,观察检查。

8.5.2 蓄热器移动支座应按设计技术文件的规定留出热膨胀的移动量,并无阻碍。

检查数量:全数检查。

检验方法:观察检查,尺量检查。

Ⅱ 一般项目

8.5.3 蓄热器安装的允许偏差应符合表 8.5.3 的规定。

表 8.5.3 蓄热器安装的允许偏差

项	目	允许偏差(mm)	检验方法
支座	纵向中心线	2.0	挂线尺量
	横向中心线	2.0	挂线尺量
	标高	±3.0	水准仪
	水平度	1.0/1000	水平仪

续表 8.5.3

项 目		允许偏差（mm）	检验方法
蓄热器	纵向中心线	5.0	挂线尺量
	横向中心线	5.0	挂线尺量
	标高	±5.0	水准仪
	纵向水平度	全长≤2.0	水平仪或水准仪

检查数量：全数检查。
检验方法：见表 8.5.3。

8.6 除氧水箱

Ⅰ 主控项目

8.6.1 除氧水箱的水压试验应符合设计技术文件的规定。
　　检查数量：全数检查。
　　检验方法：检查试压记录，观察检查。

Ⅱ 一般项目

8.6.2 除氧水箱安装的允许偏差应符合表 8.6.2 的规定。
　　检查数量：全数检查。
　　检验方法：见表 8.6.2。

表 8.6.2 除氧水箱安装的允许偏差

项 目	允许偏差（mm）	检验方法
纵向中心线	5.0	挂线尺量
横向中心线	5.0	挂线尺量
标高	±5.0	水准仪
水平度	全长≤2.0	水准仪

9 电弧炉设备安装

9.1 一般规定

9.1.1 本章适用于电弧炉设备安装的质量验收。
9.1.2 电弧炉设备的隔热装置应符合设计技术文件的规定。

9.2 轨 座

一般项目

9.2.1 轨座安装的允许偏差应符合表 9.2.1 的规定（见图 9.2.1）。
　　检查数量：全数检查。
　　检验方法：见表 9.2.1。

表 9.2.1 轨座安装的允许偏差

项 目	允许偏差（mm）	检验方法
轨座（电极侧）纵向中心线	2.0	挂线尺量
轨座横向中心线（两轨座偏差方向应一致）	2.0	挂线尺量
两轨座齿端（或制造厂标记）对角线相对差（偏差方向应与摇架弧形板一致）	3.0	尺量
两轨座中心距	0 −2.0	尺量
轨座标高	±1.0	水准仪
两轨座同一截面上标高差	1.0	水准仪
轨座水平度	0.20/1000	水平仪

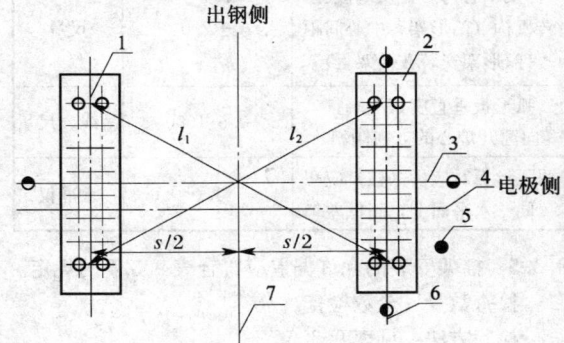

图 9.2.1 轨座安装示意图
1、2—轨座；3—轨座横向基准线（中心线）；4—电弧炉横向中心线；5—标高基准点；6—轨座（电极侧）纵向基准线（中心线）；7—电弧炉纵向中心

9.3 摇 架

Ⅰ 主控项目

9.3.1 摇架组装施焊应有焊接工艺评定，并应根据评定报告确定焊接工艺，编制焊接作业指导书。
　　检查数量：全数检查。
　　检验方法：检查焊接工艺评定报告及焊接作业指导书。
9.3.2 摇架组装对接焊缝内部质量应符合设计技术文件的要求，设计技术文件未规定的，应符合《现场设备、工业管道焊接工程施工及验收规范》GB 50236 焊缝质量分级标准中Ⅲ级的规定。
　　检查数量：抽查 40%。
　　检验方法：检查超声波或射线探伤记录。
9.3.3 摇架组装对接焊缝外观质量应符合设计技术

文件的要求，设计技术文件未规定的，应符合本规范附录E的规定。

检查数量：抽查40%。
检验方法：观察检查或使用放大镜。

Ⅱ 一般项目

9.3.4 摇架组装尺寸的允许偏差应符合设计技术文件的要求，设计技术文件未规定的，应符合表9.3.4的规定。

检查数量：全数检查。
检验方法：见表9.3.4。

表9.3.4 摇架组装的允许偏差

项 目	允许偏差（mm）	检验方法
两弧形板中心距	±2.0	尺量
两弧形板齿端（或制造厂标记）对角线相对差	3.0	尺量
摇架中心与炉盖及电极旋转机构（门形架）中心间距（门形架安装在摇架上）	±2.0	尺量
弧形板垂直度（上端宜向离开炉心的方向倾斜）	0.5/1000	吊线、尺量
两弧形板对应齿（柱）应在同一水平面上，高低差	1.0	水准仪

9.3.5 摇架安装的允许偏差应符合表9.3.5的规定。

检查数量：全数检查。
检验方法：见表9.3.5。

表9.3.5 摇架安装的允许偏差

项 目	允许偏差（mm）	检验方法
纵向中心线（摇架"零"位时）	2.0	挂线尺量
横向中心线（摇架"零"位时）	2.0	挂线尺量
炉盖及电极旋转机构（门形架）支承面水平度（摇架"零"位时，宜炉心方面高于外侧）	0.20/1000	水平仪
摇架弧形板齿（柱）与轨座齿（孔）的啮合	应符合设计技术文件的规定	塞尺

9.4 倾动装置

一般项目

9.4.1 倾动液压缸座安装的允许偏差应符合表9.4.1的规定。

检查数量：全数检查。
检验方法：见表9.4.1。

表9.4.1 倾动液压缸座安装允许偏差

项 目	允许偏差（mm）	检验方法
纵向中心线	2.0	挂线尺量
横向中心线	2.0	挂线尺量
标高	±2.0	水准仪
水平度	0.20/1000	水平仪

9.5 倾动锁定装置

一般项目

9.5.1 倾动锁定装置安装的允许偏差应符合表9.5.1的规定。

检查数量：全数检查。
检验方法：见表9.5.1。

表9.5.1 倾动锁定装置安装的允许偏差

项 目	允许偏差（mm）	检验方法
纵向中心线	2.0	挂线尺量
横向中心线	2.0	挂线尺量
标高（摇架"零"位时）	实测值	水准仪、尺量
水平度	0.20/1000	水平仪

9.6 炉 体

Ⅰ 主控项目

9.6.1 炉壳组装施焊应有焊接工艺评定，并应根据评定报告确定焊接工艺，编制焊接作业指导书。

检查数量：全数检查。
检验方法：检查焊接工艺评定报告及焊接作业指导书。

9.6.2 炉壳组装对接焊缝内部质量应符合设计技术文件的要求，设计技术文件未规定的，应符合《现场设备、工业管道焊接工程施工及验收规范》GB 50236焊缝质量分级标准中Ⅲ级的规定。

检查数量：全数检查。
检验方法：检查超声波和射线探伤记录。

9.6.3 炉体组装对接焊缝外观质量应符合设计技术文件的要求，设计技术文件未规定的，应符合本规范附录E的规定。

检查数量：全数检查。
检验方法：观察检查或使用放大镜。

9.6.4 炉体组装对接焊缝的焊后热处理应符合设计技术文件的要求，设计技术文件未规定的，应符合本规范附录F的规定。

检查数量：全数检查。

检验方法：检查热处理记录。

9.6.5 水冷壁及水冷管系统必须在砌筑前按设计技术文件的规定进行水压试验，设计技术文件未规定时，试验压力应为工作压力的1.5倍，在试验压力下，稳压10min，再将试验压力降至工作压力，停压30min，以压力不降、无渗漏为合格。通水试验，进、出水应畅通无阻，连续通水时间不应少于24h，无渗漏。

检查数量：全数检查。

检验方法：检查试压记录和通水记录，观察检查。

Ⅱ 一般项目

9.6.6 炉壳组装尺寸的允许偏差应符合设计技术文件的要求，设计技术文件未规定的，应符合表9.6.6的规定。

检查数量：全数检查。

检验方法：见表9.6.6。

表9.6.6 炉壳组装尺寸的允许偏差

项 目	允许偏差（mm）	检验方法
炉体直径	±10.0	尺量
下炉壳上口应在同一水平面上，高低差	10.0	水准仪
上炉壳上口应在同一水平面上，高低差	10.0	水准仪
炉体垂直度	2.0/1000	吊线尺量

9.6.7 炉壳安装的允许偏差应符合表9.6.7的规定。

检查数量：全数检查。

检验方法：见表9.6.7。

表9.6.7 炉壳安装的允许偏差

项 目	允许偏差（mm）	检验方法
纵向中心线	2.0	挂线尺量
横向中心线	2.0	挂线尺量
标高	±5.0	水准仪
炉壳上口应在同一水平面上，高低差	10.0	水准仪
炉体与摇架接合面接触严密，局部间隙	≤1.0	塞尺
炉体支腿挡铁膨胀间隙	应符合设计技术文件的规定	尺量

9.7 炉盖、电极旋转及炉盖升降机构

Ⅰ 主控项目

9.7.1 旋转门形架的螺栓连接紧固力应符合设计技术文件的规定。

检查数量：全数检查。

检验方法：观察检查，扭矩扳手检查，检查紧固力记录。

Ⅱ 一般项目

9.7.2 炉盖、电极旋转及炉盖提升机构安装的允许偏差应符合表9.7.2的规定。

检查数量：全数检查。

检验方法：见表9.7.2。

表9.7.2 炉盖、电极旋转及炉盖升降机构安装的允许偏差

项 目	允许偏差（mm）	检验方法
底座纵向中心线（其有独立基础时检测，偏差方向宜与摇架一致）	2.0	挂线尺量
底座横向中心线（其有独立基础时检测，偏差方向宜与摇架一致）	2.0	挂线尺量
底座标高	±2.0	水准仪
底座水平度	0.10/1000	水平仪
门形架立柱导向架垂直度（门形架装在摇架上时，摇架在"零"位时检测）	0.20/1000	吊线尺量
炉盖升降液压缸轴线与升降连杆轴线重合度	≤1.0	挂线尺量
旋转机构传动	应符合设计技术文件的规定	

9.8 电极升降及夹持机构

Ⅰ 主控项目

9.8.1 电极夹持头水冷系统水压试验和通水试验应符合本规范第9.6.5条的规定。

9.8.2 电极导向立柱托架与电极臂连接的绝缘垫及连接螺栓的紧固力应符合设计技术文件的要求。

检查数量：全数检查。

检验方法：观察检查，检查紧固记录，扭矩扳手检查。

Ⅱ 一般项目

9.8.3 电极升降及夹持机构安装的允许偏差应符合表9.8.3的规定（见图9.8.3）。

检查数量：全数检查。

检验方法：见表9.8.3。

表9.8.3 电极升降及夹持机构安装的允许偏差

项　目	允许偏差（mm）	检验方法
电极立柱垂直度（电极侧宜上仰）	0.1/1000	吊线尺量
电极立柱导轮与立柱间隙 a_1+a_2	≤1.0	塞尺
三电极导向柱间距	±1.0	尺量
电极夹持头中心（D 为电极分布圆直径，三个夹持头偏差方向一致）	±3D/1000	尺量

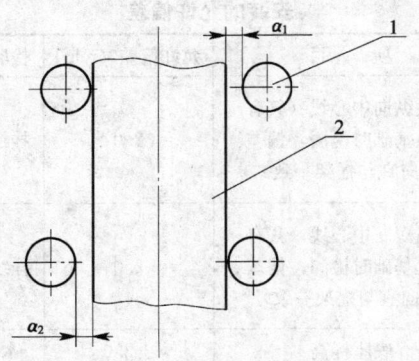

图9.8.3 导轮与电极立柱间隙示意图
1—导轮；2—电极立柱

9.9 氧　枪

Ⅰ 主控项目

9.9.1 氧枪的水压试验必须符合设计技术文件的规定。

检查数量：全数检查。

检验方法：检查试压记录，观察检查。

9.9.2 设备通氧的零件、部件及管路严禁沾有油脂。

检查数量：全数检查。

检验方法：检查脱脂记录，白色滤纸擦抹或紫外线灯照射检查。

Ⅱ 一般项目

9.9.3 氧枪安装的允许偏差应符合表9.9.3的规定。

检查数量：全数检查。

检验方法：见表9.9.3。

表9.9.3 氧枪安装的允许偏差

项　目	允许偏差（mm）	检验方法
纵向中心线	2.0	挂线尺量
横向中心线	2.0	挂线尺量
标高	±1.0	水准仪
水平度	0.10/1000	水平仪

10 钢包精炼炉（LF）设备安装

10.1 一般规定

10.1.1 本章适用于钢包精炼炉（LF）设备安装的质量验收。

10.1.2 钢包精炼炉（LF）设备的隔热装置安装应符合设计技术文件的规定。

10.2 钢包车轨道

一般项目

10.2.1 钢包车轨道安装的允许偏差应符合表10.2.1的规定。

检查数量：全数检查。

检验方法：见表10.2.1。

表10.2.1 钢包车轨道安装的允许偏差

项　目	允许偏差（mm）	检验方法
纵向中心线	2.0	挂线尺量
纵向水平度	1.0/1000	水平仪
标高	±2.0	水准仪
轨距	+2.0 0	尺量
同一截面两轨道高低差	1.0	水准仪
接头错位	0.5	尺量
接头间隙	+1.0 0	塞尺

10.3 钢　包　车

一般项目

10.3.1 钢包车安装的允许偏差应符合表10.3.1的规定。

检查数量：全数检查。

检验方法：见表10.3.1。

表10.3.1 钢包车安装的允许偏差

项　目		允许偏差（mm）	检验方法
跨度		±2.0	尺量
车轮对角线		5.0	尺量
同一侧梁下车轮同位差		2.0	挂线尺量
电缆拖带滚筒	中心线	5.0	挂线尺量
	水平度	0.5/1000	水平仪
拖链拖架	中心线	5.0	挂线尺量
	标高	±5.0	水准仪
	水平度	1.0/1000	水平仪

10.4 炉盖及炉盖升降机构

Ⅰ 主控项目

10.4.1 炉盖水冷件水压试验及通水试验应符合本规范第9.6.5条的规定。

Ⅱ 一般项目

10.4.2 炉盖及炉盖升降机构安装的允许偏差应符合表10.4.2的规定。

检查数量：全数检查。
检验方法：见表10.4.2。

表10.4.2 炉盖及炉盖升降机构安装的允许偏差

	项 目	允许偏差（mm）	检验方法
炉盖吊架	纵向中心线	5.0	挂线尺量
	横向中心线	5.0	挂线尺量
	标高	±5.0	水准仪
	立柱垂直度	1.0/1000	吊线尺量
	梁水平度	1.0/1000	水平仪
	炉盖纵向中心线	2.0	挂线尺量
	炉盖横向中心线	2.0	挂线尺量
	炉盖下缘高低差（D为炉盖直径）	2D/1000	水准仪
	炉盖升降链垂直度	1.0	吊线尺量
	升降液压缸水平度	0.10/1000	水平仪
	升降液压缸轴线与链轮轮宽中心线重合度	1.0	尺量

10.5 电极升降及夹持机构

Ⅰ 主控项目

10.5.1 电极夹持头水冷系统水压试验及通水试验应符合本规范第9.6.5条的规定。

10.5.2 电极导向立柱托架与电极臂连接的绝缘垫及连接螺栓的紧固力应符合设计技术文件的要求。

检查数量：全数检查。
检验方法：观察检查，检查紧固记录，扭矩扳手检查。

Ⅱ 一般项目

10.5.3 电极升降及夹持机构安装的允许偏差应符合表10.5.3的规定。

检查数量：全数检查。
检验方法：见表10.5.3。

表10.5.3 电极升降及夹持机构安装的允许偏差

项 目	允许偏差（mm）	检验方法
导向架（门形架）纵向中心线	2.0	挂线尺量
导向架（门形架）横向中心线	2.0	挂线尺量
导向架（门形架）标高	±2.0	水准仪
导向架垂直度	0.10/1000	吊线尺量或经纬仪
电极导向柱垂直度	0.10/1000	吊线尺量或经纬仪
导轮与立柱间隙 (a_1+a_2)（见图9.8.3）	≤1.0	塞尺
三电极导向柱间距	±1.0	尺量
电极夹持头中心（D为电极分布图直径）	±3D/1000	尺量

10.6 氩气搅拌器

一般项目

10.6.1 氩气搅拌器安装的允许偏差应符合表10.6.1的规定。

检查数量：全数检查。
检验方法：见表10.6.1。

表10.6.1 氩气搅拌器安装的允许偏差

项 目	允许偏差（mm）	检验方法
纵向中心线	2.0	挂线尺量
横向水平线	2.0	挂线尺量
标高	±3.0	水准仪
垂直度	1.0/1000	吊线尺量

10.7 测温取样装置

Ⅰ 主控项目

10.7.1 测温取样装置的水冷件水压试验及通水试验应符合设计技术文件的规定。

检查数量：全数检查。
检验方法：观察检查，检查试压记录。

Ⅱ 一般项目

10.7.2 测温取样装置安装的允许偏差应符合表10.7.2的规定。

检查数量：全数检查。
检验方法：见表 10.7.2。

表 10.7.2 测温取样装置安装的允许偏差

项目	允许偏差（mm）	检验方法
纵向中心线	2.0	挂线尺量
横向水平线	2.0	挂线尺量
标高	±3.0	水准仪
垂直度	1.0/1000	吊线尺量

11 钢包真空精炼炉（VD）及真空吹氧脱碳炉（VOD）设备安装

11.1 一般规定

11.1.1 本章适用于钢包真空精炼炉（VD）及真空吹氧脱碳炉（VOD）设备安装的质量验收。

11.2 真 空 罐

Ⅰ 主控项目

11.2.1 真空罐的组装施焊应有焊接工艺评定，并应根据评定报告确定焊接工艺，编制焊接作业指导书。

检查数量：全数检查。
检验方法：检查焊接工艺评定报告及焊接作业指导书。

11.2.2 真空罐组装对接焊缝内部质量应符合设计技术文件的要求，设计技术文件未规定的，应符合《现场设备、工业管道焊接工程施工及验收规范》GB 50236 焊缝质量分级标准中Ⅲ级的规定。

检查数量：抽查20%。
检验方法：检查超声波或射线探伤记录。

11.2.3 真空罐组装对接焊缝外观质量应符合设计技术文件的要求，设计技术文件未规定的，应符合本规范附录 E 的规定。

检查数量：抽查20%。
检验方法：观察或使用放大镜检查。

Ⅱ 一般项目

11.2.4 罐体组装上口应在同一水平面上，高低偏差不应大于5.0mm。

检查数量：全数检查。
检验方法：水准仪。

11.2.5 真空罐安装的允许偏差应符合表11.2.5的规定。

检查数量：全数检查。

检验方法：见表 11.2.5。

表 11.2.5 真空罐安装的允许偏差

项目	允许偏差（mm）	检验方法
纵向中心线	2.0	挂线尺量
横向中心线	2.0	挂线尺量
标高	±2.0	水准仪
垂直度	0.5/1000	吊线尺量或经纬仪

11.3 真空罐盖车轨道

一般项目

11.3.1 真空罐盖车轨道安装的允许偏差应符合本规范第10.2.1条的规定。

11.4 真空罐盖车

一般项目

11.4.1 真空罐盖车安装的允许偏差应符合表11.4.1的要求。

检查数量：全数检查。
检验方法：见表 11.4.1。

表 11.4.1 真空罐盖车安装的允许偏差

项目		允许偏差（mm）	检验方法
跨度		±2.0	尺量
对角线差		5.0	尺量
同一侧梁下车轮同位差		2.0	挂线尺量
炉盖吊梁水平度		1.0/1000	水平仪
拖链拖架	中心线	5.0	挂线尺量
	标高	±5.0	水准仪
	水平度	1.0/1000	水平仪

11.5 真空罐盖及罐盖升降机构

Ⅰ 主控项目

11.5.1 罐盖水冷件水压试验及通水试验应符合本规范第9.6.5条的规定。

Ⅱ 一般项目

11.5.2 罐盖及罐盖升降机构安装的允许偏差应符合表11.5.2的规定。

检查数量：全数检查。
检验方法：见表 11.5.2。

表 11.5.2 真空罐盖及罐盖升降机构安装的允许偏差

项　目	允许偏差（mm）	检验方法
罐盖纵向中心线	2.0	挂线测量
罐盖横向中心线	2.0	挂线测量
罐盖下缘高低差（D 为炉盖直径）	$D/1000$	水准仪
罐盖升降链垂直度	1.0	吊线尺量
升降液压缸水平度	0.10/1000	水平仪
升降液压缸轴线与链轮轮宽中心线重合度	1.0	尺量

11.6 测温取样装置

Ⅰ 主控项目

11.6.1 测温取样装置水冷件水压试验及通水试验应符合设计技术文件的规定。

Ⅱ 一般项目

11.6.2 测温取样装置安装的允许偏差应符合本规范第 10.7.2 条的规定。

11.7 真 空 装 置

Ⅰ 主控项目

11.7.1 真空装置的严密性试验应符合设计技术文件的规定。

　　检查数量：全数检查。

　　检验方法：观察检查，检查试漏记录。

Ⅱ 一般项目

11.7.2 真空装置安装的允许偏差应符合表 11.7.2 的规定。

　　检查数量：全数检查。

　　检验方法：见表 11.7.2。

表 11.7.2 真空装置安装的允许偏差

项　目	允许偏差（mm）	检验方法
纵向中心线	2.0	挂线尺量
横向中心线	2.0	挂线尺量
标高	±3.0	水准仪
水平度	0.5/1000	水平仪
真空管活动接口法兰与真空罐法兰接口同心度	≤1.0	尺量
真空管活动接口法兰与真空罐法兰接口平行度	≤1.0	尺量或塞尺

11.8 氧枪（真空吹氧脱碳炉 VOD）

Ⅰ 主控项目

11.8.1 氧枪的水压试验必须符合设计技术文件的规定。

　　检查数量：全数检查。

　　检验方法：检查试压记录，现场观察检查。

11.8.2 设备通氧的零件、部件及管路严禁沾有油脂。

　　检查数量：全数检查。

　　检验方法：检查脱脂记录，白色滤纸擦抹或紫外线灯照射检查。

Ⅱ 一般项目

11.8.3 氧枪安装的允许偏差项目应符合表 11.8.3 的规定。

表 11.8.3 氧枪安装的允许偏差

项　目	允许偏差（mm）	检验方法
纵向中心线	2.0	挂线尺量
横向中心线	2.0	挂线尺量
标高	±1.0	水准仪
垂直度	0.5/1000	吊线尺量或经纬仪

12 循环真空脱气精炼炉（RH）设备安装

12.1 一 般 规 定

12.1.1 本章适用于循环真空脱气精炼炉（RH）设备安装的质量验收。

12.2 钢包车轨道

一般项目

12.2.1 钢包车轨道安装的允许偏差应符合本规范第 10.2.1 条的规定。

12.3 钢 包 车

一般项目

12.3.1 钢包车的允许偏差应符合本规范第 10.3.1 条的规定。

12.4 真空脱气室车轨道

一般项目

12.4.1 真空脱气室车轨道安装的允许偏差应符合本

规范第10.2.1条的规定。

12.5 真空脱气室及脱气室车

Ⅰ 主控项目

12.5.1 脱气室水冷系统压力试验应符合设计文件的规定。

检查数量：全数检查。

检验方法：观察检查，检查试压记录。

Ⅱ 一般项目

12.5.2 真空脱气室车安装的允许偏差应符合表12.5.2的规定。

检查数量：全数检查。

检验方法：见表12.5.2。

表12.5.2 真空脱气室车安装的允许偏差

项　目		允许偏差（mm）	检验方法
跨度		±2.0	尺量
车轮对角线差		5.0	尺量
同一侧梁下车轮同位差		2.0	挂线尺量
真空脱气室垂直度		0.5/1000	吊线测量
电缆拖带滚筒	中心线	5.0	挂线尺量
	水平度	0.5/1000	水平仪
拖链拖架	中心线	5.0	挂线尺量
	标高	±5.0	水准仪
	水平度	1.0/1000	水平仪

12.6 真空装置

Ⅰ 主控项目

12.6.1 真空装置的严密性试验应符合设计技术文件的规定。

Ⅱ 一般项目

12.6.2 真空装置安装的允许偏差应符合表12.6.2的规定。

检查数量：全数检查。

检验方法：见表12.6.2。

表12.6.2 真空装置安装的允许偏差

项　目	允许偏差（mm）	检验方法
纵向中心线	2.0	挂线尺量
横向中心线	2.0	挂线尺量
标高	±3.0	水准仪
水平度	0.5/1000	水平仪

续表12.6.2

项　目		允许偏差（mm）	检验方法
真空管活动接口法兰与真空脱气室接口法兰	同心度	≤1.0	尺量或塞尺
	平行度	≤1.0	尺量或塞尺

12.7 钢包顶升装置

一般项目

12.7.1 钢包顶升装置安装的允许偏差应符合表12.7.1的规定（见图12.7.1）。

检查数量：全数检查。

检验方法：见表12.7.1。

表12.7.1 钢包顶升装置安装的允许偏差

项　目	允许偏差（mm）	检验方法
底座纵向中心线	1.0	挂线尺量
底座横向中心线	1.0	挂线尺量
底座标高	±2.0	水准仪
底座水平度	0.10/1000	水平仪
导轨距离（OA、OB、OC、OD）	+0.20 0	千分尺量
导轨垂直度（全长）	0.2	挂线、千分尺量
导轨标高	±2.0	水准仪
导轨高低差	1.0	水平仪
液压缸升降框架导轮与导轨间隙	符合设计技术文件的规定	塞尺

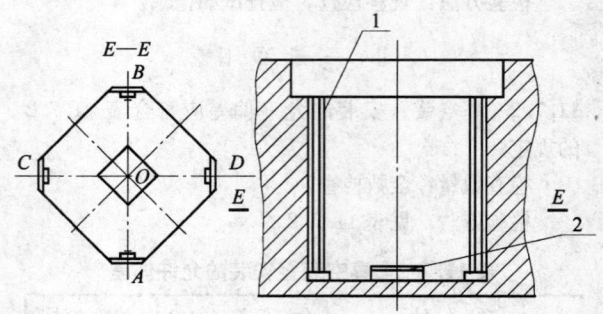

图12.7.1 钢包顶升装置安装示意图
1—导轨；2—底座

12.8 真空脱气室预热装置

Ⅰ 主控项目

12.8.1 预热器上的介质管道压力试验应符合设计技术文件的规定。

检查数量：全数检查。
检验方法：观察检查，检查试压记录。

Ⅱ　一般项目

12.8.2　脱气室预热装置安装的允许偏差应符合表12.8.2的规定。
检查数量：全数检查。
检验方法：见表12.8.2。

表12.8.2　预热装置安装的允许偏差

项　目	允许偏差（mm）	检验方法
纵向中心线	3.0	挂线尺量
横向中心线	3.0	挂线尺量
标高	±3.0	水准仪
水平度	0.20/1000	水平仪

13　氩氧脱碳精炼炉（AOD）设备安装

13.1　一般规定

13.1.1　本章适用于氩氧脱碳精炼炉（AOD）设备安装的质量验收。

13.2　耳轴轴承座

一般项目

13.2.1　耳轴轴承座安装的允许偏差应符合本规范第5.2.1条的规定。

13.3　托　圈

Ⅰ　主控项目

13.3.1　托圈组装焊接应符合本规范第5.3.1～5.3.4条的规定。
13.3.2　法兰连接托圈组装应符合本规范第5.3.5条和第5.3.6条的规定。
13.3.3　托圈水压试验和通水试验应符合本规范第5.3.7条的规定。

Ⅱ　一般项目

13.3.4　托圈组装的允许偏差应符合本规范第5.3.8条的规定。

13.4　炉　体

Ⅰ　主控项目

13.4.1　炉体组装焊接应符合本规范第5.4.1～5.4.4条的规定。
13.4.2　水冷炉口水压试验、通水试验应符合本规范第5.4.5条的规定。

Ⅱ　一般项目

13.4.3　炉壳组装的允许偏差应符合本规范第5.4.6条的规定。
13.4.4　炉壳安装的允许偏差应符合本规范第5.4.7条的规定。
13.4.5　炉体与托圈连接装置安装应符合本规范第5.4.8条的规定。

13.5　倾动装置

Ⅰ　主控项目

13.5.1　耳轴与大齿轮装配应符合本规范第5.5.1条的规定。

Ⅱ　一般项目

13.5.2　倾动装置安装的允许偏差应符合本规范第5.5.2条的规定。

13.6　活动挡板和固定挡板

一般项目

13.6.1　活动挡板和固定挡板安装的允许偏差应符合本规范第5.6.1条的规定。

14　浇注设备安装

14.1　一般规定

14.1.1　本章适用于板坯、圆坯和方坯的单流、多流弧形、立弯形连续铸钢设备中浇注设备安装的质量验收。

14.2　钢包回转台

Ⅰ　主控项目

14.2.1　回转台连接螺栓的紧固力应符合设计技术文件的规定。
检查数量：全数检查。
检验方法：观察检查，检查紧固记录。

Ⅱ　一般项目

14.2.2　传动装置的开式齿轮副装配应符合设计技术文件或现行国家标准《机械设备安装工程施工及验收通用规范》GB 50231的规定。
检查数量：全数检查。

检验方法：着色、压铅、塞尺检查。

14.2.3 传动装置的联轴器装配应符合设计技术文件或现行国家标准《机械设备安装工程施工及验收通用规范》GB 50231的规定。

检查数量：全数检查。

检验方法：尺量、塞尺、百分表检查。

14.2.4 钢包回转台安装的允许偏差应符合表14.2.4的规定。

检查数量：全数检查。

检验方法：见表14.2.4。

表14.2.4　钢包回转台安装的允许偏差

项　目		允许偏差（mm）	检验方法
回转台底座	纵向中心线	2.0	挂线尺量
	横向中心线	2.0	挂线尺量
	标高	±1.0	水准仪
回转台底座或回转轴承上平面	水平度	0.05/1000	平尺、水平仪
回转臂	各支承面高低差	≤5.0	水准仪

14.3　中间罐车及轨道

Ⅰ　主控项目

14.3.1 轨道垫板埋设件及压板位置必须符合设计技术文件的要求；轨道压板安装应牢固。

检查数量：全数检查。

检验方法：观察检查、尺量检查。

Ⅱ　一般项目

14.3.2 轨道安装的允许偏差应符合本规范第10.2.1条的规定。

检查数量：全数检查。

检验方法：挂线尺量，水准仪检查。

14.3.3 中间罐车安装的允许偏差应符合本规范第10.3.1条的规定。

14.4　烘　烤　器

Ⅰ　主控项目

14.4.1 烘烤器上的燃气管道压力试验应符合设计技术文件的规定；燃气管的回转接头应灵活，密封良好。

检查数量：全数检查。

检验方法：观察检查、检查试压记录。

Ⅱ　一般项目

14.4.2 烘烤器安装的允许偏差应符合表14.4.2的规定。

检查数量：全数检查。

检验方法：见表14.4.2。

表14.4.2　烘烤器安装的允许偏差

项　目	允许偏差（mm）	检验方法
纵向中心线	5.0	挂线尺量
横向中心线	5.0	挂线尺量
标高	±5.0	水准仪
回转立柱垂直度	1.5/1000	吊线尺量

15　连续铸钢设备安装

15.1　一般规定

15.1.1 本章适用于板坯、圆坯和方坯的单流、多流弧形、立弯形连续铸钢设备安装的质量验收。

15.2　结晶器和振动装置

Ⅰ　主控项目

15.2.1 结晶器必须按设计技术文件规定进行水压试验和工作压力下的通水试验。

检查数量：全数检查。

检验方法：检查水压试验记录，观察检查。

15.2.2 结晶器与支承台架接触面应严密，局部间隙应小于0.1mm；水冷管离合装置与台架管口安装应符合设计技术文件的要求。

检查数量：全数检查。

检验方法：现场观察检查、塞尺检查。

15.2.3 定位块安装必须符合设计技术文件的要求。

检查数量：全数检查。

检验方法：现场观察检查。

Ⅱ　一般项目

15.2.4 振动传动装置的联轴器装配应符合设计技术文件或现行国家标准《机械设备安装工程施工及验收通用规范》GB 50231的规定。

检查数量：全数检查。

检验方法：百分表、塞尺、钢尺检查。

15.2.5 结晶器和振动装置安装的允许偏差应符合表15.2.5的规定。

检查数量：全数检查。

检验方法：见表15.2.5。

表 15.2.5 结晶器和振动装置安装的允许偏差

项	目		允许偏差(mm)	检验方法
板坯	振动台架	纵向中心线	1.0	挂线尺量
		横向中心线	0.5	挂线尺量
		标高	±0.5	水准仪或内径千分尺
		水平度	0.20/1000	水平仪
	振动传动装置	中心线	1.5	挂线尺量
		标高	±1.0	水准仪或内径千分尺
		水平度	0.10/1000	水平仪
	结晶器	纵向中心线	1.0	挂线尺量
		横向中心线	0.5	挂线尺量
		与过渡段对弧	≤0.50	对弧样板
方(圆)坯	振动台架及传动装置	纵向中心线	1.0	挂线尺量
		横向中心线	0.5	挂线尺量
		标高	±0.5	水准仪或内径千分尺
		水平度	0.10/1000	水平仪
	结晶器	中心线	0.5	挂线尺量
		与足辊对弧	≤0.2	对弧样板、塞尺
		与上弧形段对弧	≤0.3	

15.3 二次冷却装置

Ⅰ 主控项目

15.3.1 二次冷却支承导向装置中的热膨胀间隙及滑块位置必须符合设计技术文件的规定。

检查数量：全数检查。

检验方法：观察检查、游标卡尺、块规检查。

15.3.2 扇形段与底座的连接必须符合设计技术文件的规定。

检查数量：全数检查。

检验方法：观察检查，检查紧固记录。

Ⅱ 一般项目

15.3.3 扇形段传动装置的联轴器装配应符合设计技术文件或现行国家标准《机械设备安装工程施工及验收通用规范》GB 50231 的规定。

检查数量：抽查30%。

检验方法：百分表、塞尺、钢尺检查。

15.3.4 二次冷却装置安装的允许偏差应符合表15.3.4的规定。

检查数量：全数检查。

检验方法：见表15.3.4。

表 15.3.4 二次冷却装置安装的允许偏差

项	目		允许偏差(mm)	检查方法
	底座	纵向中心线	1.0	挂线尺量
		横向中心线	1.0	挂线尺量
		标高	±0.5	水准仪
		水平度	0.20/1000	水平仪
板坯二次冷却装置	扇形段支撑	框架支座纵向中心线	0.5	内径千分尺
		框架支座横向中心线	0.5，且两底座相对差≤0.2	
		标高	±0.5	水准仪
		两支座高低差	0.2	水准仪
	扇形段传动装置	纵向中心线	1.0	挂线尺量
		横向中心线	1.0	挂线尺量
		标高	±1.0	水准仪
		水平度	0.10/1000	水平仪
	扇形段和过渡段	对弧	0.3	对弧样板、塞尺
方(圆)坯二次冷却装置	支承座	纵向中心线	0.5	挂线尺量
		横向中心线	0.5	挂线尺量
		标高	±0.5	水准仪
		水平度	0.20/1000	水平仪
	扇形段	纵向中心线	0.5	挂线尺量
		横向水平度	0.20/1000	水平仪
		对弧	0.5	对弧样板

15.3.5 二次冷却装置框架梁通水冷却的部件水冷通道应进行检查，上、下部件水通道快速接头灵活、可靠，无泄漏。

检查数量：全数检查。

检验方法：观察检查，检查试压记录。

15.3.6 冷却水喷嘴无堵塞现象。

检查数量：全数检查。

检验方法：观察检查。

15.3.7 扇形段辊缝开口度应符合设计技术文件的规定。

检查数量：全数检查。

检验方法：观察检查、尺量检查。

15.4 扇形段更换装置

Ⅰ 主控项目

15.4.1 扇形段更换装置台架的高强螺栓连接，必须符合设计技术文件的规定或现行国家标准《钢结构工程施工质量验收规范》GB 50205 的规定。

检查数量：按数量抽查10%。
检验方法：扭矩法检查、观察检查。

15.4.2 扇形段更换机械手定位销的位置坐标应符合设计技术文件的规定。

检查数量：全数检查。
检验方法：尺量检查。

Ⅱ 一般项目

15.4.3 卷扬机传动装置的联轴器装配应符合设计技术文件或现行国家标准《机械设备安装工程施工及验收通用规范》GB 50231的规定。

检查数量：全数检查。
检验方法：百分表、塞尺、钢尺检查。

15.4.4 扇形段更换装置安装的允许偏差应符合表15.4.4的规定。

检查数量：全数检查。
检验方法：见表15.4.4。

表15.4.4 扇形段更换装置安装的允许偏差

	项 目		允许偏差(mm)	检验方法
侧面更换式	弧形轨道支柱	纵向中心线	2.0	挂线尺量
		横向中心线	2.0	挂线尺量
		标高	±1.0	水准仪
		垂直度	0.5/1000	经纬仪或吊线尺量
	弧形轨道	纵向中心线	1.5	挂线尺量
		同一截面高低差	2.0	水准仪
		接头错位	≤1.0	平尺、塞尺
	小车滑道与框架滑道接头错位		≤2.0	平尺、塞尺
	提升卷场机	纵向中心线	3.0	挂线尺量
		横向中心线	3.0	挂线尺量
		标高	±5.0	水准仪
		水平度	0.30/1000	水平仪
顶面更换式	构架	纵向中心线	3.0	挂线尺量
		横向中心线	3.0	挂线尺量
		标高	±3.0	水准仪
		垂直度	≤3.0	吊线尺量
	更换导轨	横向中心线与扇形段导轮中心线	1.0	挂线尺量
		标高	±2.0	水准仪
		两导轨上、中、下三对称点轨距	±2.0	尺量
		导轨接头错位	≤1.0	平尺、塞尺

15.4.5 更换导轨内的耐磨衬板与扇形段两端轮子的间隙应符合设计技术文件的规定。

检查数量：全数检查。
检验方法：尺量、塞尺检查。

15.4.6 扇形段更换机械手轨道安装应符合本规范第10.2.1条的规定。

15.4.7 扇形段更换机械手走行机构安装应符合设计技术文件的规定，设计技术文件未规定的，应符合现行国家标准《起重设备安装工程施工及验收规范》GB 50278中的有关规定。

检查数量：全数检查。
检验方法：尺量、经纬仪、水准仪检查。

15.5 拉 矫 机

一般项目

15.5.1 拉矫机传动装置的联轴器装配应符合设计技术文件或现行国家标准《机械设备安装工程施工及验收通用规范》GB 50231的规定。

检查数量：全数检查。
检验方法：百分表、塞尺、钢尺检查。

15.5.2 拉矫机安装的允许偏差应符合表15.5.2的规定。

检查数量：全数检查。
检验方法：见表15.5.2。

表15.5.2 拉矫机安装的允许偏差

	项 目	允许偏差(mm)	检验方法
板坯拉矫机	纵向中心线	0.5	挂线尺量
	横向中心线	0.5	挂线尺量
底座	标高	±0.2	水准仪或内径千分尺
	水平度	0.10/1000	水平仪
	纵向中心线	0.5	挂线尺量
	横向中心线	0.5	挂线尺量
切点辊和各下辊	标高*	±0.5	水准仪
	水平度	0.15/1000	水平仪
	弧形段对弧偏差、水平段高低差	0.5	对弧样板、平尺、塞尺
引坯导向挡板	纵向中心线	2.0	挂线尺量
传动装置	纵向中心线	1.5	挂线尺量
	横向中心线	1.5	挂线尺量
	标高	±1.0	水准仪
	水平度	0.10/1000	水平仪
方(圆)坯拉矫机	纵向中心线	0.5	挂线尺量
	横向中心线	0.5	挂线尺量
底座	标高	±0.5	水准仪
	水平度	0.10/1000	水平仪
切点辊和各下辊	纵向中心线	0.5	挂线尺量
	横向中心线	0.5	挂线尺量

续表15.5.2

项目		允许偏差（mm）	检验方法
方（圆）坯拉矫机	切点辊和各下辊		
	标高*	±0.5	水准仪
	水平度	0.15/1000	水平仪
	弧形段对弧偏差、水平段高低差	0.5	对弧样板、平尺、塞尺
	传动装置		
	纵向中心线	1.5	挂线尺量
	横向中心线	1.5	挂线尺量
	标高	±1.0	水准仪
	水平度	0.10/1000	水平仪

注：*拉矫机直线段的下辊轴承箱用液压缸支承时，必须将液压缸升至上顶点，再测定辊面标高。

15.5.3 拉矫机辊缝开口度应符合设计技术文件的规定。

检查数量：全数检查。

检验方法：观察检查、尺量检查。

15.6 引锭杆收送及脱引锭装置

Ⅰ 主控项目

15.6.1 引锭头与引锭杆的连接必须符合设计技术文件的规定。

检查数量：全数检查。

检验方法：观察检查。

15.6.2 引锭杆表面的油脂必须清洗干净。

检查数量：全数检查。

检验方法：观察检查。

Ⅱ 一般项目

15.6.3 引锭杆收送传动装置的联轴器装配应符合设计技术文件或现行国家标准《机械设备安装工程施工及验收通用规范》GB 50231的规定。

检查数量：全数检查。

检验方法：百分表、塞尺、钢尺检查。

15.6.4 下插入式引锭收送及脱引锭装置安装的允许偏差应符合表15.6.4的规定。

检查数量：全数检查。

检验方法：见表15.6.4。

表15.6.4 下插入式引锭收送及脱引锭装置安装的允许偏差

项目		允许偏差（mm）	检验方法
存放台架	纵向中心线	1.0	挂线尺量
	标高	±2.0	水准仪
	垂直度	0.5/1000	吊线尺量

续表15.6.4

项目		允许偏差（mm）	检验方法
收送滑道	纵向中心线	1.0	挂线尺量
	标高	±2.0	水准仪
	水平度	0.30/1000	水平仪
	跨距	+4.0 / 0	尺量
收送托辊	纵向中心线	1.0	挂线尺量
	标高	±2.0	水准仪
	水平度	0.30/1000	水平仪
收送卷扬机	纵向中心线	3.0	挂线尺量
	横向中心线	3.0	挂线尺量
	标高	±2.0	水准仪
	水平度	0.30/1000	水平仪
脱引锭装置	纵向中心线	1.5	挂线尺量
	横向中心线	1.5	挂线尺量
	标高	±2.0	水准仪
	水平度	0.30/1000	水平仪
存放装置辊动架	纵向中心线	1.5	挂线尺量
	标高	0 / −2.0	水准仪

15.6.5 上插入式引锭杆收送及脱引锭装置安装的允许偏差应符合表15.6.5的规定。

检查数量：全数检查。

检验方法：见表15.6.5。

表15.6.5 上插入式引锭杆收送及脱引锭装置安装的允许偏差

项目		允许偏差（mm）	检验方法
引锭杆小车轨道	纵向中心线	1.0	挂线尺量
	标高	±1.0	水准仪
	轨距	±2.0	尺量
	水平度	0.7/1000	水平仪
	同一截面高低差	3.0	水准仪
	接头错位	0.5	平尺、塞尺
引锭杆脱离装置	纵向中心线	1.0	挂线尺量
	横向中心线	1.0	挂线尺量
	标高	±1.0	水准仪
	水平度	0.10/1000	水平仪
引锭杆导向装置	纵向中心线	1.0	挂线尺量
	横向中心线	1.0	挂线尺量
	标高	±0.5	水准仪
	水平度	0.10/1000	水平仪

续表 15.6.5

项 目		允许偏差(mm)	检验方法
防引锭杆落下装置	纵向中心线	1.0	挂线尺量
	横向中心线	2.0	挂线尺量
	标高	±2.0	水准仪
	垂直度	0.5/1000	吊线尺量
卷扬机	纵向中心线	3.0	挂线尺量
	横向中心线	3.0	挂线尺量
	标高	±3.0	水准仪
	水平度	0.30/1000	水平仪

15.7 火焰切割机

Ⅰ 主控项目

15.7.1 设备通氧的零件、部件及管路严禁沾有油脂。

检查数量：全数检查。

检验方法：检查脱脂记录，白色滤纸擦抹或紫外线灯照射检查。

Ⅱ 一般项目

15.7.2 切割机走行驱动装置联轴器装配应符合设计技术文件或现行国家标准《机械设备安装工程施工及验收通用规范》GB 50231的规定。

检查数量：全数检查。

检验方法：百分表、塞尺、钢尺检查。

15.7.3 切割机切割横移驱动装置的联轴器装配应符合设计技术文件或现行国家标准《机械设备安装工程施工及验收通用规范》GB 50231 的规定。

检查数量：全数检查。

检验方法：百分表、塞尺、钢尺检查。

15.7.4 火焰切割机安装的允许偏差应符合表15.7.4的规定。

检查数量：全数检查。

检验方法：见表15.7.4。

表 15.7.4 火焰切割机安装的允许偏差

项 目		允许偏差(mm)	检验方法
支承台架立柱	纵向中心线	2.0	挂线尺量
	横向中心线	2.0	挂线尺量
	标高	±2.0	水准仪
	垂直度	0.5/1000	吊线尺量

续表 15.7.4

项 目		允许偏差(mm)	检验方法
轨道	纵向中心线	2.0	挂线尺量
	标高	±3.0	水准仪
	纵向水平度	0.7/1000	水平仪
	轨距	±2.0	尺量
	同一截面高低差	2.0	水准仪
	接头错位	0.5	平尺、塞尺
测量辊	纵向中心线	1.0	挂线尺量
	横向中心线	1.5	挂线尺量
	标高	±1.0	水准仪

15.8 摆动剪切机

一 般 项 目

15.8.1 摆动剪切机安装的允许偏差应符合表15.8.1的规定。

检查数量：全数检查。

检验方法：见表15.8.1。

表 15.8.1 摆动剪切机安装的允许偏差

项 目		允许偏差(mm)	检验方法
底座	纵向中心线	1.0	挂线尺量
	横向中心线	1.0	挂线尺量
	标高	±0.5	水准仪
	水平度	0.10/1000	水平仪
机体	纵向中心线	1.0	挂线尺量
	横向中心线	1.0	挂线尺量
	标高（以下剪刃顶面为准）	±0.5	水准仪
	水平度	0.10/1000	水平仪

15.9 切头收集装置

一 般 项 目

15.9.1 台车轨道安装应符合本规范第10.2.1条的规定。

15.9.2 卷扬机安装的允许偏差应符合表15.9.2的规定。

检查数量：全数检查。

检验方法：见表15.9.2。

表 15.9.2 卷扬机安装的允许偏差

项	目	允许偏差(mm)	检验方法
卷扬机	纵向中心线	3.0	挂线尺量
	横向中心线	3.0	挂线尺量
	标高	±5.0	水准仪
	水平度	0.30/1000	水平仪

15.9.3 切头推出机构安装的允许偏差应符合表15.9.3的规定。

检查数量：全数检查。

检验方法：见表15.9.3。

表 15.9.3 切头推出机构安装的允许偏差

项	目	允许偏差(mm)	检验方法
切头推出机构	纵向中心线	2.0	挂线尺量
	横向中心线	2.0	挂线尺量
	标高	±3.0	水准仪
	水平度	0.30/1000	水平仪

15.10 毛刺清理机

Ⅰ 主控项目

15.10.1 板坯压紧装置的安全销孔应符合设计技术文件的要求。

检查数量：全数检查。

检验方法：用安全销试验检查。

Ⅱ 一般项目

15.10.2 台车轨道安装应符合本规范第10.2.1条的规定。

15.10.3 卷扬机安装应符合本规范第15.9.2条的规定。

15.10.4 毛刺清理机安装的允许偏差应符合表15.10.4的规定。

检查数量：全数检查。

检验方法：见表15.10.4。

表 15.10.4 毛刺清理机安装的允许偏差

项	目	允许偏差(mm)	检验方法
导轨底座	纵向中心线	0.20	内径千分尺
	横向中心线	0.50	内径千分尺
	导轨顶面标高	0 −0.20	平尺、水平仪 内径千分尺

续表 15.10.4

项	目	允许偏差(mm)	检验方法
行走装置框架	纵向中心线	0.5	内径千分尺
	横向中心线	0.5	内径千分尺
	标高	0 −0.5	平尺、水平仪 内径千分尺
减振装置	与行走框架间隙	±0.5	塞尺
	间隙相对差	0.20	塞尺
板坯压紧装置	纵向中心线	0.5，且同侧相对差≤0.2	挂线尺量
	销轴横向中心线	0.5	内径千分尺
	标高	+0.5 0	内径千分尺
	夹紧头至辊间距离	5.0	内径千分尺

16 出坯和精整设备安装

16.1 一般规定

16.1.1 本章适用于板坯、圆坯和方坯的输送和精整设备安装的质量验收。

16.2 输送辊道

一般项目

16.2.1 辊传动装置的联轴器装配应符合设计技术文件或现行国家标准《机械设备安装工程施工及验收通用规范》GB 50231 的规定。

检查数量：抽查30%，且不少于1个。

检验方法：千分表、塞尺、钢尺检查。

16.2.2 输送辊道安装的允许偏差应符合表16.2.2的规定。

检查数量：全数检查。

检验方法：见表16.2.2。

表 16.2.2 输送辊道安装的允许偏差

项 目	允许偏差（mm）	检验方法
辊道纵向中心线	1.0	挂线尺量
辊道横向中心线	3.0	
辊道标高	±0.5	水准仪
辊轴向水平度	0.15/1000，相邻两辊倾斜方向宜相反	水平仪
辊轴线对机组纵向中心线的垂直度	0.15/1000，相邻两辊倾斜方向宜相反	摇臂旋转法

16.3 转 盘

一般项目

16.3.1 转盘传动装置的开式齿轮装配应符合设计技术文件或现行国家标准《机械设备安装工程施工及验收通用规范》GB 50231 的规定。

检查数量：全数检查。
检验方法：塞尺、着色、压铅检查。

16.3.2 转盘传动装置的联轴器装配应符合设计技术文件或现行国家标准《机械设备安装工程施工及验收通用规范》GB 50231 的规定。

检查数量：全数检查。
检验方法：百分表、塞尺、钢尺检查。

16.3.3 转盘安装的允许偏差应符合表 16.3.3 的规定。

检查数量：全数检查。
检验方法：见表16.3.3。

表 16.3.3 转盘安装的允许偏差

项 目		允许偏差（mm）	检验方法
回转立轴座	纵向中心线	1.0	挂线尺量
	横向中心线	1.0	挂线尺量
	标 高	±0.5	水准仪
	水平度	0.10/1000	水平仪
环形轨道	纵向中心线	2.0	挂线尺量
	横向中心线	2.0	挂线尺量
	标 高	±0.5	水准仪
	接头错位	1.0	平尺、塞尺
限位挡板	纵向中心线	2.0	挂线尺量
	横向中心线	2.0	挂线尺量
	标 高	±3.0	水准仪

16.3.4 转盘上的辊道安装应符合本规范第 16.2.2 条的规定。

16.4 推钢机、拉钢机、翻钢机

一般项目

16.4.1 传动装置的齿轮副装配应符合设计技术文件或现行国家标准《机械设备安装工程施工及验收通用规范》GB 50231 的规定。

检查数量：全数检查。
检验方法：塞尺、着色、压铅检查。

16.4.2 传动装置的联轴器装配应符合设计技术文件或现行国家标准《机械设备安装工程施工及验收通用规范》GB 50231 的规定。

检查数量：全数检查。
检验方法：百分表、钢尺、塞尺检查。

16.4.3 推钢机、拉钢机、翻钢机安装的允许偏差应符合表16.4.3的规定。

检查数量：全数检查。
检验方法：见表 16.4.3。

表 16.4.3 推钢机、拉钢机、翻钢机安装的允许偏差

项 目		允许偏差（mm）	检验方法
推钢机、拉钢机、翻钢机	纵向中心线	1.5	挂线尺量
	横向中心线	1.5	挂线尺量
	标高	±1.0	水准仪
	水平度	0.20/1000	水平仪
推（拉）钢机各爪面对辊道纵向中心线	平行度	4.0	尺量
推（拉）钢滑动台架	纵向中心线	3.0	挂线尺量
	横向中心线	3.0	挂线尺量
	标高	±2.0	水准仪

16.5 火焰清理机

Ⅰ 主控项目

16.5.1 设备通氧的零件、部件及管路严禁沾有油脂。

检查数量：全数检查。
检验方法：检查脱脂记录，白色滤纸擦抹或紫外线灯照射检查。

16.5.2 机体配管应按设计技术文件的规定进行吹刷及试压。

检查数量：全数检查。
检验方法：检查吹扫及试压记录。

Ⅱ 一般项目

16.5.3 火焰清理机安装的允许偏差应符合表 16.5.3 的规定。

检查数量：全数检查。
检验方法：见表 16.5.3。

表 16.5.3 火焰清理机安装的允许偏差

项 目		允许偏差（mm）	检验方法
支承台架立柱	纵向中心线	2.0	挂线尺量
	横向中心线	2.0	挂线尺量
	标高	±3.0	水准仪
	垂直度	0.5/1000	吊线尺量

续表 16.5.3

项　　目		允许偏差（mm）	检验方法
软管塔	纵向中心线	3.0	挂线尺量
	横向中心线	3.0	挂线尺量
	标高	±3.0	水准仪
	垂直度	1.0/1000	吊线尺量
水平冲渣喷嘴	纵向中心线	3.0	挂线尺量
	横向中心线	3.0	挂线尺量
	标高	±1.5	水准仪
夹送辊	纵向中心线	1.0	挂线尺量
	横向中心线	1.0	挂线尺量
	标高	±0.5	水准仪
	水平度	0.15/1000	水平仪
测量辊	纵向中心线	1.0	挂线尺量
	横向中心线	1.5	挂线尺量
	标高	±1.0	水准仪
轨道	对辊道纵向中心线的垂直度	0.5/1000	挂线尺量
	标高	±3.0	水准仪
	轨距	±2.0	尺量
	同一截面高低差	2.0	水准仪
	纵向水平度	0.7/1000	水平仪
	接头错位	0.5	平尺、塞尺

16.6 升降挡板、打印机

Ⅰ 主控项目

16.6.1 打印机喷鳞管、冷却水及压缩空气管安装及压力试验应符合设计技术文件的规定。
　　检查数量：全数检查。
　　检验方法：观察检查、检查试压记录。

Ⅱ 一般项目

16.6.2 升降挡板、打印机安装的允许偏差应符合表16.6.2的规定。
　　检查数量：全数检查。
　　检验方法：见表16.6.2。

表 16.6.2　升降挡板、打印机安装的允许偏差

项　　目	允许偏差（mm）	检验方法
纵向中心线	1.5	挂线尺量
横向中心线	1.5	挂线尺量
标高	±1.0	水准仪
水平度	0.30/1000	水平仪

16.7 横移小车

一般项目

16.7.1 横移小车轨道安装的允许偏差应符合本规范第10.2.1条的规定。

16.7.2 横移小车上辊道安装的允许偏差应符合表16.7.2的规定。
　　检查数量：全数检查。
　　检验方法：见表16.7.2。

表 16.7.2　横移小车上辊道安装的允许偏差

项　　目	允许偏差（mm）	检验方法
辊道标高	±0.5	水准仪
辊轴向水平度	0.15/1000，相邻两辊倾斜方向宜相反	水平仪
辊轴线对机组纵向中心线的垂直度	0.15/1000，相邻两辊倾斜方向宜相反	摇臂旋转法

16.8 对中装置

一般项目

16.8.1 扇形段对中台安装的允许偏差应符合表16.8.1的规定。
　　检查数量：全数检查。
　　检验方法：见表16.8.1。

表 16.8.1　扇形段对中台安装的允差偏差

项　　目		允许偏差（mm）	检验方法
对中台	纵向中心线	0.5	挂线尺量
	横向中心线	0.5	挂线尺量
	标高	±0.5	水准仪
扇形段支撑座	各支撑座标高差	0.10	水准仪
	水平度	0.05/1000	水准仪
对中样板支撑头	中心距	±0.5	尺量
	各支撑头标高差	0.10	水准仪
支撑座表面与支撑头顶面	间距	±0.10	水准仪

16.8.2 结晶器对中台安装的允许偏差应符合表16.8.2的规定。
　　检查数量：全数检查。
　　检验方法：见表16.8.2。

表16.8.2 结晶器对中台安装的允许偏差

项目		允许偏差（mm）	检验方法
对中台	纵向中心线	2.0	挂线尺量
	横向中心线	2.0	挂线尺量
	标高	±3.0	水准仪
结晶器支撑座	各支撑座标高差	0.20	水准仪

17 混铁炉设备安装

17.1 一般规定

17.1.1 本章适用于混铁炉设备安装的质量验收。

17.2 底座和滚道

Ⅰ 主控项目

17.2.1 设备各零件、部件上的标记必须准确可靠（标记系指中心线标记、圆弧面素线标记、"零"位标记）。

检查数量：全数检查。

检验方法：测量及观察检查。

17.2.2 滚道夹板的"零"位标记与底座纵向中心线应重合。

检查数量：全数检查。

检验方法：观察检查。

Ⅱ 一般项目

17.2.3 底座与滚道安装的允许偏差应符合表17.2.3的规定。

检查数量：全数检查。

检验方法：见表17.2.3。

表17.2.3 底座与滚道安装的允许偏差

项目		允许偏差（mm）	检验方法
传动侧底座	纵向中心线	1.0	挂线尺量
	横向中心线	1.0	挂线尺量
	标高	±3.0	水准仪
	水平度	0.15/1000	水平仪
非传动侧底座	纵向中心线	1.0	挂线尺量
两底座	中心距	±1.0	尺量
	对角线之差	3.0	尺量
	同截面高低差（L为两底座距离）	0.15L/1000	水准仪

续表17.2.3

项目		允许偏差（mm）	检验方法
滚道	滚道中线与底座横向中心线重合	2.0	吊线尺量
	滚子的两端面与夹板内侧间距		尺量 2.0

注：非传动侧底座纵向中心线偏差方向宜与传动侧底座纵向中心线偏差方向一致。

17.3 炉壳和箍圈

Ⅰ 主控项目

17.3.1 炉壳组装对接焊缝的质量应符合设计技术文件的规定。

检查数量：抽查20%。

检验方法：观察或使用放大镜检查，检查超声波探伤记录。

Ⅱ 一般项目

17.3.2 现场组装的炉体（炉壳和箍圈的组合体）应符合表17.3.2的规定。

检查数量：全数检查。

检验方法：见表17.3.2。

表17.3.2 炉体组装允许偏差

项目			允许偏差（mm）	检验方法
混铁炉公称容量	≥1300t	直径	±10	尺量
		长度	±20	
	<1300t	直径	±10	
		长度	±10	
炉壳法兰及端盖法兰平面度			5.0	直尺、塞尺
炉壳法兰平面对炉壳轴线的垂直度			1.0/1000	吊线尺量
箍圈	箍圈中线至炉壳横向中线的距离		±1.0	尺量
	两箍圈"零"位相对位移		1.0	对线、尺量
	箍圈与炉壳接触良好，局部间隙		≤2.0	塞尺

17.3.3 炉体安装的允许偏差应符合表17.3.3的规定。

检查数量：全数检查。

检验方法：见表17.3.3。

表 17.3.3 炉体安装的允许偏差

项　目		允许偏差(mm)	检验方法
箍圈"零"位标记与底座纵向中心线重合		2.0	吊线尺量
箍圈中线与底座横向中心线重合		4.0	吊线尺量
受铁口横向中心线与炉壳横向中心线重合		5.0	对线尺量
出铁口横向中心线与炉壳横向中心线重合		5.0	对线尺量
受铁口纵向中心在炉壳圆周方向弧长		±5.0	对线尺量
出铁口	标高	±5.0	水准仪
	水平度	1.5/1000	水平仪

17.4 倾动装置

一般项目

17.4.1 传动装置的齿轮与齿条装配应符合设计技术文件或现行国家标准《机械设备安装工程施工及验收通用规范》GB 50231 的规定。

检查数量：全数检查。

检验方法：塞尺、着色、压铅检查。

17.4.2 传动装置的联轴器装配应符合设计技术文件或现行国家标准《机械设备安装工程施工及验收通用规范》GB 50231 的规定。

检查数量：全数检查。

检验方法：百分表、塞尺、钢尺检查。

17.4.3 倾动装置安装的允许偏差应符合表 17.4.3 的规定。

检查数量：全数检查。

检验方法：见表 17.4.3。

表 17.4.3 倾动装置安装的允许偏差

项　目		允许偏差(mm)	检验方法
回转齿轮座	纵向中心线	1.0	挂线尺量
	横向中心线	1.0	挂线尺量
	标　高	±2.0	水准仪
	水平度	0.10/1000	水平仪
减速机	纵向中心线	1.0	挂线尺量
	横向中心线	1.0	挂线尺量
	水平度	0.10/1000	水平仪
	输出轴线与回转齿轮轴线高低差	1.0	钢板尺、塞尺

续表 17.4.3

项　目		允许偏差(mm)	检验方法
齿条耳轴座	横向中心线与回转齿轮座横向中心线重合	1.0	挂线尺量
	纵向中心线在炉壳圆弧方向的弧长	±5.0	对线尺量
	轴线对回转齿轮座轴线平行度	1.5/1000	水平仪

注：倾动减速机纵向中心线宜与回转齿轮座纵向中心线偏差方向一致。

17.5 揭盖卷扬机

Ⅰ 主控项目

17.5.1 钢绳必须在卷筒上盘绕整齐，引出钢绳在滑轮内无偏斜，滑轮安设牢固，转动灵活。

检查数量：全数检查。

检验方法：观察检查。

Ⅱ 一般项目

17.5.2 卷扬机安装允许偏差应符合表 17.5.2 的规定。

检查数量：全数检查。

检验方法：见表 17.5.2。

表 17.5.2 卷扬机安装的允许偏差

项　目	允许偏差（mm）	检验方法
纵向中心线	3.0	挂线尺量
横向中心线	3.0	挂线尺量
标高	±5.0	水准仪
水平度	0.30/1000	水平仪

18 铁水预处理设备安装

18.1 一般规定

18.1.1 本章适用于炼钢铁水预处理设备安装的质量验收。

18.2 脱硫（磷）剂输送设备

一般项目

18.2.1 秤量罐荷重传感器安装的允许偏差应符合表 18.2.1 的规定。

检查数量：全数检查。

检验方法：见表 18.2.1。

表 18.2.1 秤量罐荷重传感器安装的允许偏差

项目		允许偏差（mm）	检验方法
荷重传感器	拉力式 上、下吊挂中心线在同一垂直线上	1.0	吊线尺量
	拉力式 支承面水平度	0.20/1000	水平仪
	压力式 上、下支承面局部间隙	0.05	塞尺
	压力式 球面接触	60%以上	着色

18.2.2 脱硫（磷）剂输送设备安装的允许偏差应符合表 18.2.2 的规定。

　　检查数量：全数检查。

　　检验方法：见表 18.2.2。

表 18.2.2 脱硫（磷）剂输送设备安装的允许偏差

项	目	允许偏差（mm）	检验方法
脱硫（磷）剂贮罐支架	纵向中心线	5.0	挂线尺量
	横向中心线	5.0	挂线尺量
	标高	±5.0	水准仪
	垂直度	1.5/1000，且≤5.0	吊线尺量
脱硫（磷）剂贮罐	纵向中心线	3.0	挂线尺量
	横向中心线	3.0	挂线尺量
	垂直度	≤5.0	吊线尺量
称量罐支架	纵向中心线	3.0	挂线尺量
	横向中心线	3.0	挂线尺量
	标高	±5.0	水准仪
	垂直度	≤2.0	吊线尺量
秤量罐进料口纵、横向中心线对脱硫剂贮罐卸料口纵、横向中心线		1.0	挂线尺量

18.3 搅拌脱硫设备

Ⅰ 主控项目

18.3.1 松绳安全装置应符合设计技术文件的规定。
　　检查数量：全数检查。
　　检验方法：做松绳状态试验。

Ⅱ 一般项目

18.3.2 搅拌脱硫设备安装的允许偏差应符合表 18.3.2 的规定。
　　检查数量：全数检查。
　　检验方法：见表 18.3.2。

表 18.3.2 搅拌脱硫设备安装的允许偏差

项	目	允许偏差（mm）	检验方法
框架	纵向中心线	10.0	挂线尺量
	横向中心线	10.0	挂线尺量
	标高	±5.0	水准仪
	柱距	±3.0	尺量
	垂直度	1.5/1000	吊线尺量
	柱顶高低差	2.0	水准仪
	对角线之差	3.0	尺量
平台	标高	±5.0	水准仪
搅拌浆车架导轨	工作面对搅拌中心距离	±1.5	尺量
	垂直度	1.0/1000，且≤5.0	吊线尺量
	接口错位	0.5	平尺、塞尺
	夹紧液压缸中心线	1.0	挂线尺量
	夹紧液压缸水平度	0.5/1000	水平仪
搅拌浆更换小车活动轨道与固定轨道	间隙	1.0	尺量
	错位	≤0.5	尺量
卷扬机	纵向中心线	3.0	挂线尺量
	横向中心线	3.0	挂线尺量
	标高	±5.0	水准仪
	水平度	0.30/1000	水平仪
烟罩	下缘高低差	15.0	尺量

18.4 喷枪脱磷设备

Ⅰ 主控项目

18.4.1 氧枪的水压试验必须符合设计技术文件的规定。
　　检查数量：全数检查。
　　检验方法：检查试压记录，现场观察检查。

18.4.2 **设备通氧的零件、部件及管路严禁沾有油**

脂。

　　检查数量：全数检查。
　　检验方法：检查脱脂记录，白色滤纸擦抹或紫外线灯照射检查。

Ⅱ 一 般 项 目

18.4.3 喷枪升降装置安装的允许偏差应符合本规范第6.2.4条的规定。

18.4.4 喷枪单轨横移装置安装的允许偏差应符合本规范第6.3.1条的规定。

18.5 铁水罐车

一 般 项 目

18.5.1 铁水罐车安装的允许偏差应符合表18.5.1的规定。

　　检查数量：全数检查。
　　检验方法：检查试压记录，现场观察检查。

表 18.5.1　铁水罐车安装的允许偏差

项　目		允许偏差（mm）	检验方法
跨度		±2.0	尺量
车轮对角线		5.0	尺量
同一侧梁下车轮同位差		2.0	挂线尺量
电缆拖带滚筒	中心线	5.0	尺量
	水平度	0.5/1000	水平仪

18.5.2 铁水罐车倾翻齿轮传动装置安装应符合设计技术文件或现行国家标准《机械设备安装工程施工及验收通用规范》GB 50231的规定。

　　检查数量：全数检查。
　　检验方法：塞尺、着色、压铅检查。

18.5.3 铁水罐车倾翻传动联轴器装配安装应符合设计技术文件或现行国家标准《机械设备安装工程施工及验收通用规范》GB 50231的规定。

　　检查数量：全数检查。
　　检验方法：百分表、塞尺、钢尺检查。

18.6 铁水罐车轨道

一 般 项 目

18.6.1 铁水罐车轨道安装的允许偏差应符合本规范第10.2.1条的规定。

18.7 扒　渣　机

一 般 项 目

18.7.1 扒渣机安装的允许偏差应符合表18.7.1的规定。

　　检查数量：全数检查。
　　检验方法：见表18.7.1。

表 18.7.1　扒渣机安装的允许偏差

项　目		允许偏差（mm）	检验方法
机架	纵向中心线	2.0	挂线尺量
	横向中心线	2.0	挂线尺量
	标高	±3.0	水准仪
气缸活塞杆	水平度	0.20/1000	水平仪

18.7.2 扒渣机轨道安装的允许偏差应符合本规范第10.2.1条的规定。

19　原料系统设备安装

19.1　一 般 规 定

19.1.1 本章适用于炼钢原料系统装料漏斗设备安装的质量验收。

19.2　称 量 漏 斗

一 般 项 目

19.2.1 称量漏斗安装的允许偏差应符合表19.2.1的规定。

　　检查数量：全数检查。
　　检验方法：见表19.2.1。

表 19.2.1　称量漏斗安装的允许偏差

项　目	允许偏差（mm）	检验方法
纵向中心线	10.0	挂线尺量
横向中心线	10.0	挂线尺量
标高	±10.0	水准仪
传感器支承面或悬吊面高低差	1.0	水准仪

19.3　汇集漏斗和回转漏斗

一 般 项 目

19.3.1 汇集漏斗和回转漏斗安装的允许偏差应符合表19.3.1的规定。

　　检查数量：全数检查。
　　检验方法：见表19.3.1。

表 19.3.1 汇集漏斗和回转漏斗安装的允许偏差

项　目	允许偏差（mm）	检验方法
纵向中心线	10.0	挂线尺量
横向中心线	10.0	挂线尺量
标高	±10.0	水准仪
水平度	1.0/1000	水平仪

20 煤气净化设备安装

20.1 一般规定

20.1.1 本章适用于炼钢煤气净化设备安装的质量验收。

20.2 煤气净化设备

Ⅰ 主控项目

20.2.1 煤气净化设备（除尘塔、文氏管、平旋器、喷淋器、脱水器、三通切换阀、水封）的严密性试验应符合设计技术文件的要求。

检查数量：全数检查。

检验方法：观察检查，检查严密性试验记录。

Ⅱ 一般项目

20.2.2 煤气净化设备的安装允许偏差应符合表 20.2.2 的规定。

检查数量：全数检查。

检验方法：见表 20.2.2。

表 20.2.2 煤气净化设备安装的允许偏差

项　目	允许偏差（mm）	检验方法
纵向中心线	10.0	挂线尺量检查
横向中心线	10.0	挂线尺量检查
标高	±10.0	水准仪
垂直度或水平度	1.0/1000	吊线尺量检查或水平仪

21 炼钢机械设备试运转

21.1 一般规定

21.1.1 本章适用于炼钢机械设备工程安装设备单体无负荷试运转和无负荷联动试运转。

21.1.2 试运转前，施工单位应编写无负荷试车方案，经总监理工程师（建设单位技术负责人）批准后，方能进行试运转。

21.1.3 炼钢机械设备及其附属装置、管路等均应全部施工完毕，施工记录及资料应齐全。润滑、液压、水、气（汽）、电、计控等装置均应按系统检验调试完毕，并应符合试运转要求。

21.1.4 试运转需要的能源、介质、材料、工机具、检测仪器等，均应符合试运转的要求。

21.1.5 设备的安全保护装置应符合设计技术文件的规定，在试运转中需要调试的装置，应在试运转中完成调试，其功能符合设计技术文件的要求。

21.1.6 单体设备试运转时间或次数，无特殊要求时应符合下列规定：

1 连续运转的设备连续运转不应少于 2h。

2 往复运转的设备在全行程或回转范围内往返动作不应少于 5 次。

21.1.7 设备单体无负荷试运转合格后，进行无负荷联动试运转，按设计规定的联动程序和时间要求连续操作运行应不少于 3 次，无故障。

21.1.8 每次试运转结束后，应及时做好下列工作：

1 切断电源和其他动力源。

2 进行必要的放气、排水、排污及必要的防锈涂油。

3 设备内有余压的卸压。

21.2 转炉设备试运转

21.2.1 炉体及倾动设备试运转应符合下列规定：

1 倾动装置的一次减速器应正、反向单独运转各不小于 1h。

2 砌炉衬前炉体应按设计的最大倾动角度以低、中、高速各倾动 5～10 次。回"零"位时的停位偏差不应超过±1°。

3 砌炉衬后的炉体在炉衬硬化后以低速倾动 5 次，倾动角度不应超过±90°。

4 试运转后，炉体、托圈、炉体与托圈的连接装置焊缝目视严禁有裂纹，联结无松动。

检验方法：观察检查，对位尺量，手锤轻击。

21.2.2 轴承温度必须符合下列规定：

1 滑动轴承温升不超过 35℃，且最高温度不超过 70℃。

2 滚动轴承温升不超过 40℃，且最高温度不超过 80℃。

检验方法：温度计检查。

21.2.3 水冷系统接头无泄漏。

检验方法：观察检查。

21.3 氧枪和副枪装置试运转

21.3.1 氧枪和副枪设备试运转必须符合下列规定：

1 氧枪和副枪的各种介质软管接头均不得泄漏。

2 升降小车运行时，变速位置和停位的偏差应符合设计技术文件的规定。

3 横移小车对中装置的动作应准确可靠。

4 氧枪和副枪的事故提升装置以点动方式试验3次，运行可靠。

5 升降小车的断绳（松绳）安全装置以松绳状态试验2次，制动应可靠。

6 副枪旋转台架在副枪工作位置时，升降小车导轨锁定装置的锁定应准确可靠。

检验方法：观察检查，对位及测量。

21.3.2 各部轴承温度应符合本规范第21.2.2条的规定。

21.4 烟罩试运转

21.4.1 烟罩的试运转必须符合下列规定：

1 减速器单独正、反转各不小于30min。

2 烟罩升降平稳、无卡阻、停位准确。

检验方法：观察检查、尺量检查。

21.4.2 轴承温度应符合本规范第21.2.2条的规定。

21.5 余热锅炉系统试运转

21.5.1 余热锅炉系统试运转应符合下列规定：

1 余热锅炉系统的试运转应按照设计技术文件和现行国家标准《工业锅炉安装工程施工及验收规范》GB 50273 的规定进行冲洗、吹洗、煮炉、蒸汽严密性试验及安全阀最终调整。

2 余热锅炉在进行蒸汽严密性试验时，在蒸汽压力为0.3～0.4MPa的状态下，应对余热锅炉的法兰、人孔、手孔和其他连接部位的螺栓进行一次热状态下的紧固，保证各处在工作状态下无泄漏。

3 余热锅炉系统试运转时，锅筒、集箱、管路和支架等的膨胀应无异常现象；各弹簧支座应正常。

检验方法：观察检查，检查各试验合格证。

21.6 电弧炉试运转

21.6.1 炉体的接地电阻值和各绝缘部位的绝缘值应符合设计技术文件的规定（由电气专业检测）。

检验方法：检查测试记录。

21.6.2 试运转前完成炉体和炉盖的炉衬砌筑，在炉衬未硬化前，不得做炉体倾动和炉盖旋转的试运转。

检验方法：观察检查。

21.6.3 各机构试运转前应锁定的机构可靠锁定。

检验方法：观察检查。

21.6.4 电极升降机构、炉盖旋转机构、炉体倾动机构等应分别进行试运转，且动作灵活，无卡碰现象，动作联锁应准确、可靠。试运转后炉壳与摇架的连接不得有松动。

检验方法：观察检查和检查试运行记录。

21.6.5 炉盖旋转、电极升降、炉体倾动在设计的最大工作范围内运转时，与炉体连接的各软管、水冷电缆长度应足够，且相互应无缠绕、阻碍。

检验方法：观察检查。

21.6.6 水冷系统接头无泄漏。

检验方法：观察检查。

21.7 钢包精炼炉（LF）试运转

21.7.1 试运转前，应对绝缘部位进行检查，其绝缘值应符合设计技术文件的规定。

检验方法：检查测试记录。

21.7.2 钢包车试运转应符合下列规定：

1 钢包车全行程范围内往返运行时，不应卡轨，停位准确可靠。

2 各部轴承温度应符合本规范第21.2.2条的规定。

检验方法：观察检查。

21.7.3 各升降机构试运转必须符合下列规定：

1 升降机构在设计的最大范围内运转时，所有连接的各软管、电缆长度应足够，且相互间应无缠绕、阻碍。

2 动作灵活、可靠、停位准确。

检验方法：观察检查。

21.7.4 水冷系统接头无泄漏。

检验方法：观察检查。

21.8 钢包真空精炼炉（VD）及真空吹氧脱碳炉（VOD）试运转

21.8.1 真空炉炉盖车试运转应符合本规范第21.6.2条的规定。

21.8.2 真空系统应按预真空——低真空——高真空步骤进行试验，其泄漏率或泄漏量应符合设计技术文件的规定。

检验方法：检查真空试验记录。

21.8.3 真空试验时，在各级阀门关闭情况下，活动密封部位应重复转动3次，每次转动瞬间真空度的下降值和真空度恢复到原值的时间均应符合设计技术文件的规定。

检验方法：观察检查和检查真空度的试验记录。

21.8.4 水冷系统接头无泄漏。

检验方法：观察检查。

21.9 循环真空脱气精炼炉（RH）试运转

21.9.1 钢包车、真空室车试运转应符合本规范第21.7.2条的规定。

21.9.2 真空系统试运转应符合本规范第21.8.2条和第21.8.3条的规定。

21.9.3 钢包顶升装置在全行程范围内往复运行时，动作应灵活无卡阻、停位准确可靠。

检验方法：观察检查和检查试运转记录。

21.9.4 水冷系统接头无泄漏。

检验方法：观察检查。

21.10 氩氧脱碳精炼炉（AOD）试运转

21.10.1 氩氧脱碳精炼炉（AOD）试运转应符合本规范第21.2.1～21.2.3条的规定。

21.11 浇注设备试运转

21.11.1 浇注设备试运转应符合下列规定：

  1 钢包回转台的回转臂应按设计技术文件的规定进行冷满负荷和冷超负荷的试验。

  2 中间罐车的试运转应符合本规范第21.7.2条的规定。

  3 传动机构的制动器，限位装置动作应准确、灵敏、平稳、可靠。

  检验方法：观察检查和检查试运转记录。

21.12 连续铸钢设备试运转

21.12.1 结晶器振动机构试运转，振动频率和振幅应符合设计技术文件的规定。

  检验方法：检查试运转记录，现场检测。

21.12.2 冷却或加热系统必须符合下列规定：

  1 各系统必须畅通、无堵塞、无泄漏现象。

  2 工作介质的品质、流量、压力、温度必须符合设计技术文件的规定。

  3 阀门、回转接头、疏水器等密封良好，动作正常，灵活可靠。

  检验方法：观察检查和检查试运转记录。

21.12.3 传动机构必须符合下列规定：

  1 链条和链轮运转平稳、无啃卡、无异常噪音。

  2 齿轮运转时，无异常噪音和振动。

  3 离合器动作灵活、可靠。

  4 各紧固件、联接件连接可靠、无松动。

  5 制动器、限位装置动作准确、灵敏、平稳、可靠。

  检验方法：观察检查。

21.12.4 轴承温度应符合本规范第21.2.2条的规定。

21.12.5 连铸机组的无负荷联动试运转应以引锭杆送入结晶器，模拟进行3次无故障。

  检验方法：观察检查。

21.13 出坯和精整设备试运转

21.13.1 出坯和精整设备单体无负荷试运转要求：

  1 冷却或加热系统应符合本规范第21.12.2条的规定。

  2 传动机构试运转应符合第21.12.3条的规定。

  3 轴承温度应符合本规范第21.2.2条的规定。

  检验方法：观察检查和检查试运转记录。

21.13.2 出坯和精整设备的无负荷联动试运转应以冷试坯模拟进行3次无故障。

  检验方法：观察检查。

21.14 混铁炉试运转

21.14.1 混铁炉试运转应符合下列规定：

  1 倾动减速器应单独正、反向运转各不少于1h。

  2 未砌衬的炉体应按设计倾动角度倾动5～10次，并做一次手动松闸试验，检查制动器工作情况，炉体能自动返回但应控制炉体返回速度不得过快。

  3 试运转时，炉体倾动和滚道滚动平稳，不得有啃卡现象。

  4 轴承温度应符合本规范第21.2.2条的规定。

  检验方法：观察检查，检查试运转记录。

21.15 铁水预处理设备试运转

21.15.1 铁水脱硫装置试运转应符合下列规定：

  1 搅拌浆车架导轨夹紧装置在搅拌行程范围内上、中、下三个位置各做3次夹紧、松开试验，动作时间和行程均应符合设计技术文件的规定，双向夹紧力均匀，无间隙。

  2 车架松绳安全装置试验2次，动作应可靠。

  3 搅拌头应在搅拌行程范围内上、中、下三个位置以低、中、高速各运转5～10min，然后在下部位置高速运转1h，框架应无异常振动。

  4 升降台事故提升机构应试验2次，安全可靠。

  5 各运转部位的轴承温度应符合本规范第21.2.2条的规定。

  6 各运转部位无异常噪音、无异常振动、动作灵活、安全可靠。

  检验方法：观察检查，检查试运转记录。

21.15.2 铁水脱磷装置试运转应符合下列规定：

  1 升降小车运行平稳、无卡阻、停位准确。

  2 横移装置运行平稳、无卡阻、停位准确。

  3 氧枪紧急提升装置试验3次，安全可靠。

  检验方法：观察检查，检查试运转记录。

21.15.3 铁水罐车试运转除应符合本规范第21.7.2条的规定外，倾翻传动应运转3～5次，动作灵活，无异常振动及噪音。

  检验方法：观察检查，检查试运转记录。

附录A 炼钢机械设备工程安装分项工程质量验收记录

A.0.1 炼钢机械设备工程安装分项工程质量验收应按表A.0.1进行记录。

表 A.0.1 _____ 分项工程质量验收记录

单位工程名称			分部工程名称	
施工单位			项目经理	
监理单位			总监理工程师	
分包单位			分包项目经理	
执行标准名称				

		检 查 项 目	质量验收规范规定	施工单位检验结果	监理(建设)单位验收结果
主控项目	1				
	2				
	3				
	4				
一般项目	1				
	2				
	3				
	4				
	5				
	6				
	7				
	8				

施工单位检验评定结果	专业技术负责人(工长): 质量检查员: 年 月 日 年 月 日
监理(建设)单位验收结论	监理工程师(建设单位项目技术负责人): 年 月 日

附录 B 炼钢机械设备工程安装分部工程质量验收记录

B.0.1 炼钢机械设备工程安装分部工程质量验收应按表 B.0.1 进行记录。

表 B.0.1 _____ 分部工程质量验收记录

单位工程名称				
施工单位			分包单位	
序号	分项工程名称	施工单位检查评定		监理（建设）单位验收意见
1				
2				
3				
4				
5				
6				
7				
8				
9				
10				
11				
12				
13				
14				
15				
16				
17				
18				
设备单体无负荷联动试运转				
质量控制资料				

验收单位	施工单位	项目经理： 年 月 日	项目技术负责人： 年 月 日	项目质量负责人： 年 月 日
	分包单位	项目经理： 年 月 日	项目技术负责人： 年 月 日	项目质量负责人： 年 月 日
	监理（建设）单位	总监理工程师（建设单位项目负责人）： 年 月 日		

附录C 炼钢机械设备工程安装单位工程质量验收记录

C.0.1 炼钢机械设备工程安装单位工程质量验收应按表C.0.1进行记录。

表 C.0.1 单位工程质量验收记录

工程名称						
施工单位		技术负责人		开工日期		
项目经理		项目技术负责人		交工日期		
序号	项 目	验 收 记 录			验 收 结 论	
1	分部工程	共　　分部，经查　　分部 符合规范及设计要求　　分部				
2	质量控制资料	共　　项，经审查符合要求　　项				
3	观感质量	共抽查　　项，符合要求　　项 不符合要求　　项				
4	综合验收结论					
参加验收单位	建设单位		监理单位	施工单位		设计单位
	（公章）		（公章）	（公章）		（公章）
	单位（项目）负责人		总监理工程师	单位负责人		单位（项目）负责人
	年 月 日		年 月 日	年 月 日		年 月 日

C.0.2 炼钢机械设备工程安装单位工程质量控制资料应按表C.0.2进行记录。

表C.0.2 单位工程质量控制资料核查记录

工程名称		施工单位			
序号	资料名称	份数	核查意见		核查人
1	图纸会审				
2	设计变更				
3	竣工图				
4	洽谈记录				
5	设备基础中间交接记录				
6	设备基础沉降记录				
7	设备基准线基准点测量记录				
8	设备、构件、原材料质量合格证明文件				
9	焊工合格证编号一览表				
10	隐蔽工程验收记录				
11	焊接质量检验记录				
12	设备、管道吹扫、冲洗记录				
13	设备、管道压力试验记录				
14	通氧设备、管路脱脂记录				
15	设备安全装置检测报告				
16	设备无负荷试运转记录				
17	分项工程质量验收记录				
18	分部工程质量验收记录				
19	单位工程观感质量检查记录				
20	单位工程质量竣工验收记录				
21	工程质量事故处理记录				

结论：

施工单位项目经理： 总监理工程师：
（建设单位项目负责人）

年 月 日 年 月 日

C.0.3 炼钢机械设备工程安装单位工程观感质量验收应按表C.0.3进行记录。

表 C.0.3 单位工程观感质量验收记录

工程名称		施工单位			
序号	项目	抽查质量状况		质量评价	
				合格	不合格
1	螺栓连接				
2	密封状况				
3	管道敷设				
4	隔声与绝热材料敷设				
5	油漆涂刷				
6	走台、梯子、栏杆				
7	焊缝				
8	切口				
9	成品保护				
10	文明施工				
观感质量综合评价	专业质量检查员： 年 月 日 施工单位项目经理： 年 月 日		专业监理工程师： 年 月 日 总监理工程师： （建设单位项目负责人） 年 月 日		

注：质量评价为不合格的项目，应进行返修。

附录 D 炼钢机械设备无负荷试运转记录

D.0.1 炼钢机械设备单体无负荷试运转应按表 D.0.1 进行记录。

表 D.0.1 炼钢机械设备单体无负荷试运转记录

单位工程名称		分部工程名称		分项工程名称	
施工单位		项目经理			
监理单位		总监理工程师			
分包单位		分包项目经理			
试运转项目		试运转情况		试运转结果	
评定意见：	项目经理： 年 月 日		技术负责人： 年 月 日		质量检查员： 年 月 日
监理工程师： （建设单位项目专业技术负责人） 年 月 日					

D.0.2 炼钢机械设备无负荷联动试运转应按表 D.0.2进行记录。

表 D.0.2 无负荷联动试运转记录

单位工程名称		分部工程名称	
施工单位		项目经理	
监理单位		总监理工程师	
分包单位		分包项目经理	
试运转项目	试运转情况		试运转结果

评定意见:	项目经理:	技术负责人:	质量负责人:
	年 月 日	年 月 日	年 月 日
	监理工程师: (建设单位项目专业技术负责人) 年 月 日		

附录 E 焊缝外观质量标准

E.0.1 转炉炉体、托圈及电弧炉炉体、摇架组装对接焊缝外观质量应符合表 E.0.1 的规定。

表 E.0.1 转炉炉体、托圈及电弧炉炉体、摇架组装对接焊缝外观质量标准

项 目	允许偏差（mm）
裂纹	不允许
表面气孔	不允许
表面夹渣	不允许
未焊透	不允许
咬边	≤0.05δ，且≤0.50 连续长度≤100，且焊缝两侧边总长≤10%焊缝全长
根部收缩	≤0.20+0.02δ，且≤1.0
错边	≤3.0
余高	≤3.0

注：δ 指钢板厚度。

附录 F 焊接接头焊后热处理

F.0.1 转炉炉壳、托圈、炉体与托圈连接装置及电弧炉炉壳等的焊接接头焊后热处理应符合表 F.0.1 的规定。

表 F.0.1 转炉炉壳、托圈、炉体与托圈连接装置及电弧炉炉壳的焊接接头焊后热处理温度及保温时间

钢种（钢号）	温度（℃）	厚度（mm）				
		>25~37.5	>37.5~50	>50~75	>75~100	>100~125
		恒温时间（h）				
C≤0.35（20、ZG25）C-Mn（16Mn）	600~650	1$\frac{1}{2}$	2	2$\frac{1}{4}$	2$\frac{1}{2}$	2$\frac{3}{4}$

注：1 升温、降温速度，可按 $250 \times \frac{25}{\text{壁厚}}$（℃/h）计算。
　　2 降温过程中，温度在 300℃ 以下可不控制。
　　3 热处理的加热宽度，从焊缝中心算起，每侧不小于壁厚的 3 倍。
　　4 热处理时的保温宽度，从焊缝中心算起，每侧不得小于壁厚的 5 倍，以减少温度梯度。
　　5 热处理的加热方法，应力求内、外壁和焊缝两侧温度均匀，恒温时在加热范围内任意两侧点间的温差应低于 50℃。应采用感应加热或电阻加热。
　　6 热处理测温必须准确可靠，应采用自动温度记录，所用仪表、热电偶及其附件，应根据计量的要求进行标定或校验。
　　7 进行热处理时，测温点应对称布置在焊缝中心两侧，且不得小于 2 点。
　　8 焊接接头热处理后，应做好记录和标记，并打上热处理工的代号钢印或永久性标记。

本规范用词说明

1 为便于在执行本规范条文时区别对待，对要求严格程度不同的用词说明如下：
　　1）表示很严格，非这样做不可的用词：
　　　正面词采用"必须"，反面词采用"严禁"。
　　2）表示严格，在正常情况下均应这样做的用词：
　　　正面词采用"应"，反面词采用"不应"或"不得"。
　　3）表示允许稍有选择，在条件许可时首先应这样做的用词：
　　　正面词采用"宜"，反面词采用"不宜"；
　　　表示有选择，在一定条件下可以这样做的用词，采用"可"。

2 本规范中指明应按其他有关标准、规范执行的写法为"应符合……的规定"或"应按……执行"。

中华人民共和国国家标准

炼钢机械设备工程安装验收规范

GB 50403—2007

条 文 说 明

目　次

1　总则 …………………………… 23—49
2　基本规定 ……………………… 23—49
3　设备基础、地脚螺栓和垫板 … 23—50
　3.1　一般规定 ………………… 23—50
　3.2　设备基础 ………………… 23—50
　3.3　地脚螺栓 ………………… 23—50
4　设备和材料进场 ……………… 23—50
　4.1　一般规定 ………………… 23—50
　4.2　设备 ……………………… 23—50
　4.3　原材料 …………………… 23—50
5　转炉设备安装 ………………… 23—50
　5.1　一般规定 ………………… 23—50
　5.3　托圈 ……………………… 23—50
　5.4　炉体 ……………………… 23—51
6　氧枪和副枪设备安装 ………… 23—51
　6.2　氧枪、副枪及升降装置 … 23—51
8　余热锅炉（汽化冷却装置）
　　设备安装 ……………………… 23—51
　8.1　一般规定 ………………… 23—51
　8.2　烟道 ……………………… 23—51
　8.3　锅筒 ……………………… 23—51
9　电弧炉设备安装 ……………… 23—51
　9.2　轨座 ……………………… 23—51
　9.3　摇架 ……………………… 23—52
　9.5　倾动锁定装置 …………… 23—52
　9.6　炉体 ……………………… 23—52
　9.7　炉盖、电极旋转及炉盖升降机构 … 23—52
10　钢包精炼炉（LF）设备安装 … 23—52
　10.3　钢包车 ………………… 23—52
11　钢包真空精炼炉（VD）及真空吹
　　氧脱碳炉（VOD）设备安装 … 23—52
　11.1　一般规定 ……………… 23—52
　11.2　真空罐 ………………… 23—52
　11.7　真空装置 ……………… 23—53
13　氩氧脱碳精炼炉（AOD）
　　设备安装 …………………… 23—53
　13.1　一般规定 ……………… 23—53
14　浇注设备安装 ……………… 23—53
　14.2　钢包回转台 …………… 23—53
　14.3　中间罐车及轨道 ……… 23—53
15　连续铸钢设备安装 ………… 23—53
　15.2　结晶器和振动装置 …… 23—53
　15.3　二次冷却装置 ………… 23—53
　15.4　扇形段更换装置 ……… 23—54
　15.5　拉矫机 ………………… 23—54
　15.6　引锭杆收送及脱引锭装置 … 23—54
　15.7　火焰切割机 …………… 23—54
　15.10　毛刺清理机 …………… 23—54
16　出坯和精整设备安装 ……… 23—54
　16.2　输送辊道 ……………… 23—54
　16.7　横移小车 ……………… 23—54
　16.8　对中装置 ……………… 23—54
17　混铁炉设备安装 …………… 23—54
　17.2　底座和滚道 …………… 23—54
　17.3　炉壳和箍圈 …………… 23—54
18　铁水预处理设备安装 ……… 23—54
　18.3　搅拌脱硫设备 ………… 23—54
　18.7　扒渣机 ………………… 23—55
21　炼钢机械设备试运转 ……… 23—55
　21.1　一般规定 ……………… 23—55

1 总 则

1.0.1 本条文阐明了制定本规范的目的。
1.0.2 本条文明确了本规范适用的对象。
1.0.4 本条文反映了其他相关标准、规范的作用。炼钢机械设备工程安装涉及的工程技术及安全环保方面很多，并且炼钢机械设备工程安装中除专业设备外，还有液压、气动和润滑设备、起重设备、连续运输设备、除尘设备、通用设备、各类介质管道制作安装、工艺钢结构制作安装、防腐、绝热等，因此，炼钢机械设备工程安装验收除应执行本规范外，尚应符合国家现行有关标准的规定。

2 基 本 规 定

2.0.1 炼钢机械设备安装是专业性很强的工程施工项目，为保证工程施工质量，本条文规定对从事炼钢机械设备工程安装的施工企业进行资质和质量管理内容的检查验收，强调市场准入制度。
2.0.2 施工过程中，经常会遇到需要修改设计的情况，本条文明确规定，施工单位无权修改设计图纸，施工中发现的施工图纸问题，应及时与建设单位和设计单位联系，修改施工图纸必须有设计单位的设计变更正式手续。
2.0.4 炼钢机械设备工程安装中的焊接质量关系工程的安全使用，焊工是关键因素之一。本条文明确规定从事本工程施焊的焊工，必须经考试合格，方能在其考试合格项目认可范围内施焊，焊工考试按国家现行标准《冶金工程建设焊工考试规程》YB/T 9259 或国家现行其他相关焊工考试规程的规定进行。
2.0.5 与炼钢机械设备工程安装相关的专业很多，例如土建专业、工业炉专业、电气专业等。各专业之间应按规定的程序进行交接，例如土建基础完工后交设备安装，设备安装完工后交工业炉砌筑，各专业之间交接时，应进行检验并形成质量记录。
2.0.6 炼钢机械设备工程安装中的隐蔽工程主要是指设备的二次灌浆、变速箱的封闭、大型轴承座的封闭等。二次灌浆是在设备安装完成并验收合格后，对基础和设备底座间进行灌浆，二次灌浆应符合设计技术文件和现行国家标准《机械设备安装工程施工及验收通用规范》GB 50231 的规定。
2.0.7 根据现行国家标准《工业安装工程质量检验评定统一标准》GB 50252 的规定，结合炼钢工业建设的特点，炼钢机械设备工程安装的单位工程按工艺系统划分，分部工程及分项工程宜按表 2.0.7 的规定进行。

表 2.0.7 中列入的精炼专业设备是经调查研究确定的，切合当前我国炼钢工业的实际和近期的发展。精炼方法繁多，编入的 LF、VD、VOD、RH 及 AOD 五种，是我国近年来采用的几种精炼设备，若采用了其他精炼工艺，亦可按工艺系统划分为单位工程，并按设计要求及参照本规范相应条文的规定进行验收。表 2.0.7 中列入的其他设备是指 1.0.4 条文说明中除炼钢专业设备外的设备，可按工艺系统划分为一个或多个分部工程。

分项工程一般按设备台套划分，大型设备按工序划分，这能及时纠正施工中出现的质量问题，防止上道工序不合格而进行下道工序的施工，确保工程质量，有利于工程管理和质量验收。

本条文强调工程质量验收是在施工单位自检合格的基础上按分项工程、分部工程及单位工程进行。

2.0.8 分项工程是工程验收的最小单位，是整个工程质量验收的基础。分项工程质量检验的主控项目是保证工程安全和使用功能的决定性项目，必须全部符合工程验收规范的规定，不允许有不符合要求的检验结果。一般项目的检验也是重要的，其检验结果也应全部达到规范要求。
2.0.9 分部工程验收在分项工程验收的基础上进行。构成分部工程的各分项工程验收合格，质量控制资料完整，设备单体无负荷试运转合格，则分部工程验收合格。
2.0.10 单位工程的验收除构成单位工程的各分部工程验收合格，质量控制资料完整，设备无负荷联动试运转合格外，还须由参加验收的各方人员共同进行观感质量检查。
2.0.11 观感质量验收，往往难以定量，只能以观察、触摸或简单的量测方法，由个人的主观印象判断为合格、不合格的质量评价，不合格的检查点，应通过返修处理。

在炼钢机械设备工程安装中，螺栓连接极为普遍，数量很多，工作量大。在一些现行国家标准中，对螺栓连接外露长度有不同的规定，常常成为工程验收的争论点。螺栓连接的长度通常是经设计计算，按规范优选尺寸确定的，外露长度不影响螺栓连接强度，因此本规范对螺栓连接的螺栓型号、规格及紧固力作出严格要求，而对外露长度不作的规定，仅在工程观感质量检查时提出螺栓、螺母及垫圈按设计配备齐全，紧固后螺栓应露出螺母或与螺母平齐，外露螺纹无损伤的要求。

2.0.12 分项工程质量验收记录（本规范附录 A），也可作为自检记录和专检记录。作为自检记录或专检记录时，需有相关质量检查人员签证。
2.0.15 本条文规定了工程质量验收的程序和组织，分项工程质量是工程质量的基础，验收前，由施工单位填写"分项工程质量验收记录"，并由项目专业质量检验员和项目专业技术负责人（工长）分别在分项工程质量检验记录中相关栏目签字，然后由监理工程师组织验收。

分部工程应由总监理工程师（建设单位项目负责人）组织施工单位的项目负责人和项目技术、质量负责人及有关人员进行验收。

单位工程完成后，施工单位首先要依据质量标准、设计技术文件等，组织有关人员进行自检，并对检查结果进行评定，符合要求后向建设单位提交工程验收报告和完整的质量控制资料，请建设单位组织验收。建设单位应组织设计、施工单位负责人或项目负责人及施工单位的技术、质量负责人和监理单位的总监理工程师参加验收。

单位工程有分包单位施工时，总承包单位应按照承包合同的权利与义务对建设单位负责，分包单位对总承包单位负责，亦应对建设单位负责。分包单位对承建的项目进行检验时，总包单位应参加，检验合格后，分包单位应将工程的有关资料移交总包单位。建设单位组织单位工程质量验收时，分包单位负责人应参加验收。

有备案要求的工程，建设单位应在规定的时间内将工程竣工验收报告和有关文件，报有关行政管理部门备案。

3 设备基础、地脚螺栓和垫板

3.1 一般规定

3.1.2 炼钢机械设备的基础工程，由土建单位施工，土建单位应按现行国家有关标准验收后，向设备安装单位进行中间交接，未经验收和中间交接的设备基础，不得进行设备安装。

3.2 设备基础

Ⅰ 主控项目

3.2.2 设备安装前，应按施工图和测量控制网确定设备安装的基准线。所有设备安装的平面位置和标高，均应以确定的安装基准线为准进行测量。主体设备（如转炉、电弧炉）和连续生产线（如连铸生产线）应埋设永久中心线标板和标高基准点，使安装施工和今后维修均有可靠的基准。

Ⅱ 一般项目

3.2.4 本条文规定的检查项目应在设备吊装就位前完成。

3.3 地脚螺栓

Ⅰ 主控项目

3.3.1 炼钢机械设备的地脚螺栓，在设备生产运行时承受冲击力，涉及设备的安全使用功能，因此，将地脚螺栓的规格和紧固必须符合设计技术文件的要求列入主控项目。设计技术文件明确规定了紧固力值的地脚螺栓应按规定进行紧固，并有紧固记录。

4 设备和材料进场

4.1 一般规定

4.1.3 设备安装前，设备开箱检验是十分重要的，建设、监理、施工及厂商等各方代表均应参加，并应形成检验记录。检验内容主要有：箱号、设备名称、型号、规格、数量、表面质量、有无缺损件、随机文件、备品备件、专用工具、混装箱设备清点分类等。

4.2 设 备

主控项目

4.2.1 设备必须有质量合格证明文件，进口设备应通过国家商检部门的查验，具有商检证明文件。以上文件为复印件时，应注明原件存放处，并有抄件人签字和单位盖章。

4.3 原 材 料

主控项目

4.3.1 炼钢机械设备工程安装中所使用的原材料、标准件等进场应进行验收。产品质量合格证明文件应全数检查，证明文件为复印件时，应注明原件存放处，并有经办人签字，单位盖章。实物宜按1％比例且不少于5件进行抽查，验收记录应包括原材料规格，进场数量，用在何处，外观质量等内容。

设计技术文件或现行国家有关标准要求复验的原材料、标准件，应按要求进行复验。

5 转炉设备安装

5.1 一般规定

5.1.1 我国目前最大的转炉为300t，超出这个容量的转炉尚无资料可查，我国现已不允许新建100t以下的转炉。因此本条文明确规定转炉工程安装的质量验收范围。

5.3 托 圈

Ⅰ 主控项目

5.3.1～5.3.4 由于托圈外形尺寸大，运输困难，钢板焊接的箱形结构托圈分块至安装现场由制造厂现场组装或委托施工单位组装，施工单位组装时应符合设计技术文件的规定或制造厂现场代表的书面技术指导要求，若无上述文件，焊接质量应符合本规范第5.3.1~5.3.4 条的规定。焊接工艺评定按现行国家标准《现场设备、工业管道焊接工程施工及验收规范》GB 50236 的规定执行。组装对接焊缝的内部质量，应采用超声波检验。

5.3.5 法兰连接式托圈、连接螺栓的紧固力、工形键的过盈量均应符合设计技术文件的规定。

5.3.7 本条文规定水冷托圈在安装后必须做水压试验和通水试验，以保证其进、出水畅通而不漏，设备安全运行，缓慢升压。水压试验应在周围气温不低于5℃时进行，低于5℃时必须有防冻措施，且水温应保持高于周围露点的温度，以防表面结露。使用洁净水。

Ⅱ 一般项目

5.3.8 表 5.3.8 中法兰结合面的检查是在未加密封料前紧固连接螺栓，测量局部间隙不应大于0.05mm。

5.4 炉体

Ⅰ 主控项目

5.4.1~5.4.4 炉体的组装、焊接由制造厂委托施工单位完成时，应符合设计技术文件的规定或制造厂的书面指导要求，若无上述文件，则应符合本规范第5.4.1~5.4.4 条及第 5.4.6 条的规定。焊接工艺评定按现行国家标准《现场设备、工业管道焊接工程施工及验收规范》GB 50236 的规定执行。组装对接焊缝的内部质量，采用超声波检验。

5.4.5 本条文规定水冷炉口在安装后必须做水压试验和通水试验，以保证其进、出水畅通而不漏，设备安全运行，缓慢升压。水压试验应在周围气温不低于5℃时进行，低于5℃时必须有防冻措施，且水温应保持高于周围露点的温度，以防表面结露。使用洁净水。

5.4.6 炉体与托圈的连接方式很多，目前，使用最多的有三点球铰支承式，三点铰链悬挂式及把持器等。并且，同样的连接方式，如果炉容不同或设计单位不同，规定的安装要求也不一样。例如三点球铰支承式，球铰的连接螺栓紧固力矩，有的直接规定其紧固力矩，有的则以波纹垫的压缩率来检验；各类连接装置与炉体及托圈的焊接设计也有要求，所以本条文规定炉体与托圈的连接装置应符合设计技术文件的规定。

6 氧枪和副枪设备安装

6.2 氧枪、副枪及升降装置

Ⅰ 主控项目

6.2.2 通氧设备的零件、部件及管路严禁沾有油脂，这是事关安全的大事，应特别注意。虽然制造厂已做脱脂处理，安装时还应严格检查。检查方法可用清洁干燥的白色滤纸擦抹脱脂表面，纸上无油脂痕迹和污垢为合格；也可用紫外线灯照射，以无紫蓝色荧光为合格。检查不合格，必须再进行脱脂处理。脱脂检查合格后的设备应避免再次污染。

8 余热锅炉（汽化冷却装置）设备安装

8.1 一般规定

8.1.1 余热锅炉种类很多，构造形式差异很大。本条文明确规定本章仅适用于转炉余热锅炉设备安装的质量验收。

8.1.2 为保证蒸汽锅炉安全运行，国家对蒸汽锅炉安装有专门的规定，本条文强调指出除应执行本规范的规定外，还必须执行《蒸汽锅炉安全技术监察规程》的规定。

8.2 烟道

Ⅰ 主控项目

8.2.1 烟道的鳍片管是余热锅炉的受热面，必须保证水路畅通，故本条文规定检查通球合格证。由于运输和贮存可能导致的污染，设备到达现场后，施工人员应检查所有可见的管口及联箱内应清洁、无杂物。

8.2.4 本条文规定烟道在安装后必须参与系统水压试验，缓慢升压。水压试验应在周围气温不低于5℃时进行，低于5℃时必须有防冻措施，且水温应保持高于周围露点的温度，以防表面结露。使用洁净水。

8.3 锅筒

Ⅰ 主控项目

8.3.1 锅筒受热膨胀，必须按设计要求留出其移动支座的移动量，并检查移动不会受到阻碍，确保锅炉安全运行。

9 电弧炉设备安装

9.2 轨座

一般项目

9.2.1 轨座安装是整个电弧炉安装的基础，宜以电极侧轨座为基准，再安装找正另一侧轨座。轨座安装前，应检查摇架两弧形板相关尺寸，使轨座安装尺寸偏差方向与摇架弧形板尺寸偏差方向一致。

9.3 摇架

Ⅰ 主控项目

9.3.1~9.3.3 摇架外形尺寸大，由于运输条件限制，有的需解体运至现场，由设备制造厂组装或委托施工单位组装，施工单位组装时，应符合设计技术文件的规定或制造厂现场代表的书面技术指导要求，若无上述文件，则应符合本规范第9.3.1~9.3.3条及第9.3.4条的规定。焊接工艺评定按现行国家标准《现场设备、工业管道焊接工程施工及验收规范》GB 50236的规定执行。组装对接焊缝的内部质量，采用超声波检验，当超声波探伤不能对缺陷作出判断时，采用射线探伤。焊缝检查数量按每条焊缝长度的40%抽查。

Ⅱ 一般项目

9.3.4 炉盖及电极旋转机构（门形架）有两种形式，第一种具有独立基础，第二种直接安装在摇架上，本条文表9.3.4摇架组装的允许偏差中第三项，摇架中心与炉盖及电极旋转机构中心间距的允许偏差规定，是第二种结构形式对摇架组装的要求。表9.3.4中第四项摇架组装时要求弧形板垂直度在允许偏差范围内，上端向离开炉心的方向倾斜，可保证安装时弧形板与轨座外侧不产生间隙，而允许内侧有间隙（小于2mm），当摇架承载炉体和钢水后，内侧间隙减小或消失。

9.3.5 本条文表9.3.5摇架安装的允许偏差中第三项，炉盖及电极旋转机构（门形架）支承面的水平度允许偏差的规定，是指条文说明9.3.4条第二种结构形式对摇架安装的要求。摇架安装过程中，要有防倾翻的临时措施，防止摇架倾动。

9.5 倾动锁定装置

一般项目

9.5.1 本条文规定倾动锁定装置标高为摇架处于"零"位，即水平位置时的高度，是因为摇架安装各允许偏差项目的检查及电弧炉冶炼时均处于"零"位置，倾动锁定装置应在摇架调整至该状态时将其锁定。

9.6 炉 体

Ⅰ 主控项目

9.6.1~9.6.4 炉体外形尺寸大，由于运输条件限制，有的需解体至现场，由设备制造厂组装或委托施工单位组装，施工单位组装时，应符合设计技术文件的规定或制造厂现场代表的书面技术指导要求，若无上述文件，则应符合本规范第9.6.1~9.6.4条及第9.6.6条的规定。焊接工艺评定按现行国家标准《现场设备、工业管道焊接工程施工及验收规范》GB 50236的规定执行。组装对接焊缝的内部质量，下炉壳（一般壁厚大于25mm）用超声波检验，上炉壳（无缝钢管制成的框架上挂满水冷壁）用射线探伤检验。

9.6.5 本条文规定电弧炉水冷系统在安装后必须做水压试验和通水试验，以保证水冷件进、出水畅通而不漏，设备安全运行。并应在耐火材料砌筑前完成，以防水泄漏而造成耐火材料的损害。水压试验应缓慢升压，在周围气温不低于5℃时进行，低于5℃时必须有防冻措施，且水温应保持高于周围露点的温度，以防表面结露。使用洁净水。

9.7 炉盖、电极旋转及炉盖升降机构

Ⅱ 一般项目

9.7.2 如条文说明9.3.4条所述，炉盖及电极旋转机构有两种形式，本条文表9.7.2安装允许偏差项目中第一项底座纵向中心线，第二项底座横向中心线及第三项底座标高为具有独立基础的结构形式的检测项目，其他各项两种结构形式都必须进行检测。

10 钢包精炼炉（LF）设备安装

10.3 钢 包 车

一般项目

10.3.1 钢包车电源电缆装置一般有两种结构形式，有的钢包车采用电缆拖带滚筒，有的钢包车采用拖链拖架。

11 钢包真空精炼炉（VD）及真空吹氧脱碳炉（VOD）设备安装

11.1 一般规定

11.1.1 本条文明确了本章适用的对象。钢包真空精炼炉（VD）与真空吹氧脱碳炉（VOD）的结构形式基本相同，同属钢液真空处理装置，VOD比VD多一套氧枪装置。有的炼钢厂，在冶炼不锈钢时，该装置处于VOD工作状态，在冶炼特种钢时，该装置处于VD工作状态。

11.2 真 空 罐

Ⅰ 主控项目

11.2.1~11.2.3 真空罐外形尺寸大，由于运输条件

限制，有的需解体运至现场，由设备制造厂组装或委托施工单位组装。施工单位组装时，应符合设计技术文件的规定或制造厂现场代表的书面技术指导要求，若无上述文件，则应符合本规范第11.2.1～11.2.3条及第11.2.4条的规定。焊接工艺评定按现行国家标准《现场设备、工业管道焊接工程施工及验收规范》GB 50236 的规定执行。组装对接焊缝的内部质量，一般情况下应采用超声波检验，当超声波探伤不能对缺陷作出判断时，采用射线探伤。焊缝检查数量按每条焊缝长度的20%抽查。

11.7 真空装置

Ⅱ 一 般 项 目

11.7.2 真空装置包括喷射泵、抽气管线等。

13 氩氧脱碳精炼炉（AOD）设备安装

13.1 一 般 规 定

13.1.1 本条文明确了本章适用的对象。氩氧脱碳精炼炉（AOD）其结构形式，氧枪与副枪等和转炉基本相同，其质量验收记录可使用本规范第5章转炉工程安装中相关分项工程的质量验收记录。

14 浇注设备安装

14.2 钢包回转台

Ⅰ 主 控 项 目

14.2.1 钢包回转台不但承载大，而且承载情况复杂，对地脚螺栓及回转臂的连接螺栓的紧固要求非常严格，是保证安全运转的关键工序，本条文明确规定必须按设计技术文件的要求进行施工。

Ⅱ 一 般 项 目

14.2.2、14.2.3 钢包回转台传动装置的齿轮副装置及联轴器装置安装质量都关系到设备的运转功能，甚至影响到设备的使用寿命，有的回转大齿轮对处于工作啮合部位的齿面进行了热处理，安装时方向不能错，应按图纸和设计技术文件的规定及齿轮上的标记安装。

14.2.4 当回转台底座与回转轴承分体供货时，仅在回转台底座上平面检测水平度即可，当两者连接成一体供货时则在回转轴承上平面检测水平度，回转轴承水平度是保证钢包回转台平稳运行的关键因素。

14.3 中间罐车及轨道

Ⅰ 主 控 项 目

14.3.1 中间罐车轨道承受动荷载。为保证轨道位置在使用过程中不发生变化，对轨道压板及固定螺栓施工提出了较严格的要求。

Ⅱ 一 般 项 目

14.3.3 中间罐车的走行机构现在较多采用液压传动，电缆、液压软件管安装在拖链上，本条文增加了拖链的安装要求。

15 连续铸钢设备安装

15.2 结晶器和振动装置

Ⅰ 主 控 项 目

15.2.1 结晶器水冷室虽然在制造厂已经做过强度及严密性试验，但考虑因运输、装卸过程可能造成损伤，必须在安装前再一次进行水压试验，以保证设备的安全运行。

15.2.2 水冷管离合装置是为了结晶器和振动装置快速更换而设计的，施工中必须按设计要求保证接合面的平行度及严密性，无泄漏。

15.2.3 为了防止设备在运转中位置发生变化，影响设备正常运转，本条文强调定位块必须按设计技术文件规定的定位方式和要求进行施工，牢固可靠。

15.3 二次冷却装置

Ⅰ 主 控 项 目

15.3.1 热膨胀对设备安全运行的影响很大，本条文强调热膨胀间隙及滑块位置必须符合设计技术文件的规定。

15.3.2 扇形段与支撑框架一般有两种连接形式，楔形铁连接形式的楔形铁与楔孔的斜度和接触面积必须符合设计技术文件的规定；螺栓连接的螺栓紧固力应符合设计要求。

Ⅱ 一 般 项 目

15.3.4 本条文对板坯连铸机二次冷却装置扇形段支撑结构的定位尺寸是根据其结构形式发展，经调查研究，参考有关安装记录和武钢三炼钢厂从奥钢联引进的板坯连铸机安装手册制定的。

15.3.6 为确保二次冷却装置的冷却效果，本条文规定冷却水管道通水后，应逐一检查喷嘴的通水情况，应畅通、无堵塞。

15.4 扇形段更换装置

Ⅰ 主控项目

15.4.2 本条文确保顶部更换机械手在更换扇形段时能停在正确的位置上。

Ⅱ 一般项目

15.4.7 扇形段更换机械手的大车及走行机构类似桥式起重机的大车及走行机构，本条文规定其安装应符合现行国家标准《起重机安装工程施工及验收规范》GB 50278 中的有关规定。

15.5 拉矫机

一般项目

15.5.3 本条文是保证每对拉辊所需的辊压，防止过载。

15.6 引锭杆收送及脱引锭装置

Ⅰ 主控项目

15.6.1 引锭头是根据铸坯规格进行选择的，在施工时进行组装，为保证引锭头与引锭杆的安全可靠，强调必须按设计技术文件的要求进行连接。

15.6.2 本条文是为防止引锭时引锭杆打滑或滑落而制定的。

Ⅱ 一般项目

15.6.5 本条文是根据宝钢从日本日立造船引进的连铸机安装精度技术规定制定的。

15.7 火焰切割机

Ⅰ 主控项目

15.7.1 为保证运行安全，强调与氧气接触的部件及管路必须进行认真的脱脂，并经检查合格，方准安装。检验时采取白色滤纸擦抹或紫外线灯照射检查。

15.10 毛刺清理机

Ⅰ 主控项目

15.10.1 为保证安全销穿入和拔出自如，本条文强调安装时要保证销孔的同轴度。

Ⅱ 一般项目

15.10.4 目前板坯毛刺清理机形式多样，而大多数属于国外引进设备或技术，本条文所列毛刺清理机的安装精度是经过调查并根据宝钢从日本日立造船引进的毛刺清理机安装精度的技术要求制定的。施工中还应根据设计技术文件的要求进行安装质量验收。

16 出坯和精整设备安装

16.2 输送辊道

一般项目

16.2.2 本条文适用于单独和集中传动的各类辊道的施工质量验收。

16.7 横移小车

一般项目

16.7.1、16.7.2 现在连铸生产线上广泛采用了铸坯横移小车，经调查研究制定本条文。

16.8 对中装置

一般项目

16.8.1、16.8.2 现在大型连铸生产线为了快速更换结晶器及扇形段设备，都采用了整体部件更换的方法，在线外设立了对中装置，对扇形段及结晶器进行线外调整或者检修。

17 混铁炉设备安装

17.2 底座和滚道

Ⅰ 主控项目

17.2.1、17.2.2 混铁炉设备上的出厂标记是制造厂在厂内组装的记录，是安装的重要依据，现场安装工作必须依照制造单位的标记进行。

17.3 炉壳和箍圈

Ⅱ 一般项目

17.3.2 一般大容量的混铁炉炉体由于运输原因，往往都需要在现场组装，本条文规定了炉体现场组装的允许偏差值，如箍圈与炉壳接触应紧密，凡大于 2mm 的局部间隙都应用钢板垫实、焊牢。

18 铁水预处理设备安装

18.3 搅拌脱硫设备

Ⅰ 主控项目

18.3.1 松绳安全装置保证搅拌头在其行程范围内的

上、中、下三个位置安全正常运转，本条文强调按设计技术文件要求施工。

18.7 扒 渣 机

一 般 项 目

18.7.1 扒渣机在不锈钢冶炼中广泛使用且形式多样，若设计技术文件无特殊要求，按本条文中的规定施工。

21 炼钢机械设备试运转

21.1 一 般 规 定

21.1.3 本条文强调设备试运转具备的条件必须保证。

21.1.5 本条文规定试运转前，安全保护装置应按设计技术文件的规定完成安装，例如联轴器的安全保护罩、制动器、离合器、限位保护装置等。在试运转中需调试的装置，例如制动器、限位保护装置等，应在试运转中完成调试，其功能符合设计技术文件的要求。

中华人民共和国国家标准

硬泡聚氨酯保温防水工程技术规范

Technical code for rigid polyurethane foam
insulation and waterproof engineering

GB 50404—2007

主编部门：山 东 省 建 设 厅
批准部门：中华人民共和国建设部
施行日期：２００７年９月１日

中华人民共和国建设部
公　告

第 623 号

建设部关于发布国家标准
《硬泡聚氨酯保温防水工程技术规范》的公告

现批准《硬泡聚氨酯保温防水工程技术规范》为国家标准，编号为 GB 50404—2007，自 2007 年 9 月 1 日起实施。其中，第 3.0.10、3.0.13、4.1.3、4.3.3、4.6.2 (4)、5.2.4、5.5.3 (3)、5.6.2 (4) 条（款）为强制性条文，必须严格执行。

本规范由建设部标准定额研究所组织中国计划出版社出版发行。

中华人民共和国建设部
二〇〇七年四月六日

前　言

根据建设部《关于印发"一九九九年工程建设国家标准制订、修订计划"的通知》（建标〔1999〕308号）的要求，本规范由山东省烟台同化防水保温工程有限公司会同有关单位共同制定而成。

在制定过程中，规范编制组广泛征求了全国有关单位的意见，总结了近 10 年来我国在发展硬泡聚氨酯应用于保温防水工程设计与施工的实践经验，与相关的标准规范进行了协调，最后经全国审查会议定稿。

本规范的主要内容有：总则、术语、基本规定、硬泡聚氨酯屋面保温防水工程、硬泡聚氨酯外墙外保温工程及 5 个附录。

本规范以黑体字标志的条文为强制性条文，必须严格执行。

本规范由建设部负责管理和对强制性条文的解释，由山东省建设厅负责日常管理，由山东省烟台同化防水保温工程有限公司负责具体技术内容的解释。请各单位在执行本规范的过程中，注意总结经验和积累资料，随时将意见和建议寄给山东省烟台同化防水保温工程有限公司（地址：山东省烟台市福山高新技术产业区永达街 591 号；邮政编码：265500），以供今后修订时参考。

本规范主编单位、参编单位和主要起草人：

主 编 单 位：烟台同化防水保温工程有限公司
参 编 单 位：中国建筑科学研究院
　　　　　　中国建筑防水材料工业协会
　　　　　　山东建筑学会建筑防水专业委员会
　　　　　　北京市建筑工程研究院
　　　　　　山东省建筑科学研究院
　　　　　　中冶集团建筑研究总院
　　　　　　浙江工业大学
　　　　　　山东省墙材革新与建筑节能办公室
　　　　　　烟台万华聚氨酯股份有限公司
　　　　　　三利防水保温工程有限公司
　　　　　　上海凯耳新型建材有限公司
　　　　　　上海同凝防水保温工程有限公司
　　　　　　青岛瑞易通建设工程有限公司

主要起草人：李承刚　夏良强　李自明　叶林标
　　　　　　王薇薇　王　天　孙庆祥　项桦太
　　　　　　葛关金　张　波　卢忠飞　陈欣然
　　　　　　王建武　张大同　袭著昆　王炳凯
　　　　　　邢伟英　张拥军　韩亚伟

目 次

1 总则 ················· 24—4
2 术语 ················· 24—4
3 基本规定 ············· 24—4
4 硬泡聚氨酯屋面保温防水工程 ····· 24—5
　4.1 一般规定 ············ 24—5
　4.2 材料要求 ············ 24—5
　4.3 设计要点 ············ 24—5
　4.4 细部构造 ············ 24—6
　4.5 工程施工 ············ 24—7
　4.6 质量验收 ············ 24—8
5 硬泡聚氨酯外墙外保温工程 ····· 24—8
　5.1 一般规定 ············ 24—8
　5.2 材料要求 ············ 24—9
　5.3 设计要点 ············ 24—10
　5.4 细部构造 ············ 24—11
　5.5 工程施工 ············ 24—12
　5.6 质量验收 ············ 24—12
附录 A 硬泡聚氨酯不透水性试验方法 ··········· 24—13
附录 B 喷涂硬泡聚氨酯拉伸粘结强度试验方法 ······· 24—13
附录 C 硬泡聚氨酯板垂直于板面方向的抗拉强度试验方法 ··· 24—14
附录 D 胶粘剂（抹面胶浆）拉伸粘结强度试验方法 ······ 24—15
附录 E 耐碱玻纤网格布耐碱拉伸断裂强力试验方法 ······ 24—16
本规范用词说明 ············· 24—16
附：条文说明 ·············· 24—17

1 总 则

1.0.1 为确保屋面和外墙外保温防水工程采用硬泡聚氨酯的功能和质量,制定本规范。

1.0.2 本规范适用于新建、改建、扩建的民用建筑、工业建筑及既有建筑改造的硬泡聚氨酯保温防水工程的设计、施工和质量验收。

1.0.3 硬泡聚氨酯保温及防水工程的设计、施工和质量验收,除应遵守本规范的规定外,尚应符合国家现行有关标准规范的规定。

2 术 语

2.0.1 硬泡聚氨酯 rigid polyurethane foam

采用异氰酸酯、多元醇及发泡剂等添加剂,经反应形成的硬质泡沫体。

2.0.2 喷涂硬泡聚氨酯 polyurethane spray foam

现场使用专用喷涂设备在屋面或外墙基层上连续多遍喷涂发泡聚氨酯后,形成无接缝的硬质泡沫体。

2.0.3 保温防水层 insulation and waterproof layer

喷涂(Ⅲ型)硬泡聚氨酯形成高闭孔率的具有保温防水一体化功能的层次。

2.0.4 复合保温防水层 composite insulation and waterproof layer

喷涂(Ⅱ型)硬泡聚氨酯除具有保温功能外,还有一定的防水功能,在其上刮抹抗裂聚合物水泥砂浆,构成保温防水复合层。

2.0.5 硬泡聚氨酯板 prefabricated rigid polyurethane foam board

在工厂预制一定规格的硬泡聚氨酯制品。通常分为带抹面层(或饰面层)的硬泡聚氨酯板和直接经层压式复合机压制而成的硬泡聚氨酯复合板。

2.0.6 抗裂聚合物水泥砂浆 anti-crack polymer modified cement mortars

由丙烯酸酯等类乳液或可分散聚合物胶粉与水泥、细砂、辅料等混合,并掺入增强纤维,固化后具有抗裂性能的砂浆。

2.0.7 抹面层 rendering coating

抹在硬泡聚氨酯保温层上的抹面胶浆,中间夹铺耐碱玻纤网格布,具有保护保温层及防裂、防水和抗冲击作用的构造层。

2.0.8 防护层 shield coating

在现场喷涂(Ⅲ型)硬泡聚氨酯保温防水层的表面涂刷耐紫外线防护涂料的层次。

2.0.9 饰面层 decorative coating

附着于保温系统表面起装饰作用的构造层。

2.0.10 抹面胶浆 rendering coating mortar

在硬泡聚氨酯保温层上做薄抹面层的材料。

2.0.11 界面砂浆 interface treat wortars

用于增强保温层与抹面层之间粘结性的砂浆。

2.0.12 胶粘剂 adhesive

将硬泡聚氨酯保温板粘结到墙体基层上的材料。

2.0.13 锚栓 anchors

将硬泡聚氨酯保温板固定到外墙基层上的专用机械固定件。

3 基 本 规 定

3.0.1 硬泡聚氨酯按其材料(产品)的成型工艺分为:喷涂硬泡聚氨酯和硬泡聚氨酯板材。

3.0.2 喷涂硬泡聚氨酯按其材料物理性能分为3种类型,主要适用于以下部位:

Ⅰ型:用于屋面和外墙保温层;
Ⅱ型:用于屋面复合保温防水层;
Ⅲ型:用于屋面保温防水层。

硬泡聚氨酯板材用于屋面和外墙保温层。

3.0.3 硬泡聚氨酯保温防水工程应遵循"选材正确、优化组合、安全可靠、设计合理"的原则,并符合施工简便、经济合理的要求。

3.0.4 硬泡聚氨酯保温防水工程设计应根据工程特点、地区自然条件和使用功能等要求,按材料(产品)的不同成型工艺和性能对屋面及外墙工程的保温防水构造绘制细部构造详图。

3.0.5 不同地区采暖居住建筑和需要满足夏季隔热要求的建筑,其屋面和外墙的最小传热阻应按国家现行标准《民用建筑热工设计规范》GB 50176、《民用建筑节能设计标准(采暖居住建筑部分)》JGJ 26、《夏热冬暖地区居住建筑节能设计标准》JGJ 75、《既有居住建筑节能改造技术规程》JGJ 129、《夏热冬冷地区居住建筑节能设计标准》JGJ 134等确定。

3.0.6 喷涂硬泡聚氨酯保温防水工程构造应符合表3.0.6的要求。

表3.0.6 喷涂硬泡聚氨酯保温防水工程构造

工程部位	屋面			外墙
材料类型	Ⅰ型	Ⅱ型	Ⅲ型	Ⅰ型
构造层次	保护层	复合保温防水层	防护层	饰面层
	防水层		保温防水层	抹面层
	找平层			
	保温层			保温层
	找坡(兼找平)层	找坡(兼找平)层	找坡(兼找平)层	
	屋面基层	屋面基层	屋面基层	墙体基层

注:本表所示的屋面构造均为非上人屋面。当屋面防水等级需要多道设防时,应按现行国家标准《屋面工程技术规范》GB 50345执行。

3.0.7 硬泡聚氨酯保温及防水工程施工前应通过图纸会审,掌握施工图中的细部构造及有关技术要求;施工单位应编制硬泡聚氨酯保温防水工程的施工方案,必要时需编制技术措施。

3.0.8 喷涂硬泡聚氨酯施工前,应根据使用材料和施工环境条件由技术主管人员提出施工参数和预调方案。

3.0.9 喷涂硬泡聚氨酯的施工环境温度不应低于10℃,空气相对湿度宜小于85%,风力不宜大于三级。严禁在雨天、雪天施工,当施工中途下雨、下雪时应采取遮盖措施。

3.0.10 喷涂硬泡聚氨酯施工时,应对作业面外易受飞散物料污染的部位采取遮挡措施。

3.0.11 硬泡聚氨酯保温防水工程施工中,应进行过程控制和质量检查,并有完整的检查记录。

3.0.12 硬泡聚氨酯保温防水工程应由经专业培训的队伍进行施工。作业人员应持有当地建设行政主管部门颁发的上岗证。

3.0.13 硬泡聚氨酯保温及防水工程所采用的材料应有产品合格证书和性能检测报告,材料的品种、规格、性能等应符合设计要求和本规范的规定。

材料进场后,应按规定抽样复验,提出试验报告,严禁在工程中使用不合格的材料。

注:硬泡聚氨酯及其主要配套辅助材料的检测除应符合有关标准规定外,尚应按本规范附录A~附录E的规定执行。

3.0.14 硬泡聚氨酯保温及防水工程施工的每道工序完成后,应经监理或建设单位检查验收,合格后方可进行下道工序的施工,并采取成品保护措施。

4 硬泡聚氨酯屋面保温防水工程

4.1 一般规定

4.1.1 本章适用于喷涂硬泡聚氨酯屋面保温防水工程。当屋面采用硬泡聚氨酯板材时,应符合现行国家标准《屋面工程技术规范》GB 50345 的有关规定。

4.1.2 伸出屋面的管道、设备、基座或预埋件等,应在硬泡聚氨酯施工前安装牢固,并做好密封防水处理。硬泡聚氨酯施工完成后,不得在其上凿孔、打洞或重物撞击。

4.1.3 硬泡聚氨酯保温层上不得直接进行防水材料热熔、热粘法施工。

4.1.4 硬泡聚氨酯同其他防水材料(指涂料、卷材)或防护涂料一起使用时,其材性应相容。

4.1.5 硬泡聚氨酯表面不得长期裸露,硬泡聚氨酯喷涂完成后,应及时做水泥砂浆找平层、抗裂聚合物水泥砂浆层或防护涂料层。

4.2 材料要求

4.2.1 屋面用喷涂硬泡聚氨酯的物理性能应符合表4.2.1的要求。

表4.2.1 屋面用喷涂硬泡聚氨酯物理性能

项 目	性能要求			试验方法
	Ⅰ型	Ⅱ型	Ⅲ型	
密度 (kg/m³)	≥35	≥45	≥55	GB/T 6343
导热系数 [W/(m·K)]	≤0.024	≤0.024	≤0.024	GB 3399
压缩性能(形变10%)(kPa)	≥150	≥200	≥300	GB/T 8813
不透水性(无结皮)0.2MPa,30min	—	不透水	不透水	本规范附录A
尺寸稳定性 (70℃,48h)(%)	≤1.5	≤1.5	≤1.0	GB/T 8811
闭孔率(%)	≥90	≥92	≥95	GB/T 10799
吸水率(%)	≤3	≤2	≤1	GB 8810

4.2.2 配制抗裂聚合物水泥砂浆所用的原材料应符合下列要求:

1 聚合物乳液的外观质量应均匀,无颗粒、异物和凝固物,固体含量应大于45%。

2 水泥宜采用强度等级不低于32.5的普通硅酸盐水泥。不得使用过期或受潮结块水泥。

3 砂宜采用细砂,含泥量不应大于1%。

4 水应采用不含有害物质的洁净水。

5 增强纤维宜采用短切聚酯或聚丙烯等纤维。

4.2.3 抗裂聚合物水泥砂浆的物理性能应符合表4.2.3的要求。

表4.2.3 抗裂聚合物水泥砂浆物理性能

项 目	性能要求	试验方法
粘结强度(MPa)	≥1.0	JC/T 984
抗折强度(MPa)	≥7.0	JC/T 984
压折比	≤3.0	JC/T 984
吸水率(%)	≤6	JC 474
抗冻融性(-15℃~+20℃) 25次循环	无开裂、无粉化	JC/T 984

4.2.4 硬泡聚氨酯的原材料应密封包装,在贮运过程中严禁烟火,注意通风、干燥,防止曝晒、雨淋,不得接近热源和接触强氧化、腐蚀性化学品。

4.2.5 硬泡聚氨酯的原材料及配套材料进场后,应加标志分类存放。

4.3 设计要点

4.3.1 屋面硬泡聚氨酯保温层的设计厚度,应根据国家和本地区现行的建筑节能设计标准规定的屋面传热系数限值，进行热工计算确定。

4.3.2 屋面硬泡聚氨酯保温防水构造由找坡（找平）层、硬泡聚氨酯保温（防水）层和保护层组成（图4.3.2-1、图4.3.2-2、图4.3.2-3）。

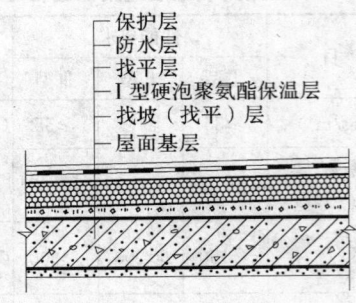

图 4.3.2-1　Ⅰ型硬泡聚氨酯保温
防水屋面构造

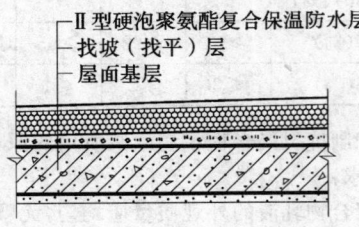

图 4.3.2-2　Ⅱ型硬泡聚氨酯保温
防水屋面构造

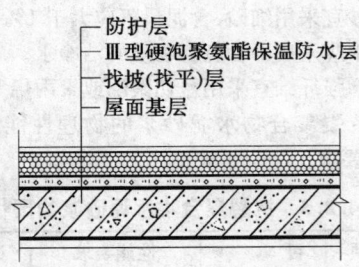

图 4.3.2-3　Ⅲ型硬泡聚氨酯保温
防水屋面构造

4.3.3 平屋面排水坡度不应小于2%，天沟、檐沟的纵向坡度不应小于1%。

4.3.4 屋面单向坡长不大于9m时，可用轻质材料找坡；单向坡长大于9m时，宜做结构找坡。

4.3.5 硬泡聚氨酯屋面找平层应符合下列规定：

1 当现浇钢筋混凝土屋面板不平整时，应抹水泥砂浆找平层，厚度宜为15～20mm。

2 水泥砂浆的配合比宜为1∶2.5～1∶3。

3 （Ⅰ型）硬泡聚氨酯保温层上的水泥砂浆找平层，宜掺加增强纤维；找平层应设分隔缝，缝宽宜为5～20mm，纵横缝的间距不宜大于6m；分隔缝内宜嵌填密封材料。

4 突出屋面结构的交接处，以及基层的转角处均应做成圆弧形，圆弧半径不应小于50mm。

4.3.6 装配式钢筋混凝土屋面板的板缝，应用强度等级不小于C20的细石混凝土将板缝灌填密实；当缝宽大于40mm时，应在缝中放置构造钢筋；板端缝应进行密封处理。

4.3.7 喷涂硬泡聚氨酯非上人屋面采用复合保温防水层，必须在（Ⅱ型）硬泡聚氨酯的表面刮抹抗裂聚合物水泥砂浆。抗裂聚合物水泥砂浆的厚度宜为3～5mm。

喷涂硬泡聚氨酯非上人屋面采用保温防水层，应在（Ⅲ型）硬泡聚氨酯的表面涂刷耐紫外线的防护涂料。

4.3.8 上人屋面应采用细石混凝土、块体材料等做保护层，保护层与硬泡聚氨酯之间应铺设隔离材料。细石混凝土保护层应留设分隔缝，其纵、横向间距宜为6m。

4.3.9 硬泡聚氨酯用作坡屋面保温防水层时，应符合现行国家标准《屋面工程技术规范》GB 50345的有关规定；当采用机械固定防水层（瓦）时，应对固定钉做防水处理。

4.4　细 部 构 造

4.4.1 天沟、檐沟保温防水构造应符合下列规定：

1 天沟、檐沟部位应直接地连续喷涂硬泡聚氨酯；喷涂厚度不应小于20mm（图4.4.1）。

2 硬泡聚氨酯的收头应采用压条钉压固定，并用密封材料封严。

3 高低跨内排水天沟与立墙交接处，应采取能适应变形的密封处理。

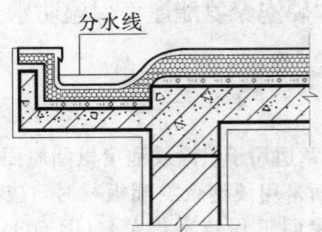

图 4.4.1　屋面檐沟

4.4.2 屋面为无组织排水时，应直接地连续喷涂硬泡聚氨酯至檐口附近100mm处，喷涂厚度应逐步均匀减薄至20mm；檐口收头应采用压条钉压固定和密封材料封严。

4.4.3 山墙、女儿墙、泛水保温防水构造应符合下列规定：

1 泛水部位应直接地连续喷涂硬泡聚氨酯，喷涂高度不应小于250mm。

2 墙体为砖墙时，硬泡聚氨酯泛水可直接地连续喷涂至山墙凹槽部位（凹槽距屋面高度不应小于

250mm)或至女儿墙压顶下，泛水收头应采用压条钉压固定和密封材料封严。

3 墙体为混凝土时，硬泡聚氨酯泛水可直接地连续喷涂至墙体距屋面高度不小于250mm处；泛水收头应采用金属压条固定和密封材料封固，并在墙体上用螺钉固定能自由伸缩的金属盖板（图4.4.3）。

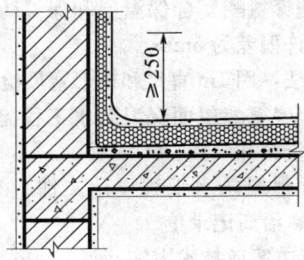

图 4.4.3 山墙、女儿墙泛水

4.4.4 变形缝保温防水构造应符合下列规定：
1 硬泡聚氨酯应直接地连续喷涂至变形缝顶部。
2 变形缝内宜填充泡沫塑料，上部填放衬垫材料，并用卷材封盖。
3 顶部应加扣混凝土盖板或金属盖板（图4.4.4）。

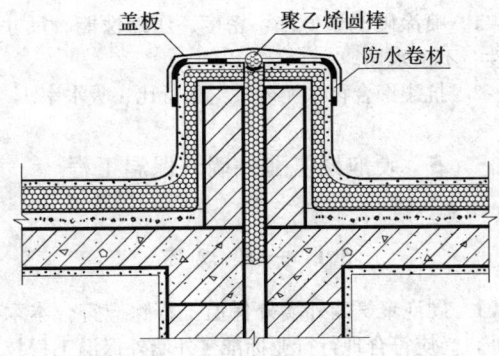

图 4.4.4 屋面变形缝

4.4.5 水落口保温防水构造应符合下列规定：
1 水落口埋设标高应考虑水落口设防时增加的硬泡聚氨酯厚度及排水坡度加大的尺寸。
2 水落口周围直径500mm范围内的坡度不应小于5%；水落口与基层接触处应留宽20mm、深20mm凹槽，嵌填密封材料。
3 喷涂硬泡聚氨酯距水落口500mm的范围内应逐渐均匀减薄，最薄处厚度不应小于15mm，并伸入水落口50mm（图4.4.5-1和图4.4.5-2）。
4.4.6 伸出屋面管道保温防水构造应符合下列规定：
1 伸出屋面管道周围的找坡层应做成圆锥台。
2 管道与找平层间应留凹槽，并嵌填密封材料。
3 硬泡聚氨酯应直接地连续喷涂至管道距屋面高度250mm处，收头处应采用金属箍将硬泡聚氨酯箍紧，并用密封材料封严（图4.4.6）。

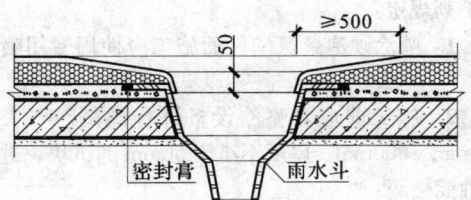

图 4.4.5-1 屋面直式水落口

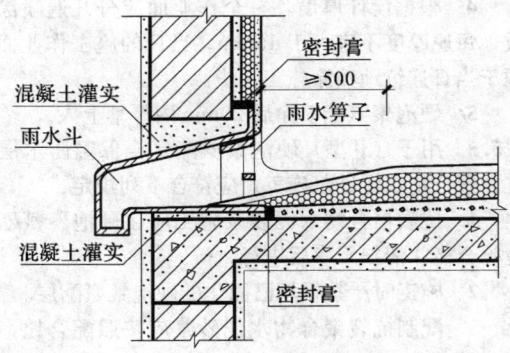

图 4.4.5-2 屋面横式水落口

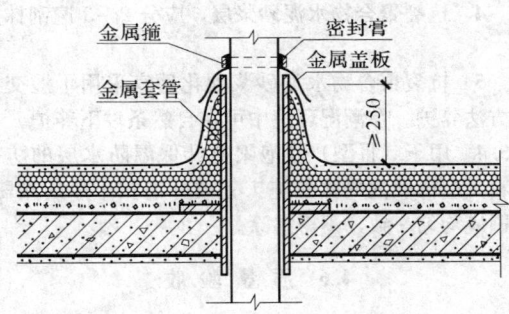

图 4.4.6 伸出屋面管道

4.4.7 屋面出入口保温防水构造应符合下列规定：
1 屋面垂直出入口硬泡聚氨酯应直接地连续喷涂至出入口顶部；收头应采用金属压条钉压固定和密封材料封严。
2 屋面水平出入口硬泡聚氨酯应直接地续喷涂至出入口混凝土踏步下，收头应采用金属压条钉压固定和密封材料封严，并在硬泡聚氨酯外侧设护墙。

4.5 工程施工

4.5.1 喷涂硬泡聚氨酯屋面的基层应符合下列要求：
1 基层应坚实、平整、干燥、干净。
2 对既有建筑屋面基层不能保证与硬泡聚氨酯粘结牢固的部分应清除干净，并修补缺陷和找平。
3 基层经检查验收合格后方可进行硬泡聚氨酯施工。
4 屋面与山墙、女儿墙、天沟、檐沟及凸出屋面结构的交接处应符合细部构造设计要求。
4.5.2 喷涂硬泡聚氨酯屋面保温防水工程施工应符

合下列规定：
　　1 喷涂硬泡聚氨酯屋面施工应使用专用喷涂设备。
　　2 施工前应对喷涂设备进行调试，喷涂三块 500mm×500mm、厚度不小于 50mm 的试块，进行材料性能检测。
　　3 喷涂作业，喷嘴与施工基面的间距宜为 800～1200mm。
　　4 根据设计厚度，一个作业面应分几遍喷涂完成，每遍厚度不宜大于 15mm。当日的施工作业面必须于当日连续地喷涂施工完毕。
　　5 硬泡聚氨酯喷涂后 20min 内严禁上人。
4.5.3 用于（Ⅱ型）硬泡聚氨酯复合保温防水层的抗裂聚合物水泥砂浆施工，应符合下列规定：
　　1 抗裂聚合物水泥砂浆施工应在硬泡聚氨酯层检验合格并清扫干净后进行。
　　2 施工时严禁损坏已固化的硬泡聚氨酯层。
　　3 配制抗裂聚合物水泥砂浆应按照配合比，做到计量准确，搅拌均匀。一次配制量应控制在可操作时间内用完，且施工中不得任意加水。
　　4 抗裂聚合物水泥砂浆层，应分 2～3 遍刮抹完成。
　　5 抗裂聚合物水泥砂浆硬化后宜采用干湿交替的方法养护。在潮湿环境中可在自然条件下养护。
4.5.4 用于（Ⅲ型）硬泡聚氨酯保温防水层的防护涂料，应待硬泡聚氨酯施工完成并清扫干净后涂刷，涂刷应均匀一致，不得漏涂。

4.6 质 量 验 收

4.6.1 硬泡聚氨酯复合保温防水层和保温防水层分项工程应按屋面面积以每 500～1000m² 划分为一个检验批，不足 500m² 也应划分为一个检验批；每个检验批每 100m² 应抽查一处，每处不得小于 10m²。细部构造应全数检查。
4.6.2 主控项目的验收应符合下列规定：
　　1 硬泡聚氨酯及其配套辅助材料必须符合设计要求。
　　检验方法：检查出厂合格证、质量检验报告和现场复验报告。
　　2 复合保温防水层和保温防水层不得有渗漏水和积水现象。
　　检验方法：雨后或淋水、蓄水检验。
　　3 天沟、檐沟、檐口、水落口、泛水、变形缝和伸出屋面管道的防水构造，必须符合设计要求。
　　检验方法：观察检查、检查隐蔽工程验收记录。
　　4 硬泡聚氨酯保温层厚度必须符合设计要求。
　　检验方法：用钢针插入和测量检查。
4.6.3 一般项目的验收应符合下列规定：
　　1 硬泡聚氨酯应与基层粘结牢固，表面不得有破损、脱层、起鼓、孔洞及裂缝。
　　检验方法：观察检查及检查试验报告。
　　2 抗裂聚合物水泥砂浆应与硬泡聚氨酯粘结牢固，不得有空鼓、裂纹、起砂等现象；涂料防护层不应有起泡、起皮、皱褶及破损。
　　检验方法：观察检查。
　　3 硬泡聚氨酯复合保温层和保温防水层的表面平整度，允许偏差为 5mm。
　　检验方法：用 1m 直尺和楔形塞尺检查。
4.6.4 硬泡聚氨酯屋面保温防水工程验收时，应提交下列技术资料并归档：
　　1 屋面保温防水工程设计文件、图纸会审书、设计变更书、洽商记录单。
　　2 施工方案或技术措施。
　　3 主要材料的产品合格证、质量检验报告、进场复验报告。
　　4 隐蔽工程验收记录。
　　5 分项工程检验批质量验收记录。
　　6 淋水或蓄水试验报告。
　　7 其他必需提供的资料。
4.6.5 喷涂硬泡聚氨酯屋面保温防水工程主要材料复验应包括下列项目：
　　1 喷涂硬泡聚氨酯：密度、压缩性能、尺寸稳定性、不透水性。
　　2 抗裂聚合物水泥砂浆：压折比、吸水率。

5 硬泡聚氨酯外墙外保温工程

5.1 一 般 规 定

5.1.1 硬泡聚氨酯外墙外保温工程除应符合本章规定外，尚应符合现行行业标准《外墙外保温工程技术规程》JGJ 144 和《膨胀聚苯板薄抹灰外墙外保温系统》JG 149 的有关规定。
5.1.2 硬泡聚氨酯外墙外保温工程应满足下列基本要求：
　　1 应能适应基层的正常变形而不产生裂缝或空鼓。
　　2 应能长期承受自重而不产生有害的变形。
　　3 应能承受风荷载的作用而不产生破坏。
　　4 应能承受室外气候的长期反复作用而不产生破坏。
　　5 在罕遇地震发生时不应从基层上脱落。
　　6 高层建筑外墙外保温工程应采取防火构造措施。
5.1.3 硬泡聚氨酯外墙外保温工程施工期间以及完工后 24h 内，基层及环境温度不应低于 5℃。喷涂硬泡聚氨酯的施工环境温度和作业条件应符合本规范第 3.0.9 条要求。硬泡聚氨酯板材在气温低于 5℃时不宜施工,雨天、雪天和5级风及其以上时不得施工。

5.1.4 硬泡聚氨酯表面不得长期裸露,上墙后,应及时做界面砂浆层或抹底胶浆层。

5.1.5 在正确使用和正常维护的条件下,硬泡聚氨酯外墙外保温工程的使用年限不应少于25年。

5.2 材料要求

5.2.1 外墙用(Ⅰ型)喷涂硬泡聚氨酯的物理性能应符合表5.2.1的要求。

表5.2.1 外墙用(Ⅰ型)喷涂硬泡聚氨酯物理性能

项　目	性能要求	试验方法
密度(kg/m³)	≥35	GB 6343
导热系数〔W/(m·K)〕	≤0.024	GB 3399
压缩性能(形变10%)(kPa)	≥150	GB/T 8813
尺寸稳定性(70℃,48h)(%)	≤1.5	GB/T 8811
拉伸粘结强度(与水泥砂浆,常温)(MPa)	≥0.10并且破坏部位不得位于粘结界面	本规范附录B
吸水率(%)	≤3	GB 8810
氧指数(%)	≥26	GB/T 2406

5.2.2 外墙用硬泡聚氨酯板的物理性能应符合表5.2.2的要求。

表5.2.2 外墙用硬泡聚氨酯板物理性能

项　目	性能要求	试验方法
密度(kg/m³)	≥35	GB 6343
压缩性能(形变10%)(kPa)	≥150	GB/T 8813
垂直于板面方向的抗拉强度(MPa)	≥0.10并且破坏部位不得位于粘结界面	本规范附录C
导热系数〔W/(m·K)〕	≤0.024	GB 3399
吸水率(%)	≤3	GB 8810
氧指数(%)	≥26	GB/T 2406

5.2.3 硬泡聚氨酯板的规格宜为1200mm×600mm,其允许尺寸偏差应符合表5.2.3的规定。

表5.2.3 硬泡聚氨酯板允许尺寸偏差

项　目	允许偏差(mm)
厚度	≥50,+2.0
	≤50,+1.5
长度	±2.0
宽度	±2.0
对角线差	3.0
板边平直	±2.0
板面平整度	1.0

5.2.4 胶粘剂的物理性能应符合表5.2.4的要求。

表5.2.4 胶粘剂物理性能

项　目		性能要求	试验方法
可操作时间(h)		1.5~4.0	JG 149
拉伸粘结强度(MPa)(与水泥砂浆)	原强度	≥0.60	本规范附录D
	耐水	≥0.40	
拉伸粘结强度(MPa)(与硬泡聚氨酯)	原强度	≥0.10并且破坏部位不得位于粘结界面	
	耐水		

5.2.5 抹面胶浆的物理性能应符合表5.2.5的要求。

表5.2.5 抹面胶浆物理性能

项　目		性能要求	试验方法
可操作时间(h)		1.5~4.0	JG 149
拉伸粘结强度(MPa)(与硬泡聚氨酯)	原强度	≥0.10并且破坏部位不得位于粘结界面	本规范附录D
	耐水		
	耐冻融		
柔韧性	压折比(水泥基)	≤3.0	JG 149
	开裂应变(非水泥基)(%)	≥1.5	

5.2.6 耐碱玻纤网格布性能应符合表5.2.6的要求。

表5.2.6 耐碱玻纤网格布性能

项　目	性能要求		试验方法
	标准网布	加强网布	
单位面积质量(g/m²)	≥160	≥280	GB/T 9914.3
耐碱拉伸断裂强力(经、纬向)(N/50mm)	≥750	≥1500	本规范附录E
耐碱拉伸断裂强力保留率(经、纬向)(%)	≥50	≥50	
断裂应变(经、纬向)(%)	≤5.0	≤5.0	GB 7689.5

5.2.7 锚栓技术性能应符合表5.2.7的要求。

表5.2.7 锚栓技术性能

项　目	性能要求	试验方法
单个锚栓抗拉承载力标准值(kN)	≥0.30	JG 149附录F
单个锚栓对系统传热增加值〔W/(m²·K)〕	≤0.004	

5.2.8 喷涂硬泡聚氨酯原材料的运输与贮存应符合本规范第4.2.4条和第4.2.5条的规定。

5.2.9 硬泡聚氨酯板材搬运时应轻放,保证板材外形完整,存放处严禁烟火,防止曝晒、雨淋。

5.3 设计要点

5.3.1 外墙硬泡聚氨酯保温层的设计厚度,应根据国家和本地区现行的建筑节能设计标准规定的外墙传热系数限值,进行热工计算确定。

5.3.2 硬泡聚氨酯外墙外保温系统的性能要求应符合表5.3.2的规定。

表5.3.2 硬泡聚氨酯外墙外保温系统性能要求

项　　目		性能要求	试验方法
耐候性		80次热/雨循环和5次热/冷循环后,表面无裂纹、粉化、剥落现象	JGJ 144
抗风压值（kPa）		不小于工程项目的风荷载设计值	JGJ 144
耐冻融性能		30次冻融循环后,保护层（抹面层、饰面层）无空鼓、脱落,无渗水裂缝;保护层（抹面层、饰面层）与保温层的拉伸粘结强度不小于0.1MPa,破坏部位应位于保温层	JGJ 144
抗冲击强度（J）	普通型	≥3.0,适用于建筑物二层以上墙面等不易受碰撞部位	JGJ 144
	加强型	≥10.0,适用于建筑物首层以及门窗洞口等易受碰撞部位	
吸水量		水中浸泡1小时,只带有抹面层和带有饰面层的系统,吸水量均不得大于或等于1000g/m²	JGJ 144
热阻		复合墙体热阻符合设计要求	JGJ 144
抹面层不透水性		抹面层2h不透水	JGJ 144
水蒸气湿流密度〔g/（m²·h）〕		≥0.85	JG 149

注:水中浸泡24h后,对只带有抹面层和带有抹面层及饰面层的系统,吸水量均小于500g/m²时,不检验耐冻融性能。

5.3.3 硬泡聚氨酯外墙外保温复合墙体的热工和节能设计应符合下列规定:
　　1 保温层内表面温度应高于0℃。
　　2 保温系统应覆盖门窗框外侧洞口、女儿墙、封闭阳台以及外挑构件等热桥部位。

5.3.4 喷涂硬泡聚氨酯外墙外保温系统构造可由找平层、喷涂硬泡聚氨酯、界面剂层、耐碱玻纤网格布增强抹面层、饰面层等组成（图5.3.4-1）;硬泡聚氨酯复合板外墙外保温系统不带饰面层的构造可由找平层、胶粘剂层、硬泡聚氨酯复合板层、耐碱玻纤网格布增强抹面层、饰面层等组成（图5.3.4-2）,带饰面层的构造可由找平层、胶粘剂层、带面层的硬泡聚氨酯板、饰面层等组成（图5.3.4-3）。

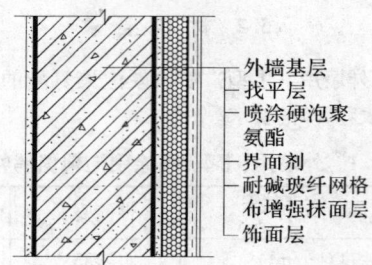

图5.3.4-1 喷涂硬泡聚氨酯外墙外保温系统构造

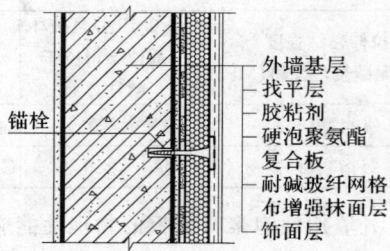

图5.3.4-2 硬泡聚氨酯复合板外墙外保温系统构造

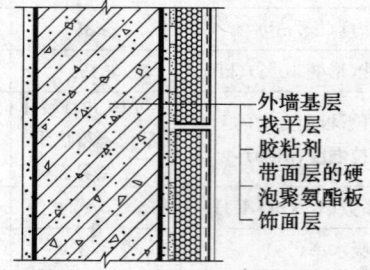

图5.3.4-3 带抹面层（或饰面层）的硬泡聚氨酯板外墙外保温系统构造

注:采用带抹面层的硬泡聚氨酯板时,锚栓宜设置在板缝处。

5.3.5 喷涂硬泡聚氨酯采用抹面胶浆时,抹面层厚度控制:普通型3~5mm;加强型5~7mm。饰面层的材料宜采用柔性泥子和弹性涂料,其性能应符合相关标准的要求。

注:普通型系指建筑物二层及其以上墙面等不易受撞击,抹面层满铺单层耐碱玻纤网格布;加强型系指建筑物首层墙面以及门窗洞口等易受碰撞部位,抹面层中应满铺双层耐碱玻纤网格布。

5.3.6 硬泡聚氨酯外墙外保温工程的密封和防水构造设计,重要部位应有详图,确保水不会渗入保温层及基层，水平或倾斜的挑出部位以及墙体延伸至地面以下的部位应做防水处理。外墙安装的设备或管道应固定在基层墙体上，并应做密封和防水处理。

5.3.7 硬泡聚氨酯板材宜采用带抹面层或饰面层的系统。建筑物高度在20m以上时，在受负风压作用较大的部位，应使用锚栓辅助固定。

5.3.8 硬泡聚氨酯板外墙外保温薄抹面系统设计应符合下列规定：

1 建筑物首层或2m以下墙体，应在先铺一层加强耐碱玻纤网格布的基础上，再满铺一层标准耐碱玻纤网格布。加强耐碱玻纤网格布在墙体转角及阴阳角处的接缝应搭接，其搭接宽度不得小于200mm；在其他部位的接缝宜采用对接。

2 建筑物二层或2m以上墙体，应采用标准耐碱玻纤网格布满铺，耐碱玻纤网格布的接缝应搭接，其搭接宽度不宜小于100mm。在门窗洞口、管道穿墙洞口、勒脚、阳台、变形缝、女儿墙等保温系统的收头部位，耐碱玻纤网格布应翻包，包边宽度不应小于100mm。

5.4 细 部 构 造

5.4.1 门窗洞口部位的外保温构造应符合以下规定：

1 门窗外侧洞口四周墙体，硬泡聚氨酯厚度不应小于20mm。

2 门窗洞口四角处的硬泡聚氨酯板应采用整块板切割成型，不得拼接。

3 板与板接缝距洞口四角距离不得小于200mm。

4 洞口四边板材宜采用锚栓辅助固定。

5 铺设耐碱玻纤网格布时，应在四角处45°斜向加贴300mm×200mm的标准耐碱玻纤网格布（图5.4.1）。

5.4.2 勒脚部位的外保温构造应符合以下规定：

1 勒脚部位的外保温与室外地面散水间应预留不小于20mm缝隙。

2 缝隙内宜填充泡沫塑料，外口应设置背衬材料，并用建筑密封膏封堵。

3 勒角处端部应采用标准网布、加强网布做好包边处理，包边宽度不得小于100mm（图5.4.2）。

5.4.3 硬泡聚氨酯外墙外保温工程在檐口、女儿墙部位应采用保温层全包覆做法，以防止产生热桥。当有檐沟时，应保证檐沟混凝土顶面有不小于20mm厚度的硬泡聚氨酯保温层（图5.4.3）。

5.4.4 变形缝的保温构造应符合下列规定：

1 变形缝处应填充泡沫塑料，填塞深度应大于缝宽的3倍，且不小于墙体厚度。

2 金属盖缝板宜采用铝板或不锈钢板。

3 变形缝处应做包边处理，包边宽度不得小于100mm（图5.4.4）。

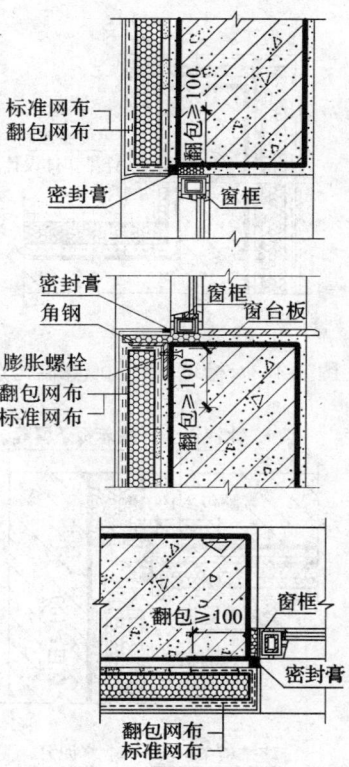

图 5.4.1 门窗洞口保温构造

注：当采用喷涂硬泡聚氨酯外保温时，洞口外侧保温层可采用硬泡聚氨酯板粘贴或采用L形聚氨酯定型模板粘贴，其厚度均不小于20mm。

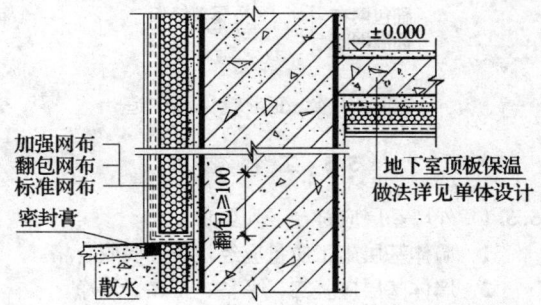

图 5.4.2-1 有地下室勒脚部位外保温构造

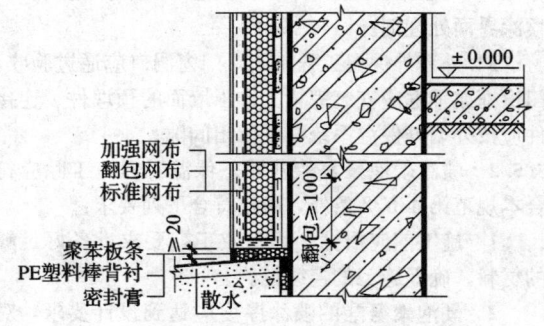

图 5.4.2-2 无地下室勒脚部位外保温构造

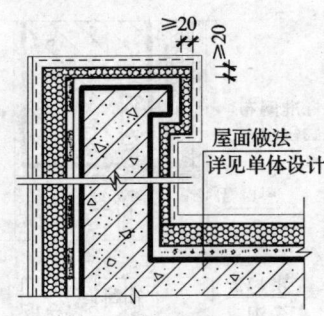

图 5.4.3 檐口、女儿墙保温构造

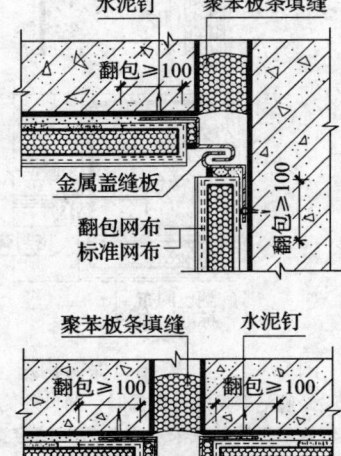

图 5.4.4 变形缝保温构造

5.5 工程施工

5.5.1 外墙基层应符合下列要求：

1 墙体基层施工质量应经检查并验收合格。

2 墙体基层应坚实、平整、干燥、干净。

3 找平层应与墙体粘结牢固，不得有脱层、空鼓、裂缝。

4 对于潮湿或影响粘结和施工的墙体基层，宜喷涂界面处理剂。

5 外墙外保温工程施工，门窗洞口应通过验收，门窗框或辅框应安装完毕。伸出墙面的预埋件、连接件应按外墙外保温系统厚度留出间隙。

5.5.2 喷涂硬泡聚氨酯外墙外保温工程施工除应符合本规范第4.5.2条外，尚应符合下列要求：

1 施工前应根据工程量及工期要求准备好足够的材料，确保施工的连续性。

2 硬泡聚氨酯的喷涂厚度应达到设计要求，对喷涂后不平的部位应及时进行修补，并按墙面垂直度和平整度的要求进行修整。

3 硬泡聚氨酯表面固化后，应及时均匀喷（刷）涂界面砂浆。

4 薄抹面层施工应先刮涂一遍抹面胶浆，然后横向铺设耐碱玻纤网格布，网格布搭接宽度不应小于100mm，压贴密实，不得有空鼓、皱褶、翘曲、外露等现象，最后再刮涂一遍抹面胶浆。

5.5.3 硬泡聚氨酯板外墙外保温工程施工应符合下列要求：

1 施工前应按设计要求绘制排板图，确定异型板块的规格及数量。

2 施工前应在墙体基层上用墨线弹出板块位置图。带面层、饰面层的硬泡聚氨酯板材应留出拼接缝宽度，宽度宜为5～10mm。

3 粘贴硬泡聚氨酯板材时，应将胶粘剂涂在板材背面，粘结层厚度应为3～6mm，粘结面积不得小于硬泡聚氨酯板材面积的40%。

4 硬泡聚氨酯板材的粘贴应自下而上进行，水平方向应由墙角及门窗处向两侧粘贴，并轻敲板面，使之粘结牢固。必要时，应采用锚栓辅助固定。

5 带抹面层、饰面层的硬泡聚氨酯板粘贴24h后，用单组分聚氨酯发泡填缝剂进行填缝，发泡面宜低于板面6～8mm。外口应用密封材料或抗裂聚合物水泥砂浆进行嵌缝。

6 当采用涂料做饰面层时，在抹面层上应满刮泥子后方可施工。

5.6 质量验收

5.6.1 硬泡聚氨酯外墙外保温各分项工程应以每500～1000m² 划分为一个检验批，不足500m² 也应划分为一个检验批；每个检验批每100m² 至少抽查一处，每处不得小于10m²。细部构造应全数检查。

5.6.2 主控项目的验收应符合下列规定：

1 外墙外保温系统及主要组成材料的性能必须符合设计要求和本规范规定。

检验方法：检查系统的形式检验报告和出厂合格证、材料检验报告、进场材料复验报告。

2 门窗洞口、阴阳角、勒脚、檐口、女儿墙、变形缝等保温构造，必须符合设计要求。

检验方法：观察检查和检查隐蔽工程验收记录。

3 系统的抗冲击性应符合本规范要求。

检验方法：按《外墙外保温工程技术规程》JGJ 144附录A.5进行。

4 硬泡聚氨酯保温层厚度必须符合设计要求。

检验方法：

1) 喷涂硬泡聚氨酯用钢针插入和测量检查。

2) 硬泡聚氨酯保温板：检查产品合格证书、出厂检验报告、进场验收记录和复验报告。

5 硬泡聚氨酯板的粘结面积不得小于板材面积

的40%。

检验方法：测量检查。

5.6.3 一般项目的验收应符合下列规定：

1 保温层的垂直度及尺寸允许偏差应符合现行国家标准《建筑装饰装修工程质量验收规范》GB 50210 的规定。

2 抹面层和饰面层分项工程施工质量应符合现行国家标准《建筑装饰装修工程质量验收规范》GB 50210 的规定。

5.6.4 外墙外保温工程竣工验收应提交下列文件：

1 外墙外保温系统的设计文件、图纸会审书、设计变更书和洽商记录单。

2 施工方案和施工工艺。

3 外墙外保温系统的形式检验报告及其主要组成材料的产品合格证、出厂检验报告、进场复检报告和现场验收记录。

4 施工技术交底材料。

5 施工工艺记录及施工质量检验记录。

6 隐蔽工程验收记录。

7 其他必须提供的资料。

5.6.5 硬泡聚氨酯外墙外保温工程主要材料复验项目应符合表 5.6.5 的规定。

表 5.6.5 硬泡聚氨酯外墙外保温工程主要材料复验项目

材料名称	复验项目
喷涂硬泡聚氨酯	密度、压缩性能、尺寸稳定性
硬泡聚氨酯板	密度、压缩性能、抗拉强度
界面砂浆、胶粘剂、抹面胶浆	原强度拉伸粘结强度、耐水拉伸粘结强度
耐碱玻纤网格布	耐碱拉伸断裂强力、耐碱拉伸断裂强力保留率
锚栓	单个锚栓抗拉承载力标准值

附录 A 硬泡聚氨酯不透水性试验方法

A.0.1 试验仪器

不透水仪主要由三个透水盘、液压系统、测试管路系统和夹紧装置等部分组成。透水盘底座内径为92mm，透水盘金属压盖上有7个均匀分布、直径为25mm的透水孔。压力表测量范围为0~0.6MPa，精确度等级2.5级。透水盘尺寸如图 A.0.1 所示：

A.0.2 试验条件

1 送至实验室的试样在试验前，应在温度23℃±2℃，相对湿度45%~55%的环境中放置至少48h进行状态调节。

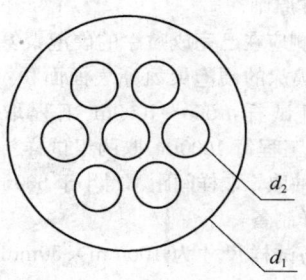

$d_1 = 150mm$　　$d_2 = 25mm$

图 A.0.1 透水盘尺寸

2 试验所用的水应为蒸馏水或洁净的淡水（饮用水），试验水温：20℃±5℃。

A.0.3 试样制备

1 按直径150mm、厚度15mm±0.2mm的尺寸加工试样，并要求试样平整无凹凸、无破损。每一样品准备3个试样。

2 在准备的试样上按图 A.0.3 中阴影部分，正反两面均匀涂刷高分子弹性防水涂料，在第一遍涂料实干后再涂第二遍涂料，涂层厚度达到1mm以上，待试样完全实干后备用。

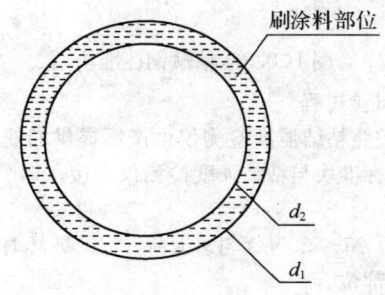

$d_1 = 150mm$　　$d_2 = 92mm$

图 A.0.3 试样涂刷涂料位置

A.0.4 试验过程

把试样放置在不透水仪的圆盘上，拧紧上盖螺丝，使其达到既不破坏试样，又能密封不漏水，随后加水压至 0.2MPa，保持 30min 后，卸下试样观察，检查试样有无渗透现象。

A.0.5 试验结果

有一个试样渗水即判为不合格。

附录 B 喷涂硬泡聚氨酯拉伸粘结强度试验方法

B.0.1 试验仪器

粘结强度检测仪主要由传感器、穿心式千斤顶、读数表和活塞架组成，技术参数应符合国家现行标准《数显式粘接强度检测仪》JG 3056 的规定。

B.0.2 取样原则

现场检测应在已完成喷涂的硬泡聚氨酯表面上进行。按实际喷涂的硬泡聚氨酯表面面积：500m² 以下工程取一组试样，500~1000m² 工程取两组试样，1000m² 以上工程每 1000m² 取两组试样。试样应由检测人员随机抽取，取样间距不得小于 500mm。

B.0.3 试样制备

1 现场试样尺寸为 100mm×50mm，每组试样数量为 3 块。

2 表面处理：被测部位的硬泡聚氨酯表面应清除污渍并保持干燥。

3 切割试样：从硬泡聚氨酯表面向其内部切割 100mm×50mm 的矩形试样，切入深度为保温层厚度。

4 粘贴钢标准块：采用双组分粘结剂粘贴钢标准块。粘结剂的粘结强度应大于硬泡聚氨酯的拉伸粘结强度。钢标准块粘贴后应及时固定。如图 B.0.3 所示。

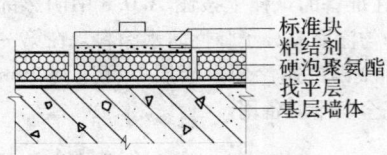

图 B.0.3 粘贴钢标准块

B.0.4 试验过程

1 按照粘结强度检测仪生产厂提供的使用说明书，将钢标准块与粘结强度检测仪连接。如图 B.0.4 所示。

2 以 25~30N/s 匀速加荷，记录破坏时的荷载值及破坏部位。

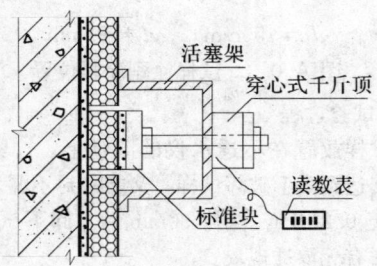

图 B.0.4 喷涂硬泡聚氨酯粘结强度现场检测

B.0.5 试验结果

1 拉伸粘结强度应按公式 B.0.5 计算，精确至 0.01MPa：

$$f = P/A \quad (B.0.5)$$

式中 f——拉伸粘结强度（MPa）；

P——破坏荷载（N）；

A——试件面积（mm²）。

2 每组试样以算术平均值作为该组拉伸粘结强度的试验结果，并分别记录破坏部位。

附录 C 硬泡聚氨酯板垂直于板面方向的抗拉强度试验方法

C.0.1 试验仪器

1 试验机：选用示值为 1N、精度为 1%的试验机，并以 250N/s±50N/s 速度对试样施加拉拔力，同时应使最大破坏荷载处于仪器量程的 20%~80%范围内。

2 拉伸用刚性夹具：互相平行的一组附加装置，避免试验过程中拉力不均衡。

3 游标卡尺：精度为 0.1mm。

C.0.2 试样制备

1 试样尺寸为 100mm×100mm×板材厚度，每组试样数量为 5 块。

2 在硬泡聚氨酯保温板上切割试样，其基面应与受力方向垂直。切割时需离硬泡聚氨酯板边缘 15mm 以上，试样两个受检面的平行度和平整度，偏差不大于 0.5mm。

3 被测试样在试验环境下放置 6h 以上。

C.0.3 试验过程

1 用合适的胶粘剂将试样分别粘贴在拉伸用刚性夹具上。如图 C.0.3 所示。

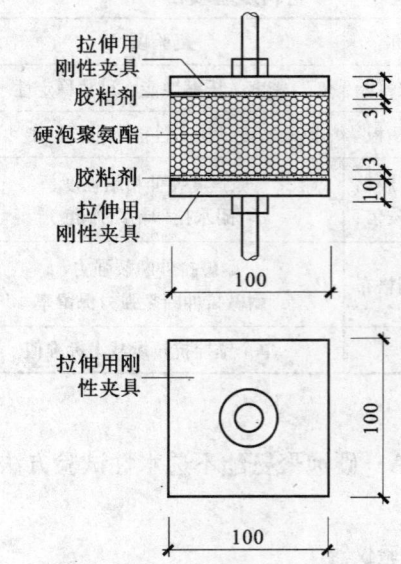

图 C.0.3 硬泡聚氨酯板垂直于板面方向的抗拉强度试验试样尺寸（mm）

胶粘剂应符合下列要求：

1）胶粘剂对硬泡聚氨酯表面既不增强也不损害；

2）避免使用损害硬泡聚氨酯的强力胶粘剂；

3）胶粘剂中如含有溶剂，必须与硬泡聚氨酯材性相容。

2 试样装入拉力试验机上,以 5mm/min±1mm/min 的恒定速度加荷,直至试样破坏。最大拉力以 N 表示。

C.0.4 试验结果

1 记录试样的破坏部位;

2 垂直于板面方向的抗拉强度 σ_{mt} 应按公式 C.0.4 计算,并以 5 个测试值的算术平均值表示,精确至 0.01MPa。

$$\sigma_{mt} = F_m / A \quad (C.0.4)$$

式中 σ_{mt}——抗拉强度(MPa);
F_m——破坏荷载(N);
A——试样面积(mm²)。

3 破坏部位如位于粘结层中,则该试样测试数据无效。

附录 D 胶粘剂(抹面胶浆)拉伸粘结强度试验方法

D.0.1 试验仪器

1 试验机:选用示值为 1N、精度为 1% 的试验机,并以 5mm/min±1mm/min 速度对试样施加拉拔力,同时应使最大破坏荷载处于仪器量程的 20%～80% 范围内。

2 冷冻箱:装有试样后能使箱内温度保持在 -20～-15℃,控制精度±3℃。

3 融解水槽:装有试样后能使水温保持在 15～20℃,控制精度±3℃。

D.0.2 试验条件

1 试样养护和状态调节的环境条件温度应为 10～25℃,相对湿度不应低于 50%。

2 所有试验材料(胶粘剂、抹面胶浆等)试验前应在 D.0.2 条第 1 款环境条件下放置至少 24h。

D.0.3 试样制备

1 水泥砂浆试块由普通硅酸盐水泥与中砂按 1:2.5(重量比),水灰比 0.5 制作而成,养护 28d 后备用。每组试样数量为 6 块,按图 D.0.3-1 和 D.0.3-2 所示制备,并分别由 12 块水泥砂浆试块两两相对粘结而成。

2 胶粘剂与水泥砂浆粘结的试样制备方法如下:按产品说明书制备胶粘剂并将其涂抹在水泥砂浆试块上,按图 D.0.3-1 粘结试样,粘结层的厚度为 3mm,面积为 40mm×40mm,粘结后的试样按 D.0.2 条第 1 款的要求养护 14d。试样数量为 2 组,分别测试拉伸粘结强度的原强度和耐水后的强度。

3 胶粘剂与硬泡聚氨酯粘结的试样制备方法如下:按产品说明书制备胶粘剂并将其涂抹在硬泡聚氨酯板上,按图 D.0.3-2 粘结试样,硬泡聚氨酯保温板的厚度为工程设计厚度,面积为 40mm×40mm,粘结层的厚度为 3mm。粘结时应在两块水泥砂浆试块上画对角线,并将保温板的四角与之对齐,以保证试样粘结准确受力均匀。粘结后的试样按 D.0.2 条第 1 款的要求养护 14d。试样数量为 2 组,分别测试拉伸粘结强度的原强度和耐水后的强度。

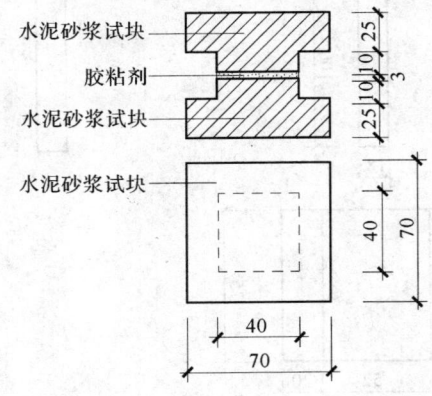

图 D.0.3-1 胶粘剂与水泥砂浆拉伸粘结强度试验试样尺寸(mm)

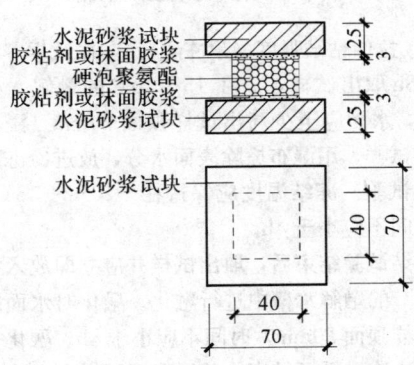

图 D.0.3-2 胶粘剂、抹面胶浆与硬泡聚氨酯拉伸粘结强度试验试样尺寸(mm)

4 抹面胶浆与硬泡聚氨酯粘结的试样制备方法如下:按照 D.0.3 条第 3 款制作试样并养护。试样数量为 3 组,分别测试拉伸粘结强度的原强度、耐水后的强度和耐冻融后的强度。

D.0.4 试验过程

1 拉伸粘结强度(原强度)。试样养护期满后,进行拉伸粘结强度(原强度)试验。试验时采用上下两套抗拉用钢制夹具,其尺寸如图 D.0.4 所示。将试样放入抗拉用钢制夹具中,以 5mm/min±1mm/min 的速度拉伸至破坏。同时记录每个试样的测试值及破坏部位,并取 4 个中间值计算其算术平均值。

2 拉伸粘结强度(耐水后)。试样养护期满后,放在 15～20℃水中浸泡 48h,水面应至少高出试样顶面 20mm。试样取出后在 D.0.2 条第 1 款环境的条件下放置 2h,并按 D.0.4 条第 1 款的方法进行试验。

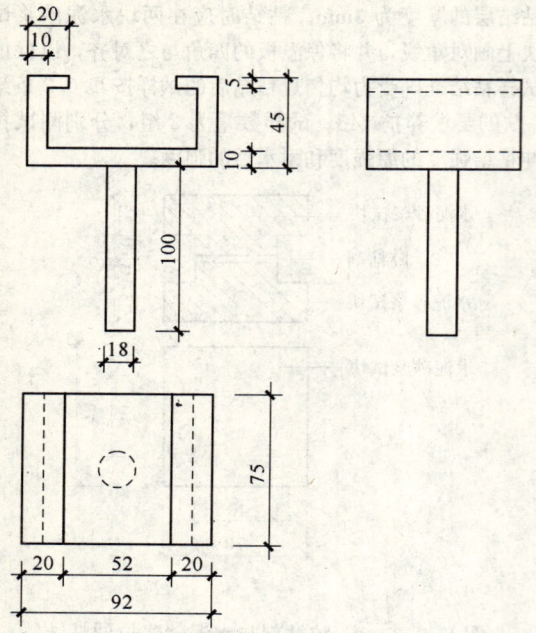

图 D.0.4 拉伸粘结强度试验用钢制夹具（mm）

3 拉伸粘结强度（耐冻融后）。在试样养护期满前的48h取出试样，放在15～20℃的融解水槽中浸泡48h，水面应至少高出试样顶面20mm。浸泡完毕后取出试样，用湿布擦除表面水分，放进冷冻箱中开始冻融试验。冻结温度应保持在-20～-15℃之间，冻结时间不应小于4h。

冻结试验结束后，取出试样并应立即放入水温为15～20℃的融解水槽中进行融化。融化时水面应至少高出试样顶面20mm，时间不应小于4h。融化完毕后即为该次冻融循环结束，随后取出试样送入冷冻箱进行下一次循环试验。

试样经25次循环后，耐冻融试验结束，然后将试样在D.0.2条第1款的环境条件下放置2h，并按D.0.4条第1款的方法进行试验。

附录 E 耐碱玻纤网格布耐碱拉伸断裂强力试验方法

E.0.1 试验仪器

拉伸试验机：选用示值为1N、精度为1%的试验机，并以100mm/min±5mm/min速度对试样施加拉力。

E.0.2 试样制备

1 试样尺寸为300mm×50mm。

2 试样数量：经向、纬向各20片。

E.0.3 试验过程

1 标准试验方法

1) 首先对10片经向试样和10片纬向试样测定初始拉伸断裂强力，其余试样放入23℃±2℃、4L浓度为5%的NaOH水溶液中浸泡。

2) 浸泡28d后，取出试样，放入水中漂洗5min，接着用流动水冲洗5min，然后在60℃±5℃烘箱中烘1h后取出，在10～25℃环境条件下至少放置24h后，测定耐碱拉伸断裂强力，并计算耐碱拉伸断裂强力保留率。

试验时，拉伸试验机夹具应夹住试样整个宽度，卡头间距为200mm。以100mm/min±5mm/min的速度拉伸至断裂，并记录断裂时的拉力。试样在卡头中有移动或在卡头处断裂，其试验数据无效。

2 快速试验方法

1) 混合碱溶液配比（pH值为12.5）。使用0.88gNaOH，3.45gKOH，0.48gCa(OH)$_2$，1L蒸馏水。

2) 试样在80℃的混合碱溶液中浸泡6h，其他步骤同E.0.3条第1款。

E.0.4 试验结果

耐碱拉伸断裂强力保留率应按公式E.0.4进行计算：

$$B = (F_1/F_0) \times 100\% \quad (E.0.4)$$

式中 B——耐碱拉伸断裂强力保留率（%）；

F_1——耐碱拉伸断裂强力（N/50mm）；

F_0——初始拉伸断裂强力（N/50mm）。

试验结果分别以经向和纬向各5个试样测试值的算术平均值表示。

本规范用词说明

1 为便于在执行本规范条文时区别对待，对要求严格程度不同的用词说明如下：

1) 表示很严格，非这样做不可的用词：

正面词采用"必须"，反面词采用"严禁"。

2) 表示严格，在正常情况下均应这样做的用词：

正面词采用"应"，反面词采用"不应"或"不得"。

3) 表示允许稍有选择，在条件许可时首先应这样做的用词：

正面词采用"宜"，反面词采用"不宜"；

表示有选择，在一定条件下可以这样做的用词，采用"可"。

2 本规范中指明应按其他有关标准、规范执行的写法为"应符合……的规定"或"应按……执行"。

中华人民共和国国家标准

硬泡聚氨酯保温防水工程技术规范

GB 50404—2007

条 文 说 明

目 次

1 总则 ……………………………… 24—19
3 基本规定 ………………………… 24—19
4 硬泡聚氨酯屋面保温防水工程 …… 24—20
　4.1 一般规定 …………………… 24—20
　4.2 材料要求 …………………… 24—20
　4.3 设计要点 …………………… 24—20
　4.4 细部构造 …………………… 24—21
　4.5 工程施工 …………………… 24—21

5 硬泡聚氨酯外墙外保温工程 ……… 24—21
　5.1 一般规定 …………………… 24—21
　5.2 材料要求 …………………… 24—21
　5.3 设计要点 …………………… 24—22
　5.4 细部构造 …………………… 24—22
　5.5 工程施工 …………………… 24—22
　5.6 质量验收 …………………… 24—22

1 总　　则

1.0.1 建筑节能是我国经济与社会发展和建筑业的一项重要政策，房屋建筑的保温与防水同是保障房屋使用功能的两大要素。硬泡聚氨酯的主体是保温材料，因其具有一定的防水功能，可以单独使用或与防水材料复合使用，发挥保温及防水一体化作用。为了将这种新材料、新技术在屋面和墙面工程中推广应用，确保其功能和质量，提高我国房屋建筑的节能技术水平，制定本规范是十分必要的，这也就是制定本规范的目的。

1.0.2 硬泡聚氨酯在新建和既有房屋修缮改造工程的屋面和墙面上应用已积累许多成功经验，其中采用喷涂工艺的硬泡聚氨酯保温防水效果显著。本规范在上述工程中的适用范围为：

　　1 喷涂硬泡聚氨酯，适用于各种基层形状及材质的屋面和外墙的保温及防水。

　　2 硬泡聚氨酯板材，适用于建筑屋面、外墙的保温。

本规范不包括屋面工程采用硬泡聚氨酯板材作保温层。当需采用时，应执行现行国家标准《屋面工程技术规范》GB 50345 第 9 章保温隔热屋面有关采用板状保温材料的规定。

3 基 本 规 定

3.0.1 硬泡聚氨酯按成型工艺分为以下两种材料或产品，其应用特点是：

　　1 喷涂硬泡聚氨酯：一项保温防水工程的施工工艺，使用专用无气高压喷涂设备，按材料配合比，设计要求的厚度，在施工作业面上、细部构造等部位，连续地分多遍喷涂发泡聚氨酯，在基面上形成一层无接缝的壳体，即聚氨酯硬泡体。

　　2 硬泡聚氨酯板：使用板材具有铺设便利、快捷、工效高等优点。用于墙面时，除应使用胶粘剂粘贴外，还需在设计规定的部位采用锚栓固定，并采取防止抹面层出现裂缝等措施。

3.0.2 喷涂硬泡聚氨酯按其材料的物理性能分为 3 种类型，可分别用于屋面和墙面。

Ⅰ型：这种材料具有优异的保温性能，可用于屋面和外墙作保温层。

Ⅱ型：这种材料除具有优异的保温性能外，还具有一定的防水功能，与抗裂聚合物水泥砂浆复合使用，构成复合保温防水层，用于屋面保温防水工程。

Ⅲ型：这种材料除具有优异保温性能外，还具有较好的防水性能，是一种保温防水功能一体化的材料，主要用于屋面，既作保温层，又可作防水层。

硬泡聚氨酯板材可用作屋面和外墙的保温层。因硬泡聚氨酯板作屋面保温层在《屋面工程技术规范》GB 50345 中已列有相关内容，故本规范不再重复涉及。

3.0.3 屋面用喷涂硬泡聚氨酯按物理性能分为 3 种类型，性能不同，用途也不同。为做到选材正确，如只用作保温，应选Ⅰ型硬泡聚氨酯；如还需用作屋面防水，则应选Ⅱ型或Ⅲ型硬泡聚氨酯。安全可靠指墙体除硬泡聚氨酯之外，还有其他构造层次，硬泡聚氨酯与墙体的粘结非常重要，若不牢固，会发生质量或安全事故。

硬泡聚氨酯作保温防水和用其他保温材料、防水材料的构造做法差别较大，设计时应作经济比较。

3.0.4 屋面结构分为坡屋面和平屋面，坡屋面的望板（也称坡屋面板）有木板、混凝土板、金属板等；墙体结构有砖墙、砌块墙和挂板轻质墙等。由于结构不同，选择哪种硬泡聚氨酯的构造设计应经技术经济比较确定。

屋面和外墙采用硬泡聚氨酯保温防水应根据工程特点、地区自然条件等情况，首先进行构造层次设计。即按照屋面保温、防水要求，确定保温、防水、保护的层次关系，进行构造层次设计。

3.0.6 表 3.0.6 列出喷涂硬泡聚氨酯屋面和外墙工程的构造层次，仅是一个示意性框架，便于明确屋面和外墙使用不同类型保温材料在设计构造层次中的关系，绘制详细的剖面图和细部构造图。

屋面采用Ⅰ型材料的构造层次，与通常采用的正置式屋面一致，其防水层上采用何种保护层，应按《屋面工程技术规范》GB 50345 执行。

屋面采用Ⅱ型材料与抗裂聚合物水泥砂浆构成的复合保温防水层，因两者粘结性良好，以及表层具有防水、抗裂、耐穿刺、耐老化性能和不需设置分隔缝等优点，可同时发挥防水层和保护层的作用，因而不需在其上再做保护层。

屋面采用Ⅲ型材料喷涂形成的硬泡聚氨酯保温防水层，不得直接暴露，表面必须设置耐紫外线的防护层。因硬泡聚氨酯的弱点是不耐紫外线，在阳光长期照射下易老化，出现粉化现象，影响使用寿命。

3.0.7 根据建设部〔1991〕837号文《关于提高防水工程质量的若干规定》要求，防水工程施工前应通过对图纸的会审，掌握施工图中的细部构造及质量要求。这样做一方面是对设计进行把关，另一方面能使施工单位切实掌握保温防水设计的要求，制定确保保温防水工程质量的施工方案或技术措施。

3.0.8 本条文强调在喷涂硬泡聚氨酯施工前应按作业程序做好各项准备工作，以保证施工质量。

3.0.9 喷涂硬泡聚氨酯的施工环境温度过低和空气相对湿度过大均会影响发泡反应，尤其是气温过低时不易发泡，且延长固化时间。喷涂时风速过大则不易操作，泡沫四处飞扬，难以形成均匀壳体，故对施工时的风速也作出规定。风速大于3级时应采取挡风措施。

3.0.10 由于喷涂聚氨酯施工受气候条件影响较大,若操作不慎会引起材料飞散,污染环境。由于聚氨酯的粘结性很强,粘污物很难清除,故在屋面或外墙喷涂施工时应对作业面外易受飞散物污染的部位,如屋面边缘、屋面上的设备及外墙门窗洞口等采取遮挡措施。

3.0.11 保温及防水工程的施工都由多道工序组成,各道工序之间常因上道工序存在的问题未解决,而被下道工序所覆盖,给工程留下质量隐患。因此,在保温及防水工程施工中,必须按层次、工序进行过程控制和质量检查,明确操作人员和检查人员的责任,不允许在全部工程完工后才进行一次性的检查与验收。

3.0.12 为保证硬泡聚氨酯保温及防水工程的质量,保温防水工程施工的操作人员,应经专业培训并持有由当地建设行政主管部门颁发的上岗证才能进行施工。喷涂硬泡聚氨酯的操作手对保证喷涂工艺质量发挥关键性作用,但这一工作还未纳入劳动行政主管部门制定的工种系列之中,因此当前应由取得保温防腐类专业资质证书的企业对这类人员开展培训,合格后才准上岗。

3.0.13 屋面、外墙工程采用的保温、防水材料,除有产品出厂质量证明文件外,还应在材料进场后由施工单位按规定进行抽样复验,并提出试验报告。抽样数量、检验项目和检验方法,应符合国家产品标准和本规范的有关规定。

3.0.14 本条文是3.0.11条的延续。根据《建筑工程施工质量验收统一标准》GB 50300规定,屋面和墙体子分部工程施工应按分项工程的工序由监理或建设单位检查验收。

成品保护是一项十分重要的环节,成品如遭损坏,会造成保温层保温效果降低,防水层达不到防水要求以及出现渗漏水等现象。

4 硬泡聚氨酯屋面保温防水工程

4.1 一般规定

4.1.2 本条文强调在屋面保温防水层施工前,应将伸出屋面的管道、设备、基座或预埋件等安装牢固和做好防水密封处理的重要性。如完工后又在其上凿孔、打洞,势必会损坏已做好的保温防水层,从而导致屋面渗漏和降低保温功能等。

4.1.3 Ⅰ型硬泡聚氨酯保温层必须另做防水层。屋面防水等级为Ⅰ级或Ⅱ级的屋面采用多道防水设防时,其防水层应选用冷施工。严禁在硬泡聚氨酯表面直接用明火热熔、热粘防水卷材或刮涂温度高于100℃的热熔型防水涂料做防水层,以免烫坏硬泡聚氨酯。

4.1.4 在硬泡聚氨酯表面涂刷界面剂、刮抹抗裂聚合物水泥砂浆复合层、涂刷防护涂料或做其他防水层时,为使这些材料与硬泡聚氨酯粘结紧密,相邻材料之间应具有相容性。不得使用能溶解、腐蚀或与硬泡聚氨酯发生化学反应的材料。

4.1.5 硬泡聚氨酯耐紫外线差,见光易粉化,粉化后各项物理性能指标降低,也不利于粘结,因此规定硬泡聚氨酯不得长期裸露。

4.2 材料要求

4.2.1 喷涂的硬泡聚氨酯,按性能指标及使用部位分为3种类型。其检测项目和性能指标是参照国际标准、国家标准、行业标准以及国内多年工程实践经验与产品实测数据制定的。

4.2.2 为确保抗裂聚合物水泥砂浆的质量,对其原材料分别规定了质量要求。

4.2.3 抗裂聚合物水泥砂浆的物理性能指标是根据行业标准制定的。

4.2.4 硬泡聚氨酯的原材料是化工产品,在施工喷涂前必须密封包装,严禁烟火,并不得与水、强氧化剂等化学品或热源接触,否则会影响材料质量甚至会引发安全事故。

4.2.5 喷涂硬泡聚氨酯的原材料为双组分桶装,配套材料应根据工程设计要求调配,进场的各种原材料应加标志分类存放,严格规范管理,防止混杂使用,以免影响工程质量。

4.3 设计要点

4.3.1 随着国家建筑节能政策分阶段实施,民用建筑节能要求将从50%提高到65%,故保温层的厚度应根据所在地区按现行建筑节能设计标准计算确定。

4.3.3 本条文内容引用了《屋面工程技术规范》GB 50345的有关规定。

4.3.4 单向坡长是指分水线至檐沟或天沟的距离。距离越长则找坡层越厚,屋面板负荷越大。为了不使屋面板负荷太大,根据单向坡的长短,可选用不同的找坡材料和措施。如单向坡长为3m左右,可用水泥砂浆找坡;单向坡长为5m左右,可用细石混凝土找坡;单向坡长为9m,可用轻质材料找坡;单向坡长大于9m,则不论使用什么材料,找坡都不合适,不仅加大屋面荷载,而且耗用大量找坡材料,不经济。因此大于9m的单向坡,采用抬高室内柱头高度的措施,即结构找坡最为合理。

4.3.5 现浇钢筋混凝土屋面板基本平整,一般可不抹灰找平,但遇有严重不平的表面应抹砂浆找平。

采用Ⅰ型硬泡聚氨酯保温层,为防止砂浆找平层裂缝拉坏硬泡聚氨酯,除砂浆宜掺加增强纤维外,找平层应设分隔缝。

4.3.7 抗裂聚合物水泥砂浆主要起抗裂防护和抗冲击作用。砂浆层太薄不能满足防护和抗冲击要求,过厚则易开裂起不到防水作用。经过多年实践，非上人屋面的保护层采用抗裂聚合物水泥砂浆较为适宜，与硬泡聚氨酯的粘结性好，并具有抗裂、耐穿刺、抗冻融性好、不需设分隔缝等优点。当屋面做复合保温防水层时，硬泡聚氨酯上面所作的抗裂聚合物水泥砂浆层可同时发挥防水和保护的作用。

Ⅲ型硬泡聚氨酯用于非上人屋面保温防水层时，必须做防紫外线处理。

4.3.8 硬泡聚氨酯保护层，因采用 40mm 厚的细石混凝土收缩力较大，分隔缝间距宜为 6m。硬泡聚氨酯表面凹凸不平，由于细石混凝土与硬泡聚氨酯的膨胀、收缩应力不同，为此应在细石混凝土和硬泡聚氨酯之间铺设一层隔离材料。

4.4 细部构造

4.4.1～4.4.7 在屋面工程中，处理好檐沟、泛水、水落口、变形缝、伸出屋面管道等部位的保温防水，对保证屋面保温防水工程至关重要。对这些部位的细部构造，本规范提出了具体要求。

4.5 工程施工

4.5.1 屋面基层要求

1 喷涂硬泡聚氨酯施工的基层表面要求平整，是为了保证喷涂硬泡聚氨酯保温防水层表面达到要求的平整度。由于硬泡聚氨酯从原材料到喷涂成型，体积变化约 20 倍，基面不平整很难做到硬泡聚氨酯保温防水层表面平整。

2 硬泡聚氨酯对沥青类和高分子类防水卷材与防水涂料都有良好的粘结力。旧防水层只需清除起鼓、疏松部分，与基层结合牢固的部位可直接在其表面喷涂硬泡聚氨酯。这对旧屋面的修缮十分方便，且可减少垃圾清运量。

3 此款是为保证施工基面的质量。

4 屋面与山墙、女儿墙、天沟、檐沟及凸出屋面结构的连接处容易产生开裂、渗漏等质量问题，因此必须严格按设计要求施工。

4.5.2 喷涂硬泡聚氨酯屋面施工要求

1 喷涂设备影响工程质量，因此必须使用专用喷涂设备。

3 喷涂时喷枪与施工基面保持一定距离，是为了控制硬泡聚氨酯厚度均匀又不至于使材料飞散。

4 喷涂硬泡聚氨酯施工应多遍喷涂完成，一是为了能及时控制、调整喷涂层的厚度，减少收缩影响；二是可以增加结皮层，提高防水效果。

5 一般情况聚氨酯发泡、稳定及固化时间约需 15min，故规定施工后 20min 内不能上人，防止损坏保温层。

4.5.3 抗裂聚合物水泥砂浆施工，如损坏已喷涂的硬泡聚氨酯结皮层，会影响防水效果。配制抗裂聚合物水泥砂浆时，应按配合比要求，准确计量乳液（也可采用可分散聚合物粉末）、水泥、细骨料、助剂及增强纤维等组分，搅拌均匀，才能保证砂浆质量。施工工具宜使用橡皮刮板，多遍抹刮，一为控制厚度，二为提高防水效果；为防止砂浆出现裂纹必须进行养护。

5 硬泡聚氨酯外墙外保温工程

5.1 一般规定

5.1.1 近几年随着建筑节能技术要求的逐步提高，一般的保温材料复合在建筑物外墙只有通过增加厚度才能达到不断提高的设计标准要求，而硬泡聚氨酯材料凭借自身高效保温的特点，在较小厚度的情况下就能达到很好的保温隔热效果，目前已成为外墙外保温工程的首选材料之一。为提高硬泡聚氨酯材料用于外墙外保温工程的质量，除应符合本规范本章的规定外，尚应符合《外墙外保温工程技术规程》JGJ 144 和《膨胀聚苯板薄抹灰外墙外保温系统》JG 149 的有关规定。

5.1.2 硬泡聚氨酯外墙外保温工程基本要求

6 由于硬泡聚氨酯材料的特性决定了其阻燃性能不佳，因此在作保温材料使用时，高层建筑必须采取妥善的防火构造措施，确保工程的安全性。

5.1.3 在高湿度和低温天气情况下，新抹面层表面看似硬化和干燥，但完全干燥需要几天时间。特别是在上冻温度，雨天、雪天或其他有害气候条件下，需要采取保护措施，使其充分养护。

5℃以下的温度会影响抹面层的养护。由于气候寒冷造成的影响短期内不易显现，但时间一长抹面层就会出现开裂、脱落，影响抹面层质量。

5.1.5 为保证节能工程质量，提高工程使用寿命，参照欧洲有关技术资料，要求保温工程的使用年限不少于 25 年是必要的。

5.2 材料要求

5.2.1 喷涂硬泡聚氨酯密度不小于 35kg/m³，能满足外墙外保温工程对保温材料密度的要求。

外墙外保温工程对材料的耐火性能和拉伸粘结强度要求较高，因此，与屋面相比，增加了"氧指数"和"拉伸粘结强度"两项物理性能指标。

通过多厂家、多次提供多种型号材料试验数据统计，硬泡聚氨酯的导热系数大多在 0.019～0.023W/(m·K) 之间，因此本规范规定导热系数性能指标不大于 0.024W/(m·K)。

5.2.3 本规范仅推荐了一种硬泡聚氨酯板材的规格尺寸，根据实际工程的不同，可使用多种规格尺寸的板材。一般说来，板的尺寸大，对墙体基层的要求就高；而尺寸小，拼缝多，且影响施工效率。因此采用涂料作饰面层时，板材尺寸宜大不宜小；而采用面砖作饰面层时，板材尺寸宜小不宜大。

5.3 设计要点

5.3.1 外墙外保温工程，保温效果的好差与硬泡聚氨酯的厚度有直接关系，因此本规范要求根据节能设计标准中规定的外墙传热系数限值进行热工计算，确定保温层厚度。对其他影响因素，例如建筑物的朝向、体形系数、窗墙面积比、耗热量指标、外窗空气渗透性能等，国家相关标准已有明确要求，因此本规范不另作规定。

5.3.3 要求墙体基层外表面温度高于 0℃，目的是保证墙体基层和胶粘剂不受冻融破坏。

相关资料表明，门窗框外侧洞口不做保温与做保温相比，墙体的平均传热系数增加最多可达 70% 以上。空调器托板、女儿墙以及阳台等热桥部位的传热损失也是相当大的。因此本规范对热桥部位的保温提出了要求。

5.3.5 抹面层分薄抹面层和厚抹面层两种，本规范仅对薄抹面层系统作出有关规定。抹面层主要起防水和抗冲击作用，同时又应具有较小的水蒸气渗透阻。抹面层过薄不能满足防水和抗冲击要求，因此本规范给出了适当的厚度。就防护性能而言，抹面层应具有一定的厚度，可对保温层起到保护作用。

5.3.6 密封和防水构造设计包括变形缝的构造设计及穿墙管线洞口的密封处理等。

对于水平或倾斜的挑出部位，例如窗台、女儿墙、阳台、雨篷等，这些部位有可能出现积水、积雪情况，其表面应做好防水处理，底面应做滴水线。

5.3.7 锚栓主要用于在不可预见的情况下，对确保采用硬泡聚氨酯板的外墙外保温系统的安全性起辅助作用。胶粘剂应承受系统的全部荷载，不能因使用锚栓就放松对粘结固定性能的要求。

5.4 细部构造

5.4.1～5.4.4 在硬泡聚氨酯外墙外保温工程中，勒脚、檐口、女儿墙、门窗洞口等部位的保温处理尤为重要，将直接影响到节能工程的保温效果，因此本规范对这些部位的细部构造提出了具体要求，详细做法见设计细部构造图。

5.5 工程施工

5.5.3 硬泡聚氨酯板材外保温工程施工

1 各种硬泡聚氨酯板产品都有其标准尺寸，为避免墙面随意划分，减少板材过多裁割而造成浪费，所以必须先绘制排板图，以此设计出最合理的板块布置，尽量减少异形块及现场切割数量。这样既能加快施工速度，又能节约板材用量。

3 将胶粘剂涂抹在硬泡聚氨酯板背面并与墙体基层进行粘结。为保证其粘结牢固，考虑到受风荷载作用、安全要求以及现场施工的不确定性，因此要求胶粘剂的粘结面积不得小于硬泡聚氨酯板材面积的 40%。

5.6 质量验收

5.6.2 主控项目的验收

4 喷涂硬泡聚氨酯保温层的厚度较难掌握，验收时要多处多点采用插针法检查，以此控制其厚度，保证符合设计要求。

5.6.3 由于抹面层和饰面层厚度很薄，只有当保温层尺寸偏差符合《建筑装饰装修工程质量验收规范》GB 50210 规定时，才能保障抹面层和饰面层尺寸偏差符合规定。而保温层的尺寸偏差又与墙体基层有关，本规范第 5.5.1 条第 1 款已规定，外保温工程施工应在墙体基层施工质量验收合格后进行。

5.6.5 因喷涂硬泡聚氨酯无出厂检验报告，而硬泡聚氨酯保温材料的质量与表中所列各复检项目密切相关，并相互制约，因此要求对表中所列各项材料进行检测，才能有效控制硬泡聚氨酯外墙外保温工程主要材料的质量。

中华人民共和国国家标准

钢铁工业资源综合利用设计规范

Code for design of comprehensive utilization of
iron and steel industry resources

GB 50405—2007

主编部门：中国冶金建设协会
批准部门：中华人民共和国建设部
施行日期：２００７年１０月１日

中华人民共和国建设部
公 告

第 622 号

建设部关于发布国家标准
《钢铁工业资源综合利用设计规范》的公告

现批准《钢铁工业资源综合利用设计规范》为国家标准，编号为 GB 50405—2007，自 2007 年 10 月 1 日起实施。其中，第 4.5.2、4.6.9、4.7.5、4.9.1 条为强制性条文，必须严格执行。

本规范由建设部标准定额研究所组织中国计划出版社出版发行。

中华人民共和国建设部
二〇〇七年四月六日

前 言

本规范是根据建设部"关于印发《2005 年工程建设标准规范制定、编制计划（第二批）》的通知"（建标函〔2005〕124 号）的要求，由中冶京诚工程技术有限公司会同中冶长天国际工程有限责任公司等有关单位编制而成。

本规范共分四章，主要内容有：总则；术语；资源综合利用设计基本原则；钢铁工业资源综合利用设计，包括采矿、选矿、原料场、球团和烧结、焦化、炼铁、炼钢和连铸、轧钢（热轧、冷轧）和金属制品、稀土金属、冶金石灰、轻烧白云石和耐火材料、铁合金、炭素、公用和辅助设施。

本规范以黑体字表示的条文为强制性条文，必须严格执行。

本规范由建设部负责管理和对强制性条文的解释，由中冶京诚工程技术有限公司负责具体技术内容的解释。本规范在执行过程中，请各单位注意总结经验，积累资料，将有关意见反馈给中冶京诚工程技术有限公司环境工程技术所（地址：北京市宣武区白广路 4 号，邮政编码：100053，电话 010 - 83587313），以供今后修改时参考。

本规范主编单位、参编单位及主要起草人：

主编单位：中冶京诚工程技术有限公司（原北京钢铁设计研究总院）

参编单位：（按章节顺序排列）
中冶长天国际工程有限责任公司（原长沙冶金设计研究总院）
中冶赛迪工程技术股份有限公司（原重庆钢铁设计研究总院）
中冶北方工程技术有限公司（原鞍山冶金设计研究总院）
中冶焦耐工程技术有限公司（原鞍山焦耐设计研究总院）
宝山钢铁股份有限公司
中冶南方工程技术有限公司（原武汉钢铁设计研究总院）
济南钢铁集团总公司
中冶东方工程技术有限公司（原包头钢铁设计研究总院）

主要起草人：祁国琴　杨晓东　刘志鹏　颜学宏
　　　　　　王　冬　昌梦华　蔡承祐　沈晓林
　　　　　　李少岩　叶　冰　胡政波　钮心洁
　　　　　　胡明甫　李　丽　陈惠民　朱慧玲
　　　　　　庞　宏　周玉莲　范　凯　钱理业
　　　　　　谭小华　吴运广　励哉拱　李友琥
　　　　　　励文珠

目 次

1 总则 ·················· 25—4
2 术语 ·················· 25—4
3 资源综合利用设计基本原则 ······· 25—5
4 钢铁工业资源综合利用设计 ······· 25—5
   4.1 采矿 ················ 25—5
   4.2 选矿 ················ 25—5
   4.3 原料场 ··············· 25—5
   4.4 球团、烧结 ············· 25—6
   4.5 焦化 ················ 25—6
   4.6 炼铁 ················ 25—6
   4.7 炼钢、连铸 ············· 25—6
   4.8 轧钢（热轧、冷轧）、金属制品 ···· 25—7
   4.9 稀土金属 ·············· 25—7
   4.10 冶金石灰、轻烧白云石、耐火
       材料 ················ 25—7
   4.11 铁合金 ··············· 25—7
   4.12 炭素 ················ 25—7
   4.13 公用、辅助设施 ··········· 25—8
本规范用词说明 ·············· 25—8
附：条文说明 ··············· 25—9

1 总　　则

1.0.1 为使钢铁工业建设项目的设计全面贯彻执行国家关于清洁生产、资源综合开发利用的法律、法规和钢铁产业发展政策，发展循环经济，促进清洁生产，节约资源，保护生态环境，提高企业经济效益，走可持续发展道路，制定本规范。

1.0.2 本规范所指的钢铁工业资源综合利用，包括矿产资源的综合开发利用和钢铁工业再生资源的综合利用。

1.0.3 本规范适用于钢铁工业的新建、扩建和改建项目的设计。钢铁工业包括铁矿、锰矿、铬矿采选和烧结、焦化、炼铁、炼钢、轧钢、铁合金、炭素制品、耐火材料、金属制品等工艺及相关配套工艺。

1.0.4 钢铁工业资源综合利用设计，除执行本规范外，尚应符合国家现行的有关法律法规和相关标准的规定。

2 术　　语

2.0.1 循环经济　circular economy

物质闭环流动型经济的简称，其基本含义是指：在物质的循环再生利用基础上发展经济。循环经济是一种"资源—产品—再生资源—再生产品"的反馈式或闭环流动的经济形式。

2.0.2 钢铁工业资源综合利用　comprehensive utilization of iron and steel industry resources

钢铁工业资源综合利用的内容主要包括：对矿产资源进行综合开发利用，提高金属回收率，综合回收共、伴生矿中各种有用成分，开展尾矿、矿渣的综合利用；对钢铁企业生产过程中产生的再生资源（包括各种废渣、废水、废液、废气、余热、余压、可燃气体等）进行综合开发利用，生产高附加值的产品，从而达到节约资源，增加企业经济效益，保护生态环境的目的。

2.0.3 共、伴生矿　coexisting and accompanying minerals

矿石中除含有大量某种主要元素外，往往还共生或伴生其他有用的组分（元素），对这种矿称为共、伴生矿。

2.0.4 可再生资源　renewable resources

人类社会活动（生产和生活）过程中产生的含有有价成分并有回收再利用价值的废弃物料，称为可再生资源。

2.0.5 余热　waste heat

钢铁企业的生产过程大多数是在高温下进行的，其生产产品和排放的烟气和固体废物也大多具有较高的温度（显热）。以环境温度为标准，被考察体系排出的热载体可释放的热称为余热。

2.0.6 余热锅炉　waste heat boiler

以余热为热源生产蒸汽或热水的装置，称为余热锅炉。

2.0.7 余压　excess pressure

以环境大气压为标准，被考察体系排出的压力载体可释放的压力（与常压之间的压差）称为余压。

2.0.8 汽化冷却装置　evaporated cooling device

利用液体蒸发时吸热的原理来冷却热载体的装置。

2.0.9 燃气—蒸汽联合发电　gas and steam combined cycle power plant (CCPP)

由燃气轮机、余热锅炉、蒸汽轮机及发电机等设备组成的联合循环发电系统。

2.0.10 蓄热燃烧技术　regenerative combustion technology

采用蓄热式燃烧装置（由蓄热体、烧嘴、换向阀和快速控制系统组成）的燃烧技术。其工艺系统为：通过烧嘴交替燃烧，换向阀切换燃烧废气和燃气、燃油燃烧用空气的通路，蓄热体反复从燃烧废气中吸收热量（蓄热），并向助燃空气和燃气、燃油散热，然后将高温的热风供给烧嘴。

2.0.11 高炉炉顶煤气余压发电　top gas pressure recovery turbine (TRT)

高炉炉顶煤气余压发电是利用高炉炉顶煤气的压力能，经透平膨胀做功，来驱动发电机发电。

2.0.12 二次能源　secondary energy

由一次能源（从自然界取得的未经任何改变或转化的能源）经过加工或转化得到的能源，称为二次能源。

2.0.13 吨钢综合能耗　comprehensive energy consumption per ton steel

钢铁联合企业内所有各生产厂、车间（包括生产与辅助生产）的年总能耗量（以"kg"标准煤计）与该企业年钢总产量（以"t"计）之比值称为该企业吨钢综合能耗。

年总能耗量必须是将各种能耗按规定的计算方法，分别折算为同一标准单位后的总和。

2.0.14 吨钢可比能耗　comparable energy consumption per ton steel

钢铁联合企业内所有炼焦、球团、烧结、炼铁、炼钢直至成品钢材配套生产所必需的耗能量及企业燃料加工与运输，机车运输能耗及企业能源亏损所分摊到每吨钢的耗能量（以"kg"标准煤计）之和（不计矿山、选矿、耐火材料、炭素制品、焦化回收产品精制、铁合金及其他产品生产、辅助生产及非生产的年总能耗量）与该企业年钢总产量（以"t"计）之比值，称为该企业吨钢可比能耗。

2.0.15 干法熄焦　coke dry quenching (CDQ)

干法熄焦是利用惰性气体在密闭的系统中冷却炽热焦炭的工艺。

3 资源综合利用设计基本原则

3.0.1 贯彻执行国家可持续发展战略，落实国家钢铁产业发展政策、资源综合利用政策和节能、节水等政策。通过结构调整，推行清洁生产，实施废物"资源化"和"减量化、再使用、再循环"的循环经济基本原则，全过程地开展资源综合利用。

3.0.2 坚持资源开发与节约并举、资源综合利用与企业改造和环境保护、节能、节水相结合的原则。最大限度地综合回收利用共生和伴生矿产资源中的有用元素，实现生产过程中产生的废物再资源化，降低原材料、能源和水的消耗，提高经济效益，保护和改善生态环境。

3.0.3 资源综合利用设计应依靠科技进步，加大技术改造力度，积极采用先进生产工艺和技术装备，努力开发高附加值的综合利用产品，全面提高资源综合利用程度和水平。

3.0.4 对矿产资源的综合利用，必须贯彻综合勘探、综合评价、综合开发、综合利用的方针，正确处理当前与长远、局部与整体、单一与综合开发的关系，最大限度地减少资源的损失。对战略性资源必须进行保护性开发。

3.0.5 大力推广钢铁工业少用水、不用水的节水新技术、新工艺、新设备，减少新水用量和废水排放量。

大、中型钢铁联合企业应根据其各生产工序的水处理系统及其排水的水量、水质等情况，建立其相应的循环水系统；并在此基础上，考虑建设全厂性集中污水处理厂，最大限度地回收利用废水资源。

3.0.6 开发和推广效益显著的节能技术，充分回收生产过程中产生的可燃气体和余热、余压等能源，提高能源利用率，降低各生产工序单位产品能耗、吨钢综合能耗和可比能耗。

大、中型钢铁联合企业应通过建立能源管理中心，加强对企业的能源管理。应用计算机对各类能源进行统一的管理、调度，实行能源优化配置。

3.0.7 资源综合利用设施应与主体工程同时设计，在建设项目设计文件中应有相应的资源综合利用设计内容。

4 钢铁工业资源综合利用设计

4.1 采 矿

4.1.1 采矿的资源综合利用设计必须根据已审批的地质勘察报告书和有关资源综合利用的试验研究报告书进行。在地质勘察报告中，对勘探区内共生和伴生矿物，应按地质规范及有关技术要求标准作出全面评价，对具有工业价值的共生和伴生矿产应单独圈定并计算质量和储量。

4.1.2 有综合利用价值的矿床，在合理确定主体矿开采的同时，应圈定共生、伴生矿和表外矿的开采范围及品级，并提出可行的综合开采方案。

4.1.3 有综合利用项目的矿山，应同时确定有利于综合利用的开采方法、回采程序及相应的回采工艺；应根据选矿工艺或加工工艺的要求，论证分采分运、分级加工的可能性和合理性。

4.1.4 对于附带采出在经济上可以利用而暂时没有用户的产品，应选择便于今后二次装运的场地单独堆置，妥善保管。

4.1.5 井下掘进的废石，露天剥离的表土、岩石，应就近就地经济合理地用作建材等材料或用于充填采空区和作为内排土处理，以减少地面堆场和占用农田。

4.1.6 采矿场、废石场（排土场）的复垦作业必须与矿山开采、排弃工艺相协调，统一规划，采掘和复垦并举。有复垦任务的矿山企业，应委托有资质的设计部门进行土地复垦规划设计。

4.1.7 采矿坑外排的含泥沙废水、含重金属离子和其他污染物的废水，排土场的有毒淋溶水以及炸药加工厂废水，应经沉淀或适当净化处理后循环使用。

4.2 选 矿

4.2.1 选矿的资源综合回收设计应根据地质勘探和选矿试验研究部门提供的地质勘察报告书和选矿试验研究报告书进行。资源综合回收的试验方法和试验规模应由设计与研究部门共同确定。

4.2.2 对干式磁选、重选、重介质选矿的尾矿，宜考虑合理的综合利用途径。

4.2.3 矿石洗矿作业宜采取从洗矿溢流中回收有用矿物的措施。

4.2.4 破碎筛分工段干、湿式除尘的尘泥、矿石转运点冲洗的污泥以及磨矿、选别、脱水作业事故、检修时排放的矿浆宜回收利用。

4.2.5 使用重介质选矿工艺时，必须设置介质回收设施，分离出的稀相废液应循环使用。

4.2.6 生产过程中产生的尾矿浆应进行浓缩，并回收其溢流水。破碎、筛分系统湿式除尘设备的排水以及车间冲洗地坪水，经处理后应直接回收利用或排入尾矿系统。尾矿库溢流水宜回收利用。

4.2.7 湿法选矿的最终产品或中间产品脱水时，其溢流水应作为生产回水循环利用。

4.3 原料场

4.3.1 原料场对各工序产生的含铁尘泥、含煤尘泥、石灰石粉尘等，均应就地分类回收，返回原料系统再利用，无法分开的混合尘泥能利用的均应回收利用。

4.3.2 原料场设有混匀设施，应承担送烧结回收利用的固体废物的混匀作业。

4.3.3 参与混匀的含铁污泥必须预先脱水，再送往原料场，并应根据烧结配料要求确定混匀后的含铁固体废物的含铁量。

4.3.4 洗矿废水、冲洗地坪废水及除尘废水等经沉淀池处理后，均应循环使用。

4.4 球团、烧结

4.4.1 原料系统、混合料系统、链箅机—回转窑、带式焙烧机、烧结机、竖炉及成品整粒系统除尘等回收的粉尘，应返回工艺系统作为原料回收利用。

4.4.2 烧结和球团厂（车间）冲洗地坪排水和湿式除尘器排水中所含尘泥的主要成分为精矿粉、溶剂、燃料及烧结矿粉等有用矿物，返回生产系统作为原料回收利用。

4.4.3 球团、烧结湿式除尘系统废水，经加药絮凝、沉淀（浓缩）和过滤等处理后，应考虑串级使用和循环利用。

4.4.4 烧结生产宜推广小球烧结技术，降低粉矿率和燃料消耗；烧结矿显热回收可用于点火空气预热或通过余热锅炉制取蒸汽；有条件的大型烧结厂可利用余热发电。

4.4.5 链箅机—回转窑球团、带式焙烧机球团在生产过程中产生的余热（烟气、热风）应综合回收循环利用。

4.5 焦 化

4.5.1 焦化厂宜采用自动配煤炼焦。

4.5.2 钢铁联合企业新建焦炉必须同步配套建设干熄焦装置。

4.5.3 煤粉碎机室除尘器捕集的煤粉尘应返送回上煤系统；焦处理系统、装煤和出焦以及干法熄焦的除尘地面站等干式除尘捕集的焦粉尘应送烧结厂作为燃料使用；湿法熄焦产生的含焦粉废水应排至粉焦沉淀池，沉淀脱水后的焦粉送烧结厂作为燃料使用。

4.5.4 焦化厂应设有焦油氨水分离、煤气脱硫脱氰、煤气脱氨脱苯等装置。

4.5.5 脱硫脱氰装置的废液，应根据不同的工艺流程，回收相应的化工产品或硫资源。

4.5.6 煤气净化车间冷凝鼓风工段排出的焦油渣、硫铵工段排出的酸焦油宜混入炼焦煤料中回收利用。粗苯工段的洗油再生残渣、溶剂脱酚工段溶剂再生残渣应兑入原料焦油中回收利用。

4.5.7 煤焦油宜采用集中加工处理，新建单套加工装置规模应达到处理无水焦油 10 万吨/年及以上。

4.5.8 粗苯精制宜采用加氢精制技术，新建单套加工装置规模应达到 5 万吨/年及以上。

4.5.9 酚精制残渣宜直接配制燃料油等油品。

4.5.10 工业萘蒸馏、结片包装捕集的升华萘应返回工艺系统。

4.5.11 设备和管道的各类放空液均应分别汇集于放空槽，并返回工艺系统使用。

4.5.12 可收集的蒸汽凝结水应予以回收利用。

4.5.13 酚氰废水处理站预处理除油设施应回收废水中的油类，并将其送煤气净化系统处理后回收利用。处理后排放的净化废水可作为湿法熄焦补充水，有条件时也可作为炼铁冲渣或洗煤补充用水。

4.5.14 生活污水宜作为酚氰废水处理站的工艺用水。

4.6 炼 铁

4.6.1 采用含铁共生矿或伴生矿作为高炉炼铁原料时，对其中的有用元素应采取提炼、回收利用等措施。

4.6.2 高炉炼铁应设置喷煤设施，采用高风温、富氧、脱湿鼓风、精料等技术。应回收筛下小块焦用于高炉炼铁。干熄焦除尘系统收集的焦粉宜作为高炉喷吹料利用。

4.6.3 高炉煤气必须净化后作为二次能源回收利用，并应设置煤气柜。

4.6.4 高炉水冲渣和干渣必须全部综合利用。

4.6.5 高炉干渣应加工处理成矿渣碎石，回收渣中粒铁后用作混凝土骨料或筑路材料等。

4.6.6 回收的粉尘全部作为烧结原料回收利用，含锌、铅、钾、钠等元素较高的粉尘，宜经处理后综合利用。

4.6.7 高炉煤气清洗污泥应回收利用。

4.6.8 间接冷却净废水和浊废水均应循环使用。

4.6.9 高压操作高炉必须设置炉顶煤气余压发电装置。

4.6.10 热风炉应配置烟气余热回收装置，预热助燃空气和煤气。

4.7 炼钢、连铸

4.7.1 钢渣应全部综合利用，并积极开发加工制造成高附加值的产品。

4.7.2 炼钢热熔渣宜建立钢渣处理工艺线。

4.7.3 转炉煤气湿式除尘产生的含铁污泥和干法除尘收集的含铁粉尘应回收利用。

4.7.4 转炉煤气净化废水应经处理后循环使用。连铸二次冷却水处理后应循环使用，水处理系统收集的氧化铁皮及废油应综合利用。

4.7.5 转炉炼钢必须同时配套建设未燃法转炉煤气净化、回收利用系统。

4.7.6 转炉高温烟气应经汽化烟道式的余热锅炉产

生蒸汽回收利用。

4.7.7 连铸坯应热送热装，热送温度应达到400℃以上。

4.7.8 大型电炉炼钢应采用炉内排烟烟气净化及预热废钢技术。

4.8 轧钢（热轧、冷轧）、金属制品

4.8.1 轧钢浊环水经处理后循环使用，水中的油和氧化铁皮应回收利用。大、中型钢铁企业宜设置废油再生站。

4.8.2 轧钢加热炉炉渣及火焰清理机熔渣，应送炼钢、炼铁综合利用。

4.8.3 轧钢和金属制品酸洗过程中排出的各种废酸液，应回收进行再生处理或用其他方法加以综合利用。

4.8.4 热镀锌生产过程中产生的锌尘和锌渣应回收后供冶炼厂回收提取锌。

4.8.5 轧钢生产应采用连轧技术、低温轧制技术、连铸连轧技术和钢坯热送热装技术，实施一火成材，淘汰落后的多火成材工艺。

4.8.6 加热炉宜采用煤气和助燃空气双预热的高效蓄热式加热炉。工业炉应配置烟气余热回收装置，预热煤气和助燃空气。

4.8.7 拉丝机冷却水经过冷却后应全部循环利用，冷却排污水可用于酸洗等工序冲洗钢丝。

4.8.8 含硫酸亚铁、硫酸锌的酸性废水经中和凝聚处理后，宜回收用于拉丝机冷却和钢丝冲洗。

4.8.9 酸洗间高压冲洗水和连续机组钢丝冲洗水，应部分或全部回收用于钢丝的预清洗或预冲洗。

4.8.10 钢丝磷化处理所产生的磷化渣，应用碱处理制取磷酸三钠或提供给化工厂回收利用。

4.8.11 钢丝热镀锌槽排出的锌渣应回收利用。

4.9 稀土金属

4.9.1 对稀土资源应采取保护性开采利用措施，综合回收利用稀土等资源。

4.9.2 稀土资源综合利用同时应加强副产物（非稀土资源）的回收利用。

4.10 冶金石灰、轻烧白云石、耐火材料

4.10.1 石灰石、白云石原料应按粒级范围及性质分别煅烧，最终筛下可供烧结厂、水泥厂作原料使用或筑路使用。石灰泥作为脱硫剂或配入烧结加以利用。

4.10.2 石灰窑出窑粉料、石灰粒度加工产生的粉料及各生产环节除尘所得的粉料，可供建筑和烧结厂使用，也可压球供炼钢厂使用。

4.10.3 除尘器收集相同品种的粉尘宜返回原生产系统。

4.10.4 在钢铁联合企业宜利用煤气煅烧石灰。

4.10.5 冶金石灰生产宜考虑二氧化碳回收和综合利用。

4.10.6 采用无灰燃料煅烧镁砂、白云石砂时，所收集的细粉及粉尘，宜回收利用，有条件的可压球，供炼钢使用。

4.10.7 耐火制品生产中的废坯，宜按比例回混炼工序。

4.10.8 耐火制品生产的废砖，宜回收用于不定型、火泥或制砖颗粒等用途。

4.10.9 对设备冷却用水，应采取措施循环使用或再次利用。

4.10.10 制品埋炭热处理时，应设有粉焦回收再利用设施。

4.11 铁合金

4.11.1 氢氧化铬法生产金属铬过程产生的废液应回收利用。

4.11.2 湿法生产五氧化二钒过程中产生的沉钒废液，宜回收钒。

4.11.3 钼铁生产过程中钼矿焙烧产生的低浓度二氧化硫烟气，应回收利用。

4.11.4 铁合金渣应回收利用。

4.11.5 提钒尾渣是生产五氧化二钒的浸出渣，可用作生产含钒生铁的原料。

4.11.6 冶炼粗磷结垢产生的残留物，可用来生产磷酸和过磷酸钙。

4.11.7 冶炼钼铁产生的含钼粉尘含钼量高，应回炉做原料使用。

4.11.8 冶炼钨铁产生的钨铁粉尘，可作为钨资源回炉使用或用于生产钨酸钠。

4.11.9 还原电炉生产硅铁和工业硅产生的硅尘应综合利用。

4.11.10 锰铁高炉瓦斯灰可作为生产四氧化三锰的原料。

4.11.11 全封闭式电炉煤气的一氧化碳含量高（60%~80%），应作为燃料利用。为减少煤气放散，应配套建设煤气柜。

半封闭式电炉炉气的余热应回收，生产热水、蒸汽或发电。

4.12 炭素

4.12.1 原料库、中碎配料和制品加工各生产环节除尘器收集的粉料和制品加工过程产生的碎料，可返回配料利用。

4.12.2 沥青熔化、凉料、焙烧、高压浸渍等工序沥青烟中回收的焦油和吸附沥青烟的焦粉，宜送混捏配料利用。

4.12.3 石墨化炉填充料分离出焦炭和碳化硅，应综

合利用。

4.13 公用、辅助设施

4.13.1 燃煤锅炉的设计,应符合下列要求:

1 粉煤灰及煤渣应根据当地情况进行综合利用。大、中型燃煤锅炉烟气除尘应采用干法除尘。燃煤的大、中型工业锅炉和自备电厂的建设项目设计,应配置与粉煤灰的处理和综合利用相关的设施。

2 采用干法除尘的燃煤锅炉,应根据粉煤灰的利用途径,设置适当规模的供应原状干灰的贮运设施。

3 钢铁联合企业自备电厂宜使用高炉煤气发电、燃气—蒸汽联合循环发电;不宜采用全烧煤发电。

4.13.2 煤气站的设计,应符合下列要求:

1 煤气站回收的焦油和焦油渣应加以综合利用。

2 煤气站筛下的煤粉应回收供锅炉作燃料用。

3 煤气发生炉的炉渣应根据具体情况加以利用,如用于铺路或制砖等,也可与锅炉煤渣统一处理利用。

4 煤气站煤气冷却洗涤水必须经净化处理后循环使用。

4.13.3 氧气站在进行大型制氧机组设计时,宜设置稀有气体回收装置。

4.13.4 铸造、机械加工的设计,应符合下列要求:

1 机修设施(包括轧辊修磨间)所产生的酸洗废液和废油应回收利用。

2 电镀件漂洗应采用逆流梯级清洗工艺。电镀含铬废液、废水的处理,宜首先回收其中有价值的组分。

3 机修设施产生的金属切屑及边角余料应分类堆存,对于产生金属切屑较多的大型机修设施宜设置打包或压块设施。

4 大型铸造车间的废型砂均宜综合利用。

5 铸造用炼钢炉及化铁炉的炉渣和尘泥,应经处理后综合利用。

4.13.5 乙炔站电石渣可因地制宜加以利用,同时设置必要的贮存和运输设施。

4.13.6 水处理设施的设计,应符合下列要求:

1 各工序冷却用水应采用循环用水。

2 全厂应建立生产废水回收处理站,处理后废水综合利用。对于缺水地区,有条件的应建立雨水回收处理系统。

4.13.7 大型车间及其附属站房采用蒸汽采暖和采暖换热站热媒采用蒸汽换热时,其凝结水应回收利用。

4.13.8 燃油库的含油污水及残油排放的油品应集中收集进行水、油分离,分离出的油品可作为加热炉的燃料使用。

本规范用词说明

1 为便于在执行本规范条文时区别对待,对要求严格程度不同的用词说明如下:

1)表示很严格,非这样做不可的用词:

正面词采用"必须",反面词采用"严禁"。

2)表示严格,在正常情况下均应这样做的用词:

正面词采用"应",反面词采用"不应"或"不得"。

3)表示允许稍有选择,在条件许可时首先应这样做的用词:

正面词采用"宜",反面词采用"不宜";

表示有选择,在一定条件下可以这样做的用词,采用"可"。

2 本规范中指明应按其他有关标准、规范执行的写法为"应符合……的规定"或"应按……执行"。

中华人民共和国国家标准

钢铁工业资源综合利用设计规范

GB 50405—2007

条 文 说 明

目 次

1 总则 …………………………………… 25—11
3 资源综合利用设计基本原则 ……… 25—11
4 钢铁工业资源综合利用设计 ………… 25—12
   4.1 采矿 ………………………………… 25—12
   4.2 选矿 ………………………………… 25—12
   4.3 原料场 ……………………………… 25—13
   4.4 球团、烧结 ………………………… 25—13
   4.5 焦化 ………………………………… 25—13
   4.6 炼铁 ………………………………… 25—13
   4.7 炼钢、连铸 ………………………… 25—14
   4.8 轧钢（热轧、冷轧）、金属制品 …… 25—17
   4.9 稀土金属 …………………………… 25—17
   4.10 冶金石灰、轻烧白云石、耐火材料 ……………………………… 25—17
   4.11 铁合金 ……………………………… 25—17
   4.12 炭素 ………………………………… 25—19
   4.13 公用、辅助设施 …………………… 25—19

1 总 则

1.0.1 钢铁产业是国民经济的重要基础产业，也是资源、能源密集型产业。钢铁生产过程需要消耗大量原、辅料（铁矿石、焦煤等）、燃料（动力煤、可燃气体等）、电能和水等资源、能源。但我国钢铁工业的工艺技术水平和物耗与国际先进水平相比还有相当差距，资源、能源等浪费较大，亟须节能降耗，提高资源、能源的回收率和综合利用水平。

本条款就是依据《中华人民共和国清洁生产促进法》和《钢铁产业发展政策》等法律、政策，结合钢铁企业生产实际，并吸收国内外钢铁工业关于资源综合开发和利用方面的先进技术和经验而制定的。

1.0.2 矿产资源的综合开发利用主要是对开采铁矿资源中共生和伴生的有用成分的综合开发和回收利用，以及尾矿、废渣的二次资源利用；钢铁工业再生资源的综合利用主要是对钢铁生产过程中产生的各种具有利用价值资源的综合利用。

1.0.3 钢铁工业资源综合利用设计为钢铁企业新建、扩建和改建项目设计文件中必须包括的重要组成部分。故本规范适用于钢铁企业的新建、扩建和改建项目的设计。

3 资源综合利用设计基本原则

3.0.1 钢铁工业资源综合利用设计应遵循的基本指导思想是建立循环经济的理念。当代资源环境问题日益严重的根本原因，在于工业化以来采用了以"高开采、低利用、高排放"（所谓两高一低）为特征的"资源—产品—污染排放"单向流动的线性经济模式。为此提出人类社会应建立一种以物质闭环流动为特征的经济，即循环经济。它是一种"资源—产品—消费—再生资源—再生产品"的物质反复循环流动的闭环式经济，从而实现可持续发展所要求的环境与经济双赢。

循环经济的基本原则为"3R"原则，即"减量化"（reduce）、"再使用"（reuse）和"再循环"（recycle）。"减量化"实质是减物质化，原材料少，产品重量、体积小，水资源、能源等消耗少。"再使用"即反复利用原则。"再循环"即再循环、资源化或再生利用原则。通过把废弃物再次变成资源，以减少最终处理。

钢铁工业再生资源的综合利用，要在三个层面加以充分循环利用：一是在企业内部的物质循环；二是在企业和企业之间的物质循环；三是在企业与社会之间的物质循环。

3.0.2 钢铁工业资源综合利用应坚持资源开发与节约并举的方针，并要把节约放在首位。我国的铁矿资源并不丰富，而且是富矿少，贫矿多，国家鼓励企业发展低品位矿采选技术，充分利用国内贫矿资源。我国是一个水资源缺乏的国家，特别是华北、西北地区水资源短缺情况较重。石油、电力等能源也显不足。而钢铁工业对铁矿、能源、水等资源的消耗量又相当大，因此必须十分注意对资源的节约，坚持开发与节约并举的方针。近年来我国钢铁工业的生产实践表明，钢铁企业节能、节水、降低原材料消耗的潜力很大，不少钢铁企业将资源综合利用与企业结构调整、推行清洁生产、企业技术改造和环境保护、节能、节水相结合，已创造出了不少好经验，取得了显著成效，提高了企业经济效益。

我国稀土资源储量丰富，包头白云鄂博铁矿床中共生稀土和铌，属铌—稀土—铁矿石型铁矿。四川省攀枝花和河北省承德市大庙等地区有大型的综合性钒钛磁铁矿。对这些具有战略性意义的共、伴生矿资源，应采取保护性开采利用措施，着重研究共、伴生矿的综合利用。

3.0.3 钢铁工业资源综合利用应依靠科技进步，采用先进的生产工艺和技术装备，以提高资源的综合回收率和综合利用水平。特别是对稀土、钒、钛等资源的综合回收利用，国内的生产技术水平与国外有较大差距，需要加强科研工作，自行开发研究、掌握新技术。

3.0.4 矿产资源开发利用中要有效地保护和合理地开发利用资源，做到综合勘查评价，科学合理开采，综合回收利用，不断提高矿产资源开发利用水平。

对暂时还不能综合开采，或必须同时采出而暂时还不能综合利用的，具有工业价值的共生和伴生元素的矿产以及含有有用组分的尾矿及冶金渣，应采取有效的保存措施，防止损失和破坏，以备将来利用。

3.0.5 水资源是钢铁工业生产不可缺少的资源，而水资源又是我国十分短缺的资源，因此要大力节约用水。2001年10月原国家经贸委颁布了《工业节水"十五"规划》，要求钢铁行业的工业用水重复利用率提高到91%以上，其中普钢为93%，特钢为90%。2005年7月国家发展和改革委员会颁布了《钢铁产业发展政策》，要求全行业2005年吨钢耗新水12t以下，2010年吨钢耗新水8t以下，2020年吨钢耗新水6t以下。钢铁行业开展节水要组织以高炉煤气干法除尘（代替湿式除尘）、废水处理及回用等节水技术为主的重大示范工程；推行清洁生产，实现废水减量化，促进废水循环利用和综合利用，实现废水资源化。

3.0.6 钢铁联合企业在生产过程中产生大量二次能源（包括焦炉煤气、转炉煤气和高炉煤气）和具有相当高温度的烟气（炉气）、半成品和成品。上述煤气各有不同的热值（化学热），可作为燃料使用。高压炉顶的高炉煤气压力较高（≥0.15MPa），具有压力能，可通过透平膨胀机将其转化为机械能，驱动发电机发电。焦炉生产的焦炭，出炉时温度很高，每吨赤热的红焦含显热1600MJ，如采用干法熄焦可回收热量发电。热烧结矿冷却废风温度较高（达300～400℃），其余热可回收利用。连铸机生产的连铸坯热态时温度可高达800℃以上，如不经冷却直接热装热送进行轧制就可节约燃料用量。由此可见，钢铁联合企业如能充分回收利用生产过程中产生的余热、余压等二次能源，对提高能源利用率、降低吨钢综合能耗和吨钢可比能耗将会发挥重要作用。

钢铁联合企业加强对企业各部门的能源管理，对企业优化能源配置、做好节能工作具有重要意义。上海宝钢建立能源管理中心后取得了很好效果，其经验值得学习。

3.0.7 钢铁企业在进行新建、扩建和改建工程项目时，为保证其资源综合利用设施与主体工程同时建成投产及时发挥作用，资源综合利用设施设计应与主体工程设施设计同步进行。在建设项目设计的各专业设计文件中应有相应的资源综合利用设计内容，同时上报有关部门审查批准。

4 钢铁工业资源综合利用设计

4.1 采 矿

4.1.1～4.1.4 我国很多金属矿床中除了主要元素外，还含有多种共生、伴生元素，尤其是许多稀、贵金属都与其他元素伴生于多元素共生矿床中，必须进行综合回收和利用。由于我国目前多数矿山的回采率达不到设计指标，资源综合利用指数只有50%左右，许多可以综合利用的组分尚未利用，因而造成了环境污染。为此，根据《中华人民共和国矿产资源法》第二十五、二十九、三十条以及国务院《关于进一步开展资源综合利用的意见》中的相关要求，制定4.1.1～4.1.4四条规定。

4.1.5、4.1.6 采矿产生的弃土、废石量大，长期、大量的地表堆存已造成对土地和环境较严重的破坏和影响。为保护、节约我国有限的土地资源，并减轻对环境的影响，根据《中华人民共和国矿产资源法》第二十三条和《土地复垦规定》第八、九、十条以及相关的资源综合利用法律法规，特作此两条规定。

4.1.7 采矿过程产生的各种废水直接外排既造成环境污染，又浪费水资源，应经沉淀或进行适当净化处理回用于生产或作为洒水除尘及绿化用水等。

4.2 选 矿

4.2.1 根据地质勘探部门提供的地质勘探报告书，可以确定矿石储存量、矿床类型、矿物组成、化学成分、结构构造、有用矿物粒度和嵌布特征、伴生有益有害成分及可供综合回收成分的分布情况和赋存状态等，从而确定综合回收的有用矿物和资源，并确定其建设规模。

选矿试验资料是选矿工艺设计的主要依据。选矿试验成果不仅对选矿设计的工艺流程、设备造型、产品方案、技术经济指标等的合理确定有着直接影响，而且也是选矿厂投产后，能否顺利达到设计指标和获得经济效益的基础。确定试验单位后，设计单位应提出选矿试验方法及规模等试验要求，一般也会了解采样及试验的全过程；回收主要目的矿物时，对综合回收其他有用矿物也应提出试验方法及规模等要求；对选矿试验产生的废水、废气以及其他放射性和有毒元素等提出防治措施；同时提出浮选试验尽量采用无毒、无污染的药剂等要求。

4.2.2 磁选、重选（如摇床、跳汰、重介质选矿）的尾矿，如果有回收价值，应增加有用矿物的选别流程，予以综合回收。如没有回收利用的可能，则可用作高炉护炉材料（混凝土骨料或水泥掺和料）或建筑材料及地下采矿充填料等。

4.2.3 含泥较高的矿石，不利于破碎和筛分。选矿厂处理此类矿石在破碎前会增加洗矿作业，洗矿后的溢流一般品位较高，且不需要磨矿，故应从溢流中回收高品位精矿。例如，海南铁矿的富粉溢流选矿厂就是专门处理次生粉矿和洗矿溢流的选矿厂，从1985年建成生产至今为铁矿创造了可观的经济效益，也为环境保护作出了较大的贡献。

4.2.4 选矿厂设计时，在主厂房都会考虑建污水泵池，位置选在车间的最低平台，专门收集破碎筛分系统除尘的尘泥、冲洗地坪的污水及各段作业检修排放的矿浆，通过污水泵扬送到磁力脱水槽或浓泥斗集中处理后，溢流水返回选别作业进行精矿回收。

4.2.5 重介质（密度大于水的介质）选矿常用黄铁矿、方铅矿、硅铁和刚玉废料等作为加重剂（粒度为2～3mm），入选矿石（50～150mm）在重介质中沉浮而得到轻、重产品。由于重介质选别后可用重、磁选等方法回收重复利用，因此必须设置重介质回收设施，具体回收方法要视采用的加重剂的性质而定。脱介采用直线振动筛，脱介后的稀相废液，可用空气提升器提升（用泵磨损太大），返回流程循环使用。

4.2.6、4.2.7 选矿厂生产用水大部分伴随精矿和尾矿流走，精矿必须浓缩、过滤脱水后才能成为合格产品，尾矿必须浓缩后高浓度输送到尾矿库。由此将产生大量的溢流水，若外排会造成资源浪费及污染环境。因此，精、尾矿浓缩时的溢流水以及其他辅助设施的排水，均应进入循环水泵房，通过循环水泵扬送，返回流程循环利用。

4.3 原料场

4.3.2 作为烧结配料回收利用的含铁固体废物须先与其他原料混匀后送往烧结。故要求原料场设有混匀设施承担此项混匀任务，为烧结综合利用这些含铁固体废料提供有利条件。进入原料场参与混匀的固体废物，一般有高炉灰、转炉灰、转炉渣、烧结粗粒除尘灰、粒铁、氧化铁皮、含铁尘泥、石灰泥饼等。

4.3.3 为保证做好含铁污泥入混工作，根据国内原料场的生产实践经验，提出入混含铁污泥的含水率要求。一般将其含水率降至15%～20%，北方地区为防止污泥冻结，含水率应控制在10%以下。

4.3.4 为了节约用水，对洗矿废水等经必要净化处理后循环利用。

4.4 球团、烧结

4.4.1、4.4.2 该条文所提及的回收粉尘返回生产系统参加配料，既可充分利用资源，又能消除对环境的污染。

4.4.3 球团、烧结湿式除尘系统的废水经有效的方法处理净化后，可以串级使用或循环使用。

4.4.4 我国烧结原料以细精矿为主，粒度细，透气性差，影响烧结产量和质量的提高，其生产能耗也高。利用小球烧结技术可以解决上述一系列问题。它可以增产10%，烧结矿燃耗降低10kg/t，小球烧结矿的氧化铁含量较传统工艺烧结矿低3%，高炉生产吨铁可节焦21kg。小球烧结现为国家推广采用的烧结节能技术。烧结成品矿冷却的热废风经除尘后回烧结机，可节约点火煤气20%～25%。

4.5 焦 化

4.5.1 捣固炼焦在达到相同焦炭质量的条件下，其装炉煤中高挥发分气煤配比可增加20%左右；配型煤炼焦在达到相同焦炭质量的条件下，其装炉煤中高挥发分气煤配比可增加10%～15%。根据我国煤源具体情况（我国炼焦煤资源中50%以上的煤属气煤），采用捣固炼焦和配型煤炼焦对于合理地利用我国炼焦用煤，扩大炼焦用煤资源有着深远的意义。

4.5.2 干法熄焦装置能回收80%红焦的显热生产蒸汽发电，同时还有保护环境和提高焦炭质量的优点。

4.5.5 氧化法焦炉煤气脱硫一般均产生有害的脱硫废液，因此必须进行处理。当以煤气中的氨为碱源时，废液中主要有害物是硫氰酸铵和硫代硫酸铵等铵盐。比较简单的处理方法是将废液回兑到炼焦配煤中，使这些铵盐在炼焦过程中还原分解为硫化氢等成分进入荒煤气中，再随煤气净化处理。由于硫氰酸铵和硫代硫酸铵既是有害物又是宝贵的化工原料，还可采用蒸发、浓缩、结晶的方法提取这两种盐。比较彻底的处理方法是将废液与回收的硫黄混在一起，采用焚烧的方法制取硫酸。

4.5.7 焦油加工的基本方向就是最大限度地从焦油中分离产品。由于焦油是非常复杂的混合物，其中许多组分的含量小于1%，所以只有将焦油集中加工，建设大型的焦油蒸馏装置才能有效地得到数量足够的中间馏分，从中提取用途广泛的稠环化合物。

4.5.8 粗苯精制采用加氢精制技术是世界发展的趋向。早在20世纪60年代，世界上技术发达的国家已经淘汰了酸洗精制工艺，并用加氢精制工艺取代。粗苯加氢精制苯的产率高，几乎占原料中苯的100%。苯产品能达到合成苯的指标（如噻吩含量1ppm左右）。

4.5.12 可收集的凝结水主要指生产装置蒸汽间接加热器的凝结水和采暖蒸汽凝结水。$6×10^5$t/a规模焦化厂可回收的凝结水量可在5t/h以上，节约资源效果明显。

4.5.14 回收生活污水主要目的是节约新水，同时减少外排污染物总量。回收的生活污水作为生化处理的工艺水，可以对含高浓度酚、氰、化学需氧量（COD）的焦化废水起到稀释作用，有利于提高生化处理效果。此外，生活污水还可为微生物提供营养。

4.6 炼 铁

4.6.1 目前我国采用含铁共生矿或伴生矿作为炼铁原料产生的炉渣中的有用元素尚未得到较好的利用。如某钢铁厂的含钒、钛高炉渣除少量由水泥厂用于生产水泥外，大部分用于生产渣砖。对该炉渣中的钒、钛元素，目前还没有可行的综合利用技术，因此应鼓励相关综合利用技术的开发和研究，促进资源综合利用技术的发展。

4.6.2 焦煤作为生产冶金焦的主要原料，受到焦煤资源短缺的限制，高炉喷吹煤粉是一种替代冶金焦的先进技术，新建高炉均应设置喷煤设施。煤粉喷吹量是衡量高炉技术装备水平的重要技术指标之一，一般向高炉炉缸内喷吹1t煤粉可以替代0.8t冶金焦。

目前国内冶炼1t生铁的最高喷煤量为220kg/t，不应超过250kg/t。高炉的喷煤量与富氧率、风温、脱湿鼓风有关，富氧率为0～3%时，喷煤量为110～180kg/t铁；风温提高到1200～1250℃并进行脱湿鼓风时，喷煤量可增加到150～220kg/t铁。

4.6.3 高炉煤气是钢铁联合企业的重要气体能源，占钢铁联合企业回收的全部煤气的60%左右（以热值计），占钢铁联合企业能源消耗的22%左右。就炼铁单元来说，使用的高炉煤气量占工序总能耗的35%左右。因此高炉煤气的回收率和利用率不论是对全厂能耗指标还是对工序能耗指标的影响均很大。高炉煤气的回收和净化工艺已经成熟，目前煤气净化技术能够达到含尘5~10mg/Nm³。作为一种可利用的资源和能源，高炉煤气应纳入全厂煤气平衡，设置煤气柜。采用高炉煤气—蒸汽联合循环发电、全烧高炉煤气锅炉，热风炉采用带有附加燃烧炉的双预热装置等，以充分利用低热值高炉煤气。

4.6.4 高炉渣的综合利用途径广泛，可作矿渣水泥生产的掺和料、生产水渣微粉、混凝土骨料、筑路材料、膨胀矿渣珠、矿渣棉、铸石等，其中应用最广泛的是利用高炉水冲渣作矿渣水泥的掺和料。近几年对高炉渣的综合利用又成功开发了生产水渣制微粉的利用途径，其生产工艺简单，产生的经济效益比直接出售水渣更高，使资源利用效果有明显的改善。高炉水渣通过磨细制成水渣微粉后同样用于建筑行业，主要用途是在生产混凝土时直接替代水泥使用，水渣微粉替代水泥的比例在40%~50%时，混凝土在强度性能、抗硫酸盐侵蚀性能、抗氯离子侵蚀性能、工作黏性、粘聚性和抗离析性能等方面比普通水泥性能优越，并且可降低混凝土生产成本。由于水渣微粉社会需求量大，使用广泛，效果良好，能够降低综合利用过程中的能耗和成本，是一种很有发展前景的综合利用途径。

4.6.5 回收粒铁后的高炉干渣和工业垃圾经破碎后，可按渣块的不同粒度进行分级贮存，以便于不同用途的综合利用，如用于作混凝土骨料、筑路材料、填方料等。宝钢的高炉干渣和工业垃圾按此分类处理，目前的综合利用率达到100%。

4.6.6、4.6.7 高炉除尘灰一般含铁32%~48%，除铁元素可利用外，其中的碳、氧化钙、氧化镁等都是高炉冶炼的有用成分，若弃置不用是对资源的浪费，同时又污染环境。除尘灰回收利用方式很多，可制成小球团配入烧结料中，也可压块后利用，或者进入原料堆场，经混料后配入烧结料中，也可以用作水泥生产的辅助配料等其他用途。

高炉冶炼过程中，铁矿石中的锌易富集在煤气净化除尘灰或煤气清洗污泥中，炉料中的锌是高炉冶炼的有害元素，它在高炉炉内对高炉炉衬有破坏作用。对含锌较高的含铁尘泥，可采用转底炉脱锌后予以利用。转底炉脱锌工艺是通过对含锌尘泥造球或压块，经火法焙烧制得金属化球团，经脱锌后的金属化球团可直接进高炉冶炼。转底炉烟气经冷却后可回收锌尘，作为有色金属回收利用。

4.6.8 高炉耗用的生产用水量很大，废水直接排放一方面是对水资源的浪费，另一方面会产生环境污染，高炉废水的主要污染物为总悬浮颗粒物（SS）、酚、氰、硫化物等，其中酚、氰毒性很大，对水生态造成的危害是灾害性的影响。

循环用水是节约水资源的有效途径之一。高炉生产用水应根据其水质特征分别设置独立的循环水系统，如软水循环系统、间接冷却水循环系统、煤气洗涤水循环系统、冲渣水循环系统、铸铁机冷却水循环系统、干渣冷却水循环系统等等。高炉生产采用间接冷却水—煤气洗涤水—冲渣水循环系统的串接排污和水质稳定技术可提高循环利用率，达到生产废水不排放的效果。在近海的钢铁厂应充分利用海水作为冷却介质，以节约淡水资源。

4.6.9 国家发展和改革委员会于2005年7月颁布的《钢铁工业产业政策》规定新建高炉必须同步配套高炉余压发电装置（TRT），回收采用高压操作高炉的炉顶煤气余能。高炉余压发电装置产生的能源利用和经济效益是可观的，根据宝钢从2000~2004年的统计，每生产1t铁TRT回收的电量为34.3~39.8kW·h。

高炉煤气应积极采用干法除尘和干法TRT工艺。它与湿法工艺比较，高炉煤气干式净化后的压力损失和温度损失都小得多，能使炉顶余压发电装置多回收36%左右的电能。

4.6.10 热风炉烟气温度一般为250~300℃，排出烟气的余热应回收利用，配置烟气余热回收装置用来预热助燃空气和煤气，提高助燃空气和煤气的温度，减少热风炉煤气消耗量。同时热风管道应采用高效隔热内衬；冷风管道应加强外保温，减少管道热损，提高热风温度。

4.7 炼钢、连铸

4.7.1 现行炼钢生产方法主要是转炉炼钢法和电炉炼钢法。炼钢生产过程中为了去除铁水（钢水）中硫（S）、磷（P）等有害杂质，必须在炉内加入一定量的石灰、萤石等辅料，形成钢渣（炉渣）而外排。转炉产生的钢渣为转炉钢渣；电炉炼钢产生的钢渣，分为氧化渣（氧化期产生的）和还原渣（还原期产生的）。转炉钢渣的产生量为130~240kg/t钢，电炉钢渣的产生量为150~200kg/t钢。钢渣的化学成分见表1。

表1　各类钢渣的化学成分（%）

名称	二氧化硅	三氧化二铝	氧化钙	氧化镁	氧化锰	氧化亚铁	硫	五氧化二磷	游离氧化钙	碱度
转炉钢渣	12~25	3~7	46~60	5~20	0.8~4	12~25	<0.4	0~1	1.6~7	2.1~3.5
电炉氧化渣	21.3	11.05	41.6	13.48	1.39	9.14	0.04	—	—	1.18
电炉还原渣	17.38	3.44	58.53	11.34	1.79	0.85	0.10	—	—	3.6

钢渣的主要矿物组成为硅酸二钙（$2CaO \cdot SiO_2$）、硅酸三钙（$3CaO \cdot SiO_2$）、铁酸钙（$2CaO \cdot F_2O_3$ 和 $CaO \cdot F_2O_3$）及 RO 相，它与水泥熟料的化学成分相似，具有水硬胶凝性。

钢渣的综合利用：钢渣经预处理（如滚筒法、热闷法、热泼法等）后回收废钢，然后经加工处理后，根据其不同性质可有多种用途，其生产技术已趋成熟。现在钢渣已被成功地用作钢铁冶炼的熔剂，作水泥掺和料或生产钢渣矿渣水泥，用于筑路或回填工程材料，生产建材制品，作农肥及土壤改良剂等。

1 作钢铁冶炼熔剂。 转炉钢渣一般都含 46%～60%的氧化钙，1t 钢渣相当于 700～750kg 的石灰石。因此转炉钢渣可以代替石灰石作为烧结、炼铁生产所需的熔剂。

2 作水泥掺和料或生产钢渣矿渣水泥。 由于钢渣具有活性，可以作为普通硅酸盐水泥的掺和料，一般可掺 10%～15%钢渣。

高碱度钢渣含有大量硅酸三钙、硅酸二钙等活性矿物，将经过处理的钢渣与一定量的高炉水渣、煅烧石膏、水泥熟料及少量激发剂配合球磨，可生产成与普通硅酸盐水泥指标相同的钢渣矿渣水泥。

电炉还原渣除含有大量硅酸三钙、硅酸二钙外并具有很高的白度，与煅烧石膏和少量外加剂混合、磨制，可生产成符合国标要求的白水泥。

3 用于筑路和回填工程材料。 钢渣抗压强度高，陈化后性能基本稳定。因此陈化钢渣可用作路基材料和回填工程材料。特别是因钢渣具有活性，能板结成大块，用钢渣在沼泽地筑路，更具有其他材料不能替代的效用。

4 生产建材制品。 将钢渣与粉煤灰或炉渣按一定比例配合磨细、成型、养生，即可生产成不同规格的砖、瓦、砌块、板等各种建材制品。

5 作农肥和酸性土壤改良剂。 钢渣含钙、镁、硅、磷等元素。对含二氧化硅超过 15%的钢渣，将其磨细至 60 目以下，可作硅肥用于水稻田；含五氧化二磷超过 4%的钢渣可作为低磷肥料用。对含钙、镁高的钢渣，经磨细后可用作酸性土壤的改良剂。

6 回收废钢。 钢渣一般含 7%～10%废钢，经加工磁选后，可回收其中 90%的废钢，其经济效益可观，并节省钢铁资源。

4.7.2 转炉炼钢产生的熔融钢渣（炉渣）在冶炼结束后倒入渣罐。电炉炼钢氧化期产生的熔融钢渣在氧化期结束后由炉内倒入渣罐，还原期产生的熔融钢渣在还原期结束后炉内倒入渣罐。装入高温钢渣的渣罐由渣罐车运至炉渣间，而后进行处理。一套完整的钢渣处理工艺可分为四个工序：预处理工序、加工工序、陈化工序和精加工工序（四个工序可根据企业使用要求予以取舍）。预处理工序的任务是将熔渣处理成粒径小于 300mm 的常温块渣，以备下步工序加工用；加工工序的任务是对钢渣进行破碎、筛分、磁选，以取得不同含铁量和粒径的产品。鞍钢、首钢从德国引进液压抬铁保护装置的颚式破碎机和锤式破碎机，解决了破碎机卡钢问题，延长了使用寿命，提高了产量，但投资较大。唐钢从日本引进自磨机，将钢渣破碎分级。

对干渣应根据情况建立干渣处理系统，设置干渣堆放、破碎、磁选和筛分等设施。

4.7.3 炼钢除尘系统回收大量炼钢烟尘和尘泥。对这些污泥和粉尘，经过加工制成小球或压块，用作炼钢熔剂；也可送烧结厂加以综合利用，但其含水率应满足烧结配料的要求。

转炉采用传统的湿式烟气净化系统，产出的是转炉尘泥；采用干式烟气净化系统，产出的是转炉粉尘。转炉尘泥的产生量为 7～15kg/t 钢，其主要化学成分为氧化亚铁、氧化铁、氧化钙、二氧化硅、三氧化二铝、氧化镁、氧化锰等，其中总铁含量可达 50%～62%。电炉烟气净化系统为干法除尘，产出的是电炉粉尘。电炉粉尘的产生量为 10～20kg/t 钢，其主要化学成分为氧化亚铁、氧化钙、二氧化硅、氧化镁、锌、铅等，其中总铁含量低于转炉尘泥，小于 40%。因为这些尘泥和粉尘的含铁量比较高，是有利用价值的含铁资源，都予以回收利用。对这些尘泥和粉尘，经过加工制成小球或压块，用作炼钢熔剂；也可送烧结厂作为烧结配料予以综合利用。将含水 25%～30%的尘泥与烧结厂的返矿混合成球（含水率小于 10%）后加入烧结料中配料，可提高混合料的透气性，改善烧结过程。

上海宝钢 250t 转炉烟气净化引进"LT"系统（干式静电除尘）。烟气溢出炉口进入裙罩中，大约有 10%燃烧掉，然后经过烟道冷却后进入蒸发冷却器，冷却烟道中产生蒸汽送入管网。在此过程中烟气中的粗灰被除去，最后在除尘器中进行静电除尘，其效率达 99.99%。蒸发冷却器的粗灰以及静电除尘器除尘的细灰，送到压块系统中去，在回转窑前先进行混合，然后进入回转窑进行加热，加热后的粉尘再利用压辊挤压成块状，然后再进一步进行冷却，冷却后的压块作为炼钢熔剂使用或者送到废钢间作为废钢使用。

4.7.4 我国是发展中国家，又是贫水国家，水资源供需矛盾十分突出。钢铁工业是用水大户，节水任务十分紧迫。目前国内钢铁企业转炉烟气净化多数还是采用湿式除尘（OG 法），仍有部分生产废水外排，既浪费水资源，又对环境造成污染影响。对转炉烟气净化废水（二级文氏管洗涤废水）应该采取先进有效的治理技术，努力提高水的循环率，实现闭路循环。

武钢二炼钢厂转炉烟气除尘系统原设计废水为直接排放，使用后的转炉烟气废水经处理后达标直排长江。为了消除这部分废水对长江水域造成污染，该厂与转炉扩容改造工程同步进行烟气净化废水循环回用工程建设。废水治理工艺为：转炉烟气净化废水经架空明槽进入粗颗粒分离装置，分离出60μm以上的粗颗粒，溢流水进入分配池，在此投加絮凝剂聚丙烯酰胺溶液，然后分流进入两座辐射式沉淀池和一座VC沉淀池。出水经冷却塔降温后流入吸水井，并投加ATMP阻垢剂，最后经泵房加压后供除尘设备循环使用，沉淀池污泥由三台带式压滤机脱水后用作烧结混合料。治理前后水质变化情况如下：

进水水质：总悬浮颗粒物（SS）1800～3700mg/L，pH值为9～8，Ca^{2+}为90～610mg/L，Mg^{2+}为5～18mg/L，总硬度2～16mmol/L。

出水水质：总悬浮颗粒物（SS）≤50mg/L，水温＜35℃。

根据上述调查了解情况，氧气转炉烟气净化湿式除尘废水经治理后实现循环运行是可行的，技术上是成熟的。

连铸二次冷却废水主要指连铸二次冷却区直接冷却设备和钢坯所产生的废水以及连铸后步工序中火焰清理机的除尘废水。这些废水中主要含氧化铁皮和油，其处理方法一般采用沉淀、除油、过滤、冷却、水质稳定和循环利用等措施。沉淀和除油一般用铁皮坑和二次沉淀，以除去氧化铁皮，同时用吸油器将油除去，再经过快速过滤器过滤后冷却回用。近年来又有所发展，利用重力式水力旋流池代替铁皮坑，旋流池出水直接送压力式快速过滤器。为了满足用水的要求，须在冷却水系统中投加阻垢、缓蚀等水质稳定药剂。

上海宝钢现有3套连铸浊循环水处理系统，均借鉴国内外经验，其水质见表2。

表2 上海宝钢3套连铸浊循环水处理系统水质

项 目	1900连铸		1450连铸		电炉圆坯连铸	
	供水	回水	供水	回水	供水	回水
水量（m³/h）	2850		1850		260	
pH值	7～9	7～9	7～9	7～9	7～9	7～9
水温（℃）	35	55	≤33	50～60	35	55
SS（mg/L）	≤20	400	≤20	220	≤20	1580
油（mg/L）	≤5	30	≤5	25～30	≤3	≤8
循环率（%）	97.5		95.2		95	
浓缩倍数	2.29		2.5		2.0	

根据1995年原冶金部发布的《连铸工程设计规定》YB 9059—95中有关连铸机用水水质参考指标（二次喷淋冷却水部分），总悬浮颗粒物（SS）为≤20mg/L，油为≤15mg/L。上述经处理后的部分连铸回水的总悬浮颗粒物（SS）、油的浓度没有达到连铸机用水水质要求。后来宝钢又进一步采取措施，将水中含油在铁皮坑外环部分离上浮至水面，经挡油板和撇油机被撇除。经上述处理后的水含总悬浮颗粒物（SS）约60mg/L，油5～10mg/L，再送往高速过滤器进一步净化除油，达到总悬浮颗粒物（SS）不大于15mg/L，油不大于5mg/L。

根据上述调查了解情况，连铸生产废水经加强治理后是可以实现循环使用的。

4.7.5、4.7.6 炼钢转炉煤气平均含有70%的一氧化碳量（最高为90%），每立方米转炉煤气的热值为7527kJ（1800kcal）以上，是宝贵的优质能源。转炉炼钢时由于炉内发生化学反应而产生含大量CO的烟气。在吹氧初期和吹氧末期的数分钟内，因炉气发生量少，并且CO含量较低，采用开罩操作，使炉气在炉口与一定比例的空气混合燃烧。除了吹氧初期和末期外，炉气中一氧化碳含量随着冶炼时间的延长而增多，此时为了回收转炉煤气而改为闭罩操作，以限制炉气在炉口燃烧（称为未燃法）。如果转炉炉口未设置活动烟罩，炼钢时不能进行闭罩操作，则炉气在炉口与空气充分混合而燃烧致使炉气中一氧化碳被烧掉（称为燃烧法），无煤气回收可言，造成大量能源的浪费。

转炉炼钢采用未燃法，每生产1t钢可回收60m³以上转炉煤气，随着生产管理水平的提高，其回收量还可增加。宝钢转炉煤气的回收量已经达到吨钢100m³左右，从而达到了"负能炼钢"水平。转炉煤气回收及其综合利用（包括煤气回收量和煤气质量），与钢铁企业节能降耗、增加经济效益、环境保护息息相关。为了能更有效地回收利用转炉煤气，完善转炉煤气的净化和回收利用系统，本规范明确规定"炼钢转炉必须同时配套建设未燃法转炉煤气净化、回收、利用系统"。

炼钢转炉内炉气的温度极高（1450℃），它从炉口逸出经全汽化冷却活动烟罩收集，进入全汽化冷却烟道内进行热交换，回收蒸汽，并使烟气温度降至900℃左右，再进入溢流定径内喷文氏管进行灭火、降温和粗除尘。采用"OG"法的转炉烟气净化系统（湿法），其烟气经汽化冷却系统可回收的蒸汽量为35kg/t钢（如增设蓄热器后可达70kg/t钢）。采用"LT"法的转炉烟气净化系统（干法），其烟气经汽化冷却系统可回收的蒸汽量为60kg/t钢。由此可见，转炉烟气气化冷却系统可回收的能源也是相当可观的，故本规范第4.7.6条还规定"转炉高温烟气应经汽化烟道式的余热锅炉产生蒸汽回收利用"。

4.7.7 连铸机直接铸出的连铸坯，其温度相当高，可达1100℃左右。如果连铸坯在冷状态下送往轧机轧制，则必须经加热炉加热到可轧制温度，需要多消耗能源。现在连铸坯多采用热送热装技术，即连铸坯在500～700℃以上热状态下装入加热炉，除用辊道直送外，可用保温箱运送，以协调连铸与轧钢生产，起到缓冲作用。轧制中采用相应的保温技术，如热卷箱技术，辊道保温技术等。这样就可以把连铸坯的余热回收利用。采用冷坯装炉时，平均热耗为2.01～2.09GJ/t；如50%～70%板坯热装时，平均热耗可降至0.98～1.15GJ/t，与冷装相比，加热炉能耗可降低80～120MJ/t。目前连铸坯热送热装，可以不经加热炉，在其输送过程中通过补热和均热，使铸坯达到可轧制温度直接送轧机轧制。连铸坯热送热装现有几种工艺：连铸坯热装（HCR）、连铸坯直接热装（DHCR）、连铸坯直接轧制（DR）。采用连铸坯热送热装工艺可提高成材率0.5%～1.5%，简化生产流程，缩短生产周期。

4.7.8 电炉炼钢多采用高功率和超高功率电炉。电炉在吹氧冶炼过程中，炉内产生大量赤褐色烟气，其温度可达1300℃以上。为了回收利用电炉烟气的显热（物理余热），一般采用预热废钢的方式。

4.8 轧钢（热轧、冷轧）、金属制品

4.8.1 轧钢产生的氧化铁皮是可回收利用的再生资源，一般多用作烧结配料。轧钢氧化铁皮经脱水、脱油处理后可与其他含铁尘泥混合作烧结原料，也可单独用作炼钢的化渣剂和生产粉末冶金的原料。大、中型轧钢厂的废油（主要是润滑油及水处理设施收集的含水废油等）再生一般可采用加热分解的方法，冷轧含水乳化废油可采用超滤法处理。

4.8.2 轧钢加热炉炉渣及火焰清理机熔渣经过破碎加工处理，可代替矿石作为炼钢用的冷却剂、氧化剂，或供高炉作为校正高炉炉况和用于清洗炉瘤用。

4.8.3 轧钢和金属制品各种废酸液处理工艺应根据其成分、数量及综合利用的经济效益等因素确定，处理工艺有：

  1 硫酸酸洗废液可采用冷冻结晶法、无蒸发冷冻结晶法、真空浓缩冷冻结晶法得到硫酸亚铁结晶，脱盐后的硫酸液返回酸洗机组使用。此外还可用铁屑法使游离酸全部生成硫酸亚铁。

  2 盐酸酸洗废液可采用喷雾焙烧法、硫化床法再生，回收盐酸和三氧化二铁。

  3 硝酸一氢氟酸酸洗废液可采用一次减压蒸发法、溶剂萃取法、树脂床或喷雾焙烧法等回收硝酸、氢氟酸。

4.8.4 热镀锌生产产生的锌尘、锌渣为可供利用的含锌资源，收集后可供冶炼厂回收锌，既综合利用了资源，又可消除其对环境的污染。

4.8.6 轧钢加热炉采用高效蓄热式燃烧技术，可使燃烧产生的高温烟气的余热被充分回收利用，提高煤气和助燃空气的预热温度。从而使加热炉燃料全部采用较低热值的高炉煤气，有利于节能。

4.8.7～4.8.9 该条文是对金属制品厂一些生产废水进行回收利用的规定，以节约用水。

4.8.10 钢丝磷化处理产生的磷化渣，属危险固体废物，但可进行综合利用，如用碱处理制取磷酸三钠，或供化工厂回收利用。

4.8.11 钢丝热镀锌产生的锌渣，是可供冶炼厂回收利用的再生资源。

4.9 稀土金属

4.9.1 国内目前对稀土资源综合利用的成熟技术为：

  1 采用酸或碱高温焙烧法分解稀土精矿。

  2 采用碳酸盐沉淀法生产混合碳酸稀土或采用溶剂萃取、盐酸反萃法生产混合氯化稀土产品。

  3 采用溶剂萃取法、草酸盐沉淀（或碳酸盐沉淀）法、高温焙烧分解法，生产单一稀土盐类产品或氧化物。

  4 以稀土氧化物或氯化物为原料，通过电解还原的方法，制备稀土金属。

  5 以稀土精矿或稀土富渣为原料，采用硅热还原法生产稀土硅铁合金；采用硅热还原法或中频炉熔配技术生产稀土镁硅铁系列合金。

  6 采用稀土金属生产高性能永磁材料。

目前，扶持和推广的稀土资源综合利用技术为：7万安以上大电解槽生产稀土金属和合金生产线。

4.9.2 稀土资源利用有关的非稀土资源利用技术为：

  1 浓硫酸高温焙烧尾气治理，回收浓硫酸、氢氟酸，利用回收的氢氟酸制备氟化盐（如氟铝酸钠、氟化钠等）。

  2 氯化稀土溶液碳沉母液回收氯化铵。

  3 氯化稀土溶液草沉母液回收盐酸、草酸。

  4 硝酸稀土碳沉母液回收硝酸铵。

  5 钡盐渣回收硫酸钡。

  6 稀土冶炼废水回收及循环利用。

4.10 冶金石灰、轻烧白云石、耐火材料

4.10.1 不同的窑型适应不同的石灰石、白云石原料粒级范围及性质；相同的窑型可以分粒级煅烧，有条件时应考虑不同粒级分窑煅烧，有利于石灰石、白云石等资源综合利用。

4.10.2 粉料来源有出窑粉料、加工石灰粒度产生的粉料及烟气除尘所得的粉料。以<3mm粉料计算，不同窑型产出率不同，估计产出率在10%以上。经压球可以获得炼钢用块灰。宝钢为了解决<3mm轻烧白云石的利用问题，采用了辊式压球机，压出30mm×20mm椭圆状球块，筛除碎球，合格球块进成品仓供炼钢使用。此外还有武钢轻烧白云石粉压球，本钢石灰粉压球等。

4.10.6 采用无灰燃料煅烧镁砂、白云石砂时，产生的飞灰，属于无污染的轻烧粉，与条文第4.10.2条的粉料利用相同，用于炼钢应该可行。

4.11 铁 合 金

4.11.1 氢氧化铬法生产金属铬过程中产生的废液，

主要成分是五水硫代硫酸钠（$NaS_2O_3 \cdot 5H_2O$），俗称海波，废液经净化可采用蒸发结晶法生产固体五水硫代硫酸钠。

4.11.2 湿法生产五氧化二钒过程中，钒的回收率一般为85%，沉钒废液中尚含有2%左右的钒，应加以回收。

4.11.3 钼矿焙烧产生的低浓度二氧化硫烟气，一般浓度在3%以下，不适于制酸，而可用于生产亚硫酸铵。

4.11.4 硅铁渣和无渣法冶炼的硅铁合金渣，含有大量的金属和碳化硅，其数量达30%。锰铁合金或高碳铬铁电炉返回使用这些炉渣，可显著地降低电耗和提高元素回收率。某厂将硅铁渣用于冶炼锰硅合金，每使用1t硅铁渣可降低电耗约500kW·h，使锰的回收率提高约10%。

根据铁合金产品种类及其冶炼工艺，对各种铁合金渣，应合理选用其处理方法和综合利用途径：

1 电炉硅铁、高炉锰铁、碳素铬铁、精炼铬铁、磷铁等铁合金冶炼时产生的渣经水淬后可作为建筑材料利用。

2 硅铁渣可用于冶炼硅锰合金或用于铸造厂代替低硅硅铁。

3 钨铁渣可用作炼铁含锰添加剂。

4 无熔剂法生产碳素锰铁产生的富锰渣、中锰渣可用于冶炼硅锰合金。

5 硅铬渣可用于冶炼碳铬合金。

6 生产金属铬过程产生的铬浸出渣可用作玻璃着色剂、烧结熔剂，也可以生产钙镁磷肥。

4.11.5 提钒尾渣是生产五氧化二钒过程中的浸出废渣，可用做生产含钒1%～2%生铁的原料。

4.11.6 冶炼粗磷结垢产生的残留物，俗称磷泥，含磷15%左右，可用来生产磷酸和过磷酸钙。其方法是：把磷泥放在氧化室内，氧化成五氧化二磷气体，再将五氧化二磷气体导入石墨板制的吸收塔用水吸收。产生磷酸用泵循环吸收，浓度达40%～50%时，送入过滤器过滤除去机械杂质，再加硝酸氧化后，磷酸用间接蒸汽加热浓缩到密度为$1.64g/cm^3$，按0.5%～0.6%加入双氧水脱色，再次浓缩到$1.64g/cm^3$，为成品磷酸。

磷泥氧化后加入石灰，磷泥与石灰比为4:1，混合加热到100～280℃，反应生成过磷酸钙。产品含五氧化二磷为20%～30%。

4.11.7 生产每吨钼铁平均产生含钼粉尘12.4kg，含钼粉尘的化学组成及含量为：氧化钼60.5%，二氧化硅14.7%，氧化亚铁8.0%，三氧化二铝14.9%，氧化镁1.0%，氧化钙0.8%。

含钼粉尘的粒度分布：0～5μm占50%，5～10μm占30%，10～50μm占20%。

采用正压大布袋除尘器，布袋材质为208工业涤纶绒布。清灰之后，由回转星形阀、螺旋输送机将灰送出，回炉做原料利用。

4.11.8 钨铁烟尘产生量为60～70kg/t钨铁，粉尘回收可采用旋风+布袋或电除尘。捕集的粉尘粒度很小，直接回炉会有70%再次返回烟气中，故需要造球后再返回电炉使用。造球可采用$\phi 1000mm$圆盘造球机造球，再经反射炉固化焙烧至973K返回电炉。

钨尘灰也可与苏打烧结生成钨酸钠。烧结块经水浸过滤，钨酸钠溶液经萃取或离子交换提纯和富集，再经水法处理生产99%钨酸钠或99.999%的三氧化钨。

4.11.9 硅尘的二氧化硅含量很高，一般可达85%～98%，硅尘颗粒极其细微，粒度小于1μm的占80%以上。平均粒径为0.1～0.15μm，是一种超微细固体物质。硅尘具有的超微特性，在改善和提高材料的性能方面有着极为重要的作用。每吨硅铁（FeSi75）可产生硅尘200～300kg。

硅尘可作为水泥掺用料，以降低水灰比；提高和易性；掺入混凝土，可以大大提高混凝土的密实性，增加抗渗透性，高强混凝土可广泛地应用于各种早强、高强、耐磨、耐腐等特种混凝土与预应力混凝土工程中。

硅尘可作为制取高级耐火材料的添加剂。

用硅尘可在简化工艺的情况下，生产出模数大于4的水玻璃。模数在4以上的水玻璃为中性，可广泛用于高温喷涂、铸钢等方面。

硅尘的化学成分和主要物理性能与白炭黑相近，可以作为惰性材料，以代替滑石粉和高岭土等硅酸盐材料。硅尘应用于橡胶工业也是一种良好的填料。橡胶中加入硅尘可提高其延展率、抗撕裂及抗老化度。

硅尘与氢氧化钾或碳酸钾混合加热可制成缓效农肥硅酸钾，它不易挥发流失，能保护土壤，促进作物根部发育，抑制病虫害。

为了防止肥料结块，一般采用云母或硅藻土进行特殊处理，造价很高。应用硅尘可以取代这些较昂贵的处理材料。

4.11.10 锰铁高炉瓦斯灰可用作生产四氧化三锰的原料，其产品四氧化三锰主要用于制造软磁铁氧体。用四氧化三锰、锌和铁的氧化物制成的软磁体在电子、电器、电力、微波技术、食品、油漆等工业中有着广泛的用途。高比表面积的四氧化三锰是高附加值的锰系材料，具有广阔的市场。

锰铁高炉瓦斯灰中的氧化钙是烧结矿必需的熔剂，扣除氧化钙和碳等烧损，含锰量可达30%以上。因此，可作为生产自熔性烧结矿，也可作为生产灰渣砖的原料，添加40%～60%瓦斯灰、30%～50%水渣、1%～9%石灰、2%～3%石膏混合，机压制砖，自然养护1天，抗压强度达8.8MPa以上，养护28天可达13.3MPa以上，此砖物美价廉，有很强的市场竞争力。

瓦斯灰还可掺入黏土中烧制成砖。

4.11.11 全封闭式还原电炉煤气的特点是一氧化碳含量高（一般为60%～80%），热值也高（8300～11000kJ/Nm³）。为减少煤气放散，应配套建设煤气柜。

半封闭式电炉具有广泛的适应能力，它不仅有效地解决了冶炼75%硅铁时的工艺操作需要，而且也有效地解决了炉气净化和余热回收利用技术。

电炉能量回收的途径有：

生产热水作生产、采暖通风及生活用热的介质，尤其在严寒地区，利用电炉烟气生产热水，投资少，热能利用率高，具有极大的经济意义。

生产蒸汽可用于动力设备，也可用于一般生产和生活。电炉烟气生产的蒸汽驱动冷凝式抽汽发电机组或背压发电机组，可生产一定数量的电能和热能。

4.12 炭　素

4.12.1 原料库、中碎配料、制品加工所收集除尘灰和碎料均含碳，可用作制品生产不同粒级的配料。

4.12.2 沥青烟中回收的焦油，可作为原料沥青黏结剂返回工艺系统利用。焦粉吸附的沥青烟尘也可供工艺系统混捏配料使用。

4.12.3 石墨化炉中生成的碳化硅可供磨料和生产耐火材料使用。因其在炉的部位不同，碳化硅含量有差别，应拣选分级，提高回收价值。

4.13 公用、辅助设施

4.13.1 燃煤锅炉（主要指大、中型工业锅炉）

1～3 燃煤锅炉燃烧产生的粉煤灰、煤渣是可利用的再生资源，其用途相当广泛，应积极开发综合利用，这样既可消除对环境的污染，又能回收有用资源。为有利于粉煤灰的综合利用，必须设有相应的运输、堆存、处理、利用等配套设施。

为了适应灰渣综合利用的需要，及时掌握燃煤和灰渣理化性能，燃煤一般应每批检验一次；灰渣应根据落实的综合利用项目的要求进行检验。

粉煤灰所含的碳或铁对某些粉煤灰制品的质量有较大影响。在确定粉煤灰的有关用途后，锅炉房设计中应考虑设置对粉煤灰的含碳量进行必要的检验设施，以便生产时据此进行操作管理方面的调整。

燃煤锅炉采用烟气干法除尘时，应根据粉煤灰的利用途径，设置适当规模的供应原状干灰贮存设施，以有利于干灰的利用。燃煤和灰渣的理化性能（如含碳量等）对粉煤灰、灰渣综合利用制品质量有较大影响，因此应设置必要的设施及时进行检验。

粉煤灰综合利用的途径较多，如对粉煤灰进行分选，提取漂珠、微珠、铁粉、碳等优质材料，用作轻质耐火保温砖、空心微珠保温帽和绝热板、建筑防腐涂料和防火涂料、塑料制品填充剂、水泥掺和料，用于混凝土和水泥砂浆，在筑路工程中作路基掺和料，用于回填土、改良土壤，用于生产膨珠、粉煤灰黏土烧结砖和砌块等。炉渣主要用于筑路及制砖等。

4 钢铁联合企业生产过程中产生大量可燃气体（如高炉煤气、转炉煤气等）和余热、余压等能源，可以用于发电，故钢铁联合企业不宜采用燃煤锅炉发电。

4.13.2 煤气站

1～3 钢铁企业烟煤冷煤气站煤气捕焦油器收集的焦油、煤气洗涤水沉淀池的沉渣（焦油渣）和煤气站筛下的煤粉均有一定的利用价值，应予利用（如作锅炉燃料、沥青防腐材料），并设置必要的焦油加热、贮存、输送等设施。焦油渣不得作为民用燃料，可掺入炼焦配料中。煤气发生炉的炉渣可以用于填坑、铺路、制砖等，也可与锅炉煤渣统一处理利用。

4 煤气站煤气冷却洗涤水经净化降温处理后应循环使用。煤气站实施冷却水封闭循环，禁止煤气站非生产性排水、雨水、不含酚和焦油的一般性生产用水进入该系统，使受污染的冷却水总量限制在一定水平。

4.13.3 氧气站

在进行大型氧气厂站设计时，宜根据企业的生产需要和市场情况，考虑是否回收氩、氪等稀有气体资源，设置相关的回收装置。如有需要，则应在落实其用户及用量的基础上设置配套的回收装置。

4.13.4 铸造、机械加工

1 机修设施生产所产生的酸洗废液和废油有一定使用价值，应回收利用。其回收利用方式宜根据废酸、废油的性质、数量及企业（厂、车间）的组织机构等相关情况确定，或由机修厂（车间）独立设置回收利用装置，或由本企业（外部企业）统一集中处理利用。

2 电镀件的漂洗宜选用逆流梯级清洗工艺，可减少废水量。电镀含铬废液废水的处理，宜首先考虑回收利用其有价值的成分，如用离子交换法处理含铬废水能回收铬为铬酐，可回用于生产工艺；处理后水质比较好，可重复使用。但其基建投资较高，所需设备较多。

3 机修设施产生的金属切屑及边角余料应作为废钢资源送炼钢厂回炉冶炼。对产生金属切屑较多的大型机修厂应配置金属切屑的打包压块设施，以利于回收利用。

4、5 大型铸造车间的废型砂，能再生回用的应回用。铸造炼钢炉、化铁炉产生的炉渣可送炼铁厂和炼钢厂干渣处理系统处理后综合利用。

4.13.5 乙炔站

乙炔站产生的电石渣，其主要成分为氢氧化钙，可以回收利用，如作酸性废水中和剂、水质软化剂或建筑材料等使用。

4.13.6 水处理设施

1、2 钢铁联合企业各公用设施、生产工序用的冷却水应按不同分水质采用循环水系统，并设置水质稳定设施，根据循环系统内冷却水的浓缩倍数情况，及时投加水质稳定剂。

各工序产生的废水应在各工序处分质处理达标排放或循环利用，禁止采用稀释等方式处理排放。

为了加强钢铁联合企业节约用水，充分回收利用废水资源，企业在各车间（工序）建立各类循环水系统的基础上，对各系统拟外排的废水，宜因地制宜建立全厂性的废水处理设施（全厂性生产废水回收处理站），经集中处理后的水作为工业补充水进一步回用。对不宜进入全厂总排水系统的废水，如焦化酚氰水等应单成系统进行深度处理。

4.13.7 为节约用水，企业内各大、中型（车间）及其附属建筑物采用蒸汽采暖和采暖换热站，热媒采用蒸汽，换热所产生的凝结水均应回收利用。

4.13.8 钢铁联合企业燃油库产生的含油污水和残油排放的油品应集中处理。含油污水处理后达标排放，分离出的油品可作为燃料使用。

中华人民共和国国家标准

钢铁工业环境保护设计规范

Code for design of environmental protection of
iron and steel industry

GB 50406—2007

主编部门：中国冶金建设协会
批准部门：中华人民共和国建设部
施行日期：２００７年１２月１日

中华人民共和国建设部
公 告

第 731 号

建设部关于发布国家标准 《钢铁工业环境保护设计规范》的公告

现批准《钢铁工业环境保护设计规范》为国家标准，编号为 GB 50406—2007，自 2007 年 12 月 1 日起实施。其中，第 4.0.1、4.0.3、6.1.5、6.2.11、6.7.6 条为强制性条文，必须严格执行。

本规范由建设部标准定额研究所组织中国计划出版社出版发行。

中华人民共和国建设部
二〇〇七年十月二十三日

前 言

本规范是根据建设部《关于印发"2005 年工程建设标准规范制订、修订计划（第二批）"的通知》（建标函〔2005〕124 号）的要求，由中冶京诚工程技术有限公司会同有关单位共同编制完成的。

本规范共分 7 章和一个附录，其主要内容有：1. 总则；2. 术语；3. 基本原则；4. 厂址选择与总图布置；5. 设计文件的环保内容要求；6. 环境保护设计；7. 环境保护设施划分和附录 A 钢铁工业各生产工序的环境保护设施内容。

本规范以黑体字标志的条文为强制性条文，必须严格执行。

本规范由建设部负责管理和对强制性条文的解释，由中冶京诚工程技术有限公司负责具体技术内容的解释。本规范在执行过程中，请各单位注意总结经验，积累资料，将有关意见反馈给中冶京诚工程技术有限公司环境工程技术所（地址：北京市宣武区白广路 4 号，邮政编码：100053，Email：qiguoqin@ceri.com.cn），以供今后修改时参考。

本规范主编单位、参编单位和主要起草人：

主 编 单 位：中冶京诚工程技术有限公司（原北京钢铁设计研究总院）

参 编 单 位：（按章节顺序排列）

中冶长天国际工程有限责任公司（原长沙冶金设计研究总院）

中冶赛迪工程技术股份有限公司（原重庆钢铁设计研究总院）

中冶北方工程技术有限公司（原鞍山冶金设计研究总院）

中冶焦耐工程技术有限公司（原鞍山焦化耐火材料设计研究总院）

宝山钢铁股份有限公司

中冶南方工程技术有限公司（原武汉钢铁设计研究总院）

济南钢铁集团总公司

中冶东方工程技术有限公司（原包头钢铁设计研究总院）

主要起草人：祁国琴　杨晓东　刘志鹏　颜学宏
王 冬　李 丽　蔡承祐　沈晓林
李少岩　叶 冰　庞 宏　钮心洁
胡明甫　昌梦华　陈惠民　朱慧玲
胡政波　周玉莲　范 凯　武 剑
黄丽华　吴运广　李友琥　励文珠
励哉拱

目 次

1 总则 ·· 26—4
2 术语 ·· 26—4
3 基本原则 ·· 26—4
4 厂址选择与总图布置 ························ 26—5
5 设计文件的环保内容要求 ·················· 26—5
6 环境保护设计 ···································· 26—6
　6.1 采矿 ··· 26—6
　6.2 选矿 ··· 26—7
　6.3 原料场 ·· 26—7
　6.4 球团、烧结 ···································· 26—8
　6.5 焦化 ··· 26—8
　6.6 炼铁 ··· 26—9
　6.7 炼钢、连铸 ···································· 26—10
　6.8 轧钢（热轧、冷轧）、金属制品 ········ 26—10
　6.9 冶金石灰、轻烧白云石、耐火
　　　材料 ··· 26—11
　6.10 铁合金 ·· 26—11
　6.11 炭素 ··· 26—12
　6.12 公用、辅助设施 ·························· 26—12
　6.13 全厂集中性环保设施 ·················· 26—13
7 环境保护设施划分 ···························· 26—13
附录 A 钢铁工业各生产工序的环境
　　　 保护设施内容 ································ 26—14
　A.1 采矿、选矿 ·································· 26—14
　A.2 原料场 ·· 26—14
　A.3 球团、烧结 ·································· 26—14
　A.4 焦化 ··· 26—14
　A.5 炼铁 ··· 26—14
　A.6 炼钢、连铸 ·································· 26—15
　A.7 轧钢、金属制品 ·························· 26—15
　A.8 冶金石灰、轻烧白云石、耐火
　　　 材料 ·· 26—15
　A.9 铁合金 ······································· 26—15
　A.10 炭素 ··· 26—15
　A.11 公用、辅助设施 ·························· 26—15
　A.12 全厂集中性环保设施 ·················· 26—16
本规范用词说明 ···································· 26—16
附：条文说明 ·· 26—17

1 总　则

1.0.1 为提高钢铁工业建设项目的环境保护设计水平，全面贯彻《中华人民共和国环境保护法》、《中华人民共和国清洁生产促进法》以及有关工业污染防治、资源综合利用和节能、节水、钢铁产业发展政策等方面的法律、法规和政策，推行清洁生产，发展循环经济，保护和改善生态环境质量，制定本规范。

1.0.2 本规范适用于钢铁工业的新建、扩建、改建项目的环境保护设计。

1.0.3 钢铁工业环境保护设计必须坚持清洁生产、循环经济的原则，保护优先，以防为主，防治结合。污染治理应立足于采用先进生产工艺和技术装备，并与资源综合利用、节能、节水相结合。环保设计应严格控制环境污染，减少环境风险，保护和改善生态环境，促进经济、社会和环境的可持续发展。

1.0.4 钢铁工业环境保护设计，除应执行本规范的规定外，尚应符合国家现行有关标准的规定。

2 术　语

2.0.1 高炉一次除尘　primary dedusting of blast furnace

主要治理出铁口、铁沟、渣沟、撇渣器、摆动流槽、铁水罐等部位产生的烟尘。它是对这些产尘点在严格密闭加罩的基础上，将其烟气通过局部抽风捕集并进行净化。

2.0.2 高炉二次除尘　secondary dedusting of blast furnace

主要治理开、堵铁口时从出铁口骤然冲出的大量烟尘。设置二次除尘时，出铁场必须采用封闭式外围结构，以防场内出现横向气流干扰，确保二次除尘的效果。

2.0.3 电炉一次除尘　primary dedusting of electrical furnace

治理电炉在熔化、脱碳等过程中产生的烟气中的尘粒。

2.0.4 电炉二次除尘　secondary dedusting of electrical furnace

治理电炉装料和出钢等过程中排放逸散的烟气中的尘粒。

2.0.5 转炉二次除尘　secondary dedusting of converter

治理转炉出钢、加料及出渣时产生的烟气以及清理转炉炉体、渣罐等产生的烟气中的尘粒及扬尘，还包括冶炼时由炉口、集烟系统泄漏的烟气中的尘粒等。

2.0.6 粉尘　dust

在工业生产过程中，由于矿石、物料的开采、破碎、筛分、堆放、转运或其他机械处理而产生的直径介于 $1 \sim 100 \mu m$ 之间的固体微粒称为粉尘或灰尘。

2.0.7 干法熄焦　coke dry quenching（CDQ）

利用惰性气体在密闭的系统中冷却炽热焦炭的工艺。

2.0.8 高炉炉顶煤气余压发电　top gas pressure recovery turbine（TRT）

利用高炉炉顶煤气的压力能，经透平膨胀做功来驱动发电机发电。

2.0.9 循环用水　utilization of recycled water

指在确定的生产系统中将使用过的水直接或经适当处理后重新用于同一生产过程中的用水方式。

2.0.10 串级用水　cascade utilization of water

指根据生产过程中各工序、各车间或者在不同范围内对用水水质的不同要求，将水按水质要求由高到低依序串级使用的用水方式。

2.0.11 直接冷却水　direct cooling water

指冷却水与被冷却设备或介质直接接触的冷却用水。

2.0.12 水重复利用率　recycle rate of water

指在一定的计量时间内，企业在生产全过程中的重复利用水量与总用水量之比。

2.0.13 恶臭　effluvium

一切能刺激人体嗅觉器官引起人不愉快及损害生活环境的气体物质。

2.0.14 绿化用地率　greening rate

反映企业厂区绿化土地面积情况的指标，它是绿化用地总面积占该厂区用地总面积的百分比。

3 基本原则

3.0.1 钢铁生产的工艺设计应符合清洁生产、循环经济的原则，必须贯彻我国《钢铁产业发展政策》。应采用无毒无害或低毒低害的原料、材料和燃料；应采用技术可行、经济合理、无污染或少污染以及不用水或少用水的新技术、新工艺、新设备。

3.0.2 应贯彻执行污染物总量控制与浓度控制相结合的原则，严格控制污染物排放量和排放浓度，确保污染物达标排放；对新建、扩建和改建工程，应坚持"以新带老"、"总量控制"和"三同时"的原则，淘汰污染严重的落后生产工艺和装备，对污染影响较大的有关老污染源的防治设施应进行必要的改造和完善。

3.0.3 对工艺过程中产生的具有利用价值的可再生资源和二次能源（废气、废水、固体废物、可燃气体、余热、余压等），应按照清洁生产、循环经济的原则，采用有效的综合利用技术，进行回收利用。并应符合下列规定：

1 工厂供热应采用集中方式。

2 应采用先进成熟的烟气、粉尘净化治理技术，宜采用干法净化技术替代湿法净化。

3 按照分级、分质供用水原则，采用清污分流、循环用水、串级用水等技术，提高各工序生产水的重复利用率，降低单位产品的取水量和外排废水量。在各工序生产废水处理回用或串级使用的前提条件下，可建设全厂总排水处理设施，对处理后的废水作为工业补充水回用。

废水处理应根据其水质和水量的不同，设置相应的废水处理设施。对产生含有毒有害或有腐蚀性物质的废水，其生产区域及输送此类废水的沟渠、管道，必须采取防止渗漏、腐蚀的措施。

4 固体废物（含废液）必须进行处理，最大限度地予以回收利用；并应选用利用量大、能就地使用、产品附加值高、经济效益好的技术方案，为其设置配套的运输、处理、加工和综合利用设施。

3.0.4 贮存、运输、使用放射性物质及放射性废物的处理，必须符合国家现行法律《中华人民共和国放射性污染防治法》和现行国家标准《建筑材料放射性核素限量》GB 6566 等有关规定。

3.0.5 钢铁工业的新建、扩建、改建项目的环境保护设计宜选用低噪声的生产工艺和设备，并应对噪声源进行控制。噪声和振动超过国家、行业有关标准的，应根据噪声和振动的性质，分别采取隔声、消声、吸声、减振、阻尼等措施或综合控制措施。

3.0.6 建设项目产生的各种污染物（因子）的排放，必须符合国家现行有关污染物（因子）排放标准和有关法规的要求。对无地方污染物排放标准的地区，则应符合国家或该地区环保部门确认的有关污染物排放标准。建设项目建成投产后，其污染物的最终排放浓度和年排放量应符合环保部门对建设项目审批意见的要求。对引进项目，其设备、装置的污染物排放标准不得低于国家标准。

4 厂址选择与总图布置

4.0.1 建设项目的厂址选择，必须符合《中华人民共和国环境保护法》的规定，不得在国务院、国务院有关主管部门和省、自治区、直辖市人民政府划定的风景名胜区、自然保护区和其他需要特别保护的区域内。

4.0.2 在厂址选择中，应将环境保护列为重要的建厂条件之一。应全面地考虑建设地区的自然、生态和社会经济环境。应根据拟选厂址周围地理位置、地形、地质、气象、水文、城乡发展规划、水土保持、工农业布局、自然保护区等状况，以及大气、水体、土壤等基本环境要素的质量背景资料，提出多方案厂址选择，并进行选址综合分析比较和论证，最终选择对自然环境、生态环境和社会经济环境可能产生的不利影响最小的最佳厂址方案。

4.0.3 建设项目专用铁路、公路的选线，应减轻对沿线自然生态环境的破坏和污染。

4.0.4 向大气环境排放大量有毒有害污染物的建设项目，不应建在大气污染物不易扩散的河谷、盆地、静风频率大的地区。

4.0.5 排放有毒有害气体、粉尘、烟雾、恶臭、噪声的建设项目应布置在生活居住区常年最大频率风向的下风侧，并应与生活居住区保持有关规定的卫生防护距离。排放有毒有害废水的建设项目，除废水必须处理达标外，其废水排放口的位置还必须符合水源保护的有关要求。根据废渣的物理、化学性质，选定废渣的堆放场地，必须采取防止对环境敏感区污染的措施。

4.0.6 建设项目的总图布置，在满足工艺生产流程合理、物料运输顺畅等条件下，应将污染危害大的设施布置在厂区常年最大频率风向的下风侧，并远离对环境质量要求较高区域。对其他有污染影响的设施位置的确定，应减少其相互间的影响和污染物的叠加。因技术问题暂缓建设的环保设施，应预留其位置。

4.0.7 建设项目的行政管理设施和生活设施，应布置在靠近生活居住区的一侧，并作为建设项目的非扩建端。

4.0.8 绿化设计应根据项目性质和具体条件，因地制宜进行设计。绿化布置应结合总平面布置和生产要求，发挥绿化在卫生防护、改善厂区环境和小气候的作用。建设项目的绿化用地率应符合当地有关绿化规划的要求。老企业的改建、扩建工程应有相应的绿化用地。绿化用地率应按项目所在地的规定执行。应在合理用地的情况下提高绿化防护效能。

5 设计文件的环保内容要求

5.0.1 环境保护设计必须按国家规定的设计程序进行，建设项目各阶段的设计文件必须有相应的环保内容，应严格执行环境保护设计基本原则和厂址选择与总图布置的环保要求。

5.0.2 规划设计文件的环保内容应符合下列规定：

1 规划项目所在地区环境现状，即该地区的地理位置及地形、地貌，气象条件和水文条件及其环境质量状况描述。

2 规划项目可能产生的各类污染的宏观控制及最终排污状况、排污去向的说明。

3 规划项目对区域环境影响的宏观分析。

5.0.3 项目建议书的环保内容应根据建设项目的性质、规模、生产工艺和建设地区的环境状况等有关资料，简要说明建设项目建成投产后可能造成的环境影响，其主要内容应符合下列规定：

1 建设项目所在地区的自然、社会、环境概况。

　　2 建设项目可能造成的环境影响简要分析。

　　3 当地环保部门对建设项目环境保护的意见和要求。

　　4 存在的重要环保问题和对其采取的措施和意见。

5.0.4 可行性研究设计文件中的环境保护篇（章）的内容应符合下列规定：

　　1 设计主要依据。

　　2 建设项目所在区域的环境状况。

　　3 项目概况，主要生产工艺流程。

　　4 采用的清洁生产技术。

　　5 主要污染源、污染物及其防治方案。

　　6 绿化建设。

　　7 环境监测和环保管理机构。

　　8 环保设施投资估算。

　　9 建设项目的环境影响简要分析或环境影响评价情况简介。

5.0.5 项目申请报告中的生态环境影响分析，其主要内容应符合下列规定：

　　1 主要设计依据应根据地方环境功能区划分，说明项目应执行的空气、地表水、地下水、噪声等环境质量标准类别或级别，以及相对应的污染物排放标准级别。

　　2 建厂地区环境特征和环境质量现状应说明项目所在地区环境条件状况，包括自然环境条件、社会环境条件和环境质量状况。

　　3 工程位置及项目概况应说明工程所处的地理位置，拟建工程周围邻近的情况；说明工程的组成、规模、主要设施及设计分工等情况。

　　4 采用的清洁生产技术应说明设计中采用的清洁生产工艺、设备、技术（节能、降耗）等。

　　5 主要环境保护措施应简要说明各主要生产工序的主要污染源和污染物，主要环境保护措施（废气、废水、固体废物、危险废物和噪声治理措施）以及固体废物综合利用措施，绿化建设，环境监测和环保管理机构设置等。

　　6 主要污染物排放情况应估算拟建工程主要污染物排放情况。

　　7 项目施工对环境的影响分析应简述拟建工程在施工建设过程中，主要产生的废气、废水、噪声和固体废物的情况及废气、废水、声污染防治方案，固体废物利用、处置方案并说明其对环境的影响。

　　8 项目投产后对环境的影响分析应简要分析主要污染物排放对大气、水体、声、生态环境的影响。

　　9 环境影响评述应分别说明污染物达标排放情况（气、水、声），项目所在地区环境容量情况，污染物排放总量及控制情况，拟建工程对周围环境敏感点影响分析，卫生防护距离等。

　　10 环境保护投资估算。

5.0.6 初步设计中的环境保护篇（章）其主要内容应符合下列规定：

　　1 设计依据应包括初步设计所依据的国家、地方及行业的有关环保法规、标准；环保主管部门对该项目环境影响报告书（表）的审批意见；设计分工及有关协议等。

　　2 工程概况应包括厂址、建设性质（新建、扩建和改建）、生产规模、主要车间组成、主要生产设施、生产工艺流程、原材料、辅助材料、燃料等消耗情况。

　　3 采用清洁生产技术应说明设计中采用的清洁生产工艺、设备、技术（节能、降耗）等。

　　4 主要污染源、污染物及其防治措施和预期效果应包括产生废气、废水、噪声和固体废物等的主要污染源及其主要污染物，设计对污染防治和综合利用所采取的措施内容；经治理后污染物排入环境的数量和浓度（强度），污染物年排放总量，全厂（车间）工业水的重复利用率、吨产品的排水量；固体废物综合利用的途径和数量，治理效果达标情况。

　　5 绿化建设应包括绿化设计原则，绿化用地率。

　　6 新建项目的环境监测应包括环境监测站设计方案和环境与污染源监测制度、采样点布置（环境和污染源）监测项目等。对改建、扩建项目的环境监测应说明环境监测任务承担机构，有无新增监测项目及监测仪器、设备等。

　　7 环保管理机构。

　　8 环保设施投资应根据工程投资概算和本规范附录A，按废气、废水、固体废物、噪声的治理和综合利用，以及环境监测、绿化等统计各部分环保设施投资及环保设施投资总额占工程静态投资的百分比。

　　9 环境评价审批意见设计落实情况。

5.0.7 施工图设计中各专业必须按已批准的初步设计及其环境保护专篇（章）所确定的各项环保措施、环保指标和有关要求进行设计。如主要环保措施较初步设计有重大更改时，除必须满足环保指标、要求外，还应征得项目审批部门的同意后方可设计。

6 环境保护设计

6.1 采 矿

6.1.1 露天和地下开采矿山的穿孔、凿岩应实行湿式作业。严重缺水区采用干式作业时，应采取完善的密闭和除尘措施。露天和地下开采的铲装、爆破作业区应采取抑尘措施。溜井放矿硐室应采取喷雾洒水措施，溜井口宜采取密闭抽风净化等措施。

6.1.2 矿区永久性主干道路应采取路面硬化和洒水措施，并宜在道路两旁植树绿化。露天采场内道路及井下主斜坡道、井下汽车运输主干道应采取路面洒水或其他抑尘措施。山坡露天采场宜采用平硐溜井开拓，并应采取相应的通风除尘措施。

6.1.3 井下破碎硐室、带式输送机等产尘点应采取密闭抽风除尘或喷雾降尘措施。

6.1.4 地下采矿通风宜采用多级机站通风系统。排风井的位置应远离居民区。当条件受限制时，可设在居民区常年最大频率风向的下风侧。主入风井（巷）应位于产生粉尘等空气污染源的常年最大频率风向的上风侧，其周围环境应保持清洁，并宜设置卫生防护林带和采取洒水等改善空气质量的措施。干旱和风沙地区，吸风口应背向常年最大频率风向。

6.1.5 含放射性元素超过标准的矿石运输、贮存必须符合《中华人民共和国放射性污染防治法》的要求。

6.1.6 井下作业不宜使用燃油动力设备，必须使用时应设尾气净化装置。

6.1.7 大型深凹露天矿山应设置小型气象观测站。

6.1.8 对露天采矿场、地下采矿坑的废水和排土场的有毒淋溶水应设置集水沟（管）予以收集，并应导入废水调节池（库），废水经处理后，宜返回生产使用。含有害物质或含重金属的废水应作特殊处理，其废水调节池（库）应设防渗设施，有回收价值时应设置回收利用设施。

6.1.9 矿山炸药加工厂废水及地面油污应经处理后循环使用，其沉渣应集中处理并回收利用。

6.1.10 采矿造成的土地破坏，应按《中华人民共和国土地复垦规定》进行土地复垦设计。

6.1.11 采矿场、废石场（排土场）、道路等应按《中华人民共和国水土保持法》及相关要求，设置完善的截排水系统和防治水土流失的拦挡防护设施。

6.1.12 可能发生滑坡、泥石流、塌陷等灾害的采矿场、废石场（排土场）应采取稳定处理措施，并应设置预防监测设施。

6.1.13 矿山无毒废石宜用于采空区、地下开采塌陷坑的充填或用作建筑材料。含有毒物质或放射性物质的废石处置或利用，应符合国家现行有关标准规定。

6.1.14 露天开采作业的穿孔机、挖掘机、自卸汽车宜设置隔声操作室。气动凿岩机宜在其排气口设置消声器，并应采用减振套、包封套对其机械性、冲击性噪声采取减振、阻尼措施。多机凿岩台车上宜设置隔声操作间。柴油机设备应在其排气口设置消声器。对各类空压机应采取安装消声器及机房内密闭的隔声措施。宜采用节能、低噪、体积小、随机移动的坑内移动空压机替代坑口集中空压机。

6.1.15 矿井多级机站通风机必须在其出风口设置消声器，若矿井仍采用地面主通风机（主扇）时，除应在其出风口设置消声器外，还应设置隔声间，对其辐射噪声采取隔声、阻尼措施。

6.1.16 露天开采、地下开采均应采用深孔、微差爆破技术。

6.2 选 矿

6.2.1 选矿的污染防治应按选矿试验报告中所提出的污染物种类、数量、浓度、排放方式及其污染治理措施方案进行设计。无污染治理措施的试验报告不应作为设计依据。

6.2.2 破碎筛分系统的矿仓、破碎机、振动筛、带式输送机的受料点、卸料点等产尘处应设置抽风除尘或喷雾除尘装置。

6.2.3 磁化焙烧的回转窑和竖窑烟气净化宜选用高效除尘器。

6.2.4 矿石的干粉矿仓应加以密闭。地下矿仓的地下操作空间应有完善的通风通道。

6.2.5 选矿厂应建立循环供水系统，对尾矿浆应进行浓缩并回收利用其废水。

6.2.6 浮选作业应选用无毒性浮选药剂，不应采用高碱性、高酸性浮选作业。必须采用高碱、酸性浮选作业时，其废水应循环使用。废水必须外排时，应进行中和处理，达标后排放。

6.2.7 尾矿浆应采用浓相输送，其输送系统应使用高效耐磨管。精矿宜选用管道浓相输送。

6.2.8 破碎、筛分、运输系统湿法除尘设备的排水及各厂房冲洗地坪水应集中处理，处理后的矿泥宜回收利用；溢流水应直接回收利用，外排时宜排入尾矿系统。

6.2.9 设备冷却水冷却后应循环使用。

6.2.10 精矿过滤回水、浓缩池和尾矿库的澄清水应回用于生产；尾矿库废水外排时应符合有关排放标准。

6.2.11 选矿厂必须设有尾矿库，严禁将尾矿排入江、河、湖、海。

6.2.12 尾矿库址的选择、尾矿设施的环保措施以及尾矿输送系统事故处理设施的设计，应符合国家现行标准《选矿厂尾矿设施设计规范》ZBJ 1 的有关规定。

6.2.13 废弃尾矿应综合利用。

6.2.14 破碎筛分系统的振动筛宜选用橡胶筛网及弹簧减振器等措施降低噪声。球磨机宜采用橡胶衬板代替锰钢衬板。振动筛、球磨机宜采取局部密闭措施。地下矿仓应选用低噪声给、排料设备。

6.3 原料场

6.3.1 原料场地的雨排水系统应采取防止物料流失的措施。原料场应设置集水沟收集废水，并应导入废水沉淀池。废水经采取必要的处理措施后，可返回原料场用于喷水抑尘。废水处理设施收集的污泥必须予以综合利用。原料场地面应采取硬化措施。

6.3.2 原料场、煤堆场的料堆应设置喷水抑尘装置或采用防风网,对亲水性差的物料如煤等可添加化学凝固剂。

6.3.3 物料在装卸、贮运、破碎、筛分等过程中应采取有效的防止扬尘措施和除尘设施。除尘灰外运时应采取防止扬尘的措施。分散的除尘设施应设置完善的卸灰、排气装置,不得造成二次污染。

6.3.4 大宗散状物料的堆取过程应采取喷水抑尘措施;输送应采用自动控制的连续输送装置。

6.3.5 散状物料宜采用密闭库(仓)和密闭装卸。采用管道输送时应采用完善的防止事故措施。

6.3.6 原料场出口应设置汽车洗车台。

6.3.7 洗矿、冲洗地坪和湿式除尘的废水应处理后回用。

6.3.8 除尘设施收集的粉尘和废水处理产生的尘泥应分类回收予以利用,并不得造成二次污染。

6.3.9 破碎筛分设备、风机、水泵等高噪声设备,应采取消声、隔声、减振等措施。

6.4 球团、烧结

6.4.1 在烧结工艺设计中,应采用冷矿工艺。

6.4.2 烧结生产工艺应采用铺底料、厚料层和小球烧结技术,宜选用含硫低的原、燃料。

6.4.3 在选取工艺流程时应减少物料的转运次数并降低其落差。使用易产生扬尘的干粉料时应采取密闭运输或增湿措施。产尘点应设置密闭抽风除尘系统,并应选用高效除尘器。

6.4.4 链箅机-回转窑烟气应采用高效除尘器净化,其余热应回收利用。

6.4.5 烧结机尾和带式焙烧机尾应设置大容积密闭罩,其烟气净化应采用高效除尘器。烧结机头烟气净化也应采用高效除尘器。

6.4.6 球团产生的含低浓度二氧化硫的烟气,经除尘后应采用高烟囱排放,必要时应采取脱硫或降硫措施。烧结产生的含低浓度二氧化硫的烟气应采取脱硫或降硫措施;对含氟烟气应进行脱氟处理。球团、烧结处理后排放的烟气中,有害物质的浓度和排放速率必须满足国家或地方的排放标准限值。

6.4.7 冲洗地坪水和湿式除尘废水应收集处理后循环使用。

6.4.8 除尘设施收集的粉尘和废水处理产生的尘泥应回收利用。

6.4.9 对各类高噪声风机必须采取消声、隔声措施。主抽风机露天布置时,应对风机壳体、风管及消声器外壳结合防雨、隔热进行隔声处理。

6.4.10 各类破碎机应在设备与基础间设置减振器;在生产工艺条件允许时应采用局部或整体隔声罩。

6.4.11 混合机、造球机、振动筛等大型设备应针对设备特点采取减振措施。

6.4.12 对烧结矿、球团矿的显热应设置回收装置,回收的热量应予以利用。

6.5 焦 化

6.5.1 露天贮煤场应设置抑尘设施,贮煤场端部应设置煤泥沉淀池。

6.5.2 备煤系统宜采用装炉煤调湿(水分控制)装置。

6.5.3 备煤系统带式输送机应采用密闭通廊或封闭机罩。煤粉碎机室应设置袋式除尘器并达标排放,捕集的煤粉尘应回送到上煤系统炼焦。

6.5.4 成型煤系统的粘结剂贮槽、粘结剂添加混合、成型及型煤输送过程应采取密闭抽风措施,并应设置烟尘净化装置。其烟尘净化废水应送酚、氰废水处理站处理。

6.5.5 焦炉采用焦炉煤气加热时,应采用脱硫后的焦炉煤气。

6.5.6 焦炉炉门应采用弹性刀边炉门;装煤孔盖应采用隔热节能型,并应与底座球面密封;上升管盖应采用水封式;桥管与水封阀承插应采用水封或其他密封材料。

6.5.7 推焦机、拦焦机应设置炉门与炉框清扫装置。焦炉炉顶应设置机械化清扫装置。

6.5.8 焦炉装煤应采取无烟装煤措施。装煤时应有高压氨水喷洒,并应采用燃烧法或非燃烧法的除尘地面站,除尘地面站应配备先进可靠的自动控制系统。装煤也可采用污染控制水平与除尘地面站相当的干式除尘装煤车或其他烟尘净化设施。

6.5.9 焦炉出焦应采取有效的烟尘净化措施。采用出焦除尘地面站时,出焦除尘地面站应配备先进可靠的自动控制系统。

6.5.10 焦炉集气管的压力控制应设有可靠的自动调节装置。焦炉集气管荒煤气压力超过规定的放散压力上限时应能自动放散,并应设自动点火装置;压力低于规定的放散压力下限时,应能自动关闭。

6.5.11 新建焦炉应同步配套干熄焦装置。

6.5.12 干熄焦装置的装焦、排焦、预存室放散及循环气体放散等各产尘点处应采取密闭抽风除尘设施,除尘后应达标排放。当采用湿法熄焦作为干法熄焦备用时,应采用先进的湿法熄焦工艺,熄焦塔顶应设有折流板捕尘设施。粉焦沉淀池内的熄焦废水应实现闭路循环使用,不得外排。

6.5.13 干法熄焦运焦系统带式输送机应设喷雾抑尘设施,并应采用密闭通廊或封闭机罩。转运站、炉前焦库、焦炭整粒室、筛焦楼及贮焦槽各落料点应设机械除尘装置。

6.5.14 备煤、炼焦系统除尘装置收集的煤粉或焦粉应回收利用。

6.5.15 粗苯精制宜采用加氢精制技术。

6.5.16 萘精制工艺宜采用结晶分离技术。

6.5.17 煤气净化系统应设置煤气脱硫脱氰装置。

6.5.18 用于化工产品精制的管式加热炉等煤气用户应使用净化后的煤气。

6.5.19 煤气净化及化工产品精制工艺设备等排放或放散的有害气体（废气），应根据下列不同情况分类进行处理后再排放：

　　1 冷凝鼓风装置各类贮槽的放散气体应接入压力平衡系统返回煤气中，或经排气洗净塔洗净后达标排放。

　　2 粗苯蒸馏、溶剂脱酚和苯精制装置苯类贮槽的放散气体应接入压力平衡系统返回煤气中；当苯精制的放散气体接入压力平衡系统有困难时，也可经苯捕集器洗涤后达标排放。

　　3 硫铵干燥宜采用振动流化床干燥系统，尾气经旋风分离后达标排放，排气点高度不应低于20m。

　　4 焦油加工（含油库）系统排放的废气应经排气洗净装置净化后达标排放，也可采用呼吸阀加以控制。

6.5.20 对煤气净化及化工产品精制工艺产生的有害废水应采取下列控制措施：

　　1 煤气净化及化工产品精制生产工段的排水应按水质分类，严格执行清污分流的原则。

　　2 氨水蒸馏装置应采用脱除固定铵盐工艺。

　　3 粗苯蒸馏、溶剂脱酚、苯精制、焦油蒸馏等装置的各分离器、中间槽和原料产品贮槽的分离水，应加以收集并送往冷凝鼓风工段的焦油氨水分离设备处理。

　　4 各塔器、贮槽及泵类等设备周围地坪应进行防渗漏处理。

　　5 各生产装置区域内的排水应有初期雨水、地坪冲洗水的收集措施，并应统一送酚氰废水处理站集中处理。

　　6 洗罐车在冲洗前应尽量将废油或乳化剂排净，洗罐站的废水应经油水分离处理，回收的油应回送各自工艺系统；废水应送酚氰废水处理站处理。

　　7 设备或管道的放空液应进行收集并返回各自系统。

　　8 苯类等介质输送用泵，应选用屏蔽泵等无泄漏环保型泵。

6.5.21 低温冷却水的制取应采用节能环保型的制冷设备。

6.5.22 含酚、氰等焦化废水应集中进行处理。经处理达标后的废水可用作湿法熄焦补充水，也可用作炼铁冲渣或洗煤补充用水。

6.5.23 对煤气净化、酚氰废水处理工艺产生的废渣应采取下列控制措施：

　　1 焦油氨水分离设备、焦油贮槽等排出的焦油渣以及硫铵生产装置排出的酸焦油、酚氰废水处理站经脱水处理后的剩余污泥，应送配煤车间掺混到炼焦用煤中回收处理。

　　2 粗苯再生残渣应兑入焦油中回收利用。

　　3 酚精制及吡啶精制的蒸馏残渣应与杂酚油一起配制燃料油。

6.5.24 煤气脱硫产生的废液严禁外排，可根据不同的脱硫工艺，因地制宜地予以处理，同时应回收相应的化工产品或硫资源。

6.5.25 煤破碎机（破冻块）、煤粉碎机、装煤和出焦除尘风机、焦炭整粒筛分设备、干熄焦循环风机等应设置减振降噪设施。

6.5.26 煤气净化的煤气鼓风机、振动流化床干燥机、酚氰废水处理站空气鼓风机等应采取减振降噪措施。

6.6 炼　铁

6.6.1 高炉炼铁生产应采用精料、高风温、高压、富氧、脱湿鼓风、大喷煤、煤气干式净化、煤气余压发电、余热利用、循环用水等清洁生产技术，降低原料、能源和新水耗量，并应回收利用高炉煤气、炉渣、尘泥。

6.6.2 炼铁生产宜采用新工艺和新技术。

6.6.3 炼铁的贮矿槽、贮焦槽及其槽上受料及槽下筛分、称量、给料、输送等产生粉尘的设施应采取密闭措施和除尘措施。转运站、胶带机头、尾卸料产尘点应进行密闭，并应设置除尘或抑尘装置。

6.6.4 炉顶装料设备的卸料点应设置除尘设施。

6.6.5 煤粉制备应采用密闭负压制粉工艺，各卸粉点应采取除尘措施。

6.6.6 出铁场的铁沟、渣沟、撇渣器应采取加设沟盖等措施，烟尘产生源应设置一次烟尘和二次烟尘除尘装置。

6.6.7 高炉煤气应净化后回收利用。煤气净化宜采用干法净化，也可采用湿法净化，不得向大气放散未经处理的煤气。

6.6.8 碾泥机室、铸铁机和铁水预处理产生的烟（粉）尘应设置除尘装置。

6.6.9 炉顶均压放散煤气应设置除尘净化措施，并宜回收利用。

6.6.10 采用高压炉顶操作的高炉应设置炉顶煤气余压发电装置。

6.6.11 热风炉宜利用烟气余热预热助燃空气和煤气，并应全部以高炉煤气或高炉和转炉混合煤气作为热风炉燃料。

6.6.12 间接冷却水、煤气洗涤水、冲渣水、铸铁机用水、干渣坑冷却水等应循环利用。各循环系统外排水宜根据用水水质要求实施串级利用。高炉间接冷却水、煤气洗涤水循环系统应采取水质稳定等水质保证措施。

6.6.13 煤气洗涤废水应根据其用水水质要求选择合

理的水处理工艺，并应设置水质监控以及污泥输送和污泥脱水设施。

6.6.14 对含钒、钛和稀土元素共生或伴生矿的高炉冶炼渣应寻求综合利用途径；对一般高炉冶炼炉渣应进行资源化处理，并应采用炉前水冲渣工艺。

6.6.15 炼铁生产应少出干渣。干渣处理应配置破碎、筛分设施，生产矿渣碎石宜用作混凝土骨料或筑路材料等。

6.6.16 除尘器排灰系统应设置加湿装置，粉尘装卸、输送应采用密闭装置。尘泥的贮存、堆放应有防止二次污染的措施。

6.6.17 高炉生产系统产生的含铁尘泥宜设置集中处理设施，并应对其进行混匀、干化、造块等处理。对锌、铅、钾、钠等含量较高的尘泥，宜作脱除锌、铅、钾、钠处理后再返回烧结厂利用。

6.6.18 高炉系统的鼓风机、热风炉助燃风机、煤气减压阀组、煤气余压发电装置、放风阀、煤气均压放散阀、除尘风机等应采取消声、隔声、减振等降噪措施。

6.7 炼钢、连铸

6.7.1 炼钢、连铸工艺设计应推广采用高效连铸技术。

6.7.2 对物料破碎、筛分过程中产生的粉尘，应采取密闭抽风除尘措施。

6.7.3 炼钢散状料运输应减少倒运次数和降低落差高度。散状料筛分和上料系统（石灰）应采用密闭措施，各产尘点应设置抽风除尘系统及相应的粉尘收集、装卸、运输、贮存设施。

6.7.4 对铁水倒罐站和铁水预处理工艺产生的烟尘，应设置烟尘捕集和干式除尘系统。

6.7.5 对现有混铁炉产生的烟尘应设置密闭或半密闭的抽风除尘系统，烟气应采取干法净化设施。

6.7.6 转炉必须采用未燃法设计，并应设置煤气净化回收利用设施（包括煤气柜）。

6.7.7 转炉烟气净化宜采用干法净化工艺，其放散系统应设置点火装置。转炉应设置二次烟尘捕集系统，宜采用布袋过滤净化工艺。

6.7.8 高功率或超高功率炼钢电炉应设置一次烟尘和二次烟尘捕集系统。入炉废钢应充分利用一次高温烟气预热。

6.7.9 对产生烟尘的炉外精炼装置应设置烟尘捕集和干式除尘系统。真空吹氧脱碳精炼炉应设置布袋过滤器净化其生产的烟气。

6.7.10 连铸坯火焰切割、在线火焰清理机和中间包修理点宜设置烟尘捕集和除尘装置。

6.7.11 转炉烟气采用湿法净化工艺时，烟气洗涤水应设置独立的循环水系统，并应选用高效沉淀设施，同时应采用水质稳定措施。处理后的水质应满足循环供水的水质要求。

6.7.12 炉外精炼直接冷却水应设置独立的循环水系统，并应选用高效沉淀或过滤设施。处理后的水质应满足循环供水的水质要求。

6.7.13 连铸二次冷却水处理应采用高效沉淀、除油等设施。处理后的水质应满足连铸循环供水的水质要求。

6.7.14 除尘系统和废水处理系统收集的含铁粉尘、尘泥应回收利用。对含锌高的尘泥应经脱锌后综合利用。干粉、尘泥的收集、装卸、运输和贮存设施均应采取防止二次扬尘的措施。

6.7.15 钢渣处理应根据钢渣的物理化学性质及其综合利用途径等具体情况，选用滚筒法、浅盘热泼法、水淬法、热闷法等预处理工艺以及相应的钢渣破碎、磁选、筛分工艺流程。各尘源设备应设置封闭抽风除尘装置。

6.7.16 供综合利用的钢渣产品，其性能应符合国家现行有关各种钢渣产品的技术标准。对含有有害化合物的钢渣，应按国家或行业有关规定进行处理。

6.7.17 炼钢的破碎、筛分设备均采取隔声措施。风机应采取消声、隔声措施，风机的室外进气管道应采取隔声包扎。余热锅炉安全阀、空气缸压力调节阀等应设置消声器。

6.7.18 电炉冶炼噪声的控制宜设置密闭罩或半密闭罩。

6.7.19 炉外精炼用蒸汽喷射真空泵应设置在封闭建筑物内，也可对喷射器进行隔声包扎，其排气管与蒸汽放散管端应设置消声器。

6.8 轧钢（热轧、冷轧）、金属制品

6.8.1 轧钢生产应采用连铸坯热送热装、连续轧制、一火成材、酸洗—冷轧联合机组和涂镀层无铬钝化工艺技术。

6.8.2 各种热轧机组、冷轧机组、矫直机、平整机、酸洗开卷、抛丸、拉伸涂层机组，以及钢坯修磨、除鳞等产生烟尘油雾等的机组、工序或部位应设置烟尘等捕集净化设施。

6.8.3 轧钢工业炉窑应选用气体燃料或燃油等清洁燃料，并应采用蓄热燃烧技术和低氮燃烧技术等燃烧工艺。

6.8.4 钢材酸、碱洗机组和废酸再生装置，应设置酸、碱雾等有害气体和含氧化铁尘的密闭抽风净化装置。

6.8.5 在生产过程中散发有害气体的各种镀层、涂层或浴锅，应设置排气净化装置。

6.8.6 轧钢机轴承润滑应采用闭路润滑技术。

6.8.7 热轧机组水处理应包括净循环水系统、直接冷却水系统和层流冷却水系统。

6.8.8 冷轧机组废水处理系统应包括水量水质调节

除油、乳化液破乳分解、废油回收、曝气、中和、絮凝、沉淀、中和剂制备及投加、泥浆浓缩、污泥脱水和自控监测等设施。处理后的冷轧废水应达标排放或深度处理后回用。

6.8.9 对含油、乳化液废水和含油浓度高的浓碱废水，应设置独立的破乳、除油废水处理系统，并应经单独处理或局部预处理后再进行综合处理。酸碱废水宜采用中和处理，也可统一集中处理。

6.8.10 含铬废水应设置独立水处理设施。独立处理设施排放口的六价铬和总铬浓度应达标后再进行综合处理。

6.8.11 电镀漂洗废水和含重金属离子废水应设置独立处理系统。采用化学药剂法进行连续处理时，应回收重金属；采用离子交换法处理时，不应混入其他废水。

6.8.12 轧钢厂废油应回收再生利用，不具备条件时应送具有相应资质的单位处理。

6.8.13 轧钢厂及其他厂酸洗设施产生的各种有价值的废酸液应回收再生处理或用其他方法加以综合利用。

6.8.14 含铬污泥应妥善堆存，并应设防雨水冲刷、防渗漏措施或送具有危险废物处理资质的单位进行处理。

6.8.15 轧钢含铁尘泥可送原料场供烧结配料使用。轧钢的氧化铁皮宜供粉末冶金或炼钢使用。含油渣泥应采用焚烧处理，处理后的含铁渣料可供烧结使用。

6.8.16 轧钢厂（车间）多种机组和设施，应根据其噪声源的具体情况，分别采取消声、隔声、吸声、隔振或阻尼等方法进行降噪。

6.8.17 轧钢厂镀锌钢管的内吹，应在蒸汽喷射口设置消声器，并应在镀锌钢管出口处设置隔声集灰装置。

6.8.18 轧钢加热炉炉底管梁的冷却应采用汽化冷却装置。加热炉烟气的余热应回收利用。

6.8.19 金属制品厂钢丝表面镀（涂）层应采用无毒工艺。

6.8.20 轧钢厂的酸碱废水宜采用中和处理，也可统一集中处理，电镀漂洗废水宜采用化学药剂法等进行连续处理，采用离子交换法处理时，不应混入其他废水。电镀中心排出的含铬废水的处理应符合国家的有关规定，含重金属离子废水宜按系统单独处理，并应回收重金属。

6.8.21 在使用放射源时，应采取警示、防护措施。

6.9 冶金石灰、轻烧白云石、耐火材料

6.9.1 石灰石、白云石等料场应设置洒水抑尘设施。
6.9.2 冶金石灰、轻烧白云石、耐火材料的原料和产品贮存、破（粉）碎、筛分及耐火材料混合、成型等过程中产生粉尘的设备和扬尘点，应密闭抽风，并应设置有效的除尘装置。

6.9.3 煅烧石灰石、白云石、耐火原料的竖窑、回转窑及耐火原料干燥筒应设置烟尘净化装置。

6.9.4 耐火材料油浸过程产生的焦油、沥青烟气应经净化处理后排放。

6.9.5 采用煤作燃料的竖窑、回转窑煅烧原料，其含硫量应符合有关规定。

6.9.6 石灰石、白云石、硅石等洗石废水应集中收集、处理并回用。

6.9.7 在生产工艺允许的情况下，厂房内应设置洒水抑尘设施或水冲地坪，废水应集中收集、处理并回用。室外场地和道路应设置洒水抑尘设施。

6.9.8 除尘装置宜按同一品种原料生产系统设置，收集的粉尘应回收利用。无法利用的粉尘应妥善处置，并应防止二次污染。

6.9.9 破碎机、筒磨机、球磨机、振动筛、承受大块矿石的溜槽、高噪声的风机及空压机等应采取隔声、消声、减振等措施。动力机械设备应设置减振措施。

6.10 铁 合 金

6.10.1 原料和产品破碎、筛分及运输过程的扬尘点应设置抽风除尘设施。各扬尘点除尘设施应采用袋式除尘器。

6.10.2 无法回收煤气的冶炼炉应采用密闭或半封闭烟罩捕集烟气。烟气的净化宜采用袋式除尘器。高温烟气应采用余热回收利用设施。

6.10.3 可回收煤气的冶炼电炉，均应设置全封闭罩及煤气回收设施（包括煤气柜）。煤气净化宜采用干法净化工艺。

6.10.4 铁合金厂原料焙烧窑炉的烟气应设置密闭抽风除尘装置。

6.10.5 硅石水洗产生的废水应经沉淀处理后循环使用。产生的污泥应妥善处理。

6.10.6 封闭电炉烟气湿法除尘的洗涤水应经处理后循环使用。洗涤水处理系统应包括沉淀、渣滤、化学处理、泥浆处理、监控和水质稳定等设施。少量排污水可供水冲渣系统使用。

6.10.7 铁合金封闭冶炼电炉烟气洗涤水处理系统的泥浆应经二次浓缩处理后再进行脱水。脱水后泥饼应作为冶炼原料回收利用。含有害成分的污泥在堆放时应采取防止环境污染的措施，若属危险废物则应按国家有关规定处置。

6.10.8 金属铬生产废水、氢氧化铬反应废液经处理后应返回生产系统，不得外排。含铬废水处理应自成系统。

6.10.9 含钒废水处理应自成系统，不得与其他废水混合。

6.10.10 锰铁高炉煤气洗涤含氰废水处理应自成系

统。处理后的废水应循环使用，不得外排。

6.10.11 锰铁、高碳铬铁、磷铁、硅锰合金等铁合金炉渣应采用水淬粒化处理。冲渣水应循环使用。

6.10.12 精炼铬铁粉等粉化渣应采用封闭式处理和运输。处理过程中的扬尘点应设置收尘罩，并应采用袋式除尘器除尘。

6.10.13 金属铬浸出渣、五氧化二钒浸出渣等有毒渣，应采取无害化处理措施，并应综合利用。无条件进行综合利用的浸出渣，应按国家现行《危险废物污染防治技术政策》中的有关规定进行处置。

6.10.14 原料和成品系统的破碎机、振动筛应在其底座与基础间设置减振器；干、湿球磨机应设置隔声罩或隔声间；其他高噪声设备声源应根据不同情况采取消声、减振、隔声等措施。

6.11 炭 素

6.11.1 成型后生制品的焙烧应采用节能型环式焙烧炉。

6.11.2 石墨化炉宜采用串接石墨化工艺。

6.11.3 原料库、中碎配料、焙烧填充料加工、石墨化填充料加工、制品加工等产尘部位，应设置密闭集尘和除尘设施。除尘回收的物料应返回生产中使用。

6.11.4 延迟石油焦煅烧应根据不同原料特性及建设规模，选用回转窑、回转床煅烧或煅烧炉。对产生的高温尾气应密闭抽风、净化，并应设置余热回收装置。

6.11.5 沥青熔化和高压浸渍产生的沥青烟，应密闭集气，并应设置沥青烟净化装置。净化设备宜采用电捕焦油器。

6.11.6 混捏产生的含尘低浓度沥青烟，应密闭集气，并应采用焦粉吸附干法净化。

6.11.7 凉料产生的低浓度沥青烟应集气，并应采用焦粉吸附干法净化或电捕焦油器净化。

6.11.8 焙烧炉产生的沥青烟尘，应设置回收净化装置。电捕焦油器前宜设置蒸发式冷却器。净化装置应设有防燃、防爆措施，并应设置旁通烟道。回收的焦油应综合利用。

6.11.9 高纯制品石墨化烟气的氯、氟等有害物质，应配置相应的除氯除氟净化措施。

6.11.10 成型、浸渍工序的含油冷却水以及湿法净化沥青烟的洗涤水，应除油后循环使用。

6.11.11 生产中产生的废渣、石墨化过程中产生的碳化硅、制品加工过程中产生的碎料等应综合利用。对不能利用或暂时不能利用的废渣，应设置渣场堆存。渣场应设置防渗漏、扬散和流失以及雨水收集等措施。

6.11.12 对破碎机、振动筛、球磨机、空压机、高压风机和挤压机等，应根据不同情况设置消声、减振、隔声等装置。

6.12 公用、辅助设施

6.12.1 燃煤锅炉的设计应符合下列要求：

1 钢铁企业自备电厂、工业锅炉房的大、中型燃煤锅炉用的煤，在其装卸、贮存、破碎、筛分、运输及上料等设施的产尘点应设置机械抽风除尘设施，收集的煤尘应回收利用。煤堆场应采用喷水增湿、表面覆盖剂或封闭式贮煤设施等防止扬尘措施。

2 燃煤锅炉应使用低硫煤或燃煤同时掺烧煤气，并应设置烟气净化设施。烟气净化设施可根据锅炉型号、所用煤质、地区情况等条件而定，宜采用干式高效除尘器净化，也可采用文氏管麻石水膜除尘等湿法净化。净化后烟气由高烟囱排放。燃煤电厂应设置脱硫装置。

3 锅炉用水系统的外排水和锅炉排污水应用作锅炉水力冲渣水。燃煤锅炉烟气湿式除尘的废水应经处理后回用。

4 锅炉水力冲渣和湿式除尘废水应设置循环系统，并应根据其废水的酸、碱特性，进行中和处理。

5 自备电厂的粉煤灰应综合利用，并应设置专用堆场。设计应根据干湿分排的原则，配置相应粉煤灰的输送贮运系统、挖灰和装灰机具以及运灰车辆。

灰场周围应设置往外运灰的道路。灰场应采取防止二次扬尘措施。

6 燃煤锅炉的鼓风机进口应设置消声器，出风口与管道间宜设置隔振挠性管；引风机及其管道应做隔声包扎处理。

6.12.2 煤气站设计应符合下列要求：

1 钢铁企业应充分利用本企业在生产过程中所产生的煤气。在无可供气体燃料条件情况下，建设煤气发生站宜选用两段式发生炉。煤气应脱硫，可根据其含硫状况，选用适当的脱硫技术。

2 煤气湿式净化处理的洗涤水，应按水质条件分为热、冷两个循环系统。冷循环水系统的外排水应补充给热循环水系统，冷循环水系统的补充水应由工业水补给。在热循环水系统中应设置改善水质的旁流处理设施。旁流处理可根据具体情况选用树脂吸附法、化学絮凝法或酸化法等。

3 煤气发生站收集的焦油、焦油渣、煤气发生炉渣、筛下料等应进行综合利用，并应防止二次污染。

4 煤气发生站焦油渣堆放场应采用防渗漏地坪，并应设置渗漏析出水收集设施，经处理后返回循环系统。

6.12.3 乙炔发生站电石渣不得随意丢弃。电石渣废水应经沉淀处理后循环使用。

6.12.4 铸造、机械加工设计应符合下列要求：

1 机修铸造用化铁炉、电弧炉等的含尘烟气应进行捕集净化，烟气净化宜采用袋式除尘器。

2 包装材料加工厂喷漆工段应设置相应的尾气净化处理装置；各种工业炉烟气和制芯尾气应设置相应的净化处理设施。

3 机修型砂处理、铸件及轧辊喷丸处理、砂轮干式修磨、胶辊干式修磨、粉煤灰输送、石灰石制备、木材加工等工序产尘点应设置相应的除尘设施。

4 机修锻造、木模、木材加工间等噪声产生点应根据不同情况采取相应的降噪措施。

5 鱼雷罐车、铁水罐修理间各产尘点，应设置相应的除尘设施。

6 铸造化铁炉冲渣废水、铸造水力清砂废水及热处理水淬废水均应经沉淀处理后循环使用。

7 机修系统湿式除尘废水、酸洗废水、含油（乳化液）废水、轧辊冷却清洗、含重金属离子废水等均应设置相应的处理系统。

6.12.5 检（化）验室、中心试验室、环境监测站等产生的废水应根据其水量和水质情况进行必要的处理达标后排放。

6.12.6 氧气站设计应符合下列要求：

1 氧气站的离心式空压机和氧压机应采取隔声措施。

2 受压气体排放（放散）口应设置消声器。空气、氩气放散口宜设置小孔喷注消声器，氧气放散口宜设置微穿孔板消声器。污氮切换阀及其前后管道宜放置在建筑物内。

3 露天布置时，对污氮切换阀体及其前后管道应做隔声处理。

4 污氮排放可采用地坑式消声器。

6.12.7 水处理及其他设施设计应符合下列要求：

1 钢铁联合企业应节约用水、减少外排水，吨钢新水消耗应按国家有关规定执行。冷却用水应采用循环用水，并应根据水质采用软水密闭循环水系统、净循环水系统或直接冷却水系统；生产废水应在各工序设置分质处理系统，并应达标后排放或回收利用，不得采用稀释等方式处理排放。

2 在净循环水系统和直接冷却水系统之间，宜以净循环水系统补充直接冷却水系统循环使用，并应设置水质稳定装置。若补充水采用中水，应进行深度处理。

3 对于缺水地区，宜设置雨水回收处理系统。

4 集中制冷站制冷机组宜采用环保型冷媒。

5 物料贮运、破（粉）碎、筛分、混合等过程中产生粉尘的设备和扬尘点应采取密闭措施，并应设置有效的除尘装置。厂房内应设置洒水抑尘设施或水冲地坪；室外场地和道路应设置洒水抑尘设施。废水应集中收集、处理并回用。

6.12.8 大、中型钢铁联合企业应建立相应的环境监测站。环境监测站设计应符合下列要求：

1 钢铁企业环境监测站应对本企业的污染源、厂界、厂区和生活区环境进行监测。

2 污染源和环境监测分析方法应符合现行国家有关规定。

3 大型钢铁企业宜设置环境自动监测站，应对企业主要废气污染源进行自动连续监测，对企业废水总排放口应进行自动连续监测。

4 被列为环境监测对象的废气污染源，应在其设备或烟囱（排气筒）等有关部位设置符合规定的监测孔及监测工作平台、梯子及电源等。

6.13 全厂集中性环保设施

6.13.1 全厂产生的含水废油较多时，宜设置全厂性废油再生站。含油泥渣应集中焚烧处理，焚烧炉应设置烟气净化设施，焚烧后的灰渣应妥善处置。全厂的含锌尘泥应建设集中脱锌处理系统，并应制成金属化球团进行综合利用。

6.13.2 企业在各车间（工序）建立各自的废水处理循环系统的前提下，对各系统拟外排的废水，宜设置全厂性的总排水处理设施，经集中处理后的水用作工业补充水进一步回用。处理系统少量外排水必须符合废水排放标准和总量控制要求。

对不宜进入全厂总排水系统的废水应自成系统进行深度处理。

6.13.3 新建钢铁企业宜设置生活污水的收集处理和回收利用系统。

6.13.4 应设置全厂性的放射性物质管理机构（含储存）和放射性废物的防电离辐射污染设施。

6.13.5 对全厂的内燃机车产生的废油应集中处理和综合利用。

6.13.6 对全厂蒸汽机车的锅炉酸洗废水应设置集中处理设施，其煤灰渣应综合利用。

6.13.7 全厂焦炉、高炉等煤气管网冷凝水，应集中回收送焦化厂或煤气站含酚氰废水处理系统一并处理。

6.13.8 全厂应设置各类固体废弃物处理、处置场，并宜设置抑尘设施。医疗废物应由地区专门机构收集后，送地区医疗废物处置中心集中处置。

7 环境保护设施划分

7.0.1 环境保护设施的划分应符合下列规定：

1 属防治污染、保护环境所需的各类设备、装置和工程设施以及环境监测站（含环境监测装备、矿山小型气象观测站）、环境绿化设施、矿山土地复垦等均属环保设施。

2 为保护环境和资源综合利用所采取的"三废"综合利用设施及其相应配套工程均属环保设施。

3 既为工艺生产所需而又为保护环境所需的设施也属环保设施。

7.0.2 钢铁工业各生产工序的环保设施内容应符合本规范附录 A 的规定。

附录 A 钢铁工业各生产工序的环境保护设施内容

A.1 采矿、选矿

A.1.1 采矿、选矿生产过程中各尘源的除尘、抑尘和收尘等设施。

A.1.2 井下有毒有害气体、含放射性物质的废气和转窑、竖窑等焙烧设备以及湿精矿干燥设备的烟气净化处理设施。

A.1.3 井下废水、露天采场废水、选矿废水、废石场（排土场）有毒淋溶水和尾矿库（坝）溢流水及其他生产浊废水的收集净化处理和循环利用设施。

A.1.4 废石、尾矿、污泥等综合利用设施。

A.1.5 含有毒物质、放射性物质的废石场（排土场）、尾矿库的污染防治设施。

A.1.6 矿山土地复垦工程设施。

A.1.7 矿山水土保持设施，包括采矿场、废石场（排土场）、道路的截排水沟和拦挡防护设施。

A.1.8 矿山设置的预测滑坡、泥石流、塌陷等地质灾害的监测设施。

A.1.9 废石场（排土场）、尾矿库（坝）的工程设施及其配套设施。

A.1.10 深凹露天矿山的小型气象观测站。

A.1.11 矿山绿化和防护林带设施。

A.1.12 各种降噪减振设施。

A.2 原料场

A.2.1 原料堆场喷洒水及加药设施和覆盖、遮挡设施。

A.2.2 原料受卸、混匀、输送等系统的除尘设施。

A.2.3 进出料场的车辆冲洗设施。

A.2.4 生产浊废水处理和循环利用设施。

A.2.5 粉尘、尘泥处理及综合利用设施。

A.2.6 各种降噪减振设施。

A.2.7 环境绿化及绿化设施。

A.3 球团、烧结

A.3.1 原料准备系统、配料混合系统、熔剂及燃料破碎筛分系统和成品矿冷却、筛分、整粒及返矿系统的除尘设备及其管道、排气筒等；贮料场等的抑尘设施。

A.3.2 带式烧结（焙烧）机的机头、机尾和链箅机-回转窑、竖炉等烟气除尘设施及其与除尘设备连接的管道、烟囱。

A.3.3 有害气体（二氧化硫、氮氧化物、氟化氢等）的净化设施及综合利用设施。

A.3.4 生产浊废水净化处理和循环利用设施。

A.3.5 含铁粉尘及尘泥回收、处理、利用及运输设施。

A.3.6 各种降噪、减振设施。

A.3.7 球团、烧结生产的余热回收设施。

A.3.8 厂区环境绿化及绿化设施。

A.4 焦 化

A.4.1 贮煤场抑尘设施和煤泥沉淀设施。

A.4.2 炼焦煤的破碎、粉碎和焦炭的筛分、贮存及输送、转运过程的密闭和除尘设施。

A.4.3 成型煤制备的密闭抽风和烟尘净化设施；装炉煤调湿装置的除尘设施。

A.4.4 焦炉炉体（炉门、装煤孔盖、上升管水封等）的密封设施、焦炉荒煤气事故放散装置、清扫装置及焦炉烟囱。

A.4.5 焦炉无烟装煤和烟尘收集及净化设施。

A.4.6 焦炉出焦烟尘收集及净化设施。

A.4.7 干熄焦装置的各产尘点的密闭抽风除尘设施。湿法熄焦塔的烟尘捕集净化装置。

A.4.8 煤气净化车间和化工产品精制车间有害气体排放的净化设备及装置（排气洗净塔、回收废气的压力平衡系统、呼吸阀及焚烧装置等）。

A.4.9 煤气脱硫、脱氰装置，脱酸蒸氨装置，硫回收、氨回收及氨分解装置，氰化氢回收装置，剩余氨水脱酚装置等。

A.4.10 生产车间各种浊废水（酚氰废水、初期雨水、地坪冲洗水等）的收集、处理和循环利用设施。

A.4.11 外排酸、碱废液的中和处理设施。

A.4.12 煤气脱硫废液的处理设施。

A.4.13 油槽车清洗设施及清洗水（液）处理设施。

A.4.14 各种粉尘、尘（污）泥和废渣等废弃物的处理和回收利用设施。

A.4.15 各种降噪减振设施。

A.4.16 厂区环境绿化及绿化设施。

A.5 炼 铁

A.5.1 炼铁厂贮矿槽、贮焦槽（含贮料坑）的槽上、槽下、上料系统（含炉顶卸料点）、转运站、胶带机头、机尾以及其他部位的粉尘治理、除尘和抑尘设施。

A.5.2 出铁场一、二次烟尘治理及除尘设施。

A.5.3 铸铁机、碾泥机室等的烟（粉）尘治理及除尘设施。

A.5.4 高炉煤粉制备系统的除尘设施。

A.5.5 高炉煤气净化系统的重力除尘器（旋风除尘器）、干式或湿式煤气净化回收利用设施。

A.5.6 高炉炉顶均压放散煤气除尘装置。

A.5.7 高炉煤气洗涤废水、冲渣水及其他渣处理废水、铸铁机废水等浊废水的水处理设施，浊废水循环、串接使用系统的设施，以及水处理泥浆浓缩、污泥脱水系统设施。

A.5.8 高炉炉渣的水渣冲制（其他渣制品）设施、干渣坑、干渣的综合利用处理设施。含钒钛和稀土元素共生或伴生矿冶炼渣的综合利用设施。

A.5.9 除尘灰和煤气清洗污泥的输送、贮存、干化、加工处理及综合利用设施，其他固体废物的综合利用设施。

A.5.10 高炉煤气均压放散阀、放风阀、煤气调压阀组、余压发电装置、高炉鼓风机、热风炉助燃风机、煤粉制备的破碎机、磨煤机、除尘风机等各种设备的噪声、振动防治设施。

A.5.11 煤气余压发电装置，热风炉烟气余热利用装置。

A.5.12 厂区环境绿化及绿化设施。

A.5.13 弃渣中转场、综合利用处置场地及其污染防治的设施。

A.6 炼钢、连铸

A.6.1 转炉、电炉等一、二次烟尘净化设施及与其连接的管道、烟囱。

A.6.2 物料破碎、筛分系统、混铁炉、散状料输送系统、炉外精炼装置、炉料烘烤、钢包处理、铁水预处理等烟尘、粉尘的捕集和净化设施。

A.6.3 转炉煤气回收利用设施和电炉热烟气预热加料废钢设施。

A.6.4 连铸坯切割及表面清理除尘设施。

A.6.5 炼钢、连铸等生产浊废水处理及循环利用设施。

A.6.6 含铁粉尘、尘泥、氧化铁皮和钢渣处理与综合利用及配套净化设施。

A.6.7 电炉及风机等的降噪减振设施。

A.6.8 厂区环境绿化及绿化设施。

A.7 轧钢、金属制品

A.7.1 钢坯表面清理烟尘净化设施。

A.7.2 轧机排烟除尘设施。

A.7.3 酸、碱洗系统酸、碱雾捕集及净化设施。

A.7.4 镀（涂）层、热处理、精整系统烟尘和有害气体净化或焚烧设施。

A.7.5 各种工业炉的烟囱。

A.7.6 轧钢生产系统各种浊废水处理和循环利用设施。

A.7.7 含铁尘泥、氧化铁皮、废酸、废碱、废油、加热炉渣等处理和回收利用设施。

A.7.8 加热炉、退火炉烟气余热回收利用设施。

A.7.9 各种降噪减振设施。

A.7.10 厂区环境绿化及绿化设施。

A.8 冶金石灰、轻烧白云石、耐火材料

A.8.1 竖窑、回转窑及干燥筒等热工炉窑的烟气除尘设施及与其连接的管道、烟囱。

A.8.2 焦油及沥青烟气净化设施。

A.8.3 生产浊水处理和循环利用设施。

A.8.4 各生产工序扬尘点的密闭、除尘设施及粉尘、尘泥等处理和回收利用设施。

A.8.5 炉窑烟气余热回收利用设施。

A.8.6 各种降噪减振设施。

A.8.7 厂区环境绿化及绿化设施。

A.9 铁合金

A.9.1 原料处理及输送过程中各产尘点的密闭和除尘设施。

A.9.2 铁合金炉窑烟气除尘设施及与其连接的管道、烟囱。

A.9.3 铁合金炉窑煤气回收装置及烟气余热回收利用设施。

A.9.4 湿式除尘废水、冲渣水、洗硅石废水和工艺废水等处理和循环利用设施。

A.9.5 铁合金渣和炉窑的粉尘等处理和综合利用设施。

A.9.6 各种降噪减振设施。

A.9.7 厂区环境绿化及绿化设施。

A.10 炭素

A.10.1 原料库、中碎配料、焙烧填充料加工、石墨化填充料加工及成品加工等工序的除尘设施。

A.10.2 原料煅烧烟气净化设施及煅烧窑烟囱。

A.10.3 沥青熔化、沥青配料、混捏、凉料、焙烧、浸渍等工序的沥青烟净化设施及焙烧炉烟囱。

A.10.4 石墨化炉烟气净化设施（含净化氯、氟有害物质所需的有关措施）。

A.10.5 各种浊废水处理和循环利用设施。

A.10.6 各种废渣处理和综合利用设施。

A.10.7 各种降噪减振设施。

A.10.8 厂区环境绿化及绿化设施。

A.11 公用、辅助设施

Ⅰ 燃煤锅炉

A.11.1 燃煤装卸、破碎、筛分、输送、堆存和煤粉制备系统的防尘、除尘设施。

A.11.2 锅炉烟气净化设施及与其连接的管道、烟囱。

A.11.3 燃煤电厂的脱硫装置。

A.11.4 各种浊废水处理和综合利用设施。
A.11.5 粉煤灰渣场和粉煤灰处理及综合利用设施。
A.11.6 锅炉鼓风机、引风机、球磨机、蒸汽减压装置及自备电站的透平发电机组等噪声源的噪声防治设施。
A.11.7 厂区环境绿化及绿化设施。

Ⅱ 煤气站、乙炔站、氧气站、氢氧站、空压站

A.11.8 原料和燃料装卸、破碎、筛分、输送、堆存的防尘、除尘设施。
A.11.9 煤气发生站煤气净化设施。
A.11.10 煤气发生站煤气洗涤水处理和循环利用设施。
A.11.11 焦油、焦油渣、煤气发生炉渣等处理和综合利用设施。
A.11.12 乙炔发生站生产废水和电石渣处理设施。
A.11.13 氢氧站废液、废水处理设施。
A.11.14 油罐区含油废水处理设施。
A.11.15 各种降噪减振设施。
A.11.16 厂区环境绿化及绿化设施。

Ⅲ 铸造、机械加工

A.11.17 机修系统各工序（砂处理、铸件落砂等）尘源的除尘设施。铸造用化铁炉、电炉等烟尘净化设施。
A.11.18 鱼雷罐车、铁水罐修理间各产尘点的除尘设施。
A.11.19 各种工业炉（含盐浴炉等）烟气和制芯尾气等净化设施。
A.11.20 各种浊废水处理和循环利用设施，废乳化液的污染治理设施。
A.11.21 化铁炉渣、电炉渣、废型砂、废切削料、废木料等处理和综合利用设施。
A.11.22 各种降噪减振设施。
A.11.23 厂区环境绿化及绿化设施。

Ⅳ 中心试验室、检（化）验室及环境监测站

A.11.24 各种废液、废水处理设施。
A.11.25 有害、有毒气体净化处理设施、局部除尘设施。
A.11.26 各种噪声防治设施。
A.11.27 厂区环境绿化及绿化设施。
A.11.28 全厂环境监测站，含仪器、设备、监测采样器材、车辆、建（构）筑物等。

A.12 全厂集中性环保设施

A.12.1 全厂含铁粉尘、尘泥、废油和含油泥渣的集中处理设施（如废油再生站、含油泥渣焚烧处理及烟气净化设施、灰渣回收利用或处置设施等）。
A.12.2 全厂焦炉、高炉煤气管道冷凝水收集、处理设施。
A.12.3 全厂污水处理厂（站）及其管网。
A.12.4 全厂的中水收集、处理、利用系统。
A.12.5 全厂绿化及防护林带。
A.12.6 全厂固体废物堆存场和防止有害物质扩散、渗漏、流失的设施及无害化处理设施。
A.12.7 全厂蒸汽机车灰渣和机车锅炉酸洗废水的处理设施。
A.12.8 全厂放射性废物的防污染设施。

本规范用词说明

1 为便于在执行本规范条文时区别对待，对要求严格程度不同的用词说明如下：
1) 表示很严格，非这样做不可的用词：
   正面词采用"必须"，反面词采用"严禁"。
2) 表示严格，在正常情况下均应这样做的用词：
   正面词采用"应"，反面词采用"不应"或"不得"。
3) 表示允许稍有选择，在条件许可时首先应这样做的用词：
   正面词采用"宜"，反面词采用"不宜"；
   表示有选择，在一定条件下可以这样做的词，采用"可"。

2 本规范中指明应按其他有关标准、规范执行的写法为"应符合……的规定"或"应按……执行"。

中华人民共和国国家标准

钢铁工业环境保护设计规范

GB 50406—2007

条 文 说 明

目　次

1 总则 …………………………………… 26—19
3 基本原则 ……………………………… 26—19
4 厂址选择与总图布置 ………………… 26—19
5 设计文件的环保内容要求 …………… 26—20
6 环境保护设计 ………………………… 26—20
 6.1 采矿 …………………………… 26—20
 6.2 选矿 …………………………… 26—21
 6.3 原料场 ………………………… 26—22
 6.4 球团、烧结 …………………… 26—22
 6.5 焦化 …………………………… 26—23
 6.6 炼铁 …………………………… 26—24
 6.7 炼钢、连铸 …………………… 26—25
 6.8 轧钢（热轧、冷轧）、金属制品 …… 26—26
 6.9 冶金石灰、轻烧白云石、耐火
   材料 …………………………… 26—26
 6.10 铁合金 ………………………… 26—27
 6.11 炭素 …………………………… 26—27
 6.12 公用、辅助设施 ……………… 26—28
 6.13 全厂集中性环保设施 ………… 26—29
7 环境保护设施划分 …………………… 26—29

1 总 则

1.0.1 本条款说明制定本规范的目的。保护环境是我国的一项基本国策。我国政府历来对环境保护十分重视，1989年12月七届全国人大第十一次会议通过了新的《中华人民共和国环境保护法》。此后我国还相继制定了一系列有关环境保护的法律、法规和政策，如《清洁生产促进法》、《环境影响评价法》、《大气污染防治法》、《水污染防治法》、《海洋环境保护法》、《固体废物污染环境防治法》、《环境噪声污染防治法》等等。此外，国家还制定了一批环境保护行政法规和环境标准。这些法律、法规等都是钢铁工业建设项目环境保护设计的重要法律依据和政策依据，对做好环境保护设计具有重要的指导作用。本规范就是为了在钢铁工业环保设计中全面贯彻执行上述法律、法规、政策，并结合目前钢铁工业的实际情况，吸收国际上环境保护先进理念（循环经济、清洁生产等）和国外钢铁企业先进的行之有效的污染防治和资源综合利用措施而制定的。

我国《清洁生产促进法》明确指出："清洁生产是指不断采取改进设计、使用清洁的能源和原料、采用先进的工艺与设备、改善管理、综合利用等措施，从源头削减污染，提高资源利用效率，减少或者避免生产、服务和产品使用过程中污染物的产生和排放，以减轻或消除对人类健康和环境的危害"。钢铁联合企业的清洁生产主要包括：钢铁产品设计；钢铁产品制造所需资源的开采、提纯、加工和输送；钢铁产品的制造过程；排放物无害化、资源化处理；产品的使用、再使用和回收等环节。

"循环经济"是对物质闭环流动型经济的简称，它是把清洁生产、资源综合利用、生态设计和可持续消费等融为一体，运用生态学规律来指导人类社会的经济活动。传统工业社会的经济是一种"资源——产品——污染物排放"的单向流动的线性经济，而循环经济则是一种"资源——产品——再生资源——再生产品"的物质反复循环流动的闭环式经济。循环经济的基本原则是3R原则，即减量化（reduce）、再使用（reuse）、再循环（recycle）。清洁生产和循环经济是近代国际上工业生产和经济领域推行的两种新的经济理念，同时也是我国政府要求积极推行的政策，它对工业污染的防治和资源综合利用都具有十分重要的指导作用。

1.0.2 本规范适用的范围，按钢铁工业生产的范畴来说，钢铁工业包括铁矿、锰矿、铬矿采选、烧结、焦化、炼铁、炼钢、轧钢、铁合金、炭素制品、耐火材料、金属制品等工艺及相关配套工艺。按所指钢铁工业建设项目性质来说，它适用于钢铁工业新建、扩建和改建项目。

1.0.3 为贯彻执行国家有关工业污染防治的法律、法规和政策，根据近年来国内一些大中型钢铁企业环保工作的经验，资源综合利用是防治污染的有效途径，既能节省资源，又能提高企业经济效益。污染治理还要与企业技术改造相结合，方可取得较好效果。

3 基本原则

3.0.1、3.0.2 本规范条文以循环经济、清洁生产理念为依据，结合钢铁产业实际情况，提出了在钢铁工业环保设计中应遵循的基本原则，以指导钢铁工业主要生产工序的环保设计。循环经济理念是一种经济发展方式，也是一种新的污染防治模式。在设计环节要充分重视资源和能源的减量化，将减量化的理念在选择生产工艺、技术装备、技术经济指标等具体设计中体现出来，提高资源和能源利用效率，有效地降低污染物的产生量，降低三废治理的资金投入和运行费用。

3.0.3 第3款所指的取水量为钢铁企业生产全过程中，生产每吨钢需要的新水取水量。它包括企业自建或合建的取水设施、地区或城镇供水工程、发电厂尾水以及企业外购水量，不包括企业自取的海水、苦咸水和企业排出厂区的废水回用水。

第4款对固体废物的处理应符合《一般工业固体废物贮存、处置场污染控制标准》GB 18599和《危险废物贮存污染控制标准》GB 18597等的有关规定。

3.0.4、3.0.5 根据《中华人民共和国职业病防治法》和《中华人民共和国放射性污染防治法》及有关设计规定，本条文分别对放射性物质及放射性废物的处理和对噪声源进行控制提出要求，以保障职工的身体健康。

3.0.6 本条文是根据国家环境保护总局关于建设项目执行污染物排放标准的原则而制定。

对引进项目，其设备、装置引进国的污染物排放标准严于我国标准时，应采用该国的标准；国内如无标准的，该建设项目引进单位应提交项目输出国或发达国家现行的该污染物排放标准及有关技术资料，由市（地）人民政府环境保护行政主管部门结合当地环境条件和经济技术状况，提出该项目应执行的污染物排放限值，经省、自治区、直辖市人民政府环境保护行政主管部门批准后实行，并报国家环境保护总局备案。

4 厂址选择与总图布置

4.0.1、4.0.2 厂址选择是一项政策性强，涉及政治、经济、环境等各方面的综合性技术经济工作，因此必须按照国家有关规定，进行广泛深入的调查研究，通过多方案比较、论证后才能做出最佳厂址选择方案。条文依据《中华人民共和国环境保护法》和国家现行标准《钢铁企业总图运输设计规范》YBJ 52等规定，对建设项目厂址选择设计工作提出具体要求。

厂址选择条文根据《中华人民共和国环境保护法》第十八条规定和《钢铁企业总图运输设计规范》第二章厂址选择中第2.1.14条制定。《中华人民共和国环境保护法》第十八条规定"在国务院、国务院有关主管部门和省、自治区、直辖市人民政府划定的风景名胜区、自然保护区和其他需要特别保护的区域内，不得建设污染环境的工业生产设施"，《钢铁企业总图运输设计规范》中要求厂址不应选择在国家规定的风景区、森林、自然保护区和水土保持禁垦区。

4.0.4 在确定厂址和总图布置时，必须把环境保护要求作为一个重要的因素参与方案比较。在以往选择厂址工作中，没有把握好对环境的保护，曾忽视了选址地区的气象、地形等要素对厂区排放污染物的环境影响分析研究，因而导致企业投产后出现了一些难以解决的环境保护问题，这种教训必须认真地吸取。

4.0.5 为保证厂址附近居住区的生活环境质量达到与当地环境功能等级相适应的规定质量要求，保护居民的身体健康，应按国家有关卫生防护距离的规定，在厂区和居住区之间设置必要的卫生防护距离。如条件不具备或国家尚未颁布防护距离规定的建设项目，则可根据环境影响评价报告书提出的卫生防护距离，由项目所在省、市、自治区的环境保护主管部门确定。

4.0.6 本条文是根据《钢铁企业总图运输设计规范》第三章总图布置中第3.1.2条和第3.1.3条制定。冷轧及金属制品厂的酸洗、电镀、涂层等工段，生产时排放各种有毒、有害气体，应布置在单独的厂房内，以防止交叉污染。

4.0.7 本条文是为了保证企业行政管理区等有个安静清洁的环境，以有利于提高企业管理人员的工作效率。

4.0.8 本条文是为了保证厂区有个优美舒适的工作环境，也有利于改善厂区的小气候。

5 设计文件的环保内容要求

5.0.1、5.0.2 建设项目设计文件主要有规划设计、项目建议书、可行性研究、项目申请报告、初步设计、施工图设计。为保证设计质量，特提出各设计文件的环保设计内容。设计文件应按照已有明确规定的设计内容要求进行编制。

在可行性研究、项目申请报告、初步设计等设计文件中的环保设施投资估算包括环保投资比例，其所指的比例是环保投资与工程静态投资之比。

对于工程静态投资说明如下：

一般静态投资包括五种费用，即建筑工程费、安装工程费、设备及工器具购置费用、其他费用和预备费。

其他费用指土地征用及拆迁补偿费、建设管理费、研究试验费、生产职工培训费、办公和生活家具购置费、勘察设计费、供电贴费、施工机构调遣费、配合辅助工程费、固定资产投资方向调节税等。

预备费指初步设计总概算中难以预料的工程费和其他费用。

在规划设计、项目建议书编制过程中均应进行必要的现场调查，根据现场资料提出初步建设方案，据此估算污染物排放情况，提出宏观分析。

对于项目申请报告环保设计内容，本规范根据2004年国家发展和改革委员会第19号令颁布的《企业投资项目核准暂行办法》的要求，并结合目前有关设计单位对项目申请报告的编制情况而提出。由于该篇在近几年才开始编制，故环保设计文件的内容还将通过实践逐步完善。

6 环境保护设计

6.1 采 矿

6.1.1 露天开采是指在敞开的地表采场进行有用矿物的采剥作业；地下开采是指从地表向地下掘进一系列井巷工程通达矿体，建立完善的提升、运输、通风、排水、供电、供气、供水等生产系统及其辅助生产系统并进行有用矿物的采矿工作的总称。

矿山各生产工序都产生粉尘，其中凿岩、爆破和装运三个基本生产工序是主要尘源产生工序，应采取有效的防尘措施。一切有条件的矿山都应采用湿式凿岩，在不能采用湿式凿岩时，用干式凿岩必须配有捕尘装置。捕尘方式有孔口捕尘和孔底捕尘两种。爆破、铲装的基本防尘措施是湿式作业，即爆破前向预爆区洒水，采用水封爆破，在炮烟抛掷区内设置水幕，在电铲装矿前30min预先湿润爆堆，铲装时喷雾洒水。

向卸落的矿石喷雾洒水，是较简单、经济的防尘措施，但应避免造成溜井堵塞和粘结，并保证满足选矿所需含水量要求。溜井口密闭门配合喷雾洒水，适用于卸矿量不大、卸矿次数不频繁的溜井；从溜井口抽出含尘空气，由井口向内漏风，以控制矿尘外逸的方法，适用于卸矿量大而频繁的溜井。

6.1.2 矿区汽车运输路面上的粉尘，是露天矿一个严重的污染源，采取路面硬化，保持路面平整，避免凹凸不平，是防止道路扬尘的关键措施。其次是防止路面二次扬尘，尤其对矿区临时道路，可采取的措施有路面洒水、喷洒吸湿性强的钙盐或镁盐的溶液、散布粉状或粒状氯化钙以及用石油化工或造纸等行业的工业废物制成乳液处理路面。

6.1.3 井下破碎机系统以及带式输送机的装矿、卸矿和转载处都是主要产尘点，密闭抽风净化是普遍采用的除尘措施。对产尘量小的场所，可单独使用喷雾洒水措施，但喷水量不宜过多，否则容易导致皮带打滑。

6.1.4 20世纪80年代开始，我国金属矿山出现了一种"多级机站压抽式通风系统"新技术，它是用几级通风机站接力来代替主通风机，能保证需风巷有足够新鲜风量，并大幅度节省能耗。因此条件许可的地下矿山宜首选该种通风方式。

为保证进入矿井的风新鲜、清洁，排出的污风不污染居民区空气环境，本条对地下采矿的主入风井和排风井的位置选择等作了相应规定。

6.1.5 本条是对含放射性元素超标的矿石运输、贮存所作的强制性规定。

6.1.6 燃油动力的装载机或运输设备会产生含一氧化碳、氮氧化物、二氧化硫等污染物的有害废气，井下作业一般已不使用。若使用燃油动力的设备，宜设置尾气净化器以及通过加强通风，消除废气污染。水洗净化器是使废气通过水浴或水喷雾，以便冷却废气和捕集有毒化合物。

6.1.7 露天矿小气候是矿区内气象要素变化规律的总和，是贴地气层与采场裸露岩层相互作用的结果。大型深凹露天矿山的大气污染状况与采场小气候特征密切相关，通过设置小型气象观测站，进行污染气象监测与预报，可制定有效的露天矿大气污染综合防治措施。监测参数包括风速、风向、气温、湿度、气压及粉尘、一氧化碳、二氧化碳、二氧化氮、二氧化硫、醛类、苯并芘浓度，自然降尘量，日照时间，地表温度、降水量、蒸发量及污染源强度等。监测范围：矿区地表、坑底、边坡、台阶面、坑内空间设立体观测网。监测时间：固定地表台阶定期与自动连续观测和采样，按季节昼夜和典型天气临时观测。根据矿山类型的不同，对监测参数、范围和时间应有所侧重。

6.1.8、6.1.9 采矿过程产生的矿坑水一般含有矿岩微粒、残余炸药以及油垢等污染物；含重金属或酸性物质的排土场（废石场）经降雨浸蚀后排出含有毒离子的酸性浸出水；矿山炸药加工厂所排废水中一般含有 TNT、DNT、DNTS 等硝基苯类有毒物质，这些废水均应进行必要处理达到相关要求后方可回用或外排。

采用上述经必要处理后的废水进行循环供水，使废水在生产过程中重复利用，既能减少废水排放量，减轻环境污染，又能减少新水补充，节约水资源。

6.1.10 采矿对土地的破坏较为严重，主要表现为露天开采的挖损，地下开采的塌陷以及废石场（排土场）的压占等。为保护我国有限的土地资源，《中华人民共和国土地管理法》第四十二条提出了相应的土地复垦要求，同时国务院公布了《土地复垦规定》，原冶金工业部也制定了相关的《土地复垦初步设计的内容深度及编写规定》。矿山开发应依据这些法规、规定，开展土地复垦工作。

6.1.11、6.1.12 采矿工程在基建施工和生产运行中土石方工程量较大，破坏和扰动了大量土地和植被，形成的裸露面和弃土石碴将成为水土流失的主要因素，根据相关的水土保持法律法规，其水土保持设施必须与主体工程同时设计、同时施工、同时投产使用。水土保持设施的设计应按《开发建设项目水土保持方案技术规范》SL 204 进行。

需要特别强调的是，露天开采形成的高陡边坡、道路和工业场地的平整挖填边坡、废石场（排土场）堆存的大量松散岩土石等裸露面，在暴雨的作用下有可能发生滑坡、泥石流等地质灾害，地下开采有可能产生地表塌陷，矿山企业必须设置必要的监测设备，制定定期巡查监测制度，并采取相应的稳定处理措施，预防和避免发生地质灾害事故。

6.1.13 采矿过程产生的废石量大，堆存于地表不仅占用有限的土地资源，还将对周围环境产生较大影响。有条件的矿山应采用内排的方式，将产生的无毒废石用于采空区或地下开采塌陷坑的充填，某些采矿废石可作为建材的原料或配料的宜综合利用。对含有毒物质或放射性物质的废石，为防止产生二次污染，应遵照国家有关的法律法规要求进行处置或利用。

6.1.14、6.1.15 采矿过程的主要噪声设备包括气动凿岩机、凿岩台车、通风机、空压机等，声压级通常在 95～110dB（A）之间，有的超过 115dB（A）。常用的噪声控制措施有：

1 消声器：降低风机等进、出口的空气动力性噪声。

2 隔声间（罩）：隔绝各种声源噪声。

3 吸声处理：吸收室（罩）内的混响声。

4 隔振：阻止固体声传递，减少二次辐射噪声。

5 阻尼减振：减少板壳振动辐射噪声。

不同的设备作业时产生的噪声具有不同的特性，为达到既满足噪声控制要求，又符合技术、经济的合理性，特制定此两条规定。

6.2 选 矿

6.2.1 选矿是利用不同矿物的物理、物理化学或化学性质上的差异，在特定的工艺、药剂及设备条件下使矿石中的有用矿物与脉石矿物分离，或使共生的各种有用矿物彼此分离，得到一种或几种相对富集的有用矿物的作业过程。

选矿工艺根据矿石的结构及性质的不同而采用不同的生产工艺流程，工艺流程的选择，必须根据选试验报告予以确定。在综合治理的前提下，选矿试验报告中应提出推荐的工艺流程所产生的污染物的种类、数量、排放方式等，并提出污染治理措施，作为设计依据。与选矿试验有关的环保试验和防护设施的研究，应与选矿试验同时进行。

6.2.2 破碎筛分系统生产时，破碎机会产生次生粉矿，而各种干式振动筛、带式输送机的受料、卸料点，因为散失的粉状物料处于运动状况导致粉尘飞扬而污染环境。在选择工艺方案时，宜减少物料的转运次数，降低转运设备的落差高度，并在主要产尘点加密封罩抽风除尘。但对振动筛等不适宜密封的产尘点应采取喷雾除尘措施。

6.2.3 选别弱磁性矿物（赤铁矿、褐铁矿、菱铁矿等）可以通过磁化焙烧的办法变成强磁性矿物，一般用竖炉或回转窑焙烧。焙烧时产生的烟气中含有烟尘和硫或氟等有害元素，以往采用旋风除尘器作为末端除尘设备已无法达到现行国家标准《工业炉窑大气污染物排放标准》GB 9078 的有关规定，而采用湿式除尘所产生的废水需进一步处理，因此宜选用除尘效率高的布袋除尘器。

6.2.4 粉矿的粒度很小，卸料时扬尘量很大，必须在矿仓出、入口加橡胶垫圈密封。地下矿仓的操作间除采取抽风除尘措施外，还必须采用抽风换气措施，以改善工人操作环境。

6.2.6 浮选工艺要采用絮凝、起泡、捕收等多种药剂。当前由于科技的进步，制造选矿药剂的工艺高度发展，可供选择的选矿药剂品种繁多，因此，在确定浮选药剂制度时，不宜选高酸、高碱的药品。若因工艺的特殊要求而采用腐蚀性强的药品，对其废水可采用活性炭吸附或加石灰等中和处理。

6.2.7～6.2.10 选矿厂的选别工艺基本上都是湿法选别（光电选矿除外），工艺过程中必须补加水，选别后的精矿需要浓缩过滤。为减少尾矿库占地及利用循环水的需要，大量的尾矿应通过浓缩池浓缩成高浓度矿浆输送到尾矿库。一般尾矿浓缩池附近都建有循环水泵房，除了收集精矿浓缩池、尾矿浓缩池的溢流水外，还收集大型选矿设备运转时的冷却水，而破碎筛分系统除尘设备的排水、减少金属量流失的厂房冲洗地坪水、尾矿库的澄清水等均集中处理后，再进入循环水系统，返回生产系统进行循环使用（除浮选工艺一般使用新水外）。不能循环使用的废水应处理达到排放标准才可外排。

6.2.11～6.2.13 选矿厂的设计中，尾矿库是不可缺少的环节，在尾矿库的库址选择上要考虑尾矿能自流输送，容积大，不占或少占良田，远离居民集中居住区，避免污染地表水、地下水，不影响当地农、牧、渔业生产。

尾矿库服务期满前两年，应进行闭库设计，尾矿无回收利用价值时应进行土地复垦。

尾矿库建成使用后，尾矿堆积坝外坡面随着尾矿堆积坝的加高，可进行绿化，种植草皮和果木等，美化环境，净化空气。根据土地复垦的有关规定要求，服务期满的尾矿库需进行土地复垦。如承钢双塔山的尾矿库由于绿化种植了杨柳等林木植被，加上矿物含绿泥石较多，坝坡绿莹莹的一片，垂柳飘扬，美不胜收，现已作为避暑山庄的一处景点，供游客游览。

废弃尾矿中很多有用矿物可以回收，如钒钛磁铁矿选铁尾矿含有较多的钛铁矿，全国著名的钛工业基地攀枝花钢铁公司钛业公司就是利用选铁后的尾矿，综合回收钛、硫，创造了可观的经济效益。

对尾矿中有用矿物的回收应通过试验研究及可行性研究确定再选工艺。

对回收价值不大的尾矿可用作采矿填充料或建筑材料等。

6.2.14 选矿厂产生噪声较大的设备有破碎机、振动筛、球磨机及辅助设备如鼓风机等。除采用常规的降噪措施如厂区植树绿化、厂房隔声、风机配备消声器外，针对设备自身的特点，还应采取下列措施：

由于矿石与金属衬板或筛网摩擦产生的噪声很大，采用橡胶或合成材料制成的衬板、振动筛底座能有效的减少、消除噪声。

振动筛和球磨机因工艺要求不适合全部密封，因此应对其传动部分等处采取局部密封降低噪声。

地下矿仓的给、排料设备有振动给料机、板式给料机等，振动给料机的作业噪声大，应少选或不选，而应选用板式给料机等噪声小的设备。

6.3 原料场

6.3.1～6.3.5 原料场堆存有钢铁生产所需的大量铁精矿粉、煤、冶炼熔剂等原料、燃料和辅料，在其进行堆料、取料、加工和混匀作业过程中会产生大量粉尘（扬尘），污染周围环境，因此必须采取抑尘、捕尘等措施，并对原料场地面采取硬化措施和设置雨、污水的截流收集措施，以防物料流失和污水渗漏。有条件时宜采用室内料场。对物料在装卸、贮运、破碎等过程中产生的粉尘应采取抑尘、除尘措施。对有害散装物种应采用密闭库（仓）等。

6.4 球团、烧结

6.4.1～6.4.5 热烧结矿工艺为国家明令淘汰的落后生产工艺，禁止使用。必须采用冷矿工艺，并回收烧结矿余热。球团、烧结焙烧烟气排放的烟尘和二氧化硫，应采取必要的防治设施，如机头、机尾除尘采用高效电除尘器，使用低硫的铁矿石矿粉等。焙烧工艺应采用国家推广的铺底料、厚料层、小球烧结技术，可减少产尘量、节省能耗、提高烧结矿质量。

6.4.6 我国某钢铁公司使用的铁矿含氟较高,该矿作为原料生产烧结(球团)矿时,易产生高浓度含氟烟气,对环境造成污染影响。该公司对烧结(球团)生产中产生含氟烟气采取了如下治理措施:

1997年前建成投产的一烧车间烧结机机头烟气经4台电除尘器除尘后,进入空心洗涤塔进行除氟脱硫净化(其除氟效率约为85%),氟化物排放浓度为15mg/m³;二烧车间烧结机机头烟气经4台多管除尘器除尘后,进入空心洗涤塔进行除氟脱硫净化,氟化物排放浓度为14mg/m³。虽可满足现行国家标准《工业炉窑大气污染物排放标准》GB 9078中对现有炉窑的排放限值(二级标准:15mg/m³)要求,一旦出现波动,仍会导致超标。

新建的三烧车间将原料含氟进行调整,采用自产混合精矿(含氟0.34%)和外购澳矿(含氟0.05%)进行混配,降低原料的含氟量,同时,对机头含氟烟气采用国际先进、成熟、实用的半干法除氟脱硫工艺——德国ENS法进行净化。整个净化系统流程为:单电场电除尘器→除氟脱硫系统→三电场电除尘器→烟囱。其中,进入除氟脱硫系统的烟气中含氟化物46.7mg/m³,除氟效率大于95%。最终烧结机头排放烟气中氟化物浓度为2.3mg/m³,大大低于上述标准对新建、改建、扩建炉窑的排放标准限值(二级标准:6mg/m³),可以实现稳定达标排放;同时由于调整原料含氟量,使高炉入炉烧结矿的含氟量由约0.57%降至0.16%。

6.5 焦 化

6.5.2 装炉煤调湿是将煤料在装炉前除掉一部分水分,确保装炉煤水分稳定的一项技术,水分控制目标值在6%左右。煤调湿除了可以降低炼焦耗热量、提高焦炉生产能力和焦炭质量外,还可使炼焦产生的酚氰废水量大大降低,从而降低酚氰废水处理站的负荷,并有利于废水处理后的回用。

6.5.4 成型煤用粘结剂为软化点36~40℃的软沥青,在其贮存及混合成型过程伴有蒸气管道间接加热,产生有毒气体沥青烟,必须采取密闭抽风,并设置烟尘净化装置。

6.5.8 焦炉装煤产生的大量烟尘是炼焦炉的主要污染源之一。生产实践表明,采用高压氨水喷射配合除尘地面站是最有效的无烟装煤措施,通常情况下其烟尘捕集率≥93%、除尘效率≥95%(甚至高达99%)。国内有些焦化厂采用干式除尘装煤车也取得了较好的除尘效果。近年来,太钢、马钢及武钢焦化厂先后从国外引进的炭化室高7.63m焦炉采用的单个炭化室压力调节系统(即PROVEN系统)也可达到较好的除尘效果。

6.5.9 焦炉出焦过程中产生的大量烟尘也是炼焦炉的主要污染物之一。出焦烟尘中的主要有害物是焦尘。焦炉出焦采用地面站除尘措施后,焦炉炉体排放的污染物浓度才能达到《炼焦炉大气污染物排放标准》GB 16171中相应标准要求。因此,焦炉出焦操作过程必须采用出焦除尘地面站等除尘设施,并配备先进可靠的自动控制系统。

6.5.10 集气管上设荒煤气放散装置,当焦炉遇有事故时可以打开放散阀,把集气管内的荒煤气迅速排出。此时若不点燃排出的荒煤气会严重污染周围环境,故应在放散管排出口处设自动点火装置,将排出的荒煤气燃烧后排放。

6.5.15 粗苯精制采用加氢转化,使粗苯中的硫、不饱和烃、环烷烃等转化为二氧化硫、甲烷等化合物,从而彻底地消除了粗苯酸洗精制工艺所产生的初馏分、再生酸、酸焦油、吹苯残渣等有害物对环境的污染。

6.5.16 萘精制的结晶分离技术是利用萘与杂质(如硫杂茚等)的熔点差进行结晶分离,从而消除了传统的萘精制因酸洗净化所产生的酸焦油等有害物对环境的污染。

6.5.19 煤气净化及化工产品精制工艺设备等排放或放散的有害气体,应根据不同情况分类进行处理后排放。

1 放散气体接入压力平衡系统返回煤气中,是废气处理的有效措施之一。一般适用于距冷凝鼓风装置较近的水封槽、贮槽等容器放散气的处理。

2 含苯废气在有条件的情况下应汇总集中送入吸煤气管道。但是对粗苯精制装置而言,总图布置时不宜布置在厂区中心地带,且与焦炉炉体净距离不得小于50m。这样会形成粗苯精制装置至煤气净化的废气输送管道阻力过大甚至堵塞,使含苯废气送入煤气管道实施起来很困难,故也可直接采取苯捕集器洗涤后排至大气。

3 当硫铵采用振动流化床干燥工艺时,因流化床工艺特点及干燥机组配备的高效旋风分离器,可以满足干燥尾气达标排放。

6.5.20 对煤气净化及化工产品精制工艺产生的有害废水,应采取下列控制措施:

1 为有效地收集装置周围的初期雨水,在进行装置周围的地坪设计时,必须在装置周边设有一定坡度的排水沟,将地坪水汇集到排水坑内。排水坑的排出口设有阀门,以便收集初期雨水。

6 洗罐站是清洗轻油及粘油铁路油槽车的工艺装置。在油槽车清洗的过程中产生的废水,先经过洗罐站内的油水分离器将油分离后,再将废水送往酚氰废水处理站统一处理,其回收的废油(苯类、焦油类)则返回各自工艺系统利用。

6.5.24 煤气脱硫产生的废液严禁外排,这不但保护了环境(如水体环境),还可以将其作为原料生产化工产品或回收硫资源。其方法有:焚烧法制取硫酸、蒸发结晶法提取硫氰酸盐及硫代硫酸盐、回配炼焦煤料的方法回收硫资源等。

6.6 炼　铁

6.6.1 本条体现了循环经济理念在炼铁环境保护设计中的应用。循环经济理念是一种经济发展方式，也是一种新的污染防治模式。在设计环节充分重视资源和能源的减量化，将减量化的理念在炼铁的生产工艺选择、技术装备、技术经济指标和具体的设计中体现出来，提高资源和能源利用效率，有效地降低污染物的发生量，降低三废治理的资金投入和运行费用，扭转污染末端治理产生的弊端。

6.6.3 原料系统的产尘点很多，设计应对各产尘点采取控制措施。转运站、胶带机头、机尾均应采取密闭措施，并根据输送物料的产尘特点确定采用抽风除尘或喷水抑尘。

6.6.4 不论采用胶带机上料或料车上料方式，炉顶卸料点都必须设置除尘装置。

6.6.6 烟尘产生源包括铁口、铁沟、渣沟、撇渣器、摆动流嘴、铁水罐。铁沟、渣沟均应设置沟盖，防止烟尘散发，出铁口附近的主铁沟应设置移动沟盖，打开出铁口后应立即盖上。对开、堵铁口和移开沟盖时散发的二次烟尘也必须设置烟尘净化设施。

6.6.7 高炉煤气净化采用干法净化可减少水的消耗，节省了煤气清洗废水处理设施的投资，也减少了煤气清洗废水造成水污染的可能性。采用干法净化还可以减少高炉煤气温度损失，使煤气余压发电装置能够增加30%发电量，有利于能源回收和提高经济效益。但在煤气温度过高或过低时高炉须进行休风处理。传统的湿法煤气清洗工艺有较好的运行稳定性和良好操作性。干法和湿法煤气净化两种工艺各有所长。

6.6.8 碾泥机室主要是料仓散发粉尘，宝钢碾泥机室采用布袋除尘器，排放含尘浓度达到9.6mg/m³。宝钢铸铁机采用布袋除尘器，烟尘排放浓度也可控制在30mg/m³以下。

6.6.9 高炉炉顶均压放散煤气的主要污染物是烟尘和一氧化碳，其浓度与荒煤气近似，可设置均压放散煤气净化回收装置，将放散煤气净化后回收到净煤气系统。

6.6.10 煤气余压发电是国家推荐的炼铁清洁生产技术之一，能够回收大量的电能，并且在煤气压力能向电能的转换过程中没有废气、废水等污染物排放。宝钢1号（4000m³级）高炉每年可回收电能11200万kW·h，平均每吨铁回收电能37.3kW·h，若采用干法工艺回收电能可达到每吨铁回收电能50kW·h。

6.6.11 热风炉烟气余热预热助燃空气和煤气的主要目的是为了节能，降低热风炉能源消耗；此外增加助燃空气和煤气温度能够提高燃烧温度，减少焦炉煤气消耗，增加高炉煤气使用比例，提高高炉煤气利用率。

6.6.12 对高炉间接冷却废水、煤气洗涤废水、冲渣废水、铸铁机废水、干渣坑废水，因其各自生产用水对水质、水压、升温要求的不同，应设置各自独立的循环供水系统，以便于废水的处理和利用。为提高循环率，有效利用水资源，减少废水排放，宝钢高炉采用了废水串级利用技术，间接冷却循环水系统的排污水送给煤气洗涤水系统，煤气洗涤水的排污水送给冲渣水系统，最后废水在水冲渣生产中消耗掉，能够做到高炉生产不外排废水。

6.6.13 高炉煤气洗涤废水处理工艺一般选择常规的混凝沉淀处理工艺。

6.6.14 目前钒钛和稀土矿高炉渣的综合利用技术尚不成熟，利用率较低，应支持和鼓励寻求含钒钛和稀土高炉渣综合利用途径的探索，以提高资源的利用效率和减少环境污染。普通高炉渣作为一种有价值的资源加以利用，已经被广大建材企业接受，高炉水渣对市场的供应在各地均呈供不应求的状态，因此高炉渣的利用应首先考虑采用水冲渣工艺。

水渣经立辊磨机或辊压磨机磨细后可制成水渣微粉，水渣微粉可直接替代部分水泥用于工程建设，在混凝土中的掺入量可达到40%～50%，其资源化转化后产生的经济价值远高于作水泥生产的掺和料。磨细后水渣微粉的粒度见表1，高炉水渣微粉取代水泥数量对混凝土强度影响的试验结果见表2，高炉水渣微粉在工程建设中的使用情况见表3。

表1　宝钢高炉水渣微粉粒径

粒径(μm)	≤2	≤4	≤8	≤16	≤32	≤64	中位粒径
数量(%)	9.73～42.6	17.4～45.6	31.0～58.9	48.0～75.6	79.0～94.5	96.6～100	4.9～15.2

表2　高炉水渣微粉取代水泥量对混凝土强度影响试验

材料用量(kg/m³)混凝土		实际(W/C)	坍落度(cm)	扩展度(cm×cm)	抗压强度(MPa)		
水泥	渣粉				3d	7d	28d
550	0	0.32	18	—	45.5	58.0	60.4
440	110	0.31	20	27×31	44.6	58.1	60.0
330	220	0.30	22.5	40×42	38.1	53.7	62.8
220	330	0.29	24	46×48	30.3	48.8	60.3
110	440	0.28	25	52×53	26.9	43.8	52.1

注：用水量为165kg/m³混凝土，砂为628kg/m³混凝土，石为1102kg/m³混凝土。

表3 上海地区高炉水渣微粉使用情况

混凝土强度	微粉掺量（%）	折算28d标准强度（MPa）	坍落度（mm）	工程部位
C40S8	44.5	47.5	140	R大楼地下层柱
C35	46.2	43.6	140	R大楼五层框架
C40	44.5	46.5	130	B大厦十六层框架
C40S6	50	47.0	140～160	D综合楼基础承台
C80	20	92.4	198	M广场地下三层地上二层
C25S6	40	37.9	173	F大厦

6.6.15 高炉干渣的利用主要作为建筑工程的石质材料使用，如路基、回填、混凝土骨料等，在综合利用方面干渣与水渣比较存在一些不足：经济方面，高炉干渣资源化转化后产生的经济价值不如水渣；环保方面，高炉干渣在加工过程中产生的污染比水渣多。对高炉生产来说，水渣的利用渠道更加稳定、通畅，使高炉生产可靠排渣渠道得到保证。因此，除开炉或少数事故情况外不应出干渣。

6.6.16 干法除尘灰颗粒很细，在有风条件下极易转变为扬尘造成二次污染，因此除尘灰的输送和贮存必须考虑防止产生二次污染的措施，如采用螺旋输送器、管道、罐车等输送工具，灰仓要考虑除尘，堆放场地要设覆盖剂喷洒装置。除尘器排灰时，易产生二次扬尘，因此除尘器必须设有排灰加湿装置。

6.6.17 高炉除尘产生的尘、泥主要含有铁，还有碳、氧化钙、氧化镁等其他冶炼的有效成分，可作为冶炼的原料送烧结加以利用。但煤气清洗污泥（灰）中锌、铅、钾、钠含量较高时，对高炉冶炼是有害元素，在炉内高温气化后，会沉积在高炉内衬的缝隙间破坏高炉炉衬。因此在综合利用中应鼓励和支持采用除尘灰脱锌、铅等技术，完善含铁粉尘的综合利用处理措施。

6.6.18 高炉炼铁是钢铁企业的主要噪声源，煤气减压阀组、放风阀的噪声A声级都在120dB（A）以上，影响范围很大，不仅造成环境危害，还造成安全隐患，因此主要噪声源均应采取控制措施。

6.7 炼钢、连铸

6.7.1 在炼钢、连铸工艺设计中，应积极推广高效连铸技术。它有利于简化铸坯生产工序、提高生产效率、节省能耗，是国家鼓励发展的新技术，是炼钢、连铸工艺设计中应遵循的原则。高效连铸的特点为：高拉速：小方坯连铸机拉速3.0m/min以上，大板坯连铸机拉速2.0～2.5m/min以上；高作业率：连铸机作业率80%～90%以上；铸坯质量高：品种适应能力强，铸坯无缺陷率高达95%。

6.7.2～6.7.5 炼钢物料的破碎、筛分系统、散状料筛分和上料系统、铁水倒罐站与预处理、混铁炉烟尘系统、转炉二次烟尘的烟气净化一般均采用布袋除尘器处理，净化后排放的烟气含尘浓度可以达到30～100mg/Nm³，是目前技术成熟、效果较好的污染治理技术。

混铁炉烟气采用干法除尘既净化效率高，又可减少水的消耗，避免湿式除尘废水造成水污染的可能性。

6.7.6 转炉应采用未燃法生产，回收可作为二次能源的转炉煤气。转炉煤气净化可用湿法净化工艺（OG法）或干法净化工艺（LT法）；应优先采用干式净化工艺，有利于转炉尘的回收利用。为提高转炉煤气的输配，应设置煤气柜等综合利用配套设施。转炉煤气为钢铁企业的二次能源，应充分回收利用。一方面提高煤气的回收率，另一方面煤气作为燃料应提高其利用率。目前宝钢等企业已经达到负能炼钢。

转炉在吹炼前期（大约3～4min）和吹炼后期（大约2～3min）的炉气，由于一氧化碳浓度低，达不到回收要求而不回收。为减少对周围环境的污染，采用燃烧后排放，放散系统应设点火装置。

6.7.8 高功率或超高功率炼钢电炉在装料后进行冶炼，其冶炼一般分为熔化期、氧化期和还原期。熔化期主要是加入炉中的废钢表面上油脂类可燃物质的燃烧和金属物质在高温时熔化产生的黑褐色烟气。氧化期强化脱碳，由于吹氧或加矿石产生大量赤褐色浓烟。还原期为去除钢中的氧和硫，调整化学成分而投入碳粉等造渣材料，产生白色和黑色烟气。熔化期、氧化期和还原期的烟尘量，占总烟尘量的80%～90%。电炉装料和出钢时排放逸散的烟尘，占总烟尘量的10%～20%。为保护工人的作业环境，要求必须设置一、二次烟尘捕集和净化系统。烟气净化一般采用布袋除尘器，净化后的烟气含尘浓度可以达到30～100mg/Nm³。

氧化期烟气量最大，含尘浓度和烟气温度最高，烟气含尘浓度达到10～22g/Nm³，烟气温度1200～1400℃，通过烟道汽化冷却回收其热量冷却至120℃后进入布袋除尘器净化，该高温烟气可预热入炉废钢。

6.7.9、6.7.10 炼钢炉外精炼装置在精炼过程中产生一定量的烟尘，不锈钢连铸坯火焰切割、在线火焰清理机等也产生烟尘，均应设置烟尘捕集和干法除尘系统。

6.7.11～6.7.13 转炉烟气洗涤水、炉外精炼直接冷却水和连铸二次冷却水均应循环利用和串级使用，生产废水经各自的处理系统处理后均应返回循环使用。其水处理技术成熟，水的重复利用率可达90%以上。

6.7.14 炼钢除尘及其废水处理系统收集的含铁粉

尘、尘泥应回收利用。转炉煤气干法净化收集的粉尘可压块返转炉回用，湿式除尘回收的尘泥可作为烧结配料用，或加工制成球团经固化后返回转炉作为炼钢熔剂使用。

6.7.15、6.7.16 熔融的钢渣须先进行预处理，其工艺有滚筒法、浅盘热泼法、水淬法、热闷法等，凝固的钢渣可进行破碎、磁选、筛分等，加工成合格粒度的钢渣产品。各类用途的钢渣产品的性能和质量应符合国家有关钢渣产品技术标准的要求。

6.7.17、6.7.18 炼钢车间属于高噪声车间，车间内有多个噪声源，既有机械性噪声，又有空气动力性噪声和电磁噪声，应针对声源情况，分别采取吸声、隔声和消声等综合措施。条文对炼钢厂主要噪声源分别提出了吸声、消声、隔声、隔振等措施。

6.8 轧钢（热轧、冷轧）、金属制品

6.8.1 轧钢采用连铸坯热送热装、连续轧制、一火成材等工艺是为了减少能源消耗，有利于提高生产效率，国家要求采用这方面的新技术，禁止采用多火成材。

6.8.3～6.8.6 轧钢生产应采用多种节能减污的燃烧技术。燃料使用高炉煤气、高炉和焦炉混合煤气。轧钢酸碱洗机组和废酸再生装置生产时产生多种酸、碱雾和含氧化铁粉尘，应设置酸雾（尘）和有害气体的净化装置。各种镀层、涂层（如锌、锡、铬等金属镀层、非金属涂层等）和多种浴锅生产时产生含锌、铬、锡和有害的有机化合物气体应设置净化排气装置，进行卫生防护。轧钢机组润滑系统为防止润滑油的泄漏造成污染，应采用闭路循环系统。

6.8.7、6.8.8 条文规定了热轧机组和冷轧机组各类循环水系统的循环方式，其中轧钢净循环系统一般采用冷却、旁滤、水质稳定和系统监控等处理设施。浊循环水系统采用开路循环系统，一般包括沉淀、除油、过滤、冷却、水质稳定和系统监控等设施。处理后的水质应满足循环使用的要求，过滤器反洗水经污泥浓缩处理后回用。

层流冷却水系统采用开路循环系统，一般包括冷却、旁滤、水质稳定和系统监控等设施。处理后的水质应满足循环使用的要求，过滤器反洗水经污泥浓缩处理后回用。

热轧浊循环系统的氧化铁皮一般采用旋流沉淀和平流沉淀池，并有清渣、撇油设备，除油设施宜设置在平流沉淀池外；处理中、小水量的浊水也可采用旋流沉淀池和化学除油器。层流冷却系统中冷却塔宜采用逆流式机械通风冷却塔，旁滤的过滤器宜采用快速压力过滤器。

6.8.9 对含油、乳化液废水，含油浓度高的浓碱废水，必须设独立的废水处理系统，经单独处理或局部预处理后再进行综合处理。对间断排放的废水，不宜采用间断处理的方式，应通过调节池进行连续处理。但当单元废水量太小（如小于 $1m^3/h$），若单独设置处理系统难以连续运行，既不经济又容易造成管理上的困难，此时宜集中处理，设置适当容量的贮槽，送专门处理系统处理。

含油废水、乳化液废水和含油浓度高的浓碱废水，可采用超滤法进行油水分离及水质净化处理，也可用药剂法进行破乳、油水分离。采用药剂法进行破乳、油水分离应采取气浮技术及配套设施处理。

6.8.10 含铬废水由钝化液供商回收利用是由分散向集中处理，从根本上解决铬污染。

在采用还原法处理含铬废水时，宜采用亚硫酸氢钠或加其他还原剂，还原后的废水用石灰乳或氢氧化钠进行中和沉淀和污泥处理。

6.8.16 对轧钢厂（车间）各种机组、设施的噪声源进行降噪的具体措施如下：

1 轧机应选用低噪声减速机或采用减速机隔声罩，控制其壳体辐射噪声。加热炉宜选用低噪声的风机和烧嘴，也可采用其他隔声、消声装置。选用步进式冷床和耐高温阻尼材料制作承送物料的部件。选择合理的轧件输送速度和低噪声的挡板、辊道护板等控制物料的传输噪声。

2 可采用隔撞器减少各种管材、棒材等横向传递时物料相互碰撞。在管材、棒材传输辊道的转换过程中，应选用合理的托送承接装置代替翻转抛落设备，降低物料跌落时的碰撞噪声。

3 可选用低噪声分层锯片和采用锯片阻尼减振措施或安装锯切机隔声罩控制锯切噪声。

4 对矫直机可设置隔声屏或隔声罩。矫直机两端入口的导向槽可采用阻尼或其他低噪声构件制作。

5 降低金属物料收集时的落差，减少集料撞击噪声。

6.8.17 轧钢厂用蒸汽喷射对镀锌钢管进行内吹时产生噪声和含锌粉尘，应在蒸汽喷射口设置消声器并在钢管出口处设置隔声、集灰装置。

6.8.19 金属制品厂钢丝镀（涂）层应采用无毒工艺（如采用涂硼代替涂石灰、无氰化电镀等），以防止产生有毒有害的烟尘和废水。

6.9 冶金石灰、轻烧白云石、耐火材料

6.9.6 石灰石、白云石、硅石的废水一般是指洗石废水。洗石排水中含有大量的泥砂，其处理工艺应包括洗石水澄清处理、污泥脱水和药剂投配三部分。处理后洗石水可以循环使用。

6.9.7 对一些遇水后变质的原料（如镁砂），则不能采用洒水抑尘措施，故提出有条件的洒水抑尘。

6.9.8 由于工艺布置原因，有时难以按同一品种原料生产系统设置除尘装置，不同品种原料的粉尘在除尘装置中混合，使回收利用困难。对不能利用的粉尘

应妥善处置，避免造成二次污染。

6.10 铁合金

6.10.1 铁合金原料，尤其是粉状原料的运输和堆放常常产生严重粉尘污染，可采取遮盖、袋装、罐装、洒水等抑尘措施。装卸、输送、破（粉）碎、筛分过程中的产尘点，应安装抽风罩，宜采用密闭罩，含尘气体应采用布袋除尘器净化，排气筒高度应符合相关标准要求。

6.10.2 采用半封闭集烟罩的铁合金电炉具有广泛的适用能力，既可满足冶炼时的工艺操作需要，又能有效地解决炉气净化和余热回收利用技术。

采用半封闭集烟罩的电炉烟气量约为全封闭式电炉的10～15倍，但比敞口电炉的烟气量少得多。炉气大都采用布袋净化除尘。在除尘器前设置汽化锅炉回收余热利用的方式有两种：一是生产蒸汽或热水；二是利用生产的蒸汽再发电。

6.10.3 可回收煤气的冶炼电炉，应采用全封闭罩。还原电炉煤气的一氧化碳含量很高，一般为60％～80％，热值也高，其范围为8300～11000kJ/Nm³。目前回收的煤气主要用做燃料，可供锅炉、焙烧窑、干燥窑及烘烤使用。

全封闭电炉在工艺操作顺行的条件下，应严格控制炉盖内为微正压状态，以防止空气渗入炉内。对净化后炉气应设气体自动分析仪，监测其氧气和氢气的含量。

煤气净化流程有干法和湿法两种。湿法主要特点是快速洗涤易于熄火，很短时间使高温煤气降至饱和温度，消除爆炸因素，可实现安全操作。干法净化工艺可免除二次污染及污水处理的麻烦，宜选用。煤气回收设施应包括煤气柜。

6.10.4 铁合金厂的原料焙烧窑炉（如回转窑、多层机械焙烧炉、沸腾焙烧炉等），不仅烟气量大，而且含尘量也比较高。在治理措施方面，要求选择适应性强、除尘效率高的除尘器。但由于不重视含尘炉气的密闭捕集，导致窑炉烟气无组织排放严重，影响了整体除尘效果。因此必须重视提高窑炉烟气的捕集率，采用密闭或半密闭抽风罩以彻底消除含尘烟气的无组织排放。

6.10.5 洗硅石对用水水质要求不高，应不使用新水。洗硅石废水除含有悬浮物外，基本上不增加其他有害物质，应通过沉淀或过滤装置处理后循环使用。

6.10.6 全封闭电炉烟气净化采用湿法工艺时，煤气洗涤水的循环利用率不应小于95％。

6.10.7 对含有害成分的污泥，应按照现行国家标准《危险废物鉴别标准》GB 5085、《危险废物防治技术政策》的有关规定，加以鉴别并采取相应的处置措施和防止环境二次污染的措施。

6.10.8 铬属于一类污染物，含铬废液、废水不得未经处理直接外排。含铬废水处理应自成系统，设置废水调节池、反应池、中和池、沉淀地、泥浆脱水等设施。处理工艺可采用药剂还原法或离子交换法。

6.10.9 含钒废水处理应自成系统，不得与其他废水混合。处理系统应设置混合池、调节池、反应池、沉淀池、泥浆脱水等设施。处理工艺可采用铁钡盐法和铁屑还原中和法。

6.10.10 锰铁高炉煤气洗涤含氰废水处理应自成系统。其处理工艺可采用渣滤法，氰化钠回收法等。渣滤法可以省去瓦斯泥的处理系统，且渣滤后水中悬浮物可达50mg/l以下，循环水中的钾、钠得到富集，有利于闭路循环。不具备渣滤条件的，可采用药剂法处理悬浮物，但是循环水应采取一定的水质稳定技术措施，以防止管路结垢。洗涤水中的氰，宜采用氰化钠法回收。处理后的废水应循环使用，严禁外排。

6.10.11 锰铁高炉冲渣水的处理，普遍采用过滤法进行固液分离。渣滤池可以采用底滤或侧滤。冲渣水经过滤后，再用泵送至高位水池循环使用。冲渣水pH值一般在9～10范围内波动，处理后水中悬浮物不多，对水冲渣没有影响。水中CN^-和S^{2-}由于有挥发性，时高时低，最高值也在5mg/l以内，没有富集的趋势。因此，高炉冲渣水只要解决好悬浮物问题，就完全可以循环使用。锰系铁合金渣水淬后可以作为水泥的掺和料。由于这些铁合金渣中含有较高的氧化钙成分，成为理想的水泥原料。

6.10.13 金属铬浸出渣、五氧化二钒浸出渣等有毒废渣属于危险废物，应按照国家《危险废物污染防治技术政策》进行处置。如其数量较大，可根据国家相关规定考虑独自建设危险废物填埋场，数量较小时，应委托所在省（区）危险废物处置单位代为处置。

金属铬浸出渣可与磷灰石、焦炭配料生产钙镁磷肥或作烧结熔剂。五氧化二钒浸出渣可与焦粉粘结剂配料，生产含钒生铁等。

6.10.14 对铁合金厂噪声源的治理应从两个方面采取措施：一是控制声源（如选择低噪声设备、设置减振器、安装消音器等），二是从传播途径上控制噪声（如设置吸声材料、隔声屏、隔声墙等）。

6.11 炭 素

6.11.1 节能型环式焙烧炉采用先进的燃烧技术，沥青等挥发分在炉内燃烧率提高，与老式环式焙烧炉比较，可减少燃料消耗，烟气及各种污染物产生量又有较大程度下降，从而减少烟气治理资金的投入和大气污染物排放。

6.11.2 通常使用较多的石墨化炉是艾奇逊石墨化炉。生产高质量的石墨电极，宜采用卡斯特纳石墨化炉，又称串接石墨化工艺。后者可免用电阻料，全部用石油焦作为保温料，可不用石英砂，使用后保温废料可全部返回工艺系统利用，并可降低电力消耗。

禁止使用国家明令淘汰的交流石墨化炉，3340kV·A以下的石墨化炉及其并联机组，最大输出电流50000A以下石墨化炉。

6.11.3 炭素生产所用原料有石油焦、沥青焦、无烟煤、焦炭等，在原料储运、破碎筛分和配料过程中均会产生粉尘。焙烧炉和石墨化炉需用焦炭、石英砂等作为保温、填充料。填充料可反复使用，在回收、筛分过程中均会产生粉尘。应对上述各部位、工序设置粉尘捕集、除尘装置。

6.11.4 延迟石油焦和无烟煤在配料使用前，必须先经煅烧去除水分和挥发分，煅烧窑可有回转窑、罐式炉、电煅烧窑。煅烧窑烟气应设置烟气除尘装置，废气余热应予回收。采用罐式炉时，可将挥发分引入罐式炉中与加热用煤气一并燃烧。

6.11.5～6.11.8 炭素制品均需配加一定量的煤沥青。在沥青熔化、配料、成型及焙烧、浸渍过程中，都产生有毒气体沥青烟；都必须设置密闭集气净化装置。湿法净化沥青烟的效率不高，原则上不予提倡。

6.11.9 石墨化是在高温下进行，很多杂质元素的氧化物在高温下分解和蒸发，或因石墨化炉体有缺陷，制品的焦炭填充料与空气发生氧化反应产生烟气，应予捕集和净化。

生产高纯石墨制品时，要在石墨化过程中通入氯气、二氯二氟甲烷（氟利昂）等，因此在产生的烟气中含有氯、氟等有害物质，必须采用相应的净化措施，达到排放标准。

6.11.10 成型、浸渍工序用冷却水，对水质要求不高，经一般过滤处理除油后可循环使用。

6.11.11 产生的固体废渣，除石英砂外都含碳，应回收综合利用。石墨化炉中产生的碳化硅利用价值高，应拣选单独处理。

6.11.12 对各类设备的噪声源要针对性地分别采取措施，以消除其噪声污染。

6.12 公用、辅助设施

6.12.1 燃煤锅炉设计。

1 钢铁企业的燃煤锅炉主要指自备电厂、工业锅炉房的大、中型燃煤锅炉。燃煤锅炉及煤气站的煤（原料煤）的装卸、贮存、破碎、筛分、运输及上料等设施的产尘点应设置机械抽风除尘设施，其捕集的粉尘应回收利用。为减少煤堆场因风蚀扬尘造成环境污染和资源的流失，原料堆场应采用喷水增湿、表面覆盖剂或设防尘网等防止扬尘和物料流失措施。

2 钢铁企业工业锅炉房和自备电厂的锅炉，应以高炉煤气为燃料，以取代燃煤（全烧高炉煤气或高炉煤气和煤掺烧）。如高炉煤气不能满足其需要应使用低硫煤。如企业位于二氧化硫控制区内，或该地区二氧化硫排放量已超过总量控制指标时，则对燃煤锅炉的烟气净化应采取脱硫措施。燃煤锅炉烟气除尘应设置高效除尘装置，并宜采用干法除尘。

燃煤锅炉产生的粉煤灰和炉渣宜进行回收综合利用，应设置粉煤灰、炉渣的贮运设施。

3、4 锅炉用水系统排水可作为锅炉房冲渣使用。燃煤锅炉烟气净化的湿式除尘废水和锅炉房水力冲渣水处理后可循环使用。根据这两种废水具有不同酸、碱特性，可进行中和处理，达到以"废"治"废"的目的。

5 自备电厂的粉煤灰尘设置专用堆场，按不同用途生产建材等产品。根据粉煤灰进行综合利用的需要，应设置贮运、控灰、装灰等配套设施。粉煤灰堆场应采取抑尘、防渗等措施，以防止对环境空气和地下水的污染。

6 燃煤锅炉的引风机一般利用保温材料包扎降低噪声污染；除尘风机、水泵等可根据实际情况设置消声、隔声、减振、阻尼等降噪措施。

6.12.2 煤气站设计。

1 钢铁联合企业在生产过程中产生大量的高炉煤气、转炉煤气、焦炉煤气，可作为清洁的气体燃料充分合理利用，减少燃料外购量。但特钢企业一般无高炉煤气、焦炉煤气可供利用，因此往往要建设煤气发生站制造发生炉煤气解决生产所需气体燃料。建设煤气站可选用两段式煤气发生炉生产煤气。

3 煤气站产生的焦油渣属危险废物，应按国家有关危险废物污染防治技术政策的规定进行处置。

6.12.5 检（化）验室、中心实验室、环保监测站等产生的废水，含有酸、碱和其他化学物质，必须经相应的处理达标后外排。

6.12.8 环境监测站设计。

1 钢铁企业环境监测站的装备水平应在保证能按规定完成企业主要污染源和环境监测任务的前提下，与该企业的规模、组成、生产工艺技术装备水平相适应。

设置企业监测站的目的，是掌握本企业的环境污染状况，污染物排放的种类、特性、数量、浓度、排放状况、排放规律、变化趋势，配合企业环境污染治理、污染事故分析，对企业污染物排放总量控制计划调整等环境管理进行信息反馈。

3 钢铁企业环境自动监测系统一般由一个中心站、若干个废水监测子站、烟道气监测子站、空气监测子站、噪声监测子站和数据传输、显示、记录及存储系统组成。设计应根据企业实际情况和发展规划确定各类子站的数量，并可分期建设。中心站和数据传输系统建设必须全面考虑，要留有足够余地，自动监测站的污染源监测项目，应根据排放的污染物特征项目确定。

环境自动监测站的监测项目、布点、采样等应按《冶金企业环境自动监测站管理暂行规定》设置。

6.13 全厂集中性环保设施

本节所指的全厂是钢铁联合企业。

6.13.1 含油污泥属于危险废物,应遵循《危险废物焚烧污染控制标准》及其他有关规定,进行焚烧设施的建设、运营和污染控制,有条件的可送当地危险废物处置中心代为处置。

6.13.2、6.13.3 建设全厂性的总排水处理设施,并在此基础上建设全厂中水回用设施,是进一步提高钢铁企业水循环利用率的有效途径,可以节约新水。

6.13.4 全厂应设置短期(临时性)放射性污染废物贮存设施,但不宜设置放射性废物永久贮存设施,报废的放射源或产生的放射性废物应定期送所在省(区)放射性废物处置中心处置。

6.13.5、6.13.6 对全厂内燃机车产生的废油和蒸汽机车的锅炉酸洗废水采取集中处理和综合利用,比分散处理更为合适。

7 环境保护设施划分

7.0.1 提出了建设项目环境保护设施划分范围原则。为便于执行,本规范结合钢铁工业情况提出环保设施划分范围的三条基本原则,并给予具体说明。

7.0.2 各生产工序的环境保护设施的内容,详见附录 A。

在厂区环境绿化及绿化设施的投资中应包括为绿化配置的洒水和园林工具等设备或设施,如给水管或洒水车、割草机和运输车等。

中华人民共和国国家标准

烧结厂设计规范

Code for design of sintering plant

GB 50408—2007

主编部门：中国冶金建设协会
批准部门：中华人民共和国建设部
施行日期：2007年7月1日

中华人民共和国建设部
公 告

第 577 号

建设部关于发布国家标准 《烧结厂设计规范》的公告

现批准《烧结厂设计规范》为国家标准，编号为 GB 50408—2007，自 2007 年 7 月 1 日起实施。其中，第 3.0.5（4）、3.0.10（4）、5.1.1（2）、5.7.1、6.0.3（2）条（款）为强制性条文，必须严格执行。

本规范由建设部标准定额研究所组织中国计划出版社出版发行。

中华人民共和国建设部
二〇〇七年二月二十七日

前 言

本规范是根据建设部建标函〔2005〕124 号"关于印发《2005 年工程建设标准规范制定、修订计划（第二批）》的通知"的要求，由主编单位中冶长天国际工程有限责任公司会同各参编单位，在各钢铁公司炼铁厂或烧结厂、中国金属学会、有关大专院校等单位的协助下编制而成。

本规范在编制过程中，全面检索、收集了国内外的有关资料；组织了调研，开展了必要的专题研究和技术研讨；借鉴了相关标准规范；广泛征求了有关生产、设计单位和大专院校的意见，对主要问题和疑难问题进行了反复的研讨和修改；最后经审查定稿。

本规范共分 11 章，主要内容有：总则，术语，基本规定，原料、熔剂、燃料及其准备，烧结工艺与设备，能源与节能，电气与自动化，计量、检验、化验与试验，设备检修及检修装备，环境保护，安全、工业卫生与消防等。

本规范中以黑体字标志的条文为强制性条文，必须严格执行。

本规范由建设部负责管理和对强制性条文的解释，由中冶长天国际工程有限责任公司负责具体技术内容的解释。本规范在执行过程中，请各单位结合工程实践，认真总结经验，积累资料，如发现需要修改或补充之处，请及时将意见和有关资料寄交中冶长天国际工程有限责任公司科技质量部（地址：湖南省长沙市劳动中路 1 号，邮编：410007），以便今后修订时参考。

本规范主编单位、参编单位和主要起草人：

主 编 单 位：中冶长天国际工程有限责任公司
（原长沙冶金设计研究总院）

参 编 单 位：鞍山钢铁（集团）公司炼铁总厂
武汉钢铁（集团）公司烧结厂
宝山钢铁股份公司炼铁厂
新余钢铁有限责任公司烧结厂
广东韶钢松山股份有限公司烧结厂
中冶北方工程技术有限公司（原鞍山冶金设计研究总院）
中冶华天工程技术有限公司（原马鞍山钢铁设计研究总院）

主要起草人：唐先觉　何国强　王根成　孙文东
严　幸　冯国辉　陈乙元　杨熙鹏
毛晓明　汪力中　许景利　王菊香
夏耀臻　朱雪琴　刘湘佩　谌浩渺
陈猛胜　朱晓春　孔令坛　王维兴
姜　涛　范晓慧　王赛辉　钮心洁

目 次

1 总则 …………………………………… 27—4
2 术语 …………………………………… 27—4
3 基本规定 ……………………………… 27—4
4 原料、熔剂、燃料及其准备 ………… 27—5
   4.1 原料、熔剂及燃料入厂条件 ……… 27—5
   4.2 原料、熔剂、固体燃料的
       接受与贮存 ………………………… 27—5
   4.3 石灰石、白云石和固体燃
       料的准备 …………………………… 27—6
5 烧结工艺与设备 ……………………… 27—6
   5.1 工艺流程的确定原则 ……………… 27—6
   5.2 配料 ………………………………… 27—6
   5.3 加水、混合与制粒 ………………… 27—6
   5.4 布料、点火与烧结 ………………… 27—6
   5.5 烧结抽风与烟气净化 ……………… 27—7
   5.6 烧结矿冷却 ………………………… 27—7
   5.7 烧结矿整粒 ………………………… 27—7
   5.8 成品烧结矿质量、贮存及其
       输出 ………………………………… 27—8
6 能源与节能 …………………………… 27—8
7 电气与自动化 ………………………… 27—8
   7.1 电气 ………………………………… 27—8
   7.2 自动化 ……………………………… 27—9
8 计量、检验、化验与试验 …………… 27—9
   8.1 计量 ………………………………… 27—9
   8.2 检验、化验 ………………………… 27—9
   8.3 试验 ………………………………… 27—9
9 设备检修及检修装备 ………………… 27—9
10 环境保护 ……………………………… 27—9
11 安全、工业卫生与消防 ……………… 27—10
本规范用词说明 ………………………… 27—10
附：条文说明 …………………………… 27—11

1 总 则

1.0.1 为在烧结厂工程设计中贯彻执行国家法律法规和有关技术经济政策,做到技术先进、经济合理、安全适用,制定本规范。

1.0.2 本规范适用于钢铁公司各种类型铁矿石烧结厂的新建、扩建和改造设计。

1.0.3 烧结厂设计除应符合本规范外,尚应符合国家现行有关标准的规定。

2 术 语

2.0.1 原料 raw materials
指含铁原料,为烧结使用的铁粉矿、铁精矿及其他含铁料的总称。

2.0.2 熔剂 flux
石灰石、白云石、生石灰、消石灰、轻烧白云石粉、菱镁石等碱性物质的总称。

2.0.3 燃料 fuel
焦粉、无烟煤、燃气的总称。焦粉、无烟煤又称固体燃料。

2.0.4 混匀料场 blending yard
原料堆积混匀和存放混匀矿的场地。

2.0.5 混匀矿 blended ores
理化性能不一的原料经配料、堆积混匀后达到预计的理化性能均一的原料。

2.0.6 烧结 sinter
含铁原料加入熔剂和固体燃料,按要求的比例配合、加水混合制粒后,平铺在烧结机台车上,经点火抽风烧结成块的过程。

2.0.7 利用系数 sintering machine productivity
单位烧结面积成品烧结矿的小时产量,以 $t/(m^2·h)$ 表示。

2.0.8 自动重量配料 automatic weight proportioning
所需的含铁原料、熔剂、固体燃料等按重量配比进行自动调节各种物料给定量的方法。

2.0.9 燃料分加 divided fuel addition
一部分固体燃料加入烧结料中,经加水混合制粒后再将另一部分固体燃料外滚的方法。

2.0.10 混合料 mixture
含铁原料、熔剂、固体燃料和添加水经过圆筒混合机混合并制粒后的产品。

2.0.11 铺底料 hearth layer
在烧结机上铺上混合料之前先铺上的一层垫料。

2.0.12 料层厚度 bed depth
生产时,烧结机台车上的混合料与铺底料厚度之和。

2.0.13 料层透气性 permeability
铺在烧结机上的混合料,在一定的料层厚度和负压的情况下,单位烧结面积每分钟通过的风量。

2.0.14 小球烧结 minipellet sintering
将混合料制成大于3mm占75%以上的小球进行烧结的方法。

2.0.15 低温烧结 low temperature sintering
以较低的温度烧结,产生一种强度高、还原性好的针状铁酸钙为主要粘结相的烧结方法。

2.0.16 热风烧结 hot gas sintering
将冷却机的热废气引入点火保温炉后面的烧结机密封罩内,对烧结机表层物料继续加热的方法。

2.0.17 烧结饼 sinter cake
烧结完成后固结的大块物料。

2.0.18 热返矿 hot return fines
烧结饼经热矿破碎和筛分后所得的筛下物。

2.0.19 烧结矿冷却 sinter cooling
烧结饼破碎后进行强制鼓风或抽风冷却的过程。

2.0.20 机外冷却 off-strand cooling
烧结饼破碎后,在烧结机外的冷却机中进行的冷却。

2.0.21 机上冷却 on-strand cooling
烧结饼在烧结机上进行的冷却。

2.0.22 烧结矿整粒 sinter sizing
烧结矿冷却后进行筛分或兼有冷破碎设施,分出高炉要求粒度范围的成品烧结矿、烧结用的铺底料以及返矿的过程。

2.0.23 冷返矿 cold return fines
烧结矿冷却后筛分整粒所分出的返矿。

2.0.24 高碱度烧结矿 high basicity sinter
碱度(CaO/SiO_2)为1.6以上的烧结矿。

2.0.25 炉料结构 burden design
高炉炼铁时装入高炉的含铁炉料的构成,即块矿、烧结矿和球团矿等各种炉料的搭配组合。

2.0.26 主电气楼 main electrical building
设置变配电设备、自动控制设备的厂房。

2.0.27 主控室 main control room
对生产过程和设备进行集中操作、监控、生产组织和指挥控制的中心。

3 基 本 规 定

3.0.1 开展烧结厂设计应有充分的设计依据和完整的设计基础资料。

3.0.2 烧结厂厂址应选择在钢铁公司内且靠近高炉与原料混匀料场,并充分考虑地形、工程地质、水文、地震、环境保护及历史上的洪水标高、气象、自然、生态和社会经济环境、工业交通、区域经济以及钢铁公司生产要求等因素。

3.0.3 烧结厂总图布置应流程顺畅、力求紧凑、利用地形、节约用地、减少土石方量、少占农田,并根据规划需要确定是否预留发展余地。

3.0.4 烧结厂规模的确定,应在原料落实的基础上,根据公司发展规划和高炉炉料结构对烧结矿的数量和质量要求而确定,并考虑少量富余能力。

3.0.5 烧结机的规模和准入应符合下列规定:
 1 大型:烧结机单机面积等于或大于300m^2。
 2 中型:烧结机单机面积等于或大于180m^2至小于300m^2。
 3 小型:烧结机单机面积小于180m^2。
 4 烧结机市场准入的使用面积应达到180m^2及以上。
 5 大中型烧结机应采用带式烧结机。

3.0.6 烧结试验,应符合下列规定:
 1 对常用的含铁原料只进行烧结杯试验,包括优化配矿试验等;如有类似条件的试验或生产数据,也可不进行试验。
 2 对复杂或尚无生产实践的含铁原料及特殊的工艺流程,应在烧结杯试验的基础上,再进行半工业性试验或工业性试验。

3.0.7 烧结机利用系数,应符合下列要求:
 1 以铁粉矿为主要原料时,烧结机利用系数应等于或大于1.30t/(m^2·h)。
 2 以铁精矿为主要原料时,烧结机利用系数应等于或大于1.20t/(m^2·h)。
 3 上述两种原料同时使用时,可根据两者的比例及其烧结性能确定。

3.0.8 烧结厂的工作制度应按连续工作制进行设计。

3.0.9 烧结厂日历作业率宜取90%~94%,大型厂取中上限值,中型厂取中下限值。

3.0.10 设备选型应符合下列要求:
 1 主要设备应采用国内先进、安全可靠、节能和环保型的设备,当国产设备不能满足要求时,可考虑引进技术或设备,引进的技术或设备必须先进实用、环境友好。
 2 辅助设备的规格和性能应与烧结机匹配,并留有一定的富余。
 3 严重影响烧结机作业率的主要生产设备,可考虑设置备用机或备用系统。
 4 禁止采用国内外淘汰的二手烧结生产设备。

4 原料、熔剂、燃料及其准备

4.1 原料、熔剂及燃料入厂条件

4.1.1 原料进入烧结厂宜符合下列条件:
 1 含铁原料的粒度宜为8~0mm,轧钢皮和钢渣的粒度应分别小于8mm和5mm。特殊铁粉矿和铁精矿的粒度要求应根据试验确定。
 2 含铁原料应混匀,混匀矿铁品位波动的允许偏差宜为±0.5%;SiO_2波动的允许偏差宜为±0.2%。
 3 磁铁精矿水分应小于10%,赤铁精矿水分应小于11%。

4.1.2 熔剂进入烧结厂宜符合下列条件:
 1 石灰石粒度宜为80~0mm,CaO含量不宜小于52%,SiO_2含量不宜大于2.2%,水分宜小于3%。
 2 生石灰粒度宜小于或等于3mm,CaO含量宜等于或大于85%。
 3 消石灰粒度宜小于或等于3mm,水分宜为18%~20%,CaO含量宜等于或大于60%。
 4 白云石粒度宜为80~0mm,水分宜小于4%,MgO含量宜等于或大于19%,SiO_2含量宜小于或等于3%。
 5 蛇纹石粒度宜为40~0mm,水分宜小于5%,(CaO+MgO)含量宜大于35%。
 6 轻烧白云石粉粒度宜为3~0mm,CaO含量宜等于或大于52%,MgO含量宜等于或大于32%,SiO_2含量宜小于或等于3.5%。

4.1.3 燃料进入烧结厂宜符合下列条件:
 1 碎焦粒度宜为25~0mm,固定碳含量宜大于80%,水分宜小于12%。
 2 无烟煤粒度宜为40~0mm,水分宜小于10%,灰分宜小于15%,挥发分宜小于8%,硫宜小于1%,固定碳宜大于75%。
 3 烧结点火用燃料宜采用焦炉煤气、天然气、转炉煤气或高热值煤气与低热值煤气配合使用。烧结主厂房边交接管点处煤气压力不应低于5300Pa。煤气热值宜等于或大于5050kJ/m^3,达不到要求应采取相应措施。各种煤气含尘量均应小于10mg/m^3。

4.2 原料、熔剂、固体燃料的接受与贮存

4.2.1 原料场有混匀料场时,烧结厂不宜再设原料仓。

4.2.2 混匀料场设在烧结厂时,在多雨或严重冰冻地区可考虑设室内混匀设施。

4.2.3 大中型烧结机的铁粉矿等大宗原料受料宜采用翻车机;轧钢皮等小批量受料采用受料槽,并设机械化卸料装置。

4.2.4 卸料不宜采用抓斗桥式起重机卸车方式。

4.2.5 采用汽车运输时,可设专用汽车受料槽。

4.2.6 翻车机室和受料槽的地下建筑部分应设防水、排水及通风除尘设施。

4.2.7 经场混匀的原料由胶带输送机直接送至烧结配料槽。生石灰宜由密封罐车运至配料室并采用气动输送系统送至配料槽内。

4.2.8 石灰石、白云石和固体燃料在烧结厂加工时应设熔剂仓和燃料仓。有专用运输线时贮存时间宜为3～5d，无专用运输线宜为5～7d。

4.2.9 严重冰冻地区原料的接受和贮存系统应设有防冻、解冻设施。

4.3 石灰石、白云石和固体燃料的准备

4.3.1 石灰石、白云石和固体燃料破碎筛分车间宜设在烧结厂，将石灰石、白云石和固体燃料加工成合格产品后送往配料槽。

4.3.2 石灰石、白云石的准备应采用闭路破碎筛分流程。

4.3.3 配料的石灰石、白云石的最终粒度小于3mm的应占90%以上。

4.3.4 进入烧结厂的碎焦，应采取措施控制其粒度和水分。当碎焦粒度为25～0mm时，应采用二段开路破碎流程。粒度小于10mm，且小于3mm粒级的碎焦含量占30%以上时，可采用预先筛分、一段开路破碎流程。粒度大于25mm粒级含量约占10%以上时可采用预先筛分分出大块，再用二段开路破碎流程。

4.3.5 无烟煤破碎，可根据粒度、水分等具体条件采用二段开路破碎流程，小于3mm粒级含量占30%以上时，可在一段破碎前增加预先筛分。

4.3.6 碎焦和无烟煤加工的最终粒度小于3mm的应分别占85%以上和75%以上。

4.3.7 不同品种或理化性能相差较大的固体燃料，应分开破碎。

4.3.8 固体燃料的破碎应避免采用易于产生过粉碎的破碎设备。

4.3.9 石灰石、白云石和固体燃料破碎前应设除铁装置。

5 烧结工艺与设备

5.1 工艺流程的确定原则

5.1.1 工艺流程的确定，应符合下列规定：

1 烧结工艺流程应以生产过程稳定、产品质量优良、综合利用、节约能源、环境友好及安全生产为原则，根据规模、原燃料和熔剂条件及其运输接受方式，产品方案、内部物流及其运输方式，试验结论，设备制造情况，日常维护等确定。

2 确定工艺流程时必须采用冷烧结矿，禁止采用热烧结矿。

5.2 配 料

5.2.1 配料系统系列数的确定，应和烧结系统匹配，即按一对一设置。

5.2.2 包括冷、热返矿和高炉返矿在内，所有原料、熔剂和固体燃料都应采用自动重量配料。

5.2.3 配料槽贮存时间应为8h以上。

5.2.4 配料槽格数与配料量及配料设备能力有关；主要含铁原料不应少于3格，辅助原料一般应为每种2格，配料量小的，也可采用1格两个下料口。

5.2.5 主要含铁原料和粘性小的物料应首先进行配料，燃料不宜放在最前配料。

5.2.6 烧结和高炉返矿宜分别配料。

5.2.7 配料中宜添加生石灰或消石灰作熔剂，以强化制粒和烧结过程；添加数量要根据原料条件、试验结论等具体情况确定，每吨成品烧结矿添加量宜为20～60kg。以烧结铁粉矿为主时取中下限值，以铁精矿为主时取中上限值。

5.2.8 生石灰消化设施的设置，应根据原料条件、试验结论、环保要求、生石灰配加量及采用的混合制粒时间确定。

5.3 加水、混合与制粒

5.3.1 以铁粉矿为主要原料时应采用二段混合。以铁精矿为主要原料时若采用小球烧结法可设三次混合进行固体燃料外滚。

5.3.2 混合与制粒设备一般采用圆筒混合机和圆筒制粒机；采用小球烧结法时，也可采用圆盘造球机制粒。在混合与制粒设备内宜采取多种措施强化混合与制粒的功能。

5.3.3 总混合制粒时间宜采用5～9min，以铁粉矿为主要原料时宜取下限值，以铁精矿为主要原料时宜取中上限值（包括固体燃料外滚的时间在内）。

5.3.4 圆筒混合机充填率，一次混合机宜为10%～16%，二次混合（制粒）机宜为9%～15%。

5.3.5 混合机配置，应符合下列规定：

1 三次圆筒混合机宜设在主厂房的高层平台上。

2 一次圆筒混合机与二次圆筒混合机宜设置在地面上。

3 圆筒混合机与给料胶带机宜为顺交方式配置。

5.3.6 混合料添加水量应采用实用可靠的自动测量与控制装置。

5.3.7 混合料铺至烧结机台车前，宜采用蒸汽、热水等加以预热。添加地点宜放在二次圆筒混合机和三次圆筒混合机及相应的矿槽内，或视具体情况而定。

5.4 布料、点火与烧结

5.4.1 大、中型带式烧结机的布料，应符合下列规定：

1 烧结原料以铁粉矿为主时，采用梭式布料机、缓冲矿槽、圆辊给料机和自动清扫的反射板或辊式布料器。

2 烧结原料以铁精矿为主采用小球烧结法时，

可用摇头皮带机或梭式布料机、宽胶带机和辊式布料器。也可采用本条第1款的方式。

5.4.2 烧结机规格应与高炉匹配并应大型化。

5.4.3 带式烧结机应采用新型结构，包括头部和尾部都采用星轮装置，尾部采用水平移动架及风箱端部采用浮动式密封装置等。

5.4.4 主厂房内烧结机台数不宜过多，一般宜设置1台，中型偏小的烧结机不应超过2台。

5.4.5 烧结机应设铺底料设施，铺底料贮存时间宜按1～2h考虑。铺至烧结机台车上的铺底料厚度宜为20～40mm。

5.4.6 大中型烧结机设计应采用厚料层烧结，其料层厚度（包括铺底料厚度）以铁精矿为主采用小球烧结法时，宜等于或大于580mm，以铁粉矿为主时宜等于或大于650mm。

5.4.7 利用冷却机的热废气无风机进行热风烧结时，应有足够的鼓风余压、抽风负压和热压差。

5.4.8 采用小球烧结法时，可在点火前设干燥段预热混合料。

5.4.9 混合料点火温度宜为1000～1200℃，特殊原料点火温度应根据试验确定。点火时间宜为1～1.5min。

大中型烧结机点火用燃料宜采用本规范第4.1.3条第3款所述的各种煤气。不宜采用煤粉、发生炉煤气和重油点火。

点火保温设备应采用新型节能点火保温炉。

5.4.10 烧结饼破碎应采用剪切式单辊破碎机。破碎后粒度应为150mm以下。

5.4.11 大中型烧结机应取消热矿筛。如混合料水分高、烧结困难或不足以将混合料预热到需要的温度时也可保留热矿筛。

5.4.12 有热返矿时，宜在烧结机尾直接参加配料，但返矿槽应有一定的容积，并宜将热矿筛偏离矿槽中心，以保证返矿配料的稳定，防止对筛子的直接热辐射。

5.4.13 主厂房或靠近并可通往主厂房的主电气楼内应设置客货两用电梯。

5.5 烧结抽风与烟气净化

5.5.1 烧结机每分钟单位烧结面积平均风量宜取90±10m³（工况），以褐铁矿、菱铁矿为主要原料时可超过100m³（工况）。

5.5.2 抽风机压力应根据原料性质、料层厚度、箅条和管道及除尘器阻力、海拔高度合理确定。目前大中型烧结机主抽风机前的负压宜取15.0～17.2kPa。

5.5.3 烧结烟气除尘应采用二段进行，第一段应为降尘管，第二段应为除尘器。大中型烧结机宜设双降尘管。

5.5.4 除尘器形式应满足排放标准的要求。宜采用卧式干法电除尘器。

5.5.5 大中型烧结机头部采用电除尘器时，降尘管应设有烟气温度自动调节装置。

5.5.6 降尘管的卸灰装置宜采用新型双层卸灰阀。

5.5.7 烟囱高度与原料条件、烟气性质和排放标准等因素有关，应通过计算并结合实际合理确定。

5.6 烧结矿冷却

5.6.1 烧结矿冷却形式选择，应符合下列规定：

1 烧结矿冷却宜选用机外冷却。对于褐（菱）铁矿，也可考虑选用机上冷却。

2 大中型烧结机应采用鼓风环式冷却机，鼓风环式冷却机布置困难时，也可采用鼓风带式冷却机。

5.6.2 冷却机的冷却面积与烧结机烧结面积之比，应符合下列规定：

1 鼓风冷却方式，冷却面积与烧结面积之比宜为0.9～1.20。

2 机上冷却方式，冷却面积与烧结面积之比宜为1.0左右，褐铁矿可酌减。

3 冷却面积应留有一定余地，以保证冷却效果并留有提高产量的可能性。

5.6.3 鼓风式冷却机内料层厚度应为1000～1500mm。

5.6.4 鼓风式冷却机需冷却的每吨物料（烧结矿）采用的风量应为2200～2500m³。冷却时间应为60min左右。

5.6.5 冷却机卸出的烧结矿平均温度应小于150℃。

5.7 烧结矿整粒

5.7.1 新建烧结机和小型烧结机改、扩建为大中型烧结机均应采用烧结矿整粒与分出铺底料工艺。

5.7.2 整粒流程应根据建设场地、烧结矿性能和高炉要求等因素确定。除个别大块较多者外，不宜采用烧结矿冷破碎设备，仅设三段冷筛分工艺，筛分设备采用振动筛。

机上冷却的整粒可按具体条件确定。

5.7.3 设置烧结矿冷破碎设备时，应采用双齿辊破碎机，并应设四次冷筛分工艺，一次筛分应为固定筛，二、三、四次筛分应为振动筛。烧结矿冷破碎前应设自动除铁装置。

5.7.4 通过整粒输出的成品烧结矿粒度、铺底料粒度和返矿粒度，宜符合下列规定：

1 无冷破碎时，烧结矿粒度宜为150～5mm，有冷破碎时，烧结矿粒度宜为50～5mm。其中，粒度大于50mm的烧结矿含量宜小于或等于8%，粒度小于5mm的烧结矿含量宜小于或等于5%。

2 铺底料粒度宜为20～10mm。

3 返矿粒度宜小于5mm。

5.7.5 烧结矿整粒系统应根据条件设置备用系列，

或备用筛分设备，或设旁通系统。

5.8 成品烧结矿质量、贮存及其输出

5.8.1 高碱度烧结矿为高炉最主要的含铁原料，其质量应达到表5.8.1的要求。

表5.8.1 高炉对高碱度烧结矿的质量要求

炉容级别（m³）	1000	2000	3000	4000	5000
铁分波动（%）	≤±0.5	≤±0.5	≤±0.5	≤±0.5	≤±0.5
碱度波动（%）	≤±0.08	≤±0.08	≤±0.08	≤±0.08	≤±0.08
铁分和碱度波动的达标率（%）	≥80	≥85	≥90	≥95	≥98
含FeO（%）	≤9.0	≤8.8	≤8.5	≤8.0	≤8.0
FeO波动（%）	≤±1.0	≤±1.0	≤±1.0	≤±1.0	≤±1.0
转鼓指数，+6.3mm（%）	≥71	≥74	≥77	≥78	≥78

5.8.2 烧结矿应设置直接送至高炉矿槽的运输系统，同时应设贮存设施。烧结矿贮存根据不同情况，可在原料场贮存，也可设成品矿仓贮存。原料场贮存烧结矿的贮存时间宜为3～7d。矿仓贮存时间宜为8～12h。

5.8.3 烧结矿产量应为烧结厂输出的成品烧结矿量。

6 能源与节能

6.0.1 烧结厂工序能耗设计指标，应以每吨成品烧结矿所消耗的千克标准煤计，并应符合下列规定：

1 大型烧结机的工序能耗宜取60.00～68.00kg标准煤/t（1760～1990MJ/t）。

2 中型烧结机宜取64.00～72.00kg标准煤/t（1870～2100MJ/t）。

3 烧结机规格大并以磁铁矿为主要原料时宜取中下限值，烧结机规格小并以赤铁矿为主要原料时宜取中上限值。

6.0.2 应采用资源和能源消耗低的新工艺、新技术、新设备，并应符合下列规定：

1 优化配矿，生产优质高碱度烧结矿。

2 在保证烧结矿质量和环保的前提下，尽量提高烧结机的利用系数和作业率。

3 烧结机应力求实现大型化。

4 固体燃料的破碎不宜选用易于产生过粉碎的设备，要尽量减少过粗过细的粒级。燃料的平均粒度应达到1.2～1.5mm。

5 应采用自动重量配料，提高配料精度。

6 宜添加部分生石灰或消石灰作熔剂，添加生石灰更好，强化制粒和烧结过程。

7 宜采用蒸汽、热水预热混合料。

8 混合制粒时间包括设有固体燃料外滚的时间在内，宜采用5～9min，并采用高效混合制粒设备。

9 应采用新型节能点火保温炉。

10 应采用先进而又节能的烧结新工艺、新技术，包括厚料层烧结、低温烧结、小球烧结、高铁低硅烧结、热风烧结、燃料分加等。

11 应选用节能型的设备，包括新型结构、漏风量小的带式烧结机，新型节能点火保温炉，高效振动筛，高效率的主抽风机及低耗损的变压器等。

12 应控制冷、热返矿的粒度，设计应考虑定期更换冷、热筛的筛板，将返矿中等于或大于5mm的粒级纳入成品中。

13 合理选择单位烧结面积的风量和主抽风机前的负压，避免选用过大的主抽风机。

14 应采用干式高效除尘器，避免污水处理，节水节电。

15 提高烧结厂的自动化水平，采用过程自动化检测、控制，力求烧结过程在最佳的工艺状态下进行。

6.0.3 提高废热、废水、废物的综合利用水平，应符合下列要求：

1 新建和改、扩建的烧结机应设计余热利用。

2 **烧结生产废水经处理后应循环使用。**

3 钢铁公司内的碎焦、轧钢皮、各种含铁粉尘泥渣及烧结厂本身的含铁含碳粉尘，应处理后在烧结厂回收利用。

7 电气与自动化

7.1 电 气

7.1.1 新建或改、扩建为大中型的烧结机宜设置主电气楼，主电气楼宜布置在主厂房附近并相互连通。按二级负荷供电时，宜由两回路同级电压供电10kV（6kV）；同时供电的两回路及更多回路的供配电线路中一回路中断供电时，其余线路应能满足全部二级负荷用电的要求。

7.1.2 厂内高压配电系统宜采用放射式配电形式；变电所及配电室的高压及低压母线宜采用单母线或分段单母线结线方式，分段处应装设断路器。

高压配电室向变压器配电的出线开关应采用高压真空断路器；向高压电动机配电的出线开关应采用高压真空断路器或高压真空接触器及熔断器组（F-C回路）。

厂内高压配电系统宜选用D、Yn11结线组别的三相配电变压器。

7.1.3 主抽风机宜采用同步电动机并宜采用软起动方式。

需要调速的设备宜采用交流变频调速装置。

需频繁换向的电动机控制装置，宜采用无触点开

关或交流变频器。

7.1.4 主工艺设备的控制应有系统集中控制和单机机旁操作，部分设备宜采用远程单机控制。

7.2 自 动 化

7.2.1 新建的大中型烧结厂，应具有较高自动控制水平。全厂应采用三电一体（EIC）的计算机控制系统，所有的过程检测参数和设备运转状态均应纳入计算机控制系统。主要的工艺过程应进行自动控制和调节，如配比计算及控制、混合料添加水控制、料层厚度控制、点火炉燃烧控制等。

应在电气楼设置主控室，对整个烧结主工艺系统进行操作、监视、控制、报警和管理。在其他变电所设置远程站，各远程站间应以数据通信方式传达信息。

有条件的可采用上位机管理，过程计算机控制系统应留有与上位机的通信接口。

7.2.2 烧结厂的通信设施除通常的行政电话、生产调度电话外，还宜采用指令对讲扩音通信、无线对讲通信。对火灾自动报警装置一般应采用区域型报警系统，且火灾报警系统应与主要消防设备联动。对重要的工艺过程环节，应采用工业电视系统进行监控。

8 计量、检验、化验与试验

8.1 计 量

8.1.1 进入烧结厂的各种含铁原料、熔剂、燃料及出厂的成品烧结矿均应准确计量，计量装置和计量方式可根据具体条件选定。

8.1.2 水、电、煤气、压缩空气、蒸汽、氮气等能源介质应设置总计量装置外，在各主要使用点（厂内各变电所及容量大的设备）也应设单独计量装置。

8.2 检验、化验

8.2.1 新建和改、扩建的烧结厂宜设置自动定时采样，并设置缩分、制样等设施。

8.2.2 烧结厂的各种含铁原料、熔剂、固体燃料、返矿、混合料及成品烧结矿均应定时进行物理检验与化学分析。

8.2.3 各种含铁原料、熔剂、固体燃料、返矿、混合料的物理检验与化学分析项目应包括化学成分、粒度和水分。成品烧结矿物理检验与化学分析项目应包括化学成分、粒度与强度以及冶金性能检验（还原度和低温还原粉化率等）。上述检验、化验可在钢铁公司检化验中心完成。

8.2.4 烧结厂设计应确定测定项目、物理检验与化学分析内容、取样制度及取样地点。

8.3 试 验

8.3.1 大中型烧结厂应设烧结试验室，也可设在钢铁公司试验中心。

9 设备检修及检修装备

9.0.1 烧结厂机械设备备件（铸件、锻压件、铆焊件、机械加工件）与易耗件，以及材料、油料和备件库，应由钢铁公司统一解决。

9.0.2 烧结设备的大中小修，应由钢铁公司统一安排，宜采用定检定修制。

9.0.3 烧结厂可设机械维修车间（或检修站），承担烧结机械设备的检查维护、清洗、调整、更换易损件、修补金属构件、加油润滑以及少量配件的加工和制作等。此部分工作也可由钢铁公司统一安排。

9.0.4 烧结厂风机转子的动平衡试验，应由钢铁公司统一进行或外协解决。

9.0.5 烧结主厂房±0.00平面应设有台车修理间。

9.0.6 烧结设备检修的整体装备水平，应根据烧结厂规模和设备最大件的情况确定。

10 环 境 保 护

10.0.1 烧结厂环境保护设计应包括烟气、尘泥、污水及噪声的控制。

10.0.2 烧结烟气中有害气体（SO_x、NO_x）的控制，应符合下列规定：

1 设计应推行清洁工艺，宜选用低毒低害的优质含铁原料、熔剂和固体燃料，并采用资源和能源消耗低、有害气体发生量少的新工艺、新技术、新设备，如厚料层烧结、低温烧结、小球烧结等。

2 烟气有害气体浓度低，高空稀释后能达到标准时，宜采用高烟囱排放，并留有脱除有害气体设施的位置。

3 烟气中有害气体超过国家、行业和地方规定的排放标准，或在建设地区大气环境容量不允许的情况下，必须采取有效措施进行治理。

4 引进的技术与装置，有害气体排放标准必须是国内或严于国内的标准。

10.0.3 防尘与除尘，应符合下列规定：

1 工艺布置应尽量减少物料的转运次数并降低其落差，减少扬尘量。

2 采用粉尘发生量少的工艺、技术和设备，如铺底料、热风烧结、对辊破碎机等。

3 在生产过程中产生或散发的粉尘应采取密封和收尘措施。

4 废弃物的处理与堆存应防止风吹、雨淋、挥发、自燃等各种因素造成的二次污染与危害。

5 钢铁公司的含铁粉尘泥渣应另行处理后由烧结厂回收利用。

6 环境收尘应采用袋式除尘器、电除尘器或其他形式的高效除尘设备。条件允许时可优先采用袋式除尘器。

7 烟气和环境除尘应采用干式高效除尘器，避免污水处理。

10.0.4 污水处理，应符合下列规定：

1 烧结厂设计不宜采用全方位大面积的冲洗，局部冲洗地坪和洒水清扫的污水污泥必须集中处理后分别回收利用。

2 正常生产时无生产污水、废水排放。

10.0.5 噪声防治，应符合下列规定：

1 设计应选用低噪声工艺和低噪声设备。

2 按照工业企业厂界噪声标准，对高噪声设备应采取消声、减振或隔声等有效防治措施，确保厂界噪声达到相关厂界噪声控制标准要求。

10.0.6 烧结厂设计应同时考虑厂区绿化。

10.0.7 新建和改、扩建的烧结厂环保设施必须与主体工程同时设计、同时施工、同时投产。

11 安全、工业卫生与消防

11.0.1 烧结厂设计应包括烧结厂安全、工业卫生与消防设计。

11.0.2 烧结厂设计必须有完备的消防、防爆、防雷电、防洪设施。其中点火保温炉用煤气应有自动切断保护措施，在烧嘴上方的空气总管末端采取防爆措施；机头电除尘器应根据烟气和粉尘性质设置防爆防腐设施；运输烧结矿的胶带输送机尾部均应设喷水装置。

11.0.3 烧结厂设计必须有设备安全运转与事故防范措施。

11.0.4 烧结厂设计必须有电气安全设施及安全照明设施。

11.0.5 烧结厂设计必须有防伤害与保障人身安全设施。

11.0.6 引进的技术与装备，其安全、工业卫生与消防设施必须符合我国实际情况与要求。

11.0.7 新建和改、扩建烧结厂安全、工业卫生与消防设施必须与主体工程同时设计、同时施工、同时投产。

本规范用词说明

1 为便于在执行本规范条文时区别对待，对要求严格程度不同的用词说明如下：

1) 表示很严格，非这样做不可的用词：
正面词采用"必须"，反面词采用"严禁"。

2) 表示严格，在正常情况下均应这样做的用词：
正面词采用"应"，反面词采用"不应"或"不得"。

3) 表示允许稍有选择，在条件许可时首先应这样做的用词：
正面词采用"宜"，反面词采用"不宜"；
表示有选择，在一定条件下可以这样做的用词，采用"可"。

2 本规范中指明应按其他有关标准、规范执行的写法为"应符合……的规定"或"应按……执行"。

中华人民共和国国家标准

烧 结 厂 设 计 规 范

GB 50408—2007

条 文 说 明

目　次

1　总则 …………………………………… 27—13
3　基本规定 ……………………………… 27—13
4　原料、熔剂、燃料及其准备 ………… 27—13
　4.1　原料、熔剂及燃料入厂条件 ……… 27—13
　4.2　原料、熔剂、固体燃料的接受
　　　与贮存 …………………………… 27—17
　4.3　石灰石、白云石和固体燃料的
　　　准备 ……………………………… 27—17
5　烧结工艺与设备 ……………………… 27—17
　5.1　工艺流程的确定原则 ……………… 27—17
　5.2　配料 ………………………………… 27—17
　5.3　加水、混合与制粒 ………………… 27—18
　5.4　布料、点火与烧结 ………………… 27—19
　5.5　烧结抽风与烟气净化 ……………… 27—21
　5.6　烧结矿冷却 ………………………… 27—22
　5.7　烧结矿整粒 ………………………… 27—22
　5.8　成品烧结矿质量、贮存及其输出 … 27—23
6　能源与节能 …………………………… 27—24
7　电气与自动化 ………………………… 27—24
　7.2　自动化 ……………………………… 27—24
8　计量、检验、化验与试验 …………… 27—25
　8.1　计量 ………………………………… 27—25
　8.2　检验、化验 ………………………… 27—25
　8.3　试验 ………………………………… 27—26
9　设备检修及检修装备 ………………… 27—26
10　环境保护 …………………………… 27—27
11　安全、工业卫生与消防 …………… 27—28

1 总 则

1.0.1 本规范是国家有关法律法规和技术经济政策在工程建设中的具体体现。国家法律法规和技术经济政策包括《中华人民共和国环境保护法》、《钢铁产业发展政策》等。对钢铁工业烧结厂的新建、扩建和改建工程，有关建设单位、设计单位均应遵照执行。开展烧结厂设计时，应从贯彻落实科学发展观出发，注意总结国内外经验，结合我国国情和工程实际，执行可持续发展和循环经济理念，积极采用先进可靠、产品优良、节能的烧结新工艺、新技术、新设备，以"减量化、再利用、再循环"为原则，以低消耗、低排放为目标，争取最好的经济效益和社会效益。

1.0.3 国家现行有关标准规范包括《工业炉窑大气污染物排放标准》GB 9078 等。

3 基本规定

3.0.1 设计依据主要有：国家有关法律法规、政策，批准的可行性研究报告，有关文件，建设项目的有关合同和协议等。

设计基础资料主要包括：各种计划、规划书，项目建议书，可行性研究报告，烧结试验报告，厂区工程地质资料，地形图，气象、水源及地质资料，建设项目外部条件的有关协议书，厂址选择报告及其周围的生态、环境资料等。

3.0.2、3.0.3 厂址选择和布置的基本原则和注意事项：

1 厂址不宜建在断层、流砂层、淤泥层、滑坡层、9 度以上地震区、人工或天然孔洞或三级以上湿陷性黄土层上，且不应建于洪水水位之下。

2 应贯彻执行有关环境保护规定，厂址应布置于居民区常年最小频率风向的上风侧，并与居民区保持有关规定的卫生防护距离。

3 有较好的供水、供电及交通条件等。

4 厂址应进行多方案技术经济比较，选择最佳方案。

5 贯彻国家有关土地条例，不占良田或尽量少占良田，在可能条件下结合施工造田。

3.0.5 按照国务院办公厅国办发（2003）103 号文件的规定，烧结机市场准入条件的使用面积达到 180m² 以上。

3.0.7 烧结机利用系数与原料及生产操作状况、石灰的使用量、料层厚度、单位烧结面积风量、作业率、自动化水平等诸多因素有关。国内以铁粉矿为主要原料和以铁精矿为主要原料的大中型烧结机的利用系数，2003 年平均分别为 1.23t/(m²·h) 和 1.18t/(m²·h)，2004 年平均分别为 1.31t/(m²·h) 和 1.23t/(m²·h)。采用常规工艺和一般含铁原料，设计取利用系数前者为 1.30t/(m²·h)，后者为 1.2t/(m²·h) 是可行的。

3.0.9 烧结机日历作业率与工艺流程、装备水平、自动化水平、原料及生产操作状况等诸多因素有关。国内大中型烧结机日历作业率 2003 年和 2004 年的平均值分别为 90.91% 和 91.49%。设计取 90%～94%。

3.0.10 钢铁产业发展政策规定，禁止企业采用国内外淘汰的二手钢铁生产设备。

4 原料、熔剂、燃料及其准备

4.1 原料、熔剂及燃料入厂条件

4.1.1 主要含铁原料为铁粉矿和铁精矿，还有钢铁公司内的各种含铁粉尘泥渣、轧钢皮等。我国铁精矿入厂条件、国内烧结厂使用的国内铁精矿和铁粉矿物理化学性质实例、国内烧结厂使用的混匀矿物理化学性质实例、国内烧结厂使用的国外原料物理化学性质实例、烧结厂使用钢铁公司粉尘泥渣及轧钢皮物理化学性质实例见表 1～表 5。

表 1 我国铁精矿入厂条件

化学成分		磁铁矿为主的精矿				赤铁矿为主的精矿				水分（%）
TFe（%）		≥67	≥65	≥63	≥60	≥65	≥62	≥59	≥55	
		波动范围±0.5				波动范围±0.5				
SiO₂（%）	Ⅰ类	≤3	≤4	≤5	≤7	≤12	≤12	≤12	≤12	磁铁矿为主的精矿：Ⅰ级≤10.00 Ⅱ级≤11.00 赤铁矿为主的精矿：Ⅰ级≤11.00 Ⅱ级≤12.00
	Ⅱ类	≤6	≤8	≤10	≤13	≤8	≤10	≤13	≤15	
S（%）		Ⅰ级≤0.10～0.19 Ⅱ级≤0.20～0.40				Ⅰ级≤0.10～0.19 Ⅱ级≤0.20～0.40				
P（%）		Ⅰ级≤0.05～0.09 Ⅱ级≤0.10～0.20				Ⅰ级≤0.08～0.19 Ⅱ级≤0.20～0.40				

续表1

化学成分	磁铁矿为主的精矿	赤铁矿为主的精矿	水分（%）
Cu（%）	≤0.10～0.20	≤0.10～0.20	磁铁矿为主的精矿： Ⅰ级≤10.00 Ⅱ级≤11.00 赤铁矿为主的精矿： Ⅰ级≤11.00 Ⅱ级≤12.00
Pb（%）	≤0.10	≤0.10	
Zn（%）	≤0.10～0.20	≤0.10～0.20	
Sn（%）	≤0.08	≤0.08	
As（%）	≤0.04～0.07	≤0.04～0.07	
K_2O+Na_2O（%）	≤0.25	≤0.25	

表2 国内烧结厂使用的国内铁精矿和铁粉矿物理化学性质实例

名称	序号	化学成分（%）									物理性质	
		TFe	FeO	SiO_2	Al_2O_3	CaO	MgO	S	P	Ig	水分（%）	粒度
铁精矿	1	68.60	—	4.50	0.47	0.69	0.65	0.020	0.035	—	—	—
	2	67.70	—	3.80	—	0.56	0.15	0.31	—	—	—	—
	3	67.50	—	3.50	—	0.01	0.45	0.013	—	0.51	9.77	—
	4	67.29	28.36	4.79	—	0.27	—	0.066	0.079	0.76	10.20	－200目 71%
	5	68.10	—	5.55	0.17	0.93	0.33	0.018	0.017	—	9.00	—
	6	66.50	—	5.50	0.85	1.50	0.30	0.011	0.022	—	—	—
	7	67.44	—	3.96	0.82	1.40	0.28	0.011	0.022	—	—	—
	8	65.73	—	4.64	0.59	1.59	0.79	0.095	0.083	—	—	—
铁粉矿	1	54.18	1.92	18.56	1.77	0.41	0.33	0.250	0.038	10.80	—	—
	2	54.31	1.87	7.60	2.38	0.45	0.97	0.029	0.050	12.10	—	<10mm

表3 国内烧结厂使用的混匀矿物理化学性质实例

序号	化学成分（%）									物理性质	
	TFe	FeO	SiO_2	Al_2O_3	CaO	MgO	S	P	Ig	水分（%）	粒度（mm）
1	62.98	—	3.49	1.32	0.96	0.20	0.01	0.049	—	—	<8
2	63.28	5.93	4.51	1.89	0.67	0.116	0.114	0.048	10.10	—	<8
3	61.39	14.10	4.85	—	4.32	2.48	0.20	—	—	6.30	—
4	60.00	—	4.25	—	3.12	1.52	0.10	—	3.50	—	—
5	63.95	—	4.53	1.30	0.36	0.36	0.043	0.059	1.00	5.00	—
6	61.50	—	4.50	—	2.10	1.60	0.135	0.059	5.00	—	<8
7	61.88	—	5.18	—	2.52	2.28	0.27	—	2.50	7.00	<8
8	61.67	—	4.63	—	2.00	1.289	0.171	0.084	3.28	5.89	<8

表4 国内烧结厂使用的国外原料物理化学性质实例

国别	名称	化学成分（%）										粒度(mm)	平均粒度(mm)
		TFe	SiO$_2$	Al$_2$O$_3$	CaO	MgO	S	P	K$_2$O	Na$_2$O	Ig		
巴西	CVRD 卡拉加斯	67.50	0.70	0.74	0.01	0.02	0.008	0.036	<0.01	<0.01	1.70	<8	2.4
	CVRD 标准烧结粉	66.00	3.65	0.70	0.03	0.03	0.005	0.026	0.008	0.005	0.80	>6.3 为 7.5%	2.62
	MBR CSF	67.00	1.50	1.25	0.12	0.06	0.007	0.044	<0.01	<0.01	1.30	>8.0 为 18.4%	4.44
澳大利亚	哈默斯利	62.92	3.35	2.10	0.067	0.04	0.011	0.063	0.017	0.025	2.56	<8	2.45
	纽曼	62.08	2.82	1.43	0.070	0.10	0.011	0.046	0.02	0.023	4.60	<8	2.20
	扬迪	58.33	4.92	1.15	0.110	0.15	0.010	0.036	0.003	0.007	9.50	>8 为 15.9%	2.58
	罗布河	56.74	2.59	1.58	0.710	0.30	0.019	0.041				<6.3	—
	麦克	62.72	2.78	1.84	0.090	0.10	0.026	0.052			5.45	<5.0	1.83
印度	果阿	62.50	4.20	1.35	0.600	0.05	0.01	0.02	0.017		3.80	<8	2.14
	H 矿	67.85	0.96	1.02	0.010	0.01	0.008	0.063	—	—	1.05	<8	2.99
南非	伊斯科	65.00	4.00	1.35	0.100	0.04	0.010	0.06	0.333	0.022	0.70	<6.3	2.51
加拿大	卡罗尔湖	66.80	3.76	0.13	0.390	0.25	0.04	0.004	0.002	0.002	0.20	<3	0.295

表5 烧结厂使用的钢铁公司粉尘泥渣及轧钢皮物理化学性质实例

名称	序号	化学成分（%）										物理性质	
		TFe	FeO	SiO$_2$	CaO	MgO	Al$_2$O$_3$	S	P	C	Ig	水分(%)	粒度
高炉灰	1	41.51	2.90	6.88	3.58	0.63	2.60	0.041	0.072	22.19	22.15	—	
	2	43.66	—	8.02	4.91	1.74	1.35	0.24	0.0176		22.36	7.00	
	3	42.00	6.80	9.80	7.30	3.84	—				18.00		
轧钢皮	1	74.10	65.50	0.81	1.07	—	0.27	0.023	—	—	1.40		
	2	70.28		1.11	1.47	0.50	0.02				0.025		<5mm
	3	70.00		2.70	0.00	1.43	0.18	0.05	0.036				
转炉污泥	1	68.85	61.60	1.90	7.99	1.88	0.12	—	P$_2$O$_5$0.23	2.5			−30μm 为 100%
	2	48.18	18.00	4.15	10.92	5.90		0.031					−0.074mm 为 71.69%
转炉渣	1	15.87	9.33	11.55	42.56	8.78	2.46	0.081	P$_2$O$_5$0.31	—	8.46		
	2	15.04	11.12	15.87	43.12	7.40	6.10	0.264			4.39	6.00	<8mm

烧结含铁原料应稳定，混匀矿铁品位波动的允许偏差为±0.5%，SiO$_2$ 的允许偏差为±0.2%。达到此目标，烧结和炼铁将会取得显著的经济效益。根据 6 个厂的统计，含铁原料混匀前后的对比数字为：烧结机利用系数可提高 3%～15%，工序能耗可降低 3%～15%；高炉利用系数可提高 4%～18%，焦比可降低 5%～10%。表6 列出了主要产钢国对烧结用混匀矿成分波动的要求，含铁原料的波动要求基本在

这一范围内。

表6 主要产钢国对烧结用混匀矿成分波动的要求

国家及厂名	TFe（%）	SiO$_2$（%）	CaO/SiO$_2$（%）	Al$_2$O$_3$（%）
日本大分	±0.2～0.5	±0.12	±0.03	±0.3
日本若松	±0.42	±0.165	—	—
日本福山	<0.05	<0.03	<0.03	—
日本千叶	—	±0.2	—	±0.3
日本君津	±0.167	±0.08	±0.025	—
日本户畑	—	±0.128	—	—
德国西马克	±0.3～0.4	±0.2	—	—
德国曼内斯曼	±0.3	±0.2	±0.05	—
前苏联	—	±0.2	—	—
英国	±0.3～0.5	—	±0.03～0.05	—
美国凯萨	—	—	±0.13	—
中国宝钢	≤±0.5	≤±0.3	≤±0.03	—

4.1.2 烧结熔剂有石灰石、生石灰、消石灰、白云石（或白云石化石灰石）、轻烧白云石粉、蛇纹石、菱镁石等。我国各种熔剂入厂条件、我国部分烧结厂熔剂入厂条件、国内烧结厂用熔剂物理化学性质实例见表7～表9。

表7 我国各种熔剂入厂条件

名称	化学成分（%）	粒度（mm）	水分（%）	备注
石灰石	CaO≥52，SiO$_2$≤3，MgO≤3	80～0 及 40～0	<3	—
白云石	MgO≥19，SiO$_2$≤4	80～0 40～0	<4	—
生石灰	CaO≥85，MgO≤5，SiO$_2$≤3.5，P≤0.05，S≤0.15	≤4	—	生烧率＋过烧率≤12%；活性度[①]≥210mL
消石灰	CaO>60，SiO$_2$<3	3～0	<15	—

注：① 指在 40±1℃水中，50g 石灰 10min 耗 4n HCl 的量。

表8 我国部分烧结厂熔剂入厂条件

熔剂品种	化学成分（%）	粒度（mm）	活性度
石灰石块	CaO≥50，SiO$_2$≤3.0，P≤0.03，S≤0.12	0～60	—
石灰石粉	CaO≥50，SiO$_2$≤3.0，P≤0.03，S≤0.12	0～3 为 ≥90%	—
消石灰	CaO≥70，SiO$_2$≤5.0，H$_2$O 20%～26%	0～3	—
生石灰	CaO≥80，SiO$_2$≤5.0	0～3	≥180
白云石粉	MgO≥19.0（波动－0.5），SiO$_2$≤2.0，CaO≥30	<3 为 ≥80%	—
白云石	MgO≥19.0，SiO$_2$≤7.0，CaO≥32	5～45	—

表9 国内烧结厂用熔剂物理化学性质实例

名称	序号	CaO	MgO	SiO$_2$	Al$_2$O$_3$	S	Ig	水分（%）
石灰石	1	54.43	0.40	0.69	0.26	0.006	—	—
	2	53.07	1.60	3.70	—	—	41.42	—
	3	52.38	1.40	1.27	0.96	—	42.49	—
白云石	1	32.61	19.94	0.16	—	—	42.35	—
	2	31.50	20.42	1.00	—	—	42.66	4.00
	3	29.50	19.30	3.70	—	—	44.80	4.30
蛇纹石	1	1.52	38.4	38.22	0.92	0.028	—	—
	2	1.4	36.29	38.19	0.98	—	13.72	—
生石灰	1	85.69	1.06	—	0.24	0.004	—	—
	2	85.00	2.85	1.95	—	0.002	13.95	—
	3	84.65	4.90	2.46	—	—	4.00	—
	4	85.00	2.00	2.50	—	—	5.00	—
消石灰	1	65.97	1.14	2.17	0.41	—	26.75	—
	2	62.30	2.20	5.18	—	—	28.95	20.00

4.1.3 烧结用燃料主要有碎焦、无烟煤、煤气等。我国部分烧结厂固体燃料入厂条件、烧结厂用固体燃料实例见表10和表11。

表10 我国部分烧结厂固体燃料入厂条件

名称	序号	固定碳（%）	挥发分（%）	硫（%）	灰分（%）	水分（%）	粒度（mm）
无烟煤	1	≥75	≤10	≤0.05	≤15	<6	0～13
	2	≥75	≤10	≤0.50	≤13	≤10	≤25 为 ≥95%
焦粉	1	≥80	≤2.5	≤0.60	≤14	≤15	0～25
	2	≥80	—	≤0.8	≤14，≤（波动＋4）	≤18	≤3 为 ≥80%

表11 烧结厂用固体燃料实例

名称	序号	固定碳（%）	挥发分（%）	硫（%）	灰分（%）	水分（%）	粒度（mm）
焦粉	1	85.0	—	—	13.0	8.57	8～0
	2	85.0	—	—	15.0	6.0	—
	3	86.32	1.2	0.<7	12.01	11.0	10～0
无烟煤	1	70.73	6.10	0.35	20.79	11.0	—
	2	85.0	—	—	6.5	6.5	8～0
	3	76.48	2.6	0.<7	20.99	9.0	10～0

4.2 原料、熔剂、固体燃料的接受与贮存

4.2.3 翻车机是一种大型卸车设备，广泛应用于大中型烧结厂，具有卸车效率高、生产能力大的特点，适用于翻卸各种散状物料。由于机械化程度高，有利于实现卸车作业自动化或半自动化。翻车机有侧翻式和转子式两种，侧翻式造价低，但有速度慢、翻转角度小、压板、剩料多等缺点，目前使用不多。

为了保证翻卸作业，改善操作，提高翻卸能力，可配以辅助设施。这些设施主要包括重车铁牛、摘钩平台、推车器、空车铁牛、迁车台等，形成一个完整的机械化翻车卸料系统。

受料槽是一种仅用于受料而不用于贮存的设施，多用于接受钢铁公司的散状杂料和辅助原料。受料槽设计应考虑采用机械化卸车设备，最常见和采用最多的是螺旋卸车机和链斗卸车机。螺旋卸车机适应性比较广泛，对于铁粉矿、铁精矿、散状含铁料、碎焦、无烟煤、石灰石等都适用。

4.2.8 熔剂、固体燃料的贮存天数应考虑下列因素：

1 消耗少的品种或供矿点分散、运输条件差、运距远、运输方式复杂等不利因素多时，贮存天数可适当增加，但最多不超过7d，反之贮存天数可适当减少至3d。

2 当采用水运时，气候等其他因素影响较多，贮存天数可适当增加，但最多不超过7d。

4.3 石灰石、白云石和固体燃料的准备

4.3.2 石灰石、白云石破碎筛分流程有锤式破碎机闭路破碎筛分流程和反击式破碎机闭路破碎筛分流程两种。

在闭路破碎筛分流程中，可分为预先筛分和检查筛分两种。当石灰石、白云石原矿中3～0mm粒级含量较多时（一般在30%～40%以上），才增加预先筛分，否则仅采用检查筛分。

检查筛分流程筛下为产品，筛上物料返回破碎机重新破碎。烧结厂多采用这种流程。

4.3.4、4.3.5 固体燃料破碎筛分流程的选择、破碎筛分设备效率和最终产品质量，都取决于固体燃料粒度和水分。粒度大小影响破碎段数的多少，水分高低影响破碎筛分效率。

1 当碎焦粒度为25～0mm时，宜采用二段开路破碎流程，因碎焦水分高，采用闭路流程会使筛分效率降低（堵筛孔，筛分困难）。

2 大型烧结厂破碎筛分干熄焦粉时，也可采用带预先筛分和检查筛分的二段闭路破碎流程。

3 无烟煤破碎，多采用二段开路破碎流程。所采用的破碎设备，第一段为对辊破碎机，第二段为四辊破碎机。这种流程的最大特点是工艺简单，生产可靠，效率高，产品质量好。

4 预先筛分二段开路破碎流程，国内大中型烧结厂也有采用的。增加预先筛分是为了防止过粉碎和最大限度发挥破碎设备的能力，仅一段开路破碎不能保证产品最终粒度。设检查筛分因煤中的水分高而使筛分难以进行，因此用增加第二段破碎来保证最终产品粒度。这种开路流程的主要优点是生产能力大，生产安全可靠，煤、焦都能破碎。

5 烧结工艺与设备

5.1 工艺流程的确定原则

5.1.1 烧结主工艺流程包括：配料，加水、混合与制粒，布料，点火与烧结，热烧结饼破碎或兼有热矿筛分，烧结抽风与烟气净化，烧结矿冷却，烧结矿整粒，成品烧结矿质量、贮存及输出。有原料场时，原料的接受、贮存在原料场，石灰石、白云石的接受、贮存和准备也可在原料场。

5.2 配 料

5.2.1 配料槽可分为单列式和双列式两种。当采用双系统配料时，采用双列式矿槽，采用单系统配料时，采用单列式矿槽。过去，我国烧结厂设计，烧结机多采用两台或四台机，对应的配料系统多采用单系统和双系统，每个系统向两台烧结机供料。由于烧结机大型化和自动化水平的提高，现代烧结厂设计中，主机多采用一台或两台。因此，相应的配料也是单系统或双系统，每个系统向一台烧结机供料。

5.2.2 设计中采用自动重量配料的主要依据是：随着冶炼技术的发展和高炉大型化，对入炉原料的稳定性要求提高。

5.2.3 为了减少原料、熔剂、固体燃料等对烧结生产波动和配比的影响，这些物料在配料槽内应有一定的贮存时间。贮存时间的多少与来料周期、输送设备运转、检修等因素有关。其贮存时间应为8h以上。

5.2.7 国内外的烧结研究与生产实践都证明，在烧结过程中加入一定量的生石灰或消石灰，特别是生石灰，可收到明显的经济效果，烧结矿产量提高、质量改善、燃耗降低。

国内外经验也表明，特别是以铁精矿为主要原料时，添加生石灰是强化烧结过程最重要的手段之一。目前，我国烧结厂都在重视提高生石灰的质量和活性度。

我国大中型烧结机2003年和2004年生石灰、消石灰的配加量平均每吨成品烧结矿分别为42.96kg和50.15kg，有的达85.00kg以上，比日本平均配加量高很多。日本某些厂为了降低烧结矿的成本，改善环境，根本不加生石灰、消石灰。为此，确定我国每吨成品烧结矿生石灰、消石灰添加量宜为20～60kg。

5.3 加水、混合与制粒

5.3.1 混合段数与原料性质有关。一次混合的目的是润湿及混匀，或兼有部分制粒功能，使混合料中的水分、粒度及混合料中的各组分均匀分布。二次混合除继续混匀外，主要目的是制粒，并使混合料最终达到要求的水分与润湿效果。

影响混匀与制粒效果的因素很多，主要有原料的性质、添加剂的种类、加水量、加水方式、混合制粒设备参数、设备安装状况以及操作等。

过去，国内烧结厂含铁原料以铁精矿为主时，采用两段混合，以铁粉矿为主时，有的采用一段混合。近年由于烧结技术的发展，尤其是厚料层烧结的需要，对铁粉矿进行二次混合也是非常必要的。国内一个50m²烧结机以烧结铁粉矿为主的厂，将原圆筒混合机由$\phi 3 \times 9m$改为$\phi 3.5 \times 12m$并增加一台$\phi 3.5 \times 14m$的圆筒混合（制粒）机，对充填率等工艺参数进行了优化，混合制粒时间由4min延长到9min，同时降低了混合料水分。改造前后混合料粒度发生了明显变化（见表12）。另一个以烧结铁粉矿为主的厂也是如此（见表13）。经过混合制粒后的混匀效率见表14，制粒后的粒度组成见表15。

表12 圆筒混合机改造前后混合料粒度组成（%）

序号		混合料水分（%）	混合料粒度（mm）					
			>6.3	6.3～5.0	5.0～3.15	3.15～2.0	<1.0	<3.15
改造前	1	7.10	9.44	14.16	26.07	14.68	12.30	50.33
	2	7.00	9.86	12.48	22.25	19.08	11.79	55.41
	3	6.90	11.76	10.99	25.90	16.99	17.79	51.35
改造后	1	5.80	14.53	10.69	33.14	17.81	7.17	40.50
	2	6.00	17.43	14.25	32.88	17.40	4.88	35.44
	3	5.70	14.78	15.50	33.24	17.93	4.31	36.48

表13 烧结混合料的制粒效果（%）

制粒效果	混合料粒度（mm）						
	>15	15～10	10～5	5～4	4～2.5	2.5～1.2	<1.2
一混前	—	7	20	7.4	23.5	13.7	22.4
一混后	1.45	6.15	18.9	4.45	20.55	15.10	33.40
二混（制粒）后	1.45	6.4	22.0	6.4	35.35	16.20	12.20

表14 混合制粒的混匀效率

名称	代号	化学成分（%）				H_2O（%）
		TFe	CaO	SiO_2	C	
一混	η	0.895	0.87	0.764	0.78	7～9
	m	0.035	0.043	0.056	0.082	
二混（制粒）	η	0.936	0.926	0.916	0.761	5～10
	m	0.024	0.02	0.031	0.082	

注：η为混匀效率，其值越接近1，混合效果越好；m为混合料均匀系数。

表 15 二次混合（制粒）后的粒度组成（%）

取样编号	制粒前粒度组成（mm）				二混（制粒）后粒度组成（mm）			
	>8	8～5	5～3	3～0	>8	8～5	5～3	3～0
1	20	20	30.3	29.7	24.8	20.8	27.2	27.2
2	18.9	20	19.4	41.7	25.2	24.4	26.0	24.4
平均	19.45	20	24.9	35.7	25.0	22.6	26.6	25.8

5.3.2 混合制粒设备采用圆筒混合机和圆筒制粒机。大中型烧结机的圆筒混合机和圆筒制粒机应采用刚性支承托辊、齿轮传动形式；在主电动机与减速机之间采用限矩型液力耦合器；传动装置均应设置微动传动装置；滚圈与支承托辊和挡轮、开式齿轮副之间采用喷油润滑。当用多台小型圆筒制粒机时，也可采用胶轮传动形式。

在混合制粒设备内，宜多方面采用强化混合制粒的措施：添加生石灰，适当提高充填率，延长混合制粒时间，含铁粉尘泥渣预先制粒，混合段装设扬料板，进料端设导料板，在圆筒制粒机内及出料端安装挡圈，采用含油尼龙衬板和雾化喷水等，此外也有采用锥形逆流分级制粒的。

5.3.3 为了保证混合制粒效果，应有足够的混合制粒时间（见表16）。

表 16 混合制粒时间与混合效果

混合制粒时间（min）	混合料水分（%）	粒级含量（%）	
		3～1mm	1～0mm
1.5	7.4	21.1	41.5
3.0	7.4	24.7	35.1
4.0	7.3	27.3	32.1
5.0	7.2	30.2	24.8

过去国内铁精矿烧结混合制粒时间，一般为2.5～3.0min，一次混合为1min左右，二次混合（制粒）为1.5～2.0min。多年生产实践证明，不论以铁精矿为主的混合料还是以铁粉矿为主的混合料，混合时间均显不足。现在国内外烧结厂混合制粒时间都增加到5～9min（包括固体燃料外滚的时间在内），如日本君津厂为8.1min，前釜石厂达9min。我国近年投产和设计的一次、二次（制粒）和三次混合（固体燃料外滚）机混合制粒时间基本在这一范围内。

5.3.4 国内外烧结厂混合机充填率，一次混合机为10%～16%，二次混合（制粒）机为9%～15%。日本大分厂1#烧结机一次混合机充填率为10%，二次混合机为9%。我国近年投产和设计的一次混合机和二次混合机充填率也在这一范围内。

5.4 布料、点火与烧结

5.4.2 烧结机应力求实现大型化。同样条件，建设一台大型烧结机与建设多台小型烧结机相比，具有很多明显的优点。德国鲁奇公司对西欧的一个厂进行了核算，当烧结机面积增至两倍时，每吨烧结矿的基建费大约可节省15%～20%，运转费可降低5%～10%，建一台300m²的烧结机要比建三台100m²的烧结机投资省25%。而日本报道的数字为：同等规模，当建设的烧结机面积为100m²、300m²、500m²时，相对的基建费为1.00、0.68和0.56，相对的运转费为1.0、0.865和0.84。国内曾在工程中对采用一台252m²烧结机还是采用两台130m²烧结机和对采用一台330m²烧结机还是采用两台165m²烧结机的方案进行过比较，见表17和表18。

表 17 一台252m²与两台130m²烧结机比较表

序号	项 目	1×252m²烧结机	2×130m²烧结机	差值
1	烧结矿产量（万t/a）	240	247	-7.0
2	基建投资（%）	100	113.1	-13.1
3	每吨成品烧结矿投资（%）	100	109.9	-9.9
4	单位烧结面积投资（%）	100	109.9	-9.9
5	运转费（%）	100	104.7	-4.7
6	劳动生产率（%）	100	90.9	+9.1
7	投资还本期（a）	5.6	6.5	-0.9

表 18 一台330m²与两台165m²烧结机比较表（可比部分）

序号	项 目	1×330m²烧结机	2×165m²烧结机	差值
1	烧结矿产量（%）	100	100	—
2	原料、熔剂、燃料条件	相同	相同	—
3	建设资金（%）	100	115.3	-15.3
4	设备重量（%）	100	114.3	-14.3
5	装机容量（kW）	约31040	约32500	-1460
6	土建工程量（%）	100	112.6	-12.6

续表18

序号	项　目	1×330m² 烧结机	2×165m² 烧结机	差值
7	运转费（%）	100	106.0	−6.0
8	劳动生产率（%）	110	100	+10
9	焦炉煤气消耗量（kJ/a）	287.43×10⁹	294.88×10⁹	−7.55×10⁹
10	电耗量（kW·h/a）	137.2×10⁶	145.78×10⁶	−8.58×10⁶
11	生产新水耗量（m³/a）	106.33×10⁴	120.05×10⁴	−13.72×10⁴
12	工业循环水耗量（m³/a）	445.9×10⁴	514.5×10⁴	−68.6×10⁴
13	生活新水耗量（m³/a）	34.3×10⁴	44.59×10⁴	−10.29×10⁴
14	烧结矿质量	好	较好	—
15	生产管理	方便	较不方便	—
16	自动控制	容易	较不容易	—
17	环保治理	容易	较不容易	—

表17和表18说明，建大型烧结机除建设资金、设备重量、装机容量、土建工程量、运转费及焦炉煤气、电、水消耗量均少外，还有劳动生产率高、烧结矿质量好、生产管理方便、易于环保治理和实现自动控制等优点。

此外，大型烧结机的建设资金低、固定资产少，同样条件下每年的折旧费和修理费进入烧结矿成本数量少。因此，大烧结机所生产的烧结矿成本要低。烧结机大型化在国内外已成趋势。

但是，需要特别指出的是，当一台烧结机对一座高炉时，会存在生产和检修不平衡的问题，对此，国内外普遍采用料场贮存烧结矿来解决。

5.4.3 带式烧结机应采用新型结构。烧结机新型结构是指：头部和尾部都采用星轮装置，使烧结机运转平稳；头部星轮自由侧轴承座要能沿烧结机纵向移动±20mm，以实现烧结台车调偏；尾部应采用水平移动架，作为台车受热膨胀的吸收机构，并设行程限位开关，移动架的平衡重锤应事故开关，均与主机联锁；主传动装置采用柔性传动装置，并设置定扭矩联轴器及其转差检测装置，柔性传动装置本身还应有极限过载保护措施；主传动电动机和布料传动电动机均应采用变频调速三相异步电动机，头部给料采用主闸门和辅助闸门，使混合料布料平整均匀；台车梁与箅条之间设置隔热件，保护台车车体，烧结机骨架采用装配式焊接结构；风箱宜采用双侧吸入式，保证烧结机均匀抽风；烧结机头尾风箱端部密封应采用密封性好、灵活、适用、可靠的浮动式密封装置；头尾轴承、风箱滑道采用智能集中润滑系统。

5.4.5 铺底料技术是多年来烧结技术发展的主要成果之一，不仅有保护烧结设备的良好作用，而且可以稳定操作、提高烧结矿的产量和质量，减少烧结烟气含尘量，并已在国内外烧结厂普遍采用。

铺底料槽铺底料贮存时间，基本等于烧结时间、冷却时间、整粒系统分出铺底料的时间及胶带输送时间的总和。但由于各种原因和实际配置上的困难，铺底料槽铺底料贮存时间可考虑1~2h。

5.4.6 厚料层烧结是指采用较高的料层进行烧结。厚料层烧结的自动蓄热作用可以减少燃料用量，使烧结料层的氧化气氛加强，烧结矿中FeO的含量降低，还原性变好。同时，少加燃料又能大量形成以针状铁酸钙为主要粘结相的高强度烧结矿，使烧结矿强度变好。此外，由于是厚料层烧结，难以烧好的表层烧结矿数量减少，成品率提高。国内一台烧结机改造，料层厚度由500mm提高至600mm后，每吨成品烧结矿工序能耗降低1.15kg标准煤，转鼓强度提高2.5%，烧结矿平均粒度提高2mm，成品率上升1.4%，返矿量降低23.8%，FeO降低0.58%。我国大中型烧结机2004年平均料层厚度为624.2mm，以烧结铁粉矿为主平均为644.7mm，以烧结铁精矿为主平均为572.1mm，最高为729mm。而2003年以烧结铁粉矿为主仅为628.2mm，以烧结铁精矿为主仅557.4mm，最高为675mm。因此，大中型烧结机的料层厚度（包括铺底料厚度），以铁精矿为主，采用小球烧结法时宜等于或大于580mm，以铁粉矿为主宜等于或大于650mm。特殊情况应通过试验或借鉴同类厂经验确定。

5.4.7 热风烧结是将冷却机的热废气引入点火保温炉后面的密封罩内，使烧结表层继续加热，可以改善烧结矿的强度，降低燃耗。目前国内一些烧结厂采用的是依靠冷却机鼓风余压、抽风负压和热压差来进行热风烧结的。有些厂得好，不少厂不行。关键是：要有足够的鼓风余压、抽风负压和热压差，将烧结机热风烧结区密封好及时对热风管道进行清灰。

5.4.9 烧结混合料组成不同，点火温度也各异。特殊原料的适宜点火温度，应由试验确定。我国烧结厂点火温度为1000~1200℃。实践证明，点火温度不应大于1200℃。为节省能源并达到良好的效果，点火温度在1000~1100℃为好。

点火时间的长短与点火温度和点火时的总供热量有关。点火温度过高，时间过长，会使料层表面熔化，反之又会使料层烧结不好。国内外经验表明，点火温度在1000～1200℃时，点火时间以1～1.5min为宜。

目前，我国烧结厂点火最普遍用的是高热值煤气或高热值煤气与低热值煤气配合使用。煤粉、发生炉煤气点火，因其投资大、成本高以及环保等原因，不宜采用。重油点火虽然热值高，但由于存在许多缺点并且供应困难，也不宜采用。

过去，我国烧结厂普遍采用单功能的点火炉，这种点火炉能耗高，混合料表层点火质量不好。近年已逐步采用多功能的点火保温炉，由点火段和保温段组成，优点是表层烧结矿产质量改善。预热点火炉是防止点火时混合料产生爆裂的点火炉，多用于褐铁矿、锰矿烧结，也有应用于铁矿烧结的。

新型节能点火保温炉应具备如下特点：

1 点火段采用直接点火，烧嘴火焰适中，燃烧完全，高效低耗。

2 点火炉高温火焰带宽适中，温度均匀，高温持续时间能与烧结机速匹配，烧结表层点火质量好。

3 耐火材料采用耐热锚固件结构组成整体的复合耐火内衬，砌体严密，寿命长。

4 点火炉的烧嘴不易堵塞，作业率高。

5 点火炉的燃烧烟气有比较合适的含氧量，能满足烧结工艺的要求。

6 采用高热值煤气与低热值煤气配合使用时可分别进入烧嘴混合的两用型烧嘴，煤气压力波动时不影响点火炉自动控制，节约了煤气混合站的投资。

7 施工方便，操作简单安全。

5.4.10 大中型烧结机单辊破碎机辊轴轴心、辊轴轴承座应通水冷却。大型单辊破碎机的箅板可调头使用，通水与否视具体情况而定。辊齿齿冠和箅板工作部位均应堆焊高温耐磨合金焊条，冷态时表面硬度HRC≥60。单辊传动电动机与减速机之间应设置定扭矩联轴器和转差检测装置。

5.4.11 过去，烧结机尾都采用热矿筛分工艺。筛分设备为固定筛或振动筛，筛出的热返矿预热混合料。主要优点是利用了热返矿的热能，缺点是很难稳定烧结生产，环境又差。由于热矿筛，特别是热矿振动筛投资既多3.3%，又长期处于高温、多尘的环境中工作，事故多，筛子寿命短，检修工作量也大，烧结机作业率比无热矿筛要低1%～2%，而固定筛筛出的成品烧结矿又多，且大于400m²的大型烧结机又无振动筛可以匹配。基于这些原因，1973年以后日本新建的12台烧结机中就有9台取消了热矿振动筛。日本福山4#烧结机进行了取消热筛分的试验，试验结果表明，只要冷却机的风机风压提高147Pa，烧结矿的强度和烧结矿产量几乎和设有热筛分一样（见表19）。原日本若松烧结厂取消热筛分的实践也证明，只要冷却机的风机风量增加15%～20%，就可以得到与设有热筛分相同的结果。国内一台360m²烧结机于2004年1～2月（环境温度平均为-18℃）进行了1个月的工业试验。试验表明，取消热矿筛后，烧结矿产量增加了2.49%，固体燃耗降低了1.1kg/t，煤气降低了0.006GJ/t，电耗降低了0.5kW·h/t，按年产360万吨烧结矿计算，仅节能就可降低成本260万元。此外还减少了设备维修量，每年仅备件费就可减少110万元。试验证明，东北地区取消热矿筛是可行的，但必须保证不降低混合料温度。我国近年投产和设计的大中型烧结机，以铁粉矿为主要原料的几乎都取消了热矿筛。以铁精矿为主要原料的，即使在寒冷的地区也有部分厂取消了热矿筛。

表19 有热筛与无热筛比较

指标名称	使用热筛	取消热筛
利用系数[t/(m²·h)]	1.55	1.51
返矿（kg/t）	393	365
转鼓指数（%）	65.3	65.5
抽风负压（Pa）	17748	17865
风箱温度（℃）	301	317
烧结矿温度（℃）	29	41.6
返矿温度（℃）	96	41
混合料温度（℃）	34	24
冷却风机负压（Pa）	3587	3734

取消热矿筛分工艺后，主要优点是简化了烧结工艺，消除了热筛分和处理热返矿这两大薄弱环节，节省了投资，提高了烧结机作业率，改善了环境，烧结生产也得到了稳定。

5.5 烧结抽风与烟气净化

5.5.1、5.5.2 过去薄料层烧结时，主抽风机前的负压约为11.8kPa左右。目前采用厚料层烧结且设计的每分钟单位烧结面积平均风量有所上升，大中型烧结机主抽风机前的负压相应提高，宜取15.0～17.2kPa。我国近年投产和设计的部分大中型烧结机每分钟单位烧结面积平均风量和主抽风机前的负压几乎都在这一范围内。

5.5.3 大中型烧结机宜设双降尘管，考虑以下因素：

1 烧结烟气必须进行脱除有害气体时，应选择双降尘管，其中一根降尘管抽取脱除段的烟气。

2 目前烧结烟气有害气体浓度较低，可采用高烟囱排放；采用双降尘管，可以预留脱除设施位置，以适应含铁原料、熔剂和固体燃料的变化和我国环保要求越来越严的需要。

3 大型及中型偏大的烧结机，由于台车宽度宽，为提高烧结效果和设备运转平稳可靠，宜采用双吸风式的风箱和双降尘管。

4 双降尘管能降低烧结主厂房高度。

降尘管的流速在以烧结铁精矿为主时，取10~15m/s，烧结铁粉矿流速可大于15m/s，450m² 烧结机烟气流速可达 16.5m/s。

5.5.4 我国大中型烧结机机头都采用高效卧式干法电除尘器处理烟气，除尘效率高，目前能满足国家对排放标准的要求，而且稳定、维修简单、运行可靠。烧结机机头采用的电除尘器又有超高压宽极距与普通型之分。其性能比较见表20。大型偏大的烧结机宜选用超高压宽极距电除尘器。

表20 超高压宽极距与普通型电除尘器比较

指标名称	超高压宽极距	普通型
电压（kV）	90	50
机内速度（m/s）	1.3	1.0
可捕集粉尘粒子（μm）	>0.01	>0.1
除尘比电阻（Ω·cm）	$10^1 \sim 10^{14}$	$10^5 \sim 10^{11}$
极线	星型	芒刺型
极板	C型	CSV型
间距（mm）	600	300
维修运行	维修方便，运行稳定	不方便，不稳定

5.5.5 机头电除尘器要防止烟气温度过高，过高可能会引起电除尘器燃爆。应设置自动开闭的冷风吸入阀，使烟气温度始终控制在要求的范围内，保持正常工作状况。

5.5.7 烧结烟气通过烟道和烟囱，最后排入大气。我国烟气在烟囱的出口流速为10~25m/s（150℃）。

烟囱出口的烟气流速大小与烟气中有害气体的排放和含尘浓度有关，也与烟囱出口直径有关。流速小，烟囱出口直径大，整个烟囱投资增加。但流速过快，也会加剧烟囱磨损。

烟囱高度虽然可以通过计算得出，但确定烟囱高度应考虑的因素很多。首先要考虑烟气中含有害气体与含尘量能否达到国家允许排放标准。设计中确定烟囱高度时应注意下列因素：

1 含铁原料及固体燃料条件。
2 烟气中含尘及有害气体浓度。
3 建厂地区的环保标准。
4 建厂地区的居民区及旅游区等的状况。
5 建厂地区的气象条件。
6 烟囱塔架上是否安装环保与气象的取样及检测仪表。
7 烟气进入烟囱前是否设有脱除有害气体装置。
8 周围是否有航空、电台等特种设置。

我国大中型烧结机近年修建的烟囱高度，由于烧结技术进步和装备水平提高，烧结设备大型化以及国家环境保护的严格控制，烧结厂烟囱高度也在增加，我国有的烟囱高度已达200m。日本烧结厂烟囱最高为230m，德国烧结厂烟囱最高为243m，美国烧结厂烟囱最高为360m。

5.6 烧结矿冷却

5.6.1 烧结矿冷却有机外冷却和机上冷却两种形式。机外冷却的冷却机有抽风式和鼓风式两种方式。抽风式冷却机已逐步淘汰；鼓风式冷却机有环式冷却机、带式冷却机等。鼓风带式冷却机的优点是可以满足多台烧结机同时布置于一个主厂房内，布料均匀兼有运输烧结矿的作用；缺点是有效冷却面积利用率太小，仅约40%左右，设备相当贵。而鼓风环式冷却机的优点是料层高、占地少、结构简单、便于操作、易于维护、设备费便宜。故我国大中型烧结机应采用鼓风环式冷却机。但鼓风环式冷却机包括其结构还需进一步改进，漏风也需进一步治理。

鼓风环式冷却机采用与台车数量相对应的正多边形回转框架，提高回转框架刚度；采用摩擦传动，配置紧凑；台车两侧与风箱之间采用两道橡胶密封装置，提高密封和冷却效果；传动电动机与减速机之间设定扭矩联轴器，其传动电动机应采用变频调速三相异步电动机；鼓风机轴承及其电动机轴承，定子绕组均应设置测温并报警，定子绕组应设置加热器；南方地区大型鼓风机轴承应设水冷。

5.6.2 鼓风冷却的冷烧面积比，以0.9~1.2为宜。我国450m² 的大型烧结机为1.02，冷却效果良好，生产正常，设备运转稳定可靠。

机上冷却的冷烧比，国外较低，而国内较高，为1.0左右。具体采用时，应根据原料的不同，由试验确定。

5.7 烧结矿整粒

5.7.1 我国近年新建，改、扩建和设计的大中型烧结机都采用了冷烧结矿整粒工艺。烧结矿整粒之所以受到如此重视是基于以下原因：

1 可以获得合格的烧结机铺底料，有利于环境保护。据测定，没有采用铺底料的老烧结机，机头除尘器前的烟气含尘浓度一般高达2~5g/m³；而有铺底料的只有0.5~1.0g/m³ 左右。

2 采用铺底料，混合料可以充分烧透，从而提高烧结矿和返矿的质量，减少炉箅条消耗，延长主抽风机转子和主除尘系统使用寿命。

3 烧结矿整粒后，成品烧结矿粒度均匀，粉末少。国内有个厂采用整粒工艺后，出厂成品烧结矿中小于5mm的粉末由原先的12.28%降至7.5%，而10~25mm的粒度提高了5.17%，高炉焦比降低了7.31kg/t，生铁产量增加143.2t/d，即增加5.5%。

5.7.2 "七五"以来，我国很多烧结机都采用烧结矿冷破碎和四次筛分的流程（见图1），日本很多烧结机也都采用这种流程。由于我国高炉栈桥下大块烧结矿很少，有的厂把双齿辊破碎机间隙调大，使其不起作用，有的干脆拆除不用。此后，新建和改、扩建的大中型烧结机一般都不用冷破碎设备，仅设三段冷筛分工艺（见图2）。上述两种流程能够较合理地控制烧结矿上、下限粒度和铺底料粒度，成品粉末少、检修方便、布置整齐，是一个较好的流程。而很多烧结机，采用的是其改良型，即先分出小粒度的烧结矿进三筛（见图3）。

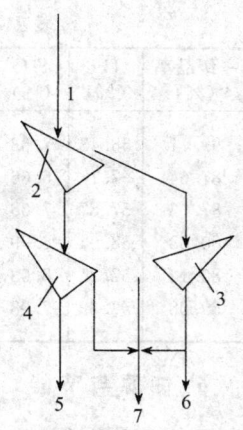

图3 采用单层筛作三段筛分的流程图（改良型）
1—150～0mm；2——次振动筛，筛孔10～20mm；
3—二次振动筛，筛孔16～20mm；4—三次振动筛，
筛孔5mm；5—返矿；6—铺底料；7—成品

近年来，烧结矿冷振动筛多采用椭圆等厚筛。椭圆等厚筛为椭圆振动，集直线振动筛和圆振动筛两者的优点，能使物料在筛面上具有不同的筛分参数，筛分过程进一步优化，筛面上的物料易于流动、分层和透筛，因而筛分效率高（可达85%）、处理量大；采用二次隔振系统，减振效果好，设备运转平稳、噪声低；采用三轴驱动，改善了筛箱侧板的受力状况，减小了单个轴承的负荷，提高了设备的可靠性和使用寿命。

5.7.5 烧结厂的整粒系统应布置为双系列。双系列有三种形式：第一种形式是每个系列的能力为总能力的50%，设置有可移动的备用振动筛作为整体更换，以保证系统的作业率。第二种形式是每个系列的能力与总生产能力相等，即一个系列生产，一个系列备用。第三种形式是每个系列能力为总生产能力的70%～75%（或50%），中间不再设置整体更换筛子，即当一个系列发生故障时，工厂只能以70%～75%的能力维持生产。由于受筛子能力的限制，大型偏大的烧结机大多采用第一种、第三种形式。而第二种形式多用在中型或大型偏小的烧结机，但一些中型偏小的烧结机也可采用一个成品整粒系列并设旁通。

5.8 成品烧结矿质量、贮存及其输出

5.8.1 国内大中型烧结机2004年成品烧结矿质量实例见表21。

5.8.2 由于炼铁和烧结工作制度和作业率有差异，设备检修及设备事故处理不协调。为了保证高炉生产，提高烧结机作业率，有必要考虑成品烧结矿贮存。

成品烧结矿贮存一般有料场贮存和成品矿仓贮存两种方式。根据生产实践经验，矿仓贮存时间宜为8～12h。大型烧结厂成品烧结矿贮存不宜设矿仓，而应设料场贮存。

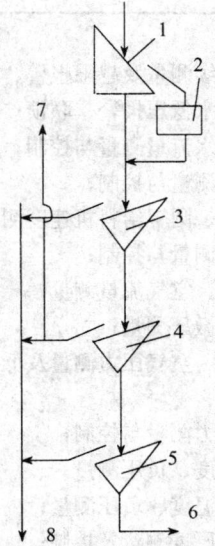

图1 采用固定筛和单层振动
筛作四段筛分的流程图
1—固定筛，筛孔50mm；2—双齿辊破碎机；
3——次振动筛，筛孔18～25mm；4—二次振动
筛，筛孔9～15mm；5—三次振动筛，筛孔5～
6mm；6—返矿；7—铺底料；8—成品

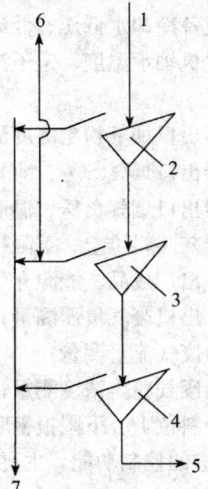

图2 采用单层振动筛作三段筛分的流程图
1—150～0mm；2——次振动筛，筛孔18～25mm；
3—二次振动筛，筛孔9～15mm；4—三次振动筛，
筛孔5～6mm；5—返矿；6—铺底料；7—成品

表21 国内部分烧结机2004年烧结矿的质量

序号	合格率(%)	一级品率(%)	TFe(%)	FeO(%)	SiO$_2$(%)	CaO/SiO$_2$(倍)	CaO/SiO$_2$≤±0.08	TFe≤±0.5(%)	ISO转鼓指数(%)	出厂含粉率<5mm(%)
1	99.95	99.11	58.43	7.63	4.55	1.89	99.62	99.80	82.58	3.20
2	97.36	87.64	57.15	6.66	5.42	1.76	89.04	90.95	76.67	4.71
3	97.78	87.03	57.87	7.08	5.03	1.78	86.56	90.81	77.21	6.14
4	95.90	80.33	58.04	6.99	4.74	1.78	54.72	88.76	77.09	5.79
5	97.34	80.12	57.21	8.03	4.58	2.06	91.57	79.32	82.3	6.27
6	93.82	89.08	57.32	7.98	4.73	1.93	86.09	96.66	75.64	—

6 能源与节能

6.0.1 我国烧结厂的工序能耗包括：固体燃料（焦粉和无烟煤），点火煤气、水、电、蒸汽、压缩空气、氮气等。由于近年来不断开发应用新工艺、新技术、新设备和新材料，我国烧结机的工序能耗逐年下降。2003年，大、中型烧结机每吨成品烧结矿工序能耗平均分别为65.9kg标准煤和74.25kg标准煤。2004年，大型烧结机工序能耗平均为65.8kg标准煤，固体燃料约占工序能耗的74%，电占21.8%；中型烧结机为70.6kg标准煤，固体燃料和电分别占工序能耗的69%和24%。2005年，工序能耗仍在下降。因此，采用常规工艺和一般的含铁原料时，不扣除余热回收蒸汽或电所折算的能耗，采用了本规范所定的工序能耗指标。

点火煤气取值为：采用焦炉煤气宜取0.08GJ/t以下，采用高热值与低热值煤气配合使用取0.1GJ/t以下，采用低热值煤气（高炉煤气）加上预热所需的煤气取0.3GJ/t左右。

6.0.3 烧结能耗的降低依赖于投入能源，包括固体燃料、煤气、电等的减少和余能余热的回收利用。目前，我国已有不少大中型烧结机利用热管、翅片管余热锅炉回收冷却机的余热，但效率较低，而回收烧结机尾的余热则属个别，应大力发展。

余热利用的设备选型要先进可靠，投资回收期应尽可能短。

7 电气与自动化

7.2 自 动 化

7.2.1 新建的大中型烧结厂，应具有较高自动控制水平，应设置完善的过程检测和控制项目，采用三电合一计算机控制系统，并应用国内先进、成熟的烧结控制软件，实现全厂生产过程自动控制。仪表检测、控制参数均纳入到计算机控制系统，通过计算机控制系统，对生产过程进行集中操作、监视、控制和管理。

1 具有完善的工艺过程参数检测，主要的检测控制项目如下：

矿槽料位连续测量及越限报警、联锁；
混合机添加水低压报警、联锁；
混合机添加水流量测量与控制；
混合料水分测量与控制；
烧结机速度、圆辊给料机速度测量及控制；
点火炉温度测量与控制；
点火炉煤气、空气流量测量；
点火炉炉内微压测量；
点火炉煤气、空气压力测量及低压报警，低低压切断煤气管煤气；
煤气总管压力测量与控制；
风箱废气温度、负压测量；
降尘管废气温度、负压测量；
烧结机料层厚度测量及控制；
环冷机速度测量及控制；
板式给矿机速度测量及控制；
铺底料槽、混合料矿槽、环冷机卸矿槽料位连续测量及控制；
环冷机烧结矿温度检测；
环冷机冷却风机出口压力测量；
主要工艺设备冷却水低压、低流量报警、联锁；
主要风机电机轴承温度、定子温度测量、极限报警；
主电除尘器出口烟气粉尘浓度测量；
主电除尘器出口烟气SO$_2$、NO$_x$、CO含量测量；
主电除尘器出口烟气负压、温度、流量测量；
主电除尘器灰斗料位上、下限报警联锁；
进厂原料、出厂成品、能源介质计量；
除尘器进、出口废气负压测量；
除尘器出口废气流量测量；
除尘器出口废气粉尘浓度测量；
除尘器灰斗料位上、下限报警联锁。

2 具有先进的控制功能，主要包括以下项目：
配料槽料位管理；
配比计算及控制；
混合料加水控制；
混合料槽料位控制；
料层厚度控制；

返矿槽料位控制；
铺底料槽料位控制；
环冷机卸矿槽料位控制；
点火炉燃烧控制；
烧结终点计算与控制；
烧结机、圆辊给料机、环冷机速度控制。

3 具有与生产操作要求相适应的先进的工况管理手段，主要包括以下内容：
原料和产品的理化性能、成分、质量指标分析；
生产报表的打印；
报警数据的记录；
重要工艺参数的趋势记录；
与上级管理及有关部门的数据通信网络。

8 计量、检验、化验与试验

8.1 计　量

8.1.1 固体物料的计量包括热返矿计量和冷固体物料的测量与计量。

1 热返矿计量：由于热返矿温度高，可采用冲板式流量计测量。

2 冷固体物料的测量与计量：一般采用电子皮带秤进行测量与计量。烧结厂安装电子皮带秤比较普遍，用电子秤计量主要有：
含铁原料、熔剂、燃料、辅助原料；
成品烧结矿输出；
高炉返矿；
厂内铺底料；
厂内冷返矿等。

8.1.2 气态与液态物质的计量包括水、压缩空气、蒸汽的计量，一般均采用各种流量计与孔板进行测量与计量。煤气采用孔板测量与计量。

8.2 检验、化验

8.2.1 大中型烧结机取样量大，取样项目多，精度要求高，宜采用自动定时取样。对于劳动环境不好和有危险的场合，更应采用自动定时取样。

自动取样设备有带式取样机、截取式取样机、溜槽截取式取样机、箱式取样机等。带式取样机适用于料流大的粉状物料、混合料、烧结矿等。对于取样量不太大和少量取样时，可采用溜槽式和箱式取样机。其他回转式、勺式等取样机，可根据具体情况选定。

8.2.2 原料检验内容主要是物理性能（粒度、水分等）和化学成分。烧结矿检验除物理性能、化学成分外，尚应进行冶金性能检验。检验方法，应按国家标准、行业标准以及有关规定执行。

8.2.3、8.2.4 烧结厂对原燃料熔剂及其成品的测定项目、检验分析内容、取样制度和取样地点，各厂差别不大。

取样制度与检验分析内容有关。检验分析内容不同，取样制度也不同。对生产操作影响明显的项目，取样次数应增加。

取样地点因物料运输方式、贮存设施、加工设备、料流转运状况等不同而异。

测定项目与检验分析内容，根据原料成分不同相应有所增减（如对有害元素 As、Sn、Pb、Zn 是否进行分析等）。

测定项目与检验分析内容、取样制度、取样地点见表22。

表22 烧结厂原料、成品取样制度与取样地点

取样对象	测定项目		检验分析内容	取样制度	取样地点
粉矿、筛下粉矿、混匀矿	粒度组成		+10mm，10～8mm，8～5mm，5～3mm，3～1mm，1～0.5mm，5～0.25mm，0.25～0.125mm，0.125～0mm	1次/d	进厂前
	成分		TFe、FeO、CaO、SiO_2、MgO、Al_2O_3、S、P、Na_2O、K_2O、烧损	1次/d	进厂前
	水分		—	1次/班	进厂前
高炉返矿	粒度组成		+5mm，5～3mm，3～1mm，1～0.5mm，0.5～0.25mm，0.25～0.125mm，0.125～0mm	1次/2d	配料槽
	成分		TFe、FeO、CaO、SiO_2、MgO、Al_2O_3、MnO、S、P、C	1次/5d	配料槽
原料、烧结、高炉、转炉尘	粒度组成		+0.5mm，0.5～0.25mm，0.25～0.125mm，0.125～0.074mm，0.074～0mm	1次/10d	粉尘槽
	成分		TFe、CaO、SiO_2、MgO、Al_2O_3、MnO、TiO_2、P、S、Zn、Cu、C	1次/月	粉尘槽
高炉泥、转炉泥	水分		—	1次/5d	粉尘槽
	成分		TFe、CaO、SiO_2、MgO、Al_2O_3、P、TiO_2、S、C	1次/5d	粉尘槽
焦粉	粒度组成	破碎前	+25mm，25～20mm，20～15mm，15～10mm，10～5mm，5～0mm	1次/d	燃料破碎室
		破碎后	+5mm，5～3mm，3～1mm，1～0.5mm，0.5～0.25mm，0.25～0.125mm，0.125～0mm	1次/8h	粉焦胶带输送机

续表 22

取样对象	测定项目		检验分析内容	取样制度	取样地点
焦粉	成分		挥发分，S，C，灰分（CaO，SiO$_2$，Al$_2$O$_3$，MgO）	1次/月	粉焦胶带输送机
石灰石、白云石	粒度组成	破碎前	+80mm，80～40mm，40～25mm，25～10mm，10～3mm，3～0mm	1次/班	熔剂仓
		破碎后	+10mm，10～5mm，5～3mm，3～1mm，1～0.5mm，0.5～0.25mm，0.25～0.125mm，0.125～0mm	1次/班	石灰石粉胶带输送机
	水分		—	1次/班	配料槽
	成分		CaO，SiO$_2$，MgO，Al$_2$O$_3$，烧损	1次/5d	配料槽
			TFe，CaO，SiO$_2$，MgO，Al$_2$O$_3$，P，S，烧损	1次/月	配料槽
生石灰	粒度组成		+3mm，3～1mm，1～0.5mm，0.5～0.25mm，0.25～0.125mm，0.125～0mm	1次/班	配料槽
	成分		SiO$_2$，CaO，MgO，Al$_2$O$_3$，S，活性度，残留CO$_2$，烧损	1次/月	配料槽
返矿	粒度组成		+10mm，10～8mm，8～5mm，5～3mm，3～1mm，1～0.5mm，0.5～0.25mm，0.25～0.125mm，0.125～0mm	1次/d	返矿胶带输送机
	成分		TFe，CaO，SiO$_2$，MgO，Al$_2$O$_3$，TiO$_2$，MnO，S，P	1次/5d	返矿胶带输送机
			TFe，FeO，CaO，SiO$_2$，MgO，Al$_2$O$_3$，TiO$_2$，MnO，Zn，Na$_2$O，K$_2$O，Pb，S，P，C	1次/月	返矿胶带输送机
混合料	粒度组成		+10mm，10～8mm，8～5mm，5～3mm，3～1mm，1～0mm	1次/班	制粒后胶带输送机
	水分			1次/班	制粒后胶带输送机
	成分		TFe，FeO，CaO，SiO$_2$，MgO，Al$_2$O$_3$，TiO$_2$，MnO，S，P	1次/2d	制粒后胶带输送机
			TFe，FeO，CaO，SiO$_2$，MgO，Al$_2$O$_3$，TiO$_2$，MnO，Zn，Na$_2$O，K$_2$O，Pb，Cu，S，P，C	1次/月	制粒后胶带输送机
成品烧结矿	粒度组成		+40mm，40～25mm，25～10mm，10～5mm，5～0mm	1次/2h	成品胶带输送机
	转鼓强度		经标准转鼓试验后，+6.3mm百分比含量	1次/2h	成品胶带输送机
	低温还原粉化率		按标准检验方法检验后，+3.15mm百分比含量	1次/4h	成品胶带输送机
	还原度		按标准检验方法还原后测定还原性	1次/2d	成品胶带输送机
	成分		TFe，FeO，CaO，SiO$_2$，MgO，Al$_2$O$_3$，TiO$_2$，MnO，P，S	1次/4h	成品胶带输送机
			TFe，FeO，CaO，SiO$_2$，MgO，Al$_2$O$_3$，MnO，TiO$_2$，S，P，Zn，Na$_2$O，K$_2$O，Pb，Cu，C	1次/月	成品胶带输送机
铺底料	粒度组成		+25mm，25～20mm，20～10mm，10～5mm，5～0mm	抽查	铺底料胶带输送机

8.3 试 验

8.3.1 烧结厂设立烧结试验室（或集中在钢铁公司试验中心）的主要目的是为了探讨提高烧结矿产量和质量以及降低消耗的措施和开发新工艺。对于原料条件复杂和多变的烧结厂，通过试验找出适宜的配比和最佳的烧结制度。

试验室试验项目通常有变料试验、条件试验以及其他试验（如烧结脱硫、烧结参数确定等）。

9 设备检修及检修装备

9.0.1 烧结厂设备备件与易耗件的品种主要有铸钢件、铸铁件、锻件、铆焊件、结构件、有色金属铸造加工件等。这些备品备件数量很大，而且加工件占一半以上。国内外烧结厂均是由钢铁公司统一考虑。烧结易损易耗件见表23。

表 23 日常易损易耗件消耗参考指标

名 称	单 位	消耗指标
热筛筛板	kg/t 烧结矿	0.001～0.008
单辊破碎机齿冠	kg/t 烧结矿	0.007～0.018
四辊破碎机辊皮	kg/t 烧结矿	0.015～0.02（破碎碎焦）
冷筛筛板	kg/t 烧结矿	0.005～0.01
锤碎机锤头	kg/t 石灰石	～0.07
普通运输带	m^2/t 单层	0.02～0.05
炉箅	kg/t 烧结矿	0.02～0.06
润滑油	kg/t 烧结矿	0.01～0.04

9.0.2 根据国内外的先进经验,在烧结厂的设备检修中,整体更换(或部件或组装件)可缩短检修时间,有利于提高检修效率。整体更换的规模范围视具体条件与经济状况而定,不宜过多。由于检修条件、技术装备和检修环境等因素的限制而影响检修进度与质量时,要重点考虑。

9.0.4 烧结风机是烧结生产的关键设备,其价格昂贵,必须精心维护与使用。风机转子在下述情况下,必须进行动平衡试验:

1 风机转子在安装使用前。
2 转子磨损经过修补后等。

转子动平衡试验应由钢铁公司统一考虑或外协解决。因为转子平衡台是一种精密而又昂贵的设备,对安装、使用条件和维护管理要求很高,因此必须考虑该设备的利用率和经济效益。

9.0.6 烧结设备检修用起吊设备,应根据烧结厂的规模、设备规格、数量的多少,检修性质、检修周期和检修内容而定。转运站标高12m以上宜设置电葫芦。$1×450m^2$ 烧结机设备检修用起吊装备见表24。

表24 $1×450m^2$ 烧结机设备检修用起吊装备

设备名称	主要技术规格	台数	用途
电动桥式起重机	60/20t,跨距17.3m	1	烧结机尾及单辊检修
	20t,跨距17.3m	1	台车、烧结机头及点火炉检修
	75/20t,跨距14m	1	主抽风机检修
电动单梁起重机	15t,跨距3.8m	1	烧结主厂房±0.00平面台车修理
	15t,跨距11m	1	冷破碎及一次冷筛修理
	3t,跨距8m	1	二次成品筛修理
	3t,跨距10m	2	三次、四次成品筛修理
	7.5t,跨距13m	1	粉焦棒磨机传动装置及衬板修理
电葫芦	3t	1	混合料槽及返矿槽修理
	5t	2	单辊算齿及环冷机台车修理
	10t	1	环冷鼓风机修理
	1t	3	粉焦缓冲仓衬板及胶带机、配料槽下胶带机、圆辊衬板反射板修理
	2t	3	粗焦筛、粉焦筛、反击式破碎机修理

10 环境保护

10.0.2 烧结烟气中的主要有害气体是S和N的氧化物以及As、F等化合物。降低烟气中这些有害气体的主要方法是宜选用优质原料、熔剂和固体燃料,采用有害气体发生量少的新工艺、新设备、新技术。国内有台 $450m^2$ 烧结机通过配矿使原料中的含S成分降低,进而再通过增高烟囱,使烟气中的SO_x浓度达到国家排放标准。采用这种低S原料,经计算SO_2 排放量为1992kg/h。按 0.006ppm 着地浓度标准,当采用200m高烟囱稀释时,允许SO_2排放量为2760kg/h,故不需采取脱除措施。预计将来原料含S量有增高的可能性,而预留了脱除设施的位置。在工艺上也采用了双降尘管、双除尘系统的技术。

烟气脱SO_x技术在日本不少厂已经采用,技术上行之有效,但因烟气量大,SO_x浓度又低,治理措施投资大,不少方法还有二次污染。目前我国大中型烧结机采用高烟囱扩散稀释的方法仍占主导地位,而另一些大中型烧结机正在设计脱SO_x装置。

烟气中有害气体采用一般方法达不到国家、行业和地方规定的排放标准时,必须采取有效的措施,强制脱出烟气中的有害气体。

脱硫方法有钢渣石膏法、氨硫铵法、氢氧化镁法和石灰石膏法等,脱SO_x率均在90%左右。烧结烟气脱NO_x的方法较多,如湿式吸收法、干式法、接触分解法、选择和非选择还原法等。日本川崎公司千叶 $4^\#$ 烧结机烟气脱SO_x脱NO_x同时进行,较为合理。脱NO_x效率在90%以上。国内烧结烟气脱F后得到的产品是炼铝工业的主要原料——冰晶石。

10.0.3 机头除尘器最后电场收下的过细灰尘,以及含As等有毒有害的散落物、粉尘及半成品等,不仅要防止二次污染产生,设计中还必须规定严加管理,不准流失。

钢铁公司的含铁粉尘泥渣湿料和干料宜分别进行处理。转炉泥等湿料经处理后送烧结圆筒混合机或加至烧结配料胶带机的料面上,也可与高炉返矿一起搅拌送烧结或原料场。干料经配料、混合、造球后送烧结,也可分别送原料场经混匀后作为烧结原料利用。

近年国内建设的大中型烧结机,环境除尘多采用袋式除尘器和电除尘器。这些除尘器效率高,经处理后排出的废气含尘浓度均能达到国家排放标准。条件允许时应优先采用除尘效率比电除尘器高的袋式除尘器。

烟气和环境除尘应采用高效干式除尘器,因为干式粉尘回收利用简单,便于管理,费用低。

10.0.5 烧结厂的噪声主要来自各种运转设备以及管道阀门等。在设备不断大型化的同时,这种噪声也越来越严重。设计中必须采取措施,防治噪声。防治的办法，目前国内外大多采用低噪声工艺和低噪声设备以及采用隔声、吸声、消声、减振、防止撞击等措施，使噪声达到国家控制标准。

10.0.6 烧结厂绿化不仅能美化环境，而且还能起到吸收有害气体、过滤灰尘、降低噪声以及防风抗旱等作用，对调节小气候，改善环境很有益。但厂区绿化与"三废"治理有密切关系，必须综合考虑。废气净化不好，实现绿化有困难，树木、花草的成活率也不高。因此，烧结厂绿化面积的多少，已成为烧结厂环境保护水平的重要标志之一。

11 安全、工业卫生与消防

11.0.2 烧结厂设计必须有完备的消防、防爆、防雷电、防洪设施，并应符合国家的有关规定。根据产生易燃物质及构成爆炸因素的危险程度不同，对建筑物应采取耐火防爆以及厂区消防供水、报警信号、通信联络等措施。

11.0.3 设备安全运转主要是指设备过载保护、高温保护、润滑及冷却装置、限位缓冲装置、检测信号装置、安全场所与安全距离等。

11.0.4 电气安全必须执行国家有关电气安全规范的规定。劳动环境恶劣场所采用封闭防爆式电气装置。电气设备要有防护和接地装置，煤粉、油罐必须有防止静电及带电作业防护装置等。

11.0.5 防伤害与保障人身安全是指必须设置安全通道、扶梯栏杆、安全标志、安全色、孔洞与沟槽的盖板、管道警告标志、保护罩、防护服等。

工业卫生方面，在设计中主要是解决好在生产过程中产生的尘毒源、放射性与噪声、振动等的危害以及采用的防暑、防寒、防冻、防湿设施和生产区的生活卫生设施，要达到国家卫生标准的要求。

中华人民共和国国家标准

小型型钢轧钢工艺设计规范

Code for design of rolling process of hot-rolled
small section and bar mill

GB 50410—2007

主编部门：中国冶金建设协会
批准部门：中华人民共和国建设部
实施日期：2007年7月1日

中华人民共和国建设部
公　告

第 576 号

建设部关于发布国家标准《小型型钢轧钢工艺设计规范》的公告

现批准《小型型钢轧钢工艺设计规范》为国家标准，编号为 GB 50410—2007，自 2007 年 7 月 1 日起实施。其中，第 3.0.2、3.0.3 条为强制性条文，必须严格执行。

本规范由建设部标准定额研究所组织中国计划出版社出版发行。

中华人民共和国建设部
二〇〇七年二月二十七日

前　言

本规范是根据中华人民共和国建设部建标函 [2005] 124 号文"关于印发《2005 年工程建设标准规范制定、修订计划（第二批）》的通知"的要求，由中冶南方工程技术有限公司会同有关单位共同编制而成。

本规范共分 11 章，主要包括：总则，术语，基本原则，产品，坯料，生产工艺，工艺操作设备，自动化装备，工作制度、工作时间及负荷率，车间平面布置，技术经济指标等。

本规范以黑体字标志的条文为强制性条文，必须严格执行。

本规范由建设部负责管理和对强制性条文的解释，由中冶南方工程技术有限公司负责具体技术内容的解释。在执行本规范的过程中，希望各单位结合工程实践，认真总结经验，注意积累资料，随时将意见和有关资料寄送中冶南方工程技术有限公司（地址：湖北省武汉市青山区冶金大道 12 号，邮政编码：430080，电话：027-86863356，传真：027-86860474），以便今后修订时参考。

本规范主编单位、参编单位和主要起草人：

主 编 单 位：中冶南方工程技术有限公司
参 编 单 位：中冶华天工程技术有限公司
　　　　　　中冶东方工程技术有限公司
　　　　　　武汉钢铁（集团）公司
　　　　　　鄂城钢铁（集团）有限责任公司
　　　　　　江苏沙钢集团
　　　　　　酒泉钢铁（集团）公司
　　　　　　中冶京诚工程技术有限公司
　　　　　　中冶赛迪工程技术股份有限公司
　　　　　　首钢总公司
　　　　　　安阳钢铁集团公司
　　　　　　涟源钢铁集团有限公司
　　　　　　广西柳州钢铁（集团）公司
主要起草人：雷达林　黄东城　封耕心　戴　军
　　　　　　王　奇　李红升　董红卫　王守容
　　　　　　赖青山　柯衡珍　李岳健　刘祖胜
　　　　　　杨作宏　高　莹　欧阳坤

目 次

1 总则 ………………………… 28—4
2 术语 ………………………… 28—4
3 基本原则 …………………… 28—4
4 产品 ………………………… 28—4
5 坯料 ………………………… 28—4
6 生产工艺 …………………… 28—5
7 工艺操作设备 ……………… 28—5
8 自动化装备 ………………… 28—6
9 工作制度、工作时间及负荷率 …… 28—6
10 车间平面布置 ……………… 28—6
11 技术经济指标 ……………… 28—6
本规范用词说明 ……………… 28—7
附：条文说明 ………………… 28—8

1 总　则

1.0.1 为在小型型钢轧钢工程建设中贯彻执行国家有关法律法规、方针政策，提高小型型钢轧钢工艺设计质量，推进我国小型型钢轧钢生产技术进步，促进钢筋、小型棒材、小型型材生产的健康发展，特制定本规范。

1.0.2 本规范适用于新建和技术改造的小型型钢轧钢车间的工艺设计。

1.0.3 小型型钢轧钢工艺设计必须执行国家的方针、政策和法律法规，体现国家的有关产业技术政策，设计文件的深度和质量应达到国家规定的要求。

1.0.4 小型型钢轧钢工艺设计除应符合本规范外，尚应符合国家现行有关标准的规定。

2 术　语

2.0.1 型钢　hot-rolled section steels

泛指具有特定的断面形状和尺寸的长条热轧钢材，是区别于板带、钢管的主要钢材品种。

2.0.2 小型型钢　hot-rolled small section steels and bars

小规格的型钢，包括3类产品：小型棒材、钢筋、小型型材。

2.0.3 小型棒材　hot-rolled steel bars

小规格圆钢、方钢、六角钢、八角钢等简单断面型钢的总称，通常以直条状态交货。

2.0.4 钢筋　reinforced bar

钢筋混凝土配筋用钢材，分为热轧带肋钢筋、热轧光圆钢筋和余热处理钢筋。

2.0.5 小型型材　small section steels

异形断面的小型型钢。

2.0.6 大盘卷　bar in coil

热轧成卷的棒材和钢筋。

2.0.7 连续式轧机　continuous straightway mill

无可逆和往返轧制道次，机架以顺列式布置为基本特征并且轧件在两个或两个以上机架间可能同时轧制的轧机。连续式轧机可分为全连续式轧机和跟踪连续式轧机（或脱头连续式轧机），前者机架布置紧凑、相邻机架间具备连轧关系；后者机架或机组间距较大，部分机架或机组之间不具备连轧关系。

2.0.8 半连续式轧机　semi-continuous straightway mill

粗轧或开坯采用可逆或往返轧制方式，中、精轧机组为连续式轧机。

2.0.9 热装率　billet hot charging ratio

单位时间内加热炉热装坯料的重量占装炉坯料总重量的比例，通常以年或月为时间计量单位。

3 基本原则

3.0.1 针对不同基本特征的小型型钢轧机，轧钢工艺设计中应积极采用先进可靠的新技术、新工艺、新设备。

小型型钢轧钢工艺设计应采用连铸坯为坯料，采用连轧工艺和连铸坯热送热装工艺，部分特殊钢种除外。

3.0.2 小型型钢轧钢工艺设计严禁采用横列式生产工艺。

3.0.3 小型型钢轧钢工艺设计严禁采用国内外淘汰的落后二手小型型钢生产设备。

3.0.4 新建小型型钢轧机应符合下列规定：

　　1 以合金钢为主要钢种的小型型钢轧机，设计年产量不应小于20万吨。

　　2 以普通质量非合金钢和普通质量低合金钢为主要钢种的其余小型型钢轧机，设计年产量不应小于30万吨。

4 产　品

4.0.1 小型型钢轧钢工艺适用的钢材品种，宜符合下列要求：

　　1 小型型材，即小规格角钢、槽钢、工字钢、T字钢等复杂断面型钢。

　　2 小型棒材，即小规格圆钢、方钢、扁钢、六角钢、八角钢等简单断面型钢。

　　3 钢筋，通常指带肋钢筋。

4.0.2 小型型钢轧机主要品种的规格范围，宜按下列要求选用：

　　1 棒材：$\phi 10\sim 50$mm圆钢及相应断面的方钢、六角钢、八角钢等（5～20）mm×（30～120）mm扁钢。

　　2 带肋钢筋：$\phi 10\sim 50$mm。

　　3 角钢：No.2.5～6.3。

　　4 槽钢：No.5～8。

4.0.3 小型型钢产品质量必须达到国家现行标准的有关要求。

5 坯　料

5.0.1 坯料断面应符合下列规定：

　　1 坯料断面的确定应考虑产品的钢种、规格、用途、轧制速度及坯料来源等因素。

　　2 非合金钢、低合金钢坯料断面尺寸宜为130mm×130mm～160mm×160mm。

　　3 合金钢坯料断面宜为160mm×160mm～240mm×240mm。

5.0.2 坯料长度应符合下列规定：
   1 连续小型型钢轧机坯料长度宜为 6～16m。
   2 半连续小型型钢轧机坯料长度宜为 3～6m。
5.0.3 坯料质量应符合下列规定：
   1 坯料质量应符合国家现行标准《连续铸钢方坯和矩形坯》YB/T 2011 的要求。
   2 优质质量钢、特殊质量钢坯料必要的检查清理，应在轧前工序完成。

6 生 产 工 艺

6.0.1 小型型钢车间应根据生产规模和投资规模选择连续式或半连续式轧制工艺。
   当选用大断面坯料生产合金钢小型型钢时，宜采用跟踪连续式轧制工艺。
6.0.2 小型型钢车间应采用连铸坯作为坯料，一火轧制成材；对于连铸机尚难以实现质量保证和稳定生产的部分合金钢钢种，可采用轧制坯或锻造坯作为坯料。
6.0.3 应采用连铸坯热送热装工艺，连铸车间与轧钢车间宜采用紧凑型布置。
6.0.4 应根据不同的钢种设定相应的开轧温度，开轧温度宜为 950～1150℃，应控制合适的终轧温度。
6.0.5 小型型钢轧机末架精轧机最大轧制速度不宜低于 15m/s，设计时应根据车间生产的产品品种、规格和产量制定末架精轧机的最大轧制速度。
6.0.6 连续式小型型钢轧机，轧件在粗、中轧区宜采用微张力轧制，在精轧机组（包括部分中轧机组，单根轧制时）宜采用无扭、无张力（活套）轧制工艺。
6.0.7 生产小规格钢筋时，宜采用切分轧制技术。
6.0.8 合金钢小型棒材轧机宜设置减定径机组。
6.0.9 合金钢小型棒材轧机宜设置在线测径仪。
6.0.10 不采用切分轧制技术时，非合金钢、低合金钢小型型钢轧机的平均延伸系数宜为 1.30～1.33，合金钢小型型钢轧机的平均延伸系数宜为 1.25～1.28。
6.0.11 小型型钢轧机宜推广采用控温轧制技术。
6.0.12 按产品用途，应对不同钢种的轧件采用不同的控制冷却工艺。
6.0.13 小型型钢轧机精整工艺应符合下列规定：
   1 直条棒材、钢筋的精整应设置冷却、取样、切定尺、检查、短尺剔出、计数、打捆、称量、标记等设施。
   2 成卷棒材、钢筋的精整应设置卷取、冷却、检查、取样、打捆、称量、标记等设施。
   3 小型型材精整除上述工序外，还应设置矫直、码垛等设施。
   4 合金钢小型型钢轧机，应充分考虑热处理及精整设施。精整热处理工序通常包括缓冷、热处理、矫直、抛丸、倒棱、剥皮、探伤、检查、修磨、打捆等工序。
   5 产品包装应符合现行国家标准《型钢验收、包装、标志及质量保证书的一般规定》GB 2101 的有关要求。
6.0.14 小型型钢车间应设置原料及成品的称量设施，称量精度应符合国家现行标准《数字指示秤检定规程》JJG 539 的要求。

7 工艺操作设备

7.0.1 工艺操作设备能力应互相匹配，满足产品大纲全部产品的生产要求；应保证产品质量符合有关标准要求；应保证生产工艺顺畅、稳定。
7.0.2 小型型钢轧机加热炉的主要形式有步进式和推钢式，可根据具体情况选择不同炉型。
   合金钢车间应配置步进式加热炉。加热炉进出料方式宜采用侧进侧出。
7.0.3 轧机组成及机型应根据钢种的规格和产量，坯料尺寸，备件的互换性等因素确定，并应符合下列要求：
   1 连续式小型型钢轧机宜由粗轧机组、中轧机组和精轧机组组成。合金钢轧机可增设预精轧机组和减定径机组。
   2 粗轧机组的规格应根据钢坯的钢种、断面尺寸确定。中轧、精轧机组的规格应考虑轧制负荷和机型的共用性。全线轧机规格宜为 3～5 种。
   3 轧机形式宜采用二辊轧机，减定径机组也可采用三辊 Y 型轧机。
   4 轧机布置形式宜采用全线平/立交替布置的形式。根据产品品种，可设置适当数量的平/立可转换机架。
   5 半连续式小型棒材轧机宜由粗轧机组、中轧机组和精轧机组组成。粗轧机组宜采用 1 架三辊式轧机，中轧、精轧机组形式同连续式小型型钢轧机。
7.0.4 粗轧机入口可设夹送辊和事故卡断剪，合金钢轧机应设置高压水除鳞装置，优质非合金钢和低合金钢车间宜设高压水除鳞装置。
7.0.5 粗轧机组、中轧机组后均应设置飞剪，精轧机组后应设置成品倍尺飞剪。设有预精轧机组的车间，宜在该机组后设 1 台飞剪。
   当生产需缓冷的合金钢时，根据工艺要求，倍尺飞剪可用于定尺剪切。
7.0.6 生产钢筋的小型型钢轧机宜在精轧机组出口设置控制冷却装置，合金钢小型型钢轧机宜在精轧机组和减定径机组前、后设置水冷装置。
7.0.7 冷床应采用步进齿条式。
7.0.8 定尺剪切可采用上刃下切式固定剪，也可采用冷飞剪；特殊要求的钢材可采用冷锯。

7.0.9 以型材为主的车间，宜采用平辊矫直机进行多根长尺同时在线矫直，也可定尺离线矫直。

合金钢车间宜设置离线的斜辊矫直机、平辊矫直机。

7.0.10 棒材、钢筋轧机，宜设置成品计数装置。

7.0.11 坯料应采用在线的辊道电子秤或升降称量装置逐根称重。成品应逐捆称量。

8 自动化装备

8.0.1 小型型钢轧机的自动化控制系统应采用以计算机、微处理器为基础的数字化控制系统。

8.0.2 供电系统应设置无功功率因数补偿，当谐波超过国标限制值时，应装配高次谐波滤波兼无功补偿装置进行电网污染治理，指标应符合国家现行标准的有关规定。

8.0.3 加热炉应具备炉温、炉压、炉子燃烧等热工参数准确的自动检测和控制功能。

加热炉机械设备和助燃空气管道系统应具备运行控制功能。

8.0.4 自动化控制系统应具备轧机速度设定功能、粗轧机组和中轧机组（无活套机架）微张力控制功能、活套位置控制、速度级联控制和动态速降补偿功能。

8.0.5 轧线设置轧件温度在线检测仪表，宜采用自动水压、水量调节装置，实现控温轧制、控制冷却。

8.0.6 精轧后成品分段飞剪宜采用自动优化剪切系统。

8.0.7 冷床输入设备应实现热倍尺钢材分钢、制动的自动控制。

8.0.8 小型型钢轧机宜建立物料跟踪系统。

8.0.9 合金钢小型棒材轧机宜设置在线测径仪，进行在线产品形状数据的采集和监视。

8.0.10 小型型钢轧机可采用过程计算机进行坯料、轧辊、导卫管理和质量数据分析。

8.0.11 小型型钢轧机宜采用过程计算机进行轧制规程优化及轧制参数预设定计算。

8.0.12 自动化控制系统应具有事故紧急停车控制功能，应符合现行国家标准《机械安全急停设计原则》GB 16754 的有关规定。

9 工作制度、工作时间及负荷率

9.0.1 小型型钢车间宜采用连续工作制度。

9.0.2 车间年规定工作时间宜为7600～7900h/a。

车间年额定工作时间宜为6200～6500h/a，以合金钢为主的小型型钢车间宜取下限；以普通质量非合金钢和普通质量低合金钢为主要钢种的小型型钢车间宜取上限；型材车间宜取下限；钢筋、棒材车间宜取上限。

9.0.3 轧机负荷率不应低于85%。

10 车间平面布置

10.0.1 总图布置应考虑轧钢车间与上游连铸车间的衔接，宜紧凑布置。

10.0.2 车间工艺布置应满足生产工艺要求，流程畅通，布局合理，操作方便；对预留发展的车间，应考虑预留设备、设施的布置场地。

10.0.3 在满足工艺要求的前提下，设备布置宜紧凑，应按照有关规定，留有足够的设备安装、操作、检修空间和安全通道等。

10.0.4 小型型钢轧机主轧线设备宜采用高架平台布置，相对于车间±0.0m地坪，平台标高宜为+5.0m左右。

10.0.5 小型型钢车间主轧跨跨度宜为24～30m；小型棒材车间宜取下限，小型型材和棒卷复合车间宜取上限。

10.0.6 主厂房起重机的轨面标高应考虑设备高度、设备检修要求、坯料成品的堆放能力和运输条件等。采用高架平台布置的轧机，主轧跨起重机轨面标高宜为+13.5～+15.0m；采用地坪布置的轧机，主轧跨起重机轨面标高宜为+8.5～+10.0m。

10.0.7 轧制中心线距车间±0.0m地面或高架平台地面高度宜为+800mm。

10.0.8 主电室宜布置在轧机传动侧，生产线较长或设施分散时，可分区就近布置若干电气室。

需要设置轧辊机修间时，轧辊机修间应靠近主轧跨，宜布置在轧机操作侧。

10.0.9 坯料库、中间仓库和成品库的面积应保证正常生产需要。

10.0.10 车间应设置必需的起重运输设备。

11 技术经济指标

11.0.1 以普通质量非合金钢和普通质量低合金钢为主要钢种的小型型钢车间，每吨产品主要消耗指标不应高于表11.0.1中的指标值。合金钢小型棒材车间，消耗指标可高于表11.0.1中的指标值。

表11.0.1 主要技术经济指标

指标名称	指标值
坯料（t）	1.053
电力（kW·h）	110
燃料（热装）（GJ）	1.23
燃料（冷装）（GJ）	1.05
补充水（m³）	1.5
轧辊及辊环（棒材轧机）（kg）	0.35

本规范用词说明

1 为便于在执行本规范条文时区别对待，对要求严格程度不同的用词说明如下：
1) 表示很严格，非这样做不可的用词：
   正面词采用"必须"，反面词采用"严禁"。
2) 表示严格，在正常情况下均应这样做的用词：
   正面词采用"应"，反面词采用"不应"或"不得"。
3) 表示允许稍有选择，在条件许可时首先应这样做的用词：
   正面词采用"宜"，反面词采用"不宜"；
   表示有选择，在一定条件下可以这样做的用词，采用"可"。

2 本规定中指明应按其他有关标准、规范执行的写法为"应符合……的规定"或"应按……执行"。

中华人民共和国国家标准

小型型钢轧钢工艺设计规范

GB 50410—2007

条 文 说 明

目 次

1 总则 …………………………… 28—10
2 术语 …………………………… 28—10
3 基本原则 ……………………… 28—10
4 产品 …………………………… 28—11
5 坯料 …………………………… 28—11
6 生产工艺 ……………………… 28—11
7 工艺操作设备 ………………… 28—11
8 自动化装备 …………………… 28—12
9 工作制度、工作时间及负荷率 … 28—12
10 车间平面布置 ………………… 28—12
11 技术经济指标 ………………… 28—12

1 总 则

1.0.1 本条说明如下:

1 2004年1月1日我国实施《中国钢铁工业生产统计指标体系》，有关钢材品种的分类与1989年版钢材品种分类的对应关系比较见表1。

表1 2004年《体系》钢材品种分类与1989年版《目录》钢材品种分类的对应关系表

1989年《目录》钢材品种分类		2004年《体系》钢材品种分类
铁道用钢材	轮件	其他钢材
	除轮件外的所有铁道用钢材	铁道用钢材
普通大型钢材 普通中型钢材 普通小型钢材 优质钢型材	圆钢、方钢、六角钢、八角钢、扁钢	棒材
	螺纹钢	钢筋
	除以上品种外的所有品种	高度或直径或边长≥80mm	大型型钢
		高度或直径或边长<80mm	中小型型钢
冷弯型钢材		其他钢材
线材		线材(盘条)

参照上述钢材品种分类，本规范包括3类产品：小型棒材、钢筋、小型型材。

2 必须执行现行国家和行业的有关法律法规、产业发展政策、技术政策，如：

1) 2005年7月6日颁布的《钢铁产业发展政策》(国家发展和改革委员会令第35号)。

2) 2000年2月3日国务院办公厅转发国家经贸委《关于清理整顿小钢铁厂意见的通知》(国办发[2000]10号)。

1.0.2 本规范范围内的钢材为热压延加工钢材，加工方式为轧制。

2 术 语

2.0.4 本规范所指的钢筋应符合以下标准要求：

1 《钢筋混凝土用热轧带肋钢筋》GB 1499。
2 《钢筋混凝土用热轧光圆钢筋》GB 13013。
3 《钢筋混凝土用余热处理钢筋》GB 13014。

热轧再生钢筋及冷压延钢筋、焊接钢筋网、预应力混凝土用钢棒等二次加工材，不属于本规范的范畴。

2.0.6 大盘卷的规格范围和最终用途与直条棒材相近，大盘卷生产的轧制工序与棒材轧机相同，线圈成型和控冷工序独具特色，精整工序可与线材共用。

3 基本原则

3.0.1 根据产品特征和轧机布置形式，小型型钢轧机可分为5种基本类型：

1 高产量钢筋轧机。

主要品种：ϕ10~50mm圆钢和钢筋
轧制速度：Max. 18m/s
基本特征：采用切分轧制工艺，一般设有1~3架平立可转换精轧机；在精轧机和成品倍尺飞剪之间设有钢筋轧后控制冷却装置。

2 多品种小型轧机。

主要品种：小型型材、棒材
轧制速度：Max. 18m/s
基本特征：通过采用平立可转换轧机、万能轧机等实现不同轧制方式组合，采用在线多条矫直机和冷定尺剪切飞剪或冷锯。

3 合金钢棒材轧机。

主要品种：小规格圆钢、扁钢
轧制速度：Max. 18m/s
基本特征：采用高刚度轧机和无扭轧制工艺，设有高精度轧制技术和设备，设有在线测径仪和/或探伤仪，设有精整热处理设施。

4 高速棒材轧机。

主要品种：ϕ6(10)~32(50)mm圆钢和钢筋
轧制速度：Max. 40m/s
基本特征：采用无扭精轧机组和高速冷床上料系统，单线轧制。

5 棒卷复合轧机。

主要品种：ϕ12~52mm圆钢和钢筋
轧制速度：Max. 50m/s
基本特征：采用高刚度轧机和无扭轧制工艺，单线轧制，大盘卷可采用加勒特式卷取机或工字轮式卷取机进行卷取；成品既可按直条状交货，也可按大盘卷交货。

连铸坯热送热装应具备下列3个基本条件：

1 无缺陷连铸坯生产技术。
2 连铸、轧钢工序生产能力基本均衡。
3 合理的装炉温度。

按照连铸坯的显热利用程度和热送温度，连铸坯热送热装可分为3类：

1 直接轧制或补热直接轧制。

连铸坯切割后立即送入均热炉或其他补热装置，装炉温度≥950~1000℃。

2 直接热送热装。

连铸车间与轧钢车间紧凑布置，连铸坯切割后通过辊道或其他方式运至轧钢车间加热炉，在连铸和轧钢工序间可另设保温炉、保温台架等缓冲设施，装炉温度600~900℃。

3 热送热装。

连铸车间与轧钢车间距离较远，热态（温态）连铸坯采用保温车运至轧钢车间，装炉温度400～600℃。

3.0.2 国家明令关停的落后的生产设施如下：

1 落后的生产设备，即：横列式小型材、线材轧机。

2 落后的工艺指标，即：普碳钢横列式小型材、线材轧机年产量25万吨以下（含25万吨）的小轧钢厂。

3.0.4 本条说明如下：

1 根据现行国家标准GB/T 13304《中国钢分类》和2004年1月1日实施的《中国钢铁工业生产统计指标体系》，钢按化学成分和质量等级分为"四类八级"，即：

表2 《中国钢铁工业生产统计指标体系》钢种分类表

钢 类	质量等级
非合金钢	1 普通质量；2 优质质量；3 特殊质量
低合金钢	1 普通质量；2 优质质量；3 特殊质量
合金钢	1 优质质量；2 特殊质量
不锈钢	

2 随着小型型钢技术装备的完善和管理操作水平的提高，以普通质量非合金钢和普通质量低合金钢为主要钢种的连续式小型型钢轧机实际生产能力通常超过40万吨/年，新建的同类轧机的设计能力通常为50万～80万吨/年，半连续式轧机的实际生产能力一般均超过25万～35万吨/年的设计指标。连续式合金钢轧机的设计能力应不小于30万吨/年，半连续式合金钢轧机的设计能力不应小于20万吨/年。

4 产 品

4.0.1 合金钢棒材根据产品标准和供需双方协议应进行必要的精整热处理。

4.0.3 我国小型型钢产品国家标准主要有：

1 《热轧圆钢和方钢尺寸、外形、重量及允许偏差》GB/T 702。

2 《热轧六角钢和八角钢尺寸、外形、重量及允许偏差》GB 705。

3 《热轧扁钢尺寸、外形、重量及允许偏差》GB 704。

4 《钢筋混凝土用热轧带肋钢筋》GB 1499。

5 《钢筋混凝土用光圆钢筋》GB 13013。

6 《钢筋混凝土用余热处理钢筋》GB 13014。

7 《热轧等边角钢尺寸、外形、重量及允许偏差》GB 9787。

8 《热轧不等边角钢尺寸、外形、重量及允许偏差》GB 9788。

9 《热轧槽钢尺寸、外形、重量及允许偏差》GB 707。

5 坯 料

5.0.1 本条说明如下：

1 以普通质量非合金钢和普通质量低合金钢为主要钢种的小型型钢轧机，应减少坯料断面，宜采用一种断面的坯料；合金钢小型棒材轧机可采用多种断面的坯料。

2 为保证产品质量，合金钢车间的坯料断面应满足压缩比的要求。

3 轧制坯不受此条文限制。

5.0.2 为保证轧制工艺稳定、提高金属收得率，在轧件头尾温差不致过大的条件下，宜采用较长的坯料，同时应保证坯料运输方便、加热合理。

5.0.3 应在炼钢及连铸工序采取必要的措施，保证提供合格质量的连铸坯。

6 生产工艺

6.0.1 连续式轧机的适用范围宜为：设计能力不小于40万吨/年的普通钢（普通质量非合金钢和普通质量低合金钢）小型型钢轧机；设计能力不小于30万吨/年的合金钢小型棒材轧机。

6.0.5 第1架粗轧机咬入轧制速度不应低于0.08m/s。

6.0.11 控温轧制是控制产品的金相组织、提高产品的机械性能及降低生产能耗的重要手段，应根据不同的钢种制定不同的控温轧制制度。

6.0.12 水冷后钢筋上冷床温度宜为600℃左右。不需矫直的产品，下冷床温度不宜高于200℃；需在线矫直的异形材，下冷床温度不宜高于100℃。

7 工艺操作设备

7.0.1 各种能源介质均应设置厂际（车间级）计量检测仪表。

7.0.2 燃料为低热值的煤气时，宜采用蓄热式加热炉。

7.0.3 对第2款，前3架粗轧机的公称辊径可按钢坯断面边长的3.5～4.5倍选取。断面边长指轧机入口的轧件高度尺寸。精轧机组的规格应按产品规格确定，公称辊径宜为$\phi 280\sim 360$mm。

7.0.5 粗轧机组、中轧机组后的飞剪用于切除轧件的头（尾）和事故碎断，成品倍尺飞剪必要时可设置事故碎断剪。

飞剪的主要形式有：摆式剪、曲柄式剪、回转式剪和回转/曲柄组合式剪，应根据轧件断面和轧制速度选用。

飞剪工作制度宜采用启停式。

7.0.8 对于较小规格的棒材和钢筋，定尺冷剪宜采用斜剪刃成排剪切；对于小型型材、较大规格棒材，定尺冷剪宜采用带孔型剪刃。

8 自动化装备

8.0.2 我国现行电能质量的国家标准主要有：
1 《电能质量供电电压允许偏差》GB/T 12325。
2 《电能质量电压波动和闪变》GB/T 12326。
3 《电能质量公用电网谐波》GB/T 14549。
4 《电能质量三相电压允许不平衡度》GB/T 15543。
5 《电能质量电力系统频率允许偏差》GB/T 15945。
6 《电能质量暂时过电压和瞬时过电压》GB/T 18481。

9 工作制度、工作时间及负荷率

9.0.2 本条说明如下：
1 年日历时间按每年 365 天（8760 小时）计算。
2 年规定工作时间为年日历时间与年计划大、中、小修时间之差。
3 年额定工作时间为年规定工作时间与交接班时间、换辊（槽）、换导卫时间以及机电事故、操作事故等停工时间之差。
4 年轧制时间为完成计划年产量所需的轧机工作时间（含前后两根轧件头尾的间隙时间）。

9.0.3 轧机负荷率为完成设计能力所需的轧机年轧制时间与年额定工作时间之比。

10 车间平面布置

10.0.4 小型型钢轧机主轧线设备布置有两种基本方式：高架平台布置和地坪式布置，不宜采用半高架式布置（相对于车间±0.0m地坪，平台标高约为+3.0m）。

10.0.9 坯料库存放量宜为5~7天，有全厂性仓库或有热送热装条件时存放量宜为3~5天，合金钢车间可适当增加存放量；以普通钢为主的小型型钢车间一般不设中间仓库，合金钢精整区宜设置2~3天中间存放量；成品仓库存放量不宜少于7天。

11 技术经济指标

11.0.1 热装燃料消耗是按热装温度为400℃，热装率为50%考虑的。

中华人民共和国国家标准

建筑节能工程施工质量验收规范

Code for acceptance of energy efficient building construction

GB 50411—2007

主编部门：中华人民共和国建设部
批准单位：中华人民共和国建设部
施行日期：2007年10月1日

中华人民共和国建设部
公　告

第 554 号

建设部关于发布国家标准《建筑节能工程施工质量验收规范》的公告

现批准《建筑节能工程施工质量验收规范》为国家标准，编号为 GB 50411-2007，自 2007 年 10 月 1 日起实施。其中，第 1.0.5、3.1.2、3.3.1、4.2.2、4.2.7、4.2.15、5.2.2、6.2.2、7.2.2、8.2.2、9.2.3、9.2.10、10.2.3、10.2.14、11.2.3、11.2.5、11.2.11、12.2.2、13.2.5、15.0.5 条为强制性条文，必须严格执行。

本规范由建设部标准定额研究所组织中国建筑工业出版社出版发行。

中华人民共和国建设部
2007 年 1 月 16 日

前　言

为了贯彻落实科学发展观，做好建筑"四节"工作，加强建筑节能工程的施工质量管理，提高建筑工程节能技术水平，根据建设部（建标函［2005］84号）《关于印发〈2005年工程建设标准规范制订、修订计划（第一批）〉的通知》，由中国建筑科学研究院会同有关单位共同编制本规范。

在编制过程中，编制组进行了广泛的调查研究，开展专题讨论和试验，以多种方式征求了国内外有关科研、设计、施工、质检、检测、监理、墙改等单位的意见，参考了国内外相关标准。

本规范依据国家现行法律法规和相关标准，总结了近年来我国建筑工程中节能工程的设计、施工、验收和运行管理方面的实践经验和研究成果，借鉴了国际先进经验和做法，充分考虑了我国现阶段建筑节能工程的实际情况，突出了验收中的基本要求和重点，是一部涉及多专业，以达到建筑节能要求为目标的施工验收规范。

本规范共分15章及3个附录。内容包括：墙体、幕墙、门窗、屋面、地面、采暖、通风与空气调节、空调与采暖系统冷热源及管网、配电与照明、监测与控制、建筑节能工程现场实体检验、建筑节能分部工程质量验收。

本规范中用黑体字标志的条文为强制性条文，必须严格执行。

本规范由建设部负责管理和对强制性条文的解释，由中国建筑科学研究院负责具体技术内容的解释。为提高规范质量，请各单位在执行本规范过程中，注意总结经验、积累资料，随时将有关的意见和建议反馈给中国建筑科学研究院《建筑节能工程施工质量验收规范》编制组（地址：北京市北三环东路30号，邮编100013，E-MAIL：songbo163163@163.com），以供今后修订时参考。

本规范主编单位、参编单位和主要起草人：

主编单位：中国建筑科学研究院

参编单位：北京市建设工程质量监督总站
　　　　　广东省建筑科学研究院
　　　　　河南省建筑科学研究院
　　　　　山东省建筑设计研究院
　　　　　同方股份有限公司
　　　　　中国建筑东北设计研究院
　　　　　中国人民解放军工程与环境质量监督总站
　　　　　北京大学建筑设计研究院
　　　　　江苏省建筑科学研究院有限公司
　　　　　深圳市建设工程质量监督总站
　　　　　建设部科技发展促进中心
　　　　　宁波市建设委员会
　　　　　上海市建设工程安装质量监督总站
　　　　　中国建筑业协会建筑节能专业委员会
　　　　　哈尔滨市墙体材料改革建筑节能办公室
　　　　　宁波荣山新型材料有限公司
　　　　　哈尔滨天硕建材工业有限公司
　　　　　北京振利高新技术公司
　　　　　广东粤铝建筑装饰有限公司
　　　　　深圳金粤幕墙装饰工程有限公司
　　　　　中国建筑第八工程局
　　　　　北京住总集团有限责任公司
　　　　　松下电工株式会社
　　　　　三井物产（中国）贸易有限公司
　　　　　广东省工业设备安装公司
　　　　　欧文斯科宁（中国）投资有限公司
　　　　　及时雨保温隔音技术有限公司
　　　　　西门子楼宇科技（天津）有限公司
　　　　　江苏仪征久久防水保温隔热工程公司
　　　　　大连实德集团有限公司

主要起草人：宋　波　张元勃　杨仕超　栾景阳
　　　　　　于晓明　金丽娜　孙述璞　冯金秋

（以下按姓氏笔画）万树春　王　虹　史新华
　　　　　　　　　阮　华　刘锋钢　许锦峰
　　　　　　　　　佟贵森　陈海岩　李爱新
　　　　　　　　　肖绪文　应柏平　张广志
　　　　　　　　　张文库　吴兆军　杨西伟
　　　　　　　　　杨　坤　杨　霁　姚　勇
　　　　　　　　　赵诚颢　康玉范　徐凯讯
　　　　　　　　　顾福林　黄　江　黄振利
　　　　　　　　　涂逢祥　韩　红　彭尚银
　　　　　　　　　潘延平

目 次

1 总则 ·· 29—5
2 术语 ·· 29—5
3 基本规定 ···································· 29—5
　3.1 技术与管理 ····························· 29—5
　3.2 材料与设备 ····························· 29—6
　3.3 施工与控制 ····························· 29—6
　3.4 验收的划分 ····························· 29—6
4 墙体节能工程 ································ 29—7
　4.1 一般规定 ································ 29—7
　4.2 主控项目 ································ 29—7
　4.3 一般项目 ································ 29—8
5 幕墙节能工程 ································ 29—9
　5.1 一般规定 ································ 29—9
　5.2 主控项目 ································ 29—9
　5.3 一般项目 ······························ 29—10
6 门窗节能工程 ······························ 29—10
　6.1 一般规定 ······························ 29—10
　6.2 主控项目 ······························ 29—10
　6.3 一般项目 ······························ 29—11
7 屋面节能工程 ······························ 29—11
　7.1 一般规定 ······························ 29—11
　7.2 主控项目 ······························ 29—11
　7.3 一般项目 ······························ 29—12
8 地面节能工程 ······························ 29—12
　8.1 一般规定 ······························ 29—12
　8.2 主控项目 ······························ 29—12
　8.3 一般项目 ······························ 29—13
9 采暖节能工程 ······························ 29—13
　9.1 一般规定 ······························ 29—13
　9.2 主控项目 ······························ 29—13
　9.3 一般项目 ······························ 29—14
10 通风与空调节能工程 ······················ 29—14
　10.1 一般规定 ······························ 29—14
　10.2 主控项目 ······························ 29—15
　10.3 一般项目 ······························ 29—16
11 空调与采暖系统冷热源及
　　管网节能工程 ····························· 29—17
　11.1 一般规定 ······························ 29—17
　11.2 主控项目 ······························ 29—17
　11.3 一般项目 ······························ 29—18
12 配电与照明节能工程 ······················ 29—18
　12.1 一般规定 ······························ 29—18
　12.2 主控项目 ······························ 29—18
　12.3 一般项目 ······························ 29—20
13 监测与控制节能工程 ······················ 29—20
　13.1 一般规定 ······························ 29—20
　13.2 主控项目 ······························ 29—20
　13.3 一般项目 ······························ 29—21
14 建筑节能工程现场检验 ··················· 29—22
　14.1 围护结构现场实体检验 ··············· 29—22
　14.2 系统节能性能检测 ···················· 29—22
15 建筑节能分部工程质量验收 ············· 29—23
附录 A 建筑节能工程进场材料
　　　和设备的复验项目 ···················· 29—24
附录 B 建筑节能分部、分项工程
　　　和检验批的质量验收表 ··············· 29—24
附录 C 外墙节能构造钻芯检验
　　　方法 ······································ 29—26
本规范用词说明 ································ 29—27
附：条文说明 ··································· 29—28

1 总 则

1.0.1 为了加强建筑节能工程的施工质量管理，统一建筑节能工程施工质量验收，提高建筑工程节能效果，依据现行国家有关工程质量和建筑节能的法律、法规、管理要求和相关技术标准，制订本规范。

1.0.2 本规范适用于新建、改建和扩建的民用建筑工程中墙体、幕墙、门窗、屋面、地面、采暖、通风与空调、空调与采暖系统的冷热源及管网、配电与照明、监测与控制等建筑节能工程施工质量的验收。

1.0.3 建筑节能工程中采用的工程技术文件、承包合同文件对工程质量的要求不得低于本规范的规定。

1.0.4 建筑节能工程施工质量验收除应执行本规范外，尚应遵守《建筑工程施工质量验收统一标准》GB 50300、各专业工程施工质量验收规范和国家现行有关标准的规定。

1.0.5 单位工程竣工验收应在建筑节能分部工程验收合格后进行。

2 术 语

2.0.1 保温浆料 insulating mortar
由胶粉料与聚苯颗粒或其他保温轻骨料组配，使用时按比例加水搅拌混合而成的浆料。

2.0.2 凸窗 bay window
位置凸出外墙外侧的窗。

2.0.3 外门窗 outside doors and windows
建筑围护结构上有一个面与室外空气接触的门或窗。

2.0.4 玻璃遮阳系数 shading coefficient
透过窗玻璃的太阳辐射得热与透过标准 3mm 透明窗玻璃的太阳辐射得热的比值。

2.0.5 透明幕墙 transparent curtain wall
可见光能直接透射入室内的幕墙。

2.0.6 灯具效率 luminaire efficiency
在相同的使用条件下，灯具发出的总光通量与灯具内所有光源发出的总光通量之比。

2.0.7 总谐波畸变率（THD） total harmonic distortion
周期性交流量中的谐波含量的方均根值与其基波分量的方均根值之比（用百分数表示）。

2.0.8 不平衡度 ε unbalance factor ε
指三相电力系统中三相不平衡的程度，用电压或电流负序分量与正序分量的方均根值百分比表示。

2.0.9 进场验收 site acceptance
对进入施工现场的材料、设备等进行外观质量检查和规格、型号、技术参数及质量证明文件核查并形成相应验收记录的活动。

2.0.10 进场复验 site reinspection
进入施工现场的材料、设备等在进场验收合格的基础上，按照有关规定从施工现场抽取试样送至试验室进行部分或全部性能参数检验的活动。

2.0.11 见证取样送检 evidential test
施工单位在监理工程师或建设单位代表见证下，按照有关规定从施工现场随机抽取试样，送至有见证检测资质的检测机构进行检测的活动。

2.0.12 现场实体检验 in-situ inspection
在监理工程师或建设单位代表见证下，对已经完成施工作业的分项或分部工程，按照有关规定在工程实体上抽取试样，在现场进行检验或送至有见证检测资质的检测机构进行检验的活动。简称实体检验或现场检验。

2.0.13 质量证明文件 quality proof document
随同进场材料、设备等一同提供的能够证明其质量状况的文件。通常包括出厂合格证、中文说明书、型式检验报告及相关性能检测报告等。进口产品应包括出入境商品检验合格证明。适用时，也可包括进场验收、进场复验、见证取样检验和现场实体检验等资料。

2.0.14 核查 check
对技术资料的检查及资料与实物的核对。包括：对技术资料的完整性、内容的正确性、与其他相关资料的一致性及整理归档情况的检查，以及将技术资料中的技术参数等与相应的材料、构件、设备或产品实物进行核对、确认。

2.0.15 型式检验 type inspection
由生产厂家委托有资质的检测机构，对定型产品或成套技术的全部性能及其适用性所作的检验。其报告称型式检验报告。通常在工艺参数改变、达到预定生产周期或产品生产数量时进行。

3 基 本 规 定

3.1 技术与管理

3.1.1 承担建筑节能工程的施工企业应具备相应的资质；施工现场应建立相应的质量管理体系、施工质量控制和检验制度，具有相应的施工技术标准。

3.1.2 设计变更不得降低建筑节能效果。当设计变更涉及建筑节能效果时，应经原施工图设计审查机构审查，在实施前应办理设计变更手续，并获得监理或建设单位的确认。

3.1.3 建筑节能工程采用的新技术、新设备、新材料、新工艺，应按照有关规定进行评审、鉴定及备案。施工前应对新的或首次采用的施工工艺进行评价，并制定专门的施工技术方案。

3.1.4 单位工程的施工组织设计应包括建筑节能工程施工内容。建筑节能工程施工前，施工单位应编制建筑节能工程施工方案并经监理（建设）单位审查批准。施工单位应对从事建筑节能工程施工作业的人员进行技术交底和必要的实际操作培训。

3.1.5 建筑节能工程的质量检测，除本规范14.1.5条规定的以外，应由具备资质的检测机构承担。

3.2 材料与设备

3.2.1 建筑节能工程使用的材料、设备等，必须符合设计要求及国家有关标准的规定。严禁使用国家明令禁止使用与淘汰的材料和设备。

3.2.2 材料和设备进场验收应遵守下列规定：

  1 对材料和设备的品种、规格、包装、外观和尺寸等进行检查验收，并应经监理工程师（建设单位代表）确认，形成相应的验收记录。

  2 对材料和设备的质量证明文件进行核查，并应经监理工程师（建设单位代表）确认，纳入工程技术档案。进入施工现场用于节能工程的材料和设备均应具有出厂合格证、中文说明书及相关性能检测报告；定型产品和成套技术应有型式检验报告，进口材料和设备应按规定进行出入境商品检验。

  3 对材料和设备应按照本规范附录A及各章的规定在施工现场抽样复验。复验应为见证取样送检。

3.2.3 建筑节能工程使用材料的燃烧性能等级和阻燃处理，应符合设计要求和现行国家标准《高层民用建筑设计防火规范》GB 50045、《建筑内部装修设计防火规范》GB 50222和《建筑设计防火规范》GB 50016等的规定。

3.2.4 建筑节能工程使用的材料应符合国家现行有关标准对材料有害物质限量的规定，不得对室内外环境造成污染。

3.2.5 现场配制的材料如保温浆料、聚合物砂浆等，应按设计要求或试验室给出的配合比配制。当未给出要求时，应按照施工方案和产品说明书配制。

3.2.6 节能保温材料在施工使用时的含水率应符合设计要求、工艺要求及施工技术方案要求。当无上述要求时，节能保温材料在施工使用时的含水率不应大于正常施工环境湿度下的自然含水率，否则应采取降低含水率的措施。

3.3 施工与控制

3.3.1 建筑节能工程应按照经审查合格的设计文件和经审查批准的施工方案施工。

3.3.2 建筑节能工程施工前，对于采用相同建筑节能设计的房间和构造做法，应在现场采用相同材料和工艺制作样板间或样板件，经有关各方确认后方可进行施工。

3.3.3 建筑节能工程的施工作业环境和条件，应满足相关标准和施工工艺的要求。节能保温材料不宜在雨雪天气中露天施工。

3.4 验收的划分

3.4.1 建筑节能工程为单位建筑工程的一个分部工程。其分项工程和检验批的划分，应符合下列规定：

  1 建筑节能分项工程应按照表3.4.1划分。

  2 建筑节能工程应按照分项工程进行验收。当建筑节能分项工程的工程量较大时，可以将分项工程划分为若干个检验批进行验收。

  3 当建筑节能工程验收无法按照上述要求划分分项工程或检验批时，可由建设、监理、施工等各方协商进行划分。但验收项目、验收内容、验收标准和验收记录均应遵守本规范的规定。

  4 建筑节能分项工程和检验批的验收应单独填写验收记录，节能验收资料应单独组卷。

表3.4.1 建筑节能分项工程划分

序号	分项工程	主要验收内容
1	墙体节能工程	主体结构基层；保温材料；饰面层等
2	幕墙节能工程	主体结构基层；隔热材料；保温材料；隔汽层；幕墙玻璃；单元式幕墙板块；通风换气系统；遮阳设施；冷凝水收集排放系统等
3	门窗节能工程	门；窗；玻璃；遮阳设施等
4	屋面节能工程	基层；保温隔热层；保护层；防水层；面层等
5	地面节能工程	基层；保温层；保护层；面层等
6	采暖节能工程	系统制式；散热器；阀门与仪表；热力入口装置；保温材料；调试等
7	通风与空气调节节能工程	系统制式；通风与空调设备；阀门与仪表；绝热材料；调试等
8	空调与采暖系统的冷热源及管网节能工程	系统制式；冷热源设备；辅助设备；管网；阀门与仪表；绝热、保温材料；调试等
9	配电与照明节能工程	低压配电电源；照明光源、灯具；附属装置；控制功能；调试等
10	监测与控制节能工程	冷、热源系统的监测控制系统；空调水系统的监测控制系统；通风与空调系统的监测控制系统；监测与计量装置；供配电的监测控制系统；照明自动控制系统；综合控制系统等

4 墙体节能工程

4.1 一般规定

4.1.1 本章适用于采用板材、浆料、块材及预制复合墙板等墙体保温材料或构件的建筑墙体节能工程质量验收。

4.1.2 主体结构完成后进行施工的墙体节能工程，应在基层质量验收合格后施工，施工过程中应及时进行质量检查、隐蔽工程验收和检验批验收，施工完成后应进行墙体节能分项工程验收。与主体结构同时施工的墙体节能工程，应与主体结构一同验收。

4.1.3 墙体节能工程当采用外保温定型产品或成套技术时，其型式检验报告中应包括安全性和耐候性检验。

4.1.4 墙体节能工程应对下列部位或内容进行隐蔽工程验收，并应有详细的文字记录和必要的图像资料：

1 保温层附着的基层及其表面处理；
2 保温板粘结或固定；
3 锚固件；
4 增强网铺设；
5 墙体热桥部位处理；
6 预置保温板或预制保温墙板的板缝及构造节点；
7 现场喷涂或浇注有机类保温材料的界面；
8 被封闭的保温材料厚度；
9 保温隔热砌块填充墙体。

4.1.5 墙体节能工程的保温材料在施工过程中应采取防潮、防水等保护措施。

4.1.6 墙体节能工程验收的检验批划分应符合下列规定：

1 采用相同材料、工艺和施工做法的墙面，每500～1000m² 面积划分为一个检验批，不足500 m² 也为一个检验批。
2 检验批的划分也可根据与施工流程相一致且方便施工与验收的原则，由施工单位与监理（建设）单位共同商定。

4.2 主控项目

4.2.1 用于墙体节能工程的材料、构件等，其品种、规格应符合设计要求和相关标准的规定。

检验方法：观察、尺量检查；核查质量证明文件。

检查数量：按进场批次，每批随机抽取3个试样进行检查；质量证明文件应按照其出厂检验批进行核查。

4.2.2 墙体节能工程使用的保温隔热材料，其导热系数、密度、抗压强度或压缩强度、燃烧性能应符合设计要求。

检验方法：核查质量证明文件及进场复验报告。

检查数量：全数检查。

4.2.3 墙体节能工程采用的保温材料和粘结材料等，进场时应对其下列性能进行复验，复验应为见证取样送检：

1 保温材料的导热系数、密度、抗压强度或压缩强度；
2 粘结材料的粘结强度；
3 增强网的力学性能、抗腐蚀性能。

检验方法：随机抽样送检，核查复验报告。

检查数量：同一厂家同一品种的产品，当单位工程建筑面积在 20000m² 以下时各抽查不少于 3 次；当单位工程建筑面积在 20000m² 以上时各抽查不少于6次。

4.2.4 严寒和寒冷地区外保温使用的粘结材料，其冻融试验结果应符合该地区最低气温环境的使用要求。

检验方法：核查质量证明文件。

检查数量：全数检查。

4.2.5 墙体节能工程施工前应按照设计和施工方案的要求对基层进行处理，处理后的基层应符合保温层施工方案的要求。

检验方法：对照设计和施工方案观察检查；核查隐蔽工程验收记录。

检查数量：全数检查。

4.2.6 墙体节能工程各层构造做法应符合设计要求，并应按照经过审批的施工方案施工。

检验方法：对照设计和施工方案观察检查；核查隐蔽工程验收记录。

检查数量：全数检查。

4.2.7 墙体节能工程的施工，应符合下列规定：

1 保温隔热材料的厚度必须符合设计要求。
2 保温板材与基层及各构造层之间的粘结或连接必须牢固。粘结强度和连接方式应符合设计要求。保温板材与基层的粘结强度应做现场拉拔试验。
3 保温浆料应分层施工。当采用保温浆料做外保温时，保温层与基层之间及各层之间的粘结必须牢固，不应脱层、空鼓和开裂。
4 当墙体节能工程的保温层采用预埋或后置锚固件固定时，锚固件数量、位置、锚固深度和拉拔力应符合设计要求。后置锚固件应进行锚固力现场拉拔试验。

检验方法：观察；手扳检查；保温材料厚度采用钢针插入或剖开尺量检查；粘结强度和锚固力核查试验报告；核查隐蔽工程验收记录。

检查数量：每个检验批抽查不少于3处。

4.2.8 外墙采用预置保温板现场浇筑混凝土墙体

时，保温板的验收应符合本规范第4.2.2条的规定；保温板的安装位置应正确、接缝严密，保温板在浇筑混凝土过程中不得移位、变形，保温板表面应采取界面处理措施，与混凝土粘结应牢固。

混凝土和模板的验收，应按《混凝土结构工程施工质量验收规范》GB 50204的相关规定执行。

检验方法：观察检查；核查隐蔽工程验收记录。

检查数量：全数检查。

4.2.9 当外墙采用保温浆料做保温层时，应在施工中制作同条件养护试件，检测其导热系数、干密度和压缩强度。保温浆料的同条件养护试件应见证取样送检。

检验方法：核查试验报告。

检查数量：每个检验批应抽样制作同条件养护试块不少于3组。

4.2.10 墙体节能工程各类饰面层的基层及面层施工，应符合设计和《建筑装饰装修工程质量验收规范》GB 50210的要求，并应符合下列规定：

1 饰面层施工的基层应无脱层、空鼓和裂缝，基层应平整、洁净，含水率应符合饰面层施工的要求。

2 外墙外保温工程不宜采用粘贴饰面砖做饰面层；当采用时，其安全性与耐久性必须符合设计要求。饰面砖应做粘结强度拉拔试验，试验结果应符合设计和有关标准的规定。

3 外墙外保温工程的饰面层不得渗漏。当外墙外保温工程的饰面层采用饰面板开缝安装时，保温层表面应具有防水功能或采取其他防水措施。

4 外墙外保温层及饰面层与其他部位交接的收口处，应采取密封措施。

检验方法：观察检查；核查试验报告和隐蔽工程验收记录。

检查数量：全数检查。

4.2.11 保温砌块砌筑的墙体，应采用具有保温功能的砂浆砌筑。砌筑砂浆的强度等级应符合设计要求。砌体的水平灰缝饱满度不应低于90%，竖直灰缝饱满度不应低于80%。

检验方法：对照设计核查施工方案和砌筑砂浆强度试验报告。用百格网检查灰缝砂浆饱满度。

检查数量：每楼层的每个施工段至少抽查一次，每次抽查5处，每处不少于3个砌块。

4.2.12 采用预制保温墙板现场安装的墙体，应符合下列规定：

1 保温墙板应有型式检验报告，型式检验报告中应包含安装性能的检验；

2 保温墙板的结构性能、热工性能及与主体结构的连接方法应符合设计要求，与主体结构连接必须牢固；

3 保温墙板的板缝处理、构造节点及嵌缝做法应符合设计要求；

4 保温墙板板缝不得渗漏。

检验方法：核查型式检验报告、出厂检验报告、对照设计观察和淋水试验检查；核查隐蔽工程验收记录。

检查数量：型式检验报告、出厂检验报告全数核查；其他项目每个检验批抽查5%，并不少于3块（处）。

4.2.13 当设计要求在墙体内设置隔汽层时，隔汽层的位置、使用的材料及构造做法应符合设计要求和相关标准的规定。隔汽层应完整、严密，穿透隔汽层处应采取密封措施。隔汽层冷凝水排水构造应符合设计要求。

检验方法：对照设计观察检查；核查质量证明文件和隐蔽工程验收记录。

检查数量：每个检验批抽查5%，并不少于3处。

4.2.14 外墙或毗邻不采暖空间墙体上的门窗洞口四周的侧面，墙体上凸窗四周的侧面，应按设计要求采取节能保温措施。

检验方法：对照设计观察检查，必要时抽样剖开检查；核查隐蔽工程验收记录。

检查数量：每个检验批抽查5%，并不少于5个洞口。

4.2.15 **严寒和寒冷地区外墙热桥部位，应按设计要求采取节能保温等隔断热桥措施。**

检验方法：对照设计和施工方案观察检查；核查隐蔽工程验收记录。

检查数量：按不同热桥种类，每种抽查20%，并不少于5处。

4.3 一般项目

4.3.1 进场节能保温材料与构件的外观和包装应完整无破损，符合设计要求和产品标准的规定。

检验方法：观察检查。

检查数量：全数检查。

4.3.2 当采用加强网作为防止开裂的措施时，加强网的铺贴和搭接应符合设计和施工方案的要求。砂浆抹压应密实，不得空鼓，加强网不得皱褶、外露。

检验方法：观察检查；核查隐蔽工程验收记录。

检查数量：每个检验批抽查不少于5处，每处不少于$2m^2$。

4.3.3 设置空调的房间，其外墙热桥部位应按设计要求采取隔断热桥措施。

检验方法：对照设计和施工方案观察检查；核查隐蔽工程验收记录。

检查数量：按不同热桥种类，每种抽查10%，并不少于5处。

4.3.4 施工产生的墙体缺陷，如穿墙套管、脚手眼、孔洞等，应按照施工方案采取隔断热桥措施，不得影响墙体热工性能。

　　检验方法：对照施工方案观察检查。

　　检查数量：全数检查。

4.3.5　墙体保温板材接缝方法应符合施工方案要求。保温板接缝应平整严密。

　　检验方法：观察检查。

　　检查数量：每个检验批抽查 10%，并不少于 5 处。

4.3.6　墙体采用保温浆料时，保温浆料层宜连续施工；保温浆料厚度应均匀、接茬应平顺密实。

　　检验方法：观察、尺量检查。

　　检查数量：每个检验批抽查 10%，并不少于 10 处。

4.3.7　墙体上容易碰撞的阳角、门窗洞口及不同材料基体的交接处等特殊部位，其保温层应采取防止开裂和破损的加强措施。

　　检验方法：观察检查；核查隐蔽工程验收记录。

　　检查数量：按不同部位，每类抽查 10%，并不少于 5 处。

4.3.8　采用现场喷涂或模板浇注的有机类保温材料做外保温时，有机类保温材料应达到陈化时间后方可进行下道工序施工。

　　检查方法：对照施工方案和产品说明书进行检查。

　　检查数量：全数检查。

5 幕墙节能工程

5.1 一般规定

5.1.1　本章适用于透明和非透明的各类建筑幕墙的节能工程质量验收。

5.1.2　附着于主体结构上的隔汽层、保温层应在主体结构工程质量验收合格后施工。施工过程中应及时进行质量检查、隐蔽工程验收和检验批验收，施工完成后应进行幕墙节能分项工程验收。

5.1.3　当幕墙节能工程采用隔热型材时，隔热型材生产厂家应提供型材所使用的隔热材料的力学性能和热变形性能试验报告。

5.1.4　幕墙节能工程施工中应对下列部位或项目进行隐蔽工程验收，并应有详细的文字记录和必要的图像资料：

　　1　被封闭的保温材料厚度和保温材料的固定；

　　2　幕墙周边与墙体的接缝处保温材料的填充；

　　3　构造缝、结构缝；

　　4　隔汽层；

　　5　热桥部位、断热节点；

　　6　单元式幕墙板块间的接缝构造；

　　7　冷凝水收集和排放构造；

　　8　幕墙的通风换气装置。

5.1.5　幕墙节能工程使用的保温材料在安装过程中应采取防潮、防水等保护措施。

5.1.6　幕墙节能工程检验批划分，可按照《建筑装饰装修工程质量验收规范》GB 50210 的规定执行。

5.2 主控项目

5.2.1　用于幕墙节能工程的材料、构件等，其品种、规格应符合设计要求和相关标准的规定。

　　检验方法：观察、尺量检查；核查质量证明文件。

　　检查数量：按进场批次，每批随机抽取 3 个试样进行检查；质量证明文件应按照其出厂检验批进行核查。

5.2.2　幕墙节能工程使用的保温隔热材料，其导热系数、密度、燃烧性能应符合设计要求。幕墙玻璃的传热系数、遮阳系数、可见光透射比、中空玻璃露点应符合设计要求。

　　检验方法：核查质量证明文件和复验报告。

　　检查数量：全数核查。

5.2.3　幕墙节能工程使用的材料、构件等进场时，应对其下列性能进行复验，复验应为见证取样送检：

　　1　保温材料：导热系数、密度；

　　2　幕墙玻璃：可见光透射比、传热系数、遮阳系数、中空玻璃露点；

　　3　隔热型材：抗拉强度、抗剪强度。

　　检验方法：进场时抽样复验，验收时核查复验报告。

　　检查数量：同一厂家的同一种产品抽查不少于一组。

5.2.4　幕墙的气密性能应符合设计规定的等级要求。当幕墙面积大于 3000m² 或建筑外墙面积 50% 时，应现场抽取材料和配件，在检测试验室安装制作试件进行气密性能检测，检测结果应符合设计规定的等级要求。

　　密封条应镶嵌牢固、位置正确、对接严密。单元幕墙板块之间的密封应符合设计要求。开启扇应关闭严密。

　　检验方法：观察及启闭检查；核查隐蔽工程验收记录、幕墙气密性能检测报告、见证记录。

　　气密性能检测试件应包括幕墙的典型单元、典型拼缝、典型可开启部分。试件应按照幕墙工程施工图进行设计。试件设计应经建筑设计单位项目负责人、监理工程师同意并确认。气密性能的检测应按照国家现行有关标准的规定执行。

　　检查数量：核查全部质量证明文件和性能检测报告。现场观察及启闭检查按检验批抽查 30%，并不少于 5 件（处）。气密性能检测应对一个单位工程中面积超过 1000m² 的每一种幕墙均抽取一个试件进行检测。

5.2.5 幕墙节能工程使用的保温材料，其厚度应符合设计要求，安装牢固，且不得松脱。

检验方法：对保温板或保温层采取针插法或剖开法，尺量厚度；手扳检查。

检查数量：按检验批抽查10%，并不少于5处。

5.2.6 遮阳设施的安装位置应满足设计要求。遮阳设施的安装应牢固。

检验方法：观察；尺量；手扳检查。

检查数量：检查全数的10%，并不少于5处；牢固程度全数检查。

5.2.7 幕墙工程热桥部位的隔断热桥措施应符合设计要求，断热节点的连接应牢固。

检验方法：对照幕墙节能设计文件，观察检查。

检查数量：按检验批抽查10%，并不少于5处。

5.2.8 幕墙隔汽层应完整、严密、位置正确，穿透隔汽层处的节点构造应采取密封措施。

检验方法：观察检查。

检查数量：按检验批抽查10%，并不少于5处。

5.2.9 冷凝水的收集和排放应通畅，并不得渗漏。

检验方法：通水试验、观察检查。

检查数量：按检验批抽查10%，并不少于5处。

5.3 一般项目

5.3.1 镀（贴）膜玻璃的安装方向、位置应正确。中空玻璃应采用双道密封。中空玻璃的均压管应密封处理。

检验方法：观察；检查施工记录。

检查数量：每个检验批抽查10%，并不少于5件（处）。

5.3.2 单元式幕墙板块组装应符合下列要求：

1 密封条：规格正确，长度无负偏差，接缝的搭接符合设计要求；
2 保温材料：固定牢固，厚度符合设计要求；
3 隔汽层：密封完整、严密；
4 冷凝水排水系统通畅，无渗漏。

检验方法：观察检查；手扳检查；尺量；通水试验。

检查数量：每个检验批抽查10%，并不少于5件（处）。

5.3.3 幕墙与周边墙体间的接缝处应采用弹性闭孔材料填充饱满，并应采用耐候密封胶密封。

检验方法：观察检查。

检查数量：每个检验批抽查10%，并不少于5件（处）。

5.3.4 伸缩缝、沉降缝、抗震缝的保温或密封做法应符合设计要求。

检验方法：对照设计文件观察检查。

检查数量：每个检验批抽查10%，并不少于10件（处）。

5.3.5 活动遮阳设施的调节机构应灵活，并应能调节到位。

检验方法：现场调节试验，观察检查。

检查数量：每个检验批抽查10%，并不少于10件（处）。

6 门窗节能工程

6.1 一般规定

6.1.1 本章适用于建筑外门窗节能工程的质量验收，包括金属门窗、塑料门窗、木质门窗、各种复合门窗、特种门窗、天窗以及门窗玻璃安装等节能工程。

6.1.2 建筑门窗进场后，应对其外观、品种、规格及附件等进行检查验收，对质量证明文件进行核查。

6.1.3 建筑外门窗工程施工中，应对门窗框与墙体接缝处的保温填充做法进行隐蔽工程验收，并应有隐蔽工程验收记录和必要的图像资料。

6.1.4 建筑外门窗工程的检验批应按下列规定划分：

1 同一厂家的同一品种、类型、规格的门窗及门窗玻璃每 100 樘划分为一个检验批，不足 100 樘也为一个检验批。
2 同一厂家的同一品种、类型和规格的特种门每 50 樘划分为一个检验批，不足 50 樘也为一个检验批。
3 对于异形或有特殊要求的门窗，检验批的划分应根据其特点和数量，由监理（建设）单位和施工单位协商确定。

6.1.5 建筑外门窗工程的检查数量应符合下列规定：

1 建筑门窗每个检验批应抽查5%，并不少于3樘，不足3樘时应全数检查；高层建筑的外窗，每个检验批应抽查10%，并不少于6樘，不足6樘时应全数检查。
2 特种门每个检验批应抽查50%，并不少于10樘，不足10樘时应全数检查。

6.2 主控项目

6.2.1 建筑外门窗的品种、规格应符合设计要求和相关标准的规定。

检验方法：观察、尺量检查；核查质量证明文件。

检查数量：按本规范第6.1.5条执行；质量证明文件应按照其出厂检验批进行核查。

6.2.2 **建筑外窗的气密性、保温性能、中空玻璃露**

点、玻璃遮阳系数和可见光透射比应符合设计要求。

  检验方法：核查质量证明文件和复验报告。

  检查数量：全数核查。

6.2.3 建筑外窗进入施工现场时，应按地区类别对其下列性能进行复验，复验应为见证取样送检：

  1 严寒、寒冷地区：气密性、传热系数和中空玻璃露点；

  2 夏热冬冷地区：气密性、传热系数、玻璃遮阳系数、可见光透射比、中空玻璃露点；

  3 夏热冬暖地区：气密性、玻璃遮阳系数、可见光透射比、中空玻璃露点。

  检验方法：随机抽样送检；核查复验报告。

  检查数量：同一厂家同一品种同一类型的产品各抽查不少于3樘（件）。

6.2.4 建筑门窗采用的玻璃品种应符合设计要求。中空玻璃应采用双道密封。

  检验方法：观察检查；核查质量证明文件。

  检查数量：按本规范第6.1.5条执行。

6.2.5 金属外门窗隔断热桥措施应符合设计要求和产品标准的规定，金属副框的隔断热桥措施应与门窗框的隔断热桥措施相当。

  检验方法：随机抽样，对照产品设计图纸，剖开或拆开检查。

  检查数量：同一厂家同一品种、类型的产品各抽查不少于1樘。金属副框的隔断热桥措施按检验批抽查30%。

6.2.6 严寒、寒冷、夏热冬冷地区的建筑外窗，应对其气密性做现场实体检验，检测结果应满足设计要求。

  检验方法：随机抽样现场检验。

  检查数量：同一厂家同一品种、类型的产品各抽查不少于3樘。

6.2.7 外门窗框或副框与洞口之间的间隙应采用弹性闭孔材料填充饱满，并使用密封胶密封；外门窗框与副框之间的缝隙应使用密封胶密封。

  检验方法：观察检查；核查隐蔽工程验收记录。

  检查数量：全数检查。

6.2.8 严寒、寒冷地区的外门安装，应按照设计要求采取保温、密封等节能措施。

  检验方法：观察检查。

  检查数量：全数检查。

6.2.9 外窗遮阳设施的性能、尺寸应符合设计和产品标准要求；遮阳设施的安装应位置正确、牢固，满足安全和使用功能的要求。

  检验方法：核查质量证明文件；观察、尺量、手扳检查。

  检查数量：按本规范第6.1.5条执行；安装牢固程度全数检查。

6.2.10 特种门的性能应符合设计和产品标准要求；特种门安装中的节能措施，应符合设计要求。

  检验方法：核查质量证明文件；观察、尺量检查。

  检查数量：全数检查。

6.2.11 天窗安装的位置、坡度应正确，封闭严密，嵌缝处不得渗漏。

  检验方法：观察、尺量检查；淋水检查。

  检查数量：按本规范第6.1.5条执行。

6.3 一般项目

6.3.1 门窗扇密封条和玻璃镶嵌的密封条，其物理性能应符合相关标准的规定。密封条安装位置应正确，镶嵌牢固，不得脱槽，接头处不得开裂。关闭门窗时密封条应接触严密。

  检验方法：观察检查。

  检查数量：全数检查。

6.3.2 门窗镀（贴）膜玻璃的安装方向应正确，中空玻璃的均压管应密封处理。

  检验方法：观察检查。

  检查数量：全数检查。

6.3.3 外门窗遮阳设施调节应灵活，能调节到位。

  检验方法：现场调节试验检查。

  检查数量：全数检查。

7 屋面节能工程

7.1 一般规定

7.1.1 本章适用于建筑屋面节能工程，包括采用松散保温材料、现浇保温材料、喷涂保温材料、板材、块材等保温隔热材料的屋面节能工程的质量验收。

7.1.2 屋面保温隔热工程的施工，应在基层质量验收合格后进行。施工过程中应及时进行质量检查、隐蔽工程验收和检验批验收，施工完成后应进行屋面节能分项工程验收。

7.1.3 屋面保温隔热工程应对下列部位进行隐蔽工程验收，并应有详细的文字记录和必要的图像资料：

  1 基层；

  2 保温层的敷设方式、厚度；板材缝隙填充质量；

  3 屋面热桥部位；

  4 隔汽层。

7.1.4 屋面保温隔热层施工完成后，应及时进行找平层和防水层的施工，避免保温隔热层受潮、浸泡或受损。

7.2 主控项目

7.2.1 用于屋面节能工程的保温隔热材料，其品种、规格应符合设计要求和相关标准的规定。

检验方法：观察、尺量检查；核查质量证明文件。

检查数量：按进场批次，每批随机抽取3个试样进行检查；质量证明文件应按照其出厂检验批进行核查。

7.2.2 屋面节能工程使用的保温隔热材料，其导热系数、密度、抗压强度或压缩强度、燃烧性能应符合设计要求。

检验方法：核查质量证明文件及进场复验报告。

检查数量：全数检查。

7.2.3 屋面节能工程使用的保温隔热材料，进场时应对其导热系数、密度、抗压强度或压缩强度、燃烧性能进行复验，复验应为见证取样送检。

检验方法：随机抽样送检，核查复验报告。

检查数量：同一厂家同一品种的产品各抽查不少于3组。

7.2.4 屋面保温隔热层的敷设方式、厚度、缝隙填充质量及屋面热桥部位的保温隔热做法，必须符合设计要求和有关标准的规定。

检验方法：观察、尺量检查。

检查数量：每100m^2抽查一处，每处10m^2，整个屋面抽查不得少于3处。

7.2.5 屋面的通风隔热架空层，其架空高度、安装方式、通风口位置及尺寸应符合设计及有关标准要求。架空层内不得有杂物。架空面层应完整，不得有断裂和露筋等缺陷。

检验方法：观察、尺量检查。

检查数量：每100m^2抽查一处，每处10m^2，整个屋面抽查不得少于3处。

7.2.6 采光屋面的传热系数、遮阳系数、可见光透射比、气密性应符合设计要求。节点的构造做法应符合设计和相关标准的要求。采光屋面的可开启部分应按本规范第6章的要求验收。

检验方法：核查质量证明文件；观察检查。

检查数量：全数检查。

7.2.7 采光屋面的安装应牢固，坡度正确，封闭严密，嵌缝处不得渗漏。

检验方法：观察、尺量检查；淋水检查；核查隐蔽工程验收记录。

检查数量：全数检查。

7.2.8 屋面的隔汽层位置应符合设计要求，隔汽层应完整、严密。

检验方法：对照设计观察检查；核查隐蔽工程验收记录。

检查数量：每100m^2抽查一处，每处10m^2，整个屋面抽查不得少于3处。

7.3 一般项目

7.3.1 屋面保温隔热层应按施工方案施工，并应符合下列规定：

1 松散材料应分层敷设、按要求压实、表面平整、坡向正确；

2 现场采用喷、浇、抹等工艺施工的保温层，其配合比应计量准确，搅拌均匀、分层连续施工，表面平整，坡向正确。

3 板材应粘贴牢固、缝隙严密、平整。

检验方法：观察、尺量、称重检查。

检查数量：每100m^2抽查一处，每处10m^2，整个屋面抽查不得少于3处。

7.3.2 金属板保温夹芯屋面应铺装牢固、接口严密、表面洁净、坡向正确。

检验方法：观察、尺量检查；核查隐蔽工程验收记录。

检查数量：全数检查。

7.3.3 坡屋面、内架空屋面当采用敷设于屋面内侧的保温材料做保温隔热层时，保温隔热层应有防潮措施，其表面应有保护层，保护层的做法应符合设计要求。

检验方法：观察检查；核查隐蔽工程验收记录。

检查数量：每100m^2抽查一处，每处10m^2，整个屋面抽查不得少于3处。

8 地面节能工程

8.1 一般规定

8.1.1 本章适用于建筑地面节能工程的质量验收。包括底面接触室外空气、土壤或毗邻不采暖空间的地面节能工程。

8.1.2 地面节能工程的施工，应在主体或基层质量验收合格后进行。施工过程中应及时进行质量检查、隐蔽工程验收和检验批验收，施工完成后应进行地面节能分项工程验收。

8.1.3 地面节能工程应对下列部位进行隐蔽工程验收，并应有详细的文字记录和必要的图像资料：

1 基层；

2 被封闭的保温材料厚度；

3 保温材料粘结；

4 隔断热桥部位。

8.1.4 地面节能分项工程检验批划分应符合下列规定：

1 检验批可按施工段或变形缝划分；

2 当面积超过200m^2时，每200m^2可划分为一个检验批，不足200m^2也为一个检验批；

3 不同构造做法的地面节能工程应单独划分检验批。

8.2 主控项目

8.2.1 用于地面节能工程的保温材料，其品种、规格应符合设计要求和相关标准的规定。

检验方法：观察、尺量或称重检查；核查质量证明文件。

检查数量：按进场批次，每批随机抽取3个试样进行检查；质量证明文件应按照其出厂检验批进行核查。

8.2.2 地面节能工程使用的保温材料，其导热系数、密度、抗压强度或压缩强度、燃烧性能应符合设计要求。

检验方法：核查质量证明文件和复验报告。

检查数量：全数核查。

8.2.3 地面节能工程采用的保温材料，进场时应对其导热系数、密度、抗压强度或压缩强度、燃烧性能进行复验，复验应为见证取样送检。

检验方法：随机抽样送检，核查复验报告。

检查数量：同一厂家同一品种的产品各抽查不少于3组。

8.2.4 地面节能工程施工前，应对基层进行处理，使其达到设计和施工方案的要求。

检验方法：对照设计和施工方案观察检查。

检查数量：全数检查。

8.2.5 地面保温层、隔离层、保护层等各层的设置和构造做法以及保温层的厚度应符合设计要求，并应按施工方案施工。

检验方法：对照设计和施工方案观察检查；尺量检查。

检查数量：全数检查。

8.2.6 地面节能工程的施工质量应符合下列规定：

1 保温板与基层之间、各构造层之间的粘结应牢固，缝隙应严密；

2 保温浆料应分层施工；

3 穿越地面直接接触室外空气的各种金属管道应按设计要求，采取隔断热桥的保温措施。

检验方法：观察检查；核查隐蔽工程验收记录。

检查数量：每个检验批抽查2处，每处$10m^2$；穿越地面的金属管道处全数检查。

8.2.7 有防水要求的地面，其节能保温做法不得影响地面排水坡度，保温层面层不得渗漏。

检验方法：用长度500mm水平尺检查；观察检查。

检查数量：全数检查。

8.2.8 严寒、寒冷地区的建筑首层直接与土壤接触的地面、采暖地下室与土壤接触的外墙、毗邻不采暖空间的地面以及底面直接接触室外空气的地面应按设计要求采取保温措施。

检验方法：对照设计观察检查。

检查数量：全数检查。

8.2.9 保温层的表面防潮层、保护层应符合设计要求。

检验方法：观察检查。

检查数量：全数检查。

8.3 一般项目

8.3.1 采用地面辐射采暖的工程，其地面节能做法应符合设计要求，并应符合《地面辐射供暖技术规程》JGJ 142 的规定。

检验方法：观察检查。

检查数量：全数检查。

9 采暖节能工程

9.1 一般规定

9.1.1 本章适用于温度不超过95℃室内集中热水采暖系统节能工程施工质量的验收。

9.1.2 采暖系统节能工程的验收，可按系统、楼层等进行，并应符合本规范第3.4.1条的规定。

9.2 主控项目

9.2.1 采暖系统节能工程采用的散热设备、阀门、仪表、管材、保温材料等产品进场时，应按设计要求对其类型、材质、规格及外观等进行验收，并应经监理工程师（建设单位代表）检查认可，且应形成相应的验收记录。各种产品和设备的质量证明文件和相关技术资料应齐全，并应符合国家现行有关标准和规定。

检验方法：观察检查；核查质量证明文件和相关技术资料。

检查数量：全数检查。

9.2.2 采暖系统节能工程采用的散热器和保温材料等进场时，应对其下列技术性能参数进行复验，复验应为见证取样送检：

1 散热器的单位散热量、金属热强度；

2 保温材料的导热系数、密度、吸水率。

检验方法：现场随机抽样送检；核查复验报告。

检查数量：同一厂家同一规格的散热器按其数量的1%进行见证取样送检，但不得少于2组；同一厂家同材质的保温材料见证取样送检的次数不得少于2次。

9.2.3 采暖系统的安装应符合下列规定：

1 采暖系统的制式，应符合设计要求；

2 散热设备、阀门、过滤器、温度计及仪表应按设计要求安装齐全，不得随意增减和更换；

3 室内温度调控装置、热计量装置、水力平衡装置以及热力入口装置的安装位置和方向应符合设计要求，并便于观察、操作和调试；

4 温度调控装置和热计量装置安装后，采暖系统应能实现设计要求的分室（区）温度调控、分栋热计量和分户或分室（区）热量分摊的功能。

检验方法：观察检查。

检查数量：全数检查。

9.2.4 散热器及其安装应符合下列规定：

1 每组散热器的规格、数量及安装方式应符合设计要求；

2 散热器外表面应刷非金属性涂料。

检验方法：观察检查。

检查数量：按散热器组数抽查5%，不得少于5组。

9.2.5 散热器恒温阀及其安装应符合下列规定：

1 恒温阀的规格、数量应符合设计要求；

2 明装散热器恒温阀不应安装在狭小和封闭空间，其恒温阀阀头应水平安装，且不应被散热器、窗帘或其他障碍物遮挡；

3 暗装散热器的恒温阀应采用外置式温度传感器，并应安装在空气流通且能正确反映房间温度的位置上。

检验方法：观察检查。

检查数量：按总数抽查5%，不得少于5个。

9.2.6 低温热水地面辐射供暖系统的安装除了应符合本规范第9.2.3条的规定外，尚应符合下列规定：

1 防潮层和绝热层的做法及绝热层的厚度应符合设计要求；

2 室内温控装置的传感器应安装在避开阳光直射和有发热设备且距地1.4m处的内墙面上。

检验方法：防潮层和绝热层隐蔽前观察检查；用钢针刺入绝热层、尺量；观察检查、尺量室内温控装置传感器的安装高度。

检查数量：防潮层和绝热层按检验批抽查5处，每处检查不少于5点；温控装置按每个检验批抽查10个。

9.2.7 采暖系统热力入口装置的安装应符合下列规定：

1 热力入口装置中各种部件的规格、数量，应符合设计要求；

2 热计量装置、过滤器、压力表、温度计的安装位置、方向应正确，并便于观察、维护；

3 水力平衡装置及各类阀门的安装位置、方向应正确，并便于操作和调试。安装完毕后，应根据系统水力平衡要求进行调试并做出标志。

检验方法：观察检查；核查进场验收记录和调试报告。

检查数量：全数检查。

9.2.8 采暖管道保温层和防潮层的施工应符合下列规定：

1 保温层应采用不燃或难燃材料，其材质、规格及厚度等应符合设计要求；

2 保温管壳的粘贴应牢固，铺设应平整；硬质或半硬质的保温管壳每节至少应用防腐金属丝或难腐织带或专用胶带进行捆扎或粘贴2道，其间距为300~350mm，且捆扎、粘贴应紧密，无滑动、松弛及断裂现象；

3 硬质或半硬质保温管壳的拼接缝隙不应大于5mm，并用粘结材料勾缝填满；纵缝应错开，外层的水平接缝应设在侧下方；

4 松散或软质保温材料应按规定的密度压缩其体积，疏密应均匀；毡类材料在管道上包扎时，搭接处不应有空隙；

5 防潮层应紧密粘贴在保温层上，封闭良好，不得有虚粘、气泡、褶皱、裂缝等缺陷；

6 防潮层的立管应由管道的低端向高端敷设，环向搭接缝应朝向低端；纵向搭接缝应位于管道的侧面，并顺水；

7 卷材防潮层采用螺旋形缠绕的方式施工时，卷材的搭接宽度宜为30~50mm；

8 阀门及法兰部位的保温层结构应严密，且能单独拆卸并不得影响其操作功能。

检验方法：观察检查；用钢针刺入保温层、尺量。

检查数量：按数量抽查10%，且保温层不得少于10段、防潮层不得少于10m、阀门等配件不得少于5个。

9.2.9 采暖系统应随施工进度对与节能有关的隐蔽部位或内容进行验收，并应有详细的文字记录和必要的图像资料。

检验方法：观察检查；核查隐蔽工程验收记录。

检查数量：全数检查。

9.2.10 采暖系统安装完毕后，应在采暖期内与热源进行联合试运转和调试。联合试运转和调试结果应符合设计要求，**采暖房间温度相对于设计计算温度不得低于2℃，且不高于1℃。**

检验方法：检查室内采暖系统试运转和调试记录。

检查数量：全数检查。

9.3 一般项目

9.3.1 采暖系统过滤器等配件的保温层应密实、无空隙，且不得影响其操作功能。

检验方法：观察检查。

检查数量：按类别数量抽查10%，且均不得少于2件。

10 通风与空调节能工程

10.1 一般规定

10.1.1 本章适用于通风与空调系统节能工程施工

质量的验收。

10.1.2 通风与空调系统节能工程的验收，可按系统、楼层等进行，并应符合本规范第3.4.1条的规定。

10.2 主控项目

10.2.1 通风与空调系统节能工程所使用的设备、管道、阀门、仪表、绝热材料等产品进场时，应按设计要求对其类型、材质、规格及外观等进行验收，并应对下列产品的技术性能参数进行核查。验收与核查的结果应经监理工程师（建设单位代表）检查认可，并应形成相应的验收、核查记录。各种产品和设备的质量证明文件和相关技术资料应齐全，并应符合有关国家现行标准和规定。

  1 组合式空调机组、柜式空调机组、新风机组、单元式空调机组、热回收装置等设备的冷量、热量、风量、风压、功率及额定热回收效率；

  2 风机的风量、风压、功率及其单位风量耗功率；

  3 成品风管的技术性能参数；

  4 自控阀门与仪表的技术性能参数。

  检验方法：观察检查；技术资料和性能检测报告等质量证明文件与实物核对。

  检查数量：全数检查。

10.2.2 风机盘管机组和绝热材料进场时，应对其下列技术性能参数进行复验，复验应为见证取样送检。

  1 风机盘管机组的供冷量、供热量、风量、出口静压、噪声及功率；

  2 绝热材料的导热系数、密度、吸水率。

  检验方法：现场随机抽样送检；核查复验报告。

  检查数量：同一厂家的风机盘管机组按数量复验2%，但不得少于2台；同一厂家同材质的绝热材料复验次数不得少于2次。

10.2.3 通风与空调节能工程中的送、排风系统及空调风系统、空调水系统的安装，应符合下列规定：

  1 各系统的制式，应符合设计要求；

  2 各种设备、自控阀门与仪表应按设计要求安装齐全，不得随意增减和更换；

  3 水系统各分支管路水力平衡装置、温控装置与仪表的安装位置、方向应符合设计要求，并便于观察、操作和调试；

  4 空调系统应能实现设计要求的分室（区）温度调控功能。对设计要求分栋、分区或分户（室）冷、热计量的建筑物，空调系统应能实现相应的计量功能。

  检验方法：观察检查。

  检查数量：全数检查。

10.2.4 风管的制作与安装应符合下列规定：

  1 风管的材质、断面尺寸及厚度应符合设计要求；

  2 风管与部件、风管与土建风道及风管间的连接应严密、牢固；

  3 风管的严密性及风管系统的严密性检验和漏风量，应符合设计要求或现行国家标准《通风与空调工程施工质量验收规范》GB 50243的有关规定；

  4 需要绝热的风管与金属支架的接触处、复合风管及需要绝热的非金属风管的连接和内部支撑加固等处，应有防热桥的措施，并应符合设计要求。

  检验方法：观察、尺量检查；核查风管及风管系统严密性检验记录。

  检查数量：按数量抽查10%，且不得少于1个系统。

10.2.5 组合式空调机组、柜式空调机组、新风机组、单元式空调机组的安装应符合下列规定：

  1 各种空调机组的规格、数量应符合设计要求；

  2 安装位置和方向应正确，且与风管、送风静压箱、回风箱的连接应严密可靠；

  3 现场组装的组合式空调机组各功能段之间连接应严密，并应做漏风量的检测，其漏风量应符合现行国家标准《组合式空调机组》GB/T 14294的规定；

  4 机组内的空气热交换器翅片和空气过滤器应清洁、完好，且安装位置和方向必须正确，并便于维护和清理。当设计未注明过滤器的阻力时，应满足粗效过滤器的初阻力≤50Pa（粒径≥5.0μm，效率：80%＞E≥20%）；中效过滤器的初阻力≤80Pa（粒径≥1.0μm，效率：70%＞E≥20%）的要求。

  检验方法：观察检查；核查漏风量测试记录。

  检查数量：按同类产品的数量抽查20%，且不得少于1台。

10.2.6 风机盘管机组的安装应符合下列规定：

  1 规格、数量应符合设计要求；

  2 位置、高度、方向应正确，并便于维护、保养；

  3 机组与风管、回风箱及风口的连接应严密、可靠；

  4 空气过滤器的安装应便于拆卸和清理。

  检验方法：观察检查。

  检查数量：按总数抽查10%，且不得少于5台。

10.2.7 通风与空调系统中风机的安装应符合下列规定：

  1 规格、数量应符合设计要求；

  2 安装位置及进、出口方向应正确，与风管的连接应严密、可靠。

  检验方法：观察检查。

  检查数量：全数检查。

10.2.8 带热回收功能的双向换气装置和集中排风

系统中的排风热回收装置的安装应符合下列规定：

　　1　规格、数量及安装位置应符合设计要求；

　　2　进、排风管的连接应正确、严密、可靠；

　　3　室外进、排风口的安装位置、高度及水平距离应符合设计要求。

　　检验方法：观察检查。

　　检查数量：按总数抽检20%，且不得少于1台。

10.2.9　空调机组回水管上的电动两通调节阀、风机盘管机组回水管上的电动两通（调节）阀、空调冷热水系统中的水力平衡阀、冷（热）量计量装置等自控阀门与仪表的安装应符合下列规定：

　　1　规格、数量应符合设计要求；

　　2　方向应正确，位置应便于操作和观察。

　　检验方法：观察检查。

　　检查数量：按类型数量抽查10%，且均不得少于1个。

10.2.10　空调风管系统及部件的绝热层和防潮层施工应符合下列规定：

　　1　绝热层应采用不燃或难燃材料，其材质、规格及厚度等应符合设计要求；

　　2　绝热层与风管、部件及设备应紧密贴合，无裂缝、空隙等缺陷，且纵、横向的接缝应错开；

　　3　绝热层表面应平整，当采用卷材或板材时，其厚度允许偏差为5mm；采用涂抹或其他方式时，其厚度允许偏差为10mm；

　　4　风管法兰部位绝热层的厚度，不应低于风管绝热层厚度的80%；

　　5　风管穿楼板和穿墙处的绝热层应连续不间断；

　　6　防潮层（包括绝热层的端部）应完整，且封闭良好，其搭接缝应顺水；

　　7　带有防潮层隔汽层绝热材料的拼缝处，应用胶带封严，粘胶带的宽度不应小于50mm；

　　8　风管系统部件的绝热，不得影响其操作功能。

　　检验方法：观察检查；用钢针刺入绝热层、尺量检查。

　　检查数量：管道按轴线长度抽查10%；风管穿楼板和穿墙处及阀门等配件抽查10%，且不得少于2个。

10.2.11　空调水系统管道及配件的绝热层和防潮层施工，应符合下列规定：

　　1　绝热层应采用不燃或难燃材料，其材质、规格及厚度等应符合设计要求；

　　2　绝热管壳的粘贴应牢固、铺设应平整；硬质或半硬质的绝热管壳每节至少应用防腐金属丝或难腐织带或专用胶带进行捆扎或粘贴2道，其间距为300～350mm，且捆扎应紧密，无滑动、松弛与断裂现象；

　　3　硬质或半硬质绝热管壳的拼接缝隙，保温时不应大于5mm、保冷时不应大于2mm，并用粘结材料勾缝填满；纵缝应错开，外层的水平接缝应设在侧下方；

　　4　松散或软质保温材料应按规定的密度压缩其体积，疏密应均匀；毡类材料在管道上包扎时，搭接处不应有空隙；

　　5　防潮层与绝热层应结合紧密，封闭良好，不得有虚粘、气泡、褶皱、裂缝等缺陷；

　　6　防潮层的立管应由管道的低端向高端敷设，环向搭接缝应朝向低端；纵向搭接缝应位于管道的侧面，并顺水；

　　7　卷材防潮层采用螺旋形缠绕的方式施工时，卷材的搭接宽度宜为30～50mm；

　　8　空调冷热水管穿楼板和穿墙处的绝热层应连续不间断，且绝热层与穿楼板和穿墙处的套管之间应用不燃材料填实不得有空隙，套管两端应进行密封封堵；

　　9　管道阀门、过滤器及法兰部位的绝热结构应能单独拆卸，且不得影响其操作功能。

　　检验方法：观察检查；用钢针刺入绝热层、尺量检查。

　　检查数量：按数量抽查10%，且绝热层不得少于10段、防潮层不得少于10m、阀门等配件不得少于5个。

10.2.12　空调水系统的冷热水管道与支、吊架之间应设置绝热衬垫，其厚度不应小于绝热层厚度，宽度应大于支、吊架支承面的宽度。衬垫的表面应平整，衬垫与绝热材料之间应填实无空隙。

　　检验方法：观察、尺量检查。

　　检查数量：按数量抽检5%，且不得少于5处。

10.2.13　通风与空调系统应随施工进度对与节能有关的隐蔽部位或内容进行验收，并应有详细的文字记录和必要的图像资料。

　　检验方法：观察检查，核查隐蔽工程验收记录。

　　检查数量：全数检查。

10.2.14　通风与空调系统安装完毕，应进行通风机和空调机组等设备的单机试运转和调试，并应进行系统的风量平衡调试。单机试运转和调试结果应符合设计要求；系统的总风量与设计风量的允许偏差不应大于10%，风口的风量与设计风量的允许偏差不应大于15%。

　　检验方法：观察检查；核查试运转和调试记录。

　　检验数量：全数检查。

10.3　一般项目

10.3.1　空气风幕机的规格、数量、安装位置和方向应正确，纵向垂直度和横向水平度的偏差均不应大于2/1000。

检验方法：观察检查。

检查数量：按总数量抽查10%，且不得少于1台。

10.3.2 变风量末端装置与风管连接前宜做动作试验，确认运行正常后再封口。

检验方法：观察检查。

检查数量：按总数量抽查10%，且不得少于2台。

11 空调与采暖系统冷热源及管网节能工程

11.1 一般规定

11.1.1 本章适用于空调与采暖系统中冷热源设备、辅助设备及其管道和室外管网系统节能工程施工质量的验收。

11.1.2 空调与采暖系统冷热源设备、辅助设备及其管道和管网系统节能工程的验收，可分别按冷源和热源系统及室外管网进行，并应符合本规范第3.4.1条的规定。

11.2 主控项目

11.2.1 空调与采暖系统冷热源设备及其辅助设备、阀门、仪表、绝热材料等产品进场时，应按照设计要求对其类型、规格和外观等进行检查验收，并应对下列产品的技术性能参数进行核查。验收与核查的结果应经监理工程师（建设单位代表）检查认可，并应形成相应的验收、核查记录。各种产品和设备的质量证明文件和相关技术资料应齐全，并应符合国家现行有关标准和规定。

  1 锅炉的单台容量及其额定热效率；

  2 热交换器的单台换热量；

  3 电机驱动压缩机的蒸气压缩循环冷水（热泵）机组的额定制冷量（制热量）、输入功率、性能系数（COP）及综合部分负荷性能系数（IPLV）；

  4 电机驱动压缩机的单元式空气调节机、风管送风式和屋顶式空气调节机组的名义制冷量、输入功率及能效比（EER）；

  5 蒸汽和热水型溴化锂吸收式机组及直燃型溴化锂吸收式冷（温）水机组的名义制冷量、供热量、输入功率及性能系数；

  6 集中采暖系统热水循环水泵的流量、扬程、电机功率及耗电输热比（EHR）；

  7 空调冷热水系统循环水泵的流量、扬程、电机功率及输送能效比（ER）；

  8 冷却塔的流量及电机功率；

  9 自控阀门与仪表的技术性能参数。

检验方法：观察检查；技术资料和性能检测报告等质量证明文件与实物核对。

检查数量：全数核查。

11.2.2 空调与采暖系统冷热源及管网节能工程的绝热管道、绝热材料进场时，应对绝热材料的导热系数、密度、吸水率等技术性能参数进行复验，复验应为见证取样送检。

检验方法：现场随机抽样送检；核查复验报告。

检查数量：同一厂家同材质的绝热材料复验次数不得少于2次。

11.2.3 空调与采暖系统冷热源设备和辅助设备及其管网系统的安装，应符合下列规定：

  1 管道系统的制式，应符合设计要求；

  2 各种设备、自控阀门与仪表应按设计要求安装齐全，不得随意增减和更换；

  3 空调冷（热）水系统，应能实现设计要求的变流量或定流量运行；

  4 供热系统应能根据热负荷及室外温度变化实现设计要求的集中质调节、量调节或质-量调节相结合的运行。

检验方法：观察检查。

检查数量：全数检查。

11.2.4 空调与采暖系统冷热源和辅助设备及其管道和室外管网系统，应随施工进度对与节能有关的隐蔽部位或内容进行验收，并应有详细的文字记录和必要的图像资料。

检验方法：观察检查；核查隐蔽工程验收记录。

检查数量：全数检查。

11.2.5 冷热源侧的电动两通调节阀、水力平衡阀及冷（热）量计量装置等自控阀门与仪表的安装，应符合下列规定：

  1 规格、数量应符合设计要求；

  2 方向应正确，位置应便于操作和观察。

检验方法：观察检查。

检查数量：全数检查。

11.2.6 锅炉、热交换器、电机驱动压缩机的蒸气压缩循环冷水（热泵）机组、蒸汽或热水型溴化锂吸收式冷水机组及直燃型溴化锂吸收式冷（温）水机组等设备的安装，应符合下列要求：

  1 规格、数量应符合设计要求；

  2 安装位置及管道连接应正确。

检验方法：观察检查。

检查数量：全数检查。

11.2.7 冷却塔、水泵等辅助设备的安装应符合下列要求：

  1 规格、数量应符合设计要求；

  2 冷却塔设置位置应通风良好，并应远离厨房排风等高温气体；

  3 管道连接应正确。

检验方法：观察检查。

检查数量：全数检查。

11.2.8 空调冷热源水系统管道及配件绝热层和防潮层的施工要求，可按照本规范第10.2.11条的规定执行。

11.2.9 当输送介质温度低于周围空气露点温度的管道，采用非闭孔绝热材料作绝热层时，其防潮层和保护层应完整，且封闭良好。

检验方法：观察检查。

检查数量：全数检查。

11.2.10 冷热源机房、换热站内部空调冷热水管道与支、吊架之间绝热衬垫的施工可按照本规范第10.2.12条执行。

11.2.11 空调与采暖系统冷热源和辅助设备及其管道和管网系统安装完毕后，系统试运转及调试必须符合下列规定：

1 冷热源和辅助设备必须进行单机试运转及调试；

2 冷热源和辅助设备必须同建筑物室内空调或采暖系统进行联合试运转及调试。

3 联合试运转及调试结果应符合设计要求，且允许偏差或规定值应符合表11.2.11的有关规定。当联合试运转及调试不在制冷期或采暖期时，应先对表11.2.11中序号2、3、5、6四个项目进行检测，并在第一个制冷期或采暖期内，带冷（热）源补做序号1、4两个项目的检测。

表11.2.11 联合试运转及调试检测项目与允许偏差或规定值

序号	检测项目	允许偏差或规定值
1	室内温度	冬季不得低于设计计算温度2℃，且不应高于1℃；夏季不得高于设计计算温度2℃，且不低于1℃
2	供热系统室外管网的水力平衡度	0.9～1.2
3	供热系统的补水率	≤0.5%
4	室外管网的热输送效率	≥0.92
5	空调机组的水流量	≤20%
6	空调系统冷热水、冷却水总流量	≤10%

检验方法：观察检查；核查试运转和调试记录。

检查数量：全数检查。

11.3 一般项目

11.3.1 空调与采暖系统的冷热源设备及其辅助设备、配件的绝热，不得影响其操作功能。

检验方法：观察检查。

检查数量：全数检查。

12 配电与照明节能工程

12.1 一般规定

12.1.1 本章适用于建筑节能工程配电与照明的施工质量验收。

12.1.2 建筑配电与照明节能工程验收的检验批划分应按本规范第3.4.1条的规定执行。当需要重新划分检验批时，可按照系统、楼层、建筑分区划分为若干个检验批。

12.1.3 建筑配电与照明节能工程的施工质量验收，应符合本规范和《建筑电气工程施工质量验收规范》GB 50303的有关规定、已批准的设计图纸、相关技术规定和合同约定内容的要求。

12.2 主控项目

12.2.1 照明光源、灯具及其附属装置的选择必须符合设计要求，进场验收时应对下列技术性能进行核查，并经监理工程师（建设单位代表）检查认可，形成相应的验收、核查记录。质量证明文件和相关技术资料应齐全，并应符合国家现行有关标准和规定。

1 荧光灯灯具和高强度气体放电灯灯具的效率不应低于表12.2.1-1的规定。

表12.2.1-1 荧光灯灯具和高强度气体放电灯灯具的效率允许值

| 灯具出光口形式 | 开敞式 | 保护罩（玻璃或塑料） | | 格栅 | 格栅或透光罩 |
		透明	磨砂、棱镜		
荧光灯灯具	75%	65%	55%	60%	—
高强度气体放电灯灯具	75%	—	—	60%	60%

2 管型荧光灯镇流器能效限定值应不小于表12.2.1-2的规定。

表12.2.1-2 镇流器能效限定值

标称功率（W）	18	20	22	30	32	36	40
镇流器能效因数（BEF） 电感型	3.154	2.952	2.770	2.232	2.146	2.030	1.992
电子型	4.778	4.370	3.998	2.870	2.678	2.402	2.270

3 照明设备谐波含量限值应符合表12.2.1-3的规定。

表12.2.1-3 照明设备谐波含量的限值

谐波次数 n	基波频率下输入电流百分比数表示的最大允许谐波电流（%）
2	2
3	30×λ注
5	10
7	7
9	5
11≤n≤39（仅有奇次谐波）	3

注：λ是电路功率因数。

检验方法：观察检查；技术资料和性能检测报告等质量证明文件与实物核对。

检查数量：全数核查。

12.2.2 低压配电系统选择的电缆、电线截面不得低于设计值，进场时应对其截面和每芯导体电阻值进行见证取样送检。每芯导体电阻值应符合表12.2.2的规定。

表12.2.2 不同标称截面的电缆、电线每芯导体最大电阻值

标称截面（mm²）	20℃时导体最大电阻（Ω/km）圆铜导体（不镀金属）
0.5	36.0
0.75	24.5
1.0	18.1
1.5	12.1
2.5	7.41
4	4.61
6	3.08
10	1.83
16	1.15
25	0.727
35	0.524
50	0.387
70	0.268
95	0.193
120	0.153
150	0.124
185	0.0991
240	0.0754
300	0.0601

检验方法：进场时抽样送检，验收时核查检验报告。

检查数量：同厂家各种规格总数的10%，且不少于2个规格。

12.2.3 工程安装完成后应对低压配电系统进行调试，调试合格后应对低压配电电源质量进行检测。其中：

1 供电电压允许偏差：三相供电电压允许偏差为标称系统电压的±7%；单相220V为+7%、-10%。

2 公共电网谐波电压限值为：380V的电网标称电压，电压总谐波畸变率（$THDu$）为5%，奇次（1~25次）谐波含有率为4%，偶次（2~24次）谐波含有率为2%。

3 谐波电流不应超过表12.2.3中规定的允许值。

表12.2.3 谐波电流允许值

标准电压（kV）	基准短路容量（MVA）	谐波次数及谐波电流允许值（A）											
		2	3	4	5	6	7	8	9	10	11	12	13
0.38	10	78	62	39	62	26	44	19	21	16	28	13	24
		谐波次数及谐波电流允许值（A）											
		14	15	16	17	18	19	20	21	22	23	24	25
		11	12	9.7	18	8.6	16	7.8	8.9	7.1	14	6.5	12

4 三相电压不平衡度允许值为2%，短时不得超过4%。

检验方法：在已安装的变频和照明等可产生谐波的用电设备均可投入的情况下，使用三相电能质量分析仪在变压器的低压侧测量。

检查数量：全部检测。

12.2.4 在通电试运行中，应测试并记录照明系统的照度和功率密度值。

 1 照度值不得小于设计值的90%；

 2 功率密度值应符合《建筑照明设计标准》GB 50034中的规定。

 检验方法：在无外界光源的情况下，检测被检区域内平均照度和功率密度。

 检查数量：每种功能区检查不少于2处。

12.3 一般项目

12.3.1 母线与母线或母线与电器接线端子，当采用螺栓搭接连接时，应采用力矩扳手拧紧，制作应符合《建筑电气工程施工质量验收规范》GB 50303 标准中有关规定。

 检验方法：使用力矩扳手对压接螺栓进行力矩检测。

 检查数量：母线按检验批抽查10%。

12.3.2 交流单芯电缆或分相后的每相电缆宜品字型（三叶型）敷设，且不得形成闭合铁磁回路。

 检验方法：观察检查。

 检查数量：全数检查。

12.3.3 三相照明配电干线的各相负荷宜分配平衡，其最大相负荷不宜超过三相负荷平均值的115%，最小相负荷不宜小于三相负荷平均值的85%。

 检验方法：在建筑物照明通电试运行时开启全部照明负荷，使用三相功率计检测各相负载电流、电压和功率。

 检查数量：全部检查。

13 监测与控制节能工程

13.1 一般规定

13.1.1 本章适用于建筑节能工程监测与控制系统的施工质量验收。

13.1.2 监测与控制系统施工质量的验收应执行《智能建筑工程质量验收规范》GB 50339 相关章节的规定和本规范的规定。

13.1.3 监测与控制系统验收的主要对象应为采暖、通风与空气调节和配电与照明所采用的监测与控制系统，能耗计量系统以及建筑能源管理系统。

 建筑节能工程所涉及的可再生能源利用、建筑冷热电联供系统、能源回收利用以及其他与节能有关的建筑设备监控部分的验收，应参照本章的相关规定执行。

13.1.4 监测与控制系统的施工单位应依据国家相关标准的规定，对施工图设计进行复核。当复核结果不能满足节能要求时，应向设计单位提出修改建议，由设计单位进行设计变更，并经原节能设计审查机构批准。

13.1.5 施工单位应依据设计文件制定系统控制流程图和节能工程施工验收大纲。

13.1.6 监测与控制系统的验收分为工程实施和系统检测两个阶段。

13.1.7 工程实施由施工单位和监理单位随工程实施过程进行，分别对施工质量管理文件、设计符合性、产品质量、安装质量进行检查，及时对隐蔽工程和相关接口进行检查，同时，应有详细的文字和图像资料，并对监测与控制系统进行不少于168h的不间断试运行。

13.1.8 系统检测内容应包括对工程实施文件和系统自检文件的复核，对监测与控制系统的安装质量、系统节能监控功能、能源计量及建筑能源管理等进行检查和检测。

 系统检测内容分为主控项目和一般项目，系统检测结果是监测与控制系统的验收依据。

13.1.9 对不具备试运行条件的项目，应在审核调试记录的基础上进行模拟检测，以检测监测与控制系统的节能监控功能。

13.2 主控项目

13.2.1 监测与控制系统采用的设备、材料及附属产品进场时，应按照设计要求对其品种、规格、型号、外观和性能等进行检查验收，并应经监理工程师（建设单位代表）检查认可，且应形成相应的质量记录。各种设备、材料和产品附带的质量证明文件和相关技术资料应齐全，并应符合国家现行有关标准和规定。

 检验方法：进行外观检查；对照设计要求核查质量证明文件和相关技术资料。

 检查数量：全数检查。

13.2.2 监测与控制系统安装质量应符合以下规定：

 1 传感器的安装质量应符合《自动化仪表工程施工及验收规范》GB 50093 的有关规定；

 2 阀门型号和参数应符合设计要求，其安装位置、阀前后直管段长度、流体方向等应符合产品安装要求；

 3 压力和差压仪表的取压点、仪表配套的阀门安装应符合产品要求；

 4 流量仪表的型号和参数、仪表前后的直管段长度等应符合产品要求；

 5 温度传感器的安装位置、插入深度应符合产品要求；

 6 变频器安装位置、电源回路敷设、控制回路敷设应符合设计要求；

 7 智能化变风量末端装置的温度设定器安装位置应符合产品要求；

 8 涉及节能控制的关键传感器应预留检测孔或

检测位置，管道保温时应做明显标注。
　　检验方法：对照图纸或产品说明书目测和尺量检查。
　　检查数量：每种仪表按20%抽检，不足10台全部检查。

13.2.3 对经过试运行的项目，其系统的投入情况、监控功能、故障报警连锁控制及数据采集等功能，应符合设计要求。
　　检验方法：调用节能监控系统的历史数据、控制流程图和试运行记录，对数据进行分析。
　　检查数量：检查全部进行过试运行的系统。

13.2.4 空调与采暖的冷热源、空调水系统的监测控制系统应成功运行，控制及故障报警功能应符合设计要求。
　　检验方法：在中央工作站使用检测系统软件，或采用在直接数字控制器或冷热源系统自带控制器上改变参数设定值和输入参数值，检测控制系统的投入情况及控制功能；在工作站或现场模拟故障，检测故障监视、记录和报警功能。
　　检查数量：全部检测。

13.2.5 通风与空调监测控制系统的控制功能及故障报警功能应符合设计要求。
　　检验方法：在中央工作站使用检测系统软件，或采用在直接数字控制器或通风与空调系统自带控制器上改变参数设定值和输入参数值，检测控制系统的投入情况及控制功能；在工作站或现场模拟故障，检测故障监视、记录和报警功能。
　　检查数量：按总数的20%抽样检测，不足5台全部检测。

13.2.6 监测与计量装置的检测计量数据应准确，并符合系统对测量准确度的要求。
　　检验方法：用标准仪器仪表在现场实测数据，将此数据分别与直接数字控制器和中央工作站显示数据进行比对。
　　检查数量：按20%抽样检测，不足10台全部检测。

13.2.7 供配电的监测与数据采集系统应符合设计要求。
　　检验方法：试运行时，监测供配电系统的运行工况，在中央工作站检查运行数据和报警功能。
　　检查数量：全部检测。

13.2.8 照明自动控制系统的功能应符合设计要求，当设计无要求时应实现下列控制功能：
　　1 大型公共建筑的公用照明区应采用集中控制并应按照建筑使用条件和天然采光状况采取分区、分组控制措施，并按需要采取调光或降低照度的控制措施；
　　2 旅馆的每间（套）客房应设置节能控制型开关；
　　3 居住建筑有天然采光的楼梯间、走道的一般照明，应采用节能自熄开关；
　　4 房间或场所设有两列或多列灯具时，应按下列方式控制：
　　　　1）所控灯列与侧窗平行；
　　　　2）电教室、会议室、多功能厅、报告厅等场所，按靠近或远离讲台分组。
　　检验方法：
　　1 现场操作检查控制方式；
　　2 依施工图，按回路分组，在中央工作站上进行被检回路的开关控制，观察相应回路的动作情况；
　　3 在中央工作站改变时间表控制程序的设定，观察相应回路的动作情况；
　　4 在中央工作站采用改变光照度设定值、室内人员分布等方式，观察相应回路的控制情况；
　　5 在中央工作站改变场景控制方式，观察相应的控制情况。
　　检查数量：现场操作检查为全数检查，在中央工作站上检查按照明控制箱总数的5%检测，不足5台全部检测。

13.2.9 综合控制系统应对以下项目进行功能检测，检测结果应满足设计要求：
　　1 建筑能源系统的协调控制；
　　2 采暖、通风与空调系统的优化监控。
　　检验方法：采用人为输入数据的方法进行模拟测试，按不同的运行工况检测协调控制和优化监控功能。
　　检查数量：全部检测。

13.2.10 建筑能源管理系统的能耗数据采集与分析功能，设备管理和运行管理功能，优化能源调度功能，数据集成功能应符合设计要求。
　　检验方法：对管理软件进行功能检测。
　　检查数量：全部检查。

13.3 一般项目

13.3.1 检测监测与控制系统的可靠性、实时性、可维护性等系统性能，主要包括下列内容：
　　1 控制设备的有效性，执行器动作应与控制系统的指令一致，控制系统性能稳定符合设计要求；
　　2 控制系统的采样速度、操作响应时间、报警反应速度应符合设计要求；
　　3 冗余设备的故障检测正确性及其切换时间和切换功能应符合设计要求；
　　4 应用软件的在线编程（组态）、参数修改、下载功能、设备及网络故障自检测功能应符合设计要求；
　　5 控制器的数据存储能力和所占存储容量应符合设计要求；

6 故障检测与诊断系统的报警和显示功能应符合设计要求；

7 设备启动和停止功能及状态显示应正确；

8 被控设备的顺序控制和连锁功能应可靠；

9 应具备自动控制/远程控制/现场控制模式下的命令冲突检测功能；

10 人机界面及可视化检查。

检验方法：分别在中央工作站、现场控制器和现场利用参数设定、程序下载、故障设定、数据修改和事件设定等方法，通过与设定的显示要求对照，进行上述系统的性能检测。

检查数量：全部检测。

14 建筑节能工程现场检验

14.1 围护结构现场实体检验

14.1.1 建筑围护结构施工完成后，应对围护结构的外墙节能构造和严寒、寒冷、夏热冬冷地区的外窗气密性进行现场实体检测。当条件具备时，也可直接对围护结构的传热系数进行检测。

14.1.2 外墙节能构造的现场实体检验方法见本规范附录C。其检验目的是：

1 验证墙体保温材料的种类是否符合设计要求；

2 验证保温层厚度是否符合设计要求；

3 检查保温层构造做法是否符合设计和施工方案要求。

14.1.3 严寒、寒冷、夏热冬冷地区的外窗现场实体检测应按照国家现行有关标准的规定执行。其检验目的是验证建筑外窗气密性是否符合节能设计要求和国家有关标准的规定。

14.1.4 外墙节能构造和外窗气密性的现场实体检验，其抽样数量可以在合同中约定，但合同中约定的抽样数量不应低于本规范的要求。当无合同约定时应按照下列规定抽样：

1 每个单位工程的外墙至少抽查3处，每处一个检查点；当一个单位工程外墙有2种以上节能保温做法时，每种节能做法的外墙应抽查不少于3处；

2 每个单位工程的外窗至少抽查3樘。当一个单位工程外窗有2种以上品种、类型和开启方式时，每种品种、类型和开启方式的外窗应抽查不少于3樘。

14.1.5 外墙节能构造的现场实体检验应在监理（建设）人员见证下实施，可委托有资质的检测机构实施，也可由施工单位实施。

14.1.6 外窗气密性的现场实体检测应在监理（建设）人员见证下抽样，委托有资质的检测机构实施。

14.1.7 当对围护结构的传热系数进行检测时，应由建设单位委托具备检测资质的检测机构承担；其检测方法、抽样数量、检测部位和合格判定标准等可在合同中约定。

14.1.8 当外墙节能构造或外窗气密性现场实体检验出现不符合设计要求和标准规定的情况时，应委托有资质的检测机构扩大一倍数量抽样，对不符合要求的项目或参数再次检验。仍然不符合要求时应给出"不符合设计要求"的结论。

对于不符合设计要求的围护结构节能构造应查找原因，对因此造成的对建筑节能的影响程度进行计算或评估，采取技术措施予以弥补或消除后重新进行检测，合格后方可通过验收。

对于建筑外窗气密性不符合设计要求和国家现行标准规定的，应查找原因进行修理，使其达到要求后重新进行检测，合格后方可通过验收。

14.2 系统节能性能检测

14.2.1 采暖、通风与空调、配电与照明工程安装完成后，应进行系统节能性能的检测，且应由建设单位委托具有相应检测资质的检测机构检测并出具报告。受季节影响未进行的节能性能检测项目，应在保修期内补做。

14.2.2 采暖、通风与空调、配电与照明系统节能性能检测的主要项目及要求见表14.2.2，其检测方法应按国家现行有关标准规定执行。

表14.2.2 系统节能性能检测主要项目及要求

序号	检测项目	抽样数量	允许偏差或规定值
1	室内温度	居住建筑每户抽测卧室或起居室1间，其他建筑按房间总数抽测10%	冬季不得低于设计计算温度2℃，且不应高于1℃；夏季不得高于设计计算温度2℃，且不应低于1℃
2	供热系统室外管网的水力平衡度	每个热源与换热站均不少于1个独立的供热系统	0.9~1.2
3	供热系统的补水率	每个热源与换热站均不少于1个独立的供热系统	0.5%~1%

续表 14.2.2

序号	检测项目	抽样数量	允许偏差或规定值
4	室外管网的热输送效率	每个热源与换热站均不少于1个独立的供热系统	≥0.92
5	各风口的风量	按风管系统数量抽查10%，且不得少于1个系统	≤15%
6	通风与空调系统的总风量	按风管系统数量抽查10%，且不得少于1个系统	≤10%
7	空调机组的水流量	按系统数量抽查10%，且不得少于1个系统	≤20%
8	空调系统冷热水、冷却水总流量	全数	≤10%
9	平均照度与照明功率密度	按同一功能区不少于2处	≤10%

14.2.3 系统节能性能检测的项目和抽样数量也可以在工程合同中约定，必要时可增加其他检测项目，但合同中约定的检测项目和抽样数量不应低于本规范的规定。

15 建筑节能分部工程质量验收

15.0.1 建筑节能分部工程的质量验收，应在检验批、分项工程全部验收合格的基础上，进行外墙节能构造实体检验，严寒、寒冷和夏热冬冷地区的外窗气密性现场检测，以及系统节能性能检测和系统联合试运转与调试，确认建筑节能工程质量达到验收条件后方可进行。

15.0.2 建筑节能工程验收的程序和组织应遵守《建筑工程施工质量验收统一标准》GB 50300 的要求，并应符合下列规定：

    1 节能工程的检验批验收和隐蔽工程验收应由监理工程师主持，施工单位相关专业的质量检查员与施工员参加；

    2 节能分项工程验收应由监理工程师主持，施工单位项目技术负责人和相关专业的质量检查员、施工员参加；必要时可邀请设计单位相关专业的人员参加；

    3 节能分部工程验收应由总监理工程师（建设单位项目负责人）主持，施工单位项目经理、项目技术负责人和相关专业的质量检查员、施工员参加；施工单位的质量或技术负责人应参加；设计单位节能设计人员应参加。

15.0.3 建筑节能工程的检验批质量验收合格，应符合下列规定：

    1 检验批应按主控项目和一般项目验收；

    2 主控项目应全部合格；

    3 一般项目应合格；当采用计数检验时，至少应有90%以上的检查点合格，且其余检查点不得有严重缺陷；

    4 应具有完整的施工操作依据和质量验收记录。

15.0.4 建筑节能分项工程质量验收合格，应符合下列规定：

    1 分项工程所含的检验批均应合格；

    2 分项工程所含检验批的质量验收记录应完整。

15.0.5 建筑节能分部工程质量验收合格，应符合下列规定：

    1 分项工程应全部合格；

    2 质量控制资料应完整；

    3 外墙节能构造现场实体检验结果应符合设计要求；

    4 严寒、寒冷和夏热冬冷地区的外窗气密性现场实体检测结果应合格；

    5 建筑设备工程系统节能性能检测结果应合格。

15.0.6 建筑节能工程验收时应对下列资料核查，并纳入竣工技术档案：

    1 设计文件、图纸会审记录、设计变更和洽商；

    2 主要材料、设备和构件的质量证明文件、进场检验记录、进场核查记录、进场复验报告、见证试验报告；

    3 隐蔽工程验收记录和相关图像资料；

    4 分项工程质量验收记录；必要时应核查检验批验收记录；

    5 建筑围护结构节能构造现场实体检验记录；

    6 严寒、寒冷和夏热冬冷地区外窗气密性现场检测报告；

    7 风管及系统严密性检验记录；

    8 现场组装的组合式空调机组的漏风量测试记录；

    9 设备单机试运转及调试记录；

    10 系统联合试运转及调试记录；

    11 系统节能性能检验报告；

12 其他对工程质量有影响的重要技术资料。

15.0.7 建筑节能工程分部、分项工程和检验批的质量验收表见本规范附录B。

1 分部工程质量验收表见本规范附录B中表B.0.1；

2 分项工程质量验收表见本规范附录B中表B.0.2；

3 检验批质量验收表见本规范附录B中表B.0.3。

附录A 建筑节能工程进场材料和设备的复验项目

A.0.1 建筑节能工程进场材料和设备的复验项目应符合表A.0.1的规定。

表A.0.1 建筑节能工程进场材料和设备的复验项目

章号	分项工程	复验项目
4	墙体节能工程	1 保温材料的导热系数、密度、抗压强度或压缩强度； 2 粘结材料的粘结强度； 3 增强网的力学性能、抗腐蚀性能
5	幕墙节能工程	1 保温材料：导热系数、密度； 2 幕墙玻璃：可见光透射比、传热系数、遮阳系数、中空玻璃露点； 3 隔热型材：抗拉强度、抗剪强度
6	门窗节能工程	1 严寒、寒冷地区：气密性、传热系数和中空玻璃露点； 2 夏热冬冷地区：气密性、传热系数，玻璃遮阳系数、可见光透射比、中空玻璃露点； 3 夏热冬暖地区：气密性、玻璃遮阳系数、可见光透射比、中空玻璃露点
7	屋面节能工程	保温隔热材料的导热系数、密度、抗压强度或压缩强度
8	地面节能工程	保温材料的导热系数、密度、抗压强度或压缩强度
9	采暖节能工程	1 散热器的单位散热量、金属热强度； 2 保温材料的导热系数、密度、吸水率
10	通风与空调节能工程	1 风机盘管机组的供冷量、供热量、风量、出口静压、噪声及功率； 2 绝热材料的导热系数、密度、吸水率
11	空调与采暖系统冷、热源及管网节能工程	绝热材料的导热系数、密度、吸水率
12	配电与照明节能工程	电缆、电线截面和每芯导体电阻值

附录B 建筑节能分部、分项工程和检验批的质量验收表

B.0.1 建筑节能分部工程质量验收应按表B.0.1的规定填写。

表B.0.1 建筑节能分部工程质量验收表

工程名称		结构类型		层数	
施工单位		技术部门负责人		质量部门负责人	
分包单位		分包单位负责人		分包技术负责人	
序号	分项工程名称		验收结论	监理工程师签字	备注
1	墙体节能工程				
2	幕墙节能工程				
3	门窗节能工程				
4	屋面节能工程				
5	地面节能工程				
6	采暖节能工程				
7	通风与空调节能工程				
8	空调与采暖系统的冷热源及管网节能工程				
9	配电与照明节能工程				
10	监测与控制节能工程				
质量控制资料					
外墙节能构造现场实体检验					
外窗气密性现场实体检测					
系统节能性能检测					
验收结论					
其他参加验收人员：					
验收单位	分包单位：		项目经理：	年 月 日	
	施工单位：		项目经理：	年 月 日	
	设计单位：		项目负责人：	年 月 日	
	监理（建设）单位：		总监理工程师： （建设单位项目负责人） 年 月 日		

B.0.2 建筑节能分项工程质量验收汇总应按表B.0.2的规定填写。

表 B.0.2 _____分项工程质量验收汇总表

工程名称		检验批数量	
设计单位		监理单位	
施工单位		项目经理	项目技术负责人
分包单位		分包单位负责人	分包项目经理
序号	检验批部位、区段、系统	施工单位检查评定结果	监理（建设）单位验收结论
1			
2			
3			
4			
5			
6			
7			
8			
9			
10			
11			
12			
13			
14			
15			
施工单位检查结论：项目专业质量（技术）负责人 年 月 日		验收结论：监理工程师：（建设单位项目专业技术负责人） 年 月 日	

B.0.3 建筑节能工程检验批/分项工程质量验收应按表B.0.3的规定填写。

表 B.0.3 _____检验批/分项工程质量验收表 编号：

工程名称		分项工程名称		验收部位	
施工单位			专业工长		项目经理
施工执行标准名称及编号					
分包单位			分包项目经理		施工班组长
验收规范规定			施工单位检查评定记录		监理（建设）单位验收记录
主控项目	1	第 条			
	2	第 条			
	3	第 条			
	4	第 条			
	5	第 条			
	6	第 条			
	7	第 条			
	8	第 条			
	9	第 条			
	10	第 条			
一般项目	1	第 条			
	2	第 条			
	3	第 条			
	4	第 条			
施工单位检查评定结果		项目专业质量检查员：（项目技术负责人） 年 月 日			
监理（建设）单位验收结论		监理工程师：（建设单位项目专业技术负责人） 年 月 日			

附录 C 外墙节能构造钻芯检验方法

C.0.1 本方法适用于检验带有保温层的建筑外墙其节能构造是否符合设计要求。

C.0.2 钻芯检验外墙节能构造应在外墙施工完工后、节能分部工程验收前进行。

C.0.3 钻芯检验外墙节能构造的取样部位和数量，应遵守下列规定：

    1 取样部位应由监理（建设）与施工双方共同确定，不得在外墙施工前预先确定；

    2 取样部位应选取节能构造有代表性的外墙上相对隐蔽的部位，并宜兼顾不同朝向和楼层；取样部位必须确保钻芯操作安全，且应方便操作。

    3 外墙取样数量为一个单位工程每种节能保温做法至少取3个芯样。取样部位宜均匀分布，不宜在同一个房间外墙上取2个或2个以上芯样。

C.0.4 钻芯检验外墙节能构造应在监理（建设）人员见证下实施。

C.0.5 钻芯检验外墙节能构造可采用空心钻头，从保温层一侧钻取直径70mm的芯样。钻取芯样深度为钻透保温层到达结构层或基层表面，必要时也可钻透墙体。

当外墙的表层坚硬不易钻透时，也可局部剔除坚硬的面层后钻取芯样。但钻取芯样后应恢复原有外墙的表面装饰层。

C.0.6 钻取芯样时应尽量避免冷却水流入墙体内及污染墙面。从空心钻头中取出芯样时应谨慎操作，以保持芯样完整。当芯样严重破损难以准确判断节能构造或保温层厚度时，应重新取样检验。

C.0.7 对钻取的芯样，应按照下列规定进行检查：

    1 对照设计图纸观察、判断保温材料种类是否符合设计要求；必要时也可采用其他方法加以判断；

    2 用分度值为1mm的钢尺，在垂直于芯样表面（外墙面）的方向上量取保温层厚度，精确到1mm；

    3 观察或剖开检查保温层构造做法是否符合设计和施工方案要求。

C.0.8 在垂直于芯样表面（外墙面）的方向上实测芯样保温层厚度，当实测芯样厚度的平均值达到设计厚度的95%及以上且最小值不低于设计厚度的90%时，应判定保温层厚度符合设计要求；否则，应判定保温层厚度不符合设计要求。

C.0.9 实施钻芯检验外墙节能构造的机构应出具检验报告。检验报告的格式可参照表C.0.9样式。检验报告至少应包括下列内容：

    1 抽样方法、抽样数量与抽样部位；

    2 芯样状态的描述；

    3 实测保温层厚度，设计要求厚度；

    4 按照本规范14.1.2条的检验目的给出是否符合设计要求的检验结论；

    5 附有带标尺的芯样照片并在照片上注明每个芯样的取样部位；

    6 监理（建设）单位取样见证人的见证意见；

    7 参加现场检验的人员及现场检验时间；

    8 检测发现的其他情况和相关信息。

C.0.10 当取样检验结果不符合设计要求时，应委托具备检测资质的见证检测机构增加一倍数量再次取样检验。仍不符合设计要求时应判定围护结构节能构造不符合设计要求。此时应根据检验结果委托原设计单位或其他有资质的单位重新验算房屋的热工性能，提出技术处理方案。

C.0.11 外墙取样部位的修补，可采用聚苯板或其他保温材料制成的圆柱形塞填充并用建筑密封胶密封。修补后宜在取样部位挂贴注有"外墙节能构造检验点"的标志牌。

表 C.0.9 外墙节能构造钻芯检验报告

外墙节能构造检验报告				
			报告编号	
			委托编号	
			检测日期	
工程名称				
建设单位		委托人/联系电话		
监理单位		检测依据		
施工单位		设计保温材料		
节能设计单位		设计保温层厚度		
	检验项目	芯样1	芯样2	芯样3
	取样部位	轴线/层	轴线/层	轴线/层
检验结果	芯样外观	完整/基本完整/破碎	完整/基本完整/破碎	完整/基本完整/破碎
	保温材料种类			
	保温层厚度	mm	mm	mm
	平均厚度	mm		
	围护结构分层做法	1基层；2 3 4 5	1基层；2 3 4 5	1基层；2 3 4 5
	照片编号			
结论：			见证意见： 1 抽样方法符合规定 2 现场钻芯真实 3 芯样照片真实 4 其他 见证人：	
批 准		审 核		检 验
检验单位	（印章）		报告日期	

本规范用词说明

1 为了便于在执行本规范条文时区别对待,对要求严格程度不同的用词说明如下:
　1)表示很严格,非这样做不可的用词:
　　正面词采用"必须",反面词采用"严禁";
　2)表示严格,在正常情况下均应这样做的用词:
　　正面词采用"应",反面词采用"不应"或"不得";
　3)表示允许稍有选择,在条件许可时首先应这样做的用词:
　　正面词采用"宜",反面词采用"不宜";
　　表示有选择,在一定条件下可以这样做的,采用"可"。

2 规范中指定应按其他标准、规范执行时,采用:"应按……执行"或"应符合……的要求或规定"。

中华人民共和国国家标准

建筑节能工程施工质量验收规范

GB 50411—2007

条 文 说 明

目 次

1 总则 ································ 29—30
2 术语 ································ 29—30
3 基本规定 ····························· 29—30
  3.1 技术与管理 ······················· 29—30
  3.2 材料与设备 ······················· 29—31
  3.3 施工与控制 ······················· 29—31
  3.4 验收的划分 ······················· 29—32
4 墙体节能工程 ························ 29—32
  4.1 一般规定 ·························· 29—32
  4.2 主控项目 ·························· 29—33
  4.3 一般项目 ·························· 29—34
5 幕墙节能工程 ························ 29—34
  5.1 一般规定 ·························· 29—34
  5.2 主控项目 ·························· 29—35
  5.3 一般项目 ·························· 29—37
6 门窗节能工程 ························ 29—37
  6.1 一般规定 ·························· 29—37
  6.2 主控项目 ·························· 29—37
  6.3 一般项目 ·························· 29—38
7 屋面节能工程 ························ 29—38
  7.1 一般规定 ·························· 29—38
  7.2 主控项目 ·························· 29—39
  7.3 一般项目 ·························· 29—39
8 地面节能工程 ························ 29—40
  8.1 一般规定 ·························· 29—40
  8.2 主控项目 ·························· 29—40
  8.3 一般项目 ·························· 29—41
9 采暖节能工程 ························ 29—41
  9.1 一般规定 ·························· 29—41
  9.2 主控项目 ·························· 29—41
  9.3 一般项目 ·························· 29—42
10 通风与空调节能工程 ··············· 29—42
  10.1 一般规定 ························ 29—42
  10.2 主控项目 ························ 29—42
  10.3 一般项目 ························ 29—45
11 空调与采暖系统冷热源及管
    网节能工程 ·························· 29—45
  11.1 一般规定 ························ 29—45
  11.2 主控项目 ························ 29—45
  11.3 一般项目 ························ 29—48
12 配电与照明节能工程 ··············· 29—48
  12.1 一般规定 ························ 29—48
  12.2 主控项目 ························ 29—48
  12.3 一般项目 ························ 29—48
13 监测与控制节能工程 ··············· 29—49
  13.1 一般规定 ························ 29—49
  13.2 主控项目 ························ 29—50
  13.3 一般项目 ························ 29—51
14 建筑节能工程现场检验 ············ 29—51
  14.1 围护结构现场实体检验 ·········· 29—51
  14.2 系统节能性能检测 ··············· 29—52
15 建筑节能分部工程质量验收 ······· 29—52
附录 C 外墙节能构造钻芯检验
      方法 ································ 29—52

1 总　　则

标准的"总则"一章，通常叙述本项标准编制的目的、依据、适用范围、各项规定的严格程度，以及本标准与其他标准的关系等基本事项。

1.0.1 阐述制定本规范的目的与依据。

制定节能验收规范的目的，是为了加强建筑节能工程的施工质量管理，统一建筑节能工程施工质量验收，提高建筑工程节能效果，使其达到设计要求。而制定的依据则是现行国家有关工程质量和建筑节能的法律、法规、管理要求和相关技术标准等。需要理解的是，作为验收标准，是从验收角度对施工质量提出的要求和规定，不能也不应是全面的要求。

1.0.2 界定本规范的适用范围。

本规范的适用范围，是新建、改建和扩建的民用建筑。在一个单位工程中，适用的具体范围是建筑工程中围护结构、设备专业等各个专业的建筑节能分项工程施工质量的验收。对于既有建筑节能改造工程由于可列入改建工程的范畴，故也应遵守本规范的要求。

1.0.3 阐述本规范各项规定的总体"水平"，即"严格程度"。由于是适用于全国的验收规范，与其他验收规范一样，本规范各项规定的"水平"是最低要求，即"最起码的要求"。

1.0.4 阐述本规范与其他相关验收规范的关系。这种关系遵守协调一致、互相补充的原则，即无论是本规范还是其他相应规范，在施工和验收中都应遵守，不得违反。

1.0.5 根据国家规定，建设工程必须节能，节能达不到要求的建筑工程不得验收交付使用。因此，规定单位工程竣工验收应在建筑节能分部工程验收合格后方可进行。即建筑节能验收是单位工程验收的先决条件，具有"一票否决权"。

2 术　　语

术语通常为在本标准中出现的其含义需要加以界定、说明或解释的重要词汇。尽管在确定和解释术语时尽可能考虑了习惯和通用性，但是理论上术语只在本标准中有效，列出的目的主要是防止出现错误理解。当本标准列出的术语在本规范以外使用时，应注意其可能含有与本规范不同的含义。

3 基本规定

3.1 技术与管理

3.1.1 本条对承担建筑节能工程施工任务的施工企业提出资质要求。执行中，目前国家尚未制定专门的节能工程施工资质，故应按照国家现行规定具备相应的建筑工程承包的施工资质。如国家制定专门的节能工程施工资质，则应按照国家规定执行。

对施工现场的要求，本规范与统一标准及各专业验收规范一致。

本条要求施工现场具有相应的施工技术标准，指与施工有关的各种技术标准，包括工艺标准、验收标准以及与工程有关的材料标准、检验标准等；不仅包括国家、行业和地方标准，也可以包括与工程有关的企业标准、施工方案及作业指导书等。

3.1.2 由于材料供应、工艺改变等原因，建筑工程施工中可能需要改变节能设计。为了避免这些改变影响节能效果，本条对涉及节能的设计变更严格加以限制。

本条规定有三层含义：第一，任何有关节能的设计变更，均须事前办理设计变更手续；第二，有关节能的设计变更不应降低节能效果；第三，涉及节能效果的设计变更，除应由原设计单位认可外，还应报原负责节能设计审查机构审查方可确定。确定变更后，并应获得监理或建设单位的确认。

本条的设定增加了节能设计变更的难度，是为了尽可能维护已经审查确定的节能设计要求，减少不必要的节能设计变更。

3.1.3 建筑节能工程采用的新技术、新设备、新材料、新工艺，通常称为"四新"技术。"四新"技术由于"新"，尚没有标准可作为依据。对于"四新"技术的应用，应采取积极、慎重的态度。国家鼓励建筑节能工程施工中采用"四新"技术，但为了防止不成熟的技术或材料被应用到工程上，国家同时又规定了对于"四新"技术要进行科技成果鉴定、技术评审或实行备案等措施。具体做法是：应按照有关规定进行评审鉴定及备案方可采用，节能施工中应遵照执行。

此外，与"四新"技术类似的，还有新的或首次采用的施工工艺。考虑到建筑节能施工中涉及的新材料、新技术较多，对于从未有过的施工工艺，或者其他单位虽已做过但是本施工单位尚未做过的施工工艺，应进行"预演"并进行评价，需要时应调整参数再次演练，直至达到要求。施工前还应制定专门的施工技术方案以保证节能效果。

3.1.4 单位工程的施工组织设计应包括建筑节能工程施工内容。建筑节能工程施工前，施工企业应编制建筑节能工程施工技术方案并经监理（建设）单位审查批准。施工单位应对从事建筑节能工程施工作业的专业人员进行技术交底和必要的实际操作培训。

鉴于建筑节能的重要性，每个工程的施工组织设计中均应列明有关本工程与节能施工有关的内容以便规划、组织和指导施工。施工前，施工企业还应专门编制建筑节能工程施工技术方案，经监理单位审批后实施。没有实行监理的工程则应由建设单位审批。

从事节能施工作业人员的操作技能对于节能施工效果影响较大，且许多节能材料和工艺对于某些施工人员可能并不熟悉，故应在节能施工前对相关人员进行技术交底和必要的实际操作培训，技术交底和培训均应留有记录。

3.1.5 建筑节能效果只能通过检测数据来评价，因此检测结论的正确与否十分重要。目前建设部关于检测机构资质管理办法（第141号建设部令）中尚未包括节能专项检测资质，故目前承担建筑节能工程检测试验的检测机构应具备见证检测资质并通过节能试验项目的计量认证。待国家颁发节能专项检测资质后应按照相关规定执行。

3.2 材料与设备

3.2.1 材料、设备是节能工程的物质基础，通常在设计中规定或在合同中约定。凡设计有要求的应符合设计要求，同时也要符合国家有关产品质量标准的规定，此即对它们的质量进行"双控"。对于设计未提出要求或尚无国家和行业标准的材料和设备，则应该在合同中约定，或在施工方案中明确，并且应该得到监理或建设单位的同意或确认。这些材料和设备，虽然尚无国家和行业标准，但是应该有地方或企业标准。这些材料和设备必须符合地方或企业标准中的质量要求。

执行中应注意，由于采暖、空调系统及其他建筑机电设备的技术性能参数对于节能效果影响较大，故更应严格要求其符合国家有关标准的规定。近几年来，国家对于技术指标落后或质量存在较大问题的材料、设备明令禁止使用，节能工程施工应严格遵守这些规定，不得采购和使用。

本条提出的设计要求，是指工程的设计要求，而非设备生产厂家对产品或设备的设计要求。

3.2.2 本条给出了材料和设备进场验收的具体规定。材料和设备的进场验收是把好材料合格关的重要环节，进场验收通常可分为三个步骤：

1 首先是对其品种、规格、包装、外观和尺寸等"可视质量"进行检查验收，并应经监理工程师或建设单位代表核准。进场验收应形成相应的质量记录。材料和设备的可视质量，指那些可以通过目视和简单的尺量、称重、敲击等方法进行检查的质量。

2 其次是对质量证明文件的核查。由于进场验收时对"可视质量"的检查只能检查材料和设备的外观质量，其内在质量难以判定，需由各种质量证明文件加以证明，故进场验收必须对材料和设备附带的质量证明文件进行核查。这些质量证明文件通常也称技术资料，主要包括质量合格证、中文说明书及相关性能检测报告、型式检验报告等；进口材料和设备应按规定进行出入境商品检验。这些质量证明文件应纳入工程技术档案。

3 对于建筑节能效果影响较大的部分材料和设备应实施抽样复验，以验证其质量是否符合要求。由于抽样复验需要花费较多的时间和费用，故复验数量、频率和参数应控制到最少，主要针对那些直接影响节能效果的材料、设备的部分参数。

本规范各章均提出了进场材料和设备的复验项目。为方便查找和使用，本规范将各章提出的材料、设备的复验项目汇总在附录A中，但是执行中仍应对照和满足各章的具体要求。参照建设部建建字[2000]211号文件规定，重要的试验项目应实行见证取样和送检，以提高试验的真实性和公正性，本规范规定建筑节能工程进场材料和设备的复验应为见证取样送检。

3.2.3 本条对建筑节能工程所使用材料的耐火性能作出规定。耐火性能是建筑工程最重要的性能之一，直接影响用户安全，故有必要加以强调。对材料耐火性能的具体要求，应由设计提出，并应符合相应标准的要求。

3.2.4 为了保护环境，国家制定了建筑装饰材料有害物质限量标准，建筑节能工程使用的材料与建筑装饰材料类似，往往附着在结构的表面，容易造成污染，故规定应符合这些材料有害物质限量标准，不得对室内外环境造成污染。目前判断竣工工程室内环境是否污染通常按照《民用建筑室内环境污染控制规范》GB 50325的要求进行。

3.2.5 现场配制的材料由于现场施工条件的限制，其质量较难保证。本条规定主要是为了防止现场配制的随意性，要求必须按设计要求或配合比配制，并规定了应遵守的关于配置要求的关系与顺序。即：首先应按设计要求或试验室给出的配合比进行现场配制。当无上述要求时，可以按照产品说明书配制。执行中应注意上述配制要求，均应具有可追溯性，并应写入施工方案中。不得按照经验或口头通知配制。

3.2.6 多数节能保温材料的含水率对节能效果有明显影响，但是这一情况在施工中未得到足够重视。本条规定了施工中控制节能保温材料含水率的原则。即节能保温材料在施工使用时的含水率应符合设计要求、工艺标准要求及施工技术方案要求。通常设计或工艺标准应给出材料的含水率要求，这些要求应该体现在施工技术方案中。但是目前缺少上述含水率要求的情况较多，考虑到施工管理水平的不同，本规范给出了控制含水率的基本原则亦即最低要求：节能保温材料的含水率不应大于正常施工环境湿度中的自然含水率，否则应采取降低含水率的措施。据此，雨季施工、材料受潮或泡水等情形下，应采取适当措施控制保温材料的含水率。

3.3 施工与控制

3.3.1 本条为强制性条文，是对节能工程施工的基本要求。设计文件和施工技术方案，是节能工程施工也是所有工程施工均应遵循的基本要求。对于设计文件应当经过设计审查机构的审查；施工技术方案则应通过建设或监理单位的审查。施工中的变更，同样应经过审查，见本规范相关章节。

3.3.2 制作样板间的方法是在长期施工中总结出来行之有效的方法。不仅可以直观地看到和评判其质量与工艺状况，还可以对材料、做法、效果等进行直接检查，相当于验收的实物标准。因此节能工程施工也应当借鉴和采用。样板间方法主要适用于重复采用同样建筑节能设计的房间和构造做法，制作时应采用相同材料和工艺在现场制作，经有关各方确认后方可进行施工。

施工中应注意，样板间或样板件的技术资料（材料、工艺、验收资料）应纳入工程技术档案。

3.3.3 建筑节能工程的施工作业往往在主体结构完成后进行，其作业条件各不相同。部分节能材料对环境条件的要求较高，例如保温材料对环境湿度及施工时气候的要求等。这些要求多数在工艺标准或施工技术方案中加以规定，因此本条要求建筑节能工程的施工作业环境条件，应满足相关标准和施工工艺的要求。

3.4 验收的划分

3.4.1 本条给出了建筑节能验收与其他已有的各分部分项工程验收的关系，确定了节能验收在总体验收中的定位，故称之为验收的划分。

建筑节能验收本来属于专业验收的范畴，其许多验收内容与原有建筑工程的分部分项验收有交叉与重复，故建筑节能工程验收的定位有一定困难。为了与已有的《建筑工程施工质量验收统一标准》GB 50300和各专业验收规范一致，本规范将建筑节能工程作为单位建筑工程的一个分部工程来进行划分和验收，并规定了其包含的各分项工程划分的原则，主要有四项规定：

一是直接将节能分部工程划分为10个分项工程，给出了这10个分项工程名称及需要验收的主要内容。划分这些分项工程的原则与《建筑工程施工质量验收统一标准》GB 50300及各专业工程施工质量验收规范原有的划分尽量一致。表 3.4.1 中的各个分项工程，是指"其节能性能"，这样理解就能够与原有的分部工程划分协调一致。

二是明确节能工程应按分项工程验收。由于节能工程验收内容复杂，综合性较强，验收内容如果对检验批直接给出易造成分散和混乱。故本规范的各项验收要求均直接对分项工程提出。当分项工程较大时，可以划分成检验批验收，其验收要求不变。

三是考虑到某些特殊情况下，节能验收的实际内容或情况难以按照上述要求进行划分和验收，如遇到某建筑物分期或局部进行节能改造时，不易划分分部、分项工程，此时允许采取建设、监理、设计、施工等各方协商一致的划分方式进行节能工程的验收。但验收项目、验收标准和验收记录均应遵守本规范的规定。

四是规定有关节能的项目应单独填写检查验收表格，作出节能项目验收记录并单独组卷，以与建设部要求节能审图单列的规定一致。

4 墙体节能工程

4.1 一般规定

4.1.1 本条规定了墙体节能工程的适用范围。本章的适用范围，实际涵盖了目前所有的墙体节能做法。除了所列举的板材、浆料、块材、构件外，采用其他节能材料的墙体也应遵照执行。

4.1.2 本条规定墙体节能验收的程序性要求。分为两种情况：

一种情况是墙体节能工程在主体结构完成后施工，对此在施工过程中应及时进行质量检查、隐蔽工程验收、相关检验批和分项工程验收，施工完成后应进行墙体节能子分部工程验收。大多数墙体节能工程都是在主体结构内侧或外侧表面做保温层，故属于这种情况。

另一种是与主体结构同时施工的墙体节能工程，如现浇夹心复合保温墙板等，对此无法分别验收，只能与主体结构一同验收。验收时结构部分应符合相应的结构规范要求，而节能工程应符合本规范的要求。

4.1.3 墙体节能工程采用的外保温成套技术或产品，是由供应方配套提供。对于其生产过程中采用的材料、工艺难以在施工现场进行检查，耐久性在短期内更是难以判断，因此主要依靠厂方提供的型式检验报告加以证实。型式检验报告本应包含耐久性能检验，但是由于该项检验较复杂，现实中有部分不规范的型式检验报告不做该项检验。故本条规定型式检验报告的内容应包括耐候性检验。当供应方不能提供耐久性检验参数时，应由具备资格的检测机构予以补做。

4.1.4 本条列出墙体节能工程通常应该进行隐蔽工程验收的具体部位和内容，以规范隐蔽工程验收。当施工中出现本条未列出的内容时，应在施工组织设计、施工方案中对隐蔽工程验收内容加以补充。

需要注意，本条要求隐蔽工程验收不仅应有详细的文字记录，还应有必要的图像资料，这是为了利用现代科技手段更好地记录隐蔽工程的真实情况。对于"必要"的理解，可理解为有隐蔽工程全貌和有代表性的局部（部位）照片。其分辨率以能够表达清楚受检部位的情况为准。照片应作为隐蔽工程验收资料与文字资料一同归档保存。

4.1.6 节能工程分项工程划分的方法和应遵守的原则已由本规范3.4.1条规定。如果分项工程的工程量较大，出现需要划分检验批的情况时，可按照本条规定进行。本条规定的原则与现行国家标准《建筑装饰装修工程质量验收规范》GB 50210保持一致。

应注意墙体节能工程检验批的划分并非是惟一或绝对的。当遇到较为特殊的情况时，检验批的划分也可根据方便施工与验收的原则，由施工单位与监理（建设）单位共同商定。

4.2 主控项目

4.2.1 本条是对墙体节能工程使用材料、构件的基本规定。要求材料、构件的品种、规格等应符合设计要求，不能随意改变和替代。在材料、构件进场时通过目视和尺量、秤重等方法检查，并对其质量证明文件进行核查确认。检查数量为每种材料、构件按进场批次每批次随机抽取3个试样进行检查。当能够证实多次进场的同种材料属于同一生产批次时，可按该材料的出厂检验批次和抽样数量进行检查。如果发现问题，应扩大抽查数量，最终确定该批材料、构件是否符合设计要求。

4.2.2 本条为强制性条文。是在4.2.1条规定基础上，要求墙体节能工程使用的保温隔热材料的导热系数、密度、抗压强度或压缩强度，以及燃烧性能均应符合设计要求。

保温隔热材料的主要热工性能和燃烧性能是否满足本条规定，主要依靠对各种质量证明文件的核查和进场复验。核查质量证明文件包括核查材料的出厂合格证、性能检测报告、构件的型式检验报告等。对有进场复验规定的要核查进场复验报告。本条中除材料的燃烧性能外均应进行进场复验，故应核查复验报告。对材料燃烧性能则应核查其质量证明文件。对于新材料，应检查是否通过技术鉴定，其热工性能和燃烧性能检验结果是否符合设计要求和本规范相关规定。

应该注意，当上述质量证明文件和各种检测报告为复印件时，应加盖证明其真实性的相关单位印章和经手人员签字，并应注明原件存放处。必要时，还应核对原件。

4.2.3 本条列出墙体节能工程保温材料和粘结材料等进场复验的具体项目和参数要求。复验的试验方法应遵守相应产品的试验方法标准。复验指标是否合格应依据设计要求和产品标准判定。复验抽样频率为：同一厂家的同一种类产品（不考虑规格）应至少抽样复验3次。当单位工程建筑面积超过20000m^{2}时应抽查6次。不同厂家、不同种类（品种）的材料均应分别抽样进行复验。所谓种类，是指材质或材料品种。复验应为见证取样送检，由具备见证资质的检测机构进行试验。根据建设部141号令第12条规定，见证取样试验应由建设单位委托。

4.2.4 严寒、寒冷地区的外保温粘结材料，由于处在较为严酷的条件下，故对其增加了冻融试验要求。本条所要求进行的冻融试验不是进场复验，是指由材料生产、供应方委托送检的试验。这些试验应按照有关产品标准进行，其结果应符合产品标准的规定。冻融试验可由生产或供应方委托通过计量认证具备产品检验资质的检验机构进行试验并提供报告。

4.2.5 为了保证墙体节能工程质量，需要对墙体基层表面进行处理，然后进行保温层施工。基层表面处理对于保证安全和节能效果很重要，由于基层表面处理属于隐蔽工程，施工中容易被忽略，事后无法检查。本条强调对基层表面进行的处理应按照设计和施工方案的要求进行，以满足保温层施工工艺的需要。并规定施工中应全数检查，验收时则应核查所有隐蔽工程验收记录。

4.2.6 除面层外，墙体节能工程各层构造做法均为隐蔽工程，完工后难以检查。因此本条给出了施工中实体检查和验收时资料核查两种检查方法和数量。在施工过程中对于隐蔽工程应该随做随验，并做好记录。检查的内容主要是墙体节能工程各层构造做法是否符合设计要求，以及施工工艺是否符合施工方案要求。检验批验收时则应核查这些隐蔽工程验收记录。

4.2.7 本条为强制性条文。对墙体节能工程施工提出4款基本要求，这些要求主要关系到安全和节能效果，十分重要。本条要求的粘贴强度和锚固拉拔力试验，当施工企业试验室有能力时可由施工企业试验室承担，也可委托给具备见证资质的检测机构进行试验。采用的试验方法可以在承包合同中约定，也可选择现行行业标准、地方标准推荐的相关试验方法。

4.2.8 外墙采用预置保温板现场浇筑混凝土墙体时，除了保温材料本身质量外，容易出现的主要问题是保温板移位的问题。故本条要求施工单位安装保温板时应做到位置正确、接缝严密，在浇筑混凝土过程中应采取措施并设专人照看，以保证保温板不移位、不变形、不损坏。

4.2.9 外墙保温层采用保温浆料做法时，由于施工现场的条件所限，保温浆料的配制与施工质量不易控制。为了检验浆料保温层的实际保温效果，本条规定应在施工中制作同条件养护试件，以检测其导热系数、干密度和压缩强度等参数。保温浆料同条件养护试块试验应实行见证取样送检，由建设单位委托给具备见证资质的检测机构进行试验。

4.2.10 本条是对墙体节能工程的各类饰面层施工质量的规定。除了应符合设计要求和《建筑装饰装修工程质量验收规范》GB 50210的规定外，本条提出了4项要求。提出这些要求的主要目的是防止外墙外保温出现安全问题和保温效果失效的问题。

第2款提出外墙外保温工程不宜采用粘贴饰面砖做饰面层的要求，是鉴于目前许多外墙外保温工程经常采用饰面砖饰面，而考虑到外墙外保温工程中的保温层强度一般较低，如果表面粘贴较重的饰面砖，使用年限较长后容易变形脱落，故本规范建议不宜采用。当一定要采用时，则规定必须有保证保温层与饰面砖安全性与耐久性的措施。

第3款提出不应渗漏的要求，是保证保温效果的重要规定。特别对外墙外保温工程的饰面层采用饰面板开缝安装时，规定保温层表面应具有防水功能或采取其他相应的防水措施，以防止保温层浸水失效。如果设计无此要求，应提出洽商解决。

4.2.11 保温砌块砌筑的墙体，通常设计均要求采用具有保温功能的砂浆砌筑。由于其灰缝饱满度与密实性对节能效果有一定影响，故对于保温砌体灰缝砂浆饱满度的要求应严于普通灰缝。本规范要求水平灰缝饱满度不应低于90%，竖直灰缝不应低于80%，相当于对小砌块的要求，实践证明是可行的。

4.2.12 采用预制保温墙板现场安装组成保温墙体，具有施工进度快、产品质量稳定、保温效果可靠等优点。但是组装过程容易出现连接、渗漏等问题。为此本条规定首先应有型式检验报告证明预制保温墙板产品及其安装性能合格，包括保温墙板的结构性能、热工性能等均应合格；其次墙板与主体结构的连接方法应符合设计要求，墙板的板缝、构造节点及嵌缝做法应与设计一致。检查安装好的保温墙板板缝不得渗漏，可采用现场淋水试验的方法，对墙体板缝部位连续淋水1h不渗漏为合格。

4.2.13 墙体内隔汽层的作用，主要为防止空气中的水分进入保温层造成保温效果下降，进而形成结露等问题。本条针对隔汽层容易出现的破损、透汽等问题，规定隔汽层设置的位置、使用的材料及构造做法，应符合设计要求和相关标准的规定。要求隔汽层应完整、严密，穿透隔汽层处应采取密封措施。隔汽层冷凝水排水构造应符合设计要求。

4.2.14 本条所指的门窗洞口四周墙侧面，是指窗洞口的侧面，即与外墙面垂直的4个小面。这些部位容易出现热桥或保温层缺陷。对于外墙及毗邻不采暖空间墙体上的上述部位，以及凸窗外凸部分的四周墙侧面和地面，均应按设计要求采取隔断热桥或节能保温措施。当设计未对上述部位提出要求时，施工单位应与设计、建设或监理单位联系，确认是否应采取处理措施。

4.2.15 本条特别对严寒、寒冷地区的外墙热桥部位提出要求。这些地区外墙的热桥，对于墙体总体保温效果影响较大。故要求均应按设计要求采取隔断热桥或节能保温措施。当缺少设计要求时，应提出办理洽商，或按照施工技术方案进行处理。完工后采用热工成像设备进行扫描检查，可以辅助了解其处理措施是否有效。本条为主控项目，与4.3.3条列为一般项目的非严寒、寒冷地区的要求在严格程度上有区别。

4.3 一般项目

4.3.1 在出厂运输和装卸过程中，节能保温材料与构件的外观如棱角、表面等容易损坏，其包装容易破损，这些都可能进一步影响到材料和构件的性能。如：包装破损后材料受潮，构件运输中出现裂缝等，这类现象应该引起重视。本条针对这种情况作出规定：要求进入施工现场的节能保温材料和构件的外观和包装应完整无破损，并符合设计要求和材料产品标准的规定。

4.3.2 本条是对于玻纤网格布的施工要求。玻纤网格布属于隐蔽工程，其质量缺陷完工后难以发现，故施工中应加强管理和严格要求。

4.3.6 从施工工艺角度看，除配制外，保温浆料的抹灰与普通装饰抹灰基本相同。保温浆料层的施工，包括对基层和面层的要求、对接槎的要求、对分层厚度和压实的要求等，均应按照抹灰工艺执行。

4.3.7 本条主要针对容易碰撞、破损的保温层特殊部位要求采取加强措施，防止被损坏。具体防止开裂和破损的加强措施通常由设计或施工技术方案确定。

4.3.8 有机类保温材料的陈化，也称"熟化"，是该类材料的一个特点。由于有机类保温材料的体积需经过一定时间才趋于稳定，故本条提出了对材料陈化时间的要求。其具体陈化时间可根据不同有机类保温材料的产品说明书确定。

5 幕墙节能工程

5.1 一般规定

5.1.1 建筑幕墙包括玻璃幕墙（透明幕墙）、金属幕墙、石材幕墙及其他板材幕墙，种类非常繁多。随着建筑的现代化，越来越多的建筑使用建筑幕墙，建筑幕墙以其美观、轻质、耐久、易维修等优良特性被建筑师和业主所亲睐，在建筑中禁止使用建筑幕墙是不现实的。

虽然建筑幕墙的种类繁多，但作为建筑的围护结构，在建筑节能的要求方面还是有一定的共性。节能标准对其性能指标也有着明确的要求。玻璃幕墙属于透明幕墙，与建筑外窗在节能方面有着共同的要求。但玻璃幕墙的节能要求也与外窗有着很明显的不同，玻璃幕墙往往与其他的非透明幕墙是一体的，不可分离。非透明幕墙虽然与墙体有着一样的节能指标要求，但由于其构造的特殊性，施工与墙体有着很大的不同，所以不适于和墙体的施工验收放在一起。

另外，由于建筑幕墙的设计施工往往是另外进行专业分包，施工验收按照《建筑装饰装修工程质量验收规范》GB 50210 进行，而且也往往是先单独验收，所以将建筑幕墙单列一章。

5.1.2 有些幕墙的非透明部分的隔汽层或保温层附着在建筑主体的实体墙上。对于这类建筑幕墙，保温材料或隔汽层需要在实体墙的墙面质量满足要求后才能进行施工作业，否则保温材料可能粘贴不牢固，隔汽层（或防水层）附着不理想。另外，主体结构往往是土建单位施工，幕墙是专业分包，在施工中若不进行分阶段验收，出现质量问题时容易发生纠纷。

5.1.3 铝合金隔热型材、钢隔热型材在一些幕墙工程中已经得到应用。隔热型材的隔热材料一般是尼龙或发泡的树脂材料等。这些材料是很特殊的，既要保证足够的强度，又要有较小的导热系数，还要满足幕墙型材在尺寸方面的苛刻要求。从安全的角度而言，型材的力学性能是非常重要的，对于有机材料，其热变形性能也非常重要。型材的力学性能主要包括抗剪强度和横向抗拉强度等；热变形性能包括热膨胀系数、热变形温度等。

5.1.4 对建筑幕墙节能工程施工进行隐蔽工程验收是非常重要的。这样一方面可以确保节能工程的施工质量，另一方面可以避免工程质量纠纷。

在非透明幕墙中，幕墙保温材料的固定是否牢固，可以直接影响到节能的效果。如果固定不牢，保温材料可能会脱离，从而造成部分部位无保温材料。另外，如果采用彩釉玻璃一类的材料作为幕墙的外饰面板，保温材料直接贴到玻璃上很容易使得玻璃的温度不均匀，从而使玻璃更加容易自爆。

幕墙的隔汽层、冷凝水收集和排放构造等都是为了避免非透明幕墙部位结露，结露的水渗漏到室内，让室内的装饰发霉、变色、腐烂等。一般，如果非透明幕墙保温层的隔汽性好，幕墙与室内侧墙体之间的空间内就不会有凝结水。但为了确保凝结水不破坏室内的装饰，不影响室内环境，许多幕墙设置了冷凝水收集、排放系统。

幕墙周边与墙体间接缝处的保温填充，幕墙的构造缝、沉降缝、热桥部位、断热节点等，这些部位虽然不是幕墙能耗的主要部位，但处理不好，也会大大影响幕墙的节能。这些部位主要是密封问题和热桥问题。密封问题对于冬季节能非常重要，热桥则容易引起结露和发霉，所以必须将这些部位处理好。

单元式幕墙板块间的缝隙密封是非常重要的。由于单元缝隙处理不好，修复特别困难，所以应该特别注意施工质量。这里质量不好，不仅会使得气密性能差，还常常引起雨水渗漏。

许多幕墙安装有通风换气装置。通风换气装置能使得建筑室内达到足够的新风量，同时也可以使得房间在空调不启动的情况下达到一定的舒适度。虽然通风换气装置往往耗能，但舒适的室内环境可以使得我们少开空调制冷，因而通风换气装置是非常必要的。

一般，以上这些部位在幕墙施工完毕后都将隐蔽，为了方便以后的质量验收，应该进行隐蔽工程验收。

5.1.5 幕墙节能工程的保温材料多是多孔材料，很容易潮湿变质或改变性状。比如岩棉板、玻璃棉板容易受潮而松散，膨胀珍珠岩板受潮后导热系数会增大等。所以在安装过程中应采取防潮、防水等保护措施，避免上述情况发生。

5.2 主控项目

5.2.1 用于幕墙节能工程的材料、构件等的品种、规格符合设计要求和相关标准的规定，这是一般性的要求，应该得到满足。

比如幕墙玻璃是决定玻璃幕墙节能性能的关键构件，玻璃品种应采用设计的品种。幕墙玻璃的品种信息主要内容包括：结构、单片玻璃品种、中空玻璃的尺寸、气体层、间隔条等。

再如：隔热型材的隔热条、隔热材料（一般为发泡材料）等，其尺寸和导热系数对框的传热系数影响很大，所以隔热条的类型、尺寸必须满足设计的要求。

又如：幕墙的密封条是确保幕墙密封性能的关键材料。密封材料要保证足够的弹性（硬度适中、弹性恢复好）、耐久性。密封条的尺寸是幕墙设计时确定下来的，应与型材、安装间隙相配套。如果尺寸不满足要求，要么大了合不拢，要么小了漏风。

幕墙的遮阳构件种类繁多，如百叶、遮阳板、遮阳挡板、卷帘、花格等。对于遮阳构件，其尺寸直接关系到遮阳效果。如果尺寸不够大，必然不能按照设计的预期遮住阳光。遮阳构件所用的材料也是非常重要的，材料的光学性能、材质、耐久性等均很重要，所以材料应为所设计的材料。遮阳构件的构造关系到其结构安全、灵活性、活动范围等，应该按照设计的构造制作遮阳的构件。

5.2.2 幕墙材料、构配件等的热工性能是保证幕墙节能指标的关键，所以必须满足要求。材料的热工性能主要是导热系数，许多构件也是如此，但复合材料和复合构件的整体性能则主要是热阻。

比如有些幕墙采用隔热附件（材料）来隔断热桥，而不是采用隔热型材。这些隔热附件往往是垫块、连接件之类。对隔热附件，其导热系数也应该不大于产品标准的要求。

玻璃的传热系数、遮阳系数、可见光透射比对于玻璃幕墙都是主要的节能指标要求，所以应该满足设计要求。中空玻璃露点应满足产品标准要求，以保证产品的密封质量和耐久性。

5.2.3 非透明幕墙保温材料的导热系数非常重要，

而达到设计值往往并不困难，所以应要求不大于设计值。保温材料的密度与导热系数有很大关系，而且密度偏差过大，往往意味着材料的性能也发生了很大的变化。

幕墙玻璃是决定玻璃幕墙节能性能的关键构件。玻璃的传热系数越大，对节能越不利；而遮阳系数越大，对空调的节能越不利（严寒地区由于冬季很冷，且采暖期特别长，情况正好相反）；可见光透射比对自然采光很重要，可见光透射比越大，对采光越有利。中空玻璃露点是反映中空玻璃产品密封性能的重要指标，露点不满足要求，产品的密封则不合格，其节能性能必然受到很大的影响。

隔热型材的力学性能非常重要，直接关系到幕墙的安全，所以应符合设计要求和相关产品标准的规定。不能因为节能而影响到幕墙的结构安全，所以要对型材的力学性能进行复验。

5.2.4 幕墙的气密性能指标是幕墙节能的重要指标。一般幕墙设计均规定有气密性能的等级要求，幕墙产品应该符合要求。

由于幕墙的气密性能与节能关系重大，所以当建筑所设计的幕墙面积超过一定量后，应该对幕墙的气密性能进行检测。但是，由于幕墙是特殊的产品，其性能需要现场的安装工艺来保证，所以一般要求进行建筑幕墙的三个性能（气密、水密、抗风压性能）的检测。然而，多少面积的幕墙需要检测，有关国家和行业标准一直没有明确的规定。本规范规定，当幕墙面积大于建筑外墙面积50%或3000m²时，应现场抽取材料和配件，在检测试验室安装制作试件进行气密性能检测。这为幕墙检测数量问题作出了明确的规定，方便执行。

由于一栋建筑中的幕墙往往比较复杂，可能由多种幕墙组合成组合幕墙，也可能是多幅不同的幕墙。对于组合幕墙，只需要进行一个试件的检测即可；而对于不同幕墙幅面，则要求分别进行检测。对于面积比较小的幅面，则可以不分开对其进行检测。

在保证幕墙气密性能的材料中，密封条很重要，所以要求镶嵌牢固、位置正确、对接严密。单元式幕墙板块之间的密封一般采用密封条。单元板块间的缝隙有水平缝和垂直缝，还有水平缝和垂直缝交叉处的十字缝，为了保证这些缝隙的密封，单元式幕墙都有专门的密封设计。施工时应该严格按照设计进行安装。第一方面，需要密封条完整，尺寸满足要求；第二方面，单元板块必须安装到位，缝隙的尺寸不能偏大；第三方面，板块之间还需要在少数部位加装一些附件，并进行注胶密封，保证特殊部位的密封。

幕墙的开启扇是幕墙密封的另一关键部件。开启扇位置到位，密封条压缩合适，开启扇方能关闭严密。由于幕墙的开启扇一般是平开窗或悬窗，气密性能比较好，只要关闭严密，可以保证其设计的密封性能。

5.2.5 在非透明幕墙中，幕墙保温材料的固定是否牢固，可以直接影响到节能的效果。如果固定不牢，容易造成部分部位无保温材料。另外，也可能影响彩釉玻璃一类外饰面板材料的安全。

保温材料的厚度越厚，保温隔热性能就越好，所以厚度应不小于设计值。由于幕墙保温材料一般比较松散，采取针插法即可检测厚度。有些板材比较硬，可采用剖开法检测厚度。

5.2.6 幕墙的遮阳设施若要满足节能的要求，一般应该安置在室外。由于对太阳光的遮挡是按照太阳的高度和方位角来设计的，所以遮阳设施的安装位置对于遮阳而言非常重要。只有安装在合适位置、尺寸合适的遮阳装置，才能满足节能的设计要求。

由于遮阳设施一般安装在室外，而且是突出建筑物的构件，很容易受到风荷载的作用。遮阳设施的抗风问题在遮阳设施的应用中一直是热门问题，我国的《建筑结构荷载规范》GB 50009对这个问题没有很明确的规定。在工程中，大型遮阳设施的抗风往往需要进行专门的研究。在目前北方普遍采用外墙外保温的情况下，活动外遮阳设施的固定往往成了难以解决的问题。所以，在设计安装遮阳设施的时候应考虑到各个方面的因素，合理设计，牢固安装。由于遮阳设施的安全问题非常重要，所以要进行全数的检查。

5.2.7 幕墙工程热桥部位的隔断热桥措施是幕墙节能设计的重要内容，在完成了幕墙面板中部的传热系数和遮阳系数设计的情况下，隔断热桥则成为主要矛盾。这些节点设计如果不理想，首要的问题是容易引起结露。如果大面积的热桥问题处理不当，则会增大幕墙的传热系数，使得通过幕墙的热损耗大大增加。判断隔断热桥措施是否可靠，主要是看固体的传热路径是否被有效隔断，这些路径包括：通过型材截面，通过幕墙的连接件，通过螺丝等紧固件、中空玻璃边缘的间隔条等。

型材截面的断热节点主要是通过采用隔热型材或隔热垫来实现的，其安全性取决于型材的隔热条、发泡材料或连接紧固件。通过幕墙连接件、螺丝等紧固件的热桥则需要进行转换连接的方式，通过一个尼龙件（或类似材料制作的附件）进行连接的转换，隔断固体的热传递路径。由于这些转换连接都增加了一个连接，其是否牢固则成为安全隐患问题，应进行相关的检查和确认。

5.2.8 非透明幕墙的隔汽层是为了避免幕墙部位内部结露，结露的水很容易使保温材料发生性状的改变，如果结冰，则问题更加严重。如果非透明幕墙保温层的隔汽性好，幕墙与室内侧墙体之间的空间内就不会有凝结水。为了实现这个目标，隔汽层必须完整，必须设在保温材料靠近水蒸气压较高的一侧（冬季为室内）。如果隔汽层放错了位置，不但起不到隔汽作用，反而有可能使结露加剧。一般冬季比较容易结露，所以隔汽层应放在保温材料靠近室内的一侧。

幕墙的非透明部分常常有许多需要穿透隔汽层的部件，如连接件等。对这些节点构造采取密封措施很重要，以保证隔汽层的完整。

5.2.9 幕墙的凝结水收集和排放构造是为了避免幕墙结露的水渗漏到室内，让室内的装饰发霉、变色、腐烂等。为了确保凝结水不破坏室内的装饰，不影响室内环境，凝结水收集、排放系统应该发挥有效的作用。为了验证凝结水的收集和排放，可以进行一定的试验。

5.3 一般项目

5.3.1 镀（贴）膜玻璃在节能方面有两方面的作用，一方面是遮阳，另一方面是降低传热系数。对于遮阳而言，镀膜可以反射阳光或吸收阳光，所以镀膜一般应放在靠近室外的玻璃上。为了避免镀膜层的老化，镀膜面一般在中空玻璃内部，单层玻璃应将镀膜置于室内侧。对于低辐射玻璃（Low-E 玻璃），低辐射膜应该置于中空玻璃内部。

目前制作中空玻璃一般均应采用双道密封。因为一般来说密封胶的水蒸气渗透阻力还不足以保证中空玻璃内部空气干燥，需要再加一道丁基胶密封。有些暖边间隔条将密封和间隔两个功能置于一身，本身的密封效果很好，可以不受此限制，实际上这样的间隔条本身就有双道密封的效果。

为了保证中空玻璃在长途（尤其是海拔高度、温度相差悬殊）运输过程中不至于损坏，或者保证中空玻璃不至于因生产环境和使用环境相差甚远而出现损坏或变形，许多中空玻璃设有均压管。在玻璃安装完成之后，为了确保中空玻璃的密封，均压管应进行密封处理。

5.3.2 单元式幕墙板块是在工厂内组装完成运送到现场的。运送到现场的单元板块一般都将密封条、保温材料、隔汽层、凝结水收集装置安装好了，所以幕墙板块到现场后应对这些安装好的部分进行检查验收。

5.3.3 幕墙周边与墙体接缝部位虽然不是幕墙能耗的主要部位，但处理不好，也会大大影响幕墙的节能。由于幕墙边缘一般都是金属边框，所以存在热桥问题，应采用弹性闭孔材料填充饱满。另外，幕墙有水密性要求，所以应采用耐候胶进行密封。

5.3.4 幕墙的构造缝、沉降缝、热桥部位、断热节点等处理不好，也会影响到幕墙的节能和结露。这些部位主要是要解决好密封问题和热桥问题，密封问题对于冬季节能非常重要，热桥则容易引起结露。

5.3.5 活动遮阳设施的调节机构是保证活动遮阳设施发挥作用的重要部件。这些部件应灵活，能够将遮阳板等调节到位。

6 门窗节能工程

6.1 一般规定

6.1.1 与围护结构节能密切相关的门窗主要是与室外空气接触的门窗，包括普通门窗、凸窗、天窗、倾斜窗以及不封闭阳台的门连窗。这些门窗的保温隔热的节能验收，均在本章作出了明确规定。

6.1.2 门窗的外观、品种、规格及附件等均与节能的相关性能以及门窗的质量有关，所以应进行检查验收，并对质量证明文件进行核查。

6.1.3 门窗框与墙体缝隙虽然不是能耗的主要部位，但处理不好，会大大影响门窗的节能。这些部位主要是密封问题和热桥问题。密封问题对于冬季节能非常重要，热桥则容易引起结露和发霉，所以必须将这些部位处理好。

6.2 主控项目

6.2.1 建筑外门窗的品种、规格符合设计要求和相关标准的规定，这是一般性的要求，应该得到满足。门窗的品种一般包含了型材、玻璃等主要材料和主要配件、附件的信息，也包含一定的性能信息，规格包含了尺寸、分格信息等。

6.2.2 建筑外窗的气密性、保温性能、中空玻璃露点、玻璃遮阳系数和可见光透射比都是重要的节能指标，所以应符合强制的要求。

6.2.3 为了保证进入工程用的门窗质量达到标准，保证门窗的性能，需要在建筑外窗进入施工现场时进行复验。由于在严寒、寒冷、夏热冬冷地区对门窗保温节能性能要求更高，门窗容易结露，所以需要对门窗的气密性能、传热系数进行复验；夏热冬暖地区由于夏天阳光强烈，太阳辐射对建筑能耗的影响很大，主要考虑门窗的夏季隔热，所以在此仅对气密性能进行复验。

玻璃的遮阳系数、可见光透射比以及中空玻璃的露点是建筑玻璃的基本性能，应该进行复验。因为在夏热冬冷和夏热冬暖地区，遮阳系数是非常重要的。

6.2.4 门窗的节能很大程度上取决于门窗所用玻璃的形式（如单玻、双玻、三玻等）、种类（普通平板玻璃、浮法玻璃、吸热玻璃、镀膜玻璃、贴膜玻璃）及加工工艺（如单道密封、双道密封等），为了达到节能要求，建筑门窗采用的玻璃品种应符合设计要求。

中空玻璃一般均应采用双道密封，为保证中空玻璃内部空气不受潮，需要再加一道丁基胶密封。有些暖边间隔条将密封和间隔两个功能置于一身，本身的密封效果很好,可以不受此限制。

6.2.5 金属窗的隔热措施非常重要,直接关系到传热系数的大小。金属框的隔断热桥措施一般采用穿条式隔热型材、注胶式隔热型材,也有部分采用连接点断热措施。验收时应检查金属外门窗隔断热桥措施是否符合设计要求和产品标准的规定。

有些金属门窗采用先安装副框的干法安装方法。这种方法因可以在土建基本施工完成后安装门窗,因而门窗的外观质量得到了很好的保护。但金属副框经常会形成新的热桥,应该引起足够的重视。这里要求金属副框的隔热措施隔热效果与门窗型材所采取的措施效果相当。

6.2.6 严寒、寒冷、夏热冬冷地区的建筑外窗,为了保证应用到工程的产品质量,本规范要求对外窗的气密性能做现场实体检验。

6.2.7 外门窗框与副框之间以及外门窗框或副框与洞口之间间隙的密封也是影响建筑节能的一个重要因素,控制不好,容易导致渗水、形成热桥,所以应该对缝隙的填充进行检查。

6.2.8 严寒、寒冷地区的外门节能也很重要,设计中一般均会采取保温、密封等节能措施。由于外门一般不多,而往往又不容易做好,因而要求全数检查。

6.2.9 在夏季炎热的地区应用外窗遮阳设施是很好的节能措施。遮阳设施的性能主要是其遮挡阳光的能力,这与其尺寸、颜色、透光性能等均有很大关系,还与其调节能力有关,这些性能均应符合设计要求。为保证达到遮阳设计要求,遮阳设施的安装位置应正确。

由于遮阳设施安装在室外效果好,而目前在北方普遍采用外墙外保温,活动外遮阳设施的固定往往成了难以解决的问题。所以遮阳设施的牢固问题要引起重视。

6.2.10 特种门与节能有关的性能主要是密封性能和保温性能。对于人员出入频繁的门,其自动启闭、阻挡空气渗透的性能也很重要。另外,安装中采取的相应措施也非常重要,应按照设计要求施工。

6.2.11 天窗与节能有关的性能均与普通门窗类似。天窗的安装位置、坡度等均应正确,并保证封闭严密,不渗漏。

6.3 一般项目

6.3.1 门窗扇和玻璃的密封条的安装及性能对门窗节能有很大影响,使用中经常出现由于断裂、收缩、低温变硬等缺陷造成门窗渗水,气密性能差。密封条质量应符合《塑料门窗密封条》GB/T 12002 标准的要求。

密封条安装完整、位置正确、镶嵌牢固对于保证门窗的密封性能均很重要。关闭门窗时应保证密封条的接触严密,不脱槽。

6.3.2 镀(贴)膜玻璃在节能方面有两方面的作用,一方面是遮阳,另一方面是降低传热系数。膜层位置与节能的性能和中空玻璃的耐久性均有关。

为了保证中空玻璃在长途运输过程中不至于损坏,或者保证中空玻璃不至于因生产环境和使用环境相差甚远而出现损坏或变形,许多中空玻璃设有均压管。在玻璃安装完成之后,均压管应进行密封处理,从而确保中空玻璃的密封性能。

6.3.3 活动遮阳设施的调节机构是保证活动遮阳设施发挥作用的重要部件。这些部件应灵活,能够将遮阳构件调节到位。

7 屋面节能工程

7.1 一般规定

7.1.1 本条规定了建筑屋面节能工程验收适用范围,包括采用松散、现浇、喷涂、板材及块材等保温隔热材料施工的平屋面、坡屋面、倒置式屋面、架空屋面、种植屋面、蓄水屋面、采光屋面等。

7.1.2 本条对屋面保温隔热工程施工条件提出了明确的要求。要求敷设保温隔热层的基层质量必须达到合格,基层的质量不仅影响屋面工程质量,而且对保温隔热层的质量也有直接的影响,基层质量不合格,将无法保证保温隔热层的质量。

7.1.3 本条对影响屋面保温隔热效果的隐蔽部位提出隐蔽验收要求。主要包括:①基层;②保温层的敷设方式、厚度及缝隙填充质量;③屋面热桥部位;④隔汽层。因为这些部位被后道工序隐蔽覆盖后无法检查和处理,因此在被隐蔽覆盖前必须进行验收,只有合格后才能进行后序施工。

7.1.4 屋面保温隔热层施工完成后的防潮处理非常重要,特别是易吸潮的保温隔热材料。因为保温材料受潮后,其孔隙中存有水蒸气和水,而水的导热系数($\lambda=0.5$)比静态空气的导热系数($\lambda=0.02$)要大 20 多倍,因此材料的导热系数也必然增大。若材料孔隙中的水分受冻成冰,冰的导热系数($\lambda=2.0$)相当于水的导热系数的 4 倍,则材料的导热系数更大。黑龙江省低温建筑科学研究所对加气混凝土导热系数与含水率的关系进行测试,其结果见表1。

上述情况说明,当材料的含水率增加 1% 时,其导热系数则相应增大 5% 左右;而材料的含水率从干燥状态($\omega=0$)增加到 20% 时,其导热系数则几乎增大一倍。还需特别指出的是:材料在干燥状态下,其导热系数是随着温度的降低而减少;而材料在潮湿状态下,当温度降到 0℃ 以下,其中的水分冷却成冰,则材料的导热系数必然增大。

表1 加气混凝土导热系数与含水率的关系

含水率ω (%)	导热系数λ [W/(m·K)]	含水率ω (%)	导热系数λ [W/(m·K)]
0	0.13	15	0.21
5	0.16	20	0.24
10	0.19	—	—

含水率对导热系数的影响颇大，特别是负温度下更使导热系数增大，为保证建筑物的保温效果，在保温隔热层施工完成后，应尽快进行防水层施工，在施工过程中应防止保温层受潮。

7.2 主控项目

7.2.1 本条规定屋面节能工程所用保温隔热材料的品种、规格应按设计要求和相关标准规定选择，不得随意改变其品种和规格。材料进场时通过目视、尺量、称重和核对其使用说明书、出厂合格证以及型式检验报告等方法进行检查，确保其品种、规格及相关性能参数符合设计要求。

7.2.2 强制性条文。在屋面保温隔热工程中，保温隔热材料的导热系数、密度或干密度指标直接影响到屋面保温隔热效果，抗压强度或压缩强度影响到保温隔热层的施工质量，燃烧性能是防止火灾隐患的重要条件，因此应对保温隔热材料的导热系数、密度或干密度、抗压强度或压缩强度及燃烧性能进行严格的控制，必须符合节能设计要求、产品标准要求以及相关施工技术标准要求。应检查保温隔热材料的合格证、有效期内的产品性能检测报告及进场验收记录所代表的规格、型号和性能参数是否与设计要求和有关标准相符，并重点检查进场复验报告，复验报告必须是第三方见证取样，检验样品必须是按批量随机抽取。

7.2.3 在屋面保温隔热工程中，保温材料的性能对于屋面保温隔热的效果起到了决定性的作用。为了保证用于屋面保温隔热材料的质量，避免不合格材料用于屋面保温隔热工程，参照常规建筑工程材料进场验收办法，对进场的屋面保温隔热材料也由监理人员现场见证随机抽样送有资质的试验室复验，复验内容主要包括保温隔热材料的导热系数、密度、抗压强度或压缩强度、燃烧性能，复验结果作为屋面保温隔热工程质量验收的一个依据。

7.2.4 影响屋面保温隔热效果的主要因素除了保温隔热材料的性能以外，另一重要因素是保温隔热材料的厚度、敷设方式以及热桥部位的处理等。在一般情况下，只要保温隔热材料的热工性能（导热系数、密度或干密度）和厚度、敷设方式均达到设计标准要求，其保温隔热效果也基本上能达到设计要求。因此，在本规范第7.2.2条按主控项目对保温隔热材料的热工性能进行控制外，本条要求对保温隔热材料的厚度、敷设方式以及热桥部位也按主控项目进行验收。

检查方法：对于保温隔热层的敷设方式、缝隙填充质量和热桥部位采取观察检查，检查敷设的方式、位置、缝隙填充的方式是否正确，是否符合设计要求和国家有关标准要求。保温隔热层的厚度可采取钢针插入后用尺测量，也可采取将保温层切开用尺直接测量。具体采取哪种方法由验收人员根据实际情况选取。

7.2.5 影响架空隔热效果的主要因素有三个方面：一是架空层的高度、通风口的尺寸和架空通风安装方式；二是架空层材质的品质和架空层的完整性；三是架空层内应畅通，不得有杂物。因此在验收时一是检查架空层的型式，用尺测量架空层的高度及通风口的尺寸是否符合设计要求。二是检查架空层的完整性，不应断裂或损坏。如果使用了有断裂和露筋等缺陷的制品，日久后会使隔热层受到破坏，对隔热效果带来不良的影响。三是检查架空层内不得残留施工过程中的各种杂物，确保架空层内气流畅通。

7.2.6 本条是对采光屋面节能方面的基本要求，其传热系数、遮阳系数、可见光透射比、气密性是影响采光屋面节能效果的主要因素，因此必须达到设计要求。通过检查出厂合格证、型式检验报告、进场见证取样复检报告等进行验证。

7.2.7 本条对采光屋面的安装质量提出具体要求。安装要牢固是要保证采光屋面的可靠性、安全性，特别是沿海地区，屋面的风荷载非常大，如果不能牢固可靠的安装，在受到负压时会使屋面脱落。封闭要严密，嵌缝处要填充严密，不得渗漏，一方面是减少空气渗透，减少能耗，另一方面是避免雨水渗漏，确保使用功能。采用观察、尺量检查其安装牢固性能和坡度，通过淋水试验检查其严密性能，并核查其隐蔽验收记录。采光屋面主要是公共建筑，数量不多，并且很重要，所以要全数检查。

7.2.8 本条要求在施工过程中要保证屋面隔汽层位置、完整性、严密性应符合设计要求。主要通过观察检查和核查隐蔽工程验收记录进行验证。

7.3 一般项目

7.3.1 保温层的铺设应按本条文规定检查保温层施工质量，应保证表面平整、坡向正确、铺设牢固、缝隙严密，对现场配料的还要检查配料记录。

7.3.2 本条要求金属保温夹芯屋面板的安装应牢固，接口应严密，坡向应正确。检查方法是观察与尺量，应重点检查其接口的气密性和穿钉处的密封性，不得渗水。

7.3.3 当屋面的保温层敷设于屋面内侧时，如果保温层未进行密闭防潮处理，室内空气中湿气将渗入保温层，并在保温层与屋面基层之间结露，这不仅增大了保温材料导热系数，降低节能效果，而且由于受潮之后还容易产生细菌，最严重的可能会有水溢出，因此必须对保温材料采取有效防潮措施，使之与室内的空气隔绝。

8 地面节能工程

8.1 一般规定

8.1.1 本条明确了本章的适用范围，本条所讲的建筑地面节能工程是指包括采暖空调房间接触土壤的地面、毗邻不采暖空调房间的楼地面、采暖地下室与土壤接触的外墙、不采暖地下室上面的楼板、不采暖车库上面的楼板、接触室外空气或外挑楼板的地面。

8.1.2 本条对地面保温工程施工条件提出了明确的要求，要求敷设保温层的基层质量必须达到合格，基层的质量不仅影响地面工程质量，而且对保温的质量也有直接的影响，基层质量不合格，必然影响保温的质量。

8.1.3 本条对影响地面保温效果的隐蔽部位提出隐蔽验收要求。主要包括：①基层；②保温层厚度；③保温材料与基层的粘结强度；④地面热桥部位。因为这些部位被后道工序隐蔽覆盖后无法检查和处理，因此在被隐蔽覆盖前必须进行验收，只有合格后才能进行后序施工。

8.1.4 本条参照《建筑地面工程施工质量验收规范》GB 50209 的有关规定，给出了地面节能工程检验批划分的原则和方法，并对检验批抽查数量作出基本规定。

8.2 主控项目

8.2.1 本条规定地面节能工程所用保温材料的品种、规格应按设计要求和相关标准规定选择，不得随意改变其品种和规格。材料进场时通过目视、尺量、称重和核对其使用说明书、出厂合格证以及型式检验报告等方法进行检查，确保其品种、规格符合设计要求。

8.2.2 强制性条文。在地面保温工程中，保温材料的导热系数、密度或干密度指标直接影响到地面保温效果，抗压强度或压缩强度影响到保温层的施工质量，燃烧性能是防止火灾隐患的重要条件，因此应对保温材料的导热系数、密度或干密度、抗压强度或压缩强度及燃烧性能进行严格的控制，必须符合节能设计要求、产品标准要求以及相关施工技术标准要求。应检查材料的合格证、有效期内的产品性能检测报告及进场验收记录所代表的规格、型号和性能参数是否与设计要求和有关标准相符，并重点检查进场复验报告，复验报告必须是第三方见证取样，检验样品必须是按批量随机抽取。

8.2.3 在地面保温工程中，保温材料的性能对于地面保温的效果起到了决定性的作用。为了保证用于地面保温材料的质量，避免不合格材料用于地面保温工程，参照常规建筑工程材料进场验收办法，对进场的地面保温材料也由监理人员现场见证随机抽样送有资质的试验室对有关性能参数进行复验，复验结果作为地面保温工程质量验收的一个依据。复验报告必须是第三方见证取样，检验样品必须是按批量随机抽取。

8.2.4 为了保证施工质量，在进行地面保温施工前，应将基层处理好，基层应平整、清洁，接触土壤地面应将垫层处理好。

8.2.5 影响地面保温效果的主要因素除了保温材料的性能和厚度以外，另一重要因素是保温层、保护层等的设置和构造做法以及热桥部位的处理等。在一般情况下，只要保温材料的热工性能（导热系数、密度或干密度）和厚度，敷设方式均达到设计标准要求，其保温效果也基本上能达到设计要求。因此，在本规范第 8.2.2 条按主控项目对保温材料的热工性能进行控制外，本条要求对保温层、保护层等的设置和构造做法以及热桥部位也按主控项目进行验收。

对于保温层的敷设方式、缝隙填充质量和热桥部位采取观察检查，检查敷设的方式、位置、缝隙填充的方式是否正确，是否符合设计要求和国家有关标准要求。保温层厚度可采用钢针插入后用尺测量，也可采用将保温层切开用尺直接测量。

8.2.6 地面节能工程的施工质量应符合本条的规定。在施工过程中保温层与基层之间粘结牢固、缝隙严密是非常必要的。特别是地下室（或车库）的顶板粘贴 XPS 板、EPS 板或粉刷胶粉聚苯颗粒时，虽然这些部位不同于建筑外墙那样有风荷载的作用，但由于顶板上部有活动荷载，会使其产生振动，从而引发脱落。在楼板下面粉刷浆料保温层时分层施工也是非常重要的，每层的厚度不应超过 20mm，如果过厚，由于自重力的作用在粉刷过程中容易产生空鼓和脱落。对于严寒、寒冷地区，穿越接触室外空气地面的各种金属类管道都是传热量很大的热桥，这些热桥部位除了对节能效果有一定的影响外，其热桥部位的周围还可能结露，影响使用功能，因此必须对其采取有效的措施进行处理。

8.2.7 本条对有防水要求地面的构造做法和验收方法提出了明确要求。对于厨卫等有防水要求的地面进行保温时，应尽可能将保温层设置在防水层下，可避免保温层浸水吸潮影响保温效果。当确实需要将保温层设置在防水层上面时，则必须对保温层进行防水处理，不得使保温层吸水受潮。另外在铺设保温层时，要确保地面排水坡度不受影响，保证地面排水畅通。

8.2.8 在严寒、寒冷地区，冬季室外最低气温在 −15℃ 以下，冻土层厚度在 400mm 以上，建筑首层直接与土壤接触的周边地面是热桥部位，如不采取有效措施进行处理，会在建筑室内地面产生结露，影响节能效果，因此必须对这些部位采取保温隔热措施。

8.2.9 对保温层表面必须采取有效措施进行保护，其目的之一是防止保温层材料吸潮，保温层吸潮含水率增大后，将显著影响保温效果，其二是提高保温层表面的抗冲击能力，防止保温层受到外力的破坏。

8.3 一般项目

8.3.1 本条规定地面辐射供暖工程应按《地面辐射供暖技术规程》JGJ 142 规定执行。

9 采暖节能工程

9.1 一般规定

9.1.1 根据目前国内室内采暖系统的热水温度现状，对本章的适用范围做出了规定。室内集中热水采暖系统包括散热设备、管道、保温、阀门及仪表等。

9.1.2 本条给出了采暖系统节能工程验收的划分原则和方法。

采暖系统节能工程的验收，应根据工程的实际情况、结合本专业特点，分别按系统、楼层等进行。

采暖系统可以按每个热力入口作为一个检验批进行验收；对于垂直方向分区供暖的高层建筑采暖系统，可按照采暖系统不同的设计分区分别进行验收；对于系统大且层数多的工程，可以按几个楼层作为一个检验批进行验收。

9.2 主控项目

9.2.1 采暖系统中散热设备的散热量、金属热强度和阀门、仪表、管材、保温材料等产品的规格、热工技术性能是采暖系统节能工程中的主要技术参数。为了保证采暖系统节能工程施工全过程的质量控制，对采暖系统节能工程采用的散热设备、阀门、仪表、管材、保温材料等产品的进场，要按照设计要求对其类别、规格及外观等进行逐一核对验收，验收一般应由供货商、监理、施工单位的代表共同参加，并应经监理工程师（建设单位代表）检查认可，形成相应的验收记录。各种产品和设备的质量证明文件和相关技术资料应齐全，并应符合国家现行有关标准和规定。

9.2.2 采暖系统中散热器的单位散热量、金属强度和保温材料的导热系数、密度、吸水率等技术参数，是采暖系统节能工程中的重要性能参数，它是否符合设计要求，将直接影响采暖系统的运行及节能效果。因此，本条文规定在散热器和保温材料进场时，应对其热工等技术性能参数进行复验。复验应采取见证取样送检的方式，即在监理工程师或建设单位代表见证下，按照有关规定从施工现场随机抽取试样，送至有见证检测资质的检测机构进行检测，并应形成相应的复验报告。

9.2.3 强制性条文。在采暖系统中系统制式也就是管道的系统形式，是经过设计人员周密考虑而设计的，要求施工单位必须按照设计图纸进行施工。

设备、阀门以及仪表能否安装到位，直接影响采暖系统的节能效果，任何单位不得擅自增减和更换。

在实际工程中，温控装置经常被遮挡，水力平衡装置因安装空间狭小无法调节，有很多采暖系统的热力入口只有总开关阀门和旁通阀门，没有按照设计要求安装热计量装置、过滤器、压力表、温度计等入口装置；有的工程虽然安装了入口装置，但空间狭窄，过滤器和阀门无法操作、热计量装置、压力表、温度计等仪表很难观察读取。常常是采暖系统热力入口装置起不到过滤、热能计量及调节水力平衡等功能，从而达不到节能的目的。

同时，本条还强制性规定设有温度调控装置和热计量装置的采暖系统安装完毕后，应能实现设计要求的分室（区）温度调控和分栋热计量及分户或分室（区）热量（费）分摊，这也是国家有关节能标准所要求的。

9.2.4 目前对散热器的安装存在不少误区，常常会出现散热器的规格、数量及安装方式与设计不符等情况。如把散热器全包起来，仅留很少一点点通道，或随意减少散热器的数量，以致每组散热器的散热量不能达到设计要求，而影响采暖系统的运行效果。散热器暗装在罩内时，不但散热器的散热量会大幅度减少，而且由于罩内空气温度远远高于室内空气温度，从而使罩内墙体的温差传热损失大大增加。散热器暗装时，还会影响恒温阀的正常工作。另外，实验证明：散热器外表面涂刷非金属性涂料时，其散热量比涂刷金属性涂料时能增加 10% 左右。故本条文对此进行了强调和规定。

9.2.5 散热器恒温阀（又称温控阀、恒温器）安装在每组散热器的进水管上，它是一种自力式调节控制阀，用户可根据对室温高低的要求，调节并设定室温。散热器恒温阀阀头如果垂直安装或被散热器、窗帘或其他障碍物遮挡，恒温阀将不能真实反映出室内温度，也就不能及时调节进入散热器的水流量，从而达不到节能的目的。恒温阀应具有人工调节和设定室内温度的功能，并通过感应室温自动调节流经散热器的热水流量，实现室温自动恒定。对于安装在装饰罩内的恒温阀，则必须采用外置式传感器，传感器应设在能正确反映房间温度的位置。

9.2.6 在低温热水地面辐射供暖系统的施工安装时，对无地下室的一层地面应分别设置防潮层和绝热层，绝热层采用聚苯乙烯泡沫塑料板［导热系数为 ≤0.041W/(m·K)，密度≥20.0kg/m³］时，其厚度不应小于30mm；直接与室外空气相邻的楼板应设绝热层，绝热层采用聚苯乙烯泡沫塑料板［导热系数为≤0.041W/(m·K),密度≥20.0kg/m³］时，其厚度不应小于40mm。当采用其他绝热材料时，可根据热阻相当的原则确定厚度。室内温控装置的传感器应安装在距地面1.4m的内墙面上（或与室内照明开关并排设置），并应避开阳光直射和发热设备。

9.2.7 在实际工程中有很多采暖系统的热力入口只有系统阀门和旁通阀门，没有安装热计量装置、过滤器、压力表、温度计等入口装置；有的工程虽然安装了入口装置，但空间狭窄，过滤器和阀门无法操作，热计量装置、压力表、温度计等仪表很难观察读取。常常是采暖系统热力入口装置起不到过滤、热能计量及调节水力平衡等功能，从而达不到节能的目的。故本条文对此进行了强调，并作出规定。

9.2.8 采暖管道保温厚度是由设计人员依据保温材料的导热系数、密度和采暖管道允许的温降等条件计算得出的。如果管道保温的厚度等技术性能达不到设计要求，或者保温层与管道粘贴不紧密牢固，以及设在地沟及潮湿环境内的保温管道不做防潮层或防潮层做得不完整或有缝隙，都将会严重影响采暖管道的保温效果。因此，本条文对采暖管道保温层和防潮层的施工作出了规定。

9.2.9 采暖保温管道及附件，被安装于封闭的部位或直接埋地时，均属于隐蔽工程。在封闭前，必须对该部分将被隐蔽的管道工程施工质量进行验收，且必须得到现场监理人员认可的合格签证，否则不得进行封闭作业。必要时，应对隐蔽部位进行录像或照相以便追溯。

9.2.10 强制性条文。采暖系统工程安装完工后，为了使采暖系统达到正常运行和节能的预期目标，规定应在采暖期与热源连接进行系统联合试运转和调试。联合试运转及调试结果应符合设计要求，室内温度不得低于设计计算温度2℃，且不应高于1℃。采暖系统工程竣工如果是在非采暖期或虽然在采暖期却还不具备热源条件时，应对采暖系统进行水压试验，试验压力应符合设计要求。但是，这种水压试验，并不代表系统已进行调试和达到平衡，不能保证采暖房间的室内温度能达到设计要求。因此，施工单位和建设单位应在工程（保修）合同中进行约定，在具备热源条件后的第一个采暖期期间再进行联合试运转及调试，并补做本规范表14.2.2中序号为1的"室内温度"项的调试。补做的联合试运转及调试报告应经监理工程师（建设单位代表）签字确认，以补充完善验收资料。

9.3 一般项目

9.3.1 采暖系统的过滤器等配件应做好保温，保温层应密实、无空隙，且不得影响其操作功能。

10 通风与空调节能工程

10.1 一般规定

10.1.1 本条明确了本章适用的范围。本条文所讲的通风系统是指包括风机、消声器、风口、风管、风阀等部件在内的整个送、排风系统。空调系统包括空调风系统和空调水系统，前者是指包括空调末端设备、消声器、风管、风阀、风口等部件在内的整个空调送、回风系统；后者是指除了空调冷热源和其辅助设备与管道及室外管网以外的空调水系统。

10.1.2 本条给出了通风与空调系统节能工程验收的划分原则和方法。

系统节能工程的验收，应根据工程的实际情况、结合本专业特点，分别按系统、楼层等进行。

空调冷（热）水系统的验收，一般应按系统分区进行；通风与空调的风系统可按风机或空调机组等所各自负担的风系统，分别进行验收。

对于系统大且层数多的空调冷（热）水系统及通风与空调的风系统工程，可分别按几个楼层作为一个检验批进行验收。

10.2 主控项目

10.2.1 通风与空调系统所使用的设备、管道、阀门、仪表、绝热材料等产品是否相互匹配、完好，是决定其节能效果好坏的重要因素。本条是对其进场验收的规定，这种进场验收主要是根据设计要求对有关材料和设备的类型、材质、规格及外观等"可视质量"和技术资料进行检查验收，并应经监理工程师（建设单位代表）核准。进场验收应形成相应的验收记录。事实表明，许多通风与空调工程，由于在产品的采购过程中擅自改变有关设备、绝热材料等的设计类型、材质或规格等，结果造成了设备的外形尺寸偏大、设备重量超重、设备耗电功率大、绝热材料绝热效果差等不良后果，从而给设备的安装和维修带来了不便，给建筑物带来了安全隐患，并且降低了通风与空调系统的节能效果。

由于进场验收只能核查材料和设备的外观质量，其内在质量则需由各种质量证明文件和技术资料加以证明。故进场验收的一项重要内容，是对材料和设备附带的质量证明文件和技术资料进行检查。这些文件和资料应符合国家现行有关标准和规定并应齐全，主要包括质量合格证明文件、中文说明书及相关性能检测报告。进口材料和设备还应按规定进行出入境商品检验合格证明。

为保证通风与空调节能工程的质量，本条文作出了在有关设备、自控阀门与仪表进场时，应对其热工等技术性能参数进行核查，并应形成相应的核查记录。对有关设备等的核查,应根据设计要求对其技术资料和相关性能检测报告等所表示的热工等技术性能参数进行一一核对。事实表明,许多空调工程,由于所选用空调末端设备的冷量、热量、风量、风压及功率高于或低于设计要求,而造成了空调系统能耗高或空调效果差等不良后果。

风机是空调与通风系统运行的动力,如果选择不当,就有可能加大其动力和单位风量的耗功率,造成能源浪费。为了降低空调与通风系统的能耗,设计人员在进行风机选型时,都要根据具体工程进行详细的计算,以控制风机的单位风量耗功率不大于《公共建筑节能设计标准》GB 50189-2005 第 5.3.26 所规定的限值(见表2)。所以,风机在采购过程中,未经设计人员同意,都不应擅自改变风机的技术性能参数,并应保证其单位风量耗功率满足国家现行有关标准的规定。

表2 风机的单位风量耗功率限值 [W/(m³/h)]

系统型式	办公建筑		商业、旅馆建筑	
	粗效过滤	粗、中效过滤	粗效过滤	粗、中效过滤
两管制定风量系统	0.42	0.48	0.46	0.52
四管制定风量系统	0.47	0.53	0.51	0.58
两管制变风量系统	0.58	0.64	0.62	0.68
四管制变风量系统	0.63	0.69	0.67	0.74
普通机械通风系统	0.32			

注:1 $W_s=P/(3600\eta)$,式中 W_s 为单位风量耗功率,W/(m³/h);P 为风机全压值,Pa;η 为包含风机、电机及传动效率在内的总效率(%)。
2 普通机械通风系统中不包括厨房等需要特定过滤装置的房间的通风系统。
3 严寒地区增设预热盘管时,单位风量耗功率可增加 0.035 [W/(m³/h)]。
4 当空调机组内采用湿膜加湿方法时,单位风量耗功率可增加 0.053 [W/(m³/h)]。

10.2.2 通风与空调节能工程中风机盘管机组和绝热材料的用量较多,且其供冷量、供热量、风量、出口静压、噪声、功率及绝热材料的导热系数、材料密度、吸水率等技术性能参数是否符合设计要求,会直接影响通风与空调节能工程的节能效果和运行的可靠性。因此,本条文规定在风机盘管机组和绝热材料进场时,应对其热工等技术性能参数进行复验。复验应采取见证取样送检的方式,即在监理工程师或建设单位代表见证下,按照有关规定从施工现场随机抽取试样,送至有见证检测资质的检测机构进行检测,并应形成相应的复验报告。

10.2.3 为保证通风与空调节能工程中送、排风系统及空调风系统、空调水系统具有节能效果,首先要求工程设计人员将其设计成具有节能功能的系统;其次要求在各系统中要选用节能设备和设置一些必要的自控阀门与仪表,并安装齐全到位。这些要求,必然会增加工程的初投资。因此,有的工程为了降低工程造价,根本不考虑日后的节能运行和减少运行费用等问题,在产品采购或施工过程中擅自改变了系统的制式并去掉一些节能设备和自控阀门与仪表,或将节能设备及自控阀门更换为不节能的设备及手动阀门,导致了系统无法实现节能运行,能耗及运行费用大大增加。为避免上述现象的发生,保证以上各系统的节能效果,本条做出了通风与空调节能工程中送、排风系统及空调风系统、空调水系统的安装制式应符合设计要求的强制性规定,且各种节能设备、自控阀门与仪表应全部安装到位,不得随意增加、减少和更换。

水力平衡装置,其作用是可以通过对系统水力分布的调整与设定,保持系统的水力平衡,保证获得预期的空调效果。为使其发挥正常的功能,本条文要求其安装位置、方向应正确,并便于调试操作。

空调系统安装完毕后应能实现分室(区)进行温度调控,一方面是为了通过对各空调场所室温的调节达到舒适度要求;另一方面是为了通过调节室温而达到节能的目的。对有分栋、分室(区)冷、热计量要求的建筑物,要求其空调系统安装完毕后,能够通过冷(热)量计量装置实现冷、热计量,是节约能源的重要手段,按照用冷、热量的多少来计收空调费用,既公平合理,更有利于提高用户的节能意识。

10.2.4 制定本条的目的是为了保证通风与空调系统所用风管的质量以及风管系统安装的严密,减少因漏风和热桥作用等带来的能量损失,保证系统安全可靠地运行。

工程实践表明,许多通风与空调工程中的风管并没有严格按照设计和有关国家现行标准的要求去制作和安装,造成了风管品质差、断面积小、厚度薄等不良现象,且安装不严密、缺少防热桥措施,对系统安全可靠地运行和节能产生了不利的影响。

防热桥措施一般是在需要绝热的风管与金属支、吊架之间设置绝热衬垫(承压强度能满足管道重量的不燃、难燃硬质绝热材料或经防腐处理的木衬垫),其厚度不应小于绝热层厚度,宽度应大于支、吊架支承面的宽度。衬垫的表面应平整,衬垫与绝热材料间应填实无空隙;复合风管及需要绝热的非金属风管的连接和内部支撑加固处的热桥,通过外部敷设的符合设计要求的绝热层就可防止产生。

10.2.5 本条文对组合式空调机组、柜式空调机组、新风机组、单元式空调机组安装的验收质量作出了规定。

1 组合式空调机组、柜式空调机组、单元式空调机组是空调系统中的重要末端设备,其规格、台数是否符合设计要求,将直接影响其能耗大小和空调场所的空调效果。事实表明,许多工程在安装过程中擅自更改了空调末端设备的台数,其后果是或因设备台数增多造成设备超重而给建筑物安全带来了隐患及能耗增大,或因设备台数减少及规格与设计不符等而造成了空调效果不佳。因此,本条文对此进行了强调。

2 本条文对各种空调机组的安装位置和方向的正确性提出了要求,并要求机组与风管、送风静压箱、回风箱的连接应严密可靠,其目的是为了减少管道交叉、方便施工、减少漏风量,进而保证工程质量、满足使用要求、降低能耗。

3 一般大型空调机组由于体积大,不便于整体运输,常采用散装或组装功能段至现场进行整体拼装的施工方法。由于加工质量和组装水平的不同,组装后机组的密封性能存在较大的差异,严重的漏风量不仅影响系统的使用功能,而且会增加能耗;同时,空调机组的漏风量测试也是工程设备验收的必要步骤之一。因此,现场组装的机组在安装完毕后,应进行漏风量的测试。

4 空气热交换器翅片在运输与安装过程中被损坏和沾染污物,会增加空气阻力,影响热交换效率,增加系统的能耗。本条文还对粗、中效空气过滤器的阻力参数做出要求,主要目的是对空气过滤器的初阻力有所控制,以保证节能要求。

10.2.6 风机盘管机组是建筑物中最常用的空调末端设备之一,其规格、台数及安装位置和高度是否符合设计要求,将直接影响其能耗和空调场所的空调效果。事实表明,许多工程在安装过程中擅自改变风机盘管的设计台数和安装位置、高度及方向,其后果是所采用的风机盘管机组的耗电功率、风量、风压、冷量、热量等技术性能参数与设计不匹配,能耗增大,房间气流组织不合理,空调效果差,且安装维修不方便。因此,本条文对此进行了强调。

风机盘管机组与风管、回风箱或风口的连接,在工程施工中常存在不到位、空缝或通过吊顶间接连接风口等不良现象,使直接送入房间的风量减少、风压降低、能耗增大、空气品质下降,最终影响了空调效果,故本条文对此进行了强调。

10.2.7 工程实践表明,空调机组或风机出风口与风管系统不合理的连接,可能会造成风系统阻力的增大,进而引起风机性能急剧地变坏;风机与风管连接时使空气在进出风机时尽可能均匀一致,且不要有方向或速度的突然变化,则可大大减小风系统的阻力,进而减小风机的全压和耗电功率。因此,本条文作出了风机的安装位置及出口方向应正确的规定。

10.2.8 本条文强调双向换气装置和排风热回收装置的规格、数量应符合设计要求,是为了保证对系统排风的热回收效率(全热和显热)不低于60%。条文要求其安装和进、排风口位置及接管等应正确,是为了防止功能失效和污浊的排风对系统的新风引起污染。

10.2.9 在空调系统中设置自控阀门和仪表,是实现系统节能运行的必要条件。当空调场所的空调负荷发生变化时,电动两通调节阀和电动两通阀,可以根据已设定的温度通过调节流经空调机组的水流量,使空调冷热水系统实现变流量的节能运行;水力平衡装置,可以通过对系统水力分布的调整与设定,保持系统的水力平衡,保证获得预期的空调效果;冷(热)量计量装置,是实现量化管理、节约能源的重要手段,按照用冷、热量的多少来计收空调费用,既公平合理,更有利于提高用户的节能意识。

工程实践表明,许多工程为了降低造价,不考虑日后的节能运行和减少运行费用等问题,未经设计人员同意,就擅自去掉一些自控阀门与仪表,或将自控阀门更换为不具备主动节能功能的手动阀门,或将平衡阀、热计量装置去掉;有的工程虽然安装了自控阀门与仪表,但是其进、出口方向和安装位置却不符合产品及设计要求。这些不良做法,导致了空调系统无法进行节能运行和水力平衡及冷(热)量计量,能耗及运行费用大大增加。为避免上述现象的发生,本条文对此进行了强调。

10.2.10、10.2.11 本条文对空调风、水系统管道及其部、配件绝热层和防潮层施工的基本质量要求作出了规定。绝热节能效果的好坏除了与绝热材料的材质、密度、导热系数、热阻等有着密切的关系外,还与绝热层的厚度有直接的关系。绝热层的厚度越大,热阻就越大,管道的冷(热)损失也就越小,绝热节能效果就好。工程实践表明,许多空调工程因绝热层的厚度等不符合设计要求,而降低了绝热材料的热阻,导致绝热失败,浪费了大量的能源;另外,从防火的角度出发,绝热材料应尽量采用不燃的材料。但是,从我国目前生产绝热材料品种的构成,以及绝热材料的使用效果、性能等诸多条件来对比,难燃材料还有其相对的长处,在工程中还占有一定的比例。无论是国内还是国外,都发生过空调工程中的绝热材料,因防火性能不符合设计要求被引燃后而造成恶果的案例。因此,本条文明确规定,风管和空调水系统管道的绝热应采用不燃或难燃材料,其材质、密度、导热系数、规格与厚度等应符合设计要求。

空调风管和冷热水管穿楼板和穿墙处的绝热层应连续不间断,均是为了保证绝热效果,以防止产生凝结水并导致能量损失;绝热层与穿楼板和穿墙处的套管之间应用不燃材料填实不得有空隙,套管两端应进行密封封堵,是出于防火和防水的考虑;空调风管系统部件的绝热不得影响其操作功能,以及空调水管道的阀门、过滤器及法兰部位的绝热结构应能单独拆卸且不得影响其操作功能,均是为了方便维修保养和运行管理。

10.2.12 在空调水系统冷热水管道与支、吊架之间应设置绝热衬垫(承压强度能满足管道重量的不燃、难燃硬质绝热材料或经防腐处理的木衬垫),是防止产生冷桥作用而造成能量损失的重要措施。工程实践表明，许多空调工程的冷热水管道与支、吊架之间由于没有设置绝热衬垫，管道与支、吊架直接接触而形成了冷桥，导致了能量损失并且产生了凝结水。因此，本条对空调水系统的冷热水管道与支、吊架之间应设置绝热衬垫进行了强调，并对其设置要求和检查方法也作了说明。

10.2.13 通风与空调系统中与节能有关的隐蔽部位位置特殊，一旦出现质量问题后不易发现和修复。因此，本条文规定应随施工进度对其及时进行验收。通常主要隐蔽部位检查内容有：地沟和吊顶内部的管道、配件安装及绝热、绝热层附着的基层及其表面处理、绝热材料粘结或固定、绝热板材的板缝及构造节点、热桥部位处理等。

10.2.14 强制性条文。通风与空调节能工程安装完工后，为了达到系统正常运行和节能的预期目标，规定必须进行通风机和空调机组等设备的单机试运转和调试及系统的风量平衡调试。试运转和调试结果应符合设计要求；通风与空调系统的总风量与设计风量的允许偏差不应大于10%，各风口的风量与设计风量的允许偏差不应大于15%。

10.3 一般项目

10.3.1 本条文对空气风幕机的安装验收作出了规定。

空气风幕机的作用是通过其出风口送出具有一定风速的气流并形成一道风幕屏障，来阻挡由于室内外温差而引起的室内外冷（热）量交换，以此达到节能的目的。带有电热装置或能通过热媒加热送出热风的空气风幕机，被称作热空气幕。公共建筑中的空气风幕机，一般应安装在经常开启且不设门斗及前室外门的上方，并且宜采用由上向下的送风方式，出口风速应通过计算确定，一般不宜大于6m/s。空气风幕机的台数，应保证其总长度略大于或等于外门的宽度。

实际工程中，经常发现安装的空气风幕机其规格和数量不符合设计要求，安装位置和方向也不正确。如：有的设计选型是热空气幕，但安装的却是一般的自然风空气风幕机；有的安装在内门的上方，起不到应有的作用；有的采用暗装，但却未设置回风口，无法保证出口风速；有的总长度小于外门的宽度，难以阻挡屏障全部的室内外冷（热）量交换，节能效果不明显。为避免上述等不良现象的发生，本条文对此进行了强调。

10.3.2 本条文对变风量末端装置的安装验收作出了规定。

变风量末端装置是变风量空调系统的重要部件，其规格和技术性能参数是否符合设计要求、动作是否可靠，将直接关系到变风量空调系统能否正常运行和节能效果的好坏，最终影响空调效果，故条文对此进行了强调。

11 空调与采暖系统冷热源及管网节能工程

11.1 一般规定

11.1.1 本条文规定了本章适用的范围。

11.1.2 本条给出了采暖与空调系统冷源、辅助设备及其管道和管网系统节能工程验收的划分原则和方法。

空调的冷源系统，包括冷源设备及其辅助设备（含冷却塔、水泵等）和管道；空调与采暖的热源系统，包括热源设备及其辅助设备和管道。

不同的冷源或热源系统，应分别进行验收；室外管网应单独验收，不同的系统应分别进行。

11.2 主控项目

11.2.1 本条是对空调与采暖系统冷热源设备及其辅助设备、阀门、仪表、绝热材料等产品进场验收与核查的规定，其中，对进场验收的具体解析可参见本规范第10.2.1条的有关条文说明。

空调与采暖系统在建筑物中是能耗大户，而其冷热源和辅助设备又是空调与采暖系统中的主要设备，其能耗量占整个空调与采暖系统总能耗量的大部分，其选型是否合理，热工等技术性能参数是否符合设计要求，将直接影响空调与采暖系统的总能耗及使用效果。事实表明，许多工程基于降低空调与采暖系统冷热源及其辅助设备的初投资，在采购过程中，擅自改变了有关设备的类型和规格，使其制冷量、制热量、额定热效率、流量、扬程、输入功率等性能系数不符合设计要求，结果造成空调与采暖系统能耗过大、安全可靠性差、不能满足使用要求等不良后果。因此，为保证空调与采暖系统冷热源及管网节能工程的质量，本条文作出了在空调与采暖系统的冷热源及其辅助设备进场时，应对其热工等技术性能进行核查，并应形成相应的核查记录的规定。对有关设备等的核查，应根据设计要求对其技术资料和相关性能检测报告等所表示的热工等技术性能参数进行——核对。

锅炉的额定热效率、电机驱动压缩机的蒸气压缩循环冷水（热泵）机组的性能系数和综合部分负荷性能系数、单元式空气调节机及风管送风式和屋顶式空气调节机组的能效比、蒸汽和热水型溴化锂吸收式机组及直燃型溴化锂吸收式冷（温）水机组的性能参数，是反映上述设备节能效果的一个重要参数，其数值越大，节能效果就越好；反之亦然。因此，在上述设备进场时，应核查它们的有关性能参数是否符合设计要求并满足国家现行有关标准的规定，进而促进高效、节能产品的市场，淘汰低效、落后产品的使用。表3～7摘录了国家现行有关标准对空调与采暖系统冷热源设备有关性能参数的规定值,供采购和验收设备时参考。

表3　锅炉的最低设计效率(%)

锅炉类型、燃料种类及发热值		在下列锅炉容量(MW)下的设计效率(%)						
		0.7	1.4	2.8	4.2	7.0	14.0	≥28.0
燃煤	Ⅱ类烟煤	—	—	73	74	78	79	80
	Ⅲ类烟煤	—	—	74	76	78	80	82
燃油、燃气		86	87	87	88	89	90	90

表4　冷水(热泵)机组制冷性能系数(COP)

类型		额定制冷量(kW)	性能系数(W/W)
水冷	活塞式/涡旋式	<528	≥3.8
		528～1163	≥4.0
		>1163	≥4.2
	螺杆式	<528	≥4.10
		528～1163	≥4.30
		>1163	≥4.60
	离心式	<528	≥4.40
		528～1163	≥4.70
		>1163	≥5.10
风冷或蒸发冷却	活塞式/涡旋式	≤50	≥2.40
		>50	≥2.60
	螺杆式	≤50	≥2.60
		>50	≥2.80

表5　冷水(热泵)机组综合部分负荷性能系数(IPLV)

类型		额定制冷量(kW)	综合部分负荷性能系数(W/W)
水冷	螺杆式	<528	≥4.47
		528～1163	≥4.81
		>1163	≥5.13
	离心式	<528	≥4.49
		528～1163	≥4.88
		>1163	≥5.42

注:IPLV值是基于单台主机运行工况。

表6　单元式机组能效比(EER)

类型		能效比(W/W)
风冷式	不接风管	≥2.60
	接风管	≥2.30
水冷式	不接风管	≥3.00
	接风管	≥2.70

表7　溴化锂吸收式机组性能参数

机型		名义工况			性能参数		
		冷(温)水进/出口温度(℃)	冷却水进/出口温度(℃)	蒸汽压力(MPa)	单位制冷量蒸汽耗量[kg/(kW·h)]	性能系数(W/W)	
						制冷	供热
蒸汽双效		18/13	30/35	0.25	≤1.40		
				0.4			
		12/7		0.6	≤1.31		
				0.8	≤1.28		
直燃		供冷 12/7	30/35			≥1.10	
		供热出口60					≥0.90

注:直燃机的性能系数为:制冷量(供热量)/[加热源消耗量(以低位热值计)+电力消耗量(折算成一次能)]。

循环水泵是集中热水采暖系统和空调冷(热)水系统循环的动力,其耗电输热比(EHR)和输送能效比(ER),分别反映了集中热水采暖系统和空调冷(热)水系统的输送效率,其数值越小,输送效率越高,系统的能耗就越低;反之亦然。在实际工程中,往往把循环水泵的扬程选得过高,导致其耗电输热比和输送能效比过高,使系统因输送效率低下而不节能。因此,在循环水泵进场时,应核查其耗电输热比和输送能效比,是否符合设计要求并满足国家现行有关标准的规定值,以便把这部分经常性的能耗控制在一个合理的范围内,进而达到节能的目的。表8、表9摘录了国家现行有关节能标准中对集中采暖系统热水循环水泵的耗电输热比(EHR)和空调冷热水系统的输送能效比(ER)的计算公式与限值,供采购和验收水泵时参考。

表8　EHR计算公式和计算系数及电机传动效率

热负荷Q(kW)		<2000	≥2000
电机和传动部分的效率η	直联方式	0.88	0.9
	联轴器连接方式	0.87	0.89
计算系数A		0.00556	0.005

注:$EHR=N/Q\eta$,并应满足$EHR \leq A(20.4+\alpha\sum L)/\Delta t$。式中$N$为水泵在设计工况的轴功率(kW);$Q$为建筑供热负荷(kW);$\eta$为电机和传动部分的效率(%),按表8选取;$A$为与热负荷有关的计算系数,按表8选取;$\Delta t$为设计供回水温度差(℃),按照设计要求选取;$\sum L$为室外主干线(包括供回水管)总长度(m);$\alpha$为与$\sum L$有关的计算系数,按如下选取或计算:当$\sum L \leq 400$m时,$\alpha=0.0115$;当$400<\sum L<1000$m时,$\alpha=0.003833+3.067/\sum L$;当$\sum L \geq 1000$m时,$\alpha=0.0069$。

表9 空调冷热水系统的最大输送能效比（ER）

管道类型	两管制热水管道			四管制热水管道	空调冷水管道
	严寒地区	寒冷地区/夏热冬冷地区	夏热冬冷地区		
ER	0.00577	0.00433	0.00865	0.00673	0.0241

注：1 $ER=0.002342H/(\Delta T \cdot \eta)$。式中 H 为水泵设计扬程（m）；ΔT 为供回水温差；η 为水泵在设计工作点的效率（%）。

2 两管制热水管道系统中的输送能效比值，不适用于采用直燃式冷水机组和热泵冷热水机组作为热源的空调热水系统。

11.2.2 绝热材料的导热系数、材料密度、吸水率等技术性能参数，是空调与采暖系统冷热源及管网节能工程的主要参数，它是否符合设计要求，将直接影响到空调与采暖系统冷热源及管网的绝热节能效果。因此，本条文规定在绝热管道和绝热材料进场时，应对绝热材料的上述技术性能参数进行复验。复验应采取见证取样检测的方式，即在监理工程师或建设单位代表见证下，按照有关规定从施工现场随机抽取试样，送至有见证检测资质的检测机构进行检测，并应形成相应的复验报告。

11.2.3 强制性条文。为保证空调与采暖系统具有良好的节能效果，首先要求将冷热源机房、换热站内的管道系统设计成具有节能功能的系统制式；其次要求所选用的省电节能型冷、热源设备及其辅助设备，均要安装齐全、到位；另外在各系统中要设置一些必要的自控阀门和仪表，是系统实现自动化、节能运行的必要条件。上述要求增加工程的初投资是必然的，但是，有的工程为了降低工程造价，却忽略了日后的节能运行和减少运行费用等重要问题，未经设计单位同意，就擅自改变系统的制式并去掉一些节能设备和自控阀门与仪表，或将节能设备及自控阀门更换为不节能的设备及手动阀门，导致了系统无法实现节能运行，能耗及运行费用大大增加。为避免上述现象的发生，保证以上各系统的节能效果，本条作出了空调与采暖管道系统的制式及其安装应符合设计要求、各种设备和自控阀门与仪表应安装齐全且不得随意增减和更换的强制性规定。

本条文规定的空调冷（热）水系统应能实现设计要求的变流量或定流量运行，以及热水采暖系统应能实现根据热负荷及室外温度的变化实现设计要求的集中质调节、量调节或质-量调节相结合的运行，是空调与采暖系统最终达到节能目的有效运行方式。为此，本条文作出了强制性的规定，要求安装完毕的空调与供热工程，应能实现工程设计的节能运行方式。

11.2.4 空调与采暖系统冷热源、辅助设备及其管道和管网系统中与节能有关的隐蔽部位位置特殊，一旦出现质量问题后不易发现和修复。因此，本条文规定应随施工进度对其及时进行验收。通常主要的隐蔽部位检查内容有：地沟和吊顶内部的管道安装及绝热、绝热层附着的基层及其表面处理、绝热材料粘结或固定、绝热板材的板缝及构造节点、热桥部位处理等。

11.2.5 强制性条文。在冷热源及空调系统中设置自控阀门和仪表，是实现系统节能运行等的必要条件。当空调场所的空调负荷发生变化时，电动两通调节阀和电动两通阀，可以根据已设定的温度通过调节流经空调机组的水流量，使空调冷热水系统实现变流量的节能运行；水力平衡装置，可以通过对系统水力分布的调整与设定，保持系统的水力平衡，保证获得预期的空调和供热效果；冷（热）量计量装置，是实现量化管理、节约能源的重要手段，按照用冷、热量的多少来计收空调和采暖费用，既公平合理，更有利于提高用户的节能意识。

工程实践表明，许多工程为了降低造价，不考虑日后的节能运行和减少运行费用等问题，未经设计人员同意，就擅自去掉一些自控阀门与仪表，或将自控阀门更换为不具备主动节能功能的手动阀门，或将平衡阀、热计量装置去掉；有的工程虽然安装了自控阀门与仪表，但是其进、出口方向和安装位置却不符合产品及设计要求。这些不良做法，导致了空调与采暖系统无法进行节能运行和水力平衡及冷（热）量计量，能耗及运行费用大大增加。为避免上述现象的发生，本条文对此进行了强调。

11.2.6、11.2.7 空调与采暖系统在建筑物中是能耗大户，而锅炉、热交换器、电机驱动压缩机的蒸气压缩循环冷水（热泵）机组、蒸汽或热水型溴化锂吸收式冷水机组及直燃型溴化锂吸收式冷（温）水机组、冷却塔、冷热水循环水泵等设备又是空调与采暖系统中的主要设备，因其能耗量占整个空调与采暖系统总能耗量的大部分，其规格、数量是否符合设计要求，安装位置及管道连接是否合理、正确，将直接影响空调与采暖系统的总能耗及空调场所的空调效果。工程实践表明，许多工程在安装过程中，未经设计人员同意，擅自改变了有关设备的规格、台数及安装位置，有的甚至将管道接错。其后果是或因设备台数增加而增大了设备的能耗，给设备的安装带来了不便，也给建筑物的安全带来了隐患；或因设备台数减少而降低了系统运行的可靠性，满足不了工程使用要求；或因安装位置及管道连接不符合设计要求，加大了系统阻力，影响了设备的运行效率，增大了系统的能耗。因此，本条文对此进行了强调。

11.2.8 本条文的说明参见本规范第10.2.11条的条文解释。

11.2.9 保冷管道的绝热层外的隔汽层（防潮层）是防止结露、保证绝热效果的有效手段，保护层是用来保护隔汽层的（具有隔汽性的闭孔绝热材料，可认为是隔汽层和保护层）。输送介质温度低于周围空气露点温度的管道，当采用非闭孔绝热材料作绝热层而不设防潮层（隔汽层）和保护层或者虽然设了但不完整、有缝隙时，空气中的水蒸气就极易被暴露的非闭孔性绝热材料吸收或从缝隙中流入绝热层而产生凝结水，使绝热材料的导热系数急剧增大，不但起不到绝热的作用，反而使绝热性能降低、冷量损失加大。因此，本条文要求非闭孔性绝热材料的隔汽层（防潮层）和保护层必须完整，且封闭良好。

11.2.10 本条文的说明参见本规范第10.2.12条的条文解释。

11.2.11 强制性条文。空调与采暖系统的冷、热源和辅助设备及其管道和室外管网系统安装完毕后，为了达到系统正常运行和节能的预期目标，规定必须进行空调与采暖系统冷、热源和辅助设备的单机试运转及调试和各系统的联合试运转及调试。单机试运转及调试，是进行系统联合试运转及调试的先决条件，是一个较容易执行的项目。系统的联合试运转及调试，是指系统在有冷热负荷和冷热源的实际工况下的试运行和调试。联合试运转及调试结果应满足本规范表11.2.11中的相关要求。当建筑物室内空调与采暖系统工程竣工不在空调制冷期或采暖期时，联合试运转及调试只能进行表11.2.11中序号为2、3、5、6的四项内容。因此，施工单位和建设单位应在工程（保修）合同中进行约定，在具备冷热源条件后的第一个空调期或采暖期期间再进行联合试运转及调试，并补做本规范表11.2.11中序号为1、4的两项内容。补做的联合试运转及调试报告应经监理工程师（建设单位代表）签字确认后，以补充完善验收资料。

各系统的联合试运转受到工程竣工时间、冷热源条件、室内外环境、建筑结构特性、系统设置、设备质量、运行状态、工程质量、调试人员技术水平和调试仪器等诸多条件的影响和制约，是一项技术性较强、很难不折不扣地执行的工作；但是，它又是非常重要、必须完成好的工程施工任务。因此，本条对此进行了强制性规定。对空调与采暖系统冷热源和辅助设备的单机试运转及调试和系统的联合试运转及调试的具体要求，可详见《通风与空调工程施工质量验收规范》GB 50243 的有关规定。

11.3 一般项目

11.3.1 本条文对空调与采暖系统的冷、热源设备及其辅助设备、配件绝热施工的基本质量要求作出了规定。

12 配电与照明节能工程

12.1 一般规定

12.1.1 本条文规定了本章适用的范围。

12.1.2 本条给出了配电与照明节能工程验收检验批的划分原则和方法。

12.1.3 本条给出了配电与照明节能工程验收的依据。

12.2 主控项目

12.2.1 照明耗电在各个国家的总发电量中占有很大的比例。目前，我国照明耗电大体占全国总发电量的10%～12%，2001年我国总发电量为14332.5亿度（kWh），年照明耗电达1433.25～1719.9亿度。为此，照明节电，具有重要意义。1998年1月1日我国颁布了《节约能源法》，其中包括照明节电。选择高效的照明光源、灯具及其附属装置直接关系到建筑照明系统的节能效果。如室内灯具效率的检测方法依据《室内灯具光度测试》GB/T 9467进行，道路灯具、投光灯具的检测方法依据其各自标准 GB/T 9468 和 GB/T 7002 进行。各种镇流器的谐波含量检测依据《低压电气及电子设备发出的谐波电流限值（设备每相输入电流≤16A）》GB 17625.1 进行，各种镇流器的自身功耗检测依据各自的性能标准进行，如管形荧光灯用交流电子镇流器应依据《管形荧光灯用交流电子镇流器性能要求》GB/T 15144 进行，气体放电灯的整体功率因数检测依据国家相关标准进行。生产厂家应提供以上数据的性能检测报告。

12.2.2 工程中使用伪劣电线电缆会造成发热，造成极大的安全隐患，同时增加线路损耗。为加强对建筑电气中使用的电线和电缆的质量控制，工程中使用的电线和电缆进场时均应进行抽样送检。相同材料、截面导体和相同芯数为同规格，如 VV3 * 185 与 YJV3 * 185 为同规格，BV6.0 与 BVV6.0 为同规格。

12.2.3 此项检测主要是对建筑的低压配电电源质量情况，当建筑内使用了变频器、计算机等用电设备时，可能会造成电源质量下降，谐波含量增加，谐波电流危害较大，当其通过变压器时，会明显增加铁心损耗，使变压器过热；当其通过电机，令电机铁心损耗增加，转子产生振动，影响工作质量；谐波电流还增加线路能耗与压损，尤其增加零线上电流，并对电子设备的正常工作和安全产生危害。

12.2.4 应重点对公共建筑和建筑的公共部分的照明进行检查。考虑到住宅项目（部分）中住户的个性使用情况偏差较大，一般不建议对住宅内的测试结果作为判断的依据。

12.3 一般项目

12.3.1 加强对母线压接头的质量控制，避免由于压接头的加工质量问题而产生局部接触电阻增加，从

而造成发热,增加损耗。母线搭接螺栓的拧紧力矩如下:

序号	螺栓规格	力矩值(N·m)
1	M8	8.8～10.8
2	M10	17.7～22.6
3	M12	31.4～39.2
4	M14	51.0～60.8
5	M16	78.5～98.1
6	M18	98.0～127.4
7	M20	156.9～196.2
8	M24	274.6～343.2

12.3.2 交流单相或三相单芯电缆如果并排敷设或用铁制卡箍固定会形成铁磁回路,造成电缆发热,增加损耗并形成安全隐患。

12.3.3 电源各相负载不均衡会影响照明器具的发光效率和使用寿命,造成电能损耗和资源浪费。检查方法中的试运行不是带载运行,应该是在所有照明灯具全部投入的情况下用功率表测量。

13 监测与控制节能工程

13.1 一般规定

13.1.1 说明本章的适用范围。

13.1.2 建筑节能工程监测与控制系统的施工验收应以智能建筑的建筑设备监控系统为基础进行施工验收。

13.1.3 建筑节能工程涉及很多内容,因建筑类别、自然条件不同,节能重点也应有所差别。在各类建筑能耗中,采暖、通风与空气调节,供配电及照明系统是主要的建筑耗能大户;建筑节能工程应按不同设备、不同耗能用户设置检测计量系统,便于实施对建筑能耗的计量管理,故列为检测验收的重点内容。建筑能源管理系统(BEMS,building energy management system)是指用于建筑能源管理的管理策略和软件系统。建筑冷热电联供系统(BCHP,building cooling heating & power)是为建筑物提供电、冷、热的现场能源系统。

13.1.4 监测与控制系统的施工图设计、控制流程和软件通常由施工单位完成,是保证施工质量的重要环节,本条规定应对原设计单位的施工图进行复核,并在此基础上进行深化设计和必要的设计变更。对建筑节能工程监测与控制系统设计施工图进行复核时,具体项目及要求可参考表10。

表10 建筑节能工程监测与控制系统功能综合表

类型	序号	系统名称	检测与控制功能	备注
通风与空气调节控制系统	1	空气处理系统控制	空调箱启停控制状态显示 送回风温度检测 焓值控制 过渡季节新风温度控制 最小新风量控制 过滤器报警 送风压力检测 风机故障报警 冷(热)水流量调节 加湿器控制 风门控制 风机变频调速 二氧化碳浓度、室内温湿度检测 与消防自动报警系统联动	
	2	变风量空调系统控制	总风量调节 变静压控制 定静压控制 加热系统控制 智能化变风量末端装置控制 送风温湿度控制 新风量控制	
	3	通风系统控制	风机启停控制状态显示 风机故障报警 通风设备温度控制 风机排风排烟联动 地下车库二氧化碳浓度控制 根据室内外温差中空玻璃幕墙通风控制	
	4	风机盘管系统控制	室内温度检测 冷热水量开关控制 风机启停和状态显示 风机变频调速控制	
冷热源、空调水的监测控制	1	压缩式制冷机组控制	运行状态监视 启停程序控制与连锁 台数控制(机组群控) 机组疲劳度均衡控制	能耗计量
	2	变制冷剂流量空调系统控制		能耗计量
	3	吸收式制冷系统/冰蓄冷系统控制	运行状态监视 启停控制 制冰/融冰控制	冰库蓄冰量检测、能耗累计
	4	锅炉系统控制	台数控制 燃烧负荷控制 换热器一次侧供回水温度监视 换热器一次侧供回水流量控制 换热器二次侧供回水温度监视 换热器二次侧变频泵控制 换热器二次侧供回水压力监视 换热器二次侧供回水压差旁通控制 换热站其他控制	能耗计量

续表10

类型	序号	系统名称	检测与控制功能	备注
冷热源、空调水的监测控制	5	冷冻水系统控制	供回水温差控制 供回水流量控制 冷冻水循环泵启停控制和状态显示（二次冷冻水循环泵变频调速） 冷冻水循环泵过载报警 供回水压力监视 供回水压差旁通控制	冷源负荷监视，能耗计量
	6	冷却水系统控制	冷却水进出口温度检测 冷却水泵启停控制和状态显示 冷却水泵变频调速 冷却水循环泵过载报警 冷却塔风机启停控制和状态显示 冷却塔风机变频调速 冷却塔风机故障报警 冷却塔排污控制	能耗计量
供配电系统监测	1	供配电系统监测	功率因数控制 电压、电流、功率、频率、谐波、功率因数检测 中/低压开关状态显示 变压器温度检测与报警	用电量计量
照明系统控制	1	照明系统控制	磁卡、传感器、照明的开关控制 根据亮度的照明控制 办公区照度控制 时间表控制 自然采光控制 公共照明区开关控制 局部照明控制 照明的全系统优化控制 室内夜景设定控制 室外景观照明夜景设定控制 路灯时间表及亮度开关控制	照明系统用电量计
综合控制系统	1	综合控制系统	建筑能源系统的协调控制 采暖、空调与通风系统的优化监控	
建筑能源管理系统的能耗数据采集与分析	1	建筑能源管理系统的能耗数据采集与分析	管理软件功能检测	

建筑节能工程的设计是工程质量的关键，也是检测验收目标设定的依据，故作此说明。

1 建筑节能工程设计审核要点：
  1) 合理利用太阳能、风能等可再生能源。
  2) 根据总能量系统原理，按能源的品位合理利用能源。
  3) 选用高效、节能、环保的先进技术和设备。
  4) 合理配置建筑物的耗能设施。
  5) 用智能化系统实现建筑节能工程的优化监控，保证建筑节能系统在优化运行中节省能源。
  6) 建立完善的建筑能源（资源）计量系统，加强建筑物的能源管理和设备维护，在保证建筑物功能和性能的前提下，通过计量和管理节约能耗。
  7) 综合考虑建筑节能工程的经济效益和环保效益，优化节能工程设计。

2 审核内容包括：
  1) 与建筑节能相关的设计文件、技术文件、设计图纸和变更文件。
  2) 节能设计及施工所执行标准和规范要求。
  3) 节能设计目标和节能方案。
  4) 节能控制策略和节能工艺。
  5) 节能工艺要求的系统技术参数指标及设计计算文件。
  6) 节能控制流程设计和设备选型及配置。

13.1.5 监测与控制系统的检测验收是按监测与控制回路进行的。本条要求施工单位按监测与控制回路制定控制流程图和相应的节能工程施工验收大纲，提交监理工程师批准，在检测验收过程中按施工验收大纲实施。

13.1.6 根据13.1.2条的规定，监测与控制系统的验收流程应与《智能建筑工程质量验收规范》GB 50339一致，以免造成重复和混乱。

13.1.7 工程实施过程检查将直接采用智能建筑子分部工程中"建筑设备监控系统"的检测结果。

13.1.8 本条列出了与建筑节能关系密切的系统检测项目。

13.1.9 因为空调、采暖为季节性运行设备，有时在工程验收阶段无法进行不间断试运行，只能通过模拟检测对其功能和性能进行测试。具体测试应按施工单位提交的施工验收大纲进行。

13.2 主控项目

13.2.1 设备材料的进场检查应执行《智能建筑工程质量验收规范》GB 50339和本规范3.2节的有关规定。

13.2.2 监测与控制系统的现场仪表安装质量对监

测与控制系统的功能发挥和系统节能运行影响较大，本条要求对现场仪表的安装质量进行重点检查。

13.2.3 在试运行中，对各监控回路分别进行自动控制投入、自动控制稳定性、监测控制各项功能、系统连锁和各种故障报警试验，调出计算机内的全部试运行历史数据，通过查阅现场试运行记录和对试运行历史数据进行分析，确定监控系统是否符合设计要求。

13.2.4 验收时，冷热源、空调水系统因季节原因无法进行不间断试运行时，按此条规定执行。黑盒法是一种系统检测方法，这种测试方法不涉及内部过程，只要求规定的输入得到预定的输出。

13.2.5 验收时，通风与空调系统因季节原因无法进行不间断试运行时，按此条规定执行。

13.2.6 本条主要适用于与监测与控制系统联网的监测与计量仪表的检测。

13.2.7 当供配电的监测与控制系统联网时，应满足本条所提出的功能要求。

13.2.8 照明控制是建筑节能的主要环节，照明控制应满足本条所规定的各项功能要求。

13.2.9 综合控制系统的功能包括建筑能源系统的协调控制，及采暖、通风与空调系统的优化监控。

  1 建筑能源系统的协调控制是指将整个建筑物看成一个能源系统，综合考虑建筑物中的所有耗能设备和系统，包括建筑物内的人员，以建筑物中的环境要求为目标，实现所有建筑设备的协调控制，使所有设备和系统在不同的运行工况下尽可能高效运行，实现节能的目标。因涉及建筑物内的多种系统之间的协调动作，故称之为协调控制。

  2 采暖、通风与空调系统的优化监控是根据建筑环境的需求，合理控制系统中的各种设备，使其尽可能运行在设备的高效率区内，实现节能运行。如时间表控制、一次泵变流量控制等控制策略。

  3 人为输入的数据可以是通过仿真模拟系统产生的数据，也可以是同类在运行建筑的历史数据。模拟测试应由施工单位或系统供货厂商提出方案并执行测试。

13.2.10 监测与控制系统应设置建筑能源管理系统，以保证建筑设备通过优化运行、维护、管理实现节能。建筑能源管理按时间（月或年），根据检测、计量和计算的数据，作出统计分析，绘制成图表；或按建筑物内各分区或用户，或按建筑节能工程的不同系统，绘制能流图；用于指导管理者实现建筑的节能运行。

13.3 一般项目

13.3.1 本条所列系统性能检测是实现节能的重要保证。这部分检测内容一般已在建筑设备监控系统的验收中完成，进行建筑节能工程检测验收时，以复核已有的检测结果为主，故列为一般项目。

14 建筑节能工程现场检验

14.1 围护结构现场实体检验

14.1.1 对已完工的工程进行实体检验，是验证工程质量的有效手段之一。通常只有对涉及安全或重要功能的部位采取这种方法验证。围护结构对于建筑节能意义重大，虽然在施工过程中采取了多种质量控制手段，但是其节能效果到底如何仍难确认。曾拟议对墙体等进行传热系数检测，但是受到检测条件、检测费用和检测周期的制约，不宜广泛推广。经过多次征求意见，并在部分工程上试验，决定对围护结构的外墙和建筑外窗进行现场实体检验。据此本条规定了建筑围护结构现场实体检验项目为外墙节能构造和部分地区的外窗气密性。但是当部分工程具备条件时，也可对围护结构直接进行传热系数的检测。此时的检测方法、抽样数量等应在合同中约定或遵守另外的规定。

14.1.2 规定了外墙节能构造现场实体检验目的和方法。规定其检验目的的作用是要求检验报告应该给出相应的检验结果。

  1 验证保温材料的种类是否符合设计要求；

  2 验证保温层厚度是否符合设计要求；

  3 检查保温层构造做法是否符合设计和施工方案要求。

  围护结构的外墙节能构造现场实体检验的方法可采取本规范附录C规定的方法。

14.1.3 外窗气密性的实体检验，是指对已经完成安装的外窗在其使用位置进行的测试。检验方法按照国家现行有关标准执行。检验目的是抽样验证建筑外窗气密性是否符合节能设计要求和国家有关标准的规定。这项检验实际上是在进场验收合格的基础上，检验外窗的安装（含组装）质量，能够有效防止"送检窗合格、工程用窗不合格"的"挂羊头、卖狗肉"不法行为。当外窗气密性出现不合格时，应当分析原因，进行返工修理，直至达到合格水平。

14.1.4 本条规定了现场实体检验的抽样数量。给出了两种确定抽样数量的方法：一种是可以在合同中约定，另一种是本规范规定的最低数量。最低数量是一个单位工程每项实体检验最少抽查3个试件（3个点、3樘窗等）。实际上，这样少的抽样数量不足以进行质量评定或工程验收，因此这种实体检验只是一种验证。它建立在过程控制的基础上，以极少的抽样来对工程质量进行验证。这对造假者能够构成威慑，对合格质量则并无影响。由于抽样少，经济负担也相对较轻。

14.1.5 本条规定了承担围护结构现场实体检验任

务的实施单位。考虑到围护结构的现场实体检验是采用钻芯法验证其节能保温做法，操作简单，不需要使用试验仪器，为了方便施工，故规定现场实体检验除了可以委托有资质的检测单位来承担外，也可由施工单位自行实施。但是不论由谁实施均须进行见证，以保证检验的公正性。

14.1.6 本条规定了承担外窗现场实体检验任务的实施单位。考虑到外窗气密性检验操作较复杂，需要使用整套试验仪器，故规定应委托有资质的检测单位承担，对"有资质的检测单位"的理解，可参照3.1.5条的条文说明。本项检验应进行见证，以保证检验的公正性。

14.1.7 本条中检测机构的资质要求，可参见本规范3.1.5条的条文说明。

14.1.8 当现场实体检验出现不符合要求的情况时，显示节能工程质量可能存在问题。此时为了得出更为真实可靠的结论，应委托有资质的检测单位再次检验。且为了增加抽样的代表性，规定应扩大一倍数量再次抽样。再次检验只需要对不符合要求的项目或参数检验，不必对已经符合要求的参数再次检验。如果再次检验仍然不符合要求时，则应给出"不符合要求"的结论。

考虑到建筑工程的特点，对于不符合要求的项目难以立即拆除返工，通常的做法是首先查找原因，对所造成的影响程度进行计算或评估，然后采取某些可行的技术措施予以弥补、修理或消除，这些措施有时还需要征得节能设计单位的同意。注意消除隐患后必须重新进行检测，合格后方可通过验收。

14.2 系统节能性能检测

14.2.1~14.2.3 本条给出了采暖、通风与空调及冷热源、配电与照明系统节能性能检测的主要项目及要求，并规定对这些项目节能性能的检测应由建设单位委托具有相应资质的第三方检测单位进行。所有的检测项目可以在工程合同中约定，必要时可增加其他检测项目。另外，表14.2.2中序号为1~8的检测项目，也是本规范第9~11章中强制性条文规定的在室内空调与采暖系统及其冷热源和管网工程竣工验收时所必须进行的试运转及调试内容。为了保证工程的节能效果，对于表14.2.2中所规定的某个检测项目如果在工程竣工验收时可能会因受某种条件的限制（如采暖工程不在采暖期竣工或竣工时热源与室外管网工程还没有安装完毕等）而不能进行时，那么施工单位与建设单位应事先在工程（保修）合同中对该检测项目作出延期补做试运转及调试的约定。

15 建筑节能分部工程质量验收

15.0.1 本条提出了建筑节能分部工程质量验收的条件。这些要求与统一标准完全一致，即共有两个条件：第一，检验批、分项、子分部工程应全部验收合格，第二，应通过外窗气密性现场检测、围护结构墙体节能构造实体检验、系统功能检验和无生产负荷系统联合试运转与调试，确认节能分部工程质量达到可以进行验收的条件。

15.0.2 本条是对建筑节能工程验收程序和组织的具体规定。其验收的程序和组织与《建筑工程施工质量验收统一标准》GB 50300的规定一致，即应由监理方（建设单位项目负责人）主持，会同参与工程建设各方共同进行。

15.0.3 本条是对建筑节能工程检验批验收合格质量条件的基本规定。本条规定与《建筑工程施工质量验收统一标准》GB 50300和各专业工程施工质量验收规范完全一致。应注意对"一般项目"不能作为可有可无的验收内容，验收时应要求一般项目亦应"全部合格"。当发现不合格情况时，应进行返工修理。只有当难以修复时，对于采用计数检验的验收项目，才允许适当放宽，即至少有90%以上的检查点合格即可通过验收，同时规定其余10%的不合格点不得有"严重缺陷"。对"严重缺陷"可理解为明显影响了使用功能，造成功能上的缺陷或降低。

15.0.5 考虑到建筑节能工程的重要性，建筑节能工程分部工程质量验收，除了应在各相关分项工程验收合格的基础上进行技术资料检查外，增加了对主要节能构造、性能和功能的现场实体检验。在分部工程验收之前进行的这些检查，可以更真实地反映工程的节能性能。具体检查内容在各章均有规定。

15.0.7 本规范给出了建筑节能工程分部、子分部、分项工程和检验批的质量验收记录格式。该格式系参照其他验收规范的规定并结合节能工程的特点制定，具体见本规范附录B。

当节能工程按分项工程直接验收时，附录B中给出的表B.0.2可以省略，不必填写。此时使用表B.0.3即可。

附录C 外墙节能构造钻芯检验方法

C.0.1 给出本方法的适用范围。当对围护结构中墙体之外的部位（如屋面、地面等）进行节能构造检验时，也可以参照本附录规定进行。

C.0.2 给出采用本方法检验外墙节能构造的时间。即应在外墙施工完工后、节能分部工程验收前进行。

C.0.3 给出钻芯检验外墙节能构造的取样部位和数量规定。实施时应事先制定方案，在确定取样部位后在图纸上加以标柱。

C.0.5 给出钻芯检验外墙节能构造的方法。规范建议钻取直径70mm的芯样，是综合考虑了多种直径芯样的实际效果后确定的。实施时如有困难，也可以采取 50~100mm 范围内的其他直径。由于检验目的是验证墙体节能构造，故钻取芯样深度只需要钻透保温层到达结构层或基层表面即可。

C.0.6 为避免钻取芯样时冷却水流入墙体内或污染墙面，钻芯时应采用内注水冷却方式的钻头。

C.0.7 给出对芯样的检查方法。可分为 3 个步骤进行检查并作出检查记录（原始记录）：
1. 对照设计图纸观察、判断；
2. 量取厚度；
3. 观察或剖开检查构造做法。

C.0.8 给出是否符合设计要求结论的判断方法。即实测厚度的平均值达到设计厚度的 95% 及以上时，应判符合；否则应判不符合设计要求。

C.0.9 给出钻芯检验外墙节能构造的检验报告主要内容。这些内容实际上也是对检测报告的基本要求。无论是由检测单位还是由施工单位进行检验，均应按照这些内容和报告格式的要求出具报告，并应保存检验原始记录以备查对。

C.0.10 当出现检验结果不符合设计要求时，首先应考虑取点的代表性及偶然性等因素，故应增加一倍数量再次取样检验。当证实确实不符合要求时，应按照统一标准规定的原则进行处理。此时应委托原设计单位或其他有资质的单位重新验算房屋的热工性能，提出技术处理方案。

C.0.11 给出对外墙取样部位的修补要求。规范要求采用保温材料填充并用建筑胶密封。实际操作中应注意填塞密实并封闭严密，不允许使用混凝土或碎砖加砂浆等材料填塞，以避免产生热桥。规范建议修补后宜在取样部位挂贴标志牌加以标示。

中华人民共和国国家标准

厅堂音质模型试验规范

Code for test of scale acoustic model for auditorium

GB/T 50412—2007

主编部门：中华人民共和国建设部
批准部门：中华人民共和国建设部
施行日期：2007年9月1日

中华人民共和国建设部
公　告

第 631 号

建设部关于发布国家标准《厅堂音质模型试验规范》的公告

现批准《厅堂音质模型试验规范》为国家标准，编号为 GB/T 50412—2007，自 2007 年 9 月 1 日起实施。

本规范由建设部标准定额研究所组织中国建筑工业出版社出版发行。

中华人民共和国建设部
2007 年 4 月 17 日

前　言

本规范是根据原国家计划委员会计综〔1986〕2630 号文件和建设部建标标便〔2004〕4 号文的要求，由清华大学会同中国建筑科学研究院共同编制完成。

编制组在深入调查研究，长期大量实验工作的基础上，认真总结实践经验，并广泛征求意见，进行了反复修改，最后经审查定稿。

本规范共分七章和一个附录。其主要内容是：1. 总则；2. 术语；3. 厅堂音质模型的制备；4. 测量系统；5. 测量方法；6. 空气吸收修正与结果表达；7. 模型内表面材料吸声系数测量。

本规范由建设部负责管理，由清华大学负责具体技术内容的解释。在执行本规范过程中，希望各单位在工作实践中注意积累资料，总结经验，请将有关意见和资料寄交清华大学建筑学院（地址：北京市海淀区清华大学中央主楼 104；邮政编码：100084），以供今后修订时参考。

本规范主编单位、参编单位和主要起草人：

主 编 单 位：清华大学
参 编 单 位：中国建筑科学研究院
主要起草人：王炳麟　燕　翔　徐学军
　　　　　　林　杰　谭　华

目　次

1 总则 ·· 30—4
2 术语 ·· 30—4
3 厅堂音质模型的制备 ························· 30—4
4 测量系统 ······································· 30—4
　4.1 声源设备 ··································· 30—4
　4.2 接收设备 ··································· 30—4
5 测量方法 ······································· 30—5
　5.1 动态范围 ··································· 30—5
　5.2 测量频率 ··································· 30—5
　5.3 测量条件与测点选择 ····················· 30—5
6 空气吸收修正与结果表达 ··················· 30—5
7 模型内表面材料吸声系数测量 ············· 30—5
附录A　空气吸收系数$4m$的计算和
　　　　常用数值表 ····························· 30—5
本规范用词说明 ·································· 30—6
附：条文说明 ····································· 30—7

1 总 则

1.0.1 为规范厅堂音质模型试验方法和测量条件，提高音质模型在厅堂设计中预测音质参数的准确度，制定本规范。

1.0.2 本规范适用于在厅堂音质设计用的缩尺模型中，预测厅堂的短延时反射声序列分布（脉冲声响应）、混响时间和声场不均匀度。

1.0.3 厅堂音质模型试验，除应符合本规范的要求以外，还应符合国家现行有关标准和规范的要求。

2 术 语

2.0.1 厅堂音质模型 scale acoustic model of auditorium

本规范所指厅堂音质模型是厅堂音质设计阶段，为预测所设计的厅堂建成后的音质状况而制作的三维缩尺模型。模型的内部形状及内表面材料的吸声系数与所设计的实际厅堂应一一对应，模型内声传播介质为空气。

2.0.2 缩尺比 scale factor

所设计的实际厅堂线性长度与厅堂模型的线性长度之比，以整数表示。

2.0.3 短延时反射声序列分布 the sequence distributing of short time sound reflecting

即脉冲声响应，是厅堂在单位脉冲声信号激励下，厅堂内某测点声压随时间变化的函数。

3 厅堂音质模型的制备

3.0.1 厅堂音质模型可采用达到声学界面模拟要求的材料制作，可采用木龙骨架、密度板、大芯板、九合板等材料做底层。厅堂中以反射为主的石材、玻璃、水泥面等界面（平均吸声系数小于0.05），可在木面板上直接刷漆作为模拟。纸面石膏板、木板和金属板可采用三合板刷漆作为模拟。灯光口、喇叭口等强吸声开口可采用10mm厚的海绵或棉毡作为模拟。厅堂音质模型的表面吸声系数应满足本规范第3.0.3条的要求。厅堂音质模型，当用于预测本规范第1.0.2条规定的全部音质参数时，缩尺比 n 不宜大于10；当仅用作预测反射声序列分布时，缩尺比 n 可适当增大。

3.0.2 厅堂音质模型的内表面形状，可在实际厅堂设计的基础上作适当简化，但应保留在实际厅堂中大于等于17cm的起伏。

3.0.3 厅堂音质模型的内表面各个部分（包括观众席）的吸声系数，在试验中测量中心频率上应与实际厅堂表面相对应的中心频率上的吸声系数相一致，可有±10%的误差。

3.0.4 厅堂音质模型的外壳应有足够的隔声量，测试频带范围内，隔声量应不小于30dB。应保证模型试验的房间具有足够安静的环境，背景噪声不应大于30dB（A）。

3.0.5 有与观众厅通过台口相连通的单独舞台空间的厅堂，模型应包括舞台部分。

4 测量系统

4.1 声源设备

4.1.1 使用脉冲声法测量短延时反射声序列分布和使用脉冲响应反向积分法测量混响时间时，所用的声源信号应为高压放电脉冲声。使用声源切断法测量混响时间和使用声压级对比法测量声场分布时，所用的声源信号应为球形无指向扬声器。

4.1.2 试验用高压放电脉冲声的脉冲宽度应不大于200μs，自由场中1m处峰值声压级在测量频段内宜不小于100dB。试验用球形无指向扬声器可采用12只特性一致的单体扬声器组合而成，灵敏度应大于80dB，无指向性。高压放电脉冲声源、扬声器声源的线性尺寸不应超过厅堂模型长、宽、高中最小尺寸的1/20。声源位置应与实际厅堂测试时的位置相对应。

4.1.3 厅堂音质模型试验进行混响时间测量时，可采用声源切断法或脉冲响应反向积分法。若测试设备条件许可，宜采用脉冲响应反向积分法。

4.2 接收设备

4.2.1 厅堂音质模型试验的接收设备应包括传声器、信号放大器和示波器。示波器可采用计算机及其图形记录设备。

4.2.2 厅堂音质模型试验中，作为接收设备所用的传声器和电缆系统应满足现行国家标准《声级计的电声性能及测试方法》GB/T 3785规定的1型声级计的要求。倍频程或1/3倍频程滤波器应符合现行国家标准《倍频程及分数倍频滤波器》GB/T 3241的规定。

4.2.3 传声器在测试频段上应具有无指向性，传声器的话筒头直径宜用 $\frac{1}{8}''$（3.17mm），最大不应大于 $\frac{1}{4}''$（6.35mm）。

4.2.4 每次测量前后，应采用准确度高于±0.3dB的声级校准器对整个测量系统进行校准。声级校准器和测量系统宜每年送法定计量部门检定。

4.2.5 声级计的时间常数应设定为 $\frac{1}{16}$s。对于计算机控制的数字记录设备，采样频率不应小于100kHz。

4.2.6 传声器在模型中摆放高度应为 $1.2m/n$，主轴指向上方。

5 测量方法

5.1 动态范围

5.1.1 在厅堂音质模型试验的短延时反射声序列分布测量中,测量的时间范围(延时)应在直达声之后不小于 $200ms/n$。

5.1.2 混响时间测量时,各测量频率的衰减曲线的衰减范围不应小于 35dB。

5.2 测量频率

5.2.1 厅堂音质模型试验的混响时间和声场不均匀度的测量中心频率至少应包括:$125Hz\times n$;$250Hz\times n$;$500Hz\times n$;$1000Hz\times n$;$2000Hz\times n$。

5.2.2 测量频率带宽应为 1/3 倍频程带宽。

5.2.3 如厅堂音质模型试验所用的声源设备能够发出 $4000Hz\times n$ 的信号,且模型中此频率的接收信号噪声比在 35dB 以上,则频率可扩展到 $4000Hz\times n$。

5.3 测量条件与测点选择

5.3.1 应准确测定并记录试验时模型内空气的温度和相对湿度,精度应分别达到 $\pm0.5℃$ 和 $\pm2.5\%$。

5.3.2 测量位置应根据测量目的的不同而进行选择,宜较好地有代表性地覆盖厅堂。轴对称的厅堂,可在对称轴的半边进行测点选择。

5.3.3 从传声器至包括地面的最近反射面的距离宜不小于波长的 1/4。

5.3.4 混响时间测量时,模型观众厅内一层池座测点不宜少于 5 个,楼座测点不宜少于 3 个,贵宾席、重要包厢等处宜放置测点;舞台上测点不宜少于 3 个。

5.3.5 测量反射声序列分布和声场不均匀度时,模型观众厅内测点宜隔排隔列密布,在声学存在缺陷的区域宜逐座布置;舞台上测点可根据需要进行布置。

6 空气吸收修正与结果表达

6.0.1 模型中测得的混响时间的数值,应按 6.0.1-1 式进行空气吸收修正:

$$T = \frac{K}{K/(T_m \cdot n) - (4m_m/n - 4m)} \quad (6.0.1\text{-}1)$$

$$K = 55.26/c \quad (6.0.1\text{-}2)$$

$$c = 331.5 + 0.61t \quad (6.0.1\text{-}3)$$

式中 T——修正后的厅堂混响时间(s);
K——常数项;
c——声速(m/s);
t——空气温度(℃);
T_m——模型中测得的混响时间(s);
$4m_m$——模型试验时的温度湿度条件下,各中心频率的空气吸收系数;
$4m$——设计厅堂在正常温湿度条件(一般取温度20℃,相对湿度60%)下的各中心频率的空气吸收系数。其值按附录A求得。

6.0.2 厅堂音质模型试验的短延时反射声序列分布测量的结果,应用模型厅堂内测点的脉冲声响应图谱(回声图)表示。

6.0.3 混响时间测量表达形式应至少包括体积、表面积、模拟材料吸声系数和模拟材料的表面积等模型基本参数,测试设备框图,测点的混响时间频率特性分布图,模型内测点分布平面图。

6.0.4 声场不均匀度应为最高声压级与最低声压级之差,表达形式宜包括模型内各测点在测试频率上相对于观众厅池座第一排中央座位上声压级的差值。

6.0.5 测试报告中,测量频率应标其模拟的实际厅堂的测量频率。

7 模型内表面材料吸声系数测量

7.0.1 模型内表面材料吸声系数测量,应在缩尺混响室中进行。缩尺混响室及试件的线性尺寸应为实际混响室及试件尺寸除以缩尺比 n。模型混响室可采用厚度为 10mm 的有机玻璃板、玻璃板或厚度 2mm 以上的不锈钢板制作,体形和扩散尺寸乘以缩尺比后应符合现行国家标准《声学 混响室吸声测量》GB/T 20247 对混响室的要求。

7.0.2 模型内表面材料的吸声系数的测量频率应按本规范第 5.2.1 条的规定,测量和计算方法应符合现行国家标准《声学 混响室吸声测量》GB/T 20247 的要求。

7.0.3 在用于模型内表面材料吸声系数测量的缩尺混响室中得到的混响时间,应按本规范公式(6.0.1-1)修正。应根据修正后的混响时间值计算得出吸声系数。

附录 A 空气吸收系数 $4m$ 的计算和常用数值表

A.0.1 空气吸收系数 $4m$ 可按下式计算或查表 A.0.1-1、表 A.0.1-2 求得。

$$4m = 4 \times \frac{\alpha}{10 \times \lg(e)} \quad (A.0.1\text{-}1)$$

式中 α——国家标准《声学——户外声传播衰减》GB/T 17247 中每米空气吸收衰减系数,单位为 m^{-1};
e——自然常数,取值 2.7182818。

表 A.0.1-1 标准大气压（101.325kPa）时空气吸收系数 4m 值，室温 20℃

频率(Hz)	相对湿度（%）					
	20	25	30	35	40	45
1000	0.00602	0.00507	0.00460	0.00437	0.00428	0.00426
1250	0.00867	0.00707	0.00620	0.00572	0.00545	0.00531
2000	0.0199	0.0156	0.0130	0.0114	0.0103	0.00959
2500	0.0298	0.0232	0.0192	0.0165	0.0147	0.0135
4000	0.0688	0.0547	0.0450	0.0383	0.0335	0.0300
5000	0.100	0.0814	0.0677	0.0578	0.0505	0.0450
10000	0.261	0.247	0.223	0.199	0.178	0.161
20000	0.466	0.526	0.550	0.549	0.533	0.509
40000	0.721	0.863	0.984	1.0782	1.146	1.190
1000	0.00429	0.00435	0.00442	0.00458	0.00474	0.00488
1250	0.00525	0.00526	0.00529	0.00542	0.00559	0.00577
2000	0.00910	0.00877	0.00854	0.00832	0.00829	0.00836
2500	0.0126	0.0119	0.0114	0.0108	0.0105	0.0104
4000	0.0273	0.0252	0.0236	0.0213	0.0197	0.0187
5000	0.0407	0.0374	0.0347	0.0308	0.0281	0.0262
10000	0.146	0.134	0.124	0.108	0.0966	0.0878
20000	0.483	0.456	0.431	0.387	0.350	0.320
40000	1.214	1.222	1.217	1.184	1.135	1.0799

表 A.0.1-2 标准大气压（101.325kPa）时空气吸收系数 4m 值，室温 25℃

频率(Hz)	相对湿度（%）					
	20	25	30	35	40	45
1000	0.00540	0.00497	0.00485	0.00487	0.00497	0.00509
1250	0.00737	0.00648	0.00610	0.00597	0.00597	0.00604
2000	0.0157	0.0129	0.0113	0.0104	0.00984	0.00954
2500	0.0233	0.0187	0.0160	0.0143	0.0133	0.0126
4000	0.0546	0.0432	0.0360	0.0312	0.0279	0.0256
5000	0.0817	0.0650	0.0541	0.0466	0.0413	0.0374
10000	0.257	0.221	0.191	0.166	0.147	0.132
20000	0.584	0.596	0.573	0.536	0.497	0.461
40000	0.980	1.135	1.238	1.293	1.312	1.305

续表 A.0.1-2

频率(Hz)	相对湿度（%）					
	50	55	60	70	80	90
1000	0.00522	0.00536	0.00548	0.00570	0.00584	0.00593
1250	0.00616	0.00630	0.00644	0.00673	0.00698	0.00718
2000	0.00939	0.00935	0.00938	0.00957	0.00986	0.0102
2500	0.0122	0.0119	0.0117	0.0117	0.0119	0.0121
4000	0.0238	0.0225	0.0215	0.0203	0.0196	0.0192
5000	0.0344	0.0322	0.0304	0.0280	0.0264	0.0255
10000	0.121	0.111	0.103	0.0911	0.0826	0.0762
20000	0.427	0.398	0.373	0.331	0.298	0.273
40000	1.282	1.248	1.210	1.129	1.052	0.982

本规范用词说明

1 执行本规范条文时，对于要求严格程度的用词，说明如下，以便在执行中区别对待。

   1) 表示很严格，非这样做不可的用词：
      正面词采用"必须"；反面词采用"严禁"。
   2) 表示严格，在正常情况下均应这样做的用词：
      正面词采用"应"；反面词采用"不应"或"不得"。
   3) 表示允许稍有选择，在条件许可时首先应这样做的用词：
      正面词采用"宜"；反面词采用"不宜"。
      表示有选择，在一定条件下可以这样做的，采用"可"。

2 条文中指明必须按其他有关标准执行的写法为：
   "应按……执行"或"应符合……要求（规定）"。

中华人民共和国国家标准

厅堂音质模型试验规范

GB/T 50412—2007

条 文 说 明

目　次

1 总则 …………………………… 30—9
2 术语 …………………………… 30—11
3 厅堂音质模型的制备 …………… 30—11
4 测量系统 ……………………… 30—12
5 测量方法 ……………………… 30—12

1 总 则

1.0.1 准确地预测厅堂的音质效果对声学设计有着重要的意义。室内声学的复杂性源于声音的波动性，音质模型试验方法是目前所知最接近实际情况的模拟方法。厅堂音质模型试验是厅堂音质设计的重要辅助手段。20 世纪 60 年代，厅堂音质模拟理论、测试技术逐渐发展完善，世界范围内进行了大量研究和实践后，比例模型在客观指标的测量方面已经基本达到了实用化。现在，声源、传声器、模拟声学材料已经可以和实物对应，仪器的频带也扩展了，在模拟混响时间、声压级分布、短延时反射声序列分布等常用指标上已经达到实用的精度。随着软件技术的发展，使用计算机进行声场的模拟研究成为现实。从数学的观点来看，声音的传播由波动方程，即由 Helmholtz 方程所描述。理论上，从声源到接收点的脉冲声响应可以通过求解波动方程来获得。但是，当室内几何结构和界面声学属性非常复杂时，人们根本无法获得精确的方程形式和边界条件，也不能得到有价值的解析解。从实用角度讲，使用几何声学的声线追踪法和镜像虚声源法，通过计算机程序可以获得具有一定参考价值的房间声学参数。但由于简化了声音的波动特性，处理高频声和近次反射声效果较好，模拟声场全部信息尚有很大不足。近年来，使用基于有限元理论的方法模拟声音的高阶波动特性，在低频模拟上获得了一些进展。

表 1～表 5 为厅堂音质模型试验结果与厅堂建成后实测结果的对比，是遵照本规范进行试验工作，长期实践积累的成果，目的是为本规范的使用者提供应用参照。

表 1　上海大剧院音质指标对比

音质参数	模型试验		实测结果	
	歌剧	交响乐	歌剧	交响乐
中频 500Hz 混响时间（s）	1.14～1.39	1.81～2.32	1.37	1.82
声场不均匀度（dB）	≤±3.0	≤±3.5	≤±3.0	≤±3.0
语言明晰度 D	0.54	—	0.53	—
音乐透明度 C_{80}（dB）		1.14		1.77

注：该剧院 1998 年建成，观众厅 1800 座，采用了可变混响设计，歌剧条件中频 500Hz 混响时间设计值 1.3～1.4s，交响乐条件中频 500Hz 混响时间设计值 1.8～1.9s。模型缩尺比 $n=5$。模型试验及实测数据源自《上海大剧院观众厅使用效果评析》. 李道增等. 《中国工程科学》，2001，3 (1)。

表 2　北京天桥剧场观众厅混响时间对比（空场）

频 率（Hz）		125	250	500	1000	2000	4000
混响时间（s）	模型试验	2.49	2.33	2.09	1.92	1.62	1.48
	实测结果	2.60	2.08	1.77	1.68	1.56	1.40

注：该剧场 2001 年建成，1600 座，中频 500Hz 混响时间设计值 1.6s。模型缩尺比 $n=10$。模型试验数据源自清华大学建筑学院硕士论文《天桥剧场翻建工程音质设计中的模型实验研究》. 张雷冬，1999。现场实测数据源自清华大学建筑环境检测中心《天桥剧场混响时间验收报告》，编号 02045，2002。

表 3　中央音乐学院附中音乐厅混响时间对比（满场）

频 率（Hz）		125	250	500	1000	2000	4000
混响时间（s）	模型试验	1.80	2.00	1.90	1.80	1.40	—
	实测结果	1.88	2.00	1.80	1.84	1.81	1.63

注：该音乐厅 2003 年建成，800 座，中频 500Hz 混响时间设计值 1.8s。模型缩尺比 $n=10$。模型试验数据源自清华大学建筑学院硕士论文《中央音乐学院附中音乐厅音质设计及模型测定分析》. 李韫玉，2000。现场实测数据源自清华大学建筑环境检测中心《中央音乐学院附中音乐厅混响时间验收报告》，编号 03140，2003。

表 4　清华大学建筑馆北 114 教室混响时间对比（满场）

项目	满场混响时间(s)			清晰度指数 C_{50}(dB)			满场前后排最大声压级差
	125 Hz	500 Hz	2000 Hz	125 Hz	500 Hz	2000 Hz	
模型试验	1.12	0.47	0.45	3.01	1.22	1.33	4.8dB(A)
实测结果	0.80	0.45	0.35	2.31	1.15	1.27	4.4dB(A)

注：该教室 100 座，2002 年改造，中频 500Hz 混响时间设计值 0.45s。模型缩尺比 $n=5$。模型试验及实测数据源自论文《教室声学音质设计一例》. 燕翔等. 第九届全国建筑物理学术论文集《绿色建筑与建筑物理》. 北京：中国建筑工业出版社，2004。

表 5　广东东莞玉兰大剧院脉冲声响应对比（空场、声反射罩）

测点位置	第一反射声延迟时间（ms）	反射声集中延迟时间区域（ms）	对比图
测点 1：池座 2 排边区中间位置	30	50～60	图 1
测点 2：池座 6 排中间位置	5	25～60	图 2
测点 3：池座倒数 2 排中间位置	5	5～100	图 3

注：该剧院 2005 年建成，1600 座。模型缩尺比 $n=10$。模型试验数据源自北京市建筑设计研究院声学所《东莞玉兰大剧院缩尺模型测试报告》，2003。现场实测数据源自北京市建筑设计研究院声学所《东莞玉兰大剧院声学现场测试报告》，2005。

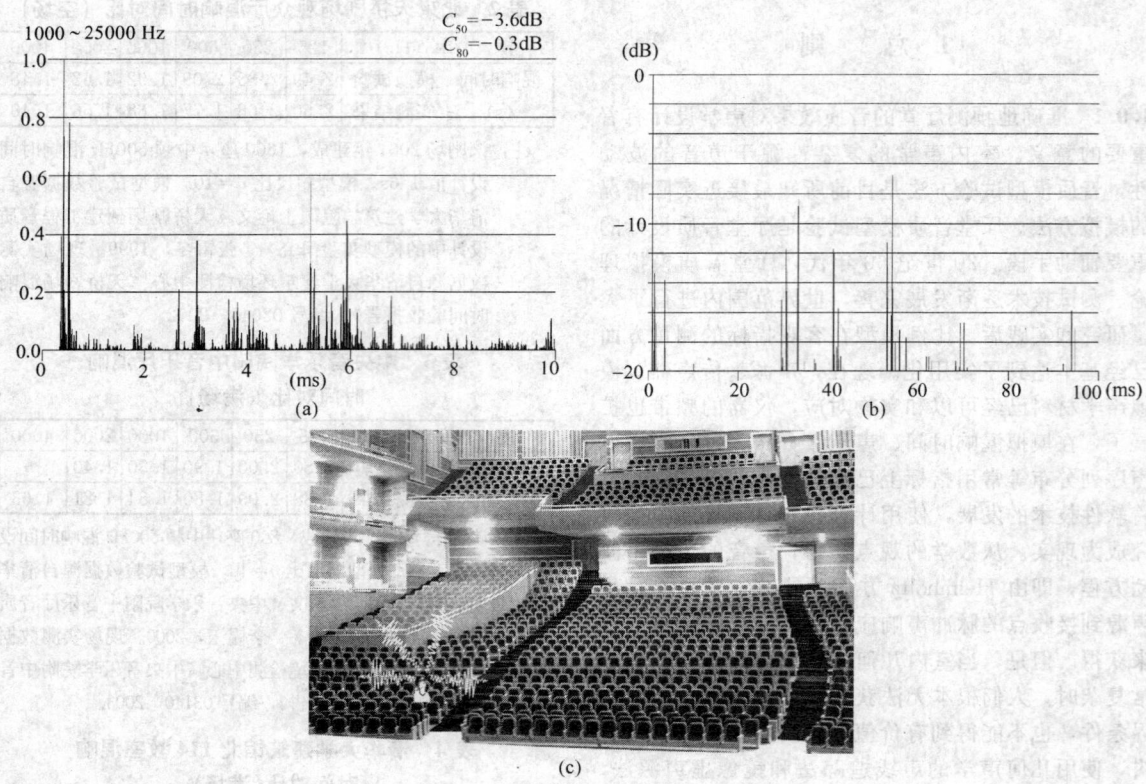

图1 测点1模型、实测反射声序列分布及测点位置
(a) 测点1模型试验反射声序列分布；(b) 测点1现场实测反射声序列分布；(c) 测点1位置

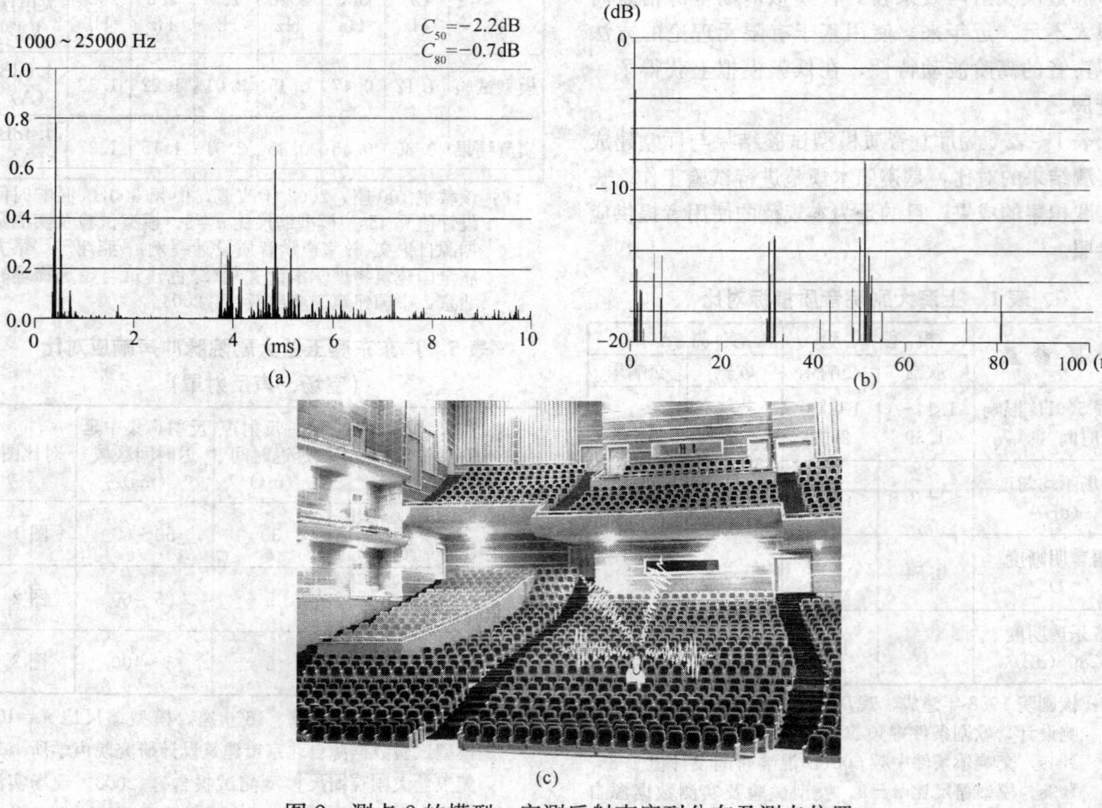

图2 测点2的模型、实测反射声序列分布及测点位置
(a) 测点2模型试验反射声序列分布；(b) 测点2现场实测反射声序列分布；(c) 测点2位置

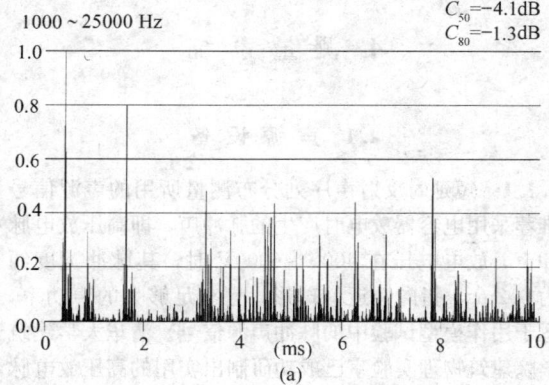

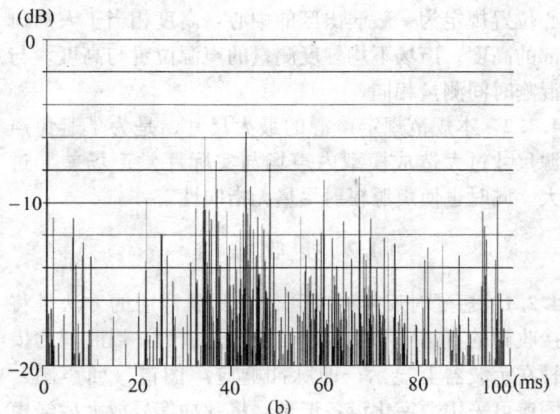

图3 测点3的模型、实测反射声
序列分布及测点位置

(a) 测点3模型试验反射声序列分布；(b) 测点3现场实测反射声序列分布；(c) 测点3位置

1.0.2 厅堂中短延时反射声序列分布，即直达声后数百毫秒（主要是200ms）以内的反射声强度、数目以及在时间轴上的排列，是决定音质的重要因素。它取决于厅堂的大小、体形以及内部材料的布置。在缩尺模型中，用电火花作为脉冲声源测得的短延时反射声序列分布，与实际大厅的短延时反射声序列分布有良好的对应，对在设计阶段确定厅堂的体形、界面吸声等有重要参考意义。这是厅堂音质模型试验的重要用途之一。混响时间是公认的一个可定量的音质参数，通过模型试验可以预测所要兴建厅堂的混响时间。制订本规范的目的在于通过厅堂音质模型试验，预测新设计的厅堂的音质特性，据此调整厅堂容积、形状以及吸声材料布置的数量和位置，以使未来的厅堂符合使用要求。模型试验的重点在于检查厅堂体形缺陷，预测声场分布和分析厅堂内声反射情况。声场不均匀度也是一个重要的音质参数，以自然声为主的厅堂，目前对这个参数还未制定定量标准，而设有扩声系统的厅堂，原广播电影电视部制定的《厅堂扩声系统特性指标》GYJ25规定了声场不均匀度的标准，可供模型试验参照执行。模型试验的测量系统、测量方法和结果的表达应与实际厅堂相同，但需要根据厅堂模型的缩尺比n，在混响时间测量和声场不均匀度测量时对测量频率作相应改变。即：模型中，测量频率＝实际厅堂测量频率×n。在厅堂音质模型试验中，还可以进行其他音质参数、方向性扩散、主观评价等试验，但上述研究从总体上尚处于探索阶段。本规范只对已有的测试方法给予标准化。同时，不限制厅堂音质模型试验的研究性工作。

2 术 语

2.0.1 不同频率的声波，在空气介质中传播，特别是高频声波，它由于空气吸收引起的衰减在不同温、湿度条件下差别很大，并且一般与模型试验的缩尺比n不成线性关系，导致试验结果与实际厅堂相比有较大误差。国外有人曾在模型试验中用干燥空气，或用吸湿方法降低模型内的湿度，或用氮气将模型中的空气排除等方法试图消除这种影响。但是，采用这些措施的设备都比较庞大，而且模型也不容易密封。本规范规定的模型内声传播介质仍为常温常湿空气，对混响时间测量结果，采取对空气吸收的影响作相应修正的方法，较为简易，且有足够的精度。

2.0.2 如果实际厅堂的长度为30m，缩尺比n为10，则厅堂模型的长度为3m。

3 厅堂音质模型的制备

3.0.1 对于短延时反射声序列分布测量，厅堂音质模型的缩尺比n一般采用5或10，也有采用20的，但因受试验设备和频率过高的限制，精度受到一定影响。对混响时间的测量，缩尺比n为20时只能对应实际厅堂2000Hz以下的频率。本规范推荐缩尺比n不大于10，对混响时间和声场不均匀度的测量可扩展至实际厅堂中的4000Hz。短延时反射声序列分布测量的精度也较高。

3.0.2 模型的内表面形状，有些起伏尺寸比较小，对声波的反射和扩散没有多大影响，在制作模型时可适当简化。但本规范规定，必须保留等于或大于实际厅堂中声波为2000Hz的波长的起伏，不能省略。因为这些部分会对声场的不均匀度有较大影响。

3.0.3 要使厅堂音质模型的内表面各个部分，包括观众席的吸声系数在所测量的频率范围内与相对应的实际厅堂内表面各部分及观众席的吸声系数完全相符，实际有很大难度，因此允许有±10%的误差。例如，实际材料1000Hz上的吸声系数为0.50时，缩尺比$n=10$条件下，模型内的模拟材料10000Hz上的吸声系数应为：0.50±0.05。一般厅堂的观众席的吸收，占厅堂内表面总吸收的很大比重（约1/3～1/2），因此这部分的吸声模拟应尽可能准确。模型试验吸声参考数据如表6所示。

表6 $n=10$模型试验表面材料吸声参考数据

频率(Hz) 吸声系数α	125	250	500	1000	2000
木板、密度板刷清漆	0.05	0.05	0.06	0.07	0.08
5mm厚毛毡	0.11	0.48	0.65	0.81	0.95
三合板	0.18	0.15	0.12	0.09	0.10
1.6mm厚绒布	0.40	0.56	0.69	0.80	0.90
15mm厚离心玻璃棉	0.56	0.77	0.92	0.96	0.92
实贴单层无纺布	0.01	0.07	0.15	0.31	0.50
5mm厚海绵	0.09	0.27	0.41	0.60	0.72
10mm厚海绵	0.21	0.55	0.59	0.69	0.91
木制小座椅(m^2/个)	0.10	0.10	0.23	0.12	0.23
五合板制小座椅贴5mm厚海绵模拟坐人(m^2/个)	0.32	0.37	0.39	0.39	0.45
五合板制小座椅贴5mm厚毛毡模拟坐人(m^2/个)	0.39	0.46	0.54	0.57	0.61

3.0.4 为了避免在模型中的背景噪声过高导致动态范围达不到要求而影响精度，厅堂音质模型的外壳应有足够的隔声量。因为模型试验的信号频率比较高，使模型的外壳在高频段有一定的隔声量，并不困难。

3.0.5 舞台空间大小、形状及吸声状况，对观众厅的短延时反射声序列分布、混响时间及声压级分布有很大影响。在模型试验时，这部分宜包括在内。舞台空间部分的吸声状况也应进行相应的模拟。

4 测量系统

4.1 声源设备

4.1.1 短延时反射声序列分布测量所用的声源信号推荐采用电容器放电时产生的脉冲声，即高压放电脉冲声。放电电压在4000～6000V时，其脉冲宽度约为0.2ms，指向性近似球形，且有足够大的声功率，适于用作模型试验中的脉冲声源信号。清华大学建筑学院建筑物理实验室已成功研制出实用的高压放电脉冲声发生器，并已在国内多家声学单位应用。声源中心位置规定为一般演出区的中心，高度相当于人的口部的高度。声场不均匀度测量的声源位置与高度，与混响时间测量相同。

4.1.2 本规范规定声源的最大尺寸，是为了避免声源尺寸过大造成模型内声场与实际厅堂声场差异过大，同时也使声源辐射尽量无指向性。

4.2 接收设备

4.2.1 短延时反射声序列分布测量常用的方法是将接收到的直达声和反射声信号经过放大，以时间为横轴在示波器上显示，即脉冲响应声图谱（回声图）。图谱可采用数字化设备记录，将脉冲信号放大后经模/数转换存于计算机，再输出至绘图仪，描绘出脉冲响应图谱。为保证计算机绘制的图形有足够的精度，模/数转换器的分辨率（字长）不宜小于16bit，采样频率不宜小于100kHz。

4.2.2 接收用传声器，可以用电容传声器或灵敏度比较高的球形压电晶体传声器。

4.2.3 传声器口径不宜过大，一方面提高无指向性，另一方面防止传声器的圆柱体形在接收位置对声场形成影响。

5 测量方法

5.3.1 在测量时要求记录模型内空气的温度和相对湿度，是为了修正由于高频声在模型内过量的空气吸收所造成的低于实际厅堂混响时间的偏差。

5.3.3 通常情况下约为$1m/n$。

中华人民共和国国家标准

城市抗震防灾规划标准

Standard for urban planning on earthquake
resistance and hazardous prevention

GB 50413—2007

主编部门：中华人民共和国建设部
批准部门：中华人民共和国建设部
施行日期：２００７年１１月１日

中华人民共和国建设部
公 告

第 628 号

建设部关于发布国家标准
《城市抗震防灾规划标准》的公告

现批准《城市抗震防灾规划标准》为国家标准，编号为 GB 50413-2007，自 2007 年 11 月 1 日起实施。其中，第 1.0.5、3.0.1、3.0.2（1）、3.0.4、3.0.6、4.1.4、4.2.2、4.2.3、5.2.6（1、2、3）、6.2.1、6.2.2、7.1.2、8.2.6、8.2.7、8.2.8 条（款）为强制性条文，必须严格执行。

本标准由建设部标准定额研究所组织中国建筑工业出版社出版发行。

中华人民共和国建设部
2007 年 4 月 13 日

前 言

本标准是根据建设部《关于印发〈2002～2003 年度工程建设国家标准制订、修订计划〉的通知》（建标［2003］102 号）的要求，由北京工业大学抗震减灾研究所会同有关的规划、设计、勘察、研究和教学单位编制而成。

在编制过程中，编制组开展了专题研究和试点研究，调查总结了近年来国内外大地震的经验教训，总结了我国二十多年来城市抗震防灾规划编制和实施的经验和教训，充分吸收了当前城市抗震防灾规划的研究成果和实践经验，采纳了地震工程的新科研成果，考虑了我国的经济条件和工程实践，并在全国范围内广泛征求了有关规划、设计、勘察、科研、教学单位及抗震管理部门的意见，经反复讨论、修改、充实，最后经审查定稿。

本标准共有 9 章 1 个附录，主要内容是：1. 总则；2. 术语；3. 基本规定；4. 城市用地；5. 基础设施；6. 城区建筑；7. 地震次生灾害防御；8. 避震疏散；9. 信息管理系统。

本标准将来可能需要进行局部修订，有关局部修订的信息和条文内容将刊登在《工程建设标准化》杂志上。

本标准以黑体字标志的条文为强制性条文，必须严格执行。

本标准由建设部负责管理和对强制性条文的解释，由北京工业大学抗震减灾研究所（北京城市与工程安全减灾中心）负责具体技术内容的解释。

本标准在执行过程中，请各单位结合规划实践，认真总结经验，并将意见和建议寄交北京市朝阳区平乐园 100 号北京工业大学抗震减灾研究所国家标准《城市抗震防灾规划标准》管理组（邮编：100022，E-mail：ieebjut@gmail.com）。

本标准主编单位、参编单位和主要起草人：
主 编 单 位：北京工业大学抗震减灾研究所（北京城市与工程安全减灾中心）
河北省地震工程研究中心
参 编 单 位：中国海洋大学
同济大学
云南大学
中国地震局工程力学研究所
中国建筑科学研究院工程抗震研究所
中国城市规划设计研究院
中国地震局地质研究所
山西省建筑科学研究院
主要起草人：周锡元
（以下按姓氏笔画排列）
马东辉　冯启民　叶燎原　朱思诚
毕兴锁　李　杰　李洪泉　苏幼坡
苏经宇　赵振东　贾　抒　曾德民
蒋　溥

目　次

1 总则 ······································ 31—4
2 术语 ······································ 31—4
3 基本规定 ································ 31—5
4 城市用地 ································ 31—6
5 基础设施 ································ 31—7
6 城区建筑 ································ 31—7
7 地震次生灾害防御 ················· 31—8
8 避震疏散 ································ 31—8
9 信息管理系统 ························· 31—9
附录 A　规划编制的基础资料和专题
　　　　抗震防灾研究资料 ········ 31—10
本标准用词说明 ·························· 31—10
附：条文说明 ······························ 31—11

1 总　则

1.0.1 为规范城市抗震防灾规划，提高城市的综合抗震防灾能力，最大限度地减轻城市地震灾害，根据国家有关法律法规的要求，制定本标准。

1.0.2 本标准适用于地震动峰值加速度大于或等于 $0.05g$（地震基本烈度为 6 度及以上）地区的城市抗震防灾规划。

1.0.3 城市抗震防灾规划应贯彻"预防为主，防、抗、避、救相结合"的方针，根据城市的抗震防灾需要，以人为本、平灾结合、因地制宜、突出重点、统筹规划。

1.0.4 城市抗震防灾的防御目标应根据城市建设与发展要求确定，必要时还可区分近期与远期目标，并应符合下列规定：

　　1 所确定防御目标应不低于本标准第 1.0.5 条规定的基本防御目标；

　　2 对于城市建设与发展特别重要的局部地区、特定行业或系统，可采用较高的防御要求。

1.0.5 按本标准进行城市抗震防灾规划，应达到以下基本防御目标：

　　1 当遭受多遇地震影响时，城市功能正常，建设工程一般不发生破坏；

　　2 当遭受相当于本地区地震基本烈度的地震影响时，城市生命线系统和重要设施基本正常，一般建设工程可能发生破坏但基本不影响城市整体功能，重要工矿企业能很快恢复生产或运营；

　　3 当遭受罕遇地震影响时，城市功能基本不瘫痪，要害系统、生命线系统和重要工程设施不遭受严重破坏，无重大人员伤亡，不发生严重的次生灾害。

1.0.6 城市抗震防灾规划应与城市总体规划相衔接，并符合下述规定：

　　1 应遵循城市总体规划中确定的城市性质、规模等。

　　2 城市抗震防灾规划的范围和适用期限应与城市总体规划保持一致。对于本标准第 3.0.12 条 2～4 款规定的特殊情况，规划末期限宜一致。城市抗震防灾规划的有关专题抗震防灾研究宜根据需要提前安排。

　　3 应纳入城市总体规划体系同步实施。对一些特殊措施，应明确实施方式和保障机制。

1.0.7 城市抗震防灾规划，除应符合本标准外，尚应符合国家现行其他标准的有关规定。

2 术　语

2.0.1 规划工作区　working district for the planning

进行城市抗震防灾规划时根据不同区域的重要性和灾害规模效应以及相应评价和规划要求对城市规划区所划分的不同级别的研究区域。

2.0.2 抗震性能评价　earthquake resistant performance assessment or estimation

在给定的地震危险条件下，对给定区域、给定用地或给定工程或设施针对是否需要加强抗震安全、是否符合抗震要求、地震灾害程度、地震破坏影响等方面所进行的单方面或综合性评价或估计。

2.0.3 群体抗震性能评价　earthquake resistant capacity assessment or estimation for group of structures

根据统计学原理，选择典型剖析、抽样预测等方法对给定区域的建筑或工程设施群体进行整体抗震性能评价。

2.0.4 单体抗震性能评价　earthquake resistant capacity assessment or estimation for individiual structure

对给定建筑或工程设施结构逐个进行抗震性能评价。

2.0.5 城市基础设施　urban infrastructures

本标准所指城市基础设施，是指维持现代城市或区域生存的功能系统以及对国计民生和城市抗震防灾有重大影响的基础性工程设施系统，包括供电、供水和供气系统的主干管线和交通系统的主干道路以及对抗震救灾起重要作用的供电、供水、供气、交通、指挥、通信、医疗、消防、物资供应及保障等系统的重要建筑物和构筑物。

2.0.6 避震疏散场所　seismic shelter for evacuation

用作地震时受灾人员疏散的场地和建筑。可划分为以下类型：

　　1 紧急避震疏散场所：供避震疏散人员临时或就近避震疏散的场所，也是避震疏散人员集合并转移到固定避震疏散场所的过渡性场所。通常可选择城市内的小公园、小花园、小广场、专业绿地、高层建筑中的避难层（间）等；

　　2 固定避震疏散场所：供避震疏散人员较长时间避震和进行集中性救援的场所。通常可选择面积较大、人员容置较多的公园、广场、体育场地/馆、大型人防工程、停车场、空地、绿化隔离带以及抗震能力强的公共设施、防灾据点等；

　　3 中心避震疏散场所：规模较大、功能较全、起避难中心作用的固定避震疏散场所。场所内一般设抢险救灾部队营地、医疗抢救中心和重伤员转运中心等。

2.0.7 防灾据点　disasters prevention stronghold

采用较高抗震设防要求、有避震功能、可有效保证内部人员抗震安全的建筑。

2.0.8 防灾公园　disasters prevention park

城市中满足避震疏散要求的、可有效保证疏散人员安全的公园。

2.0.9 专题抗震防灾研究 special task investigation on earthquake resistance and hazardous prevention

针对城市抗震防灾规划需要,对城市建设与发展中的特定抗震防灾问题进行的专门抗震防灾评价研究。

3 基本规定

3.0.1 城市抗震防灾规划应包括下列内容:
 1 总体抗震要求:
  1) 城市总体布局中的减灾策略和对策;
  2) 抗震设防标准和防御目标;
  3) 城市抗震设施建设、基础设施配套等抗震防灾规划要求与技术指标。
 2 城市用地抗震适宜性划分,城市规划建设用地选择与相应的城市建设抗震防灾要求和对策。
 3 重要建筑、超限建筑,新建工程建设,基础设施规划布局、建设与改造,建筑密集或高易损性城区改造,火灾、爆炸等次生灾害源,避震疏散场所及疏散通道的建设与改造等抗震防灾要求和措施。
 4 规划的实施和保障。

3.0.2 城市抗震防灾规划时,应符合下述要求:
 1 城市抗震防灾规划中的抗震设防标准、城市用地评价与选择、抗震防灾措施应根据城市的防御目标、抗震设防烈度和《建筑抗震设计规范》GB 50011 等国家现行标准确定。
 2 当城市规划区的防御目标为本规范第1.0.5条提出的基本防御目标时,抗震设防烈度与地震基本烈度相当,设计基本地震加速度取值与现行国家标准《中国地震动参数区划图》GB 18306 的地震动峰值加速度相当,抗震设防标准、城市用地评价与选择、抗震防灾要求和措施应符合国家其他现行标准的要求。
 3 当城市规划区或局部地区、特定行业系统的防御目标高于1.0.5条提出的基本防御目标时,应给出设计地震动参数、抗震措施等抗震设防要求,并按照现行国家标准《建筑抗震设计规范》GB 50011 中的抗震设防要求的分类分级原则进行调整。相应抗震设防烈度应不低于所处地区的地震基本烈度,设计基本地震加速度值应不低于现行国家标准《中国地震动参数区划图》GB 18306 确定的地震动峰值加速度值,其抗震设防标准、用地评价与选择、抗震防灾要求和措施应高于现行国家标准《建筑抗震设计规范》GB 50011,并达到满足其防御目标的要求。

3.0.3 城市抗震防灾规划按照城市规模、重要性和抗震防灾要求,分为甲、乙、丙三种编制模式。

3.0.4 城市抗震防灾规划编制模式应符合下述规定:
 1 位于地震烈度7度及以上地区的大城市编制抗震防灾规划应采用甲类模式;
 2 中等城市和位于地震烈度6度地区的大城市应不低于乙类模式;
 3 其他城市编制城市抗震防灾规划应不低于丙类模式。

3.0.5 进行城市抗震防灾规划和专题抗震防灾研究时,可根据城市不同区域的重要性和灾害规模效应,将城市规划区按照四种类别进行规划工作区划分。

3.0.6 城市规划区的规划工作区划分应满足下列规定:
 1 甲类模式城市规划区内的建成区和近期建设用地应为一类规划工作区;
 2 乙类模式城市规划区内的建成区和近期建设用地应不低于二类规划工作区;
 3 丙类模式城市规划区内的建成区和近期建设用地应不低于三类规划工作区;
 4 城市的中远期建设用地应不低于四类规划工作区。

3.0.7 不同工作区的主要工作项目应不低于表3.0.7的要求。

表 3.0.7 不同工作区的主要工作项目

分类	序号	项目名称	一类	二类	三类	四类
城市用地	1	用地抗震类型分区	✓*	✓	#	#
	2	地震破坏和不利地形影响估计	✓*	✓	#	#
	3	城市用地抗震适宜性评价及规划要求	✓*	✓	✓	✓
基础设施	4	基础设施系统抗震防灾要求与措施	✓	✓	✓	✓
	5	交通、供水、供电、供气建筑和设施抗震性能评价	✓*	✓	#	×
	6	医疗、通信、消防建筑抗震性能评价	✓*	✓	#	×
城区建筑	7	重要建筑抗震性能评价及防灾要求	✓*	✓	✓	✓
	8	新建工程抗震防灾要求	✓	✓	✓	✓
	9	城区建筑抗震建设与改造要求和措施	✓*	✓	#	×
其他专题	10	地震次生灾害防御要求与对策	✓*	✓	✓	×
	11	避震疏散场所及疏散通道规划布局与安排	✓*	✓	✓	×

注:表中的"✓"表示应做的工作项目,"#"表示宜做的工作项目,"×"表示可不做的工作项目。

* 表示宜开展专题抗震防灾研究的工作内容。

3.0.8 在编制城市抗震防灾规划时,可建立城市抗震防灾规划信息管理系统促进规划的管理和实施。

3.0.9 进行城市抗震防灾规划时,应根据本标准规定的相关评价和规划要求,充分收集和利用城市现有的、与城市实际情况相符的、准确可靠的各类基础资料、规划成果和已有的专题研究成果。当现有资料不能满足本标准所规定的要求时,应补充进行现场勘察测试、调查及专题抗震防灾研究。所需的基础资料要求见附录A,各城市可根据规划编制模式和城市地震灾害特点有所侧重和选择。

3.0.10 城市抗震防灾规划的成果应包括:规划文本、图件及说明。规划成果应提供电子文件格式,图件比例尺应满足城市总体规划的要求。

3.0.11 对国务院公布的历史文化名城以及城市规划区内的国家重点风景名胜区、国家级自然保护区和申请列入的"世界遗产名录"的地区、城市重点保护建筑等,宜根据需要做专门研究或编制专门的抗震保护规划。

3.0.12 城市抗震防灾规划在下述情形下应进行修编:

    1 城市总体规划进行修编时;

    2 城市抗震防御目标或标准发生重大变化时;

    3 由于城市功能、规模或基础资料发生较大变化,现行抗震防灾规划已不能适应时;

    4 其他有关法律法规规定或具有特殊情形时。

4 城市用地

4.1 一般规定

4.1.1 城市用地抗震性能评价包括:城市用地抗震防灾类型分区,地震破坏及不利地形影响估计,抗震适宜性评价。

4.1.2 对已经进行过抗震设防区划或地震动小区划并按照现行规定完成审批并处于有效期内的城市与工作区,当按照本标准第3.0.4、3.0.6条所确定的编制要求没有发生变化的情况下,可以原有成果为基础,结合新的资料,根据本标准的规定补充相关内容。

4.1.3 进行城市用地抗震性能评价时应充分收集和利用城市现有的地震地质环境和场地环境及工程勘察资料。当所收集的钻孔资料不满足本标准的规定时,应进行补充勘察、测试及试验,并应遵守国家现行标准的相关规定。

4.1.4 进行城市用地抗震性能评价时所需钻孔资料,应满足本标准所规定的评价要求,并符合下述规定:

    1 对一类规划工作区,每平方公里不少于1个钻孔;

    2 对二类规划工作区,每两平方公里不少于1个钻孔;

    3 对三、四类规划工作区,不同地震地质单元不少于1个钻孔。

4.2 评价与规划要求

4.2.1 城市用地抗震防灾类型分区应结合工作区地质地貌成因环境和典型勘察钻孔资料,根据表4.2.1所列地质和岩土特性进行。对于一类和二类规划工作区亦可根据实测钻孔和工程地质资料按《建筑抗震设计规范》GB 50011 的场地类别划分方法结合场地的地震工程地质特征进行。在按照本标准进行其他抗震性能评价时,不同用地抗震类型的设计地震动参数可按照《建筑抗震设计规范》GB 50011的同级场地类别采取。必要时,可通过专题抗震防灾研究确定不同用地类别的设计地震动参数。

表 4.2.1 用地抗震防灾类型评估地质方法

用地抗震类型	主要地质和岩土特性
Ⅰ 类	松散地层厚度不大于5m的基岩分布区
Ⅱ 类	二级及其以上阶地分布区;风化的丘陵区;河流冲积相地层厚度不大于50m的分布区;软弱海相、湖相地层厚度大于5m且不大于15m的分布区
Ⅲ 类	一级及其以下阶地地区,河流冲积相地层厚度大于50m的分布区;软弱海相、湖相地层厚度大于15m且不大于80m的分布区
Ⅳ 类	软弱海相、湖相地层厚度大于80m的分布区

4.2.2 城市用地地震破坏及不利地形影响应包括对场地液化、地表断错、地质滑坡、震陷及不利地形等影响的估计,划定潜在危险地段。

4.2.3 城市用地抗震适宜性评价应按表4.2.3进行分区,综合考虑城市用地布局、社会经济等因素,提出城市规划建设用地选择与相应城市建设抗震防灾要求和对策。

表 4.2.3 城市用地抗震适宜性评价要求

类别	适宜性地质、地形、地貌描述	城市用地选择抗震防灾要求
适宜	不存在或存在轻微影响的场地地震破坏因素,一般无需采取整治措施: (1) 场地稳定; (2) 无或轻微地震破坏效应; (3) 用地抗震防灾类型Ⅰ类或Ⅱ类; (4) 无或轻微不利地形影响	应符合国家相关标准要求

续表 4.2.3

类别	适宜性地质、地形、地貌描述	城市用地选择抗震防灾要求
较适宜	存在一定程度的场地地震破坏因素，可采取一般整治措施满足城市建设要求： （1）场地存在不稳定因素； （2）用地抗震防灾类型Ⅲ类或Ⅳ类； （3）软弱土或液化土发育，可能发生中等及以上液化或震陷，可采取抗震措施消除； （4）条状突出的山嘴，高耸孤立的山丘，非岩质的陡坡，河岸和边坡的边缘，平面分布上成因、岩性、状态明显不均匀的土层（如故河道、疏松的断层破碎带、暗埋的塘滨沟谷和半填半挖地基）等地质环境条件复杂，存在一定程度的地质灾害危险性	工程建设应考虑不利因素影响，应按照国家相关标准采取必要的工程治理措施，对于重要建筑尚应采取适当的加强措施
有条件适宜	存在难以整治场地地震破坏因素的潜在危险性区域或其他限制使用条件的用地，由于经济条件限制等各种原因尚未查明或难以查明： （1）存在尚未明确的潜在地震破坏威胁的危险地段； （2）地震次生灾害源可能有严重威胁； （3）存在其他方面对城市用地的限制使用条件	作为工程建设用地时，应查明用地危险程度，属于危险地段时，应按照不适宜用地相应规定执行，危险性较低时，可按照较适宜用地规定执行
不适宜	存在场地地震破坏因素，但通常难以整治： （1）可能发生滑坡、崩塌、地陷、地裂、泥石流等的用地； （2）发震断裂带上可能发生地表位错的部位； （3）其他难以整治和防御的灾害高危害影响区	不应作为工程建设用地。基础设施管线工程无法避开时，应采取有效措施减轻场地破坏作用，满足工程建设要求

注：1 根据该表划分每一类场地抗震适宜性类别，从适宜性最差开始向适宜性好依次推定，其中一项属于该类即划为该类场地。
2 表中未列条件，可按其对工程建设的影响程度比照推定。

5 基础设施

5.1 一般规定

5.1.1 进行抗震防灾规划时，城市基础设施应根据城市实际情况，按照本章的规定确定需要进行抗震性能评价的对象和范围。

5.1.2 在编制抗震防灾规划时，应结合城市基础设施各系统的专业规划，针对其在抗震防灾中的重要性和薄弱环节，提出基础设施规划布局、建设和改造的抗震防灾要求和措施。

5.1.3 对城市基础设施系统的重要建筑物和构筑物应按照本标准第6章有关重要建筑的规定进行抗震防灾评价，制定规划要求和措施。对城市基础设施进行群体抗震性能评价时，其抽样要求宜满足本标准第6.1.5条的规定。

5.2 评价与规划要求

5.2.1 对供电系统中的电厂厂房、变电站及控制楼等重要建筑应进行抗震性能评价；必要时，对甲、乙类模式可通过专题抗震防灾研究进行功能失效影响评价。

5.2.2 对供水系统中的取水构筑物、水厂、泵站等重要建筑，不适宜用地中的地下主干管线，因避震疏散等城市抗震防灾所需的地下主干管线，应进行抗震性能评价；必要时，对甲、乙类模式可通过专题抗震防灾研究进行功能失效影响评价。

5.2.3 对供气系统中的供气厂、天然气门站、储气站等重要建筑应进行抗震性能评价；必要时，对甲、乙类模式可通过专题抗震防灾研究针对地震可能引起的潜在火灾或爆炸影响范围进行估计。

5.2.4 对交通主干网络中的桥梁、隧道等应进行群体抗震性能评价；必要时，可通过专题抗震防灾研究，对连通城市固定避震疏散场所的主干道进行抗震连通性影响评价。

5.2.5 对抗震救灾起重要作用的指挥、通信、医疗、消防和物资供应与保障等系统中的重要建筑应进行抗震性能评价；必要时，通过专题抗震防灾研究针对这些系统的抗震救灾保障能力进行综合评估。

5.2.6 基础设施的抗震防灾要求和措施应包括：
  1 应针对基础设施各系统的抗震安全和在抗震救灾中的重要作用提出合理有效的抗震防御标准和要求；
  2 应提出基础设施中需要加强抗震安全的重要建筑和构筑物；
  3 对不适宜基础设施用地，应提出抗震改造和建设对策与要求；
  4 根据城市避震疏散等抗震防灾需要，提出城市基础设施布局和建设改造的抗震防灾对策与措施。

6 城区建筑

6.1 一般规定

6.1.1 在进行城市抗震防灾规划时，应结合城区建设和改造规划，在抗震性能评价的基础上，对重要建筑和超限建筑抗震防灾、新建工程抗震设防、建筑密集或高易损性城区抗震改造及其他相关问题提出抗震防灾要求和措施。

6.1.2 根据建筑的重要性、抗震防灾要求及其在抗震防灾中的作用,在抗震防灾规划时,应考虑的城市重要建筑包括:

  1 现行国家标准《建筑工程抗震设防分类标准》GB 50223中的甲、乙类建筑;

  2 城市的市一级政府指挥机关、抗震救灾指挥部门所在办公楼;

  3 其他对城市抗震防灾特别重要的建筑。

6.1.3 对城市群体建筑可根据抗震评价要求,结合工作区建筑调查统计资料进行分类,并考虑结构形式、建设年代、设防情况、建筑现状等采用分类建筑抽样调查与群体抗震性能评价的方法进行抗震性能评价。

6.1.4 在进行群体建筑分类抽样调查时,抗震性能评价可采用行政区域作为预测单元进行,也可根据不同工作区的重要性及其建筑分布特点按下述要求进行划分:

  1 一类工作区的建城区预测单元面积不大于 $2.25km^2$;

  2 二类工作区的建城区预测单元面积不大于 $4km^2$。

6.1.5 在进行群体建筑分类抽样调查时,抽样率应满足评价建筑抗震性能分布差异的要求,并符合下述要求:

  1 一类工作区不小于5%;

  2 二类工作区不小于3%;

  3 三类工作区不小于1%。

  其他工程设施的群体分类抽样调查宜根据工程设施特点按照本条要求进行。

6.2 评价与规划要求

6.2.1 应提出城市中需要加强抗震安全的重要建筑;对本标准第6.1.2条第2款规定的重要建筑应进行单体抗震性能评价,并针对重要建筑和超限建筑提出进行抗震建设和抗震加固的要求和措施。

6.2.2 对城区建筑抗震性能评价应划定高密度、高危险性的城区,提出城区拆迁、加固和改造的对策和要求;应对位于不适宜用地上的建筑和抗震性能薄弱的建筑进行群体抗震性能评价,结合城市的发展需要,提出城区建设和改造的抗震防灾要求和措施。

6.2.3 新建工程应针对不同类型建筑的抗震安全要求,结合城市地震地质和场地环境、用地评价情况、经济和社会的发展特点,提出抗震设防对策。

7 地震次生灾害防御

7.1 一般规定

7.1.1 进行城市抗震防灾规划时,应对地震次生火灾、爆炸、水灾、毒气泄漏扩散、放射性污染、海啸、泥石流、滑坡等制定防御对策和措施,必要时宜进行专题抗震防灾研究。

7.1.2 在进行抗震防灾规划时,应按照次生灾害危险源的种类和分布,根据地震次生灾害的潜在影响,分类分级提出需要保障抗震安全的重要区域和次生灾害源点。

7.2 评价与规划要求

7.2.1 对地震次生灾害的抗震性能评价应满足下列要求:

  1 对次生火灾应划定高危险区;甲类模式城市可通过专题抗震防灾研究进行火灾蔓延定量分析,给出影响范围;

  2 应提出城市中需要加强抗震安全的重要水利设施或海岸设施;

  3 对于爆炸、毒气扩散、放射性污染、海啸、泥石流、滑坡等次生灾害可根据城市的实际情况选择提出城市中需要加强抗震安全的重要源点。

7.2.2 应根据次生灾害特点制定有针对性和可操作性的各类次生灾害防御对策和措施。

7.2.3 对可能产生严重影响的次生灾害源点,应结合城市的发展,控制和减少致灾因素,提出防治、搬迁改造等要求。

8 避震疏散

8.1 一般规定

8.1.1 避震疏散规划时,应对需避震疏散人口数量及其在市区分布情况进行估计,合理安排避震疏散场所与避震疏散道路,提出规划要求和安全措施。

8.1.2 需避震疏散人口数量及其在市区分布情况,可根据城市的人口分布、城市可能的地震灾害和震害经验进行估计。在对需避震疏散人口数量及其分布进行估计时,宜考虑市民的昼夜活动规律和人口构成的影响。

8.1.3 城市避震疏散场所应按照紧急避震疏散场所和固定避震疏散场所分别进行安排。甲、乙类模式城市应根据需要,安排中心避震疏散场所。

8.1.4 紧急避震疏散场所和固定避震疏散场所的需求面积可按照抗震设防烈度地震影响下的需安置避震疏散人口数量和分布进行估计。

8.1.5 制定避震疏散规划应和城市其他防灾要求相结合。

8.2 评价与规划要求

8.2.1 对城市避震疏散场所和避震疏散主通道应针对用地地震破坏和不利地形、地震次生灾害、其他重大灾害等可能对其抗震安全产生严重影响的因素进行评价，用作防灾据点的建筑尚应进行单体抗震性能评价，确定避震疏散场所和避震疏散主通道的建设、维护和管理要求与防灾措施。

对于甲类模式，可通过专题抗震防灾研究，结合城市的详细规划对避震疏散进行模拟分析。

8.2.2 城市规划新增建设区域或对老城区进行较大面积改造时，应对避震疏散场所用地和避震疏散通道提出规划要求。新建城区应根据需要规划建设一定数量的防灾据点和防灾公园。

8.2.3 城市的出入口数量宜符合以下要求：中小城市不少于4个，大城市和特大城市不少于8个。与城市出入口相连接的城市主干道两侧应保障建筑一旦倒塌后不阻塞交通。

8.2.4 在进行避震疏散规划时，应充分利用城市的绿地和广场作为避震疏散场所；明确设置防灾据点和防灾公园的规划建设要求，改善避震疏散条件。

8.2.5 城市抗震防灾规划时，应提出对避震疏散场所和避震疏散主通道的抗震防灾安全要求和措施，避震疏散场所应具有畅通的周边交通环境和配套设施。

8.2.6 避震疏散场所不应规划建设在不适宜用地的范围内。

8.2.7 避震疏散场所距次生灾害危险源的距离应满足国家现行重大危险源和防火的有关标准规范要求；四周有次生火灾或爆炸危险源时，应设防火隔离带或防火树林带。避震疏散场所与周围易燃建筑等一般地震次生火灾源之间应设置不小于30m的防火安全带；距易燃易爆工厂仓库、供气厂、储气站等重大次生火灾或爆炸危险源距离应不小于1000m。避震疏散场所内应划分避难区块，区块之间应设防火安全带。避震疏散场所应设防火设施、防火器材、消防通道、安全通道。

8.2.8 避震疏散场所每位避震人员的平均有效避难面积，应符合：

1 紧急避震疏散场所人均有效避难面积不小于$1m^2$，但起紧急避震疏散场所作用的超高层建筑避难层（间）的人均有效避难面积不小于$0.2m^2$；

2 固定避震疏散场所人均有效避难面积不小于$2m^2$。

8.2.9 避震疏散场地的规模：紧急避震疏散场地的用地不宜小于$0.1hm^2$，固定避震疏散场地不宜小于$1hm^2$，中心避震疏散场地不宜小于$50hm^2$。

8.2.10 紧急避震疏散场所的服务半径宜为500m，步行大约10min之内可以到达；固定避震疏散场所的服务半径宜为2~3km，步行大约1h之内可以到达。

8.2.11 避震疏散场地人员进出口与车辆进出口宜分开设置，并应有多个不同方向的进出口。人防工程应按照有关规定设立进出口，防灾据点至少应有一个进口与一个出口。其他固定避震疏散场所至少应有两个进口与两个出口。

8.2.12 城市抗震防灾规划时，对避震疏散场所，应逐个核定，在规划中应列表给出名称、面积、容纳的人数、所在位置等。当城市避震疏散场所的总面积少于总需求面积时，应提出增加避震疏散场所数量的规划要求和改善措施。

8.2.13 避震疏散场所建设时，应规划和设置引导性的标示牌，并绘制责任区域的分布图和内部区划图。

8.2.14 防灾据点的抗震设防标准和抗震措施可通过研究确定，且不应低于对乙类建筑的要求。

8.2.15 紧急避震疏散场所内外的避震疏散通道有效宽度不宜低于4m，固定避震疏散场所内外的避震疏散主通道有效宽度不宜低于7m。与城市出入口、中心避震疏散场所、市政府抗震救灾指挥中心相连的救灾主干道不宜低于15m。避震疏散主通道两侧的建筑应能保障疏散通道的安全畅通。

计算避震疏散通道的有效宽度时，道路两侧的建筑倒塌后瓦砾废墟影响可通过仿真分析确定；简化计算时，对于救灾主干道两侧建筑倒塌后的废墟的宽度可按建筑高度的2/3计算，其他情况可按1/2~2/3计算。

9 信息管理系统

9.0.1 信息管理系统可由基础数据层、专题数据层、规划层、文件管理层组成：

1 基础数据层，包括地理信息数据及与系统有关的共用基础数据库；

2 专题数据层，包括编制本规划用到的各专题数据库；

3 规划层，包括规划图件、规划文本说明等；

4 文件管理层，包括文件查询、输入、输出、帮助等管理；

5 有条件时可在系统的层次结构中建立辅助分析与决策层，支持专题中的数值模拟或辅助对策。

9.0.2 信息管理系统应具有以下基本功能：

1 显示各种图件的图形信息，图形要素的空间位置，以及不同图层的组合显示；

2 图形查询、属性查询和属性与图形相结合的交互查询；

3 在图形上添加或删除空间信息，局部更新，对图形对应的数据进行修改；

4 图形叠加、窗口裁剪、专题提取；

5 可按用户需要提供多种形式的统计方式，并输出报表和图表；

6 可根据用户需要输出各种基础地理图、专题地图和综合图，也可将当前图形区内或查询结果的属性数据列表输出。

9.0.3 抗震防灾规划信息管理系统应具备便于使用

的技术说明和维护管理文件,有条件时对数据信息申报和更新制度作出具体规定。

9.0.4 系统的配置和开发应满足抗震防灾规划实施和管理要求。

9.0.5 基础数据层可包括:

1 数据分类:
 1)地理信息数据;
 2)法规文档数据;
 3)有条件时可包括多媒体数据。

2 数据编码:
 1)基础图件的分层可采用原提供图件的分层;
 2)基础数据可依据原提供数据的分类编码。也可根据分类编码通用原则,用十进制数字表示。

附录 A 规划编制的基础资料和专题抗震防灾研究资料

A.0.1 编制城市抗震防灾规划时所需收集和利用的基础资料包括:

1 城市现状基础资料:
 1)规划区内地震灾害的危险性;
 2)规划区内资源、环境、自然条件和经济发展水平等;
 3)规划区内建成区现状:包括已建成的各类建筑、城市基础设施、次生灾害危险源等的分布;
 4)城市的经济、人口、土地使用、建设等方面的历史统计资料。

2 有关城市规划的基础资料:
 1)规划区内人口与环境的发展趋势、经济发展规划;
 2)规划区内建成区的旧城改造规划;
 3)规划区内的近期、中期建设规划;
 4)规划区内的专题建设规划。

3 城市的地震地质环境和场地环境方面的基础资料;

4 城区建筑、基础设施、生命线系统关键节点和设备的抗震防灾资料;

5 城市火灾、水灾、有毒和放射性物质等地震次生灾害源的现状和分布;

6 城市公园、广场、绿地、空旷场地、人防工程、地下空间、防灾据点等可能避震疏散场所的分布及其可利用情况。

A.0.2 当规划编制所需要的基础资料和专题研究资料不能满足本标准中编制城市抗震防灾规划的评价要求时,应进行补充测试和专题抗震防灾研究。

A.0.3 编制城市抗震防灾规划时所需收集和利用的专题研究成果资料包括:

1 城市工程抗震土地利用规划、抗震设防区划、地震动小区划及其专题研究成果资料;

2 城市基础设施、城区建筑抗震性能评价或易损性分析评价方面的专题研究成果资料;

3 城市地震次生灾害方面的专题研究成果资料;

4 城市避震疏散方面的专题研究成果资料;

5 城市已进行的抗震防灾规划或防震减灾规划方面的专题研究成果资料;

6 城市地震应急预案,城市地震应急系统方面的专题研究成果资料;

7 城市抗震防灾规划信息管理系统方面的专题研究成果资料。

当上述专题成果资料不能全面反映城市现状的抗震防灾能力,满足抗震防灾规划的编制需要时,应进行补充专题抗震防灾研究。

本标准用词说明

1 为了便于在执行本标准条文时区别对待,对要求严格程度不同的用词说明如下:

 1)表示很严格,非这样做不可的用词:
  正面词采用"必须",反面词采用"严禁";

 2)表示严格,在正常情况下均应这样做的用词:
  正面词采用"应",反面词采用"不应"或"不得";

 3)表示允许稍有选择,在条件许可时首先应这样做的用词:
  正面词采用"宜",反面词采用"不宜";
  表示有选择,在一定条件下可以这样做的,采用"可"。

2 标准中指定应按其他有关标准、规范执行时,写法为:"应符合……的规定"或"应按……执行"。

中华人民共和国国家标准

城市抗震防灾规划标准

GB 50413—2007

条 文 说 明

目 次

1 总则 ················· 31—13
3 基本规定 ············· 31—13
4 城市用地 ············· 31—14
5 基础设施 ············· 31—14
6 城区建筑 ············· 31—15
7 地震次生灾害防御 ····· 31—15
8 避震疏散 ············· 31—15
9 信息管理系统 ········· 31—17

1 总 则

1.0.1 本条阐述了本标准制定的宗旨。本标准根据《中华人民共和国城市规划法》、《中华人民共和国防震减灾法》、《中华人民共和国建筑法》和《城市抗震防灾规划管理规定》等法律法规和部门规章制定。

本标准在制定过程中向全国50多个管理部门和规划编制及研究单位进行了征求意见，并通过中国勘察设计协会抗震防灾分会向勘察设计行业各相关单位印发了本标准征求意见稿，征求相关意见。另外，还多次通过座谈会与规划行业的相关专家进行了沟通协调，并由编制组规划行业成员专门向中国城市规划设计研究院等单位征求意见。本标准最终稿还根据专家审查会的建议进行了修改。

1.0.2 本条规定了本标准的适用范围。根据国家有关法律法规规定，城市的地震基本烈度应按国家规定权限审批颁发的文件或图件采用。通常情况下，地震动峰值加速度的取值可根据现行《中国地震动参数区划图》GB 18306确定；地震基本烈度按照《中国地震动参数区划图》GB 18306使用说明中地震动峰值加速度与地震基本烈度的对应关系确定。当有按国家规定权限审批颁发的、处于有效期内的、并符合国家现行相关法律法规与标准规定的抗震设防区划、地震动小区划等文件或图件时，可按这些文件或图件确定。

1.0.3 本条阐明了抗震防灾规划应坚持的方针原则，表现为密切结合城市的实际情况，满足城市建设与发展中的抗震防灾要求，使防灾规划的成果符合城市防灾减灾工作实际情况，注重规划、对策及措施的合理性、实用性和可操作性。

1.0.4、1.0.5 规定了城市抗震防灾规划防御目标确定的要求和基本防御目标。地震是一种具有很大不确定性的突发灾害，城市抗震防灾的基本防御目标是在总结以往抗震经验的基础上相对于可能遭遇的不同概率水准的地震灾害提出的最低要求。在具体进行城市抗震防灾规划时，各地可根据城市建设与发展的实际情况，确定各城市的防御目标或对城市的局部地区、特定行业、系统提出更高的要求。

1.0.6 本条规定了城市抗震防灾规划与城市总体规划的关系和相衔接问题的处理原则。城市抗震防灾规划是城市总体规划中的一项重要专业规划，本条与本标准3.0.2条综合反映了两者之间的相互协调、相互促进、相互制约的关系。另外，为加快城市抗震防灾规划编制或修编进度，保证规划质量，对于抗震评价工作量大、对城市规划发展具有较大影响的方面可依据城市抗震防灾要求在规划编制前进行专题抗震防灾研究，专题研究可与城市总体规划的前期研究工作相结合进行。专题抗震防灾研究可按照城市实际情况根据本标准所规定的内容进行安排，如：城市规划区抗震防灾能力评价（城市基础设施功能分析，城区建筑抗震性能评价，次生灾害影响评价），城市抗震防御目标、抗震设防标准的确定，城市规划发展的防灾决策分析，城市用地抗震性能评价，城市各功能分区（如商业区、生活区、工业区、旅游区等）的抗震布局要求和工程技术措施，城区抗震防灾技术指标体系，避震疏散对策等等。

当总体规划与城市抗震防灾规划编制时间不同造成规划范围和适用期限有差异时，通常可以采用多种方式弥补，可根据国家规划编制的有关规定和城市的具体情况由抗震防灾规划主管部门确定。

本条第3款提出城市抗震防灾规划实施要求。城市抗震防灾规划是其总体规划组成部分，该规划所确定的城市抗震设防标准、城市用地评价与选择、抗震防灾措施是总体规划中强制性内容，纳入总体规划一并实施。城市抗震防灾规划中通常需要由专业部门实施的一些特殊措施，可根据不同政府部门的管理要求明确实施方式和保障措施。

3 基 本 规 定

3.0.1 本条依据有关法律法规规定和已有规划经验，提出了城市抗震防灾规划的内容要求。

3.0.2 本条规定了城市抗震防灾规划对城市规划和城市建设起强制性作用的相关内容和要求。城市抗震防灾规划中的强制性要求内容对包括城市总体规划在内的各类城市规划和建设活动均具有强制作用，需要进行强制性实施。另外，鉴于现有抗震防灾规划和抗震设防区划中当采用高于基本抗震防御目标时，部分城市制定了一些比现行国家相关规范标准更高的抗震防灾要求和措施，但这些要求和措施多是对现行《建筑抗震设计规范》GB 50011的相关抗震措施进行了过细的调整，打破了该规范中相关条文的分类分级规定，依据稍显不足，因此本次标准规定应按照相关规范中的分类分级层次进行调整，以规范相应抗震措施的制定。

3.0.3、3.0.4 提出了城市抗震防灾规划编制模式的划分要求。划分不同编制模式主要是考虑到不同城市遭受地震灾害的概率和可能引起的后果不同而有所区别。城市规模划分按照总体规划编制的相应规定执行。

3.0.5、3.0.6 提出了城市抗震防灾规划时，工作区类别的划分原则和要求。划分工作区主要是考虑到，一是由于灾害的规模效应，城市中的高密度开发区和其他致灾因素比较多的地区地震易损性明显较高，在安排工作深度时需要区别对待；二是城市的建设和发展按照总体规划具有不同的发展时序和重要性，对抗震防灾的要求也有差异，城市规划区内不同地区的抗震防灾侧重点也不同。因此，划分工作区主要是依据不同功能区域的灾害及场地环境影响特点、灾害的规模效应、工程设施的分布特点及对抗震防灾的需求重点，区分不同地区抗震防灾工作的重要性差异、不同需求及轻重缓急。

3.0.7 本条规定的各类工作区的研究和编制内容为最低要求，在具体编制规划时，根据城市抗震防灾需要进行增加。

在进行抗震性能评价时，可不考虑城市的非建设性用地。

3.0.8 为适应城市快速发展，加强规划的更新和修编，编制城市抗震防灾规划时，充分利用信息科学技术的成果，建立城市抗震防灾规划信息管理系统，建立动态更新机制，为规划的管理、应用和修编提供技术平台。

3.0.11 城市中的重要古建筑、文物、自然或文化遗产、保护区等是人类文明进步的见证，有针对性地制定抗震防灾要求和抗震保护措施保证其在地震作用下的安全是非常重要的，根据需要可单独编制抗震保护规划。

4 城市用地

4.1.1 城市用地抗震性能评价的目的是通过城市用地抗震防灾类型分区，地震破坏及不利地形影响估计，从抗震要求的角度，进行抗震适宜性综合评价，划出潜在危险地段；进行适宜性分区，并提出城市规划建设用地选择与相应城市建设的抗震防灾要求和对策。

4.1.2 本条规定了已有抗震设防区划或地震动小区划的应用原则和要求。

4.1.3 城市抗震防灾规划编制中所需钻孔资料主要以收集现有的工程勘察、工程地质、水文地质等钻孔资料为主。补充勘察是在对所收集基础资料进行选择评定和场地环境初步研究的基础上进行的，目的是为了在保证质量的前题下减少勘察工作量。

当缺乏工程地质研究资料时，绘制地震工程地质剖面是揭示城市场地地震工程地质特征的有效手段。各类工作区地震工程地质剖面数可根据地质环境和场地环境的复杂程度确定。规划编制过程中所做的工作是对较大范围的宏观综合评价，其成果是指导性而不是代替性文件。在大部分情况下，对表层地质复杂的地区，建立3~4个纵横地质剖面，对表层地质相对简单的地区，建立不少于2个纵横地质剖面，可较好地反映工作区的基本地震地质单元，建立工作区总体地震工程地质概念，满足抗震性能评价要求，必要时可进行专题抗震防灾研究。

4.1.4 地震地质单元是指反映成因环境、岩土性能和发育规律、潜在场地效应和土地利用及相应措施方面差异最小的地质单元。一般可以规划工作区工程地质评价结果结合本标准的评价要求进行划分和确定。

由于我国幅员辽阔，各个城市甚至一个城市不同区域的地震工程地质特征和场地特征的变化也不相同，对各地区和各个城市规定统一的钻孔数量标准确实存在一定难度，因此本标准只规定了最低要求，在具体规划编制时，可根据城市的地震环境和场地环境特点，合理确定所需钻孔数量。

4.2.1 由于在本标准中对用地的评价是为了确定城市建设用地的抗震防灾类别，不同于《建筑抗震设计规范》GB 50011规定的单体工程抗震设防所需要的场地分类要求，这样的建设用地抗震防灾类型划分通常针对较大区域范围；此外考虑到在抗震防灾规划编制过程中掌握的钻孔资料不可能也不必要满足单体工程的要求，因此在本标准中按照地形地貌，地质条件和岩土特性提出了表4.2.1中所列的建设用地抗震类型评估标准。在设计这样的评估标准时也考虑了与《建筑抗震设计规范》GB 50011中有关场地类别的相关规定相靠拢和衔接。需要注意的是本标准中的建设用地类别评估地质方法只是一种定性的划分，其结果只适用于规划，不作为单体工程抗震设计的依据。

4.2.2 在规划阶段，划定出城市用地的危险地段是一项很重要的工作，可根据工作区地震、地质、地貌和岩土特征，采用定性和定量相结合的多种方法进行，有条件时也可根据《建筑抗震设计规范》GB 50011进行分析评价。

4.2.3 城市用地适宜性评价目的是以安全和充分发挥土地资源的价值为目标提出今后建设用地的防灾减灾要求以及相应的建议。可对不同用地提出适用条件、用地选择原则、指导意见和具体的配套措施。本条中适宜性分类主要依据灾害的影响程度、治理的难易程度和工程建设的要求进行规定，其中的"有条件适宜"主要是指潜在的不适宜用地，但由于某些限制，场地地震破坏因素未能明确确定，若要进行开发使用，需要查明用地危险程度和消除限制性因素。

5 基础设施

5.1.1、5.1.2 按照国家有关规定要求，基础设施各系统的专业规划应包括基础设施的抗震性能评价和具体的工程规划要求与措施，在抗震防灾规划中，重点针对规划布局、建设和改造的抗震防灾要求和措施。必要时，可由各主管部门结合城市基础设施各系统的专业规划进行专题抗震防灾研究。

5.2.1~5.2.3 供电、供水和供气系统对地震后城市的生产、生活和抢险救灾具有重大影响，着重要对其中重要建筑进行抗震性能评价，供水系统还需要考虑城市避震疏散的要求。

5.2.4 城市交通是一个复杂的网络系统，对地震后的城市避震疏散和抢险救灾有直接影响。进行抗震连通性影响评价时，除了要考虑道路本身在地震作用下的破坏影响道路的通行能力以外，还要合理考虑到道路两边建筑破坏或倒塌而堵塞道路，影响道路的通行能力。

5.2.5 指挥、通信、医疗、消防和物资供应与保障系统等中的重要建筑要保障其在地震作用下的抗震能力，以维持地震时城市对这些系统的功能要求。

6 城区建筑

6.1.1 由于在现有城市建设管理中对新建工程的抗震设防和建设均有比较完善的监督检查机制，为了与城市总体规划建设相协调，在传统工程抗震基础上，提出要特别重视建筑密集或高易损性城区建设和改造的抗震防灾问题。我国许多城市都有较大片的老旧城区，在这些旧城区中往往存在建筑和人口密度高、基础设施配套不足或抗震能力低、建筑物抗震性能差等问题，有时还存在较多的危房，这些问题需要在抗震防灾规划中做出合理安排。

6.1.3 由于抗震性能评价的方法多种多样。大致来说，需要建立具体力学模型的方法较为精确些，但对大量建筑则不便操作；通过群体抗震性能评价方法得出的结果虽然较为粗糙些，通常也可以满足规划要求。有经验时也可以按建筑的重要性选用不同的抗震性能评价方法。

6.1.4、6.1.5 城区建筑的预测单元划分可根据城市具体特点进行，既要考虑覆盖面，同时要求各预测单元中的各种类型的建筑抽样和总量有一定程度的均衡。若某种类型的建筑在小范围内不足以统计推断，可局部扩大预测单元。不适宜用地上的建筑和抗震性能薄弱的建筑是评价重点。对建筑结构类型较单一的小区，可采用较低的抽样比例；对已有抗震性能评价资料的工作区，可补充新的资料进行估计；对于按照老抗震设计规范设计的区域，可根据不同抗震设计规范的变化整体评价；对于按照现行抗震设计规范设计的建筑，可只针对存在的抗震问题进行评价。

6.2.2 减轻城市地震灾害中非常重要和难度很大的一个环节是改善高密度、高危险城区的抗震防灾能力。这些区域一般是旧城区和城乡结合部，这些城区的特点是人口密度大，房屋老旧或抗震性能差，城区布局不合理，基础设施陈旧落后，防地震次生灾害能力差，地震造成的直接灾害和次生灾害一般较其他城区严重，震后抢险救灾也较为困难。针对城市抗震防灾的薄弱环节、薄弱地区和薄弱工程类型可根据其灾害后果，按照"一次规划、分期实施、突出重点、先急后缓、实事求是、自下而上"的原则，提出城区抗震建设和改造要求。

7 地震次生灾害防御

7.1.1 地震次生灾害是指由于地震造成的地面破坏、城区建筑和基础设施等破坏而导致的其他连锁性灾害。对城市规划和发展影响较大的地震次生灾害主要是火灾、水灾、爆炸等，对某些城市可能还有毒气泄漏、滑坡、泥石流、海啸等。考虑到日常情况下火灾、危险品的爆炸、泄露扩散及放射性污染、海啸、水灾、地质灾害等均有相应的主管部门，在城市规划中均有编制相应专业规划的要求，因此，次生灾害的抗震评价与防御、具体的工程规划要求与措施、地震应急等可包含在相应专业规划之中或结合城市安全生产监督要求进行，可由相关主管部门安排专题抗震防灾研究。这一章着重针对布局、重点抗震措施等总体抗震防灾要求制定防御地震次生灾害的措施。

7.1.2 发生于城市附近的强烈地震表明，次生灾害可能会造成灾难性后果，次生灾害的调查和资料收集可采用实地调查与查阅资料相结合的方式进行。一般情况下，次生灾害的发生与结构的地震破坏直接相关，因此调查和收集资料时，要重视现场勘察，同时也要注意收集有关的设计资料，以确保资料的可信性和可靠性。

7.2.1 次生火灾的抗震性能评价，主要是划定高危险区。高危险区的划定一般与结构物的破坏、易燃物的存在与可燃性、人口与建筑密度、引发火灾的偶然性因素等直接相关，通常可在现场调查和分析历史震害资料相结合基础上划定。对于甲类模式城市，在进行火灾蔓延定量分析专题抗震防灾研究时，多采用理论分析与经验方法相结合的方式，可在城区建筑、基础设施抗震性能评价的基础上，划定在不同地震动强度下，发生次生火灾的高危险区，有条件时可进一步建立火灾发生与蔓延模型，进行数值模拟，确定次生火灾的影响范围，为编制城市发展或改造规划提供参考。

对其他次生灾害，可根据城市具体情况，安排专题抗震防灾研究进行灾害影响评价分析，并在此基础上确定需要加强安全性的重要源点。

7.2.2 考虑到地震诱发的次生灾害与平时发生的相关灾害有较大区别，地震次生灾害规划的编制可考虑城市地震次生灾害的多样性、多发性、同时性和诱发性等特点，制定次生灾害对策，同时也要考虑采取多种措施，争取多方配合、协同工作。

8 避震疏散

8.1.1 避震疏散是临震预报发布后或地震灾害发生时把需要疏散的人员从灾害程度高的场所安全撤离，集结到预定的、满足抗震安全的避震疏散场所。避震疏散的安排需要坚持"平灾结合"的原则。避震疏散场所平时可用于教育、体育、文娱和其他生活、生产活动，临震预报发布后或地震灾害发生时用于避震疏散。避震疏散通道、消防通道和防火隔离带平时作为城市交通、消防和防火设施，避震疏散时启动防灾机能。

避震疏散人员包括需要避震疏散的城市居民和城市流动人口。规划避震疏散场所时，要考虑避震疏散人员在城市中的分布。

国内外震害经验表明，随着城市抗震减灾能力的提高和国家经济的发展，城市地震灾害造成的人员伤亡越来越少，直接和间接经济损失越来越大，要求避震疏散的市民人数也会越来越多，在规划城市避难疏散场所时，需要考虑这种发展趋势。

8.1.2 在估计需安置避震疏散人员数量时，地震灾害发生的时间，市民的昼夜活动规律及其所处的环境、场所，城市人口随时间的变化等是主要影响因素，在分析时要适当加以考虑。

8.2.1 在制定避震疏散规划时，需要保障避震疏散场所与避震疏散通道的抗震安全，综合考虑本条所指的各种地震灾害影响以及本标准第8.1.5条的要求提出避震疏散场所和避震疏散通道的各类危险因素，必要时可对这些因素可能造成的影响进行估计。

8.2.4 防灾据点是抗震设防高的有避震疏散功能的建（物）筑物，如体育馆、人防工程、经过抗震加固的公共设施等。防灾据点遭受高于本地区抗震设防烈度预估的罕遇地震影响时，不遭受严重破坏，无人员伤亡，不产生严重次生灾害。防灾据点是城市避震疏散场所的一个组成部分。通过防灾据点的逐步规划建设，可以有效改善城市的避震疏散条件。防灾据点可以作为城市在发生各种重大自然灾害时的有效疏散场所。

防灾公园视其规模与作用可以用作中心避震疏散场所或固定避震疏散场所。防灾公园通常具有避震疏散场所功能的出入口形态、环境形态、公园道路、直升飞机停机坪（中心避震疏散场所）、必要的防火带、供水与水源设施（抗震贮水槽、灾时用水井、蓄水池与河流、散水设备）、临时厕所、通信与能源设施、储备仓库和公园管理机构等。防灾公园平时就是普通公园，合理布局各种防灾设施与普通公园的各种设施，设置防灾设施后不影响公园的平时正常使用。

8.2.5 避震疏散场所的配套设施根据需要可包括通信设施、能源与照明设施、生活用水储备设施、临时厕所、垃圾存放设施、储备仓库等。紧急避震疏散场所可提供临时用水、照明设施以及临时厕所，固定避震疏散场所通常设置避震疏散人员的栖身场所、生活必需品与药品储备库、消防设施、应急通信设施与广播设施、临时发电与照明设备、医疗设施等。

居民住宅区和各单位内的道路以及居民住宅区内的小花园、小游园和专业绿地需要安装照明设备，并按有关规范规划建设公共厕所。避震疏散场所内的栖身场所可以是帐篷或简易房屋，能够抵御当地的各种气候条件，能够防寒、防风、防雨雪等，并有最基本的生活空间，居民可以家庭为单元居住。物资储备安排可按确保避震疏散场所内人员3天或更长时间的饮用水、食品和其他生活必需品以及适量的衣物、药品等。

8.2.7 本条规定了避震疏散场所的布局和间距要求。确定距次生灾害危险源距离所需遵守的国家现行重大危险源和防火的有关标准和规定主要包括：《建筑设计防火规范》GB 50016，《重大危险源辨识》GB 18218，《常用化学危险品贮存通则》GB 15603，《危险货物品名表》GB 12268，《民用爆破器材工程设计安全规范》GB 50089，《汽车加油加气站设计与施工规范》GB 50156，《兵工弹药企业外部安全距离规定》（国办发[1992]39号）等有关防护距离规定的国家和行业标准与规定。

防火安全带是隔离避震疏散场所与火源的中间地带，可以是空地、河流、耐火建筑以及防火树林带和其他绿化带等。若避震疏散场所周围有木制建筑群、发生火灾危险性比较大的建筑或风速较大的地域，防火安全带的宽度要从严掌握。

防火树林带的主要功能是防止火灾热辐射对避震疏散人员的伤害，因此要选择对火焰遮蔽率高、抗热辐射能力强的树种，且设喷洒水的装置。在新建市区或老城区改造时，规划建设新的避震疏散场所时，对其周围的建筑可提出耐火性能要求。依据日本的调研成果，当避震疏散场所的四周都发生火灾时，$50hm^2$以上基本安全，两边发生火灾$25hm^2$以上基本安全，一边发生火灾$10hm^2$以上基本安全。发生火灾后避震疏散人员可以在避震疏散场所内向远离火源的方向移动，当火灾威胁到避震避难人员的安全时，应从安全通道撤离到邻近避震疏散场所或实施远程疏散。临时建筑和帐篷之间留有防火和消防通道。严格控制避震疏散场所内的火源。

高层建筑内的避难层（间）主要功能是供地震引起火灾时建筑物内人员暂时避难使用，每10～15层设一个避难层（间）。避难层（间）至少有两个不同疏散方向的避难通道，且在其附近有防烟电梯、消防电梯，楼层和避难房间设消防拴、喷水头以及通风和排烟系统。避难层（间）的楼板宜采用现浇钢筋混凝土结构，耐火极限不低于2.00h，楼板上宜设隔热层。避难层四周的墙体和避难层内的隔墙耐火极限不低于3.00h，并要采用甲级防火门。

8.2.8 有效避难面积是避震疏散场所的占地总面积减去不适合避难的地域（例如：危险建筑及其倒塌后的危及区，公园的水面、陡峭山体、动物园、植被密度较高的或珍稀植被的绿化区，因避震危害文物保护的地域等）所占的面积。

8.2.9 各类避震疏散场所的用地可以是各自连成一片的，也可以由比邻的多片用地构成，从防止次生火灾的角度考虑，短边不小于300m、面积10hm²以上的地域更适合作固定避震疏散场所。

8.2.10 避震疏散场所服务范围的确定可以周围的或邻近的居民委员会和单位划界，并考虑河流、铁路等的自然分割以及避震疏散通道的安全状况等。

8.2.11 固定避震疏散场所的出入口按照便于人员与车辆进出的原则设置。车辆进出口无台阶、车障和较大的陡坡。人员进出口无过高的台阶和障碍物，至少有一个进出口可以进出残疾人的轮椅。进出口的宽度取决于进出避震疏散场所的人流量与时间，车辆的宽度与车道数。建议建设无围墙、无围栏的避震疏散场所。

8.2.12 各类学校的城市生命线系统比较健全，有避震疏散必需的供水、供电、通信等基本条件，操场、绿地和空地易于搭建窝棚、简易房屋和帐篷，又有比较好的防火条件，是主要的避震疏散场所。1995年日本阪神大地震神户市80%的避难人员在各类学校中避难。防灾公园的防灾设施与功能比较齐全，可以容纳的人员比较多，是理想的避震疏散场所。

8.2.13 本条意在各避震疏散场所附近的道路和避震疏散场所内的醒目处设置各种类型的避震疏散场所标示牌，标明避震疏散场所的名称、具体位置和前往的方向。也可以在标示牌上绘制出避震疏散场所内部的区划图。

在城市避震疏散场所建设时，明确绘制出各个避震疏散场所的具体位置、服务范围、避震通道以及与邻近避震疏散场所的交通联系，城市抗震救灾指挥部、医疗抢救中心、抢险救灾物资库之间以及它们与飞机场、火车站、河海码头、汽车站的主要道路。绘制中心避震疏散场所与固定避震疏散场所内部的区划图，明确给出避震疏散场所、各种防灾设施以及各种道路的具体位置。

8.2.15 作为避震疏散通道的城市街道，要建设成为相互贯通的网络状，即使部分街道堵塞，也可以通过迂回线路到达目的地，不影响居民避震疏散和抢险救援工作的展开。街道狭窄的旧城区改造时，可增辟干道，拓宽路面、裁弯取直、打通丁字路，形成网络道路系统，以满足避震疏散要求。疏散道路两侧的建筑倒塌后其废墟不应覆盖避震疏散通道。避震疏散通道避开重大次生灾害源点。对重要的疏散通道要考虑防火措施。

9 信息管理系统

9.0.1 信息管理系统具有多要素、多层次的结构特点，更进一步的层次划分可根据城市实际情况合理确定。

9.0.3 抗震防灾规划信息更新涉及到的各系统、各单位需定期向管理系统维护部门报送数据信息的变更报告，建立定期报告与零报告制度，并与工程建设程序相协调，保证城市建设数据的更新和维持管理系统的正常运行。

中华人民共和国国家标准

钢铁冶金企业设计防火规范

Code of design on fire protection and prevention for iron & steel metallurgy enterprises

GB 50414—2007

主编部门：中国冶金建设协会
　　　　　中华人民共和国公安部
批准部门：中华人民共和国建设部
施行日期：2008年1月1日

中华人民共和国建设部
公　告

第 629 号

建设部关于发布国家标准
《钢铁冶金企业设计防火规范》的公告

现批准《钢铁冶金企业设计防火规范》为国家标准，编号为 GB 50414—2007，自 2008 年 1 月 1 日起实施。其中，第 4.3.2、4.3.3、4.3.4、5.2.2、5.3.1、6.6.1、6.6.4（1）、6.7.2（8）、6.7.3、6.7.6、6.8.4（4）、6.9.3、6.10.2、6.10.3、6.10.4、6.10.5、6.11.4（1）、6.12.1、6.13.1、6.13.3、9.0.5、10.3.6、10.4.3 条（款）为强制性条文，必须严格执行。

本规范由建设部标准定额研究所组织中国计划出版社出版发行。

中华人民共和国建设部
二〇〇七年四月十三日

前　言

根据建设部《关于印发"二〇〇四年工程建设国家标准制定、修订计划"的通知》（建标〔2004〕67号）的要求，在主管部门中国冶金建设协会和公安部的组织下，由主编单位中冶京诚工程技术有限公司和首安工业消防有限公司会同各参编单位，并在有关钢铁冶金企业、设计研究单位、公安消防部门等的协助下编制而成。

本规范的制定，遵照国家有关的基本建设方针和"预防为主、防消结合"的消防工作方针，在总结我国钢铁冶金企业建筑防火设计经验、有关消防科研成果和钢铁冶金企业火灾经验教训的基础上，广泛征求了有关科研、设计、生产、消防监督、高等院校等部门和单位的意见，同时研究和消化吸收了国外有关规范标准，最后经有关部门共同审查定稿。

本规范共 10 章，主要内容有：总则，术语，火灾危险性分类、耐火等级及防火分区，总平面布置，安全疏散和建筑构造，工艺系统，火灾自动报警系统，消防给水和灭火设施，采暖、通风、空气调节和防烟排烟，电气以及 3 个附录。

本规范正文中以黑体字标志的条文为强制性条文，必须严格执行。

本规范由建设部负责管理和对强制性条文的解释，中冶京诚工程技术有限公司负责具体技术内容的解释。请各单位在执行本规范过程中，注意总结经验，积累资料，并及时把意见和有关资料寄往中冶京诚工程技术有限公司（国家标准《钢铁冶金企业设计防火规范》管理组，地址：北京市北京经济技术开发区建安街 7 号，邮政编码：100176），以供今后修订时参考。

本规范的主编单位、参编单位和主要起草人：

主 编 单 位：中冶京诚工程技术有限公司
　　　　　　首安工业消防有限公司
参 编 单 位：中冶赛迪工程技术股份有限公司
　　　　　　中冶南方工程技术有限公司
　　　　　　中冶长天国际工程有限责任公司
　　　　　　中冶焦耐工程技术有限公司
　　　　　　马鞍山钢铁股份有限公司
　　　　　　武汉钢铁（集团）公司
　　　　　　上海宝钢工程技术有限公司
　　　　　　鞍钢集团设计研究院
　　　　　　公安部天津消防研究所
　　　　　　公安部沈阳消防研究所
　　　　　　辽宁省公安消防总队
　　　　　　山西省公安消防总队
主要起草人：陆　波　李刚进　阎鸿鑫　张道坚
　　　　　　潘国友　蔡令放　刘东海　高少青
　　　　　　蔡承祐　高海建　卢少龙　谈健芳
　　　　　　丁国锋　李龙珍　经建生　厉　剑
　　　　　　郭树林　郭益民　李彦军　唐葆华

目 次

1 总则 ·················· 32—4
2 术语 ·················· 32—4
3 火灾危险性分类、耐火等级及防火分区 ·················· 32—4
4 总平面布置 ·················· 32—4
   4.1 一般规定 ·················· 32—4
   4.2 防火间距 ·················· 32—5
   4.3 管线布置 ·················· 32—6
5 安全疏散和建筑构造 ·················· 32—6
   5.1 安全疏散 ·················· 32—6
   5.2 建筑构造 ·················· 32—7
   5.3 建（构）筑物防爆 ·················· 32—7
6 工艺系统 ·················· 32—7
   6.1 采矿和选矿 ·················· 32—7
   6.2 综合原料场 ·················· 32—7
   6.3 焦化 ·················· 32—8
   6.4 耐火材料和冶金石灰 ·················· 32—9
   6.5 烧结和球团 ·················· 32—9
   6.6 炼铁 ·················· 32—9
   6.7 炼钢 ·················· 32—10
   6.8 铁合金 ·················· 32—10
   6.9 热轧及热加工 ·················· 32—11
   6.10 冷轧及冷加工 ·················· 32—11
   6.11 金属加工与检化验 ·················· 32—11
   6.12 液压润滑系统 ·················· 32—12
   6.13 助燃气体和燃气、燃油设施 ·················· 32—12
   6.14 其他辅助设施 ·················· 32—13
7 火灾自动报警系统 ·················· 32—13
8 消防给水和灭火设施 ·················· 32—14
   8.1 一般规定 ·················· 32—14
   8.2 室内和室外消防给水 ·················· 32—14
   8.3 自动灭火系统的设置场所 ·················· 32—15
   8.4 消防水池、消防水泵房和消防水箱 ·················· 32—16
   8.5 消防排水 ·················· 32—16
9 采暖、通风、空气调节和防烟排烟 ·················· 32—16
10 电气 ·················· 32—17
   10.1 消防供配电 ·················· 32—17
   10.2 变（配）电系统 ·················· 32—17
   10.3 电缆和电缆敷设 ·················· 32—18
   10.4 防雷和防静电 ·················· 32—19
   10.5 消防应急照明和消防疏散指示标志 ·················· 32—19
附录 A 钢铁冶金企业火灾探测器选型举例和电缆区域火灾报警系统设计 ·················· 32—20
附录 B 钢铁冶金企业细水雾灭火系统设计 ·················· 32—20
附录 C 爆炸和火灾危险环境区域划分举例 ·················· 32—21
本规范用词说明 ·················· 32—23
附：条文说明 ·················· 32—24

1 总则

1.0.1 为了防止和减少钢铁冶金企业火灾危害,保护人身和财产安全,制定本规范。

1.0.2 本规范适用于钢铁冶金企业新建、扩建和改建工程的防火设计,不适用于钢铁冶金企业内加工、贮存、分发、使用炸药或爆破器材的场所。

1.0.3 钢铁冶金企业的防火设计应结合工程实际,积极采用新技术、新工艺、新材料和新设备,做到安全适用、技术先进、经济合理。

1.0.4 二个及以上工艺厂区的钢铁冶金企业宜统一消防规划、统一防火设计。

1.0.5 钢铁冶金企业的防火设计除应符合本规范的规定外,尚应符合国家现行有关标准的规定。

2 术语

2.0.1 主厂房 main workshop

包容主要生产工艺设备的厂房,如:炼钢主厂房、热轧主厂房等。

2.0.2 工艺厂区 process plant

相对独立的生产单元区域,如炼钢厂、自备电厂等。

2.0.3 主电室 main electrical room

轧钢车间内,安装轧钢主电机、变流装置、变(配)电设备、自动化控制设备等的建筑。

2.0.4 主控楼(室) main control building

除轧钢车间外,设有自动化控制设备、变(配)电设备等的建筑。

2.0.5 总降压变电所 general step-down transformer substation

钢铁冶金企业内单独设置,对外从电力系统受电,经变压器降低电压后,向全厂供、配电的场所。

2.0.6 区域变电所 area transformer substation

钢铁冶金企业在用电负荷比较集中的区域内设置的变电所。

2.0.7 硐室 chamber

在地下矿井内各生产部位开凿的独立空间。

3 火灾危险性分类、耐火等级及防火分区

3.0.1 生产和储存物品的火灾危险性分类应符合现行国家标准《建筑设计防火规范》GB 50016的有关规定。

3.0.2 建(构)筑物的耐火等级及其构件的燃烧性能、耐火极限应符合现行国家标准《建筑设计防火规范》GB 50016的有关规定。

3.0.3 单层丁、戊类主厂房的承重构件可采用无防火保护的金属结构,其中能受到甲、乙、丙类液体或可燃气体火焰影响的部位,或生产时辐射热温度高于200℃的部位,应采取防火隔热保护措施。

3.0.4 地下液压站、地下润滑油站(库)宜采用钢筋混凝土结构或砖混结构,其耐火等级不应低于二级。油浸变压器室、高压配电室的耐火等级不应低于二级。

3.0.5 电缆夹层、电气地下室宜采用钢筋混凝土结构或砖混结构,其耐火等级不应低于二级。当电缆夹层采用钢结构时,应对各建筑构件进行防火保护,并应达到二级耐火等级的要求。

3.0.6 当干煤棚或室内贮煤场采用钢结构时,煤堆设计高度及以上1.5m范围内的钢结构应采取有效的防火保护措施,其耐火极限不应低于1.00h。

3.0.7 建(构)筑物的防火分区最大允许建筑面积应符合下列规定:

  1 地上电缆夹层不应大于1000m²,地下室不应大于500m²;当设置自动灭火系统时,可扩大1.0倍。

  2 主厂房符合本规范第3.0.3条和第5.2.5条的规定时,其防火分区面积不限。

  3 受煤坑的防火分区不应大于3000m²。

  4 其他建筑物防火分区最大允许建筑面积应符合现行国家标准《建筑设计防火规范》GB 50016的有关规定。

3.0.8 室内装修应符合现行国家标准《建筑内部装修设计防火规范》GB 50222的有关要求。

4 总平面布置

4.1 一般规定

4.1.1 在进行厂区规划时,应同时进行消防规划,并应根据企业及其相邻建(构)筑物、工厂或设施的特点和火灾危险性,结合地形、风向、交通、水源等条件,合理布置。

4.1.2 贮存或使用甲、乙、丙类液体,可燃气体,明火或散发火花以及产生大量烟气、粉尘、有毒有害气体的车间,宜布置在厂区边缘或主要生产车间、职工生活区全年最小频率风向的上风侧。

4.1.3 矿山厂区的平面布置应符合下列规定:

  1 地下矿井井口和平硐口必须置于安全地带。

  2 地下矿井的提升竖井作为安全出口时,井口地面应平整通达。

  3 地下矿井井口周围200.0m内不应布置易燃易爆物品堆场及仓库,距井口20.0m内不应布置锻造、铆焊等有明火或散发火花的工序;木材堆场、有自燃火灾危险的排土场、炉渣场应布置在进风井口常

年最小频率风向的上风侧,且距进风井口距离不应小于80.0m;丁类建(构)筑物(井架、提升机房、井塔除外)距井口的防火间距不应小于15.0m。

4.1.4 带式输送机通廊与高压线交叉或平行布置时,其间距应符合现行国家标准《城市电力规划规范》GB 50293的有关规定。

4.1.5 厂区的绿化应符合下列规定:

 1 生产或储存甲、乙、丙类物品的厂房、仓库、储罐区及堆场等的绿化,应选择难燃树种或水分大、油脂及蜡质少的常绿树种。

 2 可燃液体储罐(区)的防火堤内不宜绿化,如必须绿化时,应种植生长高度不超过150mm且含水分多的四季常青草皮。

 3 厂区绿化不应妨碍消防操作,不应在室外消火栓及水泵结合器四周1.0m以内种植乔木、灌木、花卉及绿篱。

 4 液化烃储罐的防火堤内严禁绿化。

4.1.6 企业消防站宜独立建造,且距甲、乙、丙类液体储罐(区),可燃、助燃气体储罐(区)的距离不宜小于200.0m,并应布置在交通方便、利于消防车迅速出动的主要道路边。消防车库的布置应符合下列规定:

 1 消防车库宜单独布置,当与汽车库毗连布置时,出入口应分开布置。

 2 消防车库出入口的布置应使消防车驶出时不与主要车流、人流交叉,且便于进入厂区主要干道;并距道路最近边缘线不宜小于10.0m。

4.1.7 钢铁冶金企业内应设置消防车道,当与生产、生活道路合用时,应满足消防车道的要求。消防车道的设置应符合现行国家标准《建筑设计防火规范》GB 50016的有关规定。

4.2 防火间距

4.2.1 钢铁冶金企业内建(构)筑物之间的防火间距应符合现行国家标准《建筑设计防火规范》GB 50016的有关规定。

4.2.2 浮选药剂库、油脂库距进风井、通风井扩散器的防火间距不应小于表4.2.2的规定。

表4.2.2 浮选药剂库、油脂库距进风井、通风井扩散器的防火间距

贮药、油容积 V (m³)	$V<10$	$10 \leqslant V <50$	$50 \leqslant V <100$	$V \geqslant 100$
间距(m)	20.0	30.0	50.0	80.0

4.2.3 甲、乙、丙类液体储罐(区)或堆场与明火或散发火花的地点的防火间距不应小于表4.2.3的规定。

表4.2.3 甲、乙、丙类液体储罐(区)或堆场与明火或散发火花的地点的防火间距

项 目	一个罐(区)或堆场的总储量V(m³)	与明火或散发火花地点的防火距离(m)
地上甲、乙类液体固定顶储罐(区)或堆场	$1 \leqslant V <500$ 或卧式罐	25.0
	$500 \leqslant V <1000$	30.0
	$1000 \leqslant V <5000$	35.0
地上浮顶及丙类可燃液体固定顶储罐(区)或堆场	$5 \leqslant V <500$ 或卧式罐	15.0
	$500 \leqslant V <1000$	20.0
	$1000 \leqslant V <5000$	25.0
	$5000 \leqslant V <25000$	30.0

4.2.4 湿式可燃气体储罐与建筑物、储罐、堆场的防火间距不应小于表4.2.4的规定。

表4.2.4 湿式可燃气体储罐与建筑物、储罐、堆场的防火间距(m)

名称		湿式可燃气体储罐的总容积V(m³)				
		$V \leqslant 1000$	$1000 < V \leqslant 10000$	$10000 < V \leqslant 50000$	$50000 < V \leqslant 100000$	$100000 < V \leqslant 300000$
甲类物品仓库,明火或散发火花的地点,甲、乙、丙类液体储罐可燃材料堆场,室外变、配电站		20.0	25.0	30.0	35.0	40.0
民用建筑		18.0	20.0	25.0	30.0	35.0
其他建筑	一、二级	12.0	15.0	20.0	25.0	25.0
耐火等级	三级	15.0	20.0	25.0	30.0	35.0
	四级	20.0	25.0	30.0	35.0	40.0

注:
1. 固定容积可燃气体储罐的总容积按储罐几何容积(m³)和设计储存压力(绝对压力,10^5Pa)的乘积计算。
2. 干式可燃气体储罐与建筑物、储罐、堆场的防火间距,当可燃气体的密度比空气大时,应按本表规定增加25%;当可燃气体的密度比空气小时,应按本表的规定执行。

4.2.5 煤气柜区四周应设置围墙,当总容积小于等于200000m³时,柜体外壁与围墙的间距不宜小于15.0m;当总容积大于200000m³时,不宜小于18.0m。

4.2.6 容积不超过20m³的可燃气体储罐和容积不超过50m³的氧气储罐与所属使用厂房的防火间距不限。

4.2.7 烧结厂的主厂房与电气楼的防火间距可按工艺要求确定,但不应小于6.0m。

4.2.8 为同一厂房输入(出)物料的二个及以上的带式输送机通廊之间或与其他厂房、仓库等建(构)

筑物之间的防火间距可按工艺要求确定。

为不同厂房输入(出)物料的二个及以上的带式输送机通廊之间或与其他厂房、仓库等建(构)筑物之间的防火间距应按现行国家标准《建筑设计防火规范》GB 50016的规定执行。

4.2.9 露天布置的可燃气体与不可燃气体固定容积储罐之间的净距，氧气固定容积储罐与不可燃气体固定容积储罐之间的净距及不可燃气体固定容积储罐之间的净距，应满足施工和检修的要求，且不宜小于2.0m。

4.2.10 露天布置的液氧储罐与不可燃的液化气体储罐之间的净距，不可燃的液化气体储罐之间的净距应满足施工和检修的要求，且不宜小于2.0m。

4.2.11 液氧储罐与建筑物、储罐、堆场等的防火间距应符合现行国家标准《建筑设计防火规范》GB 50016的要求，但距氧气槽车停放场地的间距可按工艺要求确定。

4.2.12 液化石油气储配站、液化石油气瓶组供气站的布置及站内(外)设施的防火间距应符合现行国家标准《城镇燃气设计规范》GB 50028的有关要求。

4.2.13 车间供油站的防火间距应符合现行国家标准《石油库设计规范》GB 50074的有关规定。

4.2.14 自备电厂及变(配)电所的防火间距应符合现行国家标准《火力发电厂与变电所设计防火规范》GB 50229的有关规定。

4.3 管线布置

4.3.1 敷设甲、乙、丙类液体管道和可燃气体管道的全厂性综合管廊，宜避开火灾危险性较大、腐蚀性较强的生产、储存和装卸设施以及有明火作业的场所。

4.3.2 甲、乙、丙类液体管道和可燃气体管道不得穿过与其无关的建(构)筑物、生产装置及储罐区等。

4.3.3 高炉煤气、发生炉煤气、转炉煤气和铁合金电炉煤气的管道不应埋地敷设。

4.3.4 氧气管道不得与燃油管道、腐蚀性介质管道和电缆、电线同沟敷设，动力电缆不得与可燃、助燃气体和燃油管道同沟敷设。

4.3.5 燃油管道和可燃、助燃气体管道宜架空敷设，若架空敷设有困难时，可采用管沟敷设，但应符合下列规定：

　　1 燃油管道和可燃、助燃气体管道宜独立敷设，可与不燃气体、水管道(消防供水管道除外)共同敷设在不燃烧体作盖板的地沟内。

　　2 燃油管道和可燃、助燃气体管道可与使用目的相同的可燃气体管道同沟敷设，但沟内应用细砂充填且不得与其他地沟相通。

　　3 其他用途的管道横穿地沟时，其穿过地沟部分应用套管保护，套管伸出地沟两壁的长度应大于200mm。

　　4 应有防止含甲、乙、丙类液体的污水流渗沟内的措施。

4.3.6 架空电力线路设置应符合下列规定：

　　1 架空电力线路不得跨越爆炸危险性场所，在跨越非爆炸危险性场所时，其距地面的净空高度应满足车辆通行及作业设备安全操作的要求。

　　2 甲类厂(库)房，易燃材料堆垛，甲、乙类液体储罐，液化石油气储罐，可燃、助燃气体储罐与架空电力线的最近水平距离不应小于电杆(塔)高度的1.5倍；丙类液体储罐不应小于1.2倍。35kV以上的架空电力线路与单罐容量大于200m³或总容量大于1000 m³的液化石油气储罐(区)的最小水平间距不应小于40.0m，当储罐为地下埋式时，架空电力线与相应储罐的最近水平距离可减小50%。

　　3 架空电力线路和架空煤气管道之间的距离应符合表4.3.6的规定。

表4.3.6 架空电力线路和架空煤气管道之间的距离

架空电力线路电压等级	最小水平净距(m)(导线最大风偏时)	最小垂直净距(m)	
		管道下	管道上
1kV以下	1.5	1.5	3.0
1~20kV	3.0	3.0	3.5
35~110kV	4.0	不允许架设	4.0

注：最小垂直净距是指最大弧垂时应满足的最小净距。

4.3.7 热力管道与甲、乙、丙类液体管道和可燃、助燃气体管道的距离应符合现行国家标准《锅炉房设计规范》GB 50041的有关规定。

5 安全疏散和建筑构造

5.1 安全疏散

5.1.1 厂房、仓库、办公楼、食堂等建筑物的安全疏散，应符合现行国家标准《建筑设计防火规范》GB 50016和《高层民用建筑设计防火规范》GB 50045的有关规定。

5.1.2 主控楼(室)、主电室、配电室等的疏散出口设计应符合现行国家标准《建筑设计防火规范》GB 50016的规定。但当其建筑面积小于60m²时，可设置1个。

5.1.3 建筑面积不超过250m²的电缆夹层及不超过100m²的电气地下室、地下液压站、地下润滑油站(库)且无人值守时，可设1个安全出口。

5.1.4 长度大于50.0m的电缆隧(廊)道的端部应设置安全出口。安全出口距隧道顶端的距离不应大于5.0m。当电缆隧(廊)道长度超过200.0m时，中间应增设疏散出口，其间距不应超过100.0m。

5.2 建筑构造

5.2.1 防火墙的设计应符合现行国家标准《建筑设计防火规范》GB 50016的有关规定。

5.2.2 甲、乙类液体管道和可燃气体管道严禁穿过防火墙。丙类液体管道不应穿过防火墙，其他管道不宜穿过防火墙，必须穿过时，应采用不燃烧材质的管道，并应在穿过防火墙处采用防火封堵材料紧密填塞缝隙。丙类液体管道应在防火墙两侧设置切断阀。当穿过防火墙的管道周边有可燃物时，应在墙体两侧1.0m范围内的管道上加设不燃烧绝热材料。

5.2.3 防火分隔构件的建筑缝隙应采用防火材料封堵，且该防火封堵材料的耐火极限不应低于相应防火分隔构件的耐火极限。

5.2.4 建（构）筑物有可能被铁水、钢水或熔渣喷溅造成危害的建筑构件，应有绝热保护。运载铁水罐、钢水罐、渣罐、红锭、红（热）坯等高温物品的过跨车、底盘铸车、（空）钢锭模车和（热）铸锭车等车辆及运载物的外表面距楼板和厂房（平台）柱的外表面不应小于0.8m，且楼板和柱应有绝热保护。

5.2.5 设置在丁、戊类主厂房内的甲、乙、丙类辅助生产房间应单独划分防火分区，并应采用耐火极限不低于3.00h的不燃烧体墙和1.50h的不燃烧体楼板与其他部位隔开。

5.2.6 设置在生产厂房内的油浸变压器室、地上封闭式液压站和润滑油站（库）直接开向厂房内的门，应采用常闭甲级防火门。当上述室、站（库）设置在非单位建筑的底层，且其直接对外开的门不采用防火门时，门的上方应设置宽度不小于1.0m的防火挑檐。

5.2.7 在电缆隧（廊）道进出主厂房、主电室、电气地下室等建（构）筑物的部位应设置防火分隔，其出入口应设置常闭式甲级防火门，且应向主厂房、主电室、电气地下室等建（构）筑物方向开启。电缆竖井的门应采用甲级防火门。

5.2.8 电缆隧（廊）道内的防火门应采用火灾时能自行关闭的常开式防火门。

5.2.9 柴油发电机房宜单独设置，当柴油发电机房设置在建筑物内时，应符合现行国家标准《建筑设计防火规范》GB 50016的有关规定。

5.3 建（构）筑物防爆

5.3.1 存放、运输液体金属和熔渣的场所，不应有积水的沟、坑等。如生产确需设置地面沟或坑等时，必须有严密的防水措施，且车间地面标高应高出厂区地面标高0.3m及以上。

5.3.2 炼铁、炼钢等有液体金属与熔渣运作的厂房，必须采取防止屋面漏水和防止天窗飘雨等措施。

5.3.3 变电所、配电所不应设在有爆炸危险的甲、乙类厂房内或贴邻建造。供上述甲、乙类厂房专用的10kV及以下的变（配）电所，当采用无门窗洞口的防火墙隔开时，可一面贴邻建造。

5.3.4 电力装置设计的爆炸和火灾危险环境区域划分应符合本规范附录C的规定。

5.3.5 厂房和仓库的其他防爆设计应符合现行国家标准《建筑设计防火规范》GB 50016的有关规定。

6 工艺系统

6.1 采矿和选矿

6.1.1 井（坑）口处的建（构）筑物构件宜采用不燃烧体，且应符合下列规定：

1 井塔（井架）、提升机房和井口配电室的耐火等级不低于二级。

2 空压机室、机修间、井口仓库和办公室等的耐火等级不低于三级。

6.1.2 地下矿井（含露天矿平硐溜井系统和井下带式运输系统）应设置2个及2个以上的出口。

6.1.3 矿井井筒、巷道及硐室需要支护时，宜采用混凝土锚杆、锚网及钢材支架。若采用木材支架时，木材支护段应采取防火措施。

6.1.4 井下桶装油库应布置在井底车场15.0m以外，且其储量不应超过1昼夜的需要量。井下油库与主运输通道的连接处应设置甲级防火门，且不应与易燃材料共用一个硐室。

6.1.5 容易自燃的矿山，其设计应符合下列要求：

1 必须采用后退式回采，并宜采用黄泥灌浆或充填采矿法。

2 必须采用压入式通风。

3 回采必须专设降温水管及增设降温风机。

4 通向采空区的废旧坑道应及时密闭。

6.1.6 选矿焙烧厂房的设计应符合下列要求：

1 输送不同温度焙烧产品的带式输送机应选用不同耐热性能的输送带。

2 焙烧厂房搬出机跨间的顶部应设排雾天窗。

6.2 综合原料场

6.2.1 带式输送机系统的设计应符合下列规定：

1 带式输送机通廊两侧均设人行道时，人行道的净宽不应小于0.8m；一侧设人行道时，其净宽不应小于1.3m；相邻两条带式输送机之间的共用人行道净宽不应小于1.0m；带式输送机通廊的净空高度不应低于2.2m，运输热返矿的通廊净空高度不应低于2.6m。

2 带式输送机通廊的人行道坡度在6°～12°之间时，应设有防滑条；超过12°时，应设踏步。地下通廊出地面处应设1个出口。

3 带式输送机通廊应采用不燃材料。

4 带式输送机应设置防打滑、防跑偏、防堵塞和紧急停机等设施，当其电动机功率大于55kW时，应设置速度检测装置。

5 漏斗溜槽宜采用密闭结构，并便于清理洒落物料，其倾角应适应物料特性，且不宜小于50°；漏斗溜槽应根据物料磨损性设置衬板；当输送物料为煤或焦炭时，衬板应为不燃材料或难燃材料。

6.2.2 煤场设施的设计应符合下列规定：

1 贮煤场内煤堆应分煤种堆放，相邻煤堆底边间距不应小于2.0m。

2 运煤系统的卸车装置、破碎冻块室、贮配煤槽、各转运站及煤焦制样室应设自然通风装置。煤粉碎机室应设机械除尘装置。

3 贮煤槽及煤斗的设计应符合下列规定：

1）槽壁光滑耐磨，交角成圆角状，避免有凸出或凹陷部位；

2）槽壁面与水平面夹角不得小于60°，料口宜采用等截面收缩率的双曲线形；

3）按煤的流动性确定卸料口直径，必要时设置助流装置。

4 运煤系统的转运站、通廊、厂房宜设水力清扫设施。

5 运煤系统的消防通讯设备，宜与运煤系统配置的通讯设备共用。

6 卸料溜槽交角应设计为圆角状，其倾角不宜小于55°。

6.2.3 可燃物的整粒（破碎筛分）系统应设置抽风除尘设施。

6.2.4 原料场机械设备电动机的外壳防护等级，当机械设备室外布置时，宜采用IP54级；当机械设备室内布置时，其整粒系统、运煤系统（煤料水分≥10％的除外）和煤粉碎机宜采用IP54级；其他宜采用IP44级。煤粉碎机的电动机应采用防爆型。

6.3 焦 化

6.3.1 焦化厂的布置应符合下列规定：

1 煤气净化区应布置在焦炉的机侧或一端，其建（构）筑物距焦炉炉体的净距不应小于40.0m。

2 精苯车间不宜布置在厂区中心地带，与焦炉炉体的净距不得小于50.0m。

3 甲、乙类液体及危险品的铁路装卸线宜为直线，如为曲线，其弯曲半径不应小于500.0m，且纵向坡度应为0。在尽头线上取送车时，其终端车位的末端至车挡前的安全距离不宜小于10.0m。

4 煤气放散装置宜布置在远离建筑物和人员集中地点的厂区边缘地带。

6.3.2 备煤系统的设计应符合本规范第6.2.2条的规定。

6.3.3 焦炉的设计应符合下列规定：

1 焦炉的布置和煤气设备的结构应符合现行国家标准《焦化安全规程》GB 12710的有关规定。

2 焦炉炉组的两端及煤塔均应设有从炉底层到炉顶层的走梯。

3 当寒冷地区煤塔漏嘴采用煤气明火烘烤保温时，必须采取相应的安全措施。

4 集气管压力超过放散压力上限时，应能自动放散，并应设自动点火装置；低于放散压力下限时，应能自动关闭，放散管口应高出集气管操作走台台面4.0m。

5 机侧、焦侧的操作平台应采取防止红焦和火种下漏的措施。

6 机侧、焦侧抵抗墙四角，距离操作平台上方1.0m处应设置压缩空气管接头。

7 焦炉应设置通风换气设施。

8 拦焦机、电机车的液压站和电气室内受高温烘烤的墙壁和地板均应衬有不燃烧绝热材料。

6.3.4 在熄焦车运行范围内，与熄焦车轨道邻近的建筑物不得采用可燃材料。

6.3.5 干熄槽的运焦输送机宜采用耐热温度不小于200℃的输送带，湿法熄焦的运焦输送机宜采用耐热温度不小于120℃的输送带。

6.3.6 交换机室、焦炉地下室和烟道走廊的设计应符合下列规定：

1 烟道走廊的出入口必须设在煤塔、大炉间台的机侧和炉端台的尽头。

2 引进煤气管道的地沟应加盖板并应便于检修和放水操作，沟内空气应能自然流通。

3 地下室焦炉煤气管道应在末端设防爆装置，并设导爆管把爆后气体引向烟道走廊外（室外），或设有煤气低压自动充氮保护设施。

4 地下室煤气管道末端放散管易于积尘和液体的部位应设清扫孔。

6.3.7 煤气净化及化工产品精制应符合下列规定：

1 工艺装置、泵类及槽罐等宜露天布置，或布置在敞开、半敞开的建（构）筑物内。

2 甲、乙类火灾危险生产场所的设备和管道应采用不燃或难燃的保温材料保温。

3 进入甲类液体槽罐区内作业的机车宜采用安全型内燃机车，如采用普通蒸汽机车，必须采取相应的安全措施。

4 煤气设备、煤气管道及管道附属装置的设计应符合现行国家标准《工业企业煤气安全规程》GB 6222的有关规定。

5 贮存甲、乙类液体的固定顶式贮槽，其槽顶排气口与呼吸阀或放散管之间应设置阻火器。

6 露天设置的苯类贮槽宜设淋水冷却装置或隔

热设施。

  7 初馏分贮槽应布置在油槽（库）区的边缘，其四周应设防火堤，堤内地面及堤脚应做防水层。

6.3.8 化验室的设计应符合下列要求：

  1 煤气净化区、化工产品精制区的现场化验室应独立设置。如必须与有爆炸危险的甲、乙类厂房毗邻设置时，应采用耐火极限不低于3.00h的非燃烧体墙与其他部位隔开，其门窗应设置在非防爆区。化验室与油槽（罐）的间距应符合表4.2.3的规定。

  2 易燃易爆及有毒的化验室应设通风设施，宜采用机械通风装置。

6.4 耐火材料和冶金石灰

6.4.1 生产中使用的易燃易爆类添加剂应符合下列规定：

  1 当在室内贮存铝粉、硅粉、铝镁粉等易燃类添加剂时，应设单独的机械通风装置，换气次数应大于8次/h。混合设备必须密闭操作并设机械通风除尘装置，该装置应与混合设备电气联锁。

  2 乙醇仓库宜采用半地下式贮槽。

  3 铝粉（镁铝合金粉）仓库应采取隔潮和防止水浸渍的措施。

  4 应与其他物品间隔存放或单独贮存。

6.4.2 油系统的设计应符合下列规定：

  1 下列油罐的通气管必须装设阻火器：

   1）储存闪点小于60℃油品的卧式油罐；
   2）储存闪点大于等于60℃且小于等于120℃油品的地上卧式油罐；
   3）储存闪点大于120℃油品的固定顶油罐。

  2 油罐内油品加热，宜采用罐底管式加热器。油罐内油品的最高加热温度必须低于油闪点10℃，用于脱水的油罐油品的加热温度不应高于95℃。

6.4.3 煤粉系统的设计应符合下列规定：

  1 入磨煤机的热风（或热烟气），设计温度不应大于400℃。

  2 烘干煤粉介质宜采用烟气，且含氧量应小于16%。

  3 煤粉制备系统应设泄爆阀。

6.5 烧结和球团

6.5.1 烧结冷却系统的设计应符合下列规定：

  1 点火器应设置空气、煤气低压自动切断煤气的装置，低压报警装置和指示信号。

  2 点火器烧嘴的空气支管应采取防爆措施，煤气管道应设煤气紧急事故快速切断阀。

  3 点火器宜设置火焰监测装置。

  4 烧结矿冷却后平均温度应小于150℃。

6.5.2 主抽风系统的机头电除尘器应根据烟气和粉尘性质设置防爆、防腐和降温装置。

6.5.3 球团焙烧和风流系统的设计应符合下列规定：

  1 回热多管除尘器、抽风干燥电除尘器应根据烟气和粉尘性质设置防腐和降温装置，电除尘器应根据烟气和粉尘性质设置防爆装置。

  2 抽干风机和回热风机及管道应根据设定的风流温度采取调温措施，风机及管道接头处应严密。

6.5.4 磨煤、喷煤系统的设计应符合下列规定：

  1 煤粉制备烘干介质应符合下列规定：

   1）以环冷机热废气为烘干介质时，宜在热风进入磨煤机前设置除尘装置；
   2）热风炉提供煤粉制备烘干介质时，热风炉应设放散烟囱，并宜采用耐火极限不小于1.00h的不燃烧体隔墙与煤磨机完全隔开；燃煤热风炉提供的热风含尘粒度大于0.5mm时，应设置降尘装置。

  2 煤粉制备与输送应符合下列规定：

   1）设备的防爆要求应符合现行国家标准《爆炸和火灾危险环境电力装置设计规范》GB 50058的有关规定；
   2）磨煤室应设置消防车道；
   3）磨煤机出口管道、除尘器、煤粉仓应设置泄爆孔，泄爆孔的朝向应考虑泄爆时不危及人员和设备；
   4）除尘器的进口处必须设有快速截断阀或电动阀；
   5）磨煤机进出口处必须设置温度监测装置，煤粉仓和除尘器必须设置温度和一氧化碳监测及报警装置；
   6）磨煤机出口处、煤粉仓及布袋除尘器中的烟煤煤粉温度不应高于70℃，无烟煤煤粉温度不应高于80℃；
   7）除尘器、煤粉仓等设备应设置灭火装置。

  3 喷煤系统停止喷吹时，烟煤煤粉在仓内贮存的时间不得超过5.00h，无烟煤煤粉在仓内贮存的时间不得超过8.00h。煤粉仓仓体结构应能保证煤粉完全从仓内自动流出。

6.6 炼 铁

6.6.1 厂内各操作室、值班室严禁布置在热风炉燃烧器、除尘器清灰口等可能泄漏煤气的危险区内。

6.6.2 高炉的重力除尘器应位于高炉铁口、渣口10.0m以外，且不应正对铁口、渣口。

6.6.3 渣罐车、铁水罐车及清灰车必须单设运输专线。禁止热罐车利用重力除尘器下方的作业线作为正常的停车线和走行线。

6.6.4 高炉系统的设计应符合下列规定：

  1 风口、渣口及水套必须密封严密和固定牢固，进出水管应设有固定支撑，风口二套，渣口二、三套均应设有各自的固定支撑。

2 固定冷却设备进出水管应严密密封。

3 鼓风系统中连接富氧鼓风处的氧气管及设备设计，应符合现行国家标准《氧气及相关气体安全技术规程》GB 16912 的有关规定。

6.6.5 炉前敷设的氧气管、胶管应脱净油脂。

6.6.6 煤粉制备及喷吹系统的设计应符合下列规定：

1 制粉、喷吹系统主厂房应通风良好，采用钢结构时宜采用敞开式。对封闭式的制粉、喷吹系统主厂房应防止粉尘积聚。

2 磨煤机出口的煤粉温度应确保煤粉不结露，并不应超过 90℃。

3 喷吹烟煤和混合煤时，制粉干燥介质应采用热风炉烟道废气或惰化气体，负压系统末端的设计氧含量不应大于 12%，保安气源宜采用氮气，并应有防止氮气泄漏的安全措施。

4 喷吹烟煤和混合煤时，必须在制粉和喷吹系统的关键部位设置温度、压力和一氧化碳浓度、氧浓度监控设施，并应有安全防护措施。

5 喷吹烟煤和混合煤时，煤粉仓、仓式泵、贮煤罐和喷吹罐等容器的加压和流化介质应采用惰化气体。

6 输送和喷吹系统的充压、流化、喷吹等供气管道均应设置逆止阀。

7 煤粉输送、分离管道及容器设计不应有死角。

8 设计氧煤喷吹时，氧气管道及阀门设计必须符合现行国家标准《氧气及相关气体安全技术规程》GB 16912 的有关规定。氧煤喷枪与氧气支管相接处应设置一段阻火管。

9 设计氧煤喷吹时，应保证风口处氧气压力比热风压力大 0.05MPa；保安用的氮气压力不应小于 0.6MPa，且应大于热风围管处热风压力 0.1MPa。

10 氧煤混喷管网设计时，必须设置氧氮置换管线；氧气管道应隔热。

11 制煤系统中的煤粉管道，宜采用非水平布置方式。

6.6.7 热风炉烟气余热回收装置采用可燃介质的热媒式的热管换热器时，其设备、配管和贮槽等应采取防静电接地措施，热媒体应设置温度监控报警及自动洒水（降温）装置。

6.7 炼 钢

6.7.1 铁水、钢水、液态炉渣作业和运行区域的设计应符合下列规定：

1 铁水、钢水、液态炉渣、红热固体炉渣和铸坯等高温物质运输线上方的可燃介质管道和电线电缆，必须隔热防护。

2 装有铁水、钢水、液态炉渣的容器，必须用铸造级桥式起重机吊运。其作业与运行区域内所有设备、电线电缆、管线和建（构）筑物等均应采取隔热防护，并应防止区域内地面积水。

3 不得在铁水、钢水、液态炉渣作业或运行区域内的地表及地下设置水管、氧气管道、燃气管道、燃油管道和电线电缆等，如必须设置时，应采取隔热防护。

6.7.2 主体工艺系统的设计应符合下列规定：

1 转炉主控室不宜正对转炉炉口，若无法避开时，转炉主控室前窗应设置能升降的安全保护挡板；电炉主控室不得正对电炉炉门。转炉、电炉、精炼炉与连铸的主控室前窗应采用双层钢化玻璃。电炉炉后出钢操作室的门不应正对出钢方向，窗户应有防喷溅保护。

2 转炉和炉外精炼装置（VOD、AOD、RH-KTB 等）的氧枪中的冷却水出水温度和进、出水流量差应有监测，并设置事故报警信号及氧枪和转炉的联锁控制。

3 电炉水冷炉壁和炉盖、真空吹氧脱碳装置（VOD）水冷钢包盖各冷却系统的出水温度和进、出水流量差应有监测，并应设置事故报警信号及与电炉供电的联锁控制。

4 氧枪的氧气阀站及由阀站到氧枪软管的氧气管线，宜采用不锈钢管；采用碳素钢管时，应在与软管连接前加设阻火铜管。

5 竖井式电弧炉的竖井停放位下方，不应布置氧气与燃料介质阀站、管线及电线电缆，必须布置时应有可靠的防护措施。

6 带废钢预热的电炉，在预热段出口处应设置烟气成分连续测量装置。炉内排烟系统应设置防爆泄压装置。转炉煤气回收系统应设置一氧化碳和氧气连续检测和自动控制装置，当煤气中的氧含量超过 2% 时，应打开放散阀，并保证煤气经点火燃烧后排入大气。真空吹氧脱碳精炼装置（VOD、RH-KTB 等）宜采用氮气稀释法破坏真空。

7 电炉炉下炉渣热泼区的地面与周围应设铸铁板防火围挡结构，其上空电炉工作平台应隔热防护，热泼区地面应避免积水。

8 钢包车升降式循环真空脱氧装置（RH）必须防止漏钢钢水浸入地下液压装置。

6.7.3 严禁利用城市道路运输铁水与液渣。

6.7.4 厂内无轨方式运输铁水与液渣时，宜设置专用道路。

6.7.5 直接还原铁（DRI）等具有自燃特性材料的贮存仓应有氮气保护。

6.7.6 增碳剂等易燃物料的粉料加工间必须设置防爆型粉尘收集装置。

6.8 铁 合 金

6.8.1 铁水、液态炉渣作业和运行区域的设计应符合本规范第6.7.1条的规定。

6.8.2 铁合金高炉冶炼工艺的设计应符合本规范第6.6节的相关规定。

6.8.3 铁合金转炉工艺的设计应符合本规范第6.7节的相关规定。

6.8.4 原料及粉料的设计应符合下列规定：

　　1 铝粒、硝石、硅钙粉、硅铁粉等原料必须储存在专用仓库内。仓库及储存应防爆、防雨和防潮。

　　2 铝、镁、钙、硅和碳化钙等易燃物料的粉料加工间必须设置通风和粉尘收集净化设施。

　　3 铝粉操作间的装置和工具必须采用不产生火花的材料制作。硅钙合金及其他易燃易爆粉料等必须在惰化气体的保护下制备，并应设置空气含尘量、含氧量、可燃气体浓度的检测装置和超限自动停车装置。门窗和墙等应符合防爆、泄爆要求，电器设备应采用防爆型。

　　4 铝粒车间粒化室必须设置泄爆孔和除尘设施。

6.8.5 主体设施的设计应符合下列规定：

　　1 铁合金电炉的水冷却系统应设温度极限指示及报警器。

　　2 封闭铁合金电炉炉盖和真空炉炉体必须设置泄爆孔。

　　3 铁合金电炉电极壳焊接平台和出铁口操作平台应铺设绝缘层。

　　4 铁合金粒化必须设缓冲模。

　　5 浇铸间、炉渣间应选用铸造级桥式起重机吊运盛有液态合金的铁水罐、锭模、液渣的渣罐或渣盘。

　　6 液渣热泼或水淬必须设置可靠的安全防爆设施。

6.8.6 辅助设施的设计应符合下列规定：

　　1 封闭铁合金电炉煤气净化系统的负压管道及设备不应多炉共用。

　　2 封闭铁合金电炉煤气净化回收装置应设泄爆孔，泄爆膜外宜设保护罩。

　　3 封闭铁合金电炉煤气净化抽风机的出口应设逆止水封，放散水封高度按系统压力增加5kPa计算。

　　4 铁合金电炉煤气回收系统应设置一氧化碳和氧气连续检测和自动控制装置，当煤气中的氧含量超过2%时，应打开放散阀，经点火燃烧后排入大气。

　　5 在多层的管架上，热料管道和蒸汽管道宜布置在上层，腐蚀性液体管道宜布置在下层。易燃液体管道与热料管道或蒸汽管道不宜相邻布置。

6.9　热轧及热加工

6.9.1 横跨轧机辊道的主操作室、经常受热坯烘烤的操作室和有氧化铁皮飞溅环境的操作室，均应设置不燃烧绝热设施。

6.9.2 输送重油的管路应设置快速切断专用阀。

6.9.3 可燃介质管道或电线电缆下方禁止停留红钢坯等高温物体，当有高温物体经过时，必须采取隔热防护措施。

6.9.4 高速轧制设备和飞剪机处应设安全罩或挡板，靠近轧线的液压润滑软管和电缆必须采用金属防护层。

6.9.5 轧线上的电热设备应有保证机电设备安全操作的闭锁装置。水冷却电热设备的排水管应有高水温报警及断水时自动断电的安全装置。

6.9.6 地表面及操作平台台面不宜设置氧气管线、燃气管线、燃油管线及电线电缆，必须设置时，应采取确保安全的防护措施。

6.9.7 加热系统的设计应符合下列规定：

　　1 加热设备应设可靠的隔热层，其表面温度应符合现行国家标准《工业炉窑保温技术通则》GB/T 16618的有关要求。

　　2 加热炉应设各安全回路的仪表装置和工艺安全报警系统。

　　3 渗碳介质（甲烷、丙烯等）的储存间不宜设在主厂房内，必须设置时，应符合本规范第5.2.5条的规定。

6.9.8 油质淬火间和轴承清洗间内的电加热油槽或油箱应设温度控制及报警装置。

6.10　冷轧及冷加工

6.10.1 热处理炉的设计应符合本规范第6.9.7条的规定。

6.10.2 镀层与涂层的溶剂室、配制室以及涂层黏合剂配制间应设置机械通风装置和除尘装置。

6.10.3 退火炉地坑应设煤气浓度监测装置。

6.10.4 热镀锌作业线锌锅电感应加热器所处空间应设置通风装置。

6.10.5 涂胶机及其辅助设备应设有消除静电积聚的装置。

6.10.6 油质淬火间和轴承清洗间内的电加热油槽或油箱的设计应符合本规范第6.9.8条的规定。

6.10.7 保护气体站宜独立建造，并应设防护围墙。

6.11　金属加工与检化验

6.11.1 冲天炉、感应电炉冶炼作业区应符合本规范第6.6节和第6.7节的有关规定。

6.11.2 加热系统的设计应符合本规范第6.9.7条的规定。

6.11.3 金属熔液浇注易发生泄漏的工位（场所），应设有容纳漏淌熔液的应急设施。

6.11.4 淬火系统的设计应符合下列规定：

　　1 应选用专用淬火起重机，驾驶室不得设在油槽（箱）的上方。

　　2 淬火油槽的地下循环油冷却库油管路应设置

紧急切断阀。

6.11.5 辅助生产设施的设计应符合下列规定：

　　1 喷漆间、树脂间、油料和溶剂间、木模间、聚苯乙烯造型间、石墨型加工间、石墨电极加工间应设置通风及除尘装置，其电气设备应按本规范附录C的要求进行设计。

　　2 汽车、柴油车、机车等库房和车辆维修的零件清洗间应设置通风装置。

6.11.6 检化验系统的设计应符合下列规定：

　　1 输送氧气的管道应设置紧急切断阀。

　　2 电缆隧（廊）道及电缆夹层与检化验室的相通部位应有防火封堵。

　　3 可燃气体化验室内所有插座、照明、电源开关、电缆敷设及机械排风系统应做防爆设计。

6.12 液压润滑系统

6.12.1 液压站、阀台、蓄能器和液压管路应设有安全阀、减压阀和截止阀，蓄能器与油路之间应设有紧急开闭装置。

6.12.2 液压站、润滑油站（库）不宜与电缆隧（廊）道、电气室地下室连通，确需连通时，必须设置防火墙和甲级防火门。

6.12.3 丙类液压、润滑油品站（库）可设在其所属设备或机组附近的地下室内。

6.12.4 桶装丙类油库的设计应符合下列规定：

　　1 桶装丙类油品库应为不低于二级耐火等级的单层建筑，净空高度不得小于3.5m，与库区围墙的间距不得小于5.0m。丙类桶装油品与甲、乙类桶装油品储存在同一个仓库内时，应设防火墙隔开。

　　2 桶装丙类油品库应设外开门，也可设推拉门。建筑面积大于或等于100m² 的防火隔间，门的数量不应少于2个；面积小于100m² 的防火隔间，可设1个门。门宽不应小于2.0m。并应设置斜坡式门槛，门槛应采用不燃烧材料，且应高出室内地坪150mm。

　　3 桶装丙类油品库应防雷和自然通风。

6.13 助燃气体和燃气、燃油设施

6.13.1 煤气加压站应在地面上建造。其站房下方禁止设地下室或半地下室。

6.13.2 氧化验室和使用氧气的在线仪表控制室等，均应设置氧浓度检测装置，并应具备当氧含量体积组分≥23%时进行富氧报警的功能。

6.13.3 当煤气设备及煤气管道采用水封隔离煤气时，其水封高度应按现行国家标准《工业企业煤气安全规程》GB 6222 的有关规定执行。

6.13.4 助燃气体和燃气、燃油设施的工艺布置应符合下列规定：

　　1 制氢系统、发生炉煤气系统、煤气净化冷却系统的露天设备之间的间距及与其所属厂房的间距，可根据保证工艺流程畅通、靠近布置的原则确定。露天设备间的距离不宜小于2.0m，露天设备与其所属厂房的距离不宜小于3.0m。

　　2 制氧系统露天设备之间的距离与其所属厂房的间距按本条第1款的规定执行。

　　3 本条第1、2款所述系统的产品储存容器宜按系统集中布置，其与所属厂房的间距可根据工艺需要确定，但不宜小于3.0m。

　　4 氧气调压阀门室和与其相连的氧气储存容器之间的间距可根据工艺布置要求确定。

　　5 液化石油气储配站、乙炔站、电石库和供气站的防火设计应符合现行国家标准《城镇燃气设计规范》GB 50028 和《建筑设计防火规范》GB 50016 等的有关要求。

　　6 高炉煤气调压放散、焦炉煤气调压放散、转炉和封闭铁合金电炉煤气回收切换放散应设置燃烧放散装置及防回火设施；煤气放散管燃烧器顶端的高度应符合现行国家标准《工业企业煤气安全规程》GB 6222 的有关规定；在燃烧放散器30.0m以内不应可燃气体的放空设施。

　　7 散发比空气重的可燃气体的制气、供气、调压阀间应在房间底部设置可燃气体泄漏报警设施；散发比空气轻的可燃气体的制气、供气、调压阀间应在房间上部设置可燃气体泄漏报警装置，房间应设置机械排风系统，排风口位置按现行国家标准《采暖通风与空气调节设计规范》GB 50019 的有关规定执行。

　　8 燃油库和液化石油气罐组堤内的地面排水，燃油泵房和液化石油气管沟的排水应设水封井等密封隔断设施。

　　9 液化石油气球罐的钢支柱应采取防火保护措施，其耐火极限不应低于2.00h。

6.13.5 燃气的净化和加压应符合下列规定：

　　1 燃气电除尘装置应设氧含量报警装置及煤气防爆泄压装置。

　　2 燃气加压机入口应设低压报警及联锁装置。

　　3 干法布袋煤气净化的脉冲气源应采用氮气。

6.13.6 使用燃气的设施和装置应符合下列规定：

　　1 当燃烧装置采用强制送风的烧嘴时，在空气管道上应设泄爆阀。

　　2 使用氢气的热处理炉应设氧气分析仪、自动切断放散装置以及显示和报警装置。

　　3 使用燃气的炉、窑点火器宜设置火焰监测装置。

　　4 钢材切割点采用乙炔气体时，应设置岗位回火防止器；采用其他燃气介质时，宜设置岗位回火防止器。

　　5 炼钢连铸工序用于切割的氧气、乙炔、煤气或液化石油气的管道上宜设置紧急切断阀。

6.13.7 煤气柜应设低压和高压报警及放散装置。

6.13.8 车间供油站的设计应符合下列规定：

　　1 车间供油站的防火设计应符合现行国家标准《石油库设计规范》GB 50074 的有关规定。

　　2 设置在厂房内的车间供油站的存油量，应符合下列规定：

　　　　1）甲、乙类油品的存油量，不应大于车间一昼夜的需用量，且不宜大于 $2m^3$；

　　　　2）柴油（闪点≥60℃）的存油量不宜大于 $10m^3$；

　　　　3）重油的存油量不应大于 $30m^3$。

　　3 设置在厂房内的车间供油站应靠厂房外墙布置，并应采用耐火极限不低于 3.00h 的不燃烧体隔墙和耐火极限不低于 1.50h 的不燃烧体屋顶与厂房隔开。

　　4 储存甲、乙类油品的车间供油站应为不低于二级耐火等级的单层建筑，并应设有直通室外的出口和防止油品流散的设施。

　　5 地上重油泵房和地上重柴油泵房的正常通风换气量应按换气次数不少于 5 次/h 和 7 次/h 计算，地下油泵房的正常通风换气量应按换气次数不少于 10 次/h 计算。

6.14　其他辅助设施

6.14.1 可燃性玻璃钢材质的冷却塔应避免布置在热源、废气、烟气发生点、化学品堆放处和煤堆附近。

6.14.2 液氯（氨）间设计应满足下列要求：

　　1 必须与其他工作间隔开，设有观察窗及直通室外的外开门。

　　2 加氯间及氯库宜设置测定空气中氯气浓度的仪表和报警装置。

　　3 加氯间不应采用明火取暖。

　　4 通风设备和照明灯具的开关应设置在室外。

6.14.3 厂房内动力管线的布置应符合下列规定：

　　1 燃气管线应架空敷设，并应在车间入口设总管切断阀。

　　2 可燃气体管道不宜与起重设备的裸露滑线布置在同一侧，且严禁通过值班室、控制室等非生产用房。

　　3 各种水平管道在垂直方向的布置，自上而下宜按下列次序排列：氢气、乙炔、氧气、氮（氦）气、天然气、煤气、液化石油气，燃油，输送腐蚀性介质的管道应敷设在管线带的下部。

　　4 输送易挥发介质的管道不得架设在热力管道之上。

　　5 水平共架敷设时，油管道和氧气管道应敷设在煤气管道两侧。

　　6 氧气、乙炔、煤气、燃油管道上不得敷设动力电缆、电线，供自身专用者除外。

　　7 氧气、乙炔、煤气、燃油管道支架应采用不燃烧体，当沿厂房的外墙或屋顶敷设时，该厂房的耐火等级不应低于二级。

　　8 氧气、乙炔管道靠近热源敷设时，应采取隔热措施，并应确保管壁温度不超过 70℃。

6.14.4 机械和运输设备保养及维修设施应符合下列规定：

　　1 重型柴油机械的保养车间宜单独建造。车位在 10 个及以下时，可与采矿（选矿）机械维修间厂房及仓库合建或与其贴邻建造，合建时应靠外墙布置；但不得与甲、乙类生产厂房仓库组合或贴邻建造。

　　2 面积不大于 $60m^2$ 的充电间可与停车库、修车库、充电机房及厂房贴邻建造，但应采用防火墙分隔，并应设置直通室外的安全出口。充电间应采取防酸腐蚀和设置机械通风措施，会释放氢气的充电间尚需设置防爆措施。

　　3 汽车及重型柴油机械保养车间内的喷油泵试验间应靠车间外墙布置，且应采取防爆和机械通风措施。

7　火灾自动报警系统

7.0.1 下列场所应设置火灾自动报警系统：

　　1 主控制楼（室）、主电室、通讯中心（含交换机室、总配线室、电力室等）、主操作室、调度室等；计算（信息）中心、区域管理计算站及各主要生产车间的计算机主机房、硬软件开发维护室、不间断电源室、缓冲室、纸库、光或磁记录材料库；特殊贵重或火灾危险性大的机器、仪表、仪器设备室、实验室，贵重物品库房，重要科研楼的资料室。

　　2 单台设备油量 100kg 及以上或开关柜的数量大于 15 台的配电室，有可燃介质的电容器室，单台容量在 8MV·A 及以上的油浸变压器（室）、油浸电抗器室。

　　3 柴油发电机房。

　　4 电缆夹层，电气地下室，厂房内的电缆隧（廊）道，连接总降压变电所的电缆隧（廊）道，厂房外长度大于 100.0m 且电缆桥架层数大于 4 层的电缆隧（廊）道，液压站、润滑油站（库）内的电缆桥（支）架，与电缆夹层、电气地下室、电缆隧（廊）道连通的或穿越三个及以上防火分区的电缆竖井。

　　5 地下液压站、地下润滑油站（库）、地下油管廊、地下储油间；距地坪标高大于 24.0m 且油箱总容积大于等于 $2m^3$ 的平台上的封闭液压站房；距地坪标高 24.0m 以下且油箱总容积大于等于 $10m^3$ 的地上封闭液压站和润滑油站（库）。

　　6 油质淬火间、地下循环油冷却库、成品涂油间、燃油泵房、桶装油库、油箱间、油加热器间、油泵房（间）。

  7 苯精制装置区、古马隆树脂制造装置区、焦油加工装置区。

  8 不锈钢冷轧机区、修磨机区（含机舱、机坑、附属地下油库和烟气排放系统）。

  9 彩涂车间涂料库、涂层室（地坑）、涂料预混间、彩涂混合间、成品喷涂间、溶剂室、硅钢片涂层间。

  10 乙醇仓库、酚醛树脂仓库、铝粉（镁铝合金粉）仓库、硅粉仓库、化工材料等甲类和乙类物品贮存仓库，纸张等丙类物品贮存仓库。

7.0.2 下列场所宜设置火灾自动报警系统：

  1 屏、柜数量大于12台的电气室，屏、柜数量大于5台的仪表室。

  2 铁路运输信号楼。

  3 单台设备油量不大于60kg且开关柜数量不大于15台的配电室，变（配）电系统的主控制室、继电器室、蓄电池室、干式变压器室、干式电容器室、干式空（铁）芯电抗器室。

  4 除第7.0.1条规定外的电缆隧（廊）道和电缆竖井，厂房内层数大于等于4层的架空电缆桥（支）架，敷设有动力电缆的电缆沟。

  5 煤、焦炭的运输、贮存及处理系统的建（构）筑物。

  6 石墨型加工车间、喷漆（沥青）车间、喷锌处理间、树脂间、木模间、聚苯乙烯造型间、液氮深冷处理间。

  7 高炉煤气余压发电系统（TRT）和燃气-蒸汽联合循环发电系统（CCPP）的压缩机、鼓风机等的罩内。

  8 物理化学分析中心、炉前快速分析室、氧化验室、氢气化验室、燃气化验室、油分析室。

7.0.3 可能散发可燃气体、可燃蒸气的煤气净化系统的鼓冷、脱硫、粗苯、油库等工段，苯精制、焦炉地下室、煤气烧嘴操作平台等工艺装置区和储运区等，在其爆炸和火灾危险环境2区内以及附加2区内，应设置可燃气体检测报警系统。

7.0.4 具有2个及以下工艺厂区的企业，其消防控制室可与主控制室、主操作室或调度室合用。

7.0.5 具有3个及以上工艺厂区的企业应设置企业消防安全监控中心，并应有消防安全系统实时监视、消防安全信息管理、火警受理与网络通信、消防安全辅助决策与指挥、关键消防安全设备冗余控制的功能。其各工艺厂区内的火灾报警控制器可设置在报警区域内的主控制室、主操作室或调度室。

7.0.6 火灾自动报警系统的设计应符合现行国家标准《火灾自动报警系统设计规范》GB 50116和本规范附录A的要求。

8 消防给水和灭火设施

8.1 一般规定

8.1.1 钢铁冶金企业消防用水应统一规划，水源应有可靠保证。

8.1.2 钢铁冶金企业厂区消防给水可与生活、生产给水管道系统合并。合并的给水管道系统，当生活、生产用水达到最大小时用水量时，应仍能保证全部消防用水量。

8.1.3 钢铁冶金企业的设计占地面积大于等于100 hm^{2}时，应按同一时间不少于2次火灾设计。小于100 hm^{2}时，可按同一时间1次火灾设计。

8.1.4 厂区内消防给水量应按同一时间内的火灾次数和1次灭火的最大消防用水量确定。当火灾次数为2次时，消防用水量应按需水量最大的2座建筑物（或堆场、储罐）之和计算；当火灾次数为1次时，消防用水量应按需水量最大的1座建筑物（或堆场、储罐）计算。建筑物的1次灭火用水量应为室内和室外消防用水量之和。

8.1.5 储存锌粉、碳化钙、低亚硫酸钠等遇水燃烧物品的仓库不得设置室内、外消防给水。

8.1.6 生产、使用、储存可燃物品的厂房、仓库等应设置灭火器。灭火器的配置应符合现行国家标准《建筑灭火器配置设计规范》GB 50140的有关规定。

8.2 室内和室外消防给水

8.2.1 下列建筑物或场所应设置室内消火栓：

  1 炼铁车间、炼钢车间、连铸车间、热轧及热加工车间、冷轧及冷加工车间等丁、戊类厂房内，使用或储存甲、乙、丙类物品的区域。

  2 焦化厂的煤和焦炭的粉碎机室、破碎机室、出焦台的第1个焦转站。

  3 矿山的井下主运输通道。

8.2.2 下列建筑物或场所可不设置室内消火栓：

  1 运输煤、焦炭和矿石的地上及地下的带式输送机通廊和带式输送机驱动站。

  2 受煤坑、煤塔、切焦机室、配煤室、筛焦楼、贮焦槽。

  3 设置了自动灭火设施的电缆隧（廊）道和电气地下室。

8.2.3 矿山井下主运输通道上设置的室内消火栓应符合下列规定：

  1 矿山井下消防给水系统宜与生产给水管道系统合并，合并的给水管道系统，当生产用水达到最大小时用水量时，应仍能保证全部消防给水量。

  2 消防用水量应按火灾延续时间和井下同一时间内发生1次火灾经计算确定。火灾延续时间不应小于3.00h。

3 消火栓的用水量应根据水枪充实水柱长度和同时使用水枪数量经计算确定,且不应小于5L/s;最不利点水枪充实水柱不应小于7.0m,同时使用水枪的数量不应少于2支。

4 消火栓的布置应保证每个防火分区同层有2支水枪的充实水柱同时到达任何部位。间距不应大于50.0m。

5 在矿井的出入口处应设置消防水泵结合器及室外消火栓。

6 给水管道应沿主运输通道敷设,且管径不应小于100mm。

8.2.4 室内消火栓给水管网宜与自动喷水、水喷雾、细水雾灭火系统的管网分开设置。当合用消防泵时,供水管路应在报警阀、雨淋阀等阀前分开设置。

8.2.5 加热炉、甲类气体压缩机、介质温度超过自燃点的热油泵及热油换热设备、长度小于30.0m的油泵房附近宜设箱式消火栓,其保护半径不宜超过30.0m。

8.2.6 煤粉喷吹装置的框架平台高于15.0m时宜沿梯子敷设半固定式消防给水竖管,并应符合下列规定:

1 按各层需要设置带阀门的管牙接口。

2 平台面积不大于50m²时,管径不宜小于80mm;大于50m²时,管径不宜小于100mm。

3 框架平台长度大于25.0m时,宜在另一侧梯子处增设消防给水竖管,且消防给水竖管的间距不宜大于50.0m。

8.2.7 带电设施附近的消火栓宜配备喷雾水枪。

8.2.8 室内、外消防给水的设计尚应符合现行国家标准《建筑设计防火规范》GB 50016 的有关规定。

8.3 自动灭火系统的设置场所

8.3.1 钢铁冶金企业自动灭火系统的设置应符合表8.3.1的规定。

表8.3.1 自动灭火系统的设置要求

设置场所	设置要求	宜选用的系统类型
控制室、电气室、通讯中心(含交换机室、总线室和电力室等)、操作室、调度室	宜设	气体、S型气溶胶、细水雾等
大、中型钢铁企业的计算(信息)中心、区域管理计算站及各主要生产车间计算机室的主机房、硬软件开发维护室、不间断电源室、缓冲室、纸库、光及磁记录材料库等	宜设	气体、S型气溶胶等

续表8.3.1

设置场所		设置要求	宜选用的系统类型
变配电系统	单台设备油量100kg以上的配电室、大于等于8MV·A 且小于40MV·A 的油浸变压器室、油浸电抗器室、有可燃介质的电容器室	宜设	水喷雾、细水雾、气体、S型气溶胶等
	单台容量在40MV·A 及以上的油浸电力变压器	应设	水喷雾、细水雾、气体等
	单台容量在125MV·A 及以上的总降压变电所油浸电力变压器	应设	水喷雾等
柴油发电机房	总装机容量≥400kV·A	应设	水喷雾、细水雾、气体等
	总装机容量≤400kV·A	宜设	
电气地下室、厂房内的电缆隧(廊)道、厂房外的连接总降压变电所(或其他变(配)电所)的电缆隧(廊)道、建筑面积≥500m² 的电缆夹层		应设	细水雾、水喷雾等
厂房外长度≥100.0m 的非连接总降压变电所(或其他变(配)电所)且电缆桥架层数≥4层的电缆隧(廊)道、建筑面积≤500m² 的电缆夹层,与电缆夹层、电气地下室、电缆隧(廊)道连通或穿越3个及以上防火分区的电缆竖井		宜设	细水雾、水喷雾等
液压站、润滑油站(库)、轧制油系统、集中供油系统、储油间、油管廊	储油总容积≥2m³ 的地下液压站和润滑油站(库),储油总容积≥10m³ 的地下油管廊和储油间;距地坪标高24.0m 以上且储油总容积≥2m³ 的平台封闭液压站和润滑油站房;距地坪标高24.0m 以下且储油总容积≥10m³ 的地上封闭液压站和润滑油站(库)	应设	细水雾、水喷雾等
油质淬火间、地下循环油冷却库、成品涂油间、燃油泵房、桶装油库、油箱间、油加热器间、油泵房(间)		宜设	泡沫、细水雾等
不锈钢冷轧机组、修磨机组(含机舱、机坑、附属地下油库和烟气排放系统)		应设	气体等
热连轧高速轧机机架(未设油雾抑制系统)		宜设	水喷雾、细水雾等

续表 8.3.1

设置场所	设置要求	宜选用的系统类型
燃气-蒸汽联合循环发电系统（CCPP）的罩内	宜设	气体等
彩涂车间涂料库、涂层室、涂料预混间	应设	气体、泡沫等
激光焊机室等特殊贵重的设备室	宜设	气体、S型气溶胶等

注：1 本表未列的建（构）筑物或工艺设施的自动灭火系统的设计，应符合现行国家标准的有关规定。
2 气体或S型气溶胶仅用于室内场所。

8.3.2 水喷雾灭火系统的设计应符合现行国家标准《水喷雾灭火系统设计规范》GB 50219 的有关规定。

8.3.3 细水雾灭火系统的设计宜符合本规范附录 B 的有关规定。

8.3.4 气体灭火系统的设计应符合现行国家标准《气体灭火系统设计规范》GB 50370 和《二氧化碳灭火系统设计规范》GB 50193 等的规定。

8.3.5 泡沫灭火系统的设计应符合下列规定：
  1 焦化厂泡沫灭火系统的设置应符合现行国家标准《石油化工企业设计防火规范》GB 50160 的有关要求。
  2 泡沫灭火系统的设计应符合现行国家标准《低倍数泡沫灭火系统设计规范》GB 50151 和《高倍数、中倍数泡沫灭火系统设计规范》GB 50196 的有关规定。

8.4 消防水池、消防水泵房和消防水箱

8.4.1 符合下列情况之一者应设消防水池：
  1 当生产、生活用水达到最大小时用水量时，厂区给水干管、引入管不能满足室内外消防水量。
  2 厂区给水干管为枝状或只有一条引入管，且消防用水量之和超过 25L/s。

8.4.2 自动喷水灭火系统、水喷雾灭火系统、细水雾灭火系统的水源可采用工厂新水、净循环水，并应设置过滤装置。

8.4.3 消防水泵房宜与生活或生产的水泵房合建。消防水泵、稳压泵应分别设置备用泵。备用泵的流量和扬程不应小于最大一台消防泵（稳压泵）的流量和扬程。

8.4.4 钢铁冶金企业宜设置高位消防水箱，并应符合下列要求：
  1 消防水箱应储存 10min 的消防用水量。当室内消防用水量不超过 25L/s 时，经计算消防储水量超过 12m³ 时，可采用 12m³；当室内消防用水量超过 25L/s，经计算水箱消防储水量超过 18m³ 时，可采用 18m³。
  2 消防用水与其他用水合并的水箱应采用消防用水不作他用的技术措施。
  3 火灾发生时，由消防水泵供给的消防用水不应进入消防水箱。
  4 当设置高位消防水箱确有困难时，可设置符合下列要求的临时高压给水系统：
    1）系统由消防水泵、稳压装置、压力监测及控制装置等构成；
    2）由稳压装置维持系统压力，着火时，压力控制装置自动启动消防泵；
    3）稳压泵应设备用泵。稳压泵的工作压力应高于消防泵工作压力，其流量不宜少于 5L/s。

8.4.5 消防水池的设置应符合现行国家标准《建筑设计防火规范》GB 50016 的有关规定。当工厂的生产用水水池具有保证消防用水的技术手段时，也可作为消防水池使用。

8.5 消防排水

8.5.1 消防排水、电梯井排水宜与生产、生活排水统一设计。

8.5.2 电缆隧（廊）道、电缆夹层和电气地下室等电气防护空间，应对其墙面和地面做防水处理，并应设置排水坑。

8.5.3 变压器、油系统等设施的消防排水应设油、水分隔措施。

9 采暖、通风、空气调节和防烟排烟

9.0.1 在散发可燃粉尘、纤维的厂房内，应选用光滑易清扫的散热器。散热器入口处的热媒温度，热媒为热水时，不宜超过 130℃；热媒为蒸汽时，不宜超过 110℃。输煤廊的散热器入口处的热媒温度，不应超过 160℃。

9.0.2 采用燃气、燃油或电采暖时，应符合现行国家标准《采暖通风与空气调节设计规范》GB 50019 的要求。

9.0.3 采暖管道不得与输送可燃气体和闪点不高于 120℃的可燃液体管道在同一条管沟内平行或交叉敷设。

9.0.4 采暖管道不应穿过变压器室，不宜穿过无关的电气设备间，若必须穿过时，应采用焊接连接方式，并应有保温和隔热措施。

9.0.5 凡属下列情况之一时，应单独设置排风系统：
  1 两种或两种以上的有害物品混合后能引起燃烧或爆炸的。
  2 建筑物内设有储存易燃易爆品的单独房间或有防火防爆要求的单独房间。

9.0.6 可能突然放散大量爆炸危险气体的建筑物应设置事故通风装置。事故通风的通风机应分别在室内、外便于操作的地点设置启停开关。事故通风设计应符合现行国家标准《采暖通风与空气调节设计规范》GB 50019 的有关要求。

9.0.7 凡属下列情况之一时，应采用防爆型设备，但当通风机布置在室外时，通风机应采用防爆型，电动机可采用密闭型。

　　1 直接布置在有甲、乙类物品场所中的通风、空气调节和热风采暖的设备。

　　2 排除有甲、乙类物品的通风设备。

　　3 排除含有燃烧或爆炸危险的粉尘、纤维等丙类物品，且含尘浓度大于或等于其爆炸下限的 25% 时的通风设备。

9.0.8 防火阀的设置应符合现行国家标准《建筑设计防火规范》GB 50016 的有关规定，并应与通风、空气调节系统的通风机、空调设备联锁；宜采用带位置反馈的防火阀，其位置信号应接入消防控制室。

9.0.9 排除爆炸危险物质的排风系统应在现场设置通风机启、停状态的显示信号，并将该信号反馈至消防控制室。

9.0.10 处理有燃烧爆炸危险的气体或粉尘的除尘器和过滤器可露天布置，其与主厂房的距离不宜小于 10.0m；若小于 10.0m 时，毗邻的主厂房外墙的耐火极限不应低于 3.00h，严禁小于 2.0m。若布置于厂房外的独立建筑物内且与所属的厂房贴邻建造时，应采用耐火极限分别不低于 3.00h 的隔墙和 1.50h 的楼板与主厂房分隔。

9.0.11 钢铁冶金企业的采暖、通风及防烟排烟的设计应符合现行国家标准《建筑设计防火规范》GB 50016 及《高层民用建筑设计防火规范》GB 50045 的有关规定。

10 电 气

10.1 消防供配电

10.1.1 消防控制室、消防电梯、火灾自动报警系统、自动灭火系统、防烟排烟设施、应急照明、疏散指示标志和电动的防火门、窗、卷帘、阀门等消防用电设备，应按现行国家标准《供配电系统设计规范》GB 50052 所规定的二级负荷供电。

10.1.2 消防水泵的供电应满足现行国家标准《供配电系统设计规范》GB 50052 所规定的一级负荷供电要求。当采用二级负荷供电时，应设置柴油机驱动的备用消防水泵。

10.1.3 消防控制室、消防水泵房、消防电梯、防烟风机、排烟风机等消防用电设备的供电，应在最末一级配电装置处实现自动切换。其供电线路宜采用耐火电缆或经耐火保护的阻燃电缆。

10.1.4 消防用电设备应采用单独供电回路，其配电设备应有明显标志。

10.1.5 消防供电线路的敷设应符合现行国家标准《建筑设计防火规范》GB 50016 的有关规定。

10.2 变（配）电系统

10.2.1 电抗器的磁距内不应有导磁性金属，无功补偿（含滤波装置 FC 和静止型动态无功补偿装置 SVC）的空芯电抗器安装在室内时，室内应安装强迫散热系统。

10.2.2 当油量为 2500kg 及以上的室外油浸变压器之间的防火间距小于表 10.2.2 中的规定值时，应设置防火隔墙，防火隔墙的设置应符合下列规定：

　　1 高度应高于变压器油枕。

　　2 当电压为 35～110kV 时，长度应大于贮油坑两侧各 0.5m；当电压为 220kV 时，长度应大于贮油坑两侧各 1.0m。

　　3 耐火极限不宜小于 4.00h。

表 10.2.2 室外油浸变压器间的防火间距（m）

等　　级	35kV 及以下	110kV	220kV
防火间距	5.0	8.0	10.0

10.2.3 室内单台油量为 100kg 以上的电气设备应设置贮油或挡油设施，其容积宜按油量的 20% 设计，并应设置将事故油排至安全处的设施。当不能满足上述要求时，应设置能容纳 100% 油量的贮油设施。

　　单台油量为 100kg 及以上的室内油浸变压器，宜设置单独的变压器室。

10.2.4 总降室外充油电气设备应符合下列规定：

　　1 单个油箱的充油量在 1000kg 以上时，应设置贮油或挡油设施。当设置容纳油量 20% 的贮油或挡油设施时，应设置将油排至安全处的设施。不能满足上述要求时，应设置能容纳全部油量的贮油或挡油设施。

　　2 设置油水分离措施的总事故贮油池时，其容量宜按最大一个油箱容量的 60% 确定。

　　3 贮油或挡油设施应大于充油电气设备外廓每边各 1.0m。

10.2.5 变（配）电所内的主控制室、配电室、变压器室、电容器室以及电缆夹层，不应有与其无关的管道和线路通过。当采用集中通风系统时，不宜在配电装置等电气设备的正上方敷设风管。

10.2.6 变（配）电所内通向电缆隧（廊）道或电缆沟的接口处，控制室、配电室与电缆夹层和电缆隧（廊）道等之间的电缆孔洞、电缆夹层、电气地下室和电缆竖井等电缆敷设区，应采用下列一种或数种防止火灾蔓延及分隔的措施：

　　1 电缆夹层、电气地下室应按本规范第 3.0.7

条的规定进行防火分区；电缆竖井宜每隔7.0m或按建（构）筑物楼层设置防火分隔。

　　2　穿过建（构）筑物或电气盘（柜）的孔洞的电缆、电缆桥架，应采用耐火极限不小于1.00h的防火材料进行封堵。

　　3　电缆局部涂刷防火涂料或局部采用防火带、防火槽盒。

10.2.7　10kV及以下变（配）电所或电气室建（构）筑物的防火间距及电缆防火等要求，按现行国家标准《10kV及以下变电所设计规范》GB 50053的有关规定执行。

10.3　电缆和电缆敷设

10.3.1　主电缆隧（廊）道应满足人员进入检查、检修、维护和事故状态下施救的要求。两边有支架的电缆隧（廊）道，支架间的水平净距（通道宽）不宜小于1.0m；一边有支架的电缆隧（廊）道，支架端头与墙壁的水平净距（通道宽）不宜小于0.9m。隧道高度不宜小于2.0m。

10.3.2　电缆隧（廊）道与其他沟道交叉时，局部段的净空高度不得小于1.4m。

10.3.3　电缆夹层、电缆隧（廊）道应保持通风良好，宜采取自然通风。当有较多电缆缆芯工作温度持续达到70℃以上或其他因素导致环境温度显著升高时，应设机械通风；长距离的隧道，宜分区段设置相互独立的通风。机械通风装置应在火灾发生时可靠地自动关闭。地面以上大型电缆夹层的外墙上宜设置排烟和通风装置。

10.3.4　电缆隧（廊）道每隔70.0～100.0m应设防火墙和防火门进行防火分隔。当电缆隧（廊）道内设置自动灭火设施时，防火分隔的间隔长度可为150.0m。

10.3.5　电缆隧（廊）道内应设排水设施，并采取防渗水和防渗油的措施。

10.3.6　**可燃气体管道、可燃液体管道严禁穿越和敷设于电缆隧（廊）道或电缆沟。**

10.3.7　密集敷设电缆的电气地下室、电缆夹层等，不应敷设油、气管或其他可能引起火灾的管道和设备，且不宜敷设热力管道。

10.3.8　电缆的选择和敷设及电缆隧（廊）道、电缆沟的设计应符合现行国家标准《电力工程电缆设计规范》GB 50217的有关要求，并宜采用铜芯电缆。

10.3.9　对有重要负荷的10kV及以上变（配）电所，两回路及以上的主电源回路电缆不宜在同一条电缆隧（廊）道中明敷。不能满足要求时，应分别设在电缆隧（廊）道两侧的电缆桥架上；对于只有单侧电缆桥架的隧道，电缆应分层敷设，并应对主电源回路电缆采取防火涂料、防火隔板、耐火槽盒或阻燃包带等防火措施。

10.3.10　电缆明敷且无自动灭火设施保护时，电缆中间接头两侧2.0～3.0m长的区段及沿该电缆并行敷设的其他电缆同一长度范围内，应采取防火涂料或防火包带等防火措施。

10.3.11　厂房内的地下电缆槽沟宜避开固定明火点或散发火花地点。

10.3.12　架空敷设的电缆与热力管道的间距，应符合表10.3.12的规定；当不能满足要求时，应采取有效的防火隔热措施。

表10.3.12　架空敷设的电缆与热力管道的间距（m）

敷设方式	电缆类别 控制电缆	动力电缆
平行敷设	≥0.5	≥1.0
交叉敷设	≥0.3	≥0.5

10.3.13　高温车间的特殊区域或部位，其电缆选择和敷设应符合下列规定：

　　1　电气管线的敷设应避开出铁口、出渣口和热风管等高温部位。

　　2　穿越或临近高温辐射区的电缆应选用耐高温电缆并采取隔热措施，必要时，应采取防喷铁水、铁渣的措施。

　　3　下列场所或部位不宜敷设电缆，如确需敷设时应选用耐高温电缆并应有隔热保护：

　　　1）炼铁车间的高炉本体、出铁场、热风炉的地下；

　　　2）炼钢车间的浇铸区地下；

　　　3）铁水罐车和渣罐车的走行线下方；

　　　4）焦化车间的焦炉炉顶栏杆等高温场所；

　　　5）耐火材料车间内的隧道窑之间、窑顶上方。

　　4　热装钢锭或钢坯的场所附近不宜设置电缆沟，如需设置时，沟内不应明敷电缆。

　　5　钢水罐车和渣罐车采用软电缆供电时，应装设拉紧装置，并应有防止喷溅及隔热措施。

　　6　电弧炉、钢包精炼炉的短网在穿过钢筋混凝土墙时，短网周围的墙体应采取防磁措施。

　　7　电炉水冷电缆应远离磁性钢梁或采用非磁性钢梁。

　　8　横穿热轧车间铁皮沟的电缆管线应敷设在铁皮沟的过梁内，或在管线外部加装隔热层及钢板保护。

10.3.14　矿区电缆的选择和敷设应符合下列规定：

　　1　入坑电缆的选择和敷设应符合现行国家标准《金属、非金属地下矿山安全规程》GB 16424的有关规定。

　　2　只有井下照明用电设施的小型矿山宜参照本条第1款的规定执行。

　　3　木支架的进风竖井筒中必须敷设电缆时，应采用耐火电缆。

4 溜井中禁止敷设电缆。

5 地面至井下变电所不同回路的电源电缆线路，其电缆间距不应小于0.3m，在竖井中不应敷设在同一层电缆桥架上。

6 竖井井筒中的电缆不应有中间接头。

7 巷道个别地段地面必须敷设电缆时，应采用铁质或其他不燃烧材料将电缆覆盖。

10.3.15 爆炸危险场所电气线路的设计应符合现行国家标准《爆炸和火灾危险环境电力装置设计规范》GB 50058中的有关规定。

10.4 防雷和防静电

10.4.1 钢铁冶金企业内厂房、仓库等的防雷设计应符合现行国家标准《建筑物防雷设计规范》GB 50057的有关规定。

10.4.2 工艺装置区内露天布置的塔、容器等，当顶板的钢板厚度大于等于4mm时，可不设避雷针保护，但必须设防雷接地。

10.4.3 露天设置的可燃气体、可燃液体钢质储罐必须设防雷接地，并应符合下列规定：

1 避雷针、线的保护围应包括整个储罐。

2 装有阻火器的甲、乙类液体地上固定顶罐，当顶板厚度小于4mm时，应装设避雷针、线。

3 可燃气体储罐、丙类液体钢质储罐必须设防感应雷接地。

4 罐顶设有放散管的可燃气体储罐应设避雷针。

10.4.4 防雷接地引下线不应少于2根，其间距应满足现行国家标准《建筑物防雷设计规范》GB 50057中建筑物防雷分类的有关规定。

10.4.5 防雷接地装置引下线的冲击接地电阻值应满足现行国家标准《建筑物防雷设计规范》GB 50057中建筑物防雷分类的有关规定。

10.4.6 装设于钢质储罐上的信号、消防报警等弱电系统装置，其金属外壳应与罐体做电气连接，配线电缆宜采用铠装屏蔽电缆，电缆外层及所穿金属管应与罐体做电气连接。

10.4.7 下列处所应有导除静电的接地措施：

1 易燃、可燃物的生产装置、设备、储罐、管线及其放散管。

2 易燃、可燃油品装卸站及其相连的管线、鹤管等。

3 易燃、可燃油品装卸站的铁道。

4 易爆的粉尘金属仓（罐）、设备、管道。

5 对于爆炸、火灾危险场所内可能产生静电危险的设备和管道。

10.4.8 储罐的接地应符合下列规定：

1 储罐直径小于5.0m时，1处接地。

2 储罐直径大于等于5.0m且小于等于20.0m时，2~3处接地。

3 储罐直径大于20.0m时，4处接地。

10.4.9 管线的接地应符合下列规定：

1 需接地的管线，其两端必须接地。

2 接地管线的法兰两侧应用导线连接。

3 轻质油品管线每隔200.0~300.0m设1个接地栓。

10.4.10 甲、乙、丙$_A$类油品（原油除外），液化石油气，天然气凝液作业场所等的下列部位，应设有消除人体静电的装置：

1 泵房的入口处。

2 上储罐的扶梯入口处。

3 装卸作业区内上操作平台的扶梯入口处。

4 码头上下船的出入口处。

10.4.11 每组专设的防静电接地装置的接地电阻不宜大于100Ω。

10.4.12 输送氧气、乙炔、煤气、燃油等可燃或助燃的气体、液体管道应设置防静电装置，其接地电阻不应大于10Ω，法兰间总电阻应小于0.03Ω。每隔80.0~100.0m应重复接地，进车间的分支法兰处也应接地，接地电阻均不应大于10Ω。

10.4.13 当金属导体与防雷（不包括独立避雷针防雷接地系统）、电气保护接地（接零）等接地系统连接时，可不设置专用的防静电接地装置。

10.4.14 铁路进入化工产品生产区和油品装卸站之前，应与外部铁路各设两道绝缘。两道绝缘之间的距离不得小于一列车皮的长度。焦化厂铁路与电气化铁路连接时，进厂铁路也应绝缘。化工产品生产区和油品装卸站内的铁路应每隔100.0m重复接地。

10.5 消防应急照明和消防疏散指示标志

10.5.1 下列部位应设置消防应急照明：

1 疏散楼梯、疏散走道、消防电梯间及其前室。

2 消防控制室、自备电源室（包括发电机房、UPS室和蓄电池室等）、配电室、消防水泵房、防烟排烟机房等。

3 通讯机房、大中型电子计算机房、主操作室、中控室等电气控制室和仪表室。

4 电气地下室、地下液压润滑油站（库）等火灾危险性较大的场所。

10.5.2 电气地下室和润滑液压站等地下空间的疏散走道和主要疏散路线的地面或靠近地面的墙面上，应设置疏散指示标志。

10.5.3 人员疏散用的消防应急照明在主要通道地面上的最低照度值不应低于1 lx。

10.5.4 消防应急照明和消防疏散指示标志的设置除应符合本规范的规定外，尚应符合现行国家标准《建筑设计防火规范》GB 50016的有关规定。

附录A 钢铁冶金企业火灾探测器选型举例和电缆区域火灾报警系统设计

A.0.1 火灾探测器的选型举例见表A.0.1。

表A.0.1 钢铁冶金企业火灾探测器的选型举例

设置场所		适用的火灾探测器类型
控制楼（室）、通讯中心（含交换机室、总配线室、电力室等）、操作室、调度室、电气室、仪表室 计算（信息）中心、区域管理计算站及各主要生产车间的计算机主机房、硬软件开发维护室、不间断电源室、缓冲室、纸库、光或磁记录材料库等		感烟型探测器
变（配）电系统	油浸电抗器室、有可燃介质的电容器室、主控制室、继电器室、蓄电池室、高压配电室、低压配电室	感烟型探测器
	干式变压器室、干式电容器室、干式空（铁）芯电抗器室	点型感烟探测器
	油浸变压器 室内场所	缆式线型感温或红外火焰探测器
	室外或半室外	缆式线型感温探测器
柴油发电机房		红外火焰探测器或缆式线型感温探测器
电缆夹层、电缆隧（廊）道、电缆沟、电缆竖井、电缆桥（支）架		缆式线型感温探测器
液压润滑系统	液压站、润滑油站（库）、储油间、油管廊等	红外火焰探测器、缆式线型感温探测器。地上的建筑可采用感烟、感温型探测器
	油质淬火间、地下循环油冷库、成品涂油间、燃油泵房、桶装油库、油箱间、油加热器间、油泵房（间）等	
煤、焦炭的转运站、破碎机室等运输、贮存及处理系统的建（构）筑物		感烟探测器、缆式线型感温探测器
苯精制装置区、古马隆树脂制造装置区、焦油加工装置区		缆式线型感温探测器、点型感烟探测器、点型感温探测器
石墨型加工车间、喷漆（沥青）车间、喷锌处理间、树脂间、木模间、聚苯乙烯造型间、液氮深冷处理间		红外火焰探测器、缆式线型感温探测器
不锈钢冷轧机区、修磨机区（含机舱、机坑、附属地下油库和烟气排放系统）		感温型探测器
彩涂车间涂料库、涂层（地坑）、涂料预混合、彩涂混合间、成品喷涂间、溶剂室、硅钢片涂层间		缆式线型感温探测器、红外火焰探测器

续表A.0.1

设置场所		适用的火灾探测器类型
高炉煤气余压发电（TRT）和燃气-蒸汽联合循环发电系统（CCPP）的压缩机及鼓风机等的罩内		感烟、感温型探测器
检化验设施	理化分析中心、化学实验室、炉前快速分析室、氧气化验室、氢气化验室、燃气化验室、油分析室	感烟、感温型探测器
材料仓库	乙醇仓库，酚醛树脂仓库，铝粉（镁铝合金粉）仓库，硅粉仓库，化工材料等甲、乙类物品贮存仓库	线型光束感烟探测器、缆式线型差定温探测器或红外火焰探测器
	纸张等丙类仓库	感烟型探测器
特殊贵重的仪器、仪表和设备室，重要科研楼的资料室、火灾危险性较大的实验室等辅助生产设施		感烟型探测器

A.0.2 电缆区域火灾探测应采用缆式线型差定温探测器；设置自动灭火系统时，应采用双回路缆式线型差定温探测器组合探测。

A.0.3 线型火灾探测器的一个探测回路不应跨越2个及以上探测区域。

A.0.4 线型差定温探测器的敷设应符合下列规定：

1 应逐层并宜采用正弦波接触式敷设；当保护区域的电缆需要经常更换或添加时，宜采用水平正弦波悬挂方式敷设。

2 悬挂敷设的线型感温探测器距被保护电缆表面的垂直高度不应大于300mm，在悬挂高度为300mm时，其定温报警温度与接触式敷设时的定温报警温度之差不应大于额定报警值的20%。

3 每个回路的探测器长度不宜大于120.0m。

A.0.5 缆式线型感温探测器宜采用金属屏蔽型。

A.0.6 线型差定温探测器应满足在环境温度不低于49℃、1.0m长度受热条件下的定温和差温准确报警的要求。

附录B 钢铁冶金企业细水雾灭火系统设计

B.0.1 细水雾灭火系统不得用于遇水发生化学反应造成燃烧、爆炸或产生大量危险物质，以及遇水造成剧烈沸溢的可燃液体或液化气体火灾。

B.0.2 细水雾灭火系统的设计应在综合分析设置场所的火灾特点、危险等级和环境条件后，确定系统型式、设计参数和性能要求。

B.0.3 当细水雾灭火系统用于可燃液体火灾危险场所时，宜在灭火介质中加入适量添加剂。

B.0.4 计算机房、控制室、通讯机房、操作室等场所应采用中、高压细水雾灭火系统；液压站、润滑油站（库）、电缆隧（廊）道、电缆夹层、电气地下室、室外油浸变压器和柴油发电机房等场所设置细水雾灭火系统时应选用中、低压系统，并应采用可循环启闭的雨淋控水阀。

B.0.5 细水雾灭火系统应采取雨淋控水阀或其他电动控水阀误动作时，系统不发生误喷的措施，防误喷措施不应显著降低系统的可靠性。

B.0.6 细水雾喷头的布置应根据被保护对象的特性、设计喷雾强度、保护（作用）面积和喷头性能等确定。对于双侧布置桥架的电缆隧（廊）道，喷头应采用双排交错布置方式，左排喷头保护右侧电缆，右排喷头保护左侧电缆；对于电气地下室、电缆夹层中分排布置的电缆桥架，每排均应设置细水雾喷头进行保护。

B.0.7 用于电气火灾危险场所和可燃固体火灾危险场所的细水雾灭火系统不宜采用撞击雾化型细水雾喷头。

B.0.8 细水雾灭火系统的过滤器滤芯、雨淋控水阀和喷头等宜采用不锈钢材质。

B.0.9 采用喷口最小过流孔径大于 2mm 的单喷嘴喷头或喷口最小过流孔径大于 1.2mm 的多喷嘴喷头的中、低压单流体细水雾灭火系统，雨淋控水阀前长期充满稳压水的主管道可采用内外热镀锌钢管，雨淋控水阀后应采用不锈钢管或铜管；其他类型的系统应采用不锈钢管或铜管。

B.0.10 雨淋控水阀组前的管道应就近设置过滤器，过滤网的最大网孔尺寸应保证不大于喷头最小过流尺寸的80%。细水雾喷头中应有两级或两级以上的过滤网，并应具有滤网堵塞时喷头可正常工作的措施。

B.0.11 细水雾灭火系统适用的火灾危险场所、空间尺寸应符合国家授权的产品检验检测机构出具的实体单元火灾灭火型式检验报告的规定。

附录 C 爆炸和火灾危险环境区域划分举例

表 C 爆炸和火灾危险环境区域划分

系统		区域场所或装置名称	室内爆炸和火灾危险环境区域划分
采矿		木材加工间	22区
		木材堆场	23区
综合原料场	固体燃料储运及配备	解冻库、破碎机室（破冻块）、配煤室、室内煤库、贮煤塔顶、粉碎机室、成型机室、转运站、带式输送机通廊、煤制样室、推土机库	22区
		翻车机室、受煤坑	23区

续表 C

系统		区域场所或装置名称	室内爆炸和火灾危险环境区域划分
烧结		燃料破碎室、熔剂-燃料缓冲仓	22区
		配料室	23区
球团		封闭煤粉制备室	11区
		敞开或半敞开煤粉制备室	22区
		配料室	23区
焦化	炼焦车间	焦炉地下室、侧入式焦炉烟道走廊、变送器室	1区
		直接式仪表室、炉间台及炉端台底层、集气管仪表室（直接式）	2区
	筛焦工段	焦台、切焦机室、筛焦楼、贮焦槽、转运站、带式输送机通廊、焦制样室	22区
	煤气净化	煤气鼓风机室、轻吡啶生产装置（室内）、粗苯产品回流泵房、精脱硫装置高架脱硫塔（箱）下部、轻苯/粗苯作萃取剂的溶剂泵房、苯类产品泵房（分开布置）	1区
		氨硫系统尾气洗涤泵房、蒸氨脱酸泵房、煤气水封（室内）	2区
		硫磺包装设施及硫磺库、硫磺切片机室、硫磺排放冷却厂房	11区
		冷凝泵房、粗苯洗涤泵房、煤气中间冷却泵房（油泵房）、硫浆离心、过滤及熔硫厂房、浆液离心机废液浓缩装置（室内）、洗萘油泵房、重苯溶剂油作萃取剂的溶剂泵房、焦油洗油泵房（分开布置）、含水焦油输送泵房、焦油氨水输送泵房	21区
	苯精制	油水分离器平台（封闭）、精苯蒸馏泵房、精苯硫酸洗涤泵房、精苯油库泵房	1区
		苯类产品装桶间 装桶口、高位槽呼吸阀	1区
		苯类产品装桶间 其他	2区
	古马隆树脂制造	油槽车清洗泵房、加氢泵房、循环气体压缩机房	1区
		树脂馏分蒸馏闪蒸厂房	2区
		树脂制片包装厂房	11区
		树脂馏分油洗涤厂房、树脂聚合装置厂房	21区

续表 C

系统		区域场所或装置名称	室内爆炸和火灾危险环境区域划分
焦化	焦油加工	吡啶精制泵房、吡啶产品装桶和仓库、吡啶蒸馏真空泵房	1区
		工业萘蒸馏泵房、萘结晶与包装库分开布置、酚蒸馏真空泵房、萘精制泵房、萘洗涤室、酚产品泵房	2区
		萘结晶与包装库一起布置、萘制片包装室、精制萘仓库、精蒽包装间、精蒽仓库、蒽醌主厂房、蒽醌包装间及仓库、萘酐冷却成型、萘酐仓库	11区
		焦油蒸馏泵房、粗蒽结晶、分离室、泵房、仓库和装车、连续或间歇馏分脱酚厂房、馏分脱酚泵房、氨气法硫酸吡啶分解（室内）、碳酸钠法硫酸吡啶分解（室内）、沥青烟捕集装置泵房、精蒽洗涤厂房、蒸馏溶剂法蒽精制泵房、溶剂蒸馏法蒽精制泵房、精蒽油库泵房、洗油精制厂房、沥青焦油类泵房、改质沥青泵房	21区
		固体沥青装车仓库	23区
	酚产品装桶和仓库	装桶口	1区
		其他	2区
耐火材料和冶金石灰	仓库	桶装酚醛树脂、柴油库	21区
		桶装铝粉（镁铝合金粉）	22区
		分装铝粉间	11区
		乙醇储库、乙醇泵房	1区
	混炼工段	混炼设备（加酚醛树脂时）	21区
		混炼设备（加乙醇）	$R=4.5m$ 半径范围内为2区
		添加铝粉（镁铝合金粉）、硅粉等易燃易爆物含量大于5%且小于等于12%的混炼设备	22区
		添加铝粉（镁铝合金粉）、硅粉、树脂等易燃易爆含量小于等于5%的混炼设备	非易燃易爆区
	沥青、焦油车间	沥青厂房、焦油厂房、导热油炉厂房	21区
炼铁		喷吹无烟煤的喷煤制粉站、煤粉喷吹站	22区
		喷吹有烟煤的喷煤制粉站、煤粉喷吹站	22(注)区
		高炉矿焦槽	23区

续表 C

系统		区域场所或装置名称	室内爆炸和火灾危险环境区域划分
铁合金	金属热法生产	铝粒粒化间、收尘间、筛分间、成品间	11区
	电炉、高炉、锰、铬、硅锰生产间	煤气净化回收系统，风机房、加压站	2区
炼钢		增碳剂等易燃易爆粉料的加工和储存间	11区
		厂房内的转炉煤气净化回收设备边缘外3.0m范围内转炉煤气回收风机房	2区
热轧及热加工		渗碳介质（甲烷、丙烯等）储存间	2区
		油质淬火间、轴承清洗间	21区
冷轧及冷加工		用闪点小于28℃液体的彩涂混合间、成品喷涂间	1区
		用闪点小于28℃液体的溶剂室、硅钢片涂层间；用闪点大于等于28℃且小于60℃液体的彩涂混合间、成品喷涂间、熔剂室、硅钢片涂层间	2区
		油质淬火间、轴承清洗间	21区
金属加工		石墨型加工间、石墨电极加工间	11区
		大型工件油质淬火间、油料和溶剂间、树脂间、聚苯乙烯造型间、地下循环油冷却库、汽车、柴油车、机车和特种车辆零件清洗间	21区
		木模加工间	23区
检化验		可燃气体化验室	2区
工艺辅助生产间与设施	修理设施	汽车、柴油机车修理间	21区
	材料仓库	包装材料或纸品库、劳保用品库、橡胶制品库、电气材料库、木材库	23区
	车间附属动力设施	氧气	氧气瓶组间、氧气调压阀间	21区
		氢气	氢气瓶组间	1区
		乙炔	乙炔气瓶组间	1区
		液化石油气	液化石油气瓶组间及调压阀间	1区
		天然气	天然气调压阀间	1区
		燃油	重、柴油库，重、柴油泵房	21区
		润滑、液压油	润滑油站（房）、可燃介质的液压站（房）	21区

续表 C

系统	区域场所或装置名称	室内爆炸和火灾危险环境区域划分
燃气设施 / 氧气站	氧压机防护墙内、液氧储配区和氧气调压阀组间	21区
	灌氧站房、氧气储气囊间	22区
	独立氢气催化炉间	2区
氢气站	水电解制氢间、焦炉煤气加压机间、天然气加压机间、氢气压缩机间、氢气调压阀间、氢气充瓶间	1区
	与水电解制氢间、氢压缩机间、氢充瓶间毗邻的控制室	按GB 50028的规定进行划分
乙炔站	乙炔发生器间、乙炔压缩机间、乙炔灌瓶间、乙炔储罐间、乙炔瓶库、电石库、电石渣泵间、电石渣坑、电石渣处理间、净化器间、露天设置的乙炔储罐	1区
	气瓶修理间、干渣堆场	2区
燃油、重油库	燃油、重油泵房，燃油、重油卸车区，燃油、重油库围堤内	21区
	与燃油、重油泵房、卸车区毗邻的控制室	按GB 50058的规定进行划分
煤气加压站	焦炉煤气加压机间	1区
	转炉煤气、高炉煤气加压机间	2区
	与焦炉煤气、转炉煤气加压机间毗邻的控制室	按GB 50058的规定进行划分
	高炉煤气余压发电（TRT）	2区（不含发电机）
煤气柜	煤气柜活塞与柜顶之间空间	1区
	煤气柜进气管地下室	1区
	煤气柜侧板外3.0m范围内，柜顶上4.5m范围内	2区
	煤气柜的密封油站内	

续表 C

系统	区域场所或装置名称	室内爆炸和火灾危险环境区域划分
燃气设施 / 燃气净化	燃气净化设备边缘外3.0m范围以内及其净化管道上的电气设备	2区

注：喷吹有烟煤的煤粉喷吹站、喷煤制粉间在同时满足以下4项要求时，为非爆炸性粉尘危险区域，火灾危险场所等级为22区；当不能同时达到以下4项要求时，电气设备应严格按11区设计：
1 主厂房为敞开式或有良好的负压除尘系统的封闭式；室内空气煤粉浓度达不到爆炸浓度的下限。
2 制粉为负压系统，没有漏粉的可能性。
3 储装煤粉的容器有良好的气密性，没有漏粉的可能性。
4 全自动化操作，设有可靠的程序控制及防火防爆安全联锁控制系统、有效的启动程序及停机程序。各个自动阀门（电动或气动）的执行机构、限位开关应十分可靠。喷吹系统故障，如突然停电、高炉事故休风等，各阀门均应转向安全方位。

本规范用词说明

1 为便于在执行本规范条文时区别对待，对要求严格程度不同的用词说明如下：
　　1）表示很严格，非这样做不可的用词：
　　　　正面词采用"必须"，反面词采用"严禁"。
　　2）表示严格，在正常情况下均应这样做的用词：
　　　　正面词采用"应"，反面词采用"不应"或"不得"。
　　3）表示允许稍有选择，在条件许可时首先应这样做的用词：
　　　　正面词采用"宜"，反面词采用"不宜"；
　　　　表示有选择，在一定条件下可以这样做的用词，采用"可"。

2 本规范中指明应按其他有关标准、规范执行的写法为"应符合……的规定"或"应按……执行"。

中华人民共和国国家标准

钢铁冶金企业设计防火规范

GB 50414—2007

条 文 说 明

目　次

1 总则 ……………………………………… 32—26
3 火灾危险性分类、耐火等级及
　防火分区 ………………………………… 32—26
4 总平面布置 ……………………………… 32—31
　4.1 一般规定 ……………………………… 32—31
　4.2 防火间距 ……………………………… 32—31
　4.3 管线布置 ……………………………… 32—33
5 安全疏散和建筑构造 …………………… 32—34
　5.1 安全疏散 ……………………………… 32—34
　5.2 建筑构造 ……………………………… 32—34
　5.3 建（构）筑物防爆 …………………… 32—35
6 工艺系统 ………………………………… 32—35
　6.1 采矿和选矿 …………………………… 32—35
　6.2 综合原料场 …………………………… 32—35
　6.3 焦化 …………………………………… 32—36
　6.4 耐火材料和冶金石灰 ………………… 32—37
　6.5 烧结和球团 …………………………… 32—37
　6.6 炼铁 …………………………………… 32—38
　6.7 炼钢 …………………………………… 32—38
　6.8 铁合金 ………………………………… 32—39
　6.9 热轧及热加工 ………………………… 32—39
　6.10 冷轧及冷加工 ……………………… 32—39
　6.11 金属加工与检化验 ………………… 32—39
　6.12 液压润滑系统 ……………………… 32—40
　6.13 助燃气体和燃气、燃油设施 ……… 32—40
　6.14 其他辅助设施 ……………………… 32—41
7 火灾自动报警系统 ……………………… 32—41
8 消防给水和灭火设施 …………………… 32—42
　8.1 一般规定 ……………………………… 32—42
　8.2 室内和室外消防给水 ………………… 32—42
　8.3 自动灭火系统的设置场所 …………… 32—43
　8.4 消防水池、消防水泵房和
　　　消防水箱 ……………………………… 32—44
　8.5 消防排水 ……………………………… 32—44
9 采暖、通风、空气调节和
　防烟排烟 ………………………………… 32—44
10 电气 …………………………………… 32—45
　10.1 消防供配电 ………………………… 32—45
　10.2 变（配）电系统 …………………… 32—46
　10.3 电缆和电缆敷设 …………………… 32—47
　10.4 防雷和防静电 ……………………… 32—48
　10.5 消防应急照明和消防疏散
　　　 指示标志 …………………………… 32—49
附录 A 钢铁冶金企业火灾探测器
　　　 选型举例和电缆区域火灾
　　　 报警系统设计 ……………………… 32—49
附录 B 钢铁冶金企业细水雾灭火
　　　 系统设计 …………………………… 32—50
附录 C 爆炸和火灾危险环境区域
　　　 划分举例 …………………………… 32—51

1 总 则

1.0.1 本条规定了制定本规范的目的。

钢铁工业是国民经济的重要基础产业，是国家经济、社会发展水平和综合实力的重要标志。1996年我国的钢产量就突破了1亿t，2005年达到了3.49亿t，占世界产量的30%。随着科技进步和钢铁工业的发展，我国正由钢铁大国迈向钢铁强国，钢铁工业对国民经济的发展起到了重要作用。

然而，多起特、大型火灾事故和各类中、小型火灾事故却给企业管理者、工程设计师、消防监督部门等提出了警示，钢铁冶金企业的消防安全形势不容乐观，其防火设计必须引起高度重视。

制订一个能够体现钢铁企业的特点，较好处理生产工艺、成本控制、节约能源与防火安全的关系，实现经济、有效地预防火灾事故发生的防火设计规范是迫切需要的。

1.0.2 本条规定了本规范的适用和不适用范围。

本规范覆盖了钢铁冶金企业的采矿、选矿、综合原料场、焦化、耐火、石灰、烧结、球团、炼铁、炼钢、铁合金、热轧及热加工、冷轧及冷加工、金属加工与检化验等生产工艺过程。

本条规定适用于钢铁冶金企业的新建、扩建和改建工程的防火设计，尤其对于消防改造工程的设计也应遵照本规范进行。

在采矿等工艺中还存在着贮存、分发和使用炸药或爆破器材的场所，而炸药和爆破器材的专业性强、防火要求特殊，且国家已经有专门规范，故本规范不适用于这些场所的防火设计。

设在厂区内的独立公共建筑，如办公楼、研究所、食堂、浴室等应按民用建筑进行防火设计。但为厂房服务而专设的生活间，如车间办公室、工人更衣休息室、浴室（不包括锅炉间）、就餐室（不包括厨房）等可与厂房合并建设，也可独立布置，其防火设计应符合现行国家标准《建筑设计防火规范》GB 50016的有关规定。

1.0.3 本条规定了钢铁冶金企业的防火设计原则，就是要结合工程实际，确定不同层面的防火设计目标，以实现防火设计的安全适用、技术先进和经济合理。

防火设计的责任重大，因此在采用新技术、新工艺、新材料和新设备时，一定要慎重而积极，必须具备实践总结和科学实验的基础。在钢铁冶金企业的防火设计中，要求设计、建设和消防监督部门的人员密切配合，在工程设计中采用先进的防火技术，做到防患于未然，从积极方面防止火灾的发生和蔓延，对于减少火灾损失、保障人民生命和财产的安全具有重大意义。钢铁冶金企业的防火设计标准应从技术、经济两方面出发，正确处理生产和安全、重点和一般的关系，积极采用行之有效的先进防火技术，切实做到既促进生产、保障安全，又方便实用、经济合理。

1.0.4 钢铁冶金企业由于发展的需要，每年都有大量的新建、改建或扩建项目，这些项目由于建造时间不一，所遵循的建造标准也不统一，导致各工艺系统的防火安全保障能力不一致。对于钢铁冶金企业来说，生产工艺中任一环节的不安全都会导致整个系统不能正常生产，因此钢铁冶金企业应统一消防规划和防火设计。考虑到我国目前的经济水平和企业发展状况，本规范只对大型的钢铁冶金企业，即具有二个及以上工艺厂区的企业提出此要求。

1.0.5 本规范具有很强的针对性，在制定过程中，已经与国家相关标准进行了协调。

《建筑设计防火规范》从上个世纪50年代颁布实施以来，几经全面修订，在指导工业与民用建筑的防火设计工作中，发挥着不可估量的作用，是防火设计的基础，因此，凡现行国家标准《建筑设计防火规范》GB 50016已经规定的内容，本规范原则上就不再重复规定，应执行其有关规定。

总降压变电站（所）、氧（氮）气站、压缩空气站、乙炔站、煤气站、制氢站、锅炉房等动力公用设施的布置应符合现行国家标准《工业企业总平面设计规范》GB 50187的相关规定。制氧站、制氢站、乙炔站、压缩空气站和锅炉房的设计应分别符合现行国家标准《氧气站设计规范》GB 50030、《氢气站设计规范》GB 50177、《氧气及相关气体安全技术规程》GB 16912、《乙炔站设计规范》GB 50031、《压缩空气站设计规范》GB 50029及《锅炉房设计规范》GB 50041的相关规定。液化石油气和天然气储存设施的设计应符合现行国家标准《城镇燃气设计规范》GB 50028的相关规定。自备发电厂及变（配）电所的设计应符合现行国家标准《火力发电厂与变电所设计防火规范》GB 50229的相关规定。

随着新工艺的出现，钢铁冶金企业的防火设计中也会出现一些本规范或相关国家规范未规定的防火设计问题，应按国家规定程序报有关部门审定后，方可实施设计。

3 火灾危险性分类、耐火等级及防火分区

3.0.1 本条给出了生产、储存物品的火灾危险性分类的原则，就是应按现行国家标准《建筑设计防火规范》GB 50016的有关要求进行划分。由于生产、储存物品的火灾危险性分类受到众多因素的影响，实际设计时，需要根据生产工艺、生产过程中使用的原材料以及产品、副产品的火灾危险性等实际情况确定，为了便于使用，表1列举了大部分钢铁冶金企业生产、储存物品的火灾危险性分类。

表1 生产、储存物品的火灾危险性分类举例

工艺(设施)名称		举例	火灾危险性分类
采矿	地面	木材加工间及木材堆场	丙
		井塔、井口房、提升机房	丁
		通风机房、钢（混凝土）井架、架空索道站房及支架	戊
	井下硐室	铲运机修理室、凿岩设备修理室、电机车（矿车）修理室、装卸矿设备硐室、井下带式输送机驱动站、提升机室	丁
		办公室、调度室、破碎室、通风机硐室等其他辅助生产硐室	戊
选矿		药剂库、药剂制备厂房	丙
		焙烧厂房	丁
		磨矿选别厂房（或称主厂房）、破碎厂房、中间矿仓、磨矿矿仓、筛分厂房、干选厂房、洗矿厂房、过滤厂房及精矿仓、浓缩池、尾矿输送泵站和尾矿库	戊
带式输送设施		运送煤、焦炭等可燃物料的地上及地下的转运站、带式输送机通廊和带式输送机驱动站	丙
		运送矿石等不燃物料的地上及地下的转运站、带式输送机通廊和带式输送机驱动站	戊
综合原料场	原料储存及配备	火车受料槽、火车装卸槽、汽车受料槽、汽车装卸槽、矿槽（含返矿槽）、制取样机房、翻车机室、解冻库（室）、破碎机室、筛分机室、原料仓库、堆场、混匀配矿槽、原料检验站、矿石库、推土机室、装载机室	戊
	固体燃料储存及配备	煤、焦炭的运输、贮存及处理系统的建（构）筑物，如：贮槽、室内堆场、破碎机室、筛分机室、贮焦槽、原煤仓（间）、干煤棚、受煤槽、翻车机室、破冻块室、配煤室（槽）、室内煤库、贮煤塔顶、成型机室	丙
		煤解冻库（室）、煤制样室等	丁
烧结		燃料库、燃料粗破和细破室	丙
		烧结冷却室	丁
		精矿仓、熔剂破碎筛分室、熔剂-燃料缓冲仓、冷返矿槽、余热利用、混合制粒室、一（二、三）次成品筛分室、成品取样检验室、成品矿槽、除尘系统风机房、主抽风机室、粉尘处理室、粉尘受料槽、粉尘加湿机室、配汽室、热交换站、配料室、受料槽	戊
球团		煤粉制备室	乙
		链篦机-回转窑室、精矿干燥室	丁
		受矿槽、精矿缓冲仓、高压辊磨机室、强力混合室、造球、配料室、球磨机室	戊
焦化	炼焦车间	焦炉煤气管沟和地沟、焦炉集气管直接式仪表室、侧入式焦炉烟道走廊	甲
		高炉煤气及发生炉煤气的管沟和地沟	乙
		干熄焦构架	丁
	筛焦工段	焦台、切焦机室、筛焦楼	丙
		焦制样室	丁
	煤气净化	焦炉煤气鼓风机室、轻吡啶生产厂房、粗苯产品回流泵房、溶剂泵房（轻苯/粗苯作萃取剂）、苯类产品泵房（分开布置）	甲
		氨硫系统尾气洗涤泵房、蒸氨脱酸泵房、硫磺包装设施及硫磺库、硫磺切片机室、硫磺仓库、硫浆离心和过滤及熔硫厂房、硫磺排放冷却厂房、硫泡沫槽和浆液离心机废液浓缩厂房	乙
		冷凝泵房、粗苯洗涤泵房、煤气中间冷却油泵房、洗萘油泵房、溶剂泵房（重苯溶剂油作萃取剂）、焦油洗油泵房（分开布置）、含水焦油输送泵房、焦油氨水输送泵房	丙
		硫酸铵干燥燃烧炉及风机房	丁
		硫酸铵制造厂房、硫酸铵包装设施仓库、试剂仓库及酸库房、冷凝鼓风循环水泵房、氨-硫洗涤泵房、氨水蒸馏泵房、煤气中间冷却水泵房、黄血盐主厂房及仓库、制酸泵房、硫氰化钠盐类提取厂房、脱硫液洗涤泵房、脱硫液槽及泵房、酸碱泵房、磷铵溶液泵房、烟道气加压机房、制氮机房	戊
	苯精制	油水分离器厂房、精苯蒸馏泵房、精苯硫酸洗涤泵房、精苯油库泵房、苯类产品装桶间、油槽车清洗泵房、加氢泵房、循环气体压缩机房	甲
	古马隆树脂制造	树脂馏分蒸馏闪蒸厂房、树脂馏分油洗涤厂房、树脂聚合装置厂房、树脂制片包装厂房	乙

续表1

工艺(设施)名称		举例	火灾危险性分类
焦化	焦油加工	吡啶精制泵房、吡啶产品装桶和仓库、吡啶蒸馏真空泵房	甲
		焦油蒸馏泵房(含轻油系)、氢气法硫酸砒啶分解厂房、工业萘蒸馏泵房、萘结晶室、工业萘包装和仓库、酚产品泵房、酚产品装桶和仓库、酚蒸馏真空泵房、萘精制泵房、萘制片包装室、萘洗涤室、精制萘仓库、精蒽洗涤厂房、溶剂蒸馏法蒽精馏泵房、精蒽包装间、精蒽仓库、精蒽油库泵房、蒽醌主厂房、蒽醌包装间及仓库、萘酐冷却成型、萘酐仓库	乙
		粗蒽结晶、分离室及泵房、粗蒽仓库和装车、连续或馏分脱酚厂房、馏分脱酚泵房、碳酸钠法硫酸砒啶分解厂房、固体沥青装车仓库、沥青烟捕集装置泵房、蒸馏溶剂法蒽精馏泵房、洗油精制厂房、沥青焦油类泵房、改质沥青泵房	丙
		固体碱库	戊
耐火材料和冶金石灰		乙醇仓库及泵房	甲
		煤粉间、木模间、焦油沥青间、导热油系统及库房	丙
		干燥厂房、竖窑厂房、回转窑厂房、烧成厂房、白云石砂加热厂房、添加铝粉、硅粉、镁铝合金粉等易燃易爆物(含量占混合物量5%~12%)的混合厂房	丁
		破粉碎厂房、筛分厂房、火泥厂房、混合成型厂房、困泥厂房、石灰乳厂房、添加铝粉、硅粉、镁铝合金粉等易燃易爆物(含量占混合物量≤5%)的混合厂房	戊
炼铁		封闭式喷煤制粉站和喷吹站	乙
		敞开式或半敞开式喷煤制粉站和喷吹站	丙
		风口平台及出铁场,高炉矿焦槽、汽动、电动鼓风机站、鱼雷罐车检修及倒渣间,铸铁机及烤罐间等	丁
		出铁场及矿、焦槽除尘风机房	戊

续表1

工艺(设施)名称	举例	火灾危险性分类
炼钢	易燃易爆粉料与直接还原铁(DRI)贮存间、转炉一次除尘风机房	乙
	转炉二次除尘风机房、电炉除尘风机房	丙
	转炉炼钢主厂房、电炉主厂房、精炼车间主厂房、连铸车间主厂房、废钢配料间、汽化冷却间、修罐间、炉渣间	丁
	废钢处理设施(废钢切割、剪切打包、落锤、铁皮干燥)	戊
铁合金	铝粉及硅钙粉工作间、电炉一次除尘风机房	乙
	主厂房	丁
热轧及热加工	渗碳介质(甲烷、丙烯等)储存库、氢保护气体站房	甲
	热处理车间、热轧车间	丁
	精整车间、板坯库、成品库	戊
冷轧及冷加工	使用闪点<28℃的液体作为原料的彩涂混合间、成品喷涂(涂层)间、溶剂室、硅钢片涂层间、氢保护气体站房	甲
	使用闪点≥28℃至<60℃的液体作为原料的彩涂混合间、成品喷涂(涂层)间、溶剂室、硅钢片涂层间	乙
	成品涂油间、油封包装间	丙
	冷轧乳化液站、焊管高频室、热处理车间、有热处理的管加工车间、酸再生间、酸再生焙烧间	丁
	冷轧车间、冷拔车间、无热处理的管加工车间、钢材精整车间、拉丝车间	戊
金属加工、机修设施	使用和贮存闪点<28℃的油料及溶剂间、清洗间	甲
	使用和贮存闪点≥28℃至<60℃的油料及溶剂间、清洗间、油介质淬火间	乙
	石墨型加工车间、喷漆(沥青)车间、喷锌处理间、树脂间、木模间、聚苯乙烯造型间、地下循环油冷却库、液氮深冷处理间	丙

续表1

工艺(设施)名称	举例	火灾危险性分类
金属加工、机修设施	锻造(锻钎)车间，铸造车间，铆焊车间，机加工车间，金属制品车间，电镀车间，热处理车间，制芯车间，试样加工车间，汽车、机车及重型柴油机械保养及维修间，特种车辆维修间，汽(机)车电瓶充电间	丁
	酸洗车间、机械备品备件库	戊
检化验设施	助燃、可燃气体分析室	丙
	理化分析中心、化学实验室、物理实验室、炉前快速分析室、油分析室	戊
电气设施	电缆夹层、电缆隧道(沟)、电缆竖井、电缆通廊(吊廊)	丙
	电气地下室、计算中心、通讯中心等	丙
	操作室、主电室、控制室等	丁
	变(配)电所：室内配电室(单台设备油重60kg以上)、室外配电装置、油浸变压器室、总事故储油池、有可燃介质的电容器室	丙
	变(配)电所：室内配电室(单台设备油重60kg及以下)	丁
	变(配)电所：继电器室、全密封免维护蓄电池室	戊
液压润滑系统	润滑油站(系统)、桶装润滑油站、液压站(库)等	丙
动力设施 煤气系统	焦炉煤气加压机厂房、混合煤气(热值>3000×4.18kJ/m³)加压机厂房、水煤气生产厂房及加压机厂房、天然气压缩机厂房、天然气调压站、制氢站	甲
	发生炉生产厂房及加压机厂房、半水煤气生产厂房及加压机厂房、高炉煤气、转炉煤气、混合煤气(热值≤3000×4.18kJ/m³)的加压机厂房、高炉煤气余压发电(TRT)厂房	乙
	干式煤气柜密封油泵房、煤气净化控制、调度、值班室	丙
液化石油气系统	压缩机间、储瓶库、气化间、调压阀室、液化石油气调压间、瓶装供应站、瓶组间	甲
	独立控制室	丙
动力设施 燃气-蒸汽联合循环发电系统(CCPP)	轻柴油泵房(闪点≥60℃)	丙
	燃气轮机主厂房、蒸汽轮机主厂房	丁
	氮气压缩机室	戊
燃油库	柴油泵房、柴油库(闪点<60℃)	乙
	重油泵房、柴油库(闪点≥60℃)、重油库、井下桶装油库	丙
锅炉房	天然气调压间	甲
	油箱间、油泵间、油加热器间	丙
	锅炉间、独立控制室	丁
柴油发电机房		丙
给排水系统	给(排)水泵房、过滤池(间)、冷轧废水处理站房、其他水处理站房、化水间、污泥脱水间、加氯间、加药间、贮酸间、冷却塔	戊
材料仓库	酚醛树脂仓库、铝粉(镁铝合金粉)仓库、硅粉仓库、电石库	乙
	包装材料库、劳保用品库、橡胶制品库、电气材料库、锯末仓库、有机纤维仓库、油脂库	丙
	工具保管室	丁
	金属材料库、耐火材料库、铁合金库、成品库、镁砂仓库、耐火原料库、机械备品库	戊

生产、储存物品的火灾危险性分类举例的说明：

1 烧结和球团工艺中的烧结冷却室、链篦机-回转窑室和精矿干燥室是使用气体或固体作为原料进行燃烧的生产过程，其特点是均在固定设备内燃烧，而且所用的燃料量较少。多年的生产实践表明，烧结和球团生产主厂房均未发生过火灾，因此将其定位丁类是合适的。

2 氨硫洗涤泵房是焦炉煤气洗氨和脱除硫化氢(H_2S)装置中的一个泵房，其任务是输送稀氨水或稀碱液等非燃烧液体，故氨硫洗涤泵房的火灾危险为戊类。

3 彩涂车间内大量使用油漆，醇酸油漆可以粗略地认为稀料占一半左右，常用的稀料其闪点大多在28℃以下，试验表明，油漆成品虽然含有树脂、苯酐、颜料，但其闪点仍与纯稀料基本相仿，属于甲类液体。在硝基油漆中还含有硝化棉，硝化棉是非常容易燃烧的物质，它含有很多硝基基团，能放出一氧化氮、二氧化氮，产生酸根和亚酸根，发热引起自燃。故在本规范中以溶剂的闪点来界定使用油漆工段的火灾危险性。

4 耐火工程设计中采用导热油，以融化、保温"中温沥青"，使之有较好的流动性。常用的导热油牌号是上海某牌导热油和盘锦某公司的有机载热体，特性见表2和表3。

表2 上海某牌导热油质量指标

项目	HD-330	HD-320	HD-310	HD-300	试验方法
外观	淡黄色至深黄色，无浑浊，无沉淀				目测
闪点（开口）（℃）	≥200	≥195	≥190	≥180	应符合现行国家标准《石油产品闪点和燃点测定方法》GB 3536的规定

表3 盘锦某公司有机载热体性质

项目	NeoSK-OIL 1400	NeoSK-OIL 1300	NeoSK-OIL 600	NeoSK-OIL 500	NeoSK-OIL 400
化学组成	二苄基甲苯	苄基甲苯	改性三联苯	合成烃	烷烃
闪点（℃）	≥200	≥135	≥195	≥190	≥170

从表中可知，常用导热油的闪点均大于120℃，故导热油的火灾危险性为丙类。

5 近年来钢铁冶金企业开始大量采用阻燃电缆，这往往造成人们的麻痹，实际上阻燃或阻止火焰传播的电缆并不意味着该电缆是非燃的，"在适当的条件下，阻燃电缆会支持自持燃烧"（引自我国《核安全法规》HAF0202附录Ⅷ"电缆绝缘层"）。另外美国的电缆耐火研究也表明，不仅阻燃电缆支持燃烧，而且涉及阻燃电缆的火灾比非阻燃的含聚氯乙烯的电缆火灾更难扑灭。近年来，钢铁冶金企业发生的电缆火灾也说明了这一点（因为这些区域多已采用了阻燃电缆）。鉴于此，电缆夹层、电缆隧（廊）道等的火灾危险性应为丙类。

6 钢铁冶金企业存在大量的电气地下室，其特点是位于地坪以下且内部敷设有大量的电缆，并集中有大量的电气设备。生产实践和火灾案例的分析都表明，这些场所中曾发生过多起火灾事故，因此该区域的火灾危险性为丙类。

7 焦炉应视为生产装置。

3.0.2 建（构）筑物的耐火等级取决于生产或储存物品的火灾危险性、建筑物层数和防火分区最大允许占地面积，而钢铁冶金企业中建（构）筑物种类繁多，规模不一，因此本条不便于给出所有建（构）筑物的耐火等级。但可以根据火灾危险性分类和实际建筑的占地面积，按照现行国家标准《建筑设计防火规范》GB 50016的有关规定执行。

3.0.3 钢结构这种建筑结构形式以其重量轻、承载力大、施工简便、布局灵活等特点已经广泛应用于钢铁冶金行业的大型厂房建筑中。经过编制组与业主、设计院、消防监督管理部门、科研院（所）等各方面专家的充分研讨，并依据现行国家标准《建筑设计防火规范》GB 50016和其他行业规范的相关规定，确定了本条和第3.0.7条的第2款。

3.0.4 地下液压站、润滑油站（库）往往储油量大，火灾荷载大，一旦发生燃烧，不便于人工施救，火灾危险性和危害性均较大，因此要求较高的耐火等级，并宜采用钢筋混凝土结构或砖混结构。油浸式变压器室可燃油较多，火灾荷载大，且涉及高、低压输变电，危害也很大，因此耐火等级不应低于二级；高压配电装置室可燃物主要是动力电缆、配电装置等，火灾荷载大，易蔓延，因此耐火等级不应低于二级。

3.0.5 电气地下室、电缆夹层中电缆密集，火灾荷载大，火灾危险性较大，且上部一般均为电气或控制室等，发生火灾后会对上部空间造成危害，火灾危害性大，本条规定这些场所的建筑物宜采用钢筋混凝土结构或砖混结构，其耐火等级不应低于二级。对于结构中存在的可能造成火灾蔓延的孔洞等应采取有效措施，如设置防火泥、防火堵料等进行封堵，防止因电缆燃烧而将火源引向控制室等部位。另外，目前也有部分厂房的电缆夹层采用钢结构，为了保证生产安全，本条规定应对建筑构件进行防火保护，保证耐火等级不低于二级。

3.0.6 干煤棚、室内储煤场多采用钢结构形式，考虑其面积大，钢结构构件多，结合多年的工程实践经验，煤场的自燃现象虽然存在，但自燃的火焰高度一般0.5~1.0m左右，不足以威胁到上部钢结构构件，因此规定对堆煤高度及以上的1.5m范围内的钢结构应采取有效的防火保护措施。

3.0.7

1 钢铁冶金企业的电缆夹层一般位于控制室、操作室的下方，电缆数量多，火灾荷载大，性质重要。火灾案例表明，电缆火灾是钢铁冶金企业中发生次数最多的火灾，而且因电缆夹层发生火灾而发展成为大型、特大型的火灾事故较多。对电缆夹层进行防火分隔，成本较低，施工难度不大，却可以大大提高工艺安全；由于电缆夹层内敷设有大量的电缆，因此将电缆夹层视为存放电缆的仓库进行防火设计更符合实际，因此对其防火分区的最大允许面积在参考现行国家标准《建筑设计防火规范》GB 50016表3.3.1的有关要求的同时，结合钢铁冶金企业的建筑特点，规定"地上电缆夹层的防火分区面积不应大于1000m²"。钢铁冶金企业还存在着大量的地下室，如地下润滑油站（库）、液压站和电气地下室地下部分等，参考现行国家标准《建筑防火设计规范》GB 50016对厂房地下室和半地下室的规定，其防火分区面积不应超过500m²。

2 如生产工艺需要，不能采用防火墙对防火分区进行防火分隔时，可以采取以下两种措施：第一，可以设置自动消防系统，从而使防火分区面积扩大1倍；第二，可采用防火卷帘或水幕保护分隔。对于面积很大的地下火灾危险场所，则可以采用自动消防系统和防火墙、防火卷帘或水幕保护的综合技术措施。目前而言，采用防火卷帘或水幕保护分隔在技术可靠性、经济性和实用性方面都是比较好的处理措施。

3 受煤坑为地下结构，其建筑长度是由生产需要的火车货位决定的。受煤坑的火灾危险性为丙类。根据实践经验，其防火分区的允许建筑面积均超过现行国家标准《建筑设计防火规范》GB 50016的相关规定，而且由于生产特点也无法采用防火墙进行防火分区隔断。正常生产时，该场所只有1～2名流动操作工。

在现行国家标准《火力发电厂与变电所设计防火规范》GB 50229中也有类似规定，"当屋内卸煤装置的地下部分与地下转运站或运煤隧道连通时，其防火分区的允许建筑面积不应大于3000m²"。

焦化厂用煤的种类与火电厂不同，在焦化工艺中使用的炼焦煤一般为含水率10%左右的洗精煤，火灾发生的几率比火电小得多。为了保证生产和安全作此规定。

3.0.8 现行国家标准《建筑内部装修设计防火规范》GB 50222适用于民用和工业建筑的内部装修设计。随着经济的发展，钢铁冶金企业的主控制楼（室）、电气室、计算机房等多进行了内部装修。由于目前的装修设计和施工队伍良莠不齐，市场混乱，消防意识相差甚远，因此特别强调应遵守的规范名称。

4 总平面布置

4.1 一般规定

4.1.1 钢铁冶金企业的生产特点是：

 1 工艺复杂，涉及技术面广，在生产中大量使用可燃固体（煤、焦炭等）、可燃液体（重油、润滑油等）和可燃气体（煤气、氢气等）。

 2 许多生产过程是在高温条件下进行的。

 3 厂区总占地面积大，主厂房占地面积也较大。

 4 属于流程性原料的生产，上、下游的连续对于保证正常生产非常重要；工艺厂区之间及各工艺厂区内部生产工序的连续性强。

 5 水、电、煤气等设施遍布生产的各个工艺过程。

 6 自动化程度高，电缆隧（廊）道分布广。

为了保证安全生产，满足各类设施的不同要求，防止或减少火灾的发生并避免和减少对相邻建筑的影响，在进行厂区规划时应同时进行消防规划。厂区规划应结合地形、风向、交通和水源等条件，将工艺装置和各类设施进行合理规划，既有利于防火安全，也便于生产和管理。

4.1.3 地下矿井井口和平硐口（含露天矿采用有井巷工程布置时）必须置于安全地带。由于出入沟口、地面井口是生死攸关的部位，因此井口的防火至关重要。地面井口布置应注意风频、风向，避开火源，不乱设易燃易爆物堆场及加工设施。火源火花工序应距井口20.0m以外设置，以保证安全。木材场、炉渣场及丁类、丙类和丙类以上建筑与进风井的位置关系是根据现行国家标准《金属非金属地下矿山安全规程》GB 16424的有关规定制定的。

本条规定中的"易爆物品"主要指爆破器材、易爆燃料，其存放地点须符合现行国家标准《金属非金属地下矿山安全规程》GB 16424的相关规定。

4.1.5 绿化是工厂的重要组成部分，合理的绿化设计，既可美化环境，改善小气候，又可以防止火灾蔓延，减少空气污染。但绿化设计必须紧密结合各工艺厂区的生产特点，在火灾危险性较大的生产区，应选择含水分较多的树种，以利于防火。例如某化工厂道路一侧的油罐起火，道路另一侧的油罐未加水喷淋冷却保护，只因为有行道树隔离，行道树被大火烤黄烤焦但未起火，油罐未受到威胁，可见绿化的防火作用。假若行道树是含油脂较多的针叶树等，其效果就会完全相反，不仅不能起隔离保护作用，甚至会引燃树木而扩大火势。因此选择有利防火的树种是非常重要的。

在绿化布置形式上还应注意，在可能散发可燃气体的储罐区周围地段不得种植绿篱或茂密的连续式的绿化带，以免可燃气体积聚。一般钢铁企业在可燃液体储罐的防火堤内不采用绿化，即使采用草皮绿化，也会因泄漏的可燃液体污染草皮而导致死亡枯竭成可燃物体。

液化烃罐组一般需设喷淋水对储罐降温，其地面应利于排水。另外，因管道、阀门破损或泄漏时，液化烃可能有少量泄漏，应避免泄漏气体就地聚集。因此，液化烃罐组内严格禁止任何绿化。否则，泄漏的可燃气体越积越多，一旦遇明火引燃，便危及储罐。

4.1.6 钢铁冶金企业占地面积很大，要保证消防车在规定的时间内赶到现场，在进行消防站的选址时就应充分考虑消防站的位置，本条给出了设置原则。

4.2 防火间距

4.2.1 本条为钢铁冶金企业相邻建（构）筑物防火间距的规定。表4和表5是根据现行国家标准《建筑设计防火规范》GB 50016 的相关规定，结合钢铁冶金企业的生产特点以及几十年设计实施的经验，并参照国内外其他行业或专业规范进行综合整理而成的。本表所规定的间距均为最小间距要求。从防火和保障人身安全、减少财产损失角度看，在有条件时，设计者应尽可能采用较大的间距。

表 4　散发可燃气体、可燃蒸气的甲类厂房、仓库、储罐、堆场与铁路、道路的防火间距（m）

名　称	厂外铁路中心线	厂内铁路中心线	厂外道路路边	厂内道路路边	
				主要	次要
散发可燃气体、可燃蒸气的甲类厂房	30	20	15	10	5
甲类仓库、乙类（除第6项）物品仓库	40	30	20	15	5
甲、乙类液体储罐	35	25	20	15	10
丙类液体储罐	30	20	15	10	5
可燃、助燃气体储罐	25	20	15	10	5

注：1　散发比空气轻的可燃气体、可燃蒸气的甲类厂房与电力牵引机车的厂外铁路线的防火间距可减为 20m。
　　2　厂内铁路装卸线与设置装卸站台的甲类仓库的防火间距，可不受本表规定的限制。
　　3　上述甲类厂房所属厂内铁路装卸线当有安全措施时，可不受本表规定的限制。
　　4　钢铁冶金企业内铁水运输线与散发可燃气体、可燃蒸气的甲类厂房、库房、储罐、堆场的防火间距应按表 5 中明火或散发火花的地点与上述建（构）筑物的要求执行。

对表 5 的说明：

1　两座厂房相邻较高一面的外墙为防火墙时，其防火间距不限，但甲类厂房之间不应小于 4.0m。

2　两座耐火等级为一、二级的厂房，当相邻较低一面外墙为防火墙且较低一座厂房的屋顶耐火极限不低于 1.00h，或相邻较高一面外墙的门窗等开口部位设置耐火极限不低于 1.20h 的防火门或防火分隔水幕或安防火卷帘时，甲、乙类厂房之间的防火间距不应低于 6.0m；丙、丁、戊类厂房之间的防火间距不应小于 4.0m。

3　下列情况，表中防火间距可减少 25%：
　　1）两座丙、丁、戊类厂房或民用建筑相邻两面的外墙均为不燃烧体，如无外露的燃烧体屋檐，每面外墙上的门窗洞口面积之和各不大于该外墙面积的 5%，且门窗口不正对开设。
　　2）浮顶储罐区或闪点大于 120℃ 的液体储罐区与建筑物的防火间距。

4　下列情况，表中防火间距可减少：
　　1）单层、多层戊类生产厂房之间及其与戊类仓库之间的防火间距，可按本表规定减少 2m；
　　2）一、二级耐火等级的丁、戊类高层厂房与民用建筑的防火间距，可按本表规定减少 3m；
　　3）为丙、丁、戊类厂房服务而单独设立的生活用房应按民用建筑确定，与所属厂房之间的防火间距不应小于 6m；必须贴邻建造时，应符合本表说明第 1、2 款以及第 3 款第 1 项的规定；
　　4）为车间服务而独立设置的车间变电所、办公室等，与所属厂房之间的防火间距，可相应减少 25%。

5　储罐防火堤外侧基脚线至建筑物的距离，不应小于 10.0m。

6　直埋地下的甲、乙、丙类液体卧式罐，当单罐容积不大于 $50m^3$，总容积不大于 $200m^3$ 时，与建筑物之间的防火间距可按本表规定减少 50%。

7　固定容积的可燃气体和氧气储罐的总容积按储罐几何容积（m^3）和工作压力（绝对压力，$1 \times 10^5 Pa$）的乘积计算，$1m^3$ 液氧折合标准状态下 $800m^3$ 气态氧。

8　地上甲、乙类液体固定顶储罐区或堆场，与明火或散发火花地点的防火间距，当储量不大于 $500m^3$ 时，其防火间距不应小于 25m。

9　地上浮顶及丙类液体固定顶储罐或堆场与明火或散发火花地点的防火间距，当储量不大于 $500m^3$ 时，其防火间距可适当减小，但不应小于 15m。

10　湿式或干式可燃气体储罐的水封井、油泵房和电梯间等附属设施与该储罐的防火间距，可按工艺要求布置。

11　生产、使用和贮存物品的火灾危险性分类，建（构）筑物耐火等级的确定，建（构）筑物防火分区最大允许占地面积的有关规定，建（构）筑物设防火墙等防火措施，甲、乙、丙类液体的泵房及其装卸设施的防火间距以及本表中未列入的不常用的防火间距等，均按现行国家标准《建筑设计防火规范》GB 50016 的有关规定执行。

12　防火间距从相邻建筑物外墙的最近距离计算；室外变、配电站从距建筑物最近的变压器外壁算起；储罐、堆垛、储罐防火堤，分别从储罐外壁、防火堤外侧基脚线算起。

13　室外变、配电站，对于电力系统是指电压为 35～500kV 且每台变压器容量在 10MV·A 以上的室外变、配电站，对于工业企业指变压器总油量超过 5t

表5 相邻建（构）筑物防火间距（m）

序号	厂房、库类别		耐火等级/储（容）量	（1）甲类厂房 二级	（2）单层、多层乙类厂房（仓库）二级	（3）单层、多层丙、丁类厂房（仓库） 一、二级	（3）三级	（3）四级	（4）单层、多层戊类厂房（仓库） 一、二级	（4）三级	（4）四级	（5）高层厂房（库房）一、二级	（6）甲类仓库储量(t) 3,4项 ≤5	（6）3,4项 >5	（6）1,2,5,6项 ≤10	（6）1,2,5,6项 >10	（7）明火或散发火花的地点	（8）民用建筑 一、二级	（8）三级	（8）四级	（9）室外变、配电站(所)	（10）地上甲、乙类固定顶液体储罐（区）或堆场 A	B	C	D	（11）地上浮顶及丙类可燃液体固定顶储罐(区)或堆场 E	F	G	H	（12）湿式可燃气体储罐 I	J	K	L	（13）湿式氧气储罐、液氧储罐 M	N	O	P	（14）煤、焦炭堆场(t) Q	R	（15）木材可燃材料堆场(m³) S	T	U
1	甲类厂房		一、二级	12																																										
2	单层、多层乙类厂房（仓库）		一、二级	12	10																																									
3	单层、多层丙、丁类厂房		一、二级	12	10	10																																							
			三级	14	12	12	14																																							
			四级	16	14	14	16	18																																						
4	单层、多层戊类厂房（仓库）		一、二级	12	10	10	12	14	10																																				
			三级	14	12	12	14	16	12	14																																				
			四级	16	14	14	16	18	14	16	18																																			
5	高层厂房（库房）		一、二级	13	13	13	15	17	13	15	17	13																																		
6	甲类仓库	3,4项	W≤5	15	—	—	—	—	—	—	—	—	20 (当第3,4项物品储量小于等于2t，第1,2,5,6项物品储量小于5t时，不应小于12m)																																
			W>5	20	25（除乙类第6项物品外的乙类仓库）	25	25	25	25	25	25	25																																		
		1,2,5,6项	W≤10	12		15	15	15	15	15	15	15																																		
			W>10	15		20	20	20	20	20	20	20																																		
7	明火或散发火花的地点			30	—	12	14	16	12	14	16	15	30	40	25	30	—																													
8	民用建筑		一、二级	25	25	12	14	16	12	14	16	13						6																												
			三级			15	16	18	15	16	18	15	30	40	25	30	—	7	8																												
			四级			20	20	20	20	20	20	20						9	10	12																											
9	室外变、配电站（所）	变压器总油量 W(t)	5≤W≤10	25	25	12	15	20	12	15	20	12					25	15	20	25	见《火力发电厂与变电站设计防火规范》GB 50229																									
			10<W≤50	25	25	15	20	25	15	20	25	15					25/30	20	25	30																											
			W>50	25	25	20	25	30	20	25	30	20					35	25	30	35																											
10	地上甲、乙类固定顶液体储罐（区）或堆场	一个罐区或堆场的总储量V(m³)	A 1≤V<30或卧式罐	25	15	12	15	20	12	15	20	13	30	40	25	30	—	25	25	31	30	20																									
			B 50≤V<200	25	15	15	20	25	15	20	25	15						25	31	38	35	25	25																									
			C 200≤V<1000	25	20	20	25	30	20	25	30	20						31	38	50	40	30	30	25																								
			D 1000≤V<5000	31	25	25	30	40	25	30	40	25						38	50	—	50	40	40	30	30																							
11	地上浮顶及丙类液体固定顶储罐(区)或堆场	一个罐区或堆场的总储量V(m³)	E 5≤V<250或卧式罐	15	12	12	15	20	12	15	20	13						15	19	25	24	20	25	30	40	20																						
			F 250≤V<1000	19	15	15	20	25	15	20	25	15	15/20					19	25	31	28	25	30	40	40	25	25																						
			G 1000≤V<5000	25	20	20	25	30	20	25	30	20						25	31	38	32	30	40	40	40	30	30	25																					
			H 5000≤V<25000	31	25	25	30	40	25	30	40	25						31	38	50	40	40	40	40	40	35	35	30	30																				
12	湿式可燃气体储罐	总容量V(m³)	J V<1000	20	10	10	12	14	10	12	14	13					20	18	20	25	20	20	25	30	20	20	25	30	20	见《建筑设计防火规范》GB 50016的相关规定																	
			K 1000≤V<10000	25	12	12	14	16	12	14	16	15					25	20	25	30	25	25	25	30	30	25	25	30	25																					
			L 10000≤V<50000	30	15	15	18	20	15	18	20	20					30	25	30	35	30	30	30	35	30	30	30	35	30																					
			M V≥50000	30	20	20	25	30	20	25	30	25					30	30	35	40	40	40	40	40	35	35	40	40	35																					
13	湿式氧气储罐、液氧储罐	总容量V(m³)	N 100≤V<5000	10	10	10	12	14	10	12	14	13					20	18	20	25	20	20	25	30	20	20	25	30	20					不应小于相邻较大罐的直径															
			O 1000≤V<50000	12	12	12	14	16	12	14	16	15					25	20	25	30	25	25	30	40	25	25	30	40	25																					
			P V≥50000	14	14	14	16	18	14	16	18	18					30	25	30	35	30	30	40	40	30	30	40	40	30																					
14	露天、半露天堆场	煤、焦炭 W(t)	Q ≤5000	6	6	6	8	10	6	8	10	6					20	6	8	10	20	20	25	30	20	20	25	30	20						10														
			R W>5000	8	8	8	10	12	8	10	12	8					25	8	10	12	25	25	25	30	25	25	25	30	25						12	12													
15	露天、半露天堆场	可燃材料 V(m³)	S 50≤V<1000	10	10	10	12	15	10	12	15	13					30	10	15	20	30	30	30	30	30	30	30	30	30						20	20	25												
			T 1000≤V<10000	15	15	15	20	20	15	20	20	15					35	15	20	25	30	30	30	30	30	30	30	30	30						25	25	25	25											
			U V≥10000	20	20	20	25	25	20	25	30	20					40	20	25	30	30	30	30	40	30	30	30	30	30						30	30	30	30	30										

的室外降压变电站。

4.2.2 本条规定依据原冶金工业部颁布的《冶金企业安全卫生设计规定》(冶生〔1996〕204号)第6.4.5条而制定。

4.2.3 地上甲、乙类可燃液体固定顶储罐(区)或堆场及丙类可燃液体固定顶储罐(区)或堆场与明火或散发火花地点的防火间距,是根据现行国家标准《石油化工企业设计防火规范》GB 50160表3.2.11制定的。

4.2.4 钢铁冶金企业中由于工艺的要求,存在大容积的可燃气体储罐。如目前新建和已经建成投入使用的高炉煤气柜的容积达到30万m³左右,所以在本规范中对可燃气体储罐的容积扩大到了30万m³。并依据现行国家标准《城镇燃气设计规范》GB 50028表5.4.3"储气罐与站内建(构)筑物的防火间距"进行统一规定。

4.2.5 钢铁冶金企业中有较多常压的煤气柜,而且容积较大,为了管理方便和防止火灾发生,一般采用围墙的形式将其隔离保护。在现行国家标准《建筑设计防火规范》GB 50016中没有对煤气柜和围墙防火间距的相关规定,本规范中依据现行国家标准《城镇燃气设计规范》GB 50028表5.4.3"储气罐与站内建(构)筑物的防火间距"进行统一规定。

4.2.7 烧结厂的电气楼与主厂房之间的距离受多种因素的制约。从生产工艺要求来说,两座建筑需尽可能靠近,否则将造成生产工艺以及供电负荷配置上的不合理,增大投资,增加能耗,总平面布置困难,甚至成为改、扩建厂以及能否建厂的关键(当前烧结厂建设以改、扩建或拆除老厂建新厂的情况居多)。从厂房结构设计合理性考虑,因厂房高度、荷载的不同等因素导致了两者又不宜做成一座建筑;从防火要求来说,两座建筑通常都是采用钢筋混凝土结构,耐火等级可达到一、二级要求,火灾危险性类别(为丁类)较低。五十年来的生产实践表明,未发生过火灾。综合考虑上述因素,作此规定。

4.2.8 带式运输机通廊作为燃料、原料的转输设施大量存在于钢铁冶金企业中,其设置位置、高度和长度等均根据工艺的需要进行布置和建设。带式运输通廊的火灾危险性取决于其运输的物品,输煤和焦炭通廊的火灾危险性为丙类,其余为戊类。总结五十年来的生产实践经验,皮带运输机通廊因皮带跑偏、摩擦等原因有起火的现象,但从未出现过引燃附近建(构)筑物,导致火灾蔓延的情况。为保证生产安全、节约投资、工艺合理和降低能耗,作此规定。

4.2.9、4.2.10 可燃气体、氧气储罐与不可燃气体储罐之间的间距,不可燃气体储罐之间的间距,在现行国家标准《建筑设计防火规范》GB 50016中无明确规定,为了便于设计和消防管理,参照国外工业气体委员会IGC的相关资料(最小为1m)以及现行国家标准《建筑设计防火规范》GB 50016第4.3节和《石油库设计规范》GB 50074的第7.0.7条及《石油化工企业设计防火规范》GB 50160的第4.2.3条而制定。

4.2.11 液氧储罐往槽车(或长管拖车)充装氧气或槽车往用户的液氧储罐充装氧气时,为了减少充装损失,工艺要求储罐与槽车的间距越小越好。现行国家标准《建筑设计防火规范》GB 50016中也明确规定"氧气储罐与其制氧厂房的间距,可按工艺要求确定"。因此,结合钢铁冶金企业的生产特点,规定液氧储罐与道路的防火间距应符合现行国家标准《建筑设计防火规范》GB 50016的要求,如"可燃气体储罐、助燃气体储罐与厂内次要道路边不小于5m,与厂内主要道路边不小于10m"等,但如果在路边设有液氧槽车的停放场地时(如图1所示),该停放场地边距氧气储罐的距离可按工艺要求确定。

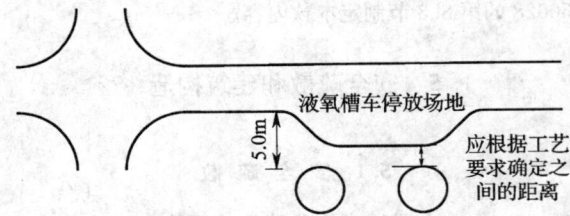

图1 液氧槽车停放场地与储罐间距示意图

4.3 管线布置

4.3.2 本条规定了甲、乙、丙类液体管道和可燃气体管道不得穿过与其无关的建(构)筑物、生产装置及储罐区等是总结了实践中的经验,为防止扩大危害而制定的。

4.3.3 高炉煤气、发生炉煤气、转炉煤气及铁合金电炉煤气中一氧化碳的含量较高,如果采用地下直埋式,一旦泄漏将会造成极大的危害,所以不允许埋地敷设。

4.3.4 由于油质管道泄漏时油品会渗到氧气管道上,有可能引发火灾,电缆线本身也有可能发生火灾,故严禁氧气管道与油管、电缆等在狭小的地沟内同沟敷设。

4.3.5 架空敷设容易早期发现管道泄漏等问题,并便于修复,因此应优先选用架空敷设。

钢铁冶金企业中有大量的燃油管道(丙类管道),无论自流或在压力下流动,在长期的生产过程中都难免会发生介质泄漏,如果采用地下直埋式,出现泄漏等事故不宜发现,而一旦透出地面,事故已非初期,危害较大,同时也不便于检修和维护。如采用管沟,泄漏的可燃液体挥发后容易形成可燃蒸气,特别是比重大的可燃气体或易于挥发的气体,容易在管沟内聚积,酿成火灾或爆炸的潜在危险,所以应该特别注意,防止事故的发生。另外,当管沟进出厂房及生产装置时，应采取可靠的防火隔断，以免外部火灾蔓延造成过大损失。

氧气、乙炔、煤气在不通行的地沟有泄漏时，容易产生积聚，此时如地沟内有油质流入或有水积存，则会发生火灾或者有严重腐蚀破坏管道的可能性，故作出本规定。工艺需要与可燃介质同沟敷设时，沟内填满细砂是为了使发生泄漏的气体不积聚，且在着火时有阻火灭火作用。

4.3.6 架空电力线路的规定。

1 现行国家标准《66千伏及以下架空电力线路设计规范》GB 50061、《电力线路防护规程》及《工业企业通讯设计规范》GBJ42等有关规定对相应的架空线的布置均有较详细的规定，管线综合布置时应符合这些规范的规定。

2 根据现行国家标准《民用建筑电气设计规范》JGJ/T 16中第7.2节及《城镇燃气设计规范》GB 50028的第8.3节制定本款内容。

5 安全疏散和建筑构造

5.1 安全疏散

5.1.3 电缆夹层的火灾危险性为丙类且无人值守，根据现行国家标准《建筑设计防火规范》GB 50016的规定执行。

5.1.4 钢铁冶金企业中的电缆隧（廊）道长度往往达数百米，甚至可达千米以上。对于自然通风的电缆隧道，在100.0m左右会设一进一出2个风井，并在井壁上配有爬梯。为了保证火灾发生时的人员安全，本条规定"当电缆隧（廊）道长度超过200.0m时，中间应增设疏散出口"。考虑到电缆隧（廊）道平时无人值守，只有巡检人员熟悉现场情况，所以在这里所指的"疏散口"并不要求为安全出口，如上述的通风井也是可以起到疏散的作用。另外，鉴于电缆隧（廊）道中专门增加中间出口的结构工作量较大，颇费建设资金，在满足疏散出口设置规定的同时，应尽量节省投资，规定其间距不应超过100.0m

还需要注意的是电缆隧（廊）道的形式是由工艺决定的，一般多分支。因此，在本条中规定应在"端部"设置安全出口，不仅是指主电缆隧（廊）道的两头，电缆隧（廊）道分支的端部也应设置安全出口，如Y形分支的电缆隧（廊）道，其端部即为3个；X形分支的电缆隧（廊）道其端部是4个；另外，考虑到火灾发生时人的疏散行为模式，安全出口的位置距离隧道顶端不宜过大，故本条规定不应大于5.0m。

5.2 建筑构造

5.2.2 依据现行国家标准《建筑设计防火规范》GB 50016的规定和钢铁冶金企业的具体情况，丙类液体管道往往较长，涉及场所多、区域广，一旦发生火灾易于在工厂内传播，所以作此规定。其他管道（如水管以及输送无危险的液化管道等）如因条件限制必须穿过防火墙时，应用水泥砂浆等不燃材料或防火材料将管道周围的缝隙紧密填塞。管道应采用不燃或难燃材质。避免管道遇高温或火焰收缩变形并减少火灾和烟气穿过防火分隔体，应采取措施使该类管道在受火后能被封闭，如设置热膨胀型阻火圈等，保证火灾发生时，可以及时关闭。

5.2.3 防火分隔构件的缝隙会造成防火分隔构件的耐火等级下降，甚至丧失隔断能力。因此，本条规定应采用耐火极限不低于相应防火分隔构件的防火材料封堵，从而保证隔断能力。

5.2.4 钢铁冶金企业由于冶炼工艺的需要，存在高温的铁水、钢水、熔渣、钢锭和钢坯以及运输这些物料的车辆，而这些高温物料引发的灾害也不少，如某钢铁公司炼铁厂的铁水罐经过高炉皮带通廊时，由于水进入罐车内引起铁水喷溅，从而引燃运输皮带，造成较大损失。本条规定了应采取的基本防护措施，对直接受到危害的建（构）筑物，采取耐热和隔热的保护措施；而易受运输车辆高温物料危害的厂房及其柱、楼板和平台柱应保持与运输车辆及运载物一定的安全距离，并对柱、楼板采取必要的防护措施。

5.2.6 油浸变压器室、地上封闭式液压站和润滑油站（库）等均为火灾易发场所，如可燃油油浸变压器发生故障产生电弧时，将使变压器内的绝缘油迅速发生热分解，析出氢气、甲烷、乙烯等可燃气体，压力骤增，造成外壳爆裂，大量喷油；或者析出的可燃气体与空气混合形成爆炸混合物，在电弧或火花的作用下引起燃烧爆炸。变压器爆裂后，火势会随着高温变压器油的流淌而蔓延。充有可燃油的高压电容器、多油开关、地上封闭式液压站和润滑油站（库）等，也有上述类似的火灾危险。为防止其火灾向厂房内蔓延，殃及其他部位，故本条文规定，这类建筑物通向厂房内的门，应采用甲级防火门，并能自行关闭，以确保大厂房的安全。这个规定与现行国家标准《10kV及以下变电所设计规范》GB 50053的规定是一致的。

关于设置在非单层建筑物内底层的装有可燃油的电气设备用的房间设计，在《10kV及以下变电所设计规范》GB 50053和《建筑设计防火规范》GB 50016、《高层民用建筑设计防火规范》GB 50045中都有明确的规定，即在其直通室外或直通安全出口的外墙开口部位的上方应设置宽度不小于1.0m的不燃烧体防火挑檐或高度不小于1.2m的窗槛墙。这是为防止由底层开口喷出的火焰卷入上层房间的开口，使火灾蔓延而采取的预防措施。如果在底层这类房间采用了防火门，即可不设置防火挑檐，但需要设置机械通风，增加了投资。在一般情况下，为了变压器的散热、通风，对外开的门都不采用防火门，这时设置防火挑檐就十分必要。

5.2.7 电缆隧（廊）道是钢铁冶金企业的火灾易发场所，为了有效地避免火灾蔓延，在电缆隧（廊）道进入主厂房、主电室、电气地下室等部位应设置防火墙和常闭的甲级防火门。

5.2.8 电缆隧（廊）道一般要求采用自然或主动送排风两种形式，为了使空气能够在隧道内流动，并方便电缆隧（廊）道的维护维修，防火门应为常开式防火门。当发生火灾时，防火门应能够自行关闭，并应向疏散方向开启。"自行关闭"包括自动控制、机械、手动、温控等各种关闭手段。

5.3 建（构）筑物防爆

5.3.1、5.3.2 对于一般建筑防爆所指的爆炸主要是指可燃气体（如煤气、乙炔气、氢气等）与空气混合形成的爆炸；可燃蒸气（如汽油、酒精等液体的蒸发气）与空气混合形成的爆炸；以及可燃粉尘（如煤粉、铝粉、镁粉等）和可燃纤维（如棉纤维、腈纶纤维等）与空气混合形成的爆炸。而在钢铁冶金企业中的某些厂房除存在上述爆炸危险外，其炼铁、炼钢等有液体金属（铁水、钢水）和液体熔渣运作的厂房内，一旦有一定量的水与液体金属或熔渣相遇，水被突然汽化膨胀，将产生极为猛烈的爆炸，会将大量液体金属或熔渣抛向空中，破坏力很大。为防止这类爆炸事故的发生，条文中严格规定这类厂房的地面标高应高出厂区地面0.3m以上，以防暴雨时厂房进水，同时应确保厂房内不得有存水的坑、沟等，尤其要严防厂房屋面漏雨和天窗飘雨。值得注意的是，当前不少热加工厂房的开敞式通风天窗，在大风雨的情况下多有飘雨现象，因此，设计时应采取更为严密可靠的防飘雨措施。

6 工艺系统

6.1 采矿和选矿

采矿和选矿的工艺组成及范围如下：

1 露天采矿工艺包括开拓运输系统（如铁路、公路、平硐溜井、架空索道、带式运输及联合开拓）、开沟采剥系统、供水系统、排水系统、供配电系统、压气系统。还有机修、仓贮、化验、行政福利等辅助设施。

2 地下采矿工艺包括开拓系统（如平硐、斜井、斜坡道、竖井及联合开拓）、回采系统、运输系统、提升系统、排水系统、供水系统、通风系统、压气系统、供配电系统。地下辅助设施有设备修理、仓贮等。地面生产及辅助设施同露天矿。

3 选矿工艺包括破碎筛分（洗矿）系统、磨矿选别系统、脱水系统、尾矿系统。若采用焙烧工艺时，还有焙烧系统。

针对以上工艺流程，确定重点的防火区域或主要建（构）筑物及设施是井（坑）口建（构）筑物、井下硐室、供配电设施以及选矿焙烧厂、选矿药剂制备厂和药剂库。

6.1.1 井（坑）口建（构）筑物如压缩空气站、多绳提升井塔、提升机房、带式输送机及驱动站、通风机房、钢（钢筋混凝土）井架、架空索道站及支架均宜采用不燃烧体材料建造。

6.1.3 以往矿山发生火灾与木材支护有极大关系，随着工业发展，支护材料越来越多地采用混凝土、钢材等不燃材料，到目前为止，多数矿山已基本不用和少用木材支护。但在小型矿山仍存在用木材作为支护材料的情况。如2004年11月20日，河北省沙河市白塔镇一铁矿，由于电焊引燃用于支护的荆笆上，发生火灾，造成106人被困井下，70名矿工遇难的恶性事故。因此，本规范规定若采用木材支护，应在木材支护段采用阻燃电缆和铺设消防水管，设置消火栓等灭火设施。

6.1.4 根据目前冶金地下矿山规模及采用的柴油设备情况，柴油油耗量在300~1000kg/d以内，因此井下桶装油库应布置在距离井底车场15.0m以外；有的矿山将桶装油库设在铲运机修理硐室内，这种布置对消防十分不利，应分开设置。

6.1.5 容易自燃的矿山主要指含硫较高的锰矿、含硫高的铁矿及硫铁矿。

1 采用后退式回采，可以在矿山工作面发生火灾时，隔绝火区，更易恢复生产。实践已经证实，采用黄泥灌浆对防火有一定效果，特别是采用充填采矿法可基本杜绝火灾发生。

2 因抽出式通风会使火区有毒气体及高温矿尘更易溢入工作面，严重恶化工作面作业条件，并使主扇遭受酸雾快速腐蚀，故应采用压入式通风。

3 为防止工作面钻孔内炸药自爆，须采取工作面降温，降低孔底温度。

4 及时密闭采空区是防止火灾发生的有效办法。

6.2 综合原料场

综合原料场是指对原料、燃料进行受卸、贮存、处理和运输的设施。综合原料场的范围包括从卸船机下带式输送机或火（汽）车卸车开始，经贮（堆）存及处理后，将原料、燃料输送到高炉矿焦槽、烧结配料槽、球团原料仓、焦化配煤槽、高炉喷煤磨煤机原煤槽（仓）、电厂原煤槽（仓）、石灰焙烧原料槽（仓）顶面的设施。

综合原料场的工艺系统组成包括受卸系统、料（煤）场系统、混匀系统、整粒（破碎筛分）系统、取制样系统、输送系统、干煤棚系统。

针对以上工艺流程，确定重点的防火区域或主要建（构）筑物及设施是带式输送机系统，可燃物的贮存、加工和输送系统。

6.2.1 根据原冶金工业部《烧结球团安全规程》第2.6条和《冶金企业安全卫生设计规定》第4.6.6、6.5.5条的有关规定制定。带式输送机通廊在钢铁冶金生产工艺流程中是联系各生产车间和转运站的通道，数量较多，宽窄、长度、倾角各有不同。发生火灾时，带式输送机通廊也是疏散通道。因此，对其净空高度、宽度及倾角应有明确的设计规定，才能确保火灾发生时人员的疏散安全。

设备自身摩擦升温是导致运煤系统发生火灾的隐患。近年焦化厂发生的运煤通廊火灾事故中，多因带式输送机改向滚筒轴拉断、托辊不转动及胶带跑偏等，致使胶带与钢结构件直接摩擦发热而升温，引起堆积煤粉的燃烧，酿成烧毁胶带及通廊的重大事故。鉴于此，对带式输送机安全防护设施作了规定。

6.2.2

2 焦化炼焦用煤一般为含水10%左右的洗精煤，输送及转运过程中有少量粉尘溢出，贮配煤槽、各转运站及地上、地下通廊应设自然通风装置；粉碎机室的粉碎机运行时，从上部溜槽入口和下部出口有大量粉尘溢出，应设机械除尘装置。

3 本款是对运煤系统承担煤流转运功能的各种形式的煤斗设计，为使其活化率达到100%，避免煤的长期积存引起自燃而作出的规定。

5 备煤系统设置集中控制室统一指挥系统操作，配置的通讯设备具有呼叫、对讲、传呼及会议功能。当发生火灾时，利用本系统及时下达处置命令，因此不宜再单独设消防用通讯系统。

6.3 焦 化

焦化工艺的组成包括备煤系统、炼焦系统、煤气净化系统及化产品精制系统。由于大量使用煤，产生出焦炭、煤气等可燃物，因此焦化属于防火的重点，应采取有效的防火措施。

6.3.1

1 焦炉生产过程中，炭化室成熟的焦炭由焦炉机侧的推焦机推出，在焦炉焦侧红焦（约1000℃）经拦焦机装入熄焦车后送熄焦塔熄焦。煤气净化车间主要生产可燃气体，甲、乙类液体等，遇火易发生爆炸燃烧引起火灾。因此，煤气净化区应布置在焦炉的机侧或一端。

2 精苯是可燃易挥发的液体，要远离焦炉高温区。

6.3.3

2 每座焦炉的两端都应有上下通道，一旦发生火灾，有利于灭火。

3 近年来的生产实践表明，我国寒冷地区的焦化企业在冬季气温较低时不采用煤气明火保温，难以保证煤塔漏嘴出口处煤不冻结。我国炼焦用煤的水分一般在10%及以上，且煤塔漏嘴出口处的煤处于周期性流动状态，如采用铸铁材质的煤塔漏嘴、控制煤气火焰的大小以及火焰与煤塔漏嘴的距离等安全措施后，可以保证在采用煤气明火烘烤保温时不会发生煤塔内装炉煤的燃烧。装煤车在煤塔下受煤过程中，散发粉尘的时间短，粉尘量不大；且焦炉炉顶至煤塔漏嘴底部不封闭，空间较大，空气流动，不会产生粉尘积聚，故不会发生粉尘爆炸。近年来我国焦化企业的生产实践也证明了这一点。

4 当集气管内压力值达到某一规定值时，集气管放散管自动放散煤气并自动点火燃烧，如不及时放散和自动点火燃烧，将造成整个焦炉冒烟冒火，一片火海。放散煤气的压力值应根据焦炉的状况来决定。

5 操作台下的烟道走廊与地下室和炉间台煤气区直接相通，一旦红焦和火种漏入地下室和炉间台煤气区，可能发生着火和爆炸。

6 机侧、焦侧操作平台工况特殊，炉门、炉框等设施表面温度为200～300℃。若机侧、焦侧的小炉门和炉门密封不严则会冒烟着火。炉门一旦冒火，只能用压缩气体吹灭，若用常温水灭火，设备极易炸裂，因此应设置压缩空气管接头。

7 焦炉结构要求设有地下室且距离明火（装载红焦炭的熄焦车）约3.0m，作为特殊的工业炉装置考虑，焦炉区域为非爆炸危险环境，符合现行国家标准《爆炸和危险环境电力装置设计规范》GB 50058第2.2.2条的规定。这种结构的焦炉在国内已有近六十年的生产运行经验，安全可靠。考虑焦炉地下室及烟道走廊内布置有煤气管道和煤气设备，应设置通风换气装置，使易燃物质的最高浓度不超过爆炸下限的10%，并设置火灾自动报警系统和灭火装置。

8 防止因高温烘烤而引起电气室和液压站内着火。

6.3.4 本条规定的目的在于防止满载红焦的熄焦车通过邻近的建筑物时，烘烤可燃材料而引起火灾。

6.3.6

1 焦侧有熄焦车频繁往来行驶，因而不能在焦侧烟道走廊设置出入口。机侧比焦侧安全，焦炉上操作工人大部分集中在煤塔和端台处，因此出入口设置在这三处较合适，也便于消防人员出入。

2 进煤气管道的地沟应加盖板且盖板应能打开，是为了便于煤气管道检修；能在地沟内进行检查和放水，是为了便于煤气管道安全检查；沟内空气应自然流通，是为了不使漏失的煤气在地沟内积累起来，形成爆炸性气体。

3 焦炉煤气爆炸极限为6%～30%，极易爆炸，以往亦有这种事故，因此很有必要设末端防爆装置，把爆后气体引向室外以防止引起二次火灾。

4 地下室煤气管道的末端放散管是不常用的管道，天长日久易于堵塞，故在易于积尘和液体的部位开设清扫孔，便于使用前清扫。

6.3.7

3 槽罐区一般包括油品的贮存和油品的装卸。机车在该区作业主要是将空槽车送到装卸台区，将装完油品的槽车牵引出去。所谓安全型内燃机车是指在运行过程中不会产生火花等隐患。如用普通的蒸汽机车，采取的安全措施一般是在烟筒上装防火罩、进出油品装卸应关闭炉门和除灰室等。

5 设置阻火器的作用是阻止火（星）进入甲、乙类油品槽里。

对于只设放散管的贮槽，阻火器的安装位置顺序是：贮槽通气管-阻火器-放散管-大气。如贮槽设呼吸阀时，阻火器的安装位置顺序是：贮槽通气管-阻火器-呼吸阀-大气。但贮槽必须同时也设置放散管。放散管的安装仍应符合以上规定的顺序，如图2所示。

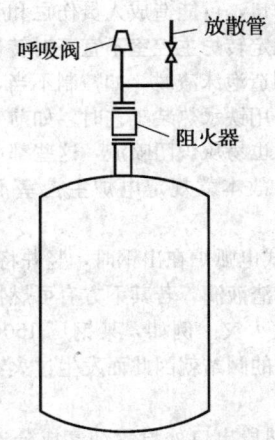

图2 阻火器设置示意图

7 纯二硫化碳（CS_2）的密度为1.292g/mL，沸点为46.25℃，与苯等有机溶剂按任意比例互溶可挥发，极易着火，需存贮在－12℃以下的暗处。生产使用时必须防火、防中毒。一般是向CS_2贮槽内注水，以形成200～300mm以上的水层，进行密封存贮。在该贮槽周围地面上需维持20～30mm以上的水层，以防止因CS_2泄漏、挥发而引起的人员中毒及造成火灾隐患。

轻苯分馏出的初馏分，CS_2含量一般波动在8%～35%范围内，此外还有较多的环戊二烯、苯（一般15%～20%），以及少量的饱和烃、硫化氢、丙酮、乙腈和其他不饱和化合物。经几十年的生产实践表明，初馏分可以在露天贮槽贮存，应布置在油槽（库）区的边缘，四周应设防火堤，堤内地面及堤脚做防水层。

6.4 耐火材料和冶金石灰

耐火材料和冶金石灰的重点防火区域是乙醇仓库及泵房、含乙醇液态酚醛树脂仓库、铝粉（镁铝合金粉）仓库、硅粉仓库、柴油库及泵房、煤气发生炉间、Sialon结合制品车间、金属陶瓷滑板车间、塑性相结合刚玉砖车间。相关的车间主要有长水口车间、镁碳砖车间、不定形车间以及需要采用柴油、煤气的车间。

6.4.1 依据现行国家标准《采暖通风与空气调节设计规范》GB 50019第5.1.12、5.4.2、5.4.3条要求制定。

6.4.2 本条文根据现行国家标准《石油库设计规范》GB 50074第6.0.12条制定。

6.4.3 本条文参考《钢铁厂工业炉设计手册》（1979年5月第一版）第424页四、（四）条："悬浮在含氧量大的气体介质中的煤粉，可爆性大并爆炸力强，实践表明在氧含量小于16%的气体中，煤粉不会爆炸"而制定。

6.5 烧结和球团

烧结主要工艺组成如下：原燃料接受及制备系统、配料混合系统、烧结冷却系统、主抽风系统、整粒筛分系统、成品输出系统。

球团主要工艺组成如下：原燃料及黏结剂进料系统、精矿干燥及高压辊磨系统、配料混合造球系统、球团焙烧冷却及风流系统、煤粉制备及喷煤系统、燃油贮存输送及供油系统、燃气净化加压及燃烧系统、成品输出系统。

针对以上流程确定烧结和球团的重点防火区域或主要建（构）筑物及设施是：烧结冷却系统、主抽风系统、球团焙烧冷却及风流系统、煤粉制备及喷煤系统、燃油贮存输送及供油系统、燃气净化加压及燃烧系统及其相关建（构）筑物和设施。

6.5.1 烧结冷却系统包括烧结机室和冷却机室，点火器布置在烧结机室，需要24h不间断地使用煤气（焦炉煤气、高炉煤气或混合煤气），是烧结厂发生火灾的高危场所。因此，本规范对点火器的防火设计提出了严格具体的要求。

但点火器只是烧结厂煤气设施的一个重要组成部分，本规范也只是对点火器在烧结工艺中的特殊要求进行了规定，其他涉及煤气的通用规定（如煤气管道的防雷接地、排水、焊接及热膨胀等）和烧结工艺中使用煤气的其他设施都必须遵守现行国家标准《工业企业煤气安全规程》GB 6222的有关规定。

烧结矿冷却后的平均温度对于冷却机卸料胶带是否能正常工作至关重要，很多钢铁冶金企业均发生过因烧结矿冷却不好而导致烧结运料皮带及通廊毁于火灾的案例，严重影响了设备作业率，因此本规范明确规定在冷却机设计时要求冷却后的烧结矿的平均温度应低于150℃。

6.5.2 根据原冶金工业部《烧结球团安全规程》第

3.3.6条的有关条款制定。机头电除尘器处理的烟气是来自烧结机大烟道的烧结含尘废气，由于烧结配料的不同，烟气和粉尘的性质会有所不同。当机头电除尘器处理烧结配料中加入了可燃含铁杂料（如为油轧钢皮）或因烧结生产固体燃料以无烟煤为主而产生的烟气，都有可能引起机头电除尘器的燃烧或爆炸。因此，为了保证机头电除尘器的安全运行，应严格控制可燃物或气体进入机头电除尘器，同时机头电除尘器的外壳设计应设置防爆门（或防爆阀）。

6.5.4 球团煤粉制备系统与水泥焙烧的煤粉制备系统工况十分相似，而与高炉喷吹烟煤系统的工况相距甚远，本条依据现行国家标准《水泥厂设计规范》GB 50295 的有关规定制定的。

1 关于煤粉制备的烘干介质的规定是依据现行国家标准《水泥厂设计规范》GB 50295 第 6.6.5 条的规定，以及某 120 万 t/a 球团厂因燃煤热风炉提供的热风中夹带火星（大颗粒煤灰）引起布袋收尘器燃烧爆炸的火灾案例而制定的。

2 当磨煤机断煤时，利用旁通放散烟囱调节入磨干燥介质温度，需防止出磨气体温度过高引起爆炸；煤磨间为易燃易爆场所，而煤粉制备热风炉属易散发火花地点，从满足生产和防火安全角度考虑，作出专门规定。对磨煤机的出口煤粉和除尘器的煤尘温度的要求是依据原冶金工业部《烧结球团安全规程》的相关规定制定的。

3 对不同煤种在煤仓内的贮存时间要求是依据原冶金工业部《烧结球团安全规程》的相关规定制定的。

6.6 炼 铁

炼铁的主要工艺组成有供料及上料系统、炉顶装料系统、高炉炉体系统、风口平台及出铁场系统、炉渣处理系统、煤粉制备及喷吹系统、热风炉及煤气系统、鼓风系统、铸铁机室、碾泥机室、铁水罐修理库、倒渣间和混铁车修理间等。

针对以上工艺流程确定的重点防火区域或主要建（构）筑物及设施是煤粉制备及喷吹系统、热风炉系统、高炉运输皮带、炉顶液压系统。

供料及上料系统的带式输送机的防火要求见本规范第 6.2 节。

炼铁厂使用煤气的管道设备的防火要求见本规范第 6.13 节。

炉顶液压站、热风炉液压站的防火要求，见本规范第 6.12 节和第 7、8 章。

6.6.4 国家现行标准《炼铁安全规程》AQ 2002—2004 将炼铁系统分为三类煤气作业区。炉体系统基本上属于一类煤气作业区，易于产生煤气。为防煤气中毒和爆炸，要求风口、渣口及水套和固定冷却设备的进出水管等密封严密，不得泄漏煤气。

6.6.6

3 考虑到当煤粉喷吹设施在热风炉附近时，便于利用热风炉烟道废气，以节约能源。

4 安全防护措施包括自动报警，同时自动充入保护性气体、系统紧急停机等。

9 "应保证风口处氧气压力比热风压力大 0.05 MPa；保安用的氮气压力不应小于 0.6MPa"的规定同国家现行标准《炼铁安全规程》AQ 2002—2004 第 10.3.5 条；"应大于热风围管处热风压力 0.1 MPa"是根据多年设计高炉的经验和实践验证而确定的。

6.7 炼 钢

炼钢的重点防火区域或主要建（构）筑物及设施是主厂房、主控楼、液压润滑站（库）、电缆夹层、电缆隧（廊）道、可燃气体的使用和贮存场所。

6.7.2

1 转炉在兑铁水时易发生严重的喷溅事故，若主控室正对炉口，可能造成人员伤亡和引发主控室火灾，故本款规定转炉主控室不宜正对转炉炉口；电炉在吹氧喷碳制造泡沫渣时，如控制不当，易从炉门跑渣；当电炉采用铁水热装工艺时，如前一炉氧化渣过多，兑铁水时也易从炉门喷渣，这些都可能引发主控室火灾事故，故本款规定电炉主控室不得正对电炉炉门。

5 竖井式电弧炉在出钢时，竖井将开至停放位，会流下高温钢渣液滴，若其下方有可燃物质或地面有积水极易引发火灾。例如，某钢厂 150t 竖炉位于竖井停放位下方的阀站就因此而发生过火灾，故本条对此作了规定。

6 在预热段出口处设置烟气成分连续测量装置的目的是保证烟气在进入烟气净化设备前被完全燃烧。

8 2005 年 4 月，某钢铁集团第一炼钢厂的钢包车升降式 RH 装置，因钢包漏钢水流入地下液压提升机构引发火灾，造成人员伤亡，故对这类装置设计时必须采取防止漏钢钢水浸入地下液压装置的可靠措施。

6.7.3 近年来，个别无炼铁生产的电炉钢厂，为实现电炉热装铁水工艺，从邻近地区的炼铁厂购买铁水，通过城市公共道路将铁水运入本厂，铁水运输车与城市公共道路上的各种车辆混行，极易酿成严重的人身安全与火灾事故，故炼钢安全规程已对此作了禁止的规定，本规范从防火角度考虑再次予以规定。

6.7.4 某钢厂曾发生渣罐运输车因在铁路道口前急停造成液渣外抛，引发司机室大火烧死司机的重大事故，所以当采用无轨运输液渣或铁水时，宜设置专用道路。

6.7.6 增碳剂等易燃物料的粉料加工间，必须做好粉尘收集净化工作，其目的在于防止因粉尘逸散酿成爆炸事故。

6.8 铁合金

铁合金生产按所使用设备可分为电炉法、炉外法、真空电阻炉法、高炉法及转炉法。主要工艺由原料准备、湿法或火法冶炼、产物处理三大部分组成。

铁合金厂一般与钢铁联合企业相对独立，产品种类多，生产工艺多样，包含原料、选矿、焙烧、浸出、沉淀、烧结、球团、碳素、高炉、转炉、电炉、摇炉、熔炉、电阻炉、浇注、破碎、筛分、精整、称量、包装等工序，涉及化工、有色冶金、黑色冶金等领域。

针对以上工艺流程，确定铁合金的重点防火区域或主要建（构）筑物及设施是易燃物料的粉料加工间及库房、煤气系统、液压站和电气室。

铁合金厂属于化工和有色冶金部分工艺系统的防火设计还应遵从其他相关规定。

6.8.1～6.8.3 铁合金熔体和熔渣与铁水、钢水及液体炉渣类似，锰铁高炉与炼铁高炉类似，中碳锰铁转炉和低碳铬铁转炉与炼钢转炉类似，所以要遵从相关规定。

6.8.4 粉料加工间容易发生爆炸，是重点防火部位。

6.9 热轧及热加工

热轧指将原料加热至足够高的温度然后进行轧制加工的工艺过程。热轧宽带钢轧机、中厚板轧机、炉卷轧机、薄板坯连铸连轧机、开坯轧机、大中小型（棒）材轧机、高速线材轧机、各种热轧无缝钢管轧机等均属热轧机。

热加工指将原料加热至足够高的温度进行非轧制的压力加工工艺过程，如锻造（快锻、精锻等）、挤压等。

针对以上工艺流程，确定重点防火区域或主要建（构）筑物及设施是液压润滑系统、电缆夹层、电缆隧（廊）道、地下电气室、油质淬火间和轴承清洗间等可燃油质的使用场所、热轧机架。

6.9.1 主操作室应尽量不设置在输送热坯的辊道上方，但在某些情况下（如需操作工用手动操作的二辊可逆开坯机等），为视线良好，则需将操作室设在辊道上方，其底部会经受热坯烘烤。

为获得良好视线，操作室需设置在距辊道较近的位置，此时就会经常受到热坯烘烤。未经除磷的热钢坯在轧机中轧制时，轧机冷却水进入氧化铁皮与钢坯之间，水汽化就会引起铁皮爆裂、飞溅。采用高压水除磷时，若除磷箱进出口防护不严，也会有铁皮飞溅。在这些类似情况下，操作室需要设置绝热设施。

6.9.2 所谓快速切断的专用阀是指能在瞬时动作关闭油路的阀，平时不用。

6.9.3 可燃介质指可燃气体及甲、乙、丙类液体。这类管道及电缆下禁止温度高于500℃的红钢停留，但允许其通过。

6.9.4 设置安全罩或挡板的目的，在于防止热轧件及热切头窜出设备而引起地面和平台表面上的可燃介质管线及电缆线发生火灾。

6.9.7 安全回路的仪表装置包括加热炉启停联锁装置、风机启停联锁装置、总管煤气切断阀、自动温控系统等。报警主要包括超温报警、断热电偶报警、热电偶温差超限报警。

6.9.8 因轧机润滑系统用油为可燃油，所以需要设置监测和报警装置。

6.10 冷轧及冷加工

冷轧指在常温下对原料进行轧制加工的工艺过程。如冷轧带钢轧机、冷轧钢筋轧机、各种冷轧钢管轧机。

冷加工指在常温下对原料进行非轧制加工的工艺过程。如冷拔、冷弯（焊管）、冷挤压。冷轧的后续加工如涂镀工序也归入冷加工工艺中。

针对以上工艺流程，确定冷轧及冷加工的重点防火区域或主要建（构）筑物及设施是液压润滑系统、电缆夹层、电缆隧（廊）道、电气地下室、镀层与涂层的溶剂室或配制室以及涂层黏合剂配制间、保护气体站、油质淬火间和轴承清洗间等可燃油质的使用场所、轧机区。

6.10.7 冷轧钢带热处理所用保护气为纯氢气或含氢气体，属易燃易爆气体，因此保护气体站宜为独立建筑，并设有围墙保护。

6.11 金属加工与检化验

金属加工和检化验工艺系统重点防火区域及区域内的主要建（构）筑物和设施是高炉、冲天炉、感应电炉等热作业场所；以及可燃气体与燃油的使用和储存场所；大型工件淬火油槽、地下循环油冷却库、木模间、聚苯乙烯造型间；石墨型加工间、石墨电极加工间、化验室、可燃气体化验分析室、电缆隧（廊）道、电缆夹层等。

6.11.3 铸造车间在铁水、钢水等熔液浇注时，易发生高温熔液喷溅事故；感应电炉熔炼时易发生炉体烧穿造成损坏设备事故。故应有容纳漏淌熔液的设施以及保护感应电源的应急措施。

6.11.4 由于大型工件的淬火油槽深达十几米，已有数起淬火过程中因起重机故障，工件不能快速进入油槽，导致火焰顺工件燃烧至驾驶室的事故，为防止此类事故发生，故作此规定。

6.11.5 可燃气体与燃油的使用和储存场所、石墨型加工间、石墨电极加工间是易燃易爆区域，因此应按本规范附录C的要求采用防爆电气设备和照明设备。

6.11.6

1 理化分析中心、燃气化验室、可燃气体分析室内采用管道输送可燃气体时，为防止发生火灾，应设置紧急切断阀并设置火灾自动报警装置。

2 某钢厂炼钢主控制楼近期发生重大火灾事故，火焰顺电缆夹层燃烧至化验室，造成化验室人员死亡。故本款特别进行规定。

6.12 液压润滑系统

6.12.1 液压系统一般工作压力较高，供油系统管道破裂或其他原因引起泄漏，易造成高压喷射油雾，油雾的闪点较低，易于燃烧，因此要求液压系统有完善的安全、减压和闭锁措施。

6.12.2 液压站、润滑油站（库）和电缆隧（廊）道、电气地下室都是钢铁冶金企业的重点防火区域，火灾危险性较大，而油库区域易产生油气，鉴于此要求设计中两类场所不宜连通。如确需连通时，则应做防火隔断，所使用的防火门应为甲级且常闭。

6.12.3 为满足工艺要求，液压润滑油库距离其所属设备或机组的距离不应太远。我国钢铁冶金企业自20世纪60年代以来引进的轧机，均设有地下润滑油库和液压油库，由于外方对该类地下油库的消防、通风及电气设施的设计提出了较为严格的要求，运行至今，未发生过重大事故。故作此规定。

6.12.4 为避免油桶的摔、撞，便于装卸，故规定桶装油品库应为单层建筑。从安全性和经济性考虑，规定当丙类桶装润滑油品与甲、乙类桶装油品储存在同一栋库房内时，两者之间应设防火墙隔开。

为利于发生火灾事故时人员与油桶的疏散，规定应设外开门。丙类桶装润滑油品的危险性较低，所以也可以在墙外侧设推拉门。每个防火隔间的开门数量，与现行国家标准《建筑设计防火规范》GB 50016 的相关规定一致。规定设置斜坡式门槛，主要是为了在发生事故时，防止油品流散到室外而使火灾蔓延。但斜坡式门槛也不宜过高，过高将给平时作业造成不便。

按桶装油品的性质，规定库房建筑应采取相应的防火、防雷和自然通风措施。

6.13 助燃气体和燃气、燃油设施

钢铁冶金企业生产中使用的助燃气体如氧气，可燃气体如氢气、乙炔气、煤气、天然气、液化石油气，可燃液体如柴油、重油等，其生产或储存的火灾危险类别在本规范有关章节已作规定。本规范未规定的，尚需遵循现行的专业设计规范、安全规程，如现行国家标准《氧气站设计规范》GB 50030、《氧气及相关气体安全技术规程》GB 16912、《氢气站设计规范》GB 50177、《氢气使用安全技术规程》GB 4962、《乙炔站设计规范》GB 50031、《工业企业煤气安全规程》GB 6222、《发生炉煤气站设计规范》GB 50195、《汽车加油加气站设计与施工规范》GB 50156、《石油库设计规范》GB 50074、《石油化工企业设计防火规范》GB 50160 等。

6.13.2 当场所内的氧含量体积组分≥23%时，则成易燃空间。因富氧发生燃烧造成人员伤亡事故有多次报道。2002年西北某企业的氧气站控制室，因未设置氧浓度报警，在氧气导压管泄漏后，值班人员没有及时发现，氧气不断富集，直至控制室的电器盘首先冒烟着火，紧接着可燃物全部着火，一片火海，当场烧死值班人员3名。氧含量体积组分<23%是钢铁企业动火的界限，本规范的氧含量体积组分≥23%，引自现行国家标准《氧气及相关气体安全技术规程》GB 16912。对于氧浓度的报警（缺氧<18%、富氧≥23%）设置，参照现行国家标准《缺氧危险作业安全规程》GB 8958，且近几年开始大量采用氧浓度的报警，故用"应设置"。对于有人员集中的场所如控制室，若仪表导管内有氧气介质并引入房间者，应设置氧浓度报警。

6.13.4

1 制氢系统、发生炉煤气系统、煤气净化冷却系统中的露天设备是指工艺水冷却塔、制氢的变压吸附器、洗涤塔、除尘器、电扑焦油器、煤气脱硫塔、中间罐、反应槽、脱液器、压缩机等设备。这些设备是钢铁企业公辅设施系统的中间环节，与公辅系统流程的上、下游设备有紧密联系，其安全主要靠工艺流程的各种检测仪表、联锁功能、设备的自身安全设置、管理制度来保证。其间距和与所属厂房的间距不能简单地按照甲、乙类气体容器的防火间距作为一种防火安全措施。间距是根据工艺流程畅通、靠近布置来确定，且不影响检查、操作、维修的要求。

6 现行国家标准《工业企业煤气安全规程》GB 6222 第4.3.2条规定，煤气调压放散管必须点燃并有灭火设施，管口高度应高出周围建筑物，一般距离地面不小于30.0m。化工系统的可燃气体点燃放散装置，称为火炬，火炬点燃放散后的热量对周围设备和人员的影响均有计算，现行国家标准《石油化工企业设计防火规范》GB 50160 第4.4.9条和第4.4.13条对可燃气体放散提出了相应要求。相比较而言，化工企业对可燃气体的放散点燃设计更为合理，现行国家标准《石油化工企业设计防火规范》GB 50160 规定："距燃烧放散装置30.0m内严禁可燃气体放空"，本规范部分采用该规定。"距燃烧放散装置30.0m"是指以煤气放散管顶部的燃烧器为中心，半径为30.0m的球体范围。

8 设置排污水的水封井等隔断设施，是为了防止比空气重的可燃气体、可燃液体随着污水管沟流向系统外，造成意外事故。

9 现行国家标准《石油天然气工程设计防火规范》GB 50183 及《城镇燃气设计规范》GB 50028 中

规定液化石油气储罐钢制支柱的耐火极限为2.00h，故本款按2.00h要求。

6.13.5 高炉煤气干法布袋装置内的温度较高，一般在180~200℃，高炉事故时可能超过300℃，脉冲气源若采用空气，空气中的氧将加入到煤气中，存在发生事故的可能，故应用氮气源。

6.14 其他辅助设施

6.14.3

6 氧气、乙炔、煤气、燃油管道供自身用的电缆，是指管道上的电动阀门用电、仪表用电、操作平台梯子照明用电的电缆。

6.14.4

1 采矿剥岩及矿石运输汽车，一般都采用柴油车辆，只有少量辅助运输汽车是汽油车。国内的矿山设计，过去基本上将其保养车间单独设置。而国外矿山设计，也有将矿用汽车及推土机、装载机等重型柴油机械与采掘机械合建维修车间的。考虑今后发展及国内相关设计防火规范的要求，规定其保养车间一般宜单独建造，但当维修车位在10个及以下时可与采选机械维修间厂房及库房合建。考虑到小部分厂房内的铆焊工部有焊接火花及火焰产生，故规定不得与汽车加油站、桶装润滑油库、氧气瓶及乙炔气瓶库等甲、乙类物品库房组合或贴邻建造。

2 因工艺需要，汽车及重型柴油机械保养车间与电机车定检库需要附设蓄电池（俗称电瓶）充电间。某些电瓶充电时会散发氢气，对该类充电间，参考现行国家标准《汽车库、修车库、停车场设计防火规范》GB 50067的相关规定，充电间应布置在附属厂房靠外墙的位置，并对其与相邻充电机房及厂房之间的防火间隔、安全出口等作出规定。同时设计应采用防火、防爆、防酸腐蚀及机械通风措施。

3 因工艺需要，矿山汽车及重型柴油机械保养车间需要附设喷油泵试验间。由于喷油泵试验时容易产生柴油雾气，因此喷油泵试验间应布置在附属厂房靠外墙的位置，并应设计机械通风与油品介质相应的防爆措施，如采用轻柴油、煤油、汽油试验时，就应采用防爆措施。

7 火灾自动报警系统

7.0.1、7.0.2 本条是在总结几十年来中国钢铁冶金企业火灾案例分析、消防安全系统运行有效性、可靠性分析等经验的基础上，本着系统安全可靠、先进适用、经济合理的原则对钢铁冶金企业的各类主要的防护区域火灾自动报警作出了明确规定。

1 根据统计，钢铁冶金行业中电缆火灾占了很大的比重，其中有几起造成了巨大损失。钢铁冶金企业内涉及供配电、控制、信号、动力等方面的电缆遍布全厂，尤其在电缆隧（廊）道、电缆夹层、电气地下室、电缆沟和车间内电缆桥架等建筑或区域内电缆密集程度很高，火灾具有发展速度快、扑救困难等特点，另外这些电缆往往贯通全厂，火灾易于蔓延，危害性很大。近年来冶金企业也开始大量采用阻燃电缆，这往往造成人们的麻痹，实际上阻燃或阻止火焰传播的电缆并不意味着该电缆是非可燃的，"在适当的条件下，阻燃电缆会支持自持燃烧"（引自我国《核安全法规》HAF 0202附录Ⅷ"电缆绝缘层"）。另外美国的电缆耐火研究也表明：不仅阻燃电缆支持燃烧，而且涉及阻燃电缆的火灾比起非阻燃含聚氯乙烯的电缆火灾更难扑灭。鉴于此，本条对电缆火灾危险场所作了详尽的规定。

2 钢铁冶金企业电气地下室火灾场景十分复杂，一般包含大量的电缆托架、电气设备，甚至还有油类设备等，一旦发生火灾，危害性很大，因此本规范将其作为重点保护对象，规定应设置火灾自动报警系统。

3 由于冷轧轧机使用轧制油的特点，不锈钢冷轧机组、修磨机组（含机舱、机坑、附属地下油库和烟气排放系统）也很容易发生火灾，因此本规范规定应设置火灾自动报警系统。

4 钢铁冶金企业存在着大量的液压润滑油库，常使用的液压油主要是乳化液、脂肪酸脂、水乙二醇等难燃油类，但根据近几年工艺加工精度的要求，可燃液压油得到了更广泛的使用。润滑油多为石油基，闪点（开口）一般高于120℃。根据油库所处的位置、用油量的大小、发生火灾后的危害程度不同，采取了不同的设置原则：

1）油箱总容积指油箱内储存的油的体积。油液总容积指油管廊中油管内所储存油的总体积。地上的封闭式液压站和润滑油站（库）的设置位置包括在地面和高空平台上的。

2）地下的液压站、润滑油库油罐廊等，由于处于地下，出现问题不易发现，而且扑救困难，火灾危害大，应设置自动探测报警系统。

3）距离地坪标高24.0m及以上的液压润滑站房（如高炉炉顶液压站等），当其油箱总容积大于等于2m³时，火灾危险性较大，而且位于高空，扑救困难，应设置火灾自动报警系统，以便尽早发现火灾，及时扑救，避免或限制火灾蔓延，减少火灾损失。

4）距离地坪标高小于24.0m的，油箱总容量大于10m³的地上封闭液压站、润滑油库，火灾危险性大，这些场所也应设置火灾自动报警系统。

5）对于钢铁冶金企业中大量存在的小型地上液压站、润滑油站，多设置于敞开空间，而且位置分散。另外由于这些场所可燃油少，即使发生火灾影响范围也很小。因此本规范未作规定，但有条件时，宜设置火灾自动报警系统。

5 钢铁冶金企业中存在较多一般性质的电气室、仪表室，其内部可燃物很少，因此本规范依据国家现行标准《冶金企业火灾自动报警系统设计》YB/T 4125的相关规定，对于这些场所中屏、柜数量大于一定数量的电气室和仪表室宜设火灾自动报警系统。

6 矿区车间变电所及井下变电所往往容量较小，火灾危险性小，且发生火灾时对周边影响较小，人员也不便于监控。因此本规范不作规定，但如果条件允许，宜设置火灾自动报警系统。

7.0.3 钢铁冶金企业焦化、耐火、石灰等工艺中均使用煤气等可燃气体，且不同工艺中煤气的成分也会有所不同，例如焦炉煤气含H_2约58.8%、含CH_4约25.6%，仅含约5.9%的CO，爆炸性可燃气体成分高，而转炉煤气含CO约58.5%、含N_2约21.5%、含CO_2约15.1%。总体而言，煤气富含CO、CO_2、H_2、CH_4、O_2等。总结冶金行业以往的成功做法，并参考国家现行标准《石油化工企业可燃气体和有毒气体检测报警设计规范》SH 3063和现行国家标准《火灾自动报警系统设计规范》GB 50116的相关规定，本条对可燃气体检测报警系统的设置作了规定。

工艺装置包括各工艺内按本规范附录C所示的爆炸和火灾危险环境区域属于2区以及附加2区内的所有区域，如煤气净化系统的鼓冷、脱硫、粗苯、油库等工段，苯精制，焦炉地下室，煤气烧嘴操作平台等；储运设备包括符合本规范附录C所示的爆炸和火灾危险环境等级属于2区以及附加2区内的储罐区、装卸设备、灌装站等。

可燃气体检测报警装置的设置要求可以参考国家现行标准《石油化工企业可燃气体和有毒气体检测报警设计规范》SH 3063和现行国家标准《火灾自动报警系统设计规范》GB 50116的相关规定。

7.0.4 对于只有二个工艺厂区的小型企业，宜采用控制中心报警系统，另外由于许多新建或改、扩建工程中往往建筑面积十分紧张，工厂设专人管理的可能性很小，不能单独设置消防控制室，根据近几十年来冶金企业的成功做法，此时消防控制室可与其他生产过程的主控制室或中央控制室等合并建设。因为中央控制室、主控制室等长期24h有人值守，并且合并建设便于在火灾时结合生产的实际状况进行消防救灾，统一指挥管理。

7.0.5 按照我国目前规定的钢、铁产能100万t以上的即为大型企业，这样的企业往往会包含多条工艺生产线，即多个工艺厂区，工艺复杂，保护对象类型多，火灾的直接和间接危害性较大。为了快速反应、及时处理、控制和扑灭火灾，本条规定对于一定规模以上的企业，应设消防安全监控中心。这样做还有如下好处：第一，实现消防安全系统的集中监控和管理；第二，减少业主的人员和资金投入；第三，便于

工厂根据灾害情况进行决策，及时恢复生产。

根据钢铁冶金企业的特点，并结合现行国家标准《消防通信指挥系统设计规范》GB 50313的相关规定，本条规定了钢铁冶金企业消防安全监控中心应具有的功能。与城市119消防指挥系统不同的是：本系统更强调实时监控功能，要求达到远程的监视和控制，目的在于立足自救，提高系统的应对速度和能力。

8 消防给水和灭火设施

8.1 一般规定

8.1.1 消防系统的规划设计应与全厂的规划设计统一考虑，尤其是消防用水、给水管网等更应该与全厂用水统一规划设计，从而降低消防系统的投资，提高消防管理水平。

8.1.6 凡是生产、使用、贮存可燃物的工业与民用建筑均应配置灭火器。因为有可燃物的场所，就存在着火灾危险性，需要配置灭火器加以保护。反之，对那些确实不生产、使用和贮存可燃物的建筑，则可以不配置灭火器。

8.2 室内和室外消防给水

8.2.1 钢铁冶金企业的炼钢、连铸车间，热轧及热加工车间，冷轧及冷加工车间等丁、戊类厂房，耐火等级多为一、二级，而且可燃物少，根据现行国家标准《建筑设计防火规范》GB 50016的规定，可不设室内消防给水。但存放甲、乙、丙类设施或物品的区域还应该设置。

8.2.2 以下建筑物和场所可不设置室内消防给水的理由是：

煤储存的火灾危险主要来源于煤炭具有自燃的特性，但煤的自燃是需要经过90d左右熟的潜伏期才会发生的。焦化厂所使用的煤是经洗煤厂机械加工后，降低了灰分、硫分，去掉了一些杂质，含水率10%左右的洗精煤，而且煤种、煤的运输量也与火力发电厂不同，而且从近五十年的生产实践经验来看，钢铁冶金企业中煤和焦炭的运输、贮存、加工场所火灾发生的几率也很小。

运输煤、焦炭和矿石的地上及地下的带式输送机通廊和带式输送机驱动站、受煤坑，煤塔，切焦机室等，有的是工艺装置高度较高，有的因建筑内生产使用的煤或矿料较难点燃，采用室外消火栓可以解决问题，因此可不设室内消防给水。

对于煤仓，煤在储仓中停留时间一般不超过15d，中转时间短，不会发生自燃；一旦发生火灾，将会在上部或周边产生大量水煤气，对消防人员的人身安全构成危害，正确的处理方式是将仓内煤卸到

仓下部，利用室外消火栓将其扑灭。

电缆隧（廊）道和电气地下室由于位于地下，平时无人值守，一旦发生火灾，人员很难利用设置的室内消火栓进行灭火操作，所以当此类场所设置了自动灭火设施时，可不设置室内消火栓。

在钢铁冶金企业中还存在大量耐火等级为一、二级且可燃物较少的单层、多层丁、戊类厂房（仓库），如洗矿厂房、选矿主厂房等，以及耐火等级为三、四级且建筑体积小于 $3000m^3$ 的丁类厂房和建筑体积小于等于 $5000m^3$ 的戊类厂房（仓库），应根据现行国家标准《建筑设计防火规范》GB 50016 的相关规定不再设置室内消火栓。

8.2.5 设置箱式消火栓是为了岗位人员及时对设备进行冷却保护，适合在加热炉、可燃气体压缩机、介质温度高于自燃点的可燃液体泵及热油换热等设备的附近设置，并要求配以多用雾化水枪（即可以喷水雾或直流水柱），以免高温设备遇水急冷导致设备破裂。

8.2.7 对于用电设备，普通的水枪会导致漏电、导电等现象发生，故宜采用喷雾水枪。

8.3 自动灭火系统的设置场所

8.3.1 根据钢铁冶金企业几十年的火灾案例分析，自动灭火系统的防护范围主要集中在以下场所：变（配）电系统，电缆隧（廊）道、电缆夹层、电气地下室等电缆类火灾危险场所，液压站和润滑油库等可燃液体火灾危险场所，以及彩涂车间的涂料库、涂层室、涂料预混间等。

1 电缆火灾事故在国内外屡有发生，美国 1965～1975 年间电线电缆火灾共 1000 余起，直接损失上亿美元。我国在各行业的工矿企业和民用建筑中，几乎都有电缆火灾事故的发生。统计表明，电缆火灾事故的几率分布主要在钢铁冶金企业、电厂、石化企业的电缆群密集场所。钢铁冶金企业的电缆密集场所更多，并且二十年来，发生了多次特大火灾，有的损失高达十多亿元，可见其危害性是非常大的。本规范中对电缆火灾危险场所设置的自动灭火系统的制定原则和依据如下：

1) 对于易于发生火灾，且发生火灾后会造成对控制室、电气设备室等重要区域有致命损害的，应设自动灭火系统。这些区域包括：电气地下室、厂房内的电缆隧（廊）道、厂房外的连接总降压变电所的电缆隧（廊）道、建筑面积大于 $500m^2$ 的电缆夹层。其中电气地下室较为特殊，布置有密集电缆和电气设备，甚至还有油类设备，火灾危险性很大，一旦发生火灾，其火灾危害也很大。对于电缆夹层，根据几十年来钢铁冶金企业的设计和实践，大于 $500m^2$ 的多为重要建筑、火灾负荷大且火灾危害性大，因此大于 $500m^2$ 的电缆夹层应设定自动灭火系统。

2) 对于易于发生火灾，发生火灾后对周边区域有较大损害的，本规范规定宜设自动灭火系统，这些区域包括：建筑面积小于等于 $500m^2$ 的电缆夹层，厂房外非连接总降压变电所，长度>100.0m 且电缆桥架层数大于等于 4 层的电缆隧（廊）道；与电缆夹层、电气地下室、电缆隧（廊）道连通的，或穿越三个及以上防火分区的电缆竖井。

3) 根据我国的标准，阻燃电缆分为 A、B、C 三种类别，它是根据试验时垂直成束布放的电缆根数（即燃烧物的体积）和燃烧时间的不同来分类的。A 类的试样根数应使每米电缆所含的非金属材料的总体积为 7L，B 类为 3.5L，C 类为 1.5L；外火源燃烧时间 A、B 类为 40min，C 类为 20min。当试验结束，外火源撤除后，电缆炭化部分所达到的高度应不超过 2.5m。很显然，A 类的阻燃性能最优。如果用户在购阻燃电缆时不注明类别，通常购的都是 C 类阻燃电缆，其价格大约比普通电缆高 5%～10%。A、B 类阻燃电缆只有在用户明确提出要求时，电缆生产厂才会专门安排生产。不同等级的阻燃电缆，其使用场合有所不同，一般应根据电缆敷设时的密集程度、使用场合、安全性要求等来选用。目前，A、B 类阻燃电缆只有在敷设密集程度高、火灾危险性大的电缆线路，或者比较重要的场所才使用。

阻燃电缆并不意味着该电缆是非可燃的，在适当的条件下，阻燃电缆会支持自持燃烧。我国《核安全法规》HAF 0202 附录Ⅷ"电缆绝缘层"中指出，"不仅阻燃电缆会支持燃烧，而且涉及阻燃电缆的火灾比非阻燃的含聚氯乙烯的电缆火灾更难扑灭，即使采用了阻燃电缆，由于电缆火灾使安全重要物项遭到损坏的可能性依然存在"。

4)《核安全法规》HAF 0202 附录Ⅷ"电缆绝缘层"指出：电缆火灾危险场所往往是成组电缆的深位燃烧火灾。

基于窒息原理的二氧化碳和基于切断燃烧链原理的 Halon 气体对于燃烧热已穿透导体层或温度已达到塑料的燃烧点的火灾的扑救是无效的。美国 FM 公司针对汽轮机房灭火系统研究指出，气体灭火系统的失败率高达 49%，其中 37% 是由于保护场所密闭性差而导致。在钢铁冶金企业中，电缆隧（廊）道纵横贯通，容积大，密闭性差。综合以上两点，气体灭火系统是不适用于电缆区域火灾的扑救的。

水介质有着对灭火十分有利的物理特性。它有高的热容〔$4.2J/(g·K)$〕和高的汽化潜能（$2442J/g$），可以从火焰或可燃物上吸收大量的热量；水汽化时体积膨胀 1680 倍，可以迅速稀释和排挤火灾周边的氧气和可燃蒸气。水的浸润作用可以有效扑救深位燃烧的火灾。

根据钢铁冶金企业成功的火灾扑救案例和专家的多次论证，并参照我国《核安全法规》HAF 0202 附录Ⅷ"电缆绝缘层"的相关论述——"设置自动灭火系统的电缆火灾危险场所，应考虑水基灭火系统为主要灭火手段"进行规定。

2 钢铁冶金企业的液压站、润滑油库等可燃液体火灾危险场所特点也是非常鲜明的，即所使用的油多为可燃介质，防护空间往往较大，有储油箱和不同压力等级的供油设备和系统，存在压力油雾、流淌、平面火灾，同时这些场所内还设有电缆桥架和电气设备。鉴于此，在此类场所设置自动灭火系统是遵循如下原则和方法的：

1) 地下液压润滑油库往往储油量大，发生火灾后的破坏性大，可能导致厂房结构的重大损毁或造成火灾的极大蔓延，另外产生的大量烟雾还将对厂房区域的各类设备造成二次损失。因此本规范规定储油量大于等于 $2m^3$ 的应设自动灭火系统。其中 $2m^3$ 的参数确定是根据钢铁冶金企业的特点：储油量大于等于 $2m^3$ 的地下液压润滑油库均属比较重要的场所。

2) 地面的液压站及润滑油库在钢铁冶金企业非常多，根据目前设计的实际情况，重要的地上液压站储油量均在 $10m^3$ 以上，一旦发生火灾，不及时扑救控制将严重危害生产和设备，因此规定储油量大于等于 $10m^3$ 的地面封闭式液压润滑油库宜设自动灭火系统。

3) 由于地下油管廊往往布置有输油管线、储油间和阀台等工艺设施，发生火灾后易于蔓延扩大，不易控制，因此考虑贮存的油类总容量大于等于 $10m^3$ 的此类场所应设自动灭火系统。

4) 地上架空设置的液压润滑站，如高炉炉顶液压站、高炉炉前液压站等，往往其火灾的扑救控制困难，易造成对周边区域设备或建筑的损毁，因此本条规定储油量大于等于 $2m^3$ 的应设自动灭火系统。

3 近年来，彩涂车间建设较多，而彩涂车间的涂料库、涂层室、涂料预混间等大量使用油漆等易挥发可燃液体，火灾危险性大，本条规定这些场所应设自动灭火系统，设计师可根据空间的具体情况选用气体、泡沫等自动灭火系统。

4 控制室、电气室、通讯中心（含交换机室、总配线室和电力室等）、操作室等场所性质重要，一旦发生火灾会造成很大的损失，参考现行国家标准《建筑设计防火规范》GB 50016 的有关规定，结合钢铁冶金企业特点，规定面积大于等于 $140m^2$ 的此类场所应设置固定灭火设施，面积小于 $140m^2$ 的此类场所宜设置固定灭火设施。

5 其他场所虽未作强制要求，但实际设计时也应根据火灾危害性分析的情况确定是否设置自动灭火系统。对于发生火灾后，可能会造成较大损失和影响安全生产的，经火灾危害性评估后，宜设置自动灭火系统。

8.4 消防水池、消防水泵房和消防水箱

8.4.1 本条规定了应设置消防水池的条件。

当厂区给水干管的管道直径小，不能满足消防用水量，即在生产、生活用水量达到最大时，不能保证消防用水量；或引入管的直径太小，不能保证消防用水量要求时，均应设置消防水池储存消防用水。

厂区给水管道为枝状或只有 1 条进水管，在检修时可能停水，影响消防用水的安全，因此，当室外消防用水量超过 25L/s，且由枝状管道供水或仅有 1 条进水管供水，虽能满足流量要求，但考虑枝状管道或 1 条供水管的可靠性仍应设置消防水池。

8.4.2 自动喷水、水喷雾、细水雾等灭火系统的水源可以取自工厂的新水和净循环水，但消防供水系统应增设过滤装置。通常在水泵入口处设置过滤器，并在供水管网中增设过滤器，过滤等级可根据相关灭火系统国家标准的规定确定。

8.4.3 为保证不间断地供应灭火用水，消防水泵应设有备用泵。备用泵的流量和扬程应不小于消防泵站内的最大一台泵的流量和扬程。

8.5 消防排水

8.5.1 在以往的工厂设计中，曾出现因未考虑消防排水而造成损失或消防系统使用不便的情况，另外考虑到消防排水往往无污染，可进入生产、生活排水管网，因此宜统一设计，而且排水管网的流量应考虑消防的排水量。

8.5.2 电缆隧（廊）道、电缆夹层、电气地下室等电气空间，如果其墙面和地面出现渗水、漏水的现象，并形成积水，不仅会给经常性的维护工作带来诸多麻烦和不安全，而且在雨季，电缆长时间受到水的浸泡，其绝缘会遭到破坏，尤其当遇有含侵蚀性的地下水时，其遭受的破坏更为严重。因此，条文中规定，对于这类电气防护空间，均应根据地下水位情况对其墙面和地面做必要的防水处理，并设置排水坑。设置排水坑的目的在于一旦防水处理因施工或材质原因出现局部渗漏时，也可设法及时将水排除，以避免事故的发生。

8.5.3 变压器、油系统的消防水量往往较大，排水中含有油污，易造成污染。另外如果变压器或油系统在燃烧时还有油溢（喷）出，水面上会有油火燃烧，因此消防排水应单独设置排放。同时还应在排水设施中设油、水分隔装置，以避免火灾蔓延。

9 采暖、通风、空气调节和防烟排烟

9.0.1 为防止可燃粉尘、纤维与采暖设备接触引起自燃，应限制采暖设备散热器的表面平均温度。

要求热水采暖时，热媒温度不应超过130℃；蒸汽采暖时，热媒温度不应超过110℃，这不能覆盖所有易燃物质的自燃点。例如松香的自燃点为130℃，

赛璐珞的自燃点为125℃、PS_3的自燃点为100℃，还有部分粉尘积聚厚度超过5mm时，在上述温度范围会产生融化或焦化，如树脂、小麦、淀粉、糊精粉等。由于易燃物质种类繁多，具体情况颇为繁杂，条文中难以作出明确的规定，故设计时应根据不同情况妥善处理。

运煤通廊等建筑物采暖耗热量很大，采暖散热装置布置困难，需要提高采暖热媒温度。现行国家标准《火力发电厂与变电所设计防火规范》GB 50229规定，"运煤建筑采暖，应选用光滑易清扫的散热器，散热器表面温度不应超过160℃"，这是符合实际的。因此，作出本条规定。

9.0.4 变压器室、配电装置等电气设备间装有各种电气设备、仪器、仪表和高压带电的电缆，不允许管道漏水、漏气，也不允许采暖管道加热这些设备和电缆。

9.0.6 事故通风是保障安全生产和人民生命安全的一项必要措施。对生产、工艺过程中可能突然散发有害气体的建筑物，在设计中均应设置事故排风系统。有时虽然很少或没有使用，但并不等于可以不设，应以预防为主。

事故排风系统的通风机开关应装在室内、外便于操作的地点，以便发生紧急事故时，能够立即投入运行。

9.0.7 直接布置在有甲、乙类物品产生的场所中的通风、空气调节和热风采暖设备，用于排除有甲、乙类物品的通风设备以及排除含有燃烧或爆炸危险的粉尘、纤维等丙类物质，其含尘浓度高于或等于其爆炸下限的25%时的设备，由于设备内、外的空气中均含有燃烧或爆炸危险性物质，遇火花即可引起燃烧或爆炸事故，为此，在本规范中规定，其通风机和电动机及调节装置等均应采用防爆型。同时，当上述设备露天布置时，通风机应采用防爆型的，电动机可采用密闭型的。

9.0.10 根据现行国家标准《建筑防火设计规范》GB 50016的规定，符合下列规定之一的干式除尘器和过滤器，可布置在厂房内的单独房间内，但应采用耐火极限分别不低于3.00h的隔墙和1.50h的楼板与其他部位分隔：

1 有连续清灰设备。

2 定期清灰的除尘器和过滤器，且其风量不超过15000 m^3/h、集尘斗的储尘量小于60kg。

但在钢铁冶金企业中的焦化和铁合金等工艺中存在着可燃气体或有爆炸危险粉尘的除尘器或过滤器需要露天布置，这在现行国家标准《建筑设计防火规范》GB 50016中是没有规定的，因此本条参考现行国家标准《建筑设计防火规范》GB 50016的有关规定进行制定，露天布置的间距不应小于10.0m，如图3（a）所示。若露天布置的间距不够10.0m时，应采用防火隔断措施，即与所属主厂房的隔墙应为耐火极限为3.00h的隔墙，隔墙的长度应大于设备本体长度，并应保证与设备的距离大于等于10.0m，如图3（b）所示。同时考虑到防火安全，除尘器或过滤器与所属主厂房的间距不应小于2.0m。

如果除尘器或过滤器需要设置在厂房外的单独建筑物内时，可以与主厂房贴邻建造，但应采用耐火极限不低于3.00h的隔墙和1.50h的楼板与主厂房分隔，如图3（c）所示，值得注意的是，因为该除尘器（过滤器）室是具有爆炸危险的厂房，在设计时应充分考虑。

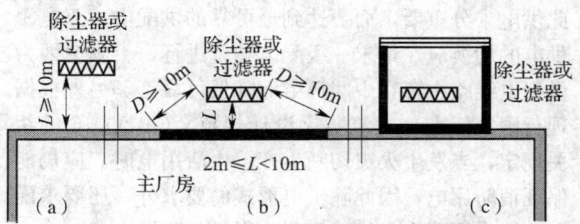

图3 除尘器或过滤器的布置示意图

10 电 气

10.1 消防供配电

10.1.1 本条是对消防设备用电负荷的规定。

消防设备的用电负荷分级，应符合现行国家标准《供配电系统设计规范》GB 50052的规定。根据该规范要求，一级负荷供电应由2个电源供电，且应满足下述条件：

1 当一个电源发生故障时，另一个电源不应同时受到破坏；

2 一级负荷中特别重要的负荷，除由2个电源供电外，尚应增设应急电源，并严禁将其他负荷接入应急供电系统。应急电源可以是独立于正常电源的发电机组、供电网络中独立于正常电源的专用馈电线路、蓄电池或干电池。

结合消防用电设备（消防控制室、消防电梯、自动灭火系统、火灾自动报警系统、防烟排烟设备、应急照明、疏散指示标志和电动的防火门、窗、卷帘、阀门）的具体情况，具备下列条件之一的供电，可视为一级负荷：

1）电源来自2个不同发电厂；

2）电源来自2个区域变电站（电压一般在35kV及以上）；

3）电源来自一个区域变电站，另一个设有自备发电设备。

二级负荷供电系统原则上要求由两回线路供电。但在负荷较小或地区供电条件困难时，也可由一回6kV及以上专用的架空线路或电缆供电。

从保障消防用电设备的供电和节约投资出发，规定本款的保护对象应按不低于二级负荷要求供电。

10.1.2 消防水泵属于二级负荷中特别重要的负荷，应按一级负荷要求供电。重要的消防用电设备决定着消防的成败，因此供电十分重要，而要达到最可靠的供配电，则根据现行国家标准《建筑防火设计规范》GB 50016 的相关规定，当发生火灾切断生产、生活用电时，应仍能保证消防用电不中断。

从保障消防用电设备的供电和节约投资出发，规定本款的保护对象应按不低于二级负荷要求供电。

10.1.3 重要的消防用电设备决定着消防的成败，因此供电十分重要，而要达到最可靠的供配电，双电源供电的切换应在最末一级配电装置进行，否则会因为供配电线路中存在中间环节而降低可靠度。另外根据现行国家标准《建筑防火设计规范》GB 50016 的相关规定，当发生火灾切断生产、生活用电时，应仍能保证消防用电，因此除供电形式的要求外，还要求配电线路采用耐火电缆或经耐火保护的阻燃电缆。

10.1.4 鉴于工业企业用电设备多、电缆量大等复杂性，在消防系统设计时消防用电设备的供电回路应单独设置，不应与其他系统的供电回路混合。回路敷设、配电设备设置均应独立，且有明显的标志。

10.1.5 消防用电设备的负荷十分重要，应保证其供电的可靠性。钢铁冶金企业的设计采用传统的由上级变电所（该变电所至少有两个电源，两台变压器，二次侧有两段母线）的不同母线段取得两回路供电电源，且该两回供电线路（一般为电缆线路）要求采用耐火电缆或阻燃电缆。若在同一电缆沟或隧道中敷设时，应尽量分别敷设在沟或隧道两侧的电缆桥架（或支架）上。若沟或隧道只单侧有电缆桥架（或支架）时，则该两回路电缆不应敷设在同一层托架中，且两层托架间需隔火措施，当一条线路故障时，一般不会影响另一条线路的正常供电，且在线路最末一级配电装置处，设有两路电源自动切换装置，可以保证消防电源的正常供电。这样的两路供电电源是可靠的。当然如果有条件，消防泵站可以再取得另一独立于本供电系统的一路相同电压等级的电源（如相邻车间不同电源的变电所、自备电厂、自设柴油发电机、高炉煤气余压发电等），或者采用非电气措施（如柴油水泵），这样更为可靠。

因此本条规定消防供电线路的敷设应符合现行国家标准《建筑防火设计规范》GB 50016 的相关规定。

10.2 变（配）电系统

10.2.1 电抗器安装在主电室内而不采取电磁防护措施时，电抗器的强磁场在厂房钢筋混凝土及钢结构中会因邻近效应及涡流而导致钢筋混凝土基础和钢筋混凝土墙体温度升高，引发火灾，故本条规定安装在室内时，应有强迫散热系统。"电抗器的磁距"应根据生产厂家提供的数据确定。

10.2.2 屋外油浸变压器之间，当防火净距达不到规定值时，应设置防火隔墙。防火隔墙的耐火极限在现行国家标准《火力发电厂与变电所设计规范》GB 50229 第 5.6.3 条中，对油量在 2500kg 及以上发电厂的变压器作了规定。鉴于冶金工厂变电所的重要性，本条参照该条提出了设置防火隔墙，其耐火极限不得小于 4.00h 的要求。

10.2.3、10.2.4 依据现行国家标准《火力发电厂与变电所设计规范》GB 50229 第 5.6.7 和 5.6.8 条制定，主要目的在于保证事故状态下油能排到安全处，以限制事故范围的扩大。

10.2.6 依据现行国家标准《电力工程电缆设计规范》GB 50217 第 5.1.10.3 条制定。根据冶金行业特点，电缆火灾发生的频率较高，往往会通过孔洞蔓延、扩散烧毁电气盘、柜造成重大损失。如根据火灾年鉴中记载，2000 年 2 月 28 日某钢铁集团公司炼钢厂转炉一分厂电缆竖井发生了火灾，进而蔓延至电缆夹层，因无防火分隔和封堵措施，导致过火面积达 1295.4m²，烧红部分电气控制系统、设备，造成转炉停产，直接财产损失 615.7 万元。故作此明确规定是非常必要的。具体的电缆防火措施可以参照以下做法：

1 电缆隧（廊）道的防火分隔宜采用阻火墙或用槽盒设阻火段。电缆隧（廊）道阻火墙可用有机堵料、无机堵料、阻火包、防火隔板等防火阻燃材料构筑，阻火墙两侧电缆涂刷防火涂料或缠绕防火包带，如图4和图5所示。

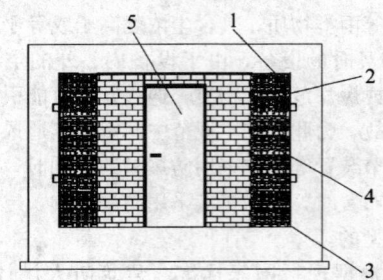

图 4 电缆隧道（双侧桥架）封堵断面图
1—阻火包；2—有机堵料；3—过水钢管；
4—电缆；5—防火门

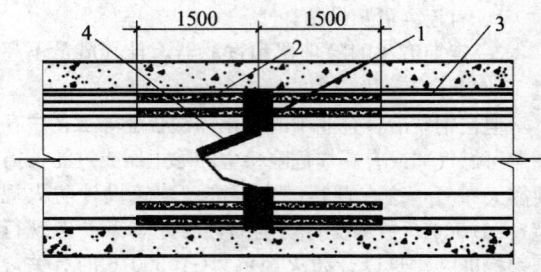

图 5 电缆隧道（双侧桥架布置）阻燃隔断平面图
1—阻火包；2—电缆防火涂料；3—电缆；4—防火门

2 电缆沟防火分隔宜采用阻火墙,电缆沟阻火墙可用有机堵料、无机堵料、阻火包等防火阻燃材料构筑。阻火墙两侧电缆涂刷防火涂料或缠绕防火包带,如图6所示。

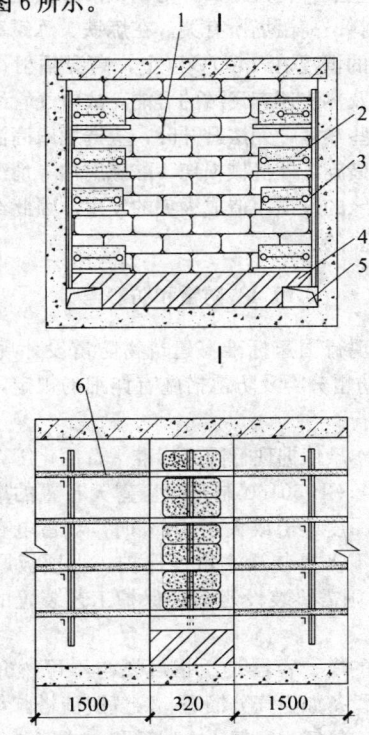

图6 电缆沟阻火墙
1—阻火包;2—有机堵料;3—电缆;4—砖块;
5—排水孔;6—防火涂料

3 大型电缆竖井的防火封堵可采用防火隔板、阻火包、有机堵料、无机堵料、防火涂料或防火包带等防火封堵材料构筑,如图7所示。

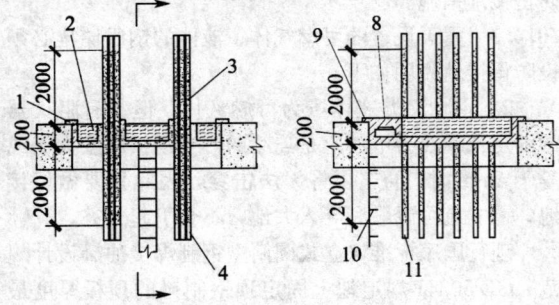

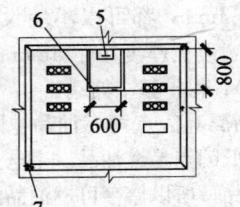

图7 大型竖井封堵
1—无机堵料;2—有机堵料;3—防火涂料;4—电缆;
5—爬梯;6—铰链;7—螺栓;8—防火隔板;
9—角钢;10—爬梯;11—钢铁架

4 竖井、电缆穿楼板孔洞可采用防火隔板、阻火包、有机堵料和无机堵料等防火封堵材料封堵,如图8所示。

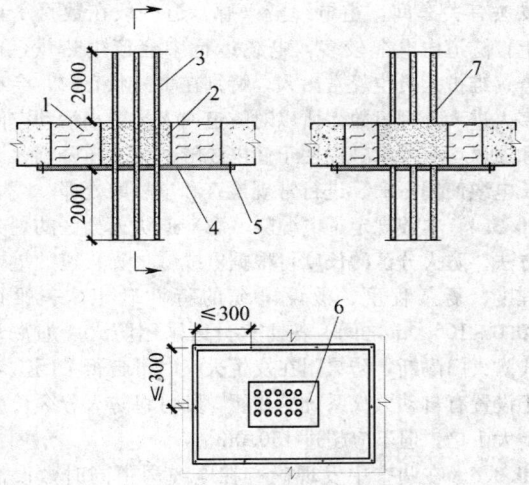

图8 穿楼板孔洞封堵
1—无机堵料;2—有机堵料;3—防火涂料;
4—防火隔板;5—膨胀螺栓;
6—预留孔洞;7—电缆

5 电缆进入柜、屏、盘、台、箱等的空洞宜采用有机堵料、无机堵料、阻火包、防火隔板等防火阻燃材料进行组合封堵,用有机堵料设预留孔,如图9所示。

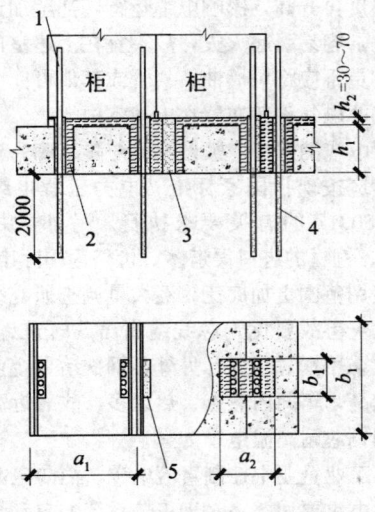

图9 柜、盘孔洞封堵
1—电缆;2—无机堵料;3—有机堵料;
4—防火涂料;5—预留孔

10.3 电缆和电缆敷设

10.3.1~10.3.3 钢铁冶金企业内电缆敷设方式种类繁多,主要有:直埋,明敷,暗敷(墙内、埋地),电缆沟内敷设,电缆隧(廊)道内敷设,沿电缆桥架敷设,架空敷设,在电缆夹层、电缆室内敷设等,本节规定了与防火设计有关的电缆敷设要求。

主电缆隧（廊）道是指由总降〔或其他变（配）电所〕至各主要车间去的主干隧道，一般它有多条分支去有关车间，主电缆隧（廊）道一般在数百米以上，隧道内电缆较多，电缆运行中会产生热量，检查、维护人员也经常出入，特别在事故状态时，会有多人进入处理事故。所以对隧道内人员最小活动空间和通风均有要求，以便于使电缆隧（廊）道降温、延长电缆使用寿命、进行常规检查和事故的处理。

10.3.4 本条规定了电缆隧（廊）道防火分区的划分方法，防火分区的长度可根据电缆隧（廊）道的重要程度、复杂程度、敷设电缆的特性确定，一般在70.0～100.0m之间。各防火分区采用防火墙加常开式防火门隔断，防火门在发生火灾时可自行关闭。对于设置有自动灭火系统的场所，则可将防火分区长度增大1倍，但不应超过150.0m。

10.3.6 在调查中发现确有在电缆沟中同时敷设油管，甚至可燃气体管道的现象，这是十分危险的。若油管漏油，可燃气体漏气，聚集在电缆沟内，一旦电缆绝缘损坏冒火或放炮，必将引燃电缆或可燃油、气，引起火灾甚至爆炸，后果不堪设想，故必须禁止。

10.3.7 地下电缆室、电缆夹层内一般均敷设大量电力电缆及控制电缆，它们在运行中将产生热量并散发在这些空间内，如果有热力管道布置在室内，必将使室内的温度再升高，影响电缆运行，甚至加速电缆绝缘的老化，容易引起火灾，故不宜在上述室内布置热力管道，更不应将可燃油、气管或其他可能引起火灾的管道和非电气设备布置在上述室内。

10.3.8 电缆的选择、敷设及电缆隧（廊）道、电缆沟的设计应按现行国家标准《电力工程电缆设计规范》GB 50217 的有关要求执行。另外，中国加入WTO后，铜材的进口渠道多，价格为国际市场价格，铜材的使用范围更加广泛。经大量调查研究统计，铝芯线缆火灾事故要比铜芯线缆高出50倍以上，故条文规定宜采用铜芯线缆。另外，钢铁冶金企业车间温度一般较高，车间内热点、热区多，故靠近高温区的电缆采用铜芯耐高温电缆为宜。

10.3.9 工业企业中控制直流电源、消防电源等的两路电源供电重要回路，对于工艺系统的自动控制，消防系统的正常可靠运行至关重要。本条规定意在保证两路供电电源在火灾等恶劣事故状态下，至少保证一路供电能够继续工作。

10.3.10 本条依据现行国家标准《电力工程电缆设计规范》GB 50217 第 7.0.4 条制定。

10.3.11 厂房内的地下电缆槽沟避开固定明火点或有火花产生的地点，目的在于防止火星、粉尘和油脂掉入或渗入槽沟内，引发火灾。

10.3.13、10.3.14 电缆火灾是钢铁冶金企业中最常发生的，也是可能导致重大损失的火灾。导致电缆火灾的原因不外乎内因和外因，而对于钢铁冶金企业来说，外因导致的电缆火灾次数要高于其他大量使用电缆的工业企业，究其原因，与钢铁冶金企业存在大量的高温物料、高温场所有关。在炼铁、炼钢车间，铁水、钢水的温度在 1400℃ 以上，高温辐射严重，铁水、钢水及热渣还有飞溅的可能，故电气管线的敷设应避开这些热区，无法避开时，应选用耐高温电缆并采用隔热措施。外机械损伤、酸碱腐蚀等情况也会导致电缆绝缘的破损，造成火灾的发生。因此给予规定是非常必要的。

10.4 防雷和防静电

10.4.1 现行国家标准《建筑物防雷设计规范》GB 50057 对防雷分类及防雷措施有详细的规定，设计时应参照执行。

10.4.2 本条依据现行国家标准《石油化工企业设计防火规范》GB 50160 制定。当露天布置的塔、容器等的顶板厚度等于或大于 4mm 时，对雷电有自身保护能力，不需要装设避雷针保护。当顶板厚度小于 4mm 时，则需要装设避雷针保护工艺装置的塔和容器等。

本条的塔、容器是泛指可燃与不可燃介质的设备：塔式设备如空气分馏塔、煤气脱硫塔，氢气、氧气、氮气、氩气、空气压力球罐和立式储罐，燃油罐等。露天设置的不可燃介质的塔和容器不是不用防雷设施，而是根据现行国家标准《建筑物防雷设计规范》GB 50057 的要求，防雷级别可较低。钢制的塔和容器，其钢板厚度≥4mm 时，对雷电有自身保护能力，不需要装设避雷针（线），但必须有符合规定的防雷接地措施。

10.4.3 露天设置的可燃气体、液体的钢质储罐必须设防雷接地说明如下：

2 甲、乙类液体虽为可燃液体，但装有阻火器的固定顶罐在导电性上是连续的，当顶板厚度大于或等于 4mm 时，直击雷将无法击穿，因此只要做好接地，雷电流可以顺利导入大地，不会引起火灾。

现行国家标准《立式圆筒型钢制焊接油罐设计规范》GB 50341 规定地上固定顶钢制罐的顶板厚度最小为 4.5mm。所以新建或改、扩建的这种油罐顶板厚度大于或等于 4mm，都可以不装设避雷针（线）保护。但对经检测顶板厚度小于 4mm 的老油罐，应装设避雷针（线），保护整个储罐。

3 丙类油品属高闪点可燃油品，同样条件下火灾的危险性小于低闪点易燃油品。雷电火花不能点燃钢罐中的丙类油品，所以储存可燃油品的钢油罐也不需要装设避雷针（线），而且接地装置只需按防感应雷装设。压力储罐是密闭的，罐壁钢板厚度都大于 4mm，雷电流无法击穿，也不需要装设避雷针（线），但应做好防雷接地，冲击接地电阻不应大于30Ω。

4 对于可燃气体塔、罐容器顶上设有放散管时，因放散管一般高出顶板2.0～3.0m，当在雷电天气时，放散管有引雷效应，故此时应设避雷针。

10.4.4 现行国家标准《建筑物防雷设计规范》GB 50057就建筑物防雷分类及各类防雷建筑物的防雷引下线的根数、布置、间距等都有明确的规定，应遵照执行。

10.4.5 现行国家标准《建筑物防雷设计规范》GB 50057就各类防雷建筑物的防雷接地装置冲击接地电阻都有明确规定，应遵照执行。

10.4.6 本条目的在于采用等电位连接方法，防止弱电系统被雷电过电压损坏，并防止雷电波沿配线电缆传输到控制室。

10.4.7 钢铁冶金企业中爆炸和火灾危险场所，在加工或储运油品、可燃气体时，设备和管道引起摩擦产生大量静电荷，如不通过接地装置导入大地，就会集聚形成高电位，可能产生放电火花，引起爆炸和火灾事故。因此，对其应采取防静电措施。

1、2 使油品装卸站及与其相连的管线、铁道等形成等电位，并导走其中的静电，避免鹤管与运输工具之间产生电火花。

3 导出生产装置、设备、贮罐、管线及其放散管的静电。

4 在钢铁冶金企业中大量使用了易爆的粉状料等，因此对于此类生产装置、设备、贮罐、管线上应设置静电导出装置，如煤粉，在煤粉制备系统、喷吹系统的设备、管道上等均应设置。

10.4.8 本条目的在于更清楚地规定不同贮罐直径情况下接地数量的要求。

10.4.10 由于人们普遍穿着的人造织物服装极易产生静电，它往往聚积在人体上。为防止静电可能产生的火花，需在甲、乙、丙$_A$类油品（原油除外）、液化石油气、天然气凝液作业场所的入口处设置消除人体静电的装置。此类消除静电装置是指用金属管做成的扶手，在进入这些场所前应抚摸此扶手以消除人体静电。扶手应与防静电接地装置相连。

10.4.11 通常静电的电位较高，电流却较小，所以每组专设的防静电接地装置的接地电阻一般不大于100Ω即可。

10.4.13 防静电接地装置要求的接地电阻值较大，当金属导体与防雷（不包括独立避雷针防雷接地系统）等其他接地系统相连接时，其接地电阻值完全可以满足防静电要求，故不需要再设专用的防静电接地装置。

10.5 消防应急照明和消防疏散指示标志

10.5.1 钢铁冶金企业厂区环境和建筑结构较为复杂，有地上、地下和性质、火灾危险等级不同的建筑物，系统工艺也较复杂，因此发生火灾时由于大量烟气的产生，易造成火灾扑救困难，进而引起更大的损失。为了保证厂区火灾危险性较大且重要的区域可以在火灾事故状态下及时疏散人员、财物和进行火灾的扑救，本条特作出规定。

10.5.2 对于地下液压润滑油库、电气地下室等火灾危险性较大且疏散困难的区域，以及工厂内主要的疏散路线，设置疏散指示标志非常重要，可以保障火灾情况下的人员疏散、火灾扑救人员撤离和必要的救援人员撤离等，因此作出本条规定。

10.5.3 在工业企业中消防安全涉及人员安全、生产安全等多个方面，因此许多重要的场所，如各主控制室、主操作室、主电室等主要的工艺场所，应设置在发生事故且正常照明因故障熄灭后可以保证继续工作和人员安全疏散的应急照明。为了保证基本的照明条件，本条规定了应急照明的最低照度要求。

10.5.4 关于灯具、火灾事故照明、消防疏散指示标志的设置位置和要求，在现行国家标准《建筑设计防火规范》GB 50016中有较全面的规定，因此防火设计时应予以执行。

附录A 钢铁冶金企业火灾探测器选型举例和电缆区域火灾报警系统设计

A.0.1 火灾探测方法应根据设置场所的情况选择适宜的方式，它是火灾自动报警系统有效和可靠运行的基础。近十几年来，我国消防安全技术有了快速的发展，研制生产出了许多先进、可靠、经济的产品。为了方便设计，在总结了近几十年钢铁冶金企业的火灾自动报警系统设计、运行和管理经验后，对探测器的选型推荐如表A.0.1所示。

A.0.2 火灾的早期探测是防止火灾蔓延和降低火灾损失的关键。线型定温探测器难以及时探测电缆温度的快速上升或外来火源引发的电缆火灾；光纤、光栅类线型感温探测器由于巡检时间长，并存在对直径小于10cm的火源或热源无法检测等缺陷，不适用于电缆类火灾的探测；缆式线型差定温探测器可以在温度异常升高的初期及时报警。因此，本条规定电缆火灾危险场所应采用缆式线型差定温探测器。依据现行国家标准《火灾自动报警系统设计规范》GB 50116规定，在设置自动灭火系统的场所宜采用同类型或不同类型探测器的组合，结合钢铁冶金企业的特点，本条规定应采用双回路组合探测。

A.0.3 设定探测分区的目的是为了迅速而准确地探测出被保护区内发生火灾的部位，如果线型火灾探测器跨越了探测区域，就无法准确地区分报警位置，甚至当一个分区的火灾报警设备出现故障时，会导致其他区域内的火灾报警系统无法工作,降低了系统的可靠性。尤其是对于设有自动灭火系统的情况,更加要求准确报出发生火灾的部位,以便于启动系统进行火灾扑救。

A.0.4 电缆火灾的发生将经历温度升高→蓄热(受热)→产生可燃气体→产生可燃烟气→产生明火的过程,火灾早期探测的关键在于温度升高阶段。线型感温探测器较好的敷设方式是接触式水平正弦波,但这种敷设方式不利于被保护电缆的维护和检修。采用悬挂敷设方式时,可以避免对被保护电缆的维护检修的影响,但将相对降低对电缆火灾探测的灵敏度。为保证火灾探测的有效性,要求悬挂敷设的线型感温探测器距被保护电缆表面的垂直高度不应大于300mm,同时对报警温度也作出要求,即在悬挂高度为300mm时,探测器的定温报警温度与接触式敷设时的定温报警温度之差不应大于额定报警值的20%。具体试验方法为:若缆式线型感温探测器的额定报警温度为88℃,将1.0m长的线型感温探测器以正弦波水平敷设在一个加热板上,以不超过1℃/min的升温速率缓慢提高加热板温度,测得缆式探测器报警温度值,再将该缆式探测器沿垂直方向提高300mm后,仍按正弦波水平敷设方式安装,在探测器额定报警温度和其他条件不变的情况下再测得一个报警温度值,两个报警温度的差值不应大于额定报警温度值(88℃)的20%,即17.6℃。该性能应由国家认可的检测机构进行检定。

A.0.5 考虑冶金企业内电磁干扰强度大,且环境恶劣复杂,易受机械损伤,因此推荐采用金属屏蔽型线型感温探测器,金属屏蔽层是指独立于探测信号传输导体,用于屏蔽电磁干扰的金属包裹层。

A.0.6 电缆火灾事故发生原因归纳起来有两个:一个是由于电缆过流、短路、绝缘老化或接头阻抗过大等内部原因引发的火灾;另一个是由于焊接火花、钢水泄漏等外界火源引起的火灾。本规范编制组对钢铁冶金企业发生的26例电缆火灾进行统计分析发现:火灾初期,电缆受热长度在1.0m或以下的案例有24例,如果线型感温探测器不能满足1.0m或以下准确报警的要求,则可能会造成电缆火灾漏报警或晚报警的严重后果。

线型感温探测器的报警温度会受到环境温度和受热长度的影响,线型感温探测器用于电缆火灾危险场所时,所处的局部环境温度可能达到49℃,因此予以明确规定。

以上性能应由国家认可的检测机构进行检定。

附录B 钢铁冶金企业细水雾灭火系统设计

B.0.1 由于细水雾仍然是以水为介质,因此关于细水雾系统不得用于过氧化钾、过氧化钠等过氧化物或金属钾、金属钠、金属钙等遇水燃烧的物质,这些物质遇水后均会造成燃烧或爆炸的恶果。另外,遇水造成剧烈沸溢的可燃液体或液化气体场所也不得采用水基灭火系统。

B.0.2 细水雾灭火系统的系统型式涉及以下几方面:系统的应用方式、喷头的类型、系统的动作方式、系统的介质类型。实际应用中,系统型式应根据被保护场所的火灾性状、点火源、燃烧源、工艺设备运行特点和环境特点进行比较选择。遵循的原则是灭火高效、水渍损失最小、系统动作灵活可靠、介质的保存获取方便可靠。

B.0.3 细水雾可以用于扑灭闪点小于38℃的可燃液体火灾,但存在灭火时间长等问题,尤其是针对水溶性液体灭火时,灭火时间更长,国内外研究表明,加入一定量的添加剂,可以提高30%~70%的灭火效率,因此本条作此规定。

B.0.4 大中型计算机房、主控制室、通信中心等火灾危险场所属弱电设备空间,细水雾对弱电板路的影响较小,国外在这些场所已有大量的应用案例。就这些场所的特点而言,往往房间布置较为集中,便于中、高压系统实施,另外要求在保证快速灭火的同时应尽量减少水渍损失,因此主要采用的是中、高压的细水雾系统,这样可以保证水雾在2级以上。分布全厂的液压润滑油库、电缆隧(廊)道等保护对象具有覆盖范围大、环境相对恶劣,现场环境中存在超细粉尘、油气等污染物,因此要求细水雾灭火系统管网覆盖范围足够广泛,灭火介质输送距离足够远,系统可以承受相对恶劣的环境要求。鉴于此,宜选用中、低压系统。由于高压细水雾系统对水质和环境要求较高,不宜应用于以上场所。

B.0.5 细水雾灭火系统的正常开启通常包括下列几种情况:第一,自动探测报警系统自动探测到火灾,发出启动命令;第二,人员发现火灾通过手动报警按钮进行报警,之后由联动控制系统启动灭火系统;第三,人员发现火灾通过现场机械手动启动灭火系统。以上情况之外发生的系统启动均属于误动作。由于水基灭火系统误动作可能会造成水渍损失,因此本条规定,应采取措施防止系统发生误喷,同时,防误喷措施的采用不应显著降低系统的可靠性。例如,可采用定压喷放式细水雾喷头,并在雨淋控水阀与喷头之间安装溢流阀,用以泄放雨淋控水阀误动作时流过的水,使系统不发生误喷,系统可靠性也不会有明显变化。又如在雨淋控水阀阀前或阀后串联一个或多个定压开启式阀门,虽能起到一定防误喷作用,但由于部件的增加导致系统不能正常打开的概率增加,因而不能将其作为防误喷措施。

B.0.7 研究表明,冲击或溅射式雾化原理的喷头形成的水雾冲量小,不适于扑救深位火灾。

B.0.8 主要依据美国国家防火协会《细水雾灭火系统标准》NFPA 750的相关条文作出规定。目的在于保证喷头能够正常喷出细水雾，确保灭火效果。细水雾系统中，由于喷头孔径往往较小，因此管道设备锈蚀很容易造成喷头堵塞。为了避免这一问题，本条规定过滤器滤芯、专用雨淋控水阀、喷头等设备材料宜选用不锈钢材质。

B.0.9 本条依据美国国家防火协会《细水雾灭火系统标准》NFPA 750的相关条文作出规定。目的在于保证喷头能够正常喷出细水雾，确保灭火效果。

B.0.11 根据国际细水雾灭火系统检验认证的常规做法，以及国际细水雾检验标准的发展情况，细水雾灭火系统在投入工程应用前，应通过权威检测机构关于被保护场所的实体单元火灾灭火试验检验。例如，对可燃液体火灾危险场所涉及平面盘面火、喷雾火、流淌火和立体交叉火灾等不同形式、不同火灾荷载和不同位置的火灾灭火问题，实际上较为复杂。鉴于目前国内消防工程实施过程中存在的实际情况，为可靠起见，本条作出明确规定。

附录 C 爆炸和火灾危险环境区域划分举例

1 本附录的爆炸和火灾危险区域划分举例是指，按现行国家标准《爆炸和火灾危险环境电力装置设计规范》GB 50058中的环境区域划分而对电气设施的要求，该规范对环境有不同的分类级别。需要说明的是，这个环境级别不是现行国家标准《建筑设计防火规范》GB 50016对建筑物爆炸和火灾危险所用的词语。根据现行国家标准《爆炸和火灾危险环境电力装置设计规范》GB 50058规定的原则，对于生产、加工、处理、转运或贮存过程中出现或可能出现：爆炸性气体混合物环境之时，应进行爆炸性气体环境的电力设计；爆炸性粉尘、可燃性导电粉尘、可燃性非导电粉尘和可燃纤维与空气形成的爆炸性粉尘混合物环境时，应进行爆炸性粉尘环境的电力设计；火灾危险物质时，应进行火灾危险环境的电力设计。

本附录根据现行国家标准《爆炸和火灾危险环境电力装置设计规范》GB 50058下述的规定进行电器设施的环境区域划分举例：

1）对于爆炸性气体混合物环境，其区域的划分，现行国家标准《爆炸和火灾危险环境电力装置设计规范》GB 50058是按环境内的情况和气体释放源级别及距离确定。本附录根据钢铁冶金企业的工艺特点和管理实践，并结合各专业规范，以厂房内环境为单位进行划分和举例。但某些专业规范以介质特性、释放源及距离确定者，仍以《爆炸和火灾危险环境电力装置设计规范》GB 50058为准。现行国家标准《爆炸和火灾危险环境电力装置设计规范》GB 50058规定：

0区：连续出现或长期出现爆炸性气体混合物的环境；

1区：在正常运行时可能出现爆炸性气体混合物的环境；

2区：在正常运行时不可能出现爆炸性气体混合物的环境，或即使出现也仅是短时存在的爆炸性气体混合物的环境。

注：正常运行是指正常的开车、运转、停车、易燃物质产品的装卸，密闭容器盖的开闭，安全阀、排放阀以及所有工厂设备都在其设计参数范围内工作的状态。

当通风良好时，应降低爆炸危险区域等级，反之亦然。在障碍物、凹坑和死角处，应局部提高爆炸危险区域等级。

符合下列条件之一时，可划为非爆炸危险区域：

①没有释放源并不可能有易燃物质侵入的区域；

②易燃物质可能出现的最高浓度不超过爆炸下限值的10%；

③在生产过程中使用明火的设备附近，或炽热部件的表面温度超过区域内易燃物质引燃温度的设备附近；

④在生产装置区外，露天或敞开设置的输送易燃物质的架空管道地带，但其阀门处按具体情况定。

对于露天的可燃气体设备的电器区域环境划分，按现行国家标准《爆炸和火灾危险环境电力装置设计规范》GB 50058规定，按释放源的级别和距离范围划分区域：

①存在连续级释放源的区域可划为0区，即预计长期释放或短时频繁释放的释放源；

②存在第一级释放源的区域可划为1区，即预计正常运行时周期或偶尔释放的释放源；

③存在第二级释放源的区域可划为2区，即预计在正常运行下不会释放，即使释放也仅是偶尔短时释放的释放源。

2）对于粉尘爆炸混合物环境，应根据爆炸性粉尘混合物出现的频繁程度和持续时间，按以下划分：

10区：连续出现或长期出现爆炸性粉尘环境；

11区：有时会将积留下的粉尘扬起而偶然出现爆炸性粉尘混合物的环境。

符合下列条件之一时，可划为非爆炸危险区域：

①装有良好除尘效果的除尘装置，当该除尘装置停车时，工艺机组能联锁停车；

②设有为爆炸性粉尘环境服务，并用墙隔绝的送风机室，其通向爆炸性粉尘环境的风道设有能防止爆炸性粉尘混合物侵入的安全装置，如单向流通风道及能阻火的安全装置；

③区域内使用爆炸性粉尘的量不大，且在排风柜内或风罩下进行操作。

3) 对于火灾环境应根据火灾事故发生的可能性和后果，以及危险程度及物质状态的不同，按下列规定进行分区：

21区：具有闪点高于环境温度的可燃液体，在数量和配置上能引起火灾危险的环境。

22区：具有悬浮状、堆积状的可燃粉尘或可燃纤维，虽不可能形成爆炸混合物，但在数量和配置上能引起火灾危险的环境。

23区：具有固体状可燃物质，在数量和配置上能引起火灾危险的环境。

2 有屋顶、无围墙的建筑物也按室外考虑。

3 汽油是易挥发物，其蒸气易燃，并具爆炸性。使用汽油的车库不像工业设备那样有严密的密封装置，有可能会出现第一级释放源的情况，故定为1区。

4 氢瓶、乙炔瓶、液化石油气瓶间，在切换气瓶时会出现介质泄漏情况，故属正常运行时会周期或偶尔释放的释放源，定为1区。

5 氧气不是爆炸性气体，但纯氧是强氧化剂，助燃介质，在压力氧情况下能使一些物质的燃点降低，有发生火灾的危险。现行国家标准《爆炸和危险环境电力装置设计规范》GB 50058 中对于火灾环境区域的电气设施，主要是从其壳体的防固体颗粒、防水性能来采取措施。故本附录依据现行国家标准《氧气及相关气体安全技术规程》GB 16912 的规定，界定其为21区火灾危险区。同时现行国家标准《爆炸和危险环境电力装置设计规范》GB 50058 第4.3.8 条规定，21区、22区内的电动起重机不应采用滑触线供电。

6 独立氢气催化炉间爆炸危险环境等级的划分说明：钢铁冶金企业中的制高纯氩、氮气流程中，用加氢催化除去普氩、普氮中氧的工艺设施。由于普氩、普氮纯度一般已≥99.9%，再除氧制得≥99.995%以上的高纯气，使用氢气量较少。并且加氢除氧催化炉非旋转设备。故本规范不按有些规程所规定的为1区，而将加氢设施作为正常运行情况下不会释放的第二级释放源，取为2区。

7 水电解制氢间爆炸危险环境等级的划分说明：水电解制氢设备是由许多电解小室连接构成，每个小室之间用填片密封。由于小室较多，故定为在正常情况下会偶尔出现氢释放源的第一级释放源，将水电解制氢的设备间定为1区。

8 焦炉煤气加压机间、天然气加压机间爆炸危险环境等级的划分说明：焦炉煤气（含H_2 59%）、天然气（含CH_4 90%）的压缩机、调压阀设备，在施工验收中应规定气密试验合格，正常运行时这些设备的密封结构、阀门、接口的法兰、螺纹接口不会偶尔地或周期性地成为第一级释放源。但一些规范将该类设施区域划为1区，故本规范也定为爆炸危险1区。氢气压缩机间、氢气调压阀间、氢气充瓶间的爆炸危险环境等级的划分也同样规定为1区。

9 乙炔电气设施区域的划分，按照现行国家标准《乙炔站设计规范》GB 50031 的规定。

10 钢铁冶金企业中的高炉副产品——高炉煤气，随着高炉效率提高，焦比降低，煤气中的主要可燃成分为一氧化碳，一般在21%～24%，而纯一氧化碳的爆炸下限为12.5%。故高炉煤气与其他燃气介质相比，需泄漏较多的气体才会形成爆炸性气氛。高炉煤气中的一氧化碳又是毒性危害介质，其泄漏的中毒浓度远远低于爆炸下限。从安全出发，本规范对于高炉煤气区域的 TRT 发电装置、加压机电机等电气设施区域定为2区。另外，20世纪80年代钢铁企业引进的高炉煤气余压发电装置所配的发电机不是防爆型，目前国产高炉煤气余压发电的发电机也未配防爆型电机，但采取了一定防护措施。故在采取措施后，发电机可采取非防爆电机。

11 钢铁冶金企业中的干式煤气柜：曼型柜或新型柜，主要盛装高炉煤气、焦炉煤气，威金斯柜主要盛装转炉煤气，气柜为封闭结构，内有钢结构活塞，活塞随进出煤气量而上下移动，活塞与气柜内壁之间采用油槽或橡皮膜密封，防止煤气外泄。气柜活塞上部与气柜顶为人员正常检修时活动空间。煤气进气管有的柜设有专门地下室。考虑到活塞与柜顶之间及进气的地下室通风条件不良，故对于无论何种介质的煤气柜，该类区域均按电气设施爆炸危险区1区考虑。

12 对于煤气柜周围，依据现行国家标准《爆炸和火灾危险环境电力装置设计规范》GB 50058 第2.3.9条的墙壁外3m范围、房顶上4.5m范围，作为正常运行不会释放的第二级释放源区域，定为爆炸危险2区。

13 在煤气及其他可燃气体的净化、储存、输配装置区域外，露天或开敞设置的管道，其阀门等电气设施环境可根据现行国家标准《爆炸和火灾危险环境电力装置设计规范》GB 50058 的规定，按具体情况而定。

14 电容器可能因电击穿等内部故障原因发生着火等现象，故设置电容器的房间按23区火灾危险环境划分。

15 关于桶装铝粉库。铝粉的包装形式有15kg 镀锌铁罐、50kg 塑料桶等。购入后储存于仓库，不可能扬尘形成爆炸性粉尘危险环境，考虑到铝粉有可能泄漏，故按现行国家标准《爆炸和火灾危险环境电力装置设计规范》GB 50058 第4.1.2条规定作为火灾危险物质，按火灾危险22区考虑。

16 关于分装铝粉间。一般镁碳砖、不定形耐火材料中的加入量为0.1%～0.3%。每吨泥料中用量为1～3kg，要求在防尘条件下分装小袋（设计能够控制），如果按10000t/a生产规模计算，日分装铝粉

33～100kg，考虑处理量虽少，但操作不当，日积月累，偶然会出现爆炸性粉尘环境，按现行国家标准《爆炸和火灾危险环境电力装置设计规范》GB 50058第3.2.1条之二划分为11区是合适的。

17 含 Al、Si 或 MgAl 较高的耐火材料有新开发的金属陶瓷滑板、塑性相结合刚玉砖、Sialon 类耐火材料等。这些品种还没有相应标准，从耐火材料最新发展看，应该把铝粉、镁铝合金粉、硅粉等易燃易爆物高含量的耐火制品生产提前纳入防火规范。目前还没有消防试验数据或规模生产经验，考虑到混合机是密封的并采取了通风除尘措施，混合机在混合机厂房中占地小，易燃易爆物添加量较少等原因，可根据加入铝粉、镁铝合金粉、硅粉等易燃易爆物含量来划分危险等级，拟划分为：易燃易爆物含量占混合量不大于5％时，按非易燃易爆考虑；易燃易爆物含量占混合量的5％～12％时，按火灾危险22区考虑。

中华人民共和国国家标准

煤矿斜井井筒及硐室设计规范

Code for design of inclind
shafts and chambers of coal mine

GB 50415—2007

主编部门：中 国 煤 炭 建 设 协 会
批准部门：中华人民共和国建设部
施行日期：２００７年１２月１日

中华人民共和国建设部
公　告

第 644 号

建设部关于发布国家标准
《煤矿斜井井筒及硐室设计规范》的公告

现批准《煤矿斜井井筒及硐室设计规范》为国家标准，编号为 GB 50415—2007，自 2007 年 12 月 1 日起实施。其中，第 1.0.3、2.0.1（1）、2.0.2（1、2）、2.0.6、2.0.7（2）、3.1.2、3.1.3、3.1.4（1、2、3、4）、3.1.5（1、2、3、4）、3.1.6、3.1.7、3.2.3（2、3）、4.1.8（3）、4.3.1、4.3.3、4.5.3（2）、5.3.1（1）、5.3.2、5.4.1（2、4）、5.4.2（3）、5.8.1 条（款）为强制性条文，必须严格执行。

本规范由建设部标准定额研究所组织中国计划出版社出版发行。

中华人民共和国建设部
二〇〇七年五月二十一日

前　言

本规范是根据建设部建标〔2006〕136 号文《关于印发"2006 年工程建设标准规范制订、修订计划（第二批）"的通知》要求，由中煤国际工程集团武汉设计研究院会同煤炭工业太原设计研究院及江西省煤矿设计院共同编制而成。

本规范在编制过程中，编制组进行了广泛调查研究，认真总结煤矿斜井井筒及硐室设计的经验，吸取了近年来成熟的科研成果和新技术，广泛征求了有关单位的意见，经反复研究、多次修改，最后经审查定稿。

本规范共分 5 章，主要内容有：总则、基本规定、井筒断面布置及支护、井筒装备及设施、斜井硐室布置。

本规范中以黑体字标志的条文为强制性条文，必须严格执行。

本规范由建设部负责管理和对强制性条文的解释，由中国煤炭建设协会负责日常管理工作，由中煤国际工程集团武汉设计研究院负责具体技术内容的解释。本规范在执行过程中，请各单位结合工程实践，认真总结经验，如发现需要修改或补充之处，请将意见和建议寄交中煤国际工程集团武汉设计研究院（地址：湖北省武汉市武昌区武珞路 442 号，邮编：430064，传真：027-87250833），以便今后修订时参考。

本规范主编单位、参编单位和主要起草人：
主 编 单 位：中煤国际工程集团武汉设计研究院
参 编 单 位：煤炭工业太原设计研究院
　　　　　　　江西省煤矿设计院
主要起草人：周秀隆　刘兴晖　于新胜　张世良
　　　　　　张建民　赵　骏　杨　博　耿建平
　　　　　　任林怀　翟建忠　饶建人　于伯杰

目 次

1 总则 ································ 33—4
2 基本规定 ·························· 33—4
3 井筒断面布置及支护 ·············· 33—4
　3.1 井筒断面布置 ················ 33—4
　3.2 井筒断面形状及支护 ········· 33—5
4 井筒装备及设施 ··················· 33—6
　4.1 轨道 ··························· 33—6
　4.2 水沟 ··························· 33—7
　4.3 人行台阶、扶手及梯道 ······ 33—7
　4.4 管线敷设 ····················· 33—7
　4.5 人员运送 ····················· 33—7
5 斜井硐室布置 ····················· 33—7

5.1 乘人车场 ······················· 33—7
5.2 信号硐室 ······················· 33—8
5.3 躲避硐 ·························· 33—8
5.4 带式输送机机头硐室及拉紧
　　装置硐室 ······················· 33—8
5.5 装载硐室和煤仓 ··············· 33—8
5.6 清理撒煤硐室和水窝泵房 ···· 33—8
5.7 带式输送机搭接硐室 ········· 33—8
5.8 斜井跑车防护装置硐室 ······ 33—8
5.9 回风斜井井口布置 ············ 33—9
本规范用词说明 ···················· 33—9
附：条文说明 ······················· 33—10

1 总　则

1.0.1 为统一煤矿斜井井筒及硐室的设计原则和技术标准，提高设计质量，加快设计速度，制定本规范。

1.0.2 本规范适用于煤矿斜井井筒（含暗斜井井筒）及硐室设计。

1.0.3 煤矿斜井井筒及硐室设计，应具有完整的井筒检查钻孔资料。

1.0.4 煤矿斜井井筒及硐室设计，除应符合本规范外，尚应符合国家现行的有关标准的规定。

2 基本规定

2.0.1 斜井井筒位置的选择，应符合下列要求：

　　1 井口应避开法定保护的文物古迹、风景区、内涝低洼区，并不应受岩崩、滑坡、泥石流和洪水等灾害威胁。

　　2 井筒穿过的地层宜避开厚表土层、流砂层、强含水层、岩溶、断层破碎带、有煤与瓦斯突出危险煤层、软弱岩层和采空区。

　　3 井口防洪设计应符合现行国家标准《煤炭工业矿井设计规范》GB 50215 的有关规定。

　　4 风井井口位置的选择应在满足通风安全要求的前提下，利于缩短建井工期，并尽量利用各种煤柱少压煤。有条件时，风井井位可选择在煤层露头以外。

2.0.2 当斜井井筒为进风井时，必须符合下列要求：

　　1 井口必须布置在粉尘、有害和高温气体不能侵入的地方。

　　2 井口必须有防止烟火进入矿井的安全措施。

　　3 井口距木料场、矸石山、炉灰场的距离不得小于 80m，并不应在其主导风向的下风侧。

　　4 必须符合现行《煤矿安全规程》的有关规定。

2.0.3 斜井井筒倾角应根据矿井开拓布置及所选提升运输设备性能确定，并应符合表 2.0.3 的规定。

表 2.0.3　不同提升运输设备适用的井筒倾角

提升运输设备名称	牵引方式	适用井筒倾角	备注
串车	缠绕式提升机	不应大于 25°	—
箕斗	缠绕式提升机	应为 25°～35°	—
普通带式输送机	—	上运不宜大于 18° 下运不应大于 16°	—
大倾角带式输送机	—	根据设备性能确定	—

续表 2.0.3

提升运输设备名称	牵引方式	适用井筒倾角	备注
单轨吊车	钢丝绳	不宜大于 25°	—
	柴油机	不宜大于 12°	—
	蓄电池	不宜大于 12°	—
卡轨车	缠绕式提升机	不宜大于 25°	—
	无极绳	不宜大于 18°	—
	柴油机	不宜大于 8°	—
齿轨机车	—	不宜大于 8°	加卡轨不宜大于 12°
胶套轮机车	—	不宜大于 5°	—
无轨胶轮车	—	不宜大于 6°	—

2.0.4 斜风井井筒倾角应根据煤层赋存条件、开拓布置、地形地质等因素确定。

2.0.5 需延深的井筒应预留 20～30m 的延深长度。

2.0.6 串车提升的斜井井筒，除应遵守现行《煤矿安全规程》的有关规定外，井筒的上、下部及各水平甩车场交岔点上方，必须设置自动常闭的跑车防护装置。

2.0.7 斜井各硐室布置，应符合下列要求：

　　1 硐室应布置在较稳定的煤、岩层中；各主要硐室之间以及硐室与相关巷道之间，应留有足够的煤、岩柱，其大小应根据围岩稳固程度确定。

　　2 硐室不得布置在有煤与瓦斯突出危险煤层和冲击地压煤层中。

2.0.8 机电设备硐室应根据设备安装尺寸和安全间隙进行布置，并应符合防水、防火、通风安全的要求。

2.0.9 采用人车运送人员的斜井，应在井口或井底乘人车场附近设置人车存车场。

2.0.10 砌碹支护混凝土强度等级不应低于 C20，钢筋混凝土强度等级不应低于 C25；铺底混凝土强度等级不应低于 C15。

3 井筒断面布置及支护

3.1 井筒断面布置

3.1.1 斜井井筒断面应根据运输设备的类型、下井设备外形最大尺寸、管路和电缆布置、人行道宽度、操作维修要求及所需通过风量确定。

3.1.2 采用串车、箕斗、卡轨车、齿轨车或胶套轮机车提升运输的井筒，井筒周边与提升运输设备最突出部分之间的距离，应符合下列规定：

　　1　人行侧从道床顶面起1.6m的铅垂高度内，必须留有0.8m（综合机械化采煤矿井为1.0m）以上的人行道。

　　2　非人行侧的宽度不得小于0.3m（综合机械化采煤矿井为0.5m）。

　　3　采用双钩提升的井筒，两相对运行的提升运输设备最突出部分之间的距离，不得小于0.2m，矿车摘挂钩地点不得小于1.0m。

　　4　提升运输设备最突出部分与井筒拱部之间的距离，不得小于0.3m。

3.1.3　采用带式输送机提升的井筒，应设可靠检修设施道及人行道，井筒周边与提升运输设备最突出部分之间的距离，应符合下列规定：

　　1　井筒内设检修道并靠井壁设人行道时，检修道提升运输设备最突出部分与带式输送机之间的距离，不得小于0.4m；人行道的宽度，从道床顶面起1.6m铅垂高度内，不得小于0.8m。

　　2　井筒内设检修道并在其与带式输送机之间设人行道时，人行道的宽度不得小于0.8m；检修道提升运输设备最突出部分与井壁之间的距离，不得小于0.3m。

　　3　井筒内不设检修道时，从井筒底板面起1.6m的铅垂高度内，人行道的宽度不得小于1.0m。

　　4　非人行侧的宽度不得小于0.5m。

　　5　带式输送机与井筒拱部之间的距离，不得小于0.5m。

　　6　采用钢丝绳牵引带式输送机或钢丝绳芯带式输送机运送人员时，上部输送带至井筒顶部的垂距，在行驶段内不得小于1.0m；在上、下人员的20m区段内不得小于1.4m，其中上、下人平台部分不得小于1.8m。上、下输送带间的垂距不得小于1.0m。

　　7　采用钢丝绳牵引带式输送机或钢丝绳芯带式输送机运送人员的斜井井筒中，在上、下人员的地点应设有平台，上行带上、下人平台的长度不得小于5.0m，宽度不得小于0.8m，并应设有栏杆。

3.1.4　采用单轨吊车提升运输的井筒，井筒周边与提升运输设备最突出部分之间的距离，应符合下列规定：

　　1　人行道的宽度，从井筒底板面起1.6m的铅垂高度内不得小于1.0m。

　　2　两相对运行的提升运输设备最突出部分的距离不得小于0.8m。

　　3　非人行侧提升运输设备最突出部分与井壁之间的距离不得小于0.7m。

　　4　提升运输设备最突出部分与井筒拱部的距离不得小于0.4m。

　　5　单轨轨道顶面至井筒拱顶高度应取0.3~0.5m。

　　6　单轨轨道底面至提升运输设备顶面高度应取0.5m。

　　7　提升运输设备距地面高度应取0.3~0.5m。

3.1.5　采用无轨胶轮车运输的井筒，井筒周边与提升运输设备最突出部分之间的距离，应符合下列规定：

　　1　人行道的宽度，从井筒底板面起1.6m的铅垂高度内，不得小于1.2m。

　　2　双车道布置时，两相对运行的运输设备最突出部分之间的距离不得小于0.8m。

　　3　非人行侧运输设备最突出部分与井壁之间的距离不得小于0.7m。

　　4　运输设备最突出部分与井筒拱部之间的距离不得小于0.4m。

　　5　当井筒围岩稳定性较差时，不宜采用双车道布置形式，可采用2条及2条以上的单车道布置形式。

3.1.6　斜井井筒兼作矿井主要进、回风通道时，其断面应按风速校验，并应符合下列规定：

　　1　串车提升的斜井井筒，只用于升降物料时，风速不得超过12m/s；用于升降物料和人员或升降物料兼作安全出口时，风速不得超过8m/s。

　　2　有煤与瓦斯突出危险矿井中，箕斗或带式输送机提升的斜井井筒不应兼作风井。低瓦斯矿井中，箕斗或带式输送机提升的斜井兼作风井时，除应遵守现行《煤矿安全规程》的有关规定外，其风速尚应符合下列要求：

　　　1）箕斗提升的斜井井筒兼作回风井时，风速不得超过8m/s；兼作进风井时，风速不得超过6m/s。

　　　2）带式输送机提升的斜井井筒兼作回风井时，风速不得超过6m/s；兼作进风井时，风速不得超过4m/s。

　　　3）卡轨车、齿轨车、胶套轮机车或无轨胶轮车提升运输的斜井井筒，风速不得超过8m/s。

3.1.7　斜风井井筒净断面应根据前后期所通过的风量和允许的风速确定，其风速除应遵守现行《煤矿安全规程》的有关规定外，尚应符合下列要求：

　　1　当无提升设备又不作安全出口时，不得超过15m/s。

　　2　当无提升设备但兼作安全出口时，不得超过8m/s。

3.2　井筒断面形状及支护

3.2.1　井筒断面形状及支护方式，应根据井筒穿过的围岩性质、地压情况、井筒用途及服务年限等确定。

3.2.2 井筒断面形状的选择，应根据围岩稳定性、压力及井筒服务年限确定，可选用半圆拱形、圆弧拱形、三心拱形、梯形或矩形断面，亦可选用圆形、椭圆形、马蹄形等特殊断面。

3.2.3 井筒支护方式的选择，应符合下列要求：

1 井筒进入稳定基岩段支护应优先采用锚喷支护。锚喷支护应符合现行国家标准《锚杆喷射混凝土支护技术规范》GB 50086 和《煤矿巷道断面及交岔点设计规范》GB 50419 的规定。

　1）井筒围岩为Ⅰ、Ⅱ类时，宜采用喷射混凝土支护；井筒围岩为Ⅲ、Ⅳ类时，宜采用锚杆加喷射混凝土支护；井筒围岩为Ⅴ类时，宜采用锚杆加钢筋网喷射混凝土支护。

　2）锚喷支护参数，应根据围岩的稳定性、井筒断面跨度等，采用工程类比法确定。

　3）采用喷射混凝土支护时，应设墙基，其深度不得小于 0.1m。

　4）喷射混凝土的强度等级，不得低于 C20；注眼砂浆的强度等级，不得低于 M20。

2 斜井井口至坚硬岩层之间，必须采用砌碹支护，且碹体向坚硬岩层内至少延深 5m。

3 在地震烈度为 7 度及以上的地区，斜井井口至坚硬岩层之间，必须采用钢筋混凝土支护，且碹体向坚硬岩层内至少延伸 5m。

4 对不宜锚喷支护，但服务年限长且不受动压影响的井筒，宜采用砌碹支护。砌碹支护参数及支护材料应符合现行国家标准《煤矿巷道断面及交岔点设计规范》GB 50419 的规定。

5 选用梯形或矩形断面的井筒，应采用锚喷或挂网锚喷和锚索联合支护。

6 穿过软岩、含水基岩或断层破碎带的井筒，宜采用锚喷或挂网锚喷和混凝土或钢筋混凝土联合支护。

7 底板松软、破碎或底鼓的井筒，宜采用锚杆、底梁、注浆、底拱等形式进行底板支护。

8 井筒穿过含水表土层、含水基岩或断层破碎带，用普通施工方法难以通过时，应经技术经济比较后，采用冻结、注浆、帷幕等特殊施工方法。井筒穿过容易自燃和自燃煤层时，井壁结构应能对煤壁严密隔离。

4 井筒装备及设施

4.1 轨 道

4.1.1 井筒内铺轨轨型，应根据提升方式及提升运输设备类型确定，并应符合表 4.1.1 的规定。

表 4.1.1 不同提升运输设备适用的轨型

提升运输设备名称	钢轨型号（kg/m）
箕斗	30～38
人车	30～38
液压支架设备车	30～38
1.0t、1.5t 矿车	22
卡轨车、齿轨车、胶套轮机车	22～38

4.1.2 单轨吊车提升运输的井筒，宜采用不小于 Ⅰ140 型钢导轨。

4.1.3 无轨胶轮车提升运输的井筒，应采用 C25 混凝土铺设永久性路面，铺底厚度可根据井筒底板岩性确定。

4.1.4 带式输送机提升运输的井筒，宜设机架基础，用 C15 混凝土铺底，厚度不得小于 0.1m。

4.1.5 铺设轨道的最小竖曲线半径，应符合表 4.1.5 的规定。

表 4.1.5 铺设轨道的最小竖曲线半径

提升运输设备名称	牵引方式	最小竖曲线半径（m）
单轨吊车	钢丝绳	12
	柴油机	10
	蓄电池	10
卡轨车	缠绕式提升机	15
	无极绳	15
	柴油机	10～20
齿轨机车	—	15～20
胶套轮机车		10～20
无轨胶轮车		井筒底板最小竖曲线半径50
串车	缠绕式提升机	12

4.1.6 井筒道床选择，应符合下列规定：

1 采用串车提升的斜井井筒，当倾角不大于 23°时，宜采用道碴道床，钢筋混凝土轨枕。

2 采用箕斗提升或倾角大于 23°串车提升的斜井井筒，宜采用固定道床。

3 采用人车运送人员的井筒，其道床、轨枕和轨道连接件应按人车制动要求选取。

4.1.7 井筒铺轨应铺设绳轮（辊），其间距宜为 15～20m；当倾角大于 15°时，应采取轨道防滑措施。

4.1.8 轨道布置，应符合下列规定：

1 采用双钩提升的斜井井筒，宜按双道布置；井筒下部两组对称道岔间的单轨长度，不应小于一钩车另加 1～2 辆矿车的总长度。

2 小型矿井仅有一个水平时，可布置单道或 3

根轨,在井筒中部设双道错车,错车线长度宜为串车长度的3倍。

3 运送人员的井筒,严禁布置3根轨。

4.2 水 沟

4.2.1 斜井井筒应设水沟,并应符合下列规定:

 1 水沟的位置,应符合下列规定:

  1)根据井筒断面布置情况,可设在人行侧或非人行侧;无提升的辅助井筒可设在井筒中间;当井筒铺设轨道时,水沟不得与轨枕重叠布置。

  2)当井筒底板岩石坚硬时,水沟与人行台阶、管路、带式输送机等的相对位置可平行布置或重叠布置。当井筒底板易底鼓时,不得重叠布置。

  3)水沟布置在井筒一侧,当井筒采用砌碹支护时,墙基应比水沟掘进底面深 0.20～0.25m;当井筒采用金属或钢筋混凝土支架支护时,水沟的掘进面距柱腿的净宽度,不应小于0.30m。

 2 水沟断面应按井筒涌水量大小及井筒倾角确定。

 3 水沟应砌筑;当底板岩石坚硬、涌水量小于5m³/h时,可不砌筑。

4.2.2 井筒内横向水沟的设置,应符合下列规定:

 1 井筒内宜每隔50～60m设置横向水沟,并应根据井筒流水情况,在下列地点设置横向水沟:

  1)含水层泄水点下方;

  2)斜井交岔点上方;

  3)带式输送机或箕斗斜井与井底车场联络巷道附近。

 2 横向水沟向主水沟的流水坡度不应小于3‰,断面宜小于主水沟断面。

4.3 人行台阶、扶手及梯道

4.3.1 作为安全出口的斜井井筒,当倾角等于或小于45°时,必须在其中设置人行道。

4.3.2 人行道的设置,应符合下列规定:

 1 当井筒倾角在10°～15°时,宜设置防滑条和扶手;当人行道设在井筒中间时,宜只设台阶,不设扶手。

 2 当井筒倾角在15°～30°时,宜设置人行台阶和扶手。

 3 当井筒倾角在30°～45°时,宜设置人行台阶、扶手或梯道。

 4 扶手安设高度(垂直井筒底板的高度)宜为0.8～1.0m,扶手材料可因地制宜选用。

 5 台阶宽度不宜小于0.5m。

4.3.3 作为安全出口的斜井井筒,当倾角大于45°时,必须设置梯道间或梯子间。梯道间必须分段错开设置,每段斜长不得大于 **10m**。

4.4 管 线 敷 设

4.4.1 管路敷设,应符合下列规定:

 1 管路敷设应根据井筒断面布置情况,可设在人行侧或非人行侧。

 2 管路必须用支墩或托梁架起。在非人行侧,其敷设高度可按检修更换方便确定;在人行侧和人车场应吊挂在从底板或台阶面垂高 1.8m 以上的井筒上部。

4.4.2 电缆敷设,除应遵守现行《煤矿安全规程》的有关规定外,尚应符合下列规定:

 1 电缆应敷设在无串车或箕斗等机械提升的斜井井筒中。当采用串车或箕斗等机械提升的斜井井筒中,对电缆有可靠的保护措施时,可敷设电缆。

 2 在同一井筒中,电缆和管路应分设在两侧。当两者必须设在同侧时,电缆应设在管路的上方,其距离不得小于 0.3m。

 3 电缆悬挂高度,在非人行侧应高于提升设备,其距离不得低于 0.3m;在人行侧不得低于 1.8m。

 4 通信电缆、信号电缆不宜与动力电缆设在井筒的同一侧。如必须敷设在同一侧时,应设在动力电缆之上,其距离不应小于 0.3m。

4.4.3 采用无轨胶轮车运输的井筒,不宜敷设管路和电缆。当需要敷设时,管路和电缆必须设在高于运输设备的井筒上部。

4.5 人 员 运 送

4.5.1 作为人员上下的斜井,垂深超过 **50m** 时,应装备运送人员的机械设备。

4.5.2 采用钢丝绳牵引带式输送机或钢丝绳芯带式输送机运送人员时,应符合本规范第 3.1.3 条的规定。

4.5.3 采用架空乘人装置运送人员的斜井井筒,应符合下列规定:

 1 井筒倾角不宜超过25°。

 2 蹲座中心与井筒一侧的距离不得小于0.7m。

5 斜井硐室布置

5.1 乘 人 车 场

5.1.1 采用斜井人车运送人员的井筒,乘人车场设置应符合下列规定:

 1 井底乘人车场应设在井底竖曲线以上;井口乘人车场应设在井口竖曲线以下。上、下乘人车场相互对应位置应经计算确定。

 2 乘人车场长度,应根据人车类型和数量确定,可为一组人车长度的1.5倍。乘人车场人行道宽度，不得小于1.0m。

5.1.2 采用钢丝绳牵引带式输送机或钢丝绳芯带式输送机运送人员的斜井井筒中，上、下人员的地点必须符合现行《煤矿安全规程》的有关规定及本规范第3.1.3条的规定。

5.2 信号硐室

5.2.1 在串车斜井中，信号硐室宜设在井底车场起坡点附近高道侧；在箕斗斜井中，宜设在箕斗斜井装载口斜上方3～6m处的人行道一侧。

5.2.2 信号硐室的净宽不应小于1.5m，净高不应小于2.0m，净深不应小于1.5m。

5.3 躲避硐

5.3.1 躲避硐的布置，应符合下列规定：
　　1 斜井兼作提升和人行通道时，在人行道一侧必须设躲避硐。躲避硐的间距不得大于40m。
　　2 当在规定的间距附近有可以利用的硐室或巷道符合躲避硐尺寸时，可不另设躲避硐。
　　3 采用串车提升的斜井井筒，起坡点附近低道侧应设躲避硐。

5.3.2 躲避硐的净宽不得小于1.2m，净高不得小于1.8m，净深不得小于0.7m。

5.4 带式输送机机头硐室及拉紧装置硐室

5.4.1 驱动装置硐室的布置，应符合下列规定：
　　1 硐室尺寸应根据驱动装置布置尺寸、设备安装要求等确定。
　　2 设备与硐室壁之间的距离必须满足设备检查和维修的需要，并不得小于0.7m。
　　3 硐室宜采用混凝土或钢筋混凝土支护；当围岩岩性破碎时，可采用锚喷或加钢筋网锚喷和混凝土或钢筋混凝土联合支护。
　　4 硐室对外通道不应少于2个，硐室必须有新鲜风流通过，温度不得超过30℃。
　　5 机头硐室驱动滚筒周围，应设防护栏。

5.4.2 电器硐室的布置，应符合下列规定：
　　1 硐室宜靠近驱动装置硐室布置。
　　2 硐室应采用不燃性材料支护，并应采取防水措施，不应有滴水现象。
　　3 电器硐室与驱动装置硐室之间及电器硐室的对外通道中，应设防火或防火栅栏两用门。硐室温度不得超过30℃。

5.4.3 拉紧装置硐室尺寸，应根据拉紧装置布置和检修道运输的最大设备宽度确定。当采用重载车式拉紧装置时，可延长一段井筒作为拉紧装置硐室，不需另扩大井筒断面。

5.4.4 硐室的拱、墙支护厚度，应根据围岩条件和硐室跨度确定，并应采用C15混凝土铺底，厚度不得小于0.1m。

5.5 装载硐室和煤仓

5.5.1 装载硐室的布置，应符合下列规定：
　　1 装载硐室可分为平顶和拱顶两种形式。当井筒断面跨度较小或围岩较稳定时，宜选用平顶形式；当井筒断面跨度较大或围岩不稳定时，宜选用拱顶形式。
　　2 装载硐室尺寸应根据箕斗或带式输送机装载设备规格，并应考虑安装、检修和行人方便等因素确定。
　　3 装载硐室一侧应设人行道及台阶，人行道宽度不得小于0.8m。
　　4 硐室支护材料和支护参数的选择，应根据硐室断面跨度大小、围岩稳定性及荷载情况，经计算或工程类比确定。

5.5.2 煤仓的布置和结构形式，应符合现行国家标准《煤矿立井井筒及硐室设计规范》GB 50384的有关规定。

5.6 清理撒煤硐室和水窝泵房

5.6.1 采用箕斗或带式输送机提升煤炭的斜井井底，应设置清理撒煤硐室，当在水平以下清理时应设水窝泵房。

5.6.2 清理撒煤硐室的布置，应根据清理方式及设备尺寸确定，并应符合下列规定：
　　1 沉淀池应设置2个，1个沉淀，1个清理。
　　2 沉淀池大小应根据撒煤量、井筒涌水量和清理撒煤间隔时间确定。
　　3 沉淀池宜采用机械化清理。

5.6.3 水窝泵房的布置，应符合下列规定：
　　1 水窝泵房应设在井底人行道一侧。
　　2 水窝泵房底板应高于沉淀池最高水位线0.5m。

5.7 带式输送机搭接硐室

5.7.1 带式输送机搭接硐室尺寸，应根据带式输送机搭接布置尺寸确定。

5.7.2 机电硐室宜设在井筒一侧，应采用不低于C15混凝土铺底，周边应设水沟并与井筒水沟相通。

5.8 斜井跑车防护装置硐室

5.8.1 串车提升的斜井井筒，必须在井筒的上、下部及各水平甩车场交岔点上方布置斜井跑车防护装置硐室。

5.8.2 斜井跑车防护装置硐室尺寸，应根据斜井跑车防护装置布置尺寸、设备安装要求等确定。

5.9 回风斜井井口布置

5.9.1 回风斜井井口布置，应包括风井井筒、风硐、安全出口和防爆门等。

5.9.2 风硐和风井井筒的夹角，宜采用 30°～45°；当风硐倾角大于 16°时，应设置人行台阶。

5.9.3 风硐与井筒连接处及风硐与风道连接处，应设铁栅栏门。

5.9.4 风硐应砌碹，并应采用混凝土铺底。

5.9.5 安全出口布置，应符合下列规定：

 1 安全出口宜与井筒垂直，并应布置在风硐另一侧的上方；与风硐口的高差，不应小于2m。

 2 安全出口与井筒连接处应有 6～8m 一段平道，应设倾斜人行道通至地面，并应设有台阶和扶手。

 3 在平道段和地面出口，应分别设 2～3 道双向风门。

 4 安全出口支护，应符合本规范第 3.2.3 条的有关规定。

5.9.6 装有主要通风机的回风井井口，应安装防爆门。防爆门基础应根据风井井筒断面、所采用的防爆门型号、安装要求及矿井抗震设防烈度等进行设计。

本规范用词说明

1 为便于在执行本规范条文时区别对待，对要求严格程度不同的用词说明如下：

 1）表示很严格，非这样做不可的用词：

  正面词采用"必须"，反面词采用"严禁"。

 2）表示严格，在正常情况下均应这样做的用词：

  正面词采用"应"，反面词采用"不应"或"不得"。

 3）表示允许稍有选择，在条件许可时首先应这样做的用词：

  正面词采用"宜"，反面词采用"不宜"；

  表示有选择，在一定条件下可以这样做的用词，采用"可"。

2 本规范中指明应按其他有关标准、规范执行的写法为"应符合……的规定"或"应按……执行"。

中华人民共和国国家标准

煤矿斜井井筒及硐室设计规范

GB 50415—2007

条 文 说 明

前　言

为便于各单位和有关人员在使用本规范时能正确理解和执行本规范，特按章、节、条顺序编制了本规范的条文说明，供使用者参考。在使用中如发现本条文说明有不妥之处，请将意见函告中煤国际工程集团武汉设计研究院。

本规范主要审查人：

何国伟	吴文彬	郭均生	孟　融	康忠佳
李庚午	鲍魏超	陈建平	刘　毅	蒋晓飞
李　明	霍　磊	王白空	龙祖根	伍育群
潘缉义	赵美清	施佳音	樊春辉	王　勇
朱兆全	李现春	于伯杰	彭文芳	

目 次

1 总则 …………………………………… 33—13
2 基本规定 ……………………………… 33—13
3 井筒断面布置及支护 ………………… 33—13
  3.1 井筒断面布置 …………………… 33—13
  3.2 井筒断面形状及支护 …………… 33—13
4 井筒装备及设施 ……………………… 33—13
  4.1 轨道 ……………………………… 33—13
  4.4 管线敷设 ………………………… 33—14
  4.5 人员运送 ………………………… 33—14
5 斜井硐室布置 ………………………… 33—14
  5.3 躲避硐 …………………………… 33—14
  5.5 装载硐室和煤仓 ………………… 33—14

1 总 则

1.0.3 在以往的井筒施工中，由于开工前未按规定打好井筒检查钻孔，未弄清井筒工程地质及水文情况，造成少数矿井井筒位置或施工方案选择不当，导致井筒施工重大失误，教训是深刻的。因此，井筒开工前，编制井筒施工图设计时，应施工检查钻孔，并提交完整的井筒检查钻孔资料，为确定井筒位置及施工方案提供可靠依据。

2 基本规定

2.0.1 为保证井筒施工和生产安全，并与现行国家标准《煤炭工业矿井设计规范》GB 50215 关于井口位置选择的规定相符，增加了井筒穿过的地层应尽量避开厚表土层、断层破碎带、有煤与瓦斯突出危险煤层和软弱岩层等内容。

2.0.2 为保证矿井安全和作业人员身体健康，并与现行《煤矿安全规程》及现行国家标准《煤炭工业矿井设计规范》GB 50215 的规定相符，进风斜井井口位置选择，要防止有害气体、粉尘及烟火进入井下。

2.0.3 对于采用串车、箕斗或普通带式输送机提升的斜井井筒，其倾角的确定应从井筒工程量、提升效果及安全等方面综合考虑。本规范中所规定的各类斜井井筒的倾角，均是经长期生产实践证明是经济合理、安全可靠的。

大倾角带式输送机设备性能不同，其运输角度亦不相同。因此，本规范对使用大倾角带式输送机的斜井井筒倾角未作具体的规定，设计时可根据矿井开拓布置并结合设备的性能确定。

采用单轨吊车、卡轨车、齿轨车、胶套轮机车或无轨胶轮车提升运输的井筒，因运输设备使用动力种类不同，设备爬坡能力相差较大。运输设备是在矿井开拓布置的基础上进行选择，同时它又制约着矿井开拓布置，故井筒倾角的确定应根据矿井开拓布置和所选设备性能综合考虑。施工图设计和采购设备时，应进一步落实设备性能，最终确定井筒倾角。

2.0.6 现行《煤矿安全规程》对倾斜井巷跑车防护装置设置有明确规定。

2.0.7 为保证矿井安全生产和正常运转，必须保证硐室的完好，因此硐室应布置在较稳定的煤、岩层中，不得布置在有煤与瓦斯突出危险煤层和冲击地压煤层中。

3 井筒断面布置及支护

3.1 井筒断面布置

3.1.2 随着矿井采掘机械化水平的提高，大型机械设备运输较频繁，为保证行人和设备运输的安全，现行《煤矿安全规程》规定对采用综合机械化采煤的矿井新掘运输巷道必须留有 1.0m 以上的人行道。本规范对采用综合机械化采煤的矿井，井筒人行侧的宽度规定和《煤矿安全规程》一致。

3.1.3 为便于安装、更换、维修带式输送机并减轻工人的劳动强度，对大、中型矿井采用带式输送机提升的井筒，应铺设检修道，安装检修绞车；而对于小型矿井，当有其他可靠的检修运输措施时，可不设检修绞车道。

3.1.4 采用单轨吊车提升运输时，运输设备摆动较大。所以，井筒周边安全距离要有所加大。

3.1.5 采用无轨胶轮车提升运输，是在无轨导向的状态下，靠司机操作自由行驶。所以，井筒周边安全距离要有所加大，并与现行国家标准《煤矿巷道断面和交岔点设计规范》GB 50419 相一致。

3.1.6、**3.1.7** 与现行《煤矿安全规程》对井筒中风速的规定一致。

3.2 井筒断面形状及支护

3.2.2 梯形断面因具有断面利用率高、施工简单、掘砌费用低等特点，故被小型矿井采用，但因跑车砸支架，影响生产。因此，梯形断面不宜用于大中型主提升的斜井井筒。

3.2.3 井筒支护材料应遵照因地制宜、就地取材的原则，结合围岩实际情况选择，做到经济合理、安全可靠。

锚喷支护是井巷工程支护的一项经济合理、适应性强、掘进速度快的先进技术，在条件适宜时应优先采用。

穿过软岩、含水基岩或断层破碎带的井筒，采用锚喷或挂网锚喷和混凝土或钢筋混凝土联合支护，效果较好，应积极推广。

底板松软、破碎或底鼓的井筒，应对底板进行支护，必要时采用圆形、马蹄形或带底拱断面。

4 井筒装备及设施

4.1 轨 道

4.1.1 卡轨车、齿轨车或胶套轮机车提升运输的井筒，铺设轨道应根据提升运输设备的要求选取；当提升运输设备无特殊要求时，宜铺设不小于 22kg/m 钢轨。

4.1.2 单轨吊车的导轨型号及固定方式应根据单轨吊车要求及运输最大件重量选择；无特殊要求时，宜采用不小于Ⅰ140 型钢。

单轨吊车虽然基本不受井筒底板因素的影响，但为保证井筒和支架有足够的吊挂力，对顶板强度和井筒支护均要求较高。

4.1.3 无轨胶轮车运输的井筒，对井筒底板条件要求较高，需根据不同井筒底板岩性采取相应措施，满足其行驶对路面的要求；铺设混凝土永久性路面厚度不宜小于300mm。

4.1.5 井筒最小竖曲线半径确定应根据矿井开拓布置和所选设备要求综合考虑。施工图设计和采购设备时，应进一步落实设备性能及外形尺寸，最终确定井筒竖曲线半径。

4.1.6 斜井道床有道碴道床和固定道床两种形式。道碴道床施工简单，投资少，但线路质量相对较差，维修量大，适用于提升量不大、服务年限较短的斜井井筒。固定道床线路稳定，车辆运行平稳，维修量小，但初期工程量大，施工复杂，投资高，适用于提升量大、服务年限较长的斜井井筒。

主斜井提升运输设备的选择，主要结合开拓布置和提升能力考虑。小型矿井一般采用串车或4t及4t以下箕斗提升；中型矿井一般采用6t及6t以上箕斗或带式输送机提升；大型矿井则采用带式输送机提升。

根据上述特征及提升设备提升能力分析，本规范规定：采用串车提升的斜井井筒，当倾角小于和等于23°时，宜采用道碴道床，钢筋混凝土轨枕；当采用箕斗提升或倾角大于23°串车提升的斜井井筒，宜采用固定道床；运送人员的井筒，其道床和轨枕应按人车制动要求选取。

4.4 管线敷设

4.4.2 采用串车或箕斗等机械提升的斜井井筒中，掉道或跑车时有发生，如在其中敷设电缆，一旦损坏，轻则造成通信、监控中断，影响生产，重则酿成井下火灾，威胁井下职工生命安全。所以，在采用串车或箕斗等机械提升的斜井井筒中，不应敷设动力、通信及控制电缆。但当有保护电缆的可靠措施，如井壁设电缆槽、底板设电缆沟等的情况下，则可以敷设电缆。

4.4.3 无轨胶轮车是在无轨导向的状态下，靠司机操作自由行驶，容易损坏井壁两侧的设施。所以无轨胶轮车提升运输的井筒，不应敷设管路和电缆。当需要敷设时，管路和电缆必须设在高于提升运输设备的井筒上部或人行道一侧，确保无轨胶轮车碰撞不到管路和电缆。

4.5 人员运送

4.5.1 本条与《煤矿安全规程》的规定一致，目的是为减轻工人劳动强度，并保证人员安全。

4.5.3 架空乘人装置是解决斜井行人的一种简易机械设备。由于井筒倾角的大小与人员乘坐安全有直接关系，故用架空乘人装置运送人员的井巷倾角不应超过设计规定的数值。根据部分煤矿使用情况分析，当井筒倾角小于25°时，架空乘人装置运行较平稳，安全性好；反之，当井筒倾角超过25°时，则吊杆摆动较大，安全事故较多。因此，本规范规定：采用架空乘人装置运送人员的斜井井筒，其倾角不宜超过25°。

5 斜井硐室布置

5.3 躲避硐

躲避硐的设置是斜井井筒施工和生产安全的需要。斜井井筒在施工期间，如兼作提升和人行通道时，则斜井井筒一侧，必须设专用人行道；在人行道一侧必须设躲避硐。躲避硐的间距不得大于40m。生产期间，对于采用提升机提升的斜井井筒，在提升任务不大的情况下，如兼作提升和人行通道，也必须按本规定设置躲避硐。上下人员必须走人行道，行车时，行人立即进入躲避硐；不行车时，人员方可行走。保证行车不行人，实现安全生产。

5.5 装载硐室和煤仓

5.5.1 装载硐室是将斜井井筒局部加高，与煤仓下口直接相接。按硐室断面形状可分为平顶和拱顶两种形式。

平顶式装载硐室一般采用混凝土墙、工字钢铺顶或混凝土墙、混凝土梁和铺顶支护方式。此种支护方式具有能充分利用有效空间，掘进工程量较小；当采用工字钢铺顶时，施工简单；特别当硐室围岩层理明显、顶部岩石稳固时，更有利于硐室的施工和维护等特点。但也存在硐室跨度不宜过大、围岩要稳定和采用工字钢铺顶时钢材消耗量较大等问题。故平顶式装载硐室宜用于井筒断面跨度较小或围岩较稳定的情况。

拱顶式装载硐室一般采用混凝土砌碹，它具有承压能力强的特点，但施工较复杂，掘进工程量大。故拱顶式装载硐室宜用于井筒断面跨度较大或围岩稳定性较差的情况。

中华人民共和国国家标准

煤矿井底车场硐室设计规范

Code for design of chambers
around pit-bottom of coal mine

GB 50416—2007

主编部门：中国煤炭建设协会
批准部门：中华人民共和国建设部
施行日期：2007年12月1日

中华人民共和国建设部
公　告

第 643 号

建设部关于发布国家标准
《煤矿井底车场硐室设计规范》的公告

现批准《煤矿井底车场硐室设计规范》为国家标准，编号为 GB 50416—2007，自 2007 年 12 月 1 日起实施。其中，第 2.0.2（2）、2.0.4、3.1.1（2、4）、3.3.1（2）、4.0.1（2、3、4）、5.3.3、6.1.1（1、3、4、5）、6.1.2、6.1.3（5、6、7）、6.1.4（2）、6.2.1、6.2.2、6.2.3（2、3）、7.1.1、7.2.5（1）条（款）为强制性条文，必须严格执行。

本规范由建设部标准定额研究所组织中国计划出版社出版发行。

中华人民共和国建设部
二〇〇七年五月二十一日

前　言

本规范是根据建设部建标〔2006〕136 号文《关于印发"2006 年工程建设标准规范制订、修订计划（第二批）"的通知》的要求，由中煤国际工程集团武汉设计研究院会同有关单位共同编制而成。

本规范在编制过程中，编制组进行了广泛调查研究，认真总结煤矿井底车场硐室设计的经验，吸取了近年来成熟的科研成果和新技术，广泛征求了有关单位的意见，经反复研究、多次修改，最后经审查定稿。

本规范共 8 章，主要内容有：总则、基本规定、主排水系统硐室、主变电所、运输系统硐室、井下爆炸材料硐室、安全设施硐室、其他硐室等。

本规范中以黑体字标志的条文为强制性条文，必须严格执行。

本规范由建设部负责管理和对强制性条文的解释，由中国煤炭建设协会负责日常管理工作，由中煤国际工程集团武汉设计研究院负责具体技术内容的解释。本规范在执行过程中，请各单位结合设计、生产实践和科学研究，认真总结经验，积累资料，如发现需要修改或补充之处，请将意见和建议寄交中煤国际工程集团武汉设计研究院（地址：武汉市武昌区武珞路 442 号，邮政编码：430064，传真：027-87250809），以便今后修订时参考。

本规范主编单位、参编单位和主要起草人：
主　编　单　位：中煤国际工程集团武汉设计研究院
参　编　单　位：中煤国际工程集团沈阳设计研究院
　　　　　　　　煤炭工业合肥设计研究院
主要起草人：于新胜　周秀隆　刘兴晖　张世良
　　　　　　张建民　刘建平　张建平　刘　艳
　　　　　　施佳音　樊春辉　王　勇　朱照全

目 次

1 总则 …………………………………… 34—4
2 基本规定 ……………………………… 34—4
3 主排水系统硐室 ……………………… 34—4
   3.1 主排水泵房 ……………………… 34—4
   3.2 管子道 …………………………… 34—4
   3.3 水仓 ……………………………… 34—5
4 主变电所 ……………………………… 34—5
5 运输系统硐室 ………………………… 34—5
   5.1 井下架线式电机车修理间
       及变流室 ………………………… 34—5
   5.2 井下蓄电池式电机车修理间及充
       电变流室 ………………………… 34—6
   5.3 井下防爆柴油机车修理间及
       加油（水）站 …………………… 34—6
   5.4 推车机及翻车机硐室 …………… 34—6
   5.5 自卸矿车卸载站硐室 …………… 34—6
   5.6 井下换装硐室 …………………… 34—6
   5.7 井下调度室 ……………………… 34—6
6 井下爆炸材料硐室 …………………… 34—7
   6.1 井下爆炸材料库 ………………… 34—7
   6.2 井下爆炸材料发放硐室 ………… 34—8
7 安全设施硐室 ………………………… 34—8
   7.1 井下消防材料库 ………………… 34—8
   7.2 防水闸门硐室 …………………… 34—8
   7.3 井下密闭门硐室 ………………… 34—9
   7.4 井下防火栅栏两用门硐室 ……… 34—10
8 其他硐室 ……………………………… 34—10
   8.1 井下急救站 ……………………… 34—10
   8.2 井下等候室 ……………………… 34—10
   8.3 井下工具备品保管室 …………… 34—10
   8.4 井下降温系统硐室 ……………… 34—10
   8.5 井下厕所 ………………………… 34—10
本规范用词说明 ………………………… 34—11
附：条文说明 …………………………… 34—12

1 总 则

1.0.1 为在煤矿井底车场硐室设计中贯彻执行国家相关法律法规、《煤炭工业技术政策》、《煤矿安全规程》和现行国家标准《煤炭工业矿井设计规范》GB 50215,统一煤矿井底车场硐室的设计原则和技术标准,做到技术先进、安全适用、经济合理、确保质量、以人为本,制定本规范。

1.0.2 本规范适用于煤矿井底车场硐室设计。

1.0.3 井底车场硐室设计除应符合本规范外,尚应符合国家现行的有关标准的规定。

2 基本规定

2.0.1 井底车场硐室布置应满足使用方便,便于设备安装、检修及运输的要求,还应符合防水、防火及防爆等安全要求。

2.0.2 井底车场主要硐室位置的选择应符合下列规定:
  1 应选择在比较稳定坚硬的岩(煤)层中,并应避开断层、破碎带、含水层和采空区。
  2 不得布置在有煤与瓦斯突出危险的煤层和冲击地压的煤层中。
  3 井下机电设备硐室应设在进风风流中。如果硐室深度不超过 6m、入口宽度不小于 1.5m 且无瓦斯涌出,可采用扩散通风。

2.0.3 井底车场硐室断面形状和支护方式应根据使用要求、硐室跨度大小、围岩稳定性、支护材料性能、施工方法和经济、工期等因素因地制宜地确定,并应符合下列规定:
  1 硐室断面形状通常采用半圆拱。在松软岩层中的硐室断面,应适应围岩松动变形要求和采取加强支护的措施。
  2 硐室支护方式和支护厚度应符合现行国家标准《煤矿矿井巷道断面及交岔点设计规范》GB 50419 的有关规定。
  3 对含水性强的围岩硐室,其支护应采取防水防潮措施,机电设备硐室不应有滴水现象。
  4 机电设备硐室应采用混凝土、钢筋混凝土或料石等不燃性材料支护。除特殊要求外,混凝土强度等级不应低于 C20,钢筋混凝土强度等级不应低于 C25,混凝土强度指标的计算应符合现行国家标准《混凝土结构设计规范》GB 50010 的有关规定。
  5 机电设备硐室地面宜高出外部巷道底板,并应采用混凝土铺底,铺底厚度不应小于 0.1m,混凝土强度等级不应低于 C15。

2.0.4 在机电设备硐室进出口或通道中,必须安装向外开启的防火门或防火栅栏两用门。

3 主排水系统硐室

3.1 主排水泵房

3.1.1 主排水泵房布置应符合下列规定:
  1 主排水泵房与主变电所宜联合布置,并宜靠近敷设排水管路的井筒。硐室与井筒垂直距离不宜小于 20m。
  2 主排水泵房至少应有 2 个出口,一个出口应用斜巷通到井筒,并应高出泵房底板 7m 以上;另一个出口应通到井底车场,在此出口通道内,应设置易于关闭的既能防水又能防火的密闭门和栅栏门。
  3 主排水泵房通道断面应满足最大设备通过及行人和通风要求,并应与密闭门、栅栏门的规格相匹配。
  4 主排水泵房地面应高出硐室通道与井底车场巷道或大巷连接处底板 0.5m。与硐室通道相连接的巷道铺设双轨且为高低道时,应以高道一侧巷道底板计算硐室地面高程。

3.1.2 主排水泵房尺寸与管线布置应符合下列规定:
  1 主排水泵房尺寸应根据水泵与电动机规格,设备安装、检修要求以及现行《煤矿安全规程》的有关要求确定。
  2 主排水泵房电缆敷设方式采用电缆沟时,电缆沟宜设在轨道中间;当采用墙壁悬挂电缆时,电缆与电机接线段应在硐室底板设电缆沟或预埋电缆钢套管。

3.1.3 主排水泵房及吸水井、配水巷断面和支护应符合下列规定:
  1 主排水泵房断面形状与支护方式应满足本规范第 2.0.3 条的要求。
  2 吸水井、配水巷断面宜采用半圆拱形。吸水井井壁应设便于检修的爬梯,上部井口应铺设盖板。
  3 主排水泵房地面应向吸水井侧设不小于 3‰的流水坡度,电缆沟亦应设不小于 3‰的流水坡度,硐室积水宜引入吸水井内。电缆沟底和壁的砌筑厚度不宜小于 0.1m,电缆沟砌筑宜采用混凝土,其强度等级不应低于 C15。

3.1.4 主排水泵房内设备运输应符合下列规定:
  1 主排水泵房设备宜采用轨道运输,轨面高程宜与硐室地面一致;
  2 主排水泵房轨道转向方式宜采用转盘;
  3 硐室通道与车场巷道连接处的设备转运,宜采用起吊方式。但在不影响车辆运行的线路上,也可采用转盘或道岔。

3.2 管 子 道

3.2.1 管子道布置应符合下列规定:

1 管子道宜布置在主排水泵房端部，其净断面应满足敷设排水管道、运送设备和作为主排水泵房安全出口的要求。管子道必须有通往梯子间的通道。

2 管子道倾角不宜大于30°，并应铺设轨道，轨道上、下竖曲线半径宜取 6～12m。管子道通往井筒连接处应设平台，平台应高出泵房地面7m以上。

3 管子道应设人行台阶。

3.2.2 管子道设施应符合下列规定：

1 管子道应根据设备布置要求设置托管梁、管墩、轨道及转盘。当有电缆通过时，还应设置电缆沟（架）。

2 立井管子道平台与井筒连接处应设向内开启的栅栏门，并应设便于拆卸的活动罐道。

3 在立井管子道平台与井筒连接处，应设固定活动短轨的钢梁或起重梁。斜井管子道与井筒连接处宜加设道岔或起吊梁。

4 在管子道平台处应留出应急提升绞车的位置。

3.3 水　仓

3.3.1 水仓布置应符合下列规定：

1 水仓布置应避开松软、破碎的岩层和断层带。水仓入口应设在井底车场、大巷最低点或靠近最低点。

2 **水仓必须由互不渗漏的主仓和副仓组成，并应满足在清理时交替使用的要求。**

3 水仓入口通道的水沟，应设铁算子与闸板。水仓入口斜巷应设人行台阶，斜巷坡度不宜大于20°，轨道上、下竖曲线半径宜取 9～12m，水仓底板应向吸水井方向设 1‰～2‰的上坡，水仓可不设水沟。

3.3.2 水仓容量计算、支护、清理方式应符合下列规定：

1 水仓有效容量应根据矿井涌水量，按现行《煤矿安全规程》的有关规定确定。

2 水仓总长度应根据水仓容量、断面大小确定，并应在水仓平面布置和断面优化的基础上，尽量压缩水仓入口与吸水井之间的贯通长度。

3 水仓最高存水面应低于水仓入口水沟底面和主排水泵房电缆沟底面，水仓高度不宜小于2m。

4 水仓支护方式宜采用混凝土或防渗混凝土拱碹，亦可根据围岩软硬、稳定性及有无渗水情况采用锚喷支护或其他支护方式，在水仓与吸水井及配水巷连接处采用混凝土或钢筋混凝土支护。如围岩渗水可在支护材料中加一定数量的防水剂，底板宜采用混凝土铺底。

5 水仓清理方式应根据水仓清理量的大小确定，宜采用机械清理。对于采用水砂充填、水力采煤和其他污水中带有大量杂质的矿井，井下应设置专门的沉淀及清理系统。

6 当水仓清理采用矿车运输时，应铺设轨道。

4　主变电所

4.0.1 主变电所布置应符合下列规定：

1 主变电所宜与主排水泵房联合布置，并宜靠近敷设电缆的井筒。

2 主变电所必须在硐室两端各设一个出口。当与主排水泵房联合布置时，其中一个出口应通到井底车场或大巷，且与该出口连接的通道内应设置易于关闭的既能防水又能防火的密闭门和栅栏门，另一个出口应通到主排水泵房。

3 主变电所地面应高出硐室通道与井底车场巷道或大巷连接处底板 0.5m。若与硐室通道相连接的巷道铺设双轨且为高低道时，应以高道一侧巷道底板计算硐室地面高程。当主变电所与主排水泵房联合布置时，其地面高程不应低于主排水泵房的地面高程。

4 当联合布置时，主变电所与主排水泵房之间应设隔墙及安装向主排水泵房开启的防火栅栏两用门。

5 主变电所通道断面应满足最大设备通过及行人和通风要求，并应与密闭门、栅栏门的规格相匹配。

4.0.2 主变电所断面与支护应符合下列规定：

1 主变电所平、断面尺寸应根据供配电的设备规格、设备安装和检修要求以及现行《煤矿安全规程》的有关要求确定。

2 主变电所断面形状与支护方式应满足本规范第2.0.3条要求。当与主排水泵房联合布置时，硐室支护方式、材料宜与主排水泵房相同。

3 主变电所电缆沟宜以 3‰坡度坡向主排水泵房。

5　运输系统硐室

5.1　井下架线式电机车修理间及变流室

5.1.1 架线式电机车修理间及变流室布置应符合下列规定：

1 架线式电机车修理间应设在井底车场附近。

2 变流室宜靠近主变电所或与主变电所联合布置。变流室不宜与电机车修理间联合布置。

3 加宽式修理间与所在巷道之间应设隔墙。

4 架线式电机车工作台数为 10 台及 10 台以下时，硐室应设一个检修坑、一个机车进出口和一个人行通道出口；工作电机车在 10 台以上时，硐室应设两个检修坑、两个机车进出口，不另设人行通道。硐室每个进出口均应设置栅栏门。

5 架线式电机车修理间应设起重梁或其他起吊装置。硐室应设有3‰向外的流水坡向。

5.1.2 架线式电机车修理间尺寸，应根据机车检修和备用机车存放要求确定。硐室宜采用混凝土铺底。

5.2 井下蓄电池式电机车修理间及充电变流室

5.2.1 蓄电池电机车修理间及充电变流室布置应符合下列规定：

1 蓄电池电机车修理间及充电变流室宜联合布置。不采用联合布置的修理间，其布置要求应符合本规范第5.1.1和5.1.2条的规定。平硐开拓的蓄电池式电机车修理间、充电变流室可设在地面。

2 充电变流室的通风系统应满足现行《煤矿安全规程》的有关规定。

3 充电室内充电台为1~6个时，应设一个机车出口；为6个以上时，应设两个机车出口。当充电台（包括备用、检修用台）大于8个且硐室围岩条件较好时，充电台可采用双排布置。

4 蓄电池电机车修理间及充电变流室应设起重梁或其他起吊装置。硐室内宜采用固定道床，硐室宜采用混凝土铺底，硐室应设3‰向外的水沟坡向。

5.3 井下防爆柴油机车修理间及加油（水）站

5.3.1 防爆柴油机车修理间及加油（水）站硐室的位置应根据运输、通风要求确定，可设于井底车场或采区车场附近。

5.3.2 柴油机车修理间及加油（水）站宜联合布置，修理间宜设置不少于两个机车进出口，机车进出口应设置防火门和栅栏门。联合布置的加油站宜布置在修理间回风通道内，加油站两端应加设栅栏门和有混凝土门槛的防火门。

5.3.3 柴油机车修理间及加油站应独立通风，硐室内严禁有滴水现象。

5.3.4 硐室尺寸及布置要求应根据设备布置及消防器材存放要求确定。井下加油站设施宜采用专用油罐车，油罐容量宜按井下工作机车8h耗油总量确定。

5.3.5 硐室宜采用混凝土铺底。

5.4 推车机及翻车机硐室

5.4.1 推车机及翻车机硐室布置应符合下列规定：

1 非通过式硐室应避免巷道水流入煤仓，通过式硐室水沟应设在通过线一侧。

2 通过式硐室在通过线与翻车机之间应设防尘隔墙，并应采取除尘措施，隔墙长度不宜小于10m。

3 翻车机下方宜设孔眼为0.3m×0.3m的便于清理杂物的铁算子。

4 硐室内应采取防止瓦斯积聚的措施。

5.4.2 推车机及翻车机硐室尺寸应根据设备布置及安装、检修要求确定。硐室应设起吊装置。

5.4.3 通过式推车机及翻车机硐室中，其通过线的过渡段线路转角不宜大于15°，平曲线半径应满足列车运行要求，平曲线之间直线段长度不应小于机车轴距的1.5倍。

5.4.4 翻车机基础及煤仓上口宜采用钢筋混凝土砌筑。

5.5 自卸矿车卸载站硐室

5.5.1 自卸矿车卸载站硐室布置应符合下列规定：

1 卸载站硐室应根据自卸矿车的型号、车场调车方式及线路布置，确定进出车方向和线路坡度。

2 井下需并列布置两个卸载站时，两硐室间岩柱不宜小于20m。

3 硐室排水、防尘、防瓦斯积聚及线路连接、硐室尺寸要求应符合本规范第5.4.1条第1、2、4款及第5.4.2、5.4.3条的要求。通过式硐室防尘隔墙长度应大于卸载段长度。

4 卸载站硐室内除卸载坑上口外，硐室内的硐口均应加设盖板。

5.5.2 卸载坑及煤仓上口应采用钢筋混凝土砌筑。卸载坑外壁围岩宜采用锚杆加固。

5.6 井下换装硐室

5.6.1 井下换装硐室布置应符合下列规定：

1 井下换装硐室应避开高密度车辆运行区域，并应方便材料与设备集散和有轨设备上下井。立井井下换装硐室应布置在罐笼出车侧。

2 井下换装硐室宜根据换装材料和设备的要求，设两套起重设备，其中大型起重设备宜采用固定形式，小型起重设备可双向移动。

5.6.2 井下换装硐室断面与支护应符合下列规定：

1 井下换装硐室尺寸应根据设备布置及换装要求确定。

2 井下换装硐室断面形状宜采用半圆拱。支护方式应根据硐室跨度大小、围岩稳定性、支护材料性能等因素综合考虑。

3 硐室支护不应渗漏水，硐室应混凝土铺底，铺底厚度不应小于0.3m，混凝土强度等级不应低于C20。

4 铺轨宜采用固定道床，轨面高度宜和硐室地面平齐。

5.7 井下调度室

5.7.1 调度室应设在井底车场主要调车线路附近。硐室深度不宜大于6m，大于6m时应设通风通道出口。当信号监控设备室与调度室分开设置时，隔墙应设通风孔。

5.7.2 调度室应采取防潮措施，硐室内应采用混凝土铺底，厚度不应小于0.1m。硐室地面应比相连接巷道底板高0.2m，并应向所连接的巷道设3‰的下坡。

5.7.3 硐室布置形式及尺寸应根据调度设备布置要求确定。硐室与外部巷道之间应设隔墙和栅栏门,硐室采用扩散通风时栅栏门宽度不应小于 1.5m。

6 井下爆炸材料硐室

6.1 井下爆炸材料库

6.1.1 井下爆炸材料库的位置选择应符合下列规定:

1 井下爆炸材料库必须有独立的通风系统,回风气流必须直接引入矿井的总回风巷或主要回风巷中。

2 新建矿井采用对角式通风系统时,投产初期可利用采区岩石上山或用不燃性材料支护和不燃性背板背严的煤层上山作爆炸材料库的回风巷。

3 井下爆炸材料库库房距井筒、井底车场、主要运输巷道、主要硐室以及影响全矿井或大部分采区通风的风门的法线距离:当采用硐室式时,不得小于 100m;当采用壁槽式时,不得小于 60m。

4 井下爆炸材料库房距行人巷道的法线距离:当采用硐室式时,不得小于 35m;当采用壁槽式时,不得小于 20m。

5 井下爆炸材料库房距地面或上下巷道的法线距离:当采用硐室式时,不得小于 30m;当采用壁槽式时,不得小于 15m。

6.1.2 井下爆炸材料库房的容量及爆炸材料的存放应符合下列规定:

1 井下爆炸材料库房最大存放量不得超过该矿井 3d 炸药需要量和 10d 电雷管需要量。

2 硐室式库房中,每个硐室最大贮存量,炸药不得超过 2t,电雷管不得超过 10d 的需要量。

3 壁槽式库房中,每个壁槽最大贮存量,炸药不得超过 400kg,电雷管不得超过 2d 的需要量。

4 爆炸材料库中发放室最大存放量,炸药不得超过 3 箱,电雷管不得超过 500 发。

6.1.3 井下爆炸材料库布置应符合下列规定:

1 井下爆炸材料库库型应采用硐室式或壁槽式,不得在一个硐室内既设硐室式库房又设壁槽式库房。

2 井下爆炸材料库应包括库房、辅助硐室和通向库房的巷道。辅助硐室应有电雷管全电阻检查、发放炸药、电雷管编号、消防器材及保存空爆炸材料箱和发爆器等专用硐室。

3 壁槽式库房的壁槽宜设在库房的一侧,壁槽设在库房两侧时,两侧壁槽应相互错开。

4 贮存爆炸材料库房中的硐室或壁槽,其相互间距离应按下列公式计算:

$$R_1 = K_1 \sqrt{Q} \quad (6.1.3\text{-}1)$$
$$R_2 = K_2 \sqrt{N} \quad (6.1.3\text{-}2)$$
$$R_3 = K_3 \sqrt{N} \quad (6.1.3\text{-}3)$$

式中 R_1——贮存炸药的硐室之间或壁槽之间的殉爆安全距离(m);

R_2——贮存电雷管的硐室之间或壁槽之间的殉爆安全距离(m);

R_3——贮存电雷管与炸药的硐室之间或壁槽之间的殉爆安全距离(m);

Q——库房硐室或壁槽允许的炸药最大贮存量(kg);

N——库房中硐室或壁槽允许贮存电雷管数量(发);

K_1——贮存炸药的硐室之间或壁槽之间的殉爆安全距离计算系数,硝铵类炸药一般取 0.25;

K_2——贮存电雷管的硐室或壁槽之间的殉爆安全距离计算系数,一般取 0.06;

K_3——贮存电雷管与炸药的硐室之间或壁槽之间的殉爆安全距离计算系数,一般取 0.1。

5 井下爆炸材料库房与外部巷道之间,应用三条互成直角的连通巷道相连。连通巷道的相交处必须延长 2m,断面积不得小于 $4m^2$。在连通巷道尽头,还必须设置缓冲砂箱隔墙,且不得兼作辅助硐室使用。库房两端的通道与库房连接处必须设置齿形阻波墙。

6 每个爆炸材料库房必须有两个出口(不含回风出口),其中一个出口应用作发放爆炸材料及人员出入,出口的一端必须装有自动关闭的抗冲击波活门和栅栏门;另一个出口应布置在爆炸材料库回风侧,可铺设轨道运送爆炸材料,该出口与库房相连接的一端,必须装有一道抗冲击波密闭门,另一端应安设栅栏门。

7 井下爆炸材料库房回风出口应装设铁制调节风门和栅栏门。

8 库房及各辅助硐室混凝土地面高于外部通道地面不应小于 0.1m。库房出口通道坡度不宜小于 7‰。库房与出口通道应设置水沟。

9 库房及各辅助硐室应采用混凝土铺底并铺设木地板。库房、发放炸药室、发放台、电雷管检查室、操作台应加橡胶垫层。

10 有煤尘爆炸危险的矿井,在库房出口通道内应设隔离煤尘爆炸设施。

6.1.4 井下爆炸材料库的尺寸及支护应符合下列规定:

1 井下爆炸材料库房的尺寸应按库房形式、库容量以及库房的硐室或壁槽的贮存量、爆炸材料的包装尺寸、放置等要求确定。

2 井下爆炸材料库应采用拱碹或非金属不燃性材料支护,且不得渗漏水,并应采取防潮措施。爆炸材料库出口两旁的巷道,应采用拱碹或不燃性材料支护，支护长度不得小于5m。库房必须备有足够数量的消防器材。

3 井下爆炸材料库房出口中抗冲击波活门和密闭门基础应适应门的抗压强度要求，并应预留排水管和电缆管。

6.2 井下爆炸材料发放硐室

6.2.1 爆炸材料发放硐室必须设在有独立通风的专用巷道内，距使用的巷道法线距离不得小于25m。

6.2.2 爆炸材料发放硐室最大贮存量不得超过1d的总供应量，其中炸药量不得超过400kg。

6.2.3 爆炸材料发放硐室应符合下列规定：

1 硐室应由贮存室、发放间和与外部巷道连接的出口通道组成。

2 贮存室中的炸药、电雷管必须分别贮存，并应采用不小于240mm厚的砖墙或混凝土墙隔开。

3 发放间应布置在硐室进风通道一侧，该通道必须设一道可自动关闭的抗冲击波活门和栅栏门。硐室回风出口应设铁制调节风门和栅栏门。

6.2.4 硐室尺寸应根据爆炸材料贮存量及存放、发放要求确定。

6.2.5 硐室支护材料、高程、通道坡度、煤尘爆炸隔离措施、抗冲击波活门基础等应符合本规范第6.1.3和6.1.4条的有关要求。

7 安全设施硐室

7.1 井下消防材料库

7.1.1 井下消防材料库应设在每一个生产水平的井底车场或主要运输大巷中，并应装备消防列车。

7.1.2 井下消防材料库布置应符合下列规定：

1 硐室式库房应设两个出口通道，通道中应安设向外开启的栅栏门，其中一个出口通道应满足消防列车进出。

2 加宽式库房与所在巷道之间应设隔墙，库房可设一个供消防列车进出的出口，出口应安设向外开启的栅栏门。

7.1.3 库房尺寸应根据消防材料及消防工具的品种数量、消防材料存放平台尺寸、消防列车长度及相互间隙尺寸、轨道线路连接尺寸确定，并应符合下列规定：

1 消防材料存放平台高度自轨面起不宜低于0.5m，宽度宜取0.8～1.0m，长度宜取20～30m，材料堆放高度不宜小于1m。

2 消防材料存放平台与消防列车间隙宜取0.5m，消防列车与该侧巷道墙壁或隔墙间隙不宜小于0.8m。

3 硐室式库房内应设水沟。硐室不应渗漏水。

7.2 防水闸门硐室

7.2.1 防水闸门硐室布置除应符合现行《煤矿安全规程》的有关规定外，还应符合下列规定：

1 防水闸门硐室位置应选择在比较坚硬、致密、稳定的岩层中，不得设置在节理、裂隙、岩溶发育的岩层和断层破碎带中。硐室四周必须留有保护煤、岩柱，严禁受采动影响。

2 防水闸门硐室所承受的最大水压值，应根据矿井的水文地质资料和井巷的防水条件确定。

3 防水闸门硐室泄水方式应根据硐室所处巷道的水沟泄水流量确定。可采用水管泄水或水沟泄水。

采用水沟泄水时，需建筑水沟闸门，水沟位置必须与过车的门洞错开布置，不得上下重叠。

4 防水闸门前应设置安装、检修防水闸门的起重梁或起重吊环。防水闸门前15～25m处应设一道箅子门。

5 通过防水闸门的轨道、胶带及架线式电机车架空线等在关闭水闸门时，应能迅速拆卸、断开。

6 通过闸门墙体的泄水管、压风管、洒水管等管路应采用能承受相应水压的高压管，并应在门洞后安装相应的高压闸阀。所有预埋通过硐室的钢管，应采取防止钢管滑动、位移措施。通过硐室的电缆管应封堵严实。

7 闸门墙体前、后护砌长度各不得小于5m。

7.2.2 防水闸门硐室工程应符合下列规定：

1 防水闸门硐室的混凝土强度等级不应低于C25。

2 闸门墙体和两端护砌段应整体砌筑，在门硐四周、门框附近，砌筑时必须采取特殊加固措施。硐室承受3.0MPa以上水压时，闸门墙体迎水一端及门框背后混凝土中应配置一定数量钢筋。

3 当防水闸门硐室围岩强度低于硐室混凝土强度时，对硐室围岩应采取加固措施。

4 防水闸门硐室砌筑后应进行注浆，其注浆最终压力应大于设计水压的1.5倍。

7.2.3 防水闸门墙体结构形式，根据硐室承受水压的大小可选用圆柱形结构、楔形结构、倒截锥形结构，并应符合下列规定：

1 圆柱形结构和楔形结构宜用于承受不大于1.6MPa水压的防水闸门硐室。

2 倒截锥形结构宜用于承受1.6MPa以上水压的防水闸门硐室。

7.2.4 防水闸门墙体长度根据硐室结构形式，可分别采用下列公式计算：

1 圆柱形结构（图7.2.4-1）应采用下列公式计算：

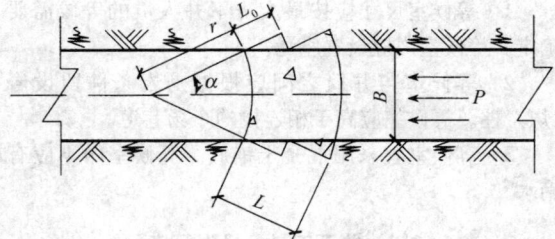

图 7.2.4-1 圆柱形防水闸门硐室结构形式示意图

$$L_0 = \frac{r}{\frac{nf_{cc}}{\gamma_0 \gamma_f \gamma_d P} - 1} \quad (7.2.4-1)$$

$$r = \frac{B}{2\sin\alpha} \quad (7.2.4-2)$$

$$L = nL_0 \quad (7.2.4-3)$$

式中 L——闸门墙体长度（m）；
L_0——一段闸门墙体长度（m）；
n——闸门墙体分段段数；
r——闸门墙体圆柱内侧半径（m）；
P——防水闸门硐室设计承受的水压（N/mm²）；
f_{cc}——素混凝土的轴心抗压强度设计值，按混凝土轴心抗压强度设计值 f_c 值乘以系数 0.85 确定（N/mm²）；
γ_0——结构的重要性系数，取 1.1；
γ_f——作用的分项系数，取 1.3；
γ_d——结构系数，取 1.20～1.75，硐室净断面积大时取大值；
B——闸门墙体前、后巷道净宽（m）；
α——凸基座支承面与硐室中心线间夹角，一般取 20°～30°。当围岩分类为 I、II 类时，取小值；当围岩分类小于 II 类时，取大值。

2 楔形结构（图 7.2.4-2）应采用下列公式计算：

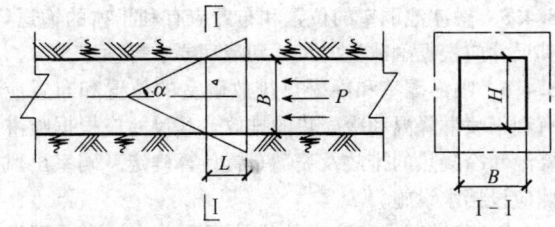

图 7.2.4-2 楔形防水闸门硐室结构形式示意图

$$L = \frac{H+B}{4\tan\alpha}\left[\sqrt{1 + \frac{4\gamma_0\gamma_f\gamma_d HBP}{(H+B)^2 f_{cc}}} - 1\right]$$

$$(7.2.4-4)$$

式中 H——闸门墙体前、后巷道净高（m）。

3 倒截锥形结构（图 7.2.4-3）应采用下列公式计算：

$$L = L_i + L_0 \quad (7.2.4-5)$$

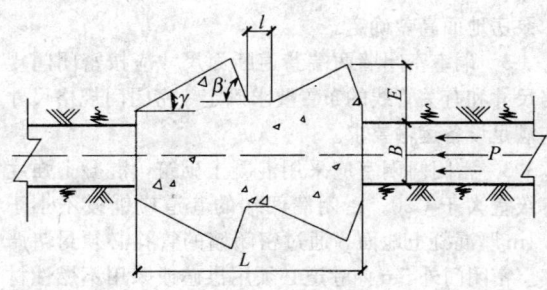

图 7.2.4-3 倒截锥防水闸门硐室结构形式示意图

$$L_i = \frac{\ln(\gamma_0\gamma_f\gamma_d P) - \ln(f_t)}{0.3986} \quad (7.2.4-6)$$

$$S_2 = (\gamma_0\gamma_f\gamma_d\gamma_{sd}P + f_{cc})S/f_{cc} \quad (7.2.4-7)$$

$$E = \frac{-(\pi B + 2B + 4h_3) + \sqrt{(\pi B + 2B + 4h_3)^2 - 4(4+\pi)(2Bh_3 + 0.25\pi B^2 - 2S_2)}}{2(4+\pi)}$$

$$(7.2.4-8)$$

式中 L_i——闸门墙体应力衰减段计算长度（m）；
L_0——闸门墙体应力回升段长度，取 1.0～2.0m；
f_t——混凝土轴心抗拉强度设计值（N/mm²）；
γ_d——取 1.2～2.0，水压大、硐室净断面积大时取大值；
E——闸门墙体嵌入围岩深度（含砌壁厚）（m）；
S——闸门墙体前、后巷道净断面积（m²）；
S_2——防水闸门硐室最大掘进断面积（m²）；
h_3——闸门墙体前、后巷道墙高（m）；
γ_{sd}——作用不定性系数，取 1.2～2.0，水压大、围岩抗压强度较低时取大值；
β——不小于 50°；
γ——一般取 20°；
l——围岩较软时所设的平直段，其值取 0.5～1.0m，闸门墙体长度长时取大值，闸门墙体长度短时取小值。

7.2.5 防水闸门硐室耐压试验应符合下列规定：

1 防水闸门硐室竣工后，必须进行注水耐压试验，稳压时间应连续保持 24h 以上，试验全过程的各种数据必须详细记录。

2 防水闸门硐室施工与注水耐压试验，必须严格遵守现行《煤矿安全规程》和现行国家标准《矿山井巷工程施工及验收规范》等有关规定。

7.3 井下密闭门硐室

7.3.1 井下主变电所、主排水泵房与井底车场巷道或大巷的通道中应设密闭门硐室。

7.3.2 密闭门硐室布置及尺寸应符合下列规定：

1 硐室的密闭门应向外开启。硐室铺轨时，密闭门开启一侧应设便于拆卸的活动轨。

2 硐室密闭墙体长度应按式（7.2.4-1）～（7.2.4-4）计算。承受的水压应按管子道平台与主排水泵房地面高差确定。

3 硐室密闭墙两端巷道断面尺寸应按密闭门规格尺寸和有关管线的布置要求确定。密闭门规格尺寸应满足设备运输要求。

7.3.3 密闭门硐室应采用混凝土砌筑，混凝土强度等级宜大于C20。密闭墙两端的巷道应铺设不小于0.1m厚混凝土地面。通过密闭墙的管孔必须封堵严实。密闭门外5m内巷道必须用拱碹或采用不燃性材料支护。

7.4 井下防火栅栏两用门硐室

7.4.1 井下各种机电设备硐室和有防火要求的硐室出口通道或硐室内部隔墙中应设防火栅栏两用门，并应布置在直线段巷道中。

7.4.2 防火栅栏两用门硐室布置及尺寸应符合下列规定：

1 设于机电设备硐室内部隔墙上的防火栅栏两用门，可直接砌筑于隔墙上。

2 设于机电设备硐室出口通道中的防火栅栏两用门，当硐室存在带油设备时，防火门下应加设混凝土门槛。

3 有矿车通过的防火栅栏两用门硐室应铺设轨道。

4 硐室门框两端巷道断面尺寸应按防火栅栏两用门规格尺寸和管线布置要求确定，门应向外开启，当门敞开时，不应妨碍设备的进出。

5 防火栅栏两用门门框基础宜采用混凝土砌筑，防火栅栏两用门外5m内巷道应采用拱碹或不燃性材料支护。

8 其他硐室

8.1 井下急救站

8.1.1 井下急救站位置应选择在交通方便和通风条件好的井下调度室附近。

8.1.2 急救站尺寸应满足急救设施布置要求。当硐室采用扩散通风时，硐室与外部巷道之间隔墙上栅栏门宽度不应小于1.5m。

8.2 井下等候室

8.2.1 采用机械升降人员的矿井，在井下应设置等候室，并应符合下列规定：

1 等候室应有两个通道。

2 立井井下等候室两个通道应分别与井筒两侧车场巷道相连接。

3 斜井井下等候室通道，一个应通往车场巷道或大巷，另一个应与井筒上、下人车场相连接。

8.2.2 井下等候室布置应符合下列规定：

1 等候室尺寸应按最大班下井人员的等候需要确定。等候室内应设置座凳。

2 等候室与井筒之间应根据围岩条件留设岩（煤）柱。等候室应高于相连接的车场巷道。

3 等候室宜采用混凝土铺底。等候室内不应有滴水。

8.3 井下工具备品保管室

8.3.1 井下工具备品保管室宜设在井下等候室附近，也可设在矿井两翼取存工具方便的地方。

8.3.2 硐室宜采用混凝土铺底。硐室内宜设工具存放架。

8.4 井下降温系统硐室

8.4.1 井下降温系统硐室应包括井下制冷站及其配电室和控制室、载冷剂高低压耦合装置硐室、融冰池硐室、喷淋硐室、冷凝热排放硐室等为矿井降温系统服务的相关硐室。

8.4.2 井下降温系统硐室应设两个出口。

8.4.3 井下制冷站和载冷剂高低压耦合装置硐室的位置和布置应符合现行国家标准《煤炭工业矿井设计规范》GB 50215 的有关规定，其配电室和控制室宜与制冷站联合布置，配电室和控制室设在制冷站内部时，应设隔离设施。

8.4.4 井下制冷站和载冷剂高低压耦合装置硐室的尺寸与管路布置应符合下列规定：

1 硐室的尺寸应根据制冷机组和配套设施的规格和数量及设备的搬运、安装、维修、操作和安全等要求确定。

2 有保温层的管路穿过硐室设施时，应根据管路及其保温层尺寸和管路布置预留孔洞、预埋钢套管。

3 井下制冷站管路敷设方式采用管沟时，管沟尺寸应满足管路安装、维修要求。

8.4.5 融冰池硐室的位置和布置应有利于冰的输送，其尺寸应根据融冰池的尺寸和清理要求等确定。

8.4.6 喷淋硐室和冷凝热排放硐室的位置和布置应有利于喷淋降温和冷凝热的排放，其尺寸应根据喷淋降温和冷凝热的排放及喷嘴布置计算确定。硐室出风侧应设挡水设施。

8.4.7 喷淋硐室和冷凝热排放硐室的支护宜采用混凝土拱碹支护，硐室底板混凝土铺设厚度不应小于0.1m，向积水坑方向的坡度应大于5‰；支护混凝土中应掺入一定量的防水剂，混凝土强度等级不应低于C20。

8.5 井下厕所

8.5.1 井下厕所的设施宜采用移动式设备，硐室尺寸应根据设备布置要求确定，应便于清理和使用。硐室宜采用混凝土铺底。

本规范用词说明

1 为便于在执行本规范条文时区别对待，对要求严格程度不同的用词说明如下：
1）表示很严格，非这样做不可的用词：
正面词采用"必须"，反面词采用"严禁"。
2）表示严格，在正常情况下均应这样做的用词：
正面词采用"应"，反面词采用"不应"或"不得"。
3）表示允许稍有选择，在条件许可时首先应这样做的用词：
正面词采用"宜"，反面词采用"不宜"；
表示有选择，在一定条件下可以这样做的用词，采用"可"。

2 本规范中指明应按其他有关标准、规范执行的写法为"应符合……的规定"或"应按……执行"。

中华人民共和国国家标准

煤矿井底车场硐室设计规范

GB 50416—2007

条 文 说 明

前　言

为便于各单位和有关人员在使用本规范时能正确理解和执行本规范，特按章、节、条顺序编制了本规范的条文说明，供使用者参考。在使用中如发现本条文说明有不妥之处，请将意见函告中煤国际工程集团武汉设计研究院。

本规范主要审查人：

何国伟	吴文彬	郭均生	孟　融	康忠佳
李庚午	鲍魏超	陈建平	刘　毅	蒋晓飞
李　明	霍　磊	王白空	龙祖根	伍育群
潘缉义	赵美清	施佳音	樊春辉	王　勇
朱兆全	李现春	于伯杰	彭文芳	

目 次

1 总则 …………………………………… 34—15
2 基本规定 ……………………………… 34—15
3 主排水系统硐室 ……………………… 34—15
　3.1 主排水泵房 ……………………… 34—15
　3.3 水仓 ……………………………… 34—15
4 主变电所 ……………………………… 34—15
5 运输系统硐室 ………………………… 34—15
　5.1 井下架线式电机车修理间及
　　　变流室 …………………………… 34—15
　5.2 井下蓄电池式电机车修理间及充
　　　电变流室 ………………………… 34—16
　5.3 井下防爆柴油机车修理间及
　　　加油（水）站 …………………… 34—16
　5.4 推车机及翻车机硐室 …………… 34—16
6 井下爆炸材料硐室 …………………… 34—16
　6.1 井下爆炸材料库 ………………… 34—16
7 安全设施硐室 ………………………… 34—17
　7.1 井下消防材料库 ………………… 34—17
　7.2 防水闸门硐室 …………………… 34—17
　7.3 井下密闭门硐室 ………………… 34—17
　7.4 井下防火栅栏两用门硐室 ……… 34—17
8 其他硐室 ……………………………… 34—17
　8.4 井下降温系统硐室 ……………… 34—17

1 总 则

1.0.1 本条阐明了制定本规范的目的。
1.0.2 本条说明本规范的适用范围为煤矿井底车场硐室布置、支护等有关设计标准,包括新建矿井,改建、扩建和水平延深矿井。

2 基本规定

2.0.2 本条是对井底车场主要硐室位置的选择作出的规定。
  2 井底车场及主要硐室是保证矿井正常生产的重要场所,且服务年限长,必须保持良好的支护状态。由于井底车场内巷道和硐室较密,施工时其围岩的完整性要受到不同程度的破坏,因此井底车场硐室应布置在稳定坚硬的岩层中,避开构造区段和强含水层,尤其是不得布置在有煤与瓦斯突出危险的煤层和冲击地压的煤层中。
2.0.4 煤矿井底车场的机电硐室担负着矿井安全、生产等方面的功能,一旦出现问题,有可能出现灾难性的安全后果,因此,为了防止闲杂人员进入机电设备硐室,也为了防止机电设备硐室以外的巷道一旦发生火灾波及机电设备硐室影响设备的正常运转,必须在机电设备硐室进出口或通道中安装向外开启的防火门或防火栅栏两用门。

3 主排水系统硐室

3.1 主排水泵房

3.1.1 本条规定"硐室与井筒垂直距离不宜小于20m",是出于两个因素的考虑:一是满足管子道倾角后,其平台高于主排水泵房地面7m以上所需的水平距离;二是有利于主排水泵房、副井井底连接硐室、管子道及副井井筒的施工和维护。
  主排水泵房的设备系指离心式水泵。
3.1.2 对于"主排水泵房电缆敷设方式采用电缆沟时,电缆沟宜设在轨道中间"的要求是基于国内目前大部分矿井井下是采用轨道运输而提出来的。若煤矿井下采用无轨运输或矿井涌水量较小,其电缆的敷设方式也可采用吊挂方式。
3.1.4 泵房通道与井底车场巷道连接处,以前采用转盘运转方式较多,转盘设在井底车场运输频繁地段,容易发生故障,而转盘使用机会又很少,现在不少矿井设计已采用起吊方式替代转盘转运,故本条第3款推荐采用起吊转运设备的方式。井下采用无轨运输的矿井不受此限。

3.3 水 仓

3.3.1 本条对水仓布置作出了规定。
  1 强调水仓布置的层位和入口位置,是为了避免水仓之间出现漏水和利于大巷排水。
  2 本款是对水仓设置的规定。由于矿井涌水中带有大量杂质很容易占据容水空间,必须经常清理才能保证水仓的有效容量,所以规定了矿井主要水仓必须有主仓和副仓,当一个水仓清理时,另一个水仓能正常使用。
  3 对"水仓入口斜巷应设人行台阶"的要求,是出于两个方面的考虑:一是尽量减少水仓的无效工程量;二是由于水仓斜巷沉淀物较多,为便于水仓清理人员的安全行走而提出的。当井下采用无轨运输,水仓入口斜巷坡度较小时,可以不设人行台阶。
3.3.2 本条对水仓容量计算、支护、清理方式作出了规定。
  2 提出"尽量压缩水仓入口与吸水井之间的贯通长度",目的是为减少水仓坡度造成的无效容积,从而提高水仓的有效利用率。同时,也可在水仓布置方式上采取措施,如分组布置等,来提高水仓的有效利用率。
  5 "对于采用水沙充填、水力采煤和其他污水中带有大量杂质的矿井",本规范规定"井下应设置专门的沉淀及清理系统"。对于一般矿井可根据实际需要确定,故对此不作规定。

4 主变电所

4.0.1 本条对主变电所布置作出了规定。
  2 由于矿井主变电所担负着全矿井的供电任务,其本身的安全性对全矿井的安全生产至关重要,本款的要求是综合考虑主变电所的通风、有害气体扩散条件、降温和灾变发生时便于工作人员尽快撤离危险区等方面而提出的。
  3 要求"主变电所地面应高出硐室通道与井底车场巷道或大巷连接处底板0.5m",是为了防止由井底车场或大巷等处向主变电所内倒灌水而特别规定的。
  4 主要是为了保证变电所的设备安全和发生灾变时主变电所人员能安全撤离而规定的。

5 运输系统硐室

5.1 井下架线式电机车修理间及变流室

5.1.1 本条对架线式电机车修理间及变流室布置作出了规定。
  3 所设隔墙和防尘隔墙在满足硐室设备安装检

修、起吊要求时，其材料可采用混凝土、砖、钢板、玻璃钢复合材料等。

5 硐室内设3‰向外的流水坡向主要是为了满足硐室内的积水能向外自流。

5.2 井下蓄电池式电机车修理间及充电变流室

5.2.1 本条对蓄电池电机车修理间及充电变流室布置作出了规定。

1 对于蓄电池式电机车修理间及充电变流室的具体位置应根据各矿井的具体情况而定，原则上是尽量减少专用回风道的长度、便于检修和使用。对于采用平硐开拓的矿井和井下只有辅助运输采用蓄电池式电机车且运输量不大的斜井，经综合分析比较后，在不影响矿井实际使用的情况下，本着安全可靠、节省工程量的原则，可将蓄电池式电机车的充电变流室设在地面。

2 井下充电变流室的通风管理应遵守现行《煤矿安全规程》的有关规定。充电变流室应选择在井底车场或采区下部车场附近有新鲜风流进入，且有独立回风条件、围岩稳定的地点。当采用独立回风时，回风风流应引入回风巷。对于防止氢气积聚的措施，可通过改善硐室与回风巷的连接方式或加大通风量等方法解决。

5.3 井下防爆柴油机车修理间及加油（水）站

5.3.2 为防止加油站漏油外溢，加油站两端应加设有混凝土门槛的防火门。

5.3.3 为排除柴油机检修中产生的废气和加油站事故时产生的有害气体，修理间及加油站应能独立通风，且必须有单独的新鲜风流进入，回风风流直接引入矿井总回风巷或主要回风巷。

5.3.4 加油站油罐容量是参照柴油机车油箱最大容量不超过8h用油量的规定确定的。油罐车选型时宜以1辆油罐车满足容量要求。

5.4 推车机及翻车机硐室

5.4.1 本条对推车机及翻车机硐室布置作出了规定。

2 规定"并应采取除尘措施"，系指采取洒水、控制风速等降尘手段，其隔墙材料可采用混凝土、砖、钢板、玻璃钢复合材料等。

4 "硐室内应采取防止瓦斯积聚的措施"，是针对翻车机硐室一般较高，并处于煤仓上部，当硐室通过风量、风速较小，而原煤瓦斯吸附性又较强时，在此转运环节中仍可能有部分瓦斯释放出来积聚在硐室顶部需要排出而制定的。

6 井下爆炸材料硐室

6.1 井下爆炸材料库

6.1.1 炸药和雷管属爆炸危险品。爆炸后的冲击波和有害气体所产生的破坏性和危害性巨大。为了防止和控制井下爆炸材料库贮存的炸药和雷管一旦发生燃爆所造成灾情的扩大，《煤矿安全规程》对井下爆炸材料库的通风系统进行了专门的规定和要求。本条与《煤矿安全规程》的规定是一致的。

另外，为了避免井下爆炸材料库一旦发生爆炸对邻近井巷、主要风门甚至地面的破坏和危害，井下爆炸材料库与它们之间必须有一段安全距离。

6.1.2 为了减少井下爆炸材料库一旦发生爆炸对全矿井的影响，根据《煤矿安全规程》规定了各类井下爆炸材料库最大的炸药和雷管库容量。

6.1.3 本条对井下爆炸材料库布置作出了规定。

5～7 一旦井下爆炸材料库发生爆炸所产生的空气冲击波、火焰和炮烟等有毒有害气体，具有非常大的破坏力和杀伤力。必须在库内充分降低其破坏能量，为此，库内应设置各种防爆安全设施。

井下爆炸材料库的两个出口，必须分别设置抗冲击波活门和抗冲击波密闭门，其抗冲击波压力可分别选用1500kPa及2500kPa两种类型。当库内发放炸药硐室距设置防护活门的距离不小于35m的条件下，可选用抗力为1500kPa型的防护活门和密闭门。在库内发放炸药硐室距设置防护活门的距离不小于15m的条件下，可选用抗力为2500kPa型的防护活门和密闭门。

8 规定"出口通道坡度不宜小于7‰"，主要考虑爆炸材料库水沟断面小，长期受粉尘影响流水不畅，故适当加大通道坡度保证硐室排水，同时加大了硐室与外部巷道间的高差，使硐室可处于较为干燥的环境中。

6.1.4 本条对井下爆炸材料库的尺寸及支护作出了规定。

2 井下爆炸材料库贮存炸药、电雷管和其他起爆材料，都是易爆危险品，都怕火；起爆材料的感度高，怕摩擦、撞击、怕导电；常用的硝铵炸药怕潮、怕水。因此，井下爆炸材料库的永久支护必须满足坚固耐用、服务年限长、防导电、防火、防渗漏的要求。库房内拱碹应用非金属不燃性材料支护，可满足上述要求。库房出口两旁长度不低于5m的巷道进行拱碹采用不燃性材料支护，可满足坚固耐用、防火的要求，但不得渗漏水，并应采取防潮措施。有的支护形式如金属支架、金属锚杆，虽然能满足坚固耐用、防火的要求，但不防渗漏、不防导电，因此在库内不能采用，可在库房出口两旁巷道使用。

井下爆炸材料库必须备有足够的消防器材，如泡沫灭火器、沙箱（袋）、水桶、锹等。消防器材应存放在辅助硐室或巷道尽头。灭火器应定期检查，经常保持完好无损。

7 安全设施硐室

7.1 井下消防材料库

7.1.1 为便于井下救灾,使救灾物资在很短的时间内运抵灾害发生地点,一般情况要求将井下消防材料库设在每一个生产水平的井底车场或主要运输大巷中,对于采用平硐开拓的矿井,条件允许时,可将消防材料库设在地面工业广场靠近副井井筒附近。由于井底车场是每个矿井的咽喉地带,井下的总调度室也位于此处,其使用年限和矿井的服务年限相同,便于消防材料的调配和及时更换。

7.2 防水闸门硐室

7.2.1 随着矿井开采深度与水压的加大,对防水闸门硐室的位置应慎重选择,所以强调"应选择在比较坚硬、致密、稳定的岩层中"。而实际情况往往难以实现,但应在可供选择范围中,经施工揭露后确定硐室的位置。

对于井下采用两条平行巷道且需要设置防水闸门硐室的矿井,两条巷道的防水闸门硐室应错开布置,并应保证两条巷道有抵抗设计水压的防水岩柱。

7.2.2 本条第3款规定的目的主要是为了保证硐室的整体安全性,使其围岩抗压强度不低于混凝土抗压强度。

7.2.3、7.2.4 井下防水闸门墙体结构形式中,圆柱形、楔形公式分别来源于原苏联的布赫曼、莫特洛科夫著《矿井密闭工程》及卡尔麦科夫建议公式(发表于1968年"уголь"杂志第4期)。由于公式比较陈旧,有关参数在长期使用中已作过调整,两公式宜在硐室承受水压不大于1.6MPa时采用。

倒截锥形的结构形式及计算公式,是按控制墙体抗剪面末端剪应力及墙体末端自由边界主应力进行计算,以确定防水闸门墙体长度和嵌入围岩深度。该公式是以水压4.0MPa为基础,经光弹性实验和相似材料模拟试验以及山东肥城矿务局陶阳矿水闸门硐室试验实测数据回归后提出的结构形式和计算方法。

在肥城矿务局陶阳矿井进行的工业性试验中,水闸门硐室经受了4.1~4.2MPa压力及稳压24h的考验,并且稳压中曾达到5MPa的压力。

1993年3月17日由中国统配煤矿总公司基建局组织,有关院校、设计、生产等部门专家参加,对《井下单轨防水闸门硐室设计及计算理论研究》课题进行鉴定,"一致同意防水闸门硐室设计计算理论予以通过鉴定,并建议推广使用"。故本规范推荐水压1.6MPa以上的防水闸门硐室宜采用该种结构形式和计算公式。

根据现行国家标准《工程结构可靠度设计统一标准》GB 50153—92第1.0.6条"工程结构设计宜采用分项系数表达的以概率理论为基础的极限状态设计方法"的原则,在计算公式中采用 γ_0、γ_f、γ_d、γ_{sd} 等分项系数,其中 γ_d、γ_{sd} 由于在中高压水压条件下所进行的模拟试验与实际测试,闸门墙体承载结构应力分布较复杂,不定性因素多,需在大量试验基础上进行数据收集、回归工作,并结合实际情况确定取值。当缺少试验基础时,设计中可按条文的规定取值。所谓硐室净断面积大,如双轨巷道水闸门;所谓水压大,如4.0MPa以上;所谓围岩抗压强度低,系指其抗压强度低于混凝土抗压强度,虽经采取加固措施,为安全计采用较大值。

图7.2.4-3中,平直段 l 一般情况下不设,当围岩较软时,两截锥体相交处的岩石尖角不易保持,增加一平直段。

对于公式(7.2.4-2)中的 α 取值,是按照现行国家标准《锚杆喷射混凝土支护技术规范》GB 50086确定的,若按普氏系数取值,则按当 $f \leq 6$ 时取大值,$f > 6$ 时取小值考虑。

7.2.5 根据现行《煤矿安全规程》的规定,防水闸门硐室竣工后必须进行注水加压试验,试验中注水压力应据硐室承受水压大小采取分级加压、稳压措施逐步实现,以策安全。

7.3 井下密闭门硐室

7.3.1 井下密闭门硐室主要起到井下主变电所和主排水泵房的防水、防火作用,以保障井下主变电所和主排水泵房在井底车场附近发生水、火灾害时,不至于影响到井下主变电所和主排水泵房中设备的正常功能和使用,从而保证全矿井安全。但井下密闭门硐室的保障能力是有限的,为便于初期抢险和人员撤离,井下密闭门硐室通用设计水压为 7×10^4 Pa,在设计时可以不小于此压力为基础进行硐室计算。

7.4 井下防火栅栏两用门硐室

7.4.1 在井下各种门及硐室设计中,主要有井下防火栅栏两用门及硐室、防火门及硐室、栅栏门、风门等。从多年实际情况看,栅栏门、风门硐室较为简单,主要起到隔断作用,可以直接安装在巷道墙壁上,其安装要求按《煤矿安全规程》执行。

8 其他硐室

8.4 井下降温系统硐室

8.4.1 本条规定了井下降温系统硐室所涉及的范围。井下降温系统不同,所对应配套的硐室也不同,本规范对降温系统中可能出现的各种降温系统硐室设计进行了规定。

8.4.2 井下降温系统硐室一般都大于6m,为保证降温硐室良好的通风状况,设计要求硐室应设两个出口。

8.4.3 井下制冷站和载冷剂高低压耦合装置硐室的位置和布置应有利于供冷和排除冷凝热,使其系统的动力消耗最低,并满足设备的搬运、安装、维修、操作和安全等要求。井下制冷站和载冷剂高低压耦合装置的配电室和控制室联合布置,有利于设备运行的管理和节能。配电室和控制室设在制冷站内部时,应设隔离设施,以防制冷设备和载冷剂高低压耦合装置检修和运行过程中可能喷出液体对配电设备和控制设备的损坏。

8.4.4 本条规定了井下制冷站和载冷剂高低压耦合装置硐室尺寸的确定及硐室内部管路布置的基本要求。

有保温层的管路穿过硐室设施时,预留孔洞和预埋钢套管是为了预防硐室设施变形会影响保温层的保温效果。

8.4.5 本条规定了选择融冰池硐室的位置及布置要求,并明确了确定其尺寸的方法。

8.4.6 本条规定了选择喷淋硐室和冷凝热排放硐室的位置及布置要求,并明确了确定其尺寸的方法。硐室出风侧设挡水设施是为了降低风流中含湿量,并能回收部分喷淋水,以达到节水的目的。

8.4.7 本条规定了喷淋硐室和冷凝热排放硐室的支护方式和坡度要求。

中华人民共和国国家标准

煤矿井下供配电设计规范

Code for design of electric power supply of under the coal mine

GB 50417—2007

主编部门：中 国 煤 炭 建 设 协 会
批准部门：中华人民共和国建设部
施行日期：２００７年１２月１日

中华人民共和国建设部
公 告

第 646 号

建设部关于发布国家标准
《煤矿井下供配电设计规范》的公告

现批准《煤矿井下供配电设计规范》为国家标准，编号为 GB 50417—2007，自 2007 年 12 月 1 日起实施。其中，第 2.0.1、2.0.3、2.0.5、2.0.6、2.0.9、4.1.1、4.2.1、4.2.9、5.1.3、5.1.4（4、5、6）、6.1.4、6.3.1（4）、7.1.1、7.1.2、7.1.3、7.1.4、7.1.5、7.2.1、7.2.8 条（款）为强制性条文，必须严格执行。

本规范由建设部标准定额研究所组织中国计划出版社出版发行。

中华人民共和国建设部
二〇〇七年五月二十一日

前 言

本规范是根据建设部建标函〔2005〕124 号文件《关于印发"2005 年工程建设标准制定、修订计划（第二批）"的通知》的要求，由中煤国际工程集团武汉设计研究院会同有关单位共同编制完成的。

本规范在编制过程中，编制组认真分析、总结和吸取了十几年来国内外煤矿井下供配电采用新技术、新装备的经验及新的科研成果。所引用的技术参数和指标，是生产实践经验数据的总结。特别是高产高效工作面近几年发展较快，其供配电系统有了比较成熟的运行实践经验。编制组广泛征求了有关单位意见，经反复修改，最后经审查定稿。

本规范共 8 章，内容涉及煤矿井下供电的各个方面，主要包括：总则、井下供配电系统与电压等级、井下电力负荷统计与计算、井下电缆选择与计算、井下主（中央）变电所设计、采区供配电设计、井下电气设备保护及接地、井下照明等。适用于煤矿井下供电设计咨询的各个阶段。

本规范以黑体字标志的条文为强制性条文，必须严格执行。

本规范由建设部负责管理和对强制性条文的解释，由中国煤炭建设协会负责日常管理，由中煤国际工程集团武汉设计研究院负责具体技术内容的解释。本规范在执行过程中，请各单位结合工程实践，认真总结经验，如发现需要修改或补充之处，请将意见和建议寄交中煤国际工程集团武汉设计研究院（地址：湖北省武汉市武昌区武珞路 442 号，邮编：430064），以便今后修订时参考。

本规范主编单位、参编单位和主要起草人：

主 编 单 位：中煤国际工程集团武汉设计研究院
参 编 单 位：煤炭工业郑州设计研究院
　　　　　　煤炭工业合肥设计研究院
主要起草人：张建民　周秀隆　于新胜　刘兴晖
　　　　　　刘建平　马自玫　张　焱　杨　敢
　　　　　　李　明　胡腾蛟　周桂华　杨晓明

目 次

1 总则 ·· 35—4
2 井下供配电系统与电压等级 ············ 35—4
3 井下电力负荷统计与计算 ··············· 35—4
4 井下电缆选择与计算 ····················· 35—5
   4.1 电缆类型选择 ························ 35—5
   4.2 电缆安装及长度计算 ··············· 35—5
   4.3 电缆截面选择 ························ 35—6
5 井下主(中央)变电所设计 ············· 35—6
   5.1 变电所位置选择及设备布置 ······ 35—6
   5.2 设备选型及主接线方式 ············ 35—7
6 采区供配电设计 ···························· 35—7
   6.1 采区变电所设计 ······················ 35—7
   6.2 移动变电站 ···························· 35—8
   6.3 采区低压网络设计 ··················· 35—8
7 井下电气设备保护及接地 ··············· 35—8
   7.1 电气设备及保护 ····················· 35—8
   7.2 电气设备保护接地 ··················· 35—9
8 井下照明 ···································· 35—9
本规范用词说明 ······························ 35—10
附:条文说明 ·································· 35—11

1 总　则

1.0.1 为在煤矿井下供配电设计中贯彻执行国家有关煤炭工业建设的法律、法规和方针政策，做到技术先进、安全可靠、经济合理、节约电能和安装维护方便，特制定本规范。

1.0.2 本规范适用于设计生产能力0.45Mt/a及以上新建矿井的井下供配电设计。

1.0.3 煤矿井下供配电设计应从我国国情出发，依靠科学技术进步，采用国内外先进技术，经实践检验成熟可靠的新设备、新器材，提高煤炭工业的装备水平和安全管理水平。

1.0.4 煤矿井下供配电设计除应符合本规范外，尚应符合国家现行有关标准的规定。

2 井下供配电系统与电压等级

2.0.1 下列用电设备应按一级用电负荷设计，其配电装置必须由两回路或两回路以上电源线路供电。电源线路应引自不同的变压器和母线段，且线路上不应分接任何其他负荷。
　1 井下主排水泵；
　2 下山采区排水泵；
　3 兼作矿井主排水泵的井下煤水泵；
　4 经常升降人员的暗副立井绞车；
　5 井下移动式瓦斯抽放泵站。

2.0.2 下列用电设备应按二级用电负荷设计，其配电装置宜由两回电源线路供电，并宜引自不同的变压器和母线段。当条件受限制时，其中一回电源线路可引自本条规定的同种设备的配电点处。
　1 暗主井提升设备、主井装载设备、大巷强力带式输送机、主运输用的井下电机车充电及整流设备；
　2 经常升降人员的暗副斜井提升设备、副井井底操车设备、无轨运输换装设备；
　3 供综合机械化采煤的采区变（配）电所；
　4 煤与瓦斯突出矿井的采区变（配）电所；
　5 井下移动式制氮机；
　6 井下集中制冷站；
　7 不兼作矿井主排水泵的井下煤水泵、井底水窝水泵；
　8 井下运输信号系统；
　9 井下安全监控系统分站。

2.0.3 井下主（中央）变电所应由矿井地面主变（配）电所直接供电。电源电缆不应少于两回路，并应引自地面变电所的不同母线段，且当任一回路停止供电时，其余回路的供电能力应能承担其供电范围内全部负荷的用电要求。

2.0.4 采区变（配）电所宜由井下主（中央）变电所或附近地面变电所供电。由地面变电所供电时，电缆可由进风井或钻孔下井。
　煤（岩）与瓦斯（二氧化碳）突出矿井的采区、下山采区、高产高效和综合机械化开采的采（盘）区供电时，电源电缆不应少于两个回路，且当任一回路停止供电时，其余回路的供电能力应能承担该采（盘）区负荷的用电要求。

2.0.5 井下配电变压器低压侧严禁采用中性点直接接地系统，地面中性点直接接地的变压器或发电机严禁直接向井下供电。

2.0.6 井下局部通风机供配电，必须遵守下列规定：
　1 低瓦斯矿井掘进工作面局部通风机应采用装有选择性漏电保护的专用开关和专用线路供电；
　2 高瓦斯矿井掘进工作面局部通风机应采用专用变压器、专用开关和专用线路的"三专"供电；
　3 煤（岩）与瓦斯（二氧化碳）突出矿井、瓦斯喷出区域、掘进工作面的局部通风机应采用双电源供电。其中，主供电源应采用"三专"供电，备供电源允许引自其他动力变压器的低压母线段，但其供电回路应采用装有选择性漏电保护的专用开关和专用线路供电；
　4 使用局部通风机供风的地点，其配电设备必须实行风电和瓦斯电闭锁，保证在停风和瓦斯超限后能切断该区域内全部非本质安全型电气设备的电源。

2.0.7 井下高压电源宜采用10kV或6kV。

2.0.8 井下低压电源电压应符合下列规定：
　1 井下低压不应超过1140V；
　2 手持电气设备、固定照明宜采用127V。

2.0.9 采区电气设备使用3300V供电时，必须制定专门的安全措施。

3 井下电力负荷统计与计算

3.0.1 井下电力负荷计算应符合下列规定：
　1 能够较精确计算出电动机功率的用电设备，直接取其计算功率；
　2 其他设备，一般采用需要系数法计算。

3.0.2 井下各种用电设备的需要系数及平均功率因数，宜按表3.0.2的规定选用。

表 3.0.2　需要系数及平均功率因数

序号	名　称	需要系数 K_X	平均功率因数 $\cos\Phi$
1	综采工作面	按式(3.0.3-2)计算	0.7
2	一般机采工作面	按式(3.0.3-3)计算	0.6～0.7
3	炮采工作面（缓倾斜煤层）	0.4～0.5	0.6

续表 3.0.2

序号	名称	需要系数 K_X	平均功率因数 $\cos\Phi$
4	炮采工作面（急倾斜煤层）	0.5~0.6	0.7
5	非掘进机的掘进工作面	0.3~0.4	0.6
6	掘进机的掘进工作面	按式(3.0.3-2)计算	0.6~0.7
7	架线电机车整流	0.45~0.65	0.8~0.9
8	蓄电池电机车充电	0.8	0.8~0.85
9	运输机	0.6~0.7	0.7
10	井底车场（不包含主排水泵）	0.6~0.7	0.7

注：当有功率因数补偿时，按计算的功率因数。

3.0.3 每个回采工作面的电力负荷，可按下列公式计算：

$$S = K_X \frac{\sum P_e}{\cos\Phi} \quad (3.0.3\text{-}1)$$

综采、综掘工作面需要系数可按下式计算：

$$K_X = 0.4 + 0.6 \frac{P_d}{\sum P_e} \quad (3.0.3\text{-}2)$$

一般机采工作面需要系数可按下式计算：

$$K_X = 0.286 + 0.714 \frac{P_d}{\sum P_e} \quad (3.0.3\text{-}3)$$

式中 S——工作面的电力负荷视在功率（kV·A）；
$\sum P_e$——工作面用电设备额定功率之和（kW）；
$\cos\Phi$——工作面的电力负荷的平均功率因数，见表 3.0.2；
K_X——需要系数，见表 3.0.2；
P_d——最大一台（套）电动机功率（kW）。

3.0.4 采区变电所的电力负荷，可按下式计算：

$$S = K_S \cdot K_X \frac{\sum P_e}{\cos\Phi} \quad (3.0.4)$$

式中 K_S——本采区内各工作面的同时系数，见表 3.0.4。

表 3.0.4 井下各级变电所的同时系数

序号	变电所名称	负荷情况	同时系数
1	采区变电所	供一个工作面	1.00
		供两个工作面	0.90
		供三个工作面	0.85
2	井下各级采区变电所①	—	0.80~0.90

注：①不包括由地面直接向采区供电的负荷，若为单采区或单盘区矿井，则同时系数取1。

3.0.5 井下主变电所的电力负荷，可按下式计算：

$$S_j = K_{S1} \cdot \sum S + K_{S2} \frac{\sum P_N}{\cos\Phi} \quad (3.0.5)$$

式中 S_j——井下总计算负荷视在功率（kV·A）；

$\sum S$——除由井下主（中央）变电所直配的主排水泵及其他大型固定设备计算功率之外的井下各变电所计算负荷视在功率之和（kW）；

$\sum P_N$——由井下主（中央）变电所直配的主排水泵及其他大型固定设备计算功率之和（kW）；

$\cos\Phi$——井下主排水泵及其他大型固定设备加权平均功率因数；

K_{S1}——井下各级变电所间的同时系数，见表 3.0.4；

K_{S2}——井下主排水泵及其他大型固定设备间的同时系数，只有主排水泵时取 1.00，有其他大型固定设备时取 0.90~0.95。

4 井下电缆选择与计算

4.1 电缆类型选择

4.1.1 下井电缆必须选用有煤矿矿用产品安全标志的阻燃电缆。电缆应采用铜芯，严禁采用铝包电缆。

4.1.2 在立井井筒、钻孔套管或倾角为45°及以上井巷中敷设的下井电缆，应采用聚氯乙烯绝缘粗钢丝铠装聚氯乙烯护套电力电缆、交联聚乙烯绝缘粗钢丝铠装聚氯乙烯护套电缆。

4.1.3 在水平巷道或倾角在45°以下井巷中敷设的电缆，应采用聚氯乙烯绝缘钢带或细钢丝铠装聚氯乙烯护套电力电缆、交联聚乙烯绝缘钢带或细钢丝铠装聚氯乙烯护套电缆。

4.1.4 移动变电站的电源电缆，应采用高柔性和高强度的矿用监视型屏蔽橡套电缆。

4.1.5 井底车场及大巷的电缆选择，必须符合国家现行标准《煤矿用阻燃电缆执行标准》MT 818 的规定。

4.2 电缆安装及长度计算

4.2.1 在总回风巷和专用回风巷中不应敷设电缆。在有机械提升的进风斜巷（不包括带式输送机上、下山）和使用木支架的立井井筒中敷设电缆时，必须有可靠的安全保护措施。溜放煤、矸、材料的溜道中严禁敷设电缆。

4.2.2 无轨胶轮车运输的井筒和巷道内不宜敷设电缆。当需要敷设时，电缆应敷设在高于运输设备的井筒和巷道的上部。

4.2.3 下井电缆宜敷设在副立井井筒内，并应安装在维修方便的位置。斜井及平硐应敷设在人行道侧。

当条件限制必须由主井敷设电缆时，在箕斗提升的立井中的电缆水平段应有防止箕斗落煤砸伤电缆的措施，垂直段可不设置防护装置。

4.2.4 立井下井电缆在井口井径处应预留电缆沟（洞），并应有防止地面水从电缆沟（洞）灌入井下的措施。

4.2.5 安装下井电缆用的固定支架或电缆挂钩，应按前后期两者中电缆的最多根数考虑，并宜留有1～2回路备用位置。

4.2.6 立井下井电缆支架，宜固定在井壁上，支架间距不应超过6m。斜井、平硐及大巷中的电缆悬挂点的间距不应超过3m。

4.2.7 电缆在立井井筒中不应有接头。若井筒太深必须有接头时，应将接头设在地面或井中间水平巷道内（或井筒壁龛内），且不应使接头受力。每一接头处宜留8～10m的余量。

4.2.8 沿钻孔敷设的电缆必须绑紧在受力的钢丝绳上，钻孔内必须加装套管，套管内径不应小于电缆外径的2倍。

4.2.9 风管或水管上不应悬挂电缆，不得遭受淋水。电缆上严禁悬挂任何物体。电缆与压风管、水管在巷道同一侧敷设时，电缆必须敷设在风管、水管上方，二者并应保持0.3m以上的距离。在有瓦斯抽放管路的巷道内，电缆必须与瓦斯抽放管路分挂在巷道两侧。

4.2.10 井筒和巷道内的通信、信号和控制电缆应与电力电缆分挂在巷道两侧，如受条件所限需布置在同一侧时，在井筒内，上述弱电电缆应敷设在电力电缆0.3m以外的地方；在巷道内，上述弱电电缆应敷设在电力电缆0.1m以上的地方。

4.2.11 高、低压电力电缆在巷道内同一侧敷设时，高、低压电缆之间的距离应大于0.1m。高压电缆之间、低压电缆之间的距离不得小于0.05m。

4.2.12 电缆长度计算宜符合下列规定：

1 立井井筒中按电缆所经井筒深度的1.02倍计取，斜井按电缆所经井筒斜长的1.05倍计取；

2 地面及井下铠装电缆按所经路径的1.05倍计取，橡套电缆按所经路径的1.08～1.10倍计取；

3 每根电缆两端各留8～10m余量；

4 若有接头应按本规范第4.2.5条规定确定；

5 上述长度之和，应为一根电缆的计算长度。

4.3 电缆截面选择

4.3.1 主排水泵由井下主（中央）变电所供电时，下井电缆截面选择应符合下列规定：

1 取矿井最大涌水量时井下的总负荷（计算负荷，下同），按一回路不送电，以安全载流量选择电缆截面；

2 取矿井正常涌水量时井下的总负荷，按全部下井电缆送电，以经济电流密度选择电缆截面；

经济电流密度的年最大负荷利用小时数，一般按矿井最大负荷实际工作小时数计算。当排水负荷大于井下其余负荷时，取水泵年运行小时数计算；

3 按电力系统最大运行方式下，下井电缆首端即地面变电所母线（如下井回路接有电抗器时，应为电抗器的负荷端）发生三相短路时的热稳定性要求选择电缆截面；

4 取上述三者中截面最大者作为下井电缆截面，并应按正常涌水量时全部下井电缆送电及最大涌水量时一回路不送电，分别校验电压损失。

4.3.2 主排水泵不由井下主（中央）变电所供电时，下井电缆截面选择应符合下列规定：

1 按一回路不送电，其余回路担负井下其供电范围内总负荷的供电，以安全载流量选择电缆截面；

2 其余同本规范第4.3.1条第2、3、4款的要求。

5 井下主（中央）变电所设计

5.1 变电所位置选择及设备布置

5.1.1 井下主（中央）变电所位置，宜设置在靠近副井的井底车场范围内，并应符合下列规定：

1 经钻孔向井下供电的井下主（中央）变电所，钻孔宜靠近主（中央）变电所；

2 井下主（中央）变电所可与主排水泵房、牵引变流室联合布置，亦可单独设置硐室。当为联合硐室时，应有单独通至井底车场或大巷的通道；

3 井下主（中央）变电所不应与空气压缩机站硐室联合或毗连。

5.1.2 每个水平宜设置一个主（中央）变电所。当多水平中的某一水平由邻近水平供电技术经济合理时，该水平可不设主（中央）变电所。

当矿井涌水量很大，有几个主排水泵房时，应经过技术经济比较后确定主（中央）变电所的位置和数量。

5.1.3 井下主（中央）变电所内的动力变压器不应少于2台，当1台停止运行时，其余变压器应能保证一、二级负荷用电。

5.1.4 井下主（中央）变电所硐室，应满足下列要求：

1 不得有渗水、滴水现象；

2 硐室门的两侧及顶端，预埋穿电缆的钢管。钢管内径不应小于电缆外径的1.5倍；

3 电缆沟应设有盖板，宜采用花纹钢盖板；

4 硐室的地面应比其出口处井底车场或大巷的底板高出0.5m；

5 硐室通道上必须装设向外开的栅栏防火两用铁门；

6 硐室内应设置固定照明及灭火器材。

5.1.5 主（中央）变电所硐室尺寸应按设备最大数

量及布置方式确定，并应满足下列要求：

1 高压配电设备的备用位置，按设计最大数量的20%考虑，且不少于2台；当前期设备较少，后期设备较多时，宜按后期需要预留备用位置；

2 低压配电的备用回路，按最多馈出回路数的20%计算；

3 主变压器为2台及2台以上时，不预留备用位置；当为1台时，预留1台备用位置；

4 主（中央）变电所内设备布置时，其通道尺寸不宜小于表5.1.5-1、5.1.5-2、5.1.5-3的规定。

表5.1.5-1 高压开关柜（箱）通道尺寸（mm）

开关柜（箱）型式	操作走廊（正面）		维护走廊	
	单列布置	双列布置	背面	侧面
固定式	1500	2000	800	800
手车式	1800	2100	800	800
隔爆型	1500	2000	500～800	1000

表5.1.5-2 低压配电柜（箱）通道尺寸（mm）

配电柜（箱）型式	操作走廊（正面）		维护走廊	
	单列布置	双列布置	背面	侧面
固定式	1500	1800	800	800
抽屉式	1800	2000	800	800
隔爆馈电开关	1500	1800	500	1000

表5.1.5-3 变压器通道尺寸（mm）

变压器布置方式	操作走廊（正面）		维护走廊	
	单列布置	双列布置	背面	侧面
专用变压器室	1500	—	500	800
变压器与配电装置并排	1500		500	1000
变压器与隔爆馈电开关	1500	1800	500	1000

5.1.6 高、低压配电设备同侧布置时，高、低压配电设备之间的距离应按高压维护走廊尺寸考虑。

高、低压配电设备互为对面布置时，其中走廊应按高压单列操作走廊尺寸考虑。

5.1.7 主（中央）变电所应在硐室的两端各设一个出口。

5.2 设备选型及主接线方式

5.2.1 主（中央）变电所不应选用带油电气设备，设备选型应按现行《煤矿安全规程》的有关规定执行。

5.2.2 井下主（中央）变电所的高压进线和母线分段开关应采用断路器。

5.2.3 井下主（中央）变电所直接控制高压电动机时，宜采用高压真空接触器或能频繁操作的断路器。

5.2.4 主（中央）变电所高压母线接线及运行方式，宜与相对应的地面变电所母线接线及运行方式相适应。高压母线应采用单母线分段接线方式，并应设置分段联络开关，正常情况下分列运行，且高压母线分段数应与下井电缆回路数相协调。

5.2.5 各类高压负荷宜均衡地分接于各段母线上，但同一用电设备的多台驱动电机应接在同一段母线上。

5.2.6 当主排水泵为低压负荷且由井下主（中央）变电所供电时，井下主（中央）变电所应符合下列规定：

1 主变电所的变压器台数应符合本规范第5.1.3条的规定；

2 低压母线应采用单母线分段接线方式，并应设置分段联络开关，正常情况下分列运行。

5.2.7 主（中央）变电所内设备之间的电气连接，联台设备间应采用母线连接，其余设备间宜采用电缆连接。

6 采区供配电设计

6.1 采区变电所设计

6.1.1 采区严禁选用带油电气设备，设备选型应按现行《煤矿安全规程》的有关规定执行。

6.1.2 采区变电所的位置选择，应符合下列规定：

1 采区变电所宜设在采区上（下）山的运输斜巷与回风斜巷之间的联络巷内，或在甩车场附近的巷道内；

2 在多煤层的采区中，各分层是否分别设置或集中设置变电所，应经过技术经济比较后择优选择；

3 当采用集中设置变电所时，应将变电所设置在稳定的岩（煤）层中。

6.1.3 当附近变电所不能满足大巷掘进供电要求时，可利用大巷的联络巷设置掘进变电所。当大巷为单巷且无联络巷利用时，可采用移动变电站供电。

6.1.4 采区变电所硐室的长度大于6m时，应在硐室的两端各设一个出口，并必须有独立的通风系统。

6.1.5 采区变电所硐室，应符合下列规定：

1 硐室尺寸应按设备数量及布置方式确定，一般不预留设备的备用位置；

2 硐室必须用不燃性材料支护；

3 硐室通道必须装设向外开的防火铁门，铁门上应装设便于关严的通风孔；

4 硐室内不宜设电缆沟，高低压电缆宜吊挂在墙壁上；

5 变压器宜与高低压电器设备布置于同一硐室内，不应设专用变压器室；

6 硐室门的两侧及顶端应预埋穿电缆的钢管，

钢管内径不应小于电缆外径的1.5倍；

7 硐室内应设置固定照明及灭火器。

6.1.6 单电源进线的采区变电所，当变压器不超过2台且无高压出线时，可不设置电源进线开关。当变压器超过2台或有高压出线时，应设置进线开关。

6.1.7 双电源进线的采区变电所，应设置电源进线开关。当其正常为一回路供电、另一回路备用时，母线可不分段；当两回路电源同时供电时，母线应分段并设联络开关，正常情况下应分列运行。

6.1.8 由井下主（中央）变电所向采区供电的单回电缆供电线路上串接的采区变电所数不应超过3个。

6.2 移动变电站

6.2.1 下列情况宜采用移动变电站供电：

1 综采、连采及综掘工作面的供电；

2 由采区固定变电所供电困难或不经济时；

3 独头大巷掘进、附近无变电所可利用时。

6.2.2 向回采工作面供电的移动变电站及设备列车宜布置在进风巷内，且距工作面的距离宜为100～150m。

6.2.3 由采区变电所向移动变电站供电的单回电缆供电线路上，串接的移动变电站数不宜超过3个。不同工作面的移动变电站不应共用电源电缆。

6.3 采区低压网络设计

6.3.1 采区低压电缆选型，应符合下列规定：

1 1140V设备使用的电缆，应采用带有煤矿矿用产品安全标志的分相屏蔽橡胶绝缘软电缆；

2 660V或380V设备有条件时应使用带有煤矿矿用产品安全标志的分相屏蔽的橡胶绝缘软电缆。固定敷设时可采用铠装聚氯乙烯绝缘铜芯电缆或矿用橡套电缆；

3 移动式和手持式电器设备，应使用专用的矿用橡套电缆；

4 采区低压电缆严禁采用铝芯。

6.3.2 采区电缆长度计算，应符合下列规定：

1 铠装电缆应按所经路径长度的1.05倍计算；

2 橡套电缆应按所经路径长度的1.10倍计算；

3 半固定设备的电动机至就地控制开关的电缆长度，宜取5～10m；

4 移动设备的电缆除应符合本条第2款的规定外，尚应增加机头部分活动长度3～5m；

5 掘进工作面配电点的电源电缆长度，应按设计矿井投产时的标准再加100m配备，也可按掘进巷道总长的一半计算。电缆截面应满足掘进至终点（或更换电源前）的电压损失要求；

6 掘进工作面配电点至掘进设备的电缆长度，应按配电点移动距离考虑，但不宜超过100m。

6.3.3 采区动力电缆的截面选择，应符合下列规定：

1 电缆允许持续电流值应大于电缆的正常工作负荷计算电流值；

2 对距离最远、容量最大的电动机，应保证在重载情况下启动。若采掘机械无实际最小启动力矩数据时，可按电动机启动时的端电压不低于额定电压的75%校验；

3 正常运行时电动机的端电压允许偏移额定电压的±5%，个别特别远的电动机允许偏移－8%～－10%；

4 所选电缆截面必须与其保护装置相配合，并应满足机械强度要求；

5 在电力系统最大运行方式下，电缆首端发生三相短路时的热稳定性要求选择电缆截面。

7 井下电气设备保护及接地

7.1 电气设备及保护

7.1.1 经由地面架空线路引入井下的供电电缆，必须在入井处装设防雷电装置。

7.1.2 向井下供电的电源线路上不得装设自动重合闸装置。

7.1.3 井下变电所高压馈出线上装设的保护装置，应符合下列规定：

1 高压馈出线上必须设有选择性的单相接地保护装置，并应作用于信号。当单相接地故障危及人身、设备及供配电系统安全时，保护装置应动作于跳闸；

2 供移动变电站的高压馈出线上，除必须设有选择性的动作于跳闸的单相接地保护装置外，还应有作用于信号的电缆绝缘监视保护装置；

3 井下高压电动机、动力变压器的高压控制设备应具有短路、过负荷、接地和欠压释放保护。

7.1.4 井下低压馈出线上装设的保护装置，应符合下列规定：

1 井下变电所低压馈出线上，除应装设短路和过负荷保护装置外，还必须装设检漏保护装置或有选择性的检漏保护装置（包括人工旁路装置），应保证在漏电事故发生时能自动切断漏电的馈电线路；

2 井下移动变电站或配电点引出的馈出线上，应装设短路、过负荷和漏电保护装置；

3 低压电动机的控制设备，应具备短路、过负荷、单相断线、漏电闭锁保护装置与远方控制装置；

4 煤电钻必须设有检漏、漏电闭锁、短路、过负荷、断相、远距离启动和停止煤电钻的综合保护装置。

7.1.5 用于控制保护的断路器的断流容量，必须大于其保护范围内电网在最大运行方式下的三相金属性短路容量，并应校验断路器的分断能力和动、热稳定性。

7.1.6 井下低压电网中的过电流继电器的整定和熔断器熔体的选择，应按现行《煤矿井下供电的三大保护细则》执行。

7.1.7 对供电距离远、功率大的电动机的馈出线上的开关整定计算及熔体电流选择，应按电动机实际启动电流计算。

7.2 电气设备保护接地

7.2.1 电压在 36V 以上和由于绝缘损坏可能带有危险电压的电气设备的金属外壳、金属构架，铠装电缆的钢带或钢丝、铅皮或屏蔽护套必须设置保护接地。

7.2.2 井下接地极的设置必须符合下列规定：
1 井下主接地极不应少于 2 块，并应分别置于主、副水仓内。当任一主接地极断开时，接地网上任一点的总接地电阻值不应大于 2Ω；
2 当下井电缆由地面经进风井或钻孔对井下进行分区供电而没有主、副水仓可利用时，主接地极应置于井底水窝或专门开凿的充水井内，且不得将 2 块主接地极置于同一水窝或水井内；
3 局部接地极可设置在排水沟、积水坑或其他潮湿地点。每一移动式或手持式电气设备局部接地极之间的保护接地电缆芯线或与芯线相应的接地导线的阻值不应大于 1Ω。

7.2.3 井下电气设备的接地线和局部接地装置，都应与主接地极连接成一个总接地网。多水平开采的矿井，各水平接地装置之间应相互连接。

7.2.4 局部接地装置的设置地点应符合下列规定：
1 采区变电所硐室；
2 装有电气设备的硐室或单独安装的高压电气设备处；
3 低压配电点处；
4 连接电力电缆的金属接线装置；
5 无低压配电点的采煤机工作面的运输巷、回风巷、集中运输巷（带式输送机巷）以及由变电所单独供电的掘进工作面，至少应分别设置 1 组局部接地装置。

7.2.5 井下接地极应符合下列规定：
1 主接地极应采用面积不小于 0.75m²、厚度不小于 5mm 的耐腐蚀性的钢板；
2 设在水沟的局部接地极应采用面积不小于 0.60m²、厚度不小于 3mm 的耐腐蚀性钢板或具有同等有效面积的钢管；
3 设在其他地点的局部接地极，可用直径不小于 35mm、长度不小于 1.5m 的钢管制成，管上应至少钻 20 个直径不小于 5mm 的透孔，并应垂直全部埋入底板；也可用直径不小于 20mm、长度不小于 1.0m 的 2 根钢管制成，每根管上应至少钻 10 个直径不小于 5mm 的透孔，2 根钢管相距不得小于 5m，并联后垂直全部埋入底板，垂直埋深不得小于 0.75m。

7.2.6 井下接地主（干）母线应符合下列规定：
1 铜质接地母线截面积不应小于 50mm²；
2 镀锌扁钢接地母线截面积不应小于 100mm²，其厚度不应小于 4mm；
3 镀锌铁线接地母线截面积不应小于 100mm²。

7.2.7 井下接地支线应符合下列规定：
1 铜质接地母线截面积不应小于 25mm²；
2 镀锌扁钢接地母线截面积不应小于 50mm²，其厚度不应小于 4mm；
3 镀锌铁线接地母线截面积不应小于 50mm²。

7.2.8 橡套电缆的接地芯线，应用于监测接地回路，不得兼作他用。

7.2.9 硐室内的电气设备保护接地及检漏继电器的辅助接地，应按现行《矿井保护接地装置的安装、检查、测定工作细则》和《煤矿井下检漏继电器安装、运行、维护与检修细则》的规定执行。当距离井下主接地极较近，可将硐室的接地母线接至主接地极，而不必设局部接地极。但检漏继电器作检验用的辅助接地极，仍应单独设置。

7.2.10 硐室内的接地母线应沿硐室壁距地面 0.3～0.5m 处敷设，过通道时应穿钢管敷设。

8 井下照明

8.0.1 井下照明应包括井下固定照明及矿灯（头灯）照明。

8.0.2 下列地点必须安装固定式照明装置：
1 机电设备硐室、调度室、机车库、爆炸材料库、井下修理间、信号站、候车室、保健室；
2 井底车场范围内的运输巷道、采区车场；
3 有电机车或无轨胶轮车运行的主要运输巷道、有行人道的集中带式输送机巷道、有行人道的斜井、升降人员及物料的绞车道以及主要巷道交叉点等处；
4 经常有人看管的机电设备处、移动变电站处；
5 风门、安全出口处等易发生危险的地点；
6 综合机械化采煤工作面。

8.0.3 井下固定照明灯具应选用矿用防爆型，光源宜选用高效节能光源。照明地点的照度及单位面积安装功率可按表 8.0.3 选用。

表 8.0.3 井下固定照明单位面积安装功率

序号	照明地点	照度值 (lx)	单位面积安装功率 (W/m²)	
			白炽灯	荧光灯
1	主(中央)变电所	30	7～10	3～4
2	主排水泵房	15	4～5	1.5～2
3	机电硐室	20	5～6	2～2.5
4	电机车库	15	4～5	1.5～2

续表 8.0.3

序号	照明地点	照度值(lx)	单位面积安装功率(W/m²) 白炽灯	单位面积安装功率(W/m²) 荧光灯
5	爆炸材料库发放室	30	7～10	3～4
6	翻车机硐室	15	4～5	1.5～2
7	信号站、调度室	50	12～16	5～7
8	候车室	20	5～6	2～2.5
9	保健站	75	18～25	7～10
10	井底车场巷道	15	4～5	1.5～2
11	运输巷道	5	1	0.5
12	巷道交叉点	10	2～3	1～1.5
13	专用行人道	5	1～2	1

8.0.4 井下固定照明的最小均匀系数可按表 8.0.4 确定。

表 8.0.4 井下照度最小均匀系数

序号	照明地点	工作平面位置	最小均匀系数
1	井下修配间	工作平面、装配地点水平面	0.34
2	井底车场受车场、机电硐室（变电所、泵房）	底板上 1m 水平面	0.34
3	主要运输巷道	底板水平面	0.18
4	装载点	对无需摘挂钩的矿车，在底板上 1m 水平面；对需要摘挂钩的矿车，在底板上 0.3～0.4m 水平面	0.18
5	采掘工作面	工作面	0.10
6	井底车场绕道及装载巷道	—	0.10

注：照度最小均匀系数，即照度最低均匀度，也是最小照度与最大照度之比。

8.0.5 井下固定照明网络电压损失应符合下列规定：

1 井底车场及硐室的照明，其电压损失当为白炽灯时，不宜超过额定电压的 2.5%，当为放电灯时，不宜超过额定电压的 5%；

2 井下其他巷道及采掘工作面的照明，其电压损失不宜超过额定电压的 5%；

3 灯泡所承受的最高电压，不得超过额定电压的 5%。

8.0.6 井下照明变压器应设有漏电闭锁、短路、过负荷保护装置。

8.0.7 井下主要机电硐室的拱及墙壁宜刷白。

本规范用词说明

1 为便于在执行本规范条文时区别对待，对要求严格程度不同的用词说明如下：

1）表示很严格，非这样做不可的用词：
正面词采用"必须"，反面词采用"严禁"。

2）表示严格，在正常情况下均应这样做的用词：
正面词采用"应"，反面词采用"不应"或"不得"。

3）表示允许稍有选择，在条件许可时首先应这样做的用词：
正面词采用"宜"，反面词采用"不宜"；
表示有选择，在一定条件下可以这样做的用词，采用"可"。

2 本规范中指明应按其他有关标准、规范执行的写法为"应符合……的规定"或"应按……执行"。

中华人民共和国国家标准

煤矿井下供配电设计规范

GB 50417—2007

条 文 说 明

前　言

为便于各单位和有关人员在使用本规范时能正确理解和执行，特按章、节、条顺序编制了本规范的条文说明，供使用者参考。在使用中如发现本条文说明有不妥之处，请将意见函告中煤国际工程集团武汉设计研究院。

本规范主要审查人：

曾　涛　吴文彬　何国伟　郭均生　孟　融
康忠佳　李庚午　陈建平　鲍魏超　刘　毅
石　强　高建国　邢国仓　王普舟　霍　磊

目 次

1 总则 ……………………………… 35—14
2 井下供配电系统与电压等级 ……… 35—14
4 井下电缆选择与计算 ……………… 35—14
　4.1 电缆类型选择 ………………… 35—14
　4.2 电缆安装及长度计算 ………… 35—15
5 井下主（中央）变电所设计 ……… 35—15
　5.1 变电所位置选择及设备布置 … 35—15

6 采区供配电设计 …………………… 35—16
　6.1 采区变电所设计 ……………… 35—16
　6.3 采区低压网络设计 …………… 35—16
7 井下电气设备保护及接地 ………… 35—16
　7.1 电气设备及保护 ……………… 35—16
　7.2 电气设备保护接地 …………… 35—18

1 总　　则

1.0.1 本条明确了《煤矿井下供配电设计规范》(以下简称"本规范")的指导思想和制定本规范的目的。
1.0.2 本条规定了本规范的适用范围。
1.0.3 技术创新是工程设计的灵魂，只有不断创新和进步，在矿井建设中使用安全可靠的新设备、新器材，才能不断促进矿井的安全生产，不断提高矿井建设的经济效益。

2 井下供配电系统与电压等级

2.0.1 本条文对突然中断供电可能造成重大的人身伤亡或经济财产损失的井下主排水设备、人员提升设备等规定按一级负荷要求供电。为一级负荷供电的两个电源及线路，要求在任何情况下都不至于同时受到损坏，以确保供电的连续性，从而保证主排水设备、人员提升设备等的正常运转，这是必须满足的条件。
2.0.2 本条文对突然中断供电可能造成生产秩序混乱或较大经济财产损失的井下主要生产设备等规定按二级负荷要求供电。二级负荷要求在条件许可时应尽量采用两回电源线路供电，但并不要求回电源线路必须来自两个电源；在条件不具备时，第二路电源线路可引自其他二级负荷用电设备处。
2.0.3 井下主（中央）变电所主要向井下主排水泵房的一级用电负荷和主要生产负荷供电，要求供电可靠、电能充足。所以，要求供电电源线路不少于两回，且当任一回路停止供电时，其余回路的供电能力应能承担井下全部负荷的用电要求。
2.0.5 本条文之所以规定井下供电的变压器或向井下供电的变压器或发电机中性点不直接接地，是因为变压器或发电机中性点直接接地系统存在以下问题：

1 人身触电电流太大。在变压器中性点直接接地系统中，人身触电电流为：

$$I_\Phi = \frac{U_\Phi}{R_Z + R_r} \quad (1)$$

在人身电阻 R_r（=1000Ω）不变情况下，由于井下环境潮湿，中性点接地电阻 R_Z 一般都小于2Ω，因此，井下人身触电电流 I_Φ 都远大于30mA的安全触电电流。由此可见，在井下采用变压器中性点直接接地系统，将会对人身安全造成重大威胁。

2 单相接地短路电流太大，容易引起供配电设备和电缆损坏或爆炸着火事故；同时，接地点会产生很大电弧，容易引起煤尘或瓦斯爆炸事故。

3 容易引起电雷管先期超前引爆。

以上问题对煤矿的安全生产威胁太大。采用变压器中性点不直接接地供电系统，再配合安装漏电保护装置和使用屏蔽电缆，可以较好地避免漏电和相间短路故障。我国从1955年起即采用变压器中性点不直接接地供电系统，实践证明是可以实现安全运行的。

2.0.6 本条文规定了井下局部通风机的专用供电问题，低瓦斯矿井掘进工作面局部通风机供电要求达到"二专"（专用开关和专用线路）；高瓦斯矿井掘进工作面局部通风机要求达到"三专"（专用变压器、专用开关和专用线路）；煤（岩）与瓦斯（二氧化碳）突出矿井掘进工作面局部通风机要求达到双电源供电，且主供电源应达到"三专"（专用变压器、专用开关和专用线路）。这主要是因为：

1 在调查中发现，有些矿井（特别是一些中小型矿井）的掘进工作面之所以频繁发生停风、瓦斯超限和积聚现象，都是因为局部通风机没有实行专用线路供电，而是与掘进工作面其他动力用电设备共用供电线路，在其他动力用电设备搬迁、检修或发生短路事故时，都会造成局部通风机的停电运行。

2 "关于印发《煤矿瓦斯治理经验五十条》的通知"（发改能源〔2005〕457号）第四十五条规定："保证井下局部通风机的连续供电。局部高低压供电实现双电源供电；采区变电所电源从地面变电所或井下中央变电所直供，且做到至少两个电源；采区变电所分段运行……"。根据这一规定，煤（岩）与瓦斯（二氧化碳）突出矿井掘进工作面局部通风机必须双电源供电。为确保局部通风机供电的可靠性、连续性，特制定本条文。

2.0.9 本条文规定了采区电气设备使用3300V供电时，必须制定专门的安全措施。这主要是因为，井下变压器或移动变电站采用中性点不接地供电系统的运行方式，在这种运行方式下，随着高产高效工作面装机容量的不断增大，工作面所配移动变电站容量也不断增大，过大的变电站容量将产生较大的单相接地电流，而过大的单相接地电流将增大人身触电的可能性，容易引起电气火灾和电雷管超前引爆等事故发生。安全隐患远比采取1140V供电时大得多，因此特制定本条文。

4 井下电缆选择与计算

4.1 电缆类型选择

4.1.1 阻燃电缆是遇火点燃时燃烧速度非常缓慢，离开火源后即自行熄灭的特制电缆，对阻止或减少火灾事故非常有好处。因此，本条文规定下井必须选用煤矿矿用产品安全标志的阻燃电缆。

1 电缆应采用铜芯，而不采用铝芯，主要有以下原因：

1）隔爆型电气设备的安全间隙铜电极为0.43mm，铝电极为0.05mm。煤矿井下隔爆型电气设备采用法兰间隙隔爆结构都是按照铜芯材料设计的，所以一旦接入铝芯电线后，电气设备也就失去了防爆性能。

　　2）铝与氧气发生化合反应释放的氧化热是铜的5.5倍，铝产生的电火花或电弧的温度比铜高得多。

　　3）铝的线性膨胀系数是铜的1.41倍，铜铝接头受热膨胀不一致，必然会导致接头松动，电阻增加，造成电缆接头放炮、漏电、短路等事故发生。

　　2 严禁采用铝包电缆，主要有以下原因：

　　1）电缆铝包皮极易发生氧化、腐蚀，一旦腐蚀严重，将失去电缆的保护性能，可能引发电气及其他事故。

　　2）当电路发生漏电、断相等故障，使三相电流不平衡时，铝包中将流过很大的电流，使铝包皮中电位升高，造成人身触电事故。

　　3）由于铝的膨胀系数大，极易发生氧化，如果断点发生电火花，铝与氧迅速化合，放出大量的热量，烧坏电缆，引爆瓦斯和煤尘，威胁矿井的安全。因此，严禁采用铝包电缆。

4.2　电缆安装及长度计算

4.2.1　在总回风巷和专用回风巷中敷设电缆存在以下问题：

　　1　在总回风巷和专用回风巷中不得敷设电缆，原因如下：

　　1）煤矿总回风巷和专用回风巷的风流中瓦斯浓度都相对较高，尤其是高瓦斯矿井、瓦斯突出矿井的回风流中瓦斯浓度还相当高。如果当总回风巷和专用回风巷中瓦斯含量达到爆炸浓度时，一旦敷设电缆出现故障、产生电火花，则会引起瓦斯爆炸事故。同时，如果当总回风巷和专用回风巷中煤尘沉积量较大，瓦斯爆炸后更可能引起煤尘爆炸，将造成更大的事故。

　　2）煤矿总回风巷和专用回风巷的风流中瓦斯浓度较高，一旦达到瓦斯断电浓度值时，敷设在其中的电缆必须停电，导致停电区域无法生产，当发生灾变时，也无法抢险救灾。

　　3）煤矿总回风巷和专用回风巷的相对湿度较大，腐蚀性气体含量高，使得电缆使用寿命缩短、故障率增高，不利于安全生产。

　　因此本条文规定：在总回风巷和专用回风巷中不得敷设电缆。

　　溜放煤、矸、材料的溜道中敷设电缆时，电缆容易被碰撞、挤压和掩埋，容易引发短路、断线等故障。因此，溜放煤、矸、材料的溜道中严禁敷设电缆。

　　2　在有机械提升的进风斜巷（不包括带式输送机上、下山）和使用木支架的立井井筒中敷设电缆，一旦发生火灾将会迅速蔓延，危及区域较大。因此，必须有可靠的安全保护措施，并应符合下列要求：

　　1）不应设接头，需设接头时，必须用防爆的金属接线盒保护壳，并可靠的接地。

　　2）短路、过负荷和检漏等保护应安设齐全、整定准确、动作灵敏可靠。

　　3）保证电缆敷设质量，并指定专人对其接头、绝缘电阻、局部温升和电缆吊钩等项进行定期检查。

　　4）支护必须完好。

　　5）纸绝缘电缆的接线盒应使用非可燃性填充物。

　　6）电缆应敷设在发生断绳跑车事故时不易砸坏的场所或增设电缆沟槽、隔墙以防砸坏电缆。

　　7）定期清扫巷道和电缆上的落煤。

4.2.9　本条文对电缆在井下巷道内的悬挂作出了规定，理由如下：

　　1　电缆不应悬挂在风管或水管上的原因有二：其一，一旦管路漏风或漏水，电缆将直接受到压风的吹袭或雨淋，同时，沿电缆的渗油或渗水也容易进入电缆接线盒，使电缆和接线盒绝缘受到破坏，发生短路或接地的故障；其二，在电缆漏电保护失灵的情况下，风管或水管将带有高电位，容易发生人身触电事故。

　　2　电缆悬挂在风管或水管的上方是为了避免管子下落砸坏电缆，保持0.3m以上距离是为了方便管路检修时不影响电缆的供电。

　　3　在有瓦斯抽放管路的巷道内，电缆与瓦斯抽放管路分挂在巷道两侧是为了避免电缆漏电电流产生的火花引爆或引燃瓦斯。

5　井下主（中央）变电所设计

5.1　变电所位置选择及设备布置

5.1.3　本条文规定井下主（中央）变电所内的动力变压器不应少于2台（包括2台）的理由：

　　1　满足对一级和二级负荷供电的要求。

　　2　系统接线简单。

　　3　正常时双回路供电，发生单一故障时不致于全部停电。

5.1.4　本条文规定理由如下：

　　4　规定井下主（中央）变电所硐室的地面应比其出口处井底车场或大巷的底板高出0.5m，是为了防止由井底车场或大巷等处向主（中央）变电所硐室内倒灌水。如经常发生倒灌水事故，将会加剧电气设备锈蚀，降低电气设备绝缘性能，从而容易引起电气设备失爆、接地、短路事故，并造成全矿井井下停电。

　　5　规定硐室通道上必须装设向外开的栅栏防火两用铁门，是为了一旦硐室内发生电气火灾，便于人员撤离，并防止人员拥挤在门口处而打不开防火门的情况发生。在设置防火两用铁门时，铁门上应装设便于关严的通风孔，在正常情况下便于控制硐室通风量，而在意外火灾情况下便于隔绝通风。

6 规定硐室必须有足够的固定照明和灭火器材是因为，若照明不足，可见度低，则不能及时观察设备的运行状态和周围环境的变化，不利于及时发现问题或提前采取措施，使事故扩大或失去最佳处理时机。同时，若照明不足容易产生视觉疲劳，造成误操作和人为事故。

足够的灭火器材能为电气火灾初期提供及时有效的灭火保证，避免火灾事故的蔓延。

6 采区供配电设计

6.1 采区变电所设计

6.1.1 本条文规定采区严禁选用带油电气设备，其理由是：

1 采区通风条件相对较差，瓦斯浓度相对较高，人员密集，电气设备离瓦斯和煤尘等爆炸源最近，一旦发生因电气设备漏油、溢油等故障所引发的火灾事故，将对矿井的安全生产带来巨大威胁。

2 油浸式电气设备较易发生漏油、溢油等故障，当电气设备工作电流较大，油温升高，油压增大，有造成电气设备喷油或爆炸着火的可能性，从而对矿井的安全生产带来巨大威胁。

3 油浸式电气设备（断路器）体积相对较大，占用空间大，分断能力低（在井下要折半使用），安全性能不如真空断路器，但综合造价（包括柜体和安装硐室）却高于真空断路器。

6.1.4 本条文规定采区变电所硐室的长度大于 6m 时，应在硐室的两端各设一个出口，并必须有独立的通风系统。其理由是：

1 变电所硐室的长度大于 6m 时，靠扩散通风已不能完全有效地排放和稀释硐室内释放出来的瓦斯和其他有毒有害气体。应在硐室的两端各设一个出口，以构成完整的通风系统，连续地补充新鲜空气，保证变电所硐室内瓦斯和其他有毒有害气体不致积聚和超限，从而保障工作人员的身体健康和电器设备的安全运行。

2 规定采区变电所硐室必须有独立的通风系统，是为了防止和控制采区变电所一旦发生火灾时的灾情扩大，使火灾产生的烟雾能通过独立的风道直接排至总回风巷，并直至地面，而不危害其他地点乃至全矿井的安全，从而达到减小灾情的目的。

6.3 采区低压网络设计

6.3.1 本条文第 4 款规定采区低压电缆严禁采用铝芯的理由，同本规范第 4.1.1 条的条文说明。

7 井下电气设备保护及接地

7.1 电气设备及保护

7.1.1 本条文规定经由地面架空线路引入井下的供电电缆，必须在入井处装设防雷电装置。其理由是：经由地面架空线路引入井下的供电电缆是雷电电磁波、行波传导的良好路径。而雷电波所产生的强大的雷电电流将会引起井下火灾，并进而引起瓦斯和煤尘爆炸。因此，经由地面架空线路引入井下的供电电缆，必须在入井处装设防雷电装置。

7.1.2 自动重合闸装置是指装在馈电线路上的馈电开关因线路故障自动跳闸后，能使馈电开关重新合闸，迅速恢复送电的一种自动装置。

本条文规定向井下供电的电源线路上不得装设自动重合闸装置，其理由是：在馈电线路上装设自动重合闸装置，当线路发生短暂性故障使开关跳闸后，如果故障没有得到及时排除或排除需要一定时间时，自动重合闸装置的动作，将会使故障进一步扩大，造成电气火灾，损坏电气设备，危及检修人员安全，更有可能引起瓦斯和煤尘爆炸，严重威胁矿井供电安全和矿井安全。

7.1.3 本条文根据煤矿井下常见的电气故障及危害，对井下变电所高压馈出线上装设的保护装置作出规定。

煤矿井下常见的几种电气故障及危害如下：

一是短路故障。短路是指具有电位差的两点，通过电阻值很小的导电体直接短接的一种电气事故。当发生短路事故时，短路回路中的短路电流值比正常运行情况下的额定电流值大几倍、几十倍，甚至上百倍，这样大的电流在极短的时间内就可能造成电缆和电气设备的损坏、供电中断，从而引发着火事故和瓦斯煤尘爆炸事故。

二是过负荷。过负荷是指供配电回路中实际工作电流值超过了额定电流值，过电流时间也超过了规定的允许时间，如果过负荷现象较长时间存在，就可能造成电缆和电气设备的损坏，从而引发着火事故和瓦斯煤尘爆炸事故。

三是欠电压。欠电压是指电动机所接电网点实际工作电压低于电动机额定工作电压，并低于电动机允许的最低工作电压值。在这种低电压状况下，电动机工作电流增大、温度升高，如果低电压现象较长时间存在，就可能造成电机绝缘损坏，从而引发着火事故和瓦斯煤尘爆炸事故。

四是单相接地故障。单相接地故障是指相线对地或与地有联系的导电体之间的短路，是短路事故的一种。它包括相线与大地、配电和用电设备的金属外壳、金属接线盒、金属管道或构件、水沟等之间的短路。对于高压电网，过大的电网将产生较大的单相接地电容电流。接地故障短路电流虽然较小，但与它有联系的电气设备和管道的外露可导电部分对地和装置外的可导电部分之间存在故障电压，此电压可使触摸到的人身遭到电击，也可因其对地所产生的电弧或电火花引发着火事故和瓦斯煤尘爆炸事故。

五是漏电故障。漏电故障是指电气设备的绝缘受到损坏或老化，使绝缘电阻降低，从而形成电气设备对地之间的放电或电弧现象，漏电故障是接地故障的一种。漏电故障的结果，不仅会使电气设备进一步损坏，形成短路事故，而且还可能导致人身触电和瓦斯煤尘爆炸事故。

六是单相断线故障。单相断线是指三相供电系统中有一相断线。电动机在运行中发生一相断线还能保持运行，但功率减小，只有三相运行时的1/2～1/3，随着负荷力矩的下降，电动机转速也相应降低，电流增大，一般比正常电流增大30%～40%，使电动机绕组烧坏，从而引发电气事故。

本条文规定原因分析：

1 本条文规定井下变电所的高压馈出线上，必须设有选择性的单相接地保护装置，其原因是：矿井高压电网中的变压器都采用中性点不接地的运行方式，此种运行方式下，当变压器的容量较大、电缆长度总量较长时，将产生较大的单相接地电容电流，而过大的单相接地电容电流可能引起人身触电、电气火灾和雷管超前引爆等事故。

根据相关实验及计算分析，当井下电缆单相接地电容电流 $I_c \geq 0.5A$ 时，电网因漏电流所产生的电火花就会引起瓦斯爆炸。而当单相接地电容电流 $I_c \geq 5A$ 时，接地电容电流在接地网络中所产生的残余电压 $U_d \geq 36V$，这时一旦人体触到井下接地网络中的任何一点，流经人体的漏电电流就会超过人体所允许的 $30mA \cdot S$ 的极限安全电流值。因此，规定井下变电所的高压馈出线上，必须设有选择性的单相接地保护装置，且在单相接地电容电流 $I_c < 5A$ 时作用于信号，而当单相接地电容电流 $I_c \geq 5A$ 时，保护装置应动作于跳闸。

之所以要求具备"选择性"，是为了快速判断故障地点、减小故障范围、提高处理故障效率的目的。

2 规定供移动变电站的高压馈出线上，除必须设有选择性的、动作于跳闸的单相接地保护装置外，还应设有作用于信号的电缆绝缘监视保护装置是因为：移动变电站一般都深入到采、掘工作面，距离瓦斯和煤尘爆炸源较近，一旦单相接地电容电流过大或电缆绝缘被破坏，都可能引起电气火灾、雷管超前引爆、瓦斯和煤尘爆炸等事故发生。因此，供移动变电站的高压馈出线，一旦发生单相接地或电缆绝缘破坏事故，就应切断其供电电源，停止工作。

3 本条文规定井下高压电动机、动力变压器的高压侧应有短路、过负荷、接地和欠压释放保护是因为：电气设备在运行中极易发生短路、过负荷、单相断线和接地等故障，如不能将这些故障及时排除，则会造成电气设备损坏、供电中断、着火等事故。

7.1.4 本条文规定原因分析：

1 规定井下变电所低压馈出线上，除应装设短路和过负荷保护装置外，还必须装设检漏保护装置或有选择性的检漏保护装置（包括人工旁路装置），保证在漏电事故发生时能自动切断漏电的馈电线路是因为：电气设备在运行中极易发生短路、过负荷和漏电等故障，如不能将这些故障及时排除，则会造成电气设备损坏、供电中断、着火、人身触电等事故。因此，要求高、低压控制设备应装备有上述保护的综合保护装置，以确保安全供电。之所以要求检漏保护装置具备"选择性"，是为了快速判断故障地点、缩小了漏电故障的停电范围、提高处理故障效率的目的。

2 规定井下移动变电站或配电点引出的馈出线上，应装设短路、过负荷和漏电保护装置。原因基本同上。

3 规定低压电动机的控制设备，应具备短路、过负荷、单相断线、漏电闭锁保护装置与远方控制装置。其原因分析基本同上，不同之处在于电动机在运行中经常发生一相断线运行故障，也称单相断线故障。单相断线故障所造成的危害同本规范第7.1.3条的条文解释。

设置漏电闭锁保护装置，可以检测并闭锁不送电线路和设备的漏电故障，减少了漏电保护装置的动作次数，缩小了漏电故障的停电范围。

4 规定煤电钻必须设有检漏、漏电闭锁、短路、过负荷、断相、远距离启动和停止煤电钻的综合保护装置是因为：煤电钻一般都工作在环境恶劣、瓦斯和煤尘积聚较严重的采、掘工作面。而且，煤电钻是手持式电动工具，振动大、移动频繁，是最容易发生触电、短路、引起瓦斯和煤尘爆炸事故的电气设备。煤电钻的综合保护装置有适应煤电钻短时工作的自动停送电功能，可以确保煤电钻在不工作时处于自动停电的安全状态；同时，煤电钻的综合保护装置还有检漏、漏电闭锁、短路、过负荷、断相等保护功能，所以规定煤电钻必须使用煤电钻的综合保护装置。

7.1.5 本条文规定用于控制保护的断路器的断流容量，必须大于其保护范围内电网在最大运行方式下的三相金属性短路容量，并校验断路器的分断能力和动、热稳定性以及电缆的热稳定性是因为：最大三相短路电流是在断路器或接触器出口处发生三相金属性短路而产生的电流。当电网发生短路故障时，不仅要求装在故障线路上的开关能及时跳闸，还要求开关有能力将跳闸时产生的电弧迅速熄灭。如果电弧不能被熄灭，不仅故障电流没有消失，甚至将开关设备的隔爆外壳烧穿，产生严重的电气火灾事故，威胁矿井供电和人身安全。因此，在选择开关设备时必须验算其切断短路电流的能力。为了避免高压电网发生短路时将高压开关、电缆、母线等损坏，还须验算高压电气设备的短路热稳定性和动稳定性。

对于煤矿井下配电网路的短路保护装置要求动作灵敏可靠。动作灵敏可靠是指线路和电气设备中通过最大的正常电流时，保护装置不动作，即不发生误动作。当线路或电气设备出现最小两相短路电流时，短路保护装置能可靠动作。短路保护装置动作灵敏性校验应按现行《煤下供电矿井的三大保护细则》（合订本）执行。

当短路校验不能满足要求时，可根据具体情况，分别采取以下措施：

1 加大干线或支线电缆截面；
2 通过优化路径，减少电缆长度；
3 适当增大变压器容量；
4 对有分支的供电线路可增设分段保护开关。

7.2　电气设备保护接地

7.2.1 本条文规定电压在36V以上和由于绝缘损坏可能带有危险电压的电气设备的金属外壳、金属构架，铠装电缆的钢带或钢丝、铅皮或屏蔽护套必须有保护接地。其理由是：

1 保护接地是漏电保护的后备保护，是将因绝缘破坏而带电的金属外壳或构架同接地体之间做良好的电气连接，称为保护接地。保护接地是将设备上的故障电压限制在安全范围内的一种安全措施。

2 井下安全电压为36V，人体触及36V带电导体时不会有触电死亡的危险，因而电压在36V以上的电气设备的金属外壳、金属构架，铠装电缆的钢带或钢丝、铅皮或屏蔽护套必须有保护接地。

7.2.8 本条文规定橡套电缆的接地芯线，除用作监测接地回路外，不得兼作他用。其理由是：橡套电缆的接地芯线作他用时，接地芯线上会有电流通过，电气设备之间就会产生电位差，此电位差容易引起人身触电或产生电火花，引发瓦斯和煤尘爆炸事故。因此，规定橡套电缆的接地芯线不得兼作他用。

中华人民共和国国家标准

煤矿井下热害防治设计规范

Code for design of prevention and elimination
of thermal disaster in coal mines

GB 50418—2007

主编部门：中国煤炭建设协会
批准部门：中华人民共和国建设部
施行日期：２００７年１２月１日

中华人民共和国建设部
公　告

第 645 号

建设部关于发布国家标准
《煤矿井下热害防治设计规范》的公告

现批准《煤矿井下热害防治设计规范》为国家标准，编号为 GB 50418—2007，自 2007 年 12 月 1 日起实施。其中，第 5.3.13、6.0.6 条为强制性条文，必须严格执行。

本规范由建设部标准定额研究所组织中国计划出版社出版发行。

中华人民共和国建设部
二〇〇七年五月二十一日

前　言

本规范是根据建设部建标函〔2005〕124 号文件《关于印发"2005 年工程建设标准规范制订、修订计划（第二批）"的通知》的要求，由中煤国际工程集团武汉设计研究院会同有关单位共同编制完成的。

本规范在编制过程中，编制组开展了大量的调查研究及专题论证，认真总结了近年来国内、外煤矿井下热害防治的设计和现场生产实践经验，采用了热害防治方面的新技术、新工艺及新的科研成果，突出体现了利用天然或已有能源或冷源的节能、节水理念，广泛征求了有关单位的意见，经反复研究、多次修改，最后经审查定稿。

本规范共分 6 章、1 个附录，主要内容有：总则、术语、井下作业地点环境气象条件、矿井气象条件预测、矿井热害防治、电气及控制等。

本规范中以黑体字标志的条文为强制性条文必须严格执行。

本规范由建设部负责管理和对强制性条文的解释，由中国煤炭建设协会负责日常管理工作，由中煤国际工程集团武汉设计研究院负责具体技术内容的解释。本规范在执行过程中，请各单位结合设计、生产实践和科学研究，认真总结经验，积累资料，如发现需要修改、补充之处，请将意见、建议和有关资料寄交中煤国际工程集团武汉设计研究院（地址：武汉市武昌区武珞路 442 号，邮政编码：430064，传真：027-87250833），以便今后修订时参考。

本规范主编单位、参编单位和主要起草人：

主　编　单　位：中煤国际工程集团武汉设计研究院
参　编　单　位：煤炭工业郑州设计研究院
　　　　　　　　煤炭工业济南设计研究院
主要起草人：张世良　周秀隆　张建民
　　　　　　于新胜　刘兴晖　刘建平　王永忠
　　　　　　李书兴　辛德林　马自玫　胡春胜
　　　　　　李　明　白　灵　杨庆铭　郭宝德
　　　　　　彭澄伟

目 次

1 总则 ·················· 36—4
2 术语 ·················· 36—4
3 井下作业地点环境气象条件 ·········· 36—4
4 矿井气象条件预测 ············ 36—4
  4.1 矿井气象条件预测基础资料 ······· 36—4
  4.2 热害矿井气象条件预测内容
     和方法 ················ 36—4
5 矿井热害防治 ·············· 36—5

  5.1 一般规定 ··············· 36—5
  5.2 非机械制冷降温 ··········· 36—5
  5.3 机械制冷降温 ············ 36—5
6 电气及控制 ··············· 36—7
附录 A 等效温度的计算方法 ········ 36—7
本规范用词说明 ············· 36—8
附：条文说明 ·············· 36—9

1 总则

1.0.1 为在煤矿井下热害防治设计中,贯彻执行国家现行有关煤炭工业的法律法规、方针政策,以人为本,保障井下安全生产和井下生产人员的身体健康,改善劳动条件和提高劳动生产效率,使热害防治设计做到技术先进、安全可靠、经济合理,特制定本规范。

1.0.2 本规范适用于煤矿井下热害防治设计。

1.0.3 煤矿井下热害防治应进行专项设计,并应推广国内外已有的科研成果和成熟经验,因地制宜地采用新技术、新设备、新材料、新工艺,不断提高防治效果和经济效益。

1.0.4 煤矿井下热害防治设计除应符合本规范外,尚应符合国家现行有关标准的规定。

2 术语

2.0.1 矿井气象条件 mine meteorological condition
指矿井井下空气的干球温度、相对湿度和风速等的综合状态。

2.0.2 等效温度 effective temperature
在风速为零、相对湿度为100%的条件下,使人产生某种热感觉的空气干球温度(气温),来代表使人产生同一热感觉的不同风速、相对湿度和气温的组合,该气温定义为等效温度。

2.0.3 矿井热害 hot mines
指矿井中对影响人体健康、降低劳动生产率和危及安全生产的热、湿作业环境。

2.0.4 热害矿井 thermal disaster mine
井下作业地点气象指标超过现行法规、标准规定的矿井。

2.0.5 地热地质参数 geothermal geological parameters
包括恒温带温度与深度、地温梯度、原始岩温、岩石(煤)的热导率与比热及体积质量、热水温度与流量及压力等。

2.0.6 最热月平均气象参数 mean meteorological parameters in the hottest month
地面最热月空气干球温度、相对湿度、大气压力的平均值。

2.0.7 同流通风 same direction ventilation
煤、矸石运输方向与风流方向相同。

2.0.8 矿井制冷降温 mine cooling by refrigeration
采用各种制冷方法,使井下作业地点的气象条件达到规定的标准。

2.0.9 矿井制冷降温系统 mine cooling system
以矿井制冷降温为目的,由制冷机、矿井空气冷却器等设备和管道及附件、仪器仪表等构成的系统。

2.0.10 矿井制冷降温方式 mine cooling modes
矿井制冷降温系统布置和组合的方式。

2.0.11 载冷剂高低压耦合装置 coupling device for high and low pressure of chilled medium
利用高压低温载冷剂来冷却低压载冷剂或将高压低温载冷剂降压后送入矿井空气冷却器的装置。

3 井下作业地点环境气象条件

3.0.1 井下采掘工作面和机电设备硐室的气温,均应符合现行《煤矿安全规程》的有关规定。

3.0.2 井下作业地点环境气象条件宜用气温、相对湿度、风速等进行综合评价,也可采用等效温度指标对矿井气象条件进行评价,等效温度的计算方法见本规范附录A。

4 矿井气象条件预测

4.1 矿井气象条件预测基础资料

4.1.1 新建矿井气象条件预测应具备下列基础资料,并应对其进行分析:

1 井田勘探地质报告提供的地热地质参数及地温等深线图、煤层底板地温等值线图、地温钻孔资料和其他有关地温资料;

2 矿区或邻近矿区最近10a以上的地面历年各月平均气温、相对湿度、大气压力等气象参数;

3 邻近生产或在建矿井的实际地热地质资料和作业环境气象资料;

4 矿井的开拓、开采、通风设计及设备安装等资料。

4.1.2 改建、扩建和延深矿井气象条件预测的基础资料可使用实测统计资料。

4.2 热害矿井气象条件预测内容和方法

4.2.1 热害矿井气象条件预测应包括下列内容:

1 采煤工作面的下口和上口的最热月平均气象参数;

2 掘进工作面迎头的最热月平均气象参数;

3 主要机电设备硐室的最热月平均气象参数及机电设备中设备运行台数最多时的月平均气象参数;

4 采掘工作面和主要机电设备硐室气温超限的月份;

5 热害分析、论证或评价所需的热源分析结果及其他参数。

4.2.2 热害矿井气象条件预测时期应符合下列规定:

1 新设计矿井应预测移交生产和达到设计产量时期及热害最严重时期;

2 改建、扩建、延深矿井和生产矿井应预测热害防治工程建成使用时期和热害最严重时期。

4.2.3 确定矿井气象条件预测方法应遵循下列原则：

1 数学模型应包括井下主要热源、湿源与风流的热、湿交换；

2 在风流汇合处应考虑汇入风流的影响并计算混合风流参数；

3 新建矿井设计时，除应符合本规范第4.1.1条的要求外，尚应采用经验证的预测方法进行矿井气象条件预测；

4 生产矿井、改建、扩建和延深矿井设计时，可采用邻近矿井或现有矿井经验证的预测方法。

5 矿井热害防治

5.1 一般规定

5.1.1 矿井热害防治设计应本着防、治结合的原则，并应符合现行国家标准《煤炭工业矿井设计规范》GB 50215的有关规定。

5.1.2 矿井建井期间的热害防治设计宜采取分期、分区治理原则，可充分利用生产期的永久设施。

5.1.3 矿井热害防治设计，应符合本规范第4.2.2条的规定，并应按预测时期统筹考虑。

5.1.4 进行矿井热害防治设计时，应通过计算确定矿井通风降温的可行范围，并应通过技术经济比较确定防治措施。

5.1.5 矿井热害防治设计方案，应根据矿井地质条件、开拓开采系统、巷道布置、矿井通风系统、制冷降温范围、采深、冷负荷、矿井涌水量及水质和水温、回风风量和温度、采掘机械化程度、热源及条件类似矿井的经验等进行技术经济论证。

5.1.6 热害矿井应设置热害防治的管理机构，并应按岗位增加热害防治人员编制。

5.2 非机械制冷降温

5.2.1 非机械制冷降温，应根据矿井的具体条件，采用以下一种或多种措施：

1 利用天然冷源；

2 增加供风量或提高作业人员集中处的局部风速；

3 采用下行通风或同流通风等有利于降温的通风方式；

4 回避井下热源，隔绝或减少热源向进风流散热；

5 疏放或封堵热水；

6 对采空区热源的封堵、抽排；

7 采用个体防护。

5.2.2 矿井热害防治设计应充分利用天然冷源或已有冷源。

5.2.3 采用增加风量降温时，应符合下列规定：

1 矿井各降温地点降温所需风量和矿井总风量的确定应符合现行国家标准《煤炭工业矿井设计规范》GB 50215的有关规定；

2 井巷中的风流速度应符合现行《煤矿安全规程》的有关规定；

5.2.4 热害矿井宜采用分区通风方式。

5.2.5 气象参数超限的机电设备硐室宜实行独立通风，其回风风流宜引入回风巷。

5.2.6 当条件适宜时，宜采用有利于采煤工作面降温的通风方式，并应符合现行《煤矿安全规程》的有关规定。

5.2.7 在选择采煤方法及工艺时，应有利于热害防治。

5.2.8 采煤工作面的长度和日产量等参数，应经过风流热力计算校核。

5.2.9 采掘工作面综合防尘、黄泥灌浆、混凝土支护、水力采煤等作业用水，宜采用天然冷水。

5.2.10 采掘工作面宜采用低温水进行煤壁注水或防尘洒水。

5.2.11 矿井有热水涌出时，主要进风井巷布置应符合下列规定：

1 宜避开热水涌出等局部高温区和含水层、透水性强的岩层及断层裂隙带；

2 进风井巷布置在有热水涌出、渗出的地带或含水裂隙带时，应根据矿井的具体情况，可分别采取封水、截水、导水、防水隔热等治理措施；

3 应对开发利用热水进行评价。

5.2.12 热水管或热水沟，宜布置在回风巷中。热水管或热水沟布置在进风井巷中时，应采取隔热措施。

5.2.13 矿井热害防治，应考虑减少进风风流的煤、矸石冷却过程中的散热量及氧化散热量和机电设备散热量进入。采煤工作面的机电设备，宜放在回风顺槽中。

5.2.14 在热害严重的区段，短时作业人员可采用冷却服等个体防护措施。

5.2.15 主要机电设备硐室，应采取尽量减少围岩和机电设备等热源散热量进入硐室进风风流，并可采取增加风量、局部通风排热、加大局部风速或采用水冷电机等措施。

5.3 机械制冷降温

5.3.1 机械制冷降温，应根据矿井的具体条件，采用以下一种或多种组合的降温方式：

1 压缩空气制冷系统；

2 井下移动式空调等局部降温系统；

3 地面集中空调降温系统；

4 井下集中或分区集中空调降温系统；

5 地面与井下联合空调降温系统；

6 制冰降温系统。

5.3.2 矿井采用机械制冷降温时，应计算气象参数超限的采掘工作面及机电设备硐室所需要的冷负荷，计算制冷降温系统的年运行时间，并应分析运行期间各月份制冷降温系统的冷负荷变化情况。

5.3.3 采掘工作面及机电设备硐室的冷负荷的计算应考虑围岩的散热、机电设备的散热、采空区的散热、氧化热、人体散热等其他热源、湿源与风流的热、湿交换等因素，可按下式计算：

$$Q \geqslant \sum G(i_1 - i_2) \quad (5.3.3)$$

式中 Q——采掘工作面和机电设备硐室的冷负荷（kW）；

G——采掘工作面和机电设备硐室的风量（kg/s）；

i_1——处理前采掘工作面和机电设备硐室的进风风流焓值（kJ/kg）；

i_2——处理后采掘工作面和机电设备硐室要求的进风风流焓值（kJ/kg）。

5.3.4 矿井制冷量可用于冷却矿井进风风流或采区进风风流或作业地点进风风流，也可用于冷却采掘作业用水。具体组合方式和制冷量的分配，应结合具体矿井生产条件，经技术经济比较确定。

5.3.5 制冷站冷负荷应根据制冷站位置在地面或井下的不同情况，分别由下列有关各项累加计算后，再乘以1.1～1.2的附加系数确定：

1 采、掘工作面及机电设备硐室的冷负荷；

2 载冷剂传输管道的冷量损失量；

3 载冷剂传输水泵对载冷剂的加热量；

4 载冷剂高低压耦合装置的冷量损失量（采用该设备时）；

5 作业用水的冷量损失量（采用该方案时）；

6 其他输冷或换冷环节的冷量损失量。

5.3.6 制冷降温系统硐室应符合现行国家标准《煤矿井底车场硐室设计规范》GB 50416 的有关规定。

5.3.7 地面或井下的制冷站、地面制冰站的位置、布置，应符合现行国家标准《煤炭工业矿井设计规范》GB 50215 的有关规定；井下的制冷站的设置，还应符合现行国家标准《煤矿井底车场硐室设计规范》GB 50416 的有关规定，排放水凝热的喷淋硐室位置，宜靠近制冷站硐室。井下喷淋硐室的空气流速宜为 2.5～7.5m/s，水气比宜为 0.5～2.5，喷嘴及喷淋硐室的布置应使该喷淋硐室的通风阻力不大于 150Pa。

5.3.8 选择制冷机时，应符合现行国家标准《煤炭工业矿井设计规范》GB 50215 的有关规定。制冷设备的技术安全要求应符合国家相关要求。

5.3.9 有可以利用的热源或其他能源时，地面制冷站应采用溴化锂吸收式冷水机组。

5.3.10 地面制冷站采用制冰机组时，输冰系统应有防冲击和防堵措施。

5.3.11 采用冷水机组时，制冷机组蒸发器出水温度应符合下列规定：

1 采用地面集中制冷降温方式时，不应高于3℃；

2 采用井下集中制冷降温方式时，不应高于5℃；

3 采用地面与井下联合制冷降温方式，制冷机位于地面时，出水温度不应高于3℃；制冷机位于井下时，出水温度不应高于5℃。

5.3.12 载冷剂宜选用冰、清水或盐水。选用盐水作载冷剂时，配制的盐水浓度应使盐水的凝固点低于蒸发温度。载冷剂传输系统应采用防腐蚀措施。

5.3.13 制冷剂的选择，应符合防火、不爆炸、无毒、环保等要求。

5.3.14 载冷剂高低压耦合装置，应符合安全、高效、节能、维护管理方便的要求。

5.3.15 载冷剂循环系统应考虑5%的补给量。

5.3.16 载冷剂传输管道的管径，应根据载冷剂流量确定，并应进行流速校核，同时，还应考虑管网的水力平衡。载冷剂流速宜采用 1.9～2.5m/s。

5.3.17 载冷剂传输管道及附件和融冰池应隔热，隔热材料和结构应符合现行国家标准《煤炭工业矿井设计规范》GB 50215 和《采暖通风与空气调节设计规范》GB 50019 的有关规定。

5.3.18 载冷剂传输水泵流量的确定，应符合下列规定：

1 闭式水系统应根据载冷剂的循环流量乘以1.1～1.2的附加系数确定；

2 开式水系统应结合其特点根据计算确定。

5.3.19 载冷剂传输水泵扬程不应小于下列各项数值之和：

1 载冷剂传输管道及附件的阻力乘以1.2的附加系数所得的值；

2 空气冷却器的阻力或喷淋式空气冷却器的喷嘴压力；

3 蒸发器或压力交换系统或载冷剂高低压耦合装置出水口与作业地点最高点的高程差引起的静压力；

4 蒸发器或压力交换系统或载冷剂高低压耦合装置的阻力。

5.3.20 井下空气处理，应符合现行国家标准《煤炭工业矿井设计规范》GB 50215 的有关规定。

5.3.21 空气冷却器的位置应有利于作业地点的降温，并应放置在不易受损坏，且不影响正常作业的地方。

5.3.22 采用表冷式空气冷却器时，风流与载冷剂应逆向流动，空气冷却器内的迎面风速宜采用 5～7m/

s。空气冷却器进、出口风流温差宜为 6～12℃；载冷剂进、出口温差宜为 7～15℃。

5.3.23 冷凝热排除方式，应符合现行国家标准《煤炭工业矿井设计规范》GB 50215 的有关规定。

5.3.24 冷却水循环系统应考虑 5%～10% 的补给水量。

5.3.25 冷却水泵的扬程应根据冷却方式的不同确定，且不应小于下列各项数值之和：

　　1 冷却水输送管道及附件的阻力乘以 1.2 的附加系数所得的值；

　　2 冷凝器的阻力乘以 1.2 的附加系数所得的值；

　　3 冷却塔或喷淋硐室中水的提升高度引起的静压力；

　　4 冷却塔或喷淋硐室的喷嘴压力。

5.3.26 矿井制冷系统中的供冷系统和冷却水系统的管网应进行水力平衡计算。水系统设计应符合现行国家标准《建筑给水排水设计规范》GB 50015 和《采暖通风与空气调节设计规范》GB 50019 的有关规定。

5.3.27 载冷剂选用冰或清水作载冷剂时，应符合下列规定：

　　1 冰或清水水质应满足以下数值：pH 值 6.5～8.5；混浊度≤50mg/L；全硬度≤150mg/L（以 $CaCO_3$ 计）；铁离子＜0.3mg/L；悬浮物≤10mg/L；

　　2 载冷剂使用前，应进行化验。

5.3.28 矿井降温系统中的冷却水系统的水质和水处理设计应符合现行国家标准《工业循环冷却水处理设计规范》GB 50050 的有关规定。

5.3.29 矿井降温系统中的管道可采用壁挂、架空或地沟形式敷设。载冷剂传输管道不宜布置在回风巷中。

6 电气及控制

6.0.1 矿井制冷站供电应符合现行国家标准《煤炭工业矿井设计规范》GB 50215 的有关规定。

6.0.2 矿井制冷站的电力负荷，应根据实际装机容量和远景规划容量，按需用系数法或二项式法计算。

6.0.3 井下制冷站电动机及其供配电、控制设备选型应符合现行《煤矿安全规程》的有关规定。

6.0.4 矿井制冷系统宜采用程序集中控制方式。控制室宜靠近制冷设备间单独布置。

6.0.5 矿井机械制冷降温系统和井下作业环境应设置检测温度、流量、压力等参数的仪表，并应符合下列规定：

　　1 制冷装置中的主要参数检测，应符合现行国家标准《采暖通风与空气调节设计规范》GB 50019 的有关规定；

　　2 应设置测试作业地点风流的干、湿球温度和风速的检测仪表；

　　3 检测空气干、湿球温度和风速的传感器应安装在风流稳定、具有代表性的位置。

6.0.6 制冷站或制冰站的控制室和载冷剂高低压耦合装置硐室，应设矿井生产调度直通电话。

6.0.7 热害矿井应在进风井口、井底车场、主要大巷、采掘工作面及机电硐室等井下作业的主要地点设置气象参数观测站。有条件的矿井，气象参数观测应并入矿井安全监测系统，并应配备相应的气象检测、监测设备。

附录 A 等效温度的计算方法

A.0.1 已知干球温度 t_a、湿球温度 t_f、风速 v 时，可通过查图 A.0.1 等效温度计算图得出对应的等效温度。

A.0.2 干湿球温差不大于 5℃、湿球温度 t_f 为 25～35℃、风速 v 为 0.5～3.5m/s 时，可通过下列公式计算等效温度 t_{eff}。

$$t_{eff} = \frac{20.86 + 0.0354 t_f - 0.133 v + 0.07 v^2 + (4.12 - X_1 + X_2)}{0.4129}$$

(A.0.2-1)

$$X_1 = \frac{8.33 \left[17 X_3 - (X_3 - 1.35)(t_f - 20) \right]}{(X_3 - 1.35)(t_a - t_f) + 141.6}$$

(A.0.2-2)

$$X_2 = \frac{4.25 \left[(t_a - t_f) X_3 + 8.33 (t_f - 20) \right]}{(X_3 - 1.35)(t_a - t_f) + 141.6}$$

(A.0.2-3)

$$X_3 = 5.27 + 1.3 v - 1.15 e^{-2v} \quad (A.0.2-4)$$

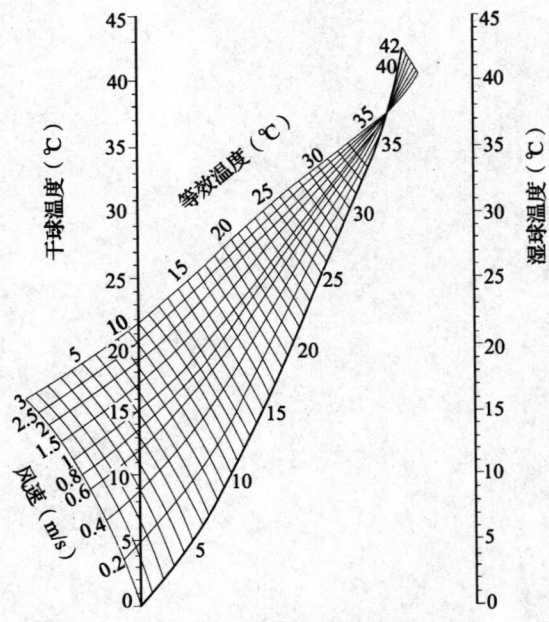

图 A.0.1 等效温度计算图

本规范用词说明

1 为便于在执行本规范条文时区别对待，对要求严格程度不同的用词说明如下：

1) 表示很严格，非这样做不可的用词：
   正面词采用"必须"，反面词采用"严禁"。
2) 表示严格，在正常情况下均应这样做的用词：
   正面词采用"应"，反面词采用"不应"或"不得"。
3) 表示允许稍有选择，在条件许可时首先应这样做的用词：
   正面词采用"宜"，反面词采用"不宜"；
   表示有选择，在一定条件下可以这样做的用词，采用"可"。

2 本规范中指明应按其他有关标准、规范执行的写法为"应符合……的规定"或"应按……执行"。

中华人民共和国国家标准

煤矿井下热害防治设计规范

GB 50418—2007

条 文 说 明

前　言

为便于各单位和有关人员在使用本规范时能正确理解和执行，特按章、节、条顺序编制了本规范的条文说明，供使用者参考。在使用中如发现本条文说明有不妥之处，请将意见函告中煤国际工程集团武汉设计研究院。

本规范主要审查人：

王　勇　刘建华　何国伟　吴文彬　郭均生
孟　融　康忠佳　李庚午　陈建平　刘　毅
鲍巍超　兰大卫　李洪宇　卫修君　陈启永
刘贵平　彭文芳　欧阳广斌

目　次

1　总则 …………………………… 36—12
2　术语 …………………………… 36—12
3　井下作业地点环境气象条件 …… 36—12
4　矿井气象条件预测 ……………… 36—12
　　4.1　矿井气象条件预测基础资料 …… 36—12
　　4.2　热害矿井气象条件预测内容
　　　　和方法 ………………………… 36—12
5　矿井热害防治 …………………… 36—13
　　5.1　一般规定 ………………………… 36—13
　　5.2　非机械制冷降温 ………………… 36—13
　　5.3　机械制冷降温 …………………… 36—14
6　电气及控制 ……………………… 36—15
附录 A　等效温度的计算方法 ……… 36—16

1 总　则

1.0.1 本条阐明了制定《煤矿井下热害防治设计规范》(以下简称"本规范")的目的和依据。

随着我国大型矿井逐步向深部延伸，高温热害矿井数量逐年增多，矿井热害日趋严重，这不仅使劳动生产率不断下降，还严重影响工人的身心健康。虽然国家已颁发的有关法律法规、方针政策，如《矿山安全条例》、《煤矿井下采掘作业地点气象条件卫生标准》、《煤炭工业矿井设计规范》GB 50215、《煤矿安全规程》等，对保障井下安全生产和井下生产人员的身体健康起了重要作用，并对热害防治作了一些相关规定，但这些还不能满足煤矿井下热害防治设计的需要。因此，根据国家现行有关煤炭工业的法律法规、方针政策和热害防治设计中应遵循的原则，本着以人为本、保障井下安全生产和井下生产人员的身体健康，改善劳动条件和提高劳动生产效率的原则，将近年国内外矿井热害防治中行之有效的先进技术和管理经验纳入本规范，使得矿井热害防治设计能做到技术先进、安全可靠、经济合理，并使得矿井热害治理技术不断发展。

1.0.2 本条明确了本规范的适用范围。其设计工作主要包括可行性研究报告、初步设计、施工图设计和施工组织设计及专项设计。

1.0.3 本条规定了执行本规范的共性要求。由于我国的煤矿井下热害防治工作尚处于发展阶段，需要正确引导，而热害防治工程投资、运行费用均较高，考虑到我国的实际国情，需进行热害专项设计才能满足要求。

1.0.4 煤矿井下热害防治设计，除了本规范规定应遵守的要求外，还涉及一些相关标准应该遵守，本规范条文中引用的标准均写出了引用标准的名称，避免与国家相关法规、标准重复。

2 术　语

本章选择了煤矿井下热害防治工作中常用的术语，并参考现行国家标准《采暖通风与空气调节术语标准》GB 50155等相关标准，考虑热害矿井的特点，给出了有关术语的定义和相应的英文词，使各术语代表的概念得以确定。

3 井下作业地点环境气象条件

3.0.1 《煤矿安全规程》(2006年发布)第一百零二条规定：生产矿井采掘工作面空气温度不得超过26℃，机电设备硐室的空气温度不得超过30℃；当空气温度超过时，必须缩短超温地点工作人员的工作时间，并给予高温保健待遇。采掘工作面的空气温度超过30℃、机电设备硐室的空气温度超过34℃时，必须停止作业。

3.0.2 本条规定了作业地点环境气象条件评价方法。

井下作业人员对环境气象条件的承受能力、舒适感和劳动生产率，不仅取决于环境热强参数，即风速、湿球温度、干球温度、辐射温度和大气压力的影响，还取决于作业人员的皮肤温度、皮肤面积、体力劳动能力和工作繁重程度、劳动时间长短等的影响。其中最主要的是干球温度、湿球温度和风速。理论和实践证明，采用单项参数的评价方法不尽合理，用气温、相对湿度、风速等进行综合评价是比较科学、合理的方法。

4 矿井气象条件预测

4.1 矿井气象条件预测基础资料

4.1.1、4.1.2 条文明确了进行矿井气象条件预测所需要的基础资料及来源。

进行矿井气象条件预测所需的基础资料是根据矿井气象预测考虑的主要热源及其他有关条件和煤矿井下热害防治经验拟定的。要求资料来源容易、准确、可靠，使用时应对其进行综合分析后采用。

进行矿井气象条件预测计算所依据的资料应准确可靠，所必需的资料主要有恒温带深度、温度、平均地温梯度及其变化；地温剖面图；煤层底板地温等值线图；一、二级高温区的范围；各煤层及其上下主要岩层的热物理特性参数，如导热系数、比热、密度等；煤层自燃情况；热水流入矿井的途径、水温、流量、水压、水质及超前疏放等治理热水的条件；矿区或本地区气象台站历年气象资料，包括年平均气温、各月平均气温、大气压力、相对湿度；邻近生产或在建矿井的地质资料和井下作业环境气象资料；矿井开拓、开采及通风及设备安装等资料；改建、扩建和延深矿井气象条件预测的基础资料使用实测统计资料，更能体现矿井自身的特征。

4.2 热害矿井气象条件预测内容和方法

4.2.1 预测内容应为矿井热害评价和热害治理提供基本资料和依据。矿井气象条件预测的内容是根据有关井下作业地点环境气象标准的法规、标准的规定和热害防治设计经验拟定的，并可为矿井热害防治设计提供决策和设计依据。

1 预测地点如无特殊要求，一般可不必预测回风井巷的气象条件。

2 预测作业地点最热月平均气象参数和机电设备硐室设备运行台数最多时期的月平均气象参数及气象参数超限月份，是为了预测矿井热害程度。当存热害时，为确定热害防治措施、热害防治设备能力、年运行时间提供依据。据调查，目前我国井下作业地点环境气象参数超限月份多数为6～8月份，少数为5～11月份。当作业地点环境气象参数值超过最热月平均气象参数值或设备运行台数最多时期的月平均气象参数值时，可以采取使用热害防治设备最大能力或其他防护措施。

3 当存在热害时，计算出采掘工作面和机电设备硐室的需冷量，是为热害防治设计确定冷负荷和选用设备提供依据。

4.2.2 为使矿井通风系统和制冷降温系统设计更为合理，应预测不同生产时期的井下作业地点环境气象条件，其预测内容为本规范第3.2.1条规定的内容。

热害最严重时期，可能是在生产中原始岩温最高的地区，也可能是作业地点进风风路最长、开采深度深、原始岩温高的地区，应根据矿井的具体情况而定。

4.2.3 本条规定了矿井气象条件预测方法应遵循的原则。

《煤矿安全规程》第一百零二条规定：新建、改扩建矿井设计时，必须进行矿井风温预测计算，超温地点必须有制冷降温设计，配齐降温设施。

要确定超温地点必须进行矿井风温预测计算。目前，理论预测计算方法很多，其预测的精度、适用范围和可靠性大部分未经验证，这样可能会造成矿井降温设计的不合理。一般预测的采掘工作面和机电设备硐室的温度与现场的实际温度不应超过5%。现已有经过鉴定的计算方法和软件可以达到上述要求。

5 矿井热害防治

5.1 一般规定

5.1.1 本条是本着热害防治工程既经济又有效的原则，按现行国家标准《煤炭工业矿井设计规范》GB 50215的有关规定制定的。

5.1.2 本条是根据热害防治经验拟定的。

建井与生产是矿井设计、地热地质条件相同而各有特点的两个时期。一般情况下，生产期间有热害的矿井，建井期间也会出现热害。建井的各个时期因通风等情况不同，热害程度不一，本条是按节省热害防治工程投资、缩短建井工期等原则制定的。

当建井工期较短而在建井期间可以利用生产期的设备和其他设施时，应充分利用生产期的热害防治设施，以利降低建井投资。

5.1.3 矿井移交生产与达到设计产量两个时期相隔不太长，但所需热害防治设备能力却可能相差较大。统一设计、分期实施，则可以避免移交生产不久就需增大热害防治设备能力或改变设备硐室大小及位置的情况发生。当达到设计产量时期与后期热害最严重时期相隔时间较长时，热害防治设计应以前者为主。

5.1.4 本条规定是为矿井通风降温或采用非机械制冷降温提供依据，并为采用机械制冷降温提供前提条件。根据具体矿井的不同情况采用增加通风量的方式降温不一定比机械制冷降温经济、有效，因此，在这种情况下，应做技术经济比较确定。

5.1.5 本条是为保证热害防治设计方案可行、经济而制定的。

5.1.6 本条是为保证热害防治系统正常运行，切实控制井下作业地点气象参数不超限，在管理及人员方面所作的规定。

5.2 非机械制冷降温

5.2.1 本条是根据现行国家标准《煤炭工业矿井设计规范》GB 50215的有关规定制定的。

条文列述了非机械制冷降温的主要措施，设计应用时应根据矿井的具体条件，采用其中一种或几种措施的综合。

天然冷源包括冷水、雪、冰等。

增加供风量的方式有：提高通风设备的能力、降低通风阻力等措施。

提高局部风速可采用压力或水力引射器、涡流器、小型通风机等措施。

有利于降温的通风形式有：下行通风、同流通风、分区通风、W型或Y型通风、均压通风、机电设备硐室独立通风等措施。以上通风形式应有条件采用，并应符合现行《煤矿安全规程》的有关规定。

回避井下热源、隔绝或减少热源向进风流散热的主要措施有：将主要进风巷道布置在导热系数、氧化散热系数均小的岩层中，并避开局部地热异常和热水涌出的高温带；机电设备散发的热量用专用地沟排放、采用水冷电机；将压风管等产生热量的管线隔热或沿回风巷道布置；条件允许时，将机电设备布置在回风巷道中；采用隔热型支护材料等。

有热水的矿井采取超前疏放或封堵热水是治理矿井热害的有效措施之一，如平顶山八矿经疏放热水后，矿井气温明显下降。

在热害严重的区段，短时作业人员可采用冷却服等个体防护措施。

5.2.2 本条规定是为综合利用已有的冷源来降低矿井温度，以降低矿井降温的运行成本或社会成本。如可利用矿井周边的天然冷源和已有制氧厂产生的附属低温产品进行处理后使用。

5.2.3 采用通风降温的矿井通风设计，可按降温要求计算出矿井各部分降温所需的风量。当矿井热害比较严重时，降温所需的风量一般都比较大，有可能引起井巷断面扩大或井巷风速超限，因此，井巷的风量应按现行国家标准《煤炭工业矿井设计规范》GB

50215 和《煤矿安全规程》的有关要求计算核定。

5.2.4 本条是按现行国家标准《煤炭工业矿井设计规范》GB 50215 规定的原则，并根据国内、外热害防治通风降温的实践和经验制定的。

5.2.5 本条是按现行国家标准《煤炭工业矿井设计规范》GB 50215 规定的原则，并根据国内、外热害防治及控制与减少热源向进风风流散热的实践和经验制定的。

5.2.6 本条是按现行国家标准《煤炭工业矿井设计规范》GB 50215 规定的原则，并根据国、内外热害防治经验制定的。

W 型通风具有采煤工作面风流流程短、受热程度轻、通过风流大等优点。但由于需要开掘一条中间顺槽回风，掘进工程量较大，当前进式回采时，中间回风顺槽设在采空区内，漏风较大，采煤工作面有一段为下行风。因此，采用 W 型通风是有条件的，如满足煤层不容易自燃，低瓦斯矿井，煤层倾角小等条件时选用，选用时应符合现行《煤矿安全规程》的有关规定。

采用均压通风，对采煤工作面能起到一定的降温作用。均压通风可减少采空区热风渗入采煤工作面。

5.2.7 本条是按现行国家标准《煤炭工业矿井设计规范》GB 50215 规定的原则制定的。

根据国内、外热害防治在开采方面的实践和经验，后退式回采、采空区侧采取隔热措施的无煤柱回采、充填法采煤等工艺均能起到一定的降低采煤工作面气温的作用。

5.2.8 本条是根据国内、外热害防治在开采方面的实践和经验制定的。

因采煤工作面的长度、推进速度、日产量等直接影响采煤工作面风流流动距离、采空区漏风、围岩和采落煤岩散热量、散湿量，从而影响采煤工作面的气温和相对湿度，所以应进行有关计算核定。

5.2.9、5.2.10 这两条规定是按现行国家标准《煤炭工业矿井设计规范》GB 50215 规定的原则制定的。

根据国内、外热害防治的实践和经验，对采空区进行预防性灌浆、喷注惰性气体、阻化物料以及煤层注水、煤岩层预冷等对风流均能起到一定的降温作用。利用天然冷水作为作业用水，能减少热源对风流的散热量，又是一种有效的节能措施。

5.2.11～5.2.13 同本规范第 5.2.5 条条文说明。

5.2.14 本条是根据国内、外热害防治实践和经验制定的。国内已有热害矿井短时作业人员使用过冷却服，并取得了一定的效果。

5.2.15 根据国内、外热害防治的实践和经验，采用条文中的综合防治措施对机电设备硐室能起到降温的作用，并可增加作业人员的舒适感。

5.3 机械制冷降温

5.3.1 本条规定了采用机械制冷降温方式应考虑的主要内容和确定机械制冷降温方式的原则。本条是按现行国家标准《煤炭工业矿井设计规范》GB 50215 规定的原则制定的。本规范增加了采用制冰降温系统的降温方式，由于矿井降温技术和设备的发展，国内、外采用制冰降温系统已得到发展和应用，现已基本解决了制冰、输冰和融冰等主要技术问题。

5.3.2 本条是根据热害防治设计经验，为确定制冷设备能力、冷量调节和计算年降温成本而制定的。

5.3.3 风流处理前作业地点的进风风流焓值，新建矿井可按该地点的气象参数预测值、生产矿井可用实测值进行计算；风流处理后作业地点的进风风流焓值，可以按采掘工作面和机电设备硐室要求的气象参数，考虑围岩的散热、机电设备的散热、采空区的散热、氧化热、人体散热等其他热源、湿源与风流的热、湿交换等因素反向计算风流处理后的温度和湿度等气象参数，使得处理前的风流和处理后的风流的混合气象参数通过采掘工作面及机电设备硐室的加（减）热和加（减）湿等影响后仍在设定的降温标准之内。

5.3.4 本条是根据国外热害防治经验制定的。南非、英国、联邦德国、波兰等国已有将制冷量分配用于冷却矿井进风风流或采区进风风流，冷却采掘作业用水和冷却作业地点进风风流，从而取得最佳降温效果的经验。

5.3.5 条文中 1.1～1.2 的附加系数为包括备用负荷在内的系数，当采用制冷降温措施的作业地点多，制冷站制冷机台数少时，系数取大值，反之取小值。

5.3.6 现行国家标准《煤矿井底车场硐室设计规范》GB 50416 对制冷降温系统相关的硐室设计均作出了相关规定。

5.3.7 本条是按现行国家标准《煤炭工业矿井设计规范》GB 50215 规定的原则制定的，同时从考虑节能的角度对井下排放冷凝热及喷淋硐室作出了相应的规定。

5.3.8 选用的制冷机的设计工况，制冷量应大于制冷站冷负荷。由于井下制冷降温作业地点移动频繁，冷负荷变化较大，制冷设备年运行时间长，因此，备用制冷设备，以便冷量调节及设备检修。

制冷机体积小，重量轻，有利于井下运输及安装。当制冷站负荷一定时，选用制冷量大的机型，所需的制冷机台数少，可减少投资和节省维护费，并可简化管理。

5.3.9 当矿井附近有热电厂或有抽放瓦斯或有地下热水等其他能源可以利用时，地面制冷站可采用溴化锂制冷机组，这样可以降低供电系统的投资，并可降低矿井热害防治的运行成本。

5.3.10 制冰降温系统对矿井降温的效果较好，尤其在矿井开采深度较大的矿井有着较大的优势，其主要技术问题是制冰、输冰和融冰等，目前已得到基本解决，制冰降温系统地面占地也较大，针对具体的矿井条件应将这些环节协调统一解决好，才能使制冰降温系统稳定运行。

5.3.11 本条规定是限制空气冷却器的进水温度，从而保证空气冷却器的降温效果和能力。

5.3.12 本条规定了选用载冷剂的介质和要求。当采用地面集中制冷降温方式时，要求制冷机出水温度低。有时需用盐水作载冷剂，以防止局部结冰。配制的盐水浓度应使盐水的凝固点低于蒸发温度，这样才不会使盐水在蒸发器中结冰膨胀，损坏蒸发器设备。

5.3.13 本条是按现行国家标准《煤炭工业矿井设计规范》GB 50215 规定的原则制定的。制冷剂的选择原则是从确保运行安全和提高运行经济性及环保要求提出来的。

5.3.14 本条规定了高低压耦合装置应符合的要求。

5.3.15 无论是一次还是二次载冷剂循环系统都可能出现个别地点渗漏。在系统设计考虑5%的补给量，是为了保障载冷剂循环系统的流量的稳定和用冷地点的效果。

5.3.16 本条是根据热害防治经验，并参照地面空调系统冷水管径设计制定的。

5.3.17 本条是按现行国家标准《煤炭工业矿井设计规范》GB 50215 规定的原则制定的。

5.3.18 本条规定了载冷剂传输水泵流量的最低计算值，以保证冷却水循环系统的正常运行。

5.3.19 本条规定了载冷剂传输水泵扬程的最低计算值，以保证输冷系统的正常运行。载冷剂传输管道阻力是指系统最不利环路的摩擦阻力与局部阻力之和。

5.3.20 本条是按现行国家标准《煤炭工业矿井设计规范》GB 50215 规定的原则制定的。

本条明确了井下空气处理设备或设施选择的依据和条件。一般空气冷却设备处理的风量和冷负荷会受到一定的限制，喷淋硐室能够处理的风量和冷负荷较大，但其能量损失较大、效率较低、工程量较大。需要处理的风量是根据冷负荷和送风温度差确定的，送风温度不能太低，否则会造成环境温度与送风温度相差太大，对人体健康不利，这时可以考虑采用综合的空气处理方式，具体处理方式需结合矿井的实际条件进行多方案比较论证后确定。

5.3.21 本条是为了便于提高作业地点风流冷却效果。

5.3.22 由于井巷断面小，而作业地点负荷又较大，参照国外有关资料，表冷式空气冷却器内迎面风速为 5～7m/s，风流进出口温差 6～12℃，载冷剂进出口温差 7～15℃，有利于提高空气冷却器的换热效率。

5.3.23 本条是按现行国家标准《煤炭工业矿井设计规范》GB 50215 规定的原则制定的。

地面集中空调降温系统利用温度较低的天然水体和井下空调降温系统利用条件合适的矿井涌水来排除制冷设备的冷凝热可以有效地节能。根据热害防治经验，当矿井回风风流的湿球温度超过 29℃时，利用回风风流排除冷凝热一般都比较困难。

5.3.24 冷却水循环系统有较大的损耗，要及时对冷却水进行补充，以保证制冷或制冰设备的制冷效率。

5.3.25 本条规定了冷却水泵扬程的最低计算值，以保证冷却水循环系统的正常运行。冷却水输送管道及附件的阻力系摩擦阻力与局部阻力之和。

5.3.26 本条是按现行国家标准《煤炭工业矿井设计规范》GB 50215 规定的原则制定的。

5.3.27 本条规定了矿井降温系统中的供冷系统水质和水处理设计的要求。

目前我国关于冷水水质要求还没有相应的规范，为了控制供冷系统由水质引起的结垢、污垢和腐蚀，保证设备的换热效率和使用年限，本规范对冷水水质主要指标作出了规定和要求。

5.3.28 本条规定了矿井降温系统中的冷却水系统的水质和水处理设计的要求。

为了控制冷却水系统由水质引起的结垢、污垢和腐蚀，保证设备的换热效率和使用年限，并使工业循环冷却水处理设计达到技术先进、经济合理，冷却水系统的水质和水处理设计按现行国家标准《工业循环冷却水处理设计规范》GB 50050 的有关规定执行。

5.3.29 本条规定了降温系统中管路的布置及安装等要求。载冷剂传输管道不宜布置在回风巷中，以免回风风流对载冷剂传输管道加热而增加冷量损失量。

6 电气及控制

6.0.1 本条是按现行国家标准《煤炭工业矿井设计规范》GB 50215 规定的原则制定的。

6.0.2 本条规定制冷站电力负荷装机容量和远景规划容量的计算方法。

6.0.3 井下电气设备选型应符合现行《煤矿安全规程》有关防爆等要求及煤矿矿用产品安全标志。

6.0.4 本条规定了矿井制冷系统控制水平的设计原则。制约矿井制冷系统控制水平的因素很多，主要表现在如下方面：

1 控制设备的可实施性；

2 节能效果；

3 技术经济比较。

针对矿井制冷降温技术，采用集中控制方式较为切实可行。

由于矿井制冷系统启动或停止过程中，各设备之间存在着一定的制约关系，为了保证系统在启动或停止过程中各设备按一定的次序启动或停止，故宜采用程序集中控制。

此外，因制冷工艺系统布置较分散，系统控制环节较多，为了便于操作、管理和维护，宜设专门的控制室。对于有专人值班的制冷站，控制室可以与值班室合并。

6.0.5 本条规定了制冷系统运行、调试和集中管理所需要的参数和测点。设计时应根据具体要求加以取舍。

对传感器设置地点的要求，是为了提高制冷系统的控制精度及信息采集的准确度。

6.0.6 由于矿井制冷系统是为生产服务的，根据现行国家标准《煤炭工业矿井设计规范》GB 50215规定的原则，主要设备硐室应设生产调度直通电话。

6.0.7 本条规定无论是否采取了降温措施，只要矿井气温超限，条文规定的地点均应设气象参数观测站，并要求纳入矿井安全监测系统，并配备相应的气象检测、监测设备。目的是为矿井降温提供可靠的数据，也可为矿井降温系统的调节和控制提供依据，也是矿井现代化的要求。

附录 A 等效温度的计算方法

A.0.1 等效温度是19世纪20年代美国采暖通风工程师协会（ASHVE）提出的。他们利用一座可任意调节风速、气温、相对湿度的空调室，把几组被测人员置于风速、气温、相对湿度具有各种不同组合的空调室中，记下他们的感觉；并与相对湿度为100%、风速为0m/s、不同气温时的感觉相比较，当感觉相同时的后者气温值即定义为前者环境的等效温度；从而得出一份等效温度计算图。

A.0.2 本计算公式是根据等效温度计算图拟合而成的。其计算结果与查图比较，有时存在一定的误差，但基本能满足目前的精度要求。

当干湿球温差不大于4℃、湿球温度为24～35℃、风速为0.2～4.5m/s时，可查表1求得等效温度与干湿球温度对应关系。

表1 不同温度、风速对照表

相对湿度（%）	干湿温度（℃）	等效温度 25℃								等效温度 28℃			
		风速（m/s）											
		0.2	0.5	1.0	1.5	2.0	3.5	4.0	4.5	0.2	0.5	1.0	1.5
78	湿球温度	24.3	25.2	26.2	26.8	27.4	28.7	29.0	29.4	27.2	27.9	28.7	29.3
	干球温度	27.3	28.2	29.4	30.0	30.6	32.0	32.3	32.7	30.4	31.2	32.0	32.6
84	湿球温度	24.9	25.8	26.6	27.0	28.0	29.6	29.9	30.3	27.8	28.2	29.0	29.8
	干球温度	26.7	27.8	28.8	29.3	30.3	31.9	32.2	32.6	30.1	30.6	31.3	32.1
90	湿球温度	25.1	26.0	26.8	27.6	28.5	29.9	30.1	30.5	27.8	28.9	29.9	29.9
	干球温度	26.6	27.5	28.3	28.9	30.0	31.4	31.6	32.0	29.3	29.9	30.7	31.4
93	湿球温度	25.2	26.2	27.0	27.8	28.8	29.8	30.3	30.6	27.9	28.8	29.5	30.1
	干球温度	26.2	27.2	28.0	28.8	29.8	30.8	31.3	31.6	29.3	30.2	30.8	31.1
96	湿球温度	25.6	26.5	27.5	28.2	29.0	30.2	30.6	30.9	28.2	29.3	29.7	30.5
	干球温度	26.1	27.0	28.0	28.7	29.5	30.7	31.1	31.4	28.7	29.8	30.2	30.9
99	湿球温度	25.9	26.6	27.7	28.5	29.3	30.6	31.0	31.3	28.4	29.4	30.0	30.7
	干球温度	26.0	26.7	27.8	28.6	29.4	30.7	31.1	31.4	28.5	29.5	30.1	30.8

相对湿度（%）	干湿温度（℃）	等效温度 28℃				等效温度 32℃							
		风速（m/s）												
		2.0	3.5	4.0	4.5	0.2	0.5	1.0	1.5	2.0	3.5	4.0	4.5
78	湿球温度	29.6	30.8	31.0	31.2	31.1	31.7	32.0	32.5	32.6	33.0	33.1	33.4
	干球温度	32.9	34.3	34.5	34.7	34.6	35.2	35.5	36.0	36.3	36.7	36.8	37.1
84	湿球温度	30.2	31.1	31.3	31.9	31.7	32.0	32.3	32.7	32.9	33.5	33.7	34.0
	干球温度	32.5	33.7	33.8	34.4	34.2	34.5	34.8	35.2	35.4	36.0	36.2	36.5

续表1

相对湿度（%）	干湿温度（℃）	等效温度 28℃				等效温度 32℃							
		风速（m/s）											
		2.0	3.5	4.0	4.5	0.2	0.5	1.0	1.5	2.0	3.5	4.0	4.5
90	湿球温度	30.6	31.5	31.9	32.1	31.8	32.3	32.7	32.9	33.3	33.8	34.0	34.2
	干球温度	32.1	33.0	33.4	33.6	33.3	33.8	34.2	34.5	34.8	35.3	35.5	35.7
93	湿球温度	30.8	31.7	32.1	32.4	31.8	32.5	33.0	33.2	33.4	33.8	34.2	34.5
	干球温度	31.8	32.7	33.1	33.4	32.8	33.5	34.0	34.2	34.4	34.8	35.2	35.5
96	湿球温度	31.0	32.0	32.2	32.6	32.1	32.5	33.2	33.3	33.5	34.0	34.2	34.6
	干球温度	31.5	32.6	32.8	33.2	32.7	33.1	33.7	33.9	34.0	34.6	34.8	35.2
99	湿球温度	31.2	32.5	32.7	33.1	32.6	32.9	33.4	33.7	33.9	34.5	34.7	35.0
	干球温度	31.3	32.6	32.8	33.2	32.7	33.0	33.5	33.8	34.0	34.6	34.8	35.1

中华人民共和国国家标准

煤矿巷道断面和交岔点设计规范

Code for design of roadway section and junction of coal mine

GB 50419—2007

主编部门：中国煤炭建设协会
批准部门：中华人民共和国建设部
施行日期：２００８年６月１日

中华人民共和国建设部
公 告

第 771 号

建设部关于发布国家标准
《煤矿巷道断面和交岔点设计规范》的公告

现批准《煤矿巷道断面和交岔点设计规范》为国家标准，编号为 GB 50419—2007，自 2008 年 6 月 1 日起实施。其中，第 1.0.3、4.1.1、4.2.1、4.2.2、4.2.3、4.3.1、4.3.2、4.3.3、4.3.6、5.1.3、6.1.2、7.1.3、10.2.3（1）、12.1.1、12.2.1、12.2.2、12.2.4（2）、12.2.7、12.2.8、12.2.9、12.3.3、12.3.4 条（款）为强制性条文，必须严格执行。

本规范由建设部标准定额研究所组织中国计划出版社出版发行。

中华人民共和国建设部
二〇〇七年十二月二十四日

前 言

本规范是根据建设部建标函〔2005〕124 号文《关于印发"2005 年工程建设标准规范制订、修订计划（第二批）"的通知》的要求，由中煤西安设计工程有限责任公司会同中煤邯郸设计工程有限责任公司、煤炭工业合肥设计研究院共同编制完成的。

本规范在编制过程中，编制组开展了专题研究，进行了比较广泛的调查，总结了近年来煤矿巷道和交岔点工程成功的科研成果与工程经验，考虑了我国煤炭工业技术进步对煤矿巷道断面和交岔点设计的要求，并在全国范围内广泛地征求了有关单位的意见，经反复讨论、修改，最后经审查定稿。

本规范共 13 章，1 个附录，主要内容有：总则、术语、巷道断面形状和支护方式、巷道净断面、人行道、锚喷支护、拱碹支护、金属支架支护、联合支护和全封闭支护、巷道交岔点、轨道铺设、水沟、管线敷设、辅助设施和铺底等。

本规范以黑体字标志的条文为强制性条文，必须严格执行。

本规范由建设部负责管理和对强制性条文的解释，由中国煤炭建设协会负责日常管理工作，由中煤西安设计工程有限责任公司负责具体内容解释。本规范在执行过程中，请各单位结合工程实践，认真总结经验，注意积累资料，随时将意见和建议反馈给中煤西安设计工程有限责任公司（地址：西安市雁塔路北段 64 号，邮编：710054，E-mail：xmsxms@pub.xaonline.com），以供今后修订时参考。

本规范主编单位、参编单位和主要起草人：
主 编 单 位：中煤西安设计工程有限责任公司
参 编 单 位：中煤邯郸设计工程有限责任公司
　　　　　　 煤炭工业合肥设计研究院
主要起草人：王昌傲　伍育群　王建青
　　　　　　（以下按姓氏笔画为序）
　　　　　　 王卫东　刘铁鸣　陈吉华　鱼云龙
　　　　　　 宫守才　晏学功　蒋晓飞　魏显旭

目　次

1 总则 ················· 37—4
2 术语 ················· 37—4
3 巷道断面形状和支护方式 ········ 37—4
　3.1 巷道断面形状 ··········· 37—4
　3.2 巷道支护方式 ··········· 37—4
4 巷道净断面 ················ 37—4
　4.1 一般规定 ·············· 37—4
　4.2 人行道 ··············· 37—5
　4.3 运输巷道的净高与净宽 ······ 37—5
5 锚喷支护 ················ 37—6
　5.1 一般规定 ·············· 37—6
　5.2 锚喷支护类型与支护参数 ····· 37—7
　5.3 锚喷支护材料 ··········· 37—9
6 拱碹支护 ················ 37—10
　6.1 一般规定 ············· 37—10
　6.2 拱碹类型与支护参数 ······· 37—10
　6.3 拱碹支护材料 ··········· 37—10
7 金属支架支护 ·············· 37—10
　7.1 一般规定 ············· 37—10
　7.2 金属支架类型与支护参数 ····· 37—10
　7.3 金属支架材料 ··········· 37—11
8 联合支护和全封闭支护 ········· 37—11
　8.1 联合支护 ············· 37—11
　8.2 全封闭支护 ············ 37—11
9 巷道交岔点 ··············· 37—11
　9.1 一般规定 ············· 37—11
　9.2 交岔点平面设计 ·········· 37—12
　9.3 交岔点柱墙与墙高 ········· 37—12
　9.4 交岔点支护 ············ 37—13
10 轨道铺设 ················ 37—13
　10.1 轨型与道岔 ············ 37—13
　10.2 道床与轨枕 ············ 37—13
　10.3 轨道铺设的其他要求 ······· 37—13
11 水沟 ·················· 37—14
　11.1 水沟布置与坡度 ·········· 37—14
　11.2 水沟断面 ············· 37—14
　11.3 水沟构筑与盖板 ·········· 37—14
12 管线敷设 ················ 37—14
　12.1 一般规定 ············· 37—14
　12.2 管线布置 ············· 37—15
　12.3 管线敷设方式与敷设要求 ···· 37—15
13 辅助设施和铺底 ············ 37—15
　13.1 辅助设施 ············· 37—15
　13.2 铺底 ··············· 37—16
附录 A 构筑水沟的净断面和允许
　　　 最大流量 ············· 37—16
本规范用词说明 ··············· 37—16
附：条文说明 ················ 37—17

1 总则

1.0.1 为在煤矿巷道断面和交岔点设计中贯彻执行国家相关的法律、法规、《煤炭工业技术政策》和《煤矿安全规程》，做到安全适用、技术先进、经济合理，制定本规范。

1.0.2 本规范适用于煤矿中的平巷、倾角不大于45°的斜巷、平硐硐身的断面设计以及平巷交岔点设计。

1.0.3 煤矿巷道断面和交岔点，应根据围岩条件和矿压特点设计，并应满足行人、运输、通风、管线敷设、设备与设施安装，以及检修、施工的要求。

1.0.4 煤矿巷道和交岔点的支护设计，宜采用工程类比法，必要时可结合采用监控量测和理论验算法。

1.0.5 煤矿巷道断面和交岔点设计除应执行本规范的规定外，尚应符合国家现行的有关标准的规定。

2 术语

2.0.1 巷道断面 section of drift, section of roadway
指巷道的横断面，由巷道净断面和支护结构物、水沟，以及轨道、铺底、底拱充填体横断面组成。

2.0.2 巷道净断面 inner section of drift, inner section of roadway
指巷道支护结构物内侧，扣除水沟、轨道道床、铺底、底拱充填体后的断面形状、尺寸、设备与人行道布置、管线敷设及断面面积。

2.0.3 人行道 pedestrian way; sidewalk, man way
矿井中专供行人的巷道或在斜井、巷道一侧专供行人的通道。

2.0.4 全封闭支护 full supporting
采用完全支架，或联合采用完全支架与锚喷支护的支护方式。

2.0.5 巷道辅助设施 auxiliary installation of drift; auxiliary facilities of drift
为确保行人、运输安全，标示避灾路线，沿巷道设置的台阶、扶手、栏杆、轮廓标、安全标志，以及为方便行人、运输等而设置的巷道名称标牌、里程标志、指路标志等设施的总称。

2.0.6 轮廓标 delineator
沿无轨运输巷道行车道两侧设置，用于指示车辆行驶方向和行车道边界的，具有逆反射性能的运输安全设施。

3 巷道断面形状和支护方式

3.1 巷道断面形状

3.1.1 巷道断面形状应根据巷道的用途、围岩条件、矿压特点、服务年限、支护方式、掘进工艺等因素确定，并应符合承压性能好、断面利用率高、掘进与支护费用低、便于施工的要求。

3.1.2 巷道断面形状可按下列原则选择：
1 沿煤层开凿的斜巷和沿近水平煤层开凿的平巷，煤层顶板稳定性为中等及以上时，宜采用以煤层顶板为巷道顶板的矩形或梯形断面；其他开拓巷道和准备巷道，宜采用拱形断面。
2 回采巷道宜采用矩形或梯形断面。
3 全封闭支护的巷道，宜采用带底拱的拱形、马蹄形或圆形断面。

3.1.3 拱形断面巷道宜采用直墙半圆拱形、直墙三心拱形或直墙圆弧拱形；侧压明显的巷道宜采用曲墙半圆拱形、曲墙三心拱形或曲墙圆弧拱形。
三心拱形与圆弧拱形断面，其净断面矢高与宽度的比值宜选用1/3。

3.1.4 梯形断面巷道侧帮的倾角宜采用80°。

3.2 巷道支护方式

3.2.1 巷道支护应有效地控制围岩的变形与松动，并应做到施工安全、方便、经济。

3.2.2 巷道的支护方式应根据围岩条件、矿压特点、巷道断面形状、用途和服务年限等因素选择。

3.2.3 巷道应采用锚喷支护、拱碹支护、金属支架支护或联合支护。大、中型矿井中，巷道不得采用木支架作永久支护。

3.2.4 无大面积淋水的巷道宜采用锚喷支护；有大面积淋水的巷道，在采取治水措施的条件下，也可采用锚喷支护。

3.2.5 服务年限长、不受采动影响、围岩变形量小或有大面积淋水的巷道，可采用拱碹支护。

3.2.6 下列巷道可采用金属支架支护。
1 围岩条件好、宽度小的巷道。
2 围岩条件较好、宽度小、服务年限短，金属支架可多次重复使用的巷道。
3 受动压影响，围岩变形量较大的回采巷道。

3.2.7 围岩条件差或巷道断面大，采用单一支护方式不合适时，应采用联合支护。

3.2.8 底板松软、有底鼓的巷道，应采用全封闭支护。

4 巷道净断面

4.1 一般规定

4.1.1 巷道净断面除应符合本规范第1.0.3条的规定外，尚应符合下列规定：
1 巷道净断面必须按支护最大允许变形后的断面设计。

2 主要运输巷和主要风巷的净高,无轨巷道不得低于2m,有轨巷道自轨面起不得低于2m。

3 采区准备巷道和大、中型矿井采煤工作面运输巷、回风巷的净高,中厚煤层、厚煤层不得低于2m,薄煤层不得低于1.8m。

4 巷道的净宽不得小于2m。

4.1.2 采煤工作面开切眼的高度应与工作面采高相同。

4.1.3 运输巷道的净断面,应按巷道内运行的运输设备及需要运送的最大件的尺寸设计,并应按偶尔运送的最大件尺寸和通风能力校核。

4.1.4 不承担运输任务的回风巷和进风巷,其净断面应按通风能力设计;其他巷道应根据其功能要求设计。上述巷道需偶尔运送设备时,应按可能运送的最大件尺寸校核。

4.1.5 按偶尔运送的最大件的尺寸校核巷道净断面时,人行道和安全间隙应符合《煤矿安全规程》的有关规定。

4.1.6 巷道的通风能力应根据有效过风断面进行计算。

4.1.7 无轨运输巷道宜按单车道设计,必要时可设会让站或会让硐室。

4.1.8 巷道的净宽和净高(或三心拱、圆弧拱形巷道的壁高)宜以100mm为模数进级。

4.1.9 在满足巷道不同使用功能的前提下,宜减少矿井内巷道断面的形式与净断面的尺寸规格。

4.2 人 行 道

4.2.1 有人员行走的巷道必须设置人行道。人行道上不得有妨碍人员行走的任何设施和物件。

4.2.2 人行道的净高不得小于1.8m。

4.2.3 在净高1.6m范围内的人行道的宽度必须符合下列要求:

1 行驶无轨运输设备的巷道不得小于1.2m。

2 轨道运输巷道,综采矿井不得小于1.0m,其他矿井不得小于0.8m。

3 单轨吊运输、架空乘人器运人巷道不得小于1.0m。

4 人车停车地点上下人侧,不得小于1.0m。

4.2.4 倾角大于15°的斜巷中,人行道的净高宜按铅垂高度计算。

4.2.5 当水沟设于人行侧,且水沟净宽大于0.5m时,有轨巷道人行道的宽度应根据轨道铺设的要求进行校核。

4.3 运输巷道的净高与净宽

4.3.1 运输巷道的净高与净宽,应根据巷道中运输设备及所运送的物件的高度与宽度、人行道的高度与宽度、安全间隙、检修与操作空间,以及管线敷设的高度与宽度计算确定。

巷道管线敷设的高度与宽度,应按管线及其敷设装置的最外缘确定。

4.3.2 运输巷道直线段的安全间隙、检修与操作空间必须符合表4.3.2的规定。

表4.3.2 运输巷道直线段安全间隙、检修与操作空间的最小值(mm)

序号	项 目	最小值
1	综采矿井轨道运输设备与巷道侧帮的支护、管线、设施之间的安全间隙	500
2	综采矿井轨道运输设备与巷道顶部的支护、管线、设施之间的安全间隙	300
3	其他矿井轨道运输设备与巷道的支护、管线、设施之间的安全间隙	300
4	双轨运输巷道两股道列车之间的安全间隙	200
5	带式输送机与巷道侧帮的支护、管线、设施之间的检修空间	500
6	带式输送机机头、机尾与巷道侧帮的支护、管线、设施之间的检修空间	700
7	采区装载点两股道列车之间的操作空间	700
8	矿车摘挂钩点两股道列车之间的操作空间	1000
9	移动变电站、工作面平巷设备列车与巷道侧帮的支护或管线之间的安全间隙	300
10	移动变电站、工作面平巷设备列车与输送机之间的检修操作空间	700
11	无轨运输设备与巷道侧帮的支护、管线、设施的安全间隙	600
12	无轨运输设备与巷道顶部的支护、管线、设施之间的安全间隙	600
13	无轨运输设备运送的液压支架与巷道顶部的支护、管线、设施之间的安全间隙	300
14	架空乘人器乘人蹲座中心与巷道侧帮的支护、管线、设施之间的安全间隙	700
15	架空乘人器乘人斗箱与巷道侧帮的支护、管线、设施之间的安全间隙	500
16	架空乘人器的蹲座、乘人斗箱与巷道底板或铺底之间的安全间隙	300
17	循环运行的架空乘人器上、下行乘人蹲座中心之间的安全间隙	700
18	循环运行的架空乘人器上、下行乘人斗箱之间的安全间隙	500
19	单轨吊运输设备与巷道侧帮及顶部的支护、管线、设施之间的安全间隙	500
20	单轨吊运输设备与巷道底板、铺底之间的安全间隙	300

注:**1** 运输设备包括设备本身及运送的物件,管线包括管线本身和敷设装置。

2 安全间隙按运输设备、支护结构、管线及其他设施的最突出部分计算。

4.3.3 运输巷道曲线段及与之相连的一定长度的直线段中，运输设备两侧的人行道与安全间隙，应在直线段人行道与安全间隙的基础上加宽。

4.3.4 轨道运输设备在巷道曲线段运行时，其超宽值可按下列公式计算：

1 外侧超宽值：

$K_p > L_{B2}$ 时 $\quad \Delta_W = \dfrac{L^2 - S_B^2}{8R}$ (4.3.4-1)

$L_{B2} > K_p > L_{B1}$ 时 $\quad \Delta_W = \dfrac{K_p(L^2 - S_B^2)}{8RL_{B2}}$ (4.3.4-2)

$K_p < L_{B1}$ 时 $\quad \Delta_W = \left(L_{B1} - \dfrac{K_p}{2}\right) \sin\beta$ (4.3.4-3)

2 内侧超宽值：

$K_p > S_B$ 时 $\quad \Delta_N = \dfrac{S_B^2}{8R}$ (4.3.4-4)

$K_p < S_B$ 时 $\quad \Delta_N = \dfrac{S_B^2}{8R} + \dfrac{S_B - K_p}{2} \sin\dfrac{\beta}{2}$ (4.3.4-5)

式中 Δ_W、Δ_N——分别为曲线外侧、内侧超宽值（mm）；
$\quad L$——车厢长度（mm）；
$\quad L_{B1}$——车厢正面至第一根轴的距离（mm）；
$\quad L_{B2}$——车厢正面至第二根轴的距离（mm）；
$\quad S_B$——车辆的轴距（mm）；
$\quad K_p$——按轨道中心线计算的曲线弧长（mm）；
$\quad R$——轨道中心线的曲线半径（mm）；
$\quad \beta$——曲线段转角（°）。

4.3.5 运输巷道曲线段运输设备两侧人行道与安全间隙的设计加宽值，应符合下列规定：

1 无轨运输巷道宜按下列经验值选取：
　　1）行车道中心线曲线半径大于10m时，宜采用300mm；
　　2）行车道中心线曲线半径等于或小于10m时，行驶支架运输车的巷道宜采用500mm，不行驶支架运输车的巷道宜采用600mm。

2 轨道运输巷道可根据公式4.3.4计算并取整确定；也可按下列经验值选取：
　　1）内侧宜采用100mm；
　　2）外侧宜采用200mm。

4.3.6 双轨巷道直线段的轨道中心距，应根据运输设备及所运送的物件的宽度与双轨间的安全间隙确定；双轨巷道曲线段及与之相连的一定长度的直线段的轨道中心距，应在直线段轨道中心距的基础上加宽。

4.3.7 双轨巷道的轨道中心距宜按表4.3.7选取。

表4.3.7 双轨巷道的轨道中心距（mm）

序号	运输设备	600mm轨距		900mm轨距	
		直线段	曲线段	直线段	曲线段
1	1t固定矿车	1100	1300	—	—
2	600轨距1.5t固定矿车、5t及以下电机车	1300	1500	—	—
3	900轨距1.5t固定矿车	—	—	1400	1600
4	平巷人车、5～14t电机车	1300	1600	1600	1900
5	3t底卸式矿车	1500	1700	—	—
6	5t底卸式矿车	1600	1800	1800	2000
7	液压支架与14t及以下电机车机车并列运行	1500	1700	1800	2000
8	液压支架与平巷人车并列运行	1600	1800	1800	2000
9	20t架线式电机车	—	—	1900	2100

注：双轨巷道的轨道中心距应按并列运输设备要求的最大值确定。

4.3.8 运输巷道中与曲线段相连的直线段，运输设备两侧的人行道、安全间隙和双轨轨道中心距加宽段的长度，应符合表4.3.8的规定。

表4.3.8 运输巷道中与曲线段相连的直线段加宽段长度（mm）

序号	运输设备及车辆	直线段加宽段长度
1	1t固定矿车	1500
2	1.5t固定矿车、5t及以下电机车	2000
3	3t底卸式矿车	2500
4	5t以上、14t以下电机车	3000
5	14t架线式电机车、5t底卸式矿车	3500
6	无轨运输设备	4500
7	20t架线式电机车	5000

4.3.9 无轨运输巷道会让站的净宽，宜按一辆车停车等候、另一辆车减速运行、且会车时人员暂停通行的原则设计。会让站可不设人行道。会让站的安全间隙应符合本规范表4.3.2的规定。

5 锚喷支护

5.1 一般规定

5.1.1 锚喷支护巷道围岩级别的划分应符合现行国家标准《锚杆喷射混凝土支护技术规范》GB 50086的规定。

5.1.2 服务年限大于2a的锚喷支护巷道,应采取防止锚杆腐蚀的措施。采用端头锚固型锚杆时,应在杆体与孔壁间注满砂浆。

5.1.3 布置在容易自燃和自燃煤层中的开拓巷道,必须采用喷射混凝土封闭煤层。

5.2 锚喷支护类型与支护参数

5.2.1 锚喷支护的类型应根据围岩条件、矿压特点、巷道断面形状、巷道用途和服务年限等因素,按下列原则选择:

1 围岩条件好的巷道,宜采用锚杆和喷射混凝土支护;巷道宽度小或服务年限短时,可采用锚杆或喷射混凝土支护。

2 围岩条件较好的巷道,宜采用锚杆和喷射混凝土支护、锚喷网支护;巷道宽度较小、服务年限短时,可采用锚梁支护、锚网支护;巷道宽度较大时,可在顶板或拱部增加锚索加强支护。

3 围岩条件差的巷道,宜采用锚喷网支护、锚网梁支护,必要时应增加锚索加强支护。

4 回采巷道,宜采用锚网支护、锚梁支护、锚网梁支护,必要时应增加顶板锚索加强支护。

5.2.2 各类巷道锚喷支护的参数,可按表5.2.2-1~5.2.2-5选取。

表5.2.2-1 锚喷支护的类型和支护参数(mm)
(拱形断面,不受采动影响)

围岩级别	支护类型	支护参数	B<3.5	3.5≤B<5.0	5.0≤B<6.5	6.5≤B<8.0	8.0≤B<9.0
I	喷射混凝土(砂浆)厚度		(20)	(20)	50	80	100
II	锚杆	锚深	—	—	—	1800	1800
		间距	—	—	—	900	800
	喷射混凝土厚度		80	100	120	50	80
III	锚杆	锚深	1800	2000	2200	2200	2400
		间距	900	900	900	800	800
	喷射混凝土厚度		50	80	100	100	120
	金属网		—	加	加	加	加
IV	锚杆	锚深	1800	2000	2200	2200	2400
		间距	800	800	800	700	700
	喷射混凝土厚度		100	100	120	120	150
	金属网		加	加	加	加	加
V	锚杆	锚深	1800	2000	2200	2400	2600
		间距	700	700	700	700	700
	喷射混凝土厚度		100	120	150	150	180
	金属网		加	加	加	加	加

注:1 喷射混凝土(砂浆)厚度栏中,括号内的数值是喷射砂浆的厚度。
2 III~V级围岩或巷道宽度较大时,可在巷道拱部增加锚索、钢梁。
3 服务年限小于10a的巷道,支护参数可适当调整。

表5.2.2-2 锚喷支护的类型和支护参数(mm)
(拱形断面,受采动影响)

围岩级别	支护类型	支护参数	B<3.5	3.5≤B<5.0	5.0≤B<6.5	6.5≤B<8.0	8.0≤B<9.0
I	锚杆	锚深	1800	1800	2000	2000	2000
		间距	900	900	900	900	800
	喷射混凝土厚度		—	—	—	50	50
II	锚杆	锚深	1800	1800	2000	2000	2200
		间距	900	800	800	800	800
	喷射混凝土厚度		—	50	80	100	100
III	锚杆	锚深	1800	2000	2200	2400	2400
		间距	800	800	800	800	800
	喷射混凝土厚度		50	80	100	100	120
	金属网		—	加	加	加	加
IV	锚杆	锚深	1800	2000	2200	2400	2400
		间距	800	800	800	700	700
	喷射混凝土厚度		100	100	120	120	150
	金属网		加	加	加	加	加
V	锚杆	锚深	1800	2000	2200	2400	2600
		间距	700	700	700	700	700
	喷射混凝土厚度		120	120	150	180	200
	金属网		加	加	加	加	加

注:1 III~V级围岩或巷道宽度较大时,可在巷道拱部增加锚索、钢梁。
2 服务年限小于10a的巷道,支护参数可适当调整。

表5.2.2-3 锚喷支护的类型和支护参数(mm)
(煤层巷道,矩形断面,不受采动影响)

顶板围岩级别	支护类型	支护参数	B<3.0	3.0≤B<4.0	4.0≤B<5.0	5.0≤B<6.0	6.0≤B<7.0
I	锚杆	顶板 锚深	—	—	1800	1800	1800
		顶板 间距	—	—	900	900	900
		侧帮 锚深	1800	1800	1800	1800	1800
		侧帮 间距	900	900	900	900	900
	侧帮金属网		加	加	加	加	加
	喷射混凝土厚度	顶板	—	—	—	50	50
		侧帮	100	100	100	100	100

续表 5.2.2-3

顶板围岩级别	支护类型	支护参数		巷道净宽 B (m)				
				B<3.0	3.0≤B<4.0	4.0≤B<5.0	5.0≤B<6.0	6.0≤B≤7.0
II	锚杆	顶板	锚深	1800	1800	1800	2000	2200
			间距	900	900	800	800	800
		侧帮	锚深	1800	1800	1800	1800	1800
			间距	900	900	900	900	900
	侧帮金属网			加	加	加	加	加
	喷射混凝土厚度	顶板		—	—	50	50	80
		侧帮		100	100	100	100	100
III	锚杆	顶板	锚深	1800	1800	2000	2200	2400
			间距	800	800	800	800	800
		侧帮	锚深	1800	1800	1800	2000	2200
			间距	900	900	800	800	800
	侧帮与顶板金属网			加	加	加	加	加
	喷射混凝土厚度	顶板		100	100	100	120	120
		侧帮		100	100	100	120	120
IV	锚杆	顶板	锚深	2000	2000	2200	2400	2400
			间距	800	800	800	800	700
		侧帮	锚深	1800	1800	1800	2200	2200
			间距	900	800	800	800	700
	侧帮与顶板金属网			加	加	加	加	加
	喷射混凝土厚度	顶板		100	100	120	120	120
		侧帮		100	100	120	120	120

注：1 各项支护参数是按煤层的围岩级别为Ⅳ级制订的。
2 巷道宽度较大时，可增加顶板锚索、钢梁。
3 服务年限小于 10a 的巷道，支护参数可适当调整。

表 5.2.2-4 锚喷支护的类型和支护参数(mm)（煤层巷道，矩形断面，受采动影响）

顶板围岩级别	支护类型	支护参数		巷道净宽 B (m)				
				B<3.0	3.0≤B<4.0	4.0≤B<5.0	5.0≤B<6.0	6.0≤B≤7.0
I	锚杆	顶板	锚深	—	1800	1800	2000	2200
			间距	—	900	800	800	800
		侧帮	锚深	1800	1800	1800	1800	1800
			间距	900	900	900	900	900
	侧帮金属网			加	加	加	加	加
	喷射混凝土厚度	顶板		—	50	50	50	50
		侧帮		100	100	100	100	100

续表 5.2.2-4

顶板围岩级别	支护类型	支护参数		巷道净宽 B (m)				
				B<3.0	3.0≤B<4.0	4.0≤B<5.0	5.0≤B<6.0	6.0≤B≤7.0
II	锚杆	顶板	锚深	1800	1800	2000	2200	2400
			间距	900	800	800	800	800
		侧帮	锚深	1800	1800	1800	1800	2000
			间距	900	900	800	800	800
	侧帮金属网			加	加	加	加	加
	喷射混凝土厚度	顶板		50	50	80	80	80
		侧帮		100	100	100	100	100
III	锚杆	顶板	锚深	1800	2000	2200	2400	2400
			间距	800	800	800	700	700
		侧帮	锚深	1800	1800	2000	2200	2200
			间距	900	800	800	800	800
	侧帮与顶板金属网			加	加	加	加	加
	喷射混凝土厚度	顶板		100	100	100	120	120
		侧帮		100	100	100	120	120
IV	锚杆	顶板	锚深	2000	2200	2400	2400	2600
			间距	800	800	800	700	700
		侧帮	锚深	1800	1800	2000	2200	2200
			间距	900	800	800	800	700
	侧帮与顶板金属网			加	加	加	加	加
	喷射混凝土厚度	顶板		100	100	120	120	120
		侧帮		100	100	120	120	120

注：1 各项支护参数是按煤层的围岩级别为Ⅳ级制订的。
2 巷道宽度较大时，可增加顶板锚索、钢梁。
3 服务年限小于 10a 的巷道，支护参数可适当调整。

表 5.2.2-5 锚喷支护的类型和支护参数(mm)（矩形回采巷道）

顶板围岩级别	支护类型	支护参数		巷道净宽 B (m)				
				B<3.0	3.0≤B<4.0	4.0≤B<5.0	5.0≤B<6.0	6.0≤B≤7.0
I	锚杆	顶板	锚深	—	1800	1800	2000	2200
			间距	—	900	800	800	800
		侧帮	锚深	1800	1800	1800	1800	1800
			间距	900	900	900	900	900
	侧帮金属(或塑料)网			加	加	加	加	加

续表 5.2.2-5

顶板围岩级别	支护类型	支护参数		巷道净宽 B (m) B<3.0	3.0≤B<4.0	4.0≤B<5.0	5.0≤B<6.0	6.0≤B≤7.0
Ⅱ	锚杆	顶板	锚深	1800	1800	2000	2200	2400
			间距	900	800	800	800	800
		侧帮	锚深	1800	1800	1800	1800	2000
			间距	900	900	800	800	800
	侧帮金属(或塑料)网			加	加	加	加	加
Ⅲ	锚杆	顶板	锚深	1800	2000	2200	2400	2400
			间距	800	800	800	800	700
		侧帮	锚深	1800	1800	1800	2000	2200
			间距	900	900	800	800	800
	侧帮金属(或塑料)网			加	加	加	加	加
Ⅳ	锚杆	顶板	锚深	2000	2200	2400	2400	2600
			间距	800	800	800	700	700
		侧帮	锚深	1800	1800	2000	2200	2200
			间距	900	800	800	700	700
	侧帮金属(或塑料)网			加	加	加	加	加
Ⅴ	锚杆	顶板	锚深	2000	2200	2400	2600	2800
			间距	700	700	700	700	700
		侧帮	锚深	1800	1800	2000	2200	2400
			间距	800	700	700	700	700
	侧帮金属(或塑料)网			加	加	加	加	加

注：1 各项支护参数是按煤层的围岩级别为Ⅳ级制订的。
2 巷道宽度较大时，可增加顶板锚索、钢梁。
3 顶板围岩级别为Ⅳ、Ⅴ级时，可增加顶板金属网。
4 开切眼侧帮的支护参数可适当调整。

5.2.3 锚喷支护巷道可根据巷道的具体条件选用下列类型的锚杆：

1 端头锚固型锚杆。
2 全长黏结型锚杆。
3 摩擦型锚杆。
4 预应力锚杆。

5.2.4 端头锚固型锚杆的锚头应位于Ⅰ～Ⅲ级岩体内。黏结型锚头的锚固长度，树脂锚杆宜采用200～250mm，快硬水泥卷锚杆宜采用300～400mm。

5.2.5 锚杆的设计锚固力不应小于50kN；锚索的设计预拉力不应小于100kN。

5.2.6 系统锚杆的布置应遵守下列规定：

1 在巷道断面上，锚杆应与岩体主结构面成较大角度布置，当主结构面不明显时，应与巷道周边轮廓垂直布置。
2 在岩面上，锚杆宜成菱形排列。
3 锚杆间距不宜大于锚杆长度的1/2；Ⅳ、Ⅴ级围岩中的锚杆间距宜采用0.5～1.0m，并不得大于1.25m。

5.2.7 拱腰以上局部锚杆的布置方向应有利于锚杆受拉，拱腰以下局部锚杆的布置方向应有利于提高抗滑力。

5.2.8 黏结型锚杆锚固体长度内的胶结材料与杆体间黏结摩擦力设计值和胶结材料与孔壁岩石间黏结摩阻力设计值均应大于锚杆杆体受拉承载力设计值。

5.2.9 锚杆杆体露出岩面的长度不应大于50mm。

5.2.10 喷射混凝土的厚度应符合下列要求：

1 无金属网时，应为50～200mm。
2 有金属网时，应为100～250mm。
3 含水岩层中，不应小于80mm。

5.3 锚喷支护材料

5.3.1 锚杆杆体材料应符合下列规定：

1 全长黏结型锚杆宜采用HRB335（Ⅱ级）、HRB400（Ⅲ级）钢筋，钻孔直径28～32mm的小直径锚杆宜采用HPB235（Ⅰ级）钢筋。
2 端头锚固型锚杆宜采用直径16～32mm的HRB335（Ⅱ级）钢筋。
3 管缝锚杆杆体宜采用壁厚2.0～2.5mm的16Mn、20MnSi钢管。
4 锚索的索体宜采用钢铰线。
5 采用其他材料作杆体，应经过试验和鉴定，确保锚杆的锚固力和其他技术性能符合本规范和现行国家标准《锚杆喷射混凝土支护技术规范》GB 50086的有关规定。

5.3.2 锚杆、锚索的锚固材料应符合下列规定：

1 全长黏结型锚杆宜采用强度等级不低于M20的水泥砂浆或树脂卷；对自稳时间短的围岩，采用水泥砂浆时应添加早强剂。
2 端头锚固型锚杆的黏结型锚头，树脂锚固剂的固化时间不应大于10min，快硬水泥的终凝时间不应大于12min。

5.3.3 端头锚固型锚杆的托板可采用Q235钢，厚度不宜小于6mm，尺寸不宜小于150mm×150mm。

5.3.4 与锚杆共同使用的钢梁宜采用W型钢带、槽钢或钢筋梯。

5.3.5 用于锚喷支护的金属网和塑料网，应符合下列规定：

1 与喷射混凝土共同使用的金属网，宜采用Q235（Ⅰ级）钢筋制作，钢筋直径宜采用4～12mm，网距宜采用100～200mm；
2 不与喷射混凝土共同使用的金属网，可采用符合上款规定的金属网，也可采用符合要求的煤矿井下假顶用金属网；
3 塑料网应采用符合要求的煤矿井下假顶用塑料网。

5.3.6 喷射混凝土的强度等级不应低于C20，喷射砂浆的强度等级不应低于M10。在含水岩层中，喷射混凝土的抗渗强度不应低于0.8MPa。

6 拱碹支护

6.1 一般规定

6.1.1 拱碹支护巷道的围岩分级,应符合现行国家标准《工程岩体分级标准》GB 50218 的有关规定。

6.1.2 拱碹与巷道顶、帮之间必须采用不燃物充满填实。

6.1.3 拱碹应设置基础。基础的厚度与深度应符合下列规定:

    1 基础的厚度,巷道底板围岩松软时应大于侧墙厚度,一般巷道应与侧墙厚度相同。

    2 基础的深度,无水沟侧宜采用 250mm,有水沟侧不应小于水沟掘进底面的深度。

6.1.4 混凝土拱碹、钢筋混凝土拱碹和砌体拱碹的设计还应符合现行国家标准《混凝土结构设计规范》GB 50010 和《砌体结构设计规范》GB 50003 的有关规定。

6.2 拱碹类型与支护参数

6.2.1 拱碹类型应按下列原则选择:

    1 一般巷道宜采用混凝土拱碹。

    2 跨度大、矿压大或矿压不均匀的巷道宜采用钢筋混凝土拱碹。

    3 巷道有大面积淋水,或要求拱碹及时承压时,应采用砌体拱碹。

    4 需采用砌体拱碹支护的巷道,当单层砌体拱碹支护强度不能满足要求时,宜采用外层为砌体,内层用混凝土、钢筋混凝土浇筑的混合结构拱碹。

6.2.2 拱碹的碹拱与侧墙宜采用同一厚度。半圆拱形混凝土拱碹和砌体拱碹的厚度,可按表 6.2.2 选取。

表 6.2.2 半圆拱形拱碹厚度(mm)

巷道净宽 B (m)	混凝土拱碹					砌体拱碹				
	围岩级别					围岩级别				
	Ⅰ	Ⅱ	Ⅲ	Ⅳ	Ⅴ	Ⅰ	Ⅱ	Ⅲ	Ⅳ	Ⅴ
2.0	200	200	200	200	250	200	200	200	250	300
2.0<B≤2.5	200	200	200	250	300	200	200	250	300	350
2.5<B≤3.0	200	200	250	250	300	200	250	250	300	350
3.0<B≤3.5	200	250	250	300	300	250	250	300	350	—
3.5<B≤4.0	250	250	250	300	350	250	300	300	350	—
4.0<B≤4.5	250	250	300	350	350	250	300	350	—	—
4.5<B≤5.0	250	300	300	400	350	300	350	350	—	—
5.0<B≤5.5	300	300	350	400	300	350	—	—	—	—
5.5<B≤6.0	300	350	400	450	500	350	—	—	—	—
6.0<B≤6.5	350	350	400	500	—	350	—	—	—	—
6.5<B≤7.0	350	400	500	500	—	—	—	—	—	—
7.0<B≤7.5	400	400	450	—	—	—	—	—	—	—
7.5<B≤8.0	400	450	450	—	—	—	—	—	—	—
8.0<B≤8.5	400	450	450	—	—	—	—	—	—	—
8.5<B≤9.0	450	450	450	—	—	—	—	—	—	—

注:"—"表示在对应的巷道净宽和围岩级别条件下,不宜采用本表所列的拱碹支护类型。

6.3 拱碹支护材料

6.3.1 浇筑拱碹的混凝土强度等级,混凝土拱碹不应低于 C20,钢筋混凝土拱碹不应低于 C25。

6.3.2 钢筋混凝土拱碹的钢筋宜采用 HPB235(Ⅰ级)、HRB335(Ⅱ级)钢筋。钢筋的直径,受力钢筋宜采用 10~25mm,其他钢筋宜采用 6~12mm。

6.3.3 砌筑拱碹的砌块应选用符合下列要求的预制混凝土砌块或料石:

    1 砌块应为长方体、底面为等腰梯形的四棱柱体,其边长不小于 200mm,重量不应超过 40kg。

    2 预制混凝土砌块的强度等级不应低于 MU30。

    3 料石应选用无明显风化、无裂缝、致密坚硬、遇水不软化的砂岩、石灰岩等天然石材,其强度等级不应低于 MU40。料石叠砌面的凹入深度,粗料石不应大于 20mm,毛料石不应大于 25mm。

6.3.4 砌筑拱碹的砂浆的强度等级不应低于 M10。

6.3.5 碹体与巷道顶、帮之间的充填料应选用强度等级为 C10 的混凝土、不含可燃物的矸石或毛石。

7 金属支架支护

7.1 一般规定

7.1.1 金属支架支护巷道的围岩分级,缓倾斜、倾斜煤层回采巷道可采用《缓倾斜、倾斜煤层回采巷道围岩稳定性分类方案》,其他巷道应符合现行国家标准《工程岩体分级标准》GB 50218 的有关规定。

7.1.2 金属支架的支腿应埋入巷道底板。支腿埋入巷道底板的深度,无水沟侧不得小于 100mm,有水沟侧应低于水沟掘进底面 50mm。

7.1.3 金属支架间应设牢固的撑杆或拉杆。支架与巷道顶、帮之间必须采用背板和楔子塞紧背实。可缩性金属支架的卡缆必须采用机械或力矩扳手拧紧。

7.1.4 服务年限较长的金属支架及其附件应采取防腐蚀措施。

7.2 金属支架类型与支护参数

7.2.1 金属支架支护巷道应根据围岩条件、矿压特点、断面尺寸、巷道用途和服务年限等因素,分别选用下列支架类型:

    1 回采巷道、受动压影响的准备巷道,以及围岩条件差、矿压大的巷道,应选用可缩性金属支架。

    2 其他巷道可选用刚性金属支架。

7.2.2 可缩性金属支架的最大允许变形量应与围岩条件和矿压特点相适应。

7.2.3 金属支架及其支护参数的设计,无矿压观测资料时宜采用工程类比法,有矿压观测资料时应根据矿压观测资料设计。

无矿压观测资料的缓倾斜、倾斜煤层的回采巷道，其金属支架的类型，以及支护强度、支架间距、可缩量等参数，可按表7.2.3选取。

表7.2.3 缓倾斜、倾斜煤层回采巷道金属支架类型与支护参数

围岩级别	围岩稳定状况	巷道顶底板移近率（%）	支护强度（kPa）	支架类型	主要支护参数(mm)		
					支架间距	垂直可缩量	侧向可缩量
Ⅰ	非常稳定	<5	0~30	不支护、点柱	1000	—	—
Ⅱ	稳定	5~10	30~70	刚性金属支架	800		
Ⅲ	中等稳定	10~20	70~150	梯形可缩支架	600~800	200~400	
				拱形可缩支架	600~800	200~400	200~400
Ⅳ	不稳定	20~35	100~200	梯形可缩支架	600~800	400~600	
				拱形可缩支架	600~800	400~600	400~600
Ⅴ	极不稳定	>35	150~250	梯形可缩支架	600	400~600	400~600
				拱形可缩支架	600~800	600~600	600

7.2.4 金属支架的选用，应符合国家现行标准《巷道金属支架系列》MT 143中的有关规定。

7.3 金属支架材料

7.3.1 刚性金属支架和梯形可缩性金属支架的顶梁宜选用矿用工字钢制作。拱形、马蹄形可缩性金属支架和梯形可缩性金属支架的支腿宜选用矿用U型钢制作。

7.3.2 制作金属支架的矿用工字钢，其材质应采用Q255、Q275或16Mn，型号宜选用11号、12号，或24H、28H。

7.3.3 制作金属支架的矿用U型钢，其材质应采用16Mn；型号宜选用25U、29U或36U。

7.3.4 金属支架附件的材料应符合下列规定：

    1 卡缆、撑杆与拉杆，宜采用钢材制作。

    2 背板宜采用钢筋、W型钢带或槽钢制作。

8 联合支护和全封闭支护

8.1 联合支护

8.1.1 巷道的联合支护，可由锚喷、拱砌、金属支架三种支护中的两种或三种组成。

金属支架仅作为混凝土拱砌或喷射混凝土的加强骨架使用时，可不设置背板，也可采用钢筋制作的格栅钢架。格栅钢架的钢筋直径，主筋宜采用18~25mm，联系钢筋宜采用10~14mm。

8.1.2 联合支护应按新奥法的原则设计，并应按下列要求合理确定初次支护的方式与参数：

    1 初次支护应能及时施工、及时承载，有效地控制围岩的初期变形与松动，并应具有与围岩条件相适应的可缩性。

    2 无大面积淋水的巷道，初次支护宜采用锚喷支护。

8.1.3 以锚喷为主的联合支护巷道，应采用锚喷围岩分级。

8.1.4 联合支护巷道的支护材料应符合本规范第5、6、7章的相关规定。

8.2 全封闭支护

8.2.1 全封闭支护巷道，宜采用下列支护类型：

    1 整体式完全支架。

    2 锚喷和整体式完全支架组成的联合支护。

    3 杆件式完全支架。

    4 锚喷和杆件式完全支架组成的联合支护。

    5 整体式完全支架和杆件式支架组成的联合支护。

    6 锚喷、整体式完全支架和杆件式支架组成的联合支护。

8.2.2 全封闭支护应具有与围岩条件相适应的可缩性。

8.2.3 整体式完全支架可采用带底拱的直墙半圆拱形、曲墙半圆拱形、马蹄形或圆形拱砌。

8.2.4 整体式完全支架的底拱与侧墙宜采用小半径圆弧圆滑连接。

8.2.5 全封闭支护的巷道，其底部的弧形部分应采用混凝土充填，充填的混凝土强度等级宜采用C10；需要铺底的巷道，当充填面积不大时，充填混凝土也可采用与铺底相同的强度等级。

9 巷道交岔点

9.1 一般规定

9.1.1 巷道交岔点的平面与断面设计均应符合本规范第1.0.3条的规定。

9.1.2 交岔点的巷道断面形状应与相连巷道的断面形状相同。若交岔点相连巷道采用不同的断面形状，则交岔点的巷道断面形状应与主巷的断面形状相同。

9.1.3 交岔点的结构形式应根据交岔点的断面形状选择。拱形断面宜选用牛鼻子交岔点；矩形、梯形断面宜选用穿尖交岔点。

9.2 交岔点平面设计

9.2.1 轨道运输巷道交岔点道岔处的直线段，两侧的人行道和安全间隙应在直线巷道正常值的基础上加宽。加宽值和加宽范围应符合下列规定：

1 单开道岔直线侧的加宽值宜采用200mm，分岔侧的加宽值宜采用100mm。

2 对称道岔两侧的加宽值宜采用200mm。

3 单轨巷道交岔点道岔处的加宽范围见图9.2.1；双轨巷道交岔点道岔直线侧的加宽范围见图9.2.2(b)。其中，基本轨起点前加宽段的长度应符合表4.3.8的规定。

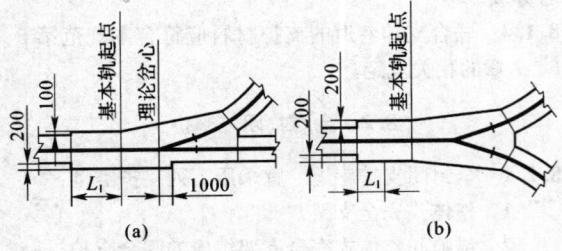

图9.2.1 单轨巷道交岔点两侧加宽示意图
L_1—基本轨起点前加宽段的长度

9.2.2 双轨运输巷道交岔点，除直线段两侧的人行道和安全间隙应按本规范第9.2.1条的规定加宽外，轨道中心距也应加宽。轨道中心距加宽值和加宽范围应符合下列规定：

1 主巷为双轨直线，岔巷为单轨曲线，采用单开道岔连接时，轨道中心距加宽值宜采用200mm；

2 主巷在交岔点前为双轨直线，过交岔点后为双轨曲线，岔巷为单轨直线，采用单开道岔连接时，轨道中心距加宽值宜采用300mm；

3 主巷在交岔点前为双轨直线，过交岔点后为双轨曲线，岔巷为单轨曲线，采用对称道岔连接时，轨道中心距加宽值宜采用400mm；

4 交岔点处无道岔，主巷在交岔点前为双轨直线，过交岔点后分为一条单轨直线和一条单轨曲线时，轨道中心距加宽值宜采用200mm；

5 交岔点处无道岔，主巷在交岔点前为双轨直线，过交岔点后分为两条单轨曲线时，轨道中心距加宽值宜采用400mm。

6 轨道中心距的加宽范围见图9.2.2。

9.2.3 无轨运输巷道交岔点，其主巷和岔巷的分岔侧应加宽。加宽值和加宽范围应符合下列规定：

1 加宽值：需行驶支架搬运车的宜采用500mm，其他巷道宜采用600mm。

2 加宽范围见图9.2.3。其中，从两巷道中心线交点起算的加宽段长度应符合表9.2.3的规定。

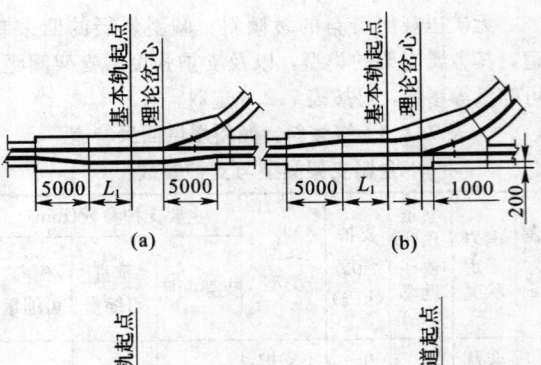

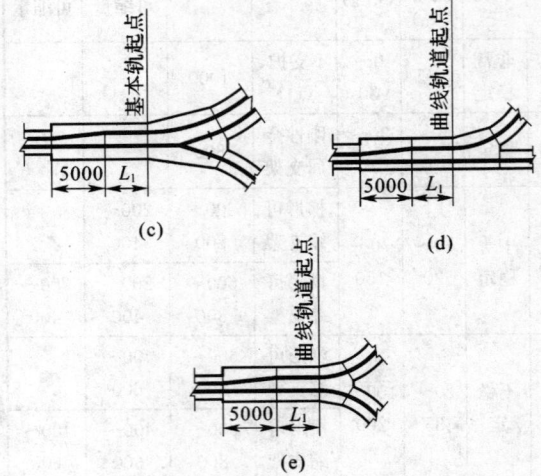

图9.2.2 双轨巷道交岔点轨道中心距加宽示意图

表9.2.3 无轨运输巷道交岔点处巷道加宽段长度(mm)

岔巷与主巷夹角	90°	75°	60°	45°
加宽段长度	9500	8500	7500	6500

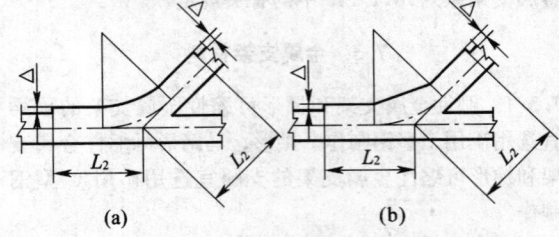

图9.2.3 无轨运输巷道交岔点加宽示意图
△—加宽值；L_2—从两巷道中心线交点起算的加宽段长度

9.2.4 无轨运输巷道交岔点分岔侧主巷与岔巷的侧墙应采用曲线或直线连接。曲线连接时巷道中心线曲线半径宜采用5m。

9.3 交岔点柱墙与墙高

9.3.1 交岔点柱墙的设置应符合下列规定：

1 采用拱碹支护的牛鼻子交岔点应设置柱墙。

2 采用锚喷支护的交岔点和采用金属支架支护的穿尖交岔点，围岩为Ⅲ～Ⅴ级且岔尖角不大时应设置柱墙；围岩为Ⅰ～Ⅱ级，或围岩为Ⅲ～Ⅴ级但岔尖角较大时可不设置柱墙。

9.3.2 交岔点柱墙的最小宽度宜采用500mm。柱墙的长度，在两分岔巷道侧均不应小于2000mm。

9.3.3 交岔点柱墙宜采用混凝土浇注。柱墙的基础深度，无水沟侧不应小于250mm；有水沟侧不应小于水沟掘进底面的深度。

9.3.4 牛鼻子交岔点的墙高应符合下列规定：

　　1 墙高应随断面宽度的增加而逐渐降低，但墙高的最大降低值小于200mm时，可不降低。

　　2 墙高的最大降低值不宜大于500mm。

　　3 墙高降低后的净断面应符合本规范第4章的相关规定。

9.4 交岔点支护

9.4.1 交岔点应加强支护，其支护应符合下列规定：

　　1 交岔点的支护参数应按交岔点的最大宽度选取；当最大宽度与主巷的宽度相差较大时也可分两段按每段的最大宽度选取。

　　2 必要时，最大断面处还应采取其他加强支护的措施。

9.4.2 围岩为Ⅳ、Ⅴ级时，交岔点处分岔巷道应加强支护。加强支护段的长度宜取2~5m，支护参数可按交岔点最大宽度选取。

9.4.3 采用金属支架支护的交岔点，岔巷的开口处应设置过梁。

10 轨道铺设

10.1 轨型与道岔

10.1.1 巷道中铺设的钢轨型号应根据巷道的类别、运输设备及运送的最重物件，按表10.1.1选择。

表10.1.1 巷道轨型(kg/m)

巷道类别	运输设备及车辆	轨型
井底车场巷道主要运输巷盘区运输巷	14~20t机车、5t底卸矿车	38、43
	7~14t机车、3t底卸矿车、液压支架	30、38
	7t以下机车、卡轨车、绳牵引设备、1t及1.5t固定矿车	22、30
采区上(下)山	液压支架	30
	卡轨车、绳牵引设备、1t及1.5t固定矿车、斜巷人车	22
回采巷道	7t以上机车、液压支架	30
	7t以下机车、卡轨车、绳牵引设备、1t及1.5t固定矿车	22
	1t及1.5t固定矿车(非机械运输)	15
其他巷道	1t及1.5t固定矿车(机械运输)	22、15
	1t及1.5t固定矿车(非机械运输)	15

10.1.2 同一巷道内的同一线路应采用同一型号的钢轨。

10.1.3 道岔的型号应根据线路钢轨的轨型、通过的运输设备、运行速度等选择。道岔的轨型不得小于所连接轨道的轨型。

10.2 道床与轨枕

10.2.1 道床的类型应根据运输设备的类型和运输的繁忙程度，按下列原则选择：

　　1 采用底卸式矿车运煤的井底车场和主要运输巷道，应采用混凝土固定道床。

　　2 既有无轨运输设备，又有轨道运输设备运行的巷道，应采用钢轨埋入式铺设的混凝土固定道床。

　　3 其他矿井的井底车场和主要运输巷道、采区石门、倾角小于15°的综采采区上、下山，应采用石碴道床。

　　4 采区内无机车运行的巷道，可不铺设人工道床。

10.2.2 石碴道床应选用坚硬、不易风化的碎石或卵石，粒度宜采用20~40mm。

10.2.3 轨枕应按下列原则选择：

　　1 **运行插爪制动人车的斜巷必须采用木轨枕。**

　　2 回采巷道和临时性巷道可采用木轨枕。

　　3 固定道床应采用钢筋混凝土轨枕或型钢轨枕。

　　4 其他巷道应采用钢筋混凝土轨枕。

10.2.4 采用石碴道床的线路，轨枕埋入道碴深度应为轨枕高度的1/2~2/3，轨枕底面以下的道碴厚度不应小于100mm。自巷道底板到轨面的铺轨高度应符合下列规定：

　　1 铺设15kg/m钢轨时，铺轨高度宜采用350mm，道碴厚度宜采用200mm。

　　2 铺设22kg/m钢轨时，铺轨高度宜采用380mm，道碴厚度宜采用220mm。

　　3 铺设30kg/m钢轨时，铺轨高度宜采用410mm，道碴厚度宜采用220mm。

　　4 铺设38kg/m及其以上重型钢轨时，铺轨高度不应小于410mm，道碴厚度不应低于220mm。

10.2.5 无人工道床的线路，铺轨高度应符合下列规定：

　　1 铺设15kg/m钢轨时，铺轨高度宜采用220mm。

　　2 铺设22kg/m钢轨时，铺轨高度宜采用250mm。

　　3 铺设30kg/m钢轨时，铺轨高度宜采用280mm。

10.3 轨道铺设的其他要求

10.3.1 倾角大于15°的斜巷，应采取防止轨道下滑的措施。

10.3.2 运行抱轨式制动人车的斜巷,其钢轨之间应采用不妨碍人车通过与制动的异型鱼尾板连接或焊接。

11 水 沟

11.1 水沟布置与坡度

11.1.1 水沟布置应符合下列规定:
 1 水沟不得影响运输与行人,并应便于清理。
 2 非全封闭支护巷道,水沟应布置在巷道侧帮;轨道运输巷宜布置在行人侧,其他巷道可布置在行人侧或非行人侧。
 3 全封闭支护巷道,水沟宜布置在巷道中间。

11.1.2 锚喷支护和拱砌支护的巷道,布置在巷道侧帮的水沟应紧贴巷道侧帮;金属支架支护的巷道,布置在巷道侧帮的水沟外缘与柱腿的距离不应小于 300mm。

11.1.3 铺设有人行台阶(或防滑条)的斜巷,布置在行人侧的水沟宜与人行台阶(或防滑条)平行布置。

11.1.4 水沟的坡度应与巷道坡度保持一致,并应符合下列规定:
 1 黄泥灌浆、水砂充填矿井的泄水巷,水沟坡度应大于 5‰。
 2 其他巷道的水沟坡度,井底车场和主要巷道不应小于 3‰,采区巷道不应小于 4‰。
 3 沿煤层布置且坡度随煤层的起伏而变化的煤巷,水沟坡度可不受本条第 1、2 款规定的限制。

11.1.5 必要时巷道的局部应设置反水沟。反水沟的坡度应符合本规范第 11.1.4 条第 1、2 款的规定。

11.1.6 巷道的淋水处、底板涌水处、洒水点和水幕的下方,应设横向截水沟。横向截水沟的坡度不应小于 2‰。

11.2 水沟断面

11.2.1 水沟断面形状应根据水沟位置、巷道支护方式、水沟是否构筑、是否加设盖板等因素选择,并应符合下列规定:
 1 构筑水沟,紧贴巷道侧帮布置或加设盖板的宜选用倒直角梯形、矩形断面,其他构筑水沟宜选用矩形、倒等腰梯形断面。
 2 无构筑水沟应选用倒等腰梯形断面。

11.2.2 水沟的净断面尺寸应根据水沟流量、坡度、构筑材料等因素设计,并应符合下列规定:
 1 水沟宽度与深度的模数应为 50mm。
 2 水沟的底宽大于清理工具的宽度。
 3 水沟的充满系数不应大于 0.75,水面至水沟缘的高度不应小于 50mm。
 4 无构筑水沟的沟帮倾角宜采用 70°~80°。

11.2.3 构筑水沟的净断面可根据水沟的设计流量与坡度按附录 A 选取。

11.3 水沟构筑与盖板

11.3.1 水沟构筑应符合下列规定:
 1 下列巷道的水沟应采用混凝土或预制钢筋混凝土板构筑。
  1)开拓巷道和服务年限 5a 以上的采区巷道;
  2)水量较大的采区巷道。
 2 下列巷道的水沟可不构筑:
  1)回采巷道;
  2)服务年限小于 5a 且水量较小的采区巷道。
 3 水沟构筑厚度宜为 50mm。

11.3.2 水沟盖板的设置应符合下列规定:
 1 采用轨道运输的井底车场、主要运输巷和采区石门,水沟应设置盖板。
 2 采用无轨运输的巷道,水沟可不设置盖板,也可设置能承受车辆碾压的盖板。
 3 无运输设备运行的巷道、倾斜巷道、采区中巷和回采巷道,水沟可不设置盖板。
 4 无构筑水沟不应设置盖板。

11.3.3 水沟盖板的宽度,应大于水沟上口净宽 150mm。

11.3.4 轨道运输巷道的水沟盖板宜采用钢筋混凝土制作,并应符合下列要求:
 1 厚度不应小于 50mm,重量不应超过 40kg。
 2 混凝土强度等级不应低于 C25。
 3 钢筋可采用 HRB400(Ⅲ级)、HRB335(Ⅱ级)、HPB235(Ⅰ级)钢筋,直径不应小于 6mm。

11.3.5 能承受车辆碾压的水沟盖板应选用箅子状金属盖板,并应符合下列要求:
 1 盖板宜采用型钢、铸钢、铸铁制作。
 2 盖板上表面箅条的宽度不应小于 25mm,箅条间空隙的宽度不应大于 25mm,盖板重量不应超过 50kg。
 3 盖板框缘的高度宜采用 50mm。
 4 盖板上表面不得有尖棱、毛刺和其他可能损害轮胎的突出物。

12 管线敷设

12.1 一般规定

12.1.1 巷道和交岔点中敷设的各种管路、电缆、电机车架空线及其他缆线,不得影响运输、行人和安全。

12.1.2 巷道和交岔点中的各种管线必须统筹安排,合理布置,应符合现行《煤矿安全规程》和相关标准的要求,并应便于施工。

12.1.3 服务年限大于5a的金属管道及其敷设装置应采取防腐蚀措施。

12.1.4 电缆不得遭受淋水。在巷道淋水处,应采取防止电缆遭受淋水的措施。

12.2 管线布置

12.2.1 电缆与管道的相对位置必须符合下列要求:

1 电缆与压风管、水管在巷道同一侧敷设时,必须敷设在管子上方,并保持300mm以上的距离。

2 电缆不应悬挂在压风管或水管上。

3 敷设有瓦斯管路的巷道,电缆必须与瓦斯管路分挂在巷道两侧。

12.2.2 敷设于巷道顶部和人行道上方的管道,其高度必须符合下列要求:

1 吊挂在人行道上方的管道及其悬吊装置下部的净高不得低于1.8m。

2 用钢梁支托的管道,钢梁下部的净高不得低于1.8m。

12.2.3 运行无轨运输设备的巷道内,敷设在侧帮的管道底部应高于运输设备的高度,否则应采取防止车辆撞击管道的措施。

12.2.4 瓦斯管道的布置应符合下列要求:

1 回风巷、无轨道运输设备或无轨运输设备运行的巷道内,瓦斯管道宜敷设在巷道底板。

2 采用轨道运输或无轨运输的主要运输巷道内,瓦斯管道应敷设在巷道顶部或固定在人行道侧的巷道壁上,管道底部应高于运输设备的高度。

3 瓦斯管道外缘距巷道壁不宜小于100mm。

12.2.5 管道之间的间距应便于安装与检修;敷设在水沟上方的管道不得影响水沟的清理。

12.2.6 电缆的悬挂高度应满足下列要求:

1 有轨道的巷道内,在运输设备掉道时电缆不应受运输设备的撞击。

2 运行无轨运输设备的巷道内,电缆不应受无轨车辆的撞击与摩擦。

3 电缆坠落时不应落在轨道或输送机上。

12.2.7 电力电缆与通信、信号电缆应分挂在巷道两侧。当受条件限制挂在同侧时,通讯、信号电缆应敷设在电力电缆的上方,其间距应大于100mm。

12.2.8 高压电力电缆之间、低压电力电缆之间的距离不得小于50mm。高、低压电力电缆敷设在巷道同侧时,高、低压电力电缆的间距应大于100mm。

12.2.9 电机车架空线的敷设位置必须符合以下要求:

1 自轨面算起,电机车架空线的悬挂高度:

　1)在行人的巷道内、车场及人行道与运输巷道交叉的地方不得小于2.0m;

　2)在不行人的巷道内不得小于1.9m;

　3)在井底车场内,从井底到乘车场不得小于2.2m。

2 电机车架空线与巷道顶或棚梁之间的距离不得小于200mm。悬吊绝缘子与电机车架空线的距离每侧不得超过250mm。

3 电机车受电弓与管路的距离不得小于300mm。

12.2.10 需要运送液压支架的巷道,电机车架空线的高度应满足液压支架运输的要求。

12.3 管线敷设方式与敷设要求

12.3.1 管道可采用下列敷设方式:

1 采用锚杆悬吊敷设在巷道顶部。

2 采用钢梁支托敷设在巷道顶部。

3 采用型钢制作的悬臂构件支托敷设在巷道侧帮。

4 采用混凝土支墩固定敷设在巷道底板。

12.3.2 巷道和交岔点中各种管路和线缆的敷设必须牢固可靠,并应符合下列规定:

1 敷设在巷道顶部和侧帮的管道,必须采用卡环、卡箍固定。

2 电缆必须采用专门的构件悬挂:

　1)在水平巷道或倾角30°以下的巷道中,应采用吊钩悬挂;

　2)在倾角30°及以上的巷道中,应采用夹子、卡箍或其他夹持装置进行敷设。

3 倾斜巷道中的管道应进行防滑验算。当卡环、卡箍的摩擦力不足以阻止管道下滑时,应采取专门的防滑措施。

12.3.3 瓦斯管道不得与带电物体接触,并应采取防止砸坏管道的措施。

12.3.4 电缆上严禁悬挂任何物件。

13 辅助设施和铺底

13.1 辅 助 设 施

13.1.1 倾角大于10°的斜巷,应按表13.1.1的规定在人行道设置防滑条、人行台阶、扶手、梯道。

表13.1.1 斜巷行人安全设施

行人安全设施		防滑条	人行台阶	扶手	梯道
巷道倾角β	10°<β≤16°	设	—	设	—
	16°<β≤30°	—	设	设	—
	30°<β≤45°	—	设	设	设

注:1 当人行道位于巷道中部,设置扶手有困难时,可不设置扶手。

　2 设置人行台阶、扶手时不设置梯道;不设置人行台阶、扶手时应设置梯道。

13.1.2 防滑条、人行台阶的宽度应符合下列规定:

1 巷道中的防滑条、人行台阶的宽度不应小于400mm。

2 运人设备上下人处的防滑条、人行台阶的宽度，采用斜巷人车时不应小于600mm，采用架空乘人装置时不应小于1000mm。

13.1.3 扶手的安设应牢固可靠。其安设高度，在铅垂方向宜采用800～1000mm。

13.1.4 运行无轨运输设备的大、中型矿井开拓巷道和准备巷道，宜在巷道两侧设置轮廓标。

13.2 铺 底

13.2.1 运行无轨运输设备和安装带式输送机的下列巷道应采用混凝土铺底：
  1 井底车场和主要运输巷道。
  2 大、中型矿井的采区运输巷道。

13.2.2 铺底厚度应符合下列规定：
  1 运行无轨运输设备的巷道不应小于200mm。
  2 安装带式输送机的巷道宜采用100～150mm。

13.2.3 铺底混凝土强度等级应符合下列规定：
  1 运行无轨运输设备的巷道不应低于C25。
  2 安装带式输送机的巷道宜采用C15。

附录 A 构筑水沟的净断面和允许最大流量

表 A-1 大巷矩形水沟的净断面和允许最大流量

净断面			允许最大流量(m^3/h)		
净宽(mm)	净深(mm)	净断面积(m^2)	坡 度(‰)		
			3	4	5
300	350	0.105	86	97	112
400	400	0.160	172	205	227
500	450	0.225	302	349	382
500	500	0.250	374	432	472
600	550	0.330	554	662	716
600	600	0.360	662	748	846
700	650	0.455	921	1083	1206
700	700	0.490	1069	1249	1382

注：有盖板，充满系数0.75。

表 A-2 大巷倒直角梯形水沟的净断面和允许最大流量

净 断 面				允许最大流量(m^3/h)		
上宽(mm)	下宽(mm)	净深(mm)	净断面积(m^2)	坡 度(‰)		
				3	4	5
350	300	350	0.114	96	110	123
400	350	450	0.169	197	227	254
500	450	450	0.214	340	408	450
500	450	550	0.261	397	458	512
600	550	600	0.345	629	726	812
600	550	650	0.374	727	840	939
700	650	700	0.473	1018	1175	1314
700	650	750	0.506	1150	1320	1485

注：有盖板，充满系数0.75。

表 A-3 矩形水沟的净断面和允许最大流量

净 断 面			允许最大流量(m^3/h)						
净宽(mm)	净深(mm)	净断面积(m^2)	坡 度						
			3‰	4‰	5‰	5°	10°	15°	20°
150	200	0.030	—	—	—	—	—	312	363
200	200	0.040	47	58	63	266	382	468	551
300	200	0.060	86	97	112	471	669	820	—
300	300	0.090	144	173	191	—	—	—	—

注：无盖板，水面至水沟沟缘的高度50mm。

表 A-4 倒直角梯形水沟的净断面和允许最大流量

净 断 面				允许最大流量(m^3/h)						
上宽(mm)	下宽(mm)	净深(mm)	净断面积(m^2)	坡 度						
				3‰	4‰	5‰	5°	10°	15°	20°
200	150	200	0.035	—	—	—	—	—	379	422
250	200	200	0.045	63	73	81	339	482	595	—
300	250	250	0.069	106	122	136	569	810	999	—
300	250	300	0.083	133	153	170	—	—	—	—

注：无盖板，水面至水沟沟缘的高度50mm。

本规范用词说明

1 为便于在执行本规范条文时区别对待，对要求严格程度不同的用词说明如下：
  1）表示很严格，非这样做不可的用词：
    正面词采用"必须"，反面词采用"严禁"。
  2）表示严格，在正常情况下均应这样做的用词：
    正面词采用"应"，反面词采用"不应"或"不得"。
  3）表示允许稍有选择，在条件许可时首先应这样做的用词：
    正面词采用"宜"，反面词采用"不宜"；
    表示有选择，在一定条件下可以这样做的用词，采用"可"。

2 本规范中指明应按其他有关标准、规范执行的写法为"应符合……的规定"或"应按……执行"。

中华人民共和国国家标准

煤矿巷道断面和交岔点设计规范

GB 50419—2007

条 文 说 明

前 言

《煤矿巷道断面和交岔点设计规范》GB 50419—2007，经建设部 2007 年 12 月 24 日以建设部第 771 号公告批准发布，自 2008 年 6 月 1 日开始实施。为便于使用者正确理解和执行本规范，特按章、节、条顺序编制了本规范条文说明，供使用者参考。在使用过程中如发现本条文说明有不妥之处，请将意见函告中煤西安设计工程有限责任公司。

本规范主要审查人：

李庚午　刘　毅　郭均生　康忠佳　吴文彬
鲍巍超　许贵峰　陈招宣　施佳音　傅小敏
周丕江　江选友　陶友山　白锦胜　潘缉义

目 次

1 总则 …………………………………… 37—20
2 术语 …………………………………… 37—20
3 巷道断面形状和支护方式 …………… 37—21
 3.1 巷道断面形状 ……………………… 37—21
 3.2 巷道支护方式 ……………………… 37—22
4 巷道净断面 …………………………… 37—23
 4.1 一般规定 …………………………… 37—23
 4.2 人行道 ……………………………… 37—24
 4.3 运输巷道的净高与净宽 …………… 37—25
5 锚喷支护 ……………………………… 37—26
 5.1 一般规定 …………………………… 37—26
 5.2 锚喷支护类型与支护参数 ………… 37—27
 5.3 锚喷支护材料 ……………………… 37—28
6 拱碹支护 ……………………………… 37—29
 6.1 一般规定 …………………………… 37—29
 6.2 拱碹类型与支护参数 ……………… 37—30
 6.3 拱碹支护材料 ……………………… 37—30
7 金属支架支护 ………………………… 37—31
 7.1 一般规定 …………………………… 37—31
 7.2 金属支架类型与支护参数 ………… 37—32
 7.3 金属支架材料 ……………………… 37—32
8 联合支护和全封闭支护 ……………… 37—33
 8.1 联合支护 …………………………… 37—33
 8.2 全封闭支护 ………………………… 37—33
9 巷道交岔点 …………………………… 37—34
 9.1 一般规定 …………………………… 37—34
 9.2 交岔点平面设计 …………………… 37—34
 9.3 交岔点柱墙与墙高 ………………… 37—34
 9.4 交岔点支护 ………………………… 37—35
10 轨道铺设 ……………………………… 37—35
 10.1 轨型与道岔 ………………………… 37—35
 10.2 道床与轨枕 ………………………… 37—35
 10.3 轨道铺设的其他要求 ……………… 37—36
11 水沟 …………………………………… 37—36
 11.1 水沟布置与坡度 …………………… 37—36
 11.2 水沟断面 …………………………… 37—37
 11.3 水沟构筑与盖板 …………………… 37—37
12 管线敷设 ……………………………… 37—38
 12.1 一般规定 …………………………… 37—38
 12.2 管线布置 …………………………… 37—38
 12.3 管线敷设方式与敷设要求 ………… 37—39
13 辅助设施和铺底 ……………………… 37—39
 13.1 辅助设施 …………………………… 37—39
 13.2 铺底 ………………………………… 37—40

1 总 则

1.0.1 本条说明了制定本规范的目的。

煤炭工业必须遵守国家相关的法律、法规。《煤炭工业技术政策》是根据以人为本的科学发展观、国家的相关法律、法规和产业政策制定的，是指导煤炭工业健康发展的纲领性文件，也是制定煤炭工业的规范、规程的基本依据。《煤矿安全规程》是为保障煤矿职工人身安全和生产安全而制定的安全法规。只有贯彻执行国家相关的法律、法规、《煤炭工业技术政策》和《煤矿安全规程》，才能使煤矿巷道断面和交岔点设计做到安全适用、技术先进、经济合理。因此，本条明确了制定本规范的目的是在煤矿巷道断面和交岔点设计中贯彻执行国家相关的法律、法规、《煤炭工业技术政策》和《煤矿安全规程》。

安全适用、技术先进、经济合理，是煤矿巷道断面和交岔点设计的总要求。安全适用，是指巷道断面和交岔点设计必须满足巷道的行人、运输、通风、排水、管线敷设等各项功能要求，并确保巷道中行人和作业人员的人身安全、运输安全、各种管线和其他设施的安全。技术先进，是指巷道断面和交岔点设计应有利于促进煤炭工业技术进步，有利于采用先进的支护方式、支护材料和先进的施工设备、施工工艺，以改善施工劳动条件，降低施工劳动强度，确保工程质量，并提高施工效率与施工进度。经济合理，是指在安全适用的前提下，尽可能降低巷道和交岔点的工程费用和服务期内的维护费用。

1.0.2 本条规定了本规范的适用范围。

倾角大于45°的斜巷在设计上有许多特殊要求，本规范的适用范围不包括倾角大于45°的斜巷。

在煤矿井巷的设计规范中，没有适用于平硐的设计规范，除硐口与明槽开挖部分外，平硐硐身的断面设计与平巷实际上并无区别，因此将平硐硐身纳入本规范的适用范围。

斜巷交岔点的岔巷断面需要以巷道轴线为轴扭转将巷道横断面底板变成水平，因而较平巷交岔点复杂，其设计与采区上（下）山和采区中部车场连接处相同，而采区上（下）山和采区中部车场连接处的设计在相关规范中已有规定，因此，本规范的适用范围仅包括平巷交岔点。

需要说明的是，不同规模的矿井，其技术和经济条件也不相同，小型矿井的技术装备、技术力量、经济能力等与大、中型矿井可能有较大的差异，这种差异必然会影响巷道断面和交岔点的设计。考虑到大、中型矿井是我国煤炭工业的主力，其技术水平及其发展代表着我国煤炭工业的技术水平和发展方向，本规范的制定侧重考虑大、中型矿井的条件和需要，同时也兼顾了小型矿井。因此，本规范适用于大、中、小型各类矿井。

1.0.3 本条规定了煤矿巷道断面和交岔点设计的依据和总要求。本条所说的围岩条件包括围岩的工程地质条件（主要是岩石的坚固程度、耐水性和岩体的完整程度）和水文地质条件（主要是富水性、水压、涌水形式和涌水量）；矿压包括由覆岩重力产生的原始地压在巷道开挖后重新分配而形成的应力、地质构造活动形成的构造应力和采掘活动产生的采动压力，矿压特点主要指矿压（应力）的类别、大小、方向、时空分布及其变化；设施包括隔爆水（岩粉）棚、水幕、安全监控系统等安全设施。

在巷道断面和交岔点设计中，行人、运输、通风和管线敷设的要求往往是明示的或明确的，而安全设施以及设备安装、检修、施工的要求一般是隐含的，设计时应特别注意加以识别。

1.0.4 煤矿巷道和交岔点，其支护结构按支护原理大体可分为两类：一类为被动承受矿压，如整体式支架和杆件式支架；另一类以主动加固围岩，充分发挥围岩的自承能力为主，如锚喷支护。由于矿压的复杂性和岩体的非均一性，再加上支架与围岩之间的相互作用对矿压的影响，被动承受矿压的整体式支架和杆件式支架，其荷载难以准确计算；主动加固围岩的锚喷支护目前尚无公认的理论计算办法。因此，煤矿巷道和交岔点的支护设计普遍采用工程类比法。与煤矿巷道和交岔点类似的铁路、公路与水工隧道等岩石工程也是如此。

对巷道和交岔点的矿压进行监控量测，能为巷道断面和交岔点的支护设计提供十分宝贵的实际资料，这些资料可以用来对已完成的支护设计进行验证和必要的修正，也可以为理论验算提供必要的依据。对于围岩条件较复杂、类似工程经验不足的巷道和交岔点的支护设计，结合采用监控量测和理论验算法往往是必要的。

1.0.5 煤矿巷道断面和交岔点设计涉及的内容十分广泛，很多方面的内容在相关标准中有相应的规定。因此，煤矿巷道断面和交岔点设计除应执行本规范的规定外，尚应符合国家现行的有关标准的规定。

2 术 语

现行国家标准《煤矿科技术语 井巷工程》GB/T 15663.2—1995和全国自然科学名词审定委员会1996年公布的《煤炭科技名词》中，包含有与煤矿巷道断面和交岔点有关的术语，如：巷道、交岔点、围岩、矿山压力、支架、支护、拱硐、完全支架、锚杆等。上述两个标准中已包含的术语，除本规范的涵义与上述两个标准不完全一致的个别术语外，本规范不再列出。在使用本规范时，请注意依据上述两个标准正确理解这些术语的涵义。

根据煤矿巷道断面和交岔点设计的需要，本规范共给出了6个术语，从巷道断面和交岔点设计的角度赋予其特定的涵义，但不一定是严格的定义。所给出的英文译名，也不一定是国际上的标准术语。

部分术语说明如下：

2.0.1、2.0.2 在煤矿巷道断面设计中，"巷道断面"和"巷道净断面"两个术语的涵义远远超出几何学的范畴，不仅包括巷道横断面的几何形状、尺寸与面积，还包括巷道的支护和横断面内的所有构筑物、管线，以及运输设备与人行道的布置等内容。本规范第2.0.1、2.0.2条分别给出了"巷道断面"和"巷道净断面"两个术语，从巷道断面和交岔点设计的角度赋予其特定的涵义。

在煤矿工程实践中，人们常常将"断面面积"简称为"断面"，如：某巷道"掘进断面$11.5m^2$，净断面$10.6m^2$"，某巷道"断面较大"。因此，《煤矿科技术语 井巷工程》允许将"掘进断面"和"净断面"作为"掘进断面面积"和"净断面面积"的同义词使用。但这种将"断面面积"简称为"断面"仅限于定性或定量地说明巷道断面的尺寸与面积时，而在巷道断面设计中，"断面"的涵义则是本规范所赋予的涵义。在工程实践中，应注意区分"断面"的这两种不同涵义。

2.0.3 本条"人行道"的涵义采用现行国家标准《煤矿科技术语 井巷工程》GB/T 15663.2—1995和《煤炭科技名词》中"人行道"的涵义。但在本规范中"人行道"的涵义较窄，特指巷道一侧专供行人的通道。

2.0.5 为确保行人、运输安全，标示避灾路线，沿巷道设置的台阶、扶手、栏杆、轮廓标、安全标志和为方便行人、运输等而设置的巷道名称标志、里程标志、指路标志等设施，是巷道工程不可缺少的组成部分，长期以来没有一个涵盖这些设施的专门术语，口头和文字表述均不方便。因此，本规范引入术语"巷道辅助设施"，作为此类设施的总称。

2.0.6 轮廓标是高等级公路和公路隧道中沿公路或隧道两侧（帮）设置，用于指示道路前进方向和边界的具有逆反射性能的交通安全设施。本规范根据煤矿井下无轨运输的需要，引入了术语"轮廓标"，参考交通行业标准《轮廓标技术条件》JT/T 388—1999，从煤矿巷道断面和交岔点设计的角度赋予其特定的涵义。

3 巷道断面形状和支护方式

3.1 巷道断面形状

3.1.1 本条规定了对巷道断面形状设计的依据和要求。是第1.0.3条的规定在巷道断面形状设计中的具体体现。

在钻爆法施工的条件下，掘进工艺对巷道断面形状没有影响；但采用掘进机或连续采煤机施工时，截割装置的结构有可能影响巷道断面形状。如：采用连续采煤机掘进煤巷，就只能选用矩形断面。因此，本条将掘进工艺也作为巷道断面形状设计的依据之一。

对巷道断面形状设计的要求，有的互相矛盾，设计时难以两全。如：一般而言，拱形断面承压性能比矩形断面好，断面利用率却不如矩形断面高；断面利用率较高的断面形状，其掘进费用往往较低，但若承压性能不好，支护费用则会较高。在实际的工程设计中，应根据工程的具体情况进行综合分析，按总体最优的原则满足本条的要求。

3.1.2 本条规定了选择巷道断面形状的一般原则。

1 随着煤巷支护技术的发展和矿井巷道布置改革的需要，多作煤巷，在煤巷掘进中尽可能少出矸石，不仅十分必要，在许多情况下也是能够做到的。矩形和梯形断面的断面利用率高，用于煤层巷道可以不出或少出矸石，当煤层厚度不小于巷道高度时，还有利于掘进机械化与掘进动力单一化。因此，本条第一款规定条件合适的煤层巷道宜采用以煤层顶板为巷道顶板的矩形或梯形断面。该款中"煤层顶板稳定性为中等及以上"，是指锚喷围岩分级和工程岩体分级标准中的Ⅰ~Ⅲ级围岩。

煤层一般都有一定的倾角，近水平煤层也不例外。沿近水平煤层开凿的平巷以煤层顶板为巷道顶板时，其断面的顶边一般都略呈倾斜，不可能是严格的矩形或梯形。本规范中所指的矩形和梯形，包括这种顶边略呈倾斜的近似矩形和近似梯形。

拱形断面承压性能最好，在围岩条件和巷道净宽相同的情况下支护费用最低，除适合采用矩形或梯形断面的煤层巷道外，其他开拓巷道和准备巷道宜采用拱形断面。

2 回采巷道包括工作面运输巷、回风巷和开切眼。工作面运输巷与回风巷服务时间一般仅1年左右，在工作面开采过程中，其靠近回采工作面的一定长度范围内因受回采工作面支承压力的影响需要加强支护，采用拱形断面在加强支护时需要换棚并挑顶，使加强支护作业复杂化，而且挑顶时拱部两侧的三角煤垮落在巷道中也不便清理，因此，其断面以矩形或梯形为宜。开切眼是为安装工作面设备而开凿的临时性工程，为便于工作面初采时工作面的推进，其顶板需要与工作面保持一致，断面形状也宜采用矩形或梯形。

本条规定是选择巷道断面形状的一般原则。由于不同的矿井、不同的巷道情况千差万别，设计时不应教条地理解本条的规定，而应按照第3.1.1、3.1.2条的要求，根据巷道的具体条件综合分析，慎重选择。

3.1.3 一般巷道的矿压主要是顶压，侧压不明显，直墙半圆拱形断面承受顶压的性能最好，而且施工方便，因此，本规范将其作为优先选用的拱形断面。直墙三心拱形、直墙圆弧拱形断面的断面利用率较直墙半圆拱形断面高，但承压性稍差，在矿压较小时可选用。由于直墙抗侧压能力差，侧压明显的巷道宜选用曲墙的拱形断面。

拱形断面拱部的高度称为"矢高"。三心拱形与圆弧拱形断面的承压性和断面利用率，和矢高与宽度的比值有关。根据煤矿井巷工程的实践经验，该比值选用1/3较为适宜。

3.1.4 梯形断面巷道一般采用梯形杆件式支架支护。侧帮有一定的倾角时，可使支腿具有一定的抗侧压能力，并缩小巷道顶板的跨度，降低支架承受的顶压；但侧帮倾角太小，会使支腿承受的侧压过大，致使支腿容易折损。根据煤矿井巷工程的实践经验，梯形断面巷道侧帮的倾角以80°左右为宜。

3.2 巷道支护方式

3.2.1 本条规定了巷道支护的总要求，是第1.0.1条的规定在巷道支护上的具体体现。

巷道围岩在矿压的作用下不可避免地会发生变形与松动，要求巷道支护完全阻止围岩的变形与松动是不可能的。在工程实践中，只要围岩的变形与松动控制在一定的范围内，就不影响巷道的稳定和正常使用。因此，本条不要求巷道支护完全阻止围岩的变形与松动，只要能有效地控制围岩的变形与松动即可。

巷道在其服务期内若因围岩发生影响稳定和正常使用的变形与松动，就需要进行维修。维修巷道不仅效率低，而且影响巷道的正常功能，从而影响矿井生产。根据煤矿多年的生产实践，为避免因巷道维修影响矿井生产，除回采工作面巷道需进行超前加强支护外，其他巷道的支护应按"免维"的原则进行设计。因此，本条所说的"有效地控制围岩的变形与松动"，是指巷道在其服务期内无需维修而保持稳定和正常使用。

3.2.2 本条规定了选择巷道支护方式的依据，是第1.0.3条的规定在巷道支护设计中的具体体现。

巷道支护的主要功能是控制围岩的变形与松动。而围岩条件和矿压特点是影响围岩的变形与松动的最主要的因素，因而也是选择巷道支护方式最重要的依据。

有的支护方式适用于任何巷道断面形状，如：锚喷支护、金属支架支护。有的支护方式则只能用于某些巷道断面形状，如：拱碹支护就只能用于拱形、马蹄形、圆形断面形状，而不能用于顶部平直的矩形、梯形断面形状。因此，选择巷道的支护方式时应考虑巷道断面形状，选择与断面形状相适应的支护方式。

巷道的用途决定巷道的断面布置和功能要求，并导致对巷道支护的不同要求，因而影响巷道支护方式的选择。如：井底车场、主要运输巷道断面大，运输繁忙，要求巷道支护的可靠性高；采区准备巷道一般有采动压力的影响，其支护应能承受采动压力；工作面运输巷与回风巷需随工作面推进进行加强支护，其支护应有利于加强支护的实施；工作面开切眼是安装工作面设备的场所和工作面开采的起始位置，其支护要方便工作面设备的安装、工作面的初始推进和初次放顶。

不同的支护方式，其使用寿命、造价均不相同，因而巷道的服务年限对其经济性有较大影响，而且围岩的变形与松动是一个随时间的推移而发展的渐进过程，对巷道支护强度的要求与巷道的服务年限成正相关。因此，选择巷道支护方式时应考虑巷道的服务年限。如：拱碹支护造价高，服务年限短的巷道一般不宜选用；金属支架虽然造价高，但可以重复使用，服务年限短的巷道也可选用；巷道的服务年限长，要求支护强度较高，反之亦然。

3.2.3 煤矿井巷工程曾采用过许多种支护方式。随着煤矿支护技术的发展，有些支护方式（如梯形装配式钢筋混凝土支架）已经被淘汰；有些支护方式（如混凝土或钢筋混凝土墙与矿用工字钢顶梁或工字钢混凝土平板梁组成的混合结构支护）仅用于硐室、风桥等有特殊要求的地点；而一些新型支护方式（如锚喷支护、以锚喷为主或以锚喷为初期支护的联合支护）经过数十年的发展，技术已经成熟，并在继续发展提高，适用范围也不断扩大。目前，我国煤矿井巷工程采用的支护方式主要是锚喷支护、拱碹支护、金属支架支护和联合支护。本条规定就是根据我国煤矿井巷工程的实践和支护技术的发展方向做出的。

木支架强度低、易燃、服务年限短，而且需要消耗大量优质木材，严重影响自然环境和生态，国家已明令禁止用作永久支护，故本条规定大、中型矿井不得采用木支架作永久支护。小型矿井情况比较复杂，完全禁止采用木支架作永久支护有一定困难，故本条"不得采用木支架作永久支护"的适用对象未包括小型矿井；但小型矿井也应遵循少用木材的原则，尽可能不使用或少用木支架作永久支护。

3.2.4 锚喷支护以主动加固围岩、充分发挥围岩的自承能力为主，其支护原理先进科学，经过数十年的发展，技术上已相当成熟，成为一种技术先进、性能可靠、适用范围广、施工方便、安全经济的支护方式，在煤矿井巷工程中得到广泛的应用，取得了良好的经济效益和社会效益。因此巷道和交岔点宜优先选用锚喷支护。在大面积淋水的巷道中，锚杆的安设困难，施工质量难以保证，喷射混凝土也容易被围岩的淋水冲走而难以形成有效的支护结构体，锚喷支护的质量难以保证，一般不宜采用；但在采取有效的治水措施的条件下，大面积淋水这一影响锚喷支护质量的因素被消除或得到有效的控制，采用锚喷支护也是可行的。

3.2.5 国家标准《煤矿科技术语 井巷工程》GB/T

15663.2—1995 和《煤炭科技名词》中均有"拱碹"这一术语，其涵义是，"用砖、石、混凝土或钢筋混凝土等建筑材料构筑的整体或弧形支架的总称"。但不少人习惯将"拱碹"称之为"砌碹"，煤炭行业标准《巷道断面及交岔点设计规范》MT/T 5024—1999 也将"拱碹支护"称之为"砌碹支护"。就字面意义而言，"砌碹"指的是一种作业，而不是一种支护结构。国家标准《煤矿科技术语 井巷工程》GB/T 15663.2—1995 和《煤炭科技名词》赋予"砌碹"的涵义分别是"构筑碹体的作业"、"构筑拱碹的作业"。本规范依据国家标准《煤矿科技术语 井巷工程》GB/T 15663.2—1995 和《煤炭科技名词》，将用砖、石、混凝土或钢筋混凝土等建筑材料构筑的整体式弧形支架称之为"拱碹"，采用拱碹的支护方式称之为"拱碹支护"。

拱碹是一种历史悠久的传统支护结构，施工进度慢、效率低、不能紧靠掘进工作面及时支护，在煤矿井巷工程中使用已日渐减少。但拱碹（特别是钢筋混凝土拱碹）支护强度大、服务年限长、巷道净断面形状规整。一般用于服务年限长、不受采动影响、围岩变形量小的巷道。在有大面积淋水的巷道，采用锚喷支护不合适时，采用砌体拱碹支护可能是较好的选择。

拱碹一般属刚性支护，但如果在砌筑时加入可缩性材料，砌体拱碹也可具有一定的可缩性，能适应围岩的变形。这种拱碹多用于全封闭支护的巷道。

3.2.6 杆件式支架可以采用各种天然和人造材料制作，人们也曾在煤矿井巷工程中使用过各种天然和人造材料制作的杆件式支架，但由于金属支架具有其他材料制作的杆件式支架无法比拟的优点，因而成为目前仍在使用的主要杆件式支架。其主要优点是：支架可回收和重复使用、可设计成需要的任何形状并具有与巷道条件相适应的可缩性、支架安设方便、能及时支护并立即承载、可工厂化制作。

本条给出了金属支架的适用范围。

3.2.7 联合支护可充分发挥不同支护方式的优点，提高支护结构的支护能力。围岩条件差或断面大的巷道，采用单一支护方式有时技术上难度较大或不经济，而采用联合支护则往往能收到较好的效果。本条"采用单一支护方式不合适时"，是指采用单一支护方式技术上难度较大或不经济的情况。

3.2.8 一般巷道的矿压主要是顶压与侧压，只要对巷道的顶板和侧帮进行支护即可。但底板松软、有底鼓的巷道除顶压与侧压外，还有来自巷道底板的压力，应采用有底拱或底梁的全封闭支护。

4 巷道净断面

4.1 一般规定

4.1.1 本条是巷道净断面设计的总要求和对巷道最小净高与净宽的强制性要求。

要满足巷道净断面设计的总要求，在进行巷道净断面设计时，应根据巷道的用途和本条的要求，对运输设备或其运行空间、人行道、安全间隙或检修空间、管线等进行统筹考虑，合理布置。

在巷道围岩的变形稳定之前，巷道的净断面会随巷道围岩与支护的变形而缩小。为了保证巷道净断面在巷道的服务期内始终满足要求，本条根据《煤矿安全规程》的相关要求规定，巷道净断面必须按支护最大允许变形后的断面设计。

净高小于 1.8～2.0m，净宽小于 2m 的巷道，施工设施、设备（通风设施、装载和运输设备等）布置困难，难以保证巷道在施工期有符合《煤矿安全规程》要求的人行道和安全间隙。因此，本条第 2～4 款根据《煤矿安全规程》的相关规定对巷道最小净高与净宽提出了要求。《煤矿安全规程》对采煤工作面运输巷与回风巷的高度未作具体规定，而是要求由煤矿企业自己统一规定。根据大、中型矿井的实际需要和技术经济条件，本条第 3 款规定大、中型矿井采煤工作面运输巷与回风巷的最小高度与采区巷道相同。

4.1.2 采煤工作面开切眼属临时性巷道，在工作面设备安装完毕后即成为工作面开采的起始位置，其高度若与工作面采高不同，将给工作面设备的安装和工作面的初始开采带来不便，因此采煤工作面开切眼的高度一般应与工作面采高相同。由于对采煤工作面开切眼高度的要求不是从安全角度提出的，而且大采高工作面的开切眼的高度小于工作面采高有时可能是合适的，对采煤工作面开切眼高度的要求不宜作为强制性条文，因此，关于采煤工作面开切眼的规定未列入第 4.1.1 条中，而是单独列为一条。

4.1.3～4.1.6 偶尔运送的最大件，是指运送的频次极低但其尺寸大于经常运输物件的最大件，如：大绞车滚筒、大型掘进设备等。在运输巷道净断面的设计中，偶尔运送的最大件如何对待，一直缺乏明确的规定。巷道净断面若按其尺寸设计，可能使巷道断面加大很多，大大增加工程费用。在实际生产中，对偶尔运送的最大件往往采用特殊的临时性措施保证运输和行人安全。如：双轨巷道单轨运行；实施临时交通管制，行车不行人。因此，本规范引入了"设计"和"校核"的概念，明确规定偶尔运送的最大件尺寸只作为运输巷道净断面校核的依据，并对校核时的人行道和安全间隙提出了明确的要求。第 4.1.4 条中的其他巷道是指除运输巷和进、回风巷之外的巷道，包括机电设备硐室的专用检修巷道与通道、联络巷道、专用瓦斯抽采（放）巷道、专用排水巷道、专用行人通道等。

4.1.7 无轨运输巷道若按双车道设计，断面很大，增加支护的难度并大幅度增加工程费用。中国有色金属工业总公司标准《有色金属采矿设计规范（试行）》YSJ 019—92 规定，"无轨运输巷道宜为单车道，必要时可设会让站或绕行道"。煤矿的无轨运输巷道只承担辅助运输任务，运输工作量和车流量一般小于金属矿，根据神东等矿区的实践经验，按单车道设计，必要时隔一定距离设会让站或会让硐室完全可以满足矿井运输的需要。

4.1.8 多年的实践证明，巷道的净宽和净高以100mm为模数进级，可以减少断面的变化，方便设计与施工。三心拱与圆弧拱形巷道，其拱高一般为巷道净宽的1/3，有时不符合以100mm为模数进级的原则，但其壁高应以100mm为模数进级。

4.1.9 一个矿井内巷道断面的形式与尺寸规格过多，给施工带来诸多不便，影响施工进度和工效。因此，在满足巷道不同使用功能的前提下，宜减少矿井内巷道断面的形式与净断面的尺寸规格。

4.2 人 行 道

4.2.1 煤矿井下巷道空间狭小，照明条件差，并有各种固定或移动的设施、设备和物件，为了确保巷道中行人的安全，必须设置无障碍、方便行人的专用人行道。

"人行道上不得有妨碍人员行走的任何设施和物件"有两层意思：一是人行道应该连续，而不应被妨碍人员行走的设施和物件所中断；除交岔点外，人行道也不应穿越轨道。二是不应有任何妨碍人员行走的设施和物件进入本规范第 4.2.2、4.2.3 条所规定的人行道的空间范围，因此，人行道的空间范围应按支护结构、运输设备、管线及其他设施的最突出部分计算。

4.2.2 井下人员穿胶鞋并戴安全帽的身高一般在1.8m以下，人行道的净高小于 1.8m 时，人员无法直立行走，既不方便，也使行人不得不特别注意防止头部受到碰撞，影响其发现和规避其他危险的能力。因此规定，人行道的净高不得小于 1.8m。

必须说明的是，本条是对巷道中人行道净高的最低要求。由于生活水平的提高，我国国民的身高也在增长，但考虑到种种原因，对巷道中人行道净高的最低要求数十年来没有修改。在实际的工程设计中，条件允许时可适当增加人行道的净高。

4.2.3 人行道的限界按矩形断面设计是最简单的。但对于拱形、圆形、马蹄形与梯形断面巷道，当人行道一侧为巷道侧帮时，人行道的限界按矩形断面设计可能导致巷道断面不必要的增大。由于人的身体最宽的部位是肩部，肩部的高度一般在 1.6m 以下；肩部以上的头、颈部宽度比肩部要小。对拱形、圆形、马蹄形与梯形断面巷道，当人的肩部及以下范围内人行道宽度满足本条要求时，肩部以上人行道的宽度虽然略小一些，但可以满足人员直立正面行走的要求。因此，本条只对净高 1.6m 范围内人行道的宽度作出规定。本条对净高 1.6m 范围以上人行道的宽度虽未作出具体规定，但根据本规范第 4.2.1 条"人行道上不得有妨碍人员行走的任何设施和物件"的规定，在净高 1.6m 范围以上的人行道，除拱形、圆形、马蹄形与梯形断面巷道可能因巷道侧帮形状的原因略小于净高 1.6m 范围内人行道的宽度外，不会有妨碍人员行走的任何设施和物件，不会影响行人的安全。

对人行道宽度的具体规定说明如下：

1 对人行道宽度的具体规定主要根据《煤矿安全规程》确定，但根据煤矿，特别是大、中型矿井的实际需要，补充了无轨运输、单轨吊运输和架空乘人器运人巷道的人行道宽度要求。

2 无轨运输在国内煤矿中使用时间不长，至今尚无与其相关的人行道宽度和安全间隙的规定。井下无轨运输车辆运行的情况和汽车在公路隧道中的行驶情况相同，但其运行速度远低于汽车在公路隧道中的行驶速度。由于没有轨道的约束，无轨运输车辆不可能严格地在设计的行车道内运行，偏离设计的行车道是不可避免的，而且巷道的侧帮还会给驾驶员带来恐怕与之冲撞的心理影响（公路部门称之为"侧墙效应"），行人也会因空间狭窄而有害怕被撞的心理压力，因此，无轨运输巷道内人行道与安全间隙应大于轨道运输巷道。由于车辆偏离行车道的幅度和"侧墙效应"的强度都与运行速度正相关，无轨运输巷道的人行道宽度与安全间隙的大小也应与运行速度成正相关。

非煤矿井使用无轨运输历史悠久，对无轨运输巷道的人行道宽度与安全间隙有明确规定。中国有色金属工业总公司标准《有色金属采矿设计规范（试行）》YSJ 019—92 规定，无轨运输巷道的人行道宽度不得小于 1.2m，安全间隙不得小于 0.6m。《有色金属矿山井巷工程设计规范（试行）》YSJ 021—93 规定，无轨运输巷道的人行道宽度不应小于 1.0m，安全间隙不应小于 0.6m。现行国家标准《金属非金属地下矿山安全规程》GB 16424—1996 规定，无轨运输巷道的人行道宽度不应小于 1.2m，安全间隙不应小于 0.6m。上述规定中的安全间隙，包括运输设备与侧帮和运输设备与顶部的支护或管线之间的安全间隙。

《公路隧道设计规范》JTG D70—2004 建筑限界的宽度由两大部分组成：主体部分宽度为车道宽度加上车道两侧的侧向宽度（安全宽度），在主体部分两侧设置人行道或检修道（不设人行道或检修道时设 25cm 的余宽），人行道或检修道（或余宽）高于主体部分 20～80cm。车道与侧向安全宽度均与设计行车速度成正相关：车道宽度最小值为 3.00m（时速 20km），最大值为 3.75m（时速 120km）；侧向安全宽度最小值为 0.25m（时速 20、30、40km），最大值为左侧 0.75m、右侧 1.25m（时速 120km）。人行道的宽度为 0.75m（时速 40km）与 1.00m（时速 60、80km）；检修道宽度 0.75m。无轨运输车辆在煤矿井下巷道中的行驶速度一般在 20km/h 左右，最大不超过 30km/h；搬运液压支架、采煤机等大件时速度一般小于 10km/h。地面汽车的最大宽度一般在 2.5m 左右，设计时速 20km 与 30km 的隧道，其车道宽度分别为 3.0m 与 3.25m，比车辆分别宽 0.5m 与 0.75m，据此计算，时速 20km 与 30km 的隧道中，人行道的实际宽度分别为 1.0m 与 1.13m，侧向安全宽度分别为 0.50m 与 0.63m。

根据煤矿井下无轨运输的实际情况和神东矿区的实践经验，并参考上述非煤矿井和公路隧道的规程、规范，本条规定运行无轨运输车辆的巷道内人行道的宽度不得小于 1.2m。综采矿井无轨运输巷道中运输设备的宽度一般按液压支架搬运车考虑，为 3.3～3.5m，而除液压支架搬运车外，其他无轨运输设备的宽度一般不超过 2.5m。因此，对其他无轨运输车辆而言，综采矿井中人行道宽度和安全间隙的实际值要大于本条规定的数值。

3 单轨吊和架空乘人器的运行速度较轨道运输低，但运行时有横向摆动。单轨吊运输和架空乘人器运人巷道人行道的宽度不得小于 1.0m 的要求是综合考虑上述因素制定的。

4.2.4 巷道断面的高度是按垂直于巷道底板的法线方向计算，人员行走时身体沿铅垂方向直立。对倾斜巷道而言，巷道法线方向和铅垂方向之间有一与巷道倾角相同的夹角，人行道的净高值按法线方向计算会使巷道高度大于需要值。倾角较小的斜巷，按法线方向计算人行道高度与按铅垂方向计算人行道高度对巷道高度的影响甚微，可以忽略；倾角较大的巷道则宜加以考虑，以避免不必要的浪费。

4.2.5 铺设有轨道的巷道，当水沟设于人行侧时，水沟及其盖板需要占用一定的空间，人行道的宽度除满足行人的要求外，还应保证在行人侧有足够的空间铺设轨道。当水沟净宽不大时，满足行人要求的人行道宽度，一般可满足轨道铺设的要求；但水沟净宽大于 500mm 时，为避免轨枕压到水沟上或影响水沟盖板的铺设，应根据轨道铺设的要求对人行道的宽度进行校核，必要时应加宽人行道。

4.3 运输巷道的净高与净宽

4.3.1 本条是对运输巷道净高与净宽的总要求。
4.3.2 对本条条文和表 4.3.2 说明如下：

1 巷道中人行道的高度与宽度要求，在"4.2 人行道"中已有规定，故本条不包括对人行道的要求。

2 除人行道外，运输巷道内为安全的目的而留设的间隙（空间），其具体功能大体有两类：一类是确保运输设备及所运送的物件不与巷道的顶、帮、支护结构、管线、设施设备等发生摩擦或碰撞，以保证运输安全和巷道内设施设备的安全；另一类是必须的检修、操作空间，以保障检修、操作工作的正常进行和检修、操作人员的人身安全。为便于对这两类功能不同的间隙（空间）的理解，本规范将其分别称之为"安全间隙"和"检修与操作空间"。

3 表 4.3.2 中各种安全间隙和检修与操作空间的数值，绝大部分根据《煤矿安全规程》的相关规定确定，并根据巷道断面与交岔点设计的实际需要增加了有关无轨运输、单轨吊运输系统和架空乘人器的内容。

4 关于无轨运输巷道的安全间隙，参见第 4.2.3 条的条文说明。需要补充说明的是，由于无轨运输设备在运行时可能因路面不平而发生上下颠簸，无轨运输设备与巷道顶部的支护、管线、设施之间的安全间隙应大于轨道运输。但采用无轨运输设备运送液压支架时，由于载重大，运行速度低，上下颠簸轻微，液压支架与巷道顶部的支护、管线、设备之间的安全间隙采用与轨道运输相同的数值是可行的。因此，表 4.3.2 中，采用无轨运输设备运送液压支架时，液压支架与巷道顶部的支护、管线、设备之间的安全间隙采用与轨道运输相同的数值 300mm。

5 单轨吊运输系统和架空乘人器的安全间隙，考虑了单轨吊和架空乘人器在运行时横向摆动的因素。

4.3.3 无论是轨道运输还是无轨运输，运输设备在巷道曲线段及与之相连的一定长度的直线段中运行时都会"超宽"，即运输设备外轮廓运行轨迹所形成的实际车道宽度超出直线巷道内的车道宽度。为保证该范围内运输设备两侧的人行道和安全间隙满足安全要求，此范围内的巷道应在直线部分正常值的基础上加宽。

4.3.4、4.3.5 轨道运输巷道曲线段运输设备两侧人行道与安全间隙的经验加宽值，是根据煤矿巷道可能采用的各种轨道曲线半径和运输设备的技术参数，按第 4.3.4 条所列的公式计算的超宽值，取其最大者并以 100mm 为模数取整确定的，经多年的设计实践证明是合适的。按经验加宽值确定轨道运输巷道曲线段运输设备两侧人行道与安全间隙的设计加宽值，方便、快捷，是煤矿井巷工程设计常用的方法。由于此数值比实际的超宽值偏大，为了缩小巷道宽度，必要时也可根据设计采用的轨道曲线半径和运输设备的技术参数，按第 4.3.4 条所列公式计算的运输设备超宽值取整确定。

无轨运输设备，无论是一段式结构，还是中间铰接的两段式结构，在曲线巷道中不可能严格地按设计的曲线半径在设计的曲线车道上运行，运输设备两侧人行道与安全间隙的实际超宽值难以准确地计算，也不一定要两侧加宽，加宽一侧可。其理论超宽值，可按以下两种极端情况计算：（1）运输设备外侧不超出车道的设计外缘时内侧的超宽值；（2）运输设备内侧不超出车道的设计内缘时外侧的超宽值。当曲线弧

长大于运输设备轴距时,上述两种情况的计算公式分别为:

$$\Delta_n = \left(R + \frac{B}{2}\right) - \sqrt{\left(R + \frac{B}{2}\right)^2 - \left(\frac{L}{2}\right)^2} \quad (1)$$

$$\Delta_w = \sqrt{\left(R + \frac{B}{2}\right)^2 + \left(\frac{L}{2}\right)^2} - \left(R + \frac{B}{2}\right) \quad (2)$$

式中 Δ_n——运输设备外侧不超出车道设计外缘时的内侧超宽值(mm);
Δ_w——运输设备内侧不超出车道设计外缘时的外侧超宽值(mm);
R——车道中心线的曲线半径(mm);
B——运输设备宽度(mm);
L——运输设备长度(mm),中间铰接的两段式结构设备为一段的长度。

无轨运输设备的宽度,液压支架运输车为3.3~3.5m,其他一般不超过2.5m。无轨运输设备的长度,一段式结构一般不超过5.0m;长度超过5.0m的液压支架运输车和其他设备一般采用中间铰接的两段式结构,每一段长度一般不超过5.0m。按长度为5.0m,宽度分别为3.5m、2.5m两种设备外形尺寸,用公式(1)、(2)计算的无轨运输设备在曲线段运行的超宽值见表1。

表1 无轨运输设备在曲线段运行的超宽值(mm)

行车道中心线曲线半径R(m)	支架运输车 $L \times B = 5.0m \times 3.5m$ 超宽值(内侧/外侧)	其他无轨运输设备 $L \times B = 5.0m \times 2.5m$ 超宽值(内侧/外侧)
4.5	—	572/520
5.0	480/448	522/481
6.0	414/393	445/419
7.0	365/350	389/370
8.0	326/315	344/330
9.0	295/286	310/300
10.0	269/263	282/274
11.0	248/243	258/252
12.0	229/225	238/234
13.0	213/210	221/218
14.0	200/197	206/204
15.0	188/186	193/191

表1中,液压支架搬运车当$R=5.0m$,其他无轨运输设备当$R=4.5m$时,设备内侧的转弯为半径3.25m,已接近设备允许的最小转弯半径,可视为无轨运输行车道中心线允许的最小曲线半径。

当行车道中心线曲线弧长小于设备轴距时,设备的超宽值要小于表1中的数值。

从上述计算结果可见,行车道中心线曲线半径越小,超宽值越大。当行车道中心线曲线半径不小于15m时,计算超宽值在200mm以内;当行车道中心线曲线半径不小于10m时,计算超宽值在300mm以内;当行车道中心线曲线半径小于10m时,液压支架运输车的计算超宽值在500mm以内,其他无轨运输设备的计算超宽值在600mm以内。第4.3.4条所列的无轨运输巷道曲线的经验加宽值(当两侧均加宽时,是两侧加宽值的总和),是参考上述计算结果,考虑实际超宽值与计算超宽值可能存在的差异,并根据神东矿区的实际经验确定的。

4.3.6 由于轨道运输设备在双轨巷道曲线段及与之相连的一定长度的直线段的两股轨道上运行时会"超宽",双轨巷道曲线段及与之相连的一定长度直线段的轨道中心距也必须随之加宽,否则就无法保证两股轨道上运行的运输设备及所运送的物件之间的安全间隙符合第4.3.2条的规定。

4.3.7 表4.3.7所列的双轨中心距,是根据运输设备及所运送的物件的宽度和两股道列车之间的安全间隙计算所得的结果以100mm为模数取整确定的,经多年的工程实践证明是合适的。其中:两股道列车之间的安全间隙,直线段按表4.3.2选取,曲线段按表4.3.2所列的数值和运输设备两侧安全间隙的计算超宽值之和选取。

4.3.8 表4.3.8所列的,与曲线段相连的直线段人行道、安全间隙和双轨轨道中心距加宽段的长度,是根据运输设备的技术参数取整确定的。

4.3.9 无轨运输巷道会让站若按运输设备车辆以正常速度运行会让设计并设人行道,巷道的净宽很大。由于煤矿井下无轨运输巷道车流量不大,运行速度低,运输设备会让时会让站刚好有行人通过的概率也不高,会让站按一辆车停车等候、另一辆车减速运行、会让时人员暂停通行的原则设计不会影响巷道的运输能力和安全,但可大幅度缩小巷道宽度。本条规定是基于上述理由并考虑神东等矿区的实践经验作出的。

5 锚喷支护

5.1 一般规定

5.1.1 《锚杆喷射混凝土支护技术规范》GB 50086—2001第1.0.2条明确规定,"本规范适用于矿山井巷、交通隧道、水工隧洞和各类地下工程锚喷支护的设计与施工。"因此,锚喷支护巷道围岩级别的划分应符合该规范的规定。

5.1.2 未采取防护措施的锚杆的杆体在空气和水的作用下会发生腐蚀而使锚杆的支护能力降低甚至失效。因此,永久性锚杆都应采取适当的防护措施。《土层锚杆设计与施工规范》CECS 22:90规定:使用年限大于2a的锚杆,应按永久性锚杆设计。本条规定是根据煤矿井巷工程的实际情况并参考《土层锚杆设计与施工规范》CECS 22:90做出的。

端头锚固型锚杆的杆体与孔壁间注满砂浆,简单易行,防腐蚀效果好,是煤矿井巷工程防止锚杆腐蚀的常用措施。

5.1.3 布置在容易自燃和自燃煤层中的开拓巷道，其服务年限长，巷道周帮裸露在空气中易发生煤层自燃。用喷射混凝土封闭煤层是为了防止巷道周边的煤层自燃。

5.2 锚喷支护类型与支护参数

5.2.1 本条说明如下：

1 随着锚喷支护技术的发展，锚喷支护已由联合使用锚杆和喷射混凝土（或砂浆）的支护方式逐渐演变成以锚杆、喷射混凝土为主，必要时增加其他加强支护措施的一类支护方式。在煤矿工程实践中，"锚喷支护"一般泛指以锚杆、喷射混凝土为主，必要时增加锚索、金属网、短钢梁、在喷射混凝土中添加钢纤维等增强材料的支护方式，也包括单独采用锚杆或喷射混凝土支护。

2 锚喷支护可以由锚杆、喷射混凝土、锚索、金属网、短钢梁等支护结构组合而成，这些支护结构的不同组合构成了锚喷支护的不同类型，因此，锚喷支护的类型很多。本条规定了选择锚喷支护类型的依据和各种不同条件的巷道宜选用的锚喷支护类型。

本条所列举的锚喷支护类型，是煤矿井巷工程常用的，经实践证明效果较好的锚喷支护类型。其中："锚喷网支护"是指锚杆、喷射混凝土和金属网组成的支护；"锚梁支护"是指锚杆和金属梁组成的支护；"锚网支护"是指锚杆和金属网组成的支护；"锚网梁支护"是指锚杆、金属梁和金属网组成的支护。

3 严格地讲，锚索并不是与锚杆相区别的另一种支护结构物，而是预应力锚杆的一种。国家标准《锚杆喷射混凝土支护技术规范》GB 50086—2001中也没有出现"锚索"一词。由于这种预应力锚杆的"杆体"采用高强度的柔性材料，其长度与锚固力均远大于一般的锚杆，而且成本高，并需要专用的施工机具，煤矿井巷工程中习惯称之为"锚索"，在其他行业的岩土工程中也广泛使用"锚索"一词，以区别于一般锚杆。因此，本规范在涉及锚喷支护的类型，并需要强调"锚索"加强支护的功能时，将采用高强度柔性材料、长度与锚固力均远大于一般锚杆的预应力锚杆称为"锚索"，以区别于一般锚杆；但不将锚索看作一个独立于锚杆之外的另一种支护结构，仅作为预应力锚杆的一种，在没有特别说明时，各条文中的"锚杆"一般均包括"锚索"。

5.2.2 本条的锚喷支护参数表（表5.2.2-1~5.2.2-5）说明如下：

表5.2.2-1~5.2.2-5是根据《锚杆喷射混凝土支护技术规范》GB 50086—2001和近几年煤矿井巷工程锚喷支护技术的发展，参考煤炭行业标准《煤矿矿井巷道断面及交岔点设计规范》MT/T 5024—1999的锚喷支护参数表编制的。表中的巷道围岩分级统一采用《锚杆喷射混凝土支护技术规范》GB 50086—2001规定的围岩分级；表的覆盖范围尽可能包括煤矿井下常用的锚喷支护巷道；在表的附注中写入了必要时可增加锚索、钢梁的说明。

喷射砂浆基本上无支护能力，不能视为一种支护结构物，但可充填岩体表面的节理、裂隙，并隔绝岩体与空气的接触，防止岩体风化。对围岩完整坚硬、无需喷射混凝土支护、但服务年限较长的巷道，常采用薄层喷射砂浆作为防止岩体风化的措施。因此，本条也将其列入相关的支护形式与参数表中。

本规范第3.1.2条第1款规定，"煤层顶板稳定性为中等及以上时，宜采用以煤层顶板为巷道顶板的矩形断面"，该款中的"煤层顶板稳定性为中等及以上"，是指锚喷围岩分级和工程岩体分级标准中的Ⅰ~Ⅲ级围岩，这是一般的要求。支护方式的选择要综合考虑各方面的因素。在煤矿中，当煤层顶板为Ⅳ级围岩时，以煤层顶板为巷道顶板的矩形断面煤巷（如：顶部留有顶煤的煤巷、构造破碎带处以煤层顶板为巷道顶板的煤巷）采用锚喷支护，有时可能是合适的，故矩形断面煤巷锚喷支护参数表（表5.2.2-3~5.2.2-5）都包括Ⅳ级围岩顶板；除回采巷道外，煤层顶板岩石为Ⅴ级围岩时采用矩形断面极不合理，因此，只有表5.2.2-5（矩形回采巷道）包括Ⅴ级围岩顶板。

使用本条的锚喷支护参数表时应注意：

1 锚喷支护由各种不同类型和规格的锚杆、喷射混凝土、金属网、金属梁等支护结构物中的一种或多种组合而成。在具体工程中采用的支护结构物的组合可以有多种选择，相应的支护参数亦有多种组合，而且煤矿井下巷道围岩条件复杂且变化较大，本条各表仅给设计提供了一个作为参考的支护参数。在实际的工程设计中，应根据工程的具体情况作必要的调整。

2 除了表中所列的锚深和间距这两项参数外，锚杆还有其他的技术参数和结构要求，表中不可能一一列出。在具体的工程设计中，应对锚杆的技术参数和结构要求作出详细的规定，以确保取得预期的支护效果。

3 由于煤层的岩体级别多数属于Ⅳ级，矩形断面煤巷的锚喷支护参数表（表5.2.2-3~5.2.2-5）均按巷道侧帮属Ⅳ级岩体编制，当煤层的围岩级别不属Ⅳ级时应调整支护参数。

5.2.3 锚杆的种类很多，但按其结构、作用原理和施工特点，大体可分为本条所列的4种类型：端头锚固型、全长黏结型、摩擦型和预应力锚杆。

在煤矿井巷工程中，端头锚固型、全长黏结型锚杆使用最多；除管缝锚杆外，其他摩擦型锚杆较少使用；除锚索外，其他预应力锚杆也极少使用。

5.2.4 端头锚固型锚杆的锚固力主要决定于锚头的锚固强度。本条规定是为了保证锚头有足够的锚固强度。

在Ⅳ、Ⅴ级岩体内，机械式锚头的锚固力无法得到保证，因此，机械式锚头应位于Ⅰ～Ⅲ级岩体内。根据《锚杆喷射混凝土支护技术规范》GB 50086—2001条文说明第4.2.3条，黏结型锚头可用于软岩（Ⅳ、Ⅴ级岩体）；但《煤矿安全规程》（2004年发布）第四十四条规定，"软岩使用锚杆支护时，必须全长锚固"，即不能使用端头锚固型锚杆。因此，本条要求包括黏结型锚头在内的所有端头锚固型锚杆都应位于Ⅰ～Ⅲ级岩体内。

5.2.5 足够的锚固力，是确保锚杆支护效果的必要条件。在工程设计中，应对锚杆的锚固力、锚索的锚固力与预拉力作出规定。因此，本条对锚杆的锚固力和锚索的预拉力提出了要求。

锚杆的设计锚固力不应小于50kN，是根据《锚杆喷射混凝土支护技术规范》GB 50086—2001对端头锚固型锚杆的锚固力要求提出的。煤矿井巷工程多年的实践表明，这一规定是合适的。

《锚杆喷射混凝土支护技术规范》GB 50086—2001未对预应力锚杆的锚固力或预拉力提出要求；但该规范的条文说明第4.2.5条指出，预应力锚杆是指预拉力大于200kN、长度大于8.0m的锚杆。在煤矿井巷工程实践中，锚索的预拉力多为100～200kN。为保证锚索应具备的加强支护功能，并考虑煤矿矿井的实际情况，本条规定锚索的设计预拉力不应小于100kN。

本条规定是对设计锚固力或预拉力的最低要求，在具体的工程设计中，应根据工程的具体情况，按照安全可靠、经济合理的原则合理确定锚杆（索）的锚固力（预拉力）。

5.2.6 系统锚杆是指在巷道周边按一定格式布置的锚杆群。所谓锚杆支护，实际上是系统锚杆支护，其布置是否合理，对支护效果影响极大。本条是对系统锚杆布置的要求。

本条所说的主结构面，对层状结构的岩体，是指岩体的层面；对块状结构的岩体，是指其主要的节理、裂隙面。锚杆与岩体主结构面成较大角度布置，能穿过更多的结构面，有利于提高结构面上的抗剪强度，使锚杆间的岩块相互咬合，充分发挥锚杆加固围岩的作用。

系统锚杆主要对围岩起整体加固作用。根据工程经验，为使一定深度的围岩形成承载拱（梁），锚杆长度必须大于锚杆间距的两倍。因此锚杆间距不宜大于锚杆长度的1/2。在Ⅳ、Ⅴ级围岩中，当锚杆间距大于1.25m时，锚杆间的岩块可能因咬合和联锁不良而导致掉块或坠落。因此，Ⅳ、Ⅴ级围岩中的锚杆间距宜采用0.5～1.0m，并不得大于1.25m。

5.2.7 本条规定是为了充分发挥锚杆材料的作用，提供有效的支护抗力，阻止不稳定岩块的坠落。

5.2.8 黏结型锚杆的破坏，在坚硬、较坚硬的岩体中，一般受胶结材料与杆体间的黏结强度控制；而在软弱岩体中，往往受胶结材料与岩面的黏结强度控制。故本条规定，黏结型锚杆锚固体长度的确定应同时验算两种不同情况的黏结强度。

5.2.9 锚杆杆体露出岩面的长度过大，不仅浪费材料，不美观，也影响行人和管线布置，根据煤矿矿井井巷工程的多年实践，锚杆杆体露出岩面的长度不应大于50mm。

5.2.10 本条规定是为了保证喷射混凝土的支护质量。

1 喷射混凝土的收缩较大，其厚度小于50mm时，喷层中粗骨料的含量甚少，致使喷层易收缩开裂。同时，喷层过薄也不足以抵抗岩块的移动，常出现局部开裂或剥落。有关部门对喷射混凝土支护使用情况的调查结果表明，喷射混凝土支护层产生局部开裂或剥落者，其厚度多在50mm以下，因此，无金属网时喷射混凝土的厚度应不小于50mm。

2 由于巷道周边的开凿表面凹凸不平，铺设的金属网不可能与岩面保持某一设定的距离。多年的工程实践表明，在有金属网的情况下，喷射混凝土支护层厚度小于100mm时，难以保证金属网有足够的混凝土保护层厚度，甚至出现金属网露出喷射混凝土支护层的现象。因此，有金属网时喷射混凝土的厚度应不小于100mm。

3 根据锚喷支护原理，喷射混凝土支护层应具有一定的柔性。无金属网时喷层厚度超过200mm，有金属网时喷层厚度超过250mm时，其柔性大为降低；特别是在软弱围岩中作初期支护时，喷层过厚会产生过大的形变压力，易导致喷层出现破坏。因此，喷射混凝土厚度应不大于200mm或250mm。当喷层不能满足支护抗力时，应采用锚杆予以加强。

4 本条规定含水岩体中喷射混凝土的厚度应不小于80mm，是为了控制外水内渗，以保证喷层良好的工作条件。

5.3 锚喷支护材料

5.3.1 锚杆杆体材料的选择必须满足支护要求、而且材料来源广、便于施工、成本低。本条关于锚杆杆体材料的规定，是按照上述原则和煤矿井巷工程的支护实践作出的。

随着材料技术的发展，各种新的工程材料不断出现。玻璃钢等新型锚杆材料在工程中已有使用。由于支护的可靠性涉及矿井安全，对新型锚杆材料在煤矿井巷工程中使用应秉持既积极又慎重的态度。本条关于采用其他材料（如玻璃钢）作杆体的规定正是基于上述考虑制定的。

5.3.2 锚固材料的选择，直接影响全长黏结型锚杆和端头锚固型锚杆的锚固力和支护的及时性。本条对锚杆、锚索的锚固材料的规定，是为了确保锚杆的锚固力和支护的及时性。

5.3.3 端头锚固型锚杆，煤矿井巷工程中曾使用过多种材料和尺寸的托板。多年的实践表明，Q235钢制托板，强度高，重量轻，加工方便，是较为理想的锚杆托板。规定其厚度不小于6mm，尺寸不小于150mm×150mm，是为了保证托板有足够的强度。

5.3.4 根据煤矿井巷工程的实践经验，与锚杆共同使用的钢梁，采用W型钢带、槽钢或钢筋梯，支护效果较好，而且材料来源广、加工与施工方便。

5.3.5 本条说明如下：

对金属网的要求：

1 金属网必须有一定的柔性，才能使之较好地适应巷道断面的要求。Ⅱ级及以上的钢筋刚度过大，柔性不够，因此，规定宜采用Q235（Ⅰ级）钢筋制作，或采用符合要求的煤矿井下假顶用金属网。

2 喷射混凝土中设置金属网，其主要作用是提高喷射混凝土的整体性，防止收缩，使混凝土中的应力均匀分布，并提供一定的抗剪强度，有利于抵抗岩石塌落和承受冲击荷载。钢筋一般按构造要求设计，故钢筋直径宜为4～12mm。钢筋网距过小，喷射混凝土回弹大，且钢筋与壁面之间易形成空洞，不能保证混凝土的密实度；钢筋网距过大，将削弱钢筋在喷射混凝土中的作用。根据煤矿井巷工程的实践经验，网距以100～200mm为宜。

3 不与喷射混凝土共同使用的金属网，其主要作用是抵抗岩石塌落，采用与喷射混凝土共同使用的金属网相同的金属网，或符合要求的煤矿井下假顶用金属网均可。

对塑料网的要求：

塑料网不与喷射混凝土共同使用，其主要作用是抵抗岩石塌落，除要保证有一定的强度外，还应满足煤矿井下防火等特殊要求，因此，必须采用符合要求的煤矿井下假顶用塑料网。

5.3.6 本条说明如下：

1 喷射混凝土的强度等级是决定其力学性能和耐久性的重要指标，对支护结构的工作性能和使用效果关系重大，根据《锚杆喷射混凝土支护技术规范》GB 50086—2001和煤矿井巷工程的实践经验，不应低于C20。

2 喷射砂浆基本上没有什么支护功能，其主要作用是防止围岩风化。但强度等级过低的砂浆，其耐久性不够。根据煤矿矿井的实践经验，强度等级不应低于M10。

3 为防止巷道渗水、淋水，含水岩层中喷射混凝土应采用防水混凝土。本条规定含水岩层中喷射混凝土的抗渗强度不应小于0.8MPa，是参考国家标准《地下铁道设计规范》GB 50157—2003关于防水混凝土的相关规定制订的。

6 拱碹支护

6.1 一般规定

6.1.1 本条说明如下：

影响岩石工程支护的因素大体可分为自然因素与工程因素两大类。工程因素是由人的生产活动决定或产生的，包括岩石工程的功能要求、断面形状、尺寸、服务年限、采动影响等。自然因素是指岩体的基本质量，是岩体所固有的、影响工程岩体稳定性的最基本属性，主要由岩石坚硬程度和岩体完整程度所决定。因此，以岩体所固有的、影响工程岩体稳定性的最基本属性为依据的围岩分级，是岩石工程支护设计的基础。为满足工程设计与施工的需要，各行业纷纷提出了适用于本行业的以岩体稳定性为基础的围岩分级（类）标准或方案。

煤矿井巷工程的围岩分级（类）一直采用以普氏系数（f）为依据的围岩坚固性分类法。该法简单、方便，但由于普氏系数（f）主要以岩石的单向抗压强度为依据确定，未考虑岩体完整性对岩体稳定性的影响，不能准确地反映岩体的稳定性，作为井巷工程支护设计的依据可靠性差，不能满足煤矿井巷工程设计、施工的需要。因此，采用锚喷支护的煤矿井巷工程早已采用以围岩稳定性为基础的锚喷围岩分级；原煤炭工业部针对煤矿回采巷道提出了《缓倾斜、倾斜煤层回采巷道围岩稳定性分类方案》，并于1988年发布试行。该方案采用了以围岩稳定性为基础的围岩分类。原煤炭工业部主编的国家标准《矿山井巷工程施工及验收规范》GBJ 213—90也提出了以围岩稳定性为基础的围岩分类方案。综上所述，煤矿井巷断面和交岔点设计也应改用以围岩稳定性为基础的围岩分级（类）。

为建立统一的评价工程岩体稳定性的分级方法，为岩石工程建设的勘察、设计、施工和编制定额提供必要的基本依据，国家技术监督局和建设部于1994年联合批准发布了适用于各类型岩石工程的岩体分级国家标准《工程岩体分级标准》GB 50218—94。该标准将工程岩体按其基本质量分为5级。岩体基本质量是岩体所固有的、影响工程岩体稳定性的最基本属性，由岩石坚硬程度和岩体完整程度所决定。根据该标准第1.0.2条及条文说明，该标准适用于包括矿井、巷道在内的各类型岩石工程。

基于上述理由，本条规定，拱碹支护巷道的围岩分级应符合国家标准《工程岩体分级标准》GB 50218的规定。

6.1.2 本条有两层意思：一是碹体与巷道顶、帮之间的间隙或孔洞必须充满填实；二是充填这些间隙或孔洞的材料必须采用不燃物。

砌筑砌体拱碹时，碹体与巷道顶、帮之间必须留有操作间隙；浇筑混凝土或钢筋混凝土拱碹时，碹体与巷道顶部岩石之间也不可避免地会有充填不实的间隙或孔洞。这些间隙或孔洞使碹体不能与围岩紧密接触，导致碹体不能有效地控制围岩的变形与破坏。若巷道在构筑拱碹之前发生过冒顶，碹体顶部还会出现较大的空隙，巷道顶部围岩再发生掉块时将对碹体拱部产生冲击，严重时甚至造成碹体拱部破坏。因此，碹体与巷道顶、帮之间必须充满填实。为了避免充填物中有可燃物而产生自燃，充填料必须采用不燃物。

6.1.3 拱碹基础的作用是将拱碹所承受的矿压和拱碹的自重传递给地基，并阻止拱碹墙脚的侧向位移，因此，拱碹应设置基础。本条关于基础厚度与深度的规定是根据煤矿井巷工程多年的实践经验做出的。

6.1.4 混凝土拱碹与钢筋混凝土拱碹属混凝土结构，砌体拱碹属砌体结构。因此，其设计除应符合本规范外，尚应分别符合现行国家标准《混凝土结构设计规范》GB 50010 和《砌体结构设计规范》GB 50003 的规定。

6.2 拱碹类型与支护参数

6.2.1 本条规定了选择拱碹类型的一般原则。

拱碹的类型可按拱碹的断面形状或构筑材料划分。由于拱碹的断面形状决定于巷道的断面形状，本规范的拱碹类型是指按构筑材料划分的类型。煤矿常用的拱碹类型有混凝土拱碹、钢筋混凝土拱碹、砌体拱碹、混合结构拱碹 4 种。

20 世纪 80 年代以前，我国煤矿生产方式以劳动密集型为主，煤矿规模小、巷道断面小，而且钢材、水泥价格相对较高，料石砌筑的砌体拱碹具有取材方便、成本低廉的优点，因而成为煤矿井巷拱碹的主要类型。随着我国国民经济的发展和煤炭工业的技术进步，砌体拱碹成本低廉的优点日渐淡化，而支护强度低、工人劳动强度大、施工机械化程度低、施工进度慢等缺点日益突出，因而使用愈来愈少。和砌体拱碹相比，混凝土拱碹支护强度大、工人劳动强度小、可采用机械化施工、施工进度快，已逐渐成为煤矿矿井巷道拱碹的主要类型。因此，本条规定，一般巷道宜采用混凝土拱碹。

钢筋混凝土拱碹的造价高，但其支护强度远高于同等厚度的混凝土拱碹，特别适用于跨度大、矿压大或不均匀的巷道，因此，跨度大、矿压大或矿压不均匀的巷道宜采用钢筋混凝土拱碹。

在大面积淋水的巷道中，淋水会带走混凝土中的水泥而大幅度降低混凝土的强度。由于混凝土凝固后其强度增长缓慢，混凝土、钢筋混凝土拱碹不能立即承载。因此，混凝土、钢筋混凝土拱碹不应用于有大面积淋水，或要求拱碹及时承压的巷道中。采用砌体拱碹时，由于巷道淋水呈无压状态在重力作用下沿碹体与围岩之间的间隙向下流动，虽然也可能会带走体拱部砌缝砂浆中的少量水泥，但对其支护能力不会产生明显的影响，而淋水对墙体砌缝砂浆的冲刷很小，基本不会影响墙体的支护能力，因而，砌体拱碹可以用在大面积淋水的地点。而且，砌体拱碹在砌筑完毕后立即具有承载能力。因此，巷道有大面积淋水，或要求拱碹及时承压时，应采用砌体拱碹。

和单层块砌体拱碹相比，砌筑双层砌体拱碹的劳动强度更大、施工进度更低，而且外层砌体的砌筑质量往往难以保证，一般不宜采用。因此，需采用砌体拱碹支护的巷道，当单层砌体拱碹支护强度不能满足要求时，宜采用外层为砌体，内层用混凝土、钢筋混凝土浇筑的混合结构拱碹。

6.2.2 本条表 6.2.2 说明如下：

1 本表是根据国家标准《工程岩体分级标准》GB 50218—94 和近几年煤矿井巷工程锚喷支护技术的发展，参考煤炭行业标准《煤矿矿井巷道断面及交岔点设计规范》MT/T 5024—1999 中"表 6.2.4 半圆拱形砌碹巷道支护厚度"编制的。

2 本表的围岩分级执行国家标准《工程岩体分级标准》GB 50218—94 的规定，但由于在本规范编制之前尚无按国家标准《工程岩体分级标准》GB 50218—94 规定的围岩分级确定巷道拱碹厚度分级的实例，本表主要参考煤炭行业标准《煤矿矿井巷道断面及交岔点设计规范》MT/T 5024—1999 中"表 6.2.4 半圆拱形砌碹巷道支护厚度"（以下简称"煤炭行业标准表 6.2.4"），根据两种不同围岩分级的主要分级指标，经综合分析、研究编制的。表中Ⅴ级围岩的拱碹厚度略大于煤炭行业标准表 6.2.4 中，$f=2\sim3$ 围岩的拱碹厚度；Ⅳ级围岩的拱碹厚度基本相当于煤炭行业标准表 6.2.4 中，$f=2\sim3$ 围岩的拱碹厚度；Ⅲ级围岩的拱碹厚度略大于煤炭行业标准表 6.2.4 中，$f=4\sim6$ 围岩的拱碹厚度；Ⅱ级围岩的拱碹厚度介于煤炭行业标准表 6.2.4 中，$f=4\sim6$ 与 $f=7\sim10$ 的拱碹厚度之间；Ⅰ级围岩的拱碹厚度基本相当于煤炭行业标准表 6.2.4 中，$f=7\sim10$ 围岩的拱碹厚度。

3 双层结构的砌体拱碹技术落后（详见第 6.2.1 条条文说明），大中型矿井已极少使用，因此，本表中不再出现双层结构砌体拱碹，砌体拱碹的支护厚度以 350mm 为上限。混凝土拱碹厚度若超过 500mm，技术、经济均不合理，应改用钢筋混凝土拱碹，因此，混凝土拱碹的厚度以 500mm 为上限。

6.3 拱碹支护材料

6.3.1 由于煤矿井下混凝土的制作条件与浇筑条件均较差，而煤矿井下巷道支护的可靠性要求较高，构筑拱碹的混凝土的强度等级应高于一般的混凝土结构的强度等级。根据近十几年煤矿井巷工程的实践，并参考《公路隧道设计规范》等相关行业的标准，本条规定混凝土拱碹的混凝土的强度等级不应低于C20，钢筋混凝土拱碹的混凝土的强度等级不应低于C25，高于现行国家标准《混凝土结构设计规范》GB 50010—2002 的要求。

6.3.2 由于煤矿井下巷道空间狭小，Ⅱ级以上钢筋和直径超过25mm的钢筋因刚度太大在井下使用十分困难，因此，本条规定钢筋混凝土拱碹的钢筋宜采用HPB235（Ⅰ级）、HRB335（Ⅱ级）钢筋；受力钢筋的直径宜不超过 25mm。

6.3.3 本条说明如下：

1 按砌体拱碹的结构特点，拱碹的墙体应采用长方体砌块；拱部砌块的几何形状以底面为等腰梯形的四棱柱体（即所谓"扇形"）最佳，长方体也可。由于"扇形"砌块加工较复杂，煤矿井巷拱碹的拱部也多采用长方体砌块。因此，规定砌体拱碹砌块的几何形状应为长方体、底面为等腰梯形的四棱柱体。

砌块的尺寸愈小，则砌缝愈多，砌筑工作量大；而且由于砂浆强度小于砌块强度，砌缝愈多，砌体的整体强度愈低，反之亦然。因此，砌块的尺寸不宜过小。砌块重量大于 40kg 时，砌筑拱碹的劳动强度过大，施工困难。因此规定，砌块的边长不应小于 200mm，重量不应超过 40kg。煤矿井巷工程多年实际使用的砌块尺寸一般为：300mm×250mm×200mm 和 350mm×200mm×200mm。

2 预制混凝土砌块的强度等级不应低于 MU30，是根据煤矿井巷工程多年的实践规定的。

3 料石的选材和加工质量对于保证料石拱碹的质量极为重要。本条关于料石的规定，其目的就是为了保证料石拱碹的质量。在用砂岩制作料石时，应特别注意砂岩的胶结类型。泥质胶结的砂岩一般遇水软化，不能选用。根据煤矿井巷工程多年的实践，料石的强度等级不应低于 MU40。细料石砌筑的拱碹质量最好，但细料石加工费用高，用于煤矿井下巷道拱碹不经济。煤矿井下巷道拱碹多采用粗料石或毛料石砌筑。料石叠砌面的凹入深度过大，不仅增加砂浆用量，也会影响砌体的强度，因此，本条对叠砌面的凹入深度做出了规定。

6.3.4 砂浆的强度对砌体的强度有直接影响，本条对砌筑拱碹的砂浆强度等级的规定，是根据煤矿井巷工程多年的实践做出的。

6.3.5 碹体与巷道顶、帮之间的充填物不是承载结构，有一定的强度即可。根据煤矿井巷工程的实践经验，强度等级为C10的混凝土、不含可燃物的矸石或毛石均可满足要求。

7 金属支架支护

7.1 一般规定

7.1.1 本条说明如下：

1 煤矿井巷断面和交岔点设计原则上应符合国家标准《工程岩体分级标准》GB 50218。其理由详见第 6.1.1 条的说明。

原煤炭工业部提出的《缓倾斜、倾斜煤层回采巷道围岩稳定性分类方案》，除对煤矿缓倾斜、倾斜煤层回采巷道围岩按其稳定性进行分类外，还提出了不同类别围岩宜采用的金属支架类型与参数，对缓倾斜、倾斜煤层回采巷道金属支架的选型与设计有一定的指导意义。

因此，本条规定，金属支架支护巷道的围岩分级，缓倾斜、倾斜煤层回采巷道可采用《缓倾斜、倾斜煤层回采巷道围岩稳定性分类方案》，其他巷道应符合国家标准《工程岩体分级标准》GB 50218。

2 《缓倾斜、倾斜煤层回采巷道围岩稳定性分类方案》。该方案以顶板单轴抗压强度 $\sigma_{顶}$、煤层单轴抗压强度 $\sigma_{煤}$、底板单轴抗压强度 $\sigma_{底}$、直接顶厚度与采高比值 N、巷道埋深 H、护巷煤柱宽度系数 W（与护巷煤柱宽度 X 相关）、岩体完整性指数 D（直接顶初次垮落步距 L）等 7 项作为分类指标，采用模糊聚类分析方法，将缓倾斜、倾斜煤层回采巷道围岩稳定性分为非常稳定（Ⅰ类）、稳定（Ⅱ类）、中等稳定（Ⅲ类）、不稳定（Ⅳ类）和极不稳定（Ⅴ类）5 类。确定围岩类别的过程包括分类指标原始数据的预处理、数据标准化、分类指标加权处理、标定及聚类等 5 个步骤，主要工作借助计算机完成。

7 个分类指标的权值见表 2。

表 2 分类指标权值

指标	顶板强度 $\sigma_{顶}$	煤层强度 $\sigma_{煤}$	底板强度 $\sigma_{底}$	直接顶厚度与采高比值 N	巷道埋深 H	煤柱宽度系数 W	岩体完整性指数 D
权值	0.11	0.03	0.21	0.11	0.122	0.3	0.118

分类指标按照以下规定选取：

（1）三个围岩强度指标 $\sigma_{顶}$、$\sigma_{煤}$、$\sigma_{底}$：

围岩强度是指围岩的单向抗压强度，单位为 MPa。顶板强度取两倍巷道高度范围内的各层岩石强度的加权平均值，底板强度取一倍巷道高度范围内的各层岩石强度的加权平均值。

（2）埋深 H：

巷道埋深是指巷道所在位置距地表的深度，单位为 m。

（3）岩体完整性指数 D：

岩体完整性指数 D 以直接顶初次垮落步距 L 表示，单位为 m。初次垮落步距是：冒高大于 1.0～1.5m，冒落长度大于工作面全长的 1/2，从开切眼的煤柱侧到工作面切顶排柱之间的距离。如果工作面长度不足 80m 时，可取等效步距即：

$$L = \frac{a \times b}{a+b} \quad (3)$$

式中 a——工作面长度（m）；
$\quad\quad b$——直接顶初次垮落步距（m）。

对生产矿井，L取值可参考同一煤层其他工作面直接顶初次垮落步距值。对于未开采煤层和新建矿井，L值可参考表3选取。

表3 直接顶初次垮落步距参考数据

岩性及强度特征	直接顶初次垮落步距 L（m）	备注
页岩及低强度粉砂岩	<8～10	
一般砂质页岩	12～15	
层理不发育厚层砂页岩或厚层砂岩	15～20	开滦、淮南
厚度4～5m细粒及中粒砂岩	25～30	开滦、阳泉
厚度大于8～10m的砂岩	50～60	大同
高强度的矽质砂岩	60～70	北京

（4）直接顶厚度与采高比值 N：

可从地质柱状图中直接量取直接顶厚度，但应根据具体条件分析直接顶的范围。直接顶是直接位于煤层或伪顶之上，强度小于60～80MPa，一般随回柱而冒落的岩层。当 N 大于4时，取 N 等于4。

（5）护巷煤柱宽度 X：

护巷煤柱宽度 X 是指顺槽侧的实际煤柱宽度，单位为m。当巷道两侧为实体煤时，取 X 为100m；当无煤柱护巷时，取 X 为零。

7.1.2 金属支架的支腿要承受来自巷道侧帮的水平压力。本条规定是为了保证支腿足够的抵抗巷道侧帮水平压力的能力。

7.1.3 在金属支架间设置牢固的撑杆或拉杆，可以使互不联系的平面结构支架变成一个相互联系的立体支撑结构，加强其沿巷道轴线方向的稳定性和整体支护能力。

支架与巷道顶、帮之间用背板和楔子塞紧背实，既能确保支架架设牢固，又可实现对围岩的及时支撑，有效地控制围岩的变形与破坏。可缩性金属支架的卡缆（可缩性连接装置）用机械或力矩扳手拧紧，是为了确保支架有足够的初撑力，及时有效地控制围岩的变形与破坏。在具体的工程设计中，应对撑杆、拉杆、背板的结构及其布置做出规定。

7.1.4 裸露的金属支架及其附件在空气和水的作用下会发生腐蚀，导致承载能力降低。因此，服务年限较长的金属支架及其附件应采取防腐蚀措施。

7.2 金属支架类型与支护参数

7.2.1 本条规定了选择金属支架类型的依据和一般原则。

按支架是否具有可缩性，金属支架分为可缩性金属支架与刚性金属支架两种类型。回采巷道、受动压影响的准备巷道，以及围岩条件差、矿压大的巷道，巷道的变形较大，因此应选用可缩性金属支架支护。

7.2.2 巷道的支架与围岩是一个矛盾的统一体。巷道开挖后围岩的应力变化以及由此而产生的围岩变形与破坏，和支架的支护抗力与收缩性能之间互相作用，形成矛盾统一的关系。初撑力过小、允许变形量过大的支架不能有效地阻止围岩变形、破坏；但支架的允许变形量过小将导致围岩对支架的压力急剧升高，致使支架损坏而失去阻止围岩变形、破坏的能力。只有支护特性（主要是支护抗力和允许变形量）与围岩条件和矿压特点相适应的支架，才能取得最佳的支护效果。因此，本条规定，可缩性金属支架的最大允许变形量应与围岩条件和矿压特点相适应。

7.2.3 金属支架及其支护参数的设计，无矿压观测资料时宜采用工程类比法，有矿压观测资料时应根据矿压观测资料设计。其理由见本规范第1.0.4条的条文说明。

表7.2.3是根据原煤炭工业部提出的《缓倾斜、倾斜煤层回采巷道围岩稳定性分类方案》中的相关表格编制的，表中的围岩分级采用《缓倾斜、倾斜煤层回采巷道围岩稳定性分类方案》中的围岩分类，但本规范将"分类"改称为"分级"。该表对无矿压观测资料的缓倾斜、倾斜煤层的回采巷道有一定的参考价值。因此，无矿压观测资料的缓倾斜、倾斜煤层的回采巷道的金属支架的类型，以及支护强度、支架间距、可缩量等参数，可按该表选取。

7.2.4 煤炭行业标准《巷道金属支架系列》MT 143—86，是在对国内外使用金属支架的经验进行理论分析、计算和科学实验的基础上提出，经多次全国性会议讨论修改后完成的，反映了煤矿井巷护多年的相关研究成果和工程实践经验。该标准包括了9种架型131种规格的支架，其内容包括支架的结构及参数、设计计算方法、承载能力计算、支架的选择方法与步骤等，并附有支护钢材的材质、规格与参数，以及卡缆、拉杆、背板和配套机具等资料，对金属支架的设计有重要的参考价值，也可用于金属支架的选型。因此，本条规定，选用定型金属支架时应符合该标准。但该标准编制时间较早，未能反映煤矿矿井巷道金属支架最新的技术发展成果，也不可能完全符合现行规程规范的要求，在使用时应注意吸收最新的技术发展成果和经验，并要满足现行规程规范的要求。

7.3 金属支架材料

7.3.1 矿用工字钢和矿用U型钢是煤矿井下支护的专用钢材。和普通工字钢相比，矿用工字钢具有翼缘宽、高度小、腹板厚的特点，稳定性能好，更能适应井下复杂多变的受力情况。矿用U型钢的特殊截面形状使其具有良好的搭接性能，专门用于制造可缩性支架。煤矿井巷工程多年的实践表明，矿用工字钢和矿用U型钢力学性能好、加工制作方便、材料来源广，是制作金属支架的理想钢质型材。两者相比，矿用工字钢价格便宜，但难以制作成可缩性结构；U型钢的优缺点则正好与之相反。因此，不需要可缩性结构的刚性金属支架和梯形可缩性金属支架的顶梁，宜选用矿用工字钢制作；拱形、马蹄形可缩性金属支架和梯形可缩性金属支架的支腿必须具有可缩性，宜选用矿用U型钢制作。

7.3.2、7.3.3 矿用工字钢的型号有新旧两种。旧型号矿用工字钢有9号、11号、12号3个型号；煤炭科学研究总院北京开采所设计的新型矿用工字钢型号为16H、24H、28H，其抗弯截面模量与承载能力分别相当于9号、11号、12号矿用工字钢，但重量较轻，耗钢量较小。矿用U型钢的型号有18U、25U、29U、36U 4种。由于9号、16H矿用工字钢和18U矿用U型钢抗弯截面模量小，承载能力低，一般不宜用于制作金属支架。煤炭行业标准《巷道金属支架系列》MT 143—86中的支架也没有采用9号矿用工字钢和18U矿用U型钢。因此，规定制作金属支架的矿用工字钢宜选用11号、12号，或24H、28H；制作金属支架的矿用U型钢宜选用25U、29U、36U。

7.3.4 支架附件是金属支架不可缺少的组成部分，其材料应符合强度大、耐腐蚀、加工运送与安设方便的要求，而且材料来源广、价格便宜。本条规定就是根据上述要求和煤矿井巷工程的实际经验做出的。煤矿井巷工程也曾使用过木质撑杆、木质背板和钢筋混凝土背板。由于木质撑杆与木质背板强度低，易腐朽，钢筋混凝土背板加工不便，运送时易损坏，因此不宜采用。

8 联合支护和全封闭支护

8.1 联合支护

8.1.1 联合支护是联合采用锚喷支护和支架，或采用两种及两种以上支架共同维护围岩稳定的支护形式。当单一支护方式技术上、经济上不合理时，采用联合支护往往是必要的。随着煤矿井巷支护技术的发展，在围岩条件复杂或断面较大的巷道中采用联合支护已愈来愈多。

在煤矿井巷中，联合支护一般由锚喷、拱碹、金属支架三种支护中的两种或三种组成。

当金属支架与混凝土拱碹或喷射混凝土联合使用时，金属支架有时是作为初次支护，同时作为骨架对混凝土拱碹或喷射混凝土起加强作用，有时则仅作为混凝土拱碹或喷射混凝的加强骨架使用。当金属支架不作为初次支护，仅作为混凝土拱碹或喷射混凝土的加强骨架使用时，背板没有任何作用，因而可不设置背板，也可采用钢筋制作的格栅钢架（格栅状支架）。对制作格栅钢架的钢筋直径的规定，是参考现行交通行业标准《公路隧道设计规范》JTG D70—2004制定的。

8.1.2 新奥法由国际著名工程地质学家L.缪勒教授（奥地利人）提出，它以充分发挥围岩自承能力为基本原理，以锚喷支护及复合柔性支护为主要特征，是一个完整的动态设计与施工的概念，特别适合围岩条件复杂或大断面岩石工程的设计与施工。巷道联合支护一般用在围岩条件复杂或断面较大的巷道中，应按新奥法的原则设计。根据新奥法的原则，及时施工、及时承载，有效地控制围岩的初期变形与松动，并具有与围岩条件相适应的可缩性的初次支护至关重要，因此，应合理确定初次支护的方式与参数，使其有效地控制围岩的初期变形与松动。煤矿井巷工程的实践证明，无大面积淋水的巷道，锚喷支护往往是最合适的初次支护。

8.2 全封闭支护

8.2.1 煤矿巷道支护一般只对巷道顶板和侧帮进行支护，而全封闭支护则对巷道顶板、侧帮和底板全部进行支护，形成全封闭的支护断面结构，主要用于底板松软、有底鼓的巷道。本条规定了煤矿巷道全封闭支护的类型。

本条中的整体式完全支架是指带底拱的拱碹，杆件式完全支架是指带底梁的金属支架。

8.2.2 需要采用全封闭支护的巷道，围岩条件差，巷道变形一般较大，因此，全封闭支护应具有可缩性，其允许的最大收缩量应与围岩条件相适应（参见本规范第7.2.2条条文说明）。

8.2.3 带底拱的直墙半圆拱形、曲墙半圆拱形、马蹄形拱碹和圆形拱碹，是较常用的整体式完全支架。

带底拱的直墙半圆拱形拱碹施工较简单、方便，但抗侧压能力小，仅用于无明显侧压的巷道。

带底拱的曲墙半圆拱形拱碹施工较带底拱的直墙半圆拱形拱碹复杂，但比带底拱的马蹄形拱碹和圆形拱碹简单；断面利用率也介于带底拱的直墙半圆拱形拱碹、马蹄形拱碹和圆形拱碹之间，并有一定的抗侧压能力。因此，带底拱的曲墙半圆拱形拱碹适用于有侧压，但侧压较小的巷道。

带底拱的马蹄形拱碹与圆形拱碹施工复杂，断面利用率低，但承压性能好，适用于围岩条件很差，顶压、侧压、底压均较大的巷道。

8.2.4 规定底拱与侧墙宜采用小半径圆弧圆滑连接，是为了避免围岩和碹体的急剧弯曲和棱角，减少围岩和碹体的应力集中。

8.2.5 全封闭支护的巷道，其支护结构的底部呈拱形，必须将其充填形成平整的巷道底板，才能正常使用。采用混凝土充填，施工方便、快捷。由于充填材料主要起充填作用，对其强度没有特别要求，其强度等级C10较为适宜。当此类巷道需要铺底时，充填体与铺底采用不同的强度等级的混凝土将使施工复杂化，如果扣除铺底后剩余的充填面积不大，为方便施工，充填混凝土可采用与铺底相同的强度等级。

9 巷道交岔点

9.1 一般规定

9.1.2 交岔点的巷道断面形状若与相连巷道的断面形状不同，则在联接处要用变断面的巷道过渡，使设计和施工复杂化，因此，交岔点的巷道断面形状应与相连巷道的断面形状相同。当交岔点相连巷道采用不同的断面形状时，交岔点的巷道断面形状不可能做到与相连巷道的断面形状都相同，此时，只能要求交岔点的巷道断面形状与主巷的断面形状相同。

9.1.3 交岔点的结构形式有牛鼻子交岔点和穿尖交岔点两种。本条规定了选择交岔点结构形式的原则。

牛鼻子交岔点的两条巷道在交岔处合并成一个拱形断面，其高度与宽度逐渐变化，断面的承压性能好，适用于各种围岩条件，但交岔点工程量大、施工复杂。穿尖交岔点的两条巷道在交岔处自然相交，工程量小、施工简单。但拱形巷道的穿尖交岔点，交岔处断面的顶部呈"M"形，承压性能差，仅用于围岩条件很好，且分岔巷道断面宽度小的拱形巷道交岔点。因此，拱形断面宜选用牛鼻子交岔点。矩形、梯形断面巷道选用穿尖交岔点时，交叉处断面的顶部仍是一条水平直线，断面的承压性能和一般的矩形、梯形断面没有区别，只是为满足运输设备运行的需要，交岔点处巷道的宽度大于两交岔巷道的正常宽度；若选用牛鼻子交岔点，则需要改变断面形状，有时还要改变支护方式，工程量大、施工复杂。随着锚喷技术的发展，采用锚喷支护的矩形断面巷道选用穿尖交岔点日益增多；采用金属支架支护的梯形断面巷道穿尖交岔点也可采用锚杆、锚索加强支护。因此，矩形、梯形断面宜选用穿尖交岔点。

9.2 交岔点平面设计

9.2.1、9.2.2 条文说明如下：

1 道岔的分岔线路是曲线轨道，运输设备通过道岔的分岔线路是在曲线轨道上运行，因此，在道岔的分岔线路及与之相连的直线轨道处两侧的人行道和安全间隙，以及双轨的中心距，均应在直线巷道正常值的基础上加宽。条文中规定的加宽值，是根据本规范第4.3.4条的经验加宽值确定的。

2 双轨的中心距加宽段与正常段之间需要有一过渡段实现平滑连接，其长度通常为5m。为方便设计，图9.2.2将该过渡段的长度也一并给出。

3 双轨巷道交岔点道岔的直线侧的加宽范围按图9.2.1（a）设计即可满足安全要求，但为了减少交岔点处巷道段面的变化，双轨巷道交岔点道岔的直线侧的加宽范围宜向交岔点前延伸至双轨中心距变化起点处，如图9.2.2（b）所示。

9.2.3、9.2.4 无轨运输设备由主巷向岔巷或由岔巷向主巷行驶，在交岔点处是沿曲线行车道行驶，运输设备必然超出预定的行车道道宽，因此，交岔点处交岔点分岔侧主巷与岔巷的侧墙应采用曲线或直线连接，并加宽巷道。由于无轨运输设备没有轨道制约，巷道只要加宽一侧即可，从方便设计与施工考虑，加宽分岔巷侧巷道较好。

为减小无轨运输巷道交岔点的工程量，无轨运输设备在交岔点处均按小半径曲线拐弯，交岔点处巷道的加宽值应按小半径确定。本条规定的无轨运输巷道交岔点处巷道的加宽值，即采用本规范第4.3.4条规定的半径小于10m的曲线无轨运输巷道的加宽值。表9.2.3给出的无轨运输巷道交岔点处巷道加宽长度L_2（从两巷道中心线交点起算），是按行车道中心弯道半径5m条件下曲线的切线长加上与曲线相连的直线段加宽长度L_1（见本规范表4.3.8）之和取整确定的。

9.3 交岔点柱墙与墙高

9.3.1 交岔点岔尖处的围岩在平面上呈尖锐的突出状，岔尖两侧巷道围岩的应力在此处相互叠加，形成集中压力，矿压较其他地点大。当交岔点采用钻爆法掘进时，岔尖处的围岩受两侧巷道爆破的震动破坏，稳定性较其他地点差。因此，岔尖处有时需设置柱墙进行加强支护。本条规定了设置柱墙的原则。

采用拱碹支护的牛鼻子交岔点，两侧巷道在岔尖处均需构筑侧墙，清除两侧墙之间残留的岩柱并将两侧墙适当加宽即成为柱墙。因此规定，采用拱碹支护的牛鼻子交岔点，岔尖处应设置柱墙。

采用锚喷支护的交岔点和采用金属支架支护的穿尖交岔点，一般采用光面爆破或机械破岩，岔尖处围岩遭受的震动破坏较轻或不遭受震动破坏，围岩为Ⅰ～Ⅱ级，或围岩为Ⅲ～Ⅴ级但岔尖角较大时可不设置柱墙；但围岩为Ⅲ～Ⅴ级且岔尖角不大时，仍需设柱墙加强支护。本条所说的"岔尖角不大"，不是一个精确的指标，一般是指岔尖角小于45°（Ⅲ级围岩）～60°（Ⅴ级围岩），在设计时应结合围岩条件进行判断。

9.3.2 交岔点柱墙的宽度与长度过小，施工不便，也起不到加强支护的作用；宽度与长度过大，又增加交岔点的掘进与柱墙的构筑工程量。根据煤矿井巷工程多年的实践经验，交岔点柱墙的最小宽度采用

500mm，柱墙在两分岔巷道侧的长度不小于2000mm比较合适。

9.3.3 与砌体柱墙相比，混凝土柱墙有许多优点（参见本规范第6.2.1条条文说明），因此规定，交岔点柱墙宜采用混凝土浇注。

本条关于柱墙基础深度的规定与拱碹基础深度的规定相同，其理由参见本规范第6.1.3条条文说明。

9.3.4 牛鼻子交岔点的净断面随宽度的增加而逐渐增大，为了减小交岔点净断面积增大的幅度，节省工程量，交岔点的墙高应随宽度的增加而逐渐降低。但墙高的最大降低值小于200mm时，节省工程量的效果不太显著，为简化设计与施工，可不降低墙高。墙高的最大降低值大于500mm时，交岔点最大断面与分岔巷道的两个小断面衔接处的拱脚部位将出现较大的错茬，影响管线敷设和行人，因此，交岔点墙高的最大降低值不宜大于500mm，而且墙高降低后的净断面应符合本规范第4章的相关规定。

9.4 交岔点支护

9.4.1、9.4.2 由于巷道断面大，而且分岔巷道矿压互相叠加，交岔点的矿压较大，应加强支护。第9.4.1、9.4.2条规定了交岔点加强支护的具体要求。

第9.4.1条第2款所说的"必要时"，一般是指最大断面跨度大或围岩条件差；"最大断面处"指的是最大断面附近一定范围，包括最大断面与两分岔巷道之间的三角区域；"其他加强支护的措施"包括增加锚索、钢梁、采用钢筋混凝土支护等措施。

9.4.3 采用金属支架支护的交岔点，岔巷的开口处无法架设棚腿或立柱，因此，必须设置过梁承受支架顶梁的压力，并将其传递到安设在岔巷开口处两侧的过梁立柱上。

10 轨道铺设

10.1 轨型与道岔

10.1.1 不同型号的钢轨，垂直方向和侧向的截面系数等几何参数，以及与其相关的承载能力和侧向刚度均不相同。钢轨的型号偏小时，其承载能力和侧向刚度不够，不能保证运输的安全；钢轨的型号过大，又造成浪费。因此，巷道中铺设的钢轨型号应根据巷道的用途、运输设备及运送的最重物件选择确定。表10.1.1所推荐的钢轨轨型是根据煤矿井下运输的实际经验并考虑煤矿的技术发展确定的。

10.1.2 一条巷道内的同一线路上运行的运输设备及运送的最重物件相同，根据第10.1.1条，应该选用同一型号的钢轨。

10.1.3 不同型号的道岔其轨型、辙叉角和分岔轨道的曲线半径均不相同，适用的运输设备及运送的最重物件、运行速度也不同。为了既保证运输安全，又不造成浪费，道岔的型号应根据线路钢轨的轨型、通过的运输设备及车辆的类型、运行速度等选择。为保证运输安全，道岔的轨型不得小于所连接轨道的轨型。当道岔所连接的线路轨型不同时，道岔的轨型应与轨型最大的线路相同。

10.2 道床与轨枕

10.2.1 本条说明如下：

1 混凝土固定道床施工复杂、工程造价高、维修不便，但车辆运行平稳、运行速度高、服务年限长、维修工作量极小、运营费用低、撒煤清理方便。煤矿多年的实践经验表明，采用底卸式矿车运煤的井底车场和主要运输巷道选用混凝土固定道床效益十分明显。因此，采用底卸式矿车运煤的井底车场和主要运输巷道，应采用混凝土固定道床。

2 钢轨埋入式铺设的混凝土固定道床，其钢轨顶面与道床顶面等高，对无轨运输设备的行驶没有影响；其他道床和混凝土固定道床的其他钢轨铺设方式，因钢轨高出道床或底板，影响无轨运输设备行驶。因此，既有无轨运输设备，又有轨道运输设备运行的巷道，应采用钢轨埋入式铺设的混凝土固定道床。

3 石碴道床虽然维修工作量较大、运费用较高，而且在车辆运行一段时间后洒落的煤粉与岩粉使其弹性降低并影响其排水性能；但石碴道床施工简单、工程造价低、维修方便、并有一定的弹性；除采用底卸式矿车运煤的井底车场和主要运输巷道，以及既行驶无轨运输设备，又有轨道运输设备运行的巷道外，石碴道床使用效果良好。因此，一般矿井的井底车场和主要运输巷道、采区石门、倾角小于15°的综采采区上下山，宜采用石碴道床。倾角大于15°的综采采区上下山若采用石碴道床，应采取防止石碴滚动、下滑的措施。

4 一般巷道的底板都有一定的强度。采区内不行驶机车的巷道，轨道承受的荷载较小，车辆运行速度低，不铺设人工道床而将轨道直接铺设在巷道底板上，可保证运输的正常进行，并能节省工程费用。因此，采区内不行驶机车的巷道，可不铺设人工道床，轨道直接铺设在巷道底板上。

10.2.3 煤矿井巷工程使用的轨枕有钢筋混凝土轨枕、木轨枕和型钢轨枕三种。本条规定了选择轨枕的原则。

木轨枕使用年限短，需耗用优质木材，国家从环境和生态保护的角度限制其使用。插爪制动的斜巷人车若使用钢筋混凝土轨枕和型钢轨枕，在紧急制动时有可能因插爪不能插入轨枕而影响制动效果甚至无法制动而危及人车中人员的安全，因此，运行插爪制动人车的斜巷必须采用木轨枕。回采巷道和临时性巷道，服务时间短，可采用木轨枕。

固定道床的轨枕在钢轨固定完毕后需要用混凝土浇注固定，采用型钢轨枕也能达到理想的效果，因此，固定道床采用钢筋混凝土轨枕或型钢轨枕均可。

钢筋混凝土轨枕虽然造价较高，但不消耗木材、使用年限长，在煤矿中使用效果良好。因此，其他巷道均应采用钢筋混凝土轨枕。

10.2.4、10.2.5 采用石碴道床的线路和不铺设人工道床的线路，其铺轨高度、轨枕埋入道碴的深度、轨枕底面以下的道碴厚度等参数，是根据煤矿井巷工程多年的实践经验规定的。

10.3 轨道铺设的其他要求

10.3.1 相邻的两根钢轨在连接处留有纵向间隙，其轨头间因施工误差也存在微小的高差与横向错茬，因而，车辆在通过钢轨连接处时会对钢轨产生沿钢轨轴线方向的冲击。在倾角大于15°的斜巷中，向下运行的车辆对钢轨的冲击会使钢轨向下滑动。因此，倾角大于15°的斜巷，应采取防止轨道下滑的措施。

10.3.2 抱轨制动人车是通过抱轨制动装置紧抱钢轨两侧而实现制动的，其制动装置的运动部件与钢轨之间的间隙较小，无法通过连接钢轨的普通鱼尾板，因此，运行抱轨制动人车的斜巷，钢轨之间应采用不妨碍人车通过与制动的异型鱼尾板连接或焊接。

11 水 沟

11.1 水沟布置与坡度

11.1.1 运输与行人是巷道和交岔点的基本功能，水沟不得影响运输与行人是对水沟布置的基本要求。由于水沟在使用一段时间后会有淤积，需要进行清理，因此，水沟应便于清理。

布置在巷道侧帮的水沟不影响巷道的运输、行人等功能，采用非全封闭支护的巷道，巷道底板没有底拱、底梁等支护构筑物，水沟布置在侧帮没有困难，因此，水沟应布置在巷道侧帮。轨道运输巷道行人侧宽度较大，水沟布置在行人侧一般不会因水沟布置的要求而增加巷道宽度，并有利于水沟的清理与维护，水沟宜布置在巷道行人侧；但水沟宽度较大的轨道运输巷道，无论水沟布置在行人侧还是非行人侧都可能需要增加巷道宽度，其水沟的位置应进行比较后确定。其他巷道的水沟的布置比较灵活，是在行人侧还是非行人侧，不宜做统一规定，应根据巷道的具体情况经比较确定，力争做到既满足本条第1款的要求，又不因水沟而增加巷道的宽度。

采用完全支护的巷道，由于设置有底拱或底梁，难以在巷道侧帮布置水沟，因此宜将水沟布置在巷道中间，但必须采取措施满足本条第1款的要求。

11.1.2 锚喷支护和拱碹支护的巷道中，水沟紧贴巷道侧帮布置可以减小巷道宽度。但在金属支架支护的巷道中，为防止水沟渗水腐蚀支架柱腿，水沟外缘与柱腿应保持一定距离，根据煤矿的实践经验，这一距离不应小于300mm。

11.1.3 设有人行台阶（或防滑条）的斜巷，水沟与人行台阶（或防滑条）平行布置时可以不设水沟盖板。若水沟与人行台阶（或防滑条）重叠布置，虽然可减小巷道宽度，但水沟必须设置盖板；而且为了方便人员行走，盖板要铺设成台阶状或表面制作成防滑条，施工复杂，维护工作量大，维修不便。因此设有人行台阶（或防滑条）的斜巷，布置在行人侧的水沟宜与人行台阶（或防滑条）平行布置。

11.1.4 本条规定了对水沟坡度的要求。

1 水沟的坡度与巷道坡度一致时，水沟可保持恒定的深度与断面，水沟的工程量最省，因此，除某些特殊情况（如：巷道坡度与需要的水流方向相反、巷道坡度小于本条第1、2款规定的水沟最小坡度）外，水沟的坡度应该与巷道坡度保持一致。

水沟坡度越大，水的流速越大，反之亦然。黄泥灌浆或水砂充填的泄出水中含有较多的泥沙，根据黄泥灌浆和水砂充填矿井的实践经验，为使水流保持一定的流速，减少水沟中的泥沙沉淀，水沟的坡度应大于5‰。为避免大量泥沙进入主要巷道和井底车场主要水仓而增加主要巷道水沟与水仓的清理工作量，黄泥灌浆和水砂充填矿井一般在采区的适当位置设置有沉淀池，流出采区的水流经沉淀池沉淀后泥沙大幅减少，除采区内的泄水巷外，主要巷道和井底车场的水沟坡度可按一般矿井要求设计。

2 水沟的允许流量与其坡度呈正相关。坡度越大，允许流量越大，反之亦然。为减小水沟断面，水沟的坡度不宜过小。根据煤矿的实践经验，井底车场和主要巷道应不小于3‰，采区巷道不应小于4‰。

3 沿煤层布置，坡度随煤层的起伏而变化的煤巷，其水沟不可能保持一定的坡度，巷道中的水也不可能通过水沟自流排出；其水沟的作用主要是将巷道中的水汇流至巷道的低洼处后用水泵排除。因此，沿煤层布置，坡度随煤层的起伏而变化的煤巷，水沟坡度可不受本条第1、2款规定的限制而与巷道坡度一致。

11.1.5 当巷道坡度与需要的水流方向相反时，必须设置坡度方向与巷道坡度方向相反的水沟（即反水沟）才能实现自流排水。为了保证反水沟有合理的流速与足够的流量，其坡度应符合第11.1.4条第1、2款的规定。由于反水沟工程量大，施工困难，设计中应尽量避免。

11.1.6 为避免巷道的淋水、底板涌水、洒水点的漏水与渗水、水幕喷出水在巷道底板上无序流淌，影响巷道行人安全，应就地将其引入巷道水沟。因此，巷道淋水处、底板涌水处、洒水点和水幕的下方、应设横向截水沟。煤矿工程实践表明，要满足横向截水沟的功能要求，其坡度不应小于2‰。

11.2 水沟断面

11.2.1 水沟断面形状主要有倒直角梯形、矩形和倒等腰梯形三种。

断面的高度和面积相同时，水沟的上部宽度以矩形断面为最小，倒直角梯形次之，倒等腰梯形最大。拱碹支护和锚喷支护的巷道中，紧贴巷道侧帮布置的倒直角梯形或矩形断面水沟工程量省，构筑方便，盖板宽度小。因此，砌筑的水沟，紧贴巷道侧帮布置或加设盖板的，宜选用倒直角梯形、矩形断面；其他宜选用矩形、倒等腰梯形断面。

倒等腰梯形断面侧帮稳定性好。因此，无砌筑的水沟应选用倒等腰梯形断面。

11.2.2 本条说明如下：

水沟的允许最大流量必须大于设计流量，而水沟的允许最大流量又取决于水沟的断面尺寸、坡度和砌筑材料等因素。因此，水沟的断面尺寸应根据水流流量、坡度、砌筑材料等因素选择。

水沟的允许最大流量可按公式4计算：

$$Q = Fv \quad (4)$$

$$v = C\sqrt{Ri} \quad (5)$$

$$R = \frac{F}{P} \quad (6)$$

$$C = \frac{1}{n}R^Y \quad (7)$$

$$Y = 2.5\sqrt{n} - 0.13 - 0.75\sqrt{R}(\sqrt{n} - 0.10) \quad (8)$$

式中 Q——水沟流量（m^3/s）；
F——水沟过水断面积（m^2）；
v——水流速度（m/s）；
C——谢基系数，其值见表5；
R——水力半径（m）；
P——过水周界（m）；
i——水沟底板坡度；
n——水沟粗糙度，见表6；
Y——与 n 和 R 有关的指数，采用公式8计算，或按以下近似公式计算：$R<1.0$m时，$Y=1.5\sqrt{n}$；$R>1.0$m时，$Y=1.3\sqrt{n}$。

表5 谢基系数 C 值

R (m) \ n	0.014	0.015	0.017	0.018	0.02
0.01	32.51	29.85	24.11	21.82	18.11
0.02	37.61	33.78	27.68	25.23	21.21
0.03	40.17	36.31	30.01	27.45	23.26
0.04	42.26	38.22	31.77	29.15	24.84
0.05	43.87	39.77	33.21	30.54	26.13

续表5

R (m) \ n	0.014	0.015	0.017	0.018	0.02
0.06	45.24	41.08	34.43	31.72	27.23
0.07	46.41	42.25	35.51	32.75	28.22
0.08	47.46	43.24	36.45	33.68	29.07
0.09	48.40	44.16	37.31	34.51	29.85
0.10	49.43	45.07	38.00	35.06	30.85
0.12	50.86	46.47	39.29	36.34	32.02
0.14	52.14	47.74	40.47	37.37	33.10
0.16	53.29	48.80	41.51	38.50	34.05
0.18	54.29	49.80	42.47	39.45	34.90
0.20	55.21	50.74	43.35	40.28	35.65
0.22	56.07	51.54	44.11	40.89	36.40
0.24	56.86	52.34	44.83	41.78	37.05
0.26	57.75	53.00	45.53	42.45	37.70
0.28	58.29	53.67	46.17	43.06	38.25
0.30	58.93	54.34	46.82	43.67	38.85

表6 水沟粗糙度 n

壁面种类及表面衬砌的性质	n	$\frac{1}{n}$	$\sqrt{n}$
一般混凝土面	0.014	71.4	0.118
粗糙的混凝土面	0.017	58.8	0.130
不构筑的水沟	0.020	50.0	0.140

1 水沟宽度与深度以50mm为模数，便于设计和施工。

2 水沟在使用过程中，会有煤泥、岩屑等固体悬浮物沉淀于沟底，一般需要定期、不定期地进行清理。因此，水沟的底宽应大于清理工具的宽度，以便清理。

3 若水沟中水流过满，流水易溢出水沟。规定水沟的充满系数不应大于0.75，水面至水沟沟缘的高度（一般称之为"安全高度"）不应小于50mm，是为了保证水沟中的流水不溢出。

4 不砌筑水沟的沟帮应有合适的倾角，以维持沟帮的稳定。根据煤矿井巷工程的实际，沟帮倾角以70°～80°为宜。

11.2.3 附录A给出了各类砌筑水沟不同净断面的允许最大流量，按附录A选取水沟断面可提高设计速度。

11.3 水沟构筑与盖板

11.3.1 构筑水沟粗糙度低，流速较大，允许的流量较大，清理方便，服务年限长，但工程费用高。无构筑水沟的优缺点则正好相反。本条对水沟构筑的规定就是根据构筑水沟和无构筑水沟的上述优缺点做出的。

根据煤矿井巷工程的实际，水沟砌筑厚度取50mm较为合适。

11.3.2 本条说明如下：

1 采用轨道运输的井底车场、主要运输巷和采区石门，水沟一般布置在行人侧，运输频繁，行人较多。为方便行人，应设置盖板。

2 采用无轨运输的巷道，由于无轨运输设备行驶比较灵活，可以和行人互相避让，水沟不设置盖板一般不影响行人，因此可不设置盖板。需要设置盖板时，由于水沟盖板有可能受到车辆的碾压，因此，应选用能承受车辆碾压的盖板。

3 无运输设备运行的巷道人行道宽度一般较大，倾斜轨道水沟宽度小，水沟不设置盖板一般不影响行人；采区中巷及顺槽水沟断面小，水沟不设置盖板不影响行人，而且服务年限短。因此，上述巷道可不设盖板。

4 无构筑水沟沟帮不规则且稳定性差，加设盖板较为困难，而且巷道服务年限短，水沟流量小，因此，不应设置盖板。

11.3.3 水沟沟帮要承受盖板的自重与盖板上的荷载，若盖板宽度与水沟上口净宽的差值过小，则盖板在水沟沟帮上的支撑面积过小，盖板与水沟沟帮之间的压力过大，易导致水沟盖板和水沟沟帮的损坏；而且，盖板容易因外力移动而落入水沟。因此，根据煤矿矿井的实践经验，规定水沟盖板的宽度，应比水沟上口净宽大150mm。

11.3.4 钢筋混凝土水沟盖板耐腐蚀、加工方便、造价低，轨道运输巷道的水沟盖板除人员行走并可能放置重量不大的小物件外，不承受大的荷载，根据煤矿井巷工程多年的使用经验，轨道运输巷道的水沟盖板采用钢筋混凝土制作较为适宜。

钢筋混凝土水沟盖板的厚度小于50mm时，钢筋保护层的厚度过小，盖板的抗弯强度也难以保证；重量超过40kg时，搬运和施工困难。因此规定，钢筋混凝土水沟盖板的厚度不应小于50mm，重量不应超过40kg。煤矿矿井常用的钢筋混凝土水沟盖板尺寸（长×宽×厚，mm）为：500×500×50、550×450×50、600×400×50、650×350×50、750×350×50、850×300×50。

由于钢筋混凝土盖板使用的钢筋长度不大，又在地面制作，采用刚度较大的钢筋没有困难，因此，本条规定可采用HRB400（Ⅲ级）、HRB335（Ⅱ级）、HPB235（Ⅰ级）钢筋。对钢筋直径的要求，是根据煤矿井巷工程多年的使用经验规定的。

11.3.5 钢筋混凝土水沟盖板由于厚度不宜太大，难以承受车辆的碾压。采用型钢或铸钢、铸铁制作的算子状金属水沟盖板强度大，可以承受车辆碾压，而且重量适宜，搬运与施工方便，是较为理想的能承受车辆碾压的水沟盖板。对算子状金属水沟盖板的其他要求，是为了保证盖板不会对车辆的轮胎造成损害，并且便于搬运和施工。由于算子状金属水沟盖板比钢筋混凝土水沟盖板搬运方便，因此规定其重量不应超过50kg，比钢筋混凝土水沟盖板的重量要求放宽了10kg。

12 管线敷设

12.1 一般规定

12.1.1 本条规定是为了确保巷道和交岔点中敷设的各种管线不会影响巷道和交岔点的主要功能。

12.1.2 井下巷道和交岔点中敷设的管路有洒水管、注氮管、瓦斯管、排水管、压风管、黄泥灌浆管、水砂充填管等，缆线有动力电缆、照明电缆、通信电缆、信号电缆、数值传输缆线、电机车架空线等。各种管线的功能、特性、对环境的要求等均不相同，相互之间还有可能产生不利的影响。有的巷道和交岔点中管线的种类和数量较多，若不统筹安排，合理布置，很可能导致运输对管线的破坏和管线之间的不利影响，造成施工不便，也无法满足管线正常使用与维修的需要。因此规定，巷道和交岔点中的各种管线必须统筹安排，合理布置，符合《煤矿安全规程》和相关标准的要求。

12.1.3 煤矿矿井下空气潮湿，金属构件易腐蚀，因此，服务年限大于5a的金属管道及其敷设装置（钢梁、金属吊环、金属卡箍等）应采取防腐蚀措施。

12.1.4 电缆若遭受淋水，水容易渗入电缆接线盒而使接线盒受损，发生断路或接地故障，因此，电缆不得遭受淋水。在巷道淋水处，应采取防止电缆遭受淋水的措施。

12.2 管线布置

12.2.1 本条的规定是为了避免电缆与管道之间的不利影响。

1 电缆敷设在管子上方并与管子保持300mm以上的距离，既可避免管道安装、检修和管落下时破坏电缆，又可避免电缆因悬垂度过大而与管道接触使管道带电而造成事故。因此，电缆必须敷设在管子上方并与管子保持300mm以上的距离。

2 电缆若悬挂在压风管或水管上，一旦漏水漏风，电缆将直接受到水淋或压风的吹袭，沿电缆的渗水容易进入电缆接线盒而使接线盒受损，发生短路或接地故障，电缆也有可能通过悬挂线使管道带电造成事故。因此，电缆不应悬挂在压风管或水管上。

3 虽然巷道中瓦斯管路内的高浓度瓦斯压力低于巷道空气压力，一般不会泄露，但在事故或故障情况下仍有泄漏的可能。为避免泄漏的瓦斯被引爆，瓦斯管路应尽量远离电缆等带电体。因此，在有瓦斯管路的巷道内，电缆（包括通信、信号电缆）必须与瓦斯管路分挂在巷道两侧。

12.2.2 本条规定是为了确保人行道符合本规范第4.2.1、4.2.2条的规定。

12.2.3 由于没有轨道的约束，无轨运输车辆行驶时有可能偏离预设的行车道撞击敷设在侧帮的管道而导致管道受损。因此，运行无轨车辆的巷道内，敷设在侧帮的管道底部应高于运输设备的高度，否则应采取防止车辆撞击管道的措施。

12.2.4 由于瓦斯管道输送的高浓度瓦斯是有爆炸危险的气体，对管路的完好性要求远高于其他管路，为确保其完好无损，需要经常检查与维修。瓦斯管道敷设在巷道底板检查维修最为方便。因此，在回风巷、无轨道运输设备或无轨运输设备运行的巷道内，宜敷设在巷道底板。采用轨道运输或无轨运输的主要运输巷道内，敷设在巷道底板的管道有的可能被运输设备撞击破坏，将瓦斯管道固定在人行道侧，方便检查与维修。规定管道底部高于运输设备的高度，是为了避免管道被运输设备撞击破坏。规定瓦斯管道外缘距巷道壁不宜小于100mm，是为了便于瓦斯管道的安装与检修。

12.2.5 本条规定是为了便于管道的安装、检修和水沟的清理。

12.2.6 本条规定是为了避免电缆因受运输设备的撞击、碾压或摩擦而受到损坏。

12.2.7 通信和信号电缆距电力电缆过近，电力电缆中的工频电流产生的电磁场会对其产生干扰，影响通信和信号的质量；而且，一旦电力电缆发生放炮、短路着火故障和巷道冒顶事故，电力电缆与通信、信号电缆有可能同时受到影响，使矿井供电和通信、信号同时中断，既影响矿井生产，也影响故障处理。因此规定，电力电缆与通信、信号电缆应分挂在巷道两侧。当受条件限制挂在同侧时，应敷设在电力电缆的上方，其间距应大于100mm。

12.2.8 高、低压电力电缆之间，或高压电缆之间、低压电缆之间的距离过小时，容易因绝缘损坏而发生短路，造成故障或事故。因此规定，高压电缆之间、低压电缆之间的距离不得小于50mm；高、低压电力电缆敷设在巷道同侧时，高、低压电缆的间距应大于100mm。

12.2.9 本条第1款的规定是为了确保在有架空线的巷道中行人的安全。第2款的规定是为了满足架空线安装和正常使用的需要。第3款的规定是为了确保不会因架空线与管道摩擦与接触而发生触电事故。

12.2.10 综采矿井液压支架的运输高度，有可能大于第12.2.9条第1款规定的架空线最小高度。因此，需要运送液压支架的巷道，电机车架空线的高度除应符合第12.2.9条第1款规定外，还应考虑液压支架运输的要求，必要时应增加电机车架空线的高度。

12.3 管线敷设方式与敷设要求

12.3.1 本条列出了煤矿矿井通常采用的管道敷设方式。这几种敷设方式各有优缺点，设计时，应根据巷道和需要敷设管道的具体情况综合考虑确定。

12.3.2 巷道和交岔点中各种管路和线缆若敷设不牢而掉落，不仅会损坏管路和线缆，也影响运输与行人，甚至造成事故。因此，巷道和交岔点中各种管路和线缆的敷设必须牢固可靠。

敷设在巷道顶部和侧帮的管道，或采用锚杆悬吊，或采用钢梁、型钢悬臂构件支托，必须采用卡环、卡箍固定才能确保牢固可靠。

电缆必须采用专门的构件悬挂在巷道侧壁或支架柱腿上，在倾角大的斜巷中，还应采用夹持装置夹牢，才能避免滑动、掉落。因此规定，在水平巷道或倾角30°以下的巷道中，电缆应采用吊钩悬挂；在倾角30°及其以上的巷道中，电缆应采用夹子、卡箍或其他夹持装置进行敷设。

在重力的作用下，倾斜巷道中的管道，特别是比较重的管道，有向下滑动的趋势。因此，倾斜巷道中的管道应进行防滑验算。当卡箍提供的摩擦力不足以阻止管道下滑时，只有采取专门的防滑措施才能阻止管道下滑。

12.3.3 瓦斯管道与带电物体接触，有可能导致管道带电而引爆管道中的瓦斯。瓦斯管道被砸坏将造成管道中的瓦斯泄漏而危及安全。因此规定，瓦斯管道，不得与带电物体接触，并应有防止砸坏管道的措施。

12.3.4 电缆上悬挂物件有可能使电缆受损，并因而导致电气故障和事故。因此规定，电缆上严禁悬挂任何物件。

13 辅助设施和铺底

13.1 辅 助 设 施

13.1.1 本条规定是为了保证斜巷中行人的安全。

13.1.2 宽度小于400mm的防滑条与人行台阶，人员行走不便，因此，巷道中防滑条、人行台阶的宽度不应小于400mm。为保证人员上下运人设备时的安全，运人设备上下人处防滑条与人行台阶的宽度，采用斜巷人车时不应小于600mm，采用架空乘人装置时不应小于1000mm。

13.1.3 安设不牢的扶手有可能诱发事故，不能保证行人的安全。因此，扶手的安设应牢固可靠。根据人体工程学，铅垂高度800~1000mm的扶手，人员抓握最方便、舒适，因此规定，扶手的安设高度，在铅垂方向宜采用800~1000mm。

13.1.4 煤矿井下巷道光照条件差，巷道侧帮颜色灰暗，无轨运输设备运行时，司机不容易看清巷道两帮的轮廓和运输设备与两帮的距离，不利于行车安全。我国有的矿井（如：晋城寺河矿井）在运输频繁的无轨运输巷道两帮设置轮廓标，在车灯的照射下，轮廓标的反光使司乘人员能清楚地看到运输设备的行驶方向、巷道两帮的轮廓以及运输设备与两帮的距离，减小了司乘人员害怕运输设备与两帮撞擦的恐惧心理，提高了司乘人员的安全感和运输的安全保证度。实践表明，在运输频繁的无轨运输巷道设置轮廓标，是提高无轨运输安全的有效措施。因此，运行无轨运输设备的开拓巷道和准备巷道，宜在巷道两侧设置轮廓标。

13.2 铺　　底

13.2.1 无轨运输巷道采用混凝土铺底，为车辆提供了一个平整、洁净、耐水、抗压强度高的人工路面，改善了行车条件，降低了轮胎的磨损和运输成本。国外和国内神东等矿区的经验表明，运输频繁，服务年限长的无轨运输巷道采用混凝土铺底效益明显。井底车场和主要运输巷道，以及大、中型矿井的采区运输巷道运输频繁，服务年限长，应采用混凝土铺底。

带式输送机在运行过程中不可避免地会撒落煤炭。安装带式输送机的开拓巷道和大、中型矿井的采区运输巷道采用混凝土铺底，可以提高底板的平整度，方便撒落煤炭的清理。

13.2.2 运行无轨胶轮车巷道的铺底，必须有足够的强度，并要考虑车辆轮胎对铺底（路面）的磨损，根据国内外的经验，其厚度不应小于200mm。带式输送机巷道铺底的主要目的是提高底板的平整度，对强度没有特别要求，采用100～150mm较为适宜。

13.2.3 运行无轨胶轮车巷道，铺底混凝土的强度等级低于C25时，其强度和耐磨性难以保证。因此规定，铺底混凝土强度等级不应低于C25。安装带式输送机的巷道，对铺底的强度没有特别要求，采用C15较为适宜。

中华人民共和国国家标准

城市绿地设计规范

Code for the design of urban green space

GB 50420—2007

主编部门：上海市建设和交通管理委员会
批准部门：中华人民共和国建设部
施行日期：2007年10月1日

中华人民共和国建设部
公 告

第 642 号

建设部关于发布国家标准《城市绿地设计规范》的公告

现批准《城市绿地设计规范》为国家标准，编号为 GB 50420—2007，自 2007 年 10 月 1 日起实施。其中，第 3.0.8、3.0.10、3.0.11、3.0.12、4.0.5、4.0.6、4.0.7、4.0.11、4.0.12、5.0.12、6.2.4、6.2.5、7.1.2、7.5.3、7.6.2、7.10.1、8.1.3、8.3.5 条为强制性条文，必须严格执行。

本规范由建设部标准定额研究所组织中国计划出版社出版发行。

中华人民共和国建设部
二〇〇七年五月二十一日

前 言

根据建设部建标〔2002〕85 号文《关于印发"二〇〇一～二〇〇二年度工程建设国家标准制订、修订计划"的通知》的要求，本规范由上海市绿化管理局会同有关单位制定。

本规范共 8 章。主要内容有：总则，术语，基本规定，竖向设计，种植设计，道路、桥梁，园林建筑、园林小品，给水、排水及电气。

本规范以黑体字标志的条文为强制性条文，必须严格执行。

本规范由建设部负责管理和对强制性条文的解释，由上海市绿化管理局负责具体技术内容的解释。请各单位在执行过程中注意总结经验，将有关意见和建议寄送上海市绿化管理局（地址：上海市胶州路 768 号，邮编：200040，电话：021-52567788，传真：52567558）。

本规范主编单位、参编单位和主要起草人：
主 编 单 位：上海市绿化管理局
参 编 单 位：上海市园林设计院
上海市风景园林学会
北京林业大学
杭州市园林文物局
大连市城市建设管理局
深圳市人民政府行政执法局
深圳市城市绿化管理处
主要起草人：吴振千　周在春　朱祥明　张文娟
孔庆惠　杨文悦　虞颂华　杨赟丽
施奠东　张诚贤　周远松　朱伟华
陈惠君　茹雯美　潘其昌　顾　炜
周乐燕

目　次

1 总则 …………………………… 38—4
2 术语 …………………………… 38—4
3 基本规定 ……………………… 38—4
4 竖向设计 ……………………… 38—5
5 种植设计 ……………………… 38—5
6 道路、桥梁 …………………… 38—6
　6.1 道路 ……………………… 38—6
　6.2 桥梁 ……………………… 38—6
7 园林建筑、园林小品 ………… 38—6
　7.1 园林建筑 ………………… 38—6
　7.2 围墙 ……………………… 38—6
　7.3 厕所 ……………………… 38—6
　7.4 园椅、废物箱、饮水器 … 38—6
　7.5 水景 ……………………… 38—7
　7.6 堆山、置石 ……………… 38—7
　7.7 园灯 ……………………… 38—7
　7.8 雕塑 ……………………… 38—7
　7.9 标识 ……………………… 38—7
　7.10 游戏及健身设施 ………… 38—7
8 给水、排水及电气 …………… 38—7
　8.1 给水 ……………………… 38—7
　8.2 排水 ……………………… 38—7
　8.3 电气 ……………………… 38—7
本规范用词说明 ………………… 38—8
附：条文说明 …………………… 38—9

1 总 则

1.0.1 为促进城市绿地建设，改善生态和景观，保证城市绿地符合适用、经济、安全、健康、环保、美观、防护等基本要求，确保设计质量，制定本规范。

1.0.2 本规范适用于城市绿地设计。

1.0.3 城市绿地设计应贯彻人与自然和谐共存、可持续发展、经济合理等基本原则，创造良好生态和景观效果，促进人的身心健康。

1.0.4 城市绿地设计除应执行本规范外，尚应符合国家现行有关标准的规定。

2 术 语

2.0.1 城市绿地 urban green space

以植被为主要存在形态，用于改善城市生态，保护环境，为居民提供游憩场地和绿化、美化城市的一种城市用地。

城市绿地包括公园绿地、生产绿地、防护绿地、附属绿地、其他绿地五大类。

2.0.2 季相 seasonal appearance of plant

植物及植物群落在不同季节表现出的外观面貌。

2.0.3 种植设计 planting design

按植物生态习性和绿地总体设计的要求，合理配置各种植物，发挥其功能和观赏特性的设计活动。

2.0.4 古树名木 historical tree and famous wood species

古树泛指树龄在百年以上的树木；名木泛指珍贵、稀有或具有历史、科学、文化价值以及有重要纪念意义的树木，也指历史和现代名人种植的树木，或具有历史事件、传说及其他自然文化背景的树木。

2.0.5 驳岸 revetment

保护水体岸边的工程设施。

2.0.6 土壤自然安息角 soil natural angle of repose

土壤在自然堆积条件下，经过自然沉降稳定后的坡面与地平面之间所形成的最大夹角。

2.0.7 标高 elevation

以大地水准面作为基准面，并作零点（水准原点）起算地面至测量点的垂直高度。

2.0.8 土方平衡 balance of cut and fill

在某一地域内挖方数量与填方数量基本相符。

2.0.9 护坡 slope protection

防止土体边坡变迁而设置的斜坡式防护工程。

2.0.10 挡土墙 retaining wall

防止土体边坡坍塌而修筑的墙体。

2.0.11 汀步 steps over water

在水中放置可让人步行过河的步石。

2.0.12 园林建筑 garden building

在城市绿地内，既有一定的使用功能又具有观赏价值，成为绿地景观构成要素的建筑。

2.0.13 特种园林建筑 special garden building

绿地内有特殊形式和功能的建筑，如动物笼舍、温室、地下建筑、水下建筑、游乐建筑等。

2.0.14 园林小品 small garden ornaments

园林中供休息、装饰、景观照明、展示和为园林管理及方便游人之用的小型设施。

2.0.15 绿墙 green wall

用枝叶茂密的植物或植物构架，形成高于人视线的园林设施。

2.0.16 假山 rockwork, artificial hill

用土、石等材料，以造景或登高揽胜为目的，人工建造的模仿自然山景的构筑物。

2.0.17 塑石 man-made rockery

用人工材料塑造成的仿真山石。

2.0.18 标识 sign or marker

绿地中设置的标志牌、指示牌、警示牌、说明牌、导游图等。

2.0.19 亲水平台 waterfront flat roof or terrace garden on water; platform

设置于湖滨、河岸、水际，贴近水面并可供游人亲近水体、观景、戏水的单级或多级平台。

3 基 本 规 定

3.0.1 城市绿地设计内容应包括：总体设计、单项设计、单体设计等。

3.0.2 城市绿地设计应以批准的城市绿地系统规划为依据，明确绿地的范围和性质，根据其定性、定位作出总体设计。

3.0.3 城市绿地总体设计应符合绿地功能要求，因地制宜，发挥城市绿地的生态、景观、生产等作用，达到功能完善、布局合理、植物多样、景观优美的效果。

3.0.4 城市绿地设计应根据基地的实际情况，提倡对原有生态环境保护、利用和适当改造的设计理念。

3.0.5 城市绿地布局宜多样统一，简洁而不单调，各分区间应有机联系。城市绿地应与周围环境协调统一。

3.0.6 不同性质、类型的城市绿地内绿色植物种植面积占用地总面积（陆地）比例，应符合国家现行有关标准的规定。城市绿地设计应以植物为主要元素，植物配置应注重植物生态习性、种植形式和植物群落的多样性、合理性。

3.0.7 城市绿地范围内原有树木宜保留、利用。如因特殊需要在非正常移栽期移植，应采取相应技术措施确保成活，胸径在250mm以上的慢长树种，应原地保留。

3.0.8 城市绿地范围内的古树名木必须原地保留。

3.0.9 城市绿地的建筑应与环境协调，并符合以下规定：

  1 公园绿地内建筑占地面积应按公园绿地性质和规模确定游憩、服务、管理建筑占用地面积比例，小型公园绿地不应大于3%，大型公园绿地宜为5%，动物园、植物园、游乐园可适当提高比例。

  2 其他绿地内各类建筑占用地面积之和不得大于陆地总面积的2%。

3.0.10 城市开放绿地的出入口、主要道路、主要建筑等应进行无障碍设计，并与城市道路无障碍设施连接。

3.0.11 地震烈度6度以上（含6度）的地区，城市开放绿地必须结合绿地布局设置专用防灾、救灾设施和避难场地。

3.0.12 城市绿地中涉及游人安全处必须设置相应警示标识。

3.0.13 城市开放绿地应按游人行为规律和分布密度，设置座椅、废物箱和照明等服务设施。

3.0.14 城市绿地设计应积极选用环保材料，宜采取节能措施，充分利用太阳能、风能以及中水等资源。

3.0.15 城市绿地中道路、广场等的铺装宜采用透气、透水的环保材料。

4 竖向设计

4.0.1 城市绿地的竖向设计应以总体设计布局及控制高程为依据。

4.0.2 竖向设计应满足植物的生态习性要求，有利于雨水的排蓄，有利于创造多种地貌和多种园林空间，丰富景观层次。

4.0.3 基地内原有的地形地貌、植被、水系宜保护、利用，必要时可因地制宜作适当改造，宜就地平衡土方。

4.0.4 对原地表层适宜栽植的土壤，应加以保护并有效利用，不适宜栽植的土壤，应以客土更换。

4.0.5 在改造地形填挖土方时，应避让基地内的古树名木，并留足保护范围（树冠投影外3～8m），应有良好的排水条件，且不得随意更改树木根颈处的地形标高。

4.0.6 绿地内山坡、谷地等地形必须保持稳定。当土坡超过土壤自然安息角呈不稳定时，必须采用挡土墙、护坡等技术措施，防止水土流失或滑坡。

4.0.7 土山堆置高度应与堆置范围相适应，并应做承载力计算，防止土山位移、滑坡或大幅度沉降而破坏周边环境。

4.0.8 若用填充物堆置土山时，其上部覆盖土厚度应符合植物正常生长的要求。

4.0.9 绿地中的水体应有充足的水源和水量，除雨、雪、地下水等水源外，小面积水体也可以人工补给水源。水体的常水位与池岸顶边的高差宜在0.3m，并不宜超过0.5m。水体可设闸门或溢水口以控制水位。

4.0.10 水体深度应随不同要求而定，栽植水生植物及营造人工湿地时，水深宜为0.1～1.2m。

4.0.11 城市开放绿地内，水体岸边2m范围内的水深不得大于0.7m；当达不到此要求时，必须设置安全防护设施。

4.0.12 未经处理或处理未达标的生活污水和生产废水不得排入绿地水体。在污染区及其邻近地区不得设置水体。

4.0.13 水体应以原土构筑池底并采用种植水生植物、养鱼等生物措施，促进水体自净。若遇漏水，应设防渗漏设施。

4.0.14 水体的驳岸、护坡，应确保稳定、安全，并宜栽种护岸植物。

5 种植设计

5.0.1 种植设计应以绿地总体设计对植物布局的要求为依据。

5.0.2 种植设计应优先选择符合当地自然条件的适生植物。

5.0.3 种植设计中当选用外界引入新植物种类（品种）时，应避免有害物种入侵。

5.0.4 设计复层种植时，上下层植物应符合生态习性要求，并应避免相互产生不良影响。

5.0.5 绿地种植土壤的理化性状应符合当地有关植物种植的土壤标准。

5.0.6 种植配置应符合生态、游憩、景观等功能要求，并便于养护管理。

5.0.7 植物种植设计应体现整体与局部、统一与变化、主景与配景及基调树种、季相变化等关系。应充分利用植物的枝、花、叶、果等形态和色彩，合理配置植物，形成群落结构多种和季相变化丰富的植物景观。

5.0.8 种植设计应以乔木为主，并以常绿树与落叶树相结合，速生树与慢长树相结合，乔、灌、草相结合，使植物群落具有良好的景观与生态效益。

5.0.9 基地内原有生长较好的植物，应予保留并组合成景。新配植的树木应与原有树木相互协调，不得影响原有树木的生长。

5.0.10 种植设计应有近、远期不同的植物景观要求。重要地段应兼顾近、远期景观效果。

5.0.11 城市绿地的停车场宜配植庇荫乔木、绿化隔离带，并铺设植草地坪。

5.0.12 儿童游乐区严禁配置有毒、有刺等易对儿童造成伤害的植物。

5.0.13 屋顶绿化应根据屋面及建筑整体的允许荷载和防渗要求进行设计，不得影响建筑结构安全及排水。

5.0.14 屋顶绿化的土壤应采用轻型介质，其底层应设置性能良好的滤水层、排水层和防水层。

5.0.15 屋顶绿化乔木栽植位置应设在柱顶或梁上，并采取抗风措施。

5.0.16 屋顶绿化应选择喜光、抗风、抗逆性强的植物。

5.0.17 开山筑路而形成的裸露坡面，可喷播草籽或设置攀缘绿化。

6 道路、桥梁

6.1 道 路

6.1.1 城市绿地内道路设计应以绿地总体设计为依据，按游览、观景、交通、集散等需求，与山水、树木、建筑、构筑物及相关设施相结合，设置主路、支路、小路和广场，形成完整的道路系统。

6.1.2 城市绿地应设2个或2个以上出入口，出入口的选址应符合城市规划及绿地总体布局要求，出入口应与主路相通。出入口旁应设置集散广场和停车场。

6.1.3 绿地的主路应构成环道，并可通行机动车。主路宽度不应小于3.00m。通行消防车的主路宽度不应小于3.50m，小路宽度不应小于0.80m。

6.1.4 绿地内道路应随地形曲直、起伏。主路纵坡不宜大于8%，山地主路纵坡不应大于12%。支路、小路纵坡不宜大于18%。当纵坡超过18%时，应设台阶，台阶级数不应少于2级。

6.1.5 绿地的道路及铺装坪宜设透水、透气、防滑的路面和铺面。喷水池边应设防滑地坪。

6.1.6 依山或傍水且对游人存在安全隐患的道路，应设置安全防护栏杆，栏杆高度必须大于1.05m。

6.2 桥 梁

6.2.1 桥梁设计应以绿地总体设计布局为依据，与周边环境相协调，并应满足通航的要求。

6.2.2 考虑重车较少，通行机动车的桥梁应按公路二级荷载的80%计算，桥两端应设置限载标志。

6.2.3 人行桥梁，桥面活荷载应按3.5kN/m²计算，桥头设置车障。

6.2.4 不设护栏的桥梁、亲水平台等临水岸边，必须设置宽2.00m以上的水下安全区，其水深不得超过0.70m。汀步两侧水深不得超过0.50m。

6.2.5 通游船的桥梁，其桥底与常水位之间的净空高度不应小于1.50m。

7 园林建筑、园林小品

7.1 园林建筑

7.1.1 园林建筑设计应以绿地总体设计为依据，景观、游览、休憩、服务性建筑除应执行相应建筑设计规范外，还应遵循下列原则：

　　1 优化选址。遵循"因地制宜"、"精在体宜"、"巧于因借"的原则，选择最佳地址，建筑与山水、植物等自然环境相协调，建筑不应破坏景观。

　　2 控制规模。除公园外，城市绿地内的建筑占用地面积不得超过陆地总面积的2%。

　　3 创造特色。园林建筑设计应运用新理念、新技术、新材料，充分利用太阳能、风能、热能等天然能源，利用当地的社会和自然条件，创造富有鲜明地方特点、民族特色的园林建筑。

7.1.2 动物笼舍、温室等特种园林建筑设计，必须满足动物和植物的生态习性要求，同时还应满足游人观赏视觉和人身安全要求，并满足管理人员人身安全及操作方便的要求。

7.2 围 墙

7.2.1 城市绿地不宜设置围墙，可因地制宜选择沟渠、绿墙、花篱或栏杆等替代围墙。必须设置围墙的城市绿地宜采用透空花墙或围栏，其高度宜在0.80～2.20m。

7.3 厕 所

7.3.1 城市开放绿地内厕所的服务半径不应超过250m。节假日厕位不足时，可设活动厕所补充。厕所位置应便于游人寻找，厕所的外型应与环境相协调，不应破坏景观。

7.3.2 城市开放绿地内厕所的厕位数量应按男女各半或女多男少设计。宜以蹲式便器为主，并设拉手。每个厕所应有一个无障碍厕位及男女各一个坐式便器。男厕所内还宜设一个低位小便器。

7.3.3 城市绿地内厕所必须通风、通水、清洁、无臭。

7.3.4 厕所应设防滑地面，宜采用脚踏式或感应式节水水龙头。

7.3.5 厕所的污水不得直接排入江河湖海或景观水体，必须经净化处理达标后浇灌绿地，或排入市政污水管道。

7.4 园椅、废物箱、饮水器

7.4.1 城市开放绿地应按游人流量、观景、避风向阳、庇荫、遮雨等因素合理设置园椅或座凳，其数量可根据游人量调整，宜为20～50个/ha。

7.4.2 城市开放绿地的休息座椅旁应按不小于10%的比例设置轮椅停留位置。

7.4.3 城市绿地内应设置废物箱分类收集垃圾，在主路上每100m应设1个以上，游人集中处适当增加。

7.4.4 公园绿地宜设置饮水器，饮水器及水质必须符合饮用水卫生标准。

7.5 水　景

7.5.1 城市绿地的水景设计应以总体布局及当地的自然条件、经济条件为依据，因地制宜合理布局水景的种类、形式，水景应以天然水源为主。

7.5.2 喷泉设计应以每天运行为前提，合理确定其形式，并应与环境相协调。

7.5.3 景观水体必须采用过滤、循环、净化、充氧等技术措施，保持水质洁净。与游人接触的喷泉不得使用再生水。

7.5.4 城市绿地的水岸宜采用坡度为1∶2～1∶6的缓坡，水位变化比较大的水岸，宜设护坡或驳岸。绿地的水岸宜种植护岸且能净化水质的湿生、水生植物。

7.6 堆山、置石

7.6.1 城市绿地以自然地形为主，应慎重抉择大规模堆山、叠石。堆叠假山宜少而精。

7.6.2 人工堆叠假山应以安全为前提进行总体造型和结构设计，造型应完整美观、结构应牢固耐久。

7.6.3 叠石设计应对石质、色彩、纹理、形态、尺度有明确设计要求。

7.6.4 人工堆叠假山除应用天然山石外，也可采用人工塑石。

7.6.5 局部独立放置的景石宜少而精，并与环境协调。

7.7 园　灯

7.7.1 夜间开放的城市绿地应设置园灯。应根据实际需要适量合理选用庭园灯、草坪灯、泛光灯、地坪灯或壁灯等。

7.7.2 园灯设计应与周边环境相协调，使园灯成为景观的一部分。

7.7.3 绿地的照明灯，应采用节能灯具，并宜使用太阳能灯具。

7.8 雕　塑

7.8.1 城市绿地内雕塑的题材、形式、材料和体量应与所处环境相协调。

7.8.2 城市绿地应慎重选用纪念雕塑和大型主题雕塑，且应获得相关主管部门认可、核准。

7.9 标　识

7.9.1 指示标识应采用国家现行标准规定的公共信息图形。

7.10 游戏及健身设施

7.10.1 城市绿地内儿童游戏及成人健身设备及场地，必须符合安全、卫生的要求，并应避免干扰周边环境。

7.10.2 儿童游戏场地宜采用软质地坪或洁净的沙坑。沙坑周边应设防沙粒散失的措施。

8 给水、排水及电气

8.1 给　水

8.1.1 给水设计用水量应根据各类设施的生活用水、消防用水、浇洒道路和绿化用水、水景补水、管网渗漏水和未预见用水等确定总体用水量。

8.1.2 绿地内天然水或中水的水量和水质能满足绿化灌溉要求时，应首选天然水或中水。

8.1.3 绿地内生活给水系统不得与其他给水系统连接。确需连接时，应有生活给水系统防回流污染的措施。

8.1.4 绿化灌溉给水管网从地面算起最小服务水压应为0.10MPa，当绿地内有堆山和地势较高处需供水，或所选用的灌溉喷头和洒水栓有特定压力要求时，其最小服务水压应按实际要求计算。

8.1.5 给水管宜随地形敷设，在管路系统高凸处应设自动排气阀，在管路系统低凹处应设泄水阀。

8.1.6 景观水池应有补水管、放空管和溢水管。当补水管的水源为自来水时，应有防止给水管被回流污染的措施。

8.2 排　水

8.2.1 排水体制应根据当地市政排水体制、环境保护等因素综合比较后确定。

8.2.2 绿地排水宜采用雨水、污水分流制。污水不得直接排入水体，必须经处理达标后排入。

8.2.3 绿地内雨水的排放宜利用地形，以地面径流方式排入道路雨水系统或其他雨水系统。绿地排水宜采用明沟、盲沟、透水管（板）、雨水口等集水、排水措施。

8.2.4 绿地外部的地表排水不应引入绿地内。

8.2.5 地下建筑及构筑物上的绿地应有排水措施。

8.2.6 绿地内的污水、废水处理工艺，宜根据进出水质、水量等要求，采用生物处理或生态处理技术。

8.3 电　气

8.3.1 绿地景观照明及灯光造景应考虑生态和环保要求，避免光污染影响，室外灯具上射逸出光不应大于总输出光通量的25%。

8.3.2 城市绿地用电应为三级负荷，绿地中游人较多的交通广场的用电应为二级负荷；低压配电宜采用放射式和树干式相结合的系统，供电半径不宜超过0.3km。

8.3.3 室外照明配电系统在进线电源处应装设具有检修隔离功能的四级开关。

8.3.4 城市绿地中的电气设备及照明灯具不应使用0类防触电保护产品。

8.3.5 安装在水池内、旱喷泉内的水下灯具必须采用防触电等级为Ⅲ类、防护等级为IPX8的加压水密型灯具,电压不得超过12V。旱喷泉内禁止直接使用电压超过12V的潜水泵。

8.3.6 喷水池的结构钢筋、进出水池的金属管道及其他金属件、配电系统的PE线应做局部等电位连接。

8.3.7 室外配电装置的金属构架、金属外壳、电缆的金属外皮、穿线金属管、灯具的金属外壳及金属灯杆,应与接地装置相连(接PE线)。

8.3.8 城市开放绿地内宜设置公用电话亭和有线广播系统。

本规范用词说明

1 为便于在执行本规范条文时区别对待,对要求严格程度不同的用词说明如下:

1) 表示很严格,非这样做不可的用词:
正面词采用"必须",反面词采用"严禁"。

2) 表示严格,在正常情况下均应这样做的用词:
正面词采用"应",反面词采用"不应"或"不得"。

3) 表示允许稍有选择,在条件许可时首先应这样做的用词:
正面词采用"宜",反面词采用"不宜";
表示有选择,在一定条件下可以这样做的用词,采用"可"。

2 本规范中指明应按其他有关标准、规范执行的写法为"应符合……的规定"或"应按……执行"。

中华人民共和国国家标准

城市绿地设计规范

GB 50420—2007

条 文 说 明

目　次

1　总则 …………………………………… 38—11
3　基本规定 ……………………………… 38—11
4　竖向设计 ……………………………… 38—11
5　种植设计 ……………………………… 38—11
6　道路、桥梁 …………………………… 38—11
　6.1　道路 ……………………………… 38—11
　6.2　桥梁 ……………………………… 38—12
7　园林建筑、园林小品 ………………… 38—12
　7.3　厕所 ……………………………… 38—12
　7.4　园椅、废物箱、饮水器 ………… 38—12
　7.7　园灯 ……………………………… 38—12
　7.9　标识 ……………………………… 38—12
　7.10　游戏及健身设施 ………………… 38—12
8　给水、排水及电气 …………………… 38—12
　8.1　给水 ……………………………… 38—12
　8.2　排水 ……………………………… 38—12
　8.3　电气 ……………………………… 38—12

1 总　　则

1.0.1 城市绿地设计要贯彻以人为本，达到人与自然和谐，城市与自然共存，有利人的身心健康，创造良好的生态、景观、游憩环境，设计要体现适用、经济、环保、美观的原则，同时要注意各种设施的安全。

1.0.2 本规范适用的范围：公园绿地、生产绿地、防护绿地、附属绿地及其他绿地。

1.0.4 绿地内各种建筑物、构筑物和市政设施等设计除执行本规范外，尚应符合现行有关设计标准的规定。

3 基 本 规 定

3.0.1 城市绿地设计应在批准的城市总体规划和绿地系统规划的基础上进行，为区别"城市总体规划"和"绿地系统规划"，单项绿地的总体规划统一称为绿地总体设计。

3.0.2 绿地设计必须以城市规划为依据，其用地范围既不能超出总体规划范围，更不得被任何非绿地设施占用或变相占用；绿地的出入口设置要综合考虑城市道路的交通安全、流量、标高、附近人口密度、人流量等因素。

3.0.4、3.0.5 城市绿地设计是一项工程性与艺术性相结合的创作活动。要继承弘扬我国传统园林艺术精华，并借鉴吸收国内外绿地设计的先进理念和技艺，结合现代社会生活的要求和审美情趣，不断探索、创造具有中国特色、地方风格和个性特色的城市绿地。

3.0.6 居住用地、公共设施用地、工业用地、仓储用地、对外交通用地、道路广场用地、市政设施用地和特殊用地中的绿化用地面积占总用地比例必须符合法定比例。城市绿地内的水面大小差别很大，可因地制宜、合理设置。绿色植物种植面积采用按陆地面积大小确定比例。

3.0.7 本条款规定是为了保护、利用拟建绿地基地内的原有植物资源。在旧城改造中出现工厂迁移等基地改建为开放绿地时，更应充分考虑有效利用。

3.0.10 绿地设计要体现人性化设计，尤其要体现对弱势群体的关爱，要创造老人相互交流的空间，在道路及厕所设计中要考虑无障碍设计。

3.0.11 城市绿地兼有防灾、避灾的功能，绿地内水体、广场、草坪等在遇灾时均可供防灾避难使用。因此，在城市绿地设计时应充分考虑到防灾避难时的有效利用。

4 竖 向 设 计

4.0.1 竖向设计必须以总体设计为依据，其用地范围和控制标高既不能超出总体规划范围，更不得任意发挥或随意修改总体设计所确定的控制标高。

4.0.2 竖向设计应在总图设计的基础上，除了创造一定的地形空间景观外，还应为植物种植设计和给排水设计创造良好的基础条件，为植物的良好生长和雨水的排蓄创造必要的条件。

4.0.3、4.0.4 此两条是为了保护、利用基地内的原有资源，尤其是自然水系、树木及农田耕作土壤。

4.0.5 本条主要是在地形设计中要确保古树名木的存活。

4.0.13 本条主要从水体生态角度考虑，提倡采用原土构筑池底，既节省工程造价，又有利水体自净。当然，遇到原土地基渗水过大时，则应采取必要的防水设施。

5 种 植 设 计

5.0.1 绿地总体设计为了满足各空间功能需求，对植物群落的布局提出相应要求，种植设计必须以此为依据。

5.0.2 植物种类的选择正确与否，直接影响绿地景观的质量、资源利用及建设成本等问题。各地应充分发掘利用现有资源。

5.0.4 种植设计除讲求构图、形式等艺术要求和文化寓意外，更重要的是满足植物的生态习性，考虑植物多样性、观赏性要求，使科学性与艺术性很好结合，形成合理的群落。

5.0.5 植物生长的基础是土壤，栽植土壤要符合其植物生长的理化性状（尤其是土壤的有机质含量），植物才能发育健旺，充分展现其特征。

5.0.7 植物配置不仅要满足功能与植物生态的要求，还必须遵循特色植物景观构成的要求。

5.0.10 植物是逐年生长的，但其生长速度各有不同，种植设计时必须考虑到若干年后形成稳定的植物群落景观，为植物生长留足一定的空间。但在有些重要地段，为了兼顾到近期绿化景观效果，种植设计时，也可适当考虑提高种植密度或栽种速生快长植物。

6 道路、桥梁

6.1 道　　路

6.1.1 城市绿地的道路除带状绿地设置单一通道外，均宜设置环形主干道，避免让游人走回头路。

6.1.2 城市绿地出入口的设计应倡导简朴、小巧，突出园林绿地特色，不宜单纯追求高大、气魄。大型绿地应设多个大门，且尽可能使游客与管理人员分门进出。

6.1.3 本条只对主路设置要求最小宽度3.00m，消防通道3.50m。大型园林绿地，主路宽度可大于3.00m；小型绿地，主路宽度3.00m即可满足使用要求。

6.1.5 园林绿地的道路提倡使用天然砂、石材料构筑透水、透气道路，提高道路的自然生态功能，让雨水就地渗透。

6.2 桥　梁

6.2.4 绿地的水岸宜用防腐木、石材等构筑亲水平台，让游人亲近水面，观景、嬉水。亲水平台临水一侧必须采取安全措施：设置栏杆、链条，种植护岸水生植物，或者沿岸边设置水深不大于0.70m的浅水区。沿水岸还必须设置安全警示牌。

7　园林建筑、园林小品

7.3 厕　所

7.3.2 一般城市开放绿地内的公厕按男女厕位1∶1～1.5∶1比例设置，男厕位多，女厕位少，游览高峰时有女厕排长队的现象。本条提出调整男女厕位比例，改为男女厕位相同，或女多男少。男厕位应把大、小便厕位一并计算。儿童乐园等儿童较集中场所中，可适当增加低厕位小便器。

7.3.3 城市绿地内厕所设计必须符合城市公共厕所卫生标准，保证通风、通水、清洁、无臭。

7.3.5 厕所污水净化处理，包括地下渗透处理，沼气池、化粪池、生物池处理或地埋式处理池（缸）等物理、生化处理方法。

7.4　园椅、废物箱、饮水器

7.4.1 园椅座位数包括正式的座椅、座凳，以及可供游人临时就座的花坛挡土墙。

7.7 园　灯

7.7.3 园灯设计应注重美观、适用，与节能相结合，并应防止产生光污染。

7.9 标　识

7.9.1 指示标识是城市绿地设计的组成部分，应在城市开放绿地设计中广泛采用，并加以完善。

7.10　游戏及健身设施

7.10.1 游戏机及健身设备应选用符合国家及地方安全卫生标准、有专业资质单位设计生产的合格产品。

8　给水、排水及电气

8.1 给　水

8.1.2 21世纪将成为水危机世纪，我国为贫水国家，人均拥有水量仅为世界人均占有量的五分之一。原国家经贸委办公厅在国经贸厅资源〔2000〕1015号文件中已明确指出：2000～2010年在工业增加值年均增长10%左右的情况下，取水量控制在1.2%。由此看来，对新水源的利用显得尤为重要。作为绿化灌溉、水景补水更有必要利用新水源，如雨水、中水、地表水等。由于目前经济条件的限制，有些小规模绿地的基地内外没有可利用的河水和中水，建造雨水收集处理再利用的设施，其初期投入较大。有条件时应同步建设，建造有困难时，可直接由市政给水管网供水。

8.2 排　水

8.2.1、8.2.2 绿地设计的排水体制应符合城市的排水制度要求。有条件时，绿地排水宜尽可能采用雨水、污水分流制，有利于市政排水体制提高时的分流接入及水资源的综合利用。

8.2.3～8.2.5 绿地内雨水集水形式应与绿地景观配合、协调。绿地地形较为平坦及地下建筑、构筑物上的绿地，宜采用盲沟等排水。盲沟、透水管（板）的使用，有利于雨水综合利用的水质控制。

8.2.6 大型绿地内的污水处理工艺的选择，应与当地市政排水系统相协调，符合其环保和接纳水质要求。

8.3 电　气

8.3.1 城市绿地照明应倡导使用节能灯具，利用太阳能等天然资源。

8.3.2 城市绿地中人员较多的交通广场停电将给交通带来混乱，给人员造成危险，故规定为二级负荷。

8.3.4 电气设备按防触电的保护程度分为0、Ⅰ、Ⅱ、Ⅲ类，城市绿地中的电气设备游人易接触，0类电气设备只有基本绝缘作为防触电保护，为了保证人员的安全，故规定不应使用0类防触电产品。

8.3.5 旱喷泉内常有人游戏，景观水池内有时也有小孩玩水，超过12V低电压可能给人带来触电危险。

中华人民共和国国家标准

有色金属矿山排土场设计规范

Code for waste dump design of nonferrous metal mines

GB 50421—2007

主编部门：中国有色金属工业协会
批准部门：中华人民共和国建设部
施行日期：2007年10月1日

中华人民共和国建设部
公　告

第 664 号

建设部关于发布国家标准
《有色金属矿山排土场设计规范》的公告

现批准《有色金属矿山排土场设计规范》为国家标准，编号为 GB 50421—2007，自 2007 年 10 月 1 日起实施。其中，第 3.2.3、3.2.8、4.0.3、4.0.6、7.0.4、7.0.7、8.0.1、9.0.6 条为强制性条文，必须严格执行。

本规范由建设部标准定额研究所组织中国计划出版社出版发行。

中华人民共和国建设部
二○○七年六月二十二日

前　　言

根据建设部建标函〔2005〕124 号文《关于印发"2005 年工程建设标准规范制订、修订计划（第二批）"的通知》的要求，本规范由长沙有色冶金设计研究院编制完成。

本规范共分 10 章。主要内容有总则、术语、场址选择、安全与卫生防护距离、排土场分类及适用条件、堆置要素、病害防治与稳定性措施、排土场复垦、环境保护、设计所需基础资料等。

本规范以黑体字标志的条文为强制性条文，必须严格执行。

本规范由建设部负责管理和对强制性条文的解释，由中国有色金属工业协会中国有色金属工业工程建设标准规范管理处负责日常管理工作，由长沙有色冶金设计研究院负责具体技术内容的解释。

本规范在执行过程中，请各单位注意总结经验，积累资料，如发现有需要修改和补充之处，请将意见反馈给长沙有色冶金设计研究院（地址：长沙市解放中路 199 号；邮政编码：410011），以便今后修订时参考。

本规范主编单位和主要起草人：

主　编　单　位：长沙有色冶金设计研究院

主要起草人：袁义高　梁　勇　高守民　吴庆国
　　　　　　李永红　李　立　殷碧文

目 次

1 总则 ················· 39—4
2 术语 ················· 39—4
3 场址选择 ············· 39—4
　3.1 一般规定 ········ 39—4
　3.2 外部排土场场址选择 ··· 39—5
　3.3 内部排土场场址选择 ··· 39—5
4 安全与卫生防护距离 ····· 39—5
5 排土场分类及适用条件 ··· 39—6
6 堆置要素 ············· 39—8
7 病害防治与稳定性措施 ··· 39—9
8 排土场复垦 ··········· 39—11
9 环境保护 ············· 39—12
10 设计所需基础资料 ····· 39—12
本规范用词说明 ·········· 39—12
附：条文说明 ············ 39—13

1 总则

1.0.1 为了规范有色金属矿山排土场设计的技术要求,贯彻国家技术经济政策,达到安全堆存矿山剥离物和保护环境的要求,制定本规范。

1.0.2 本规范适用于新建、改扩建的有色金属露天开采矿山、地下开采矿山排土场设计。

1.0.3 排土场设计应符合下列要求:

 1 符合矿山建设的总体规划;拟建场址和排土工艺必须做到安全可靠、技术先进、经济合理。

 2 排土场场址的选择应经多方案技术经济比较,最优方案的经济准则应是在矿山开采的服务年限内,折算到单位矿石成本中的废石运输、排弃、环境污染的整治、复垦等费用的现值最小。

 3 排土场规划应满足服务年限的全部容量,排土场的设置应远近期结合,排土场用地可根据排土计划分期征用。

 4 排土场设计时应通过现场查勘,确定环境影响和水土流失防治责任范围,因地制宜,坚持以防为主、防治结合的原则,全面贯彻保护耕地、保护环境和防治水土流失、土地复垦及可持续发展的国策。

1.0.4 排土场设计除应遵守本规范外,尚应符合国家现行有关标准、规范的规定。

2 术语

2.0.1 排土场 waste dump; spoil dump

堆放剥离物的场所,也称废石场,是指矿山采矿排弃物集中排放的场所。

2.0.2 内部排土场 internal waste dump

剥离物堆放在采空区或塌陷区的排土场。

2.0.3 外部排土场 external waste dump

剥离物堆放在露天采场境界以外的排土场。

2.0.4 剥离物 overburden

剥离出的覆盖岩土、围岩和目前尚无利用价值的矿石及开采损失的矿石,也称废石或岩土。

2.0.5 排土 waste disposal

将剥离物排入堆存场地的作业。

2.0.6 排土场下沉系数 subsidence factor of waste dump

排土场经过一段时间后下沉的高度与排土场下沉前高度的比值。

2.0.7 土地复垦 land reclamation

排土场在排土堆置过程中,将破坏了的土地进行处理,恢复和改造到可利用状态的工作。

2.0.8 台阶 bench

排土场内的剥离物,通常划分为一定高度分层进行排土堆置,也称阶段。

2.0.9 陷落带(移动带) caving zone

采空区以上直至地表一定范围内可能引起地表裂缝、沉陷的范围。

2.0.10 眉线 browline

排土场边坡面与台阶顶面的交线。

2.0.11 稳定性分析 stability analysis

对与工程相关的岩土是否会发生过量变形及破坏而进行的综合评价。

2.0.12 台阶高 bench height

排土台阶坡顶线至坡底线间的垂直距离,也称阶段高。

2.0.13 堆置高度 heap height

各台阶高度的总和。

2.0.14 安全系数 safety factor

抗滑力与滑动力之比,或抗滑力矩与滑动力矩之比。

2.0.15 排土场复垦周期 reclamation period of waste dump

排土终了至复垦完毕的时间段。

3 场址选择

3.1 一般规定

3.1.1 排土场场址的选择必须与采矿设计同步进行。选址时应考虑采掘和剥离物的分布,采掘顺序,剥离量大小,场址宜靠近采矿场。

3.1.2 排土场的容量应能容纳矿山服务年限内所排弃的全部岩土;排土场地可为一个或多个。在占地多、占用先后时间不一时,则宜一次规划,分期征用或租用。初期征用土地时,大型矿山不宜小于10年的容量,中型矿山不宜小于7年的容量,小型矿山不宜小于5年的容量。

3.1.3 有回收利用价值的岩土和耕植土的排土场应按要求分排、分堆,并应为其回收利用创造有利的条件。

3.1.4 可行性研究、初步设计文件应对排土场设计方案优缺点和设计技术经济进行论证比较,并应包括以下内容:

 1 排弃土、石数量;

 2 排弃工艺、运距;

 3 排土场场址方案;

 4 原地貌特征,环境因素,占用土地概况;

 5 压占耕地和损坏林木面积;

 6 安全措施及防护带技术保证;

 7 可能造成的环保问题和水土流失危害;

 8 复垦安排。

3.1.5 排土场场址方案的比较应包括以下内容:

 1 场址的地形、工程地质及水文地质;

2 建设的自然条件；
3 排弃物的运输方式、运距、容量、用地；
4 对暂不能利用的资源日后利用回收的条件；
5 安全与卫生防护距离。

3.2 外部排土场场址选择

3.2.1 外部排土场场址的选择应根据剥离物的运输方式，在保证开拓运输便捷通畅的前提下，因地制宜地利用地形，适当提高堆置高度，并应合理确定排土场各排土平台设计标高。

3.2.2 外部排土场应充分利用沟谷、洼地、荒坡、劣地，不占良田，少占耕地；应避开城镇生活区。

3.2.3 严禁将水源保护区、江河、湖泊作为排土场；严禁侵占名胜古迹、自然保护区。

3.2.4 外部排土场场址宜选择在水文地质条件相对简单，原地形坡度相对平缓的沟谷；不宜设在工程地质与水文地质不良地带；不宜设在汇水面积大，沟谷纵坡陡，出口又不易拦截的山谷中；也不宜设在主要工业厂房、居住区及交通干线临近处。当无法避开时，必须采取有效措施，防止泥石流灾害的发生。

3.2.5 外部排土场不应设在居民区或工业场地的主导风向的上风侧和生活水源的上游，并不应设在废弃物扬散、流失的场所以及饮用水源的近旁。废石中的污染物必须按照现行国家标准《一般工业固体废物贮存、处置场污染控制标准》GB 18599—2001 堆放、处置。对有可能造成水土流失或泥石流的排土场，必须采取有效的拦截措施，防止水土流失，预防灾害的发生。

3.2.6 宜利用山岗、山丘、竹木林地等有利地形地貌作为排土场的卫生防护带，无地形利用时，在排土场与居住区之间应按卫生、安全、防灾、环保等要求建设防护绿地。

3.2.7 建于沟谷的外部排土场，设计时应设排洪设施，避免因排土场的设置而影响山洪的排泄及农田灌溉。

3.2.8 外部排土场的复垦规划必须与排土规划同时进行，设计文件中应有包括土地复垦和恢复良好生态系统的工程措施。

3.3 内部排土场场址选择

3.3.1 有采空区或塌陷区的矿山，在条件允许时，应将其采空区或塌陷区开辟为内部排土场。

3.3.2 采用充填法开采的矿山，宜将剥离物用作充填料。

3.3.3 一个采场内有两个不同标高底平面的矿山，应考虑采用内部排土场。

3.3.4 露天矿群和分区分段开采的矿山，应合理安排采掘顺序，选择易采矿体先行强化开采，腾出采空区用作内部排土场。

3.3.5 分期开采的矿山，可在远期开采境界内设置临时的内部排土场，但应与外部排土场进行技术经济比较后确定。

4 安全与卫生防护距离

4.0.1 排土场最终坡底线与其相邻的铁路、道路、工业场地、村镇等之间应有安全防护距离，并应根据下列因素确定：
1 剥离物的颗粒组成及其性质，运输排土方式，堆置台阶高度及其边坡坡度；
2 排土场地基的稳定性和相邻建筑物及设施的性质；
3 安全防护地带的原地面坡度，植被情况和工程地质；
4 安全防护对象的地面与排土场最终堆置高度的相对高差；
5 气象条件。

4.0.2 剥离物堆置整体稳定、排水良好、原地面坡度不大于24°的排土场，其设计最终坡底线与主要建、构筑物等的安全防护距离按下列要求确定：
1 当采取防护工程措施时，应根据所采取工程措施的不同由设计确定；
2 当未采取防护工程措施时，应按表4.0.2的规定确定。

表4.0.2 排土场最终坡底线与保护对象间的安全距离

序号	保护对象名称	安全距离
1	国家铁（公）路干线、航道、高压输电线路铁塔等重要设施	$1.00H \sim 1.50H$
2	矿山铁（道）路干线（不包括露天采矿场内部生产线路）	不宜小于$0.75H$
3	露天采矿场开采终了境界线	根据边坡稳定状况及坡底线外地面坡度确定，但应大于或等于30m
4	矿山居住区、村镇、工业场地等	$\geq 2.00H$

注： 1 安全防护距离：航道由设计水位岸边线算起；铁路、公路、道路由其设施边缘算起；建、构筑物由其边缘算起；工业场地由其边缘或围墙算起。
  2 规模较大的（0.7万人口以上）矿山居住区、有建制的镇，应按表列数值适当加大。
  3 排土场采分层堆置，各层间留有宽20～30m安全平台时，序号1、2可取表列距离的75%；零星建、构筑物及分散的个别农舍，可取表列序号4距离的75%；20～30m安全平台系指各台阶最终平台的宽度。
  4 序号1排场坡底线外地面坡度不大于24°时，取下限值；大于24°时，应根据需要设置防滚石危害的措施，并在滚石区加设醒目的安全警示标志。
  5 表中H值为排土场设计最终堆置高度。

4.0.3 剥离物堆置整体稳定性较差、排水不良且具有形成泥石流条件的排土场，严禁布置在有可能危及工业场地、村镇、居民区及交通干线的上游。

4.0.4 具有本规范第4.0.3条情况的排土场，有特殊要求需要在其下方布置一般性建、构筑物而又无法满足安全距离要求时，必须采取可靠的安全防护工程措施，并征得有关部门同意后方可布置。

4.0.5 排土场的设计等级应根据使用期内排土总容量、排土场的地形、排弃物堆置高度、场地地基强度和失事后的危害程度按表4.0.5的规定划分确定。

表4.0.5 排土场的设计等级

等别	单个排土场总容量 $V(10^4 m^3)$	堆置高度 $H(m)$
一	$V \geq 1000$	$H \geq 150$
二	$500 \leq V < 1000$	$100 \leq H < 150$
三	$100 \leq V < 500$	$50 \leq H < 100$
四	$V < 100$	$H < 50$

注：1 剥离物堆置整体稳定性较差，排水不良，且具备形成泥石流条件的排土场，其设计等级可提高一等。
　　2 排土场失事将使下游居民区、工矿或交通干线遭受严重灾害者，其设计等级可提高一等。

4.0.6 排土场周围必须设置完整的排水系统。

4.0.7 排土场排洪设施设计频率对于大、中型矿山宜为1/25，对于小型矿山宜为1/15，设计流量应采用调查并结合地区经验公式或推理公式确定。排土场构筑物防洪级别根据排土场的等级及其在工程中的作用和重要性可按表4.0.7的规定划分确定。

表4.0.7 排土场防洪构筑物的级别

排土场等级	构筑物的级别		
	主要构筑物	次要构筑物	临时构筑物
一	1	3	4
二	2	3	4
三	3	4	4
四	4	4	—

注：1 主要构筑物系指失事后使村镇、主要工业场地遭受严重灾害或主要交通干线运输中断的构筑物，如整治滑坡、泥石流的主体构筑物。
　　2 次要构筑物系指失事后不致造成人员伤害或经济损失不大的构筑物，如护坡、谷坊、地表排水设施。
　　3 临时构筑物系指防洪工程施工期使用的构筑物。

4.0.8 排土线应整体均衡推进，卸载平台边缘必须设置安全车挡。安全车挡的高度不应小于轮胎直径的2/5，车挡顶部和底部宽度分别不应小于轮胎直径的1/3和1.3倍。

4.0.9 排土场与村镇、居住区及其他设施的卫生防护距离，应符合国家有关规定和标准要求。

4.0.10 排土场的排土作业区宜设夜间照明，照明灯塔与安全车挡距离宜为15～25m。

5 排土场分类及适用条件

5.0.1 排土场可按设置地点、台阶数量、投资阶段等特征进行分类，并符合表5.0.1的要求。

表5.0.1 排土场分类

分类		特征	适用条件
按设置地点划分	内部排土场	在露天采场或地下开采境界内，不另征地，剥离物运距较近	一个采场内有两个不同标高底平面的矿山；露天矿群或分区开采的矿山，合理安排开采顺序，可实现部分内部排弃
	外部排土场	剥离物堆放在采场境界以外	无采用内部排土场条件的矿山
按地形划分	山坡排土场	初始沿山坡堆放，逐步向外扩大堆放	地形起伏较大的山区和重丘区
	山沟排土场	剥离物在山沟堆放	优先选择沟底平缓、肚大口小沟谷
	平地排土场	在平缓的地面修筑较低的初始路堤，然后交替排弃	地形平缓的地区
按台阶划分	单台阶排土场	在同一场地单层排弃，有利于尽早复垦	剥离量少、采场出口仅一个、运距短的矿山
	多台阶排土场	在同一场地有两层以上同时排弃，能充分利用空间	多台阶同时剥离的山坡露天矿；需充分利用排弃空间的矿山
按时间划分	临时性排土场	剥离物需要二次搬运	有综合利用的岩土；剥离物堆置在采场周边或以后开采矿体上；可复垦的表土层
	永久性排土场	剥离物长期堆存	排弃不再回收的岩土
按投资划分	基建排土场	基建剥离期间堆置剥离物的场地	堆置费用列入基建投资
	生产排土场	矿山生产期间堆置剥离物的场地	堆置费用计入生产成本
按排土方式划分			见表5.0.2

5.0.2 排土场根据矿山所采用的排土设施,按排土方式进行分类,并符合表5.0.2的要求。

表5.0.2 排土场按排土方式分类

序号	类别	作业程序	适用条件
1	人工排土	窄轨铁路运输机车牵引(或人力推或自溜),人工翻车,平整,移道	1. 单台阶排土场堆置高度高; 2. 矿车容量小; 3. 运输量小
2	推土机排土	窄轨铁路运输,推土机转排	1. 排土宽度≤25m; 2. 块度大于0.5m的岩石不超过1/3; 3. 排土线有效长度宜为1~3倍列车长
3	推土机排土	汽车运输自卸,推土机配合	1. 工序简单,排放设备机动性大,各类型矿山都适用; 2. 岩土受雨水冲刷后能确保汽车安全正常作业或影响作业时间不长
4	铲运机排土	铲运机装、运、排土	1. 被剥离的岩土质松层厚,含水量≤20%; 2. 铲斗容积为4.5~40m³,运距为100~1000m; 3. 运行坡度:空车上坡≤18°,重车上坡≤11°
5	电铲(或推土犁)排土	准轨铁路运输,电铲或推土犁排土③④	1. 排土场基底稳定,其平均原地面坡度≤24°;① 2. 所排岩土力学性质较差; 3. 排土段高:电铲≤50m,推土犁≤30m;② 4. 排土线有效长度≥3倍列车长
6	装载机转排	准轨铁路运输,装载机排土③④	1. 排土场基底工程地质情况复杂,原地面坡度>24°; 2. 所排岩土力学性质较差; 3. 排土台阶高度大于50m; 4. 排土线有效长度为1~3倍列车长
7	排土机排土	胶带机运输,排土机排土	1. 排土场基底稳定,其平均原地面坡度≤24°;① 2. 所排岩土力学性质较好,排土工艺需有破碎-胶带机配合; 3. 排土机下分台阶的阶段高度小于或等于排料臂长度的0.5倍;⑤ 4. 排土线的有效长度能使移道周期控制在2~3个月内
8	架空索道排土	架空索道运输	适用于小型露天矿或地下开采窄轨运输的矿山
9	斜坡道排土	1. 斜坡道提升翻车架卸排 2. 转运仓箕斗提升,卸载架排土	矿车沿斜坡道逐步向上排土形成锥形废石山,适于1000t/d以下废石排放企业
10	水力排土	水力剥离自流或压力管道输送排放	1. 采矿场采用水力剥离; 2. 有适宜的水力排土场
11	高强胶带输送机排土	胶带机运输,排土机转排	运量大,需扩大堆置容量而用地受限的排土场,胶带坡度16°~18°,适于大型矿山

注:1 表中①~⑤说明如下:
　　①适合单台阶排土场和多台阶排土场下部台阶的地形坡度。
　　②当推土犁作为电铲或装载机的辅助排土设备时,不受此限。
　　③排土电铲和装载机的斗容,不得小于剥离电铲的斗容。
　　④序号5、6排土方式的主要技术条件,亦适用于窄轨铁路。
　　⑤有可靠的安全措施时不受此限。
　　2 水力排土场的技术条件同尾矿库。

5.0.3 人工排土宜采用单台阶排土方式。

5.0.4 汽车或铁路运输的矿山宜采用推土机排土。

推土机的推送距离宜为10~50m,推刀的偏角宜在20°以内。当推送含水量大的粘性土或块度大而硬的岩石,且坚硬岩石粒径在0.5m以上,大块率超过30%时,宜选用功率较大的推土机。

采用汽车运输—推土机排土工艺的排土场堆置高度可适当加高,各台阶堆置顺序宜根据采矿场出口标高合理安排。

1 采矿场运输出口标高低于排土最低台阶顶面标高时,宜先低后高,分台堆排;

2 采矿场运输出口标高等于或高于排土台阶顶面标高时,宜采用单台阶堆排;

3 采矿场运输出口标高随开拓运输台阶变动时,排土台阶顶面标高亦应与其相适应。

5.0.5 铲运机可用于采剥、运输、排土,也可与松土机配合使用,合理的平均运距为100~1000m。

5.0.6 力学性质较差的岩土转排及南方多雨地区大型露天矿排土作业宜采用准轨铁路运输—电铲排土,大中型矿山松散岩土或挖掘机作业危险的排土作业宜采用准轨铁路运输—推土犁排土。准轨铁路运输—移道机移道的矿山,可采用推土犁排土;在剥离物稳定性较差的排土场,台阶高度应小于30m。

5.0.7 自然条件和岩土物理力学性质较差地点排土,可采用装载机排土。

5.0.8 采用架空索道、斜坡道或胶带运输机排土的排土场,应提高堆高,减少占地及其对环境的污染。

5.0.9 各种排放方式的排土场,都应根据其各自特点和以下要求确定。
  1 初始路基宽度;
  2 多台阶同时作业时,相邻上、下两台阶必须保持足够的排土作业及其安全防护要求的宽度;
  3 多台阶排土场,下台阶的初始路基可在上台阶的排土边坡上修建,但必须在上台阶边坡完全稳定后进行。

5.0.10 山坡露天矿多台阶排土,应高土高排,低土低排。

6 堆置要素

6.0.1 排土场的主要堆置要素应包括堆置总高度与台阶高度;岩土自然安息角与边坡角;最小平台宽度;有效容积和占地面积等。

6.0.2 排土场堆置高度与各台阶高度应根据剥离物的物理力学性质、排土机械设备类型、地形、工程地质、气象及水文等条件确定。

  1 排土场在排土初期基底压实到最大的承载能力时,排土场的堆置高度可按式(6.0.2-1)计算。

$$H_1 = 10^{-4} \pi C \cot\varphi \left[\gamma \left(\cot\varphi + \frac{\pi\varphi}{180} - \frac{\pi}{2} \right) \right]^{-1}$$

(6.0.2-1)

式中 H_1——排土场的堆置高度(m);
  C——基底岩土的粘结力(Pa);
  φ——基底岩土的内摩擦角(°);
  γ——排土场物料的容重(t/m³)。

  2 在基底处于极限状态,失去承载能力,产生塑性变形和移动时,排土场的极限堆置高度可按式(6.0.2-2)计算。

$$H_2 = \frac{10^{-4} C \cot\varphi}{\gamma} \left[\tan^2\left(45° + \frac{\varphi}{2}\right) e^{\pi\tan\varphi} - 1 \right]$$

(6.0.2-2)

式中 H_2——排土场的极限堆置高度(m)。

  3 当无工程地质资料时,堆置的台阶高度可按表6.0.2确定。

表6.0.2 剥离物堆置台阶高度(m)

排土方式 岩土类别	铁路运输					汽车运输	斜坡卷扬
	人工排土	推土机排土	推土犁排土	电铲排土	装载机排土	推土机排土	废石山
坚硬块石	40~60 (30~40)	40~50 (30~40)	20~30 (15~20)	40~50 (20~30)	≤200	≤200	<150
混合土石	30~40 (20~30)	30~40 (20~30)	15~20 (10~15)	30~40 (20~30)	≤100	≤100	<150
松散硬质粘土	15~20 (10~15)	15~20 (10~15)	10~15 (10~12)	15~20 (10~15)	15~30 (15~20)	15~30 (15~20)	70~80
松散软质粘土	12~15 (10~12)	12~15 (10~12)	10~12 (8~10)	12~15 (10~12)	12~15 (10~12)	12~15 (10~12)	50~60
砂质土	—	—	7~10	10~15	—	—	—

注:1 括号内数值系工程地质及气象条件差时参考值。
  2 当采用窄轨铁路运输时,表列数值可略为提高。
  3 地基土壤(粘土类或淤泥类软土)含水量大,排土堆置后可能不稳定的排土场,初始台阶高度可适当减少。
  4 排土场地基(原地面)坡度平缓,剥离物为坚硬岩石或利用狭窄山沟、谷地堆置的排土场,可不受此表限制。
  5 剥离物运来时土石类别明显的,排土时的台阶高度可根据其不同的土石类别,分别采用各自不同的台阶高度。当基底稳定,台阶高度可作如下估算:堆置坚硬岩石时宜为30~60m(山坡型排土高度不限);堆置砂土时宜为15~20m;堆置松软岩土时宜为10~20m。
  6 多台阶排土的总高度可经过验算确定,在相邻台阶之间应留安全平台。基底第一台阶的高度宜为10~25m。

6.0.3 剥离物堆置的自然安息角应根据其物理力学性质和含水量,可按表6.0.3规定选取。多台阶排土场剥离物堆置的总边坡角应小于剥离物堆置自然安息角。

表6.0.3 剥离物堆置安息角

类别	自然安息角(°)	平均安息角(°)
砂质片岩(角砾、碎石)与砂粘土	25~42	35
砂岩(块石、碎石、角砾)	26~40	32
砂岩(砾石、碎石)	27~39	33
片岩(角砾、碎石)与砂粘土	36~43	38
页岩(片岩)	29~43	38
石灰岩(碎石)与砂粘土	27~45	34
花岗岩	35~40	37
钙质砂岩		34.5
致密石灰岩	32~36	35
片麻岩	—	34
云母片岩		30
各种块度的坚硬岩石	30~48	32~45

6.0.4 排土场工作平台最小宽度应根据剥离物的物理力学性质、上一台阶的高度、大块石滚动距离、运排设备的工作宽度、平台上最外运输线至眉线间的安全距离等确定，并应满足上下两相邻台阶互不影响的要求。

1 公路运输平台宽度（图 6.0.4-1），可按表 6.0.4-1 和式 (6.0.4-1) 计算确定。

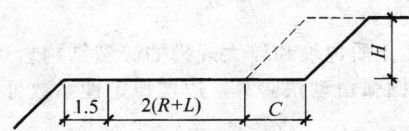

图 6.0.4-1 公路运输平台宽度示意
注：H 为上下两平台间的高差 (m)。

$$A = 1.5 + 2(R+L) + C \quad (6.0.4-1)$$

式中 A——公路运输工作平台宽度 (m)；
R——汽车转弯半径 (m)；
L——汽车长度 (m)；
C——超前堆置宽度 (m)，可按表 6.0.4-1 选取。

表 6.0.4-1 超前堆置宽度取值

堆排方式	超前堆置宽度 C (m)
推土机	视作业条件而定
装载机	不小于装载和卸载半径之和
电铲	不小于一次移道步距，宜取 18～24m

2 铁路运输平台宽度（见图 6.0.4-2），可按表 6.0.4-2 和式 (6.0.4-2) 计算确定。

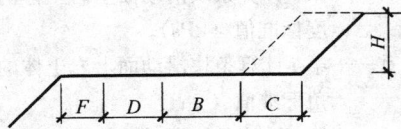

图 6.0.4-2 铁路运输平台宽度示意

$$A = F + D + B + C \quad (6.0.4-2)$$

式中 A——铁路运输工作平台宽度 (m)；
F——外侧线路中心至台阶边坡顶的最小距离 (m)；准轨 1.6～1.7m，窄轨 1.0～1.2m；
D——线间距 (m)；
B——上台阶坡脚线至线路中心的安全距离 (m)，宜大于大块石滚落距离加轨道架线式电杆至线路中心距离 (m)。大块石滚落距离见表 6.0.4-2。

表 6.0.4-2 大块石滚落距离

台阶高度 (m)	10	12	16	20	25	30	40
大块石滚落距离 (m)	15	16	18	20	22	24	27

3 排土场工作平台宽度可按表 6.0.4-3 确定。

表 6.0.4-3 工作平台宽度参考值

运排方式	段 高 (m)		
	15	15～25	30～40
汽车推土机	40～55	45～60	50～65
窄轨推土机	20～25	25～30	50～60
准轨装载机	30～40	40～50	50～60
准轨电铲	40～50	45～55	50～60
准轨推土犁	30～35	35～40	40～45

6.0.5 多台阶排土场，各台阶最终平台宽度不应小于 5m。

6.0.6 排土场需要的有效容积按式 (6.0.6) 计算。

$$V = V_0 K \quad (6.0.6)$$

式中 V——有效容量 (m³)；
V_0——剥离岩土的实方量 (m³)；
K——剥离岩土经下沉后的松散系数。

各类剥离物的松散系数宜按表 6.0.6 选取。

表 6.0.6 剥离物的松散系数

类 别	松散系数
砂	1.01～1.03
带夹石的粘土岩	1.10～1.20
砂质粘土	1.03～1.04
块度不大的岩石	1.20～1.30
粘土	1.04～1.07
大块岩石	1.25～1.35

6.0.7 排土场的用地面积，除应按有效容积结合实际地形和剥离物堆置要素计算用地外，尚应增加排水设施、稳定性措施等工程用地，且应适当增加堆场最外坡脚线至用地边界的防护距离。

7 病害防治与稳定性措施

7.0.1 排土场设计应根据其所在地区的地形、工程地质、水文地质、气象和剥离物的物理力学性质以及排土方式、台阶高度等因素，对有可能招致病害（滑坡、坍塌、泥石流、沉陷、裂缝、水土流失、污染环境等）的原因认真分析，贯彻以防为主、防治结合的方针。

7.0.2 在排土场设计时应配备病害监测所需的人员和配套仪器与设备。

7.0.3 对有可能出现滑坡、坍塌的排土场，应采取下列措施防治：

1 正确处理场址地基，必要时应根据工程、水文地质勘察资料、堆置高度分析验算边坡稳定性，对稳定性较差的土质山坡，宜采用推土机将原坡推成台阶状，以增加稳定性；对松软潮湿土宜在堆排土之前挖渗沟疏干基底，倾填块碎石作垫层，以利排水；高填区，可采用自上而下逐层放缓折线形边坡或层间留出小平台。

  2 合理安排排土顺序，应将大块石堆置在最底层以稳定基底或把大块石堆在最低一个台阶；应合理确定台阶排土高度和最终堆置高度，并应符合下列要求：

    1）对结构松散、粒径小的土质边坡，两台阶高差宜为6～12m，宜设置宽度不小于1.5～2m的平台；

    2）对干旱、半干旱地区，两台阶高差可大些；湿润、半湿润地区，两台阶高差可小些；

    3）当混合的碎（砾）石土高度大于30m，或在8度以上高烈度地震区，土坡高度大于12m时，应设置宽4m以上的大平台。

  3 消除水害。

  4 采用适宜的坡脚防护，包括沿排土场外侧堆置路堤或干砌（或浆砌）拦石堤。

  5 合理确定台阶的排土高度。

7.0.4 **排土场必须有可靠的截流、防洪、排水设施。防止水土流失，淤塞河道，淹没农田，影响周边环境。**

7.0.5 沿山谷或山坡堆置的排土场，应在场外周边设置截水沟或排洪渠。沟渠类型可根据沟渠坡降及流速大小分别采用土质、三合土、浆砌石、预制块等形式。

7.0.6 排土场分台阶排弃时，其平台应有2%～3%的逆坡，场内的地表水应有组织排至场外。有条件时，在排土场坡脚处宜采用大块石填筑高5～10m的渗水层。

7.0.7 **对有大量松散物质排放的陡坡场地，或具有丰富水源的排土场，必须采取坡脚防护或拦碴工程，防止水土流失。**

7.0.8 坡脚防护及拦碴工程可采取以下措施：

  1 当坡面砂石对山沟下方可能造成危害时，应设置一级或多级挡砂堤（或坝），用地紧张时可采用坡脚挡碴墙。

  2 当小规模泥石流对山沟下方可能造成危害时，应在沟谷的收口部位设置拦碴坝等拦蓄、排导、防治构筑物。

  3 当滚石对山沟下方可能造成危害时，应设置拦石堤或沟渠，并应留有足够的安全距离。拦石堤可使用当地土（或干砌片石）筑成，宜采用梯形，其内坡陡于外坡；当拦石堤后的落石沟或落石平台有较宽的用地时，亦可采用较缓的内侧边坡，堤顶高出计算撞点的安全高度应为1m。

  4 当小规模滑坡对山沟下方可能造成危害时，应设置如重力式抗滑挡土墙、抗滑片石垛或抗滑桩等抗滑支挡构筑物。

7.0.9 建于陡坡场地的排土场应进行稳定性验算。当地面横坡大于24°时，除应保证排土场边坡的稳定外，还应预防整个场地沿陡山坡下滑。排土场稳定性验算方法应根据边坡的类型和可能的破坏形式，可按下列原则确定：

  1 土质边坡和较大规模的碎裂结构岩质边坡，宜采用圆弧滑动法验算。边坡稳定性系数可按下式计算：

$$K_s = \frac{\sum R_i}{\sum T_i} \quad (7.0.9\text{-}1)$$

$$R_i = N_i \tan\varphi_i + C_i l_i \quad (7.0.9\text{-}2)$$

$$N_i = (G_i + G_{bi}) \cos\theta_i + P_{wi}\sin(\alpha_i - \theta_i) \quad (7.0.9\text{-}3)$$

$$T_i = (G_i + G_{bi}) \sin\theta_i + P_{wi}\cos(\alpha_i - \theta_i) \quad (7.0.9\text{-}4)$$

式中 K_s——边坡稳定性系数；

   R_i——第i计算条块滑动面上的抗滑力（kN/m）；

   T_i——第i计算条块滑体在滑动面切线上的反力（kN/m）；

   N_i——第i计算条块滑体在滑动面法线上的反力（kN/m）；

   C_i——第i计算条块滑动面上岩土体的粘结强度标准值（kPa）；

   φ_i——第i计算条块滑动面上岩土体的内摩擦角标准值（°）；

   l_i——第i计算条块滑动面长度（m）；

   θ_i、α_i——第i计算条块底面倾角和地下水位面倾角（°）；

   G_i——第i计算条块单位宽度岩土体自重（kN/m）；

   G_{bi}——第i计算条块滑体地表建筑物的单位宽度自重（kN/m）；

   P_{wi}——第i计算条块单位宽度的动水压力（kN/m）。

  2 对可能产生平面滑动的边坡宜采用平面滑动法计算。边坡稳定性系数可按下式计算：

$$K_s = \frac{抗滑力}{下滑力} = \frac{\gamma V\cos\alpha\tan\varphi + AC}{\gamma V\sin\alpha} \quad (7.0.9\text{-}5)$$

式中 A——结构面的面积（m²）；

   γ——岩土体的重度（kN/m³）；

   V——岩体的体积（m³）；

   α——滑动面的倾角（°）；

φ——滑动面的内摩擦角（°）；

C——排土场基底接触面间的粘聚力（kPa）；亦称结构面的粘聚力。

3 对可能产生折线滑动的边坡宜采用折线滑动法计算。边坡稳定性系数可按下式计算：

$$K_s = \frac{\sum R_i \Psi_i \Psi_{i+1} \cdots \Psi_{n-1} + R_n}{\sum T_i \Psi_i \Psi_{i+1} \cdots \Psi_{n-1} + T_n} \quad (7.0.9\text{-}6)$$

$$\Psi_i = \cos(\theta_i - \theta_{i+1}) - \sin(\theta_i - \theta_{i+1}) \tan\varphi_i \quad (7.0.9\text{-}7)$$

式中 Ψ_i——第 i 计算条块剩余下滑推力向第 $i+1$ 计算条块的传递系数。

上述三种滑动法计算出的边坡稳定系数 K_s 取值，宜取1.15～1.3，并应根据被保护对象的等级而定。当被保护对象为失事后使村镇或集中居民区遭受严重灾害时，K_s 应取1.3；当被保护对象为失事后不致造成人员伤亡或者造成经济损失不大的次要建构筑物时，K_s 应取1.2；当被保护对象为失事后损失轻微时，K_s 应取1.15。

7.0.10 当山坡或沟渠与排土场发生交叉时，必须设置相应排洪设施。

1 排土场上游洪水较小，可采用截水沟或排洪渠导排。

2 排土场上游洪水较大，应在上游加修拦截上游洪水的挡水坝，或视其地形特征，沿山坡修排洪渠或在排土场底部修暗涵将其排出场外。挡水坝的安全超高不应小于1m。

3 兼顾挡碴与防洪功能的拦碴坝，应有一定的拦泥库容。

7.0.11 排土场内的地下水和滞留水，在排弃物透水性弱、对稳定性不利情况下，应根据潜水大小，采用盲沟、透水管或涵洞形式将水引出场外。

7.0.12 排土场在排弃作业过程中所形成的边坡，可根据边坡高度和坡度等不同条件，分别采取下列措施：

1 对于弃石不易风化的边坡，当块径较大，或粒径虽小但土石能自然胶结、坡脚无水流淘刷的边坡，可不予加固。

2 对于坡比小于1∶1.5、土层较薄的土质或砂质坡面，可采取种草护坡。种草护坡应先将坡面进行整治，宜选用生长快的低矮匍伏型草种。

3 对于坡比缓于1∶2、土层较厚的土质或砂质坡面，在南方坡面土层厚15cm以上和北方坡面土层厚40cm以上的地方可采用造林护坡。造林护坡应采用根深与根浅相结合的乔灌混交方式，同时宜选用适合当地速生的乔灌木树种。坡面采用植苗造林，宜带土栽植。

4 在路旁或景观要求较高的土质或砂土质坡面，可采用浆砌块石格构或钢筋混凝土格构，在坡面上做成网格状。网格内种植草皮。

8 排土场复垦

8.0.1 排土场必须进行复垦。

8.0.2 排土场复垦规划应与排土规划同时编制，复垦规划内容应包括复垦的基本原则和目标，并应明确复垦类型、复垦工艺、复垦率、复垦周期，落实设备及资金渠道、组织机构。

8.0.3 排土场的复垦规划应做到技术可行、经济合理、因地制宜，并应符合下列要求：

1 复垦类型应因地制宜，宜农则农、宜林则林、宜牧则牧，条件允许时，应优先复垦为耕地或农用地。

2 复垦规划宜满足开发复垦耕地与占用耕地动态平衡。

3 复垦后地形地貌应与当地自然环境和景观相协调，其植被的覆盖率不应低于原有覆盖率。

4 坚持经济效益、生态效益和社会效益相统一。

5 排土场复垦应贯穿于矿山开发的全过程，并应充分利用采矿设备，推行采矿、排土、复垦一体化。

8.0.4 排土场应通过对排弃物的合理调配，整治成为复垦场地，并应符合下列要求：

1 合理安排岩土排弃次序，尽量将废石排放至底部，品质适宜的土层（包括风化石）安排在上部。

2 排土场边坡应适当放缓，宜有利于场地的稳定和开发利用。

3 快速地恢复植被，控制水土流失。

4 为复垦场留下必需的进场道路。

8.0.5 复垦类型的选择应根据排土场形态、土源、区域自然环境等因地制宜确定，并应符合下列要求：

1 复垦场地用作农业用地，经整治后的地面坡度宜为小于15°的平缓坡地，土质较好，气候适宜，有一定水利条件，铺土厚度宜为0.8～1.0m。

2 复垦场地用作林业和牧业用地，经整治后地面坡度不宜大于25°；25°以内坡度可用于果园和其他经济林；超过25°坡度的复垦场地，可种植草、灌木，植被固土封坡。铺土厚度林业用地宜大于0.5m；牧业用地宜大于0.3m。在土源缺乏的地方，可铺一层风化碎屑。

8.0.6 复垦工艺可分为工程复垦和生物复垦。

1 工程复垦可根据规划复垦类型，对其地表加工处理，进行适当压实，然后将收集的表土覆盖于表层，整治、改造为平整用地。

2 生物复垦应对复垦场地进行生态恢复、土地熟化，其过程应精耕细作，培肥、浇灌。可组织综合技术研究，通过试验后再全面推广。

8.0.7 排土场复垦应在停排以后3年内完成，其中工程复垦1年,生物复垦2年。生产期内,对排土已到位的平台宜在生产过程中先进行复垦。

9 环境保护

9.0.1 排土场设计时,必须贯彻"防治并重,治管结合,因地制宜,全面规划,综合治理,除害兴利"的水土保持工作方针。

9.0.2 排土场设计应采取相应措施,防止废渣、粉尘、水污染对环境的影响,使污染物排放达到国家有关规定。

9.0.3 排土场周边的原有植被应加以保护。没有植被时,应结合水土保持在排土场四周进行环行带状绿化;带状布设可采用乔灌混交,隔行种植。长江以南,绿化应以常绿树种为主。建于北方风沙林区的排土场,在防治工程布设上,应择重考虑排弃物为散粒状砂土所带来的风沙危害,在其四周,特别是风口上,应以营造防风固沙林带为主。沙障固沙的有关技术,可按现行国家标准《水土保持综合治理技术规范 风沙治理技术》GB/T 16453.5—1996 第四章的要求执行。

9.0.4 排土作业区和进场运输道路应采用洒水车洒水或其他抑尘措施,减少粉尘散发。排土场周围有工业场地或居民村时,宜增设喷水抑尘设施。在主导风向下风侧有居民村和基本农田保护区的,应结合绿化工程营造卫生防护林带。

9.0.5 属矽尘矿山的排土场应有防止二次扬尘设施,其排土场应布置在农田和水库主导风向的下风侧及远离要求空气清洁的场所。

9.0.6 凡堆置含汞、镉、砷、六价铬、铅、氰化物、有机磷、硫化物及其他毒性大的可溶性废碴的排土场,必须专门设置有防水、防渗措施的存放场所及防护工程,必须制定事故处理措施,必须确保废水中的有害物质经处理达到排放标准后方可排放,确保对相邻区域及附近农田、水体不产生污染。

10 设计所需基础资料

10.0.1 排土场设计所需基础资料应包括以下内容:
  1 与采矿场相同比例的现状地形图。
  2 采矿工艺与开拓运输方式,剥离物的数量、块度和物理、化学性质。
  3 排土场附近的气象、气候及自然条件,地震设防烈度,环境现状资料。
  4 排土场及其周边地区的土地类别及利用现状,农田水利规划,场区内拆迁工程资料。
  5 排土场场址的工程地质和水文地质勘察资料。
  6 现有排土场及其排土设施资料。

本规范用词说明

1 为便于在执行本规范条文时区别对待,对要求严格程度不同的用词说明如下:
  1) 表示很严格,非这样做不可的用词:
    正面词采用"必须",反面词采用"严禁"。
  2) 表示严格,在正常情况下均应这样做的用词:
    正面词采用"应",反面词采用"不应"或"不得"。
  3) 表示允许稍有选择,在条件许可时首先应这样做的用词:
    正面词采用"宜",反面词采用"不宜";
    表示有选择,在一定条件下可以这样做的用词,采用"可"。

2 本规范中指明应按其他有关标准、规范执行的写法为"应符合……的规定"或"应按……执行"。

中华人民共和国国家标准

有色金属矿山排土场设计规范

GB 50421—2007

条 文 说 明

目 次

1 总则 …………………………………… 39—15
3 场址选择 ……………………………… 39—15
  3.1 一般规定 ………………………… 39—15
  3.2 外部排土场场址选择 …………… 39—16
  3.3 内部排土场场址选择 …………… 39—17
4 安全与卫生防护距离 ………………… 39—17
5 排土场分类及适用条件 ……………… 39—21
6 堆置要素 ……………………………… 39—22
7 病害防治与稳定性措施 ……………… 39—24
8 排土场复垦 …………………………… 39—27
9 环境保护 ……………………………… 39—28
10 设计所需基础资料 …………………… 39—30

1 总 则

1.0.1 20世纪80、90年代出版的有色冶金企业参考资料及采矿和总图设计规范,对排土场场址选择和设计提出了一些技术要求和规定,但在内容、范围和深度上,与现有土地管理、环境保护、可持续发展的国策还有一定差距。在露天开采矿量日趋渐长的今天,排土工程仍然是露天矿生产的薄弱环节,排土场占地及其与环境保护的矛盾日趋突出,为弥补其不足,提高设计水平,达到安全堆存矿山剥离物和保护环境的目的,并使矿山排土场的设计规范化,使其符合安全性、合理性、经济性、可操作性要求,特制定本规范。

1.0.2 本条规定本规范的适用范围,即适用于有色行业露天开采、地下开采的排土场设计,以露天开采的排土场设计为主。

1.0.3 本条强调了排土场选址的原则,以及排土场设计应关注和研究的问题。这些内容主要是理清思路,通过对矿山开拓工艺、排弃岩土属性、规模、附近自然地理环境等多方面的调查分析,寻求适用、经济和合理的空间构思,为排土场设计扬长避短创造有利条件。

1 本款是原则性要求,强调矿山的建设开发必须符合矿山建设的总体规划,必须符合安全可靠、技术先进、经济合理三个基本条件。

2 本款提出了排土场最优场址方案的选定原则,首先应经多方案技术经济比较,比较的内容如下:
　1)矿山的总体规划;
　2)矿山的开拓及原矿、排弃物的运输方式、运距;
　3)需排弃的岩土数量、性质及分布情况;
　4)露天采矿场堑沟口、地下开采窿口(或井口)附近地形特征、水文条件、用地状况、拟建场址排土条件;
　5)建设地区的自然条件;
　6)排土场的稳定性和安全条件;
　7)排土终止后场地的开发利用及可持续发展的可行性。

上述诸多内容都是方案研究中要探讨和关注的问题。为使露天矿岩土排弃合理,必须进行排土规划。当采场的开拓运输系统确定后,排土场最优场址方案选定的目的就是要达到经济合理的运输距离,以及在矿山开采的服务年限内,使折算到单位矿石成本中的废石运输、排弃、环境污染的整治、复垦等费用的现值最小。

3 本款是排土场用地规划制定和分期征用原则。因排土场占地多,有不少矿山因排土场不落实而造成采剥失调,延误了生产,为确保矿山的正常运转,条文规定排土场用地规划应满足矿山服务年限的全部容量,排土场的设置应远近结合,而用地可根据排土计划分期征用。作此规定,既避免一次性征用全部土地带来大量土地征而不用、长期闲置的现象,又降低了征地的前期投资。

4 本款强调了排土场址选择与设计在土地使用、环境影响和水土流失方面的要求。排土场是矿山采掘业的一个主要场地,矿山采掘期间排土量大,占地多,剥离物(废石)的运输与排放费用占矿山成本比重大,不仅关系到矿山的经济效益,同时会产生对生态环境的影响,也可能造成水土流失及其他危害。据采矿研究资料,露天矿的剥采比一般在2~8之间,其中露天排土场占地面积占矿山总用地面积的30%~50%。排土场排弃物料都是松散体,本身就是一个污染源,细颗粒尘埃随风飘扬,污染大气,同时水土流失无疑是一个难以回避的现实。据有关资料介绍,1998年特大洪灾波及29个省市,3亿多亩土地受到了危害,直接经济损失1666亿元。水土流失后果极其严重,排土场仅是其中一小部分,年复一年的水土流失使有限的土地资源遭受严重破坏。为控制排土场给周围环境所造成的污染和危害,条文中强调了设计时应通过现场查勘,落实环境影响和水土流失防治责任范围,因地制宜,坚持以防为主、防治结合的原则,目的就是贯彻落实《中华人民共和国环境保护法》、《中华人民共和国水土保持法》。根据现行基本建设强制性法规,有土地预审、安全评估、环境评价、水土保持等专项审查。因排土场设计涉及建设工程安全、环境保护、水土保持、生态还原等技术要求,故要求设计时全面贯彻保护耕地、保护环境和水土保持,包括复垦和可持续发展的国策。

1.0.4 排土场设计涉及国家和地方许多法律法规和标准规范,仅执行本规范的规定是不够的。故本条规定在排土场设计中除必须遵守本规范外,还必须符合国家和地方、行业现行的安全、卫生、土地管理、环境保护等有关法律文件和强制性标准规范的要求。

3 场址选择

3.1 一般规定

3.1.1 露天矿山排弃剥离物、地下开采矿山排弃废石都是采矿的第一道工序,排土场是矿山开采的一个重要组成部分,因此,场址的选择,必须与采矿场和选矿厂厂址选择同时进行。在露天矿中,运输成本约占岩石剥离成本的40%左右,而运距长短又是运输成本高低的主要因素,岩土运输距离越近,生产成本越低。从矿山经济效益方面出发,就近选址,缩短岩土运输距离,对提高企业的经济效益有着极为重要的意义。场址的选择,应着重考虑剥离岩土的分布状况，采掘顺序，剥离量的大小，在采矿场附近选择一个或多个排土场。在不妨碍采场生产发展前提下就近选址，可降低运输成本，但必须注意场址的整体稳定。

3.1.2 本条是排土场土地征用的具体规定。排土场的用地依据主要是用地大小应满足设计服务年限露天矿的基建剥离岩土和生产期废石量的全部容量；至于排土场选择一个或多个，要根据排弃物的流向、流量和有无适宜场地等因素确定。原总图运输设计手册规定：大型企业的渣场一般满足 25 年的容量，中小型企业满足 15 年的容量。考虑市场经济下经营方式的变化，土地使用多以有偿出让方式授权经营，为减少企业建设前期的资金压力，避免土地长期闲置，在土地使用上为压缩租用年限的矿山采用了灵活的租地方式，在执行本条规定时，也不受此限。

3.1.3 本条从资源保护与建设节约型社会出发，规定有回收利用价值的岩土和耕植土的排土场应按要求分排、分堆。有回收利用价值的岩土是指：

1 有价值矿物和采富弃贫的低品位矿石、副产矿石；

2 可作建筑材料或复垦用的剥离表土。

对那些暂不能利用的资源，今后需要二次回收，不能混堆。在需运出时，要有外运条件，故本条提出分堆时要为其回收利用创造有利的条件。

3.1.4 本条规定提出了排土场高阶段设计的内容与深度要求。为使设计方案做到积极稳妥、符合国情，方案比较内容列出了技术经济、环境、社会三个方面共八款内容，其中 1～3 款着重于技术经济比较，4～8 款着重于环境、社会效益方面比较。按照国家基本建设有关法规，项目建议书或可行性研究报告应包括环保要求、土地利用、安全评价内容和采取的相应措施方案，在方案审查阶段，上述要求都是必不可少的内容。

3.1.5 本条围绕排土场设计布点和设计方案的选定应关注和研究的问题做了提示。提示中五项内容可认为是排土场场址方案比较中的基础内容。

1、2 强调了场址的地形、工程地质、水文地质与自然条件，主要是从排土场的稳定性考虑。

3 强调了方案比较内容应包括排弃物的运输方式、运距、容量、用地。矿山采矿期间排土量大、占地多，剥离物（废石）的运输与排放费用占矿山成本比重大，在排土场方案比较中，优先选择运距近、容积率高、占地少的场地，经济效益是不言而喻的。

4 强调了方案比较内容包括对暂不能利用的资源日后利用回收的条件。

5 强调了安全与卫生防护距离，为避免意外的滚石、坍塌给周边生产厂房、居住区、主要交通干线带来安全危害，本条把排土场对外安全与卫生防护距离作为场址方案比较的重要内容之一。

3.2 外部排土场场址选择

3.2.1 排土场场址的选择是根据采矿开拓剥离物运输方式，综合地形地质、环境因素进行堆存场地方案比较。剥离物运输方式主要有汽车运输和铁路运输，其他方式详见本规范表 5.0.2。不同的运输方案，运输线有不同的技术要求，排土场选址一方面应考虑运输线的技术标准，使采矿场与排土场高程上合理衔接，在沿采场或排土场边缘布置运输线时，其边坡应稳定，以适应排土作业技术安全上的要求。另一方面要因地制宜利用地形，适当提高堆置高度，以增加排土场容积，使相同面积场地有更大容积。

合理确定排土场各台阶的标高，其出发点一是与矿山采剥进度计划相适应，通过高土高排、低土低排，缩短岩土运距，降低运输功，保证开拓运输线便捷通畅；二是有利于排土场边坡稳定。

3.2.2 本条规定了排土场的用地原则。矿山排土场建设需要占用大量土地。俄罗斯、美国的矿山，排土场的占地面积分别为矿山总占地面积的 50% 和 56%。根据对我国冶金露天矿的调查，排土场的占地面积为矿山总占地面积的 30%～50%，矿业的发展导致排土场占用大量土地的问题日趋突出。我国人口众多，人均耕地 1.4 亩，只有世界水平的 1/3，保护耕地是我国基本国策。根据节约用地的原则，应妥善考虑排土场用地，防止多征少用，或造成土地利用不当，本条规定可以利用荒地的，不得占用耕地，可以占用劣地的，不得占用好地。排土场场址选择应避开城镇生活区，水源保护区，主要是为了避免造成损害群众利益的环境问题。

3.2.3 《中华人民共和国环境保护法》第十八条规定：在人民政府规定的风景名胜区、自然保护区和其他需要特别保护的区域内，不得建设污染环境的工业生产设施。故本条规定严禁侵占名胜古迹、自然保护区。《中华人民共和国固体废物污染环境防治法》第十七条规定：禁止任何单位或者个人向江河、湖泊、运河、渠道、水库及其最高水位线以下的滩地和岸坡等法律法规规定禁止倾倒、堆放废弃物的地点倾倒、堆放固体废物。将剥离岩土直接排入江河、湖泊，不仅造成水体严重污染，还淤塞河道，影响排洪。故条文中规定了严禁将水源保护区、江河、湖泊作为排土场；严禁侵占名胜古迹、自然保护区的强制性规定。

3.2.4 从排土场的稳定性考虑，排土场场址宜选择在水文地质条件相对简单，原地形坡度相对平缓的沟谷，不宜设在工程地质与水文地质不良地带。因为地质不良排土场基底承载力不足容易产生变形破坏而影响安全。排土场若设在汇水面积大、纵坡陡的沟谷处，极易诱发泥石流。从泥石流形成的条件来看，排弃松散土石是泥石流形成的基础，大量降水汇集和陡峭的纵坡又是产生泥石流的动力条件，为避免重大安全事故发生，排土场的场址不宜选择在上述地点，也不宜设在河沟纵坡陡的交叉口，最好是选择在葫芦状沟谷，肚大口小，土地利用率高，出口防护工程小的地方。为避免意外的滚石、坍塌给周边生产厂房、居住区、主要交通干线带来安全影响，本条又规定了排土场不宜设在主要工业厂房、居住区及交通干线临近处；当无法避开时，必须有可靠措施防止灾害的发生。

3.2.5 《建设工程质量管理条例》已于2000年1月30日由国务院第279号令发布实施，条例规定要建立健全各级责任单位质量责任制，确保建筑工程的使用安全和环境质量。本条强调贯彻安全生产、环境保护的有关法规，意在执行《工程建设质量管理条例》。

排土场的使用安全，首先应满足不发生危及人民生命财产安全的垮塌事故。要做到这一点，认识自然规律、正确选择场址、采取必要防护措施是不可缺少的。因为排土场工程不同于其他基础设施建设工程，在基础处理、堆载压实、边坡防护上不可能有过多的要求，只能从场址选择上消除重大安全隐患。

一要建设，二要保护环境。采矿必须丢废，排土作业有粉尘污染，水土流失又将带来水污染。许多排土场在生产过程中或终止排土后，细颗粒尘埃随风飘扬，污染大气。如某矿地处城市附近，每遇刮风，排土场和尾矿库的粉尘飞扬，造成了严重的粉尘污染，直接影响当地居民的身心健康，环境治理一度成为全市关注的一个焦点。又如某铜矿由于排土场防尘治理不到位，一度陷入旱季汽车不能行驶，工人无法操作的困境。为了避免类似粉尘污染现象的发生，条文中规定了排土场不应设在居民区或工业场地的主导风向上风侧。为避免水污染，条文中规定了排土场不应设在生活水源的上游。

2002年发布的《工业企业设计卫生标准》GBZ 1—2002第4.1.5条规定：固体废弃物堆放和填埋场必须避免选在废弃物扬散、流失的场所以及饮用水源的近旁。含有硫化矿物的废石经氧化或水蚀，会产生含金属离子的酸性水，这种水的无序排放可能对农田和民用水造成严重污染。

废石中的污染物要按照《一般工业固体废物贮存、处置场污染控制标准》GB 18559—2001 堆放、处置。排土过程可能造成大范围的地表扰动，为尽量减少其对自然生态系统的摧残，对可能造成大量水土流失的排土场，或可能诱发泥石流的排土场，应积极做好有效拦截工程，预防灾害的发生。

2000年10月，广西南丹县一座废砂堆积而成的拦污坝突然坍塌，污水和泥石流冲起2m多高，坝附近上百座民房顷刻间毁于一旦，死15人，伤50多人，失踪100多人。

血的教训警告人们：选址的使用安全应是第一位的，环境污染的潜在危害也切记不可掉以轻心。

3.2.6 本条规定了如何在场址选择中利用山丘交错等有利地形地貌作为卫生防护带来减轻排弃岩土对周围生态环境的影响。排土场边缘凸起山岗、竹木林地具有防灾功能，本身就是天然拦截屏障，设计时应充分利用。无地形利用时，在排土场与居住区之间应按卫生、安全、防灾、环保等要求建设公害防护绿地。

3.2.7 建于沟谷的排土场，南方多雨季节易引发山洪，设计时应采取措施，结合自然分水线和河、沟将雨水引出场外，确保排水通畅，预防灾害发生。

3.2.8 《中华人民共和国土地管理法》第四十二条规定："因挖损、塌陷、压占等造成土地破坏，用地单位和个人应当按照国家有关规定负责复垦"；第十九条"土地利用总体规划编制原则"第（五）款规定："占用耕地要与开发复垦耕地相平衡"。

矿山排土场建设占用大量土地，严重地破坏山林和自然界的生态平衡。设计应对建设破坏的土地同时进行复垦规划设计，保障土地可持续发展利用。如永平铜矿，自1983年以来，排土场绿化植树总面积已达200余亩；平果铝土矿自1994年投产后，便把采矿、复垦密切结合，基本上做到征地、采矿、复垦之间互相平衡，现已复垦耕地1911.2亩。

3.3 内部排土场场址选择

3.3.1 利用采空区或塌陷区作为排土场地，不新征地，既节约基建投资，还可缩短运距，降低剥离成本。有条件的矿山应与采矿矿岩开采顺序配合，充分利用上述区域作为排土场。如中铝矿业分公司小关铝矿，通过有计划安排采掘进度，把采空区开辟为内部排土场。2005年又将闭坑多年的内部排土场整平为140万吨铝矿堆置场。

3.3.2 采用充填法开采的矿山，废石、废渣是充填料的重要组成部分，将剥离物用作充填料，综合利用效益是显而易见的。

3.3.3、3.3.4 一个采场内有两个不同标高底平面、露天矿群同时有几个采区采矿，可通过有计划安排采掘进度，先行强化部分采区的采掘工作，利用提前结束的采空区实行内排土。如白银露天矿1号露天采场已经闭坑，位于附近的2号露天采场便就近向1号采空区排弃岩土，汽车运输距离缩短了0.8km。三年多来共排土100多万立方米，既减少了排土场占地，又降低了成本。

3.3.5 对分期开采的矿山，为节约用地，将近期剥离岩土堆放在远期开采境界内，减少了运距，但增加了后期二次转运作业，有利有弊。方案是否可行、合理，还需经过技术经济比较后方能确定。

4 安全与卫生防护距离

4.0.1 排土场的安全至关重要，因为新堆置的排土台阶岩土松散，场地的沉降变形频繁，容易造成安全事故。本条所提排土场安全防护距离包含两方面内容：一是为满足不发生危及人民生命财产安全对被保护对象所采取的防护距离；二是避开意外的质量隐患而采取的防护距离。排土场最终坡底线与其相邻的铁路、道路、场地、村镇等之间的安全防护距离与排弃物的性质、堆置高度、气候和地理因素等都有关系，理论上防护距离大小应根据被保护对象的保护级别分别确定，实际上由于地形、地质、气象条件千变万化，很难提出一个万无一失的标准，本条仅就安全防护距离确定因素列出5条，供设计时分析论证。

4.0.2 排土场最终坡底线与保护对象间的安全距离表是指无防护工程时的安全防护距离。《金属非金属露天矿山安全规程》GB 16423—1996 第9.1条规定：排土场应保证不致威胁采矿场、工业场地（厂区）、居民点、铁路、道路、耕种区、水域、隧道等的安全，其设计距离在设计中规定。为保证排弃岩土时不致因大块滚石、塌滑等危及工业场地、居民点、铁路、道路、高压输电线等设施的安全，表4.0.2内容参照了《钢铁企业总图运输设计规范》YBJ 52—88 规定，本表的安全防护距离考虑边坡局部失稳所引起的变形和大块滚石的滚动距离。

1 边坡局部失稳（坍塌、滑移、少量底鼓等）引起的边坡变形与位移而设置的安全防护距离。

在平缓地形坡上排土场的变形主要是松散岩土在自重力和外载荷作用下逐渐压实和沉降，其变形主要是沉降压缩变形。据矿山观测资料，排土场沉降系数变化在1.1～1.2之间，沉降过程可延续数年。当排土场基底有软弱层或排出物料含有较多的土壤及风化石，受大气降雨或地表水的浸润作用，可能造成边坡局部失稳或小型滑坡，此种变形所带来的危害不大。

根据国内外大量调研资料表明：排土场高度30～200m，排土场基底原地面坡度小于24°的情况下，其稳定性良好。当原地面坡度超过24°时，需在坡脚处采取防护工程措施；当原地面坡度超过45°时，除在坡脚处具有逆向地形，形成天然稳定基础外，将难以保持排土场的整体稳定。

我国铁（公）路路基设计时，通常把原地面横坡1∶2.5作为区分一般路基与陡坡路基进行个别设计的界限。这个坡度大体上也是在20°～24°，说明把地面坡度不超过24°作为评判土工构筑物（含排土场）是否可能发生整体下滑的界限是符合设计现状的。

按上述条件分析，本规范表4.0.2仅限于在原地面坡度不大于24°时采用。

2 为防止滚石危害而设置的安全防护距离。

要防止滚石危害，首先要摸清滚动距离及规律。以下引用了辽宁某露天煤矿排土场与张家沟铁矿采矿场245m平台进行滚石规律实测结果，参见表1、表2。

表1 辽宁某露天煤矿排土场大块滚石的滚动距离

次数	排土台阶高度(m)	大块滚石滚动距离(m)	位置	备注
1	21	10.70	△240-1	辽宁某露天煤矿（一）
2	27	15.3	△260-4	辽宁某露天煤矿（一）
3	18	8.45	△200-4	辽宁某露天煤矿（一）
4	21	8.95	△220-1	辽宁某露天煤矿（一）
1	23	23.80	△260-3	辽宁某露天煤矿（二）
2	18	9.30	△270	辽宁某露天煤矿（二）
1	14	20.00	—	辽宁某露天煤矿（三）

煤矿排土场坡脚原地面坡度小于20°，滚石规律实测结果：滚动距离大多在$0.75H$范围内，个别为$1.5H$。

表2 张家沟铁矿采矿场245m平台大块（0.3～1.5m）滚石的滚动距离

序号	滚动距离(m)	大块滚石数量(个)	大于1.0m大块滚石数量(%)	大块滚石量比例(%)	大块滚石量累计比例(%)
1	0～4	2770	20	84.5	84.5
2	4～8	385	7	8.7	93.2
3	8～10	95	4	3.2	95.4
4	10～12	80	1	1.8	97.2
5	12～14	55	4	1.2	98.4
6	14～16	33	3	0.7	99.1
7	16～18	27	1	0.6	99.7
8	18～20	15	1	0.3	100.0

铁矿采场坡脚原地面坡度平缓，大块滚石从相对高55～100m的坡顶沿坡面滚动，其实测结果：大部滚石滚动距离在14～16m内。

两矿实测结果的分析：

煤炭系统实测资料表明：排土场堆置坡脚处原地面坡度不大（一般α≤20°）时，大块岩石滚动距离与堆置高度呈线性变化规律，滚动距离一般在0.75H范围内，个别为1.5H。

冶金系统实测资料表明：当坡脚处系采矿场自然状态下的开采平台，大块滚石从高度55～100m沿坡面滚落，累计约95.4%落在10m以内，14m以内的约98.4%，16m以内的约99.1%，而在16～20m范围内的仅占0.9%，可见大部分滚石在14～16m范围内均可以停止滚动。

综合两矿实测结果，可得出排土场边坡滚石运动的一般规律，即滚石的滚动距离与排土场边坡坡脚处原地面坡度息息相关，而堆置高度影响并不明显。随着堆高的增加，滚石距离对安全影响不是主要因素，而是随着堆高的增加，排土场边坡下部的应力集中区产生位移变形或边坡鼓出，然后牵动上部边坡开裂和滑动。

本规范表 4.0.2 所列排土场最终坡底线与保护对象间的安全距离虽从被保护对象重要性出发，考虑了边坡失稳（坍塌、滑移、少量底鼓等）引起的边坡变形滑移与滚石危害因素，但随着地形与自然条件的变化，大块滚石的运动与变化规律远非人们观察、测定、计算所能完全概括的，为安全计，按被保护对象的重要性不同，分别乘以 $K=1\sim2$ 的安全系数，规定了其安全防护距离值为最终堆置高度的 $0.75\sim2.00$ 倍。

表 4.0.2 中的第 2 项规定矿山铁路（道路）干线安全距离不宜小于 0.75 倍的最终堆置高度，这是根据设施重要性等级较国家交通干线为小的具体情况而定。减小后的取值通常还受矿山地形因素的制约（布置困难、用地限制等），其规定仍难以实施。为给设计留有余地，此处按一般设计要求，规定不宜小于 0.75 倍的最终堆置高度。

表 4.0.2 中的第 3 项规定了排土场至露天开采终了境界线的安全距离应大于或等于 30m，是出于在非工作帮外就近堆置岩土，由于地面坡度坡向不同，边坡稳定情况各异，因素比较复杂，参照《苏联有色金属矿床开采技术操作规程》中有关规定，眉线外只留 15m 过小，故本条规定不小于 30m。

表 4.0.2 中的第 4 项规定了至矿山居住区、村镇及工业场地等的距离应大于 2 倍的最终堆置高度，其原因是矿山居住区、村镇、工业场地等是大量人群生产及生活的场所，必须具有更大的安全度。至排土场的安全距离，不论排土场坡底线外地面坡度如何，均取不小于其最终堆置高度的 2 倍。目前国内的排土场，一般堆置高度为 $60\sim80m$，个别可超过 150m（汽车或窄轨运输排土场），其安全防护距离将达 $200\sim300m$。从目前各矿山实际情况看是可以保证安全的。

排土场最终坡底线与保护对象间安全距离表下注的说明：

注 2　当人口相当于城市居住小区级的矿山居住区及有建制的镇，因人口数量较大，其安全防护距离亦应适当加大。

注 3　关于分层堆置的排土场，在排土作业过程中，各台阶间均按现有操作规程，留有 $20\sim30m$ 的安全平台，一般可以认为大块滚石不再越过各自台阶滚下，并危及下面设施的安全，其安全防护距离可根据最下层台阶高度计算即可。但考虑多层排土场最终形成的安全平台经多年变化，大部形成抛物线的边坡面，即上部陡、下部缓的综合边坡角（通常为 $25°\sim32°$）。根据这一特点，安全防护距离的确定，仍以最终堆置高度为基础进行计算。但对本条表 4.0.2 中序号 1、2 设计取值，取用表列规定值的 75%。

注 4　考虑排土场坡脚外原地面坡度对滚石滚动距离的影响，故规定当原地面坡度不大于 24°时，取下限值；坡度大于 24°时，取上限值。根据调查资料及计算结果，当坡底线外原地面坡度大于 24°时，滚动距离明显加大，为安全起见，应根据需要设置防山坡滚石危害的措施。

4.0.3　剥离物堆置整体稳定性较差、排水不良且具备形成泥石流条件的排土场，其地形地质条件相对复杂，在暴雨季节易发生突发性较大的变形，如滑坡、泥石流等，其影响范围大至几百米或更远。为避免发生危及人民生命财产安全的灾难性事故，条文中提出了严禁将排土场布置在有可能危及采、选工业场地，村镇，居民区及交通干线等重要建、构筑物安全的上方的强制性规定。

排土场的稳定性首先要分析基底岩层构造、地形坡度及其承载能力。当基底坡度较陡或基底为软弱层时易导致排土场滑坡，如果再加上丰富的水源及松散的岩土，则易诱发成泥石流。1978 年雨季，广西南丹县六卡至大厂公路隧道出口堆置在原地表 30°坡上约上万立方的弃渣被连续降雨浸泡后沿坡下滑，顺沟流至断高 30m、倾角约 70°陡坎处倾泻而下形成泥石洪流，越过了 350m 平缓灌木地，冲进了下游塘马村 10 多户房舍（全村 30 多户），严重危及人民生命财产安全，后只有集体搬迁。

根据《露天矿排土场技术调查总结报告》提供以下几处排土场变形实例：

1　辽宁某铁矿黄泥岗排土场老龙沟地段，1979 年发生一次滑坡，下滑体由坡脚算起，滑移距离为最终堆置高度的 1 倍（平均堆置高度为 50m）。

2　辽宁某铁矿排土场，因原地面有几米厚的淤泥层，在堆置剥离物后产生底鼓，土体被推出 40m 远（排土场最终堆置高度 40m，平均堆置高度为 30m），滑移距离为最终堆置高度的 $0.75\sim1.0$ 倍，淤泥隆起高 3.5m。

3　辽宁某露天煤矿，1982 年 7 月在排土场边缘产生滑坡，坡脚滑移最大距离近 50m（每台阶高 $12\sim20m$，最终堆置高度 $60\sim80m$），为最终堆置高度的 $0.6\sim0.8$ 倍。

4　1983 年辽宁某铁矿二道沟排土场，由于地基下卧软弱层，受剥离物堆置后压缩变形，产生底鼓滑移，使设计的最终坡底线滑移约 200m（段高 52m），滑移距离为最终堆置高度的 4 倍。

5　1979 年，兰尖铁矿 1510m 水平排土场发生滑坡，滑坡量达 200 万 m³。其原因是基底坡度陡（40°）、排弃的表土和风化石在排土场形成软弱夹层，滑坡冲垮了运输主平硐 50m，开裂破坏了 104m，造成停产半年。

上述 5 处排土场变形实例产生原因不尽相同，影响场地稳定危害程度有别，针对有可能发生滑坡、泥石流的排土场，必须贯彻以防为主、防治结合、综合治理的方针。

4.0.4 本条规定是针对在地形地质复杂条件下有特殊需要布置建、构筑物时所做的补充规定。有些矿山，因条件限制，少量建、构筑物上方便是整体稳定性较差的排土场，又不能移开，只有采取可靠的安全防护措施。栾川洛钼集团2005年所建万吨选厂1.2km原矿运输地下通道横穿110m天窗，其中有两条40m沟谷天窗和30m明挖堑沟，该段运输线路，正处在断高127m排土场的坡底填充物上，沟谷纵坡上陡（40°）下缓（20°），排水不良且具备形成泥石流条件，在2005年雨季地表水冲刷边坡，有上千方泥砂滞留坡上，厚度达4m，由于条件限制，运输线只有建在废石堆上，上方便是整体稳定性较差的排土场，为防止滚石和泥石流对原矿运输线的危害，设计防护措施：在清理坡面泥砂基础上，修筑两道长40m、高出运输线6～8m、顶宽3m砌石拦截坝和四条排洪沟，同时对坐落在废石堆上的运输线地基进行注浆处理，并为保证原矿运输线的安全，停排上方排土场的生产废石。

4.0.5 排土场的等级是根据有色行业采剥规模和堆置高度划分的，一般来说单个排土场容量超出 $3000\times10^4 m^3$ 的并不多，我国德兴特大型铜矿开采期内总废石量估计约 $11\times10^8 t$，约占地 $5km^2$，现在每年排弃废石为 $3000\times10^4 t$。采用145t汽车运4～10km。

4.0.6、4.0.7 "完整的排水系统"是指不论采用何种（包括两种以上排水方式的组合）排水方式，场地所有部位的雨水均有去向，场区各排水（沟、涵、渗孔等）构筑物的综合能力与场地接受雨水量相匹配，且能处于随时工作状态。本条规定的目的是为了消除水害，确保生产的安全，防止水土流失危害环境。完整的排水系统内容包括靠山侧的截水沟，场外的排洪隧道，场内排洪设施，场底处的渗水层或排水涵、管等人工构筑物和最终坡底线与保护对象间的沟道拦洪坝。排洪设施的设计洪水频率应综合排土场的汇水面积、地形条件、堆积量以及排土场下方有无直接受威胁的居民区或其他设施等因素确定。

《开发建设项目水土保持方案技术规范》SL 204—98第6章规定：对沟道拦洪坝防洪标准按拦洪坝的总库容确定，拦洪坝的总库容包括拦泥库容和滞洪库容两部分。拦泥库容和滞洪库容防洪标准又有区别，参见表3至表5。

表3 沟道拦洪坝防洪标准

工程等级		五	四
总库容（$10^4 m^3$）		50～100	100～500
洪水重现期（年）	设计	20	30
	校核	200	300
设计淤积年限（年）		10～20	20～30

表4 城市防洪标准

城市等级	防洪标准（重现期：年）		
	河(江)洪、海潮	山洪	泥石流
特别重要城市	>200	100～50	>100
重要城市	200～100	50～20	100～50
中等城市	100～50	20～10	50～20
小城市	50～20	10～5	20

表5 矿山采、选企业设计洪水频率

企业性质及规模		洪水频率
采、选企业	大型	1/100
	中型	1/50
	小型	1/25

在困难条件下，场地设计标高可根据企业性质、受淹损失、修复难易等因素，适当降低次要的辅助设施场地和堆场的标高。考虑排土场非平基场地，只有铁路运输排土线与洪水设计频率关系甚密，本规范取用设计洪水频率：对于大、中型矿山为1/25，小型矿山为1/15。主要是参照沟道拦洪坝防洪标准和小城市防洪标准，当洪水有可能直接威胁到排土场下方而做的一般性规定；设计流量一般采用调查并结合地区经验公式确定。

排土场防洪构筑物的级别是根据在工程中的作用和重要性，参照《城市防洪工程设计规范》CJJ 50—92中防洪建筑物级别表而划分的。

4.0.8 排土线应整体均衡推进，卸载平台边缘必须设置安全车挡，是为了保护汽车卸载时的安全。岩石车挡是由推土机就地堆置岩土而成。车挡的宽度是根据汽车及推土机等外载作用下，坡顶产生局部滑动楔形体而确定的。对于国内通用的载重20～30t汽车，车挡的底宽为1～1.5m，高为0.6～0.8m；对于100～108t车挡底宽为2.5m，高为1m；对于180t车挡底宽为2.6m。

4.0.9 由于矿山排土场有扬尘和渣污染，对村镇居民区环境会带来不同程度的危害，为减少污染，提高生活区环境质量，要求排土场与村镇、居民区及其他设施间应保持一定的卫生防护距离。卫生防护距离的大小，与国情、排弃物的性质以及当地的地形、气象条件等因素有关。

1986年，有色总公司（86）基字第506号文《有色金属工业环境保护设计规定》第25～28条规定：人风井的卫生防护距离不小于200m；露天采场、废石场、露天矿山防护带距离应满足下列要求：距矿山办公楼最小间距500m，距矿山居住区最小间距大于500m。《工业企业设计卫生标准》GBZ 1—2002第4.1.7条要求"工业企业和居住区之间必须设置足够宽度的卫生防护距离"。

4.0.10 本条主要是从作业安全与照明角度出发而做的规定。如1976年11月凡洞铁矿在949层面排土，在无照明、无人指挥的情况下违章作业，克拉斯司机连人带车翻下排土场262m处，造成车毁人亡，汽车全部解体，部件散落多处。

5 排土场分类及适用条件

5.0.1 排土场的分类方法，可按设置地点、台阶数量、投资阶段不同进行划分。本条将繁多的分类方法以列表方式细分，可方便设计时按实际需要选用。

排土场占地是矿山开采的一大突出问题，特别是露天开采，约占矿山总用地的35%～50%。改善排土工艺和增大排土场堆置高度，合理选择各项参数，科学地组织并有计划进行排土，是提高矿山经济效益的有效途径。

内部排土场：从改革工艺入手，通过采掘计划的调整，先强化开采部分采场或分区开采，将采空区作为内部排土场，是节约用地、缩短岩石运距、减少对周围环境影响的一种非常有效的途径。因此，在条件允许的矿山，应优先采用内部排土工艺。

山坡排土场：应充分利用山区、丘陵区的地面起伏、相对高差大的特点，利用山丘、树木、杂草等自然屏障，减少排土作业对周围环境的影响。

山沟排土场：便于布置排土线，有较大的容积率，应优先选用，特别是大肚形山沟排土场优于一般长方形、三角形、椅圈形排土场。但应注意防止山坡坡度较大，山沟纵坡较陡，易产生滑坡、泥石流、土石流失等的危害。

单台阶排土场：一般排土高度大，在地下开采和凹陷露天开采的矿山，附近又有比采场运输出口标高低的地形，其容量又能满足矿山排土堆置需要，一般采用单台阶排土场。

5.0.2 排土方式系根据矿山的开拓运输方案确定，而转排设备的选择又与地形、工程地质和气象等条件密切相关。

排土方式的确定，有一定的灵活性。对某些特定条件下的排土场，可能有几种排土方式可供选择（参见表5.0.2的规定），因为不同的排土方式有它一定的适用条件，在设计中应充分注意，确保选定的排土方式合理。

5.0.3 人工排土受人力卸载条件限制，废石车载重小（一般为0.7～1.2m³矿车），仅适用于排土工作量少的小型地采矿山，开拓运输一般为窄轨铁路、小型矿车、电机车牵引或自溜运输，以人工翻车、平整、移道，排土场一般为一个台阶。

5.0.4 推土机排土工艺适用于露采矿山单一汽车开拓运输和地采的铁路运输。

单一汽车运输，推土机排土工艺。这是我国有色企业多数露天矿采用的一种排土方式，该工艺工序简单，适应性广，机动性大，堆置高度高。推土机用于推排岩土，平整场地，堆置安全车挡。推土机的推送距离一般为10～50m，73.5kW的推土机当推送距离为10m时，台班推送量：块岩为400m³，混合岩土为500m³（松方）。德兴铜矿露采规模$10.5×10^4$m³/d，采用汽车—推土机排土工艺，排岩汽车为154t自卸矿车，配套的转排设施为419kW推土机。

排土机排土工艺在岩石风化强烈、饱水泥泞条件下应慎重采用，因为泥泞条件易使汽车轮胎陷入困境。广东、湖北的一些矿山选用这种排土工艺曾有深刻的教训，每年雨季有2～3个月不能正常生产；北方矿山也出现过类似情况。

窄轨铁路运输，推土机排土工艺。此种排土方式经济灵活，排土宽度较大，对排土场的自然条件和岩土的物理力学性质未提出严格要求。根据一些矿山的使用经验，仅对岩石块度和排土宽度加以规定。

排土线以选用3倍列车长度为宜。当排土场原地面坡度过陡，排土线不够稳定时，宜选用1倍列车长，以便排土线一旦失稳时，推土机能及时退出，列车能迅速避险。

5.0.5 铲运机排土方式要求岩土的含水量不能太大，一般小于20%，其经济运距与铲斗容积关系很大。

1 根据《筑路机械技术运用》一书提供的资料，铲运机合理的平均运距见表6。

表6 铲运机合理的平均运距

铲运机铲斗容量（m³）	同一方向运土距离（m）
0.75～1.00	25～150
3.00～3.50	50～150
4.50～6.00	50～250
8.50～13.00	100～250
14.00～18.00	150～500

2 根据《铁路路基施工规范》TBJ 202—86中规定，铲运机宜在长于100m的路基上施工，其适宜运距为：

拖式铲运机：100～700m，纵向移挖作业时1000m；

自行式铲运机：700～1500m；

铲运推土机：100～500m。

运距较远的宜选用斗容量较大的铲运机。铲装坡度一般为5%～15%，最陡不宜大于30%。铲运机运土道路重载上坡不宜大于8%，困难时最大15%。本条综合上述资料确定其铲运机的合理运距为100～1000m。

5.0.6 准轨铁路运输排土适用于大型露天矿，因为排弃规模大，运输能力大。我国有色企业矿山采用准轨铁路排土工艺不多，而黑色冶金行业大型露天矿过半的排土量采用了铁路运输。

准轨铁路运输排土适用于大型露天矿，铁路运输排土需其他移动设备进行转排，如电铲、挖掘机、推土犁、装载机等，以下分述各种移动转排设备使用条件，供设计参考。

1 大型露天矿准轨铁路运输—电铲排土。采用电铲排土具有效率高，移道工作量少，移道步距较大，移道工作周期1.5月左右，堆置高度大的优点。如4m³电铲，其宽度可达23m左右，有利于排土线路的安全，但电铲本身行动迟缓，避险能力差，相应的技术条件又要求比较严格。其主要原因：

1）为了防止排土场产生整体滑坡影响机械作业，要求排土场基底稳定，原地面坡度一般小于或等于下滑临界坡度24°。广东、四川某些铁矿由于不符合上述要求，电铲下滑和倾覆事故多次发生。

2）岩土在浸水后大量吸水崩解、摩擦力降低时，容易产生局部滑坡和下沉。如广东某铜矿、辽宁某铁矿，都出现过这类问题，故要求岩土水稳性好。

3）岩土在浸水后物理性质较好时，台阶高可达40～60m。四川某铁矿投产十余年来，台阶高一直采用40m，实践证明是成功的，但台阶高超过60m，生产正常的矿山不多（目前克里活罗格铁矿的硬岩排土场在场底设15～20m低台阶排土层基础，其上部台阶高已达60m，生产正常），故电铲排土台阶高度一般不大于50m。

4）电铲排土需定点卸车，要有2倍的列车长度才能保证卸车作业顺利进行。由于电铲排土后移道步距约为20m，故其移道周期长，排土线短，将使线路移道频繁，作业率大幅度下降，排土的高效率优点难以发挥。根据一些矿山的经验，以不小于3倍列车长度较合适（一般3～6倍列车长度）。

2 大型露天矿准轨铁路运输—推土犁排土。此排土方式与电铲排土相比，转排设备的重量和工作的灵活性较电铲为优，但推土犁转排宽度一般为2～3m，排土场的不稳定性对线路有较大威胁。如在原地面坡度较陡和地质不良地区，可能使排土线不稳，广东某铁矿曾因排土线不稳深受其害，致使采剥失调。因此，推土犁转排时，台阶高度应小于30m。

采用推土犁排土，移道步距小，移道次数频繁，因此，排土线的有效长度，根据一些矿山经验，不宜小于3倍列车长度。

5.0.7 铁路运输—装载机排土：装、运、卸轻便灵活，排土宽度大，可不定点卸车，对排土场的自然条件和岩土的物理力学性质适应性较强，排土线的有效长度可以缩短，排土段高不受严格限制。本排土工艺在广东某铁矿的排土实践中已得到验证，但由于成本高，轮胎消耗大，设备维修难，因此，这种排土方式只在特定条件下采用。

根据《铁路路基施工规范》TBJ 202—86规定，装载机的合理运距约20m。

5.0.8 本条列出废石山堆置的几种排土方式，其共同特点是堆置高度高，容量大，可减少占地面积，降低环境污染。

1 架空索道排土堆置是从装载站将废石装入索道挂斗运至废石场，再经斜坡栈桥运至顶部卸载。斜坡栈桥随废石堆置逐步延伸。装载、运输、卸载、回斗均可自动化。架空索道排土是连续性运输，能力较大，但对废石有一定的粒度要求。

2 斜坡卷扬排土堆置分侧卸式和前倾式两种。前者采用"V"型矿车或双边侧卸式矿车，废石经倒装转载在矿车上，提升至顶部卸载；后者则需经倒装转载到箕斗上再提升至顶部卸载。

3 胶带机运输排土机排土是参考国外情况，结合我国现有的排土经验而制定的。排土机与电铲相比，在重量上更重，与运输线路胶带的衔接要求更高，设备造价更贵。如排土机被损坏或被迫中断生产，造成的影响也更大（通常一个大型矿山排土场，只有1～2台排土机）。因此，其主要技术条件，应不低于电铲的要求。排土机的上、下分台阶的高度，以排土机的排料臂长及其仰角的大小来确定。下分台阶的高度，按照排土机制造厂家所提供的数据，不宜大于排料臂长的0.5倍，以保证排土机作业的安全，但这一要求在地形起伏较大的排土场难以做到。现在已有一些措施，可以提高排土场最底层下台阶的高度，故在本规范第5.0.2条排土场按排土方式分类表5.0.2中加注⑤，使之具有一定的灵活性。

5.0.9 排土场刚开始排土堆置前就需要建设一个运输排土的作业场地。该场地位于排土场边缘，需占用排土场部分土地，其大小需按所采用的运输方式和排土设备类型确定。如单台阶30t汽车排土，初始路堤汽车卸车和调车平台不小于50m×40m。

5.0.10 本条规定主要是为了尽量缩短岩土运距，节省能耗及降低排土成本。

6 堆 置 要 素

6.0.1 本条提出排土场设计中需要研究的几个主要堆置要素。这些要素是排土容量计算的依据，也涉及排土场的稳定与安全，应认真处理。

6.0.2 影响排土场堆置高度和各台阶高度的因素较多，剥离物的物理力学性质、排土机械设备类型、地形、工程地质、气象及水文等条件。其中场址原地表坡度和地基承载力为主要因素，如果场址地形平缓，地基承载力不限，堆高可以加大，如地基系土质，排土场在排土初期基底压实到最大的承载能力时排土场的高度需要控制，堆置高度可按式（6.0.2-1）计算，极限堆置高度按式（6.0.2-2）计算；该计算式是1981年苏式公式，在1991年出版的《采矿手册》第

3卷第12章"露天排土工程"下属排土场的稳定性及其治理计算式（12-127）中被采用。由于排土场基底压实到最大的承载能力时有少量变形和沉降，只要不产生滑移关系不大，运用公式计算的高度往往偏于保守。

单台阶排土场一般堆置高度大，沉降变形也大，它适合于堆置坚硬岩石，排土场基底不含软弱层。多台阶排土场堆置高度要根据排土参数和基底承载能力分析计算，条文中提供了排土初期基底压实到最大的承载能力时排土场高度的计算式。采用多台阶排土，原则上要控制第一台阶高度不超过20～25m为宜。当地基为倾斜的砂质土时，第一台阶高度尚不应大于15m，因为第一台阶的变形和破坏，可能引起整个排土场的松动和破坏。

1991年5月出版发行的《采矿手册》第3卷第12章"露天开采"中引用露天矿技术调查报告，对部分露天矿汽车运输排土机排土的排土场和部分露天矿铁路运输排土场的参数摘录于表7和表8。

表7 我国部分露天矿汽车运输推土机排土的排土场参数

序号	矿山名称	排土场岩性	基底坡度(°)	台阶数(个)	堆置高度(m)		边坡角(°)	
					台阶高	总高度	台阶坡角	总坡角
1	南芬铁矿	石英片岩、混合岩	22～30	—	80～180	106～295	31～35	20～28
2	南尖铁矿	辉长岩、大理岩	34～38		15	180～200	35	35～36
3	大石河铁矿	混合片麻岩	30～60	1	30～105	30～105	34～37	34～37
4	峨口铁矿	云母石英片岩	27～39		60～120	60～120	40	40
5	石人沟铁矿	片麻岩	20～30		40～75	40～75	37.7	37.7
6	潘洛铁矿	石英片岩、凝灰岩	33～45		200	200	32～35	32～35
7	大宝山多金属矿	页岩、流纹斑岩	30～50	1		280～440		
8	云溪流铁矿	变质粉砂岩	30～50		20～40	150～200	40	35
9	德兴铜矿	千枚岩、闪长玢岩	—		20～60	220		
10	永平铜矿	混合岩	28～33		24～36	144～160	38	33
11	石录铜矿	石英闪长岩、黄泥	2～28	4	10～30	45～55	25～30	
12	金堆城钼矿	安山玢岩		1	35～90	35～90	34～36	34～36
13	白银铜矿	凝灰岩、片岩	30～50	—	6～15	30～80	37～40	
14	东川汤丹铜矿	白云岩、板岩	35～40		300～420	300～420	38	

表8 我国部分露天矿铁路运输排土场参数

序号	矿山名称	排土场岩性	基底坡度(°)	台阶数(个)	堆置高度(m)		边坡角(°)	
					台阶高	总高度	台阶坡角	总坡角
1	服前山铁矿	千枚岩、混合岩	15～25	3	20～25	78	34	24.5
2	齐大山铁矿	石英片岩、千枚岩、混合岩			14～30	50	38～43	25～35
3	大孤山铁矿	石英片岩、千枚岩、混合岩	50		15～25	67	35～37	32
4	东鞍山铁矿	千枚岩			15～20	45～50	36	33
5	歪头山铁矿	角闪片岩、石英岩	10～15	2	20～34	64	34	—
6	甘井子石灰石矿	石灰岩、页岩	30～55	1	15～16	20	38	30
7	大冶铁矿	闪长岩、大理岩			12～20	70～110	35～42	28～35
8	朱家包包铁矿	辉长岩、大理岩	25～45	4	40	168	—	28～37
9	白云鄂博铁矿	白云岩、板岩	20～17	2	15～30	35～45	43	30～36
10	水厂铁矿	片麻岩、花岗岩	15～30	2	35～80	115	—	36～40
11	海南铁矿	透闪石灰岩、绢云母片岩	28～43	1	30～40 最大 90～110	40～130	36～38	36～38
12	南山铁矿	闪长岩、安山岩	5～10	3	15	80	31～40	10～17

6.0.3 各种剥离物的堆置自然安息角与含水量有一定关系,含水量大,自然安息角小。本规范表6.0.3提供了剥离物的堆置自然安息角的参考数据。

6.0.4 本条提出确定排土场最小平台宽度的主要因素及其公路与铁路运输平台宽度的计算方法,是引用了1976年出版的《黑色金属矿山企业总图运输设计资料汇编》第五编废石场中平台计算式内容。

6.0.5 多台阶排土场的各台阶最终平台宽度,原《采矿手册》规定为15~20m,为节约用地,本条规定为不应小于5m。

6.0.6 条文中的"剥离岩土经下沉后的松散系数 K 值"是引用了1981年5月出版的《有色冶金企业总图运输设计参考资料》中的数据。

在1991年5月出版发行的《采矿手册》第3卷第12章"露天开采"排土工程中引用排土场的有效容积的计算公式为:

$$V = \frac{V_0 K_s}{K_c} \quad (1)$$

式中 V——有效容量(m^3);
V_0——剥离岩土的实方量(m^3);
K_s——初始剥离岩土的碎胀系数;
K_c——排土场沉降系数。

岩土松散系数的参考值见表9。

表9 岩土松散系数

种类	砂	砂质粘土	粘土	带夹石的粘土	块度不大的岩石	大块岩石
岩土类别	Ⅰ	Ⅱ	Ⅲ	Ⅳ	Ⅴ	Ⅵ
初始松散系数	1.1~1.2	1.2~1.3	1.24~1.3	1.35~1.45	1.4~1.6	1.45~1.8
终止松散系数	1.01~1.03	1.03~1.04	1.04~1.07	1.1~1.2	1.2~1.3	1.25~1.35

排土场沉降系数 K_c 参考值见表10。

表10 排土场沉降系数 K_c 参考值

岩土类别	沉降系数	岩土类别	沉降系数
砂质岩土	1.07~1.09	砂粘土	1.24~1.28
砂质粘土	1.11~1.15	泥夹石	1.21~1.25
粘土	1.13~1.19	亚粘土	1.18~1.21
粘土夹石	1.16~1.19	砂和砾石	1.09~1.13
小块度岩石	1.17~1.18	软岩	1.10~1.12
大块度岩石	1.10~1.12	硬岩	1.05~1.07

本规范排土场有效容积的计算公式(6.0.6)中的 K 值为剥离岩土经下沉后的松散系数,已包含了式(1)的初始剥离岩土的碎胀系数 K_s 和排土场沉降系数 K_c,故计算结果相近。为简化计算,本规范选用了式(6.0.6)计算公式。

例如上房沟钼露天矿,采矿提供的剥离岩土的实方量为 $3915 \times 10^4 m^3$,按本规范式(6.0.6)计算,选用块度不大的岩石 K 值1.25,则:

$$V = V_0 K = 3915 \times 10^4 m^3 \times 1.25 = 4894 \times 10^4 m^3$$

但是按《采矿手册》中公式计算,选用块度不大的岩石初始碎胀系数 K_s 值1.5,下沉率18%,则:

$$V = \frac{V_0 K_s}{K_c} = 3915 \times 10^4 m^3 \times \frac{1.5}{1.18} = 4976 \times 10^4 m^3$$

6.0.7 本条提出了排土场用地计算原则。1979年12月出版发行的《有色冶金企业总图运输设计参考资料》第十一篇第三章废石场堆置要素占地面积计算公式提到安全距离一般不小于30m(即排土场设计最终坡底线外30m),主要是对防护距离的要求。《金属非金属露天矿山安全规程》GB 16423—1996 第9.9条规定:排土场进行排弃作业时,必须圈定危险范围,并设立警戒标志,危险范围严禁人员进入。本规范考虑滚石距离与排土场边坡坡脚处原地面坡度息息相关,防护距离多少,应由坡脚处原地面坡度确定,故本条规定"排土场的用地面积,除应按有效容积结合实际地形和剥离物堆置要素计算用地外,尚应增加排水设施、稳定性措施等工程用地,且应适当增加堆场最外坡脚线至用地边界的防护距离"。

7 病害防治与稳定性措施

7.0.1 排土场稳定性是设计排土场的关键。排土场稳定条件较好,系指在排土过程仅产生局部沉陷、裂缝和变形,在这种情况下,堆场边坡虽有局部失稳滑移,但经一般处理后不会造成严重危害。排土场不稳定,即是在排土过程中或排土终了后有突发性较大规模的变形,如滑坡、泥石流等,其影响范围大至几百米或更远,有时甚至是灾难性的。泥石流发生常有一定的地域性,山洪暴发、地表植被破坏以及地震均可引发,只是排土场堆存的是松散土石,给泥石流发生提供了一定的物质条件。

我国地域辽阔,南北方地形、地质、水文、气象条件各异。南方地区多雨,排土场所在沟谷能长期保持清水流的不多见,在不利地形地质条件下,一旦暴雨,水流挟带大量泥砂石块,顺沟而下,堵塞沟床,使水流改道又形成新的冲刷,这样冲堵交替,水土流失,使有限的土地资源遭受严重破坏。长江上游是我国泥石流集中分布的地区,该区有滑坡15万处,泥石流沟道万余条,分布面积达 10 万多 km^2,滑坡泥石流作为水土流失的一种特殊形式,分布广,危害大,突发性强,给人民生命财产造成严重危害,并导致泥砂进入江河,加剧洪涝灾害。1998年特大洪灾波及29个省,全国1/6的人口地区一度成泽国,数千人死亡,3亿多亩土地遭灾,直接经济损失1666亿元。

2000年3、4月间，北方大部分地区多次发生大风扬尘和沙尘暴天气，从反面提出了北方排土场设计应注重防沙治沙。虽说特大洪灾和沙尘暴与矿山开发没有直接关系，但我们也可从中分析出：采掘业所带来生态环境的破坏和排土场不稳定也是不容忽视的。

排土场设计，应综合场址所在地区的地形、地质、水文、气象及排弃土石的物理力学性质做深入分析，必要时到现场勘查，了解地表水的"来龙去脉"，有针对性采取以防为主、防治结合的措施。防治工作做得好，堆置要素确定的合理，就可以不做或少做整治病害的大工程，为矿山安全生产和综合经济效益提供技术保障。

7.0.2 影响排土场稳定性的因素很多，除场址天然地形地质因素外，降雨、降雪、刮风、温度变化都能促使排土场不断变形。为摸清病害发生和发展规律，找出有效的预防和整治措施，在生产过程中随时进行观测研究，才能避免工作中的盲目性。为此，设计中应配备工程勘查必要的人员、仪器、设备，发挥人的主观能动性，采取积极措施，从而有效地预防和整治各种病害。

7.0.3 条文中提到的"有可能出现滑坡、坍塌的排土场"是指在复杂的地形和自然条件下，对场地稳定性有影响且可能引起不良后果（滑坡、坍塌），应采取适当的工程措施，才能保证其安全使用的排土场。

在矿山常遇到排土场设在斜坡上或沟谷中，在雨季，其上游有大的汇水冲下来，如果不采取适当的排水措施将水引开，就会浸泡斜坡地表层，造成堆积松散岩土有大量积水而滑动，严重的可引发泥石流。对那些能引起不良后果的原因，本条提示性列出了五条防治措施：

1 正确处理场址地基，改善基底状况，增大摩擦力。遇下列情况应做特殊处理：

1）建于软土地基上的排土场；

2）建于陡坡（等于或大于1：2.5）上的排土场；

3）基底有地下水及复杂条件下有季节性浸水的排土场。

处理办法：清除软弱层、植被层；横向开挖台阶，拦引地下水；当排土场底部有出水点时，可在底部排弃大块岩石，以形成渗流通道。必要时，尚需分析验算基底和边坡的稳定性，其滑动稳定验算方法可按本规范稳定性验算公式（7.0.9-1）进行。

2 合理安排排土顺序。当排土场用作排弃土石时，排土顺序需根据排弃物的不同性质作人为控制，禁止在外侧边采用粘土（除草皮护坡薄层粘土外）或其他不透水材料堆置。对于可能引起滑坡崩塌场地，其排土台阶高度和平台设置可依据滑坡预防原理采用削头减载、反压护道措施分析确定。

3 消除水害。采取地面排水系统，地表防渗，疏干土体，以消除可使排土场湿度增加的不利因素。

4 采用适宜的坡脚防护。在坡脚处设置支挡结构物，按下滑力或主动土压力确定结构物的截面尺寸。通过有计划排土，组织剥离出大块岩石（≥25cm）封锁排土场下游沟口或在坡脚处砌筑简单支撑建筑物，如片石垛、支护墙等；在缺乏大块片石的排土场，可用小片石或卵石筑成御土墙。

5 合理确定台阶排土高度，以减少滑动力。采用阶梯形排土是保持排土场安全的重要技术措施之一。国内大多数矿山在选择排土台阶高度时，主要考虑的是排土的安全性。因排土弃石过程中形成的高陡边坡是岩土临界安息角形成的自然坡，而稳定边坡是削缓后的边坡，该边坡角值为稳定安息角，稳定安息角比临界安息角小。平台的宽度是根据两平台的高差、土石性质和当地暴雨径流情况研究确定的。对土质边坡两台阶高差：一般6～12m设置宽1.5～2m小平台；土坡高度大于12m，土石混合堆放高度大于30m，应设置4m以上大平台；对稳定性较差、高填区，排土高度需分析验算边坡稳定性。气候条件不同，台阶高差也不尽相同。干旱、半干旱地区，两台阶高差可大些；湿润、半湿润地区，两台阶高差可小些。

7.0.4～7.0.6 排土场的修建，人为改变了所在场区的原有排水系统，排土堆置与山坡间形成了积水洼地，坡脚长期被浸泡，使堆场下沉、边坡坍滑，严重时将引发泥石流等危害。为整治水害，条文规定排土场场区必须有可靠的排洪设施，该设施主要是阻挡地面水进入排土场，疏干场内地下水。水是造成排土场水土流失和滑坡、泥石流的动力条件，消除水害首要条件是要阻止并排除来自排土场外围的水体。沿山谷和山坡堆置的排土场，在场外5～10m外修置绕山截水沟或排洪渠以引导洪水排流至场外；在场内修建纵、横排水系统汇集场内雨水，以减少雨水下渗机会，为疏干溃泉湿地，可在水层底部填筑大块石或采用类似盲沟的聚水工程，将地下水收集引出场外。如地下水量大要采用暗涵。

7.0.7 本条规定了有丰富水源的排土场应采取的泥石流防治工程，因为有大量松散物质堆放的陡坡场地，如具有形成泥石流的水源和动力，容易出现滑塌、崩坍，控制工程措施不当，将引发泥石流，从而破坏环境，危及人民生命财产安全。为贯彻以防为主、防治结合的方针，条文中规定了此类情况必须采取坡脚防护或拦碴工程。

7.0.8 本条中提到拦碴工程有下述三种类型，其设置应按排土设防范围及落石弹跳轨迹选定，其中坡脚挡土墙与建筑工程挡土墙大同小异，修建在排土场坡脚处的砌石或混凝土挡墙，其结构形式有重力式、衡重式、折背式、悬臂式。拦碴坝其结构形式有土坝、堆石坝、浆砌石坝、竹笼坝。拦碴坝通常是一沟一坝，将松疏泥石全部拦入坝内，只许水流过坝。对于携带大量泥石砂危害的沟谷，可以采用多级低矮拦挡坝（俗称谷坊坝）予以拦截。拦挡坝的作用有三：（1）拦蓄泥砂、石块；（2）防止沟床下切和谷坡坍塌；（3）平缓纵坡，减小泥石流流速。拦挡坝高、坝间距离根据泥石流沉物多少和沟床地形条件而定，阶梯形拦挡坝高一般为3～5m。坝间距按下式计算：

$$L = \frac{H}{I_0 - I} \quad (2)$$

式中 L——坝与坝间距（m）；
H——坝高（m）；
I_0——原河床坡度；
I——回淤坡度。

多级拦挡坝主要功能并不是用坝拦截所有固体流涌物，而是形成具有一定坡度的台阶，为有效沉积创造可靠条件，使水土流失减小到最低限度。在沉积量不多、人烟稀少的泥石流沟，亦可以考虑分批设坝，分期加高措施。

1967年，江西德兴铜矿南山露天基建剥离，将上百万方岩土弃至西南侧山坡（上陡下缓，坡度在35°～45°间），沟谷呈扇形堆放，岭谷高差达200多m，沟床纵坡20%～40%。当年发生暴雨，山上弃土大规模下滑，冲毁涵洞7座，桥1座。1970年夏季暴雨时，排土场成为了矿山泥石流重大的危险源，经雨水淘刷弃土下滑，在废石场主河沟山洪流作用下，下泻岩土相互碰撞自行搅拌，大量砂石滑入下游大坞河，导致5km长河道受阻，冲毁农田200多亩。在整治泥石流过程中，设计上采取了全面拦截措施，在多向沟谷出口处，先后修建19座拦石坝，此后多级坝是逐年淤满，逐年加高，经多年考验，拦截措施收到了分段截拦沉积物的良好效果。

为防止小规模滑坡对山沟下方造成的危害，应设置抗滑支挡构筑物，如重力式抗滑挡土墙、抗滑石垛等。在排土场使用中，若发现有滑动活动的迹象时，应立即进行位移、地下水动态观测，并结合其他有关资料一起综合分析，提出正确的整治方案。在进行滑坡推力或滑动面稳定性验算时，需要的计算指标有：滑坡体的土体容重（γ）、土体粘聚力（C）与内摩擦角（φ）。根据滑坡性质和材料来源，可以采用重力式抗滑挡土墙、干砌片石垛、钢筋混凝土抗滑桩等支挡建筑物。挡土墙墙型有仰斜式、俯斜式、直立式、折背式，采用何种墙型，宜根据滑坡稳定状态、地形地质条件、地方材料、土地利用等因素确定。抗滑挡土墙墙高不宜超过8m，否则应采用特殊形式挡土墙，土质滑坡基础埋置深度应置于滑动面以下1～2m。

7.0.9 建于陡坡场地的排土场滑动面稳定性验算，要根据边坡类型和可能的破坏形式分析确定采用何种计算公式。条文中列出了圆弧滑动法、平面滑动法、折线滑动法三种验算方法，式（7.0.9-1～7），是参照现行国家标准《建筑边坡工程技术规范》GB 50330—2002第5章的要求而提出的。

7.0.10 当排土场上游洪水较大时，排水是排土场设计亟待解决的问题。江西德兴铜矿南山废石场，原设计没有完善的排水工程，生产中用大块石锁住了下部沟口，相当于筑起一座拦石坝，因汇水面积大，即使干旱季节，沟谷里仍有积水，到雨季则变成了水库，对废石场的安全造成了威胁，后规划了一条几百米长排水隧道，将主沟内的水往祝家桥方向引出，才消除了后患。

湖南瑶岗仙钨矿位于宜章县，处于距东江水库上游3km远地形崎岖的山区，是20世纪50年代建成的矿山，山坡废石场堆高150m，水土流失严重。为拦截废石场流失下来的泥砂，1973年钨矿在离废石场1km远的坳下，用大块石锁住了流向东江水库的主沟谷口，筑起一座长138m，高近20m的拦石坝，坝顶留出宽5m、深10m的溢洪道。建成后，上游大量废石和细泥冲入坝内，致使坝内形成沉积区，沉积区逐年淤塞增高，泥水混浊又不能起沉淀作用，对下游农业生产和东江水库带来危害，后将原坝增高10m，至2000年又泥满为患，矿方再次提出治理问题，经设计核算上游汇水面积3km²，洪水流量大，为解决排洪与环保存在问题，计划修几百米长、孔径为5m排洪隧道。

鉴于排土场设计中原沟渠水路与排土场发生交叉的现象普遍存在，条文中提出了沿山坡加设排洪渠或在排土场底部修筑暗涵等人工构筑物的工程措施。当上游洪水较大，应加修挡土坝，所拦截的洪水通过涵渠或排洪隧道引出排土场外。至于防洪标准、水文计算可参照本规范第4.0.7条及水工建筑物有关规范执行。

7.0.11 排土场内的地下水和滞留水是影响排土场稳定的根源，是产生滑坡的主要原因，在排弃物透水性弱的情况下，应酌情采用盲沟、通透管或涵洞形式的聚水工程，将地下水收集引出。为疏引地下水，在沟内填充质硬片石，上面加设反滤层是疏干土体中水分的常用方法。当地下水充沛且层数较多时，在排土场内，宜在坝上垂直地下水流做环形盲沟，但应注意地下水的下游方向的沟身应修建在稳定地段，沟壁为不透水层，只容许上游透水集于沟底排出场外。排水孔可用石砌、钢筋混凝土方涵、圆管或毛竹。为便于检修，必要时每隔30～50m及盲沟转弯处加设检查井，井的四周加设泄水孔。

7.0.12 本条1～4款列出了排土场边坡防护的措施。这里所指边坡防护应是排土场终了形成的不稳定边坡，究竟采用何种形式的护坡工程，应该根据边坡的高度、坡度和土质因地制宜地选用。

1 对于弃石边坡，渗水性能好，水土流失小，可以不加防护措施，如石质坡面过陡，有潜在危险时可采用削坡错台。

2 本款列出植物护坡条件。对坡比小于1：1.5、土质较薄的沙质或土质坡面可采用种草护坡工程，其目的是防止水土流失。对于一般土质坡面的种草护坡采用直接播种法，密实的土质边坡采用坑植法，种草时机一般在雨季。

3 本款列出造林护坡条件。造林护坡要求坡度比前款要缓，地层要厚，立地条件较好。

4 有景观要求处的工程护坡，因投资较大，只有在路旁、景观要求较高坡面采用浆砌块石格构或钢筋混凝土格构护坡。浆砌块石格构应嵌入边坡中，嵌入深度大于截面高度的2/3，水泥砂浆强度M7.5~M10，格构横向间距宜小于3m，其平面布置形式有方形、菱形、人字形、弧形。在易受洪水淘刷的地方宜采用抛石护坡。

8 排土场复垦

8.0.1 排土场对矿区的土地资源和生态资源产生很大影响，改变了原有土地使用性质。据统计，露天开采时破坏土地面积为露天采场本身面积的2~11倍，露天矿破坏的土地中排土场占到总面积的40%~60%。这些数字表明，采矿对环境的破坏，只有通过复垦工程，才能得以缓和、改善。从贯彻可持续发展的国策出发，保护环境就是保护生产力，改善环境就是发展生产力，因此，排土场设计在占用了大量土地资源的同时，要认真分析利弊及所在地区的气象和自然条件，开展排弃物综合利用的研究，提出排土场利用的方向、原则，使矿山开发过程成为"无废料生产过程"。

8.0.2 本条简述了复垦规划编制的基本原则、内容和复垦中几项主要技术经济指标。复垦的目的是整治、恢复、再利用矿山开采过程中所破坏的土地，重建矿区生态环境。复垦的主要内容包括：

1 复垦类型。主要是指整治后土地利用方向，经整治后的土地应尽可能恢复其生产力，按其整治位置、土质、坡度、水利条件，确定用于农、林、牧和其他用途。

2 复垦工艺。按拟定好的复垦类型之要求来安排剥离和排土顺序，这是复垦成功与否与降低复垦费用的关键。

3 复垦率。表示一个矿山土地复垦的程度，指已复垦土地面积与被破坏的面积之比。即：

$$L=\frac{Y_0}{P}\times 100\% \qquad (3)$$

式中 L——土地复垦率（%）；
Y_0——已复垦土地面积（hm²）；
P——被破坏的土地面积（hm²）。

20世纪60年代以来，部分矿山的复垦周期一般为8~10年，山西孝义铝矿于1991~1994年进行了"剥离—采矿—复垦"一体化新工艺试验，使该矿的土地复垦率达到74%，复垦周期缩短为3~5年。平果铝土矿矿体赋存在洼地、谷地、陡坡和缓坡耕地中，一期工程1994年投产，采矿已征用土地2533亩，到2005年已复垦2304亩，其中耕地1911亩。在生产复垦中，除进行工程复垦外，还建设田间试验区，应用生物及微生物技术成果进行生物复垦，使被破坏的土地恢复到邻近地区生物生存条件，复垦率达90.9%，复垦周期为3~4年。在工程复垦中，为解决表土层薄而带来的复垦土源不足，将尾矿压滤、脱水后的滤饼采用汽车运输回填到采空区。

8.0.3 本条为排土场的复垦原则。

《土地复垦规定》第四条：土地复垦，实行"谁破坏、谁复垦"的原则。

土地复垦工程是一项政策性强、涉及面广的工作。我国人口多，人均耕地少，为贯彻"一要吃饭，二要建设"的方针，国家颁布了《中华人民共和国土地管理法》和《土地复垦规定》，为贯彻有关法律法规，又不会给企业增加过重的负担，复垦规划应坚持"技术可行，经济合理，因地制宜"的原则。

1 本款要求复垦类型要因地制宜，既要解决岩土排放，又要满足复垦要求，有条件的应优先复垦农业用地。我国南北水土、气候差别大，在选择复垦类型时要考虑地区差别。

2、3 复垦规划宜满足占用耕地与开发复垦耕地的动态平衡，植被覆盖率不应低于原有覆盖率，是根据《土地管理法》中"占多少，垦多少"的原则，由占用耕地单位负责开垦与所占用耕地的数量和质量相当的耕地。没有条件开垦或者开垦耕地不符合要求的，应按省市规定缴纳耕地开垦费，专款用于新开垦的耕地。由省市人民政府监督开垦并进行验收。

4、5 强调复垦工作应贯穿于矿山开发的全过程，推行先进的复垦工艺，要充分利用矿山已有采掘设备，使剥离、排土和复垦工作紧密衔接，以降低复垦成本，缩短周期，坚持经济效益、生态效益和社会效益相统一，以满足创建资源节约型和环境友好型社会要求。

8.0.4 本条规定了对复垦场整治的要求。

1 本款是合理安排岩土排弃顺序的要求。多数的复垦场由岩石和表土排放整治而成。复垦场地除包含排土场堆置要素外，还应有复土工作面和一定复土厚度。因此在复垦设计中首先要对剥离土及复垦所需表土进行总体平衡，合理安排岩土排弃次序，尽量将废石排放至底部。品质适宜土层包括风化石安排在上部，使有限土量满足复土工作面的要求。按废弃物料粒径，一般是大块岩石在下，小块及细粒径在上；酸性、碱性岩土在下，中性岩土在上；贫瘠土在下，肥沃土在上。在总体平衡时，应有计划保留表土，尤其是耕植土，以便今后利用，应尽量避免借土来满足复垦要求，否则会增加复垦工程费用。

2、3 为了减少复垦场的水土流失，要求适当放缓排土场边坡，尽快恢复植被。

4 本款要求为复垦场留下必需的进场通道，主要是为重建矿区生态和土地开发提供必要的交通条件。

8.0.5 复垦类型的选择：

主要是确定土地利用的方向，其原则是技术经济合理，兼顾自然条件与排土场的土源、土质，整治改造后的立地条件，选择复垦土地的用途。

用作农业用地，一般应为平地或缓坡地，土质较好，有水源。

用作林业和牧业的，整治改造后立地条件较差，一般是复垦场坡度较陡，土层较薄。覆土厚度应为自然沉实厚。在国外，复垦工作较好的美国、波兰、苏联、澳大利亚等其覆土厚度，多在1m以上。我国土地学会复垦分会组织编写的《土地复垦》一书中推荐的覆土厚度见表11。

表11 废弃地种类和覆土厚度

废弃地种类	露天矿排土场	黑色有色矿山	垃圾回填凹陷区	有毒物矿山	无毒物质回填矿坑	粉煤灰	煤矿新排石
覆土厚度(m)	0.4~0.8	0.4~0.6	>0.6	>0.5	>0.5	>0.3	>0.3

本条提及的坡度条件的限制，是为防止水土流失，做到蓄水保肥。根据全国土肥部站在《耕地地力等级及中低产田土壤改良基础研究》一书中的推荐，中等地力的坡度一般小于5°~6°，用作水田时，坡度严格要求在2°~3°，基本为平地。考虑排土场复垦条件受地形、土源、水利制约等因素，用作农业用地时，经整治后地面坡度放宽到15°以下，覆土厚度0.8~1.0m；用作林业和牧业用地，经整治后地面坡度以不大于25°为宜，超过25°坡度复垦难度增大。覆土厚度分别选用0.5m、0.3m以上。在实际操作中，应灵活运用，在条件好的地区，可依具体情况，减缓复垦场地面坡度，增加其覆土厚度，有利于获得更好的地力资源。

8.0.6 复垦工艺，条文中分为两个阶段。第一阶段是工程复垦，依据设计中的复垦类型，对复垦场进行整治，包括覆土面积、覆土厚度、坡度、平整度、防水防洪与道路设施。第二阶段是生物复垦，主要任务是初步生态恢复，土地熟化，生产力的恢复。检验的内容为：农业测试其作物长势，土壤有机质，pH值，作物有毒有害物质含量，单位产值（一般要求不低于原有土地产量）；林业测试生长势，种植密度，成活率，郁闭度；牧业测试生长势，覆盖度，产草量。

根据《有色金属》第6期《内生（VA）菌根用于矿山复垦的田间试验研究》介绍，目前我国矿区复垦工作存在诸多问题，如复垦率低（10%），复垦周期长。究其原因，主要是矿区复垦缺乏熟化土壤，所用复垦材料大多为生土，只有少量剥离表土，经大型机械设备人为扰动，其微生物活性已微乎其微，真菌含量则更低。作为土地熟化恢复农业生产潜力的一项重要指标，就是土壤中微生物活性的增加。

北京矿冶研究院总院选择广西平果和山西孝义铝矿作为我国南北方两大土壤类型地区的代表矿山，在其采空区和排土场复垦地上建设田间试验区，依照上述两矿复垦地的贫瘠土壤和生态环境条件，进行生物及微生物复垦技术试验与成果推广，经VA真菌处理后农业作物长势好，产量高，对促进植物生长效果显著。

8.0.7 复垦周期要根据排土场的使用年限确定，有的矿山在使用期内便开始了复垦。中铝矿业分公司下属洛阳铝矿贾沟2号排土场设在冲沟之中，为防止水土流失，耗资150万元，在沟口加设了拦石坝，沟侧增设了排洪隧道。在排土先到位的地方先复垦，现玉米长势良好。该矿自1966年建矿至今，利用剥离的岩土填筑山谷，改造废地，已完成覆土造田800多亩，其复垦率和复垦质量得到了国家土地管理部门及当地群众的认可。

9 环境保护

9.0.1、9.0.2 矿山排土场对环境的影响涉及水、气、渣、声等环境要素，其污染主要是扬尘、水污染、渣污染。生态环境评价侧重于对生态环境的破坏。《水污染防治法》第十三条明确规定：必须对建设项目可能产生的水污染和对生态环境的影响作出评价，规定防治的措施。《固体废物污染环境防治法》第三章第二节"工业固体废物污染环境的防治"中提到：环保部门应对工业固体废物对环境的污染作出界定，对未处置的工业固体废物做出妥善处置，防止污染环境。

当排土场中堆置含有硫化物的废石时，硫化物在空气、水的作用下生成硫酸和氧化物，前者造成酸水污染，酸水可使农作物枯死，生物中毒；后者形成酸气而严重地污染空气。近几年，矿业废水污染事故频现，各地因养殖污染而荒废的鱼塘、水井、稻田时有发生，最严重的松花江特大水污染事件发生后，有专家建议两个月内不要食用松花江的鱼类，环保总局向石化下发了罚款100万元《松花江水污染事故处罚决定书》，为此应急措施，国家还投入了大量的物力人力对水质实施监测，足见水污染的危害程度。要治理水污染，时刻保持强烈的忧患意识和责任意识，增强工作的主动性、前瞻性，重点抓好污染源的治理应刻不容缓。

《水污染防治法》第二十八条规定：排污单位发生事故或者突然性事件，排放污染物超过正常排放量，造成或者可能造成水污染事故的，必须立即采取应急措施，通报可能受到水污染危害和损害的单位，并向当地环境保护部门报告。

排土场弃土、弃石压占了大量土地，破坏了生态平衡，作业过程中产生的粉尘、作业机械排放的废气、机械的噪声对周围环境均会产生一定影响，设计时应有前瞻性。粉尘污染主要来自岩土弃过程的运输与卸载，飞扬的尘土悬浮于大气中，使大气的透明度降低，不但危害现场人员，也危害家畜和其他生物的安全。防治粉尘，要从气象影响条件分析，采取抑尘措施进行治理，使其粉尘排放的小时落地浓度满足区域内大气环境的质量要求。大多数矿山处在山区，由于山谷特殊地形，主导风向多顺山谷方向，粉尘扩散条件较好，在缓坡平原地区，应注意排土场成为风沙策源地。避免风沙对环境的危害，选址要求排土场不设在居住区的主导风向的上风向。

在多雨地区，排土场的水土流失和水污染是突出问题，悬浮泥浆使水质变差，携带矿物中有害成分的渣污对水资源破坏应严格控制，设计时应采取积极治理措施，有效控制水土流失和渣污染，使其废水排放不超过规定的排放标准。

规定的排放标准可参照：

《中华人民共和国大气污染防治法》，2000年4月29日实施；

《中华人民共和国水污染防治法》，1996年5月15日实施；

《中华人民共和国固体废物污染环境防治法》，1996年4月1日实施；

《开发建设项目水土保持方案技术规范》SL 204—98，1998年5月1日实施。

德兴铜露天矿开发于20世纪50、60年代，是我国最大的铜矿山，为了一方青山绿水，江铜集团在生态治理和环境保护方面的投资不遗余力。在德兴铜矿二期、三期工程建设中，该集团在环保工程中投资达1143.5万元和2167万元，占工程总投资比例分别为4.53%和9.67%。从90年代开始，德兴铜矿与国家环保总局南京环科所、江西省生态学会等单位合作，在露天采矿场边坡、废石场等地开展生态恢复实验，建立植被生态恢复示范基地。仅2005年，德兴铜矿就种植树木20000多株，复垦面积50000多 m^2。2006年又对多个排土场、边坡面进行生态恢复，种植画眉草、百喜草6000多 m^2，马尾松5000多株。德铜在生态治理工作上先抓好污染源的治理，有效控制水土流失和渣污染。

到2006年为止，该矿已完成水龙山废石场生态复垦工程、富家坞采矿场及联络道的绿化工程，铜厂采矿场堆浸厂绿化工程，1号尾矿库生态恢复工程等。经过20多年的奋斗，全矿绿化面积达1110.83万 m^2，绿化率96.80%，覆盖率达30.28%，职工人均占有绿地面积 $897m^2$，建成了一座世界级的绿色环保矿山。1997年，德兴铜矿曾评为全国造林绿化400佳。

9.0.3 排土场周边植被有防治水土流失和风沙危害的双重作用，对在排土作业过程形成的粉尘、噪声，植被有抑尘、减噪效果。设计排土场，应充分利用原有植被作为生态平衡的安全屏障和卫生防护带；没有植被时，应按水土保持与防护林带要求布设，结合水土保持进行绿化。绿化林带布设采用乔灌混交，隔行种植。

植被主要分为自然植被和人工植被。各地自然条件不同，自然植被也因地而异，人工植被主要是种植松、杉、竹子等。

我国南北自然条件不同，自然植被也就有别。对水土保持造林、营造防风固土（沙）林工程，现行国家标准《水土保持综合治理技术规范 荒地治理技术》GB/T 16453.2—1996和《水土保持综合治理技术规范 风沙治理技术》GB/T 16453.5—1996中已作了有关技术规定。昆明钢铁公司罗次铁矿是高原露天矿，该矿排土场位于采场南部，这里大部分时间为西南风，正好排土场的粉尘影响到采场。粉尘浓度通常在 $79.3mg/m^3$（1984年1月测定），给工人作业带来一定危害。为此，该矿在 $2^\#$ 排土场上部和斜坡上栽种4万株桉树，在露天采场西部停止使用的边坡上撒播大量落地松树籽。次年测定：桉树成活率60%，落地松成活率40%，桉树高度一般达1m以上，初步起到了防风降尘的作用。经测定，粉尘浓度最大为 $33.3mg/m^3$（1985年测定），最低 $1.3mg/m^3$。该铁矿地表覆盖的表土层仅50cm厚，岩石为沉积的砂板岩和少量的白云岩，经过剥离和运输过程的自然混合，卸到排土场的岩石中含表土已不到5%，然而桉树苗却能在这种条件下成活、生长，说明在95%为岩石的排土场上造林是完全可能的。

9.0.4 排土作业区和衔接道路采用抑尘措施是针对空气环境保护提出的。排土和公路扬尘，使空气环境质量变差，控制对策是采取洒水抑尘、喷雾增湿措施，保护目标主要是排土场附近居民点。在设计阶段，凡居住区主导风向上风向侧有粉尘污染时，应有防尘措施。锡铁山矿喷雾增湿采用高压水枪，喷射范围达40~50m。德兴铜矿在采场建立了路面防尘站，采用了配方先进，吸湿、保湿性好，抑尘效果显著的MPS-2型抑尘剂，使采场粉尘浓度降低80%。国外还发明了一种粘聚物代替水进行喷雾降尘，取得了良好的效果。

9.0.5 二氧化硅粉尘会导致人患矽肺病，"矽肺病"是人体吸入大量含游离二氧化硅的粉尘所引起的职业病。它常在空气中硅尘浓度较高的采矿、凿岩等工种中发生。病状是使人出现咳嗽、胸闷、气急等症状，并易诱发肺结核，轻者使人伤残，重者致人死亡。陕西某金矿，矿工装药放炮在粉尘弥漫矿井里打钻，被刺鼻的粉尘呛得无法呼吸，因无防护措施，两年时间竟有多位山里人被金矿粉尘夺走了生命，40多位民工患上了重度矽肺病。本条提出属矽尘矿山应有防止二次扬尘设施，其排土场布置在农田和水库主导风向的下风侧及远离要求空气清洁的场所，主要是防止细粒尘埃对大气的污染。

9.0.6 《水污染防治法》第三十一条规定：禁止将含有汞、镉、砷、铬、氰化物、黄磷等的可溶性剧毒废渣向水体排放、倾倒或者直接埋入地下。存放可溶性剧毒废渣的场所，必须采取防水、防渗漏、防流失的措施。为落实水污染防治法，本条规定：凡堆置含汞、镉、砷、六价铬、铅、氰化物、有机磷、硫化物及其他毒性大的可溶性废渣的排土场，必须专门设置有防水、防渗措施的存放场所及防护工程。这里有两个方面的问题在设计中需要重点考虑：

一是排弃物（指废石、废土）中如含有易溶性的有毒有害物质，则应将废石堆与地下水和地表水隔离，还必须采取切实可行的水治理措施使其排放指标达到国家规定的标准。

二是采取治理措施，对毒性大的可溶性废渣排土场基底要探明工程地质条件，对断隔地块和溶沟溶槽分别做防渗处理，底层设斜坡通过排水层将废水回收，然后集中处理。

德兴铜矿从祝家废石场 7000×10^4 t 废石中，利用细菌浸出—萃取—电积工艺回收难选低品位废石中的铜，采用堆场清浊分流和部分萃液循环使用，使废石场酸性水减少了50%，较好地保护了生态环境。2002年，该矿又与加拿大PRA公司就低成本治理矿山废水达成协议，将工业废水一分为三，三分之一的废水用于喷淋浸出铜，每年回收铜金属1500多吨；三分之一进入尾矿库与库中碱性水"酸碱大中和"后返回选厂作为生产用水；三分之一进入废水处理站处理达标后排放。该矿酸性废水处理的成功经验，大大改善了人居环境及下游的生态环境。

10 设计所需基础资料

10.0.1 本条规定了排土场设计所需基础资料应包括的内容。

1 排土场设计必须取得附有坐标及地形地物的原始地形资料，由于排土运输与采矿剥离紧密相联，设计运输线路需要与采矿场相同比例的1∶2000或1∶1000地形图。

2 矿山的排土方式与采矿工艺和开拓运输方案密切相关，不同开拓运输方案有不同排土方式。剥离物的数量与性质对场地的稳定性也至关重要，剥离物的性质不同，堆置要素选用有别，详见本规范第6章的规定。

3 本款所提排土场附近的气象、气候及自然条件，主要是指降水、山洪、风、水源分布、地震等级等。环境现状主要是指场地四周居民的生活环境。由于排土场经常处在不断变形过程，影响场地稳定的因素是错综复杂的，掌握足够的原始资料，探讨变形的因果关系便于有效预防和整治病害，以期达到保证公民生命财产安全及经济目标。

4 本款所提排土场及其周边土地利用现状，主要是指建设范围及其影响范围内农用耕地的数量、产量、原始植被现状，调查的目的在于贯彻落实保护耕地国策，为今后重建矿区生态提供依据。

5 排土场不稳定多出现在基底坡度较陡、地基承载能力差、水文条件复杂的场区。为避免滑坡、泥石流的危害，条文中提出了在排土场位置选定后，应按有关规范对场地工程地质与水文地质进行稳定性勘察与研究，判定地基承载力极限状态及可能产生的变形，从而对场地整体稳定性、适宜性作出论证，对有大面积堆存和降水引起的地基软化、坡体失稳而导致周围环境安全问题进行预测和评价，对可能出现的滑坡、泥石流等危害提出预防措施。由于排土场占地多，要大面积去做地质工作又势必增大工作量，若充分利用矿山已有矿样资料并根据需要进行必要的工程地质和水文地质勘察，则可减少工作量。在条件不复杂，现场目测地基承载力高，场底足以承受上部岩土荷载时，也无需再做工程地质工作。但对条件复杂有可能危及四周建构筑物安全造成社会影响的场地，必须按《岩土工程勘察规范》GB 50021—2001、《建筑地基基础设计规范》GB 50007—2002的要求，对复杂和不利地段查清其地层分布和工程特性，布置勘探点，提供排土场计算有关岩土参数，宜包含下述内容：

1) 含水量及重度；
2) 抗剪强度指标：粘聚力 C，内摩擦角 φ；
3) 含水层的水文地质参数。

6 现有排土场及其排土设施资料是排土场扩建设计堆置要素的借鉴，其设施可综合利用，能减少不必要的资金投入。

中华人民共和国国家标准

预应力混凝土路面工程技术规范

Technical code for engineerings of
prestressed concrete pavement

GB 50422—2007

主编部门：中华人民共和国建设部
批准部门：中华人民共和国建设部
施行日期：２００７年１２月１日

中华人民共和国建设部
公　告

第 589 号

建设部关于发布国家标准
《预应力混凝土路面工程技术规范》的公告

现批准《预应力混凝土路面工程技术规范》为国家标准，编号为 GB 50422—2007，自 2007 年 12 月 1 日起实施。其中，第 3.1.5、4.1.3、4.2.4、5.1.1、5.2.2（3）条（款）为强制性条文，必须严格执行。

本规范由建设部标准定额研究所组织中国计划出版社出版发行。

中华人民共和国建设部
二〇〇七年三月二十六日

前　言

本规范是根据建设部"关于印发《2005 年工程建设标准规范制定、修订计划（第一批）》的通知"（建标函［2005］84 号）的要求，由东南大学会同有关单位共同编制而成。

随着我国经济建设的快速发展，对高速、重载交通下的路面的性能和建设要求也越来越高。近 10 年来，预应力技术不断发展并得到了广泛的应用，同时水泥混凝土路面的研究也取得进一步的发展，形成了比较完善的设计、施工技术规范，应用预应力混凝土技术建设性能优异的混凝土路面也成为国内路面发展的趋势。

本规范在编制过程中，依据已有的科研成果，参考了国内外的有关标准规范，结合试验路路面工程的设计和施工方面的实践经验，进行了一系列的试验分析和理论计算，同时考虑了我国现有的技术水平和经济条件，在力争做到技术先进、经济合理、安全适用、与其他标准协调的基础上，经过反复讨论、修改，最后经审查定稿。

本规范的主要内容包括：总则，术语、符号，基本规定，路面结构设计，材料，施工方法及技术要求，质量检查与验收。

本规范以黑体字标识的条文为强制性条文，必须严格执行。

本规范由建设部负责管理和对强制性条文的解释，由东南大学负责具体技术内容的解释。在执行本规范过程中，如发现需要修改和补充之处，请将意见和有关资料寄送东南大学交通学院（地址：江苏省南京市四牌楼 2 号，邮编：210096，电话：025-83793131，传真：025-83794199，E-mail：qianzd@seu.edu.cn)，以供今后修订时参考。

本规范主编单位、参编单位和主要起草人：

主 编 单 位：东南大学
参 编 单 位：江苏省交通厅
江苏省交通规划设计院
南京东大现代预应力工程有限责任公司
江苏新筑预应力工程有限公司
西安公路研究所
主要起草人：黄　卫　吕志涛　郭宏定　钱振东
钱国超　张健康　冯　健　栾文彬
张　晋　牛赫东　伍石生

目 次

1 总则 ················· 40—4
2 术语、符号 ············ 40—4
  2.1 术语 ·············· 40—4
  2.2 符号 ·············· 40—4
3 基本规定 ·············· 40—5
  3.1 设计参数 ············ 40—5
  3.2 结构构造和组合 ········ 40—6
4 路面结构设计 ··········· 40—6
  4.1 几何尺寸 ············ 40—6
  4.2 配筋 ·············· 40—6
  4.3 滑动层 ············· 40—7
  4.4 伸缩缝 ············· 40—7
  4.5 枕梁 ·············· 40—7
  4.6 锚固区 ············· 40—8
  4.7 后浇带 ············· 40—8
5 材料 ················· 40—8
  5.1 混凝土材料 ··········· 40—8
  5.2 普通钢筋（材）和预应力钢筋 · 40—8
  5.3 锚具系统 ············ 40—9
  5.4 接缝材料 ············ 40—9
  5.5 外加剂 ············· 40—9
6 施工方法及技术要求 ······· 40—9
  6.1 施工机具 ············ 40—9
  6.2 施工准备 ············ 40—9
  6.3 施工工序 ············ 40—10
  6.4 枕梁和伸缩缝施工 ······· 40—10
  6.5 滑动层铺设 ··········· 40—10
  6.6 预应力钢筋与普通钢筋铺放 ·· 40—10
  6.7 预应力混凝土路面浇筑 ···· 40—11
  6.8 预应力钢筋张拉 ········ 40—11
  6.9 养护 ··············· 40—11
  6.10 后浇带混凝土施工 ······ 40—11
  6.11 伸缩缝整修及填缝 ······ 40—11
  6.12 特殊气候条件下的施工 ··· 40—11
7 质量检查与验收 ·········· 40—12
  7.1 一般规定 ············ 40—12
  7.2 滑动层 ············· 40—12
  7.3 混凝土工程 ··········· 40—12
  7.4 预应力工程 ··········· 40—12
附录 A 交通分析 ············ 40—12
附录 B 预应力混凝土路面面板的力学模型 ············ 40—13
附录 C 预应力混凝土路面面板应力分析及计算流程 ········ 40—14
本规范用词说明 ············· 40—16
附：条文说明 ·············· 40—17

1 总 则

1.0.1 为适应交通运输发展的需要，确保预应力混凝土路面工程质量，做到技术先进、经济合理、安全适用，制定本规范。

1.0.2 本规范适用于新建无粘结预应力混凝土路面的设计、施工及验收。

1.0.3 预应力混凝土路面工程的建设，应积极采用新技术、新材料、新工艺、新设备，并应满足工程的使用条件、环境条件和经济条件的要求。

1.0.4 预应力混凝土路面工程的设计、施工及验收，除应执行本规范外，尚应符合国家现行有关标准的规定。

2 术语、符号

2.1 术 语

2.1.1 水泥混凝土路面 cement concrete pavement

以水泥混凝土做面层（配筋或不配筋）的路面，亦称刚性路面。

2.1.2 预应力混凝土路面 prestressed concrete pavement

预先在路面工作截面上施加压应力，以提高受力性能的水泥混凝土路面。

2.1.3 临界荷位 critical load position

预应力混凝土路面在荷载和温度综合作用下产生的最大疲劳损坏位置。

2.1.4 滑动层 sliding layer

为防止预应力混凝土路面板底摩阻力过大造成过多的预应力损失而在基层顶面设置的路面结构层。

2.1.5 无粘结预应力钢筋 unbonded prestressing tendon

采用专用防腐润滑油脂和塑料涂包的单根预应力钢绞线，其与被施加预应力的混凝土之间可保持相对滑动。

2.1.6 板底摩阻应力 slab bottom friction stress

由预应力混凝土路面面板与基层之间的相对滑动而引起的路面面板中的应力。

2.2 符 号

2.2.1 材料性能

E_t——基层顶面当量回弹模量；
E_c——混凝土弯拉弹性模量；
E_s——钢筋的弹性模量；
E_0——路床顶面的当量回弹模量；
E_1——基层回弹模量；
E_2——底基层或垫层回弹模量；
E_x——基层和底基层或垫层的当量回弹模量；
f_r——混凝土弯拉强度标准值；
f_{yk}——普通钢筋的强度标准值；
D_x——基层和底基层或垫层的当量弯曲刚度；
ρ——混凝土密度。

2.2.2 作用、作用效应及承载力

σ_{Lr}——荷载疲劳应力；
σ_L——荷载应力；
$\sigma_{\Delta Tr}$——温度疲劳应力；
$\sigma_{\Delta T}$——路面面板温度应力；
σ_p——有效预应力引起的混凝土中的平均压应力；
σ_F——路基摩阻应力；
σ_{pe}——预应力钢筋的有效预应力；
σ_{con}——预应力钢筋张拉控制应力；
σ_{ln}——第 n 项预应力损失值；
N_s——标准轴载的作用次数；
N_i——各类轴型 i 级轴载的作用次数；
N_e——设计使用年限内车道的标准轴载累计作用次数；
P_i——各类轴型的总重。

2.2.3 几何参数

d_n——钢绞线公称直径；
δ——路面面板端部的位移值；
L_s——滑动区计算长度；
r——预应力混凝土板的相对刚度半径；
h——混凝土板的厚度；
h_x——基层和底基层或垫层的当量厚度；
h_1——基层的厚度；
h_2——底基层或垫层的厚度；
χ——计算荷位距板端的距离。

2.2.4 计算系数及其他

α_i——轴-轮型系数；
g_r——交通量年平均增长率；
t——设计使用年限；
η——车轮轮迹横向分布系数；
μ_r——路基摩擦系数；
T_n——路面面板温差最大值；
c_v——变异系数；
γ——可靠度系数；
T_g——混凝土面板的最大温度梯度计算值；
k——考虑孔道每米长度局部偏差的摩擦系数；
μ——预应力钢筋与孔道壁之间的摩擦系数；
β——配筋率；
k_f——考虑设计基准期内荷载应力累计疲劳作用的疲劳应力系数；
k_c——考虑偏载和动载等因素对路面疲劳损坏影响的综合系数；
ν——与混合料性质有关的指数；

w_0——原路面计算回弹弯沉值;
k_t——考虑温度应力累计疲劳作用的疲劳应力系数;
$α_c$——混凝土温度膨胀系数;
$ΔT$——混凝土路面面板上、下层温度差;
$ν_c$——混凝土的泊松比。

3 基本规定

3.1 设计参数

3.1.1 预应力混凝土路面设计应以100kN的单轴-双轮组荷载作为标准轴载。不同轴-轮型和轴载的作用次数与标准轴载的作用次数应按下列公式进行换算:

$$N_s = \sum_{i=1}^{n} α_i N_i (P_i/100)^{16} \quad (3.1.1-1)$$
$$α_i = 2.22×10^3 P_i^{-0.43} \quad (3.1.1-2)$$
$$α_i = 1.07×10^{-5} P_i^{-0.22} \quad (3.1.1-3)$$
$$α_i = 2.24×10^{-8} P_i^{-0.22} \quad (3.1.1-4)$$

式中 N_s——标准轴载的作用次数(次/d);
 N_i——各类轴型 i 级轴载的作用次数;
 P_i——各类轴型的总重(kN);
 $α_i$——轴-轮型系数。单轴-双轮组时,$α_i=1$;
  单轴-单轮时,按式(3.1.1-2)计算;
  双轴-双轮组时,按式(3.1.1-3)计算;
  三轴-双轮组时,按式(3.1.1-4)计算。

3.1.2 预应力混凝土路面的交通等级,按其在设计使用年限内设计车道所承受的标准轴载累计作用次数分为四级,并应符合表3.1.2的规定。设计车道的交通量分析应按本规范附录A采用。

表3.1.2 预应力混凝土路面的交通等级

交通等级	特重	重	中等	轻
设计车道标准轴载累计作用次数 N_e (×10⁴)	>2000	100~2000	3~100	<3

3.1.3 预应力混凝土路面的设计使用年限和累计作用次数,应符合下列规定:

1 路面设计使用年限,可按表3.1.3-1采用。

表3.1.3-1 设计使用年限

交通等级	设计使用年限(a)
特重	30
重	30
中等	20
轻	20

2 设计使用年限内车道的标准轴载累计作用次数,可按下式计算确定:

$$N_e = \frac{N_s[(1+g_r)^t - 1] × 365}{g_r} η \quad (3.1.3)$$

式中 N_e——设计使用年限内车道的标准轴载累计作用次数(次);
 g_r——交通量年平均增长率(%),由调查确定;
 t——设计使用年限(a);
 $η$——车轮轮迹横向分布系数,可按表3.1.3-2采用。

表3.1.3-2 车轮轮迹横向分布系数

公路等级		纵缝边缘处
高速公路、一级公路		0.17~0.22
二级、三级、四级公路	行车道宽>7m	0.34~0.39
	行车道宽≤7m	0.54~0.62

3.1.4 预应力混凝土路面工程的可靠度设计标准、变异系数及可靠度系数应符合下列要求:

1 预应力混凝土路面的设计安全等级、目标可靠度和可靠度指标,应符合表3.1.4-1的规定。路面的材料性能和结构尺寸参数的变异水平等级,宜按表3.1.4-1选用。

表3.1.4-1 可靠度设计标准

公路技术等级	高速公路	一级公路	二级公路	三、四级公路
安全等级	一级	二级	三级	四级
目标可靠度(%)	95	90	85	80
目标可靠指标	1.64	1.28	1.04	0.84
变异水平等级	低	低、中	中	中、高

2 材料性能和结构尺寸参数的变异系数变化范围应符合表3.1.4-2的规定。

表3.1.4-2 变异系数 c_v 的变化范围

变异水平等级	低	中	高
水泥混凝土弯拉强度、弯拉弹性模量	$c_v≤0.10$	$0.10<c_v≤0.15$	$0.15<c_v≤0.20$
基层顶面当量回弹模量	$c_v≤0.25$	$0.25<c_v≤0.35$	$0.35<c_v≤0.55$
水泥混凝土面层厚度	$c_v≤0.04$	$0.04<c_v≤0.06$	$0.06<c_v≤0.08$

3 可靠度系数应依据所选目标可靠度及变异水平等级按表3.1.4-3选用。

表3.1.4-3 可靠度系数 $γ$

变异水平等级	目标可靠度(%)			
	95	90	85	80
低	1.20~1.33	1.09~1.16	1.04~1.08	—

续表 3.1.4-3

变异水平等级	目标可靠度（%）			
	95	90	85	80
中	1.33~1.50	1.16~1.23	1.08~1.13	1.04~1.07
高	—	1.23~1.33	1.13~1.18	1.07~1.11

注：变异系数在表 3.1.4-2 所示的变化范围的下限时，可靠度系数取低值；上限时，取高值。

3.1.5 预应力混凝土路面混凝土强度应按 28d 龄期的混凝土弯拉强度控制，且不得低于表 3.1.5 的规定。

表 3.1.5 混凝土弯拉强度标准值

交通等级	特重	重	中等	轻
弯拉强度标准值 f_r（MPa）	5.0	5.0	4.5	4.0

3.1.6 预应力混凝土路面面板的最大温度梯度计算值，可根据公路所在地的公路自然区划，按表 3.1.6 确定。

表 3.1.6 预应力混凝土路面面板的最大温度梯度计算值

公路自然区划	不同板厚的最大温度梯度 T_g（℃/mm）					
	140mm	160mm	180mm	200mm	220mm	240mm
Ⅱ、Ⅴ	0.102~0.108	0.097~0.103	0.092~0.098	0.087~0.092	0.083~0.088	0.078~0.083
Ⅲ	0.111~0.117	0.105~0.111	0.100~0.105	0.095~0.100	0.090~0.095	0.085~0.089
Ⅳ、Ⅵ	0.106~0.113	0.101~0.108	0.095~0.102	0.090~0.097	0.086~0.092	0.081~0.086
Ⅶ	0.114~0.121	0.109~0.115	0.103~0.109	0.098~0.103	0.093~0.098	0.087~0.092

3.2 结构构造和组合

3.2.1 预应力混凝土路面的路基、垫层、基层、路面横向坡度、路肩、排水及材料选型与要求应符合国家现行标准《公路路基施工技术规范》JTG F10 和《公路水泥混凝土路面设计规范》JTG D40 的有关规定。

3.2.2 预应力混凝土路面面板与基层之间应设置滑动层。

4 路面结构设计

4.1 几何尺寸

4.1.1 预应力混凝土路面面板长度宜为 90~210m，面板宽度不宜超过两个标准车道宽度。

4.1.2 预应力混凝土路面面板厚度宜为 140~240mm。

4.1.3 预应力混凝土路面面板最小厚度应能满足板内预应力钢筋及锚具系统最小混凝土保护层厚度的要求。

4.1.4 预应力混凝土路面面板厚度和预应力钢筋配置应符合下式的要求：

$$\gamma(\sigma_{Lr}+\sigma_{\Delta Tr})+\sigma_F-\sigma_p \leqslant f_r \quad (4.1.4)$$

式中 γ——可靠度系数，可按本规范第 3.1.4 条取值；
σ_{Lr}——荷载疲劳应力（MPa）；
$\sigma_{\Delta Tr}$——温度疲劳应力（MPa）；
f_r——混凝土弯拉强度标准值（MPa）；
σ_p——有效预应力引起的混凝土中的平均压应力（MPa）；
σ_F——路基摩阻应力（MPa）。

4.2 配 筋

4.2.1 预应力钢筋的有效预应力应按下式计算确定：

$$\sigma_{pe}=\sigma_{con}-\sum_{n=1}^{5}\sigma_{ln} \quad (4.2.1)$$

式中 σ_{pe}——预应力钢筋的有效预应力（MPa）；
σ_{con}——预应力钢筋张拉控制应力（MPa）；
σ_{ln}——第 n 项预应力损失值（MPa）。

预应力损失值应取下列五项：
张拉端锚具变形和预应力钢筋内缩 σ_{l1}；
预应力钢筋的摩擦 σ_{l2}；
预应力钢筋的应力松弛 σ_{l3}；
混凝土的收缩和徐变 σ_{l4}；
采用分批张拉时，张拉后批预应力钢筋所产生的混凝土弹性压缩损失 σ_{l5}。

4.2.2 预应力钢筋的预应力损失值计算应符合现行国家标准《混凝土结构设计规范》GB 50010 的有关规定。预应力钢筋的摩擦系数可按表 4.2.2 采用。

表 4.2.2 预应力钢筋的摩擦系数

钢绞线公称直径 d_n（mm）	k	μ
9.5、12.7、15.2、15.7	0.004	0.09

注：表中系数也可根据实测数据确定。其中，k 为考虑孔道每米长度局部偏差的摩擦系数；μ 为预应力钢筋与孔道壁之间的摩擦系数。

4.2.3 在一般气候环境下的预应力混凝土路面，预应力总损失也可按预应力钢筋张拉控制应力的 20% 确定，且预应力总损失值不应小于 80MPa。

4.2.4 平均预压应力指扣除全部预应力损失后，在混凝土总截面面积上建立的平均预压应力。预应力混凝土路面的平均预压应力在扣除路基摩阻力后不应小于 0.7MPa，平均预压应力不应大于 4.0MPa。

4.2.5 预应力钢筋应配置在路面面板厚 1/2 下 10~30mm 范围内；预应力钢筋的配筋率及构造要求应

符合现行国家标准《混凝土结构设计规范》GB 50010 的有关规定。

4.2.6 横向钢筋的配筋率可按式（4.2.6）计算，且最小配筋率不应小于预应力钢筋配筋率的 1/8；横向钢筋的间距及构造应符合国家现行标准《公路水泥混凝土路面设计规范》JTG D40 的有关规定。

$$\beta = \frac{E_c f_r}{2E_c f_{yk} - E_s f_r}(1.3 - 0.2\mu_r) \times 100 \quad (4.2.6)$$

式中 β——配筋率；
f_{yk}——普通钢筋的强度标准值（MPa）；
E_s——钢筋弹性模量（MPa）；
μ_r——路基摩擦系数，宜现场实测。

4.3 滑动层

4.3.1 预应力混凝土路面的滑动层应符合下列规定：

1 滑动层应铺设在基层的顶面，基层应平整无坑凹。

2 滑动层材料可选用防水材料、细粒状材料及沥青材料。防水材料可选用土工织物、油毛毡、聚乙烯薄膜，细粒状材料可选用粒径相近的细砂或石屑。当采用细粒状材料滑动层时，细粒状材料的厚度不宜大于 20mm，其上应铺设防水材料。

4.4 伸缩缝

4.4.1 预应力混凝土路面面板伸缩缝的宽度应大于路面面板端部的位移值。路面面板端部的位移值应按下列公式计算确定：

$$\delta = \alpha_c T_n L_s - \frac{\rho \mu_r L_s}{2E_c} \quad (4.4.1-1)$$

$$L_s = \frac{\alpha_c E_c T_n}{\rho \mu_r} \quad (4.4.1-2)$$

式中 δ——路面面板端部的位移值（mm）；
ρ——混凝土密度（g/mm³）；
α_c——混凝土温度膨胀系数；
T_n——路面面板温差最大值（℃），取路面面板年最高温度与路面合拢时温度的差值；
L_s——滑动区计算长度（m），滑动区计算长度不应大于路面面板长度的 1/2。

4.4.2 预应力混凝土路面伸缩缝应符合下列规定：

1 伸缩缝的间距宜为 90~210m。伸缩缝宜采用钢梁型（见图 4.4.2-1）或毛勒型（见图 4.4.2-2），当采用其他类型伸缩缝时，其材质应符合国家现行有关标准的规定。伸缩缝应涂专用防腐油脂或环氧树脂。

2 伸缩缝预留的膨胀宽度不宜小于 20mm，收缩宽度宜控制在 50~80mm；预应力混凝土路面封锚浇筑后，在伸缩缝预留槽口内应填充聚氨酯等嵌缝材料。在环境温差小，且经试验验证不需设伸缩缝时，

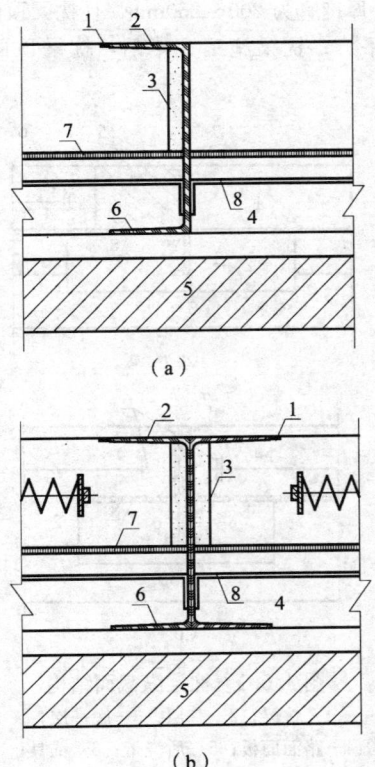

图 4.4.2-1 钢梁型伸缩缝纵截面结构
1—嵌缝胶；2—滑动涂层；3—填缝材料；
4—枕梁；5—基层；6—型钢；
7—滑动层；8—连接钢筋
(a) 张拉端构造；(b) 非张拉端构造

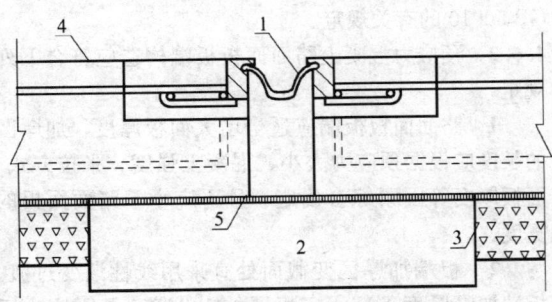

图 4.4.2-2 毛勒型伸缩缝纵截面结构
1—密封橡胶带；2—枕梁；3—基层；
4—后浇带；5—滑动层

也可不设伸缩缝。

3 钢梁型伸缩缝的悬臂内侧宜有滑动涂层。

4.5 枕 梁

4.5.1 预应力混凝土路面枕梁（见图 4.5.1）应符合下列规定：

1 枕梁应采用现浇钢筋混凝土。枕梁内配筋应符合现行国家标准《混凝土结构设计规范》GB 50010 构造配筋的有关规定。

2 枕梁宽度应与路面面板宽度相同，长度宜为

2~4m，厚度宜为200~250mm，且枕梁顶面应与基层顶面平齐；枕梁施工完毕后，枕梁顶面宜涂刷沥青。

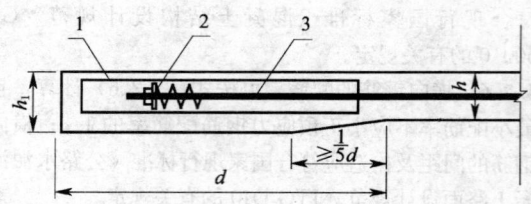

图4.6.2 路面面板板端加强结构示意
1—双层钢筋网；2—锚具；3—预应力钢筋；
h—板厚；h_1—板加厚厚度；d—板加厚区长度

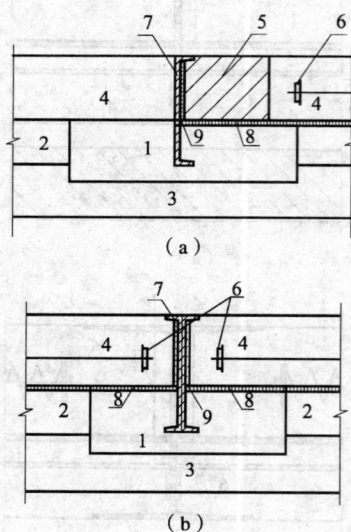

图4.5.1 枕梁纵截面结构
1—枕梁；2—基层；3—底基层；
4—路面面板；5—后浇带；6—锚具；
7—伸缩缝；8—滑动层；9—填缝材料
(a)张拉端；(b)非张接端

4.6 锚 固 区

4.6.1 预应力混凝土路面面板端部的局部受压承载力计算应符合现行国家标准《混凝土结构设计规范》GB 50010的有关规定。

4.6.2 预应力混凝土路面面板板端构造应符合下列规定：

1 路面面板板端应适当增大面板厚度，加厚区的长度应根据预应力大小、混凝土强度、张拉方式、面板厚度等因素综合确定，且不应小于路面面板的宽度。

2 板端加厚区变截面处宜采用线性渐变过渡。板端加厚厚度不应小于板厚的1.2倍，且不应小于200mm；当板厚大于200mm时，板端可不加厚。变截面区的长度不宜小于加厚区长度的1/5（见图4.6.2）。

3 在板端内部应配置双层加强钢筋网，纵向加强钢筋的配筋率不宜小于2%。当板端不加厚时，纵向加强钢筋的配筋率应适当提高。张拉端的加强钢筋网应延伸至后浇带。双层钢筋网的设置及混凝土保护层厚度应符合国家现行标准《公路水泥混凝土路面设计规范》JTG D40与现行国家标准《混凝土结构设计规范》GB 50010的有关规定。

4.6.3 预应力钢筋的锚具系统及防腐体系应符合国家现行标准《无粘结预应力混凝土结构技术规程》JGJ 92的有关规定。

4.7 后 浇 带

4.7.1 预应力混凝土路面后浇带构造应符合下列规定：

1 后浇带预留尺寸应满足张拉设备施工的要求。

2 后浇带宽度应与路面面板宽度相同；后浇带的混凝土强度不应低于路面面板的混凝土强度。

3 后浇带用混凝土宜掺入膨胀剂。

4 后浇带混凝土底部滑动层的滑动能力不应低于预应力混凝土路面的滑动能力。

5 后浇带的加强钢筋不应削弱。

5 材 料

5.1 混凝土材料

5.1.1 水泥应采用硅酸盐水泥、普通硅酸盐水泥。水泥的质量应符合现行国家标准《硅酸盐水泥、普通硅酸盐水泥》GB 175和《道路硅酸盐水泥》GB 13693的有关规定。

5.1.2 预应力混凝土路面使用的粗集料、细集料应符合国家现行标准《公路水泥混凝土路面施工技术规范》JTG F30的有关规定。

5.1.3 清洗集料、拌和混凝土及养护所用的水应符合国家现行标准《混凝土用水标准》JGJ 63的有关规定。

5.1.4 混凝土的配合比设计应符合国家现行标准《公路水泥混凝土路面施工技术规范》JTG F30的有关规定；混凝土性能要求应符合现行国家标准《混凝土结构工程施工质量验收规范》GB 50204的有关规定。

5.2 普通钢筋（材）和预应力钢筋

5.2.1 预应力混凝土路面用普通钢筋宜采用HRB335级、HRB400级热轧带肋钢筋，也可采用HPB235级和RRB级钢筋。普通钢筋（材）可根据使用部位和功能，按表5.2.1确定，也可根据施工实际情况确定。

表 5.2.1 钢筋（材）等级及规格

部位和功能	钢筋（材）等级	钢筋直径（mm）	外 形
板内横向钢筋	HRB335	12	螺纹
板端钢筋	HRB335	12 或 16	螺纹
架立钢筋	HPB235	8 或 10	光面
伸缩缝基础或枕梁	HRB335	12 或 16	螺纹
板后浇带	HRB335	12	螺纹
伸缩缝钢梁	A3	钢板厚8～10，型钢<16	匚、I型钢或钢板

5.2.2 预应力混凝土路面用预应力钢筋应符合下列要求：

1 钢绞线性能应符合现行国家标准《预应力混凝土用钢绞线》GB/T 5224 的有关规定。

2 预应力钢筋用的钢绞线不应有死弯，当有死弯时必须切断；预应力钢筋的每根钢丝应是通长的，严禁有接头。

3 预应力钢筋外包材料，应采用高密度聚乙烯，严禁使用聚氯乙烯；涂料层应采用专用防腐油脂。预应力钢筋性能还应符合国家现行标准《无粘结预应力混凝土结构技术规程》JGJ 92 的有关规定。

5.3 锚具系统

5.3.1 预应力混凝土路面用锚具应符合现行国家标准《预应力筋用锚具、夹具和连接器》GB/T 14370 的有关规定。

5.3.2 夹具应具有良好的自锚性能、松锚性能和重复使用性能。锚具性能应符合国家现行标准《无粘结预应力混凝土结构技术规程》JGJ 92 的有关规定。

5.4 接缝材料

5.4.1 预应力混凝土路面接缝材料宜采用塑胶、橡胶泡沫板或沥青纤维板。

5.4.2 预应力混凝土路面应优选耐老化性能好的树脂类、橡胶类或改性沥青类填缝材料。填缝材料包括常温施工式和加热施工式，其技术指标应符合国家现行标准《公路水泥混凝土路面施工技术规范》JTG F30 的规定。

5.4.3 填缝时应使用背衬垫条。背衬垫条材料可采用聚氨酯、橡胶、微孔泡沫塑料等，其形状应为圆柱形，直径应比接缝宽度大2～5mm。

5.5 外 加 剂

5.5.1 外加剂品种和掺量应根据设计要求，结合施工条件通过试验及技术经济比较确定。

5.5.2 外加剂的品种、掺量及使用性能应符合现行国家标准《混凝土外加剂应用技术规范》GB 50119 的有关规定。

5.5.3 膨胀剂掺量和使用性能应符合国家现行标准《混凝土膨胀剂》JC 476 的有关规定。

6 施工方法及技术要求

6.1 施工机具

6.1.1 预应力混凝土路面施工机具应满足施工进度和质量的要求。

6.1.2 混凝土拌和物可采用工厂生产或现场拌制。现场拌制时，混凝土拌和机具应符合下列要求：

1 混凝土拌和机具总功率不应低于 $20m^3/h$。

2 混凝土拌和机具应采用强制式水泥混凝土搅拌机或搅拌站。

6.1.3 混凝土拌和物运输机具及运输要求应符合国家现行标准《公路水泥混凝土路面施工技术规范》JTG F30 的有关规定。

6.1.4 混凝土的摊铺成型可采用滑模式摊铺机、轨道式摊铺机或传统的小型机具配合人工进行，所需的摊铺成型机具宜按表6.1.4选用。

表 6.1.4 混凝土摊铺成型机具

滑模式摊铺机	轨道式摊铺机	人工方式
供料机	供料机	供料机
摊铺机	匀料机	匀料机
纹理制作机	摊铺机	插入式振捣器
养护剂喷洒机	缝槽成型机	振动梁
切缝机	缝槽修整机	滚筒
	表面修整机	磨光机
	纹理制作机	压纹辊
	养护剂喷洒机	养护剂喷洒机
	防护帐篷	

6.2 施工准备

6.2.1 预应力混凝土路面面板施工前应由设计单位向施工单位进行技术交底。设计文件、图纸、资料应齐全。

6.2.2 预应力混凝土路面面板施工前，其路基、垫层、基层及下封层的工程质量应符合国家现行标准《公路路基施工技术规范》JTG F10 和《公路路面基层施工技术规范》JTJ 034 的有关规定。

6.2.3 材料进场时应按相关规范的规定进行进场验收；预应力混凝土路面面板施工前，应检查所需材料的储量、性能，确保所有材料的数量和质量。

6.3 施工工序

6.3.1 预应力混凝土路面施工应有施工组织设计和施工技术方案，并经审查批准。

6.3.2 预应力混凝土路面面板的施工，可采用顺序施工法或交替施工法（见图6.3.2）。

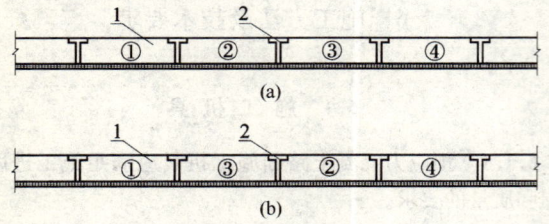

图6.3.2 预应力混凝土面板施工顺序
1—混凝土面板；2—伸缩缝
（a）顺序施工；（b）交替施工

6.3.3 预应力混凝土路面面板的施工可按图6.3.3所示的工序进行。

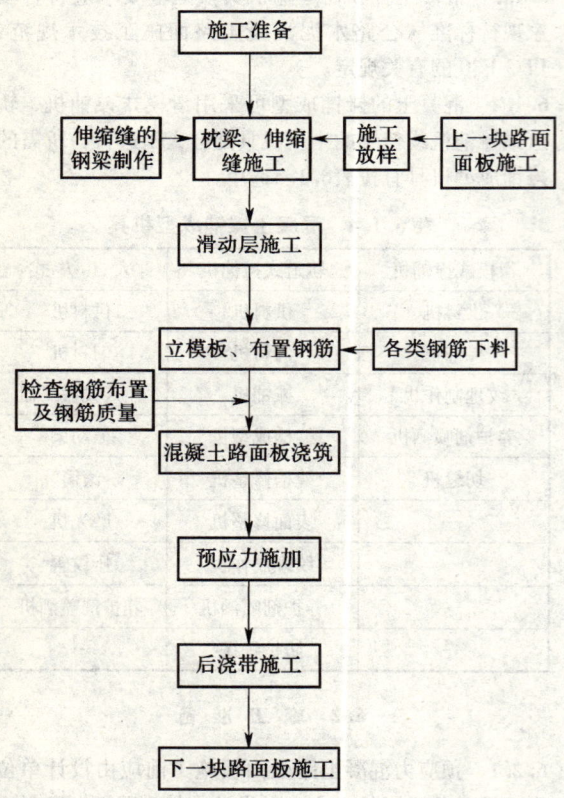

图6.3.3 预应力混凝土路面面板施工工序

6.4 枕梁和伸缩缝施工

6.4.1 枕梁和伸缩缝施工前应检查基层和下封层，确保其质量符合设计要求。

6.4.2 枕梁基坑应根据设计要求进行放样开挖。

6.4.3 枕梁浇筑前，枕梁内钢筋和伸缩缝装置应固定牢固。

6.4.4 枕梁及伸缩缝施工可按图6.4.4所示的工序进行。

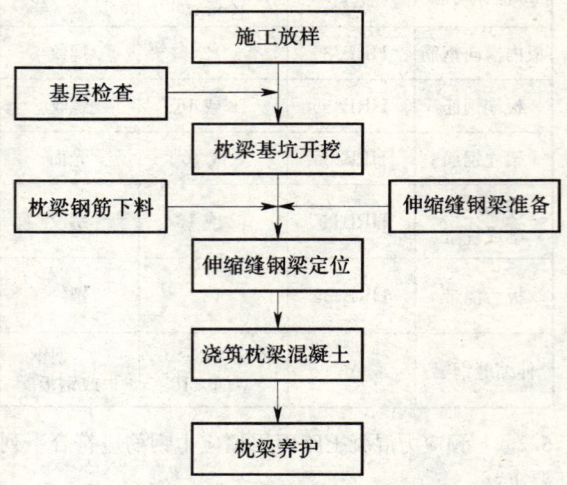

图6.4.4 枕梁及伸缩缝施工工序

6.5 滑动层铺设

6.5.1 在混凝土浇筑前应在基层顶面设置滑动层。滑动层的设置应符合本规范第4.3.1条的要求。当采用沥青表面处治或乳化沥青稀浆封层作下封层时，下封层可直接作为滑动层。也可在下封层上铺设土工织物作为滑动层。

6.5.2 当滑动层采用沥青表面处治时，其性能及施工要求应符合国家现行标准《公路沥青路面施工技术规范》JTG F40的有关规定；当滑动层采用乳化沥青稀浆封层时，其性能及施工要求应符合国家现行标准《路面稀浆封层技术规程》CJJ 66的有关规定。

6.5.3 当采用土工织物作滑动层时，其设置应符合下列规定：

1 滑动层铺设前，应清扫预应力混凝土板块范围内的杂物，进行基层质量的全面检查，对发现破损处应进行修补。

2 滑动层铺设时，宜先铺设细粒状材料，再覆以土工织物。细粒状材料铺设厚度应符合本规范第4.3.1条的规定，且应均匀。土工织物宜采用土工合成材料，土工合成材料的宽度宜大于路面宽度；土工合成材料间的搭接宜采用缝制或粘贴，搭接的长度不应小于300mm。

3 细粒状材料和土工合成材料的性能应符合国家现行有关标准的规定。

4 土工合成材料铺设完后，应做好保护工作，特别应防止穿钉鞋作业或尖锐物的打击。

6.6 预应力钢筋与普通钢筋铺放

6.6.1 准备工作应符合下列规定：

1 检查预应力钢筋的规格尺寸和数量，逐根检查并确认其端部组装配件可靠无误；检查外包层的完整性，如发现大面积破损漏油，则不宜使用，局部小型破损应进行修补，才能使用。

2 模板的架设与拆除应符合国家现行标准《公路水泥混凝土路面施工技术规范》JTG F30的有关规定。

6.6.2 预应力钢筋下料应在路面板块范围内，下料前宜先铺设板端下层钢筋网；下料时应机械切割，严禁使用电焊或者气割下料。

6.6.3 预应力钢筋及横向钢筋布置定位应符合下列要求：

1 按设计位置标定横向钢筋和预应力钢筋；预应力钢筋应布置在横向钢筋上。

2 按标定位置逐根绑扎预应力钢筋和横向钢筋；用架立钢筋将预应力钢筋架至设计位置，严禁使用水泥混凝土块架立预应力钢筋。

3 逐根检查钢筋绑扎和定位情况，允许偏差应符合现行国家标准《混凝土结构工程施工质量验收规范》GB 50204的有关规定。

6.6.4 预应力钢筋配套锚具的安装应符合国家现行标准《无粘结预应力混凝土结构技术规程》JGJ 92的有关规定。

6.7 预应力混凝土路面浇筑

6.7.1 预应力混凝土路面浇筑应符合国家现行标准《公路水泥混凝土路面施工技术规范》JTG F30的有关规定。

6.7.2 浇筑混凝土时，除应符合本规范第6.7.1条的规定外，还应符合下列要求：

1 预应力钢筋铺放、安装完毕后，应进行隐蔽工程验收，当确认合格后方可浇筑混凝土。

2 混凝土浇筑时宜从两端向中间进行；混凝土浇筑时，严禁踏压撞碰无粘结预应力钢筋、支撑架以及端部预埋部件。

3 张拉端、固定端混凝土必须振捣密实。

6.8 预应力钢筋张拉

6.8.1 预应力混凝土路面应采用后张法施工。张拉用锚具、穴模应与预应力钢筋配套。

6.8.2 预应力钢筋的张拉除应符合国家现行标准《无粘结预应力混凝土结构技术规程》JGJ 92的有关规定外，还应符合下列规定：

1 预应力钢筋张拉应采用二次张拉工艺。第一次张拉宜在面板浇筑完成12h后，且混凝土强度不低于设计抗压强度的30%，张拉时预应力钢筋应由面板中间向两侧交替张拉，第一次张拉应力宜为$0.3\sigma_{con}$，也可根据工程经验确定；第二次张拉在面板浇筑完成6~7d后，且混凝土强度不低于设计抗压强度的75%，第二次张拉采用超张拉，张拉应力为$1.05\sigma_{con}$，持荷2min，再卸荷至σ_{con}后锚固，或第二次张拉时直接张拉至$1.03\sigma_{con}$后锚固。

2 预应力钢筋的锚固，应在张拉控制应力处于稳定状态下进行。锚固后应切除过长的预应力钢筋。预应力钢筋切除应采用机械方法，严禁采用电弧切断。预应力钢筋切断后露出锚具夹片外的长度不得小于30mm。预应力钢筋锚固后应及时进行防护处理。

3 预应力钢筋张拉及放张时应填写施工记录。

6.9 养 护

6.9.1 预应力混凝土路面铺筑完成后应立即开始养护，养护可采用喷洒养护剂同时保湿覆盖的方式。在雨天或养护用水充足的情况下，也可采用覆盖保湿膜、土工布、湿麻袋等水湿养护方式。

6.9.2 养护时间应根据混凝土弯拉强度增长情况确定，且不宜小于设计弯拉强度的80%。养护天数宜为14~21d，高温天气不宜少于14d，低温天气不宜少于21d。

6.9.3 混凝土板养护初期，严禁行人、车辆通行，在达到设计强度的40%后，行人方可通行。面板达到弯拉强度后，方可开放交通。

6.10 后浇带混凝土施工

6.10.1 后浇带施工应在第二次预应力施加完48h后进行，施工时应符合下列要求：

1 后浇带施工前应检查滑动层，确保其质量满足施工要求。同时将已浇筑的混凝土路面面板端部凿毛，清理后浇带范围内的杂物。

2 应理顺预留的连接钢筋，绑扎或焊制后浇带内钢筋网，并填塞伸缩缝内的填缝材料。

3 后浇带施工宜采用小型机械和人工浇筑，浇筑用混凝土的强度等级不宜小于路面面板混凝土强度等级。后浇带表面按普通混凝土路面饰面要求饰面拉毛。

6.11 伸缩缝整修及填缝

6.11.1 在后浇带或预应力混凝土路面面板非张拉端混凝土浇筑3d后，应用锯缝机按设计要求在伸缩缝钢梁两侧整修伸缩缝并填塞填缝料。

6.11.2 填缝料的性能要求应符合本规范第5.4.2条的规定，伸缩缝的填缝应符合国家现行标准《公路水泥混凝土路面施工技术规范》JTG F30的有关规定。

6.12 特殊气候条件下的施工

6.12.1 预应力混凝土路面铺筑期间，应收集月、旬、日天气预报资料，遇有影响混凝土路面施工质量的天气时，应暂停施工或采取必要的防范措施，制定特殊气候的施工方案。

6.12.2 预应力混凝土路面在特殊气候条件下的施工应符合国家现行标准《公路水泥混凝土路面施工技术

规范》JTG F30及其他相关标准的有关规定。

7 质量检查与验收

7.1 一般规定

7.1.1 预应力混凝土路面施工质量的控制、管理与检查应贯穿整个施工过程，应对每个施工环节严格控制把关，对出现的问题，应立即进行纠正直至停工整顿。

7.1.2 预应力混凝土路面中的路基材料及施工要求应符合国家现行标准《公路路基施工技术规范》JTG F10的有关规定。

7.1.3 预应力混凝土钢筋工程及模板工程应符合国家现行标准《公路水泥混凝土路面施工技术规范》JTG F30及现行国家标准《混凝土结构工程施工质量验收规范》GB 50204的有关规定。

7.1.4 预应力混凝土路面基层的质量检查验收应符合国家现行标准《公路路面基层施工技术规范》JTJ 034和其他相关标准的规定。

7.2 滑动层

7.2.1 滑动层的施工质量检查和验收应符合下列规定：

1 滑动层铺设应平整均匀，滑动层材料应符合设计要求。

2 沥青表面处治滑动层的质量检查标准应符合国家现行标准《公路沥青路面施工技术规范》JTG F40的有关规定。

3 乳化沥青稀浆滑动层的质量检查标准应符合国家现行标准《路面稀浆封层技术规程》CJJ 66的有关规定。

4 土工织物滑动层应检查铺设厚度和布设宽度，搭接情况应符合本规范第6.5.3条的规定。

7.3 混凝土工程

7.3.1 预应力混凝土路面施工中的检验项目及质量评定标准应符合国家现行标准《公路水泥混凝土路面施工技术规范》JTG F30及《公路工程质量检验评定标准》JTG F80/1的有关规定。

7.3.2 预应力混凝土路面应检验在预应力张拉前的混凝土抗压强度、28d龄期的抗压强度和抗折强度，检验的方法按现行国家标准《混凝土强度检验评定标准》GBJ 107的规定分批检验评定。掺膨胀剂混凝土的检验还应符合现行国家标准《混凝土外加剂应用技术规范》GB 50119的检验要求。

7.3.3 预应力混凝土的冬期施工除应符合本规范的规定外，还应符合国家现行标准《建筑工程冬期施工规程》JGJ 104的规定。

7.3.4 预应力混凝土的原材料、配合比设计及混凝土施工等的质量检查和验收应符合现行国家标准《混凝土结构工程施工质量验收规范》GB 50204的有关规定。

7.4 预应力工程

7.4.1 预应力工程的质量检查和验收应按现行国家标准《混凝土结构工程施工质量验收规范》GB 50204和国家现行标准《无粘结预应力混凝土结构技术规程》JGJ 92的有关规定执行。

附录A 交通分析

A.1 交通调查与分析

A.1.1 设计车道使用初期的年平均日货车交通量，可按下述方法确定：

利用当地交通量观测站的观测和统计资料，或通过设立站点进行交通量观测，获取所设计公路的初期年平均日交通量（双向）和车辆组成数据，剔除2轴4轮以下的客、货车辆交通量，得到初期年平均日货车交通量（双向）。

调查分析双向交通的分布情况，选取交通量方向分配系数，一般情况可采用0.5。依据设计公路的车道数，交通量车道分配系数宜按表A.1.1确定。使用初期年平均日交通量（双向）乘以方向分配系数和车道分配系数，即为设计车道的年平均日货车交通量（ADTT）。

表A.1.1 交通量车道分配系数

单向车道数	1	2	3	≥4
车道分配系数	1.0	0.8~1.0	0.6~0.8	0.5~0.75

注：交通量大时，取低值；交通量小时，取高值。

A.1.2 设计基准期内交通量年平均增长率，可按公路等级和功能以及所在地区的经济和交通发展情况，通过调查分析，预估设计基准期内的交通增长量，确定交通量年平均增长率 g_r。

A.2 轴载调查与分析

A.2.1 利用当地称重站的测定和统计资料，或通过设立站点进行轴载调查和测定，获取所设计公路的车型、轴型和轴载组成数据，计算设计车道使用初期的标准轴载日作用次数。计算时可选用轴载当量换算系数法或车辆当量轴载系数法。

1 当采用轴载当量换算系数法时，计算应符合下列规定：

统计1000辆2轴6轮以上客、货车辆中单轴、双联轴和三联轴三种轴型分别出现的次数，并分别称取其轴重。称重测定资料分别按轴型和轴重级位整理，得到各种轴型的轴载谱。单轴轴载按 10kN 分级，双联轴和三联轴轴载按 20kN 分级。各种轴型不同轴载级位的标准轴载当量换算系数可按下式计算：

$$k_{p,ij} = \alpha_{ij} \left(\frac{P_{ij}}{100}\right)^{16} \quad (A.2.1-1)$$

式中 $k_{p,ij}$——各种轴型不同轴载级位的标准轴载当量换算系数；
  i——轴型；
  j——轴载级位；
  P_{ij}——i 种轴型 j 级轴载的轴重（kN）；
  α_{ij}——i 种轴型 j 级轴载的轴-轮型系数，按本规范第 3.1.1 条确定。

设计车道使用初期的标准轴载日作用次数可按下式计算：

$$N_s = \frac{ADTT}{1000} \sum_i n_i \sum_j (k_{p,ij} \cdot P_{ij}) \quad (A.2.1-2)$$

式中 N_s——标准轴载的作用次数（次/d）；
  n_i——每 1000 辆 2 轴 6 轮以上客、货车辆中 i 种轴型出现的次数。

2 当采用车辆当量轴载系数法时，计算应符合下列规定：

将 2 轴 6 轮以上客、货车辆分为三大类：整车类，细分为单后轴货车、双后轴货车和大客车三类；半挂车类，细分为 3 轴、4 轴、5 轴和 5 轴以上三类；全挂车类，细分为 4 轴、5 轴、6 轴和 6 轴以上三类。各类车辆的轴型分为单轴、双联轴和三联轴三种。

称重测定资料分别按车型和轴型整理得到相应的轴载谱。单轴轴载按 10kN 分级，双轴轴载和三轴轴载按 20kN 分级。

各类车辆的当量轴载系数可按下式计算：

$$k_{p,k} = \sum_i \left[\sum_j (k_{p,ij} \cdot P_{ij})\right] \quad (A.2.1-3)$$

式中 $k_{p,k}$——车辆当量轴载系数；
  k——车辆类型。

标准轴载日作用次数可按下式计算：

$$N_s = ADTT \times \sum_k (k_{p,k} \cdot p_k) \quad (A.2.1-4)$$

式中 p_k——k 类车辆的组成比例（以分数计）。

A.2.2 设计基准期内水泥混凝土面层临界荷位处所承受的标准轴载累计作用次数，可按本规范式（3.1.3）计算。

附录 B 预应力混凝土路面面板的力学模型

B.0.1 纵向预应力的处理模型应符合下列要求：

预应力钢筋仅在锚固端与混凝土结合，在其他地方会发生纵向相对滑动。对路面面板施加预应力时，将预应力作为一种外力加在路面面板的锚固端，扣除预应力钢筋与周围接触的混凝土或套管之间的摩阻损失（见图 B.0.1，图中未画出板底的摩阻力）。

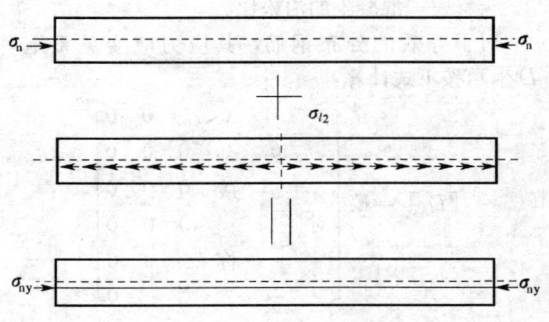

图 B.0.1 预应力施加分解
σ_n—名义预压应力；σ_{l2}—预应力钢筋摩阻损失；σ_{ny}—扣除 σ_{l2} 的预压应力

B.0.2 预应力损失的处理模型应符合下列要求：

预应力混凝土路面的预应力损失计算按本规范第 4.2.2 条的规定确定。本规范第 4.2.2 条中的各项应力损失不是同时发生的，预应力损失值的组合可根据应力损失出现的先后与全部完成所需要的时间，按预施应力和使用阶段来进行。对于后张预应力混凝土路面，可分为：

预施应力阶段：$\sigma_l^{\mathrm{I}} = \sigma_{l1} + \sigma_{l2} + \sigma_{l4}$ （B.0.2-1）

使用阶段：$\sigma_l^{\mathrm{II}} = \sigma_{l3} + \sigma_{l5}$ （B.0.2-2）

在有限元模型分析中，将以上计算的 σ_{l1}、σ_{l3}、σ_{l4}、σ_{l5} 等效为一组和预施应力方向相反的外力，分别作用于锚固端混凝土上。

B.0.3 钢筋的处理模型应符合下列要求：

预应力混凝土路面面板采用整体式模型。在整体式有限元模型中，将钢筋弥散到整个单元中，单元视为连续均匀材料，即将钢筋和混凝土综合为一种材料，其弹性矩阵为：

$$[D] = [D_c] + [D_s] \quad (B.0.3-1)$$

式中 $[D]$——模型单元的应力应变矩阵；
  $[D_c]$——混凝土的应力应变矩阵；
  $[D_s]$——等效分布钢筋的应力应变矩阵。

模型不考虑混凝土的开裂，按一般匀质体计算，具体表达式为：

$$[D_c] = \begin{bmatrix} D_1 & D_2 & D_2 & 0 & 0 & 0 \\ & D_1 & D_2 & 0 & 0 & 0 \\ & & D_1 & 0 & 0 & 0 \\ & 对 & & D_3 & 0 & 0 \\ & & 称 & & D_3 & 0 \\ & & & & & D_3 \end{bmatrix}$$

（B.0.3-2）

其中，$D_1 = \dfrac{E_c(1-\nu_c)}{(1+\nu_c)(1-2\nu_c)}$，$D_2 = \dfrac{\nu_c E_c}{(1+\nu_c)(1-2\nu_c)}$，

$$D_3 = \frac{E_c}{2(1+\nu_c)}。$$

式中 E_c——混凝土弯拉弹性模量（MPa）；
ν_c——混凝土的泊松比。

对于等效的分布钢筋，其应力应变关系矩阵 $[D_s]$ 可按下式计算：

$$[D_s] = E_s \begin{bmatrix} \beta_x & 0 & 0 & 0 & 0 & 0 \\ & \beta_y & 0 & 0 & 0 & 0 \\ & & \beta_z & 0 & 0 & 0 \\ & \text{对} & & 0 & 0 & 0 \\ & & \text{称} & & 0 & 0 \\ & & & & & 0 \end{bmatrix}$$

(B.0.3-3)

式中 E_s——钢筋的弹性模量（MPa）；
β_x、β_y、β_z——预应力混凝土路面面板分别沿 x、y 和 z 方向的配筋率。

B.0.4 温度应力的处理模型应符合下列要求：

预应力混凝土路面的温度应力由变温引起，主要有两类：一类是板截面上温度不一致产生的翘曲应力；另一类是由于温度上升或下降时引起的热胀冷缩而在板内产生的热压应力或收缩应力：

1 两个不同时刻温度场产生的温度场差。
2 结构在同一时刻不同位置形成的温度差，即温度梯度。

对于第 1 款，模型假定为均匀变化；对于第 2 款，温度梯度引起的温度翘曲应力，在预应力混凝土路面模型中宜采用热弹性三维有限元方法。

B.0.5 板底摩阻力的处理模型应符合下列要求：

预应力混凝土路面，板底摩阻力对路面受力影响很大，必须予以考虑。板底摩阻力主要由以下三方面的因素引起：

1 由施加预应力引起的板底摩阻力。
2 由温度引起的板底摩阻力。
3 由车辆荷载引起的板底摩阻力（可忽略）。

根据线性叠加原理，在分析处理时将上述三项同时考虑进去，进行一次迭代求解板底摩阻力（选取的是每一断面的最大值）。

预应力混凝土路面在预应力、温度应力、荷载应力的共同作用下，摩阻力沿板底并非均匀分布，板底摩擦系数为变量，与板底位移有关。图 B.0.5 为板底摩阻力随板底位移的变化情况，板底位移增大时，板底摩阻力也随之增大，当位移达到 w_a 时板底摩阻力最大，位移再增大，板底摩阻力趋于定值 τ_a。在路面面板模型中假定在板中处不发生位移，即板中附近处摩阻力很小，板端处最大。

对于细砂滑动层，$w_a \approx 0.6$mm，可采用图 B.0.5 中的理论曲线3用于板底摩阻力的分析。在分析过程中，采用以下做法：

1 在沿板长的某个断面上，假定板底摩阻力 τ

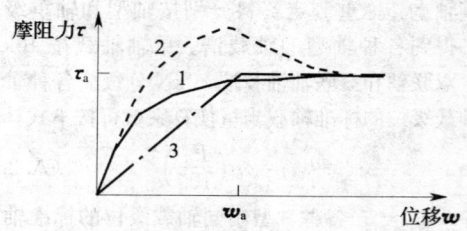

图 B.0.5 板底摩阻力随位移变化图
1—砂层；2—压实的砾砂；3—理论假设

是均匀分布的，该断面中的摩擦系数的取值原则为：先在不考虑摩阻力的情况下，计算出板底的各结点的位移，然后根据每一断面的水平向（沿板长）最大位移确定摩擦系数。当 $w \geq 0.6$mm 时，$\mu_r = f$（给定值）；当 $w \leq 0.6$mm 时，$\mu_r = wf/0.6$。根据各结点的形函数，分配摩阻力，进行第二次计算，此时已考虑了摩阻力的影响。

2 只考虑沿板长方向的板底摩阻力。

3 以板中处位移为基准，用其他各点相对于板中的位移来决定摩擦系数的大小（因垂直荷载的影响很小，忽略由荷载组合引起的板底摩阻力）。

B.0.6 地基的处理模型应符合下列要求：

刚性路面的地基模型通常可采用温克勒地基或弹性半空间地基模型。在计算分析时假定：在变形过程中，板与地基始终紧密接触，无间隙。

B.0.7 地基反力集度的处理模型应符合下列要求：

地基反力集度的计算应与所采用的地基模型相对应，应根据地基的计算模型，在已知位移的情况下求力的运算。

附录 C 预应力混凝土路面面板应力分析及计算流程

C.1 荷载应力分析

C.1.1 预应力混凝土路面面板的临界荷位为面板纵向边缘中部。

C.1.2 标准轴载在临界荷位处产生的荷载疲劳应力可按下式计算确定：

$$\sigma_{Lr} = k_f k_c \sigma_L \quad (C.1.2)$$

式中 σ_{Lr}——荷载疲劳应力（MPa）；
σ_L——荷载应力（MPa）；
k_f——考虑设计基准期内荷载应力累计疲劳作用的疲劳应力系数，按本规范附录C 第 C.1.4 条计算确定；
k_c——考虑偏载和动载等因素对路面疲劳损坏影响的综合系数，按公路等级查表 C.1.2 确定。

表 C.1.2　综合系数 k_c

公路等级	高速公路	一级公路	二级公路	三、四级公路
k_c	1.30	1.25	1.20	1.10

C.1.3　标准轴载在临界荷位处产生的荷载应力可按下列公式计算确定：

$$\sigma_L = 0.077 r^{0.60} h^{-2} \quad (C.1.3-1)$$

$$r = 0.537 h \left(\frac{E_c}{E_t}\right)^{1/3} \quad (C.1.3-2)$$

式中　r——预应力混凝土板的相对刚度半径（m），按式（C.1.3-2）计算；
　　　h——混凝土板的厚度（m）；
　　　E_c——混凝土弯拉弹性模量（MPa）；
　　　E_t——基层顶面当量回弹模量（MPa），按本规范附录C第C.1.5条计算。

C.1.4　设计基准期内的荷载疲劳应力系数可按下式计算确定：

$$k_f = (N_e)^\nu \quad (C.1.4)$$

式中　N_e——设计使用年限内车道的标准轴载累计作用次数；
　　　ν——与混合料性质有关的指数，预应力混凝土路面中，$\nu=0.057$。

C.1.5　新建公路的基层顶面当量回弹模量可按下列公式计算：

$$E_t = a h_x^b E_0 \left(\frac{E_x}{E_0}\right)^{1/3} \quad (C.1.5-1)$$

$$E_x = \frac{h_1^2 E_1 + h_2^2 E_2}{h_1^2 + h_2^2} \quad (C.1.5-2)$$

$$h_x = \left(\frac{12 D_x}{E_x}\right)^{1/3} \quad (C.1.5-3)$$

$$D_x = \frac{E_1 h_1^3 + E_2 h_2^3}{12} + \frac{(h_1+h_2)^2}{4}\left(\frac{1}{E_1 h_1} + \frac{1}{E_2 h_2}\right)^{-1} \quad (C.1.5-4)$$

$$a = 6.22 \times \left[1 - 1.51\left(\frac{E_x}{E_0}\right)^{-0.45}\right] \quad (C.1.5-5)$$

$$b = 1 - 1.44 \times \left(\frac{E_x}{E_0}\right)^{-0.55} \quad (C.1.5-6)$$

式中　E_0——路床顶面的当量回弹模量（MPa）；
　　　E_x——基层和底基层或垫层的当量回弹模量（MPa），按式（C.1.5-2）计算；
　　　E_1、E_2——基层和底基层或垫层的回弹模量（MPa）；
　　　h_x——基层和底基层或垫层的当量厚度（m），按式（C.1.5-3）计算；
　　　D_x——基层和底基层或垫层的当量弯曲刚度（MN·m），按式（C.1.5-4）计算；
　　　h_1、h_2——基层和底基层或垫层的厚度（m）；
　　　a、b——与 E_x/E_0 有关的回归系数，分别按式（C.1.5-5）和式（C.1.5-6）计算。

底基层和垫层同时存在时，可先按式（C.1.5-2）~式（C.1.5-4）将底基层和垫层换算成具有当量回弹模量和当量厚度的单层，然后再与基层一起按上述各式计算基层顶面当量回弹模量。无底基层和垫层时，相应层的厚度和回弹模量分别以零值代入上述各式进行计算。

C.1.6　在旧柔性路面上铺筑预应力混凝土面层时，原柔性路面顶面的当量回弹模量可按下式计算：

$$E_t = 13739 w_0^{-1.04} \quad (C.1.6)$$

式中　w_0——以后轴重 100kN 的车辆进行弯沉测定，经统计整理后得到的原路面计算回弹弯沉值（0.01mm）。

C.2　温度应力分析

C.2.1　在临界荷位处的温度疲劳应力可按下式计算确定：

$$\sigma_{\Delta Tr} = k_t \sigma_{\Delta T} \quad (C.2.1)$$

式中　$\sigma_{\Delta Tr}$——路面面板温度疲劳应力（MPa）；
　　　$\sigma_{\Delta T}$——路面面板温度应力（MPa）；
　　　k_t——考虑温度应力累计疲劳作用的疲劳应力系数。

C.2.2　温度疲劳应力系数可按下式计算确定：

$$k_t = \frac{f_r}{\sigma_{\Delta T}}\left[a\left(\frac{\sigma_{\Delta T}}{f_r}\right)^c - b\right] \quad (C.2.2)$$

式中　a、b、c——回归系数，按所在地区的公路自然区划查表C.2.2确定。

表 C.2.2　回归系数 a、b、c

系数	公路自然区划					
	Ⅱ	Ⅲ	Ⅳ	Ⅴ	Ⅵ	Ⅶ
a	0.828	0.855	0.841	0.871	0.837	0.834
b	0.041	0.041	0.058	0.071	0.038	0.052
c	1.323	1.355	1.323	1.287	1.382	1.270

C.2.3　最大温度梯度时混凝土板的温度翘曲应力可按下式计算确定：

$$\sigma_{\Delta T} = \frac{E_c \alpha_c \Delta T}{2(1-\nu_c)} \quad (C.2.3)$$

式中　E_c——混凝土弯拉弹性模量（MPa）；
　　　α_c——混凝土温度膨胀系数；
　　　ΔT——混凝土路面面板上、下层温度差（℃）；
　　　ν_c——混凝土泊松比。

C.3　路基摩阻应力分析

C.3.1　路基摩阻应力可按下式计算确定：

$$\sigma_F = \mu_r \rho \chi \quad (C.3.1)$$

式中　σ_F——路基摩阻应力（MPa）；
　　　μ_r——路基摩擦系数，宜现场实测；

ρ——混凝土密度（g/mm³）；
χ——计算荷位距板端的距离（m），宜取路面面板长度的 1/2。

C.4 预应力混凝土路面面板厚度及配筋计算流程

C.4.1 预应力混凝土路面计算流程可按下列程序进行：

1 收集交通资料，包括：初始年日平均交通量和交通组成（各类车辆的比例）、方向分配系数（来向和去向的比例）、车道分配系数（每个方向有两个以上车道时每个车道的比例）以及交通量的年平均增长率。

2 利用收集的交通资料，按式（3.1.1-1）计算设计车道的初始年日标准轴载作用次数 N_s，按表 3.1.2 确定公路的交通等级，按表 3.1.3-1 确定其设计使用年限 t。根据公路的交通组织和车道宽度，由表 3.1.3-2 选定轮迹横向分布系数 η。然后，按式（3.1.3）计算设计车道使用年限内的标准轴载累计作用次数 N_e。

3 初拟路面结构，包括：路基类型和土质、垫层和厚度、基层类型和厚度，并按本规范第 4.1.1 和 4.1.2 条的规定初拟面板厚度和平面尺寸。

4 按表 3.1.5 所列混凝土弯拉强度标准值的最低要求，设计混凝土混合料组成，同时根据现场试验确定混凝土弹性模量 E_c。

5 确定基层顶面当量回弹模量 E_t。对于新路，按初拟路面结构，按式（C.1.5-1）计算基层顶面当量回弹模量。当在旧柔性路面上铺筑预应力混凝土面层时，按式（C.1.6）计算原柔性路面顶面当量回弹模量。

6 计算荷载疲劳应力 σ_{Lr}。按式（C.1.3-1）计算标准轴载产生的荷载应力 σ_L。按照交通等级，选定综合系数 k_c。由第 2 步得到的 N_e 按式（C.1.4）计算疲劳荷载应力系数 k_f。按式（C.1.2）将各项相乘后即得到荷载疲劳应力 σ_{Lr}。

7 计算温度疲劳应力 $\sigma_{\Delta Tr}$。按公路所在自然区划由表 3.1.6 选取最大温度梯度 T_g，按式（C.2.3）计算最大温度梯度时的温度应力 $\sigma_{\Delta T}$，按式（C.2.2）计算温度疲劳应力系数 k_t，最后由式（C.2.1）计算确定温度疲劳应力 $\sigma_{\Delta Tr}$。

8 计算预应力混凝土路面板底摩阻应力 σ_F。宜通过现场试验测定 μ_r，按式（C.3.1）计算板底摩阻应力 σ_F。

9 按式（4.1.4）进行计算确定所需的预应力值 σ_p。如果求得的预应力值 $\sigma_p > 4.0$ MPa，则需增大路面板厚，重复第 5 步以后的计算，直至满足所求预应力值 $\sigma_p \leq 4.0$ MPa 为止。

本规范用词说明

1 为便于在执行本规范条文时区别对待，对要求严格程度不同的用词说明如下：
1) 表示很严格，非这样做不可的用词：
正面词采用"必须"，反面词采用"严禁"。
2) 表示严格，在正常情况下均应这样做的用词：
正面词采用"应"，反面词采用"不应"或"不得"。
3) 表示允许稍有选择，在条件许可时首先应这样做的用词：
正面词采用"宜"，反面词采用"不宜"；
表示有选择，在一定条件下可以这样做的词，采用"可"。

2 本规范中指明应按其他有关标准、规范执行的写法为"应符合……的规定"或"应按……执行"。

中华人民共和国国家标准

预应力混凝土路面工程技术规范

GB 50422—2007

条 文 说 明

目　次

1 总则 ………………………………… 40—19
2 术语、符号 ………………………… 40—19
　2.1 术语 …………………………… 40—19
　2.2 符号 …………………………… 40—19
3 基本规定 …………………………… 40—19
　3.1 设计参数 ……………………… 40—19
　3.2 结构构造和组合 ……………… 40—20
4 路面结构设计 ……………………… 40—20
　4.1 几何尺寸 ……………………… 40—20
　4.2 配筋 …………………………… 40—22
　4.3 滑动层 ………………………… 40—22
　4.4 伸缩缝 ………………………… 40—23
　4.5 枕梁 …………………………… 40—24
　4.6 锚固区 ………………………… 40—24
　4.7 后浇带 ………………………… 40—25
5 材料 ………………………………… 40—25
　5.1 混凝土材料 …………………… 40—25
　5.2 普通钢筋(材)和预应力钢筋 … 40—26
　5.3 锚具系统 ……………………… 40—26
　5.4 接缝材料 ……………………… 40—26
　5.5 外加剂 ………………………… 40—26
6 施工方法及技术要求 ……………… 40—27
　6.1 施工机具 ……………………… 40—27
　6.2 施工准备 ……………………… 40—28
　6.3 施工工序 ……………………… 40—28
　6.4 枕梁和伸缩缝施工 …………… 40—28
　6.5 滑动层铺设 …………………… 40—29
　6.6 预应力钢筋与普通钢筋铺放 … 40—29
　6.7 预应力混凝土路面浇筑 ……… 40—29
　6.8 预应力钢筋张拉 ……………… 40—29
　6.9 养护 …………………………… 40—30
　6.10 后浇带混凝土施工 ………… 40—30
　6.11 伸缩缝整修及填缝 ………… 40—30
　6.12 特殊气候条件下的施工 …… 40—30
7 质量检查与验收 …………………… 40—30
　7.1 一般规定 ……………………… 40—30
　7.3 混凝土工程 …………………… 40—30
　7.4 预应力工程 …………………… 40—31
附录 A 交通分析 …………………… 40—31
附录 B 预应力混凝土路面面板的
　　　 力学模型 …………………… 40—31
附录 C 预应力混凝土路面面板应
　　　 力分析及计算流程 ………… 40—31

1 总 则

1.0.1 针对我国优质路用沥青的不足和水泥资源相对丰富,以及水泥混凝土路面研究取得了可喜的成果,有着比较完善的设计、施工技术规范的现状,将水泥混凝土路面应用于高等级公路是我国公路发展的一个选择。预应力混凝土路面具有很多传统水泥混凝土路面无法比拟的优点,随着预应力技术的发展,为适应交通运输的发展、改善传统混凝土路面的不足,对预应力混凝土路面的研究成果进行总结,形成了本规范。

1.0.3 由于预应力混凝土路面是采用在混凝土路面面板施加预应力的方式修筑的,因此在设计时必须考虑预应力的大小,预应力钢筋的张拉方式等因素;同时考虑到我国公路运输繁忙和超载现象严重的情况,加之预应力混凝土施工工艺及施工管理水平尚待提高,以及对路面性能影响较大的基层摩阻力等因素的影响,预应力混凝土路面的建设应作出合理、经济的选择。

1.0.4 本规范涉及的标准较多,除在规范中提到的《混凝土结构设计规范》GB 50010、《公路水泥混凝土路面设计规范》JTG D40、《公路水泥混凝土路面施工技术规范》JTG F30、《公路路面基层施工技术规范》JTJ 034、《无粘结预应力混凝土结构技术规程》JGJ 92、《混凝土外加剂应用技术规范》GB 50119、《混凝土膨胀剂》JC 476 等有关标准外,还有《公路自然区划标准》JTJ 003、《公路工程技术标准》JTG B01、《公路排水设计规范》JTJ 018、《公路路基设计规范》JTG D30、《公路水泥混凝土路面养护技术规范》JTJ 073.1、《公路水泥混凝土路面接缝材料》JT/T 203 等多部国家现行标准。

2 术语、符号

2.1 术 语

本节对本规范中出现的主要名词术语作了规定。其他有关公路工程专业性名词术语,可参阅现行国家标准《道路工程术语标准》GBJ 124 和国家现行标准《公路工程名词术语》JTJ 002 的规定;有关结构工程的专业性名词术语可参阅现行国家标准《工程结构设计基本术语和通用符号》GBJ 132、《建筑结构设计术语和符号标准》GB/T 50083 等的有关规定。

2.2 符 号

本节所列符号为本规范中的主要符号。为便于查阅,符号按"材料性能"、"作用、作用效应及承载力"、"几何参数"及"计算参数及其他"等分类列出。

3 基本规定

3.1 设计参数

3.1.1 国外资料表明:世界上采用100kN为标准轴载的国家最多,占34%;以80kN为标准轴载的国家次之,占28%;标准轴载大于100kN的国家占26%;标准轴载为60kN或90kN的国家各占6%。由于我国采取加强行政管理的措施来限制超载,同时也为形成统一的刚性路面设计体系,故预应力混凝土路面的标准轴载定为100kN。

轴载换算公式是以等效疲劳断裂损坏原则导出的。对于同一路面结构,轴载 P_i 和标准轴载在只产生相同疲劳损耗时,相应的作用次数 N_i 和 N_s 间的关系为:

$$\frac{N_i}{N_s}=\left(\frac{\sigma_{pi}}{\sigma_{ps}}\right)^{\frac{1}{\nu}} \quad (1)$$

式中 σ_{pi}、σ_{ps}——轴载 P_i 和标准轴载 P_s 在同一路面结构中产生的荷载应力(MPa);

ν——与混凝土性质有关的指数。

对混凝土面板临界荷位在荷载作用下进行应力分析,将荷载应力的有限元计算结果代入式(1),得到不同轴-轮型和轴载的当量换算公式为:

$$N_s=\alpha_i N_i (P_i/100)^{16} \quad (2)$$

$$\alpha_i=1.45\times 10^3 r^{-1.90} P_i^{-0.43} \quad (3)$$

$$\alpha_i=1.02\times 10^{-5} r^{-0.23} P_i^{0.22} \quad (4)$$

$$\alpha_i=1.70\times 10^{-8} r^{-0.23} P_i^{-0.22}+3.33\times 10^{-9} r^{-1.84} P_i^{-0.24} \quad (5)$$

式中 α_i——轴-轮型系数,单轴-双轮组时,$\alpha_i=1$;单轴-单轮时,按式(3)计算;双轴-双轮组时,按式(4)计算;三轴-双轮组时,按式(5)计算。

r——相对刚度半径,一般变化在0.7~0.9m范围内。为避免设计时的多次试算,近似地取 r 的平均值0.8m代入上述各式进行试算。

3.1.2 根据有关调查资料分析可知,同一公路等级的交通量,其交通组成却大不相同。因此有必要根据国内交通的实际情况,在考虑公路等级的同时,也考虑交通量等级。预应力混凝土路面的交通量分级,采用设计车道标准轴载累计作用次数 N_e 来划分,将预应力混凝土路面承受的交通分为四级:特重、重、中等、轻。这也是考虑了路面多种性能指标以及对材料、混合料的设计、结构设计等方面技术要求的满足。

3.1.3 路面设计年限是指路面从完工后开始营运起,在正常养护和维修、罩面的条件下,至路面服务性能下降到需大修时的时间。对预应力混凝土路面的设计使用年限，参考了国外预应力混凝土路面的相关规范及实际使用情况：从国外已建路面的使用状况来看，预应力混凝土路面几乎30年不需大修，养护需求也较少。同时考虑到国内交通运输繁忙和超载现象严重的情况，加之预应力混凝土路面的施工工艺及施工管理水平尚待提高的现状，本规范对预应力混凝土路面的设计使用年限提出了条文中的规定。

3.1.4 预应力混凝土路面工程的可靠度设计标准、变异系数及可靠度系数可参照现行国家标准《公路工程结构可靠度设计统一标准》GB/T 50283 以及国家现行标准《公路水泥混凝土路面设计规范》JTG D40 的有关规定。

目标可靠度是所设计路面结构应具有的可靠度水平。它的选取是一个工程经济问题：目标可靠度定得较高，则所设计的路面结构较厚，初期修建费用较高，但使用期间的养护费用和车辆运行费用较低；目标可靠度定得较低，初期修建费用可降低，但养护费用和车辆运行费用需提高。

所列的材料性能和结构尺寸参数的变异水平等级为建议采用，也可按施工技术、施工质量控制和管理要求达到和可能达到的具体水平，选用其他等级。降低选用的变异水平等级，需增加混凝土面层的设计厚度要求；而提高选用的变异水平等级，则可降低混凝土面层的设计厚度或混凝土的设计强度要求。可通过技术经济分析和比较予以确定。但对于高速公路的路面，为保证优良的行驶质量，不宜降低变异水平等级。

材料性能和结构尺寸参数的变异水平等级，按施工技术、施工质量控制和管理水平分为低、中、高三级。由滑模或轨道式施工机械施工，并进行认真、严格的施工质量控制和管理的工程，可选用低变异水平等级。由滑模或轨道式施工机械施工，但施工质量控制和管理水平较弱的工程，或者采用小型机具施工，而施工质量控制和管理得到认真、严格地执行的工程，可选用中低变异水平等级。采用小型机具施工，施工质量控制和管理水平较弱的工程，可选用高变异水平等级。

可靠系数是目标可靠度及设计参数变异水平等级和相应的变异系数的函数。本规范表3.1.4-3 所示的可靠度系数是按各变异水平等级的变异系数变化范围（见表3.1.4-2）按可靠度计算式推算得到的。设计时，可依据各设计参数变异系数值在各变异水平等级变化范围内的情况选择可靠度系数。

3.1.5 利用水泥混凝土弯拉强度与抗压强度的经验关系式，列出了对应的抗压强度级差，如表3.1.5 所示。混凝土材料的弯拉弹性模量随混合料组成（主要是水泥用量）的不同而变化，可用与弯拉强度的经验关系表述。在设计时，混凝土弯拉强度模量值应根据现场试验确定，条件不具备时也可参考表1的经验值选用。

表1 水泥混凝土强度关系经验参考值

弯拉强度标准值 f_r (MPa)	3.5	4.0	4.5	5.0	5.5
抗压强度 f_c (MPa)	24.2	29.7	35.8	41.8	48.4
弯拉弹性模量 $E_c \times 10^3$ (MPa)	25	27	29	31	33

3.2 结构构造和组合

3.2.1 尽管预应力混凝土路面在较弱的地基上，却仍然表现出令人满意的性能，但考虑到路面面板厚度较小，而板长又较大，为了防止路面被破坏，仍应采用较强的地基、路基、垫层、基层、路面横向坡度、路肩、排水及材料选型与要求和普通混凝土路面相同。

3.2.2 对预应力混凝土路面，尽量减小路面面板的板底摩阻力是非常重要的，因为它是引起预应力损失的重要因素，同时它也决定着板的长度。为了减小摩擦，在混凝土面板底面与基层顶面间设置滑动层，减少面板与基层间的摩阻力，这样可以减少预应力损失，防止面板被拉断。

4 路面结构设计

4.1 几何尺寸

4.1.1~4.1.3 对预应力混凝土路面，路面面板长取90~210m，可大大减少路面接缝数量，从而改善行车平稳性和舒适性。路面面板越长，由预应力损失和板底摩阻力造成的影响就越大，预应力在板内的效果就越差，因此，板底摩阻力小，板长就可取较大值。路面面板纵向预应力的施加大大提高了路面的纵向承载能力，但对横向承载能力几乎无影响。当道路路幅较宽时，面板的横向应力较大，成为主要的控制应力，因此规定路面面板宽不宜超过标准两车道的宽度，可不设置横向预应力钢筋。预应力的存在使路面面板整体性较强，边角软弱部分得以改善，减少了横向开裂的可能性，而且，即使路面面板因荷载产生裂缝也能自行闭合，提高了路面的耐久性。

上述结论可通过对荷载下预应力混凝土路面面板的应力分析得出（本章有关应力分析及相关结论均根据国内已修建的两条预应力混凝土路面，即1997年修建的南京禄口试验路和1998年修建的徐州贾汪试验路的实际工程情况并通过有限元分析得出）：

在板宽确定的情况下（模型取板宽7.2m），路面面板长应由所施加的预应力大小和温差引起的纵向最大拉应力共同来控制。如图1所示，随板长的增加，板内横纵向拉应力都有所增加，但横向拉应力增加量非常小（板长每增长20m，横向拉应力仅增加约0.02MPa），纵向拉应力的增加几乎与板长成正比；横向拉应力比纵向拉应力大很多。

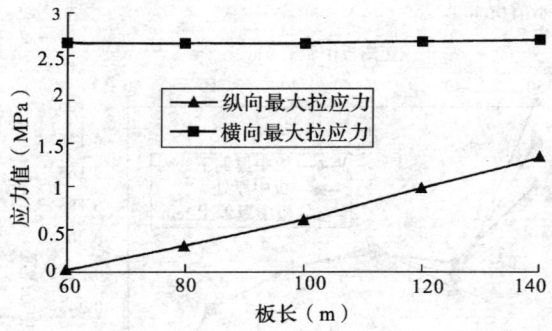

图1　板长的影响图

预应力大小对于路面面板的影响，如图2所示。由该图可见，随预应力值的增大，板的上翘值在减小。因此，施加预应力可使板底各点的位移趋向一致，增强了路面的整体性，减小了路面面板下的不均匀沉降或脱空现象出现的可能性。

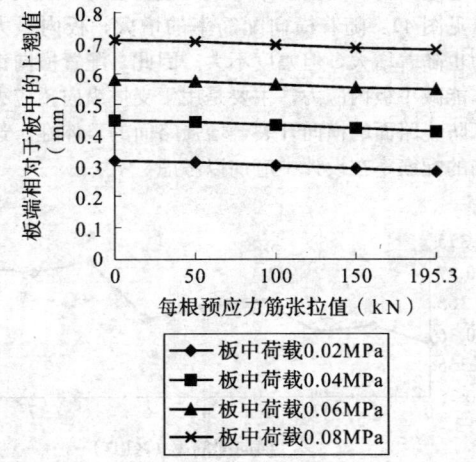

图2　预应力对板挠度的影响

对于横向预应力各国意见不统一，据国外资料介绍，认为当板宽不超过两个标准车道宽度时，可不设横向预应力，但为了安全起见，要求在横向配置一定数量的防止开裂并起到固定、支撑纵向预应力钢筋的构造钢筋。对于横向预应力的确定，根据计算所得的最大横向应力与混凝土的设计弯拉强度（建议取80%的抗弯拉强度）的比较而定。如果不需施加横向预应力，则需配置横向钢筋，可按国家现行标准《公路水泥混凝土路面设计规范》JTG D40中连续配筋混凝土路面选用。当路面面板的宽度较大时，可采用双向预应力以提高抗裂能力。

预应力钢筋的混凝土保护层厚度不宜小于50mm；锚具系统的最小混凝土保护层厚度应符合国家现行标准《无粘结预应力混凝土结构技术规程》JGJ 92的有关规定。保护层厚度的规定是为了满足结构构件的耐久性要求和对受力钢筋有效锚固的要求。预应力混凝土路面面板的最小厚度值，应能给预应力钢筋提供最小的保护层厚度，以防开裂、锈蚀，同时需能满足板在荷载下的挠度变形设计要求。

对于预应力混凝土路面，由于预应力的施加，提高了路面面板截面的实际弯拉强度，因而，在相同的荷载作用下，预应力路面面板的厚度较之普通混凝土路面面板取得更薄。根据国内外的工程理论分析，并结合我国公路运输繁忙和超载现象严重的情况，加之施工工艺及施工管理水平及各地施工环境相异等因素，推荐板厚取值为140～240mm，板初估厚度为相应素混凝土路面面板厚的70%～75%。

国外关于预应力混凝土路面的设计与施工研究开展得较早，并取得了很多经验。

最早的预应力混凝土路面是法国于1946年修建的。在法国，只有一条试验路是板边薄于板中的，其他都是由平均约150mm的等厚板组成。美国最著名的Patuxent River Naval Air Station预应力混凝土道面是由Bureau of Yards and Docks于1953～1954年修建的，长152.4m、宽3.66m、厚178.1mm，其后又修建了多条试验路，其中1980年在芝加哥O'Hare国际机场修建的预应力混凝土罩面（240m长、45m宽、200～225mm厚的跑道），是美国首次将预应力混凝土用于商用机场道面。其他国家如比利时、奥地利等都于20世纪50年代前后开始修建预应力混凝土路面。巴西于1972～1978年在里约热内卢修建了一条180mm厚的预应力混凝土机场道面；荷兰、瑞士也都修筑了预应力混凝土路面。

4.1.4　预应力混凝土路面的设计以混凝土疲劳断裂为设计极限状态。由于预应力事先在路面面板工作截面上施加压应力，当荷载作用于路面时，混凝土截面产生的拉应力一部分由预应力产生的压应力抵消，板截面上的应力较之普通混凝土板路面低，从而提高了混凝土的抗弯拉强度，在荷载重复作用下，预应力路面设计应满足本规范式（4.1.4）的要求。

预应力混凝土路面面板内荷载应力、温度应力和板底摩阻应力的处理参考本规范附录B和附录C。

国外关于预应力混凝土路面结构设计也有采用混凝土疲劳应力比SR指标来进行的。预应力混凝土路面面板的厚度按SR指标设计时按下式计算：

$$SR = \frac{\sigma_{\Delta T} + \sigma_L + \sigma_F - \sigma_p}{f_t + \sigma_p - \sigma_F} \quad (6)$$

式中　f_t——混凝土设计弯拉强度（MPa）；

SR——混凝土疲劳应力比，可按表2取值。

表2 混凝土净工作拉应力与净开裂应力的比值

SR	容许重复次数	SR	容许重复次数
0.51	400000	0.63	14000
0.52	300000	0.64	11000
0.53	240000	0.65	8000
0.54	180000	0.66	6000
0.55	130000	0.67	4500
0.56	100000	0.68	3500
0.57	75000	0.69	2500
0.58	57000	0.70	2000
0.59	42000	0.71	1500
0.60	32000	0.72	1100
0.61	24000	0.73	850
0.62	18000	0.74	650

路面中所施加的预应力大小主要由三个因素决定：交通荷载；由温度和湿度所引起的翘曲约束；板收缩期间的板底摩阻约束。预应力混凝土路面常用的预应力值可参考如下：

1 路面面板内仅使用纵向预应力钢筋或纵、横向都配预应力钢筋时，一般在0.63～2.87MPa；机场道面内平均值可达3.15MPa；当采用斜向钢筋来产生纵向预应力时，平均值约为1.93MPa。

2 横向预应力还未被广泛采用，一般为0～1.4MPa，当板宽不大于两个标准车道宽度时，可不设横向预应力。

3 从预应力钢筋的实际间距和经济使用方面考虑，如果求得的预应力值 $\sigma_p > 4.0$ MPa，则需增大路面面板厚度，重新计算。

4.2 配 筋

4.2.1～4.2.3 对预应力混凝土路面的预应力钢筋，其预应力损失值的计算原则和公式按国家现行标准《无粘结预应力混凝土结构技术规程》JGJ 92 的有关规定执行。预应力钢筋与塑料外包层之间的摩擦系数 μ 及考虑塑料外包层每米长度局部偏差对摩擦影响的系数 k，是根据中国建筑科学研究院结构所和北京市建筑工程研究院等单位的试验结果及工程实测数据，并参考了国外的试验数据确定的。

4.2.5 预应力钢筋配置在混凝土路面面板板厚1/2下10～30mm范围内，正好与面板在荷载作用下的板内拉应力进行抵消，从而减少板的竖向翘曲位移，有利于增强面板的承载能力；从应力的角度看，作用于板中部偏下的位置能增大板底的压应力，充分利用预应力。

对预应力混凝土路面预应力钢筋在板中的作用位置进行有限元分析：

如图3所示，在只考虑重力的情况下，对于作用于板中部偏下处的预应力可减少板的竖向翘曲位移，从而有利于面板承载力的增强。

板中预应力钢筋沿路面纵向布设，一般采用等间距布置；钢筋的间距除满足构造要求外，还需根据实际情况布设。

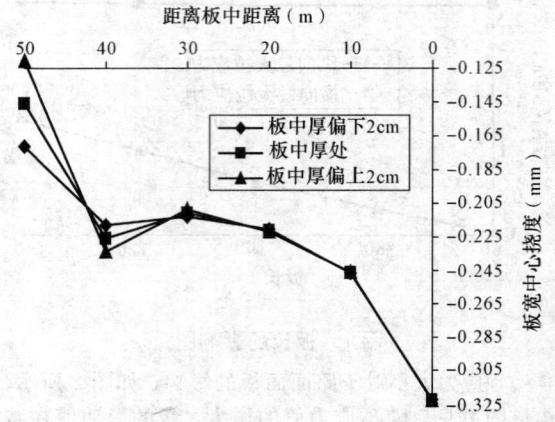

图3 预应力作用位置影响

4.2.6 横向钢筋采用普通钢筋，一般采用等间距布置。通过分析横向配筋率对板内应力值的影响关系表明（见图4）：随着横向配筋率的增大，板内最大主应力也随着增大，但幅度不大。因此，配置横向钢筋并非能减小板内应力，主要是用于支撑纵向预应力钢筋，防止路面的横向开裂，增强路面的整体性。选择适当的配筋率在设计中应加以考虑。

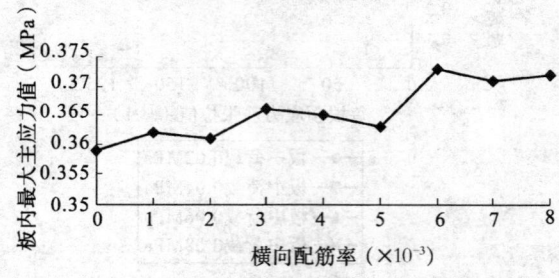

图4 横向配筋率影响

4.3 滑 动 层

4.3.1 当基层表面与混凝土面板底面的摩阻力较大时，混凝土面板收缩和膨胀不能够自由滑动，板内的拉应力增加，因此在基层与面板之间应设置滑动层。滑动层通常可选用细粒状材料与防水材料或细粒状材料与土工织物的组合。不少研究人员在减小摩擦方面作了很多尝试，许多研究表明：采用薄层的同一粒径的球形颗粒（砂、石屑等）对于减小摩擦效果较好，其作用如同滚珠轴承。滑动层的结构形式示意如图5所示。

混凝土路面面板板底的摩擦系数的取值，与路面

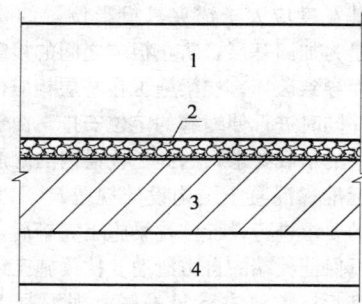

图 5　滑动层结构示意图
1—路面面板；2—滑动层；3—基层；4—地基

面板下滑动层的设置有直接关系。预应力混凝土路面滑动层的类型有多种，各种类型的滑动层，其顶面的摩擦系数并不相同，尽管国外在这方面已作了不少工作，但其值仍难以确定。大多数室内试验所确定的摩擦系数都比现场的小，这是因为室内不能真实反映现场的实际条件所致。设计施工时应根据现场试验实测所得，在没有进行现场试验的情况下，可根据经验选用滑动层摩擦系数，一般未铺设滑动层时的摩擦系数可取 1.5，有滑动层时，摩擦系数可取 0.5~1.0。当基层表面平整性良好且滑动层的材料滑动性能良好时，可取较小值，反之则取较大值。

滑动层对预应力混凝土路面面板的重要性可以在下述分析中体现：

在预应力混凝土路面面板中作用有一荷载，面积为 10m×0.57m（分别为沿板长方向和垂直于板长向的尺寸），均布压力为 80kPa，预施压力值为 150kN，预应力钢筋的抗拉强度为 1860MPa，施加预应力时混凝土的立方体抗压强度为 40MPa。板底摩擦系数对于板中 X 向正应力的影响如图 6 所示。

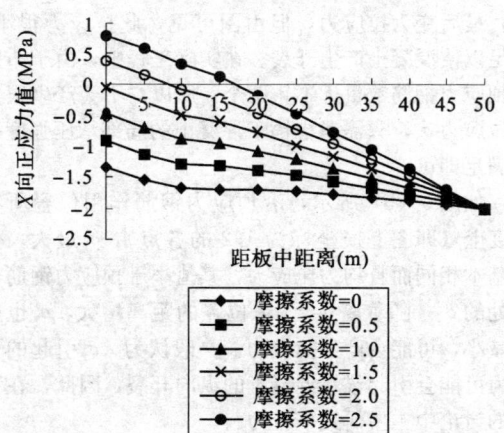

图 6　板底摩擦系数影响

计算结果表明，板底摩擦系数对横向应力影响非常小。而对纵向应力影响很大，随着摩擦系数的增大，纵向压应力的减小很明显。因此，对预应力混凝土路面，应采取一些措施，尽量减小路面面板板底摩擦系数。

板底摩擦系数对温度应力的影响也非常大。如图 7 所示，板底摩擦系数由 0 增大到 2.5，板内纵向正应力由压应力 0.22MPa 线性地变为拉应力 2.5MPa，而对板底的横向正应力则影响较小，这主要是板横向长度较短，并且横向无预应力，故所采用的计算模型忽略该方向的摩阻力，只考虑对纵向的影响。由纵向应力的变化，易知板底摩擦系数的大小对预应力的效果影响很大。因此，不论从荷载应力考虑，还是从温度应力考虑，都应在板底提供用以减小摩擦系数的滑动层，这也是预应力混凝土路面与其他路面的不同之处。另一方面，由图 8 可见，板底摩擦系数越小，板端纵向位移则越大（图中摩擦系数每减小 0.5，位移量增大 0.4mm），对伸缩缝的要求有所提高。板底摩擦系数减小对路面板端位移的影响不是很大，同时考虑预应力混凝土路面面板较长，易引起开裂，预应力混凝土路面应尽量减小板底摩擦系数。

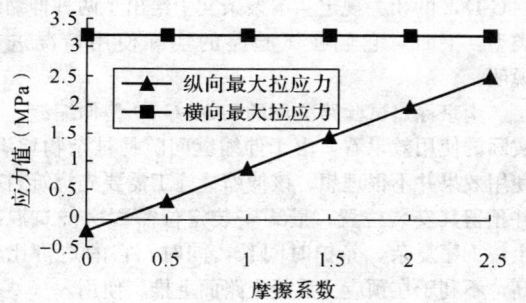

图 7　摩擦系数对温度应力的影响

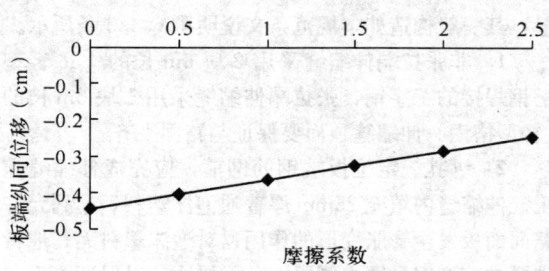

图 8　摩擦系数对板端位移的影响

4.4　伸缩缝

4.4.1　预应力混凝土路面板块长度较大，并且板底与基层采用了减小摩阻力的措施，因此在季节性温度变化时其两端产生的纵向位移值要达到几个厘米。纵向位移必须要在设计中予以妥善处理。另外，预应力混凝土路面面板板端也是预应力钢筋的张拉或锚固端，在伸缩缝的设计上必须保证锚固端不能受到不良影响。伸缩缝设计的可靠性和耐久性在很大程度上决定了预应力混凝土路面的长期使用性能。

伸缩缝设计主要考虑：由于预应力混凝土板在温度和路面混凝土自身因素等综合作用下，伸缩缝装置要能满足板的伸长变形量。影响伸缩量及伸缩装置在使用过程中变形的因素较多。对预应力混凝土路面的接缝设计应遵循以下原则：

1 接缝必须能容许板端发生位移，能够不被压坏。

2 交通荷载不会使接缝产生过大的挠度和应力。

3 接缝材料（选取的具体材料）必须耐磨、抗疲劳和防腐。

4 接缝应密封，防止水和不可压缩的杂物进入。

5 损坏部分的修补应当方便易行。

6 接缝的施工程序应与预应力的张拉方法相协调。

7 接缝的建造费用应尽量低。

4.4.2 预应力混凝土路面由于面板做得较长，板端的位移量也会比较大，因而对伸缩缝的设计要求较高。对伸缩缝装置的规格、选取可参考国家现行标准《公路钢筋混凝土及预应力混凝土桥涵设计规范》JTG D62 的相关规定。本条条文中给出了两种伸缩缝类型，下面对它们在试验路的实际使用情况进行说明：

南京禄口试验路采用的 GQF-C-80 型伸缩缝，从实际的使用效果看，由于伸缩缝间隙易被杂物填满，使用效果并不很理想。该伸缩缝施工需要先浇筑封锚并预留其安装位置，最终安装定位需再次浇筑混凝土，工序复杂，养护时间长，同时，它的造价比较高，不利于在预应力混凝土路面上推广使用。

因此对在徐州修建的第二条预应力混凝土试验路的伸缩缝进行了改进，自行设计了工字型钢梁伸缩缝，其一般构造如本规范条文说明第 6.4.3 条所示。

1 非张拉端伸缩缝采用 2 块 6m 长的 [36 轻型槽钢焊接的工字钢，张拉端伸缩缝采用 1 块 6m 长的 [轻型槽钢。伸缩缝顶面要保证与路面平齐。

2 绑扎、定位板端钢筋网前，应完成伸缩缝施工。伸缩缝内填充 25mm 厚普通泡沫塑料，起到允许路面面板发生膨胀变形的作用，对泡沫塑料无其他特殊要求。型钢悬臂内侧要求贴一层油毡以保证路面与伸缩缝间的滑动。

3 预应力混凝土路面及后浇带浇筑完毕后，在伸缩缝预留槽口内填充聚氨酯嵌缝胶或其他可靠的弹性填缝材料，以防止使用过程中渗水。

这种采用两块槽钢焊接而成的工字形伸缩缝，其构造能满足预应力板端位移要求，能防止杂物填塞伸缩空隙，并且整体性和平整度良好，造价也比较低。施工时可结合混凝土枕梁和后浇带封锚一起进行，简化了施工工序。

4.5 枕　梁

4.5.1 预应力混凝土路面的张拉端和锚固端的下部应设置枕梁，以提供接缝处较强的基础和保证路面的连续性。其宽度应大于锚夹具投影位置 300mm。枕梁的设置是为加固基层，防止板端之间的接缝发生沉降不均匀而导致破坏。枕梁施工在基层相应位置开挖后浇筑，并同时进行伸缩缝的定位安排。由于枕梁本身没有特别的承载要求，因此，枕梁内的配筋可按照现行国家标准《混凝土结构设计规范》GB 50010 中构造配筋的要求进行设计。枕梁施工完毕后，顶面涂刷沥青，以保证板端的自由滑动。枕梁施工结束并达到一定强度后，方可进行另一侧水泥混凝土路面的施工。

4.6 锚　固　区

4.6.1、4.6.2 在预应力混凝土路面中，预压力是通过锚具经垫板传递给混凝土的。由于预压力很大，而锚具下的垫板与混凝土的接触面积往往较小，锚具下的混凝土将承受较大的局部压力。在局部压力作用下，路面面板端部因局部受压承载能力不足而导致破坏。

锚具下混凝土截面的压力非常集中，逐渐远离锚具的地方，其截面应力将逐步扩散，最后被均匀地传递到整个截面上。在传递区内，垂直于预应力钢筋的方向会产生较大的拉应力，这与锚具的大小和相对于混凝土截面的位置有关，该应力可能导致混凝土发生劈裂而破坏。

应用有限元法，对预应力混凝土路面锚固区的应力进行分析，结果如图 9（a）、（b）和图 10（a）、（b）所示。

1 锚端截面受力分析如下：

如图 9（a）所示，在预应力钢筋作用位置[图上坐标为（1.2, 0.08）]，σ_x 数值很大，即混凝土所受压力很大，随着离该位置距离的增大，σ_x 逐渐减小，最后变为拉应力，但由图可见，此拉应力很小，不足以使混凝土产生开裂。在实际工程中，由于布置的预应力钢筋数目远不止两个，所以，不会产生很大的拉应力 σ_x，只需考虑锚下混凝土的局部承压强度是否满足即可。

如图 9（b）所示，沿预应力钢筋作用位置所在高度上（即图上横坐标为 1.2 的各点），σ_y 最大，分布基本相同而且均为压应力，其值小于预应力钢筋位置处的 σ_x。随着离 $x=1.2$ 位置的距离增大，σ_y 也逐渐减小，可能会产生拉应力。一般认为，σ_y 引起的张拉力可能会引起锚端混凝土的纵向开裂，因此，在下面的讨论中主要研究该应力。

2 沿板长横向应力分析如下：

图 10（a）、（b）为预应力钢筋作用位置截面的应力等值线图。如图 10（a）所示，在距离锚具较近处，σ_y 为压应力，随着离板端距离的增大，板端的最大压力逐渐减小，在一定距离时变为拉应力，而且拉应力值较大。

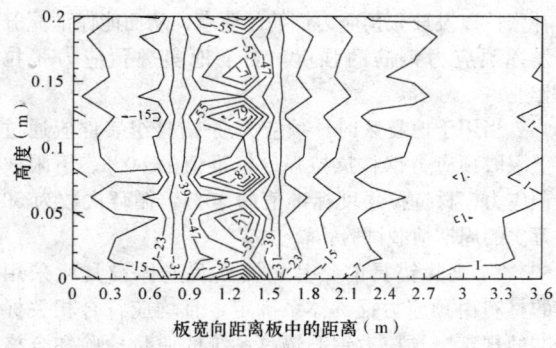

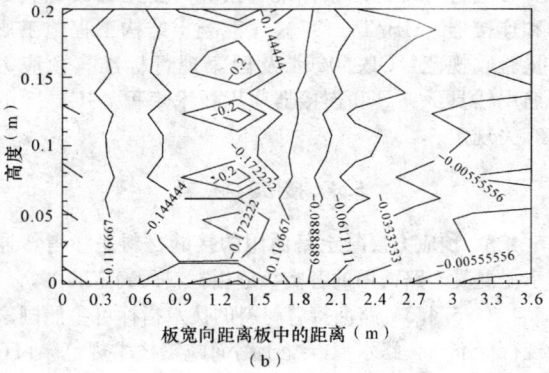

图9 极端锚固横截面 σ_x、σ_y 的分布图
(a) 板端锚固横截面 σ_x 的分布图;
(b) 板端锚固横截面 σ_y 的分布图
注：其中将高度按比例放大，图(a)中应力单位为0.01MPa，图(b)中应力单位为MPa。

如图10(b)所示，在远离锚端的板中附近的 σ_y 分布很有规律，符合平截面假定，板底产生拉应力，但该力较大，在设计时应加以注意。

通过以上分析易知，由于纵向压应力由集中作用转移为线性分布，将在锚具端部附近产生较大的横向拉应力，可能引起路面面板的纵向开裂，因此，在设计时，面板端部可加大截面尺寸、加大锚具端部承压钢板尺寸，并应在板端附近（大约10m以内）配置两层双向钢筋网。对于整块板，应配置横向构造钢筋，并应放在板厚1/2稍下处以承受横向拉应力。

张拉端的加强钢筋网应延伸至后浇带，若采用单向张拉，非张拉端的加强钢筋网也应延伸至后浇带。

4.7 后浇带

4.7.1 为了便于预应力混凝土路面的施工，加强对预应力张拉端的有效保护，提出本条要求。同时，为确保后浇带与张拉端的有效连接，保证其共同变形，加强筋应从路面面板延伸至后浇带，且后浇带下滑动层的滑动效果不应低于路面面板中部滑动层的滑动效果。

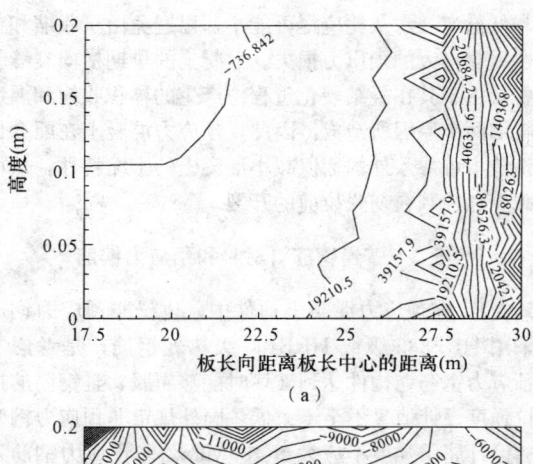

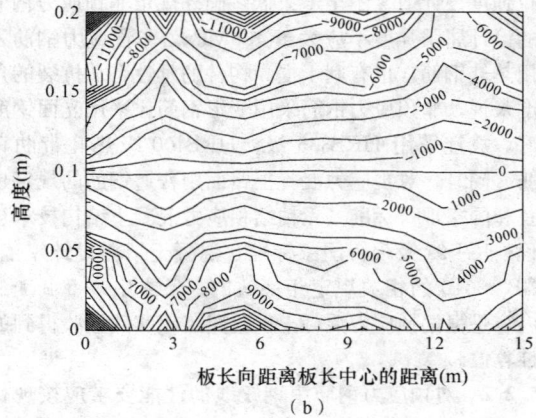

图10 板端段 σ_x、σ_y 的分布图
(a) 板端段 σ_x 的分布图;
(b) 板端段 σ_y 的分布图
注：其中将高度按比例放大，图(a)和图(b)的应力单位均为Pa。

5 材 料

5.1 混凝土材料

5.1.1 对预应力混凝土路面水泥的工程品质、物理化学性能及强度等级的规定可参考国家现行标准《公路水泥混凝土路面施工技术规范》JTG F30条文说明中的相关内容。

5.1.2、5.1.3 预应力混凝土路面粗集料、细集料的种类及要求的规定是参考现行国家标准《建筑用卵石、碎石》GB/T 14685及《建筑用砂》GB/T 14684的规定制定的。混凝土用水的规定则应符合国家现行标准《混凝土用水标准》JGJ 63的规定。

5.1.4 由于预应力钢筋用的钢绞线强度很高，故要求混凝土结构的混凝土强度等级亦应相应提高，这样才能达到更经济的目的。由于预应力混凝土路面不设施工缝，且施工是连续作业的，因此，预应力混凝土路面需要的混凝土应具有的品质包括高强度、低收缩和低徐变，水灰比应尽可能小，以避免由于收缩和徐变引起过大的预应力损失。混凝土的早期横向裂缝主要是由于其在凝结硬化过程中产生的体积收缩和温度收缩两个原因所造成。因此，预应力混凝土在配合比设计中可掺入外加剂以减小混凝土的干缩特性，从而减少和控制在初张拉前的开裂。

5.2 普通钢筋（材）和预应力钢筋

5.2.1 在预应力混凝土构件中，建议非预应力钢筋采用HRB335级或HRB400级热轧钢筋，是考虑非预应力钢筋在构件达到破坏时能够屈服，且钢筋的抗拉强度设计值又不至于太低。国外规定非预应力钢筋的设计屈服强度不应大于400MPa。非预应力钢筋采用热轧钢筋，也有利于提高构件的延性，从抗裂的角度来说，非预应力钢筋采用变形钢筋比采用光面钢筋好，故宜采用HRB335级、HRB400级热轧带肋钢筋。同时，对预应力混凝土路面用普通钢筋的规定也是和国家现行标准《无粘结预应力混凝土结构技术规程》JGJ 92及现行国家标准《混凝土结构设计规范》GB 50010的相关规定相一致的。条文中表5.2.1的内容是根据预应力混凝土试验路工程实践经验得到的推荐值。

5.2.2 对预应力钢筋用钢绞线的性能要求应按现行国家标准《预应力混凝土用钢绞线》GB/T 5224中的相关条文执行。预应力钢筋用的钢绞线中的钢丝系采用高碳钢经多次拉拔而成，并经消除应力热处理，以提高其塑性、韧性。在施工中如果形成死弯，由于其变形程度较大，有较高的残余应力，将导致材料脆化，在张拉过程中在该处易发生脆断，故应将它切除。此外，由于高碳钢的可焊性差，在生产过程拉拔中及拉拔后的焊接接头质量不能保证，而采用机械接接头体积又太大，不能满足张拉要求，故要求成型中的每根钢丝应该是通长的，只允许保留生产工艺拉拔前的焊接接头，接头距离应满足现行国家标准《预应力混凝土用钢绞线》GB/T 5224中有关条文的规定。

钢筋的品种、级别、规格和数量对预应力混凝土路面的性能有重要的影响。借鉴国内外使用经验，本规范规定预应力钢筋外包层材料应采用高密度聚乙烯。由于聚氯乙烯在长期的使用过程中氯离子将析出，对周围的材料有腐蚀作用，故严禁使用。预应力钢筋的外包层材料及防腐蚀涂料层应具有的性能要求，是根据我国的气候及使用条件提出的，其成分和性能尚应符合国家现行标准《无粘结预应力混凝土结构技术规程》JGJ 92的有关规定。

5.3 锚具系统

5.3.1 预应力钢筋锚具系统应具有可靠的锚固性能、足够的承载能力和良好的适用性，以满足分级张拉、补张拉以及放张预应力钢筋的要求，从而能保证充分发挥预应力钢筋的强度，安全地实现预应力张拉作业。

当用于地震区时，预应力筋-锚具组装件应通过上限取预应力钢材抗拉强度标准值的80%、下限取预应力钢材抗拉强度标准值的40%、循环次数为50万次的周期荷载试验。

5.3.2 夹片锚具的夹片、锚环及连体锚具所采用的材料由预应力锚具体系确定，且均应符合相关标准的规定。预应力钢筋锚具系统的质量检验和合格验收应符合现行国家标准《预应力筋用锚具、夹具和连接器》GB/T 14370、《混凝土结构工程施工质量验收规范》GB 50204及国家现行标准《预应力筋用锚具、夹具和连接器应用技术规程》JGJ 85的有关规定。

5.4 接缝材料

5.4.1 预应力混凝土路面用的接缝材料是参考普通水泥混凝土路面用的各类接缝板材料而确定的。

5.4.2、5.4.3 路面接缝材料的技术指标可参照国家现行标准《公路水泥混凝土路面施工技术规范》JTG F30的规定执行。

背衬垫条是参照美国ACPA的接缝技术指南，增加了背衬的性能要求。对我国大型机械施工的高速公路，用背衬垫条来控制均匀的填缝深度和填缝料形状系数，能提高接缝的灌缝质量。对背衬垫条的应用情况可参考国家现行标准《公路水泥混凝土路面施工技术规范》JTG F30的有关条文说明。

5.5 外加剂

5.5.1～5.5.3 外加剂品种、掺量及使用性能应符合现行国家标准《混凝土外加剂应用技术规范》GB 50119和国家现行标准《混凝土膨胀剂》JC 476的有关规定。

预应力混凝土中可添加的外加剂种类较多，其中较为重要的是膨胀剂（预应力混凝土路面及其后浇带宜使用混凝土膨胀剂，以减少混凝土干缩引起的早期裂缝）。从国内外应用效果和可靠性来看，以形成钙矾石和氢氧化钙的膨胀剂效果相对稳定。选用膨胀剂时，首先检验其性能是否满足国家现行标准《混凝土膨胀剂》JC 476的有关规定。膨胀剂运到工地（或混凝土搅拌站）应进行限制膨胀率检测，合格后方可入库、使用，其检测的内容包括有：碱含量不大于0.75%、水中7d限制膨胀剂不小于0.025%、单位体积混凝土中的掺量不大于12%。由于在混凝土中掺入膨胀剂后，对混凝土的性能如水化热反应、耐久性等方面都会产生影响，因此，对于混凝土掺入膨胀剂的技术控制，应按国家现行标准《混凝土外加剂应用技术规范》GB 50119的规定执行。

6 施工方法及技术要求

6.1 施工机具

6.1.1 预应力混凝土路面的施工需根据其本身的特性选取施工机具。预应力混凝土路面需要大量的预应力钢筋，施工工艺较复杂，手工操作的工作量大，对施工人员素质要求较高，并需进行严格的质量控制，因此实现全部机械化、自动化施工难度大。而现代高等级公路建设必须具备大型成套摊铺装备和依靠高新施工技术，高等级混凝土路面的内在质量、表面行驶功能和耐久性技术指标也要求这样做。因此在选取预应力混凝土路面施工机具时，应注意满足下列要求：

1 应根据工程特点、规模、场地大小和运输远近等施工条件选择施工机械，所选机械的生产能力应满足施工进度、质量和设计的要求。

2 所选机具应结构先进、生产效率高、性能可靠、易于检修、驾驶安全、机动性能强，具有良好的环保性能。

3 应选择适用性广、利用效率高的一般通用机械，根据施工条件和施工规模可为某道工序设计专用机械。

4 当工程量大、施工强度高、施工条件又适合使用大型机械时，宜选择大型机械。

5 有条件的宜选择操作方便、仪表齐全、能防震防噪声和具有空调的机械，使驾驶人员精力充沛地工作，提高机械生产率和施工质量。

6 应优先选用批量生产的国产机械，以利于促进国内工程机械的发展。选用进口机械时，应选用技术上先进、适合我国施工技术水平且零件供应易解决的机械。

7 尽量减少机械的组合数，机械组合数越多工作效率越低，机械组合数越少越好。在组合机械时，力求选用的机械机型统一，以便于维修和管理。

8 在整个工作线上使用组合机械作业时，应对组合的各种机械能力进行平衡。

9 在组织机械化施工时，要注意分成几个系列的机械组合，同时并列进行施工，避免发生全面停工。

6.1.2 预应力混凝土路面施工时，混凝土拌和料宜根据施工的工程量及现场条件，合理地选择商品混凝土拌和料或现场直接拌和混凝土混合料。混凝土拌和应采用拌和时间短、生产效率高、搅拌质量好的双卧轴强制式搅拌机，拌和机具总功率宜大于 $20m^3/h$。混凝土拌和宜根据工程规模、施工场地、施工规模、技术要求等考虑采用自动化程度高、拌和质量稳定及拌和功率大的强制式水泥混凝土搅拌站（楼）。

对搅拌站的选配：混凝土搅拌站应选配强制双卧轴或行星立轴的机型。同时配备齐全的自动供料、称量、计量、砂石料含水率反馈控制、外加剂加入装置及计算机控制自动配料的操作系统。间歇搅拌站比连续搅拌站的效果更好，宜优先选配。

对搅拌楼的选配参考国家现行标准《公路水泥混凝土路面施工技术规范》JTG F30 的有关规定。

在选取混凝土的拌和设备时，其总拌和的生产能力及容量配套的要求可参考国家现行标准《公路水泥混凝土路面施工技术规范》JTG F30 的有关规定。

6.1.3 混凝土拌和物运输车辆视运距而定，当运距较近时，可以采用自卸汽车等无搅拌器的运输工具；当运距较远时，宜采用搅拌运输车辆，如混凝土运输汽车等。配备混凝土运输车辆应充分考虑混凝土凝结速度和浇筑速度的需要，在工作不间断的同时使混凝土运到浇筑地点时仍保持均匀性和施工所需的坍落度。一般情况下运距在1km以内时，以2t以下的小型自卸车为宜；运距在5km左右时，以5~8t中型自卸车为宜；更远的运输距离以采用容量为 $6m^3$ 以上的混凝土搅拌运输车为宜。

6.1.4 混凝土摊铺成型可以采用以下几种机械组合：

1 采用滑模式摊铺机进行混凝土摊铺成型，其机械组成及功能见表3。

表3 混凝土滑模式摊铺成型机具

机械组成		主要功能	备注
供料机		混凝土运送、供给	按运输方式确定
摊铺机	刮板	分料、粗平	—
	螺旋布料器	摊铺、布料、匀料	—
	振动器	振实	—
	振动梁	振实	—
	平整梁	整平、整修	—
	修光梁	表面精光	—
	侧压模板	成型用滑动侧模	—
	自动调平系统	自动找平	—
纹理制作机		纹理制作	—
养护剂喷洒机		喷混凝土养护剂	—
切缝机		制作接缝缝槽	—

2 采用轨道式摊铺机进行混凝土摊铺成型，其机械组成及功能见表4。

表4 混凝土轨道式摊铺成型机具

机械组成	主要功能	备注
供料机	混凝土运送、供给	按运输方式确定
匀料机	匀料、粗平	—
摊铺机	摊铺、振实、整平	—
缝槽成型机	制作接缝缝槽	湿法成型用
缝槽修整机	修整接缝缝槽	湿法成型用
表面修整机	表面精光、修整	—
纹理制作机	制作路表纹理	—
养护剂喷洒机	喷洒混凝土养护剂	—
防护帐篷	混凝土早期养护	—

3 采用传统的小型机具配合人工进行混凝土摊铺,所需机具有插入式振捣器、平板振捣器、振动梁、滚筒、磨光机、压纹辊等。

6.2 施工准备

6.2.1 技术交底是开工前,由建设单位组织设计部门向施工单位、监理单位进行技术交底。

6.2.2 根据我国多年的施工实践,因路基的不稳定、不均匀沉降造成的断板、沉陷破坏占相当大的比例。因此预应力混凝土路面的路基应稳定、密实、匀质。路基的稳固性等要求可参考国家现行标准《公路路基施工技术规范》JTG F10 和《公路水泥混凝土路面施工技术规范》JTG F30 的相关规定。垫层、基层的具体施工要求可参考国家现行标准《公路路面基层施工技术规范》JTJ 034 的有关要求及说明。

6.2.3 保证工程质量和工程的顺利进行的基础是有足够的符合路用品质的原材料。在开工之前对原材料应进行相关的检查。原材料进场应称量过磅,不合格的原材料不得进场,对进场的原材料要做好登记、储存和签发管理。原材料的检验项目、批量应符合相关国家标准的有关规定。施工的设备机具也应进行全面的检查,开工前,需保证设备机具的到位,对于设备易损部件应有适量的储备。对以上的检查工作形成报表备案后,向建设单位和监理提出开工报告。待建设单位和监理对开工报告审批后,进行预应力混凝土路面的施工。

6.3 施工工序

6.3.1 对具体的施工项目,要求有经审查批准的施工组织设计和施工技术方案。施工组织设计和施工技术方案应按程序审批。

6.3.2 为保证预应力混凝土路面施工中预应力钢筋张拉、后浇带施工的相互协调,同时考虑施工设备、材料及施工进度的要求,混凝土面板的板块之间可采取不同的施工顺序,不同面板之间的施工顺序对施工提出不同的要求:采用顺序施工时,施工进度相对交替施工慢,但施工所需设备、人力、材料等少;而采用交替施工时,施工进度快,但施工所需的要求相对较高。在工程中,可根据工程的实际情况选取合适的施工顺序。

6.3.3 参考水泥混凝土路面的施工工艺,结合东南大学修筑的两条预应力混凝土试验路的工程经验,最后总结出预应力混凝土路面的施工工艺。

6.4 枕梁和伸缩缝施工

6.4.1、6.4.2 伸缩缝的施工与所在段枕梁的施工应相互协调。

基坑开挖时,宜采用机械切割配合人工进行开挖,一般用切割机将基坑周围切割一定深度后,采用人工进行开挖。基坑底面不应高于设计高程,并应平整。如不平整,可采用低标号水泥混凝土等措施调平。

6.4.3 钢梁伸缩缝制作中焊接应严格按照钢结构要求进行。定位时应采用水准仪和钢尺反复调整钢梁的平面位置和梁顶高程。钢梁底应垫实放稳,避免浇筑混凝土时钢梁变位。浇筑时应加强振捣,尤其是钢梁周围混凝土应充分振捣。从试验路施工现场情况看,钢梁伸缩缝施工简单,造价低,钢梁还可以起到板端预应力钢筋定位作用,能够达到设计效果。

当采用钢梁型伸缩缝装置时,枕梁及伸缩缝的施工可参考下列方法进行:

1 伸缩缝钢梁可根据设计要求在现场制作,也可委托工厂进行定型生产。

2 现场制作伸缩缝钢梁时,其焊接质量应符合钢结构焊接的要求(见图 11 和图 12)。

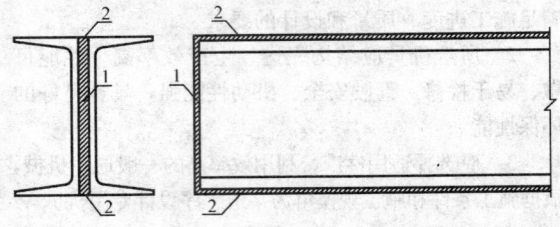

图 11 [型钢焊接为工字形钢梁
1—竖向焊缝;2—横向焊缝

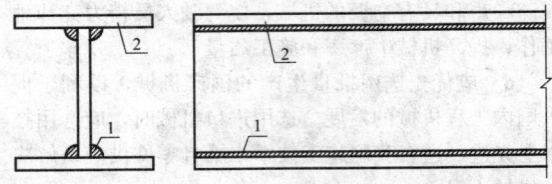

图 12 钢板焊接为工字形钢梁
1—焊缝;2—工字形钢梁

3 钢梁底应垫实放稳,按设计要求定位;伸缩缝钢梁应焊接连接钢筋(见图 13);连接钢筋与枕梁钢筋应焊接或绑扎成一个整体,搭接长度不应小于 200mm。

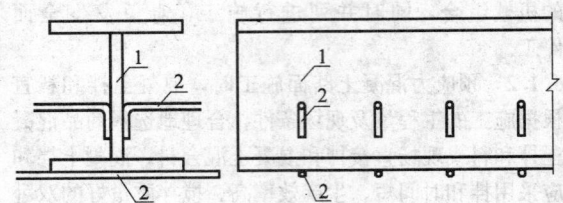

图 13 钢梁与连结钢筋的焊接
1—钢梁;2—钢筋

4 浇筑混凝土时,钢梁四周混凝土应充分振捣;振捣时振捣器(棒)不可直接接触钢梁;枕梁混凝土顶面应与基层顶面平齐,浇筑完毕后,抹面养护。

当采用其他形式的伸缩缝时，其具体的施工可参考国家现行标准《公路水泥混凝土路面施工技术规范》JTG F30 及《公路钢筋混凝土及预应力混凝土桥涵设计规范》JTG D62 的有关规定。

6.5 滑动层铺设

6.5.1~6.5.3 设置滑动层是一种新技术、新工艺，在工程实践中的应用并不多，对滑动层的设计、施工和验收尚无相关标准，如何根据设计要求和工程特点制定科学合理的施工方案和操作工艺指导施工，需要在今后的工程实际中不断总结完善。

对预应力混凝土路面，在滑动层铺设前应保证基层的质量符合设计和施工的要求。滑动层的滑动效果除了与基层顶面的平整度、使用材料有关外，还与滑动层材料的选择及其设置有关。基层表面可铺设沥青下封层作为滑动层，这样既可整平基层表面，也可减小与混凝土路面面板间的摩阻力。基层表面可以铺设防水材料如土工织物、油毛毡、聚乙烯薄膜等，铺设时，应覆盖整个路面面板。防水材料也不宜太薄，以防止基层的尖锐物或施工不慎而损坏防水材料。在防水材料下也可增铺细粒状材料以增加滑动性能，可以用砂或石屑，铺设应均匀且厚度不宜太大，厚度大易受施工扰动，也影响路面整体的刚性。

对采用土工织物做的滑动层，土工织物宜随细粒状材料层一起铺设，以确保细粒状材料层的厚度、密实度及土工织物间的搭接质量。铺设的细粒状材料层的质量应符合条文规定。铺设细粒状材料层时，可在细粒状材料层表面适当均匀洒水，使铺设时的细粒状材料具有一定的湿度，这样在施工时可使细粒状材料层易于压实拍平，方便成型且不飞扬。

6.6 预应力钢筋与普通钢筋铺放

6.6.1 准备工作：

1 试验表明，预应力钢筋的外包层出现局部轻微破损，经过修补后，其张拉伸长值与完好的预应力钢筋张拉伸长值相同。故对外包层局部轻微破损的预应力钢筋，允许修补后使用。

2 模板采用钢模板，若采用木模板、塑料模板等易发生变形，其精度不能满足要求。模板的允许偏差参考国家现行标准《公路水泥混凝土路面施工技术规范》JTG F30 的有关规定，同时也应结合预应力混凝土路面的施工难度及施工水平的实际情况确定。对于模板架设位置应进行测量放样，以确保模板架设的精准。安装最重要的是保证模板的稳固，使得在其上部的机械和机具进行摊铺、振捣、整平作业时不产生位移，保证作业的顺畅进行。对安装好的模板表面应涂脱膜剂或隔离剂等防粘措施，以满足脱膜时的要求。模板安装和拆除的具体施工，可参考国家现行标准《公路水泥混凝土路面施工技术规范》JTG F30 的有关规定。

6.6.2~6.6.4 预应力钢筋在主要控制点的竖向位置由设计图纸确定，在施工铺放时的竖向位置允许偏差宜根据现行国家标准《混凝土结构工程施工质量验收规范》GB 50204 的有关规定来控制。预应力钢筋在铺放过程中，应尽量减少定位支撑钢筋用量，简化施工工艺。

预应力混凝土路面中采用钢绞线制作的预应力钢筋，其相应的锚固系统包括夹片锚具和挤压锚具，应采用可靠和完善的锚具体系及配套施工工艺，以确保预应力混凝土施工质量。在实际工程中，整个预应力钢筋的铺放过程，都要配备专职人员，负责监督检查预应力钢筋束形是否符合设计要求，张拉端和固定端安装是否符合施工要求。对不符合要求的，应及时进行调整。

6.7 预应力混凝土路面浇筑

6.7.1 预应力混凝土的浇筑应按国家现行标准《公路水泥混凝土路面施工技术规范》JTG F30 的有关规定执行，其相关的内容参考该规范条文及其说明。对于预应力混凝土路面面板预应力的施加，在混凝土面板浇筑过程中，推荐从面板的两端同时开始，向板中浇筑，从而能加快施工的进度。

6.7.2 承压板后面混凝土的浇筑质量，直接关系到预应力钢筋的张拉效果。工程实践表明，在个别工程中，当混凝土成型并经正常养护后，在该处发生过裂缝或空鼓现象的，只有在预应力钢筋张拉之前进行修补后，才允许进行张拉操作。

6.8 预应力钢筋张拉

6.8.1 预应力混凝土路面采用预应力钢筋的后张法施工工艺，其原因是：

1 后张法施工简易、方便，不需先张法的台座以及预留孔道、灌浆等操作。

2 预应力施加容易控制，而且因预应力的施加是在混凝土达到一定强度后进行的，所以由混凝土的收缩、徐变引起的预应力损失可以得到减少。

3 预应力钢筋摩аст擦小，具有防腐蚀性能，并且易定位和弯曲曲线形状。

6.8.2 预应力钢筋的张拉施工可参考国家现行标准《无粘结预应力混凝土结构技术规程》JGJ 92 的相关规定。

对预应力混凝土路面面板中预应力钢筋的张拉工艺，采用的是二次张拉。采用对预应力混凝土路面二次张拉工艺，是在预应力混凝土路面工程实践中，为了防止预应力混凝土路面面板发生早期收缩开裂采用的。在预应力混凝土路面试验段的施工过程中，采用了二次张拉的工艺，初次张拉应力采用 $0.3\sigma_{con}$，在初张拉后的 6~7d，进行第二次张拉，第二次张拉应力

采用 $1.05\sigma_{con}$。第二次张拉 12h 后，板端位移稳定，预应力钢筋的伸长量也稳定均匀。

预应力钢筋张拉时，对混凝土强度的规定是指同条件养护下 $150mm^3$ 立方体混凝土试件的抗压强度。

规定预应力钢筋采用机械的方法而不采用电弧的方法切断，主要是为了防止电火花损伤钢丝、钢绞线和锚具。切除多余预应力钢筋后，预应力钢筋和锚具的保护应遵照设计要求执行，并在施工技术方案中作出具体规定，应采取防止锚具锈蚀和遭受机械损伤的有效措施。国内外工程经验表明，应从预应力钢筋与锚具系统的张拉端及固定端组成的整体来考虑防护。

6.9 养 护

6.9.1～6.9.3 在养护过程中，混凝土应处在有利于硬化及强度增长的温度和湿度环境中，使硬化后的混凝土具有必要的强度和耐久性。同时考虑到施工对象、环境、水泥品种、外加剂以及对混凝土性能的要求，提出具体切合实际的养护方案。采用薄膜或养护剂养护混凝土时，应经常检查薄膜或养护剂的完整情况和混凝土的保湿效果。

对冬期浇筑的混凝土应养护至其具有抗冻能力的临界强度后，方可撤除养护措施。且在任何情况下，混凝土受冻前的抗压强度不得低于 5MPa。

6.10 后浇带混凝土施工

6.10.1 为保证后浇封锚的混凝土与预应力混凝土路面成为一个整体，防止后浇混凝土与路面连接处的开裂而导致伸缩缝的失效和预应力钢筋锈蚀的不良影响，一方面要使后浇带的滑动层保持良好状态，确保其能正常工作；另一方面加强结合部的连接效果，凿毛板端，理顺连接钢筋，从而避免对锚固端的不良影响。

对预应力钢筋而言，其张拉后处于高应力状态，对腐蚀非常敏感，所以应尽早封锚。封锚是一种对预应力钢筋的永久性保护措施。

封锚时应保证封锚用的混凝土质量。封锚质量的检验应着重于现场观察检查，必要时采用相应措施进行检查。封闭保护应遵照设计要求执行，并在施工技术方案中作出具体规定，确保暴露于结构外的锚具能够永久性地正常工作，不致受外力冲击和雨水浸入而破损或腐蚀。后浇混凝土板时，浇筑的质量控制严格按照设计要求进行。

6.11 伸缩缝整修及填缝

6.11.1、6.11.2 填缝时应先凿去接缝板顶部嵌入的木条，涂粘结剂后，嵌入胀缝专用多孔橡胶条或灌进适宜的填缝料，填缝料不宜使用各种密实型填缝料。在高温季节施工时填缝材料的厚度可略小，在低温季节施工时填缝材料的厚度可略大，以保证预应力混凝土路面正常工作的自由伸缩。伸缩缝的整修可参考国家现行标准《公路水泥混凝土路面施工技术规范》JTG F30 的有关条文及其说明。

6.12 特殊气候条件下的施工

6.12.1 预应力混凝土路面铺筑期间，要求有专人及时准确接收、汇总和记录天气预报，异常天气应采取暂停施工或采取必要的防范措施，并调整施工方案。

6.12.2 预应力混凝土路面施工时遇到的特殊气候条件，是指现场降雨、刮风、高温季节、低温季节。在特殊的气候条件下，路面施工应按相应气候条件下做调整的施工方案进行。同时，特殊气候条件下混凝土的施工应符合国家现行标准《公路水泥混凝土路面施工技术规范》JTG F30 及《公路桥涵施工技术规范》JTJ 041 等规范的有关规定。

7 质量检查与验收

7.1 一般规定

7.1.1、7.1.2 预应力混凝土路面的质量检查和验收，包括对路基、垫层、基层、路面横向坡度、路肩、排水所用材料进行检验，对其施工质量进行控制与管理；对混凝土路面面板的质量检验应满足国家现行标准《公路工程质量检验评定标准》JTG F80/1 的有关规定，同时还应对路面面板的混凝土分项工程和预应力分项工程进行检查验收。

7.1.3、7.1.4 对预应力混凝土路面施工过程中的钢筋工程和模板工程应按国家现行标准《公路水泥混凝土路面施工技术规范》JTG F30 的规定执行，基层应按国家现行标准《公路路面基层施工技术规范》JTJ 034 的规定执行。在施工质量检查和验收过程中，应按国家现行标准《公路水泥混凝土路面施工技术规范》JTG F30 及《公路路面基层施工技术规范》JTJ 034 的有关规定控制验收，预应力混凝土路面还应符合现行国家标准《混凝土结构工程施工质量验收规范》GB 50204 的有关规定。

7.3 混凝土工程

7.3.2 预应力混凝土路面的混凝土强度评定应符合现行国家标准《混凝土强度检验评定标准》GBJ 107 的规定。预应力混凝土中掺入的外加剂，对其强度的规定及检验的试验方法和要求应符合现行国家标准《混凝土外加剂应用技术规范》GB 50119 的规定。

7.3.3 当室外日平均气温连续 5d 低于 5℃时，混凝土工程应采取冬期施工措施，具体要求应符合国家现行标准《建筑工程冬期施工规程》JTJ 104 的有关规定。

7.3.4 对预应力混凝土的材料、配比、混凝土施工的质量检查和验收可参考现行国家标准《混凝土结构工程施工质量验收规范》GB 50204 相关条文的说明。

7.4 预应力工程

7.4.1 后张法预应力施工是一项专业性强、技术含量高、操作要求严的作业,对预应力工程质量的检查验收应按现行国家标准《混凝土结构工程施工质量验收规范》GB 50204 和国家现行标准《无粘结预应力混凝土结构技术规程》JGJ 92 的规定执行。

附录 A 交通分析

A.1 交通调查与分析

A.1.2 所确定的年增长率,应控制在设计基准期末的交通量不超过车道通行能力的合理范围内。

附录 B 预应力混凝土路面面板的力学模型

对预应力混凝土路面结构的分析采用了有限元软件进行。本附录具体介绍了在有限元中建立预应力混凝土路面结构力学模型过程中采用的一些模型假设和一系列模型处理方法。

附录 C 预应力混凝土路面面板应力分析及计算流程

C.4 预应力混凝土路面面板厚度及配筋计算流程

示例:重交通一级预应力混凝土路面计算示例。

公路自然区划Ⅱ区拟新建一条一级公路,路基为粘质土,采用预应力混凝土路面,路面宽7.5m。经交通调查得知,设计车道使用初期标准轴载日作用次数为1800次。试设计该路面厚度及配筋。

解:①交通分析。

由表 3.1.3-1,一级公路的设计年限为30年,安全等级为二级。由表 3.1.3-2,临界荷位处的车辆轮迹横向分布系数取0.18。取交通量年平均增长率为5%。按式(3.1.3)计算得到设计年限内设计车道标准荷载累计作用次数为:

$$N_e = \frac{N_s[(1+g_r)^t - 1] \times 365}{g_r} \eta$$

$$= \frac{1800 \times [(1+0.05)^{30} - 1] \times 365}{0.05} \times 0.18$$

$$= 7.857 \times 10^6$$

属重交通等级。

②初拟路面结构。

由表 3.1.4-1、3.1.4-2、3.1.4-3 可知,相应于安全等级二级的变异水平等级为中级。根据一级公路、重交通等级和中级变异水平等级,初拟预应力混凝土面层厚度为200mm。基层选用水泥稳定粒料(水泥用量5%),厚度为200mm。垫层为200mm的低剂量无机结合料稳定土。预应力混凝土板的平面尺寸长为100m、宽为7.5m。

③路面材料参数确定。

按表 3.1.5,取混凝土面层的弯拉强度标准值为5.0MPa,相应的弯拉弹性模量标准值为30GPa,路基回弹模量取30MPa。低剂量无机结合料稳定土垫层回弹模量取150MPa,水泥稳定粒料基层回弹模量取750MPa。按式(C.1.5-1)~(C.1.5-6)计算基层顶面当量回弹模量如下:

$$E_x = \frac{h_1^2 E_1 + h_2^2 E_2}{h_1^2 + h_2^2} = \frac{0.2^2 \times 750 + 0.2^2 \times 150}{0.2^2 + 0.2^2}$$

$$= 450 \text{ (MPa)}$$

$$D_x = \frac{E_1 h_1^3 + E_2 h_2^3}{12} + \frac{(h_1+h_2)^2}{4}\left(\frac{1}{E_1 h_1} + \frac{1}{E_2 h_2}\right)^{-1}$$

$$= \frac{750 \times 0.2^3 + 150 \times 0.2^3}{12} +$$

$$\frac{(0.2+0.2)^2}{4}\left(\frac{1}{750 \times 0.2} + \frac{1}{150 \times 0.2}\right)^{-1}$$

$$= 1.60 \text{ (MN·m)}$$

$$h_x = \left(\frac{12 D_x}{E_x}\right)^{1/3} = \left(\frac{12 \times 1.60}{450}\right)^{1/3} = 0.349 \text{ (m)}$$

$$a = 6.22 \times \left[1 - 1.51 \times \left(\frac{E_x}{E_0}\right)^{-0.45}\right]$$

$$= 6.22 \times \left[1 - 1.51 \times \left(\frac{450}{30}\right)^{-0.45}\right]$$

$$= 3.443$$

$$b = 1 - 1.44 \times \left(\frac{E_x}{E_0}\right)^{-0.55}$$

$$= 1 - 1.44 \times \left(\frac{450}{30}\right)^{-0.55} = 0.675$$

$$E_t = a h_x^b E_0 \left(\frac{E_x}{E_0}\right)^{1/3}$$

$$= 3.443 \times 0.349^{0.675} \times 30 \times \left(\frac{450}{30}\right)^{1/3}$$

$$= 125 \text{ (MPa)}$$

混凝土面层的相对刚度半径按式(C.1.3-2)计算为:

$$r = 0.537 h \left(\frac{E_c}{E_t}\right)^{1/3}$$

$$= 0.537 \times 0.2 \times \left(\frac{30000}{125}\right)^{1/3} = 0.667 \text{ (m)}$$

④荷载疲劳应力。

按式(C.1.3-1),标准轴载在临界荷位处产生的荷载应力计算为:

$$\sigma_L = 0.077 r^{0.60} h^{-2} = 0.077 \times 0.667^{0.60} \times 0.2^{-2}$$

$$= 1.510 \text{ (MPa)}$$

考虑设计年限内荷载应力累计疲劳作用的疲劳应力系数为：
$$k_f = (N_e)^{\nu} = (7.857 \times 10^6)^{0.057} = 2.472$$

根据公路等级，由表 C.1.2 可知，考虑偏载和动载等因素对路面疲劳损坏影响的综合系数 $k_c = 1.25$。

按式（C.1.2），荷载疲劳应力计算为：
$$\sigma_{Lr} = k_f k_c \sigma_L = 2.472 \times 1.25 \times 1.510 = 4.67 \text{ (MPa)}$$

⑤温度疲劳应力。

由表 3.1.6 可知，Ⅱ区最大温度梯度取 0.086（℃/mm）。按式（C.2.3），最大温度梯度时混凝土板的温度翘曲应力计算为：
$$\sigma_{\Delta T} = \frac{E_c \alpha_c \Delta T}{2(1-\nu_c)}$$
$$= \frac{30000 \times 1 \times 10^{-5} \times 200 \times 0.086}{2 \times (1-0.15)}$$
$$= 3.035 \text{ (MPa)}$$

查表 C.2.2 可知，Ⅱ区的回归系数 $a = 0.828$，$b = 0.041$，$c = 1.323$。温度疲劳应力系数 k_t 按式（C.2.2）计算为：
$$k_t = \frac{f_r}{\sigma_{\Delta T}} \left[a \left(\frac{\sigma_{\Delta T}}{f_r} \right)^c - b \right]$$
$$= \frac{5}{3.035} \times \left[0.828 \times \left(\frac{3.035}{5} \right)^{1.323} - 0.041 \right]$$
$$= 0.637$$

再由式（C.2.1）计算温度疲劳应力为：
$$\sigma_{\Delta Tr} = k_t \sigma_{\Delta T} = 0.637 \times 3.035 = 1.93 \text{ (MPa)}$$

⑥板底摩阻应力。

取路基摩擦系数 $\mu_r = 0.6$，混凝土密度 $\rho = 0.024 \text{g/mm}^3$。按式（C.3.1）计算：
$$\sigma_F = \mu_r \rho \chi = 0.6 \times 0.024 \times 50 = 0.72 \text{ (MPa)}$$

⑦预应力值。

查表 3.1.4-1，一级公路的安全等级为二级，相应于二级安全等级的变异水平等级选为低级，目标可靠度为 90%。再据查得的目标可靠度和变异水平等级，查表 3.1.4-3，确定可靠度系数 $\gamma = 1.10$。

按式（4.1.4）计算 σ_p：
$$\sigma_p \geqslant \gamma (\sigma_{Lr} + \sigma_{\Delta Tr}) + \sigma_F - f_r$$
$$= 1.10 \times (4.67 + 1.93) + 0.72 - 5$$
$$= 2.98 \text{MPa} \leqslant 4.0 \text{MPa}$$

故预应力混凝土板的厚度（$h = 20$cm）及配筋（$\sigma_p = 2.98$MPa）满足要求。

中华人民共和国国家标准

油气输送管道穿越工程设计规范

Code for design of oil and gas transportation pipeline
crossing engineering

GB 50423—2007

主编部门：中国石油天然气集团公司
批准部门：中华人民共和国建设部
施行日期：２００８年３月１日

中华人民共和国建设部
公 告

第 736 号

建设部关于发布国家标准
《油气输送管道穿越工程设计规范》的公告

现批准《油气输送管道穿越工程设计规范》为国家标准，编号为GB 50423—2007，自2008年3月1日起实施。其中，第3.3.4、3.5.9、4.1.2条为强制性条文，必须严格执行。

本规范由建设部标准定额研究所组织中国计划出版社出版发行。

中华人民共和国建设部
二〇〇七年十月二十三日

前 言

本规范是根据建设部《关于印发"2005年工程建设标准规范制定、修订计划（第二批）"的通知》（建标函〔2005〕124号）的要求，由中国石油天然气管道工程有限公司负责主编，会同胜利油田胜利工程设计咨询有限责任公司、铁道第三勘察设计院、中国石油集团工程设计有限责任公司西南分公司共同编制的。

本规范在编制过程中，总结了油气管道穿越工程的设计与施工经验，并借鉴国内外相关标准，征求国内有关单位的意见，在多次召开协调会、研讨会的基础上修改形成。本规范保留了行业标准《原油和天然气输送管道穿跨越工程设计规范 穿越工程》SY/T 0015.1—98中行之有效的条文外，细化了定向钻穿越设计部分内容，增加了矿山法、盾构法、顶管法隧道设计及公路穿越计算等方面的内容。

本规范共分8章，2个附录，主要包括：总则，术语，基本规定，挖沟法穿越设计，水平定向钻法穿越设计，隧道法穿越设计，铁路（公路）穿越设计，焊接、试压及防腐等方面的规定。

本规范以黑体字标志的条文为强制性条文，必须严格执行。

本规范由建设部负责管理和对强制性条文的解释，中国石油天然气管道工程有限公司负责具体技术内容的解释。在执行过程中，请各单位结合工程实践，总结经验，积累资料，如发现需要修改或补充之处，请将意见和建议反馈给中国石油天然气管道工程有限公司（地址：河北省廊坊市金光道22号，邮编：065000），以供今后修订时参考。

本规范主编单位、参编单位和主要起草人：

主 编 单 位：中国石油天然气管道工程有限公司
参 编 单 位：胜利油田胜利工程设计咨询有限责任公司
　　　　　　铁道第三勘察设计院
　　　　　　中国石油集团工程设计有限责任公司西南分公司

主要起草人：刘鬼辉　张怀法　赵炳刚　程梦鹏
　　　　　　陈文备　邹大庆　安玉红　蒲高军
　　　　　　张邕生　王立暖　甘继国　任　亮
　　　　　　荣士伦　向　波　孙克玉　詹胜文
　　　　　　李志勇　陈　杰　王晓峰　李　强

目 次

1 总则 ················· 41—4
2 术语 ················· 41—4
3 基本规定 ················· 41—4
　3.1 基础资料 ················· 41—4
　3.2 材料 ················· 41—4
　3.3 水域穿越 ················· 41—5
　3.4 山地、冲沟穿越 ················· 41—6
　3.5 铁路(公路)穿越 ················· 41—6
　3.6 隧道穿越位置的选择 ················· 41—6
4 挖沟法穿越设计 ················· 41—7
　4.1 埋设要求 ················· 41—7
　4.2 水下管段稳定 ················· 41—7
　4.3 荷载与组合 ················· 41—8
　4.4 管段计算 ················· 41—8
　4.5 防护工程设计 ················· 41—9
5 水平定向钻法穿越设计 ················· 41—10
　5.1 敷设要求 ················· 41—10
　5.2 管段计算 ················· 41—11
6 隧道法穿越设计 ················· 41—11
　6.1 一般规定 ················· 41—11
　6.2 荷载 ················· 41—11
　6.3 作用组合与作用计算 ················· 41—12
　6.4 矿山法隧道设计 ················· 41—12
　6.5 盾构法隧道设计 ················· 41—13
　6.6 顶管法隧道设计 ················· 41—14
　6.7 竖井工程 ················· 41—15
　6.8 斜井工程 ················· 41—17
　6.9 工程材料 ················· 41—17
　6.10 防水与排水 ················· 41—17
　6.11 通风与照明 ················· 41—18
　6.12 隧道内管道安装 ················· 41—18
7 铁路(公路)穿越设计 ················· 41—18
　7.1 敷设要求 ················· 41—18
　7.2 无套管穿越设计 ················· 41—19
　7.3 有套管穿越设计 ················· 41—21
8 焊接、试压及防腐 ················· 41—22
　8.1 焊接、检验 ················· 41—22
　8.2 试压 ················· 41—22
　8.3 防腐 ················· 41—22
附录A 偏压隧道衬砌作用(荷载)计算方法 ················· 41—22
附录B 浅埋隧道衬砌作用(荷载)计算方法 ················· 41—23
本规范用词说明 ················· 41—24
附:条文说明 ················· 41—25

1 总 则

1.0.1 为了在油气输送管道穿越工程设计中贯彻国家有关法规政策,确保工程做到安全、环保、经济合理、适用可靠,制定本规范。

1.0.2 本规范适用于油气输送管道在陆上穿越人工或天然障碍的新建和扩建工程设计。

1.0.3 穿越工程设计除应符合本规范外,尚应符合国家现行有关标准的规定。

2 术 语

2.0.1 管道穿越工程 pipeline crossing engineering
油气输送管道从人工或天然障碍下部通过的建设工程。

2.0.2 穿越管段 crossing section
穿过人工或天然障碍地段的管道,其长度包括穿越障碍物的长度和两侧连接过渡段的长度。

2.0.3 水域 water areas
天然形成或人工建造的河流、湖泊、水库、沼泽、鱼塘、水渠等区域。

2.0.4 设计洪水 designing flood
与工程等级所规定的设计洪水频率相对应的洪水;包括设计洪水流量、设计洪水水位、设计洪水流速等。

2.0.5 冲沟 gully
水流冲刷形成的沟堑。

2.0.6 水下管道稳定 marine section stabilization
水下管段不产生漂浮或移位。

2.0.7 裸露敷设 laying bare
穿越管段直接敷设于水域底床上。

2.0.8 水平定向钻穿越 crossing by horizontal direction drilling
用水平定向钻机敷设穿越管段。

2.0.9 隧道穿越 pipeline crossing in tunnel
在隧道中敷设穿越管段。

2.0.10 矿山法隧道 tunnel by digging
采用一般开挖地下坑道方法修筑的隧道。

2.0.11 盾构隧道 tunnel by shield digging
用盾构机掘进建造的隧道。

3 基 本 规 定

3.1 基础资料

3.1.1 穿越工程设计前,应取得所输介质物性资料及输送工艺参数。其要求应按现行国家标准《输油管道工程设计规范》GB 50253和《输气管道工程设计规范》GB 50251的规定执行。

3.1.2 穿越工程设计前,应根据有关部门对管道工程的环境影响评估报告、灾害性地质评估报告、地震安全评估报告及其他涉及工程的有关法律法规,合理地选定穿越位置。穿越有防洪要求的重要河段,应根据水务部门的防洪评价报告,选定穿越位置及穿越方案。

3.1.3 选定穿越位置后,应按照国家现行标准《长距离输油输气管道测量规范》SY/T 0055和《油气田及管道岩土工程勘察规范》SY/T 0053,根据设计阶段的要求,取得下列测量和工程地质所需资料:

 1 工程测量资料,包括1:200~1:2000,平面地形图(大、中型工程)与断面图;

 2 工程地质报告,包括1:200~1:2000地质剖面图、柱状图、岩土力学指标、地震、水文地质及工程地质的结论意见。

3.1.4 应根据下列钻孔布置要求获取地质资料:

 1 挖沟埋设穿越管段,应布置在穿越中线上。

 2 水平定向钻、顶管或隧道敷设穿越管段,应交叉布置在穿越中线两侧各距15~50m处。在岩性变化多时,局部钻孔密度孔距可布置为20~30m。

3.1.5 根据现行国家标准《中国地震动参数区划图》GB 18306,位于地震动峰值加速度 $a \geqslant 0.1g$ 地区的大中型穿越工程,应查清下列四种情况,并取得量化指标:

 1 有无断层及断层活动性质、一次性最大可能错动量。

 2 地震时两岸或水床是否会出现开裂或错动。

 3 地震时是否会发生基土液化。

 4 地震时是否会引起两岸滑坡或深层滑动。

3.1.6 穿越管段应有防腐控制的设计资料。

3.2 材 料

3.2.1 穿越工程用于输送油气的钢管,应符合现行国家标准《石油天然气工业 输送钢管交货技术条件 第1部分:A级钢管》GB/T 9711.1或《石油天然气工业 输送钢管交货技术条件 第2部分:B级钢管》GB/T 9711.2的规定,并应根据所输介质、钢管直径、钢管壁厚、使用应力与设计使用温度等补充有关技术条件要求。对于管径小于DN300,设计压力小于6.4MPa的输油钢管或设计压力小于4.0MPa的输气钢管,可采用符合现行国家标准《输送流体用无缝钢管》GB/T 8163、《高压化肥设备用无缝钢管》GB 6479及《高压锅炉用无缝钢管》GB 5310有关技术条件要求的钢管。

3.2.2 穿越工程所用的建筑材料,均应符合国家现行有关标准。

3.2.3 结构工程所用钢材应符合国家现行有关标准的规定,其许用拉应力和许用压应力不应超过其最低屈服强度的60%,许用剪应力不应超过其最低屈服强度的45%,支承应力(端面承压)不应超过其最低屈服强度的90%。

3.2.4 符合本规范第3.2.1条的钢管,其许用应力应按下式计算。

输油 $[\sigma]=F\Phi\sigma_s$ (3.2.4-1)

输气 $[\sigma]=F\Phi t\sigma_s$ (3.2.4-2)

式中 $[\sigma]$——输送油气钢管许用应力(MPa);
σ_s——钢管规定屈服强度(MPa);
Φ——钢管焊缝系数,符合本规范第3.2.1规定的钢管,Φ 取1.0;
t——温度折减系数,当温度小于120℃时,t 值取1.0;
F——强度设计系数,按表3.2.4取值。

表3.2.4 强度设计系数

穿越管段类型	输气管道地区等级				输油管道
	一	二	三	四	
Ⅲ、Ⅳ级公路有套管穿越	0.72	0.6	0.5	0.4	0.72
Ⅲ、Ⅳ级公路无套管穿越	0.60	0.5	0.5	0.4	0.4
Ⅰ、Ⅱ级公路、高速公路、铁路有套管穿越	0.60	0.6	0.5	0.4	0.6
山地隧道、冲沟穿越	0.60	0.6	0.5	0.4	
水域小型穿越	0.72	0.6	0.5	0.4	0.72
水域大、中型穿越	0.60	0.5	0.4	0.4	0.6

注:1 穿越渡槽、桥梁可视其重要性按水域穿越取用设计系数。
2 输气管道地区等级划分应符合现行国家标准《输气管道工程设计规范》GB 50251的规定。

3.2.5 穿越管段的钢管壁厚应按下式计算,且选用钢管的径厚比不应大于100。

$$\delta=\frac{PD_s}{2[\sigma]}$$ (3.2.5)

式中 δ——钢管计算壁厚(mm);
P——输送介质设计内压力(MPa);
D_s——钢管外直径(mm);
$[\sigma]$——输送钢管许用应力(MPa)。

若管段未采取防腐蚀控制措施,钢管壁厚应考虑腐蚀裕量,按使用年限与腐蚀速率计算。

3.3 水域穿越

3.3.1 水域穿越工程设计应符合《中华人民共和国水法》、《中华人民共和国防洪法》和《中华人民共和国水土保持法》等相关法律法规的规定。

3.3.2 水域穿越工程应通过水文部门或调研(试验)获得设计所必需的水文资料;其上游建有对工程有影响的水库时,应取得通过水库防洪调度后的设防洪水及水库下游对工程所在位置的冲刷资料。

3.3.3 选择的穿越位置应符合线路总走向。对于大、中型穿越工程,线路局部走向应按所选穿越位置调整。

3.3.4 水域穿越工程应按表3.3.4划分工程等级,并应采用与工程等级相应的设计洪水频率。

桥梁上游300m范围内的穿越工程,设计洪水频率不应低于该桥梁的设计洪水频率。

表3.3.4 水域穿越工程等级与设计洪水频率

工程等级	穿越水域的水文特征		设计洪水频率
	多年平均水位的水面宽度(m)	相应水深(m)	
大型	≥200	不计水深	1%(100年一遇)
	≥100~<200	≥5	
中型	≥100~<200	<5	2%(50年一遇)
	≥40~<100	不计水深	
小型	<40	不计水深	5%(20年一遇)

注:1 对于季节性河流或无资料的河流,水面宽度可按河槽宽度选取(不含滩地)。
2 对于游荡性河流,水面宽度可按深泓线摆动范围选取;若无资料,可按两岸大堤间宽度选取。
3 若采用裸管敷设或管沟埋设穿越,当施工期流速大于2m/s时,中、小型工程等级可提高一级。
4 有特殊要求的工程,可提高工程等级;有特殊要求的大型工程可称为特殊的大型工程,设计洪水频率不变。

3.3.5 水域穿越管段可采用挖沟埋设、水平定向钻敷设、隧道敷设等形式。大、中型穿越工程宜作方案比选。

3.3.6 水域穿越长度和埋深应符合下列要求:

1 两岸设有防洪堤坝,穿越的入出土点及堤下埋深应满足国家有关规定。

2 在河中设有高出一般冲刷线的稳管工程,应考虑洪水的局部冲刷;穿越管段应埋设在一般冲刷加局部冲刷深度以下的安全深度。

3 工程建在水库泄洪影响范围内,穿越管段埋深应考虑泄洪时的局部冲刷及经常泄水的清水冲刷。

3.3.7 水域穿越管段与桥梁间的最小距离应根据穿越形式确定,并应符合下列要求:

1 采用开挖管沟埋设时,管段距离特大、大、中型桥不应小于100m;管段距离小桥不应小于50m。若采用爆破成沟时,应计算确定安全距离。

2 采用水平定向钻机敷设时,穿越管段距离桥梁墩台冲刷坑边缘外不宜小于10m,并不应影响桥梁墩台安全。

3 采用隧道穿越时,隧道的埋深及边缘至墩台的距离不应影响桥梁墩台安全。

3.3.8 水域穿越管段与港口、码头、水下建筑物或引水建筑物等之间的距离不宜小于200m。

3.3.9 采用水平定向钻或隧道穿越河流堤坝时，应根据不同的地质条件采取措施控制堤坝和地面的沉陷，防止穿越管道处发生管涌，不得危及堤坝的安全。水平定向钻入出土点距大堤坡脚宜大于50m。

3.3.10 水域穿越的输油气管段，不应敷设在水下的铁路隧道和公路隧道内。

3.3.11 穿越通行船舶的水域，管段的埋深应防止船锚或疏浚机具对管段的损伤。两岸应按现行国家标准《内河交通安全标志》GB 13851的规定设置标志。

3.3.12 生活水源保护地、水域大型穿越工程，输油管道两岸应设置截断阀室。截断阀室应设置在交通方便、不被设计洪水淹没处。穿越生活水源保护地，应按相关标准要求作保护设计。输气管道在穿越处不因事故造成次生灾害或水体污染，可不设截断阀室。

3.3.13 水域穿越位置应选在岸坡稳定地段。若需在岸坡不稳定地段穿越，则两岸应做护坡、丁坝等调治工程，保证岸坡稳定。

3.3.14 水域穿越位置不宜选在地震活动断裂带的断层上。

3.3.15 水域穿越宜与水域正交通过。若需斜交时，交角不宜小于60°。

3.3.16 采用挖沟埋设的穿越管段，不宜在常水位浸淹部位设置固定墩和弯管；弯管和固定墩宜设在常水位水边线50m以外。确需要在常水位范围内设弯管和固定墩时，则必须将其埋设在洪水冲刷线下稳定层中。

3.3.17 地震时易发生土壤液化的穿越地段，不宜将穿越管段沟埋在液化层内。确须埋入液化层中，应采取换土或桩柱稳管措施，不应采用压重块稳管。

3.3.18 穿越沼泽地区，应根据不同的沼泽类别采用支架法、换土法、砂桩加固法、填石法、预压法或筑堤法等敷设穿越管段。

3.4 山地、冲沟穿越

3.4.1 山地隧道设计应根据《中华人民共和国环境保护法》与《中华人民共和国水土保持法》的规定处理弃物、弃碴。

3.4.2 在山地采用隧道形式穿越应满足输送工艺要求。

3.4.3 管道需要穿越泥石流沟时，应选择在泥石流稳定的堆积区内埋设，且埋在堆积区原地层下不小于1.0m。完工后必须恢复地貌。

3.4.4 选择冲沟（含黄土冲沟）穿越位置时，不应选在因施工而诱发滑坡的地段。

3.4.5 穿越湿陷性黄土冲沟，应做沟顶的截、排、导水工程，沟坡的防护稳定工程，沟底的稳管工程。导水沟宜将水导入天然泄水沟中。

3.4.6 因黄土冲沟深陡，施工扫线破坏原地貌时，穿越冲沟管段的设计应考虑施工扫线时形成的新纵断面。施工回填后，应根据水土保持部门要求恢复地貌，做水土保持工程。

3.4.7 管道不宜从土层未固结稳定的淤土坝穿越，当必须穿越时，应对土层厚度、固结程度等地质条件作勘察评价，并采取安全保障措施。

3.5 铁路（公路）穿越

3.5.1 管道穿越铁路（公路）应符合国家有关规定。

3.5.2 管道穿越铁路（公路）应符合铁路或公路规划的要求。

3.5.3 管道穿越铁路（公路）应保持铁路或公路排水沟的通畅。穿越处应设置标志桩。

3.5.4 管道穿越铁路（公路）应避开高填方区、路堑、路两侧为同坡向的陡坡地段。

3.5.5 在穿越铁路（公路）的管段上，不应设置水平或竖向曲线及弯管。

3.5.6 穿越铁路或二级及二级以上公路时，应采用在套管或涵洞之内敷设穿越管段。穿越三级及三级以下公路时，管段可采用挖沟直接埋设。当套管或涵洞内充填细土将穿越管埋入时，可不设排气管及两端的严密封堵。当套管或涵洞内穿越输气管段是裸露时，应设排气管且两端严密封堵。

3.5.7 采用有套管的穿越管段，对管道阴极保护形成屏蔽作用时，可采用带状或镯式牺牲阳极保护。

3.5.8 新建铁路（公路）与已建管道交叉时，应设置涵洞保护管道，洞内宜回填细土，可不另设排气管。

3.5.9 采用无套管的穿越管段，距管顶以上500mm处应设置警示带。

3.5.10 采用无套管明挖沟埋穿越管段，回填土必须压实或夯实，防止沉降危害管道。路面恢复应按公路管理部门要求，达到国家现行标准《公路工程质量检验评定标准》JTJF 80/1的要求。

3.6 隧道穿越位置的选择

3.6.1 隧道位置的选择应符合下列要求：

1 隧道穿越位置应符合管道线路总走向，线路局部走向可根据穿越点位置进行调整。

2 隧道位置应选择在稳定的地层中，不应穿越工程地质、水文地质极为复杂的地质地段。当必须通过时，应采取工程措施。

3 地质条件复杂的隧道，平面位置的选择应在地质测绘和综合地质勘探的基础上确定隧道走向，并应根据合理工期，对施工方案、施工方法进行方案比选。

4 对可能穿越的垭口，拟定不同的越岭高程及其相应的展线方案，应通过区域工程地质调查、测绘，结合线路条件以及施工、使用条件等进行全面技术经济比选确定。

5 隧道位置的选定应考虑洞口地形、地质条件、相关工程和环境要求的影响;

6 对需设置辅助坑道和使用通风设施的隧道,应考虑其设置条件和要求。

3.6.2 隧道洞口位置应符合下列要求:

1 隧道洞口位置应根据地形、地质、水文条件,同时结合环境保护、洞外有关工程及施工条件、使用要求,通过综合分析比较确定。

2 隧道应早进洞,晚出洞;隧道洞口宜选择在坡面稳定、地质条件较好、无不良地质现象处,并考虑施工出碴条件,少占农田。

3 隧道进出口应高于山沟设计泄洪水位。在泥石流处应防止泥石流堵塞隧道进出口。

4 竖井位置宜选择在 50m 范围内无永久性架空线路,30m 范围内无永久性建(构)筑物且不因竖井施工而影响周围建(构)筑物基础稳定的地方。

4 挖沟法穿越设计

4.1 埋 设 要 求

4.1.1 挖沟埋设穿越水域的位置,除结合线路走向外,应选择岸坡较稳定、水流冲淤变化不严重、不影响有关水域的规划实施、地震断裂活动影响小且施工条件较好的地段。

4.1.2 挖沟埋设穿越管段的埋深,应根据工程等级与相应设计洪水冲刷深度或疏浚深度要求,并符合表 4.1.2 的规定。河流深泓线反复摆动时,穿越管段在深泓线摆动范围内埋深应相同。

表 4.1.2 沟埋穿越水域的管顶埋深(m)

水域冲刷情况	水域穿越工程等级		
	大型	中型	小型
有冲刷或疏浚的水域,应在设计洪水冲刷线下或规划疏浚线下,取其深者	≥1.0	≥0.8	≥0.5
无冲刷或疏浚的水域,应埋在水床底面以下	≥1.5	≥1.3	≥1.0
河床为基岩,并在设计洪水下不被冲刷时,管段应嵌入基岩深度	≥0.8	≥0.6	≥0.5

注:1 当有船锚或疏浚机具时,管顶埋深应达到不受机具损伤防腐层的要求。
   2 以下切为主的河流上游,埋深应加大,防止累积冲刷影响管道安全。
   3 所挖沟槽应用满槽混凝土覆盖封顶,达到基岩标高。

4.1.3 采用围堰及排水(或降水)措施的管沟尺寸宜在确保沟边坡稳定条件下,按现行国家标准《输气管道工程设计规范》GB 50251 或《输油管道工程设计规范》GB 50253 的规定选用,否则应放缓边坡。

4.1.4 采用水下挖沟时,应根据机具试挖确定管沟尺寸。若无此资料,宜按表 4.1.4 试挖管沟。

表 4.1.4 水下开挖管沟尺寸

土壤类别	沟底最小宽度(m)	管沟边坡	
		沟深≤2.5m	沟深>2.5m
淤泥、粉砂、细砂	$D+2.5$	1:3.5	1:5.0
中砂、粗砂	$D+2.0$	1:3.0	1:3.5
砂土、含卵砾石土	$D+1.8$	1:2.5	1:3.0
粉质粘土	$D+1.5$	1:2.0	1:2.5
粘土	$D+1.2$	1:1.5	1:2.0
岩石	$D+1.0$	1:0.5	1:1.0

注:1 管沟底宽指单管敷设所需净宽,不包括回淤。
   2 在深水区管沟底宽应增加潜水员潜水操作的宽度。
   3 若遇流砂,沟底宽度和边坡由试挖确定。
   4 D 为管身结构的外径。

4.1.5 当水下沟埋敷设穿越管段达不到本规范第 4.1.2 条要求时,或者不能确定冲刷范围和冲刷深度时,穿越管段应按本规范第 4.2.2 条裸管敷设核算其抗漂浮与抗位移的稳定性。

4.1.6 当水下穿越管段满足不了稳定性要求时,应采取稳管措施。稳管措施间距除满足管段稳定要求外,埋深达不到本规范第 4.1.2 条要求的管段,还应核算其自振频率不与水流涡激振动频率发生共振。

4.1.7 岩石管沟挖深除应满足本规范第 4.1.2 条设计埋深要求外,还应超挖 200mm;管段入沟前,沟底应先填 200mm 厚的砂类土或细土垫层。

4.1.8 穿越腐蚀性强的水域,除管段自身防腐满足要求外,稳管措施所用材料应有抗腐蚀的性能。

4.2 水下管段稳定

4.2.1 水下穿越管段敷设后,不应发生管段漂浮和移位。

4.2.2 达不到本规范第 4.1.2 条埋深要求的(或裸管敷设的),水下穿越管段抗漂浮应按下列公式计算:

$$W \geq K(F_s + F_{dy}) \quad (4.2.2-1)$$

$$W \geq K\frac{F_{dx}}{f} + F_s + F_{dy} \quad (4.2.2-2)$$

$$F_{dx} = C_x \gamma_w Dv^2/(2g) \quad (4.2.2-3)$$

$$F_{dy} = C_y \gamma_w Dv^2/(2g) \quad (4.2.2-4)$$

$$F_s = \pi \gamma_w D^2/4 \quad (4.2.2-5)$$

式中 W——单位长度管段总重力(包括管身结构自重、加重层重;不含管内介质重)(N/m);

K——稳定安全系数,大、中型工程取 1.3,小型工程取 1.2;

F_s——单位长度管段静水浮力(N/m);

F_{dy}——单位长度管段动水上举力(N/m);

F_{dx}——单位长度管段动水推力（N/m）；

f——管段与河床的滑动摩擦系数，根据试验或工程经验确定；无试验时，采用3层PE涂层的管段与河床摩擦系数可取0.25；采用其他涂层的管段，可取0.3；

C_y——上举力系数，取0.6；

C_x——推力系数，取1.2；

D——管身结构（含防护层）的外径（m）；

γ_w——所穿水域水的重度（N/m³）；

v——管段处设计洪水水流速度（m/s）；

g——重力加速度，取9.8m/s²。

在竖向弹性敷设穿越管段时，管段总重力W还应减去管段向上的弹性抗力（即反弹力）。单位长度的弹性抗力按下式计算：

$$q = \frac{384 E_s I f_c}{5 L^4} - 0.0246615(D_s - \delta)\delta \quad (4.2.2-6)$$

$$I = \frac{\pi D_s^4}{64}\left[1 - \left(\frac{d_s}{D_s}\right)^4\right] \quad (4.2.2-7)$$

$$f_c = R - \sqrt{R^2 - \frac{L^2}{4}} \quad (4.2.2-8)$$

$$R \geqslant 3600 \sqrt[3]{\frac{1-\cos\frac{\alpha}{2}}{\alpha^4} D_s^2} \quad (4.2.2-9)$$

式中 q——弹性敷设管段单位长度抗力（N/m）；

E_s——钢管弹性模量，取2.0×10^{11}N/m²；

I——钢管截面惯性矩；

D_s——钢管外径（m）；

d_s——钢管内径（m）；

δ——钢管壁厚（m）；

f_c——弹性敷设的矢高（m）；

L——弹性敷设起点与终点间的水平长度（m）；

R——管段弹性敷设设计曲率半径（m），不应小于1000D；

α——管段弹性敷设转角（°），宜小于5°。

4.2.3 达到本规范第4.1.2条埋深要求的水下穿越管段，不计算抗移位，但应按下式进行抗漂浮核算。

$$W_1 \geqslant K F_s \quad (4.2.3)$$

式中 W_1——单位长度管段总重力（包括管身结构自重、加重层重、设计洪水冲刷线至管顶的土重；不含管内介质重）（N/m）；

K——稳定安全系数，大、中型工程取1.2，小型工程取1.1；

F_s——单位长度管段静水浮力，按式（4.2.2-5）计算。

在竖向弹性敷设穿越管段时，W_1应减去按式（4.2.2-6）计算的弹性抗力。

4.3 荷载与组合

4.3.1 水下穿越管段应考虑承受下列荷载，保证管段的强度、刚度、稳定满足安全要求。

1 永久荷载：

1）输送介质的内压力；
2）管段自重，包括管身结构自重、加重层重、保温层重；
3）输送介质重；
4）管周土压力；
5）静水压力；
6）动水压力（裸露时）；
7）温度变化产生的温度应力；
8）强制弹性变形产生的变形应力。

2 可变荷载：

1）试运行或试压时的水重与压力；
2）清管荷载；
3）施工拖管或吊管荷载。

3 偶然作用：穿越管段位于设计地震动峰值加速度$a \geqslant 0.1g$地区，地震土压力、基土液化等作用；有活动断层的断层位移作用。

4.3.2 穿越管段结构计算时，应根据敷设形式、所处环境、运行条件及可能发生的工作状况进行荷载组合。

1 主要组合：永久荷载。

2 附加组合：永久荷载与可能发生的可变荷载之和。

3 特殊组合：永久荷载与偶然作用荷载之和。

4.3.3 穿越管段的钢管许用应力，应按本规范第3.2.4条的许用应力再乘以不同的荷载组合提高系数（表4.3.3）确定。

表4.3.3 许用应力提高系数

荷载组合	提高系数
主要组合	1.0
附加组合	1.3
特殊组合	1.5

4.4 管段计算

4.4.1 穿越管段应根据设计选用壁厚和管材等级，核算强度、刚度及稳定性；若不满足要求时，应增加钢管壁厚或提高管材等级。

4.4.2 核算穿越管段的强度应分别计算轴向应力、环向应力和弯曲应力，根据荷载组合计算出的各单项应力之和均应小于或等于相应的钢管许用应力。

1 内压产生的环向应力按下式计算：

$$\sigma_h = \frac{p d_s}{2\delta} \quad (4.4.2-1)$$

2 内压与温度变化产生的轴向应力分别按式（4.4.2-2）与式（4.4.2-3）计算。

1）当管段轴向变形不受约束时：
$$\sigma_a = \frac{pd_s}{4\delta} \quad (4.4.2\text{-}2)$$

2）当管段轴向变形受约束时：
$$\sigma_a = E_s\alpha(t_1 - t_2) + \mu\sigma_h \quad (4.4.2\text{-}3)$$

3 弹性敷设产生的弯曲应力按下式计算：
$$\sigma_b = \pm\frac{E_s D_s}{2R} \quad (4.4.2\text{-}4)$$

式中 σ_h——管段钢管的环向应力（MPa）；
σ_a——管段钢管的轴向应力（MPa）；
σ_b——管段钢管的弯曲应力（MPa）；
p——管道设计压力（MPa）；
d_s——钢管内径（mm）；
D_s——钢管外径（mm）；
δ——钢管壁厚（mm）；
E_s——钢管弹性模量，取 2.0×10^5（MPa）；
μ——钢管泊松比，取 0.3；
α——钢管线膨胀系数，取 1.2×10^{-5}〔m/(m·℃)〕；
t_1——管道安装闭合时的环境温度（℃）；
t_2——管道输送介质在穿越处的温度（℃）；
R——管段弹性敷设设计曲率半径（mm）。

4 其他荷载引起的环向应力、轴向应力和弯曲应力，应根据实际可能发生的情况进行计算。

5 各单项应力叠加后核算：
$$\sum\sigma_a \leqslant [\sigma] \quad (4.4.2\text{-}5)$$
$$\sum\sigma_h \leqslant [\sigma] \quad (4.4.2\text{-}6)$$

许用应力 $[\sigma]$ 应按不同组合取用；温度应力按式（4.4.2-3）算出为负值时，应力叠加应保留"—"号；弯曲应力的"＋"或"—"选取应按最不利条件确定。

4.4.3 穿越管段计算各单项应力后，应按下式核算当量应力。
$$\sigma_e = \sum\sigma_h - \sum\sigma_a \leqslant 0.9\sigma_s \quad (4.4.3)$$

式中 σ_e——穿越管段钢管的当量应力（MPa）；
$\sum\sigma_h$——各荷载产生的环向应力代数和（MPa）；
$\sum\sigma_a$——各荷载产生的轴向应力代数和（MPa）；
σ_s——穿越用钢管的规定屈服强度（MPa）。

4.4.4 当穿越管段钢管壁厚满足本规范第3.2.5条的规定时，可不计算管子径向变形引起的局部屈曲。若不满足本规范第3.2.5条规定时，应按现行国家标准《输气管道工程设计规范》GB 50251或《输油管道工程设计规范》GB 50253的规定核算穿越管段的径向稳定。

4.4.5 当按本规范第4.4.2条式（4.4.2-3）计算出穿越管段承受轴向压应力时，应按下式核算管段的轴向稳定。

$$N \leqslant nN_{cr} \quad (4.4.5\text{-}1)$$
$$N = [E_s\alpha(t_1-t_2) + (0.5-\mu)\sigma_h]A \quad (4.4.5\text{-}2)$$

式中 N——由温度和内压产生的轴向压力（MPa）；
N_{cr}——管段开始失稳时的临界轴向力（MN），按《输油管道工程设计规范》GB 50253附录K的规定计算；
n——安全系数，对于大型穿越工程，$n=0.7$；中型穿越工程，$n=0.8$；小型穿越工程，$n=0.9$；
α——钢材的线膨胀系数，取 1.2×10^{-5}〔m/(m·℃)〕；
μ——钢材的泊松比，取 0.3；
A——穿越管段钢管的截面积（m²）。

4.5 防护工程设计

4.5.1 穿越管段处的防护工程布设，根据《中华人民共和国水法》、《中华人民共和国水土保持法》和《中华人民共和国防洪法》等相关法规确定。

4.5.2 受水流淘刷或冲蚀威胁的穿越管段，可修筑导流堤或丁坝等调治构筑物满足水流顺畅、不产生集中冲刷的要求。为保持岸坡稳定，应修筑护坡工程。

4.5.3 防护工程采用的建筑材料，应符合相关材料标准的规定；填筑材料应因地制宜就地取材。不宜采用重粘土、粉砂、淤泥、盐渍土或有机质土壤填筑。填筑物应分层夯实或压实，达到规定的要求。

4.5.4 防护工程的设计洪水频率宜与穿越工程设计洪水频率相同，护岸顶应高出设计洪水位（包括浪高和壅水）0.5m。若堤岸顶低于设计洪水位，护岸宜至堤顶。

4.5.5 防护工程基础基底埋深要求在水床面下1～2m，同时也应满足设计冲刷线下1m和冰冻线下0.3m的要求。

4.5.6 护坡（岸）顺水流方向长度，应根据实地水流形态、岸坡地质条件及管沟开挖宽度确定，不应小于5m。

4.5.7 浆砌或干砌片石（混凝土或钢筋混凝土板）护坡面下，应有100～200mm厚的级配良好的砂砾石垫层，坡脚下应设浆砌片石或混凝土基础。若为干砌片石，垫层应分层级配，确保起反滤层作用。

4.5.8 浆砌石（混凝土或钢筋混凝土板）的护坡，每隔10～20m应设置伸缩缝，在对应的基础上设置沉降缝。缝宽20～30mm，以沥青麻筋或沥青板条填塞。

4.5.9 浆砌护岸工程应设置适当数量的排水孔，并在排水孔处设置反滤层。

4.5.10 护岸工程与调治构筑物均应核算坡面滑动、沿弧面（或不均匀土体的折线面）滑动的抗滑稳定性。抗滑稳定安全系数可取1.15～1.30。

若护坡与坡脚处水平线夹角小于或等于堤岸土的饱和休止角时，可不核算护坡的抗滑稳定性。

4.5.11 干砌片石护坡石块折算直径可按下式计算确定。当计算护坡石块直径 $D\geqslant 350mm$ 时，可采用双层干砌，上层厚 $0.6D$。

$$D=1.5\frac{p_{sj}}{(\gamma_s-\gamma_0)\cos\alpha} \quad (4.5.11)$$

式中 D——用石块体积换算为圆球体积的折算直径（m）；

α——护面斜坡与坡脚水平线的夹角；

p_{sj}——动水作用于护坡的上举力（N/m²），浆砌护坡只考虑静浮力 p_{sj1}，干砌护坡还应考虑脉动上举力 p_{sj2}，故 $p_{sj}=p_{sj1}+p_{sj2}$；

p_{sj1}——动水作用于护坡的静浮力（N/m²），按 $p_{sj1}=\eta\mu\gamma_0 \bar{v}^2/2g$ 计算；

p_{sj2}——动水作用于干砌护坡上的脉动上举力（N/m²），按 $p_{sj2}=\xi\gamma_0 \bar{v}^2/2g$ 计算；

η——与护面结构有关的系数，浆砌护面取 1.1～1.2，干砌护面取 1.5～1.6；

μ——与护面透水性有关的系数，浆砌护面取 0.3，干砌护面取 0.1；

ξ——脉动压力系数，可按现场的实测值取用，或按水利部门护坦脉动压力试验所得最大值 0.4 取用；

$\bar{v}$——河水的平均流速（m/s）；

g——重力加速度，取 9.81m/s²；

γ_s——砌石的密度（N/m³）；

γ_0——河水的密度（N/m³）。

4.5.12 浆砌护坡厚度可按下式计算确定。

$$T=\frac{p_{sj}}{(\gamma_s-\gamma_0)\cos\alpha} \quad (4.5.12)$$

式中 T——浆砌片石（混凝土块）护坡厚度（m）；

4.5.13 抛石（或堆石）护脚，其抛石堆顶上的石块折算直径可按式（4.5.13-1）计算确定；抛石堆斜坡上的石块折算直径（4.5.13-2）计算确定；抛石位移可按式（4.5.13-3）计算距离。

$$D=\frac{\bar{v}^2}{\sqrt{\frac{5}{k}}2g\frac{\gamma_s-\gamma_0}{\gamma_0}} \quad (4.5.13-1)$$

$$D_1=\frac{D}{\cos\alpha} \quad (4.5.13-2)$$

$$L=0.8\frac{\bar{v}}{G^{1/6}}h \quad (4.5.13-3)$$

式中 D_1——斜坡上石块的折算直径（m）；

$\sqrt{\frac{5}{k}}$——石块滑动的稳定系数，取 0.86；

L——流水总用下抛石发生位移的距离（m）；

h——行进水流的水深（m）；

G——所抛石块的重量（质量）（kg）。

4.5.14 采用石笼护基或护管时，石笼基底应铺 0.2～0.4m 的平整垫层；若地基为基岩，可将石笼用钢筋锚固定在基岩上。根据需要可对石笼进行灌浆处理，增加稳定性。

4.5.15 护管（河底）石笼的顺水流平铺长度应大于自石笼顶面至设计洪水冲刷线深度的 1.5 倍。

4.5.16 当冲刷深度较大或常水位水深较大时，宜采用混凝土板之间铰连接的柔性混凝土防护板，铺设于护坡基础处或作护底（管）用。混凝土板的厚度可按式（4.5.12）计算，γ_s 为混凝土板的重度，μ 值取 0.3。

柔性混凝土板的护底平铺长度可按式（4.5.16）计算：

$$L=\sqrt{1+m^2}\cdot h_{\Delta z}+B_1 \quad (4.5.16)$$

式中 L——平铺长度（m）；

m——边坡系数，按 1～0.5 取用；

$h_{\Delta z}$——防护深度（m），根据冲刷确定；

B_1——安全长度（m），可取 2.0m。

4.5.17 对于淹没时间不长、流速较小的河渠岸坡，可采用草皮护坡或土工格室护坡。基础可根据地质条件与水流情况采用浆砌、抛石、石笼或混凝土柔性护板。

5 水平定向钻法穿越设计

5.1 敷设要求

5.1.1 采用水平定向钻穿越时，宜选择在较为稳定的地层内，两侧应有足够布设钻机、泥浆池、材料堆放和管道组焊的场地。

5.1.2 采用弹性敷设时，穿越管段曲率半径不宜小于 $1500D_s$，且不应小于 $1200D_s$。

5.1.3 水平定向钻敷设穿越管段的入土角宜为 8°～18°，出土角宜为 4°～12°，应根据穿越长度、管段埋深和弹性敷设条件确定。

5.1.4 穿越管段的埋深除应根据地质条件与冲刷深度确定外，还应在水床中钻孔护壁泥浆压力下，不出现泥浆外冒。最小埋深应大于设计洪水冲刷线以下 6m。

5.1.5 穿越管段两端地面，应根据地基土层的稳定性和密实性采取措施防止塌陷。

5.1.6 在水平定向钻穿越的管段上，不应有任何附件焊接于管体上。若需设止水环时，可在回拖完成后按要求的结构型式设置止水环。

5.1.7 不宜将整个穿越管段用水平定向钻敷设于卵石层中，若仅穿越两岸有一定厚度的卵石层时，宜采取套管、固结、开挖等措施实现水平定向钻敷设管段。

5.1.8 采用管段充水的回拖方法时，应采取措施，防止回拖至入土端上抬时，管内出现真空，造成钢管屈曲失稳。

5.1.9 水平定向钻穿越宜采用环保泥浆或对泥浆进行处理,防止泥浆污染环境。

5.2 管段计算

5.2.1 水下穿越管段采用水平定向钻敷设达到本规范第5.1.4条要求时,可不核算管段的水下稳定。

5.2.2 管段承受的荷载与组合宜按本规范第4.3节的规定,根据实际可能发生的条件选取。

5.2.3 钢管壁厚应进行强度核算。强度要求应按本规范式(4.4.2-5)、(4.4.2-6)和式(4.4.3)核算。

5.2.4 穿越管段回拖时,最大回拖力应按下式计算值的1.5~3.0倍选取。

管段不充水回拖时:

$$F=\pi L f\left[\frac{D^2\gamma_1}{4}-\left(\frac{D_s+d_s}{2}\right)\delta\gamma_s\right]+\pi DLK \quad (5.2.4)$$

式中 F——穿越管段回拖力(kN);
L——穿越管段长度(m);
f——摩擦系数,一般取0.1~0.3;
D——穿越管段的管身外径(m);
D_s——穿越管段的钢管外径(m);
d_s——穿越管段的钢管内径(m);
γ_1——泥浆密度,一般为1.15~1.2;
γ_s——钢材密度,78kN/m³;
K——粘滞系数,一般取0.01~0.03。

5.2.5 穿越管段在扩孔回拖时,应核算空管在泥浆压力作用下的径向屈曲失稳。按下列公式进行核算:

$$P_s \leqslant F_d \cdot P_{yp} \quad (5.2.5-1)$$

$$P_{yp}^2-\left[\frac{\sigma_s}{m}+(1+6mn)P_{cr}\right]P_{yp}+\frac{\sigma_s P_{cr}}{m}=0 \quad (5.2.5-2)$$

$$m=\frac{D_s}{2\delta} \quad (5.2.5-3)$$

$$n=\frac{f_0}{2} \quad (5.2.5-4)$$

$$P_{cr}=\frac{2E_s\left(\frac{\delta}{D_s}\right)^3}{1-\mu^2} \quad (5.2.5-5)$$

式中 P_s——泥浆压力,可按1.5倍泥浆静压力或回托施工时的实际动压力选取(MPa);
σ_s——钢管屈服强度(MPa);
F_d——穿越管段设计系数,按0.6选取;
P_{yp}——穿越管段所能承受的极限外压力(MPa);
P_{cr}——钢管弹性变形临界压力(MPa);
E_s——钢管弹性模量,2.1×10⁵(MPa);
δ——钢管壁厚(mm);
D_s——钢管外径(mm);
μ——泊桑比,0.3;
f_0——钢管椭圆度(%)。

6 隧道法穿越设计

6.1 一般规定

6.1.1 隧道结构的设计应以地质勘察资料为依据。地质勘察应根据国家现行标准按不同设计阶段及施工方法确定隧道工程勘察的内容和范围,同时应通过施工中对地层的观察和监测反馈进行验证,并校核结构设计。

6.1.2 隧道结构的设计,应减少施工中和建成后对环境造成的不利影响,同时考虑周围环境的改变对结构的作用。

6.1.3 隧道结构的净空尺寸应满足管道建筑限界、管道安装、检修、施工等要求,并考虑施工误差、结构变形和位移的影响,同时满足预埋件的要求。

6.1.4 盾构、顶管法施工上部所需覆土层的厚度,应根据建(构)筑物、地下管线、水文地质条件、盾构形式等因素决定,不宜小于3倍设备外径或水域冲刷线以下8m,确有技术依据时,在局部地段可适当减少。

6.1.5 隧道结构应就其施工和正常使用阶段进行结构强度的计算,必要时应进行刚度和稳定性计算。对于混凝土结构,应进行抗裂验算或裂缝宽度验算。当计入地震荷载或其他偶然荷载作用时,可不验算结构的裂缝宽度。

6.2 荷 载

6.2.1 作用在隧道结构上的荷载,可按表6.2.1进行分类。在决定荷载的数值时,应考虑施工和使用年限内发生的变化,符合现行国家标准《建筑结构荷载规范》GB 50009及相关规范的规定。

表6.2.1 荷载分类表

荷载分类	荷 载 名 称
永久荷载	结构自重
	围岩压力
	土压力
	结构上部或破坏棱体范围的设施及建筑物压力
	水压力及浮力
	预加应力
	混凝土收缩及徐变影响
	地基下沉影响
	输送介质的内压力
	管段自重(包括管身结构自重、加重层重、保温层重)

续表 6.2.1

荷载分类	荷载名称
可变荷载	输送介质重
	地面活载
	地面活载引起的土压力
	施工荷载
	温度变化的影响
	试运行时的水重与压力
偶然荷载	落石冲击力
	地震影响
	沉船、抛锚或河道疏浚产生的撞击力等灾害性荷载

6.2.2 作用在结构上的水压力，宜根据施工阶段和长期使用过程中地下水位的变化区分不同的围岩条件，按静水压力或把水作为土的一部分计入土压力。

6.2.3 作用于山岭隧道衬砌上的偏压力，应根据地形、地质条件、围岩分级以及外侧围岩的覆土厚度、地面坡度确定。

6.3 作用组合与作用计算

6.3.1 采用概率极限状态法设计隧道结构时，结构的荷载设计值应按下式计算：

$$F_d = \gamma_f \cdot F_k \quad (6.3.1)$$

式中 γ_f——作用分项系数；
F_k——作用标准值。

6.3.2 隧道结构的作用应根据不同的极限状态和设计状态进行组合。宜按作用结构自重＋围岩压力或土压力的基本组合进行设计。

基本组合中各作用分项系数取 1.10，按偶然组合（基本组合＋偶然负载）核算时，各作用分项系数取 1.0。

6.3.3 结构自重标准值宜按结构设计尺寸及材料标准重度计算确定。

6.3.4 计算深埋隧道衬砌时，围岩压力按松散压力考虑，其垂直及水平均布压力的作用标准值可按下列规定确定。

1 垂直均布压力宜按下式计算确定。

$$q = \gamma h \quad (6.3.4-1)$$
$$h = 0.41 \times 1.79^s \quad (6.3.4-2)$$

式中 q——围岩垂直均布压力（kPa）；
γ——围岩重度（kN/m³）；
h——围岩压力计算高度（m）；
s——围岩级别。

2 水平均布压力宜按表 6.3.4 确定。

表 6.3.4 围岩水平匀布压力

围岩级别	Ⅰ～Ⅱ	Ⅲ	Ⅳ	Ⅴ	Ⅵ
水平匀布压力	0	<0.15q	(0.15～0.30)q	(0.30～0.50)q	(0.50～1.00)q

注：式（6.3.4-1）、式（6.3.4-2）及表 6.3.4 适用于下列条件：
1 不产生显著偏压力及膨胀力的一般围岩；
2 采用矿山法施工的隧道。

6.3.5 计算偏压衬砌时，围岩压力宜按本规范附录 A 的公式计算确定。

6.3.6 浅埋隧道的荷载宜按本规范附录 B 的规定确定。

6.3.7 对稳定性有严格要求的刚架和截面厚度大、变形受约束的结构，均应考虑温度变化和混凝土收缩徐变的影响。

6.3.8 结构构件就地建造或安装时，作用在构件上的施工荷载，应根据施工阶段、施工方法和施工条件确定。

6.3.9 在最冷月平均气温低于－15℃地区和受冻害影响的隧道应考虑冻胀力，冻胀力宜根据当地的自然条件、围岩冬季含水量等资料通过计算确定。

6.3.10 灌浆压力应按灌浆机械可能使用的最大作用力计算确定。

6.3.11 地震力应按现行国家标准《铁路工程抗震设计规范》GB 50111 的规定计算确定。

6.4 矿山法隧道设计

6.4.1 隧道应设衬砌，Ⅳ～Ⅵ级围岩应优先采用复合式衬砌，地下水不发育的Ⅰ～Ⅱ级围岩的隧道，宜采用喷锚衬砌。Ⅲ级围岩应根据地下水发育情况、隧道断面及隧道长度确定衬砌形式。

衬砌结构的型式及尺寸，可根据围岩级别、水文地质条件、埋置深度、结构工作特点，结合施工条件等，通过工程类比和结构计算确定。必要时，还应经过试验论证。

6.4.2 隧道衬砌设计应符合下列规定：

1 小断面隧道可采用直墙式衬砌，大断面隧道宜采用曲墙式衬砌，Ⅵ级围岩的衬砌应采用钢筋混凝土结构。

2 因地形或地质构造等引起有明显偏压的地段，应采用偏压衬砌；Ⅴ、Ⅵ级围岩的偏压衬砌应采用钢筋混凝土结构；Ⅳ级围岩的偏压衬砌也宜采用钢筋混凝土结构。

3 隧道洞口段衬砌应加强，加强长度应根据地质、地形等条件确定，一般隧道洞口加强衬砌长度不应小于 5.0m；当洞口段围岩级别已经考虑浅埋受地表影响修正时，可按降低后的围岩级别设计衬砌，不需另行加强。

4 围岩较差地段的衬砌应向围岩较好地段延伸，延伸长度宜为5～10m。

5 偏压衬砌段应延伸至一般衬砌段内5m以上。

6 Ⅳ～Ⅵ级围岩地段均应设置仰拱；Ⅰ～Ⅲ级围岩地段是否设置仰拱应根据岩性、地下水情况确定；不设仰拱的地段应设底板，底板宜设置钢筋，其厚度不应小于150mm，钢筋净保护层厚度不应小于30mm。

7 硬软地层分界处及对衬砌受力有不良影响处，应设置变形缝。

6.4.3 复合式衬砌设计应符合下列规定：

1 复合式衬砌设计应综合考虑包括围岩在内的支护结构、断面形状、开挖方法、施工顺序和断面闭合时间等因素，力求充分发挥围岩的自承能力。

2 复合式衬砌的初期支护，宜采用喷锚支护，其基层平整度应符合 D/L≤1/6（D 为初期支护基层相邻两凸面凹进去的深度；L 为基层两凸面的距离）；二次衬砌宜采用模筑混凝土，二次衬砌宜为等厚截面，连接圆顺。

3 复合式衬砌初期支护及二次衬砌的设计参数，宜采用工程类比确定，并通过理论分析进行验算。当无类比资料时，宜参照表6.4.3选用，并根据现场围岩量测信息对支护参数作必要的调整。

表6.4.3 隧道复合式衬砌的设计参数

围岩级别	初期支护						二次衬砌厚度(mm)	
	喷射混凝土厚度(mm)		锚杆			钢筋网(mm)	钢架	拱、墙	仰拱
	拱、墙	仰拱	位置	长度(m)	间距(m)				
Ⅱ	50	—							
Ⅲ	70	—	局部设置	2.0	1.2～1.5			250	
Ⅳ	100	—	拱、墙	2.0～2.5	1.0～1.2	必要时设置@250×250		300	300
Ⅴ	100～150	100～150	拱、墙	2.5～3.0	0.8～1.0	拱、墙、仰拱@200×200	必要时设置	350	350
Ⅵ	通过试验确定								

6.4.4 喷锚衬砌设计应符合下列规定：

1 喷锚衬砌内部轮廓应比整体式衬砌适当放大，应预留50～100mm作为必要时补强用。

2 遇下列情况不应采用喷锚衬砌：
  1）地下水发育或大面积淋水地段；
  2）能造成衬砌腐蚀或膨胀性围岩的地段；
  3）最冷月平均气温低于－5℃地区的冻害地段；
  4）有其他特殊要求的隧道。

3 喷锚衬砌的设计参数，宜按表6.4.4选用。

表6.4.4 喷锚衬砌的设计参数

围岩级别	Ⅰ	Ⅱ
设计参数	喷射混凝土厚度50mm	喷射混凝土厚度80mm，必要时设置锚杆，锚杆长1.5～2.0m，间距1.2～1.5m

注：1 边墙喷射混凝土厚度可略低于表列数值，当边墙围岩稳定，可不设锚杆和钢筋网。
  2 钢筋网的网格宜为150～300mm，钢筋网保护层厚度不应小于30mm。

6.4.5 整体衬砌设计应符合下列规定：

1 隧道洞口段，当线路中线与地形等高线斜交，围岩为Ⅰ～Ⅲ级时，宜采用斜交衬砌。

2 最冷月平均气温低于－15℃的地区，应根据情况设置变形缝。

3 围岩地段拱部衬砌背后应压注不低于M20的水泥砂浆。

6.4.6 初期支护的组成应根据围岩的性质及状态、地下水情况、隧道断面尺寸及其埋置深度等条件确定。

1 系统锚杆应沿隧道周边均匀布置，在岩面上按梅花形布置，其方向应接近于径向或垂直岩层，并应根据使用目的和围岩性质及状态等确定锚杆的类型、锚固方式、长度等，尤其对软弱围岩、自稳时间短、初期变形大的地层，应采用长锚杆或自钻式锚杆注浆加固围岩。

2 自稳时间短、初期变形大的地层，或对地面下沉量有严格限制时，应采用钢架。根据围岩条件的不同，宜选择仅在隧道拱部设置钢架或在拱部及墙部设置开口式钢架。在软弱围岩中应采用封闭式钢架。格栅钢架主筋的直径不宜小于18mm，各排钢架间应设置钢拉杆，其直径宜为20～22mm。

3 松散、破碎或膨胀性围岩中宜采用钢筋网喷射混凝土作初期支护，其厚度不宜小于100mm，钢筋应以直径6～8mm的钢筋焊接而成，网格间距宜为150～300mm，钢筋网搭接长度应为1～2个网孔。

6.4.7 衬砌仰拱应具有与其使用目的相适应的强度、刚度和耐久性。仰拱厚度宜与拱、墙厚度相同。

Ⅳ～Ⅵ级围岩隧道的仰拱，其初期支护宜采用钢筋网喷射混凝土，必要时宜加设锚杆、钢架或采用早强喷射混凝土；二次衬砌应采用模筑混凝土。

在软弱围岩有水地段或最冷月平均气温低于－15℃地区的洞口段，仰拱应加强。

6.5 盾构法隧道设计

6.5.1 盾构隧道的设计应包括以下主要内容：

1 工作坑位置的选择及其结构类型的设计。

2 盾构设备选型建议。
3 推力计算。
4 环片设计。
5 洞口的封门设计。
6 控制地面隆起、沉降的措施。
7 注浆加固措施。

6.5.2 盾构法施工的隧道衬砌计算应符合下列规定：

1 在满足工程使用、受力的前提下，宜选用装配式钢筋混凝土单层衬砌。

2 使用带护盾的掘进机施工的隧道，应采用圆形结构。

3 装配式衬砌宜采用接头具有一定刚度的柔性结构，应限制荷载作用下变形和接头张开量，满足受力和防水要求。

6.5.3 隧道结构的计算简图应根据地层情况、衬砌构造特点及施工工艺等确定，宜考虑衬砌与围岩共同作用及装配式衬砌接头影响。在软土地层中，采用通缝拼装的衬砌结构宜取单环按自由变形的弹性匀质圆环、弹性铰圆环进行分析计算；采用错缝拼装的衬砌结构宜考虑环间剪力传递的影响。

6.5.4 装配式衬砌的构造应满足下列要求：

1 隧道衬砌宜采用块与块、环与环间用螺栓连接的环片。

2 衬砌环宽宜采用800～1500mm，可能情况下宜选用较大的宽度。曲线地段应采用适量的不等宽的楔形环，其环面锥度由隧道的直径、楔形块间距及隧道曲线半径确定。楔形块间距及环面斜度的选用要考虑盾构施工在曲线段缓和转向的要求，环面斜度宜取1：100～1：300。

3 衬砌厚度应根据隧道直径、埋深、工程地质及水文地质条件，使用阶段及施工阶段的荷载情况等确定，宜为隧道外轮廓直径的0.05～0.06倍。

4 衬砌环的分块，应根据环片制作、运输、盾构设备、施工方法和受力要求确定。

6.5.5 衬砌制作和拼装应达到下列精度：

1 单块环片制作的允许误差：宽度为0.5mm；弧弦长为1.0mm；环向螺栓孔及孔位为1.0mm；厚度为1.0mm。

2 整环拼装的允许误差：相邻环的环面间隙为1.0～1.5mm；纵缝相邻块间隙为1.5～2.5mm；纵向螺栓孔孔径、孔位分别为±1.0mm；衬砌外径为±3.0mm。

3 采用错缝拼装时，单块环片制作允许误差，其宽度为±0.3mm，整环拼装相邻环面间隙为0.6～0.8mm，并应符合本条第1、2款的要求。

6.6 顶管法隧道设计

6.6.1 顶管隧道的设计应包括以下主要内容：

1 顶进方法的选用和顶管段单元长度的确定。

2 工作坑位置的选择及其结构类型的设计。

3 顶管设备选型建议。

4 顶力计算和后背设计。

5 洞口的封门设计。

6 控制地面隆起、沉降的措施。

7 注浆加固措施。

6.6.2 管道顶进方法的选择，应根据管道所处土层性质、管径、地下水位、附近地上与地下建筑物、构筑物和各种设施等因素，经技术经济比较后确定，并应符合下列规定：

1 在粘性土或砂性土层，无地下水影响时，宜采用手掘式或机械挖掘式顶管法。当土质为砂砾土时，宜采用具有支撑的工具管或注浆加固土层的措施。

2 在软土层且无障碍物的条件下，管顶以上土层较厚时，宜采用挤压式或网格式顶管法。

3 在粘性土层中应控制地面隆陷时，宜采用土压平衡顶管法。

4 在粉砂土层中需要控制地面隆陷时，宜采用加泥式土压平衡或泥水平衡顶管法。

5 在顶进长度较短、管径较小的钢管时，宜采用一次顶进的挤密土层顶管法。

6.6.3 顶管隧道设计计算应符合下列要求：

1 顶管隧道除应按本规范表6.2.1要求的荷载组合计算外，应检算顶力作用，并作为设计后背和顶进设施的依据，设计时应满足顶进过程中承受上部活荷载时的安全要求。

2 若洞身较长，为了施工的安全和方便，宜分段顶进。分段顶进的结构，其分段端部应预留支顶位置，并要求裂缝严密不漏水。

3 跨度较大的结构，其挖土平台应设中柱或支架，以增加刚度。

6.6.4 顶管的最大顶力可按下式计算，亦可采用当地的经验公式确定：

$$P = f\gamma D_1 \left[2H + (2H + D_1)\tan^2\left(45° - \frac{\phi}{2}\right) + \frac{\omega}{\gamma}D_1 \right] L + P_f \quad (6.6.4)$$

式中 P——计算的总顶力（kN）；

γ——管道所处土层的重力密度（kN/m³）；

D_1——管道的外径（mm）；

H——管道顶部以上覆盖土层的厚度（m）；

ϕ——管道所处土层的内摩擦角（°）；

ω——管道单位长度的自重（kN/m）；

L——管道的计算顶进长度（m）；

f——顶进时，管道表面与其周围土层之间的摩擦系数，其取值可按表6.6.4-1所列数据选用；

P_f——顶进时，工具管的迎面阻力（kN），其取值宜按不同顶进方法由表 6.6.4-2 所列公式计算。

表 6.6.4-1 顶进管道与其周围土层的摩擦系数 f

土 类	湿	干
粘土、亚粘土	0.2～0.3	0.4～0.5
砂土、亚砂土	0.3～0.4	0.5～0.6

表 6.6.4-2 顶进工具管迎面阻力 P_f 的计算公式

顶进方法		顶进时，工具管迎面阻力 P_f 的计算公式（kN）
手工掘进	工具管顶部及两侧允许超挖	0
	工具管顶部及两侧不允许超挖	$\pi \cdot D_{av} \cdot t \cdot R$
挤压法		$\pi \cdot D_{av} \cdot t \cdot R$
网格挤压法		$a \cdot \pi/4 \cdot D \cdot R$

注：D_{av}——工具管刃脚或挤压喇叭口的平均直径（m）。

t——工具管刃脚厚度或挤压喇叭口的平均宽度（m）。

R——手工掘进顶管法的工具管迎面阻力，或挤压、网格挤压顶管法的挤压阻力。前者可取 500kN/m²，后者可按工具管前端中心处的被动土压力计算（kN/m²）。

a——网格截面参数，可取 0.6～1.0。

6.6.5 顶进结构应按最大顶力进行下列检算：

1 顶进部位局部压应力；

2 中柱及侧墙根部剪应力；

3 顶进就位地基承载力。

6.6.6 顶进结构的顶部竖向土压力应按土柱重计算。

6.6.7 顶进结构的主体结构前端应设钢刃角，安设钢刃角的边墙端线与水平线夹角应视土质情况，不宜大于 45°，刃脚挑出部分按施工荷载设计。

6.6.8 顶进长度大于 150m 的顶管法施工隧道，应加设中继站。中继站间距不宜大于 150m。

6.7 竖井工程

6.7.1 本节适用于下列竖井结构：放坡开挖或护壁施工的明挖结构、用沉井法施工的结构、用矿山法施工的暗挖结构。

6.7.2 井筒断面的结构形式应根据围岩性质、工程条件、管路铺设和施工等因素确定，宜采用圆形钢筋混凝土结构。

6.7.3 竖井马头门处结构衬砌应加强。

Ⅰ 沉井法施工的结构

6.7.4 沉井下沉自重扣除水浮力作用后，应大于下沉时土对井壁的摩阻力，当刃脚需嵌入风化层时应采取措施。

土对井壁摩阻力的数值与沉井入土深度、土的性质、井壁外形及施工方法等有关，此项数值应根据实践或经验资料确定。

6.7.5 沉井底节可采用混凝土结构、钢筋混凝土结构、钢结构等。混凝土结构只适用于下沉深度不大的松软土层。

6.7.6 沉井刃脚应按下列情况检算：

1 沉井下沉过程中，应根据沉井接高等具体情况，取最不利位置，按刃脚切入土中 1m，检算刃脚向外弯曲强度。作用在井壁上的土压力和水压力根据下沉时的具体情况确定，作用在井壁外侧的计算摩擦力不应大于 $0.5E$（E 为井壁外侧所受主动土压力）。

2 当沉井沉至设计高程，刃脚下的土已掏空时，应检算刃脚向内弯曲强度。此时作用在井壁上的水压力，按设计和施工中的最不利水压力考虑，土压力按主动土压力计算。

6.7.7 检算刃脚时，应根据刃脚在水平和竖直两方向的作用力，进行荷载的分配并进行沉井刃脚计算。

6.7.8 井壁应按竖直方向和水平方向分别进行检算，并应符合下列规定：

1 在竖直方向上，应按沉井外侧四周有摩阻力作用、刃脚下土已挖空的状况进行井壁垂直拉应力检算。混凝土沉井接缝处拉应力由接缝钢筋承受，并检算钢筋的锚固长度。

2 在水平方向上，应按本规范第 6.2.1 条的水平荷载，将沉井作为水平框架进行检算。在检算刃脚斜面以上高度等于该处壁厚的一段井壁时，除承受该段井壁范围内的水平荷载外，还应承受由刃脚悬臂传来的水平力。

6.7.9 沉井的平面尺寸应根据管道施工要求和地基容许承载力确定，并应考虑阻水较小、受力合理、简单对称和施工方便等要求。棱角处宜用圆角或钝角。沉井外壁可做成竖直的或有台阶的，台阶的宽度为 100mm 左右。

井孔的布置和大小应满足管道敷设及维修、取土机具所需净空及出土范围的要求。

沉井在松软土中下沉时，沉井底节高度不应大于沉井短边宽度的 0.8 倍。

6.7.10 井壁的厚度应根据结构强度、下沉需要的重量，以及便于取土和清基而定。

6.7.11 沉井刃脚根据地质情况，可采用尖刀或带踏面的刃脚，踏面宽度不宜大于 150mm，刃脚斜面与水平面交角不宜小于 45°。

Ⅱ 矿山法施工的暗挖结构

6.7.12 矿山法施工的竖井结构设计，初期支护及二次衬砌的设计参数，可采用工程类比确定，并通过理论分析进行验算。

6.7.13 复合式衬砌设计应考虑包括围岩在内的支护

结构、开挖方法、施工顺序等因素，力求充分发挥围岩的自承能力。

6.7.14 复合式衬砌的初期支护，宜采用喷射混凝土、格栅钢架或锚杆为主要支护手段；二次衬砌宜采用模筑混凝土。

6.7.15 喷锚支护参数，应根据围岩级别、井筒断面尺寸等因素，通过计算或采用工程类比确定。

6.7.16 松散堆积层、含水砂层及软弱围岩的竖井设计应遵守下列规定：

   1 衬砌宜采用钢筋混凝土结构。

   2 通过松散堆积层或含水层时，施工宜采用从地表或沿竖井周边向围岩注浆等预加固措施，并宜采用超前小导管注浆或管棚等超前支护措施。

   3 根据具体情况，应对地表水和地下水做出妥善处理，避免施工中淹井。

   Ⅲ 放坡开挖或护壁施工的明挖结构

6.7.17 明挖结构根据地质、埋深、施工方法等条件，必要时应进行抗浮、整体滑移及地基稳定性验算。

6.7.18 明挖结构的围护结构型式宜采用水泥搅拌桩、钻孔灌注桩、地下连续墙。

6.7.19 明挖结构的衬砌应符合下列规定：

   1 宜采用整体式钢筋混凝土衬砌或装配式钢筋混凝土衬砌。

   2 地下连续墙及灌注桩支护宜作为主体结构侧墙的一部分与内衬墙共同受力。墙体的结合方式根据使用、受力及防水等要求，宜选用叠合式或复合式构造。确能满足耐久性要求时，宜将地下连续墙作为主体结构的单一侧墙。

6.7.20 明挖法围护结构应符合下列规定：

   1 根据工程特点、工程地质和水文地质条件及环境保护要求，确定其安全等级及地面允许最大沉降量和围护墙的水平位移控制要求，选择支护形式、地下水处理方法和基坑保护措施等。

   2 桩、墙式围护结构的设计，应根据设定的开挖工况和施工顺序按竖向弹性地基梁模型逐阶段计算其内力及变形。当计入支撑作用时，应考虑每层支撑设置时墙体已有的位移及支撑的弹性变形。

   3 围护结构的设计，在确定计算土压力时，应综合考虑围护墙的平面形状、支撑方式、受力条件及基坑变形控制要求等因素，结构宜按墙背土压力随开挖过程变化的方法分析。

   4 桩、墙式围护结构的设计，在软土地层中，水平基床系数的取值宜考虑挖土方式、时限、支撑架设顺序及时间等影响。

   5 基坑工程应进行抗滑移和倾覆的整体稳定性、基坑底部土体抗隆起和抗渗流稳定性以及抗坑底以下承压水的稳定性检算。

6.7.21 地下连续墙应符合下列规定：

   1 地下连续墙单元槽段的长度和深度，应根据建筑物的使用要求和结构特点、工程地质和水文地质条件、施工条件和施工环境等因素以及类似工程的实际经验确定，必要时宜进行现场成槽试验。

   2 地下连续墙墙段之间宜采用不传力的普通接头，当有特殊要求时，接头构造应满足传力和防水要求。

   3 当地下连续墙作承重基础时，应进行承载能力、变形和稳定性计算。

   4 当地下连续墙与主体结构连接时，预埋在墙内的受力钢筋、钢筋连接器或连接板锚筋等，均应满足受力和防水要求，其锚固长度应符合构造规定。钢筋连接器的性能应符合国家现行标准《钢筋机械连接通用技术规程》JGJ 107 的相关规定。

   5 地下连续墙的墙面倾斜度不宜大于 1/300，局部突出不宜大于 100mm。

6.7.22 水泥土墙应符合下列规定：

   1 桩的嵌固深度及正截面承载力验算应按国家现行标准《建筑基坑支护技术规程》JGJ 120 进行计算。

   2 高压旋喷桩作为围护结构宜用于浅基坑支护。

   3 水泥土桩与桩之间搭接宽度应根据挡土及截水要求确定，考虑截水作用时，桩的有效搭接宽度不宜小于 150mm；当不考虑截水作用时，搭接宽度不宜小于 100mm。

   4 当变形不能满足要求时，宜采用基坑内侧土体加固或水泥土墙插筋加混凝土面板及加大嵌固深度等措施。

   5 深层搅拌桩的桩位偏差不应大于 50mm，垂直度偏差不应大于 0.5%。

   6 当设置插筋时桩身插筋应在桩顶搅拌完成后及时进行。插筋材料、插入长度和出露长度等均应按计算和构造要求确定。

6.7.23 钻孔灌注排桩应符合下列规定：

   1 钻孔灌注排桩支护应进行结构内力、变形计算。单桩断面和配筋按圆形受弯杆件设计。桩径不宜小于 500mm。连续排桩间的净距宜取 100～150mm，也可根据需要调整。

   2 钻孔灌注排桩墙的单桩纵向受力钢筋宜沿截面均匀对称布置，按受力大小沿深度分段配置。钢筋笼的箍筋宜采用直径 6～8mm 的螺旋箍筋，间距 200～300mm；加强箍应焊接封闭，间距宜取 2m，直径 12～14mm。

   3 钻孔灌注排桩的混凝土设计强度等级不应小于 C20，主筋混凝土保护层厚度不宜小于 50mm。

   4 钻孔灌注排桩的外侧应设置防渗帷幕。防渗帷幕应贴近围护桩，其净距不宜大于 150mm。防渗帷幕的深度按坑底垂直抗渗流稳定性检算确定。其底部宜进入不透水层。

5 防渗帷幕厚度根据基坑开挖深度、土层条件、环境保护要求等综合考虑确定。

6 钻孔灌注排桩的桩顶宜设置钢筋混凝土圈梁并兼作支撑围檩。桩内主筋锚入圈梁的长度由计算确定。

6.8 斜井工程

6.8.1 斜井井口不应设在可能被洪水淹没处，井口应高出1%洪水频率的水位以上0.5m；当设于山沟低洼处时，必须有防洪措施。

6.8.2 斜井提升方式应根据提升量、斜井长度、坡度及井口地形选择，斜井倾角应符合下列规定：

1 箕斗提升，不大于35°；

2 串车提升，不大于25°；

3 胶带输送机提升，不大于15°。

6.8.3 斜井应设置宽度不小于0.7m的人行道，倾角大于15°时应设置台阶及扶手。

6.8.4 斜井井底马头门应能满足隧道内所需的材料和设备通过的要求。

6.8.5 斜井的衬砌设计应符合下列规定：

1 斜井井口段和地质较差的地段，宜做衬砌；

2 马头门应做模筑混凝土衬砌。井口段、通过地质较差的井身段及马头门的上方宜设壁座。

6.8.6 斜井和竖井井底应根据涌水量和施工组织安排选择地下水的排出方式和相应的设施。

6.9 工程材料

6.9.1 隧道结构的工程材料应根据结构类型、受力条件、使用要求和所处环境等选用，并考虑可靠性、耐久性和经济性。主要受力结构应采用混凝土或钢筋混凝土结构，必要时可采用金属材料。

6.9.2 混凝土的原材料和配比、最低强度等级、最大水胶比和单方混凝土的胶凝材料最小用量应符合耐久性要求，满足抗裂、抗渗、抗冻和抗侵蚀的需要。一般环境条件下的混凝土设计强度等级不应低于表6.9.2的规定。

表6.9.2 地下结构混凝土的最低设计强度等级

矿山法	喷锚衬砌/喷锚支护	C25/C20
	混凝土/钢筋混凝土衬砌	C25/C30
盾构法	装配式钢筋混凝土管片	C50
	整体式钢筋混凝土衬砌	C30
顶管法	钢筋混凝土结构	C30

6.9.3 普通混凝土和喷锚支护结构中的钢筋及预应力混凝土结构中的非预应力钢筋，宜采用HRB335级钢筋或HPB235级钢筋；预应力混凝土结构中的预应力钢筋，宜采用预应力钢绞线、钢丝或热处理钢筋。

6.9.4 钢筋混凝土管片间的螺纹紧固件的连接形式及其机械性能等级应满足构造和结构受力要求，表面应进行防腐蚀处理。

6.9.5 喷射混凝土宜采用高性能湿喷混凝土。

6.10 防水与排水

6.10.1 隧道防水与排水应符合下列规定：

1 隧道防、排水，应采取"防、排、截、堵结合，因地制宜，综合治理"的原则，采取切实可靠的设计、施工措施，保障结构物和设备的正常使用。对地表水和地下水应做妥善处理，洞内外应形成一个完整的防排水系统。

2 隧道防水应满足：衬砌不漏水，安装设备的孔眼不渗水；隧道排水通畅，不浸水；在有冻害地段的隧道，衬砌不渗水，衬砌背后不积水，排水沟不冻结。

3 隧道修建及运营中的排水有可能影响周围环境，造成污染和危害时，应采取防污染和防其他公害的措施，并应防止水土流失、降低围岩稳定性及造成农田灌溉和人畜用水困难等后患。

6.10.2 矿山法施工的隧道防水应采取以下防水措施：

1 隧道衬砌防水应充分利用混凝土结构的自防水能力，其抗渗等级不应低于P6，根据需要和埋置深度采用的抗渗等级不应低于P8防水混凝土。在有冻害和最冷月平均气温低于－15℃的地区，防水混凝土的等级应适当提高。

2 防水混凝土结构的厚度不应小于300mm，裂缝宽度不应大于0.2mm，并不应贯通。当为钢筋混凝土时，迎水面主筋保护层厚度不应小于50mm。

3 复合衬砌初期支护与二次衬砌之间应铺设防水板，设系统盲管（沟）。

4 围岩破碎、富水、易坍塌地段及地下水、岩溶发育存在突水、突泥可能的特殊地质地段，应采用注浆加固围岩和防水的措施。

5 有侵蚀性地下水时，应针对侵蚀类型，压注抗侵蚀浆液，敷设防水、防蚀层等，采用抗侵蚀性混凝土等措施。

6 最冷月平均气温低于－15℃地区，对地下水的处理应以堵为主。

6.10.3 盾构法施工的隧道结构混凝土防水应符合下列规定：

1 盾构法施工的隧道结构混凝土渗透系数不宜大于5×10^{-13} m/s，氯离子扩散系数不宜大于8×10^{-9} cm/s。当隧道处于侵蚀性介质中时，应采用相应的耐侵蚀性混凝土或在衬砌结构外表面涂刷耐侵蚀的防水涂层，其混凝土的渗透系数不宜大于8×10^{-14} m/s，氯离子扩散系数不宜大于2×10^{-9} cm/s。

2 盾构隧道衬砌结构防水措施应符合表6.10.3的规定。

3 管片接缝应设置一道密封垫沟槽。防水材料的规格、技术性能和螺孔、嵌缝槽等部位的防水措施除应满足设计要求外，应符合现行国家标准《地下工程防水技术规范》GB 50108的有关规定。

管片接缝密封垫应满足在设计水压下和接缝最大张开错位值下不渗漏的要求。

表6.10.3 盾构隧道衬砌结构防水措施

措施选择 防火等级	防水措施	衬砌结构自防水	接缝防水			
			弹性密封垫	嵌缝	注入密封剂	螺孔密封圈
二级		必选	必选	宜选	可选	应选

6.10.4 洞口防水与排水应符合下列规定：

1 隧道和明洞的洞口应设置截水沟和排水沟。

2 多雨地区，宜采取措施防止洞口仰坡范围内地表水下渗和冲刷。

3 截水沟设置应符合下列要求：
  1) 应设置在洞顶边仰坡外不小于5m；
  2) 截水沟坡度应根据地形设置，不应小于3‰。当纵坡过陡时，应设计急流槽或跌水与截水沟连接。水沟截面尺寸根据流入截水沟的汇水区流量确定。水量大时，应根据地形将水引至沟谷或涵洞处排泄。

6.11 通风与照明

6.11.1 需要考虑维修作业的隧道，在维修作业前应采用临时通风与照明。

6.12 隧道内管道安装

6.12.1 平巷隧道内管道安装宜采用地下埋设、地上填土埋设或连续支座架空敷设等方式；斜井内管道安装宜采用连续支座架空敷设；竖井段管道安装宜采用支架式敷设。

6.12.2 隧道内的管道布置应满足施工空间要求，对于矿山法、盾构法隧道应满足检修及人员行走的要求。

6.12.3 隧道内的管段应根据管道输送介质压力、隧道管段高点、低点自重轴向分力及管段安装与运行温差等作用进行轴向稳定性验算。不满足要求时，宜选择补偿器进行热变形补偿。

6.12.4 隧道内采用充水护管，应对管段进行抗漂浮核算，并采取稳管措施。

6.12.5 当采用连续支座架空敷设时，管段支承点宜做成滑动或滚动支座。管道对接环焊缝不应设置在支座的位置处。支承点间距应满足管段的强度和稳定要求。

6.12.6 隧道内管道安装的所有钢构件其表面均应采用耐环境腐蚀的防腐层。构件设计中应避免难于检查、清刷的死角和凹槽。

6.12.7 当管道采取锚固墩（件）锚固时，管道和锚固墩（件）之间应有良好的电绝缘。

6.12.8 管道安装完毕应按本规范第8章的规定进行焊接检验、试压和防腐。

7 铁路（公路）穿越设计

7.1 敷设要求

7.1.1 油气管道在选线设计时，应避免或减少与铁路（公路）反复交叉；需要与铁路（公路）交叉，其穿越点宜选在铁路（公路）区间的路堤段和管道站间的直线段。

7.1.2 油气管道采用无套管、有套管或涵洞与铁路（公路）交叉时，穿越管道与被穿越的铁路（公路）的夹角宜为90°，在特殊情况下，不宜小于30°。油气管道与铁路（公路）高架桥交叉时，在对管道采取防护措施后，交叉角可小于30°，防护长度应满足铁路用地范围外3m的要求。

7.1.3 油气管道穿越铁路（公路）时，其穿越点四周应有足够的空间，满足管道穿越施工和维护的要求，满足邻近建（构）筑物和设施安全距离的要求。

7.1.4 油气管道不宜利用现有铁路（公路）的涵洞穿越，如果需要利用穿越时，应符合有关规定。

7.1.5 油气管道穿越铁路时，套管顶部最小覆盖层厚度应符合表7.1.5的要求。

表7.1.5 套管顶部最小覆盖层厚度

位 置	最小覆盖层（m）
铁路路肩以下	1.7
自然地面或者边沟以下	1.0

7.1.6 油气管道穿越公路时，输送管道或套管顶部最小覆盖层厚度应符合表7.1.6的要求。

表7.1.6 输送管道或套管顶部最小覆盖层厚度

位 置	最小覆盖层（m）
公路顶面路面以下	1.2
公路边沟底面以下	1.0

7.1.7 覆盖层厚度不能满足表7.1.5、表7.1.6的要求时，应采取加强保护措施。

7.1.8 管道穿越铁路（公路）时，输送管道或者套管的底部宜放置在均匀的土层上。

7.1.9 采用套管穿越铁路（公路）时，钢质套管外径应比输送管道直径大100～300mm。钢筋混凝土套管采用人工顶管施工方法时，套管内直径不宜小于1m。

7.1.10 采用套管穿越铁路（公路）时，套管长度宜伸出路堤坡脚、路边沟外边缘不小于2m。被穿越的铁路（公路）规划要扩建时，应按照扩建后的情况确定套管长度。

7.1.11 采用钻孔敷设穿越管道或者套管时，其钻孔孔洞直径不应超过输送管道或者套管外直径50mm。

7.2 无套管穿越设计

7.2.1 无套管穿越管段设计应进行强度、疲劳、变形、稳定计算。

7.2.2 无套管穿越管段承受的荷载除应符合本规范第4.3.1条规定外，可变荷载还应考虑车辆荷载，偶然作用还应考虑地基变形。

7.2.3 无套管穿越管段结构计算，应根据实际可能发生的情况进行荷载组合。

    1 主要组合：永久荷载与车辆荷载之和；

    2 附加组合：永久荷载与可能发生的可变荷载之和；

    3 特殊组合：主要荷载与偶然作用荷载之和。

主要组合按本规范第7.2.4条～第7.2.7条计算，其他组合根据实际情况进行计算分析。

7.2.4 土压力产生的管道应力计算，应符合下列规定：

    1 土压力产生的管道环向应力 σ_{He} 按下式计算：

$$\sigma_{He}=K_{He}B_e E_e \gamma D \quad (7.2.4)$$

式中 σ_{He}——土压力产生的管道环向应力（kPa）；

     K_{He}——土压力产生管道环向应力的刚度系数；

     B_e——土压力埋深影响系数；

     E_e——土压力挖掘系数；

     γ——土壤的容重（kN/m³），如果有岩土试验取实际试验值，一般可取18.9kN/m³；

     D——穿越管道外直径（m）。

    2 土压力产生管道环向应力的刚度系数 K_{He}，应根据土壤反作用模量 E' 和管道的壁厚与外直径的比值 δ/D 确定（图7.2.4-1）。采用钻孔施工方法，E' 应按表7.2.4-1取值。在无勘察资料的情况下，E' 可取3.4MPa。采用开挖夯实管沟回填方法，E' 应高于钻孔施工方法。

表7.2.4-1 土壤反作用模量 E'

土壤状态	E' (MPa)
高塑性的软塑至可塑粘性土和粉土	1.4
低至中塑性的软塑至可塑粘性土和粉土、松散砂和砾石	3.4
硬塑至坚硬的粘性土和粉土、中密的砂和砾石	6.9
密实至很密实的砂和砾石	13.8

    3 土压力埋深影响系数 B_e，应根据土壤分类和管线埋深与钻孔直径的比值 H/B_d 确定（图7.2.4-2）。在不能确定钻孔直径 B_d 的情况下，宜取 $B_d=D+50mm$；采取开挖施工方法，宜取 $B_d=D$。

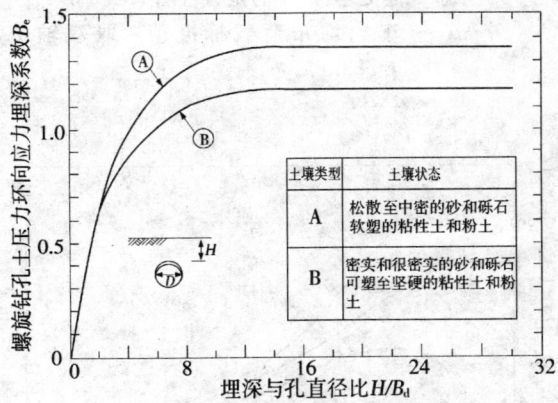

图7.2.4-2 钻孔方式土压力产生管道环向应力的埋深影响系数 B_e

    4 土压力挖掘系数 E_e，应根据钻孔直径与管道直径比值 B_d/D 确定（图7.2.4-3）。在不能确定钻孔直径时，宜取 $E_e=1.0$；对于开挖敷管施工方法，宜取 $E_e=1.0$。

7.2.5 公路车辆荷载产生的管道循环应力计算应符

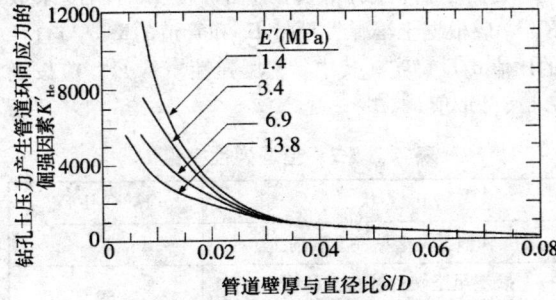

图7.2.4-1 钻孔方式土压力产生管道环向应力的刚度系数 K_{He}

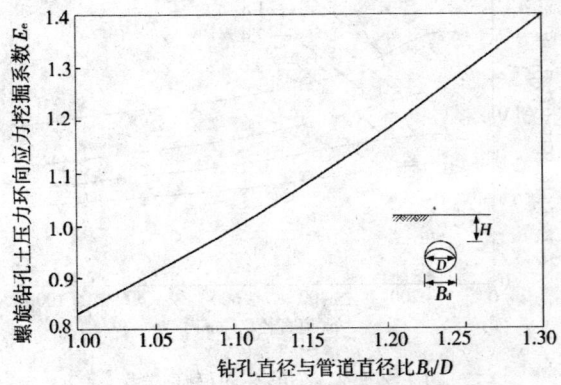

图7.2.4-3 钻孔方式土压力产生管道环向应力的挖掘系数 E_e

合下列规定：

1 车辆荷载产生的管道环向循环应力 σ_{Hh} 应按下式计算：

$$\sigma_{Hh}=K_{Hh}G_{Hh}RLF_iw \quad (7.2.5-1)$$

式中 σ_{Hh}——车辆荷载产生的管道环向循环应力（kPa）；

K_{Hh}——公路车辆荷载产生环向循环应力的刚度系数（图 7.2.5-1）；

G_{Hh}——公路环向循环应力的几何因素（图 7.2.5-2）；

R——公路路面类型系数，按表 7.2.5-1 取值；

L——公路车辆车轴类型系数，按表 7.2.5-1 取值；

F_i——冲击系数。冲击系数是输送管线在穿越处埋深 H 的函数（图 7.2.5-3）；

w——车轮均布荷载标准值，取双轴 $w=583$ kPa。

表 7.2.5-1 公路路面类型系数 R 和车辆车轴类型系数 L

管道埋深 $H<1.2$m，直径 $D\leqslant 305$mm			
路面类型	车轴类型	R	L
刚性路面	双轴	0.90	0.65
弹性路面	双轴	1.00	0.75
无路面	双轴	1.20	0.80
管道埋深 $H<1.2$m，直径 $D>305$mm；埋深 $H\geqslant 1.2$m 的各种管径			
路面类型	车轴类型	R	L
刚性路面	双轴	0.90	0.65
弹性路面	双轴	1.00	0.65
无路面	双轴	1.10	0.65

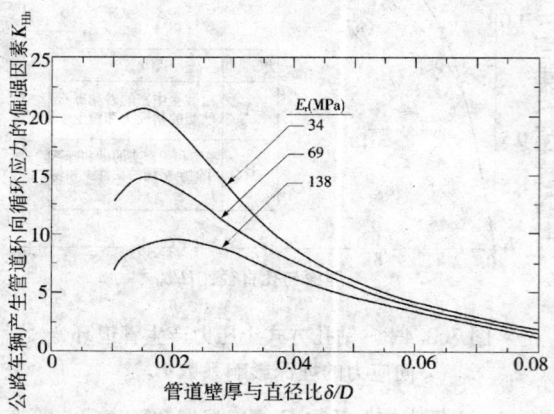

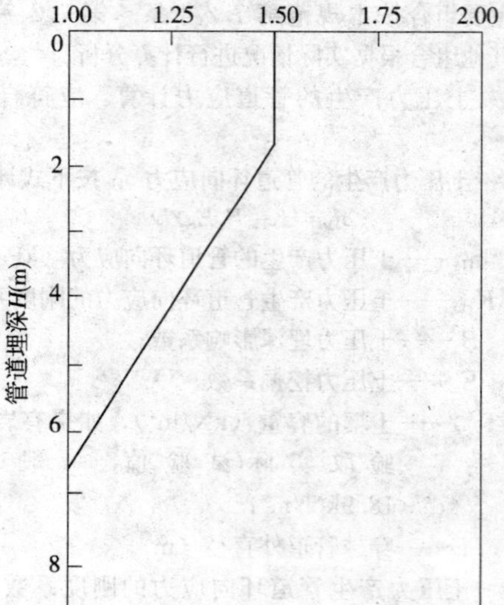

图 7.2.5-1 公路车辆荷载产生管道环向应力的刚度系数 K_{Hh}

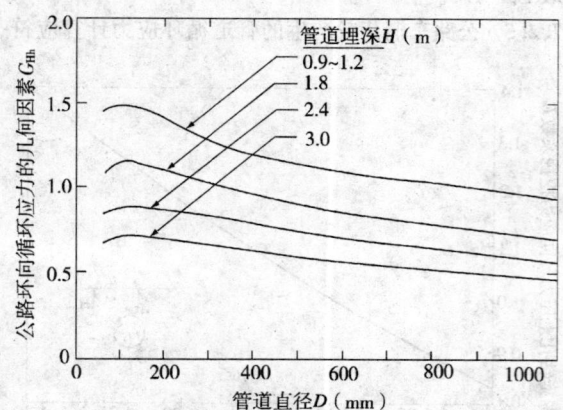

图 7.2.5-2 公路环向循环应力的几何因素 G_{Hh}

图 7.2.5-3 公路车辆荷载冲击系数 F_i

公路车辆荷载产生环向循环应力的刚度系数 K_{Hh}，应根据土壤弹性模量 E_r 和管道的壁厚与直径的比值 δ/D 确定。其中，土壤弹性模量 E_r，应按表 7.2.5-2 取值。

表 7.2.5-2 土壤弹性模量 E_r

土壤状态	E_r（MPa）
软塑至可塑粘性土和粉土	34
硬塑至坚硬的粘性土和粉土、中密的砂和砾石	69
密实至很密实的砂和砾石	138

2 车辆荷载产生的管道轴向循环应力 σ_{Lh} 应按下式计算：

$$\sigma_{Lh} = K_{Lh} G_{Lh} RLF_i w \quad (7.2.5\text{-}2)$$

式中 σ_{Lh}——车辆荷载产生的管道轴向循环应力 (kPa)；

K_{Lh}——公路车辆荷载产生轴向循环应力的刚度系数，按图7.2.5-4取值；

G_{Lh}——公路轴向循环应力的几何因素，按图7.2.5-5取值。

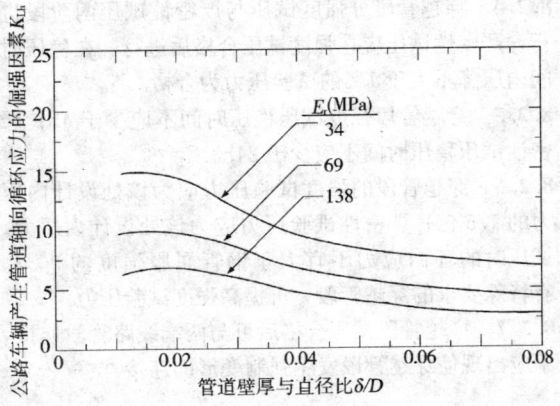

图 7.2.5-4 公路车辆荷载产生管道轴向应力的刚度系数 K_{Lh}

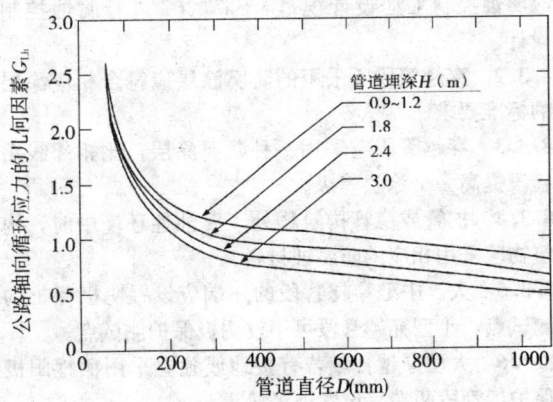

图 7.2.5-5 公路轴向循环应力的几何因素 G_{Lh}

7.2.6 管道内部压力产生的管道环向应力应按本规范第4.4.2条第1款计算。

7.2.7 穿越公路的管道应按本规范第4.4.2条与第4.4.3条进行强度核算。

7.2.8 无套管穿越公路的管道，应按以下方法进行管道环向焊缝和轴向焊缝疲劳复核。

1 穿越管道环向焊缝疲劳应按下式进行复核。

$$\sigma_{Lh} \leqslant \sigma_{FG} F \quad (7.2.8\text{-}1)$$

式中 σ_{Lh}——车辆荷载产生的管道轴向循环应力 (kPa)；

σ_{FG}——环向焊缝耐疲劳极限值 (kPa)，按表7.2.8-1取值；

F——强度设计系数，按本规范表3.2.4选用。

2 穿越管道轴向焊缝疲劳应按下式进行复核。

$$\sigma_{Hh} \leqslant \sigma_{FL} \times F \quad (7.2.8\text{-}2)$$

式中 σ_{Hh}——管道环向循环应力 (kPa)；

σ_{FL}——纵向焊缝耐疲劳极限值 (kPa)，按表7.2.8-1取值。

表 7.2.8-1 环向、纵向焊缝耐疲劳极限值 σ_{FG}、σ_{FL}

钢材等级	规定屈服强度 σ_s (MPa)	最小抗拉强度 (MPa)	σ_{FG} (MPa) 所有类型焊缝	σ_{FL} (MPa) 无缝和电阻焊	σ_{FL} (MPa) 埋弧焊
L175(A25)	175	315	83	145	83
L210(A)	210	335	83	145	83
L245(B)	245	415	83	145	83
L290(X42)	290	415	83	145	83
L320(X46)	320	435	83	145	83
L360(X52)	360	460	83	145	83
L390(X56)	390	490	83	159	83
L415(X60)	415	520	83	159	83
L450(X65)	450	535	83	159	83
L485(X70)	485	570	83	172	90
L555(X80)	555	625	83	186	97

注：根据材料的规定屈服强度选取材料的耐疲劳极限值，材料的规定屈服强度与表中数据不完全相同时，耐疲劳极限值应选用最接近且小于材料的规定屈服强度对应钢材等级的耐疲劳极限值。

7.2.9 无套管穿越公路的管段，应验算无内压状态下管段的径向变形。验算方法根据输送介质的类型，按现行国家标准《输气管道工程设计规范》GB 50251和《输油管道工程设计规范》GB 50253规定的方法进行。

7.3 有套管穿越设计

7.3.1 油气管道宜采用涵洞、套管等保护方法穿越铁路（公路）。涵洞宜采用钢筋混凝土涵洞，套管宜采用钢筋混凝土或者钢质套管。套管直径大于1000mm时宜采用钢筋混凝土套管。

7.3.2 钢筋混凝土涵洞、套管的设计宜执行国家现行标准《铁路桥涵设计基本规范》TB 10002.1或《公路桥涵设计通用规范》JTG D60的有关规定。

7.3.3 钢质套管穿越时，钢质套管设计宜按本规范第7.2节中无套管穿越计算，强度设计系数 F 应执行本规范第3.2.4条的规定，套管的最小壁厚不应小于表7.3.3-1的要求。覆盖层厚度不能满足本规范表7.1.5、表7.1.6的要求时，宜采取加大套管壁厚、管沟回填土处理等措施。钢质套管的厚度应考虑腐蚀的影响。

表 7.3.3-1 钻孔穿越铁路(公路)套管最小壁厚

管子公称直径 D_N（mm）	最小壁厚（mm）	管子公称直径 D_N（mm）	最小壁厚（mm）
≤400	5.6	1000	13.5
450	6.4	1050	14.3
500	7.1	1100	15.1
550	7.1	1150	15.1
600	7.9	1200	15.9
650	8.7	1250	15.9
700	9.5	1300	17.5
750	10.3	1350	18.3
800	11.1	1400	19.1
850	11.9	1450	19.1
900	11.9	1500	19.8
950	12.7	—	—

7.3.4 套管中的输送管道宜设置绝缘支撑，并不得损坏管道防腐涂层。

7.3.5 当一根套管中设置两根或者两根以上输送管道时，应使输送管道与套管以及输送管道之间互相绝缘。

7.3.6 穿越套管两端宜采用柔性材料进行端部密封。预制钢筋混凝土套管接口应采用密封处理。

8 焊接、试压及防腐

8.1 焊接、检验

8.1.1 管道焊接应按现行国家标准《输气管道工程设计规范》GB 50251、《输油管道工程设计规范》GB 50253 与《油气长输管道工程施工及验收规范》GB 50369 的规定执行。

8.1.2 水域大、中型穿越管段及铁路、二级与二级以上公路的穿越管段，对接接头焊缝均应做100%射线探伤检验和100%超声波探伤检验。

8.1.3 采用射线探伤检验应按国家现行标准《金属熔化焊焊接接头射线照相》GB/T 3323 或《石油天然气钢质管道无损检测》SY/T 4109进行验收，Ⅱ级为合格。

8.1.4 采用超声波探伤检验应按国家现行标准《钢焊缝手工超声波探伤方法和探伤结果分级》GB/T 11345 或《石油天然气钢质管道无损检测》SY/T 4109 进行验收，Ⅱ级为合格。

8.2 试 压

8.2.1 穿越管段试压前应进行清管，水平定向钻在穿越施工前后还应进行测径；试压后应再进行清管。输气管道应进行干燥处理。

8.2.2 大、中型穿越管段应单独进行试压；铁路、二级及二级以上公路穿越管段宜单独进行试压。水域小型穿越管段或二级以下公路穿越管段试压可与所在线路段合并进行试压。

8.2.3 穿越管段应采用无腐蚀性洁净水作为试压介质。试压时环境温度不宜小于5℃；若环境温度在 0~5℃以下试压，应采取防冻措施。

8.2.4 穿越管段分强度试压与严密性试压两阶段进行，严密性试压应在强度试压合格后进行。在稳压时间内压降不大于1%的试验压力为合格。

8.2.5 穿越管段强度试压稳压时间不应少于4h；严密性试压稳压时间不应少于24h。

8.2.6 穿越管段的强度试验压力应为该处设计内压力的1.5倍；严密性试验压力应为该处设计内压力。试压时的环向应力不宜大于钢管屈服强度的90%。有特殊要求的穿越管段，可提高强度试验压力。

8.2.7 穿越管段试压合格后可与两端线路管段连接，不应出现使穿越管段发生强制变形的连接。

8.3 防 腐

8.3.1 穿越管段应按国家现行标准《钢质管道及储罐腐蚀控制工程设计规范》SY 0007 进行腐蚀控制设计。

8.3.2 穿越管段所采用的防腐涂层应符合相应涂层的标准要求。

8.3.3 穿越管段应采用一种防腐涂层，比相邻线路管段提高一个涂层等级。

8.3.4 护管或稳管构筑物处于腐蚀性环境中时，构筑物应采用相应的防腐蚀材料。

8.3.5 大、中型穿越管段的一端应设置阴极保护的测试点，小型穿越管段可不设阴极保护测试点。

8.3.6 大型穿越管段若有接地或独立采用牺牲阳极保护，管段两端宜设置绝缘接头。

8.3.7 穿越管段的稳管构筑物、隧道中的支持管段构筑物或构件，应与管段绝缘，但不应对管段产生电屏蔽。

8.3.8 穿越管段敷设时应达到所选用涂层等级的漏电检测要求；安装时不应损伤防腐涂层的完整性，安装完毕后，应对管段进行检漏，达到合格要求。

8.3.9 穿越管段的补口及补伤，应按管段所用防腐涂层的相关标准要求执行。

附录A 偏压隧道衬砌作用(荷载)计算方法

A.0.1 偏压隧道设计时，在假定偏压分布图形与地面坡一致（图 A.0.1）荷载作用下，其垂直压力宜按下列公式计算：

$$Q = \frac{\gamma}{2}\left[(h+h')B - (\lambda h^2 + \lambda' h'^2)\tan\theta\right] \quad (A.0.1\text{-}1)$$

$$\lambda = \frac{1}{\tan\beta - \tan\alpha} \times \frac{\tan\beta - \tan\varphi_c}{1+\tan\beta(\tan\varphi_c - \tan\theta) + \tan\varphi_c \tan\theta} \quad (A.0.1\text{-}2)$$

$$\lambda' = \frac{1}{\tan\beta' - \tan\alpha} \times \frac{\tan\beta' - \tan\varphi_c}{1+\tan\beta'(\tan\varphi_c - \tan\theta) + \tan\varphi_c \tan\theta} \quad (A.0.1\text{-}3)$$

$$\tan\beta = \tan\varphi_c + \sqrt{\frac{(\tan^2\varphi_c+1)(\tan\varphi_c - \tan\alpha)}{\tan\varphi_c - \tan\theta}} \quad (A.0.1\text{-}4)$$

$$\tan\beta' = \tan\varphi_c + \sqrt{\frac{(\tan^2\varphi_c+1)(\tan\varphi_c + \tan\alpha)}{\tan\varphi_c - \tan\theta}} \quad (A.0.1\text{-}5)$$

式中 h——内侧由拱顶水平至地面的高度（m）；
 h'——外侧由拱顶水平至地面的高度（m）；
 B——坑道跨度（m）；
 γ——围岩重度（kN/m³）；
 θ——顶板土柱两侧摩擦角（°）；当无实测资料时，宜按表 A.0.1 选取；
 λ——内侧的侧压力系数；
 λ'——外侧的侧压力系数；
 α——地面坡度角（°）；
 φ_c——围岩计算摩擦角（°）；
 β——内侧产生最大推力时的破裂角（°）；
 β'——外侧产生最大推力时的破裂角（°）。

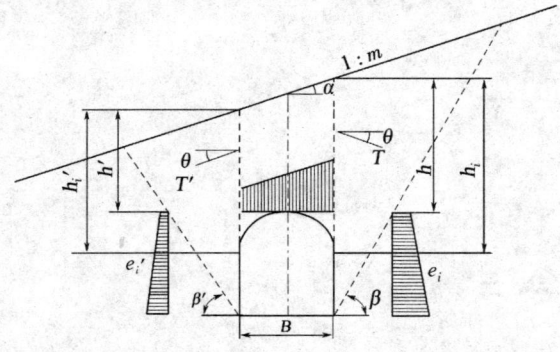

图 A.0.1 偏压隧道衬砌作用（荷载）计算

表 A.0.1 摩擦角 θ 取值

围岩级别	Ⅰ～Ⅲ	Ⅳ	Ⅴ	Ⅵ
θ 值	$0.9\varphi_c$	$(0.7\sim0.9)\varphi_c$	$(0.5\sim0.7)\varphi_c$	$(0.3\sim0.5)\varphi_c$

A.0.2 在荷载作用下的水平侧压力宜按下列公式计算：

内侧： $e_i = \gamma h_i \lambda$ （A.0.2-1）
外侧： $e_i = \gamma h_i \lambda'$ （A.0.2-2）

式中 h_i——内侧任一点 i 至地面的距离（m）；
 h_i'——外侧任一点 i 至地面的距离（m）。

附录 B 浅埋隧道衬砌作用 （荷载）计算方法

B.0.1 地面基本水平的浅埋隧道，所受荷载的作用具有对称性（图 B.0.1），计算应符合下列规定：

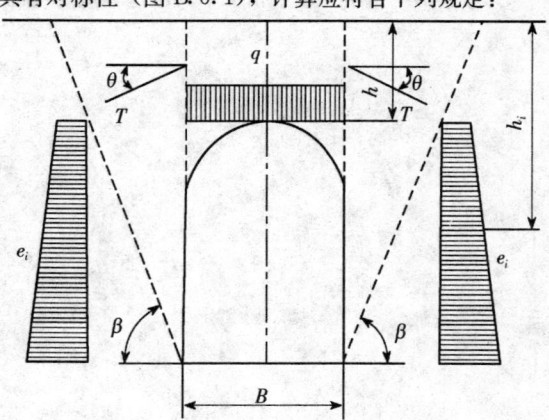

图 B.0.1 地面基本水平线浅埋隧道作用（荷载）计算

1 垂直压力按下列公式计算：

$$q = \gamma h\left(1 - \frac{\lambda h \tan\theta}{B}\right) \quad (B.0.1\text{-}1)$$

$$\lambda = \frac{\tan\beta - \tan\varphi_c}{\tan\beta[1+\tan\beta(\tan\varphi_c - \tan\theta) + \tan\varphi_c \tan\theta]} \quad (B.0.1\text{-}2)$$

$$\tan\beta = \tan\varphi_c + \sqrt{\frac{(\tan^2\varphi_c+1)\tan\varphi_c}{\tan\varphi_c - \tan\theta}} \quad (B.0.1\text{-}3)$$

式中 B——坑道跨度（m）；
 γ——围岩重度（kN/m³）；
 h——洞顶至地面高度（m）；
 θ——顶板土柱两侧摩擦角（°），为经验数值；
 λ——侧压力系数；
 φ_c——围岩计算摩擦角（°）；
 β——产生最大推力时的破裂角（°）。

2 水平压力按下列公式计算：

$$e_i = \gamma h_i \lambda \quad (B.0.1\text{-}4)$$

式中 h_i——内外侧任意点至地面的距离（m）。

B.0.2 当洞顶至地面高度 h 小于深埋隧道垂直荷载计算高度 h_a 时，取 $\theta=0$，应属超浅埋隧道。

B.0.3 当洞顶至地面高度 h 大于等于 2.5 倍深埋隧道垂直荷载计算高度 h_a 时，式（B.0.1-1）不适用，应按深埋隧道计算。

本规范用词说明

1 为便于在执行本规范条文时区别对待,对要求严格程度不同的用词说明如下:
　1) 表示很严格,非这样做不可的用词:
　　正面词采用"必须",反面词采用"严禁"。
　2) 表示严格,在正常情况下均应这样做的用词:
　　正面词采用"应",反面词采用"不应"或"不得"。
　3) 表示允许稍有选择,在条件许可时首先应这样做的用词:
　　正面词采用"宜",反面词采用"不宜";
　　表示有选择,在一定条件下可以这样做的用词,采用"可"。

2 本规范中指明应按其他有关标准、规范执行的写法为"应符合……的规定"或"应按……执行"。

中华人民共和国国家标准

油气输送管道穿越工程设计规范

GB 50423—2007

条 文 说 明

目 次

- 3 基本规定 ································ 41—27
  - 3.1 基础资料 ··························· 41—27
  - 3.2 材料 ································ 41—27
  - 3.3 水域穿越 ··························· 41—27
  - 3.4 山地、冲沟穿越 ···················· 41—28
  - 3.5 铁路（公路）穿越 ·················· 41—28
  - 3.6 隧道穿越位置的选择 ·············· 41—29
- 4 挖沟法穿越设计 ······················· 41—29
  - 4.1 埋设要求 ··························· 41—29
  - 4.2 水下管段稳定 ······················ 41—29
  - 4.3 荷载与组合 ························ 41—30
  - 4.4 管段计算 ··························· 41—30
  - 4.5 防护工程设计 ······················ 41—30
- 5 水平定向钻法穿越设计 ·············· 41—30
  - 5.1 敷设要求 ··························· 41—30
  - 5.2 管段计算 ··························· 41—31
- 6 隧道法穿越设计 ······················· 41—31
  - 6.1 一般规定 ··························· 41—31
  - 6.2 荷载 ································ 41—32
  - 6.3 作用组合与作用计算 ·············· 41—32
  - 6.4 矿山法隧道设计 ···················· 41—32
  - 6.5 盾构法隧道设计 ···················· 41—34
  - 6.6 顶管法隧道设计 ···················· 41—35
  - 6.7 竖井工程 ··························· 41—35
  - 6.8 斜井工程 ··························· 41—36
  - 6.9 工程材料 ··························· 41—36
  - 6.10 防水与排水 ······················· 41—36
  - 6.12 隧道内管道安装 ·················· 41—37
- 7 铁路（公路）穿越设计 ··············· 41—37
  - 7.1 敷设要求 ··························· 41—37
  - 7.2 无套管穿越设计 ···················· 41—38
  - 7.3 有套管穿越设计 ···················· 41—38
- 8 焊接、试压及防腐 ···················· 41—39
  - 8.1 焊接、检验 ························ 41—39
  - 8.2 试压 ································ 41—39
  - 8.3 防腐 ································ 41—39

3 基本规定

3.1 基础资料

3.1.1 穿越工程往往是输送管道的关键工程,为确保满足输送油气量的要求,达到平稳安全营运的目的,就必须有准确的输送介质的物性资料与输送工艺参数,如设计的管径、压力、有无防腐等资料,为选用管材提供基础依据。

3.1.2 本条是根据国家相关法规的规定,从工程安全角度出发,提出设计前应根据已作出的各项评估报告及有关法规,合理选定穿越工程位置。

3.1.3 为确保穿越工程设计的科学性,本条规定了应取得测量、地质基本资料,作为设计方案选用、工程布置及工程计算的基础。

3.1.4 根据不同的穿越方式,为获取地质资料而布设的钻孔点位不一样的原因,是为了防止施工时因钻孔封孔不严造成透水事故,特制定本条规定。另外,在岩性变化较大,特别是出现突变的地方,由于钻孔布设间距较大,资料有时反应不出来这种变化。这也给施工留下隐患,造成事故。故规定加密钻孔,以求准确反映出地层岩性。

3.1.5 管道如果要穿越断层,地震发生时,可能因为断层错动或地表开裂、地层滑动、基土液化、两端滑坡而破坏,因此要求取得这些方面的量化资料,核算管道的安全。

3.1.6 穿越管段因腐蚀而发生事故是主要原因之一,故本条规定按《钢质管道及储罐腐蚀控制工程设计规范》SY 0007 标准设计的管道防腐作为应取得的基本资料。

3.2 材　　料

3.2.1 钢管是油气输送的载体,也是管道工程中采用的最大宗材料,选用就必须满足最基本的标准要求(GB 9711.1 或 GB 9711.2)。但是油与气是两种不同物性的介质,且管道沿线自然环境条件不同,因此本条还提出了补充技术条件要求,以确保穿越管段的安全。20 世纪 90 年代后期以来,我国新建的涩宁兰、西气东输、忠武线、陕京二线等输气管道及兰成渝、阿独线等输油管道,均对钢管提出补充技术要求,满足了安全使用的需要。同时为便于油田集输管道穿越工程的钢管采购,结合现行国家标准《输气管道工程设计规范》GB 50251、《输油管道工程设计规范》GB 50253 的相关规定,在适合本规范规定的条件下可以采用符合其他给定的标准技术条件的钢管。

3.2.2 本条规定了穿越工程所用的建筑材料应符合国家现行的标准,确保工程的安全性。

3.2.3 本条规定了结构工程所用钢材的许用拉应力、压应力、剪应力及支承应力。这是依据现行国家标准《输油管道工程设计规范》GB 50253 的规定,并参照美国的《烃类和其他液体输送管线系统》ASME B31.4 的有关规定制定的。

3.2.4 本条规定的钢管许用应力是依据《输气管道工程设计规范》GB 50251 和《输油管道工程设计规范》GB 50253 的规定,并参照美国的《烃类和其他液体输送管线系统》ASME B31.4 和《输气和配气管线系统》ASME B31.8 的规定制定的。

考虑到环境保护的需要及穿越人工或天然障碍物事故抢修的困难,穿越管段强度设计系数小于埋地管道强度设计系数,以此提高强度安全裕量。但对于大量存在于管道工程中的小型穿越和Ⅲ、Ⅳ级公路有套管穿越,为避免沿线管壁厚度的频繁变更,也考虑到抢修容易,且有足够的安全裕量,采用与埋地管道相同的设计系数。

3.2.5 为了保证穿越管段的强度和屈曲稳定安全要求,结合《烃类和其他液体输送管线系统》ASME B31.4 与《输气和配气管线系统》ASME B31.8 的有关规定,制定本条的壁厚计算及要求。

3.3 水域穿越

3.3.1 本条规定了水域穿越工程设计应符合中华人民共和国的有关法规,并取得相关管理部门的批准,保证了工程的合法性。

3.3.2 水文资料是设计水域穿越的依据。本条规定获取水文资料及水库影响资料的要求,以确保工程在设计洪水标准时的安全。我国魏荆输油管道由于没有考虑丹江口水库对汉江襄樊段冲刷的影响,致使魏荆管道的汉江穿越发生冲露事故。

3.3.3 规定了水域穿越位置选择的要求。

3.3.4 本条为强制性条文,规定了水域穿越等级划分与相应的设计洪水频率,其依据是根据我国近 50 年管道穿越水域工程设计、施工、运营的经验教训总结出来的,也符合国家《防洪标准》GB 50201 的要求。

鉴于桥梁设防洪水在Ⅰ级以上公路、骨干铁路的大桥与特大桥中为 300 年一遇标准,考虑到桥梁墩台的一般冲刷加局部冲刷很深,影响范围可能波及到其上游管道安全,故提出桥梁上游 300m 范围内的穿越工程设计洪水不应低于该桥的设计洪水频率。

3.3.5 本条规定穿越形式选择的比选要求,以求安全、环保、经济、合理。

3.3.6 本条规定了水域穿越工程的长度与埋深应考虑的外界环境条件。安全埋深要求见本规范第 4.1.2 条。

3.3.7 水域穿越管段与桥梁间的最小距离要求除考虑自身安全与施工要求外,还应满足《公路桥涵设计通用规范》JTG D60—2004 第 3.3.6 条与《铁路桥涵设计基本规范》TB 10002.1—99 的规定。据此，本条提出了不同穿越形式的管段与桥梁间的最小距离要求。

3.3.8 港口、码头、水下建筑物（如海底游乐世界类）及引水构筑物等处，是人员与作业活动频繁之地，为了穿越管段施工和运营的安全，并满足《内河通航标准》GB 50139 "穿越航道的水下电缆、管道、涵管和隧道等水下过河建筑物必须布设在远离滩险、港口和锚地的稳定河段"要求，本条规定不小于 200m 的间距。

3.3.9 随着我国油气管道输送事业的发展，近年多建设大口径、高压力的管道工程，采用水平定向钻或隧道敷设穿河管道时，由于口径大于地基土的自稳性，容易出现堤坝和地面的沉陷，如西气东输 φ1016 管径水平定向钻穿越淮河时出现地面沉陷。为此，本条规定应采取措施控制沉降，不应危及堤坝安全。

3.3.10 油气均属易燃易爆物质，为安全计，本条规定水下穿越管段不应敷设在水下铁路或公路隧道内。

3.3.11 本条规定了穿越通航水域时，埋深要考虑船锚或疏浚机具对管道的损伤，两岸还应设置标志，以确保穿越管段安全。

3.3.12 根据国家水法与环保法，为防止所输油品的污染，制定了水源地与水域大型穿越工程应在两岸设置截断阀室。阀室的位置应考虑便于操作的交通条件，并不应在设计洪水条件下被淹没。由于输气管道一般不污染水源，如果不因事故后由于人员或船舶活动造成次生灾害，如火灾，是可不设截断阀室的。

3.3.13 为保证穿越管道安全，本条规定穿越位置应选在岸坡稳定地段。否则应做调治构筑物来保证岸坡的稳定。

3.3.14 考虑到活动断层的错动有可能破坏水下穿越管段，且水下抢修困难，又污染环境，因此规定了不宜将穿越位置选在活动断层上。

3.3.15 制定本条是为了缩短水域穿越长度，也满足《内河通航标准》GB 50139 的相关要求。若因地形或两岸建筑物的影响，斜交角可以减小，故规定不宜小于 60°交角。

3.3.16 挖沟埋设的水下穿越管段，一旦被洪水冲刷裸露出来，由于水流的涡激振动，极易在弯头或固定墩嵌固处断裂。如马惠宁输油管道穿越环江，在 1981 年 6 月 20 日发生 1200m³/s 流量时，杨旗与寺沟两处在弯头断裂，而花旗穿越同样冲露，因无弯头与固定墩，没发生断管事故；陕京一线在 1998 年也发生过同类事故。因此，为安全计，规定了本条要求。

3.3.17 土壤液化易使埋设的穿越管段上浮，若采取压重，又易使管段下沉变形，这些都可能造成管段的损坏，故制定本条规定。

3.3.18 本条提出了穿越沼泽地区的敷设方法。由于沼泽类型不同，各地就近的建筑材料也不一样，自然环境影响程度也不一样，因此本条提出多种敷设方法，供设计人员因地制宜地选择采用。

3.4 山地、冲沟穿越

3.4.1 有时为了不破坏山顶植被，满足环保、水保的要求，也采用隧道敷设穿山的形式，如忠武输气管道工程。本条是据此作出的规定。

3.4.2 输油管道在翻越山岭时，有时可能需要增建泵站，采用隧道穿山可少建泵站，从工艺经济比选角度，可选择隧道穿越，故提出满足输送工艺要求。

3.4.3 泥石流对地面建筑物具有极大的破坏力，而其上、中段的强烈冲刷会对埋地管道产生损毁，只是在出口堆积区能形成相对稳定的、破坏力小的区块。本条的规定就是为了需要穿越泥石流沟的管道安全。

3.4.4 有些近期堆积松散的冲沟或者黄土湿陷性大的冲沟，往往因为施工扰动，再加之后期雨水冲蚀，易形成新的滑坡，危及已埋管道的安全。本条规定不应选在此地段穿越，提醒设计人员要配合地勘人员分析稳定性后再确定穿越冲沟的选址。

3.4.5 在湿陷性黄土地区，水是造成黄土沉陷、边坡坍塌、形成冲沟的根本原因。为了确保穿越黄土冲沟管段的安全，本条规定了沟顶截排水、沟坡防护、沟底稳管的措施，以达到水土保持的要求。

3.4.7 在湿陷性黄土地区山区的冲沟中，当地居民修建一些淤土坝，经若干年后就会淤积成小片平地，淤起后向上游再筑坝淤地，经过数年乃至数十年后形成一级一级的阶地，作为农田耕种，尤其管道经常穿过此类地段。有的部分由于土层淤积时间太短，土质尚未固结稳定。管道下沟回填后，遭遇强暴雨时，有可能将土坝冲毁，造成严重的水土流失并危及管道安全。管道应尽可能避开此类地段，如难以避开，应加强水工保护等安全措施。

3.5 铁路（公路）穿越

3.5.1～3.5.3 管道穿越铁路应符合目前仍在执行的铁道部、石油工业部颁发的《原油、天然气长输管道与铁路相互关系的若干规定》[（87）油建第 505 号文、铁基（1987）780 号文]。

管道穿越公路应符合交通部、石油工业部颁发的《关于处理石油管道和天然气管道与公路相互关系的若干规定》（试行）[（78）公交字 698 号文、（78）油化管道字 452 号文]。

3.5.4 在铁路（公路）的高填方区、路堑和路两侧为同坡向的陡坡地段，管道穿越此处将增加工作量，增大施工的难度，且影响路坡稳定。故本条规定应避开此处穿越。

3.5.5 由于穿越铁路（公路）一般距离不长，且多数为涵洞或套管内敷设穿越管段，为便于施工及检修作出本条规定。

3.5.6 为了保证铁路或二级公路以上的高等级公路频繁运输的安全,本条规定在涵洞或套管内敷设穿越管段。三级以下普通公路,若按第7.3节核算安全,可以挖沟直接埋设在洞内或套管内敷设的输送管在裸露时,为防止洞内内空间集气,可能发生事故,设排气管以策安全。若回填土无集气空间,可以不设排气管。

3.5.7 由于套管可能对阴极保护外加电流的电屏蔽作用,特别是钢套管更为突出,为使输送管得到阴极保护,制定本条规定,用牺牲阳极代替外加阴极保护电流。

3.5.8 随着我国经济建设的发展,新建或扩建铁路（公路）占压已建管道时有发生。如西气东输管道建成仅一年时间,发生山西新建铁路、江苏扩建公路占压已建管道。为保护已建管道的安全,特别是在管道设计系数已不能再变动的条件下,本条规定采用涵洞保护,隔离了车辆荷载直接作用于已建管道上。

3.5.9 本条为强制性条文。为了防止公路开挖作业损坏管道,本条提出在管顶上方500mm处设警示带,提醒作业人员。

3.5.10 采用大开挖直埋穿公路的管段,为保证车辆荷载能达到按刚性角分布,且不危害因沉降造成事故,制定本条规定。

3.6 隧道穿越位置的选择

3.6.1、3.6.2 为确保隧道自身的安全,正确选择穿越位置并结合管道总走向考虑是十分必要的,并参照以往交通部门的经验及近年管道建设实施的成果作出规定。

4 挖沟法穿越设计

4.1 埋 设 要 求

4.1.1 本条规定穿越水域管段采用挖沟埋设时的位置选择要求,既保障管段的安全,又不影响水务部门对水域整治的工程规划。

4.1.2~4.1.4 这三条规定了在水中挖沟埋设管段的安全埋深要求、开挖管沟尺寸,其中4.1.2条为强制性条文。是在总结近50年国内管道施工、运营管理的经验教训的基础上提出的。

4.1.5 当管道达不到埋深要求时,在设计洪水冲刷下可能出现露管,故本条规定要核算穿越管段的抗飘浮与拉位移的稳定性,以确保安全。

4.1.6 本条是根据我国20世纪70、80年代挖沟埋设穿越管段被洪水冲露断管的事故所采用的措施提出的。20世纪90年代初,天津大学海工系还专门对裸露于河流中的管道做了涡激振动的实验,提出了稳管桩间距除需要满足管段的强度要求外,还要避免结构自振频率与涡激振动频率发生共振,否则会引发管道疲劳断裂或失稳破坏。

4.1.7 制定本条是为了保护管道防腐涂层。

4.1.8 管段在水域中采用的稳管措施有混凝土类或钢桩类的构筑物,这些物体受到强腐蚀性水的作用会失去应有的功能,故本条规定所采用的材料应有抗腐蚀性能。

4.2 水下管段稳定

4.2.1 水下穿越管段在没有达到安全埋深甚至露管时,受到水流的浮力与动力的作用,可能引起管段飘浮或移位,影响管段的安全。为此,本条要求水下穿越管段不应产生飘浮和移位。

4.2.2 当水下穿越管段埋深达不到4.1.2条的规定,管段在设计洪水冲刷下有可能露管,相当于在水中裸管敷设,在水流作用下,为防止漂管,就要求管段总重大于或等于水浮力,即:

$$W \geqslant (F_s + F_{dy})$$

为了确保管段稳定,应该有大于1的稳定安全系数K,得出抗飘浮式（4.2.2-1）,即

$$W \geqslant K(F_s + F_{dy})$$

根据管道与河床摩擦力必须大于或等于动水推力,且有一定稳定安全系数才能确保管段不移位,推导出式（4.2.2-2）:

$$f(W - F_s - F_{dy}) \geqslant KF_{dx}$$

演绎可得:

$$W \geqslant K\frac{F_{dx}}{f} + F_s + F_{dy}$$

其中F_s为静水浮力,即式（4.2.2-5）;而动水上举力与推力根据水力学可得:

$$F_{dy} = C_y \gamma_w D v^2/(2g)$$
$$F_{dx} = C_x \gamma_w D v^2/(2g)$$

上举力系数C_y和推力系数C_x是根据前苏联的水工实验及我国天津大学海工系的水力实验,当雷诺数$Re = 10^5 \sim 10^7$时,$C_x = 1.0$,$C_y = 0.6$;当雷诺数$Re = 10^4 \sim 10^5$,$C_x = 1.2$,$C_y = 0.6$;为安全计,本规范取$C_x = 1.2$,$C_y = 0.6$。

各符号意义见本规范第4.2.2条。

另外,在竖向弹性敷设管段时,若弹性敷设的曲率半径形成的管段矢高大于管道自重产生的弹性弯曲变形时,管段会产生向上的弹性抗力,因此在抗飘浮与抗移位的计算中应减去此向上之力。式（4.2.2-6）是按照管段两端简支梁变形推演出的,如果两端可以滑动,抗力应小于式（4.2.2-6）的计算值,故有利于管段的稳定安全。

4.2.3 当管段在水下埋深达到本规范4.1.2条要求时,不会受到动水的上举力与推力的作用,只需核算静水浮力会不会引起漂管。本条是提醒设计人员不论

管段是否稳定，一律采取稳管措施，以免增加工程不必要的投资。

4.3 荷载与组合

4.3.1 本条列出了水下穿越工程结构有可能承受的外力与荷载。对某一个具体的穿越工程，并非都存在这些外力与荷载，应按具体情况计算所承受的外力与荷载。

4.3.2 关于荷载组合方式，设计时应考虑三种情况：

1 各种荷载出现的几率。对于经常作用的荷载，按主要荷载组合考虑；对于荷载作用几率较大，又并非同时存在的，选择列入附加组合；对偶然出现的荷载，加入主要组合，作为特殊组合。

2 地质与水文条件。

3 敷设方式与结构特殊性。

4.3.3 根据钢管是弹塑性材料，在不同荷载组合作用时效长短不一条件下，其许用应力应有不同标准，以许用应力提高系数表示。设计人员在核算时，务必要根据不同荷载组合，选用不同的许用应力。即便如此，在任何组合情况下，许用应力也小于钢管最低屈服强度σ_s，并有一定的安全裕量。以设计系数较高的输油管道为例，穿越管段选用0.6的设计系数，各种组合情况下，其许用应力及安全系数见表1：

表1 许用应力及安全系数表

荷载组合情况	许用应力提高系数	提高后的许用应力$[\sigma]$	安全系数$\sigma_s/[\sigma]$
主要组合	1.0	$0.6\sigma_s$	1.67
附加组合	1.3	$0.78\sigma_s$	1.28
特殊组合	1.5	$0.9\sigma_s$	1.11

从表1中可以看出，在短暂的偶然荷载作用下，按提高后的许用应力核算，也有11%的强度安全储备，不至于发生管段的强度破坏。对于输气管道而言，由于选用的设计系数小于输油管道，其强度安全储备更高。据此制定了本条规定。

4.4 管段计算

4.4.1 本条规定了穿越管段的核算内容及应对措施。

4.4.2~4.4.5 根据穿越管段的核算内容，这四条分别从材料力学或有关试验报告中找到推导来源并列出供设计人员使用。公式(4.4.2-3)考虑管道无轴向位移，公式(4.4.5-2)考虑管道可轴向位移。

4.5 防护工程设计

4.5.1 本条规定了依据中华人民共和国有关法规和水务主管部门要求，共同确定防护工程的布设。

4.5.2 本条规定了防止水流淘刷危及管道安全的防护工程设置的原则，这是总结近十年来陕京输气管线、靖西输气管线、涩宁兰输气管线、兰成渝成品油管线及西气东输管道工程的经验教训而制定的。

4.5.3 选用建筑材料是保证工程质量最基本的要求，故本条作出选材符合标准，填筑材料就地取材等规定。

4.5.4、4.5.5 为确保穿越管段的安全，对防护工程采用与穿越工程同等的设计洪水频率是必要的。这两条规定了防护工程的护顶高度与护基底的埋深要求。

4.5.6~4.5.9 这四条规定是参照我国铁道部门挡土墙设计、水利部门堤防设计和美国铁路工程学会手册等有关资料制定的，规定了结构构造与结构尺寸的要求。

4.5.10 为保证护岸与调制工程的稳定性，本条规定应对其坡面进行抗滑稳定性核算。根据工程的大小及重要性选取抗滑稳定安全系数。

4.5.11~4.5.13 这三条护坡工程砌块尺寸的计算是依据砌块的重量要大于等于水流动力作用的条件推算得出的。设计人员在设计护坡时，应提出选用护坡砌块尺寸的要求，防止因动水作用损毁护坡。

4.5.14、4.5.15 石笼是防护工程中常用的措施之一，特别在已建工程中应用很多。如马惠宁输气管道在环江穿越中，采用石笼护基、护脚很普遍。为此，这两条规定提出了铺砌石笼的要求与河底护管长度的要求。

4.5.16 采用柔性混凝土板作为防止水流冲淘、保护护坡基础或河床，在水力部门、交通或铁道部门也是经常采用的措施。本条规定了采用混凝土柔性护板的条件、连接方式及敷设长度等要求。

4.5.17 本条规定淹没时间不长、流速较小的河渠岸坡，如季节性的小河、人工渠道，为节省投资，可采用草皮护坡或土工格室护坡。为保证基础的稳定，在基础部分设计人员可根据地质条件与水流情况选用较牢靠的防护措施。

5 水平定向钻法穿越设计

5.1 敷设要求

5.1.1 水平定向钻敷设穿越管段是一项先进的工程技术，已在穿越水域、公路、铁路和古长城城墙等工程中被大量采用。但在工程施工时，必须要求场地满足钻机系统设备布置和管段组装、试压，这是设计人员在选择穿越位置时必须要考虑的，故作出本条规定。

5.1.2 水平定向钻敷设的穿越管段，一般采用弹性曲线敷设。若弹性敷设曲线的曲率半径合适，管段回拖就可能在泥浆中顺利进行，既不会损伤防腐涂层，也能保证管段有足够的强度安全裕量。根据国内外大量的工程经验，本条规定曲率半径不宜小于$1500D_0$。若竖向曲率半径小于由自重弯曲形成的曲率半径，即式（4.2.2-9）的计算值，在弹性范围内将产生向上的弹性抗力，有可能使管身贴着钻孔孔壁，增大管身与管壁摩擦，损伤防腐层。故作出本条规定。当然，施工可以通过扩大孔径来防止出现上述现象，也能做到管段在泥浆中回拖，但设计人员应提出相应的扩孔施工要求。

5.1.3 水平定向钻入土和出土角大小是与埋深和曲率半径有关的，根据工程经验与钻机性能规定了本条的要求。但考虑到钻机穿越长度能力受限，有时又要求大堤底下埋深要深，特殊敷设条件下，入土角与出土角可适当加大。

5.1.4、5.1.5 根据近几年我国油气输送管道口径越大，如西气东输管道直径达1016mm，造成水平定向钻扩孔孔径也大，发生在沁河、淮河的水平定向钻穿越出现冒浆、塌陷现象。为此，制定了这两条要求，设计人员应根据地质条件，勘探提供地层的自重稳定性和压裂的稳定性，配合施工人员提出合理的泥浆配比与压力、管段埋设深度及采取经济可行的加固地层措施。

5.1.6 焊接于管体上的附件，不仅有可能造成阴极保护漏电失效，也不利于穿越管段在钻孔内顺利回拖，故制定本条规定。

5.1.7 本条主要考虑到钻孔成孔是水平定向钻能否敷设穿越管段的关键，在淤泥、流沙、卵石层中，成孔都很困难；在高强度且变化复杂的岩层中，由于岩性软硬变化也影响成孔顺直，易发错台现象，不利于管段回拖。

5.1.8 本条是根据工程实例提出的。中石化在浙江宁波穿越工程中，钢管充水回拖，至入土端上抬时，由于端部水体突然向下脱离，形成管端真空，造成负压失稳，拖出的管端变瘪。

5.1.9 本条是根据国家对环境保护要求提出的，处理后的泥浆应满足国家与当地标准规定的要求，设计人员设计时提出此要求时，应考虑泥浆处理费用。

5.2 管段计算

5.2.1 由于水平定向钻敷设考虑了冲刷深度，也考虑了地层稳定性，一般埋深较深，不会受动水作用，也不会发生静水浮力漂管事故，故本条规定可不核算管段的水下稳定。

5.2.2、5.2.3 这两条规定是对穿越管段的力学核算与荷载及组合制定的。水平定向钻敷设的穿越管段受力状况基本上与大开挖穿越管段相似，故规定的计算式相同。但要注意，在施工管段回拖时，应考虑拖拽力使管段存在拉应力，组合核算时应计入。

5.2.4 本条计算穿越管段回拖力是依据管段在泥浆中的浮力扣除自重后产生的摩擦力，再加上拖管前进时管段在泥浆中的粘滞力，形成必须要满足的回拖力。由于回拖时边界条件复杂，故在选择钻机时应有一定的安全裕量；根据国内外多年施工经验，一般按1.5～3.0倍的回拖力作为钻机选型与钻杆尺寸核算的依据。

5.2.5 根据近年来中石化、中石油在水平定向钻穿越施工回拖中，钢管发生外压下的径向屈曲失稳，依据铁摩辛柯著的《材料力学》一书中的公式，规定了本条径向屈曲失稳的核算。本条与《化工容器设计》（作者王志文，化学工业出版社出版）取式不同，原因是化工容器设计中规定了初始圆筒椭圆度小于0.5%，我们实际使用的管材在标准规定的制造、运输、施工后都超过此规定，故不采用。我们将铁摩辛柯公式与国家现行标准《海底管道系统规范》SY/T 10037、《石油天然气工业——套管、油管、钻杆和管线管性能计算》SY/T 6328和美国的《套管、油管和钻杆使用性能通报》API Bul $5C_2$ 规定的计算作了分析对比，以 $\Phi711\times8.7mm$ L415钢管为例，在考虑了规定的安全系数后，允许的承载外压铁摩辛柯公式为0.448MPa，SY/T 6328为0.487MPa，API Bul $5C_2$ 为0.59MPa。管道扩孔回拖时，可能遇到的不利因素较多，而且只有铁摩辛柯公式和海洋管道标准考虑了钢管屈服强度的影响，为安全计，本条采用铁摩辛柯公式。

本条采用的设计系数是参照《海底管道系统规范》SY/T 10037，材料与荷载因素三项最大值，得安全系数为1.59；鉴于回拖不可预见因素较多，取0.6的设计系数，其安全系数达1.67，高于《海底管道系统规范》SY/T 10037标准。

6 隧道法穿越设计

6.1 一般规定

6.1.1 在通过钻孔取样进行土工试验时，应尽可能模拟结构施工或使用阶段地层的实际应力状态及具体条件。结构设计人员在选用土工试验结果进行结构稳定性分析或强度计算时，也应注意这一点。

在勘察的内容上，除满足一般要求外，还应考虑不同施工方法对地质勘察的特殊要求。

鉴于工程地质现象的复杂性以及按一定间距布设的勘探点所揭示的地层信息与实际的地层剖面总是存在差异，地质勘察工作应贯穿工程建设的始终。施工中通过对开挖后地层状态（开挖面稳定性、净空位移量、节理裂隙等）的直接观察或监测反馈，对所提出的地质资料进行验证，必要时应根据实际情况修改设计方案和施工方案。

6.1.2 采用隧道穿越，有时在四级地区或水域下实施，本条规定要求保护环境，减少不利影响。

6.1.3 隧道结构的净空尺寸，在满足管道建筑限界或其他使用及施工工艺要求的前提下，应考虑施工误差、结构变形和后期沉降等影响而留出必要的余量。

　　1 施工误差一般包括：

　　1）由于施工测量、放线、铺轨、盾构推进、结构陈放或顶进引起结构或线路在平面位置和高程上的偏离；

　　2）由于施工立模、浇筑混凝土时模板变形等造成结构净空尺寸的变化；

　　3）矿山法隧道施工时的超挖；

　　4）装配式构件的制作和拼装误差等。

　　2 盾构推进过程中对中心位置的偏离，即所谓上下左右的"蛇行"，在盾构隧道的施工误差中占有相当的比例。

　　3 隧道后期沉降量与地层条件和施工方法等因素有关。在软粘土地层中要注意地面超载、地下水变动、土体卸载之后再加载以及在反复荷载（作用下）引起的位移。

　　4 在确定隧道净空尺寸时，必须根据工程的具体情况，综合考虑地质条件、隧道埋深、荷载状况、施工方法、结构类型及跨度等各种因素，参照类似工程的实践设定。

6.1.4 盾构法隧道埋深应根据隧道功能、地面环境、地下设施、工程地质和水文地质条件、盾构特性、施工方法、开挖断面的大小等确定。

　　日本规范中提出隧道顶部必要的覆土厚度一般为 $1.0D\sim1.5D$（D 为隧道外轮廓直径），本规范提出盾构法施工的覆土厚度一般不宜小于 $3.0D$。但在工程实践中，不仅有覆土厚度较此值小而取得成功的实例，也出现过较此值大仍产生下陷的，故应结合工程的具体条件慎重确定，必要时可采取相应的辅助措施。若工程中局部地段覆土不足时，也可考虑增加临时人工覆土。

6.1.5 为保证隧道结构在施工和正常使用的安全，制定了本条规定。由于混凝土抗裂性能差，故对混凝土结构应进行抗裂验算；允许的裂缝宽度可参照国家现行标准《铁路隧道设计规范》TB 10003 的相关规定选用。

6.2 荷　　载

6.2.1 作用在隧道结构上的荷载，如地层压力、水压力、地面各种荷载及施工荷载等，有许多不确定因素，所以必须考虑每个施工阶段的变化及使用过程中荷载的变动，选择使结构整体或构件的应力为最大、工作状态为最不利的荷载组合及加载状态来进行设计。

6.2.2 水压力的确定应注意以下问题：

　　1 作用在地下结构上的水压力，原则上应采用孔隙水压力，但孔隙水压力的确定比较困难，从实用和偏于安全考虑，设计水压力一般都按静水压力计算。

　　2 在评价地下水位对地下结构的作用时，最重要的三个条件是水头、地层特性和时间因素。

6.3 作用组合与作用计算

6.3.4 对于深埋隧道松散压力作用概率统计特征有如下研究结论：

　　1 隧道塌方是岩体发生松散破坏的最直接表现。分析研究中建立了具有 1046 个样本的塌方数据库，将其按数理统计原理，进行塌方高度的概率参数统计，又用 K-S 检验法对分布概形优度拟合检验，得到最优分布概形为正态分布。

　　2 计算深埋隧道衬砌时，围岩压力按松散压力考虑。目前常用的计算方法有概率极限状态法与容许应力法，本条规定的是按极限状态法。

　　3 为便于设计人员根据实际情况，也可按容许应力法进行校核。垂直匀布压力可按下列公式确定：

$$q = \gamma h$$
$$h = 0.45 \times 2^{s-1} \omega$$

式中　ω——宽度影响系数，$\omega = 1 + i(B-5)$；

　　　B——坑道宽度（m）；

　　　i——B 每增减 1m 时的围岩压力增减率：当 $B<5m$，取 $i=0.2$；当 $B>5m$ 时，可取 $i=0.1$；

　　其余符号含义同本规范式（6.3.4）。

　　水平匀布压力可按本规范表 6.3.4 确定。

6.3.7 超静定结构（如拱式结构、钢架等）由于温度变化及混凝土收缩引起的变形将产生截面内力，如连续钢架式棚洞对温度变化及混凝土收缩均很敏感，以往设计曾考虑了这部分应力。

　　混凝土收缩的原因，主要是由于水泥浆凝结而产生，也包括了环境干燥所产生的干燥现象。

　　混凝土收缩有下列现象：

　　1 随水灰比增长而增加；

　　2 高等级水泥的收缩较大，采用外加剂时也会加大收缩；

　　3 增加填充骨料可减少收缩，并随骨料的种类形状及颗粒组成的不同而异；

　　4 收缩在凝结初期比较快，以后逐渐迟缓，但仍持续很长时间。

　　对于钢筋混凝土结构，当混凝土收缩时，钢筋承受力阻碍了混凝土部分的收缩变形，并使混凝土承受拉力。

　　分段灌注的混凝土结构和钢筋混凝土结构，因收缩已在合拢前部分完成，故对混凝土收缩段的影响可予酌减，拼装式结构也因同样理由可酌减。

6.3.8 结构构件上的施工荷载，应根据实际情况确定。

6.4 矿山法隧道设计

6.4.1 隧道衬砌因其通过的地质情况、结构受力、计算方法以及施工条件的不同，有整体式衬砌（模筑混凝土衬砌及砌体衬砌）、复合式衬砌（内、外两层衬砌组合而成）、喷锚衬砌（喷射混凝土、锚杆喷射混凝土、锚杆钢筋网喷射混凝土、喷钢纤混凝土衬砌）等形式。

喷锚衬砌是一种加固围岩、抑制围岩变形，积极利用围岩自承能力的衬砌形式。它具有支护及时、柔性、密贴等特点，在受力条件上比模筑衬砌优越，对加快施工进度、节约劳力及原材料、降低工程成本等效果显著，亦能保证行车安全，应予推广。但由于在Ⅲ～Ⅳ级围岩中实践经验较少，施工工艺还有待进一步提高。故条文规定："Ⅰ～Ⅱ级围岩的隧道，宜采用喷锚衬砌。"

复合式衬砌是近年来兴起的一种新型隧道衬砌形式，是由内、外两层衬砌组合而成。通常称第一层衬砌为初期支护，第二层衬砌叫做二次衬砌。复合式衬砌内外两层组合的方式有喷锚与整体、装配与整体、整体与整体等多种，一般常用的是喷锚与整体的组合。其优点是能充分发挥围岩的自承能力，调整衬砌受力状态，充分利用衬砌材料的抗压强度，从而提高衬砌的承载力。

整体衬砌是一次衬砌成形的传统形式，对施工进度有一定影响，小断面隧道较少采用。

衬砌结构类型及强度，必须能长期随围岩压力等荷载作用，而围岩压力等作用又与围岩级别、水文地质、埋藏深度、结构工作特点等有关，因此在选定时，可根据这些情况考虑。此外，衬砌结构的选用还受施工方法、施工措施等影响，因而还需考虑施工条件等。鉴于地下结构的工作状态极为复杂，影响因素较多，单凭理论计算还不能完全反映实际情况，为了使理论与实践相结合，选用的衬砌更为合理，除根据以上因素外，还要通过工程类比和结构计算并适当考虑工程误差确定。

6.4.2 对设置衬砌时应符合的各项规定说明如下：

1 一般的隧道结构，可参考有关规范及工程实例，按工程类比法决定其设计参数。某些特殊地形、地质条件下（如浅埋、偏压、膨胀性围岩、原始地应力过大的围岩等）的初期支护，应通过理论计算，按主要承载结构确定其设计参数。

2 隧道衬砌一般有直墙和曲墙两种，一般隧道开挖后，围岩均会产生较大侧压力导致衬砌破坏，故一般跨度不大于5m的小断面隧道可采用直墙式衬砌，大断面隧道应采用曲墙式衬砌，尤其严寒地区洞内冬季冰冻，会产生较大侧压力导致衬砌破坏，更应采用曲墙式衬砌。

3 当隧道外侧山体覆盖较薄、地面横坡较陡，或因洞身岩层构造不利、层面倾斜较陡、有顺层滑动可能以及施工坍塌产生围岩松动、滑移等情况而引起明显偏压的地段，为了承受不对称的围岩压力，应采用偏压衬砌。但也要注意当隧道外侧覆盖厚度过薄，会出现外侧土坡失稳，因而尚应采取设置地面锚杆、抗滑桩或支挡结构等措施。

4 洞口地段一般埋藏较浅、地质条件较差，受自然条件（雨水侵蚀、冰冻破坏、气候变化等）影响，土质较松散、岩石易风化，稳定性较洞内差，衬砌受力情况也较洞内不利，如有时受仰坡方向的纵向推力等。因此，洞口应设置洞口段衬砌或加强衬砌。根据经验，规定应不小于5m的加强衬砌长度。

5 在洞身地质条件变化地段，围岩压力是不相同的，为了避免强度不够，引起衬砌变形，围岩较差地段的衬砌及偏压衬砌段应适当向围岩较好的地段延伸，以起过渡作用，延伸长度应视围岩的具体变化情况而定，一般延伸5～10m。

6 在洞身有明显的硬软地层分界处，由于地基承载力相差很大，前后衬砌下沉不匀，往往造成破裂，甚至引起其他病害，此时应设置变形缝。

6.4.3 采用复合式衬砌有关规定说明如下：

1 复合式衬砌的初期支护多采用喷锚支护，具有支护及时、柔性的特点，并在一定程度上能够随着围岩的变形而变形，力求最大限度地发挥围岩的自承能力。根据围岩条件，复合衬砌初期支护采用喷射混凝土、锚杆、钢筋网和钢架等支护形式单一或组合施工，并通过监控量测手段，确定围岩已基本趋于稳定，再进行内层二次衬砌施工，二次衬砌可采用模筑混凝土、喷锚、拼装式衬砌等，但一般采用模筑混凝土。

2 影响二次衬砌受力状态的因素很多，除围岩级别、地下水状态、隧道埋置深度外，还有初期支护的刚度及其施作时间等，故设计二次衬砌时，应综合考虑各种因素的影响，以期达到经济安全的目的。目前，多采用工程类比法设计二次衬砌。

二次衬砌一般受力比较均匀，为防止应力集中，故宜采用连接圆顺、等厚的马蹄形断面。

3 表6.4.3中复合衬砌的设计参数，是根据国外铁路（公路）隧道支护参数统计、类比，结合专家意见进行调研修改的。其中Ⅳ、Ⅴ级围岩当初期支护设置格栅钢架时，要求喷射混凝土必须覆盖钢架。

6.4.4 采用喷锚衬砌时应符合的规定说明如下：

1 完整、稳定的围岩，一般受地质构造影响较微，节理不发育，无软弱面（或夹层），为了防止层岩日久风化，确保施工和使用安全，可采用喷射混凝土衬砌；但如可能发生岩爆时，需先加锚杆并挂钢筋网。

2 为确保衬砌不侵入隧道限界，喷锚衬砌内轮廓除考虑按整体式衬砌内轮廓要求放大外，尚应预留100mm，作为补强之用。喷锚衬砌是柔性结构，厚度较薄，并与围岩共同作用，考虑必要时需要加强喷锚衬砌，以防内轮廓尺寸不够，因此预留。

3 鉴于有水时不利于喷层与围岩的紧密粘结，难以充分发挥喷射混凝土的应有作用，甚至给喷射混凝土带来不利影响；洞内地下水具有侵蚀性的地段，易造成衬砌腐蚀，由于喷层厚度较薄，受腐蚀的危害甚于模筑混凝土衬砌；岩性较软的岩层，开挖后易风化潮解，亲水性很强，遇水泥化、软化、膨胀、围岩压力大，严重者发生淤泥状流淌，稳定性较差，喷锚衬砌难以阻止其迅速的变形；喷锚衬砌抗冻胀性能较差，严寒和寒冷地区，土壤冻胀导致衬砌破坏的危害甚于模筑混凝土衬砌，故大面积淋水地段、能造成腐蚀及膨胀性地层的地段、严寒和寒冷地区冻冰害地段，不宜采用喷锚衬砌。至于有其他特殊要求的隧道，不宜用喷锚衬砌时，应根据具体情况确定。

6.4.5 采用整体式衬砌时应符合的规定说明如下：

1 隧道洞口地段，如线路中线与地形等高线斜交，地质条件较好，为降低边、仰坡开挖高度，选用斜交洞门时，可采用斜交衬砌。但因斜交地段地层压力和衬砌受力较为复杂，施工也较困难，特别是在松软地层地段，易出现病害或造成事故，为了安全，故制定本条规定。

2 在严寒地区，冬春季节洞内气温常在0℃以下，衬砌由于冷缩影响，往往导致开裂、变形，为了结构安全，应设置伸缩缝，伸缩缝的间距可视隧道长度及其所在地区最冷月平均气温等条件确定，一般是洞口段短些，洞内长些，气温影响较大者短些，影响较小者长些。设计时，可根据具体情况，每隔10～30m设置一道，如围岩较好，又无地下水时，亦可采用贯通拱圈与边墙的工作缝代替。

3 隧道衬砌背后，尤其是拱圈顶部与围岩之间，由于混凝土收缩，一般会留有空隙，特别是当采用支撑开挖法施工时，Ⅲ～Ⅵ级围岩与衬砌更不易密贴，围岩压力不能均匀分布，也不能充分发挥围岩的弹性反力，衬砌易变形，所以作了本条规定。

当洞身通过地质不良地段或傍山有偏压地段，一般地压较大，且不对称，如不及时压注水泥砂浆填充衬砌与围岩间空隙，衬砌更易变形，因此要求向衬砌背后进行断面压注水泥砂浆或其他浆液，既填充空隙，改善衬砌受力状态，又加固围岩，减少围岩压力。

有地下水地段设有引水设备时，应采取措施，防止堵塞通路，但不能因为需引水而不压浆，衬砌是主体结构，防止衬砌变形是主要的。如压浆后排水通路堵塞造成渗漏时，可再钻孔、凿槽或埋管引水，或采取其他防水措施。

6.4.6 初期支护应具有合理的刚度，并且在一定程度能够随着围岩的变形而变形；由于喷射混凝土、锚杆、钢筋网、钢架或格栅钢架等的不同作用也各不相同，初期支护的刚度与其组成成分有着密切关系。故在设计时应根据工程地质、水文地质、隧道断面尺寸、覆盖层厚度等条件选择初期支护的组成部分，确定初期支护的刚度时，除上述因素外，还应考虑地面及地下建筑物的种类及状态和使用目的等因素；当隧道所在地区对地表下沉量有严格限制时，在此条件下，应进行现场试验，防止单凭经验处理问题。在松散、胶结性差的地层中可加设钢筋网，以提高喷射混凝土与受喷岩面间的粘结力，防止喷层剥落和松散介质坍塌。

在不同地质条件下，使用锚杆的目的也不同。在节理、层理发达的硬岩和中硬岩中，因岩石本身强度高，一般会出现因开挖而使围岩中的应力超过围岩本身强度的现象；在此条件下，采用锚杆的目的在于抑制岩块间的滑动，以保持围岩稳定。在软岩或土砂地层中，往往因开挖而使围岩中的应力超过本身的强度，从而在围岩中出现塑性区，使净空变形加大，此时采用锚杆的目的在于限制塑性区的产生及发展，尽力减少围岩变形，以达到稳定围岩的目的。

锚杆类型可分为端头锚固型、全长粘结型、摩擦型、预应力锚杆等。

6.5 盾构法隧道设计

6.5.2 为了取得较好的经济效益，在工程地质条件好、周围土层能提供一定抗力的条件下，衬砌结构可以设计得柔一些，但圆衬砌环变形的大小对结构受力、接缝张角、接缝防水、地表变形等均有重大影响，故必须对衬砌结构的变形进行验算，作必要的控制。

6.5.3 衬砌结构的计算简图应根据地层情况、衬砌的构造特点及施工工艺等确定。

6.5.4 装配式衬砌的构造要求。

1 装配式衬砌结构环片的环与环、片与片间应用螺栓连接，虽有施工操作麻烦、用钢量大的缺点，但可增加隧道抵抗变形的能力，有利于保证施工精度、施工安全及衬砌接缝防水，故在松软、含水、无自立性的土层中多选用环片。

环片按其螺栓手孔的大小，通常有箱形和平板之分。当衬砌较厚时，为减轻自重，常选用腹腔开有较大、较深手孔的箱形环片；环片较薄时，为了能承受施工中盾构千斤顶的顶力，则以选用较少开孔的平板形环片为宜。

2 选用较大的环宽，可减少隧道纵向接缝和漏水环节、节约螺栓用量、降低环片制作费和施工费、加快施工进度，但受运输和盾构及机械设备能力的制约，故应综合考虑。

3 钢筋混凝土环片的厚度视隧道直径、埋深、工程地质和水文地质条件的不同，一般为隧道外轮廓直径的0.05～0.06倍。

6.5.5 为满足结构设计的工作条件，衬砌制作和拼装应满足本条的精度要求。

6.6 顶管法隧道设计

6.6.4 顶管最大顶力计算公式较多，本规范引用了现行国家标准《给水排水管道工程施工及验收规范》GB 50268的计算公式，设计时可参考采用。

6.6.8 为克服大段顶进过程中摩擦力的影响，应设置中继站，同时中继站间距不宜过大，以免隧道行程难以控制，造成隧道呈"蛇行"状，影响管道在隧道内布置安装。

6.7 竖井工程

6.7.9 沉井平面形状、大小主要由地基容许承载力而定，同时在水流冲刷较大的地方，应考虑阻水较小的截面形式（如做成圆端或尖端）。对于圆形沉井，从外形来说是阻水较小的，但对于外形较大尺寸的沉井，反而增大挡水面积，对冲刷不利，所以宜加以比较。

棱角处做成圆角或钝角，可使沉井在平面框架受力状态下减小应力集中，同时可减少井壁摩擦面积和便于吸泥（不致形成死角）。做成圆角、圆端形后在下沉过程中，容易形成"土拱"作用，减少侧面土压力，亦即减小土对井壁摩擦力，方便下沉。

沉井井孔的最小宽度应视取土机具而定，一般不宜小于2.5～3.0m。井孔布置应结合取土机具所能及的范围一起考虑，统筹安排布置。

沉井外壁从主体结构的受力来考虑，最好做成垂直的，以能增强土对沉井的侧向弹性抗力作用，但有时为了顺利下沉的需要，往往又将沉井外壁做成台阶形或斜坡形，但在有些土质中采用台阶形或斜坡形外壁对减少土对井壁的摩擦力未必有效。沉井采用何种形式的外壁，应根据设计要求、地质水文情况、施工技术条件、施工方法等全面考虑确定。

松软土中制造沉井底节，如高度过大容易发生倾斜而且难以纠偏，故一般认为不应大于沉井宽度的0.8倍。

6.7.20 本条对桩墙式围护结构的设计进行了规定，说明如下：

1 计算方法。本规范推荐采用侧向地基反力法，其特点是将围护墙视为竖向弹性地基上的结构，用压缩刚度等效的土弹簧模拟地层对墙体变形的约束作用，可以跟踪施工过程，逐阶段地进行计算。由于能较好地反映基坑开挖和回筑过程中各种基本因素，如加（拆）撑、预加轴力等对围护结构受力的影响，并在分步计算中考虑结构体系受力的连续性，因而被我国工程界公认为是一种较好的深基坑围护结构的计算方法。当把围护结构作为主体结构的一部分时，还可以较好地模拟围护墙刚度和结构组成随施工过程变化等各种复杂情况。

2 土压力取值。基坑开挖阶段作用在围护结构墙背上的土压力视墙体水平位移的大小在主动土压力和静止土压力之间变化。当墙体水平位移很小时，墙背土压力接近静止土压力，并随墙体水平位移增大而减小，最终达到土压力的最小值，即主动土压力。设计时应根据对围护结构的变形控制要求以及实际的变形情况，结合地区经验，合理确定墙背土压力的计算值。

6.7.21 地下连续墙应符合的规定说明如下：

1 单元槽段的长度和深度。槽段长度和深度的确定，一般应与以下因素有关：

1）设计要求：即与结构物的用途、形状、尺寸、地下连续墙的预留孔洞等有关；

2）槽段稳定性要求：即与场地工程地质条件、水文地质条件、周围的环境条件和泥浆质量、比重等有关；

3）施工条件：即与挖槽机性能、贮浆池容量、钢筋笼的加工和起吊能力、混凝土供应和浇灌能力、现场施工场地大小和施工操作的有效工作时间等有关。

2 地下连续墙的接头形式应满足结构使用和受力要求，当荷载纵向分布并没有内衬时，可采用普通圆形接头；无内衬时应采用防水接头；当需要把单元槽段连成整体时，采用刚性接头。

3 从传力可靠和简化施工考虑，地下连续墙与主体结构水平构件宜采用钢筋连接器连接。钢筋连接器的抗疲劳性能及割线模量应符合《钢筋机械连接通用技术规程》JGJ 10的要求。

4 为保证使用要求，墙体表面的局部突出大于100mm时应予以凿除，墙面侵入隧道净空的部分也应凿除。

6.7.22 水泥土墙（旋喷桩）应符合的规定说明如下：

1 水泥土墙的验算应同时满足抗倾覆、抗滑移、整体稳定及抗隆起要求，由于水泥土墙为重力式墙，上述四项验算的前两项不仅与嵌固深度有关，而且与墙宽有关，而后两项验算与墙宽关系不大，因此，在确定水泥土墙嵌固深度时，可采用整体稳定与抗隆起验算，满足整体稳定条件时即已满足了抗隆起条件，如仅以整体稳定性条件确定最小嵌固深度，嵌固深度的确定在特殊情况下还应满足抗渗透稳定条件。

2 根据抗整体稳定性分析出了水泥土墙的嵌固深度，并以抗倾覆条件确定水泥土墙宽度，经理论与实践证明已满足了抗滑移的要求，因此，不必进行抗滑移稳定性验算。

3 水泥土挡墙是靠桩与桩的搭接形成连续墙，桩的搭接是保证水泥土墙的抗渗漏及整体性的关键。由于桩施工有一定的垂直度偏差，应控制其搭接宽度。

4 为加强桩的强度和整体性，满足受力要求，可采取桩加型钢或钢筋笼等措施。

6.7.23 钻孔灌注桩应符合的规定说明如下：

1 采用密排钻孔灌注桩作为挡土围护结构，其刚度较钢板桩强，造价比连续墙低，桩的直径、长度可根据设计需要选择。钻孔灌注排桩支护结构的工作性能与地下连续墙、钢筋混凝土预制板桩相似，通常可取一根桩，沿桩竖向划分单元，采用竖向弹性地基梁的假定进行内力、变形分析。由于支撑刚度和被动侧土体强度的模拟有许多不确定因素，往往需反复计算多次，与类似工程的实测资料对比，确定合理的计算结果。

单桩断面强度及配筋可以按环形或圆形截面的受弯杆件进行设计。

钻孔灌注桩直径不宜小于500mm，主要是考虑下导管灌注混凝土的可操作性，直径再小施工困难。

排桩之间的距离，应越小越好。目前有的施工单位采用在试验排桩间两两相切或相互咬合的施工工艺，以期取消桩外侧的防渗帷幕，但在工程中应用尚有待完善，从目前成孔工艺和质量现状来看，局部突出和扩颈现象较为普遍，因此，在粘性土中，排桩净距宜取100mm左右，在粉性土或砂土中，宜取150mm左右，以便每一组跳打的最后一根桩能达到设计直径。在一些特殊情况下，因防渗需要，净距曾做到50mm，也有一些工程排桩的净距达200mm以上。由此可见，排桩间距不应作硬性规定，可根据受力、防渗要求和合理的施工工艺进行调整。

2 围护桩纵向钢筋的配置方式也是一个颇有争议的问题。通常都采用沿截面周边对称均匀布置的配筋方式。

3 围护桩混凝土强度等级不应小于C20，与《地基基础设计规范》DBJ 08—11相一致，配合比的设计和选择应符合《钻孔灌注桩施工规程》DBJ 08—202的规定。

主筋保护层厚度不宜小于50mm的规定，同其他有关规范是相协调的。从圆形或环形截面受弯计算，钢筋笼直径稍增加一点，其抗弯能力可提高较多。

4 基坑开挖时钻孔灌注排桩之间的空隙易引起渗漏，造成桩后水土流失，因此，采用钻孔灌注排桩支护时，应辅以防渗措施。

5 在粉性土、砂土中灌注桩成孔难度较大，常发生扩颈、挤位现象，已有工程发现不能按设计排列的桩距和桩数施工。

当灌注桩外侧场地很小或要求的防渗帷幕入土很深，现有搅拌桩机械无法施工时，也可以采用其他手段进行防渗。

6 桩顶圈梁是将一根根离散的灌注桩用钢筋混凝土梁在桩顶连接起来，加强了围护墙的整体性，对减少顶部位移有利。桩顶圈梁应尽量兼作支撑围檩，必要时可将桩顶标高落低。

桩内纵向钢筋锚入顶圈梁的长度，应根据围护墙体的变形和支撑轴力作用的条件确定，受剪时锚入长度按大于20d，受拉时应不小于35d的要求设置。

6.8 斜井工程

6.8.1 为保证斜井的正常工作，本条规定斜井井口应确保在设计洪水频率下不被淹没，确保隧道内畅通。

6.8.2 斜井提升难度较大，根据现在施工技术，规定了不同提升方式的斜井倾角。

6.8.3 为确保施工、运营期间人员进出隧道的安全，应设置人行道。对超过15°的斜井应设台阶及扶手。

6.8.4 为使管道等材料能够进入到平巷段，应在斜井与平巷段交界处设置马头门。马头门处衬砌厚度与配筋应根据计算进行加强。

6.8.6 斜井底部应根据设计计算出水量设置集水坑和相应的排水措施。

6.9 工程材料

6.9.1 金属材料一般仅限于：

1 用盾构法施工的隧道衬砌管片的连接件；

2 用盾构法施工的隧道开口部位的加强管片。

6.9.2 本规范表6.9.2中混凝土的最低强度等级大多是从满足工程的耐久性要求考虑的。为了减少地下超长结构混凝土的收缩应力和温度应力，现浇混凝土结构混凝土的设计强度也不宜采用大于表6.9.2规定的等级。

6.9.4 盾构隧道钢筋混凝土管片连接螺栓的机械性能等级一般采用4.6～6.8级。为了保证隧道的使用寿命，对螺纹紧固件表面应进行防腐蚀处理。

6.10 防水与排水

6.10.2 矿山法施工的隧道防水措施说明如下：

1 围岩注浆是将不透水的凝胶物质（防水材料）通过钻孔注入扩散到岩层裂隙中，把裂隙中的水挤走，堵住地下水的通路，减少或阻止用水流入工作面，同时还起到固结破碎岩层的作用，从而为开挖、衬砌创造了良好的条件。

2 混凝土或钢筋混凝土结构自防水是一个综合体系，故应以系统工程对待，确立以混凝土自防水为根本，接缝防水为重点的防水原则。

6.10.3 用盾构法施工的隧道，通常修建在地质条件不太好的含水地层中，地下水中含有的腐蚀性介质将影响钢筋混凝土管片的耐久性，在设计时应采取措施加以保护。

6.10.4 明洞建筑于露天空旷地区，一般有地表径流的影响，如不设法截、拦、排走，容易引起冲刷坡面，产生坍塌；或流入回填体内部，浸泡回填料，增加明洞负荷，因此要做好明洞截、排水系统。

6.12 隧道内管道安装

6.12.1 通过近几年国内长输管道工程大量采用隧道的情况来看，隧道内管道敷设已成了隧道设计中的一个重要环节。隧道内管道的敷设方式应充分考虑到管道输送的介质、隧道的纵坡、隧道断面的大小、敷设管道的数量以及施工方式等条件。如在忠武输气管道工程中，山区隧道有 3m×3m 和 2.5m×2.5m 两种城门洞型断面，当隧道纵坡度大于 15°时，管道在隧道内采用滑动支座连续架空敷设；当隧道纵坡度小于 15°时，采用地上填土敷设的方式（隧道围岩都为基岩）。在江底隧道中情况又不一样，考虑施工条件受限制，平洞段管道采用滑动支座连续架空敷设的方式（支座与隧道底板齐平）。

6.12.4 本条主要考虑水底隧道而制定的。由于隧道内充水，管道受到静水浮力的影响，管道应进行抗飘浮计算。

6.12.6 隧道内钢结构长期处于潮湿空气工作环境，受潮气的侵蚀，金属结构表面容易腐蚀，从而危及管道的安全。因此，为了提高防腐层的使用周期，减少生产成本，应采用高质量、附着力强、不易裂缝脱皮、耐水性好的防腐材料。

6.12.7 管道同锚固墩（件）之间的良好绝缘，是防止阴极保护电流漏失，保证管道达到有效的阴极保护所必需的。

6.12.8 为保证管道在隧道内的安全运营，本条同时规定了对安装管段的焊接、试压、防腐要求。

7 铁路（公路）穿越设计

7.1 敷设要求

7.1.1 油气管道在选线阶段，如果能够避免或减少与铁路（公路）的交叉，可以使管道线路设计更加合理，也可以避免或减少因交叉带来的相互影响。这是原石油部与铁道部的《原油、天然气长输管道与铁路相互关系的若干规定》和与交通部的《关于处理石油管道和天然气管道与公路相互关系的若干规定》中的要求。

穿越点选在铁路（公路）区间的路堤段和管道的直线段，是从安全、施工、维护等多方面考虑的。穿越点设在铁路（公路）区间的路堤段，便于满足最小覆盖层厚度的要求，并且有利于实施。设在管道的直线段，便于满足本规范第 3.5.5 条（管道水平、竖向转弯）。

站场、道口、收费站是车辆、设备、旅客行人集中场所，一旦发生事故，后果严重；桥梁是铁路（公路）的重要组成部分，造价高、结构复杂、技术性强，在其上下游一定范围内及其对桥梁有影响的范围内不应施工，因此，无特殊情况不应在这些建（构）筑物和设备下穿越。如果受条件限制，或者经过方案比选经济合理等特殊情况需要穿越时，需要经过相应的管理部门批准，并且对管道和铁路（公路）设施、设备采取相应的防护措施。铁路编组站、大型客站、隧道、变电所是铁路上的大型和重要工程，一旦发生事故，危险性大，故严禁交叉。

7.1.2 本条是充分考虑了《原油、天然气长输管道与铁路相互关系的若干规定》、《关于处理石油管道和天然气管道与公路相互关系的若干规定》和《钢质管道穿越铁路和公路推荐作法》SY/T 0325 的要求，并结合实际工程情况确定的。管道与被穿越的铁路（公路）垂直相交，交叉管段长度短，管道受力合理、投资少，同时对被穿越铁路（公路）影响小。

管道在铁路（公路）高架桥下穿越时，应采用涵洞等有效措施对管道进行保护，避免管道与桥梁之间的互相影响，保证穿越管道和高架桥的安全。

7.1.3 穿越点四周要求有足够的空间，是为了满足穿越管道施工安装、正常维护以及事故抢险的需要。另外，在选择穿越方法时也应该充分考虑穿越点四周的环境情况。

7.1.4 铁路（公路）现有的涵洞是根据其具体的用途设置的，如人员、车辆通行、排水等，如果油气管道利用涵洞穿越，从管道工程方面考虑方便了施工，减少了投资，但是对于铁路（公路）来说，改变了涵洞功能，增加了安全隐患。因此，如果利用铁路（公路）涵洞穿越，应该征得相应管理部门批准，并且按照铁路（公路）的要求进行设计，同时，要按管道工程的施工安装、正常维护、事故抢险的要求进行设计。

7.1.5～7.1.7 这三条规定了管道穿越铁路（公路）时输送管道或者套管顶部的最小覆盖层厚度。覆盖层厚度不仅关系到管道受力的问题，还关系到路基及路基下部土层承受车辆荷载的问题，因此管道穿越铁路（公路）既要进行管道计算，还应该满足最小覆盖层厚度。如果不能满足最小覆盖层厚度，应该采取加固措施。

最小覆盖层厚度是综合《原油、天然气长输管道与铁路相互关系的若干规定》、《关于处理石油管道和天然气管道与公路相互关系的若干规定》和《钢质管道穿越铁路和公路推荐作法》SY/T 0325 制定的。

7.1.8 本条是为了避免铁路（公路）不均匀沉降对输送管道或者套管的影响。如果土层不均匀，应采取措施保证管道的安全。

7.1.9 套管的内径应该满足安装输送管道的要求，满足阴极保护的绝缘要求，以及防止外部荷载传递给输送管道等要求。钢筋混凝土套管采用人工顶管施工方法时，规定内直径不应小于 1m，是为了满足顶管人工开挖作业需要而制定的。

7.1.10 如果被穿越铁路（公路）要扩建，穿越套管应该按照扩建后的情况设计，避免铁路（公路）扩建时再对管道进行处理。

7.1.11 采用钻孔（包括水平定向钻孔、顶管等）敷设穿越管道，如果孔洞尺寸较输送管道或者套管过大，容易产生路基的塌陷，造成穿越管道受力不均匀和路面破坏，影响交通和管道运行，因此，要控制孔洞的直径。出现孔洞过大现象时，应迅速采取措施，充填过大的孔洞，避免造成路基的塌陷；如果钻孔、顶管、隧洞必须废弃时，应该迅速采取补救措施进行处理，如低等级混凝土填实孔洞。

7.2 无套管穿越设计

7.2.1 本条款提出无套管穿越管段的计算要求。

7.2.2、7.2.3 这两条是沿用原规范的内容。本次编制参照《钢质管道穿越铁路和公路推荐作法》SY/T 0325，提供了土压力、车辆荷载、内部压力产生管道应力的计算方法。穿越管段还承受管道自重、输送介质自重、地下水浮力、季节更替引起的温度变化、输送介质温度的变化、管道操作状态变化的作用，对管道的影响应根据实际情况进行计算分析；各种原因引起的地基变形（如地基不均匀沉降、冻胀、盐渍土、湿陷性黄土、附近区域开挖、爆破施工的影响等）对管道的影响极大，管道设计选线时应该避开或采取措施进行处理，否则必须进行计算分析。其他还有地震、腐蚀对管道的影响等，应该根据情况，进行计算分析。

7.2.4～7.2.6 土压力作用下管道的环向应力、公路车辆荷载作用下管道环向、轴向循环应力、管道内部压力产生的管道环向应力的计算，是参照《钢质管道穿越铁路和公路推荐作法》SY/T 0325 的计算方法。

汽车车轮均布荷载的取值，综合考虑了我国公路规范和国家现行标准《钢质管道穿越铁路和公路推荐作法》SY/T 0325，按表2采用。

表2 载重汽车车辆荷载

技术指标	汽车等级	汽—10		汽—15		汽—20		汽—超20	
		主车	重车	主车	重车	主车	重车	主车	重车
轴重 (kN)	前轴	30单轴	50单轴	50单轴	70单轴	70单轴	60单轴	70单轴	30单轴
	中轴	—	—	—	—	—	—	—	120×2双轴
	后轴	70单轴	100单轴	100单轴	130单轴	130单轴	120×2双轴	130单轴	140×2双轴
车轮着地面积 (m²)	前轴	0.25×0.2	0.25×0.2	0.25×0.2	0.3×0.2	0.3×0.2	0.3×0.2	0.3×0.2	0.3×0.2
	中轴	—	—	—	—	—	—	—	0.6×0.2
	后轴	0.5×0.2	0.5×0.2	0.5×0.2	0.6×0.2	0.6×0.2	0.6×0.2	0.6×0.2	0.6×0.2
车轮荷载 (kPa)	前轴	300单轴	500单轴	500单轴	583单轴	583单轴	500单轴	583单轴	250单轴
	中轴								500双轴
	后轴	350单轴	500单轴	500单轴	542单轴	542单轴	500双轴	542单轴	583双轴

7.2.7 无套管穿越在公路车辆荷载作用下，管段产生环向应力与轴向应力，本条规定在计入内压、温度等作用组合产生的应力，应按本规范第4.4.2条与第4.4.3条进行强度核算。

7.2.8 穿越管段的环向焊缝和轴向焊缝疲劳复核，采用允许应力法，即通过将垂直于管线焊缝的循环应力与耐疲劳极限应力的允许值比较进行复核。

7.3 有套管穿越设计

7.3.1、7.3.2 输送管道采用涵洞、套管等保护方法穿越铁路（公路），涵洞的净尺寸应该满足管道安装施工和维护的要求，同时，还应该满足铁路（公路）的要求。另外，涵洞顶部覆盖层的厚度，对涵洞结构的受力影响较大，应该根据铁路（公路）有关规范进行计算，综合考虑确定。钢筋混凝土涵洞、套管的设计方法应该按照现行的铁路（公路）桥涵设计规范执行。直径大于1000mm的钢质套管，由于管材较少，宜采用钢筋混凝土套管。

7.3.4、7.3.5 套管中的输送管道与套管之间，以及多根输送管道之间电绝缘是阴极保护的需要。电绝缘支撑的支撑压力，应该进行控制，不应对管道防腐涂层造成损坏。

7.3.6 穿越套管两端及中部接口采用密封处理。其目的是为了防止水和土壤颗粒的侵入。在穿越管段防腐涂层遭到破坏时，起到保护作用。实际施工不可能做到完全密闭，应当预见套管内有水渗入，密封的作用是防止通过套管形成水道。

8 焊接、试压及防腐

8.1 焊接、检验

8.1.1 穿越工程是管道工程的一部分，因此本条规定应按现行国家标准《输气管道工程设计规范》GB 50251 与《输油管道工程设计规范》GB 50253 的规定执行穿越管段的焊接。

8.1.2 根据近几年我国管道工程对焊接进行无损检测的要求，采用100%的射线探伤检验已在西气东输等一系列大型工程中执行。线路工程在进行了100%的射线探伤后，基本上不再做超声波检验焊缝。考虑到穿越工程的重要性，规定了对接接头焊缝除进行100%的射线探伤外，还要进行100%的超声波检验。

8.1.3、8.1.4 射线探伤和超声波探伤分级标准各规定了两个验收标准：其中国标《金属熔化焊焊接接头射线照相》GB/T 3323 是以压力容器探伤为主的分级标准，超声波探伤检验是按现行国家标准《钢焊缝手工超声波探伤方法和探伤结果分级》GB/T 11345 执行的，这两个标准都是在输油和输气工程设计规范中所规定采用的。另一个是行业标准《石油天然气钢质管道无损检测》SY/T 4109，依据美国 API 推荐的《管道和相关设施的焊接》RP 1104 编制的，适用于长距离管道现场野外对接接头焊缝的射线和超声波探伤检验，我国近期施工的管道多以此为经验标准。

8.2 试 压

8.2.1 本条规定了对试压前后进行清管处理，是为了保证穿越管段不被腐蚀及输送介质的质量。

8.2.2 小型穿越与二级以下的公路穿越在线路中很多，且分散于全线。为减少管道试压的零碎分割，不影响施工周期及施工中的资源浪费，并参照美国《液态烃和其他液体管线输送系统》ASME B 31.4 与《输气和配气管线系统》ASME B 31.8 标准要求，制定了本条规定。

8.2.3 为防止水对管道的腐蚀，避免试压时冻胀破坏钢管，制定本条水质要求与试压时的环境温度要求。

8.2.4、8.2.5 这两条规定了分阶段试压、合格要求与试压时间，其与现行国家标准《输气管道工程设计规范》GB 50251—2003 及《输油管道工程设计规范》GB 50253—2003 是符合的。

8.2.6 为检验穿越管段的使用安全性，本条提出强度试压的试验压力要求为1.5倍设计内压力；严密性试压为设计内压力。需要说明的是，输油管道各点的设计内压力是不同的，特别是低洼处的静压力应予充分的考虑。本条规定也与输气、输油管道工程的设计规范一致，避免了原穿越规范中不论地区级别，一律按试压时环向应力达 $0.9\sigma_s$ 的过高要求。

8.2.7 由于穿越管段是单独试压，它与埋地管段存在碰口连接的问题。如果埋地段与穿越段都敷设就位，可能出现强制碰口，使管段出现强制变形的残余应力，不利安全。本条作此规定是避免发生上述情况，最好将两端埋地管段在自由状态下与穿越管段碰口，然后再回填埋地管道。

8.3 防 腐

8.3.1、8.3.2 这两条规定了穿越管段防腐应遵循的标准、规范。

8.3.3 在同一条穿越管段中，由于所处的环境条件在不长的距离内是相同的，故要求防腐涂层和等级应相同。这样做既便利了施工，也将腐蚀控制置于同一要求内，达到同一安全目标。

8.3.4 在对稳管或护管构筑物有腐蚀性的环境中，为确保这些构筑物不因腐蚀而丧失使用功能，制定本条规定，要求采用相应的防腐性材料制作这些构筑物。

8.3.5 在大、中型穿越管段一端设置阴极保护测试桩点，是为了检测穿越管段的阴极保护是否处于正常保护范围，防止管段因腐蚀而损坏。

8.3.6、8.3.7 这两条规定是为了确保穿越管段的阴极保护发挥正常的保护功能，有利于管段的抗腐蚀。

8.3.8 本条规定是为了确保穿越管段的防腐涂层的完整，达到满足抗腐蚀要求。

8.3.9 由于补口是管道防腐中很关键的一道工序，特别是在穿越中，往往因为拖管或推管会造成补口损伤，因此本条规定应按相应防腐涂层的补口标准执行。特别是在长距离拖管中，如水平定向钻回拖时，有可能造成补口损伤，应特别加强此部分的要求。如果用三层 PE，补口套两端均应加强一圈密封带来加强牢度，防止补口套脱开。

中华人民共和国国家标准

油气输送管道穿越工程施工规范

Code for construction of oil and gas transmission pipeline crossing engineering

GB 50424—2007

主编部门：中国石油天然气集团公司
批准部门：中华人民共和国建设部
施行日期：2008年5月1日

中华人民共和国建设部
公　告

第 730 号

建设部关于发布国家标准
《油气输送管道穿越工程施工规范》的公告

现批准《油气输送管道穿越工程施工规范》为国家标准，编号为 GB 50424—2007，自 2008 年 5 月 1 日起实施。其中，第 4.0.1、5.1.4、5.3.3、5.3.4、11.3.1、13.0.12 条为强制性条文，必须严格执行。

本规范由建设部标准定额研究所组织中国计划出版社出版发行。

中华人民共和国建设部
二〇〇七年十月二十三日

前　言

本规范是根据建设部建标函〔2005〕124 号文件《关于印发"二〇〇五年工程建设标准规范制订、修订计划（第二批）"的通知》要求，由中国石油天然气管道局会同有关单位编制完成。

本规范共分 14 章，主要内容包括：总则，术语，基本规定，材料检验，管道组对、焊接、补口及检验，施工准备的一般要求，水平定向钻穿越施工，顶管穿越施工，盾构穿越施工，大开挖穿越施工，矿山法隧道穿越施工，管道清管、试压，健康、安全与环境，工程交工验收准备等。

在编制过程中，规范编制组总结了多年油气输送管道穿越工程施工的经验，借鉴了国内已有的国家标准、行业标准以及国外先进标准，并广泛征求了国内有关单位、专家的意见，反复修改，最后经审查定稿。

本规范以黑体字标志的条文为强制性条文，必须严格执行。

本规范由建设部负责管理和对强制性条文的解释，由中国石油天然气管道局负责具体技术内容解释。

本规范在执行过程中，请各单位注意结合工程实践总结经验，积累资料，如发现需要修改或补充之处，请将意见和建议反馈给中国石油天然气管道局质量安全环保部（地址：河北省廊坊市广阳道 87 号；邮编：065000；联系电话：0316-2171402；传真：0316-2171409），以便今后修订时参考。

本规范主编单位、参编单位和主要起草人：

主 编 单 位：中国石油天然气管道局
参 编 单 位：中国石油天然气管道局穿越分公司
中国石油天然气管道局第三工程分公司
中国石油天然气管道局第四工程分公司
中国石油天然气管道局海洋工程分公司
中国石油天然气管道工程有限公司

主要起草人：续　理　魏国昌　石　忠　刘鬼辉
　　　　　　王　炜　郭泽浩　陈文备　董　浩
　　　　　　郑玉刚　李丽君　高泽涛　马　骅
　　　　　　李文东　苏士峰　葛业武　姚士洪
　　　　　　那　晶　王卫国　靳红星　雷章彬
　　　　　　葛新东　陈　辉

目 次

1 总则 ············· 42—4
2 术语 ············· 42—4
3 基本规定 ············· 42—5
4 材料检验 ············· 42—5
5 管道组对、焊接、补口及检验 ············· 42—5
　5.1 一般规定 ············· 42—5
　5.2 管道组对、焊接 ············· 42—5
　5.3 管道焊接质量检验 ············· 42—6
　5.4 补口 ············· 42—6
6 施工准备的一般要求 ············· 42—7
7 水平定向钻穿越施工 ············· 42—7
　7.1 一般规定 ············· 42—7
　7.2 测量放线 ············· 42—8
　7.3 穿越施工 ············· 42—9
8 顶管穿越施工 ············· 42—10
　8.1 一般规定 ············· 42—10
　8.2 测量放线 ············· 42—10
　8.3 螺旋钻机顶管穿越施工 ············· 42—10
　8.4 千斤顶顶管穿越施工 ············· 42—11
　8.5 平衡法顶管穿越施工 ············· 42—11
9 盾构穿越施工 ············· 42—13
　9.1 一般规定 ············· 42—13
　9.2 现场踏勘 ············· 42—13
　9.3 施工测量 ············· 42—13
　9.4 盾构施工 ············· 42—14
　9.5 管道安装 ············· 42—15
10 大开挖穿越施工 ············· 42—15
　10.1 一般规定 ············· 42—15
　10.2 不带水开挖穿越施工 ············· 42—15
　10.3 带水开挖穿越施工 ············· 42—17
　10.4 道路大开挖穿越施工 ············· 42—19
11 矿山法隧道穿越施工 ············· 42—19
　11.1 一般规定 ············· 42—19
　11.2 施工测量 ············· 42—19
　11.3 隧道施工 ············· 42—19
　11.4 管道安装 ············· 42—21
12 管道清管、试压 ············· 42—21
13 健康、安全与环境 ············· 42—22
14 工程交工验收准备 ············· 42—23
本规范用词说明 ············· 42—23
附：条文说明 ············· 42—24

1 总 则

1.0.1 为确保油气输送管道穿越工程（以下简称穿越工程）施工质量，做到安全、环保、适用，制定本规范。

1.0.2 本规范适用于新建或改、扩建的输送原油、天然气、煤气、成品油等管道穿越河流、湖泊、山体、公路、铁路等难以通过的地上、地下障碍物工程的施工。

1.0.3 穿越工程施工方法可分为五类：定向钻穿越施工、顶管穿越施工、盾构穿越施工、大开挖穿越施工、矿山法隧道穿越施工。

1.0.4 承担穿越工程施工的企业，应具有国家或行业主管部门认定的施工企业资质。

1.0.5 穿越工程施工及验收除应符合本规范规定外，尚应符合国家现行法律法规及有关标准的规定。

2 术 语

2.0.1 油气输送管道 oil and gas transmission pipeline

用于输送油气介质的管道。

2.0.2 障碍物 obstructions

管道敷设时所遇到的天然或人工障碍，如：河流、湖泊、滩海、冲沟、山体、水库、水渠、铁路、公路、地上和地下建（构）筑物等。

2.0.3 水平定向钻穿越 cross by horizontal directional drilling

采用水平定向钻机将穿越管段按照设计轨迹通过障碍物的一种非开挖管道安装施工方法。

2.0.4 泥浆 mud

由膨润土、水和少量添加剂组成的混合物。

2.0.5 导向孔 pilot hole

利用水平定向钻机，沿设计曲线完成的初始钻孔。

2.0.6 控向系统 direction control system

提供方位角、倾斜角及其工作状态等参数的系统。

2.0.7 扩孔 reaming hole

为达到与穿越管段相适应的孔径，用扩孔器扩大孔径的施工过程。

2.0.8 回拖 back towing

将穿越管段从钻杆出土点一侧，沿扩孔后的孔洞，拖至钻杆入土点一侧的施工过程。

2.0.9 围岩 surrounding rock

隧道工程影响范围内的岩土体。

2.0.10 锚喷支护 shotcrete, anchor rod and mesh reinforcement support

由喷射混凝土、锚杆和（或）钢筋网等组合而成的支护结构。

2.0.11 钢架支护 steel frame or beam support

用钢筋或型钢、钢管、钢轨、钢板等制成的钢骨架支护结构。

2.0.12 超前支护 presupporting

在钻爆隧道开挖前，对开挖工作面前方的围岩进行预加固的支护方法。

2.0.13 管棚支护 pipe-roof protection

在隧道开挖前，沿开挖工作面的拱部外周插入钢管，压注砂浆，开挖时用钢架支承此种钢管所进行的支护方法。

2.0.14 超前锚杆 advance roofbolt

在隧道开挖前，沿隧道拱部按一定角度设置的起预加固围岩作用的锚杆。

2.0.15 预注浆 pregrouting

在隧道开挖前，为固结围岩、填充空隙或堵水而沿着开挖面或拱部进行的注浆。

2.0.16 回填注浆 back filling grouting

在衬砌完成后，为填充衬砌与围岩之间的空隙而进行的注浆。

2.0.17 泥水平衡式施工法 slurry shield tunneling method

通过直接或间接地对泥水舱压力进行控制，达到与掘进面土压、水压的平衡，以保持掘进面稳定的一种施工方法。

2.0.18 土压平衡式施工法 earth press balance shield method

通过控制使掘进面土层的地下水压力和土压力处于一种平衡状态，掘进机的推进与排土量所占的体积平衡，以保持掘削面稳定的一种施工方法。

2.0.19 竖井 shaft

施工时，为满足设备组装解体、材料运输、人员进出、供电、通风、给排水等作业而修建的工作井。根据其作用和目的，竖井可分为出发井（中间井、转向井）和接收井。

2.0.20 环片 segments

指盾构隧道所使用的衬砌材料，一般是由钢筋混凝土或钢材制成。

2.0.21 大开挖 open-cut excavating

将公路或河渠等全部挖开，待将穿越管段敷设完成后，再恢复原地貌的一种施工方法。

2.0.22 顶管作业坑 pit of pushing pipe

进行顶管穿越施工时，用来安放顶管设备或接收穿越管段的作业坑。

2.0.23 顶管靠背墙 backwall of pushing pipe

顶管作业坑内承受顶管设备反作用力的墙体。

3 基本规定

3.0.1 施工前,应进行地质勘察和技术交底。施工中,应及时进行竣工资料的填写和整理。

3.0.2 施工企业应按照设计文件要求组织施工。

3.0.3 管道穿越其他埋地管道、线缆时,应按国家有关规定和相关要求及设计要求对其进行保护,不得损坏被穿越的这些设施。

3.0.4 管道穿越线缆时,其净距不应小于0.5m。

3.0.5 管道穿越其他地下管道时,其净距不宜小于0.3m。如受到条件限制,净距达不到0.3m时,两管间应设置柔软的绝缘隔离物,并应固定可靠。

4 材料检验

4.0.1 工程所用材料、管道附件的材质、规格和型号必须符合设计要求,其质量应符合国家或行业有关标准的规定,并应具有出厂合格证、质量证明文件以及材质证明书(或使用说明书)。

4.0.2 应对工程所用材料、管道附件的出厂合格证、质量证明文件以及材质证明书进行检查,当对其质量(或性能)有疑问时应进行复验,不合格者严禁使用。土建材料应单独复验。

4.0.3 油气输送用钢管及附件的检验,应按制管标准检查钢管的外径、壁厚、椭圆度等钢管尺寸偏差。钢管表面不得有裂纹、结疤、折叠以及其他深度超过公称壁厚偏差的缺陷。

4.0.4 钢管如有凿痕、槽痕、凹坑、电弧烧痕、变形或压扁等有害缺陷应按下列方法修复或消除后使用:

1 凿痕、槽痕可以用砂轮磨去,但磨剩的厚度不得小于材料标准允许的最小厚度,否则,应将受损部分整段切除。输油管道也可同时选用焊接方式修复。

2 凹坑的深度不应超过公称管径2%。凹坑位于纵向焊缝或环向焊缝处影响管子曲率者,应将凹坑处管子受损部分整段切除。

3 变形或压扁的管段超过制管标准规定时,应修复,不能修复的应废弃。

4.0.5 弯管端部应标注弯曲角度、钢管外径、壁厚、曲率半径及材质等参数。凡标注不明或不符合设计要求的不得使用。

4.0.6 油气输送钢管用焊接材料应符合下列规定:

1 焊材包装应完好,标识应清晰。

2 焊条应无破损、霉变、油污、锈蚀,焊丝应无锈蚀和折弯;焊剂应无变质现象;保护气体的纯度和干燥度应满足焊接工艺规程的要求。

5 管道组对、焊接、补口及检验

5.1 一般规定

5.1.1 管道焊接适用的方法包括焊条电弧焊、半自动焊、自动焊或上述方法的组合。

5.1.2 管道焊接所用设备的性能应能满足焊接工艺要求,具有良好的工作状态和安全性能。

5.1.3 在焊接施工前,应制订焊接工艺指导书,进行焊接工艺评定,并依据评定合格的工艺编制焊接工艺规程。

5.1.4 焊工应具有相应的资格证书,焊工能力应符合国家现行标准《钢质管道焊接及验收》SY/T 4103的有关规定。

5.1.5 在下列任何一种环境中,如未采取防护措施不得进行焊接:

1 雨雪天气。

2 大气相对湿度大于90%。

3 低氢型焊条电弧焊,风速大于5m/s。

4 酸性焊条电弧焊,风速大于8m/s。

5 自保护药芯焊丝半自动焊,风速大于8m/s。

6 气体保护焊,风速大于2m/s。

7 环境温度低于焊接工艺规程中规定的温度。

5.2 管道组对、焊接

5.2.1 管道坡口型式应符合设计文件和焊接工艺规程的规定。管道组对应符合表5.2.1的规定。

表5.2.1 管道组对

序号	检查项目	规定要求
1	管内清扫	无污物
2	管口清理(10mm范围内)和修口	管口完好无损,无锈蚀、油污、油漆、毛刺
3	管端螺旋焊缝或直缝余高	端部10mm范围内余高打磨掉,并平缓过渡
4	两管口螺旋焊缝或直缝间距	错开间距大于或等于100mm
5	错口和错口校正要求	当壁厚≤14mm时,不大于1.6mm;当壁厚14mm<t≤17mm时,不大于2mm;当壁厚17mm<t≤21mm时,不大于2.2mm;当壁厚21mm<t≤26mm时,不大于2.5mm;当壁厚t>26mm时,不大于3mm;局部错边均不应大于3mm,错边沿周长均匀分布
6	钢管短节长度	不应小于管子外径值且不应小于0.5m
7	管子对接偏差	不得大于3°

5.2.2 焊接过程中，管材和防腐层保护应符合下列规定：

1 施焊时不应在坡口以外的管壁上引弧。

2 焊机地线与管子连接应采用专用卡具，应防止地线与管壁产生电弧而烧伤管材。

3 对于环氧粉末防腐管，焊前应在焊缝两端的管口缠绕一周宽度不小于0.8m的保护层，防止焊接飞溅灼伤防腐层。

5.2.3 使用对口器应符合下列规定：

1 应优先选用内对口器，并符合焊接工艺规程的要求。

2 使用内对口器时，应在根焊完成后拆卸和移动对口器。移动对口器时，管子应保持平衡。

3 使用外对口器时，根焊应分为多段，且均匀分布。在根焊完成不少于管周长50%后方可拆卸。

5.2.4 焊前预热应符合下列规定：

1 有预热要求时，应根据焊接工艺规程的要求进行焊前预热。

2 当焊接两种具有不同预热要求的材料时，应以预热温度要求较高的材料为准。

3 管口应均匀加热，预热宽度应为坡口两侧各50mm。

5.2.5 管道焊接应符合下列规定：

1 管道焊接宜采用下向焊。

2 根焊完成后，应修磨清理根焊道。

3 焊道接头点，应进行打磨，相邻两层的接头点，应错开30mm以上。

4 各焊道宜连续焊接，焊接过程中，应控制层间温度。

5 填充焊应有足够的焊层，盖面焊后，焊缝的横断面应在整个焊口上均匀一致。

6 层间焊道上的焊渣，在下一步焊接前应清除干净。

7 在焊接作业中，焊工应对自己所焊的焊道进行自检和修补工作。每处修补长度不小于30mm。

8 在焊接作业时，根据气候条件，可使用防风棚。

9 使用的焊条（丝）直径、焊接极性、电流、电压、焊接速度等应符合焊接工艺规程的要求。

5.2.6 焊接完成后应清除表面焊渣和飞溅。

5.2.7 对需要焊后缓冷或热处理的焊缝，应按焊接工艺规程的要求进行缓冷和热处理。

5.2.8 应作好焊接记录。

5.3 管道焊接质量检验

5.3.1 焊缝应先进行外观检查。焊缝外观检查应符合下列规定：

1 焊缝外观成型应均匀一致，焊缝及其热影响区表面上不得有裂纹、未熔合、气孔、夹渣、飞溅、夹具焊点等缺陷。

2 焊缝表面不应低于母材表面，焊缝余高不应超过2mm，局部不得超过3mm，余高超过3mm时，应进行打磨，打磨后应与母材圆滑过渡，但不得伤及母材。

3 焊缝表面宽度每侧应比坡口表面宽0.5~2mm。

4 咬边的最大尺寸应符合表5.3.1中的规定。

表 5.3.1 咬边的最大尺寸

深 度	长 度
大于 0.8mm 或大于12.5%管壁厚，取二者中的较小值	任何长度均不合格
大于6%~12.5%的管壁厚或大于0.4mm，取二者中的较小值	在焊缝任何300mm连续长度上不超过50mm或焊缝长度的1/6，取二者中的较小值
小于或等于0.4mm或小于或等于6%的管壁厚，取二者中的较小值	任何长度均为合格

5 电弧烧痕应打磨掉，打磨后应使剩下的管壁厚度不小于材料标准允许的最小厚度。否则应将含有电弧烧痕的这部分管子整段切除。

5.3.2 应在外观检查合格后进行无损检测。无损检测应符合国家现行标准《石油天然气钢质管道无损检测》SY/T 4109的有关规定。

5.3.3 穿越管段焊缝无损检测应符合下列规定：

1 100%超声波检测、100%射线检测。

2 穿越管段焊缝无损检测合格级别为Ⅱ级。

5.3.4 从事无损检测人员必须持有国家有关部门颁发并与其工作相适应的资格证书。

5.3.5 焊缝返修应符合下列规定：

1 焊道中出现的非裂纹性缺陷，可直接返修。若返修工艺不同于原始焊道的焊接工艺，必须使用评定合格的返修焊接工艺规程。

2 当裂纹长度小于焊缝长度的5%时，应使用评定合格的返修焊接工艺进行返修。当裂纹长度大于5%时，所有带裂纹的焊缝必须从管线上切除。

3 焊缝在同一部位的返修不得超过2次，根部只允许返修1次，否则应将该焊缝切除。返修后，应按原标准检测。

5.4 补 口

5.4.1 管道现场防腐补口、补伤施工应符合设计要求和国家现行有关标准的规定。

5.4.2 防腐层的外表面应平整，无漏涂、褶皱、流淌、气泡和针孔等缺陷；防腐层应能有效地附着在金属表面；聚乙烯热收缩套（带）、聚乙烯冷缠粘胶带以及双组分环氧粉末补伤液、补伤热熔棒等补口、补伤材料应按其生产厂家使用说明的要求施工。

6 施工准备的一般要求

6.0.1 开工前应进行现场调查，核对设计文件、编制并报批施工组织设计、施工方案设计（或作业规程），配备施工装备。

6.0.2 开工前应做好以下前期工作：
　　1 预测穿越施工对地表和地下障碍物的影响。
　　2 确定交通运输方案。
　　3 了解施工场地与相邻工程、农田水利等的关系。
　　4 了解建筑物、道路、水利、通信和电力线等设施的拆迁情况和数量。
　　5 调查水源、检测水质、拟定供水方案。
　　6 调查可利用的电源、动力、通信、消防、劳动力、生活供应及医疗卫生条件。
　　7 调查施工中对自然环境、生活环境的影响及需要采取的措施。

6.0.3 施工前，设计单位应进行现场交底，施工单位应全面熟悉设计文件，并做好以下工作：
　　1 掌握工程的重点和难点，了解穿越方案。
　　2 复查对穿越施工和环境保护影响较大的地形、地貌、工程地质和水文地质条件，制订保护措施。
　　3 核对设计文件。
　　4 会同设计单位现场交接和复查测量控制点、施工测量用的基准点及水准点，定期进行复查。

6.0.4 施工组织设计至少应包括：施工方法、场地布置、进度计划、质量计划、工程数量、人员配备、主要材料、机械设备、电力、运输以及健康安全环境等主要措施内容。

6.0.5 应根据地质条件，结合穿越长度、结构类型、工期要求、交通条件、施工技术力量、安全生产、机械设备、材料、劳动力组合等情况确定施工方法。

6.0.6 施工前应结合工程特点，对员工进行质量安全教育、技术交底和培训。

7 水平定向钻穿越施工

7.1 一般规定

7.1.1 穿越深度应符合下列规定：
　　1 穿越河流等水域时，穿越管段管顶埋深应在河流最大冲刷线2.5m以下，且穿越管段管顶到河床底部的最小距离宜大于穿越管径的10～15倍，且不小于6m。对防洪等级高的河流，应根据不同的地质类别，适当增加穿越深度。
　　2 穿越铁路、公路时，穿越管段管顶埋深应符合铁路、公路等相关部门的规定。

7.1.2 穿越施工时入土角、出土角的大小，应根据地质、地形条件和穿越管段的材质、管径来确定。入土角宜为8°～20°，出土角宜为4°～12°。必要时，可适当调整入土角、出土角的大小。

7.1.3 水平定向钻穿越的曲率半径应符合设计要求。曲率半径不宜小于1500D，且不得小于1200D。

7.1.4 在管道入土端和出土端外侧各预留保持不少于10m的直管段。

7.1.5 适合水平定向钻机施工的地质条件为岩石、砂土、粉土、粘性土。对仅在出土点或入土点侧含有卵砾石等不适合水平定向钻施工的地质条件时，经采取措施后也可进行水平定向钻穿越施工。

7.1.6 地质材料准备应符合以下规定：
　　1 施工前应熟悉地质类别、地质构造及地质的性质。
　　2 施工前，建设方应按现行国家标准《岩土工程勘察规范》GB 50021的要求向施工单位提供地质报告。其内容包括但不限于以下内容：
　　　1）勘察目的、任务要求和依据的技术标准。
　　　2）拟建工程概况。
　　　3）勘察方法和勘察工作布置。
　　　4）场地地形、地貌、地层、地质构造、岩土性质及其均匀性。
　　　5）各项岩土性质指标，岩土的强度参数、变形参数、地基承载力的建议值。
　　　6）地下水埋藏情况、类型、水位及其变化。
　　　7）土和水对建筑材料的腐蚀性。
　　　8）可能影响工程稳定的不良地质作用的描述和对工程危害程度的评价。
　　　9）场地稳定性和适宜性的评价。
　　若有不足部分，施工单位可向建设单位提出补勘申请报告。
　　3 地质报告应附下列图表：
　　　1）勘探点平面布置图。
　　　2）工程地质柱状图。
　　　3）工程地质剖面图。
　　　4）原位测试成果图表。
　　　5）室内试验成果图表。

7.1.7 管道穿越（见图7.1.7）控向点位置应按下列公式计算：

$$a_2 = R \times \sin\theta_入 \quad (7.1.7-1)$$
$$b_2 = R \times (1 - \cos\theta_入) \quad (7.1.7-2)$$
$$b_1 = h_1 - b_2 \quad (7.1.7-3)$$
$$a_1 = b_1 / \tan\theta_入 \quad (7.1.7-4)$$
$$c_1 = R \times \sin\theta_出 \quad (7.1.7-5)$$
$$d_2 = R \times (1 - \cos\theta_出) \quad (7.1.7-6)$$
$$d_1 = h_2 - d_2 \quad (7.1.7-7)$$
$$c_2 = d_1 / \tan\theta_出 \quad (7.1.7-8)$$
$$L_1 = L - a_1 - a_2 - c_1 - c_2 \quad (7.1.7-9)$$

式中 a_2——入土端曲线的水平长度（m）；
b_2——入土端曲线的高度（m）；
b_1——入土端直线段的高度（m）；
c_1——出土端曲线的水平长度（m）；
d_2——出土端曲线的高度（m）；
d_1——出土端直线段的高度（m）；
L_1——底部直线段的长度（m）；
R——曲率半径（m）；
$\theta_入$——入土角（°）；
h_1——入土端地面与底部直线段的高度（m）；
a_1——入土端直线段的水平长度（m）；
$\theta_出$——出土角（°）；
h_2——出土端地面与底部直线段的高度（m）；
c_2——出土端直线段的水平长度（m）；
L——穿越长度（m）。

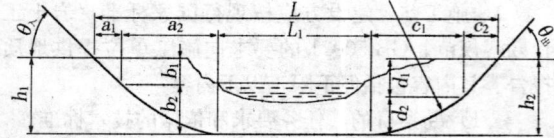

图 7.1.7 管道穿越示意

7.1.8 钻机拖拉力的计算和钻机的选择应符合下列规定：

1 水平定向钻回拖时的拉力宜按下式计算：

$$F_{拉}=\pi L_2 f\left[\frac{D^2}{4}\gamma_{泥}-7.85\delta_1(D-\delta_1)\right]+k_{粘}\pi DL_2 \quad (7.1.8)$$

式中 $F_拉$——计算的拉力（t）；
L_2——穿越管段的长度（m）；
f——摩擦系数，0.1～0.3；
D——管子的直径（m）；
$\gamma_泥$——泥浆的密度（t/m³）；
δ_1——管子的壁厚（m）；
$k_粘$——粘滞系数，0.01～0.03。

2 水平定向钻机宜根据式 (7.1.8) 计算值的 1.5～3 倍来选择。

7.1.9 应根据泥浆泵排量确定切割刀、扩孔器的泥浆喷射孔的个数，泥浆喷射孔的个数应按下式计算：

$$N=\frac{Q}{\pi r^2 V} \quad (7.1.9)$$

式中 N——泥浆喷射孔的个数（个）；
V——要求泥浆的喷射速度（m/min）；
Q——泥浆泵的正常排量（m³/min）；
r——喷射孔的半径（m）。

7.1.10 水平定向钻穿越施工前，建设方应提供完整的施工图。施工图的内容应包括：

1 设计说明书、管道穿越施工平面图、管道穿越断面图。

2 出入土点的角度和位置。

3 在穿越区域内有地下障碍物时，地下障碍物的位置、埋深，应标注在施工图上。

7.1.11 施工便道及场地应符合下列规定：

1 施工便道应具有足够的承载能力，宽度应大于4m，弯道的转弯半径应大于18m，并与公路平缓接通。

2 施工用水应符合配制泥浆的要求。

3 施工场地应能满足施工作业的要求。

7.1.12 穿越管段预制应符合下列规定：

1 穿越管段的组对、焊接、检验及补口等应符合本规范第5章要求。

2 穿越管段预制应在最后一级扩孔前完成。

7.1.13 钻机安装调试应符合下列规定：

1 根据施工场地规划，设备依次进场就位。

2 钻机宜安装在穿越中心线上。锚固件应安装牢固。

3 有线控向系统的调校地点应选在不受磁场干扰的区域。调校时探头在同一位置宜多次测量，并取多次测量值的算术平均值作为方位角基准值。

4 设备安装完成后应进行整体试运转，确保设备工作正常。

5 在条件具备的情况下，应使用人工磁场。

7.1.14 钻机场地应符合下列规定：

1 小型水平定向钻机的安装场地可为40m×40m，大型水平定向钻机的安装场地一般约为60m×60m。安装场地应根据钻机及附属设备的要求，结合现场条件进行布置。

2 钻机场地内应设泥浆池，其大小应根据泥浆用量确定。泥浆池不宜放在穿越中心线上。

7.1.15 管段预制场地应符合下列规定：

1 穿越管段预制场地宜设在出土点附近，在出土点应设一个30m×30m的钻具操作场地。

2 管段预制场地宜与入土点、出土点成一直线。穿越管段的预制场地的长度宜为设计水平长度加20m，宽度应符合现行国家标准《油气长输管道工程施工及验收规范》GB 50369的有关规定。

3 若因场地限制预制管段不能直线布置，应在出土点保持不少于100m的直管段，方可采取弹性敷设。

7.2 测量放线

7.2.1 测量放线前，应根据设计给出的控制桩位、设备情况、工程情况、地形地貌等编制施工场地平面布置图。

7.2.2 应用测量仪器放出穿越中心线，并确定穿越入土点、出土点。

7.2.3 根据穿越入土点、出土点及穿越中心线，确定钻机安装场地、管线侧施工场地、泥浆池以及穿越管段预制场地的边界线，并撒上灰线。

7.3 穿越施工

7.3.1 钻导向孔应符合下列规定：

1 控向操作应由经过培训合格的人员操作；控向系统的功能应满足工程的需要。

2 导向孔应根据设计曲线钻进。

3 每钻进一根钻杆宜采集一次控向数据。根据采集的控向数据，及时调整，使穿越曲线符合设计要求。

4 钻导向孔时，钻杆折角宜符合表7.3.1-1的要求。

表7.3.1-1 钻杆折角表

穿越管径 (mm)	每根钻杆最大折角 (°)	4根钻杆累加折角 (°)
φ325以下	2.1	6.0
φ377	1.7	5.7
φ406	1.6	5.4
φ508	1.4	4.3
φ610	1.2	3.6
φ711	1.1	3.0
φ813	1.0	2.6
φ914	0.9	2.4
φ1016以上	0.8	2.2

5 导向孔实际曲线与设计穿越曲线的偏差不应大于1%，且偏差应符合表7.3.1-2的规定。

表7.3.1-2 导向孔允许偏差（m）

导向孔曲线		出土点	
横向偏差	上下偏差	横向偏差	纵向偏差
±3	+1～-2	±3	+9～-3

7.3.2 扩孔应符合下列规定：

1 最终扩孔直径应根据不同的管径、穿越长度、地质条件和钻机能力确定。一般情况下，最小扩孔直径与穿越管径的关系应符合表7.3.2的规定。

表7.3.2 最小扩孔直径与穿越管径关系（mm）

穿越管段的直径	最小扩孔直径
<219	管径+100
219～610	1.5倍管径
>610	管径+300

注：管径小于400mm的管线，在钻机能力许可的情况下，可直接扩孔回拖。

2 扩孔宜采取分级、多次扩孔的方式进行。

3 扩孔过程中，如发现扭矩、拉力较大，可采取洗孔作业；洗孔结束后，再继续进行扩孔；扩孔结束后，如发现扭矩、拉力仍较大，可再进行洗孔作业。

7.3.3 回拖应符合下列规定：

1 回拖前，应完成以下事项：

1）连接前应用泥浆冲洗钻杆，确保钻杆内无异物。

2）连接后应进行试喷，确保水嘴畅通无阻。

3）旋转接头内应注满油，旋转应良好。

4）回拖前应对钻机、泥浆泵等设备进行保养和小修。

2 管段回拖时，如管径大于1m，宜采用浮力控制措施。

3 回拖宜按下列要求采用发送沟或发送道的方式发送：

1）采用发送沟方式时应符合下列规定：

a 在回拖前，应将穿越管段放入发送沟。发送沟应根据地形、出土角确定开挖深度和宽度。一般情况下，发送沟的下底宽度宜比穿越管径大500mm。

b 管道发送沟内应注水。一般情况下，管沟内最小注水深度宜超过穿越管径的1/3。

c 采取措施，使管道入土角与实际钻杆出土角一致。

2）采用发送道（托管架）方式时应符合下列规定：

a 根据穿越管段的长度和重量确定托管架的跨度和数目。

b 托管架的高度设计应满足预制管段弯曲率的要求。

c 托管架的强度、刚度和稳定性应满足设计要求。

4 回拖钻具连接的顺序宜为：

钻机→钻杆→扩孔器→旋转接头→U型环→拖拉头→穿越管段

5 回拖时宜连续作业。特殊情况下，停止回拖时间不宜超过4h。

7.3.4 施工完毕后，应清理场地，恢复地貌。

7.3.5 泥浆应符合下列规定：

1 根据不同的地质条件，应在泥浆实验室试配并确定不同的泥浆配方。

2 在施工过程中，应根据地质情况和钻进工艺，调整泥浆的配方和泥浆的性能。

3 在整个施工过程中，泥浆宜回收、循环使用。

4 泥浆粘度的现场测量宜用马氏漏斗，每2h测量一次。泥浆粘度应根据地质情况确定，也可按表7.3.5确定。

表 7.3.5 泥浆粘度 (s)

项目	管径(mm)	粘土	亚粘土	粉砂细砂	中砂	粗砂砾砂	岩石
导向孔	—	35~40	35~40	40~45	45~50	50~55	40~50
扩孔及回拖	Φ426以下	35~40	35~40	40~45	45~50	50~55	40~50
	Φ426~Φ711	40~45	40~45	45~50	50~55	55~60	45~55
	Φ711~Φ1016	45~50	45~50	50~55	55~60	60~80	50~55
	Φ1016以上	45~50	50~55	55~60	60~70	65~85	55~65

8 顶管穿越施工

8.1 一般规定

8.1.1 穿越管段的安装应使其与周围土壤之间的空隙最小。

8.1.2 穿越管段的管顶距铁路路肩下面不得小于1.7m，距公路路面不得小于1.2m，在路边沟底最低处埋深不得小于1.0m，路边沟为主要水渠时，距水渠最低处的埋深不得小于1.5m。

8.1.3 带套管穿越时，套管长度伸出路基坡脚外宜大于2m。

8.1.4 安装在套管内的穿越管段应采用绝缘物支撑使其与套管不接触，并使其安装后无外部径向载荷传递到穿越管段上。

8.1.5 穿越管段穿入套管前，套管内不得有污物，穿越管段应在防腐层检漏合格后穿入套管内，穿入后应用500V·MΩ表检测套管与穿越管段之间的绝缘电阻，其值应大于2MΩ，检测合格后应按设计要求封堵套管的两端口。

8.1.6 穿越管段与套管端部的环形空间应按设计进行封堵，其长度应大于200mm。

8.2 测量放线

8.2.1 应根据设计给定的控制桩位，放出穿越中心线，并应设置穿越中心桩、施工带边线桩，做出明显标志。

8.2.2 放线时应同时放出发送坑与接收坑的位置与尺寸。

8.3 螺旋钻机顶管穿越施工

8.3.1 当地质资料不能满足施工要求时，可在公路（铁路）两侧补挖探坑，取得满足要求的地质资料。

8.3.2 作业坑的开挖应符合下列规定：

1 作业坑的尺寸和坑深应根据施工机具、施工方法和管道埋深确定。作业坑开挖时应根据土壤性质设边坡，当开挖深度超过5m时，开挖应采取复式断面，中间设0.5~1m宽平台。

2 作业坑底应平整夯实。坑底基面应做适当处理。用仪器测量中心线及基底高程，其允许偏差均不应大于20mm。

3 作业坑开挖时应同时挖安全通道，通道坡比应不大于1:1。

4 地下水位高的地段开挖作业坑时，应采用降、排水措施。

5 作业坑的开挖和支撑设置应按规定执行。

8.3.3 钻机的安装应符合下列规定：

1 承受顶进反作用力的作业坑靠背墙应与水平面垂直，其允许偏差为±5°。承力板面积不应小于1.5m×1.5m。

2 当作业坑靠背墙土壤性能较差时，应采取适当的加固措施，防止顶进过程中承力板移位。

3 在基坑底面上应铺设导轨，在地下水位高的地段应安装相应的排水设施。

4 钻机中心线允许偏差为±10mm。

5 安装钻机时，钻头、钻杆与套管中心线允许偏差为±5mm。

8.3.4 钻进施工应符合下列规定：

1 穿越钻孔时，应依据土壤情况选择钻头直径。

2 钻孔顶进的套管每根长度与每节钻杆的长度应一致。第一节套管的入土点和安装角度应准确。钻进2m后应检查钻进角度。发生偏钻时，应重新调整钻机。第一节套管钻完时应进行测量，钻杆位置允许偏差不得大于±30mm。

3 钻进过程中，应监测返出钻屑的硬度、塑性、含水量等，根据返出钻屑的情况，及时调整钻速。

4 顶管钻进前，钻机推盘应垂直、平整，防止顶管时套管受力不均匀出现偏钻。

5 在软地层区域施工，安装第一根钻杆时，套管头部可抬高1~5mm。钻第一根套管时，应用支撑架支撑套管头部，套管入土2~3m后，方可拆除支撑架。

6 在硬地层钻孔时，钻头可伸出套管200~500mm；在松软地层，钻头可缩至套管内200~400mm，防止塌方造成路面下陷。

7 每顶进一根套管，应测量中心线方向偏移。当方向发生偏斜时，应纠偏。

8 施工作业开始后应连续作业。

9 在施工过程中，应实时检查坑壁，防止坑壁坍塌。

8.3.5 套管安装质量应符合下列规定：

1 套管安装完毕后，应对入土点、出土点、标高、顶进中心线和套管长度进行测量，并填写记录。

2 套管钻进允许偏差应符合下列规定：
  1) 上下偏差：顶进长度在30m以内的套管，偏差不宜大于100mm；顶进长度在30～42m的套管，偏差不宜大于150mm；顶进长度在42m以上的套管，偏差不宜大于200mm。
  2) 水平偏差不宜大于套管长度的1%。

8.3.6 穿越管段的安装应符合下列规定：
  1 预制穿越管段长度应大于套管长度4m以上。
  2 穿越管段的组对、焊接、补口及检验应符合本规范第5章的规定。
  3 穿越管段穿越前应按设计要求安装绝缘支撑和牺牲阳极。

8.3.7 应将发送坑和接收坑内穿越管段下部回填并夯实。管周围300mm内应回填细土保护，作业坑应回填并夯实。

8.4 千斤顶顶管穿越施工

8.4.1 顶管作业坑应选在地面高程较低的一侧，作业坑应有足够的长度和宽度，其深度根据穿越管段埋设深度确定。作业坑底部应铺设枕木和导轨，导轨作为套管前进的轨道。承受顶进反力的作业坑背面应采取加强措施。

8.4.2 在地下水位高的地段，应采取降、排水措施，保证顶管作业正常进行。

8.4.3 在地质情况复杂、易塌方的地段，开挖作业坑应采取开挖梯台、板桩等措施防止塌方，并应设置安全通道。

8.4.4 顶管作业坑的开挖不得影响路基的稳定，作业坑的底部应平整、结实。

8.4.5 顶管用千斤顶应根据计算顶力选择。

8.4.6 应用仪器对中心线方向进行测量控制，确保精度。

8.4.7 顶管前，应将顶管设备就位且试运行良好，其穿越中心线与管道设计中心线一致。顶管时，顶铁中心线应与穿越中心线平行、对称。套管进入土层后，应采用人工方法自上而下开挖取土。在管道下135°位置不得超挖，管顶部超挖量不应大于15mm。顶进作业时，宜在套管外壁涂润滑剂。

8.4.8 顶管时，应采用测量仪器控制中心线和高程，以施工放线时布置的中心桩为基准导向监控。第一根套管顶进中心线偏差不应超过管长的3%。初始顶进中，每顶进300mm检查一次；正常顶进后，每顶进1m至少检查一次。

8.4.9 顶进纠偏时，每次纠偏角度不宜过大，可根据管径、顶进长度和土质情况确定，宜为5′～20′之间。

8.4.10 采用轴向液压千斤顶配以液压站法施工时，应严格控制油泵的压力，使油泵压力平稳上升。

8.4.11 顶管作业宜连续进行，不宜中途停止，套管全部顶进以后，为保证穿越管段正常穿入，可将套管内用砂浆适当找平。

8.4.12 套管顶进中心线偏差不应大于套管长度的5%。

8.4.13 作业坑回填应按本规范第8.3.7条执行。

8.5 平衡法顶管穿越施工

8.5.1 施工准备应符合下列规定：
  1 采用平衡法顶管穿越时，可选择泥水平衡或土压平衡顶管机；应根据顶管管段的直径选择合适外径的顶管机械；刀头直径宜比套管外径大40～60mm。
  2 应对竖井的几何尺寸、强度、洞口中心线进行交接验收。合格后，办理交接手续。
  3 在工作井内应安装顶管机轨道、后座顶板、后座千斤顶、顶管机及配套设施，确保牢固稳定。进行顶管机试运行。

8.5.2 测量放样应符合下列规定：
  1 根据设计给定的测量成果书，将地面坐标高程及方向传递到工作井中。
  2 应用测量仪器测出顶管设计中心线，并应进行顶管轨道的调整和固定。顶管机的调整应确保顶管设备中心线与顶管设计中心线一致。

8.5.3 顶管出洞应符合下列规定：
  1 出洞时，应防止地下水和泥沙流入工作井中，可采取橡胶法兰止水。若土质较软或有流沙，则应在管子顶进方向距离工作井边一定范围内，对土体进行改良或加固。
  2 顶管机准备出洞时，应先破除封门并将杂物清理干净，将顶管机刃进工作井井壁中，使止水橡胶法兰与顶管机充分结合。
  3 机头在出洞口推进时，应连接好机头和前段管子，并调整主顶油缸编组，防止机头出洞入土后下沉。
  4 第一节顶管的中心线偏差值应控制在5mm以内。

8.5.4 管道顶进应符合下列规定：
  1 管道顶进应选用适宜的注浆润滑材料、制浆工艺、压注方法等降低顶进滞阻力。注浆润滑材料宜由膨润土、甲羧基纤维素、纯碱和水组成。不同的土质，应采用不同的配方。
  2 顶管方向控制应符合下列规定：
    1) 顶管过程中应及时纠偏。
    2) 应根据机头的折角、倾斜仪基数和走动趋势、前后尺读数比较等进行方向纠偏。不宜采用大于0.5°的折角纠偏，必要时，应在土壤条件适宜的地段进行纠偏作业。
    3) 纠偏动作无效时，应立即停顶，并检查和排除故障。

3 顶管施工应选用合适的密封材料和密封结构进行顶管过程中的密封，防止地下水涌入顶管作业空间。

4 顶管穿越的沉降控制应符合下列规定：
　　1) 进行地面检测，优化顶管机参数。
　　2) 将泥浆套随机头向前移动，形成连续的环状浆套。
　　3) 必要时，施工完毕后可对套管外环形空间加注水泥砂浆。

5 顶管质量应符合表8.5.4的要求。

表8.5.4 顶管质量

序号	项目	允许偏差（mm）
1	横向贯通偏差	±100
2	高程贯通偏差	±50
3	地面隆起最大极限	+30
4	地面沉降最大极限	−30

8.5.5 顶管进洞前，应做好各项准备工作，进洞后应将与机头连接的管子分离，机头吊离井外，处理井内泥浆和进行洞口封门止水，防止洞口处土体流失、管子沉降。

8.5.6 顶管施工测量应符合下列规定

1 顶管施工测量应包括下列内容：
　　1) 建立地面上平面控制网和高程控制网。
　　2) 将地面上的坐标、方位和高程准确地传递到地下合适的位置。
　　3) 在地下进行平面控制测量和高程控制测量。

2 顶管施工测量时应确定顶管方位与高程，正确标定顶管中心线，使顶管沿着设计中心线延伸和贯通。

3 顶进施工中应针对管道不断运动的特点，合理进行误差分配。

4 地面测量控制网的建立应符合下列规定：
　　1) 以满足精度要求的最近控制点为基点，引测三个导线点至竖井附近，布设成三角形，形成闭合导线网。
　　2) 按国家三等水准要求建立首级高程控制。每个竖井附近至少布设两个测点，以便相互校核。
　　3) 用三角测量方法布设平面控制网，测角中误差精度不应低于±2″；三角网起始边边长的相对精度不低于1/20000，最弱边边长的相对精度不低于1/10000。地面高程控制网其每千米高差中数的偶然中误差为±3mm。

5 竖井联系测量应符合下列规定：
　　1) 联系测量工作包括方向传递、坐标传递及高程传递，通过竖井将方位、坐标及高程从地面上的控制点传递到地下导线点和地下水准点，作为地下控制测量的起始点。
　　2) 地面坐标及方向传递应符合以下规定：
　　　　a 用仪器配合，可采用极坐标法，将地面坐标及方向传递到出发井中。
　　　　b 用仪器测出井下三角形边角与理论值计算比较，得到数据后，定出顶管设计中心线。
　　3) 高程传递应符合下列规定：
　　　　a 可用钢尺、持重锤、两台检测仪器在井上井下同时观测，将高程传至井下固定点。高差中误差为±1mm；
　　　　b 顶管过程中，至少进行三次高程传递。

6 井下控制测量应符合下列规定：
　　1) 井下方位测量应符合以下规定：
　　　　a 以竖井联系测量的井下起始边为支导线的起始边，沿顶管设计方向布设控制中线，每9m做一标志点，顶管每顶进100m时，用陀螺仪定向校核一次中线定向精度。
　　　　b 在顶管顶进时，用测量仪器测出距离和偏角，计算出偏移值。
　　　　c 用测量仪器测出点与点之间的高差，根据距离和高差算出顶管倾斜坡度。
　　　　d 随时调整钢管周边压浆压力和压浆量，以保证顶管中心线满足设计要求。
　　2) 井下高程控制测量应符合以下规定：
　　　　a 应以竖井传递的水准点为基点，每100m应设一固定水准点。
　　　　b 每次停止顶进后应沿顶管直线往返测量标高。
　　　　c 测量精度应满足有关规定。

7 顶管顶进测量应符合下列规定：
　　1) 顶管姿态测量包括：仰角、滚动角、水平角和高程偏差值。
　　2) 采用姿态测量仪器进行姿态测量。
　　3) 在顶管内应安装可接受激光束的光靶传感器校正顶进姿态。
　　4) 根据顶进姿态测量数据，施工人员应及时调整顶管机顶进方向，使顶管机沿设计中心线顶进。

8.5.7 套管安装应符合下列规定：

1 混凝土套管安装应符合下列规定：
　　1) 混凝土套管安装时，凹凸口应对中，环向间隙应符合现行国家标准《给水排水管道工程施工及验收规范》GB 50268的规定。
　　2) 插入安装前，管头部位可均匀涂刷润滑材料，减少滞阻。
　　3) 承插时外力应均匀，橡胶圈应固定、不翻转、不露出管外。

4) 相邻管节错口应小于15mm，且无碎裂，接口抗渗试验应达到设计要求。

2 钢套管安装应符合设计要求。

8.5.8 穿越主管就位应符合下列规定：

1 穿越主管就位的动力可采用后顶法、牵引法或以上两种方法的组合。

2 穿越主管在套管间可采用滚轮托架法、轨道法等方法进行安装。

3 穿越主管就位时，应控制顶进或牵引速度，防止损坏防腐层。

4 穿越主管设计有牺牲阳极时，应按设计要求确保牺牲阳极与主管的连接牢固，且施工顶进或牵进时不得损坏。

9 盾构穿越施工

9.1 一般规定

9.1.1 应根据隧道的使用功能要求，针对隧道断面尺寸、地质状况、中心线深度、地面建筑物、地下构筑物和地下管线等环境条件，以及周围环境对地形变形的控制要求，选择适用的盾构设备。

9.1.2 盾构隧道施工现场应能满足竖井、吊装、环片存放、浆液站、材料、碴土堆放、充电间、供电站、控制室、库房等生产设施占地要求。

9.1.3 盾构隧道施工前应具备以下资料：

1 全套施工图纸和相关工程技术文件。

2 施工区域内的环境、地下管线、线缆，地上、地下建（构）筑物等障碍物报告。

3 工程地质与水文地质勘察报告。

9.1.4 场地准备应符合下列规定：

1 出发井场地面积应满足盾构施工过程中的盾构设备装卸、安装，原材料加工与存放，泥水处理、运输通道、临时设备材料、施工机具等所需场地的要求。

2 接收井场地应满足盾构设备拆除、吊装运输、竖井施工的要求。

3 出发井和接收井进、出场道路应满足施工设备、机具、材料运输的要求。

4 施工用水应符合设备冷却、施工用水质和水量的要求。

5 通信应满足施工联络及其文件传送的要求。

6 施工用电应满足施工所需的用电量、用电等级的要求。

7 出发井、接收井附近40m范围内不宜有架空高压线路。

9.1.5 技术准备应符合下列规定：

1 施工前应编制施工组织设计。

2 根据工程及盾构机性能特点，应进行上岗前的技术培训。

3 施工前应进行技术交底。

4 特殊地段的施工方案。

9.1.6 材料准备应符合下列规定：

1 工程材料应分类存放。

2 环片供给应满足盾构掘进进度的需要，并按要求进行验收。

9.1.7 竖井应符合下列规定：

1 盾构出发井、接收井应满足盾构施工、推进顶力、盾构设备安装、拆除等要求。

2 竖井施工中，应按设计、施工要求设置预埋件。

3 盾构设备下井前，应完成风管、电缆、进排泥浆管道、水管道、压缩空气管道、污水管道等的安装，并应完成吊装系统的安装和运行检查。

4 盾构出、进洞前，应视洞门周围地质情况，在出、进洞门隧道中心线一定范围内的地层进行必要的地质改良，根据地质选用合适的出、进洞门密封装置。

5 出发井、接收井的平面净尺寸应满足盾构施工需要。

9.1.8 盾构设备应符合下列规定：

1 施工配套设备应能满足施工进度的要求，并与工程规模和施工方法相适应，运行安全可靠，符合环境保护的要求。

2 盾构法施工宜采用独立专线（用）电源，供电质量达到国家二级供电网标准；配备的自备发电机应满足通风、排水、照明、通信等要求；两路电源应能自动或手动进行切换。

3 应在所有的作业场所和通道安装照明设备，隧道、地面应安装防水型照明设备。

4 施工主要岗位应配备通信设备。

5 给、排水设备应具有充足的供水和排水能力，在施工期间应定期保养维修，保证设备完好，对意外涌水应有备用设备。

9.2 现场踏勘

9.2.1 施工前应对地表地貌及地面建（构）筑物进行现场踏勘和调查，了解机具设备的进出场条件、道路和江河的交通流量、地面建筑物及文物等，调查范围视具体工程情况而定，调查水底滩涂原地貌标高等，必要时可进行补充勘探。

9.2.2 收集工程勘察的已有资料，了解熟悉工程地质及水文地质情况。

9.2.3 地下障碍物调查报告至少应包括：地下构筑物的结构形式、基础形式及埋深、与隧道的相对位置等；管道、线缆等位置。

9.3 施工测量

9.3.1 应正确标定隧道中心线，隧道衬砌的三维位置应符合设计要求，与工程有关的其他建筑物应修建在其设计位置上，不得侵入规定的界限。

9.3.2 盾构法隧道施工测量应包括下列内容：

1 建立地面上平面控制网和高程控制网。

2 将地面上的坐标、高程准确地传到地下合适的位置。

3 在地下进行平面控制测量和高程控制测量。

4 根据地下控制点进行施工放样，标定隧道的推进方向与高程，测定盾构和衬砌环在三维空间的实际位置。

9.3.3 地面控制网建立应符合下列规定：

1 利用管道线路上控制点（或设计交桩点），按照国家四级水准要求，引三个导线点至竖井附近布成三角形，建立本工程的首级控制网。并利用该区域内相应等级的国家测量控制点进行测量复核。

2 当采用小三角网作为场区控制网时，边长宜为0.2～0.4km；测角中误差不超过8″；最弱边边长相对中误差不应大于1/20000。

3 当采用小三边网作为场区控制网时，边长宜为0.2～0.6km；测边相对中误差不应大于1/40000。

4 纵横坐标差值不应大于35mm。

5 地面高程控制网其每千米高差中数的偶然中误差应为±10mm。

9.3.4 应根据隧道工程设计中心线图纸编制贯通测量技术设计，并将图纸和工程使用要求所规定的容许贯通误差进行适当分配。

9.4 盾构施工

9.4.1 盾构掘进应符合下列规定：

1 盾构起始段施工应根据隧道穿越的地质条件、地表环境情况，通过试掘进确定合理的掘进参数和碴土改良的方法，确保盾构刀盘前方开挖面的稳定，做好掘进方向的控制，保证隧道中心线符合设计要求。

2 盾构施工时应符合下列规定：

1）土压平衡盾构掘进速度应与进出土量、开挖面土压值及同步注浆等相协调，以保证开挖面土体稳定。

2）泥水平衡盾构掘进速度应与进排浆流量、开挖面泥水压力、进排泥浆、泥土量及同步注浆等相协调，保证开挖面土体稳定。

3 盾构掘进中应严格控制隧道中心线，发现偏离应逐步纠正，使偏离在允许值范围内。隧道中心线平面位置允许偏差为±100mm；隧道中心线高程允许偏差为±100mm。

4 盾构掘进遇到施工偏差过大、设备故障、意外的地质变化、前方发生坍塌或遇有障碍、盾构自转角度过大、盾构位置偏离过大、盾构推力与预计值相差较大、盾构掘进扭矩发生较大波动、环片发生开裂或注浆发生故障无法注浆时，必须暂停施工，经处理后再继续。

5 土压平衡式盾构，应根据地层条件注入适当添加剂，确保碴土的流动性和止水性，同时应进行压力仓压力和排土量的管理。应根据碴土的种类及处理方法，配置满足掘进能力的排土设备。

6 泥水平衡式盾构，应实时监控开挖面压力，监控开挖面泥浆压力和开挖土量，保持开挖面的稳定，分离装置应适合开挖土砂粒度要求，进行碴土与泥浆、水的分离，并宜将分离出来的泥浆和水经过处理，循环到开挖面再利用。

7 盾构掘进到距入洞口50～80m时，应进行隧道中心线贯通前的方向传递测量。掘进至入洞口小于8m时，应控制盾构掘进的出土量、泥水压力、掘进速度。

8 在盾构掘进前，应使用仪器检测是否存在可燃性或者有害气体。如存在，应增加通风，使可燃性或者有害气体浓度控制在安全允许值之内；如超过安全允许值，必须停止盾构掘进，采取措施进行处理。

9.4.2 环片质量与拼装应符合下列规定：

1 环片质量应符合下列规定：

1）单块环片几何尺寸应按表9.4.2进行验收。

表9.4.2 单块环片几何尺寸

序号	内 容		检测要求	允许偏差（mm）
1	外型尺寸	宽度	任测三点	±1
		弦长	任测三点	±1
		厚度	任测三点	−3～−1
2	螺孔直径及位置		任测三点	±1

2）外观质量：外光内实、颜色一致，四端面平整，边棱无缺损，不允许有沿径向长度超过环片厚度1/4的裂纹。

3）环片强度应符合设计要求。

4）环片抗渗等级应符合设计要求，渗水线不得超过环片厚度1/3。

5）环片上应注明型号和生产日期。

2 环片应采用专用吊具和专用车辆进行吊装和运输，轻吊轻卸，防止吊运过程中边棱角的损坏。

3 环片拼装应符合下列规定：

1）盾构推进后的姿态应符合拼装要求，应对前一圆环端面质量检查，清除环片端面和盾尾内杂物，检查环片端面，防水密封应完好，如有损坏应及时采取修补措施。

2）参加隧道环片拼装的作业人员应经培训合格，拼装机作业应有专人负责操作指挥。

3）环片在送入拼装机时，环片运行与拼装区内不应有人，环片在旋转及径向运行时作业人员不得进入环片拼装区域，在拼装机下方不得有人员进出或站立。

4） 盾构环片的拼装应按设计排列要求进行。
5） 在拼装中如出现环片位置偏离，应及时修正。
6） 环片拼装后应做圆度校正，封顶成环后，测量人员初测其各项指标，按测得指标值作圆环校正，并拧紧所有纵向、环向连接固定螺栓。
7） 密封材料与环片应粘贴密实，纵横向连接件应全部连接牢固。

4 环片拼装允许偏差应符合下列规定：

1） 环向相邻环片平整度允许偏差为±15mm，纵向相邻环片允许偏差±15mm。
2） 衬砌圆环直径椭圆度允许偏差为±5‰D。
3） 环片拼装的纵缝允许偏差为±2mm。

9.4.3 壁后注浆应符合下列规定：

1 为控制地层变形，盾构掘进过程中必须对衬砌好的环片与土体之间的建筑空隙进行充填注浆。注浆时应根据所建工程对隧道沉降及地表沉降的控制要求选择同步注浆、即时注浆或二次补强注浆。

2 注浆压力应按以下公式设定：

$$P = (\gamma h/980) + 0.13 \quad (9.4.3-1)$$

$$\gamma = (\gamma_1 h_1 + \gamma_2 h_2 + \cdots\cdots + \gamma_i h_i)/h \quad (9.4.3-2)$$

式中 P——浆液出口压力（MPa）；
γ——覆土层的平均密度（kg/m³）；
h——隧道顶部覆土深度（m）；
γ_i——各土层的密度（kg/m³）；
h_i——各土层的厚度（m）。

3 理论注浆量应按下式计算：

$$V = \pi D(\delta_2 + \Delta t) \times b \quad (9.4.3-3)$$

式中 V——每环的理论注浆量（m³）；
D——盾构外径（m）；
δ_2——盾构外半径与环片环外半径的间隙（m）；
Δt——粘附于盾壳外的粘土厚度（m）；
b——推进一环的距离（m）。

4 按制定的配比拌制注浆用浆液。注浆工艺选择的设备及注浆所用器具，应能满足在泵送作业持续进行的状态下，具有可按各种不同速率配量、拌和及泵送浆液的能力。

5 注浆设备及管路，应在停注后立即用清水冲洗，保持清洁。注浆分配系统应按施工监测信息，调整注浆管路、检查清通。

6 注浆作业应与盾构掘进施工同步，单位时间注入量应与掘进速度相匹配，并记录注浆施工情况。

7 注浆作业应满足工程环境保护的需要。

9.4.4 隧道防水应符合下列规定：

1 盾构隧道防水应满足设计要求，接缝防水密封垫的构造形式，密封材料的性能及截面尺寸应符合设计要求。

2 环片拼装螺栓孔应按设计图纸要求进行防水处理，遇有变形缝、柔性接头等特殊结构处，除按图进行结构施工外，还应按照图纸的防水处理要求施工。

3 防水密封垫粘贴尺寸应符合设计要求，如发现防水密封损坏，应进行修补或更换，保证环片接缝防水等级符合设计要求。

9.5 管道安装

9.5.1 根据设计要求，隧道内管道敷设方式可采用支架（墩）式和埋设式两种。

9.5.2 管道支墩施工应符合现行国家标准《混凝土结构工程施工质量验收规范》GB 50204 的要求。支架结构尺寸、规格、焊缝及防腐应符合设计要求。

9.5.3 应根据隧道直径、长度、坡度和穿越管段管径大小和数量，选择管道运输及安装方法。管道安装可采用隧道内安装或竖井内组焊、回拖的方法。

9.5.4 管道组对、焊接、补口及检验应符合本规范第 5 章的规定。

10 大开挖穿越施工

10.1 一般规定

10.1.1 有航运的河流或水域应设标志牌，标明禁止抛锚、挖砂；无航运的水域也应设置标志牌，标明禁止挖砂。

10.1.2 应根据施工图测量管沟中心线、管沟底标高和管沟上口边线，测量结果应符合设计要求。

10.1.3 应确定导流沟、截水坝、发送道、牵引道的几何尺寸，并应进行施工场地平面布置。

10.1.4 穿越管段的组对、焊接、补口及检验应符合本规范第 5 章的规定。

10.2 不带水开挖穿越施工

10.2.1 围堰和导流应符合下列规定：

1 导流沟底必须低于入口处河流水面，且沟底沿水流方向应有一定的坡度。导流沟宽度应根据河水流量的大小确定。

2 河流上下游两截水坝之间的距离应能满足施工作业要求。坝顶应高出施工期水面 1～1.5m，且不得超过河岸最低点；断面应为梯形，其边坡比宜为 1：1～1：2，坝顶的宽度根据河水的深度而定，一般可为 2～5m。

10.2.2 管沟开挖应符合下列规定：

1 采用围堰的方法开挖管沟，应根据穿越地段的岩土性质、施工方法、施工机具情况确定降水方法，以保证管沟开挖和其他作业正常进行。当开挖地段为砂石、砂卵石、砂土、粘土时，可采用明沟排水等方法；若为淤泥、流砂、粉砂和细砂，可采用井点降水等方法。

  2 堰内管沟开挖可采用机械、人工或爆破方法。
  3 采用爆破成沟时，应符合下列规定：
    1）应根据河床水文、地质条件和穿越工程的技术要求，选择相应的爆破施工方法。
    2）土石爆破炸药量应按下列公式计算：
     当最小抵抗线 $h<3m$ 时，应按下式计算：
$$Q=Abh^3 \qquad (10.2.2\text{-}1)$$
     当最小抵抗线 $h\geqslant 3m$ 时，应按下式计算：
$$Q=Kh^3(0.4+0.6n^3) \qquad (10.2.2\text{-}2)$$
  式中 Q——集团装药量（中级炸药）（kg）；
      A——介质（土石）抗力系数，按表 10.2.2-1 取值；
      b——爆破作用指数的系数，按表 10.2.2-2 取值；
      h——最小抵抗线（h 等于穿越深度）（m）；
      K——爆破每立方米土石所需药量，按表 10.2.2-3 取值；
      n——爆破作用指数，可取 1.0～1.5。

表 10.2.2-1 介质（土石）抗力系数

土石名称	A
有砂和碎石的土壤	0.51
生长植物的土壤	0.57
湿砂	0.85
夹砂地	0.66
砂质粘土及坚硬表粘土	0.70
多石土壤	0.77
红粘土	0.98
石灰岩	1.11
花岗岩	1.34
新积土地带	0.26

注：1 使用低级炸药时，系数 A 值与中级炸药相同，爆破坚硬的岩石如使用低级炸药，应比公式算出的炸药量增加 0.2～0.5 倍。
  2 如系冻土，系数应增加 0.5 倍。
  3 如系分层土石，A 值取最坚硬一层的数值。
  4 坚硬岩石有缝隙时，系数值应缩小 1/2。
  5 在有条件时，最好用标准装药实验验证系数 A。

表 10.2.2-2 爆破装药与爆破参数之间的关系

装药种类			爆破作用指数 $n=r/h$	爆破作用指数的系数 b	漏斗半径（破坏半径）r	可见深度（爆破深度）p	最小抵抗线 $h=r/n$
压缩爆破	减量漏斗	微量装药	—	0.35	$r=0.57h$	—	$h>r$
松散爆破		震荡装药	—	0.70	$r=0.7h$	—	
飞散爆破 过量爆破 抛掷爆破	标准漏斗	寻常装药	1.00	1.70	$r=h$	$P=0.5h$	$h=r$
	过量爆破	1.25 倍过量装药	1.25	3.12	$r=1.25h$	$P=0.75h$	$h<r$
		1.5 倍过量装药	1.5	5.06	$r=1.5h$	$P=h$	
		1.75 倍过量装药	1.75	8.29	$r=1.75h$	$P=1.25h$	
		2.0 倍过量装药	2.00	13.2	$r=2.0h$	$P=1.4h$	

表 10.2.2-3 K 值

土石名称	土石等级	K
密实砂或湿砂	1、2	1.4～2.0
砂粘土	3	1.2～1.35
坚实粘土	4	1.2～1.5
亚粘土（黄土）	4、5	1.1～1.5
白垩土	5	0.9～1.1
硬石膏、泥灰石、蛋白石	5、6	1.2～1.5
裂缝喷出岩、重负浮石	6	1.5～1.8
贝壳石灰岩	6、7	1.8～2.1
砾石和钙质砾石	6、7	1.35～1.65
砂石、层状砂岩、泥灰岩	7、8	1.35～1.65
钙质砂石、白云岩、镁质岩	8～10	1.5～1.95

续表 10.2.2-3

土石名称	土石等级	K
砂岩、石灰岩	8～12	1.5～2.4
花岗岩	9～15	1.8～2.25
玄武岩、山岩	12～16	2.1～2.7
石英岩	14	1.6～2.1
斑岩	14、15	2.4～2.55

注：1 表中列 K 值均以硝铵炸药为准。
  2 必要时可用标准岩药（$K=Q/h$）试爆校正，但 h 不应小于 L（药桩长度）。

    3）采用植桩爆破施工时应符合下列规定：
     a 根据穿越工程设计要求，确定钢管药桩规格。
     b 药桩长度（L）、药桩入土深度（d）及爆破成沟深度（p）应按以下公式确定：

$$L=H+H_上+H_土 \quad (10.2.2-3)$$
$$d=p-p_下 \quad (10.2.2-4)$$
$$p=F+S \quad (10.2.2-5)$$

式中 L——药桩长度（m）；
 H——水深（m）；
 $H_上$——水面以上药桩长度（m）；
 $H_土$——药桩入土深度（m）；
 p——爆破成沟深度（可见深度）（m）；
 $p_下$——爆破下座深度（m），取 0.3～0.5；
 F——管线设计深度（m）；
 S——回淤深度（m），一般取 1～2。

c 单个药桩炸药量按下式计算：

$$Q=Ab(H^{0.3}+H_土^{0.7})^{2.2} \quad (10.2.2-6)$$

式中 Q——单个药桩炸药量（kg）；
 A——介质抗力系数，取 0.9；
 b——爆破作用指数的系数，取 14.9。

d 钢管药桩的制作：应将钢管加工成一端为锥形、另一端为敞口的钢管桩。

e 确定桩位：应沿穿越中心线每隔 5～6m 设一个药桩，药桩间距与排距相等。应根据管沟深度确定植单排或双排药桩，当沟深小于或等于 5m 时，植单排桩；当沟深大于 5m 时，植双排桩。

f 应采用打桩机植桩。已经植完的药桩在装药前应将药桩上口盖严，防止雨水或杂质落入药桩里。

g 植桩完毕后应进行装药和连接起爆线路。装药完毕后药桩应用干土填好并夯实，桩口上端应密封，并做好防水处理。

4）采用埋入爆破法施工，应按爆破施工方案确定炸药包埋放位置，然后开挖药坑，再将包扎好的炸药包植入药坑里。当坑里有水时，应做好配重和防水处理，确认后方可回填。

5）采用裸露爆破法施工，应做好炸药包配重和防水处理，联接起爆线后，应按设计规定的药包间距投在穿越河床中心线上，偏差不应超过 0.5m。

6）爆破器材性能和质量必须符合设计要求。

10.2.3 河底管沟几何尺寸和质量应符合下列规定：

1 河底管沟的沟底宽度和边坡尺寸应根据土石性质、水流速度、开挖深度和施工方法等因素确定或根据试挖资料确定。在无试验条件和资料的情况下，可按表 10.2.3 确定沟宽度和边坡数据。

表 10.2.3 不带水开挖管沟尺寸

土石名称	沟底最小宽度（m）	管沟边坡 沟深≤2.5m	管沟边坡 沟深>2.5m
淤泥、粉细砂	D+4（8）	1:3.5	1:5
中粗砂、卵砾	D+3（6）	1:3	1:4
砂土	D+2（5）	1:2.5	1:3
粘土	D+2（5）	1:2	1:2
岩土	D+2（5）	1:0.5	1:1

注：1 如遇流砂、沟底宽度和边坡数据，应根据施工方案另行确定。
 2 如用围堰方法挖沟，在沟下焊接时，沟底宽度应为 8～12m。
 3 D 为管子外径（包括防腐层或保温层厚度）。
 4 （ ）内为采用沟下组焊规定值。

2 河底管沟应平直，不得有土坎，中心线偏移不应超过 200mm，管沟深度应符合设计要求，其允许偏差为 ±200mm。

10.2.4 管道敷设应符合下列规定：

1 管道敷设的任何工序均应对管道防腐层进行保护，不得损坏防腐层。管道下沟前应进行电火花检漏，发现漏点应及时补伤，合格后方可下沟。

2 管道就位前，应对管沟的标高、中心线位置和几何尺寸进行复测，确认符合设计要求。

3 管道敷设宜在堰内进行管道安装、下沟、回填。

4 管道敷设可采用底拖法、漂浮法施工。

10.2.5 管沟回填应符合下列规定：

1 对下沟管道进行标高测量和管道中心线测量，合格后方可进行管沟回填。

2 设计自然回淤的管沟，应在管道下沟敷管完成后，用人工回填 1/3 的覆盖深度，或采取其他稳管措施，防止浮管。

3 回填后应对管道的中心线、标高进行复测并应符合设计要求。

10.2.6 地貌恢复应符合下列规定：

1 施工期间应保持施工现场周围的生态环境，工程完毕后，应立即拆除临时设施，包括截水坝、导流沟等，并恢复地貌。

2 按设计要求及时完成护岸和护坡的砌筑工程。

10.3 带水开挖穿越施工

10.3.1 水下开挖管沟应符合下列规定：

1 对河床土壤松软、水流速度小、回淤量小的河流，宜采用绞吸式或吸扬式挖泥船开挖管沟；对河床土壤坚硬，如硬土层或卵石层，可采用抓斗挖泥船或轮斗挖泥船开挖管沟。

2 河床地质为砂土、粘土或夹卵石土壤，可用拉铲配合其他方法开挖管沟。

3 河床地质为岩石时，可采用爆破成沟，爆破成沟应符合本规范第10.2.2条第3款的规定。

10.3.2 河底管沟几何尺寸和质量应符合下列规定：

1 河底管沟的沟底宽度和边坡尺寸应根据土壤性质、水流速度、开挖深度和施工方法等因素确定或根据试挖资料确定。在无试验条件和资料的情况下，可参照表10.3.2确定沟底宽度和边坡数据。

表10.3.2 带水开挖管沟尺寸

土石名称	沟底最小宽度（m）	管沟边坡	
		沟深≤2.5m	沟深>2.5m
淤泥、粉细砂	D+5	1：4	1：6
中粗砂、卵砾石	D+4	1：3.5	1：5
砂土	D+3	1：2.5	1：4
粘土	D+3	1：2	1：3
岩土	D+2	1：0.5	1：1

注：1 如遇流砂、沟底宽度和边坡数据，应根据施工方案另行确定。
2 D为管子外径（包括防腐层或保温层厚度）。

2 河底管沟应平直，不得有土坎，中心线偏移不应超过500mm，管沟深度应符合设计要求，其允许偏差为±300mm。

10.3.3 管道牵引就位应符合下列规定：

1 牵引前应将发送沟、发送架、牵引场地、牵引设备等准备完毕。

2 管道牵引就位前，应对管沟的沟底宽度、标高、中心线位置和几何尺寸进行复测，确认符合设计和本规范规定后，方可牵引。

3 沿河底拖管就位应符合下列规定：

1）在牵引过程中，为保证管道沿管沟中心线前进，管道应有一定的重量，管道在水中的重量应按下式计算：

$$G = 1.2 P_x / f \quad (10.3.3-1)$$
$$P_x = C_x D_H \gamma V^2 / 2g \quad (10.3.3-2)$$

式中 G——管道在水中的重量（kg）；
P_x——水平推力（kg）；
f——管道与河底的摩擦系数；
C_x——取决于管道表面粗糙度和水流态的系数，取0.8；
D_H——单位长度管子垂直于水流方向的投影面积（包括防腐层）（m^2/m）；
γ——穿越水域中水的密度（kg/m^3）；
V——近管流层水的流速（m/s）；
g——重力加速度（m/s^2）。

沿河底拖管所需牵引力，应与发送道启动时的牵引力进行对比，确保最大牵引力。牵引力应按下式计算：

$$N = g(\alpha G f + T) \quad (10.3.3-3)$$

式中 N——沿河底拖管所需的牵引力（N）；
α——启动系数，一般取2；
T——钢丝绳重量（kg）。

2）牵引设备的选用，应根据牵引力的大小和施工单位现有装备情况确定，牵引设备的能力应不低于最大牵引力的1.2倍。

3）钢丝绳的选用应符合下列规定：

a 应按最大牵引力选择钢丝绳，钢丝绳的安全系数应大于或等于3.5。

b 管道牵引应使用预拉后的钢丝绳，预拉力应是钢丝绳许用拉力的15%～20%。

4）拖管应采用发送装置。发送方式应根据穿越工程的具体情况和施工单位现有的装备能力来确定。

5）大型河流穿越，应修筑牵引道。牵引道与管道施工作业带宽度应相同，长度应保证牵引作业正常进行。

4 漂管过江应符合下列规定：

1）管道穿越湖泊、水库和水流速度在0.2m/s以下的河流时，可采用漂管过江，沿水面漂浮拖到对面，然后再沉到河底管沟中心线。

2）漂管过江，可根据施工现场的具体条件选择直线漂管过江或旋转漂管过江的方式。

3）当管道重量等于或大于浮力时，可采用加浮筒的方法进行浮拖。

10.3.4 稳管应符合下列规定：

1 水下穿越管段必须稳定在所要求的位置上，应按设计要求进行稳管。

2 穿越管段在安放配重块、石笼、浇筑混凝土连续覆盖层时，不得损坏管道的防腐层。

3 复壁管环形空间注水泥浆前，内管必须充满水且保持一定的压力，以防止在注浆时受外压作用产生变形。注浆时应在排放口取样，测定排放口水泥浆的相对密度，待达到设计相对密度时停止注浆。

4 水泥浆流动度、初凝时间、终凝时间应符合表10.3.4的规定。为增加流动度，可向水泥浆内加缓凝剂。当要求水泥浆的密度较大时，可加重晶石粉。

表10.3.4 水泥浆性能

项目 指标	流动度	初凝时间	终凝时间	密 度
不低于	16cm	8～10h	18～24h	1800kg/m^3

10.3.5 地貌恢复和护岸应符合下列规定：

1 管道牵引就位后，应按设计要求回填。

2 施工期间应保持施工现场周围的生态环境，工程完毕后，恢复地貌。

3 应按设计要求及时完成护岸和护坡的砌筑工程。

10.4 道路大开挖穿越施工

10.4.1 当管道穿越三级及三级以下公路、乡间土路以及其他不适宜用钻孔法、顶管法等施工的公路时，可采用开挖法施工。

10.4.2 开挖法施工，可采用全开挖、半幅开挖等方法，全开挖时，宜修建绕行道路。

10.4.3 采用开挖法穿越公路时，路面交通被中断，应根据安全规定，设置路障、栅栏、警示标志，并设专人指挥交通，维护安全。

10.4.4 道路开挖应符合下列规定：

1 测量放线应标出管道中心线、开挖边线、施工作业边线及地下管道、电缆等构筑物的位置。

2 穿越地段有地下构筑物时应采用人工开挖；当地下无构筑物时，可用机械开挖，开挖深度应符合线路纵断面图的要求，边坡不宜大于1:0.5。用机械开挖时沟底应预留出高于设计标高0.2m用人工修整。

3 岩石地层应采用分层松动爆破的办法施工，每层最大厚度不应超过0.5m，爆破时在其表面铺设炮被，避免飞溅。爆破后立即清渣，接着爆破下层，直到规定深度。爆破宜在夜间进行，爆破期间禁止车辆通行，并应设置明显的夜间警示红灯。

4 管沟长度应为套管长度加4~6m。管沟几何尺寸应经过测量核对。

5 开挖公路与管道组装宜连续施工。

10.4.5 套管与主管安装就位应符合下列规定：

1 当公路穿越采用钢套管时，可采用主管、套管穿在一起就位或先套管就位，回填后再穿越主管；当公路穿越采用混凝土套管时，应先套管就位，回填后再穿越主管。

2 主管与套管穿在一起时，宜用卡具固定之后一起吊装下沟。

3 套管封堵应在管道就位之后安装，其他附件安装可在公路回填之后进行。

10.4.6 道路恢复应符合下列规定：

1 管道安装后，应立即进行穿越管段管沟回填。

2 回填路面恢复应按原公路标准进行。新筑路面与原路面应有良好搭接，恢复路面长度应每侧宽于管沟0.5m。

3 公路路基边坡应稳定，必要时可采用砌石护坡。

4 公路回填完成经公路主管部门认可。

5 撤掉标志，恢复路面交通。

11 矿山法隧道穿越施工

11.1 一般规定

11.1.1 隧道施工前，应核对隧道平面、纵断面设计图以及洞外排水系统和设施的布置是否与地形、地貌相适应。

11.1.2 隧道开工前应编制施工场地总平面布置图；危险品库房布置应符合有关要求。

11.1.3 弃碴场应选在地质条件稳定、容量足够且出碴运输方便的地方，并不得占用其他工程场地和影响附近各种设施的安全，弃碴宜利用。

11.1.4 临时设施不应布置在受泥石流、坍塌、滑坡、洪水等自然灾害威胁的地段。

11.1.5 有滑坡的山坡地区，应先进行滑坡处理。

11.1.6 隧道施工前，应完成洞口周围的排水系统。

11.1.7 运输便道应引至洞口，满足使用期运输量和行车安全要求。

11.1.8 风、水、电等临时设施的安装应满足施工和安全要求。

11.2 施工测量

11.2.1 隧道长度大于或等于500m或双向掘进的隧道，应设置精密的平面控制网和高程控制网，并应定期校核其基准点。

11.2.2 洞外水准点和中线点应根据隧道平面图、纵断面图和隧道长度等定期进行复核；洞内控制点应根据施工进度进行设定。

11.2.3 用三角测量方法布设平面控制网，测角中误差精度不应低于±2″；三角网起始边的相对精度不应低于1/20000。地面高程控制网其每千米高差中数的偶然中误差为±6mm。

11.2.4 隧道长度大于等于500m及直线隧道宜用激光设备导向。

11.2.5 斜井中线的方向应由斜井口外直线引申。测出斜井长度，测出桩顶高程，求出高差，并应将斜距换算成水平距离。

11.2.6 竖井测量时，应根据竖井的大小、深度、测量精度选定测量方法。

11.2.7 隧道竣工后，应在直线地段每50m、曲线地段每10m测绘以路线中线为准的隧道实际净空，标出拱顶高程、起拱线宽度及底板水平宽度。

11.3 隧道施工

11.3.1 隧道施工前，必须编制爆破方案，并经批准后方可实施。

11.3.2 隧道施工中，应对地面、地层和支护结构的动态进行实时监测。

11.3.3 洞口工程施工应符合下列规定：

1 开挖土石方不得采用深眼大爆破开挖，应按设计要求进行洞口边坡、仰坡放线，自上而下开挖，防止坍塌。

2 石质地层开挖后，应及时清除松动石块；土质地层开挖后应夯实整平边（仰）坡，做好洞口支挡工程。

3 洞口工程宜避开降雨期和降雪期。如在严寒地区施工，应按冬季施工有关规定实施。

4 开挖的土石方不得弃在危系边坡及其他建筑物稳定的地点，并不得影响运输安全。

5 洞口掘进施工应根据洞口地质条件，采取支护措施。当洞口有可能出现地层滑坡、坍塌、偏压时，应采取预防措施。

11.3.4 明洞工程施工应符合下列规定：

1 明洞衬砌浇筑混凝土前应复测中线和高程，衬砌不得侵入设计轮廓线；浇筑拱圈混凝土达到设计强度70%以上时，方可拆除内外支模骨架。

2 明洞衬砌段较长时，衬砌完成后应按设计要求及时进行回填。

11.3.5 洞身浅埋段工程施工应符合下列规定：

1 浅埋段和洞口加强段的开挖施工，应根据地质条件和地表沉降对地面建筑物的影响以及保障施工安全等因素，选择开挖方法和支护方式。

2 当采用复合衬砌时，应加强初期锚喷支护。

3 锚喷支护或钢架应靠近开挖面，其距离应小于1倍洞跨。

4 浅埋段的地质条件差时，宜采用地表锚杆、超前锚杆、超前小导管等辅助方法施工。

11.3.6 竖井施工应符合下列规定：

1 竖井井筒施工应根据井筒直径、深度、水文地质条件等因素，选择合理的作业方式和机械设备。

2 井筒施工中，当通过涌水量较大的含水地层时，必须采取注浆堵水等措施。

3 竖井开挖、衬砌应按现行国家标准《矿山井巷工程施工及验收规范》GBJ 213 的相关要求执行。竖井开挖宜采用直眼掏槽；有地下水时，应采用立式梯台超前掏槽法。

4 竖井可采用沉井法或混凝土帷幕法施工，其施工要求应符合现行国家标准《矿山井巷工程施工及验收规范》GBJ 213 的有关规定。

5 浇筑井壁时，应按设计图纸预留出管线口、管道支架地脚螺栓孔和其他预留孔。

6 井筒壁后注浆应符合现行国家标准《矿山井巷工程施工及验收规范》GBJ 213 的有关规定。

7 竖井宜设防雨棚，井口周围应设防汛墙等安全设施，并设置安全警示牌。

8 竖井提升系统应符合现行国家标准《地下铁道工程施工及验收规范》GB 50299 的有关规定。

11.3.7 斜井施工应符合下列规定：

1 当斜井斜度大于15°时，应设置人行台阶，并增设扶手。每隔20～40m应设一个躲避洞。

2 斜井的开挖、支护衬砌、提升系统应符合现行国家标准《矿山井巷工程施工及验收规范》GBJ 213 的有关规定。隧道钻爆设计可参照本规范11.3.9条有关要求执行。

3 管道支座墩基础开挖宜与洞身开挖同步进行、管道支座墩混凝土浇筑施工宜与隧道底板混凝土铺设同步进行。

11.3.8 超前支护及加固应符合下列规定：

1 在隧道开挖过程中，超前支护可采用超前导管和管棚等方法。超前导管或管棚的设计参数选择及钻孔、安装布置要求应符合现行国家标准《地下铁道工程施工及验收规范》GB 50299 的有关规定。

2 隧道开挖中注浆加固应根据不同的地层选择不同的注浆方法。选择注浆方法、注浆材料的要求等应符合现行国家标准《地下铁道工程施工及验收规范》GB 50299 的有关规定。

11.3.9 钻爆施工设计应符合下列规定：

1 隧道开挖前，应根据工程地质条件、开挖断面、开挖方法、掘进循环进尺、钻眼机具和爆破材料等进行钻爆设计，并根据爆破效果及时修正有关参数。

2 隧道钻爆开挖，在硬岩中宜采用光面爆破，软岩中宜采用预裂爆破。

3 爆破参数的选择、钻孔布设等要求应符合现行国家标准《地下铁道工程施工及验收规范》GB 50299 的有关规定。

11.3.10 隧道开挖应符合下列规定：

1 隧道开挖宜采用全断面法施工。

2 隧道在稳定岩体中可先开挖后支护，初期支护结构距开挖面宜为5～10m；当开挖面稳定时间满足不了初期支护施工时，应采取超前支护或注浆加固措施。

3 隧道开挖循环进尺，在土层和不稳定岩体中宜为0.5～1.2m；在稳定岩体中宜为1～1.5m。

4 隧道应按设计尺寸严格控制开挖断面，不得欠挖，其允许超挖值应符合表11.3.10的规定。

表11.3.10 隧道开挖允许超挖值

项次	项 目		允许偏差（mm）
1	拱部	Ⅰ级围岩	平均100，最大200
		Ⅱ、Ⅲ级围岩	平均150，最大250
		Ⅳ～Ⅵ级围岩	平均100，最大150
	边墙、仰拱、隧道底		平均100
2	土质和不需爆破岩层拱部、边墙、仰拱、隧道底		平均100，最大150

注：超挖或小规模塌方处理时，必须采用耐腐蚀材料回填，并做好回填注浆。

5 两条平行隧道（包括导洞）相距小于1倍隧道开挖跨度时，其前后开挖面错开距离不应小于15m。

6 同一条隧道相对开挖，当两工作面相距20m时，应停挖一端，另一端继续开挖，并做好测量工作，及时纠偏。其中线贯通允许偏差为：平面位置±50mm，高程±30mm。

11.3.11 初期支护应符合下列规定：

1 隧道初期支护采用的钢拱架、钢筋网加工及架设应符合现行国家标准《地下铁道工程施工及验收规范》GB 50299的有关规定。

2 隧道锚杆的原材料、钻孔、安装等应符合现行国家标准《锚杆喷射混凝土支护技术规范》GB 50086的有关规定。

3 隧道内喷射混凝土施工宜采用湿喷法。

4 喷射混凝土采用的原材料及相关技术要求应符合现行国家标准《锚杆喷射混凝土支护技术规范》GB 50086的有关规定。

11.3.12 衬砌应符合下列规定：

1 钢筋加工及安装应符合现行国家标准《地下铁道工程施工及验收规范》GB 50299的有关规定。

2 模板架设要求应符合现行国家标准《地下铁道工程施工及验收规范》GB 50299的有关规定。顶板结构应先支立支架后铺设模板，并预留10～30mm沉降量。顶板结构模板允许偏差为：设计高程加预留沉降量+20mm；中线±10mm；宽度为-15mm～+20mm；并与墙体模板连接好调整净空合格后固定。

3 混凝土灌注（砌筑）应符合现行国家标准《地下铁道工程施工及验收规范》GB 50299的有关规定。

11.3.13 隧道施工，应根据埋深、地质、地面环境、开挖断面和施工方法等拟定监控量测方案，具体量测项目、量测频率及量测过程中有关要求应符合现行国家标准《地下铁道工程施工及验收规范》GB 50299的有关规定。

11.3.14 隧道结构竣工后混凝土抗压强度和抗渗等级应符合设计要求，且无露筋、振漏、露石，其允许偏差应符合表11.3.14的规定。

表11.3.14 隧道二次衬砌结构允许偏差值

项目	允许偏差值				
	内墙	拱部	变形缝	预埋件	预留孔洞
平面位置	±10mm	—	±20mm	±20mm	±20mm
垂直度	2‰	—	—	—	—
高程	—	+30mm -10mm	—	—	—
直顺度	—	—	5mm	—	—
平整度	15mm	15mm	—	—	—

注：1 本表不包括特殊要求项目的偏差标准。
　　2 平面位置以隧道线路中线为准进行测量。

11.3.15 防水与排水应符合下列规定：

1 隧道施工防排水应与运营防排水工程相结合。

2 施工前应制定防排水方案；施工中应对洞内的出水部位、水量大小、涌水情况、变化规律、补给来源及水质成分等做好观察和记录，并不断改善防排水措施。

3 隧道进洞前应先做好洞顶、洞口的地面排水系统，防止地表水的下渗和冲刷。

4 隧道施工中排水，可能影响周围环境，应采取防治措施避免造成污染。

5 当防排水设计不符合实际情况，设计中有遗漏或施工中有增减时，施工单位应及时提请变更设计。

6 隧道覆盖层较薄和渗透性较强的地层，应及时对积水进行处理。

7 通过含水丰富的破碎地层的水下隧道，应进行超前探水。采用超前钻孔时，应对工程地质和水文地质作详细的调查分析，并采取防止涌水的措施，防止意外险情发生。

8 施工中，应根据水文、地质钻探和调查资料，采取防水或加固等措施。隧道开挖后，若出现较大的渗水，应采取超前注浆堵水措施。

9 隧道结构防排水应符合现行国家标准《地下铁道工程施工及验收规范》GB 50299的有关规定。

11.3.16 隧道内运输应符合下列规定：

1 隧道内运输方式应根据开挖断面、运量和挖运机械设备等确定。

2 有轨运输铺设及运输作业应按现行国家标准《地下铁道工程施工及验收规范》GB 50299中的相关规定执行。

3 无轨运输作业应符合下列规定：

　1）运输道路应平整、坚实。

　2）严禁汽油机车进洞，内燃机械宜采用尾气净化装置并加强通风。

　3）施工作业地段的行车速度应小于15km/h，其中施工作业面区应小于10km/h。

　4）应在每间隔300～500m处设一会车点。

11.3.17 隧道内通风与照明应符合下列规定：

1 当隧道较长、自然通风不好或存在有害气体时，隧道施工应采取临时强制通风。

2 隧道内施工照明宜采用36V电压等级的照明设备。

11.4 管道安装

11.4.1 矿山法隧道穿越施工管道安装应符合本规范第9.5节的规定。

12 管道清管、试压

12.0.1 穿越大中型河流、铁路、二级及以上公路、高速公路，隧道的管段宜单独进行试压。

12.0.2 管道清管、测径、试压施工前，应编制施工方案，制订安全措施，并充分考虑施工人员及附近公众与设施安全。清管、测径、试压作业应统一指挥，并配备必要的交通工具、通信及医疗救护设备。

12.0.3 穿越管段应采用水作为试压介质。

12.0.4 试压前，应采用清管球（器）进行清管，清管次数不应少于两次，以开口端不再排出杂物为合格。采用水平定向钻穿越回拖前应进行清管、测径、试压，回拖后应再进行测径。

12.0.5 试压中如有泄漏，应泄压后修补，修补合格后应重新试压。

12.0.6 清管球充水后直径过盈量应为管内径的5%～8%。

12.0.7 清管时的最大压力不得超过管线设计压力。

12.0.8 如清管合格后需进行测径，测径宜采用铝质测径板，直径为试压段中最大壁厚钢管或者弯头内径的90%，当测径板通过管段后，无变形、褶皱为合格。

12.0.9 压力试验应符合下列规定：

　　1 油气穿越管段水压试验时的压力值、稳压时间及合格标准应符合表12.0.9的规定。

表 12.0.9 水压试验压力值、稳压时间及合格标准

分　　类		强度试验	严密性试验
油气穿越管段	压力值	1.5倍设计压力	设计压力
	稳压时间	4h	24h
合格标准		无泄漏	压降不大于1%试验压力值，且不大于0.1MPa

　　2 试压宜在环境温度5℃以上进行，否则应采取防冻措施。

　　3 试压合格后，应将管段内积水清扫干净。清扫以不再排出游离水为合格。

　　4 试压用的压力表应经过校验，并应在有效期内。压力表精度应不低于1.5级，量程为被测最大压力的1.5～2倍，表盘直径不应小于150mm，最小刻度应能显示0.05MPa。试压时的压力表应不少于2块，分别安装在试压管段的两端。稳压时间应在管段两端压力平衡后开始计算。试压管段的两端应各安装1支温度计，且避免阳光直射，温度计的最小刻度应小于或等于1℃。

　　5 试压装置，应经过试压检验合格后方可使用。

　　6 试压时的升压速度不应过快，每小时升压不应超过1MPa。当压力升至0.3倍和0.6倍强度试验压力时，应分别停止升压，稳压30min，检查系统，如无异常情况继续升压。

13　健康、安全与环境

13.0.1 油气管道穿越工程施工应遵循国家和行业有关健康、安全与环境的法律、法规及相关规定。

13.0.2 管道穿越工程施工应做好营地建设及职工的营养、医疗保健工作，做好地方病的防治工作。

13.0.3 野外施工针对高温、寒冷天气等特殊条件应采取有效的防护措施。

13.0.4 管道穿越工程施工应制订可行的施工作业安全措施和应急预案，应配备足够的应急资源并进行应急演练。

13.0.5 做好施工交通安全管理工作，运输机械应定期保养，各机械部件运转安全可靠。

13.0.6 施工中应佩戴防护服、安全帽、目镜和工作鞋等劳保用品。

13.0.7 管道穿越工程施工应限制在施工便道及施工作业带的占地宽度内。应对表层土、水源、风景、自然保护区、文物古迹和化石资源、野生动物等进行保护。应对渣土、施工废弃物及生活垃圾按要求进行处理，并避免泄漏和扬尘。

13.0.8 施工中造成的土地、植被等原始地貌、地表的破坏，应按设计要求予以恢复。

13.0.9 施工中泥浆、水、气体的排放应符合环保要求。施工中泥浆可做回收处理。

13.0.10 隧道及竖井施工中应设安全巡视员，负责施工中的安全管理，监控施工中可能出现的影响施工安全的人文、环境因素，保证施工作业的安全进行。竖井口应设置防洪墙和安全护栏。

13.0.11 隧道施工时，应设双回路电源，并有切断装置，保证照明。交通要道、工作面和设备集中处应设置安全照明。

13.0.12 隧道施工时，应增加通风设备，应使用仪器对可燃性气体和有害气体进行监测，使其浓度控制在安全允许值以内。如超过安全允许值，严禁施工，并采取应急措施进行处理。

13.0.13 施工中配电箱应放置在避水、干燥的地方，且接地良好，并密封。应设专人管理并定期检查、维修和保养，严禁私自乱接电源。

13.0.14 钻爆法施工时，当开挖面及其周边发生坍塌、滑坡、涌水趋势时，应立即停工。在采取相应措施，确保施工安全的情况下，才可继续施工。有轨车辆严禁载人。爆破器具、材料的运输、装卸、保管、领用等应符合相应国家法律、法规及标准规范的要求。

13.0.15 爆破安全措施的制定与实施，应按国家现行标准《爆破作业人员安全技术考核标准》GA 53和现行国家标准《爆破安全规程》GB 6722的规定执行。

13.0.16 施工中应采取措施,减少施工噪声、振动。

13.0.17 穿越施工作业区应设置安全警戒区,防止无关人员进入穿越施工场地,避免发生安全事故。

14 工程交工验收准备

14.0.1 当施工单位按合同规定的范围完成穿越工程项目后,应及时办理交工手续。

14.0.2 工程交工验收前,施工单位应准备下列主要技术文件:

1 工程测量定位记录。
2 图纸会审记录、设计交底记录或洽商记录。
3 隐蔽工程验收记录。
4 冬季施工热工计算及施工记录。
5 基础、结构工程验收记录。
6 监控量测记录。
7 开、竣工报告。
8 竣工图。
9 设计变更通知单、材料代用单、施工联络单。
10 各种试验报告和质量验收记录。
11 材料、管件、设备出厂质量证明书、合格证,以及设备(图纸)说明书。
12 缓冷及热处理报告。
13 管道焊接记录。
14 防腐保温工程检验报告。
15 无损检测报告。
16 管道清管测径报告。
17 管道试压报告。
18 阴极保护装置验收报告。
19 穿越工程验收报告。
20 三桩埋设统计表。
21 管道竣工测量表。
22 定向钻工程还应提供下列资料:
　1) 穿越控向测量记录;
　2) 实际穿越曲线图。
23 盾构穿越工程还应提供下列资料:
　1) 钢筋混凝土环片结构抗压强度、抗渗等级、试验报告;
　2) 隧道防水施工、防水效果报告。
24 矿山法穿越工程还应提供下列资料:
　1) 隧道防水施工、防水效果报告;
　2) 混凝土强度、抗渗等级、试验报告;
　3) 锚杆质量证明文件。

本规范用词说明

1 为便于在执行本规范条文时区别对待,对要求严格程度不同的用词说明如下:
　1) 表示很严格,非这样做不可的用词:
　　正面词采用"必须",反面词采用"严禁"。
　2) 表示严格,在正常情况下均应这样做的用词:
　　正面词采用"应",反面词采用"不应"或"不得"。
　3) 表示允许稍有选择,在条件许可时首先应这样做的用词:
　　正面词采用"宜",反面词采用"不宜";
　　表示有选择,在一定条件下可以这样做的用词,采用"可"。

2 本规范中指明应按其他有关标准、规范执行的写法为"应符合……的规定"或"应按……执行"。

中华人民共和国国家标准

油气输送管道穿越工程施工规范

GB 50424—2007

条 文 说 明

目 次

1 总则 ································ 42—26
3 基本规定 ·························· 42—26
4 材料检验 ·························· 42—26
5 管道组对、焊接、补口及检验 ··· 42—26
   5.1 一般规定 ····················· 42—26
   5.2 管道组对、焊接 ·············· 42—26
   5.3 管道焊接质量检验 ············ 42—27
   5.4 补口 ··························· 42—27
6 施工准备的一般要求 ············· 42—27
7 水平定向钻穿越施工 ············· 42—28
   7.1 一般规定 ····················· 42—28
   7.3 穿越施工 ····················· 42—28
8 顶管穿越施工 ···················· 42—29
   8.1 一般规定 ····················· 42—29
   8.3 螺旋钻机顶管穿越施工 ······· 42—29
   8.4 千斤顶顶管穿越施工 ·········· 42—29
   8.5 平衡法顶管穿越施工 ·········· 42—29
9 盾构穿越施工 ···················· 42—30
   9.1 一般规定 ····················· 42—30
   9.3 施工测量 ····················· 42—31
   9.4 盾构施工 ····················· 42—31
   9.5 管道安装 ····················· 42—33
10 大开挖穿越施工 ················· 42—33
   10.1 一般规定 ···················· 42—33
   10.2 不带水开挖穿越施工 ········ 42—34
   10.3 带水开挖穿越施工 ·········· 42—34
   10.4 道路大开挖穿越施工 ········ 42—35
11 矿山法隧道穿越施工 ············ 42—35
   11.1 一般规定 ···················· 42—35
   11.2 施工测量 ···················· 42—35
   11.3 隧道施工 ···················· 42—35
   11.4 管道安装 ···················· 42—36
12 管道清管、试压 ················· 42—36
13 健康、安全与环境 ··············· 42—37
14 工程交工验收准备 ··············· 42—37

1 总 则

1.0.1 本条旨在说明制定本规范的目的。

1.0.2 本条说明本规范的适用范围。

1.0.3 本条介绍了本规范内容所涉及的几种主要穿越施工方法。

1.0.4 依据国家建筑法规，施工企业应具有相应资质等级和施工范围。由于国内现在还没有油气管道穿越的专项资质，可以采用管道工程的资质等级承揽相应的穿越工程。

1.0.5 本条说明本规范与其他国家、行业现行有关标准的关系。

3 基本规定

3.0.4 本条依据现行国家标准《输气管道工程设计规范》GB 50251 中第 4.3.12 条第 1 款和《输油管道工程设计规范》GB 50253 中第 4.2.14 条的规定。

3.0.5 本条依据现行国家标准《输气管道工程设计规范》GB 50251 中第 4.3.12 条第 2 款和《输油管道工程设计规范》GB 50253 中第 4.2.14 条的规定。

4 材料检验

4.0.1 所采购的工程材料、管道附件的材质、规格和型号必须符合设计要求，其质量应符合国家或行业现行有关标准的规定，并具备出厂合格证、质量证明书，以及材质证明书或使用说明书。有关标准如下：

1 钢管标准：

《石油天然气工业输送钢管交货技术条件》GB/T 9711.1 第 1 部分：A 级钢管

《输送流体用无缝钢管》GB/T 8163

《管线管规范》API Spec 5L

2 管件标准：

《钢板制对焊管件》GB/T 13401

《大直径碳钢管法兰》GB/T 13402

《钢制对焊管件》SY/T 0510

《绝缘法兰设计技术规定》SY/T 0516

《钢制弯管》SY/T 5257

3 线路截断阀门标准：

《石油、天然气工业用螺柱连接阀盖的钢制闸阀》GB/T 12234—2007

《石油、石化及相关工业用的钢制球阀》GB/T 12237—2007

《阀门的检查与安装规范》SY/T 4102

4 焊接材料标准：

《碳钢焊条》GB/T 5117

《低合金钢焊条》GB/T 5118

《埋弧焊用碳钢锡焊丝和焊剂》GB/T 5293

《气体保护电弧焊用碳钢、低合金钢焊丝》GB/T 8110

5 防腐材料标准：

《钢质管道单层熔结环氧粉末外涂层技术规范》SY/T 0315

《埋地钢质管道煤焦油瓷漆外防腐层技术标准》SY/T 0379

《涂装前钢材表面预处理规范》SY/T 0407

《埋地钢质管道聚乙烯防腐层技术标准》SY/T 0413

《钢质管道聚乙烯胶粘带防腐层技术标准》SY/T 0414

《埋地钢质管道硬质聚氨酯泡沫塑料防腐保温层技术标准》SY/T 0415

《埋地钢质管道石油沥青防腐层技术标准》SY/T 0420

《埋地钢质管道环氧煤沥青防腐层技术标准》SY/T 0447

4.0.2 对工程所用材料都应对出厂合格证、质量证明文件以及材质证明书进行检查。对管材、管件、焊材等非土建类材料，当对其质量（或性能）有疑问时应进行复验。而对土建材料如沙子、水泥、石子均应进行复验，合格后才可以使用。

4.0.3 为确保钢管质量，使用前应进行钢管尺寸偏差和外观质量检查。

4.0.4 本条依据现行国家标准《油气长输管道工程施工及验收规范》GB 50369 中 4.2.3 条的规定。

4.0.6 焊接材料的质量直接影响焊接质量，因此针对焊接材料提出具体要求。

5 管道组对、焊接、补口及检验

5.1 一般规定

5.1.1 本条依据现行国家标准《油气长输管道工程施工及验收规范》GB 50369 中 10.1.1 条的规定。

5.1.2 本条依据现行国家标准《油气长输管道工程施工及验收规范》GB 50369 中 10.1.2 条的规定。

5.1.3 本条依据现行国家标准《油气长输管道工程施工及验收规范》GB 50369 中 10.1.3 条的规定。

5.1.4 本条依据现行国家标准《油气长输管道工程施工及验收规范》GB 50369 中 10.1.4 条的规定。

5.1.5 本条依据现行国家标准《油气长输管道工程施工及验收规范》GB 50369 中 10.1.5 条的规定。

5.2 管道组对、焊接

5.2.1 对焊接头型式应根据设计文件和焊接工艺规程选用。本规范提供的推荐做法，来源于西气东输工程、陕京二线工程中大壁厚管道坡口设计新成果。

5.2.2

2 管道焊接时采用专用卡具是必要的，否则地线与管外壁碰撞、接触产生电火花易烧伤母材。目前施工企业广泛采用的是半圆托架型专用卡具。

3 施工现场大量实践表明对于环氧粉末防腐管，焊接飞溅易造成每侧300mm的防腐层烧伤，有时甚至漏出母材，导致防腐层破坏。而对800mm范围内进行保护即可防止出现飞溅灼伤问题。

5.2.3 采用内对口器可使管口对接处错边减少。完成根焊后移去内对口器可防止由于强力造成焊接处开裂，这项规定是必要的。

5.2.4 预热的主要目的是为了降低钢材的淬硬程度，延缓焊缝的冷却速度，以利于氢的逸出和改善应力条件，从而降低接头的延迟裂纹倾向。如层间温度不足，就相当于预热温度偏低而达不到预热的目的；但若层间温度过高或预热温度过高，易引起过热或产生接头塑性和冲击功的下降。

5.2.5 本条第8款的规定，是基于野外施工时管道焊接工序极易受环境因素的不利影响，尤其是受风的影响，风速超出允许值后，容易造成气孔、夹渣等缺陷。为了在风速超标时仍能焊接，目前管道施工企业有的采用了防风棚，按照焊接方法、风速大小不同，可选用两侧防风设施、简易防风棚、密闭型防风棚和密闭重型防风棚。

5.2.6 本条依据现行国家标准《油气长输管道工程施工及验收规范》GB 50369中10.2.8条的规定。

5.2.7 目前，焊后缓冷多采用复合型缓冷装置，即由耐热材料、保温材料、保护层等组成，需缓冷焊缝，焊后不允许立即清除药皮，待缓冷结束后，方可清除药皮和修补。

5.3 管道焊接质量检验

5.3.1 本条参照了国家现行标准《钢制管道焊接及验收》SY/T 4103相关要求和美国石油学会标准《管道及相关配件的焊接》API STD 1104中第7.8.2条第9.7节的规定。

5.3.3 考虑到油气输送管道穿越工程应提高对焊接质量的要求，因此规定所有的焊口均进行100%超声波检测和100%射线检测，并规定合格等级不分压力和地区，均要求达到国家现行标准《石油天然气钢质管道无损检测》SY/T 4109规定的Ⅱ级以上。

5.3.4 对无损检测人员的资格作出规定，是根据国家主管部门的强制要求提出的，也是目前国内的一致做法。

5.3.5 本条依据现行国家标准《油气长输管道工程施工及验收规范》GB 50369中10.3.7条规定的基础上，提高了穿越管段的焊接质量要求。

5.4 补 口

5.4.1、5.4.2 依据现行国家标准《油气长输管道工程施工及验收规范》GB 50369中11.0.1条和11.0.2条的规定。

6 施工准备的一般要求

6.0.1 本条提出了施工准备的总体要求，规定了施工准备内容及准备工作的主要流程。

6.0.2 本条对开工前准备工作作出了必要的规定，这是基于穿越工程不同于一般线路工程，每一个穿越工程均是一个独立的作业单元，必须分别进行单独的"三通一平"，单独考虑社会依托，而且穿越工程一般都是控制工程、瓶颈工程，施工周期长，需要进行周密的准备。因此，本条从七个方面对前期准备工作进行了规定。

6.0.3 考虑到穿越工程是由设计单位和勘查单位共同完成设计，而又由施工单位建造，整个穿越工程存在着许多接口，所以提出了复查对穿越施工和环境保护影响较大的地形、地貌、工程地质和水文地质条件，制订保护措施，核对设计文件。

6.0.4 本条对施工组织设计编制内容、构成要素作出了详细规定，这是因为穿越工程是一个复杂的系统工程，每个环节、每个点、每项工作出现差错均会对穿越成败产生重要影响，所以本条规定了施工组织设计的内容在具体操作时，尚应对其中个别环节进行细化，产生若干单体方案，单体方案的构成要素参见施工组织设计内容。

6.0.5 本条对穿越工程施工方法的选用作出了原则规定。因为当设计方案确定以后，施工方法选择的正确与否将是影响设计方案能否实施的关键，且同一个设计方法下施工方法较多。如盾构施工，可采用泥水平衡施工方法，也可采用土压平衡施工方法。大开挖施工，既可采用围堰导流，也可采用江心岛导流。围堰导流又可选用导流沟导流、焊管导流、渡槽导流等形式。围堰施工中的降水即可采用井点降水、管井降水、射流降水，又可采用明沟排水，因此提出了施工单位应结合穿越长度、结构类型、工期要求、交通条件、施工技术力量、安全生产、机械设备、材料、劳动力组合等情况确定施工方法。

6.0.6 本条强调在穿越工程中应对员工进行质量教育、安全教育、技术交底和培训。

1 顶管穿越的质量教育和安全教育内容包括：

1) 质量教育：

a 主管焊接要严格按照有关施工规范进行。

b 接受现场监理的监督检查，发现问题及时解决。

c 特殊工种必须持证上岗，严禁无证操作。

  d 防腐补口的每一道口，每一道工序要严格执行规范，要求详细的施工数据、施工记录，并搞好防腐检漏工作，把缺陷全部消除。

  e 认真贯彻三检制度，实行班组自检、互检与专业检查相结合的检查制度，并做好各项检查记录。

 2）安全教育：

  a 要求施工人员相互关照，协同作业，时刻注意安全。

  b 注意现场的安全用电。由专业电工进行电工作业，要时刻注意线路是否漏电。

  c 试压要有专人负责，严格按照试压方案去做，要做好试压时安全防护工作。

  d 穿越施工要由专业起重工指挥吊装，要采用通俗、易懂的专业手势、旗语等，要平衡操作，严格遵守安全管理条例。

  e 穿越长度超过30m的，应采用循环送风机进行送风。

 2 大开挖穿越的质量教育和安全教育内容包括：

 1）质量教育：

  a 严格按图施工，认真执行施工规范。

  b 积极接受现场监理的监督检查，发现问题及时解决。

  c 特殊工种必须持证上岗，严禁无证操作。

  d 认真贯彻三检制度，实行班组自检、互检与专业检查相结合的检查制度，并做好各项检查记录。

 2）安全教育：

  a 从交通部门聘请专业道路指挥人员，指挥车辆放单行。

  b 设立醒目、标准的公路警示牌。

  c 在公路没有恢复正常通车前，晚间要设置并开启警示灯，以便警告行人，车辆注意安全。

  d 施工现场需用警示彩带围护，禁止外人进入作业区，以免影响工作和安全。

  e 搞好穿越段路面的养护工作，防止事故的发生。

7 水平定向钻穿越施工

7.1 一般规定

7.1.1

1 天然河流一般具有冲积性特点，河床形态在时间上、空间上都在不断变化，这种变化包括横向上的摆动位移和垂直方向上的冲深或淤高，其中河道的垂直方向冲刷对穿越管道的威胁最大。所谓持续冲刷不仅指成年累月的长期冲刷，还指一场洪水过程的较短时间的持续冲刷。当河流河床持续冲刷下降时，原来埋设在河床下的管道有可能裸露悬空，水流冲刷会导致管线断裂。因此，管道穿越河流既要充分考虑河流的冲刷深度，又不能埋深过大，况且埋深过大造成穿越距离过长，带来不必要的工程浪费。条文中根据多年的管道穿越河流的实践经验，确定了管道埋深的经验值。

7.1.2 一般的钻机安装好后，它的倾角是12°，所以入土角宜为10°。出土角与管径有关，管径越大，出土角越小。

7.1.3 穿越管段的曲率半径是水平定向钻穿越中一个重要的参数，穿越中应满足管道弹性敷设的要求。穿越曲率半径在工艺允许情况下宜大些，特别是岩石穿越应超过1500D。

7.1.4 提出这个要求是为了满足管道回拖的需要。

7.1.5 地质条件是影响水平定向钻穿越质量的一个重要因素。遇到不适合采用水平定向钻穿越的地质条件，而又必须采用水平定向钻穿越时，需要先对其地质条件进行处理，再实施穿越。

7.1.7 此条给出了管道穿越示意图，根据示意图和给出的公式可以准确计算穿越中各控向点位置的坐标，指导穿越施工。

7.1.8 条文中给出的是钻机拖拉力的通常算法，根据拖拉力的计算值来选择可靠的钻机。

7.1.12

 2 因为在扩孔后就要进行穿越管段回拖，防止钻孔塌陷，因此一定要在扩孔前完成穿越管段的预制以及穿越管段的测径和试压，才能保证回拖时间。

7.1.13

 5 使用人工磁场可以减少周围环境对控向系统的干扰，可以使控向更加准确。

7.3 穿越施工

7.3.1

 1 控向操作是控制穿越曲线的重要操作过程，因此要求控向操作人员要进行专业的培训，并经考核合格，以保证穿越曲线的准确性。

 3 在钻进过程中，每钻进一根钻杆宜采集一次控向数据，把得到的数据与设计曲线对比，不断调整角度，使穿越曲线与设计曲线尽量吻合，使穿越曲线的允许偏差符合设计要求。

 5 导向孔实际曲线与设计穿越曲线的偏差不应大于1%，是指根据穿越曲线长度计算允许偏差值，即横向偏差、上下偏差、出土点横向偏差、出土点纵向偏差。例：穿越长度为100m，那么按照"导向孔实际曲线与设计穿越曲线的偏差不应大于1%"计算，它的横向偏差、上下偏差、出土点横向偏差、出土点纵向偏差均为±1m。实际穿越中，允许偏差值取导向孔实际曲线与设计穿越曲线的偏差1%计算出的偏差值与表7.3.1-2中偏差值的较小值。

7.3.3

 2 当穿越管段为大口径管道时，可能由于管段的体积较大，造成浮力过大的情况，宜采用适宜的措施来控制管段的浮力。

3 本款第 2 项 c 托管架的强度、刚度和稳定性除在预制过程中满足设计要求外，还应在现场安装过程中保证托管架的稳定性，在送管过程中，托管架不能倾倒，托管架倾倒将使回拖无法进行。

5 回拖时宜连续作业。停止回拖时间过长可能造成泥浆对管段造成握裹力，增大回拖力，造成回拖无法正常进行，因此停止回拖时间不宜超过 4h。

8 顶管穿越施工

8.1 一般规定

8.1.1 采用钻孔（包括螺旋钻机顶管、千斤顶顶管等）敷设穿越管道，如孔洞尺寸较输送管道或者套管过大，容易产生路基的塌陷，造成穿越管道受力不均匀和路面破坏，影响交通和管道运行，因此，要控制孔洞的直径。出现孔洞过大现象时，应迅速采取措施，充填过大的孔洞，避免造成路基的塌陷；如钻孔、顶管、隧洞必须废弃时，应该迅速采取补救措施进行处理，如用低等级混凝土填实孔洞。

8.1.2 规定了管道穿越铁路（公路）时输送管道或者套管顶部的最小覆盖层厚度。覆盖层厚度不仅关系到管道受力的问题，还关系到路基及其路基下部土层承受车辆荷载的问题，因此应该满足最小覆盖层厚度。如不能满足最小覆盖层厚度，应该采取加固措施。最小覆盖层厚度是综合《管道与铁路关系的规定》、《管道与公路关系的规定》和国家现行标准《钢质管道穿越铁路和公路推荐作法》SY/T 0325 制定的。

8.1.3 本条带套管穿越时，套管长度伸出路基坡脚外宜大于 2m，本条的规定来自于经验数据。

8.1.4 使主管不与套管接触，是为防止线路上阴极保护外加电流不经过套管流失。

8.1.6 当套管或涵洞内充填细土将穿越管段埋入时，可不设排气管及两端的严密封堵。当套管或涵洞内输气穿越管段是裸露时，应设排气管且两端严密封堵。

8.3 螺旋钻机顶管穿越施工

8.3.2

2 坑底基面的处理可采用垫枕木、做混凝土基面等。

4 在地下水位高的地段施工，作业坑和接收坑应根据具体情况采取有效的降水措施。降水措施可以是明沟排水，也可以是井点降水、管井降水等。

8.3.3

2 当作业坑靠背墙土壤性能较差时，可采取打钢板桩、加枕木、做承力墙、原土夯实等加固措施。

8.3.4

2 把第一节套管顶进方向的准确性作为整个顶管施工的关键要素，是由于螺旋钻孔距离较多，一般不超过 70m，套管刚度较大，在穿越过程中一旦出现偏差，很难调整过来。所以在施工中把第一节套管的顶进方向准确性作为穿越成败的重要点来控制。

6 在硬地层钻孔时，由于成孔较好，钻头伸出套管是为了减少顶进套管的阻力；在松软地层，钻头缩至套管内是由于套管可直接顶进，减少钻进面土体流失过多所造成的塌方或路面下陷。

8.3.5

2 本条所规定偏差要求是近几年来建设单位所接受的数据和钻机能力能够达到数据间的折中或平衡。顶进长度划分为 30m 以内、30～42m、42m 以上是考虑到每根套管长度一般为 6m。

8.3.6 本条穿越管道安装指的是主管道，对于套管的组装焊接质量一般不作规定。

8.4 千斤顶顶管穿越施工

8.4.1 对顶管作业坑提出了具体的技术要求，应当强调的是承受顶进反力的作业坑背面应采取加强措施。

8.4.2 为保证顶管作业正常进行，顶管作业坑的地下水应及时排出。

8.4.3 本条所提要求是一项重要的安全措施，主要包括黄土塬地带、风化岩地带。

8.4.8 本条对千斤顶顶管测量作出规定，是由于类似工程中经常出现测量工作不到位、测量次数少，不能满足顶管精度的要求。

8.4.9 对纠偏角度所提要求，是因为如纠偏角度过大，混凝土套管连接部位易造成破损，且给主管就位造成困难。

8.5 平衡法顶管穿越施工

8.5.1

1 顶管机的选择应充分考虑到地质条件：在粘性土层中必须控制地面隆陷时，宜采用土压平衡顶管法；在粉砂土层中且需要控制地面隆陷时，宜采用加泥式土压平衡或泥水平衡顶管法。

3 平衡法顶管对于轨道及后座顶板有很严格的要求，轨道宜选用可调式钢结构，后座墙宜采用混凝土结构，以确保基座的牢固。

8.5.3 土体的改良和加固可采用降水法、冷冻法等。

8.5.4、8.5.6 这两条是依据现行国家标准《工程测量规范》GB 50026 以及西气东输黄河顶管的实践经验作出的规定。

8.5.8 主管的穿越就位是平衡法顶管穿越的关键一环，一般采用后顶法或牵引法。

图1、图2是后顶法在某工程中的应用实例。图3为牵引法在某工程中的应用实例。

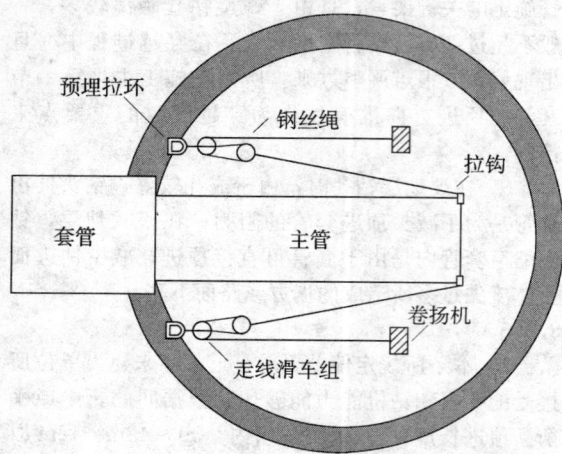

图1 后顶法顶管作业平面示意图

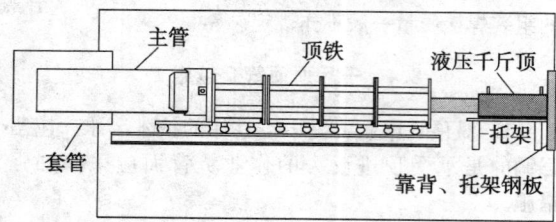

图2 后顶法顶管作业立面示意图

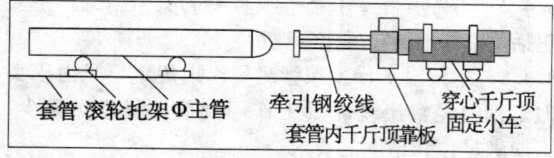

图3 牵引法顶管作业示意图

9 盾构穿越施工

9.1 一般规定

9.1.5 用盾构法施工的工程，开工以后施工方法很难变更，故在盾构掘进施工前应根据工程特点、工程目的、隧道结构、环境条件及其保护等级、施工设备的性能、工程所处地质条件编制好施工组织设计，经审批后作为指导施工的依据。

施工组织设计的主要内容包括：工程与工程所处地质概况，盾构掘进的施工方法和程序、盾构始发、接收和特殊段的施工技术措施、隧道沿线环境保护技术、工程主要质量指标及质保措施、施工安全和文明施工要求、工程材料用量与使用计划、劳动力组织和使用计划、施工进度网络计划、施工的主要辅助设备及其使用计划等。

在施工前必须详细查阅工程设计文件、图纸，把工程地质、水文地质、地下管线、暗渠、古河道以及邻近建筑等调查清楚，并将上述内容汇总表示在工程纵剖面总体图上，然后提出针对性的技术措施，以确保工程进展顺利和邻近范围内原建筑物的安全，在建筑密集、交通繁忙、地下管线众多而复杂的城区更应加倍注意。

9.1.7 采用盾构法施工时，一般需在盾构推进的始端和终端设置工作井，按工作井的用途，分为盾构出发井和接收井。工作竖井一般都设在隧道中心线上，用明挖法施工。本条内容主要是说明工作井施工后应满足盾构法施工的必要条件。

盾构出发井用于组装调试盾构，隧道施工期间作为环片、其他施工材料、设备、出碴的垂直运输及作业人员的出入通道。井的平面净尺寸必须满足上述各项的要求。一般情况下在盾构两侧各留1.5m作为盾构安装作业的空间。盾构的前后应留出洞口封门拆除、初期推进时出碴、环片运输和其他作业所需的空间，井的长度应比盾构主机长3.0m以上，以保证盾构主机安装始发作业。接收井宽应比盾构直径大1.5m以上，井的长度应比盾构主机长2.0m以上，以保证盾构主机的拆卸及吊出。根据盾构的安装、拆除作业、洞口与隧道的接头处理作业等需要，确定洞口底至工作井底板顶面的最小高度。

从理论上来说，井壁预留洞口大小比盾构的外径略大一些即可（盾构外径含外壳突出部分），但考虑到井壁洞口的施工误差、隧道设计中心线与洞口中心线间的夹角、密封装置的需要，需留出足够的余量。

由于盾构始发、接收时拆除竖井封门，施工时间较长，临空面较大，这对土体的稳定极为不利，这就必须对盾构始发、接收前的土层进行加固，可合理选用降水、注浆及其他土体加固法予以改良，切实有效地控制洞口周围土体变形，从而保证盾构始发和接收的安全。

9.1.8

1 采用盾构法施工的工程，首先要根据多方面的条件来统筹考虑盾构及配套设施的选型，一旦机型选定，工程开工后，想要对施工方法作出调整就相当困难了。在特定的工程条件下，应辅以相应的施工措施，使得所选择的设备的功能能够充分发挥，保证推进施工满足设计和环境要求。

2 为了安全而有效地组织现场施工，要求盾构设备在厂内制造完工后，必须进行整机调试，检查核实盾构设备的供油系统、液压系统和电气系统的状况，调试机械运转状态和控制系统的性能，确保盾构设备出厂时具备良好的性能，以免设备上的先天不足给工程带来困难。

3 盾构法施工是一项综合性的施工工艺，要使盾构掘进施工顺利进行，必须配备各种辅助设施，这些辅助设施必须与工程所用的土压平衡盾构或泥水平衡盾构特点及施工技术要求相适应。主要应具有以下辅助设施：

1) 材料堆放场和仓库。
2) 联络通信设施。
3) 施工通风技术设施。
4) 充电设备。

4 浆液站的规模应满足施工需要，站内还须配有浆体质量测定的设备。泥水盾构应设置相应的泥水分离和处理设备，选用的浆液和泥水分离处理效果应符合环保要求。

5 在确定垂直运输和水平运输方案及选择设备时必须根据作业循环所需的运输量统筹考虑，同时还应符合各种材料运输要求，所有的运输车辆、起重机械、吊具要按有关安全规程的规定定期进行检查、维修、保养与更换。

9.3 施工测量

9.3.1 为了保证盾构掘进和环片拼装符合设计要求，在盾构施工全过程施工测量应提供盾构施工所需的施工测量控制点、盾构姿态和环片成环状况，并对盾构自身导向系统进行检核测量，提供修正参数。对自身具有导向测量系统的盾构，其盾构姿态和衬砌环状况，由该导向测量系统以施工测量控制点为起算数据，实时测量和计算出来，但施工测量控制点数据和稳定状况需要依靠人工测量方法确定。因此，对此类盾构应以人工测量方法确定施工测量控制点，用导向测量系统测定盾构姿态和衬砌环状况，而且应在一定的距离内用人工测量方法进行盾构姿态和衬砌环状况的检核测量，且提供修正参数。对自身没有导向测量系统的盾构，应采用人工测量方法测定盾构姿态和衬砌环状况，并及时提供上述相关信息。

9.3.3 采用盾构施工，应了解施工地区坐标和高程系统，已有控制网布设的方法、层次和精度等情况，在此基础上根据施工方案布设盾构施工加密控制网。地面已有控制网应不低于国家三等平面控制网和二等水准网技术要求。如原有的控制网精度不能满足要求，则应布设独立的专用控制网，但该网应与该地区坐标和高程系统一致，且宜以该地区一个点的坐标和一条边的方位角为起算数据。因施工现场条件限制没有可利用的控制点，可建立完全独立的施工坐标系统，但施工完成后该网要与当地控制网及时联测，并纳入地方统一的控制系统中。

9.4 盾构施工

盾构施工必须根据隧道穿越的地质条件、地表环境情况，通过试掘进确定合理的掘进参数和碴土改良的方法，确保盾构刀盘前方开挖面的稳定，做好掘进方向的控制，确保隧道中心线符合设计要求。

盾构施工时必须做到：

1. 盾构掘进中必须确保开挖面土体稳定。
2. 土压平衡盾构掘进速度应与进出土量、开挖面土压值及同步注浆等相协调。
3. 泥水平衡盾构掘进速度应与进排浆流量、开挖面泥水压力、进排泥浆、泥土量及同步注浆等相协调。
4. 当盾构停机时间较长时，必须有防止开挖面压力降低的技术措施，维持开挖面稳定。
5. 盾构掘进中应严格控制隧道中心线，发现偏离应逐步纠正，使其在允许值范围内。

9.4.1

3 盾构中心线的控制是盾构推进施工的一项关键技术，中心线方向控制主要是依靠测量精确性，在实际施工中盾构推进中心线控制不可能是理想状况，中心线控制不佳状况的原因主要是地质不均匀引起正面阻力不均匀，施工操作技术水平不高等，需进行实时调整。

控制好盾构的推进中心线，才能保证环片拼装位置的准确，才能使隧道竣工中心线误差控制在允许范围内。盾构推进及环片拼装施工时，为了减少由于盾构自转所产生的施工困难，应控制盾构旋转量在±3°以内。

4 本条所列情况，如不暂停施工并进行处理，可能发生盾构偏差超限、纠偏困难和危及盾构与隧道施工安全。盾构自转角度过大系指自转角度大于10mm/m时；盾构位置偏离过大系指大于50mm时；注浆发生故障，不能进行壁后注浆，必须在排除故障，确认能继续注浆工序后，方可继续掘进。

5 土压平衡式盾构的掘进。

1) 土压平衡盾构是以切口环作为密闭土仓，由安装在切口最前端的全断面旋转刀盘切削开挖面的土体至密闭土仓内，由于盾构前进随进土量增加，使土仓内塑性土体建立一定的压力，以平衡开挖面静止土压力，稳定开挖面土体，这一过程完成了开挖面土体的支护、推进、出碴。

作业前，必须根据隧道地质条件、埋深、地表环境、盾构姿态、施工监测结果以及从上个作业班盾构姿态测量报表分析出盾构的推进趋势，通过地面变形测量数据，评定平衡土压力值设定的正确程度，进一步调整施工参数，制定盾构掘进指令，并即时跟踪调整。

盾构掘进施工指令一般包括以下内容：每环推进时的姿态纠偏值，掘进时的土仓压力，注浆压力与每环的注浆数量，环片选型，最大掘进速度与推进油缸行程差，最大推力，最大扭矩，螺旋输送机的最大转速、扭矩等。

2) 在盾构推进时操作人员应不断观测检查设定土压力值，盾构的推进速度，推进油压，盾构姿态，刀盘油压、转速，螺旋机的油压、转速，进土速率以及盾构的推进油缸伸出长度偏差等是否均在优化施工参数范围内，发现有异常情况应及时调整，并做好详细记录。设备操作按盾构设备操作规程、安全操作规程进行操作。

3）壁后注浆应与盾构推进同步，注浆要根据盾构的中心线与隧道中心线相对差值、隧道埋深、土质渗透性能等调整注浆数量、注浆压力，通过地面变形观测评定注浆效果，据此调整注浆数量或位置。注浆司机应做好施工记录。

4）盾构施工必须严格控制地层变形，使其变形量控制在允许范围内，在施工过程中及时进行监控量测，进行信息反馈，按优化的施工参数控制盾构推进速度、出土量、注浆数量、注浆压力（浆液出口处压力）、注浆时间、注浆位置，并做好记录。

5）为确保盾构与环片位置的正确性，必须经常进行人工复核测量。根据测量结果进行环片位置与位移分析，反馈信息，调整掘进参数（盾构姿态、注浆参数、浆液胶凝时间等）。

6）盾构操作人员必须严格执行指令，谨慎操作，对初始出现的小偏差应及时纠正，避免中心线"蛇形"。盾构一次纠偏量不宜过大，以减少对地层的扰动。由于特殊原因造成盾构偏离设计中心线过大，需要进行长距离纠偏时，要根据偏离的实际情况，制订纠偏方案，逐步进行纠偏。

7）可根据盾构穿越地层土质状况，向土仓内添加泥浆、水、泡沫剂、聚合物等，通过刀盘的旋转来搅拌切入的土体，使其具有良好的流动性和止水性，以改良仓内土质并保持塑流状态，能使土仓内建立平衡土压力。

8）排土方式，一般为钢制斗车装运，在计划时应综合考虑隧道断面大小、运输距离、一次掘进排土量、作业循环等因素选定斗车容量与数量。排出的渣土一般呈流动性，应进行泥土固化处理，方法有：太阳晒干处理，水泥、石灰类添加剂处理和高分子添加剂处理。目的是要使泥土达到可运输状态和弃置堆放条件，减少对道路和环境的污染。

9）盾构停止推进，应根据停顿时间长短、环境要求、地质条件做好开挖面、盾尾密封以及盾构防后退工作。

遇到盾构设备、注浆设备发生故障，施工运输故障以及地质意外变化，可能危及盾构与隧道安全时，必须暂停施工。找出原因，排除故障后，方可继续施工。

一般盾构停止三天以上，开挖面应进行封闭、盾尾与环片间的空隙作嵌缝密封处理。在支承环的环板与已建成的隧道环片环面之间应适当支撑，以防止盾构在停顿期间后退。当地层软弱、流动性较大，盾构中途停顿须及时采取防止泥土流失的措施。

7 一般以隧道贯通前最后50~80m范围为到达段。盾构掘进至离洞口封门结构50~80m时，必须做一次盾构推进中心线的方向传递测量，以逐渐调整盾构中心线，保证出洞的准确性。

为防止由于盾构推力过大或切口开挖面土体挤压损坏洞口封门结构，当切口离封门8m起应控制出土量、泥水压力、掘进速度。盾构停止推进后按计划方法与工艺拆除封门，盾构应尽快地连续推进和拼装环片，使盾构能在最短时间内全部进入接收井内的基座上。洞口与环片的间隙必须及时处理，并确保不渗漏。

8 盾构隧道施工必须进行通风。通风目的是保证施工生产正常安全和施工人员的身体健康。必须采用机械通风，一般选用压入式通风。按隧道计划同时工作的最多人数需要的新鲜空气计算需要的风量。按照国家现行标准《铁路隧道施工规范》TB 10204—2002/J 163—2002规定，每人每分钟需供应新鲜空气$3m^3$。最小风速不小于0.15 m/s。对于预计将通过存在可燃性、爆炸性气体、有害气体盾构隧道地段，必须事先对这些地段及周围的地层、水文等采用钻探或其他方法进行详细调查，查明这些气体存在的范围与状态。

洞内施工，必须采用专门仪器、仪表测量可燃性气体、有害气体和氧含量并做好记录，必须选择合适的通风设备、通风方式、通风风量，做好隧道通风，将可燃性气体和有害气体控制在容许值以内；对存在燃烧和缺氧危险时，应禁止明火火源，防止火灾；当发生可燃气体和有害气体浓度超过容许值时，应立即撤出作业人员，加强通风、排气，只有当可燃气体、有害气体得到控制时，才能继续施工。

9.4.2

1 环片制作完成后，施工单位应对构件外观质量和尺寸偏差进行检查，并做记录。环片贮存场地必须坚实平整。雨期应加强贮存环片的检查，防止地基出现不均匀沉降。

环片应按适当的方式分别码放。采用内弧面向上的方法贮存时，环片堆放高度不应超过6层；采用单片侧立方法贮存时，环片堆放高度不得超过4层。不论何种方法贮存，每层环片之间必须使用垫木，位置要正确。当采用内弧面向上的方法贮存时，各层垫木应位于同一直线，这两条直线相交于环片圆心。采用单片侧立方法贮存时，上下层环片应一一对应，不得错位。

2 环片运输应采取适当的防护措施。运输环片时，每层之间应有支垫且必须稳固，同时应采取防护措施防止碰撞损伤。

3 环片拼装是盾构法施工的一个重要工序，整个工序由盾构司机、环片拼装机操作工和拼装工等三个特殊工种配合完成。在整个施工过程中必须由专人负责指挥，拼装前应全面检查拼装机械、工具、索具。施工前应根据所用环片形式、特点详细向施工人员作技术和安全交底。

按有关盾构设备操作要求，全面检查拼装机的动力及液压设备是否正常，举重臂是否灵活、安全可靠。环片在地面上按拼装顺序排列堆放，粘贴好防水密封条等防水材料。准备环片连接件和配件、防水垫圈等并随第一块环片运至工作面。

环片拼装时，一般情况应先拼装底部环片，然后自下而上左右交叉拼装，每环相邻环片应均匀拼装并控制环面平整度和封口尺寸，最后插入封顶块成环。

环片拼装成环时，应逐片初步拧紧连接螺栓，脱出盾尾后再次拧紧。当后续盾构掘进至每环环片拼装之前，应对相邻已成环的3环范围内的连接螺栓进行全面检查并再次紧固。

逐块拼装环片时，应注意确保相邻两环片接头的环面平整、内弧面平整、纵缝密贴。

封顶块插入前，检查已拼环片的开口尺寸，要求略大于封顶块尺寸，拼装机把封顶块送到位，伸出相应的千斤顶将封顶顶块环片插入成环，作圆环校正，并全面检查所有纵向螺栓。

封顶成环后，进行测量，并按测得数据作圆环校正，再次测量并做好记录。最后拧紧所有纵、环向螺栓。

9.4.3

1 壁后注浆是盾构法施工必不可少的工序。

壁后注浆起着控制地层变形，减少隧道沉降，加强衬砌防水性能、改善衬砌受力状态（保持环片衬砌拼装后的早期稳定）的作用，在盾构施工时，可选择注浆的合理位置注浆，实现盾构纠偏。

注浆工艺的选择应根据隧道变形及地层变形的控制要求决定。注浆工艺一般有同步注浆、即时注浆、二次补强注浆等类型。注浆应根据地层性质、地面荷载情况、允许变形速率等要求进行合理选定。惰性浆液一般不用于对地面和隧道沉降要求高的工程。

2 在环片外部土压力大、地下水头压力大的地段，注浆压力应根据计算决定。

注浆出口压力应稍大于注浆出口处的静止土压力，注浆压力一般大于出口压力0.1～0.2MPa。通过计算的注浆压力不应过大出现浆液溢出地面或造成地表隆起，也不应过小而降低注浆作用。

3 一般情况下实际注浆量要大于理论注浆量。在一般地段实际注浆量是理论注浆量的1.30～1.80倍；在裂隙比较发育或地下水量大的岩层地段，实际注浆量是理论注浆量的1.50～2.50倍。

4 注浆原材料的选用应按地层条件及施工条件、材料来源合理选定。浆液必须满足工程使用要求。一般要求如下：注浆作业不产生离析；具有较好的流动性，易于注浆施工；压注后浆液固化收缩率小；良好的不透水性能；压注后强度能很快超过土层。使用前必须进行材料试验，符合要求后方可正式用于工程。

注浆设备按采用的注浆工艺合理选择。注浆设备包括：注浆泵、软管、管接头、阀门控制系统等。选用的设备应保证浆液流动畅通，接点连接牢固，防止漏浆。浆液拌制机宜用强制式搅拌机，其容量要与施工用浆量相适应。拌浆站必须配有浆液质量测定的稠度仪，随时测定浆液流动性能。

5 注浆结束应在一定压力下关闭浆液分配系统，同时打开回路管停止压浆。注浆管路内压力降至零后拆下管路并清洗干净。

6 注浆时，随时观察注浆状况，控制好注浆压力并记录注浆点位置、压力、注浆量。当注浆作业发生故障时，应立即通知停止盾构掘进施工，及时排除故障。

9.4.4 隧道环片接缝防水的构造形式、截面尺寸和材料性能，是根据隧道纵向变形允许值计算出的环片环缝张开值确定的，故接缝防水密封垫的防水效果是盾构隧道的防水重点。环片螺栓孔的防水按设计要求和构造尺寸制成环状垫圈，依靠紧固螺栓而达到防水目的。必要时，应按设计要求进行螺栓孔注浆。隧道变形缝和柔性接头是变形集中、变形量大的特殊部位，因此防水处理和结构施工应严格按设计要求实施，以达到隧道整体防水的目的。环片接缝防水密封条为工厂制造，厂方应按设计生产，必要时应在现场实际验证。作业前的运输、堆放、翻动等工作均不得损坏环片防水槽等关键部位；防水密封条粘贴后，在运输时应保护好，发现问题及时修补，方能下井进行拼装。

9.5 管道安装

9.5.1 一般设计要求，在隧道内管道敷设通常采用支架（墩）式和埋设式两种，亦可采用其他方式。

9.5.3 管道运输及安装方式主要根据隧道直径进行选择。

10 大开挖穿越施工

10.1 一般规定

10.1.2 管沟在开挖前、开挖中、开挖完，都要按施工图上的要求测量放线。这是控制和检查开挖质量的手段。测量内容包括管沟中心位置和沟底的标高。管沟在开挖时设计的标桩要位移，所以开挖管沟之前应引相对坐标点和相对标高，作为测量基点。

10.1.3 采取导流围堰法开挖管沟时，导流沟、截水坝、发送道、牵引道的几何尺寸和位置，以及整个施工作业场地平面布置，应根据施工方案来确定并放线。

10.2 不带水开挖穿越施工

10.2.1

1 规定导流沟底的标高要比入口处河流水面低，沟底沿水流方向应有一定的坡度，导流沟的宽度视河水流量而定，是为了保证河水能很顺畅地导流。

2 上下游两截水坝之间的间距，应根据具体情况，以保证施工正常进行为准来确定。坝顶标高应高出河流水面1～1.5m，坝顶宽度一般为2～5m，断面为梯形，边坡比为1∶1～1∶2。

10.2.2

1 围堰法开挖管沟时，管沟中会有大量的地下水涌出。如不及时搞好降水，施工作业就无法进行，因此必须有切实可行的降水措施，确保正常施工。以往在穿河中存在由于降水措施不佳导致管线埋深不够，甚至穿越工程失败的事例，这种教训必须记取。应根据穿越地段土壤性质、施工方法及施工机具的情况确定降水方案。一般来说，砾砂、砂卵石、粘土、砂土，可明沟排水；若为淤泥、粉砂、流砂，多采用井点降水。

3

1) 经过多年河流穿越工程实践的总结，目前比较成熟的爆破成沟的方法有：植桩爆破法、埋入爆破法和裸露爆破法。因此，应根据河流水文、地质条件和穿越工程的技术要求，选择相适应的爆破施工方法。遇河水浅、开挖炸药坑容易的河段，或在河流浅滩地段，适宜采用埋入爆破法。除上述两种情况外，常用植桩爆破法。

2) 本项列出的土石方爆破炸药量计算公式即沃班公式和鲍列斯柯夫公式。当最小抵抗线小于3m时，用式（10.2.2-1），最小抵抗线大于或等于3m时，用式（10.2.2-2）。集团装药又称集中装药法、药室法、药壶法，它是按装药形状分类的一种爆破方法，其形状为长、宽、高尺寸大体相当，与其相对应的装药方法有直列装药法（习惯称为直列装药）。集团装药实施的施工机具比较简单，不受地理和气候条件的限制，工程数量越大越能显示出高工效。

3)

a 根据管沟深度和开挖土方量大小，确定钢管药桩直径，如果管沟深，土石方量大，需要的炸药量大，可用φ377×7钢管制作药桩；如管沟浅、土石方量小，需要的炸药量少，可用φ273×3钢管制作药桩。

d 钢管药桩的制作：按确定的直径和长度，将钢管做成一端锥形并封闭、另一端敞口的药桩。

e 确定钢管药桩的埋设位置：药桩间距5～6m；植双排药桩时，两排药桩之间距离为5～6m，即与药桩间距相同；沟深小于或等于5m时，植单排药桩；

沟深大于5m时，植双排药桩。

4) 埋入爆破法的施工程序：测量放线确定炸药包位置→开挖土坑→制作并埋设药包→连接起爆线路→施爆。药包必须做好防水处理和配重。

5) 裸露爆破施工时，应做好炸药包的配重和防水处理，应将药包投放在河床中心线上且稳固可靠。

10.2.3

1 本条规定根据河流的土石性质、水流速度、开挖深度和施工方法等诸因素综合考虑，以确定河底的宽度和边坡尺寸。如河床为流砂、粉砂、河水流速大，在挖沟时容易塌方和回淤，沟底应当宽，边坡比应大。如在粘土河床上开挖管沟正好与上面相反。开挖深度和施工方法与沟底宽和边坡比也有关系。管沟挖得越深，塌方和回淤量就越大。使用机械挖沟就比人工开挖搅动大，容易塌方。选择管沟底宽度和边坡数据，推荐参照表10.2.3。

10.2.6 穿越工程尽可能少占地，少毁树木、花草、保护好施工现场周围的生态环境，工程完毕应及时恢复地貌，做好护岸。

10.3 带水开挖穿越施工

10.3.1

1 水下河床管沟开挖，常用而且效果较好的方法是挖泥船开挖法。当河床土质松软、水流速度小、泥沙回淤量小，适宜用绞吸式或吸扬式挖泥船开挖；河床土质坚硬，如硬土层、卵石层，用抓斗或轮斗挖泥船比较适宜，总之应根据河床土质和机械设备情况来确定使用哪种型式挖泥船作业。

10.3.2

1 同10.2.3的第1款。

10.3.3

3

1) 沿河底拖管简称底拖法，它的优点是不受水流速度和水深限制，不影响通航，管线的组装焊接在岸上进行。但是它比浮拖法需要的牵引力大，用的机械设备多。本条列出三个计算公式：式（10.3.3-1）为计算保证管线沿管沟中心线前进应有的重量公式；式（10.3.3-2）是水平推力的计算公式；式（10.3.3-3）为计算牵引力的公式。

3)

b 钢丝绳在发送前必须预拉，因为钢丝绳有很大的弹力，很容易扭在一起，过去曾发生过因钢丝绳扭在一起而影响正常牵引的问题。钢丝绳的预拉力为许用应力的15%～20%。

4) 为减少管线牵引起步时的牵引力，应修牵引发送装置。发送装置主要有水力发送沟、钢轨小平车发送道和滚动管架发送道三种形式，具体选择哪种发送装置应根据施工现场情况而定。

5) 国内大型河流穿越工程，管线的牵引一般用多台拖拉机，因为国内目前无大功率的牵引设备。拖拉机在牵引行走时对地面产生很大的附着力，如地面耐压强度低，拖拉机履带打滑而不能前行，就会导致牵引受阻，所以应根据现场的实际情况修筑牵引道。牵引道的宽度与施工作业带相同，长度以保证牵引正常进行为准。

4

1) 所谓漂管过江，也就是浮拖法，它的优点是需要的牵引力小，缺点是适用范围小，管线的安全性和稳定性难以控制。管线穿越湖泊、水库、流速很小的河流（0.2m/s 以下），可采用浮拖法牵引。

3) 在浮拖前应计算穿河管段的浮力，管线重量必须小于浮力才能浮拖。如等于或大于浮力时，可采取加浮筒的方法增加浮力进行浮拖。

10.3.4

1 本款对水下管线稳定性提出了要求。水下穿越管线的密度必须大于浮力（包括静水浮力和动水浮力）和水平推力，以免管线裸露后发生浮动和位移。因此，稳管施工质量不可忽视。

2 在管线上压配重块、压石笼、浇筑混凝土覆盖层时，容易损坏防腐层，施工中应有保护措施。

3 用泥浆泵向复壁管环形空间注水泥浆时，必然有一定的压力。如注浆前管内不充满水，在外压作用下内管可能发生变形，过去发生过这类事故。因此，强调注浆前内管必须充满水并保持一定的压力。注浆口与排放口分设在穿越管段的两端，当测定排放口泥浆相对密度达到设计相对密度时停止注浆，但应保持泥浆在压力下凝固。

10.3.5

1 采用带水作业穿越施工法作业，应根据工程具体情况，在管线牵引就位后，适当回填，主要是靠自然回淤将管沟填平。

2、3 穿越工程应尽可能少占地，少毁树木、花草、保护好施工现场周围的生态环境，工程完毕应及时恢复地貌，做好护岸。

10.4 道路大开挖穿越施工

10.4.3 采用开挖法穿公路，必须中断交通，因此要有可靠的安全措施，设路障、栅栏、警示标志，必要时开通旁路或修筑绕行便道。

11 矿山法隧道穿越施工

11.1 一般规定

11.1.1～11.1.8 根据矿山法隧道穿越施工的特点和经验教训（易受征地、天气、洞口地形地质等特殊条件的制约），为保证工程质量、按期完工、降低消耗、实现文明施工、顺序施工，提出施工准备要求。

11.2 施工测量

11.2.1～11.2.7 隧道施工测量是隧道施工不可缺少的一项工作。它是保证隧道开挖按设计要求正确贯通，使衬砌结构符合设计要求。施工单位必须认真复核设计单位提交的控制桩点、基准点和水准点，以保证隧道施工精度。

11.3 隧道施工

11.3.1 因为爆破施工涉及人身安全问题，因此作为爆破施工单位应该非常重视。在爆破实施前必须要编制爆破方案，并且必须经过当地主管部门审核批准后才能实施爆破。爆破方案中应含有应急救援预案的内容。

11.3.2 监控测量是锚喷暗挖法施工的重要组成部分之一，其隧道的开挖方法和形式、支护的质量和施工时间等因素对围岩动态都有明显的影响。为此，采用监控量测的方法对围岩动态和支护结构状态作出正确的评价，并及时反馈信息，以给隧道设计和施工安全提供可靠的依据。

11.3.3

1～4 洞口工程是隧道进洞前重要的一项工程，如洞口工程不能顺利完成，将影响整个隧道的掘进施工。洞口开挖施工应根据现场的实际地形地貌以及地质条件，按照"早进洞、晚出洞"的原则，采取合理的开挖方案。洞口边坡应严格按照设计要求进行放坡。洞口支挡工程在洞口开挖工作完成以后应及时、尽快实施；在以往有些工程实例中由于盲目抢进度而不重视洞口支挡工程，造成了洞口塌方、滑坡等事故。

5 隧道洞口施工难以避免出现地层滑坡、坍塌、偏压等现象，为此应采取合理有效的治理措施。如：滑坡可采取地表锚杆、挡墙、土袋或石笼等措施；坍塌可采用喷射混凝土（或加挂钢筋网）、地表锚杆、防落石棚等措施；偏压可采取平衡压重填土、护坡挡墙或对偏压上方地层挖切等措施。

11.3.4

2 及时回填的作用主要是缓和边坡落石、坍塌等引起的冲击破坏，以及排出地面水。

11.3.5

大量的工程实践证明，覆盖层浅的隧道，即浅埋段，其围岩难以自成拱，地表易沉陷，因此施工方法不能与覆盖层较深的隧道区段相同，应采取适合浅埋段的施工方法。施工掘进应按照"步步为营、稳扎稳打"的原则进行。

11.3.6

2 当含水层涌水量较大时，会严重影响竖井的施工，给施工带来很大的困难，同时有可能造成井壁的垮塌，故在井筒施工中，当通过涌水量较大的含水岩层时，应采取注浆堵水等措施。

3 竖井开挖，为了降低爆破抛掷高度，减少对井筒设备的破坏，宜采用直眼掏槽。为开挖地面开挖平坦，炮眼深度要求一致。竖井的开挖、衬砌参照现行国家标准《矿山井巷工程施工及验收规范》GBJ 213 中第 3.3.1～3.3.11 条、第 3.4.1～3.4.10 条编制。

7 为防止下雨时雨水直接进入竖井，影响井内施工作业，保证安全，故制定本条规定。

11.3.7

1 规定"每隔 20～40m 应设一个躲避洞"，是考虑在生产过程中，不延误生产及时进行检修，同时又保证施工人员的安全而作出的规定。

2 本款是依据现行国家标准《矿山井巷工程施工及验收规范》GBJ 213 第六章有关倾斜巷道内容编制。

11.3.8

1 本款是依据现行国家标准《地下铁工程施工及验收规范》GB 50299 中第 7.3.1～7.3.5 条内容编制。

2 本款是依据现行国家标准《地下铁工程施工及验收规范》GB 50299 中第 7.3.10～7.3.13 条内容编制。

11.3.9

1 进行钻爆施工设计是为减少隧道超、欠挖和达到预期的循环进尺。隧道开挖应有完整的钻爆设计文件，以便在开挖过程中对爆破效果进行分析，并及时修正参数，以获得更好的爆破效果。

2 采用光面或预裂爆破都是为了使隧道开挖断面尽可能接近设计轮廓线，减轻对隧道围岩的扰动，减少超挖量。

11.3.10

1 由于管道用隧道断面较小，采用全断面开挖较为合适。

2 条文中规定在稳定围岩中开挖，其支护结构距开挖面 5～10m 要求，主要是指在中等稳定岩体中。在土层或不稳定岩体中，为保护围岩自承能力，争取时间约束围岩的变形，使围岩初期支护结构尽快形成共同受力结构，保证安全，所以开挖、钢拱架和喷射混凝土三环节需要连续作业。

3 本款是根据施工经验确定的。在施工过程中，应根据实际开挖的地质条件，采用合理的循环进尺。

4 表 11.3.10 中拱部允许超挖值大于边墙、仰拱、隧道底是考虑拱部的钻眼方向较难控制。另外，不同的围岩级别开挖轮廓的掌握难易程度也不一样，Ⅰ、Ⅱ级围岩易于掌握，Ⅲ、Ⅳ级围岩完整性较差，爆破后易破碎，而Ⅴ、Ⅵ虽完整性较差，但一般无须爆破，只要精心组织施工，超挖值是便于控制的。

5 当相距 1 倍隧道直径（最大隧道的直径）的两条平行隧道同时施工，后施工隧道开挖时产生的应力将重新分布，对先开挖的隧道会产生一定的影响，故制定本条规定。

11.3.11

2 本规范提及的隧道锚杆仅指砂浆锚杆、树脂锚杆和快硬水泥卷锚杆。本款依据现行国家标准《锚杆喷射混凝土支护技术规范》GB 50086 中第 7.1.1～7.1.4、7.2.1～7.2.3、7.3.1～7.3.5、10.1.5 条编制。

3 采用湿喷法的优点是喷射施工中产生的粉尘小、回弹率低，混凝土均质性好、强度较高。

11.3.12

2 本款是依据现行国家标准《地下铁道工程施工及验收规范》GB 50299 中第 5.6.1、5.6.2、5.6.7、5.6.9、5.6.10、5.6.12、5.6.13 条编制。

11.3.13 本条依据现行国家标准《地下铁道工程施工及验收规范》GB 50299 中第 7.8.1～7.8.5 条编制。由于管道用隧道断面较小，选测项目可根据实际情况减少。

11.3.14 隧道衬砌混凝土为受力结构，包括初期支护，其混凝土强度必须满足设计要求，并且无露筋、露石等现象，同时还应满足表 11.3.14 中的要求。

11.3.15

1 施工防排水与结构防排水相结合，不仅能改善施工中的劳动条件，加快施工进度，还能防止运营中发生混凝土侵蚀、衬砌渗漏水、道路翻浆等后患。

2 隧道施工前应根据设计文件和调查资料预计可出现地下水情况，估计水量，制定合理的防排水方案。

3 当隧道覆盖层较薄和位于渗透性较强的地层时，地表积水非常容易渗入隧道，影响隧道内施工作业，故对地表积水应及早处理。

7、8 在隧道超前钻孔中，当地下水位较高时，如不谨慎处理，容易产生高压涌水事故，故制定本条规定。

11.3.16

1 隧道内土石方运输必须与开挖工作面相适应，保证弃碴迅速顺利地运出洞外。

11.4 管道安装

11.4.1 根据隧道长度、坡度、是否有竖井，以及隧道内管道数量等情况，一般可以选择隧道内安装和竖井内组焊、回拖钢管的方法。

12 管道清管、试压

12.0.1 本条依据现行国家标准《输气管道工程设计规范》GB 50251 中 10.2.2 条编制。

12.0.2 本条依据现行国家标准《油气长输管道工程施工及验收规范》GB 50369 中 14.1.3 条编制。

12.0.3 本条主要是基于试压安全的考虑,规定了穿越管段的试压只能用水作为试压介质。因为穿越管段多为裸露试压,一旦发生管道爆裂,很容易发生人身伤亡事件,为避免发生安全事故,因此规定只能用水作为试压介质。

12.0.4 本条规定是多年施工经验的总结,目的为保证清管的质量与安全。

12.0.6 本条依据现行国家标准《油气长输管道工程施工及验收规范》GB 50369 中 14.2.3 条的规定。

12.0.7 本条依据现行国家标准《油气长输管道工程施工及验收规范》GB 50369 中 14.2.5 条的规定。

12.0.8 本条依据现行国家标准《油气长输管道工程施工及验收规范》GB 50369 中 14.2.7 条的规定。

12.0.9

1 输油管道水压试验是依据现行国家标准《油气长输管道工程施工及验收规范》GB 50369 中表 14.3.4 中对穿越管道通过人口稠密区的水压试验参数选定的。输气管道水压试验数据是依据现行国家标准《油气长输管道工程施工及验收规范》GB 50369 中表 14.3.5 中对二级地区输气管道的水压试验参数选定的。

2 本款依据现行国家标准《油气长输管道工程施工及验收规范》GB 50369 中 14.3.7 条编制。

3 本款依据现行国家标准《油气长输管道工程施工及验收规范》GB 50369 中 14.3.8 条编制。

4 本款依据现行国家标准《油气长输管道工程施工及验收规范》GB 50369 中 14.4.2 条编制。

5 为保证试压的精度和安全性作出的常规规定。

6 本款依据现行国家标准《油气长输管道工程施工及验收规范》GB 50369 中 14.4.4 条编制。

13 健康、安全与环境

本章实施时应参考《中华人民共和国安全生产法》、国家经贸委《石油天然气管道安全监督与管理规定》、劳动部《压力管道安全管理与监察规定》、《建设项目(工程)劳动安全卫生监察规定》及国家现行标准《职业健康安全管理体系、规范》GB/T 28001、《石油天然气工业健康、安全与环境管理体系》SY/T 6276 等健康、安全方面的相关规定和《中华人民共和国环境保护法》、《中华人民共和国水土保护法》、《中华人民共和国污染防治法》、《中华人民共和国固体物污染环境防治法》、《建设项目环境保护管理办法的规定》及国家现行标准《建筑施工场界噪声限值》GB 12523、《污水综合排放标准》GB 8978、《环境质量标准》GB 15618、《环境管理体系规范及使用指南》GB/T 24001 等环境保护方面的相关规定。

13.0.10 隧道施工时,应针对穿越施工在特定的地质条件和作业条件下可能遇到的风险,在施工前仔细研究并切实采取防止意外的技术措施,必须特别注意防止瓦斯爆炸、火灾、缺氧、其他有害气体中毒和涌水情况等,必须预先制定应急救援预案并落实发生紧急情况时的对策和措施,准备好应急及备用设备。

13.0.12 隧道施工必须进行通风,并应达到以下标准:

1 通风目的是保证施工生产正常安全和施工人员的身体健康。

2 必须采用机械通风。一般选用压入式通风。按隧道计划同时工作的最多人数需要的新鲜空气计算需要的风量。按照国家现行标准《铁路隧道施工规范》TB 10204/J 163 规定,每人每分钟需供应新鲜空气 $3m^3$。最小风速不小于 0.15 m/s。

3 参照《铁路隧道施工规范》第 15.1.1 规定,其作业环境应符合下列卫生及安全标准:

1) 空气中氧气含量,按体积计算不得小于 20%。

2) 粉尘容许浓度,每立方米空气中含有 10% 以上的游离二氧化硅的粉尘不得大于 2mg。

3) 瓦斯浓度小于 0.75%。

4) 有害气体最高容许浓度:一氧化碳最高容许浓度为 $30mg/m^3$;二氧化碳按体积计不得大于 0.5% 氮氧化物(换算成 NO_2)为 $5mg/m^3$ 以下。

5) 隧道内气温不得高于 28℃。

6) 隧道内噪声不得大于 90dB。

对于预计将通过存在可燃性、爆炸性气体,有害气体盾构隧道地段,必须事先对这些地段及周围的地层、水文等采用钻探或其他方法进行详细调查,查明这些气体存在的范围与状态。

应该清楚目前尚无专门对付可燃性、爆炸性气体,有害气体的特种盾构,只能在施工中由地面或洞内采取措施加以稀释和排出这些气体。洞内施工,必须采用专门仪器、仪表测量可燃性气体、有害气体和氧含量并做好记录,必须选择合适的通风设备、通风方式、通风风量,做好隧道通风,将可燃性气体和有害气体控制在容许值以内;对存在燃烧和缺氧危险时,应禁止明火火源,防止火灾;当发生可燃气体和有害气体浓度超过容许值时,应立即撤出作业人员,加强通风、排气,只有当可燃气体、有害气体得到控制时,才能继续施工。

14 工程交工验收准备

14.0.2 本条提出了工程交工时,施工企业应向建设单位提交的主要技术资料类别,其中不包括:过程控制资料。无损检测资料有时由检测单位整理提交,故此,这种情况下施工单位不再整理提交。此外未包括专用的监理资料,监理单位可参照本章并按照建设单位要求进行补充。

中华人民共和国国家标准

印染工厂设计规范

Code for design of dyeing and printing plant

GB 50426—2007

主编部门：中国纺织工业协会
批准部门：中华人民共和国建设部
施行日期：2007年12月1日

中华人民共和国建设部
公　告

第 663 号

建设部关于发布国家标准
《印染工厂设计规范》的公告

现批准《印染工厂设计规范》为国家标准，编号为 GB 50426—2007，自 2007 年 12 月 1 日起实施。其中，第 5.3.3、5.4.5（1、2、3）、7.3.2、7.7.5 条（款）为强制性条文，必须严格执行。

本规范由建设部标准定额研究所组织中国计划出版社出版发行。

中华人民共和国建设部
二〇〇七年六月二十二日

前　言

本规范是根据建设部建标函〔2005〕124 号文件《关于印发"2005 年工程建设标准规范制订、修订计划（第二批）"的通知》的要求制定的。

本规范共分 11 章和 6 个附录。主要内容包括总则、术语、工艺设计、总图运输、建筑、结构、给水排水、采暖通风、电气、动力、仓贮等。本规范还对节能、防火防爆、安全卫生作了具体规定。

本规范是根据我国印染行业发展现状，考虑到行业持续发展的需要，结合印染工厂的特点，在总结我国最近二十年来建设印染工厂的实践基础上，吸收了国内同类型工厂的设计经验，对工艺生产、储运、防火、防爆、安全卫生、环境保护、节约能源和节约资源等方面作了具体规定，以达到建设工程安全可靠、经济适用的目的。

本规范中以黑体字标志的条文为强制性条文，必须严格执行。

本规范由建设部负责管理和对强制性条文的解释，中国纺织工业协会负责日常管理，浙江省轻纺建筑设计院负责具体技术内容的解释。本规范在执行过程中，请各单位注意总结经验，积累资料，随时将有关意见和建议寄送至浙江省轻纺建筑设计院（地址：浙江省杭州市省府路 29 号，邮政编码：310007，传真：0571-85118526，电子邮箱：qfjzsjy@126.com）。

本规范主编单位、参编单位和主要起草人：

主 编 单 位：浙江省轻纺建筑设计院
参 编 单 位：山东省纺织设计院
　　　　　　江苏省纺织工业设计研究院有限公司
　　　　　　安徽省纺织工业设计院
主要起草人：方　跃　高学忠　陈建波　包家铺
　　　　　　陈青佳　蒋乃炯　胡雨前　余植福
　　　　　　连振顺　应康达　陈心耿　邓　军
　　　　　　时　垓　吴　兵

目 次

1 总则 …………………………… 43—4
2 术语 …………………………… 43—4
3 工艺设计 ……………………… 43—4
  3.1 一般规定 ………………… 43—4
  3.2 工艺流程 ………………… 43—4
  3.3 设备选用 ………………… 43—4
  3.4 机器排列 ………………… 43—4
  3.5 工艺管道 ………………… 43—4
  3.6 工艺对各专业的要求 …… 43—5
  3.7 生产辅助设施 …………… 43—5
  3.8 车间运输 ………………… 43—5
4 总图运输 ……………………… 43—6
  4.1 一般规定 ………………… 43—6
  4.2 建（构）筑物布置 ……… 43—6
  4.3 道路运输 ………………… 43—6
  4.4 竖向设计 ………………… 43—6
  4.5 厂区管线 ………………… 43—7
  4.6 厂区绿化 ………………… 43—7
  4.7 主要技术经济指标 ……… 43—7
5 建筑 …………………………… 43—7
  5.1 一般规定 ………………… 43—7
  5.2 生产厂房 ………………… 43—7
  5.3 建筑防火、防爆 ………… 43—7
  5.4 生产辅助用房 …………… 43—8
  5.5 生产厂房主要建筑构造 … 43—8
6 结构 …………………………… 43—9
  6.1 一般规定 ………………… 43—9
  6.2 结构选型 ………………… 43—9
  6.3 结构布置 ………………… 43—11
  6.4 设计荷载 ………………… 43—11
  6.5 结构计算 ………………… 43—12
  6.6 带排气井的单层锯齿形厂房构造要求 …………… 43—12
  6.7 抗震构造措施 …………… 43—14
  6.8 地基基础 ………………… 43—15
7 给水排水 ……………………… 43—15
  7.1 一般规定 ………………… 43—15
  7.2 用水量、水质和水压 …… 43—15
  7.3 水源与水处理 …………… 43—15
  7.4 给水系统和管道布置 …… 43—15
  7.5 消防给水与灭火器配置 … 43—16
  7.6 排水系统和管道布置 …… 43—16
  7.7 水的重复利用及废水回用 … 43—16
8 采暖通风 ……………………… 43—16
  8.1 一般规定 ………………… 43—16
  8.2 室内外设计参数 ………… 43—17
  8.3 生产车间的采暖通风 …… 43—17
  8.4 辅助用房的采暖通风 …… 43—17
9 电气 …………………………… 43—18
  9.1 一般规定 ………………… 43—18
  9.2 供配电系统 ……………… 43—18
  9.3 照明 ……………………… 43—18
  9.4 接地和防雷 ……………… 43—19
  9.5 消防和火灾报警 ………… 43—19
10 动力 ………………………… 43—19
  10.1 一般规定 ……………… 43—19
  10.2 蒸汽供热系统 ………… 43—19
  10.3 蒸汽凝结水回收和利用 … 43—20
  10.4 导热油供热系统 ……… 43—20
  10.5 燃气 …………………… 43—20
  10.6 压缩空气 ……………… 43—20
11 仓贮 ………………………… 43—20
  11.1 一般规定 ……………… 43—20
  11.2 坯布库、成品库 ……… 43—20
  11.3 染化料库和酸、碱及漂白剂的贮存 ……………… 43—21
  11.4 危险品库 ……………… 43—21
  11.5 机物料库 ……………… 43—21
  11.6 其他仓库 ……………… 43—21
附录 A 工艺流程 ……………… 43—21
附录 B 印染主机设备生产能力 … 43—22
附录 C 主要印染设备参考用水量 … 43—24
附录 D 主要印染设备参考用汽量 … 43—25
附录 E 印染设备需要高温热源值 … 43—26
附录 F 印染设备各轧车压缩空气用量 ……………………… 43—27
本规范用词说明 ………………… 43—27
附：条文说明 …………………… 43—28

1 总 则

1.0.1 为了统一印染工厂在工程建设领域的技术要求，推进工程设计的优化和规范化，做到技术先进、经济合理、安全适用，特制定本规范。

1.0.2 本规范适用于棉、化纤及混纺织物连续和间歇式印染工厂生产设施和辅助生产设施的新建、改建和扩建工程。本规范不适用于为印染工厂服务的公用工程设施和办公、生活设施。

1.0.3 印染工厂的工程设计，应遵守国家基本建设的方针和规定，应积极采取清洁生产工艺，节约用水，减少污水排放。最大限度地提高资源、能源利用率，严格控制单位产品的资源、能源的消耗，鼓励推进生产过程的综合平衡和综合利用。

1.0.4 印染工厂的总体设计，应结合远景目标统一规划，功能分区明确，避免交叉污染。

1.0.5 印染工厂工程设计除应符合本规范外，尚应符合国家现行有关标准的规定。

2 术 语

2.0.1 退浆 desizing
通过退浆剂将织物上的浆料去除的过程。

2.0.2 煮练 scouring
通过煮练剂将退浆后残留的天然杂质去除的过程。

2.0.3 漂白 bleach
通过氧化剂将织物上带有的天然色素被氧化而破坏，使纤维呈白色，还可去除残留的蜡质、含氮物质的过程。

2.0.4 丝光 mercerizing
在一定张力下，对织物经浓烧碱溶液处理的过程。

2.0.5 印花 printing
用染料或涂料在织物上形成图案的工艺过程。

3 工艺设计

3.1 一般规定

3.1.1 工艺流程和主机设备的选择应根据生产规模、产品方案、生产方法、原料、燃料性能和建厂条件等因素经技术经济比较后确定，并满足环保要求。

3.1.2 车间的工艺布置应根据工艺流程和设备选型综合确定，并满足施工、安装、操作、维修、通行、安全生产和技术改造的要求。

3.1.3 公用工程品质、容量及辅助设施应满足生产要求。

3.2 工艺流程

3.2.1 印染工厂生产加工方式、流程可按本规范附录A执行。

3.2.2 印染工厂应采用节水、节能、降耗新工艺及新助剂，采用低温染色工艺及助剂、新型涂料等印染技术。

3.2.3 印染工厂煮练宜采用短流程煮练酶工艺，染色宜采用湿短蒸、冷轧堆染色工艺。

3.3 设备选用

3.3.1 选用的设备应保证技术上的先进性和经济上的合理性，必须安全可靠。

3.3.2 选用的设备生产上应具有适应性和灵活性，应适应产品加工品种和批量的变化。

3.3.3 应采用新一代高质高效织物前处理、湿短蒸染色、气流染色和精密印花等节水、节能、降耗设备。

3.3.4 印染主机设备生产能力可按本规范附录B执行。

3.4 机器排列

3.4.1 设备布置应根据工艺流程设计对工艺设备进行合理排列，并应确定全部工艺设备的具体位置。

3.4.2 应缩短半成品的运输距离，避免往返交叉运输，并兼顾其他品种的要求。

3.4.3 同类型设备或操作上有关的设备宜布置在一起，干、湿车间宜隔开，主要生产车间应划分清楚。

3.4.4 设备间距和运输通道应满足设备本身及附属装置的占地面积、生产操作、安装维修、布车运输、架空管线、地下沟道等方面的要求，设备与设备、设备与建筑物之间的安全距离应满足操作、检修要求。机器排列间距宜符合表3.4.4规定。

表3.4.4 机器排列间距

项 目	距离（m）
在同一轴线前后排列两机台之间的距离（落布架到进布架）	6
设备的进布架（落布架）与墙之间的距离	6
设备最宽部位与墙之间的距离	0.8
设备与柱子之间的距离	0.6

3.4.5 生产辅助设施宜靠近使用机台。

3.4.6 设备的电源柜和控制箱的位置应靠近机台，对湿热车间，宜在设备旁设置单独的小间放电源柜和开关箱，并采取防潮、防腐蚀和通风措施。

3.4.7 联合机应顺车间柱距方向排列。

3.5 工艺管道

3.5.1 印染工厂的工艺管道，宜采用明敷，沿墙敷设的管道不应妨碍门窗的开启及采光。

3.5.2 多根管道上下安装时,应符合下列原则:

热介质管道在冷介质管道之上,无腐蚀性介质管道在腐蚀性介质管道之上,气体管道在液体管道之上,金属管道在非金属管道之上,保温管道在不保温管道之上。

3.5.3 多根管道靠墙面水平安装时应将粗管道、常温管道、支管少的管道靠墙,较细管道、热管道及支管多的管道在外。

3.5.4 管道横穿通道时,其高度不应低于2.2m,热介质管道及腐蚀性介质管道不得在人行道上空设置法兰和阀门。立管上的阀件应距地面1.2~1.5m,如需安装于2m以上时,应设操作平台或用长柄、链条启闭阀门。

3.6 工艺对各专业的要求

3.6.1 工艺用水应符合下列要求:

1 工艺总用水量可按1600mm幅宽织物百米用水3.3~4m³估算。

2 给水进设备压力不宜低于0.2MPa,主要印染设备参考用水量可按本规范附录C执行。

3 印染生产用水水质应符合表3.6.1的要求。

表3.6.1 印染生产用水水质要求

水质项目	单位	指标
混浊度	度(NTU)	<3
色度	度	<15
pH		6.5~8.5
铁	mg/L	≤0.1
锰	mg/L	≤0.1
悬浮物	mg/L	<10
硬度 (以CaCO₃计)	mg/L	(1)原水硬度小于150mg/L可全部用于生产; (2)原水硬度大于150mg/L,小于325mg/L,大部分可用于生产,但溶解染料应使用小于或等于17.5mg/L的软水,皂洗和碱液用水硬度最高为150mg/L

3.6.2 工艺用蒸汽应符合下列要求:

1 印染设备进蒸汽压力:热风烘燥、不锈钢烘筒为0.392MPa;喷射染色、高温蒸化为0.588MPa;其他设备为0.196MPa。

2 主要印染设备参考用汽量可按本规范附录D执行。

3.6.3 工艺用高温热源应符合下列要求:

1 印染生产加工过程中烧毛、热定形、红外线预烘、热熔染色、焙烘、常压高温蒸化、树脂整理等工序均需高温热源,可根据建设地区可供热源进行选择。

2 印染设备需要高温热源值可按本规范附录E执行。

3.6.4 工艺用压缩空气应符合下列要求:

1 进机台压缩空气压力宜在0.49~0.588MPa范围内。

2 印染设备各轧车压缩空气用量可按本规范附录F执行。

3.7 生产辅助设施

3.7.1 碱回收站应符合下列要求:

1 丝光淡碱除供退浆、印花利用外,其余应回收利用;不具备外部协助条件时,应设碱回收站。

2 碱回收站应靠近主厂房内丝光机。

3 多效蒸发装置的碱回收站厂房应独立设置,扩容蒸发装置的碱回收站可结合到主厂房内。

3.7.2 印花调浆间设计应符合下列要求:

1 印花调浆间应与印花车间隔离,应邻近主厂房内印花机。

2 印花调浆间内宜划分为原糊准备、浆料研磨、基本色贮存、色浆调制、染化料贮存、称料等几个区域。

3 印花调浆间内地沟应为带漏空盖板的明沟。

3.7.3 筛网制造间应靠近印花机台和网框仓库,修网处应有较好的通风设施。

3.7.4 有碱减量工艺的印染工厂,应在车间附房或污水回收站内设置PVA回收间。

3.8 车间运输

3.8.1 原布间运输设备应采用油泵推布车或微型电瓶叉车,宜配置2~3辆。

3.8.2 练漂、染色、印花、整装车间运输设备应采用堆布车或卷布车,数量定额可按年产每1000万m印染布配置70~80辆计算。年产量小于3000万m的工厂按定额计算后可适当多配。卷染机可采用吊轨配0.5t电动葫芦和布卷车运送布卷。车间内染化料等运输,可根据不同规模配置4~8辆平板车,也可采用电瓶车运输。

3.8.3 整装间运输采用堆布车和油泵推布车或微型电瓶叉车,油泵推布车或微型电瓶叉车宜配置2~4辆。布包的运送按不同规模配置4~6辆老虎车,也可配置电瓶车。

3.8.4 多层厂房内应设置载重2t的大轿厢电梯,数量不宜少于2台。

4 总图运输

4.1 一般规定

4.1.1 印染工厂的总图运输设计应根据工业布局和城镇总体规划的要求,在满足各项技术要求的基础上,围绕节约用地、节省投资、技术先进、环保效益等方面,优选出良好的总体设计。

4.1.2 总图设计应根据地区条件,有利于城镇或同邻近工业企业在交通运输、动力设施、综合利用和生活设施等方面的协作。

4.1.3 印染工厂的总图运输布置,应符合下列要求:

1 总图布置必须符合生产工艺流程,生产车间宜集中组合成单层或多层联合厂房,以节约厂区用地。

2 合理划分功能分区,各种辅助和附属设施宜邻近其服务的车间,单个小建筑物宜合并,或并入车间内部,动力供应设施宜接近负荷中心。

3 建筑物外形宜规整,厂前区行政办公及生活设施,宜分别集中设置,并严格控制用地面积。

4 交通运输能达到生产流程顺畅,原料物料的运输路线短捷、方便,避免货流与人流交叉干扰。

4.1.4 印染工厂预留发展用地应符合下列要求:

1 当设计任务书中已明确分期建设时应将近期建设项目集中布置,减少近期用地,并给后期工程建设和生产联系创造良好的条件。

2 当设计任务书中未明确分期建设时,应根据市场对该产品的需求发展预测情况,考虑有发展的可能性。

4.2 建(构)筑物布置

4.2.1 练漂、染色、印花车间平面布置应符合下列要求:

1 采用锯齿形厂房,宜选用锯齿朝南的方位,在夏热冬暖地区,宜选用锯齿朝北的方位。

2 采用气楼式厂房,宜选用南北朝向。

3 采用多层厂房,宜选用"一"字形平面,附房宜设在厂房两端。

4 L、U形平面的厂房,开口部分宜朝向夏季主导风向,并在0°~45°之间。

4.2.2 锅炉房布置应符合下列要求:

1 锅炉房、煤场、灰渣场应布置在厂区全年最小频率风向的上风侧,并宜接近生产车间的热负荷中心。

2 当燃料采用重油或柴油时,总图布置应设置储罐区,储油罐与建筑物的防火间距应符合现行国家标准《建筑设计防火规范》GB 50016和纺织工业企业设计防火的有关规定。

4.2.3 变配电室宜布置在高压线进线方向的地段,并接近厂区用电负荷中心。

4.2.4 供排水建(构)筑物宜集中布置,污水处理站应布置在厂区最小频率风向的上风侧,并不影响附近居住区的卫生要求,污水处理站场地内宜绿化。

4.2.5 机修车间等各辅助设施宜集中布置,合并建筑,并宜靠近生产车间,在其周围应设置露天堆场。

4.2.6 仓库布置应符合下列要求:

1 坯布库、成品库应分别接近生产车间的原布间和成品出口处。

2 机物料库宜缩小与主车间、辅助车间的距离。

3 危险品库、储油罐等应按现行国家标准《建筑设计防火规范》GB 50016和纺织工业企业设计防火的有关规定单独布置,并应设置于厂区全年最小频率风向的上风侧。

4.3 道路运输

4.3.1 厂内道路的布置应满足交通运输、安装检修、防火灭火、安全卫生、管线和绿化布置等要求,与厂外道路应有平顺简捷的连接条件。

4.3.2 厂内道路宜与主要建筑物轴线平行或垂直成环状布置。个别边缘地段作尽头式布置,应设置回车场(道),其形式及各部尺寸按通过的车型确定。

4.3.3 汽车装卸站台的地点,应留有足够的车辆停放和调车用地。当汽车平行于站台停放时,停车场宽度不应小于3.0m;垂直于站台停放时,停车场宽度不应小于10.5m;斜列60°停放时,停车场宽度不应小于8.5m;集装箱运输车进入厂区,最小回车场地宜为30.0m×30.0m,并应设置集装箱货柜装卸平台。

4.3.4 厂区道路宜采用城市型道路,并应符合现行国家标准《厂矿道路设计规范》GBJ 22的规定。

4.3.5 厂区道路路面标高的确定,应与厂区竖向设计相协调,并满足室外场地及道路的雨水排放。

4.3.6 年产大于2000万m印染厂的工厂出入口应设置2个,并宜位于不同方位;年产小于2000万m印染厂的工厂出入口可设1个。

4.4 竖向设计

4.4.1 厂区竖向设计应符合下列要求:

1 厂区应不受洪水、潮水及内涝水淹没。印染工厂的防洪标准应与所在城镇的防洪标准相一致,并应按工厂的等级确定,其设计频率,年产2000万m以上工厂为1/50、年产2000万m以下工厂为1/20。

2 厂区竖向设计应根据生产工艺、建(构)筑物基础、雨水排除及土石方量平衡等因素,结合洪(潮、涝)水位、工程地质等自然条件综合确定。

4.4.2 竖向布置方式和设计标高选择应符合下列要求:

1 竖向设计宜采用平坡式，当自然地面横坡较大时，附属和辅助建（构）筑物，可采用混合式或阶梯式竖向布置。台阶的划分应与厂区功能分区一致。

2 厂区内地面标高，必须与厂外标高相适应。厂区出入口的路面标高，宜大于厂外路面标高。

3 场地标高与坡度应保证场地雨水迅速排除，并满足厂内道路横坡、纵坡的要求。

4 厂房室内地坪标高，宜大于室外地坪标高 0.15～0.20m。

4.5 厂区管线

4.5.1 管线敷设方式有直埋式、集中管沟、架空敷设，设计时应根据自然条件，管内介质特征、管径、管理维护以及工艺要求等因素，经过综合考虑后选用。

4.5.2 管线（沟）应沿道路和建（构）筑物平行布置，线路宜短捷顺直，但不宜横穿车间内部，并应减少管线与道路及其他干管的交叉。

4.5.3 管线综合布置应符合现行国家标准《工业企业总平面设计规范》GB 50187 规定的要求。

4.5.4 地下管线、管沟，不应布置在建（构）筑物的基础压力影响范围内，除雨水排水管外，其他管线不宜布置在车行道路下面。

4.6 厂区绿化

4.6.1 厂区绿化应根据印染工厂的特点，环境保护、工业卫生、厂容景观等要求进行设计。

4.6.2 绿化应选择种植成本低，易于成长维护，抗毒抗烟尘能力强的树种、花种。

4.6.3 厂内道路弯道及交叉口附近的绿化设计，应符合行车视距的有关规定。

4.6.4 树木与建（构）筑物及地下管线的最小间距及绿化占地面积计算方法应符合现行国家标准《工业企业总平面设计规范》GB 50187 的规定。

4.7 主要技术经济指标

4.7.1 总平面设计宜列出下列主要技术经济指标，其计算方法应符合现行国家标准《工业企业总平面设计规范》GB 50187 的规定：

1 厂区用地面积（m^2）；
2 建筑物占地面积（m^2）；
3 构筑物占地面积（m^2）；
4 总建筑面积（m^2）；
5 露天堆场占地面积（m^2）；
6 道路及广场用地面积（m^2）；
7 绿化占地面积（m^2）；
8 土石方工程量（m^3）；
9 建筑系数（%）；
10 绿地率（%）。

4.7.2 分期建设的印染工厂，在总图设计中除应列出本期工程的主要技术经济指标外，还应列出近期工程的主要技术经济指标。

5 建 筑

5.1 一般规定

5.1.1 建筑设计应满足生产工艺的要求，保证生产工艺必需的操作检修面积和空间；应根据环境保护及地区气候特点，满足采光、通风、排雾、保温、隔热、防结露、防腐蚀等要求。

5.1.2 建筑物的防火设计，应符合现行国家标准《建筑设计防火规范》GB 50016 和纺织工业企业设计防火的有关规定。

5.1.3 建筑设计应采用成熟的新建筑形式、新材料和新技术。

5.2 生产厂房

5.2.1 生产厂房的建筑形式，应根据建厂地区条件和其他各种因素综合确定，经技术经济比较，可选用设有排气井的单层锯齿形厂房、气楼式单层厂房、气楼带排气井厂房或设排气井多层厂房等。

5.2.2 厂房平面宜避免四周设置附房，对散发大量湿热空气的车间外墙，不宜设附房，必须设置时，可在车间和附房之间设置内天井。

5.2.3 锯齿形厂房当设备平行锯齿天窗排列时，风道大梁或现浇单梁梁底高度宜为 5.0～5.5m，垂直锯齿天窗排列时宜为 6.0～7.0m。气楼式厂房檐口高度不宜低于 7.5m。多层厂房底层层高宜为 7.0～9.0m，二层宜为 6.0～8.0m，三层宜为 5.0～7.0m。

5.2.4 生产厂房建筑防腐蚀设计应符合下列规定：

1 生产车间气态、液态介质对建筑材料的腐蚀性等级应按现行国家标准《工业建筑防腐蚀设计规范》GB 50046 中规定选用。

2 厂房平面布置宜将有腐蚀性介质作用的设备与无腐蚀性介质作用的设备隔开，湿、干车间隔开。具有同类腐蚀性介质的设备宜集中布置。

3 有腐蚀性气体作用且相对湿度较大的室内墙面和钢筋混凝土构件表面，钢构件表面（柱、梁）应做防腐涂料。

5.2.5 工厂生产车间采光等级应符合现行国家标准《建筑采光设计标准》GB/T 50033 的规定。

5.3 建筑防火、防爆

5.3.1 生产车间的火灾危险性，应按照现行国家标准《建筑设计防火规范》GB 50016 和纺织工业企业设计防火的有关规定执行。原布间、白布间、印花车间、整理车间、整装车间等干燥性车间为丙类；练漂、染色、皂洗等潮湿性车间为丁类。上述两类生产车间安排在同一防火分区时，应按丙类生产确定。烧毛间属乙类，应采用防火墙与相邻车间分隔开。生产厂房建筑耐火等级应不低于二级。

5.3.2 建筑防火设计应遵守现行国家标准《建筑设计防火规范》GB 50016 和纺织工业企业设计防火的有关规定。

5.3.3 涂层车间、气相整理车间应采用防火墙分隔为独立工段，涂层车间的溶剂调配间与相邻车间应采用抗爆墙分隔，并应靠外墙布置，室内应有通风措施，对外应设有泄爆的门窗或轻型泄爆屋面。

5.4 生产辅助用房

5.4.1 生产辅助用房应包括染化液调配间、印花调浆间、空调室、汽油气化室、碱回收站、压缩空气站、化验室、物理试验室及变配电室、热力站等与生产密切相关的生产性附房。

5.4.2 染化液调配间应靠近染色间，并设通风排气装置。室内地面、墙裙应有防酸碱腐蚀的措施。易燃、有毒的溶剂严禁储存在大空间开敞式的车间内。

5.4.3 印花调浆间应靠外墙，有良好的通风排气设施，宜自然采光。地面、墙裙应防腐蚀，地面应耐洗刷、防滑并设有排水坡度。

5.4.4 空调室的位置应考虑风道的合理布置并靠近负荷中心，空调室的进风部位不宜与厕所及散发其他不良气体的房间相邻。钢筋混凝土的空调洗涤室水池周围墙壁和底部均应采取防水措施。

5.4.5 汽油气化室应符合下列要求：
1 应设置在烧毛机附近；
2 其泄压设施应采用易于泄压的门、窗，泄压面积应按纺织工业企业设计防火的有关规定计算；
3 其与相邻车间的隔墙应采用防爆墙；
4 防爆墙上不宜开设门窗，如需设内门，则可采用门斗并应在不同方位布置甲级防火门。

5.4.6 碱回收站与染整车间宜分开独立设置，若毗连车间，应布置在丝光机附近并靠外墙，蒸发器部位在南方地区宜作敞开式建筑。根据碱液浓度，对建筑物结构部位应做防腐蚀处理。

5.4.7 压缩空气站宜布置于生产车间附房内，其位置应靠近用气负荷中心，建筑应采取隔声措施，符合现行国家标准《工业企业厂界噪声标准》GB 12348 及《工业企业噪声控制设计规范》GBJ 87 的规定。

5.4.8 化验室、物理试验室根据工厂规模可附设于生产车间附房内，亦可单独设置厂级中心物理试验室、化验室。物理试验室、化验室宜南北向布置，应有较好的通风、排气装置和排水地沟。地面应采用水磨石或耐磨地面。

5.4.9 变配电室上层不应布置有水、汽的房间。配电室应采取防止水、潮气及小动物侵入室内的措施。变配电室设计应符合现行国家标准有关变电所设计规范的规定。

5.4.10 热力站宜设置在生产车间附房内，其位置宜靠近供热负荷中心。室内应有通风设施，地面应有防止积水措施，门应向外开。

5.5 生产厂房主要建筑构造

5.5.1 生产厂房的屋面设计应符合下列要求：
1 屋面类型的选择应根据建筑结构形式、建厂地区气候条件、屋面材料和天窗采光等使用要求综合考虑。
2 锯齿屋面坡度不应小于 1∶2.5，锯齿天沟宜采用外排水，锯齿屋面天沟排水坡度不应小于 0.5%。气楼式屋面坡度不应小于 1∶2.5，轻钢结构用于干燥性生产车间的屋面坡度不应小于 5%。
3 厂房屋面构造必须设置隔汽层，防止内表面结露，严寒地区应采取防结露措施。
4 轻钢屋盖宜选用优质压型钢板及有相应隔汽层的玻璃棉毡等作保温层。
5 腐蚀性气体排放口周围的屋面宜选用耐腐蚀材料或采取相应的防护措施。
6 厂房高度超过 6.0m 时，应设置可直接到屋面的垂直爬梯，从其他部位能到达时，可不设置。垂直爬梯的高度超过 6.0m 时，应有护笼。

5.5.2 生产厂房的墙体应符合下列要求：
1 生产厂房墙体应满足建筑热工设计要求。
2 框架填充墙不得使用实心黏土砖，应采用非黏土类砌块或轻质板材。
3 内墙面应平整光洁，宜采用水泥砂浆抹面，无腐蚀性气体作用且相对湿度不大的室内墙面时，可采用混合砂浆或石灰砂浆。
4 有设备出入车间的门尺寸，应按设备尺寸确定，大门应比通过的设备高，宽至少各超出 0.6m 以上。

5.5.3 地面和楼面设计应符合下列要求：
1 练漂、染色、印花车间楼地面应设置坡向排水沟或地漏的坡度，排水坡度不应小于 0.5%，其楼地面应有防滑措施。
2 溢水多的印染设备布置在楼层时，设备下部宜设集水盘，位于楼层上可能积水的房间，其楼面应设整体防水层。
3 有腐蚀性介质作用的楼地面和设备基础，应按现行国家标准《工业建筑防腐蚀设计规范》GB 50046 的要求进行防护。
4 整装车间楼地面宜采用水磨石或耐磨面层。

5.5.4 地沟、地坑及地下防水的设计除应符合相关规范外，尚应符合下列要求：
1 印染工厂内的地沟，在满足生产的前提下，宜减少沟道的长度、深度和交叉点，除与设备基础相结合以外，沟道宜避开设备基础，布置在设备之间的通道下面。

　　2 地沟不应利用建筑物的承重墙基础等兼作其底板和侧壁。

　　3 有液态介质腐蚀并经常用水冲洗地面的车间，电气动力配线和管道宜架空设置。

　　4 有腐蚀性介质作用的地沟应采取防腐蚀措施。

　　5 地沟底面低于地下水设防标高时，应按有压水处理，应采用防水混凝土或防水混凝土加柔性防水层的做法，地沟底面高于地下水设防标高时，可按无压水做防潮处理。

　　6 室内排水地沟在车间出口处应设集水坑及格栅装置。

5.5.5 采光窗及天窗设计应符合下列规定：

　　1 印染工厂建筑物窗宜选用塑钢窗、玻璃钢窗，不宜采用钢窗、铝合金窗。

　　2 窗的层数应根据地区气候条件，由热工计算确定。

　　3 锯齿天窗应设有部分开启方便的窗扇。如采用电动开窗器，则应有防潮、防腐蚀的措施。

　　4 印染工厂的天窗窗框材料，宜采用防腐蚀涂料的钢筋混凝土窗、塑钢窗及玻璃钢窗。

　　5 轻钢结构屋盖上的采光窗，应采用优质树脂、薄膜、玻纤复合材料组成的采光窗。

5.5.6 印染工厂的排气井构造应力求简单、施工维修方便。井筒内壁应平整光滑、耐腐蚀，并应有防止雨水侵入车间和凝结水下滴的措施。沿锯齿或气楼屋脊设置的通长排气井筒应有隔板分隔，隔板间距不宜大于 3.0m。排气井材质宜采用无机不燃玻璃钢制作。

5.5.7 气楼式厂房气楼两侧挡风板宜用树脂采光板或波形石棉瓦，其连接檩条宜用预制钢筋混凝土构件。

6 结 构

6.1 一般规定

6.1.1 印染工厂的结构设计应符合现行国家标准《建筑抗震设计规范》GB 50011、《建筑设计防火规范》GB 50016、《工业建筑防腐蚀设计规范》GB 50046 等的有关规定。

6.1.2 结构设计应积极、慎重地采用新材料、新技术、新结构，并进行多方案比选，优化设计。

6.1.3 本章适用于抗震设防烈度为 7 度和 7 度以下带排气井的单层钢筋混凝土锯齿形印染厂及 8 度和 8 度以下的其他单层排架、刚架和多层框架结构印染厂的结构设计。

6.1.4 印染工厂练漂、染色车间混凝土结构的环境类别应按二类确定；印花、整理、整装车间混凝土结构的环境类别可按一类确定；受腐蚀性介质作用的混凝土结构，其环境类别应按五类确定。

6.2 结构选型

6.2.1 印染厂房的结构选型应遵循下列基本原则：

　　1 满足印染生产工艺、采光、排雾气、排毒、通风要求；

　　2 因地制宜，适合当地气象条件，并考虑建厂地区的施工条件和材料供应。

6.2.2 印染厂中的练漂、染色车间，除北方严寒地区外，宜采用带排气井或带气楼的结构形式。

6.2.3 印染厂中的练漂、染色车间，应采用钢筋混凝土结构，印花、整理、整装车间，若采取有效的防腐蚀、防火措施后，可采用单层轻钢结构或钢筋混凝土柱与轻钢屋盖组合的结构形式。

6.2.4 印染厂的练漂、染色车间可选用单层钢筋混凝土锯齿形结构，并应符合下列要求：

　　1 对单层带排气井的三角架承重锯齿形排架结构，风道与承重结构相结合时，该排架结构的纵向承重结构，可采用双梁或Ⅱ型梁方案（图 6.2.4-1）。

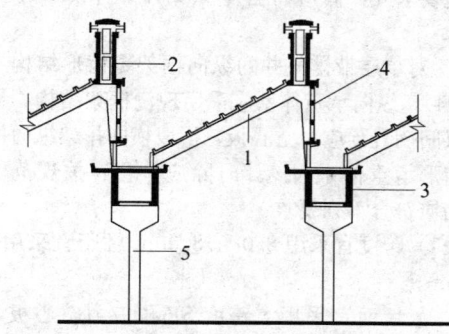

图 6.2.4-1 带排气井的三角架
承重双梁锯齿形排架
1—三角架；2—钢筋混凝土排气井；3—双梁风道；
4—钢筋混凝土天窗框；5—牛腿柱

　　当采用悬挂风道方案或不设置风道时，可采用单梁方案（图 6.2.4-2），梁上搁置三角架，三角架上搁置屋面板和排气井，形成带排气井的三角架承重锯齿形屋盖体系。三角架承重锯齿形排架结构，除应符合有关规范要求外，尚应符合下列要求：

　　　1）锯齿排架跨度宜采用 12.0~15.0m，风道大梁柱距宜采用 8.0~13.5m；

　　　2）屋面板宜采用板底平整的预应力混凝土圆孔板或倒槽板；

　　　3）当采用双梁锯齿排架时，应采取有效措施保证厂房结构的稳定；

　　　4）当采用单梁锯齿排架时，单梁宜与排架柱和三角架整体浇捣。

　　2 对单层带排气井的装配式门形架承重锯齿形排架结构（图 6.2.4-3），纵向承重可采用双梁或Ⅱ型

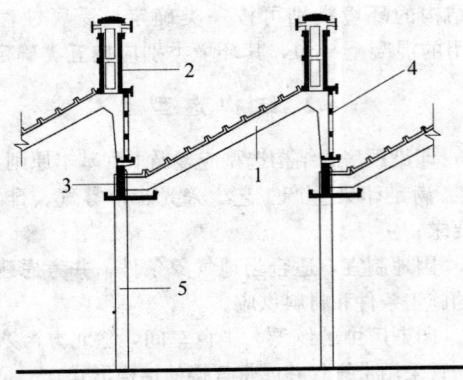

图 6.2.4-2 带排气井的三角架
承重单梁锯齿形排架

1—三角架；2—钢筋混凝土排气井；3—现浇单梁；
4—钢筋混凝土天窗框；5—现浇柱

梁方案，梁上搁置门形架，风道顶板上搁置天窗框，门形架和天窗框上搁置钢筋混凝土排气井，屋面板一端搁置在门形架上，另一端直接搁置在风道大梁上，形成带排气井的锯齿形屋盖体系，设计时除应符合有关规范要求外，尚应符合本条第1款中第1）～3）项要求。

3 对单层带排气井的纵向框架锯齿形结构（图6.2.4-4），纵向承重体系应采用现浇框架结构，纵向框架梁间搁置预应力空心板，形成横向排架纵向框架的锯齿形承重体系。设计时除应符合有关规范要求外，尚应符合下列要求：

1）跨度宜采用8.0～18.0m，柱距宜采用6.0～8.0m；
2）屋面宜采用大跨度SP预应力空心板，也可采用倒槽板或预应力混凝土圆孔板。

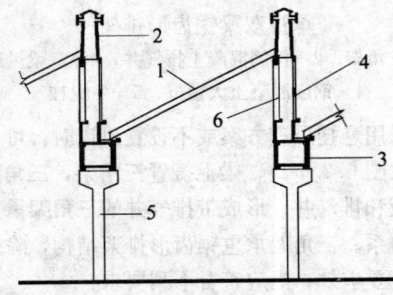

图 6.2.4-3 带排气井的装配式门形架
承重锯齿形排架结构

1—屋面板；2—钢筋混凝土排气井；3—双梁风道；
4—钢筋混凝土天窗框；5—牛腿柱；6—门形架

6.2.5 单层印染厂的练漂、染色车间，也可选用下列带气楼的单层钢筋混凝土斜梁框架结构和带排气井的单层门式刚架结构，并应符合下列要求：

1 带气楼的单层斜梁框架结构（图6.2.5-1）应符合下列要求：

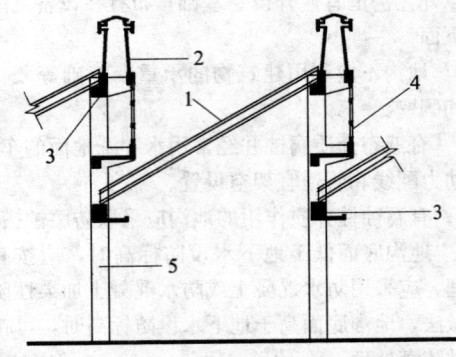

图 6.2.4-4 带排气井的纵向框架锯齿形结构

1—屋面板（SP板）；2—钢筋混凝土排气井；
3—纵向框架梁；4—钢筋混凝土天窗框；
5—框架柱

1）跨度宜采用12.0～15.0m，当大于15.0m时，可采用预应力钢筋混凝土屋面梁，柱距宜采用6.0～8.0m；
2）屋面板宜采用现浇钢筋混凝土屋面板，主次梁上翻，板底平整。

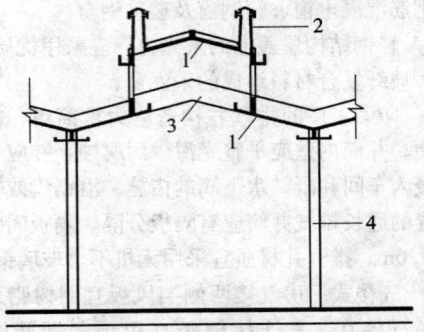

图 6.2.5-1 带气楼的单层斜梁框架结构

1—现浇屋面板；2—钢筋混凝土排气井；
3—上翻屋面梁；4—现浇框架柱

2 带排气井的单层门式刚架结构（图6.2.5-2）除应符合有关规范要求外，尚应符合下列要求：

1）跨度宜采用12.0～18.0m，不宜大于18.0m，柱距宜采用6.0～8.0m；
2）屋面板宜采用倒槽板。

6.2.6 单层印染厂的印花、整理、整装车间，可采用带排气功能的钢筋混凝土排架结构（图6.2.6）。设计时除应符合有关规范要求外，尚应符合下列要求：

1 跨度宜采用12.0～18.0m，柱距宜采用6.0m；

2 屋面板宜采用倒槽板。

6.2.7 单层印染厂的印花、整理、整装车间，当采取有效防腐蚀、防火措施后，可采用带气楼的单层轻钢门式刚架结构（图6.2.7-1）和带气楼的单层轻钢

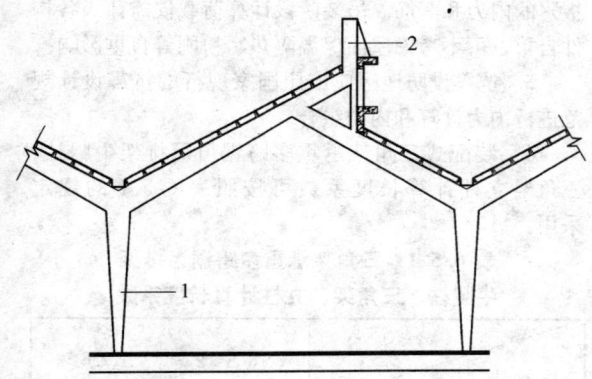

图 6.2.5-2 带排气井的单层门式刚架结构
1—装配式门架；2—排气井

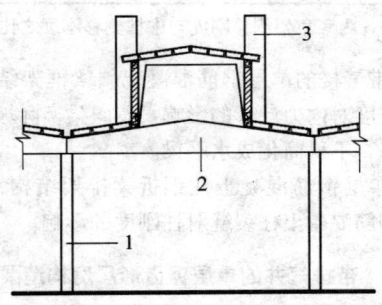

图 6.2.6 带排气功能的钢筋混凝土排架结构
1—预制柱；2—预制屋面梁；3—排气井

排架结构（图 6.2.7-2）。设计时应符合下列要求：

1 跨度宜采用 21.0～27.0m，柱距宜采用 6.0～8.0m。

2 屋面梁应采用斜坡式，屋面坡度应不小于 5%。檩条下宜采用有较好防腐蚀性能的底层镀铝锌钢板。

3 柱子宜采用钢筋混凝土柱，梁柱铰接，屋面梁梁底宜底平。

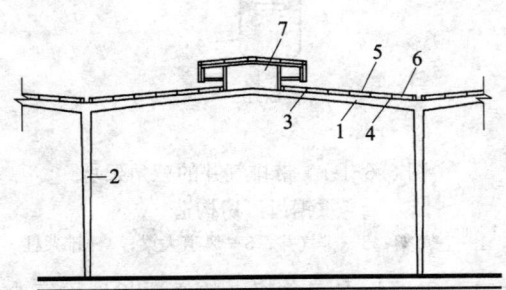

图 6.2.7-1 带气楼的单层轻钢门式刚架结构
1—门刚梁；2—门刚柱；3—檩条；4—屋面底层压型钢板；5—屋面面层压型钢板；
6—屋面保温材料；7—气楼

6.2.8 印染工厂可采用多层框架结构，设计时应符

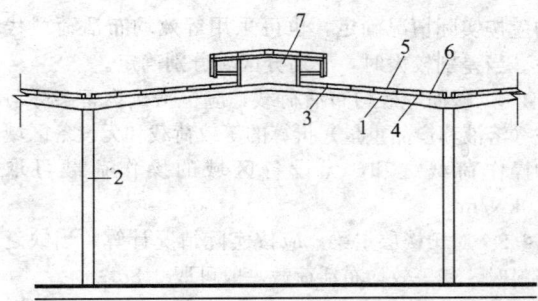

图 6.2.7-2 带气楼的单层轻钢排架
结构（梁柱铰接）
1—轻钢梁；2—钢筋混凝土柱；3—檩条；
4—屋面底层压型钢板；5—屋面面层压型钢板；
6—屋面保温材料；7—气楼

合下列要求：

1 多层框架结构宜采用全现浇钢筋混凝土结构，跨度不宜超过 3 跨，层数不宜超过 3 层，并宜设置竖向排气井。

2 在练漂、染色车间应采取防水及防腐蚀措施。

6.3 结构布置

6.3.1 厂房的柱网应整齐，符合建筑模数。

6.3.2 单层装配式锯齿形厂房跨度方向可不设置伸缩缝，柱距方向伸缩缝间距不宜超过 100m。

6.3.3 单层钢筋混凝土厂房、单层轻钢结构厂房、多层钢筋混凝土厂房和附房的伸缩缝间距应按《混凝土结构设计规范》GB 50010、《门式刚架轻型房屋钢结构技术规程》CECS 102、《砌体结构设计规范》GB 50003 中的规定进行设计。

6.3.4 单层钢筋混凝土锯齿形排架主厂房、门式刚架结构主厂房与附房宜相互脱开，其间设置伸缩缝或抗震缝。

6.3.5 多层钢筋混凝土结构主厂房与钢筋混凝土结构的附房可连成一体，但应满足钢筋混凝土结构伸缩缝间距限值的要求。当附房采用砌体结构时，主体结构与附房应脱开。

6.3.6 单层轻钢门式刚架结构与钢筋混凝土结构或砌体结构附房应脱开。

6.4 设计荷载

6.4.1 结构自重、施工或检修集中荷载、风荷载、屋面雪荷载、不上人屋面均布活荷载等应按现行国家标准《建筑结构荷载规范》GB 50009 的规定采用，悬挂荷载应按实际情况确定。

6.4.2 对轻型房屋钢结构的风荷载标准值，应按《门式刚架轻型房屋钢结构技术规程》CECS 102 的规定计算。

6.4.3 多层印染厂房的楼面在生产使用或安装检修时，由设备、管道、运输工具等产生的局部荷载，

均应按实际情况确定,也可采用等效均布活荷载代替。当差别较大时,应划分区域分别确定。

6.4.4 楼面等效均布活荷载,应包括按设备实际荷载(溶液和产品重量)折算的等效荷载和无设备区域的操作荷载之和,无设备区域的操作荷载可取 $2.0kN/m^2$。

6.4.5 对于楼层主梁,应按实际情况计算,当缺乏资料时,其等效均布活荷载一般可取 $0.8q_e$。

注:q_e 为楼面等效均布活荷载标准值。

6.4.6 设计柱、基础时采用的楼面等效均布活荷载,可取与设计主梁相同的荷载。

6.4.7 楼面等效均布活荷载的确定应按现行国家标准《建筑结构荷载规范》GB 50009 的规定计算。

6.4.8 沟道盖板上直接作用有设备荷载或有运输工具通过时,应按实际情况确定,当缺乏资料时,沟道盖板的计算活荷载标准值可取 $10kN/m^2$,准永久值系数取 0.5。

6.5 结 构 计 算

6.5.1 装配式三角架承重多跨(5跨以上)双梁锯齿排架结构计算(图 6.5.1)宜采用计算机进行内力分析,并应遵循下列计算原则:

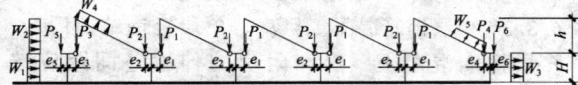

图 6.5.1 装配式三角架承重多跨双梁锯齿排架使用阶段计算简图

注:q——屋面垂直荷载;
W_1、W_2、W_3、W_4、W_5——风荷载;
P_1、P_2、P_3、P_4、P_5、P_6——风道梁传给牛腿的集中力(包括风道大梁、天窗架、天沟板及找坡支墩、排气井、风道底板重量);
e_1、e_2、e_3、e_4、e_5、e_6——牛腿柱偏心矩;
h——三角架轴线高度;
H——牛腿柱高度。

1 牛腿柱高度 H 均应取基础杯口面(或基础顶面)至风道大梁顶面的高度。在计算牛腿柱侧移刚度时,可忽略风道大梁和牛腿刚度的影响,近似按无牛腿等截面柱计算。

2 三角架及柱子的侧移刚度,均应取风道大梁跨度内诸榀三角架或柱子侧移刚度之和计算。

3 图中风荷载和垂直荷载应分别计算,并应进行内力组合分析。

4 装配式三角架承重锯齿排架结构计算除应进行使用阶段内力分析外,尚应验算中柱在吊装阶段(吊装跨安装完毕,相邻跨仅安装风道大梁及风道顶板)的内力和配筋。吊装阶段计算荷载仅需计入各构件自重,可不考虑屋面保温隔热、粉刷等自重影响。

5 抗震设防地区应按照国家现行的抗震设计规范进行内力计算和内力组合。

6 装配式三角架承重多跨锯齿形排架牛腿柱、三角架立柱计算长度系数可按照表 6.5.1 的规定采用。

表 6.5.1 三角架承重多跨锯齿排架
牛腿柱、三角架、立柱计算长度系数

柱		$S_\Delta/S<2$	$S_\Delta/S\geq2$
牛腿	中柱	1.5	1.25
	边柱	1.75	1.5
三角架立柱	中立柱	1.5	—
	边立柱	1.5	—

注:S_Δ/S 为三角架侧移刚度与中柱侧移刚度之比。

6.5.2 带气楼的单层钢筋混凝土斜梁框架结构应考虑梁面坡度对内力计算的影响,按斜梁实际坡度计算简图计算,不得简化成水平梁。

6.5.3 单层钢筋混凝土柱钢折梁排架结构计算中,应考虑钢筋混凝土柱裂缝对柱刚度的影响。

6.6 带排气井的单层锯齿形厂房构造要求

6.6.1 带排气井的三角架承重锯齿厂房构造(图 6.6.1-1)应符合下列要求:

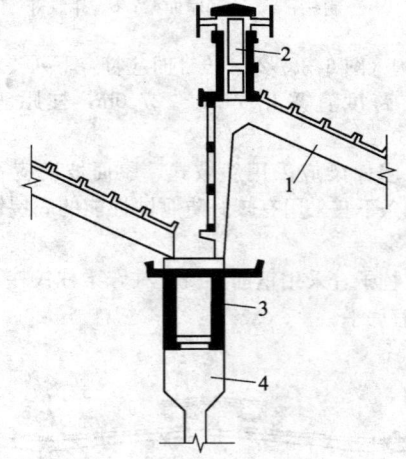

图 6.6.1-1 带排气井的三角架承重锯齿厂房构造

1—三角架;2—排气井;3—风道大梁;4—排架柱

1 屋面板在三角架上的搁置长度不宜小于 80mm,屋面板与三角架的连接应采用钢板焊接连接或预留钢筋后浇灌混凝土连接,其中预留钢筋后浇灌混凝土连接只适用于非地震区。

1)三角架横梁上、下端屋面板,屋面板上的四角预埋钢板应与三角架横梁上的钢板焊接连接。焊接连接的屋面板必须通长布置。其余屋面板焊接不应少于3点（图6.6.1-2）。

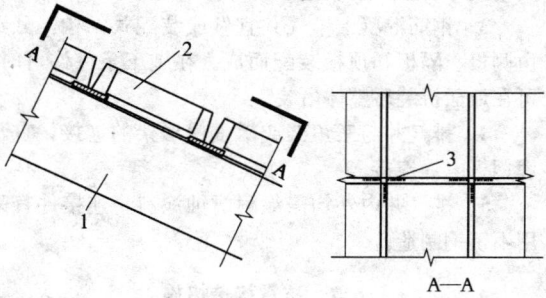

图6.6.1-2 屋面板与三角架的连接构造
1—三角架；2—屋面板；3—每块板不少于三点满焊

2）三角架横梁上应预留插筋与屋面板内伸出钢筋绑扎，然后浇灌混凝土，连成整体（图6.6.1-3）。每块板的板缝内应增设焊接网片与三角架横梁上预留插筋绑扎，然后浇灌混凝土整体连接（图6.6.1-4）。

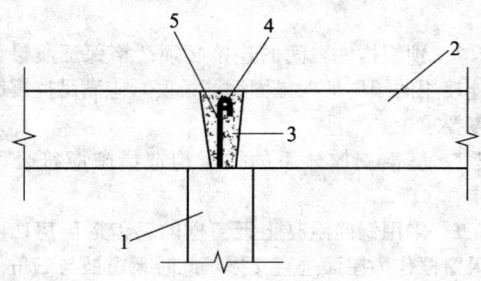

图6.6.1-3 屋面板与三角架的连接构造
1—三角架；2—屋面板；3—细石混凝土灌缝；4—通长φ8钢筋；5—三角架中预留φ10@500插筋

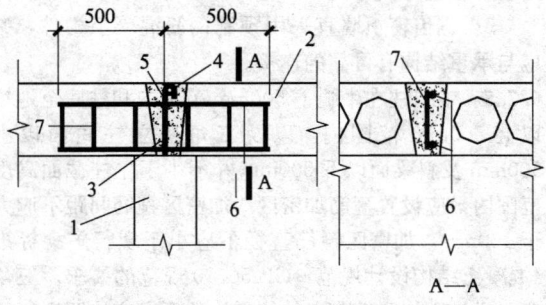

图6.6.1-4 屋面板与三角架的连接构造
1—三角架；2—屋面板；3—细石混凝土灌缝；4—通长φ8钢筋；5—三角架中预留φ10@500插筋；6—2φ6焊接钢筋网片；7—φ6@200焊接钢筋网片

2 三角架立柱下端和斜梁下端预埋钢板，应与风道板或梁上的预埋钢板焊接连接（图6.6.1-5）。

3 风道大梁顶部搁置预制风道顶板，应通过预埋钢板与风道大梁互相连接，上面应浇捣50～80mm厚钢筋混凝土整浇层和上翻梁与风道大梁梁顶上预留钢筋浇成整体（图6.6.1-5）。

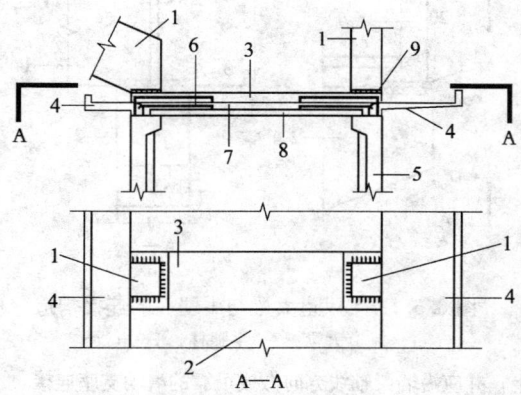

图6.6.1-5 风道板与风道大梁的连接构造
1—三角架；2—现浇风道板；3—现浇上翻梁；4—现浇防滴沟；5—风道大梁；6—风道大梁预留钢筋；7—现浇风道顶板；8—预制风道顶板；9—电焊

4 根据排气井的设置情况，天窗框宜直接贴在三角架外缘或通过悬臂梁搁置在三角架外侧。连接方法应采用预埋钢板焊接连接（图6.6.1-6）。

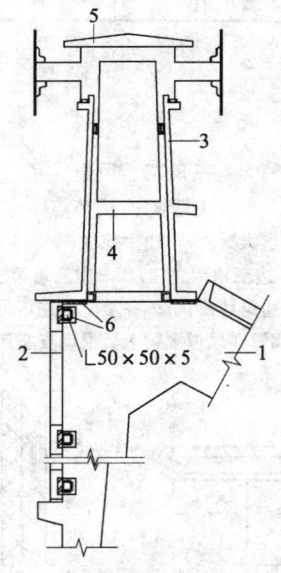

图6.6.1-6 排气井、天窗框与三角架的连接构造
1—三角架；2—天窗框；3—排气井侧板；4—排气井隔板；5—排气井顶板；6—电焊

5 风道大梁下端预埋钢板与牛腿面预埋钢板应电焊连接，搁置长度不应小于150mm（图6.6.1-7）。

6 主结构的东西锯齿山墙宜与附房脱开，应砌筑在边柱风道大梁上的预制墙梁上。预制墙梁一端与风道大梁应通过预埋钢板电焊连接，另一端应搁置在大梁

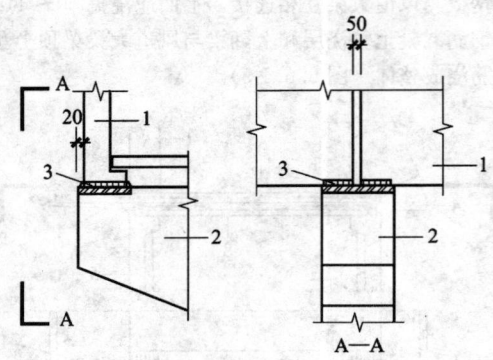

图 6.6.1-7 风道大梁与牛腿柱的连接构造
1—风道大梁；2—牛腿柱；3—电焊

上，并应沿墙梁轴线方向做成可靠的滑动支座连接。

边屋面板和三角架应预留 $\phi 10mm$ 钢筋或螺栓，砌入墙内与锯齿端墙锚固拉结（图 6.6.1-8、图 6.6.1-9）。

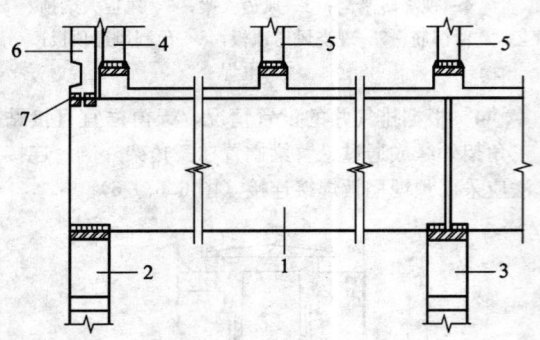

图 6.6.1-8 三角架、风道大梁、牛腿柱、
山墙的连接节点
1—风道大梁；2—边牛腿柱；3—中牛腿柱；
4—边三角架立柱；5—中三角架立柱；
6—边跨墙梁；7—一端电焊连接另一端
搁置在风道大梁上做滑动支座连接

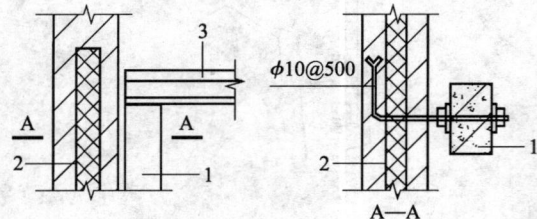

图 6.6.1-9 锯齿山墙连接构造
1—边三角架；2—山墙；3—屋面板

6.6.2 单层锯齿形厂房排气井构造应符合下列要求：

1 排气井的上、下口高度尺寸应根据当地气候条件和工艺要求通过试验或计算确定。上口宽度宜取 0.4～0.5m，下口宽度宜取 0.6～0.7m；高度宜为 1.5～1.8m，不宜超过 2.0m。排气井上口应设置遮雨顶板，两侧设置挡风板。

2 排气井宜采用装配式钢筋混凝土构件，也可采用钢筋混凝土框架作为骨架的玻璃钢结构；不宜采用钢或木骨架，也不应采用砖砌排气井。

3 钢筋混凝土排气井宜做成装配式结构，分别由侧板、隔板和顶板装配而成。在施工条件许可时，可在地面拼装后整体吊装。

4 排气井与三角架或承重门形架的连接，宜预埋钢板电焊连接。

5 排气井内外均需涂耐腐蚀涂料。连接件宜采用不锈钢制造。

6.7 抗震构造措施

6.7.1 混凝土结构的抗震设计应满足现行国家标准《混凝土结构设计规范》GB 50010 中混凝土结构的抗震等级要求，其中单层锯齿形厂房的抗震等级应按"单层厂房结构铰接排架"采用。

6.7.2 锯齿形厂房主车间与附房间应设置抗震缝，抗震缝宽度应按照现行国家标准《建筑抗震设计规范》GB 50011 中"单层钢筋混凝土柱厂房"规定执行。

6.7.3 预制构件之间的连接必须严格保证质量。构件连接用的预埋件的锚固钢筋长度，应满足抗震锚固长度要求。

6.7.4 屋面支撑体系的抗震构造措施应符合下列要求：

1 采用钢筋混凝土天窗框的锯齿形厂房，可利用天窗框作为屋面垂直支撑。此时天窗框与三角架立柱、天窗框与天窗框之间，必须通过钢板焊接或螺栓有效连接。

2 采用钢窗天窗的锯齿形厂房，东西两端和伸缩缝两侧应设置垂直支撑；中间部位每隔 30～45m 增设一道垂直支撑。

3 锯齿窗下墙宜采用预制钢筋混凝土构件，并应与承重结构有可靠的连接。

6.7.5 牛腿柱在牛腿下 500mm 范围内和柱底至地坪以上 500mm 范围内，以及三角架立柱底面以上 500mm 及斜梁面以下 500mm 并不小于立柱截面高度范围内，应设置箍筋加密区，加密区箍筋间距不应大于 100mm，加密区箍筋直径不应小于现行国家标准《混凝土结构设计规范》GB 50010 规范的要求。三角架斜梁与立柱联结节点的抗震构造要求应按照现行国家标准《混凝土结构设计规范》GB 50010 规范中顶层框架梁柱端节点的有关规定执行。牛腿柱牛腿水平箍筋的最小直径应为 $\phi 8$，最大间距应为 100mm。牛腿柱柱底至室内地坪以上 500mm 范围内宜采用矩形截面。

6.7.6 厂房东西端部应设三角架，不应采用山墙承重。

6.7.7 双梁锯齿排架的中柱牛腿宜采用不等长牛腿。

6.7.8 屋面板应与三角架焊牢，靠三角架立柱的屋面板与三角架的连接焊缝长度不宜小于80mm，且该处三角架梁顶面与屋面板焊接的预埋件的锚筋不宜少于4Φ10。

6.7.9 风道大梁在牛腿柱上的支承端宜将腹板加厚至不少于300mm，并设暗柱配筋，暗柱竖向纵筋不宜少于4Φ12。

6.7.10 风道大梁与牛腿柱顶的连接，宜采用焊接连接，风道大梁端部支承垫板的厚度不宜小于16mm。

6.7.11 三角架与风道大梁间应采用焊接连接。各非结构构件与结构构件间均应采用焊接连接。

6.7.12 附房宜采用框架结构或砌体结构，其抗震措施应按照现行国家标准《建筑抗震设计规范》GB 50011中相关结构的要求执行。当附房中采用砌体结构，并设有总风道时，砌体总风道抗震措施应符合现行国家标准《构筑物抗震设计规范》GB 50191中通廊廊身的有关技术要求。

6.8 地基基础

6.8.1 印染厂房内的设备基础、管沟等宜与厂房柱子基础分开，厂房柱基的埋置深度应考虑邻近建筑物基础、设备基础、地下沟道、管线的影响。

6.8.2 当地下沟道埋置深度大于建筑基础时，两者之间应保持一定的净距，其值应根据建筑荷载大小、基础形式和土质情况确定。

6.8.3 工艺设备基础不均匀差异沉降量不应大于工艺设备要求的允许值。

7 给水排水

7.1 一般规定

7.1.1 印染工厂给水排水设计应遵循国家的有关方针、政策，满足生产、生活和消防用水的要求，做到安全适用、技术先进、经济合理、保护环境。

7.1.2 水源选择、给水排水方式、设备材料的选择等应做到节约用水、节约能源、节约材料，并应进行水的重复利用及废水回用。

7.1.3 给水排水设计应在满足使用要求的同时为施工、安装、操作管理、维修检测以及安全保护等提供便利条件。

7.2 用水量、水质和水压

7.2.1 印染厂用水量应根据下列要求确定：

1 全厂给水设计的工业水总量宜根据生活用水量、工艺生产用水量、冷冻空调用水量、软化水用量、循环冷却水补充水量、公用设施用水量、绿化用水量、管网漏失量等经综合计算确定。

2 工艺用水量由工艺专业确定，小时变化系数宜按1.4～2.0计算。

3 空调用水宜按循环水量的1%～2%确定补充水量。

4 喷射冷凝器冷却水量按工艺要求确定。

5 厂区生活用水、配套的公用设施、集体宿舍、住宅区生活用水、绿化、汽车冲洗用水等应按照现行国家标准《建筑给水排水设计规范》GB 50015确定。

6 未预见水量宜按用水量的10%计算。

7 设有自备给水净化站时，应考虑水站自用水量，自用水量宜按给水量的5%～10%计算或通过计算确定。

8 印染厂应考虑管网漏失量，其比例宜按5%～10%计算。

7.2.2 印染厂用水水质应根据下列要求确定：

1 印染厂的生活及杂用水，空调、冷冻、锅炉等特殊用水均应满足相关规范的要求。印染生产用水水质应根据产品种类、染色工艺、产品质量、设备状况确定。

2 喷射冷凝器冷却水宜采用总硬度小于或等于17.5mg/L的软水。

7.2.3 印染厂给水水压应根据车间布置和生产设备及消防要求通过计算确定。单层厂房车间进口压力宜大于0.2MPa，但生产、消防用水合用则压力不宜小于0.35MPa。部分设备水压要求较高时宜局部加压解决。

7.3 水源与水处理

7.3.1 供水水源的选择首先应满足当地的水资源规划要求，并取得相关部门的许可；应在取得有关水资源资料的基础上进行全面的技术经济比较后确定。水量充沛、水质良好的地表水宜作为印染厂的工艺用水水源，当一种水源满足有困难时，可选择一种以上水源。

7.3.2 用地下水作水源时应有确切的水文地质资料，取水量不得超过允许开采量，严禁盲目开采。地下水开采后，不应引起水质恶化、地面沉降和水位持续下降。

7.3.3 当水源水质无法直接满足生产、生活需要时，应经过处理后使用。

7.4 给水系统和管道布置

7.4.1 给水系统应符合下列要求：

1 宜利用市政给水的水压直接供水。

2 厂区条件允许时宜采用生产、生活、消防合并管网的给水系统。

3 有不同压力、水质要求的供水点时宜采用分质、分区供水。

4 冷却水应采用循环方式或加以重复利用。

7.4.2 给水管道材质和布置应符合下列要求：

1 厂区消防给水管应环状布置，生产、生活给水管道宜环状布置，环状管道应分成若干独立段。

2 埋地给水管宜采用塑料给水管、有衬里的铸铁给水管、经可靠防腐处理的钢管等。

3 架空给水管宜采用塑料给水管、塑料和金属复合管、内外壁热镀锌钢管、不锈钢、经防腐处理的钢管等。

4 软水给水管宜采用塑料给水管、塑料和金属复合管、内外壁热镀锌钢管、不锈钢管等。

5 室内给水管道宜采用明管沿内墙架空敷设。当室外架空敷设时，应采取防冻措施。给水管与蒸汽管、电缆桥架等上下平行敷设时，给水管应布置在蒸汽管、电缆桥架的下面。

6 给水管道不应穿过设备基础、结构基础，不宜穿过沉降缝、伸缩缝、变形缝，当需穿过时应采取相应的技术措施防止管道损坏。

7 给水管道不应穿越变配电房、电梯机房、电脑打样室等遇水会损毁设备和引发事故的房间，并不得布置在后整理设备的上方。

8 给水管道不应穿越风道，不应横越空调室的进风窗和回风窗。

9 非金属给水管道不宜穿过防火墙，当需穿过时应采取有效的防火隔断措施。

10 厂区总进水、车间进水口、各工段或主要用水设备应设置水量计量设施。

11 应根据现行国家标准《建筑给水排水设计规范》GB 50015 的要求设计给水管道。

7.5 消防给水与灭火器配置

7.5.1 印染车间应设室内、室外消火栓给水系统。消防体制、消防设施的设置、水量应满足纺织工业企业设计防火的有关规定。

7.5.2 印染厂应按现行国家标准《建筑灭火器配置设计规范》GB 50140 的要求配置灭火器。

7.6 排水系统和管道布置

7.6.1 印染厂排水量及废水水质应符合下列要求：

1 生产排水量应根据生产用水量计算。生产排水中应区分锅炉蒸发用水、生产污水、生产废水及清洁废水、生活污水等。生产污水量的小时变化系数宜按 1.5~3.0 计算。

2 住宅、宿舍区生活污水量、车间生活排水量计算应按现行国家标准《建筑给水排水设计规范》GB 50015 的规定执行。

3 雨水排水量应根据当地降雨资料、径流等状况通过计算确定。

4 各类废水在排入纳污水体或管网前应经过处理，并达到规定的废水排放标准。

7.6.2 排水系统应符合下列要求：

1 应采用生活、生产排水与雨水分流排水系统。

2 染色排水应采用清、污分流以及浓、淡分流排水系统，废水收集方式应与污水处理工艺要求一致。

3 屋面雨水宜采用外排水系统，大型屋面宜按压力流设计。屋面雨水设计重现期宜按 2~5 年。

4 粪便污水、食堂含油污水、机修含油污水、锅炉冲渣废水等宜单独进行预处理后排入废水系统。

7.6.3 排水管道材质和布置应符合下列要求：

1 印染车间内工艺排水宜采用暗沟排放，排水沟的设备排出口、三岔口及转弯处应设置活动盖板，排放有腐蚀性废水时，暗沟应有可靠的防腐措施，排水暗沟宜每隔 3~5 跨设伸顶通气管。工艺冷却水宜采用管道排放。当实施排水热能回收时，排水管（沟）应有保温措施。

2 厂区内排水管道宜采用埋地排水塑料管、承插式混凝土管或钢筋混凝土管。排水温度大于 40℃ 时应采用耐热排水管。

3 排水具有腐蚀性时应采用耐腐蚀管材。

4 排水管道不得穿过沉降缝、伸缩缝、变形缝、烟道和风道。

5 室内排水沟与室外排水管道的连接处，应设水封装置，水封高度应大于 250mm。

6 调浆桶排水槽下的排水管管径不得小于 200mm。

7 当室内塑料排水立管处于推车、搬运车经过的位置时应采取必要的防护措施。

7.6.4 印染废水处理应按现行国家标准《纺织工业企业环境保护设计规范》GB 50425 的规定执行。

7.7 水的重复利用及废水回用

7.7.1 适合建设废水（包括雨水）回用设施的工程项目，应配套建设废水回用设施。废水回用设施必须与主体工程同时设计、同时施工、同时使用。

7.7.2 印染工厂设计时应采取循环用水、一水多用、清洁废水回用等措施，对收集排放的废水宜进行深度处理后回用。

7.7.3 回用水质应满足有关用水的水质标准。当回用于生产时其水质应满足生产工艺的要求。

7.7.4 高温热排水应实施热能回收。

7.7.5 回用水管必须采取防止误接、误用、误饮措施，严禁与生活饮用水管连接。

8 采暖通风

8.1 一般规定

8.1.1 印染工厂采暖通风设计在满足生产工艺及劳动保护要求的前提下，应采用投资少、运行费用低、技术先进、节能的设计方案，并满足便于施工、安装、操作及维护的要求。

8.1.2 印染工厂宜具有良好的自然通风条件，厂房外墙宜少设附房，附房宜避开主导风向的迎风面。

8.1.3 印染工厂的围护结构应有良好的保温措施，其屋面、外墙、天沟等的最小热阻应满足减少能耗和防止结露的要求，其值应根据车间内的温湿度及气象条件计算确定。

8.1.4 印染工厂的防排烟设计应符合纺织工业企业设计防火的有关规定。

8.2 室内外设计参数

8.2.1 室外空气计算参数应按现行国家标准《采暖通风与空气调节设计规范》GB 50019 执行。

8.2.2 室内设计参数应符合下列要求：

　　1 印染工厂车间内工人操作地点的温度和空气中有害物质的最高浓度应符合国家有关标准的规定；

　　2 印染工厂辅助用房的室内空气参数应根据工艺及设备要求确定。

8.3 生产车间的采暖通风

8.3.1 印染工厂生产车间的通风方式应根据当地的气象条件、车间建筑形式、工艺布置及工艺设备具体情况确定；应遵循自然通风为主、机械通风为辅的原则。

8.3.2 印染工厂生产车间的采暖通风设计应满足本规范第8.2.2条第1款的要求，并能将车间内的热湿空气及时排出，防止车间结露滴水。

8.3.3 印染工厂生产车间排风可分为机台局部排风及车间全面排风两部分。对散热、散湿量较大及散发有害气体的机台应采用局部排风，利用机台自然排气装置（排气罩、密闭罩）或局部机械排气设备单独排放，排风量应根据工艺设备提供的参数或罩面风速确定。印染工厂生产车间的全面排风应利用车间的建筑特点进行自然排风，采用拔气井、排气筒或避风气楼等装置进行自然排风；对严寒地区的印染车间、多层印染车间的中间层、有特殊要求的场合及不具备自然排风条件的印染车间应设置机械排风系统。对工艺设备有有害气体散发的车间，其排风量应能保持车间负压。

8.3.4 印染工厂生产车间的进风系统宜采用外墙低脚进风窗或门窗自然进风；当自然进风不能满足要求时，应设置机械送风系统；外墙低脚进风窗宜设有防虫网及风量调节装置。

8.3.5 机械送风系统夏季可直接利用室外新风或经循环水蒸发冷却处理后送入车间；冬季对严寒、寒冷及夏热冬冷地区应同时设置带空气加热装置的机械送风系统，利用室外新风及车间回风经加热装置加热提高送风温度，以满足工作点的采暖及车间防凝消雾的要求，在散湿量大的场所宜增设局部热风加热装置。

8.3.6 印染工厂生产车间内各工段夏季的通风量可按换气次数计算确定，其换气次数可按表8.3.6采用。

表 8.3.6 印染工厂生产车间内各工段换气次数表

工　段	换气次数（次/h）
原布	3～5
烧毛	5～7
练漂	6～10
皂洗	6～10
卷染	12～15
轧染	6～10
印花	5～8
染化料调配、树脂整理、调配	＞12
整理、整装	4～6

注：1 次数按层高4.5m以下空间计算。
　　2 工段内热湿空气散发量大换气次数取上限。

8.3.7 空气调节及送风系统的风速宜按表8.3.7确定，局部岗位送风口距地面高度2.0～2.2m，每个岗位送风口的送风量为1500～2000m³/h。

表 8.3.7 空气调节及送风系统风速表（m/s）

部　位	常用风速	最大风速
新风进风口（窗）	2.5～5	6
回风口（窗）	2～4	4
总风道	5～9	10
支风道	4～7	8
送风口	3～6	≤7

8.3.8 通风设备、风道、风管及配件等，应根据其所处的环境和输送的介质温度、腐蚀性等，采用防腐蚀材料制作或采取相应的防火措施。

8.3.9 车间的通风风管应采用不燃材料制作。接触腐蚀性气体的风管及柔性接管，可采用难燃材料制作。

8.3.10 寒冷及严寒地区印染工厂的值班室及办公室应设有采暖系统；印染车间应设有值班采暖系统，值班采暖室内温度不宜小于12℃；采暖热媒可采用热水或蒸汽。

8.4 辅助用房的采暖通风

8.4.1 印染工厂的物理实验室应设有恒温恒湿空调，其温度湿度应按工艺要求确定。

8.4.2 印染工厂的印花调浆间、染化料调配间应有良好的通风，宜设有机械通风系统，并与相邻的房间保持相对负压。

8.4.3 印染工厂中气体烧毛机的刷毛箱应设有带连

续清灰装置的除尘设施，除尘设备宜布置在单独房间内；烧毛机的气化室应为单独防爆房间，并应设有独立的机械排风装置，风机应采用防爆风机。

8.4.4 印染工厂的涂层溶剂调配间应设有机械通风系统，风机应采用防爆风机，并与相邻房间保持相对负压。

8.4.5 印染工厂的仓库宜设置通风系统，其通风量可按3～5次/h换气次数设置。

8.4.6 用于有爆炸危险房间的通风系统，应有可靠的防静电接地措施。

9 电 气

9.1 一般规定

9.1.1 电气设计必须满足生产工艺的要求，应采用符合国家现行有关标准的效率高、能耗低、性能优的电气产品。

9.2 供配电系统

9.2.1 印染工厂的用电负荷应为三级负荷。但消防设备用电负荷等级，应按现行国家标准《建筑设计防火规范》GB 50016 的规定执行。

9.2.2 供电电压等级与供电回路数应按生产规模、性质和用电量，并结合地区电网的供电条件决定。印染工厂宜采用6～10kV单回路供电。但规模大的企业，可采用6～10kV双回路供电方案，在6～10kV电源难于取得及容量不足时，可采用35kV供电。

9.2.3 低压配电系统应符合下列规定：

1 车间变电所宜安装2台变压器，单母线分段运行，两段低压母线间设母联开关。当只设1台变压器时，可与就近的车间配电变电所设低压联络线作为应急备用。

2 车间变电所的低压系统应与工艺生产系统相适应，平行的生产流水线或互为备用的生产机组，宜由不同的（母线）回路配电；同一生产流水线的各用电设备宜由同一（母线）回路配电。

3 TN系统接地形式的电网中，车间的单相负荷，宜均匀地分配在三相线路中，当单相不平衡负荷引起的中性线电流超过变压器低侧绕组额定电流的25%时，应选用D，yn11结线组别的变压器。

4 为控制各类非线性用电设备所产生的谐波引起的电网电压正弦波形畸变，除选用变压器低侧绕组为D，yn11结线组别的三相配电变压器外，可采用按谐波次数装设分流滤波器等措施。

5 在采用电力电容器作无功补偿装置时，容量较大、负荷平稳且经常使用的用电设备的无功负荷宜采用就地补偿；补偿基本无功负荷的电力电容器组，宜在配电变电所内集中补偿。

9.2.4 印染工厂的车间负荷计算宜采用需要系数法，需要系数可按表9.2.4的规定采用。

表9.2.4 印染工厂主要工艺设备需要系数表

设备名称	需要系数（K_c）	功率因数（$\cos\varphi$）
烧毛设备	0.7～0.8	0.75～0.8
练漂设备	0.65～0.7	0.7～0.75
染色设备	0.65～0.7	0.7～0.75
印花设备	0.7～0.8	0.7～0.75
整装设备	0.75～0.8	0.75～0.8
热定形设备	0.75～0.8	0.8～0.85
拉幅机	0.65～0.7	0.7～0.75
涂层设备	0.7～0.8	0.75～0.8

9.2.5 室内配电干线敷设方式宜采用电缆桥架明敷设，在有腐蚀和特别潮湿场所，所采用的电缆桥架，应根据腐蚀介质的不同采取相应的防腐措施；室外宜采用电缆沟或直接埋地敷设。

有关配电线路的敷设方式与要求，应按现行国家标准《低压配电设计规范》GB 50054 和《电力工程电缆设计规范》GB 50217 的有关规定执行。

9.3 照 明

9.3.1 印染工厂车间宜采用混合照明，并应重视机台上的局部照明。

9.3.2 染色、印花等车间应根据识别颜色要求和场所特点，选用相应显色指数的光源，并宜选用节能型灯。

9.3.3 车间作业区内的一般照明照度均匀度，不应小于0.7，而作业面邻近周围的照度均匀度不应小于0.5。

9.3.4 混合照明中的一般照明，其照度值应按该等级混合照明照度值的10%～15%选取，且不宜低于75lx；在采用高强度气体放电灯时，不应低于75lx。

9.3.5 生产车间的照度宜采用点光源或线光源的逐点计算法。单位指标法只适用于方案初步设计阶段。对于部分辅助建筑等可采用单位指标法。

9.3.6 带窗的生产车间和辅助生产车间的照度标准可按表9.3.6的规定采用。

表9.3.6 印染工厂的车间和辅助生产车间的照度标准

名 称	0.75m水平面上最低照度值（lx）		显色指数（R_a）
	混合照明	一般照明	
练漂车间	—	75	80
进布布面	150	—	80
出布布面	300	—	80
染色车间	—	75	80
进布布面	150	—	80
出布布面	500	—	80

续表9.3.6

名　称	0.75m水平面上最低照度值(lx) 混合照明	0.75m水平面上最低照度值(lx) 一般照明	显色指数(R_a)
印花车间	—	150	80
印花机进布面	150	—	80
印花机出布面	500	—	80
手工台板印花	—	300	80
整装、整理车间	—	100	80
进布布面	150	—	80
出布布面	500	—	80
验布量布机	1000	—	80
验布台	750	—	80
浆料调配室	—	75	80
碱液回收站	—	75	40

注：在一般情况下，设计照度值与照度标准值相比较，可有±10%的偏差。

9.3.7 车间内应设供疏散用的应急照明。在安全出口、疏散通道与转角处应按现行国家标准设置疏散标志。出口标志灯和指向标志灯宜用蓄电池备用电源。安全照明的电源应和该场所的电力线路分别接自不同变压器或接自同一台变压器不同馈电线路的专用线路上。

9.3.8 车间内应根据照明场所的环境条件和使用特点，合理选用灯具。灯具的布置与安装应考虑安全与维护方便。

9.3.9 印染工厂的照明设计除符合本规范外，应执行现行国家标准《建筑照明设计标准》GB 50034的规定。

9.4 接地和防雷

9.4.1 厂区的低压配电系统的接地形式宜采用TN系统。在TN系统中TN-C、TN-C-S和TN-S三种形式，应根据工程情况经技术经济比较后确定。由同一台变压器或同一段母线向一个建筑物供电的低压配电系统，宜采用一种形式的接地系统。建筑物以外的电气设备，宜单独接地。

9.4.2 低压系统中性点接地电阻值不宜大于4Ω；重复接地电阻不宜大于10Ω；防静电接地电阻不应大于100Ω；在易燃易爆区不宜大于30Ω；对于第一、二类防雷建筑物，每根引下线的冲击接地电阻不应大于10Ω；对于第三类防雷建筑物，每根引下线的冲击接地电阻不宜大于30Ω；采用共用接地装置时，接地电阻应符合其中最小值的要求；若共用接地系统中接有防雷接地系统时，接地电阻不应大于1Ω。电子设备接地，当采用共用接地系统时，接地电阻不应大于1Ω；当采用单独接地体时，接地电阻不应大于4Ω。

9.4.3 印染工厂内的建筑物、构筑物的防雷分类及防雷措施，应按现行国家标准《建筑物防雷设计规范》GB 50057和《建筑物电子信息系统防雷技术规范》GB 50343的有关规定执行。

9.5 消防和火灾报警

9.5.1 火灾自动报警系统应设有主电源和直流备用电源。

9.5.2 每座占地面积超过1000m² 的坯布、成品仓库应设火灾自动报警装置。

9.5.3 在使用煤气、天然气或其他可燃气体的烧毛工段，在无贮气装置时宜设可燃气体探测器，但在贮气装置间应装设可燃气体探测器。在使用甲苯、DMF等散发爆炸性气体的涂层工段，属2区环境，宜设置相应的气体浓度探测器或检漏报警装置，但在涂层调配间应设气体浓度探测器或检漏报警装置。

9.5.4 印染工厂的火灾自动报警系统和消防控制室设置，应按现行国家标准《建筑设计防火规范》GB 50016和《火灾自动报警系统设计规范》GB 50116的有关规定执行。

9.5.5 火灾事故照明和疏散指示标志灯可采用蓄电池作备用电源，但连续供电时间不应少于20min。

10 动　力

10.1 一般规定

10.1.1 印染工厂用热负荷包括生产工艺、空调、采暖和生活用热。

10.1.2 印染工厂所需蒸汽热源，应根据所在区域的供热规划确定。有条件的可使用城市热电厂（区）供给的蒸汽。当大型印染工厂，用热负荷较稳定，通过分析比较，可采用热电联产方式。

10.1.3 蒸汽锅炉房和油热载体加热炉房设计应以煤为燃料，当以重油、柴油、天然气或城市煤气为燃料时，应经有关主管部门批准。

10.2 蒸汽供热系统

10.2.1 印染工厂用汽部门应提出用汽参数（温度、压力）及小时平均用汽量和小时最大用汽量。宜绘制主要设备、用热车间和全厂的热负荷曲线图。应按生产、空调、采暖、生活和锅炉自用热负荷，考虑同时使用系数和管网损失后，得出最大计算热负荷。

10.2.2 依据印染工厂最大计算热负荷、用汽参数及当地供热条件，通过技术经济分析，确定采用城市（区）热电厂集中供热、自建蒸汽锅炉房、热电联产等某一供热方案，方案应技术先进、安全适用、经济合理，符合节能和保护环境的要求。

10.2.3 当采用城市（区）热电厂集中供热时，印染工厂应设置减压减温装置，经常运行的减压减温装置应有1套备用，确保供热蒸汽参数符合生产、生活用汽要求。

10.2.4 锅炉房设计应根据全厂最大计算热负荷及近期发展需要确定，并应符合现行国家标准《锅炉房设计规范》GB 50041 的规定。

10.2.5 印染工厂投资热电联产，应在设计之前进行可行性研究，对技术经济上的可行性做出全面的技术论证，并经相关部门批准后实施。

10.2.6 印染工厂热电站的建设应坚持"以热定电"的原则，根据热负荷的大小，结合电网对电力的需求情况，确定供热机组的类型、规格和运行方式。

10.2.7 室内外蒸汽供热管道应符合下列要求：

1 印染工厂生产用汽在热力站集中控制。对各主要车间应单独敷设干管，并宜做到1台联合机1根支管。其他用汽少的车间或附房用汽点，可合并于附近的车间供汽系统。

2 管道设计流量，应根据热负荷的计算确定，热负荷应包括近期发展的需要量。

3 管道布置和敷设应符合下列原则：

1）厂区热力管道的布置，应根据全厂建筑物布置的方向与位置、热负荷分布，并宜同导热油管、空压管、碱管、燃气管、给排水管等其他管道综合考虑，合理设置管架及管道排列的层次。

2）架空热力管道可采用低、中、高支架敷设。在不妨碍交通的地段宜采用低支架敷设，通过人行道地段宜采用中支架敷设，在车辆通行地段应采用高支架敷设。

3）热力管道可与重油管、压缩空气管、冷凝水管敷设在同一地沟内。严禁与输送易挥发、易爆、有害、有腐蚀性介质的管道敷设在同一地沟内。

10.3 蒸汽凝结水回收和利用

10.3.1 凡是用蒸汽间接加热而产生的凝结水，除被加热介质有毒或有强腐蚀性的溶液外，应加以回收。回收率应达到60%～80%。

10.3.2 生产高压和低压凝结水系统，应分别敷设。空调、采暖凝结水应与生产凝结水分别敷设。

10.3.3 蒸汽凝结水的回收，应根据不同的用汽特点和条件、管道敷设方式等全面分析后，采用闭式满管回水、重力自流回水、余压回水、开式水箱自流或机械泵回水等方式。

10.3.4 蒸汽凝结水热量应按下列原则加以利用：

1 采用余压回水系统时，宜在凝结水管道中增设换热装置，回收热量，降低水温度，缩小管径。

2 凝结水箱上宜设二次蒸汽冷却器，用锅炉软化水冷凝二次蒸汽，吸取热量。

10.4 导热油供热系统

10.4.1 印染工厂生产化纤及其混纺印染织物，在热定型、焙烘等工序要使用高温热源，宜采用油热载体加热炉，以导热油为载热体，利用热油泵强制导热油液相循环，将热能输送给用热设备。

10.4.2 应根据工艺设备用热参数、热负荷量及当地提供的燃料（煤、油、气），选择适合相应燃料的油热载体加热炉，且不宜少于2台。

10.4.3 燃煤油热载体加热炉房宜与燃煤蒸汽锅炉房布置在同一区域，宜合用辅助设施。

10.4.4 导热油供热系统设计，应合理选用导热油在炉管中的流速和导热油进、出口油温的温差，采取防止导热油氧化及防止油温过高的措施。

10.5 燃 气

10.5.1 印染工厂燃气管道设计应符合现行国家标准《城镇燃气设计规范》GB 50028 及《工业企业煤气安全规程》GB 6222 中的有关规定。

10.5.2 燃气管道坡向凝水缸的坡度不宜小于0.003。

10.5.3 印染工厂进车间的燃气管道应架空敷设。

10.6 压缩空气

10.6.1 压缩空气站的设计容量应依据工艺提供的印染设备用气压、用气量、用气质量要求，计入同时使用系数、管道系统漏损系数后计算确定。

10.6.2 印染工厂压缩空气站的设计应符合现行国家标准《压缩空气站设计规范》GB 50029 的规定。

11 仓 贮

11.1 一般规定

11.1.1 各类物资的储备应符合保证生产、加快周转、合理储备、防止损失的原则，在满足生产需要的前提下，合理确定仓库的面积。

11.1.2 仓库布置应方便生产、方便运输，宜靠近使用部门，减少搬运。

11.1.3 仓库的设计应遵循节约用地原则，设置多层仓库。

11.1.4 库内和库区货物的装卸运输，应考虑提高机械化程度。

11.2 坯布库、成品库

11.2.1 坯布库、成品库的建筑面积应满足生产、贮存的要求，坯布的贮存周期宜为9～12d，成品的贮存周期宜为10～15d。

11.2.2 仓库设备和工器具选用应符合下列要求：

1 堆放布包的装卸设备可采用移动式堆包机或单梁悬挂式吊车；

2 多层仓库垂直运输可采用电梯，也可采用电动葫芦、吊车等设备；

3 坯布库、成品库布包底层必须设垫木。

11.3 染化料库和酸、碱及漂白剂的贮存

11.3.1 染料贮存周期可按 6 个月计算，化工料可按 2 个月计算。

11.3.2 烧碱贮存以液碱为主，也可少量或短期使用固碱。烧碱贮存周期，当地供应可按 12d 计算，外地供应可按 18～25d 计算。液碱及固碱可贮存在碱回收站。

11.3.3 硫酸、盐酸、次氯酸钠、双氧水贮存周期，当地供应按 12d 计算，外地供应可按 25d 计算，储存于简易通风的棚内。

11.3.4 采用液氯自制次氯酸钠漂白液时，液氯钢瓶可贮存在次氯酸钠调配室内，但贮存室必须有安全设施。

11.4 危险品库

11.4.1 危险品库内应分隔成若干间，将各类物品分开堆放。

11.4.2 危险品库应防止太阳直晒，库内应干燥、阴凉、通风，并配置可靠的消防设施。

11.5 机物料库

11.5.1 机物料库内各种小件物品的贮存可采用层式货架，人工存取的货架高度不宜超过 2.5m。

11.5.2 机物料库内应隔出 60～100m² 作为橡胶辊贮存室。

11.5.3 机物料库内应设置办公室和进货临时保管室。

11.6 其他仓库

11.6.1 印染厂外销成品采用木箱或纸箱包装时，可设包装材料库，根据工厂外销成品比重及当地运输情况，储存 6～12d。年包装在 1500 万 m 以内时，面积宜为 120m² 左右。

11.6.2 润滑油库面积宜为 20～30m²。

11.6.3 运输用汽油库面积宜为 15～20m²，烧毛用汽油库面积可另增 20m²。

11.6.4 劳动保护、文具用品等物品也应有一定的贮存量，可根据工厂规模大小，在综合仓库内增设若干面积贮存。

附录A 工艺流程

A.1 纯棉织物主要工艺流程

A.1.1 本光漂布：坯布检验→翻布打印→缝头→烧毛→退浆→煮练→漂白→轧烘→上浆加白→拉幅→轧光→检码→成品分等→装潢成件。

A.1.2 漂白府绸：坯布检验→翻布打印→缝头→烧毛→退浆→煮练→漂白→丝光→复漂→加白→拉幅→轧光→防缩→检码→成品分等→装潢成件。

注：在热拉机上做加白者，轧光后不再拉幅。

A.1.3 液体硫化染色：坯布检验→翻布打印→缝头→烧毛→退浆→煮练→漂白→丝光→轧染染色→加软拉幅→防缩→检码→成品分等→装潢成件。

A.1.4 染色：坯布检验→翻布打印→缝头→烧毛→退浆→煮练→漂白→丝光→染色→柔软处理→（轧光）→预缩→检码→成品分等→装潢成件。

注：1 在热拉机上做柔软处理的品种，轧光后不再拉幅。
   2 还原染料悬浮体轧染。
   3 后整理工艺可以根据品种要求进行各种整理，如：树脂焙烘、加软、三防整理、四防整理、易去污整理、三防加易去污整理、抗菌整理、涂层整理等。

A.1.5 什色卡其：坯布检验→翻布打印→缝头→烧毛→平幅退浆→煮练→漂白→丝光→染色→拉幅→预缩→检码→成品分等→装潢成件。

注：1 平幅轧卷汽蒸煮练宜干布轧碱。
   2 深什色半成品可以不漂白。
   3 无浆卡其可以不退浆。

A.1.6 印花布：坯布检验→翻布打印→缝头→烧毛→退浆→煮练→漂白→丝光→印花→蒸化→水洗→（上蓝加白）拉幅→（轧光）→检码→成品分等→装潢成件。

A.2 涤棉织物主要工艺流程

A.2.1 漂白涤棉布：坯布检验→翻布打印→缝头→烧毛→退浆→煮练→氧漂→丝光→涤加白定形→氧漂棉加白→烘干→上柔软剂拉幅或树脂整理→轧光→预缩→检码→成品分等→装潢成件。

A.2.2 什色涤棉布：坯布检验→翻布打印→缝头→烧毛→退浆→煮练→氧漂→丝光→定形→染色→加软拉幅或树脂整理→预缩→检码→成品分等→装潢成件。

A.2.3 印花涤棉布：坯布检验→翻布打印→缝头→烧毛→平幅退浆→煮练→氧漂→定形兼涤加白→丝光→印花→焙烘→水洗→定形→预缩→检码→成品分等→装潢成件。

A.3 化纤织物主要工艺流程

A.3.1 尼丝纺：

坯绸准备→（预定形）→精练→染色→烘燥→
└→印花→蒸化→水洗┘

→ ┌─ 定形 ─┐
  │ 防水 → 定形 │ → 检码 → 成品分等 →
  └ 防水 → 定形 → 涂层 ┘
装潢成件。

A.3.2 涤纶低弹织物：坯布准备→精练→烘燥定形
┌─ 卷梁 ─┐
│ 喷射溢流染色 │ →松式烘燥→定形→（轧纹）→
└──────────┘
检码→成品分等→装潢成件。

A.3.3 涤纶长丝织物：坯布准备→精练→烘燥→
       ┌─ 喷射溢流染色 → 退捻开幅 ─┐
（预定形）→│   卷梁   │→烘燥→
       └─ 印花 → 蒸化 → 水洗 ──┘
热定形→（轧纹）→检码→成品分等→装潢成件。

A.3.4 涤纶仿真丝绸：坯布准备→打卷→精练（起皱）→烘燥定形→碱减量→水洗→
┌─ 液流染色 → 退捻开幅 ─┐
│ 烘燥 → 印花 → 蒸化 → 水洗 │→烘燥→定形→
└──────────────────┘
检码→成品分等→装潢成件。

A.3.5 高细旦织物：坯布准备→打卷→精练→烘燥定形→喷射溢流染色→退捻开幅→烘燥→热定形→（印花→蒸化→水洗→）磨毛→检码→成品分等→装潢成件。

A.4 短流程工艺

A.4.1 前处理冷轧堆工艺：坯布检验→翻布打印→缝头→烧毛→轧冷堆液→堆置20h→水洗→丝光→染色→后整理→防缩→检码→成品分等→装潢成件。

A.4.2 煮练酶工艺：坯布检验→翻布打印→缝头→烧毛→煮练酶堆置→漂白→丝光→染色→后整理→防缩→检码→成品分等→装潢成件。

A.4.3 冷堆染色：坯布检验→翻布打印→缝头→烧毛→退浆→煮练→漂白→丝光→冷堆染色→水洗→后整理→防缩→检码→成品分等→装潢成件。

A.4.4 活性湿短蒸工艺：坯布检验→翻布打印→缝头→烧毛→退浆→煮练→漂白→丝光→活性湿短蒸工艺→后整理→防缩→检码→成品分等→装潢成件。

A.5 其他工艺流程

A.5.1 粘胶织物：坯布检验→翻布打印→缝头→烧毛→退浆→煮练→漂白→染色→柔软处理→（轧光）→预缩→检码→成品分等→装潢成件。

A.5.2 弹性织物：坯布检验→翻布打印→缝头→烧毛→冷轧堆（退浆→煮练→漂白）→丝光→（预定形）→染色→柔软定形→预缩→检码→成品分等→装潢成件。

A.5.3 天丝织物：坯布准备→精练→（碱处理）→烧毛→初级原纤化→酶洗→烘干拉幅→染色→二次原纤化→拉幅柔软整理→防缩整理→检码→成品分等→装潢成件。

附录 B 印染主机设备生产能力

表 B 印染主机设备生产能力

序号	设备名称		机械车速（m/min）	工艺设计车速（m/min）	设计年产量（万 m/年）	备注
1	LMH003	棉、涤棉两用气体烧毛机	40～120	90～100	3000	—
2	LMH005	纯棉织物用气体烧毛机	45～150	90～100	3000	—
3	LMH041	平幅酶退浆机	35～70	50～60	1500～1800	—
4	LMH042 LMH043	平幅碱退浆机	35～70	50～60	1500～1800	—
5	LM083	绳状练漂联合机	80～120	110×2	6000	—
6	LMA071	松式绳状练漂联合机	80～130	90～100	3000	—
7	LMH067	平幅煮练机	35～70	50～60	1500～1800	—
8	LMH071	平幅煮练机	35～70	50～60	1500～1800	—
9	LMH062	平幅氧漂机	35～70	50～60	1500～1800	—
10	LMH064	平幅氯漂机	35～70	50～60	1500～1800	—
11	LMH066	平幅氧漂机	35～70	50～60	1500～1800	—
12	LSR061 LMA045	平幅退煮漂联合机	35～70	50～60	1500～1800	—
13	LMH101	轧水烘燥机	35～70	50～60	1500～1800	—
14	LMA101	高效轧水烘燥机	35～70	50～60	1500～1800	—

续表 B

序号	设备名称		机械车速 (m/min)	工艺设计车速 (m/min)	设计年产量 (万 m/年)	备注
15	LMH131	开幅轧水烘燥机	35～70	50～60	1500～1800	—
16	ME301 ME301A-220	绳状退捻开幅脱水机	10～40	25～30	750～900	—
17	LMH201	布铗丝光机	35～73	50	1500	—
18	LMA142	高速布铗丝光联合机	100	80	2400	—
19	LMA166-280 型	直辊丝光联合机	20～80	40～50	1200	—
20	LMA125-180 型	高速直辊布铗丝光机	20～100	65～80	1900～2100	—
21	MH774	热定形机	15～100	40～60	1500	—
22	SR785D	低弹织物热定形机	10～40	30	900	—
23	M125	等速卷染机	—	660m/台·班	60	—
24	MA206	恒张力卷染机	—	660m/台·班	60	—
25	SM315C	卷染机	—	660m/台·班	60	—
26	BMA207-200 形	巨型卷染机		1000～3000 m/台·班	80～240	—
27	M141	高温高压卷染机		1000m/台·班	80	—
28	MH141	卷放轴两用机	60～70	50	1500	—
29	LMH305D	热熔染色机	30～70	45～50	1000～1200	—
30	LMH323 LMH305	连续轧染机	35～70	45～50	1500	—
31	LMH423 LMH424	热风打底机	35～70	45～50	500	—
32	LMH571A RD-V	圆网印花机	6～100	40～60	600	—
33	LMH552 LHM-5V	平网印花机	6～20	10～15	200	—
34	ZV993	转移印花机	4～20	15	200	—
35	LM442	蒸化机	10～50	30～40	1000	单头
36	LM433-280	还原蒸化机	20～70	30×2	1500	—
37	ARTOS5601	长环蒸化机	10～80	30×2	1500	—
38	LMH611	松式绳状皂洗机	35～70	50	1500	—
39	LMH641 LMH643	平幅显色皂洗机	35～70	50	1500	—
40	MH683	焙烘机	35～70	50	1500	—
41	LMH734	热风拉幅机	35～70	50～60	1500	—
42	LMH724	浸轧短环烘燥拉幅机	15～50	30～40	1000	—
43	LMH701	树脂整理机	35～70	40～50	1200～1500	—
44	LMA441	防缩整理联合机	20～80	30～40	1000～1200	—
45	M231	三辊轧花机	25～70	50	1500	—
46	MA421A	轧花机	2.5～15	10	300	—
47	LM822	验布折布联合机	—	40	800～1000	—
48	MA501	验卷联合机	—	40	800～1000	—

续表 B

序号	设备名称		机械车速 (m/min)	工艺设计车速 (m/min)	设计年产量 (万 m/年)	备注
49	M423 MA521	对折卷板机	—	40	1200	—
50	M492	电动打包机	—	24 包/h	—	—
51	A752C	液压打包机	—	24 包/h	—	—

注：设备型号中除有注明幅宽外，其余均指 1800mm 幅宽。设计年产量按年生产天数 306d 计算。

附录 C 主要印染设备参考用水量

表 C 主要印染设备参考用水量

序号	设备名称	用水量 (t/h)		
		工业水	软化水	合计
1	LMH004A 型化纤气体烧毛机 LMH005、005A 型棉织物气体烧毛机	—	3.0 3.0	3.0 3.0
2	LMH041 型平幅酶退浆机	19.5	—	19.5
3	LMH042、LMH043 型平幅碱退浆机	—	19.5	19.5
4	LM083A 型绳状练漂机	95	20	115
5	LMA071 型松式绳状练漂联合机	53	13	66
6	LMH067、067J 型平幅煮练机	—	19.5	19.5
7	LMH071 型平幅退煮机	—	33	33
8	LMH062、062A 型平幅氧漂机	12.5	0.5	13
9	LMH066、066J 型平幅氧漂机	12.5	0.5	13
10	LMH064、064J 型平幅氯漂机	18	—	18
11	LMA045 型平幅退煮漂联合机		46.5	46.5
12	LMH101、LMA101 型轧水烘燥机	—	1.5	1.5
13	LMH131 开幅轧水烘燥机	—	1.5	1.5
14	LMH201 型布铗丝光机	—	10.5	10.5
15	LMA142 型高速布铗丝光联合机	—	13.5	13.5
16	LMA125 型高速直辊布铗丝光机	—	13.5	13.5
17	MH774 型涤棉织物热定形机	—	1.0	1.0
18	M125 型卷染机	—	2	2
19	M141 型高温高压卷染机	—	2	2
20	MH141 型卷轴放轴两用机	—	1.5	1.5
21	LMH305 型热熔染色机	11	16.5	27.5
22	LMH323、LMH325 型连续轧染机	11	14	25
23	圆网印花机	10	—	10
24	平网印花机	8	—	8
25	LM442 型蒸化机 LM433 型还原蒸化机	—	1.0	1.0
26	LMA611、LMH611 型松式绳状皂洗机	14	10	24
27	LMH734 型热风拉幅机	—	1.0	1.0

续表C

序号	设 备 名 称	用水量（t/h）		
		工业水	软化水	合计
28	LMH724A型浸轧短环烘燥拉幅机	—	0.5	0.5
29	LMA441型防缩整理联合机	—	0.5	0.5
30	LMH701型树脂整理机	11	3	14
31	LMH703型快速树脂整理机	—	0.5	0.5
32	碱回收站： 1台丝光机 2～3台丝光机 4～5台丝光机	— — —	26 52～78 101～130	— — —
33	调浆间： 2台印花机 3台印花机 4台印花机	— — —	15t/d 25t/d 40t/d	— — —

注：用水量按1800mm幅宽设备计算，其余幅宽设备作相应调整。

附录D 主要印染设备参考用汽量

表D 主要印染设备参考用汽量

序号	设 备 名 称	用汽量（kg/h）		
		直接蒸汽	间接蒸汽	合计
1	LMH003、003A、LMH003J、003AJ型棉、涤棉两用气体烧毛机 LMH004A型化纤及混纺用气体烧毛机 LMH005J、005AJ型纯棉织物用气体烧毛机	150 150 150	 — 	150 150 150
2	LMH041型平幅酶退浆机	520	—	520
3	LMH042、LMH043型平幅碱退浆机	1300	—	1300
4	LMH083A型绳状练漂联合机	2000	—	2000
5	LMA071型松式绳状练漂联合机	1400	—	1400
6	LMH067型平幅煮练机	1950	—	1950
7	LMH071型平幅退煮机	2600	—	2600
8	LMH062、LMH066型平幅氧漂机	1300	—	1300
9	LMH064型平幅氯漂机	720	—	720
10	LMA045型平幅退煮漂联合机	3250	—	3250
11	LMH101、LMA101型轧水烘燥机	600	—	600
12	LMH131型开幅轧水烘燥机	600	—	600
13	LMH201、201A型布铗丝光机	1040	—	1040
14	LMA142、142A型高速布铗丝光联合机	1360	—	1360
15	LMA125型高速直辊布铗丝光机	1360	—	1360
16	M122、122B、M125A、125B、MA206型卷染机	135	30	165
17	M141型高温高压卷染机	200	130	330
18	MH141型卷轴放轴两用机	60	—	60
19	LMH303、305型热熔染色机	1020	1820	2840

续表 D

序号	设 备 名 称	用汽量（kg/h）		
		直接蒸汽	间接蒸汽	合计
20	LMH323、LMH325 型连续轧染机	1050	1220	2270
21	圆网印花机	—	400	400
22	平网印花机	—	200	200
23	LM442 型蒸化机	800	—	800
24	LM433 型还原蒸化机	1560	—	1560
25	LMA611 型松式绳状皂洗机	1000		1000
26	LMH734 型热风拉幅机	—	720	720
27	LMH724A 型浸轧短环烘燥拉幅机		70	70
28	LMH701、701C、701D 型树脂整理机	300	1020	1320
29	LMA411 型防缩整理联合机	—	320	320
30	M231 型三辊轧光机		70	70
31	MA421 型轧花机		100	100
32	碱液回收站： 1 台丝光机 2～3 台丝光机 4～5 台丝光机	770～1540 2310～3080 3850	— — —	
33	调浆间： 1 台印花机 2 台印花机 3 台印花机	100～150 150～200 200～250		

注：用汽量按 1800mm 幅宽设备计算，其余幅宽设备作相应调整。

附录 E 印染设备需要高温热源值

表 E 印染设备需要高温热源值

序号	设 备 名 称	需要热值 [MJ/h (10⁴kcal/h)]
1	LMH003-160 气体烧毛机 LMH005-160 气体烧毛机	732 (17.5)
2	LMH011A 双层气体烧毛机	1464 (35.0)
3	LMH401-140 红外线打底机 LMH404-140 红外线打底机 LMH423-140 热风打底机 LMH424-140 热风打底机	1230 (29.4)
	LMH401-160 红外线打底机 LMH404-160 红外线打底机 LMH423-160 热风打底机 LMH424-160 热风打底机	1556 (37.2)
	LMH401-180 红外线打底机 LMH404-180 红外线打底机 LMH423-180 热风打底机 LMH424-180 热风打底机	1724 (41.2)
4	MH251-220 长环蒸化机 ARTOS5621-180 长环蒸化机	920 (22.0) 1046 (25.0)

续表 E

序号	设备名称	需要热值 [MJ/h (10^4kcal/h)]
5	MH682-160 焙烘机 MH683（Ⅰ）-160 焙烘机 MH683（Ⅱ）-160 焙烘机	1025 (24.5) 670 (16.0) 1088 (26.0)
6	LMH724-180 短环烘燥拉幅机	1674 (40.0)
7	LMH703-160 快速树脂整理机	1674 (40.0)
8	LMH701-160 树脂整理机	2761 (66.0)

附录 F 印染设备各轧车压缩空气用量

表 F 印染设备各轧车压缩空气用量

序号	设备名称	用气量（m³/min）
1	均匀轧车	0.05
2	二辊立式轧车	0.06
3	二辊卧式轧车	0.08
4	三辊立式轧车	0.07
5	三辊卧式轧车	0.09
6	中小辊轧车	0.06
7	小轧车	0.04

本规范用词说明

1 为便于在执行本规范条文时区别对待，对要求严格程度不同的用词说明如下：

1）表示很严格，非这样做不可的用词：

正面词采用"必须"，反面词采用"严禁"。

2）表示严格，在正常情况下均应这样做的用词：

正面词采用"应"，反面词采用"不应"或"不得"。

3）表示允许稍有选择，在条件许可时首先应这样做的用词：

正面词采用"宜"，反面词采用"不宜"；

表示有选择，在一定条件下可以这样做的用词，采用"可"。

2 本规范中指明应按其他有关标准、规范执行的写法为"应符合……的规定"或"应按……执行"。

中华人民共和国国家标准

印染工厂设计规范

GB 50426—2007

条 文 说 明

目 次

1 总则 ………………………………… 43—30
3 工艺设计 …………………………… 43—30
　3.1 一般规定 ……………………… 43—30
　3.2 工艺流程 ……………………… 43—30
　3.3 设备选用 ……………………… 43—30
4 总图运输 …………………………… 43—30
　4.1 一般规定 ……………………… 43—30
　4.2 建（构）筑物布置 …………… 43—30
　4.3 道路运输 ……………………… 43—30
　4.4 竖向设计 ……………………… 43—31
　4.5 厂区管线 ……………………… 43—31
　4.6 厂区绿化 ……………………… 43—31
　4.7 主要技术经济指标 …………… 43—31
5 建筑 ………………………………… 43—31
　5.1 一般规定 ……………………… 43—31
　5.2 生产厂房 ……………………… 43—31
　5.3 建筑防火、防爆 ……………… 43—31
　5.4 生产辅助用房 ………………… 43—31
　5.5 生产厂房主要建筑构造 ……… 43—31
6 结构 ………………………………… 43—32
　6.1 一般规定 ……………………… 43—32
　6.2 结构选型 ……………………… 43—32
　6.3 结构布置 ……………………… 43—33
　6.4 设计荷载 ……………………… 43—33
　6.5 结构计算 ……………………… 43—34
　6.6 带排气井的单层锯齿形厂房构造
　　　要求 …………………………… 43—34
　6.7 抗震构造措施 ………………… 43—34
　6.8 地基基础 ……………………… 43—35
7 给水排水 …………………………… 43—35
　7.1 一般规定 ……………………… 43—35
　7.2 用水量、水质和水压 ………… 43—35
　7.3 水源与水处理 ………………… 43—35
　7.4 给水系统和管道布置 ………… 43—35
　7.5 消防给水与灭火器配置 ……… 43—36
　7.6 排水系统和管道布置 ………… 43—36
　7.7 水的重复利用及废水回用 …… 43—36
8 采暖通风 …………………………… 43—37
　8.1 一般规定 ……………………… 43—37
　8.3 生产车间的采暖通风 ………… 43—37
9 电气 ………………………………… 43—37
　9.1 一般规定 ……………………… 43—37
　9.2 供配电系统 …………………… 43—37
　9.3 照明 …………………………… 43—38
　9.4 接地和防雷 …………………… 43—39
　9.5 消防和火灾报警 ……………… 43—39
10 动力 ……………………………… 43—39
　10.1 一般规定 …………………… 43—39
　10.2 蒸汽供热系统 ……………… 43—40
　10.3 蒸汽凝结水回收和利用 …… 43—40
　10.4 导热油供热系统 …………… 43—40
　10.5 燃气 ………………………… 43—40
　10.6 压缩空气 …………………… 43—40
11 仓贮 ……………………………… 43—41
　11.1 一般规定 …………………… 43—41
　11.2 坯布库、成品库 …………… 43—41

1 总 则

1.0.1 本条为制定本规范的目的。

1.0.2 本条为本规范的适用范围。根据印染行业的特殊工艺分类，明确本规范适用于棉、化纤及混纺机织物连续和间歇式印染工厂设计，本规范不适用丝绸印染、针织印染、毛纺印染等工厂的设计及为印染工厂服务的公用工程设施和办公、生活设施的设计。

1.0.5 印染工厂设计涉及国家有关政策、法规和标准、规范，故本条规定在印染工厂设计中除执行本规范外，尚应符合纺织工业企业设计防火技术规定、纺织工业企业环境保护和职业安全卫生等国家现行的有关防火计量、劳动安全卫生、环境保护及各专业相关的法规、标准和规范等。

3 工艺设计

3.1 一般规定

3.1.2 不同的工艺流程，就会选择不同的设备配置，近几年印染设备技术更新发展较快，特别是节水、节能和后整理新技术，需要留有一定的场地和空间，宜留有合理发展的可能。

3.2 工艺流程

3.2.1～3.2.3 印染行业是纺织工业的加工行业，各种纺织品的使用要求不尽相同，印染加工的工艺选择性很大，如选择先进、合理、可靠的工艺流程，可以收到优质、高效、节能、低成本、少污染的效果。在工厂设计时既要符合主要品种的工艺流程，也要考虑能生产其他品种的需要，满足工厂近期生产和远期规划的要求，才能使设计的工厂取得较好的经济效益。

3.3 设备选用

3.3.1 选用的设备应与设计规模相适应，具有设备连续化和机台高效率，操作和维护保养方便，能确保产品质量，降低劳动强度，提高劳动生产率，减少设备配台，能节省基建费用，染化料、水、电、汽单耗低，能降低成本，减少环境污染，确保安全生产。在工厂设计中应尽量采用技术上成熟的，经过鉴定的国产新型印染设备。对少量必须引进的关键设备，也要考虑与国内技贸结合、合作生产的条件，以节约外汇和提高我国印染设备制造技术水平。

4 总图运输

4.1 一般规定

4.1.1 印染工厂总图运输设计过程中出现的各种矛盾应采取多种手段进行协调，加以解决，无论采用何种手段，都应方便生产并节约用地、节省投资。

4.1.2 印染工厂的设计和建设不应搞"大而全"、"小而全"，应充分考虑专业化和社会化的原则，尽量与地方协作，以节约投资，提高经济效益。

4.1.3 印染工厂的生产车间组合成联合厂房已有很多实例，单层锯齿形的练漂、染色车间与多层印花车间并建，或通过内天井连接，以达到节约土地、生产流程短捷的目的。为了严格土地管理，厂前区行政办公及生活设施用地面积占项目总用地面积百分比各省有具体规定，设计中应严格执行。

4.1.4 当设计任务书中未明确分期建设时，根据以往实践经验，大多数印染工厂均有扩（改）建的情况，因此，在总图设计中考虑有发展可能性就比较主动、灵活。

4.2 建（构）筑物布置

4.2.1 本条提出了练漂、染色、印花车间平面布置的应注意事项。

1 锯齿形厂房一般均为锯齿朝北方位，阳光不会直接射入车间，采光均匀；但练漂、染色车间部分设备蒸汽散逸，湿度大，在冬季气温较低地区的练漂、染色车间北向锯齿厂房内积雾，滴水现象严重，甚至有车间内伸手不见五指的情况。在20世纪70年代中期，部分地区采取锯齿朝南的方位，结合工艺、空调、建筑等有关措施较好地解决了冬季积雾、滴水等问题。如哈尔滨市某纺织印染厂，采用南向锯齿形结构厂房，冬季阳光能射入车间内，对减少车间内滴水及天窗结冰现象有明显效果。

2 气楼式厂房利用侧向天然采光，气楼两侧天窗通风排气、排雾，一般情况下应选择南北朝向。

3、4 针对染整车间产生雾气，易滴水，平面布局应布置为有利自然通风，能散发有害气体的体形。

4.2.2 本条是对印染工厂自建锅炉房布置提出要求，锅炉房位置的选择，直接影响到供热系统的投资、运行、环境保护、安全防火等诸因素。

4.2.4 污水处理站产生废气对人体有一定危害性，在选定总图位置不仅考虑本项目的合理性，还应顾及四邻周边影响，对居住区的影响更应引起重视。

4.3 道路运输

4.3.3 自改革开放以来，我国已广泛采用运输综合机械化设备，如集装箱运输，应考虑能通行集装箱运输车的道路转弯半径、停车场地等。常用集装箱货柜规格长度为6.0m和12.0m，宽度为2.4m，高度为2.5m。

4.3.6 厂区出入口由于消防要求，一般应设2个，为了保证消防车顺利通行，避免出现道路堵塞现象，因此宜开设在不同方位，确因条件限制，生产规模较小的厂区可设1个出入口。

4.4 竖向设计

4.4.1 本条是针对厂区竖向设计提出的要求。

1 根据现行国家标准《防洪标准》GB 50201有关工矿企业的等级和防洪标准，按照印染工厂的生产规模，制定本规范的防洪要求。

4.4.2 本条对竖向布置方式和设计标高选择提出要求：

1 竖向设计选择的条件，主要以地形坡度及复杂程度而定。印染工厂主厂房占地面积较大，且厂区内建筑密度较高，厂内外均为水平运输方式，故宜采用平坡式。

4 厂房室内外高差根据大多数工厂实例一般均为0.15m。

4.5 厂区管线

4.5.1 本条规定管线敷设方式应按照场地条件、生产工艺特点，经过综合比较确定，力求达到经济、合理、安全生产的目的。

4.5.4 地下管线、管沟不应布置在建（构）筑物的基础压力影响范围以内。在特殊情况下，地下管线必须紧靠基础时，也应保持管底与基础底面平。

4.6 厂区绿化

4.6.1 厂区绿化布置应根据生产特点和各地段实际需要进行，应尽量利用厂区原有自然绿化环境，不应盲目追求花园式工厂而铺张浪费。

4.7 主要技术经济指标

4.7.1 总平面布置主要技术经济指标是选定总图最佳方案的依据之一，其中建筑系数是关键性指标，指标各系数值尚应符合当地规划部门提出的要求。

4.7.2 分期建设是指可行性研究报告明确规定的印染工厂。

5 建 筑

5.1 一般规定

5.1.1 印染工厂练漂、染色、印花车间生产过程中散发大量湿热气体，并含有腐蚀性介质，因此建筑设计必须根据不同地区特点，重点解决车间内部排雾、防结露、防腐蚀等问题。

5.1.3 建筑设计应本着"技术先进、经济合理"的原则，结合具体工程的规模、投资、所在地区的施工水平等因素综合考虑。

5.2 生产厂房

5.2.1 生产车间的建筑形式近年来发展变化很大，由于传统的锯齿形厂房造价高、工期长，已逐渐被单梁锯齿形厂房、气楼式单层厂房、气楼带排气井单层厂房代替，选用中主要应围绕解决印染工厂的排雾、防结露等问题综合考虑。

5.2.2 一般小型印染工厂平面布置可以避免四周设置附房，大、中型厂则难以做到，此条提出内天井是解决通风、排气较好的方案，工程实践中已有很多实例，特别南方地区更应重视。

5.2.3 生产车间高度选定的主要依据：

1 印染设备的安装高度要求。

2 部分设备因运转、安装、检修的需要，在屋面或楼面下设置电动吊车，应满足吊装设备时有足够的空间。

3 应满足车间通风和采光的要求。

5.3 建筑防火、防爆

5.3.1 烧毛间的烧毛机属明火作业，其火灾危险性分类为乙类，厂房设计中附属于丙类生产车间内，应与相邻车间分隔开。调研中有的工厂未分隔，在烧毛间周围及上空均被油污气体沾污，对车间的防火、通风、采光均不利。

5.3.3 涂层车间的涂层调配间使用溶剂型材料，必须有防爆措施，近年来已发生多起涂层车间爆炸引起火灾，故本条直接涉及人身和国家财产安全，确定为强制性条文，在设计中应引起高度重视。

5.4 生产辅助用房

5.4.2、5.4.3 染化液调配间有各种化学品配制的溶液、染液、浆液等，调配过程中会散发有毒气体。印花调浆间主要为染料调制色浆，相应配备染化料储存室、称料室等，其调制过程中会散发有害气体及液体沾污墙面、地面，因此应对这些部位采取通风排气及耐腐蚀措施。

5.4.5 汽油汽化室在生产车间中是易引发爆炸危险的场所，条文中提出门斗方式是根据多年来设计实践经验提出的措施，本条作为强制性条文，设计中应引起高度重视。

5.4.6 碱回收站有较强的腐蚀性介质作用，与车间合建不利于环境保护，故提出宜独立设置。

5.5 生产厂房主要建筑构造

5.5.1 此条对厂房屋面设计作了规定。

1 印染工厂的屋面类型比较多，长期以来选用锯齿形结构厂房较普遍，为解决厂房排雾、防结露，南方地区发展为带排气井的锯齿形结构厂房、气楼式厂房、气楼式带排气井厂房，近年来也有气楼式两侧带挡风板形式的厂房，并发展到采用轻钢结构形式。如何选择合适的屋面形式，应因地制宜而定。

2 印染工厂的屋面坡度，决定于生产车间的性质,如潮湿性生产车间坡度宜大,便于凝结水顺坡流到集水沟,否则易在中部下滴影响产品质量。根据实践经验,屋面坡度1:2.5能使凝结水顺坡流到集水沟。干燥性生产车间屋面坡度可按正常要求选用。轻钢屋盖本规范提出屋面排水坡度不应小于5%,是根据多年来实践及已建成工厂调研核实,大跨度轻钢屋盖,当压型钢板搭接方式有可靠防水措施时,该坡度是适用的。锯齿式屋面天沟排水坡不小于0.5%,主要针对大面积厂房,天沟长度较长,又采用外排水时的补充规定。

  3 本款针对多年来经验教训制定,有些建设单位片面节省投资,取消隔汽层后会带来不良后果,对严寒地区的屋面构造应有防结露措施,也是针对调研中在北方地区生产车间屋面保温做法过于简陋造成凝结水下滴,影响产品质量。

  4 轻钢屋盖压型钢板材质优劣、板材厚度与使用时间长短密切相关,特别对有腐蚀性气体散发的车间,选用优质钢材更显重要。

5.5.2 生产厂房的墙体材料为了保护耕地、节约能源、推动墙体改革,应积极推广应用新型墙体材料,各省市已发布严禁使用黏土砖的文件,设计中必须贯彻执行。对于某些边远地区或无新型墙体材料等特殊情况,可不受此限制。

5.5.3 本条对印染工厂的地面、楼面设计提出要求。

  1 印染工厂的湿加工车间属多水车间,常年有水、染液、化学溶液波及楼地面,平时经常需冲洗,因此保持楼地面一定的排水坡度显得十分重要。

  2 当印染设备布置在楼层时,楼面排水一是做排水沟,但这种做法室内不整洁、结构处理较麻烦、排水沟过框架梁需预埋管道、排水不畅;二是在设备下部设集水盘,通过排水管排出室外,该做法室内整洁、结构简单、排水通畅。

5.5.5 采光窗及天窗设计。

  印染工厂的采光窗及天窗因所处位置受腐蚀性介质作用,不宜采用钢窗及铝合金窗,调研中发现很多企业使用的钢窗已被腐蚀,不能灵活开启,铝合金窗受酸性介质腐蚀,型材已被腐蚀穿孔,因此宜采用塑钢窗。锯齿形厂房的天窗长期以来采用钢筋混凝土天窗框,但施工麻烦,自重大,可用塑钢窗或玻璃钢窗替代。

5.5.6 印染工厂排气井设计。

  印染工厂广泛采用排气井,长期实践经验及调研后证实采用无机不燃玻璃钢制作,自重轻、使用耐久,效果较好。

5.5.7 本条通过调研发现有些工厂气楼两侧挡风板采用压型钢板,檩条采用角钢,几年后腐蚀程度十分严重。

6 结　构

6.1 一般规定

6.1.1 印染工厂的结构设计首先应满足工艺生产的需要,并切实考虑建厂地区的具体条件,同时要符合现行国家有关标准、规范、规程的要求。

6.1.3 因缺乏可靠的数据和资料,本章的适用范围对带排气井的单层钢筋混凝土锯齿形结构仍保持原纺织工业部标准《印染工业企业设计技术规定》的规定,适用于抗震设防烈度为7度和7度以下地区。

6.1.4 印染工厂的练漂、染色等湿热处理车间使用的染化料和蒸汽加热,在生产过程中散发有害气体和带有酸、碱等腐蚀性介质的热雾气,车间内湿度大、温度高,生产废水中带有酸、碱性,设计时应充分考虑这些不利因素,根据生产过程中介质的腐蚀性、环境条件、管理水平、维护条件等因地制宜,区别对待,综合考虑防腐蚀措施。

6.2 结构选型

6.2.1 简述了印染厂房结构选型时应特殊考虑的基本原则。

  1 印染厂的生产加工过程比较复杂,不但加工工序长,而且加工过程中既有物理性变化,又有化学性变化,车间内腐蚀性介质和有害气体多、温度高、湿度大、雾气多,生产车间均应有一定的采光、排雾气、通风的功能要求,以满足正常印染生产的需要。

  2 印染厂在生产过程中产生大量雾气,极易在室内屋顶结露形成滴水现象,厂址所处地域位置不同,气象条件各异,结露的情况也有较大区别,结构形式的选用必须考虑此类因素。

6.2.2 印染厂的练漂、染色车间在生产过程中会产生大量湿热雾气,很容易在屋顶及墙面形成滴水,因此在结构选型时应选用带排气功能的结构形式以利于排除湿气。

6.2.3 印染厂中的练漂、染色车间由于在生产过程中会散发大量热量和湿气,并伴随产生大量腐蚀性介质和有害气体(如:烧毛机烧毛产生大量一氧化碳气体和粉尘,调制次绿酸钠漂白液和织物漂白时散发出氯气),均会对建筑结构有较强的腐蚀作用,钢筋混凝土结构有较强的耐腐蚀性能,而轻钢结构在湿热状态下对防腐要求较高,在练漂、染色车间近几年新建的钢结构厂房均发现主钢梁有不同程度的锈蚀现象,有些已严重影响主体结构的耐久性。而印染厂的印花、整理、整装车间由于室内比较干燥,采用轻钢结构还是可以的。

6.2.4 带排气井的钢筋混凝土锯齿形厂房,通过几十年的实际使用证明，采用该体系确实能较有效地排雾气和防滴水，具有较好的适用性。

1 带排气井的三角架承重锯齿形排架结构，经过调研后发现近几年该体系由于工程造价高，设计施工麻烦，已较少使用，但因其满足工艺要求，采光、排气、防滴水效果较好，有些地方仍在采用。

1）根据工艺要求跨度12m一般每跨可排窄幅机器两排。而宽幅机器并列两排布置一般需13～14m跨度，特宽幅机器并列两排布置一般需16～18m跨度，而对于锯齿形厂房跨度在18m以内仍可采用普通钢筋混凝土结构，风道大梁柱距主要取决于结构合理性要求和风道风量断面要求，单梁一般采用6～8m较经济，双梁一般采用8～14m较经济。

2）屋面板主要强调应采用板底平整的预制构件，既方便施工，又避免形成滴水线。

3）双梁锯齿排架中双梁是通过焊接与牛腿柱相连，很难形成刚接，属于铰接连接，只有通过天沟板上后浇混凝土层采取有效构造措施保证天沟板与风道双梁形成刚接，才能使双梁和风道板形成的不是机动体系，确保整体稳定。

4）单梁若与牛腿柱焊接很难保证形成梁柱刚性节点，而梁柱整浇在一起整体性较好，符合刚性节点要求。

2 经调研，在山东省纺织设计院也有采用带排气井的装配式门形架承重锯齿形排架结构的设计。由于屋面在跨度方向直接搁置屋面板，没有三角架梁，板底平整防滴水效果和室内美观均优于三角架承重锯齿形结构。

3 该结构形式目前在山东滨州地区应用较广，在上海和杭州也有采用，其纵向承重体系采用现浇框架结构，整体抗震性能和施工方便均优于三角架承重和门形架承重锯齿形排架结构。

1）该结构跨度一般采用12～18m，主要考虑在满足工艺生产并列布置两排特宽幅机器的跨度一般为18m，而SP预应力空心板在国家标准图《SP预应力空心板》05SG408中规定最大跨度为18m。

2）采用SP预应力空心板主要考虑除了板底平整美观外，跨度最大可达18m，能满足一般工艺布置要求。SP预应力空心板是根据国家建设标准设计图集《SP预应力空心板》05SG408中规定的技术要求，采用美国SPANCRETE公司的生产设备工艺流程、专利技术和SP商标使用权在我国生产的预应力空心板。

6.2.5

1 经调研，浙江、江苏地区近几年来在印染厂中较多采用带气楼的单层钢筋混凝土斜梁框架结构，实际应用效果较好。

1）根据工艺设备布置要求，一般每跨布置二排设备，至少需要12m跨度，而布置二排特宽幅设备则需18m，而从结构合理性考虑，跨度超过18m后，采用普通钢筋混凝土结构梁太高，经济性较差，宜采用预应力屋面梁较经济。

2）屋面梁往上翻的目的是为了保持板底平整，有凝结水时能顺坡流入室内滴水沟内，同时消除梁底形成的滴水线。

2 该结构体系目前实际使用较少，但江苏地区近几年也有工程实例，而且其对印染工厂也有一定优越性和适用性。

6.2.6 印染厂的印花、整理、整装车间，生产过程中湿度、雾气均不大，相对比较干燥，实际调研了解到，采用普通排架结构也较普遍，并具有施工方便和造价低等优势，但气楼处仍应采取设置侧窗排气、排气井排气或屋顶风机排气等通风措施。

6.2.7 单层印染厂中的印花、整理、整装车间由于生产过程中湿热气体较少，相对比较干燥，经在江苏、浙江、广东地区多方调研，目前用于此类车间的轻钢结构印染车间短的使用2～3年，最长的有近8年，腐蚀情况不太严重，使用基本正常，但也发现钢结构的节点螺栓部位锈蚀相对较明显，因此强调用于此类车间应加强防腐蚀设计。同时应按国家有关规范进行防火设计。

3 印染厂生产车间由于腐蚀气体多、室内管架多以及防火要求，柱子采用钢筋混凝土柱比钢柱有一定优势，实际工程使用也较普遍。屋面梁梁底底平是为避免产生水平推力。

6.3 结构布置

6.3.2 装配式锯齿形排架因屋面采用保温隔热措施，车间内温差变化较小且该结构体系属跨变结构，故可以不设伸缩缝。

6.4 设计荷载

6.4.1 设计天沟板、风道底板、轻型房屋屋面时，除考虑均布活荷载外，还应另外验算在施工、检修时可能出现在最不利位置上，由人和工具自重形成的集中荷载。悬挂荷载应包括工艺、水、暖、电、通风、空调等系统悬挂于结构的管道和设备荷载。原《印染工业企业设计技术规定》中不上人屋面均布活荷载$0.3kN/m^2$取值较低，易发生质量事故，为进一步提高屋面结构的可靠度，应按照现行国家标准《建筑结构荷载规范》GB 50009，把不上人屋面的均布活荷载提高到$0.5kN/m^2$。

6.4.3 楼面活荷载标准值由工艺提供，或由结构设计人员根据相关专业提供的资料计算确定，印染厂主要生产设备大多是联合机，一般长度较长，局部设备高度较高、重量较大，对安放各部位的荷载不一，在多层厂房设计时要予以充分重视。

6.4.4 操作荷载对板面一般取$2kN/m^2$，当堆料较多时，按实际情况取用，操作荷载在设备所占的楼面面积内不予考虑。

6.4.6 对柱、基础采用的楼面等效均布荷载，一般不考虑按楼层的折减。

6.5 结构计算

6.5.1 该结构体系属跨变结构采用手工计算非常繁杂，精度也不高，在目前计算机使用极其普遍的情况下应采用电算。

1 由于采用电算，计算简图中尽可能反映了实际受力情况，但对屋面中间跨风荷载考虑大小相同方向相反可互相抵消。

　1）根据研究试算采用无牛腿等截面假定，能满足工程设计要求。

　2）由于纵向一柱距内为减少屋面板跨度有时设置多榀三角架，所以计算简图中三角架刚度均应取风道大梁内诸榀三角架刚度之和计算。

2 该结构体系属装配式结构，中柱配筋一般由施工吊装阶段控制，因此必须进行施工吊装验算。吊装阶段屋面保温隔热及粉刷均还没有施工，理应不计入。

4 计算长度系数缺乏新的研究资料，仍沿用原《印染工业企业设计技术规定》中的参数。

6.5.2 单层钢筋混凝土斜梁框架结构屋面斜梁由于坡度较大，对柱子会产生水平推力，故不能简化成水平梁，电算时梁跨中高点可增设节点处理。

6.6 带排气井的单层锯齿形厂房构造要求

6.6.1、6.6.2 三角架承重锯齿厂房已在全国各地得到广泛应用，从调研结果看厂房的使用情况良好，加之与原《中华人民共和国纺织工业部建筑标准设计试用图集》JCPJ—1系列图集对照原《印染工业企业设计技术规定》中的构造做法较为成熟，故仍基本延用原有《印染工业企业设计技术规定》中的做法。风道大梁顶部搁置预制风道顶板，通过预埋钢板与风道大梁互相连接，并在预制风道顶板上设置钢筋混凝土整浇层，是为了保证双梁风道形成整体。

6.7 抗震构造措施

6.7.1 单层锯齿形厂房其结构特性是有跨变的排架结构，牛腿柱的受力具有铰接排架柱的特性，三角架又兼有框架的特性，单层锯齿厂房的高度均不超过30m，比照现行国家标准《混凝土结构设计规范》GB 50010中高度≤30m的框架结构和铰接排架单层厂房结构在各抗震等级下构造要求是一致的，故提出本条要求。

6.7.3 本条文为确保连接的可靠性对预埋件锚筋提出要求。

6.7.4 本条要求基本沿用原《印染工业企业设计技术规定》中的做法。

6.7.5 本条文综合现行国家标准《混凝土结构设计规范》GB 50010中框架结构和铰接排架柱的要求提出。

6.7.6 在地震作用下，往往由于荷载、位移、强度的不均衡，而造成结构破坏。从唐山地震的震害中看，山墙承重的单层钢筋混凝土柱厂房有较严重的破坏，故不应采用山墙承重。东西附房和主车间边柱的抗震节点构造宜按图1。南北附房和主车间边柱的抗震节点构造宜按图2。

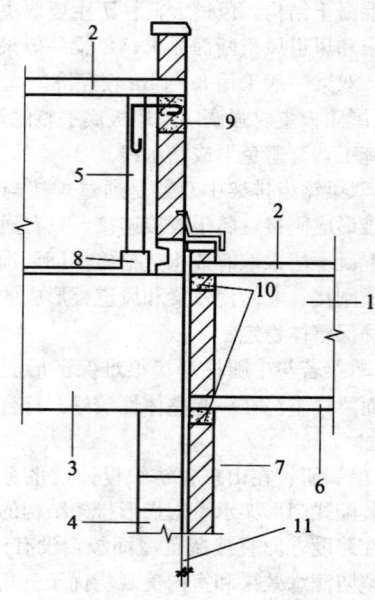

图1　东西附房与主车间抗震缝构造

1—总风道；2—屋面板；3—风道大梁；4—牛腿柱；
5—三角架；6—总风道底板；7—附房承重墙；
8—上翻梁；9—抗震卧梁；10—抗震圈梁；
11—抗震缝宽度

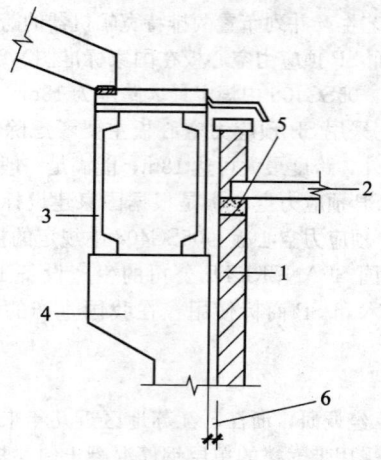

图2　南附房与主车间抗震缝构造

1—附房承重墙；2—屋面板；3—风道大梁；
4—牛腿柱；5—抗震圈梁；6—抗震缝宽度

6.7.7 本条沿用原《印染工业企业设计技术规定》中的做法。采用不等长牛腿是为了避免或减少不平衡垂直荷载引起的柱弯矩。

6.7.8 参照国家建筑标准设计图集《建筑抗震构造详图》(钢筋混凝土柱单层厂房)中有关屋面板与屋面梁的连接构造要求提出本条。

6.7.9 风道大梁在牛腿柱上的支承端必须具有一定的抗拉弯剪能力，以确保风道大梁与牛腿柱形成刚性节点，保证结构的抗震能力。

6.7.10、6.7.11 这两条规定是为了保证各构件之间连接的强度和延性。

6.7.12 本条中所述的结构和构件的抗震要求在现行国家标准《建筑抗震设计规范》GB 50011 中已有明确规定，故本规范不再复述。

6.8 地基基础

6.8.2 当地下沟道埋置深度大于建筑基础且两者之间的净距不能满足要求时，应采取合理的施工顺序和可靠的围护措施。

6.8.3 工艺设备基础应采取合理的形式和有效措施，防止产生过大的相对沉降差以影响生产。

7 给水排水

7.1 一般规定

7.1.1 本条确定了给水排水设计必须遵循的基本原则，强调了水的综合利用、节约用水、保护环境以及满足施工、安装、操作管理、维修检测和安全等要求。

7.2 用水量、水质和水压

7.2.1 本条确定了用水量的标准，印染工艺总用水量由原料品种、染色设备、染色工艺、回用水平、管理水平等诸多因素决定，每个工厂的差别很大，因此主要应由工艺专业经计算确定。小时变化系数与工厂规模直接相关，工厂规模大时，小时变化系数可取小值，反之取大值。

印染工厂生活用水主要为冲厕及洗涤，其水量可参考一般工业车间设计，一般车间管理严格，上下班时间比较集中，小时变化系数较大。印染车间工人劳动强度大，如厂内设有淋浴，其用水量较大。参照现行国家标准《建筑给水排水设计规范》GB 50015，生活用水定额可采用 40L/人·班，小时变化系数可采用3.0，用水时间则根据生产班制；食堂用水定额可采用 15 L/人·班，小时变化系数可采用 2.0；淋浴用水定额可采用60L/人·班，淋浴延续时间为1/h。

自备给水净化站有配药剂、反冲洗等用水时，给水量还应考虑水站自用水量，根据现行国家标准《室外给水设计规范》GB 50013 一般采用给水量的 5%～10%计算。

7.2.2 根据调查的企业一般都采用了多种水源，大部分食堂、宿舍采用水质优良的生活饮用水，因此其水质应符合现行国家标准《生活饮用水卫生标准》GB 5749。印染工艺用水、冷却循环水、生活冲洗水、绿化、道路浇洒等大多数工厂采用经自备水厂处理的地表水、地下水等，其水质以满足生产工艺要求为准。部分工厂还使用了回用水用于生活杂用（生活冲洗水、绿化、道路浇洒等），水质应满足相关用水要求。印染生产用水水质要求随产品、染色工艺、质量要求、设备情况不同而异，差别很大。对质量要求高的布匹加工时一般采用软化水，质量要求低的化纤布加工有时可用经简单处理的河水、地下水，甚至可经简单处理后回用的废水。

7.2.3 一般印染工厂多数为单层厂房，大多数设备为无压进水，车间进口压力以满足其出流水头，一般大于 0.2MPa 即可。冷却循环水、喷射设备等部分设备压力要求较高，为满足室内消防用水要求水压不宜小于 0.35MPa。部分设备水压要求较高时为节约能耗、减少阀门漏损尽可能局部加压解决。

7.3 水源与水处理

7.3.1 本条对供水水源的选择作出了规定。现行国家标准《室外给水设计规范》GB 50013 有关于水源选择前，必须进行水资源勘察的强制性要求。

7.3.2 现行国家标准《室外给水设计规范》GB 50013 有关于深井水作为水源时的强制性要求。

7.3.3 对给水处理作出了规定，一般处理工艺与设备见现行国家标准《室外给水设计规范》GB 50013，软化除盐处理工艺与设备见现行国家标准《工业用水软化除盐设计规范》GB/T 50109。

7.4 给水系统和管道布置

7.4.1 给水系统应根据水源情况和用水要求予以划分。

1 利用市政给水的水压直接供水有利于节能并减少二次污染。

2 生产、生活、消防合并管网的给水系统为现行国家标准《建筑设计防火规范》GB 50016 中所提倡，管网简单，可降低管网造价，水质有所保证。

3 分质、分区供水主要目的是为了节能、节约费用。

4 印染厂冷却水水量大、水质变化小，应当采用循环方式，一些企业将升温后的冷却水用于染缸进水加以重复利用，并可节能。

7.4.2 环状布置并用阀门分成可单独检修的独立管段能提高供水的安全性。各地都在提倡使用新型管材，而且种类繁多。从调查看，塑料给水管以其具有防腐能力强、内壁光滑、质量轻、美观、安装方便而得到大量推广。车间内采用热镀锌钢管的企业也不在少数，而普通焊接钢管如没有可靠的防腐则寿命不长；一些外资企业、先进的企业、加工高档品种的企业则直接采用不锈钢钢管。为满足计量、考核要求各工段或主要用水设备应设置水量计量设施，以节约用水。

由于一个工厂往往存在自来水、自备水、回用水、冷却水等多种水源，有些企业对水质污染问题往往不重视。因此应根据现行国家标准《建筑给水排水设计规范》GB 50015的要求设计给水管道，避免水质污染。

7.5 消防给水与灭火器配置

7.5.1 纺织工业企业设计防火的相关规定已对印染工厂的消防设计作了详细规定。

7.6 排水系统和管道布置

7.6.1 生产排水量一般可按生产用水量计算得到，区分锅炉蒸发用水、生产污水、生产废水及清洁废水、生活污水等，是为了便于计算污水量、可重复利用排水及考虑废水回用等。据调查印染生产排水，练漂车间的清洁废水占本车间生产排水量的50%～60%；染色车间的清洁废水占本车间生产排水量的20%～25%。

7.6.2 本条对排水系统作出要求。

　　1 印染生产污水主要有退浆、练漂、染色、碱减量、丝光、印花污水等。生活污水主要接纳车间、厂区生活污水。雨水排水系统，主要接纳屋面雨水和厂区地面雨水。同时还有大量清洁废水，主要包括空调废水、车间冷却废水等清洁废水。

　　2 染色排水采用清、污分流排放，浓、淡分流排放，有利于选择合理的污水处理工艺及考虑废水回用。

　　3 根据现行国家标准《建筑给水排水设计规范》GB 50015，屋面雨水宜采用外排水系统，大型屋面宜按压力流设计。

7.6.3 据调查绝大多数染色车间内工艺排水采用暗沟排放，为检修方便排水沟的设备排出口、三岔口及转弯处应设置活动盖板，设置伸顶通气管是为了减少汽雾产生。工艺冷却水一般采用循环或回用，为避免污染宜采用管道排放。埋地排水塑料管因重量轻、内壁光滑、防腐蚀、安装方便，在全国各地已得到广泛运用，但对持续水温大于40℃的排水则不合适。根据现行国家标准《建筑给水排水设计规范》GB 50015的规定，室内排水沟与室外排水管道的连接处应设水封装置。

7.7 水的重复利用及废水回用

7.7.1 现行国家标准《建筑中水及回用设计规范》GB 50336规定缺水城市和缺水地区应当建设废水回用设施。生活洗涤排水、空调循环冷却排污水、冷凝水、雨水以及清洁废水由于水中污染浓度不高均可作为回用水水源。处理合格的废水可回用于生产工艺，也可回用于冲洗厕所、地面冲洗、汽车冲洗、绿化、浇洒道路等。

7.7.2 全国有不少企业将染色废水经适当处理后回用于生产工艺，回用比例一般可达20%～80%。也有企业将高浓染色废水就地储存然后回用于下一次染色，这极大地利用了各类资源、减少了污水的排放量及污水浓度，大大节约了用水并减少了污水处理成本，应在工艺允许的情况下大力推广。例如某厂为了节约生产用水，降低生产用水量，减少废水排放量，充分利用了生产过程中的废水，进行了如下废水的回用：

　　1 所有机台的水洗箱前后相通，水流方向与布的运行方向相反，即出布处进水，进布处排放洗涤污水。

　　2 烘筒冷凝水尽可能在本机台回用，染色机、定形机冷凝水集中回收用于化料。

　　3 烧毛机、丝光机、溢流机、焙烘冷却辊、定形机冷却辊、预缩机冷却水集中用于丝光机组水洗箱冲淋部分和煮漂机组漂白部分水洗箱、冲淋用水。

　　4 漂白、丝光洗涤用水用于退浆、煮练的水箱洗涤或喷淋洗涤。

　　5 煮漂洗涤水部分送至锅炉水膜除尘，其余送至污水回收系统。

其回用流程图如下：

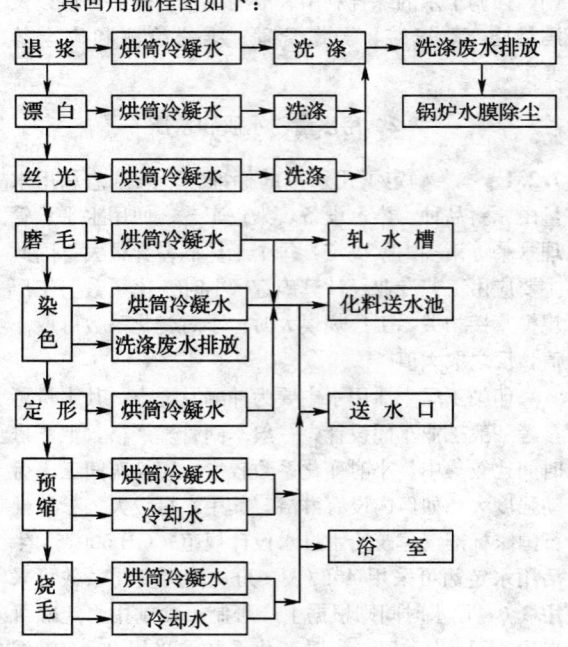

7.7.4 部分染色废水的排水温度高达50～70℃，有的企业采用就地或集中间接热交换或采用热泵技术进行热能回收，用于预热冷水进水或其他用途，其回收

的热量价值很大。

7.7.5 为防止发生水质污染问题作出本条规定。

8 采暖通风

8.1 一般规定

8.1.2 印染工厂为高温高湿生产车间，宜有良好的通风设施才能使热湿空气及时排出；而机械通风需耗能，增加企业的生产运行成本，为使企业能节省生产运行成本，在印染工厂设计时，应在建筑结构形式选用上考虑具有良好的自然通风条件。

8.1.3 本条要求印染工厂围护结构应有足够的保温性能。

印染工厂为高温高湿生产车间，当围护结构的保温不好时，冬季宜在车间围护结构的内表面结露滴水，影响产品质量和室内劳动环境，故要求其围护结构应有足够的保温性能，其最小热阻应通过计算确定，计算可参见现行国家标准《采暖通风与空气调节规范》GB 50019。

8.3 生产车间的采暖通风

8.3.1 本条从节能角度对印染工厂生产车间的通风设计提出设计原则，对原《印染工业企业设计技术规定》FJJ 103—84 中 7.3.1 条进行修改。

随着印染工艺和技术的发展及印染设备的改进，大部分散湿散热大的工艺设备均为密闭式并带有局部机械排风装置，其对生产车间的环境影响已大为减少，在非寒冷地区，利用车间的建筑结构形式考虑自然通风，基本上可满足印染工厂生产车间的通风要求，在自然通风条件较差的印染车间应采用机械排风。

8.3.2 本条说明印染工厂生产车间采暖通风设计应达到的目的，既要达到国家有关标准的要求（劳动保护要求），又要达到防止车间因冷凝结露而滴水对产品质量的影响。

8.3.3 本条说明印染工厂生产车间排风分机台局部排风和车间全面排风两种方式及其具体要求。随着印染设备的发展，许多高温、高湿机台设备在出厂时已经配置了专用箱体及排气风机，如热定型机、热风拉幅机、焙烘机等，设计时只需根据设备提供的排风参数配置排风管道进行集中单独排放。车间全面排风应首先利用车间建筑特点进行自然排风，印染车间一般多为单层厂房，利用其屋面设置避风气楼、拔气井、排气筒等进行自然排风，自然通风是利用空气热压及风压的作用进行，空气自外墙低位进入屋顶排出，在非寒冷地区这种自然排风形式最为常用，也最经济。严寒地区的印染车间、有特殊要求的场合及不具备自然排风条件的印染车间则应设置机械排风系统。对有害气体散发的区域或工段，应采用机械排风并保持车间负压。

8.3.4 印染车间进风系统首先宜采用自然进风，自然进风采用外墙低脚窗或门窗低位进风，低脚进风窗要求能调节开启，为使冬天能关小进风量或关闭进风窗。当车间自然进风面积小或迎风面为附房时，自然进风就不能满足要求，则应采用机械送风系统。

8.3.6 本条列出印染工厂生产车间各工段的通风设计换气次数。其数据通过大量印染工厂调研后得出。

8.3.10 本条提出对严寒地区的采暖要求。严寒地区的值班室及办公室应设置采暖系统，这是劳动保护的要求；车间设置值班采暖是为了设备能顺利开机及保证管道不被冻裂的需要。

9 电 气

9.1 一般规定

9.1.1 印染工厂电气设计中必须满足生产工艺的要求，在设计方案时，应考虑远近期结合，尽可能给今后发展留有扩建余地。电气设备产品众多，技术发展很快，为保证电气设备安全可靠运行，应采用符合现行国家或行业部门产品标准的效率高、能耗低、性能优的成套设备和定型产品，并随时注意技术发展动态，以杜绝淘汰产品的使用。

9.2 供配电系统

9.2.1 印染工厂的用电负荷，根据对供电可靠性的要求及中断供电在政治上、经济上所造成损失或影响的程度，属于三级负荷。但消防设备用电负荷等级，应按现行国家标准《建筑设计防火规范》GB 50016 的规定执行。

9.2.2 供电电压等级及供电回路数，应根据印染工厂规模及当地电网条件，经过经济技术比较后确定。根据目前印染工厂生产状况，以 6～10kV 供电居多。一般情况下可采用 6～10kV 单回路供电。在大于 4000 万 m/a 的生产规模时，宜采用 6～10kV 双回路供电方案。但在 6～10kV 电源难于取得及容量不足时，可采用 35kV 供电。生产规模在 4000 万 m/a 及以下时，可采用 6～10kV 单回路供电方案。

9.2.3 本条对低压配电系统作了规定：

1 为提高供电可靠性，减少电气故障造成的经济损失，以及根据负荷情况，有 2 条生产流水线时，车间变电所宜安装 2 台变压器，单母线分段运行，两段低压母线间设母联开关。当只有 1 条生产流水线，且负荷不大时，可设 1 台变压器。此时作为应急备用可与就近的车间配电变电所设低压联络线。

2 平行的生产流水线和互为备用的生产机组若由同一回路配电，则当此回路停止供电时，将使各条流水线都停止生产或备用机组不起备用作用。

同一生产流水线的备用用电设备如由不同的回路配电，则当任一母线或线路检修时，都将影响此流水线的生产。故规定同一生产流水线的备用用电设备，宜由同一回路配电。

3 印染工厂一般采用 TN 系统的接地形式，在低压电网中，车间的单相负荷，宜均匀地分配在三相线路中，当单相不平衡负荷引起的中性线电流超过变压器低侧绕组额定电流的 25% 时，应选用 D, yn11 结线组别的变压器。

4 近年来印染设备由于大量采用变频调速设备，为控制各类非线性用电设备所产生的谐波引起的电网电压正弦波形畸变，除选用变压器低侧绕组为 D, yn11 结线组别的三相配电变压器外，同时可采用按谐波次数装设分流滤波器等措施。

5 印染设备的功率因数较低，在采用电力电容器作无功补偿装置时，容量较大、负荷平稳且经常使用的用电设备的无功负荷宜采用就地补偿；补偿基本无功负荷的电力电容器组，宜在配电变电所内集中补偿。

9.2.4 负荷计算方式及需要系数的选取。印染工厂一般采用需要系数法。本规范中需要系数在参照原《印染工业企业设计技术规定》FJJ 103—84（下述简称《原规定》）的基础上作了修订。

需要系数一般以实测所得，目前我国印染工业企业尚无可推荐使用的需要系数。在已投产的印染厂企业普遍反映，采用《原规定》中需要系数偏大，在实际运行中变压器负荷率偏低。同时又调查了有关设备制造厂，一般产品铭牌上所标定的额定功率比实际所需的功率要大，安全系数较高。为此本规范对主要的工艺设备需要系数作了新的修订，并列表于 9.2.4 中，设计人员应根据工程实际酌定。

9.2.5 印染工厂的室内配电干线宜采用电缆桥架明敷设，少用电缆沟配线。因为当前产品市场变化大，工艺设备选型和产品均容易变更，采用电缆桥架明敷设较适应各种产品、设备选型变更带来的配电线路的变更。另外电缆沟中易积水也不利于清洁。同时在有腐蚀和特别潮湿场所，宜采用各种类型的防腐蚀型电缆桥架，如采用热镀锌、外表面涂防腐层及采用玻璃钢材料等。室外可采用电缆沟或直接埋地敷设。

有关配电线路的敷设方式与要求，应按现行国家标准《低压配电设计规范》GB 50054 和《电力工程电缆设计规范》GB 50217 的有关规定执行。

9.3 照 明

9.3.1 印染工厂一般车间采用混合照明，并应重视机台上的局部照明。尤其在练漂及染色的进、出口布面处，印花机机头处及整装车间，照度要求很高，故应重视机台上的局部照明。

9.3.2 印染工厂的印染车间，尤其在印花车间，识别颜色要求高，故应选用显色指数高的光源，如采用 $Ra>80$ 的三基色稀土荧光灯及金属卤化物灯与白炽灯等。一般场所宜选用光效高，寿命长的光源，在满足工艺生产要求的前提下，应优先采用节能型灯。

9.3.3 车间作业面应尽可能地均匀照亮，本规范参照原《印染工业企业设计技术规定》FJJ 103—84 及国家标准和 CIE 标准规定，照度均匀度不应小于 0.7，同时增加了作业面邻近周围的照度均匀度不应小于 0.5 的规定。本条征求了有关印染工厂的意见，能满足生产要求。

9.3.4 近二十多年来我国国民经济持续发展，新光源和新灯具广泛应用。当前需要也有条件适当提高照度水平和照明质量。

混合照明中的一般照明，其照度值应按等级混合照明照度的 10%～15% 选取，且不宜低于 75 lx。在采用高强度气体放电灯时，照度不应低于 75 lx。

其原因是近年来高强度气体放电灯广泛采用，这样既能改善在低照度下的视觉环境，又不需增加耗电量。现场调查结果，采用新光源和新灯具后车间照度较易达到 75 lx。

9.3.5 印染工厂生产车间的照度一般采用点光源或线光源的逐点计算法。单位指标法只在进行方案或初步设计时，近似计算起着一定作用。单位指标法，又分为单位电耗法和单位面积功率法（也称负荷密度法），但对于印染工厂的部分辅助车间及附房等，在各设计阶段均可采用单位指标法。

9.3.6 本规范印染工厂的生产车间和辅助生产车间的照度标准是参照了原《印染工业企业设计技术规定》FJJ 103—84 和现行国家标准《建筑照明设计标准》GB 50034 的标准以及实地调研印染工厂现在照度实况，经综合分析后确定。本规范表 9.3.6 中还规定了显色指数的要求，以确保照明设计的照明质量。

9.3.7 印染工厂各车间内，工艺设备较多，室内人员流动线路复杂，为便于事故情况下人员的疏散及火灾时扑救，车间内应设供人员疏散用应急照明。在安全出口、疏散通道与转角处应设置标志灯，以便疏散人员辨认通行方向，迅速撤离事故现场。

为保证应急照明电源可靠性，宜用蓄电池备用电源，并且照明的电源应和该场所的电力线路分别接自不同变压器或接自同一台变压器不同馈电线路的专用线路上。

9.3.8 印染工厂各车间应根据照明场所的环境条件和使用特点，合理选用灯具。如在练漂、染色车间属高温、潮湿有腐蚀性气体场所，应采用相应防护等级的防腐、防水灯具。在烧毛车间，使用可燃气体，是火灾危险场所，应采用相应防护等级的防水防尘灯具。在涂层车间，散发爆炸性气体场所，应采用相应防护等级的防爆型灯具。在拉毛、磨毛及剪毛等车间，有绒尘场所，应采用相应防护等级的防尘灯具。丙类仓库，应采用防燃型灯具。

印染工厂的生产车间，厂房高度很高时，灯具布置与安装，应考虑安全及维护方便。

9.3.9 印染工厂的照明设计，本规范中未及事项，应按现行国家标准《建筑照明设计标准》GB 50034的规定执行。

9.4 接地和防雷

9.4.1 印染工厂厂区的低压配电系统的接地形式宜采用 TN 系统，这是根据多年来各印染厂家实际运行经验作出的规定。

TN 系统按照中性线"N"和保护线"PE"组合，有三种形式：

1 TN-C 系统，整个系统 N 线和 PE 线是合一的。

此系统只适用于三相负荷比较平衡、电路中三次谐波电流不大、并有专业人员维护管理的一般车间等场所。

此系统不适用有爆炸和火灾危险的场所、单相负荷比较集中的场所、电子和信息处理设备及各种变频设备的场所。

2 TN-C-S 系统，系统中有一部分 N 线与 PE 是合一的。

3 TN-S 系统，整个系统的 N 线和 PE 线是分开的。

TN-C-S 系统与 TN-S 系统，都适用于有爆炸和火灾危险场所，单相负荷比较集中的场所，同时也适用于计算机房，生产和使用电子设备的各种场所。

根据三种接地系统适用场合，结合工程具体情况，作综合的技术、经济比较后，确定其中一种形式。

9.4.2 接地系统接地电阻选择应符合现行国家有关规程和规范的要求。低压系统中性点接地电阻在任何季节均不宜大于 4Ω，重复接地电阻不宜大于 10Ω，防静电接地电阻不应大于 100Ω，在易燃易爆区不宜大于 30Ω。对于第一、二类防雷建筑物，每根引下线的冲击接地电阻不大于 10Ω。对于第三类防雷建筑物，每根引下线的冲击接地电阻不宜大于 30Ω。采用共用接地装置时，接地电阻应符合其中最小值的要求。若与防雷接地系统共用接地时，接地电阻不应大于 1Ω。电子设备接地，当采用共用接地系统时，接地电阻不应大于 1Ω；当采用单独接地体时，接地电阻不应大于 4Ω。

9.4.3 印染工厂内的建筑物和构筑物的防雷与接地设计，本规范中未及事项，应按现行国家标准《建筑防雷设计规范》GB 50057 和《建筑物电子信息系统防雷技术规范》GB 50343 执行。

9.5 消防和火灾报警

9.5.1 印染工厂中丙类生产车间与仓库等，在火灾自动报警系统保护对象分级中，属二级，其消防设备用电应按二级负荷供电。为确保其供电可靠性，火灾自动报警系统应设主电源和直流备用电源。

9.5.2 根据现行国家标准《建筑设计防火规范》GB 50016，每座占地面积超过 $1000m^2$ 的坯布、成品仓库应设火灾自动报警装置。

9.5.3 根据现行国家标准《火灾自动报警系统设计规范》GB 50116 的要求。在使用煤气、天然气或其他可燃气体的烧毛车间，当无贮气装置时宜设可燃气体探测器，在贮气装置间应装设可燃气体探测器。在涂层车间使用散发爆炸性气体，属二区环境，宜装设相应的气体浓度探测器或检漏报警装置。但当该车间中有关的工艺设备及随机的电气设备均不是防爆设备时，可不装设。在涂层调配间应设置相应的气体浓度探测器或检漏报警装置。

在调研中，目前国内各厂家在涂层车间一般不装设气体浓度探测器或检漏报警装置，仅在就地加装了通风、排风设施。因此本规范中采用"宜"，有条件时可首先这样做。

9.5.5 本条规范连续供电时间不少于 20min 的依据是：

1 印染工厂厂房大多为单层厂房，一般疏散距离短，疏散时间不长。通常 10min 内均能疏散完毕。

2 试验和火灾实例说明，火灾时在 10min 内产生的一氧化碳尚不多，但在 10~15min 之间，则一氧化碳就大大超过对人体危害的允许浓度，在这段时间内人员如没有疏散出来，窒息死亡的可能就大。

3 参照有关现行国家规范的要求，故规定 20min。

10 动 力

10.1 一般规定

10.1.1 印染工厂是用热大户，用热范围包括生产工艺、空调、采暖和生活用热。应结合企业的财力、物力等统一进行考虑，制定供热方案。

10.1.2 本条是对供热热源的规定。

印染工厂供热热源，应根据所在地区的供热规划进行考虑，能否由城市（区）热电厂、区域锅炉房供热。

对于热负荷稳定的大型印染工厂，单台锅炉蒸发量在 20t/h 及以上，热负荷年利用大于 4000h 及以上。按照国家能源政策，经过综合分析比较，可采用热电联产方式。但由于资金、场地或燃料供应等不落实，也不宜进行热电联产时，才设置锅炉房。

10.1.3 本条是对燃料选用的规定。

原《印染工业企业设计技术规定》中规定蒸汽锅炉房和油热载体加热炉房设计应以煤为燃料,但随着对外开放政策的实施,环境保护要求提高,节能工作的深入开展,燃料品种有所增加。条文中规定应落实煤的供应。若以重油、柴油或天然气、城市煤气为燃料时,应经有关主管部门批准(含项目环评报告),是基于贯彻国家发改委有关规定和使设计落实在燃料供应可靠的基础上。

10.2 蒸汽供热系统

10.2.1 本款规定了印染厂热负荷计算原则。

10.2.2 本款规定了供热热源选择的原则。

10.2.3 本条是使用区域热电厂集中供热时的规定。

1 热电厂热网供热参数一般为1MPa、280～290℃,需减压减温至0.6MPa,170～180℃才能符合印染工厂生产、生活用汽要求。

2 为确保印染工厂供热安全,在有条件时应有一套备用减压减温装置。

10.2.5 本款规定印染工厂投资热电联产必须进行可行性研究,并做全面技术论证,经相关部门批准后,才能进行。

10.2.6 本款规定印染工厂热电站,必须坚持"以热定电"的原则。

10.2.7 本条是对室内外热力管网的规定。

1 为便于车间、机台考核与控制,而采取这种布置方式。

2 本款规定在蒸汽管径计算时,应考虑近期发展因素。

3 本款为管道布置和敷设应遵循的原则。

10.3 蒸汽凝结水回收和利用

10.3.1 本条是对蒸汽凝结水回收的具体规定。

1 设计中必须切实贯彻执行国家关于节能方面的政策和法令,凝结水回收率应达到60%～80%。

2 凡是用蒸汽间接加热而产生的凝结水,除被加热介质有毒(如氧化物液体等)或有强腐蚀性的溶液外,应尽可能加以回收。对于有可能被污染的凝结水,应设置水质监督测量装置,经处理后方可回用。

10.3.2 采暖通风和生产用蒸汽凝结水,压差小于0.3MPa可以合管输送,如压差大于0.3MPa应采取措施后,才能合管输送。

10.3.4 本条规定,由于回水管道内为汽水混合两相流动,所以管径较大,投资高。对于采用余压回水系统时,宜在凝结水管道中增设换热装置,以回收热量、降低水温、缩小管径、节省投资。

10.4 导热油供热系统

10.4.1 本条是对印染设备需使用高温热源时的选用规定。印染生产在热定型、焙烘等工序要使用280℃以上高温热源,在调查中大部分厂采用以导热油为载热体的机械加热炉,出油温280℃,回油温260℃,也有部分厂利用城市煤气、液化石油气、汽油、电能产生高温热源满足生产工艺高温热源要求。

10.4.2 本条是对燃料和油热载体加热炉选用的要求。

10.4.3 本条是油热载体加热炉房布置要求。在设置油热载体加热炉房布置调研中,对自建锅炉房的企业一般与蒸汽锅炉共建锅炉房,也有在印染车间附房内设置油热载体加热炉房燃用柴油或天然气。但总的布置要求,应力求靠近热负荷中心,布置上必须符合国家卫生标准、防火规定及安全规程中有关规定。

10.4.4 本条是导热油供热系统的设计要求。多年来的运行实践证明,导热油在高温状态下长期使用,由于热裂解及氧化等原因,如设计和使用不当,其物化性能及技术指标必然迅速发生变化,当导热油下列四项指标达到一定数值时,应予报废。

1 酸值(mg KOH/g)达到0.5时(按现行国家标准《石油产品酸值测定法》GB 264方法测定)。

2 黏度变化达15%时(按现行国家标准《石油产品黏度标准》GB 265方法测定)。

3 闪点变化达20%以上时(按现行国家标准《石油产品闪点与燃点测定法》GB 267方法测定)。

4 残碳达到1.5时(按现行国家标准《石油产品测定法》GB 268方法测定)。

因此,在设计中合理选用导热油,设计合理的导热油供热系统,防止导热油超温运行及氧化,对延长导热油使用寿命,保障安全生产,节省费用均有积极意义。

10.5 燃 气

10.5.1 本条是印染厂使用煤气应遵循的规定。印染厂烧毛等工序需使用煤气、天然气时,在设计时必须按现行国家标准《城镇燃气设计规范》GB 50028及《工业企业煤气安全规程》GB 6222的有关规定进行。

10.6 压缩空气

10.6.1 本条为压缩空气站容量确定的规定。印染工艺许多设备及仪表需用压缩空气,有关专业应提供用气量、用气压及气质要求,经下列计算后确定压缩空气站容量。

$$Q = \Sigma Q_{max} K(1+\phi)$$

式中 Q_{max} ——各设备压缩空气最大消耗量(m³/min);

K ——同时使用系数,K 按 0.7～1.0 选用;

ϕ ——管道系统漏损系数,取 $\phi=0.15$。

11 仓 贮

11.1 一般规定

11.1.3 尽可能设计多层仓库,提高土地利用率。

11.2 坯布库、成品库

11.2.1 坯布库、成品库的建筑面积可按下式计算:

$$S=Q\times T/F$$

式中 S——仓库建筑面积(m^2);

Q——坯布日需量或成品日产量(t/d);

T——贮存周期(d);

F——布包堆放密度(t/m^2)。

布包堆放密度一般如下:

1 使用单梁悬挂式中车作运输工具时:

坯布库为 $0.75t/m^2$;

成品库为 $0.80t/m^2$(布包),$0.40\sim0.45t/m^2$(纸箱或木箱)。

2 其他情况时(人工堆垛):

坯布库为 $0.55t/m^2$;

成品库为 $0.60t/m^2$(布包),$0.35\sim0.40t/m^2$(纸箱或木箱)。

中华人民共和国国家标准

油田采出水处理设计规范

Code for design of oil field produced water treatment

GB 50428—2007

主编部门：中国石油天然气集团公司
批准部门：中华人民共和国建设部
施行日期：２００８年１月１日

中华人民共和国建设部
公 告

第 735 号

建设部关于发布国家标准
《油田采出水处理设计规范》的公告

现批准《油田采出水处理设计规范》为国家标准，编号为 GB 50428—2007，自 2008 年 1 月 1 日起实施。其中，第 4.5.2（4）、8.1.3、8.1.6 条（款）为强制性条文，必须严格执行。

本规范由建设部标准定额研究所组织中国计划出版社出版发行。

中华人民共和国建设部
二〇〇七年十月二十三日

前　言

本规范是根据建设部建标函〔2005〕124 号文件《关于印发"2005 年工程建设标准规范制订、修订计划（第二批）"的通知》要求，由大庆油田工程有限公司（大庆油田建设设计研究院）会同胜利油田胜利工程设计咨询有限责任公司、中油辽河工程有限公司、西安长庆科技工程有限责任公司及新疆时代石油工程有限公司共同编制而成的。

本规范在编制过程中，编制组总结了多年的油田采出水处理工程设计经验，吸收了近年来全国各油田油田采出水处理工程技术科研成果和生产管理经验，广泛征求了全国有关单位的意见，对多个油田进行了现场调研，多次组织会议研究、讨论，反复推敲，最终经审查定稿。

本规范以黑体字标志的条文为强制性条文，必须严格执行。

本规范由建设部负责管理和对强制性条文的解释，由石油工程建设专业标准化委员会设计分委会负责日常管理工作，由大庆油田工程有限公司负责具体技术内容的解释。本规范在执行过程中，希望各单位结合工程实践，认真总结经验，注意积累资料，随时将意见和有关资料反馈给大庆油田工程有限公司（地址：黑龙江省大庆市让胡路区西康路 6 号，邮政编码：163712），以供今后修订时参考。

本规范主编单位、参编单位和主要起草人：

主 编 单 位：大庆油田工程有限公司（大庆油田建设设计研究院）

参 编 单 位：胜利油田胜利工程设计咨询有限责任公司
中油辽河工程有限公司
西安长庆科技工程有限责任公司
新疆时代石油工程有限公司

主要起草人：陈忠喜　王克远　马文铁　杨清民
杨燕平　孙绳昆　潘新建　高　潮
赵永军　舒志明　李英媛　程继顺
夏福军　古文革　徐洪君　唐述山
杜树彬　王小林　杜凯秋　任彦中
何玉辉　刘庆峰　张　忠　李艳杰
刘洪友　张铁树　何文波　张国兴
于艳梅　王会军　马占全　张荣兰
张晓东　张　建　裴　红　夏　政
周正坤　祝　威　洪　海　郭志强
高金庆　罗春林

目 次

1 总则 ………………………………… 44—4
2 术语 ………………………………… 44—4
3 基本规定 …………………………… 44—4
4 处理站总体设计 …………………… 44—5
　4.1 设计规模及水量计算 ………… 44—5
　4.2 站址选择 ……………………… 44—5
　4.3 站场平面与竖向布置 ………… 44—6
　4.4 站内管道布置 ………………… 44—6
　4.5 水质稳定 ……………………… 44—7
5 处理构筑物及设备 ………………… 44—7
　5.1 调储罐 ………………………… 44—7
　5.2 除油罐及沉降罐 ……………… 44—7
　5.3 气浮机（池） ………………… 44—8
　5.4 水力旋流器 …………………… 44—8
　5.5 过滤器 ………………………… 44—8
　5.6 污油罐 ………………………… 44—9
　5.7 回收水罐（池） ……………… 44—9
　5.8 缓冲罐（池） ………………… 44—9
6 排泥水处理及泥渣处置 …………… 44—9
　6.1 一般规定 ……………………… 44—9
　6.2 调节池 ………………………… 44—9
　6.3 浓缩罐（池） ………………… 44—10
　6.4 脱水 …………………………… 44—10
　6.5 泥渣处置 ……………………… 44—10
7 药剂投配与贮存 …………………… 44—10
　7.1 药剂投配 ……………………… 44—10
　7.2 药剂贮存 ……………………… 44—10
8 工艺管道 …………………………… 44—10
　8.1 一般规定 ……………………… 44—10
　8.2 管道水力计算 ………………… 44—11
9 泵房 ………………………………… 44—11
　9.1 一般规定 ……………………… 44—11
　9.2 泵房布置 ……………………… 44—11
10 公用工程 ………………………… 44—12
　10.1 仪表及自动控制 …………… 44—12
　10.2 供配电 ……………………… 44—12
　10.3 给排水及消防 ……………… 44—12
　10.4 供热 ………………………… 44—12
　10.5 暖通空调 …………………… 44—12
　10.6 通信 ………………………… 44—13
　10.7 建筑及结构 ………………… 44—13
　10.8 道路 ………………………… 44—13
　10.9 防腐及保温 ………………… 44—13
11 健康、安全与环境 ……………… 44—13
附录 A 站内架空油气管道与建（构）
　　　 筑物之间最小水平间距 …… 44—13
附录 B 站内埋地管道与电缆、建（构）
　　　 筑物之间平行的最小间距 … 44—14
附录 C 过滤器滤料、垫料填装规格及
　　　 厚度 ………………………… 44—14
附录 D 埋地通信电缆与地下管道、
　　　 建（构）筑物的最小间距 … 44—15
附录 E 通信架空线路与其他设备或建
　　　 （构）筑物的最小间距 …… 44—16
本规范用词说明 ……………………… 44—16
附：条文说明 ………………………… 44—17

1 总 则

1.0.1 为在油田采出水处理工程设计中贯彻执行国家现行的有关法规和方针政策，统一技术要求，保证质量，提高水平，做到技术先进、经济合理、安全适用，运行、管理及维护方便，制定本规范。

1.0.2 本规范适用于陆上油田和滩海陆采油田新建、扩建和改建的油田采出水处理工程设计。

1.0.3 油田采出水经处理后应首先用于油田注水。若用于其他用途或排放时，应严格执行国家的法律、法规和现行相关标准。

1.0.4 油田采出水处理工程应与原油脱水工程同时设计，同时建设。原油脱水工程产生采出水时，油田采出水处理工程应投入运行。

1.0.5 油田采出水处理工程设计除应符合本规范的规定外，尚应符合国家现行的有关标准的规定。

2 术 语

2.0.1 油田采出水 oil produced water
油田开采过程中产生的含有原油的水，简称采出水。

2.0.2 洗井废水 well-flushing waste water
注水井洗井作业返出地面的水。

2.0.3 原水 raw water
流往采出水处理站第一个处理构筑物或设备的水。

2.0.4 净化水 purified water
经处理后符合注水水质标准或达到其他用途及排放预处理水质要求的采出水。

2.0.5 污油 waste oil
采出水处理过程中分离出的含有水及其他杂质的原油。

2.0.6 污泥 sludge
采出水处理过程中分离出的含有水的固体物质。

2.0.7 采出水处理 produced water treatment
对油田采出水（包括注水井洗井废水）进行回收和处理，使其符合注水水质标准、其他用途或排放预处理水质要求的过程。

2.0.8 污水回收 sewage water recovery
在采出水处理过程中，过滤器反冲洗排水及其他构筑物排出废水的回收。

2.0.9 设计规模 design scale
采出水处理站接受、处理外部来水的设计能力。

2.0.10 气浮机（池） air-flotation machine（pond）
利用气浮原理将油和悬浮固体从水中分离脱除的处理设备或构筑物。

2.0.11 水力旋流器 hydrocyclone
采出水在一定压力下通过渐缩管段，使水流高速旋转，在离心力作用下，利用油水的密度差将油水分离的一种除油设备。

2.0.12 过滤器 filter
采用过滤方式去除水中原油及悬浮固体的水处理设备，主要包括重力过滤器、压力过滤器。

2.0.13 除油罐 oil removal tank
主要用于去除采出水中原油的构筑物。

2.0.14 沉降罐 settling tank
用于采出水中油、水、泥分离的构筑物。

2.0.15 调储罐 control-storage tank
用于调节采出水处理站原水水量或水质波动使之平稳的构筑物。

2.0.16 回收水罐（池） water-recovering tank（pond）
在采出水处理过程中，主要接收储存过滤器反冲洗排水的构筑物。

2.0.17 缓冲罐（池） buffer tank（pond）
确保提升泵能够稳定运行而设置的具有一定储存容积的构筑物。

2.0.18 密闭处理流程 airtight treatment process
采用压力式构筑物或液面上由气封、油封或其他密封方式封闭，使介质不与大气相接触的常压构筑物组成的处理流程。

3 基 本 规 定

3.0.1 采出水处理工程设计应按照批准的油田地面建设总体规划和设计委托书或设计合同规定的内容、范围和要求进行。工程建设规模的适应期宜为 10 年以上，可一次或分期建设。

3.0.2 采出水处理工程设计应积极采用国内外成熟适用的新工艺、新技术、新设备、新材料。

3.0.3 进入采出水处理站的原水含油量不应大于 1000mg/L。聚合物驱采出水处理站的原水含油量不宜大于 3000mg/L；特稠油、超稠油的采出水处理站的原水含油量不宜大于 4000mg/L。

3.0.4 采出水处理后用于油田注水时，水质应符合该油田制定的注水水质标准。当油田尚未制定注水水质标准时，可按照国家现行标准《碎屑岩油藏注水水质推荐指标》SY/T 5329 执行。若用于其他目的时，应符合相应的水质要求。

3.0.5 处理工艺流程应充分利用余压，并应减少提升次数。当有洗井废水回收时，洗井废水宜单独设置洗井废水回收罐（池）进行预处理。

3.0.6 采出水处理站原水水量或水质波动较大时，应设调储设施。

3.0.7 采出水处理站的原水及净化水应设置计量设施及水质监测取样口。

3.0.8 采出水处理站的电气装置及厂房的防爆要求

应根据防爆区域划分确定。

3.0.9 采出水处理站的主要构筑物和管道因检修、清洗等原因而部分停止工作时,应采取以下措施:

  1 主要同类处理构筑物的数量不宜少于2座,并应能单独停产检修。

  2 各构筑物的进出口管道应采取检修隔断措施。

  3 站与站之间有条件时原水管道宜互相连通。

3.0.10 采出水处理站产生污泥沉积的构筑物应设排泥设施,排泥周期应根据实际情况确定。排放的污泥必须进行妥善处置,不得对环境造成污染。

3.0.11 采出水处理工艺应根据原水的特性、净化水质的要求,通过试验或相似工程经验,经技术经济对比后确定。采出水用于回注的处理工艺宜采用沉降(或离心分离)、过滤处理流程。

3.0.12 低产油田采出水处理除应执行本规范第3.0.1条~第3.0.11条的规定外,还应遵循下列原则:

  1 尽量依托邻近油田的已建设施。

  2 因地制宜地采用先进适用的处理工艺,做到经济合理,建设周期短,能耗和生产费用低。

  3 应结合本油田实际简化处理工艺,采用与原油脱水及注水紧密结合的设计布局。附属设施统一考虑,从简建设。

  4 实行滚动开发的油田,开发初期可采用小型、简单的临时性橇装设备。

3.0.13 沙漠油田采出水处理除应执行本规范第3.0.1条~第3.0.11条的规定外,还应遵循下列原则:

  1 采出水处理工艺宜采用集中自动控制,减少现场操作人员或实现无人值守。

  2 露天布置的设备和仪表除应考虑防尘、防沙、防晒、防水外,还应考虑能承受因环境温度变化而带来的各种问题。

  3 采出水处理工艺宜采用组装化、模块化、橇装化设计,提高工厂预制化程度,减少现场施工量。

  4 控制室、配电室应密封,并应设置空调设施。

3.0.14 稠油油田采出水处理除应执行本规范第3.0.1条~第3.0.11条的规定外,还应遵循下列原则:

  1 净化水应首先用于稠油热采蒸汽发生器给水,也可调至邻近注水开发的油田注水。

  2 在选择稠油采出水处理工艺和设备时,应充分考虑稠油物性对其正常运行的影响。

  3 在稠油采出水处理工艺中,应充分利用采出水的热能。

  4 稠油采出水处理系统产生的污油宜单独处理。

  5 对于蒸汽发生器给水处理的设计,同时应符合国家现行标准《稠油油田采出水用于蒸汽发生器给水处理设计规范》SY/T 0097的有关规定。

3.0.15 滩海陆采油田采出水处理除应执行本规范第3.0.1条~第3.0.11条的规定外,还应遵循下列原则:

  1 根据工作人员数量、所处的环境,站内应配备一定数量的救生设备。

  2 选用的设备、阀门、管件、仪表及各种材料,应适应滩海环境条件。

  3 应依托陆上油田的已建设施。

4 处理站总体设计

4.1 设计规模及水量计算

4.1.1 采出水处理站设计规模应按下式计算:

$$Q = Q_1 + Q_2 \quad (4.1.1)$$

式中 Q——采出水处理站设计规模(m^3/d);

   Q_1——原油脱水系统排出的水量(m^3/d);

   Q_2——送往采出水处理站的洗井废水等水量(m^3/d)。

4.1.2 采出水处理站设计计算水量应按下式计算:

$$Q_s = kQ_1 + Q_2 + Q_3 + Q_4 \quad (4.1.2)$$

式中 Q_s——采出水处理站设计计算水量(m^3/h);

   k——时变化系数,$k=1.00\sim1.15$;

   Q_1——原油脱水系统排出的水量(m^3/h);

   Q_2——送往采出水处理站的洗井废水等水量(m^3/h);

   Q_3——回收的过滤器反冲洗排水量(m^3/h);

   Q_4——站内其他排水量(m^3/h),主要指采出水处理站排泥水处理后回收的水量及其他零星排水量,当无法计算时可取Q_1的2%~5%。

4.1.3 主要处理构筑物及工艺管道应按Q_s进行计算,并应按其中一个(或一组)停产时继续运行的同类处理构筑物应通过的水量进行校核。校核水量应按下式计算:

$$Q_x = Q_s/(n-1) \quad (4.1.3)$$

式中 Q_x——校核水量(m^3/h);

   n——同类构筑物个数或组数,$n\geq2$。

4.2 站址选择

4.2.1 采出水处理站站址应根据已批准的油田地面建设总体规划以及所在地区的城镇规划、兼顾水处理站外部管道的走向确定。

4.2.2 站址的选择应节约用地。凡有荒地可利用的地区应不占或少占耕地。站址可适当预留扩建用地。

4.2.3 站址选择应按下列原则确定:

  1 具有适宜的工程地质条件,避开断层、滑坡、塌陷区、溶洞地带。

  2 宜选在地势较高或缓坡地区,宜避开河滩、沼泽、局部低洼地或可能遭受水淹的地区。

3 沙漠地区站址应避开风口和流动沙沙地段，并应采取防沙措施。

4.2.4 站址的面积应满足总平面布置的需要。采出水处理站宜与原油脱水站、注水站等联合建设。

4.2.5 对已建站进行更新改造，原站址又无条件利用时，新建设施宜靠近已建站，并应充分利用原有工程设施。

4.2.6 站址宜靠近公路，并宜具备可靠的供水、排水、供电及通信等条件。

4.2.7 站址与周围设施的区域布置防火间距、噪声控制和环境保护，应符合现行国家标准《石油天然气工程设计防火规范》GB 50183、《建筑设计防火规范》GB 50016、《工业企业噪声控制设计规范》GBJ 87 和《工业企业设计卫生标准》GBZ 1 等的有关规定。

4.2.8 站址的选择除应符合上述规定外，尚应符合国家现行标准《石油天然气工程总图设计规范》SY/T 0048 的有关规定。

4.3 站场平面与竖向布置

4.3.1 总平面及竖向布置应符合现行国家标准《石油天然气工程设计防火规范》GB 50183 和国家现行标准《石油天然气工程总图设计规范》SY/T 0048 的有关规定；未涉及部分应符合现行国家标准《建筑设计防火规范》GB 50016 的有关规定。

4.3.2 总平面布置应充分利用地形，并应结合气象、工程地质、水文地质条件合理、紧凑布置，节约用地。采出水处理站的土地面积有效利用率不应低于60%。

4.3.3 总平面布置应保证工艺流程顺畅、物料流向合理、生产管理和维护方便。采出水处理站与油气处理站合建时，可对同类设备进行联合布置。

4.3.4 站内附设变电室时，变电室应位于站场一侧，方便进出线，并宜靠近负荷中心。

4.3.5 站内应设生产及消防道路，道路宽度宜结合生产、防火与安全间距的要求，并应考虑系统管道和绿化布置的需要，合理确定。

4.3.6 采出水处理站应设置围墙，站场围墙应采用非燃烧材料建造，围墙高度不宜低于2.2m。

4.3.7 站内雨水宜采用有组织排水。对于年降雨量小于200mm的干旱地区，可不设排雨水系统。

4.3.8 特殊地质条件的竖向设计，应符合下列要求：

1 湿陷性黄土地区，应有迅速排除雨水的地面坡度和排水系统，场地排水坡度不宜小于0.5%，并应符合现行国家标准《湿陷性黄土地区建筑规范》GB 50025 的有关规定。

2 岩石地基地区、软土地区、地下水位高的地区，不宜进行挖方。

3 盐渍土地区，采用自然排水的场地设计坡度不宜小于0.5%，并应符合国家现行标准《盐渍土地区建筑规范》SY/T 0317 的有关规定。

4.3.9 采出水处理站的防洪设计应按照现行国家标准《油气集输设计规范》GB 50350 的有关规定执行。

4.3.10 站内的防洪设计标高应比按防洪设计标准计算的设计洪水水位高 0.5m。

4.3.11 采出水处理工艺的水力高程设计宜充分利用地形。

4.4 站内管道布置

4.4.1 管道布置应与总平面、竖向布置及工艺流程统一考虑，管道的敷设力求短捷，并应使管道之间、管道与建（构）筑物之间在平面和竖向上相互协调；管道布置可按走向集中布置成管廊带，宜平行于道路和建（构）筑物。

4.4.2 管道敷设方式应根据场区工程地质和水文地质情况、组成处理工艺流程的各构筑物的水力高程条件和维护管理要求等因素确定。

4.4.3 站内架空油气管道与建（构）筑物之间的最小水平间距应符合附录 A 的要求。

4.4.4 站内埋地管道与电缆、建（构）筑物之间平行的最小间距应符合附录 B 的要求。

4.4.5 地上管道的安装应符合下列规定：

1 架空管道管底距地面不宜小于2.2m，管墩敷设的管道管底距地面不宜小于0.3m。

2 管廊带下面有泵或其他设备时，管底距地面高度应满足机泵或设备安装和检修的要求。

3 地上管道和设备的涂色，应符合国家现行标准《油气田地面管道和设备涂色标准》SY 0043 的有关规定。

4.4.6 站内架空管道跨越道路时，桁架底面距主要道路路面（从路面中心算起）不宜小于5.5m，距人行道路面不应小于2.2m。

4.4.7 污油、蒸汽、热（回）水及其他管道的热补偿应与管网布置统一考虑，宜利用自然补偿。需要设置补偿时，其形式可按管道管径、工作压力、空间位置大小等具体情况确定。

4.4.8 站内热管道宜在下列部位设置固定支座：

1 在构筑物前的适当部位。

2 露天安装机泵的进出口管道上。

3 穿越建筑物外墙时，在建筑物外的适当部位。

4 两组补偿器的中间部位。

4.4.9 管道设计除应符合本规范的规定外，尚应符合国家现行标准《石油天然气工程总图设计规范》SY/T 0048、现行国家标准《室外给水设计规范》GB 50013 和《室外排水设计规范》GB 50014 的有关规定。

4.5 水质稳定

4.5.1 原水水质腐蚀严重时,应根据技术经济比较采用相应的水质稳定工艺。由于溶解氧的存在而引起严重腐蚀的情况下,宜采用密闭处理流程;由于pH值低而引起严重腐蚀的情况下,宜调节pH值。

4.5.2 采用密闭处理流程时,应按下列规定执行:

1 常压罐宜采用氮气作为密闭气体。采用天然气密闭时宜采用干气,若采用湿气时应采取脱水、防冻等措施。

2 密闭气体进入处理站,应设气体流量计量及调压装置,密闭气体运行压力不应超过常压罐的设计压力。运行压力上下限的设定值的选取应留有足够的安全余量。密闭系统的压力调节方式应经技术经济比较确定。

3 所有密闭的常压罐顶部透光孔应采用法兰型式,气体置换孔应加设阀门,并应与顶部密闭气源进口对称布置;罐顶应设置呼吸阀、阻火器、液压安全阀,寒冷地区应采用防冻呼吸阀,系统中应设置压力调节放空阀。

4 所有密闭的常压罐与大气相通的管道应设水封,水封高度不应小于250mm。

5 通向密闭常压罐的气体管道应设置截断阀,应采取防止气体管道内积水的措施,并应在适当位置设置放水阀。

6 密闭系统补气量应根据处理流程按最不利工况计算确定。

7 常压罐应设置高、低液位连续显示,液位上、下限报警及下限报警联锁停泵,其中沉降罐应只设上限液位报警,同时应将信号传至值班室。

8 常压罐气相空间系统应设置压力上、下限报警,压力下降至设定值时应联锁停泵,同时信号应传至值班室。

9 采用天然气密闭处理流程时,除应执行上述规定外,还应符合现行国家标准《石油天然气工程设计防火规范》GB 50183的有关规定。

4.5.3 采用调节pH值工艺时,应按下列规定执行:

1 应首先对注入区块地层做岩心碱敏性试验,确定注入水临界pH值。

2 pH值调节范围宜为7.0～8.0,不宜大于8.5。

3 筛选出的pH值调节药剂应与混凝剂、絮凝剂等水处理药剂配伍性能好,产生的沉淀物量应少,并应易于投加。

5 处理构筑物及设备

5.1 调储罐

5.1.1 调储罐的有效容积应根据水量变化情况,经计算确定。缺少资料的情况下,可按相似工程经验或按2～4h设计计算水量确定。

5.1.2 调储罐不宜少于2座。

5.1.3 在调储罐内宜设加热设施,应设收油及排泥设施。

5.2 除油罐及沉降罐

5.2.1 除油罐及沉降罐的技术参数应通过试验确定,没有试验条件的情况下,可按表5.2.1-1～5.2.1-3确定。

表5.2.1-1 水驱采出水除油罐及沉降罐技术参数

沉降罐种类	污水有效停留时间(h)	污水下降速度(mm/s)
除油罐	3～4	0.5～0.8
斜板除油罐	1.5～2	1.0～1.6
混凝沉降罐	2～3	1.0～1.6
混凝斜板沉降罐	1～1.5	2.0～3.2

表5.2.1-2 稠油采出水除油罐及沉降罐技术参数

沉降罐种类	污水有效停留时间(h)	污水下降速度(mm/s)
除油罐	3～8	0.2～0.8
斜板除油罐	1.5～4	0.5～1.7
混凝沉降罐	2～5	0.5～1.7
混凝斜板沉降罐	1～3	1.0～2.2

表5.2.1-3 聚合物驱采出水除油罐及沉降罐技术参数

沉降罐种类	污水有效停留时间(h)	污水下降速度(mm/s)
除油罐	7～9	0.2～0.4
混凝沉降罐	3～5	0.4～0.8

5.2.2 除油罐或沉降罐不宜少于2座。

5.2.3 除油罐或沉降罐内设置斜板(斜管)时,斜板(斜管)材质、厚度及斜板间距和斜管孔径应根据来水水质、水温及原油物性确定,并应符合下列要求:

1 斜板板间净距宜采用50～80mm,安装倾角不应小于45°。

2 斜管内径宜采用60～80mm,安装倾角不应小于45°。

3 斜板(斜管)表面应光洁,并应选用亲水疏油性材料。

4 斜板(斜管)与罐壁间应采取防止产生水流短路的措施。

5.2.4 除油罐或沉降罐应设收油设施，宜采用连续收油，间歇收油时应采取控制油层厚度的措施。

5.2.5 在寒冷地区或被分离出的油品凝固点高于罐内部环境温度时，除油罐或沉降罐的集油槽及油层内应设加热设施。

5.2.6 除油罐或沉降罐应设排泥设施。

5.2.7 除油罐或沉降罐的出流水头，应满足与后续构筑物水力衔接的要求。

5.2.8 压力构筑物的选择应根据采出水性质、处理后水质要求、处理站设计规模，通过试验或相似工程经验，经技术经济比较确定。

5.3 气浮机（池）

5.3.1 下列情况宜采用气浮机（池）：
 1 水中原油粒径较小、乳化较严重。
 2 油水密度差小的稠油、特稠油和超稠油采出水。

5.3.2 气浮机（池）的类型及气源应根据采出水的性质，通过试验或按相似工程经验，通过技术经济比较确定。

5.3.3 气浮单元不宜少于2座。

5.3.4 采用气浮机（池）时，应配套使用适宜的水处理药剂。

5.3.5 采出水处理系统中，气浮机（池）前，宜设置调储罐或除油罐。

5.3.6 气浮机（池）应设收油及排泥设施。

5.4 水力旋流器

5.4.1 水力旋流器使用条件，应符合下列要求：
 1 油水密度差大于 $0.05g/cm^3$。
 2 原水含油量高，且乳化程度较低。
 3 场区面积小，采用其他沉降分离构筑物难以布置。
 4 水力旋流器不宜单独使用。

5.4.2 水力旋流器的选择应根据采出水性质、处理后水质要求、设计水量，通过试验或相似工程经验，经技术经济比较确定。

5.4.3 水力旋流器配置不宜少于2组。

5.4.4 水力旋流器来水压力和流量应保持稳定。升压泵宜采用螺杆泵或低转速离心泵。

5.5 过 滤 器

5.5.1 过滤器类型的选择，应根据设计规模、运行管理要求、进出水水质和处理构筑物高程布置等因素，结合站场地形条件，通过技术经济比较确定。

5.5.2 过滤器的台数，应根据过滤器型式、设计水量、操作运行和维护检修等条件通过技术经济比较确定，但不宜少于2台。

5.5.3 过滤器的设计滤速宜按下式计算：

$$V = \frac{Q_s}{(n-1)F} \quad (5.5.3)$$

式中 V——过滤器滤速（m/h）；
 Q_s——设计计算水量（m³/h）；
 n——过滤器数量，$n \geq 2$；
 F——单个过滤器的过滤面积（m²）。

5.5.4 过滤器滤速选择，应根据进出水水质等因素，通过试验确定，没有试验条件的情况下，可按相似条件下已有过滤器的运行经验确定。在缺乏资料的情况下，常用过滤器滤速宜按表5.5.4选用。

表5.5.4 常用过滤器滤速

滤料类别	一级过滤滤速（m/h）	二级过滤滤速（m/h）
核桃壳	≤16	—
石英砂	≤8	≤4
石英砂+磁铁矿	≤10	≤6
改性纤维球	—	≤16

5.5.5 过滤器冲洗方式的选择，应根据滤料层组成、配水配气系统形式，通过试验确定，没有试验条件的情况下，可按相似条件下已有过滤器的经验确定。冲洗水应为净化水，水温不应低于采出水中原油凝固点。反冲洗时可加入适量的清洗剂。

5.5.6 粒状滤料过滤器宜采用自动控制变强度反冲洗。反冲洗强度应通过试验确定，没有试验条件的情况下，可按相似条件下已有过滤器的经验确定。在缺少资料的情况下，过滤器反冲洗强度可按表5.5.6-1和表5.5.6-2选用。

表5.5.6-1 过滤器水反冲洗强度

滤料种类	一级过滤器冲洗强度〔L/(m²·s)〕	二级过滤器冲洗强度〔L/(m²·s)〕
核桃壳	6～7	—
石英砂	14～15	12～13
石英砂+磁铁矿	15～16	13～14
改性纤维球	—	5～6

表5.5.6-2 过滤器气反冲洗强度

滤料种类	气冲洗强度〔L/(m²·s)〕
级配石英砂滤料	15～20
均粒石英砂滤料	13～17
双层滤料(煤、砂)	15～20

5.5.7 滤料应具有良好的机械强度和抗腐蚀性，可采用石英砂、磁铁矿、核桃壳、改性纤维球等，并应进行检验。

5.5.8 滤料及垫料的组成及填装厚度，应根据进出水水质等因素，通过试验确定，没有试验条件的情况下，可按相似条件下已有过滤器的运行经验确定。在缺少资料的情况下，滤料及垫料的组成宜按附录C设计。

5.5.9 重力过滤器宜采用小阻力配水系统，压力过滤器宜采用大阻力配水系统。

5.6 污油罐

5.6.1 污油罐有效容积可按下式确定：

$$W=\frac{Q(C_1-C_2)t\times10^{-6}}{24(1-\eta)\rho_0} \quad (5.6.1)$$

式中 W——污油罐有效容积（m^3）；
　　Q——处理站设计规模（m^3/d）；
　　C_1——原水的含油量（mg/L）；
　　C_2——净化水的含油量（mg/L）；
　　t——储存时间（h）；
　　η——污油含水率，除油罐、沉降罐或其他油水分离构筑物间歇收油时按40%～70%计，沉降罐或其他油水分离构筑物连续收油时按80%～95%计；
　　ρ_0——原油密度（t/m^3）。

5.6.2 污油罐宜保温，罐内宜设加热设施，罐底排水管宜设置排水看窗。

5.6.3 污油罐加热所需热量可按下式确定：

$$Q=KF(t_y-t_i) \quad (5.6.3)$$

式中 Q——罐中污油加热所需热量（W）；
　　F——罐的总表面积（m^2）；
　　t_y——罐内介质的平均温度（℃）；
　　t_i——罐周围介质的温度（℃），可取当地最冷月平均气温；
　　K——罐总散热系数〔W/（$m^2 \cdot $℃）〕。

5.6.4 污油宜连续均匀输送至原油脱水站。

5.6.5 污油罐宜设1座，公称容积不宜大于200m^3，污油进罐管道宜设通往污油泵进口的旁路管道。

5.7 回收水罐（池）

5.7.1 回收水罐（池）的有效容积可按下式确定：

$$W=W_1+W_2 \quad (5.7.1)$$

式中 W——回收水罐（池）的有效容积（m^3）；
　　W_1——反冲洗最大排水量（m^3）；
　　W_2——进入回收水罐（池）的其他水量（m^3）。

5.7.2 回收水池宜设2格，回收水罐宜设2座。

5.7.3 回收水罐（池）应采用高位进水。

5.7.4 压力过滤时，宜采用回收水罐；重力过滤时，应采用回收水池；回收水罐（池）宜设排泥设施和收油设施。

5.7.5 反冲洗排水进入回收水罐（池）或进入排泥水系统，应通过试验或相似工程经验确定。

5.7.6 反冲洗排水采用回收水罐时，站内应设置各构筑物低位排水的接收池。

5.7.7 污水回收宜连续均匀输至调储罐或除油罐前。

5.8 缓冲罐（池）

5.8.1 缓冲罐（池）有效容积宜按0.5～1.0h的设计计算水量确定。滤后水缓冲罐（池）如兼作反冲洗储水罐（池）时，应考虑反冲洗储水量所需容积。

5.8.2 缓冲罐（池）宜设2座。

5.8.3 缓冲罐（池）可不做保温，滤后水缓冲罐（池）如兼作反冲洗储水罐（池）时，宜做保温。

5.8.4 缓冲罐（池）应设收油设施。

6 排泥水处理及泥渣处置

6.1 一般规定

6.1.1 采出水处理站排泥水处理应包括除油罐排泥水、沉降罐排泥水、反冲洗回收罐（池）排泥水或过滤器反冲洗排水等。

6.1.2 排泥水处理系统设计处理的干泥量可按下式计算：

$$S=(C_0+KD)\times Q\times10^{-6} \quad (6.1.2)$$

式中 S——干泥量（t/d）；
　　C_0——原水悬浮固体设计取值（mg/L）；
　　D——药剂投加量（mg/L）；
　　K——药剂转化成泥量的系数，经试验确定；
　　Q——设计规模（m^3/d）。

6.1.3 排泥水处理过程中分离出的清液应回收，回收水宜均匀连续输至除油罐（或调储罐）前或排入排泥水调节罐（池）进行处理。

6.1.4 排泥水处理工艺流程可由调节、浓缩、脱水及泥渣处置四道工序或其中部分工序组成，应根据采出水处理站相应构筑物的排泥机制、排泥水量、排泥浓度及反冲洗排水去向，确定工序的选择。

6.1.5 处理构筑物排泥水平均含固率大于2%时，经调节后可直接进行脱水而不设浓缩工序。

6.2 调 节 池

6.2.1 调节池的有效容积应分别按下列情况确定：

1 调节池与回收水罐（池）合建时，有效容积按所有过滤器最大一次反冲洗水量及其他构筑物最大一次排泥水量之和确定。

2 调节池单独建设时，有效容积按构筑物最大一次排泥水量确定。

6.2.2 调节池进行水质、水量调节时，池内应设扰流设施；只进行水量调节时，池内应分别设沉泥和上清液取出设施。

6.2.3 浓缩罐（池）为连续运行方式时，调节池出流流量宜均匀、连续。

6.3 浓缩罐（池）

6.3.1 排泥水浓缩宜采用重力浓缩。采用离心浓缩等方式时，应通过技术经济比较确定。

6.3.2 浓缩后泥水的含固率应满足选用的脱水设备进机浓度要求，且不宜低于2%。

6.3.3 重力浓缩罐（池）面积可按固体通量计算，并应按液面负荷校核。固体通量、液面负荷及泥渣停留时间宜通过沉降浓缩试验或按相似排泥水浓缩数据确定。

6.3.4 重力浓缩罐（池）为间歇进水和间歇出泥时，可采用浮动收液设施收集上清液提高浓缩效果。

6.4 脱 水

6.4.1 脱水工艺的选择应根据浓缩后泥水的性质，最终处置对脱水泥渣的要求，经技术经济比较后选用，可采用板框压滤机、离心脱水机或自然干化。

6.4.2 干化场的干化周期、干泥负荷宜根据小型试验或根据泥渣性质、年平均气温、年平均降雨量、年平均蒸发量等因素，可按相似地区经验确定。

6.4.3 脱水设备的台数应根据所处理的干泥量、设定的运行时间确定。

6.4.4 泥水在脱水前若进行化学调质，药剂种类及投加量宜由试验或按相同机型、相似排泥水性质的运行经验确定。

6.4.5 脱水机滤液及脱水机冲洗废水宜回流至排泥水调节池或浓缩罐（池）。

6.4.6 输送浓缩泥水的管道应适当设置管道冲洗进水口和排水口。

6.5 泥渣处置

6.5.1 脱水后泥渣宜运到环保部门指定的堆放场进行集中处置或处理。

7 药剂投配与贮存

7.1 药剂投配

7.1.1 采出水处理药剂种类的选择，应根据采出水的原水水质特性、处理后水质指标、工艺流程特点确定。

7.1.2 多种药剂投加时应进行配伍性试验，合格后才可使用。

7.1.3 药剂品种的选择、投加量及混合、反应方式应通过试验确定，没有试验条件的情况下，可按相似条件下采出水处理站运行经验确定。

7.1.4 药剂投配宜采用液体投加方式，可采用机械或其他方式进行搅拌。

7.1.5 药剂的配制次数应根据药品品种、投加量和配制条件等因素确定，每日不宜超过3次。

7.1.6 药剂投加宜采用加药装置，加药泵宜采用隔膜式计量泵。加药装置应充分考虑药液的腐蚀性，并应设置排渣、疏通等措施。

7.1.7 投药点的位置应根据采出水处理工艺要求，同时结合药剂的性质和配伍性试验，合理设置。尚未取得试验结果时，可按下列位置投加：

1 絮凝剂、助凝剂投加在沉降分离构筑物进口管道；采用接触过滤时，絮凝剂投加在滤前水管道。

2 浮选剂投加在气浮机池进口管道。

3 杀菌剂投加在原水、滤前，在不影响水质的情况下也可投加在净化水管道。

4 滤料清洗剂投加在滤罐的反冲洗进水管道。

5 缓蚀阻垢剂、pH值调节剂投加在原水管道。

7.1.8 同一药剂多点投加时，应分别设计量设施。

7.1.9 pH值调节剂采用盐酸或硫酸时，应密闭贮存和密闭投加。

7.2 药剂贮存

7.2.1 药剂仓库地坪高度的确定应便于药剂的运输、装卸，当不具备条件时可设置装卸设备。

7.2.2 药剂的储备量应根据药剂的供应和运输条件确定，固体药剂宜按15～20d用量计算，液体药剂宜按5～7d用量计算，偏远地区应根据实际情况定。

7.2.3 药库应根据贮存药剂的性质采取相应的防腐蚀、防粉尘、防潮湿、防火、防爆、防毒及通风等措施。

8 工艺管道

8.1 一般规定

8.1.1 采出水的输送应采用管道，不得采用明沟和带盖板的暗沟。

8.1.2 管道材质的选择应根据采出水性质、水压、外部荷载、土壤腐蚀性、施工维护和材料供应等条件确定。

8.1.3 采出水处理站工艺管道严禁与生活饮用水管道连通。

8.1.4 沉降分离构筑物的收油管道应根据油品性质和敷设地区环境温度条件，采取经济合理的保温伴热措施。

8.1.5 地上敷设的工艺管道宜设放空口和扫线口。

8.1.6 含有原油的排水系统与生活排水系统必须分开设置。

8.1.7 加药管道敷设应遵循下列原则：

1 加药管道可埋地敷设、管沟敷设、地面敷设。

2 加药管道材质选择应根据所投加化学药剂性质，合理选择。具有腐蚀性药剂宜选择非金属管、金属内衬非金属管或不锈钢管。

8.1.8 场区工艺管道埋地时管顶最小覆土深度不宜小于 0.7m，穿越道路时应设套管。

8.2 管道水力计算

8.2.1 管道总水头损失，可按下式计算：
$$h_z = h_y + h_j \quad (8.2.1)$$
式中 h_z——管道总水头损失（m）；
h_y——管道沿程水头损失（m）；
h_j——管道局部水头损失（m）。

8.2.2 管道沿程水头损失，可按下式计算：
$$h_y = \lambda \cdot \frac{l}{d_j} \cdot \frac{v^2}{2g} \quad (8.2.2)$$
式中 λ——沿程阻力系数；
l——管段长度（m）；
d_j——管道计算内径（m）；
v——管道计算水流平均流速（m/s）；
g——重力加速度（m/s²）。

注：λ 与管道的相对当量粗糙度（Δ/d_j）、雷诺数（Re）有关，其中：Δ 为管道当量粗糙度（mm）。

8.2.3 管道的局部水头损失宜按下式计算：
$$h_j = \sum \xi \frac{v^2}{2g} \quad (8.2.3)$$
式中 ξ——管（渠）道局部水头损失系数。

8.2.4 通过式（8.2.1）计算后，水头损失宜增加 10%～20%。

8.2.5 污油管道沿程摩阻宜按现行国家标准《油气集输设计规范》GB 50350 中原油集输管道计算。

8.2.6 压力输泥管最小设计流速宜按表 8.2.6 的规定取值。

表 8.2.6 压力输泥管最小设计流速

污泥含水率（%）	流 速（m/s）
90	1.5
91	1.4
92	1.3
93	1.2
94	1.1
95	1.0
96	0.9
97	0.8
98	0.7

8.2.7 自流排泥管道管径不应小于 200mm。

8.2.8 压力输送污泥管道的水头损失应通过试验确定，缺少资料时，可按下列规定估算：

  1 污泥含水率为 99% 以上时，可按清水的水头损失计算。

  2 污泥含水率为 95%～99% 时，可为清水水头损失的 1.3～2.5 倍。

  3 污泥含水率为 92%～95% 时，可为清水水头损失的 2.5～8 倍。

  4 污泥含水率为 90%～92% 时，可为清水水头损失的 8～13 倍。

9 泵 房

9.1 一般规定

9.1.1 工作水泵的型号及台数应根据水量变化、水压要求、水质情况、机组的效率和功率因素等，综合考虑确定。水量变化大且水泵台数较少时，应考虑大小规格搭配，但型号不宜过多。

9.1.2 水泵的选择应符合节能要求。水量和水压变化较大时，经过技术经济比较，可采用机组调速、更换叶轮等措施。

9.1.3 同类用途泵应设备用水泵。备用水泵型号宜与工作水泵中的大泵一致。

9.1.4 泵房设计宜进行停泵水锤计算，停泵水锤压力值超过管道试验压力值时，必须采取消除水锤的措施。

9.1.5 水泵宜采用正压吸水。采用负压吸水时，水泵宜分别设置吸水管。

9.1.6 吸水管布置应避免形成气囊，吸入口的淹没深度应满足水泵运行的要求。

9.1.7 水泵安装高度应满足不同工况下必需气蚀余量的要求。

9.1.8 水泵吸水管及出水管的流速，宜采用下列数值：

  1 吸水管：

  直径小于 250mm 时，宜为 0.8～1.2m/s；

  直径大于或等于 250mm 时，宜为 1.0～1.5m/s；

  2 出水管：

  直径小于 250mm 时，宜为 1.2～1.5m/s；

  直径大于或等于 250mm 时，宜为 1.5～2.0m/s；

9.2 泵房布置

9.2.1 水泵机组的布置应满足设备的运行、维护、安装和检修的要求。

9.2.2 水泵机组的布置应遵守下列规定：

  1 水泵机组基础间的净距不宜小于 1.0m。

  2 机组突出部分与墙壁的净距不宜小于 1.2m。

  3 配电箱前面通道宽度，低压配电时不宜小于 1.5m，高压配电时不宜小于 2.0m。采用在配电箱后面检修时，后面距墙的净距不宜小于 1.0m。

9.2.3 泵房的主要通道宽度不应小于 1.2m。

9.2.4 泵房内的架空管道，不得阻碍通道和跨越电气设备。

9.2.5 泵房应设一个可搬运最大尺寸设备的门。

10 公用工程

10.1 仪表及自动控制

10.1.1 采出水处理站的控制系统,应根据工艺流程的复杂程度、控制的难易、生产管理水平、操作维护能力、自然环境和社会条件等因素,采用计算机控制系统或仪表控制系统。

10.1.2 设计应切合实际,保证生产平稳、安全,降低生产消耗和劳动强度。

10.1.3 仪表及计算机控制系统的监测和控制,应符合下列要求:

  1 压力沉降罐等容器的收油、排泥,水力旋流器来水的压力、流量等必要控制。

  2 压力过滤器反冲洗宜采用变频或调节阀自动控制。

  3 常压构筑物宜设液位指示、报警措施。

  4 采用天然气密闭的采出水处理站,应设置可燃气体检测报警装置。在有毒气体存在的场所,应设置有毒气体检测报警装置。

10.2 供配电

10.2.1 电力负荷等级应按二级负荷设计。

10.2.2 站内用电设备负荷等级应符合表10.2.2的规定。

表 10.2.2 油田采出水处理站内用电设备负荷等级

单体名称	主要用电设备	负荷等级	备注
泵房、阀室、污泥处理间、加药间、配电值班室、管道电伴热	升压泵、反冲泵、污水回收泵、污油泵、排泥泵、加药泵、通信设备、电伴热带	二	
仪表间	自控仪表	二	须设事故电源
化验室、值班室、维修间、车库、材料及设备库	照明灯具、维修机具、化验仪器	三	

10.3 给排水及消防

10.3.1 给排水及消防系统应充分利用已有的系统工程设施,统一规划,分期实施。对于不宜分期建设的工程,可一次实施。

10.3.2 给水、排水的设计除应符合国家现行标准《油气厂、站、库给水排水设计规范》SY/T 0089 的规定外,还应符合国家现行标准的相关规定。

10.3.3 消防系统的设计除应符合现行国家标准《石油天然气工程设计防火规范》GB 50183 的规定外,还应符合国家现行标准的相关规定。

10.4 供 热

10.4.1 采出水处理站锅炉的最大热负荷应按下式计算:

$$Q_{max}=K(K_1Q_1+K_2Q_2+K_3Q_3+K_4Q_4) \quad (10.4.1)$$

式中 Q_{max}——最大计算热负荷(kW 或 t/h);

   K——锅炉房自耗及供热管网热损失系数,取 1.05~1.20;

   K_1——采暖热负荷同时使用系数,取 1.0;

   K_2——通风热负荷同时使用系数,取 0.4~0.5;

   K_3——生产热负荷同时使用系数,取 0.5~1.0;

   K_4——生活热负荷同时使用系数,取 0.5~0.7;

   Q_1、Q_2、Q_3、Q_4——依次为采暖、通风、生产及生活最大热负荷(kW 或 t/h)。

10.4.2 锅炉供热介质应选用热水,在热水供热不能满足要求时可选用蒸汽或其他供热介质。

10.4.3 锅炉露天布置时,在操作层的炉前宜布置燃料调节、给水调节和蒸汽温度调节阀组,并应适当封闭。

10.5 暖通空调

10.5.1 站场内各类房间的冬季采暖室内计算温度宜符合表10.5.1的规定。

表 10.5.1 室内采暖计算温度

房间名称	室温(℃)
污水泵房、污油泵房、库房、水罐阀室	5
加药间、维修间	14
值班室、化验室、更衣室	18

10.5.2 通风方式应采用自然通风,自然通风不能达到卫生或生产要求时,应采用机械通风方式或自然与机械相结合的联合通风方式。通风方式及换气次数宜按表10.5.2执行。

表 10.5.2 站场内建筑的通风方式及换气次数

厂房名称	通风要求	通风方式	换气次数(次/h)
加药间(药库)	排除有害气体	机械通风	8
污水泵房	排除有害气体	有组织的自然通风	5~8

续表 10.5.2

厂房名称	通风要求	通风方式	换气次数（次/h）
污油泵房	排除有害气体	有组织的自然或机械通风	6～10
阀室	排除有害气体	有组织的自然通风	3～5
操作间	排除有害气体	有组织的自然或机械通风	5～8

10.5.3 化验室通风应采用局部排风，并应设置防腐性通风柜，通风柜的吸入速度宜为 0.4～0.5m/s。

10.5.4 放散到厂房内的有害气体密度比空气重（相对密度大于 0.75），且室内放散的显热不足以形成稳定的上升气流而沉积在下部区域时，宜从下部区域排除总排风量的 2/3，上部区域排除总排风量的 1/3。

10.5.5 沙漠地区采出水处理站内建筑物的通风设计应满足防沙要求。

10.6 通　信

10.6.1 通信系统应纳入油区通信网络总体规划统一考虑。

10.6.2 通信线路穿越站场及与其他建筑物的安全距离应符合附录 D 和附录 E 的要求。

10.7 建筑及结构

10.7.1 室外管墩、管架及设备平台宜采用混凝土结构，管架及设备平台也可采用钢结构。室内操作平台及室内小型管架宜采用钢结构。

10.7.2 除油罐、沉降罐、单（无）阀滤罐等对罐底板不均匀沉降要求严格的立式金属罐，宜采用钢筋混凝土板式基础。

10.7.3 卧式罐基础数不宜超过 2 个，且不应浮放。基础的底面积应满足地基承载力要求。鞍座下基础竖板或框架的强度应满足水平滑动推力和地震作用等要求。

10.7.4 药库、加药间、卸药台的地面、墙面及药品能接触的部位，应根据不同的药品的腐蚀等级采取相应的防腐蚀措施。

10.8 道　路

10.8.1 油田采出水处理站场道路的设计应满足生产管理、维修维护和消防等通车的需要。站场道路：
　　主干道宜为 6m；
　　次干道宜为 3.5m 或 4m；
　　人行道宜为 1m 或 1.5m。

10.8.2 站内道路的最小曲线半径应为 14m，交叉口路面内缘转弯半径宜为 9～12m，消防道路及消防车必经之路，其交叉口或弯道的路面内缘转弯半径不得小于 12m。

10.8.3 消防道路如不能与其他道路相通时，应在端点设回车场。

10.9 防腐及保温

10.9.1 采出水处理站钢质设备及管道的防腐应根据其使用要求、重要程度及介质的腐蚀性强弱来确定技术可靠、经济合理的防腐蚀措施。

11 健康、安全与环境

11.0.1 劳动安全卫生的设计应针对工程特点进行，主要应包括下列几项：

　　1 确定建设项目（工程）主要危险、有害因素和职业危害。

　　2 对自然环境、工程建设和生产运行中的危险、有害因素及职业危害进行定性和定量分析。

　　3 提出相应的劳动安全卫生对策和防护措施。

　　4 劳动安全卫生设施和费用。

11.0.2 生产中产生的废水、废气及废渣（液），应遵循国家和地方环境保护的现行有关标准进行无害化处理，达标后排放或进行安全填埋处理。

11.0.3 采出水处理站场噪声防治应符合现行国家标准《工业企业厂界噪声标准》GB 12348 的规定。

附录 A 站内架空油气管道与建（构）筑物之间最小水平间距

表 A　站内架空油气管道与建（构）筑物之间最小水平间距

建（构）筑物		最小水平间距（m）
建（构）筑物墙壁外缘或突出部分外缘	有门窗	3.0
	无门窗	1.5
场区道路		1.0
人行道路外缘		0.5
场区围墙（中心线）		1.0
照明或电信杆柱（中心）		1.0
电缆桥架		0.5
避雷针杆、塔根部外缘		3.0
立式罐		1.6

注：1　表中尺寸均自管架、管墩及管道最突出部分算起。道路为城市型时，自路面外缘算起；道路为公路型时，自路肩外缘算起。

　　2　架空管道与立式罐之间的距离，是指立式罐与其圆周切线平行的架空管道管壁的距离。

附录 B 站内埋地管道与电缆、建（构）筑物之间平行的最小间距

表 B 站内埋地管道与电缆、建（构）筑物之间平行的最小间距

建（构）筑物名称		通信电缆及35kV以下直埋电力电缆（m）	管架基础（或管墩）外缘（m）	电杆中心线（m）	建筑物基础外缘（m）	道 路	
						路面或路边石外缘（m）	边沟外缘（m）
管道名称	污油管道	2.0	1.5	1.5	2.0	1.5	1.0
	污水管道	2.0	1.5	1.5	2.0	1.5	1.0
	压缩空气管道	1.0	1.0	1.0	1.5	1.0	1.0
	热力管道	2.0	1.5	1.0	1.5	1.0	1.0
	消防水管道	1.0	1.0	1.0	1.5	1.0	1.0
	清水管道	1.0	1.0	1.0	1.5	1.0	1.0
	加药管道	1.0	1.0	1.0	1.5	1.0	1.0

注：1 表中所列净距应自管壁或保护设施外缘算起。
  2 管道埋深大于邻近建（构）筑物的基础埋深时，应采用土壤安息角校正表中所列数值。
  3 有可靠根据或措施时，可减少表中所列数值。

附录 C 过滤器滤料、垫料填装规格及厚度

表 C-1 核桃壳过滤器滤料填装规格及厚度

序号	名 称	粒径规格（mm）	填装厚度（mm）
1	核桃壳滤层	0.6～1.2	1200～1400

表 C-2 纤维球过滤器滤料填装规格及厚度

序号	名 称	粒径规格（mm）	填装厚度（mm）
1	纤维球滤层	30±5	1000～1200

表 C-3 重力单阀过滤器滤料、垫料填装规格及厚度

序号	名 称	粒径规格（mm）	填装厚度（mm）
1	石英砂滤层	0.5～1.2	700～800
2	砾石垫料层	1～2	50
3	砾石垫料层	2～4	100
4	砾石垫料层	4～8	100
5	砾石垫料层	8～16	100
6	砾石垫料层	16～32	200

注：采用滤头配水（气）系统时，垫料层可采用粒径为2～4mm的粗砂，其厚度宜为50～100mm。

表 C-4 石英砂压力过滤器滤料、垫料填装规格及厚度

序号	名 称	粒径规格（mm）	填装厚度（mm）
1	石英砂滤层	0.5～1.2	700～800
2	砾石垫料层	1～2	100
3	砾石垫料层	2～4	100
4	砾石垫料层	4～8	100

续表 C-4

序号	名称	粒径规格（mm）	填装厚度（mm）
5	砾石垫料层	8～16	100
6	砾石垫料层	16～32	200
7	砾石垫料层	32～64	至配水管管顶上面100

表 C-5 双层压力过滤器滤料、垫料填装规格及厚度

序号	名称	一次滤料规格（mm）	二次滤料规格（mm）	填装厚度（mm）
1	石英砂滤层	0.8～1.2	0.5～0.8	400～600
2	磁铁矿滤层	0.4～0.8	0.25～0.5	400～200
3	磁铁矿垫料层	0.8～1.2	0.5～1.0	50
4	磁铁矿垫料层	1～2	1～2	100
5	磁铁矿垫料层	2～4	2～4	100
6	磁铁矿垫料层	4～8	4～8	100
7	砾石垫料层	8～16	8～16	100
8	砾石垫料层	16～32	16～32	200
9	砾石垫料层	32～64	32～64	至配水管管顶上面100

附录 D 埋地通信电缆与地下管道、建（构）筑物的最小间距

表 D 埋地通信电缆与地下管道、建（构）筑物的最小间距

地下管道及建筑物		最小水平净距（m）		最小垂直净距（m）	
		电缆管道	直埋电缆	电缆管道	直埋电缆
给水管道	75～150mm	0.5	0.5	0.15	0.5
	200～400mm	1.0	1.0	0.15	0.5
	>400mm	2.0	1.5	0.15	0.5
天然（煤）气管道	压力≤0.3MPa	1.0	1.0	0.15①	0.5
	0.3MPa<压力≤0.8MPa	2.0	1.0	0.15①	0.5
电力线	35kV以下电力电缆	0.5②	0.5②	0.5②	0.5②
	10kV及以下电力线电杆	1.0			
建筑物	散水边缘		0.5	—	
	无散水时	1.5	1.0	—	
	基础		0.6	—	
绿化	高大树木	1.5	—		
	小型绿化树	1.0			

地下管道及建筑物	最小水平净距（m）		最小垂直净距（m）	
	电缆管道	直埋电缆	电缆管道	直埋电缆
输油管道	—	2.0		0.5
热力管道	1.0	2.0	0.25	0.5
排水管道	1.0	1.0	0.15	0.5
道路边石	1.0	—		
排水沟		0.8		0.5
广播线	—	0.1		

注：①交越处2m内天然（煤）气管道不得有接口，否则电缆及电缆管道应加包封。
②电力电缆加有保护套管时，净距可减至0.15m。

附录E 通信架空线路与其他设备或建（构）筑物的最小间距

表E 通信架空线路与其他设备或建（构）筑物的最小间距

序号	净距说明		最小净距（m）
1	杆路与油（气）井或地面露天油池的水平间距		20
2	杆路与地下管道的水平距离，杆路与消火栓的水平距离		1.0
3	杆路与火车轨道的水平距离		地面杆高的 $1\frac{1}{3}$
4	杆路与人行道边石的水平距离		0.5
5	导线与建筑物的最小水平距离		2.0
6	最低导线或电缆与最高农作物之间		0.6
7	最低电缆或导线距路面	一般地区	4.5
		特殊地点	3.0
8	任一导线与树枝间	在市内最近水平距离	1.3
		在郊外最近水平距离	2.0
		最近垂直距离	1.0
9	跨越河流	通航河流最低电缆或导线与最高洪水时船舶或船帆最高点间距	1.0
		不通航河流最低电缆或导线距最高洪水位	2.0
10	电缆或导线穿越有防雷保护装置的架空电力线路	1kV以下	1.25
		1～10kV	2.0
		20～110kV	3.0
		154～220kV	4.0
11	电缆或导线穿越无防雷保护装置的架空电力线路	1kV以下	1.25
		1～10kV	4.0
		20～110kV	5.0
		154～220kV	6.0
12	与带有绝缘层的低压电力线交越时		0.6
13	两通信线（或与广播线）交越最近两导线的垂直距离		0.6①
14	电缆或导线与直流电气铁道馈电线交越时		2.0②
15	电缆或导线与霓虹灯及其铁架交越时		1.6
16	跨越房屋时最低电缆或导线距房顶		1.0
17	跨越乡村大道、城市人行道和居民区最低电缆或导线距路面		4.5
18	跨越公路、通卡车的大车路和城市街道最低电缆或导线距路面		5.5
19	跨越铁路最低电缆或导线距轨面		7.0

注：①两通信线交越时，一级线路应在二级线路上面通过，且交越角不得小于30°，广播线路为三级线路。
②通信线路与25kV交流电气铁道的馈电线不允许跨越，必要时应采用直埋电缆穿过。

本规范用词说明

1 为便于在执行本规范条文时区别对待，对要求严格程度不同的用词说明如下：

1）表示很严格，非这样做不可的用词：
正面词采用"必须"，反面词采用"严禁"。

2）表示严格，在正常情况下均应这样做的用词：
正面词采用"应"，反面词采用"不应"或"不得"。

3）表示允许稍有选择，在条件许可时首先应这样做的用词：
正面词采用"宜"，反面词采用"不宜"；
表示有选择，在一定条件下可以这样做的词，采用"可"。

2 本规范中指明应按其他有关标准、规范执行的写法为"应符合……的规定"或"应按……执行"。

中华人民共和国国家标准

油田采出水处理设计规范

GB 50428—2007

条 文 说 明

目 次

1 总则 …………………………… 44—19
2 术语 …………………………… 44—19
3 基本规定 ……………………… 44—19
4 处理站总体设计 ……………… 44—21
　4.1 设计规模及水量计算 ……… 44—21
　4.2 站址选择 ………………… 44—21
　4.3 站场平面与竖向布置 ……… 44—21
　4.4 站内管道布置 …………… 44—22
　4.5 水质稳定 ………………… 44—22
5 处理构筑物及设备 …………… 44—23
　5.1 调储罐 …………………… 44—23
　5.2 除油罐及沉降罐 ………… 44—23
　5.3 气浮机（池） …………… 44—24
　5.4 水力旋流器 ……………… 44—24
　5.5 过滤器 …………………… 44—24
　5.6 污油罐 …………………… 44—25
　5.7 回收水罐（池） ………… 44—25
　5.8 缓冲罐（池） …………… 44—25
6 排泥水处理及泥渣处置 ……… 44—25
　6.1 一般规定 ………………… 44—25
　6.2 调节池 …………………… 44—26
　6.3 浓缩罐（池） …………… 44—26
　6.4 脱水 ……………………… 44—26
7 药剂投配与贮存 ……………… 44—26
　7.1 药剂投配 ………………… 44—26
　7.2 药剂贮存 ………………… 44—27
8 工艺管道 ……………………… 44—27
　8.1 一般规定 ………………… 44—27
　8.2 管道水力计算 …………… 44—27
9 泵房 …………………………… 44—28
　9.1 一般规定 ………………… 44—28
　9.2 泵房布置 ………………… 44—28
10 公用工程 …………………… 44—29
　10.1 仪表及自动控制 ………… 44—29
　10.2 供配电 …………………… 44—29
　10.3 给排水及消防 …………… 44—29
　10.4 供热 ……………………… 44—29
　10.5 暖通空调 ………………… 44—29
　10.7 建筑及结构 ……………… 44—30
　10.8 道路 ……………………… 44—30
　10.9 防腐及保温 ……………… 44—30
11 健康、安全与环境 ………… 44—30
附录 A、附录 B、附录 D、附录 E ……… 44—30
附录 C ………………………………… 44—30

1 总 则

1.0.3 油田采出水处理后主要是用于回注到地下油层，其他用途目前主要是指稠油油田采出水处理后用于蒸汽发生器给水。当采出水经处理后用于其他用途或排放时，对以原油及悬浮固体为主的预处理（以下简称预处理）系统的设计可参照本规范执行。

1.0.4 各油田产生采出水的时间不同，有的油田开发初期不含水，有的油田因初期水量小而用于掺水或拉运至其他采出水处理站处理时，采出水处理工程可以缓建。

2 术 语

本章所列术语，其定义及范围，仅适用于本规范。

本章所列术语，大多是参照国家现行标准《石油工程建设基本术语》SYJ 4039 和现行国家标准《给排水设计基本术语标准》GBJ 125 的名词解释确定的，并结合油田采出水处理生产发展的实际做了适当完善和补充。

2.0.9 采出水处理站外部来水是指原油脱水系统来水、洗井废水回收水、分建采出水深度处理站反冲洗排水回收水等。不包括采出水处理站内部回收水，如反冲洗排水、污泥浓缩上清液、污泥脱水机滤液的回收水等。

2.0.13、2.0.14 除油罐和沉降罐是利用介质的密度差进行重力沉降分离的处理构筑物，因此同属一种类型，以去除水中原油为主要目的，习惯上称作"除油罐"。事实上采出水中不仅含有原油，也含有较多的悬浮固体，悬浮固体的去除远比去除原油困难得多，油田注水水质标准对悬浮固体的要求也比对原油的要求严格。在沉降分离构筑物中只提出"除油罐"这一术语，不符合采出水处理的实际情况。本规范提出"沉降罐"这一术语，是为了适应油田采出水处理技术发展的要求，它本可代替"除油罐"这一术语，但考虑到"除油罐"这一术语在油田使用多年，在采用两级沉降分离构筑物的处理流程中，第一级往往是主要去除水中原油，所以还有其存在的价值。本规范保留"除油罐"这一术语，并对该术语进行重新定义。

除油罐或沉降罐有立式和卧式两类，卧式多为压力式。

2.0.16 回收水罐（池）主要是接收储存过滤器反冲洗排水的构筑物，也可接收储存其他构筑物能够进入的自流排水，如检修时构筑物的放空排水等。

3 基 本 规 定

3.0.1 采出水处理工程是油田地面建设不可缺少的组成部分，其原水来源主要是原油脱水，其次是洗井废水和其他污水。因此采出水处理工程建设规模必须与原油脱水工程相适应。建设规模适应期宜为 10 年以上是根据国家现行标准《油气田地面建设规划设计规范》SY 0049 的规定，并与现行国家标准《油气集输设计规范》GB 50350 相一致。采出水处理工程建设最终规模应以"油田地面建设总体规划"为依据确定，是否分期建设，应根据油田生产过程中原油综合含水率的上升情况，综合考虑技术经济因素确定。

3.0.2 采出水处理工程设计，应适应油田开发的要求，积极慎重地采用经过试验和验证的、行之有效的先进工艺、设备和新的科研成果。同时根据采出水性质、注水水质标准和油田所处地区的自然环境等条件，进行多方案的技术经济比较，确定采出水处理工艺。

3.0.3 本条是根据现行国家标准《油气集输设计规范》GB 50350 规定的，但各油田可根据采出水水质特性、集输工艺及生产管理情况制订相应的指标。

3.0.4 处理后用于油田注水，水质必须达到注水标准，以利油层保护。若用于其他目的时，如稠油油田采出水处理后用于蒸汽发生器给水或采出水处理后排放等，则应符合相应的后续处理工艺对预处理水质要求。

3.0.5 本条规定主要是为了减少采出水的乳化程度，并节省动力。洗井废水的杂质含量很高，直接输入流程会对采出水处理系统的冲击太大，影响净化水的水质，所以洗井废水宜设置适当的预处理设施，经预处理后输至调储罐或除油罐（或沉降罐）前。

3.0.6 油田采出水原水供给一般是不均衡的，主要表现在水量（水量时变化系数大于 1.15）或水质的较大波动上，经常造成采出水处理站水质达标困难，通过调节原水水量或水质的波动，使之平稳进入后续处理构筑物，不仅可以减小采出水处理站建设工程量，还能提高处理后水质的合格率。在原水水质、水量波动不大，且采用重力式沉降罐（或除油罐）分离或原油脱水站有污水沉降罐时，可不设调储设施。

3.0.7 本条规定主要是为了准确地了解采出水处理站的实际运行情况，进而评价处理工艺的运行效果，为生产管理提供便利。当原水来源或净化水用户大于 1 处时，应单独设置计量设施；也可在处理流程中间各段出口设置计量设施，以利于检测中间各段处理构筑物的处理效果。

3.0.8 防爆分区划分应执行国家现行标准《石油设施电气设备安装区域一级、0 区、1 区和 2 区区域划分推荐做法》SY/T 6671 的有关规定。防爆要求应执行国家或行业的相关规范、标准及规定。

根据各油田多年经验，采出水处理站的某些场所有油气聚集，如沉降罐阀组间、除油罐阀组间、气浮机（池）厂房（气浮机在室内）及操作间（气浮机在室外）、污油罐阀组间、污油泵房、天然气调压间等场所的用电设备应防爆。对于采用天然气密闭流程，当滤罐的排气口设在室内时，室内的用电设备应防爆。

3.0.9 流程的灵活性将给生产管理带来很大的方便，因此在工程设计中采取一定的措施是必要的。

  1 主要处理构筑物（如沉降罐、除油罐等）的数量不宜少于2座，当需要检修或清洗时，可分别进行，不致造成全站停产。但对处理量小、采出水全部水量能调至邻近站或本站内设置有事故罐（池），在构筑物检修时造成全站停产或部分停产，避免污水外排污染环境，此时可设1座，但事故罐（池）的容积应满足停产检修期间储存水量的要求。

  2 在检修动火时，油田上曾多次发生过由于隔断措施不利，造成沉降罐着火、伤人事故。现行检修隔断措施大多采用在构筑物进口、出口管道和溢流管道上加盲板的做法。应该特别提醒的是，仅仅关闭构筑物上的有关阀门起不到隔断作用，因为经过一段时间的使用，阀门大多数关闭不严。

  3 站与站之间的原水用管道连通，可以调节处理站之间的水量不平衡。同时一旦某站发生事故或维修，采出水原水可部分或全部调至其他站处理，做到不外排、不污染环境。

3.0.10 采出水处理站易产生污泥的构筑物有调储罐、沉降罐、除油罐、气浮机（池）、污水回收罐（池）等。

  污泥对采出水处理系统的危害很大，如果不排泥，会恶化水质，降低处理效率，净化水中悬浮固体含量很难达到注水水质标准。

3.0.11 油田采出水处理工艺根据处理后去向不同（主要包括回注油层、稠油采出水处理后用于蒸汽发生器给水预处理和处理后达标外排预处理等），采用的处理方式及工艺不同或不完全相同。不管采用何种方式及工艺，都应根据原水的特性以及净化水的水质要求，在试验的基础上，通过技术经济对比确定。在确保采出水处理后水质的条件下，应尽量简化处理流程。

  采出水用于回注的处理工艺，主要是指将原水经处理后达到油田注水水质标准的构筑物及其系统，根据回注油层的渗透率不同，所采用的沉降或离心分离及过滤级数也不同。油田常用的沉降或离心分离构筑物有沉降罐、除油罐、气浮机（池）、水力旋流器等，过滤构筑物有石英砂过滤器、多层滤料过滤器（石英砂磁铁矿双层滤料过滤器、海绿石磁铁矿双层滤料过滤器等）、核桃壳过滤器、改性纤维球过滤器等。

3.0.12 原中国石油天然气总公司编写的《低产油田地面工程规划设计若干技术规定》中对低产油田的定义如下："油层平均空气渗透率低于 $50\times10^{-3}\mu m^2$、平均单井产量低于 10t/d 的油田；产能建设规模小于 30×10^4 t/a 的油田"。

  低产油田一般均实行滚动开发，其工程适应期比一般油田短，大部分油田的产能建设工程不到5年就要调整改造。因此，低产油田采出水处理工程设计，应结合实际，打破传统界限，尽量简化工艺，缩短流程，降低工程投资和生产成本。

3.0.13 本条是针对国内沙漠油田的气候、环境、管理等特点，结合国内沙漠油田的运行经验制定的。

3.0.14

  1 稠油（包括特稠油和超稠油）油田的开发，一般采用蒸汽吞吐或蒸汽驱方式开采，稠油采出液一般采用热化学重力沉降脱水工艺，因此污水处理站原水温度较高（稠油脱出水温度在50～65℃之间，特稠油和超稠油脱出水温度在70～90℃之间），具有较高的热能利用价值。另外，蒸汽发生器用水量很大，国内外已有成熟的采出水蒸汽发生器给水处理工艺。因此，稠油采出水应首先考虑用于蒸汽发生器给水，不但可以实现污水的循环使用，还可以充分利用稠油采出水的热能，节约蒸汽发生器燃料消耗。

  2 稠油特别是特稠油和超稠油黏度和密度很大，油水密度差很小，乳化严重。在处理过程中，污油是上浮还是下沉，应根据投加化学药剂种类和处理工艺确定。另外污油黏在处理设备和管道内壁上很难脱落，所以在选择处理工艺和设备时要充分注意，特别是污油的收集，要有行之有效的解决办法。

  3 如果净化水是用于蒸汽发生器给水，应注意污水系统的保温；如果净化水是用于注水或外排，可以根据实际情况考虑热能综合利用。

  4 由于稠油采出水处理系统分离出的污油含杂质较多，如果直接回到原油脱水系统，对原油脱水系统的正常运行影响较大。根据辽河油田原油脱水运行要求，稠油采出水处理系统分离出的污油宜单独处理。

  5 在稠油采出水回用蒸汽发生器给水处理工艺中，预处理部分的设计（主要包括调储、沉降分离和过滤）按本规范执行，深度处理部分的设计（主要包括软化、除硅以及后处理）应按国家现行标准《稠油油田采出水用于蒸汽发生器给水处理设计规范》SY/T 0097的有关规定执行。

3.0.15 滩海陆采油田由于地处滩海区域，所处的自然环境比较恶劣，例如：空气湿度大、含盐量高、腐蚀性强，风大，易受海浪影响，人员逃生困难。所以为保证安全生产，站内需配备一定数量的救生设备，如救生圈、救生衣等，配备数量可以参考国家现行标准《滩海陆岸石油作业安全规程》SY/T 6634—2005；同时对设备、阀门、管件、仪表及各种材料提出适应恶劣环境的要求，即在使用中无安全隐患，保证适当的使用寿命。由于滩海陆采油田采出水处理站标准较陆上油田高，投资大，为节省投资，提出尽量依托陆上油田已有设施的要求。

4 处理站总体设计

4.1 设计规模及水量计算

4.1.2 Q_x中不包含回收的场区初期雨水量。场区初期雨水如要回收宜单独处理。

4.1.3 根据式（4.1.3），n值越大，Q_x越小，参与运行的构筑物增加的水量越少，连通管道管径的增加量越小，水质达标保证率越高，但工程投资增加越多，需要经过技术经济比较确定。

有条件向其他采出水处理站调水的处理站，校核水量可按下式计算：

$$Q_x = \frac{Q_s - Q_d}{n-1} \quad (1)$$

式中 Q_d——脱水系统向其他采出水处理站调出的水量（m³/h）。

洗井废水也可送至其他站处理，此时设计计算水量按下式计算：

$$Q_s = kQ_1 + Q_3 + Q_4 \quad (2)$$

但在检修时向外调水或洗井水送至其他站处理的条件在设计时必须预先确定。

4.2 站址选择

4.2.1 站址的选择，在整个设计中是一个重要的环节，如果站址选择不当，将会造成生产运行长期不合理。采出水处理站的建设应严格遵守基本建设程序，必须根据主管部门审查批准的油田地面建设总体规划，以及所在地区的城镇规划，进行站址选择工作，同时要兼顾外部管道的走向。

4.2.4 采出水处理站与原油脱水站或注水站联合建设，组成联合站，是各油田普遍采用的一种布站方式。其优点是工艺衔接紧凑，生产管理集中，公用设施共用，从而节省投资，节约能源，减少占地。

4.2.6 站址的选择要充分考虑外部系统条件，尽量靠近水源、电源、热源、公路，应做好优化比较，确定一个技术经济合理的站址。

4.3 站场平面与竖向布置

4.3.2 本条土地面积有效利用率是根据现行国家标准《油气集输设计规范》GB 50350—2005中11.3.2条的规定确定的。

4.3.3 对生产设施的布置除应和工艺流程相一致外，还应考虑物料流向、生产管理、安全防火、设备维修等因素，应尽量避免管网多次交叉、物料多次往返流动，应充分利用压能和热能，避免重复增压和重复加热。辅助生产设施应靠近站场出入口布置，如仪表值班室、值班休息室等生产、生活人员集中的建筑物等，可避免生产、生活人员进入生产区影响生产区的安全。为了减少占地、降低投资，集中处理站的布置也可打破专业界限，对同类设备进行联合布置，如含油污水处理工艺中的污油回收罐可以同脱水工艺中的事故油罐布置在同一个防火堤内。

4.3.4 变电室的布置应考虑进出线方便。靠近站内主要用电负荷可省电缆，减少功率损耗。站场内的变电室布置在场区一侧，可以减少站场用地，并有利于安全生产。

4.3.5 本条文说明的是道路的设计原则，具体要求见本规范10.8。

另外，采出水处理站药剂投加品种多，投加量大，运送药剂的车辆进、出站次数多，道路设计时应考虑药剂运输的问题。污泥作为采出水处理过程的副产物，站内很难消化处理，一般需要外运处置。为方便药剂、污泥的拉运，站内宜设药剂、污泥拉运专用道。

4.3.6 设置围墙是为了保证生产安全和便于生产管理。对于规模很小，站场周围人烟稀少的处理站可不设围墙。围墙的高度2.2m是一般站场的常用值，对于有特殊要求的地区，应根据实际情况加高或降低围墙高度。

4.3.7 有组织的排水方式主要有明沟和暗沟（管）。明沟排水卫生条件差、占地多，但投资省，易于清扫维修。暗沟（管）则相反，其投资大，但清扫维修次数少，比较卫生、美观，占地少，便于穿越通行。对于年降雨量小于200mm的干旱地区，降水很快蒸发或渗入地下，因而不需要设地面排水系统。

4.3.8

1 湿陷性黄土地区：主要特点是大孔隙、湿陷，竖向设计时防止湿陷的主要办法是保持必须的地面坡度，不使场地积水，坡度不小于0.5％；存放液体和排放雨水的构筑物，应采用防渗结构和防水材料。站场出现两种不同等级的湿陷性黄土时，禁止在不同等级的湿陷性黄土上布置同一建（构）筑物，但为联系用的道路除外。

2 岩石地基地区：尽量减少挖方，以降低工程难度，宜采用重点式阶梯布置方式。路槽开挖宜与场地平土同时进行，近远期基槽宜同时开挖。软土地区：沿江、河、湖、海等水边围堤建设的站场，地基多为淤泥质沉积黏土，压缩性高，含水量大，该地区的蒸发量往往大于降水量，表层土比下层强度高，不宜挖方。地下水位高的地区：挖方会造成基础防水费用增加，对地下构筑物不利，需要加大基础的重量以克服浮力。

3 盐渍土地区：盐渍土在干燥状态下为强度比较高的结晶体，遇水时盐晶溶解，强度很低，压缩性强，吸水后，由于地表蒸发快，常有一层盐霜或盐壳，厚度在几厘米到几十厘米不等；盐渍土在吸水前后的工程性质差别大，缺乏稳定性，不能直接在上面做基础；盐渍土对混凝土和金属材料具有腐蚀性，在地下水作用下易腐蚀地基。盐渍土地区的基础应作防腐处理，一方面防止地下水渗透腐蚀，另一方面要防止管道泄漏腐蚀。采用自然排水的场地设计坡度不宜小于0.5%。

4.3.11 充分利用地形的目的是为了降低能耗、节省投资。

4.4 站内管道布置

4.4.1 这是管道综合布置的一般原则，管道是采出水处理站的主要组成部分，因此在处理站内总图设计中，特别是规模较大、工艺较复杂的站，应结合总平面布置、竖向布置统一考虑各种管道的走向，使其满足生产需要、符合防火安全要求。站内管道综合布置不只是考虑平面布置，同时还应考虑竖向布置及站容美观。

4.4.2 站内管道的敷设一般有三种形式：埋地、地上（架空或管墩）及管沟。采用何种敷设方式，应根据条文中提出的因素综合比较后确定。

如果场区地下水位较高（随季节波动），管道埋地将使金属管道经常处于地下水的浸泡之中，增加管道外腐蚀机会和程度。施工时也需采取降水措施，增加施工费用。

管道埋地敷设需要开挖沟槽，如工程地质条件差，为防止沟槽壁塌方，需放坡扩大开挖面，增加场区面积，增加工程投资。

"水力高程"是指各构筑物（罐或池）的设计自由水面或测压管（对压力构筑物而言）水面标高，组成工艺流程的一些构筑物，如调储罐、沉降罐、气浮机（池）、污油罐、回收水罐（池）、缓冲罐（池）等，是采用罐还是采用池（一般为地下式或半地下式），水力高程条件如何，直接影响管道敷设方式。地上钢制矩形池或混凝土池将因受力条件不利，而增加工程投资。

地上管道维护管理比埋地管道方便。

综上所述，在各构筑物水力高程条件允许时，主要工艺及热力管道宜地上敷设。

供水管道属于压力管道，地上敷设时，因水温低需防冻，若伴热保温，会使水温升高引起水质改变，不利于使用。自流排水管道，因收集器的标高低，管中水流靠管底坡度流动，地上敷设易冻堵等，应埋地敷设。加药管道管沟敷设比埋地敷设维修方便。

另外，场区仪表、电信、供配电电缆应尽量随工艺管道地上敷设。

4.4.5 本条是对地上管道安装高度的要求：

1 规定架空管道管底标高不宜小于2.2m是考虑操作人员便于通行，管墩敷设时管底距离地面高度不宜小于0.3m是考虑维修方便。

2 当管廊带下面有泵或设备时，主要是考虑便于操作，管底距地面高度一般不小于3.5m。但在管廊带下部的设备较高时，应视具体情况而定，以满足设备检修及日常操作为准。管道与设备之间，应有必要的净空。

4.4.6 道路垂直净距不宜小于5.5m，是考虑大型消防车通过以及处理站内大型设备（如滤罐）整体运输的需要。有大件运输要求的道路，其垂直净距应为车辆装载大件设备后的最大高度另加安全高度。安全高度要视物件放置的稳定程度、行驶车辆的悬挂装置等确定。现行国家标准《厂矿道路设计规范》GBJ 22—87规定的安全高度为0.5~1.0m。

4.5 水质稳定

4.5.1 对于高矿化度的采出水，氧是造成腐蚀的一个重要因素。氧会急剧加速腐蚀，在有硫化氢存在的采出水系统中，氧又加剧了硫化物引起的腐蚀。氧是极强的阴极去极剂，这使阳极的铁失去电子变成Fe^{2+}，与OH^-结合而成为$Fe(OH)_2$，并在其他因素的协同下造成较强的氧浓差电池腐蚀。由金属腐蚀理论可知，随着采出水pH值的降低，水中氢离子浓度的增加，金属腐蚀过程中氢离子去极化的阴极反应增强，使碳钢表面生成对氧化性保护膜的倾向减小，故使水体对碳钢的腐蚀性随pH值的降低而增加。

据资料介绍，在高矿化度的采出水中，如果溶解氧从0.02mg/L增加到0.065mg/L，其腐蚀速度增加5倍；如果达到1.90mg/L，其腐蚀速度则增加20倍。

如中原油田采出水，矿化度$9\times10^4 \sim 14\times10^4$mg/L，pH值5.5~6.0，同时含有$CO_2$和$H_2S$等气体，在流程未密闭之前，腐蚀情况十分严重，均匀腐蚀率一般在0.5~0.762mm/a，点蚀率高达5.6mm/a。文一联采出水处理站投产8个月，缓冲罐及工艺管道即出现穿孔，有的部位重复穿孔，最严重的一周穿孔三次，最大穿孔面积$2cm^2$。注水泵叶轮使用最短的时间为15d，一年换一次泵。该站1979年建设，在1985年拆除。

胜利油田也属高矿化度水，因溶解氧的存在导致腐蚀很严重，辛一联投产后6个月，站内管线开始穿孔，以后平均每10d穿孔一次，污水泵运行3个月，叶轮、口环等就腐蚀得残缺不全。

1982年中原油田用天然气对文一联采出水处理站的开式构筑物进行密闭隔氧，取得了比较理想的效果。密闭后，沉降罐出水的溶解氧含量由密闭前的2~4mg/L降至0.05mg/L以下，滤后水溶解氧降至0~0.03mg/L，滤后挂片腐蚀率由原来的0.5~0.762mm/a下降至0.125mm/a。

4.5.2

1 采用天然气密闭系统，曾在油田发生过安全问题。自力式调节阀调压系统排放的天然气会污染环境，同时可能引发安全问题。因此本规范推荐优先采用氮气作为密闭气体。采用天然气密闭时宜用干气，在北方天然气管道如果有水，易冻结，给密闭工作带来影响，严重时可能引发事故。

2 天然气、氮气等的流程密闭，不是简单地在常压罐内的液面上通入气体，而是要求气体隔层必须随液位变化而变化，以保持规定的压力范围。常压罐顶的设计压力一般为－490.5～1962Pa（－50～200mmH$_2$O），密闭气体的运行压力严禁超过此值。这就要求有一套完善的调压系统，一般在气源充足时，利用调压阀并辅以仪表控制进行调压。利用调压阀调节时，一般分二级调压，如天然气由干气（或湿气）管道引入采出水处理站设调压阀（第一级），第二级调压为在密闭罐进气、排气管道采用自力式调节阀，通过对罐内气相空间补气、排气，保持气相空间的运行压力在设定范围。设定范围为 588.6～1471.5Pa（60～150mmH$_2$O）。另一类调压是采用低压气柜。调压阀调压的优点是设备仪表少，气体管径小，工艺简单；缺点是向大气排放天然气，安全性能差。低压气柜与密闭常压罐气相空间连通，由其补气和接受排气。低压气柜调压系统优点是不向系统外排气，安全性高，不污染环境；缺点是气柜加工精度高，投资高。总之，选用何种调压方式，应根据实际情况，经过安全、技术、经济比较确定。

3 天然气密闭流程中要注意防止天然气与空气混合，否则易引起爆炸。在正常情况下，是不会遇到这种混合物的，可是当罐充气时很可能产生上述爆炸性混合物。在投产时应特别注意安全问题，在向密闭罐引入天然气前，先不使用调压装置来置换空气。为了尽可能彻底置换空气，各罐的空气排出口应与天然气进口对称布置，并采用最大距离。

罐顶的耐压等级一般是－490.5～1962Pa（－50～200mmH$_2$O）。呼吸阀为一级保护，调压范围可定为－294.3～1667.7Pa（－30～170mmH$_2$O）；安全阀为二级保护，压力限值可定为1863.9Pa（190mmH$_2$O）。

4 在正常生产运行过程中，密闭的常压罐与大气相通的管道，如溢流管道和排油管道等设置水封，是为了保证系统正常密闭，避免气相空间气体泄漏，影响正常生产或发生事故。同时，水封装置应设置液面指示及补水设施。

5 天然气管道不能积水，主要是从安全的角度考虑。特别是寒冷地区，管道内积水结冰，可能引发恶性事故。

7 密闭系统对于处理过程的自动保护意义十分重要，在生产过程中，一旦工艺参数异常，就可能发生重大恶性事故。如当缓冲罐内液位过低时，水泵可能吸入天然气，发生爆炸危险，因此，要有一整套完善的信号联锁自动保护系统。

4.5.3 由于油层对注入水的排异性，注水势必对油层造成一定程度的损害，其常见类型有速敏、水敏、盐敏、酸敏、碱敏等。由于 pH 值低而引起严重腐蚀时，投加碱性药剂调高 pH 值，可能会导致油层碱敏性伤害。碱敏性伤害机理主要是指碱性工作液进入储层后，与储层岩石或储层液体接触，诱发黏土微结构失稳，有助于分散、运移发生，其次是 OH$^-$ 所带来的沉淀，造成渗透率下降损害地层。所以要求采用调节 pH 值工艺时应首先对注入区块地层做岩心碱敏性试验，确定注入水临界 pH 值，以降低对油层的伤害。

加碱性药剂提高 pH 值的主要目的是减缓腐蚀、沉淀盐垢、净化水质；其次是改变水质环境，有利于抑制细菌的繁殖，该方法与采出水药剂软化处理工艺相近，但并非希望盐垢更多的析出，因为 Ca^{2+}、Mg^{2+} 在采出水中，并不阻碍回注，但是与 CO$_3^{2-}$、OH$^-$ 生成沉淀物会增加排污量和污泥处置的困难。大量污泥出现，又无妥善处置污泥办法，会对周围环境产生二次污染。所以要求筛选出的 pH 值调节药剂需与混凝剂、絮凝剂配伍性能好，产生的沉淀物量最少，易投加。

5 处理构筑物及设备

5.1 调储罐

5.1.1 水量变化是由脱水系统水量变化引起的。应积累已建站脱水系统来水水量变化资料绘出时变化曲线，选取具有代表性的变化曲线（调储罐出水为一日内的平均小时流量）为计算提供依据。2～4h 设计计算水量是各油田采出水处理站设计多年积累的经验数据，供缺少实测资料时选取。

5.1.3 因为采出水在调储罐内有效停留时间一般为2～4h，原油会在罐内顶部累积，因此应定期收油，设加热设施可以保持原油冬季良好的流动性，便于收油。同时调储罐底部污泥需定期排出，防止污泥占用调储容积及恶化水质。

调储罐防火要求参照现行国家标准《石油天然气工程设计防火规范》GB 50183 有关污水沉降罐的相关规定执行。

5.2 除油罐及沉降罐

5.2.1 本条给出常压立式沉降罐及除油罐的设计参数参考值，其中，水驱采出水技术参数是根据胜利油田、辽河油田、大庆油田等油田多年应用经验及效果而确定的，聚合物驱采出水技术参数是根据大庆油田采出水处理站应用经验及效果确定的。稠油采出水技术参数是根据辽河、新疆油田采出水处理站应用经验及效果确定的。当采用两级沉降分离时，除油罐应设在沉降罐前。

5.2.4 现行国家标准《石油天然气工程设计防火规范》GB 50183—2004 中 6.4.1 条规定："沉降罐顶部积油厚度不应超过0.8m。"。

5.2.6 目前常用的排泥技术主要有静压穿孔管和负压吸泥盘等,各种排泥方式有不同的适用条件和特点,可根据具体情况选用。

5.3 气浮机（池）

5.3.1 气浮机是利用向水中均匀加入微小气泡携带原油及悬浮固体细小颗粒加快上浮速度的原理实现油、水和悬浮固体快速分离的设备,对原油及悬浮固体颗粒小、乳化程度高及油水密度差小的采出水处理较其他沉降分离构筑物具有明显的优势。

5.3.2 气浮机有多种类型：

主要区别在于加气、布气方式不同而导致结构、加气、布气系统各异,产生的气泡颗粒直径及均匀性有差别,能耗、管理及维护方便与否也不同。因此,根据采出水的性质,选择何种类型的气浮机（池）,应通过试验,经技术经济比较确定。

气浮机（池）的气源,有空气、天然气和氮气等。高矿化度污水中含有溶解氧而导致严重腐蚀时,不宜用空气做气源；用天然气做气源,应注意安全及环保问题；用氮气做气源,系统投资较高。选择何种气源,应根据具体情况,经技术经济比较确定。

5.3.3 本条是考虑当需要检修时可分别进行,不致造成全站停产,但各油田根据实际生产情况,如允许间断运行,也可以设置1座。

5.3.4 选用气浮机（池）处理采出水时,应使用适合于所处理采出水性质的有效药剂。不用药剂或药剂选用不当,气浮的除油效率很低（根据大庆油田的经验,不加药剂,气浮的除油效率只有20%～30%；而使用高效适用药剂,可使气浮的除油效率达到90%以上）。

5.3.5 根据各油田多年实际经验,气浮机（池）由于停留时间短,缓冲容积小,抗冲击性负荷的能力较差,因此在气浮前,宜设置调储罐或除油罐。根据国内外油田多年应用经验,气浮机（池）适宜于含油量小于300mg/L且原油颗粒直径小的采出水处理。

5.4 水力旋流器

5.4.1 水力旋流器的功能是油水分离。水力旋流器在与气浮机（池）、沉降罐等配合使用时,水力旋流器应放在气浮机（池）、沉降罐前。

5.4.2 水力旋流器于20世纪80年代中期面世,与除油罐相比,在相同处理量的条件下,其优点为：占地面积小；重量轻；流程简短,易于密闭。其缺点为：原水乳化程度高时处理效果差；能耗高；对悬浮固体去除效果差。

采出水水质特性直接影响到旋流器的处理效果,因此在采用旋流器处理采出水时,应先进行采出水水质特性试验,然后在试验的基础上确定旋流管的结构和单根处理量,最后确定单台旋流器的处理量及适应处理水量变化的组合方式。

5.4.4 本条对提升泵类型的推荐是为了避免对采出水的激烈搅拌而导致油滴破碎,增加分离难度。

5.5 过滤器

5.5.1 油田采出水处理中采用的过滤器类型较多,根据承压能力的不同,可分为重力式过滤器、压力式过滤器；按填装的滤料分,有单层滤料过滤器、双层滤料过滤器（石英砂＋磁铁矿或海绿石＋磁铁矿）、多层滤料过滤器（无烟煤＋石英砂＋磁铁矿）、核桃壳过滤器和改性纤维球过滤器等。重力式过滤器（如单阀滤罐）单台处理量大,同等设计规模的采出水处理站,使用台数少,适合设计规模大的处理站使用；与除油罐（或沉降罐）配合使用,可利用位差进行重力过滤,既节能又不增加采出水的乳化程度,但对含聚合物或胶质含量高的采出水,由于工作水头和反冲洗水头低,工作周期短,不宜采用。

压力式过滤器由于过滤及反冲洗时采用泵增压,工作水头及反冲洗水头高,对含聚合物的采出水处理适应能力强,近年大庆油田的含聚污水处理站,已建重力式过滤器已改为压力式过滤器。但受罐直径限制（$d_{max}=4.0m$）,同等规模的处理站与重力过滤器相比台数多,投资高,适用于规模较小的处理站选用。填装各种不同滤料的过滤器各有特点,各油田已有丰富的使用经验。

近年来,油田深度处理工艺应用的精细过滤器比较多,选用时应按具体情况,根据经济技术比较确定。

5.5.3 过滤器的设计滤速是按一台过滤器反冲洗或检修时,其余过滤器承担全部水量的情况确定的。

5.5.4 改性纤维球过滤器在开始过滤时必须压紧,表中所列滤速为压紧后正常过滤的滤速。

5.5.5 采出水的特点是水中含油量较大,滤层截留的污物中,原油占很大的比例。原油与滤料颗粒之间结合较"紧密",用具有一定温度的净化水冲洗,才能保证滤层的反洗效果。同时,利用水、气联合反冲洗,效果明显优于单一水洗。

对含聚合物的采出水处理滤料采用正常水冲洗的方式难以洗净,用定期投加滤料清洗剂的方式,可以改善滤料清洗效果。

5.5.6 采用变强度反冲洗是为了避免初始反冲洗强度过大,滤料层整体上移,造成内部结构损坏、跑料。因此,在工程设计中需进行反冲洗自动控制,阀门宜采用电动或气动。冲洗方式、冲洗强度及时间应通过试验或参照相似条件下已有过滤器的经验确定。

5.5.7 常用滤料应符合国家现行标准《水处理用滤料》CJ/T 43—2005 及当地油田制定的相应标准。

水处理常用滤料主要有无烟煤、石英砂、磁铁矿、核桃壳等，其中无烟煤、石英砂、磁铁矿应符合国家现行标准 CJ/T 43—2005 的要求，核桃壳滤料可参考大庆油田的企业标准（见表1）。

表1 大庆油田核桃壳滤料的参数及指标

序号	参　数	指　标
1	含泥量	≤2%
2	盐酸可溶率	≤3.5%
3	皮壳率	≤0.3%
4	破碎率＋磨损率	≤3%
5	杂质率	≤0.3%
6	密度	≥1.25g/cm³
7	小于指定下限粒径颗粒含量	≤5%
	大于指定上限粒径颗粒含量	

5.5.8　附录 C 中滤料及承托层的组成为大庆油田制订的企业标准。

5.5.9　大阻力配水系统和小阻力配水系统的配水、集水均匀性均较好，但大阻力配水系统反冲洗水头损失大，动力消耗大，不适于冲洗水头有限的重力式过滤器，否则需设冲洗水塔或高架水箱，因此本条推荐重力式过滤器采用小阻力配水系统。

油田常用的压力过滤器采用大阻力配水系统，泵加压反冲洗，能保证滤料的反冲洗效果，尤其是对含有聚合物（PAM）或胶质、沥青质含量较多的采出水（对滤料的污染较为严重）适用，因此本条推荐压力式过滤器宜采用大阻力配水系统。

5.6　污　油　罐

5.6.1　本条给出了污油罐有效容积计算公式，选择储存时间 t 时，应与污油罐容积一起考虑。

5.6.2　污油罐内设置加热盘管，罐体设置保温，都是为了保证污油的良好流动性，使油泵正常工作。污油罐底部设排水管，是为了放掉罐内下部的底水，尽量保证油泵少输水，减少对脱水器的冲击。设置看窗，可观测和检查放水的情况。

5.6.3　本条规定中所给出的是污油罐加热所需热量的计算公式。如果对沉降罐（或除油罐）、回收水池等构筑物内的污水或污油加热时，参考《油田油气集输设计技术手册》的有关章节。

5.6.4　通过泵将污油罐中含有大量污水的污油，输送至原油脱水站进站阀组，与采出液相混合，进行重新处理。连续均匀输送是为了不对原油脱水系统产生冲击。

5.6.5　根据现行国家标准《石油天然气工程设计防火规范》GB 50183—2004 中 6.4.6 条规定"容积小于或等于 200m³，并且单独布置的污油罐，可不设防火堤"，同时根据 8.4.2 条第二款、8.4.5 条第三款规定，容积不大于 200m³ 的立式油罐可采用移动式泡沫灭火系统，单罐容量不大于 500m³ 的固定顶油罐可设置移动式消防冷却水系统，所以推荐污油罐容积不大于 200m³，可降低工程投资。污油罐进罐管道设通污油泵进口的旁路管道，是防止采出水处理站在污油罐检修时停止生产。

5.7　回收水罐（池）

5.7.1　过滤器的反冲洗一般为批次进行，每个批次冲洗过滤器的台数应尽可能相同或相近。每日宜按 1～3 批次冲洗过滤器，每批次间隔时间应相同，其中过滤器最多批次的排水量为过滤器反冲洗最大排水量。进入回收水罐（池）的其他水量 W_2 是指与过滤器反冲洗最大排水量同一期间进入的其他水量。

5.7.2　此条主要是从回收水池清泥、回收水罐排泥及检修的角度考虑。

5.7.4　压力过滤流程采用回收水罐与采用回收水池相比，可节约占地，节省工程投资。重力式过滤器，如：单阀滤罐反冲洗也是重力流，采用地下式回收水池可保证足够的反冲洗水头，回收水池中排泥设施可以采用负压吸泥盘。

5.7.5　当反冲洗排水水质好时（与原水水质接近）可进入回收水罐（池）直接回收；当反冲洗排水水质比较差时，如三元复合驱采出水处理站的反冲洗排水，应进入排泥水系统与排泥水一并处理，处理后的水质优于或接近原水时再回收，这样做有效地避免了水质恶性循环。

5.7.7　污水回收宜均匀连续输至调储罐或除油罐前，回收时间宜大于 16h，避免对主流程形成较大的水量水质冲击。

5.8　缓冲罐（池）

5.8.2　本条是考虑当需要检修和清洗时可分别进行，不致造成全站停产，但各油田根据油田实际生产情况，如允许short断运行，也可以设置1座。

5.8.3　滤后水缓冲罐（池）兼作反冲洗水储水罐（池），罐（池）的容积较大，水在罐（池）中的停留时间较长，在北方高寒地区，冬季环境气温较低，水温下降较快，为保证反冲洗效果可酌情考虑做保温。

5.8.4　缓冲罐（池）运行一段时间，其上部积有一定厚度的原油，设计时应考虑收油设施。视罐（池）内水温、油品性质情况，可设置简易收油设施（如溢流管收油等），不定期收集。

6　排泥水处理及泥渣处置

6.1　一般规定

6.1.1　反冲洗排水是否进入排泥水处理系统由本规

范第 5.7.5 条确定。

6.1.3 排泥水处理过程中分离出的清液连续回收时间宜大于 16h，避免对主流程产生冲击影响水质。如回收的清液水质较差时，也可排入排泥水调节罐（池）与其他排泥水一起处理。

6.1.5 当采出水处理站构筑物排泥水平均含固率大于 2%时，一般能满足大多数脱水机械的最低进机浓度的要求，因此可不设浓缩工序。

6.2 调节池

6.2.1 调节池与回收水罐（池）合建时，反冲洗排水水量大、持续时间长，其他构筑物排泥时，与反冲洗排水在时间上会重叠；调节池单独建设时，构筑物排泥时间可以不重叠，因此可以只考虑排泥水量最大的构筑物的一次排泥水量。

6.2.2 设扰流设施的目的是防止污泥在池中沉积。

6.2.3 调节池出流流量应尽可能均匀、连续，是为了满足后续处理构筑物连续稳定运行的需要。

6.3 浓缩罐（池）

6.3.1 目前，在排泥水处理中，大多数采用重力式浓缩罐（池）。重力式浓缩罐（池）的优点是运行费用低，管理较方便；另外由于池容大，对负荷的变化，特别是对冲击负荷有一定的缓冲能力。如果采用其他浓缩方式，如离心浓缩，失去了容积对负荷变化的缓冲能力，负荷增大，就会显出脱水机能力的不足，给运行管理带来一定困难。目前，国内外重力沉降浓缩罐（池）用得最多。国内重力浓缩罐（池）另一种形式斜板浓缩池罐（池）也开始使用。

6.3.2 每一种类型脱水机械对进机浓度都有一定的要求，低于这一浓度，脱水机不能适应，例如：板框压滤机进机浓度可要求低一些，但一般不能低于 2%。

6.3.3 浓缩罐（池）面积一般按通过单位面积上的固体量即固体通量确定。但在入流泥水浓度太低时，还要用液面负荷进行校核，以满足泥渣沉降的要求。固体通量、液面负荷、停留时间应通过沉淀浓缩试验确定或者按相似工程运行数据确定。

泥渣停留时间一般不小于 24h，这里所指的停留时间不是水力停留时间，而实际上是泥渣浓缩时间。大部分水完成沉淀过程后，上清液从溢流堰流走，上清液停留时间远比底流泥渣停留时间短。由于排泥水从入流到底泥排出，浓度变化很大，例如，排泥水入流浓度为含水率 99.9%，经浓缩后底泥含水率达 97%。这部分泥的体积变化很大，因此，泥渣停留时间的计算比较复杂，需通过沉淀浓缩试验确定。一般来说，满足固体通量要求，且罐（池）边水深有 3.5～4.5m，则其泥渣停留时间一般能达到不小于 24h。

对于斜板（斜管）浓缩罐（池）固体负荷、液面负荷，由于与排泥水性质、斜板（斜管）形式有关，各地所采用的数据相差较大，因此，宜通过小型试验或者按相似排泥水、同类型斜板数据确定。

6.3.4 重力浓缩罐（池）的进水原则上应该是连续的，当外界因素的变化不能实现进水连续时，可设浮动收液设施收集上清液，提高浓缩效果，成为间歇式浓缩罐（池），宜设置加药搅拌设备。

6.4 脱 水

6.4.1 脱水机械的选型既要适应前一道工序排泥水浓缩后的特性，又要满足下一道工序泥渣处置的要求，由于每一种类型的脱水机械对进水浓度都有一定的要求，低于这一浓度，脱水机不能适应，同时要考虑所含原油对脱水率的影响，因此，前道浓缩工序的泥水含水率是脱水机械选型的重要因素。例如，浓缩后泥水含固率仅为 2%，且所含原油对滤网透水性的影响较小时，则宜选择板框压滤机，否则宜选用离心机，同时脱水设备应设有冲洗措施。另外，后道处理工序也影响机型选择。例如，泥渣拉运集中处置时尽可能使其含水率低。

6.4.3 所需脱水机的台数应根据所处理的干泥量、每台脱水机单位时间所能处理的干泥量（即脱水机的产率）及每日运行班次确定，正常运行时间可按每日 1～2 班考虑。脱水机可不设置备用。当脱水机发生故障检修时，可用增加运行班次解决。

6.4.4 泥水在脱水前进行化学调质，由于泥渣性质及脱水机型式的差别，药剂种类及投加量宜由试验或按相同机型、相似排泥水运行经验确定。

6.4.5 脱水机滤液和脱水机冲洗废水中污油和悬浮物含量较高不宜直接回收。

7 药剂投配与贮存

7.1 药剂投配

7.1.1 采出水处理站应用的药剂种类比较多，常用的有絮凝剂、浮选剂、杀菌剂、缓蚀阻垢剂、滤料清洗剂、污泥调质剂、pH 调节剂等，每类药剂有多个品种，每个采出水处理站应根据采出水原水的水质特性、处理后水质指标、工艺流程特点进行选用。

杀菌方式除化学杀菌方式外，还有物理杀菌等方式，物理杀菌方式有紫外线、变频、超声波等，目前部分油田已经开始试用物理杀菌或与化学杀菌联合使用，具体采用哪种方式应根据试验，并通过技术经济比较确定。

7.1.2 在采出水处理站中投加 2 种或 2 种以上药剂时，应进行药剂之间的配伍性试验，防止药剂之间的相互反应，而影响药剂的水处理效果。

7.1.3 同一类药剂有多个品种，药剂的品种直接影响采出水处理效果，而其投加量还关系到采出水处理站的运行费用。为了正确地选择药剂的品种、投加量，应进行室内或现场试验。缺乏试验条件而类似采出水处理站已有成熟的经验时，则可根据相似条件下采出水处理站运行经验来选择。药剂混合方式常用的有管道混合器混合、泵混合等，反应方式有旋流反应、机械搅拌反应、管道反应器等。对于投加的所有药剂均应有混合设施，对于絮凝剂、助凝剂还应有反应设施。

7.1.4 药剂的投加方式大多为液体投加，溶药和配药可采用机械或水力等方式进行搅拌。水力搅拌一般用在药剂投加量小的场合。为防止药液沉淀或分层，应在正常加药时，不停止搅拌。

7.1.5 因每种药剂的投加量、配制浓度以及药剂贮罐的容积及台数、固体药剂溶解速度有差异，故配药次数是不相同的，但考虑到操作人员劳动强度及管理等因素，确定每日药剂配制次数不宜超过3次。

7.1.6 近年来药剂投加多采用加药装置（泵、溶药罐、控制柜等放在同一个橇上），节约用地，管理方便。隔膜计量泵除具有普通柱塞计量泵的优点外，还有更强的耐腐蚀性及耐用性。

7.1.7 采出水处理中投加的各种药剂，投加位置对处理效果有很大影响，各油田应通过试验确定，本条中给出的投药点位置是根据经验确定的，可参照执行。对混合反应有要求的药剂（如絮凝剂等）应设混合反应设施。

7.1.8 本条是指同一药剂，投加到不同的水处理构筑物上，应分别设置计量设施，如：一台加药装置可设两台计量泵，也可以在一台加药装置出口的两个分支分别设流量计。

7.1.9 盐酸或硫酸具有很强的挥发性和刺激性气味，其挥发的气体具有较强的腐蚀性，因此应密闭贮存和密闭投加。

7.2 药剂贮存

7.2.2 药剂的贮存时间不宜过长，尤其一些容易失效、变质的液体药剂应根据药剂的特性、环境条件进行确定。

8 工艺管道

8.1 一般规定

8.1.1 油田采出水中含有原油及挥发性的易燃易爆气体，从安全的角度出发，站内不得采用明沟及暗沟输送采出水。

8.1.2 采出水处理站的工艺管道，大部分油田采用的是内外防腐的钢质管道。水质腐蚀性强的油田部分采用玻璃钢等非金属管道。钢质管道内防腐的施工难度大，若内防腐质量不好，易造成净化水输送过程中的二次污染。玻璃钢等非金属管道具有优良的耐腐蚀性能，胜利油田、中原油田、大庆油田、塔里木油田等油田已大量使用，效果很好。其缺点主要是站内管件多，施工难度大，事故时生产单位无法维修，只能依靠制造厂家，另外工程造价也比钢管稍高。所以采用玻璃钢等非金属管道时，应根据水质及油田的实际情况综合考虑。

8.1.3 采出水处理站工艺管道绝对不能与生活饮用水管道连通，以避免污染饮用水系统。用清水投产试运行时，可加临时供水管道，用完拆除。严禁设计时将清水管道接入处理站内的各种构筑物，防止发生污水倒流现象。

8.1.4 沉降分离构筑物的收油管是否需要保温和伴热，应根据当地的最低气温与原油的凝固点来确定，北方地区一般当地最低气温比原油凝固点低，因此，北方地区的收油管道应该设保温和伴热。伴热可以采用与热水管伴行或者电热带等形式。

8.1.5 为方便地上敷设的工艺管道检修，在工艺管道较低的位置宜设放空口，北方寒冷地区还应设扫线口。

8.1.6 含有原油的水的来源主要有泵盘根漏水、化验室排水等，这些水因为含有原油，排入生活排水管道，将会造成排水系统堵塞或可燃气体的富集产生安全隐患。

8.1.7

1 加药管道因为管径比较小，有时还间断运行，因此应考虑防冻问题。当埋地铺设时，有两种办法，一是深埋在冻土层以下，但不利于维修；二是浅埋，但需保温和伴热。具体采用哪种办法，应根据油田的实际情况来确定。

2 加药管的材质应根据投加化学药剂的性质来确定，具有高腐蚀性药剂一般选择非金属管、不锈钢管或者非金属管内衬金属管，但不锈钢管不适合投加氯离子含量高的药剂。

8.1.8 在穿越道路时，为了防止重型车辆通过将工艺管道损坏，应设保护套管。

8.2 管道水力计算

8.2.2 关于管道沿程水头损失计算的规定。

由于油田采出水含有的原油、胶质、悬浮固体等各种组分易在管道内壁附着，因此采用以旧钢管和旧铸铁管为研究对象的舍维列夫水力计算公式更为适用，国内各油田采出水（包括原油集输）水力计算一直沿用此公式进行计算，并考虑增加一定的裕量，较好地满足了工程设计的要求。非金属管道可采用海曾·威廉公式计算。

8.2.3 关于管道局部水头损失计算的规定。

采出水处理站内管道长度较短，沿程水头损失小，但是弯头、三通、四通等管件很多，局部水头损失远大于沿程水头损失，重力式处理构筑物（如沉降罐、除油罐等）内更是如此，决不可以忽视。站外管道在规划时管道局部水头损失可按沿程水头损失的5%～10%计算，在设计阶段应进行详细计算。

8.2.4 各油田对采出水输送管道都是按给水管道进行水力计算的，并且考虑到采出水含油、结垢等因素的影响。这种影响反映出的水头增加以多少为合理，无法作统一规定，大庆油田认为增加10%～20%合适，各油田应根据自己的实际情况确定。

8.2.5 采出水处理站中污油管道与原油集输管道性质基本相同，沿程阻力可按现行国家标准《油气集输设计规范》GB 50350 中原油集输管道计算。局部阻力可按照《油库设计与管理》计算。

8.2.6 为防止污泥在管中淤积，规定压力输泥管最小设计流速。

本条数据引自现行国家标准《室外排水设计规范》GB 50014—2006 中第 4.2.8 条。

8.2.8 本条参照国家现行标准《石油化工污水处理设计规范》SH 3095—2000 第 6.2.6 条制定。

9 泵 房

9.1 一般规定

9.1.1 采出水处理站的工作水泵，根据工艺要求不同分为原水升压泵、滤前水升压泵、净化水外输泵以及反冲洗水泵、回收水泵、污油泵等，应根据用途不同分别选用。选用的水泵机组应能适应水量和水压的要求，并尽量使机组处在高效率情况下运行，同时还应考虑提高电网的功率因数，以节省用电，降低运行成本。采出水处理站分期建设时，厂房可一次建成，各类水泵可分期建设并留有扩建位置。

油田采出水随原油产量及含水率上升而逐渐增加，原水升压泵、滤前水升压泵、净化水外输泵等可以采用增加泵台数或大小泵搭配的方式适应水量的递增，使水泵在高效区工作。在可能的情况下，为方便管理和减少检修用的备件，选用水泵的型号不宜过多。

9.1.2 选用水泵应符合节能要求。当水泵运行工况改变时，水泵的效率往往会降低，故当水量变化较大时，为减少水泵台数或型号，宜采用改变水泵运行特性的方法，使水泵机组运行在高效范围。目前国内采用的办法有：机组调速、更换水泵叶轮或调节水泵叶片角度等，应通过技术经济比较选用。

9.1.4 国内油田多处在平原地区，尚没有发生水锤事故的实例。国内供水行业根据调查，近年来由于停泵水锤或关阀水锤导致阀门破裂、泵房淹没、输水管破裂的事故时有发生。国内外在消除水锤措施方面有不少的成功经验。常规做法是根据水锤模拟计算结果对水泵出水阀门进行分阶段关闭以减小停泵水锤，并根据需要，在输水管道的适当位置设置补水、排气、补气等设施，以期消除弥合水锤。

泵房设计时，输水管路地形高差较大或向位于高处的站场输水时，对可能产生水锤危害的泵房宜进行停泵水锤计算：①求出水泵机组在水轮机工况下的最大反转数，判断水泵叶轮及电机转子承受离心应力的机械强度是否足够，并要求离心泵的最大反转速度不超过额定转速的1.2倍；②求出泵壳内部及管路沿线的最大正压值，判断发生停泵水锤时有无爆裂管道及损害水泵的危险性，要求最高压力不应超过水泵额定压力的1.3～1.5倍；③求出泵壳内部及管道沿线的最大负压值，判断有无可能形成水柱分离，造成断流水锤等严重事故。水锤消除装置宜装设泵房外部，以避免水锤事故可能影响泵房安全，同时宜库存备用，以便及时更换。

9.1.5 负压吸水时，水泵如采用合并吸水管，运行的安全性差，一旦漏气将影响与吸水管连接的各台水泵的正常运行。

9.1.6 水泵吸水管一般采用带有喇叭口的吸水管道。喇叭口的布置宜符合下列要求：

1 吸水喇叭口直径 DN 不小于 1.25 倍的吸水管直径。

2 吸水喇叭口最小悬空高度 E 值为：
　1）喇叭口垂直向下布置时，$E=0.6\sim0.8DN$；
　2）喇叭口倾斜向下布置时，$E=0.8\sim1.0DN$；
　3）喇叭口水平布置时，$E=1.0\sim1.25DN$。

3 吸水喇叭口在最低运行水位时的淹没深度 F 值为：
　1）喇叭口垂直向下布置时，$F=1.0\sim1.25DN$；
　2）喇叭口倾斜向下布置时，$F=1.5\sim1.8DN$；
　3）喇叭口水平布置时，$F=1.8\sim2.0DN$。

4 吸水喇叭口与吸水井池侧壁净距 $G=0.8\sim1.0DN$；两个喇叭口间的净距 $H=1.5\sim2.0DN$；同时满足喇叭口安装的要求。

9.1.7 水泵安装高度必须满足不同工况下必需气蚀余量的要求。同时应考虑电机与水泵额定转速差、水温以及当地的大气压等因素的影响，对水泵的允许吸上真空高度或必需气蚀余量进行修正。水泵安装高度合理与否，影响到水泵的使用寿命及运行的稳定性，所以水泵安装高程的确定需要详细论证。

由于水泵额定转速与配套电动机转速不一致而引起气蚀余量的变化往往被忽视。当水泵的工作转速不同于额定转速时，气蚀余量应进行换算。

9.1.8 根据技术经济因素的考虑，规定水泵吸水管及出水管的流速范围。

9.2 泵房布置

9.2.2 本条文是参照现行国家标准《室外排水设计

规范》GB 50014—2006 中第5.4.7条制定的。

9.2.5 泵房通往室外的门的个数应根据相关防火规范的要求确定,其中一扇门应满足搬运最大尺寸设备。

10 公用工程

10.1 仪表及自动控制

10.1.1 设计规模较大、工艺流程复杂程度较高的处理站,宜采用计算机控制系统。

设计规模和工艺流程复杂程度适中的处理站,宜采用性能价格比适中的小型计算机控制系统。

设计规模小、工艺流程较简单或低产和边远分散小油田的处理站可酌情采用仪表控制系统。

沙漠油田的处理站,宜采用计算机控制系统,并设远程终端装置(RTU)。

10.2 供配电

10.2.1 油田采出水处理站是油田的重要用电单位,一旦断电将导致采出水大量外排,不仅污染环境,还可能引发安全事故,因此电力负荷的设计等级应确定为二级负荷。

10.2.2 根据不同设备在整个工艺过程中的重要性不同,对主要设备供电等级进行划分,依此选择电气设备。

10.3 给排水及消防

10.3.1 本条规定是为了避免重复建设或能力过剩所造成的浪费。采出水处理站给水、排水系统应统一规划,分期实施。对于一期工程建成后,二期施工困难或一期、二期同时建设投资增加不多,在技术上更加合理的工程,应一次建设。

10.4 供 热

10.4.1 本条是最大供热负荷的确定。

根据生产、生活、采暖、通风、锅炉房自耗及管网损耗的热量,计算出系统最大耗热量(称为最大热负荷),确定锅炉房规模。

锅炉房自耗热及供热管网损失系数 K 中包括:燃油蒸汽雾化用热约占总热负荷的5.5%,油的保温与加热用热约占总热负荷的0.5%,热网损失耗热约占总负荷的5%~10%。

建筑采暖一般是连续供给,$K_1=1$。通风热负荷同时使用系数 K_2,据现场调查,供热负荷为其计算量的40%~50%,取通风热负荷同时使用系数 $K_2=0.4\sim0.5$。

本规范所提及的生产负荷,通常是用于加热(换热器)、清洗及管道伴热,使用时间及耗热取决于生产。加热负荷一般是连续的,负荷波动较大,管道伴热负荷在冬季是连续的,清洗热负荷是间断的,一般取 $K_3=0.5\sim1.0$。

10.4.2 本条着重强调热水供热系统,供水温度一般不超95℃,原因是蒸汽供热系统比较复杂,跑、冒、滴、漏问题严重,热媒输送半径小,凝结水回收率低,回收成本高,而热水供热系统恰恰与此相反,所以只要工艺没有特殊要求优先采用热水供热系统。

如工艺需用蒸汽伴热、吹扫、清罐和解冻等,锅炉房内应设置蒸汽锅炉,当工艺生产连续用蒸汽时,锅炉房至少应有2台蒸汽锅炉。采暖介质宜选用热水,根据热水负荷情况,可以选用热水锅炉、汽-水换热器以及汽水两用锅炉(一种带内置式换热器的锅炉)。

10.4.3 油田用的水套炉和真空相变锅炉采用室外露天布置,在南方炎热地区,许多锅炉也露天布置,近些年来,北方部分地区也将锅炉露天或半露天布置。无论何种布置方式都应遵循"以人为本,安全第一"的设计理念,优先考虑安全,兼顾环保和方便生产运行,做好锅炉机组、测量控制仪表、管道、阀门附件以及辅机的防雨、防腐蚀、防风沙、防冻、减少热损失和噪声等措施,设立必要的司炉操作间,将锅炉水位、锅炉压力等测量仪表集中设置在操作间内,以保证锅炉机组的安全运行。

10.5 暖通空调

10.5.2 有组织的自然通风可采用筒形风帽、旋转风帽、球形风帽或通风天窗等形式。

10.5.3 现场调查发现,水处理站化验室可能散发出有害气体,为迅速有效地排除,规定采用通风柜进行局部排风。

10.5.4 相对密度小于0.75的气体视为比空气轻,相对密度大于0.75的气体视为比空气重;上、下部区域的排风量中,包括该区域内的局部排风量;地面上2m以内的,规定为下部区域。

10.5.5 为了满足沙漠地区站场建筑物的通风防沙要求,可采取以下措施:

1 发生沙尘暴时,站场建筑门窗紧闭,为防止室内负压过大及由此吸入沙尘需设置机械进风系统。设置条件应考虑排风系统的运行情况、建筑物的规模以及沙尘暴的连续时间、发生次数等。

2 机械进风系统的吸风口宜设在室外空气较清洁的地方,下缘距室外地坪不宜小于2m,且应有过滤设施。过滤器应操作简单、清扫方便。机械进风系统可不设加热装置。

3 进排风口应有防止沙尘进入室内的措施。

4 站场内建筑物的外窗应采用带换气小窗的双层密闭门,外门应采用单层密闭窗。

5 当采用天窗进行自然通风时，启闭机构应操作灵活、方便，且便于清扫沙尘。

6 自控仪表控制室、电子计算机房等防尘严格的场所也可采用正压通风。

10.7 建筑及结构

10.7.2 除油罐、沉降罐、单（无）阀滤罐等采用钢筋混凝土板式基础，是根据罐底荷载不均和工艺对不均匀沉降的要求，所选用的一种合理基础型式，也是大庆油田多年采用的做法。

10.8 道　路

10.8.1 站内道路的分类是参照现行国家标准《厂矿道路设计规范》GBJ 22，结合站场生产规模和性质综合确定的。

10.8.2 本条参照现行国家标准《厂矿道路设计规范》GBJ 22，结合运输和消防用车的车型特点而定。站场主要通行车辆为4～5t的标准载重汽车，若行驶其他汽车时，其转弯半径的数值可做适当调整。

10.9 防腐及保温

10.9.1 采出水处理涉及很多种类的构筑物，如调储罐、除油罐、沉降罐、气浮机（池）、污水回收罐（池）、过滤器、各种缓冲罐（池）等。采出水具有一定的腐蚀性，其腐蚀性的强弱与水中所含腐蚀性介质的种类和浓度有关，因此钢制构筑物和钢质管道均应进行防腐处理，用于强腐蚀性介质的钢制构筑物还应采取覆盖层和阴极保护相结合的保护方式。具体防腐措施根据工艺条件、介质环境等综合分析后确定，必要时可进行腐蚀检测。

11 健康、安全与环境

11.0.1 本条是参考国家经贸委《石油天然气管道安全监督与管理规定》和劳动部《建设项目（工程）劳动安全卫生监察规定》及国家现行标准《石油天然气工业健康、安全与环境管理体系》SY/T 6276—1997等的相关规定，结合采出水处理工程的特点制定的。

11.0.2、11.0.3 这两条是参考《中华人民共和国环境保护法》等有关环境保护的现行国家法律条文及国家现行的其他相关标准或规定，结合采出水处理工程的特点制定的。

附录 A、附录 B、附录 D、附录 E

本附录 A、B、D、E 等同采用现行国家标准《油气集输设计规范》GB 50350—2005。

附录 C

本附录 C 是根据近年来国内各油田应用过滤罐情况，而确定的滤料填装规格及厚度。

中华人民共和国国家标准

铝合金结构设计规范

Code for design of aluminium structures

GB 50429—2007

主编部门：上海市建设和交通委员会
批准部门：中华人民共和国建设部
施行日期：2008年3月1日

中华人民共和国建设部
公 告

第 726 号

建设部关于发布国家标准
《铝合金结构设计规范》的公告

现批准《铝合金结构设计规范》为国家标准，编号为GB 50429—2007，自 2008 年 3 月 1 日起实施。其中，第 3.3.1、4.1.2、4.1.3、4.1.4、4.2.2、4.3.4、4.3.5、4.3.6、10.4.3、10.5.1 条为强制性条文，必须严格执行。

本规范由建设部标准定额研究所组织中国计划出版社出版发行。

中华人民共和国建设部
二〇〇七年十月二十三日

前 言

根据建设部建标〔2003〕102 号文《关于印发"2002～2003 年度工程建设国家标准制订、修订计划"的通知》要求，本规范由同济大学、现代建筑设计集团上海建筑设计研究院有限公司会同有关单位编制而成。

在编制本规范过程中，进行了系统的试验研究和理论分析，调查总结了近年来国内外在铝合金结构设计和施工方面的实践经验，参考了欧洲、美国和日本的有关设计规范和设计手册，考虑了我国现有的技术水平和经济条件，在力争做到技术先进、经济合理、便于实践、与其他标准协调的基础上，经过反复讨论、修改充实和试设计，最后经审查定稿。

本规范共有 11 章 3 个附录，主要内容是：总则，术语和符号，材料，基本设计规定，板件的有效截面，受弯构件的计算，轴心受力构件的计算，拉弯构件和压弯构件的计算，连接计算，构造要求，铝合金面板。

本规范以黑体字标识的条文为强制性条文，必须严格执行。

本规范由建设部负责管理和对强制性条文的解释，由同济大学和现代建筑设计集团上海建筑设计研究院有限公司负责具体内容的解释。在执行本规范过程中，请各单位结合工程实践总结经验。对本规范的意见和建议，请寄至同济大学土木工程学院《铝合金结构设计规范》国家标准管理组（地址：上海市四平路1239 号；邮编：200092；传真：021-65980644）。

本规范主编单位、参编单位和主要起草人：
主 编 单 位：同济大学
现代建筑设计集团上海建筑设计研究院有限公司
参 编 单 位：同济大学建筑设计研究院
上海远大铝业工程有限公司
长江精工钢结构（集团）股份有限公司
上海精锐国际建筑系统有限公司
广东金刚幕墙工程有限公司
上海高新铝质工程股份有限公司
上海亚泽金属屋面装饰工程有限公司
中南建筑集团有限公司装饰幕墙公司
主要起草人：张其林 杨联萍 姚念亮 吴明儿
（以下按姓氏笔画排列）：
丁洁民 王平山 吕西林 杨仁杰
李静斌 吴水根 吴亚舸 吴志平
吴 芸 何卫良 邱枕戈 张 铮
张军涛 陈国栋 金 鑫 屈文俊
孟根宝力高   赵 华 胡全成
倪 月 徐国军 黄庆文 黄明鑫
董 震 焦 瑜 谢子孟

目 次

1 总则 ································ 45—4
2 术语和符号 ·························· 45—4
　2.1 术语 ······························ 45—4
　2.2 符号 ······························ 45—5
3 材料 ································ 45—6
　3.1 结构铝 ···························· 45—6
　3.2 连接 ······························ 45—6
　3.3 热影响区 ·························· 45—6
4 基本设计规定 ························ 45—7
　4.1 设计原则 ·························· 45—7
　4.2 荷载和荷载效应计算 ················ 45—7
　4.3 设计指标 ·························· 45—8
　4.4 结构或构件变形的规定 ·············· 45—9
　4.5 构件的计算长度和容许长
　　　细比 ······························ 45—10
5 板件的有效截面 ······················ 45—11
　5.1 一般规定 ·························· 45—11
　5.2 受压板件的有效厚度 ················ 45—11
　5.3 焊接板件的有效厚度 ················ 45—13
　5.4 有效截面的计算 ···················· 45—13
6 受弯构件的计算 ······················ 45—14
　6.1 强度 ······························ 45—14
　6.2 整体稳定 ·························· 45—15
7 轴心受力构件的计算 ·················· 45—15
　7.1 强度 ······························ 45—15
　7.2 整体稳定 ·························· 45—15
8 拉弯构件和压弯构件的计算 ············ 45—16
　8.1 强度 ······························ 45—16
　8.2 整体稳定 ·························· 45—16
9 连接计算 ···························· 45—17
　9.1 紧固件连接 ························ 45—17
　9.2 焊缝连接 ·························· 45—19
10 构造要求 ··························· 45—20
　10.1 一般规定 ························· 45—20
　10.2 螺栓连接和铆钉连接 ··············· 45—20
　10.3 焊缝连接 ························· 45—21
　10.4 防火、隔热 ······················· 45—21
　10.5 防腐 ····························· 45—21
11 铝合金面板 ························· 45—21
　11.1 一般规定 ························· 45—21
　11.2 强度 ····························· 45—22
　11.3 稳定 ····························· 45—23
　11.4 组合作用 ························· 45—23
　11.5 构造要求 ························· 45—23
附录 A 结构用铝合金材料力
　　　学性能 ··························· 45—24
附录 B 轴心受压构件的稳定
　　　系数 ····························· 45—26
附录 C 受弯构件的整体稳定
　　　系数 ····························· 45—27
本规范用词说明 ························· 45—29
附：条文说明 ··························· 45—30

1 总则

1.0.1 为在铝合金结构设计中贯彻执行国家的技术经济政策，做到技术先进、经济合理、安全适用、确保质量，制定本规范。

1.0.2 本规范适用于工业与民用建筑和构筑物的铝合金结构设计，不适用于直接受疲劳动力荷载的承重结构和构件设计。

1.0.3 本规范的设计原则是根据现行国家标准《建筑结构可靠度设计统一标准》GB 50068 制定的，按本规范设计时，尚应符合《建筑结构荷载规范》GB 50009、《建筑抗震设计规范》GB 50011、《中国地震动参数区划图》GB 18306 和《构筑物抗震设计规范》GB 50191的规定。

1.0.4 设计铝合金结构时，应从工程实际情况出发，合理选用材料、结构方案和构造措施，满足结构构件在运输、安装和使用过程中的强度、稳定性和刚度要求，并符合防火、防腐蚀要求。

1.0.5 铝合金结构的设计，除应符合本规范外，尚应符合国家现行有关标准的规定。

2 术语和符号

2.1 术语

2.1.1 强度 strength

构件截面材料或连接抵抗破坏的能力。强度计算是防止结构构件或连接因材料强度被超过而破坏的计算。

2.1.2 强度标准值 characteristic value of strength

国家标准规定的铝材名义屈服强度（规定非比例伸长应力）或抗拉强度。

2.1.3 强度设计值 design value of strength

铝合金材料或连接的强度标准值除以相应抗力分项系数后的数值。

2.1.4 屈曲 buckling

杆件或板件在轴心压力、弯矩、剪力单独或共同作用下突然发生与原受力状态不符的较大变形而失去稳定。

2.1.5 承载能力 load-carrying capacity

结构或构件不会因强度、稳定等因素破坏所能承受的最大内力，或达到不适应于继续承载的变形时的内力。

2.1.6 一阶弹性分析 the first order elastic analysis

不考虑结构二阶变形对内力产生的影响，根据未变形的结构建立平衡条件，按弹性阶段分析结构内力及位移。

2.1.7 二阶弹性分析 the second order elastic analysis

考虑结构二阶变形对内力产生的影响，根据位移后的结构建立平衡条件，按弹性阶段分析结构内力及位移。

2.1.8 弱硬化 weak hardening

状态为 T6 的铝合金材料为弱硬化合金。

2.1.9 强硬化 strong hardening

状态为除 T6 以外的其他铝合金材料为强硬化合金。

2.1.10 有效厚度 effective thickness

考虑受压板件屈曲后强度以及焊接热影响区效应对构件承载力进行计算时，板件的折减计算厚度。

2.1.11 加劲板件 stiffened elements

两纵边均与其他板件相连的板件。

2.1.12 非加劲板件 unstiffened elements

一纵边与其他板件相连，另一纵边为自由的板件。

2.1.13 边缘加劲板件 edge stiffened elements

一纵边与其他板件相连，另一纵边由符合要求的边缘卷边加劲的板件。

2.1.14 中间加劲板件 intermediate stiffened elements

中间加劲板件是指带中间加劲肋的加劲板件。

2.1.15 子板件 sub-elements

子板件是指一纵边与其他板件相连，另一纵边与中间加劲肋相连或两纵边均与中间加劲肋相连的板件。

2.1.16 腹板屈曲后强度 post-buckling strength of web plates

腹板屈曲后尚能继续保持承受荷载的能力。

2.1.17 整体稳定 overall stability

在外荷载作用下，对整个结构或构件能否发生屈曲或失稳的评估。

2.1.18 计算长度 effective length

构件在其有效约束点间的几何长度乘以考虑杆端变形情况和所受荷载情况的系数而得的等效长度，用以计算构件的长细比。计算焊缝连接强度时采用的焊缝长度。

2.1.19 长细比 slenderness ratio

构件计算长度与构件截面回转半径的比值。

2.1.20 换算长细比 equivalent slenderness ratio

在轴心受压构件的整体稳定计算中，按临界力相等的原则，将弯扭或扭转失稳换算为弯曲失稳时采用的长细比。

2.1.21 钨极氩弧焊 gas tungsten arc welding

使用钨极的氩弧焊，又称非熔化极氩弧焊、TIG 焊。

2.1.22 熔化极氩弧焊 gas metal arc welding

使用熔化电极的氩弧焊，又称 MIG 焊。

2.1.23 焊接热影响区 heat affected zone
母材受焊接热影响效应作用的范围,简称 HAZ。

2.2 符 号

2.2.1 作用及作用效应设计值：

F——集中荷载；
H——水平力；
M——弯矩；
N——轴心力；
P——一个高强度螺栓的预拉力；
Q——重力荷载；
V——剪力。

2.2.2 计算指标：

E——铝合金材料的弹性模量；
G——铝合金材料的剪变模量；
N_t^b, N_v^b, N_c^b——一个螺栓的抗拉、抗剪和承压承载力设计值；
N_v^r, N_c^r——一个铆钉的抗剪和承压承载力设计值；
N_{tp}^b——螺栓头及螺母下构件抗冲切承载力设计值；
R_w——铝合金压型面板中的腹板局部受压承载力设计值；
f——铝合金材料的抗拉、抗压和抗弯强度设计值；
f_v——铝合金材料的抗剪强度设计值；
$f_{0.2}$——铝合金材料的规定非比伸长应力，也称名义屈服强度；
f_u——铝合金材料的抗拉极限强度；
$f_{u,haz}$——铝合金材料焊接热影响区的抗拉、抗压和抗弯强度设计值；
$f_{v,haz}$——铝合金材料焊接热影响区的抗剪强度设计值；
f_t^b, f_v^b, f_c^b——螺栓的抗拉、抗剪和承压强度设计值；
f_v^r, f_c^r——铆钉的抗剪和承压强度设计值；
f_t^w, f_v^w, f_c^w——对接焊缝的抗拉、抗剪和抗压强度设计值；
f_f^w——角焊缝的抗拉、抗剪和抗压强度设计值；
α——铝合金材料的线膨胀系数；
ν——铝合金材料的泊松比；
ρ——铝合金材料的质量密度；
σ——正应力；
σ_{cr}, τ_{cr}——受压板件的弹性临界应力、板件的剪切屈曲临界应力；
σ_f——按焊缝有效截面计算，垂直于焊缝长度方向的应力；
σ_{haz}——作用在临界失效面，垂直于焊缝长度方向的正应力；
σ_N——垂直于焊缝有效截面的正应力；
τ_f——按焊缝有效截面计算，沿焊缝长度方向的剪应力；
τ_{haz}——作用在临界失效面，平行于焊缝长度方向的剪应力；
τ_N——有效截面上垂直于焊缝长度方向的剪应力；
τ_S——有效截面上平行于焊缝长度方向的剪应力。

2.2.3 几何参数：

A——毛截面面积；
A_e——有效截面面积；
A_{en}——有效净截面面积；
B——铝合金面板的波距；
I——毛截面惯性矩；
I_ω——毛截面扇性惯性矩；
I_t——毛截面抗扭惯性矩；
W_e——有效截面模量；
W_{en}——有效净截面模量；
S——计算剪应力处以上毛截面对中和轴的面积矩；
b——截面或板件的宽度；
b_{haz}——板件的焊接热影响区宽度；
c——加劲肋等效高度；
d——螺栓杆直径；
d_e——螺栓在螺纹处的有效直径；
d_0——铆钉孔直径；螺栓孔直径；
d_m——为下列两者中较小值：
(a) 螺栓头或螺母外接圆直径与内切圆直径的平均值；
(b) 当采用垫圈时为垫圈的外径；
e_a——荷载作用点至弯心的距离；
h——截面或板件的高度；框架结构每层的高度；
h_e——角焊缝计算厚度；
h_f——角焊缝的焊脚尺寸；
i——回转半径；
i_0——截面对剪心的极回转半径；
k——受压板件的局部稳定系数；
l——长度或跨度；
l_0——计算长度；
l_ω——扭转屈曲的计算长度；
l_y——梁的侧向计算长度；
l_w——焊缝计算长度；
t——板件厚度；对接焊缝计算厚度；
t_e——板件有效厚度；
t_w——腹板厚度；
t_p——螺栓头或螺母下构件的厚度；

t_1——铝合金面板 T 形支托腹板的最小厚度；

t_2——铝合金面板 T 形支托腹板的最大厚度；

$\sum t$——在不同受力方向中一个受力方向承压构件总厚度的较小值；

y_0——截面形心至剪心的距离；

θ——夹角；

λ——长细比；

$\bar{\lambda}$——板件的换算柔度系数；受弯构件的弯扭稳定相对长细比；轴心受压构件的相对长细比；

λ_ω——扭转屈曲换算长细比。

2.2.4 计算系数及其他：

n_v——受剪面数目；

n_f——传力摩擦面数目；

n_c——框架结构每层内柱的数目；

n_s——框架结构的层数；

n——在节点或拼接处，构件一端连接的高强度螺栓数目；

n_1——所计算截面（最外列螺栓处）上高强度螺栓数目；

Δu——框架结构的层间位移；

α_1，α_2——Winter 折算系数；

α_{2i}——考虑二阶效应时第 i 层杆件的侧移弯矩增大系数；

β_1——临界弯矩修正系数；

β_2——荷载作用点位置影响系数；

β_3——荷载形式不同时对单轴对称截面的修正系数；

β_f——正面角焊缝的强度设计值增大系数；

β_m——等效弯矩系数；

γ_R——铝合金结构构件的抗力分项系数；

γ_0——结构的重要性系数；

γ——截面塑性发展系数；

η——修正系数；

μ——摩擦面的抗滑移系数；柱的计算长度系数；

ρ_{haz}——焊接热影响区范围内材料的强度折减系数；

φ——轴心受压构件的稳定系数；

φ——轴心受压构件的稳定计算系数；

φ_b——受弯构件的整体稳定系数；

ψ——应力分布不均匀系数。

3 材 料

3.1 结 构 铝

3.1.1 用于承重结构的铝合金应采用轧制板、冷轧带、拉制管、挤压管、挤压型材、棒材等锻造铝合金。

3.1.2 应根据结构的重要性、荷载特征、结构形式、应力状态、连接方式、材料厚度等因素，选用合适的铝合金牌号、规格及其相应状态，并应符合现行国家标准的规定和要求。

铝合金结构材料型材宜采用5×××系列和6×××系列铝合金；板材宜采用3×××系列和5×××系列铝合金。板材力学性能应符合现行国家标准《铝及铝合金轧制板材》GB/T 3880 和《铝及铝合金冷轧带材》GB/T 8544 的规定；型材及棒材应符合现行国家标准《铝及铝合金挤压棒材》GB/T 3191、《铝及铝合金拉（轧）制无缝管》GB/T 6893、《铝及铝合金热挤压管》GB/T 4437、《铝合金建筑型材》GB 5237、《工业用铝及铝合金热挤压型材》GB/T 6892的规定。

3.2 连 接

3.2.1 铝合金结构的螺栓连接应符合下列要求：

1 普通螺栓材料宜采用铝合金、不锈钢，也可采用经热浸镀锌、电镀锌或镀铝等可靠表面处理后的钢材。

2 铝合金结构的螺栓连接不宜采用有预拉力的高强度螺栓，确需采用时应满足本规范相应条款的规定。

3 普通螺栓应符合现行国家标准《紧固件机械性能 螺栓、螺钉和螺柱》GB/T 3098.1、《紧固件机械性能 有色金属制造的螺栓、螺钉、螺柱和螺母》GB/T 3098.10、《紧固件机械性能不锈钢螺母》GB/T 3098.15、《六角头螺栓 C 级》GB/T 5780 和《六角头螺栓》GB/T 5782 的规定。

3.2.2 铝合金结构的铆钉材料应采用铝合金或不锈钢，并应符合现行国家标准《半圆头铆钉（粗制）》GB/T 863.1 和《半圆头铆钉》GB 867 的规定。

3.2.3 铝合金结构焊接用焊丝应符合现行国家标准《铝及铝合金焊丝》GB 10858 的规定，宜选用 SAlMG-3 焊丝（Eur 5356）及 SAlSi-1 焊丝（Eur 4043）。焊接工艺可采用熔化极惰性气体保护电弧焊（MIG 焊）和钨极惰性气体保护电弧焊（TIG 焊）。

注：TIG 焊适用于厚度小于或等于6mm构件的焊接。

3.3 热 影 响 区

3.3.1 采用焊接铝合金结构时，必须考虑热影响区材料强度降低带来的不利影响。热影响区范围内强度的折减系数 ρ_{haz} 应按表3.3.1采用。

表 3.3.1 热影响区范围内材料强度的折减系数 ρ_{haz}

合金牌号	状态	ρ_{haz}
6061、6063、6063A	T4	1.00
	T5/T6	0.50
5083	O/F	1.00
	H112	0.80
3003	H24	0.20
3004	H34/H36	0.20

注：表中数值适用于材料焊接后存放的环境温度大于10℃，存放时间大于3d的情况。

3.3.2 热影响区范围应符合下列规定：

1 当板件端部距焊缝边缘长度小于 $3b_{haz}$ 时，热影响区（图3.3.2）扩展至板件尽端。

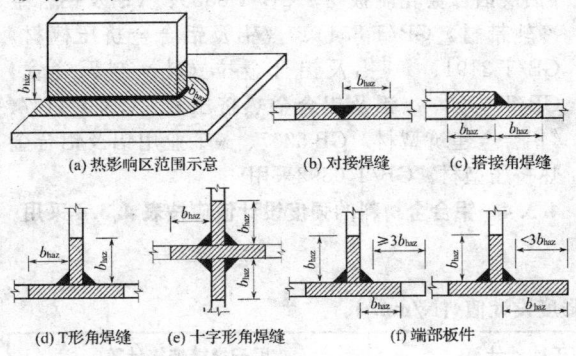

(a) 热影响区范围示意　(b) 对接焊缝　(c) 搭接角焊缝
(d) T形角焊缝　(e) 十字形角焊缝　(f) 端部板件

图 3.3.2 焊接热影响区范围
b_{haz} 为板件的焊接热影响区宽度

2 采用熔化极惰性气体保护电弧焊（MIG焊）和钨极惰性气体保护电弧焊（TIG焊）焊接连接的6×××系列热处理合金或5×××系列冷加工硬化合金，热影响区宽度 b_{haz} 应符合表3.3.2的规定。

表 3.3.2 热影响区宽度 b_{haz}

退火温度（℃）	对于焊接件厚度（mm）	b_{haz}（mm）
$T_1 \leqslant 60$	$t \leqslant 8$	30
	$8 < t \leqslant 16$	40
	$t > 16$	应根据硬度试验结果确定
$60 < T_1 \leqslant 120$	$t \leqslant 8$	30α
	$8 < t \leqslant 16$	40α
	$t > 16$	应根据硬度试验结果确定

注：1 α 为参数；$\alpha = 1 + (T_1 - 60)/120$。
2 表中 t 为焊接件的平均厚度。当焊接件厚度相差超过一倍时，b_{haz} 值应根据硬度试验结果确定。

3.3.3 在连接计算中，应对焊件强度进行折减；在构件承载力计算中，应对截面进行折减。

4 基本设计规定

4.1 设计原则

4.1.1 本规范采用以概率理论为基础的极限状态设计方法，用分项系数设计表达式进行计算。

4.1.2 在铝合金结构设计文件中，应注明建筑结构的安全等级、设计使用年限、铝合金材料牌号及供货状态、连接材料的型号和对铝合金材料所要求的力学性能、化学成分及其他的附加保证项目。

4.1.3 铝合金结构应按下列承载能力极限状态和正常使用极限状态进行设计：

1 承载能力极限状态包括：构件和连接的强度破坏和因过度变形而不适于继续承载，结构和构件丧失稳定，结构转变为机动体系和结构倾覆。

2 正常使用极限状态包括：影响结构、构件和非结构构件正常使用或外观的变形，影响正常使用的振动，影响正常使用或耐久性能的局部损坏。

4.1.4 按承载能力极限状态设计铝合金结构时，应考虑荷载效应的基本组合，必要时尚应考虑荷载效应的偶然组合。按正常使用极限状态设计铝合金结构时，应按规定的荷载效应组合。

4.1.5 铝合金结构的计算模型和基本假定宜与构件连接的实际性能相符合。

4.1.6 铝合金结构的正常使用环境温度应低于100℃。

4.2 荷载和荷载效应计算

4.2.1 设计铝合金结构时应考虑永久荷载、可变荷载、支承结构的变形或沉降、施工荷载、安装荷载、检修荷载等及地震作用、温度变化作用。

4.2.2 设计铝合金结构时，荷载的标准值、荷载分项系数、荷载组合值系数等，应按现行国家标准《建筑结构荷载规范》GB 50009 的规定采用。

结构的重要性系数 γ_0 应按现行国家标准《建筑结构可靠度设计统一标准》GB 50068 的规定采用，其中对设计年限为 25 年的结构构件，γ_0 不应小于 0.95。

4.2.3 框架结构中，梁与柱的刚性连接应符合受力过程中梁柱间交角不变的假定，同时连接应具有充分的强度，承受交汇构件端部传递的所有最不利内力。梁和柱铰接时，应使连接具有充分的转动能力，且能有效地传递横向剪力与轴向力。梁与柱的半刚性连接只具有有限的转动刚度，在承受弯矩的同时会产生相应的交角变化，在内力分析时，必须预先确定连接的弯矩-转角特性曲线，以便考虑连接变形的影响。

4.2.4 框架结构内力分析宜符合下列规定：

1 框架结构内力分析可采用一阶弹性分析。

2 对 $\frac{\sum N \cdot \Delta u}{\sum H \cdot h} > 0.1$ 的框架结构宜采用二阶弹性分析，此时应在每层柱顶附加考虑由式（4.2.4-1）计算的假想水平力 H_{ni}。

$$H_{ni} = \frac{1}{200} k_c k_s Q_i \qquad (4.2.4\text{-}1)$$

式中 Δu——按一阶弹性分析求得的所计算楼层的层间侧移；

h——所计算楼层的高度；

$\sum N$——所计算楼层各柱轴心压力设计值之和；

$\sum H$——产生层间侧移 Δu 的所计算楼层及以上各层的水平力之和；

Q_i——第 i 层的总重力荷载设计值；

$k_s = \sqrt{0.5 + 1/n_s}$，$k_s \leqslant 1$；n_s——框架总层数；

$k_c = \sqrt{0.5 + 1/n_c}$，$k_c \leqslant 1$；n_c——第 i 层内柱的数目。

对无支撑的框架结构，当采用二阶弹性分析时，各杆件杆端的弯矩 M_{II} 可用下列近似公式进行计算：

$$M_{II} = M_{Ib} + \alpha_{2i} M_{Is} \qquad (4.2.4\text{-}2)$$

$$\alpha_{2i} = \frac{1}{1 - \dfrac{\sum N \cdot \Delta u}{\sum H \cdot h}} \qquad (4.2.4\text{-}3)$$

式中 M_{Ib}——假定框架无侧移时按一阶弹性分析求得的各杆杆端弯矩；

M_{Is}——框架各节点侧移时按一阶弹性分析求得的各杆杆端弯矩；

α_{2i}——考虑二阶效应第 i 层杆件的侧移弯矩增大系数。

注：当按式（4.2.4-3）计算的 $\alpha_{2i} \geqslant 1.33$ 时，宜增加框架结构的刚度。

4.2.5 大跨度空间结构内力分析时宜考虑几何非线性效应的影响，应计算结构的整体稳定承载力。

4.3 设 计 指 标

4.3.1 铝合金材料的强度设计值等于强度标准值除以抗力分项系数。

4.3.2 铝合金结构构件的抗力分项系数 γ_R 在抗拉、抗压和抗弯情况下应取 1.2，在计算局部强度时应取 1.3。

4.3.3 铝合金材料的强度标准值应按现行国家标准《铝及铝合金轧制板材》GB/T 3880、《铝及铝合金冷轧带材》GB/T 8544、《铝及铝合金挤压棒材》GB/T 3191、《铝及铝合金拉（轧）制无缝管》GB/T 6893、《铝及铝合金热挤压管》GB/T 4437、《铝合金建筑型材》GB 5237、《工业用铝及铝合金热挤压型材》GB/T 6892采用。

4.3.4 铝合金材料的强度设计值应按表 4.3.4 采用。

表 4.3.4 铝合金材料强度设计值（N/mm²）

铝合金材料			用于构件计算		用于焊接连接计算	
牌号	状态	厚度(mm)	抗拉、抗压和抗弯 f	抗剪 f_v	焊件热影响区抗拉、抗压和抗弯 $f_{u,haz}$	焊件热影响区抗剪 $f_{v,haz}$
6061	T4	所有	90	55	140	80
	T6	所有	200	115	100	60
6063	T5	所有	90	55	60	35
	T6	所有	150	85	80	45
6063A	T5	≤10	135	75	75	45
		>10	125	70	70	40
	T6	≤10	160	90	90	50
		>10	150	85	85	50
5083	O/F	所有	90	55	210	120
	H112	所有	90	55	170	95
3003	H24	≤4	100	60	20	10
3004	H34	≤4	145	85	35	20
	H36	≤3	160	95	40	20

4.3.5 铝合金结构普通螺栓和铆钉连接的强度设计值应按表 4.3.5-1 和表 4.3.5-2 采用。

表 4.3.5-1 普通螺栓连接的强度设计值（N/mm²）

螺栓的材料、性能等级和构件铝合金牌号		普通螺栓								
		铝合金			不锈钢			钢		
		抗拉 f_t^b	抗剪 f_v^b	承压 f_c^b	抗拉 f_t^b	抗剪 f_v^b	承压 f_c^b	抗拉 f_t^b	抗剪 f_v^b	承压 f_c^b
普通螺栓	铝合金 2B11	170	160	—	—	—	—	—	—	—
	铝合金 2A90	150	145	—	—	—	—	—	—	—
	不锈钢 A2-50、A4-50	—	—	—	200	190	—	—	—	—
	不锈钢 A2-70、A4-70	—	—	—	280	265	—	—	—	—
	钢 4.6、4.8级	—	—	—	—	—	—	170	140	—
构件	6061-T4	—	—	210	—	—	210	—	—	210
	6061-T6	—	—	305	—	—	305	—	—	305
	6063-T5	—	—	185	—	—	185	—	—	185
	6063-T6	—	—	240	—	—	240	—	—	240
	6063A-T5	—	—	220	—	—	220	—	—	220
	6063A-T6	—	—	255	—	—	255	—	—	255
	5083-O/F/H112	—	—	315	—	—	315	—	—	315

表 4.3.5-2 铆钉连接的强度设计值（N/mm²）

铝合金铆钉牌号及构件铝合金牌号		铝合金铆钉	
		抗剪 f_v^r	承压 f_c^r
铆钉	5B05-HX8	90	—
	2A01-T4	110	—
	2A10-T4	135	—
构件	6061-T4	—	210
	6061-T6	—	305
	6063-T5	—	185
	6063-T6	—	240
	6063A-T5	—	220
	6063A-T6	—	255
	5083-O/F/H112	—	315

4.3.6 铝合金结构焊缝的强度设计值应按表 4.3.6 采用。

表 4.3.6 焊缝的强度设计值（N/mm²）

铝合金母材牌号及状态	焊丝型号	对接焊缝			角焊缝
		抗拉 f_t^w	抗压 f_c^w	抗剪 f_v^w	抗拉、抗压和抗剪 f_f^w
6061-T4 6061-T6	SAlMG-3 (Eur 5356)	145	145	85	85
	SAlSi-1 (Eur 4043)	135	135	80	80
6063-T5 6063-T6 6063A-T5 6063A-T6	SAlMG-3 (Eur 5356)	115	115	65	65
	SAlSi-1 (Eur 4043)	115	115	65	65
5083-O/F/H112	SAlMG-3 (Eur 5356)	185	185	105	105

注：对于两种不同种类合金的焊接，焊缝的强度设计值应采用较小值。

4.3.7 铝合金材料的物理性能指标应按表 4.3.7 采用。

表 4.3.7 铝合金的物理性能指标

弹性模量 E (N/mm²)	泊松比 ν	剪变模量 G (N/mm²)	线膨胀系数 α (以每 ℃计)	质量密度 ρ (kg/m³)
70000	0.3	27000	23×10^{-6}	2700

4.4 结构或构件变形的规定

4.4.1 为了不影响结构和构件的正常使用和观感，设计时应对结构或构件的变形进行控制。

1 受弯构件挠度的容许值不宜超过表 4.4.1 的规定。

表 4.4.1 受弯构件挠度的容许值

序号	构件类别	容许值
1	主体结构的构件	$l/250$
2	檩条和横隔板（在恒载作用下）	$l/200$
3	围护结构的构件和压型面板	$l/180$

注：l 为跨度或支点间距离，悬臂构件可取挑出长度的 2 倍。

2 在风荷载标准值作用下，框架柱顶水平位移不宜超过 $H/300$。H 为自基础顶面至柱顶的总高度。

4.4.2 计算结构或构件的变形时，可不考虑螺栓（或铆钉）孔引起的截面削弱。

4.4.3 为改善外观和使用条件，可将横向受力构件预先起拱，起拱大小应视实际需要而定，可为恒载标准值加 1/2 活载标准值所产生的挠度值。构件挠度可取在恒荷载和活载标准值作用下的挠度计算值减去起拱度。

4.5 构件的计算长度和容许长细比

4.5.1 确定桁架弦杆和单系腹杆（用节点板与弦杆连接）的长细比时，其计算长度 l_0 应按表 4.5.1 采用。

表 4.5.1 桁架弦杆和单系腹杆的计算长度 l_0

序号	弯曲方向	弦杆	腹杆	
			支座斜杆和支座竖杆	其他腹杆
1	在桁架平面内	l	l	$0.8l$
2	在桁架平面外	l_1	l	l
3	斜平面	—	l	$0.9l$

注：1 l 为构件的几何长度（节点中心间距离）；l_1 为桁架弦杆侧向支承点之间的距离。
  2 斜平面系指与桁架平面斜交的平面，适用于构件截面两主轴均不在桁架平面内的单角铝腹杆和双角铝十字形截面腹杆。
  3 无节点板的腹杆计算长度在任意平面内均取其等于几何长度（铝管结构除外）。

当桁架弦杆侧向支承点之间的距离为节间长度的 2 倍（图 4.5.1）且两节间的弦杆轴心压力不相同时，则该弦杆在桁架平面外的计算长度，应按下式确定，但不应小于 $0.5l_1$：

$$l_0 = l_1 \left(0.75 + 0.25 \frac{N_2}{N_1} \right) \quad (4.5.1)$$

式中 N_1——较大的压力，计算时取正值；
  N_2——较小的压力或拉力，计算时压力取正值，拉力取负值。

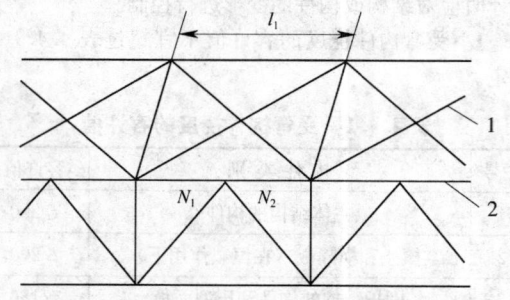

图 4.5.1 弦杆轴心压力在侧向支承点
间有变化的桁架简图
1—支撑；2—桁架

桁架再分式腹杆体系的受压主斜杆及 K 形腹杆体系的竖杆等，在桁架平面外的计算长度应按式（4.5.1）确定，受拉主斜杆仍取 l_1；在桁架平面内的计算长度则应取节点中心间距离。

4.5.2 单层或多层框架等截面柱，在框架平面内的计算长度应等于该层柱的高度乘以计算长度系数 μ。框架可分为无支撑的纯框架和有支撑框架，有支撑框架根据抗侧移刚度的大小，可分为强支撑框架和弱支撑框架，并应符合下列规定：

1 无支撑纯框架。
 1）当采用一阶弹性分析方法计算内力时，框架柱的计算长度系数 μ 应按国家标准《钢结构设计规范》GB 50017 附录 D 表 D-2 规定的有侧移框架柱的计算长度系数确定。
 2）当采用二阶弹性分析方法计算内力且在每层柱顶附加考虑公式（4.2.4-1）的假想水平力 H_{ni} 时，框架柱的计算长度系数 μ 应取 1.0。

2 有支撑框架。
 1）当（支撑桁架、剪力墙、电梯井等）支撑结构的侧移刚度 S_b 满足式（4.5.2-1）的要求时，应为强支撑框架，框架柱的计算长度系数 μ 应按《钢结构设计规范》GB 50017 附录 D 表 D-1 规定的无侧移框架柱的计算长度系数确定。

$$S_b \geqslant 3(1.2\sum N_{bi} - \sum N_{0i}) \quad (4.5.2-1)$$

式中 N_{bi}，N_{0i}——第 i 层层间所有框架柱用无侧移框架柱和有侧移框架柱计算长度系数算得的轴压构件稳定承载力之和。

 2）当支撑结构的侧移刚度 S_b 不满足式（4.5.2-1）的要求时，为弱支撑框架，框架柱的轴压构件稳定系数 φ 按式（4.5.2-2）计算。

$$\varphi = \varphi_0 + (\varphi_1 - \varphi_0) \frac{S_b}{3(1.2\sum N_{bi} - \sum N_{0i})}$$
$$(4.5.2-2)$$

式中 φ_0，φ_1——按附录 B 得到的轴压构件稳定系数，查表时分别采用《钢结构设计规范》GB 50017 附录 D 中规定的无侧移框架柱和有侧移框架柱的计算长度系数。

4.5.3 平板网架、曲面网架和单层网壳杆件的计算长度应按表 4.5.3-1、表 4.5.3-2 取值。

表 4.5.3-1 平板和曲面网架杆件计算长度 l_0

杆 件	计算长度
弦杆及支座腹杆	l
腹 杆	l

注：l 为杆件几何长度（节点中心间距离）。

表 4.5.3-2 单层网壳杆件计算长度 l_0

计 算 面	计算长度
壳体曲面内	$0.9l$
壳体曲面外	$1.6l$

注：l 为杆件几何长度（节点中心间距离）。

4.5.4 受压构件的长细比不宜超过表 4.5.4 的容许值。

表 4.5.4 受压构件的容许长细比

序号	构件名称	容许长细比
1	柱、桁架的杆件	150
	柱的缀条	
2	支撑	200
	用以减小受压构件长细比的杆件	

注：1 包括空间桁架在内的桁架的受压腹杆，当其内力等于或小于承载能力的 50%时，容许长细比值可取 200。
2 计算单角铝受压构件的长细比时，应采用角铝的最小回转半径，但计算在交叉点相互连接的交叉杆件平面外的长细比时，可采用与角铝肢边平行轴的回转半径。
3 跨度等于或大于 60m 的桁架，其受压弦杆和端压杆的容许长细比宜取 100，其他承受静力荷载的受压腹杆可取 150。
4 由容许长细比控制截面的杆件，在计算其长细比时，可不考虑扭转效应。

4.5.5 受拉构件的长细比不宜超过表 4.5.5 的容许值。

表 4.5.5 受拉构件的容许长细比

序号	构件名称	一般建筑结构（承受静力荷载）
1	桁架的杆件	350
2	其他拉杆、支撑、系杆等（张紧的拉杆除外）	400

注：1 承受静力荷载的结构中，可仅计算受拉构件在竖向平面内的长细比。
2 受拉构件在永久荷载与风荷载组合下受压时，其长细比不宜超过 250。
3 跨度等于或大于 60m 的桁架，其受拉弦杆和腹杆的长细比不宜超过 300（承受静力荷载）。

4.5.6 网架、网壳杆件的长细比不宜超过表 4.5.6-1 和表 4.5.6-2 的容许值。

表 4.5.6-1 网架杆件的容许长细比

杆件		平板网架	曲面网架
受压杆件		150	150
受拉杆件	一般杆件	350	350
	支座附近处杆件	300	300

表 4.5.6-2 网壳杆件的容许长细比

网壳类别	压弯杆件	拉弯杆件
单层网壳	150	300

5 板件的有效截面

5.1 一般规定

5.1.1 对于可能出现受压局部屈曲的薄壁构件，可利用板件的屈曲后强度，并在确定构件有效截面的基础上进行强度及整体稳定验算。

5.1.2 设计焊接铝合金构件时，应考虑焊接热影响效应对截面的折减，并在确定构件有效截面的基础上进行强度及整体稳定验算。

5.1.3 有效截面的计算应采用有效厚度法。

5.1.4 构件截面的板件类型（图 5.1.4）应符合国家有关标准规定。

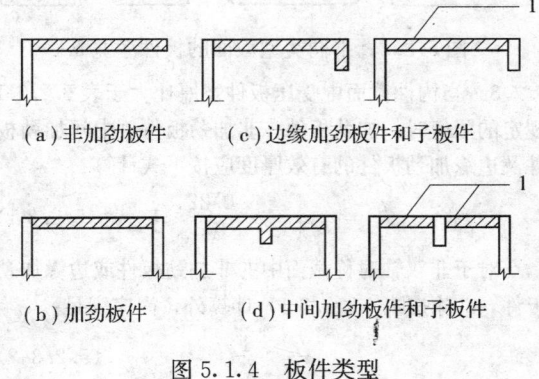

(a)非加劲板件　(c)边缘加劲板件和子板件
(b)加劲板件　(d)中间加劲板件和子板件

图 5.1.4 板件类型
1—子板件

5.2 受压板件的有效厚度

5.2.1 当构件截面中受压板件宽厚比小于表 5.2.1-1 的限值时，板件应全截面有效。圆管截面的外径与壁厚之比不应超过表 5.2.1-2 的限值。

表 5.2.1-1 受压板件全部有效的最大宽厚比

硬化程度	加劲板件、中间加劲板件		非加劲板件、边缘加劲板件	
	非焊接	焊接	非焊接	焊接
弱硬化	$21.5\varepsilon\sqrt{\eta k'}$	$17\varepsilon\sqrt{\eta k'}$	$6\varepsilon\sqrt{\eta k'}$	$5\varepsilon\sqrt{\eta k'}$
强硬化	$17\varepsilon\sqrt{\eta k'}$	$15\varepsilon\sqrt{\eta k'}$	$5\varepsilon\sqrt{\eta k'}$	$4\varepsilon\sqrt{\eta k'}$

注：1 表中 $\varepsilon=\sqrt{240/f_{0.2}}$，$f_{0.2}$ 应按附录 A 确定。
2 η 为加劲肋修正系数，应按第 5.2.6 条采用，对于不带加劲肋的板件，$\eta=1$。
3 $k'=k/k_0$，其中 k 为不均匀受压情况下的板件局部稳定系数，应按第 5.2.5 条采用。对于均匀受压板件，$k'=1.0$。对于加劲板件或中间加劲板件，$k_0=4$；对于非加劲板件或边缘加劲板件，$k_0=0.425$。

表 5.2.1-2 受压圆管截面的最大径厚比

硬化程度	非焊接	焊接
弱硬化	50（$240/f_{0.2}$）	35（$240/f_{0.2}$）
强硬化	35（$240/f_{0.2}$）	25（$240/f_{0.2}$）

5.2.2 计算板件宽厚比时，板件宽度应采用板件净宽。板件净宽应为扣除了相邻板件厚度后的剩余宽度（图 5.2.2）。

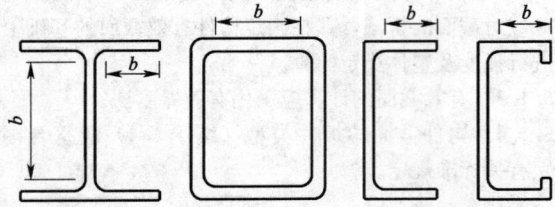

图 5.2.2 不同类型截面的板件净宽 b

5.2.3 当构件截面中受压板件宽厚比大于表 5.2.1-1 规定的限值时，加劲板件、非加劲板件、中间加劲板件及边缘加劲板件的有效厚度应按下式计算：

$$\frac{t_e}{t}=\alpha_1\frac{1}{\bar{\lambda}}-\alpha_2\frac{0.22}{\bar{\lambda}^2}\leqslant 1 \quad (5.2.3-1)$$

对于非双轴对称截面中的非加劲板件或边缘加劲板件，t_e 除按式（5.2.3-1）计算外，尚应满足：

$$\frac{t_e}{t}\leqslant\frac{1}{\bar{\lambda}^2} \quad (5.2.3-2)$$

式中 t_e——考虑局部屈曲的板件有效厚度；
t——板件厚度；
α_1，α_2——计算系数，应按表 5.2.3 取值；
$\bar{\lambda}$——板件的换算柔度系数，$\bar{\lambda}=\sqrt{f_{0.2}/\sigma_{cr}}$；
σ_{cr}——受压板件的弹性临界屈曲应力，应按第 5.2.4 条和第 5.2.6 条采用。

表 5.2.3 计算系数 α_1，α_2 的取值

系数	硬化程度	加劲板件、中间加劲板件 非焊接	加劲板件、中间加劲板件 焊接	非加劲板件、边缘加劲板件 非焊接	非加劲板件、边缘加劲板件 焊接
α_1	弱硬化	1.0	0.9	0.96	0.9
α_1	强硬化	0.9	0.8	0.9	0.77
α_2	弱硬化	1.0	0.9	1.0	0.9
α_2	强硬化	0.9	0.7	0.9	0.68

5.2.4 受压加劲板件、非加劲板件的弹性临界屈曲应力应按下式计算：

$$\sigma_{cr}=\frac{k\pi^2 E}{12(1-\nu^2)\cdot(b/t)^2} \quad (5.2.4)$$

式中 k——受压板件局部稳定系数，应按第 5.2.5 条计算；
ν——铝合金材料的泊松比，$\nu=0.3$；
b——板件净宽，应按图 5.2.2 采用；
t——板件厚度。

5.2.5 受压板件局部稳定系数可按下列公式计算：

1 加劲板件：

当 $1\geqslant\psi>0$ 时，

$$k=\frac{8.2}{\psi+1.05} \quad (5.2.5-1)$$

当 $0\geqslant\psi\geqslant-1$ 时，

$$k=7.81-6.29\psi+9.78\psi^2 \quad (5.2.5-2)$$

当 $\psi<-1$ 时，

$$k=5.98(1-\psi)^2 \quad (5.2.5-3)$$

式中 ψ——压应力分布不均匀系数，$\psi=\sigma_{min}/\sigma_{max}$；
σ_{max}——受压板件边缘最大压应力（N/mm²），取正值；
σ_{min}——受压板件另一边缘的应力（N/mm²），取压应力为正，拉应力为负。

2 非加劲板件：

1）最大压应力作用于支承边：

当 $1\geqslant\psi>0$ 时，

$$k=\frac{0.578}{\psi+0.34} \quad (5.2.5-4)$$

当 $0\geqslant\psi\geqslant-1$ 时，

$$k=1.7-5\psi+17.1\psi^2 \quad (5.2.5-5)$$

2）最大压应力作用于自由边：

当 $1\geqslant\psi\geqslant-1$ 时，

$$k=0.425 \quad (5.2.5-6)$$

5.2.6 均匀受压的边缘加劲板件、中间加劲板件的弹性临界屈曲应力计算应符合下列规定：

1 弹性临界屈曲应力应按下式计算：

$$\sigma_{cr}=\frac{\eta k_0\pi^2 E}{12(1-\nu^2)\cdot(b/t)^2} \quad (5.2.6-1)$$

式中 k_0——均匀受压板件局部稳定系数；对于边缘加劲板件，$k_0=0.425$；对于中间加劲板件 $k_0=4$；
η——加劲肋修正系数，用于考虑加劲肋对被加劲板件抵抗局部屈曲（或畸变屈曲）的有利影响。

2 加劲肋修正系数应按下列规定计算：

1）对于边缘加劲板件：

$$\eta=1+0.1(c/t-1)^2 \quad (5.2.6-2)$$

2）对于有一个等间距中间加劲肋的中间加劲板件：

$$\eta=1+2.5\frac{(c/t-1)^2}{b/t} \quad (5.2.6-3)$$

3）对于有两个等间距中间加劲肋的中间加劲板件：

$$\eta=1+4.5\frac{(c/t-1)^2}{b/t} \quad (5.2.6-4)$$

式中 t——加劲肋所在板件的厚度，也即加劲肋的等效厚度；

c——加劲肋等效高度；等效的原则是：加劲肋对其所在板件中平面的截面惯性矩与等效后的截面惯性矩相等，如图5.2.6所示，虚线表示等效加劲肋。

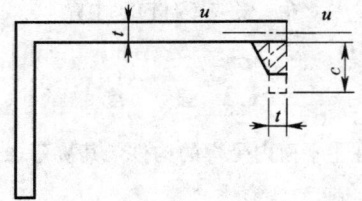

图 5.2.6 加劲肋等效原则
u-u 为板件中面

4) 对于有两道以上中间加劲肋的中间加劲板件，宜保留最外侧两道加劲肋，并忽略其余加劲肋的加劲作用，按有两道加劲肋的情况计算。

5) 对于其他带不规则加劲肋的复杂加劲板件：

$$\eta = \left(\frac{\sigma_{cr}}{\sigma_{cr0}}\right)^{0.8} \quad (5.2.6\text{-}5)$$

式中 σ_{cr}——假定加劲边简支情况下，该复杂加劲板件的临界屈曲应力，宜按有限元法或有限条法计算；

σ_{cr0}——假定加劲边简支情况下，不考虑加劲肋作用，同样尺寸的加劲板件的临界屈曲应力。可按式(5.2.6-1)计算，并取 $\eta=1.0$。

5.2.7 不均匀受压的边缘加劲板件、中间加劲板件及其他带不规则加劲肋的复杂加劲板件，其临界屈曲应力 σ_{cr} 宜按有限元法计算，计算中可不考虑相邻板件的约束作用，按加劲边简支情况处理（图5.2.7）。当缺乏计算依据时，可忽略加劲肋的加劲作用，按不均匀受压板件由第5.2.4条和第5.2.5条计算其临界屈曲应力 σ_{cr}，再由第5.2.3条计算板件的有效厚度，但截面中加劲肋部分的有效厚度应取板件的有效厚度和对加劲部分按非加劲板件单独计算的有效厚度中的较小值。

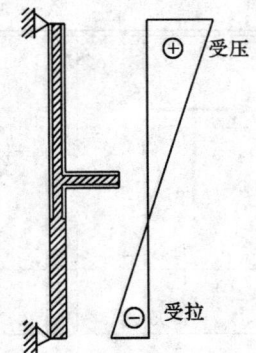

图 5.2.7 带加劲肋的不均匀受压板件

5.2.8 对于边缘加劲板件和中间加劲板件，除应将其作为整体按第5.2.3条计算外，尚应按加劲板件和非加劲板件根据第5.2.3条分别计算各子板件及加劲肋的有效厚度 t_e，并取各板件的最小有效厚度。

5.3 焊接板件的有效厚度

5.3.1 对于焊接铝合金构件，应考虑热影响区内因材料强度降低造成的截面削弱，并应用有效截面概念计算截面的削弱程度。有效截面应根据有效厚度法进行计算，材料强度设计值不再进行折减。

5.3.2 热影响区范围内的板件有效厚度（图5.3.2）应按下式计算：

$$t_{e,haz} = \rho_{haz} t \quad (5.3.2)$$

式中 ρ_{haz} 按表3.3.1取值，b_{haz} 按第3.3.2条确定。

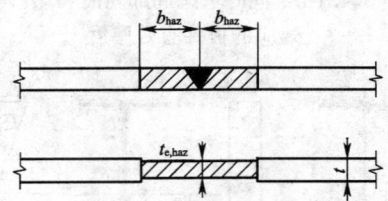

图 5.3.2 热影响区内板件的有效厚度

5.4 有效截面的计算

5.4.1 应按下述三种情况确定构件有效截面：

1 对于不满足第5.2.1条宽厚比限值的非焊接受压板件，应计算考虑局部屈曲影响的板件有效厚度 t_e，并在板件受压区范围内以有效厚度 t_e 取代板件厚度 t，但各板件根部连接区域或倒角部位应按全部有效处理（图5.4.1-1）。

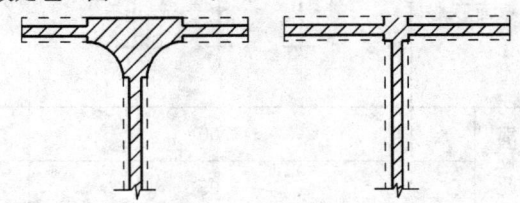

图 5.4.1-1 非焊接板件根部连接区域
或倒角部位的有效截面

2 对于焊接受拉板件或满足第5.2.1条宽厚比限值的焊接受压板件，仅需按第5.3.2条计算有效厚度 $t_{e,haz}$，并在热影响区内应以有效厚度 $t_{e,haz}$ 取代板件厚度 t。

3 对于不满足第5.2.1条宽厚比限值的焊接受压板件，应同时考虑局部屈曲和热影响效应：在非热影响区的受压区范围内应以有效厚度 t_e 取代板件厚度 t；在受拉区范围的热影响区内应以有效厚度 $t_{e,haz}$ 取代板件厚度 t；在受压区范围的热影响区内应以有效厚度 $t_{e,haz}$ 和有效厚度 t_e 中的较小值取代板件厚度 t（图5.4.1-2）。

5.4.2 轴压构件的有效截面应按第5.4.1条确定的各板件有效厚度计算〔图5.4.2（a）〕。

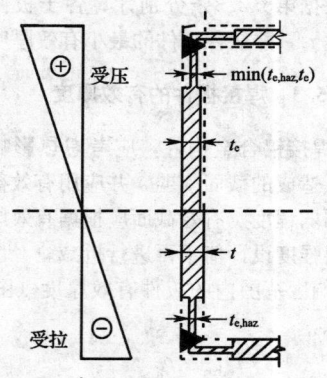

图 5.4.1-2 同时考虑局部屈曲和热影响效应的板件有效厚度

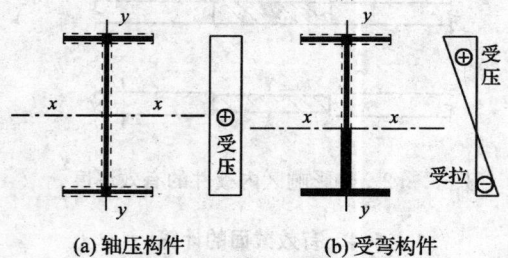

(a) 轴压构件　　(b) 受弯构件

图 5.4.2　有效截面的计算

x-x 为根据有效截面确定的中和轴

5.4.3 受弯构件及压弯构件的有效截面应按第 5.4.1 条确定的各板件有效厚度计算〔图 5.4.2(b)〕。

6 受弯构件的计算

6.1 强　度

6.1.1 在主平面内受弯的构件，其抗弯强度应按下式计算：

$$\frac{M_x}{\gamma_x W_{enx}} + \frac{M_y}{\gamma_y W_{eny}} \leqslant f \quad (6.1.1)$$

式中　M_x，M_y——同一截面处绕 x 轴和 y 轴的弯矩（对工字形截面：x 轴为强轴，y 轴为弱轴）；

　　　W_{enx}，W_{eny}——对截面主轴 x 轴和 y 轴的较小有效净截面模量，应同时考虑局部屈曲、焊接热影响区以及截面孔洞的影响；

　　　γ_x，γ_y——截面塑性发展系数，应按表 6.1.1 采用；

　　　f——铝合金材料的抗弯强度设计值。

表 6.1.1　截面塑性发展系数 γ_x，γ_y

截面形式		工字形	箱形/槽形/十字形	圆形
弱硬化	γ_x	1.00	1.00	1.00
	γ_y	1.05	1.00	1.00
强硬化	γ_x	1.00	1.00	1.00
	γ_y	1.00	1.00	1.00

截面形式		十字形	角形	T形	实心圆
弱硬化	γ_x	1.05	$\gamma_{x1}=1.00$ $\gamma_{x2}=1.05$	$\gamma_{x1}=1.00$ $\gamma_{x2}=1.05$	1.10
	γ_y	1.05	1.00	1.05	1.10
强硬化	γ_x	1.00	$\gamma_{x1}=1.00$ $\gamma_{x2}=1.00$	$\gamma_{x1}=1.00$ $\gamma_{x2}=1.00$	1.05
	γ_y	1.00	1.00	1.00	1.05

6.1.2 在主平面内受弯的构件，其抗剪强度应按下式计算：

$$\tau = \frac{V_{max} S}{I t_w} \leqslant f_v \qquad (6.1.2)$$

式中 V_{max}——计算截面沿腹板平面作用的最大剪力；
S——计算剪应力处以上毛截面对中和轴的面积矩；
I——毛截面惯性矩；
t_w——腹板厚度；
f_v——材料的抗剪强度设计值。

6.2 整体稳定

6.2.1 符合下列情况时，可不计算梁的整体稳定性：
1 有铺板密铺在梁的受压翼缘上并与其牢固相连，能阻止梁受压翼缘的侧向位移时。
2 等截面工字形简支梁受压翼缘的自由长度 l 与其宽度 b 之比不超过表 6.2.1 所规定的数值时。

表 6.2.1 等截面工字形简支梁不需要计算整体稳定性的最大 l/b 值

跨中无侧向支承点的梁		跨中受压翼缘有侧向支承点的梁，不论荷载作用于何处
荷载作用在上翼缘	荷载作用在下翼缘	
$7.8 \sqrt{240/f_{0.2}}$	$12.0 \sqrt{240/f_{0.2}}$	$9.5 \sqrt{240/f_{0.2}}$

对跨中无侧向支承点的梁，l 为其跨度；对跨中有侧向支承点的梁，l 为受压翼缘侧向支承点间的距离（梁的支座处视为有侧向支承）。

6.2.2 当不满足第 6.2.1 条时，在最大刚度平面内，受弯构件的整体稳定性应按下式计算：

$$\frac{M_x}{\varphi_b W_{ex}} \leqslant f \qquad (6.2.2)$$

式中 M_x——绕强轴作用的最大弯矩；
W_{ex}——对强轴受压边缘的有效截面模量；
φ_b——梁的整体稳定系数，应按附录 C 计算。

6.2.3 梁的支座处，应采取构造措施防止梁端截面的扭转。

7 轴心受力构件的计算

7.1 强 度

7.1.1 轴心受拉构件的强度应按下式计算：

$$\sigma = \frac{N}{A_{en}} \leqslant f \qquad (7.1.1)$$

式中 σ——正应力；
f——铝合金材料的抗拉强度设计值；
N——轴心拉力设计值；
A_{en}——有效净截面面积，对于受拉构件仅考虑焊接热影响区和截面孔洞的影响。

7.1.2 轴心受压构件的强度应按下式计算：

$$\sigma = \frac{N}{A_{en}} \leqslant f \qquad (7.1.2)$$

式中 σ——正应力；
f——铝合金材料的抗压强度设计值；
N——轴心压力设计值；
A_{en}——有效净截面面积，对于受压构件应同时考虑局部屈曲、焊接热影响区和截面孔洞的影响。

7.1.3 轴心受力构件中，高强度摩擦型螺栓连接处的强度应按下列公式计算：

$$\sigma = \left(1 - 0.5 \frac{n_1}{n}\right) \frac{N}{A_{en}} \leqslant f \qquad (7.1.3-1)$$

$$\sigma = \frac{N}{A} \leqslant f \qquad (7.1.3-2)$$

式中 n——在节点或拼接处，构件一端连接的高强度螺栓数目；
n_1——所计算截面最外排螺栓处的高强度螺栓数目；
A——毛截面面积。

7.2 整体稳定

7.2.1 实腹式轴心受压构件的稳定性应按下式计算：

$$\frac{N}{\overline{\varphi} A} \leqslant f \qquad (7.2.1)$$

式中 $\overline{\varphi}$——轴心受压构件的稳定计算系数（取截面两主轴计算系数中的较小者），应按第 7.2.2 条和第 7.2.3 条的规定进行计算；
A——毛截面面积。

7.2.2 双轴对称截面轴心受压构件的稳定计算系数应按下式计算：

$$\overline{\varphi} = \eta_e \eta_{haz} \varphi \qquad (7.2.2-1)$$

式中 η_e——修正系数，对需考虑板件局部屈曲的截面进行修正；截面中受压板件的宽厚比小于等于表 5.2.1-1 及表 5.2.1-2 规定时，$\eta_e = 1$；
截面中受压板件的宽厚比大于表 5.2.1-1 规定时，$\eta_e = A_e/A$，A_e 为仅考虑局部屈曲影响的有效截面面积；
η_{haz}——焊接缺陷影响系数，按表 7.2.2 取用，若无焊接时，$\eta_{haz} = 1$；
φ——轴心受压构件的稳定系数，应根据构件的长细比 λ、铝合金材料的强度标准值 $f_{0.2}$ 按附录 B 取用。

表 7.2.2 系数 η_{haz}、η_{as}

		弱硬化合金	强硬化合金
η_{haz}	沿构件长度方向纵向焊接	$\eta_{haz}=1-\left(1-\dfrac{A_1}{A}\right)10^{-\bar{\lambda}}-\left(0.05+0.1\dfrac{A_1}{A}\right)\bar{\lambda}^{1.3(1-\bar{\lambda})}$ 其中 $A_1=A-A_{haz}(1-\rho_{haz})$,$A_{haz}$ 为焊接热影响区面积	当 $\bar{\lambda}\leqslant 0.2$ 时： $\eta_{haz}=1$ 当 $\bar{\lambda}>0.2$ 时： $\eta_{haz}=1+0.04(4\bar{\lambda})^{(0.5-\bar{\lambda})}-0.22\bar{\lambda}^{1.4(1-\bar{\lambda})}$
η_{haz}	沿截面方向横向焊接	$\eta_{haz}=\rho_{haz}$	$\eta_{haz}=\rho_{haz}$
η_{as}		$\eta_{as}=1-2.4\psi^2\dfrac{\bar{\lambda}^2}{(1+\bar{\lambda}^2)(1+\bar{\lambda})^2}$	$\eta_{as}=1-3.2\psi^2\dfrac{\bar{\lambda}^2}{(1+\bar{\lambda}^2)(1+\bar{\lambda})^2}$
		$\psi=\dfrac{y_{max}-y_{min}}{h}$。其中 y_{max} 及 y_{min} 为截面最外边缘到截面形心的距离，$y_{max}\geqslant y_{min}$；h 为截面高度，$h=y_{max}+y_{min}$	

注：表中 $\bar{\lambda}$ 为相对长细比：$\bar{\lambda}=\dfrac{\lambda}{\pi}\sqrt{\dfrac{\eta_e f_{0.2}}{E}}$，其中长细比 λ 应按式 (7.2.2-2) 计算。

构件长细比 λ 应按下式确定：

$$\lambda_x=\frac{l_{0x}}{i_x} \quad \lambda_y=\frac{l_{0y}}{i_y} \quad (7.2.2\text{-}2)$$

式中 λ_x, λ_y——构件对截面主轴 x 轴和 y 轴的长细比；
l_{0x}, l_{0y}——构件对截面主轴 x 轴和 y 轴的计算长度；
i_x, i_y——构件毛截面对其主轴 x 轴和 y 轴的回转半径。

7.2.3 非焊接单轴对称截面的轴心受压构件的稳定计算系数应按下式计算：

$$\bar{\varphi}=\eta_e\eta_{as}\varphi \quad (7.2.3\text{-}1)$$

式中 η_{as}——截面非对称性系数，应按表 7.2.2 取用。

单轴对称截面的构件，绕非对称轴的长细比 λ_x 仍应按式 (7.2.2-2) 计算，但绕对称轴应取计及扭转效应的下列换算长细比 $\lambda_{y\omega}$ 代替 λ_y：

$$\lambda_{y\omega}=\left\{\frac{1}{2}\left[\lambda_y^2+\lambda_\omega^2+\sqrt{(\lambda_y^2+\lambda_\omega^2)^2-4\lambda_y^2\lambda_\omega^2(1-y_0^2/i_0^2)}\right]\right\}^{\frac{1}{2}}$$

$$(7.2.3\text{-}2)$$

$$\lambda_\omega=\sqrt{\frac{i_0^2 A}{\dfrac{I_t}{25.7}+\dfrac{I_\omega}{l_\omega^2}}} \quad (7.2.3\text{-}3)$$

$$i_0=\sqrt{i_x^2+i_y^2+y_0^2} \quad (7.2.3\text{-}4)$$

式中 λ_y——构件绕对称轴的长细比；
λ_ω——扭转屈曲换算长细比；
i_0——截面对剪心的极回转半径；
y_0——截面形心至剪心的距离；
I_ω——毛截面扇性惯性矩；
I_t——毛截面抗扭惯性矩；
l_ω——扭转屈曲计算长度，应按附录 C 中表 C-1 的规定计算。

7.2.4 对于铝合金材料状态除 O、F 和 T4 以外的端部焊接的构件，其计算长度取值时应按端部铰接考虑。

8 拉弯构件和压弯构件的计算

8.1 强度

8.1.1 弯矩作用在截面主平面内的拉弯构件和压弯构件，其强度应按下式计算：

$$\frac{N}{A_{en}}\pm\frac{M_x}{\gamma_x W_{enx}}\pm\frac{M_y}{\gamma_y W_{eny}}\leqslant f \quad (8.1.1)$$

式中 N——轴心拉力或轴心压力；
M_x, M_y——同一截面处绕截面主轴 x 轴和 y 轴的弯矩（对工字形截面，x 轴为强轴，y 轴为弱轴）；
A_{en}——有效净截面面积，应同时考虑局部屈曲、焊接热影响区以及截面孔洞的影响；
W_{enx}, W_{eny}——对 x 轴和 y 轴的有效净截面模量，应同时考虑局部屈曲、焊接热影响区以及截面孔洞的影响；
γ_x, γ_y——截面塑性发展系数，应按表 6.1.1 采用；
f——铝合金材料的抗拉、抗压和抗弯强度设计值。

8.2 整体稳定

8.2.1 弯矩作用在截面对称轴平面内（绕 x 轴）的压弯构件，其稳定性应按下列规定计算：

1 弯矩作用平面内的稳定性：

$$\frac{N}{\varphi_x A}+\frac{\beta_{mx}M_x}{\gamma_x W_{lex}(1-\eta_1 N/N'_{Ex})}\leqslant f \quad (8.2.1\text{-}1)$$

式中 N——所计算构件段范围内的轴心压力；

A——毛截面面积；

N'_{Ex}——参数，$N'_{Ex}=\pi^2 EA/(1.2\lambda_x^2)$；

$\bar{\varphi}_x$——弯矩作用平面内的轴心受压构件稳定计算系数，按第7.2.1条确定；

M_x——所计算构件段范围内的最大弯矩；

W_{1ex}——在弯矩作用平面内对较大受压纤维的有效截面模量，应同时考虑局部屈曲、焊接热影响区的影响；

η_1——弱硬化合金取0.75，强硬化合金取0.9；

β_{mx}——等效弯矩系数。

2 等效弯矩系数β_{mx}，应按下列规定采用：

1）框架柱和两端支承的构件：

a 无横向荷载作用时：$\beta_{mx}=0.65+0.35\dfrac{M_2}{M_1}$，$M_1$和$M_2$为端弯矩，使构件产生同向曲率（无反弯点）时取同号；使构件产生反向曲率（有反弯点）时取异号，$|M_1|\geqslant|M_2|$；

b 有端弯矩和横向荷载同时作用时：使构件产生同向曲率时，$\beta_{mx}=1.0$；使构件产生反向曲率时，$\beta_{mx}=0.85$；

c 无端弯矩但有横向荷载作用时：$\beta_{mx}=1.0$。

2）悬臂构件和分析内力未考虑二阶效应的无支撑纯框架和弱支撑框架柱，$\beta_{mx}=1.0$。

3 对于单轴对称截面（T形和槽形截面）压弯构件，当弯矩作用在对称轴平面内且使翼缘受压时，除应按式（8.2.1-1）计算外，尚应按下式计算：

$$\left|\frac{N}{A_e}-\frac{\beta_{mx}M_x}{\gamma_x W_{2ex}(1-\eta_2 N/N'_{Ex})}\right|\leqslant f$$

（8.2.1-2）

式中 W_{2ex}——对无翼缘端的有效截面模量，应同时考虑局部屈曲、焊接热影响区的影响；

η_2——弱硬化合金取1.15，强硬化合金取1.25；

A_e——有效截面面积，应同时考虑局部屈曲和焊接热影响区的影响。

4 对于双轴对称工字形（含H形）和箱形（闭口）截面的压弯构件，其弯矩作用平面外的稳定性应按下式计算：

$$\frac{N}{\bar{\varphi}_y A}+\frac{\eta M_x}{\varphi_b W_{1ex}}\leqslant f \quad (8.2.1\text{-}3)$$

式中 $\bar{\varphi}_y$——弯矩作用平面外的轴心受压构件稳定计算系数，应按第7.2.1条确定；

φ_b——受弯构件整体稳定系数，应按附录C计算，对闭口截面为1.0；

M_x——所计算构件段范围内的最大弯矩；

η——截面影响系数，闭口截面为0.7，开口截面为1.0。

8.2.2 弯矩作用在两个主平面内的双轴对称工字形（含H形）和箱形（闭口）截面的压弯构件，其稳定性应按下列公式计算：

$$\frac{N}{\bar{\varphi}_x A}+\frac{\beta_{mx}M_x}{\gamma_x W_{ex}(1-\eta_1 N/N'_{Ex})}+\frac{\eta M_y}{\varphi_{by}W_{ey}}\leqslant f$$

（8.2.2-1）

$$\frac{N}{\bar{\varphi}_y A}+\frac{\eta M_x}{\varphi_{bx}W_{ex}}+\frac{\beta_{my}M_y}{\gamma_y W_{ey}(1-\eta_1 N/N'_{Ey})}\leqslant f$$

（8.2.2-2）

式中 $\bar{\varphi}_x$，$\bar{\varphi}_y$——对强轴x-x和弱轴y-y的轴心受压构件稳定计算系数；

φ_{bx}，φ_{by}——受弯构件整体稳定系数，应按附录C计算，对闭口截面均取1.0；

M_x，M_y——所计算构件段范围内对强轴和弱轴的最大弯矩；

N'_{Ex}，N'_{Ey}——参数，$N'_{Ex}=\pi^2 EA/(1.2\lambda_x^2)$，$N'_{Ey}=\pi^2 EA/(1.2\lambda_y^2)$；

W_{ex}，W_{ey}——对强轴和弱轴的有效截面模量，应同时考虑局部屈曲、焊接热影响区的影响；

β_{mx}，β_{my}——等效弯矩系数，应按第8.2.1条弯矩作用平面内稳定计算的有关规定计算。

9 连 接 计 算

9.1 紧固件连接

9.1.1 普通螺栓和铆钉连接应按下列规定计算：

1 在普通螺栓或铆钉受剪的连接中，每个普通螺栓或铆钉的承载力设计值应取受剪和承压承载力设计值中的较小者。

受剪承载力设计值应按下列公式计算：

普通螺栓（受剪面在栓杆部位）

$$N_v^b=n_v\frac{\pi d^2}{4}f_v^b \quad (9.1.1\text{-}1)$$

普通螺栓（受剪面在螺纹部位）

$$N_v^b=n_v\frac{\pi d_e^2}{4}f_v^b \quad (9.1.1\text{-}2)$$

铆钉 $\quad N_v^r=n_v\dfrac{\pi d_0^2}{4}f_v^r \quad (9.1.1\text{-}3)$

承压承载力设计值应按下列公式计算：

普通螺栓 $\quad N_c^b=d\sum t\cdot f_c^b \quad (9.1.1\text{-}4)$

铆钉 $\quad N_c^r=d_0\sum t\cdot f_c^r \quad (9.1.1\text{-}5)$

式中 n_v——受剪面数目；

d——螺栓杆直径；

d_e——螺栓在螺纹处的有效直径；

d_0——铆钉孔直径;

$\sum t$——在不同受力方向中一个受力方向承压构件总厚度的较小值;

f_v^b,f_c^b——螺栓的抗剪和承压强度设计值;

f_v^r,f_c^r——铆钉的抗剪和承压强度设计值。

2 铝合金铆钉不应用于杆轴方向受拉的连接中。

3 当普通螺栓承受沿杆轴方向的拉力时,螺栓同时应能承受由于撬力引起的附加拉力。

4 在普通螺栓杆轴方向受拉的连接中,每个普通螺栓包括撬力引起附加力的承载力设计值,应取螺栓抗拉承载力设计值和螺栓头及螺母下构件抗冲切承载力设计值中的较小者。

螺栓抗拉承载力设计值应按下式计算:

$$N_t^b = \frac{\pi d_e^2}{4} f_t^b \quad (9.1.1-6)$$

螺栓头及螺母下构件抗冲切承载力设计值应按下式计算:

$$N_{tp}^b = 0.8\pi d_m t_p f_v \quad (9.1.1-7)$$

式中 d_e——螺栓在螺纹处的有效直径;

d_m——为下列两者中较小值:螺栓头或螺母外接圆直径与内切圆直径的平均值;当采用垫圈时为垫圈的外径;

t_p——螺栓头或螺母下构件的厚度;

f_t^b——普通螺栓的抗拉强度设计值;

f_v——连接构件的抗剪强度设计值。

5 同时承受剪力和杆轴方向拉力的普通螺栓,应符合下列公式的要求:

$$\sqrt{\left(\frac{N_v}{N_v^b}\right)^2 + \left(\frac{N_t}{N_t^b}\right)^2} \leq 1 \quad (9.1.1-8)$$

$$N_v \leq N_c^b \quad (9.1.1-9)$$

$$N_t \leq N_{tp}^b \quad (9.1.1-10)$$

式中 N_v,N_t——某个普通螺栓所承受的剪力和拉力;

N_v^b,N_t^b,N_c^b——一个普通螺栓的抗剪、抗拉和承压承载力设计值。

9.1.2 高强度螺栓摩擦型连接应按下列规定计算:

1 在抗剪连接中,每个高强度螺栓的承载力设计值应按下式计算:

$$N_v^b = 0.8 n_f \mu P \quad (9.1.2-1)$$

式中 n_f——传力摩擦面数目;

μ——摩擦面的抗滑移系数;

P——一个高强度螺栓的预拉力,应按表9.1.2采用。

表9.1.2 一个高强度螺栓的预拉力 P (kN)

螺栓的性能等级	螺栓公称直径(mm)		
	M16	M20	M24
8.8级	80	125	175
10.9级	100	155	225

2 在螺栓杆轴方向受拉的连接中,每个高强度螺栓的承载力设计值应按下式计算:

$$N_t^b = 0.8P \quad (9.1.2-2)$$

并应满足:

$$N_t^b \leq N_{tp}^b \quad (9.1.2-3)$$

式中 N_{tp}^b——螺栓头及螺母下构件抗冲切承载力设计值。

3 当高强度螺栓摩擦型连接同时承受摩擦面间的剪力和螺栓杆轴方向的外拉力时,其承载力按下式计算:

$$\frac{N_v}{N_v^b} + \frac{N_t}{N_t^b} \leq 1 \quad (9.1.2-4)$$

并应满足:

$$N_t \leq N_{tp}^b \quad (9.1.2-5)$$

式中 N_v,N_t——某个高强度螺栓所承受的剪力和拉力;

N_v^b,N_t^b——一个高强度螺栓的受剪、受拉承载力设计值。

9.1.3 高强度螺栓承压型连接应按下列规定计算:

1 承压型连接高强度螺栓的预拉力 P 可按照表9.1.2采用。应清除连接处构件接触面上的油污。

2 在抗剪连接中,承压型连接高强度螺栓承载力设计值的计算方法可与普通螺栓相同。

3 在杆轴方向受拉的连接中,承压型连接高强度螺栓承载力设计值的计算方法可与普通螺栓相同。

4 同时承受剪力和杆轴方向拉力的承压型连接的高强度螺栓,应符合下列公式的要求:

$$\sqrt{\left(\frac{N_v}{N_v^b}\right)^2 + \left(\frac{N_t}{N_t^b}\right)^2} \leq 1 \quad (9.1.3-1)$$

$$N_v \leq N_c^b/1.2 \quad (9.1.3-2)$$

$$N_t \leq N_{tp}^b \quad (9.1.3-3)$$

式中 N_v,N_t——某个高强度螺栓所承受的剪力和拉力;

N_v^b,N_t^b,N_c^b——一个高强度螺栓的受剪、受拉和承压承载力设计值。

9.1.4 在构件的节点处或拼接接头的一端,当螺栓或铆钉沿轴向受力方向的连接长度 l_1 大于 $15d_0$ 时,应将螺栓或铆钉的承载力设计值乘以折减系数 $\left(1.1 - \frac{l_1}{150d_0}\right)$。当 l_1 大于 $60d_0$ 时,折减系数为0.7。

注:d_0 为螺栓或铆钉的孔径。

9.1.5 当受剪螺栓或铆钉穿过填板或其他中间板件与构件连接,且填板或其他中间板件的厚度 t_p 大于螺栓直径 d 或铆钉孔径 d_0 的1/3时,由式(9.1.1-1)、(9.1.1-2)及(9.1.1-3)计算所得的受剪承载力设计值应分别乘以折减系数 $\left(\frac{9d}{8d+3t_p}\right)$ 或 $\left(\frac{9d_0}{8d_0+3t_p}\right)$。

9.1.6 当采用搭接或拼接板的单面连接传递轴心力时,因荷载偏心引起连接部位发生弯曲,不应采用铆钉连接；采用螺栓连接时，螺栓头及螺母下都应加垫圈以避免拉出破坏，且螺栓的数目应按计算增加10%。

9.1.7 螺栓连接的夹紧厚度或铆钉连接的铆合总厚度不宜超过螺栓直径或铆钉孔径的4.5倍。

9.1.8 采用自攻螺钉、钢拉铆钉（环槽铆钉）、射钉等的连接计算应符合有关标准的规定。

9.2 焊缝连接

9.2.1 铝合金结构焊缝连接设计时，应验算焊缝的强度、临近焊缝的铝合金构件焊接热影响区的强度。焊缝的强度设计值宜大于铝合金构件焊接热影响区的强度设计值。

9.2.2 对接焊缝的强度计算应符合以下规定：

1 在对接接头和T形接头中，垂直于轴心拉力或轴心压力的对接焊缝，其强度按下式计算：

$$\sigma = \frac{N}{l_w t} \leqslant f_t^w \text{ 或 } f_c^w \quad (9.2.2\text{-}1)$$

式中 N——轴心拉力或轴心压力；
l_w——焊缝计算长度；采用引弧板时，计算长度为焊缝全长；未采用引弧板时，计算长度为焊缝全长减去2倍焊缝计算厚度；
t——对接焊缝计算厚度；在对接接头中为连接件的较小厚度；在T形接头中为腹板的厚度；
f_t^w, f_c^w——对接焊缝的抗拉、抗压强度设计值。

2 在对接接头和T形接头中，平行于轴心拉力或轴心压力的对接焊缝，其强度应按下式计算：

$$\tau = \frac{N}{l_w t} \leqslant f_v^w \quad (9.2.2\text{-}2)$$

式中 f_v^w——对接焊缝的抗剪强度设计值。

3 在对接接头和T形接头中，承受弯矩和剪力共同作用的对接焊缝，其正应力和剪应力应分别验算；对同时受有较大正应力和剪应力的位置，还应验算折算应力，并按下列公式验算：

$$\sigma \leqslant f_t^w \text{ 或 } f_c^w \quad (9.2.2\text{-}3)$$

$$\tau \leqslant f_v^w \quad (9.2.2\text{-}4)$$

$$\sqrt{\sigma^2 + 3\tau^2} \leqslant f_t^w \quad (9.2.2\text{-}5)$$

9.2.3 直角角焊缝的强度计算应符合以下规定：

1 直角角焊缝的设计承载力应满足下列公式：

$$\sqrt{\sigma_N^2 + 3(\tau_N^2 + \tau_S^2)} \leqslant \sqrt{3} f_f^w \quad (9.2.3\text{-}1)$$

式中 σ_N——垂直于焊缝有效截面的正应力；
τ_N——有效截面上垂直焊缝长度方向的剪应力；
τ_S——有效截面上平行于焊缝长度方向的剪应力；
f_f^w——角焊缝的强度设计值。

2 在通过焊缝形心的拉力、压力或剪力作用下，可采用下列公式验算角焊缝的强度：

正面角焊缝（作用力垂直于焊缝长度方向）：

$$\sigma_f = \frac{N}{h_e l_w} \leqslant \beta_f f_f^w \quad (9.2.3\text{-}2)$$

侧面角焊缝（作用力平行于焊缝长度方向）：

$$\tau_f = \frac{N}{h_e l_w} \leqslant f_f^w \quad (9.2.3\text{-}3)$$

式中 σ_f——按焊缝有效截面计算，垂直于焊缝长度方向的应力；
τ_f——按焊缝有效截面计算，沿焊缝长度方向的剪应力；
h_e——角焊缝计算厚度，直角角焊缝等于$0.7h_f$，h_f为焊脚尺寸；
l_w——角焊缝计算长度，对每条焊缝取其实际长度减去$2h_f$；
β_f——正面角焊缝的强度设计值增大系数：对承受静力荷载的结构，$\beta_f = 1.22$。

3 在通过焊缝形心的拉力、压力和剪力的综合作用下，可采用下式验算角焊缝的强度：

$$\sqrt{\left(\frac{\sigma_f}{\beta_f}\right)^2 + \tau_f^2} \leqslant f_f^w \quad (9.2.3\text{-}4)$$

9.2.4 焊接热影响区的强度计算应符合以下规定：

1 对接焊缝焊接热影响区的临界失效面应为焊缝焊趾处平行于焊缝轴线方向沿构件厚度的剖切面，角焊缝焊接热影响区的临界失效面应为焊缝焊趾处平行于焊缝方向沿构件厚度的剖切面及角焊缝的焊脚熔合面（图9.2.4）。

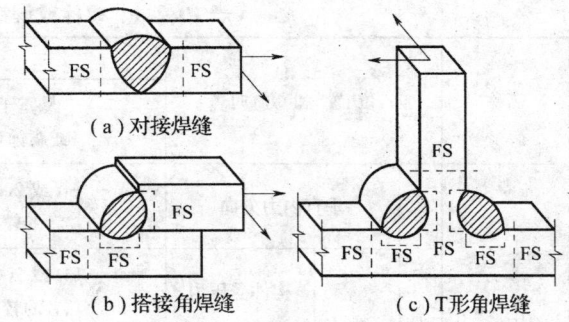

图 9.2.4 临界失效面 FS

2 焊接热影响区的设计强度应符合下述规定：
轴心拉力（压力）垂直于焊接热影响区的临界失效面：

$$\sigma_{haz} \leqslant f_{u,haz} \quad (9.2.4\text{-}1)$$

式中 σ_{haz}——作用在临界失效面，垂直于焊缝长度方向的正应力；
$f_{u,haz}$——构件焊接热影响区的抗拉、抗压和抗弯强度设计值。

剪力平行于焊接热影响区的临界失效面：

$$\tau_{haz} \leqslant f_{v,haz} \qquad (9.2.4\text{-}2)$$

式中 τ_{haz}——作用在临界失效面，平行于焊缝长度方向的剪应力；

$f_{v,haz}$——构件焊接热影响区的抗剪强度设计值。

轴心拉力（压力）和剪力共同作用在焊接热影响区的临界失效面：

$$\sqrt{\sigma_{haz}^2 + 3\tau_{haz}^2} \leqslant f_{u,haz} \qquad (9.2.4\text{-}3)$$

10 构造要求

10.1 一般规定

10.1.1 铝合金结构的构造应使结构受力简单明确，减少应力集中，并便于制作、安装、维护。

10.1.2 应采取必要的结构和构造措施以抵消或释放温度效应。

10.1.3 节点构造必须符合分析计算模型的假定，必要时应进行节点分析或试验验证。

10.1.4 构件在节点处的轴线宜汇交于一点，当不交于一点时应考虑偏心影响。

10.1.5 铝合金结构的连接宜采用紧固件连接。当采用焊接连接时，宜采取措施减少热影响效应对结构和构件强度降低的影响，焊接位置宜靠近构件低应力区。

10.2 螺栓连接和铆钉连接

10.2.1 螺栓或铆钉的距离（图 10.2.1）应符合表 10.2.1 的要求。

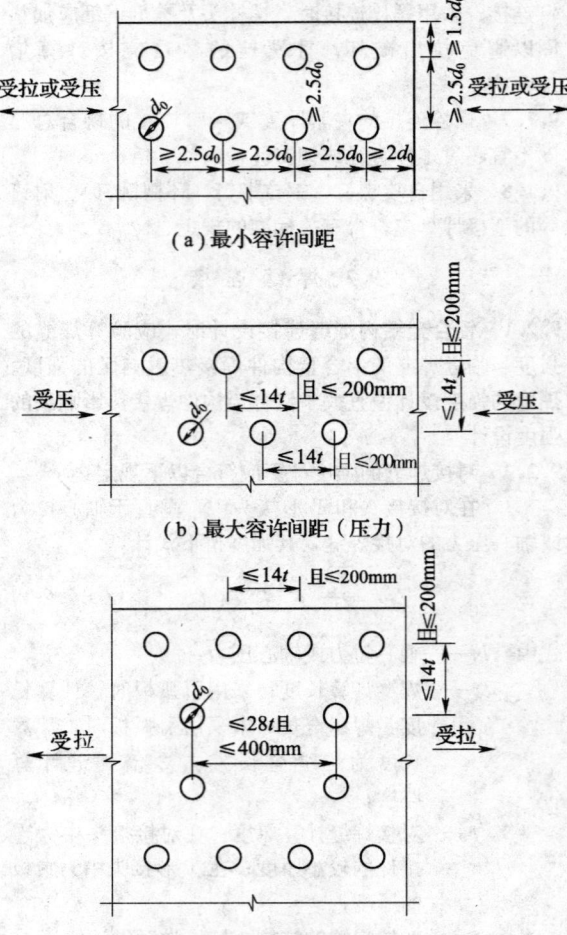

图 10.2.1 螺栓或铆钉的容许距离

表 10.2.1 螺栓或铆钉的最大、最小容许距离

名称	位置和方向			最大容许距离（mm）		最小容许距离
				暴露于大气或腐蚀环境下	非暴露于大气或腐蚀环境下	
中心间距	中间排	垂直内力方向		$14t$ 或 200（取两者的较小值）	$14t$ 或 200（取两者的较小值）	$2.5d_0$
		构件受压力		$14t$ 或 200（取两者的较小值）	$14t$ 或 200（取两者的较小值）	
		顺内力方向 构件受拉力	外排	$14t$ 或 200（取两者的较小值）	1.5 倍〔$14t$ 或 200（取两者的较小值）〕	
			内排	$28t$ 或 400（取两者的较小值）	1.5 倍〔$28t$ 或 400（取两者的较小值）〕	
中心至构件边缘距离	顺内力方向			$4t+40$	$12t$ 或 150（取两者的较大值）	$2d_0$
	垂直内力方向					$1.5d_0$

注：d_0 为螺栓或铆钉的孔径，t 为外层较薄板件的厚度，单位：mm。

10.2.2 用于螺栓连接或铆钉连接的板件厚度不应小于螺栓或铆钉直径的1/4。

10.2.3 在连接构件上确定螺栓孔及铆钉孔的位置应避免出现腐蚀和局部屈曲，并应便于螺栓及铆钉的安装。

10.2.4 每一杆件在节点上以及拼接接头的一端，永久性的螺栓或铆钉数不宜少于2个。

10.2.5 沿杆轴方向受拉的螺栓连接中的端板，宜适当增强其刚度，以减少撬力对螺栓抗拉承载力的不利影响。

10.2.6 螺栓、铆钉连接件的抵抗中心宜与荷载中心重合。

10.3 焊缝连接

10.3.1 焊缝连接设计时不得任意加大焊缝，避免焊缝立体交叉和在一处集中大量焊缝，同时焊缝的布置宜对称于构件形心轴。

10.3.2 在受力构件中应采用完全熔透对接焊缝。在焊接质量得到保证的情况下，完全熔透焊缝的计算厚度可采用连接构件的厚度，当焊接构件的厚度不同时，应采用较小值。

10.3.3 在非受力构件中可采用部分熔透对接焊缝。

10.3.4 角焊缝高度 h_f 不应小于两焊件中较薄焊件母材厚度的70%，且不应小于3mm。

角焊缝符合下列情况时，焊缝计算长度 l_w 可采用全长范围（图10.3.4）：

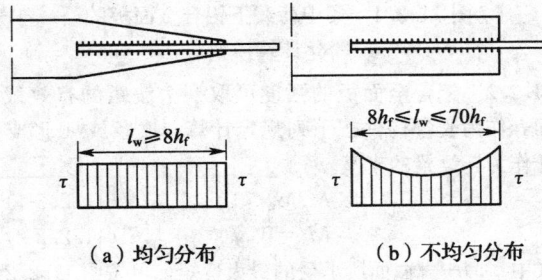

（a）均匀分布　　　（b）不均匀分布

图10.3.4 角焊缝内力分布

1 角焊缝内力沿焊缝全长均匀分布，且符合 $l_w \geqslant 8h_f$ 时；

2 角焊缝内力沿焊缝全长不均匀分布，且符合 $8h_f \leqslant l_w \leqslant 70h_f$ 时。

10.3.5 连接构件的刚度差别很大时，焊缝计算长度 l_w 应考虑折减。

10.4 防火、隔热

10.4.1 铝合金结构应根据建筑物的耐火等级来确定耐火极限。

10.4.2 铝合金结构的防火措施可采用有效的水喷淋系统进行防护或消防部门认可的防火喷涂材料。

10.4.3 铝合金结构的表面长期受辐射热温度达80℃以上时，应加隔热层或采用其他有效的防护措施。

10.5 防 腐

10.5.1 当铝合金材料与除不锈钢以外的其他金属材料或含酸性或碱性的非金属材料接触、紧固时，应采用隔离材料，防止与其直接接触。

10.5.2 铝合金结构、构件应进行表面防腐处理，可采用阳极氧化、电泳涂漆、粉末喷涂、氟碳漆喷涂等防腐处理措施，并应按《铝合金建筑型材》GB 5237的规定执行。

10.5.3 阳极氧化性能应由氧化膜外观、颜色、最大厚度、反射率、耐磨性、耐蚀性、耐附着性及击穿电压等内容决定。阳极氧化膜的检测方法应按《铝合金建筑型材》GB 5237的规定执行。

氧化膜厚度级别应按结构的使用环境和条件而定，应符合表10.5.3的规定。用于铝合金结构构件的氧化膜级别不应小于AA15。对于大气污染条件恶劣的环境或需要耐磨时氧化膜级别应选用AA20、AA25。

表10.5.3 氧化膜厚度级别

级 别	最小平均膜厚（μm）	最小局部膜厚（μm）
AA15	15	12
AA20	20	16
AA25	25	20

10.5.4 铝合金结构表面进行维护清洗时应符合以下规定：

1 不得使用对铝合金保护膜有腐蚀作用的清洗剂，清洗剂应在有效期限内。

2 不宜用不同的清洗剂同时清洗同一个铝合金构件。

3 不宜用滴、流等方式清洗铝合金构件。

4 不宜在铝合金的节点等部位留有残余的清洗剂。

11 铝合金面板

11.1 一般规定

11.1.1 本章铝合金面板的计算和构造规定适用于直立锁边板、波纹板、梯形板冲压成型的屋面板或墙面板（图11.1.1）。

当腹板为曲面时，腹板净长 h 为腹板起弧点间的直线长度；腹板倾角 θ 为腹板起弧点连线和底面的夹角。

11.1.2 直立锁边铝合金面板可采用T形支托（图11.1.2）作为连接支座。

11.1.3 铝合金面板受压翼缘的有效厚度计算应按下

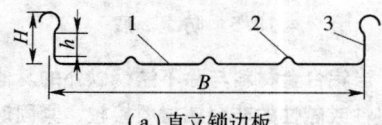

（a）直立锁边板

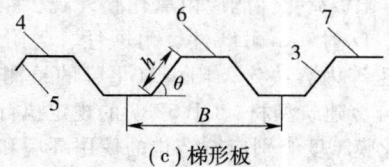

（b）波纹板

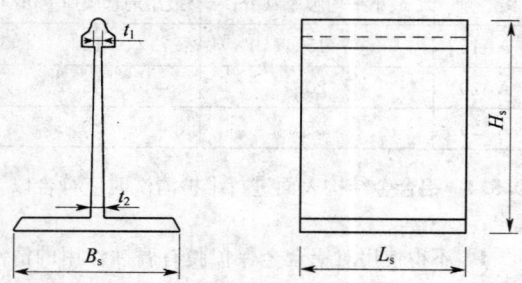

（c）梯形板

图 11.1.1 铝合金屋面板、墙面板
1—中间加劲板件；2—中间加劲肋；3—腹板；
4—边缘加劲板件；5—边加劲肋；6—加劲板件；7—非加劲板件
B—波距；H—板高；h—腹板净长；
θ—腹板倾角

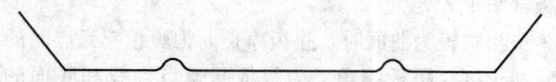

图 11.1.2 T形支托
H_s—支托高度；B_s—支托宽度；
L_s—支托长度；t_1—支托腹板最小厚度；
t_2—支托腹板最大厚度

列规定采用：

1 两纵边均与腹板相连且中间没有加劲的受压翼缘（图 11.1.1c），可按加劲板件（图 5.1.4b）由本规范第 5.2.3 条确定其有效厚度。

2 两纵边均与腹板相连且中间有加劲的受压翼缘（图 11.1.1a），可按中间加劲板件（图 5.1.4d）由本规范第 5.2.3 条确定其有效厚度。当加劲肋多于两个时，可忽略中间部分加劲肋的有利作用（图 11.1.3）。

图 11.1.3 加劲肋的简化图

3 一纵边与腹板相连且有边缘加劲的受压翼缘（图 11.1.1c），可按边缘加劲板件（图 5.1.4c）由本规范第 5.2.3 条确定其有效厚度。

4 一纵边与腹板相连且没有边缘加劲的受压翼缘（图 11.1.1c），可按非加劲板件（图 5.1.4a）由本规范第 5.2.3 条确定其有效厚度。

11.1.4 一纵边与腹板相连的弧形受压翼缘（图 11.1.1b），应根据试验确定其有效厚度。

11.1.5 铝合金面板中腹板的有效厚度应按本规范第 5.2 节的规定进行计算。

11.1.6 铝合金面板的挠度应符合表 4.4.1 的规定。

11.2 强 度

11.2.1 在铝合金面板的一个波距的板面上作用集中荷载 F 时（图 11.2.1a），可按下式将集中荷载 F 折算成沿板宽方向的均布线荷载 q_{re}（图 11.2.1b），并按 q_{re} 进行单个波距的有效截面的弯曲计算。

$$q_{re} = \eta \frac{F}{B} \quad (11.2.1)$$

式中 F——集中荷载；
  B——波距；
  η——折算系数，由试验确定；无试验依据时，可取 $\eta=0.5$。

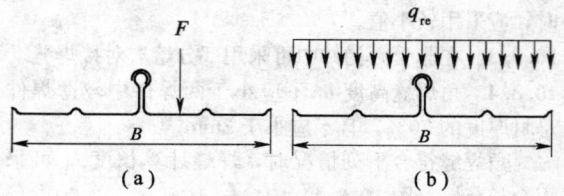

图 11.2.1 集中荷载下铝合金面板的简化计算模型

11.2.2 铝合金面板的强度可取一个波距的有效截面，作为受弯构件按下列规定计算。檩条或T形支托作为连续梁的支座。

$$M/M_u \leqslant 1 \quad (11.2.2\text{-}1)$$
$$M_u = W_e f \quad (11.2.2\text{-}2)$$

式中 M——截面所承受的最大弯矩，可按图 11.2.2 的面板计算模型求得；
  M_u——截面的弯曲承载力设计值；
  W_e——有效截面模量，应按第 5.4 节的规定计算。

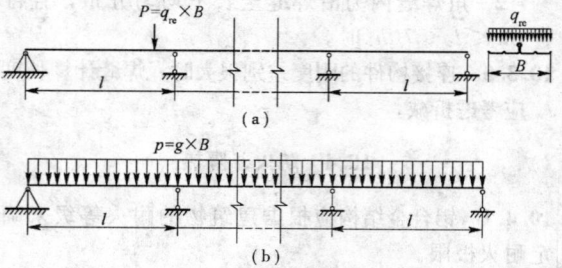

图 11.2.2 铝合金面板的强度计算模型
P—集中荷载产生的作用于面板计算模型上的集中力；
B—波距；g—板面均布荷载；p—由 g 产生的作用于面板计算模型上的线均布力

11.2.3 铝合金面板T形支托的强度应按下式计算：

$$\sigma = \frac{R}{A_{en}} \leq f \quad (11.2.3\text{-}1)$$

$$A_{en} = t_1 L_s \quad (11.2.3\text{-}2)$$

式中 σ——正应力；
f——支托材料的抗拉和抗压强度设计值；
R——支座反力；
A_{en}——有效净截面面积；
t_1——支托腹板最小厚度；
L_s——支托长度。

11.2.4 铝合金面板和T形支托的受压和受拉连接强度应进行验算，必要时可按试验确定。

11.3 稳 定

11.3.1 铝合金面板中腹板的剪切屈曲应按下列公式计算：

当 $h/t \leq \dfrac{875}{\sqrt{f_{0.2}}}$ 时，$\begin{cases} \tau \leq \tau_{cr} = \dfrac{320}{h/t}\sqrt{f_{0.2}} \\ \tau \leq f_v \end{cases}$

$$(11.3.1\text{-}1)$$

当 $h/t \geq \dfrac{875}{\sqrt{f_{0.2}}}$ 时，$\tau \leq \tau_{cr} = \dfrac{280000}{(h/t)^2}$

$$(11.3.1\text{-}2)$$

式中 τ——腹板平均剪应力（N/mm²）；
τ_{cr}——腹板的剪切屈曲临界应力；
f_v——抗剪强度设计值，应按表4.3.4取用；
$f_{0.2}$——名义屈服强度，应按附录表A-1、A-2取用；
h/t——腹板高厚比。

11.3.2 铝合金面板支座处腹板的局部受压承载力，应按下式验算：

$$\frac{R}{R_w} \leq 1 \quad (11.3.2\text{-}1)$$

$$R_w = \alpha t^2 \sqrt{fE}(0.5 + \sqrt{0.02 l_c/t})[2.4 + (\theta/90)^2]$$

$$(11.3.2\text{-}2)$$

式中 R——支座反力；
R_w——一块腹板的局部受压承载力设计值；
α——系数，中间支座取0.12；端部支座取0.06；
t——腹板厚度；
l_c——支座处的支承长度，$10\text{mm} < l_c < 200\text{mm}$，端部支座可取10mm；
θ——腹板倾角（$45° \leq \theta \leq 90°$）；
f——铝合金面板材料的抗压强度设计值。

11.3.3 铝合金面板T形支托的稳定性可简化为等截面柱模型（图11.3.3b），简化模型应按下式计算：

$$\frac{R}{\varphi A} \leq f \quad (11.3.3)$$

式中 R——支座反力；
φ——轴心受压构件的稳定系数，应根据构件的长细比、铝合金材料的强度标准值 $f_{0.2}$ 按附录B取用；
A——毛截面面积，$A = tL_s$；
t——T形支托等效厚度，按 $(t_1 + t_2)/2$ 取值；
t_1——支托腹板最小厚度；
t_2——支托腹板最大厚度。

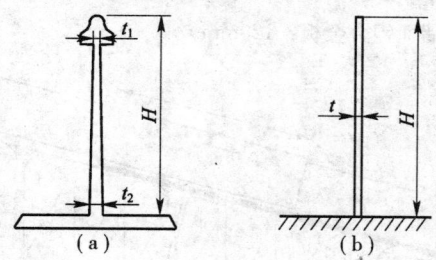

图 11.3.3 支托的简化模型
H—T形支托高度

11.3.4 计算铝合金面板T形支托的稳定系数时，其计算长度应按下式计算：

$$l_0 = \mu H \quad (11.3.4)$$

式中 μ——支托计算长度系数，可取1.0或由试验确定；
l_0——支托计算长度。

11.4 组合作用

11.4.1 铝合金面板同时承受弯矩 M 和支座反力 R 的截面，应满足下列要求：

$$\begin{cases} M/M_u \leq 1 \\ R/R_w \leq 1 \\ 0.94(M/M_u)^2 + (R/R_w)^2 \leq 1 \end{cases} \quad (11.4.1)$$

式中 M_u——截面的弯曲承载力设计值，$M_u = W_e f$；
W_e——有效截面模量，应按第5.4节的规定计算；
R_w——腹板的局部受压承载力设计值，应按公式（11.3.2）计算。

11.4.2 铝合金面板同时承受弯矩 M 和剪力 V 的截面，应满足下列要求：

$$(M/M_u)^2 + (V/V_u)^2 \leq 1 \quad (11.4.2)$$

式中 V_u——腹板的抗剪承载力设计值，取 $(ht \cdot \sin\theta)\tau_{cr}$ 和 $(ht \cdot \sin\theta)f_v$ 中较小值，τ_{cr} 应按公式（11.3.1）计算。

11.5 构造要求

11.5.1 铝合金屋面板和墙面板的厚度宜取0.6~3.0mm。铝合金面板宜采用长尺寸板材，以减少板长方向的搭接。

11.5.2 铝合金面板长度方向的搭接端必须与檩条、支座、墙梁等支承构件有可靠的连接（图11.5.2），搭接部位应设置防水堵头，搭接处可采用焊接或泛水板，搭接部分长度方向中心宜与支承构件形心对齐，搭接长度 a 不宜小于下列限值：

波高不小于70mm的高波屋面铝合金板：350mm；

波高小于70mm的屋面铝合金板：屋面坡度小于1/10时，取250mm；屋面坡度不小于1/10时，取200mm；

墙面铝合金板：120mm。

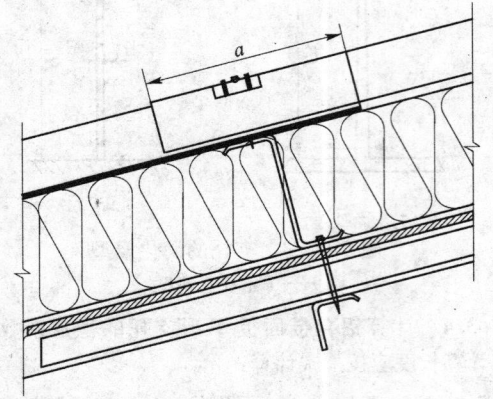

图11.5.2 铝合金面板搭接图

11.5.3 铝合金屋面板侧向可采用搭接、扣合或咬合等方式进行连接。当侧向采用搭接式连接时，连接件宜采用带有防水密封胶垫的自攻螺钉。宜搭接一波，特殊要求时可搭接两波。搭接处应用连接件紧固，连接件应设置在波峰上。对于高波铝合金板，连接件间距宜为700~800mm；对于低波铝合金板，连接件间距宜为300~400mm。采用扣合式或咬合式连接时，应在檩条上设置与铝合金板波形板相配套的专门固定支座，固定支座和檩条用自攻螺钉或射钉连接，铝合金板应搁置在固定支座上（图11.5.3）。两片铝合金板的侧边应确保在风吸力等因素作用下的扣合或咬合连接可靠。

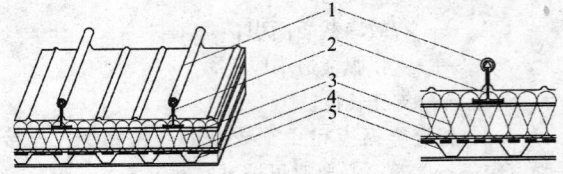

图11.5.3 固定支座连接
1—铝合金面板；2—支托；3—绝热保温层；
4—隔气层；5—压型钢板

11.5.4 铝合金墙面板之间的侧向连接宜采用搭接连接，宜搭接一个波峰，板与板的连接件可设在波峰，亦可设在波谷。连接件宜采用带有防水密封胶垫的自攻螺钉。

附录 A 结构用铝合金材料力学性能

常见结构用铝合金板、带材力学性能（标准值）可按表A-1采用，结构用铝合金管材、型材力学性能（标准值）可按表A-2采用。结构用铝合金板、带材、管材、型材的化学成分可按表A-3采用。凡采用的材料在表中未给出规定非比例伸长应力 $f_{0.2}$ 值或抗拉强度 f_u 值的，应通过试验确定其标准值。

表 A-1 结构用铝合金板、带材力学性能标准值

合金牌号	状态	产品类型	厚度(mm)	规定非比例伸长应力 $f_{0.2}$ (MPa)	抗拉强度 f_u (MPa)	伸长率（%）50mm (5D)
3003	O	轧制板、冷轧带	0.2~10.0	≥35	95~125	≥18~23
	H12/H22	轧制板、冷轧带	0.2~4.5	≥85	120~155	≥2~6
	H14/H24	轧制板、冷轧带	0.2~4.5	≥115	135~175	≥1~5
	H16/H26	轧制板、冷轧带	0.2~4.5	≥145	165~205	≥1~4
	H18	轧制板、冷轧带	0.2~4.5	≥165	≥185	≥1~4
	H112	轧制板	4.5~12.5	≥70	≥115	≥8
			12.5~80.0	≥40	≥100	≥(12)
3004	O	轧制板、冷轧带	0.2~10.0	≥60	150~195	≥9~16
	H12/H22/H32	轧制板、冷轧带	0.5~4.5	≥145	190~240	≥1~5
	H14/H24/H34	轧制板、冷轧带	0.2~4.5	≥170	220~265	≥1~4
	H16/H26/H36	轧制板、冷轧带	0.2~4.5	≥190	240~285	≥1~4
	H18/H38	轧制板、冷轧带	0.2~4.5	≥215	≥260	≥1~4
	H112	轧制板	4.5~80.0	≥60	≥160	≥6

续表 A

合金牌号	状态	产品类型	厚度 (mm)	规定非比例伸长应力 $f_{0.2}$ (MPa)	抗拉强度 f_u (MPa)	伸长率（%）50mm (5D)
5005	O	轧制板、冷轧带	0.5～10.0	≥35	105～145	≥16～22
	H12/H22/H32	轧制板、冷轧带	0.5～4.5	≥85	120～155	≥3～7
	H14/H24/H34	轧制板、冷轧带	0.5～4.5	≥110	135～175	≥1～3
	H16/H26/H36	轧制板、冷轧带	0.5～4.5	≥125	155～175	≥1～3
	H18/H38	轧制板、冷轧带	0.5～4.5	—	≥175	≥1～3
	H112	轧制板	4.5～80.0	—	≥100	≥8
5052	O	轧制板、冷轧带	0.2～10.0	≥65	170～215	≥14～18
	H12/H22/H32	轧制板、冷轧带	0.2～4.5	≥155	215～265	≥3～7
	H14/H24/H34	轧制板、冷轧带	0.2～4.5	≥175	235～285	≥3～6
	H16/H26/H36	轧制板、冷轧带	0.2～4.5	≥200	255～305	≥3～4
	H18/H38	轧制板、冷轧带	0.2～4.5	≥220	≥270	≥3～4
	H112	轧制板	4.5～12.5	≥110	≥195	≥7
			12.5～80.0	≥65	≥175	≥ (10)
5083	O	轧制板、冷轧带	0.5～4.5	≥125	275～350	≥16
	H22/H32	冷轧带	0.5～4.0	≥215	305～375	≥8～12
	H112	轧制板	4.5～40.0	≥125	≥275	≥11～12
			40.0～50	≥115	≥275	≥ (10)
6061	O	冷轧带	0.4～2.9	≤85	≤145	≥14～16

表 A-2 结构用铝合金管材、型材力学性能标准值

合金牌号	产品类型	状态	直径 (mm)	壁厚 (mm)	规定非比例伸长应力 $f_{0.2}$ (MPa)	抗拉强度 f_u (MPa)	伸长率（%）50mm
3003	挤压棒	O/H112	≤150	—	≥30	90～130	≥22
	拉制管	O	—	0.63～5.0	—	95～130	≥20～25
	拉制管	H14	—	0.63～5.0	≥115	≥140	≥3～4
	挤压管、挤压型材	O/H112	—	所有	≥30	≥90	≥22
5052	挤压棒	O/H112	≤150	—	≥70	≥175	≥20
	拉制管，挤压管、型材	O	—	所有	≥70	170～240	—
	拉制管	H14	—	所有	≥180	≥235	—
5083	拉制管、挤压管	O/H112	—	所有	≥110	270～350	≥12
	拉制管	H32	—	所有	≥235	≥315	≥5
5454	挤压管	O/H112	—	所有	≥85	≥215	≥12
6060	挤压型材	T5	—	≤3.2	≥110	≥150	≥8
6061	挤压棒	T6	≤150	—	≥240	≥260	≥9
		T4	≤150	—	≥110	≥180	≥14
		T4	—	0.63～5.0	≥100	≥205	≥14
		T6	—	0.63～5.0	≥240	≥290	≥8
	挤压管、挤压型材	T4	—	所有	≥110	≥180	≥16
	挤压管、挤压型材	T6	—	所有	≥240	≥265	≥8

续表 A-2

合金牌号	产品类型	状态	直径（mm）	壁厚（mm）	规定非比例伸长应力 $f_{0.2}$ （MPa）	抗拉强度 f_u （MPa）	伸长率（%）50mm
6063	挤压棒	T6	≤25	—	≥170	≥205	≥9
		T5	12.5～25	—	≥105	≥145	≥7
		T6	—	0.63～5.0	≥195	≥230	≥8
	挤压管	T4	—	≤25	≥60	≥125	≥12
		T6	—	所有	≥170	≥205	≥10
	挤压型材	T4	—	所有	≥65	≥130	≥12
		T5	—	所有	≥110	≥160	≥8
		T6	—	所有	≥180	≥205	≥8
6063A	挤压型材	T4	—	所有	≥90	≥150	≥10
		T5	—	所有	≥150	≥190	≥5
		T6	—	所有	≥180	≥220	≥4
6082	挤压型材	T4	—	所有	≥110	≥205	≥14
		T6	—	所有	≥260	≥310	≥10

表 A-3　结构用铝合金板、带材、管材、型材的化学成分

合金牌号	化学成分（%）										Al
	Si	Fe	Cu	Mn	Mg	Cr	Zn	Ti	其他		
									单个	合计	
3003	0.6	0.7	0.05～0.20	1.0～1.5	—	—	0.10	—	0.05	0.15	余量
3004	0.30	0.7	0.25	1.0～1.5	0.8～1.3	—	0.25	—	0.05	0.15	余量
5005	0.30	0.7	0.20	0.20	0.50～1.1	0.10	0.25	—	0.05	0.15	余量
5052	0.25	0.40	0.10	0.10	2.2～2.8	0.15～0.35	0.10	—	0.05	0.15	余量
5083	0.40	0.40	0.10	0.40～1.0	4.0～4.9	0.05～0.25	0.25	0.15	0.05	0.15	余量
5454	0.25	0.40	0.10	0.50～1.0	2.4～3.0	0.05～0.20	0.25	0.20	0.05	0.15	余量
6060	0.30～0.6	0.10～0.30	0.10	0.10	0.35～0.6	0.05	0.15	0.10	0.05	0.15	余量
6061	0.40～0.8	0.7	0.15～0.40	0.15	0.8～1.2	0.04～0.35	0.25	0.15	0.05	0.15	余量
6063	0.20～0.6	0.35	0.10	0.10	0.45～0.9	0.10	0.10	0.10	0.05	0.15	余量
6063A	0.30～0.6	0.15～0.35	0.10	0.15	0.6～0.9	0.05	0.15	0.10	0.05	0.15	余量
6082	0.7～1.3	0.50	0.10	0.40～1.0	0.6～1.2	0.25	0.20	0.10	0.05	0.15	余量

附录 B　轴心受压构件的稳定系数

表 B-1　弱硬化合金构件的轴心受压稳定系数 φ

$\lambda\sqrt{\dfrac{f_{0.2}}{240}}$	0	1	2	3	4	5	6	7	8	9
0	1.000	1.000	1.000	1.000	1.000	1.000	1.000	1.000	1.000	0.996
10	0.993	0.989	0.985	0.981	0.977	0.973	0.969	0.964	0.960	0.956
20	0.951	0.947	0.942	0.937	0.932	0.927	0.921	0.916	0.910	0.904
30	0.898	0.891	0.885	0.878	0.871	0.863	0.855	0.847	0.838	0.830
40	0.820	0.811	0.801	0.791	0.780	0.769	0.758	0.746	0.735	0.722
50	0.710	0.698	0.685	0.672	0.660	0.647	0.634	0.621	0.608	0.596

续表 B-1

$\lambda\sqrt{\dfrac{f_{0.2}}{240}}$	0	1	2	3	4	5	6	7	8	9
60	0.583	0.571	0.558	0.546	0.534	0.523	0.511	0.500	0.489	0.479
70	0.468	0.458	0.448	0.438	0.429	0.419	0.410	0.402	0.393	0.385
80	0.377	0.369	0.361	0.354	0.347	0.340	0.333	0.326	0.320	0.313
90	0.307	0.301	0.295	0.290	0.284	0.279	0.274	0.269	0.264	0.259
100	0.254	0.250	0.245	0.241	0.237	0.233	0.228	0.225	0.221	0.217
110	0.213	0.210	0.206	0.203	0.200	0.196	0.193	0.190	0.187	0.184
120	0.181	0.179	0.176	0.173	0.171	0.168	0.166	0.163	0.161	0.158
130	0.156	0.154	0.152	0.149	0.147	0.145	0.143	0.141	0.139	0.137
140	0.136	0.134	0.132	0.130	0.128	0.127	0.125	0.123	0.122	0.120
150	0.119	—	—	—	—	—	—	—	—	—

表 B-2 强硬化合金构件的轴心受压稳定系数 φ

$\lambda\sqrt{\dfrac{f_{0.2}}{240}}$	0	1	2	3	4	5	6	7	8	9
0	1.000	1.000	1.000	1.000	1.000	1.000	0.996	0.989	0.983	0.976
10	0.970	0.963	0.957	0.950	0.943	0.936	0.930	0.923	0.916	0.909
20	0.902	0.894	0.887	0.879	0.872	0.864	0.856	0.848	0.839	0.831
30	0.822	0.813	0.804	0.795	0.786	0.776	0.766	0.756	0.746	0.736
40	0.725	0.715	0.704	0.693	0.682	0.671	0.660	0.649	0.638	0.626
50	0.615	0.604	0.593	0.582	0.571	0.560	0.549	0.538	0.528	0.517
60	0.507	0.497	0.487	0.477	0.467	0.458	0.448	0.439	0.430	0.422
70	0.413	0.405	0.397	0.389	0.381	0.373	0.366	0.359	0.352	0.345
80	0.338	0.331	0.325	0.319	0.313	0.307	0.301	0.295	0.290	0.285
90	0.279	0.274	0.269	0.264	0.260	0.255	0.251	0.246	0.242	0.238
100	0.234	0.230	0.226	0.222	0.218	0.215	0.211	0.208	0.204	0.201
110	0.198	0.195	0.192	0.189	0.186	0.183	0.180	0.177	0.175	0.172
120	0.169	0.167	0.164	0.162	0.160	0.157	0.155	0.153	0.151	0.149
130	0.147	0.145	0.143	0.141	0.139	0.137	0.135	0.133	0.131	0.130
140	0.128	0.126	0.125	0.123	0.121	0.120	0.118	0.117	0.115	0.114
150	0.113	—	—	—	—	—	—	—	—	—

附录 C 受弯构件的整体稳定系数

受弯构件的整体稳定系数应按下式计算：

$$\varphi_b = \frac{1+\eta+\bar{\lambda}^2}{2\bar{\lambda}^2} - \sqrt{\left(\frac{1+\eta+\bar{\lambda}^2}{2\bar{\lambda}^2}\right)^2 - \frac{1}{\bar{\lambda}^2}} \quad (C\text{-}1)$$

式中 η——构件的几何缺陷系数，应按下式计算：

$$\eta = \alpha(\bar{\lambda}-\bar{\lambda}_0) \quad (C\text{-}2)$$

对于弱硬化合金：$\alpha=0.20$，$\bar{\lambda}_0=0.36$；

对于强硬化合金：$\alpha=0.25$，$\bar{\lambda}_0=0.30$。

$\bar{\lambda}$——弯扭稳定相对长细比，应按下式计算：

$$\bar{\lambda} = \sqrt{\frac{W_{ex}f}{M_{cr}}} \quad (C\text{-}3)$$

M_{cr}——弯扭稳定临界弯矩，应按下式计算：

$$M_{cr} = \beta_1 \frac{\pi^2 EI_y}{l_y^2}\left[\beta_2 e_a + \beta_3\beta_y + \sqrt{(\beta_2 e_a + \beta_3\beta_y)^2 + \frac{I_\omega}{I_y}\left(1+\frac{GI_t l_\omega^2}{\pi^2 EI_\omega}\right)}\right] \quad (C\text{-}4)$$

式中 I_y——绕弱轴 y 轴的毛截面惯性矩；

I_ω——毛截面扇性惯性矩，对于T形截面、十字形截面、角形截面可近似取 $I_\omega=0$；

I_t——毛截面扭转惯性矩，若截面是由长度为 h_i 和厚度为 t_i 的 n 个矩形块组成则可取 I_t 为：$I_t = \sum_{i=1}^{n} I_{it} = \frac{1}{3}\sum_{i=1}^{n}b_i t_i^3$；

l_ω——扭转屈曲计算长度，取决于构件端部的约束条件，$l_\omega=\mu_\omega l$，μ_ω 为扭转屈曲计算长度系数，应按表C-1取用；

l_y——梁的侧向计算长度，$l_y=\mu_b l$，μ_b 为侧向计算长度系数；在跨间无侧向支撑时取1；跨中设一道侧向支撑或跨间有不少于两个等距布置的侧向支撑时取0.5；

e_a——横向荷载作用点至剪心的距离，如图C-1所示；当横向荷载作用在剪心时 $e_a=0$；当荷载不作用在剪心且荷载方向指向剪心时 e_a 为负，离开剪心时 e_a 为正；

β_y——截面不对称系数，应按下式计算：

$$\beta_y = \frac{\int_A y(x^2+y^2)dA}{2I_x} - y_0 \quad (C\text{-}5)$$

I_x——绕主轴 x 轴的毛截面惯性矩；

y_0——剪心至形心的竖向距离，当剪心到形心的指向与挠曲方向一致时取负，相反时取正；

β_1——临界弯矩修正系数，取决于受弯构件上的荷载作用形式，应按表C-2取值；

β_2——荷载作用点位置影响系数，应按表C-2取值；

β_3——荷载形式不同时对单轴对称截面的修正系数，应按表C-2取值。

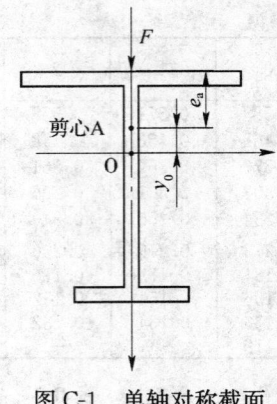

图 C-1 单轴对称截面

表 C-1 构件的扭转屈曲计算长度系数 μ_ω

序 号	支 撑 条 件	μ_ω
1	两端支承	1.0
2	一端支承，另一端自由	2.0

表 C-2 计算系数 β_1、β_2、β_3 的确定

弯矩作用平面内荷载及支承情况	弯 矩 图	计算长度系数 μ_b	β_1	β_2	β_3
M ～ αM (两端简支)	α=1	1.0	1.000	—	1.000
		0.5	1.000	—	1.144
	α=1/2	1.0	1.323	—	0.992
		0.5	1.514	—	2.271
	α=0	1.0	1.879	—	0.939
		0.5	2.150	—	2.150
	α=-1/2	1.0	2.704	—	0.676
		0.5	3.093	—	1.546
	α=-1	1.0	2.752	—	0.000
		0.5	3.149	—	0.000
均布荷载简支梁		1.0	1.132	0.459	0.525
		0.5	0.972	0.304	0.980
均布荷载两端固支		1.0	1.285	1.562	0.753
		0.5	0.712	0.652	1.070
跨中集中荷载简支梁		1.0	1.365	0.553	1.730
		0.5	1.070	0.432	3.050
跨中集中荷载两端固支		1.0	1.565	1.267	2.640
		0.5	0.938	0.715	4.800
两个对称集中荷载 l/4 处		1.0	1.046	0.430	1.120
		0.5	1.010	0.410	1.890

本规范用词说明

1 为便于在执行本规范条文时区别对待,对要求严格程度不同的用词说明如下:

1) 表示很严格,非这样做不可的用词:

正面词采用"必须",反面词采用"严禁"。

2) 表示严格,在正常情况下均应这样做的用词:

正面词采用"应",反面词采用"不应"或"不得"。

3) 表示允许稍有选择,在条件许可时首先应这样做的用词:

正面词采用"宜",反面词采用"不宜";

表示有选择,在一定条件下可以这样做的用词,采用"可"。

2 本规范中指明应按其他有关标准、规范执行的写法为"应符合……的规定"或"应按……执行"。

中华人民共和国国家标准

铝合金结构设计规范

GB 50429—2007

条 文 说 明

目　次

1 总则 ………………………………… 45—32
2 术语和符号 ………………………… 45—32
　2.1 术语 …………………………… 45—32
　2.2 符号 …………………………… 45—32
3 材料 ………………………………… 45—32
　3.1 结构铝 ………………………… 45—32
　3.2 连接 …………………………… 45—32
　3.3 热影响区 ……………………… 45—33
4 基本设计规定 ……………………… 45—34
　4.1 设计原则 ……………………… 45—34
　4.2 荷载和荷载效应计算 ………… 45—35
　4.3 设计指标 ……………………… 45—36
　4.4 结构或构件变形的规定 ……… 45—40
　4.5 构件的计算长度和容许长细比 … 45—40
5 板件的有效截面 …………………… 45—40
　5.1 一般规定 ……………………… 45—40
　5.2 受压板件的有效厚度 ………… 45—41
　5.3 焊接板件的有效厚度 ………… 45—41
　5.4 有效截面的计算 ……………… 45—42
6 受弯构件的计算 …………………… 45—42
　6.1 强度 …………………………… 45—42
　6.2 整体稳定 ……………………… 45—44
7 轴心受力构件的计算 ……………… 45—44
　7.1 强度 …………………………… 45—44
　7.2 整体稳定 ……………………… 45—45
8 拉弯构件和压弯构件的计算 ……… 45—46
　8.1 强度 …………………………… 45—46
　8.2 整体稳定 ……………………… 45—46
9 连接计算 …………………………… 45—48
　9.1 紧固件连接 …………………… 45—48
　9.2 焊缝连接 ……………………… 45—50
10 构造要求 …………………………… 45—51
　10.1 一般规定 ……………………… 45—51
　10.2 螺栓连接和铆钉连接 ………… 45—51
　10.3 焊缝连接 ……………………… 45—51
　10.4 防火、隔热 …………………… 45—51
　10.5 防腐 …………………………… 45—51
11 铝合金面板 ………………………… 45—51
　11.1 一般规定 ……………………… 45—51
　11.2 强度 …………………………… 45—52
　11.3 稳定 …………………………… 45—52
　11.4 组合作用 ……………………… 45—52
　11.5 构造要求 ……………………… 45—52

1 总 则

1.0.2 本条文中工业与民用建筑系指不包括高温、有强烈腐蚀性气体及有强烈振源的工业与民用建筑。

2 术语和符号

本章所用的术语和符号是参照我国现行国家标准《工程结构设计基本术语和通用符号》GBJ 132 和《建筑结构设计术语和符号标准》GB/T 50083 的规定编写的，并根据需要增加了相关内容。

2.1 术 语

本规范给出了 23 个有关铝合金设计方面的专用术语，并从铝合金结构设计的角度赋予其特定的涵义，但不一定是其严谨的定义。所给出的英文译名是参考国外某些标准确定的，不一定是国际上的标准术语。

2.2 符 号

本规范给出了 110 个常用符号并分别作出了定义，这些符号都是本规范各章节中所引用的。

2.2.1 本条所用符号均为作用和作用效应的设计值，当用于标准值时，应加下标 k，如 Q_k 表示重力荷载的标准值。

2.2.2 $f_{0.2}$ 相当于铝合金材料国家标准中的 $\sigma_{p0.2}$。

3 材 料

3.1 结 构 铝

3.1.1、3.1.2 本条是根据我国冶金部门编制的国家标准中所包括的变形铝及铝合金的各类规格及其可能在结构上的应用制订的，铝合金结构材料的选用充分考虑了结构的承载能力和防止在一定条件下结构出现脆性破坏的可能性。

关于铝合金名称的术语及其定义见国家标准《变形铝及铝合金牌号表示方法》GB/T 16474、《变形铝及铝合金状态代号》GB/T 16475、《铝及铝合金术语》GB 8005 中的相关规定。与本规范相关铝合金材料的基础状态定义见表 1。

表 1 基础状态代号、名称及说明与应用

代号	名 称	说明与应用
F	自由加工状态	适用于在成型过程中，对于加工硬化和热处理条件无特殊要求的产品，该状态产品的力学性能不作规定

续表 1

代号	名 称	说明与应用
O	退火状态	适用于经完全退火获得最低强度的加工产品
H	加工硬化状态	适用于通过加工硬化提高强度的产品，产品在加工硬化后可经过（也可不经过）使强度有所降低的附加热处理
T	热处理状态（不同于 F、O、H 状态）	适用于热处理后，经过（或经过）加工硬化达到稳定状态的产品

3.2 连 接

3.2.1 本条为铝合金结构螺栓连接材料要求。

1 根据现行国家标准，螺栓的品种、规格及技术要求见表 2。

表 2 螺栓的品种、规格及技术要求

国家标准	规格范围	产品等级	材料及性能等级	表面处理
《六角头螺栓 C 级》GB/T 5780	M5～M64	C 级	钢，$d \leqslant 39mm$：3.6、4.6、4.8；$d > 39mm$：按协议	① 不经处理 ② 电镀 ③ 非电解锌粉覆盖层
《六角头螺栓》GB/T 5782	M1.6～M64	A 级 B 级*	钢，$d<3$：按协议；$3 \leqslant d \leqslant 39mm$：5.6、8.8、10.9；$3 \leqslant d \leqslant 16mm$：9.8；$d>39mm$：按协议	① 氧化 ② 电镀 ③ 非电解锌粉覆盖层
			不锈钢，$d \leqslant 24mm$：A2-70、A4-70；$24mm < d \leqslant 39mm$：A2-50、A4-50；$d>39mm$：按协议	简单处理
			有色金属：Cu2、Cu3、Al4	

注：* A 级用于 $d \leqslant 24mm$ 和 $l \leqslant 10d$ 或 $l \leqslant 150mm$（按较小值）的螺栓；
B 级用于 $d>24mm$ 或 $l>10d$ 或 $l>150mm$（按较小值）的螺栓。

2 国外几种主要的铝合金结构规范关于螺栓材料选用的规定：欧洲铝合金结构设计规范（prEN 1999-1-1：2002，下文简称欧规）允许使用铝合金螺栓、不锈钢螺栓和钢螺栓，并规定了这 3 类材料的力学性能值；英国铝合金结构设计规范（BS 8118：1991，下文简称英规）允许使用铝合金螺栓、不锈钢螺栓和钢螺栓，但未规定不锈钢螺栓和钢螺栓的力学性能值；美国铝合金结构设计规范（Specifications and guidelines for aluminum structures：1994，下文简称美规）仅允许使用铝合金螺栓。参考以上国外规范，本规范规定宜采用铝合金、不锈钢螺栓，也可采用钢螺栓。由于未作表面保护的钢螺栓同铝合金构件之间会发生电化学腐蚀，故使用钢螺栓时，必须做好表面处理，且表面镀层应保证具有一定的厚度。

3 铝合金结构连接中采用有预拉力的高强度螺栓应符合一定的适用条件，欧规和英规均规定了构件材料的名义屈服强度 $f_{0.2}$ 的最低值，欧规为 $200N/mm^2$，英规为 $230N/mm^2$。如不符合这一条件，则高强度螺栓连接节点的强度就应由试验来测定。而在美规中只允许使用普通螺栓，对高强度螺栓未作相应规定。

根据有关文献研究，当高强度螺栓的抗拉强度 f_u^b 超过铝合金构件抗拉强度 f_u 的 3 倍时，如不采取特别的构造措施（如采用较大直径的硬质垫圈），则螺栓内强大的预拉力会造成与螺栓头或螺母相接触的铝合金构件表面损伤，进而引起螺栓松弛和预拉力损失。在极端温度变化或连接较长时，由于铝合金构件与钢螺栓具有不同的热传导系数，将会引起摩擦面抗滑移系数的变化，进而影响连接节点的强度。此外，不作任何处理的铝合金构件表面的抗滑移系数很低，根据有关文献研究约为 0.10～0.15；而对铝合金材料摩擦面的处理方法目前尚无相应的国家标准，也缺乏试验数据和统计资料。

因此，综合以上原因，本规范不推荐使用有预拉力的高强度螺栓连接。如在实际应用中确有条件，高强度螺栓应符合现行国家标准《栓接结构用大六角头螺栓》GB/T 18230.1、《栓接结构用大六角螺母》GB/T 18230.3、《栓接结构用平垫圈》GB/T 18230.5 的规定。当铝合金构件材料的名义屈服强度 $f_{0.2} \geqslant 200N/mm^2$ 时，可采用第 9.1.2～9.1.3 条中的设计公式计算连接节点的强度。当不符合这一条件时，应通过试验测定连接节点的强度。此外，在极端温度变化或连接较长时，无论铝合金构件材料的名义屈服强度 $f_{0.2}$ 是否大于等于 $200N/mm^2$，均应通过试验来测定连接节点的强度。

4 遵照以上原则，列入本规范条文并规定其强度设计值的螺栓材料、级别有：普通螺栓宜采用 2B11、2A90 铝合金螺栓和 A2-50、A4-50、A2-70、A4-70 不锈钢螺栓，也可采用具有可靠表面处理的 4.6 级、4.8 级 C 级钢螺栓。高强度螺栓可采用具有可靠表面处理的 8.8 级、10.9 级钢螺栓，但在规范条文中对其强度设计值不作具体规定，当需采用时可参照相应的规范、标准。应注意，A2-50 和 A4-50 不锈钢螺栓不应用于游泳池结构及直接与海水接触的结构。

3.2.2 本条为铝合金结构铆钉连接材料要求。

1 有国家标准的铆钉可分为 3 种类型：普通铆钉、抽芯铆钉和击芯铆钉。根据国内应用现状，抽芯铆钉和击芯铆钉主要应用在厚度很薄的铝合金面板连接中，用于铝合金承重结构连接的铆钉主要为普通铆钉。目前制定国家标准的普通铆钉有 12 个品种，半圆头铆钉的应用最为广泛，其他种类的铆钉例如沉头铆钉、平头铆钉，用于结构连接需考虑强度折减，由于缺乏试验资料和统计数据，因此暂不列入规范条文中。

2 根据国家标准《铆钉技术条件》GB 116，普通铆钉可用以下材料制成：碳素钢、特种钢、铜及其合金、铝及其合金。国外铝合金结构规范中关于铆钉材料选用的规定：欧规和美规仅允许使用铝合金铆钉；英规允许使用铝合金铆钉、不锈钢铆钉和钢铆钉，但未规定不锈钢铆钉和钢铆钉的力学性能值。参考国外规范，本规范仅允许采用铝合金铆钉用于结构连接。

3 列入本规范条文并规定其强度设计值的铆钉级别为：铝合金铆钉 5B05-HX8、2A01-T4、2A10-T4。《铆钉用铝及铝合金线材》GB 3196 中规定的另两种铆钉材料 1035-HX8、3A21-HX8 由于其抗剪强度过低，不予选用。

3.2.3 本条为铝合金结构焊丝材料及焊接工艺要求。

1 铝合金焊丝材料的选用，国家标准《铝及铝合金焊丝》GB 10858 提供了较多种类的选择。结合国内外应用，对于 5××× 和 6××× 系列合金，应用最为广泛的焊丝主要有 2 种：含镁 5% 的标准型铝镁焊丝 5356 和含硅 5% 的铝硅焊丝 4043，即国家标准《铝及铝合金焊丝》GB 10858 中的 SAlMG-3（5356）和 SAlSi-1（4043），故推荐优先选用。

2 根据国内外应用现状，在铝合金结构焊接中，通常采用两种惰性气体保护电弧焊，即 MIG 焊和 TIG 焊。由于 TIG 焊使用永久钨极，电流大小受钨极直径的限制，故仅适用于较薄构件的焊接连接；而 MIG 焊电极为焊丝本身，可以使用比 TIG 焊大得多的电流，对于构件的厚度就没有限制，可用于厚度 50mm 以内构件的焊接连接。本条参照欧规的相关条文，规定 TIG 焊仅适用于厚度小于或等于 6mm 的构件焊接。

3.3 热影响区

3.3.1 本条是强制性条文，规定了焊接热影响区的一般设计要求。根据国内外研究资料，对于除 O、T4 或 F 状态的铝合金焊接结构，由于热输入的影响，在临近焊缝的区域存在材料强度降低的现象，该区域称为焊接热影响区。焊接热影响效应对焊接结构的承载力将带来非常不利的影响。

热影响区材料强度的降低可采用单一的折减系数 ρ_{haz} 来考虑，该系数代表热影响区范围内材料强度同母材原始强度的比值。一般来说，热影响区材料的名义屈服强度 $f_{0.2}$ 的折减程度比抗拉强度 f_u 的折减程度更大一些。根据同济大学所完成的采用 MIG 和 TIG 焊接工艺，母材为 6061-T6 合金的对接焊缝硬度试验，得到的折减系数平均值为 0.59，由拉伸试验得到的 $f_{0.2}$ 的折减系数平均值为 0.43，f_u 的折减系数平均值为 0.62。欧洲规范给出的 6061-T6 合金 $f_{0.2}$ 及 f_u 的折减系数分别为 0.48 和 0.60。英国规范对 $f_{0.2}$ 及 f_u 的折减不作区分，6061-T6 合金的热影响区折减系数取 0.50。由此可见，对于 6061-T6 合金，试验结果同欧规和英规的规定符合较好。因缺乏其他合金材料的试验数据，并由于英规的规定比欧规偏于安全，故表 3.3.1 中 6×××系列合金及 5083 合金的 ρ_{haz} 主要根据英规的规定值给出。在 10℃ 以上的环境温度下至少存放 3d 的要求，是保证材料有最低限度的自然时效。

3×××合金在焊接后强度折减非常严重，根据工程经验焊接后热影响区的强度仅能达到初始强度的 20%，因此表 3.3.1 中 3003 及 3004 合金的 ρ_{haz} 取 0.20。建议 3×××系列合金不宜采用焊接连接。

对于表 3.3.1 未列出的其他材料，可由**试验**或参考其他国家设计规范确定其 ρ_{haz} 值。

3.3.2 本条规定了铝合金结构焊接热影响区的范围。

1 规定了对接焊缝和几种角焊缝连接的热影响区范围，因缺乏相关研究资料，对较厚焊件热影响区沿厚度方向的分布，偏保守地一律取热影响区边界垂直于焊件表面。

2 本条规定主要依据同济大学完成的对接焊缝连接试验结果，该结果稍大于欧规的规定。对于采用 6061-T6 合金的对接焊缝连接，当采用 MIG 焊接工艺时，随焊件厚度增大，热影响区范围也随之增大；采用 TIG 焊接工艺的焊件，其热影响区范围和同厚度的采用 MIG 焊接工艺的焊件基本相同，因此本条规定同样适用于 MIG 焊和 TIG 焊。由于试验焊件的最大厚度为 16mm，因此仅规定了厚度在 16mm 以内焊件的热影响区范围。对于厚度超过 16mm 的焊件，实际应用中如需采用，可根据硬度试验结果确定。当退火温度较高时，热影响区的范围会随之增大，增大系数 α 的规定来自欧规。

3.3.3 本条规定了铝合金结构中考虑焊接热影响效应的设计计算方法。

在焊缝连接计算中，需要校核热影响区范围内的应力不得超过其强度设计值，因此通常采用强度折减的方法来考虑热影响效应。在焊接构件承载力计算中，热影响区范围内材料强度降低带来的不利影响，通常采用将热影响区范围内材料强度取值同母材，但对截面进行折减的方法来考虑。

4 基本设计规定

4.1 设计原则

4.1.1 遵照《建筑结构可靠度设计统一标准》GB 50068，本规范采用以概率理论为基础的极限状态设计方法，用分项系数设计表达式进行计算。对于铝合金结构的疲劳计算，本规范不予考虑。

4.1.2 本条提出的在设计文件中应注明的内容，是与保证工程质量密切相关的。其中铝合金材料的牌号应与有关铝合金材料的现行国家标准或其他技术标准相符；对铝合金材料性能的要求，凡我国铝合金材料标准中各牌号能基本保证的项目可不再列出，只提附加保证和协议要求的项目，而当采用其他尚未形成技术标准的铝合金材料或国外铝合金材料时，必须详细列出有关铝合金材料性能的各项要求。

4.1.3 承载能力极限状态可理解为结构或构件发挥允许的最大承载功能的状态。正常使用极限状态可理解为结构或构件达到使用功能上允许的某个限值的状态。

4.1.4 荷载效应的组合原则是根据《建筑结构可靠度设计统一标准》GB 50068 的规定，结合铝合金结构的特点提出的。对荷载效应的偶然组合，统一标准只作出原则性的规定，具体的设计表达式及各种系数应符合专门规范的有关规定。对于正常使用极限状态，铝合金结构一般只考虑荷载效应的标准组合，当有可靠依据和实践经验时，亦可考虑荷载效应的频遇组合，当考虑长期效应时，可采用准永久组合。

4.1.6 铝合金材料具有优良的负温工作性能，在低温条件下其强度及延性均有所提高，所以不必规定铝合金结构的负温临界工作温度。但铝合金耐高温性能差，150℃ 以上时迅速丧失强度，这也是可以通过挤压工艺生产型材的主要原因。文献《铝及铝合金材料手册》（武恭等编，科学出版社，1994）给出了常用建筑型材 6063-T6 和 6061-T6 合金在不同温度下的典型抗拉力学性能，见表 3 所示。

表 3 6061-T6 合金与 6063-T6 合金在不同温度下的典型抗拉性能

温度 (℃)	6061-T6			6063-T6		
	抗拉强度 f_u (MPa)	名义屈服强度 $f_{0.2}$ (MPa)	伸长率 δ (%)	抗拉强度 f_u (MPa)	名义屈服强度 $f_{0.2}$ (MPa)	伸长率 δ (%)
-196	414	324	22	324	248	24
-80	338	290	18	262	228	20
-28	324	283	17	248	221	19

续表3

温 度 (℃)	6061-T6			6063-T6		
	抗拉强度 f_u (MPa)	名义屈服强度 $f_{0.2}$ (MPa)	伸长率 δ (%)	抗拉强度 f_u (MPa)	名义屈服强度 $f_{0.2}$ (MPa)	伸长率 δ (%)
24	310	276	17	241	214	18
100	290	262	18	214	193	15
149	234	214	20	145	133	20
204	131	103	28	62	45	40
260	51	34	60	31	24	75
316	32	19	85	23	17	80
371	24	12	95	16	14	105

4.2 荷载和荷载效应计算

4.2.1 国内外目前对铝合金结构抗震设计的研究还不深入。铝合金结构抗震设计时，对幕墙结构可以按照现行有关国家行业标准的规定执行；对其他结构，抗震设计参数可以按照现行抗震规范中的钢结构的有关参数取用。

4.2.3 梁柱连接一般采用刚性和铰接连接。半刚性连接的弯矩-转角关系较为复杂，它随连接形式、构造细节的不同而异。进行结构设计时，这种连接形式的实验数据或设计资料必须足以提供较为准确的弯矩-转角关系。

4.2.4 一阶分析是针对未变形的结构进行平衡分析，不考虑变形对外力效应的影响。在分析结构内力以进行强度计算时，除少数特殊结构外，按一阶分析通常可以获得足够精确的结果。二阶效应是指结构变形对力的效应，如结构水平位移对竖向力的效应 $P-\Delta$，杆件挠度对轴力作用的效应 $P-\delta$，杆件伸长或缩短产生的效应，弯曲使弦长减小的效应以及初始弯曲、初始倾斜产生的效应等。结构的变形将会在结构中引起附加内力，而附加内力的产生将会导致进一步的附加变形，如此往复。考虑二阶效应的方法是用二阶分析考虑变形对外力效应的影响，针对已变形的结构来进行平衡分析。铝合金框架结构的精确分析应考虑二阶效应。

对于侧移不是很大的框架或者计算精度要求不是很高的框架，其内力计算均可采用一阶弹性分析的方法。一阶弹性计算的结果对于一般的结构足够精确。

对于侧移很大的框架或者计算精度要求很高的框架，其内力计算应当采用二阶弹性分析的方法。

本条对铝合金框架结构的内力分析方法作出了具体规定，即所有框架结构（不论有无支撑结构）均可采用一阶弹性分析方法计算框架杆件的内力，但对于 $\dfrac{\sum N \cdot \Delta u}{\sum H \cdot h} > 0.1$ 的框架结构则推荐采用二阶弹性分析确定，以提高计算精度。

当采用二阶弹性分析时，为配合计算精度，不论是精确计算或近似计算，亦不论有无支撑结构，均应考虑结构和构件的各种缺陷（如柱子的初倾斜、初偏心和残余应力等）对内力的影响。其影响程度可通过在框架每层柱的柱顶作用有附加的假想水平力（概念荷载）H_{ni} 来综合体现，见图1。

研究表明，框架层数越多，构件缺陷的影响越小。通过数值分析及与国外规范的比较，本规范采用了公式（4.2.4-1）计算 H_{ni}。

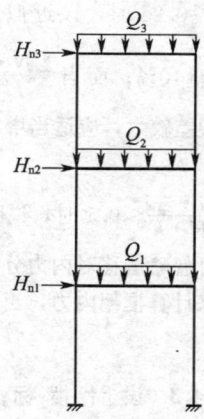

图1 假想水平力 H_{ni}

本条对无支撑纯框架在考虑侧移对内力影响采用二阶弹性分析时，提出了框架杆件端弯矩的计算方法。

当采用一阶分析时（图2），框架杆端弯矩 M_I 为：

$$M_I = M_{Ib} + M_{Is} \quad (1)$$

当采用二阶分析时，框架杆端弯矩 M_{II} 为：

$$M_{II} = M_{Ib} + \alpha_{2i} M_{Is} \quad (2)$$

式中 M_{Ib}——假定框架无侧移时（图2b）按一阶弹性分析求得的各杆杆端弯矩；

M_{Is}——框架各节点侧移时（图2c）按一阶弹性分析求得的各杆杆端弯矩；

α_{2i}——考虑二阶效应第 i 层杆件的侧移弯矩增大系数 $\alpha_{2i}=\dfrac{1}{1-\dfrac{\sum N\cdot\Delta u}{\sum H\cdot h}}$。其中 $\sum H$ 系指产生层间侧移 Δu 的所计算楼层及以上各层的水平荷载之和，不包括支座位移和温度的作用。

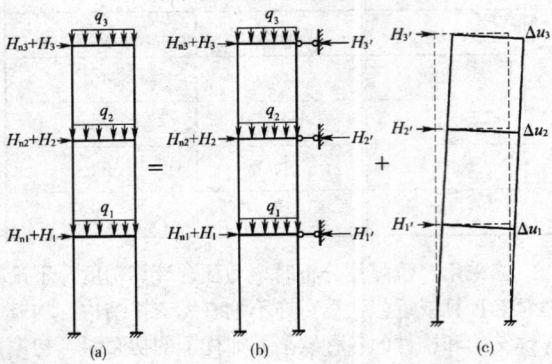

图 2 无支撑纯框架的一阶弹性分析

上述二阶弹性分析的近似计算方法与国外的规定基本相同。该计算方法不仅可用于二阶弯矩的计算，还可以用于二阶轴力及剪力的计算。经过大量具体实例验算证明该方法具有较高的精度。数值计算表明，当 $\dfrac{\sum N\cdot\Delta u}{\sum H\cdot h}\leqslant 0.25$ 时，该近似方法比较精确，弯矩的误差不大于 10%；而当 $\dfrac{\sum N\cdot\Delta u}{\sum H\cdot h}>0.25$（即 $\alpha_{2i}>1.33$）时，误差较大，应适当增加框架结构的侧移刚度，使 $\alpha_{2i}\leqslant 1.33$。

另外，当 $\dfrac{\sum N\cdot\Delta u}{\sum H\cdot h}\leqslant 0.1$ 时，说明框架结构的抗侧移刚度较大，可忽略侧移对内力分析的影响，故可采用一阶分析法来计算框架内力，当然也不必考虑假象水平力 H_{ni}。

4.3 设计指标

4.3.1、4.3.2 本条遵照现行国家标准《建筑结构荷载规范》GB 50009 和《建筑结构可靠度设计统一标准》GB 50068 的规定，铝合金强度设计值根据强度标准值除以抗力分项系数求得，其中抗力分项系数根据以概率理论为基础的极限状态设计方法确定。

考虑到目前铝合金材料力学性能指标的统计资料尚不充分，且大部分经过热处理和冷加工硬化处理后的合金材料强屈比较低，破坏时极限伸长率较小，安全储备普遍低于钢材，在计算铝合金结构构件的抗力分项系数时目标可靠指标参照钢结构构件承载能力极限状态并相应提高一个等级，按 $\beta=3.7$ 采用。

按文献《建筑结构概率极限状态设计》（李继华等，中国建筑工业出版社，1990），采用概率方法计算时，极限状态方程为：

$$R-S_G-S_Q=0 \qquad (3)$$

式中 R——结构抗力；
S_G——恒载效应；
S_Q——可变荷载效应（可为楼面活载效应 S_L 或风荷载效应 S_W 等）。

影响结构构件抗力 R 的因素主要有：材料性能的不确定性 Ω_m，几何参数的不确定性 Ω_a，计算模式的不确定性 Ω_p。其中：

1 材料性能的不确定性。主要取决于：
1）试件的材料性能，按试件实测数据采用；
2）构件材料性能与试件材料性能的差异。根据本规范编制组提供的 1042 根 6061-T6 合金试件以及来自日本的 28 根 5083-H112 合金试件的拉伸试验结果，经分析后得出其材性统计参数为：

合金 6061-T6：$\mu_{\Omega m}=1.0738$，$\delta_{\Omega m}=0.0992$；
合金 5083-H112：$\mu_{\Omega m}=1.2985$，$\delta_{\Omega m}=0.1374$。

2 几何参数的不确定性。主要取决于现有型材的生产工艺水平；由于缺乏充分的统计资料，计算中主要参考《铝合金建筑型材》GB/T 5237 对截面尺寸允许偏差要求，按普通级标准，取方管和 H 形两种型材计算截面几何参数统计特性，得 $\mu_{\Omega a}=1.00$，$\delta_{\Omega a}=0.05$。

3 计算模式的不确定性。考虑到铝合金结构计算理论与钢结构计算理论的近似性，计算模式 Ω_p 的统计特性可取：

轴心受拉：$\mu_{\Omega p}=1.05$，$\delta_{\Omega p}=0.07$；
轴心受压：$\mu_{\Omega p}=1.03$，$\delta_{\Omega p}=0.07$；
偏心受压：$\mu_{\Omega p}=1.12$，$\delta_{\Omega p}=0.10$。

综合上述三种主要因素，挤压铝合金构件抗力的统计参数可按下式计算：

抗力均值：$\mu_R=\mu_{\Omega p}\cdot\mu_{\Omega m}\cdot\mu_{\Omega a}$

抗力变异系数：$\delta_R=\sqrt{\delta_{\Omega p}^2+\delta_{\Omega m}^2+\delta_{\Omega a}^2}$

由此计算得到的不同材料、不同受力状态下的抗力统计特性见表 4 所示。

表 4 铝合金构件抗力统计特性

材料 \ 受力状态	轴心受拉		轴心受压		偏心受压	
	μ_R	δ_R	μ_R	δ_R	μ_R	δ_R
6061-T6	1.127	0.1313	1.106	0.1313	1.203	0.149
5083-H112	1.3634	0.1621	1.3375	0.1621	1.4543	0.177

作用效应 S 的统计参数参照现行国家标准《建筑结构荷载规范》GB 50009—2001，设计基准期为 50 年，表 5 列出了部分调整后的常见荷载统计参数。

表5 荷载统计参数

荷载分类	平均值/标准值	变异系数	分布类型
永久荷载 G	1.06	0.07	正态
楼面活载 L(办)	0.524	0.288	极值Ⅰ型
楼面活载 L(住)	0.644	0.2326	极值Ⅰ型
风荷载 W	0.908	0.193	极值Ⅰ型
雪荷载	1.139	0.225	极值Ⅰ型

结构计算中,恒+活是基本荷载组合。目标可靠指标主要是在分析 $G+L$(办)、$G+L$(住)和 $G+W$ 三种荷载效应组合的基础上经优化方法确定的;其中 G 表示恒载,L 表示活载,W 表示风荷载。由于办公楼和住宅活荷载的统计参数不同,所以分开考虑。表6列出了采用优选法按不同合金牌号、不同受力状态计算的抗力分项系数 γ_R。计算中考虑了 $G+L$(办)、$G+L$(住)和 $G+W$ 三种荷载效应组合,荷载效应比值取 $\rho=S_{QK}/S_{GK}=0.25、0.5、1.0、2.0$ 四种情况。

表6 抗力分项系数 γ_R

铝合金牌号	轴心受拉	轴心受压	偏心受压
6061-T6	1.1755	1.1978	1.1574
5083-H112	1.0613	1.0819	1.0412

考虑到铝合金材性实验的统计数据有限,为安全起见,统一取铝合金结构构件的抗力分项系数 γ_R 为1.2。

考虑到在计算局部强度时计算模式不确定性的变异性更大,并且目标可靠指标也应适当提高,偏于安全地取抗力分项系数 γ_R 为1.3。

4.3.3 现行国家标准给出的各牌号及状态下铝合金板材、带材、棒材、挤压型材(管材)、拉制管材的材料强度标准值可能略有不同,设计中可根据具体情况按附录A采用,或按相应的国家标准采用。

附录A表A-1中铝合金的力学性能参照以下国家标准:《铝及铝合金轧制板材》GB/T 3880—1997;《铝及铝合金冷轧带材》GB/T 8544—1997。附录A表A-2中铝合金的力学性能参照以下国家标准:《铝及铝合金挤压棒材》GB/T 3191—1998;《铝及铝合金拉(轧)制无缝管》GB/T 6893—2000;《铝及铝合金热挤压管》GB/T 4437—2000;《铝合金建筑型材》GB 5237—2000;《工业用铝及铝合金热挤压型材》GB/T 6892—2000。附录A表A-3中铝合金的化学成分参照《变形铝及铝合金化学成分》GB/T 3190—1996。

4.3.4 表4.3.4中的材料强度设计值是根据材料的力学性能标准值除以抗力分项系数得到的,为便于设计应用,将得到的数值取5的整数倍。当采用附录A中的其他锻造铝合金材料时,强度设计值应按附录A给出的材料力学性能标准值按以下各式计算后取5的整数倍采用:

抗拉、抗压和抗弯强度设计值:$f=f_{0.2}/1.2$

抗剪强度设计值:$f_v=f/\sqrt{3}$

热影响区抗拉、抗压和抗弯强度设计值:$f_{u,haz}=\rho_{haz}f_u/1.3$

热影响区抗剪强度设计值:$f_{v,haz}=f_{u,haz}/\sqrt{3}$

4.3.5 本条规定了铝合金结构普通螺栓、铆钉连接的强度设计值。

1 关于铝合金结构普通螺栓、铆钉连接的可靠度研究由于资料和试验数据的缺乏,尚无法进行统计分析,因此也无法直接按统计方法得出连接的各项强度设计值。制定钢规时,对于连接的强度设计值是采用旧规范 TJ 17—74 的容许应力进行转化换算而得到的,同时根据当时的研究成果并参照前苏联1981年钢结构规范进行了局部调整。因为国内没有关于铝合金结构的规范,连接材料的种类、级别相当繁杂,原始资料和试验数据几乎没有,确定出适当的连接强度设计值更为困难。因此,本规范中铝合金结构普通螺栓、铆钉连接强度设计值的确定方法,是采用比较国外几种主要的铝合金结构规范,即欧规、英规、美规以及钢规设计公式的形式和设计强度指标的取值,并通过比较普通螺栓、铆钉的强度设计值与材料机械性能值的关系式得出的。

2 普通螺栓、铆钉连接强度设计值与材料机械性能值的相关关系式:

1)钢规:普通螺栓、铆钉连接强度设计值与材料机械性能值的关系,如表7所示。

表7 普通螺栓、铆钉连接强度设计值与材料机械性能关系(钢规)

连接类型材料级别	普通螺栓(钢)			铆钉(钢)	
	C级 4.6、4.8	A,B级 5.6	A,B级 8.8	Ⅰ类孔	Ⅱ类孔
抗剪强度设计值 $f_v^{b(r)}$	$0.35f_u^b$	$0.38f_u^b$	$0.40f_u^b$	$0.55f_u^r$	$0.46f_u^r$
抗拉强度设计值 $f_t^{b(r)}$	$0.42f_u^b$	$0.42f_u^b$	$0.50f_u^b$	$0.36f_u^r$	$0.36f_u^r$
承压强度设计值 $f_c^{b(r)}$	$0.82f_u$	$1.08f_u$	$1.08f_u$	$1.20f_u$	$0.98f_u$

注:1 f_u^b 普通螺栓抗拉强度(公称值);f_u^r 铆钉抗拉强度;f_u 钢材抗拉强度(最小值)。

2 因钢规设计公式未考虑撬力的影响,表中 $f_t^{b(r)}$ 的取值考虑了20%的折减。

3 $f_c^{b(r)}$ 与构件受力性质和螺栓(铆钉)孔洞端距有关,钢规是根据受拉构件且端距 $=2d_0$ 确定的。

2)欧规:参照欧规内容,经调整得出与钢规相同的形式。欧规中各项强度设计值与材料机械性能值的关系式,如表8所示。

3)英规:参照英规内容,经调整得出与钢规相同的形式。英规中各项强度设计值与材料机械性能值的关系式,如表9所示。

表8 普通螺栓、铆钉连接强度设计值与材料机械性能关系
（欧规变换为钢规设计公式形式）

连接类型材料级别或牌号	普通螺栓				铆钉
	钢		不锈钢	铝合金	铝合金
	4.6 5.6 6.8 8.8	10.9	A4-50 A4-70	5019 5754 6082	5019 5754 6082
抗剪强度设计值 $f_v^{b(r)}$	$0.48f_u^b$	$0.40f_u^b$	$0.40f_u^b$	$0.40f_u^b$	$0.48f_u^r$
抗拉强度设计值 $f_t^{b(r)}$	$0.58f_u^b$	$0.58f_u^b$	$0.38f_u^b$	$0.38f_u^b$	不推荐使用
承压强度设计值 $f_c^{b(r)}$	$1.16f_u$	$1.16f_u$	$1.16f_u$	$1.16f_u$	$1.16f_u$

注：1 f_u^b普通螺栓抗拉强度（最小值）；f_u^r铆钉抗拉强度（最小值）；f_u铝合金抗拉强度（最小值）。

2 欧规在计算沿杆轴方向受拉的连接时，除需要验算螺栓的抗拉强度外，还需验算螺栓头、螺母对铝合金构件的抗冲切强度；由于铝合金构件的强度可能会比螺栓的强度低很多，因此抗冲切验算是很有必要的。但为了仍可采用类似钢规设计公式的形式，本次规范条文将抗冲切验算单独提出，并且为便于同表7中各项进行比较，将表中 $f_t^{b(r)}$ 也作了20%的折减以补偿未考虑撬力的不利影响。

3 欧规中构件承压强度的计算较为复杂，同螺栓（铆钉）孔洞端距、中距，以及螺栓（铆钉）和铝合金构件的抗拉强度比值有关；一般情况下螺栓（铆钉）的抗拉强度均远大于铝合金的抗拉强度，可不必考虑这一因素的影响；表中 $f_c^{b(r)}$ 取值是按照构造要求的最小容许距离：即端距=$2d_0$、中距=$2.5d_0$ 确定的。

表9 普通螺栓、铆钉连接强度设计值与材料机械性能关系
（英规变换为钢规设计公式形式）

连接类型材料级别或牌号	普通螺栓				铆钉	
	钢		不锈钢	铝合金	钢	铝合金
	C级	A、B级	A、B级	A、B级		
抗剪强度设计值 $f_v^{b(r)}$	$0.50f_y^b$	$0.55f_y^b$	$0.55f_p^b$	$0.27f_u^b$	$0.58f_y^r$	$0.28f_u^r$
抗拉强度设计值 $f_t^{b(r)}$	$0.83f_y^b$	$0.83f_y^b$	$0.83f_p^b$	$0.28f_u^b$	$0.83f_y^r$	$0.28f_u^r$
承压强度设计值 $f_c^{b(r)}$	$1.25f_p$	$1.25f_p$	$1.25f_p$	$1.25f_p$	$1.25f_p$	$1.25f_p$

注：1 $f_u^{b(r)}$铝合金螺栓（铆钉）抗拉强度（最小值）；$f_y^{b(r)}$钢螺栓（铆钉）屈服强度（最小值）；f_p^b不锈钢螺栓强度代表值，$f_p^b=\min[0.5(f_{0.2}^b+f_u^b), 1.2f_{0.2}^b]$。

2 f_p 铝合金强度代表值，$f_p=\min[0.5(f_{0.2}+f_u), 1.2f_{0.2}^b]$。

3 英规中抗拉强度设计值取值较低，是因为其中已经考虑了撬力作用的不利影响。

4 英规中构件承压强度的计算较为复杂，同螺栓（铆钉）孔洞端距、构件与螺栓（铆钉）杆直径比值有关；当端距=$2d_0$ 时，表中所列为 $f_c^{b(r)}$ 的最小值。

4）美规：参照美规内容，经调整得出与钢规相同的形式。根据美规 Part-1 铝合金结构设计：容许应力设计法，包括荷载分项系数在内的螺栓、铆钉抗剪承载力和抗拉承载力的总安全系数为2.34。根据我国荷载规范，如作用在结构上的荷载分项系数平均值取1.35，则可以得出螺栓、铆钉抗剪和抗拉强度的材料分项系数为1.73。螺栓、铆钉的抗剪强度设计值与抗拉强度设计值与材料机械性能值的相关关系，如表10所示。

表10 普通螺栓、铆钉连接强度设计值与材料机械性能关系（美规变换为钢规设计公式形式）

连接类型材料牌号	普通螺栓（铝合金）	铆钉（铝合金）
	2024-T4 6061-T6 7075-T73	1100-H14 2017-T4 2117-T4 5056-H32 6053-T61 6061-T6 7050-T7
抗剪强度设计值 $f_v^{b(r)}$	$0.58f_s^b$	$0.58f_s^r$

续表10

连接类型材料牌号	普通螺栓（铝合金）	铆钉（铝合金）
	2024-T4 6061-T6 7075-T73	1100-H14 2017-T4 2117-T4 5056-H32 6053-T61 6061-T6 7050-T7
抗拉强度设计值 $f_t^{b(r)}$	$0.46f_t^b$	无规定

注：1 f_t^b 普通螺栓抗拉强度；f_s^b 普通螺栓抗剪强度；f_s^r 铆钉抗剪强度。

2 $f_t^{b(r)}$ 取值作了20%的折减以补偿未考虑撬力的不利影响。

3 欧规明确规定铆钉连接应设计为可传递剪力和压力，并要求尽量避免使铝合金铆钉承受拉力；英规明确规定铝合金铆钉不得承受拉力荷载；美规中仅给出了铝合金铆钉的抗剪强度设计值。因此，参考以上国外规范，本规范规定铝合金铆钉只可用于受剪连接中，故对铝合金铆钉的抗拉强度设计值不作规定。

4 根据表7～表10各国规范中普通螺栓、铆钉连接强度设计值与材料机械性能值的计算式，本规范按表11计算普通螺栓、铆钉的强度设计值。表中铝合金、不锈钢螺栓强度设计值计算式依据欧规，钢螺栓强度设计值计算式依据钢规，铝合金铆钉强度设计值计算式依据美规，构件承压强度设计值计算式取值依据欧规。表11中的材料机械性能指标取自表4.3.4铝合金材料的室温力学性能值以及现行国家标准《紧固件机械性能 有色金属制造的螺栓、螺钉、螺柱和螺母》GB/T 3098.10、《紧固件机械性能 不锈钢螺栓、螺钉和螺柱》GB/T 3098.6、《紧固件机械性能 螺栓、螺钉和螺柱》GB/T 3098.1、现行国家标准《铆钉用铝及铝合金线材》GB 3196，计算所得的强度设计值均取5的整数倍。6063-T5和6063-T6的抗拉强度均取厚度大于10mm时的较小值。

表11 普通螺栓、铆钉连接的强度设计值（N/mm²）

	螺栓的材料、性能等级和构件铝合金的牌号		抗剪强度设计值 $f_v^{b(r)}$	抗拉强度设计值 f_t^b	承压强度设计值 $f_c^{b(r)}$
普通螺栓	铝合金	2B11	$0.40 f_u^b$	$0.38 f_u^b$	—
		2A90	$0.40 f_u^b$	$0.38 f_u^b$	—
	不锈钢	A2-50 A4-50	$0.40 f_u^b$	$0.38 f_u^b$	—
		A2-70 A4-70	$0.40 f_u^b$	$0.38 f_u^b$	—
	钢	4.6、4.8级	$0.35 f_u^b$	$0.42 f_u^b$	—
铆钉	铝合金	5B05-HX8	$0.58 f_s^r$	—	—
		2A01-T4	$0.58 f_s^r$	—	—
		2A10-T4	$0.58 f_s^r$	—	—
构件	铝合金	6061-T4	—	—	$1.16 f_u$
		6061-T6	—	—	$1.16 f_u$
		6063-T5	—	—	$1.16 f_u$
		6063-T6	—	—	$1.16 f_u$
		6063A-T5	—	—	$1.16 f_u$
		6063A-T6	—	—	$1.16 f_u$
		5083-O/H112	—	—	$1.16 f_u$

4.3.6 本条规定了铝合金结构焊缝的强度设计值。

1 欧规中规定的焊缝金属特征强度值如表12所示，焊缝金属特征强度的抗力分项系数为1.25。英规中规定的焊缝金属特征强度值如表13所示，表中未区分焊缝金属的不同：对6061、6063合金，表中值是采用4043A或5356焊丝得到的焊缝金属特征强度值；对5083合金，表中值是采用5556A或5356焊丝得到的焊缝金属特征强度值，焊缝金属特征强度的抗力分项系数为1.3。英规中还规定，如焊接工艺及过程不符合BS 4870标准的要求，则抗力分项系数应提高到1.6。以上两种规范均未区分MIG和TIG焊接工艺对焊缝强度的影响。

表12 焊缝金属特征强度值（N/mm²）（欧规）

特征强度	焊缝金属	母材合金牌号								
		3103	5052	5083	5454	6060	6005A	6061	6082	7020
f_w (N/mm²)	5356	—	170	240	220	160	180	190	210	260
	4043A	95	—	—	—	150	160	170	190	210

注：1 对于采用6060-T5合金的挤压型材及厚度5mm<t<25mm的材料，上述值应减小为140 N/mm²。
2 对于5754合金可采用5454合金的设计值，对于6063合金可采用6060合金的设计值。
3 如果焊缝金属为5056A、5556A，或5183合金可采用焊缝金属为5356合金的设计值。
4 如果焊缝金属为4047A或3103合金可采用焊缝金属为4043A合金的设计值。
5 对于两种不同种类合金的焊接，焊缝金属的特征强度应采用较小值。

表13 焊缝金属特征强度值（N/mm²）（英规）

特征强度	母材合金牌号								
	非热处理合金						热处理合金		
	1200 3105	3103	5251	5454	5154A	5083	6063	6061 6082	7020
f_w (N/mm²)	55	80	200	190	210	245	150	190	255

注：对于两种不同种类合金的焊接，焊缝金属的特征强度应采用较小值。

2 对于特定的母材与焊缝金属的组合，欧规和英规仅规定了焊缝金属的强度特征值，并通过具体的设计公式来体现对接焊缝与角焊缝设计强度的区别。本规范在形式上以参照钢规为基本原则，因此分别给出对接焊缝和角焊缝的强度设计值。

3 同一种铝合金母材选用不同的焊缝金属，焊缝的强度设计值是不同的。对于6061、6063及6063A合金，通常情况下按强度要求宜选用SAlMG-3（5356）焊丝，该种焊接组合焊缝强度较高。但由于6×××系列合金具有较强的裂纹热敏感性，当首先需要考虑控制裂纹数量和尺寸，以及耐腐蚀的要求较高时，宜选用抗热裂性能较好的SAlSi-1（4043）焊丝。但应注意，选用4043焊丝，焊缝金属在阳极氧化后呈灰黑色，铝合金母材在阳极氧化后呈银白色，二者色差较为明显，当要求结构美观时应慎用。而当母材为5083合金时，焊接时只能采用SAlMG-3（5356）焊丝。

4 根据同济大学完成的母材为6061-T6，焊丝分别采用5356及4043的铝合金结构对接焊缝和角焊缝试验，得到的焊缝特征强度平均值均稍大于欧规及英规的规定值。这说明在国内的材料生产和焊接加工条件下，采用欧规或英规的焊缝特征强度值，是可以保证安全的。因此，参考表12和表13，可得焊缝的强度设计值，如表14所示。表中强度设计值取欧规和英规的较小值，并取5的整数倍。

表 14 焊缝的强度设计值（N/mm²）

铝合金母材牌号及状态	焊丝型号	对接焊缝强度设计值 f_t^w		
		欧规	英规	本规范取值
6061-T4 6061-T6	5356	190/1.25=152	190/1.3=146	145
	4043	170/1.25=136	190/1.3=146	135
6063-T5　6063-T6 6063A-T5　6063A-T6	5356	160/1.25=128	150/1.3=115	115
	4043	150/1.25=120	150/1.3=115	115
5083O/F/H112	5356	240/1.25=192	245/1.3=188	185

注： 1 对接焊缝抗压强度设计值 $f_c^w=f_t^w$；
2 对接焊缝抗剪强度设计值 $f_v^w=f_t^w/\sqrt{3}$；
3 角焊缝抗拉、抗压和抗剪强度设计值 $f_f^w=f_v^w$。

5 关于焊缝质量等级和工艺评定可参考现行国家行业标准《铝及铝合金焊接技术规程》HGJ 222。

4.4 结构或构件变形的规定

4.4.1 本条规定了结构或构件变形的容许值。欧规中规定承受高标准装修的梁的变形容许值为 L/360。欧规中规定在风荷载标准值作用下，框架柱顶水平位移不宜超过 H/300。钢规中规定在风荷载标准值作用下，框架柱顶水平位移不宜超过 H/400。因此，本条规定在风荷载标准值作用下，框架柱顶水平位移不宜超过 H/300。围护结构构件的容许值是根据行业标准《玻璃幕墙工程技术规范》JGJ 102 采用的，铝合金屋面板和墙面板是指连续支承的大面积结构面板，其挠度控制值是根据板的强度和建筑要求，同时结合我国实践经验给出的限值。墙面装饰铝板不在本规范范围内，其挠度控制值根据《玻璃幕墙工程技术规范》JGJ 102 和《金属与石材幕墙工程技术规范》JGJ 133 的规定取值。

4.5 构件的计算长度和容许长细比

4.5.1、4.5.2 构件的计算长度与构件的支承条件有关，在材料弹性状态下，铝合金结构的构件计算长度参照国家标准《钢结构设计规范》GB 50017 中有关内容编写。

4.5.3 铝合金平板网架和曲面网架是指采用铰接节点的网格结构，铝合金单层网壳是指采用刚接节点的网格结构。

4.5.4、4.5.5 条文参照国家标准《钢结构设计规范》GB 50017 中有关内容编写。

4.5.6 在铝合金结构中，当构件长细比大于 150 时，稳定系数 φ 值很小，在网架结构的实际工程中，构件长细比大于 150 的情况比较少。考虑到以上情况并参照国家标准《钢结构设计规范》GB 50017 关于柱、桁架的受压构件容许长细比，本规范规定平板网架杆件的容许长细比为 150。

5 板件的有效截面

5.1 一般规定

5.1.1 因铝合金弹性模量小，局部稳定问题突出。若限制受压板件的宽厚比，保证构件整体破坏前不发生局部屈曲，即不利用板件的屈曲后强度，则受压板件应满足较小的宽厚比限值（约为钢板件宽厚比的 1/2，参考条文第 5.2.1 条），设计出的截面不很经济；另外，考虑到目前国内多数厂家提供的铝合金幕墙型材均较薄，不能满足上述宽厚比限值。在借鉴发达国家铝合金结构设计规范编制经验的基础上（如欧规和英规都容许利用板件的屈曲后强度），本规范容许利用受压板件的屈曲后强度，并按有效截面法考虑局部屈曲对构件整体承载力的影响，以便更好地发挥材料性能。

5.1.2 本规范采用有效截面法考虑焊接热影响效应对构件承载力的不利影响。

5.1.3 铝合金构件多为挤压型材，截面形状复杂，加劲形式多样，采用有效宽度法计算有效截面时涉及到有效宽度在截面中如何分布的问题，这将导致计算更加复杂，所以本规范参考欧规和英规的编制经验，采用有效厚度法计算铝合金构件的有效截面。另外，采用有效厚度法便于统一计算原则，因为板件有效厚度的概念既可以用于考虑局部屈曲的影响，也可以用于考虑焊接热影响效应。但是应该指出：对于非轴心受压构件，即使采用同样的有效截面折算系数 $\rho=t_e/t=b_e/b$，由于按各自简化模型确定的截面中和轴位置和有效截面模量等参数有所不同，求得的截面承载力也会略有差异，如图 3 所示；经比较，按有效厚度法计算出的构件承载力略高于有效宽度法的计算结果，但两者均低于数值分析的结果。

5.1.4 板件分类主要依据《冷弯薄壁型钢结构技术规范》GB 50018 的板件分类法，并参考了欧规的相关规定。

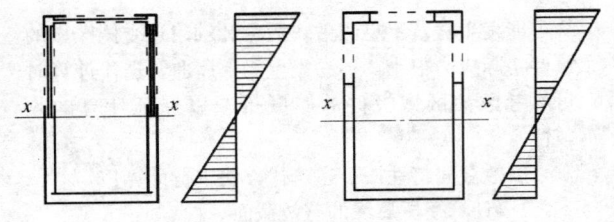

图 3 分别按有效厚度法（左）及
有效宽度法（右）确定的有效截面

5.2 受压板件的有效厚度

5.2.1 本条给出了受压板件全部有效的宽厚比限值，当板件宽厚比小于上述限值时，板件全截面有效，构件承载力不受局部屈曲的影响。该限值主要受材料硬化性能、名义屈服强度、板件应力梯度、加劲肋形式的影响。

目前，铝合金材料的本构关系广泛采用Ramberg-Osgood模型，该模型中的指数n是描述应变硬化的参数，n值越小应变硬化程度越高。国内外的研究成果表明，n值可以较好地反映铝合金材料的力学特性，因此可利用参数n将铝合金材料分为弱硬化合金和强硬化合金以考虑铝合金材性对构件力学性能的影响。本规范在受压板件宽厚比限值、有效厚度、受弯构件整体稳定、轴心受压构件稳定和压弯构件稳定等计算中验证了这种分类方法。欧规也采用弱硬化合金和强硬化合金的分类方法。

n值应由材性试验确定，目前各国规范一般都不提供n值。这样，直接利用n值来区分弱硬化合金和强硬化合金很难实现。不过，n值主要是由铝合金材料的状态决定的，热处理合金的n值一般较大。本规范采用欧规的相应公式计算了附录A中各种铝合金材料的n值，结果表明以铝合金材料的状态代替n值来区分弱硬化合金和强硬化合金是较为合适的，即规定状态为T6的铝合金材料为弱硬化合金，状态为除T6以外的其他铝合金材料为强硬化合金。

5.2.3 本条中式（5.2.3-1）由受压板件有效宽度的winter公式转换推导而得。根据国外研究成果并参考欧规，确定了计算系数α_1，α_2；通过与国外的铝合金薄壁短柱试验数据和大量数值分析结果比较，表明该公式完全适用于铝合金受压板件的计算。考虑到轴压非双轴对称构件中的非加劲板件或边缘加劲板件（例如槽形截面或C形截面的翼缘以及角形截面的外伸肢）受压屈曲后，截面形心及剪心均有所偏移，形成次弯矩促进构件稳定承载力的进一步降低，故本规范不考虑利用该类板件的屈曲后强度，其有效厚度按本条式（5.2.3-2）计算。

参考国外铝合金结构设计规范，本规范没有给出受压板件的最大宽厚比限值。

5.2.4、5.2.5 受压板件局部稳定系数计算公式参考了《冷弯薄壁型钢结构技术规范》GB 50018和《欧洲钢结构设计规范》EC3。需要指出的是：涉及到如何考虑应力梯度对不均匀受压板件有效厚度的影响时，本规范与欧规及英规的处理方法略有差异。本规范采用以压应力分布不均匀系数ψ计算屈曲系数k的方法；而在欧规及英规中采用以压应力分布不均匀系数ψ计算换算宽厚比的方法。两种方法只是在公式表述形式上有所不同，本质上仍是一致的。

5.2.6、5.2.7 加劲肋修正系数η用于计算加劲肋对受压板件局部屈曲承载力的提高作用。第5.2.6条给出了常见三种加劲形式η的计算公式，该公式来自于$\eta=\sigma_{cr}/\sigma_{cr0}=k/k_0$，其中$\sigma_{cr}$为带加劲肋单板的弹性屈曲应力理论解，$k$为屈曲系数。以边缘加劲板件为例，图4绘出了加劲肋厚度与板件厚度相同时板件宽厚比$\beta=15$和$\beta=30$两种情况下，屈曲系数k与加劲肋高厚比c/t的关系。由图可见，屈曲系数与板件屈曲波长有关。当屈曲半波较长时，增大加劲肋的高厚比，不能显著地提高边缘加劲板件的屈曲系数，也即不能显著提高板件的临界屈曲应力。然而，考虑到实际构件中板件屈曲的相关性，其屈曲半波长度一般不超过7倍板宽，通常可以取屈曲半波长度与宽度的比值$l/b=7$来确定边缘加劲板件的屈曲系数k。图5是板件屈曲半波长度等于7倍板宽时，板件宽厚比等于10、20、30、40四种情况下，边缘加劲板件的屈曲系数与加劲肋高厚比的关系。由图可见，式（5.2.6-2）给出了相对保守的计算结果。

对于更复杂的加劲形式，一般很难通过弹性屈曲理论分析获得屈曲系数k和加劲肋修正系数η。在此情况下，η应按式（5.2.6-5）计算，其中σ_{cr}为假定加劲边简支的情况下，该复杂加劲板件的临界屈曲应力；可以按有限元法或有限条分法计算。σ_{cr0}为假定加劲边简支的情况下，不考虑加劲肋作用，同样尺寸的加劲板件的临界屈曲应力，可按公式（5.2.6-1）计算，并取$\eta=1.0$。在公式（5.2.6-5）中取指数为0.8而非1.0，这样做是偏于保守的。在缺乏计算依据或不能按式（5.2.6-5）计算时，建议忽略加劲肋的加劲作用，即取$\eta=1.0$。

5.2.8 当中间加劲板件或边缘加劲板件的加劲肋高厚比过大时，加劲肋本身可能先于板件局部屈曲，这时应将加劲肋视为非加劲板件，将子板件视为加劲板件分别计算其有效厚度t_e，加劲肋和子板件的最终有效厚度应取上述有效厚度和将其作为整体按第5.2.3条计算的有效厚度这两者中的较小值。

5.3 焊接板件的有效厚度

5.3.1、5.3.2 对于焊接铝合金构件，采用有效厚度法计算有效截面时，通常采用假定热影响区内母材强度不变而折减厚度的方法考虑热影响区内的材料强度降低效应。

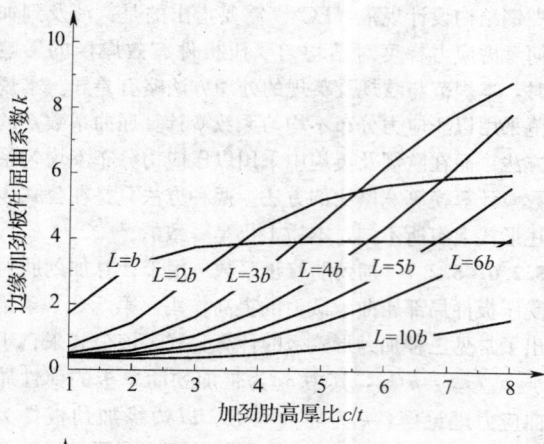

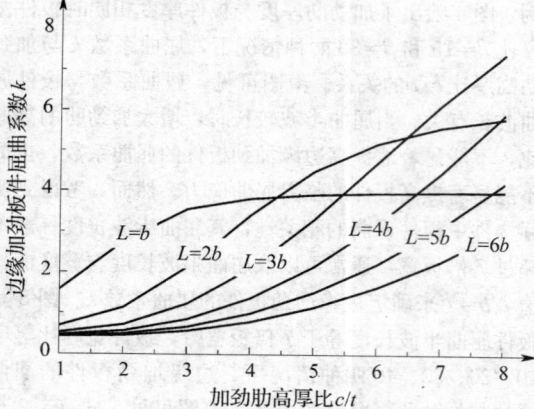

图 4 加劲肋高厚比与加劲系数的关系
（上图板件宽厚比 $\beta=15$，下图板件宽厚比 $\beta=30$）

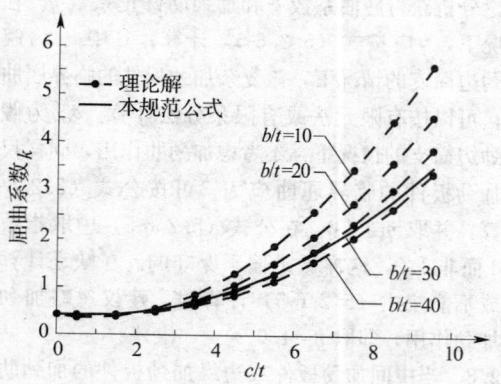

图 5 边缘加劲板件在不同宽厚
比情况下的屈曲系数

5.4 有效截面的计算

5.4.3 受弯构件或压弯构件中，不均匀受压加劲板件的有效厚度依赖于压应力分布不均匀系数 ψ，而计算 ψ 首先应确定截面中和轴位置，但中和轴位置又取决于各板件有效厚度在全截面中的分布，因此，需要通过迭代计算确定中和轴位置后才可以计算其他有效截面参数。当中和轴位于截面形状发生变化部分的附近时（例如工字形截面腹板和翼缘交界处），迭代计算可能发生振荡不易收敛。因中和轴附近受压区域的板件实际应力很小，不易发生局部屈曲，迭代计算时可不考虑该区域板件的厚度折减以保证计算的收敛性。

有效截面特性按下述迭代方法进行计算：

1 计算受压翼缘的有效截面。

2 假定腹板全部有效（不考虑局部屈曲影响，但对于焊接情况，仍应考虑焊接热影响效应，按第 5.4.1 条第 2 款确定腹板有效截面）确定中和轴位置。

3 根据中和轴位置计算腹板的压应力分布不均匀系数 ψ，并按第 5.4.1 条第 3 款确定腹板的有效截面。

4 根据第 3 步确定的腹板有效截面再次计算中和轴位置。

5 重复步骤第 3、4 步直至两次计算的腹板有效截面厚度及中和轴位置近似相等。

6 根据最后确定的中和轴位置及各受压板件的有效截面计算有效截面惯性矩 I_e 及有效截面模量 W_e，W_e 为距中和轴较远的受压侧有效截面模量。

6 受弯构件的计算

6.1 强 度

6.1.1 计算梁的抗弯强度时，考虑截面可以部分地发展塑性，故式（6.1.1）中引进了截面塑性发展系数 γ_x，γ_y。但是应该指出：对于铝合金结构而言，截面抵抗弯矩不仅取决于截面塑性抵抗矩，还与材料的非弹性性能有关。文献《铝合金结构》（意大利 马佐拉尼 著）的研究认为：γ_x，γ_y 的取值原则应是：保证梁在均匀弯曲作用下，跨中残余挠度 ν_r 小于其跨长的 1‰。当采用材料名义屈服强度计算截面抵抗弯矩时，即按下式

$$M = \gamma' W f_{0.2} = \gamma' M_{0.2} \quad (4)$$

确定的截面塑性发展系数 γ'_x，γ'_y 往往小于 1。这是因为根据铝合金材料的 $\sigma \sim \varepsilon$ 关系，应力区间 $f_p < \sigma < f_{0.2}$ 是在非弹性范围内的。当截面边缘应力达到 $f_{0.2}$ 再卸载时，结构已经发生残余变形。按上述原则确定的工字截面的塑性发展系数 γ' 如图 6、图 7 所示。图中 L 为梁长，h 为梁高度，$\alpha_p = W_p/W$ 为截面形状系数，W_p 为塑性截面模量，W 为弹性截面模量。由图可见，在跨高比较大，形状系数较小和材料为弱硬化合金的情况下，满足跨中残余挠度要求的 γ' 往往小于 1。但考虑到式（6.1.1）中采用了强度设计值 $f = f_{0.2}/\gamma_R$，而变形验算针对正常使用极限状态，通常采用强度标准值，故最后确定的截面塑性发展系数可适当放宽，即当塑性发展系数小于 1 时取 1。

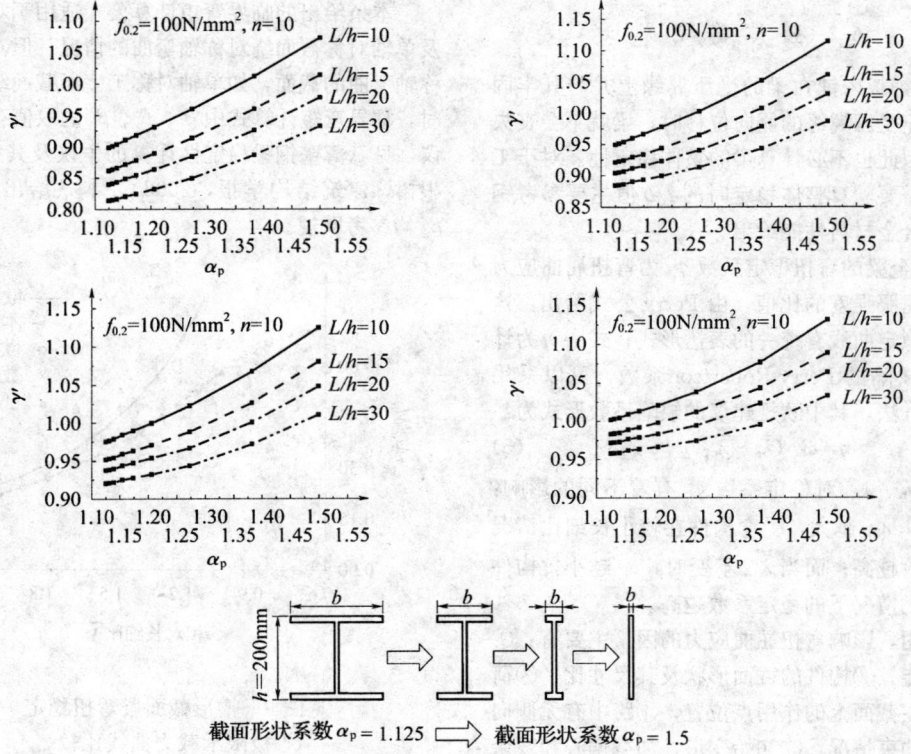

图 6　工字形截面绕强轴的塑性发展系数 γ'_x

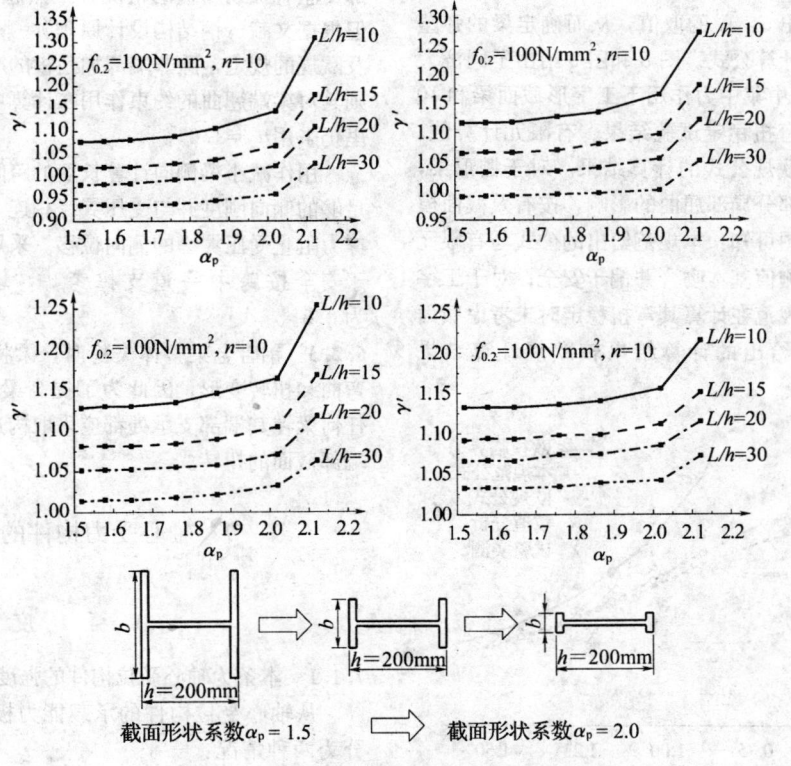

图 7　工字形截面绕弱轴的塑性发展系数 γ'_y

6.2 整体稳定

6.2.1 当有铺板密铺在梁的受压翼缘上并与其牢固连接,能阻止受压翼缘的侧向位移时,梁就不会丧失整体稳定,因此也不必计算梁的整体稳定性。对于工字形截面不需要验算整体稳定时的 l/b 值主要参考钢规并结合铝合金材料性能给出。

6.2.2 铝合金梁的弯扭稳定系数 φ_b 为弯扭屈曲应力与材料名义屈服强度的比值,由 Perry 公式给出,这样梁与柱的稳定曲线有统一的表达形式;式中 η 为计及构件几何缺陷的 Perry-Robertson 系数,可以采用不同的取值方法,其中欧规建议的缺陷系数形式为:

$$\eta = \alpha_b (\bar{\lambda}_p - \bar{\lambda}_{0,b}) \tag{5}$$

式中,参数 α_b、$\bar{\lambda}_{0,b}$ 对稳定系数 φ_b 有着不同的影响:当 α_b 不变时,$\bar{\lambda}_{0,b}$ 越大,受弯构件在较小长细比情况下的稳定系数越高;而当 $\bar{\lambda}_{0,b}$ 不变时,α_b 越小,构件在中等长细比情况下的稳定系数越高。

分析表明,影响弯扭屈曲应力的因素主要有:①合金材料性能,②构件的截面形状及其尺寸比,③荷载类型及其在截面上的作用点位置,④跨中有无侧向支承和端部约束情况,⑤初始变形、加载偏心和残余应力等初始缺陷,⑥截面的塑性发展性能等。本规范根据不同合金材料、不同荷载作用形式下各类工字形截面、槽形截面、T 形截面梁的数值模拟计算结果,经统计分析后得出 α、$\bar{\lambda}_0$ 的取值,从而确定梁的弹塑性弯扭稳定系数计算公式。图 8 和图 9 给出了同济大学完成的 10 根跨中集中力作用下工字形截面梁和 10 根槽形截面梁的弯扭稳定试验结果、有限元计算值、本规范公式以及欧规公式的计算结果。对于槽形梁,考虑其截面受压部分局部屈曲的影响,按有效截面模量进行计算。由图可知:本规范给出的公式与有限元计算值和试验实测值基本吻合并偏于安全;对于工字形截面,由于本规范在计算其弯扭稳定时未考虑截面的塑性发展,故给出的计算结果较欧规计算结果偏小。

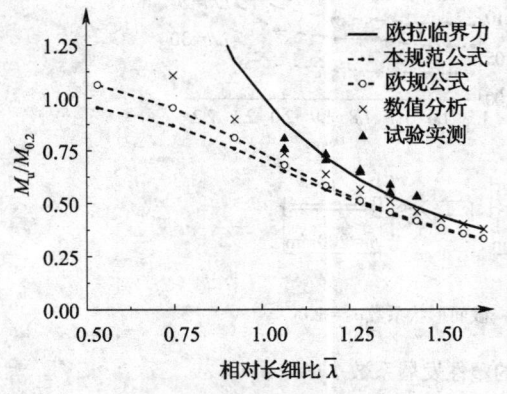

图 8 工字形截面梁弯扭稳定极限承载力曲线比较

本条给出的临界弯矩计算公式适用于对称截面以及单轴对称截面绕对称轴弯曲的情况。但对于绕非对称轴弯曲的截面,如单轴对称工字形截面绕强轴弯曲时,临界弯矩计算式中 β_1、β_2、β_3 的取值存在一定争议,见《薄壁钢梁稳定性计算的争议及其解决》(童根树,建筑结构学报,2002)。本条给出的 β_1、β_2、β_3 均参考欧规。

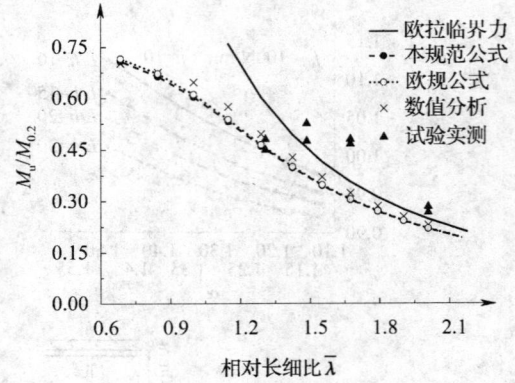

图 9 槽形截面梁弯扭稳定极限承载力曲线比较

本条中给出的翘曲计算长度系数 $\mu_\omega = 1.0$ 适用于端部夹支的边界约束条件;对于端部有端板固定或端部支座有加劲肋板的情况,虽然翘曲约束有所增强,但根据文献《钢结构设计原理》(陈绍蕃)的分析以及欧规的规定,除非端部加劲板的厚度用得很大,否则其对梁端翘曲的约束作用在计算中可以忽略,故这里仍采用 $\mu_\omega = 1.0$。

用作减小梁侧向计算长度的跨间侧向支撑应具有足够的侧向刚度并与受压翼缘相连,以提供足够的支撑力阻止受压翼缘的侧向位移。采用多道支撑时,偏于安全按跨中一道支撑考虑,取计算长度系数为 0.5。

6.2.3 铝合金梁整体失稳时,梁将发生较大的侧向弯曲和扭转变形,因此为了提高梁的稳定承载能力,任何梁在其端部支承处都应采取构造措施,以防止其端部截面的扭转。

7 轴心受力构件的计算

7.1 强 度

7.1.1 本条为轴心受拉构件的强度计算要求。

从轴心受拉构件的承载能力极限状态来看,可分为两种情况:

1 毛截面的平均应力达到材料的名义屈服强度,构件将产生很大的变形,即达到不适于继续承载的变形的极限状态。其计算式为:

$$\sigma=\frac{N}{A}\leqslant\frac{f_{0.2}}{\gamma_R}=f \quad (6)$$

式中抗力分项系数 γ_R 按第 4.3.2 条取 1.2。

2 考虑焊接热影响的净截面的平均应力达到材料的抗拉强度 f_u，即达到最大承载能力的极限状态，其计算式为：

$$\sigma=\frac{N}{A_{en}}\leqslant\frac{f_u}{\gamma_{uR}}=\frac{\gamma_R}{\gamma_{uR}}\cdot\frac{f_u}{f_{0.2}}\cdot\frac{f_{0.2}}{\gamma_R}$$

$$\approx\left(0.923\frac{f_u}{f_{0.2}}\right)\cdot\frac{f_{0.2}}{\gamma_R} \quad (7)$$

式中 γ_{uR} 为局部强度计算情况下的抗力分项系数，按第 4.3.2 条取 1.3。

对于附录 A 中所列的铝合金材料，其屈强比均小于或很接近于 0.923，为简化计算，本规范偏于安全地采用了净截面处应力不超过名义屈服强度的计算方法，采用下式［即本规范式（7.1.1）］：

$$\sigma=\frac{N}{A_{en}}\leqslant\frac{f_{0.2}}{\gamma_R}=f \quad (8)$$

如果采用了屈强比更大的铝合金材料，宜用式（6）和式（7）来计算，以确保安全。

7.1.2 当轴心受压构件截面有所削弱（如开孔或缺口等）时，应按式（7.1.2）计算其强度，式中 A_{en} 为有效净截面面积，应根据考虑局部屈曲及焊接影响的有效厚度计算有效截面，再减去截面孔洞面积得到有效净截面面积 A_{en}。

7.1.3 摩擦型高强度螺栓连接处，构件的强度计算公式是从连接的传力特点建立的。规范中的式（7.1.3-1）为计算最外排螺栓处由螺栓孔削弱的截面，在该截面上考虑了内力的一部分已由摩擦力在孔前传递。式中的系数 0.5 即为孔前传力系数。孔前传力系数大多数情况可取为 0.6，少数情况为 0.5。为了安全可靠，本规范取 0.5。某些情况下，构件强度可能由毛截面应力控制，所以要求同时按式（7.1.3-2）计算毛截面强度。

7.2 整体稳定

7.2.1、7.2.2 本条为轴心受压构件的稳定性计算要求。

1 轴心受压构件的稳定系数 φ 是根据构件的长细比 λ 按规范附录 B 的各表查出，表中 $\lambda\sqrt{f_{0.2}/240}$ 为考虑不同铝合金材料对长细比 λ 的修正。采用非线性函数的最小二乘法将各类截面的理论 φ 值拟合为 Perry-Roberson 公式形式的表达式：

$$\varphi=\left(\frac{1}{2\bar{\lambda}^2}\right)\{(1+\eta+\bar{\lambda}^2)-[(1+\eta+\bar{\lambda}^2)^2$$
$$-4\bar{\lambda}^2]^{1/2}\}，且\varphi\leqslant1 \quad (9)$$

式中 $\eta=\alpha(\bar{\lambda}-\bar{\lambda}_0)$ 为构件考虑初始弯曲及初偏心的系数。对于弱硬化材料构件：$\alpha=0.2$，$\bar{\lambda}_0=0.15$；对于强硬化材料构件：$\alpha=0.35$，$\bar{\lambda}_0=0.1$。$\bar{\lambda}=(\lambda/\pi)$ $\sqrt{f_{0.2}/E}$ 为相对长细比。

图 10 为弱硬化合金柱子曲线与国内试验值的比较情况。图 11 为强硬化合金柱子曲线与试验值的比较情况，由于国内未进行强硬化合金的试验研究，该试验值来自于国外的试验结果。从试验值与公式计算结果的比较看，两者吻合较好。

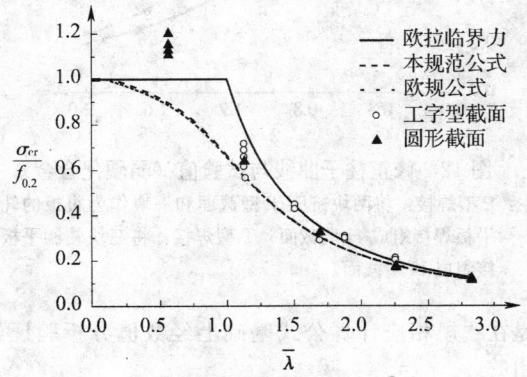

图 10 柱子曲线与试验值（弱硬化合金）

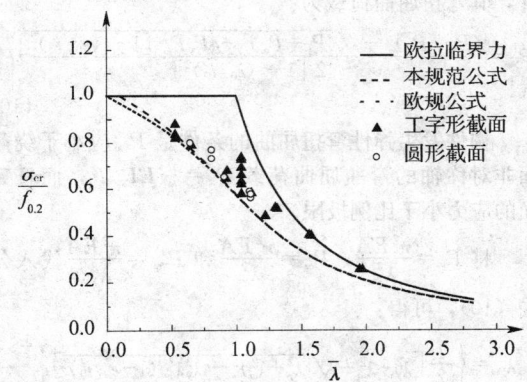

图 11 柱子曲线与试验值（强硬化合金）

2 焊接缺陷影响系数 η_{haz} 考虑了焊接对受压构件承载力的降低作用。η_{haz} 是根据 F.M. 马佐拉尼等人大量的数值模拟结果及在列日大学所进行的试验研究的基础上得出的；并经过了在同济大学结构试验室所进行的几十根焊接受压构件的试验验证。从试验值与公式计算结果的比较看，两者吻合较好，并偏于安全（见图 12）。

3 当截面中受压板件宽厚比较大，不满足全截面有效的宽厚比要求时，应采用修正系数 η_e 对截面进行折减。

4 对于十字形截面轴压构件，除应按本条进行验算外，尚应考虑其扭转失稳，设计中应采用必要的构造措施防止其发生扭转失稳。

7.2.3 鉴于工程上不会采用轴压焊接单轴对称截面构件以及轴压不对称截面构件，因此本规范仅给出了非焊接单轴对称截面的稳定计算公式。

系数 η_{as} 为构件截面非对称性影响系数，该系数

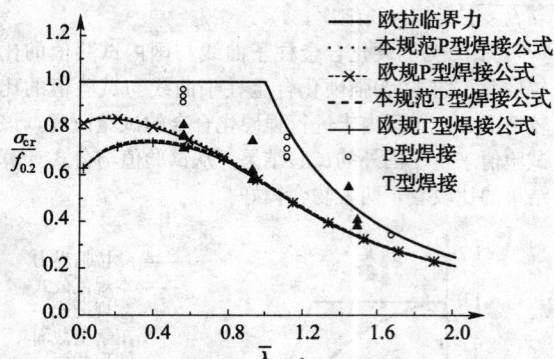

图 12 修正柱子曲线与试验值（弱硬化合金）

注：P 型焊接：将两块挤压 T 型截面和一块作为腹板的轧制平板焊接组成 H 型截面；T 型焊接：将三块轧制平板焊接组成 H 型截面。

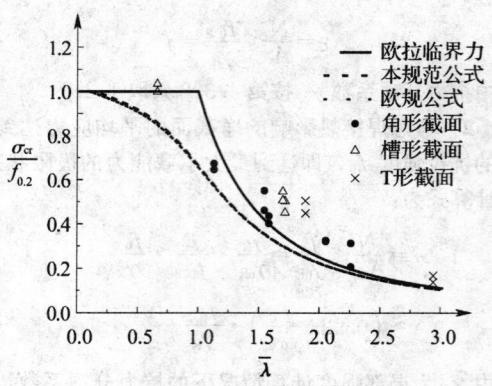

图 13 构件弯扭稳定试验值与规范公式比较

是在欧规相应计算公式基础上经数值分析验证给出的。

根据弹性稳定理论，对于两端简支的轴心受压构件，其弯扭屈曲荷载为：

$$P_{y\omega}=\frac{(P_y+P_\omega)-\sqrt{(P_y+P_\omega)^2-4P_yP_\omega[1-(e_0/i_0)^2]}}{2[1-(e_0/i_0)^2]}P_y$$
(10)

构件发生弹性弯扭屈曲的条件是 $P_{y\omega}$ 应小于绕截面非对称轴的弯曲屈曲荷载 $P_x=\pi^2EI_x/l^2$，而且截面的应力小于比例极限。

将 $P_y=\frac{\pi^2EA}{\lambda_y^2}$，$P_\omega=\frac{\pi^2EA}{\lambda_\omega^2}$ 和 $P_{y\omega}=\frac{\pi^2EA}{\lambda_{y\omega}^2}$ 代入公式（10），可得：

$$\lambda_{y\omega}=\left\{\frac{1}{2}\left[\lambda_y^2+\lambda_\omega^2+\sqrt{(\lambda_y^2+\lambda_\omega^2)^2-4\lambda_y^2\lambda_\omega^2(1-e_0^2/i_0^2)}\right]\right\}^{\frac{1}{2}}$$
(11)

上式即为规范公式（7.2.3-2），其中，

λ_y——构件绕对称轴长细比，$\lambda_y=l_{0y}/i_y$；

λ_ω——扭转屈曲等效长细比，由式 $P_\omega=\frac{\pi^2EA}{\lambda_\omega^2}$ 及

弹性扭转屈曲承载力公式 $P_\omega=\frac{1}{i_0^2}$

$\left(\frac{\pi^2EI_\omega}{l_\omega^2}+GI_t\right)$ 可得：$\lambda_\omega=\sqrt{\frac{i_0^2A}{\frac{GI_t}{\pi^2E}+\frac{I_\omega}{l_\omega^2}}}$。

图 13 为单轴对称截面弱硬化合金柱子曲线与我国试验值的比较情况。从试验值与公式计算结果的比较看，总体上在考虑弯扭失稳后两者吻合较好。在中等长细比情况下，构件的试验值偏高。

7.2.4 对于端部为焊接连接的构件，即使其端部连接为刚接，但由于焊接热影响效应的存在使其刚度大大降低，故在计算受压构件长细比时，其计算长度取值应偏保守的按铰接考虑。由于状态 O、F 和 T4 的铝合金材料焊接后强度不下降，因此不用考虑焊接热影响效应对构件计算长度产生的影响。

8 拉弯构件和压弯构件的计算

8.1 强　　度

8.1.1 在轴力和弯矩的共同作用下，如按边缘纤维屈服准则，N-M 相关曲线应为直线。考虑截面内的塑性发展后，截面强度计算值大于按边缘纤维屈服准则得到的值，即 N-M 相关曲线呈凸曲线。这时，按线性相关公式计算是偏于安全的。本规范采用塑性发展系数来考虑截面的部分塑性发展，取值与受弯构件相一致。

8.2 整体稳定

8.2.1 压弯构件的整体稳定要进行弯矩作用平面内和弯矩作用平面外稳定计算。

1 弯矩作用平面内的稳定。压弯构件的稳定承载力极限值，不仅与构件的长细比 λ 和偏心率 ε 有关，且与构件的截面形式和尺寸、构件轴线的初弯曲、截面上残余应力的分布和大小、材料的应力-应变特性、端部约束条件以及荷载作用方式等因素有关。因此，本规范采用了考虑上述各种因素的数值分析法，并将承载力极限值的理论计算结果作为确定实用计算公式的依据。

考虑抗力分项系数并引入弯矩非均匀分布时的等效弯矩系数后，由弹性阶段的边缘屈服准则可以导出下式：

$$\frac{N}{\varphi_xA}+\frac{\beta_{mx}M_x}{W_{1x}(1-\varphi_xN/N'_{Ex})}\leqslant f$$
(12)

式中 N'_{Ex}——参数，$N'_{Ex}=N_{Ex}/1.2$；相当于欧拉临界力 N_{Ex} 除以抗力分项系数 γ_R $=1.2$。

对于满足截面宽厚比限值的压弯构件可以考虑截面部分塑性发展。此时压弯构件采用下式较为合理：

$$\frac{N}{\varphi_xA}+\frac{\beta_{mx}M_x}{W_{1x}(1-\eta_1N/N'_{Ex})}\leqslant f$$
(13)

式中 η_1——修正系数。

对于单轴对称截面（即T形和槽形截面）压弯构件，当弯矩作用在对称轴平面内且使翼缘受压时，无翼缘端有可能由于拉应力较大而首先屈服。对此种情况，尚应对无翼缘侧采用下式进行计算：

$$\left|\frac{N}{A}-\frac{\beta_{mx}M_x}{W_{2x}(1-\eta_2 N/N'_{Ex})}\right|\leqslant f \quad (14)$$

式中 η_2 —— 压弯构件受拉侧的修正系数。

修正系数 η_1 和 η_2 值与构件长细比、合金种类、截面形式、受弯方向和荷载偏心率等参数有关。针对上述各种参数进行大量数值计算，并将承载力极限值的理论计算结果代入式（13）和式（14），可以得到一系列 η_1 和 η_2 值。分析表明，η_1 和 η_2 值与铝合金的材料类型关系较大，根据弱硬化合金和强硬化合金对 η_1 和 η_2 分别取值较为合适。

与轴压构件相同，压弯构件当截面中受压板件的宽厚比大于表5.2.1-1或表5.2.1-2规定时，还应考虑局部屈曲的影响。本规范还考虑了截面非对称性和焊接缺陷的影响。在引入轴压构件稳定计算系数 $\overline{\varphi}_x$ 后，相关式（13）和式（14）成为：

$$\frac{N}{\overline{\varphi}_x A}+\frac{\beta_{mx}M_x}{\gamma_x W_{1ex}(1-\eta_1 N/N'_{Ex})}\leqslant f \quad (15)$$

$$\left|\frac{N}{A_e}-\frac{\beta_{mx}M_x}{\gamma_x W_{2ex}(1-\eta_2 N/N'_{Ex})}\right|\leqslant f \quad (16)$$

式（15）和式（16）即为规范式（8.2.1-1）和式（8.2.1-2）。

同济大学针对铝合金压弯构件弯矩平面内的稳定做了相关试验，包括6根绕弱轴受弯的偏压试件和6根绕强轴受弯的偏压试件，均为双轴对称H形截面弱硬化合金。图14为上述试验所得稳定承载力与数值计算结果的比较情况，可见两者吻合得较好。图15为规范式（8.2.1-1）与数值计算结果和欧洲规范相应公式的比较情况，可见本规范公式是偏于安全的。

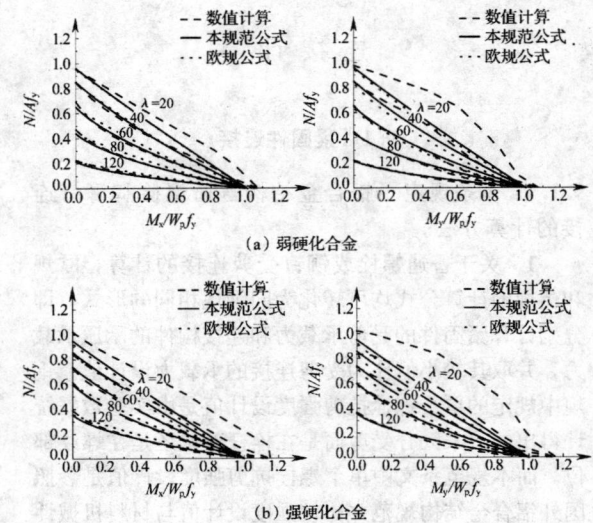

(a) 弱硬化合金

(b) 强硬化合金

图15 本规范结果与数值计算结果和欧规结果的对比

（x 为强轴，y 为弱轴）

弯矩作用平面外的稳定性。规范采用的由弹性稳定理论导出的线性相关公式是偏于安全的，与轴心受压构件和受弯构件整体稳定计算相衔接，并与理论分析结果和同济大学做的试验结果作了对比分析后确定的。

同济大学针对铝合金压弯构件弯矩平面外的稳定做了相关试验，为6根绕强轴受弯的双轴对称H形截面弱硬化合金偏压试件。图16为该试验所得稳定承载力与数值计算结果和欧洲规范相应公式的比较情况，可见本规范公式是偏于安全的。

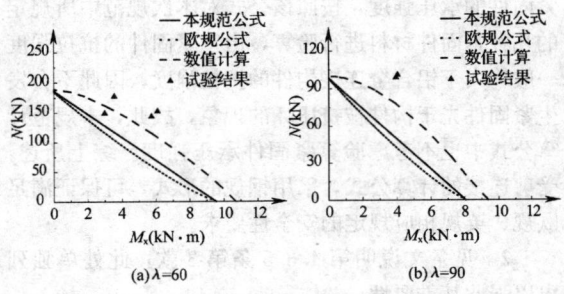

(a) $\lambda=60$ (b) $\lambda=90$

图16 本规范结果与试验结果、数值计算结果以及欧规结果的对比

鉴于对单轴对称截面压弯构件弯矩作用平面外稳定性的研究还不充分，暂定规范式（8.2.1-3）仅适用于双轴对称实腹式工字形（含H形）和箱形（闭口）截面的压弯构件。

8.2.2 双向弯曲的压弯构件，其稳定承载力极限值的计算较为复杂，一般仅考虑双轴对称截面的情况。规范采用的半经验性质的线性相关公式形式简单，可使双向弯曲压弯构件的稳定计算与轴心受压构件、单向弯曲压弯构件以及双向弯曲受弯构件的稳定计算都能互相衔接，并经研究表明是偏于安全的。

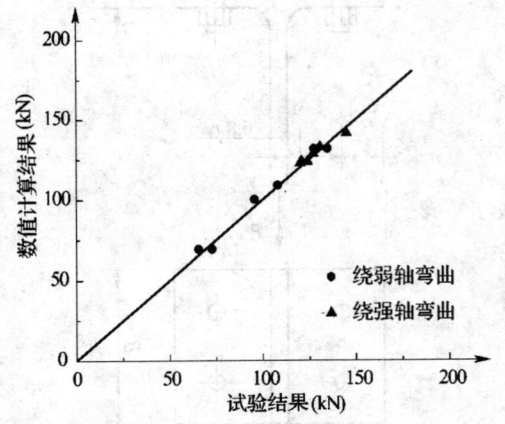

图14 面内失稳试验结果与数值计算结果的对比

2 弯矩作用平面外的稳定。双轴对称截面的压弯构件，当弯矩作用在最大刚度平面内时，应校核其

9 连接计算

9.1 紧固件连接

9.1.1 本条规定了铝合金结构普通螺栓和铆钉连接的计算方法。

1 关于普通螺栓或铆钉受剪连接的计算，欧规和英规的计算公式均可转化为同钢规相同的形式，即分别计算紧固件的受剪承载力和连接构件的承压承载力，并取其较小值作为受剪连接的承载力设计值。钢规中规定的单个螺栓抗剪强度设计值是由实验数据统计得出的，未区分受剪面是在栓杆部位还是在螺纹部位。而本规范条文中单个螺栓抗剪强度设计值是参照国外铝合金结构规范并比较强度设计值与材料机械性能值的相关关系式得出的，因此在计算公式中必须区分不同受剪部位剪切面积不同的影响。欧规中，连接构件承压承载力计算公式中考虑了紧固件端距与孔洞直径比值、中距与孔洞直径比值、紧固件抗拉强度与连接构件抗拉强度比值等参数的影响，计算公式较为复杂。如将欧规中规定的最小端距 $2d_0$、常用中距 $2.5d_0$ 代入，则计算得到的连接构件承压强度设计值为连接材料抗拉强度的 1.16 倍，基本相当并略高于钢规的规定。钢规的构件承压强度设计值是根据受拉构件且端距为 $2d_0$ 得到的试验统计值，因此可从简仍采用钢规的公式形式，不再考虑以上参数的影响，并规定 $2d_0$ 为允许端距的最小值。英规关于承压承载力的计算不仅要验算连接构件的承压强度，还要求验算紧固件的承压强度，按照该公式对本次规范中所规定的几种紧固件材料进行验算，由于紧固件的抗拉强度一般均大于铝合金连接构件的抗拉强度，因此不会发生紧固件先于构件被挤压坏的现象，故此，本规范计算公式中也不考虑验算紧固件承压强度。综上所述，受剪连接的计算公式，采用钢规的形式，可保证满足欧规、英规相应规定的安全性要求。

2 见条文说明第 4.3.5 条第 3 款，此处单独列出以强调其重要性。

3 关于普通螺栓杆轴方向受拉连接的计算，欧规明确要求在设计中应考虑因撬力作用引起的附加力的影响，即应采用适当的方法分析计算撬力的大小。在钢规中，不要求计算撬力，而仅将螺栓的抗拉强度设计值降低 20%，这相当于考虑了 25% 的撬力。这样虽然简化了设计计算，但在某些情况下撬力与节点承受的轴向拉力的比值很可能会超过 25%，在设计中不考虑撬力作用是不安全的，因此作出本条规定。同时考虑到缺乏充分的理论和实验研究，为保证结构的安全，螺栓抗拉强度设计值仍按降低 20% 取值。

撬力作用是否显著，主要与连接板抗弯刚度和螺栓杆轴向抗拉刚度的比值有关，该比值越小，则撬力引起的不利影响越大。此外，撬力大小还与受拉型连接节点的形式、螺栓数目和位置等因素有关。对于如图 17 所示的双 T 形轴心受拉连接，给出其极限承载力的计算公式，以供参考。

图 17 中所示的由 4 个螺栓连接的双 T 形节点，在轴心拉力 P 的作用下，随 T 形构件翼缘板抗弯刚度和螺栓杆轴抗拉刚度比值的不同，可能会发生 3 种不同的破坏模式，见图 18。图 18 中黑色圆点代表翼缘出现塑性铰的位置，下面所示为翼缘板的弯矩图。

破坏模式 1：T 形构件螺栓孔洞处及 T 形构件腹板与翼缘交接处产生塑性铰破坏。极限承载力为：$P_1 = 4M_p/a_1$。其中，$M_p = 0.25Bt^2f$ 为 T 形构件翼缘板的塑性抵抗弯矩，f 为翼缘材料的抗弯强度设计值，其余符号参见图 17。

破坏模式 2：T 形构件腹板与翼缘交接处产生塑性铰，同时螺栓被拉断。极限承载力为：$P_2 = (2M_p + \sum N_t^b \cdot c)/(c+a_1)$。其中，$c \leq 1.25a_1$，$\sum N_t^b$ 为全部螺栓的受拉承载力。

破坏模式 3：螺栓被拉断。极限承载力为：$P_3 = \sum N_t^b$。

连接节点的承载力应取 P_1、P_2 和 P_3 的最小值。当 T 形构件的翼缘板较薄时，节点容易发生模式 1 的破坏，撬力 Q 是非常显著的。上述公式来源于

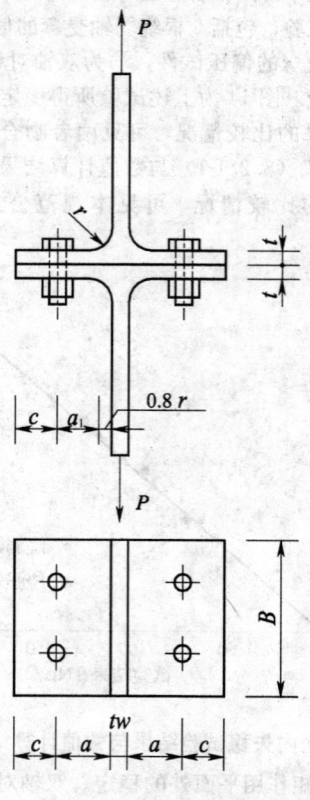

图 17 双 T 形受拉连接

《欧洲钢结构规范》EC3，并经在同济大学完成的铝合金双T形受拉节点试验研究，证明同样适用于铝合金结构的计算。对于其他类型的受拉型螺栓连接，在设计中应结合实际情况采用适当的方法分析计算撬力的大小。

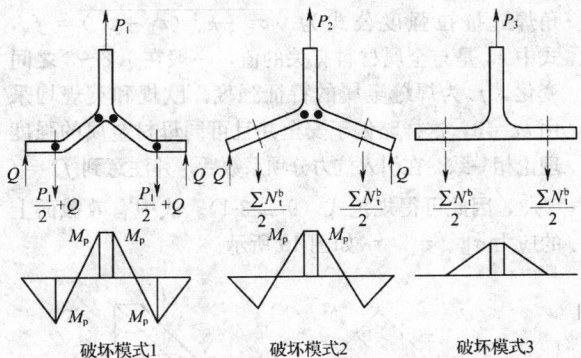

图18 双T形受拉连接的破坏模式

4 关于普通螺栓沿杆轴方向受拉连接的计算，欧规中除规定应验算螺栓的抗拉承载力外，还提出应验算螺栓头及螺母下构件的抗冲切承载力，并将二者中的较小值作为受拉螺栓连接的承载力设计值。英规中不考虑构件抗冲切承载力的验算，美规也无此项要求。对铝合金结构而言，当所采用螺栓材料的抗拉强度超出铝合金连接构件的名义屈服强度较多时，如螺栓杆中的拉应力较大，螺栓头或螺母对连接构件的压紧应力有可能引起构件表面损伤进而使构件发生冲切破坏。因此，考虑构件抗冲切的验算是必要的。参考欧规公式，螺栓头及螺母下构件抗冲切承载力为 $B_{p,RD}=0.6\pi d_m t_p f_{0.2}/\gamma_{M2}$，其中 $\gamma_{M2}=1.25$ 为抗力分项系数。由于构件抗冲切实质上是验算构件的抗剪强度，故经变换后提出式（9.1.1-7），式中0.8来源于 $0.6\sqrt{3}/\gamma_{M2}=0.831$ 的取整值。

5 关于同时承受剪力和杆轴方向拉力的普通螺栓计算，英规为圆形相关公式，同钢规一致；欧规为直线相关公式 $N_v/N_v^b+N_t/1.4N_t^b\leqslant1$。本规范依据英规的设计形式，这样也可同钢规保持一致，同时应验算满足连接构件的承压承载力设计值和螺栓头及螺母下构件抗冲切承载力设计值。

9.1.2 本条规定了铝合金结构高强度螺栓摩擦型连接的计算方法。

1 设计公式采用与钢规相同的形式。表9.1.2中一个高强度螺栓的预拉力取值来源于钢规的相应规定，该预拉力值略小于欧规及英规中规定的预拉力值。经公式变换，该设计公式满足欧规及英规的安全度要求。式（9.1.2-1）中的系数0.8是考虑了抗力分项系数1.25得到的。

2 关于铝合金结构高强度螺栓摩擦型连接的抗滑移系数取值，欧规仅规定了"未作表面保护的标准轻度喷砂处理摩擦面"的抗滑移系数值，该值与连接板的总厚度有关，具体数值见表15。采用表中数值时，摩擦面的表面处理应符合ISO 468/1302 N10a的规定。对于采用其他的表面处理方法，欧规规定均应通过标准试件试验得出抗滑移系数值。

表15 铝合金摩擦面抗滑移系数
（N10a标准轻度喷砂处理）

连接板总厚度（mm）	$12\leqslant\Sigma t$ <18	$18\leqslant\Sigma t$ <24	$24\leqslant\Sigma t$ <30	$30\leqslant\Sigma t$
μ	0.27	0.33	0.37	0.40

英规仅规定了符合英国标准BS 2451规定要求的"喷铝砂处理摩擦面"的抗滑移系数值；对于其他的表面处理方法，规定均应通过标准试件试验得出抗滑移系数值。美规中只允许使用普通螺栓，对采用有预拉力的高强度螺栓未作相应规定。日本《铝合金建筑结构设计规范（2002年）》规定：当摩擦面的表面处理符合日本铝合金建筑结构协议会制定的《铝合金建筑结构制作要领》的要求，并且板厚在螺栓直径的1/4以上时，抗滑移系数可取0.45。对于单面摩擦的连接，板厚在螺栓直径的1/4以上1/2以下时，抗滑移系数取0.3。此处的板厚指上下两压板厚度之和与中间板的厚度中的较小值。无表面处理以及采用其他表面处理方法时，单面摩擦、双面摩擦的抗滑移系数都取0.15。

由于铝合金材料种类繁多，已有的试验数据表明不同材料在同一种摩擦面处理条件下其抗滑移系数和摩擦抗力是有差别的。因此，摩擦连接时不论其处理方法如何，事先进行摩擦抗力试验，确保设计的安全度是一条基本原则。因缺乏充足的试验数据和统计资料，对铝合金构件的表面处理方法也缺少相应的国家标准，国外规范中的摩擦面处理方法在实际应用中也很难具体实施，故对高强度螺栓摩擦型连接的抗滑移系数，本规范未作出具体规定，如需采用应根据标准试件的试验测定结果确定。

9.1.3 本条规定了铝合金结构高强度螺栓承压型连接的计算方法，设计公式采用同钢规相同的形式。同普通螺栓相同，也要求验算螺栓头及螺母下构件抗冲切承载力设计值。

9.1.4 当构件的节点处或拼接接头的一端，螺栓或铆钉的连接长度 l_1 过大时，螺栓或铆钉的受力很不均匀，端部的螺栓或铆钉受力最大，往往首先破坏，并将依次向内逐个破坏。因此对长连接的抗剪承载力应进行适当折减。关于折减系数的规定，欧规为 $\beta_{Lf}=1-\dfrac{L_j-15d}{200d}$ 且 $0.75\leqslant\beta_{Lf}\leqslant1.0$，长连接的折减区段为 $15d\sim65d$。该公式来源于《欧洲钢结构规范》EC3，同钢规公式相比，稍偏于不安全，因此，本条款参照钢规公式制定。应注意本条规定不适用于沿连接的长度方向受力均匀的情况，如梁翼缘同腹板的紧固件连接。

9.1.5 关于借助填板或其他中间板件的紧固件连接，当填板较厚时，应考虑连接的抗剪承载力折减。本条款参照欧规公式制定。

9.1.6 单面连接会引起荷载的偏心，使紧固件除受剪力之外还受到拉力的作用，因此明确规定不得采用铆钉连接形式，且对螺栓连接应进行适当的抗剪承载力折减，螺栓数目按计算增加10%的规定参考了钢规相应条款。

9.1.7 当紧固件的夹紧厚度过大时，由于紧固件弯曲变形引起的抗剪承载力折减不应被忽视。英规明确规定，铆钉连接的铆合总厚度不得超过铆钉孔径的5倍。钢规对铆合总厚度超过铆钉孔径5倍时，规定应按计算适当增加铆钉的数目，且铆合总厚度不得超过铆钉孔径的7倍。美规规定的夹紧厚度过大时的强度折算不仅适用于铆钉连接，也适用于螺栓连接，规定当紧固件的夹紧厚度超过铆钉孔径或螺栓直径的4.5倍时，紧固件的抗剪承载力应当乘以折减系数 $\left(\dfrac{1}{0.5+G/(9d)}\right)$，其中 G 为紧固件的夹紧厚度，d 为铆钉孔径或螺栓直径，并规定一般情况下夹紧厚度不应超过 $6d$。

9.2 焊 缝 连 接

9.2.1 本条规定了焊缝连接计算的一般原则。

1 同钢结构相比，焊接铝合金结构在热影响区内材料强度的降低在设计中是不容忽视的。铝合金焊缝连接的破坏，很可能发生在热影响区。因此，在焊缝连接计算中，必须验算热影响区的强度。

2 根据同济大学完成的铝合金对接焊缝连接的试验结果，当焊缝连接的破坏发生在热影响区处，试件破坏前有较大的变形，属于延性破坏；当焊缝连接的破坏发生在焊缝区域，试件破坏前的变形较小，属于脆性破坏。因此，铝合金构件与焊缝金属之间合理的组合宜满足焊缝的强度设计值大于铝合金构件热影响区的强度设计值。这样可明显改善焊接节点在荷载作用下的变形性能。

9.2.2 本条规定了对接焊缝的强度计算。

1 不采用引弧板时，焊缝有效长度为焊缝全长减去2倍焊缝有效厚度，是考虑到焊缝起、落弧处的缺陷对强度的影响。

2 折算应力强度验算公式（9.2.2-5）参考欧规和英规的相关规定。

9.2.3 本条规定了直角角焊缝的强度计算。

1 角焊缝两焊脚边夹角为直角的称为直角角焊缝，两焊脚边夹角为锐角或钝角的称为斜角角焊缝。鉴于铝合金焊接斜角角焊缝试验数据和统计资料的缺乏，且欧规、美规中均未规定斜角角焊缝。因此，本规范也暂不列入斜角角焊缝的强度计算公式。

2 关于直角角焊缝的计算，欧规、英规的计算公式实质上同钢规一致。以上规范均认为角焊缝的强度非常接近45°焊喉截面（焊缝有效截面）的强度，即在进行角焊缝设计时把45°焊喉截面作为设计控制截面。在大量试验的基础上，国际标准化组织推荐的角焊缝抗拉强度公式为 $\sqrt{\sigma_\perp^2 + k_w(\tau_\perp^2 + \tau_{//}^2)} = f_w$，式中 k_w 是与金属材料有关的值，一般在1.8~3之间变化，f_w 为焊缝金属的特征强度。欧规和英规均采用 $k_w=3$，这样略偏于安全并且可同母材金属的强度理论相一致。在引入抗力分项系数后，并注意到 $f_t^w = f_w/\sqrt{3}$，因此可得规范式（9.2.3-1）。式中有效截面上的应力 $\sigma_\perp$、$\tau_\perp$、$\tau_{//}$ 如图19所示。

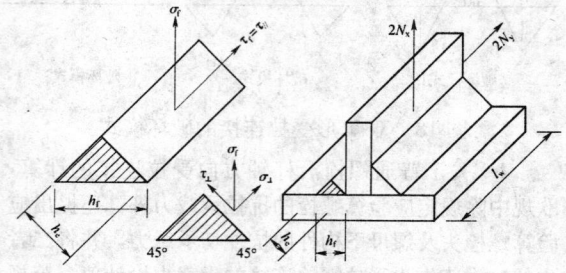

图19 角焊缝有效截面应力分布

3 由式（9.2.3-1）可推导出在特定荷载作用下的角焊缝设计公式（9.2.3-2）~式（9.2.3-4）。如图19所示，令 σ_f 为垂直于焊缝长度方向按焊缝有效截面计算的应力：$\sigma_f = \dfrac{N_x}{h_e l_w}$。$\sigma_f$ 既不是正应力也不是剪应力，但可分解为：$\sigma_\perp = \sigma_f/\sqrt{2}$，$\tau_\perp = \sigma_f/\sqrt{2}$。又令 τ_f 为沿焊缝长度方向按焊缝有效截面计算的剪应力，显然：$\tau_{//} = \tau_f = \dfrac{N_y}{h_e l_w}$。将上述 σ_f、$\sigma_\perp$、$\tau_\perp$ 代入公式（9.2.3-1），可得：$\sqrt{\left(\dfrac{\sigma_f}{\beta_f}\right)^2 + \tau_f^2} \leqslant f_t^w$，即公式（9.2.3-4），式中 $\beta_f = 1.22$，称为正面角焊缝强度的增大系数。

对正面角焊缝，$N_y = 0$，只有垂直于焊缝长度方向的轴心力 N_x 作用，可得：$\sigma_f = \dfrac{N_x}{h_e l_w} \leqslant \beta_f f_t^w$，即公式（9.2.3-2）。

对侧面角焊缝，$N_x = 0$，只有平行于焊缝长度方向的轴心力 N_y 作用，可得：$\tau_f = \dfrac{N_y}{h_e l_w} \leqslant f_t^w$，即公式（9.2.3-3）。

4 关于直角角焊缝的计算厚度 h_e，欧规和英规中均规定若整条焊缝能保证具有统一、确定的熔深时，深熔角焊缝的计算厚度可以加上熔深。在焊接质量较高的自动焊中，熔深较大，考虑熔深将计算厚度增大，无疑会带来较大的经济效益。钢规中对直角角焊缝不考虑熔深的作用，计算偏于保守。但由于国内铝合金结构的焊接经验尚少，故本次规范制定暂不考虑熔深对焊缝计算的有利影响。

5 钢规中允许采用部分焊透的对接焊缝和T形对接与角接组合焊缝，并按直角角焊缝的公式计算。而欧规中明确规定，铝合金受力构件的连接应采用完全焊透的对接焊缝，部分焊透的对接焊缝仅能用于次要的受力构件或非受力构件中。由于对部分焊透的对接焊缝和T形对接与角接组合焊缝在铝合金结构中尚缺乏足够的试验研究，因此，本规范暂不考虑这两类焊缝形式。

9.2.4 构件在临近焊缝的焊接热影响区发生强度弱化现象，因此需对该处的强度进行验算。计算公式参考欧规相关条款。

10 构造要求

10.1 一般规定

10.1.5 由于铝合金结构焊接热影响效应使构件强度降低很大，因此，铝合金结构的连接宜优先采用紧固件连接。焊接后经过人工时效或较长时间的自然时效，某些合金热影响区内材料的强度会有一定程度的恢复，因此可通过该方法改善某些合金热影响区强度降低的影响。此外，由于热影响效应的存在，即使将次要部件焊接在结构构件上也会严重降低构件的承载力。例如对于梁的设计，次要部件的焊接位置宜靠近梁的中和轴，或低应力区，并尽量远离弯矩较大的位置。

10.2 螺栓连接和铆钉连接

10.2.1 关于螺栓和铆钉的最大、最小容许距离，主要参考国内外有关规范的相关条款并结合我国钢结构设计规范的形式而制定。

10.2.2 在普通螺栓、高强度螺栓或铆钉连接中，当板厚过小时，在局部压力作用下板件会发生面外变形从而导致承压承载力下降。高强度螺栓连接时，板厚过小还会导致板件局部应力过大，摩擦面处理过程中板件容易发生变形而使得摩擦系数下降。本规范参考日本《铝合金建筑结构设计规范（2002年）》，规定了用于螺栓连接和铆钉连接的板件最小厚度。

10.2.4 本条规定了连接节点的最少紧固件数，要求紧固件宜不少于2个，理由为：仅有一个紧固件将使连接处产生转动并给安装带来极大困难，但对于小型非结构构件允许采用一个紧固件。

10.2.5 增强刚度的措施可采用设加劲肋、增加板厚等方法。

10.3 焊缝连接

10.3.1～10.3.5 本节关于焊缝连接的构造要求，主要参考国内外有关规范的相关条款制定。

10.4 防火、隔热

10.4.2 铝合金结构的防火措施，目前通常采用有效的水喷淋系统来进行防护，防火涂料对铝合金材料影响较大，铝合金材料容易与其他材料发生电化腐蚀，一般采用较少。

10.4.3 铝合金结构在受辐射热温度达到80℃时，铝合金材料的强度开始下降，超过100℃时，铝合金材料的强度明显下降，故要控制辐射热的温度。

10.5 防 腐

10.5.1 当铝合金材料同其他金属材料（除不锈钢外）或含酸性或碱性的非金属材料连接、接触或紧固时，容易同相接触的其他材料发生电偶腐蚀。这时，应在铝合金材料与其他材料之间采用油漆、橡胶或聚四氟乙烯等隔离材料。

10.5.2 当铝合金材料处于海洋环境、工业环境等腐蚀性环境中时易发生电化学腐蚀，应在铝合金表面进行防腐绝缘处理。

10.5.3 阳极氧化是用电化学的方法在铝合金表面形成一层具有一定厚度和硬度的 Al_2O_3 膜层，该膜层能防止自然界有害因素对铝合金的腐蚀，其耐腐蚀性能与氧化膜的厚度成正比。粉末涂层是静电喷涂，经规定的方法形成的漆膜具有良好的抗腐蚀、抗冲击、耐磨等特点。由于近年来新型的防腐涂料不断出现和推广应用，产品不断更新发展，因此对防腐涂料和防腐方法不做具体规定，只要求进行有效的防腐处理，可按《铝合金建筑型材》GB 5237 的规定执行。

10.5.4 铝合金表面的清洗，在选用清洗剂时，要注意清洗剂的有效期、适用范围，避免由此而产生对铝合金表面膜的不良影响。在清洗过程中不允许用混合清洗剂清洗铝合金表面，避免清洗剂之间产生不良化学反应。用滴、流方式清洗会使铝合金表面出现由于清洗的厚度不一，清洗的浓度不同而影响清洗的结果。在清洗中如果温度超过控制范围，会影响清洗效果。在清洗过程中应避免清洗剂长时间接触铝合金表面，在节点、接缝处要彻底清除清洗剂，避免清洗剂在节点和接缝处对材料表面的影响。

11 铝合金面板

11.1 一般规定

11.1.1 本规范仅考虑起结构作用的面板，不考虑仅起建筑装饰作用的板材。

11.1.6 近年来，出现了不少新的铝合金面板板型，对特殊异形的铝合金面板，建议通过实验确定其承载力和挠度。

11.2 强 度

11.2.1 集中荷载 F 作用下的铝合金面板计算与板型、尺寸等有关，目前尚无精确的计算方法，一般根据试验结果确定。规范给出的将集中荷载 F 沿板宽方向折算成均布线荷载 q_{re}〔式（11.2.1）〕是一个近似的简化公式，该式取自国外文献和《冷弯薄壁型钢结构技术规范》GB 50018，式中折算系数 η 由试验确定，若无试验资料，可取 $\eta=0.5$，即近似假定集中荷载 F 由两个槽口承受，这对于多数板型是偏于安全的。

铝合金屋面板上的集中荷载主要是施工或使用期间的检修荷载。按我国荷载规范规定，屋面板施工或检修荷载 $F=1.0$ kN；验算时，荷载 F 不乘以荷载分项系数，除自重外，不与其他荷载组合。但如果集中荷载超过 1.0kN，则应按实际情况取用。

11.2.4 T形支托和面板的连接强度受材料性质及连接构造等许多因素影响，目前尚无精确的计算理论，需根据试验分别确定面板在受面外拉力和压力作用下的连接强度。

11.3 稳 定

11.3.1 式（11.3.1-1）和（11.3.1-2）分别为腹板弹塑性和弹性剪切屈曲临界应力设计值。

1 腹板弹性剪切屈曲应力。

根据弹性屈曲理论，腹板弹性剪切屈曲应力公式如下：

$$\tau_{cr}=\frac{k_s\pi^2 E}{12(1-\nu^2)(h/t)^2} \quad (17)$$

式中 h/t——腹板的高厚比；

k_s——四边简支板的屈曲系数，按如下取值：

当 $a/h<1$ 时，$k_s=4+\dfrac{5.34}{(a/h)^2}$ （18）

当 $a/h>1$ 时，$k_s=5.34+\dfrac{4}{(a/h)^2}$ （19）

当腹板无横向加劲肋时，板的长宽比将是很大的，屈曲系数可取 $k_s=5.34$，代入公式（17）并考虑抗力分项系数 $\gamma_R=1.2$，可得：

$$\tau_{cr}\approx\frac{280000}{(h/t)^2} \quad (20)$$

2 腹板塑性剪切屈曲应力。

根据结构稳定理论，弹塑性屈曲应力可按下式计算：

$$\tau'_{cr}=\sqrt{\tau_p\tau_{cr}} \quad (21)$$

式中 τ_p——剪切比例极限，取 $0.8\tau_y$；

τ_y——剪切屈服强度，取 $f_{0.2}/\sqrt{3}$。

将式（17）代入式（21），同时取 $k_s=5.34$，并考虑抗力分项系数 $\gamma_R=1.2$，可得：

$$\tau'_{cr}\approx 320\frac{\sqrt{f_{0.2}}}{h/t} \quad (22)$$

11.3.2 腹板局部承压涉及因素较多，很难精确分析。R_w 的计算式（11.3.2）是取 $r=5t$ 代入欧规公式得出的。

11.3.3、11.3.4 铝合金面板T形支托的稳定性可按等截面模型进行简化计算。支托端部受到板面的侧向支撑，根据面板侧向支撑情况，支托的计算长度系数 μ 的理论值范围为 0.7~2.0。同济大学进行的 0.9mm 厚、65mm 高、400mm 宽的铝合金面板（图11.1.1a）实验中，量测了T形支托破坏时的支座反力值，表16为按本规范公式（11.3.3）计算得到的承载力标准值（取 μ 为 1.0，f 为 $f_{0.2}$）和试验值。考虑到实验得到的支托破坏数据有限，而板厚板型对支托侧向支撑的影响又比较复杂，本规范建议根据实验确定计算长度值。

表16 T形支托承载力标准值和试验值的比较（kN）

承载力标准值 μ 取 1.0	试验值 1	试验值 2	试验值 3	试验值 4	试验值 5	试验值 6
承载力 6.38	6.585	5.819	6.154	6.341	5.15	5.29
状态 —	破坏	未破坏	未破坏	未破坏	未破坏	未破坏

11.4 组合作用

11.4.1 支座反力处同时作用有弯矩的验算相关公式取自欧规。

11.5 构造要求

11.5.1 铝合金屋面板和墙面板的基本构造如图20。

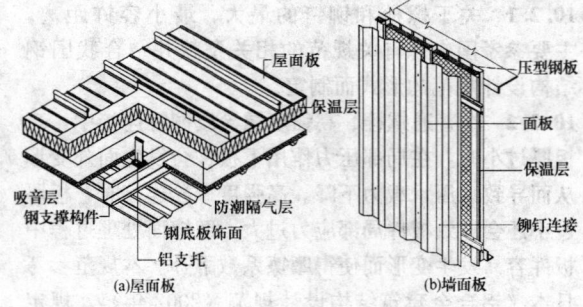

图20 铝合金面板基本构造

铝合金挤压板件的厚度一般为 0.6~1.2mm，而非挤压板件的厚度目前可以达到 3.0mm。因此，本规范规定铝合金屋面板和墙面板的厚度宜取 0.6~3.0mm。

为了避免出现焊接搭接，铝合金面板应尽量通长布置。若面板确需焊接搭接，为了避免火灾隐患，焊接部位下的垫块应满足一定耐火等级的要求。

铝合金屋面板可通过自身的强度承受竖向荷载，也可通过屋面板下满铺的附加面支撑承受荷载。屋面板宜根据受力、防水、立面装饰等方面的要求，采用不同的承载方式。对于挤压成形的铝合金屋面板,当波高较小、板宽较大时,为保证施工及使用阶段的受力要求和屋面板的平整性,建议采用附加面支撑受力体系。

11.5.2～11.5.4 这些条文均是关于铝合金屋面、墙面的构造要求规定。条文中增加了近年来在实际工程中采用的铝合金板扣合式和咬合式连接方式,这两种连接方法均隐藏在铝合金板下面,可避免渗漏现象。对于使用自攻螺栓和射钉的连接,必须带有较好的防水密封胶垫材料,以防连接处渗漏。

中华人民共和国国家标准

工程建设施工企业质量管理规范

Code for quality management of engineering construction enterprises

GB/T 50430—2007

主编部门：中华人民共和国建设部
批准部门：中华人民共和国建设部
施行日期：2008年3月1日

中华人民共和国建设部
公 告

第 725 号

建设部关于发布国家标准《工程建设施工企业质量管理规范》的公告

现批准《工程建设施工企业质量管理规范》为国家标准，编号为 GB/T 50430-2007，自 2008 年 3 月 1 日起实施。

本规范由建设部标准定额研究所组织中国建筑工业出版社出版发行。

中华人民共和国建设部
2007 年 10 月 23 日

前 言

本规范根据中华人民共和国建设部"关于印发《二〇〇二～二〇〇三年度工程建设国家标准制订、修订计划》的通知"（建标〔2003〕102 号）的要求，由中国建筑业协会会同有关单位共同编制。

本规范以现行国际质量管理标准为原则，针对我国工程建设行业特点，提出施工企业的质量管理要求，促进施工企业质量管理的科学化、规范化和法制化，以适应经济全球化发展的需要。

在编制过程中，编制组对工程建设施工企业的质量管理现状进行了广泛的调查研究并认真总结了实践经验，为加强质量管理、健全质量管理体系、提高管理水平提供了依据。本规范在广泛征求意见的基础上，经过反复讨论、修改和完善，最终经审查定稿。

本规范的内容有 13 章，包括：总则，术语，质量管理基本要求，组织机构和职责，人力资源管理，施工机具管理，投标及合同管理，建筑材料、构配件和设备管理，分包管理，工程项目施工质量管理，施工质量检查与验收，质量管理自查与评价，质量信息和质量管理改进。

本规范由建设部负责管理，中国建筑业协会负责具体技术内容的解释。在执行过程中，请各单位结合工程实践，认真总结经验，如发现需要修改或补充之处，请将意见和建议寄中国建筑业协会《工程建设施工企业质量管理规范》编委会办公室（地址：北京中关村南大街 48 号九龙商务中心 A 座 7 层，邮政编码：100081），以供修订时参考。

本规范主编单位、参编单位和主要起草人：

主 编 单 位：中国建筑业协会

参 编 单 位：（排名不分先后）
同济大学经济与管理学院
北京市建设工程质量监督总站
上海市建设工程安全质量监督总站
辽宁省建筑工程质量监督总站
江苏省建筑工程管理局
广东省建设工程质量安全监督检测总站
中国建筑工程总公司
中国建筑第一工程局
中铁四局集团有限公司
上海市第七建筑有限公司
浙江宝业建设集团有限公司
北京艾斯欧管理研究中心
北京中建协质量体系认证中心

主要起草人：尤建新　邵长利　靳玉英　龚晓海
　　　　　　葛海斌　王燕民　李　君　张玉平
　　　　　　郑伟革　叶伯铭　潘延平　唐世海
　　　　　　刘　斌　田　浩　王荣富　刘宗孝
　　　　　　顾勇新　常　义　施　骞

目 次

1 总则 …………………………………… 46—4
2 术语 …………………………………… 46—4
3 质量管理基本要求 …………………… 46—4
　3.1 一般规定 ………………………… 46—4
　3.2 质量方针和质量目标 …………… 46—4
　3.3 质量管理体系的策划和建立 …… 46—4
　3.4 质量管理体系的实施和改进 …… 46—4
　3.5 文件管理 ………………………… 46—4
4 组织机构和职责 ……………………… 46—5
　4.1 一般规定 ………………………… 46—5
　4.2 组织机构 ………………………… 46—5
　4.3 职责和权限 ……………………… 46—5
5 人力资源管理 ………………………… 46—5
　5.1 一般规定 ………………………… 46—5
　5.2 人力资源配置 …………………… 46—5
　5.3 培训 ……………………………… 46—5
6 施工机具管理 ………………………… 46—5
　6.1 一般规定 ………………………… 46—5
　6.2 施工机具配备 …………………… 46—5
　6.3 施工机具使用 …………………… 46—6
7 投标及合同管理 ……………………… 46—6
　7.1 一般规定 ………………………… 46—6
　7.2 投标及签约 ……………………… 46—6
　7.3 合同管理 ………………………… 46—6
8 建筑材料、构配件和设备管理 ……… 46—6
　8.1 一般规定 ………………………… 46—6
　8.2 建筑材料、构配件和设备
　　　的采购 …………………………… 46—6
　8.3 建筑材料、构配件和设备
　　　的验收 …………………………… 46—6
　8.4 建筑材料、构配件和设备的
　　　现场管理 ………………………… 46—6
　8.5 发包方提供的建筑材料、
　　　构配件和设备 …………………… 46—7
9 分包管理 ……………………………… 46—7
　9.1 一般规定 ………………………… 46—7
　9.2 分包方的选择和分包合同 ……… 46—7
　9.3 分包项目实施过程的控制 ……… 46—7
10 工程项目施工质量管理 ……………… 46—7
　10.1 一般规定 ……………………… 46—7
　10.2 策划 …………………………… 46—7
　10.3 施工设计 ……………………… 46—7
　10.4 施工准备 ……………………… 46—8
　10.5 施工过程质量控制 …………… 46—8
　10.6 服务 …………………………… 46—8
11 施工质量检查与验收 ……………… 46—8
　11.1 一般规定 ……………………… 46—8
　11.2 施工质量检查 ………………… 46—8
　11.3 施工质量验收 ………………… 46—9
　11.4 施工质量问题的处理 ………… 46—9
　11.5 检测设备管理 ………………… 46—9
12 质量管理自查与评价 ……………… 46—9
　12.1 一般规定 ……………………… 46—9
　12.2 质量管理活动的监督
　　　　检查与评价 …………………… 46—9
13 质量信息和质量管理改进 ………… 46—9
　13.1 一般规定 ……………………… 46—9
　13.2 质量信息的收集、传递、
　　　　分析与利用 …………………… 46—10
　13.3 质量管理改进与创新 ………… 46—10
本规范用词说明 ………………………… 46—10
附：条文说明 …………………………… 46—11

1 总则

1.0.1 为加强工程建设施工企业(以下简称"施工企业")的质量管理工作,规范施工企业质量管理行为,促进施工企业提高质量管理水平,制定本规范。

1.0.2 本规范适用于施工企业的质量管理活动。

1.0.3 本规范是施工企业质量管理的标准,也是对施工企业质量管理监督、检查和评价的依据。

1.0.4 施工企业的质量管理活动,除执行本规范外,还应执行国家现行有关标准规范的规定。

2 术语

2.0.1 质量管理活动 quality management action
为完成质量管理要求而实施的行动。

2.0.2 质量管理制度 quality management statute
按照某些质量管理要求建立的、适用于一定范围的质量管理活动要求。质量管理制度应规定质量管理活动的步骤、方法、职责。质量管理制度一般应形成文件。需要时,质量管理制度可由更加详细的文件要求加以支持。

2.0.3 质量信息 quality information
反映施工质量和质量活动过程的记录。

2.0.4 质量管理创新 quality management innovation
在原有质量管理基础上,为提高质量管理效率、降低质量管理成本而实施的质量管理制度、活动、方法的革新。

2.0.5 施工质量检查 quality inspection
施工企业对施工质量进行的检查、评定活动。

3 质量管理基本要求

3.1 一般规定

3.1.1 施工企业应结合自身特点和质量管理需要,建立质量管理体系并形成文件。

3.1.2 施工企业应对质量管理体系中的各项活动进行策划。

3.1.3 施工企业应检查、分析、改进质量管理活动的过程和结果。

3.2 质量方针和质量目标

3.2.1 施工企业应制定质量方针。质量方针应与施工企业的经营管理方针相适应,体现施工企业的质量管理宗旨和方向,包括:
1 遵守国家法律、法规,满足合同约定的质量要求;
2 在工程施工过程中及交工后,认真服务于发包方和社会,增强其满意程度,树立施工企业在市场中的良好形象;
3 追求质量管理改进,提高质量管理水平。

3.2.2 施工企业的最高管理者应对质量方针进行定期评审并作必要的修订。

3.2.3 施工企业应根据质量方针制定质量目标,明确质量管理和工程质量应达到的水平。

3.2.4 施工企业应建立并实施质量目标管理制度。

3.3 质量管理体系的策划和建立

3.3.1 最高管理者应对质量管理体系进行策划。策划的内容应包括:
1 质量管理活动、相互关系及活动顺序;
2 质量管理组织机构;
3 质量管理制度;
4 质量管理所需的资源。

3.3.2 施工企业应根据质量管理体系的范围确定质量管理内容。施工企业质量管理内容一般包括:
1 质量方针和目标管理;
2 组织机构和职责;
3 人力资源管理;
4 施工机具管理;
5 投标及合同管理;
6 建筑材料、构配件和设备管理;
7 分包管理;
8 工程项目施工质量管理;
9 施工质量检查与验收;
10 工程项目竣工交付使用后的服务;
11 质量管理自查与评价;
12 质量信息管理和质量管理改进。

3.3.3 施工企业应建立文件化的质量管理体系。质量管理体系文件应包括:
1 质量方针和质量目标;
2 质量管理体系的说明;
3 质量管理制度;
4 质量管理制度的支持性文件;
5 质量管理的各项记录。

3.4 质量管理体系的实施和改进

3.4.1 施工企业应确定并配备质量管理体系运行所需的人员、技术、资金、设备等资源。

3.4.2 施工企业应建立内部质量管理监督检查和考核机制,确保质量管理制度有效执行。

3.4.3 施工企业应评审和改进质量管理体系的适宜性和有效性。

3.5 文件管理

3.5.1 施工企业应建立并实施文件管理制度,明确文件管理的范围、职责、流程和方法。
3.5.2 施工企业的文件管理应符合下列规定：
1 文件在发布之前经过批准；
2 根据管理的需要对文件的适用性进行评审，必要时进行修改并重新批准发布；
3 明确并及时获得质量管理活动所需的法律、法规和标准规范；
4 及时获取所需文件的适用版本；
5 文件的内容清晰明确；
6 确保各岗位员工明确其活动所依据的文件；
7 及时将作废文件撤出使用场所或加以标识。
3.5.3 施工企业应建立并实施记录管理制度，明确记录的管理职责，规定记录填写、标识、收集、保管、检索、保存期限和处置等要求。对存档记录的管理应符合档案管理的有关规定。

4 组织机构和职责

4.1 一般规定

4.1.1 施工企业应明确质量管理体系的组织机构，配备相应质量管理人员，规定相应的职责和权限并形成文件。

4.2 组织机构

4.2.1 施工企业应根据质量管理的需要，明确管理层次，设置相应的部门和岗位。
4.2.2 施工企业应在各管理层次中明确质量管理的组织协调部门或岗位，并规定其职责和权限。

4.3 职责和权限

4.3.1 施工企业最高管理者在质量管理方面的职责和权限应包括：
1 组织制定质量方针和目标；
2 建立质量管理的组织机构；
3 培养和提高员工的质量意识；
4 建立施工企业质量管理体系并确保其有效实施；
5 确定和配备质量管理所需的资源；
6 评价并改进质量管理体系。
4.3.2 施工企业应规定各级专职质量管理部门和岗位的职责和权限，形成文件并传递到各管理层次。
4.3.3 施工企业应规定其他相关职能部门和岗位的质量管理职责和权限，形成文件并传递到各管理层次。
4.3.4 施工企业应以文件的形式公布组织机构的变化和职责的调整，并对相关的文件进行更改。

5 人力资源管理

5.1 一般规定

5.1.1 施工企业应建立并实施人力资源管理制度。施工企业的人力资源管理应满足质量管理需要。
5.1.2 施工企业应根据质量管理长远目标制定人力资源发展规划。

5.2 人力资源配置

5.2.1 施工企业应以文件的形式确定与质量管理岗位相适应的任职条件，包括：
1 专业技能；
2 所接受的培训及所取得的岗位资格；
3 能力；
4 工作经历。
5.2.2 施工企业应按照岗位任职条件配置相应的人员。项目经理、施工质量检查人员、特种作业人员等应按照国家法律法规的要求持证上岗。
5.2.3 施工企业应建立员工绩效考核制度，规定考核的内容、标准、方式、频度，并将考核结果作为人力资源管理评价和改进的依据。

5.3 培 训

5.3.1 施工企业应识别培训需求，根据需要制定员工培训计划，对培训对象、内容、方式及时间作出安排。
5.3.2 施工企业对员工的培训应包括：
1 质量管理方针、目标、质量意识；
2 相关法律、法规和标准规范；
3 施工企业质量管理制度；
4 专业技能和继续教育。
5.3.3 施工企业应对培训效果进行评价，并保存相应的记录。评价结果应用于提高培训的有效性。

6 施工机具管理

6.1 一般规定

6.1.1 施工企业应建立施工机具管理制度，对施工机具的配备、验收、安装调试、使用维护等作出规定，明确各管理层次及有关岗位在施工机具管理中的职责。

6.2 施工机具配备

6.2.1 施工企业应根据施工需要配备施工机具，配备计划应按规定经审批后实施。
6.2.2 施工企业应明确施工机具供应方的评价方法，

在采购或租赁前对其进行评价,并收集相应的证明资料和保存评价记录。评价的内容包括:
1 经营资格和信誉;
2 产品和服务的质量;
3 供货能力;
4 风险因素。

6.2.3 施工企业应依法与施工机具供应方订立合同,明确对施工机具质量及服务的要求。

6.2.4 施工企业应对施工机具进行验收,并保存验收记录。根据规定施工机具需确定安装或拆卸方案时,该方案应经批准后实施,安装后的施工机具经验收合格后方可使用。

6.3 施工机具使用

6.3.1 施工企业对施工机具的使用、技术和安全管理、维修保养等应符合相关规定的要求。

7 投标及合同管理

7.1 一般规定

7.1.1 施工企业应建立并实施工程项目投标及工程承包合同管理制度。

7.1.2 施工企业应依法进行工程项目投标及签约活动,并对合同履行情况进行监控。

7.2 投标及签约

7.2.1 施工企业应在投标及签约前,明确工程项目的要求,包括:
1 发包方明示的要求;
2 发包方未明示、但应满足的要求;
3 与工程施工、验收和保修等有关的法律、法规和标准规范的要求;
4 其他要求。

7.2.2 施工企业应通过评审在确认具备满足工程项目要求的能力后,依法进行投标及签约,并保存评审、投标和签约的相关记录。

7.3 合同管理

7.3.1 施工企业应使相关部门及人员掌握合同的要求,并保存相关记录。

7.3.2 施工企业对施工过程中发生的变更,应以书面形式签认,并作为合同的组成部分。施工企业对合同变更信息的接收、确认和处理的职责、流程、方法应符合相关规定,与合同变更有关的文件应及时进行调整并实施。

7.3.3 施工企业应及时对合同履约情况进行分析和记录,并用于质量改进。

7.3.4 在合同履行的各阶段,应与发包方或其代表进行有效沟通。

8 建筑材料、构配件和设备管理

8.1 一般规定

8.1.1 施工企业应根据施工需要建立并实施建筑材料、构配件和设备管理制度。

8.2 建筑材料、构配件和设备的采购

8.2.1 施工企业应根据施工需要确定和配备项目所需的建筑材料、构配件和设备,并应按照管理制度的规定审批各类采购计划。计划未经批准不得用于采购。采购计划中应明确所采购产品的种类、规格、型号、数量、交付期、质量要求以及采购验证的具体安排。

8.2.2 施工企业应对供应方进行评价,合理选择建筑材料、构配件和设备的供应方。对供应方的评价内容应包括:
1 经营资格和信誉;
2 建筑材料、构配件和设备的质量;
3 供货能力;
4 建筑材料、构配件和设备的价格;
5 售后服务。

8.2.3 施工企业应在必要时对供应方进行再评价。

8.2.4 对供应方的评价、选择和再评价的标准、方法和职责应符合管理制度的规定,并保存相应的记录。

8.2.5 施工企业应根据采购计划订立采购合同。

8.3 建筑材料、构配件和设备的验收

8.3.1 施工企业应对建筑材料、构配件和设备进行验收。必要时,应到供应方的现场进行验证。验收的过程、记录和标识应符合有关规定。未经验收的建筑材料、构配件和设备不得用于工程施工。

8.3.2 施工企业应按照规定的职责、权限和方式对验收不合格的建筑材料、构配件和设备进行处理,并记录处理结果。

8.3.3 施工企业应确保所采购的建筑材料、构配件和设备符合有关职业健康、安全与环保的要求。

8.4 建筑材料、构配件和设备的现场管理

8.4.1 施工企业应在管理制度中明确建筑材料、构配件和设备的现场管理要求。

8.4.2 施工企业应对建筑材料、构配件和设备进行贮存、保管和标识,并按照规定进行检查,发现问题及时处理。

8.4.3 施工企业应明确对建筑材料、构配件和设备的搬运及防护要求。

8.4.4 施工企业应明确建筑材料、构配件和设备的发放要求，建立发放记录，并具有可追溯性。

8.5 发包方提供的建筑材料、构配件和设备

8.5.1 施工企业应按照有关规定和标准对发包方提供的建筑材料、构配件和设备进行验收。
8.5.2 施工企业对发包方提供的建筑材料、构配件和设备在验收、施工安装、使用过程中出现的问题，应做好记录并及时向发包方报告，按照规定处理。

9 分 包 管 理

9.1 一般规定

9.1.1 施工企业应建立并实施分包管理制度，明确各管理层次和部门在分包管理活动中的职责和权限，对分包方实施管理。
9.1.2 施工企业应对分包工程承担相关责任。

9.2 分包方的选择和分包合同

9.2.1 施工企业应按照管理制度中规定的标准和评价办法，根据所需分包内容的要求，经评价依法选择合适的分包方，并保存评价和选择分包方的记录。对分包方的评价内容应包括：
　　1 经营许可和资质证明；
　　2 专业能力；
　　3 人员结构和素质；
　　4 机具装备；
　　5 技术、质量、安全、施工管理的保证能力；
　　6 工程业绩和信誉。
9.2.2 施工企业应按照总承包合同的约定，依法订立分包合同。

9.3 分包项目实施过程的控制

9.3.1 施工企业应在分包项目实施前对从事分包的有关人员进行分包工程施工或服务要求的交底，审核批准分包方编制的施工或服务方案，并据此对分包方的施工或服务条件进行确认和验证，包括：
　　1 确认分包方从业人员的资格与能力；
　　2 验证分包方的主要材料、设备和设施。
9.3.2 施工企业对项目分包管理活动的监督和指导应符合分包管理制度的规定和分包合同的约定。施工企业应对分包方的施工和服务过程进行控制，包括：
　　1 对分包方的施工和服务活动进行监督检查，发现问题及时提出整改要求并跟踪复查；
　　2 依据规定的步骤和标准对分包项目进行验收。
9.3.3 施工企业应对分包方的履约情况进行评价并保存记录，作为重新评价、选择分包方和改进分包管理工作的依据。

10 工程项目施工质量管理

10.1 一 般 规 定

10.1.1 施工企业应建立并实施工程项目施工质量管理制度，对工程项目施工质量管理策划、施工设计、施工准备、施工质量和服务予以控制。
10.1.2 施工企业应对项目经理部的施工质量管理进行监督、指导、检查和考核。

10.2 策 划

10.2.1 施工企业项目经理部应负责工程项目施工质量管理。项目经理部的机构设置和人员配备应满足质量管理的需要。
10.2.2 项目经理部应按规定接收设计文件，参加图纸会审和设计交底并对结果进行确认。
10.2.3 施工企业应按照规定的职责实施工程项目质量管理策划，包括：
　　1 质量目标和要求；
　　2 质量管理组织和职责；
　　3 施工管理依据的文件；
　　4 人员、技术、施工机具等资源的需求和配置；
　　5 场地、道路、水电、消防、临时设施规划；
　　6 影响施工质量的因素分析及其控制措施；
　　7 进度控制措施；
　　8 施工质量检查、验收及其相关标准；
　　9 突发事件的应急措施；
　　10 对违规事件的报告和处理；
　　11 应收集的信息及其传递要求；
　　12 与工程建设有关方的沟通方式；
　　13 施工管理应形成的记录；
　　14 质量管理和技术措施；
　　15 施工企业质量管理的其他要求。
10.2.4 施工企业应将工程项目质量管理策划的结果形成文件并在实施前批准。策划的结果应按规定得到发包方或监理方的认可。
10.2.5 施工企业应根据施工要求对工程项目质量管理策划的结果实行动态管理，及时调整相关文件并监督实施。

10.3 施 工 设 计

10.3.1 施工企业进行施工设计时，应明确职责，策划并实施施工设计的管理。施工企业应对其委托的施工设计活动进行控制。
10.3.2 施工企业应确定施工设计所需的评审、验证和确认活动，明确其程序和要求。
　　施工企业应明确施工设计的依据，并对其内容进行评审。设计结果应形成必要的文件，经审批后方可使用。

10.3.3 施工企业应明确设计变更及其批准方式和要求，规定变更所需的评审、验证和确认程序；对变更可能造成的施工质量影响进行评审，并保存相关记录。

10.4 施 工 准 备

10.4.1 施工企业应依据工程项目质量管理策划的结果实施施工准备。

10.4.2 施工企业应按规定向监理方或发包方进行报审、报验。施工企业应确认项目施工已具备开工条件，按规定提出开工申请，经批准后方可开工。

10.4.3 施工企业应按规定将质量管理策划的结果向项目经理部进行交底，并保存记录。

施工企业应根据项目管理需要确定交底的层次和阶段以及相应的职责、内容、方式。

10.5 施工过程质量控制

10.5.1 项目经理部应对施工过程质量进行控制。包括：

1 正确使用施工图纸、设计文件、验收标准及适用的施工工艺标准、作业指导书。适用时，对施工过程实施样板引路；
2 调配符合规定的操作人员；
3 按规定配备、使用建筑材料、构配件和设备、施工机具、检测设备；
4 按规定施工并及时检查、监测；
5 根据现场管理有关规定对施工作业环境进行控制；
6 根据有关要求采用新材料、新工艺、新技术、新设备，并进行相应的策划和控制；
7 合理安排施工进度；
8 采取半成品、成品保护措施并监督实施；
9 对不稳定和能力不足的施工过程、突发事件实施监控；
10 对分包方的施工过程实施监控。

10.5.2 施工企业应根据需要，事先对施工过程进行确认，包括：

1 对工艺标准和技术文件进行评审，并对操作人员上岗资格进行鉴定；
2 对施工机具进行认可；
3 定期或在人员、材料、工艺参数、设备发生变化时，重新进行确认。

10.5.3 施工企业应对施工过程及进度进行标识，施工过程应具有可追溯性。

10.5.4 施工企业应保持与工程建设有关方的沟通，按规定的职责、方式对相关信息进行管理。

10.5.5 施工企业应建立施工过程中的质量管理记录。施工记录应符合相关规定的要求。施工过程中的质量管理记录应包括：

1 施工日记和专项施工记录；
2 交底记录；
3 上岗培训记录和岗位资格证明；
4 施工机具和检验、测量及试验设备的管理记录；
5 图纸的接收和发放、设计变更的有关记录；
6 监督检查和整改、复查记录；
7 质量管理相关文件；
8 工程项目质量管理策划结果中规定的其他记录。

10.6 服 务

10.6.1 施工企业应按规定进行工程移交和移交期间的防护。

10.6.2 施工企业应按规定的职责对工程项目的服务进行策划，并组织实施。服务应包括：

1 保修；
2 非保修范围内的维修；
3 合同约定的其他服务。

10.6.3 施工企业应在规定的期限内对服务的需求信息作出响应，对服务质量应按照相关规定进行控制、检查和验收。

10.6.4 施工企业应及时收集服务的有关信息，用于质量分析和改进。

11 施工质量检查与验收

11.1 一 般 规 定

11.1.1 施工企业应建立并实施施工质量检查制度。施工企业应规定各管理层次对施工质量检查与验收活动进行监督管理的职责和权限。检查和验收活动应由具备相应资格的人员实施。施工企业应按规定做好对分包工程的质量检查和验收工作。

11.1.2 施工企业应配备和管理施工质量检查所需的各类检测设备。

11.2 施 工 质 量 检 查

11.2.1 施工企业应对施工质量检查进行策划，包括质量检查的依据、内容、人员、时机、方法和记录。策划结果应按规定经批准后实施。

11.2.2 施工企业对质量检查记录的管理应符合相关制度的规定。

11.2.3 项目经理部应根据策划的安排和施工质量验收标准实施检查。

11.2.4 施工企业应对项目经理部的质量检查活动进行监控。

11.3 施工质量验收

11.3.1 施工企业应按规定策划并实施施工质量验收。施工企业应建立试验、检测管理制度。

11.3.2 施工企业应在竣工验收前，进行内部验收，并按规定参加工程竣工验收。

11.3.3 施工企业应对工程资料的管理进行策划，并按规定加以实施。工程资料的形成应与工程进度同步。施工企业应按规定及时向有关方移交相应资料。归档的工程资料应符合档案管理的规定。

11.4 施工质量问题的处理

11.4.1 施工企业应建立并实施质量问题处理制度，规定对发现质量问题进行有效控制的职责、权限和活动流程。

11.4.2 施工企业应对质量问题的分类、分级报告流程作出规定，按照要求分别报告工程建设有关方。

11.4.3 施工企业应对各类质量问题的处理制定相应措施，经批准后实施，并应对质量问题的处理结果进行检查验收。

11.4.4 施工企业应保存质量问题的处理和验收记录，建立质量事故责任追究制度。

11.5 检测设备管理

11.5.1 施工企业应按照要求配备检测设备。检测设备管理应符合下列规定：

    1 根据需要采购或租赁检测设备，并对检测设备供应方进行评价；

    2 使用前对检测设备进行验收；

    3 按照规定的周期校准检测设备，标识其校准状态并保持清晰，确保其在有效检定周期内方可用于施工质量检测，校准记录应予以保存；

    4 对国家或地方没有校准标准的检测设备制定相应的校准标准；

    5 对设备进行必要的维护和保养，保持其完好状态。设备的使用、管理人员应经过培训；

    6 在发现检测设备失准时评价已测结果的有效性，并采取相应的措施；

    7 对检测设备所使用的软件在使用前的确认和再确认予以规定。

12 质量管理自查与评价

12.1 一般规定

12.1.1 施工企业应建立质量管理自查与评价制度，对质量管理活动进行监督检查。施工企业应对监督检查的职责、权限、频度和方法作出明确规定。

12.2 质量管理活动的监督检查与评价

12.2.1 施工企业应对各管理层次的质量管理活动实施监督检查，明确监督检查的职责、频度和方法。对检查中发现的问题应及时提出书面整改要求，监督实施并验证整改效果。监督检查的内容包括：

    1 法律、法规和标准规范的执行；

    2 质量管理制度及其支持性文件的实施；

    3 岗位职责的落实和目标的实现；

    4 对整改要求的落实。

12.2.2 施工企业应对项目经理部的质量管理活动进行监督检查，内容包括：

    1 项目质量管理策划结果的实施；

    2 对本企业、发包方或监理方提出的意见和整改要求的落实；

    3 合同的履行情况；

    4 质量目标的实现。

12.2.3 施工企业应对质量管理体系实施年度审核和评价。施工企业应对审核中发现的问题及其原因提出书面整改要求，并跟踪其整改结果。质量管理审核人员的资格应符合相应的要求。

12.2.4 施工企业应策划质量管理活动监督检查和审核的实施。策划的依据包括：

    1 各部门和岗位的职责；

    2 质量管理中的薄弱环节；

    3 有关的意见和建议；

    4 以往检查的结果。

12.2.5 施工企业应建立和保存监督检查和审核的记录，并将所发现的问题及整改的结果作为质量管理改进的重要信息。

12.2.6 施工企业应收集工程建设有关方的满意情况的信息，并明确这些信息收集的职责、渠道、方式及利用这些信息的方法。

13 质量信息和质量管理改进

13.1 一般规定

13.1.1 施工企业应采用信息管理技术，通过质量信息资源的开发和利用，提高质量管理水平。

13.1.2 施工企业应建立并实施质量信息管理和质量管理改进制度，通过对质量信息的收集和分析，确定改进的目标，制定并实施质量改进措施。

13.1.3 施工企业应明确各层次、各岗位的质量信息管理和质量管理改进职责。

13.1.4 施工企业的质量管理改进活动应包括：质量方针和目标的管理、信息分析、监督检查、质量管理体系评价、纠正与预防措施等。

13.2 质量信息的收集、传递、分析与利用

13.2.1 施工企业应明确为正确评价质量管理水平所需收集的信息及其来源、渠道、方法和职责。收集的信息应包括：

1 法律、法规、标准规范和规章制度等；
2 工程建设有关方对施工企业的工程质量和质量管理水平的评价；
3 各管理层次工程质量管理情况及工程质量的检查结果；
4 施工企业质量管理监督检查结果；
5 同行业其他施工企业的经验教训；
6 市场需求；
7 质量回访和服务信息。

13.2.2 施工企业应总结项目质量管理策划结果的实施情况，并将其作为质量分析和改进的信息予以保存和利用。

13.2.3 施工企业各管理层次应按规定对质量信息进行分析，判断质量管理状况和质量目标实现的程度，识别需要改进的领域和机会，并采取改进措施。施工企业在分析过程中，应使用有效的分析方法。分析结果应包括：

1 工程建设有关方对施工企业的工程质量、质量管理水平的满意程度；
2 施工和服务质量达到要求的程度；
3 工程质量水平、质量管理水平、发展趋势以及改进的机会；
4 与供应方、分包方合作的评价。

13.2.4 施工企业最高管理者应按照规定的周期，分析评价质量管理体系运行的状况，提出改进目标和要求。质量管理体系的评价包括：

1 质量管理体系的适宜性、充分性、有效性；
2 施工和服务质量满足要求的程度；
3 工程质量、质量管理活动状况及发展趋势；
4 潜在问题的预测；
5 工程质量、质量管理水平改进和提高的机会；
6 资源需求及满足要求的程度。

13.3 质量管理改进与创新

13.3.1 施工企业应根据对质量管理体系的分析和评价，提出改进目标，制定和实施改进措施，跟踪改进的效果；分析工程质量、质量管理活动中存在或潜在问题的原因，采取适当的措施，并验证措施的有效性。

13.3.2 施工企业可根据质量管理分析、评价的结果，确定质量管理创新的目标及措施，并跟踪、反馈实施结果。

13.3.3 施工企业应按规定保存质量管理改进与创新的记录。

本规范用词说明

1 为便于在执行本规范条文时区别对待，对于要求严格程度不同的用词说明如下：

 1) 表示很严格，非这样不可的：
    正面词采用"必须"；
    反面词采用"严禁"。
 2) 表示严格，在正常情况下均应这样做的：
    正面词采用"应"；
    反面词采用"不应"或"不得"。
 3) 表示允许稍有选择，在条件许可时首先应这样做的：
    正面词采用"宜"；
    反面词采用"不宜"；
    表示有选择，在一定条件下可以这样做的，采用"可"。

2 条文中指定应按其他有关标准执行的写法为"应符合……规定（要求）"或"应按照……执行"。

中华人民共和国国家标准

工程建设施工企业质量管理规范

GB/T 50430—2007

条 文 说 明

目　次

1 总则 …………………………… 46—13
3 质量管理基本要求 …………… 46—13
　3.1 一般规定 ………………… 46—13
　3.2 质量方针和质量目标 …… 46—13
　3.3 质量管理体系的策划和建立 … 46—13
　3.4 质量管理体系的实施和改进 … 46—14
　3.5 文件管理 ………………… 46—14
4 组织机构和职责 ……………… 46—14
　4.1 一般规定 ………………… 46—14
　4.2 组织机构 ………………… 46—14
　4.3 职责和权限 ……………… 46—14
5 人力资源管理 ………………… 46—14
　5.1 一般规定 ………………… 46—14
　5.2 人力资源配置 …………… 46—14
　5.3 培训 ……………………… 46—14
6 施工机具管理 ………………… 46—15
　6.1 一般规定 ………………… 46—15
　6.2 施工机具配备 …………… 46—15
　6.3 施工机具使用 …………… 46—15
7 投标及合同管理 ……………… 46—15
　7.1 一般规定 ………………… 46—15
　7.2 投标及签约 ……………… 46—15
　7.3 合同管理 ………………… 46—15
8 建筑材料、构配件和设备管理 … 46—16
　8.1 一般规定 ………………… 46—16
　8.2 建筑材料、构配件和设备的采购 … 46—16
　8.3 建筑材料、构配件和设备的验收 … 46—16
　8.4 建筑材料、构配件和设备的现场管理 … 46—16
　8.5 发包方提供的建筑材料、构配件和设备 … 46—17
9 分包管理 ……………………… 46—17
　9.1 一般规定 ………………… 46—17
　9.2 分包方的选择和分包合同 … 46—17
　9.3 分包项目实施过程的控制 … 46—17
10 工程项目施工质量管理 ……… 46—17
　10.1 一般规定 ………………… 46—17
　10.2 策划 ……………………… 46—17
　10.3 施工设计 ………………… 46—18
　10.4 施工准备 ………………… 46—18
　10.5 施工过程质量控制 ……… 46—18
　10.6 服务 ……………………… 46—19
11 施工质量检查与验收 ………… 46—19
　11.1 一般规定 ………………… 46—19
　11.2 施工质量检查 …………… 46—19
　11.3 施工质量验收 …………… 46—19
　11.4 施工质量问题的处理 …… 46—19
　11.5 检测设备管理 …………… 46—19
12 质量管理自查与评价 ………… 46—20
　12.1 一般规定 ………………… 46—20
　12.2 质量管理活动的监督检查与评价 … 46—20
13 质量信息和质量管理改进 …… 46—20
　13.1 一般规定 ………………… 46—20
　13.2 质量信息的收集、传递、分析与利用 … 46—21
　13.3 质量管理改进与创新 …… 46—21

1 总　则

1.0.1 本规范确定了施工企业各项质量管理活动的内容和要求，是施工企业质量管理的行为准则，是施工和服务质量符合法律、法规要求的基本保证。本规范所确定的是施工企业质量管理的一般内容。第 10 章中的第 3 节对没有施工设计的施工企业不予约束。

本规范在提出质量管理基本要求的基础上，鼓励施工企业实施质量管理创新。

1.0.2 本规范适用于各行业从事工程承包活动的施工企业，包括总承包企业和专业承包企业。

1.0.3 施工企业实施质量管理时，可以本规范为基础，根据需要增加其他要求实行自律。对施工企业质量管理的监督检查和动态管理均可依据本规范进行。

3 质量管理基本要求

3.1 一般规定

3.1.1 质量管理的各项要求是通过质量管理体系实现的。质量管理体系是在质量方面指挥和控制组织建立质量方针和质量目标并实现这些目标的相互关联或相互作用的一组要素。

施工企业应按照本规范的要求完善原有的质量管理体系。

3.1.2 施工企业的质量管理活动应遵循持续改进的原则。通过质量管理活动的策划，明确其目的、职责、步骤和方法。各项质量管理活动的实施应保证资源的提供并按照策划的结果进行。

策划是指为达到一定目标，在调查、分析有关信息的基础上，遵循一定的程序，对未来某项工作进行全面的构思和安排，制定和选择合理可行的执行方案，并根据目标要求和环境变化对方案进行修改、调整的活动。

3.1.3 对质量管理活动的过程和结果应采取适宜的方式进行检查、监督和分析，以确定质量管理活动的有效性，明确改进的必要性和方向，通过改进活动的实施使质量管理水平不断提高。

3.2 质量方针和质量目标

3.2.1 质量方针是由施工企业的最高管理者制定的该企业总的质量宗旨和方向。最高管理者是在施工企业的最高层指挥和控制施工企业的一个人或一组人。建立质量方针有以下意义：

1　统一全体员工质量意识，规范其质量行为；
2　规定质量管理的方向和原则；
3　作为检验质量管理体系运行效果的标准。

质量方针必须经过最高管理者批准后生效。施工企业可自行确定质量方针发布的形式，可以单独发布或并入施工企业的其他管理文件中发布。

质量方针的内涵应清晰明确，便于员工对质量方针的理解、传递和实施。

3.2.2 对质量方针的评审和修订是施工企业质量管理改进的重要手段之一。施工企业应根据内外部条件的变化，保持质量方针的适宜性。

3.2.3 质量目标的建立应为施工企业及其员工确立质量活动的努力方向。质量目标应与其他管理目标相协调。质量目标可以以长期目标、阶段性目标、年度目标等形式确定，并应使各目标协调一致。

质量目标应是可测量的。施工企业应通过适当的方式明确质量目标中各项指标的内涵。

3.2.4 施工企业各管理层次应按照质量目标管理制度的要求监督检查质量目标的分解、落实情况，并对其实现情况进行考核。质量目标考核结果应作为质量管理改进依据的组成部分。

3.3 质量管理体系的策划和建立

3.3.1 质量管理体系策划应以有效实施质量方针和实现质量目标为目的，使质量管理体系的建立满足质量管理的需要。

质量管理体系的策划可以采取以下方法：

1　制定相关制度，确定质量管理活动的准则和方法；
2　制定质量管理活动的计划、方案或措施。

施工企业对质量管理体系策划时，应分析原有质量管理基础，对照本规范调整、补充和完善质量管理要求。

最高管理者也可委托管理层中的其他人，负责质量管理体系的建立、实施和改进活动，并通过适当的方式明确其责任和权利。

3.3.2 施工企业可根据需要将其他必要的管理内容纳入质量管理体系。

3.3.3 质量管理体系说明应表明质量管理体系的总体概况，用于对内管理或对外声明的需要。质量管理体系说明的内容应包括：质量管理体系的范围，各项质量管理制度（或引用），各项质量管理活动之间相互关系、相互影响的说明。质量管理说明可采取适宜的形式和结构，可单独形成文件，也可与其他文件合并。

质量管理制度的结构、层次、形式可根据需要确定。各项管理制度内容应侧重于对各项活动的操作性规定，并考虑管理活动的复杂程度、人员的素质等方面的因素。质量管理制度可以直接引用相关法律、法规和标准规范。

必要的支持性文件是指支持质量管理制度所需的操作规程、工法、管理办法等管理性及技术性要求等。

文件化质量管理制度及其支持性文件可根据需要合理采用不同的媒体形式。

3.4 质量管理体系的实施和改进

3.4.1 施工企业应根据质量管理的范围、深度及方法，确定和配备资源。

3.4.2 施工企业对所有质量管理活动应采取适当的方式进行监督检查，明确监督检查的职责、依据和方法，对其结果进行分析。根据分析结果明确改进目标，采取适当的改进措施，以提高质量管理活动的效率。

3.4.3 质量管理体系的适宜性是指质量管理体系能持续满足内外部环境变化需要的能力；有效性是指通过完成质量管理体系的活动而达到质量方针和质量目标的程度。

3.5 文件管理

3.5.1 文件管理的范围应包括与各项质量管理活动相关的法律、法规、标准、规范、合同、管理制度、支持性文件、其他各种形式的工作依据等。

3.5.2 施工企业应规定各类文件的审批职责。应按照确定的范围发放文件，保证所有岗位都能得到需使用的文件。当文件进行修改时应及时通知原文件持有人。

3.5.3 记录是特殊形式的文件，可以以多种媒体形式出现。应确定记录管理的范围和类别，凡在日常质量活动中形成的记载各类质量管理活动的文件均属于记录。

记录的形成应与质量活动同步进行。应在管理制度中明确规定各层次、部门和岗位在记录管理方面的职责和权限，明确各岗位的质量活动应形成的记录及其内容、形式、时机和传递方式，记录的形成和传递均应作为各岗位的职责内容之一。

应以适当的方式识别记录，记录应便于查找和检索，可以通过建立目录的形式达到要求。

应明确记录的归档范围并在适宜的环境条件下保存各类记录。

应根据工程建设需要和施工企业的特点设置档案管理部门和档案管理人员，建立档案管理的规章制度。

4 组织机构和职责

4.1 一般规定

4.1.1 最高管理者应确定适合施工企业自身特点的组织形式，合理划分管理层次和职能部门，确保各项管理活动高效、有序地运行。

4.2 组织机构

4.2.1 施工企业质量管理组织机构的设置应与质量管理制度要求相一致。确定组织机构时，管理层次、部门或岗位的设置均应与质量管理需要相适应。

4.2.2 施工企业可在各管理层次中设置专职或兼职的部门或岗位，负责质量管理的组织和协调工作。

4.3 职责和权限

4.3.1 施工企业最高管理者履行质量管理方面的职责和权限应以贯彻质量方针、实现质量目标，不断增强相关方、社会的满意程度为目的。

4.3.2～4.3.3 质量管理职责应与质量管理制度的规定一致并覆盖所有质量管理活动。

4.3.4 施工企业组织机构的变化或岗位设置调整时，需对有关制度作相应调整，并通知到相关岗位。

5 人力资源管理

5.1 一般规定

5.1.1 施工企业应建立人力资源的约束和激励机制，包括人力资源的配置、劳动纪律、培训、考核、奖惩等，明确人力资源管理活动的流程和方法。施工企业应建立和保存人力资源管理的适当记录。

5.1.2 施工企业最高管理者应根据企业发展的需要提出人力资源的发展规划。

5.2 人力资源配置

5.2.1 可以采用岗位说明、职位说明书等方式明确岗位任职条件。

5.2.2 施工企业可采取包括招聘、调岗、培训等措施配置人力资源，其结果都必须使人力资源满足质量管理要求。施工企业应明确招聘与录用的职责和权限，并确定录用的标准以及考核的方式。

质量方针或质量目标修订时，人力资源的需求也应作相应调整。

施工企业的项目经理以及质量检查、技术、计量、试验管理等人员的配置必须达到有关规定的要求，规定要求注册的必须经注册后方能执业。

5.2.3 对员工绩效考核的依据可包括以下方面：
1 质量管理制度；
2 各岗位的工作标准；
3 各岗位的工作目标。

施工企业宜根据实际情况确定绩效考核的时间、频度、方法和标准，按照规定的要求进行考核。绩效考核的标准应与质量管理目标的有关要求相协调。

5.3 培 训

5.3.1 施工企业的培训计划应明确培训范围、培训层次、培训方式、培训内容、时间进度以及教师和教材等。

培训应达到增强质量意识、增加技术知识和提高技能的目的。识别培训需求应考虑以下几方面：

1　施工企业发展的需要；
2　外部的要求，如法律法规对人员的要求和标准；
3　人力资源状况；
4　员工职业生涯发展的要求。

5.3.2　培训应使员工能够明确各自岗位的职责和在质量管理体系中的作用和意义，促进员工提高其岗位技能。

应明确新员工常规培训的方式和内容。

与质量有关的继续教育的内容包括：质量管理发展趋势，新规范、新工艺、新技术、新材料、新设备等行业动态。

5.3.3　施工企业可以通过笔试、面试、实际操作等方式以及随后的业绩评价等方法检查培训效果是否达到了培训计划所确定的培训目标。

施工企业应建立培训记录，记载教育、培训、技能、经历和必要的鉴定情况。

6　施工机具管理

6.1　一般规定

6.1.1　施工机具是指在施工过程中为了满足施工需要而使用的各类机械、设备、工具等，包括自有、租赁和分包方的设备。

施工企业应明确主管领导在施工机具管理中的具体责任，规定各管理层及项目经理部在施工机具管理中的管理职责及方法。

6.2　施工机具配备

6.2.1　施工机具配备计划也可根据施工企业发展的需要专门制订或根据工程项目的需要在项目管理策划时确定。

施工机具配备计划的审批权限应符合管理制度的规定。

施工机具的配备可采用购置和租赁的方式。

6.2.2　施工企业可根据施工机具的类别和对施工质量的影响程度，分别确定各类施工机具供应方的评价和选择标准。

供货能力一般包括：生产能力、运输能力、贮存能力、交货期的准确性等。

6.2.3　施工机具采购或租赁合同应符合经审批的配备计划。

6.2.4　施工企业应根据施工机具配备计划、采购或租赁合同、工程施工进度等对施工机具进行验收。

施工企业应明确参加验收人员的职责和验收方法。对于购置的施工机具，验收人员应根据合同及"装箱清单"或"设备附件明细表"等目录进行清点，包括设备、备件、工具、说明书、合格证等文件；大型施工机具的随机文件应作为施工机具档案按照相关制度的规定归档管理。

对于租赁的设备应按照合同的规定验证其施工机具型号、随行操作人员的资格证明等。

对于安装试运行出现问题或验收不合格的施工机具应按照合同的约定予以处理。

6.3　施工机具使用

6.3.1　施工机具在使用过程中应符合定机、定人、定岗、持证上岗、交接、维护保养等规定。施工企业应建立必要的施工机具档案，制定施工机具技术和安全管理规定。

7　投标及合同管理

7.1　一般规定

7.1.1　施工企业应通过对工程项目投标及承包合同的管理，确保充分了解发包方及有关各方对工程项目施工和服务质量的要求，并有能力实现这些要求。

7.1.2　施工企业应在投标或签约前对工程项目立项、招标等行为的合法性进行验证。

7.2　投标及签约

7.2.1　"发包方明示的要求"是指发包方在招标文件及合同中明确提出的要求。

"发包方未明示，但应满足的要求"是指以行业的技术或管理要求为准，施工企业必须满足的要求。

"其他要求"包括：施工企业对项目部的要求；为使发包方满意而对其作出的承诺。

7.2.2　施工企业应在合同签订及履行过程中，确定与工程项目有关的要求，并通过适宜的方式对这些要求进行评审，以确认是否有能力满足这些要求。

投标及签约的有关记录应能为证实项目施工和服务质量符合要求提供必要的追溯和依据。需保存的记录一般有：对招标文件和施工承包合同的分析记录、投标文件和承包合同及其审核批准记录、工程合同台账、合同变更、施工过程中的各类有关会议纪要、函件等。

7.3　合同管理

7.3.1　合同要求可根据需要采用合同文本发放、会议、书面交底等多种方式进行传递。

7.3.2　施工过程中产生的变更包括：来自设计单位或发包方的变更以及施工企业提出的、经认可的变更。

在履约过程中，施工企业应随时收集与工程项目有关的要求变更的信息，包括：法律法规要求、施工承包合同及本企业要求的变化，并在规定范围内传递。必要时，应修改相应的项目质量管理文件。

7.3.3 合同履行信息的传递应确保管理部门能够及时掌握合同履行情况并采取相应的措施。

7.3.4 施工企业对合同履行情况的分析可在合同履行过程中或完成后进行。施工企业宜根据项目的重要程度、工期长短及管理要求等对分析的时机作出规定。

8 建筑材料、构配件和设备管理

8.1 一般规定

8.1.1 施工企业的建筑材料、构配件和设备管理制度中应明确各管理层次管理活动的内容、方法及相应的职责和权限。

8.2 建筑材料、构配件和设备的采购

8.2.1 项目所需的建筑材料、构配件和设备应作为项目管理策划内容的组成部分。

各类建筑材料、构配件和设备采购计划审批的权限和流程应在制度中明确规定。

施工企业可根据需要分别编制建筑材料、构配件和设备需求计划、供应计划、申请计划、采购计划等，应确定所需计划的类别，明确各类计划中应包含的内容。计划编制人员应明确各类计划编制的依据和要求，应确定各类计划编制和提供的时间要求。

8.2.2 施工企业应根据建筑材料、构配件和设备对施工质量的影响程度对供应方进行评价。

施工企业可根据所采购的建筑材料、构配件和设备的重要程度、金额等分别制定评价标准，并应规定评价的职责。应分别针对供货厂家、经销商制定不同的评价标准。

供应方的信誉可从其社会形象、其与本施工企业合作的历史情况等方面反映；供货能力包括储运能力、交货期的准确性等。

根据所提供产品的重要程度不同，对供货厂家评价时，一般应在如下范围内收集可以溯源的证明资料：

1 资质证明、产品生产许可证明；
2 产品鉴定证明；
3 产品质量证明；
4 质量管理体系情况；
5 产品生产能力证明；
6 与该厂家合作的证明。

对经销商进行评价时，一般应在如下范围内收集可以溯源的证明资料：

1 经营许可证明；
2 产品质量证明；
3 与该经销商合作的证明。

对发包方指定的供应方也应进行评价。当从发包方指定的供应方采购时，发包方在工程施工合同中提出的要求、直接或间接地在各种场合、以各种方式指定供应方的记录都应成为选择供应方的依据。

8.2.3 施工企业应对供应方的再评价作出明确规定。

8.2.4 评价、选择和再评价的相应记录可包括：对供应方的各种形式的调查、评价和选择记录，相应的证明资料，合格供应方名录、名单等；若以招标形式选择供应方，则应保存招标过程的各项记录。

8.2.5 采购合同的内容应包括：名称、品种、规格型号、数量、计量单位、明确的技术质量指标、包装等。

8.3 建筑材料、构配件和设备的验收

8.3.1 建筑材料、构配件和设备验收的目的是检查其数量和质量是否符合采购的要求。

建筑材料、构配件和设备进场验收的策划是项目质量管理策划的内容之一，可单独形成文件，作为物资进场验收的依据。

建筑材料、构配件和设备进场验收前应做好相应准备工作。验收时需准确核对各类凭证，确认其是否齐全、有效、相符，并按合同要求检查数量和质量。

对下列材料还应进行检验：国家和地方政府规定的必须复试的材料；质量证明文件缺项、数据不清、实物与质量证明资料不符的材料；超出保质期或规格型号混存不明的材料，应按照国家的取样标准取样复试。

8.3.2 不合格建筑材料、构配件和设备有如下几种情况：

1 不符合国家规定的验收标准；
2 不符合发包方的要求；
3 不符合计划规定的要求。

施工企业应安排相关人员负责对不合格建筑材料、构配件和设备进行记录标识、隔离，以防误用。

对不合格建筑材料、构配件和设备可采取以下处理措施：

1 拒收；
2 加工使其合格后直接使用；
3 经发包方及设计方同意改变用途使用；
4 降级使用；
5 限制使用范围；
6 报废。

8.4 建筑材料、构配件和设备的现场管理

8.4.2 建筑材料、构配件和设备保管应保证其数量、

质量，堆放场地和库房必须满足相应的贮存要求。

8.4.3 施工企业对易燃、易爆、易碎、超长、超高、超重建筑材料、构配件和设备，应明确搬运要求，并对其进行防护，防止损坏、变质、变形。当需要编制搬运方案时，应经审批后向操作人员进行交底并组织实施。

8.4.4 建筑材料、构配件和设备的可追溯性可以通过连续的记录实现，应确保进场验收记录、检验试验记录、保管记录和使用发放记录的连续性。

8.5 发包方提供的建筑材料、构配件和设备

8.5.1 发包方提供的建筑材料、构配件和设备是指与发包方订立的合同中所确定的由发包方提供的建筑材料、构配件和设备。

8.5.2 在对发包方提供的建筑材料、构配件和设备验证时发现问题应及时和发包方沟通，同时采取标识、隔离等措施，按照与发包方协商的结果进行处理，并做好记录。

9 分包管理

9.1 一般规定

9.1.1 施工企业应明确在本企业中存在的分包类别，如：劳务、专业工程承包、设施设备租赁、技术服务等，并根据所确定的分包类别制定相应的管理制度。

9.1.2 施工企业必须取得发包方的同意，才能将工程合法分包。以下情况视为已取得发包方的同意：
 1 已在总承包合同中约定许可分包的；
 2 履行承包合同过程中，发包方认可分包的；
 3 总承包单位在投标文件中声明中标后准备分包，并经合法程序中标的。

9.2 分包方的选择和分包合同

9.2.1 施工企业对分包方进行评价和选择的方法包括：招标、组织相关职能部门实施评审，对分包方提供的资料进行评定，对分包方的施工能力进行现场调查等，必要时可对分包方进行质量管理体系审核。

对于设备租赁和技术服务分包方的选择可重点考查其资质、服务人员的资格、设备完好程度、提供技术资料的承诺等。

对分包方评价的记录可包括：
 1 经营许可和资质证明文件；
 2 质量管理体系审核记录；
 3 评审的会议记录、传阅记录；
 4 合格分包方名册；
 5 招标过程的各项记录。

9.2.2 施工企业与分包方订立分包合同时，应以工程总承包合同为基础。分包合同应：

 1 符合法律法规的规定；
 2 符合建设工程总承包合同或专业施工合同的规定；
 3 明确施工或服务范围，双方的权利和义务，质量职责和违约责任；
 4 明确分包工程或服务的工艺标准和质量标准；
 5 明确对分包方的施工或服务方案、过程、程序和设备的签认、审批要求；
 6 明确分包方从业人员的资格能力要求。

与分包方订立的非标准文本合同至少应包括：所分包的内容、时间、质量、安全、文明施工等要求，结算方式与付款办法，交工后必须提供的服务，违约处理意见等。

9.3 分包项目实施过程的控制

9.3.1 对分包方的验证应在施工或服务开始前进行。

9.3.2 施工企业对分包方的控制要求是项目管理策划的重要内容。

分包项目结束时，施工企业应按照规定的质量标准进行验收。在验收合格前，不得接收分包项目。

9.3.3 施工企业对分包方履约情况的评价，可在分包施工和服务活动过程中或结束后进行，按照管理要求由项目经理部或相关部门实施。

分包管理工作的改进包括：发现并处理分包管理中的问题；重新确定、批准合格分包方；修订分包管理制度等。

10 工程项目施工质量管理

10.1 一般规定

10.1.1 施工企业应通过建立并实施从工程项目管理策划至保修管理的制度，对工程项目施工的质量管理活动加以规范，有效控制工程施工质量和服务质量。

工程项目施工和服务质量管理中的建筑材料、构配件和设备管理活动、分包管理活动应符合本规范第8、9章中规定。

10.1.2 项目经理部的职责是实施项目施工管理，施工企业其他各管理层次应对项目经理部的工作进行指导、监督，确保项目施工和服务质量满足要求。施工企业应在相关制度中明确各管理层次在项目质量管理方面的职责和权限。施工企业对项目经理部质量管理的监督、检查和考核活动应符合本规范第12章的要求。

10.2 策 划

10.2.1 项目经理部的机构设置应与工程项目的规模、施工复杂程度、专业特点、人员素质相适应，并根据项目管理需要设立质量管理部门或岗位。

10.2.2 施工企业应对设计文件的接收、审核及图纸会审、设计交底的程序、方法加以规定。有关人员应掌握工程特点、设计意图、相关的工程技术和质量要求,并可提出设计修改和优化意见。施工图纸等设计文件的接收、审核结果均应记录。设计交底、图纸会审纪要应经参加各方共同签认。

10.2.3 工程项目质量管理策划的内容是施工企业质量管理的各项要求在工程项目上的具体应用。策划结果所形成的文件是全面安排项目施工质量管理的文件,是指导施工的主要依据。施工企业应明确规定该文件编制的内容及相关职责、权限。在编制前,有关人员应充分了解项目质量管理的要求。

施工企业应在施工过程中确定关键工序并明确其质量控制点及控制措施。影响施工质量的因素包括与施工质量有关的人员、施工机具、建筑材料、构配件和设备、施工方法和环境因素。

施工企业在施工过程策划时,应确定施工过程中对施工质量影响较大的关键工序、工序质量不易或不能经济地加以验证的工序。

下列影响因素应列为工序的质量控制点:

1 对施工质量有重要影响的关键质量特性、关键部位或重要影响因素;

2 工艺上有严格要求,对下道工序的活动有重要影响的关键质量特性、部位;

3 严重影响项目质量的材料的质量和性能;

4 影响下道工序质量的技术间歇时间;

5 某些与施工质量密切相关的技术参数;

6 容易出现质量通病的部位;

7 紧缺建筑材料、构配件和设备或可能对生产安排有严重影响的关键项目。

工程项目质量管理策划可根据项目的规模、复杂程度分阶段实施。策划结果所形成的文件可是一个或一组文件,可采用包括施工组织设计、质量计划在内的多种文件形式,内容必须覆盖并符合企业的管理制度和本规范的要求,其繁简程度宜根据工程项目的规模和复杂程度而定。

"施工企业质量管理的其他要求"指:施工企业自身提出的顾客要求以外的质量管理要求。

10.2.4 施工企业应对工程项目质量管理策划结果所形成的文件是否符合合同、法律法规及管理制度进行审核。应按照建设工程监理及相关法规的要求将项目质量管理策划文件向发包方或监理方申报。

10.2.5 工程项目施工过程中,施工和服务质量的要求发生变化时,相应的质量管理要求应随之变化,工程项目质量管理策划的结果也应及时调整,确保施工和服务质量满足要求。

10.3 施 工 设 计

10.3.1 具有工程设计资质的施工企业,其设计的管理应符合工程设计的相关规定。施工设计的委托及监控应符合本规范第 9 章的规定。

10.3.2 施工设计依据的评审主要是指对设计依据的充分性和适宜性进行评审。

施工设计的评审、验证和确认应参照工程设计的相关规定执行,也可采用审查、批准等方式进行。

根据专业特点和所承接项目的规模、复杂程度,施工企业的施工设计活动及其管理可适当增减或合并进行。

10.4 施 工 准 备

10.4.1 施工企业应按照本规范第 8、9 章的要求选择供应方、分包方,组织材料、构配件、设备和分包方人员进场。

10.4.2 施工准备阶段报验的内容包括:工程项目质量管理策划的结果,项目质量管理组织机构、管理人员和关键工序人员及特种作业人员,测量成果,进场的材料设备、分包方等。报验的内容、职责应明确并符合报验规定。

施工企业应对所具备的开工条件与分包方或监理方共同进行确认,该工程项目应按照规定获得主管部门的许可。开工条件的内容及开工申请程序应符合国家及项目所在地的相关规定。

10.4.3 交底包括技术交底及其他相关要求的交底。施工企业在施工前,应通过交底确保被交底人了解本岗位的施工内容及相关要求。

交底可分层次、分阶段进行。交底的层次、阶段及形式应根据工程的规模和施工的复杂、难易程度及施工人员的素质确定。在单位工程、分部工程、分项工程、检验批施工前,应进行技术交底。

交底可根据需要采用口头、书面及培训等方式进行。

交底的依据应包括:项目质量管理策划结果、专项施工方案、施工图纸、施工工艺及质量标准等。

交底的内容一般应包括:质量要求和目标、施工部位、工艺流程及标准、验收标准、使用的材料、施工机具、环境要求及操作要点。

对于常规的施工作业,交底的形式和内容可适当简化。

10.5 施工过程质量控制

10.5.1 当采用样板引路时,样板需经验收合格。

对操作人员的规定包括:持证上岗的要求、特种作业要求及其他对施工质量有影响的人员要求。

对施工过程的检查、监测包括:对工序的检查、技术复核、施工过程参数的监测和必要的统计分析活动。

对施工作业环境的控制包括:安全文明施工措施、季节性施工措施、现场试验环境的控制措施、不同专业交叉作业的环境控制措施以及按照规定采取的其他相关措施。

成品和半成品防护的范围应包括供施工企业使用或构成工程产品一部分的发包方财产，这些财产不仅包括发包方提供的文件资料、建筑材料、构配件和设备，还包括：

1 施工企业作为分包单位时，发包方提供的未完工程。

2 施工企业作为总包单位时，发包方直接分包的工程。

这些防护活动应贯穿于施工的全过程直至工程移交为止。

施工企业应对分包方的施工过程进行控制并符合本规范第9章的规定。

10.5.3 施工企业可通过任务单、施工日志、施工记录、隐蔽工程记录、各种检验试验记录等表明施工工序所处的阶段或检查、验收的情况，确保施工工序按照策划的顺序实现。

10.5.4 信息的传递、接收和处理的方式应按照规定结合项目的规模、特点和专业类别确定。

10.5.5 施工日记的内容应包括：气象情况、施工内容、施工部位、使用材料、施工班组、取样及检验和试验、质量验收、质量问题及处理等情况。

记录应填写及时、完整、准确；字迹清晰、内容真实；按照规定编目并保存。记录的内容和记录人员应能够追溯。

质量管理相关文件包括来自外部的与质量管理有关的文件。

10.6 服 务

10.6.2 施工企业的保修活动应依据有关法规、保修书和相关标准进行，并符合相关规定。合同约定的其他服务指项目试生产或运行中的配合服务、培训等。

10.6.3 对服务质量应按照本章及本规范第11章的相关要求进行控制、检查和验收。

10.6.4 施工企业应收集的有关信息包括：使用过程中发现的工程质量问题、用户对工程质量、保修服务质量的满意程度及建议。

11 施工质量检查与验收

11.1 一般规定

11.1.1 施工企业应通过质量检查与验收活动，确保施工质量符合规定。

建筑材料、构配件和设备的验收活动应符合本规范第8章的规定。施工企业对分包内容的质量检查与验收应符合本章的规定。

11.1.2 施工企业用于施工质量检验、检测的自购、租赁或借用的器具和设备，均应按规定进行管理。

11.2 施工质量检查

11.2.1 质量检查的依据有：施工质量验收标准、设计图纸及施工说明书等设计文件及施工企业内部标准等。

质量检查活动策划是项目质量管理策划的重要内容之一，可单独形成文件，经批准后，作为工程项目施工质量检查活动的指导文件。

质量检查的策划内容一般包括：检查项目及检查部位、检查人员、检查方法、检查依据、判定标准、检查程序、应填写的质量记录和签发的检查报告等。

11.2.4 对项目经理部的监控方式应根据施工企业的规模、专业特点、管理模式及项目的分布情况确定。

11.3 施工质量验收

11.3.2 施工企业应对内部验收发现的问题整改后，进行复验。在复验合格后，按照竣工验收备案制度规定向监理方提交竣工验收报告。必要时，施工企业的工程项目施工质量管理部门应按照规定对完工项目进行全面的施工质量检查。

11.3.3 工程资料管理的策划包括：资料的内容、形式及收集、整理、传递的职责和方法。工程资料包括：

1 向发包方移交的竣工资料；

2 送交施工企业档案管理部门归档的竣工技术资料；

3 公司管理制度所规定的记录。

资料移交时，移交内容应得到确认，移交记录应予以保存。

11.4 施工质量问题的处理

11.4.1 质量问题是指施工质量不符合规定的要求，包括质量事故。

11.4.2 施工企业可将质量问题分类管理，并规定相应的职责权限。分类准则可以包括：处置的难易程度、质量问题对下道工序的影响程度、处置对工期或费用的影响程度、处置对工程安全性或使用性能影响程度等。

应分类、分级上报的质量问题包括在工程施工、检查、验收和使用过程中发现的各类施工质量问题。

11.4.3 对于施工质量未满足规定要求，但可满足使用要求而出现的让步、接收，应不影响工程结构安全与使用功能。

工程交工后出现的质量问题的处理应符合本规定的要求。

11.5 检测设备管理

11.5.1 施工质量的检测要求涉及检测设备的准确

度、稳定性、量程、分辨率等。检测设备的供应方应具有国家计量行政部门颁发的《制造计量器具许可证》，其生产或销售的设备应带有 CMC 标记。

检测设备的验收包括两方面：一是验证购进测量设备的合格证明及应配带的专用工具、附件；二是对采购的监测设备性能和外观的确认。

检测设备的管理包括：设备的搬运、保存要求，设备的停用、限用、封存、遗失、报废等。

需确认的计算机软件包括检测使用的软件和检测设备使用的软件。当软件修改、升级或检测设备、对象、条件、要求等发生变化时，应对软件进行再确认。

12 质量管理自查与评价

12.1 一般规定

12.1.1 质量管理的自查与评价是施工企业根据对自身质量管理活动的监督检查。自查与评价的内容包括：

1 质量管理制度与本规范的符合性；
2 各项活动与质量管理制度的符合性；
3 质量管理活动对实现质量方针和质量目标的有效性。

质量管理活动的监督检查是确定质量管理活动是否按照施工企业质量管理制度实施、能否达到质量目标的重要手段。实施监督检查的依据包括：

1 相关法律、法规和标准规范；
2 施工企业质量管理制度及支持性文件；
3 工程承包合同；
4 项目质量管理策划文件。

施工企业应在质量管理制度中明确监督检查的步骤、组织管理、记录、发现问题时的处理等要求。

12.2 质量管理活动的监督检查与评价

12.2.1 施工企业在确定对各管理层次的监督检查方式时，应以能识别质量管理活动的符合性、有效性为原则，可采取汇报、总结、报表、评审、对质量活动记录的检查、发包方及用户的意见调查等方式。

12.2.2 施工企业对项目经理部的监督检查可以结合企业对施工和服务质量的检查进行，正确全面地评价项目经理部质量管理水平。

12.2.3 年度审核可集中进行，也可根据所属机构、部门、项目部的分布情况，按照策划的结果分阶段进行。

年度审核应覆盖质量管理体系并按照如下流程实施：

1 制定审核计划、确定审核人员；
2 向接受审核的区域发放计划，并可根据其工作安排适当调整时间；
3 进行审核前的文件准备；
4 实施审核；
5 根据审核结果对质量管理进行全面评价；
6 根据审核结果对质量管理实施改进。

审核人员的专业资格、工作经历应符合相关要求，并经认可的机构培训合格。

审核人员不应检查自己的工作。

12.2.4 监督检查的程序可在相关制度中规定，也可制定监督检查的具体实施计划。

12.2.6 施工企业应对工程建设有关方满意情况信息的收集进行策划，关注施工准备、施工过程中、竣工及保修等不同阶段中，发包方或监理方、用户、主管部门等的满意情况，以便识别改进方向。信息的收集可采用口头或书面的方式进行，如：

1 对发包方或监理方进行走访、问卷调查；
2 收集发包方或监理方的反馈意见；
3 媒体、市场、用户组织或其他相关单位的评价。

13 质量信息和质量管理改进

13.1 一般规定

13.1.1 质量信息是指从各个渠道获得的与质量管理有关的信息。施工企业应明确质量信息的范围、来源及其媒体形式，确定质量信息的管理手段，规定施工企业各层次的部门岗位在质量信息管理中的职责和权限。

13.1.2 施工企业应将持续改进作为日常管理活动的内容。

施工企业质量管理改进应以工程质量、质量管理各项活动为对象，以提高质量管理活动的效率和有效性为目标。

最高管理者应创造持续改进的环境，各级管理者应指导和参与质量改进活动，确定质量改进的目标。

13.1.4 纠正措施是指为消除已发现的不合格或其他不期望情况的原因所采取的措施。

预防措施是指为消除潜在不合格或其他潜在不期望情况的原因所采取的措施。

施工企业应根据信息分析的结果，确定改进的内容和方向，包括：

1 对工程质量和质量管理活动中存在的各类问题及其影响的分析；
2 对发包方和社会满意程度的分析；
3 与其他施工企业的对比；
4 对质量目标实现情况的分析。

13.2 质量信息的收集、传递、分析与利用

13.2.1 质量信息的管理制度可单独形成文件,也可结合相应的管理过程形成文件。

质量信息管理制度应使所有质量管理部门和岗位明确应收集的信息和传递的方向,当需要对信息进行处理后再进行传递时,也应明确规定处理的要求。

质量信息来自于:

1 各种形式的工作检查,包括外部的检查、审核等;
2 各项工作报告及工作建议;
3 业绩考核结果;
4 各类专项报表等。

施工企业可根据自身条件和需要,采用计算机网络等信息传递的方法,并对其进行管理。

13.2.2 项目质量管理策划结果的实施情况是重要的质量管理信息,内容应包括:

1 施工和服务质量目标的实现情况;
2 关键工序和特殊工序的控制情况;
3 项目质量管理策划结果中各项内容的完成情况;
4 项目质量管理策划及实施结果的评价结论;
5 存在的问题及分析和改进意见。

项目总体评价的内容应与工程项目的大小、重要性相适应。

13.2.3 施工企业应规定质量信息分析的频度、时机和方法。

施工企业各层次应通过对质量管理评价,明确自身的管理状况和水平及改进的方向,制定改进措施。

施工企业应结合信息管理的职责和质量管理活动的职能,对所收集到的质量信息进行整理和分析,并根据分析结果对工程质量以及质量管理水平进行评价。

"施工和服务质量达到的要求"包括:法律法规及合同要求、施工企业自身的要求等。

13.2.4 最高管理者应确定对质量管理体系的全面评价的周期、方法和流程。评价可根据需要随时进行。施工企业各级管理者应根据需要组织质量管理分析与评价活动。

质量管理体系的充分性是指质量管理体系的各项活动得到充分确定和实施,并可以满足预期要求的能力。

13.3 质量管理改进与创新

13.3.1 施工企业各层次应根据质量管理分析、评价的结果,提出并实施相应的改进措施,包括:工程质量改进、质量管理活动改进创新措施以及相应资源保障措施,并应对这些措施的实施结果进行跟踪、反馈。

13.3.2 施工企业最高管理者应对质量管理创新作出安排,各管理层次、各职能部门应在有关活动计划中明确采取的创新措施。项目经理部应在项目质量管理策划中明确相应的创新措施。

施工企业应对创新的效果进行评估,确保在合理的成本、风险条件下实施创新的活动。

中华人民共和国国家标准

炼焦工艺设计规范

Code for design of coking technology

GB 50432—2007

主编部门：中国冶金建设协会
批准部门：中华人民共和国建设部
施行日期：2008年5月1日

中华人民共和国建设部
公　告

第 745 号

建设部关于发布国家标准
《炼焦工艺设计规范》的公告

现批准《炼焦工艺设计规范》为国家标准，编号为GB 50432—2007，自2008年5月1日起实施。其中，第 5.4.1（3）、5.4.4（5）、7.3.1、8.1.5、8.1.6、8.1.7、8.1.10、8.2.5、8.2.7、8.2.8、8.2.9条(款)为强制性条文，必须严格执行。

本规范由建设部标准定额研究所组织中国计划出版社出版发行。

中华人民共和国建设部
二〇〇七年十月二十五日

前　言

本规范是根据建设部建标函〔2005〕124号文《关于印发"2005年工程建设标准规范制订、修订计划（第二批）"的通知》的要求，由主编单位中冶焦耐工程技术有限公司会同有关单位共同编制完成。

本规范在编制过程中，深入进行调查研究，认真总结了多年来炼焦工艺设计的经验，吸取了近年来国内外炼焦工艺的新技术和新成果，并在广泛征求意见的基础上，经反复讨论、认真修改，最后经审查定稿。

本规范共分8章，主要内容包括：总则，术语，基本规定，原料、燃料的要求，焦炉，干熄焦，烟尘治理，电气与自动化。

本规范中以黑体字标志的条文为强制性条文，必须严格执行。

本规范由建设部负责管理和对强制性条文的解释，由中冶焦耐工程技术有限公司负责具体技术内容的解释。本规范在执行过程中，如发现需要修改和补充之处，请将意见和有关资料寄至中冶焦耐工程技术有限公司质量科技部（地址：辽宁省鞍山市胜利南路27号，邮编：114002)，以供今后修订时参考。

本规范主编单位、参编单位和主要起草人：
主 编 单 位：中冶焦耐工程技术有限公司
参 编 单 位：鞍钢集团新钢铁有限责任公司化工总厂
　　　　　　武钢集团焦化有限责任公司
主要起草人：于振东　蔡承祐　王明登　马希博
　　　　　　刘智平　张长青　孙秉侠　姜　宁
　　　　　　王　满　李　刚　刘　冰　王　亮
　　　　　　陈本成　王　充　牟卫国　方丽明
　　　　　　张晓光　陈宝信　杨　华　刘承智
　　　　　　杨俊峰　尹君贤　凌　丹　武　剑
　　　　　　何　平　马广泉

目 次

1 总则 …………………………………… 47—4
2 术语 …………………………………… 47—4
3 基本规定 ……………………………… 47—4
4 原料、燃料的要求 …………………… 47—4
　4.1 装炉煤的质量要求 ……………… 47—4
　4.2 燃料的要求 ……………………… 47—4
5 焦炉 …………………………………… 47—5
　5.1 炼焦主要设计技术指标 ………… 47—5
　5.2 焦炉炉体 ………………………… 47—5
　5.3 炼焦工艺布置 …………………… 47—5
　5.4 炼焦工艺装备 …………………… 47—6
　5.5 焦炉爆炸危险区域的划分 ……… 47—7
　5.6 焦炉设备与建（构）筑物之间的
　　　安全距离 ………………………… 47—7
6 干熄焦 ………………………………… 47—8
　6.1 干熄焦主要设计技术指标 ……… 47—8
　6.2 干熄焦砌体 ……………………… 47—8
　6.3 干熄焦工艺布置 ………………… 47—8
　6.4 干熄焦工艺装备 ………………… 47—8
7 烟尘治理 ……………………………… 47—9
　7.1 装煤烟尘治理 …………………… 47—9
　7.2 出焦烟尘治理 …………………… 47—9
　7.3 干熄焦烟尘治理 ………………… 47—9
8 电气与自动化 ………………………… 47—10
　8.1 炼焦电气与自动化 ……………… 47—10
　8.2 干熄焦电气与自动化 …………… 47—10
本规范用词说明 ………………………… 47—10
附：条文说明 …………………………… 47—11

1 总 则

1.0.1 为在炼焦工艺设计中贯彻国家法律、法规和有关方针、政策，加强焦化工程项目建设的科学管理，合理确定炼焦企业的装备水平，促进技术进步，提高经济、环境和社会效益，确保炼焦行业可持续发展，制定本规范。

1.0.2 本规范适用于炭化室高度4.3m及以上、生产冶金焦的顶装焦炉和捣固焦炉的工艺设计。

1.0.3 炼焦工艺设计应积极采用先进适用、安全可靠、经济合理和节能环保的新技术、新工艺，提高综合效益。

1.0.4 炼焦工艺设计除应符合本规范的规定外，尚应符合国家现行有关标准的规定。

2 术 语

2.0.1 顶装焦炉 top-charging coke oven
装炉煤从炉顶装煤孔装入炭化室的焦炉。

2.0.2 捣固焦炉 stamp-charging coke oven
装炉煤用捣固机捣成煤饼，煤饼从焦炉机侧送入炭化室的焦炉。

2.0.3 装炉煤 coal charge
将不同牌号的炼焦原料煤经过配合、粉碎和混合供焦炉炼焦的煤。

2.0.4 干熄焦 coke dry quenching
利用惰性气体冷却炽热焦炭的工艺。

2.0.5 装炉煤细度 fineness of coal charge
量度装炉煤粉碎程度的一种指标，用0～3mm粒级煤占全部煤的质量百分数表示。

2.0.6 煤气低发热值 low calorific value of gas
单位体积的煤气完全燃烧且燃烧产物中水呈汽态时所放出的热量。

2.0.7 混合煤气 mixed gas
少量焦炉煤气掺入高炉煤气后形成的焦炉加热用低热值混合燃气。

2.0.8 焦炉周转时间 gross coking time
焦炉操作中，同一炭化室两次推焦（或装煤）的时间间隔。

2.0.9 装炉煤散密度 bulk density of coal charge
焦炉炭化室中单位容积装炉煤的质量。

2.0.10 煤饼密度 density of coal cake
单位体积煤饼的质量。

2.0.11 全焦产率 coke yield
焦炉高温干馏生成的焦炭量（干基）与所用装炉煤量（干基）的质量百分比。

2.0.12 冶金焦率 metallurgical coke yield
粒度大于25mm的焦炭占全焦的质量百分数。

2.0.13 炼焦耗热量 heat consumption for coking
将1kg装炉煤炼成焦炭需要供给焦炉的热量。

2.0.14 湿煤耗热量 heat consumption for wet coal
将1kg湿装炉煤炼成焦炭需要供给焦炉的热量。

2.0.15 相当干煤耗热量 equivalent heat consumption for dry coal
将以1kg干煤为计算基准的湿煤炼成焦炭需要供给焦炉的热量。

2.0.16 炉墙极限侧负荷 ultimate side load of heating wall
焦炉燃烧室砌体能抵抗侧向压力的最大值。

2.0.17 贫煤气 lean gas
焦炉加热用发热值低的煤气，如高炉煤气、发生炉煤气以及混合煤气等。

2.0.18 焦炉机械 coke oven machinery
炼焦操作用专用机械的总称。

2.0.19 干熄炉高径比 ratio between height and diameter of C.D.Q chamber
干熄炉冷却室的当量高度与其内径的比值。

3 基本规定

3.0.1 在进行炼焦工艺设计时，应按本规范的要求落实原料、燃料的数量、质量和供应条件。

3.0.2 焦炉的炉型和孔数，应根据建设规模、建设条件、煤炭资源、技术装备水平以及炼焦工艺的选择等综合确定。

4 原料、燃料的要求

4.1 装炉煤的质量要求

4.1.1 装炉煤的质量宜符合表4.1.1的要求。

表4.1.1 装炉煤的质量要求

项目	符号	指标	
		顶装焦炉	捣固焦炉
水分(%)	M_t	≤10	9～11
细度(<3mm)(%)	—	76～80	≥90
灰分(%)	A_d	≤10	≤10
硫分(%)	$S_{t,d}$	<0.9	<0.9
挥发分(%)	V_{daf}	24～31	30～33
粘结指数(%)	G	58～82	55～72
胶质层指数(mm)	Y	14～22	12～15

4.2 燃料的要求

4.2.1 加热用焦炉煤气应符合下列要求：

  1 低发热值：$Q_{net} \geq 16500 kJ/m^3$。

  2 质量指标：$H_2S \leq 300 mg/m^3$；$NH_3 \leq 100 mg/m^3$；萘≤500mg/m³；焦油≤50mg/m³。

3 压力稳定,接点压力 $P \geqslant 3.5 \text{kPa}$。

4.2.2 加热用混合煤气应符合下列要求:

1 低发热值:$Q_{net} \geqslant 3980 \text{kJ/m}^3$。

2 质量指标:含尘量$<15\text{mg/m}^3$;温度(湿法除尘)$<45℃$。

3 压力稳定,接点压力 $P \geqslant 4.0 \text{kPa}$。

4 焦炉煤气混入量不应超过10%。

4.2.3 加热用发生炉煤气应符合下列要求:

1 低发热值:$Q_{net} \geqslant 5020 \text{kJ/m}^3$。

2 质量指标:含尘量$<15\text{mg/m}^3$;含焦油量$<20\text{mg/m}^3$。

3 压力稳定,接点压力 $P \geqslant 4.0 \text{kPa}$。

5 焦 炉

5.1 炼焦主要设计技术指标

5.1.1 计算焦炉设计能力的主要指标宜符合表5.1.1的要求。

表5.1.1 计算焦炉设计能力的主要指标

序号	项目名称			指标	备注
1	年工作日(d)			365	—
2	焦炉周转时间(h)	顶装焦炉	炭化室高度≥6m	炭化室平均宽度530mm	22	—
				炭化室平均宽度500mm	21	—
				炭化室平均宽度450mm	19	—
			炭化室高度大于等于4.3m,小于6m	炭化室平均宽度500mm	20.5	—
				炭化室平均宽度450mm	18	—
		捣固焦炉	炭化室平均宽度554mm,煤饼宽度500mm		25	
			炭化室平均宽度500mm,煤饼宽度450mm		22.5	
3	焦炉紧张操作系数			≤1.07	其准确值应按配煤炼焦试验确定
4	装炉煤散密度(以干煤计,顶装焦炉)(t/m³)			0.73~0.76	
	煤饼密度(以干煤计,捣固焦炉)(t/m³)			0.95~1.03	
5	全焦产率(对干煤,含焦粉)(%)	顶装焦炉		74~79	
		捣固焦炉		71~75	
6	冶金焦率(对干全焦)(%)	初步计算焦炉冶金焦产量用		86	
		计算焦处理能力用	采用湿法熄焦	91.5	
			采用干熄焦	90	
7	初步计算产量用焦炉煤气产率(对干煤,热值17900kJ/m³)(m³/t)			300~360	
8	炉组检修时间(h/d)			2~3	

5.1.2 焦炉的热工指标应符合表5.1.2的规定。

表5.1.2 焦炉的热工指标(kJ/kg)

指标名称		指标	
		湿煤耗热量	相当干煤耗热量
按设计周转时间,含水分7%的每公斤顶装焦煤的炼焦耗热量	计算生产消耗定额用 焦炉煤气加热	2250	2419
	计算生产消耗定额用 混合煤气加热	2550	2742
	计算焦炉加热系统用 焦炉煤气加热	2390	2570
	计算焦炉加热系统用 混合煤气加热	2645	2844
煤料水分以7%为基准,每增减1%时,相应的耗热量增减量	焦炉煤气加热	29	58
	贫煤气加热	33	67

5.2 焦炉炉体

5.2.1 焦炉宜采用双联火道、废气循环、焦炉煤气下喷、贫煤气和空气侧入的复热式焦炉炉体。对贫煤气和空气侧入的焦炉,可采用蓄热室不分格或分格下调两种结构。

5.2.2 焦炉炉体应具有足够的强度,其炉墙极限侧负荷应符合下列规定:

1 炭化室高度小于7m的顶装焦炉不应小于8.0kPa。

2 炭化室高度7m及以上的顶装焦炉不应小于9.0kPa。

3 捣固焦炉不应小于9.5kPa。

5.2.3 焦炉炉体应采取节能措施,其热工效率应大于70%。

5.2.4 焦炉设计服务年限不应低于25年。

5.3 炼焦工艺布置

5.3.1 焦炉工艺布置应根据选定的焦炉炉型、炉孔组成和焦炉机械的配置确定。

5.3.2 焦炉炉组纵轴线宜与当地常年最大频率风向夹角最小。

5.3.3 一个炉组宜由两座焦炉组成。

5.3.4 建设规模较大且总图布置允许时,两个或两个以上炉组应布置在同一条中心线上,且两炉间宜设置大间台。

5.3.5 一个炉组的两座焦炉之间应设置一座煤塔。煤塔的有效贮量应满足两座焦炉连续生产8~16h的用量。煤塔应采用双曲线斗嘴。

5.3.6 捣固焦炉的煤塔应布置在焦炉机侧。

5.3.7 顶装焦炉的煤塔与焦炉之间应设置炉间台。

5.3.8 焦炉炉组两端应设置炉端台。

5.3.9 焦炉机、焦两侧应设置操作台。

5.3.10 湿熄焦系统应布置在炉组的端台外。熄焦塔中心线与炉端炭化室中心线间的距离应大于40m,并应满足焦侧操作台布置的需要。

5.3.11 湿熄焦系统和干熄焦系统宜分别布置在炉组的两端。

5.3.12 电机车、熄焦车或焦罐车应设置备品存放及修理设施。

5.3.13 焦炉烟囱可布置在焦炉机侧、焦侧或炉端台外。

5.3.14 焦台每个停车位应保证存放一炉焦炭,其晾焦时间不应少于30min。

5.3.15 确定焦炉基础顶板标高时,应保证焦炉地下室通风良好。

5.4 炼焦工艺装备

5.4.1 集气系统的设计应符合下列要求:
 1 上升管盖、桥管与水封阀承插处应采用水封结构。
 2 集气管的直径和吸气管的数量应保证集气管内压差不大于20Pa。
 3 集气管必须设置荒煤气放散管,放散管的排出口应设置自动点火装置。
 4 当采用高压氨水喷射实现消烟装煤时,高压氨水泵应设置变频调速系统。
 5 吸气弯管应设置手动调节翻板及自动调节翻板。
 6 上升管外壁应采取隔热措施。
 7 集气管应设置氨水清扫装置。
 8 集气管应设置蒸汽或氮气吹扫、充压设施。
 9 应设置停氨水时补充事故用水的设施。

5.4.2 加热交换系统的设计应符合下列要求:
 1 加热煤气管道的设计应符合下列要求:
  1) 加热煤气管道的组成应根据焦炉加热用煤气的种类、煤气的热值、炉体结构以及焦炉加热对煤气热值的要求等确定;
  2) 加热煤气管道应设置煤气放散装置、冷凝液排放装置以及送往每个燃烧室和立火道的加热煤气流量调节装置;
  3) 加热焦炉用的焦炉煤气应经预热器预热,预热温度不宜低于45℃;
  4) 地下室煤气管道末端所设自动放散装置的放散管应高出集气管操作台4m。
 2 废气系统的设计应符合下列要求:
  1) 交换开闭器应具有足够的进空气和排废气的流通断面,吸力调节应灵敏、方便;
  2) 焦炉的分烟道上应设置吸力自动调节翻板,总烟道上应设置手动调节翻板和排水设施。
 3 交换系统的设计应符合下列要求:
  1) 应采用液压交换机,液压交换机宜设置停电用蓄能设施;
  2) 焦炉煤气换向应采用交换旋塞;贫煤气换向可采用煤气砣或交换旋塞。

5.4.3 护炉设备的设计应符合下列要求:
 1 炉柱施加给焦炉砌体的保护性压力应根据焦炉砌体的结构参数确定。
 2 焦炉的炉柱宜采用H型钢。
 3 焦炉应设置纵横拉条,并应在拉条端部设置压缩弹簧。
 4 焦炉的炉门宜采用弹簧门栓、弹性刀边、悬挂式空冷炉门。
 5 焦炉应采用大保护板。

5.4.4 湿熄焦系统的设计应符合下列要求:
 1 湿法熄焦宜采用新型湿法熄焦。
 2 熄焦塔顶应设置高效捕尘装置。
 3 粉焦沉淀池的尺寸应能满足粉焦完全沉降和焦粉收集机械作业的要求。
 4 收集粉焦沉淀池内的粉焦可采用电动抓斗起重机或刮板式焦粉收集机械。应设置存放或修理粉焦收集机械的设施。
 5 粉焦沉淀池内的熄焦废水应闭路循环使用,不得外排。
 6 处理后的酚氰废水可用于熄焦补充水,其水质应达到下列要求:
  pH值6~9;COD_{Cr}≤150mg/l;氨氮≤25mg/l;石油类≤10mg/l;挥发酚≤0.5mg/l;氰化物≤0.5mg/l。
 7 粉焦沉淀池应设置液位控制装置。

5.4.5 焦炉机械的装备水平及配置数量应符合下列要求:
 1 焦炉机械操作宜实现一次对位作业。
 2 推焦机和拦焦机应设置炉门、炉框清扫装置及头尾焦回收装置;装煤车应设置机械化启闭装煤孔盖装置,装煤车宜设置炉顶清扫装置。
 3 焦炉机械的各单元操作应实现程序控制。
 4 推焦机宜设置事故停电时退回推焦杆、平煤杆的动力装置。
 5 推焦机、拦焦机和熄焦车之间应设置可靠的联锁装置。电机车应设置能控制推焦杆开始推焦以及事故状态时停止推焦的联锁装置。
 6 机、焦侧焦炉机械的司机室应设置可双向联络并抗干扰的通讯设施。
 7 焦炉机械的司机室应设置空调装置和工业电视监视系统。
 8 焦炉机械中各移动车辆的配置数量(含备品车辆),应满足炉组的生产操作和检修的要求。典型顶装焦炉炉组的焦炉机械配备宜符合表5.4.5-1的规定;典型捣固焦炉炉组的焦炉机械配备宜符合表

5.4.5-2 的规定。

表 5.4.5-1 典型顶装焦炉炉组的焦炉机械配备（台）

炭化室高度及炉孔数 焦炉机械名称及配备	6.98m 4×50~ 4×55		6.98m 2×50~ 2×55		6.0m 4×50~ 4×55		6.0m 2×50~ 2×55		4.3m 2×72	
	操作	备用	操作	备用	操作	备用	操作	备用	操作	备用
装煤车	2	1	1	1	2	1	1	1	2	0
推焦机	2	1	1	1	2	1	1	1	2	1
拦焦机	2	2	1	1	2	2	1	1	2	1
熄焦车 湿法熄焦	2	1	1	1	2	1	1	1	1	1
熄焦车 干熄焦为主，湿法熄焦备用	0	1	0	1	0	1	0	1	0	1
电机车	2	1	1	1	2	1	1	1	1	1
交换机	4	0	2	0	4	0	2	0	2	0

注：炭化室高4.3m的2×72孔焦炉为宽炭化室焦炉，其炭化室平均宽度为500mm。

表 5.4.5-2 典型捣固焦炉炉组的焦炉机械配备（台）

炭化室高度及炉孔数 焦炉机械名称及配备	5.5m 2×50~ 2×55		4.3m 2×72	
	操作	备用	操作	备用
导烟车或消烟除尘车	1	1	2	0
装煤推焦机	2	0	—	—
（捣固）装煤车	—	—	2	0
（捣固）推焦机	—	—	2	0
拦焦机	1	1	2	1
熄焦车 湿法熄焦	1	1	1	1
熄焦车 干熄焦为主，湿法熄焦备用	0	1	0	1
电机车	1	1	1	1
交换机	2	0	2	0
煤饼捣固机	2	0	2	0

注：1 装煤推焦机为装煤及推焦一体车。
    2 炭化室高5.5m的2×50~2×55孔焦炉为宽炭化室捣固焦炉，其炭化室平均宽度为554mm。
    3 炭化室高4.3m的2×72孔焦炉为宽炭化室捣固焦炉，其炭化室平均宽度为500mm。
    4 煤饼捣固机的单位为套。

5.5 焦炉爆炸危险区域的划分

5.5.1 焦炉爆炸危险区域的划分应符合表5.5.1的规定。

表 5.5.1 焦炉爆炸危险区域的划分

名称		爆炸危险区域
焦炉地下室		1区
焦炉两侧烟道走廊	下喷式	无危险场所
	侧喷式	1区
炉间台底层		2区
炉顶集气管仪表室（变送器配置在室外）		无危险场所
炉端台底层		2区
煤塔底层		无释放源时，无危险场所
		有释放源时（变送器在室内），变送器室为1区

5.6 焦炉设备与建（构）筑物之间的安全距离

5.6.1 焦炉设备与建（构）筑物之间的安全距离不应小于表5.6.1的规定。

表 5.6.1 焦炉设备与建（构）筑物之间的安全距离

名称	安全距离（mm）
推焦杆头与焦炉正面线的距离	1500
推焦机在行走时，前面突出部分与余煤提升机外缘的净空距离	100
推焦机小炉门开启装置与吸气管桥架托架间的距离	150
推焦机与吸气管桥架下弦的净空高度	250
推焦机推焦杆的后端与外部建筑物边界线的距离	450
操作台下部推焦机滑触线保护网的净空高度	1900
装煤车平台下部距炉顶的净空高度	1900
装煤车下煤导套提升后与炉顶砌体面的距离	200
装煤车煤斗顶部与煤塔前檐的距离	200
装煤车与煤塔内操作台的距离	100
装煤车与炉顶工人休息室间的距离	750
拦焦机与炉柱及炉门突出部分的距离	100
熄焦车底板与焦台上部边缘的净空高度	250
吸气弯管与集气管走台面的净空高度	1900
地下室煤气分配支管净空高度	1800
两侧烟道走廊内的通道净宽	700

6 干熄焦

6.1 干熄焦主要设计技术指标

6.1.1 干熄焦装置的优化配置应符合下列要求：

1 配套建设干熄焦时，应根据焦炉或焦炉组生产能力经济合理地配置干熄焦装置，并宜以湿法熄焦作为备用。

2 干熄焦装置的配置套数应根据焦炉或焦炉组的生产能力、是否备用湿法熄焦，以及单套干熄焦装置处理能力的大小确定。

6.1.2 干熄焦基本工艺参数宜符合表6.1.2的要求。

表6.1.2 干熄焦基本工艺参数

序号	项目名称	指标
1	单套干熄焦装置处理能力(t/h)	≥70
2	干熄焦装置强化操作系数	1.07～1.1
3	干熄时间(h)	≤2
4	干熄后焦炭水分(%)	≤1
5	干熄炉焦炭烧损率(%)	≤1
6	干熄焦粉焦率(%)	2～2.5
7	干熄炉年工作日(d)	340～350
	干熄炉计划检修次数(次/年)	1
	干熄炉年修时间(d/年)	15～25

6.2 干熄焦砌体

6.2.1 干熄炉砌体宜采用圆筒竖窑式结构，并应由冷却室、斜道区和预存室组成。

6.2.2 干熄炉冷却室容积应根据干熄焦装置的最大处理能力、焦炭的堆积密度及干熄时间等综合确定。干熄炉的高径比宜为0.8～1.1。

6.2.3 干熄炉斜道区的隔墙应采用强度大的结构；斜道区入口的跨顶砖宜采用拱形结构。

6.2.4 干熄炉预存室的容积宜按焦炉或焦炉组1～1.5h的产焦量进行设计。

6.2.5 一次除尘器砌体顶部及挡墙底部宜采用砖拱结构。

6.2.6 干熄炉砌体与一次除尘器砌体耐火材料的设计，应根据各部位的工作条件选用不同的耐火材料和辅助材料。冷却室直段砌体、预存室的环形气道砌体，以及一次除尘器拱顶内侧和上拱墙宜采用高强耐磨、耐急冷急热的耐火砖砌筑；斜道隔墙及干熄炉装焦口应采用抗折、抗压、耐急冷急热、韧性好、超高强度的耐火砖砌筑；砌体周围还应砌有耐火隔热保温层。耐火泥浆应具有足够的冷态抗折粘结强度。

6.3 干熄焦工艺布置

6.3.1 干熄站的工艺布置应根据干熄焦处理能力、干熄焦个数、干熄站相对焦炉的位置，以及干熄焦工艺装备水平等综合确定。干熄站的工艺布置应方便干熄焦各设备的维护与检修。

6.3.2 焦炉或焦炉组需设置两套或两套以上干熄焦装置时，宜集中布置在一个干熄站内。

6.3.3 除氧给水泵站应布置在干熄焦锅炉附近，可独立设置或与干熄焦系统其他构筑物统一联合布置，并应为施工、安全运行、巡回检查和方便操作创造条件。

6.3.4 大型焦化厂设置两台或两台以上干熄焦锅炉时，除氧给水泵站和汽轮发电站应根据干熄焦锅炉的布置统一设置，宜设置一座除氧给水泵站和一座汽轮发电站。

6.3.5 钢铁联合企业的焦化厂与热电厂毗邻时，干熄焦锅炉所需除盐水应由热电厂的除盐水站提供；相距较远时应通过技术经济比较确定是否在焦化厂自建除盐水站。干熄焦锅炉所需除盐水必须由焦化厂自建的除盐水站提供时，应近期、远期统一规划，并应只设一座除盐水站。

6.3.6 焦粉输送、贮存装置应布置在干熄焦装置本体附近。

6.3.7 干熄焦主框架应设置电梯。

6.4 干熄焦工艺装备

6.4.1 红焦输送系统的设计应符合下列要求：

1 红焦输送系统的设备配置应根据干熄站相对焦炉的位置、焦炉的出焦操作周期、接焦方式以及单孔炭化室的焦炭产量等确定。

2 采用湿法熄焦备用时，应采用干湿两用电机车。

3 一台电机车应牵引两台焦罐车。焦罐车应设置一套备品。

4 对位装置、横移牵引装置、起重机及装入装置等应实现程序控制、自动运转。

6.4.2 干熄炉及供气装置的设计应符合下列要求：

1 干熄炉预存室应设置放散装置。

2 干熄炉环形气道或一次除尘器应设置空气导入装置。

3 干熄炉顶部应设置水封式装焦口。

6.4.3 装入装置的设计应符合下列要求：

1 装入装置台车的移动与炉盖的开闭应采用联动方式。

2 装入装置应设置布料器。

6.4.4 排出装置的设计应符合下列要求：

1 应配置可准确调节排焦量的密闭、连续式排焦设备，并应实现程序控制、自动运转。

2 多个干熄炉处于同一中心线上且共用同一运焦系统时，应设置可互为备用的两条带式输送机。

3 排出装置下的带式输送机应设置事故洒水装置。

6.4.5 气体循环系统的设计应符合下列要求：

1 干熄炉与一次除尘器之间、一次除尘器与干熄焦锅炉之间应设置高温补偿器。

2 二次除尘器及循环气体管路应设置防爆装置。

3 一次除尘器顶部应设置放散装置。

4 干熄炉入口的循环气体管路应设置气体冷却器。

5 循环气体管路应设置补偿器和氮气补充装置。

6 风机出口的循环气体管路应设置自动调节预存室压力的放散装置。

7 干熄炉入口循环气体中，一氧化碳（CO）的浓度应小于或等于6%（体积百分比）；氢气（H_2）的浓度应小于或等于3%（体积百分比）。

8 循环风机宜设置速度调节装置。

9 循环风机应与锅炉汽包液位、锅炉给水泵及主蒸汽温度等设置联锁。

6.4.6 干熄焦锅炉应符合下列要求：

1 干熄焦锅炉的压力、温度参数应根据企业蒸汽需求的近、远期规划和技术经济比较确定。

2 干熄焦锅炉宜选用强制循环与自然循环相结合的循环方式。每台干熄焦锅炉应设置2台强制循环水泵，并应互为热备用。

3 在非严寒地区宜选用露天干熄焦锅炉；在寒冷地区宜选用紧身封闭的干熄焦锅炉。

4 选用露天干熄焦锅炉时，应对锅炉本体及其附属系统和管道采取防雨、防冻、防腐、承受风压和减少热损失等措施。

5 选用紧身封闭的干熄焦锅炉时，应要求紧身罩具有良好的采光、通风和保温阻燃性能，且封闭体内应设置必要的检修通道。

6 选用紧身封闭的干熄焦锅炉时，炉顶应设置检修用单轨吊车。

7 干熄焦锅炉易磨损部位应采取耐磨措施。

8 干熄焦锅炉汽包宜设置停炉时充氮气保护用接口。

7 烟尘治理

7.1 装煤烟尘治理

7.1.1 焦炉装煤车的结构形式应满足装煤烟尘治理的需要。

7.1.2 焦炉装煤烟尘治理系统宜采用干式除尘地面站形式。

7.1.3 干式除尘地面站式的焦炉装煤烟尘治理系统的设计应符合下列规定：

1 装煤车上的烟尘捕集设施，应具备防止可燃气体发生爆炸的功能，并应设置安全泄爆装置。

2 烟气连接管路应设置事故断电紧急切断设施。

3 应设置阻断烟尘中高温明火颗粒的设施。

4 应采取降低烟尘粘结特性的措施。

5 系统通风机组应采取安全可靠的调速措施。

6 应确保净化装置内部不存在集尘死角，并应将收集的灰尘及时排出。

7 整个系统应采取防静电积聚措施，并应设置安全泄爆装置。

7.1.4 焦炉装煤烟尘治理系统应采用先进可靠的自动控制系统。

7.1.5 捣固焦炉的装煤推焦机（或捣固装煤车）宜设置推送煤饼时密封机侧炉门的设施。

7.2 出焦烟尘治理

7.2.1 焦炉拦焦机的结构形式应满足焦炉出焦烟尘治理的需要。

7.2.2 焦炉出焦烟尘治理系统宜采用干式除尘地面站形式。

7.2.3 干式除尘地面站式的焦炉出焦烟尘治理系统的设计应符合下列规定：

1 应设置阻断烟尘中高温明火颗粒的设施。

2 应采取降低烟尘温度的措施。高温烟尘宜采用自然冷却方式进行冷却。

3 系统通风机组应采取安全可靠的调速措施。

4 应确保净化装置内部不存在集尘死角，并应将收集的灰尘及时排出。

5 整个系统应采取防静电积聚措施。

7.2.4 焦炉出焦烟尘治理系统应采用先进可靠的自动控制系统。

7.3 干熄焦烟尘治理

7.3.1 干熄焦装置中，干熄炉顶的装入装置、预存室事故放散口、预存室压力自动调节放散口和干熄炉底的排出装置、运焦带式输送机受料点等产尘点必须设置烟尘捕集设施。

7.3.2 干熄焦环境烟尘治理系统应采用干式除尘地面站形式。

7.3.3 干熄焦环境烟尘治理系统的干式除尘地面站设计应符合下列规定：

1 应对干熄炉顶装入装置和预存室事故放散口收集的烟尘，设置高温明火颗粒阻断处理设施。

2 应确保净化装置内部不存在集尘死角，并应将收集的灰尘及时排出。

3 整个系统应采取防静电积聚措施，并应设置泄爆防护装置。

7.3.4 干熄焦环境烟尘治理系统应采用先进可靠的

自动控制系统。

8 电气与自动化

8.1 炼焦电气与自动化

8.1.1 炼焦供电应按双回路电源设计。

8.1.2 焦炉移动车辆、液压交换机应采用 PLC 控制，焦炉移动车辆的走行电机宜配置变频装置。

8.1.3 焦炉移动车辆宜设置炉号自动识别、连锁对位及作业管理控制系统。

8.1.4 焦炉工作场所应设置正常照明及应急照明，焦炉烟囱应设置障碍照明。

8.1.5 焦炉烟囱、煤塔和熄焦塔等必须设置防雷接地装置。

8.1.6 采用贫煤气加热的焦炉地下室必须设置固定式一氧化碳检测及报警装置。

8.1.7 焦炉交换机室、控制室和配电室等场所必须设置火灾检测及报警装置。

8.1.8 焦炉应设置中央控制室，并应采用集散控制系统进行集中操作、监视和管理。

8.1.9 焦炉加热系统应设置温度、压力、流量和热值的测量装置，以及压力或流量的调节装置。

8.1.10 焦炉应设置加热煤气的低压报警和联锁装置。

8.1.11 焦炉集气管应设置荒煤气温度、压力测量装置以及压力自动调节装置。

8.1.12 焦炉分烟道应设置废气温度及含氧量的测量装置，并应设置吸力测量及自动调节装置；总烟道应设置废气温度和吸力测量装置。

8.1.13 焦炉应设置下列检测装置：
   1 推焦电流自动检测和传送装置。
   2 基于每座焦炉的加热用煤气流量自动累积记录装置。
   3 测量焦炉炉温、具有数据储存与处理功能的红外高温计。
   4 焦炉装煤量自动称量装置和装炉煤水分自动检测装置。

8.1.14 应按所在地的环保要求，设置相应的焦炉烟囱废气排放自动检测装置。

8.1.15 焦炉加热宜采用计算机加热控制和管理系统。

8.2 干熄焦电气与自动化

8.2.1 干熄焦供电应按双回路电源设计。

8.2.2 干熄焦应设置中央操作室，并应对整个生产过程采用工业控制计算机系统进行控制。

8.2.3 干熄焦起重机应采用 PLC 控制，其提升及走行用电机应配置变频调速装置。

8.2.4 干熄焦工作场所应设置正常照明及应急照明。

8.2.5 干熄焦装置必须设置防雷接地装置。

8.2.6 干熄焦排出装置的振动给料器及旋转密封阀周围，应设置一氧化碳和氧气浓度的检测及报警装置。

8.2.7 干熄焦排出装置的排焦溜槽及运焦带式输送机位于地下时，排焦溜槽周围及运焦通廊的地下部分，必须设置固定式一氧化碳和氧气浓度的检测及报警装置。

8.2.8 干熄焦综合电气室必须设置火灾检测及报警装置。

8.2.9 干熄焦装置必须设置下列安全联锁所需的检测装置：
   1 预存室上、下料位的检测。
   2 循环气体成分的在线分析。
   3 排焦温度的检测。
   4 锅炉汽包液位的检测。

本规范用词说明

1 为便于在执行本规范条文时区别对待，对要求严格程度不同的用词说明如下：
  1）表示很严格，非这样做不可的用词：
     正面词采用"必须"，反面词采用"严禁"。
  2）表示严格，在正常情况下均应这样做的用词：
     正面词采用"应"，反面词采用"不应"或"不得"。
  3）表示允许稍有选择，在条件许可时首先应这样做的用词：
     正面词采用"宜"，反面词采用"不宜"；
     表示有选择，在一定条件下可以这样做的用词，采用"可"。

2 本规范中指明应按其他有关标准、规范执行的写法为"应符合……的规定"或"应按……执行"。

中华人民共和国国家标准

炼焦工艺设计规范

GB 50432—2007

条 文 说 明

目　次

1 总则 …………………………………… 47—13
2 术语 …………………………………… 47—13
4 原料、燃料的要求 …………………… 47—13
　4.1 装炉煤的质量要求 ………………… 47—13
　4.2 燃料的要求 ………………………… 47—14
5 焦炉 …………………………………… 47—14
　5.1 炼焦主要设计技术指标 …………… 47—14
　5.2 焦炉炉体 …………………………… 47—16
　5.3 炼焦工艺布置 ……………………… 47—16
　5.4 炼焦工艺装备 ……………………… 47—17
　5.5 焦炉爆炸危险区域的划分 ………… 47—18
6 干熄焦 ………………………………… 47—19

　6.1 干熄焦主要设计技术指标 ………… 47—19
　6.2 干熄焦砌体 ………………………… 47—19
　6.3 干熄焦工艺布置 …………………… 47—20
　6.4 干熄焦工艺装备 …………………… 47—20
7 烟尘治理 ……………………………… 47—21
　7.1 装煤烟尘治理 ……………………… 47—21
　7.2 出焦烟尘治理 ……………………… 47—22
　7.3 干熄焦烟尘治理 …………………… 47—22
8 电气与自动化 ………………………… 47—22
　8.1 炼焦电气与自动化 ………………… 47—22
　8.2 干熄焦电气与自动化 ……………… 47—23

1 总则

1.0.1 本规范是指导编制或审批新建或改扩建焦炉以及干熄焦建设工程的项目建议书（项目申请报告）、可行性研究、初步设计和施工图设计等各阶段工艺设计的主要依据。

1.0.2 本条说明如下：

　　1 对生产铸造焦及铁合金焦的焦炉，因其原料及产品与冶金焦（高炉焦）有差异，其炼焦工艺的设计需作调整，本规范未详细论述，可参照执行本规范。

　　2 本规范适用的焦炉炭化室高度确定为 4.3m 及以上，是因为：国家发改委"钢铁产业发展政策"规定"钢铁联合企业的焦炉炭化室高度应在 6m 及以上"；"焦化行业准入条件"要求"新建或改扩建焦化项目的年生产能力应达到 60 万吨及以上，炭化室高度必须达到 4.3m 及以上"；"清洁生产标准炼焦行业"二级标准要求"新建或改扩建焦化项目的年生产能力应达到 60 万吨及以上，炭化室高度必须达到 4m 及以上，单孔炭化室容积应达到 23.9m³ 及以上"。

　　综上所述，按国家有关产业政策，新建或改扩建焦化项目焦炉炭化室的高度应不小于 4.3m；对钢铁联合企业，炭化室的高度应不小于 6m。因此，炭化室高度小于 4.3m 的焦炉将不再允许建设，故本规范确定的适用范围为焦炉炭化室的高度 4.3m 及以上。

1.0.4 凡在其他有关规定、规范中涉及炼焦工艺设计的内容，应按本规范执行。在炼焦工艺设计中，有关环保、劳动安全、职业卫生、消防、节能、节水和资源综合利用等，除应符合本规范的规定外，尚应符合国家现行有关标准的规定。

2 术语

2.0.4 干熄焦

冷却焦炭的惰性气体是指：空气与红焦多次接触、燃烧后形成的废气，其主要成分是氮气，还包括二氧化碳、一氧化碳、氢气、水蒸气及氧气等。

2.0.11 全焦产率

全焦产率定义中的"焦炭量"是指从焦炉炭化室推至焦罐或湿熄焦车中的全部焦炭与头尾焦量之和。

在工业标定中，除运焦系统的计量秤测得的干基焦炭量外，全焦产率定义中的"焦炭量"还应包括头尾焦量（干基）、熄焦系统收集的焦粉量（干基）以及焦炭计量之前的焦处理系统收集的焦粉量（干基）；采用干法熄焦时，还应包括干熄炉内焦炭的烧损量。其中，熄焦系统收集的焦粉应包括干熄焦系统收集的焦粉量和（或）湿法熄焦的粉焦沉淀池收集的焦粉。

2.0.18 焦炉机械

顶装焦炉用的焦炉机械包括装煤车、推焦机、拦焦机、焦罐车及（或）熄焦车、电机车、液压交换机等。

捣固焦炉用的焦炉机械包括捣固机、装煤推焦机、导烟车或消烟除尘车、拦焦机、焦罐车及（或）熄焦车、电机车、液压交换机等。装煤与推焦采用分体车操作时，"装煤推焦机"将由"捣固装煤车"和"捣固推焦机"代替，捣固、装煤与推焦采用一体车操作时，"捣固机"和"装煤推焦机"将由"捣固装煤推焦机"代替。

2.0.19 干熄炉高径比

计算干熄炉高径比时使用的高度不是干熄炉冷却室直段的实际高度，而是利用干熄炉冷却室有效容积计算出的当量高度。干熄炉冷却室的有效容积包括冷却室直段容积、斜道区有效容积以及供气装置上锥斗扣除风帽体积后的有效容积。

4 原料、燃料的要求

4.1 装炉煤的质量要求

4.1.1 装炉煤的质量要求应按照下列原则确定：

　　1 严、宽适度。我国地域辽阔，资源分布不均，优质煤资源有限，且焦化企业遍及全国各地，条件各异。如对装炉煤质量要求过严，势必给资源利用和焦化企业采购带来困难；相反，如对装炉煤质量要求过低，也会造成焦炭质量下降，给炼铁生产带来不利。

本规范从装炉煤对炼焦生产的适应性、安全性以及能够生产出具有可使用性的焦炭这几方面提出了装炉煤的质量要求，且装炉煤的质量指标是控制在一定范围而未规定绝对数值。

　　2 装炉煤的质量指标应根据用户对产品质量的要求，最终按炼焦配煤实验结果确定。对捣固焦炉，为保证煤饼的稳定性，宜作煤料捣固试验。当装炉煤的挥发分较低、膨胀压力较大且采用捣固炼焦工艺时，为保证焦炉炉体安全，宜作煤饼膨胀压力试验。

　　3 为适应高炉大型化要求，与大型高炉相配套的焦炉在选择原料时应根据炼焦用煤的资源状况、供应条件以及高炉大型化对焦炭质量的要求等综合确定装炉煤的质量指标。

根据以上原则，结合近年来我国焦炉装炉煤的实际情况，本规范规定装炉煤的质量指标宜符合下列要求：

装炉煤水分：对于顶装焦炉，规定为"≤10%"。采用较低的装炉煤水分，可以降低运费、缩短结焦时间、减少炼焦耗热量、减小剩余氨水处理量以及延长焦炉炉龄等。但考虑到我国焦化企业多采用露天煤场，夏季雨水较多时装炉煤的水分较高（南方地区更加明显，部分企业装炉煤水分甚至达到 14% 及以上），且对装炉煤的水分缺乏有效控制手段，故在进行炼焦工艺设计时，应使所设计的焦炉在稍高的装炉煤水分如"≤14%"的情况下也能正常工作。国内外炼焦工艺设计中，如未特别指明，装炉煤水分一般按10%进行设计。

根据国内外捣固焦炉多年来的生产经验，采用9%～11%的水分有利于提高捣固煤饼的稳定性，故捣固焦炉的装炉煤水分规定为"9%～11%"。

装炉煤细度：对于顶装焦炉，规定为"76%～80%"，这是根据以下两方面资料确定的：一是全国各主要焦化企业近几年实际装炉煤细度的统计结果，二是国外各焦化企业总结的生产经验——为提高焦炭质量宜适度提高装炉煤细度。

对于捣固焦炉，规定为"≥90%"。根据国内外捣固焦炉多年来的生产经验，采用较高的细度指标有利于提高捣固煤饼的强度和稳定性，且近年来的生产实践表明，捣固煤料的粉碎能够达到该细度指标的要求。

装炉煤的灰分及硫分：鉴于"焦化行业准入条件"中要求"新建或改扩建焦化项目所生产的冶金焦焦炭质量必须达到二级或二级以上"，所以本规范对装炉煤的灰分及硫分指标是按能生产出二级冶金焦来确定的。若要生产一级冶金焦或质量更高的焦炭，相应的装炉煤的灰分及硫分指标的限值应降低。

装炉煤的挥发分、粘结指数及胶质层指数：本规范中装炉煤挥发分的上限指标和粘结指数、胶质层指数的下限指标是根据装炉煤对炼焦生产的适应性、能生产出合格的焦炭以及充分利用各种炼焦煤资源等原则来确定的；而装炉煤挥发分的下限指标和粘结指数、胶质层指数的上限指标是根据近年来全国各主要焦化企业上述指标的统计结果来确定的。

在我国的炼焦煤资源中，粘结性差的高挥发分煤居多。为了合理利用资源，我国炼焦生产宜选择可以多配这类煤的工艺，而捣固焦炉在达到相同焦炭质量的前提下可以多配弱粘结性高挥发分煤，所以捣固焦炉是适合上述要求的首选工艺。本规范正是以此来确定捣固焦炉装炉煤的挥发分、粘结指数和胶质层指数等指标。相应地，采用多配弱粘结性高挥发分煤捣固炼焦时，全焦产率较低，煤气产率较高。

4.2 燃料的要求

4.2.1 加热用焦炉煤气的质量要求的确定依据为：

1 低发热值。装炉煤炼焦产生的荒煤气经净化后的低发热值约为17900kJ/m³。因煤气净化采用的工艺不同，在掺入脱硫尾气或氨分解尾气等发热值较低的气体后，焦炉加热用焦炉煤气的低发热值将比17900kJ/m³低，但一般在16500kJ/m³以上，故本规范确定焦炉加热用焦炉煤气的低发热值应"≥16500kJ/m³"。

2 质量指标。加热用焦炉煤气的质量指标应能保证焦炉的正常生产以及满足焦炉烟囱达标排放的要求。

按"焦化行业准入条件"要求，焦化企业生产的工业或其他用煤气中H_2S含量应不大于300mg/m³，故本规范规定加热用焦炉煤气中H_2S的含量应"≤300mg/m³"。

为防止堵塞加热系统管道及管件，本规范规定了煤气中萘及焦油的含量。

4.2.2 加热用混合煤气的质量要求的确定依据为：

1 低发热值。随着高炉大型化以及高炉采用高压炉顶技术，高炉煤气的低发热值不断降低。热值过低的高炉煤气直接用于焦炉加热，不利于焦炉的加热调节和管理，且热损失也较大。因此，要混入一定比例的焦炉煤气，使混合煤气的低发热值至少达到规定值3980kJ/m³。

2 质量指标。对于混合煤气和发生炉煤气的质量要求主要是含尘量。如果焦炉加热用贫煤气含尘量过大，会造成格子砖堵塞，系统阻力增大，且蓄热室格子砖清扫困难。为避免格子砖堵塞，应严格控制贫煤气的含尘量。

混合煤气的含尘量和温度与净化高炉煤气采用的除尘方式有关。考虑到炼铁行业高炉煤气净化工艺正在由湿法除尘向干法除尘过渡，干法除尘的应用还不十分普及，故本规范所确定的混合煤气的含尘量及温度指标仍采用湿法除尘指标：含尘量<15mg/m³；对温度指标，基于南方地区在夏季高温采用湿法除尘时难以将高炉煤气温度降至较低水平，本规范将其确定为"<45℃"。

4 焦炉煤气是一种发热值高的煤气，是冶金厂、化肥厂需要的优质气体燃料或原料，故焦炉加热应尽量采用发热值低的煤气，且混合煤气中焦炉煤气的掺混比例不宜过大。若高炉煤气的发热值较低，且要求混合煤气的低发热值达到3980kJ/m³以上，则混合煤气中焦炉煤气的混入比例一般在3%～9%之间，故本规范规定"焦炉煤气的混入量不应超过10%"是合理的。

5 焦 炉

5.1 炼焦主要设计技术指标

5.1.1 本条规定了焦炉设计的主要技术指标：

1 年工作日：年工作日定为365日，是因为焦炉连续生产。

2 焦炉周转时间：

1）焦炉周转时间与多种因素有关，如炭化室宽度、炉墙厚度、装炉煤水分和标准火道温度等。以炭化室平均宽为450mm、炉墙厚度为100mm的焦炉为例,以前周转时间定为17h,但通过多年生产实践认为偏紧,较难达到设计年产量。所以确定炭化室平均宽为450mm的焦炉在采用常规工艺炼焦时,其周转时间为18h。

2) 炭化室高度较高的焦炉一般是为大型高炉提供优质焦炭而配套建设的。为满足大型高炉对焦炭质量需求的日益提高,实际生产中一般增加1h左右的焖炉时间以提高焦炭强度,还可减少出焦时的烟尘污染。故本规范中对炭化室高度较高的焦炉,在同样炭化室宽度的情况下,周转时间稍有延长。如炭化室平均宽度为450mm的4.3m焦炉周转时间为18h;而6m焦炉周转时间则定为19h。

3) 本规范对国内近年来新开发的炉型,如炭化室平均宽为530mm顶装焦炉、炭化室平均宽为554mm和500mm捣固焦炉(煤饼平均宽度分别为500mm和450mm),暂定了设计周转时间,待经过一段时间的生产实践检验后再作调整。

新开发设计炉型的炭化室宽度不在表中所列范围时,焦炉周转时间可按相应经验公式及上述原则推导确定;也可利用如下相关关系推导确定,并最终结合生产实践作相应调整。其关系式为:

新开发炉型的周转时间和某一基准炉型的周转时间之比等于新开发炉型的炭化室宽度和该基准炉型的炭化室宽度之比的 n 次方。当火道平均温度在1300~1350℃之间、炭化室宽度在450~600mm之间时,n 的取值在 1.1 至 1.3 之间。一般将炭化室宽度为450mm的焦炉作为基准炉型,其周转时间按不包括焖炉时间的18h进行计算。

3 焦炉紧张操作系数:焦炉紧张操作系数是为了当生产发生事故、短时影响生产时,采用紧张操作赶完生产任务而设立的。一般采用缩短焦炉周转时间的方式。但为了保证焦炉炉体寿命以及焦炉能顺利、稳定地操作,焦炉周转时间不宜缩短太多。一般规定,与设计周转时间相比,周转时间缩短长度不宜超过1h。

4 装炉煤散密度或煤饼密度:常规顶装焦炉的装炉煤散密度(以干煤计)为 0.73~0.76t/m³。如采用煤调湿、配型煤或煤预热等其他炼焦新工艺时,装炉煤散密度需依据工艺不同作相应调整。

捣固炼焦的煤饼密度与捣固工艺有关。国内外近年来捣固炼焦的生产实践证明,在使用连续薄层给料、多锤固点捣打的自动捣固技术后,一般捣固煤饼的体积密度可达到 1.1t/m³(湿基),最高可达 1.15t/m³(湿基)。故本规范将煤饼密度规定为 "0.95~1.03t/m³(干基)"。

5 全焦产率:全焦产率主要决定于装炉煤性质,挥发分的影响尤其明显。全焦产率的数值波动较大,其准确数值应通过配煤炼焦实验确定。各焦化企业在实际生产中累积了很多的数据。根据国内各焦化企业全焦产率数据的统计结果,其值一般在 71%~79% 之间。故本规范对以干煤计的全焦产率规定为:顶装焦炉 74%~79%,捣固焦炉 71%~75%,且规定全焦应包含头尾焦和焦粉。

6 冶金焦率:冶金焦率是以干全焦为基准的,其数值大小与取样地点有关。

对初步计算焦炉冶金焦产量用冶金焦率,将其取样地点确定为高炉炼铁工段入炉前的筛分处。对计算焦处理能力用的冶金焦率,其取样地点确定为:湿法熄焦时,焦台下的第一条运焦带式输送机头部;干熄焦时,排出装置下的第一条运焦带式输送机头部。

冶金焦率的准确数值应通过配煤炼焦实验确定。对计算焦处理能力用的冶金焦率,与包含焦粉的全焦相对应,湿法熄焦时,冶金焦率的数值为 91.5%;而干熄焦时,综合焦炭烧损、粉焦率较高以及干熄焦对焦炭的整粒作用等因素,冶金焦率将降至 90%。

7 焦炉煤气产率:煤气产率主要决定于装炉煤性质,也受炼焦操作条件的影响。

8 焦炉检修时间:我国焦炉检修执行的是循环检修制度,一般为每个周转时间一次,每次 2h。如此确定的原因主要是焦炉机械需要定期检修,且这种较大检修所需时间不能过短。

近年来,新建焦炉大多配置了备品焦炉机械。因为有了备品车,焦炉机械每段检修时间的长度可以缩短;同时在采用干熄焦后,干熄炉预存室的容积限制了焦炉每段检修时间不能过长。故本规范是按照如下原则来确定焦炉检修制度的:

焦炉或焦炉组每天检修时间的长短等于24h与全炉或炉组每天总操作时间的差值。焦炉或焦炉组每天检修次数以及每段检修时间的长短应根据检修工作量的大小、干熄炉预存室的有效容积等综合确定。据调查,多数炼焦企业将检修制度与四班三运转的交接班制度相结合,采用的检修制度为每天检修三次(即每班一次),每次 2/3~1h,也有部分企业采用每天检修两次,每次1~1.5h。故本规范确定焦炉或焦炉组每天总的检修时间为2~3h,且每段检修时间的长度不能超过干熄炉预存室允许的最大装焦时间间隔。

5.1.2 本条规定了焦炉的热工指标:

1 焦炉热工指标中的"计算生产消耗定额用"指标采用了"焦化行业准入条件"中规定的数值。从国内多个焦化厂的实际生产操作数据分析,焦炉无论是采用焦炉煤气加热还是混合煤气加热,均可以达到本规范提出的指标。

2 当焦炉采用混合煤气以外的其他贫煤气加热时,其炼焦耗热量可依据煤气热值进行折算。

3 依据国家产业政策及相关法规,本规范未涉及"炭化室高度 4.3m 以下焦炉"的炼焦耗热量指标。

4 计算焦炉加热系统用的指标高于计算生产消

耗定额用的指标,是为了确保焦炉炉体、烟道、烟囱以及加热煤气管道等具有足够的备用系数,以保证在生产条件波动时焦炉能正常生产。

  5 捣固焦炉的炼焦耗热量可参照执行。

5.2 焦炉炉体

5.2.1 目前我国新建和正在生产的焦炉,除少数从国外引进的焦炉(如新日铁 M 型焦炉以及德国 7.63m 焦炉)以外,大多采用双联火道、废气循环、焦炉煤气下喷、贫煤气侧入的复热式焦炉。

焦炉煤气是一种发热值高的煤气,是冶金厂、化肥厂需要的优质气体燃料或原料,同时也是民用煤气的重要气源之一。如果以焦炉煤气加热焦炉,则有 40%以上的产出煤气要消耗于焦炉自身,从能源综合利用的角度来看是不合理的。另一方面,如果贫煤气供应系统发生故障,或者焦炉严重老化需要局部检修时,往往必须使用焦炉煤气加热。因此,通常采用复热式焦炉。

由于焦炉日益大型化,炭化室高度不断增加,从焦炉顶部来调节斜道口调节砖十分困难。为此,近年来国内外炭化室高度较高的焦炉均采用了下部调节的方式。这种下调式焦炉调节方便、灵敏。但选用下调式焦炉,蓄热室必须分格。

5.2.2 对于炭化室高度较低的焦炉(如不大于 4m 的焦炉),炉体强度较易满足焦炉生产需要,但随着焦炉炭化室高度的增加,有必要对焦炉炉墙极限侧负荷提出要求。

焦炉炉墙极限侧负荷的大小应根据焦炉砌体的结构参数确定。炉墙极限侧负荷应大于整个结焦周期相邻两侧炭化室煤料的膨胀压力之差,或推焦操作作用于炉墙的压力与相邻炭化室煤料的膨胀压力之差。

与顶装焦炉相比,捣固焦炉煤饼的密度要大得多,煤料膨胀压力增大,侧压力差值也增大,故捣固焦炉炉墙极限侧负荷应较同样高度的顶装焦炉大。

5.2.3 焦炉作为复杂的热工设备,基建投资大;同时焦炉操作管理水平的日益提高也为焦炉炉龄的延长提供了可能,故本规范将焦炉服务年限定为"不低于 25 年"。根据我国近年来焦炉的生产实践看,这项规定是较为合适的。

5.3 炼焦工艺布置

5.3.2 为减小风对焦炉炉体的损坏以及便于生产操作,焦炉炉组纵轴线宜与当地最大频率风向夹角最小。

5.3.3 基于下列因素,本规范确定一个炉组宜由两座焦炉组成:

  1 两座焦炉组成一个炉组,构成一个生产系统,工艺管理比较方便,可共用焦炉机械或辅助生产设施和设备,如煤塔、炉门修理站、推焦杆及平煤杆(或煤槽底板)更换站、余煤提升机、炉顶起重机(或电动葫芦)、高压氨水系统以及熄焦系统等,从而减少建设投资和运行费用。

  2 两座焦炉组成一个炉组,当一座焦炉大修时,另一座焦炉可以继续生产,这样可以尽可能减少焦炉大修对焦炭供应的影响。

5.3.4 随着建设规模的增大,采用两个炉组的情况越来越多。在布置许可的情况下,两个炉组的四座焦炉布置在一条中心线上且炉组间设置大间台,可以减少焦炉机械的备用数量、减少占地面积,从而节约建设投资和运行费用。

两个炉组间大间台的长度取决于设备的布置、焦炉机械的边炉操作和备用车辆的停放位置等。如大间台焦侧布置干熄焦装置,则大间台长度还受干熄站布置的影响。

5.3.5 两座焦炉中间设煤塔,是为了操作上的方便,装煤车到煤塔受煤时走行距离最短,节省操作时间。

煤塔有效贮量是根据备煤车间供煤条件而定的。对生产能力较大的炉组来说,如规定煤塔有效贮量过大,将使得煤塔的建设投资很高;同时,随着备煤系统操作制度的改变、设备可靠性和检修水平的提高,煤塔有效贮量可以适当减小。而对生产能力不是很大的炉组来说,可按保证焦炉连续生产 16h 来考虑煤塔的有效贮量。故本规范将煤塔有效储量确定为"焦炉连续生产 8～16h 的用量"。

5.3.6 捣固焦炉采用固定捣固站时,其煤塔的作用与顶装焦炉煤塔的作用相同,但捣固焦炉不是从炉顶装煤,而是从焦炉机侧炉门推入煤饼,所以将煤塔设在焦炉机侧的装煤推焦机轨道上方,以便往装煤推焦机的煤槽内装煤。近年来,国内外还采用了将容积较小的煤塔设在捣固装煤推焦机上、用胶带输送机向车上小煤塔送煤的方式。

5.3.7 在顶装焦炉的煤塔与焦炉之间设置炉间台,用于布置交换传动、余煤提升机、加热煤气管道或煤气预热器等。

5.3.8 焦炉炉组两端设置的炉端台的顶层用于存放备品装煤车及布置悬臂起重机(或电动葫芦),二层用于布置炉门修理站、推焦杆及平煤杆(或煤槽底板)更换站等。

5.3.9 在焦炉机、焦两侧设置操作台,用于焦炉操作和承载拦焦机等。当拦焦机两条走行轨道均设在焦侧操作台上时,为便于走行机构的检修,应在焦侧操作台设拦焦机修理坑。

5.3.10 为改善焦炉操作环境,减少对设备的腐蚀,湿熄焦系统一般布置在炉组的端台外,且熄焦塔中心线与炉端炭化室中心线间的距离应大于 40m。

5.3.12 当炉组熄焦车辆的数量较少时,一般利用道岔(或轨道端部)停放备用车辆或实现熄焦车辆的维修与更换;当炉组熄焦车辆较多时,应设置迁车台。

5.3.13 焦炉烟囱应根据焦炉炉型、分总烟道的布置和煤塔上煤带式输送机、焦台、运焦带式输送机通廊等设施的位置，布置在焦炉机侧、焦侧或炉端台外。

5.3.14 焦炭在焦台上的晾焦时间不少于30min，是为了有足够的时间蒸发焦炭中的水分和降低焦炭温度。

5.4 炼焦工艺装备

5.4.1 本条规定了焦炉集气系统的设计要求。对条文的规定分别说明如下：

1 上升管盖、桥管与水封阀承插处采用水封结构是成熟的技术，密封效果好、投资少。

2 根据生产经验，集气管端部与集气管中部吸气管处的压差要限制在一定范围内才能使各炭化室压力比较均匀且易于控制。当焦炉炉孔数较多时，为减少建设投资，一般不采用增大集气管管径的方法，而是采用两个或三个吸气管。

3 集气管设置荒煤气放散管，是为了当焦炉遇到事故时，可以打开放散阀排出荒煤气以减小炭化室及荒煤气导出系统的压力，防止冒烟或着火。排出的荒煤气如不点燃会恶化周围环境。为此，应在放散管排出口设置自动点火装置，将排出的荒煤气燃烧。

4 焦炉采用高压氨水喷射与除尘地面站或除尘装煤车相配合的方式，可以很好地实现对焦炉装煤烟尘的治理。高压氨水泵设变频调速系统有利于节能。

5 吸气弯管设手动调节翻板，是为了粗调集气管压力，以提高自动调节的灵敏度，从而保证集气管压力稳定。

6 焦炉上升管外壁无隔热措施时，表面温度可达200℃以上，将恶化炉顶操作环境，为此要求采取隔热措施。

7 集气管设置氨水清扫装置有利于焦油、氨水的顺利排出。

8 集气管设置蒸汽或氮气（有氮气供应的情况下）吹扫、充压设施，可方便集气管在开工、停工或集气管内煤气压力较低时使用。

9 氨水管道设置补充事故用水设施，可在长时间停止氨水供应的事故状态下，用工业水代替氨水冷却荒煤气，避免烧坏集气管。

5.4.2 本条规定了焦炉加热交换系统的设计要求。对条文的规定分别说明如下：

1 加热煤气管道：

1）与大、中型高炉相配套的焦炉，应以高炉煤气为焦炉主要加热燃料。但当高炉煤气的热值较低不能满足焦炉加热要求时，应混配焦炉煤气。因此，复热式焦炉一般需要布置三套加热煤气管道：高炉煤气管道、焦炉煤气管道和混合用的焦炉煤气管道。当混合煤气已在能源供应部门按要求混和好时，焦化区域不需再设置混合用的焦炉煤气管道。当焦炉采用符合热值要求的单种煤气加热时，只需设置相应的单种加热煤气管道，如焦炉煤气管道、发生炉煤气管道或高炉煤气管道中的一种。

3）为防止萘等杂质低温凝结，堵塞加热煤气管道及管件，一般要求焦炉煤气预热温度不低于45℃。

2 废气系统：

1）废气排出系统中，交换开闭器的阻力占总阻力的比例较大。克服10Pa的阻力就需加高烟囱2m，因此设计应使用阻力小、调节灵敏的交换开闭器。

2）烟囱根部的总烟道上设排水设施，有利于及时排出积水，防止烟气流通断面过小造成焦炉加热系统吸力不足。

3 交换系统：

1）液压交换机占地面积小、设备简单、操作轻便，所以交换系统应采用液压交换机。液压交换机设置蓄能设施，可在停电情况下实现几个周期的交换，保证焦炉稳定生产。

2）向焦炉供应煤气的控制设备有交换旋塞或煤气砣，各有优点。但近年来为减少煤气向地下室泄漏的机会，高炉煤气系统多采用煤气砣（尽管它向烟道漏煤气的机会增多，会损失部分煤气）。

5.4.3 本条规定了焦炉护炉设备的设计要求。对条文的规定分别说明如下：

1 炉柱通过保护板施加给焦炉砌体足够的保护性压力，可使焦炉砌体能够抵抗结焦过程中煤料膨胀力的作用，还可使焦炉砌体虽然受到温度变化及机械力的作用也不致产生变形或破损，从而保持焦炉砌体的完好和严密。随着炭化室高度的增加，炉柱施加给焦炉砌体的保护力应大幅增加。

2 H型钢具有同样重量刚度大或同样刚度重量轻的优点，所以焦炉的炉柱宜采用H型钢的组合构件。

3 为使炉柱能够对焦炉砌体施加足够的保护力，为使抵抗墙能够对焦炉砌体均匀施加保护力，焦炉的横向和纵向必须设置拉条。在烘炉及生产期间，按计划调节拉条端部压缩弹簧的负荷，可以达到对焦炉砌体均匀施加保护力的目的。

4 焦炉炉门是焦炉的关键设备。为了显著改善焦炉的操作环境，宜采取有效的技术措施以提高炉门的严密性。如：采用弹簧门栓、弹性刀边可使炉门刀边受力均匀并便于调节；采用悬挂式结构可使炉门对位准确、刀边不易位；采取空冷措施可降低炉门温度梯度，减少热变形等。

5 大保护板具有较高的强度和刚度，对焦炉炉头有较好的保护效果，故焦炉应采用大保护板。

5.4.4 本条规定了焦炉湿法熄焦系统的设计要求。对条文的规定分别说明如下：

1 焦炭水分主要因熄焦方式而异。高炉用焦的水分应低且保持稳定，水分波动会影响高炉炉况的稳定。近年来，国内外开发出低水分熄焦和稳定熄焦等新型湿法熄焦工艺。焦炉采用新型湿法熄焦，可以降低并稳定焦炭的水分。

2 湿法熄焦是焦化厂的重要污染源之一。为此，湿法熄焦的设计必须采取严格的环保技术措施。在熄焦塔顶设置高效捕尘装置（如带折流板的捕尘装置），可以有效地捕集熄焦时散发出来的蒸汽中夹带的粉尘和水滴。

3 粉焦沉淀池是处理熄焦水的重要设施，应具有足够的尺寸，以保证含粉焦的熄焦水有较好的沉淀效果。

4 粉焦沉淀池内的粉焦收集一般采用电动抓斗起重机。近年来，为将沉淀池中的粉焦清除干净并实现无人操作，开发出可自动往复运行的刮板式粉焦收集机械，效果较好。

5 为节约用水以及避免熄焦废水外排污染环境，正常生产时粉焦沉淀池内的熄焦废水应实现闭路循环，不得外排。

6 为了减少焦化企业生产污水的外排量，可以使用处理后的酚氰废水作为熄焦补充水，其水质指标与《污水综合排放标准》GB 8978—1996中规定的二级排放标准相同。确定这样的水质指标，是基于以下两方面来考虑的：

　　1) 降低熄焦蒸汽中有害物质的含量，从而减少对环境的污染；

　　2) 处理后的酚氰废水达到这些指标后，既可以按二级排放标准的要求外排，也可以作为熄焦补充水。

7 粉焦沉淀池设置液位控制装置，用于控制熄焦补充水的供应和停止。

5.4.5 本条规定了焦炉机械的装备水平和配置数量。对条文的规定分别说明如下：

1～3 确定焦炉机械的装备水平应以提高操作效率、降低劳动强度和改善操作环境为出发点，以先进、安全、实用和成熟可靠为原则。

焦炉机械的"一次对位"是指某一焦炉机械停在某一作业位置上，不需移动车辆就能完成本次所有作业。以推焦机为例，当推焦机准确停止在某一炭化室时，不需移动车辆位置，就可完成本炉的摘门、推焦、清扫炉门和炉框、关门以及对前一作业炉进行平煤等操作。

4 焦炉推焦机虽设有推焦杆和平煤杆的手动退回装置，但在事故停电时，手动操作困难且耗时较长，不能及时将推焦杆退回，难以避免发生烧坏推焦杆和平煤杆的现象。故有条件时，宜在推焦机上设柴油机或柴油发电机，在事故停电时能及时退回推焦杆或平煤杆，且可减轻工人的劳动强度。

7 焦炉的大型化使得焦炉机械的车体越来越庞大，为防止因司机视线受到限制影响焦炉的安全生产，焦炉机械应设置必要的工业电视监视系统。

8 焦炉机械中各移动车辆的配置数量应按照下列原则来确定：

各移动车辆完成一炉操作所需时间应小于按焦炉或焦炉组的炉孔数、周转时间以及检修时间等计算出的单孔操作时间，并应配置备品车辆以满足焦炉的连续、稳定生产。

对"典型炉组的焦炉机械配备"，本规范按"顶装焦炉"及"捣固焦炉"分别列出。对近年来新开发投产的炉型及其典型炉组的焦炉机械配置也纳入其中，且未涉及不符合国家产业政策要求的炭化室高度低于4.3m焦炉的内容。这些新开发炉型包括：炭化室高6.98m焦炉、炭化室高4.3m的宽炭化室焦炉、炭化室高5.5m的宽炭化室捣固焦炉以及炭化室高4.3m的宽炭化室捣固焦炉。

"典型顶装焦炉炉组的焦炉机械配备"表中，炭化室高4.3m的2×72孔宽炭化室顶装焦炉的装煤车，规定为2台操作，未配置备品车。这是因为若配备三台装煤车，当中间一台装煤车出现故障时，无停放位置且影响焦炉装煤操作；此外，近年来的生产实践表明，采用2台装煤车操作且不配置备品车，完全可以满足焦炉的生产操作。同理，炭化室高5.5m的2×50孔捣固焦炉的装煤推焦机，以及炭化室高4.3m的2×72孔捣固焦炉的消烟车、（捣固）装煤车和（捣固）推焦机均未配置备品车。

湿熄焦车的配置数量依焦炉采用的熄焦方式而定：如焦炉熄焦全部采用干熄焦，则无需配置湿熄焦车；如焦炉采用以干熄焦为主、湿法熄焦备用的熄焦方式，则需配置1台备用湿熄焦车；如焦炉投产初期完全采用湿法熄焦，则除每个熄焦塔需配置1台操作用湿熄焦车外，还需考虑备用湿熄焦车。

电机车的配置数量将不因熄焦方式的改变而变化。如焦炉熄焦全部采用干熄焦，可采用干熄焦用电机车；若焦炉采用以干熄焦为主、湿法熄焦备用的熄焦方式，可采用干湿两用电机车，故其数量不变。

在焦炉投产前，不能订购备品焦炉机械时，应订购部分必需的焦炉机械备件以保证焦炉连续、稳定生产。

5.5 焦炉爆炸危险区域的划分

结合生产实际，本规范中焦炉爆炸危险区域划分主要遵循以下原则：

1 将焦炉视为生产装置，以建、构筑物为单位对其进行爆炸危险区域的划分。

2 本规范中焦炉爆炸危险区域划分与《钢铁冶金企业设计防火规范》GB 50414划分的等级基本一致。

3 对炉顶集气管仪表室，当变送器设置在室外时，划分为无危险场所。

4 对下喷式焦炉的两侧烟道走廊，因无煤气设备且通风良好，在正常生产时可使煤气浓度不超过下限的10%，故划分为无危险场所；对侧喷式焦炉的两侧烟道走廊，因有较多的煤气设备，存在释放源，故划分为1区。

5 对煤塔底层，当变送器不集中设置在煤塔下而是分散设置在煤塔外时，煤塔内无释放源，煤塔底层划分为无危险场所；当煤塔内设有集中的变送器室时，变送器室内有释放源，变送器室应划分为1区。

6 干 熄 焦

6.1 干熄焦主要设计技术指标

6.1.1 选择确定干熄焦装置处理能力时，应遵循下列基本原则：

1 根据焦炉或焦炉组的生产能力配套建设大型干熄焦装置，并以湿法熄焦作为备用，可以减少干熄焦装置的建设套数，减少占地，方便维护与检修，降低建设投资和运行成本，提高干熄焦装置的经济效益。此外，采用湿法熄焦备用还可确保焦炉的连续、稳定生产。

从国内外多年来的建设经验看，绝大多数企业采用了配置大型干熄焦装置并备用湿法熄焦的方式，只有前苏联的焦化企业（因气候原因）以及我国宝钢采用全干熄方式。

2 若焦炉所生产的焦炭全部干熄时，应配置备用干熄炉。

6.1.2 本条规定了干熄焦设计基本工艺参数。对条文的规定分别说明如下：

1 单套干熄焦装置的处理能力：国外一般为56～200t/h之间，最大达到250t/h；国内在65～160t/h之间，并已形成与焦炉或焦炉组生产能力相适应的系列化配置。

2 干熄焦装置强化操作系数：干熄焦装置作为焦炉的后续工段，应考虑一定的强化操作系数，以确保生产过程中当单孔装煤量增加、全焦产率提高或者周转时间缩短等导致焦炉生产能力增加时，干熄焦装置能够处理焦炉所生产的全部焦炭。该强化操作系数一般在1.07～1.1之间取值。

3 干熄时间：干熄时间的长短决定了冷却室容积的大小。干熄时间主要取决于循环气体与焦炭间的综合传热系数，而该传热系数与循环气体的粘度、流速、密度以及焦炭床层的空隙率和颗粒直径等多种因数有关，一般取值小于或等于2h。

4 干熄后焦炭水分：干熄后焦炭水分理论上为0，考虑到焦炭吸附空气中水分以及为防止焦炭转运过程中扬尘太大而增设加湿措施后，焦炭水分一般控制在小于或等于1%，且较为稳定。

5 焦炭烧损率：焦炭烧损率的大小与干熄焦气体循环系统的严密性以及系统为控制循环气体可燃组分浓度而采取的操作制度有关，其准确数值可通过对干熄焦装置进行标定和物料、热量衡算求得。设计中一般要求焦炭烧损率小于或等于1%。在干熄焦装置生产后期，系统严密性可能会降低，造成焦炭烧损率增大。

6 干熄焦粉焦率：干熄焦粉焦率是指干熄焦系统回收的焦粉与装入红焦的质量百分比。

干熄焦系统回收的焦粉包括一次除尘器、二次除尘器收集的焦粉以及干熄焦烟尘治理系统收集的焦粉。

7 干熄炉的检修：对单个干熄炉，检修周期取决于干熄焦锅炉的检修制度，一般为每年检修一次；每次检修时间的长短取决于维修量的多少以及检修的熟练程度。由多个干熄炉组成的干熄站，一般连续生产，各干熄炉轮流检修，只有当多个干熄炉的共用设施检修时，干熄站才停止生产。

干熄焦装置检修期间，可利用备用的湿法熄焦或备用干熄炉完成焦炉的熄焦操作。

6.2 干熄焦砌体

6.2.1 除德国曾开发方形干熄炉外，目前国内外正在生产的干熄炉大多采用圆筒竖窑式结构。为解决焦炉的循环检修、间歇出焦与干熄焦装置连续稳定生产之间的矛盾，需要在干熄炉中设置预存室。干熄炉的预存室还有焖炉改善焦炭质量的作用。

6.2.2 干熄炉的高径比与干熄炉的冷却特性、循环风机的配置、干熄焦装置的建设投资和运行成本等有关，现代大型干熄炉的高径比宜为0.8～1.1。干熄炉的冷却特性受多项因素影响，如干熄炉内焦炭的粒度偏析程度、焦炭下降的均匀性、循环气体分配的合理性和均匀性、循环气体上升的均匀性以及冷循环气体的温度高低等。

6.2.3 干熄炉斜道区的隔墙逐层悬挑，负荷巨大，又易被焦炭堵塞，故应尽量采用强度大的结构，且水平夹角宜在70°～78°之间。斜道区入口的跨顶砖也应采用拱形结构以防止斜道隔墙受力过大。

6.2.4 干熄炉预存室的有效容积应根据焦炉中断供焦时间的长短确定。除此之外，还需在上料位以上留出一炉焦炭的容积，以防本炉装入的焦炭达到上料位时，同一时间推出的一炉焦炭无法装入干熄炉。一般预存室的有效容积按能储存焦炉1～1.5h的产焦量进行设计。

6.2.5 一次除尘器砌体顶部及挡墙底部采用拱形结构，强度大，结构简单，维修更换工作量小。

6.2.6 耐火泥浆是耐火砖间的连接材料。耐火砌体的强度与耐火泥浆的性质、粘结强度有很大的关系。故耐火泥浆除应与耐火砖的化学组分相近、物理指标达到工况要求外，还应具有足够的冷态抗折粘结强度。

6.3 干熄焦工艺布置

6.3.1 干熄站可根据总图位置布置在炉组中部的焦侧区域或焦炉的某一端。干熄站的工艺布置受干熄焦装置处理能力、干熄炉个数、干熄站相对焦炉的位置以及干熄焦工艺装备水平等因素的影响。

干熄焦装置的处理能力不同，设备大小也不同，从而影响工艺布置；干熄炉个数不同，干熄站的占地及布置差异较大；干熄站相对焦炉的位置不同，红焦输送系统的配置以及排出冷焦的运送方向就不同，也将影响到工艺布置；干熄焦工艺装备水平不同，如是否设置气体冷却器等，也将影响干熄焦的工艺布置。

干熄焦装置中许多设备的体积庞大，重量较重，且安装高度较高，在年修时需要移出外运检修，故干熄站内的工艺布置应方便干熄焦各设备的维护与检修。

6.3.2 当焦炉组需配置多套干熄焦装置时，在总图布置允许的情况下，干熄焦装置宜集中布置在一个干熄站内。这有利于干熄焦公辅系统、烟尘治理系统、冷焦运送系统以及发电等配套设施的集中布置和管理，从而降低建设投资和运行成本。

6.3.3 除氧给水泵站布置在干熄焦锅炉附近，可使干熄焦热力系统的锅炉、除氧器、锅炉给水泵及加药装置、取样装置等主机设备和辅机设备布置位置恰当、合理，热力管线布置短捷，阻力小，符合工艺流程和长期运行的经济性要求。

根据厂区的统一规划，有条件时除氧给水泵站可独立设置。当独立设置有困难时，一般采取将除氧给水泵站与干熄焦系统其他构筑物（如汽轮发电站、除盐水站、主控楼等）统一联合布置，以减少占地。

6.3.4 设置一座除氧给水泵站和一座汽轮发电站，便于操作管理，同时可减少厂区占地，节省建设投资。

6.3.7 干熄焦装置主框架顶层一般在距地面约45m高空，为方便巡检及检修人员的维护与操作，干熄焦主框架应设置电梯。

6.4 干熄焦工艺装备

6.4.1 本条规定了红焦输送系统的设计要求。对条文的规定分别说明如下：

　　1 红焦输送系统的设备配置与干熄站相对焦炉的位置、焦炉的出焦操作周期、焦炉前接焦操作的方式以及单孔炭化室的焦炭产量等因素有关：

　　干熄站相对焦炉的位置不同，红焦输送系统的设备配置也可能不同，如是否需要采用横移牵引装置，是否需要设置移动式提升导轨等；

　　焦炉出焦操作周期不同，红焦输送系统各设备的操作周期也不一样，红焦输送系统各设备的性能也会有差异；

　　单孔炭化室的焦炭产量不同，红焦输送系统各设备的规格也会有较大差异；

　　焦炉前接焦操作的方式不同，设备配置以及设备的性能也不同。焦炉前的接焦操作主要有圆形旋转焦罐定点接焦、方形焦罐定点接焦以及方形焦罐小幅移动接焦三种。

　　3 为缩短红焦输送系统的操作周期，一台电机车应牵引两台焦罐车（运载车及焦罐）交替接焦。为保证红焦输送系统操作的稳定性和可靠性，焦罐车应设置一套备品。采用横移牵引装置时，焦罐车除包括运载车及焦罐外，还包括焦罐台车。

　　4 电机车为有人驾驶，但参与红焦输送系统的自动运转。

6.4.2 本条规定了干熄炉及供气装置的设计要求。对条文的规定分别说明如下：

　　1 干熄炉预存室放散装置用于开工、停炉及事故情况下干熄炉内循环气体的放散。

　　2 在干熄炉内循环气体与焦炭的逆流换热过程中，高温焦炭与循环气体发生化学反应造成焦炭烧损以及预存室中的焦炭析出残余挥发分等，都使得循环气体中可燃组分的浓度不断增加。同时，干熄炉内红焦的温度较高（最高可达1000℃以上），且无法保证系统不从环境吸入空气，故当可燃组分的浓度达到爆炸极限就有爆炸的危险。

为保证干熄焦装置生产操作的安全性，必须有效控制循环气体中可燃组分的浓度。实际生产操作的经验表明，干熄炉入口循环气体中一氧化碳（CO）的浓度控制在小于或等于6%（体积百分比）、氢气（H_2）的浓度控制在小于或等于3%（体积百分比），就可避免发生爆炸。将循环气体中可燃组分的浓度控制在安全范围内一般有两种方法：一种是连续向气体循环系统供入一定量的氮气，另一种是在干熄炉环形气道或一次除尘器引入空气将可燃组分燃烧。后一种方法因较为经济且可多生产蒸汽而被广泛采用。

6.4.3 本条规定了装入装置的设计要求。对条文的规定分别说明如下：

　　1 装入装置台车的移动与炉盖的开闭采用联动方式，可以缩短装焦料斗与炉盖的替换时间，从而减小干熄炉中粉尘的外逸。

　　2 装入装置下口设置钟形布料器，可以减小干熄炉内焦炭的粒度偏析，从而改善干熄炉的冷却性能，降低干熄焦装置的建设投资和运行成本。

6.4.4 本条规定了排出装置的设计要求。对条文的规定分别说明如下：

　　1 采用排焦量可准确调节的密闭、连续式排焦设备，实现冷焦的连续均匀排出，可以避免排焦时的粉尘外逸并保证干熄焦系统的压力稳定，还可有效降低整个排出装置的高度。

3 当安装在运焦带式输送机上的辐射温度计检测到排出冷焦的温度超过规定值时，自动启动事故洒水装置向焦炭洒水，防止烧损胶带。

6.4.5 本条规定了气体循环系统的设计要求。对条文的规定分别说明如下：

1 在干熄炉与一次除尘器之间、一次除尘器与干熄焦锅炉之间设置高温补偿器，可以吸收因开工、停工及温度波动产生的膨胀与收缩，避免连接口处产生泄漏，影响气体循环系统的严密性。

3 设置在一次除尘器顶部的放散装置可作为系统事故状态下的紧急放散口和烘炉时的空气吸入口。

4 在循环风机出口至干熄炉入口间的循环气体管路上设置气体冷却器，用锅炉给水与循环气体进行换热，可以降低进入干熄炉的循环气体的温度，从而强化干熄炉的换热效果；用从循环气体中回收的热量加热锅炉给水，可以节约除氧器的蒸汽耗量，从而降低整个干熄焦装置的能耗。

5 在停电、循环风机出现较大故障或其他紧急停运等异常情况时，可通过循环气体管路上设置的氮气补充装置自动向系统内导入氮气，保持系统正压，防止循环气体中可燃组分浓度达到爆炸极限，避免发生爆炸。

6 利用设置在风机出口循环气体管路上调节预存室压力的自动放散装置，可将为控制气体循环系统中可燃组分浓度而产生的多余气体放散，从而保证气体循环系统压力稳定以及保持预存室顶部空间的压力满足生产要求。

7 见条文说明6.4.2条中第2款。

8 循环风机的功率较大，是干熄焦装置主要的耗能设备之一。考虑到干熄焦装置的设计能力与实际处理能力间可能存在差异，循环风机宜设置速度调节装置以节能。

6.4.6 本条规定了干熄焦锅炉的设计要求。对条文的规定分别说明如下：

2 将干熄焦锅炉的循环方式确定为"宜选用强制循环与自然循环相结合的方式"，主要是基于以下考虑：

1）据调查，目前已投产的干熄焦项目，干熄焦锅炉的循环方式普遍采用强制循环与自然循环相结合的方式；

2）采用强制循环与自然循环相结合的方式，干熄焦锅炉循环气体入口的标高与一次除尘器出口的标高较为一致，易于连接，可保证循环气体流通顺畅；

3）与采用自然循环的锅炉相比，采用强制循环与自然循环相结合的方式，干熄焦锅炉具有汽包容积较小，水冷壁管径小，循环系统重量轻、循环倍率低、水动力安全可靠，启动和停炉速度快，适应能力强，锅炉体积显著减小等明显优点，特别适于干熄焦装置的实际应用。

采用强制循环与自然循环相结合的方式时，设置2台强制循环水泵的目的，是为了在其中一台运行的强制循环水泵发生故障时，另一台备用泵能立即启动，从而保证干熄焦锅炉能够连续稳定的运行。由于强制循环水泵是在锅炉汽包压力的饱和温度下工作，故应互为热备用。

3 根据相关规程如《火力发电厂设计技术规程》DL 5000—2000，对非严寒地区的划定界限为累年最冷月平均温度高于—10℃的地区。

干熄焦锅炉选用紧身罩紧身封闭，可看成是一种室内布置形式。因干熄焦锅炉炉型瘦长，与屋内布置相比，采用紧身封闭既容易布置又较为经济，故在寒冷地区宜选用紧身封闭的干熄焦锅炉。

8 一般电站锅炉的汽包上不设充氮气保护用接口，停炉时采用其他措施防止锅炉的氧腐蚀。焦化厂的干熄焦装置均有可靠的氮气来源，停炉时采取向锅炉汽包充入氮气的措施防止氧腐蚀简捷易行。

7 烟尘治理

7.1 装煤烟尘治理

7.1.1 焦炉装煤时烟尘散发点随装煤车工作位置的变化而变化，因此应在装煤车（或导烟车）上设置烟尘捕集设施及（或）与地面除尘站固定管道相连接的烟尘转换装置，以满足各种形式装煤烟尘治理的需要。

7.1.2 早期国内装煤烟尘治理采用湿法除尘，耗水、耗电量大，除尘工艺流程长；后来采用干式除尘地面站形式。与湿法除尘相比，干式除尘地面站具有技术先进、节能及节水效果显著等特点，因此推荐采用干式除尘地面站形式。

7.1.3 干式除尘地面站式的焦炉装煤烟尘治理系统应配备必要的保护装置：

1 焦炉装煤过程产生的烟尘含有荒煤气，且其中可燃气体的成分和浓度随时都在变化，故存在燃烧或爆炸的可能。因此，装煤车上的烟尘捕集、导烟设施应具备防止烟尘发生爆炸的功能，并应设置安全泄爆装置。

2 突然断电时，除尘风机的风量迅速减小，装煤烟尘吸入口掺入的空气量也减少，进入地面站的烟气中可燃成分的浓度增大，极易产生爆炸，危及设备和人身安全，因此有必要设置事故断电紧急切断设施。

3 烟尘经过高温明火颗粒阻断处理，可防止烟尘携带明火或大颗粒燃煤进入除尘器烧毁滤袋，从而保障净化装置的正常运行。

4 装煤烟尘温度高，烟尘中除含有粒径不等的固体悬浮物外,还含有挥发性焦油、水汽等,直接进入除尘器易堵塞滤袋,使其丧失过滤功能。故应将烟气进行处理,对粘结性焦油采取适当措施,以利于净化装置的清灰,保证除尘器安全可靠运行。

  5 焦炉装煤的作业周期一般为8~10min,而真正作业时间只有3min左右,其余的5~7min为间歇时间,不产生烟尘,因此该烟尘亦称作阵发性烟尘。大型除尘风机和电机不宜频繁停机、启动,故一般在电机和除尘风机之间加装调速装置,通过调速装置调节风机在作业和间歇时间的不同转速(风量)来实现除尘并达到节约电能、降低运行能耗的目的。

  6 这样规定的目的是为了防止煤尘自燃或爆炸。

  7 因为焦炉装煤除尘治理系统收集的粉尘属可燃导电性粉尘,所以净化系统应采取消除静电积聚的措施,并应设置安全泄爆装置。

7.1.4 焦炉装煤过程产生的烟尘属阵发性烟尘,除尘风机升速、降速频繁,需要程序控制;除尘地面站设备较多,人工管理复杂困难,需采用全自动控制系统。

7.1.5 当捣固焦炉从机侧炉门向炭化室推送煤饼时,利用设置在装煤推焦机(或捣固装煤车)上的机侧炉门密封设施,可以有效避免烟尘从炉内外逸,污染操作环境。

7.2 出焦烟尘治理

7.2.1 焦炉出焦时烟尘散发点随推焦机及拦焦机工作位置的变化而变动,因此应在拦焦机上设置烟尘捕集设施及与地面除尘固定管道相连接的烟尘转换装置,以满足焦炉出焦烟尘治理的要求。

7.2.2 出焦烟尘干式除尘地面站净化系统具有净化效率高、节水、综合能耗低、自动控制、管理简单等优点,也是国内外普遍采用的形式。

7.2.3 干式除尘地面站应配备必要的保护装置:

  1 出焦烟尘温度高,常含有粒径不等的红焦,烟尘直接进入除尘器易损坏滤袋,故需先将烟尘进行冷却、消除大颗粒红焦的预处理后,再进入除尘器净化,从而保障净化装置的正常运行。

  2 焦炉出焦时产生的烟气温度高,需要冷却或预处理。烟气的冷却采用自然风冷方式较机冷、水冷方式,更方便,更经济。

  3 出焦操作的作业周期与装煤操作相同,作业时间比装煤还短,故通风机组更需配置调速装置,以实现低能耗运行。

  4 这样规定的目的是为了防止焦尘自燃或爆炸。

  5 因为焦炉出焦烟尘治理系统收集的粉尘属可燃导电性粉尘,所以净化系统应采取消除静电积聚的措施。

7.2.4 焦炉出焦产生的烟尘属阵发性烟尘,除尘风机升速、降速频繁,需要程序控制;除尘地面站设备较多,人工管理复杂困难,需采用全自动控制系统。

7.3 干熄焦烟尘治理

7.3.1 干熄焦作为冶金行业重大环保节能技术,必须具备完善的环保措施。所以,干熄焦装置中炉顶的装入装置、预存室事故放散口、预存室压力自动调节放散口和干熄炉底的排出装置、运焦带式输送机受料点等产尘点必须设置烟尘捕集设施,以使装焦、排焦、预存室放散及风机后放散等处产生的烟尘进入干熄焦地面站除尘系统进行净化处理。

7.3.2 干式除尘地面站净化系统具有净化效率高、节水、综合能耗低、自动控制、管理方便等优点,故干熄焦环境烟尘治理系统应采用干式除尘地面站形式。

7.3.3 干式除尘地面站应配备必要的保护装置:

  1 干熄焦的炉顶装入装置和预存室事故放散口收集的烟尘为阵发性高温烟尘,可能携带大颗粒红焦,不宜直接进入除尘器,应先进入高温烟尘预处理装置,经冷却、除掉大颗粒红焦后,再进入净化装置处理。

  2 这样规定的目的是为了防止焦尘自燃或爆炸。

  3 干熄焦装置炉顶收集的烟气中可燃组分的含量有时较高,净化系统有发生燃烧或爆炸的可能,故净化系统应设置泄爆防护装置。焦粉尘属可燃导电性粉尘,故净化系统应采取消除静电积聚的措施。

7.3.4 干熄焦装置炉顶装焦产生的烟尘属阵发性烟尘,除尘风机升速、降速频繁,需要程序控制;除尘地面站设备较多,人工管理复杂困难,需采用全自动控制系统。

8 电气与自动化

8.1 炼焦电气与自动化

8.1.1 炼焦电气负荷属一、二级负荷,为确保供电的可靠性,供电应按双回路电源设计。炼焦应包括焦炉本体、湿熄焦系统及烟尘治理系统。

8.1.2 焦炉移动车辆及液压交换机的控制要求高且较为复杂,应采用PLC控制;变频装置具有启动平稳、冲击电流小和节能等优点,可很好地满足焦炉移动车辆的运行工况要求。

8.1.3 装备水平较高且具有良好管理基础的焦化厂可根据实际情况选择能够适应焦炉恶劣环境、性能可靠的炉号自动识别、联锁对位及作业管理控制系统。

8.1.5 焦炉烟囱、煤塔和熄焦塔的高度均在20m以上,按《建筑物防雷设计规范》GB 50057的规定应划为第三类防雷建筑物,故焦炉烟囱、煤塔和熄焦塔等必须设置防雷接地装置。

8.1.6 焦炉加热用高炉煤气中一氧化碳的含量较高,

且地下室加热煤气管道的压力为正压,使用贫煤气加热的焦炉地下室可能存在一氧化碳泄漏或聚集。为确保焦炉操作人员的人身安全,避免发生中毒现象或引发火灾或爆炸,本规范规定采用贫煤气加热的焦炉地下室必须设置固定式一氧化碳检测及报警装置。

8.1.7 焦炉交换机室是布置液压交换机的重要场所,一旦发生火灾容易导致焦炉停止加热,从而严重影响生产;焦炉控制室和配电室是布置控制设施及配电设施的重要场所,且容易发生火灾。根据《火灾自动报警系统设计规范》GB 50116 的规定,为确保人员及焦炉生产操作的安全,本规范规定焦炉交换机室、控制室和配电室等场所必须设置火灾检测及报警装置。

8.1.10 焦炉加热用煤气管道的压力较低时,容易从管外吸入空气,从而形成爆炸性气体,而爆炸性气体在遇到明火时,容易发生爆炸,故焦炉加热系统必须设置加热煤气的低压报警和联锁装置。在煤气管道的压力下降至设定的下限时报警,当压力进一步降低至下下限时,应能自动切断向炉内的煤气供应。

8.1.13 焦炉设置这几项检测装置,可以实现对测量数据的自动记录和分析管理,从而实现焦炉加热的自动控制和科学管理。

  4 为了经济核算和焦炉自动加热系统的需要以及保证焦炉稳定生产,焦炉应设置可靠的装煤量自动称量装置,准确计量每孔炭化室装煤量。在计算每孔炭化室的实际装煤量时,应将推焦机平煤时带出的余煤量扣除。该余煤量可通过生产标定或者在推焦机余煤收集斗下设置称量装置等方式获得。

8.2 干熄焦电气与自动化

8.2.1 干熄焦用电负荷属一、二级负荷,为确保供电可靠性,供电应按双回路电源设计。

8.2.2 设置中央操作室可以实现对整个干熄焦生产过程的集中操作、监视和管理。采用工业控制计算机系统可以满足干熄焦工艺的需求,且运行状况良好。干熄焦本体工业控制计算机系统的过程控制网络总线、现场控制单元的 CPU 及电源等重要模块均应采用热备配置。

8.2.3 干熄焦起重机是干熄焦关键设备之一,控制要求高,且极为复杂,必须具备完善的安全联锁保护功能。干熄焦起重机可采用单独的 PLC 系统,与本体控制系统采用点对点连接或串口通讯方式通讯,CPU 可采用热备配置。起重机的提升及走行用电动机采用变频装置驱动,具有启动平稳、冲击电流小和节能等优点。

8.2.5 干熄焦装置主框架的高度在 20m 以上,按《建筑物防雷设计规范》GB 50057 的规定应划为第三类防雷建筑物,故干熄焦装置必须设置防雷接地装置。

8.2.7 当干熄焦排出装置中的排焦溜槽及运焦带式输送机位于地下时,排焦溜槽周围及运焦通廊的地下部分可能存在一氧化碳及氮气等有毒、有害气体的泄漏和滞留,为保证人身安全,必须设置固定式一氧化碳和氧气浓度的检测及报警装置。

8.2.8 干熄焦综合电气室是布置干熄焦配电设施及控制设施的重要场所,且容易发生火灾,同时还是干熄焦装置的操作控制室,根据《火灾自动报警系统设计规范》GB 50116 的规定,为确保人员及干熄焦装置生产操作的安全,本规范规定干熄焦综合电气室必须设置火灾检测及报警装置。

8.2.9 为保证安全运行,除必须设置规定的几项检测装置外,干熄焦装置还需设置各单体设备自身的安全联锁保护装置、各单体设备之间的安全联锁保护装置以及干熄焦装置需要的其他温度、压力、流量、料位或液位等的检测、联锁和调节装置。

中华人民共和国国家标准

平板玻璃工厂设计规范

Code for design of flat glass plant

GB 50435—2007

主编部门：国家建筑材料工业标准定额总站
批准部门：中华人民共和国建设部
实施日期：2008年5月1日

中华人民共和国建设部
公　告

第 741 号

建设部关于发布国家标准《平板玻璃工厂设计规范》的公告

现批准《平板玻璃工厂设计规范》为国家标准，编号为GB 50435—2007，自2008年5月1日起实施。其中，第2.1.5、3.2.3、5.2.6 (8)、5.3.7、5.3.10、5.8.3 (7)、6.2.5 (4)、6.3.5 (3、4、5)、7.2.2 (3)、8.1.2、8.3.2、17.2.10条（款）为强制性条文，必须严格执行。

本规范由建设部标准定额研究所组织中国计划出版社出版发行。

中华人民共和国建设部
二〇〇七年十月二十五日

前　言

本规范是根据建设部建标函〔2005〕124号文《关于印发"2005年工程建设标准规范制订、修订计划（第二批）"的通知》的要求，由蚌埠玻璃工业设计研究院会同中国建材国际工程有限公司共同编制而成。

本规范规定了采用浮法玻璃生产工艺的新建、改建、扩建的平板玻璃工厂设计必须或应遵循的设计原则和技术条件。本规范共17章、8个附录，主要内容包括：总则，厂址选择及总体规划，总平面布置，原料，浮法联合车间，燃料，保护气体，电气，生产过程检测和控制，给水与排水，供热与供气，采暖、通风、除尘、空气调节，建筑与结构，其他生产设施，环境保护，节能和职业安全卫生等。

本规范中用黑体字标志的条文为强制性条文，必须严格执行。

本规范由建设部负责管理和对强制性条文的解释，由蚌埠玻璃工业设计研究院负责具体技术内容的解释。本规范在执行过程中如发现需要修改和补充之处，请将意见和有关资料寄送蚌埠玻璃工业设计研究院（地址：安徽省蚌埠市涂山路1047号，蚌埠玻璃工业设计研究院　技术质保部，邮政编码：233018，E-mail：jsb@ctiec.net），以便今后修订时参考。

本规范主编单位、参编单位和主要起草人：

主 编 单 位：蚌埠玻璃工业设计研究院
参 编 单 位：中国建材国际工程有限公司
主要起草人：彭　寿　茹令文　唐　淳　房广华
　　　　　　佟适明　王殿元　陆　莹　贺宝林
　　　　　　杨义仿　王四清　汪舒生　王伊托
　　　　　　惠建秋　霍全兴　戴　强　贾维仁
　　　　　　陆少峰

目 次

1 总则 …………………………………… 48—5
2 厂址选择及总体规划 ………………… 48—5
　2.1 厂址选择 ………………………… 48—5
　2.2 总体规划 ………………………… 48—5
3 总平面布置 …………………………… 48—5
　3.1 一般规定 ………………………… 48—5
　3.2 生产设施 ………………………… 48—6
　3.3 运输线路及码头布置 …………… 48—7
　3.4 竖向设计 ………………………… 48—7
　3.5 管线综合布置 …………………… 48—7
4 原料 …………………………………… 48—8
　4.1 原料的选择与质量要求 ………… 48—8
　4.2 玻璃化学成分 …………………… 48—8
　4.3 工艺设备选型 …………………… 48—9
　4.4 工艺流程及布置 ………………… 48—9
5 浮法联合车间 ………………………… 48—9
　5.1 一般规定 ………………………… 48—9
　5.2 熔化系统 ………………………… 48—10
　5.3 成形系统 ………………………… 48—11
　5.4 退火系统 ………………………… 48—11
　5.5 冷端系统 ………………………… 48—11
　5.6 碎玻璃系统 ……………………… 48—11
　5.7 成品包装与贮存 ………………… 48—12
　5.8 车间工艺布置 …………………… 48—12
6 燃料 …………………………………… 48—12
　6.1 一般规定 ………………………… 48—12
　6.2 燃油 ……………………………… 48—13
　6.3 天然气 …………………………… 48—13
　6.4 煤气 ……………………………… 48—14
7 保护气体 ……………………………… 48—14
　7.1 一般规定 ………………………… 48—14
　7.2 高纯氮气制备 …………………… 48—14
　7.3 高纯氢气制备 …………………… 48—14
8 电气 …………………………………… 48—14
　8.1 负荷分级及供配电系统 ………… 48—14
　8.2 变(配)电所 ……………………… 48—15
　8.3 车间电力设备和电气配线 ……… 48—15
　8.4 电气照明 ………………………… 48—15
　8.5 厂区电力线路敷设 ……………… 48—16

　8.6 厂区建筑防雷 …………………… 48—16
　8.7 厂内通信 ………………………… 48—16
9 生产过程检测和控制 ………………… 48—16
　9.1 生产过程自动化水平的确定 …… 48—16
　9.2 配料称量系统的检测和控制 …… 48—16
　9.3 熔化系统的检测和控制 ………… 48—16
　9.4 成形系统的检测和控制 ………… 48—17
　9.5 退火系统的检测和控制 ………… 48—17
　9.6 冷端系统的控制 ………………… 48—17
　9.7 辅助生产系统的检测和控制 …… 48—17
　9.8 仪表用电源和气源 ……………… 48—17
　9.9 控制室 …………………………… 48—17
10 给水与排水 ………………………… 48—18
　10.1 一般规定 ……………………… 48—18
　10.2 给水 …………………………… 48—18
　10.3 排水 …………………………… 48—19
11 供热与供气 ………………………… 48—19
　11.1 一般规定 ……………………… 48—19
　11.2 锅炉房 ………………………… 48—19
　11.3 压缩空气站 …………………… 48—19
12 采暖、通风、除尘、空气调节 …… 48—19
　12.1 一般规定 ……………………… 48—19
　12.2 采暖 …………………………… 48—20
　12.3 通风 …………………………… 48—20
　12.4 除尘 …………………………… 48—20
　12.5 空气调节 ……………………… 48—21
13 建筑与结构 ………………………… 48—21
　13.1 一般规定 ……………………… 48—21
　13.2 主要车间 ……………………… 48—21
　13.3 辅助车间 ……………………… 48—22
　13.4 构筑物 ………………………… 48—22
　13.5 特殊地基及防排水处理 ……… 48—23
14 其他生产设施 ……………………… 48—23
　14.1 中心实验室 …………………… 48—23
　14.2 机电设备及仪表修理车间 …… 48—23
　14.3 木箱制作与集装箱(架)维修 … 48—23
　14.4 耐火材料贮库与加工房 ……… 48—23
15 环境保护 …………………………… 48—23
　15.1 一般规定 ……………………… 48—23

 15.2 大气污染防治 …………………… 48—23
 15.3 废水污染防治 …………………… 48—24
 15.4 噪声污染防治 …………………… 48—24
 15.5 固废污染防治 …………………… 48—24
 15.6 环境绿化 ………………………… 48—24
 15.7 环境保护监测 …………………… 48—24
 15.8 环境保护设施 …………………… 48—24
16 节能 ………………………………… 48—24
 16.1 一般规定 ………………………… 48—24
 16.2 生产产品过程节能 ……………… 48—24
 16.3 电气及自动控制节能 …………… 48—25
17 职业安全卫生 ……………………… 48—25
 17.1 一般规定 ………………………… 48—25
 17.2 防火防爆 ………………………… 48—25
 17.3 防电防雷 ………………………… 48—25
 17.4 防机械、玻璃伤害 ……………… 48—25
 17.5 防尘、防毒和其他伤害 ………… 48—25
 17.6 防暑降温及采暖防寒 …………… 48—26
 17.7 噪声控制 ………………………… 48—26
 17.8 辅助用室 ………………………… 48—26
附录A 地下管道之间的最小
    水平间距 ……………………… 48—26
附录B 胶带输送机通廊净
    空尺寸 ………………………… 48—28
附录C 平板玻璃工厂采暖
    计算温度 ……………………… 48—28
附录D 平板玻璃工厂机械通风
    换气次数 ……………………… 48—30
附录E 生产操作区空气中生产性粉
    尘的最高允许浓度 …………… 48—31
附录F 车间生产类别、耐火等级、
    防火分区最大允许占地
    面积、安全疏散距离及安全
    出口数目 ……………………… 48—31
附录G 平板玻璃工厂主要车间楼面、
    地面荷载标准值 ……………… 48—32
附录H 平板玻璃工厂厂区各类地点
    的噪声标准 …………………… 48—33
本规范用词说明 ……………………………… 48—33
附：条文说明 ………………………………… 48—34

1 总 则

1.0.1 为在平板玻璃工厂设计中贯彻执行国家有关法规和方针政策，规范平板玻璃工厂设计原则和主要技术指标，促进清洁生产，提高资源利用效率，做到技术先进，经济合理，安全生产，保护环境，制定本规范。

1.0.2 本规范适用于以浮法玻璃生产工艺为主的新建、改建、扩建的平板玻璃工厂设计。

1.0.3 平板玻璃工厂设计应符合工厂所在地区统一规划的要求。对于改建、扩建项目应经过多方案的综合比较，合理利用原有建筑物和适用的生产设施。

1.0.4 平板玻璃工厂设计应根据国家对工厂计量管理的要求，设计必要的计量装置。能源的计量应有工厂、车间、重点耗能设备的三级计量装置。

1.0.5 平板玻璃工厂设计，除执行本规范外，尚应符合国家现行有关标准的规定。

2 厂址选择及总体规划

2.1 厂址选择

2.1.1 厂址选择应符合工业布局和地区总体规划的要求，并应符合现行国家标准《工业企业总平面设计规范》GB 50187 的有关规定。

2.1.2 厂址选择应根据平板玻璃工厂的生产规模，对原料、燃料、主要辅助材料的来源，产品流向，水、电、气等供应，交通运输，企业协作，场地现有设施，环境保护及自然条件等因素进行调查，综合研究，并应通过对两个以上备选厂址方案进行比较后确定。

2.1.3 厂址用地应符合下列要求：

1 必须贯彻执行十分珍惜和合理利用土地的方针，因地制宜，合理布置，节约用地，提高土地利用率。可利用荒地、劣地的，不得占用耕地和经济效益高的土地。

2 厂址用地应符合国家现行的《建材工业工程项目建设用地指标》及当地规划主管部门的有关规定。场地应根据生产规模、工艺流程、生产主线长度及总平面布置的需要确定；在保证满足生产主线布置的前提下，应因地制宜，合理使用场地。

3 当工厂分期建设时，用地应一次规划，分期征地。

2.1.4 厂址应具有稳定、可靠的工程地质条件及满足工程建设需要的水文地质条件。在选用自然地形坡度较大的厂址时，应合理确定竖向布置。

2.1.5 厂址标高必须高于 50 年一遇的洪水位加 0.5m（山区加 0.5～1m），当不能满足时，厂区必须有可靠的防洪设施，并应在初期工程中一次建成；当厂址位于内涝地区并有可靠的排涝设施时，厂址标高必须为设计内涝水位加 0.5m；位于山区的厂址，必须按 100 年一遇的山洪设计防、排山洪的设施。

2.2 总体规划

2.2.1 当平板玻璃工厂建设规模较大，需分期建设或分期改造时，应有明确的总体规划，近期集中布置，远期预留发展。

2.2.2 平板玻璃工厂的总体规划应符合工厂所在地区或城镇建设规划的要求。

2.2.3 平板玻璃工厂的总体规划应符合下列要求：

1 总体规划应包括工厂远近期建设的生产线、产品深加工区、公用及动力设施、厂前区、主要环保设施、物流组织等的新建和扩建内容。

2 应根据工厂所在地的生产、交通、公用设施及其发展条件，进行认真研究和方案比较，对工厂生产分区、自建的生活区、厂外交通运输线路及厂外自建的其他工程设施等的位置进行统筹规划。

3 应在满足环境保护、消防、职业安全和卫生等要求的前提下，实现统筹考虑、远近结合、分区明确、合理用地、方便管理和运输通畅的规划目标。

3 总平面布置

3.1 一般规定

3.1.1 平板玻璃工厂总平面布置及总平面设计应符合现行国家标准《工业企业总平面设计规范》GB 50187 的有关规定，满足当地规划主管部门的要求，并应在可行性研究报告或总体规划设计的基础上，根据生产规模、工艺流程、交通运输、环境保护及安全、防火、施工及检修等要求，结合自然条件，经技术经济比较后择优确定。

3.1.2 平板玻璃工厂总平面布置，应符合下列要求：

1 功能分区明确，生产流程合理，管线连接短捷，建、构筑物布置紧凑，通道宽度适中，人流、货流通畅、安全。

2 满足生产使用、安全、卫生要求，并在较为经济的条件下，将生产联系密切、性质相近的建筑物、构筑物及生产设施，组成联合建筑或多层建筑，协调建筑群体空间景观，结合绿化设计搞好环境质量。

3 充分利用地形、地势、工程地质及水文地质等条件，合理布置建筑物、构筑物和竖向设计，应力求减少土石方工程量及基础工程的投资。

4 建筑物、构筑物之间的最小间距应符合现行国家标准《建筑设计防火规范》GB 50016 的有关规定。

3.1.3 厂区通道宽度，应满足使用功能、交通运输、管线敷设、绿化布置及安全、卫生等的要求。平板玻璃工厂的主要通道宽度宜为23～30m。

3.1.4 分期建设的工厂，应以近期为主、远近结合、统筹安排。远期用地应预留在厂区外，当前、后期工程在工艺流程及交通运输要求上不可分开时，可将后期用地预留在厂区内，但应减少预留面积。

3.1.5 改建、扩建工厂应合理利用、改造原有设施，充分利用现有场地，减少新征土地面积，并应使改、扩建后的总平面布置更趋合理，同时应减少改、扩建工程施工对生产的影响。

3.2 生产设施

3.2.1 浮法联合车间应符合下列要求：

1 应以联合车间为主体建筑，展开全厂区的布置。车间的长轴应利用地形地质及各工段生产工艺的特点，处理地形高差，当厂区自然地形坡度较大时，熔化、成形工段可位于地势较低和地基稳定地段，此时必须有可靠的地下防、排水设施。

2 当有条件时，车间的长轴方向，宜与夏季主导风向垂直或呈不小于45°的交角。

3.2.2 原料车间应符合下列要求：

1 应位于厂区全年最小频率风向的上风侧，并应减少粉尘对周围环境的污染。

2 原料车间建筑物宜组成联合建筑，并应有相配套的具有围蔽设施的堆场。

3.2.3 燃油贮罐区应符合下列要求：

1 应位于远离明火及架空供电线路的安全地段，且不得影响厂区周围地段安全。

2 当靠近江、河岸边布置时，应防止油液流入江河。

3 应满足现行国家标准《建筑设计防火规范》GB 50016及《石油库设计规范》GB 50074的有关规定。应在周围设置墙高为1.6～2m的非燃烧体的区域围墙。

3.2.4 天然气配气站应单独布置在进厂气源附近，宜靠近浮法联合车间的熔化工段。天然气配气站布置尚应符合现行国家标准《工业企业煤气安全规程》GB 6222的有关规定。

3.2.5 发生炉煤气站应符合下列要求：

1 发生炉煤气站的布置应符合现行国家标准《建筑设计防火规范》GB 50016、《发生炉煤气站设计规范》GB 50195及《工业企业煤气安全规程》GB 6222的有关规定。

2 煤气站房宜靠近用气点。

3 煤堆场（棚）应靠近煤气站布置，并宜布置在厂区全年最小频率风向的上风侧；上煤系统宜采用皮带输送。

3.2.6 氮气站、氢气站、灌氧站的布置，应根据下列条件综合确定：

1 氮气站、氢气站、灌氧站应集中组成单独的气体设施区，设置在通风条件好和明火排放源的上风侧；宜避开人流密集区及主要交通通道，气体设施区的周围应设置墙高为1.6～2m的非燃烧体的围墙。

2 气体设施区的位置宜缩短送气主管与浮法联合车间成形工段之间的距离，且管线敷设应顺畅，施工、检修方便。

3 在灌氧站房外的一侧或两侧，应设置装车作业场地。

3.2.7 压缩空气站布置，应符合现行国家标准《建筑设计防火规范》GB 50016的有关规定。压缩空气站宜与氮气站的压缩间统一布置，可靠近主要用气点并组合在联合车间辅房内。

3.2.8 其他辅助生产设施的布置，应符合下列要求：

1 应满足辅助生产设施本身的工艺需要以及与主要生产设施的工艺联系。

2 辅助生产设施与周围建筑（构筑）物的距离，应符合现行国家标准《建筑设计防火规范》GB 50016的有关规定。

3 辅助生产设施的方位，应有利于厂区的环境保护及生产安全、卫生的需要。

4 辅助生产设施的布置应因地制宜，充分利用主要生产设施之间的空地或层间的空间，满足节约和有效使用土地的要求。

3.2.9 生产管理及服务设施的布置，应符合下列要求：

1 工厂综合办公楼、职工食堂、停车场（库）等全厂性生产管理及生活设施，宜集中设置在厂前区。

　1）应布置在环境清洁、远离具有强烈噪声干扰和散发有害气体及产生粉尘的地段；

　2）宜靠近工厂主要人流出入口，面向城镇和居住区，对内便于生产管理和方便职工生活，对外经营、联系方便；

　3）宜组成联合建筑群，并宜合理配置广场及绿化美化设施。

2 工厂主要人流出入口应与工厂货运出入口分开布置。主要人流出入口应靠近厂前区，且职工上下班顺捷、安全，进出厂方便的地点；货运出入口应位于货运量较大，且与厂外道路连接方便的一侧；出入口的设置应符合当地规划的要求。

3 工厂应设置厂区围墙。围墙定位、高度、结构形式，除应满足当地规划的要求外，还应保证工厂生产安全，并与周围环境相协调。围墙至建筑物、道路、铁路和排水明沟的最小间距，应符合现行国家标准《工业企业总平面设计规范》GB 50187及《建筑设计防火规范》GB 50016的有关规定。

3.3 运输线路及码头布置

3.3.1 工厂铁路、道路及码头的布置，除执行本规范外，尚应符合现行国家标准《工业企业标准轨距铁路设计规范》GBJ 12、《厂矿道路设计规范》GBJ 22、《河港工程设计规范》GB 50192等的有关规定。

3.3.2 厂外铁路设计应满足厂内铁路运输要求。

3.3.3 厂内铁路的布置，应符合下列要求：

1 应满足生产及近、远期运量的要求，并应便于厂内外运输作业的联系，对于规模较大的平板玻璃工厂，可采用一次规划，分期实施。

2 装卸线的长度，宜满足一次到厂的车辆停放和装卸作业的需要，并应与仓库、货场的容量相协调。

3 装卸线宜集中于同一走行干线上联接，并应满足扇形面积最小的原则。

4 在满足生产、装卸及运输作业要求的前提下，装卸线宜集中布置。

5 卸油线应为尽头式铁路，在停放油槽车的长度内，应为平直线；卸油设施可布置在铁路的一侧或两侧。

6 露天堆场内的卸车线，应设在平直道上。条件不允许时，可设在规定范围内的坡道上或曲线上。

3.3.4 厂内道路的布置，应满足生产、交通、货运、消防、环境卫生等要求，并应与厂区竖向设计和管线布置相协调。

3.3.5 沿厂区、保护气体设施区、燃油贮罐区周围，浮法联合车间、原料车间、天然气配气站厂房周围，木板堆场周围等均应设置环形道路。条件不允许时，可按现行国家标准《建筑设计防火规范》GB 50016的要求在其两侧设置道路，并设置可供消防车作业的回车场地。

3.3.6 当进厂的大宗原、燃、材料采用汽车运输时，应设置货运专用道路，并宜避开使用厂内主要道路。

3.3.7 当浮法联合车间为二层厂房时，在底层的适当部位，宜设置横穿该车间的通道，并应与该车间周围的道路相连接；该通道净宽度不宜小于5.5m，净高度不应低于4.5m。

3.3.8 厂内主要道路宜力求减少与厂内铁路平交叉。当必须平交叉时，交角必须不小于45°。

3.3.9 厂内主要道路及货运专用道路应采用城市型，水泥混凝土路面结构，其路面宽度不应小于6m。单行车道路面宽度宜为3.5～4.0m；人行道宽度不应小于0.75m。

3.3.10 工厂码头应根据玻璃工厂的总体规划、工厂所在地的水域发展规划及码头的工艺要求进行选择。宜选定在河床稳定、水流平顺、流速适宜、堤岸牢固的河段上，并应有能满足船舶靠离作业所需的足够水深和水域面积。

3.3.11 工厂码头宜靠近厂区，装卸作业安全方便，货运短捷通畅。布置应紧凑合理，节约用地。

3.4 竖向设计

3.4.1 竖向设计应与总平面布置统一考虑，进行方案比较。根据厂区地形、地质、水文、气象等特点，因地制宜，合理确定建筑物、构筑物及场地的设计标高。并与厂区周围道路、铁路、排水管沟、山坡截洪沟和场地等的标高相适应。

3.4.2 场地平整、切坡等工程，必须采取可靠措施，防止滑坡、塌方和地下水位上升等。

3.4.3 建筑物、构筑物的室内地坪标高确定，应符合下列要求：

1 厂区建筑物、构筑物室内地坪标高，应高出室外地面标高0.15m以上。软土地基根据沉降量的需要，应适当增大室内外的高差。

2 玻璃成品库，原（粉）料库（仓）等有装卸运输要求的建筑物室内地坪标高，应与运输线路标高及装卸作业需要的标高相协调。

3 位于填土地段的建筑物室内地坪标高，在满足生产及使用要求的前提下，宜减少建筑物的基础埋置深度。

3.4.4 阶梯式竖向设计应符合下列要求：

1 台阶的划分及宽度，应满足建筑物、构筑物等的布置需要及生产、交通、运输、管线敷设等的要求。

2 台阶的长边，应平行等高线布置；台阶的高度，不宜高于6m。山地厂区紧接高切坡时，必须采取保证山体稳定的措施。

3 台阶的边坡坡度及建筑物、构筑物至坡顶的距离应符合现行国家标准《建筑地基基础设计规范》GB 50007的有关规定。

3.4.5 场地排水应符合下列要求：

1 场地的平整坡度，宜采用0.3%～3%，困难地段的最大坡度不宜大于5%。

2 厂区地面水的排水设计，应符合下列要求：

　1）厂区宜采用暗管（沟）排水方式，当采用暗管（沟）排水有困难时，可采用明沟排水方式；

　2）贮煤场及石料、粉料露天堆场的地面水的排除，宜采用明沟方式，且排水沟应设有箅盖；

　3）燃油贮罐区防火堤内的地面水按本规范第10.3.4条的规定采用。

3 厂内排水明沟宜做护面处理；对厂容及环境卫生要求较高的地段，宜采用盖板明沟。

3.5 管线综合布置

3.5.1 管线综合布置必须与总平面布置、竖向设计和绿化布置统筹安排。

3.5.2 厂区给水、排水、循环水及电缆等管线，宜选用地下敷设方式；厂区易燃可燃液体、燃气、热力、压缩空气及保护气体等管线，宜选用地上管架敷设方式；地上、地下管道的布置应符合现行国家标准《工业企业总平面设计规范》GB 50187 等的有关规定。

地下管线之间的最小水平间距，应符合附录 A 的要求。

4 原 料

4.1 原料的选择与质量要求

4.1.1 选择原料必须根据平板玻璃工厂生产规模、产品品种、产品质量的要求，考虑矿物原料的质量、物理化学性能、运输方式等因素；宜选用粉料进厂方案。

4.1.2 根据平板玻璃工厂生产的产品质量，确定硅质原料、白云石、石灰石、长石、煤粉等的主要氧化物、粒度、含水量的要求，并应符合下列规定：

1 硅质原料的质量应符合表 4.1.2-1 的规定。
2 白云石的质量应符合表 4.1.2-2 的规定。
3 石灰石的质量应符合表 4.1.2-3 的规定。
4 长石的质量应符合表 4.1.2-4 的规定。
5 纯碱（工业碳酸钠）应选用符合现行国家标准《工业碳酸钠》GB 210 Ⅰ类或Ⅱ类优等品；宜选用重碱。
6 芒硝（工业无水硫酸钠）应选用符合现行国家标准《工业无水硫酸钠》GB/T 6009 一级或二级品。
7 煤粉的质量应符合表 4.1.2-5 的规定。
8 硝酸钠应选用符合现行国家标准《硝酸钠》GB/T 4553 一类产品。

表 4.1.2-1 硅质原料的质量

主要氧化物含量（%）			粒度（%）		含水量（%）	相对密度>2.9 的重矿物	
SiO_2	Al_2O_3	Fe_2O_3	>0.6mm	<0.1mm		含量(mg/kg)	粒度(mm)
>97.50	<1.20	<0.120	0	<5.0	<5.0	<2.5	<0.25

表 4.1.2-2 白云石的质量

主要氧化物含量（%）		粒度（%）		含水量（%）	酸不溶物含量（%）
MgO	Fe_2O_3	>2.5mm	<0.1mm		
>20.0	<0.15	0	<20	<1.0	<1.0

表 4.1.2-3 石灰石的质量

主要氧化物含量（%）		粒度（%）		含水量（%）	酸不溶物含量（%）
CaO	Fe_2O_3	>2.5mm	<0.1mm		
≥54	<0.20	0	<20	<1.0	<1.0

表 4.1.2-4 长石的质量

主要氧化物含量（%）			粒度（%）		含水量（%）
SiO_2	Al_2O_3	Fe_2O_3	>0.5mm	<0.1mm	
<70	≥16.5	<0.2	0	<50	<1.0

表 4.1.2-5 煤粉的质量

化学成分（%）		粒度（%）		含水量（%）
C	灰分	>1.0mm	<0.1mm	
>70	<15	0	<20	<1.0

4.1.3 平板玻璃常用原料特性指标应符合表 4.1.3 的规定。

表 4.1.3 平板玻璃常用原料特性指标

原料名称	比重	粉料 ≤0.75mm		中块料 20~50mm		大块料 160~300mm	
		容重(t/m³)	安息角(°)	容重(t/m³)	安息角(°)	容重(t/m³)	安息角(°)
砂岩	2.65	1.36	33	1.62	35	2.00	35
硅砂	2.65	1.50~1.60	33				
石灰石	2.60	1.55	30	1.60	36	2.00	36
白云石	2.80	1.60	32	1.86	36	2.00	36
长石	2.70	1.60	32	1.70	36	2.00	36
芒硝	—	0.98	30				
纯碱	—	0.61	30				
重碱		1.15					
煤粉	1.27	0.50	30	0.90	40		
碎玻璃	2.60			0.94	25		
白土	—	1.60					
叶蜡石		1.60	35	1.90	35	2.20	35
配合料	—	1.15	35				

4.2 玻璃化学成分

4.2.1 浮法玻璃成分应符合表 4.2.1 的规定。

表 4.2.1 浮法玻璃成分（%）

SiO_2	Al_2O_3	Fe_2O_3	CaO	MgO	Na_2O+K_2O	SO_3
72~73	0.5~1.6	0.05~0.12	7.5~9.5	3.4~4.0	13.0~14.5	0.2~0.3

4.2.2 配料计算应符合下列要求：
1 生产优质浮法玻璃应测定原料的COD值。
2 芒硝含水率：应小于等于3.5%。
3 应考虑纯碱在熔窑中的飞散量。
4 在配料计算中应考虑各种矿物原料在加工过程中带入的Fe_2O_3量。

4.2.3 配合料的质量应符合下列要求：
1 应保持配合料4%～5%的含水率和混合机出口38～42℃的温度。
2 碱含量标准离差值应小于等于0.28%。
3 配合料中不允许有团、块。
4 应避免粉尘回收影响配合料质量。

4.3 工艺设备选型

4.3.1 设备选型应符合下列要求：
1 应选用技术先进、经济合理、噪声低、耗能少、可靠耐用的设备。
2 同类设备应选用同型号、同规格的设备。
3 设备生产能力应根据检修维护的需要留有一定的富裕量。
4 在未掌握矿物原料的物理机械性能时，必须做破碎筛分工业性试验。

4.3.2 破碎筛分设备的选择应符合下列要求：
1 根据破碎比合理确定破碎段数。
2 根据破碎能力、排矿粒度、单位排矿口的生产能力和循环负荷率，正确选择破碎设备。
3 根据筛分效率、单位筛网面积生产能力，正确选择筛分设备。

4.3.3 称量、混合设备选型应符合下列要求：
1 称量设备的静态精度应为1/2000；动态精度不应低于1/1000。
2 称量时间必须小于集料输送时间和混合时间之和。
3 应选用设备结构简单、密封好、混合均匀度高、混合时间短、易损件寿命长、便于检修、节能的混合设备。

4.3.4 配合料输送设备选型应符合下列要求：
1 胶带输送机设计与使用中应防止漏料并避免配合料分层。
2 胶带输送机应设有排除废配合料的装置。
3 宜考虑应急供料装置。
4 胶带输送机通廊的净空尺寸，应符合附录B的要求。

4.3.5 溜管、溜槽及料仓应符合下列要求：
1 溜管、溜槽必须通畅无阻塞，应耐磨、密封、方便拆卸与修补。
2 缓冲料仓、粉料料库下部仓斗应采用钢结构。

4.4 工艺流程及布置

4.4.1 原料贮存、破碎筛分上料和称量混合三个系统的工艺流程应遵循流程短、环节少和避免交叉运输的原则。

4.4.2 原料的加工和运输应采用机械化、自动化和密封的工艺流程。

4.4.3 应一种原料一个破碎筛分系统，避免原料相互混掺。

4.4.4 在多段破碎筛分系统中，各段破碎设备生产能力不平衡时，应设缓冲料仓。

4.4.5 日用仓的贮存量：纯碱、芒硝、硝酸钠不应少于1.5d，其他原料不应少于3d的用量。

4.4.6 当原料的流动性能差并易于结拱时，粉料库必须设破拱或助流装置。

4.4.7 破碎机后必须装有除铁装置。

4.4.8 在潮湿地区纯碱宜设破碎筛分装置。其流程应先筛分后破碎。

4.4.9 在潮湿地区芒硝应设破碎筛分装置。其流程应为先破碎后筛分。

4.4.10 煤粉必须为合格粉料进厂。

4.4.11 混合机下方应设缓冲钢料仓。

4.4.12 当原料称错，必须设有排出称错料的措施。

4.4.13 配合料输送距离应短，倒运次数应少，落差应小。

4.4.14 碎玻璃严禁进入混合机。

4.4.15 应考虑设备的检修与吊装需要。

4.4.16 外露提升机头部和机身必须有防雨水进入机内的措施。

4.4.17 车间内人行通道的宽度不得小于1.0m。

4.4.18 噪声超过附录H标准的生产区必须设隔离操作室。

4.4.19 严禁在纯碱、芒硝生产操作区域内用水冲洗设备、墙和地面，并不得在此区域内设除尘喷雾风扇。

4.4.20 车间内应设有除尘管理室、化验室、易损件库。

5 浮法联合车间

5.1 一般规定

5.1.1 主要工艺技术指标应根据建厂要求的产品质量、产品方案，结合实际建设条件选定。

5.1.2 工艺设备的选择应符合技术先进、运行可靠、确保重点、相互适应的要求，满足生产优质产品的需要。

5.1.3 工艺设备的设计和选型应符合行业对设备设计、制作的标准化规定。

5.1.4 工艺设备生产能力的确定应保证有较高的效率，机组利用率不应低于98%。

5.2 熔化系统

5.2.1 供料应符合下列要求：

1 配合料质量应符合本规范第4.2.3条的规定。碎玻璃入窑前应经除铁处理。

2 窑头料仓：
  1) 宜贮存3～4h的熔窑用料量；
  2) 应设有料位检测装置；
  3) 应有除尘设施。

3 投料机选型：
  1) 投料能力必须满足熔化量的需要；
  2) 入窑料的落差应小；
  3) 应便于调整偏料和料层厚度。

5.2.2 燃烧系统应符合下列要求：

1 燃料燃烧的火焰应有一定长度和刚度，给热强度要大。

2 必须采用燃烧性能好、高效、低噪声、便于安装、调节和维修的燃油或燃气喷枪。

3 应采取措施降低能耗，充分利用熔窑余热。对燃烧系统的参数应实施监测与控制。

5.2.3 熔窑助燃风应符合下列要求：

1 助燃风量、风压必须满足熔窑在不同工况和熔窑后期增量的需要，并有备用风机。

2 应有助燃风自动调节装置。

5.2.4 熔窑燃烧换向应符合下列要求：

1 换向要求：
  1) 必须设自动、半自动和手动换向装置；
  2) 在控制室宜设换向程序显示屏。

2 根据燃料种类确定换向方式：
  1) 重油宜采用支管换向，雾化介质宜采用总管或分区换向；
  2) 天然气宜采用支管换向；
  3) 发生炉煤气宜采用钟罩式煤气交换机。

3 烟气可采用支烟道或分支烟道换向的烟气交换机。当采用分支烟道单独传动时，必须保证动作的同步。

5.2.5 熔窑冷却风应符合下列要求：

1 对熔窑吹冷却风的部位应根据不同熔窑结构要求确定。

2 冷却风要求：
  1) 熔窑自投产开始，冷却风不得中断；应有备用风机，在生产后期冷却风量要随之增加；
  2) 必须保证冷却风出口的风速和风量。

5.2.6 熔窑应符合下列要求：

1 熔窑设计：
  1) 应满足生产工艺、生产规模和玻璃液质量的要求；
  2) 适应燃料与配合料性能要求；
  3) 必须节约能源、降低能耗；
  4) 宜采用新结构、新技术的窑型；
  5) 应根据窑龄，合理配套选用优质耐火材料。

2 熔窑设计主要技术指标：
  1) 熔化量为日熔化玻璃液量（t/d），可按300、400、500、600、700、800、900等进行分级；
  2) 熔化率可根据熔化量及所用燃料按表5.2.6-1确定；
  3) 单位重量玻璃液热耗可根据熔化量及所用燃料按表5.2.6-2确定。

表 5.2.6-1 熔化率

熔化量 （t/d）	熔化率（t/m²·d）		
	重油、煤焦油、天然气	焦炉煤气	发生炉煤气
300	1.7～1.9	1.5～1.7	1.5～1.7
400	1.9～2.1	1.6～1.8	1.6～1.8
500、600	2.0～2.2	1.7～1.9	1.7～1.9
700、800、900	2.1～2.3	—	—

注：1 熔化面积的计算长度为算至末对小炉中心线后1.0m处。
  2 发生炉煤气熔窑最大熔化量按500t/d考虑。

表 5.2.6-2 单位重量玻璃液热耗（燃重油）

熔化量（t/d）	单位重量玻璃液热耗[kJ/kg(kcal/kg)]
300	≤7750(1850)
400	≤7330(1750)
500	≤6900(1650)
600	≤6700(1600)
700	≤6280(1500)
800	≤6070(1450)
900	≤5860(1400)

注：1 上列单位重量玻璃液热耗是以重油为基础的，当用天然气或发生炉煤气时，可分别用上列数值乘以系数1.10～1.15或1.15～1.25。
  2 熔窑后期热耗用上列数值乘系数1.1。
  3 燃料热值包括燃料燃烧热。

3 熔窑应优化耐火材料的选用及配置，确保设计窑龄。

4 熔窑钢结构设计：
  1) 熔窑各部位钢结构设计，必须能适应窑体在升温和降温条件下的受力、变形特性及某些设定的可调性能；
  2) 处于地震区的熔窑钢结构布置和联结，应有利于在地震力作用下的窑体各部分整体稳定。

5 熔窑的保温设计：

1) 熔窑应实施全保温；
2) 保温材料应根据保温部位砌体的材质和交界面的温度选择。

6 小炉、蓄热室设计：
1) 小炉：
a 小炉对数应根据熔化量、燃料种类、熔化率以及温度曲线等因素确定；
b 一侧小炉口总宽度应占熔化部总长度的48%～54%。
2) 蓄热室：
a 宜采用箱形蓄热室；
b 宜使用异形格子砖，如筒形砖、十字形砖；
c 格子体受热面积按每平方米熔化面积选用35～45m² 计。

7 烟道、烟囱、冷修放玻璃水设计：
1) 烟道应密封和保温；
2) 烟囱设计：
a 应满足熔窑正常生产时的抽力需要和熔窑后期阻力增加的需要；
b 必须满足环境保护的需要，在采用熔窑烟气湿法脱硫技术时，应对烟囱进行防酸处理；
c 应考虑所在地区气压、气温的影响因素。
3) 冷修放玻璃水宜采用水淬法或传统水池法。

8 烧煤气熔窑的烟道，必须有煤气换向防爆措施。

5.3 成形系统

5.3.1 成形系统分流道、锡槽及密封箱三部分，其主要技术指标必须满足工艺生产的需要。

5.3.2 锡槽的结构型式和主要尺寸，必须满足玻璃液在锡槽内成形、抛光所需的工艺条件。

5.3.3 锡槽应有良好的保温措施。

5.3.4 锡槽的结构设计应严密，以减少对锡液的污染和降低锡液的消耗量。

5.3.5 应合理确定锡槽的电加热总功率与各区的分配量，应有温度自控与调节设施。

5.3.6 应优化选用及配置锡槽槽体各部位的耐火材料和电加热元件。

5.3.7 锡槽钢结构设计，必须保持槽体在升温和降温时的强度、平整度，并与锡槽前后端连接的设备协调一致。

5.3.8 宜采用先进的控制系统，对生产过程的各项参数实行监控。

5.3.9 应保证保护气体的纯度、用量、压力、氮氢比例，满足成形工艺的要求。

5.3.10 锡槽槽底必须有可靠的冷却设施。

5.3.11 应配备成形必需的配套设施。

5.4 退火系统

5.4.1 应保证玻璃带的质量，满足切裁与使用的要求。

5.4.2 退火窑宜采用密封式全钢结构。

5.4.3 宜设置 SO_2 系统。

5.4.4 退火窑宜采用电加热。

5.4.5 玻璃带在退火窑内的冷却，在不同温度区域宜采用不同的冷却方式。

5.4.6 退火窑的传动应采用无级调速，必须设置备用传动。可设置应急传动。

5.4.7 退火窑的传动速度应满足拉引不同厚度玻璃的需要。

5.4.8 应合理配置退火窑辊道的辊材。

5.5 冷端系统

5.5.1 冷端系统设计应符合下列要求：
1 冷端系统应尽量缩短输送距离。
2 机组的机械化、自动化程度应与总的工艺要求相适应。

5.5.2 冷端系统设计的主要技术指标应符合下列要求：
1 拉引速度范围应满足生产不同厚度玻璃的需要。
2 切割精度应符合现行国家标准《浮法玻璃》GB 11614 的有关规定。
3 输送辊道的设计：
1) 玻璃板在输送辊道上全长允许跑偏量为±20mm；
2) 输送辊道的传动方式，宜采用分段传动；
3) 输送辊道应有避免传送过程中玻璃碰撞、擦伤的措施。

5.5.3 冷端系统的分区及装备的设置应符合下列要求：
1 玻璃质量检验和预处理区：
1) 玻璃质量按现行国家标准《浮法玻璃》GB 11614进行检验；
2) 宜配备应力测定仪、缺陷检测仪和测厚仪等；设玻璃缺陷人工检测室；
3) 应设紧急横切机、紧急落板装置。
2 切割掰板区：
1) 切割掰板区应设主线落板装置；
2) 可设置坡度不大于9°的斜坡辊道。
3 分片堆垛区：
1) 分片装置、分片线、堆垛机应根据玻璃板的规格、生产工艺布置选型；
2) 可设铺纸机或喷粉机。

5.6 碎玻璃系统

5.6.1 冷端机组产生的碎玻璃，在正常生产时应不落地，通过输送带直接进入碎玻璃仓。该仓应能贮存熔窑 2～3d 生产用碎玻璃量。

5.6.2 落板装置及掰边装置下面应设破碎机。经破碎后的玻璃块度应不大于50mm。
5.6.3 应设置碎玻璃堆场。
5.6.4 碎玻璃送到碎玻璃仓前应先经过除铁装置。

5.7 成品包装与贮存

5.7.1 成品玻璃的包装应符合下列要求：
 1 宜选用集装箱、集装架包装。小批量、小规格的成品玻璃可采用花格或组合大箱包装。
 2 宜在玻璃片之间夹纸、喷粉或喷液后再包装。
5.7.2 成品玻璃的贮存与成品库应符合下列要求：
 1 成品库面积可按玻璃的贮存期15～45d计算。单位面积贮存成品玻璃定额：
  1）集装箱：按两层码垛，每平方米不少于50重量箱；
  2）集装架：每平方米不少于32重量箱；
  3）木箱：每平方米不少于30重量箱。
 2 成品库通道系数为：0.6～0.7。
 3 成品库内应设置与堆存、外运相适应的运输、吊装设备。

5.8 车间工艺布置

5.8.1 浮法联合车间的布置，应符合下列要求：
 1 应按本规范第3.2.1条确定车间在地上及地下的楼层设置。
 2 车间布置应工艺流程顺畅、操作运输方便。应安全卫生、防震、空间规整及降低噪音等。
 3 应合理利用厂房空间。
 4 车间内的各类管道、电缆必须统筹布置，整齐顺畅。
5.8.2 熔化系统的工艺布置，应符合下列要求：
 1 熔化底层布置：
  1）空气蓄热室外壁至厂房构件的净距不宜小于3.5m；
  2）熔窑窑底和蓄热室周围的操作净距及地面布置，必须满足设备安装、检修及消防的需要。
 2 熔化二层布置：
  1）投料池壁至车间山墙前的净距不宜小于12m；
  2）二层楼面与室外有较大高差时，应有垂直运输设备或搭临时码道位置。
 3 熔化空间高度：
  1）底层空间高度必须满足蓄热室热修高度和设备安装高度要求；
  2）屋架下弦高度，应由配合料输送方式与设备选型确定。
 4 熔化操作楼梯设置：
  1）熔化二层楼面必须有直接对外联系的楼梯和与底层直接联系的楼梯；
  2）熔化二层与投料平台必须有直接联系的楼梯。
5.8.3 成形系统的工艺布置，应符合下列要求：
 1 成形底层布置：
  1）二层厂房时，锡槽冷却设施宜布置在车间底层，锡槽底应有操作平台；
  2）单层厂房时，应设地坑（地沟）布置冷却设施。
 2 成形操作楼（地）面的厂房宽度，应满足锡槽两侧拉边机、排管冷却器等的操作需要。
 3 成形操作空间宜安装检修用的起重运输设备。
 4 成形操作层与底层、中间操作平台之间应有直接联系楼梯与通道。
 5 成形操作层宜设三大热工设备集中控制室。
 6 应有专门的锡锭贮藏室。
 7 保护气体配气室建筑耐火等级不应低于现行国家标准《建筑设计防火规范》GB 50016中的二级。用电要求应为防爆1区。
5.8.4 退火系统的工艺布置，应符合下列要求：
 1 退火系统操作层的厂房宽度，在传动站侧宜不小于3m，在非传动站侧应考虑抽换退火窑辊道的需要。
 2 退火系统操作楼（地）面标高宜与成形系统操作楼（地）面一致。
 3 退火系统操作层与底层之间必须设直接联系楼梯。
5.8.5 冷端系统的工艺布置，应符合下列要求：
 1 冷端厂房及地下室空间尺寸应满足碎玻璃系统布置要求。成品库、集装箱（架）堆场与贮库宜紧靠冷端系统布置。
 2 冷端操作层厂房的宽度、长度及标高应根据冷端机组的工艺布置形式确定。冷端机组两侧和末端的净距必须考虑叉车、吊车的工作面积。
 3 冷端操作层应设冷端控制室、玻璃质量检验室、理刀室等辅助用室。

6 燃 料

6.1 一 般 规 定

6.1.1 燃料必须满足生产工艺要求。并应合理利用、节能高效、近地供应、利于环境保护。
6.1.2 平板玻璃工厂应采用高热值的燃料，如燃油、天然气或焦炉煤气。
 当熔窑日熔化量小于500t/d时，可采用烟煤发生炉煤气做燃料。
6.1.3 熔窑用燃料应做到燃料热值和压力稳定，供应连续、可靠。

6.2 燃 油

6.2.1 玻璃熔窑宜使用牌号不大于200号的重油。

6.2.2 供卸油系统的工艺布置,应符合下列要求:

1 铁路、公路运输时宜采用重力自卸方式,水路运输时应采用油泵卸油。

2 卸油房的布置:
1) 油泵房宜为独立的地上式建筑;
2) 油泵房宜设有控制室、油泵间、生活间、工具间等。控制室与油泵间的隔墙上应设观察窗,油泵房毗邻燃油贮罐区的墙上不应设活动窗;
3) 油泵宜单排布置。

6.2.3 供油设备的选型应符合下列要求:

1 卸油泵应不少于两台。

2 供油泵:
1) 宜优先选用螺杆泵或齿轮泵;
2) 应设三台供油泵,一台运行,一台热备,一台冷备。

3 泵前必须设过滤器。过滤器滤网的总流通面积与进口管断面积之比值为20~30,过滤网孔应符合油泵要求,过滤器应便于清洗,并必须有备用。

4 宜选用蒸汽加热器,也可选用电加热器。

5 油罐总容积应根据油源供应情况,满足生产贮油需要。宜选用立式拱顶钢油罐,油罐宜不少于两座。

6.2.4 供油管道应符合下列要求:

1 供油管道应设蒸汽伴管或电热带保温。

2 供油管道应设蒸汽吹扫装置。

3 供油管道应接地。

6.2.5 浮法联合车间供油系统应符合下列要求:

1 车间油路系统方式:
1) 车间设中间油罐及油泵时,宜采用厂区油站向中间油罐单供单回系统;不设中间油罐时宜采用厂区油站直接向车间供油的单供单回系统;供回油比可取5∶2~2∶1;
2) 向熔化部燃烧喷枪供油,可采用开式油路或燃油在管内作逆循环的闭式油路系统。

2 燃油的雾化:
1) 熔窑燃油应采用压缩空气或蒸汽做雾化介质;
2) 对雾化介质的要求:
a 压缩空气宜预热;
b 蒸汽宜过热;
c 喷枪前压缩空气压力应比燃油压力高0.05MPa;蒸汽压力应比燃油压力高0.05~0.1MPa。

3 车间油路系统的设备选型:
1) 油路系统设置中间油罐时,油罐间应设供油泵和过滤器;
2) 中间油罐容积宜为3~5m³;
3) 供油泵、过滤器应符合本规范第6.2.3条第2款和第6.2.3条第3款的规定;
4) 燃油加热器可根据油质情况采用蒸汽加热器单级加热或电加热器两级加热;
5) 燃油流量计宜采用质量流量计。

4 中间油罐内油温严禁超过90℃,罐上应设有油温指示和报警、液面指示和报警及溢流口等。

5 车间油泵、油罐间的布置:
1) 设备基础应高出地面;
2) 室外应设污油池,污油严禁排入下水道;
3) 油罐溢流管接至污油池。

6.3 天 然 气

6.3.1 使用天然气应符合下列要求:

1 应有两个供气源,一用一备,或设有其他备用燃料。

2 厂配气站与用气点之间应设直通电话。

3 天然气的硫化氢含量应小于20mg/m³。

6.3.2 厂配气站的工艺布置,应符合下列要求:

1 厂内天然气系统宜设两级调压,厂区设一级调压配气站,用气车间内设二级调压配气室。

2 厂配气站内应设过滤、计量、调压、旁通、安全放散及泄漏报警等装置。

3 厂配气站内主要通道宽度不应小于2m,厂配气站外应设消防通道。

4 厂配气站内应设有值班室、仪表室、工具室、生活间等。

6.3.3 厂配气站的设备选型应符合下列要求:

1 调压阀宜选用自力式调压阀。

2 计量装置宜采用阀式孔板流量计与双波纹管差压计。

3 安全阀宜选用微启式弹簧安全阀。

6.3.4 浮法联合车间的天然气系统,应符合下列要求:

1 进车间干管应设过滤器、总关闭阀和放散管等。

2 车间应设配气室和调压装置。

3 系统设备选型:
1) 熔窑宜选用节能环保型天然气喷枪,也可选用高压天然气引射喷枪;
2) 计量装置宜选用孔板流量计,当流量较小时,可选用转子式流量计;
3) 调节阀应选用气开式气动薄膜调节阀。

6.3.5 调压配气室的设计,应符合下列要求:

1 调压配气室宜设在熔化工段的安全部位。

2 调压配气室应有两个出入口,门窗向外开启,应有足够的泄压面积。车间内隔墙上设大面积、固定密封式观察窗。
3 调压配气室必须设过滤、调压装置及安全切断装置。
4 调压配气室内的地面应采用不会产生火花的材料。
5 调压配气室建筑耐火等级不应低于现行国家标准《建筑设计防火规范》GB 50016 中的二级。用电要求应为防爆 1 区。

6.4 煤 气

6.4.1 煤气应符合下列要求：
 1 供气必须连续、稳定。
 2 煤气发热值不应低于 $5862kJ/m^3$。

6.4.2 热煤气管道应符合下列要求：
 1 热煤气管道设计应符合现行国家标准《发生炉煤气站设计规范》GB 50195 的有关规定。
 2 热煤气管道上应设人孔、吹烟灰孔、滚动支座、膨胀节等，并宜设烟灰机械清扫装置。
 3 热煤气管道中的煤气设计流速不宜大于 4m/s（标态）。

6.4.3 发生炉煤气站设计应符合现行国家标准《发生炉煤气站设计规范》GB 50195 的有关规定。

7 保护气体

7.1 一般规定

7.1.1 锡槽用氮、氢混合气体作为保护气体，其用量应根据工艺要求确定。

7.1.2 出站处保护气体含氧量应不大于 3ppm。

7.1.3 出站处保护气体露点应在 －60℃ 以下。

7.1.4 出站处氢气中残氨含量不应大于 2ppm。

7.1.5 送至浮法车间的氮气和氢气的压力，应不小于 0.03MPa。

7.2 高纯氮气制备

7.2.1 高纯氮气制备，宜选择空气分离法。

7.2.2 空分装置应符合下列要求：
 1 应选用统一型号并设置备用机组。
 2 应选用生产气氮带少量液氮的空分装置。
 3 确定设计容量时，必须计入当地海拔高度、温度、湿度的影响。

7.2.3 液氮贮存与气化装置应符合下列要求：
 1 氮气宜以液氮贮存，贮存量宜不小于一台空分装置启动时间内所需补充的总氮气量。气化装置的气化能力应不小于一台空分装置的制氮能力。
 2 贮槽宜布置在室内分馏塔附近，也可布置在室外。
 3 废液的排放应引至室外排放坑内或其他安全排放处。

7.2.4 管道系统应符合下列要求：
 1 氮气管道的设计流速宜取 8～12m/s。
 2 高纯氮气管道上宜选用波纹管截止阀。

7.2.5 氮气站的设计应符合现行国家标准《氧气站设计规范》GB 50030 的有关规定。

7.3 高纯氢气制备

7.3.1 高纯氢气的制备，可采用水电解制氢、氨分解制氢或甲醇裂解制氢。

7.3.2 高纯氢气制备装置、气体净化装置宜设有备用机组。

7.3.3 应设有高纯氢气贮存设施。

7.3.4 氨分解制氢站的液氨应有贮存量，并应设残氨处理设施。

7.3.5 高纯氢气制备工艺的设计应符合现行国家标准《氢气站设计规范》GB 50177 的有关规定。

7.3.6 氢气管道的设计流速宜取 4～12m/s，氨气管道的设计流速宜取 10～20m/s。

8 电 气

8.1 负荷分级及供配电系统

8.1.1 平板玻璃工厂的电力负荷应分为三级：
 1 一级负荷：中断供电将造成人身伤亡或在经济上造成重大损失者。
 2 二级负荷：中断供电将在经济上造成较大损失者。
 3 三级负荷：不属于一级和二级负荷者。

8.1.2 平板玻璃工厂的供电电源不应少于两个，并应从地区电网引入，必要时，可在厂内设自备发电站。从地区电网引入的电源必须有一个为专用线路。两个供电电源应符合下列条件之一：
 1 两个电源之间无联系。
 2 两个电源之间有联系，但在发生任何一种故障时，两个电源的任何部分必须不同时受到损坏，并必须有一个电源能继续供电。

8.1.3 平板玻璃工厂的供电电源的总供电量，必须满足烤窑升温时的最大用电量需要，平时必须满足正常生产用电量。如平时供电电源为两个，两个电源宜各负担全厂负荷的 50% 左右，当一个电源故障中断供电时，另一个电源应满足全厂一级和二级负荷的用电量需要。

8.1.4 厂外供电电源电压应采用 35kV，也可采用 10kV。

8.1.5 厂内高压配电系统宜采用放射式。

8.1.6 配电系统设计应将一、二级负荷分接在不同的电源侧。

8.1.7 低压配电系统宜为放射式。车间内如有单相负荷应使配电系统的三相负荷分配平衡。

8.1.8 工厂电源进线的功率因数应达到地区供电主管部门的要求，应在低压侧进行无功功率补偿，并宜采用成套功率因数自动补偿装置。也可采用高压侧和低压侧结合补偿的方式。

8.2 变（配）电所

8.2.1 平板玻璃工厂必须设总变（配）电所，宜独立设置。

8.2.2 平板玻璃工厂宜在下述地方设车间变电所：
1 锡槽附近。
2 退火窑附近。
3 氮气站和氢气站。
4 其他用电负荷集中的地方。

8.2.3 车间变电所宜依附其供电的生产车间设置。几个用电区共用的车间级变电所也可独立设置，其位置应接近负荷中心。

8.2.4 总变（配）电所宜采用室内单层布置，也可采用双层布置。

8.2.5 总变（配）电所、车间变电所的主结线宜采用单母线分段结线方式，也可采用不分段母线。

8.2.6 带有一、二级负荷的车间变电所必须由两个或两个以上电源供电，如均为高压供电，变压器应不少于两台。变压器的容量，应是当有一台变压器故障或有一个电源中断供电时，其余变压器仍应能保证一、二级负荷的供电。

8.2.7 供锡槽、退火窑用电的车间变电所的变压器总容量必须满足烤窑时的最大需要用电量。

8.2.8 车间变电所的低压配电设备宜采用成套低压配电装置。变压器出线开关，分段母线开关，配电给一、二级负荷的回路开关宜采用低压断路器。

8.2.9 总变（配）电所宜设单独的控制室，高压断路器应采用集中操作、监视。宜采用直流操作电源，并宜选用双电源、单电池组的成套硅整流电池屏。

8.2.10 变（配）电所的电气测量和继电保护设计应符合现行国家标准《电力装置的电测量仪表装置设计规范》GBJ 63 和《电力装置的继电保护和自动装置设计规范》GB 50062 的有关规定。

8.2.11 变（配）电所的过电压保护和接地的设计应符合现行国家标准《工业与民用电力装置的过电压保护设计规范》GBJ 64 和《工业与民用电力装置的接地设计规范》GBJ 65 的有关规定。

8.2.12 变（配）电所内的电力设备布置导体、电器选择以及土建、通风设计应符合国家现行有关标准的规定。

8.2.13 变（配）电所的设计应符合现行国家标准《供配电系统设计规范》GB 50052 的有关规定。

8.3 车间电力设备和电气配线

8.3.1 多尘场所的电器设备，宜设单独的隔尘房间。如电器设备需设在工作现场，其防护等级应为 IP5X 级，经常用水冲洗的地段应为 IP54 级。

储运和处理纯碱和芒硝的场所，除防尘外，电器设备和电气配线还应有防酸、碱腐蚀的措施。

8.3.2 可能出现爆炸性气体混合物环境，以及可能出现火灾危险环境，其爆炸和火灾危险区级的划分、包含范围和电力设计必须符合现行国家标准《爆炸和火灾危险环境电力装置设计规范》GB 50058 的有关规定。

8.3.3 车间内低压用电设备宜通过电力配电箱配电；配电给不同等级负荷的配电箱应分别设置；装机容量大的用电设备也可直接由车间变电所的低压侧配电。

8.3.4 一级负荷应由两路电源供电，两路电源应能自动切换；二级负荷宜由两路电源供电，两路电源可自动切换，也可手动切换。

8.3.5 电源自动切换装置宜采用抽屉式主开关。

8.3.6 交流电机宜采用全压启动方式，必要时也可采用降压启动或软启动。

8.3.7 原料制备输送系统、发生炉煤气站上煤系统、碎玻璃处理输送系统等应采用机组联锁控制方式。这些系统也应能转换到解锁方式下运行。

8.3.8 车间内的交流异步电动机应装设短路保护、过负荷保护、缺相运行保护和低电压保护；直流电动机应装设短路保护、过负荷保护和失磁保护；同步电动机应装设短路保护、过负荷保护、带时限动作的失步保护和低电压保护；电热设备应装设短路保护。

有自启动功能的交流异步电动机应装设带时限动作的失压保护。

8.3.9 车间低压配线线路多的场所宜采用电缆桥架（梯架、托盘）配线。

8.3.10 车间低压配电设备及配电线路的设计应符合现行国家标准《低压配电设计规范》GB 50054 的有关规定。

8.3.11 车间的接地安全设计应符合现行国家标准《工业与民用电力装置的接地设计规范》GBJ 65 的有关规定。

8.4 电气照明

8.4.1 电气照明应采用荧光灯、高强气体放电灯和白炽灯作光源；浮法联合车间的工作层等高大厂房宜采用高强气体放电灯及其混合照明；地坑宜采用白炽灯。

8.4.2 人工切裁玻璃的场所宜采用分区照明方式。

8.4.3 有夜班工作的重要操作区、控制室、变电所、柴油发电机房和重要通道应设应急照明。

8.4.4 有爆炸和火灾危险的场所，灯具、开关和照明配线应按环境的危险级别选型和设计。

8.4.5 特别潮湿的场所，应采用防潮或带防水灯头的灯具，照明线路应暗配，开关应置于潮湿地区以外。

8.4.6 照明供电电压应根据使用要求、工作环境、安全条件分别采用220V、24V、12V。

8.4.7 采用高强气体放电灯作光源的照明，开关和导线应考虑功率因数低、启动电流大和启动时间长的影响。

8.4.8 工厂照明设计应符合现行国家标准《建筑照明设计标准》GB 50034 的有关规定。

8.5 厂区电力线路敷设

8.5.1 厂区电力线路为放射式配电的宜采用电缆直接埋地或电缆沟内敷设。

8.5.2 厂区电力线路的走向、路径应协同总图布置统一规划。与道路和其他管道的交叉、平行间距应符合国家现行标准的有关规定。

8.5.3 厂区电力线路设计应符合现行国家标准《电力工程电缆设计规范》GB 50217 的有关规定。

8.6 厂区建筑防雷

8.6.1 氢气站、天然气配气站、发生炉煤气站主厂房、氢贮气罐应按第二类防雷建筑物设置防雷设施。

8.6.2 浮法联合车间、烟囱、水塔、原料车间的提升机房，以及年预计雷击次数 $N \geqslant 0.06$ 的其他厂房，应按第三类防雷建筑物设置防雷设施。

8.6.3 油站（包括泵房和油罐区）应按第三类防雷建筑物设置防雷设施。

油罐的壁厚不小于4mm，可不装设专门的接闪器，但应接地，冲击接地电阻不大于30Ω。

8.6.4 户外天然气管道、燃油输送管道、热煤气管道和氢气管道，应在管道的始端、终端、分支处、转角处以及直线部分每隔80～100m处接地。每处接地电阻不大于30Ω。

弯头、阀门、法兰盘等管道的连接点应用金属线跨接。

8.6.5 厂区建筑物防雷设计应符合现行国家标准《建筑物防雷设计规范》GB 50057 的有关规定。

8.7 厂内通信

8.7.1 厂内应设相应的通信系统。

8.7.2 通信系统设计应符合现行国家标准《工业企业通信设计规范》GBJ 42 的有关规定。

9 生产过程检测和控制

9.1 生产过程自动化水平的确定

9.1.1 平板玻璃工厂的自控设计必须满足生产工艺要求，应采用先进的自动化技术，并考虑其经济合理性。

9.1.2 自控设计应正确处理近期建设和远期发展的关系。

9.1.3 自控设计应采用成熟的控制技术和可靠性高、性能良好的设备。

9.1.4 生产过程自动化设计应包括参数检测、报警、参数与动力设备状态显示、自动调节与控制、工况自动转换、设备联锁与自动保护和中央监控与管理等。

9.1.5 平板玻璃工厂的主要生产过程自动控制，热端应采用分布式计算机控制系统（DCS）或相同技术配置的可编程控制系统（PLC）；冷端宜采用可编程控制系统（PLC）。对重要参数的控制应设置后备手操装置。

9.1.6 热端主控制系统中主控制器、通信网络、系统电源宜采用冗余配置。DCS和PLC应可靠、先进，并应具备开放性和可扩展性、易操作性和易维护性、完整性和成套性。

9.1.7 检测元件、执行机构等应选用与主控制装置相同可靠性及技术水平的产品。

9.2 配料称量系统的检测和控制

9.2.1 配料称量系统控制装置，宜采用由多台配料控制器和可编程控制器（PLC）作为下位机，工业控制机作为上位机。计算机控制系统，应设手动、自动控制两种工作方式。

9.2.2 配合料混合过程中的各种工艺设备应设有运行及故障报警监视装置，为保证原料的干基量宜采用水分自动检测补偿装置。

9.3 熔化系统的检测和控制

9.3.1 熔窑温度、压力及玻璃液面的检测和控制，应符合下列要求：

1 在熔窑的碹顶、胸墙、蓄热室和烟道的有关部位应设温度检测点，重要检测点的温度应有记录及高限报警。熔窑出口端的玻璃液温度应自动控制。

2 熔化部窑压应自动控制，冷却部窑压应检测。

3 总烟道及烟囱根应设有抽力测量。

4 玻璃液面应自动控制。

9.3.2 燃烧系统的检测和控制，应符合下列要求：

1 熔窑燃烧系统的检测和控制装置，应考虑节能和环保要求。

2 熔窑燃烧系统宜设有燃料温度、压力自动控制、总燃料流量检测及累积计量。

3 各对小炉分支燃料管或喷枪宜设有燃料流量控制。

4 雾化介质应有压力自动控制和流量检测。

5 助燃空气总管或分支管应设有压力检测和流

量自动控制；设置总管流量自动控制时，各分支管应设有流量检测并能手动遥控调整各分支管流量；宜设置燃料流量与助燃空气流量比值控制系统。

6 宜配备检测烟气剩余含氧量的便携式分析仪表。

9.3.3 熔窑燃烧换向控制，应符合下列要求：

1 燃烧换向必须设置自动换向装置，应同时设置人工换向装置。

2 换向过程中重要设备必须有状态显示和故障报警。

3 在控制室内应设置换向主要过程显示。

9.3.4 对窑头配合料料仓、投料机、空气交换机的运行情况，以及熔窑内燃烧、熔化情况应设有工业电视监视。

9.3.5 熔窑的冷却风机、助燃风机等重要机电设备均应设运行显示和故障报警。对于重要设备的冷却水出口温度宜设有显示和超温报警。

9.3.6 窑头料仓宜设料位检测装置。

9.4 成形系统的检测和控制

9.4.1 锡槽应按纵向和横向设置若干电加热区，各区温度可控制。

9.4.2 加热元件接线设计，应考虑电加热元件发生故障时，减少对该区加热总功率的影响。供配电和控制设备的设计，应确保锡槽烤窑期间和事故处理时所需的加热效率。

9.4.3 锡槽的有关部位应设有温度、压力检测，重要检测点，并应有记录。

9.4.4 保护气体系统应设有压力、流量、氧含量及露点等参数的检测，应设有混合气中氢气比例检测和报警。

9.4.5 在锡槽入口处宜设有玻璃带宽度监控装置。

9.4.6 拉边机的控制系统设计应采用同步精度和稳速精度均较高的方案。

9.4.7 成形系统的重点部位应设工业电视监视。

9.4.8 必须安装锡槽槽底和槽顶温度超限、槽底冷却风机停车、玻璃带断板的报警装置。

9.5 退火系统的检测和控制

9.5.1 退火窑应设置若干温度控制区。各温控区的加热、冷却应采用自动控制。

9.5.2 各区的温度均应显示，并有记录。

9.5.3 在入口及重要退火段的中部和边部，宜设玻璃带表面温度的检测装置。

9.5.4 退火窑主传动控制方案应满足调速范围、调速精度及备用传动自动投入等的要求。

9.5.5 在锡槽控制室应设退火窑主传动速度给定装置和实际工作线速度显示。

9.5.6 退火窑的主传动、冷却风机和重要温度检测点应设事故报警。

9.6 冷端系统的控制

9.6.1 冷端的主控制系统应能与各子系统间进行通信联络及数据交换，对整条冷端生产线进行监控和管理。可采用冷端全线自动控制系统，并与热端主控制系统联网通信或统一网络。

9.6.2 冷端自动控制应分切割掰板区和分片堆垛区两个子控制系统，各区的重要单机设备必须设有单机控制装置，可单独运行。

9.6.3 切割掰板区应设主控装置，除控制切刀启动、横掰、加速等动作外，还分别与输送辊道控制系统及主控系统通信联络，为实现全线自动控制提供条件。

9.6.4 横切机宜采用高精度、高可靠性的随动自动控制系统。

9.6.5 紧急横切落板及主线落板应设就地单机控制和手动控制。

9.6.6 输送辊道控制宜采用稳定性高、易控制的调速传动系统；输送及分片控制装置应具有可编程与切割掰板区主控装置及堆垛机通信的功能。

9.7 辅助生产系统的检测和控制

9.7.1 辅助生产系统应独立设置检测和控制。

9.7.2 辅助生产系统检测和控制可采用数字式仪表。工艺参数较多时，可采用计算机控制系统。

9.7.3 辅助生产系统检测和控制中的其他相关控制及检测装置，应参照主生产系统选用。

9.8 仪表用电源和气源

9.8.1 自控系统应由两回路电源供电，电源的技术参数应满足仪表及控制装置的要求；计算机监控装置应设有不停电电源；两台及两台以上盘柜拼装时，其内部控制用 220VAC 电源宜采用相同相位。

9.8.2 自控系统的仪表专用气源应采用无油压缩空气，并应经过空气净化处理。其气源品质应符合下列要求：

1 工作压力下的露点应比环境温度下限值至少低 10℃。

2 净化后的气体中含尘粒径不应大于 $3\mu m$。

3 气源中油分含量不应大于 $10mg/m^3$。

4 气源中应无有害气体或蒸汽。

5 仪表输入端的气源压力最大波动范围为 $\pm 5\%$。

9.9 控 制 室

9.9.1 配料系统宜在原料车间单独设置控制室。

9.9.2 熔窑、锡槽、退火窑三大热工设备宜设置集中控制室，统一操作管理。

9.9.3 冷端系统应分别设置切割掰板区控制室和分

片堆垛区控制室。

9.9.4 控制室应位于被控设备利于操作和管理等的适中位置。控制室应避开电磁干扰源、尘源和震源等的影响。

9.9.5 控制室应有防尘、防火、防水、隔音、隔热和通风等设施。控制室面积应满足设备安装、操作和检修等要求，室内不应有无关的工艺管道通过。

9.9.6 中央控制室面向主设备的一方，应设大面积观察窗；中央控制室净空高度宜为2.8～3.5m，应铺设防静电活动地板，地板与地面高度宜为250～350mm；根据设备的要求设置空气调节系统，要求其室内计算温度为26±2℃、湿度为50%～80%；其他控制室应根据设备要求设空气调节装置。

9.9.7 控制室内盘、台前的工作场地，应满足运行监控人员运行操作的需要；盘、台后及两侧的场地应满足维护、检修、调试及通行的要求；盘、台不应跨在厂房的预留胀缝上。

9.9.8 自动化系统接地宜设单独接地装置，工作接地和屏蔽接地可共用一组接地体，接地电阻应按其中最小值确定，每种接地应设独立接地干线引至接地体。热端中央控制室应设置单独接地装置，其专用接地应避开厂区电源和防雷接地网。

9.9.9 大型控制室的出入口不应少于两个。

10 给水与排水

10.1 一般规定

10.1.1 平板玻璃工厂的水源应结合生产、生活及消防的要求综合确定。宜采用城市自来水，并应有两个以上的进口或采用多水源供水。

10.1.2 厂区给排水管网的设计，应供水可靠、管线短、便于施工、合理利用现有设施。

10.1.3 厂区排水设计应符合市政管理部门的规划和要求，并应按本规范第15.3节的规定进行污水处理。

10.2 给 水

10.2.1 生产给水应保证供水不得间断，并应满足用水设备所需的水量、水质、水压和水温的要求。

1 生产给水的水质主要指标应符合表10.2.1的规定。如用水设备有特殊要求，应采用相应的水处理措施满足需要。

表10.2.1 生产用水主要水质指标

项 目	要求指标
pH值	6.5～8.5
总硬度（以碳酸钙计）	<450mg/l
混浊度	<5.0mg/l
铁	<0.3mg/l
有机物	<25.0mg/l
油	<5.0mg/l

2 平板玻璃工厂浮法工艺生产用水应首先选择循环使用。全厂用水量及浮法联合车间主要用水点的用水量应根据生产规模和工艺设备用水资料计算确定。

3 平板玻璃工厂厂区进口处生产用水的水压不应低于0.25MPa；水压低于0.25MPa（但不得低于0.1MPa）时，进厂后应自行设计增压设施。

4 平板玻璃工厂生活用水及采用城市自来水作为生产供水水源的设计，应符合现行国家标准《建筑给水排水设计规范》GB 50015的有关规定。

10.2.2 给水管网设计应符合下列要求：

1 给水干线应根据用水量大、要求供水可靠度高的浮法联合车间等主要用水场所确定，并应成环状管网，在不同方位由数条进水管供水。

2 给水管网上应设置必要的阀门，当关闭阀门检修局部管线时，主车间不应中断给水。

3 厂区生活用水管道严禁与自备的生产用水水源供水管道直接连接。生活给水管道单独设置时，可为枝状管网。

4 厂区消防给水管，应符合现行国家标准《建筑设计防火规范》GB 50016的有关规定。

10.2.3 循环水系统应符合下列要求：

1 厂区工业循环水冷却设施的类型，应根据生产工艺对循环水水量、水温、水质和供水系统运行方式等的使用要求，并结合下列因素确定：

  1）当地的水文、气象、地形和地质等自然条件；
  2）材料、设备、电能和补给水的供应情况；
  3）场地布置和施工条件。

2 厂区循环给水系统应满足浮法联合车间、氮气站、氢气站、压缩空气站等生产设备的冷却用水。循环给水管宜为枝状管网，设专用管道直通用水车间。

3 浮法联合车间的循环给水系统应采用多水源，确保当正常水源中断时，备用水源或备用进户管能保障供水。

4 循环水系统的补充水量可按循环水总量的3%～8%确定。

5 循环水系统的水质应满足生产设备要求，必要时应进行水处理。循环水系统宜设置全过滤水处理装置，当设置旁滤水处理装置时，旁流过滤水量可按循环水量的1%～5%确定。

6 循环水系统应设置循环水池和水塔，其总容量可按1.0～2.0h的循环水量计算。

7 循环水水塔的水柜容量宜不少于0.5h的循环水用水量，其高度应满足使用水压的要求。

8 循环水水泵应有备用。当一台工作时，应有一台相同规格型号的备用泵；当两台及两台以上同时工作时，其备用泵的容量不应小于最大一台泵的容量。备用泵宜设有水泵柴油机组。

 9 循环水泵房的布置宜靠近主车间,并宜采用地上布置。

 10 循环水给水送至主要车间进口处的压力宜为0.3～0.4MPa。

10.3 排 水

10.3.1 排水管网必须满足当地有关部门对工厂排放水质、排泄地点、排出口位置等的要求,并根据建厂地区的排水条件及地形等因素选择合理的排水制度,采用集中或分散的排出口,以短捷的线路排出厂外。

10.3.2 平板玻璃工厂的生产废水、生活污水与雨水的排水系统应以批准的当地城镇(地区)总体规划和排水工程总体规划为主要依据,并宜采用分流制。当采用合流制时,必须得到当地有关部门的批准。生活粪便污水应经化粪池处理后再排入合流制排水系统。

10.3.3 车间的生产排水,车间与堆场地坪冲洗水,应在排出口处设置沉砂池截留易沉物。

10.3.4 油罐排水应在防火堤外设置油水分离池或油水分离装置,除油后排入厂区排水系统;在进、出油水分离池的排水管道上应设水封井;油罐区雨水管道排水应在防火堤外设置隔断装置及水封井。

10.3.5 发生炉煤气站的含酚废水必须采用密闭循环,亏水运行,不得向外排放。

10.3.6 化验室化验分析过程排放的废酸废碱液,必须采取中和措施,使废液的 pH 值为 6～9 时方可排放。

11 供热与供气

11.1 一般规定

11.1.1 供热设计宜使用玻璃熔窑烟气余热。

11.1.2 余热产生的蒸汽不能满足全厂生产和生活的需要时,可采用燃油(或燃煤)锅炉补充供热。若工厂所在地区有区域供热,则宜使用区域供热。

11.1.3 压缩空气用量及品质应根据用户工艺要求确定。

11.2 锅 炉 房

11.2.1 余热利用系统的热工计算参数应根据玻璃熔窑及烟道的热工条件确定,当进入锅炉的烟气温度不低于 350℃ 时,锅炉入口的烟气过量空气系数可取 2.0～2.2。

11.2.2 余热锅炉与引风机选型应符合下列要求:

 1 熔窑烟气可全部通过,也可部分通过余热锅炉。当熔窑烟囱高度受条件限制,熔窑烟气又需全部通过时,余热锅炉和引风机必须有备用保证熔窑抽力。

 2 余热锅炉宜选用烟管式或热管式。

 3 引风机选型时,风量宜有 10%～15%、风压应有 20%～30% 以上的富裕量。

11.2.3 工艺设备布置应符合下列要求:

 1 余热锅炉房可采用单层或双层布置。引风机宜布置在一层。

 2 余热锅炉与引风机宜一炉一机配置。

 3 应采用下列措施减少烟道系统的热损失:

  1) 锅炉进口前的烟道宜布置在地下,并应有防止地下水进入烟道内的措施;

  2) 锅炉进口前的烟道应加保温层,整个烟道应加强密封;

  3) 炉前烟道闸板宜选用气密性好的斜闸板。

 4 当烟气为部分通过锅炉时,必须在大烟囱内设置一定高度的隔墙,其高度足以将高低温烟气加以分隔。

 5 数台引风机出口处共用一个烟道时,每台引风机出口应安装关断闸板。

 6 锅炉进出口烟道上应设清灰门,引风机进口处宜设进风箱。

11.2.4 烟管式余热锅炉烟灰清扫宜采用过热蒸汽吹扫或用钢丝刷清除,不得用清水冲刷。

11.2.5 余热锅炉房设计应符合现行国家标准《锅炉房设计规范》GB 50041 的有关规定。

11.2.6 燃煤、燃油、燃气锅炉房的设计应符合现行国家标准《锅炉房设计规范》GB 50041 的有关规定。

11.3 压缩空气站

11.3.1 对于玻璃熔窑燃料采用重油的工厂,全厂生产用压缩空气宜以燃油雾化用气为主,压缩空气站宜选用有油润滑的空压机;对于玻璃熔窑燃料采用煤气的工厂,压缩空气站宜选用无油润滑的空压机。

11.3.2 压缩空气站的备用容量:当最大机组检修时,其余机组的排气量,应能保证供除尘设备吹扫用气以外的全厂生产用气需要。

11.3.3 压缩空气站净化设备,在采暖地区应选用吸附干燥装置,非采暖地区应选用冷冻干燥装置。

11.3.4 压缩空气站设计应符合现行国家标准《压缩空气站设计规范》GB 50029 的有关规定。

12 采暖、通风、除尘、空气调节

12.1 一般规定

12.1.1 平板玻璃工厂采暖、通风、除尘、空气调节设计应符合现行国家标准《采暖、通风与空气调节设计规范》GB 50019、《工业企业设计卫生标准》GBZ 1 的有关规定;除应满足生产工艺的要求外,同时应根据环境保护、节约能源、职业安全卫生的要求进行设计。

12.1.2 采暖、通风、除尘、空气调节的设计方案应根据生产工艺要求、建筑物的功能、室内外环境、气象条件、能源状况等进行确定。

12.1.3 平板玻璃工厂主要生产场所属高温生产及含易燃易爆气体的作业区，设计应根据各专业要求综合处理，采取高效节能的通风降温措施。

12.1.4 平板玻璃工厂的硅尘散发源，设计应采用高效的综合防尘措施，使各生产岗位的空气含尘浓度和向大气排放的粉尘浓度达到国家标准的要求。

12.2 采 暖

12.2.1 平板玻璃工厂设置集中采暖的生产厂房工作地点及辅助用室，室内采暖计算温度应符合附录C的规定。

12.2.2 采暖热媒应符合下列要求：

1 平板玻璃工厂主要及辅助生产设施的采暖热媒宜用0.2MPa的高压蒸汽或95～70℃、110～70℃的热水。

2 辅助建筑的采暖热媒应用95～70℃、110～70℃的热水。

3 远离厂区热力网的小面积单体建筑物，在满足安全的前提下可用电能。

12.2.3 采暖方式应符合下列要求：

1 除熔化工段、成形工段（不包括其中的办公室和辅房）等处不需采暖外，一般生产厂房、辅助用房及可能受冻损伤的建筑物、构筑物均宜设置集中采暖。

2 在非采暖地区，根据气候条件和生产工艺要求，对需提高室温的部位宜设局部采暖。

3 集中采暖地区对排风量大且可利用循环空气的车间（如原料车间），除设置集中采暖的散热器系统外，还宜设置热风采暖系统。热风采暖系统的热媒宜用0.1～0.3MPa的高压蒸汽或不低于90℃的热水。

4 位于过渡地区和非采暖地区平板玻璃工厂的生产厂房可不设集中采暖。淋浴室、淋浴更衣室、女工卫生室、哺乳室、托儿所和医务室等可设置采暖。

5 氢气站、各种燃料供配站、燃料库、危险品库严禁采用煤气红外线辐射采暖、电热采暖及其他一切明火采暖装置。

12.2.4 散热器选型应符合下列要求：

1 原料车间、砖加工房等粉尘大或防尘要求高的部位应选用易于清扫的散热器。

2 具有腐蚀性气体或相对湿度较大的房间宜选用铸铁散热器。

12.3 通 风

12.3.1 平板玻璃工厂除建筑设计应采取合适的自然通风外，为防毒、防尘还应设机械通风。机械通风的部位和要求应符合附录D的规定。

12.3.2 生产过程中有可能突然放散大量有害气体或有爆炸危险气体的场所应设置事故排风装置。事故排风的吸风口，应设在有害气体或爆炸危险物质放散量可能最大的地点。事故排风的排风口，不应布置在人员经常停留或经常通行的地点。事故排风的风机应分别在室内外便于操作的地点设置电器开关。事故排风的部位和要求应符合附录D的规定。

12.3.3 当熔窑、锡槽、退火窑局部热修时，宜设置移动式轴流风机进行局部降温，吹风高度应能调节。

12.3.4 发生炉煤气站主厂房操作层宜设移动式轴流风机降温。

12.4 除 尘

12.4.1 平板玻璃工厂车间空气中，生产性粉尘的最高允许浓度应符合附录E的规定。

12.4.2 生产过程中产生粉尘的设备及物料溜管的设计，除密闭外尚应满足设置除尘吸风口面积的要求。

12.4.3 由于生产操作需要，不能全部封闭的倒料口，切、磨耐火材料的扬尘部位等，应采取湿法防尘或设置半封闭式的并辅有吸尘装置的罩、帘等装置。

12.4.4 位于粉尘污染区的仪表控制室，应密闭防尘。无控制室但有岗位工的染尘生产场所，应设密闭防尘的工人值班室。

12.4.5 产生粉尘的生产场所地面，应用水冲洗。在不允许用水冲洗的纯碱、芒硝系统及熔化工段投料平台等生产场所，可采用真空吸尘装置吸尘，防止二次扬尘。

12.4.6 除尘器宜布置在除尘系统的负压段，当布置在除尘系统的正压段时，应采用除尘风机。

12.4.7 散发粉尘的煤吊车库、原料吊车库中，宜选用备有密闭并配备有过滤送风装置吊车司机室的吊车。

12.4.8 设于连续生产线上的除尘系统，应与相关的工艺设备联锁。生产线启动时，应先启动除尘系统；停机时，最后关闭除尘系统。

12.4.9 厂内应设置防尘维修人员，并配备必要的装备和工作场所。

12.4.10 除尘系统的选择应符合下列要求：

1 同一生产流程、同时工作的扬尘点相距不大时宜设置集中式机械除尘系统，其他分散的扬尘点宜设置分散式机械除尘系统。

2 粉尘种类不同的扬尘点宜分别设置机械除尘系统。当工艺允许不同粉尘混合回收或粉尘无回收价值时，亦可合并设置机械除尘系统。

3 机械除尘系统宜选用袋式除尘器。当粉尘浓度较高时，宜选用旋风除尘器为一级除尘，袋式除尘器为二级除尘。

12.4.11 除尘管道设计应符合下列要求：
   1 除尘管道宜垂直或倾斜敷设。较小倾斜度或水平敷设时，应在风道的端部、侧面或异形管件附近装设风管清扫孔。
   2 除尘管道布置应减少弯管、三通管、变径管等部件。
   3 除尘管道上应在便于操作及观察的部位设置调节和检测装置。
   4 除尘系统的排风管出口应高出屋面不得小于1.5m。

12.4.12 除尘器回收粉尘的处理应符合下列要求：
   1 当收集的粉尘允许纳入到工艺流程中时，应将粉尘直接回收到工艺流程中，并采取防止二次扬尘的措施。
   2 当收集的粉尘不允许直接纳入到工艺流程中或纳入有困难时，应设贮灰斗及相应的搬运设备。

12.5 空气调节

12.5.1 设置空气调节系统时，应根据建筑物用途、规模、使用特点、室外气象条件、负荷变化情况和参数的要求确定。

12.5.2 平板玻璃工厂原料车间、浮法联合车间及辅助生产设施的控制室宜设置空气调节，室内设计参数宜取温度26±2℃、相对湿度50%～80%，同时还应满足特殊仪表设备对空气调节及使用环境的特殊要求。

12.5.3 控制室空气调节系统宜选用整体柜式空调机组、分体式空调机组或窗式空调器。空调机组应采用节能产品。

13 建筑与结构

13.1 一般规定

13.1.1 平板玻璃工厂建筑与结构设计应结合地区和厂区特点，按照城市规划要求，考虑总体设计；通过设计方案比较，处理好建筑与环境、建筑与结构、建筑功能与美观之间的关系。

13.1.2 经济合理地采用各种新结构、新材料、新技术，采用建筑模数制和标准构配件。

13.1.3 平板玻璃工厂建筑与结构设计，应处理好车间高温、防火、设备振动、防尘、防腐蚀、地下防水及地基不均匀沉降等特殊要求。

13.1.4 建筑与结构布置和选型选材必须满足附录F的防火要求。

13.1.5 改建、扩建工程的建筑与结构设计，应查清原有的建筑结构及地下管沟、电缆等设施的现状，查清原有的设计、施工资料及结构的实际承载能力等，合理利用原有建筑物。对加固改造方案，必须注意新老结构的结合，保证拆除、加固、投入使用全过程的安全可靠，便于施工。

13.1.6 全厂各部位设计的标准荷载应按附录G选用，当有特殊要求时应按工艺设计需要决定。

13.2 主要车间

13.2.1 主要车间建筑与结构布置应符合下列要求：
   1 原料车间：
   1) 原料储库、挡料墙、粉料仓、破碎房、混合房等原料车间的主要建筑物、构筑物，应视地基条件和荷载分布情况用变形缝分开，并应考虑大面积堆载对周围基础的影响；
   2) 应合理选择设备支承结构的抗振刚度，使支承结构的振幅和振动加速度限制在允许范围内；对于振动较大的设备应采用与厂房脱开的独立支承，当难以脱开时应采取减振措施；
   3) 原料车间设计应对有噪声源的部位进行隔离；因生产流程难以分隔的部位，应单独设操作控制室或值班室，并对其墙面和门窗采取吸声、隔声措施；
   4) 原料车间必须有一个楼梯贯通车间上下。
   2 浮法联合车间：
   1) 浮法联合车间厂房应按本规范第3.2.1条的规定采用适宜的布置方案；
   2) 浮法联合车间各主要部分应结合工艺设备布置设置温度缝或沉降缝，当不便设置时应考虑温度变化的附加应力；
   3) 熔化工段、成形工段厂房应与窑体支承结构完全脱开；
   4) 熔化工段厂房柱网布置应符合下列要求：
   a 满足生产操作要求；
   b 满足熔窑冷修和热修时搬运和砌筑操作空间的需要；
   c 为熔窑冷修时的局部改造留有一定余地。
   5) 熔化工段屋架下弦至窑碹顶面距离不得小于4m，屋面应设供窑体散热需要的排热天窗；
   6) 成形工段应设排热天窗；
   7) 当熔化工段为地下室方案时，全部地下建筑应通风干燥；
   8) 熔化、成形工段的大功率风机应设风机房，并做减振处理；
   9) 退火窑支承底板应结合设备布置设温度缝，并适当增加抗温度应力配筋。当采用其他不设缝措施时，针对底板的应力和变形应作特殊处理；

10) 退火、冷端工段主车间两侧布置有附房时，必须留有适当侧窗，以保证自然通风需要。

13.2.2 主要车间建筑与结构选型、选材及构造应符合下列要求：

1 原料车间：

1) 原料车间主要厂房宜采用钢筋混凝土结构，大跨度屋盖宜采用钢结构；
2) 储料库、均化库应根据工艺设备的具体要求，采取相应的构造，其中：挡料墙墙体构造应能经受吊车抓料斗的撞击；储料库内卸料坑及硅砂储库底部均应有渗排水措施；
3) 粉料库根据工艺要求可为矩形排库、塔库或圆筒仓；库壁宜采用钢筋混凝土结构，仓斗应用钢结构；当仓斗底部悬挂有振动给料装置时，应根据设备性能采取减振措施；
4) 附着在建筑物的高耸斗式提升机，其机身及所属走道、平台均应考虑风荷载的作用，应与建筑物、构筑物有可靠的联结；
5) 为减少粉尘集聚、二次扬尘，原料车间内应减少表面突出易集尘构件；楼地面、墙面应便于用水冲洗，将水排至地漏、水沟，孔洞边缘均应做泛水翻沿；对集聚碱性粉尘的楼地面及屋面应作防腐蚀处理。

2 浮法联合车间：

1) 浮法联合车间的梁柱宜用钢筋混凝土或钢的框、排架结构，屋面可用钢结构；熔化及成形工段屋面瓦材宜采用轻质、防水性能好、耐高温、耐腐蚀材料；
2) 熔化、成形工段楼面应采用钢筋混凝土结构或钢梁混凝土板组合结构，其面层应考虑熔窑安装和冷修时耐火砖材和铁件的撞击损坏；
3) 熔化工段屋架杆件表面应刷耐腐蚀涂层；
4) 为防止楼面堆料超载，根据生产操作条件应在适当部位做楼面限载标志；
5) 熔窑、锡槽底的支承结构设计应符合下列要求：
   a 窑底结构设计除考虑窑体荷重外，同时应考虑窑体高温影响，做抗热结构设计；熔窑、锡槽底支承结构的基础应满足对基础沉降量的控制要求；熔窑与锡槽及锡槽与退火窑连接处，可用联合基础以避免不均匀下沉；
   b 窑底紧靠地下高温烟道的柱、基础，应根据地下温度的分布选用合适的材料，并应采用地下隔热、通风洞等降温措施；对基础顶部与高温烟道底板相连部位应留膨胀缝。

6) 熔化工段可能直接受窑体明火作用的结构构件，其表面应作隔热防护；对地下烟道底板及受高温直接作用的烟道闸板支架，应采用耐热混凝土等可靠的隔热措施；
7) 6度地震区的玻璃熔窑窑底支承结构的抗震设计，设防烈度按7度；设防烈度高于6度的地区抗震设计，应符合现行国家标准《建筑抗震设计规范》GB 50011 的有关规定。

13.3 辅助车间

13.3.1 平板玻璃工厂供应能源、动力、保护气体等辅助生产系统，其建筑与结构的设计标准应与主要生产车间等同。

一般物料库房在满足使用功能的前提下，其建筑结构标准可稍低于主要生产车间。

13.3.2 生产过程中有可能突然散发大量爆炸气体的场所应设置防爆泄压设施。

13.3.3 氮气站的压缩工段应做吸声处理，控制室应隔声，空压机基础应做振动基础设计；空分塔、氨分解制氢站的液氨罐基础和废氨液池应能抗冻。

13.3.4 厂区卸油沟、零位油罐应作耐油、耐酸、防渗及抗油温引起的温度应力构造处理。

13.3.5 余热锅炉房的引风机基础应考虑风机运转时的振动，当引风机置于楼面时必须做隔振设计。控制室值班室应做隔声处理。

13.4 构筑物

13.4.1 熔窑烟囱应符合下列要求：

1 熔窑烟囱宜选用钢筋混凝土结构。
2 烟囱内衬应到顶，并设带填料的防腐隔热层。
3 当烟囱内设分隔墙时，隔墙高度不宜超过烟囱第一节，并且不高于15m，否则应对隔墙稳定及烟囱筒壁的温度应力进行特殊设计。
4 烟囱埋入地下部分应在烟囱壁外设通风散热构造。
5 烟气采取脱硫处理时，烟囱底部应做防腐处理。
6 当熔化工段底层采用地下室方案时，竖直烟道与厂房结构之间应做隔热隔胀防护。

13.4.2 单体筒仓（如碎玻璃仓）宜采用圆形或方形，竖壁为钢筋混凝土结构，下部仓斗为钢结构。当平面尺寸不大于5m×5m，竖壁高不超过5m，仓斗不附振动设备时，可采用无肋钢仓斗。

13.4.3 玻璃水池和玻璃水沟应符合下列要求：

1 玻璃水沟顶部与厂房楼面之间应有可靠的隔热措施。
2 玻璃水池紧靠熔化部厂房时，厂房柱基础的埋置深度应考虑相邻玻璃水池深度的相应关系，并避免玻璃水池高温影响。

3 对于不设玻璃水池,采取水淬法放玻璃水时,应对紧靠玻璃水沟和水淬场附近的建筑与结构进行必要的防护处理。

13.4.4 水塔应符合下列要求:

1 水塔宜选用钢筋混凝土倒锥壳支筒式结构。

2 钢筋混凝土倒锥壳的支筒直径不宜小于2.0m;容量不小于100m³的倒锥壳的支筒直径不宜小于2.4m。

3 基础形式可采用钢筋混凝土板式基础。对不保温水塔,基础埋深不应小于2.0m;对保温水塔,基础埋深不应小于2.5m。

13.5 特殊地基及防排水处理

13.5.1 特殊地质条件下的地基基础,除应符合现行国家标准《建筑地基基础设计规范》GB 50007的有关规定外,尚应符合相关专门设计标准的有关规定。

13.5.2 在湿陷性黄土、膨胀土、高寒地区冻胀土条件下,对于受窑底烟道高温、玻璃液高温作用的窑底支承结构、玻璃水池、循环水池等构筑物的基础均应采取隔热、防漏水、防冻胀构造措施。

13.5.3 当熔窑烟道底板、大型地坑底板处于地下水或地表滞水最高水位以下时,应采取防水措施或结合厂区排水管网布置渗排水设施。

14 其他生产设施

14.1 中心实验室

14.1.1 应根据生产规模、质量检测的需要及各生产车间在生产线上已有的检测装备确定中心实验室的设施。应能对全厂的原料、燃料、配合料和玻璃等做物理检测与化学分析。

14.1.2 仪器、仪表的选择应根据检测项目、检测方法、检测精度等要求,选择先进、可靠的仪器、仪表。

14.1.3 中心实验室应设化学分析室、物理检验室、试样加工室、药品与仪器贮藏室等。

14.2 机电设备及仪表修理车间

14.2.1 机电设备及仪表修理车间应根据工厂的生产规模,当地机电设备、仪表修理的协作条件,确定车间的规模与装备水平。应能承担全厂机电设备的中小修理及全厂仪器、仪表的小修理与维护工作。

14.2.2 车间外应设有一定面积的露天作业场所和物料堆场。

14.3 木箱制作与集装箱(架)维修

14.3.1 应设置木板堆场和木板库。

14.3.2 造木箱设备应选用操作安全、低噪声、节电、自带收尘装置、维修方便的设备。

14.3.3 平板玻璃工厂应设置集装箱(架)贮库、维修场地及相应的运输维修设备,可与机电设备及仪表修理车间统一设计。

14.4 耐火材料贮库与加工房

14.4.1 应设有各种砖材加工用的铣砖机、磨砖机、切割机等设备。

14.4.2 应设有人工打砖点及相应的除尘设施。

15 环境保护

15.1 一般规定

15.1.1 平板玻璃工厂环境保护设计必须符合现行的国家环境保护法规,应按环境影响评价结论采取有效措施防治废气、废水、固废及噪声对环境的污染;所排放的污染物应达到国家规定的排放标准,保证污染物排放总量控制在允许范围内。

15.1.2 厂址选择与总体方案设计时,应将环境保护工作作为主要内容之一,根据当地的总体规划,结合环境、水源、交通、地质等条件全面考虑。

15.1.3 应实施"清洁生产、以新代老"环境保护措施,新老厂统一规划、综合治理。

15.2 大气污染防治

15.2.1 厂址应选择在大气扩散稀释能力较强的地区,自然条件应有利于烟囱烟气的排放和扩散;在城市附近建厂时,厂址宜位于其常年最小频率风向的上风侧;生活办公区宜布置在厂区夏季主导风向的上风侧。应避免厂界紧邻现有的居民宿舍区。

15.2.2 厂区内总图布置,应将有污染的车间、堆场等布置在主导风向的下风侧,污染较大的车间应布置在距离厂界附近居民区较远的一侧,各区中间应有绿化带。

15.2.3 平板玻璃工厂熔窑排放的大气污染物,应符合国家现行的有关标准,并应符合下列要求:

1 熔窑废气污染防治措施应符合批准的《环境影响报告书(表)》的要求。

2 熔窑应通过设置脱硫设施来降低硫氧化物的排放量,宜通过改用澄清剂(芒硝)及采用低硫燃料来降低氮氧化物的排放量。

3 熔窑应通过设置脱硝装置来降低氮氧化物的排放量,新建、改建及扩建项目的熔窑宜通过纯氧燃烧、低氮燃烧器、分层燃烧等措施来降低氮氧化物的排放量。

4 熔窑烟囱高度除应满足窑炉工艺要求外,还应根据环境影响评价结果确定;厂区内有两座以上的排气筒互相靠近时,其中心连线与常年主导风向应垂直或成较大的角度。

15.2.4 设有燃煤锅炉房时,必须对烟气中的烟尘和SO_2进行处理。

15.2.5 平板玻璃工厂各车间的含尘气体应通过机械除尘净化系统处理。

15.3 废水污染防治

15.3.1 平板玻璃工厂废水污染防治设计,必须执行《中华人民共和国水污染防治法》及《水污染防治法实施细则》的有关规定,还应贯彻清污分流、分质处理、以废治废、节约用水、一水多用的原则。

15.3.2 平板玻璃工厂废水和生活污水的管网应分开布置,废水排放应经环境影响评价论证并得到当地环保部门的批准,同时应符合现行国家标准《室外排水设计规范》GB 50014 的有关规定。

15.3.3 企业的排水必须实行计量。废水排放计量装置的位置,应结合水质监测取样点确定,并设永久性标志。用水计量率应符合现行国家标准《评价企业合理用水技术通则》GB/T 7119 的有关规定。

15.3.4 排入地面水的工业废水和生活污水应符合现行国家标准《污水综合排放标准》GB 8978 的有关规定。

15.3.5 在进行平板玻璃工厂设计时,应严格控制新水用量,提高水的重复利用,循环水使用率应达到90%以上。

15.4 噪声污染防治

15.4.1 平板玻璃工厂厂界噪声应符合现行国家标准《工业企业厂界噪声标准》GB 12348 的有关规定。

15.4.2 平板玻璃工厂噪声控制设计应符合现行国家标准《工业企业噪声控制设计规范》GBJ 87 的有关规定。噪声控制应首先控制噪声源,选用低噪声的设备;超过许可标准时,还应根据噪声性质,采取消声、建筑隔断、隔声、减振等防治措施。

15.4.3 厂区总平面布置应综合考虑声学因素,合理规划,结合功能进行分区,合理分隔吵闹区和安静区;利用建筑物阻挡噪声的传播及绿化带的吸声、隔声作用,避免或减少高噪声设备对安静区及厂界的影响。

15.5 固废污染防治

15.5.1 对有利用价值的应回收利用,对无利用价值的可采取无害化堆置处理措施。

15.5.2 碎玻璃宜全部回收利用。

15.5.3 熔窑冷热修更换的废耐火砖宜利用,不能利用的应放置规划地点,统一处理;含 Cr 的耐火砖应按危险废物进行处理处置。

15.6 环境绿化

15.6.1 平板玻璃工厂的绿化覆盖率不宜小于20%。

15.6.2 绿化植物的选择,应以乡土植物为主。应选择有较强的抗污染能力、有较好的净化空气能力、适应性强、易栽易管、容易繁殖的植物。

15.7 环境保护监测

15.7.1 监测站(组)可布置在生产化验楼或生产办公楼内,也可单独布置。建筑面积宜为 $100\sim150m^2$,并应配备必要的监测仪器。

15.7.2 监测采样点应布置合理。应在产生烟气、废气、废水的生产设施的烟道(包括烟囱)、管道、排水渠(或管)道上,按监测目的和布点要求设置永久性的采样点。

15.8 环境保护设施

15.8.1 平板玻璃工厂环境保护设施应包括以下内容:

除尘设施;
烟气、废气净化设施;
各种烟囱及排气筒;
废水和污水处理设施;
原料露天堆场、固废堆场的废弃物处理设施;
设备减振及消声治理设施;
绿化设施;
环境监测站(组)设施及其监测仪器设备。

16 节 能

16.1 一般规定

16.1.1 平板玻璃工厂设计必须符合现行国家有关节能的法规、标准的有关规定,提高能源利用效率和经济效益。

16.1.2 在可行性研究阶段应对拟建项目的节能作出专题论证和评价。

16.1.3 编制平板玻璃工厂的初步设计文件时,应同时编制《节能篇》。

16.1.4 施工图设计阶段,应落实初步设计审批意见。经审查批准的节能设计方案,如有变动必须征得原审批部门的同意。

16.2 生产产品过程节能

16.2.1 熔化的熔窑应符合下列要求:

1 在满足生产工艺、生产规模的前提下,设计时应采用节能型熔窑结构。
2 熔窑应全保温。
3 熔窑设计应优化耐火材料的选用及配置。

16.2.2 成形应符合下列要求：
 1 在满足生产工艺、生产规模的前提下，应合理设计锡槽结构尺寸。
 2 锡槽应选用优质保温材料。
 3 锡槽冷却风系统的风机宜选用变频调速。
16.2.3 退火应符合下列要求：
 1 在满足生产工艺、生产规模的前提下，应合理设计退火窑各区长度、电加热功率及风机参数。
 2 应选用优质保温材料和加强退火窑的保温措施。
 3 退火窑风系统的风机宜选用变频调速。

16.3 电气及自动控制节能

16.3.1 电气及自动控制设计中，宜选用节能产品。电机在30kW及以上的用电设备，其控制装置应采用变频控制器。电机也可选用变频控制器。
16.3.2 在热端检测和控制设计中，其控制回路设置、调节方式确定等，应考虑节能方案。熔化燃烧系统设计时，应采用燃料量和助燃风量双交叉限幅调节方式；退火窑风-电控制回路中，应采用省电控制方案等。
16.3.3 工厂照明应采用绿色节能照明。

17 职业安全卫生

17.1 一般规定

17.1.1 平板玻璃工厂设计必须符合国家现行的有关职业安全卫生的法规、标准的有关规定，必须贯彻"安全第一、预防为主"的方针；职业安全卫生的技术措施和设施，应与主体工程同时设计、同时施工、同时投产使用。
17.1.2 平板玻璃工厂设计应提高生产综合机械化和自动化程度，对生产过程中的各项职业危害因素，应**遵循消除、预防、减弱、隔离、联锁、警告的原则**。应采取相应的技术措施，改善劳动条件，实行安全、文明生产。职业安全卫生的要求和所采取的技术措施，应贯彻在各专业设计中。

17.2 防火防爆

17.2.1 平板玻璃工厂车间的生产类别、厂房的耐火等级、防火分区最大允许占地面积、安全疏散距离及安全出口数目应符合附录F的规定。
17.2.2 各生产车间的防火间距、易燃油品（或可燃气体）贮罐区及其附属设施的布置和防火间距，应符合现行国家标准《建筑设计防火规范》GB 50016等的有关规定。
17.2.3 发生炉煤气站的煤仓顶层，应通风良好。
17.2.4 制氢系统各建筑物的防火防爆设计，应符合现行国家标准《建筑设计防火规范》GB 50016、《氢气站设计规范》GB 50177、《氢气使用安全技术规程》GB 4962的有关规定。
17.2.5 浮法联合车间内的燃油调节室、保护气体配气室、天然气配气室等，应布置在浮法联合车间熔化工段、成形工段内紧靠外墙处，但不宜在玻璃水池一侧。
17.2.6 平板玻璃工厂的易燃易爆油、气贮罐，应根据油、气的特性，设置温度、压力、限位报警及紧急切断（或放空）装置。
17.2.7 易燃易爆油、气的贮罐及其输送管道，均应有良好的接地，应符合现行国家标准《液体石油产品静电安全规程》GB 13348、《氢气站设计规范》GB 50177等的有关规定。
17.2.8 平板玻璃工厂电力装置的防火防爆设计，应符合现行国家标准《爆炸和火灾危险环境电力装置设计规范》GB 50058的有关规定。
17.2.9 平板玻璃工厂的消防设计，应符合现行国家标准《建筑设计防火规范》GB 50016、《建筑灭火器配置设计规范》GBJ 140等的有关规定。
17.2.10 **有爆炸危险性气体的场所，必须安装可爆气体的监测、报警装置。**
17.2.11 压力容器压力管道设计，应符合《特种设备安全监察条例》和现行国家标准《钢制压力容器》GB 150等的有关规定。

17.3 防电防雷

17.3.1 平板玻璃工厂内的防雷和电气安全设计应符合本规范第8章的有关规定。
17.3.2 防静电设计应符合现行国家标准《防止静电事故通用导则》GB 12158的有关规定。

17.4 防机械、玻璃伤害

17.4.1 玻璃生产设备的设计和安装，应符合《工厂安全卫生规程》和现行国家标准《生产设备安全卫生设计总则》GB 5083的有关规定。
17.4.2 起重机械设置的安全装置，应符合《特种设备安全监察条例》和现行国家标准《起重机安全规程》GB 6061的有关规定。
17.4.3 电梯的制造、安装、检验等，应符合《特种设备安全监察条例》和现行国家标准《电梯制造与安装安全规范》GB 7588的有关规定。
17.4.4 机器和工作台等设备的布置，应便于工人安全操作，通道宽度不应小于1m。
17.4.5 人工切裁等工作场所甩碎玻璃的仓口，应设置防碎玻璃飞溅的安全护板及防止人员坠落的网格。

17.5 防尘、防毒和其他伤害

17.5.1 平板玻璃工厂各生产操作区空气中生产性粉尘的最高容许浓度，应符合附录E的规定；对其他有害气体或腐蚀性介质的防护措施应按国家现行有关标准、规范设计。

17.5.2 平板玻璃工厂的防尘及有害气体的治理设计，应符合本标准第12.3节及第12.4节的有关规定。

17.5.3 平板玻璃工厂具有辐射源部位的安全防护，应符合现行国家标准《电离辐射防护与辐射源安全基本标准》GB 18871的有关规定。

17.5.4 凡车间内外影响人员安全的地坑、孔洞、平台，均应设置防护栏杆、护板，其设计应符合现行国家标准《工厂安全卫生规程》、《固定式工业防护栏杆》GB 4053.3和《固定式工业钢平台》GB 4053.4等的有关规定。栏杆底部应设高度不少于100mm的防护板。

17.5.5 高温设备和管道应进行隔热防护处理。

17.6 防暑降温及采暖防寒

17.6.1 平板玻璃工厂防暑降温应符合现行国家标准《工业企业设计卫生标准》GBZ 1的有关规定。

17.6.2 平板玻璃工厂采暖、防寒设计应符合本标准第12.2节的有关规定。

17.7 噪 声 控 制

17.7.1 平板玻璃工厂厂区内各类地点噪声的声压级为A声级。按照地点类别的不同，不得超过附录H所列的噪声限制值。

17.7.2 原料破碎、筛分、混合等产生高噪声的生产过程应采用操作机械化、运行自动化的工艺，实现远距离操作。

17.7.3 高噪声生产场所，宜设置控制、监督、值班用的隔声室；高噪声设备宜布置在隔声的设备间内，与工人操作区隔开。

17.7.4 强烈振动设备之间应采用柔性连接；有强烈振动的管道与建筑物、构筑物、支架的连接，不应采用刚性连接。

17.7.5 块状物料输送时，为避免直接撞击钢溜管、钢料仓、碎玻璃仓口钢板，均宜采取阻尼和隔声措施。

17.7.6 产生空气动力噪声的设备，在进（或排）气口处应设置消声器。

17.8 辅 助 用 室

17.8.1 平板玻璃工厂应根据实际需要，宜设置生产卫生用室、生活用室、妇幼卫生用室和卫生医疗机构。

17.8.2 卫生用室的设置，应符合现行国家标准《工业企业设计卫生标准》GBZ 1的有关规定。

附录A 地下管道之间的最小水平间距

表A 地下管道之间的最小水平间距（m）

名称	规格	名称\规格\间距	给水管（mm）				排水管（mm）						热力沟管
							生产废水管与雨水管			生产与生活污水管			
			<75	75~150	200~400	>400	>800	800~1500	>1500	<300	400~600	>600	
给水管（mm）		<75	—	—	—	—	0.7	0.8	1.0	0.7	0.8	1.0	0.8
		75~150					0.8	1.0	1.2	0.8	1.0	1.2	1.0
		200~400					1.0	1.2	1.5	1.0	1.2	1.5	1.2
		>400					1.0	1.2	1.5	1.2	1.5	2.0	1.5
排水管（mm）	生产废水管与雨水管	<800	0.7	0.8	1.0	1.0	—	—	—				1.0
		800~1500	0.8	1.0	1.2	1.2	—	—	—				1.2
		>1500	1.0	1.2	1.5	1.5	—	—	—				1.5
	生产与生活污水管	<300	0.7	0.8	1.0	1.2				—	—	—	1.0
		400~600	0.8	1.0	1.2	1.5				—	—	—	1.2
		>600	1.0	1.2	1.5	2.0				—	—	—	1.5
热力沟（管）			0.8	1.0	1.2	1.5	1.0	1.2	1.5	1.0	1.2	1.5	—
煤气管压力P（MPa）		P<0.005	0.8	0.8	0.8	1.0	0.8	0.8	1.0	0.8	0.8	1.0	1.0
		0.005<P<0.2	0.8	1.0	1.0	1.2	1.0	1.0	1.2	1.0	1.0	1.2	1.0
		0.2<P<0.4	0.8	1.0	1.2	1.2	1.0	1.0	1.2	1.0	1.0	1.2	1.2
		0.4<P<0.8	1.0	1.2	1.2	1.5	1.0	1.2	1.5	1.0	1.2	1.5	1.5
		0.8<P<1.6	1.2	1.2	1.5	2.0	1.2	1.5	2.0	1.2	1.5	2.0	2.0

续表 A

名称	规格	间距	给水管（mm）				排水管（mm）						热力沟管
							生产废水管与雨水管			生产与生活污水管			
			<75	75～150	200～400	>400	>800	800～1500	>1500	<300	400～600	>600	
压缩空气管			0.8	1.0	1.2	1.5	0.8	1.0	1.2	0.8	1.0	1.2	1.0
乙炔管			0.8	1.0	1.2	1.5	0.8	1.0	1.2	0.8	1.0	1.2	1.5
氧气管			0.8	1.0	1.2	1.5	0.8	1.0	1.2	0.8	1.0	1.2	1.5
电力电缆（kV）	<1		0.6	0.6	0.8	0.8	0.6	0.8	1.0	0.6	0.8	1.0	1.0
	1～10		0.8	0.8	1.0	1.0	0.8	0.8	1.0	0.8	0.8	1.0	1.0
	<35		1.0	1.0	1.0	1.0	1.0	1.0	1.0	1.0	1.0	1.0	1.0
电缆沟			0.8	1.0	1.2	1.5	1.0	1.2	1.5	1.0	1.2	1.5	2.0
通信电缆	直埋电缆		0.5	0.5	1.0	1.0	0.8	0.8	1.0	0.8	0.8	1.0	0.8
	电缆管道		0.5	0.5	1.0	1.2	0.8	0.8	1.0	0.8	0.8	1.0	0.6

名称	规格	间距	煤气管压力 P（MPa）					压缩空气管	乙炔管	氧气管	电力电缆（kV）			电缆沟	通信电缆	
			P<0.005	0.005<P<0.2	0.2<P<0.4	0.4<P<0.8	0.8<P<1.6				<1	1～10	<35		直埋电缆	电缆管道
给水管（mm）	<75		0.8	0.8	0.8	1.0	1.2	0.8	0.8	0.8	0.6	0.8	1.0	0.8	0.5	0.5
	75～150		0.8	1.0	1.0	1.2	1.2	1.0	1.0	1.0	0.6	0.8	1.0	1.0	0.5	0.5
	200～400		0.8	1.0	1.2	1.2	1.5	1.2	1.2	1.5	0.8	1.0	1.0	1.2	1.0	1.0
	>400		1.0	1.2	1.2	1.5	2.0	1.5	1.5	2.0	0.8	1.0	1.0	1.5	1.2	1.2
排水管（mm）	生产废水管与雨水管	<800	0.8	0.8	0.8	0.8	1.0	0.8	0.8	0.8	0.6	0.8	1.0	1.0	0.8	0.8
		800～1500	0.8	1.0	1.2	1.2	1.5	1.0	1.0	1.2	0.8	1.0	1.0	1.2	1.0	1.0
		>1500	1.0	1.2	1.5	2.0	2.0	1.2	1.2	1.5	1.0	1.0	1.0	1.5	1.0	1.0
	生产与生活污水管	<300	0.8	0.8	0.8	0.8	1.0	0.8	0.8	0.8	0.6	0.8	1.0	1.0	0.8	0.8
		400～600	0.8	1.2	1.2	1.5	1.5	1.0	1.0	1.2	0.8	0.8	1.0	1.2	1.0	1.0
		>600	1.0	1.2	1.5	1.5	2.0	1.2	1.2	1.5	1.0	1.0	1.0	1.5	1.0	1.0
热力沟（管）			1.0	1.2	1.2	1.5	2.0	1.0	1.5	1.5	1.0	1.0	1.0	2.0	1.0	0.6
煤气管压力 P（MPa）	P<0.005		—	—	—	—	—	1.0	1.0	1.0	1.0	1.0	1.0	1.5	1.0	1.0
	0.005<P<0.2		—	—	—	—	—	1.0	1.0	1.2	1.0	1.0	1.0	1.5	1.0	1.0
	0.2<P<0.4		—	—	—	—	—	1.0	1.0	1.5	1.0	1.0	1.0	1.5	1.0	1.0
	0.4<P<0.8		—	—	—	—	—	1.2	1.2	2.0	1.0	1.0	1.0	1.5	1.0	1.0
	0.8<P<1.6		—	—	—	—	—	1.5	2.0	2.5	1.0	1.2	1.5	2.0	1.2	1.5
压缩空气管			1.0	1.0	1.0	1.2	1.5	—	1.5	1.5	0.8	1.0	1.0	1.5	1.0	1.0
乙炔管			1.0	1.0	1.0	1.2	2.0	1.5	—	1.5	0.8	1.0	1.0	1.5	1.0	1.0
氧气管			1.0	1.2	1.5	2.0	2.5	1.5	1.5	—	0.8	1.0	1.0	1.5	1.0	1.0
电力电缆（kV）	<1		0.8	0.8	0.8	1.0	1.0	0.8	0.8	0.8	—	—	—	0.5	0.5	0.5
	1～10		1.0	1.0	1.0	1.0	1.2	1.0	1.0	1.0	—	—	—	0.5	0.5	0.5
	<35		1.2	1.2	1.2	1.5	1.5	1.0	1.0	1.0	—	—	—	0.5	0.5	0.5
电缆沟			1.2	1.5	1.5	1.5	2.0	1.5	1.5	1.5	0.5	0.5	0.5	—	0.5	0.5
通信电缆	直埋电缆		0.8	0.8	0.8	0.8	1.2	1.0	1.0	1.0	0.5	0.5	0.5	0.5	—	—
	电缆管道		1.0	1.0	1.0	1.0	1.5	1.0	1.0	1.0	0.5	0.5	0.5	0.5	—	—

注：
1. 表列间距均自管壁、沟壁或防护设施的外缘或最外一根电缆算起。
2. 当热力沟（管）与电力电缆间距不能满足本表规定时，应采取隔热措施，以防电缆过热。
3. 局部地段电力电缆穿管保护或加隔板后与给水管道、排水管道、压缩空气管道的间距可减少到 0.5m，与穿管道通信电缆的间距可减少到 0.1m。
4. 表列数据系按给水管在污水管上方制定的。生活饮用水给水管与污水管之间间距应按本表数据增加 50%；生产废水管与雨水沟（渠）和给水管之间的间距可减少 20%，和通信电缆、电力电缆之间的间距可减少 20%，但不得小于 0.5m。
5. 当给水管与排水管共同埋设的土壤为沙土类，且水管的材质为非金属或非合成塑料时，给水管与排水管间距不应小于 1.5m。
6. 仅供采暖用的热力沟与电力电缆、通信电缆及电缆沟之间的间距可减少 20%，但不得小于 0.5m。
7. 110kV 级的电力电缆与本表中各类管线的间距，可按 35kV 数值增加 50%。电力电缆排管（即电力电缆管道）间距要求与电缆沟同。
8. 氧气管与同一使用目的的乙炔管道同一水平敷设时，其间距可减至 0.25m，但管道上部 0.3m 高度范围内，应用沙类土、松散土填实后再回填土。
9. 煤气管与生产废水管及雨水管的间距系指非满流管；当满流管时，可减少 10%。与盖板式排水沟（渠）的间距宜增加 10%。
10. 天然气管与本表各类管线的间距同煤气管间距。
11. 管径指公称径。
12. 表中"—"表示间距未作规定，可根据具体情况确定。

附录 B 胶带输送机通廊净空尺寸

B.0.1 一条胶带输送机的通廊净空尺寸应符合表 B.0.1 的规定。

表 B.0.1 一条胶带输送机的通廊净空尺寸（mm）

距离＼带宽	500	650	800
A	2500	2500	3000 (2800)
d	1000 (1150)	1050 (1150)	1250 (1300)
d_1	1500 (1350)	1450 (1350)	1750 (1500)

注：括弧内数字系采用预制构件时的尺寸。表中 A、d、d_1 见图 B.0.1。

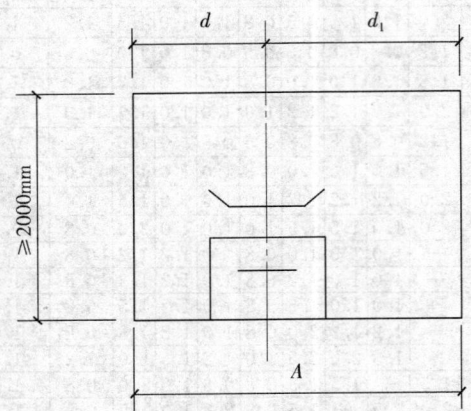

图 B.0.1 一条胶带输送机的通廊净空尺寸

B.0.2 两条胶带输送机的通廊净空尺寸应符合表 B.0.2 的规定。

表 B.0.2 两条胶带输送机的通廊净空尺寸（mm）

带宽＼距离	A	d	d_1	d_2
500＋500	4000	1900	1050	1050
500＋650	4000	1900	1000	1100
580＋800	4500	2100	1100	1300
650＋650	4000	1900	1050	1050
650＋800	4500	2200	1100	1200
800＋800	5000	2400	1300	1300

注：表中 A、d、d_1、d_2 见图 B.0.2。

B.0.3 地下通廊净空尺寸应符合表 B.0.3 的规定。

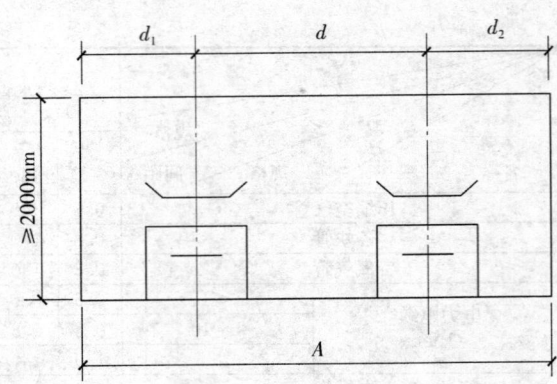

图 B.0.2 两条胶带输送机的通廊净空尺寸

表 B.0.3 地下通廊净空尺寸（mm）

距离＼带宽	500	650	800
A	2000	2200	2500
C	1200	1300	1500

注：表中 A、C 见图 B.0.3。

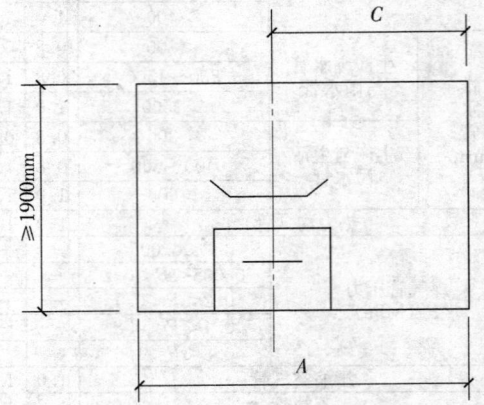

图 B.0.3 地下通廊净空尺寸

附录 C 平板玻璃工厂采暖计算温度

C.0.1 生产厂房工作地点的采暖计算温度应符合表 C.0.1 的规定。

表 C.0.1 生产厂房工作地点的采暖计算温度

车间及工作地点名称	室温（℃）
原料车间	—
原料库	—
控制室	18
受料间（粉料）	12
破碎间	5
称量间	12
筛分间	12
粉仓顶（活动溜子间）	5

续表 C.0.1

车间及工作地点名称	室温（℃）
混合机房	12
配合料胶带输送机廊	5
混合料胶带输送机廊	5
浮法联合车间	—
熔化底层	—
熔化操作层	—
成形操作层	—
退火操作层	10
锡锭储藏室	12
切裁操作层	12
分片	12
碎玻璃胶带输送机廊	5
打砖机房	—
机械磨砖	5
人工打砖	12
造箱（架）车间	—
木材加工	12
木箱装钉	12
集装箱架制作	16
集装箱（架）维修	16
集装箱（架）存放	—
余热锅炉房	—
锅炉间	12
风机间	5
水处理间	15
总变电所	—
变压器室	—
主控制室	18
低压配电室	16
高压配电室	5
蓄电池室	12
储酸室	5
整流器室	16
柴油发电机室（转运期15℃）	5~14
水泵房	—
机器间（水泵间）	10
油泵房	—
机器间（泵房）	10
天然气配气站	—

续表 C.0.1

车间及工作地点名称	室温（℃）
配气站	10
液化石油气供配站	—
泵房	10
风机房	10
发生炉煤气站	—
主厂房底层	12
主厂房操作层	12
主厂房贮煤层	5
煤气排送机间	—
焦油泵房	12
上煤系统	—
给煤间	5
破碎间	5
筛分间	5
运煤廊	—
氢气站	—
主控室	18
储氢间	10
电解间	12
碱液间、氢分解间	16
整流间	16
化验间	16
加压间	16
净化间	16
风机房	—
压缩空气站	—
机器间	16
氮气（氮氧）站	—
加压间	16
净化间	16
分析室	18
冷冻机室	16
汽车库	—
停车库	5
保养、修理间	16
油库	—
易燃油库	—
机电修车间	18
机工间	18

续表 C.0.1

车间及工作地点名称	室温（℃）
钳工间	18
锻工间	16
管工间	16
铆焊间	12
起重工间	16
电修间	16
仪修间	16
机工工具间	16
化验站、环保监测站	—
物理检验室	18
氢气分析室	18
油气分析室	18
岩相分析室	18
计算机室	18
化学分析室	18
加热室	16
密度计室	18
光度计室	18
天平室	18
药品库	5

C.0.2 辅助用室的采暖计算温度应符合表C.0.2的规定。

表 C.0.2 辅助用室的采暖计算温度

辅助用室名称	室温（℃）
办公室	18
会议室	18
休息室	18
存衣室	18
技术资料室	18
医务室	20
厕所	14
盥洗室	14
食堂	18
厨房	14
浴室	25
更衣室	25
女工卫生室	23
哺乳室	22
托儿所、幼儿园	20
吊车司机室	16
配电室	16
控制室	18
仪表修理室	18

续表 C.0.2

辅助用室名称	室温（℃）
值班室、观察室	18
白铁工室	16
瓦斯气室	16
汽油气化室	16
储油室	5
理刀室	16
钳工室	16
电工室	16
电梯间	5
除尘设备室	5
—	—

附录 D 平板玻璃工厂机械通风换气次数

D.0.1 有害气体房间的全面通风换气次数应符合表D.0.1的规定。

表 D.0.1 有害气体房间的全面通风换气次数

房间名称	换气次数（次/h）	备注
蓄电池室（防酸隔爆蓄电池）	6	—
储酸室	6	—
发生炉煤气站	—	—
上煤系统给煤机地下室	8	
煤气排送机间、站房底层和二层为封闭式建筑时	8	
煤仓顶层（封闭式建筑）	3	
水泵房	5	
焦油泵房	15	定期排风
地面上	3	
地面下	10	
氮气站	—	
碱液间、净化间	≮3	
氢气站	—	
电解间、净化间、氨分解间	≮3	
氢气压缩机间	≮3	
分析室、化验间	≮3	
湿式氢气储气柜的闸门室	≮3	
电源室、碱液室、储氨间	≮3	
易燃油库（小型）	3	—
可燃性气体可能泄漏的房间（如调压室、气化间等）	3	
高位油罐间	3	

续表 D.0.1

房间名称	换气次数（次/h）	备注
柴油泵房	3	—
重油泵房	—	
地面上的	3	
地面下的	10	
化验室	—	
化学分析室	7	
加热室	—	按发热量算
汽车库、停车间、保养间、修理间	4~5	

D.0.2 事故排风换气次数应符合表 D.0.2 的规定。

表 D.0.2 事故排风换气次数

房间名称	换气次数（次/h）
氢气站	—
电解间、净化间、氢压缩间、氨分解间	12
天然气及液化石油气房间	12
城市煤气的房间	12
发生炉煤气站煤气排送机间	12
储酸室	20

附录 E 生产操作区空气中生产性粉尘的最高允许浓度

表 E 生产操作区空气中生产性粉尘的最高允许浓度

粉尘名称	最高允许浓度（mg/m³）
石英砂、砂岩尘	游离二氧化硅含量80%以上为1
	游离二氧化硅含量50%~80%为1.5
长石尘	2
白云石、石灰石尘	10
纯碱、芒硝尘	10
煤尘	10
混合料粉尘	游离二氧化硅含量≥50%为1.5
	游离二氧化硅含量<50%为2
碎玻璃尘	2
耐火砖及耐火材料粉尘	2
木屑尘	10

附录 F 车间生产类别、耐火等级、防火分区最大允许占地面积、安全疏散距离及安全出口数目

表 F 车间生产类别、耐火等级、防火分区最大允许占地面积、安全疏散距离及安全出口数目

车间名称		生产类别	耐火等级下限	防火分区最大允许占地面积（m²）	安全疏散距离（m）	安全出口数目
原料车间		戊	二级	不限	不限	不少于2个
浮法联合车间	熔化工段	丁	二级	不限	不限	不少于2个
	成型工段					
	退火工段					
	切裁工段					
	成品工段	戊	二级	不限	不限	不少于2个
造箱车间		丙	一级	单层不限；多层6000	单层80	不少于2个
			二级	单层8000；多层4000	多层60	
水泵房		戊	二级	不限	不限	每层面积不超过400m²时可设1个
锅炉房		丁	二级	不限	不限	
油站	油泵房	丙	一级	不限	80	不超过250m²时可设1个
	卸油设施贮罐区	丙	二级	—	—	设防护堤台阶两处

续表 F

车间名称	生产类别	耐火等级下限	防火分区最大允许占地面积（m²）	安全疏散距离（m）	安全出口数目
氢气站	甲	一级	4000	30	不少于 2 个
		二级	3000	—	
氮气站	乙	一级	5000	75	不少于 2 个
		二级	4000	—	
天然气配气站	甲		4000	30	不少于 2 个
液化石油气供配站	甲	一级	4000	30	不少于 2 个
		二级	3000		
发生炉煤气站	乙	一级	4000	50	不少于 2 个
		二级	3000		
压缩空气站	丁	二级	不限	不限	不超过 400m² 时可设 1 个
机电仪表修理车间	戊	二级	不限	不限	不超过 400m² 时可设 1 个
煤储库 木板库 稻草库	丙	二级	每座库房 6000 防火墙间 1500		不少于 2 个
耐火材料加工	戊	二级	不限	不限	不超过 400m² 时可设 1 个
原料储库 碱库 芒硝库 耐火材料库 集装箱库 成品库	戊	二级	不限		不少于 2 个
变电所	丙	二级	单层 3000 多层 4000	单层 80 多层 60	每层面积不超过 250m² 可设 1 个

附录 G 平板玻璃工厂主要车间楼面、地面荷载标准值

G.0.1 原料车间楼面荷载标准值应符合表 G.0.1 的规定。

表 G.0.1 原料车间楼面荷载标准值

工作部位	均布荷载（kPa）	备注
筛分楼面	4.0	设备及动力荷载另计
吊车库仓顶平台	5.0	
粉料库顶楼面	3.0	
混合机楼面	6.0	设备及动力荷载另计
称量楼面	4.0	设备及动力荷载另计

G.0.2 浮法联合车间楼面荷载标准值应符合表 G.0.2 的规定。

表 G.0.2 浮法联合车间楼面荷载标准值

工作部位	均布荷载（kPa）	备注
熔窑周围操作楼面	20.0	设备荷载另计
投料平台	6.0	窑头料仓及胶带输送机设备荷载另计
成形部操作楼面	20.0	
成形部底层操作平台	4.0	
成形部辅助用房楼面	4.0	
退火窑操作楼面	10.0	设备荷载另计
退火窑两侧辅助用房楼面	4.0	
冷端系统操作楼面	10.0	设备荷载另计
成品库楼面（走叉车）	30.0	
胶带输送机走廊	2.0	
胶带输送机尾部平台	3.0	

G.0.3 发生炉煤气站楼面荷载标准值应符合表G.0.3的规定。

表 G.0.3　发生炉煤气站楼面荷载标准值

工作部位	均布荷载（kPa）	备　注
站房二层楼面	10.0	设备荷载另计
站房三层贮煤仓顶楼面	6.0	设备荷载另计
站房各辅助用室楼面	4.0	

G.0.4 其他楼面荷载标准值：

——车间内无特殊堆料地面应按10.0kPa计；

——车间内堆料地面荷载按堆料重量计且应大于10.0kPa；

——地坑盖板荷载一般情况可按20.0kPa计，设备及动力荷载另计；

——楼面、地面当使用叉车或其他车辆输送物料时，根据使用车辆及载重计算；

——楼面集中荷载需换算成均布荷载时按现行国家标准《建筑结构荷载规范》GB 50009的有关规定换算；

——当生产工艺要求的荷载值超出本附录提供的荷载标准值时，应按实际荷载值设计计算；

——对于厂房的一般荷载计算应符合现行国家标准《建筑结构荷载规范》GB 50009的有关规定。

附录 H　平板玻璃工厂厂区各类地点的噪声标准

表 H　平板玻璃工厂厂区各类地点的噪声标准

序号	地点类别	噪声限制值（dB）
1	工人每天连续接触噪声8h的生产车间及作业场所，如人工打砖、木箱加工等	90

续表 H

序号	地点类别	噪声限制值（dB）
2	工人每天连续接触噪声4h的生产车间及作业场所	93
3	工人每天连续接触噪声2h的生产车间及作业场所，如原料车间破碎区、空压站、泵房的机械站等巡回检查不经常有人操作的生产场所	96
4	车间的控制室、仪表室、值班室、操作室、办公室、会议室、休息室	70
5	厂部所属办公室、会议室、设计室、实验室	60
6	医务室、教室、哺乳室、托儿所、工人值班宿舍	55

本规范用词说明

1 为便于在执行本规范条文时区别对待，对要求严格程度不同的用词说明如下：

　　1）表示很严格，非这样做不可的用词：
　　　正面词采用"必须"，反面词采用"严禁"。
　　2）表示严格，在正常情况下均应这样做的用词：
　　　正面词采用"应"，反面词采用"不应"或"不得"。
　　3）表示允许稍有选择，在条件许可时首先应这样做的用词：
　　　正面词采用"宜"，反面词采用"不宜"；
　　表示有选择，在一定条件下可以这样做的用词，采用"可"。

2 本规范中指明应按其他有关标准、规范执行的写法为"应符合……的规定"或"应按……执行"。

中华人民共和国国家标准

平板玻璃工厂设计规范

GB 50435—2007

条 文 说 明

目　次

1 总则 …… 48—36
2 厂址选择及总体规划 …… 48—36
　2.1 厂址选择 …… 48—36
　2.2 总体规划 …… 48—36
3 总平面布置 …… 48—36
　3.1 一般规定 …… 48—36
　3.2 生产设施 …… 48—36
　3.3 运输线路及码头布置 …… 48—36
4 原料 …… 48—36
　4.1 原料的选择与质量要求 …… 48—36
　4.2 玻璃化学成分 …… 48—36
　4.3 工艺设备选型 …… 48—37
　4.4 工艺流程及布置 …… 48—37
5 浮法联合车间 …… 48—37
　5.2 熔化系统 …… 48—37
　5.3 成形系统 …… 48—37
　5.4 退火系统 …… 48—37
　5.5 冷端系统 …… 48—37
　5.6 碎玻璃系统 …… 48—37
　5.8 车间工艺布置 …… 48—37
6 燃料 …… 48—38
　6.1 一般规定 …… 48—38
　6.2 燃油 …… 48—38
　6.3 天然气 …… 48—38
　6.4 煤气 …… 48—38
7 保护气体 …… 48—38
　7.1 一般规定 …… 48—38
　7.2 高纯氮气制备 …… 48—38
　7.3 高纯氢气制备 …… 48—38
8 电气 …… 48—38
　8.1 负荷分级及供配电系统 …… 48—38
　8.2 变（配）电所 …… 48—39
　8.5 厂区电力线路敷设 …… 48—39
9 生产过程检测和控制 …… 48—39
　9.1 生产过程自动化水平的确定 …… 48—39
　9.2 配料称量系统的检测和控制 …… 48—39
　9.3 熔化系统的检测和控制 …… 48—39
　9.5 退火系统的检测和控制 …… 48—39
　9.6 冷端系统的控制 …… 48—39
　9.7 辅助生产系统的检测和控制 …… 48—39
　9.8 仪表用电源和气源 …… 48—39
　9.9 控制室 …… 48—39
10 给水与排水 …… 48—40
　10.1 一般规定 …… 48—40
　10.2 给水 …… 48—40
　10.3 排水 …… 48—40
11 供热与供气 …… 48—40
　11.2 锅炉房 …… 48—40
　11.3 压缩空气站 …… 48—40
12 采暖、通风、除尘、空气调节 …… 48—40
　12.2 采暖 …… 48—40
　12.4 除尘 …… 48—40
14 其他生产设施 …… 48—41
　14.1 中心实验室 …… 48—41
　14.4 耐火材料贮库与加工房 …… 48—41
15 环境保护 …… 48—41
　15.1 一般规定 …… 48—41
　15.2 大气污染防治 …… 48—41
　15.6 环境绿化 …… 48—41
　15.7 环境保护监测 …… 48—41
　15.8 环境保护设施 …… 48—41
16 节能 …… 48—41
　16.1 一般规定 …… 48—41
　16.3 电气及自动控制节能 …… 48—41
17 职业安全卫生 …… 48—41

1 总 则

1.0.1 本条是平板玻璃工厂设计时必须遵循的原则。

1.0.2 小型玻璃熔窑的单位产品能耗远高于大型玻璃熔窑，除特种玻璃外，日熔化玻璃液量为300t以下浮法玻璃熔窑不应新建。

对于其他生产工艺的平板玻璃工厂设计，可根据所采用的生产工艺特点，参照本规范执行。

1.0.3 在一定的投资条件下，在设计中尽可能为工厂的技术发展和产品更新创造有利条件。

2 厂址选择及总体规划

2.1 厂址选择

2.1.1 厂址选择除一定要遵照当地的总体规划和符合现行有关标准外，还应遵守国家法规《城市规划法》和《中华人民共和国土地管理法》等的有关规定。

2.1.2 对平板玻璃工厂，影响厂址的主要要素有原料、燃料、运输及工厂本身的建设条件，应对上述各种要素进行详细的比较后，选取性价比最大的厂址方案。

2.1.3 还应强调优先选择"条件成熟的工业园区"，主要是考虑经批准的工业园区肯定是符合当地规划的，用地较易批准。工业园区的建设条件一般是由当地政府配套完成的，对项目建设的投资、进度控制及审批均比较有利。

2.1.4 对于山区地形的厂址，竖向的布置与方案比较尤为重要。实践证明，如果有条件，将联合车间的热端布置在低台段（二层），而冷端布置在高台段（一层），无论是从工艺生产还是从节约土石方工程量考虑都是比较理想的。

2.1.5 厂区标高的确定非常重要，本条是确定标高的一般原则。而对于选用工业园区的厂址，在工业园区的"控制性详细规划"中，对于竖向标高及防、排涝措施均有详细说明，可遵照实施。

2.2 总体规划

2.2.2 厂区总体规划必须要符合当地的建设规划。主要是平面布局、规划控制指标、用地控制红线、建筑形式等，必须与当地规划协调。

2.2.3 厂区规划除要满足工艺生产的合理流程要求外，还应为工厂的管理、今后的发展等创造良好的条件。

3 总平面布置

3.1 一般规定

3.1.1 本条强调平面布置要按照批准的可行性研究报告或者厂区总体规划进行，同时说明了总平面布置的一般原则。总平面技术经济指标，各地方规划部门要求不尽相同，本条提出应与当地规划主管部门沟通后确定，以满足要求。

3.1.2 本条要求建筑布置上，有条件时尽量采用"联合车间"。主要是从合理与节约利用土地、缩短连接管线、方便管理、合理的建筑布局等方面考虑的。

3.1.3 厂区通道宽度的确定，要综合考虑。本条推荐的主要通道宽23～30m，是指道路宽7～10m，绿化带宽8～10m。在管网密集地带，宜取上限。

3.1.4 对于要考虑预留发展用地的布置问题，是一个较难处理的问题。本条提出在合理布局的情况下，尽量将预留地放在厂外，可减少一期工程的用地面积，但往往与城市规划的用地产生矛盾，需与地方进行协调确定。

3.1.5 对于改、扩建厂，主要是考虑最大限度利用原有设施，以减少工程投资，减少新征土地。

3.2 生产设施

3.2.3 燃油贮罐区包括油泵房及卸油附属设施在内。其中第3款，在油罐区周围设区域围墙，是《建筑设计防火规范》GB 50016中增加的，应遵照执行。

3.3 运输线路及码头布置

3.3.2 厂外铁路的选线，根据分工，由铁路设计部门及铁路主管部门确定。

3.3.3 厂内铁路线的布置，应在充分考虑近、远期运输量及运输方式的基础上，提出布置要求，取得铁路主管部门同意，供铁路设计部门参考。

3.3.4 厂内道路的布置，在满足使用功能的前提下，应尽量减少占地面积。但在工厂的厂前区，可结合厂前区环境，设计得宽阔一些。

4 原 料

4.1 原料的选择与质量要求

4.1.2 参照国内现有平板玻璃工厂实际使用各种原料的质量指标、国家建材局（86）材生字109号《平板玻璃工艺管理规程》中"原料部分"、国家建材局标准《平板玻璃工厂设计节能技术规定》"第10条500吨级浮法生产工艺的原料应符合的要求"，并参照国外平板玻璃工厂用原料的质量要求，在目前国内可能做到的条件下，提出各种原料的使用质量要求。

4.2 玻璃化学成分

4.2.1 根据目前收集到的国内外各种生产工艺方法的玻璃成分情况，经分析比较后提出本规范各种生产工艺的玻璃成分范围。

4.2.2 结合国内的生产条件、选用的原料质量要求、使用的玻璃成分而提出配料控制参数。

4.3 工艺设备选型

4.3.1、4.3.2 本条为工艺设备选型的原则与要求。在设计中应根据工厂的实际情况，灵活运用这些原则。在设备选型时应根据诸多因素进行设备的生产能力计算。

4.3.3 称量设备的动态精度不低于1/1000，但加小料时应适当放宽。

4.3.4、4.3.5 本条为工艺设备选型的原则与要求，在设计中应根据工厂的实际情况，灵活运用这些原则。在设备选型时应根据诸多因素进行设备的生产能力计算。

4.4 工艺流程及布置

4.4.1～4.4.18 为原料车间生产的基本要求以及工艺布置的一些基本原则。结合各厂的具体条件，在设计中灵活运用。

5 浮法联合车间

5.2 熔化系统

5.2.1 本条所列为结合国内目前的生产、装备水平提出的设计要求。

5.2.2 对燃烧系统设计的基本要求。其中第3款，为保证燃油系统的正常工作，通常监测和控制的参数有：油温，油压，油黏度，油流量。

5.2.3 熔窑助燃风通过热工计算确定其用量，通过管道阻力计算和所选用燃烧器型式确定其风压。

5.2.4 为了对熔窑均匀加热及回收和利用由烟气带走的余热，每隔一定时间进行换火一次。根据熔窑使用燃料的种类，确定换向设备的类型；根据熔窑的操作与控制水平，选择换向方式。

5.2.5 根据热工要求确定熔窑各部位冷却风的选型参数。

5.2.6 熔窑。

1 为熔窑设计所必须遵循的设计原则。

2 熔化率是熔窑设计的一个主要指标。熔化率的确定与玻璃品种、质量、燃料种类及生产操作水平有密切的关系，因此不宜单纯追求熔化率的高指标。

玻璃液热耗为结合国内熔窑的实际情况提出。

3 耐火材料的选用及配套设计直接关系到熔窑的使用寿命，具体应根据熔窑各部位热工特点及耐火材料性能按专有技术进行设计。

4 钢结构设计必须考虑到熔窑作为一个热工设备的特点。

5 为保证熔窑具有稳定的工况及减少外界的干扰，窑体必须具有良好的密封。为提高热效率、节约能源，在熔窑设计时应实施全保温。

6 小炉的设计原则及有关参数是国内设计经验的总结。

蓄热室的设计原则及有关参数是根据熔窑能耗要求和国内设计经验的总结。

7 为减少烟道的漏风量及提高余热的利用率，烟道应加强密封和保温。

8 煤气换向防爆设施是从烧煤气熔窑运行的安全性考虑。

5.3 成形系统

本节为对成形系统设计的基本要求，是根据国内现有生产厂的经验、工厂设计经验及国外考察与引进技术等几方面资料提出的。

由于工厂的实际建设条件不同，对设计的细则不作规定。

5.3.11 成形必需的配套设施有：玻璃液流量调节控制装置、密封箱、过渡辊台、拉边机、冷却风系统和冷却水系统等。

5.4 退火系统

本节为对退火系统设计的基本要求，是根据国内现有生产厂的经验、工厂设计经验及国外考察与引进技术等几方面资料提出的。

由于工厂的实际建设条件不同，对设计的细则不作规定。

5.5 冷端系统

冷端系统是浮法生产出合格成品的关键设备。其特点是产量大、速度快、成品质量要求高，因此使用的机械设备多，机械化、自动化程度高。要求设计精度高，使用性能好，适应性强，设备坚固耐用，便于排除故障，提高玻璃成品率。实际设计中应根据设计要求，并结合实际情况进行设计。

5.6 碎玻璃系统

本节为对碎玻璃系统设计的基本要求，有关数据均为实际经验并结合计算后得出。布置形式要根据工厂的生产规模、投资额、总图布置等情况确定。

5.8 车间工艺布置

5.8.1 浮法联合车间的划分情况如下：①熔化工段；②成形工段；③退火工段；④切裁工段；⑤成品工段。

5.8.2～5.8.5 浮法熔化、成形、退火、冷端系统厂房布置形式，结合目前国内已投产的工厂、新设计的工厂以及中外合资等项目的情况，主要有三种形式：

1 熔化、成形、退火、冷端系统为单层厂房，即窑头楼面设在±0.000平面上,这种形式的优点是运输方便,要结合当地的地形、风力、地下水位低等条件采用。

2 熔化、成形、退火、冷端系统均设在二层楼面上,这种布置形式的厂房造价较高,运输不方便,但可充分利用底层的建筑面积。

3 熔化、成形、退火为二层厂房,冷端系统通过斜坡辊道改成单层厂房,这种布置形式综合了上述两种形式的优点。

成品库的位置与厂房布置形式有直接关系,一般紧接在冷端系统的后面。

有关数据均为实际经验数据。

6 燃 料

6.1 一 般 规 定

6.1.2 根据我国的能源现状和国家能源政策,燃料供应提倡"多用煤少用油",因此对日熔化玻璃液量等于或低于500t的熔窑,也可用烟煤发生炉煤气作燃料。

6.2 燃 油

6.2.1 平板玻璃熔窑用燃料油为原石油工业部部颁标准(SYB1091)的油品油质指标不大于200号的重油,即100℃时的恩氏黏度不大于9.5°E,含硫量不大于3%,水分不大于2%,闪点(开口)大于130℃,凝固点小于36℃。

6.2.2 供卸油系统的工艺布置,其内容均为生产经验的总结。工艺布置设计应符合现行国家标准《建筑设计防火规范》GB 50016 的有关规定。供卸油系统的设计,应根据实际用油的品质进行。

6.2.3 供油设备的选型。在设备选型前应根据供油量、油品指标、油温、管道布置、运行工况等因素进行计算。

6.2.4 本条是供油管道设计的一般通用性要求,应按常规要求执行。

6.2.5 本条是对浮法联合车间供油系统的要求。

1 车间油路系统方式。本款是熔制车间常用的几种基本油路系统方式,结合各厂的特点还可派生出其他的油路系统方式。

2 燃油的雾化。玻璃熔窑燃油用雾化介质的目的是使油滴成雾状得以充分燃烧,增加油粒的蒸发表面,加快燃烧速度,因此要求雾化介质有一定的温度和压力。

3 车间油路系统的设备选型。车间油路系统中常用的设备还有燃油喷嘴,应选用燃烧效率高、节能和低噪声的燃油喷嘴;加热器的选用要满足油质和燃油喷嘴的需要。

5 本款为车间油泵、油罐间设计的特殊要求,其他按常规要求设计。

6.3 天 然 气

6.3.1 本条为平板玻璃工厂使用天然气必须具备的要求,其他要求按国家有关规定执行。天然气硫化氢含量小于20mg/Nm³,是根据天然气设计手册及参照《城市煤气设计规范》TJ 28—78 第12条的规定。

6.3.2 本条为厂配气站的工艺布置要求。为确保压力和熔窑温度制度的稳定,一般设有两级调压。

6.3.3 本条为厂配气站的设备选型要求。主要设备在选型前必须进行计算。

6.3.4 本条是对浮法联合车间天然气系统的要求。熔窑要求天然气的压力相当稳定,进车间干管为专用干管。熔窑如用 TY 型喷嘴烧天然气时,为增加火焰的刚度和长度(5~10m),需要用压缩空气加强火焰的刚度和长度。

6.4 煤 气

6.4.1 本条是根据平板玻璃工厂熔窑生产的特点提出的。

6.4.2 本条是根据平板玻璃工厂煤气站生产和使用的特点提出的。

7 保 护 气 体

7.1 一 般 规 定

7.1.5 该数据是根据平板玻璃工厂的运行经验确定的。当气体压力过低时不利于气量的调节,而且输送管道直径会变大。

7.2 高纯氮气制备

7.2.3 本条是对液氮贮存与气化装置的要求。

1 平板玻璃工厂高纯氮气制备均采用空气分离法,从开机到出合格的高纯氮气一般需要12h以上,故液氮储量宜不小于一台空分装置启动时间所需的量,对于外购液氮方便的地区,液氮贮存量可少一些。

7.3 高纯氢气制备

7.3.4 氨分解制氢站液氨的运输通常采用氨瓶或槽车,生产线较多的平板玻璃工厂应采用槽车运输,液氨贮存容量宜为30~100m³。

8 电 气

8.1 负荷分级及供配电系统

8.1.2 实际运行经验表明,电气故障无法限制在某个范围内部,电力部门也不能保证供电不中断。平板玻璃工厂是连续用电单位,长时间的停电将造成重大损失。因此,在确定供电电源时,应综合分析当地的电网状况和供电质量,经技术经济比较后,确定在厂内是否设自备发电站作为应急电源。

8.1.4 平板玻璃工厂负荷较大又较集中,考虑到将来的发展及扩建,如果厂区内没有 10kV 负荷,可优先采用 35kV 供电,并经35/0.4kV直降变压器对低压负荷配电。这样可以减少变电级数,从而可以节约电能和投资,并可以提高电能质量。

35kV 以上电压作为工厂内直配电源,通常受到设备、线路走廊、环境条件的影响难以实现,且投资高、占地多,故不推荐。

8.2 变(配)电所

本节称仅有配电设备而无主变压器的站房为总配电所。有主变压器同时有配电设备的站房为总变电所。车间变电所一般有变压器和配电设备。

8.5 厂区电力线路敷设

8.5.1 电缆沟内和直接埋地敷设方式,一般较易实施,具有投资省的显著优点,故推荐优先采用。

9 生产过程检测和控制

9.1 生产过程自动化水平的确定

9.1.1 采用先进的自动化技术包括采用计算机控制系统、智能仪表系统、智能检测仪表和执行机构、智能调节阀门等硬件装备以及各类高级控制软件、高级控制方案。

9.1.2 自控设计应根据工程特点、规模大小和发展规划,确定其装备水平。装备水平主要指选用的各类控制装备的硬件等级。

9.1.5 现有的浮法玻璃生产线中,分布式计算机控制系统(DCS)及可编程控制系统(PLC)均已普遍采用。

9.1.6 考虑热端主控制系统中主控制器、通信网络、系统电源采用冗余配置,基本能满足生产过程可靠性要求,不需要过多的硬件冗余配置。

9.1.7 考虑整个控制系统的各环节技术水平协调。

9.2 配料称量系统的检测和控制

9.2.1 配料称量系统控制装置采用多台配料控制器以及可编程控制器(PLC)作为下位机,工业控制机作为上位机计算机控制系统,已完全满足配料要求。

9.3 熔化系统的检测和控制

9.3.1 本条为对熔窑温度、压力及玻璃液面的检测和控制要求。

1 重要检测点的温度记录包括采用记录仪或计算机控制系统的历史趋势记录。

2 为稳定熔窑内的气氛,熔化部窑压应自动控制。

3 为了解烟道及烟囱根部抽力情况。

4 为成形部分的工况稳定提供良好的条件。

9.3.2 本条是对燃烧系统的检测和控制要求。

2 为熔窑燃烧系统的主要控制内容。

3 为稳定和调节熔化燃料量。

4 保证雾化效果从而保证燃料燃烧效果。

5 为保证燃料的充分燃烧及油风配比控制提供手段。

6 方便测定燃料充分燃烧情况。

9.3.3 燃烧换向过程是熔化过程最大的干扰源,必须控制调节。

9.3.4 提出工业电视监视的主要部位,有条件时也可在车间内设置其他监视部位。

9.3.5 熔窑的冷却风机、助燃风机等重要机电设备的运行情况必须了解。

9.3.6 防止料仓空仓或粘料。

9.5 退火系统的检测和控制

9.5.1 退火窑分区情况由工艺确定。

9.5.2~9.5.6 给出退火工段需要检测和控制的内容。

9.6 冷端系统的控制

9.6.1~9.6.6 给出冷端系统的主要控制内容。由于冷端系统多由各种单机设备组成,其控制装备也往往由单机设备配套,具体的设计要求也仅限于本部分内容。

9.7 辅助生产系统的检测和控制

9.7.1 辅助生产系统可包括所有非联合车间的内容。

9.7.2 控制内容较多的辅助生产系统,如锅炉房、氢气站等可采用计算机控制系统。

9.7.3 为方便全厂的控制设备维护和互换。

9.8 仪表用电源和气源

9.8.1 仪表用电源基本为弱电,错接相位会损坏仪表。

9.8.2 提出仪表专用气源的质量要求。

9.9 控制室

9.9.1~9.9.7 提出控制室的设计要求。

9.9.8 计算机控制系统的接地还应该针对各厂家系统的具体要求设计。

9.9.9 大型控制室往往出入人员较多,故作此要求。

10 给水与排水

10.1 一般规定

10.1.3 本条是对厂区排水设计的规定。考虑到各地经济发展状况不同，市政排水体制（分流制或合流制）或排放的水域有不同的要求，应选择符合当地市政管理部门要求的厂区合理排水体制。

10.2 给 水

10.2.1 平板玻璃工厂生产给水保证供水不得间断是玻璃生产工艺的要求，应根据各地水源供给情况，采取相应的措施；如水源不能保证连续不间断供给，应在厂内设置贮水设施，以确保平板玻璃工厂供水的安全可靠性。

1 生产给水的水质主要指标，是根据现行国家标准《工业循环冷却水处理设计规范》GB 50050 的规定，并结合工程实际运行情况确定。

2 因玻璃工艺生产的设备用水量较大，而且仅是水温升高。

3 考虑平板玻璃工厂内建筑物均为多层建筑，所以厂区进口处水压一般不小于 0.25MPa。

10.2.2 给水管网设计应符合下列要求：

3 独立设置的生活给水管道采用枝状管网可以节约投资。

10.2.3 循环水系统应符合下列要求：

1 平板玻璃工厂循环水冷却设施的类型选择，应因地制宜进行技术经济比较选择敞开式系统或封闭式系统。

2 循环给水设专用管道直通用水车间，循环供水管道不得作为消防或其他直接排放的生产设备用水。

3 循环水系统的补充水量是根据现行国家标准《工业循环冷却水处理设计规范》GB 50050 的规定确定。

5 循环水系统的水质应进行水质稳定的验算，以防循环水系统管道及设备结垢、腐蚀，缩短供水管道、工艺设备的使用年限；循环水系统在循环过程中由于受到污染，必须对系统设置全过滤水处理或分流旁滤水处理。

6 循环水池和水塔的总容量，是依据工程运行经验确定的。

7 循环水水塔的水柜容量，是考虑到循环水供给系统故障时工艺设备冷却保护时间。

8 工艺生产设备的安全性要求高，设有柴油机拖动水泵，以作为动力故障时循环供水使用。

10.3 排 水

10.3.1 排水体制及排出口的选择，主要考虑经济合理减少工程造价。

10.3.2 本条根据《建筑给水排水设计规范》GB 50015的规定制定。

10.3.4 本条根据《建筑设计防火规范》GB 50016的规定制定。

10.3.5 根据《污水综合排放标准》GB 8978 的二类污染物最大排放浓度 1mg/L（苯酚）的要求，高度含酚废水不得向外排放，可以喷入炉中燃烧即可。

11 供热与供气

11.2 锅炉房

11.2.1 熔窑烟气系统的烟气过量空气系数，由砌体密封情况决定。条文规定的系数是国内平板玻璃工厂实测的数据。

11.2.2、11.2.3 余热锅炉与引风机选型、工艺布置原则等均为平板玻璃工厂生产经验的总结。

11.3 压缩空气站

11.3.3 吸附干燥装置的处理气压力露点通常为 −20℃，冷冻式干燥装置的处理气压力露点通常为 2～10℃，故采暖地区应选用吸附干燥装置，非采暖地区应选用冷冻式干燥装置。

12 采暖、通风、除尘、空气调节

12.2 采 暖

12.2.1 冬季室内计算温度是参照《采暖通风与空气调节设计规范》、《工业企业设计卫生标准》的有关规定，结合平板玻璃工厂的劳动强度与每名工人占地面积情况制定的，对热车间的冬季采暖不作规定或降低采暖标准。

12.2.2 本条是对采暖热媒的要求。

1 平板玻璃工厂一般均设有余热锅炉房，可以作为冬季采暖所需热源。热水采暖的室内环境舒适度较好，应推荐使用。

2 辅助建筑多为人员长时间工作生活的场所，宜设热水采暖。

3 电能是高品位能源，一般不宜直接用于采暖。

12.2.3 本条是对采暖方式的要求。

2 在非采暖地区的平板玻璃工厂，如采板区设在非采暖的成品库中，根据需要可设局部采暖。

5 从安全角度考虑作此规定。

12.4 除 尘

12.4.8 除尘系统先于工艺设备启动可以造成良好的负压环境以控制粉尘外逸。

12.4.10 除尘系统的选择应符合下列要求：

1 同一生产流程、同时工作的扬尘点相距不远时，如果采用分散式机械除尘系统则单个的小除尘器太多，故作本款规定。

2 平板玻璃工厂粉尘种类较多，应回收利用，故宜分别设置机械除尘系统。

12.4.11 除尘管道设计应符合下列要求：

1 本款的规定可减少粉尘堵塞除尘管道。

4 除尘系统的排风管应尽量高，降低排风管出口高度则排放标准就要提高。

14 其他生产设施

14.1 中心实验室

为控制生产用原料、燃料、配合料以及玻璃成品的质量，应设置中心实验室。

14.4 耐火材料贮库与加工房

在生产过程中需要更换一些专用的耐火砖材，在非生产时间应预先加工和配套好熔窑需更换的耐火材料，为此设置耐火材料贮库与加工房。

15 环境保护

15.1 一般规定

15.1.1 现行的国家环境保护法规中包括（86）国环字第003号《建设项目环境保护管理办法》，设计必须认真贯彻执行。

15.1.2 以前选择厂址和总图布置重点是考虑厂址本身、水源、电源等的要求。现在还应增加是否满足环境保护要求。

15.2 大气污染防治

15.2.1 利用大气扩散和稀释能力是目前废气、烟气排放的措施之一。

15.2.3 目前，平板玻璃工厂熔窑烟气的排放执行国家标准《工业炉窑大气污染物排放标准》GB 9078。

1 平板玻璃工作环境影响评价重点是大气，其次是废气、噪声、固废，应作大气环境质量影响评价，为大气污染防治措施设计提供科学依据。防治措施应符合环境影响评价结论和要求。如可行性研究阶段设计比《环境影响报告书（表）》先完成，初步设计阶段中的大气污染防治措施应按《环境影响报告书（表）》的结论进行修正。

2 平板玻璃工厂熔窑产生的硫氧化物主要来自芒硝的分解和燃料中硫的转化。

3 目前熔窑废气中的氮氧化物主要来源与燃烧方式有关。通过改善燃烧方式减少废气中的氮氧化物产生是合理和较经济的办法。

15.2.4 烟气净化最好采用湿式方式，要考虑水处理后循环使用，防止污染转移。采用干式除尘时要计算SO_2是否超标。

15.2.5 平板玻璃工厂的原料采用合格粉料进厂，是减少污染源的措施之一。

15.6 环境绿化

15.6.1 绿化系数计算办法，参考《环保工作者实用手册》中选用。绿化系数不小于20%，是根据平板玻璃工厂的特点，参考一般工厂绿化系统而确定。

15.7 环境保护监测

15.7.1 大型平板玻璃工厂可以单独设监测站，建筑面积一般为$100\sim150m^2$是参考数，如增加治理措施，面积可适当增加。仪器设置仅按常规配备，如有特殊项目应增加新仪器。

15.7.2 本条系根据《污水综合排放标准》GB 8978的第5.1条和《工业炉窑大气污染物排放标准》GB 9078的第4.6.5条规定。在污水排放口必须设置排放口标志、污水水量计量装置和污水比例采样装置。废气烟囱或排气筒应设置永久采样、监测孔和采样监测平台。

15.8 环境保护设施

15.8.1 设施内容系根据平板玻璃工厂污染源和污染物种类确定。但有些项目和职业卫生方面分不太清，如除尘、噪声治理，既为职业卫生，又为环境保护，所列项目可能有重复部分。

16 节 能

16.1 一般规定

本节是根据国家有关规定，以及实际生产和设计经验对节能的原则要求。

16.3 电气及自动控制节能

16.3.1 我国一些企业中的变负荷运行的风机、泵类加变频调速装置后，平均节电30%～50%。节约的电费可使增加的投资2～3年收回。故本条作此规定。

17 职业安全卫生

本章内容除了必须执行的国家标准和国家的有关规定外，均是根据实际生产和设计经验提出的。

中华人民共和国国家标准

线材轧钢工艺设计规范

Code for design of technology of wire rod mill

GB 50436—2007

主编部门：中国冶金建设协会
批准部门：中华人民共和国建设部
施行日期：２００８年５月１日

中华人民共和国建设部
公　告

第 734 号

建设部关于发布国家标准
《线材轧钢工艺设计规范》的公告

现批准《线材轧钢工艺设计规范》为国家标准，编号为 GB 50436—2007，自 2008 年 5 月 1 日起实施。其中，第 1.0.3 条为强制性条文，必须严格执行。

本规范由建设部标准定额研究所组织中国计划出版社出版发行。

中华人民共和国建设部
二〇〇七年十月二十三日

前　言

本规范是根据建设部《关于印发"2005 年工程建设标准规范制定、修订计划（第二批）"的通知》（建标函〔2005〕124 号）的要求，由中冶东方工程技术有限公司会同有关单位制定的。

在编制过程中，规范编制组以科学发展观为指导思想，贯彻钢铁工业发展政策，总结归纳近十五年的建设经验和技术装备的进步，广泛征求有关单位和专家的意见，最后经审查定稿。

本规范共 7 章，包括总则，产量规模、原料及产品，生产工艺，工艺操作设备，工作制度、工作时间及轧机负荷率，工艺布置和其他设施。

本规范以黑体字标志的条文为强制性条文，必须严格执行。

本规范由建设部负责管理和对强制性条文的解释，由中冶东方工程技术有限公司负责具体内容的解释。本规范在执行过程中，请各单位结合工程实践，认真总结经验，如发现需要修改和补充之处，请将意见和相关资料寄送中冶东方工程技术有限公司（地址：内蒙古包头市钢铁大街 45 号；邮政编码：014010），以便今后修订时参考。

本规范主编单位、参编单位和主要起草人：

主　编　单　位：中冶东方工程技术有限公司
参　编　单　位：中冶京诚工程技术有限公司
　　　　　　　　中冶南方工程技术有限公司
　　　　　　　　中冶华天工程技术有限公司
　　　　　　　　包头钢铁(集团)有限责任公司
　　　　　　　　邢台钢铁有限责任公司
　　　　　　　　宣化钢铁(集团)有限责任公司
　　　　　　　　酒钢集团榆中钢铁公司
主要起草人：强十涌　董红卫　于　玲　储瑞麟
　　　　　　方实年　黄东诚　杨开俊　郭立辉

目 次

1 总则 …………………………… 49—4
2 产量规模、原料及产品 ………… 49—4
　2.1 产量规模 …………………… 49—4
　2.2 原料 ………………………… 49—4
　2.3 产品 ………………………… 49—4
3 生产工艺 ………………………… 49—4
4 工艺操作设备 …………………… 49—4
　4.1 钢坯热送设备 ……………… 49—4
　4.2 钢坯加热炉 ………………… 49—4
　4.3 粗轧前设备 ………………… 49—4
　4.4 轧机 ………………………… 49—4
　4.5 飞剪 ………………………… 49—5
　4.6 活套 ………………………… 49—5
　4.7 控制冷却设备 ……………… 49—5
　4.8 集卷设备 …………………… 49—5
　4.9 盘卷运输设备 ……………… 49—5
　4.10 压紧打捆设备 ……………… 49—5
　4.11 其他设备 …………………… 49—5
5 工作制度、工作时间
　及轧机负荷率 …………………… 49—5
6 工艺布置 ………………………… 49—5
7 其他设施 ………………………… 49—5
本规范用词说明 …………………… 49—5
附:条文说明 ……………………… 49—7

1 总 则

1.0.1 为在线材工艺设计中贯彻执行国家有关法律、法规、方针、政策,做到技术先进、切合实际、节约资源、安全环保、经济实用,提高设计质量,从建设的策划上促进线材生产的发展,制定本规范。

1.0.2 本规范适用于新建、改建和扩建的线材轧钢车间的设计。

1.0.3 不得建设独立的外购钢坯或来坯加工的线材轧钢车间。线材轧钢车间设计严禁利用国外二手线材轧机,严禁采用横列式及复二重轧机为主要设备。

1.0.4 线材轧钢车间必须建在具有炼钢及钢坯生产能力并能保证供应线材生产所需钢坯的企业中。

1.0.5 线材轧钢工艺设计除应执行本规范的规定外,尚应执行国家现行有关标准、规范的规定。

2 产量规模、原料及产品

2.1 产量规模

2.1.1 非合金钢和低合金钢线材轧钢车间设计中,成品最高轧制速度不应低于85m/s,设计产量规模不应小于40万 t/年。

2.1.2 合金钢线材轧钢车间设计的产量规模不应低于20万 t/年。

2.2 原 料

2.2.1 线材轧钢车间应以符合国家标准的连铸坯为原料,连铸坯断面不宜小于135mm×135mm,连铸坯定尺长度应根据断面尺寸和盘重要求确定。

2.2.2 有特殊质量要求的合金钢种可采用轧制坯或锻造坯为原料。

2.3 产 品

2.3.1 线材轧钢车间的产品规格范围应为$\phi 5\sim 25$mm的光面盘条及$\phi 6\sim 16$mm的螺纹盘条。

2.3.2 非合金钢和低合金钢线材盘重不宜小于1500kg,合金钢线材盘重不宜小于500kg。

2.3.3 产品的尺寸、外形及允许偏差必须符合现行国家标准《热轧盘条尺寸、外形、重量及允许偏差》GB/T 14981或《钢筋混凝土用热轧带肋钢筋》GB 1499的有关规定。表面及内在质量、化学成分、机械性能和金相组织等必须符合产品的现行国家标准的有关要求。

3 生产工艺

3.0.1 连铸坯加热应采用热送热装工艺,热装温度不应低于400℃。装炉前应对钢坯逐根称重、测长。

3.0.2 非合金钢和低合金钢线材生产应采用低温轧制技术,开轧温度不应大于1000℃。

3.0.3 钢坯在加热后开轧前,应设置高压水清除表面氧化铁皮的工序。

3.0.4 线材生产应采用单线无扭连续轧制工艺,对于高产线材车间可采用双线轧制。粗轧机组机架间及粗轧机组和中轧机组间应采用微张力轧制,中轧机组、预精轧机组、精轧机组间应采用无张力轧制,中轧机组、预精轧机组机架间可采用微张力或无张力轧制,精轧机组、减定径机组及机架间应采用微张力轧制。

3.0.5 轧制线材宜采用椭圆-圆孔型系统。

3.0.6 预精轧机组前每轧制6~8个道次以及精轧机组前应设置轧件的切头切尾工序。

3.0.7 线材轧钢车间宜设置减定径工序。

3.0.8 线材轧钢车间应采用控温轧制工艺。

3.0.9 线材轧钢车间必须采用轧后控冷工艺。

3.0.10 线材在轧成成品断面后,在盘卷打捆前必须设置切头切尾工序。

3.0.11 线材成品盘卷必须在压紧状态下打捆。

3.0.12 线材成品盘卷必须逐盘称重、标识。

4 工艺操作设备

4.1 钢坯热送设备

4.1.1 钢坯热送设备宜采用运输辊道或无轨道车辆。

4.2 钢坯加热炉

4.2.1 钢坯加热宜采用侧进侧出步进式加热炉。

4.2.2 加热炉必须具备余热回收装置,宜采用汽化冷却。

4.2.3 加热炉应满足冷钢坯和热钢坯的装炉及加热要求。

4.2.4 加热炉小时加热能力应和轧机小时产量相匹配。

4.2.5 加热炉装、出炉设备宜采用炉内单独传动悬臂辊道,炉内辊道应采用内水冷,并应具有调速和可逆功能。

4.3 粗轧前设备

4.3.1 出炉钢坯运输宜采用单独传动辊道,辊道长度应满足在此段辊道上设置高压水除鳞设备和热钢坯剔除及收集设备的要求,辊道应具有调速和可逆功能。

4.3.2 高压水除鳞设备工作水压不应小于18MPa,并应有完备的安全防护装置。

4.3.3 粗轧机前应设置钢坯卡断剪,并应设置喂料夹送辊。

4.4 轧 机

4.4.1 各架轧机工作机座整体的刚性系数不应小于

2000kN/mm。

4.4.2 粗中轧机应采用单独传动，预精轧机可采用单独传动或两架成组传动，精轧机组应采用集体传动，减定径机应采用通过可变速比齿轮箱的集体或分组集体传动。

4.4.3 精轧机及减定径机均应采用顶交45°悬臂式轧机。

4.4.4 传送椭圆断面轧件应采用油-气润滑的滚动入口导卫装置。

4.5 飞 剪

4.5.1 粗轧机组后飞剪应采用启停工作制的曲柄式飞剪，并应具有事故碎断功能。

4.5.2 中轧机组飞剪应采用启停工作制的回转式飞剪，并应具有事故碎断功能。

4.5.3 精轧机组前飞剪可采用启停工作制的回转式飞剪和连续运转的转鼓式碎断剪组成的剪组，也可采用连续运转的回转式飞剪。

4.6 活 套

4.6.1 机组间活套宜采用侧活套，机组内机架间宜采用立活套。

4.7 控制冷却设备

4.7.1 精轧机组前、后以及减定径机组后应分别设置水冷箱。水冷箱宜采用温度闭环控制技术。

4.7.2 线材散卷冷却应采用延迟型辊道式冷却设备，莱氏体和奥氏体钢线材应采用带可变换中间集卷的延迟型辊道式散卷冷却设备。

4.7.3 延迟型辊道式散卷冷却设备冷却速度应在$0.2\sim20℃/s$。

4.8 集卷设备

4.8.1 集卷设备应采用双芯轴集卷站。

4.9 盘卷运输设备

4.9.1 盘卷运输设备应采用 P-F 钩式运输机。

4.10 压紧打捆设备

4.10.1 成品捆扎应采用自动压紧打捆机或半自动打捆机。

4.11 其他设备

4.11.1 循环稀油润滑的轧线设备必须采取严密可靠的密封。

4.11.2 调速的轧线设备宜采用变频交流电机传动。

4.11.3 轧线设备自动化应具备基础级控制和过程级控制。

4.11.4 轧线上应设置在线测径仪，吐丝机应设置在线动平衡监测仪。

4.11.5 在吐丝机前可设置在线涡流探伤仪。

5 工作制度、工作时间及轧机负荷率

5.0.1 轧机应采用**连续**工作制。

5.0.2 轧机可轧制时间不应低于 6500h/年。

5.0.3 设计的轧机负荷率不宜低于 85%。

6 工艺布置

6.0.1 工艺布置必须紧凑，合理占地。轧线设备宜采用高架平台布置，平台下应设置辅助设施。

6.0.2 车间主轧跨跨度宜为 24m，成品跨跨度宜为 33m。

6.0.3 车间电气室、轧辊装配及导卫修配间应同主轧跨毗邻，电气室应靠近传动负荷重心，并应采用多层布置。

6.0.4 车间宜设置 3d 生产用量的冷钢坯存放区，有效单位面积堆存量不应小于 $20t/m^2$。

6.0.5 车间成品存放量不应大于 7d 的年平均日产量。存放区有效单位面积堆存量不应小于 $5t/m^2$。

7 其他设施

7.0.1 车间应设置轧辊及辊环加工设施、辊环及辊箱预装设施、轧辊滚动轴承清洗检查和维护设施，以及导卫装置清洗检查和修配预装设施。

7.0.2 车间应配备理化检验设施。

7.0.3 车间加热炉鼓风机和散卷冷却线下的鼓风机必须采取隔音消噪措施。

7.0.4 散卷冷却集卷站应设置氧化铁皮除尘装置。

7.0.5 车间应设置外露转动件的防护罩、安全过桥、防护栏杆等安全措施。

7.0.6 线材车间应设有相应专用的水处理系统，水的重复利用率不应小于 95%，排放水的水质必须符合相应的环保标准。

7.0.7 线材车间设计每吨产品的钢坯、燃料、电力、新水消耗不应大于下列值：

1 钢坯：1.041t；
2 燃料：1.17GJ(冷装炉)，0.87GJ(热装炉)；
3 电力：125kW·h；
4 新水：$2m^3$。

本规范用词说明

1 为便于在执行本规范条文时区别对待，对要求严格程度不同的用词说明如下：

1)表示很严格,非这样做不可的用词:
   正面词采用"必须",反面词采用"严禁"。
2)表示严格,在正常情况下均应这样做的用词:
   正面词采用"应",反面词采用"不应"或"不得"。
3)表示允许稍有选择,在条件许可时首先应这样做的用词:
   正面词采用"宜",反面词采用"不宜";
   表示有选择,在一定条件下可以这样做的用词,采用"可"。

  2 本规范中指明应按其他有关标准、规范执行的写法为"应符合……的规定"或"应按……执行"。

中华人民共和国国家标准

线材轧钢工艺设计规范

GB 50436—2007

条 文 说 明

目　次

1　总则 ……………………………… 49—9
2　产量规模、原料及产品 …………… 49—9
　　2.1　产量规模 ……………………… 49—9
　　2.2　原料 …………………………… 49—9
　　2.3　产品 …………………………… 49—9
3　生产工艺 ……………………………… 49—9
4　工艺操作设备 ………………………… 49—9
4.2　钢坯加热炉 ………………………… 49—9
4.11　其他设备 …………………………… 49—9
5　工作制度、工作时间及
　　轧机负荷率 ………………………… 49—9
6　工艺布置 ……………………………… 49—9
7　其他设施 ……………………………… 49—9

1 总　则

1.0.2 本规范对于棒材-线材或卷材-线材轧钢工艺设计亦可作为参考。

1.0.3 本条是强制性条文。目的是从建设条件上来保证线材生产的节能和环保，以及资源的有效利用，并严格限制采用陈旧落后的技术装备。

2 产量规模、原料及产品

2.1 产量规模

2.1.1 产量规模是按当前技术装备水平、适当的产品规格比例理论计算值和实际生产统计值综合确定的经济规模。

2.2 原　料

2.2.1 限定连铸坯断面不小于135mm×135mm是为了连铸能以使用浸没式水口实现封闭浇注。

2.2.2 由于目前某些合金钢种连铸坯质量尚无保证，故允许使用轧制坯。

2.3 产　品

2.3.2 盘重不小于1500kg是大多数金属制品厂的需要，也是高速线材轧机能够生产的。

3 生产工艺

3.0.1 钢坯加热的能耗占线材生产总能耗的60%，高于400℃的热送热装工艺对降低钢坯加热的能耗效果显著。当入炉温度低于400℃时，热装节能的经济效益将难以抵消热装设置的设备投入。装炉前的称重、测长是提高自动化水平的需要。

3.0.2 为了节能和环保以及改善产品性能，提倡低温轧制。

3.0.3 轧前用高压水除鳞是为了提高产品表面质量和导卫装置的寿命。

3.0.4 这是目前较为成熟的线材生产先进工艺。

3.0.5 采用椭圆-圆孔型系统轧制，工艺稳定，产品质量好，适应钢种多。

3.0.6 生产实践说明，超过8道次不切头，将多发下游道次不能咬入事故。

3.0.7 设置减定径工序可简化轧制程序，提高产品尺寸精度，可实现控轧控冷，发挥钢材潜能，是目前的先进工艺。

3.0.10 市场需要通条合格的盘条，故制定本条文。

4 工艺操作设备

4.2 钢坯加热炉

4.2.1 采用步进式加热炉是为了提高加热质量和适应冷热坯交替装炉操作。

4.2.2 设置余热回收装置和采用汽化冷却是为了节能和环保。

4.11 其他设备

4.11.1 本条规定是为了减少冷却水的油污染源。

5 工作制度、工作时间及轧机负荷率

5.0.2 年可轧制时间6500h是目前生产厂的平均先进水平。

6 工艺布置

6.0.1 国内土地资源紧张，应尽可能减少建设用地。

6.0.4 本厂供坯可与炼钢同时检修，无需大量存钢坯，只需少量存放区用以缓冲。

6.0.5 7d成品存放用以等待检验结果和组车已足够。

7 其他设施

7.0.2～7.0.5 这几条的规定是为了符合环保及安全卫生要求。

中华人民共和国国家标准

城镇老年人设施规划规范

Code for planning of city and town facilities for the aged

GB 50437—2007

主编部门：中华人民共和国建设部
批准部门：中华人民共和国建设部
施行日期：2008年6月1日

中华人民共和国建设部
公 告

第 746 号

建设部关于发布国家标准《城镇老年人设施规划规范》的公告

现批准《城镇老年人设施规划规范》为国家标准，编号为GB 50437—2007，自2008年6月1日起实施。其中，第3.2.2、3.2.3、5.3.1条为强制性条文，必须严格执行。

本规范由建设部标准定额研究所组织中国计划出版社出版发行。

中华人民共和国建设部
二〇〇七年十月二十五日

前 言

本规范是根据建设部建标〔2002〕85号文件《关于印发"2001~2002年度工程建设国家标准制定、修订计划"的通知》的要求，由南京市规划设计研究院会同有关单位共同编制完成的。

本规范在编制过程中，认真总结实践经验，广泛调查研究，参考了有关国际标准和国外先进技术，并广泛征求了全国有关单位和专家的意见，最后经专家和有关部门审查定稿。

本规范的主要技术内容包括：总则，术语，分级、规模和内容，布局与选址，场地规划等。

本规范以黑体字标志的条文为强制性条文，必须严格执行。

本规范由建设部负责管理和对强制性条文的解释，南京市规划设计研究院负责具体技术内容的解释。本规范在执行过程中，请各有关单位结合规划实践，总结经验，并注意积累资料，随时将有关意见和建议反馈给南京市规划设计研究院（地址：南京市鼓楼区中山路55号新华大厦36楼；邮政编码：210005)，以供今后修订时参考。

本规范主编单位、参编单位和主要起草人：
主 编 单 位：南京市规划设计研究院
参 编 单 位：大连市规划设计研究院
　　　　　　　江苏省民政厅
主要起草人：张正康　刘正平　贺　文　陶　韬
　　　　　　　曹世法　曲　玮　凌　航　丁盛清

目　次

1 总则 …………………………………… 50—4
2 术语 …………………………………… 50—4
3 分级、规模和内容 …………………… 50—4
　3.1 分级 ………………………………… 50—4
　3.2 配建指标及设置要求 ……………… 50—4
4 布局与选址 …………………………… 50—5
　4.1 布局 ………………………………… 50—5
　4.2 选址 ………………………………… 50—5
5 场地规划 ……………………………… 50—6
　5.1 建筑布置 …………………………… 50—6
　5.2 场地与道路 ………………………… 50—6
　5.3 场地绿化 …………………………… 50—6
　5.4 室外活动场地 ……………………… 50—6
本规范用词说明 ………………………… 50—6
附:条文说明 …………………………… 50—7

1 总则

1.0.1 为适应我国人口结构老龄化,加强老年人设施的规划,为老年人提供安全、方便、舒适、卫生的生活环境,满足老年人日益增长的物质与精神文化需要,制定本规范。

1.0.2 本规范适用于城镇老年人设施的新建、扩建或改建的规划。

1.0.3 老年人设施的规划,应符合下列要求:
  1 符合城镇总体规划及其他相关规划的要求;
  2 符合"统一规划、合理布局、因地制宜、综合开发、配套建设"的原则;
  3 符合老年人生理和心理的需求,并综合考虑日照、通风、防寒、采光、防灾及管理等要求;
  4 符合社会效益、环境效益和经济效益相结合的原则。

1.0.4 老年人设施规划除应执行本规范外,尚应符合国家现行的有关标准的规定。

2 术语

2.0.1 老年人设施 facilities for the aged
  专为老年人服务的居住建筑和公共建筑。

2.0.2 老年公寓 apartment for the aged
  专为老年人集中养老提供独立或半独立家居形式的居住建筑。一般以栋为单位,具有相对完整的配套服务设施。

2.0.3 养老院 home for the aged
  专为接待老年人安度晚年而设置的社会养老服务机构,设有起居生活、文化娱乐、医疗保健等多项服务设施。养老院包括社会福利院的老人部、护老院、护养院。

2.0.4 老人护理院 nursing home for the aged
  为无自理能力的老年人提供居住、医疗、保健、康复和护理的配套服务设施。

2.0.5 老年学校(大学) school for the aged
  为老年人提供继续学习和交流的专门机构和场所。

2.0.6 老年活动中心 center of recreation activities for the aged
  为老年人提供综合性文化娱乐活动的专门机构和场所。

2.0.7 老年服务中心(站) station of service for the aged
  为老年人提供各种综合性服务的社区服务机构和场所。

2.0.8 托老所 nursery for the aged
  为短期接待老年人托管服务的社区养老服务场所,设有起居生活、文化娱乐、医疗保健等多项服务设施,可分日托和全托两种。

3 分级、规模和内容

3.1 分级

3.1.1 老年人设施按服务范围和所在地区性质分为市(地区)级、居住区(镇)级、小区级。

3.1.2 老年人设施分级配建应符合表 3.1.2 的规定。

表 3.1.2 老年人设施分级配建表

项 目	市(地区)级	居住区(镇)级	小区级
老年公寓	▲	△	
养老院	▲	▲	
老人护理院	▲		
老年学校(大学)	▲	△	
老年活动中心	▲	▲	▲
老年服务中心(站)		▲	▲
托老所		△	▲

注:1 表中▲为应配建;△为宜配建。
  2 老年人设施配建项目可根据城镇社会发展进行适当调整。
  3 各级老年人设施配建数量、服务半径应根据各城镇的具体情况确定。
  4 居住区(镇)级以下的老年活动中心和老年服务中心(站),可合并设置。

3.2 配建指标及设置要求

3.2.1 老年人设施中养老院、老年公寓与老人护理院配置的总床位数量,应按 1.5~3.0 床位/百老人的指标计算。

3.2.2 老年人设施新建项目的配建规模、要求及指标,应符合表 3.2.2-1 和表 3.2.2-2 的规定,并应纳入相关规划。

3.2.3 城市旧城区老年人设施新建、扩建或改建项目的配建规模、要求应满足老年人设施基本功能的需要,其指标不应低于本规范表 3.2.2-1 和表 3.2.2-2 中相应指标的 70%,并应符合当地主管部门的有关规定。

表 3.2.2-1 老年人设施配建规模、要求及指标

项目名称	基本配建内容	配建规模及要求	配建指标 建筑面积 (m²/床)	配建指标 用地面积 (m²/床)
老年公寓	居家式生活起居,餐饮服务、文化娱乐、保健服务用房等	不应小于80床位	≥40	50～70
市(地区)级养老院	生活起居、餐饮服务、文化娱乐、医疗保健、健身用房及室外活动场地等	不应小于150床位	≥35	45～60
居住区(镇)级养老院	生活起居、餐饮服务、文化娱乐、医疗保健用房及室外活动场地等	不应小于30床位	≥30	40～50
老人护理院	生活护理、餐饮服务、医疗保健、康复用房等	不应小于100床位	≥35	45～60

注：表中所列各级老年公寓、养老院、老人护理院的每床位建筑面积及用地面积均为综合指标，已包括服务设施的建筑面积及用地面积。

表 3.2.2-2 老年人设施配建规模、要求及指标

项目名称	基本配建内容	配建规模及要求	配建指标 建筑面积 (m²/处)	配建指标 用地面积 (m²/处)
市(地区)级老年学校(大学)	普通教室、多功能教室、专业教室、阅览室及室外活动场地等	(1)应为5班以上；(2)市级应具有独立的场地、校舍	≥1500	≥3000
市(地区)级老年活动中心	阅览室、多功能教室、播放厅、舞厅、棋牌类活动室、休息室及室外活动场地等	应有独立的场地、建筑，并应设置适合老人活动的室外活动设施	1000～4000	2000～8000
居住区(镇)级老年活动中心	活动室、教室、阅览室、保健室、室外活动场地等	应设置大于300m²的室外活动场地	≥300	≥600
居住区(镇)级老年服务中心	活动室、保健室、紧急援助、法律援助、专业服务等	镇老人服务中心应附设不小于50床位的养老设施；增加的建筑面积应按每床建筑面积不小于35m²、每床用地面积不小于50m²另行计算	≥200	≥400
小区老年活动中心	活动室、阅览室、保健室、室外活动场地等	应附设不小于150m²的室外活动场地	≥150	≥300
小区级老年服务站	活动室、保健室、家政服务用房等	服务半径应小于500m	≥150	—
托老所	休息室、活动室、保健室、餐饮服务房等	(1)不小于10床位，每床建筑面积不应小于20m²；(2)应与老年服务站合并设置	≥300	—

注：表中所列各级老年公寓、养老院、老人护理院的每床位建筑面积及用地面积均为综合指标，已包括服务设施的建筑面积及用地面积。

4 布局与选址

4.1 布 局

4.1.1 老年人设施布局应符合当地老年人口的分布特点，并宜靠近居住人口集中的地区布局。

4.1.2 市（地区）级的老人护理院、养老院用地应独立设置。

4.1.3 居住区内的老年人设施宜靠近其他生活服务设施，统一布局，但应保持一定的独立性，避免干扰。

4.1.4 建制镇老年人设施布局宜与镇区公共中心集中设置，统一安排，并宜靠近医疗设施与公共绿地。

4.2 选 址

4.2.1 老年人设施应选择在地形平坦、自然环境较好、阳光充足、通风良好的地段布置。

4.2.2 老年人设施应选择在具有良好基础设施条件的地段布置。

4.2.3 老年人设施应选择在交通便捷、方便可达的地段布置，但应避开对外公路、快速路及交通量大的交叉路口等地段。

4.2.4 老年人设施应远离污染源、噪声源及危险品的生产储运等用地。

5 场地规划

5.1 建筑布置

5.1.1 老年人设施的建筑应根据当地纬度及气候特点选择较好的朝向布置。

5.1.2 老年人设施的日照要求应满足相关标准的规定。

5.1.3 老年人设施场地内建筑密度不应大于30%，容积率不宜大于0.8。建筑宜以低层或多层为主。

5.2 场地与道路

5.2.1 老年人设施场地坡度不应大于3%。

5.2.2 老年人设施场地内应人车分行，并应设置适量的停车位。

5.2.3 场地内步行道路宽度不应小于1.8m，纵坡不宜大于2.5%并应符合国家标准的相关规定。当在步行道中设台阶时，应设轮椅坡道及扶手。

5.3 场地绿化

5.3.1 老年人设施场地范围内的绿地率：新建不应低于40%，扩建和改建不应低于35%。

5.3.2 集中绿地面积应按每位老年人不低于2m²设置。

5.3.3 活动场地内的植物配置宜四季常青及乔灌木、草地相结合，不应种植带刺、有毒及根茎易露出地面的植物。

5.4 室外活动场地

5.4.1 老年人设施应为老年人提供适当规模的休闲场地，包括活动场地及游憩空间，可结合居住区中心绿地设置，也可与相关设施合建。布局宜动静分区。

5.4.2 老年人游憩空间应选择在向阳避风处，并宜设置花廊、亭、榭、桌椅等设施。

5.4.3 老年人活动场地应有1/2的活动面积在标准的建筑日照阴影线以外，并应设置一定数量的适合老年人活动的设施。

5.4.4 室外临水面活动场地、踏步及坡道，应设护栏、扶手。

5.4.5 集中活动场地附近应设置便于老年人使用的公共卫生间。

本规范用词说明

1 为便于在执行本规范条文时区别对待，对要求严格程度不同的用词说明如下：

1）表示很严格，非这样做不可的用词：
正面词采用"必须"，反面词采用"严禁"。

2）表示严格，在正常情况下均应这样做的用词：
正面词采用"应"，反面词采用"不应"或"不得"。

3）表示允许稍有选择，在条件许可时首先应这样做的用词：
正面词采用"宜"，反面词采用"不宜"；

表示有选择，在一定条件下可以这样做的用词，采用"可"。

2 本规范中指明应按其他有关标准、规范执行的写法为"应符合……的规定"或"应按……执行"。

中华人民共和国国家标准

城镇老年人设施规划规范

GB 50437—2007

条 文 说 明

目　次

1　总则 ·············· 50—9
2　术语 ·············· 50—9
3　分级、规模和内容 ·············· 50—9
　3.1　分级 ·············· 50—9
　3.2　配建指标及设置要求 ·············· 50—10
4　布局与选址 ·············· 50—10
　4.1　布局 ·············· 50—10
　4.2　选址 ·············· 50—10
5　场地规划 ·············· 50—11
　5.1　建筑布置 ·············· 50—11
　5.2　场地与道路 ·············· 50—11
　5.3　场地绿化 ·············· 50—11
　5.4　室外活动场地 ·············· 50—11

1 总 则

1.0.1 我国60岁以上人口占总人口数已超过10%，按联合国有关规定，我国已正式进入老年型社会。据预测，今后老年人口占总人口的比例还将继续增长。严峻的人口老龄化形势将给处于发展中的我国带来巨大的挑战。今天的社会应当关注老年人的生活需求，这些需求不仅包括"老有所养，老有所医"的基本物质需要，还应包括"老有所为，老有所学，老有所乐"等方面的精神需要。关心老年人，是社会文明和进步的标志之一，这个问题是否解决得好，关系到我国政治和社会的稳定和发展。

由于多方面的原因，我国未专门制定过有关老年人设施规划的技术性规范。将老年人设施纳入城市规划和建设的轨道，确保老年人设施的规划和建设质量，是编制本规范的根本目的。

1.0.2 我国已有不少城镇建起了一批老年人设施，在各种特定的条件限制下，这些设施普遍存在着数量不足、规模小、内容不全及设施简陋、环境质量差等问题，因此本规范明确提出不仅适用于新建，也适用于改建和扩建的要求。

1.0.3 老年人设施作为公共设施的一部分，应与城镇其他规划一样共同遵守总体规划及相关规划的要求。本条是老年人设施规划必须遵循的基本原则：

1 老年人设施规划也是城镇公共设施的一部分，因此应符合总体规划及其他相关规定。

2 在城市和乡镇规划区内进行老年人设施建设，必须遵守《中华人民共和国城市规划法》中提出的"统一规划、合理布局、因地制宜、综合开发、配套建设"的原则。

3 老年人由于生理机能衰退，出现年老体弱、行动迟缓、步履蹒跚等生理特点和内心孤独的心理特征，因此对环境的要求应比普通人更高，老年人设施的规划和建设必须符合老年人的特点。

4 过去老年人设施主要属于社会福利设施，经济效益考虑相对较少。我国现在和将来的老年人设施投资呈多元化趋势，老年人设施除了考虑社会和环境效益外，也需考虑经济效益。因此，提出"三个效益"相结合，以满足可持续发展的需要。

1.0.4 老年人设施规划涉及面广，因此除了符合本规范外，尚应符合和遵守其他相关规范的要求。

2 术 语

本章内容是对本规范涉及的基本词汇给予统一的定义，以利于对本规范内容的正确理解和使用。

1 联合国规定：60岁及以上老年人占10%或65岁以上占7%的城市和社会称老龄化城市或老龄化社会。我国民政部及学术界基本上使用60岁作为老年人界限，因此本规范使用60岁作为老年人的标准。

2 由于老年人设施现有的名词很多，本规范术语应力求反映时代特点。如养老院这一名词实际上涵盖社会福利院中的老人部、护老院、敬老院等内容。在老年教育设施方面，虽然"老年教育"不属于学历教育，但考虑到从20世纪80年代开始，在一些城市中将市级老年教育设施称"老年大学"，区（县）级老年教育设施称"老年学校"，被老年教育界、民政界等多部门所接受，所以本规范对此类名词予以纳入、肯定。

3 现有的老年人设施内容很多，本次老年人设施内容的选定，一方面参照国际惯例，但更主要的是从国情考虑。如老年病医院，由于老年病医院专业性很强，一般规模的城市使用得很少，因此本规范不予考虑。还有如养老设施方面，主要根据老年人从60岁到临终不同阶段的生理特点及需求，确定了老年公寓、养老院及老人护理院等三种养老方式。

3 分级、规模和内容

3.1 分 级

3.1.1 老年人设施作为城市公共设施的一类，应当按照城市公共设施的分级序列相应地分级配置，分为三级：市（地区）级、居住区（镇）级、小区级。大、中城市由于城市规模大、人口多，应根据管理、服务需要在市级的下一层次增设地区级，由于市级、地区级功能相近，本规范合并为一级。建制镇的人口规模与居住区大致相同，对老年人设施的需求近似于居住区要求，故规范中合并至居住区级。

根据以上原则分级，形成的老年人设施网络能够基本覆盖城镇各级居民点，满足老年人使用的需求；其分级方式应与现行国家标准《城市居住区规划设计规范》GB 50180衔接，有利于不同层次的设施配套；在实际运作中可以和现有的以民政系统管理为主的老年保障网络相融合，如市级要求两者基本相同，本规范地区级则相当于后者规模较大、辐射范围较大的区级设施，而本规范居住区级则和街道办事处管辖规模3~5万人相一致，便于组织管理，在原有基础上进一步充实、深化。

3.1.2 本条对各级老年人设施应配建或宜配建项目做出了具体规定。表3.1.2中的规定是依据老年人的需求程度、使用频率、设施的服务内容、服务半径以及经济因素综合确定的。如养老院，提供长期综合社会养老服务，要求设施齐全，服务半径大，因而设在居住区（镇）级以上。而老年服务中心（站）为居家养老的老年人提供日常服务，使用频率高，设施相对简单，因而需就近在居住区、小区内设置。

50—9

我国地域辽阔，各区域中城镇的规模相差大，人口老龄化的程度亦不相同，所以老年人设施的配建规模、数量必须根据其具体的人口规模、人口老龄化程度等因素确定。此外，老年人设施目前多属公益设施，在城市新区建设中应当以本规范和相关规范为依据与其他设施同步规划，同步建设。

3.2 配建指标及设置要求

3.2.1 我国各区域经济水平差异较大，各地的养老观念和养老模式也不相同。世界平均养老床位为1.5床位/百老人，发达国家为4.0～7.0床位/百老人。我国现状还不到1.0床位/百老人，投资一张普通养老床位需3～5万元，故本规范将养老院、老年公寓与老人护理院配置的总床位数要求确定在1.5～3.0床位/百老人之间。各地可按实际情况确定具体的百老人床位数。

调查发现，各个城市老年人人口与本城市总人口关系不大。如新兴城市，工矿城市老年人人口不足7％，而老的城市则可达15％以上。因此，本规范养老机构床位数未采用千人指标。

3.2.2 本条对各级老年人设施的设置要求做出了具体规定。通过调研、国内外资料的对比，以及对各种规范的参考借鉴，表中量化了多数老年人设施的主要指标，如养老院的单床建筑面积，全国各地现状多为30～35m²/床之间，日本同类设施建议值为33m²，现行国家标准《城市居住区规划设计规范》GB 50180规定养老院单床建筑面积应大于等于40m²。现行国家标准《老年人居住建筑设计标准》GB/T 50340规定养老院人均建筑面积25m²。综合以上规定，本规范明确了相应指标。表3.2.2-1和表3.2.2-2中，设施的规模则是根据各项目自身经营管理及经济合理性决定的，如市（地区）级养老院，150床位规模是考虑到发挥其各类服务设施作用比较经济。表中的用地规模则是根据建筑密度、容积率推算确定的。

　　1 市（地区）级老年人机构对下级老年人设施具有业务上的示范和指导关系，有的还承担着培训老年人设施服务人员、认证其上岗资格的功能，因而在具体的设置规定中，用地面积、建筑面积等指标宜适当放宽，考虑到有些大城市中，城市或辖区人口多，老龄化程度高，该级设施应进行统一规划，可分若干处分步实施。

　　2 居住区（镇）级、小区级老年人设施对周围的老年人服务直接、频繁，因而在今后的新区建设中必须与住宅建设同步规划、同步实施，同时交付使用。

3.2.3 考虑到城市旧城区中，人口密度大，用地十分紧张，在旧城区中新建、扩建或改建老年人设施时，可酌情调整相关指标，但不应低于3.2.2-1和表3.2.2-2中相应指标的70％，以满足基本功能需要。

4 布局与选址

4.1 布　　局

4.1.1 根据调查结果显示，老年人口的分布情况不尽相同，表现在如下方面：东西部地区的差异、发达与不发达地区的差异、新城市与老城市的差异、不同规模的城市之间的差异、同一城市新区与旧区的差异。一般说来，城市老城区的老年人比例相对新城区要大。因此，老年人设施的布局应根据老年人在新旧城区的分布特点，并按照老年人设施规模合理配建。

4.1.2 市（地区）级的老人护理院、养老院等老年人设施，其服务对象不是为居家养老的老年人提供的，而是一种社会养老机构，尤其老人护理院是为生活已不能自理，特别是为需要临终关怀的老年人设立的，对环境的要求相对较高，因此这些机构应避开相同级别的其他公共设施而独立设置。

4.1.3 由于居住区内的老年人设施规模不大，服务内容和功能相对简单并相兼容，因此，为达到经济适用，社会效益明显，并方便老年人使用，规划时可集中设置，统一布局。

居住区内的老年人设施，属于居住区公共设施的组成部分，在满足老年人设施的一些特殊要求如安静、安全、避免干扰等条件的前提下，可以与其他的公共设施相对集中，方便使用，但应保证老年人设施具有一定的独立性。

4.1.4 由于一般建制镇的规模较小，老年人设施的布局可以与镇区其他公共设施综合考虑，并尽量与医疗保健、绿地、广场靠近，有利于方便使用、节约用地及设施的共享。但老年人设施应相对独立，确保老年人设施的安静、安全、避免干扰等特殊要求。

4.2 选　　址

4.2.1 从生理和心理需求考虑，为有利于老年人的安全和体能的需要，老年人设施应选地形平坦的地段布置。老年人对自然，尤其是对阳光、空气有较高的要求，所以老年人设施应尽可能选择绿化条件较好、空气清新、接近河湖水面等环境的地段布置。

4.2.2 由于市级老年人设施如养老院、老人护理院等往往选在离市区较远的位置，因此除考虑用地本身所具备的基础设施条件外，还应考虑用地邻近地区中可利用的基础设施条件。

4.2.3 老年人设施的选址要考虑方便老年人的出行需要，尽量选择在交通便捷、方便可达的地段，以满足老年人由于体力不支和行动不便带来的乘车需求。特别是养老院、老年公寓等老年人设施，还要考虑子女与入住老年人探望联系的方便。从调查资料中分析，子女探望老人不但应有便捷和方便可达的交通，而且所花的路途时间以不超过一小时左右为最佳，这对老年人设施的入住率具有重要影响。从安全和安静的角度出发，老年人设施也应避开邻近对外交通、快速干道及交通量大的交叉路口路段。

4.2.4 老年人身体素质一般较差，对环境的敏感度也很高，因此在对老年人设施选址时，应特别考虑周边环境情况，尽量远离污染源、噪声源及危险品生产及储运用地，并应处在以上不利因素的上风向。

5 场地规划

5.1 建筑布置

5.1.1 日照对老年人健康至关重要，因此，对建筑物的朝向首先应作具体规定。由于我国地域辽阔，南部有些省地处北回归线以南而东北有些市县却在北纬50°以北，气候差别较大，对朝向要求也不同。受地理位置影响，不宜明确要求具体方位，为此提示老年人建筑应选择较好朝向便于设计人员有切合实际的灵活选择。

5.1.2 关于老年人建筑的日照标准，在现行国家标准《老年人居住建筑设计标准》GB/T 50340 和《城市居住区规划设计规范》GB 50180已有明确指标，即老年人居住用房日照不应低于冬至日2小时的标准。此标准比普通住宅更高，体现了对老年人的关怀。

5.1.3 为保证老年人设施场地内有足够的活动空间，对建筑密度、容积率提出限制要求。另外，根据老年人的生理特点，提出建筑的高度应以低层或多层为主。三层及三层以上老年人建筑应设电梯的规定已在现行国家标准《老年人居住建筑设计标准》GB/T 50340中明确，本规范不再重复。

5.2 场地与道路

5.2.1 我国真正意义上的平原不多，中部有些丘陵地，西部更多为山地，老年人设施用地不大，因此，提出场地坡度不应大于3%，以方便老年人活动，特别是为能够自理的老年人行动提供更好的条件。

5.2.2 老年人设施场地内人行道、车行道应分设，防止老年人因行动迟缓，视力、听力差而发生意外事故。随着小汽车的发展，本着方便老年人使用的原则，在老年人设施场地内靠近入口处应考虑一定量的停车位。

5.2.3 对老年人设施场地内步行道宽度作出明确的宽度规定，是考虑到两辆轮椅交会加上陪护人员的宽度。老年人设施场地应符合国家现行标准《城市道路和建筑物无障碍设计规范》JGJ 50 的相关规定，主要是考虑轮椅行走方便，在步行道中遇有较大坡度需设台阶时，应在台阶一侧设轮椅坡度，并设扶手栏杆及提示标志。

5.3 场地绿化

5.3.1 对老年人设施场地内绿地率的指标数据，是根据老年人设施的建筑密度、容积率等要求提出的，应明显高于一般居住区。一般除建筑占地、道路、室外铺装地面等，均应绿化。

5.3.2 明确集中绿化面积的人均指标下限高于居住区人均$1.5m^2$的指标，能有较大面积绿化环境效应和营造园艺气氛。

5.3.3 为营造良好的环境气氛，确保环境空气质量和较好的视觉效果，应精心考虑植物的配置，不应种植对老年人室外活动产生伤害的植物。

5.4 室外活动场地

5.4.1 室外活动场地内容应充分考虑老年人活动特点，场地布置时动静分区。一般将有活动器械或设施的场地作为"动区"，与供老年人休憩的"静区"适当隔离。

5.4.2 老年人户外空间要求比室内更严，冬日要有温暖日光，夏日要考虑遮阳。这类要求在选址时应考虑，有的还要在场地规划时做人为改造，诸如种树、建廊、遮阳等。花廊、亭、榭还应考虑更多功能，如两人闲谈，多人下棋等不同的需要，使老年人在这些场所相互交流，颐养天年。

5.4.3 老年人除了室内活动外更需要户外活动，户外活动是晒太阳、锻炼身体的需要，也是相互交流的方式。因此，本条提出室外活动场地的日照要求。室外活动场地应根据老年人的生理活动需求，设老年人活动设施，具体数量及内容按场地大小、经济实力和参与活动的老年人兴趣而定，本规范不做太具体的规定。

5.4.4 从安全角度考虑，凡老年人设施场地内的水面周围、室外踏步、坡道两侧均应设扶手、护栏，以保证老年人行动的方便和安全。

5.4.5 从老年人生理和心理特点出发，在活动场地附近设置公共卫生间十分必要。

中华人民共和国国家标准

地铁运营安全评价标准

Standard for the operation safety assessment of existing metro

GB/T 50438—2007

主编部门：中华人民共和国建设部
批准部门：中华人民共和国建设部
施行日期：2008年5月1日

中华人民共和国建设部公告

第 743 号

建设部关于发布国家标准《地铁运营安全评价标准》的公告

现批准《地铁运营安全评价标准》为国家标准，编号为 GB/T 50438-2007，自 2008 年 5 月 1 日起实施。

本标准由建设部标准定额研究所组织中国建筑工业出版社出版发行。

中华人民共和国建设部
2007 年 10 月 25 日

前 言

本标准是根据"关于印发《二〇〇五年工程建设国家标准制订、修订计划》的通知"（建标[2005]85 号）的要求，由北京市地铁运营有限公司会同相关单位共同编制。

在编制过程中，编制组经广泛调查研究，认真总结实践经验，参考有关国际标准和国外先进标准，并在广泛征求意见的基础上，通过反复讨论、修改和完善，最后经审查定稿。

本标准主要内容包括：1. 安全评价的一般要求和程序；2. 基础安全评价（其中包括：安全管理评价，运营组织与管理评价，设备设施评价和外界环境评价）；3. 事故风险水平评价。

本标准由建设部负责管理，由北京市地铁运营有限公司负责具体技术内容的解释。在执行过程中，请各单位结合实践，认真总结经验，如发现需要修改或补充之处，请将意见和建议寄北京市地铁运营有限公司（地址：北京市西直门外北河沿 2 号，邮政编码：100044），以供修订时参考。

本标准主编单位、参编单位和主要起草人：

主 编 单 位：北京市地铁运营有限公司
参 编 单 位：北京市劳动保护科学研究所
　　　　　　天津市地下铁道总公司
　　　　　　上海地铁运营有限公司
　　　　　　中国安全生产科学研究院
　　　　　　广州市地下铁道总公司
主要起草人员：蒋玉琨　王　娟　李广俊
　　　　　　汪　彤　王淑敏　陈光华
　　　　　　钟茂华　万宇辉　于和平
　　　　　　谢　谦　代宝乾　赵　凯
　　　　　　郑　雍　陆志雄　何　理
　　　　　　陈晓东

目 次

1 总则 ·················· 51—5
2 术语 ·················· 51—5
3 基本规定 ··············· 51—5
　3.1 评价对象 ············ 51—5
　3.2 评价体系 ············ 51—5
　3.3 评价程序 ············ 51—5
　3.4 评分方法 ············ 51—6
4 安全管理评价 ············ 51—6
　4.1 一般规定 ············ 51—6
　4.2 安全管理机构与人员 ···· 51—6
　4.3 安全生产责任制 ······· 51—6
　4.4 安全管理目标 ········· 51—6
　4.5 安全生产投入 ········· 51—7
　4.6 事故应急救援体系 ····· 51—7
　4.7 安全培训教育 ········· 51—8
　4.8 安全信息交流 ········· 51—8
　4.9 事故隐患管理 ········· 51—8
　4.10 安全作业规程 ········ 51—9
　4.11 安全检查制度 ········ 51—9
5 运营组织与管理评价 ······ 51—9
　5.1 一般规定 ············ 51—9
　5.2 系统负荷 ············ 51—9
　5.3 调度指挥 ············ 51—9
　5.4 列车运行 ············ 51—10
　5.5 客运组织 ············ 51—10
6 车辆系统评价 ············ 51—11
　6.1 一般规定 ············ 51—11
　6.2 车辆 ················ 51—11
　6.3 维修体系 ············ 51—12
7 供电系统评价 ············ 51—12
　7.1 一般规定 ············ 51—12
　7.2 主变电站 ············ 51—12
　7.3 牵引变电站 ·········· 51—13
　7.4 降压变电站 ·········· 51—14
　7.5 接触网（接触轨） ····· 51—14
　7.6 电力电缆 ············ 51—15
　7.7 维修配件 ············ 51—15
8 消防系统与管理评价 ······ 51—15
　8.1 一般规定 ············ 51—15
　8.2 消防系统与管理 ······ 51—15
9 线路及轨道系统评价 ······ 51—17
　9.1 一般规定 ············ 51—17
　9.2 线路及轨道系统 ······ 51—17
　9.3 维修体系 ············ 51—17
10 机电设备评价 ··········· 51—18
　10.1 一般规定 ··········· 51—18
　10.2 自动扶梯、电梯与自动
　　　人行道 ············· 51—18
　10.3 屏蔽门系统与防淹门系统 ·· 51—18
　10.4 给水排水设备 ······· 51—19
　10.5 通风和空调设备 ····· 51—19
　10.6 风亭 ·············· 51—20
11 通信设备评价 ··········· 51—20
　11.1 一般规定 ··········· 51—20
　11.2 通信系统 ··········· 51—20
　11.3 维修体系 ··········· 51—21
12 信号设备评价 ··········· 51—21
　12.1 一般规定 ··········· 51—21
　12.2 信号系统 ··········· 51—21
　12.3 维修体系 ··········· 51—22
13 环境与设备监控系统评价 ·· 51—22
　13.1 一般规定 ··········· 51—22
　13.2 环境与设备监控系统 ·· 51—22
　13.3 安全防护标识 ······· 51—23
　13.4 维修体系 ··········· 51—23
14 自动售检票系统评价 ····· 51—23
　14.1 一般规定 ··········· 51—23
　14.2 自动售检票系统（AFC） ·· 51—23
　14.3 维修体系 ··········· 51—23
15 车辆段与综合基地评价 ··· 51—24
　15.1 一般规定 ··········· 51—24
　15.2 车辆段与综合基地设施 ··· 51—24
　15.3 防灾设施 ··········· 51—24
16 土建评价 ·············· 51—24
　16.1 一般规定 ··········· 51—24
　16.2 地下、高架结构与车站建筑 ·· 51—24
　16.3 车站设计 ··········· 51—24
17 外界环境评价 ··········· 51—25

17.1 一般规定 ……………………………… 51—25
17.2 防自然灾害 …………………………… 51—25
17.3 保护区 ………………………………… 51—26
18 基础安全风险水平 ………………………… 51—26
　18.1 一般规定 ……………………………… 51—26
　18.2 基础安全评价总分计算 ……………… 51—26
　18.3 基础安全风险水平 …………………… 51—26
19 事故风险水平 ……………………………… 51—26
　19.1 一般规定 ……………………………… 51—26
　19.2 运营事故统计 ………………………… 51—26
　19.3 事故风险水平 ………………………… 51—27
附录A 安全管理评价表 …………………… 51—28
附录B 运营组织与管理评价表 …………… 51—30
附录C 车辆系统评价表 …………………… 51—31
附录D 供电系统评价表 …………………… 51—33

附录E 消防系统与管理评价表 …………… 51—36
附录F 线路及轨道系统评价表 …………… 51—37
附录G 机电设备评价表 …………………… 51—38
附录H 通信设备评价表 …………………… 51—40
附录J 信号设备评价表 …………………… 51—42
附录K 环境与设备监控系统评价表 ……………………………… 51—43
附录L 自动售检票系统评价表 …………… 51—43
附录M 车辆段与综合基地评价表 ……………………………… 51—44
附录N 土建评价表 ………………………… 51—44
附录P 外界环境评价表 …………………… 51—45
本标准用词说明 ……………………………… 51—46
附：条文说明 ………………………………… 51—47

1 总则

1.0.1 为贯彻"安全第一,预防为主"的方针,加强对地铁系统安全运营的监督管理,科学地评价地铁系统安全运营的条件和能力以及安全运营的业绩,实现地铁系统运营安全现状评价工作的规范化和制度化,促进地铁系统安全运营管理水平的提高,制定本标准。

1.0.2 本标准适用于采用钢轮钢轨系统、线路全封闭、正式投入运营满一年及以上的地铁系统运营安全现状的评价。

1.0.3 对地铁系统进行安全现状评价时,除应执行本标准的规定外,尚应符合国家现行有关标准的规定。

2 术语

2.0.1 地铁 metro；underground railway；subway
在城市中修建的快速、大运量、大众化、用电力牵引、线路全封闭的轨道交通。线路通常设在地下隧道内、地面和高架桥上。

2.0.2 车组 set of cars
编成固定基本行车单元、可在轨道上独立运行的车辆组合体。

2.0.3 安全 safety
没有不可接受的有害风险。

2.0.4 不可接受风险 unacceptable risk
除特殊情况外,无论如何不能被接受的风险。

2.0.5 可接受风险 acceptable risk
只有减小风险的耗资超过所获得的改进时,风险才是允许的。

2.0.6 可忽略风险 negligible risk
无需再采取改进措施的、可以被接受的风险。

3 基本规定

3.1 评价对象

3.1.1 本标准以相对独立的一条地铁运营线路为评价对象,地铁运营企业拥有多条线路的经营权时,应分别进行评价。

3.2 评价体系

3.2.1 地铁运营安全评价体系包括基础安全评价和事故风险水平评价。其中基础安全评价内容包括:安全管理评价,运营组织与管理评价,车辆系统评价,供电系统评价,消防系统与管理评价,线路及轨道系统评价,机电设备评价,通信设备评价,信号设备评价,环境与设备监控系统评价,自动售检票系统评价,车辆段与综合基地评价,土建评价,外界环境评价。

3.3 评价程序

3.3.1 评价组织由总体评价组和按评价单元划分的各专业评价小组组成,总体评价组组长对整个评价工作和评价结果总负责,各专业评价小组组长对本评价单元的评价负责。评价成员应由从事地铁安全管理的人员、从事地铁专业技术并具有高级职称的技术人员和具有安全评价资格的安全评价人员共同组成。

3.3.2 前期准备应符合下列要求:
1 制定评价方案。评价方案中应包括以下内容:
   1) 确定本次评价对象和范围;
   2) 根据评价对象的特点,确定本次评价工作的重点。
2 制定评价进度计划。
3 制定地铁运营企业需要提供的图纸、文件、资料、档案、数据目录。

3.3.3 定性、定量评价应符合下列要求:
1 评价小组应根据本标准第 4~17 章中的要求,确定相应的评价项目及其分值。
2 在调查了解各评价单元中的项目的类型、数量和运营状况的基础上,确定现场抽查样本选取数量。抽样数量不得小于公式(3.3.3)的规定。

$$n = 0.6\sqrt{N} \tag{3.3.3}$$

式中 n——抽样数;
N——总抽样规模。

3 根据已确定的评价项目及其分值进行定性、定量评价。
4 计算各评价单元的得分。

3.3.4 计算风险水平应符合下列要求:
1 根据本标准第 18 章的规定进行基础安全评价总分计算和风险水平划分;
2 根据本标准第 19 章的规定进行事故水平评价总分计算和风险水平划分。

3.3.5 根据各评价单元的评价结果和风险水平,对存在不可接受风险的项目提出整改意见和建议。

3.3.6 编制地铁运营安全评价报告应符合下列要求:
1 评价报告应内容全面、条理清楚、数据完整、提出建议可行、评价结论客观公正。
2 评价报告的主要内容应包括:
   1) 评价企业的基本情况、评价范围和评价重点;
   2) 基础安全和事故水平评价结果及风险水平;
   3) 整改意见和建议。
3 地铁运营安全评价报告宜采用纸质载体,辅助采用电子载体。

3.4 评分方法

3.4.1 各评价项目满分分值为100分。各评价项目的实得分应为相应评价分项实得分之和。

3.4.2 各评价分项的实得分不应采用负值,扣减分数总和不得超过该评价分项应得分值。

3.4.3 各评价分项评分应符合下列要求:
 1 评价内容符合要求时,得满分。
 2 评价内容部分符合要求或评价内容不符合要求,但有补救措施时,酌情扣分。
 3 评价内容不符合要求时,不得分。

3.4.4 评价项目有缺项的,其缺项评价项目的实得分应按公式(3.4.4)换算。

$$\text{缺项评价项目的实得分} = \frac{\text{可评项目的实得分之和}}{\text{可评项目的应得分之和}} \times 100 \quad (3.4.4)$$

4 安全管理评价

4.1 一般规定

4.1.1 安全管理评价包括安全管理机构与人员、安全生产责任制、安全管理目标、安全生产投入、事故应急救援体系、安全培训教育、安全信息交流、安全生产宣传、事故隐患管理、安全作业规程、安全检查制度等11个评价项目,满分为100分。

4.1.2 安全管理评价可按附录A的格式确定评价内容及其分值,制定评价表。

4.2 安全管理机构与人员

4.2.1 安全管理机构与人员评价包括安全管理机构、安全管理专职和兼职人员、安全管理人员资质3个分项。

4.2.2 安全管理机构评价应符合下列要求:
 1 评价标准
 应设有专门的安全生产管理机构。
 2 评价方法
 查阅运营组织机构文件。

4.2.3 安全管理专职和兼职人员评价应符合下列要求:
 1 评价标准
 公司及部门应设有专职和兼职的安全管理人员。
 2 评价方法
 1)查阅安全管理机构的人员编制及安全管理机构档案。
 2)现场检查。

4.2.4 安全管理人员的资格评价应符合下列要求:
 1 评价标准
 1)应建立严格的资格准入标准。
 2)安全管理人员应通过上岗前考核合格且最新考核应在有效期内。
 2 评价方法
 1)查阅资格准入标准文件。
 2)检查安全管理人员的考核记录。

4.3 安全生产责任制

4.3.1 安全生产责任制评价包括主要负责人、安全管理人员、安全生产责任制档案管理3个分项。

4.3.2 主要负责人评价应符合下列要求:
 1 评价标准
 1)主要负责人应签订安全生产责任制。
 2)安全生产责任制应切实落实。
 2 评价方法
 查阅运营管理部门的主要负责人的安全生产责任制档案文件。

4.3.3 安全管理人员评价应符合下列要求:
 1 评价标准
 1)部门负责人应签订安全生产责任制并切实落实。
 2)一般安全管理人员应签订安全生产责任制并切实落实。
 3)其他从业人员应签订安全生产责任制并切实落实。
 2 评价方法
 查阅各部门安全管理人员和其他从业人员的安全生产责任制档案。

4.3.4 安全生产责任制责任档案管理评价应符合下列要求:
 1 评价标准
 应建立健全的安全生产责任制的档案。
 2 评价方法
 查阅安全生产责任制责任档案。

4.4 安全管理目标

4.4.1 安全管理目标评价包括安全生产控制指标、各级安全生产目标、目标实现所需要的资源3个分项。

4.4.2 安全生产控制指标评价应符合下列要求:
 1 评价标准
 1)应制定安全生产控制指标。
 2)应建立安全生产控制指标档案。
 2 评价方法
 查阅安全生产控制指标档案。

4.4.3 各级安全生产目标评价应符合下列要求:
 1 评价标准
 1)应建立各级安全生产目标。
 2)针对未能实现的安全生产目标应制定补救

措施。
3) 应配置实现安全生产目标所需要的资源。
2 评价方法
1) 查阅各级安全生产目标档案。
2) 现场检查为实现安全生产目标所配置的设备、设施。

4.5 安全生产投入

4.5.1 安全生产投入评价包括安全投入保障制度、安全投入落实、安全奖惩制度3个选项。

4.5.2 安全投入保障制度评价应符合下列要求：
1 评价标准
1) 应投入具备安全生产条件所必需的资金。
2) 决策机构、主要负责人或者个人经营的投资人应保证安全生产条件所必需的资金投入，并应对由于安全生产所必需的资金投入不足导致的后果承担责任。
2 评价方法
查阅本单位财务提供的安全投入、安全培训等的资金投入证明，财务安全资金投入账。

4.5.3 安全投入落实评价应符合下列要求：
1 评价标准
1) 应每年投入相当数量的安全专项资金。
2) 应安排用于配备劳动防护用品及进行安全生产培训的经费。
3) 应依法参加工伤社会保险。
2 评价方法
查阅本单位财务提供的安全投入、工伤保险、劳保用品、安全培训等的资金投入证明、财务安全资金投入账。

4.5.4 安全奖惩制度评价应符合下列要求：
1 评价标准
1) 应建立安全考核和奖惩制度。
2) 安全考核和奖惩制度应切实落实。
2 评价方法
查阅本单位财务提供的奖惩资金账。

4.6 事故应急救援体系

4.6.1 事故应急救援体系评价包括预案制定情况、应急救援组织机构、应急救援设备和应急救援人员配备情况及救援设备的维护体系、事故应急培训与应急救援演练、预案管理情况、当年紧急事故处置评价6个分项。

4.6.2 预案制定情况评价应符合下列要求：
1 评价标准
1) 应针对轨道交通运营线路发生火灾、列车脱轨、列车冲突、大面积停电、爆炸、自然灾害以及因设备故障、客流冲击、恐怖袭击等其他异常原因造成影响运营的非正常情况制定相应的应急救援预案。
2) 在国家或地方发生突发公共事件时，应制定相应的应急预案。
2 评价方法
查阅对应各种非正常情况的应急救援预案。

4.6.3 应急救援组织机构评价应符合下列要求：
1 评价标准
1) 应建立事故应急救援组织机构。
2) 应急指挥系统应明确总公司和分公司的应急指挥系统的构成及其相关信息。
3) 应明确应急救援专家委员会的构成，确定应急救援专家委员会的负责人和组成人员。
2 评价方法
查阅事故应急救援组织机构档案。

4.6.4 应急救援设备和应急救援人员配备情况及救援设备的维护体系评价应符合下列要求：
1 评价标准
1) 各专业部门应根据自身应急救援业务需求，配备现场救援和抢险装备、器材，建立相应的维护、保养和调用等制度。
2) 应按照统一标准格式建立救援和抢险装备信息数据库并及时更新，保障应急指挥调度使用的准确性。
3) 应建立应急救援队伍。
4) 应急救援人员应掌握应急救援预案。
2 评价方法
1) 查阅应急救援设备和应急救援人员配备相关档案。
2) 现场检查。

4.6.5 事故应急培训与应急救援演练评价应符合下列要求：
1 评价标准
1) 应定期针对不同事故进行应急救援演练。
2) 对演练中发现的问题应及时整改。
3) 应有完整的应急救援演练记录。
4) 应对应急救援人员进行定期培训。
2 评价方法
查阅应急救援演练和培训记录。

4.6.6 预案管理情况评价应符合下列要求：
1 评价标准
1) 应依据我国有关应急的法律、法规和相关政策文件，地铁运营单位向市轨道指挥办公室（或类似职能部门）申请，经政府组织有关部门、专家对市轨道交通运营突发事件应急预案进行评审工作，并报市政府。
2) 地铁运营单位应向市轨道指挥办公室（或类似职能部门）申请，定期组织有关单位修订轨道交通运营突发事件应急预案，并上报市政府备案。
2 评价方法
查阅预案管理档案。

4.6.7 当年紧急事故处置评价应符合下列要求：
1 评价标准
  1）发生紧急事故时，是否启动应急救援预案。
  2）发生紧急事故后，是否对事故处置进行总结，是否对应急救援预案提出必要的整改意见。
2 评价方法
查阅当年紧急事故处置记录及档案。

4.7 安全培训教育

4.7.1 安全培训教育评价包括安全培训教育制度、特种作业人员安全培训、临时工安全培训、租赁承包人员安全培训4个分项。

4.7.2 安全培训教育制度评价应符合下列要求：
1 评价标准
  1）应建立各级领导定期安全培训教育制度并切实落实。
  2）应建立全体员工定期安全培训教育制度并切实落实。
  3）应建立新员工岗前三级教育制度并切实落实。
  4）应建立转、复岗人员上岗前培训制度并切实落实。
  5）应建立教育培训记录的档案。
2 评价方法
  1）查阅教育培训档案。
  2）现场检查。

4.7.3 特种作业人员安全培训评价应符合下列要求：
1 评价标准
  1）特种作业人员应持证上岗并定期考核。
  2）特种作业人员应进行继续培训。
2 评价方法
  1）查阅特种人员培训档案。
  2）现场检查。

4.7.4 临时工安全培训评价应符合下列要求：
1 评价标准
应建立临时工安全培训考核制度并切实落实。
2 评价方法
  1）查阅临时工培训档案。
  2）现场检查。

4.7.5 租赁承包人员安全培训应符合下列要求：
1 评价标准
应建立租赁承包人员安全培训考核制度并切实落实。
2 评价方法

  1）查阅租赁承包人员培训档案。
  2）现场检查。

4.8 安全信息交流

4.8.1 安全信息交流评价包括信息交流机构、乘客意见反馈、员工意见处理3个分项。

4.8.2 信息交流机构评价应符合下列要求：
1 评价标准
  1）应建立安全信息交流的渠道。
  2）安全信息交流效果情况。
2 评价方法
  1）查阅信息交流相关资料。
  2）现场检查。

4.8.3 乘客意见反馈评价应符合下列要求：
1 评价标准
  1）应建立乘客意见反馈管理程序。
  2）乘客反馈意见的处理情况。
2 评价方法
  1）查阅乘客意见相关资料。
  2）现场检查。

4.8.4 员工意见处理评价应符合下列要求：
1 评价标准
  1）应建立员工安全意见反馈管理程序。
  2）员工安全建议的处理情况。
2 评价方法
  1）查阅员工意见相关资料。
  2）现场检查。

4.9 事故隐患管理

4.9.1 事故隐患管理评价包括事故隐患清查、隐患治理、隐患监控、事故隐患档案管理4个分项。

4.9.2 事故隐患清查评价应符合下列要求：
1 评价标准
  1）应分类建立事故隐患统计表。
  2）应建立事故隐患报告制度。
2 评价方法
查阅事故隐患管理相关档案和记录。

4.9.3 事故隐患治理评价应符合下列要求：
1 评价标准
  1）应对事故隐患及时提出整改措施。
  2）应对事故隐患采取防护措施。
2 评价方法
查阅事故隐患整改和防护措施档案。

4.9.4 事故隐患监控评价应符合下列要求：
1 评价标准
应配备相应的事故隐患监控设备。
2 评价方法
  1）查阅事故隐患监控设备管理档案。
  2）现场检查。

4.9.5 事故隐患档案管理评价应符合下列要求：
 1 评价标准
  1）应建立事故隐患监控及整改的档案管理制度。
  2）应建立完整的事故隐患监控及整改的档案。
 2 评价方法
 查阅事故隐患管理相关档案和记录。

4.10 安全作业规程

4.10.1 安全作业规程评价包括安全作业规程1个分项。

4.10.2 安全作业规程评价应符合下列要求：
 1 评价标准
  1）制定各专业各工种安全作业规程。
  2）安全作业规程落实情况。
 2 评价方法
 查阅各专业各工种的安全操作规程。

4.11 安全检查制度

4.11.1 安全检查制度评价包括安全检查制度和复检制度、安全检查档案管理2个分项。

4.11.2 安全检查制度和复检制度评价应符合下列要求：
 1 评价标准
  1）应建立年度、季度、特殊时期、日常安全检查制度并切实落实。
  2）应建立安全检查复检制度并切实落实。
  3）安全检查出的问题应及时处理。
 2 评价方法
  1）查阅安全检查制度文件。
  2）现场检查。

4.11.3 安全检查档案管理评价应符合下列要求：
 1 评价标准
  1）应建立安全检查档案管理制度。
  2）安全检查档案应完整。
 2 评价方法
 查阅安全检查档案和记录。

5 运营组织与管理评价

5.1 一般规定

5.1.1 运营组织与管理评价包括系统负荷、调度指挥、列车运行、客运组织4个评价项目，满分为100分。

5.1.2 分别评价被评价地铁运营线路上每个车站的设施负荷。

5.1.3 运营组织与管理评价可按附录B的格式确定评价内容及其分值，制定评价表。

5.2 系统负荷

5.2.1 系统负荷评价包括线路负荷、车站设施负荷2个分项。

5.2.2 线路负荷评价应符合下列要求：
 1 评价标准
  1）线路负荷按照表5.2.2-1分为3类；

表 5.2.2-1　线路负荷分类

类别	1	2	3
乘客人次[万人/(d·km)]	<1.5	1.5～2.5	>2.5

  2）行车密度按照表5.2.2-2分为3类；

表 5.2.2-2　行车密度分类

类别	1	2	3
最小行车间隔(min)	>5	5～3.1	≤3

  3）高峰小时断面车辆满载率按照表5.2.2-3分为4类；

表 5.2.2-3　高峰小时断面车辆满载率分类

类别	1	2	3	4
车辆满载率	<80%	80%～100%	>100%～超员	>超员

 2 评价方法
 查阅客流量统计资料、车辆满载率统计资料、运行图。

5.2.3 车站设施负荷评价应符合下列要求：
 1 评价标准
  1）站台高峰小时集散量应不大于站台设计最大能力。
  2）通道和楼梯每小时通过人数应不大于《地铁设计规范》GB 50157的有关规定。
  3）车站可随时通过AFC系统控制乘客流量。
 2 评价方法
  1）查阅近期相关高峰小时统计资料或进行高峰小时客流调查。
  2）现场检查。

5.3 调度指挥

5.3.1 调度指挥评价包括调度规章、指挥系统、调度人员培训、调度人员素质4个分项。

5.3.2 调度规章评价应符合下列要求：
 1 评价标准
  1）应具有相对独立、全面的行车组织规则或同等效力的规章文件。
  2）调度规章中应包括对运营设备故障和事故模式下的行车组织措施。

3) 调度规章中应包括对突发事件的应对措施,并且切实可行。

2 评价方法

查阅调度规章文件。

5.3.3 指挥系统评价应符合下列要求:

1 评价标准

1) 指挥系统应具备中央控制和车站控制两种控制模式,并在任何情况下都有一种模式起主导作用。

2) 指挥系统应有自动闭塞或移动闭塞瘫痪的情况下,采用电话闭塞的考虑和能力。

2 评价方法

查阅相关技术文件。

5.3.4 调度人员培训评价应符合下列要求:

1 评价标准

1) 应建立调度人员培训制度。

2) 培训内容应包括正常业务流程和应急预案救援指挥。

3) 培训方式应包括授课、实战演练或模拟演练。

2 评价方法

查阅控制中心调度人员培训记录,相关模拟演练记录。

5.3.5 调度人员素质评价应符合下列要求:

1 评价标准

1) 调度人员应经过专业、系统的地铁运营调度指挥培训并取得相应的资格证书。

2) 调度人员应具备正常情况下,熟练指挥调度和行车工作的能力。

3) 调度人员应具备在紧急或事故情况下,沉着冷静、快速制定应对方案和组织救援的能力。

2 评价方法

1) 查验调度人员资格证书。

2) 现场检查。

5.4 列车运行

5.4.1 列车运行评价包括列车运用规章、列车操作规程、驾驶员培训、驾驶员素质4个分项。

5.4.2 列车运用规章评价应符合下列要求:

1 评价标准

1) 应制定明确、顺畅的列车日常运用规章。

2) 应制定故障列车下线和救援列车运用规章。

3) 上述规章应与调度规章相协调。

2 评价方法

查阅相关列车规章文件。

5.4.3 列车操作规程评价应符合下列要求:

1 评价标准

1) 应制定明确、实用的列车操作规程。

2) 规程中应明确写出列车故障模式下的操作要点。

2 评价方法

查阅相关列车操作规程文件。

5.4.4 驾驶员培训评价应符合下列要求:

1 评价标准

1) 应建立驾驶员培训制度。

2) 培训内容应包括正常操作流程和故障情况下的操作要点。

3) 培训方式应包括授课和实战演练或模拟演练。

2 评价方法

查阅列车驾驶员培训记录、相关模拟演练记录。

5.4.5 驾驶员素质评价应符合下列要求:

1 评价标准

1) 驾驶员应经过专业、系统的列车驾驶培训并取得相应的资格证书。

2) 驾驶员应具备正常情况下,熟练驾驶列车运行的能力。

3) 驾驶员应熟悉各种可能的突发事件的基本应对流程。

4) 驾驶员应具备事故情况下,沉着冷静,在区间组织疏散乘客的能力。

2 评价方法

1) 查验驾驶员资格证书。

2) 现场观看驾驶员操作。

3) 抽考驾驶员对突发事件处理掌握情况。

5.5 客运组织

5.5.1 客运组织评价包括乘客安全管理、乘客安全监控系统、乘客安全宣传教育、站务人员培训、站务人员素质5个分项。

5.5.2 乘客安全管理评价应符合下列要求:

1 评价标准

1) 服务标志系统应具有警示标志、禁止标志、紧急疏散指示标志。

2) 在容易发生事故部位,应设置警示标志或有专人引导或设置安全防护设施。

3) 应设置盲道、轮椅通道、垂直电梯等保证行动不便人士安全进出车站的引导设施。

2 评价方法

1) 查阅相关文件。

2) 现场检查。

5.5.3 乘客安全监控系统评价应符合下列要求:

1 评价标准

1) 应至少设置中央和车站两级乘客安全监控系统。

2) 乘客安全监控系统应能够监控车站所有客

流集中部位和意外情况易发部位。
    2 评价方法
        1) 查阅相关文件。
        2) 现场查验乘客安全监控系统。
5.5.4 乘客安全宣传教育评价应符合下列要求：
    1 评价标准
        1) 应对乘客进行安全乘车常识的宣传教育。
        2) 应对乘客进行紧急情况下正确疏散以及逃生自救知识的宣传。
    2 评价方法
        1) 查阅相关宣传教育材料。
        2) 现场检查。
5.5.5 站务人员培训评价应符合下列要求：
    1 评价标准
        1) 应建立站务人员培训制度。
        2) 培训内容应包括正常情况下的工作要点和突发状况应对措施。
        3) 培训方式应包括授课、实战演练或模拟演练。
    2 评价方法
        查阅站务人员培训记录、相关模拟演练记录。
5.5.6 站务人员素质评价应符合下列要求：
    1 评价标准
        1) 站务人员应经过客运组织培训并取得相应的资格证书。
        2) 站务人员应具备辨识危险品的基本方法和技巧。
        3) 站务人员应熟悉各种可能的突发事件的基本应对流程。
    2 评价方法
        1) 查验站务人员资格证书。
        2) 现场检查。

6 车辆系统评价

6.1 一般规定

6.1.1 车辆系统评价包括车辆、维修体系 2 个项目，满分为 100 分。
6.1.2 被评价的基本车辆单元为可在轨道上独立运行的车组。
6.1.3 被评价地铁运营线路上运行不同型号的地铁车辆时，按地铁车辆型号分别评价。
6.1.4 车辆超过使用年限时，该项目得 0 分。
6.1.5 车辆系统评价可按附录 C 的格式确定评价内容及其分值，制定评价表。

6.2 车 辆

6.2.1 车辆的评价包括车辆安全性能与安全防护设施、车辆防火性能、车辆可靠性 3 个分项。
6.2.2 车辆安全性能与安全防护设施评价应符合下列要求：
    1 评价标准
        1) 车辆应在使用年限内。
        2) 车辆防止脱轨的脱轨系数、轮重减载率、倾覆系数应符合《城市轨道交通车辆组装后的检查与试验规则》GB/T 14894 的有关规定。
        3) 列车两端的车辆可设置防意外冲撞的撞击能量吸收区。
        4) 地面或高架运行的列车两端可装设防爬装置。
        5) 动车转向架构架电机吊座与齿轮箱吊座应在寿命期内不发生疲劳裂纹。
        6) 客室车门应具有非零速自动关门的电气联锁及车门闭锁装置，行驶中确保门的锁闭无误。
        7) 客室车门处应设置紧急解锁开关。
        8) 司机台应设置紧急停车操纵装置和警惕按钮。
        9) 列车的制动系统应符合《地铁车辆通用技术条件》GB/T 7928 的有关规定。
        10) 前照灯在车辆前端紧急制停距离处照度应符合《地铁车辆通用技术条件》GB/T 7928 的有关规定。
        11) 在未设安全通道的线路上运行的列车两端应设紧急疏散门。
        12) 列车各车辆之间应设贯通道。
        13) 车门、车窗玻璃应采用一旦发生破坏时其碎片不会对人造成严重伤害的安全玻璃。
        14) 蓄电池应能够提供车辆在故障情况下的应急照明、外部照明、车载安全设备、广播、通信、应急通风等系统的电源，其工作时间应满足《地铁车辆通用技术条件》GB/T 7928 的有关规定。
        15) 车辆应有列车自动防护系统（ATP）或列车自动防护系统（ATP）与自动驾驶系统（ATO），以及可保证行车安全的通信联络装置。
        16) 电气设备过电压、过电流、过热保护功能应齐全。
        17) 采用受电弓受电的列车应设避雷装置。
        18) 对安装采暖设备部位的侧墙、地板及座椅等应进行安全隔热处理，车用电加热器罩板表面温度应符合《铁道客车电取暖器》TB/T 2704 的有关规定。
        19) 凡散发热量的电气设备，在其可能与乘客、乘务人员或行李发生接触时，应有隔热措施，其外壳或防护外罩外面的温度不得超过《电力机车防火和消防措施的规程》GB 6771 的有关规定。
20）车厢内应设置乘客紧急按钮或与司机紧急对讲装置、应急照明灯、应急装备、消防器材。
21）车辆应有各种警告标识：司机室内的紧急制动装置、带电高压设备、电器箱内的操作警示、消防器材、紧急按钮或与司机紧急对讲装置的位置与使用方法。
2 评价方法
1）查阅车辆使用年限档案和车辆技术文件。
2）现场检查。
3）查阅上级消防部门和企业安全监查部门的检查结论。

6.2.3 车辆防火性能评价应符合下列要求：
1 评价标准
1）车辆的车顶、侧板、内衬、顶棚、地板应使用不燃或阻燃材料。
2）车厢地板上铺物、座椅、扶手、隔热隔声材料、装饰及广告材料等应使用不燃或阻燃材料。
3）车厢内非金属材料应具有耐熔化滴落性能。
4）各电路的电气设备连接导线和电缆应采用阻燃材料，所用材料在燃烧和热分解时不应产生有害和危险的烟气。
2 评价方法
1）查阅车辆技术文件。
2）查阅上级消防部门和企业安全监查部门的检查结论。

6.2.4 车辆可靠性评价应符合下列要求：
1 评价标准
车辆由于故障退出服务统计不大于 0.1 次/万组公里。
2 评价方法
查阅车辆运营统计档案。

6.3 维修体系

6.3.1 维修体系评价包括维修制度、维修人员、维修配件 3 个分项。
6.3.2 维修制度评价应符合下列要求：
1 评价标准
1）应建立车辆维修制度。
2）应制定车辆各级检修规程。
3）对车辆故障信息应有记录、分析、纠正和预防措施。
2 评价方法
1）查阅车辆维修制度文件和各级检修技术规程。
2）查阅车辆故障信息管理文件。

6.3.3 维修人员评价应符合下列要求：
1 评价标准
1）车辆维修人员应持证上岗。
2）应对车辆维修人员定期培训。
2 评价方法
查阅车辆维修人员的上岗资格文件和定期培训记录。

6.3.4 维修配件评价应符合下列要求：
1 评价标准
1）应选择有资格的维修配件供货商。
2）应建立维修配件检验制度。
3）对维修配件的质量信息应有记录、分析、纠正和预防措施。
2 评价方法
查阅维修配件相关档案、记录和文件。

7 供电系统评价

7.1 一般规定

7.1.1 供电系统评价包括主变电站、牵引变电站、降压变电站、接触网（接触轨）、电力电缆、维修配件 6 个评价项目，满分为 100 分。
7.1.2 评价项目存在不同形式时，可分别评价。
7.1.3 设备超过使用年限时，该项目得 0 分。
7.1.4 供电系统评价可按附录 D 的格式确定评价内容及其分值，制定评价表。

7.2 主变电站

7.2.1 主变电站评价包括主变电站设备、主变电站安全防护设施、运作与维护 3 个分项。
7.2.2 主变电站设备评价应符合下列要求：
1 评价标准
1）主变电站设备应在使用年限内。
2）每座主变电站应有两路相互独立可靠的电源引入，并应设两台主变压器。当一路电源或一台主变压器故障或检修时，应由另一路电源或一台主变压器供电。当主变电站全站停用时，应由相邻主变电站供电，并应确保一、二级用电负荷。
3）辅助主变电站应有一路专用电源供电，设置一台主变压器。
4）在地下使用的电气设备及材料，应选用体积小、低损耗、低噪声、防潮、无自爆、低烟、无卤、阻燃或耐火的定型产品。
5）变电站继电保护装置应满足可靠性、选择性、灵敏性和速动性的要求。
6）接地电阻应符合要求。
2　评价方法
1）查阅主变电站设计文件及实验报告。
2）现场检查。

7.2.3 主变电站安全防护设施评价应符合下列要求：
1　评价标准
1）应设置接地保护。
2）主变电站周围建筑应设置避雷设施，并每年进行检测。
3）应设置完善的过负荷、短路保护装置。
4）应设置防灾报警装置，配置必要的消防设施、器材和应急装备。
5）应设置应急照明。
6）应设置安全操作警示标志和安全疏散指示标志。
2　评价方法
1）现场检查。
2）查阅技术文件和检测报告。
3）查阅上级消防部门和企业安全监查部门的检查结论。

7.2.4 运作与维护评价应符合下列要求：
1　评价标准
1）主变电站设备应定期进行预防性试验，试验合格后，才能继续使用。
2）各供电设备及继电保护装置应定期检验，满足电力或地铁相关规范要求。
3）供电试验使用的仪器仪表必须按照国家标准定期检测，试验单位和人员应具有相关专业资质和资格。
4）主变电站值班或巡视维护人员和应急处理人员数量及结构应配置合理。
5）主变电站操作人员应具有上岗资格。
6）主变电站操作人员应定期进行培训。
7）应建立主变电站的维护规程。
8）对主变电站故障信息应有记录、分析、纠正和预防措施。
2　评价方法
1）现场检查。
2）查阅技术文件、检验报告。
3）核查操作人员上岗资格和培训记录。
4）查阅维护文件、记录。

7.3 牵引变电站

7.3.1 牵引变电站评价包括牵引变电站设备、牵引变电站安全防护设施、运作与维护3个分项。

7.3.2 牵引变电站设备评价应符合下列要求：
1　评价标准
1）牵引变电站设备应在使用年限内。
2）牵引变电站应有两路独立的电源供电，两路电源引自同一主变电站的不同母线段或不同主变电站母线段。
3）牵引变电站应设置两台牵引整流机组，两台整流机组并列运行。
4）牵引变电站中一台牵引整流机组退出运行时，另一台牵引整流机组在允许负荷的情况下继续供电。
5）在其中一座牵引变电站退出运行时，相邻的两座牵引变电站应能分担其供电分区的牵引负荷。
6）牵引变电站直流设备外壳应对地绝缘安装。
7）接地电阻应符合要求。
2　评价方法
1）查阅牵引变电站设计文件及实验报告。
2）现场检查。

7.3.3 牵引变电站安全防护设施评价应符合下列要求：
1　评价标准
1）应设置接地保护。
2）牵引变电站及周围建筑应设置避雷设施，并每年进行检测。
3）应设置完善的短路和过负荷继电保护装置。
4）应设有防止大气过电压及操作过电压的保护设施。
5）应设置防灾报警装置，配置必要的消防设施、器材和应急装备。
6）应设置应急照明。
7）无人值班的牵引变电站应设置监控系统。
8）无人值班的牵引变电站所有设备故障信息和操作信息能与调度中心联网。
9）应设置安全操作警示标志和安全疏散指示标志。
2　评价方法
1）现场检查。
2）查阅技术文件和检测报告。
3）查阅上级消防部门和企业安全监查部门的检查结论。

7.3.4 运作与维护评价应符合下列要求：
1　评价标准
1）牵引变电站设备应定期进行预防性试验，试验合格后，才能继续使用。
2）各供电设备及继电保护装置应定期检验，满足电力或地铁相关规范要求。
3）供电试验使用的仪器仪表必须按照国家标准定期检测，试验单位和人员应具有相关专业资质和资格。

4）牵引变电站值班或巡视维护人员和应急处理人员数量及结构应配置合理。
5）牵引变电站操作人员应具有上岗资格。
6）牵引变电站操作人员应定期进行培训。
7）应建立牵引变电站的维护规程。
8）对牵引变电站故障信息应有记录、分析、纠正和预防措施。

2　评价方法
1）现场检查。
2）查阅技术文件、检验报告。
3）核查操作人员上岗资格和培训记录。
4）查阅维护文件、记录。

7.4　降压变电站

7.4.1　降压变电站评价包括降压变电站设备、降压变电站安全防护设施、运作与维护3个分项。

7.4.2　降压变电站设备评价应符合下列要求：
1　评价标准
1）降压变电站设备应在使用年限内。
2）降压变电站应有两路独立的电源供电。
3）降压变电站应设置两台配电变压器。当一台配电变压器退出运行时，另一台配电变压器承担变电站的全部一、二级负荷。
4）配电变压器容量应按远期高峰小时考虑。
5）接地电阻应符合要求。

2　评价方法
1）查阅降压变电站设计文件及实验报告。
2）现场检查。

7.4.3　降压变电站安全防护设施评价应符合下列要求：
1　评价标准
1）应设置接地保护。
2）降压变电站周围建筑应设置避雷设施，并每年进行检测。
3）应设置完善的短路和过负荷继电保护装置。
4）应设有防止大气过电压及操作过电压的保护设施。
5）应设置防灾报警装置，配置必要的消防设施、器材和应急装备。
6）应设置应急照明。
7）无人值班的降压变电站应设置监控系统。
8）无人值班的降压变电站所有设备故障信息和操作信息应能与调度中心联网。
9）应设置安全操作警示标志和安全疏散指示标志。

2　评价方法
1）现场检查。
2）查阅技术文件和检测报告。
3）查阅上级消防部门和企业安全监查部门的检查结论。

7.4.4　运作与维护评价应符合下列要求：
1　评价标准
1）降压变电站设备应定期进行预防性试验，试验合格后，才能继续使用。
2）各供电设备及继电保护装置应定期检验，满足电力或地铁相关规范要求。
3）供电试验使用的仪器仪表必须按照国家标准定期检测，试验单位和人员应具有相关专业资质和资格。
4）降压变电站操作人员应具有上岗资格。
5）降压变电站操作人员应定期进行培训。
6）应建立降压变电站的维护规程。
7）对降压变电站故障信息应有记录、分析、纠正和预防措施。

2　评价方法
1）现场检查。
2）查阅技术文件、检验报告。
3）核查操作人员上岗资格和培训记录。
4）查阅维护文件、记录。

7.5　接触网（接触轨）

7.5.1　接触网（接触轨）评价包括接触网或接触轨、运作与维护2个分项。

7.5.2　接触网评价应符合下列要求：
1　评价标准
1）接触网应在使用年限内。
2）接触线的磨耗应在允许范围内。
3）牵引变电站直流快速断路器至正线接触网间应设置隔离开关。
4）接触网带电部分与结构体、车体之间的最小净距应符合《地铁设计规范》GB 50157的有关规定。
5）固定接触网的非带电金属支持结构物应与架空地线相连接，架空地线应引至牵引变电站接地装置。
6）在地面区段、高架区段，接触网应设置避雷设施。
7）车库线进口分段处应设置带接地刀闸的隔离开关。
8）洗车库内接触网与两端接触网绝缘分段，该接触网接地系统应可靠。

2　评价方法
1）查阅接触网的设计技术文件及实验报告。
2）查阅接触线的磨耗记录。
3）现场检查。

7.5.3　接触轨评价应符合下列要求：
1　评价标准

1）接触轨应在使用年限内。
2）接触轨对地应有良好的绝缘。
3）接触轨带电部分与结构体、车体之间的最小净距应符合《地铁设计规范》GB 50157 的有关规定。
4）当杂散电流腐蚀防护与接地有矛盾时，应以接地安全为主。
5）在地面区段、高架区段，接触轨应设置避雷设施。
6）接触轨应设防护罩和警示标志。
2 评价方法
1）查阅接触轨的设计技术文件及实验报告。
2）现场检查。

7.5.4 运作与维护评价应符合下列要求：
1 评价标准
1）检修人员应具有上岗资格。
2）检修人员应定期进行培训。
3）应建立接触网（接触轨）的维护规程。
4）对接触网（接触轨）故障信息应有记录、分析、纠正和预防措施。
2 评价方法
1）核查检修人员上岗资格和培训记录。
2）查阅维护文件、记录。

7.6 电力电缆

7.6.1 电力电缆评价包括电力电缆、运作与维护 2 个分项。

7.6.2 电力电缆评价应符合下列要求：
1 评价标准
1）电缆应在使用年限内。
2）电缆在地下敷设时应采用低烟无卤阻燃电缆，在地上敷设时可采用低烟阻燃电缆。为应急照明、消防设施供电的电缆，明敷时应采用低烟无卤耐火铜芯电缆或矿物绝缘耐火电缆。
3）电缆贯穿隔墙、楼板的孔洞处，应实施阻火封堵。
2 评价方法
1）查阅电力电缆技术文件。
2）现场检查。

7.6.3 运作与维护评价应符合下列要求：
1 评价标准
1）检修人员应具有上岗资格。
2）检修人员应定期进行培训。
3）应建立电力电缆的维护规程。
4）对电力电缆故障信息应有记录、分析、纠正和预防措施。
2 评价方法
1）核查检修人员上岗资格和培训记录。

2）查阅维护文件、记录。

7.7 维修配件

7.7.1 维修配件评价包括维修配件 1 个分项。
7.7.2 维修配件评价应符合下列要求：
1 评价标准
1）选择有资质的维修配件供货商。
2）建立维修配件检验制度。
3）对维修配件的质量信息有记录、分析、纠正和预防措施。
2 评价方法
查阅维修配件相关档案、记录和文件。

8 消防系统与管理评价

8.1 一般规定

8.1.1 消防系统与管理评价包括 1 个评价项目，满分为 100 分。
8.1.2 消防设施不是由具备消防设备维保资质的单位进行定期维修保养，无法保证消防设施的正常运行的，相应分项得分为 0。
8.1.3 消防系统与管理评价可按附录 E 的格式确定评价内容及其分值，制定评价表。

8.2 消防系统与管理

8.2.1 消防系统与管理评价包括火灾自动报警系统（FAS）及联动控制、气体灭火系统、消防给水系统、应急照明及疏散指示、灭火器配置与管理、车站消防管理、消防值班人员与设备管理、建筑与附属设施防火 8 个分项。

8.2.2 火灾自动报警系统（FAS）及联动控制评价应符合下列要求：
1 评价标准
1）在车站控制室，FAS 系统应能按照预定模式控制地铁消防救灾设备的启、停，应能显示运行状态；消防联动盘应运行情况正常。
2）车站 FAS 系统必须显示气体自动灭火系统保护区的报警、放气、风机和风阀状态、手动/自动放气开关所处位置；FAS 系统主、备电源及其相互切换功能应正常，并应显示主、备电源状态。
3）站厅、站台、各种设备机房、库房、值班室、办公室、走廊、配电室、电缆隧道或夹层等处应设火灾探测器；设置火灾探测器的场所应设置手动报警按钮；车站相应场所应设有消防对讲电话。
4）地铁中央控制中心应能控制消防救灾设备

的启、停，应能显示运行状态，消防联动系统应能正常运行。
2 评价方法
1）查阅相关资料、文件。
2）查阅上级消防部门和企业安全监查部门的检查结论。
3）现场检查。

8.2.3 气体灭火系统评价应符合下列要求：
1 评价标准
1）地下车站通信设备房、信号设备房、变电站、电控室等重要设备房应设置气体自动灭火装置。
2）设置气体灭火装置的房间应设置机械通风系统，所排除的气体必须直接排出地面。
2 评价方法
1）查阅相关资料、文件。
2）现场检查。

8.2.4 消防给水系统评价应符合下列要求：
1 评价标准
1）消火栓的设置应符合《地铁设计规范》GB 50157 的有关规定。
2）消火栓用水量应符合《地铁设计规范》GB 50157 的有关规定。
3）水泵结合器和室外消火栓应设有明显标志且便于操作。
4）消防主、备泵均应工作正常且出水压力符合要求。
2 评价方法
1）查阅相关资料、文件。
2）查阅上级消防部门和企业安全监查部门的检查结论。
3）现场检查。

8.2.5 应急照明及疏散指示评价应符合下列要求：
1 评价标准
1）站厅、站台、自动扶梯、自动人行道、楼梯口、疏散通道、安全出口、区间隧道、车站控制室、值班室变电站、配电室、信号机械室、消防泵房、公安用房等处应设置应急照明；应急照明的照度不小于正常照明照度的 10%。
2）应急照明的连续供电时间不应少于 1h。
3）站厅、站台、自动扶梯、自动人行道、楼梯口、人行疏散通道拐弯处、安全出口和交叉口等处沿通道长向每隔不大于 20m 处应设置醒目的疏散指示标志；疏散指示标志距地面高度应小于 1m。
4）区间隧道内应设置集中控制型疏散指示标志。
2 评价方法
1）查阅相关资料、文件。
2）查阅上级消防部门和企业安全监查部门的检查结论。
3）现场检查。

8.2.6 灭火器配置与管理评价应符合下列要求：
1 评价标准
1）地铁各相关场所应按《建筑灭火器配置设计规范》GB 50140 的有关规定选择、配置和设置灭火器，且灭火器应在使用期限内。
2）制定灭火器定期检测制度并切实落实。
2 评价方法
1）现场检查。
2）查阅上级消防部门和企业安全监查部门的检查结论。

8.2.7 车站消防管理评价应符合下列要求：
1 评价标准
1）车站、主变电站、地铁控制中心等消防重点部位应落实消防安全责任制，明确岗位消防安全职责。
2）车站在运营期间应至少每两小时进行一次防火巡查，在运营前和结束后，应对车站进行全面检查。
3）车站应填写消防安全检查记录，对消防设施的状况、存在火灾隐患以及火灾隐患的整改措施等有书面记录。
4）地铁运营企业应对所属消防设施进行定期检查和维护保养，建立记录档案；车站应建立消防安全检查记录档案。
5）定期组织消防演练。
2 评价方法
1）现场检查。
2）查阅相关制度文件、记录、档案。

8.2.8 消防值班人员与设备管理评价应符合下列要求：
1 评价标准
1）应建立消防控制室二十四小时值班制度，值班人员交接班时应填写值班记录。
2）消防控制室值班人员应持有"消防操作员"上岗证并能正确操作消防联动设备。
3）消防控制室内除操作设备外，不能存放其他物品。
4）应建立 FAS 系统及联动控制设备的检修制度，对 FAS 系统及联动控制设备的故障信息应有记录、分析、纠正和预防措施。
2 评价方法
1）核查消防控制室值班人员持证情况。
2）现场抽考操作人员操作消防联动设备的

能力。
3) 查阅值班文件和记录，查阅检修文件和记录。

8.2.9 建筑与附属设施防火评价应符合下列要求：
1 评价标准
1) 地铁与地下及地上商场等地下建筑物相连接时，必须采取防火分隔设施。
2) 车站内的墙、地、顶面、装饰装修材料以及座椅、服务标识牌、广告牌和设备设施所用材料应符合《地铁设计规范》GB 50157 的有关规定。
3) 车站站厅乘客疏散区、站台及疏散通道内不应设置商业场所。
4) 地下车站防火分区安全出口的设置应符合《地铁设计规范》GB 50157 的有关规定。
5) 地铁车站设备、管理用房区的安全出口、楼梯、疏散通道的最小净宽应符合《地铁设计规范》GB 50157 的有关规定。
2 评价方法
1) 现场检查。
2) 查阅相关文件、资料。
3) 查阅上级消防部门和企业安全监查部门的检查结论。

9 线路及轨道系统评价

9.1 一般规定

9.1.1 线路及轨道系统评价包括线路及轨道系统、维修体系 2 个评价项目，满分为 100 分。
9.1.2 线路及轨道系统评价可按附录 F 的格式确定评价内容及其分值，制定评价表。

9.2 线路及轨道系统

9.2.1 线路及轨道系统评价包括 1 个分项。
9.2.2 线路及轨道系统评价应符合下列要求：
1 评价标准
1) 两条正线接轨应选择在车站内，并采取同向相接，避免车辆异向运行。
2) 辅助线与正线接轨时，宜在列车进入正线之前设置隔开设备。
3) 任何情况下，线路平面、纵断面的变动不得影响限界。
4) 位于正线上圆曲线及曲线间夹直线的最小长度应不小于一辆车辆的长度，困难情况下不应小于车辆全轴距，夹直线长度还应满足超高顺坡和轨距加宽的要求。
5) 曲线地段严禁设置反超高。
6) 道岔应铺设在直线上，并应避免设在竖曲线上。
7) 轨道结构应坚固、耐久、稳定，应具有适当的弹性，保证列车运行平稳安全。
8) 正线及辅助线钢轨接头应符合有关规定。
9) 无缝线路联合接头距桥台边墙不小于 2m，铝热焊缝距轨枕边不得小于 40mm。
10) 正线、试车线及辅助线的末端应设置车挡，车挡应能承受不大于 15km/h 速度的列车水平冲击荷载。
11) 在小半径曲线地段、缓和曲线与竖曲线重叠地段、跨越河流、城市主要道路、铁路干线或重要建筑物地段，高架线路应设置防脱护轨装置。
12) 轨道交通线路应布设线路与信号标志，无缝线路地段应布设钢轨位移观测桩。
13) 轨道的路基应坚固、稳定，并满足防洪排水要求。
14) 地面及高架线路两旁应设置一定高度隔离栏，防止外来人员侵入。
2 评价方法
1) 查阅设计技术文件。
2) 现场检查。

9.3 维修体系

9.3.1 维修体系评价包括管理与维护、维修配件 2 个分项。
9.3.2 管理与维护评价应符合下列要求：
1 评价标准
1) 应建立线路及轨道系统的保养制度、巡检制度。
2) 应建立线路及轨道系统保养、巡检的记录台账。
3) 检修人员应具有上岗资格。
4) 应对检修人员定期技术培训。
5) 对线路及轨道系统故障信息应有记录、分析、纠正和预防措施。
6) 轨道检测车、钢轨打磨车等维修设备应有质检合格证。
2 评价方法
查阅维护相关文件、档案、记录。
9.3.3 维修配件评价应符合下列要求：
1 评价标准
1) 选择有资质的维修配件供货商。
2) 建立维修配件检验制度。
3) 对维修配件的质量信息有记录、分析、纠正和预防措施。
2 评价方法
查阅维修配件相关文件、档案、记录。

10 机电设备评价

10.1 一般规定

10.1.1 机电设备评价包括自动扶梯、电梯与自动人行道、屏蔽门系统与防淹门系统、给水排水设备、通风和空调设备、风亭5个评价项目，满分为100分。

10.1.2 机电设备评价可按附录G的格式确定评价内容及其分值，制定评价表。

10.2 自动扶梯、电梯与自动人行道

10.2.1 自动扶梯、电梯与自动人行道评价包括自动扶梯、电梯与自动人行道设备、安全防护标识、管理与维护、维修配件4个分项。

10.2.2 自动扶梯、电梯与自动人行道设备评价应符合下列要求：
1 评价标准
  1）设备必须由法定质量技术监督部门出具电梯使用证。
  2）在用设备必须由法定特种设备检验检测机构检验合格并出具有效期内电梯验收检验报告和"安全检验合格"标志。
  3）地铁车站自动扶梯宜采用公共交通型重载扶梯，其传输设备及部件应采用不燃或难燃材料。
  4）设备的各项安全保护装置设置齐全，动作灵敏、可靠。
2 评价方法
  1）查阅相关文件、资料。
  2）现场检查。

10.2.3 安全防护标识评价应符合下列要求：
1 评价标准
  1）所有自动扶梯和自动人行道出入口处应贴图示警示标志，所有电梯内应贴电梯使用安全守则。
  2）对于穿越楼层和靠墙布置的自动扶梯，其扶手带中心至开孔边缘和墙面的净距应符合《地铁设计规范》GB 50157的有关规定。
2 评价方法
现场检查。

10.2.4 管理与维护评价应符合下列要求：
1 评价标准
  1）应建立维护、保养制度和检修规程及应急处理程序。
  2）检修人员应具有上岗资格。
  3）对检修人员应定期进行技术培训。
  4）对自动扶梯、电梯、自动人行道故障信息应有记录、分析、纠正和预防措施。
2 评价方法
查阅相关档案、记录。

10.2.5 维修配件评价应符合下列要求：
1 评价标准
  1）应选择有资质的维修配件供货商。
  2）应建立维修配件检验制度。
  3）对维修配件的质量信息应有记录、分析、纠正和预防措施。
2 评价方法
查阅维修配件相关档案、记录和文件。

10.3 屏蔽门系统与防淹门系统

10.3.1 屏蔽门系统和防淹门系统评价包括屏蔽门系统设备、防淹门系统设备、安全防护标识、管理与维护、维修配件5个分项。

10.3.2 屏蔽门系统设备评价应符合下列要求：
1 评价标准
  1）屏蔽门无故障使用次数应不小于100万次。
  2）屏蔽门应接地连接牢固，接地电阻在允许值内。
  3）屏蔽门应能与信号系统联动，实现屏蔽门的正常开/关功能。
  4）屏蔽门应急手动开门功能和站台级开/关门功能正常。
  5）ATP系统应为列车车门、屏蔽门等开闭提供安全监控信息。
  6）可设有应急门；应急门的位置应保证当列车与滑动门不能对齐时的乘客疏散。
2 评价方法
  1）查阅相关资料。
  2）现场检查。

10.3.3 防淹门系统设备评价应符合下列要求：
1 评价标准
  1）防淹门应能与信号系统联动，实现防淹门的正常开/关功能。
  2）防淹门机房及车站控制功能应正常。
  3）车站对防淹门系统所辖区间的水位应具备监视功能。
2 评价方法
  1）查阅相关资料。
  2）现场检查。

10.3.4 安全防护标识评价应符合下列要求：
1 评价标准
  1）屏蔽门应有明显的安全标志、使用标志和应急情况操作指示。
  2）防淹门应有明显的安全标志、使用标志和应急情况操作指示。

2 评价方法
现场检查。

10.3.5 管理与维护评价应符合下列要求：
  1 评价标准
    1）应建立维护、保养制度、检修规程及应急处理程序。
    2）检修人员应具有上岗资格。
    3）应对检修人员定期技术培训。
    4）对屏蔽门故障信息应有记录、分析、纠正和预防措施。
  2 评价方法
  查阅相关档案、记录和文件。

10.3.6 维修配件评价应符合下列要求：
  1 评价标准
    1）应选择有资质的维修配件供货商。
    2）应建立维修配件检验制度。
    3）对维修配件的质量信息应有记录、分析、纠正和预防措施。
  2 评价方法
  查阅维修配件相关档案、记录和文件。

10.4 给水排水设备

10.4.1 给水排水设备评价包括给水系统、排水系统、管理与维护、维修配件 4 个分项。

10.4.2 给水系统评价应符合下列要求：
  1 评价标准
    1）生活用水设备和卫生器具的水压，应符合现行国家标准《建筑给水排水设计规范》GB 50015 的规定。
    2）给水管不应穿过变电站、通信信号机房、控制室、配电室等房间。
  2 评价方法
    1）查阅相关文件、资料。
    2）现场检查。

10.4.3 排水系统评价应符合下列要求：
  1 评价标准
    1）地铁车站及沿线的各排水泵站、排雨泵站、排污泵站应设危险水位报警装置。
    2）各水位报警装置应运行正常。
  2 评价方法
    1）查阅相关资料。
    2）现场检查。

10.4.4 管理与维护评价应符合下列要求：
  1 评价标准
    1）应建立维护、保养制度、检修规程及应急处理程序。
    2）检修人员应具有上岗资格。
    3）对检修人员应定期进行技术培训。
    4）对给水排水设备故障信息应有记录、分析、纠正和预防措施。
  2 评价方法
    1）查阅相关档案、记录。
    2）现场检查。

10.4.5 维修配件评价应符合下列要求：
  1 评价标准
    1）应选择有资质的维修配件供货商。
    2）应建立维修配件检验制度。
    3）对维修配件的质量信息应有记录、分析、纠正和预防措施。
  2 评价方法
  查阅维修配件相关档案、记录和文件。

10.5 通风和空调设备

10.5.1 通风和空调设备评价包括通风和空调设备、管理与维护、维修配件 3 个分项。

10.5.2 通风和空调设备评价应符合下列要求：
  1 评价标准
    1）空调系统设置的压力容器必须由国家认可资质的质量技术监督部门出具压力容器使用证，并必须由国家认可资质的特种设备监察检验部门检验合格并出具有效期内压力容器检验报告和"安全检验合格"标志。
    2）防烟、排烟与事故通风系统应符合《地铁设计规范》GB 50157 的有关规定。
  2 评价方法
    1）查阅相关资料。
    2）现场检查。

10.5.3 管理与维护评价应符合下列要求：
  1 评价标准
    1）应建立维护、保养制度、检修规程及应急处理程序，对应急排烟、通风功能定期检查并有检查记录。
    2）检修人员应具有上岗资格。
    3）应对检修人员定期技术培训。
    4）对设备故障信息应有记录、分析、纠正和预防措施。
  2 评价方法
    1）查阅相关文件、档案、记录。
    2）现场检查。

10.5.4 维修配件评价应符合下列要求：
  1 评价标准
    1）应选择有资质的维修配件供货商。
    2）应建立维修配件检验制度。
    3）对维修配件的质量信息应有记录、分析、纠正和预防措施。
  2 评价方法
  查阅维修配件相关档案、记录和文件。

10.6 风 亭

10.6.1 风亭评价包括风亭、管理与维护2个分项。
10.6.2 风亭评价应符合下列要求：
 1 评价标准
  1）进、排风亭口部距其他建筑物的距离应符合《地铁设计规范》GB 50157 的有关规定。
  2）进风风亭应设在空气洁净的地方。
  3）风亭出口处连接道口的 3.5m 宽的通道上禁止堆放物品。
 2 评价方法
  1）查阅相关资料。
  2）现场检查。
10.6.3 管理与维护评价应符合下列要求：
 1 评价标准
  1）应建立维护、巡视制度。
  2）应建立维护、巡视档案。
 2 评价方法
 查阅相关档案、记录。

11 通信设备评价

11.1 一 般 规 定

11.1.1 通信设备评价包括通信系统、维修体系2个评价项目，满分为100分。
11.1.2 通信设备评价可按附录H的格式确定评价内容及其分值，制定评价表。

11.2 通 信 系 统

11.2.1 通信系统评价包括通信系统技术、传输系统、公务电话系统、专用电话系统、无线通信系统、图像信息系统、广播系统、通信电源、通信系统接地9个分项。
11.2.2 通信系统技术评价应符合下列要求：
 1 评价标准
  1）通信系统应能安全、可靠地传递语音、数据、图像、文字等信息，并应具有网络监控、管理功能。
  2）各轨道交通线路的通信系统应能互联互通，实现信息资源共享。
  3）当出现紧急情况时，通信系统应能迅速及时地为防灾救援和事故处理的指挥提供通信联络。
  4）通信系统各子系统应具有故障时降级使用功能，主要部件应具有冗余保护功能。
  5）通信系统应具有防止电机牵引所产生的谐波电流、外界电磁波、静电等对通信系统的干扰功能，并采取必要的防护措施。
 2 评价方法
 查阅相关技术文件。
11.2.3 传输系统评价应符合下列要求：
 1 评价标准
  1）传输系统应是独立专用传输网络。
  2）传输系统必须有自保护功能。
 2 评价方法
 查阅相关技术文件。
11.2.4 公务电话系统评价应符合下列要求：
 1 评价标准
  1）对特种业务呼叫应能自动转接到市话网的"119"、"110"、"120"，并可进行电话跟踪。
  2）公务电话系统应具有在线维护管理、安全保护措施、故障诊断和定位功能。
 2 评价方法
 查阅相关技术文件。
11.2.5 专用电话系统评价应符合下列要求：
 1 评价标准
  1）专用电话系统宜由调度电话、区间电话、站间电话、站内集中电话、紧急电话、市内直线电话组成。
  2）调度电话应具有优先级，并具有录音功能。
  3）专用电话系统应具有在线维护管理、安全保护措施、故障诊断和定位功能。
 2 评价方法
 查阅相关技术文件。
11.2.6 无线通信系统评价应符合下列要求：
 1 评价标准
  1）无线通信系统应设置列车调度、事故及防灾、车辆综合基地管理及设备维护四个子系统，其容量和覆盖范围应满足轨道交通运营的要求。在地下车站及区间应设置公安、消防无线通信系统。
  2）无线通信系统应具有选呼、组呼、全呼、紧急呼叫、呼叫优先级权限等功能，并具有存储、监测功能。
 2 评价方法
  1）查阅相关技术文件。
  2）现场检查。
11.2.7 图像信息系统评价应符合下列要求：
 1 评价标准
  1）图像信息系统应满足各级控制中心调度员、车站值班员、列车司机对车站图像监视的功能要求。摄像机的安装部位应满足运营监视和公安监视的要求，并确保事故状态下摄像。

2) 车站图像信息系统设备应能对运营监视的图像进行录像,控制中心图像信息系统设备应能对各车站传来图像进行录像。

2 评价方法
1) 查阅相关技术文件。
2) 现场检查。

11.2.8 广播系统评价应符合下列要求：
1 评价标准
1) 控制中心和车站均应设置行车和防灾广播控制台。控制中心广播控制台可以对全线选站、选路广播；车站广播控制台可对本站管区内选路广播。
2) 行车和防灾广播的区域应统一设置。防灾广播应优先于行车广播。
3) 列车上应设置广播设备，并可以接受控制中心调度指挥员通过无线通信系统对运行列车中乘客的语音广播。
4) 防灾广播可根据应急事件事先录制或制定广播内容,且采用多语种。

2 评价方法
1) 查阅相关技术文件。
2) 现场检查。

11.2.9 通信电源评价应符合下列要求：
1 评价标准
1) 通信电源系统必须是独立的供电设备，并具有集中监控管理功能。
2) 通信电源系统应保证对通信设备不间断、无瞬变地供电。
3) 地铁通信设备应按一级负荷供电。由变电站接双电源双回路的交流电源至通信机房交流配电屏,当使用中的一路出现故障时,应能自动切换至另一路。
4) 控制中心、各车站及车辆段（停车场）的通信设备应按一类负荷供电,各通信机房应设置电源自动切换设备。
5) 交流供电电源电压波动范围不应大于±10%,交流供电容量应为各设备总额定容量的130%。
6) 不间断电源的蓄电池容量应保证向各通信设备连续供电不少于2h。

2 评价方法
查阅相关技术文件。

11.2.10 通信系统接地评价应符合下列要求：
1 评价标准
1) 接地电阻值应符合《地铁设计规范》GB 50157的有关规定。
2) 车辆段（停车场）宜设置独立的通信接地体,作为通信系统的联合接地,其接地体与其他接地体的间隔应符合《地铁设计规范》GB 50157的有关规定。

2 评价方法
查阅相关技术文件。

11.3 维修体系

11.3.1 维修体系评价包括管理与维护、维修配件2个分项。

11.3.2 管理与维护评价应符合下列要求：
1 评价标准
1) 应建立通信系统检修制度。
2) 应建立保养、巡检的记录台账。
3) 检修人员应具有上岗资格。
4) 应对检修人员定期技术培训。
5) 对通信系统故障信息应有记录、分析、纠正和预防措施。

2 评价方法
1) 查阅检修和培训档案、记录。
2) 现场检查。

11.3.3 维修配件评价应符合下列要求：
1 评价标准
1) 应选择有资质的维修配件供货商。
2) 应建立维修配件检验制度。
3) 对维修配件的质量信息应有记录、分析、纠正和预防措施。

2 评价方法
查阅维修配件相关档案、记录和文件。

12 信号设备评价

12.1 一般规定

12.1.1 信号设备评价包括信号系统、维修体系2个评价项目,满分为100分。

12.1.2 信号设备评价可按附录J的格式确定评价内容及其分值,制定评价表。

12.2 信号系统

12.2.1 信号系统评价包括信号系统技术、安全防护设施2个分项。

12.2.2 信号系统技术评价应符合下列要求：
1 评价标准
1) 运营线路上的车站应纳入ATS（列车自动监控）系统监控范围,涉及行车安全的应直接控制,由车站办理,车辆段、停车场与正线衔接的出入段线应纳入监控范围。
2) 当信号系统设备发生故障时,ATC（列车自动控制）系统控制等级应遵循降级运行,按车站人工控制优先于控制中心人工控制、控制中心人工控制优先于控制中心的自动控制或车站自动控制的原则来确保运营安全。
  3）在 ATC 控制区域内使用列车驾驶限制模式或非限制模式时，应有破铅封、记录或特殊控制指令授权等技术措施。
  4）在需要进行折返作业的折返点，应提供完整的 ATP（列车自动防护）功能。
  5）与列车运营安全有关的信号设备均应具备故障倒向安全的措施；应具有自检及故障报警功能，应具有冗余技术和双机自动转换功能。
  6）列车内信号应有列车实际运行速度、列车运行前方的目标速度两种速度显示报警装置和必要的切换装置，并设于两端司机室内。
  7）ATP 执行强迫停车控制时，应切断列车牵引，列车停车过程不得中途缓解。如需缓解，司机应在列车停车后履行一定的操作手续，列车方能缓解。
  8）为确保行车安全，在各线车站站台及车站控制室应设站台紧急关闭按钮，站台紧急关闭按钮电路应符合故障-安全原则。
  9）装有引导信号的信号机因故不能正常开放时，应通过引导信息实现列车的引导作业。
  10）各线的 ATC 系统控制区域与非 ATC 系统控制区域的分界处，应设驾驶模式转换区，转换区的信号设备应与正线信号设备一致。
  11）信号系统供电负荷等级为一级，设两路独立电源。
  12）信号系统电缆宜采用阻燃、低毒、防腐蚀护套电缆。
 2 评价方法
  1）查阅相关技术文件。
  2）现场检查。
12.2.3 安全防护设施评价应符合下列要求：
 1 评价标准
  1）信号设备应设置接地保护。
  2）高架和地面线的室外信号设备与外线连接的室内信号设备必须具有雷电防护设施。
  3）转辙机及线路轨旁设备应有防进水设施。
 2 评价方法
  1）查阅相关技术文件。
  2）现场检查。

12.3 维 修 体 系

12.3.1 维修体系评价包括管理与维护、维修配件 2 个分项。
12.3.2 管理与维护评价应符合下列要求：
 1 评价标准
  1）应建立使用涉及行车安全的产品的审批制度。
  2）应建立信号系统的保养制度、巡检制度。
  3）应建立保养、巡检的记录台账。
  4）检修人员应具有上岗资格。
  5）应对检修人员定期技术培训。
  6）对信号系统故障信息应有记录、分析、纠正和预防措施。
 2 评价方法
  1）查阅相关档案、记录。
  2）现场检查。
12.3.3 维修配件评价应符合下列要求：
 1 评价标准
  1）应选择有资质的维修配件供货商。
  2）应建立维修配件检验制度。
  3）对维修配件的质量信息应有记录、分析、纠正和预防措施。
 2 评价方法
  查阅维修配件相关档案、记录和文件。

13 环境与设备监控系统评价

13.1 一 般 规 定

13.1.1 环境与设备监控系统评价包括环境与设备监控系统（BAS/EMCS）、安全防护标识、维修体系 3 个评价项目，满分为 100 分。
13.1.2 环境与设备监控系统评价可按附录 K 的格式确定评价内容及其分值，制定评价表。

13.2 环境与设备监控系统

13.2.1 环境与设备监控系统评价包括环境与设备监控系统 1 个分项。
13.2.2 环境与设备监控系统评价应符合下列要求：
 1 评价标准
  1）环境与设备监控系统应具备机电设备监控、执行阻塞模式、环境监控与节能运行管理、环境和设备的管理功能。
  2）环境与设备监控系统应能接收火灾自动报警系统（FAS）车站火灾信息，执行车站防烟、排烟模式；接收列车区间停车位置信号，根据列车火灾部位信息，执行隧道防排烟模式；接收列车阻塞信息，执行阻塞通风模式；应能监控车站逃生指示系统和应急照明系统；应能监视各排水泵房危险水位。

3) 车站应配置车站控制室紧急控制盘（IBP盘）作为 BAS 火灾工况自动控制的后备措施，其操作权高于车站和中央工作站，盘面应以火灾工况操作为主，操作程序应简便、直接。
2 评价方法
1）查阅相关资料。
2）现场检查。

13.3 安全防护标识

13.3.1 安全防护标识评价包括安全防护标识 1 个分项。

13.3.2 安全防护标识评价应符合下列要求：
1 评价标准
1）环境与设备监控设备应有明显的安全警示标志、使用标志和应急情况操作指示。
2）车站、车辆段、地铁控制中心、主变电站、冷站、冷却水塔和风亭等场所应设有减少和避免事故发生的安全警示标志。
2 评价方法
现场检查。

13.4 维 修 体 系

13.4.1 维修体系评价包括管理与维护、维修配件 2 个分项。

13.4.2 管理与维护评价应符合下列要求：
1 评价标准
1）应建立维护、保养制度、检修规程及应急处理程序。
2）检修人员应持证上岗。
3）应对检修人员定期技术培训。
4）对环境与设备监控系统故障信息有记录、分析、纠正和预防措施。
2 评价方法
1）查阅相关资料、检修记录。
2）现场检查。

13.4.3 维修配件评价应符合下列要求：
1 评价标准
1）应选择有资质的维修配件供货商。
2）应建立维修配件检验制度。
3）对维修配件的质量信息应有记录、分析、纠正和预防措施。
2 评价方法
查阅维修配件相关档案、记录和文件。

14 自动售检票系统评价

14.1 一 般 规 定

14.1.1 自动售检票系统评价包括自动售检票系统（AFC）、维修体系 2 个评价项目，满分为 100 分。

14.1.2 自动售检票系统评价可按附录 L 的格式确定评价内容及其分值，制定评价表。

14.2 自动售检票系统（AFC）

14.2.1 自动售检票系统评价包括自动售检票系统 1 个分项。

14.2.2 自动售检票系统评价应符合下列要求：
1 评价标准
1）车站售检票设备数量配置应按近期高峰客流量配置，并预留远期高峰客流量所需设备的供电，预埋套线及安装位置等条件。
2）检票口的通过能力应与相应的楼梯、自动扶梯的通过能力相适应，每个检票口的半单向检票机的数量应不少于 2 台。
3）在紧急疏散情况下，车站控制室应能控制所有检票机闸门开放，检票机工作状态显示应与之相匹配。
4）检票机对乘客应有明确、清晰、醒目的工作状态显示。
2 评价方法
1）查阅相关技术文件。
2）现场检查。

14.3 维 修 体 系

14.3.1 维修体系评价包括管理与维护、维修配件 2 个分项。

14.3.2 管理与维护评价应符合下列要求：
1 评价标准
1）应建立维护、保养制度。
2）检修人员应具有上岗资格。
3）应对检修人员定期技术培训。
4）对自动售检票系统故障信息应有记录、分析、纠正和预防措施。
2 评价方法
1）查阅相关档案、记录。
2）现场检查。

14.3.3 维修配件评价应符合下列要求：
1 评价标准
1）应选择有资质的维修配件供货商。
2）应建立维修配件检验制度。
3）对维修配件的质量信息应有记录、分析、纠正和预防措施。
2 评价方法
查阅维修配件相关档案、记录和文件。

15 车辆段与综合基地评价

15.1 一般规定

15.1.1 车辆段与综合基地评价包括车辆段与综合基地设施、防灾设施2个项目，满分为100分。

15.1.2 车辆段与综合基地评价可按附录M的格式确定评价内容及其分值，制定评价表。

15.2 车辆段与综合基地设施

15.2.1 车辆段与综合基地设施评价包括车辆段与综合基地设施1个分项。

15.2.2 车辆段与综合基地设施评价应符合下列要求：

1 评价标准
   1) 车辆段、停车场出入线的设计应符合《地铁设计规范》GB 50157的有关规定。
   2) 运用库根据车辆的受电方式设置架空接触网或地面接触轨时，应符合《地铁设计规范》GB 50157的有关规定。
   3) 车辆段与综合基地供电系统应符合《地铁设计规范》GB 50157的有关规定。
   4) 沿海或江河附近地区车辆段与综合基地的线路路肩设计高程应符合《地铁设计规范》GB 50157的有关规定。

2 评价方法
   查阅车辆段与综合基地的平面布置图和相关技术文件。

15.3 防灾设施

15.3.1 防灾设施评价包括防灾设施1个分项。

15.3.2 防灾设施评价应符合下列要求：

1 评价标准
   1) 车辆段与综合基地设计应有完善的消防设施。
   2) 总平面布置、房屋设计和材料、设备的选用等应符合现行有关防火规范的规定。
   3) 车辆段与综合基地内应有运输道路及消防道路，并应有不少于两个与外界道路相连通的出口。
   4) 存放易燃品的仓库宜单独设置，并应符合《建筑设计防火规范》GB 50016的有关规定。
   5) 车辆段与综合基地应设救援办公室，受地铁控制中心指挥。
   6) 车辆段、停车场应设火灾自动报警系统（FAS）。
   7) 车辆段值班室应设置防灾无线通信设备。
   8) 应保证消防路轨平交通道畅通。

2 评价方法
   1) 查阅相关资料和上级消防部门及企业安全监查部门的检查结论。
   2) 现场检查。

16 土建评价

16.1 一般规定

16.1.1 土建评价包括地下、高架结构与车站建筑和车站设计2个项目，满分为100分。

16.1.2 分别评价被评价地铁运营线路上的每个车站和区间隧道。

16.1.3 土建评价可按附录N的格式确定评价内容及其分值，制定评价表。

16.2 地下、高架结构与车站建筑

16.2.1 地下、高架结构与车站建筑评价包括地下、高架结构与车站建筑1个分项。

16.2.2 地下、高架结构与车站建筑评价应符合下列要求：

1 评价标准
   1) 建立建筑结构设计缺陷（不符合现行建筑设计规范和防火规范）档案。
   2) 建立维护和巡检制度，且切实落实。
   3) 对建筑结构设计缺陷和劣化或破损有分析、监控、记录。
   4) 针对建筑结构设计缺陷和劣化或破损制定对策措施。

2 评价方法
   1) 查阅建筑结构设计缺陷档案。
   2) 查阅维护和巡检记录、对策措施。

16.3 车站设计

16.3.1 车站设计评价应包括站台、楼梯与通道、车站出入口、对策措施4个分项。

16.3.2 站台评价应符合下列要求：

1 评价标准
   1) 站台计算长度应采用远期列车编组长度加停车误差。
   2) 站台宽度应符合《地铁设计规范》GB 50157的有关规定。
   3) 站台边缘设置安全线应符合《地铁设计规范》GB 50157的有关规定。
   4) 站台边缘距车辆外边之间的空隙应符合《地铁设计规范》GB 50157的有关规定。

  2　评价方法
   1）查阅车站相关资料。
   2）现场检查。
16.3.3　楼梯与通道评价应符合下列要求：
  1　评价标准
   1）楼梯与通道的最大通过能力应满足《地铁设计规范》GB 50157 的有关规定。
   2）楼梯与通道的最小宽度应满足《地铁设计规范》GB 50157 的有关规定。
   3）人行楼梯和自动扶梯的总量布置应满足站台层的事故疏散时间不大于《地铁设计规范》GB 50157 的有关规定值。
  2　评价方法
   1）查阅车站相关资料。
   2）现场检查。
16.3.4　车站出入口评价应符合下列要求：
  1　评价标准
   1）车站出入口的数量应符合《地铁设计规范》GB 50157 的有关规定。
   2）地下车站出入口地面标高应高出室外地面，并应满足防洪要求。
  2　评价方法
   1）查阅车站相关资料。
   2）现场检查。
16.3.5　对策措施评价应符合下列要求：
  1　评价标准
   1）建立车站设计缺陷档案。
   2）针对车站设计缺陷制定对策措施。
  2　评价方法
   1）查阅车站设计缺陷档案。
   2）查阅制定的对策措施

17　外界环境评价

17.1　一般规定

17.1.1　外界环境评价包括防自然灾害、保护区 2 个评价项目，满分为 100 分。
17.1.2　外界环境评价可按附录 P 的格式确定评价内容及其分值，制定评价表。

17.2　防自然灾害

17.2.1　防自然灾害评价包括防风灾、防雷电、防水灾、防冰雪、防地震、防地质灾害 6 个分项。
17.2.2　防风灾评价应符合下列要求：
  1　评价标准
   1）应分析地铁所在地的气象条件（风灾）及特点。
   2）应针对风灾采取安全对策和措施。
   3）风灾安全防护设备设施应完整、有效。
   4）应建立风灾安全防护设备设施的定期检查记录。
  2　评价方法
   1）查阅防风灾安全对策措施及设备定期检查记录。
   2）现场检查。
17.2.3　防雷电评价应符合下列要求：
  1　评价标准
   1）应分析地铁所在地的气象条件（雷电）及特点。
   2）应针对雷电采取安全对策和措施。
   3）雷电安全防护设备设施应完整、有效。
   4）应建立雷电安全防护设备设施的定期检查记录。
  2　评价方法
   1）查阅防雷电安全对策措施及设备定期检查记录。
   2）现场检查。
17.2.4　防水灾评价应符合下列要求：
  1　评价标准
   1）应分析地铁所在地的气象条件（水灾）及特点。
   2）应针对水灾采取安全对策和措施。
   3）水灾安全防护设备设施应完整、有效。
   4）应建立水灾安全防护设备设施的定期检查记录。
  2　评价方法
   1）查阅防水灾安全对策措施及设备定期检查记录。
   2）现场检查。
17.2.5　防冰雪评价应符合下列要求：
  1　评价标准
   1）应分析地铁所在地的气象条件（冰雪）及特点。
   2）应针对冰雪危害采取安全对策和措施。
   3）冰雪危害安全防护设备设施应完整、有效。
   4）应建立冰雪危害安全防护设备设施的定期检查记录。
  2　评价方法
   1）查阅防冰雪安全对策措施及设备定期检查记录。
   2）现场检查。
17.2.6　防地震评价应符合下列要求：
  1　评价标准
   1）应分析地铁所在地的地震统计情况及特点。
   2）应针对地震危害采取安全对策和措施。

3) 地震危害安全防护设备（设施）应完整、有效。
4) 应建立地震危害安全防护设备（设施）的定期检查记录。
2 评价方法
1) 查阅防地震安全对策措施及定期检查记录。
2) 现场检查。

17.2.7 防地质灾害评价应符合下列要求：
1 评价标准
1) 应分析地铁所在地的地质条件及特点。
2) 应针对地质灾害采取安全对策和措施。
3) 应设立地质灾害监控系统。
4) 地质灾害监控系统设备应完整、有效。
5) 应对地质灾害监控记录情况进行分析。
2 评价方法
1) 查阅防地质灾害安全对策措施及监控记录。
2) 现场检查。

17.3 保 护 区

17.3.1 保护区评价包括保护区防护1个分项。

17.3.2 保护区防护评价应符合下列要求：
1 评价标准
1) 应建立保护区安全管理、监测办法与措施。
2) 应建立保护区安全监测记录。
3) 对于侵入保护区范围的事件应有反映和处理记录。
2 评价方法
1) 查阅保护区安全管理文件和监测记录。
2) 现场检查。

18 基础安全风险水平

18.1 一 般 规 定

18.1.1 地铁运营系统基础安全风险水平划分为不可接受、可接受及可忽略三个层次。

18.2 基础安全评价总分计算

18.2.1 基础安全评价总分＝∑（项目实得分×权重）

18.2.2 权重按照表18.2.2的规定确定。

表18.2.2 权重表

评价项目	权重
安全管理评价	0.25
运营组织评价	0.20

续表18.2.2

	评价项目	权重
设备设施评价	车辆系统评价	0.07
	供电系统评价	0.07
	消防系统与管理评价	0.08
	线路及轨道系统评价	0.03
	机电设备评价	0.06
	通信设备评价	0.03
	信号设备评价	0.06
	环境与设备监控系统评价	0.03
	自动售检票系统评价	0.015
	车辆段与综合基地评价	0.015
	土建评价	0.04
外界环境评价		0.05

18.3 基础安全风险水平

18.3.1 基础安全风险水平按照表18.3.1的规定确定。

表18.3.1 基础安全风险水平表

风险水平	不可接受	可接受	可忽略
地铁运营系统基础安全评价总分	＜88	88～95	＞95

19 事故风险水平

19.1 一 般 规 定

19.1.1 事故风险水平评价依据年度事故发生率进行评价，事故风险水平划分为不可接受、可接受及可忽略三个层次。

19.2 运营事故统计

19.2.1 事故等级分类按照表19.2.1-1的规定确定。人身伤亡、直接经济损失、行车事故的定义按照表19.2.1-2的规定确定。

表19.2.1-1 事故等级分类表

危害程度 事故等级	人身伤亡	直接经济损失	行车事故
特别重大事故	死亡30人及以上	1000万元及以上	—
重大事故	死亡3人以上或重伤5人及以上	500万元及以上	中断行车时间 $t \geq 180$min

续表 19.2.1-1

事故等级 \ 危害程度	人身伤亡	直接经济损失	行车事故
大事故	死亡1～3人或重伤3人及以上	100～500万元	中断行车时间 60min≤t<180min
险性事故	—	—	1. 列车冲突、脱轨、分离或运行中重要部件脱落； 2. 列车冒进信号、擅自退行或溜车； 3. 向占用闭塞区段发车； 4. 列车错开车门、夹人走车、开门走车或运行中开启车门； 5. 线路或车辆超限界
一般事故	重伤1～2人	1万元及以上	中断行车时间 20min≤t<60min

注：1 危害程度同时满足其中两项或两项以上条件者取最严重的条件作为事故等级划分依据。
2 中断行车时间为20min≤t<40min时，计1起一般事故；40min<t<60min时，计2起一般事故。
3 每次事故轻伤1人时计0.3起一般事故。

表 19.2.1-2 人身伤亡、直接经济损失、行车事故定义

人身伤亡	发生事故后24h内，履行地铁运营生产职务或车站服务的现场人员（救援人员除外）、持有有效乘车凭证的人员（包括乘客携带的享受免费乘车待遇的儿童）的伤亡
重 伤	《企业职工伤亡事故分类标准》GB 6441
轻 伤	《企业职工伤亡事故分类标准》GB 6441
运营正线中断行车	事故发生在区间或站内，在正线上造成堵塞阻隔状态，造成单线不能行车。由事故发生造成堵塞行车起，至实际恢复连续通行列车行车条件的时间止，为中断行车时间
直接经济损失	车辆、线路、桥隧、通信、信号、供电等技术设备损失费用及事故救援、伤亡人员处理费用（不含人身保险赔偿费用）

19.2.2 事故统计与计算应符合以下规定：

1 年度百万车公里等效事故率应按式（19.2.2-1）计算。

$$\text{年度百万车公里等效事故率} = \frac{\Sigma(\text{事故个数} \times \text{事故折算因子})}{\text{百万车公里}}$$

(19.2.2-1)

2 事故折算因子计算
1) 责任事故折算因子按照表19.2.2的规定确定。
2) 非地铁方全责的事故折算因子应按式（19.2.2-2）计算。

$$\text{非地铁方全责的事故折算因子} = \text{责任百分比} \times \text{相应责任事故折算因子}$$

(19.2.2-2)

3) 非责任事故折算因子应按式（19.2.2-3）计算。

$$\text{非责任事故折算因子} = 0.1 \times \text{相应责任事故折算因子}$$

(19.2.2-3)

表 19.2.2 事故折算因子表

事 故 等 级	责任事故折算因子
特别重大事故	100
重大事故	22
大事故	11
险性事故	3.5
一般事故	1

19.3 事故风险水平

19.3.1 事故风险水平按表19.3.1的规定确定。

表 19.3.1 事故风险水平表

事故水平	不可接受	可接受	可忽略
年度百万车公里等效事故率	>0.65	0.65～0.2	<0.2

附录 A 安全管理评价表

表 A

评价项目及分值	分项及分值	子项序号	定性定量指标	分值
安全管理机构与人员(10)	安全管理机构(3)	A01	应设有专门的安全生产管理机构	3
	安全管理专职和兼职人员(3)	A02	公司及部门应设有专职和兼职的安全管理人员	3
	安全管理人员资格(4)	A03	应建立严格的资格准入标准	2
		A04	安全管理人员应通过上岗前考核合格且最新考核应在有效期内	2
安全生产责任制(10)	主要负责人(3)	A05	主要负责人应签订安全生产责任制	1
		A06	安全生产责任制应切实落实	2
	安全管理人员(6)	A07	部门负责人应签订安全生产责任制并切实落实	2
		A08	一般安全管理人员应签订安全生产责任制并切实落实	2
		A09	其他从业人员应签订安全生产责任制并切实落实	2
	安全生产责任制档案管理(1)	A10	应建立健全的安全生产责任制的档案	1
安全管理目标(10)	安全生产控制指标(4)	A11	应制定安全生产控制指标	3
		A12	应建立安全生产控制指标档案	1
	各级安全生产目标(6)	A13	应建立各级安全生产目标	2
		A14	针对未能实现的安全生产目标应制定补救措施	2
		A15	应配置实现安全生产目标所需要的资源	2
安全生产投入(10)	安全投入保障制度(4)	A16	应投入具备安全生产条件所必需的资金	2
		A17	决策机构、主要负责人或者个人经营的投资人应保证安全生产条件所必需的资金投入,并对由于安全生产所必需的资金投入不足导致的后果承担责任	2
	安全投入落实(4)	A18	应每年投入相当数量的安全专项资金	2
		A19	应安排用于配备劳动防护用品及进行安全生产培训的经费	1
		A20	应依法参加工伤社会保险	1
	安全奖惩制度(2)	A21	应建立安全考核和奖惩制度	1
		A22	安全考核和奖惩制度应切实落实	1
事故应急救援体系(20)	应急救援组织机构(3)	A23	应建立事故应急救援组织机构	1
		A24	应急指挥系统应明确总公司和分公司的应急指挥系统的构成及其相关信息	1
		A25	应明确应急救援专家委员会的构成,确定应急救援专家委员会的负责人和组成人员	1
	预案制定情况(4)	A26	针对轨道交通运营线路发生火灾、列车脱轨、列车冲突、大面积停电、爆炸、自然灾害以及因设备故障、客流冲击、恐怖袭击等其他异常原因造成影响运营的非正常情况时,地铁运营单位应制定相应的应急救援预案	3.5
		A27	在国家或地方发生突发公共事件时,应制定相应的应急预案	0.5
	预案管理情况(1)	A28	应依据我国有关应急的法律、法规和相关政策文件,地铁运营单位向市轨道指挥办公室(或类似职能部门)申请,经政府组织有关部门、专家对市轨道交通运营突发事件应急预案进行评审工作,并报市政府	0.5
		A29	地铁运营单位应向市轨道指挥办公室(或类似职能部门)申请,定期组织有关单位修订轨道交通运营突发事件应急预案,并上报市政府备案	0.5

续表 A

评价项目及分值	分项及分值	子项序号	定性定量指标	分值
事故应急救援体系	应急救援设备和应急救援人员配备情况/救援设备的维护体系(6)	A30	各专业部门应根据自身应急救援业务需求，配备现场救援和抢险装备、器材，建立相应的维护、保养和调用等制度	2.5
		A31	应按照统一标准格式建立救援和抢险装备信息数据库并及时更新，保障应急指挥调度使用的准确性	0.5
		A32	建立应急救援队伍	1
	事故应急培训与应急救援演练(4)	A33	应急救援人员应掌握应急救援预案	2
		A34	应定期针对不同事故进行应急救援演练	2
		A35	对演练中发现的问题应及时整改	1
		A36	应有完整的应急救援演练记录	0.5
		A37	应对应急救援人员进行定期培训	0.5
	当年紧急事故处置(2)	A38	发生紧急事故后，是否启动应急救援预案	1
		A39	应急救援后，是否对事故处置进行总结，是否对应急救援预案提出必要的整改意见	1
安全培训教育(9)	安全培训教育制度(5)	A40	应建立各级领导定期安全培训教育制度并切实落实	1
		A41	应建立全体员工定期安全培训教育制度并切实落实	1
		A42	应建立新员工岗前三级教育制度并切实落实	1
		A43	应建立转、复岗人员上岗前培训制度并切实落实	1
		A44	应建立教育培训记录的档案	1
	特种作业人员安全培训(2)	A45	特种作业人员应持证上岗并定期考核	1
		A46	特种作业人员应进行继续培训	1
	临时工安全培训(1)	A47	应建立临时工安全培训考核制度并切实落实	1
	租赁承包人员安全培训(1)	A48	应建立租赁承包人员安全培训考核制度并切实落实	1
安全信息交流(3)	信息交流机构(1)	A49	应建立安全信息交流的渠道	0.5
		A50	安全信息交流渠道应畅通	0.5
	乘客意见反馈(1)	A51	应建立乘客意见反馈管理程序	0.5
		A52	乘客反馈意见的处理情况	0.5
	员工意见处理(1)	A53	应建立员工安全意见反馈管理程序	0.5
		A54	员工安全建议的处理情况	0.5
事故隐患管理(10)	事故隐患清查(1)	A55	应分类建立事故隐患统计表	0.5
		A56	应建立事故隐患报告制度	0.5
	事故隐患治理(4)	A57	应对事故隐患及时提出整改措施	1
		A58	对事故隐患应采取防护措施	3
	事故隐患监控(4)	A59	应配备相应的安全隐患监控设备	4
	事故隐患档案管理(1)	A60	应建立事故隐患监控及整改的档案管理制度	0.5
		A61	应建立完整的事故隐患监控及整改的档案	0.5
安全作业规程(11)	安全作业规程(11)	A62	应制定各专业各工种安全作业规程	5
		A63	安全作业规程落实情况	6
安全检查制度(7)	安全检查制度(6)	A64	应建立年度、季度、特殊时期、日常安全检查制度并切实落实	2
		A65	应建立安全检查复检制度并切实落实	2
		A66	安全检查出的问题应及时处理	2
	安全检查档案管理(1)	A67	应建立安全检查档案管理制度	0.5
		A68	安全检查档案应完整	0.5

附录B 运营组织与管理评价表

表B

评价项目及分值	分项及分值	子项序号	定性定量指标		分值
系统负荷(20)	线路负荷(10)	B01	线路负荷	1类得3分,2类得2分,3类得1分	3
		B02	行车密度	1类得3分,2类得2分,3类得1分	3
		B03	高峰小时断面列车满载率	1类得4分,2类得3分,3类得2分,4类得1分	4
	车站设施负荷(10)	B04	站台高峰小时集散量不应大于站台设计最大能力		4
		B05	通道和楼梯每小时通过人数应不大于下表中的值 | 名称 | | 每小时通过人数 | |---|---|---| | 1m宽楼梯 | 下行 | 4200 | | | 上行 | 3700 | | | 双向混行 | 3200 | | 1m宽通道 | 单向 | 5000 | | | 双向混行 | 4000 |		4
		B06	车站可随时通过AFC系统控制乘客流量		2
调度指挥(28)	调度规章(5)	B07	应具有相对独立、全面的行车组织规则或同等效力的规章文件		1
		B08	调度规章中应包括对运营设备故障和事故模式下的行车组织措施		2
		B09	调度规章中应包括对突发事件的应对措施,并且切实可行		2
	指挥系统(5)	B10	指挥系统应具备中央控制和车站控制两种控制模式,并在任何情况下都有一种模式起主导作用		3
		B11	指挥系统应有自动闭塞或移动闭塞瘫痪的情况下,采用电话闭塞的考虑和能力		2
	调度人员培训(8)	B12	应建立调度人员培训制度		3
		B13	培训内容应包括正常业务流程和应急预案救援指挥		3
		B14	培训方式应包括授课、实战演练或模拟演练		2
	调度人员素质(10)	B15	调度人员应经过专业、系统的地铁运营调度指挥培训并取得相应的资格证书		4
		B16	调度人员应具备正常情况下,熟练指挥调度和行车工作的能力		3
		B17	调度人员应具备在紧急或事故情况下,沉着冷静,快速制定应对方案和组织救援的能力		3
列车运行(25)	列车运用规章(4)	B18	应制定明确、顺畅的列车日常运用规章		1.5
		B19	应制定故障列车下线和救援列车运用规章		1.5
		B20	上述规章与调度规章应相协调		1
	列车操作规程(6)	B21	应制定明确、实用的列车操作规程		4
		B22	规程中应明确写出列车故障模式下的操作要点		2
	驾驶员培训(6)	B23	应建立驾驶员培训制度		1
		B24	培训内容应包括正常操作流程和故障情况下的操作要点		3
		B25	培训方式应包括授课和实战演练或模拟演练		2

续表 B

评价项目及分值	分项及分值	子项序号	定性定量指标	分值
列车运行	驾驶员素质(9)	B26	驾驶员应经过专业、系统的列车驾驶培训并取得相应的资格证书	3
		B27	驾驶员应具备正常情况下，熟练驾驶列车运行的能力	2
		B28	驾驶员应熟悉各种可能的突发事件的基本应对流程	2
		B29	驾驶员应具备事故情况下，沉着冷静，在区间组织疏散乘客的能力	2
客运组织(27)	乘客安全管理(10)	B30	服务标志系统应具有警示标志、禁止标志、紧急疏散指示标志	5
		B31	在容易发生事故部位，应设置警示标志或有专人引导或设置安全防护设施	4
		B32	应设置盲道、轮椅通道、垂直电梯等保证残障人士安全进出车站的引导设施	1
	乘客安全监控系统(3)	B33	应至少设置中央和车站两级乘客安全监控系统	1
		B34	乘客安全监控系统应能够监控车站所有客流集中部位和意外情况易发部位	2
	乘客安全宣传教育(4)	B35	应对乘客进行安全乘车常识的宣传教育	2
		B36	应对乘客进行紧急情况下正确疏散以及逃生自救知识的宣传	2
	站务人员培训(4)	B37	应建立站务人员培训制度	1
		B38	培训内容应包括正常情况下的工作要点和突发状况应对措施	2
		B39	培训方式应包括授课、实战演练或模拟演练	1
	站务人员素质(6)	B40	站务人员应经过客运组织培训并取得相应的资格证书	2
		B41	站务人员应具备辨识危险品的基本方法和技巧	2
		B42	站务人员应熟悉各种可能的突发事件的基本应对流程	2

附录 C 车辆系统评价表

表 C

评价项目及分值	分项及分值	子项序号	定性定量指标	分值
车辆(85)	车辆安全性能与安全防护设施(45)	C01	车辆的脱轨系数应小于0.8；轮重减载率应小于0.6；倾覆系数应小于0.8	5
		C02	列车两端的车辆可设置防意外冲撞的撞击能量吸收区	1
		C03	地面或高架运行的列车两端可装设防爬装置	1
		C04	动车转向架构架电机吊座与齿轮箱吊座在寿命期内不发生疲劳裂纹	5
		C05	客室车门应具有非零速自动关门的电气联锁及车门闭锁装置，行驶中确保门的锁闭无误	2
		C06	客室车门处应设置紧急解锁开关	2
		C07	司机台应设置紧急停车操纵装置和警惕按钮	2
		C08	列车在平直道上实施紧急制动时，应能在规定的距离内停车	2
		C09	在列车意外分离时，应立刻自动实施紧急制动，保证分离的列车自动制动	2
		C10	列车应有两台或两台以上独立的电动空气压缩机组，当一台机组失效时，其余压缩机组的性能、排气量、供气质量和储风缸容积应均能满足整列车的供气要求；储风缸的容积应满足压缩机停止运转后列车三次紧急制动的用风量	2

续表 C

评价项目及分值	分项及分值	子项序号	定性定量指标	分值
车辆	车辆安全性能与安全防护设施	C11	前照灯在车辆前端紧急制停距离处照度不应小于 2lx	1
		C12	在未设安全通道的线路上运行的列车两端应设紧急疏散门	2
		C13	列车各车辆之间应设贯通道	2
		C14	车门、车窗玻璃应采用一旦发生破坏时其碎片不会对人造成严重伤害的安全玻璃	1
		C15	蓄电池应能够满足车辆在故障情况下的应急照明、外部照明、车载安全设备、广播、通信、应急通风等系统工作不低于 45min；地面与高架线路不低于 30min	2
		C16	车辆应有列车自动防护系统(ATP)或列车自动防护系统(ATP)与自动驾驶系统(ATO)，以及可保证行车安全的通信联络装置	3
		C17	电气设备过电压、过电流、过热保护功能应齐全	2
		C18	采用受电弓受电的列车应设避雷装置	1
		C19	凡散发热量的电气设备，在其可能与乘客、乘务人员或行李发生接触时，应有隔热措施，其外壳或防护外罩外面的温度不得超过 50℃	1
		C20	对安装采暖设备部位的侧墙、地板及座椅等应进行安全隔热处理，车用电加热器罩板表面温度不应大于 68℃	1
		C21	车厢内应设置乘客紧急按钮或与司机紧急对讲装置、应急照明灯、应急装备、消防器材	3
		C22	车辆应有各种警告标识：司机室内的紧急制动装置、带电高压设备、电器箱内的操作警示、消防器材、紧急按钮或与司机紧急对讲装置的位置与使用方法	2
	车辆防火性能(30)	C23	车辆的车顶、侧板、内衬、顶棚、地板应使用不燃或阻燃材料	10
		C24	车厢地板上铺物、座椅、扶手、隔热隔声材料、装饰及广告材料等应使用不燃或阻燃材料	7
		C25	车厢内非金属材料应具有耐熔化滴落性能	3
		C26	各电路的电气设备连接导线和电缆应使用低烟、低卤阻燃材料	10
	车辆可靠性(10)	C27	车辆由于故障退出服务统计不大于 0.1 次/万组公里	10
维修体系(15)	维修制度(5)	C28	应建立车辆维修制度	2
		C29	应制定车辆各级检修规程	2
		C30	对车辆故障信息应有记录、分析、纠正和预防措施	1
	维修人员(5)	C31	车辆维修人员应持证上岗	3
		C32	应对车辆维修人员定期培训	2
	维修配件(5)	C33	应选择有资质的维修配件供货商	2
		C34	应建立维修配件检验制度	2
		C35	对维修配件的质量信息应有记录、分析、纠正和预防措施	1

附录 D 供电系统评价表

表 D

评价项目及分值	分项及分值	子项序号	定性定量指标	分值
主变电站(23)	主变电站设备(10)	D01	每座主变电站应有两路相互独立可靠的电源引入，并应设两台主变压器。当一路电源或一台主变压器故障或检修时，应由另一路电源或一台主变压器供电。当主变电站全站停用时，应由相邻主变电站供电，并应确保一、二级用电负荷	2
		D02	辅助主变电站应有一路专用电源供电，设置一台主变压器	1.5
		D03	在地下使用的电气设备及材料，应选用体积小、低损耗、低噪声、防潮、无自爆、低烟、无卤、阻燃或耐火的定型产品	2
		D04	变电站继电保护装置应满足可靠性、选择性、灵敏性和速动性的要求	2
		D05	接地电阻应符合要求	1.5
		D06	应设置接地保护	1
	主变电站安全防护设施(6)	D07	主变电站周围建筑应设置避雷设施，并每年进行检测	1
		D08	应设置完善的过负荷、短路保护装置	1
		D09	应设置防灾报警装置，配置必要的消防设施、器材和应急装备	1
		D10	应设置应急照明	1
		D11	应设置安全操作警示标志和安全疏散指示标志	1
		D12	主变电站设备应定期进行预防性试验，试验合格后，才能继续使用	1
	运作与维护(7)	D13	各供电设备及继电保护装置应定期检验，满足电力或地铁相关规范要求	1
		D14	供电试验使用的仪器仪表必须按照国家标准定期检测，试验单位和人员应具有相关专业资质和资格	1
		D15	主变电站值班或巡视维护人员和应急处理人员数量及结构应配置合理	1
		D16	主变电站操作人员应具有上岗资格	1
		D17	主变电站操作人员应定期进行培训	1
		D18	应建立主变电站的维护规程	1
		D19	对主变电站故障信息应有记录、分析、纠正和预防措施	1
牵引变电站(27)	牵引变电站设备(10)	D20	牵引变电站应有两路独立的电源供电，两路电源引自同一主变电站的不同母线段或不同主变电站母线段	2
		D21	牵引变电站应设置两台牵引整流机组，两台整流机组并列运行	2
		D22	牵引变电站中一台牵引整流机组退出运行时，另一台牵引整流机组在允许负荷的情况下继续供电	1.5
		D23	在其中一座牵引变电站退出运行时，相邻的两座牵引变电站应能分担其供电分区的牵引负荷	1.5
		D24	牵引变电站直流设备外壳应对地绝缘安装	1.5
		D25	接地电阻应符合要求	1.5
	牵引变电站安全防护设施(9)	D26	应设置接地保护	1
		D27	牵引变电站周围建筑应设置避雷设施，并每年进行检测	1
		D28	应设置完善的短路和过负荷继电保护装置	1
		D29	应设有防止大气过电压及操作过电压的保护设施	1

续表 D

评价项目及分值	分项及分值	子项序号	定性定量指标	分值
牵引变电站	牵引变电站安全防护设施	D30	设置防灾报警设施，配置必要的消防设施、器材和应急装备	1
		D31	设置应急照明	1
		D32	无人值班的牵引变电站应设置监控系统	1
		D33	无人值班的牵引变电站所有设备故障信息和操作信息能与调度中心联网	1
		D34	应设置安全操作警示标志和安全疏散指示标志	1
	运作与维护(8)	D35	牵引变电站设备应定期进行预防性试验，试验合格后，才能继续使用	1
		D36	各供电设备及继电保护装置应定期检验，满足电力或地铁相关规范要求	1
		D37	供电试验使用的仪器仪表必须按照国家标准定期检测，试验单位和人员应具有相关专业资质和资格	1
		D38	牵引变电站值班或巡视维护人员和应急处理人员数量及结构配置合理	1
		D39	牵引变电站操作人员应具有上岗资格	1
		D40	牵引变电站操作人员应定期进行培训	1
		D41	应建立牵引变电站的维护规程	1
		D42	对牵引变电站故障信息应有记录、分析、纠正和预防措施	1
降压变电站(23)	降压变电站设备(7)	D43	降压变电站应有两路独立的电源供电	2
		D44	降压变电站应设置两台配电变压器。一台配电变压器退出运行时，另一台配电变压器承担变电站的全部一、二级负荷	2
		D45	配电变压器容量应按远期高峰小时考虑	1.5
		D46	接地电阻应符合要求	1.5
	降压变电站安全防护设施(9)	D47	应设置接地保护	1
		D48	降压变电站周围建筑应设置避雷设施，并每年进行检测	1
		D49	应设置完善的短路和过负荷继电保护装置	1
		D50	应设有防止大气过电压及操作过电压的保护设施	1
		D51	应设置防灾报警装置，配置必要的消防设施、器材和应急装备	1
		D52	应设置应急照明	1
		D53	无人值班的降压变电站应设置监控系统	1
		D54	无人值班的降压变电站所有设备故障信息和操作信息应能与调度中心联网	1
		D55	应设置安全操作警示标志和安全疏散指示标志	1
	运作与维护(7)	D56	降压变电站设备应定期进行预防性试验，试验合格后，才能继续使用	1
		D57	各供电设备及继电保护装置应定期检验，满足电力或地铁相关规范要求	1
		D58	供电试验使用的仪器仪表必须按照国家标准定期检测，试验单位和人员应具有相关专业资质和资格	1
		D59	降压变电站操作人员应具有上岗资格	1
		D60	降压变电站操作人员应定期进行培训	1
		D61	应建立降压变电站的维护规程	1
		D62	对降压变电站故障信息应有记录、分析、纠正和预防措施	1

续表 D

评价项目及分值	分项及分值	子项序号	定性定量指标			
			接触网	分值	接触轨	分值
接触网（接触轨）(9)	接触网（接触轨）(7)	D63	接触线的磨耗应在允许范围内	1	接触轨对地应有良好的绝缘	2
		D64	牵引变电站直流快速断路器至正线接触网间应设置隔离开关	1	接触轨应设防护罩和警示标志	1
		D65	接触网带电部分与结构体、车体之间的最小净距：标称电压 1500V 时，静态为 150mm，动态为 100mm；标称电压 750V 时，静态为 25mm，动态为 25mm	1	接触轨带电部分与结构体、车体之间的最小净距：标称电压 1500V 时，静态为 150mm，动态为 100mm；标称电压 750V 时，静态为 25mm，动态为 25mm	2
		D66	固定接触网的非带电金属支持结构物应与架空地线相连接，架空地线应引至牵引变电站接地装置	1	当杂散电流腐蚀防护与接地有矛盾时，应以接地安全为主	1
		D67	在地面区段、高架区段，接触网应设置避雷设施	1	在地面区段、高架区段，走行轨应设置避雷设施	1
		D68	车库线进口分段处应设置带接地刀闸的隔离开关	1		
		D69	洗车库内接触网与两端接触网绝缘分段，该接触网接地系统应可靠	1	—	—
	运作与维护(2)	D70	检修人员应具有上岗资格			0.5
		D71	检修人员应定期进行培训			0.5
		D72	应建立接触网（接触轨）的维护规程			0.5
		D73	对接触网（接触轨）故障信息应有记录、分析、纠正和预防措施			0.5
电力电缆(15)	电力电缆(11)	D74	电缆在地下敷设时应采用低烟无卤阻燃电缆，在地上敷设时应采用低烟阻燃电缆。为应急照明、消防设施供电的电缆，明敷时应采用低烟无卤耐火铜芯电缆或矿物绝缘耐火电缆			8
		D75	电缆贯穿隔墙、楼板的孔洞处，应实施阻火封堵			3
	运作与维护(4)	D76	检修人员应具有上岗资格			1
		D77	检修人员应定期进行培训			1
		D78	应建立电力电缆的维护规程			1
		D79	对电力电缆故障信息应有记录、分析、纠正和预防措施			1
维件修配(3)	维件修配(3)	D80	应选择有资质的维修配件供货商			1
		D81	应建立维修配件检验制度			1
		D82	对维修配件的质量信息应有记录、分析、纠正和预防措施			1

附录 E 消防系统与管理评价表

表 E

评价项目及分值	分项及分值	子项序号	定性定量指标	分值
消防系统与管理（100）	火灾自动报警系统（FAS）及联动控制（20）	E01	在车站控制室，FAS系统应能按照预定模式启、停，应能显示运行状态；消防联动盘应运行情况正常	5
		E02	车站FAS系统必须显示气体自动灭火系统保护区的报警、放气、风机和风阀状态、手动/自动放气开关所处位置；火灾自动报警系统主、备电及其相互切换功能应正常，并应显示主、备电状态	5
		E03	站厅、站台、各种设备机房、库房、值班室、办公室、走廊、配电室、电缆隧道或夹层等处应设火灾探测器；设置火灾探测器的场所应设置手动报警按钮；车站相应场所应设有消防对讲电话	5
		E04	地铁中央控制中心应能控制消防救灾设备的启、停，应能显示运行状态；消防联动系统应能正常运行	5
	气体灭火系统（15）	E05	设置气体灭火装置的房间应设置机械通风系统，所排除的气体必须直接排出地面	7
		E06	地下车站通信设备房、信号设备房、变电站、电控室等重要设备房应设置气体自动灭火装置	8
	消防给水系统（15）	E07	地下车站站厅、站台、设备及管理用房区域、人行通道、区间隧道应设室内消火栓，地面或高架车站室内消火栓应符合《建筑设计防火规范》GB 50016的有关规定	6
		E08	地下车站消火栓用水量应满足≥20L/s；地下折返线及地下区间隧道消火栓用水量应≥10L/s	3
		E09	水泵结合器和室外消火栓应设有明显标志且方便操作	1
		E10	消防主、备泵均应工作正常，出水压力符合要求	5
	应急照明及散指示（10）	E11	站厅、站台、自动扶梯、自动人行道、楼梯口、疏散通道、安全出口、区间隧道、车站控制室、值班室、变电站、配电室、信号机械室、消防泵房、公安用房等处应设置应急照明；应急照明的照度不小于正常照明照度的10%	4
		E12	应急照明的连续供电时间应≥1h	2
		E13	站厅、站台、自动扶梯、自动人行道、楼梯口、人行疏散通道拐弯处、安全出口和交叉口等处沿通道长向每隔≤20m处应设置醒目的疏散指示标志；疏散指示标志距地面应＜1m	3
		E14	区间隧道内应设置集中控制型疏散指示标志	1
	灭火器配置与管理（9）	E15	地铁各相关场所选择、配置和设置的灭火器应符合《建筑灭火器配置设计规范》GB 50140的有关规定。灭火器应在使用期限内	6
		E16	制定灭火器定期检测制度并切实落实	3
	车站消防管理（10）	E17	车站、主变电站、地铁控制中心等消防重点部位应落实消防安全责任制，明确岗位消防安全职责	2
		E18	车站在运营期间至少每2h应进行一次防火巡查；在运营前和结束后，应对车站进行全面检查	2
		E19	车站应认真填写消防安全检查记录；对消防设施的状况、存在火灾隐患以及火灾隐患的整改措施等有书面记录，并存档	2
		E20	地铁运营企业应对所属消防设施进行定期检查和维护保养，建立记录档案；车站应建立消防安全检查记录档案	2
		E21	定期组织消防演练	2

续表 E

评价项目及分值	分项及分值	子项序号	定性定量指标	分值
消防系统与管理	人员与设备管理(7)	E22	应建立消防控制室24小时值班制度,值班人员交接班时应填写值班记录	2
		E23	消防控制室值班人员应持有"消防操作员"上岗证并能正确操作消防联动设备	2
		E24	消防控制室内除操作设备外,不能存放其他物品	1
		E25	应建立FAS系统及联动控制设备的检修制度,对FAS系统及联动控制设备的故障信息应有记录、分析、纠正和预防措施	2
	建筑与附属设施防火(14)	E26	地铁与地下及地上商场等地下建筑物相连接处应采取防火分隔设施	2
		E27	车站内的墙、地、顶面、装饰装修材料及设备设施应采用不燃材料,不应采用石棉、玻璃纤维及塑料类制品	2
		E28	车站站厅乘客疏散区、站台及疏散通道内不应设置商业场所	2
		E29	车站站台和站厅防火分区安全出口的数量不应少于两个,应直通车站外部空间;其他各防火分区安全出口的数量也不应少于两个,应有一个安全出口直通外部空间	2
		E30	地铁车站设备、管理用房区安全出口及楼梯的最小净宽为1.0m;单面布置房间的疏散通道最小净宽为1.2m;双面布置房间的疏散通道最小净宽为1.5m	2
		E31	附设于设备及管理用房的门至最近安全出口的距离不得超过35m,位于尽端封闭的通道两侧或尽端的房间,其最大距离不得超过上述距离的1/2	2
		E32	地下车站中的座椅、服务标识牌、广告牌等设施应采用不燃材料	2

附录 F 线路及轨道系统评价表

表 F

评价项目及分值	分项及分值	子项序号	定性定量指标	分值
线路及轨道系统(70)	线路及轨道系统(70)	F01	两条正线接轨应选择在车站内,并采取同向相接,避免车辆异向运行	5
		F02	辅助线与正线接轨时,宜在列车进入正线之前设置隔开设备	5
		F03	任何情况下,线路平面、纵断面的变动不得影响限界	5
		F04	位于正线上圆曲线及曲线间夹直线的最小长度应不小于一辆车辆的长度,困难情况下不应小于车辆全轴距,夹直线长度还应满足超高顺坡和轨距加宽的要求	5
		F05	曲线地段严禁设置反超高	5
		F06	道岔应铺设在直线上,并应避免设在竖曲线上	5
		F07	轨道结构应坚固、耐久、稳定,应具有适当的弹性,保证列车运行平稳安全	5
		F08	正线及辅助线钢轨接头应符合有关规定	5
		F09	无缝线路联合接头距桥台边墙不小于2m,铝热焊缝距轨枕边不得小于40mm	5
		F10	正线、试车线及辅助线的末端应设置车挡,车挡应能承受不大于15km/h速度的列车水平冲击荷载	5
		F11	在小半径曲线地段、缓和曲线与竖曲线重叠地段、跨越河流、城市主要道路、铁路干线或重要建筑物地段,高架线路应设置防脱护轨装置	5

续表 F

评价项目及分值	分项及分值	子项序号	定性定量指标	分值
线路及轨道系统	线路及轨道系统	F12	轨道交通线路应布设线路与信号标志，无缝线路地段应布设钢轨位移观测桩	5
		F13	轨道的路基应坚固、稳定，并满足防洪、排水要求	5
		F14	地面及高架线路两旁应设置一定高度隔离栏，防止外来人员侵入	5
维修体系（30）	管理与维护(21)	F15	应建立线路及轨道系统的保养制度、巡检制度	3
		F16	应建立线路及轨道系统保养、巡检的记录台账	3
		F17	检修人员应具有上岗资格	5
		F18	应对检修人员定期技术培训	5
		F19	对线路及轨道系统故障信息应有记录、分析、纠正和预防措施	5
	维修配件(9)	F20	应选择有资质的维修配件供货商	3
		F21	应建立维修配件检验制度	2
		F22	对维修配件的质量信息应有记录、分析、纠正和预防措施	2
		F23	轨道检测车、钢轨打磨车等维修设备应有质检合格证	2

附录 G 机电设备评价表

表 G

评价项目及分值	分项及分值	子项序号	定性定量指标	分值
自动扶梯、电梯与自动人行道（17）	自动扶梯、电梯与自动人行道设备（8）	G01	设备必须由法定质量技术监督部门出具设备使用证	2
		G02	在用设备必须由法定特种设备检验检测机构检验合格并出具有效期内设备验收检验报告和"安全检验合格"标志	2
		G03	地铁车站自动扶梯宜采用公共交通型重载扶梯，其传输设备及部件应采用不燃或难燃材料	2
		G04	设备的各项安全保护装置设置齐全，动作灵敏、可靠	2
	安全防护标识(2)	G05	所有自动扶梯和自动人行道出入口处应贴图示警示标志，所有电梯内应贴电梯使用安全守则	1
		G06	对于穿越楼层的自动扶梯，其扶手带中心至开孔边缘的净距<400mm时，应设有防碰撞安全标志	1
	管理与维护(4)	G07	应建立维护、保养制度、检修规程及应急处理程序	1
		G08	检修人员应具有上岗资格	1
		G09	应对检修人员定期技术培训	1
		G10	对自动扶梯、电梯、自动人行道故障信息应有记录、分析、纠正和预防措施	1
	维修配件(3)	G11	应选择有资质的维修配件供货商	1
		G12	应建立维修配件检验制度	1
		G13	对维修配件的质量信息应有记录、分析、纠正和预防措施	1

续表 G

评价项目及分值	分项及分值	子项序号	定性定量指标	分值
屏蔽门系统与防淹门系统(30)	屏蔽门系统设备(14)	G14	屏蔽门无故障使用次数应≥100万次	3
		G15	屏蔽门应接地连接牢固,接地电阻在允许值内	1
		G16	屏蔽门应能与信号系统联动,实现屏蔽门的正常开/关功能	3
		G17	屏蔽门手动开门功能(应急)和站台级开/关门功能正常	3
		G18	ATP系统应为列车车门、屏蔽门等开闭提供安全监控信息	2
		G19	可设有应急门;应急门的位置应保证当列车与滑动门不能对齐时的乘客疏散	2
	防淹门系统设备(8)	G20	防淹门应能与信号系统联动,实现防淹门的正常开/关功能	3
		G21	防淹门及车站控制功能应正常	3
		G22	车站对防淹门系统所辖区间的水位应具备监视功能	2
	安全防护标识(2)	G23	屏蔽门应设有明显的安全标志、使用标志和应急情况操作指示	1
		G24	防淹门应有明显的安全标志、使用标志和应急情况操作指示	1
	管理与维护(4)	G25	应建立维护、保养制度、检修规程及应急处理程序。对应急排烟、通风功能定期检查并有检查记录	2
		G26	检修人员应具有上岗资格	0.5
		G27	应对检修人员定期技术培训	0.5
		G28	对屏蔽门故障信息应有记录、分析、纠正和预防措施	1
	维修配件(2)	G29	应选择有资质的维修配件供货商	1
		G30	应建立维修配件检验制度	0.5
		G31	对维修配件的质量信息应有记录、分析、纠正和预防措施	0.5
给排水设备(13)	给水系统(2.5)	G32	生活用水设备和卫生器具的水压,应符合现行国家标准《建筑给水排水设计规范》GB 50015的规定	1
		G33	给水管不应穿过变电站、通信信号机房、控制室、配电室等房间	1.5
	排水系统(6)	G34	地铁车站及沿线的各排水泵站、排雨泵站、排污泵站应设有危险水位报警装置	3
		G35	各水位报警装置应运行正常	3
	管理与维护(3)	G36	应建立维护、保养制度、检修规程及应急处理程序	1
		G37	检修人员应具有上岗资格	0.5
		G38	应对检修人员定期技术培训	0.5
		G39	对给排水设备故障信息应有记录、分析、纠正和预防措施	1
	维修配件(1.5)	G40	应选择有资质的维修配件供货商	0.5
		G41	应建立维修配件检验制度	0.5
		G42	对维修配件的质量信息应有记录、分析、纠正和预防措施	0.5
通风和空调设备(30)	通风和空调设备(21)	G43	空调系统设置的压力容器必须由国家认可资质的质量技术监督部门出具压力容器使用证,并必须由国家认可资质的特种设备监察检验部门检验合格并出具有效期内压力容器检验报告和"安全检验合格"标志	5
		G44	地下车站内站台发生火灾时,应保证站厅到站台的楼梯和扶梯口处具有不小于1.5m/s的向下气流。区间隧道发生火灾时,应能背着乘客疏散方向排烟,迎着乘客疏散方向送新风;单洞区间隧道断面排烟流速不小于2m/s且不大于11m/s	10
		G45	区间隧道排烟风机及烟气流经的辅助设备应保证在150℃时能连续有效工作1h。地下车站站厅、站台和设备及管理用房发生火灾时,应保证排烟风机及烟气流经的辅助设备在250℃时能连续有效工作1h	6

续表 G

评价项目及分值	分项及分值	子项序号	定性定量指标	分值
通风和空调设备	管理与维护(5)	G46	应建立维护、保养制度、检修规程及应急处理程序	2
		G47	检修人员应具有上岗资格	1
		G48	应对检修人员定期技术培训	1
		G49	对设备故障信息应有记录、分析、纠正和预防措施	1
	维修配件(4)	G50	应选择有资质的维修配件供货商	2
		G51	应建立维修配件检验制度	1
		G52	对维修配件的质量信息应有记录、分析、纠正和预防措施	1
风亭(10)	风亭(8)	G53	地铁进、排风亭口部距其他任何建筑物的直线距离≥5m；当风亭高于路边时，风亭开口底距地面的高度≥2m	4
		G54	进风风亭应设在空气洁净的地方	2
		G55	风亭出口处连接道口的3.5m宽的通道上禁止堆放物品	2
	管理与维护(2)	G56	应建立维护、巡视制度	1
		G57	应建立维护、巡视档案	1

附录 H 通信设备评价表

表 H

评价项目及分值	分项及分值	子项序号	定性定量指标	分值
通信系统(87)	通信系统技术(15)	H01	通信系统应能安全、可靠地传递语音、数据、图像、文字等信息，并应具有网络监控、管理功能	3
		H02	各轨道交通线路的通信系统应能互联互通，实现信息资源共享	3
		H03	当出现紧急情况时，通信系统应能迅速及时地为防灾救援和事故处理的指挥提供通信联络	3
		H04	通信系统各子系统应具有故障时降级使用功能，主要部件应具有冗余保护功能	3
		H05	通信系统应具有防止电机牵引所产生的谐波电流、外界电磁波、静电等对通信系统的干扰功能，并采取必要的防护措施	3
	传统系统(6)	H06	传输系统应是独立专用传输网络	3
		H07	传输系统必须有自保护功能	3
	公务电话系统(6)	H08	对特种业务呼叫应能自动转接到市话网的"119"、"110"、"120"，并可进行电话跟踪	3
		H09	公务电话系统应具有在线维护管理、安全保护措施、故障诊断和定位功能	3
	专用电话系统(9)	H10	专用电话系统宜由调度电话、区间电话、站间电话、站内集中电话、紧急电话等组成	3
		H11	调度电话应具有优先级，并具有录音功能	3
		H12	专用电话系统应具有在线维护管理、安全保护措施、故障诊断和定位功能	3

续表 H

评价项目及分值	分项及分值	子项序号	定性定量指标	分值
通信系统	无线通信系统(10)	H13	无线通信系统应设置列车调度、事故及防灾、车辆综合基地管理及设备维护四个子系统，其容量和覆盖范围应满足轨道交通运营的要求。在地下车站及区间应设置公安、消防无线通信系统，满足市公安、消防统一调度要求	6
		H14	无线通信系统设备应能平滑稳定地升级和扩容，不得中断正常的运营	4
	图像信息系统(12)	H15	图像信息系统应满足各级控制中心调度员、车站值班员、列车司机对车站图像监视的功能要求。摄像机的安装部位应满足运营监视和公安监视的要求，并确保事故状态下摄像	6
		H16	车站图像信息系统设备应能对运营监视的图像进行录像，控制中心图像信息系统设备应能对各车站传来图像进行录像	6
	广播系统(7)	H17	控制中心和车站均应设置行车和防灾广播控制台。控制中心广播控制台可以对全线选站、选路广播；车站广播控制台可对本站管区内选路广播	2
		H18	行车和防灾广播的区域应统一设置。防灾广播应优先于行车广播	2
		H19	列车上应设置广播设备，并可以接受控制中心调度指挥员通过无线通信系统对运行列车中乘客的语音广播	2
		H20	防灾广播可根据应急事件事先录制或制定广播内容，且采用多语种	1
	通信电源(18)	H21	通信电源系统必须是独立的供电设备，并具有集中监控管理功能	3
		H22	通信电源系统应保证对通信设备不间断、无瞬变地供电	3
		H23	地铁通信设备应按一级负荷供电。由变电站接双电源双回路的交流电源至通信机房交流配电屏，当使用中的一路出现故障时，应能自动切换至另一路	3
		H24	控制中心、各车站及车辆段(停车场)的通信设备应按一类负荷供电，各通信机房应设置电源自动切换设备	3
		H25	交流供电电源电压波动范围不应大于±10%，交流供电容量应为各设备总额定容量的130%	3
		H26	不间断电源的蓄电池容量应保证向各通信设备连续供电不少于2h	3
	通信系统接地(4)	H27	综合接地的接地电阻不大于1Ω，控制中心、各车站的综合接地宜与供电系统合设接地体	2
		H28	分设保护接地时，应采用供电系统的接地(TN-S制)，其接地电阻应不大于4Ω	1
		H29	车辆段(停车场)宜设置独立的通信接地体，作为通信系统的联合接地，其接地体应与其他接地体的间隔不小于20m	1
维修体系(13)	管理与维护(10)	H30	应建立检修制度	2
		H31	应建立保养、巡检的记录台账	2
		H32	检修人员应具有上岗资格	2
		H33	应对检修人员定期技术培训	2
		H34	应对通信系统故障信息有记录、分析、纠正和预防措施	2
	维修配件(3)	H35	应选择有资质的维修配件供货商	1
		H36	应建立维修配件检验制度	1
		H37	对维修配件的质量信息应有记录、分析、纠正和预防措施	1

附录 J 信号设备评价表

表 J

评价项目及分值	分项及分值	子项序号	定性定量指标	分值
信号系统 (85)	信号系统技术 (65)	J01	运营线路上的车站应纳入 ATS 系统监控范围，涉及行车安全的应直接控制，由车站办理，车辆段、停车场与正线衔接的出入段线应纳入监控范围	6
		J02	当信号系统设备发生故障时，ATC 系统控制等级应遵循降级运行，按车站人工控制优先于控制中心人工控制、控制中心人工控制优先于控制中心的自动控制或车站自动控制的原则来确保运营安全	6
		J03	在 ATC 控制区域内使用列车驾驶限制模式或非限制模式时，应有破铅封、记录或特殊控制指令授权等技术措施	6
		J04	在需要进行折返作业的折返点，应提供完整的 ATP 功能	6
		J05	与列车运营安全有关的信号设备均应具备故障倒向安全的措施；应具有自检及故障报警功能，应具有冗余技术和双机自动转换功能	6
		J06	列车内信号应有列车实际运行速度、列车运行前方的目标速度两种速度显示报警装置和必要的切换装置，并设于两端司机室内	5
		J07	ATP 执行强迫停车控制时，应切断列车牵引，列车停车过程不得中途缓解。如需缓解，司机应在列车停车后履行一定的操作手续，列车方能缓解	5
		J08	为确保行车安全，在各线车站站台及车站控制室应设站台紧急关闭按钮，站台紧急关闭按钮电路应符合故障—安全原则	5
		J09	装有引导信号的信号机因故不能正常开放时，应通过引导信息实现列车的引导作业	5
		J10	各线的 ATC 系统控制区域与非 ATC 系统控制区域的分界处，应设驾驶模式转换区，转换区的信号设备应与正线信号设备一致	5
		J11	信号系统供电负荷等级应为一级，设两路独立电源	5
		J12	信号系统电缆宜采用阻燃、低毒、防腐蚀护套电缆	5
	安全防护设施 (20)	J13	信号设备应设置接地保护	8
		J14	高架和地面线的室外信号设备与外线连接的室内信号设备必须具有雷电防护设施	7
		J15	转辙机及线路轨旁设备应有防进水设施	5
维修体系 (15)	管理与维护 (12)	J16	应建立使用涉及行车安全的产品的审批制度	2
		J17	应建立信号系统的保养制度、巡检制度	2
		J18	应建立保养、巡检的记录台账	2
		J19	检修人员应具有上岗资格	2
		J20	应对检修人员定期技术培训	2
		J21	对信号系统故障信息应有记录、分析、纠正和预防措施	2
	维修配件 (3)	J22	应选择有资质的维修配件供货商	1
		J23	应建立维修配件检验制度	1
		J24	对维修配件的质量信息应有记录、分析、纠正和预防措施	1

附录 K 环境与设备监控系统评价表

表 K

评价项目及分值	分项及分值	子项序号	定性定量指标	分值
BAS/EMCS系统(65)	BAS/EMCS系统(65)	K01	BAS/EMCS系统应具备机电设备监控、执行阻塞模式、环境监控与节能运行管理、环境和设备的管理功能	20
		K02	BAS/EMCS系统应能接收FAS系统车站火灾信息,执行车站防烟、排烟模式;执行隧道防排烟模式;执行阻塞通风模式;能监控车站逃生指示系统和应急照明系统;能监视各排水泵房危险水位	30
		K03	车站应配置车站控制室紧急控制盘(IBP盘)作为BAS火灾工况自动控制的后备措施,其操作权高于车站和中央工作站,盘面应以火灾工况操作为主,操作程序应简便、直接	15
安全防护标识(10)	安全防护标识(10)	K04	环境与设备监控设备应设有明显的安全警示标志、使用标志和应急情况操作指示	5
		K05	车站、车辆段、地铁控制中心、主变电站、冷站、冷却水塔和风亭等场所应设有减少和避免事故发生的安全警示标志	5
维修体系(25)	管理与维护(16)	K06	应建立维护、保养制度、检修规程及应急处理程序	4
		K07	检修人员应持证上岗	4
		K08	应对检修人员定期技术培训	4
		K09	对环境与设备监控系统故障信息应有记录、分析、纠正和预防措施	4
	维修配件(9)	K10	应选择有资质的维修配件供货商	3
		K11	应建立维修配件检验制度	3
		K12	对维修配件的质量信息应有记录、分析、纠正和预防措施	3

附录 L 自动售检票系统评价表

表 L

评价项目及分值	分项及分值	子项序号	定性定量指标	分值
自动售检票系统(60)	自动售检票系统(60)	L01	车站售检票设备数量配置应按近期高峰客流量配置,并预留远期高峰客流量所需设备的供电,预埋套线及安装位置等条件	20
		L02	检票口的通过能力应与相应的楼梯、自动扶梯的通过能力相适应,每个检票口的半单向检票机的数量应不少于2台	15
		L03	在紧急疏散情况下,车站控制室应能控制所有检票机闸门开放,检票机工作状态显示应与之相匹配	15
		L04	检票机对乘客应有明确、清晰、醒目的工作状态显示	10
维修体系(40)	管理与维护(20)	L05	应建立维护、保养制度	5
		L06	检修人员应具有上岗资格	5
		L07	对检修人员应定期技术培训	5
		L08	对自动售检票系统故障信息应有记录、分析、纠正和预防措施	5
	维修配件(20)	L09	应选择有资质的维修配件供货商	10
		L10	应建立维修配件检验制度	5
		L11	对维修配件的质量信息应有记录、分析、纠正和预防措施	5

附录 M 车辆段与综合基地评价表

表 M

评价项目及分值	分项及分值	子项序号	定性定量指标	分值
车辆段与综合基地（100）	车辆段与综合基地设施（40）	M01	车辆段出入线应按双线双向运行设计，并避免切割正线，有条件时可结合段型布置，实现列车调头转向功能	5
		M02	运用库根据车辆的受电方式设置架空接触网或地面接触轨时，地面接触轨应分段设置并加装安全防护罩，列检库和月检库的架空接触网列位之间和库前均应设置隔离开关或分段器，并均应设有送电时的信号显示或音响	10
		M03	车场牵引供电系统应根据作业和安全要求实行分区供电	10
		M04	当牵引供电采用接触轨方式时，车场线路的外侧应设安全防护网	10
		M05	沿海或江河附近地区车辆段与综合基地的线路路肩设计高程不小于1/100潮水位、波浪爬高值和安全高之和	5
	防灾设施（60）	M06	车辆段与综合基地设计应有完善的消防设施	10
		M07	总平面布置、房屋设计和材料、设备的选用等应符合现行有关防火规范的规定	10
		M08	车辆段与综合基地内应有运输道路及消防道路，并应有不少于两个与外界道路相连通的出口	5
		M09	存放易燃品的仓库宜单独设置，并应符合现行《建筑设计防火规范》GB 50016 的有关规定	5
		M10	车辆段与综合基地应设救援办公室，受地铁控制中心指挥	5
		M11	车辆段、停车场应设火灾自动报警系统（FAS）	15
		M12	车辆段值班室应设置防灾无线通信设备	5
		M13	在备有消防路轨两用车的车辆段，应保证消防路轨平交通道畅通	5

附录 N 土建评价表

表 N

评价项目及分值	分项及分值	子项序号	定性定量指标	分值
地下、高架结构与车站建筑（40）	地下、高架结构与车站建筑（40）	N01	建立建筑结构设计缺陷（不符合现行建筑设计规范和防火规范）档案	5
		N02	建立维护和巡检制度，且切实落实	10
		N03	对建筑结构设计缺陷和劣化或破损有分析、监控、记录	10
		N04	针对建筑结构设计缺陷和劣化或破损制定对策措施	15
车站设计（60）	站台（20）	N05	站台计算长度应采用远期列车编组长度加停车误差	3
		N06	站台宽度应按车站客流量计算确定，最小宽度并应满足下表： | 名　　称	最小宽度(m)
---	---
岛式站台	8
岛式站台的侧站台	2.5
侧式站台(长向范围内设梯)的侧站台	2.5
侧式站台(垂直于侧站台开通道口)的侧站台	3.5		10
		N07	距站台边缘400mm处设置不小于80mm宽的纵向醒目安全线。采用屏蔽门时不设安全线	3
		N08	站台边缘距车辆外边之间空隙，在直线段宜为80～100mm，在曲线段应不大于180mm	4

续表 N

评价项目及分值	分项及分值	子项序号	定性定量指标	分值
车站设计	楼梯与通道（25）	N09	楼梯与通道的最大通过能力（每小时通过人数）应满足下表： | 名　称		每小时通过人数
---	---	---
1m宽楼梯	下行	4200
	上行	3700
	双向混行	3200
1m宽通道	单向	5000
	双向混行	4000		8
		N10	楼梯与通道的最小宽度应满足下表： | 名　称	最小宽度（m）
---	---
通道或天桥	2.4
单向公共区人行楼梯	1.8
双向公共区人行楼梯	2.4
与自动扶梯并列设置的人行楼梯	1.2
消防专用楼梯	0.9
站台至轨道区的工作梯（兼疏散梯）	1.1		8
		N11	人行楼梯和自动扶梯的总量布置应满足站台层的事故疏散时间不大于6min	9
	车站出入口（5）	N12	车站出入口的数量不少于2个	3
		N13	地下车站出入口地面标高应高出室外地面，并应满足防洪要求	2
	对策措施（10）	N14	建立车站设计缺陷档案	1
		N15	针对车站设计缺陷制定对策措施	9

附录P　外界环境评价表

表P

评价项目及分值	分项及分值	子项序号	定性定量指标	分值
防自然灾害（84）	防风灾（13）	P01	应分析地铁所在地的气象条件（风灾）及特点	3
		P02	应针对风灾采取安全对策和措施	5
		P03	风灾安全防护设备设施应完整、有效	4
		P04	应建立风灾安全防护设备设施的定期检查记录	1
	防雷电（13）	P05	应分析地铁所在地的气象条件（雷电）及特点	3
		P06	应针对雷电采取安全对策措施	5
		P07	雷电安全防护设备设施应完整、有效	4
		P08	应建立雷电安全防护设备设施的定期检查记录	1

续表 P

评价项目及分值	分项及分值	子项序号	定性定量指标	分值
防自然灾害	防水灾(13)	P09	应分析地铁所在地的气象条件（水灾）及特点	3
		P10	应针对水灾采取安全对策措施	5
		P11	水灾安全防护设备设施应完整、有效	4
		P12	应建立水灾安全防护设备设施的定期检查记录	1
	防冰雪(13)	P13	应分析地铁所在地的气象条件（冰雪）及特点	3
		P14	应针对冰雪危害采取安全对策措施	5
		P15	冰雪危害安全防护设备设施应完整、有效	4
		P16	应建立冰雪危害安全防护设备设施的定期检查记录	1
	防地震(13)	P17	应分析地铁所在地的地震统计情况及特点	3
		P18	应针对地震危害采取安全对策和措施	5
		P19	地震危害安全防护设备（设施）应完整、有效	4
		P20	应建立地震危害安全防护设备（设施）的定期检查记录	1
	防地质灾害(19)	P21	应分析地铁所在地的地质条件及特点	3
		P22	应针对地质灾害采取安全对策和措施	4
		P23	应设立地质灾害监控系统	4
		P24	地质灾害监控系统设备应完整、有效	5
		P25	应对地质灾害监控记录情况进行分析	3
保护区(16)	保护区(16)	P26	应建立保护区安全管理、监测办法与措施	10
		P27	应建立保护区安全监测记录	1
		P28	对于侵入保护区范围的事件应有反映和处理记录	5

本标准用词说明

1 为便于在执行本标准条文时区别对待，对要求严格程度不同的用词说明如下：
　1）表示很严格，非这样做不可的用词：
　　正面词采用"必须"，反面词采用"严禁"。
　2）表示严格，在正常情况下均应这样做的用词：
　　正面词采用"应"，反面词采用"不应"或"不得"。
　3）表示允许稍有选择，在条件许可时首先应这样做的用词：
　　正面词采用"宜"，反面词采用"不宜"；
　　表示有选择，在一定条件下可以这样做的用词，采用"可"。

2 本标准中指明应按其他有关标准、规范执行的写法为"应符合……的规定"或"应按……执行"。

中华人民共和国国家标准

地铁运营安全评价标准

GB/T 50438—2007

条 文 说 明

前 言

《地铁运营安全评价标准》（GB/T 50438—2007），经建设部 2007 年 10 月 25 日以第 743 号公告批准发布。

为便于广大设计、施工、科研、学校等单位有关人员在使用本标准时能正确理解和执行条文规定，编制组按章、节、条顺序编制了本标准的条文说明，供使用者参考。在使用中如发现本条文说明有不妥之处，请将意见函寄北京地铁运营有限公司（地址：北京市西直门外北河沿 2 号，邮政编码：100044）。

目 次

1 总则 … 51—50
3 基本规定 … 51—50
　3.1 评价对象 … 51—50
　3.2 评价体系 … 51—50
　3.3 评价程序 … 51—50
　3.4 评分方法 … 51—51
4 安全管理评价 … 51—51
　4.1 一般规定 … 51—51
　4.2 安全管理机构与人员 … 51—51
　4.3 安全生产责任制 … 51—51
　4.4 安全管理目标 … 51—51
　4.5 安全生产投入 … 51—51
　4.6 事故应急救援体系 … 51—52
　4.7 安全培训教育 … 51—52
　4.8 安全信息交流 … 51—53
　4.9 事故隐患管理 … 51—53
　4.10 安全作业规程 … 51—53
　4.11 安全检查制度 … 51—53
5 运营组织与管理评价 … 51—53
　5.1 一般规定 … 51—53
　5.2 系统负荷 … 51—53
　5.3 调度指挥 … 51—54
　5.4 列车运行 … 51—55
　5.5 客运组织 … 51—55
6 车辆系统评价 … 51—56
　6.1 一般规定 … 51—56
　6.2 车辆 … 51—56
　6.3 维修体系 … 51—57
7 供电系统评价 … 51—58
　7.2 主变电站 … 51—58
　7.3 牵引变电站 … 51—58
　7.4 降压变电站 … 51—58
　7.5 接触网（接触轨） … 51—58
　7.6 电力电缆 … 51—58
8 消防系统与管理评价 … 51—58
　8.2 消防系统与管理 … 51—58

9 线路及轨道系统评价 … 51—59
　9.2 线路及轨道系统 … 51—59
10 机电设备评价 … 51—59
　10.2 自动扶梯、电梯与自动
　　　人行道 … 51—59
　10.3 屏蔽门系统与防淹门系统 … 51—60
　10.4 给水排水设备 … 51—60
　10.5 通风和空调设备 … 51—60
　10.6 风亭 … 51—60
11 通信设备评价 … 51—60
　11.2 通信系统 … 51—60
12 信号设备评价 … 51—61
　12.2 信号系统 … 51—61
13 环境与设备监控系统评价 … 51—61
　13.2 环境与设备监控系统 … 51—61
　13.4 维修体系 … 51—61
14 自动售检票系统评价 … 51—62
　14.2 自动售检票系统（AFC） … 51—62
15 车辆段与综合基地评价 … 51—62
　15.2 车辆段与综合基地设施 … 51—62
　15.3 防灾设施 … 51—62
16 土建评价 … 51—62
　16.1 一般规定 … 51—62
　16.2 地下、高架结构与车站建筑 … 51—62
　16.3 车站设计 … 51—62
17 外界环境评价 … 51—62
　17.2 防自然灾害 … 51—62
　17.3 保护区 … 51—63
18 基础安全风险水平 … 51—63
　18.1 一般规定 … 51—63
　18.2 基础安全评价总分计算 … 51—63
　18.3 基础安全风险水平 … 51—63
19 事故风险水平 … 51—63
　19.1 一般规定 … 51—63
　19.2 运营事故统计 … 51—63
　19.3 事故风险水平 … 51—64

1 总　则

1.0.1 地铁运营安全是指通过常规的管理和维护，在运营的地铁线路上不发生死亡、撞车等重大事故，保证地铁乘客和设备设施一定标准的安全性。影响地铁安全运营的重大事件是：火灾、列车脱轨、列车撞车、自然灾害、大面积停电、突发大客流、中毒窒息等，本标准是以防范这些重大事件的发生为基础，对地铁系统运营的安全现状进行梳理、评价。地铁系统运营的安全现状评价包括三个方面：1. 安全运营条件；2. 安全运营能力；3. 安全运营业绩。其中包括安全管理水平、系统安全状况、系统和设备负荷状况、安全防护设施、防灾性能、设备可靠性、从业人员、维修体系、安全运营业绩等。

1.0.2 "地铁"是指设计运量在每小时3万人以上的轨道交通，本标准适用于采用钢轮钢轨的地铁系统，而不包括线性电机牵引地铁系统等其他地铁系统；本标准适用于安全现状的评价，因此，正式投入运营满一年及以上的地铁运营系统可采用本标准。

3 基本规定

3.1 评价对象

3.1.1 地铁运营企业的运营管理模式可能是多样的，可能拥有多条线路的经营权，其中各条线路的形式或设备可能有很大不同，因此评价对象应是相对独立的一条地铁运营线路。

3.2 评价体系

3.2.1 狭义的地铁运营系统是指地铁线路上运营公司管理的系统，包含土建工程、电动车辆和各种机电设备的系统。实际上，影响地铁安全的因素远远超出这个范围，还包括大量的地铁乘客、相关的外围技术系统和社会系统。地铁内部集多学科、多专业、多工种于一体；地铁外部情况的变化，能量流和信息流无时无刻不对地铁运营的效率和安全发生着影响。因此广义的地铁运营系统是复杂的系统。本标准以"人、设备、环境、管理"系统工程理论为指导，构造了由"基础安全评价"和"事故风险水平评价"两部分组成的地铁运营安全现状评价体系，以评价保障地铁安全运营的条件和地铁运营时的安全状态为基本着眼点。"基础安全评价"包括"管理、运营、设备、人、维修、环境"六要素，它们的共同点是其状态相对稳定，随时间变化缓慢；"事故风险水平评价"包括评价期间内发生的特别重大事故、重大事故、大事故、险性事故和一般事故等各类事故，事故发生的随机性很大，但通过对事故数量和种类的梳理，可对运营线路整体风险水平有清晰的认识。

本标准侧重对地铁系统整体的综合评价，但不排除有特点的、有针对性的专项评价和其他技术评价方法。

3.3 评价程序

由于地铁系统复杂、评价内容繁多，因此有必要在评价前、评价中和评价后进行必要的工作，使评价顺利、有效、客观。

3.3.1 地铁系统涉及多学科、多专业、多工种，因此，评价小组要由有丰富实践经验的地铁安全管理人员和地铁各专业技术人员以及安全评价人员组成。

3.3.2 前期准备

1　制定评价方案。

　　1）在全面了解被评价企业的经营规模后，确定本次评价的对象和范围；

　　2）根据评价对象的地理、设备、经营状况、事故风险水平等特点，确定评价工作的重点。

2　根据评价的对象和范围，排出评价时间计划表。

3　在调查了解各评价单元的设备设施情况的基础上，根据本标准第4～17章定性、定量评价内容，制定地铁运营企业需要提供的图纸、文件、资料、档案、数据目录。

3.3.3　1　本标准第4～17章中的评价标准是依据当时颁布的标准和地铁技术发展水平制定的，随着技术的发展和引用标准的修订，需要增加、删除或修改评价标准，因此，需要编制《评价项目及分值表》（见附录A～附录P），为各评价单元进行定性和定量评价做准备。

2　由于地铁人员和设备较多，同一种设备和人员可能散落在地铁沿线多个地方，不可能全部现场检查，如：对司机技术能力的考察，不可能考察全部司机，只能按一定比例现场抽查，为了深入了解系统的实际情况，弥补纸质文件、记录的不足，应根据该评价单元对系统安全影响的大小，确定各评价单元的抽查样本选取数量。抽样方法为简单抽样法，参照了ISO 9001：2000多现场抽查标准，第一条样本规模，第一款每次审核最少访问场所数量，b项之规定：

监督访问：每年的样本规模 y 应为分场所数量 x 的平方根与系数0.6的乘积 $y=0.6\sqrt{x}$。例如某运营线路有司机200名，则应现场检验的最低人数为 $n=0.6\sqrt{200}=9(人)$。

本抽样检查方法不排斥有针对性的重点部位检查，对个别重要或有争议的项目可扩大抽样比例，抽检结果记入评价报告，重点问题记入整改意见和建议。

3 根据《评价项目及分值表》和评价方法，进行打分。

4 评价小组根据现场抽查和打分结果计算各评价单元的得分。

3.3.4 评价小组要计算基础安全评价总分和事故风险水平评价总分，然后分别与表18.3.1和表19.3.1进行对比，以确定风险水平。

3.3.5 计算评价总分和确定风险水平是对一条线路的运营安全状况的综合评价，为了避免对评价对象中不可接受风险内容的疏漏，需要对不符合要求且属于不可接受风险的全部内容明示并提出整改意见和建议。

3.3.6 在评价报告中，不但包括该运营企业运营安全状况的综合评价，而且包括对不可接受风险内容提出的整改意见。

3.4 评分方法

建议采用小组讨论或专家打分法进行各项目的评分，以保证评分结果公正，避免片面性。

3.4.3 2 "酌情扣分"即根据该项不符合要求的风险大小扣分。评价内容不符合要求，但有补救措施时，酌情扣分，但不能得满分。

3.4.4 此规定考虑了有些现有地铁没有"屏蔽门"、"自动售检票"等设备。

4 安全管理评价

4.1 一般规定

4.1.1 依据《中华人民共和国安全生产法》第三、四条：安全生产管理，坚持安全第一、预防为主的方针。生产经营单位必须遵守本法和其他有关安全生产的法律、法规，加强安全生产管理，建立、健全安全生产责任制度，完善安全生产条件，确保安全生产。

4.2 安全管理机构与人员

4.2.1 依据《国务院关于进一步加强安全生产工作的决定》（国发〔2004〕2号）第十条：生产经营单位要根据《安全生产法》等有关法律规定，设置安全生产管理机构或者配备专职（或兼职）安全生产管理人员。此外《城市轨道交通运营管理办法》（中华人民共和国建设部令第140号）第十五条也要求：城市轨道交通运营单位应当依法承担城市轨道交通运营安全责任，设置安全生产管理机构，配备专职安全生产管理人员。

4.3 安全生产责任制

4.3.1 安全生产责任制就是对各级领导、各个部门、各类人员所规定的在各自职责范围内对安全生产应负责的制度。依据《国务院关于进一步加强安全生产工作的决定》（国发〔2004〕2号）第十、十一条：依法加强和改进生产经营单位安全管理。强化生产经营单位安全生产主体地位，进一步明确安全生产责任，全面落实安全保障的各项法律法规。企业生产流程的各环节、各岗位要建立严格的安全生产质量责任制。生产经营活动和行为，必须符合安全生产有关法律法规和安全生产技术规范的要求，做到规范化和标准化。

4.3.2 城市轨道交通公司的主要负责人要与其主管部门签订安全生产责任书，对本企业的安全生产承担直接责任，并对本单位安全生产工作负有下列职责：

1 建立、健全本单位安全生产责任制；

2 组织制定本单位安全生产规章制度和操作规程；

3 保证本单位安全生产投入的有效实施；

4 督促、检查本单位的安全生产工作，及时消除生产安全事故隐患；

5 组织制定并实施本单位的安全生产事故应急预案；

6 及时、如实报告生产安全事故。

4.4 安全管理目标

4.4.1 安全管理目标是实现企业安全化的行动指南。目标管理是以各类事故及其资料为依据的一项长远管理方法，必须围绕经营目标和安全生产的要求，结合城市轨道交通特点，做科学的分析，并按如下原则制定安全目标：

1 突出重点，分清主次，不能平均分配、面面俱到。安全目标应突出重大事故，同时注意次要目标对重点目标的有效配合。

2 安全目标具有先进性，即目标的适用性和挑战性。也就是说制定的目标一般略高于实施者的能力和水平，使之经过努力可以完成。

3 使目标的预期结果做到具体化、定量化、数据化。

4 目标要有综合性，又有实现的可能性。制定的企业安全管理目标，既要保证上级下达指标的完成，又要考虑企业各部门、各项目部及每个职工承担目标的能力，目标的高低要有针对性和实现的可能性，以利各部门、各项目部及每个职工都能接受，努力去完成。

5 坚持安全目标与保证目标实现措施的统一性。为使目标管理具有科学性、针对性和有效性，在制定目标时必须有保证目标实现的措施，使措施为目标服务，以利目标的实现。

4.5 安全生产投入

4.5.2 依据《中华人民共和国安全生产法》第十八

条：生产经营单位应具备的安全生产条件所必需的资金投入，由生产经营单位的决策机构、主要负责人或个人经营的投资人予以保证，并对由于安全生产所必需的资金投入不足导致的后果承担责任。此外《国务院关于进一步加强安全生产工作的决定》（国发[2004] 2号）中也要求：为保证安全生产所需资金投入，形成企业安全生产投入的长效机制，借鉴煤矿提取安全费用的经验，在条件成熟后，逐步建立对高危行业生产企业提取安全费用制度。企业安全费用的提取，要根据地区和行业的特点，分别确定提取标准，由企业自行提取，专户储存，专项用于安全生产。

4.5.3 依据《中华人民共和国安全生产法》第三十九条、第四十三条：生产经营单位应当安排用于配备劳动防护用品、进行安全生产培训的经费。生产经营单位必须依法参加工伤社会保险，为从业人员缴纳保险费。

4.6 事故应急救援体系

4.6.1 应急预案应当符合相关的法律、法规、规章和标准的要求，所规定和明确的组织、程序、资源、措施等应当具有针对性、科学性和可操作性，满足安全生产事故应急救援的需要。

4.6.2 依据《城市轨道交通运营管理办法》（中华人民共和国建设部令第140号）第二十四条、第二十五条的相关内容：城市轨道交通运营单位应当根据实际运营情况制定地震、火灾、浸水、停电、反恐、防爆等分专题的应急预案，并针对城市轨道交通车辆地面行驶中遇到沙尘、冰雹、雨、雪、雾、结冰等影响运营安全的气象条件时，制定相应的应急预案。依据《关于加强安全生产事故应急预案监督管理工作的通知》（国务院安全生产委员会办公室文件安委办字[2005] 48号）：生产经营单位制定的应急预案应当包括以下主要内容：

1 应急预案的适用范围；
2 事故可能发生的地点和可能造成的后果；
3 事故应急救援的组织机构及其组成单位、组成人员、职责分工；
4 事故报告的程序、方式和内容；
5 发现事故征兆或事故发生后应当采取的行动和措施；
6 事故应急救援（包括事故伤员救治）资源信息，包括队伍、装备、物资、专家等有关信息的情况；
7 事故报告及应急救援有关的具体通信联系方式；
8 相关的保障措施；
9 与相关应急预案的衔接关系；
10 应急预案管理的措施和要求。

4.6.3、4.6.4 依据《城市轨道交通运营管理办法》（中华人民共和国建设部令第140号）第二十四条：城市轨道交通运营单位应建立应急救援组织，配备救援器材设备。

4.6.5 依据《关于加强安全生产事故应急预案监督管理工作的通知》（国务院安全生产委员会办公室文件安委办字[2005] 48号）：应急预案制定单位应当对与实施应急预案有关的人员进行上岗前培训，使其熟悉相关的职责、程序，对本单位其他人员和相关群众进行培训和宣传教育，使其掌握事故发生后应当采取的自救和救援行动；要定期组织应急预案演习，并按照分级管理的原则向安全监管部门和其他有关部门提交演习的书面总结报告。生产经营单位还应当对从业人员进行岗位应急措施的培训。

4.6.6 依据《关于加强安全生产事故应急预案监督管理工作的通知》（国务院安全生产委员会办公室文件安委办字[2005] 48号）：生产经营单位所属各级单位都应针对本单位可能发生的安全生产事故制定应急预案和有关作业岗位的应急措施。生产经营单位所属单位和部门制定的应急预案应当报经上一级管理单位审查。生产经营单位涉及核、城市公用事业、道路交通、火灾、铁路、民航、水上交通、渔业船舶水上安全以及特种设备、电网安全等事故的应急预案，依据有关规定报有关部门备案，并按照分级管理的原则抄报安全监督部门。

4.6.7 该项主要考察运营企业应急救援的实际效果。

4.7 安全培训教育

4.7.2 依据《中华人民共和国安全生产法》第二十一条：生产经营单位应对从业人员进行安全生产教育和培训，保证从业人员具备必要的安全生产知识，熟悉有关的安全生产规章制度和安全操作规程，掌握本岗位的安全操作技能。未经安全生产教育和培训合格的从业人员，不得上岗作业。

4.7.3 依据《中华人民共和国安全生产法》第二十三条：生产经营单位的特种作业人员必须按照国家有关规定经专门的安全作业培训，取得特种作业操作资格证书，方可上岗作业。

依据《关于特种作业人员安全技术培训考核工作的意见》（国家安全生产监督管理局文件，安监管人字[2002] 124号）的要求：

1 特种作业操作证每2年由原考核发证部门复审一次，连续从事本工种10年以上的，经用人单位进行知识更新后，复审时间可延长至每4年一次。
2 培训、考核及用人单位应加强特种作业人员的管理，建立特种作业人员档案，做好申报、培训、考核、复审的组织工作和日常的检查工作。
3 特种作业及人员范围包括：
 1）电工作业，含发电、送电、变电、配电

工,电气设备的安装、运行、检修(维修)、试验工,矿山井下电钳工;
2) 金属焊接、切割作业,含焊接工,切割工;
3) 起重机械(含电梯)作业,含起重机械(含电梯)司机,司索工,信号指挥工,安装与维修工;
4) 企业内机动车辆驾驶,含在企业内及码头、货场等生产作业区域和施工现场行驶的各类机动车辆的驾驶人员;
5) 登高架设作业,含2m以上登高架设、拆除、维修工,高层建(构)筑物表面清洗工;
6) 锅炉作业(含水质化验),含承压锅炉的操作工,锅炉水质化验工;
7) 压力容器作业,含压力容器罐装工、检验工、运输押运工,大型空气压缩机操作工;
8) 制冷作业,含制冷设备安装工、操作工、维修工;
9) 爆破作业,含地面工程爆破、井下爆破工;
10) 矿山通风作业,含主扇风机操作工,瓦斯抽放工,通风安全监测工,测风测尘工;
11) 矿山排水作业,含矿井主排水泵工,尾矿坝作业工;
12) 矿山安全检查作业,含安全检查工,瓦斯检验工,电器设备防爆检查工;
13) 矿山提升运输作业,含主提升机操作工,(上、下山)绞车操作工,固定胶带输送机操作工,信号工,拥罐(把钩)工;
14) 采掘(剥)作业,含采煤机司机,掘进机司机,耙岩机司机,凿岩机司机;
15) 矿山救护作业;
16) 危险物品作业,含危险化学品、民用爆炸品、放射性物品的操作工,运输押运工、储存保管员;
17) 经国家批准的其他的作业。

4.7.4 依据《生产经营单位安全培训规定》(国家安全生产监督管理总局令第3号)第十三条:生产经营单位必须对新上岗的临时工、合同工、劳务工、换轮工、协议工等进行强制性安全培训,保证其具备本岗位安全操作、自救互救以及应急处置所需的知识和技能后,方能安排上岗作业。

4.8 安全信息交流

4.8.2 依据《城市轨道交通运营管理办法》(中华人民共和国建设部令第140号)第十九条:城市轨道交通运营单位应当采取多种形式向乘客宣传安全乘运的知识和要求。

4.9 事故隐患管理

4.9.1～4.9.5 依据《中国人民共和国安全生产法》第三十三条:生产经营单位对重大危险源应当登记建档,进行定期检测、评估、监控。依据《重大事故隐患管理规定》第七条:单位一旦发现事故隐患,应立即报告主管部门和当地人民政府,并申请对单位存在的事故隐患进行初步评估和分级。

4.10 安全作业规程

4.10.1 安全作业规程是安全管理体系文件的重要组成部分。它是在实际工作的基础上,采用科学的方法,对作业过程中的作业行为进行安全评价和分析,并进行优化优选,从而制定的行为规范。其目的是消除作业人员的不安全作业行为,维护作业人员的人身安全(同时也要保证被检设备的安全)。地铁运营单位应当根据实际情况制定完善的安全作业规程,地铁从业人员应熟悉有关的安全作业规程,掌握本岗位的安全操作技能。

4.11 安全检查制度

4.11.1 依据《中华人民共和国安全生产法》第三十八条:生产经营单位的安全生产管理人员应当根据本单位的生产经营特点,对安全生产状况进行经常性检查;对检查中发现的安全问题,应当立即处理;不能处理的,应当及时报告本单位的有关负责人。检查及处理情况应当记录在案。

5 运营组织与管理评价

5.1 一般规定

5.1.1 运营组织与管理是一个集系统、管理者、乘客、组织手段等多种因素于一体的复杂过程,既要考虑行车指挥,又要关注客运组织,而且还与诸多中间环节有着千丝万缕的联系。本部分除了评价调度指挥和客运组织以外,还评价系统负荷以及与乘客密切接触的列车运行两个方面。

5.2 系统负荷

5.2.1 从乘客乘坐地铁全过程的角度来讲,地铁系统可简单划分为线路和车站两个部分。因此,本部分就线路负荷和车站负荷作为评价内容。

5.2.2 作为运营中的地铁线路,其系统负荷主要表现在日运量、行车密度和车满载率。对各种负荷划分类别,类别越高,风险越大。

1 评价标准
  1) 线路负荷指评价期间内最大周日均运量，即线路负荷 = $\dfrac{\text{线路日运量（万人次）}}{\text{线路运营里程（公里）}}$，日运量越大，风险越大。
  2) 行车密度是指该线路图确定的最小行车间隔，间隔越小，风险越大。
  3) 车辆满载率指列车在高峰小时最大断面的满载情况，不计算平均值。满载率越高，风险越大。

5.2.3 车站设施负荷可分解为不同公共区域的负荷，一旦这些区域满足负荷要求，车站负荷即可得到保证。此外，作为越来越多得到实际应用的 AFC 系统，其在客流组织方面不可替代的作用也应在车站负荷评价中得到充分体现。
1 评价标准
  1) 站台是乘客在乘车流程当中车站范围的终点，也是列车范围的起点，是一个极易造成客流拥堵，形成安全隐患的区域。站台高峰小时集散量就是对这一因素的最有效的考量。
  2) 通道和楼梯是一个客流过渡部分，而不是客流集散部分。然而一旦这个"通道"超负荷发生堵塞，将会形成客流"瓶颈"。此部分评价参考《地铁设计规范》GB 50157 中相关数据。
  3) 正常情况下，AFC 系统闸机通道发挥楼梯、通道的作用。大客流或者突发情况下，其性能以及疏散能力直接影响客流流速。

5.3 调度指挥

5.3.1 调度指挥系统是地铁运营的大脑和中枢，在地铁运营安全方面发挥着极其关键的作用。此部分从规章、系统、人员和管理四方面来考虑对它的安全评价。

5.3.2 在调度规章的指引下，调度指挥人员实现对系统的管理和控制。
1 评价标准
  1) 调度指挥系统的重要性及特殊性，需要有一个总的纲领或政策性文件作支撑。在一般地铁企业主要是《行车组织规则》或《技术管理规程》，或者具有同等效力的相对独立、全面的文件。
  2) 调度规章要内容全面、丰富，便于调度人员在不同情况下的使用，包括在设备故障或事故模式下。
  3) 地铁行业的特殊性，要求具备严密的突发事件应急救援体系，该体系区别于设备故障或事故模式。

5.3.3 指挥系统是调度人员实现管理的工具，要求具备较高的可行性、可操作性、可靠性，在系统出现异常时，不影响调度人员对全局的控制。
1 评价标准
  1) 调度指挥系统应该具备中心和车站两级控制的能力，而且能够随意切换并满足任何条件下都有一套控制系统具备控制能力，这样才能够保证不失去对整个地铁系统的控制性。
  2) 正常情况下，地铁调度指挥系统都采用自动化程度较高的移动闭塞、准移动闭塞等手段组织列车运行。地铁应该具备在该系统故障或瘫痪情况下，有其他基础手段如电话闭塞维持简单运营的能力，并能确保系统安全。

5.3.4 调度人员在地铁系统运营中发挥主观能动作用，并对系统产生直接、重要的影响。调度人员的培训为胜任工作岗位提供基础保证。
1 评价标准
  1) 建立调度人员培训制度，是保证调度人员熟习岗位业务流程、具有一定指挥水平，进而保证地铁正常运营的保障之一。
  2) 本条款针对培训内容。培训内容应全面、符合客观实际，不仅要有正常情况下的业务流程，也应对可能发生的故障、事故、灾害等有充足的应对能力。
  3) 本条款针对培训方式。在培训方式的选择上应尽可能切合实际。鉴于有些地铁企业的特殊情况，可以考虑用模拟演练替代实际演练，但应达到类似实际演练的成效。

5.3.5 调度人员素质评价是对一名调度人员是否能够胜任工作岗位，高效、安全地进行调度指挥工作所进行的评价，调度人员的素质是地铁运营安全的潜在影响因素。
1 评价标准
  1) 调度人员在上岗之前应当接受专业、系统的培训，并根据规定取得相应等级的资格证书，才能够具备调度指挥的权力，这是对一名调度人员的最基本要求。
  2) 在熟习业务岗位流程的基础上，调度人员必须具备正常情况下的工作能力。
  3) 在紧急或事故情况下，调度人员的素质对事件的处理与协调起着至关重要、不可替代的作用，应能够根据实际情况，在最短的时间内制定应对方案并组织实施，只有具备这种沉着冷静、快速反应的能力，才能为地铁运营提供最基础的安全保证。

5.4 列车运行

5.4.1 在乘客利用地铁出行的过程中，绝大多数时间花费在列车运行过程中。为了能够保证运营安全，列车运行的安全因素不容忽视。除了线路、车辆、供电系统等基础设备设施的可靠性以外，列车运行的安全很大程度上通过驾驶员及列车运用规章来保证。

5.4.2 对于列车使用应有严密的运用规章，该规章对与列车运行安全相关的因素有明确说明。

 1 评价标准

  1）该规章对列车日常运用有详细说明，使驾驶员能够明确在正常情况下的各种安全操作与处理。

  2）对于在线运营列车来说，何种故障情况下会危及到乘客及行车安全，需求下线处理都应做出明确规定。对于故障列车的救援工作，也应在保证安全的前提下进行，既要保证救援列车与故障列车及列车上乘客的安全，又要保证系统中其他乘客的安全。

  3）列车运用规章应符合调度规章的指导原则，实现调度与被调度的关系，真正达成一体化。

5.4.3 列车是地铁最重要的系统之一，与乘客的安全密切相关，驾驶员对列车的操作应有统一的规范。

 1 评价标准

  1）列车操作规程应满足明确、实用的要求，方便不同程度、级别驾驶员的使用。

  2）列车故障模式下，特别是事故模式下的操作至关重要，与乘客及系统安全息息相关，应全面而不繁琐，故有操作要点为最好。

5.4.4 驾驶员与调度人员同样属于地铁运营系统关键性岗位，对驾驶员的培训有必要做出充分的安全评价与分析。

 1 评价标准

  1）建立驾驶员培训制度，是保证驾驶员熟习岗位业务，具有一定驾驶和处理故障水平，进而保证地铁正常运营的保障之一。

  2）本条款针对培训内容，培训内容应全面、符合客观实际，不仅要有正常情况下的业务流程，也应对可能发生的故障、事故、灾害等有充足的应对能力。

  3）驾驶员是一个操作性职业，培训方式除了授课之外，必须要考虑接受实际演练或模拟演练，但模拟演练应达到类似实际演练的成效。

5.4.5 鉴于驾驶员岗位的重要性，必须对其素质有高标准要求。

 1 评价标准

  1）驾驶员在上岗之前应当经过专业、系统的培训，并根据规定取得相应等级的资格证书，才能够具备驾驶的权力。这是对一名驾驶员的最基本要求。

  2）在熟习业务岗位流程的基础上，驾驶员必须具备正常情况下的工作能力。

  3）在出现突发事件的情况下，驾驶员处在第一现场，应能够具备独立、果断处理事件的能力。

  4）一旦出现意外情况需要在区间清客，必然要求驾驶员担当现场指挥的角色。因此，驾驶员应能够独立操作列车紧急疏散装置，并组织乘客有序疏散。

5.5 客运组织

5.5.1 相对于5.4"列车运行"来说，本部分主要是从车站的角度来对安全进行总体评价，分为乘客安全管理、乘客安全监控系统、乘客安全宣传教育、站务人员培训、站务人员素质五个方面。

5.5.2 乘客安全管理是乘客在乘坐地铁出行过程中的一种辅助管理手段，能够很好地降低事故发生率，提高企业安全管理水平。

 1 评价标准

  1）本条所述的服务标志系统主要侧重于安全标志，是对乘客的一种安全管理手段。

  2）在车站客流集中部位同时也是事故易发部位，设置提示标志或设置安全防护设施或进行重点安全防范考虑可有效抑制事故的发生。

  3）本条款主要考虑了对社会弱势乘客群体的关注，在体现人性化的同时也对提高地铁运营安全水平有很好的效果。

5.5.3 乘客安全监控系统可以用于对乘客安全的实时、集中监控。

 1 评价标准

  1）两级管理的安全监控系统可以根据运营实际情况来随时调整监控区域，而且可以扩大整体监控范围。

  2）乘客安全监控系统应能够监控车站客流集中部位及事故易发部位，主要评价区域包括站台、出入口、楼梯、通道、售票处、闸机群等。

5.5.4 依据《城市轨道交通运营管理办法》（中华人民共和国建设部令第140号）第十九条：城市轨道交通运营单位应当采取多种形式向乘客宣传安全乘运的知识和要求。乘客是地铁最重要的参与主体，乘客的安全意识水平同样事关地铁运营安全，必须重视和加强对乘客的安全宣传教育。

    1　评价标准

        1）本条款主要评价地铁是否对乘客进行了安全乘车常识的宣传，即乘客在正常情况下乘坐地铁应注意哪些安全问题，形式不限。

        2）本条款主要评价地铁是否对乘客进行了意外情况下安全乘车的宣传，根据地铁实际情况可重点评价火灾、区间疏散等情况，形式不限。

5.5.5 站务人员是零距离和乘客产生接触的地铁工作人员，对乘客的安全引导和组织起着直接的重要作用。

    1　评价标准

        1）建立站务人员培训制度，是保证站务人员熟习岗位业务流程、具有一定站务工作水平，进而保证地铁正常运营的保障之一。

        2）本条款针对培训内容，培训内容应包括正常情况下的工作要点，以及突发事件状况下如何从容应对。

        3）本条款针对培训方式，培训方式除了参加基本授课以外，也应适当参加一些实际演练或模拟演练以提高理论联系实际的能力。

5.5.6 站务人员的职务特点决定其需要有特定的素质。

    1　评价标准

        1）作为一名站务人员必须经过最基础的客运组织培训，懂得如何疏导和引导乘客，并持证上岗。这是对一名站务人员的最基本要求。

        2）站务人员的工作之一是要督促乘客所携带物品的安全性，因此需要具备一些辨识危险品的基本方法和技巧。

        3）在地铁实际运营过程中，站务人员面临的情况变幻莫测，但对发生频率较高的突发事件应了解基本的应对流程。

6　车辆系统评价

6.1　一般规定

6.1.2 本条规定了被评价的基本车辆单元。基本车辆单元中，可以是一辆动车，也可以是动车与拖车组成的独立车组，但不能是一辆拖车。

6.1.3 被评价地铁运营线路上运行不同型号的地铁车辆时，由于车辆性能不同，评价的结果不同，应分别评价。

6.2　车　　辆

6.2.1 地铁车辆是地铁运营系统中最重要的设备之一。在影响地铁安全运营的重大事件中，有火灾、列车脱轨、列车撞车等重大事件与地铁车辆有关，因此地铁车辆的安全性能状况与安全防护设施、车辆防火性能、车辆可靠性是防止重大事件发生，保证安全运营的重要内容。

6.2.2 车辆安全状况与安全防护设施状况的评价内容。

    1　评价标准

        1）如果地铁车辆超期服役，其各部件的性能都不在安全范围内。因此，实行一票否决，即被评价的基本车辆单元不在使用年限内时，该基本车辆单元的100分全部扣除。

        2）为了防止车辆脱轨的事故发生，车辆的动力学设计要满足安全性。本条依据《城市轨道交通车辆组装后的检查与试验规则》GB/T 14894中的防止车辆脱轨的安全性：脱轨系数、轮重减载率、倾覆系数。

        3）、4）为了加强车辆的安全性能，各地的地铁车辆都纷纷设置防意外冲撞的撞击能量吸收区和防爬装置。这两项是加强车辆安全的项目，不是车辆安全的必备项目，因此该条规定使用了"可"，表示可以选择。在评价时，不符合要求时，不扣分。该条规定依据《地铁车辆通用技术条件》GB/T 7928。

        5）转向架是车辆的"腿"，一旦转向架发生断裂，就会发生车辆的重大事故。目前动车转向架构架电机吊座和齿轮箱吊座容易发生疲劳裂纹，因此，有必要对这些部位提出要求和规定。

        6）地铁车辆要频繁启动及停车、频繁开门上下乘客，为了防止司机误操作，造成开门走车的事故，要求地铁车辆客室车门应具有非零速自动关门的电气联锁及车门闭锁装置。

        7）在发生紧急情况时，列车没电，司机不能控制客室车门，需要手动打开车门，因此应设置车门紧急解锁装置。

        8）紧急停车操纵装置保证列车运行前方发生问题时能够紧急停车。司机是高信任度的职业，他直接掌握着一列车乘客的生命安全，因此有必要设置警惕按钮，保证列车始终处于司机的控制之下。
9) 对车辆紧急制动系统性能的规定，保证车辆在紧急情况下安全停车。
10) 该条规定了前照灯的照度，使司机能及时发现在紧急制停距离处的情况。
11) 在设有安全通道的区间隧道里，需要紧急疏散时，乘客可以通过客室门从列车两侧疏散；在隧道截面比较小、没有条件设安全通道的区间隧道里，需要列车两端设紧急疏散门，乘客从列车两端疏散。
12) 列车各车辆之间设贯通道，在正常时，使乘客自由流动，使各车载客量均匀；在紧急时，使乘客向安全的车厢疏散。
13) 车门、车窗玻璃应采用安全玻璃，这种玻璃破碎后不会产生锐角伤人。
14) 在发生紧急断电情况或车辆故障时，车辆的蓄电池就是备用电源，其应能够满足应急需要。
15) 列车自动防护系统（ATP）或列车自动防护系统（ATP）与自动驾驶系统（ATO）是保证列车安全行驶的重要系统，目前各国地铁车辆和我国各地地铁车辆都配备了这些装置。
16) 目前我国地铁发生火灾、火情，大部分是由于电气设备发生故障，引起过电压、过电流、过热，进而引起火灾。因此需要对电气设备过电压、过电流、过热进行防护。
17) 现在"地铁"的含义已经不是"地下铁道"，而是涵盖了地下、地面、高架线路，采用受电弓受电的列车在地面、高架线路容易遭遇雷击，因此应设避雷装置。
18) 在我国北方，运行在地面、高架线路的车辆一般需要安装采暖设备，为了防火和乘客安全的考虑，需要对采暖设备的外温度进行规定。
19) 本条依据《电力机车防火和消防措施的规程》GB 6771，考虑了制动电阻等散发热量的电气设备的防火要求和乘客安全要求。
20) 在发生紧急情况时，车厢内的乘客可以使用车厢内设置的应急设备进行处置或向司机通报，使事故尽快得到控制。
21) 车辆应该设有各种警告标识，保证司机和乘客的人身安全；车厢内应有紧急设备的使用说明，使乘客能够正确使用。

6.2.3 车辆火灾是地铁系统最大的风险之一，因此，车辆的防火性能至关重要。
1 评价标准
1) 本条规定了车辆制造材料的防火性能。
2) 本条规定了车厢内附属设施和装饰材料的防火性能。
3) 非金属材料燃烧后，容易发生熔化滴落，进而使火焰扩延。本条规定了车厢内非金属材料的耐熔化滴落性能。
4) 车辆电气设备较多，导线和电缆燃烧时会发出浓烟和有毒物质，这对于运行在地下的地铁车辆上的乘客来说是致命的。因此，车辆上的导线和电缆应使用低烟、低卤阻燃材料。

6.2.4 车辆设计的性能再好，技术水平再高，安全设施再全面，由于种种缺陷（制造材料，加工工艺水平，装配水平，机件磨损，元件老化等）都会造成车辆可靠性降低而出现故障。不是性能好的车辆，就一定可靠性好，因此，要想保证安全运营，就要保证车辆的可靠性高。计算车辆的可靠性比较复杂，有一整套理论和方法，例如：平均无故障时间（MTBF）、检修率、利用率等，不适合在本标准中使用。本标准通过车辆由于故障离开运营线路、不能正常运营这一指标对车辆可靠性进行考察和评价，既可以反映车辆的质量状况，又可以反映驾驶员处理故障的素质状况。

"车辆由于故障退出服务"是指该车辆由于故障离开运营线路，没有完成运营图。

6.3 维 修 体 系

6.3.1 由于车辆先天的缺陷，使用中机件的磨损和元件老化，都会造成车辆可靠性降低。建立完善的维修体系对及时发现隐患、保障车辆安全运行起着重要作用。

6.3.2 维修制度是维修体系中的重要内容，是车辆维修必须执行的"法规"。
1 评价标准
1) 车辆维修制度是一套科学、合理的管理手段，它规定了检修种类、修程、检修周期、检修时间、各修程的检修范围、维修人员配备、维修设备配备等。
2) 各级检修规程进一步规定了各修程中各工种的检修范围、检修方法、检修要求等。
3) 对车辆故障信息要进行统计，对惯性故障要分析其原因，及时找到解决办法，并积极采取预防措施。

6.3.3 车辆维修人员的水平直接影响维修制度和检修规程的贯彻执行，直接影响车辆的安全运行，因此车辆维修人员必须进行培训和本企业的考核，合格后方能上岗。

6.3.4 在车辆的使用过程中,必然要对零部件进行更换,维修配件的质量也直接影响车辆的安全运行。因此为了保证维修配件的质量,要严把进货渠道,建立维修配件检验制度,对维修配件的质量信息有记录、分析、纠正。

7 供电系统评价

7.2 主变电站

7.2.2 本条介绍主变电站设备的评价内容及方法。
1 评价标准
   2) 地铁主变电站是确保地铁牵引供电和动力照明等用电负荷的主要设备。因此必须采取双电源、双回路线路供电,当一个电源发生故障时,另一个电源不应同时受到损坏。同时当线路上一个主变电站发生故障退出运行时,必须能通过相临主变电站供电,确保地铁的一、二级用电负荷。
   3) 辅助主变电站是根据线路电源配置的实际情况而定的,并不是每条线路均设置的,从最大限度节约工程投资考虑,可设一路专用电源。
   4) 考虑到轨道交通地下环境因素比较差,因此在选用电气设备及材料时,应选择体积小、低损耗、低噪声、防潮、无自爆、低烟、无卤、阻燃或耐火的定型产品,以适应地下环境,达到安全可靠使用的目的。
   6) 主变电站接地要求:(1)主变电所内电气设备不带电金属外壳均应接地;(2)主变电所的接地网宜采用以水平接地体为主的接地装置;(3)接地网宜采用铜质材料;(4)接地网的接地电阻在任何季节均应小于 0.5Ω。

7.2.3 依据《地铁设计规范》GB 50157 中第 14.2 节的规定。

7.3 牵引变电站

7.3.2 本条介绍牵引变电站设备的评价内容及方法。
1 评价标准
   2) 该条款规定主要考虑牵引变电站运行的可靠性。当轨道交通线路一个主变电站退出运行后,仍能保证线路牵引变电站的正常运作。
   3) 以二套相角 $15°$ 的十二脉波整流机组组成等效二十四脉波整流系统,可以降低高次谐波影响。组成二十四脉波的二套整流机组,其整流器与十二脉波整流机组是完全一样的。
   4) 该条款主要考虑在机组过负荷满足要求,谐波含量满足要求,不影响故障机组的检修的基础上,一套机组维持运行,将有利于提高牵引网的电压水平,减少能耗,降低走行轨对电位,减少杂散电流的影响。
   5) 为保证牵引供电系统的安全、可靠,牵引供电系统应采用双边馈电,并在一座牵引变电所解列后,采用大双边馈电。终端牵引变电站解列时,应能由相临牵引变电站实行单边馈电。
   6) 该条款是按照轨道交通防迷流的需要而定的。

7.4 降压变电站

7.4.2 本条介绍降压变电站设备的评价内容及方法。
1 评价标准
   2)、3) 该条款均从降压变电站安全性、可靠性角度提出运行、容量等要求。
   4) 该条款是对降压变电所的容量进行界定。其容量应充分考虑车站用电量的大小确定,并要求一台变压器容量应满足变电所全部一、二级负荷的需求。

7.5 接触网(接触轨)

7.5.2 本条介绍接触网的评价内容及方法。
1 评价标准
   2) 该条款是为保障接触网运行安全的可靠程度,且双边供电有利于提高牵引网的电压水平,有利于减少能耗,有利于杂散电流腐蚀保护。
   3) 为保障接触网停电操作和接触网运行的安全性,同时就此应设置闭锁条件。
   6) 地面或高架轨道交通的架空接触网,易受雷击,因此必须考虑防雷措施,并且应与车辆防雷设施相匹配。

7.6 电力电缆

7.6.2 本条介绍电力电缆评价内容及方法。
1 评价标准
   2) 采用低烟无卤型阻燃电缆,主要考虑火灾时减少有害烟气对人身的侵害。

8 消防系统与管理评价

8.2 消防系统与管理

8.2.2 火灾自动报警系统(FAS)主要由火灾自动

报警装置、消防控制设备及其他具有辅助功能的装置组成，FAS应可直接操作联动控制消防设施和防烟、排烟系统设备，或通过BAS等联动控制防烟、排烟系统设备。火灾自动报警系统技术的发展趋向智能化，地铁全线设控制中心集中管理-车站分散控制的报警系统形式，系统具有发布火灾涉及有关车站消防设备的控制命令的功能。

8.2.3 气体灭火系统的电气监控系统由该设备配套提供，车站FAS必须显示气体自动灭火系统保护区的报警、放气、风机和风阀状态、手动/自动放气开关所处位置。

8.2.4 地下车站站厅层应设单口消火栓，站台层的消火栓宜按双口双阀设置，车站内大型消火栓箱内应设自救式软管盘。地下区间只设消火栓接口、不设消火栓箱和不放水带，因为如设消火栓箱，其箱体固定不好，易侵入设备限界，发生箱门碰车事故，另外地铁内潮湿，消防水带易受潮腐烂。

消火栓口的静水压力不超过0.8MPa，消火栓口处出水压力不超过0.5MPa。

8.2.5 应急事故照明包括安全疏散照明、事故照明及指示照明，事故照明设备为确保其可靠安全工作状态，设计采用双电源、在线式或后备式供电。区间隧道内设置的集中控制型疏散指示方向要与风机送、排风的模式相匹配。

8.2.7 地铁为大型综合性工程，专业和系统很多，在运营中相互关联，尤其灾害事故处理，必须与多个系统多个部门共同合作才可完成全面救灾工作；车站、主变电站、地铁控制中心等消防重点部位设置24h值班的消防控制室。

8.2.9 地铁建筑防火部位包括车站站厅、站台、设备区、隧道、通道、与地铁地下及地上相连的其他建筑。

9 线路及轨道系统评价

9.2 线路及轨道系统

9.2.2 本条介绍线路及轨道系统的评价内容及方法。
1 评价标准
  2）该规定是为了确保正线运营的安全。通常在辅助线与正线接轨处设置安全待避线等设施，平常处于开通安全待避线的位置，确保与正线运营隔离。
  3）限界是确定行车构筑物净空大小和安装各种设备、管线相互位置的依据。其中车辆轮廓尺寸是设计轨道交通限界的基础资料。限界的合理确定和有效的保证是确保轨道交通安全运营的根本保障，因此在任何情况下，都必须确保限界的有效性。
  6）道岔轨道结构复杂，如果设在曲线上，会增加设计、施工和养护维修的困难，因此规定道岔应设在直线上。
  7）轨道是轨道交通的主要设备，它除了引导列车运行方向外，还直接承受列车的竖向、横向及纵向力，因此轨道结构应具有足够的强度，保证列车快速、安全和平稳地运行。同时城市轨道交通是城市专用的客运交通工具，因此轨道结构应有适量的弹性，使乘客舒适。
  8）正线及辅助线钢轨接头应采用对接，直线地段接头错开量不应大于20mm。
  10）车挡的作用是在被列车撞击后，有效地消耗列车的动能，迫使列车停车，能保障人身和车辆的安全，且对车挡的抗撞击能力进行了不大于15km/h的要求界定。
  12）轨道交通线路设置相应的标志是为了更好地服务运营，轨道交通线路应设置：百米标、坡度标、曲线要素标、曲线始终点标、竖曲线始终点标、水准基点标、限速标、停车位置标、警冲标等，且供司机瞭望的百米标、坡度标、限速标、停车位置标、警冲标等宜采用反光材料制作，并安装在司机易见的位置上。
  13）轨道路基是承受轨道和列车荷载的基础，必须保证轨道平顺，使列车通过时能在容许的弹性变形范围内平稳、安全地运行。因此路基必须具有足够的强度，在轨道和列车荷载的作用下，不致使路基产生过大的不容许的沉降变形。同时在承受轨道和列车荷载以及各种自然因素的作用下，必须具有足够的稳定性，不致在路基本体或地基产生破坏和位移，以保证行车的安全、畅通。其次，水对路基的影响在许多方面占据着主导地位，是病害产生的首要因素，为此必须做好路基的排水设计，以保证路基的稳固安全。
  14）为了确保轨道交通行车安全，必须在地面线路等两旁设置隔离栏，使轨道交通运营区域成为封闭式的空间，防止人员、异物侵入轨道交通运营区域。

10 机电设备评价

10.2 自动扶梯、电梯与自动人行道

10.2.2 参照国家标准《自动扶梯和自动人行道的制

造与安装安全规范》GB 16899 检查自动扶梯、电梯与自动人行道的安全性能是否满足规范要求。

10.3 屏蔽门系统与防淹门系统

10.3.2 屏蔽门可以是全封闭式，也可以是半封闭式。屏蔽门由屏封和门组成，将车站站台与站台轨道间分隔开，当列车进站开门时，开门上下乘客，列车关门时关门。屏蔽门可以有效地防止乘客掉下站台。在站台使用空调时，全封闭式屏蔽门可以很好地隔绝站台与隧道的空气流动，节约能源。

  1 评价标准

    6) 列车正常停车时，屏蔽门系统的滑动门与列车门相对，乘客进行上下车；当列车不能按正常位置停车，屏蔽门系统的滑动门不能与列车车门相对时，屏蔽门系统设置的应急门的位置应保证至少有一个与列车车门对齐，供乘客疏散。

10.4 给水排水设备

10.4.2 地下车站和区间的消防给水应为环状管网，每个地下车站由城市两路自来水管各接引一根消防给水管和车站环状管网相接。

10.5 通风和空调设备

10.5.2 本条介绍通风和空调设备的评价内容及方法。

  1 评价标准

    1) 空调设备的冷凝器、蒸发器等属压力容器，应按国家有关特种设备和压力容器管理的有关规定办理相关手续。

    2) 排列地铁危险程度第一的是地铁火灾，因此，防烟、排烟与事故通风系统是减小火灾带来损失的必备设备，《地铁设计规范》GB 50157 中 19.1-Ⅳ 部分中规定了防烟、排烟与事故通风系统的性能和功能。

10.6 风　亭

10.6.2 本条介绍风亭的评价内容及方法。

  1 评价标准

    1)、2) 为了防止送风系统将进风口附近的灰尘、碎屑等物扬起而吸入地铁内，进风口底距地面的高度应不小于 2m。当布置在绿地内时，因灰尘、碎屑很少，不易扬起时，宜把距地面距离降至不低于 1m。

    3) 风亭出入口可用于应急救援的出入口，因此应保持畅通。

11 通信设备评价

11.2 通　信　系　统

11.2.2 本条介绍通信系统的评价内容及方法。

  1 评价内容

    1) 轨道交通线通信系统是指挥列车运行，进行运营管理、公务联络和传递各种信息的重要手段。当出现紧急情况时，本系统应能迅速及时地为防灾救援和事故的指挥提供通信联络。因此，必须建立一个高可靠性、易扩充、组网灵活、并能传递语音、文字、数据、图像等各种信息的综合数字通信网。

    2) 为适应轨道交通网络化运营发展的需要，必须确保通信系统能实现资源共享的原则。

    3) 该条款规定通信系统在正常情况下为运营管理、指挥、监控提供迅速及时的联系，为乘客提供周密的服务；在突发灾害或事故的情况下应作为应急处理、抢险救灾的手段。

    4) 该条款规定了通信系统主要设备和模块应具备自检功能，并采取适当的冗余，故障时能自动切换并报警。

    5) 考虑到轨道交通电气化的特性，特别要防止电机牵引所产生的谐波电流对通信系统的干扰。

11.2.4 地铁公务电话系统用于地铁各部门间进行公务通话及业务联系。因此该系统应具备综合业务数字网 ISDN（Integrated Service Digital Network）功能，同时应具备完善的监控管理接口和功能，并应设置维护终端，具备性能管理、故障管理、配置管理、安全管理和账务管理功能，只有具备上述功能才能确保该系统运用的安全性和可靠性。

11.2.5 本条介绍专用电话系统的评价内容及方法。

  1 评价标准

    1) 专用电话系统是按照轨道交通运营组织的特点进行划分的。该系统是轨道交通运营组织指挥中重要的通信保障手段。

    2) 轨道交通运营指挥执行调度中心统一指挥的原则，因此，调度电话作为专用电话系统应具有最高的优先等级，并应具有电话录音、电话会议、电话强插等功能。

11.2.6 本条介绍无线通信系统的评价内容及方法。

  1 评价标准

    1) 随着城市轨道交通的发展，客运量的增大，行车间隔的缩短，为保证行车安全，提高运营效率和管理水平，有必要建立一个完善的无线系统。轨道交通无线系统的主要任务是平时保证调度员和司机之间的顺利通话，满足正常行车调度及设备维护的要求；在灾害或事故情况下，满足抢险救灾对于通信的需求，因此设置列车调度子系统、事故及防灾子系统、车辆设施与综合基地管理子系统、设备维护子系统四个子系统是必要的。其次，要满足消防、公安的统一调度。

　　2）无线通信系统的组网应满足轨道交通无线网络规划的总体要求。

11.2.7 地铁图像信息系统应为控制中心调度员、各车站值班员、列车司机等提供列车运行、防灾、救灾及乘客疏导等方面的视觉信息。摄像机的安装位置、数量及安装方式应根据乘客流向、乘客聚集地等场所综合考虑。

11.2.8 广播系统评价依据《地铁设计规范》GB 50157中第15.6节中的规定。广播系统除了在地铁正常运营中向乘客通告列车运行信息和安全、向导等服务信息以及向工作人员发布作业命令和通知以外，发生事故时，还起到应急指挥的作用。

11.2.9 本条介绍通信电源的评价内容及方法
　　1　评价标准
　　1）随着通信建设的飞速发展，电源新技术、新设备也日趋成熟。为实现减少维护人员和无人值守的目标，地铁通信电源设备必须具有集中监控管理功能。
　　6）轨道交通线各供电点均采用两路独立电源，且即使供电电源故障，恢复时间也较短，因此，不间断电源的蓄电池容量定为：保证向各通信设备连续供电不少于2h。

11.2.10 本条介绍通信系统接地的评价内容及方法
　　1　评价标准
　　1）由于控制中心、各车站供电系统采用的接地体是由建筑物的主钢筋加辅助人工接地体组成，如本系统采用独立接地体，则两个接地体之间的间距很难满足要求，因此，本系统的联合接地与供电系统合设接地体。

12　信号设备评价

12.2　信号系统

12.2.2 本条介绍信号系统技术的评价内容及方法。
　　1　评价标准

　　1）本条款规定了运营线路及与运营相关的线路必须纳入ATS系统监控，隶属控制中心的运营指挥范围，来保障列车运营的安全。
　　2）本条款规定在信号系统故障时，控制等级现场控制高于控制中心，人工控制高于自动控制，这是信号系统降级使用的控制原则，运营单位对此应以制度明确。
　　3）列车在ATC控制区域内使用列车驾驶限制模式或非限制模式时，是列车安全运行等级的降级使用，必须通过人工管理手段来加以保障。
　　4）列车折返作业点属于运营线路范围，是列车安全运行的一部分，因此必须具备ATP系统功能来保障其作业安全。
　　5）信号ATP子系统涉及行车安全，因此信号规范要求其设备及电路必须符合故障-安全的原则。且从信号系统可靠性要求考虑，必须具备相应的自检、故障报警、冗余、双机自动切换等功能。
　　7）车载ATP执行的强迫制动，包括全常用制动和紧急制动等，考虑到行车安全，要求强迫制动过程中不得中途缓解。
　　8）在列车运营中经常发生乘客、异物侵入站间线路的事件，为确保乘客及列车运行的安全，必须设置站台紧急按钮装置。
　　11）、12）依据《地铁设计规范》GB 50157中16.8.2（1）和16.8.3（1）的规定。

12.2.3 本条介绍信号系统安全防护设施的评价内容及方法。
　　1　评价标准
　　1）、2）依据《地铁设计规范》GB 50157中16.8.5和16.8.6的规定。

13　环境与设备监控系统评价

13.2　环境与设备监控系统

13.2.2 BAS/EMCS系统遵循分散控制、集中管理、资源共享的基本原则，同时BAS系统宜采用分布式计算机系统，由中央管理级、车站监控级、现场控制级及相关通信网络组成。

13.4　维修体系

13.4.2 环境与设备监控系统的维修体系对及时发现隐患、保障系统安全运行起着重要的作用，因此，要对维修管理制度、维修人员的资格与素质、维修配件的管理进行检查。

14 自动售检票系统评价

14.2 自动售检票系统（AFC）

14.2.2 本条介绍自动售检票系统的评价内容及方法。
1 评价标准
   1) 自动售检票系统是为乘客提供乘车票务服务的设备。其设备数量的配备必须满足车站客流的需求。确定设备的数量设计计算参数：自动售票机为 4～6 张/min；半自动售票机为 4～6 张/min；自动检票机为 20～25 人/min。
   2) 本条款考虑客流通过能力检票口与楼梯、自动扶梯等应相匹配，这样不会造成大客流时的拥堵，从而保障客运组织的安全。
   3) 在轨道交通车站发生紧急情况下，可通过车站控制室的紧急按钮操作，使车站自动售检票系统处于紧急模式，三杆落下，乘客可紧急疏散。

15 车辆段与综合基地评价

15.2 车辆段与综合基地设施

15.2.1 车辆段与综合基地是存放运营车辆、检修运营车辆的地点。在车辆段与综合基地内，同样有供电系统、信号系统、轨道线路等，因此有必要采取一系列防护措施以保证运营车辆、救援车辆的顺利上线，保证车辆段与综合基地内不发生事故。

15.3 防灾设施

15.3.2 在车辆段与综合基地内，有各种仓库、各种车库等，因此以防范火灾为主。车辆段车辆值班室，受地铁控制中心指挥，在运营线路上发生事故时，随时调动救援车辆或保证事故车辆进停车场。

16 土建评价

16.1 一般规定

16.1.3 由于地理条件不同的限制，被评价地铁运营线路上的地下、高架结构和车站形式不同，因此应分别评价。

16.2 地下、高架结构与车站建筑

16.2.2 由于地下、高架结构与车站建筑是地铁运营部门不能改变的，因此地铁运营部门的责任就是对既有设施进行监控和管理，对设计缺陷和劣化或破损制定对策措施。

16.3 车站设计

16.3.2 站台、通道、楼梯、车站出入口是否满足现有客流，直接关系到日常乘客通行的安全和紧急情况下的及时疏散，因此应对车站的设计进行检查，对重点站台、楼梯与通道、车站出入口进行客流调查，对不满足客流要求的项目要制定对策和措施。

17 外界环境评价

17.2 防自然灾害

17.2.1 依据《国家处置城市地铁事故灾难应急预案》城市轨道交通系统中特别重大、重大事故灾难类型包括地铁遭受台风、水灾、地震等自然灾害的侵袭。此外《地铁设计规范》GB 50157 中第 19.1 节规定地铁应具有防风灾、水淹、冰雪、地震、雷击等害的防灾设施。因此本节对地铁运营期间防自然灾害能力进行评价，并根据可能发生的危险形式分为防风灾、防雷电、防水灾、防地震、防冰雪、防地质灾害 6 个方面。

17.2.2 本条主要针对高架线路的架空线路与架空接触网。此外，地铁应具备接收当地气象部门气象预报的功能，预防风灾灾害。

17.2.3 防雷应满足《地铁设计规范》GB 50157 中 21.5.3、21.5.4 的相关规定。地铁地面及高架有关建筑物工程的防雷措施应按《地铁设计规范》GB 50157 中第 14 章的有关规定执行。此外，地铁应具备接收当地气象部门气象预报的功能，预防雷电灾害。

17.2.4 应满足《地铁设计规范》GB 50157 中 1.0.16、13.3.4、19.1.61 条的相关规定。此外，地铁应具备接收当地气象部门气象预报的功能，预防水淹灾害。

17.2.5 本条主要针对寒冷地区的地面及高架线路。此外，地铁应具备接收当地气象部门气象预报的功能，预防冰雪灾害。

17.2.6 地下、高架及地面结构的抗震设计应符合《地铁设计规范》GB 50157 及地面建筑现行国家抗震设计规范的有关规定。此外，地铁应具备接收本地区地震预报部门的电话报警或网络通信报警功能。

17.2.7 依据《地质灾害防治条例》（中华人民共和国国务院令第 394 号），地质灾害是指自然因素或者人为活动引发的危害人民生命和财产安全的山体崩塌、滑坡、泥石流、地面塌陷、地裂缝、地面沉降等与地质作用有关的灾害。

17.3 保护区

17.3.1 保护区的设置和管理是国家和行业法规明文规定的地铁管理内容。据建设部颁布，自2005年8月1日起实施的《城市轨道交通运营管理办法》第二十、二十一和二十二条的规定，以及保护区对地铁安全运营的影响，本标准应该对保护区进行评价。

17.3.2 地铁运营单位应该对保护区的管理建立具体、可行的管理制度和措施，这是对该单位是否对保护区有足够重视的重要考核指标之一。

1 评价标准
  1）这些制度和措施可以不必很复杂或者自成体系，但应该在有关文件中得到体现，并且对公众（尤其是地铁范围附近的单位、个人）进行了宣告。
  2）这一项是对保护区管理制度的一项细化，地铁运营单位应该定期对保护区的管理状况进行检查，并且保留记录。该记录应该清晰反映检查时间、结果等内容。
  3）对于发生的侵入、破坏保护区的事件，地铁运营单位应及时察觉并进行处理，同时保留该记录。

18 基础安全风险水平

18.1 一般规定

18.1.1 本标准从风险管理理论出发，通过考察地铁运营系统所采取的各种必要的控制措施的情况和效果，最终得到该地铁运营系统的安全状况或风险水平。根据最低可接受风险原则 ALARP（As Low As Reasonably Practicable）（见图1），风险水平可划分为不可接受、可接受和可忽略三个层次。

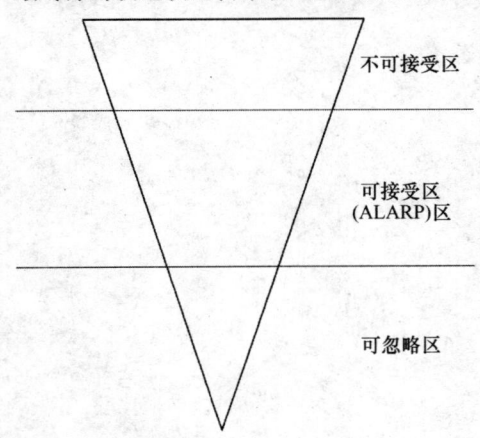

图1 最低可接受风险（ALARP）原则
不可接受区——除特殊情况外，风险不能被接受；
可接受区——只有当证明进一步降低风险是不可行的或降低风险的成本与所得的利益极不相称时，才允许该风险的存在；
可忽略区——风险可以接受，无需再采取安全措施。

18.2 基础安全评价总分计算

18.2.1 地铁系统中各子系统都对整个地铁安全运营产生影响，因此，通过用地铁运营系统管理、技术、设备、外界影响的14项内容（第4～17章）的得分进行加权计算来表示整个地铁运营的安全状况。

18.2.2 地铁系统中各子系统之间是相对独立，同时又是相互联系的，各子系统对地铁安全运营的影响程度是不同的。本标准利用权重，对14项内容的得分进行加权计算，使总分更能体现地铁安全整体状况。

18.3 基础安全风险水平

18.3.1 用地铁运营系统管理、技术、设备、外界影响的14项内容的得分进行加权计算得出结果，用不可接受、可接受和可忽略三个层次来衡量地铁运营系统整体的风险水平。

19 事故风险水平

19.1 一般规定

19.1.1 事故风险水平是评价体系中的重要部分。它通过一定时期内运营事故的规模和水平，直接反映该地铁运营企业的安全状态和管理效果，是安全管理工作效果直接和综合的体现。

19.2 运营事故统计

19.2.1 事故等级、危害程度、事故数量等依据了国家、各省市安全标准以及相关地铁系统对事故的定性、定量标准，对国内各条运营地铁线路的事故指标进行了统计和分析。本标准以事故所造成的人员伤亡事故、经济损失事故和行车事故为结果，检验地铁系统的安全运营业绩。

"每次事故轻伤1人时计0.3起一般事故"，主要考虑了在地铁运营中，轻伤也应视为事故的发生，不可忽略，取系数为0.3。

19.2.2 1 等效事故率以百万车公里作为相对指标可以将线路长的地铁、线路短的地铁、运量大的地铁、运量小的地铁拉到同一基准线上，从而可以相互比较。

2 事故折算因子
  1）为了计算等效事故率，本标准将各种事故折算为"一般事故"。
  2）、3）由于地铁是窗口服务行业，每天都有大量公众进入地铁，难免会发生非地铁方全责的事故。因此，非地铁方全责的事故折算因子按责任百分比计，非责任事故折算因子按相应责任事故的0.1计。

19.3 事故风险水平

19.3.1 用年度百万车公里等效事故率，分不可接受、可接受和可忽略三个层次来衡量地铁运营系统事故的风险水平。

中华人民共和国国家标准

城市消防远程监控系统技术规范

Technical code for remote-monitoring system of
urban fire protection

GB 50440—2007

主编部门：中华人民共和国公安部
批准部门：中华人民共和国建设部
施行日期：２００８年１月１日

中华人民共和国建设部
公 告

第 728 号

建设部关于发布国家标准
《城市消防远程监控系统技术规范》的公告

现批准《城市消防远程监控系统技术规范》为国家标准，编号为 GB 50440—2007，自 2008 年 1 月 1 日起实施。其中，第 7.1.1 条为强制性条文，必须严格执行。

本规范由建设部标准定额研究所组织中国计划出版社出版发行。

中华人民共和国建设部
二〇〇七年十月二十三日

前 言

根据建设部《关于印发"二〇〇六年工程建设标准制订、修订计划（第一批）"的通知》（建标〔2006〕77 号）文件的要求，本规范由公安部沈阳消防研究所会同有关单位共同编制。

本规范在编制过程中，总结了我国城市消防远程监控系统建设方面的实践经验，参考了国内外有关标准规范，吸取了先进的科研成果，广泛征求了全国有关单位和专家的意见，经专家和有关部门审查定稿。

本规范共分 8 章及 5 个附录，主要包括：总则，术语，基本规定，系统设计，系统配置和设备功能要求，系统施工，系统验收，系统的运行及维护等。

本规范以黑体字标识的条文为强制性条文，必须严格执行。

本规范由建设部负责管理和对强制性条文的解释，公安部负责日常管理，公安部沈阳消防研究所负责具体技术内容的解释。请各单位在执行本规范过程中，注意总结经验、积累资料，并及时把修改意见和相关资料寄至规范管理组（地址：沈阳市皇姑区文大路 218—20 号甲，公安部沈阳消防研究所，邮编：110034），以供今后修订时参考。

本规范主编单位、参编单位和主要起草人：

主编单位：公安部沈阳消防研究所
参编单位：上海市公安消防总队
　　　　　无锡市公安消防支队
　　　　　中国建筑科学研究院防火所
　　　　　京移通信设计院有限公司
　　　　　武警学院
　　　　　海湾消防网络有限公司
　　　　　万盛（中国）科技有限公司
　　　　　福建盛安城市安全信息发展有限公司
　　　　　北京利达集团利达安信数码科技有限公司
　　　　　北京网迅青鸟科技发展有限公司
　　　　　同方股份有限公司

主要起草人：郭铁男　朱力平　吕欣驰　潘　刚
　　　　　　马　恒　沈　纹　王　军　马青波
　　　　　　严志明　贾根莲　沈友弟　陈　韵
　　　　　　张春华　丁宏军　黄军团　顾全元
　　　　　　李宏文　吕一鸣　卜素俊　魏　玲
　　　　　　王京欣　陈　南　高　宏

目　次

1 总则 …………………………………… 52—4
2 术语 …………………………………… 52—4
3 基本规定 ……………………………… 52—4
4 系统设计 ……………………………… 52—4
　4.1 一般规定 …………………………… 52—4
　4.2 系统功能和性能要求 ……………… 52—4
　4.3 系统构成 …………………………… 52—5
　4.4 报警传输网络 ……………………… 52—5
　4.5 系统连接与信息传输 ……………… 52—5
　4.6 系统安全 …………………………… 52—6
5 系统配置和设备功能要求 …………… 52—6
　5.1 系统配置 …………………………… 52—6
　5.2 主要设备功能要求 ………………… 52—6
　5.3 系统电源要求 ……………………… 52—7
6 系统施工 ……………………………… 52—7
　6.1 一般规定 …………………………… 52—7
　6.2 安装 ………………………………… 52—7
　6.3 调试 ………………………………… 52—7
7 系统验收 ……………………………… 52—8
　7.1 一般规定 …………………………… 52—8
　7.2 主要设备和系统集成验收 ………… 52—9
　7.3 系统验收判定条件 ………………… 52—9
8 系统的运行及维护 …………………… 52—9
　8.1 一般规定 …………………………… 52—9
　8.2 监控中心的运行及维护 …………… 52—9
　8.3 用户信息传输装置的运行
　　　及维护 …………………………… 52—10
附录 A　建筑消防设施运行
　　　　状态信息 ……………………… 52—10
附录 B　消防安全管理信息 …………… 52—11
附录 C　城市消防远程监控系统施
　　　　工过程质量检查记录 ………… 52—12
附录 D　城市消防远程监控系
　　　　统验收记录 …………………… 52—12
附录 E　城市消防远程监控系统
　　　　检查测试记录 ………………… 52—13
本规范用词说明 ………………………… 52—13
附：条文说明 …………………………… 52—14

1 总 则

1.0.1 为了合理设计和建设城市消防远程监控系统（以下简称远程监控系统），保障远程监控系统的设计和施工质量，实现火灾的早期报警和建筑消防设施运行状态的集中监控，提高单位消防安全管理水平，制定本规范。

1.0.2 本规范适用于远程监控系统的设计、施工、验收及运行维护。

1.0.3 远程监控系统的设计和施工，应与城市消防通信指挥系统及公用通信网络系统等相适应，做到安全可靠、技术先进、经济合理。

1.0.4 远程监控系统的设计、施工、验收及运行维护除应执行本规范外，尚应符合国家现行有关标准的规定。

2 术 语

2.0.1 城市消防远程监控系统 remote-monitoring system for urban fire protection

对联网用户的火灾报警信息、建筑消防设施运行状态信息、消防安全管理信息进行接收、处理和管理，向城市消防通信指挥中心或其他接处警中心发送经确认的火灾报警信息，为公安消防部门提供查询，并为联网用户提供信息服务的系统。

2.0.2 监控中心 monitoring centre

对远程监控系统的信息进行集中管理的节点。

2.0.3 联网用户 network users

将火灾报警信息、建筑消防设施运行状态信息和消防安全管理信息传送到监控中心，并能接收监控中心发送的相关信息的单位。

2.0.4 报警传输网络 alarm transmission network

利用公用通信网或专用通信网传输联网用户的火灾报警信息、建筑消防设施运行状态信息的网络。

2.0.5 用户信息传输装置 user information transmission device

设置在联网用户端，通过报警传输网络与监控中心进行信息传输的装置。

2.0.6 报警受理系统 alarm receiving and handling system

设置在监控中心，接收、处理联网用户按规定协议发送的火灾报警信息、建筑消防设施运行状态信息，并能向城市消防通信指挥中心或其他接处警中心发送火灾报警信息的系统。

2.0.7 信息查询系统 information inquiry system

为公安消防部门提供信息查询的系统。

2.0.8 用户服务系统 user service system

为联网用户提供信息服务的系统。

3 基本规定

3.0.1 远程监控系统的设置应符合下列要求：

1 地级及以上城市应设置一个或多个远程监控系统，单个远程监控系统的联网用户数量不宜大于5000个。

2 县级城市宜设置远程监控系统，或与地级及以上城市远程监控系统合用。

3.0.2 远程监控系统的监控中心应符合下列要求：

1 为城市消防通信指挥中心或其他接处警中心的火警信息终端提供确认的火灾报警信息。

2 为公安消防部门提供火灾报警信息、建筑消防设施运行状态信息及消防安全管理信息查询。

3 为联网用户提供自身的火灾报警信息、建筑消防设施运行状态信息查询和消防安全管理信息等服务。

3.0.3 远程监控系统的联网用户应符合下列要求：

1 设置火灾自动报警系统的单位，应列为系统的联网用户；未设置火灾自动报警系统的单位，宜列为系统的联网用户。

2 联网用户应按附录 A 的内容将建筑消防设施运行状态信息实时发送至监控中心。

3 联网用户应按附录 B 的内容将消防安全管理信息发送至监控中心。其中，日常防火巡查信息和消防设施定期检查信息应在检查完毕后的当日内发送至监控中心，其他发生变化的消防安全管理信息应在3日内发送至监控中心。

4 系统设计

4.1 一般规定

4.1.1 监控中心应设置在耐火等级为一、二级的建筑中，并宜设置在火灾危险性较小的部位；监控中心周围不应设置电磁场干扰较强或其他影响监控中心正常工作的设备。

4.1.2 用户信息传输装置应设置在联网用户的消防控制室内。联网用户未设置消防控制室时，用户信息传输装置宜设置在有人值班的部位。

4.1.3 远程监控系统的联网用户容量和监控中心的通信传输信道容量、信息存储能力等，应留有一定的余量。

4.1.4 远程监控系统使用的设备、材料及配件应选用符合国家有关标准和市场准入制度的产品。

4.1.5 远程监控系统的通信协议和数据格式等应符合国家的有关标准要求。

4.2 系统功能和性能要求

4.2.1 远程监控系统应具有下列功能：

1 接收联网用户的火灾报警信息，向城市消防通信指挥中心或其他接处警中心传送经确认的火灾报警信息。

2 接收联网用户发送的建筑消防设施运行状态信息。

3 为公安消防部门提供查询联网用户的火灾报警信息、建筑消防设施运行状态信息及消防安全管理信息。

4 为联网用户提供自身的火灾报警信息、建筑消防设施运行状态信息查询和消防安全管理信息。

5 对联网用户发送的建筑消防设施运行状态和消防安全管理信息进行数据实时更新。

4.2.2 远程监控系统的性能指标应符合下列要求：

1 监控中心应能同时接收和处理不少于3个联网用户的火灾报警信息。

2 从用户信息传输装置获取火灾报警信息到监控中心接收显示的响应时间不应大于20s。

3 监控中心向城市消防通信指挥中心或其他接处警中心转发经确认的火灾报警信息的时间不应大于3s。

4 监控中心与用户信息传输装置之间通信巡检周期不应大于2h，并能动态设置巡检方式和时间。

5 监控中心的火灾报警信息、建筑消防设施运行状态信息等记录应备份，其保存周期不应小于1年。当按年度进行统计处理时，应保存至光盘、磁带等存储介质中。

6 录音文件的保存周期不应少于6个月。

7 远程监控系统应有统一的时钟管理，累计误差不应大于5s。

4.3 系统构成

4.3.1 远程监控系统应由用户信息传输装置、报警传输网络、报警受理系统、信息查询系统、用户服务系统及相关终端和接口构成（图4.3.1）。

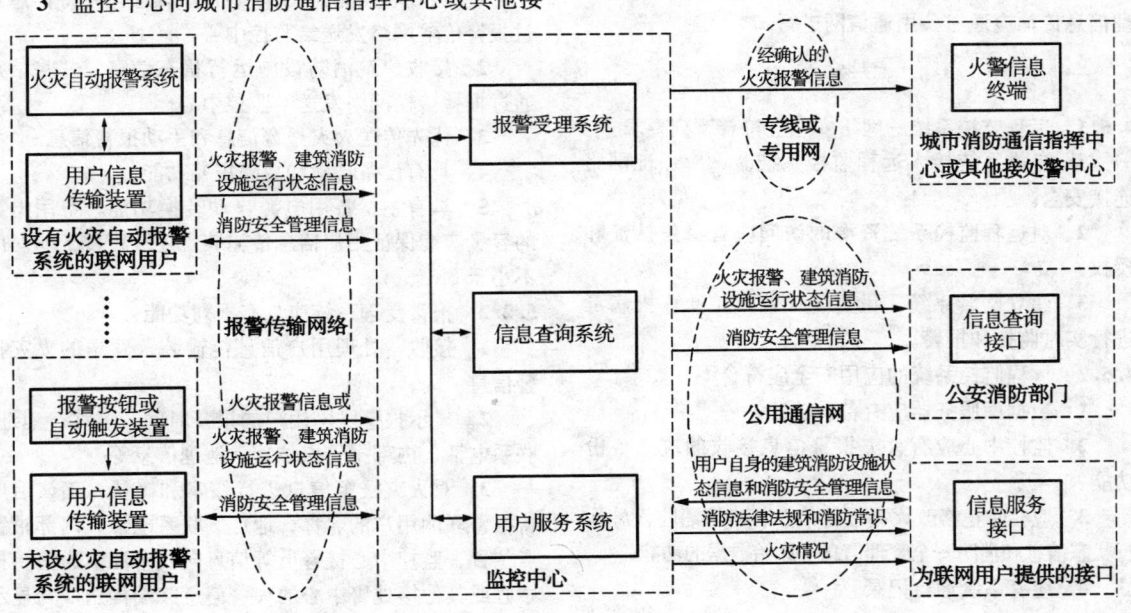

图4.3.1 城市消防远程监控系统构成

4.3.2 报警受理系统、信息查询系统、用户服务系统应设置在监控中心。

4.4 报警传输网络

4.4.1 信息传输可采用有线通信或无线通信方式。

4.4.2 报警传输网络可采用公用通信网或专用通信网构建。

4.4.3 远程监控系统采用有线通信方式传输时可选择下列接入方式：

1 用户信息传输装置和报警受理系统通过电话用户线或电话中继线接入公用电话网。

2 用户信息传输装置和报警受理系统通过电话用户线或光纤接入公用宽带网。

3 用户信息传输装置和报警受理系统通过模拟专线或数据专线接入专用通信网。

4.4.4 远程监控系统采用无线通信方式传输时可选择下列接入方式：

1 用户信息传输装置和报警受理系统通过移动通信模块接入公用移动网。

2 用户信息传输装置和报警受理系统通过无线电收发设备接入无线专用通信网络。

3 用户信息传输装置和报警受理系统通过集群语音通路或数据通路接入无线电集群专用通信网络。

4.5 系统连接与信息传输

4.5.1 联网用户的火灾报警和建筑消防设施运行状

态信息的传输应符合下列要求：

1 设有火灾自动报警系统的联网用户应采用火灾自动报警系统向用户信息传输装置提供火灾报警和建筑消防设施运行状态信息。

2 未设火灾自动报警系统的联网用户应采用报警按钮向用户信息传输装置提供火灾报警信息，或通过自动触发装置向用户信息传输装置提供火灾报警和建筑消防设施运行状态信息。

3 用户信息传输装置与监控中心的信息传输应通过报警监控传输网络进行。

4.5.2 联网用户的消防安全管理信息宜通过报警监控传输网络或公用通信网与监控中心进行信息传输。

4.5.3 火警信息终端应设置在城市消防通信指挥中心或其他接处警中心，并应通过专线（网）与监控中心进行信息传输。

4.5.4 监控中心与信息查询接口、信息服务接口的火灾报警、建筑消防设施运行状态信息和消防安全管理信息传输应通过公用通信网进行。

4.6 系统安全

4.6.1 远程监控系统的网络安全应符合下列要求：

1 各类系统接入远程监控系统时，应保证网络连接安全。

2 对远程监控系统资源的访问应有身份认证和授权。

3 建立网管系统，设置防火墙，对计算机病毒进行实时监控和报警。

4.6.2 远程监控系统的应用安全应符合下列要求：

1 数据库服务器应有备份功能。

2 监控中心应有火灾报警信息接收的应急备份功能。

3 应有防止修改火灾报警信息、建筑消防设施运行状态信息和消防安全管理信息等原始数据的功能。

4 应有系统运行记录。

5 系统配置和设备功能要求

5.1 系统配置

5.1.1 远程监控系统配置应符合表 5.1.1 的要求。

表 5.1.1 远程监控系统配置表

序号	名称	配置地点	单位	配置数量
1	用户信息传输装置	联网用户	台	≥1
2	系统的联网用户	—	个	≥5
3	报警受理系统	监控中心	套	≥1
4	受理坐席	监控中心	个	≥3

续表 5.1.1

序号	名称	配置地点	单位	配置数量
5	信息查询系统	监控中心	套	≥1
6	用户服务系统	监控中心	套	≥1
7	火警信息终端	消防通信指挥中心、其他接处警中心	台	≥1
8	信息查询接口	公安消防部门	个	≥1
9	信息服务接口	—	个	≥5
10	网络设备	监控中心	台/套	≥1
11	电源设备	监控中心	台/套	≥1
12	数据库服务器	监控中心	台	≥1

5.2 主要设备功能要求

5.2.1 用户信息传输装置应具有下列功能：

1 接收联网用户的火灾报警信息，并将信息通过报警传输网络发送给监控中心。

2 接收建筑消防设施运行状态信息，并将信息通过报警传输网络发送给监控中心。

3 优先传送火灾报警信息和手动报警信息。

4 具有设备自检和故障报警功能。

5 具有主、备用电源自动转换功能，备用电源的容量应能保证用户信息传输装置连续正常工作时间不小于 8h。

5.2.2 报警受理系统应具有下列功能：

1 接收、处理用户信息传输装置发送的火灾报警信息。

2 显示报警联网用户的报警时间、名称、地址、联系电话、内部报警点位置、地理信息等。

3 对火灾报警信息进行核实和确认，确认后应将报警联网用户的名称、地址、联系电话、内部报警点位置、监控中心接警员等信息向城市消防通信指挥中心或其他接处警中心的火警信息终端传送，并显示火警信息终端的应答信息。

4 接收、存储用户信息传输装置发送的建筑消防设施运行状态信息，对建筑消防设施的故障信息进行跟踪、记录、查询和统计，并发送至相应联网用户。

5 自动或人工对用户信息传输装置进行巡检测试，并显示巡检测试结果。

6 显示、查询报警信息的历史记录和相关信息。

7 与联网用户进行语音、数据或图像通信。

8 实时记录报警受理的语音及相应时间，且原始记录信息不能被修改。

9 具有系统自检及故障报警功能。

10 具有系统启、停时间的记录和查询功能。

11 具有消防地理信息系统基本功能。

5.2.3 信息查询系统应具有下列功能：

1 查询联网用户的火灾报警信息。

2 按附录A所列内容查询联网用户的建筑消防设施运行状态信息。
3 按附录B所列内容查询联网用户的消防安全管理信息。
4 查询联网用户的日常值班、在岗等信息。
5 对本条第1～4款的信息,能按日期、单位名称、单位类型、建筑物类型、建筑消防设施类型、信息类型等检索项进行检索和统计。

5.2.4 用户服务系统应具有下列功能:
1 为联网用户提供查询其自身的火灾报警、建筑消防设施运行状态信息及消防安全管理信息的服务平台。
2 对联网用户的建筑消防设施日常维护保养情况进行管理。
3 为联网用户提供消防安全管理信息的数据录入、编辑服务。
4 通过随机查岗,实现联网用户的消防安全负责人对值班人员日常值班工作的远程监督。
5 为联网用户提供使用权限。
6 为联网用户提供消防法律法规、消防常识和火灾情况等信息。

5.2.5 火警信息终端应具有下列功能:
1 接收监控中心发送的联网用户火灾报警信息,向其反馈接收确认信号,并发出明显的声、光提示信号。
2 显示报警联网用户的名称、地址、联系电话、内部报警点位置、监控中心接警员、火警信息终端警情接收时间等信息。
3 具有设备自检及故障报警功能。

5.3 系统电源要求

5.3.1 监控中心的电源应按所在建筑物的最高等级配置,且不应低于二级负荷,并应保证不间断供电。
5.3.2 用户信息传输装置的主电源应有明显标识,并应直接与消防电源连接,不应使用电源插头;用户信息传输装置与其外接备用电源之间应直接连接。

6 系统施工

6.1 一般规定

6.1.1 远程监控系统的施工单位应有消防、计算机网络、通信、机房安装等相应技术人员。
6.1.2 远程监控系统施工应按照工程设计文件和施工技术标准进行。
6.1.3 远程监控系统施工前,应具备系统图、设备布置平面图、网络拓扑图、网络布线连接图、防雷接地与防静电接地布线连接图及火灾自动报警系统等建筑消防设施的对外输出接口技术参数、通信协议、系统调试方案等必要的技术文件。
6.1.4 远程监控系统施工前,应对设备、材料及配件进行进场检查,检查不合格者不得使用。设备、材料及配件进入施工现场应有清单、使用说明书、产品合格证书、国家法定检验机构的检验报告等文件,且规格、型号应符合设计要求。
6.1.5 远程监控系统施工过程中,施工单位应做好设计变更、安装调试等相关记录。
6.1.6 远程监控系统的施工过程质量控制应符合下列要求:
1 各工序应按施工技术标准进行质量控制,每道工序完成并检查合格后,方可进行下道工序。检查不合格,应进行整改。
2 隐蔽工程在隐蔽前应进行验收,并形成验收文件。
3 相关各专业工种之间应进行交接检验,并经监理工程师签字确认后方可进行下道工序。
4 安装完成后,施工单位应对远程监控系统的安装质量进行全数检查,并按有关专业调试规定进行调试。
5 施工过程质量检查记录应按附录C填写"城市消防远程监控系统施工过程质量检查记录"。

6.2 安 装

6.2.1 远程监控系统安装环境应符合下列要求:
1 远程监控系统的室内布线应符合现行国家标准《建筑电气工程施工质量验收规范》GB 50303的有关要求。
2 远程监控系统的防雷接地应符合现行国家标准《建筑物电子信息系统防雷技术规范》GB 50343的有关要求。

6.2.2 远程监控系统设备的安装应符合下列要求:
1 远程监控系统设备应根据实际工作环境合理摆放,安装牢固,便于人员操作,并留有检查、维护的空间。
2 远程监控系统设备和线缆应设永久性标识,且标识应正确、清晰。
3 远程监控系统设备连线应连接可靠、捆扎固定、排列整齐,不得有扭绞、压扁和保护层断裂等现象。
4 远程监控系统的用户信息传输装置采用壁挂方式安装时,应符合现行国家标准《火灾自动报警系统设计规范》GB 50116对火灾报警控制器类设备的安装要求。

6.2.3 远程监控系统使用的操作系统、数据库系统等平台软件应具有软件使用(授权)许可证,并宜采用技术成熟的商业化软件产品。

6.3 调 试

6.3.1 远程监控系统正式投入使用前应对系统进行调试。
6.3.2 远程监控系统调试前应具备下列条件:

1 各设备和平台软件按设计要求安装完毕。
2 远程监控系统的安装环境符合本规范第6.2.1条的有关要求。
3 对系统中的各用电设备分别进行单机通电检查。
4 制定调试和试运行方案。
5 备齐本规范第6.1.3条和第6.1.4条规定的技术文件。

6.3.3 用户信息传输装置的调试应符合下列要求：
1 模拟一起火灾报警，检查用户信息传输装置接收火灾报警信息的完整性，用户信息传输装置应按照规定的通信协议和数据格式将信息通过报警传输网络传送到监控中心。
2 模拟建筑消防设施的各种状态，检查用户信息传输装置接收信息的完整性，用户信息传输装置应按照规定的通信协议和数据格式将信息通过报警传输网络传送到监控中心。
3 同时模拟一起火灾报警和建筑消防设施运行状态，检查监控中心接收信息的顺序是否体现火警优先原则。
4 模拟手动报警，检查监控中心接收火灾报警信息的完整性。
5 进行自检操作，检查自检情况。
6 模拟用户信息传输装置故障，检查故障声、光信号提示情况。
7 模拟主电断电，检查主、备电源自动转换功能。

6.3.4 报警受理系统的调试应符合下列要求：
1 模拟一起火灾报警，检查报警受理系统接收用户信息传输装置发送的火灾报警信息的正确性，检查报警受理系统接收并显示火灾报警信息的完整性，检查报警受理系统与发出模拟火灾报警信息的联网用户进行警情核实和确认的功能，并检查城市消防通信指挥中心接收经确认的火灾报警信息的内容完整性。
2 模拟各种建筑消防设施的运行状态变化，检查报警受理系统接收并存储建筑消防设施运行状态信息的完整性，检查对建筑消防设施故障的信息跟踪、记录和查询功能，并检查故障报警信息是否能够发送到联网用户的相关人员。
3 向用户信息传输装置发送巡检测试指令，检查用户信息传输装置接收巡检测试指令的完整性。
4 检查报警信息的历史记录查询功能。
5 检查报警受理系统与联网用户进行语音、数据或图像通信功能。
6 检查报警受理系统报警受理的语音和相应时间记录功能。
7 模拟报警受理系统故障，检查声、光提示功能。
8 检查报警受理系统启、停时间记录和查询功能。

9 检查消防地理信息系统是否具有显示城市行政区域、道路、建筑、水源、联网用户、消防站及责任区等地理信息及其属性信息，并对信息提供编辑、修改、放大、缩小、移动、导航、全屏显示、图层管理等功能。

6.3.5 信息查询系统的调试应符合下列要求：
1 选择联网用户，查询该用户的火灾报警信息。
2 选择联网用户，查询该用户的建筑消防设施运行状态信息。
3 选择联网用户，查询该用户的消防安全管理信息。
4 选择联网用户，查询该用户的日常值班、在岗等信息。
5 按照日期、单位名称、单位类型、建筑物类型、建筑消防设施类型、信息类型等检索项查询、统计本条第1~4款的信息。

6.3.6 用户管理服务系统的调试应符合下列要求：
1 选择联网用户，检查该用户登录系统使用权限的正确性。
2 模拟一起火灾报警，查询该用户火灾报警、建筑消防设施运行状态等信息是否与报警受理系统的报警信息相同。
3 检查建筑消防设施日常管理功能，检查对消防设施日常维护保养情况执行录入、修改、删除、查看等操作是否正常。
4 检查联网用户的消防安全重点单位信息系统数据录入、编辑功能。
5 检查随机查岗功能，检查联网用户值班人员是否在岗，并检查是否收到在岗应答。

6.3.7 火警信息终端的调试应符合下列要求：
1 模拟一起火灾报警，由报警受理系统向火警信息终端发送联网用户火灾报警信息，检查火警信息终端的声、光提示情况。
2 检查火警信息终端显示的火灾报警信息完整性。
3 进行自检操作，检查自检情况。
4 模拟火警信息终端故障，检查声、光报警情况。

6.3.8 远程监控系统在各项功能调试后应进行试运行，试运行时间不应少于1个月。

6.3.9 远程监控系统的设计文件和调试记录等文件应形成技术文档，存储备查。

7 系统验收

7.1 一般规定

7.1.1 远程监控系统竣工后必须进行工程验收。工程验收前接入的测试联网用户数量不应少于5个，验收不合格不得投入使用。

7.1.2 远程监控系统应由建设单位组织设计、施工、监理等单位进行验收。

7.1.3 远程监控系统验收应包括主要设备的验收和系统集成验收，并应符合下列要求：

 1 远程监控系统中各设备功能均应检查、试验1次，并应满足要求。

 2 远程监控系统中各软件功能均应检查、试验1次，并应满足要求。

 3 远程监控系统各项通信功能均应进行3次通信试验，每次试验均应正常。

 4 远程监控系统集成功能应检查、试验2次，并应满足要求。

7.1.4 远程监控系统验收时，施工单位应提供下列技术文件：

 1 竣工验收申请报告；

 2 系统设计文件、施工技术标准、工程合同、设计变更通知书、竣工图、隐蔽工程验收文件；

 3 施工现场质量管理检查记录；

 4 系统施工过程质量检查记录；

 5 系统的检验报告、合格证及相关材料；

 6 系统设备清单。

7.1.5 系统验收应按附录D填写"城市消防远程监控系统验收记录"，验收记录应由建设单位填写，验收结论由参加验收的各方共同商定并签章。

7.2 主要设备和系统集成验收

7.2.1 应对远程监控系统中下列主要设备的功能进行验收：

 1 用户信息传输装置应符合本规范第5.2.1条的要求。

 2 报警受理系统应符合本规范第5.2.2条的要求。

 3 信息查询系统应符合本规范第5.2.3条的要求。

 4 用户服务系统应符合本规范第5.2.4条的要求。

 5 火警信息终端应符合本规范第5.2.5条的要求。

7.2.2 远程监控系统集成验收应包括：

 1 远程监控系统主要功能应符合本规范第4.2.1条的要求。

 2 远程监控系统主要性能指标应符合本规范第4.2.2条的要求。

 3 远程监控系统网络安全性应符合本规范第4.6.1条的要求。

 4 远程监控系统应用安全性应符合本规范第4.6.2条的要求。

 5 远程监控系统安装环境应符合本规范第6.2.1条的要求。

 6 远程监控系统验收技术文件应符合本规范第7.1.4条的要求。

7.3 系统验收判定条件

7.3.1 远程监控系统验收合格判定条件应为：本规范第4.2.1条的第1、2、3、5款、第4.2.2、4.6.1、4.6.2、5.2.1、5.2.2、5.2.3、5.2.5、5.3.1、5.3.2、6.2.1、7.1.4条中的所有款项不合格数量为0项，否则为不合格。

7.3.2 远程监控系统验收不合格的，应进行整改。整改完毕后应进行试运行，试运行时间不应少于1个月，复验合格后，方可通过验收。

8 系统的运行及维护

8.1 一 般 规 定

8.1.1 远程监控系统的运行及维护应由具有独立法人资格的单位承担，该单位的主要技术人员应由从事火灾报警、消防设备、计算机软件、网络通信等专业5年以上（含5年）经历的人员构成。

8.1.2 远程监控系统的运行操作人员上岗前应具备熟练操作设备的能力。

8.1.3 远程监控系统的检查应按本章相关规定进行，并应按附录E表E.0.1填写。

8.2 监控中心的运行及维护

8.2.1 监控中心应有下列技术文档：

 1 机房管理制度；

 2 操作人员管理制度；

 3 值班日志；

 4 交接班登记表；

 5 接处警登记表；

 6 值班人员工作通话录音录时电子文档；

 7 设备运行、巡检及故障记录；

 8 系统操作与运行安全制度；

 9 应急管理制度；

 10 网络安全管理制度；

 11 数据备份与恢复方案。

8.2.2 监控中心应按下列要求定期进行检查和测试：

 1 每日进行1次与设置在城市消防通信指挥中心或其他接处警中心的火警信息终端之间的通信测试。

 2 每日检查1次各设备的时钟。

 3 定期进行系统运行日志整理。

 4 定期检查数据库使用情况，必要时对硬盘进行扩充。

 5 每半年应按照本规范第7.2.2条的要求进行

系统集成功能检查、测试。

6 定期向联网用户采集消防安全管理信息。

8.2.3 远程监控系统的城市消防地理信息应及时更新。

8.3 用户信息传输装置的运行及维护

8.3.1 用户信息传输装置应按下列要求定期进行检查和测试：

1 每日进行1次自检功能检查。

2 每半年现场断开设备电源，进行设备检查与除尘。

3 由火灾自动报警系统等建筑消防设施模拟生成火警，进行火灾报警信息发送试验，每个月试验次数不应少于2次。

4 对用户信息传输装置的主电源和备用电源进行切换试验，每半年的试验次数不应少于1次。

8.3.2 监控中心通过用户服务系统向远程监控系统的联网用户提供该单位火灾报警和建筑消防设施故障情况统计月报表。

8.3.3 联网用户人为停止火灾自动报警系统等建筑消防设施运行时，应提前通知监控中心；联网用户的建筑消防设施故障造成误报警超过5次/日，且不能及时修复时，应与监控中心协商处理办法。

附录A 建筑消防设施运行状态信息

A.0.1 联网用户的建筑消防设施运行状态信息内容应符合表A.0.1的要求。

表 A.0.1 建筑消防设施运行状态信息

设施名称		内容
火灾探测报警系统		火灾报警信息、可燃气体探测报警信息、电气火灾监控报警信息、屏蔽信息、故障信息
消防联动控制系统	消防联动控制器	动作状态、屏蔽信息、故障信息
消防联动控制系统	消火栓系统	消防水泵电源的工作状态，消防水泵的启、停状态和故障状态，消防水箱（池）水位、管网压力报警信息及消火栓按钮的报警信息
消防联动控制系统	自动喷水灭火系统、水喷雾（细水雾）灭火系统（泵供水方式）	喷淋泵电源工作状态，喷淋泵的启、停状态和故障状态，水流指示器、信号阀、报警阀、压力开关的正常工作状态和动作状态

续表 A.0.1

设施名称		内容
消防联动控制系统	气体灭火系统、细水雾灭火系统（压力容器供水方式）	系统的手动、自动工作状态及故障状态，阀驱动装置的正常工作状态和动作状态，防护区域中的防火门（窗）、防火阀、通风空调等设备的正常工作状态和动作状态，系统的启、停信息，紧急停止信号和管网压力信号
消防联动控制系统	泡沫灭火系统	消防水泵、泡沫液泵电源的工作状态，系统的手动、自动工作状态及故障状态，消防水泵、泡沫液泵的正常工作状态和动作状态
消防联动控制系统	干粉灭火系统	系统的手动、自动工作状态及故障状态，阀驱动装置的正常工作状态和动作状态，系统的启、停信息，紧急停止信号和管网压力信号
消防联动控制系统	防烟排烟系统	系统的手动、自动工作状态，防烟排烟风机电源的工作状态，风机、电动防火阀、电动排烟防火阀、常闭送风口、排烟阀（口）、电动排烟窗、电动挡烟垂壁的正常工作状态和动作状态
消防联动控制系统	防火门及卷帘系统	防火卷帘控制器、防火门控制器的工作状态和故障状态，卷帘门的工作状态，具有反馈信号的各类防火门、疏散门的工作状态和故障状态等动态信息
消防联动控制系统	消防电梯	消防电梯的停用和故障状态
消防联动控制系统	消防应急广播	消防应急广播的启动、停止和故障状态
消防联动控制系统	消防应急照明和疏散指示系统	消防应急照明和疏散指示系统的故障状态和应急工作状态信息
消防联动控制系统	消防电源	系统内各消防用电设备的供电电源和备用电源工作状态信息、欠压报警信息

附录 B 消防安全管理信息

B.0.1 联网用户的消防安全管理信息的内容应符合表 B.0.1 的要求。

表 B.0.1 消防安全管理信息表

序号	名 称		内 容
1	基本情况		单位名称、编号、类别、地址、联系电话、邮政编码,消防控制室电话;单位职工人数、成立时间、上级主管(或管辖)单位名称、占地面积、总建筑面积、单位总平面图(含消防车道、毗邻建筑等);单位法人代表、消防安全责任人、消防安全管理人及专兼职消防管理人的姓名、身份证号码、电话
2	主要建(构)筑物等信息	建(构)筑物	建(构)筑物名称、编号、使用性质、耐火等级、结构类型、建筑高度、地上层数及建筑面积、地下层数及建筑面积、隧道高度及长度等,建造日期、主要储存物名称及数量、建筑物内最大容纳人数、建筑立面图及消防设施平面布置图;消防控制室位置,安全出口的数量、位置及形式(指疏散楼梯);毗邻建筑的使用性质、结构类型、建筑高度、与本建筑的间距
		堆场	堆场名称、主要堆放物品名称、总储量、最大堆高、堆场平面图(含消防车道、防火间距)
		储罐	储罐区名称、储罐类型(指地上、地下、立式、卧式、浮顶、固定顶等)、总容积、最大单罐容积及高度、储存物名称、性质和形态、储罐区平面图(含消防车道、防火间距)
		装置	装置区名称、占地面积、最大高度、设计日产量、主要原料、主要产品、装置区平面图(含消防车道、防火间距)
3	单位(场所)内消防安全重点部位信息		重点部位名称、所在位置、使用性质、建筑面积、耐火等级、有无消防设施、责任人姓名、身份证号码及电话
4	室内外消防设施信息	火灾自动报警系统	设置部位、系统形式、维保单位名称、联系电话;控制器(含火灾报警、消防联动、可燃气体报警、电气火灾监控等)、探测器(含火灾探测、可燃气体探测、电气火灾探测等)、手动报警按钮、消防电气控制装置等的类型、型号、数量、制造商;火灾自动报警系统图
		消防水源	市政给水管网形式(指环状、支状)及管径、市政管网向建(构)筑物供水的进水管数量及管径、消防水池位置及容量、屋顶水箱位置及容量、其他水源形式及供水量、消防泵房设置位置及水泵数量、消防给水系统平面布置图
		室外消火栓	室外消火栓管网形式(指环状、支状)及管径、消火栓数量、室外消火栓平面布置图
		室内消火栓系统	室内消火栓管网形式(指环状、支状)及管径、消火栓数量、水泵接合器位置及数量、有无与本系统相连的屋顶消防水箱
		自动喷水灭火系统(含雨淋、水幕)	设置部位、系统形式(指湿式、干式、预作用、开式、闭式等)、报警阀位置及数量、水泵接合器位置及数量、有无与本系统相连的屋顶消防水箱、自动喷水灭火系统图
		水喷雾(细水雾)灭火系统	设置部位、报警阀位置及数量、水喷雾(细水雾)灭火系统图
		气体灭火系统	系统形式(指有管网、无管网,组合分配、独立式,高压、低压等)、系统保护的防护区数量及位置、手动控制装置的位置、钢瓶间位置、灭火剂类型、气体灭火系统图
		泡沫灭火系统	设置部位、泡沫种类(指低倍、中倍、高倍,抗溶、氟蛋白等)、系统形式(指液上、液下,固定、半固定等)、泡沫灭火系统图
		干粉灭火系统	设置部位、干粉储存位置、干粉灭火系统图
		防烟排烟系统	设置部位、风机安装位置、风机数量、风机类型、防烟排烟系统图
		防火门及卷帘	设置部位、数量
		消防应急广播	设置部位、数量、消防应急广播系统图
		应急照明及疏散指示系统	设置部位、数量、应急照明及疏散指示系统图
		消防电源	设置部位、消防主电源在配电室是否有独立配电柜供电、备用电源形式(市电、发电机、EPS等)
		灭火器	设置部位、配置类型(指手提式、推车式等)、数量、生产日期、更换药剂日期
5	消防设施定期检查及维护保养信息		检查人姓名、检查日期、检查类别(指日检、月检、季检、年检)、检查内容(指各类消防设施相关技术规范规定的内容)及处理结果,维护保养日期、内容

续表 B.0.1

序号	名称		内容
6	日常防火巡查记录	基本信息	值班人员姓名、每日巡查次数、巡查时间、巡查部位
		用火用电	用火、用电、用气有无违章情况
		疏散通道	安全出口、疏散通道、疏散楼梯是否畅通，是否堆放可燃物；疏散走道、疏散楼梯、顶棚装修材料是否合格
		防火门、防火卷帘	常闭防火门是否处于正常状态，是否被锁闭；防火卷帘是否处于正常状态，防火卷帘下方是否堆放物品影响使用
		消防设施	疏散指示标志、应急照明是否处于正常完好状态；火灾自动报警系统探测器是否处于正常完好状态；自动喷水灭火系统喷头、末端放（试）水装置、报警阀是否处于正常完好状态；室内、室外消火栓系统是否处于正常完好状态；灭火器是否处于正常完好状态
7	火灾信息		起火时间、起火部位、起火原因、报警方式（指自动、人工）、灭火方式（指气体、喷水、水喷雾、泡沫、干粉灭火系统，灭火器，消防队等）

附录 C 城市消防远程监控系统施工过程质量检查记录

C.0.1 城市消防远程监控系统施工过程质量检查记录应由施工单位质量检查员按表 C.0.1 填写，监理工程师进行检查，并作出检查结论。

表 C.0.1 城市消防远程监控系统施工过程质量检查记录

工程名称		施工单位	
施工执行规范名称及编号		监理单位	
项目	《规范》章节条款	施工单位检查评定记录	监理单位验收记录
结论	施工单位项目负责人：（签章） 年 月 日		监理工程师（建设单位项目负责人）：（签章） 年 月 日

附录 D 城市消防远程监控系统验收记录

D.0.1 城市消防远程监控系统验收记录应由建设单位按表 D.0.1 填写，综合验收结论由参加验收的各方共同商定并签章。

表 D.0.1 城市消防远程监控系统验收记录

工程名称			
施工单位		项目负责人	
监理单位		监理工程师	
序号	检查项目名称	检查内容记录	检查评定结果
1			
2			
3			
4			
5			
6			
综合验收结论			
验收单位	施工单位：（单位印章）	项目负责人：（签章） 年 月 日	
	监理单位：（单位印章）	监理工程师：（签章） 年 月 日	
	设计单位：（单位印章）	项目负责人：（签章） 年 月 日	
	建设单位：（单位印章）	项目负责人：（签章） 年 月 日	

附录 E 城市消防远程监控系统检查测试记录

E.0.1 城市消防远程监控系统的检查和测试记录应按表 E.0.1 填写。

表 E.0.1 城市消防远程监控系统检查测试记录

日期	检查类别（日检、月检、半年检）	检查测试内容	结论	操作人员

审批人：
审批日期：

本规范用词说明

1 为便于在执行本规范条文时区别对待，对要求严格程度不同的用词说明如下：

1) 表示很严格，非这样做不可的用词：
   正面词采用"必须"，反面词采用"严禁"。
2) 表示严格，在正常情况下均应这样做的用词：
   正面词采用"应"，反面词采用"不应"或"不得"。
3) 表示允许稍有选择，在条件许可时首先应这样做的用词：
   正面词采用"宜"，反面词采用"不宜"；
   表示有选择，在一定条件下可以这样做的用词，采用"可"。

2 本规范中指明应按其他有关标准、规范执行的写法为"应符合……的规定"或"应按……执行"。

中华人民共和国国家标准

城市消防远程监控系统技术规范

GB 50440—2007

条 文 说 明

目 次

1 总则 ······ 52—16
2 术语 ······ 52—16
3 基本规定 ······ 52—16
4 系统设计 ······ 52—16
　4.1 一般规定 ······ 52—16
　4.2 系统功能和性能要求 ······ 52—17
　4.3 系统构成 ······ 52—17
　4.4 报警传输网络 ······ 52—17
　4.5 系统连接与信息传输 ······ 52—18
　4.6 系统安全 ······ 52—18
5 系统配置和设备功能要求 ······ 52—18
　5.1 系统配置 ······ 52—18
　5.2 主要设备功能要求 ······ 52—18
　5.3 系统电源要求 ······ 52—19
6 系统施工 ······ 52—20
　6.1 一般规定 ······ 52—20
　6.2 安装 ······ 52—20
　6.3 调试 ······ 52—20
7 系统验收 ······ 52—21
　7.1 一般规定 ······ 52—21
　7.2 主要设备和系统集成验收 ······ 52—22
　7.3 系统验收判定条件 ······ 52—22
8 系统的运行及维护 ······ 52—22
　8.1 一般规定 ······ 52—22
　8.2 监控中心的运行及维护 ······ 52—22
　8.3 用户信息传输装置的运行及维护 ······ 52—23

1 总 则

1.0.1 本条说明了制定本规范的目的。随着经济社会和城市建设的迅速发展，我国城市中的大中型建筑及公共场所建筑消防设施已经普及。据统计，全国有近 20 万栋建筑物安装了火灾自动报警系统、自动灭火系统等建筑消防设施，在防控火灾中发挥了十分重要的作用。但在实际运行过程中也暴露出一些突出的问题，不少地方建筑消防设施完好率在较低的水准上徘徊，相当一部分群死群伤火灾都留下了建筑消防设施失效的惨痛教训。城市消防远程监控系统是提高消防部队快速反应能力、提高建筑消防设施完好率、提高城市预防和抗御火灾综合能力的重要技术手段，但是，目前我国还没有一个可供遵循的、全国统一的、科学合理的城市消防远程监控系统设计、施工、验收的国家标准。本规范的制定对于合理设计城市消防远程监控系统，保证系统设计、工程施工、竣工验收、维护管理等关键环节的质量，推进消防监督执法工作的深入、细化，完善社会单位自身消防安全管理，减少火灾危害，保护公民生命、财产和社会公共安全，提升社会防控火灾能力和消防安全管理水平是十分必要的。

1.0.2 本条明确了本规范制定的主要技术内容，包括系统设计要求、施工要求、验收内容及系统运行维护工作要求。

1.0.3 本条规定了城市消防远程监控系统与其他系统集成或连接的适应性要求。远程监控系统利用公共通信网络和专用通信网络作为报警传输网络，所以系统设计应遵循公共通信网络系统标准。远程监控系统确认的真实火警信息要及时传输到城市消防通信指挥系统，所以系统设计应与城市消防通信指挥系统标准保持一致。本条还规定了远程监控系统设计和施工的共性要求，即做到安全实用、技术先进、经济合理。

1.0.4 本条说明按本规范进行远程监控系统设计、施工、验收及运行维护时应与配套执行的相关标准、规范，如有关建筑电气设计、建筑防火设计等国家现行标准协调一致，不得相矛盾。

2 术 语

本章所列术语是在理解和执行本规范过程中应予解释明确的基本术语，着重从系统组成及功能方面定义。其他术语在现行有关国家标准、行业标准中已有定义或解释，本规范不再重复。

2.0.1~2.0.5 这五条术语对城市消防远程监控系统的系统、设置地点、用户装置以及传输网络等给出了定义。

2.0.6~2.0.8 这三条术语对城市消防远程监控系统技术构成中的三个子系统给出了定义。其中报警受理系统为监控中心使用，信息查询系统为公安消防部门提供信息查询功能，用户服务系统为联网用户提供信息服务。

3 基 本 规 定

本章规定了城市消防远程监控系统的系统设置、监控中心和系统联网用户方面的基本要求。

3.0.1 本条规定了需要设置远程监控系统的城市类型。

1 规定了地级及以上城市设置远程监控系统的要求，考虑到远程监控系统的运行和管理的可靠性，建议单个系统的联网用户接入数量不宜大于 5000 个。

2 规定了县一级城市远程监控系统的设置要求，建议县级城市设置远程监控系统，或者与地级及以上城市的远程监控系统合并使用，即设置在地级及以上城市的监控中心，管理范围可以覆盖相关县级城市的联网用户，从而减少系统建设和维护成本。

3.0.2 本条规定远程监控系统监控中心的基本功能，即提供火灾报警信息、信息查询和用户信息服务。

3.0.3 本条规定了对远程监控系统中的联网用户的基本要求。

1 规定了需要接入远程监控系统的联网用户要求。

2 规定了联网用户建筑消防设施运行状态信息的实时传送要求。联网用户通过用户信息传输装置采集建筑消防设施的运行状态信息，并通过报警传输网络发送至监控中心。具体传送信息内容按照附录 A 的要求。

3 规定了联网用户传送消防安全管理信息的要求。联网用户可以通过监控中心用户服务系统提供的接口传送相关信息，也可采取人工报送的方式。当联网用户的建筑消防设施情况发生变化时，应在 3 日内通过上述方式报送变化信息。其中附录 B 中的消防设施定期检查信息和防火巡查信息应在当日内传送，以便监控中心能够及时掌握联网用户的消防安全管理情况。

4 系 统 设 计

4.1 一 般 规 定

4.1.1 本条规定了监控中心的设置地点要求，以保证监控中心的安全运行和系统可靠性。

4.1.2 本条规定了用户信息传输装置的设置地点要求，以便于进行用户信息传输装置的操作。

4.1.3 由于联网用户以及用户信息传输装置接入远

程监控中心系统是一个逐渐发展的过程，系统能够容纳的联网用户数量直接关系到监控中心的实际运行效果。本条说明系统设计要考虑未来接入系统的用户容量和监控中心通信信道容量、信息存储能力，保证系统具有一定的扩展性。

4.1.4 本条规定是保证系统可靠工作的首要条件。如果系统主要设备未经国家有关产品质量监督检验机构检验合格，系统可靠性就无从谈起。

4.1.5 本条规定按本规范进行系统设计时，系统的通信协议和信息数据格式应与配套执行的相关标准、规范协调一致，不得相矛盾。

4.2 系统功能和性能要求

4.2.1 本条规定了城市消防远程监控系统应具有的基本功能。

1 规定了系统报警功能。系统能够接收火灾自动报警系统等自动消防设施发出的信号，为了屏蔽误报和错火灾报警信号，远程监控系统首先对接收到的火灾报警信息进行确认，再转发至城市消防通信指挥中心或其他接处警中心。

2 规定了系统对建筑消防设施的运行状态进行实时监控的功能。

3 规定了系统为公安消防部门提供的信息查询功能。公安消防部门能够通过授权系统接口查询火灾报警信息、建筑消防设施运行状态信息及消防安全管理信息。

4 规定了系统为联网用户提供的用户服务管理功能。联网用户能够通过系统平台检索和查询自身的火灾报警信息、建筑消防设施运行状态信息及消防安全管理信息，并能录入消防安全重点单位信息系统的内容。

5 规定了远程监控系统建筑消防设施运行状态和消防安全管理信息的数据能够根据联网用户具体情况变化进行实时更新，保证数据的准确性和有效性。

4.2.2 本条规定了城市消防远程监控系统整体性能要求。主要包括系统相关的数量和时间技术指标。

1 规定了监控中心同一时刻的接警能力，保证当远程监控系统的联网用户数量较大时，能够并行接收处理来自不同联网用户的报警信息，保证火灾报警信息接收和处理的快捷迅速。

2 规定了从用户信息传输装置接收到报警信息到监控中心接收并显示的最长时间，该款强调系统的火灾报警信息传输和接收的快捷。

3 规定了监控中心确认的真实火警到达城市消防通信指挥中心或其他接处警中心的时间，保证消防部队收到火灾报警信息，能够及时到达现场。

4 规定了监控中心对用户信息传输装置巡检周期的要求及检查方式，保证各联网用户的用户信息传输装置的可靠运行。

5 规定了火灾报警信息、建筑消防设施运行状态信息等备份存储的时间及保存方式。

6 规定了录音录时文件的保存时间。

7 规定了远程监控系统的时钟校验误差。由于火灾报警信息的处理需要在最短的时间内完成，如果监控中心系统时间和用户信息传输装置的时间不一致，会影响火灾报警信息的处理和责任追查。

4.3 系统构成

本节主要说明远程监控系统的基本构成以及各部分之间的关系。

设有火灾自动报警系统的联网用户通过用户信息传输装置实时监控火灾自动报警系统的运行状态，并将报警信息通过报警传输网络传送到监控中心；对于未设火灾自动报警系统的联网用户，通过对报警按钮或者自动触发装置的操作、动作的监控，将触发信息通过报警传输网络传送到监控中心。

报警传输网络实现联网用户信息传输装置与监控中心之间的通信。用户信息传输装置能够接收监控中心下发的指令信息。

监控中心由三个主要子系统组成，即报警受理系统、信息查询系统、用户服务系统。

监控中心通过专线，将经确认的火灾报警信息传送到设在城市消防通信指挥中心或者其他接处警中心的火警信息终端。

监控中心通过网络为公安消防部门提供信息查询接口，公安消防部门可以查询联网用户的火灾报警信息、建筑消防设施运行状态信息以及消防安全管理信息。

监控中心通过网络为联网用户提供信息服务平台，联网用户可以查询本单位火灾报警信息、建筑消防设施运行状态信息以及消防安全管理信息。联网用户能对本单位日常消防安全管理信息进行录入或维护。

4.4 报警传输网络

4.4.1 本条说明信息传输可以采用的通信方式。
4.4.2 本条说明报警传输网络构建的基础网络形式。
4.4.3 本条规定了采用有线通信方式传输时的三种接入方式：

1 规定了电话线接入方式。
2 规定了公用宽带网接入方式。
3 规定了模拟专线或者数据专线接入专用通信网方式。

4.4.4 本条规定了采用无线通信方式传输时的三种接入方式：

1 规定了使用移动通信模块接入公用移动通信网的方式。

 2 规定了通过无线电接收设备接入无线专用通信网的方式。
 3 规定了集群语音通路或数据通路接入无线电集群专用通信网络传输的方式。

4.5 系统连接与信息传输

4.5.1 本条规定了联网用户的火灾报警和建筑消防设施运行状态信息的传输要求。
 1 规定了设有火灾自动报警系统的联网用户的信息提供方式。
 2 规定了未设火灾自动报警系统的联网用户的信息提供方式。
 3 明确规定联网用户的用户信息传输装置与监控中心之间的信息传输方式，信息必须通过报警监控传输网络传输。

4.5.2 本条规定了联网用户的消防安全管理信息的传输方式。

4.5.3 本条规定了远程监控系统与设置在城市消防通信指挥中心或其他接处警中心的火警信息终端之间的通信方式，应通过专线或专用网的方式。

4.5.4 本条规定了远程监控系统需要为公安消防部门设置信息查询接口，为联网用户提供信息服务接口。监控中心同这些接口的信息传输应通过公用通信网进行，而不应该通过报警传输网络进行。

4.6 系统安全

4.6.1 本条规定了远程监控系统的网络安全要求。
 1 规定了远程监控系统设计过程中，各类系统或设备的连接和接入首先要保证网络安全。远程监控系统的连接和接入主要指建筑消防设施与用户信息传输装置、用户信息装置与报警传输网络、报警传输网络与监控中心、监控中心与城市消防通信指挥中心、监控中心与公安消防机构接口、监控中心与联网用户接口。
 2 规定了访问系统要有身份认证和授权。
 3 规定了系统网络管理方面的要求，即应设置防火墙，对计算机病毒实时监控和报警。

4.6.2 本条规定了远程监控系统的应用安全要求。
 1 规定了存储远程监控系统各种数据的服务器应有数据备份能力。
 2 监控中心应有突发事件应急处理机制，保证在任何情况下能够正常接收、处理报警信息。
 3 规定了系统应具有对数据安全管理的措施，保证监控中心已接收并存储的火灾报警信息、建筑消防设施运行状态信息和消防安全管理信息原始数据记录不被修改。
 4 规定了系统应具有运行记录功能，保证系统的运行过程都有详细的日志记录。

5 系统配置和设备功能要求

5.1 系 统 配 置

5.1.1 本条列出远程监控系统中的主要设备的配置方式和数量要求。各类设备的配置数量是根据监控中心建设规模以及联网用户数量决定的。表5.1.1内数量均为下限。

 "用户信息传输装置"与本规范第2.0.5条所指相同。用户信息传输装置详细的性能要求及试验方法应由相关标准作出具体规定。

 "报警受理系统"与本规范第2.0.6条所指相同。每个监控中心使用一套报警受理系统，报警受理系统至少配置3个坐席。

 "信息查询系统"与本规范第2.0.7条所指相同。
 "用户服务系统"与本规范第2.0.8条所指相同。
 "火警信息终端"是设置在城市消防通信指挥中心或其他接处警中心的信息显示终端，显示经由监控中心确认的真实火警信息。

 "信息查询接口"由监控中心为公安消防部门提供，公安消防部门可通过此接口登陆监控中心的信息查询系统，检索、查询联网用户相关信息。

 "信息服务接口"由监控中心为各联网用户提供，联网用户通过身份认证和授权后，登陆监控中心的用户服务系统，进行信息查询、录入、维护等。

 "网络设备"即保证监控中心网络正常运行所需要的设备，其性能要求应符合相关标准。

 "电源设备"即保证监控中心正常供电的设备，其性能要求应符合相关标准。

 "数据库服务器"即系统正常运行过程中数据的存储设备，其性能要求应符合相关标准。

5.2 主要设备功能要求

5.2.1 本条规定了用户信息传输装置的基本功能。
 用户信息传输装置的设计、使用应符合相关产品标准。用户信息传输装置是安装在联网用户的终端设备，设备的安装要在保证现有火灾自动报警系统正常运行的情况下进行接入。
 1 规定了用户信息传输装置具有的主要功能是接收火灾自动报警系统的火灾报警信息，并传送到监控中心。
 2 规定了用户信息传输装置除了接收火灾报警信息外，还接收建筑消防设施的运行状态信息，并传送到监控中心。
 3 规定了用户信息传输装置按照火警优先原则向监控中心传输信息。
 4 规定了用户信息传输装置具有对自身故障自动告警的能力。

5 规定了用户信息传输装置的供电要求和备用电源容量要求。

5.2.2 本条规定了报警受理系统的基本功能。

1 规定了报警受理系统接收、处理火灾报警信息的功能。

2 规定了报警受理系统应能显示的报警信息内容。

3 规定了报警受理系统对接收到的报警信息的处理方式,并规定了向城市消防通信指挥中心或其他接处警中心发送的报警信息内容。

4 规定了报警受理系统接收、处理建筑消防设施运行状态信息的功能,并规定了对故障类信息的处理方式。

5 规定了监控中心对用户信息传输装置的运行状况进行远程检测的功能,保证设备能够正常运行。

6 规定了报警受理系统具有显示、查询历史报警信息及相关信息的功能。

7 规定了报警受理系统与联网用户之间的通信方式。

8 规定了报警受理系统具有录音录时功能。录音录时装置可以作为独立装置使用,也可以集成在报警受理系统的一个单元中使用。录音录时装置必须设置故障报警和违规操作报警,并且不能修改记录信息,以保证记录信息的客观性和公正性。

9 规定了报警受理系统具有对运行过程中的故障进行提示的功能。由于报警受理系统要保证长时间不间断运行,系统能够定期进行自动检测,发现问题及时提醒。

10 规定了报警受理系统运行状态的记录功能,为了保证系统的可靠性,应对操作过程具有详细的时间记录和查询功能。

11 规定了报警受理系统应具有消防地理信息系统的基本功能,保证监控中心能够及时了解联网用户的周围地理情况,为警情确认和灭火救援提供辅助信息。

5.2.3 本条规定了信息查询系统的基本功能,该系统的主要使用对象是公安消防部门。一是各级公安消防部门可以充分利用远程监控系统加强对联网社会单位消防安全管理状况的监督,扩大监管视角,延长监管视线,及时开展有针对性的监督执法,把隐患消除在萌芽状态,切实做到消防工作重心转移、隐患整治关口前移;二是各级公安消防部门可以充分利用远程监控系统强化对联网用户的指导和服务,提高公安消防部门服务经济社会发展的能力和水平。

1 规定了信息查询系统能够查询火灾报警信息。

2 规定了信息查询系统能够查询建筑消防设施实时运行状态信息。通过系统的监控功能提高建筑消防设施完好率。

3 规定了信息查询系统能够查询联网用户的消防安全管理信息。

4 规定了信息查询系统具有日常值班情况监督功能。消防监督人员通过该功能可以随机查询联网用户值班人员在岗情况,并对历史值班信息进行查询分析。

5 规定了信息查询系统通过不同的检索条件来查询、统计联网用户的信息。通过这些数据信息可以真实地反映本地区重点单位消防安全管理现状,对问题严重的单位及时提出整改措施,从而从根本上提高建筑消防设施完好率以及单位自身消防安全管理工作。

5.2.4 本条规定了用户服务系统的基本功能,该系统的使用对象是联网单位用户。联网用户通过系统提供的信息服务接口,可以填写日常消防安全管理信息,使得本单位的消防安全管理工作的执行能够制度化。联网用户录入的数据信息,公安消防机构可以通过信息查询接口进行查询。

1 规定了联网用户可以查询的内容。通过查询了解本单位建筑消防设施运行情况以及火灾隐患,从而提高建筑消防设施的完好率。

2 规定了联网用户通过该功能将手工填写的建筑消防设施日常维护保养工作实现电子化。电子化工作既方便了日常工作人员,又方便了历史数据的查询。

3 本款功能在于提高联网用户的消防安全管理水平。通过该功能联网用户能够录入和编辑消防安全管理信息数据。

4 说明了日常值班管理功能。联网用户的消防负责人只要能够登陆该系统就可以对值班人员随时进行远程监督。

5 规定了系统操作权限要求。为了保证数据的安全性,联网用户只能查询自身的信息。

6 规定了系统为联网用户提供的相关消防信息服务内容。

5.2.5 本条规定了火警信息终端的基本功能。

1 规定了火警信息终端接收并显示联网用户火灾报警信息的功能。为保证信息传输的可靠性,火警信息终端在接收到信息后应向监控中心反馈接收确认信号。

2 规定了火警信息终端显示的火灾报警信息的内容。

3 规定了火警信息终端具有对运行过程中的故障进行提示和自检的功能,保证设备的正常运行。

5.3 系统电源要求

5.3.1 本条规定了监控中心的电源配置要求。

5.3.2 本条对用户信息传输装置的电源标识以及连接情况作出了规定。

6 系统施工

6.1 一般规定

6.1.1 远程监控系统建设是提升单位消防安全管理水平和社会防控火灾能力的系统工程，为了控制工程质量，系统施工应由具有相应专业技术人员的施工单位承担。

6.1.2 本条规定了系统施工时应按照设计文件进行。远程监控系统是综合应用计算机、通信、网络等技术并与消防工程相结合的专业系统，所以在施工前，设计单位应向施工、监理和建设单位详细说明工程实施方案、施工图、技术要求、质量标准，明确工程部位、工序等。

6.1.3 本条规定了远程监控系统施工前应具备的技术文件。监控中心的建设需要符合计算机机房建设标准，以保证监控中心未来的安全。远程监控系统对外输出接口需要制定安全接入标准和系统之间通信标准。另外，对于安装完成的系统需要有详细的集成测试方案、功能测试方案。系统配套的综合布线工程、配套的接地及防雷工程应执行国家现行的有关标准。

设备用房、综合布线、供配电、接地及防雷等基础环境与系统施工和系统正常运行密切相关。因此，本条提出系统施工前准备好相关图纸，不列入本系统施工范围，但与系统施工和系统正常运行配套的基础环境应达到国家现行标准的有关要求。

6.1.4 远程监控系统包含各种不同的通用设备、配件、软件运行平台及专业应用软件产品等，在施工前必须对其质量进行现场检查。本条规定了系统设备及配件等产品进场时需要检查的技术文件。这些文件由供货商作为随机附件提供。

6.1.5 系统工程施工过程中涉及许多环节，做好设计变更、安装调试等相关记录是实施工程质量控制和工程验收的必要条件。

6.1.6 施工过程的质量控制是非常必要的。本条对施工过程质量控制的程序、方法和执行责任人等作出原则性规定。

　　1 规定的目的是通过各道工序的质量控制，保证工程的顺利实施。

　　2 规定了特殊工程施工验收方式。

　　3 说明远程监控系统施工是一个综合应用各种技术的工程过程，各环节施工顺序、交接验收是保证施工过程的质量的重要保障。

　　4 说明远程监控系统相关设备安装完成后，施工单位对安装质量进行全数检查是保证安装过程质量控制和工程验收的必要条件，也是系统调试过程正常进行的前提条件。

　　5 规定的目的在于通过"城市消防远程监控系统施工过程质量检查记录"，避免在施工过程中出现因随意修改设计导致无法保证工程质量和无法验收的情况。

6.2 安　装

6.2.1 本条规定了远程监控系统的安装环境。

　　1 规定了室内布线执行的标准。

　　2 规定了远程监控系统的防雷接地应执行的标准以及检查方式。

6.2.2 本条规定了远程监控系统设备的安装要求和检查方法。

　　1 规定了设备布置要求。

　　2 规定了设备和线缆标识要求。

　　3 规定了设备连线安装布置要求。

　　4 规定了用户信息传输装置的安装方式以及遵循的标准。

6.2.3 远程监控系统各类功能大部分是由软件来完成和体现的。为保证系统工程质量，本条规定了远程监控系统使用的操作系统、数据库管理系统、地理信息系统、安全管理系统（信息安全、网络安全等）和网络管理系统等平台软件，宜尽量采用先进成熟的商业化软件产品，这些软件产品只要求检查软件使用（授权）许可证，不再做重复检测。

6.3 调　试

6.3.1 远程监控系统正式投入使用之前，必须保证系统功能和技术性能已经达到设计要求。系统可能存在的缺陷、漏洞和潜在的故障隐患都需要在调试和试运行过程中排除解决。所以本条规定远程监控系统必须完成调试和试运行后，方可正式投入使用。

6.3.2 本条规定了远程监控系统调试前的准备工作内容，要求各系统的功能达到设计要求，具备系统调试环境、有调试方案和相关的技术标准文件。系统调试按照各系统的基本调试内容、方法等调试要点进行。

　　1 规定了远程监控系统调试的前提条件。

　　2 规定了远程监控系统安装环境。

　　3 规定了系统中各设备检查的方法。

　　4 说明为了保证远程监控系统调试工作的正常进行，调试之前应制定调试和试运行方案。

　　5 说明为了保证调试过程的全面、完善，调试之前需要准备的技术资料。

6.3.3 本条规定了用户信息传输装置基本功能的调试内容和方法。

　　1 规定了用户信息传输装置接收火灾报警并上传监控中心的调试方法。

　　2 规定了用户信息传输装置接收建筑消防设施各种状态信息的调试方法。

　　3 规定了当用户信息传输装置同时接收到火灾

报警和建筑消防设施运行状态信息时,应该按照火警优先的顺序进行处理并上传到监控中心的调试方法。

4 规定了当用户信息传输装置接收到手动报警设备的报警信息时,能将报警信息实时上传到监控中心。

5 规定了用户信息传输装置自检功能的调试方法。

6 规定了用户信息传输装置故障情况下的调试方法。

7 规定了用户信息传输装置供电情况的调试方法。

6.3.4 本条规定了报警受理系统基本功能的调试内容和方法。

1 规定了用户信息传输装置实时接收信息,并上传到报警受理系统的调试方法,对报警受理系统接收和显示信息的完整性进行检查,并规定了报警受理系统核实、确认上传火灾报警信息的调试方法。

2 规定了检查报警受理系统接收并处理联网用户建筑消防设施运行状态信息功能的调试方法。

3 规定了对用户信息传输装置的巡检调试方法。

4 规定了查询历史信息的调试方法。

5 规定了报警受理系统同联网用户进行语音、数据或图像通信功能的调试方法。

6 规定了报警受理系统录音录时功能的调试方法。

7 规定了报警受理系统故障告警功能的调试方法。

8 规定了对系统运行过程详细记录、信息查询的调试方法。

9 规定了消防地理信息系统的调试方法。

6.3.5 本条规定了信息查询系统基本功能的调试方法。

1 规定了查询用户火灾报警信息的调试方法。

2 规定了查询用户建筑消防设施运行状态信息的调试方法。

3 规定了查询用户消防安全管理信息的调试方法。

4 规定了查询用户日常值班、在岗情况的调试方法。

5 规定了信息检索查询的调试方法。

6.3.6 本条规定了用户服务系统基本功能的调试方法。

1 规定了用户权限调试方法。

2 规定了实时显示本单位的火灾报警信息及建筑消防设施运行状态信息的调试方法。

3 规定了联网用户建筑消防设施日常管理功能使用的调试方法。

4 规定了联网用户消防安全管理功能的调试方法。

5 规定了随机查岗功能的调试方法。

6.3.7 本条规定了火警信息终端基本功能的调试方法。

1 规定了火警信息终端接收报警受理系统发送火灾报警信息的调试方法。

2 规定了检查火警信息终端显示信息内容的要求。

3 规定了火警信息终端自检功能的调试方法。

4 规定了火警信息终端故障告警功能的调试方法。

6.3.8 本条规定了用户服务系统调试通过后的试运行时间。系统功能调试完成后,系统正式运行之前还需要进行试运行,检查这段时间各功能运行情况,及时解决出现的问题,保证系统未来正常运行。

6.3.9 本条规定了远程监控系统技术文档保存情况。系统的维护工作是保证系统未来正常运行的前提,要想保证系统维护工作的正常进行,系统的技术文档、调试记录是基础资料。

7 系统验收

7.1 一般规定

7.1.1 本条为强制性条文。工程验收是系统交付使用前的一项重要技术工作。由于以前没有验收统一标准和具体要求,造成对系统是否达到设计功能要求,能否投入正常使用等重大问题心中无数。鉴于这种情况,为确保系统发挥其作用,本条规定了远程监控系统竣工后必须进行工程验收,并建议在工程验收合格前应接入一定数量的联网用户进行测试,强调验收不合格不得投入使用。

7.1.2 本条规定了远程监控系统工程验收的单位主体,应由建设单位组织设计、施工、监理等单位进行。

7.1.3 本条规定了远程监控系统工程验收的主要内容。施工产品进场质量检查验收和施工过程质量检查验收是各子系统功能测试验收和系统集成验收的基础,应在各子系统功能测试验收和系统集成验收前完成。

1 规定了远程监控系统中各设备功能验收方法。

2 规定了远程监控系统中各软件功能验收方法。

3 规定了远程监控系统中各项通信功能验收方法。

4 规定了远程监控系统集成功能验收方法。

7.1.4 为保证系统工程验收能顺利进行,本条规定了远程监控系统工程验收时应具备的6种技术文件。

1 规定了系统竣工后应提出验收申请报告。

2 规定了工程验收时需要准备的技术文档。这些文档对系统维护有重要的作用。

3、4款规定了工程验收需要提供施工现场质量管理检查记录和系统施工过程质量检查记录，能够详细了解施工过程质量。

5、6款规定了系统验收时需要提供的相关设备清单及检验报告等产品合格证明材料。

7.1.5 "城市消防远程监控系统验收记录"包括了施工产品进场质量检查验收、施工过程质量检查验收、各子系统功能测试验收、系统集成验收的结论。具体检查、测试报告作为附录归档，供系统验收时查验。参加验收的各方根据这些阶段验收结论，判定远程监控系统整体工程是否合格，联合出具书面结论。

7.2 主要设备和系统集成验收

7.2.1 本条规定了远程监控系统主要设备功能验收内容，这些验收内容是保证系统正常运行的基本功能项目。具有较高级或辅助的功能验收内容，建设单位可以根据系统建设的功能定位、系统规模、系统环境等灵活选择。

本条文中的各款规定的用户信息传输装置、报警受理系统、信息查询系统、用户服务系统、火警信息终端的验收内容应分别符合本规范第5.2.1条、第5.2.2条、第5.2.3条、第5.2.4条、第5.2.5条的要求。

7.2.2 本条规定了系统集成验收的主要内容。

远程监控系统的主要功能、主要性能指标、网络安全性、应用安全性、系统安装环境、系统技术文件应分别符合本规范第4.2.1条、第4.2.2条、第4.6.1条、第4.6.2条、第6.2.1条、第7.1.4条的要求。

7.3 系统验收判定条件

7.3.1 本条规定了远程监控系统工程验收是否合格的判定条件，使远程监控系统工程质量验收有统一的评价标准，操作上简便易行。本条明确了施工和质量验收的规定条文中所有款项必须全部合格，否则为系统验收不合格。

7.3.2 本条规定了验收不合格应进行整改，直至验收合格。整改完毕重新进入试运行和系统验收程序。复验时，"城市消防远程监控系统验收记录"中已经有验收合格结论的，不再重复验收。

8 系统的运行及维护

8.1 一般规定

8.1.1 为保证远程监控系统的正常运行，本条规定了远程监控系统投入使用时，应由具有相关资质的、独立法人单位的社会中介机构承担，并应配备相关专业技术人员。

8.1.2 为保证远程监控系统的正常运行，本条规定了远程监控系统投入使用时，应由经过培训的专人负责系统的使用操作和维护管理。

8.1.3 为保证远程监控系统的正常运行，本条规定了远程监控系统投入使用时日常需要做的工作。

8.2 监控中心的运行及维护

8.2.1 本条规定了监控中心日常运行需要具备的技术文档。机房管理制度是保证机房日常工作秩序的前提条件；操作人员管理制度保证联网用户火警能够得到及时接收处理，在最短的时间内处理报警信息，并保证联网用户的信息安全；值班日志是对监控中心值班人员日常值班工作的详细描述；交接班登记表是对监控中心日常值班人员值班时间的详细记录；接处警登记表详细记录日常接收到的联网用户的火灾报警信息和对报警信息所做的处理过程；值班人员在对报警信息与现场值班人员进行语音确认的时候，做好录音录时记录文档，保证交流信息的准确；通过监控中心以及联网用户信息传输装置日常运行过程中的设备运行情况、日常设备巡检及故障记录情况及时发现设备隐患，及早进行维修；为了保证系统运行的安全，监控中心需要制定相关的系统操作与运行安全制度，保证值班人员对系统的正确操作；为了应对突发事件，监控中心需要建立应急管理制度、网络安全管理制度以及数据备份与恢复方案。

8.2.2 除了建立相关的系统技术档案外，本条规定了应对系统进行定期检查和测试。定期检查测试系统与外部系统接口之间的通信、系统时间、系统数据库，定期进行系统集成功能检查、测试。

 1 规定了监控中心与城市消防通信指挥中心或其他接处警中心的火警信息终端之间的通信测试次数。

 2 规定了远程监控系统各设备时钟日检查次数。

 3 规定了定期进行系统运行日志整理。系统运行一段时间后，系统的运行日志会逐渐递增，因此，为了保证硬盘空间的合理应用，运行日志需要定期整理。

 4 规定了定期检查数据库使用情况。系统运行一段时间后，系统的数据库会逐渐递增，因此，为了保证硬盘空间的合理应用，需要定期进行整理。

 5 规定了系统集成功能检查、测试的方法以及时间。

 6 规定了定期向联网用户采集消防安全管理信息。为了保证联网用户信息变更的实时性，远程监控系统需要定期向联网用户采集消防安全管理信息，保证远程监控系统中用户信息与实际信息的一致性。

8.2.3 为了保证远程监控系统能够及时、准确地反映联网用户以及城市消防地理信息，系统涉及的外部数据的变更要在系统中及时反映出来。

8.3 用户信息传输装置的运行及维护

8.3.1 为了保证用户信息传输装置的正常运行，本条规定了用户信息传输装置日常保养方法。

  1 规定了设备自检的时间。

  2 规定了用户信息传输装置需要定期清洁、除尘、检查。

  3 规定了火灾报警信息发送的检测方法和时间。

  4 规定了主电源和备用电源工作检测方法和时间。为了保证用户信息传输装置在交流电停电的情况下能正常工作，需要定期检查用户信息传输装置备电是否正常工作。

8.3.2 为了能够及时地让联网用户了解本单位建筑消防设施故障情况，本条规定了监控中心接收的报警信息能够及时发送到用户服务系统，生成相应的统计表。

8.3.3 本条规定了联网用户人为停止火灾自动报警系统运行时应与监控中心联系的要求，并规定了建筑消防设施故障的处理方法。

中华人民共和国国家标准

石油化工设计能耗计算标准

Standard for calculation of energy consumption
in petrochemical engineering design

GB/T 50441—2007

主编部门：中国石油化工集团公司
批准部门：中华人民共和国建设部
施行日期：２００８年４月１日

中华人民共和国建设部
公 告

第 729 号

建设部关于发布国家标准
《石油化工设计能耗计算标准》的公告

现批准《石油化工设计能耗计算标准》为国家标准，编号为GB/T 50441—2007，自2008年4月1日起实施。

本标准由建设部标准定额研究所组织中国计划出版社出版发行。

中华人民共和国建设部
二〇〇七年十月二十三日

前 言

本标准是根据建设部建标函〔2005〕124号文《关于印发"2005年工程建设标准规范制订、修订计划（第二批）"的通知》的要求，由中国石化集团洛阳石油化工工程公司进行编制的。

在编制过程中，充分总结吸收了近几年来石油化工能耗计算方面的成果，并征求了有关设计、施工、生产、科研等方面的意见，对其中主要问题进行了多次讨论，最后经审查定稿。

本标准共分4章。主要内容包括：总则、术语、一般规定和能耗计算。

本标准由建设部负责管理，中国石油化工集团公司负责日常管理，中国石化集团洛阳石油化工工程公司负责具体技术内容的解释。在执行过程中，请各单位结合工程实践，认真总结经验，如发现需要修改或补充之处，请将意见和建议寄中国石化集团洛阳石油化工工程公司（地址：河南省洛阳市中州西路27号，邮政编码：471003，电子邮箱：gbec@1pec.com.cn），以便今后修订时参考。

本标准主编单位和主要起草人：

主 编 单 位：中国石化集团洛阳石油化工工程公司

主要起草人：郭文豪　赵建炜　李和杰　李法海　朱华兴

目 次

1 总则 ·················· 53—4
2 术语 ·················· 53—4
3 一般规定 ·············· 53—4
4 能耗计算 ·············· 53—5
4.1 计算通式 ············ 53—5
4.2 计算规定 ············ 53—5
本标准用词说明 ············ 53—7
附:条文说明 ·············· 53—8

1 总 则

1.0.1 为统一石油化工建设项目设计能源消耗（以下简称"能耗"）计算方法，制定本标准。

1.0.2 本标准适用于以石油、天然气及其产品为主要原料的炼油厂、石油化工厂、化肥厂和化纤厂的全厂、装置和公用工程系统的新建和改造工程的设计能耗计算以及项目投产验收的实测能耗计算。

1.0.3 石油化工设计能耗计算，除应符合本标准外，尚应符合国家现行的有关标准的规定。

2 术 语

2.0.1 耗能工质 energy transfer medium

在生产过程中所使用的不作为原料、也不进入产品，制取时又需要消耗能源的载能介质。

2.0.2 能源折算值 equivalent coefficient of primary energy consumption

将单位数量的一次能源及生产单位数量的电和耗能工质所消耗的一次能源，折算为标准燃料的数值。

2.0.3 统一能源折算值 specified equivalent coefficient of primary energy consumption

根据全国或石油化工行业平均用能水平分析确定的能源折算值。

2.0.4 设计能源折算值 estimated equivalent coefficient of primary energy consumption

根据设计条件计算的能源折算值。

2.0.5 实际能源折算值 actual equivalent coefficient of primary energy consumption

根据企业生产实际计算的能源折算值。

2.0.6 能耗 energy consumption

耗能体系在生产过程中所消耗的各种燃料、电和耗能工质，按规定的计算方法和单位折算为一次能源量（标准燃料）的总和。

2.0.7 单位能耗 unit energy consumption

耗能体系加工单位原料或生产单位合格产品的能耗。

2.0.8 设计能耗 design energy consumption

按燃料、电及耗能工质的设计消耗量计算的能耗。

2.0.9 实测能耗 practical energy consumption

按燃料、电及耗能工质的实测消耗量计算的能耗。

3 一般规定

3.0.1 能耗应按一次能源消耗计算，能耗单位宜采用千克（kg）标准油或吨（t）标准油，1kg 标准油的低发热量为 41.868MJ。上报国家或地方政府的能耗统计数据应采用 t 标准煤表示。

3.0.2 炼油、石油化工、化纤厂（装置）的原料不应计入能耗，化肥厂（装置）的原料应计入能耗。

3.0.3 能耗宜采用单位原料或单位合格产品为基准计算，也可按单位时间为基准计算。

3.0.4 设计能耗应按正常运行工况计算，开工、停工、事故、消防、临时吹扫等工况下的消耗不应计入能耗。正常生产过程中的间断消耗或输出应折算为平均值后再计入能耗。

3.0.5 生产过程中所消耗的压缩空气、氧气、氮气、二氧化碳（气）等各种气体介质和产生的污水均应计入能耗。

3.0.6 全厂能耗计算宜采用设计能源折算值或实际能源折算值，也可采用统一能源折算值。装置能耗计算应采用统一能源折算值。

3.0.7 考核设计能耗时，宜采用实测能耗。

3.0.8 燃料、电及耗能工质的统一能源折算值应按表 3.0.8 选取。耗能体系之间交换的热量，应按本标准第 4.2.3 条规定计入能耗。

表 3.0.8 燃料、电及耗能工质的统一能源折算值

序号	类 别	单位	能量折算值（MJ）	能源折算值（kg标准油）	备 注
1	电	kW·h	10.89	0.26	
2	标准油①	t	41868	1000	
3	标准煤	t	29308	700	
4	汽油	t	43124	1030	
5	煤油	t	43124	1030	
6	柴油	t	42705	1020	
7	催化烧焦	t	39775	950	
8	工业焦炭	t	33494	800	
9	甲醇	t	19678	470	
10	氢	t	125604	3000	仅适用于化肥装置
11	10.0MPa级蒸汽	t	3852	92	7.0MPa≤P②
12	5.0MPa级蒸汽	t	3768	90	4.5MPa≤P<7.0MPa
13	3.5MPa级蒸汽	t	3684	88	3.0MPa≤P<4.5MPa
14	2.5MPa级蒸汽	t	3559	85	2.0MPa≤P<3.0MPa
15	1.5MPa级蒸汽	t	3349	80	1.2MPa≤P<2.0MPa
16	1.0MPa级蒸汽	t	3182	76	0.8MPa≤P<1.2MPa
17	0.7MPa级蒸汽	t	3014	72	0.6MPa≤P<0.8MPa

续表 3.0.8

序号	类别	单位	能量折算值(MJ)	能源折算值(kg标准油)	备注
18	0.3MPa级蒸汽	t	2763	66	0.3MPa≤P<0.6MPa
19	<0.3MPa级蒸汽	t	2303	55	
20	10～16℃冷量	MJ	0.42	0.010	显热冷量
21	5℃冷量	MJ	0.67	0.016	相变冷量
22	0℃冷量	MJ	0.75	0.018	相变冷量
23	－5℃冷量	MJ	0.80	0.019	相变冷量
24	－10℃冷量	MJ	0.88	0.021	相变冷量
25	－15℃冷量	MJ	1.00	0.024	相变冷量
26	－20℃冷量	MJ	1.17	0.028	相变冷量
27	－25℃冷量	MJ	1.42	0.034	相变冷量
28	－30℃冷量	MJ	1.76	0.042	相变冷量
29	－35℃冷量	MJ	2.00	0.048	相变冷量
30	－40℃冷量	MJ	2.26	0.054	相变冷量
31	－45℃冷量	MJ	2.55	0.061	相变冷量
32	－50℃冷量	MJ	2.93	0.070	相变冷量
33	新鲜水	t	6.28	0.15	
34	循环水	t	4.19	0.10	
35	软化水	t	10.47	0.25	
36	除盐水	t	96.30	2.30	
37	除氧水	t	385.19	9.20	
38	凝汽机凝结水	t	152.81	3.65	
39	加热设备凝结水	t	320.29	7.65	
40	污水③	t	46.05	1.10	
41	净化压缩空气	m³④	1.59	0.038	
42	非净化压缩空气	m³④	1.17	0.028	
43	氧气	m³④	6.28	0.15	
44	氮气	m³④	6.28	0.15	
45	二氧化碳(气)	m³④	6.28	0.15	

注：①燃料应按其低发热量折算成标准油；
②蒸汽压力指表压；
③作为耗能工质的污水，指生产过程排出的需耗能才能处理合格排放的污水；
④指0℃和0.101325MPa状态下的体积。

3.0.9 气体燃料的能源折算值可根据气体组成按低发热值计算。

4 能耗计算

4.1 计算通式

4.1.1 耗能体系的能耗应按下式计算：

$$E_P = \sum(G_i C_i) + \sum Q_j \quad (4.1.1)$$

式中 E_P——耗能体系的能耗（kg/h）；
　　G_i——燃料、电及耗能工质 i 消耗量（t/h，kW，m³/h）；
　　C_i——燃料、电及耗能工质 i 的能源折算值（kg/t，kg/kW·h，kg/m³）；
　　Q_j——耗能体系与外界交换热量所折成的一次能源量（kg/h），输入时计为正值，输出时计为负值。

4.1.2 单位能耗应按下式计算：

$$e_P = E_P/G_P \quad (4.1.2)$$

式中 e_P——单位能耗（kg/t）；
　　G_P——耗能体系的进料量或合格产品量（t/h）。

4.2 计算规定

4.2.1 各耗能体系的能耗计算可采用表4.2.1汇总，表中的项目可根据实际情况增减。
4.2.2 消耗的燃料应包括外部供入的燃料和各种副产燃料，但已计算原料的体系除外。
4.2.3 耗能体系与外界交换的热量应按下列规定计算：

1 油品的热进料、热出料：热进料或热出料热量的温度等于或大于120℃时，全部计入能耗；油品规定温度与120℃之间的热量折半计入能耗；油品规定温度以下的热量不计入能耗。

2 热量交换：热用户物流通过热交换得到热量后，温度升至120℃以上的中高温位热量全部计入能耗；60～120℃之间的低温位热量折半计入能耗；60℃以下的低温位热量不计入能耗。

注：油品的规定温度：汽油为60℃，柴油为70℃，蜡油（催化裂化原料）为80℃，渣油（燃料油或焦化、沥青原料等）为120℃。

4.2.4 用于采暖、制冷等季节性的热量输出或输入，应折算为年平均值计入能耗。
4.2.5 输变电系统电损失应按现行行业标准《炼油厂用电负荷设计计算方法》SH/T 3116计算。

表 4.2.1 能耗计算汇总表

装置或单元名称：　　　　　公称处理量：　　kt（Mt）/a　　　　　　　　　进料（产品）量：　　t/h

序号	项目	消耗量		能源折算值		设计能耗 (kg/h)	单位能耗 (kg/t)	备注
		单位	数量	单位	数量			
1	电	kW		kg/kW·h				
2	燃料							
	燃料油	t/h		kg/t				
	燃料气	t/h		kg/t				
	煤	t/h		kg/t				
	催化烧焦	t/h		kg/t				
	工业焦炭	t/h		kg/t				
3	蒸汽							
	10.0MPa	t/h		kg/t				
	3.5MPa	t/h		kg/t				
	1.0MPa	t/h		kg/t				
	0.3MPa	t/h		kg/t				
	<0.3MPa	t/h		kg/t				
4	冷量交换							
	10～16℃	kW						
	－15℃	kW						
	－30℃	kW						
	－50℃	kW						
5	水							
	新鲜水	t/h		kg/t				
	循环水	t/h		kg/t				
	软化水	t/h		kg/t				
	除盐水	t/h		kg/t				
	除氧水	t/h		kg/t				
	凝汽机凝结水	t/h		kg/t				
	加热设备凝结水	t/h		kg/t				
	污水	t/h		kg/t				
6	热交换							
	热进料	kW						
	热出料	kW						
	中高温位热量	kW						
	低温余热	kW						
7	气体							
	净化压缩空气	m³/h		kg/m³				
	非净化压缩空气	m³/h		kg/m³				
	氧气	m³/h		kg/m³				
	氮气	m³/h		kg/m³				
	二氧化碳（气）	m³/h		kg/m³				
8	合计							

本标准用词说明

1 为便于在执行本标准条文时区别对待,对要求严格程度不同的用词说明如下:

1)表示很严格,非这样做不可的用词:

正面词采用"必须",反面词采用"严禁"。

2)表示严格,在正常情况下均应这样做的用词:

正面词采用"应",反面词采用"不应"或"不得"。

3)表示允许稍有选择,在条件许可时首先应这样做的用词:

正面词采用"宜",反面词采用"不宜";

表示有选择,在一定条件下可以这样做的用词,采用"可"。

2 本标准中指明应按其他有关标准、规范执行的写法为"应符合……的规定"或"应按……执行"。

中华人民共和国国家标准

石油化工设计能耗计算标准

GB/T 50441—2007

条 文 说 明

目 次

1 总则 ………………………………… 53—10
2 术语 ………………………………… 53—10
3 一般规定 …………………………… 53—10
4 能耗计算 …………………………… 53—11
  4.1 计算通式 ……………………… 53—11
  4.2 计算规定 ……………………… 53—12

1 总 则

1.0.3 执行本标准时还涉及下列标准：
《综合能耗计算通则》GB 2589；
《炼油厂用电负荷设计计算方法》SH/T 3116。

2 术 语

2.0.1 常见的耗能工质有新鲜水、循环水、软化水、除盐水、除氧水、蒸汽、压缩空气、氮气、氧气、冷量介质、导热油等，污水作为能耗工质的特例。

2.0.3 电的统一能源折算值根据全国平均用能水平确定，其他统一能源折算值根据石化行业平均用能水平确定。

2.0.6 耗能体系在生产过程中消耗的燃料按低发热值直接折算为标准一次能源，但对消耗的电及各种耗能工质，不能只计算本身所含有的能量（如电的热当量、蒸汽的焓）所折算的标准一次能源量，还应计算生产和输送过程所消耗的全部能量并折算成标准一次能源量。

规定的计算方法在本标准中系指选用或计算燃料、电及耗能工质的能源折算值，可根据能耗计算及对比的需要选用统一能源折算值、实际能源折算值或设计能源折算值。

2.0.7 凡以单一原料生产多种产品的装置或石油化工厂均以原料进料量为基准。

凡以多种原料生产一种或几种目的产品的装置或石油化工厂均以一种主要目的产品的合格品产量为基准。

有些耗能体系的单位能耗计算采用按惯例的方式处理，如炼油企业的储运系统采用原料加工量。

2.0.8 设计能耗计算使用对应的设计消耗量。如果某装置的公称处理量与设计进料量不同，则设计能耗计算使用设计的进料量及相应的实物消耗量。

2.0.9 实测能耗计算使用实际测试的消耗量，包括了设计标定和生产管理两个方面，可用于考核评价工程设计能耗或分析生产管理对能耗的影响。

3 一般规定

3.0.1 石油化工主要以石油及产品为原料，且以油、气为燃料，这些原料的低发热量均约为 10000kcal/kg。长期以来，石油化工的能耗以每吨原料或产品的 kg 标准油表示。考虑到上述两方面，能耗单位采用 kg 标准油，而不采用 kg 标准煤，否则数据不直观，难于使用。但考虑到 GB 2589 采用 kg 或 t 标准煤的规定，故本标准规定，在上报国家或地方政府的能耗统计数据时，仍遵守 GB 2589 的规定。

3.0.2 本条规定，主要是考虑原料与产品的性质差异和目前的能耗计算习惯。通常，炼油、石油化工、化纤企业的原料不计入能耗，这些原料主要指石油或其产品。如果是作为原料的耗能介质，如制氢装置转化过程中所消耗的水蒸气，则计入能耗。习惯上，化肥企业的原料计入能耗。对于在炼油和化肥企业中的同类工艺装置，分别按各自的习惯处理。如炼油企业中制氢装置的原料不计入能耗，而化肥企业中的制氢装置原料计入能耗。

3.0.3 以单位原料或单位产品为基准的能耗单位为 kg/t，表示处理每吨原料或生产每吨合格产品的 kg 标准油数量，不能将分子分母约去 kg，变成一个无单位数据。

3.0.5 虽然各种气体能耗占总能耗的比例不大，但生产装置之间和公用工程之间存在相互计量和成本核算问题，如果气体消耗不计入能耗，会引起设计单位取消相应的计量单元或降低计量精度，导致较大的浪费。计算污水能耗的目的是将污水处理场的能耗按污水量分摊到生产污水的装置或单元，这对压缩污染源、改善环境和污水回用等有促进作用。

3.0.6 为了提高能耗计算的科学合理性，深刻反映能耗指标的系统特性，以利于全面提高工艺装置和公用工程的用能水平，本标准规定，应优先计算出设计能源折算值或实际能源折算值，并由此计算各能耗指标。本条规定是与现行能耗计算方法的一个重大不同。

设计能源折算值或实际能源折算值的计算主要涉及锅炉房或动力站，以下简单示例说明计算方法。

设某动力站只有 1 台锅炉和 1 台背压式汽轮机，锅炉自耗电 1000kW，消耗自产的除盐水 120t/h，每吨除盐水耗电 6kW·h。锅炉所产的 3.5MPa 中压蒸汽直接供出 10t/h，供出 1.0MPa 蒸汽 100t/h，其他有关数据见图 1。试求电、3.5MPa 蒸汽、1.0MPa 蒸汽的实际能源折算值 $\Phi_电$、$\Phi_{3.5}$、$\Phi_{1.0}$。

在计算之前，先将锅炉所耗的除盐水折算为电耗 720kW。

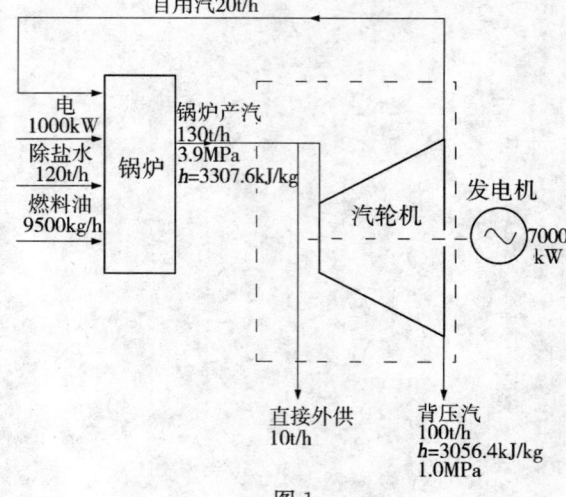

图 1

以汽轮机为体系按热量法求出供热比 A：
$130000\times3307.6\times A$
$=10000\times3307.6+100000\times3056.4+20000\times3056.4\times A$

可求出供热比 $A=0.9183$，供电比 0.0817。
用供热比、供电比将产电和蒸汽的消耗分开。
发电 7000kW 的消耗：
1.0MPa 蒸汽为 $20\times0.0817=1.634$t/h，电为 $(1000+720)\times0.0817=140.5$kW，燃料油为 $9500\times0.0817=776.15$kg/h。
并由此消耗，可列出产电能耗的关系式
$\Phi_电=(1.634\Phi_{1.0}+140.5\Phi_电+776.15)/7000$

同理可求出供出 3.5MPa 蒸汽 10t/h、1.0MPa 蒸汽 120t/h 的消耗：
1.0MPa 蒸汽为 18.366t/h，电 1579.5kW，燃料油 8723.85kg/h。这些消耗折一次能源消耗 B：
$B=18.366\Phi_{1.0}+1579.5\Phi_电+8723.85$

在供出蒸汽中，仍以热量法求出供出 3.5MPa 蒸汽的用热比例（也即一次能源比例），$10000\times3307.6/(10000\times3307.6+120000\times3056.4)=0.0827$，供出 1.0MPa 蒸汽的比例为 0.9173。

分别列出供 3.5MPa、1.0MPa 蒸汽能耗的关系式：
$B\times0.0827/10=\Phi_{3.5}$
$B\times0.9173/120=\Phi_{1.0}$

联合求解上述关系式，可求出电、3.5MPa 蒸汽、1.0MPa 蒸汽的实际能源折算值（或设计能源折算值）为 0.1321kg/kW·h，85.93kg/t，79.43kg/t。

3.0.8 关于燃料、电及耗能工质的统一能源折算值的取值，说明如下：

1 统一能源折算值均按当前国内平均水平或常规条件取值（包括输送过程的能量损失）。

2 在《石油化工设计能量消耗计算方法》SH/T 3110 标准中，电的能源折算值由原来的四个行业不统一，统一调整取值为 0.2828kg/kW·h。根据目前的统计数据，全国 2002 年的供电标准煤耗为 381g/kW·h，2005 年的供电煤耗为 374g/kW·h，折合标准燃料油消耗为 0.2618kg，因此将该值取整作为电的统一能源折算值。

3 新鲜水的能源折算值，是按提升、净化等过程的总扬程约为 150m 计算的电耗折算的能耗。

4 循环水的能源折算值，是按一般提升扬程和凉水塔风机每年运行 5500h，并包括损失在内的能耗。

5 随着节水工作的深入开展，污水处理深度增加，污水处理的能耗增大。因此，根据有关资料将处理每吨污水的统一能源折算值确定为 1.1kg 标准油。

6 软化水、除盐水、除氧水的能源折算值都是以进水温度 20℃为基准计算的。

7 凝结水的能源折算值是以除盐水能源折算值为基准，加上回收的凝结水热量（以 20℃为基准）并扣除回收过程消耗的能源。

8 燃料油（气）的能源折算值是根据标准燃料油的低发热值确定的。

9 工业焦炭的能源折算值取自《石油化工设计能量消耗计算方法》SH/T 3110。催化烧焦的能源折算值系根据 2001～2002 年国内 18 套催化裂化装置的焦炭平均氢含量 6.67%计算所确定。

10 石化企业蒸汽管网通常有 10.0MPa、3.5MPa、1.0MPa、0.3MPa 四个压力等级，但部分企业还有其他等级，为扩大适用范围，故全面设置了 9 个压力等级。从应用的角度，对于常用等级之外的压力等级，如果能源折算值与常用某一等级的折算值差别不大（±3kg/t），尽量不用非常用压力等级。装置自产蒸汽或背压蒸汽轮机排出蒸汽均采用统一能源折算值。

11 可对电和耗能工质的生产单元，如电、各等级蒸汽、水、冷量和气体等，按耗能体系的能耗计算方法计算设计能源折算值或实际能源折算值。

12 在 13 个冷量等级中，10～16℃冷量为空调级，它是由溴化锂制冷机以工艺装置的低温余热（80～100℃）为热源所生产的显热冷量。其余等级的冷量均由压缩制冷生产，制冷机由电机驱动，冷量为相变冷量。至于其他温度更低的冷量统一能源折算值，本标准暂不作统一规定，在设计中视具体情况而定。

4 能耗计算

4.1 计算通式

4.1.1 能耗计算通式的耗能体系可以分为工艺装置、能耗转换单元（如循环水场）、辅助系统（储运、污水处理场等）和全厂等任何体系。如体系为装置，则为装置能耗；如体系为储运系统，则为储运系统的能耗；如为能源转换单元的循环水场，则可计算出循环水的实际能源折算值；如为全厂，则为全厂能耗。

装置与外界交换的热量仅在装置外接收单位且有效利用时方可计入能耗。

在统计燃料的消耗量时，应根据实际低发热量折算为标准燃料的消耗量。

燃料油包括各种液体燃料，如重油、渣油、裂解渣油、原油等。燃料气包括天然气、干气、液化石油气等各种气体燃料。

对于化肥等需要计算原料能耗的装置，式 (4.1.1) 中 G_i 和 C_i 含原料能耗。

4.1.2 在设计阶段，装置进料量或产品量是根据全厂工艺流程所确定的物料平衡中的进料量或产品量，在生产阶段是实际的进料量或产品量，不同于装置的公称生产能力。

4.2 计算规定

4.2.1 在进行能耗计算结果汇总时，应注意以下几点：

1 各装置用汽和自产蒸汽（或背压蒸汽输出）、用电和自发电等应分别填写，并应注明正负号，不可互相抵消合并为一个数值。

2 燃料油和燃料气分别填写。

3 热进料、热出料、中高温位热量交换、低温热的"实物消耗量"表栏填写所交换的热量，根据交换热量的温度和数值以及本标准的有关规定，计算出能源折算值，且应在备注栏中注明各物流名称、流量和温度范围。

4 消耗量均应按连续操作折算。

4.2.2 燃料消耗是生产过程消耗的各种燃料之和。如果原料的一部分或产品的一部分作为燃料在生产过程中提供能量，均应作为燃料消耗计算（如 PSA 尾气、分馏塔顶油气、侧线产品等）。但化肥等计入原料能耗的装置，有所不同，需加以注意。

4.2.3 不同耗能体系之间交换的热量有第 4.2.3 条所述的两大类。为使装置之间热进料、热出料热量合理地计入能耗，将目前通行的规定温度适当降低（目前汽油、柴油、蜡油和渣油的规定温度分别为 60℃，80℃，90℃，130℃），且取规定温度与 120℃之间的热量折半计入能耗以提高能耗的对比合理性，提高热用户的积极性；为防止出现中高温位热源热量传递给温度较低热阱所引起的不合理用能问题，规定热用户物流得到高于 120℃的交换热量才全部计入能耗。低温余热利用的方式很多，节能效果不同，因此综合考虑我国工业用能水平的提高（相当于降低了低温余热回收利用的节能效果）、各种低温余热回收利用的节能效果以及低温余热的能源折算值对能耗对比带来的影响等各种因素，热用户物流得到 60～120℃的低温位热量折半计入能耗。

当热用户物流的温度在 120℃以上时，若不由热进料、热交换提供热量，则至少需要 0.3MPa 等级的蒸汽来提供，因此规定热用户物流的温度在 120℃以上，所得到的热量全部计入能耗。

4.2.5 在设计能耗计算中，为了确定还未投产的全厂能耗，需要计算供电过程中的损耗，此时可按《炼油厂用电负荷设计计算方法》SH/T 3116 计算。对于实际运行的企业，应实测出供电损耗。

中华人民共和国国家标准

水泥工厂节能设计规范

Code for design of energy conservation of cement plant

GB 50443—2007

主编部门：国家建筑材料工业标准定额总站
批准部门：中华人民共和国建设部
施行日期：2008年5月1日

中华人民共和国建设部
公　告

第 739 号

建设部关于发布国家标准
《水泥工厂节能设计规范》的公告

现批准《水泥工厂节能设计规范》为国家标准，编号为 GB 50443—2007，自 2008 年 5 月 1 日起实施。其中，第 1.0.4、4.2.1、4.2.2、4.3.1、4.3.2、4.3.5、7.1.3、8.0.1、8.0.6 条为强制性条文，必须严格执行。

本规范由建设部标准定额研究所组织中国计划出版社出版发行。

中华人民共和国建设部
二〇〇七年十月二十五日

前　言

本规范是根据建设部建标函〔2005〕124 号文《关于印发"2005 年工程建设标准规范制定、修订计划（第二批）"的通知》的要求，由中国水泥协会、天津水泥工业设计研究院有限公司会同合肥水泥研究设计院、南京凯盛水泥技术工程有限公司和成都建材工业设计研究院有限公司等共同编制而成。

本规范共分 8 章，主要内容有：总则、术语、总图与建筑节能、工艺节能、电力系统节能、矿山工程节能、辅助设施节能、能源计量。

本规范中以黑体字标志的条文为强制性条文，必须严格执行。

本规范由建设部负责管理和对强制性条文的解释，国家建筑材料工业标准定额总站负责具体管理，天津水泥工业设计研究院有限公司负责技术内容的解释。各有关单位在执行本规范过程中，请结合工程实际，注意积累资料，总结经验，如发现需要修改和补充之处，请将意见和有关资料寄交天津水泥工业设计研究院有限公司（地址：天津市北辰区引河里北道 1 号，邮编：300400），以供今后修订时参考。

本规范主编单位、参编单位和主要起草人：

主 编 单 位：中国水泥协会
　　　　　　　天津水泥工业设计研究院有限公司

参 编 单 位：合肥水泥研究设计院
　　　　　　　南京凯盛水泥技术工程有限公司
　　　　　　　成都建材工业设计研究院有限公司
　　　　　　　豪西盟（Holcim）水泥集团
　　　　　　　拉法基（Lafarge）水泥集团

主要起草人：曾学敏　吴佐民　狄东仁　李慧荣
　　　　　　李蔚光　丁奇生　朱晓彬　郭天代
　　　　　　陶从喜　柴星腾　张万利　杨路林
　　　　　　范毓林　张万昌　韩久威　范琼璋
　　　　　　陆秉权　周　思　王焕忠　季建军
　　　　　　宣轶群　董兰起　许景曦　吴　涛

目　次

1 总则 ··· 54—4
2 术语 ··· 54—4
3 总图与建筑节能 ······················· 54—4
　3.1 一般规定 ······························ 54—4
　3.2 建筑各部位节能要求 ············ 54—4
4 工艺节能 ·································· 54—5
　4.1 一般规定 ······························ 54—5
　4.2 主要能耗指标 ······················· 54—5
　4.3 熟料烧成系统 ······················· 54—5
　4.4 破碎与粉磨系统 ··················· 54—6
　4.5 余热利用系统 ······················· 54—6
　4.6 其他 ···································· 54—6
5 电力系统节能 ··························· 54—6
　5.1 供配电系统 ··························· 54—6
　5.2 电气设备 ······························ 54—6
　5.3 照明 ···································· 54—6
6 矿山工程节能 ··························· 54—6
　6.1 矿山开采与运输 ··················· 54—6
　6.2 穿孔、采装和运输设备 ········· 54—7
7 辅助设施节能 ··························· 54—7
　7.1 给水排水 ······························ 54—7
　7.2 采暖、通风和空气调节 ········· 54—7
8 能源计量 ·································· 54—7
本规范用词说明 ··························· 54—7
附：条文说明 ······························· 54—8

1 总 则

1.0.1 为了在水泥工厂设计中贯彻执行《中华人民共和国节约能源法》等有关节能的法律法规和方针政策，优化设计，做到节约和合理利用能源，制定本规范。

1.0.2 本规范适用于通用水泥工厂的节能设计。水泥工厂局部系统技术改造项目和利用劣质原、燃材料，废弃物等的水泥工厂的节能设计也可按本规范执行。

1.0.3 水泥工厂的建设规模应符合国家产业政策，并应符合现行国家标准《水泥工厂设计规范》GB 50295的要求。

1.0.4 新建、扩建水泥工厂应采用新型干法水泥生产工艺，严禁采用国家已经公布淘汰的落后工艺及产品。

1.0.5 水泥工厂设备选型应采用国家推荐的节水型或高效节能型产品。

1.0.6 水泥工厂节能设计除应符合本规范的规定外，尚应符合国家现行的有关标准的规定。

2 术 语

2.0.1 熟料烧成热耗 heat consumption of clinker burning

在72h考核期内生产1kg熟料消耗的燃料燃烧热平均值。

2.0.2 熟料烧成电耗 electricity consumption of clinker burning

在72h考核期内烧成1t熟料消耗的电量。

2.0.3 可比熟料综合煤耗 comparable comprehensive standard coal consumption of clinker

在统计期内生产1t熟料的综合燃料消耗，包括烘干原、燃材料和烧成熟料消耗的燃料，折算成标准煤，经统一修正后所得的煤量。

2.0.4 可比熟料综合电耗 comparable comprehensive power consumption of clinker

在统计期内生产1t熟料的电量，包括熟料生产各过程的电耗和辅助生产过程的电耗，经统一修正后所得的电量。

2.0.5 可比熟料综合能耗 comparable comprehensive energy consumption of clinker

在统计期内生产1t熟料消耗的各种能量，经统一修正并折算成标准煤后所得的综合能耗。

2.0.6 可比水泥综合电耗 comparable comprehensive power consumption of cement

在统计期内生产1t水泥消耗的电量，包括水泥生产各过程的电耗和辅助生产过程的电耗，经统一修正后所得的电量。

2.0.7 可比水泥综合能耗 comparable comprehensive energy consumption of cement

在统计期内生产1t水泥消耗的各种能量，经统一修正并折算成标准煤后所得的综合能耗。

3 总图与建筑节能

3.1 一般规定

3.1.1 水泥工厂总体布置应在满足工艺生产要求的基础上合理利用地形，分区明确，布置紧凑，节约用地。

3.1.2 水泥熟料基地宜设置在石灰石矿山附近。水泥粉磨站应设置在产品销售地和混合材供应地附近。

3.1.3 水泥工厂的建筑应根据其使用性质、功能特征和节能要求进行分类，并应符合下列规定：

   1 厂区内的工厂办公楼、中央控制室、化验室、独立的车间办公室、科技中心、综合楼以及食堂、浴室、门卫等公共建筑应划分为A类。

   2 厂区内的职工宿舍等居住建筑应划分为B类。

   3 有采暖或空调的生产建筑，以及独立的配电站、水泵房、水处理室、空压机房、汽车库及机修等低温采暖的辅助性建筑应划分为C类。

   4 设于非采暖或空调生产车间内有采暖或空调要求的车间值班室、检验室、控制室等辅助性工业建筑应划分为D类。

3.1.4 A类建筑的节能设计，应按现行国家标准《公共建筑节能设计标准》GB 50189执行，单层小公共建筑在最简单体形情况下，其体形系数仍大于0.4时，可将屋顶与外墙的传热系数限值在原基础上提高5%。

3.1.5 B类建筑的节能设计，应根据其所在气候区域，分别按国家现行行业标准《民用建筑节能设计标准》（采暖居住建筑部分）JGJ 26、《夏热冬冷地区居住建筑节能设计标准》JGJ 134、《夏热冬暖地区居住建筑节能设计标准》JGJ 75执行。

3.1.6 C类建筑的节能设计，可按现行国家标准《民用建筑热工设计标准》GB 50176及室内外温度确定屋顶和外墙的最小传热阻。当外墙需要保温时，应采用外墙外保温措施。

3.1.7 D类建筑的节能设计，可按现行国家标准《民用建筑热工设计标准》GB 50176执行，并可根据室内外温度确定外墙的最小传热阻，同时应采用内墙内保温措施。在非采暖生产车间的采暖房间的隔墙外表面应采用外墙外保温措施。

3.2 建筑各部位节能要求

3.2.1 水泥工厂各类建筑的外墙均不宜采用透明的

玻璃幕墙。

3.2.2 非采暖地区水泥工厂的C、D类建筑,外窗开启面积不宜小于窗面积的50%,当不便设置开启窗时,应设通风装置。

3.2.3 严寒地区的C类建筑,应设置门斗或采取防止冷空气渗入的措施。

3.2.4 严寒及寒冷地区的C、D类建筑外窗可按表3.2.4选取。外窗气密性不应低于现行国家标准《建筑外窗气密性能分级及其检测方法》GB/T 7107规定的3级;外门气密部分同窗的气密性要求,门肚板部分传热系数不应小于1.5W/m²·K。

表3.2.4 严寒及寒冷地区C、D类建筑外窗

严寒地区	C类	塑钢单框双层玻璃
	D类	塑钢中空玻璃
寒冷地区	C类	塑钢单框玻璃
	D类	塑钢单框双层玻璃

4 工艺节能

4.1 一般规定

4.1.1 水泥工厂生产线所采用的中小型三相异步电动机、容积式空气压缩机、通风机、清水离心泵、三相配电变压器等通用设备,应符合现行国家标准《中小型三相异步电动机能效限定值及节能评价值》GB 18613、《容积式空气压缩机能效限定值及节能评价值》GB 19153、《通风机能效限定值及节能评价值》GB 19761、《清水离心泵能效限定值及节能评价值》GB 19762和《三相配电变压器能效限定值及节能评价值》GB 20052等的规定。

4.1.2 主要生产车间应按输送距离、管道长度和电缆长度较短的原则布置,并宜使物料从高到低输送。

4.2 主要能耗指标

4.2.1 新建、扩建水泥工厂生产线的主要能耗设计指标应符合表4.2.1的规定。

表4.2.1 新建、扩建水泥工厂生产线的主要能耗设计指标

分类	可比熟料综合煤耗(kgce/t)	可比熟料综合电耗(kW·h/t)	可比水泥综合电耗(kW·h/t)	可比水泥综合能耗(kgce/t)	可比水泥综合煤耗(kgce/t)
4000t/d及以上	≤110	≤62	≤90	≤118	≤96
2000~4000t/d(含2000t/d)	≤115	≤65	≤93	≤123	≤100
水泥粉磨站	—	—	≤38	—	—
备注	适用于生产熟料的生产线	适用于生产熟料的生产线	适用于生产水泥的生产线(包括水泥粉磨站)	适用于生产水泥的生产线	适用于生产水泥的生产线

4.2.2 新建、扩建水泥生产线主要生产工段分步电耗设计指标应符合表4.2.2的要求。

表4.2.2 新建、扩建水泥生产线主要生产工段分步电耗设计指标

生产工段	设计值
石灰石破碎(kW·h/t石灰石)	≤2.0
原料粉磨(kW·h/t生料)	≤22
煤粉制备(kW·h/t煤粉)	≤35
水泥粉磨(kW·h/t水泥)	≤36
水泥包装(kW·h/t水泥)	≤1.5

4.3 熟料烧成系统

4.3.1 熟料煅烧系统应采用带预热预分解系统的新型干法水泥生产工艺。

4.3.2 熟料烧成系统的能效设计指标应符合表4.3.2的要求。

表4.3.2 熟料烧成系统的能效设计指标

工厂规模	2000~4000t/d(含2000t/d)	4000t/d及以上
系统热效率(%)	≥50	≥52
熟料烧成热耗(kJ/kg熟料)	≤3178	≤3050
熟料烧成电耗(kW·h/t熟料)	≤32	≤28

4.3.3 熟料烧成系统设计应符合下列要求:

1 回转窑的煤粉燃烧器应采用多通道燃烧器,一次风用量应小于15%,配套一次风机的风量能力应小于理论燃烧风量的15%。

2 熟料冷却机的热回收率应不低于72%;出冷却机的熟料温度应小于环境温度加70℃。

3 应减少窑系统漏风,加强窑头、窑尾的密封,降低废气的热损失。

4 窑尾预热器系统应合理配置预热器级数、锁风下料阀和撒料装置,并应根据燃料燃烧特性采用不同结构参数的分解炉。

在额定工况下,窑尾预分解系统应符合表4.3.3的要求。

表4.3.3 窑尾预分解系统

系统指标	Ⅳ级预热器	Ⅴ级预热器
预热器出口温度(℃)	≤350	≤320
预热器出口系统阻力(Pa)	≤4600	≤5500
入窑物料表观分解率(%)	≥90	≥90

5 熟料烧成系统应采用优质耐火和保温隔热材料,系统表面热损失在热平衡支出项的比例应小于9%。

4.3.4 热风管路的保温设计应符合现行国家标准《工业设备及管道绝热工程设计规范》GB 50264的有

关规定。
4.3.5 窑尾高温风机应采用变频调速装置。
4.3.6 水泥工厂设计可采用工业废弃物或城市生活垃圾替代部分原料和燃料。

4.4 破碎与粉磨系统

4.4.1 石灰石破碎宜采用单段破碎系统。
4.4.2 原料粉磨应采用辊式磨系统。煤粉制备宜采用辊式磨系统。
4.4.3 水泥粉磨系统应采用带辊压机的联合粉磨系统或辊式磨终粉磨系统。当采用球磨系统时,宜采用带高效选粉机的圈流系统,不得采用开流系统。

4.5 余热利用系统

4.5.1 新建、扩建水泥工厂应同步设计余热利用系统或预留其位置。既有水泥生产线改造时,宜增设余热利用系统。
4.5.2 余热利用系统不应影响水泥正常生产、增加系统能耗、减少生产产量。
4.5.3 利用烧成系统余热烘干物料时,系统多余的废气余热宜用于发电。余热发电条件不具备时,可利用烧成系统废气余热作为采暖热源。

4.6 其 他

4.6.1 主要生产工艺的风机宜采用变频调速装置。风机风量应按系统特性和漏风系数进行计算,风机能力的储备系数应小于15%。
4.6.2 水泥工厂生产线应采取原料预均化、生料均化措施。
4.6.3 生料入库、生料入窑、水泥入库等输送设备应采用机械输送设备。煤粉入窑输送设备可采用气力输送设备。物料长距离输送设备应采用机械输送设备。
4.6.4 需烘干的物料宜采用堆棚储存、风干等措施。
4.6.5 水泥混合材不宜采用专用的烘干系统,当必须设置专用烘干系统时,应采用废气余热的高效烘干系统。

5 电力系统节能

5.1 供配电系统

5.1.1 变电所或配电站的位置应设置在负荷中心附近,并应减少配电级数。
5.1.2 中型及以上规模水泥工厂生产线应采用110kV电压等级供电,中压电压等级宜采用10kV。
5.1.3 10kV及以上输电线路的导线截面应按经济电流密度校验。
5.1.4 变压器的容量、台数和运行方式应根据负荷性质、用电容量等确定。
5.1.5 宜采用高压补偿与低压补偿相结合、集中补偿与就地补偿相结合的无功补偿方式减少无功损耗。企业计费侧最大负荷时的功率因数不应低于0.92。
5.1.6 应采取滤波方式抑制高次谐波,其谐波限值应符合现行国家标准《电能质量 公用电网谐波》GB/T 14549的有关规定。

5.2 电气设备

5.2.1 变压器应选择低损耗节能型,并应合理确定负荷率。
5.2.2 电力室、变电所应采取静电电容器补偿方式。大中型厂的大功率异步电动机,宜配置进相机或采取静电电容器就地补偿方式。
5.2.3 有调速要求的电动机应采用变频调速装置。
5.2.4 破碎机、磨机等配用的大型绕线式电动机宜采用液体变阻器启动。

5.3 照 明

5.3.1 水泥工厂照明设计应符合现行国家标准《工业企业照明设计标准》GB 50034的有关规定。
5.3.2 车间照明应采用混光节能照明。高大厂房内照明应采用高压钠灯或金属卤化物灯混光设计。
5.3.3 厂区道路照明宜采用高压钠灯,并宜设置光电或时间控制照明装置。

6 矿山工程节能

6.1 矿山开采与运输

6.1.1 矿山开采应充分利用低品位原料。
6.1.2 矿山开采宜采用横向采掘开采法。
6.1.3 露天矿爆破作业宜采用机械化装药车。大中型矿山开采应采用中径深孔爆破法,小型矿山开采可采用浅眼爆破法,对较松软的矿岩,应采用机械犁松裂法或挖掘机直接采掘的无爆破开采法。中径深孔爆破大块率应控制在7%以内,矿石粒度级配应有利于提高铲装和破碎的效率。
6.1.4 比高超过120m的大中型山坡矿床,工程地质和采矿方法以及矿体赋存条件和地形等条件适合时,应采用溜井平硐开拓方式。
6.1.5 大中型矿山可在工作面设置移动式破碎机,或在采场内设置组装式破碎机。碎石可采用胶带输送机或溜井与胶带输送机结合的运输方式。
6.1.6 设在矿山的破碎车间应设置在采区附近,矿山可采年限较长或矿体范围较大时,可采用分期设置。
6.1.7 大中型矿山不合格大块原料的二次破碎应采用液压碎石机。

6.1.8 矿山道路设计应符合现行国家标准《厂矿道路设计规范》GBJ 22 的有关规定。主要运矿道路可采用高级路面。矿山道路的完好率应在85%以上。

6.2 穿孔、采装和运输设备

6.2.1 大型矿山应采用自带空压机的穿孔设备；中型矿山应采用移动式空压机供气的穿孔设备。

6.2.2 大型矿山应采用液压挖掘机或轮式装载机；有供电条件的中小型矿山应采用电动挖掘机。

6.2.3 以溜井平硐开拓或采用移动式破碎机的矿山，平均运距小于200m时，可采用轮式装载机。

6.2.4 矿用自卸汽车和挖掘机的车铲比应为3~5。

6.2.5 矿山汽车完好率不应低于70%，汽车装满系数不应低于80%，汽车油耗（含空程）应小于0.1kg/t·km。

7 辅助设施节能

7.1 给水排水

7.1.1 水泥工厂给水系统宜分别采用生产循环给水系统和生活给水系统。消防给水系统可与生活给水系统或生产循环给水系统合并。生产用水重复利用率不应低于85%。冷却水系统宜采用压力回流循环给水系统。

7.1.2 污水排放应符合现行国家标准《污水综合排放规范》GB 8978及当地的有关规定。污水宜经处理后作为中水回用。

7.1.3 设计中采用的节水型产品及节能型产品应符合现行国家标准《节水型产品技术条件及管理通则》GB/T 18870 的有关规定。

7.2 采暖、通风和空气调节

7.2.1 水泥工厂采暖、通风和空气调节设计应符合现行国家标准《采暖通风与空气调节设计规范》GB 50019的有关规定。

7.2.2 采暖设计应符合下列规定：
  1 采暖地区应采用热水集中采暖系统。
  2 工艺设计对室温无特殊要求时，值班控制室应做采暖设计，工业厂房不宜做采暖设计。
  3 有采暖要求的面积较大的多层建筑物应采用南、北向分开布置的采暖系统。
  4 严寒和寒冷地区的工厂，有水系统的建筑物内为防冻所做的采暖设计，室内设计温度不应大于5℃。
  5 散热器不宜暗装，其安装数量应与计算负荷相符。

7.2.3 通风和空气调节设计应符合下列规定：
  1 生产厂房应采用自然通风。需采用机械通风时，通风机的风量储备系数应小于1.1。
  2 集中空调系统中，温、湿度及使用时间要求不同的区域，应划分为不同的空调风系统。
  3 空调房间的新风量应保证室内每人不少于30m³/h。
  4 空调系统的冷源，应根据所需的冷量、当地能源、水源和热源，通过技术经济比较采用合适的机组，宜采用以水作冷热源的热泵式制冷/热机组。
  5 寒冷地区不宜采用以空气（风）为冷热源的热泵式制冷/热机组。

8 能源计量

8.0.1 水泥工厂设计中能源计量装置的设置应达到三级计量合格的要求。能源计量器具的配备、管理尚应符合现行国家标准《用能单位能源计量器具配备和管理通则》GB 17167 的有关规定。

8.0.2 水泥工厂生产线能源计量装置应满足生产线各子系统单独考核计量的要求。

8.0.3 水泥工厂生产线能源计量装置应具备自动记录和集中、统计功能。

8.0.4 水泥工厂生产线的水、蒸汽、压缩空气等动力介质宜设置全厂及车间二级计量仪表。

8.0.5 原料配料秤、入窑生料喂料秤及喂煤秤的计量精度偏差不应大于±1%。

8.0.6 生产和生活、厂内和厂外的用水应分别计量。外购水总管、自备水井管、生产车间和辅助部门必须设置用水计量器具。各车间和公用建筑生活用水应独立计量。循环冷却水系统计量仪表的设置应符合现行国家标准《工业循环冷却水处理设计规范》GB 50050 的有关规定。

本规范用词说明

1 为便于在执行本规范条文时区别对待，对要求严格程度不同的用词说明如下：
  1）表示很严格，非这样做不可的用词：
    正面词采用"必须"，反面词采用"严禁"。
  2）表示严格，在正常情况下均应这样做的用词：
    正面词采用"应"，反面词采用"不应"或"不得"。
  3）表示允许稍有选择，在条件许可时首先应这样做的用词：
    正面词采用"宜"，反面词采用"不宜"；
    表示有选择，在一定条件下可以这样做的用词，采用"可"。

2 本规范中指明应按其他有关标准、规范执行的写法为"应符合……的规定"或"应按……执行"。

中华人民共和国国家标准

水泥工厂节能设计规范

GB 50443—2007

条 文 说 明

目 次

1 总则 ·· 54—10
2 术语 ·· 54—10
3 总图与建筑节能 ······························ 54—10
　3.1 一般规定 ····································· 54—10
　3.2 建筑各部位节能要求 ····················· 54—11
4 工艺节能 ·· 54—12
　4.1 一般规定 ····································· 54—12
　4.2 主要能耗指标 ······························ 54—12
　4.3 熟料烧成系统 ······························ 54—12
　4.4 破碎与粉磨系统 ··························· 54—13
　4.5 余热利用系统 ······························ 54—13
　4.6 其他 ·· 54—14
5 电力系统节能 ·································· 54—14
　5.1 供配电系统 ·································· 54—14
　5.2 电气设备 ····································· 54—14
6 矿山工程节能 ·································· 54—14
　6.1 矿山开采与运输 ··························· 54—14
　6.2 穿孔、采装和运输设备 ·················· 54—14
7 辅助设施节能 ·································· 54—15
　7.1 给水排水 ····································· 54—15
　7.2 采暖、通风和空气调节 ·················· 54—15
8 能源计量 ·· 54—15

1 总 则

1.0.1 本条明确了制定本规范的目的。"节约能源资源，走科技含量高、经济效益好、资源消耗低、环境污染少、人力资源优势得到充分发挥的路子，是坚持和落实科学发展观的必然要求，也是关系我国经济社会可持续发展全局的重大问题"（引自中共中央政治局 2005 年 6 月 27 日第二十三次集体学习会议上中共中央总书记胡锦涛同志的讲话）。能源是国民经济发展的物质基础，从长期供需预测看，我国能源供需矛盾十分突出，节能是国家发展经济的一项长远战略方针。在能源问题日益制约我国经济社会发展的今天，中央作出了建设节约型社会的战略部署，在《国民经济和社会发展"十一五"规划纲要》中，明确提出了万元国内生产总值能源消耗降低 20% 的节能目标。建材工业是国民经济的重要原材料工业，属典型的资源依赖型工业。我国已成为目前全球最大的建材生产和消费国，建材工业的年能耗总量位居我国各工业部门的第三位。根据中国建材协会的数据统计，2005 年建材工业规模以上企业能源消费总量 2.03 亿 t 标准煤（以电热当量计算法计算），约占全国能源消费总量 7%，其中水泥生产消耗能源占建材耗能总量的 58%，约 1.2 亿 t 标准煤；全国规模以上企业水泥综合能耗由 2002 年的 129.1kg 标准煤/t 下降到 2005 年的 112.7kg 标准煤/t，下降了 12.7%。但同期水泥产量增加 46% 以上，能耗总量增幅仍然较大。根据国家"十一五"规划要求，到 2010 年，新型干法水泥比例达到 70% 以上，新型干法水泥技术装备、能耗、环保和资源利用效率等达到中等发达国家水平，水泥熟料热耗下降到 110kg 标准煤/t 熟料，水泥单位产品综合能耗下降 25%，水泥工业节能降耗任重道远。

本规范系根据《中华人民共和国节约能源法》，并结合水泥工厂设计的特点制定，以期通过加强设计过程控制，采取技术上可行、经济上合理以及符合环境要求的措施，减少生产各个环节中的损失和浪费，促进水泥工业能源的合理和有效利用。

1.0.2 本条明确了规范的适用范围。水泥工厂含扩建、技改项目及粉磨站。

1.0.3 本规范及本条文说明中所称水泥工厂均指新型干法水泥生产线工厂（下同），故其规模应执行《水泥工厂设计规范》GB 50295 的规定。

1.0.4 本条为强制性条款。目前我国水泥工业的结构性矛盾仍比较突出，新型干法生产工艺所占比重不足 50%，调整水泥工业产业结构是节能降耗的主要措施。按照国家支持发展大型新型干法水泥项目的水泥产业政策，到 2010 年新型干法水泥比重提高到 70%，对落后产能比重较大的地区，鼓励上大压小，扶优汰劣。中部地区应依托大型企业扩建日产 4000t 以上生产线，尽快形成合理的经济规模；西部地区新型干法水泥发展薄弱，应重点支持，要以减少运输压力和满足本地区需求为原则，发展建设日产 2000t 以上的新型干法水泥，加快淘汰落后工艺，促进西部地区水泥工业结构升级。严禁立窑等落后生产工艺新建、扩建和单纯以扩大产能为目的的技术改造项目。淘汰落后生产能力，改善环境质量，缓解能源、资源压力。因此，在设计中必须采用新型干法水泥生产技术。

在水泥工厂工程设计中，设计者和项目业主应在工艺系统和设备选择上采取有效措施，严禁采用列入国家公布的《淘汰落后生产能力、工艺和产品的目录》中的淘汰产品和《工商投资领域制止重复建设目录》中明令淘汰的技术工艺和设备。

1.0.5 本条款对水泥工厂设备选用节能产品作出了明确规定。从设计上为达到国家标准《水泥单位产品能源消耗限额》GB 16780 的先进等级打好基础。

1.0.6 水泥工厂设计涉及国家有关政策、法规和标准、规范，故本条规定在设计中除执行本规范外，尚须符合国家现行的节能、防火、劳动安全卫生、环境保护及计量等各行业相关的法规、标准和规范。

2 术 语

本章是根据《工程建设标准编写规定》建标 [1996] 626 号文的要求，针对水泥工厂节能设计实际采用术语的状况增加的内容。本章对本规范涉及的部分能耗指标作出了规定和解释，主要是为了和《水泥单位产品能源消耗限额》GB 16780 相对应，并考虑到设计过程的特殊性，增加了 72h 考核值等术语定义。

2.0.3~2.0.5 可比熟料综合标准煤耗、电耗及综合能耗需按熟料 28d 抗压强度等级修正到 52.5MPa，海拔高度超过 1000m 后应进行统一修正。

2.0.6 可比水泥综合电耗需按水泥 28d 抗压强度等级，修正到出厂为 42.5 等级，混合材掺量应进行统一修正。

2.0.7 可比水泥综合能耗以 m_{KS} 表示，单位为千克标准煤/吨（kgce/t）。

3 总图与建筑节能

3.1 一般规定

3.1.1 本条对水泥工厂的总图设计提出了基本要求。水泥工厂设计中要兼顾各专业特点，根据地域不同，全面分析，采用本地最适合的朝向和地形。充分利用冬季日照，夏季通风，使冬季获得太阳辐射热，夏季通风降温，最大幅度利用自然能源；以节约可支配能源，使工程设计科学合理，环保节能。在满足生产工艺流程要求和各种防护间距的同时，还要注意合理用地，紧凑布置，以缩短物料输送距离，降低输送能耗。

3.1.2 本条对水泥工厂的厂址选择提出了基本要求。主要考虑减少原、燃料及成品运输距离，以降低输送能耗。

3.1.3 根据水泥工厂中有采暖或空调建筑的使用性质和功能特征，将建筑物分为四种类型：

A类建筑一般面积不太大（有的厂也做得很大），但有完整的厂前区建筑，工厂办公楼建到4～5层，近6000m²，是有着完整构成的公共建筑。近年来，有些厂建造了有办公、会议和招待所、职工宿舍等功能的综合楼，其中招待所、职工宿舍等为居住部分，如果居住类建筑面积小于总面积的2/3时，综合楼仍按公共建筑划分。当居住类建筑面积超过总面积2/3时，其主要功能改为居住类，则应将此建筑划为居住类建筑。2/3比例的界定，在这里没有理论依据，只是按超过半数的概念来划分。执行中可按实际情况酌定。

B类建筑不是在所有的工厂中都有，规模也相差较大，此类建筑属居住类是明确的。

C类建筑是指水泥工厂中相当多的一些独立或毗邻生产车间的辅助性生产建筑。这类建筑大多为单层，面积较小，在严寒地区和寒冷地区，为保证设备的正常运行和人员操作所必需的温度环境而设有采暖或空调，采暖温度一般为5～10℃（见《水泥工业劳动安全卫生设计规定》JCJ 10—97）。

D类与C类建筑同属辅助性生产建筑类，不同的是D类建筑附设在非采暖的生产车间内，而自身又是有人员长时间在其中活动的采暖房间，它不是一个独立的建筑，而是车间内的一部分，与室外大气接触的部分作为外墙和外窗，而隔墙、门和屋顶均在非采暖车间内部，它的热工环境显然不同于C类。

3.1.4 按工厂所在的气候分区，在相关的节能标准中规定了相应的节能指标。对于公共建筑来说，主要是体形系数、窗墙比和屋顶透明部分所占比例三个指标。至于屋顶、外墙的传热系数和保温门窗的传热系数及气密性指标，属于构造做法即可满足的指标，即通过设计和门窗构造来满足标准要求是不困难的。

当设计建筑的节能指标不满足标准要求时，应首先调整建筑参数，使它满足标准，尽量采用规定法，而不轻易动用权衡判断。从对多个水泥工厂办公楼及中控楼的体形系数及单一朝向窗墙比所做的统计平均值来看，实际工程的体形系数及单一朝向窗墙比小于标准值，且有较大的扩展空间，因此采用规定法是可行的。

常见的问题是：浴室、车间办公室、门卫等小面积的单层公建，由于屋顶面积占位大，体积小，即使在最简单的形体下，其体形系数也会超标，无法调整。在此情况下，参照天津市的做法，即当$S>0.4$时，其屋顶和外墙的加权平均传热系数K_m值较$0.3<S<0.4$时的标准提高5%，例如屋顶传热系数K值为0.45时，则当$S>0.4$情况下的屋顶K值为0.40。实际上是以增加保温层厚度来抵偿散热面积超标的不足。

3.1.5 在节能标准的采暖居住部分中，明确把此类建筑划归为居住建筑类，执行相应的节能标准是明确的。建设部规划2010年前在全国范围内仍执行第二阶段节能（节能率50%）标准，但在天津等地区已于2004年开始执行第三阶段节能标准。三阶段标准较二阶段标准的节能率提高15%，即65%，因此，在实行节能目标为65%的地区，则应执行当地的节能设计要求。

3.1.6 C、D类建筑外墙的传热系数限制，没有可直接套用的标准。考虑到气候条件和室内采暖温度，参考《民用建筑热工设计规范》GB 50176 中的数据，只给出外窗的构造，未定出传热系数K值供设计选用。

3.1.7 C类和D类属辅助生产建筑，归为工业建筑类。在我国的建筑节能标准中，只有居住建筑和公共建筑两个节能标准，尚没有工业建筑节能标准。在这方面国外规定也不尽相同，例如德国的节能规范中主要是居住建筑类，而把工业建筑及公共建筑列在其他类中。随着节能形势需要，今后我国也将会制定工业建筑节能标准。当前在没有工业建筑节能标准的情况下，为了让这部分有采暖的小面积工业建筑也达到节能要求，我们认为执行《民用建筑热工设计规范》GB 50176 还是合适的，它是以热环境来确定围护结构的最小传热阻，具有一定的保温作用。设计中根据计算的最小传热阻来确定保温层材料及厚度时，可参照公共建筑及居住建筑的节能标准，适当增强围护结构的保温能力。

3.2 建筑各部位节能要求

3.2.1 作为工厂内部使用的建筑，本规范不推荐做透明玻璃幕墙，建筑造型上需要时，可用较大面积的保温隔热窗代之。透明玻璃幕墙按外窗对待。透明玻璃幕墙和窗同样都是对保温隔热不利的围护构件，仅过去的设计中少量使用过。

3.2.2 C类建筑在非采暖的南方地区，为防止室内过热，影响设备正常运行，会采取建筑散热措施。但一般很少在空压机房、水泵房及电力室等使用空调，只能通过自然通风或轴流风机来通风散热。因此，适当加大通风面积是必要的。要求外窗的可开启面积不小于50%，是考虑了使用推拉窗时的最大开启面积，提倡使用平开窗和限制固定扇的面积。

在D类建筑中，人的活动占主位。在炎热地区除必要的自然通风外，可能会使用单体空调，但制冷量不大，外部影响节能的因素是来自外墙及外窗的辐射热，可采用活动遮阳及热反射玻璃减少获热。

3.2.3 本条主要指对有较精细设备的 C 类建筑，如配电室、机修等建筑物。除单独做室外门斗，还可做金属构架，室内布置上留出空地做室内门斗或在冬季外门上悬挂防冷风直接渗入的塑料软帘。

3.2.4 由于 C、D 类属工业建筑类，本规范出于增强节能设计的主动性，适当增强围护结构的保温能力是有益的。外门窗是阻热的薄弱部位。在公建中是在一定体形系数条件下，以单一朝向的窗墙比来确定外窗的传热系数，对 C、D 类建筑尚不能提出这样的要求。参考《民用建筑热工设计规范》GB 50176 中给出的窗户传热系数再提高一些，并以此为参数，按表 3.2.4 确定外门窗。

但由于 C 类和 D 类建筑室内温度不同，故所选的外门窗也不同。

气密性指标是按节能外墙一般为 4 级的中档值降为低档值，即 $2.5 \geq q_1 > 1.5$（m³/m·h），外门门肚板的传热系数 K 值取《民用建筑热工设计规范》GB 50176 的平均值。

4 工艺节能

4.1 一般规定

4.1.1 原煤和电力是水泥工业生产主要的能源，节电是水泥工厂的主要节能途径，本条对水泥工厂电动机等设备的设计选型提出了节能评价值要求。

4.1.2 本条对水泥工厂生产车间的布置提出了要求。工艺设计应在满足水泥工厂正常稳定生产前提下，充分利用厂区地形条件，使物流流线短捷，减少运输总量，从而降低输送能耗。

4.2 主要能耗指标

4.2.1 本条为强制性条款，对新建水泥生产线主要能耗设计指标作出了规定。本条所要求的指标统计和计算方法按照《水泥单位产品能源消耗限额》GB 16780 执行。

4.2.2 本条为强制性条款，对新建水泥生产线主要生产工序分步电耗提出了指标要求，用于水泥工厂设计中对主要工序过程电耗的控制。

石灰石破碎的电耗不包括碎石输送用电量。原料粉磨的电耗不包括废气处理用电量。烧成系统的电耗计算范围从生料均化库底至熟料库顶，包括窑头和窑尾废气处理系统。煤粉制备的电耗包括煤粉输送的用电量。水泥粉磨的电耗不包括熟料库底的用电量。包装系统的电耗包括水泥库底的用电量。

4.3 熟料烧成系统

4.3.1 本条为强制性条款，对熟料烧成系统的设计选型作出了强制性规定。

4.3.2 本条为强制性条款，对熟料烧成系统能效指标设计值提出了一般建厂条件下的考核值。本条指标主要针对新建生产线，其值按国际惯例为 72h 考核值。考核方法参照《水泥回转窑热平衡测定方法》JC/T 733—1987、《水泥回转窑热平衡、热效率、综合能耗计算方法》JC/T 730 进行。

本条中所指的一般建厂条件系按照《水泥工厂设计规范》中原料和燃料要求设计的生产线系统。当厂址设计条件比较特殊时，应对熟料烧成系统能耗指标进行修正。

当工厂厂址海拔高度超过 1000m 时，应进行海拔修正，修正后能耗考核指标按下式计算：

$$Q_{CL} = KQ'_{CL}$$
$$E_{CL} = KE'_{CL}$$
$$K = \sqrt{\frac{P_H}{P_0}}$$

式中 Q'_{CL}——高海拔设计条件下实际热耗设计值（kJ/kg 熟料）；

E'_{CL}——高海拔设计条件下实际电耗设计值（kJ/kg 熟料）；

K——海拔修正系数；

P_0——海平面环境大气压，101325 帕（Pa）；

P_H——当地环境大气压，单位为帕（Pa）。

4.3.3 为了实现烧成系统能效指标要求，本条对熟料煅烧系统设计提出了具体要求：

1 回转窑采用多通道燃煤装置，在国内外已经广泛使用。它具有一次风用量低、燃料适应性强、火焰形状便于控制等特点，是烧成系统必选装备。

2 本款对熟料冷却机的设计提出了具体要求。熟料冷却是烧成系统主要的热回收过程，其热回收效率高低直接影响烧成系统热耗指标，因此要在保证出冷却机熟料温度条件下，最大限度提高热回收率。

3 减少漏风可以减少热损失，提高热效率，降低单位热耗。目前，国内装备密封装置不断改进，系统漏风一般应在 10% 以下，出预热器废气氧含量应在 4.5% 以下。

4 本条对烧成窑尾预热器设计提出了指标要求。目前预热器普遍采用五级，即由五个旋风筒热交换单元组成，锁风阀和撒料装置对预热器的换热效率影响较大，在设计中应引起足够重视。分解炉是承担燃料燃烧和生料分解的化学反应器，对系统稳定、可靠、高效运行具有决定性作用，由于国内能源价格持续上涨，燃煤供应呈多样化，品质变化较大，因此在设计上应根据煤质情况采用结构合理、性能优良的分解炉，并留有一定余地。

5 本条对烧成系统的保温设计提出具体指标。为了降低辐射热损失，窑系统应采用优质耐火材料和隔热材料，不仅节省热耗，减少设备表面的散热损失，也能提高运转率。一般条件下系统的散热损失应在313kJ/kg熟料（75kcal/kg熟料）以下。

4.3.4 本条对烧成系统热风管道保温设计提出了原则要求。在有余热利用要求的热风管路上其保温层设计宜控制在表面温度50℃以下，无余热利用要求的管道外保温设计应满足劳动安全保护要求。在输送热风和物料系统中，各种法兰连接和锁风装置应严密，不得漏风漏料。

4.3.5 本条为强制性条款，对烧成窑尾高温风机调速装置选型提出了强制性要求。窑尾高温风机是烧成系统最大的耗电设备，海螺集团等生产厂的实践表明，采用变频调速装置具有显著的节能效果，而且投资回收期少于整个水泥工厂投资回收期，应推广应用。

4.3.6 为了实现水泥产业可持续发展，必须充分发挥水泥产业特有的环保功能，实施原、燃料的战略转移，建设"环境材料型"生态产业。水泥回转窑在充分发挥传统焚烧炉优点的同时，有机地将自身高温、循环等优势发挥出来，既能充分利用废物中的有机组分的热值实现节能，又能完全利用废物中的无机组分作为原料生产水泥熟料；既能使废弃物中的有毒有害有机物在水泥回转窑的高温环境中完全焚毁，又能使废物中的有毒有害重金属固定到熟料中。

作为替代燃料使用的废弃物，通常加工成为易于泵送的液体或者粉末，这样可以充分利用水泥行业现有的燃料输送系统，通过简单的改造或者增加少量的设备即可确保其作为燃料使用。

4.4 破碎与粉磨系统

4.4.1 本条对石灰石破碎选型提出了要求。目前单段破碎是国内外普遍采用的系统。其破碎比大、流程简单、能耗低，在一般条件下应优先选用。对于大规模机械化开采的矿山，推荐采用移动式破碎机系统，可进一步降低能耗。

4.4.2 本条对原料粉磨和煤粉制备的主要设备选型作出了规定。生料粉磨及煤粉制备系统的选型应根据原料水分、易磨性和生料易烧性确定磨机适宜的型式、规格及适宜的粉磨细度。随着水泥技术的不断发展，根据原料的易磨性、含水量以及能力的不同，出现了不同型式的原料粉磨系统。辊式磨系统是借助相对运动的磨盘和磨辊装置对物料进行碾压粉碎，并且集中碎、粉磨、烘干、选粉等工序于一体，是当今原料粉磨的主要系统。它利用熟料煅烧系统废气作为烘干热源，其流程简单，烘干能力大，可以适应水分高达15%的原料，尤其适宜于与大型预分解窑匹配；与传统的球磨系统比较，粉磨电耗可降低30%左右，是应该大力推广的节能设备。

4.4.3 粉磨是水泥生产过程中耗电最高的环节，约占生产总电耗的65%以上，其中水泥粉磨的电耗所占比例高达2/3。因此，提高水泥粉磨效率、降低单位电耗一直是水泥工厂所关注的节能问题。

水泥粉磨系统大致可以分为三种类型，即球磨、料床预粉磨和料床终粉磨系统。球磨系统电耗最高，特别是开流球磨，应尽量少采用。料床终粉磨是水泥粉磨技术的发展方向，包括以辊式磨、筒辊磨或辊压机为主要粉磨设备的系统，其能耗最低，但粉磨产品性能还有待进一步研究，且目前本地化装备技术还不够成熟；料床预粉磨系统具有节电效果明显、产品性能稳定和配套产量高的优点。是目前水泥粉磨系统的首选方案。

辊压机料床粉磨经过了20年的发展，许多水泥企业积累了丰富的经验，增产节能效果明显，国产装备技术日臻成熟，应在改技工程中进一步推广。辊压机与球磨机可以组成多种预粉磨系统，主要分为循环预粉磨和联合粉磨两类。循环预粉磨系统的特点是只将出辊压机的受到充分挤压的中间料饼喂入球磨机，边料循环挤压；而联合粉磨系统需增设分选设备将出辊压机物料中的细粉分选出来，将这种细粉喂入后续球磨机进行最终粉磨，粗料循环挤压。由于联合粉磨系统中辊压机吸收功率大，节能效果更大，半成品中没有大于1mm的颗粒，球磨机的研磨效率也得到提高，因此，新建系统应优先采用带辊压机的联合粉磨系统，有条件的企业可考虑采用辊磨终粉磨系统。

4.5 余热利用系统

4.5.1 本条对新建工厂余热利用系统设计提出了要求。在设计阶段同步设计或规划余热利用系统，有利于贯彻国家节能降耗的产业政策。目前水泥烧成系统的热效率一般在54%以下，因此有必要在设计阶段对余热利用（目前主要是余热发电）进行统一规划布置。国家也鼓励现有水泥生产企业建设余热利用（目前主要是余热发电）系统。

4.5.2 本条对水泥工厂余热利用系统的建设提出了要求。余热利用系统是在保证水泥生产正常运行的前提下进行的，不能因此降低水泥生产线的技术参数。余热利用后水泥生产线的电耗、热耗等主要能耗指标不能因为余热利用而提高，水泥熟料产量不应降低。

4.5.3 利用烧成系统多余的废气余热进行发电是目前国内外应用最多的节能技术。同时，本条对系统余热不具备发电条件的利用方式提出了建议和要求。发电条件不具备是指受水源、气候、投资条件等诸多因素影响，不具备发电条件（如原燃料水分高，烘干需要的出窑尾预热器和冷却机废气余热多），而热负荷相对稳定，可利用余热资源进行供热。

4.6 其 他

4.6.1 本条对于需要根据系统进行参数调节的风机调速装置提出了选型要求。风机风量的调节，有阀门和风机调速两种。阀门调节比较简单，但不节能，因此从技术角度要求有风量调节的风机均宜配置变频调速装置。同时，本条对排风机的储备系数作了规定。过大的风机储备系数，易降低风机的使用效率，浪费电能。因此，对于工况稳定，风机通风量变化小的风机，其储备系数应按本条规定设计。

4.6.2 本条从均衡稳定生产的角度对生产线的部分设计配置提出了要求。

4.6.3 以往在生料入库和入窑、水泥入库等输送系统的设计时，常常采用气力输送。气力输送电耗高，因此，长距离输送应采用机械输送，尽可能避免气力输送。本条规定采用机械输送，以节省电能。因煤粉采用机械输送较困难，因此煤粉入窑输送可采用气力输送。

4.6.4 本条规定要求采取自然干燥的方法降低需烘干的物料的初始水分，如晾晒、晴天堆存于堆棚中、避开雨、雪天开采等，以降低烘干所需能耗，是节能的有效方法之一。

4.6.5 本条规定对烘干水泥混合材提出了具体设计要求。当单独设置热风炉烘干物料时，优先采用烧劣质煤的高效热风炉（如沸腾炉等），不得采用烧块煤的热风炉。当采用回转式烘干机烘干物料时，应为顺流式、高效扬料板，回转筒体表面应敷设保温层，其出口风的温度不宜高于110℃。

5 电力系统节能

5.1 供配电系统

5.1.1 根据水泥生产线的用电特点，负荷一般集中在原料磨、烧成、水泥磨等车间。因此，变电所或配电站的位置应靠近相应的车间，以缩短供电半径。

5.1.2 适当提高电压等级，有利于减少线路及设备损耗。

5.1.3 为了减少线路损耗，需合理选择导线截面。

5.1.4 大多数水泥工厂设有总降压变电站或10kV配电站，全厂需布置多个车间变电所，配置多台车间变压器。因此，合理选择总降压变电站主变压器的容量和台数，以减少变压器和线路的电能损耗、实现变压器的经济运行是十分重要的。

5.1.6 高次谐波危害电气设备的安全运行，增加电能损耗。应根据具体情况采取滤波方式抑制高次谐波，使系统各级谐波限值满足《电能质量 公用电网谐波》GB/T 14549 的规定。

5.2 电气设备

5.2.1 目前阶段一些节能电器投资太高，使用寿命较短，采用技术及经济比较是为了确保在节能的同时实现较好的经济效益，减少变压器损耗。

6 矿山工程节能

6.1 矿山开采与运输

6.1.1 本条从节约资源的角度提出了在满足工厂产品方案要求的前提下充分利用低品位原料的要求，目前已有许多生产线在矿山开采中通过优化开采方案降低剥采比，如石灰石开采大量应用氧化钙含量小于47%的石灰石矿，但需要考虑对低品位原料的不利因素采取相应措施。

6.1.2 在矿山地形条件和矿体赋存条件许可的条件下，横向采掘开采法，就是当出入沟达到开采水平标高后，在出入沟端部挖掘横向矿层的开段沟，垂直矿岩走向布置采掘带。以减少工作面长度和开拓工程量，提高汽车运输效率；改善爆破条件，提高挖掘机装车效率。横向采掘有利于矿石分级开采或质量搭配。由于采掘带的方向垂直于矿岩走向，顺向爆破，爆破阻力小，因而炸药能量充分用于矿岩的破碎作用，改善了爆破条件，有利于矿石铲装和运输。

6.1.3 制定本条旨在通过优化爆破参数，减少根基、大块及伞岩比例，以提高爆破质量。

6.1.4 在确定矿山开拓运输方案时，应进行技术经济比较，并将能量消耗列入主要指标。在条件允许时，应优先选用溜井平硐开拓，以充分利用位能，缩短运距，减少能耗。

6.1.5 设置移动式破碎机或组装式破碎机可以尽量减少采场内的块石运输距离。

6.1.6 矿山可采年限较长（30年以上）时，可采用分期设置的办法来缩短块石的汽车运输距离，以减少燃油消耗量。

6.2 穿孔、采装和运输设备

6.2.1 压缩空气是矿山生产中耗能高、效率低的一个部分，应该采取多种途径减少压缩空气消耗量。

6.2.2 采用轮式装载机直接装运，以代替挖掘机装载汽车运输。

6.2.4 矿用自卸汽车载重量和挖掘机铲斗要有合理的匹配关系。如挖掘机铲斗为 $2m^3$，选用载重 12～15t 自卸汽车；挖掘机铲斗为 3～$4m^3$，选用载重 20～35t 自卸汽车；挖掘机铲斗为 5～$7m^3$，选用载重 32～45t 自卸汽车。

7 辅助设施节能

7.1 给水排水

7.1.1 本条规定主要是执行国家关于节约能源和节约用水的规定，同时减少工业废水对环境的污染。因此，必须提高水泥工厂用水的重复利用率。国内近几年投产的水泥工厂冷却水的循环率都在85%以上，有的达到95%。生产直流用水如增湿塔喷水由生产循环给水系统供给，可以减少系统的排污水量，达到节约用水的目的，减少用水损耗及能源消耗。

7.1.2 有条件的工程应尽量做到中水回用，以实现污水的零排放或少排放。

7.1.3 本条为强制性条款，现行国家标准《节水型产品技术条件及管理通则》GB/T 18870 涉及五大类产品：灌溉设备、冷却塔、洗衣机、卫生间便器系统和水嘴，在设计中应注意合理选型。管材的选用应符合《建设部推广应用和限制禁止使用技术》的规定，选用符合卫生要求，输送流体阻力小，耐腐蚀，具有必要的强度与韧性，使用寿命长的塑料管供水系统。

7.2 采暖、通风和空气调节

7.2.2 本条对水泥工厂采暖节能设计提出了要求。

1 本款采用热水作为采暖热媒，能提高采暖质量，同时便于调节，有利于节能。而严寒地区，由于采暖期长，故从节约能耗或节省运行费用方面，采用热水集中采暖系统更为合适。

2 带有值班控制室的大车间，只作值班控制室采暖，可以节省大量热能，且能满足生产要求。

3 采暖建筑内，南北向的负荷变化，受多方面的影响，很不一致。分环控制有利于系统平衡，从而达到节能效果。

4 考虑到目前建筑物的蓄热性能，室内设计温度取5℃可以达到防冻效果。

5 散热器暗装，使散热效率降低，盲目增加散热器安装数量，不仅浪费热能，同时破坏系统整体的平衡，所以都是不可取的。

7.2.3 本条对水泥工厂通风和空气调节设计提出了要求。

1 本条规定的目的是既达到通风效果又要节能。

2 本条规定的目的，是使空调系统便于控制和平衡，从而达到节能目的。

3 $30m^3/h$·人新风量是国家规定的下限。计算新风量时应同时考虑稀释有害气体和保证所需正压的要求。

4 空调系统的冷源有多种类型。各种类型都有一定的适用范围，选用时一定要符合国家和地方的能源政策。同时要做具体的技术经济比较。

与空气热泵相比，水冷机组的耗电量和价格都较低。

5 空气源热泵机组不适于在寒冷地区运行。目前特制的产品，即使可以在寒冷地区运行，但耗电量大，失去节能的意义。

8 能源计量

8.0.1 本条为强制性条款，制定本条目的是从设计上为达到国家标准《水泥单位产品能源消耗限额》GB 16780 的先进等级打好基础，为水泥工厂的生产管理、节能降耗工作创造条件。规定要求在设计阶段为水泥工厂能源计量管理配置必要的硬件设施，必须在计量器具设备的选用上严格执行现行国家标准《用能单位能源计量器具配备和管理通则》GB 17167。

8.0.2 为了对各车间子系统用电负荷实际耗能进行监测，以便对节能工作进行管理和考核，须配置电压、电流、功率、功率因数和有功电量、无功电量的测量和计量仪表。

8.0.6 本条为强制性条款，旨在节约用水及合理分配用水。本条对水泥工厂用水的计量提出了具体要求。

中华人民共和国国家标准

水利工程工程量清单计价规范

Code of valuation with bill quantity of water conservancy construction works

GB 50501—2007

主编部门：中华人民共和国水利部
批准部门：中华人民共和国建设部
施行日期：２００７年７月１日

中华人民共和国建设部公告

第 625 号

建设部关于发布国家标准《水利工程工程量清单计价规范》的公告

现批准《水利工程工程量清单计价规范》为国家标准，编号为 GB 50501—2007，自 2007 年 7 月 1 日起实施。其中，第 3.2.2、3.2.3、3.2.4（1）、3.2.5、3.2.6（1）条（款）为强制性条文，必须严格执行。

本规范由建设部标准定额研究所组织中国计划出版社出版发行。

中华人民共和国建设部
二〇〇七年四月六日

前 言

本规范是根据建设部建标〔2006〕136 号"关于印发《2006 年工程建设标准规范制定、修订计划（第二批）》的通知"的有关要求，按照《中华人民共和国招标投标法》和《建设工程工程量清单计价规范》（GB 50500—2003），结合水利工程建设的特点，由水利部组织北京峡光经济技术咨询有限责任公司和长江流域水利建设工程造价（定额）管理站会同有关单位制定的。

本规范编制过程中，在遵循《建设工程工程量清单计价规范》（GB 50500—2003）的编制原则、方法和表现形式的基础上，充分考虑了水利工程建设的特殊性，总结了长期以来我国水利工程在招标投标中编制工程量计价清单和施工合同管理中计量支付工作的经验，注意与《水利水电工程施工合同和招标文件示范文本》之间的协调与整合。在本规范编制过程中，广泛征求了有关建设单位、施工单位、设计单位、咨询单位和相关部门的意见，并经过多次研讨和修改。

本规范共分为五章和两个附录，包括总则、术语、工程量清单编制、工程量清单计价、工程量清单及其计价格式，附录 A 水利建筑工程工程量清单项目及计算规则和附录 B 水利安装工程工程量清单项目及计算规则等内容。

本规范适用于水利枢纽、水力发电、引（调）水、供水、灌溉、河湖整治、堤防等新建、扩建、改建、加固工程的招标投标工程量清单编制和计价活动。

本规范中以黑体字标示的条文为强制性条文，必须严格执行。

本规范由建设部负责管理和对强制性条文的解释，由水利部负责日常管理和具体技术内容的解释。

为了不断提高规范质量，请各单位在执行本规范的过程中，注意总结经验，积累资料，随时将有关意见和建议反馈给水利部建设与管理司（地址：北京市宣武区白广路二条二号，邮政编码：100053，E-mail：jgs@mwr.gov.cn），以供今后修订时参考。

本规范主编单位、参编单位和主要起草人：

主编单位：北京峡光经济技术咨询有限责任公司
长江流域水利建设工程造价（定额）管理站

参编单位：中国建设工程造价管理协会、水利部水利水电规划设计总院、水利部水利建设经济定额站、水利部建设与管理总站、水利部长江水利委员会、水利部黄河水利委员会、水利部淮河水利委员会、水利部海河水利委员会、水利部珠江水利委员会、水利部松辽水利委员会、浙江省水利厅、黑龙江省水利建设经济定额站、新疆水利水电建设工程造价管理总站、广东省水利建设造价管理站、辽宁省水利经济定额站、水利部小浪底水利枢纽建设管理局、黄河万家寨水利枢纽有限公司、湖南澧水流域水利水电开发有限责任公司、嫩江尼尔基水利水电有限责任公司、广西右江水利开发有限责任公司、河南省燕山水库建管局、辽宁润中供水有限责任公司、龙滩水电开发有限公司、南水北调中线水源有限责任公司、长江水利委员会长江勘测规划设计研究院、黄河勘测规划设计有限公司、中水北方勘测设计研究有限责任公司、中水淮河工程有限公司、中水珠江规划勘测设计有限公司、中水东北勘测设计研究有限责任公司、上海勘测设计研究院、四川省水利水电勘测设计研究院、中国水利水电建设集团公司、中国水利水电第三工程局、中国水利水电第七工程局、中国水利水电第十三工程局、中国水利水电第十五工程局、中国水电基础局有限公司、辽宁省水利水电工程局、河海大学商学院、华北水利水电学院、三峡大学经济与管理学院、《水利水电工程施工合同和招标文件示范文本》修编组。

主要起草人：

李治平　席建国　王业伟　张金华
刘伟平　黄士芩　刘六宴　樊新生
王开祥　常　青　叶　森　宛　明
张汝石　徐勤勤　胡玉强　王艳君
刘满敬　江　辉　陈纪伦　陈维栋
徐尚阁　袁纯山　沈荫鑫　周德荣
梁见诚　王立选　孙　钊　王江珍
刘才高　匡林生　邓　莉　尹丹丹

建设部标准定额司
二〇〇七年三月

目 录

1 总则 ················· 55—5
2 术语 ················· 55—5
3 工程量清单编制 ········· 55—5
 3.1 一般规定 ············ 55—5
 3.2 分类分项工程量清单 ···· 55—5
 3.3 措施项目清单 ········· 55—6
 3.4 其他项目清单 ········· 55—6
 3.5 零星工作项目清单 ····· 55—6
4 工程量清单计价 ········· 55—6
5 工程量清单及其计价格式 ·· 55—6
 5.1 工程量清单格式 ······· 55—6
 5.2 工程量清单计价格式 ···· 55—13
附录 A 水利建筑工程工程量清单项目及计算规则 ············· 55—23
 A.1 土方开挖工程 ········· 55—23
 A.2 石方开挖工程 ········· 55—24
 A.3 土石方填筑工程 ······· 55—27
 A.4 疏浚和吹填工程 ······· 55—28
 A.5 砌筑工程 ············ 55—32
 A.6 锚喷支护工程 ········· 55—33
 A.7 钻孔和灌浆工程 ······· 55—35
 A.8 基础防渗和地基加固工程 · 55—39
 A.9 混凝土工程 ··········· 55—41
 A.10 模板工程 ············ 55—43
 A.11 钢筋、钢构件加工及安装工程 ······ 55—44
 A.12 预制混凝土工程 ······· 55—44
 A.13 原料开采及加工工程 ··· 55—45
 A.14 其他建筑工程 ········ 55—47
附录 B 水利安装工程工程量清单项目及计算规则 ············· 55—47
 B.1 机电设备安装工程 ····· 55—47
 B.2 金属结构设备安装工程 · 55—52
 B.3 安全监测设备采购及安装工程 ······ 55—54
本规范用词说明 ············ 55—55

1 总　　则

1.0.1 为规范水利工程工程量清单计价行为，统一水利工程工程量清单的编制和计价方法，根据《中华人民共和国招标投标法》和现行国家标准《建设工程工程量清单计价规范》（GB 50500—2003）制定本规范。

1.0.2 本规范适用于水利枢纽、水力发电、引（调）水、供水、灌溉、河湖整治、堤防等新建、扩建、改建、加固工程的招标投标工程量清单编制和计价活动。

1.0.3 水利工程工程量清单计价活动应遵循客观、公正、公平的原则。

1.0.4 水利工程工程量清单计价活动除应遵循本规范外，还应符合国家有关法律、法规及标准规范的规定。

1.0.5 本规范附录 A、附录 B 应作为编制水利工程工程量清单的依据，与正文具有同等效力。

　　1 附录 A 为水利建筑工程工程量清单项目及计算规则，适用于水利建筑工程。

　　2 附录 B 为水利安装工程工程量清单项目及计算规则，适用于水利安装工程。

2 术　　语

2.0.1 工程量清单

　　表现招标工程的分类分项工程项目、措施项目、其他项目的名称和相应数量的明细清单。

2.0.2 项目编码

　　采用十二位阿拉伯数字表示（由左至右计位）。一至九位为统一编码，其中，一、二位为水利工程顺序码，三、四位为专业工程顺序码，五、六位为分类工程顺序码，七、八、九位为分项工程顺序码，十至十二位为清单项目名称顺序码。

2.0.3 工程单价

　　完成工程量清单中一个质量合格的规定计量单位项目所需的直接费（包括人工费、材料费、机械使用费和季节、夜间、高原、风沙等原因增加的直接费）、施工管理费、企业利润和税金，并考虑风险因素。

2.0.4 措施项目

　　为完成工程项目施工，发生于该工程施工前和施工过程中招标人不要求列示工程量的施工措施项目。

2.0.5 其他项目

　　为完成工程项目施工，发生于该工程施工过程中招标人要求计列的费用项目。

2.0.6 零星工作项目（或称"计日工"，下同）

　　完成招标人提出的零星工作项目所需的人工、材料、机械单价。

2.0.7 预留金（或称"暂定金额"，下同）

　　招标人为暂定项目和可能发生的合同变更而预留的金额。

2.0.8 企业定额

　　施工企业根据本企业的施工技术、生产效率和管理水平制定的，供本企业使用的，生产一个质量合格的规定计量单位项目所需的人工、材料和机械台时（班）消耗量。

3 工程量清单编制

3.1 一　般　规　定

3.1.1 工程量清单应由具有编制招标文件能力的招标人，或受其委托具有相应资质的中介机构进行编制。

3.1.2 工程量清单应作为招标文件的组成部分。

3.1.3 工程量清单应由分类分项工程量清单、措施项目清单、其他项目清单和零星工作项目清单组成。

3.2 分类分项工程量清单

3.2.1 分类分项工程量清单应包括序号、项目编码、项目名称、计量单位、工程数量、主要技术条款编码和备注。

3.2.2 分类分项工程量清单应根据本规范附录 A 和附录 B 规定的项目编码、项目名称、项目主要特征、计量单位、工程量计算规则、主要工作内容和一般适用范围进行编制。

3.2.3 分类分项工程量清单的项目编码，一至九位应按本规范附录 A 和附录 B 的规定设置；十至十二位应根据招标工程的工程量清单项目名称由编制人设置，并应自 001 起顺序编码。

3.2.4 分类分项工程量清单的项目名称应按下列规定确定：

　　1 项目名称应按附录 A 和附录 B 的项目名称及项目主要特征并结合招标工程的实际确定。

　　2 编制工程量清单，出现附录 A、附录 B 中未包括的项目时，编制人可作补充。

3.2.5 分类分项工程量清单的计量单位应按本规范附录 A 和附录 B 中规定的计量单位确定。

3.2.6 工程数量应按下列规定进行计算：

　　1 工程数量应按附录 A 和附录 B 中规定的工程量计算规则和相关条款说明计算。

　　2 工程数量的有效位数应遵守下列规定：

　　以"m^3"、"m^2"、"m"、"kg"、"个"、"项"、"根"、"块"、"台"、"套"、"组"、"面"、"只"、"相"、"站"、"孔"、"束"等为单位的，应取整数；

　　以"t"、"km"为单位的，应保留小数点后两位数字，第三位数字四舍五入。

3.3 措施项目清单

3.3.1 措施项目清单，应根据招标工程的具体情况，参照表 3.3.1 中项目列项。

表 3.3.1 措施项目一览表

序号	项目名称
1	环境保护措施
2	文明施工措施
3	安全防护措施
4	小型临时工程
5	施工企业进退场费
6	大型施工设备安拆费
	……

3.3.2 编制措施项目清单，出现表 3.3.1 未列项目时，根据招标工程的规模、涵盖的内容等具体情况，编制人可作补充。

3.4 其他项目清单

其他项目清单，暂列预留金一项，编制人可根据招标工程具体情况进行补充。

3.5 零星工作项目清单

零星工作项目清单，编制人应根据招标工程具体情况，对工程实施过程中可能发生的变更或新增加的零星项目，列出人工（按工种）、材料（按名称和型号规格）、机械（按名称和型号规格）的计量单位，并随工程量清单发至投标人。

4 工程量清单计价

4.0.1 实行工程量清单计价招标投标的水利工程，其招标标底、投标报价的编制，合同价款的确定与调整，以及工程价款的结算，均应按本规范执行。

4.0.2 工程量清单计价应包括按招标文件规定完成工程量清单所列项目的全部费用，包括分类分项工程费、措施项目费和其他项目费。

4.0.3 分类分项工程量清单计价应采用工程单价计价。

4.0.4 分类分项工程量清单的工程单价，应根据本规范规定的工程单价组成内容，按招标设计文件、图纸、附录 A 和附录 B 中的"主要工作内容"确定。除另有规定外，对有效工程量以外的超挖、超填工程量，施工附加量，加工、运输损耗量等，所消耗的人工、材料和机械费用，均应摊入相应有效工程量的工程单价之内。

4.0.5 措施项目清单的金额，应根据招标文件的要求以及工程的施工方案，以每一项措施项目为单位，按项计价。

4.0.6 其他项目清单由招标人按估算金额确定。

4.0.7 零星工作项目清单的单价由投标人确定。

4.0.8 按照招标文件的规定，根据招标项目涵盖的内容，投标人一般应编制以下基础单价，作为编制分类分项工程单价的依据。

1 人工费单价。
2 主要材料预算价格。
3 电、风、水单价。
4 砂石料单价。
5 块石、料石单价。
6 混凝土配合比材料费。
7 施工机械台时（班）费。

4.0.9 招标工程如设标底，标底应根据招标文件中的工程量清单和有关要求，施工现场情况，合理的施工方案，工程单价组成内容，社会平均生产力水平，按市场价格进行编制。

4.0.10 投标报价应根据招标文件中的工程量清单和有关要求，施工现场情况，以及拟定的施工方案，依据企业定额，按市场价格进行编制。

4.0.11 工程量清单的合同结算工程量，除另有约定外，应按本规范及合同文件约定的有效工程量进行计算。合同履行过程中需要变更工程单价时，按本规范和合同约定的变更处理程序办理。

5 工程量清单及其计价格式

5.1 工程量清单格式

5.1.1 工程量清单应采用统一格式。

5.1.2 工程量清单格式应由下列内容组成：

1 封面。
2 填表须知。
3 总说明。
4 分类分项工程量清单。
5 措施项目清单。
6 其他项目清单。
7 零星工作项目清单。
8 其他辅助表格。
 1）招标人供应材料价格表；
 2）招标人提供施工设备表；
 3）招标人提供施工设施表。

5.1.3 工程量清单格式的填写应符合下列规定：

1 工程量清单应由招标人编制。
2 填表须知除本规范内容外，招标人可根据具体情况进行补充。
3 总说明填写。
 1）招标工程概况；

2) 工程招标范围;
3) 招标人供应的材料、施工设备、施工设施简要说明;
4) 其他需要说明的问题。

4 分类分项工程量清单填写。
1) 项目编码,按本规范规定填写,本规范附录 A 和附录 B 中项目编码以×××表示的十至十二位由编制人自 001 起顺序编码。
2) 项目名称,根据招标项目规模和范围,附录 A 和附录 B 的项目名称,参照行业有关规定,并结合工程实际情况设置。
3) 计量单位的选用和工程量的计算应符合本规范附录 A 和附录 B 的规定。
4) 主要技术条款编码,按招标文件中相应技术条款的编码填写。

5 措施项目清单填写。按招标文件确定的措施项目名称填写。凡能列出工程数量并按单价结算的措施项目,均应列入分类分项工程量清单。

6 其他项目清单填写。按招标文件确定的其他项目名称、金额填写。

7 零星工作项目清单填写。
1) 名称及型号规格,人工按工种,材料按名称和型号规格,机械按名称和型号规格,分别填写。
2) 计量单位,人工以工日或工时,材料以 t、m^3 等,机械以台时或台班,分别填写。

8 招标人供应材料价格表填写。按表中材料名称、型号规格、计量单位和供应价填写,并在供应条件和备注栏内说明材料供应的边界条件。

9 招标人提供施工设备表填写。按表中设备名称、型号规格、设备状况、设备所在地点、计量单位、数量和折旧费填写,并在备注栏内说明对投标人使用施工设备的要求。

10 招标人提供施工设施表填写。按表中项目名称、计量单位和数量填写,并在备注栏内说明对投标人使用施工设施的要求。

_____工程

工 程 量 清 单

合同编号:(招标项目合同号)

招　　标　　人:_____(单位盖章)

招 标 单 位
法 定 代 表 人
(或委托代理人):_____(签字盖章)

中 介 机 构
法 定 代 表 人
(或委托代理人):_____(签字盖章)

造 价 工 程 师
及 注 册 证 号:_____(签字盖执业专用章)

编 制 时 间:_____

填 表 须 知

1 工程量清单及其计价格式中所有要求盖章、签字的地方，必须由规定的单位和人员盖章、签字（其中法定代表人也可由其授权委托的代理人签字、盖章）。

2 工程量清单及其计价格式中的任何内容不得随意删除或涂改。

3 工程量清单计价格式中列明的所有需要填报的单价和合价，投标人均应填报，未填报的单价和合价，视为此项费用已包含在工程量清单的其他单价和合价中。

4 投标金额（价格）均应以_____币表示。

总 说 明

合同编号：（招标项目合同号）
工程名称：（招标项目名称）　　　　　　　　　　　　　　　　　　　　　　　第　页共　页

分类分项工程量清单

合同编号：（招标项目合同号）
工程名称：（招标项目名称）　　　　　　　　　　　　　　　　第　页共　页

序号	项目编码	项目名称	计量单位	工程数量	主要技术条款编码	备注
1		一级××项目				
1.1		二级××项目				
1.1.1		三级××项目				
	50××××××××××	最末一级项目				
1.1.2						
2		一级××项目				
2.1		二级××项目				
2.1.1		三级××项目				
	50××××××××××	最末一级项目				
2.1.2						

措施项目清单

合同编号:(招标项目合同号)
工程名称:(招标项目名称)　　第　页　共　页

序号	项目名称	备注

其他项目清单

合同编号:(招标项目合同号)
工程名称:(招标项目名称)　　第　页　共　页

序号	项目名称	金额(元)	备注

零星工作项目清单

合同编号：(招标项目合同号)
工程名称：(招标项目名称)　　第　页 共　页

序号	名称	型号规格	计量单位	备注
1	人工			
2	材料			
3	机械			

招标人供应材料价格表

合同编号：(招标项目合同号)
工程名称：(招标项目名称)　　第　页 共　页

序号	材料名称	型号规格	计量单位	供应价(元)	供应条件	备注

招标人提供施工设备表（参考格式）

合同编号：（招标项目合同号）
工程名称：（招标项目名称）　　第　页共　页

序号	设备名称	型号规格	设备状况	设备所在地点	计量单位	数量	折旧费 元/台时（台班）	备注

招标人提供施工设施表（参考格式）

合同编号：（招标项目合同号）
工程名称：（招标项目名称）　　第　页共　页

序号	项目名称	计量单位	数量	备注

5.2 工程量清单计价格式

5.2.1 工程量清单计价应采用统一格式，填写工程量清单报价表。

5.2.2 工程量清单报价表应由下列内容组成：
1. 封面。
2. 投标总价。
3. 工程项目总价表。
4. 分类分项工程量清单计价表。
5. 措施项目清单计价表。
6. 其他项目清单计价表。
7. 零星工作项目计价表。
8. 工程单价汇总表。
9. 工程单价费（税）率汇总表。
10. 投标人生产电、风、水、砂石基础单价汇总表。
11. 投标人生产混凝土配合比材料费表。
12. 招标人供应材料价格汇总表。
13. 投标人自行采购主要材料预算价格汇总表。
14. 招标人提供施工机械台时（班）费汇总表。
15. 投标人自备施工机械台时（班）费汇总表。
16. 总价项目分类分项工程分解表。
17. 工程单价计算表。

5.2.3 工程量清单报价表的填写应符合下列规定：
1. 工程量清单报价表的内容应由投标人填写。
2. 投标人不得随意增加、删除或涂改招标人提供的工程量清单中的任何内容。
3. 工程量清单报价表中所有要求盖章、签字的地方，必须由规定的单位和人员盖章、签字（其中法定代表人也可由其授权委托的代理人签字、盖章）。
4. 投标总价应按工程项目总价表合计金额填写。
5. 工程项目总价表填写。表中一级项目名称按招标人提供的招标项目工程量清单中的相应名称填写，并按分类分项工程量清单计价表中相应项目合计金额填写。
6. 分类分项工程量清单计价表填写。
   1) 表中的序号、项目编码、项目名称、计量单位、工程数量、主要技术条款编码，按招标人提供的分类分项工程量清单中的相应内容填写。
   2) 表中列明的所有需要填写的单价和合价，投标人均应填写；未填写的单价和合价，视为此项费用已包含在工程量清单的其他单价和合价中。
7. 措施项目清单计价表填写。表中的序号、项目名称，按招标人提供的措施项目清单中的相应内容填写，并填写相应措施项目的金额和合计金额。
8. 其他项目清单计价表填写。表中的序号、项目名称、金额，按招标人提供的其他项目清单中的相应内容填写。
9. 零星工作项目计价表填写。表中的序号、人工、材料、机械的名称、型号规格以及计量单位，按招标人提供的零星工作项目清单中的相应内容填写，并填写相应项目单价。
10. 辅助表格填写。
    1) 工程单价汇总表，按工程单价计算表中的相应内容、价格（费率）填写。
    2) 工程单价费（税）率汇总表，按工程单价计算表中的相应费（税）率填写。
    3) 投标人生产电、风、水、砂石基础单价汇总表，按基础单价分析计算成果的相应内容、价格填写，并附相应基础单价的分析计算书。
    4) 投标人生产混凝土配合比材料费表，按表中工程部位、混凝土和水泥强度等级、级配、水灰比、相应材料用量和单价填写，填写的单价必须与工程单价计算表中采用的相应混凝土材料单价一致。
    5) 招标人供应材料价格汇总表，按招标人供应的材料名称、型号规格、计量单位和供应价填写，并填写经分析计算后的相应材料预算价格，填写的预算价格必须与工程单价计算表中采用的相应材料预算价格一致。
    6) 投标人自行采购主要材料预算价格汇总表，按表中的序号、材料名称、型号规格、计量单位和预算价填写，填写的预算价必须与工程单价计算表中采用的相应材料预算价格一致。
    7) 招标人提供施工机械台时（班）费汇总表，按招标人提供的机械名称、型号规格和招标人收取的台时（班）折旧费填写；投标人填写的台时（班）费用合计金额必须与工程单价计算表中相应的施工机械台时（班）费单价一致。
    8) 投标人自备施工机械台时（班）费汇总表，按表中的序号、机械名称、型号规格、一类费用和二类费用填写，填写的台时（班）费合计金额必须与工程单价计算表中相应的施工机械台时（班）费单价一致。
    9) 工程单价计算表，按表中的施工方法、序号、名称、型号规格、计量单位、数量、单价、合价填写，填写的人工、材料和机械等基础价格，必须与基础材料单价汇总表、主要材料预算价格汇总表及施工机械台时（班）费汇总表中的单价一致；填写的施工管理费、企业利润和税金等费（税）率必须与工程单价费（税）率汇总表中的费（税）率相一致。凡投标金额小于投标总报价万分之五及以下的工程项目，投标人可不编报工程单价计算表。

5.2.4 总价项目一般不再分设分类分项工程项目，若招标人要求投标人填写总价项目分类分项工程分解表，其表式同分类分项工程量清单计价表。

5.2.5 工程量清单计价格式应随招标文件发至投标人。

_____工程

工程量清单报价表

合同编号：（投标项目合同号）

投　标　人：_____（单位盖章）

法 定 代 表 人
（或委托代理人）：_____（签字盖章）

造价工程师
及 注 册 证 号：_____（签字盖执业专用章）

编 制 时 间：_____

投 标 总 价

工 程 名 称：＿＿＿＿＿＿＿＿＿＿＿＿＿＿＿＿＿

合 同 编 号：＿＿＿＿＿＿＿＿＿＿＿＿＿＿＿＿＿

投标总价(小写)：＿＿＿＿＿＿＿＿＿＿＿＿＿＿＿＿＿

　　　(大写)：＿＿＿＿＿＿＿＿＿＿＿＿＿＿＿＿＿

投 标 人：＿＿＿＿＿＿＿＿＿＿＿＿＿＿＿＿＿(单位盖章)

法 定 代 表 人
(或委托代理人)：＿＿＿＿＿＿＿＿＿＿＿＿＿＿＿＿＿(签字盖章)

编 制 时 间：＿＿＿＿＿＿＿＿＿＿＿＿＿＿＿＿＿

工程项目总价表

合同编号：(投标项目合同号)
工程名称：(投标项目名称)　　　　　　　　　　　　第　页共　页

序号	工程项目名称	金额（元）
1	一级××项目	
2	一级××项目	
××	措施项目	
××	其他项目	
	合计	

　　　　　　　　　　　　　　　　　　法定代表人
　　　　　　　　　　　　　　　　(或委托代理人)：＿＿＿＿＿＿(签字)

分类分项工程量清单计价表

合同编号：（投标项目合同号）
工程名称：（投标项目名称）

第 页共 页

序号	项目编码	项目名称	计量单位	工程数量	单价（元）	合价（元）	主要技术条款编码
1		一级××项目					
1.1		二级××项目					
1.1.1		三级××项目					
	50××××××××	最末一级项目					
1.1.2							
2		一级××项目					
2.1		二级××项目					
2.1.1		三级××项目					
	50××××××××	最末一级项目					
2.1.2							
		合　计					

法定代表人
（或委托代理人）：_____（签字）

55—16

措施项目清单计价表

合同编号：（投标项目合同号）
工程名称：（投标项目名称）　　第　页共　页

序号	项目名称	金额（元）
	合　计	

法定代表人
（或委托代理人）：＿＿＿＿＿＿＿（签字）

其他项目清单计价表

合同编号：（投标项目合同号）
工程名称：（投标项目名称）　　第　页共　页

序号	项目名称	金额（元）	备注
	合　计		

法定代表人
（或委托代理人）：＿＿＿＿＿＿＿（签字）

零星工作项目计价表

合同编号：（投标项目合同号）
工程名称：（投标项目名称）

第　页共　页

序号	名称	型号规格	计量单位	单价（元）	备注
1	人工				
2	材料				
3	机械				

法定代表人
（或委托代理人）：＿＿＿＿＿＿（签字）

工程单价汇总表

合同编号：（投标项目合同号）
工程名称：（投标项目名称）

第　页共　页

序号	项目编码	项目名称	计量单位	人工费	材料费	机械使用费	施工管理费	企业利润	税金	合计
1		建筑工程								
1.1		土方开挖工程								
1.1.1	500101××××××									
1.1.2										
2		安装工程								
2.1		机电设备安装工程								
2.1.1	500201×××××									
2.1.2										

法定代表人
（或委托代理人）：＿＿＿＿＿＿（签字）

工程单价费（税）率汇总表

合同编号：（投标项目合同号）
工程名称：（投标项目名称）

第　页共　页

序号	工程类别	工程单价费（税）率（%）			备注
		施工管理费	企业利润	税金	
一	建筑工程				
二	安装工程				

法定代表人
（或委托代理人）：_____（签字）

投标人生产电、风、水、砂石基础单价汇总表

合同编号：（投标项目合同号）
工程名称：（投标项目名称）

第　页共　页
单位：元

序号	名称	型号规格	计量单位	人工费	材料费	机械使用费			合计	备注

法定代表人
（或委托代理人）：_____（签字）

投标人生产混凝土配合比材料费表

合同编号：（投标项目合同号）
工程名称：（投标项目名称）　　　　　　　　　　　　　　　第　页　共　页

序号	工程部位	混凝土强度等级	水泥强度等级	级配	水灰比	预算材料量（kg/m³）			单价（元/m³）	备注
						水泥	砂	石		

　　　　　　　　　　　　　　　　　　　　　　　　　　　法定代表人
　　　　　　　　　　　　　　　　　　　　　　　　　（或委托代理人）：_____（签字）

招标人供应材料价格汇总表

合同编号：（投标项目合同号）
工程名称：（投标项目名称）　　　　　　　　　　　　　　　第　页　共　页

序号	材料名称	型号规格	计量单位	供应价（元）	预算价（元）

　　　　　　　　　　　　　　　　　　　　　　　　　　　法定代表人
　　　　　　　　　　　　　　　　　　　　　　　　　（或委托代理人）：_____（签字）

投标人自行采购主要材料预算价格汇总表

合同编号：（投标项目合同号）
工程名称：（投标项目名称）

第 页 共 页

序号	材料名称	型号规格	计量单位	预算价（元）	备注

法定代表人
（或委托代理人）：_____（签字）

招标人提供施工机械台时（班）费汇总表

合同编号：（投标项目合同号）
工程名称：（投标项目名称）

第 页 共 页
单位：元/台时（班）

序号	机械名称	型号规格	招标人收取的折旧费	投标人应计算的费用					合计
				维修费	安拆费	人工	柴油	电	小计	

法定代表人
（或委托代理人）：_____（签字）

投标人自备施工机械台时（班）费汇总表

合同编号：（投标项目合同号）
工程名称：（投标项目名称）

第 页共 页
单位：元/台时（班）

序号	机械名称	型号规格	一类费用				二类费用						合计
			折旧费	维修费	安拆费	小计	人工	柴油	电			小计	

法定代表人
（或委托代理人）：_____（签字）

工程单价计算表

_____工程

单价编号： 　　　　　　　　　　　　　　　　　　　　定额单位：

施工方法：						
序号	名称	型号规格	计量单位	数量	单价（元）	合价（元）
1	直接费					
1.1	人工费					
1.2	材料费					
1.3	机械使用费					
2	施工管理费					
3	企业利润					
4	税金					
	合计					
	单价					

法定代表人
（或委托代理人）：_____（签字）

附录 A 水利建筑工程工程量清单项目及计算规则

A.1 土方开挖工程

A.1.1 土方开挖工程。工程量清单的项目编码、项目名称、计量单位、工程量计算规则及主要工作内容，应按表 A.1.1 的规定执行。

A.1.2 其他相关问题应按下列规定处理：

1 土方开挖工程的土类分级，按表 A.1.2 确定。

2 土方开挖工程工程量清单项目的工程量计算规则。按招标设计图示轮廓尺寸范围以内的有效自然方体积计量。施工过程中增加的超挖量和施工附加量所发生的费用，应摊入有效工程量的工程单价中。

3 夹有孤石的土方开挖，大于 0.7m³ 的孤石按石方开挖计量。

4 土方开挖工程均包括弃土运输的工作内容，开挖与运输不在同一标段的工程，应分别选取开挖与运输的工作内容计量。

表 A.1.1 土方开挖工程（编码 500101）

项目编码	项目名称	项目主要特征	计量单位	工程量计算规则	主要工作内容	一般适用范围
500101001×××	场地平整	1. 土类分级 2. 土量平衡 3. 运距	m²	按招标设计图示场地平整面积计量	1. 测量放线标点 2. 清除植被及废弃物处理 3. 推、挖、填、压、找平 4. 弃土（取土）装、运、卸	挖（填）平均厚度在 0.5m 以内
500101002×××	一般土方开挖	1. 土类分级 2. 开挖厚度 3. 运距	m³	按招标设计图示轮廓尺寸计算的有效自然方体积计量	1. 测量放线标点 2. 处理渗水、积水 3. 支撑挡土板 4. 挖、装、运、卸 5. 弃土场平整	除渠道、沟、槽、坑土方开挖以外的一般性土方明挖
500101003×××	渠道土方开挖					底宽＞3m，长度＞3倍宽度的土方明挖
500101004×××	沟、槽土方开挖	1. 土类分级 2. 断面形式及尺寸 3. 运距				底宽≤3m，长度＞3倍宽度的土方明挖
500101005×××	坑土方开挖					底宽≤3m，长度≤3倍宽度、深度小于等于上口短边或直径的土方明挖
500101006×××	砂砾石开挖	1. 土类分级 2. 土石分界线 3. 开挖厚度 4. 运距			1. 测量放线标点，校验土石分界线 2. 挖、装、运、卸 3. 弃土场平整	岩层上部的风化砂土层或砂卵石层明挖
500101007×××	平洞土方开挖				1. 测量放线标点 2. 处理渗水、积水 3. 通风、照明 4. 挖、装、运、卸 5. 安全处理 6. 弃土场平整	水平夹角≤6°的土方洞挖
500101008×××	斜洞土方开挖	1. 土类分级 2. 断面形式及尺寸 3. 洞（井）长度 4. 运距				水平夹角 6°～75°的土方洞挖
500101009×××	竖井土方开挖					水平夹角＞75°、深度大于上口短边或直径的土方井挖
500101010×××	其他土方开挖工程					

注：表中项目编码以×××表示的十至十二位由编制人自 001 起顺序编码，如坝基覆盖层一般土方开挖为 500101002001、溢洪道覆盖层一般土方开挖为 500101002002、进水口覆盖层一般土方开挖为 500101002003 等，依此类推。表 A.2.1 至表 A.14.1 同。

表 A.1.2 一般工程土类分级表

土质级别	土质名称	坚固系数 f	自然湿容重 (kN/m³)	外形特征	鉴别方法
Ⅰ	1. 砂土 2. 种植土	0.5～0.6	16.19～17.17	疏松,粘着力差或易透水,略有粘性	用锹或略加脚踩开挖
Ⅱ	1. 壤土 2. 淤泥 3. 含壤种植土	0.6～0.8	17.17～18.15	开挖时能成块,并易打碎	用锹需用脚踩开挖
Ⅲ	1. 粘土 2. 干燥黄土 3. 干淤泥 4. 含少量砾石粘土	0.8～1.0	17.66～19.13	粘手,看不见砂粒或干硬	用锹需用力加脚踩开挖
Ⅳ	1. 坚硬粘土 2. 砾质粘土 3. 含卵石粘土	1.0～1.5	18.64～20.60	土壤结构坚硬,将土分裂后成块状或含粘粒砾石较多	用镐、三齿耙撬挖

A.2 石方开挖工程

A.2.1 石方开挖工程。工程量清单的项目编码、项目名称、计量单位、工程量计算规则及主要工作内容,应按表 A.2.1 的规定执行。

表 A.2.1 石方开挖工程(编码 500102)

项目编码	项目名称	项目主要特征	计量单位	工程量计算规则	主要工作内容	一般适用范围
500102001×××	一般石方开挖	1. 岩石级别 2. 钻爆特性 3. 运距	m³	按招标设计图示轮廓尺寸计算的有效自然方体积计量	1. 测量放线标点 2. 钻孔、爆破 3. 安全处理 4. 解小、清理装、运、卸 5. 施工排水 6. 渣场平整	除坡面、渠道、沟、槽、坑和保护层石方开挖以外的一般性石方明挖
500102002×××	坡面石方开挖					倾角>20°、厚度≤5m 的石方明挖
500102003×××	渠道石方开挖					底宽>7m,长度>3倍宽度的石方明挖
500102004×××	沟、槽石方开挖	1. 岩石级别 2. 断面形式及尺寸 3. 钻爆特性 4. 运距				底宽≤7m,长度>3倍宽度的石方明挖
500102005×××	坑石方开挖					底宽≤7m,长度≤3倍宽度、深度小于等于上口短边或直径的石方明挖
500102006×××	保护层石方开挖	1. 岩石级别 2. 开挖尺寸 3. 钻爆特性 4. 运距				平面、坡面、立面的保护层石方明挖

续表 A.2.1

项目编码	项目名称	项目主要特征	计量单位	工程量计算规则	主要工作内容	一般适用范围
500102007×××	平洞石方开挖	1. 岩石级别及围岩类别 2. 地质及水文地质特性 3. 断面形式及尺寸 4. 钻爆特性 5. 运距	m³	按招标设计图示轮廓尺寸计算的有效自然方体积计量	1. 测量放线标点 2. 钻孔、爆破 3. 通风散烟、照明 4. 安全处理 5. 解小、清理 6. 装、运、卸 7. 施工排水 8. 渣场平整	水平夹角≤6°的石方洞挖
500102008×××	斜洞石方开挖					水平夹角6°~75°的石方洞挖
500102009×××	竖井石方开挖					水平夹角>75°、深度大于上口短边或直径的石方井挖
500102010×××	洞室石方开挖					开挖横断面较大,且轴线长度与宽度之比小于10,如地下厂房、地下开关站、地下调压室等的石方洞挖
500102011×××	窑洞石方开挖					
500102012×××	预裂爆破	1. 岩石级别 2. 钻孔角度 3. 钻爆特性	m²	按招标设计图示尺寸计算的面积计量	1. 测量放线标点 2. 钻孔、爆破 3. 清理	
500102013×××	其他石方开挖工程					

A.2.2 其他相关问题应按下列规定处理:

1 石方开挖工程的岩石级别,按表 A.2.2 确定。

2 石方开挖工程工程量清单项目的工程量计算规则。按招标设计图示轮廓尺寸计算的有效自然方体积计量。施工过程中增加的超挖量和施工附加量所发生的费用,应摊入有效工程量的工程单价中。

3 石方开挖均包括弃渣运输的工作内容,开挖与运输不在同一标段的工程,应分别选取开挖与运输的工作内容计量。

表 A.2.2 岩石分级表

岩石级别	岩石名称	实体岩石自然湿度时的平均容重(kN/m³)	净钻时间（min/m）用直径30mm合金钻头,凿岩机打眼(工作气压为0.46MPa)	极限抗压强度(MPa)	坚固系数 f
Ⅴ	1. 砂藻土及软的白垩岩 2. 硬的石炭纪粘土 3. 胶结不紧的砾岩 4. 各种不坚实的页岩	14.72 19.13 18.64~21.58 19.62	≤3.5 (淬火钻头)	≤19.61	1.5~2
Ⅵ	1. 软的有孔隙的节理多的石灰岩及贝壳石灰岩 2. 密实的白垩岩 3. 中等坚实的页岩 4. 中等坚实的泥灰岩	21.58 25.51 26.49 22.56	4 (3.5~4.5) (淬火钻头)	19.61~39.23	2~4

续表 A.2.2

岩石级别	岩石名称	实体岩石自然湿度时的平均容重（kN/m³）	净钻时间（min/m）用直径30mm合金钻头，凿岩机打眼（工作气压为0.46MPa）	极限抗压强度（MPa）	坚固系数 f
Ⅶ	1. 水成岩卵石经石灰质胶结而成的砾岩 2. 风化的节理多的粘土质砂岩 3. 坚硬的泥质页岩 4. 坚实的泥灰岩	21.58 21.58 27.47 24.53	6 (4.5~7) (淬火钻头)	39.23~58.84	4~6
Ⅷ	1. 角砾状花岗岩 2. 泥灰质石灰岩 3. 粘土质砂岩 4. 云母页岩及砂质页岩 5. 硬石膏	22.56 22.56 21.58 22.56 28.45	6.8 (5.7~7.7)	58.84~78.46	6~8
Ⅸ	1. 软的风化较甚的花岗岩、片麻岩及正长岩 2. 滑石质的蛇纹岩 3. 密实的石灰岩 4. 水成岩卵石经硅质胶结的砾岩 5. 砂岩 6. 砂质石灰质的页岩	24.53 23.54 24.53 24.53 24.53 24.53	8.5 (7.8~9.2)	78.46~98.07	8~10
Ⅹ	1. 白云岩 2. 坚实的石灰岩 3. 大理石 4. 石灰质胶结的质密的砂岩 5. 坚硬的砂质页岩	26.49 26.49 26.49 25.51 25.51	10 (9.3~10.8)	98.07~117.68	10~12
Ⅺ	1. 粗粒花岗岩 2. 特别坚实的白云岩 3. 蛇纹岩 4. 火成岩卵石经石灰质胶结的砾岩 5. 石灰质胶结的坚实的砂岩 6. 粗粒正长岩	27.47 28.45 25.51 27.47 26.49 26.49	11.2 (10.9~11.5)	117.68~137.30	12~14
Ⅻ	1. 有风化痕迹的安山岩及玄武岩 2. 片麻岩、粗面岩 3. 特别坚实的石灰岩 4. 火成岩卵石经硅质胶结的砾岩	26.49 25.51 28.45 25.51	12.2 (11.6~13.3)	137.30~156.91	14~16
ⅩⅢ	1. 中粒花岗岩 2. 坚实的片麻岩 3. 辉绿岩 4. 玢岩 5. 坚实的粗面岩 6. 中粒正长岩	30.41 27.47 26.49 24.53 27.47 27.47	14.1 (13.1~14.8)	156.91~176.53	16~18

续表 A.2.2

岩石级别	岩石名称	实体岩石自然湿度时的平均容重（kN/m³）	净钻时间（min/m）用直径 30mm 合金钻头，凿岩机打眼（工作气压为 0.46MPa）	极限抗压强度（MPa）	坚固系数 f
XIV	1. 特别坚实的细粒花岗岩 2. 花岗片麻岩 3. 闪长岩 4. 最坚实的石灰岩 5. 坚实的玢岩	32.37 28.45 28.45 30.41 26.49	15.5 (14.9~18.2)	176.53~196.14	18~20
XV	1. 安山岩、玄武岩、坚实的角闪岩 2. 最坚实的辉绿岩及闪长岩 3. 坚实的辉长岩及石英岩	30.41 28.45 27.47	20 (18.3~24)	196.14~245.18	20~25
XVI	1. 钙钠长石质橄榄石质玄武岩 2. 特别坚实的辉长岩、辉绿岩、石英岩及玢岩	32.37 29.43	>24	>245.18	>25

A.3 土石方填筑工程

A.3.1 土石方填筑工程。工程量清单的项目编码、项目名称、计量单位、工程量计算规则及主要工作内容，应按表 A.3.1 的规定执行。

表 A.3.1 土石方填筑工程（编码 500103）

项目编码	项目名称	项目主要特征	计量单位	工程量计算规则	主要工作内容	一般适用范围
500103001×××	一般土方填筑	1. 土质及含水量 2. 分层厚度及碾压遍数 3. 填筑体干密度、渗透系数 4. 运距	m³	按招标设计图示尺寸计算的填筑体有效压实方体积计量	1. 挖、装、运、卸 2. 分层铺料、平整、洒水、碾压	土坝、土堤填筑等
500103002×××	粘土料填筑					土石坝等的防渗体填筑
500103003×××	人工掺和料填筑					
500103004×××	防渗风化料填筑					
500103005×××	反滤料填筑	1. 颗粒级配 2. 分层厚度及碾压遍数 3. 填筑体相对密度 4. 运距				土石坝的防渗体与过渡层料之间的反滤及滤水坝趾反滤料填筑等
500103006×××	过渡层料填筑					土石坝的反滤料与坝壳之间的过渡层料填筑
500103007×××	垫层料填筑					面板坝的面板与坝壳之间的垫层料填筑
500103008×××	堆石料填筑	1. 颗粒级配 2. 分层厚度及碾压遍数 3. 填筑料相对密度 4. 运距		按招标设计图示尺寸计算的填筑体有效压实方体积计量	1. 确定填筑参数 2. 挖、装、运、卸 3. 分层铺料、平整、洒水、碾压	坝体、围堰填筑等
500103009×××	石渣料填筑	1. 最大粒径限制 2. 压实要求 3. 运距				

续表 A.3.1

项目编码	项目名称	项目主要特征	计量单位	工程量计算规则	主要工作内容	一般适用范围
500103010×××	石料抛投	1. 粒径 2. 抛投方式 3. 运距	m³	按招标设计文件要求,以抛投体积计量	1. 抛投准备 2. 装运 3. 抛投	抛投于水下
500103011×××	钢筋笼块石抛投	1. 粒径 2. 笼体及网格尺寸 3. 抛投方式 4. 运距			1. 抛投准备 2. 笼体加工 3. 石料装运 4. 装笼、抛投	
500103012×××	混凝土块抛投	1. 形状及尺寸 2. 抛投方式 3. 运距			1. 抛投准备 2. 装运 3. 抛投	
500103013×××	袋装土方填筑	1. 土质要求 2. 装袋、封包要求 3. 运距		按招标设计图示尺寸计算的填筑体有效体积计量	1. 装土 2. 封包 3. 堆筑	围堰水下填筑等
500103014×××	土工合成材料铺设	1. 材料性能 2. 铺设拼接要求	m²	按招标设计图示尺寸计算的有效面积计量	1. 铺设 2. 接缝 3. 运输	防渗结构
500103015×××	水下土石填筑体拆除	1. 断面形式 2. 拆除要求 3. 运距	m³	按招标设计文件要求,以拆除前后水下地形变化计算的体积计量	1. 测量拆除前后水下地形 2. 挖、装、运、卸	围堰等水下部分拆除
500103016×××	其他土石方填筑工程					

A.3.2 其他相关问题应按下列规定处理:

1 填筑土石料的松实系数换算,无现场土工实验资料时,参照表 A.3.2 确定。

2 土石方填筑工程工程量清单项目的工程量计算规则。按招标设计图示尺寸计算的填筑体有效压实方体积计量。施工过程中增加的超填量、施工附加量、填筑体及基础的沉陷损失、填筑操作损耗等所发生的费用,应摊入有效工程量的工程单价中;抛投水下的抛填物,石料抛投体积按抛投石料的堆方体积计量,钢筋笼块石或混凝土块抛投体积按抛投钢筋笼或混凝土块的规格尺寸计算的体积计量。

3 钢筋笼块石的钢筋笼加工,按招标设计文件要求和钢筋、钢构件加工及安装工程的计量计价规则计算,摊入钢筋笼块石抛投有效工程量的工程单价中。

表 A.3.2 土石方松实系数换算表

项目	自然方	松方	实方	码方
土方	1	1.33	0.85	
石方	1	1.53	1.31	
砂方	1	1.07	0.94	
混合料	1	1.19	0.88	
块石	1	1.75	1.43	1.67

注:1 松实系数是指土石料体积的比例关系,供一般土石方工程换算时参考;
2 块石实方指堆石坝坝体方,块石松方即块石堆方。

A.4 疏浚和吹填工程

A.4.1 疏浚和吹填工程。工程量清单的项目编码、项目名称、计量单位、工程量计算规则及主要工作内容,应按表 A.4.1 的规定执行。

表 A.4.1 疏浚和吹填工程（编码 500104）

项目编码	项目名称	项目主要特征	计量单位	工程量计算规则	主要工作内容	一般适用范围
500104001×××	船舶疏浚	1. 地质及水文地质参数 2. 需要避险和防干扰情况 3. 船型及规格 4. 排泥管线长度 5. 挖深及排高 6. 排泥方式（水中、陆地）	m³	按招标设计图示轮廓尺寸计算的水下有效自然方体积计量	1. 测量地形、设立标志 2. 避险、防干扰 3. 排泥管安拆、移动、挖泥、排泥（或驳船运输排泥） 4. 移船、移锚及辅助工作 5. 开工展布、收工集合	在不同土壤中的水下疏浚，并排泥于指定地点
500104002×××	其他机械疏浚	1. 地质及水文地质参数 2. 需要避险和防干扰情况 3. 运距及排高 4. 排泥方式（水中、陆地）			1. 测量地形、设立标志 2. 避险、防干扰 3. 挖泥、排泥 4. 作业面移动及辅助工作 5. 开工展布、收工集合	
500104003×××	船舶吹填	1. 地质及水文地质参数 2. 需要避险和防干扰情况 3. 船型及规格 4. 排泥管线长度 5. 排泥吹填方式 6. 运距及排高		按招标设计图示轮廓尺寸计算的有效吹填体积计量	1. 测量地形、设立标志 2. 避险、防干扰 3. 排泥管安拆、移动、挖泥、排泥（或驳船运输排泥） 4. 移船、移锚及辅助工作 5. 围堰、隔埝、退水口及排水渠等的维护 6. 吹填体的脱水固结 7. 开工展布、收工集合	吹填坝、堤，淤积田及场地
500104004×××	其他机械吹填	1. 地质及水文地质参数 2. 需要避险和防干扰情况 3. 排泥吹填方式 4. 运距及排高			1. 测量地形、设立标志 2. 避险、防干扰 3. 挖泥、排泥 4. 作业面移动及辅助工作 5. 开工展布、收工集合	
500104005×××	其他疏浚和吹填工程					

A.4.2 其他相关问题应按下列规定处理:

1 疏浚和吹填工程的土(砂)分级,按表A.4.2-1确定。

2 水力冲挖机组的土类分级,按表A.4.2-2确定。

3 疏浚和吹填工程工程量清单项目的工程量计算规则:

1)在江河、水库、港湾、湖泊等处的疏浚工程(包括排泥于水中或陆地),按招标设计图示轮廓尺寸计算的水下有效自然方体积计量。施工过程中疏浚设计断面以外增加的超挖量、施工期自然回淤量、开工展布与收工集合、避险与防干扰措施、排泥管安拆移动以及使用辅助船只等所发生的费用,应摊入有效工程量的工程单价中,辅助工程(如浚前扫床和障碍物清除、排泥区围堰、隔堤、退水口及排水渠等项目)另行计量计价。

2)吹填工程按招标设计图示轮廓尺寸计算(扣除吹填区围堰、隔堤等的体积)的有效吹填体积计量。施工过程中吹填土体沉陷量、原地基因上部吹填荷载而产生的沉降量和泥沙流失量、对吹填区平整度要求较高的工程配备的陆上土方机械等所发生的费用,应摊入有效工程量的工程单价中。辅助工程(如浚前扫床和障碍物清除、排泥区围堰、隔堤、退水口及排水渠等项目)另行计量计价。

3)利用疏浚工程排泥进行吹填的工程,疏浚和吹填价格分界按招标设计文件的规定执行。

表 A.4.2-1 河道疏浚工程土(砂)分级表

土砂类别		土名状态	粒组、塑性图分类		贯入击数 $N_{63.5}$	锥体沉入土中深度 h (mm)	饱和密度 P_t (g/cm³)	液性指数 I_L	相对密度 D_r	粒径 (mm)	含量占权重 (%)	附着力 F (kN/m²)
			符号	典型土、砂名称举例								
泥土、粉细砂	Ⅰ	流动淤泥	OH	中、高塑性有机粘土	0	>10	≤1.55	≥1.50				
		液塑淤泥	OH	中、高塑性有机粘土	≤2	>10	1.55~1.70	1.50~1.00				
	Ⅱ	软塑淤泥	OL	低、中塑性有机粉土,有机粉粘土	≤4	7~10	1.80	1.00~0.75				
	Ⅲ	可塑砂壤土	CL	低塑性粘土,砂质粘土,黄土	5~8	3~7	>1.80	0.75~0.25				
		可塑壤土	CI	中塑性粘土,粉质粘土	5~8	3~7	>1.80	0.75~0.25				
		可塑粘土	CH	高塑性粘土,肥粘土,膨胀土	5~8	3~7	>1.80	0.75~0.25				<9.81
		松散粉、细砂	SM,SC,S-M,S-C	粉(粘)质土砂,微含粉(粘)质土砂	≤4		1.90		0~0.33	0.05~0.25		
	Ⅳ	硬塑砂壤土	CL	低塑性粘土,砂质粘土,黄土	9~14	2~3	1.85~1.90	0.25~0				<9.81
		硬塑壤土	CI	中塑性粘土,粉质粘土	9~14	2~3	1.85~1.90	0.25~0				<9.81
		中密粉细砂	SM,SC,S-M,S-C	粉(粘)质土砂,不良级配砂,粘(粉)土砂混合料	5~10		1.90		0.33~0.67	0.05~0.25		
	Ⅴ	硬塑粘土	CH	高塑性粘土,肥粘土,膨胀土	9~14	2~3	1.85~1.90	0.25~0				>24.52
		密实粉、细砂	SM,SC,S-M,S-C	粉(粘)质土砂,不良级配砂,粘(粉)土砂混合料	10~30		2.00		0.67~1.00	0.05~0.25		

续表 A.4.2-1

土砂类别		土名状态	粒组、塑性图分类		贯入击数 $N_{63.5}$	锥体沉入土中深度 h (mm)	饱和密度 P_t (g/cm³)	液性指数 I_L	相对密度 D_r	粒径 (mm)	含量占权重 (%)	附着力 F (kN/m²)
			符号	典型土、砂名称举例								
泥土、粉细砂	Ⅵ	坚硬砂壤土	CL	砂质粘土,低塑性粘土,黄土	15～30	<2	1.90～1.95	<0				<9.81
		坚硬壤土	CI	中塑性粘土,粉质粘土	15～30	<2	1.90～2.00	<0				<9.81
	Ⅶ	坚硬粘土	CH	高塑性粘土,肥粘土,膨胀土	15～30	<2	1.90～2.00	<0				>24.52
		弱胶结砂礓土			15～31							
砂	中砂	松散中砂	SM,SC,SP	粉(粘)质土砂、砂、粉(粘)土混合料,不良级配砂	0～15		2.00		0～0.33	0.25～0.50	>50	
		中密中砂	SM,SC,SW,SP	粉(粘)质土砂、砂、粉(粘)土混合料,良好(不良)级配砂	15～30		2.05		0.33～0.67	0.25～0.50	>50	
		紧密中砂（含铁板砂）	SM(C),SW(P),GM(C),G-M(C)	粉(粘)质土砂,良好(不良)级配砂,粉(粘)质土砾、砾、砂、粉(粘)土混合料,砾质砂	30～50		≥2.05		0.67～1.00	0.25～0.50	>50	
	粗砂	松散粗砂	SM,SC,SP	粉(粘)质土砂、砂、粉(粘)土混合料,不良级配砂	0～15		2.00		0～0.33	0.50～2.00	>50	
		中密粗砂	SM,SC,SW	粉(粘)质土砂、砂、粉(粘)土混合料,良好级配砂	15～30		2.05		0.33～0.67	0.50～2.00	>50	
		紧密粗砂（含铁板砂）	SM(C),SW(P),GM(C),G-M(C)	粉(粘)质土砂,良好(不良)级配砂,微含粉(粘)质土砾、砾、砂、粉(粘)土混合料,砾质砂	30～50		≥2.05		0.67～1.00	0.50～2.00	>50	

表 A.4.2-2　水力冲挖机组土类分级表

土类级别		土类名称	自然容重 (kN/m³)	外形特征	鉴别方法
Ⅰ	1	稀淤	14.72～17.66	含水饱和，搅动即成糊状	用容器装运
	2	流砂		含水饱和，能缓缓流动，挖面复涨	
Ⅱ	1	砂土	16.19～17.17	颗粒较粗，无凝聚性和可塑性，空隙大，易透水	用铁锹开挖
	2	砂壤土		土质松软，由砂与壤土组成，易成浆	
Ⅲ	1	烂淤	16.68～18.15	行走陷足，粘锹粘筐	用铁锹或长苗大锹开挖
	2	壤土		手触感觉有砂的成分，可塑性好	
	3	含根种植土		有植物根系，能成块，易打碎	
Ⅳ	1	粘土	17.17～18.64	颗粒较细，粘手滑腻，能压成块	用三齿叉撬挖
	2	干燥黄土		粘手，看不见砂粒	
	3	干淤土		水分在饱和点以下，质软易挖	

A.5　砌筑工程

A.5.1 砌筑工程。工程量清单的项目编码、项目名称、计量单位、工程量计算规则及主要工作内容，应按表 A.5.1 的规定执行。

表 A.5.1　砌筑工程（编码 500105）

项目编码	项目名称	项目主要特征	计量单位	工程量计算规则	主要工作内容	一般适用范围
500105001×××	干砌块石	材质及规格	m³	按招标设计图示尺寸计算的有效砌筑体积计量	1. 选石、修石 2. 砌筑、填缝、找平	挡墙、护坡等
500105002×××	钢筋（铅丝）石笼	1. 材质及规格 2. 笼体及网格尺寸			1. 笼体加工 2. 装运笼体就位 3. 块石装笼	护坡、护底等
500105003×××	浆砌块石	1. 材质及规格 2. 砂浆强度等级及配合比			1. 选石、修石、冲洗 2. 砂浆拌和、砌筑、勾缝	挡墙、护坡、排水沟、渠道等
500105004×××	浆砌卵石					
500105005×××	浆砌条（料）石	1. 材质及规格 2. 砂浆强度等级及配合比 3. 勾缝要求				挡墙、护坡、墩、台、堰、低坝、拱圈、衬砌等
500105006×××	砌砖	1. 品种、规格及强度等级 2. 砂浆强度等级及配合比 3. 勾缝要求			砂浆拌和、砌筑、勾缝	墙、柱、基础等
500105007×××	干砌混凝土预制块	强度等级及规格			砌筑	挡墙、隔墙等
500105008×××	浆砌混凝土预制块	1. 强度等级及规格 2. 砂浆强度等级及配合比			冲洗、拌砂浆、砌筑、勾缝	挡墙、隔墙、护坡、护底、墩、台等
500105009×××	砌体拆除	1. 拆除要求 2. 弃渣运距		按招标设计图示尺寸计算的拆除体积计量	1. 有用料堆存 2. 弃渣装、运、卸 3. 清理	
500105010×××	砌体砂浆抹面	1. 砂浆强度等级及配合比 2. 抹面厚度 3. 分格缝宽度	m²	按招标设计图示尺寸计算的有效抹面面积计量	拌砂浆、抹面	
500105011×××	其他砌筑工程					

A.5.2 其他相关问题应按下列规定处理：

1 砌筑工程工程量清单项目的工程量计算规则。按招标设计图示尺寸计算的有效砌筑体积计量。施工过程中的超砌量、施工附加量、砌筑操作损耗等所发生的费用，应摊入有效工程量的工程单价中。

2 钢筋（铅丝）石笼笼体加工和砌筑体拉结筋，按招标设计图示要求和钢筋、钢构件加工及安装工程的计量计价规则计算，分别摊入钢筋（铅丝）石笼和埋有拉结筋砌筑体的有效工程量的工程单价中。

A.6 锚喷支护工程

A.6.1 锚喷支护工程。工程量清单的项目编码、项目名称、计量单位、工程量计算规则及主要工作内容，应按表 A.6.1 的规定执行。

表 A.6.1 锚喷支护工程（编码 500106）

项目编码	项目名称	项目主要特征	计量单位	工程量计算规则	主要工作内容	一般适用范围
500106001×××	注浆粘结锚杆	1. 材质 2. 孔向、孔径及孔深 3. 锚杆直径及外露长度 4. 锚杆及附件加工标准 5. 砂浆强度及注浆形式	根	根据招标设计图示要求，按锚杆钢筋强度等级、直径、锚孔深度及外露长度的不同划分规格，以有效根数计量	1. 布孔、钻孔 2. 锚杆及附件加工、锚固 3. 拉拔试验	明挖或洞挖围岩的永久性锚固及施工期的临时性支护
500106002×××	水泥卷锚杆	1. 材质 2. 孔向、孔径及孔深 3. 锚杆直径及外露长度 4. 锚杆及附件加工标准 5. 水泥卷种类及强度				
500106003×××	普通树脂锚杆	1. 材质 2. 孔向、孔径及孔深 3. 锚杆直径及外露长度 4. 锚杆及附件加工标准 5. 树脂种类				
500106004×××	加强锚杆束	1. 材质 2. 孔向、孔径及孔深 3. 锚杆直径、外露长度及每束根数 4. 锚杆束及附件加工标准 5. 砂浆强度及注浆形式	束	根据招标设计图示要求，按锚杆钢筋强度等级、直径、锚孔深度及外露长度的不同划分规格，以有效束数计量	1. 布孔、钻孔 2. 锚杆束及附件加工、锚固 3. 拉拔试验	

续表 A.6.1

项目编码	项目名称	项目主要特征	计量单位	工程量计算规则	主要工作内容	一般适用范围
500106005×××	预应力锚杆	1. 材质 2. 孔向、孔径及孔深 3. 锚杆直径及外露长度 4. 锚杆及附件加工标准 5. 预应力强度 6. 水泥砂浆强度及注浆形式	根	根据招标设计图示要求，按锚杆钢筋强度等级、直径、锚孔深度及外露长度的不同划分规格，以有效根数计量	1. 布孔、钻孔 2. 锚杆及附件加工、锚固 3. 锚杆张拉 4. 拉拔试验	明挖或洞挖围岩的永久性锚固及施工期的临时性支护
500106006×××	其他粘结锚杆	1. 材质 2. 孔向、孔径及孔深 3. 锚固形式			1. 布孔、钻孔 2. 锚杆及附件加工、锚固 3. 拉拔试验	
500106007×××	单锚头预应力锚索	1. 材质 2. 孔向、孔径及孔深 3. 注浆形式、粘结要求 4. 锚索及锚固段长度 5. 预应力强度	束	根据招标设计图示要求，按锚索预应力强度等级与锚索孔内长度的不同划分规格，以有效束数计量	1. 钻孔、清孔及孔位测量 2. 锚索及附件加工、运输、安装 3. 单锚头的孔底段锚固 4. 孔口承压垫座混凝土浇筑和钢垫板安装 5. 张拉、锚固、注浆、封闭锚头	岩体的永久性锚固
500106008×××	双锚头预应力锚索					
500106009×××	岩石面喷浆	1. 材质 2. 喷浆部位及厚度 3. 砂浆强度等级及配合比 4. 运距 5. 检测方法	m²	按招标设计图示部位不同喷浆厚度的喷浆面积计量	1. 岩面浮石撬挖及清洗 2. 材料装、运、卸 3. 砂浆配料、施喷、养护 4. 回弹物清理	岩石边坡及洞挖围岩的稳固
500106010×××	混凝土面喷浆				1. 混凝土面凿毛、清洗 2. 材料装、运、卸 3. 砂浆配料、施喷、养护 4. 回弹物清理	已浇混凝土表面的防渗处理
500106011×××	岩石面喷混凝土	1. 材质 2. 喷混凝土部位及厚度 3. 混凝土强度等级及配合比 4. 运距 5. 检测方法	m³	按招标设计图示部位不同喷混凝土厚度的喷混凝土有效实体方体积计量	1. 岩石面清洗 2. 材料装、运、卸 3. 混凝土配料、拌和、试验、施喷、养护 4. 回弹物清理 5. 喷护厚度检测	岩石边坡及洞挖围岩的稳固

续表 A.6.1

项目编码	项目名称	项目主要特征	计量单位	工程量计算规则	主要工作内容	一般适用范围
500106012×××	钢支撑加工	1. 结构形式及尺寸 2. 钢材品种及规格 3. 支撑高度和宽度	t	按招标设计图示尺寸计算的钢支撑有效重量计量	1. 机械性能试验 2. 除锈、加工、焊接	洞挖围岩不拆除的临时性支护
500106013×××	钢支撑安装				运输、安装	
500106014×××	钢筋格构架加工			按招标设计图示尺寸计算的钢筋格构架有效重量计量	1. 机械性能试验 2. 除锈、加工、焊接	
500106015×××	钢筋格构架安装				运输、安装	
500106016×××	木支撑安装	1. 材质及规格 2. 结构形式及尺寸 3. 支撑高度和宽度	m³	按招标设计对围岩地质情况预计需耗用的木材体积计量	1. 木支撑加工 2. 木支撑运输、架设、拆除	一般不推荐使用
500106017×××	其他锚喷支护工程					

A.6.2 其他相关问题应按下列规定处理:

1 锚杆和锚索钻孔的岩石分级,按表 A.2.2 确定。

2 锚喷支护工程工程量清单项目的工程量计算规则:

1) 锚杆(包括系统锚杆和随机锚杆)按招标设计图示尺寸计算的有效根(或束)数计量。钻孔、锚杆或锚杆束、附件、加工及安装过程中操作损耗等所发生的费用,应摊入有效工程量的工程单价中。

2) 锚索按招标设计图示尺寸计算的有效束数计量。钻孔、锚索、附件、加工及安装过程中操作损耗等所发生的费用,应摊入有效工程量的工程单价中。

3) 喷浆按招标设计图示范围的有效面积计量,喷混凝土按招标设计图示范围的有效实体方体积计量。由于被喷表面超挖等原因引起的超喷量、施喷回弹损耗量、操作损耗等所发生的费用,应摊入有效工程量的工程单价中。

4) 钢支撑加工、钢支撑安装、钢筋格构架加工、钢筋格构架安装,按招标设计图示尺寸计算的钢支撑或钢筋格构架及附件的有效重量(含两榀钢支撑或钢筋格构架间连接钢材、钢筋等的用量)计量。计算钢支撑或钢筋格构架重量时,不扣除孔眼的重量,也不增加电焊条、铆钉、螺栓等的重量。一般情况下钢支撑或钢筋格构架不拆除,如需拆除,招标人应另外支付拆除费用。

5) 木支撑安装按耗用木材体积计量。

3 喷浆和喷混凝土工程中如设有钢筋网,按钢筋、钢构件加工及安装工程的计量计价规则另行计量计价。

A.7 钻孔和灌浆工程

A.7.1 钻孔和灌浆工程。工程量清单的项目编码、项目名称、计量单位、工程量计算规则及主要工作内容,应按表 A.7.1 的规定执行。

A.7.2 其他相关问题应按下列规定处理:

1 岩石层钻孔的岩石分级,按表 A.2.2 和表 A.7.2-1 确定。

2 砂砾石层钻孔地层分类,按表 A.7.2-2 确定。

3 钻孔和灌浆工程工程量清单项目的工程量计算规则:

1) 砂砾石层帷幕灌浆、土坝坝体劈裂灌浆,按招标设计图示尺寸计算的有效灌浆长度计量。钻孔、检查孔钻孔灌浆、浆液废弃、钻孔灌浆操作损耗等所发生的费用,应摊入砂砾石层帷幕灌浆、土坝坝体劈裂灌浆有效工程量的工程单价中。

2) 岩石层钻孔、混凝土层钻孔,按招标设计图示尺寸计算的有效钻孔进尺,按用途和孔径分别计量。有效钻孔进尺按钻机钻进工作面的位置开始计算。先导孔或观测孔取芯、灌浆孔取芯和扫孔等所发生的费用,应摊入岩石层钻孔、混凝土层钻孔有效工程量的工程单价中。

3）直接用于灌浆的水泥或掺和料的干耗量按设计净耗灰量计量。

4）岩石层帷幕灌浆、固结灌浆，按招标设计图示尺寸计算的有效灌浆长度或设计净干耗灰量（水泥或掺和料的注入量）计量。补强灌浆、浆液废弃、灌浆操作损耗等所发生的费用，应摊入岩石层帷幕灌浆、固结灌浆有效工程量的工程单价中。

表 A.7.1 钻孔和灌浆工程（编码500107）

项目编码	项目名称	项目主要特征	计量单位	工程量计算规则	主要工作内容	一般适用范围
500107001×××	砂砾石层帷幕灌浆（含钻孔）	1. 地层类别、颗粒级配、渗透系数等 2. 灌浆孔的布置 3. 孔向、孔径及孔深 4. 灌注材料材质 5. 灌浆程序，分排、分序、分段 6. 灌浆压力、浆液配比变换及结束标准 7. 检测方法	m	按招标设计图示尺寸计算的有效灌浆长度计量	1. 钻孔 2. 镶筑孔口管 3. 泥浆护壁 4. 制浆、灌浆、封孔 5. 抬动观测 6. 检查孔钻孔、压水试验及灌浆封堵 7. 废漏浆液和弃渣清除	坝（堰）基砂砾石层防渗帷幕灌浆
500107002×××	土坝（堤）劈裂灌浆（含钻孔）	1. 坝基地质条件 2. 坝型、筑坝材料材质、现状和隐患 3. 灌浆孔的布置 4. 孔向、孔径及孔深 5. 灌注材料材质 6. 灌浆程序，分排、分序、分段 7. 灌浆压力、浆液配比变换及结束标准 8. 检测方法	m		1. 钻孔 2. 泥浆或套管护壁 3. 制浆、灌浆、封孔 4. 检查孔钻孔取样、灌浆封堵 5. 坝体变形、渗流等观测 6. 坝体变形、裂缝、冒浆及串浆处理	坝高在50m以下的均质土坝、宽心墙土坝或土堤劈裂灌浆
500107003×××	岩石层钻孔	1. 岩石类别 2. 孔向、孔径及孔深 3. 钻孔合格标准		按招标设计图示尺寸计算的有效钻孔进尺，按用途和孔径分别计量	1. 埋设孔口管 2. 钻孔、洗孔、孔位转移 3. 取芯样 4. 量孔深、测孔斜 5. 孔口加盖保护	先导孔、灌浆孔、观测孔等
500107004×××	混凝土层钻孔	1. 孔向、孔径及孔深 2. 钻孔合格标准				
500107005×××	岩石层帷幕灌浆	1. 岩石类别、透水率等 2. 灌注材料材质 3. 灌浆程序，分排、分序、分段 4. 灌浆压力、浆液配比变换及结束标准 5. 检测方法	m(t)	按招标设计图示尺寸计算的有效灌浆长度（m）或直接用于灌浆的水泥及掺和料的净干耗量(t)计量	1. 洗孔、扫孔、简易压水试验 2. 制浆、灌浆、封孔 3. 抬动观测 4. 废漏浆液清除	坝（堰）基岩石的防渗帷幕灌浆
500107006×××	岩石层固结灌浆					坝（堰）基岩石和地下洞室围岩的固结灌浆

续表 A.7.1

项目编码	项目名称	项目主要特征	计量单位	工程量计算规则	主要工作内容	一般适用范围
500107007×××	回填灌浆(含钻孔)	1. 灌浆孔布置 2. 孔向、孔径及孔深 3. 灌注材料材质 4. 灌浆分序 5. 灌浆压力、浆液配比变换及结束标准 6. 检测方法	m²	按招标设计图示尺寸计算的有效灌浆面积计量	1. 钻进混凝土后入岩或通过预埋灌浆管钻孔入岩 2. 洗孔、制浆、灌浆、封孔 3. 变形观测 4. 检查孔压浆检查和封堵	衬砌混凝土与岩石面或充填混凝土与钢衬之间的缝隙回填
500107008×××	检查孔钻孔	1. 岩石类别 2. 孔向、孔径及孔深 3. 钻孔合格标准	m	按招标设计要求计算的有效钻孔进尺计量	1. 钻孔取岩芯 2. 检查、验收	坝(堰)基岩石帷幕、固结灌浆效果检查,混凝土浇筑质量检查
500107009×××	检查孔压水试验	1. 孔位、孔深及数量 2. 压水试验合格标准	试段	按招标设计要求计算压水试验的试段数计量	1. 扫孔、洗孔 2. 压水试验	
500107010×××	检查孔灌浆	1. 检查孔检查结果 2. 灌注材料材质 3. 灌浆压力、浆液配比变换和结束标准	m	按招标设计要求计算的有效灌浆长度计量	1. 制浆、灌浆、封孔 2. 废浆液及弃渣清除	坝(堰)基岩石帷幕、固结灌浆的检查孔灌浆
500107011×××	接缝灌浆	1. 灌浆区布设及灌浆开始条件 2. 灌浆管路及部件的制作、埋设标准 3. 灌注材料材质 4. 灌浆程序、灌浆压力 5. 灌浆结束标准 6. 检测方法	m²	按招标设计图示要求灌浆的混凝土施工缝面积计量	1. 灌浆管路、灌浆盒及止浆片安装 2. 钻灌浆孔 3. 通水检查、冲洗、压水试验 4. 制浆、灌浆、变形观测	混凝土坝体内的施工缝灌浆
500107012×××	接触灌浆					混凝土坝体与坝基、岸坡岩体接触缝的灌浆
500107013×××	排水孔	1. 岩石类别 2. 孔位、孔向、孔径及孔深 3. 钻孔合格标准	m	按招标设计图示尺寸计算的有效钻孔进尺计量	1. 钻孔、洗孔、孔位转移 2. 填料、插管 3. 检查、验收	排水孔
500107014×××	化学灌浆	1. 地质条件或混凝土裂缝性状(长度、宽度等) 2. 灌浆孔布置 3. 孔向、孔径及孔深 4. 灌注材料材质及配比 5. 灌浆压力、浆液配比变换及结束标准 6. 检测方法	t (kg)	按招标设计图示化学灌浆区域需要各种化学灌浆材料的总重量计量	1. 埋设灌浆嘴 2. 化学灌浆试验,选定浆液配合比和灌浆工艺 3. 钻孔、洗孔及裂缝处理 4. 配浆、灌浆、封孔	混凝土裂缝处理、岩石微细裂隙或破碎带处理、防渗堵漏、固结补强
500107015×××	其他钻孔和灌浆工程					

5) 隧洞回填灌浆按招标设计图示尺寸规定的计量角度，计算设计衬砌外缘弧长与灌浆段长度乘积的有效灌浆面积计量。混凝土层钻孔、预埋灌浆管路、预留灌浆孔的检查和处理、检查孔钻孔和压浆封堵、浆液废弃、灌浆操作损耗等所发生的费用，应摊入有效工程量的工程单价中。

6) 高压钢管回填灌浆按招标设计图示衬砌钢板外缘全周长乘回填灌浆钢板衬砌段长度计算的有效灌浆面积计量。连接灌浆管、检查孔回填灌浆、浆液废弃、灌浆操作损耗等所发生的费用，应摊入有效工程量的工程单价中。钢板预留灌浆孔封堵不属回填灌浆的工作内容，应计入压力钢管的安装费中。

7) 接缝灌浆、接触灌浆，按招标设计图示尺寸计算的混凝土施工缝（或混凝土坝体与坝基、岸坡岩体的接触缝）有效灌浆面积计量。灌浆管路、灌浆盒及止浆片的制作、埋设、检查和处理，钻混凝土孔、灌浆操作损耗等所发生的费用，应摊入接缝灌浆、接触灌浆有效工程量的工程单价中。

8) 化学灌浆按招标设计图示化学灌浆区域需要各种化学灌浆材料的有效总重量计量。化学灌浆试验、灌浆过程中操作损耗等所发生的费用，应摊入有效工程量的工程单价中。

9) 表 A.7.1 钻孔和灌浆工程的工作内容不包括招标文件规定按总价报价的钻孔取芯样的检验试验费和灌浆试验费。

表 A.7.2-1 岩石十二类分级与十六类分级对照表

十二类分级			十六类分级		
岩石级别	可钻性（m/h）	一次提钻长度（m）	岩石级别	可钻性（m/h）	一次提钻长度（m）
Ⅳ	1.60	1.70	Ⅴ	1.60	1.70
Ⅴ	1.15	1.50	Ⅵ	1.20	1.50
			Ⅶ	1.00	1.40
Ⅵ	0.82	1.30	Ⅷ	0.85	1.30
Ⅶ	0.57	1.10	Ⅸ	0.72	1.20
			Ⅹ	0.55	1.10
Ⅷ	0.38	0.85	Ⅺ	0.38	0.85
Ⅸ	0.25	0.65	Ⅻ	0.25	0.65
Ⅹ	0.15	0.50	ⅩⅢ	0.18	0.55
			ⅩⅣ	0.13	0.40
Ⅺ	0.09	0.32	ⅩⅤ	0.09	0.32
Ⅻ	0.045	0.16	ⅩⅥ	0.045	0.16

表 A.7.2-2 钻机钻孔工程地层分类与特征表

地层名称	特征
(1) 粘土	塑性指数>17，人工回填压实或天然的粘土层，包括粘土含石
(2) 砂壤土	1<塑性指数≤17，人工回填压实或天然的砂壤土层，包括土砂、壤土、砂土互层、壤土含石和砂土
(3) 淤泥	包括天然孔隙比>1.5的淤泥和天然孔隙比>1并且≤1.5的粘土和亚粘土
(4) 粉细砂	d_{50}≤0.25mm，塑性指数≤1，包括粉砂、粉细砂含石
(5) 中粗砂	d_{50}>0.25mm，并且≤2mm，包括中粗砂含石
(6) 砾石	粒径2~20mm的颗粒占全重50%的地层，包括砂砾石和砂砾
(7) 卵石	粒径20~200mm的颗粒占全重50%的地层，包括砂砾卵石
(8) 漂石	粒径200~800mm的颗粒占全重50%的地层，包括漂卵石
(9) 混凝土	指水下浇筑、龄期不超过28d的防渗墙接头混凝土
(10) 基岩	指全风化、强风化、弱风化的岩石
(11) 孤石	粒径>800mm需做专项处理，处理后的孤石按基岩定额计算

注：地层名称中 (1)~(5) 项包括≤50%含石量的地层。

A.8 基础防渗和地基加固工程

A.8.1 基础防渗和地基加固工程。工程量清单的项目编码、项目名称、计量单位、工程量计算规则及主要工作内容，应按表A.8.1的规定执行。

表 A.8.1 基础防渗和地基加固工程（编码500108）

项目编码	项目名称	项目主要特征	计量单位	工程量计算规则	主要工作内容	一般适用范围
500108001×××	混凝土地下连续墙	1. 地层类别、粒径大小 2. 墙厚、墙深 3. 墙体材料材质 4. 混凝土强度等级及配合比 5. 槽段孔位、清孔及墙体连续性的要求 6. 检测方法	m²	按招标设计图示尺寸计算不同墙厚的有效连续墙体截水面积计量	1. 地质复勘 2. 生产性试验，选定施工工艺及参数 3. 槽段造（钻）孔、泥浆固壁、清孔 4. 混凝土配料、拌和、浇筑 5. 钻取芯样检验	在砂卵石或松散土地基上建造防渗墙、支护墙、防冲墙、承重墙等
500108002×××	高压喷射注浆连续防渗墙	1. 地层类别、粒径大小 2. 结构形式及墙厚、墙深 3. 高压喷孔的孔距、排数 4. 高喷材料材质 5. 高喷浆液配合比 6. 工艺要求 7. 检测方法	m²		1. 地质复勘 2. 生产性试验，选定施工工艺及参数 3. 钻孔 4. 配制浆液 5. 高压喷射注浆、固结体连接成墙	对松散透水地基的防渗处理
500108003×××	高压喷射水泥搅拌桩	1. 地层类别、粒径大小 2. 高喷材料材质 3. 桩位、桩距、桩径、桩长 4. 检测方法	m	按招标设计图示尺寸计算的有效成孔长度计量	1. 地质复勘 2. 生产性试验，选定施工工艺及参数 3. 钻孔 4. 配制浆液 5. 高压喷射注浆	软弱地基加固
500108004×××	混凝土灌注桩（泥浆护壁钻孔灌注桩、锤击或振动沉管灌注桩）	1. 岩土类别 2. 灌注材料材质 3. 混凝土强度等级及配合比 4. 桩位、桩型、桩径、桩长 5. 检测方法	m³	按招标设计图示尺寸计算的造孔（沉管）灌注桩灌注混凝土的有效体积计量	1. 地质复勘、成孔成桩试验、校验施工参数和工艺 2. 埋设孔口装置、泥浆护壁造孔或跟管钻进造孔 3. 清孔 4. 加工、吊放钢筋笼 5. 混凝土拌和、运输 6. 水下混凝土灌注 7. 成桩承载力检验	

55—39

续表 A.8.1

项目编码	项目名称	项目主要特征	计量单位	工程量计算规则	主要工作内容	一般适用范围
500108005×××	钢筋混凝土预制桩	1. 岩土类别 2. 预制桩材料材质 3. 预制混凝土强度等级及配合比 4. 桩位、桩径、桩长 5. 停锤标准 6. 检测方法	根	按招标设计图示桩径、桩长，以有效根数计量	1. 地质复勘、选择停锤标准 2. 购置或预制混凝土桩 3. 起吊、运输、存放 4. 打（压）桩、接桩、停锤 5. 桩斜度测量 6. 桩基承载力等检验	
500108006×××	振冲桩加固地基	1. 岩土类别 2. 填料种类及材质 3. 孔位、孔距、孔径及孔深 4. 检测方法	m	按招标设计图示尺寸计算的有效振冲成孔长度计量	1. 振冲试验、选择施工参数 2. 填料开采、运输、检验 3. 填料振实、逐段加密 4. 桩体密实度和承载力等检验	软弱地基加固
500108007×××	钢筋混凝土沉井	1. 岩土类别 2. 沉井材料材质 3. 混凝土强度等级及配合比 4. 井型、井径、井深及井壁厚度 5. 施工工艺 6. 检测方法	m³	按符合招标设计图示尺寸需要形成的水面（或地面）以下的有效空间体积计量	1. 地质复勘、校验地质资料及持力层特征 2. 制作沉井及刃脚 3. 沉井运输 4. 沉井定位、挖井内泥土、沉井下沉、抽排地下水 5. 浇筑封底混凝土（干封底或水下浇筑混凝土）	
500108008×××	钢制沉井					
500108009×××	其他基础防渗和地基加固工程					

A.8.2 其他相关问题应按下列规定处理：

1 土类分级，按表 A.1.2 确定。岩石分级，按表 A.2.2 和表 A.7.2-1 确定。钻孔地层分类，按表 A.7.2-2 确定。

2 基础防渗和地基加固工程工程量清单项目的工程量计算规则：

1）混凝土地下连续墙、高压喷射注浆连续防渗墙，按招标设计图示尺寸计算不同墙厚的有效连续墙体截水面积计量；高压喷射水泥搅拌桩，按招标设计图示尺寸计算的有效成孔长度计量。造（钻）孔、灌注槽孔混凝土（灰浆）、操作损耗等所发生的费用，应摊入有效工程量的工程单价中。混凝土地下连续墙与帷幕灌浆结合的墙体内预埋灌浆管、墙体内观测仪器（观测仪器的埋设、率定、下设桁架等）及钢筋笼下设（指保护预埋灌浆管的钢筋笼的加工、运输、垂直下设及孔口对接等），另行计量计价。

2）地下连续墙施工的导向槽、施工平台，另行计量计价。

3）混凝土灌注桩按招标设计图示尺寸计算的钻孔（沉管）灌注桩灌注混凝土的有效体积（不含灌注于桩顶设计高程以上需要挖去的混凝土）计量。检验试验、灌注于桩顶设计高程以上需要挖去的混凝土、钻孔（沉管）灌注混凝土的操作损耗等所发生的费用和周转使用沉管的费用，应摊入有效工程量的工程单价中。钢筋笼按钢筋、钢构件加工及安装工程的计量计价规则另行计量计价。

4）钢筋混凝土预制桩按招标设计图示桩径、桩长，以有效根数计量。地质复勘、检验试验、预制桩制作（或购置）、运桩、打桩和接桩过程中的操作损耗等所发生的费用，应摊入有效工程量的工程单价中。

5）振冲桩加固地基按招标设计图示尺寸计算的

有效振冲成孔长度计量。振冲试验、振冲桩体密实度和承载力等的检验、填料及在振冲造孔填料振密过程中的操作损耗等所发生的费用，应摊入有效工程量的工程单价中。

6）沉井按符合招标设计图示尺寸需要形成的水面（或地面）以下有效空间体积计量。地质复勘、检验试验和沉井制作、运输、清基或水中筑岛、沉放、封底、操作损耗等所发生的费用，应摊入有效工程量的工程单价中。

A.9 混凝土工程

A.9.1 混凝土工程。工程量清单的项目编码、项目名称、计量单位、工程量计算规则及主要工作内容，应按表 A.9.1 的规定执行。

表 A.9.1 混凝土工程（编码 500109）

项目编码	项目名称	项目主要特征	计量单位	工程量计算规则	主要工作内容	一般适用范围
500109001×××	普通混凝土	1. 部位及类型 2. 设计龄期、强度等级及配合比 3. 抗渗、抗冻、抗磨等要求 4. 级配、拌制要求 5. 运距	m³	按招标设计图示尺寸计算的有效实体方体积计量	1. 冲（凿）毛、冲洗、清仓、铺水泥砂浆 2. 维护并保持仓内模板、钢筋及预埋件的准确位置 3. 配料、拌和、运输、平仓、振捣、养护 4. 取样检验	坝、堤、堰、梁、板、柱、墙、排架、墩、台、屋面及衬砌混凝土等
500109002×××	碾压混凝土	1. 部位及工法 2. 设计龄期、强度等级及配合比 3. 抗渗、抗冻等要求 4. 碾压工艺和程序 5. 级配、拌制及切缝要求 6. 运距			1. 冲（刷）毛、冲洗、清仓、铺水泥砂浆 2. 配料、拌和、运输、平仓、碾压、养护 3. 切缝 4. 取样检验	坝、堤、围堰等
500109003×××	水下浇筑混凝土	1. 部位及类型 2. 强度等级及配合比 3. 级配、拌制要求 4. 运距		按招标设计图示浇筑前后水下地形变化计算的有效体积计量	1. 清基、测量浇筑前的水下地形 2. 配料、拌和、运输 3. 直升导管法连续浇筑 4. 测量浇筑后水下地形，计算工程量 5. 钻取芯样检验	水下围堰、水下防渗墙、水下墩台基础、水下建筑物修补等
500109004×××	膜袋混凝土	1. 部位及膜袋规格 2. 强度等级及配合比 3. 级配、拌制要求 4. 运距			1. 膜袋加工 2. 膜袋铺设 3. 配料、拌和、运输、灌注 4. 取样检验	渠道边坡防护、河岸护坡、水下建筑物修补等
500109005×××	预应力混凝土	1. 部位及类型 2. 结构尺寸及张拉等级 3. 强度等级及配合比 4. 对固定锚索位置及形状的钢管的要求 5. 张拉工艺和程序 6. 级配、拌制要求 7. 运距		按招标设计图示尺寸计算的有效实体方体积计量	1. 冲（凿）毛、冲洗 2. 锚索及其附件加工、运输、安装 3. 维护并保持模板、钢筋、锚索及预埋件的准确位置 4. 配料、拌和、运输、振捣、养护 5. 张拉试验及张拉、灌浆封闭	预应力闸墩，预应力梁、柱、渡槽等

续表 A.9.1

项目编码	项目名称	项目主要特征	计量单位	工程量计算规则	主要工作内容	一般适用范围
500109006×××	二期混凝土	1. 部位 2. 强度等级及配合比 3. 级配、拌制要求 4. 运距	m³	按招标设计图示尺寸计算的有效实体方体积计量	1. 凿毛、清洗 2. 维护并保持安装件的准确位置 3. 配料、拌和、运输、振捣、养护	机电和金属结构设备基础埋件（如蜗壳、闸门槽等）的二期混凝土及预留宽槽、封闭块的混凝土等
500109007×××	沥青混凝土	1. 沥青性能指标 2. 配合比及技术指标 3. 运距	m³ (m²)	按招标设计图示尺寸计算的有效实体方体积计量；封闭层以有效面积计量	1. 原料加热、配料及拌和 2. 保温运输、摊铺和碾压 3. 施工接缝及层间处理、封闭层施工 4. 取样检验	土石坝、蓄水池等的碾压式沥青混凝土防渗结构
500109008×××	止水工程	1. 止水类型 2. 材质 3. 止水规格尺寸	m	按招标设计图示尺寸计算的有效长度计量	制作、安装、维护	水工建筑物
500109009×××	伸缩缝	1. 伸缩缝部位 2. 填料的种类、规格	m²	按招标设计图示尺寸计算的有效面积计量		
500109010×××	混凝土凿除	1. 凿除部位及断面尺寸 2. 运距	m³	按招标设计图示凿除范围内的实体方体积计量	1. 凿除、清洗 2. 弃渣运输 3. 周围建筑物保护	各部位混凝土
500109011×××	其他混凝土工程					

A.9.2 其他相关问题应按下列规定处理：

1 混凝土工程工程量清单项目的工程量计算规则：

1）普通混凝土按招标设计图示尺寸计算的有效实体方体积计量。体积小于 0.1m³ 的圆角或斜角，钢筋和金属件占用的空间体积小于 0.1m³ 或截面积小于 0.1m² 的孔洞、排水管、预埋管和凹槽等的工程量不予扣除。按设计要求对上述孔洞所回填的混凝土也不重复计量。施工过程中由于超挖引起的超填量，冲（凿）毛、拌和、运输和浇筑过程中的操作损耗所发生的费用（不包括以总价承包的混凝土配合比试验费），应摊入有效工程量的工程单价中。

2）温控混凝土与普通混凝土的工程量计算规则相同。温控措施费应摊入相应温控混凝土的工程单价中。

3）混凝土冬季施工中对原材料（如砂石料）加温、热水拌和、成品混凝土的保温等措施所发生的冬季施工增加费应包含在相应混凝土的工程单价中。

4）碾压混凝土按招标设计图示尺寸计算的有效实体方体积计量。施工过程中由于超挖引起的超填量，冲（刷）毛、拌和、运输和碾压过程中的操作损耗所发生的费用（不包括配合比试验和生产性碾压试验的费用），应摊入有效工程量的工程单价中。

5) 水下浇筑混凝土按招标设计图示浇筑前后水下地形变化计算的有效体积计量。拌和、运输和浇筑过程中的操作损耗所发生的费用，应摊入有效工程量的工程单价中。

6) 预应力混凝土按招标设计图示尺寸计算的有效实体方体积计量。钢筋、锚索、钢管、钢构件、埋件等所占用的空间体积不予扣除。锚索及其附件的加工、运输、安装、张拉、注浆封闭、混凝土浇筑过程中操作损耗等所发生的费用，应摊入有效工程量的工程单价中。

7) 二期混凝土按招标设计图示尺寸计算的有效实体方体积计量。钢筋和埋件等所占用的空间不予扣除。拌和、运输和浇筑过程中的操作损耗所发生的费用，应摊入有效工程量的工程单价中。

8) 沥青混凝土按招标设计防渗心墙及防渗面板的防渗层、整平胶结层和加厚层沥青混凝土图示计算的有效体积计量；封闭层按招标设计图示尺寸计算的有效面积计量。施工过程中由于超挖引起的超填量及拌和、运输和摊铺碾压过程中的操作损耗所发生的费用（不包括室内试验、现场试验和生产性试验的费用），应摊入有效工程量的工程单价中。

9) 止水工程按招标设计图示尺寸计算的有效长度计量。止水片的搭接长度、加工及安装过程中操作损耗等所发生的费用，应摊入有效工程量的工程单价中。

10) 伸缩缝按招标设计图示尺寸计算的有效面积计量。缝中填料及其在加工及安装过程中的操作损耗所发生的费用，应摊入有效工程量的工程单价中。

11) 混凝土工程中的小型钢构件，如温控需要的冷却水管、预应力混凝土中固定锚索位置的钢管等所发生的费用，应分别摊入相应混凝土有效工程量的工程单价中。

2 混凝土拌和与浇筑分属两个投标人时，价格分界点按招标文件的规定执行。

3 当开挖与混凝土浇筑分属两个投标人时，混凝土工程按开挖实测断面计算工程量，相应由于超挖引起的超填量所发生的费用，不摊入混凝土有效工程量的工程单价中。

4 招标人如要求将模板使用费摊入混凝土工程单价中，各摊入模板使用费的混凝土工程单价应包括模板周转使用摊销费。

A.10 模 板 工 程

A.10.1 模板工程。工程量清单的项目编码、项目名称、计量单位、工程量计算规则及主要工作内容，应按表 A.10.1 的规定执行。

表 A.10.1 模板工程（编码 500110）

项目编码	项目名称	项目主要特征	计量单位	工程量计算规则	主要工作内容	一般适用范围
500110001×××	普通模板	1. 类型及结构尺寸 2. 材料品种 3. 制作、组装、安装及拆卸标准（如强度、刚度、稳定性） 4. 支撑形式	m²	按招标设计图示建筑物体形、浇筑分块和跳块顺序要求所需有效立模面积计量	1. 制作、组装、运输、安装 2. 拆卸、修理、周转使用 3. 刷模板保护涂料、脱模剂	用于浇筑混凝土的普通模板
500110002×××	滑动模板	1. 类型及结构尺寸 2. 面板材料品种 3. 支撑及导向构件规格尺寸 4. 制作、组装、安装和拆卸标准（如强度、刚度、稳定性） 5. 动力驱动形式			1. 制作、组装、运输、运行维护 2. 拆卸、修理、周转使用 3. 刷模板保护涂料、脱模剂	溢流面、混凝土面板、闸墩、立柱、竖井等的滑模
500110003×××	移置模板					模板台车、针梁模板、爬升模板等
500110004×××	其他模板工程					

A.10.2 模板工程工程量清单项目的工程量计算规则：

1 立模面积为混凝土与模板的接触面积，坝体纵、横缝键槽模板的立模面积按各立模面在竖直面上的投影面积计算（即与无键槽的纵、横缝立模面积计算相同）。

2 模板工程中的普通模板包括平面模板、曲面模板、异型模板、预制混凝土模板等；其他模板包括装饰模板等。

3 模板按招标设计图示混凝土建筑物（包括碾压混凝土和沥青混凝土）结构体形、浇筑分块和跳块顺序要求所需有效立模面积计量。不与混凝土面接触的模板面积不予计量。模板面板和支撑构件的制作、组装、运输、安装、埋设、拆卸及修理过程中操作损耗等所发生的费用，应摊入有效工程量的工程单价中。

4 不构成混凝土永久结构、作为模板周转使用的预制混凝土模板，应计入吊运、吊装的费用。构成永久结构的预制混凝土模板，按预制混凝土构件计算。

5 模板制作安装中所用钢筋、小型钢构件，应摊入相应模板有效工程量的工程单价中。

6 模板工程结算的工程量，按实际完成进行周转使用的有效立模面积计算。

A.11 钢筋、钢构件加工及安装工程

A.11.1 钢筋、钢构件加工及安装工程。工程量清单的项目编码、项目名称、计量单位、工程量计算规则及主要工作内容，应按表 A.11.1 的规定执行。

表 A.11.1 钢筋、钢构件加工及安装工程（编码 500111）

项目编码	项目名称	项目主要特征	计量单位	工程量计算规则	主要工作内容	一般适用范围
500111001×××	钢筋加工及安装	1. 牌号 2. 型号、规格 3. 运距	t	按招标设计图示尺寸计算的有效重量计量	1. 机械性能试验 2. 除锈、调直、加工 3. 绑扎、丝扣连接（焊接）、安装	钢筋混凝土中的钢筋、喷混凝土（浆）中的钢筋网、砌筑体中的拉结筋等
500111002×××	钢构件加工及安装	1. 材质 2. 牌号 3. 型号、规格 4. 运距			1. 机械性能试验 2. 除锈、调直、加工 3. 焊接、安装、埋设	小型钢构件、埋件

A.11.2 钢筋、钢构件加工及安装工程工程量清单项目的工程量计算规则：

1 钢筋加工及安装按招标设计图示计算的有效重量计量。施工架立筋、搭接、焊接、套筒连接、加工及安装过程中操作损耗等所发生的费用，应摊入有效工程量的工程单价中。

2 钢构件加工及安装，指用钢材（如型材、管材、板材、钢筋等）制成的构件、埋件，按招标设计图示钢构件的有效重量计量。有效重量中不扣减切肢、切边和孔眼的重量，不增加电焊条、铆钉和螺栓的重量。施工架立件、搭接、焊接、套筒连接、加工及安装过程中操作损耗等所发生的费用，应摊入有效工程量的工程单价中。

A.12 预制混凝土工程

A.12.1 预制混凝土工程。工程量清单的项目编码、项目名称、计量单位、工程量计算规则及主要工作内容，应按表 A.12.1 的规定执行。

表 A.12.1 预制混凝土工程（编码 500112）

项目编码	项目名称	项目主要特征	计量单位	工程量计算规则	主要工作内容	一般适用范围
500112001×××	预制混凝土构件	1. 构件结构尺寸 2. 强度等级及配合比 3. 吊运、堆存要求	m³	按招标设计图示尺寸计算的有效实体方体积计量	1. 立模、绑（焊）筋、清洗仓面 2. 维护并保持模板、钢筋、预埋件的准确位置 3. 配料、拌和、浇筑、养护 4. 成品检验、吊运、堆存备用	梁、板、拱、块、桩、渡槽、排架等
500112002×××	预制混凝土模板					周转使用的预制混凝土模板

续表 A.12.1

项目编码	项目名称	项目主要特征	计量单位	工程量计算规则	主要工作内容	一般适用范围
500112003×××	预制预应力混凝土构件	1. 构件结构尺寸 2. 强度等级及配合比 3. 锚索及附件的加工安装标准 4. 施加预应力的程序 5. 吊运、堆存要求	m³	按招标设计图示尺寸计算的有效实体方体积计量	1. 立模、绑(焊)筋及穿索钢管的安装定位 2. 配料、拌和、浇筑、养护 3. 锚索及附件加工安装 4. 张拉、封孔注浆、封闭锚头 5. 成品检验、吊运、堆存备用	预应力混凝土桥梁等
500112004×××	预应力钢筒混凝土(PCCP)输水管道安装	1. 构件结构尺寸 2. 吊运、堆存要求	km	按招标设计图示尺寸计算的有效安装长度计量	1. 试吊装 2. 安装基础验收 3. 起吊装车、运输、吊装就位 4. 检查及清扫管材 5. 上胶圈、对口、调直、牵引 6. 管件、阀门安装 7. 阀门井砌筑 8. 管道试压	埋地铺设的预应力钢筒混凝土(PCCP)输水管道
500112005×××	混凝土预制件吊装	1. 构件类型、结构尺寸 2. 构件体积、重量	m³	按招标设计要求,以安装预制件的体积计量	1. 试吊装 2. 安装基础验收 3. 起吊装车、运输、吊装就位、撑拉固定 4. 填缝灌浆 5. 复检、焊接	
500112006×××	其他预制混凝土工程					

A.12.2 其他相关问题应按下列规定处理:

1 预制混凝土工程工程量清单项目的工程量计算规则。按招标设计图示尺寸计算的有效实体方体积计量。预应力钢筒混凝土(PCCP)管道按有效安装长度计量。计算有效体积时,不扣除埋设于构件体内的埋件、钢筋、预应力锚索及附件等所占体积。预制混凝土价格包括预制、预制场内吊运、堆存等所发生的全部费用。

2 构成永久结构混凝土工程有效实体、不周转使用的预制混凝土模板,按预制混凝土构件计量。

3 预制混凝土工程中的模板、钢筋、埋件、预应力锚索及附件、加工及安装过程中操作损耗等所发生的费用,应摊入有效工程量的工程单价中。

A.13 原料开采及加工工程

A.13.1 原料开采及加工工程。工程量清单的项目编码、项目名称、计量单位、工程量计算规则及主要工作内容,应按表 A.13.1 的规定执行。

表 A.13.1 原料开采及加工工程(编码 500113)

项目编码	项目名称	项目主要特征	计量单位	工程量计算规则	主要工作内容	一般适用范围
500113001×××	粘性土料	1. 土料特性 2. 改善土料特性的措施 3. 开采条件 4. 运距	m³	按招标设计文件要求的有效成品料体积计量	1. 清除植被 2. 开采运输 3. 改善土料特性 4. 堆存 5. 弃料处理	防渗心(斜)墙等的填筑土料

续表 A.13.1

项目编码	项目名称	项目主要特征	计量单位	工程量计算规则	主要工作内容	一般适用范围
500113002×××	天然砂料	1. 天然级配 2. 开采条件 3. 开采、加工、运输流程 4. 成品料级配 5. 运距	t (m³)	按招标设计文件要求的有效成品料重量(体积)计量	1. 清除覆盖层 2. 原料开采运输 3. 筛分、清洗 4. 级配平衡及破碎 5. 成品运输、分类堆存 6. 弃料处理	混凝土、砂浆的骨料，反滤料、垫层料等
500113003×××	天然卵石料					
500113004×××	人工砂料	1. 岩石级别 2. 开采、加工、运输流程 3. 成品料级配 4. 运距			1. 清除覆盖层 2. 钻孔爆破 3. 安全处理 4. 解小、清理 5. 原料装、运、卸 6. 破碎、筛分、清洗 7. 成品运输、分类堆存 8. 弃料处理	
500113005×××	人工碎石料					
500113006×××	块(堆)石料	1. 岩石级别 2. 石料规格 3. 钻爆特性 4. 运距	m³	按招标设计文件要求的有效成品料体积〔条(料)石料按清料方〕计量	1. 清除覆盖层 2. 钻孔、爆破 3. 安全处理 4. 解小、清面 5. 原料装、运、卸 6. 成品运输、堆存 7. 弃料处理	各类混凝土
500113007×××	条(料)石料				1. 清除覆盖层 2. 人工开采 3. 清凿 4. 成品运输、堆存 5. 弃料处理	
500113008×××	混凝土半成品料	1. 强度等级及配合比 2. 级配、拌制要求 3. 入仓温度 4. 运距		按招标设计文件要求的混凝土拌和系统出机口的混凝土体积计量	配料、拌和	
500113009×××	其他原料开采及加工工程					

A.13.2 其他相关问题应按下列规定处理：

1 土方开挖的土类分级，按表 A.1.2 确定。石方开挖的岩石分级，按表 A.2.2 确定。

2 原料开采及加工工程工程量清单项目的工程量计算规则：

1) 粘性土料按招标设计文件要求的有效成品料体积计量。料场查勘及试验费用，清除植被层与弃料处理费用，开采、运输、加工、堆存过程中的操作损耗等所发生的费用，应摊入有效工程量的工程单价中。

2）天然砂石料、人工砂石料，按招标设计文件要求的有效成品料重量（体积）计量。料场查勘及试验费用，清除覆盖层与弃料处理费用，开采、运输、加工、堆存过程中的操作损耗等所发生的费用，应摊入有效工程量的工程单价中。

3）采挖、堆料区域的边坡、地面和弃料场的整治费用，按招标设计文件要求计算。

4）混凝土半成品料按招标设计文件要求的混凝土拌和系统出机口的混凝土体积计量。

A.14 其他建筑工程

A.14.1 其他建筑工程。工程量清单的项目编码、项目名称、计量单位、工程量计算规则及主要工作内容，应按表 A.14.1 的规定执行。

表 A.14.1 其他建筑工程（编码 500114）

项目编码	项目名称	项目主要特征	计量单位	工程量计算规则	主要工作内容	一般适用范围
500114001×××	其他永久建筑工程			按招标设计要求计量		
500114002×××	其他临时建筑工程					

A.14.2 其他相关问题应按下列规定处理：

1 A.1 土方开挖工程至 A.13 原料开采及加工工程未涵盖的其他建筑工程项目，如厂房装修工程，水土保持、环境保护工程中的林草工程等，按其他建筑工程编码。

2 其他建筑工程可按项为单位计量。

附录 B 水利安装工程工程量清单项目及计算规则

B.1 机电设备安装工程

B.1.1 机电设备安装工程。工程量清单的项目编码、项目名称、计量单位、工程量计算规则及主要工作内容，应按表 B.1.1 的规定执行。

表 B.1.1 机电设备安装工程（编码 500201）

项目编码	项目名称	项目主要特征	计量单位	工程量计算规则	主要工作内容	一般适用范围
500201001×××	水轮机设备安装	1. 型号、规格 2. 外形尺寸 3. 重量	套	按招标设计图示的数量计量	1. 主机埋件和本体安装 2. 配套管路和部件安装 3. 调试	新建、扩建、改建、加固的水利机电设备安装工程
500201002×××	水泵－水轮机设备安装					
500201003×××	大型泵站水泵设备安装				1. 真空破坏阀、泵座、人孔及止水埋件安装 2. 泵体组合件及支撑件安装 3. 止水密封件安装 4. 仪器、仪表、管路附件安装 5. 调试	
500201004×××	调速器及油压装置设备安装				1. 基础、本体、反馈机构、事故配压阀、管路等安装 2. 集油槽、压油槽、漏油槽安装 3. 油泵、管道及辅助设备安装 4. 设备滤油、充油 5. 调试	

续表 B.1.1

项目编码	项目名称	项目主要特征	计量单位	工程量计算规则	主要工作内容	一般适用范围
500201005×××	发电机设备安装	1. 型号、规格 2. 外形尺寸 3. 重量	套	按招标设计图示的数量计量	1. 基础埋设 2. 机组及辅助设备安装 3. 配套管路和部件安装 4. 定子、转子安装及干燥 5. 发电机(发电机—电动机)与水轮机(水泵—水轮机)联轴前后的检查 6. 调试	新建、扩建、改建、加固的水利机电设备安装工程
500201006×××	发电机—电动机设备安装					
500201007×××	大型泵站电动机设备安装				1. 电动机基础埋设 2. 定子、转子安装 3. 附件安装 4. 电动机干燥 5. 调试	
500201008×××	励磁系统设备安装	1. 型号、规格 2. 电气参数 3. 重量			1. 基础安装 2. 设备本体安装 3. 调试	
500201009×××	主阀设备安装	1. 型号、规格 2. 直径 3. 重量			1. 阀体安装 2. 操作机构及管路安装 3. 附属设备安装 4. 调试	
500201010×××	桥式起重机设备安装	1. 型号、规格 2. 外形尺寸 3. 重量	台		1. 大车架及运行机构安装 2. 小车架及运行机构安装 3. 起重机构安装 4. 操作室、梯子、栏杆、行程限制器及其他附件安装 5. 电气设备安装 6. 调试	
500201011×××	轨道安装	1. 型号、规格 2. 单米重量	双10m	按招标设计图示尺寸计算的有效长度计量	1. 基础埋设 2. 轨道校正、安装 3. 附件制作安装	
500201012×××	滑触线安装	1. 电压等级 2. 电流等级	三相10m		1. 基础埋设 2. 支架及绝缘子安装 3. 滑触线及附件校正、安装 4. 连接电缆及轨道接地 5. 辅助母线安装	

续表 B.1.1

项目编码	项目名称	项目主要特征	计量单位	工程量计算规则	主要工作内容	一般适用范围
500201013×××	水力机械辅助设备安装	1. 型号、规格 2. 输送介质 3. 材质 4. 连接方式 5. 压力等级	项	按招标设计图示的数量计量	1. 基础埋设 2. 设备本体及附件安装 3. 配套电动机安装 4. 管路、阀门和表计等安装 5. 调试	新建、扩建、改建、加固的水利机电设备安装工程
500201014×××	发电电压设备安装	1. 型号、规格 2. 电压等级 3. 重量	套		1. 基础埋设 2. 设备本体及附件安装 3. 接地 4. 调试	
500201015×××	发电机—电动机静止变频启动装置(SFC)安装					
500201016×××	厂用电系统设备安装	1. 型号、规格 2. 电压等级 3. 重量			1. 基础埋设 2. 设备安装 3. 接地 4. 调试	
500201017×××	照明系统安装	1. 型号、规格 2. 电压等级	项		1. 照明器具安装 2. 埋管及布线 3. 绝缘测试	
500201018×××	电缆安装及敷设	1. 型号、规格 2. 电压等级 3. 单根长度 4. 电缆头类型	m (km)	按招标设计图示尺寸计算的有效长度计量	1. 电缆敷设和耐压试验 2. 电缆头制作和安装和与设备的连接	
500201019×××	发电电压母线安装	1. 型号、规格 2. 电压等级 3. 单根长度	100m/单相		1. 基础埋设 2. 支架安装 3. 母线和支持绝缘子安装 4. 微正压装置安装 5. 调试	
500201020×××	接地装置安装	1. 型号、规格 2. 材质 3. 连接方式	m (t)	按招标设计图示尺寸计算的有效长度或重量计量	1. 接地干线和支线敷设 2. 接地极和避雷针制作及安装 3. 接地电阻测量	
500201021×××	主变压器设备安装	1. 型号、规格 2. 外形尺寸 3. 电压等级、容量 4. 重量	台	按招标设计图示的数量计量	1. 设备本体及附件安装 2. 设备干燥 3. 变压器油过滤、油化验和注油 4. 调试	

续表 B.1.1

项目编码	项目名称	项目主要特征	计量单位	工程量计算规则	主要工作内容	一般适用范围
500201022×××	高压电气设备安装	1. 型号、规格 2. 电压等级 3. 绝缘介质 4. 重量	项	按招标设计图示的数量计量	1. 基础埋设 2. 设备本体及附件安装 3. 六氟化硫（SF_6）充气和测试 4. 调试	
500201023×××	一次拉线安装	1. 型号、规格 2. 电压等级、容量	100m/三相	按招标设计图示尺寸计算的有效长度计量	1. 金具及绝缘子安装 2. 变电站母线、母线引下线、设备连接线和架空地线等架设 3. 调试	
500201024×××	控制、保护、测量及信号系统设备安装	1. 系统结构 2. 设备配置 3. 功能			1. 基础埋设 2. 设备本体和附件安装 3. 接地 4. 调试	
500201025×××	计算机监控系统设备安装					
500201026×××	直流系统设备安装	1. 型号、规格 2. 类型			1. 基础埋设 2. 设备本体安装 3. 蓄电池充电和放电 4. 接地 5. 调试	新建、扩建、改建、加固的水利机电设备安装工程
500201027×××	工业电视系统设备安装	1. 系统结构 2. 设备配置 3. 功能	套	按招标设计图示的数量计量	1. 基础埋设 2. 设备本体和附件安装 3. 接地 4. 调试	
500201028×××	通信系统设备安装					
500201029×××	电工试验室设备安装	1. 型号、规格 2. 电压等级、容量				
500201030×××	消防系统设备安装	1. 型号、规格 2. 介质 3. 压力等级 4. 连接方式			1. 灭火系统安装 2. 管道支架制作、安装 3. 火灾自动报警系统安装 4. 消防系统装置调试及模拟试验	

续表 B.1.1

项目编码	项目名称	项目主要特征	计量单位	工程量计算规则	主要工作内容	一般适用范围
500201031×××	通风、空调、采暖及其监控设备安装	1. 系统结构 2. 设备配置 3. 功能	项	按招标设计图示的数量计量	1. 基础埋设 2. 设备支架制作及安装 3. 设备本体及附件安装 4. 通风管制作及安装 5. 电动机及电气安装 6. 调试	新建、扩建、改建、加固的水利机电设备安装工程
500201032×××	机修设备安装	1. 型号、规格 2. 外形尺寸 3. 重量			1. 基础埋设 2. 设备本体及附件安装 3. 调试	
500201033×××	电梯设备安装	1. 型号、规格 2. 提升高度 3. 载重量 4. 重量	部		1. 基础埋设 2. 设备本体及附件安装 3. 升降机械及传动装置安装 4. 电气设备安装 5. 调试	
500201034×××	其他机电设备安装工程					

注：表中项目编码以×××表示的十至十二位由编制人自001起顺序编码，如1#水轮机座环为500201001001、1#水轮机导水机构为500201001002、1#水轮机转轮为500201001003等，依此类推。表 B.2.1 至表 B.3.1 同。

B.1.2 其他相关问题应按下列规定处理：

1 机电主要设备安装工程项目组成内容：包括水轮机（水泵－水轮机）、大型泵站水泵、调速器及油压装置、发电机（发电机－电动机）、大型泵站电动机、励磁系统、主阀、桥式起重机、主变压器等设备，均由设备本体和附属设备及埋件组成。

2 机电其他设备安装工程项目组成内容：

1) 轨道安装。包括起重设备、变压器设备等所用轨道。

2) 滑触线安装。包括各类移动式起重机设备滑触线。

3) 水力机械辅助设备安装。包括全厂油、水、气系统的透平油、绝缘油、技术供水、水力测量、消防用水、设备检修排水、渗漏排水、上库及压力钢管充水、低压压气和高压压气等系统设备和管路。

4) 发电电压设备安装。包括发电机中性点设备、发电机定子主引出线至主变压器低压套管间的电气设备、分支线电气设备、断路器、隔离开关、电流互感器、电压互感器、避雷器、电抗器、电气制动开关等，抽水蓄能电站与启动回路器有关的断路器和隔离开关等设备。

5) 发电机－电动机静止变频启动装置（SFC）安装。包括抽水蓄能电站机组和大型泵站机组静止变频启动装置的输入及输出变压器、整流及逆变器、交流电抗器、直流电抗器、过电压保护装置及控制保护设备等。

6) 厂用电系统设备安装。包括厂用电和厂坝区用电系统的厂用变压器、配电变压器、柴油发电机组、高低压开关柜（屏）、配电盘、动力箱、启动器、照明屏等设备。

7) 照明系统安装。包括照明灯具、开关、插座、分电箱、接线盒、线槽板、管线等器具和附件。

8) 电缆安装及敷设。包括 35kV 及以下高压电缆、动力电缆、控制电缆和光缆及其附件、电缆支架、电缆桥架、电缆管等。

9) 发电电压母线安装。包括发电电压主母线、分支母线及发电机中性点母线、套管、绝缘子及金具等。

10) 接地装置安装。包括全厂公用和分散设备的接地网的接地极、接地母线、避雷针等。

11）高压电气设备安装。包括高压组合电器（GIS）、六氟化硫断路器、少油断路器、空气断路器、隔离开关、互感器、避雷器、高频阻波器、耦合电容器、结合滤波器、绝缘子、母线、110kV 及以上高压电缆、高压管道母线等设备及配件。

12）一次拉线安装。包括变电站母线、母线引下线、设备连接线、架空地线、绝缘子和金具。

13）控制、保护、测量及信号系统设备安装。包括发电厂和变电站控制、保护、操作、计量、继电保护信息管理、安全自动装置等的屏、台、柜、箱及其他二次屏（台）等设备。

14）计算机监控系统设备安装。包括全厂计算机监控系统的主机、工作站、服务器、网络、现地控制单元（LCU）、不间断电源（UPS）、全球卫星定位系统（GPS）等。

15）直流系统设备安装。包括蓄电池组、充电设备、浮充电设备、直流配电屏（柜）等。

16）工业电视系统设备安装。包括主控站、分控站、转换站、前端等设备及光缆、视频电缆、控制电缆、电源电缆（线）等设备。

17）通信系统设备安装。包括载波通信、程控通信、生产调度通信、生产管理通信、卫星通信、光纤通信、信息管理系统等设备及通信线路等。

18）电工试验室设备安装。包括为电气试验而设置的各种设备、仪器、表计等。

19）消防系统设备安装。包括火灾报警及其控制系统、水喷雾及气体灭火装置、消防电话广播系统、消防器材及消防管路等设备。

20）通风、空调、采暖及其监控设备安装。包括全厂制冷（热）机组及水泵、风机、空调器、通风空调监控系统、采暖设备、风管及管路、调节阀和风口等。

21）机修设备安装。包括为机组、金属结构及其他机械设备的检修所设置的车、刨、铣、锯、磨、插、钻等机床，以及电焊机、空气锤等机修设备。

22）电梯设备安装。包括工作电梯、观光电梯等电梯设备及电梯电气设备。

23）其他设备安装。包括小型起重设备、保护网、铁构件、轨道阻进器等。

3 以长度或重量计算的机电设备装置性材料，如电缆、母线、轨道等，按招标设计图示尺寸计算的有效长度或重量计量。运输、加工及安装过程中的操作损耗所发生的费用，应摊入有效工程量的工程单价中。

4 机电设备安装工程费。包括设备安装前的开箱检查、清扫、验收、仓储保管、防腐、油漆、安装现场运输、主体设备及随机成套供应的管路与附件安装、现场试验、调试、试运行及移交生产前的维护、保养等工作所发生的费用。

B.2 金属结构设备安装工程

B.2.1 金属结构设备安装工程。工程量清单的项目编码、项目名称、计量单位、工程量计算规则及主要工作内容，应按表 B.2.1 的规定执行。

表 B.2.1 金属结构设备安装工程（编码 500202）

项目编码	项目名称	项目主要特征	计量单位	工程量计算规则	主要工作内容	一般适用范围
500202001××	门式起重机设备安装	1. 型号、规格 2. 跨度 3. 起重量 4. 重量	台	按招标设计图示的数量计量	1. 门机机架安装 2. 行走机构安装 3. 起重机构安装 4. 操作室、梯子、栏杆、行程限制器及其他附件安装 5. 电气设备安装 6. 调试	新建、扩建、改建、加固的水利金属结构设备安装工程
500202002××	油压启闭机设备安装	1. 型号、规格 2. 重量			1. 基础埋设 2. 设备本体安装 3. 附属设备和管路安装 4. 油系统设备安装及油过滤 5. 电气设备安装 6. 与闸门连接 7. 调试	

续表 B.2.1

项目编码	项目名称	项目主要特征	计量单位	工程量计算规则	主要工作内容	一般适用范围
500202003×××	卷扬式启闭机设备安装	1. 型号、规格 2. 重量	台	按招标设计图示的数量计量	1. 基础埋设 2. 设备本体及附件安装 3. 电气设备安装 4. 与闸门连接 5. 调试	新建、扩建、改建、加固的水利金属结构设备安装工程
500202004×××	升船机设备安装	1. 形式 2. 型号、规格 3. 外形尺寸 4. 重量	项		1. 埋件安装 2. 升船机轨道安装 3. 升船机承船箱安装 4. 升船机升降机构或卷扬机安装 5. 升船机电气及控制设备和液压设备安装 6. 平衡重安装 7. 调试	
500202005×××	闸门设备安装	1. 形式 2. 外形尺寸 3. 材质 4. 板厚 5. 防腐要求 6. 重量	t	按招标设计图示尺寸计算的有效重量计量	1. 闸门焊缝透视检查及处理 2. 闸门本体及支撑装置安装 3. 止水装置安装 4. 闸门附件安装 5. 调试	
500202006×××	拦污栅设备安装	1. 外形尺寸 2. 材质 3. 防腐要求 4. 重量	t (kg)		1. 栅体、吊杆及附件安装 2. 栅槽校正及安装	
500202007×××	一期埋件安装				1. 插筋、锚板安装 2. 钢衬安装 3. 预埋件安装	
500202008×××	压力钢管安装	1. 外形尺寸 2. 管径 3. 板厚 4. 材质 5. 防腐要求 6. 重量	t		1. 钢管安装、焊缝质量检查及处理 2. 支架、拉筋、伸缩节及岔管安装 3. 埋管灌浆孔封堵 4. 水压试验 5. 清扫除锈、喷涂防腐	
500202009×××	其他金属结构设备安装工程					

B.2.2 其他相关问题应按下列规定处理:

1 金属结构设备安装工程项目组成内容:

1) 启闭机、闸门、拦污栅设备,均由设备本体和附属设备及埋件组成。

2) 升船机设备。包括各型垂直升船机、斜面升船机、桥式平移及吊杆式升船机等设备本体和附属设备及埋件等。

3) 其他金属结构设备。包括电动葫芦、清污机、储门库、闸门压重物、浮式系船柱及小型金属结构构件等。

2 以重量为单位计算工程量的金属结构设备或装置性材料,如闸门、拦污栅、埋件、高压钢管等,按招标设计图示尺寸计算的有效重量计量。运输、加工及安装过程中的操作损耗所发生的费用,应摊入有效工程量的工程单价中。

3 金属结构设备安装工程费。包括设备及附属设备验收、接货、涂装、仓储保管、焊缝检查及处理、安装现场运输、设备本体和附件及埋件安装、设备安装调试、试运行、质量检查和验收、完工验收前的维护等工作内容所发生的费用。

B.3 安全监测设备采购及安装工程

B.3.1 安全监测设备采购及安装工程。工程量清单的项目编码、项目名称、计量单位、工程量计算规则及主要工作内容,应按表 B.3.1 的规定执行。

表 B.3.1 安全监测设备采购及安装工程(编码 500203)

项目编码	项目名称	项目主要特征	计量单位	工程量计算规则	主要工作内容	一般适用范围
500203001×××	工程变形监测控制网设备采购及安装	型号、规格	套(台、支、个等)	按招标设计图示的数量计量	1. 设备采购 2. 检验、率定 3. 安装、埋设	水工建筑物
500203002×××	变形监测设备采购及安装					
500203003×××	应力、应变及温度监测设备采购及安装					
500203004×××	渗流监测设备采购及安装					
500203005×××	环境量监测设备采购及安装					
500203006×××	水力学监测设备采购及安装					
500203007×××	结构振动监测设备采购及安装					
500203008×××	结构强振监测设备采购及安装					
500203009×××	其他专项监测设备采购及安装					
500203010×××	工程安全监测自动化采集系统设备采购及安装					
500203011×××	工程安全监测信息管理系统设备采购及安装					
500203012×××	特殊监测设备采购及安装					
500203013×××	施工期观测、设备维护、资料整理分析		项	按招标文件规定的项目计量	1. 设备维护 2. 巡视检查 3. 资料记录、整理 4. 建模、建库 5. 资料分析、安全评价	

B.3.2 其他相关问题应按下列规定处理：

1 安全监测工程中的建筑分类工程项目执行水利建筑工程工程量清单项目及计算规则，安全监测设备采购及安装工程包括设备费和安装工程费，在分类分项工程量清单中的单价或合价可分别以设备费、安装费分列表示。

2 安全监测设备采购及安装工程工程量清单项目的工程量计算规则。按招标设计文件列示安全监测项目的各种仪器设备的数量计量。施工过程中仪表设备损耗、备品备件等所发生的费用，应摊入有效工程量的工程单价中。

本规范用词说明

1 为便于在执行本规范条文时区别对待，对要求严格程度不同的用词说明如下：

1） 表示很严格，非这样做不可的用词：
正面词采用"必须"，反面词采用"严禁"。
2） 表示严格，在正常情况下均应这样做的用词：
正面词采用"应"，反面词采用"不应"或"不得"。
3） 表示允许稍有选择，在条件许可时首先应这样做的用词：
正面词采用"宜"，反面词采用"不宜"；
表示有选择，在一定条件下可以这样做的用词，采用"可"。

2 本规范中指明应按其他有关标准、规范执行的写法为"应符合……的规定"或"应按……执行"。

二、工程建设行业标准

2007

上海科学技术出版社

中华人民共和国行业标准

建筑变形测量规范

Code for deformation measurement of building and structure

JGJ 8—2007
J 719—2007

批准部门：中华人民共和国建设部
施行日期：2008年3月1日

中华人民共和国建设部
公 告

第 710 号

建设部关于发布行业标准《建筑变形测量规范》的公告

现批准《建筑变形测量规范》为行业标准，编号为 JGJ 8-2007，自 2008 年 3 月 1 日起实施。其中，第 3.0.1、3.0.11 条为强制性条文，必须严格执行。原行业标准《建筑变形测量规程》JGJ/T 8-97 同时废止。

本规范由建设部标准定额研究所组织中国建筑工业出版社出版发行。

中华人民共和国建设部
2007 年 9 月 4 日

前 言

根据建设部建标［2004］66 号文的要求，标准编制组经广泛调查研究，认真总结实践经验，参考有关国外先进标准，在广泛征求意见的基础上，对原《建筑变形测量规程》JGJ/T 8-97 进行了修订。

本规范的主要技术内容是：1. 总则；2. 术语、符号和代号；3. 基本规定；4. 变形控制测量；5. 沉降观测；6. 位移观测；7. 特殊变形观测；8. 数据处理分析；9. 成果整理与质量检查验收。

修订的内容是：1. 将标准的名称修订为《建筑变形测量规范》；2. 增加了第 2、7、9 章和第 4.5、4.8、6.4 节及附录 C；3. 将原第 2 章作较大的修改后成为目前的第 3 章；4. 将原第 3、4 章修改并合并为目前的第 4 章；5. 在第 4、5、6 章中分别增加"一般规定"一节；6. 将原第 6 章中的日照变形观测、风振观测和裂缝观测放入第 7 章；7. 对原第 7 章作了较大的修改和扩充后成为目前的第 8 章；8. 对有关技术要求和作业方法等作了较为全面的修订；9. 设置了强制性条文。

本规范以黑体字标志的条文为强制性条文，必须严格执行。

本规范由建设部负责管理和对强制性条文进行解释，由主编单位负责具体技术内容的解释。

本规范主编单位：建设综合勘察研究设计院（北京东直门内大街 177 号，邮政编码：100007）

本规范参编单位：上海岩土工程勘察设计研究院有限公司
西北综合勘察设计研究院
南京工业大学
深圳市勘察测绘院有限公司
中国有色金属工业西安勘察设计研究院
北京市测绘设计研究院
武汉市勘测设计研究院
广州市城市规划勘测设计研究院
长沙市勘测设计研究院
重庆市勘测院
北京威远图数据开发有限公司

本规范主要起草人：王 丹　陆学智　张肇基
潘庆林　王双龙　王百发
刘广盈　张凤录　严小平
欧海平　戴建清　谢征海
陈宜金　孙 焰

目　次

1　总则 …………………………………… 56—4
2　术语、符号和代号 …………………… 56—4
　2.1　术语 ………………………………… 56—4
　2.2　符号 ………………………………… 56—4
　2.3　代号 ………………………………… 56—5
3　基本规定 ……………………………… 56—5
4　变形控制测量 ………………………… 56—7
　4.1　一般规定 …………………………… 56—7
　4.2　高程基准点的布设与测量 ………… 56—7
　4.3　平面基准点的布设与测量 ………… 56—8
　4.4　水准测量 …………………………… 56—9
　4.5　电磁波测距三角高程测量 ………… 56—10
　4.6　水平角观测 ………………………… 56—11
　4.7　距离测量 …………………………… 56—12
　4.8　GPS测量 …………………………… 56—13
5　沉降观测 ……………………………… 56—14
　5.1　一般规定 …………………………… 56—14
　5.2　建筑场地沉降观测 ………………… 56—14
　5.3　基坑回弹观测 ……………………… 56—15
　5.4　地基土分层沉降观测 ……………… 56—15
　5.5　建筑沉降观测 ……………………… 56—15
6　位移观测 ……………………………… 56—17
　6.1　一般规定 …………………………… 56—17
　6.2　建筑主体倾斜观测 ………………… 56—17
　6.3　建筑水平位移观测 ………………… 56—18
　6.4　基坑壁侧向位移观测 ……………… 56—19
　6.5　建筑场地滑坡观测 ………………… 56—19
　6.6　挠度观测 …………………………… 56—20
7　特殊变形观测 ………………………… 56—21
　7.1　动态变形测量 ……………………… 56—21
　7.2　日照变形观测 ……………………… 56—22
　7.3　风振观测 …………………………… 56—22
　7.4　裂缝观测 …………………………… 56—22
8　数据处理分析 ………………………… 56—23
　8.1　平差计算 …………………………… 56—23
　8.2　变形几何分析 ……………………… 56—23
　8.3　变形建模与预报 …………………… 56—23
9　成果整理与质量检查验收 …………… 56—24
　9.1　成果整理 …………………………… 56—24
　9.2　质量检查验收 ……………………… 56—25
附录A　高程控制点标石、标志 ………… 56—25
附录B　水平位移观测墩及重力平衡
　　　　球式照准标志 ………………… 56—27
附录C　三角高程测量专用
　　　　觇牌及配件 …………………… 56—27
附录D　沉降观测点标志 ………………… 56—28
附录E　沉降观测成果图 ………………… 56—30
附录F　位移与特殊变形观测
　　　　成果图 ………………………… 56—30
本规范用词说明 ………………………… 56—31
附：条文说明 …………………………… 56—32

1 总　则

1.0.1 为了在建筑变形测量中贯彻执行国家有关技术经济政策，做到技术先进、经济合理、安全适用、确保质量，制定本规范。

1.0.2 本规范适用于工业与民用建筑的地基、基础、上部结构及场地的沉降测量、位移测量和特殊变形测量。

1.0.3 建筑变形测量应能确切地反映建筑地基、基础、上部结构及其场地在静荷载或动荷载及环境等因素影响下的变形程度或变形趋势。

1.0.4 建筑变形测量所用仪器设备必须经检定合格。仪器设备的检定、检验及维护，应符合本规范和国家现行有关标准的规定。

1.0.5 建筑变形测量除使用本规范规定的各种方法外，亦可采用能满足本规范规定的技术质量要求的其他方法。

1.0.6 建筑变形测量除应符合本规范外，尚应符合国家现行有关标准的规定。

2 术语、符号和代号

2.1 术　语

2.1.1 建筑变形　deformation of building and structure

建筑的地基、基础、上部结构及其场地受各种作用力而产生的形状或位置变化现象。

2.1.2 建筑变形测量　deformation measurement of building and structure

对建筑的地基、基础、上部结构及其场地受各种作用力而产生的形状或位置变化进行观测，并对观测结果进行处理和分析的工作。

2.1.3 地基　foundation soils, subgrade

支承基础的土体或岩体。

2.1.4 基础　foundation

将结构所承受的各种作用力传递到地基上的结构组成部分。

2.1.5 基坑　foundation pit

为进行建筑基础与地下室的施工所开挖的地面以下空间。

2.1.6 基坑回弹　rebound of foundation pit

基坑开挖时由于卸除土的自重而引起坑底土隆起的现象。

2.1.7 沉降　settlement, subsidence

建筑地基、基础及地面在荷载作用下产生的竖向移动，包括下沉和上升。其下沉或上升值称为沉降量。

2.1.8 沉降差　differential settlement

同一建筑的不同部位在同一时间段的沉降量差值，亦称差异沉降。

2.1.9 相邻地基沉降　adjacent subgrade subsidence

由于毗邻建筑间的荷载差异引起的相邻地基土应力重新分布而产生的附加沉降。

2.1.10 场地地面沉降　field ground subsidence

由于长期降雨、管道漏水、地下水位大幅度变化、大面积堆载、地裂缝、大面积潜蚀、砂土液化以及地下采空等原因引起的一定范围内的地面沉降。

2.1.11 位移　displacement

本规范特指建筑产生的非竖向变形。

2.1.12 倾斜　inclination

建筑中心线或其墙、柱等，在不同高度的点对其相应底部点的偏移现象。

2.1.13 挠度　deflection

建筑的基础、上部结构或构件等在弯矩作用下因挠曲引起的垂直于轴线的线位移。

2.1.14 动态变形　dynamic deformation

建筑在动荷载作用下产生的变形。

2.1.15 风振变形　wind loading deformation

由于受强风作用而产生的变形。

2.1.16 日照变形　sunshine deformation

由于受阳光照射受热不均而产生的变形。

2.1.17 变形允许值　allowable deformation value

建筑能承受而不至于产生损害或影响正常使用所允许的变形值。

2.1.18 基准点　benchmark, reference point

为进行变形测量而布设的稳定的、需长期保存的测量控制点。

2.1.19 工作基点　working reference point

为直接观测变形点而在现场布设的相对稳定的测量控制点。

2.1.20 观测点　observation point

布设在建筑地基、基础、场地及上部结构的敏感位置上能反映其变形特征的测量点，亦称变形点。

2.1.21 变形速率　rate of deformation

单位时间的变形量。

2.1.22 观测周期　time interval of measurement

前后两次变形观测的时间间隔。

2.1.23 变形因子　deformation factor

引起建筑变形的因素，如荷载、时间等。

2.2 符　号

2.2.1 变形量

A——风力振幅

d——位移分量；偏离值

d_d——动态位移

d_m——平均位移值

d_s ——静态位移
f_c ——基础相对弯曲度
f_d ——挠度值
f_{dc} ——跨中挠度值
s ——沉降量
α ——基础或构件倾斜度
β ——风振系数
Δ ——观测点两周期之间的变形量
Δd ——位移分量差
Δs ——沉降差

2.2.2 观测量

D ——距离;边长
h ——高差
I ——仪器高
L ——附合路线、环线或视准线长度
n ——测回数;测站数;高差个数
r ——水准观测同一路线的观测次数
S ——视线长度
α_v ——垂直角
v ——觇牌高

2.2.3 中误差

m_d ——位移分量或偏离值测定中误差
$m_{\Delta d}$ ——位移分量差测定中误差
m_h ——测站高差中误差
m_0 ——水准测量单程观测每测站高差中误差
m_s ——沉降量测定中误差
$m_{\Delta s}$ ——沉降差测定中误差
m_α ——方向中误差
m_β ——测角中误差
μ ——单位权中误差;观测点测站高差中误差;观测点坐标中误差

2.2.4 误差估算参数

C_1、C_2 ——导线类别系数
Q ——观测点变形量的协因数
Q_H ——最弱观测点高程的协因数
Q_h ——待求观测点间高差的协因数
Q_x ——最弱观测点坐标的协因数
$Q_{\Delta x}$ ——待求观测点间坐标差的协因数
λ ——系统误差影响系数

2.2.5 仪器特征参数

a ——电磁波测距仪标称的固定误差
b ——电磁波测距仪标称的比例误差系数
i ——水准仪视准轴与水准管轴的夹角
$2C$ ——经纬仪两倍视准误差

2.2.6 其他符号

H_g ——自室外地面起算的建筑物高度
K ——大气垂直折光系数
R ——地球平均曲率半径

2.3 代 号

DJ——经纬仪型号代码,主要有 DJ05、DJ1、DJ2 等型号
DS——水准仪型号代码,主要有 DS05、DS1、DS3 等型号
DSZ——自动安平水准仪型号代码,主要有 DSZ05、DSZ1、DSZ3 等型号
GPS——全球定位系统 global positioning system
PDOP——GPS 的空间位置精度因子 position dilution of precision

3 基本规定

3.0.1 下列建筑在施工和使用期间应进行变形测量:
1 地基基础设计等级为甲级的建筑;
2 复合地基或软弱地基上的设计等级为乙级的建筑;
3 加层、扩建建筑;
4 受邻近深基坑开挖施工影响或受场地地下水等环境因素变化影响的建筑;
5 需要积累经验或进行设计反分析的建筑。

3.0.2 建筑变形测量的平面坐标系统和高程系统宜采用国家平面坐标系统和高程系统或所在地方使用的平面坐标系统和高程系统,也可采用独立系统。当采用独立系统时,必须在技术设计书和技术报告书中明确说明。

3.0.3 建筑变形测量工作开始前,应根据建筑地基基础设计的等级和要求、变形类型、测量目的、任务要求以及测区条件进行施测方案设计,确定变形测量的内容、精度级别、基准点与变形点布设方案、观测周期、仪器设备及检定要求、观测与数据处理方法、提交成果内容等,编写技术设计书或施测方案。

3.0.4 建筑变形测量的级别、精度指标及其适用范围应符合表 3.0.4 的规定。

表 3.0.4 建筑变形测量的级别、精度指标及其适用范围

变形测量级别	沉降观测 观测点测站高差中误差 (mm)	位移观测 观测点坐标中误差 (mm)	主要适用范围
特级	±0.05	±0.3	特高精度要求的特种精密工程的变形测量
一级	±0.15	±1.0	地基基础设计为甲级的建筑的变形测量;重要的古建筑和特大型市政桥梁等变形测量等

续表 3.0.4

变形测量级别	沉降观测 观测点测站高差中误差（mm）	位移观测 观测点坐标中误差（mm）	主要适用范围
二级	±0.5	±3.0	地基基础设计为甲、乙级的建筑的变形测量；场地滑坡测量；重要管线的变形测量；地下工程施工及运营中变形测量；大型市政桥梁变形测量等
三级	±1.5	±10.0	地基基础设计为乙、丙级的建筑的变形测量；地表、道路及一般管线的变形测量；中小型市政桥梁变形测量等

注：1 观测点测站高差中误差，系指水准测量的测站高差中误差或静力水准测量、电磁波测距三角高程测量中相邻观测点相应测段间等价的相对高差中误差；
2 观测点坐标中误差，系指观测点相对测站点（如工作基点）的坐标中误差、坐标差中误差以及等价的观测点相对基准线的偏差值中误差、建筑或构件相对底部固定点的水平位移分量中误差；
3 观测点点位中误差为观测点坐标中误差的$\sqrt{2}$倍；
4 本规范以中误差作为衡量精度的标准，并以二倍中误差作为极限误差。

3.0.5 建筑变形测量精度级别的确定应符合下列规定：

1 地基基础设计为甲级的建筑及有特殊要求的建筑变形测量工程，应根据现行国家标准《建筑地基基础设计规范》GB 50007 规定的建筑地基变形允许值，分别按本规范第 3.0.6 条和第 3.0.7 条的规定进行精度估算后，按下列原则确定精度级别：

   1）当仅给定单一变形允许值时，应按所估算的观测点精度选择相应的精度级别；
   2）当给定多个同类型变形允许值时，应分别估算观测点精度，根据其中最高精度选择相应的精度级别；
   3）当估算出的观测点精度低于本规范表 3.0.4 中三级精度的要求时，应采用三级精度。

2 其他建筑变形测量工程，可根据设计、施工的要求，按照本规范表 3.0.4 的规定，选取适宜的精度级别；

3 当需要采用特级精度时，应对作业过程和方法作出专门的设计与论证后实施。

3.0.6 沉降观测点测站高差中误差应按下列规定进行估算：

1 按照设计的沉降观测网，计算网中最弱观测点高程的协因数 Q_H、待求观测点间高差的协因数 Q_h；

2 单位权中误差即观测点测站高差中误差 μ 应按公式（3.0.6-1）或公式（3.0.6-2）估算：

$$\mu = m_s / \sqrt{2Q_H} \qquad (3.0.6\text{-}1)$$

$$\mu = m_{\Delta s} / \sqrt{2Q_h} \qquad (3.0.6\text{-}2)$$

式中 m_s——沉降量 s 的测定中误差（mm）；
$m_{\Delta s}$——沉降差 Δs 的测定中误差（mm）。

3 公式（3.0.6-1）、（3.0.6-2）中的 m_s 和 $m_{\Delta s}$ 应按下列规定确定：

   1）沉降量、平均沉降量等绝对沉降的测定中误差 m_s，对于特高精度要求的工程可按地基条件，结合经验具体分析确定；对于其他精度要求的工程，可按低、中、高压缩性地基土或微风化、中风化、强风化地基岩石的类别及建筑对沉降的敏感程度的大小分别选 ±0.5mm、±1.0mm、±2.5mm；
   2）基坑回弹、地基土分层沉降等局部地基沉降以及膨胀土地基沉降等的测定中误差 m_s，不应超过其变形允许值的 1/20；
   3）平置构件挠度等变形的测定中误差，不应超过变形允许值的 1/6；
   4）沉降差、基础倾斜、局部倾斜等相对沉降的测定中误差，不应超过其变形允许值的 1/20；
   5）对于具有科研及特殊目的的沉降量或沉降差的测定中误差，可根据需要将上述各项中误差乘以 1/5～1/2 系数后采用。

3.0.7 位移观测点坐标中误差应按下列规定进行估算：

1 应按照设计的位移观测网，计算网中最弱观测点坐标的协因数 Q_X、待求观测点间坐标差的协因数 $Q_{\Delta X}$；

2 单位权中误差即观测点坐标中误差 μ 应按公式（3.0.7-1）或公式（3.0.7-2）估算：

$$\mu = m_d / \sqrt{2Q_X} \qquad (3.0.7\text{-}1)$$

$$\mu = m_{\Delta d} / \sqrt{2Q_{\Delta X}} \qquad (3.0.7\text{-}2)$$

式中 m_d——位移分量 d 的测定中误差（mm）；
$m_{\Delta d}$——位移分量差 Δd 的测定中误差（mm）。

3 公式（3.0.7-1）、（3.0.7-2）中的 m_d 和 $m_{\Delta d}$ 应按下列规定确定：

   1）对建筑基础水平位移、滑坡位移等绝对位移，可按本规范表 3.0.4 选取精度级别；
   2）受基础施工影响的位移、挡土设施位移等局部地基位移的测定中误差，不应超

过其变形允许值分量的1/20。变形允许值分量应按变形允许值的$1/\sqrt{2}$采用;

3) 建筑的顶部水平位移、工程设施的整体垂直挠曲、全高垂直度偏差、工程设施水平轴线偏差等建筑整体变形的测定中误差,不应超过其变形允许值分量的1/10;

4) 高层建筑层间相对位移、竖直构件的挠度、垂直偏差等结构段变形的测定中误差,不应超过其变形允许值分量的1/6;

5) 基础的位移差、转动挠曲等相对位移的测定中误差,不应超过其变形允许值分量的1/20;

6) 对于科研及特殊目的的变形量测定中误差,可根据需要将上述各项中误差乘以1/5~1/2系数后采用。

3.0.8 建筑变形测量应按确定的观测周期与总次数进行观测。变形观测周期的确定应以能系统地反映所测建筑变形的变化过程、且不遗漏其变化时刻为原则,并综合考虑单位时间内变形量的大小、变形特征、观测精度要求及外界因素影响情况。

3.0.9 建筑变形测量的首次(即零周期)观测应连续进行两次独立观测,并取观测结果的中数作为变形测量初始值。

3.0.10 一个周期的观测应在短的时间内完成。不同周期观测时,宜采用相同的观测网形、观测路线和观测方法,并使用同一测量仪器和设备。对于特级和一级变形观测,宜固定观测人员、选择最佳观测时段、在相同的环境和条件下观测。

3.0.11 当建筑变形观测过程中发生下列情况之一时,必须立即报告委托方,同时应及时增加观测次数或调整变形测量方案:

1 变形量或变形速率出现异常变化;
2 变形量达到或超出预警值;
3 周边或开挖面出现塌陷、滑坡;
4 建筑本身、周边建筑及地表出现异常;
5 由于地震、暴雨、冻融等自然灾害引起的其他变形异常情况。

4 变形控制测量

4.1 一般规定

4.1.1 建筑变形测量基准点和工作基点的设置应符合下列规定:

1 建筑沉降观测应设置高程基准点;
2 建筑位移和特殊变形观测应设置平面基准点,必要时应设置高程基准点;
3 当基准点离所测建筑距离较远致使变形测量作业不方便时,宜设置工作基点。

4.1.2 变形测量的基准点应设置在变形区域以外、位置稳定、易于长期保存的地方,并应定期复测。复测周期应视基准点所在位置的稳定情况确定,在建筑施工过程中宜1~2月复测一次,点位稳定后宜每季度或每半年复测一次。当观测点变形测量成果出现异常,或当测区受到地震、洪水、爆破等外界因素影响时,应及时进行复测,并按本规范第8.2节的规定对其稳定性进行分析。

4.1.3 变形测量基准点的标石、标志埋设后,应达到稳定后方可开始观测。稳定期应根据观测要求与地质条件确定,不宜少于15d。

4.1.4 当有工作基点时,每期变形观测时均应将其与基准点进行联测,然后再对观测点进行观测。

4.1.5 变形控制测量的精度级别应不低于沉降或位移观测的精度级别。

4.2 高程基准点的布设与测量

4.2.1 特级沉降观测的高程基准点数不应少于4个;其他级别沉降观测的高程基准点数不应少于3个。高程工作基点可根据需要设置。基准点和工作基点应形成闭合环或形成由附合路线构成的结点网。

4.2.2 高程基准点和工作基点位置的选择应符合下列规定:

1 高程基准点和工作基点应避开交通干道主路、地下管线、仓库堆栈、水源地、河岸、松软填土、滑坡地段、机器振动区以及其他可能使标石、标志易遭腐蚀和破坏的地方;

2 高程基准点应选设在变形影响范围以外且稳定、易于长期保存的地方。在建筑区内,其点位与邻近建筑的距离应大于建筑基础最大宽度的2倍,其标石埋深应大于邻近建筑基础的深度。高程基准点也可选设在基础深且稳定的建筑上;

3 高程基准点、工作基点之间宜便于进行水准测量。当使用电磁波测距三角高程测量方法进行观测时,宜使各点周围的地形条件一致。当使用静力水准测量方法进行沉降观测时,用于联测观测点的工作基点宜与沉降观测点设在同一高程面上,偏差不应超过±1cm。当不能满足这一要求时,应设置上下高程不同但位置垂直对应的辅助点传递高程。

4.2.3 高程基准点和工作基点标石、标志的选型及埋设应符合下列规定:

1 高程基准点的标石应埋设在基岩层或原状土层中,可根据点位所在处的不同地质条件,选埋基岩水准基点标石、深埋双金属管水准基点标石、深埋钢管水准基点标石、混凝土基本水准标石。在基岩壁或稳固的建筑上也可埋设墙上水准标志;

2 高程工作基点的标石可按点位的不同要求,选用浅埋钢管水准标石、混凝土普通水准标石或墙上

水准标志等;

　　3　标石、标志的形式可按本规范附录A的规定执行。特殊土地区和有特殊要求的标石、标志规格及埋设,应另行设计。

4.2.4　高程控制测量宜使用水准测量方法。对于二、三级沉降观测的高程控制测量,当不便使用水准测量时,可使用电磁波测距三角高程测量方法。

4.3　平面基准点的布设与测量

4.3.1　平面基准点、工作基点的布设应符合下列规定:

　　1　各级别位移观测的基准点(含方位定向点)不应少于3个,工作基点可根据需要设置;

　　2　基准点、工作基点应便于检核校验;

　　3　当使用GPS测量方法进行平面或三维控制测量时,基准点位置还应满足下列要求:

　　　　1) 应便于安置接收设备和操作;
　　　　2) 视场内障碍物的高度角不宜超过15°;
　　　　3) 离电视台、电台、微波站等大功率无线电发射源的距离不应小于200m;离高压输电线和微波无线电信号传输通道的距离不应小于50m;附近不应有强烈反射卫星信号的大面积水域、大型建筑以及热源等;
　　　　4) 通视条件好,应方便后续采用常规测量手段进行联测。

4.3.2　平面基准点、工作基点标志的形式及埋设应符合下列规定:

　　1　对特级、一级位移观测的平面基准点、工作基点,应建造具有强制对中装置的观测墩或埋设专门观测标石,强制对中装置的对中误差不应超过±0.1mm;

　　2　照准标志应具有明显的几何中心或轴线,并应符合图像反差大、图案对称、相位差小和本身不变形等要求。根据点位不同情况,可选用重力平衡球式标、旋入式杆状标、直插式觇牌、屋顶标和墙上标等形式的标志。观测墩及重力平衡球式照准标志的形式,可按本规范附录B的规定执行;

　　3　对用作平面基准点的深埋式标志、兼作高程基准的标石和标志以及特殊土地区或有特殊要求的标石、标志及其埋设应另行设计。

4.3.3　平面控制测量可采用边角测量、导线测量、GPS测量及三角测量、三边测量等形式。三维控制测量可使用GPS测量及边角测量、导线测量、水准测量和电磁波测距三角高程测量的组合方法。

4.3.4　平面控制测量的精度应符合下列规定:

　　1　测角网、测边网、边角网、导线网或GPS网的最弱边边长中误差,不应大于所选级别的观测点坐标中误差;

　　2　工作基点相对于邻近基准点的点位中误差,不应大于相应级别的观测点点位中误差;

　　3　用基准线法测定偏差值的中误差,不应大于所选级别的观测点坐标中误差。

4.3.5　除特级控制网和其他大型、复杂工程以及有特殊要求的控制网应专门设计外,对于一、二、三级平面控制网,其技术要求应符合下列规定:

　　1　测角网、测边网、边角网、GPS网应符合表4.3.5-1的规定:

表 4.3.5-1　平面控制网技术要求

级别	平均边长(m)	角度中误差(″)	边长中误差(mm)	最弱边边长相对中误差
一级	200	±1.0	±1.0	1:200000
二级	300	±1.5	±3.0	1:100000
三级	500	±2.5	±10.0	1:50000

注: 1　最弱边边长相对中误差中未计及基线边长误差影响;
　　2　有下列情况之一时,不宜按本规定,应另行设计:
　　　1) 最弱边边长中误差不同于表列规定时;
　　　2) 实际平均边长与表列数值相差大时;
　　　3) 采用边角组合网时。

　　2　各级测角、测边控制网宜布设为近似等边三角形网,其三角形内角不宜小于30°;当受地形或其他条件限制时,个别角可放宽,但不应小于25°。宜优先使用边角网,在边角网中应以测边为主,加测部分角度,并合理配置测角和测边的精度;

　　3　导线测量的技术要求应符合表4.3.5-2的规定:

表 4.3.5-2　导线测量技术要求

级别	导线最弱点点位中误差(mm)	导线总长(m)	平均边长(m)	测边中误差(mm)	测角中误差(″)	导线全长相对闭合差
一级	±1.4	750C_1	150	±0.6C_2	±1.0	1:100000
二级	±4.2	1000C_1	200	±2.0C_2	±2.0	1:45000
三级	±14.0	1250C_1	250	±6.0C_2	±5.0	1:17000

注: 1　C_1、C_2为导线类别系数。对附合导线,$C_1=C_2=1$;对独立单一导线,$C_1=1.2$,$C_2=2$;对导线网,导线总长系指附合点与结点或结点间的导线长度,取$C_1 \leq 0.7$、$C_2=1$;
　　2　有下列情况之一时,不宜按本规定,应另行设计:
　　　1) 导线最弱点点位中误差不同于表列规定时;
　　　2) 实际导线的平均边长和总长与表列数值相差大时。

4.3.6　对于三维控制测量,其平面位置和高程应分别符合平面基准点和高程基准点的布设和测量规定。

4.4 水准测量

4.4.1 采用水准测量方法进行各级高程控制测量或沉降观测，应符合下列规定：

1 各等级水准测量使用的仪器型号和标尺类型应符合表4.4.1-1的规定：

表4.4.1-1 水准测量的仪器型号和标尺类型

级别	使用的仪器型号			标尺类型		
	DS05、DSZ05型	DS1、DSZ1型	DS3、DSZ3型	因瓦尺	条码尺	区格式木制标尺
特级	√	×	×	√	√	×
一级	√	√	×	√	√	×
二级	√	√	×	√	√	×
三级	√	√	√	√	√	√

注：表中"√"表示允许使用；"×"表示不允许使用。

2 使用光学水准仪和数字水准仪进行水准测量作业的基本方法应符合现行国家标准《国家一、二等水准测量规范》GB 12897和《国家三、四等水准测量规范》GB 12898的相应规定；

3 一、二、三级水准测量的观测方式应符合表4.4.1-2的规定：

表4.4.1-2 一、二、三级水准测量观测方式

级别	高程控制测量、工作基点联测及首次沉降观测			其他各次沉降观测		
	DS05、DSZ05型	DS1、DSZ1型	DS3、DSZ3型	DS05、DSZ05型	DS1、DSZ1型	DS3、DSZ3型
一级	往返测	—	—	往返测或单程双测站	—	—
二级	往返测或单程双测站	往返测或单程双测站	—	单程观测	单程双测站	—
三级	单程双测站	单程双测站	往返测或单程双测站	单程观测	单程观测	单程双测站

4 特级水准观测的观测次数r可根据所选精度和使用的仪器类型，按公式（4.4.1-1）估算并作调整后确定：

$$r = (m_0/m_h)^2 \quad (4.4.1-1)$$

式中 m_h——测站高差中误差；
    m_0——水准仪单程观测每测站高差中误差估值（mm）。对DS05和DSZ05型仪器，m_0可按公式（4.4.1-2）计算：

$$m_0 = 0.025 + 0.0029 \times S \quad (4.4.1-2)$$

式中 S——最长视线长度（m）。

对按公式（4.4.1-1）估算的结果，应按下列规定执行：

1）当$1 < r \leqslant 2$时，应采用往返观测或单程双测站观测；

2）当$2 < r < 4$时，应采用两次往返观测或正反向各按单程双测站观测；

3）当$r \leqslant 1$时，对高程控制网的首次观测、复测、各周期观测中的工作基点稳定性检测及首次沉降观测应进行往返测或单程双测站观测。从第二次沉降观测开始，可进行单程观测。

4.4.2 水准观测的有关技术要求应符合下列规定：

1 水准观测的视线长度、前后视距差和视线高度应符合表4.4.2-1的规定：

表4.4.2-1 水准观测的视线长度、前后视距差和视线高（m）

级别	视线长度	前后视距差	前后视距差累积	视线高度
特级	≤10	≤0.3	≤0.5	≥0.8
一级	≤30	≤0.7	≤1.0	≥0.5
二级	≤50	≤2.0	≤3.0	≥0.3
三级	≤75	≤5.0	≤8.0	≥0.2

注：1 表中的视线高度为下丝读数；
   2 当采用数字水准仪观测时，最短视线长度不宜小于3m，最低水平视线高度不应低于0.6m。

2 水准观测的限差应符合表4.4.2-2的规定：

表4.4.2-2 水准观测的限差（mm）

级别		基辅分划读数之差	基辅分划所测高差之差	往返较差及附合或环线闭合差	单程双测站所测高差较差	检测已测测段高差之差
特级		0.15	0.2	$\leqslant 0.1\sqrt{n}$	$\leqslant 0.07\sqrt{n}$	$\leqslant 0.15\sqrt{n}$
一级		0.3	0.5	$\leqslant 0.3\sqrt{n}$	$\leqslant 0.2\sqrt{n}$	$\leqslant 0.45\sqrt{n}$
二级		0.5	0.7	$\leqslant 1.0\sqrt{n}$	$\leqslant 0.7\sqrt{n}$	$\leqslant 1.5\sqrt{n}$
三级	光学测微法	1.0	1.5	$\leqslant 3.0\sqrt{n}$	$\leqslant 2.0\sqrt{n}$	$\leqslant 4.5\sqrt{n}$
	中丝读数法	2.0	3.0			

注：1 当采用数字水准仪观测时，对同一尺面的两次读数差不设限差，两次读数所测高差之差的限差执行基辅分划所测高差之差的限差；
   2 表中n为测站数。

4.4.3 使用的水准仪、水准标尺在项目开始前和结束后应进行检验，项目进行中也应定期检验。当观测成果出现异常，经分析与仪器有关时，应及时对仪器进行检验与校正。检验和校正应按现行国家标准《国家一、二等水准测量规范》GB 12897 和《国家三、四等水准测量规范》GB 12898 的规定执行。检验后应符合下列要求：

1 对用于特级水准观测的仪器，i 角不得大于 $10''$；对用于一、二级水准观测的仪器，i 角不得大于 $15''$；对用于三级水准观测的仪器，i 角不得大于 $20''$。补偿式自动安平水准仪的补偿误差绝对值不得大于 $0.2''$；

2 水准标尺分划线的分米分划线误差和米分划间隔真长与名义长度之差，对线条式因瓦合金标尺不应大于 0.1mm，对区格式木质标尺不应大于 0.5mm。

4.4.4 水准观测作业应符合下列要求：

1 应在标尺分划线成像清晰和稳定的条件下进行观测。不得在日出后或日落前约半小时、太阳中天前后、风力大于四级、气温突变时以及标尺分划线的成像跳动而难以照准时进行观测。阴天可全天观测；

2 观测前半小时，应将仪器置于露天阴影下，使仪器与外界气温趋于一致。设站时，应用测伞遮蔽阳光。使用数字水准仪前，还应进行预热；

3 使用数字水准仪，应避免望远镜直接对着太阳，并避免视线被遮挡。仪器应在其生产厂家规定的温度范围内工作。振动源造成的振动消失后，才能启动测量键。当地面振动较大时，应随时增加重复测量次数；

4 每测段往测与返测的测站数均应为偶数，否则应加入标尺零点差改正。由往测转向返测时，两标尺应互换位置，并应重新整置仪器。在同一测站上观测时，不得两次调焦。转动仪器的倾斜螺旋和测微鼓时，其最后旋转方向，均应为旋进；

5 对各周期观测过程中发现的相邻观测点高差变动迹象、地质地貌异常、附近建筑基础和墙体裂缝等情况，应做好记录，并画草图。

4.4.5 凡超出本规范表 4.4.2-2 规定限差的成果，均应先分析原因再进行重测。当测站观测限差超限时，应立即重测；当迁站后发现超限时，应从稳固可靠的固定点开始重测。

4.4.6 静力水准测量的技术要求应符合表 4.4.6 的规定：

表 4.4.6 静力水准观测技术要求

级别	特级	一级	二级	三级
仪器类型	封闭式	封闭式敞口式	敞口式	敞口式
读数方式	接触式	接触式	目视式	目视式

续表 4.4.6

级别	特级	一级	二级	三级
两次观测高差较差（mm）	±0.1	±0.3	±1.0	±3.0
环线及附合路线闭合差（mm）	$±0.1\sqrt{n}$	$±0.3\sqrt{n}$	$±1.0\sqrt{n}$	$±3.0\sqrt{n}$

注：n 为高差个数。

4.4.7 静力水准测量作业应符合下列规定：

1 观测前向连通管内充水时，不得将空气带入，可采用自然压力排气充水法或人工排气充水法进行充水；

2 连通管应平放在地面上，当通过障碍物时，应防止连通管在竖向出现 Ω 形而形成滞气"死角"。连通管任何一段的高度都应低于蓄水罐底部，但最低不宜低于 20cm；

3 观测时间应选在气温最稳定的时段，观测读数应在液体完全呈静态下进行；

4 测站上安置仪器的接触面应清洁、无灰尘杂物。仪器对中误差不应大于±2mm，倾斜度不应大于 $10'$。使用固定式仪器时，应有校验安装面的装置，校验误差不应大于±0.05mm；

5 宜采用两台仪器对向观测。条件不具备时，亦可采用一台仪器往返观测。每次观测，可取 2～3 个读数的中数作为一次观测值。根据读数设备的精度和沉降观测级别，读数较差限值宜为 0.02～0.04mm。

4.4.8 使用自动静力水准设备进行水准测量时，应根据变形测量的精度级别和所用设备的性能，参照本规范的有关规定，制定相应的作业规程。作业中，应定期对所用设备进行检校。

4.5 电磁波测距三角高程测量

4.5.1 对水准测量确有困难的二、三级高程控制测量，可采用电磁波测距三角高程测量，并按附录 C 的规定使用专用觇牌和配件。对于更高精度或特殊的高程控制测量确需采用三角高程测量时，应进行详细设计和论证。

4.5.2 电磁波测距三角高程测量的视线长度不宜大于 300m，最长不得超过 500m，视线垂直角不超过 $10°$，视线高度和离开障碍物的距离不得小于 1.3m。

4.5.3 电磁波测距三角高程测量应优先采用中间设站观测方式，也可采用每点设站、往返观测方式。当采用中间设站观测方式时，每站的前后视线长度之差，对于二级不得超过 15m，三级不得超过视线长度的 1/10；前后视距差累积，对于二级不得超过 30m，三级不得超过 100m。

4.5.4 电磁波测距三角高程测量施测的主要技术要求应符合下列规定：

1 三角高程测量边长的测定，应采用符合本规范表 4.7.1 规定的相应精度等级的电磁波测距仪往返观测各 2 测回。当采取中间设站观测方式时，前、后视各观测 2 测回。测距的各项限差和要求应符合本规范第 4.7 节的要求；

2 垂直角观测应采用觇牌为照准目标，按表 4.5.4 的要求采用中丝双照准法观测。当采用中间设站观测方式分两组观测时，垂直角观测的顺序宜为：

第一组：后视—前视—前视—后视（照准上目标）；

第二组：前视—后视—后视—前视（照准下目标）。

表 4.5.4 垂直角观测的测回数与限差

级别	二级		三级	
仪器类型	DJ05	DJ1	DJ1	DJ2
测回数	4	6	4	6
两次照准目标读数差（″）	1.5	4	4	6
垂直角测回差（″）	2	5	5	7
指标差较差（″）	3			

每次照准后视或前视时，一次正倒镜完成该分组测回数的 1/2。中间设站观测方式的垂直角总测回数应等于每点设站、往返观测方式的垂直角总测回数。

3 垂直角观测宜在日出后 2h 至日落前 2h 的期间内目标成像清晰稳定时进行。阴天和多云天气可全天观测；

4 仪器高、觇标高应在观测前后用经过检验的量杆或钢尺各量测一次，精确读至 0.5mm，当较差不大于 1mm 时取用中数。采用中间设站观测方式时可不量测仪器高；

5 测定边长和垂直角时，当测距仪光轴和经纬仪照准轴不共轴，或在不同觇牌高度上分两组观测垂直角时，必须进行边长和垂直角归算后才能计算和比较两组高差。

4.5.5 电磁波测距三角高程测量高差的计算及其限差应符合下列规定：

1 每点设站、往返观测时，单向观测高差应按公式（4.5.5-1）计算：

$$h = D\tan\alpha_V + \frac{1-K}{2R}D^2 + I - v \quad (4.5.5\text{-}1)$$

式中 D——三角高程测量边的水平距离（m）；
h——三角高程测量边两端点的高差（m）；
α_V——垂直角；
K——为大气垂直折光系数；
R——地球平均曲率半径（m）；
I——仪器高（m）；
v——觇牌高（m）。

2 中间设站观测时应按公式（4.5.5-2）计算高差：

$$h_{12} = (D_2\tan\alpha_2 - D_1\tan\alpha_1) + \left(\frac{D_2^2 - D_1^2}{2R}\right) - \left(\frac{D_2^2}{2R}K_2 - \frac{D_1^2}{2R}K_1\right) - (v_2 - v_1)$$

$$(4.5.5\text{-}2)$$

式中 h_{12}——后视点与前视点之间的高差（m）；
α_1、α_2——后视、前视垂直角；
D_1、D_2——后视、前视水平距离（m）；
K_1、K_2——后视、前视大气垂直折光系数；
R——地球平均曲率半径（m）；
v_1、v_2——后视、前视觇牌高（m）。

3 电磁波测距三角高程测量观测的限差应符合表 4.5.5 的要求。

表 4.5.5 三角高程测量的限差（mm）

级别	附合线路或环线闭合差	检测已测边高差之差
二级	$\leq \pm 4\sqrt{L}$	$\leq \pm 6\sqrt{D}$
三级	$\leq \pm 12\sqrt{L}$	$\leq \pm 18\sqrt{D}$

注：D 为测距边边长，以 km 为单位；L 为附合路线或环线长度，以 km 为单位。

4.6 水平角观测

4.6.1 各级水平角观测的技术要求应符合下列规定：

1 水平角观测宜采用方向观测法，当方向数不多于 3 个时，可不归零；特级、一级网点亦可采用全组合测角法。导线测量中，当导线点上只有两个方向时，应按左、右角观测；当导线点上多于两个方向时，应按方向法观测；

2 一、二、三级水平角观测的测回数，可按表 4.6.1 的规定执行：

表 4.6.1 水平角观测测回数

级别	一级	二级	三级
DJ05	6	4	2
DJ1	9	6	3
DJ2	—	9	6

3 对于特级水平角观测及当有可靠的光学经纬仪、电子经纬仪或全站仪精度实测数据时，可按公式（4.6.1）估算测回数：

$$n = 1 \Big/ \left[\left(\frac{m_\beta}{m_\alpha}\right)^2 - \lambda^2 \right] \quad (4.6.1)$$

式中 n——测回数，对全组合测角法取方向权 nm 之 1/2 为测回数（此处 m 为测站上的方向数）；
m_β——按闭合差计算的测角中误差（″）；
m_α——各测站平差后一测回方向中误差的平均值（″），该值可根据仪器类型、读数和照准设备、外界条件以及操作的严格与熟练程度，在下列数值范围内选取：

DJ05 型仪器 0.4″～0.5″；
DJ1 型仪器 0.8″～1.0″；
DJ2 型仪器 1.4″～1.8″；

λ——系统误差影响系数，宜为 0.5～0.9。

按公式（4.6.1）估算结果凑整取值时，对方向观测法与全组合测角法，应考虑光学经纬仪、电子经纬仪和全站仪观测度盘位置编制的要求；对动态式测角系统的电子经纬仪和全站仪，不需进行度盘配置；对导线观测应取偶数，当估算结果 n 小于 2 时，应取 n 等于 2。

4.6.2 各级别水平角观测的限差应符合下列要求：

1 方向观测法观测的限差应符合表 4.6.2-1 的规定：

表 4.6.2-1 方向观测法限差（″）

仪器类型	两次照准目标读数差	半测回归零差	一测回内2C互差	同一方向值各测回互差
DJ05	2	3	5	3
DJ1	4	5	9	5
DJ2	6	8	13	8

注：当照准方向的垂直角超过±3°时，该方向的2C互差可按同一观测时间段内相邻测回进行比较，其差值仍按表中规定。

2 全组合测角法观测的限差应符合表 4.6.2-2 的规定：

表 4.6.2-2 全组合测角法限差（″）

仪器类型	两次照准目标读数差	上下半测回角值互差	同一角度各测回角值互差
DJ05	2	3	3
DJ1	4	6	5
DJ2	6	10	8

3 测角网的三角形最大闭合差，不应大于 $2\sqrt{3}m_\beta$；导线测量每测站左、右角闭合差，不应大于 $2m_\beta$；导线的方位角闭合差，不应大于 $2\sqrt{n}m_\beta$（n 为测站数）。

4.6.3 各级水平角观测作业应符合下列要求：

1 使用的仪器设备在项目开始前应进行检验，项目进行中也应定期检验；

2 观测应在通视良好、成像清晰稳定时进行。晴天的日出、日落前后和太阳中天前后不宜观测。作业中仪器不得受阳光直接照射，当气泡偏离超过一格时，应在测回间重新整置仪器。当视线靠近吸热或放热强烈的地形地物时，应选择阴天或有风但不影响仪器稳定的时间进行观测。当需削减时间性水平折光影响时，应按不同时间段观测；

3 控制网观测宜采用双照准法，在半测回中每个方向连续照准两次，并各读数一次。每站观测中，应避免二次调焦，当观测方向的边长悬殊较大、有关方向应调焦时，宜采用正倒镜同时观测法，并可不考虑2C变动范围。对于大倾斜方向的观测，应严格控制水平气泡偏移，当垂直角超过3°时，应进行仪器竖轴倾斜改正。

4.6.4 当观测成果超出限差时，应按下列规定进行重测：

1 当2C互差或各测回互差超限时，应重测超限方向，并联测零方向；

2 当归零差或零方向的2C互差超限时，应重测该测回；

3 在方向观测法一测回中，当重测方向数超过所测方向总数的 1/3 时，应重测该测回；

4 在一个测站上，对于采用方向观测法，当基本测回重测的方向测回数超过全部方向测回总数的 1/3 时，应重测该测站；对于采用全组合测角法，当重测的测回数超过全部基本测回数的 1/3 时，应重测该测站；

5 基本测回成果和重测成果均应记入手簿。重测成果与基本测回结果之间不得取中数，每一测回只应取用一个符合限差的结果；

6 全组合测角法，当直接角与间接角互差超限时，在满足本条第 4 款要求，即不超过全部基本测回数 1/3 的前提下，可重测单角；

7 当三角形闭合差超限需要重测时，应进行分析，选择有关测站进行重测。

4.7 距 离 测 量

4.7.1 电磁波测距仪测距的技术要求，除特级和其他有特殊要求的边长须专门设计外，对一、二、三级位移观测应符合表 4.7.1 的要求，并应按下列规定执行：

表 4.7.1 电磁波测距技术要求

级别	仪器精度等级（mm）	每边测回数 往	每边测回数 返	一测回读数间较差限值（mm）	单程测回间较差限值（mm）	气象数据测定的最小读数 温度（℃）	气象数据测定的最小读数 气压（mmHg）	往返或时段间较差限值
一级	≤1	4	4	1	1.4	0.1	0.1	
二级	≤3	4	4	3	5.0	0.2	0.5	$\sqrt{2}(a+b \cdot D \cdot 10^{-6})$
三级	≤5	2	2	7.0	0.2	0.5		
	≤10	4	4	10	15.0	0.5	0.5	

注：1 仪器精度等级系根据仪器标称精度（$a+b \cdot 10^{-6}$），以相应级别的平均边长 D 代入计算的测距中误差划分；

2 一测回是指照准目标一次、读数 4 次的过程；

3 时段是指测边的时间段，如上午、下午和不同的白天。可采用不同时段观测代替往返观测。

1 往返测或不同时间段观测值较差,应将斜距化算到同一水平面上方可进行比较;

2 测距时应使用经检定合格的温度计和气压计;

3 气象数据应在每边观测始末时在两端进行测定,取其平均值;

4 测距边两端点的高差,对一、二级边可采用三级水准测量方法测定;对三级边可采用三角高程测量方法测定,并应考虑大气折光和地球曲率对垂直角观测值的影响;

5 测距边归算到水平距离时,应在观测的斜距中加入气象改正和加常数、乘常数、周期误差改正后,化算至测距仪与反光镜的平均高程面上。

4.7.2 电磁波测距作业应符合下列要求:

1 项目开始前,应对使用的测距仪进行检验;项目进行中,应对其定期检验;

2 测距应在成像清晰、气象条件稳定时进行。阴天、有微风时可全天观测;晴天最佳观测时间宜为日出后1h和日落前1h;雷雨前后、大雾、大风、雨、雪天和大气透明度很差时,不应进行观测;

3 晴天作业时,应对测距仪和反光镜打伞遮阳,严禁将仪器照准头对准太阳,不宜顺、逆光观测;

4 视线离地面或障碍物宜在1.3m以上,测站不应设在电磁场影响范围之内;

5 当一测回中读数较差超限时,应重测整测回。当测回间较差超限时,可重测2个测回,然后去掉其中最大、最小两个观测值后取平均。如重测后测回差仍超限,应重测该测距边的所有测回。当往返测或不同时段较差超限时,应分析原因,重测单方向的距离。如重测后仍超限,应重测往、返两方向或不同时段的距离。

4.7.3 因瓦尺和钢尺丈量距离的技术要求,除特级和其他有特殊要求的边长须专门设计外,对一、二、三级位移观测的边长丈量,应符合表4.7.3的要求,并应按下列规定执行:

表 4.7.3 因瓦尺及钢尺距离丈量技术要求

级别	尺子类型	尺数	丈量总次数	定线最大偏差(mm)	尺段高差较差(mm)	读数次数	最小估读值(mm)	最小温度读数(℃)	同尺各次或同段各尺的较差(mm)	经各项改正后的各次或各尺全长较差(mm)
一级	因瓦尺	2	4	20	3	3	0.1	0.5	0.3	$2.5\sqrt{D}$
二级	因瓦尺	1 2	4 2	30	5	3	0.1	0.5	0.5	$3.0\sqrt{D}$
二级	钢尺	2	8	50	5	3	0.5	1.0	1.0	$3.0\sqrt{D}$
三级	钢尺	2	6	50	5	3	0.5	2.0	2.0	$5.0\sqrt{D}$

注:1 表中D是以100m为单位计的长度;
  2 表列规定所适应的边长丈量相对中误差为:一级1/200000,二级1/100000,三级1/50000。

1 因瓦尺、钢尺在使用前应按规定进行检定,并在有效期内使用;

2 各级边长测量应采用往返悬空丈量方法。使用的重锤、弹簧秤和温度计,均应进行检定。丈量时,引张拉力值应与检定时相同;

3 当下雨、尺的横向有二级以上风或作业时的温度超过尺子膨胀系数检定时的温度范围时,不应进行丈量;

4 网的起算边或基线宜选成尺长的整倍数。用零尺段时,应改变拉力或进行拉力改正;

5 量距时,应在尺子的附近测定温度;

6 安置轴杆架或引张架时应使用经纬仪定线。尺段高差可采用水准仪中丝法往返或单程双测站观测;

7 丈量结果应加入尺长、温度、倾斜改正,因瓦尺还应加入悬链线不对称、分划尺倾斜等改正。

4.8 GPS 测量

4.8.1 选用GPS接收机,应根据需要并符合表4.8.1的规定。

表 4.8.1 GPS接收机的选用

级别	一、二级	三级
接收机类型	双频或单频	双频或单频
标称精度	≤(3mm+$D\times 10^{-6}$)	≤(5mm+$D\times 10^{-6}$)

4.8.2 GPS接收机必须经检定合格后方可用于变形测量作业。接收机在使用过程中应进行必要的检验。

4.8.3 GPS测量的基本技术要求应符合表4.8.3的规定。

表 4.8.3 GPS测量基本技术要求

级别		一级	二级	三级
卫星截止高度角(°)		≥15	≥15	≥15
有效观测卫星数		≥6	≥5	≥4
观测时段长度(min)	静态	30～90	20～60	15～45
	快速静态	—	—	≥15
数据采样间隔(s)	静态	10～30	10～30	10～30
	快速静态			5～15
PDOP		≤5	≤6	≤6

4.8.4 GPS观测作业应符合下列规定：

1 对于一、二级GPS测量，应使用零相位天线和强制对中器安置GPS接收机天线，对中精度应高于±0.5mm，天线应统一指向北方；

2 作业中应严格按规定的时间计划进行观测；

3 经检查接收机电源电缆和天线等各项连结无误，方可开机；

4 开机后经检验有关指示灯与仪表显示正常后，方可进行自测试，输入测站名和时段等控制信息；

5 接收机启动前与作业过程中，应填写测量手簿中的记录项目；

6 每时段应进行一次气象观测；

7 每时段开始、结束时，应分别量测一次天线高，并取其平均值作为天线高；

8 观测期间应防止接收设备振动，并防止人员和其他物体碰动天线或阻挡信号；

9 观测期间，不得在天线附近使用电台、对讲机和手机等无线电通信设备；

10 天气太冷时，接收机应适当保暖。天气很热时，接收机应避免阳光直接照晒，确保接收机正常工作。雷电、风暴天气不宜进行测量；

11 同一时段观测过程中，不得进行下列操作：

 1）接收机关闭又重新启动；
 2）进行自测试；
 3）改变卫星截止高度角；
 4）改变数据采样间隔；
 5）改变天线位置；
 6）按动关闭文件和删除文件功能键；

12 在GPS快速静态定位测量中，整个作业时间段内，参考站观测不得中断，参考站和流动站采样间隔应相同；

13 GPS测量数据的处理应按现行国家标准《全球定位系统（GPS）测量规范》GB/T 18314的相应规定执行，数据采用率宜大于95%。对于一、二级变形测量，宜使用精密星历。

5 沉降观测

5.1 一般规定

5.1.1 建筑沉降观测可根据需要，分别或组合测定建筑场地沉降、基坑回弹、地基土分层沉降以及基础和上部结构沉降。对于深基础建筑或高层、超高层建筑，沉降观测应从基础施工时开始。

5.1.2 各类沉降观测的级别和精度要求，应视工程的规模、性质及沉降量的大小及速度确定。

5.1.3 布设沉降观测点时，应结合建筑结构、形状和场地工程地质条件，并应顾及施工和建成后使用方便。同时，点位应易于保存，标志应稳固美观。

5.1.4 各类沉降观测应根据本规范第9.1节的规定及时提交相应的阶段性成果和综合成果。

5.2 建筑场地沉降观测

5.2.1 建筑场地沉降观测应分别测定建筑相邻影响范围之内的相邻地基沉降与建筑相邻影响范围之外的场地地面沉降。

5.2.2 建筑场地沉降点位的选择应符合下列规定：

1 相邻地基沉降观测点可选在建筑纵横轴线或边线的延长线上，亦可选在通过建筑重心的轴线延长线上。其点位间距应视基础类型、荷载大小及地质条件，与设计人员共同确定或征求设计人员意见后确定。点位可在建筑基础深度1.5~2.0倍的距离范围内，由外墙向外由密到疏布设，但距基础最远的观测点应设置在沉降量为零的沉降临界点以外；

2 场地地面沉降观测点应在相邻地基沉降观测点布设线路之外的地面上均匀布设。根据地质地形条件，可选择使用平行轴线方格网法、沿建筑四角辐射网法或散点法布设。

5.2.3 建筑场地沉降点标志的类型及埋设应符合下列规定：

1 相邻地基沉降观测点标志可分为用于监测安全的浅埋标和用于结合科研的深埋标两种。浅埋标可采用普通水准标石或用直径25cm的水泥管现场浇灌，埋深宜为1~2m，并使标石底部埋在冰冻线以下。深埋标可采用内管外加保护管的标石形式，埋深应与建筑基础深度相适应，标石顶部须埋入地面下20~30cm，并砌筑带盖的窨井加以保护；

2 场地地面沉降观测点的标志与埋设，应根据观测要求确定，可采用浅埋标志。

5.2.4 建筑场地沉降观测的路线布设、观测精度及其他技术要求可按照本规范第5.5节的有关规定执行。

5.2.5 建筑场地沉降观测的周期，应根据不同任务要求、产生沉降的不同情况以及沉降速度等因素具体分析确定，并符合下列规定：

1 基础施工的相邻地基沉降观测，在基坑降水时和基坑土开挖过程中应每天观测一次。混凝土底板浇完10d以后，可每2~3d观测一次，直至地下室顶板完工和水位恢复。此后可每周观测一次至回填土完工；

2 主体施工的相邻地基沉降观测和场地地面沉降观测的周期可按照本规范第5.5节的有关规定确定。

5.2.6 建筑场地沉降观测应提交下列图表：

1 场地沉降观测点平面布置图；
2 场地沉降观测成果表；
3 相邻地基沉降的距离-沉降曲线图；
4 场地地面等沉降曲线图。

5.3 基坑回弹观测

5.3.1 基坑回弹观测应测定建筑基础在基坑开挖后，由于卸除基坑土自重而引起的基坑内外影响范围内相对于开挖前的回弹量。

5.3.2 回弹观测点位的布设，应根据基坑形状、大小、深度及地质条件确定，用适当的点数测出所需纵横断面的回弹量。可利用回弹变形的近似对称特性，按下列规定布点：

1 对于矩形基坑，应在基坑中央及纵（长边）横（短边）轴线上布设，纵向每8～10m布一点，横向每3～4m布一点。对其他形状不规则的基坑，可与设计人员商定；

2 对基坑外的观测点，应埋设常用的普通水准点标石。观测点应在所选坑内方向线的延长线上距基坑深度1.5～2.0倍距离内布置。当所选点位遇到地下管道或其他物体时，可将观测点移至与之对应方向线的空位置上；

3 应在基坑外相对稳定且不受施工影响的地点选设工作基点及为寻找标志用的定位点。

5.3.3 回弹标志应埋入基坑底面以下20～30cm，根据开挖深度和地层土质情况，可采用钻孔法或探井法埋设。根据埋设与观测方法，可采用辅助杆压入式、钻杆送入式或直埋式标志。回弹标志的埋设可按本规范附录D第D.0.2条的规定执行。

5.3.4 回弹观测的精度可按本规范第3.0.5条的规定以给定或预估的最大回弹量为变形允许值进行估算后确定，但最弱观测点相对邻近工作基点的高程中误差不得大于±1.0mm。

5.3.5 回弹观测路线应组成起迄于工作基点的闭合或附合路线。

5.3.6 回弹观测不应少于3次，其中第一次应在基坑开挖之前，第二次应在基坑挖好之后，第三次应在浇筑基础混凝土之前。当基坑挖完至基础施工的间隔时间较长时，应适当增加观测次数。

5.3.7 基坑开挖前的回弹观测，宜采用水准测量配以铅垂钢尺读数的钢尺法。较浅基坑的观测，可采用水准测量配辅助杆垫高水准尺读数的辅助杆法。观测结束后，应在观测孔底充填厚度约为1m的白灰。

5.3.8 回弹观测的设备及作业方法应符合下列规定：

1 钢尺在地面的一端，应使用三脚架、滑轮、重锤或拉力计牵拉。在孔内的一端，应配以能在读数时准确接触回弹标志头的装置。观测时可配挂磁锤。当基坑较深、地质条件复杂时，可用电磁探头装置观测。当基坑较浅时，可用挂钩法，此时标志顶端应加工成弯钩状。

2 辅助杆宜用空心两头封口的金属管制成，顶部应加工成半球状，并在顶部侧面安置圆水准器，杆长以放入孔内后露出地面20～40cm为宜；

3 测前与测后应对钢尺和辅助杆的长度进行检定。长度检定中误差不应大于回弹观测站高差中误差的1/2；

4 每一测站的观测可按先后视水准点上标尺、再前视孔内标尺的顺序进行，每组读数3次，反复进行两组作为一测回。每站不应少于两测回，并应同时测记孔内温度。观测结果应加入尺长和温度改正。

5.3.9 基坑开挖后的回弹观测，应利用传递到坑底的临时工作点，按所需观测精度，用水准测量方法及时测出每一观测点的标高。当全部点挖见后，再统一观测一次。

5.3.10 基坑回弹观测应提交的主要图表为：

1 回弹观测点位布置平面图；

2 回弹观测成果表；

3 回弹纵、横断面图（本规范附录E）。

5.4 地基土分层沉降观测

5.4.1 分层沉降观测应测定建筑地基内部各分层土的沉降量、沉降速度以及有效压缩层的厚度。

5.4.2 分层沉降观测点应在建筑地基中心附近2m×2m或各点间距不大于50cm的范围内，沿铅垂线方向上的各层土内布置。点位数量与深度应根据分层土的分布情况确定，每一土层应设一点，最浅的点位应在基础底面下不小于50cm处，最深的点位应在超过压缩层理论厚度处或设在压缩性低的砾石或岩石层上。

5.4.3 分层沉降观测标志的埋设应采用钻孔法，埋设要求可按本规范第D.0.3条的规定执行。

5.4.4 分层沉降观测精度可按分层沉降观测点相对于邻近工作基点或基准点的高程中误差不大于±1.0mm的要求设计确定。

5.4.5 分层沉降观测应按周期用精密水准仪或自动分层沉降仪测出各标顶的高程，计算出沉降量。

5.4.6 分层沉降观测应从基坑开挖后基础施工前开始，直至建筑竣工后沉降稳定时为止。观测周期可按照本规范第5.5节的有关规定确定。首次观测至少应在标志埋好5d后进行。

5.4.7 地基土分层沉降观测应提交下列图表：

1 地基土分层标点位置图；

2 地基土分层沉降观测成果表；

3 各土层荷载-沉降-深度曲线图（本规范附录E）。

5.5 建筑沉降观测

5.5.1 建筑沉降观测应测定建筑及地基的沉降量、沉降差及沉降速度，并根据需要计算基础倾斜、局部倾斜、相对弯曲及构件倾斜。

5.5.2 沉降观测点的布设应能全面反映建筑及地基变形特征，并顾及地质情况及建筑结构特点。点位宜选设在下列位置：

1 建筑的四角、核心筒四角、大转角处及沿外墙每10～20m处或每隔2～3根柱基上；

2 高低层建筑、新旧建筑、纵横墙等交接处的两侧；

3 建筑裂缝、后浇带和沉降缝两侧、基础埋深相差悬殊处、人工地基与天然地基接壤处、不同结构的分界处及填挖方分界处；

4 对于宽度大于等于15m或小于15m而地质复杂以及膨胀土地区的建筑，应在承重内隔墙中部设内墙点，并在室内地面中心及四周设地面点；

5 邻近堆置重物处、受振动有显著影响的部位及基础下的暗浜（沟）处；

6 框架结构建筑的每个或部分柱基上或沿纵横轴线上；

7 筏形基础、箱形基础底板或接近基础的结构部分之四角处及其中部位置；

8 重型设备基础和动力设备基础的四角、基础形式或埋深改变处以及地质条件变化处两侧；

9 对于电视塔、烟囱、水塔、油罐、炼油塔、高炉等高耸建筑，应设在沿周边与基础轴线相交的对称位置上，点数不少于4个。

5.5.3 沉降观测的标志可根据不同的建筑结构类型和建筑材料，采用墙（柱）标志、基础标志和隐蔽式标志等形式，并符合下列规定：

1 各类标志的立尺部位应加工成半球形或有明显的突出点，并涂上防腐剂；

2 标志的埋设位置应避开雨水管、窗台线、散热器、暖水管、电气开关等有碍设标与观测的障碍物，并应视立尺需要离开墙（柱）面和地面一定距离；

3 隐蔽式沉降观测点标志的形式可按本规范第D.0.1条的规定执行；

4 当应用静力水准测量方法进行沉降观测时，观测标志的形式及其埋设，应根据采用的静力水准仪的型号、结构、读数方式以及现场条件确定。标志的规格尺寸设计，应符合仪器安置的要求。

5.5.4 沉降观测点的施测精度应按本规范第3.0.5条的规定确定。

5.5.5 沉降观测的周期和观测时间应按下列要求并结合实际情况确定：

1 建筑施工阶段的观测应符合下列规定：

1）普通建筑可在基础完工后或地下室砌完后开始观测，大型、高层建筑可在基础垫层或基础底部完成后开始观测；

2）观测次数与间隔时间应视地基与加荷情况而定。民用高层建筑可每加高1～5层观测一次，工业建筑可按回填基坑、安装柱子和屋架、砌筑墙体、设备安装等不同施工阶段分别进行观测。若建筑施工均匀增高，应至少在增加荷载的25%、50%、75%和100%时各测一次；

3）施工过程中若暂停工，在停工时及重新开工时应各观测一次。停工期间可每隔2～3个月观测一次；

2 建筑使用阶段的观测次数，应视地基土类型和沉降速率大小而定。除有特殊要求外，可在第一年观测3～4次，第二年观测2～3次，第三年后每年观测1次，直至稳定为止。

3 在观测过程中，若有基础附近地面荷载突然增减、基础四周大量积水、长时间连续降雨等情况，均应及时增加观测次数。当建筑突然发生大量沉降、不均匀沉降或严重裂缝时，应立即进行逐日或2～3d一次的连续观测。

4 建筑沉降是否进入稳定阶段，应由沉降量与时间关系曲线判定。当最后100d的沉降速率小于0.01～0.04mm/d时可认为已进入稳定阶段。具体取值宜根据各地区地基土的压缩性能确定。

5.5.6 沉降观测的作业方法和技术要求应符合下列规定：

1 对特级、一级沉降观测，应按本规范第4.4节的规定执行；

2 对二级、三级沉降观测，除建筑转角点、交接点、分界点等主要变形特征点外，允许使用间视法进行观测，但视线长度不得大于相应等级规定的长度；

3 观测时，仪器应避免安置在有空压机、搅拌机、卷扬机、起重机等振动影响的范围内；

4 每次观测应记载施工进度、荷载量变动、建筑倾斜裂缝等各种影响沉降变化和异常的情况。

5.5.7 每周期观测后，应及时对观测资料进行整理，计算观测点的沉降量、沉降差以及本周期平均沉降量、沉降速率和累计沉降量。根据需要，可按公式（5.5.7-1）、（5.5.7-2）计算基础或构件的倾斜或弯曲量：

1 基础或构件倾斜度 α：

$$\alpha = (s_A - s_B)/L \quad (5.5.7\text{-}1)$$

式中 s_A、s_B——基础或构件倾斜方向上 A、B 两点的沉降量（mm）；

L——A、B 两点间的距离（mm）。

2 基础相对弯曲度 f_c：

$$f_c = [2s_0 - (s_1 + s_2)]/L \quad (5.5.7\text{-}2)$$

式中 s_0——基础中点的沉降量（mm）；

s_1、s_2——基础两个端点的沉降量（mm）；

L——基础两个端点间的距离（mm）。

注：弯曲量以向上凸起为正，反之为负。

5.5.8 沉降观测应提交下列图表：

1 工程平面位置图及基准点分布图;
2 沉降观测点位分布图;
3 沉降观测成果表;
4 时间-荷载-沉降曲线图(本规范附录E);
5 等沉降曲线图(本规范附录E)。

6 位移观测

6.1 一般规定

6.1.1 建筑位移观测可根据需要,分别或组合测定建筑主体倾斜、水平位移、挠度和基坑壁侧向位移,并对建筑场地滑坡进行监测。

6.1.2 位移观测应根据建筑的特点和施测要求做好观测方案的设计和技术准备工作,并取得委托方及有关人员的配合。

6.1.3 位移观测的标志应根据不同建筑的特点进行设计。标志应牢固、适用、美观。若受条件限制或对于高耸建筑,也可选定变形体上特征明显的塔尖、避雷针、圆柱(球)体边缘等作为观测点。对于基坑等临时性结构或岩土体,标志应坚固、耐用、便于保护。

6.1.4 位移观测可根据现场作业条件和经济因素选用视准线法、测角交会法或方向差交会法、极坐标法、激光准直法、投点法、测小角法、测斜法、正倒垂线法、激光位移计自动测记法、GPS法、激光扫描法或近景摄影测量法等。

6.1.5 各类建筑位移观测应根据本规范第9.1节的规定及时提交相应的阶段性成果和综合成果。

6.2 建筑主体倾斜观测

6.2.1 建筑主体倾斜观测应测定建筑顶部观测点相对于底部固定点或上层相对于下层观测点的倾斜度、倾斜方向及倾斜速率。刚性建筑的整体倾斜,可通过测量顶面或基础的差异沉降来间接确定。

6.2.2 主体倾斜观测点和测站点的布设应符合下列要求:

1 当从建筑外部观测时,测站点的点位应选在与倾斜方向成正交的方向线上距照准目标1.5~2.0倍目标高度的固定位置。当利用建筑内部竖向通道观测时,可将通道底部中心点作为测站点;

2 对于整体倾斜,观测点及底部固定点应沿着对应测站点的建筑主体竖直线,在顶部和底部上下对应布设;对于分层倾斜,应按分层部位上下对应布设;

3 按前方交会法布设的测站点,基线端点的选设应顾及距离或长度丈量的要求。按方向线水平角法布设的测站点,应设置好定向点。

6.2.3 主体倾斜观测点位的标志设置应符合下列要求:

1 建筑顶部和墙体上的观测点标志可采用埋入式照准标志。当有特殊要求时,应专门设计;

2 不便埋设标志的塔形、圆形建筑以及竖直构件,可以照准视线所切同高边缘确定的位置或用高度角控制的位置作为观测点位;

3 位于地面的测站点和定向点,可根据不同的观测要求,使用带有强制对中装置的观测墩或混凝土标石;

4 对于一次性倾斜观测项目,观测点标志可采用标记形式或直接利用符合位置与照准要求的建筑特征部位,测站点可采用小标石或临时性标志。

6.2.4 主体倾斜观测的精度可根据给定的倾斜量允许值,按本规范第3.0.5条的规定确定。当由基础倾斜间接确定建筑整体倾斜时,基础差异沉降的观测精度应按本规范第3.0.5条的规定确定。

6.2.5 主体倾斜观测的周期可视倾斜速度每1~3个月观测一次。当遇基础附近因大量堆载或卸载、场地降雨长期积水等而导致倾斜速度加快时,应及时增加观测次数。施工期间的观测周期,可根据要求按照本规范第5.5.5条的规定确定。倾斜观测应避开强日照和风荷载影响大的时间段。

6.2.6 当从建筑或构件的外部观测主体倾斜时,宜选用下列经纬仪观测法:

1 投点法。观测时,应在底部观测点位置安置水平读数尺等量测设施。在每测站安置经纬仪投影时,应按正倒镜法测出每对上下观测点标志间的水平位移分量,再按矢量相加法求得水平位移值(倾斜量)和位移方向(倾斜方向);

2 测水平角法。对塔形、圆形建筑或构件,每测站的观测应以定向点作为零方向,测出各观测点的方向值和至底部中心的距离,计算顶部中心相对底部中心的水平位移分量。对矩形建筑,可在每测站直接观测顶部观测点与底部观测点之间的夹角或上层观测点与下层观测点之间的夹角,以所测角值与距离值计算整体的或分层的水平位移分量和位移方向;

3 前方交会法。所选基线应与观测点组成最佳构形,交会角宜在60°~120°之间。水平位移计算,可采用直接由两周期观测方向值之差解算坐标变化量的方向差交会法,亦可采用按每周期计算观测点坐标值,再以坐标差计算水平位移的方法。

6.2.7 当利用建筑或构件的顶部与底部之间的竖向通视条件进行主体倾斜观测时,宜选用下列观测方法:

1 激光铅直仪观测法。应在顶部适当位置安置接收靶,在其垂线下的地面或地板上安置激光铅直仪或激光经纬仪,按一定周期观测,在接收靶上直接读取或量出顶部的水平位移量和位移方向。作业中仪器应严格置平、对中,应旋转180°观测两次取其中数。

对超高层建筑,当仪器设在楼体内部时,应考虑大气湍流影响;

2 激光位移计自动记录法。位移计宜安置在建筑底层或地下室地板上,接收装置可设在顶层或需要观测的楼层,激光通道可利用未使用的电梯井或楼梯间隔,测试室宜选在靠近顶部的楼层内。当位移计发射激光时,从测试室的光电示波器上可直接获取位移图像及有关参数,并自动记录成果;

3 正、倒垂线法。垂线宜选用直径0.6~1.2mm的不锈钢丝或因瓦丝,并采用无缝钢管保护。采用正垂线法时,垂线上端可锚固在通道顶部或所需高度处设置的支点上。采用倒垂线法时,垂线下端可固定在锚块上,上端设浮筒。用来稳定重锤、浮子的油箱中应装有阻尼液。观测时,由观测墩上安置的坐标仪、光学垂线仪、电感式垂线仪等量测设备,按一定周期测出各测点的水平位移量;

4 吊垂球法。应在顶部或所需高度处的观测点位置上,直接或支出一点悬挂适当重量的垂球,在垂线下的底部固定毫米格网读数板等读数设备,直接读取或量出上部观测点相对底部观测点的水平位移量和位移方向。

6.2.8 当利用相对沉降量间接确定建筑整体倾斜时,可选用下列方法:

1 倾斜仪测记法。可采用水管式倾斜仪、水平摆倾斜仪、气泡倾斜仪或电子倾斜仪进行观测。倾斜仪应具有连续读数、自动记录和数字传输的功能。监测建筑上部层面倾斜时,仪器可安置在建筑顶层或需要观测的楼层的楼板上。监测基础倾斜时,仪器可安置在基础面上,以所测楼层或基础面的水平倾角变化值反映和分析建筑倾斜的变化程度;

2 测定基础沉降差法。可按本规范第5.5节有关规定,在基础上选设观测点,采用水准测量方法,以所测各周期基础的沉降差换算求得建筑整体倾斜度及倾斜方向。

6.2.9 当建筑立面上观测点数量多或倾斜变形量大时,可采用激光扫描或数字近景摄影测量方法,具体技术要求应另行设计。

6.2.10 倾斜观测应提交下列图表:

1 倾斜观测点位布置图;

2 倾斜观测成果表;

3 主体倾斜曲线图。

6.3 建筑水平位移观测

6.3.1 建筑水平位移观测点的位置应选在墙角、柱基及裂缝两边等处。标志可采用墙上标志,具体形式及其埋设应根据点位条件和观测要求确定。

6.3.2 水平位移观测的精度可根据本规范第3.0.5条的规定确定。

6.3.3 水平位移观测的周期,对于不良地基土地区的观测,可与一并进行的沉降观测协调确定;对于受基础施工影响的有关观测,应按施工进度的需要确定,可逐日或隔2~3d观测一次,直至施工结束。

6.3.4 当测量地面观测点在特定方向的位移时,可使用视准线、激光准直、测边角等方法。

6.3.5 当采用视准线法测定位移时,应符合下列规定:

1 在视准线两端各自向外的延长线上,宜埋设检核点。在观测成果的处理中,应顾及视准线端点的偏差改正;

2 采用活动觇牌法进行视准线测量时,观测点偏离视准线的距离不应超过活动觇牌读数尺的读数范围。应在视准线一端安置经纬仪或视准仪,瞄准安置在另一端的固定觇牌进行定向,待活动觇牌的照准标志正好移至方向线上时读数。每个观测点应按确定的测回数进行往测与返测;

3 采用小角法进行视准线测量时,视准线应按平行于待测建筑边线布置,观测点偏离视准线的偏角不应超过30″。偏离值d(见图6.3.5)可按公式(6.3.5)计算:

$$d = \alpha/\rho \cdot D \quad (6.3.5)$$

式中 α——偏角(″);

D——从观测端点到观测点的距离(m);

ρ——常数,其值为206265。

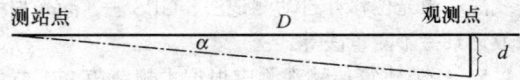

图 6.3.5 小角法

6.3.6 当采用激光准直法测定位移时,应符合下列规定:

1 使用激光经纬仪准直法时,当要求具有10^{-5}~10^{-4}量级准直精度时,可采用DJ2型仪器配置氦—氖激光器或半导体激光器的激光经纬仪及光电探测器或目测有机玻璃方格网板;当要求达10^{-6}量级精度时,可采用DJ1型仪器配置高稳定性氦—氖激光器或半导体激光器的激光经纬仪及高精度光电探测系统;

2 对于较长距离的高精度准直,可采用三点式激光衍射准直系统或衍射频谱成像及投影成像激光准直系统。对短距离的高精度准直,可采用衍射式激光准直仪或连续成像衍射板准直仪;

3 激光仪器在使用前必须进行检校,仪器射出的激光束轴线、发射系统轴线和望远镜照准轴应三者重合,观测目标与最小激光斑应重合;

4 观测点位的布设和作业方法应按照本规范第6.3.5条第2款的规定执行。

6.3.7 当采用测边角法测定位移时,对主要观测点,可以该点为测站测出对应视准线端点的边长和角度,求得偏差值。对其他观测点,可选适宜的主要观测点为测站，测出对应其他观测点的距离与方向值，按坐标法求得偏差值。角度观测测回数与长度的丈量精度要求，应根据要求的偏差值观测中误差确定。

6.3.8 测量观测点任意方向位移时，可视观测点的分布情况，采用前方交会或方向差交会及极坐标等方法。单个建筑亦可采用直接量测位移分量的方向线法，在建筑纵、横轴线的相邻延长线上设置固定方向线，定期测出基础的纵向和横向位移。

6.3.9 对于观测内容较多的大测区或观测点远离稳定地区的测区，宜采用测角、测边、边角及GPS与基准线法相结合的综合测量方法。

6.3.10 水平位移观测应提交下列图表：
   1 水平位移观测点位布置图；
   2 水平位移观测成果表；
   3 水平位移曲线图。

6.4 基坑壁侧向位移观测

6.4.1 基坑壁侧向位移观测应测定基坑围护结构桩墙顶水平位移和桩墙深层挠曲。

6.4.2 基坑壁侧向位移观测的精度应根据基坑支护结构类型、基坑形状、大小和深度、周边建筑及设施的重要程度、工程地质与水文地质条件和设计变形报警预估值等因素综合确定。

6.4.3 基坑壁侧向位移观测可根据现场条件使用视准线法、测小角法、前方交会法或极坐标法，并宜同时使用测斜仪或钢筋计、轴力计等进行观测。

6.4.4 当使用视准线法、测小角法、前方交会法或极坐标法测定基坑壁侧向位移时，应符合下列规定：
   1 基坑壁侧向位移观测点应沿基坑周边桩墙顶每隔10～15m布设一点；
   2 侧向位移观测点宜布置在冠梁上，可采用铆钉枪射入铝钉，亦可钻孔埋设膨胀螺栓或用环氧树脂胶粘标志；
   3 测站点宜布置在基坑围护结构的直角上。

6.4.5 当采用测斜仪测定基坑壁侧向位移时，应符合下列规定：
   1 测斜仪宜采用能连续进行多点测量的滑动式仪器；
   2 测斜管应布设在基坑每边中部及关键部位，并埋设在围护结构桩墙内或其外侧的土体内，其埋设深度应与围护结构入土深度一致；
   3 将测斜管吊入孔或槽内时，应使十字形槽口对准观测的水平位移方向。连接测斜管时应对准导槽，使之保持在一直线上。管底端应装底盖，每个接头及底盖处应密封；
   4 埋设于基坑围护结构中的测斜管，应将测斜管绑扎在钢筋笼上，同步放入成孔或槽内，通过浇筑混凝土后固定在桩墙中或外侧；
   5 埋设于土体中的测斜管，应先用地质钻机成孔，将分段测斜管连接放入孔内，测斜管连接部分应密封处理，测斜管与钻孔壁之间空隙宜回填细砂或水泥与膨润土拌合的灰浆，其配合比应根据土层的物理力学性能和水文地质情况确定。测斜管的埋设深度应与围护结构入土深度一致；
   6 测斜管埋好后，应停留一段时间，使测斜管与土体或结构固连为一整体；
   7 观测时，可由管底开始向上提升测头至待测位置，或沿导槽全长每隔500mm（轮距）测读一次，将测头旋转180°再测一次。两次观测位置（深度）应一致，依此作为一测回。每周期观测可测两测回，每个测斜导管的初测值，应测四测回，观测成果取中数。

6.4.6 当应用钢筋计、轴力计等物理测量仪表测定基坑主要结构的轴力、钢筋内力及监测基坑四周土体内土体压力、孔隙水压力时，应能反映基坑围护结构的变形特征。对变形大的区域，应适当加密观测点位和增设相应仪表。

6.4.7 基坑壁侧向位移观测的周期应符合下列规定：
   1 基坑开挖期间应2～3d观测一次，位移速率或位移量大时应每天1～2次；
   2 当基坑壁的位移速率或位移量迅速增大或出现其他异常时，应在做好观测本身安全的同时，增加观测次数，并立即将观测结果报告委托方。

6.4.8 基坑壁侧向位移观测应提交下列图表：
   1 基坑壁位移观测点布置图；
   2 基坑壁位移观测成果表；
   3 基坑壁位移曲线图。

6.5 建筑场地滑坡观测

6.5.1 建筑场地滑坡观测应测定滑坡的周界、面积、滑动量、滑移方向、主滑线以及滑动速度，并视需要进行滑坡预报。

6.5.2 滑坡观测点位的布设应符合下列要求：
   1 滑坡面上的观测点应均匀布设。滑动量较大和滑动速度较快的部位，应适当增加布点；
   2 滑坡周界外稳定的部位和周界内稳定的部位，均应布设观测点；
   3 主滑方向和滑动范围已明确时，可根据滑坡规模选取十字形或格网形平面布点方式；主滑方向和滑动范围不明确时，可根据现场条件，采用放射形平面布点方式；
   4 需要测定滑坡体深部位移时，应将观测点钻孔位置布设在主滑轴线上，并可对滑坡体上局部滑动和可能具有的多层滑动面进行观测；
   5 对已加固的滑坡，应在其支挡锚固结构的主要受力构件上布设应力计和观测点；
   6 采用GPS观测滑坡位移时，观测点的布设还应符合本规范第4.8节的有关规定。

6.5.3 滑坡观测点位的标石、标志及其埋设应符合下列要求：

1 土体上的观测点可埋设预制混凝土标石。根据观测精度要求，顶部的标志可采用具有强制对中装置的活动标志或嵌入加工成半球状的钢筋标志。标石埋深不宜小于1m，在冻土地区应埋至当地冻土线以下0.5m。标石顶部应露出地面20～30cm；

2 岩体上的观测点可采用砂浆现场浇固的钢筋标志。凿孔深度不宜小于10cm。标志埋好后，其顶部应露出岩体面5cm；

3 必要的临时性或过渡性观测点以及观测周期短、次数少的小型滑坡观测点，可埋设硬质大木桩，但顶部应安置照准标志，底部应埋至当地冻土线以下；

4 滑坡体深部位移观测钻孔应穿过潜在滑动面进入稳定的基岩面以下不小于1m。观测钻孔应铅直，孔径应不小于110mm。测斜管与孔壁之间的孔隙应按本规范第6.4.5条第5款的规定回填。

6.5.4 滑坡观测点的测定精度可选择本规范表3.0.4中所列的二、三级精度。有特殊要求的，应另行确定。

6.5.5 滑坡观测的周期应视滑坡的活跃程度及季节变化等情况而定，并应符合下列规定：

1 在雨季，宜每半月或一月测一次；干旱季节，可每季度测一次；

2 当发现滑速增快，或遇暴雨、地震、解冻等情况时，应增加观测次数；

3 当发现有大的滑动可能或有其他异常时，应在做好观测本身安全的同时，及时增加观测次数，并立即将观测结果报告委托方。

6.5.6 滑坡观测点的位移观测方法，可根据现场条件，按下列要求选用：

1 当建筑数量多、地形复杂时，宜采用以三方向交会为主的测角前方交会法，交会角宜在50°～110°之间，长短边不宜悬殊。也可采用测距交会法、测距导线法以及极坐标法；

2 对于视野开阔的场地，当面积小时，可采用放射线观测网法，从两个测站点上按放射状布设交会角在30°～150°之间的若干条观测线，两条观测线的交点即为观测点。每次观测时，应以解析法或图解法测出观测点偏离两测线交点的位移量。当场地面积大时，可采用任意方格网法，其布设与观测方法应与放射线观测网相同，但应需增加测站点与定向点；

3 对于带状滑坡，当通视较好时，可采用测线支距法，在与滑动轴线的垂直方向，布设若干条测线，沿测线选定测站点、定向点与观测点。每次观测时，应按支距法测出观测点的位移量与位移方向。当滑坡体窄而长时，可采用十字交叉观测网法；

4 对于抗滑墙（桩）和要求高的单独测线，可选用本规范第6.3.5条规定的视准线法；

5 对于可能有大滑动的滑坡，除采用测角前方交会等方法外，亦可采用数字近景摄影测量方法同时测定观测点的水平和垂直位移；

6 滑坡体内深部测点的位移观测，可采用测斜仪观测方法，作业要求可按本规范第6.4.5条的规定执行；

7 当符合GPS观测条件和满足观测精度要求时，可采用单机多天线GPS观测方法观测。

6.5.7 滑坡观测点的高程测量可采用水准测量方法，对困难点位可采用电磁波测距三角高程测量方法。观测路线均应组成闭合或附合网形。

6.5.8 滑坡预报应采用现场严密监视和资料综合分析相结合的方法进行。每次观测后，应及时整理绘制出各观测点的滑动曲线。当利用回归方程发现有异常观测值，或利用位移对数和时间关系曲线判断有拐点时，应在加强观测的同时，密切注意观察滑前征兆，并结合工程地质、水文地质、地震和气象等方面资料，全面分析，作出滑坡预报，及时预警以采取应急措施。

6.5.9 滑坡观测应提交下列图表：

1 滑坡观测点位布置图；

2 观测成果表；

3 观测点位移与沉降综合曲线图（本规范附录F）。

6.6 挠度观测

6.6.1 建筑基础和建筑主体以及墙、柱等独立构筑物的挠度观测，应按一定周期测定其挠度值。

6.6.2 挠度观测的周期应根据荷载情况并考虑设计、施工要求确定。观测的精度可按本规范第3.0.5条的有关规定确定。

6.6.3 建筑基础挠度观测可与建筑沉降观测同时进行。观测点应沿基础的轴线或边线布设，每一轴线或边线上不得少于3点。标志设置、观测方法应符合本规范第5.5节的规定。

6.6.4 建筑主体挠度观测，除观测点应按建筑结构类型在各不同高度或各层处沿一定垂直方向布设外，其标志设置、观测方法应按本规范第6.2节的有关规定执行。挠度值应由建筑上不同高度点相对于底部固定点的水平位移值确定。

6.6.5 独立构筑物的挠度观测，除可采用建筑主体挠度观测要求外，当观测条件允许时，亦可用挠度计、位移传感器等设备直接测定挠度值。

6.6.6 挠度值及跨中挠度值应按下列公式计算：

1 挠度值 f_d 应按下列公式计算（图6.6.6）：

$$f_d = \Delta s_{AE} - \frac{L_{AE}}{L_{AE}+L_{EB}} \Delta s_{AB} \quad (6.6.6\text{-}1)$$

$$\Delta s_{AE} = s_E - s_A \quad (6.6.6\text{-}2)$$

$$\Delta s_{AB} = s_B - s_A \quad (6.6.6\text{-}3)$$

式中 s_A、s_B——为基础上 A、B 点的沉降量或位移量（mm）；

s_E——基础上 E 点的沉降量或位移量（mm），E 点位于 A、B 两点之间；

L_{AE}——A、E 之间的距离（m）；

L_{EB}——E、B 之间的距离（m）。

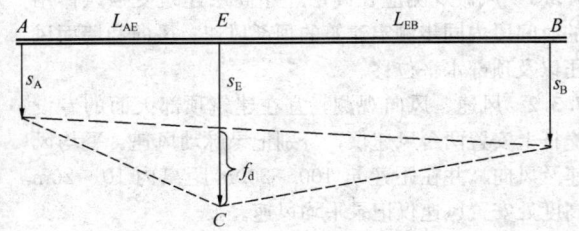

图 6.6.6 挠度

2 跨中挠度值 f_{dc} 应按下列公式计算：

$$f_{dc} = \Delta s_{10} - \frac{1}{2}\Delta s_{12} \quad (6.6.6\text{-}4)$$

$$\Delta s_{10} = s_0 - s_1 \quad (6.6.6\text{-}5)$$

$$\Delta s_{12} = s_2 - s_1 \quad (6.6.6\text{-}6)$$

式中 s_0——基础中点的沉降量或位移量（mm）；

s_1、s_2——基础两个端点的沉降量或位移量（mm）。

6.6.7 挠度观测应提交下列图表：

1 挠度观测点布置图；

2 观测成果表；

3 挠度曲线图。

7 特殊变形观测

7.1 动态变形测量

7.1.1 对于建筑在动荷载作用下而产生的动态变形，应测定其一定时间段内的瞬时变形量，计算变形特征参数，分析变形规律。

7.1.2 动态变形的观测点应选在变形体受动荷载作用最敏感并能稳定牢固地安置传感器、接收靶和反光镜等照准目标的位置上。

7.1.3 动态变形测量的精度应根据变形速率、变形幅度、测量要求和经济因素来确定。

7.1.4 动态变形测量方法的选择可根据变形体的类型、变形速率、变形周期特征和测定精度要求等确定，并符合下列规定：

1 对于精度要求高、变形周期长、变形速率小的动态变形测量，可采用全站仪自动跟踪测量或激光测量等方法；

2 对于精度要求低、变形周期短、变形速率大的建筑，可采用位移传感器、加速度传感器、GPS动态实时差分测量等方法；

3 当变形频率小时，可采用数字近景摄影测量或经纬仪测角前方交会等方法。

7.1.5 采用全站仪自动跟踪测量方法进行动态变形观测时，应符合下列规定：

1 测站应设立在基准点或工作基点上，并使用有强制对中装置的观测台或观测墩；

2 变形观测点上宜安置观测棱镜，距离短时也可采用反射片；

3 数据通信电缆宜采用光纤或专用数据电缆，并应安全敷设。连接处应采取绝缘和防水措施；

4 测站和数据终端设备应备有不间断电源；

5 数据处理软件应具有观测数据自动检核、超限数据自动处理、不合格数据自动重测、观测目标被遮挡时可自动延时观测以及变形数据自动处理、分析、预报和预警等功能。

7.1.6 采用激光测量方法进行动态变形观测时，应符合下列规定：

1 激光经纬仪、激光导向仪、激光准直仪等激光器宜安置在变形区影响之外或受变形影响小的区域。激光器应采取防尘、防水措施；

2 安置激光器后，应同时在激光器附近的激光光路上，设立固定的光路检核标志；

3 整个光路上应无障碍物，光路附近应设立安全警示标志；

4 目标板或感应器应稳固设立在变形比较敏感的部位并与光路垂直；目标板的刻划应均匀、合理。观测时，应将接收到的激光光斑调至最小、最清晰。

7.1.7 采用 GPS 动态实时差分测量方法进行动态变形观测时，应符合下列规定：

1 应在变形区之外或受变形影响小的地势高处设立 GPS 参考站。参考站上部应无高度角超过 10°的障碍物，且周围无大面积水域、大型建筑等 GPS 信号反射物及高压线、电视台、无线电发源、热源、微波通道等干扰源；

2 变形观测点宜设置在建筑顶部变形敏感的部位，变形观测点的数目应依建筑结构和要求布设，接收天线的安置应稳固，并采取保护措施，周围无高度角超过 10°的障碍物。卫星接收数量不应少于 5 颗，并应采用固定解成果；

3 长期的变形观测宜采用光缆或专用数据电缆进行数据通信，短期的也可采用无线电数据链；

4 卫星实时定位测量的其他技术要求，应满足本规范第4.8节的相关规定。

7.1.8 采用数字近景摄影测量方法进行动态变形观测时,应满足下列要求:

　　1 应根据观测体的变形特点、观测规模和精度要求,合理选用作业方法,可采用时间基线视差法、立体摄影测量方法或多摄站摄影测量方法;

　　2 像控点可采用独立坐标系。像控点应布设在建筑的四周,并应在景深范围内均匀布设。像控点测定中误差不宜大于变形观测点中误差的1/3。当采用直接线性变换法解算待定点时,一个像对宜布设6～9个控制点;当采用时间基线视差法时,一个像对宜至少布设4个控制点;

　　3 变形观测点的点位中误差宜为±1～10mm,相对中误差宜为1/5000～1/20000。观测标志,可采用十字形或同心圆形,标志的颜色可采用与被摄建筑色调有明显反差的黑、白两色相间;

　　4 摄影站应设置固定观测墩。对于长方形的建筑,摄影站宜布设在与其长轴线相平行的一条直线上,并使摄影主光轴垂直于被摄物体的主立面;对于圆柱形外表的建筑,摄影站可均匀布设在与物体中轴线等距的四周;

　　5 多像对摄影时,应布设像对间起连接作用的标志点;

　　6 近景摄影测量的其他技术要求,应满足现行国家标准《工程摄影测量规范》GB 50167的有关规定。

7.1.9 各类动态变形观测应根据本规范第9.1节的要求及时提交相应的阶段性成果和综合成果。

7.2 日照变形观测

7.2.1 日照变形观测应在高耸建筑或单柱受强阳光照射或辐射的过程中进行,应测定建筑或单柱上部由于向阳面与背阳面温差引起的偏移量及其变化规律。

7.2.2 日照变形观测点的选设应符合下列要求:

　　1 当利用建筑内部竖向通道观测时,应以通道底部中心位置作为测站点,以通道顶部正垂直对应于测站点的位置作为观测点;

　　2 当从建筑或单柱外部观测时,观测点应选在受热面的顶部或受热面上部的不同高度处与底部(视观测方法需要布置)适中位置,并设置照准标志,单柱亦可直接照准顶部与底部中心线位置;测站点应选在与观测点连线呈正交或近于正交的两条方向线上,其中一条宜与受热面垂直。测站点宜设在距观测点的距离为照准目标高度1.5倍以外的固定位置处,并埋设标石。

7.2.3 日照变形的观测时间,宜选在夏季的高温天进行。观测可在白天时间段进行,从日出前开始,日落后停止,宜每隔1h观测一次。在每次观测的同时,应测出建筑向阳面与背阳面的温度,并测定风速与风向。

7.2.4 日照变形观测的精度,可根据观测对象和观测方法的不同,具体分析确定。

7.2.5 日照变形观测可根据不同观测条件与要求选用本规范第7.1节规定的方法。

7.2.6 日照变形观测应提交下列图表:

　　1 日照变形观测点位布置图;

　　2 日照变形观测成果表;

　　3 日照变形曲线图(本规范附录F)。

7.3 风振观测

7.3.1 风振观测应在高层、超高层建筑受强风作用的时间段内同步测定建筑的顶部风速、风向和墙面风压以及顶部水平位移。

7.3.2 风速、风向观测,宜在建筑顶部天面的专设桅杆上安置两台风速仪,分别记录脉动风速、平均风速及风向,并在距建筑100～200m距离内10～20m高度处安置风速仪记录平均风速。

7.3.3 应在建筑不同高度的迎风面与背风面外墙上,对应设置适当数量的风压盒,或采用激光光纤压力计和自动记录系统,测定风压分布和风压系数。

7.3.4 当用自动测记法时,风振位移的观测精度应根据所用仪器设备的性能和精度要求具体确定。当采用经纬仪观测时,观测点相对测站点的点位中误差不应大于±15mm。

7.3.5 顶部动态位移观测可根据要求和现场情况选用本规范7.1节规定的方法。

7.3.6 由实测位移值计算风振系数β时,可采用公式(7.3.6-1)或公式(7.3.6-2):

$$\beta = (d_m + 0.5A)/d_m \quad (7.3.6\text{-}1)$$

$$\beta = (d_s + d_d)/d_s \quad (7.3.6\text{-}2)$$

式中　A——风力振幅(mm);

　　　d_m——平均位移值(mm);

　　　d_s——静态位移(mm);

　　　d_d——动态位移(mm)。

7.3.7 风振观测应提交下列图表:

　　1 风速、风压、位移的观测位置布置图;

　　2 风振观测成果表;

　　3 风速、风压、位移及振幅等曲线图。

7.4 裂缝观测

7.4.1 裂缝观测应测定建筑上的裂缝分布位置和裂缝的走向、长度、宽度及其变化情况。

7.4.2 对需要观测的裂缝应统一进行编号。每条裂缝应至少布设两组观测标志,其中一组应在裂缝的最宽处,另一组应在裂缝的末端。每组应使用两个对应的标志,分别设在裂缝的两侧。

7.4.3 裂缝观测标志应具有可供量测的明晰端面或

中心。长期观测时，可采用镶嵌或埋入墙面的金属标志、金属杆标志或楔形板标志；短期观测时，可采用油漆平行线标志或用建筑胶粘贴的金属片标志。当需要测出裂缝纵横向变化值时，可采用坐标方格网板标志。使用专用仪器设备观测的标志，可按具体要求另行设计。

7.4.4 对于数量少、量测方便的裂缝，可根据标志形式的不同分别采用比例尺、小钢尺或游标卡尺等工具定期量出标志间距离求得裂缝变化值，或用方格网板定期读取"坐标差"计算裂缝变化值；对于大面积且不便于人工量测的众多裂缝宜采用交会测量或近景摄影测量方法；需要连续监测裂缝变化时，可采用测缝计或传感器自动测记方法观测。

7.4.5 裂缝观测的周期应根据其裂缝变化速度而定。开始时可半月测一次，以后一月测一次。当发现裂缝加大时，应及时增加观测次数。

7.4.6 裂缝观测中，裂缝宽度数据应量至0.1mm，每次观测应绘出裂缝的位置、形态和尺寸，注明日期，并拍摄裂缝照片。

7.4.7 裂缝观测应提交下列图表：
1 裂缝位置分布图；
2 裂缝观测成果表；
3 裂缝变化曲线图。

8 数据处理分析

8.1 平差计算

8.1.1 每期建筑变形观测结束后，应依据测量误差理论和统计检验原理对获得的观测数据及时进行平差计算和处理，并计算各种变形量。

8.1.2 变形观测数据的平差计算，应符合下列规定：
1 应利用稳定的基准点作为起算点；
2 应使用严密的平差方法和可靠的软件系统；
3 应确保平差计算所用的观测数据、起算数据准确无误；
4 应剔除含有粗差的观测数据；
5 对于特级、一级变形测量平差计算，应对可能含有系统误差的观测值进行系统误差改正；
6 对于特级、一级变形测量平差计算，当涉及边长、方向等不同类型观测值时，应使用验后方差估计方法确定这些观测值的权；
7 平差计算除给出变形参数值外，还应评定这些变形参数的精度。

8.1.3 对各类变形控制网和变形测量成果，平差计算的单位权中误差及变形参数的精度应符合本规范第3章、第4章规定的相应级别变形测量的精度要求。

8.1.4 建筑变形测量平差计算和分析中的数据取位应符合表8.1.4的规定。

表8.1.4 变形测量平差计算和分析中的数据取位要求

级别	高差(mm)	角度(″)	边长(mm)	坐标(mm)	高程(mm)	沉降值(mm)	位移值(mm)
特级	0.01	0.01	0.01	0.01	0.01	0.01	0.01
一级	0.01	0.01	0.1	0.1	0.01	0.01	0.1
二、三级	0.1	0.1	0.1	0.1	0.1	0.1	0.1

8.2 变形几何分析

8.2.1 变形测量几何分析应对基准点的稳定性进行检验和分析，并判断观测点是否变动。

8.2.2 当基准点按本规范第4章的相关规定设置在稳定地点时，基准点的稳定性可使用下列方法进行分析判断：
1 当基准点单独构网时，每次基准网复测后，应根据本次复测数据与上次数据之间的差值，通过组合比较的方式对基准点的稳定性进行分析判断；
2 当基准点与观测点共同构网时，每期变形观测后，应根据本期基准点观测数据与上期观测数据之间的差值，通过组合比较的方式对基准点的稳定性进行分析判断。

8.2.3 当基准点可能不稳定或可能发生变动但使用本规范第8.2.2条方法不能判定时，可以通过统计检验的方法对其稳定性进行检验，并找出变动的基准点。

8.2.4 在变形观测过程中，当某期观测点变形量出现异常变化时，应分析原因，在排除观测本身错误的前提下，应及时对基准点的稳定性进行检测分析。

8.2.5 观测点的变动分析应符合下列规定：
1 观测点的变动分析应基于以稳定的基准点作为起始点而进行的平差计算成果；
2 二、三级及部分一级变形测量，相邻两期观测点的变动分析可通过比较观测点相邻两期的变形量与最大测量误差（取两倍中误差）来进行。当变形量小于最大误差时，可认为该观测点在这两个周期间没有变动或变动不显著；
3 特级及有特殊要求的一级变形测量，当观测点两期间的变形量 Δ 符合公式（8.2.5）时，可认为该观测点在这两个周期间没有变动或变动不显著：

$$\Delta < 2\mu\sqrt{Q} \quad (8.2.5)$$

式中 μ——单位权中误差，可取两个周期平差单位权中误差的平均值；

Q——观测点变形量的协因数；

4 对多期变形观测成果，当相邻周期变形量小，但多期呈现出明显的变化趋势时，应视为有变动。

8.3 变形建模与预报

8.3.1 对于多期建筑变形观测成果，根据需要，应建立反映变形量与变形因子关系的数学模型，对引起变形的原因作出分析和解释，必要时还应对变形的发展趋势进行预报。

8.3.2 当一个变形体上所有观测点或部分观测点的变形状况总体一致时，可利用这些观测点的平均变形量建立相应的数学模型。当各观测点变形状况差异大或某些观测点变形状况特殊时，应对各观测点或特殊的观测点分别建立数学模型。对于特级和某些一级变形观测成果，根据需要，可以利用地理信息系统技术实现多点变形状态的可视化表达。

8.3.3 建立变形量与变形因子关系数学模型可使用回归分析方法，并应符合下列规定：

　　1 应以不少于 10 个周期的观测数据为依据，通过分析各期所测的变形量与相应荷载、时间之间的相关性，建立荷载或时间-变形量数学模型；

　　2 变形量与变形因子之间的回归模型应简单，包含的变形因子数不宜超过 2 个。回归模型可采用线性回归模型和指数回归模型、多项式回归模型等非线性回归模型。对非线性回归模型，应进行线性化；

　　3 当只有一个变形因子时，可采用一元回归分析方法；

　　4 当考虑多个变形因子时，宜采用逐步回归分析方法，确定影响显著的因子。

8.3.4 对于沉降观测，当观测值近似呈等时间间隔时，可采用灰色建模方法，建立沉降量与时间之间的灰色模型。

8.3.5 对于动态变形观测获得的时序数据，可使用时间序列分析方法建模并加以分析。

8.3.6 建立变形量与变形因子关系模型后，应对模型的有效性进行检验和分析。用于后续分析的数学模型应是有效的。

8.3.7 需要利用变形量与变形因子关系模型进行变形趋势预报时，应给出预报结果的误差范围和适用条件。

9 成果整理与质量检查验收

9.1 成果整理

9.1.1 建筑变形测量在完成记录检查、平差计算和处理分析后，应按下列规定进行成果的整理：

　　1 观测记录手簿的内容应完整、齐全；

　　2 平差计算过程及成果、图表和各种检验、分析资料应完整、清晰；

　　3 使用的图式符号应规格统一、注记清楚。

9.1.2 建筑变形测量的观测记录、计算资料及技术成果均应有有关责任人签字，技术成果应加盖成果章。

9.1.3 根据建筑变形测量任务委托方的要求，可按周期或变形发展情况提交下列阶段性成果：

　　1 本次或前 1～2 次观测结果；

　　2 与前一次观测间的变形量；

　　3 本次观测后的累计变形量；

　　4 简要说明及分析、建议等。

9.1.4 当建筑变形测量任务全部完成后或委托方需要时，应提交下列综合成果：

　　1 技术设计书或施测方案；

　　2 变形测量工程的平面位置图；

　　3 基准点与观测点分布平面图；

　　4 标石、标志规格及埋设图；

　　5 仪器检验与校正资料；

　　6 平差计算、成果质量评定资料及成果表；

　　7 反映变形过程的图表；

　　8 技术报告书。

9.1.5 建筑变形测量技术报告书内容应真实、完整，重点应突出，结构应清晰，文理应通顺，结论应明确。技术报告书应包括下列内容：

　　1 项目概况。应包括项目来源、观测目的和要求，测区地理位置及周边环境，项目完成的起止时间，实际布设和测定的基准点、工作基点、变形观测点点数和观测次数，项目测量单位，项目负责人、审核审定人等；

　　2 作业过程及技术方法。应包括变形测量作业依据的技术标准，项目技术设计或施测方案的技术变更情况，采用的仪器设备及其检校情况，基准点及观测点的标志及其布设情况，变形测量精度级别，作业方法及数据处理方法，变形测量各周期观测时间等；

　　3 成果精度统计及质量检验结果；

　　4 变形测量过程中出现的变形异常和作业中发生的特殊情况等；

　　5 变形分析的基本结论与建议；

　　6 提交的成果清单；

　　7 附图附表等。

9.1.6 建筑变形测量的观测记录、计算资料和技术成果应进行归档。

9.1.7 建筑变形测量的各项观测、计算数据及成果的组织、管理和分析宜使用专门的变形测量数据处理与信息管理系统进行。该系统宜具备下列功能：

　　1 对变形测量的各项起始数据、各次观测记录和计算数据以及各种中间及最终成果建立相应的数据库；

　　2 各种数据的输入、输出和格式转换；

　　3 变形测量基准点和观测点点之记信息管理；

　　4 变形测量控制网数据管理、平差计算、精度分析；

　　5 各次原始观测记录和计算数据管理；

　　6 必要的变形分析；

　　7 各种报表和分析图表的生成及变形测量成果

可视化；

8 用户管理及安全管理等。

9.2 质量检查验收

9.2.1 测量单位应对建筑变形测量项目实行两级检查、一级验收制度，并应符合下列规定：

1 对于所有变形观测记录和计算、分析结果，应进行两级检查；

2 对于需要提交委托方的变形测量阶段性成果和综合成果，应在两级检查的基础上进行验收。提交的成果应为验收合格的成果；

3 检查验收情况应形成记录，并进行归档。

9.2.2 质量检查验收应依据下列规定进行：

1 项目委托书或合同书及委托方与测量方达成的其他文件；

2 技术设计书或施测方案；

3 依据的技术标准和国家政策法规；

4 测量单位质量管理文件。

9.2.3 质量检查验收应对项目实施情况进行准确全面的评价，应包括下列主要方面：

1 执行技术设计书或施测方案及技术标准、政策法规情况；

2 使用仪器设备及其检定情况；

3 记录和计算所用软件系统情况；

4 基准点和变形观测点的布设及标石、标志情况；

5 实际观测情况，包括观测周期、观测方法和操作程序的正确性等；

6 基准点稳定性检测与分析情况；

7 观测限差和精度统计情况；

8 记录的完整准确性及记录项目的齐全性；

9 观测数据的各项改正情况；

10 计算过程的正确性、资料整理的完整性、精度统计和质量评定的合理性；

11 变形测量成果分析的合理性；

12 提交成果的正确性、可靠性、完整性及数据的符合性情况；

13 技术报告书内容的完整性、统计数据的准确性、结论的可靠性及体例的规范性；

14 成果签署的完整性和符合性情况等。

9.2.4 当质量检查验收中发现不符合项时，应立即提出处理意见，返回作业部门进行纠正。纠正后的成果应重新进行检查验收。

附录 A 高程控制点标石、标志

A.0.1 基岩水准基点标石应按图 A.0.1 的形式埋设。

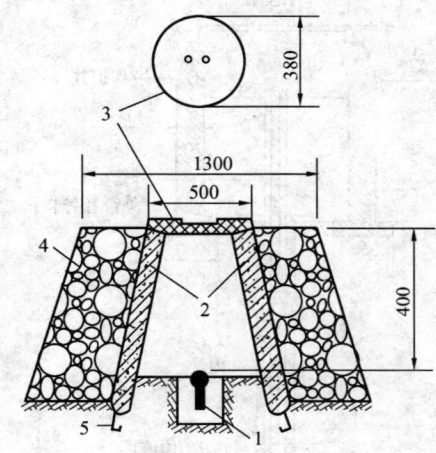

图 A.0.1 岩层水准基点标石（单位：mm）
1—抗蚀的金属标志；2—钢筋混凝土井圈；
3—井盖；4—砌石土丘；5—井圈保护层

A.0.2 深埋双金属管水准基点标石应按图 A.0.2 的规格埋设。

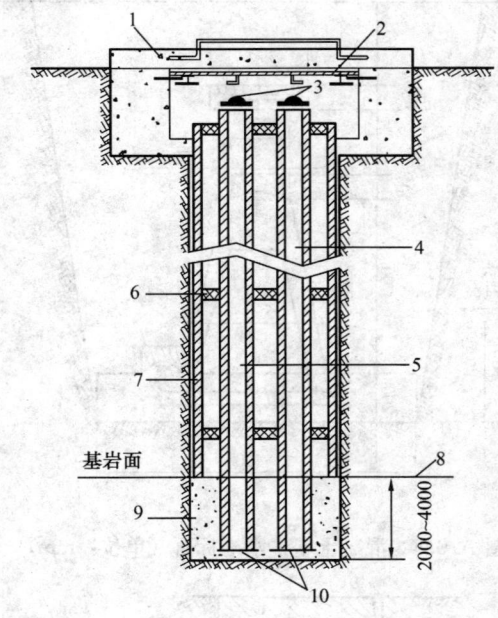

图 A.0.2 深埋双金属管水准基点标石（单位：mm）
1—钢筋混凝土标盖；2—钢板标盖；3—标心；4—钢心管；
5—铝心管；6—橡胶环；7—钻孔保护钢管；8—新鲜基岩面；
9—M20水泥砂浆；10—钢心管底板与根络

A.0.3 深埋钢管水准基点标石应按图 A.0.3 的规格埋设。

A.0.4 混凝土基本水准标石应按图 A.0.4 的规格埋设。

A.0.5 浅埋钢管水准标石应按图 A.0.5 的规格埋设。

A.0.6 混凝土普通水准标石应按图 A.0.6 的规格埋设。

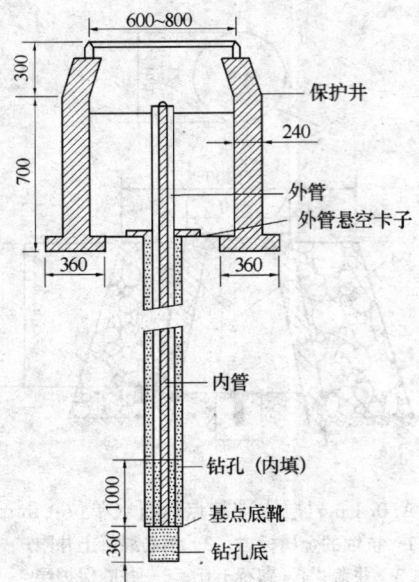

图 A.0.3 深埋钢管水准基点标石（单位：mm）

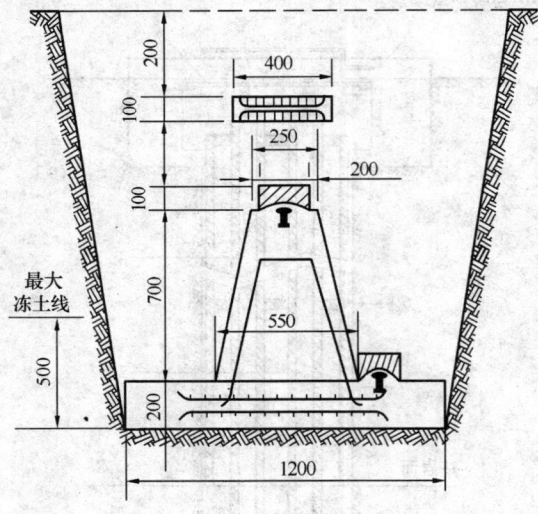

图 A.0.4 混凝土基本水准标石（单位：mm）

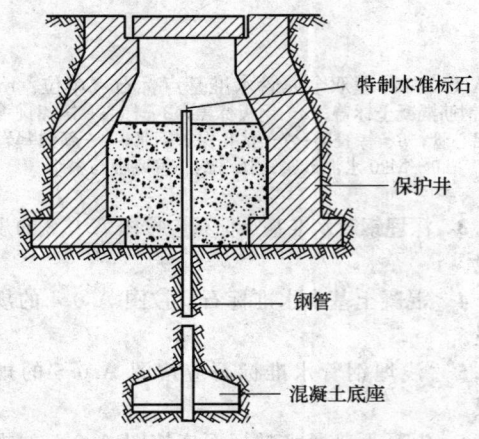

图 A.0.5 浅埋钢管水准标石

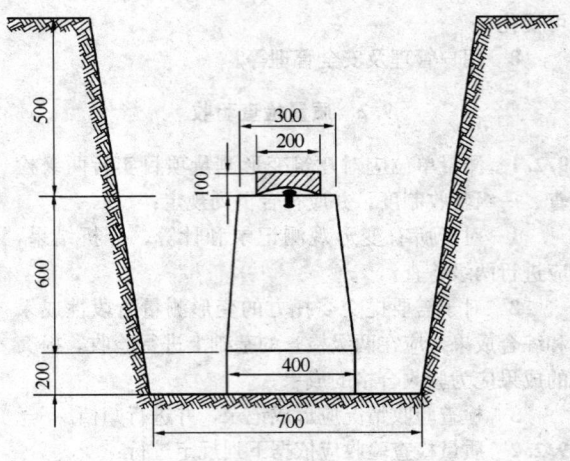

图 A.0.6 混凝土普通水准标石（单位：mm）

A.0.7 混凝土三角高程点墩标标石应按图 A.0.7 的规格埋设。

A.0.8 铸铁或不锈钢墙水准标志应按图 A.0.8 的规格埋设。

A.0.9 混凝土三角高程点建筑顶标石应按图 A.0.9 的规格埋设。

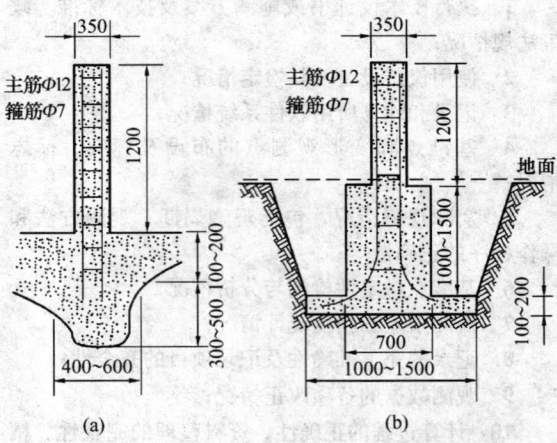

图 A.0.7 混凝土三角高程点墩标标石（单位：mm）
(a) 岩层点墩标；(b) 土层点墩标

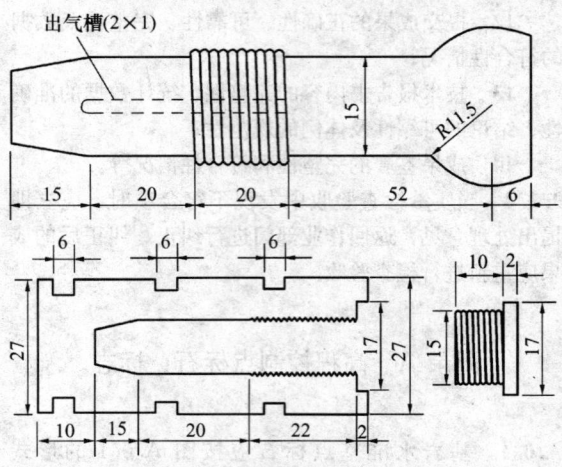

图 A.0.8 铸铁或不锈钢墙水准标志（单位：mm）

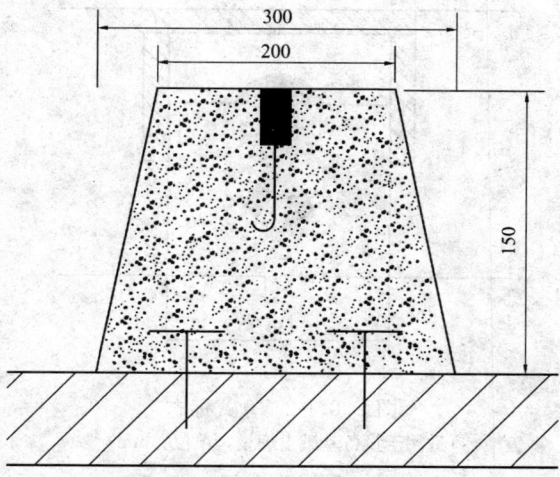

图 A.0.9 混凝土三角高程点
建筑顶标石（单位：mm）

附录 B 水平位移观测墩及重力平衡球式照准标志

B.0.1 水平位移观测墩应按图 B.0.1 的规格埋设。

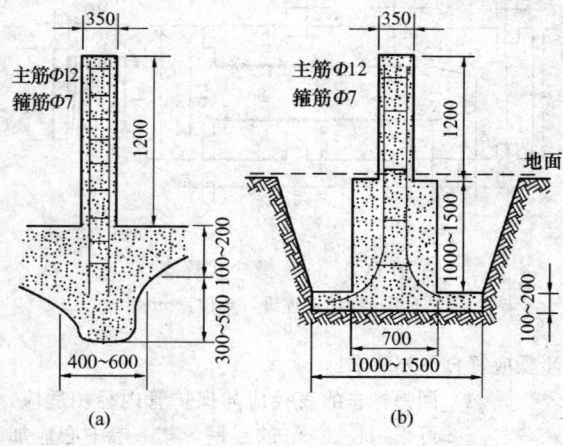

图 B.0.1 水平位移观测墩（单位：mm）
（a）岩层点观测墩；（b）土层点观测墩

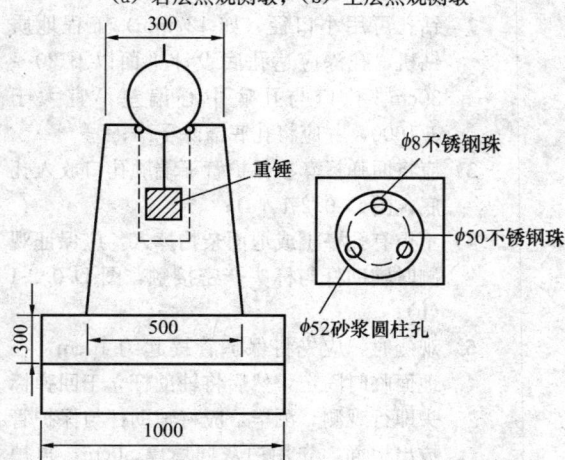

图 B.0.2 重力平衡球式照准标志（单位：mm）

B.0.2 重力平衡球式照准标志应按图 B.0.2 规格埋设。

附录 C 三角高程测量专用觇牌及配件

C.0.1 三角高程测量觇牌可按图 C.0.1 的形式制作。

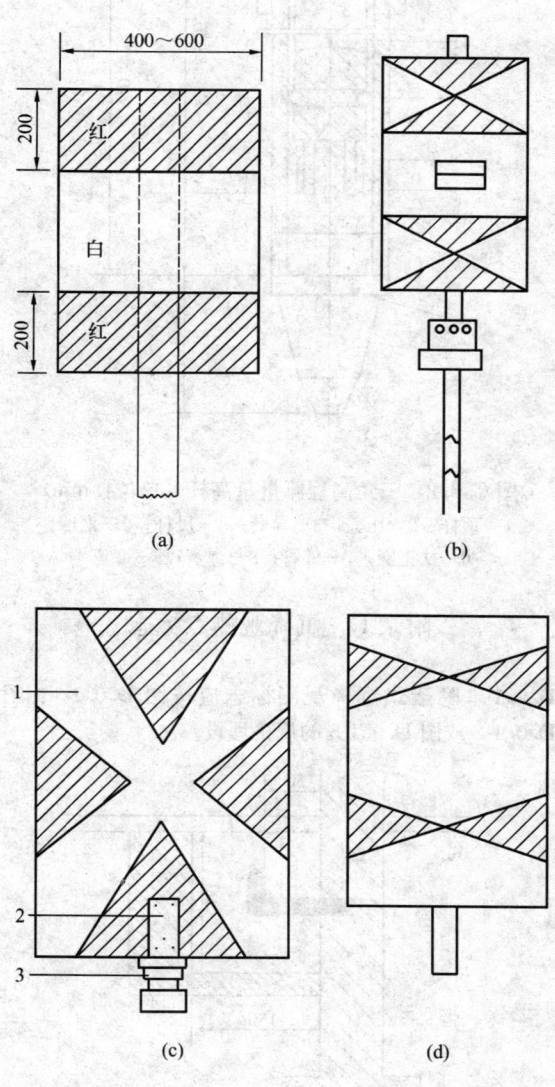

图 C.0.1 三角高程测量觇牌（单位：mm）
1—觇板；2—螺钉；3—牌座

C.0.2 三角高程测量量高杆见图 C.0.2 所示。

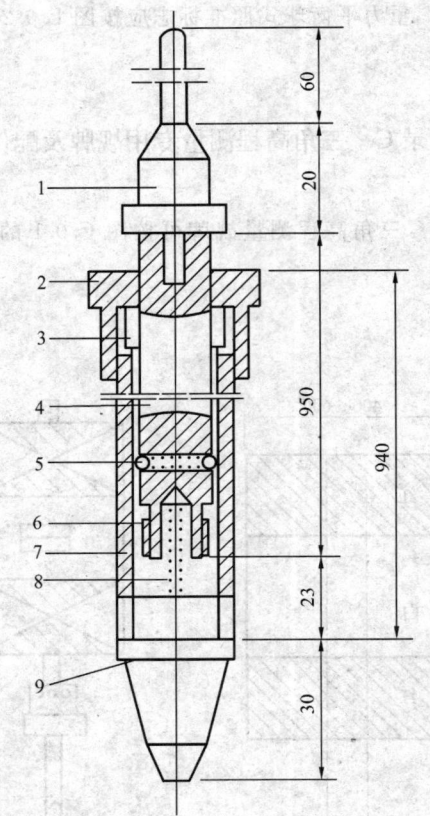

图 C.0.2 三角高程测量量高杆（单位：mm）
1—顶杆；2—压盖；3—导套；4—尺杆；5—钢球；
6—扶正圈；7—外管；8—弹簧；9—底座

附录 D 沉降观测点标志

D.0.1 隐蔽式沉降观测标志应按图 D.0.1-1、图 D.0.1-2 或图 D.0.1-3 的规格埋设。

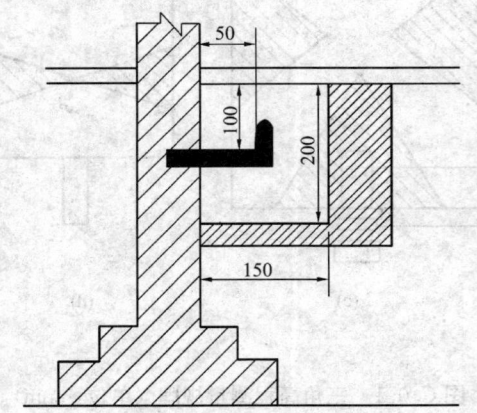

图 D.0.1-1 窨井式标志
（适用于建筑内部埋设，单位：mm）

D.0.2 基坑回弹标志的埋设，可按下列步骤与要求进行：

1 辅助杆压入式标志应按图 D.0.2-1 埋设，其

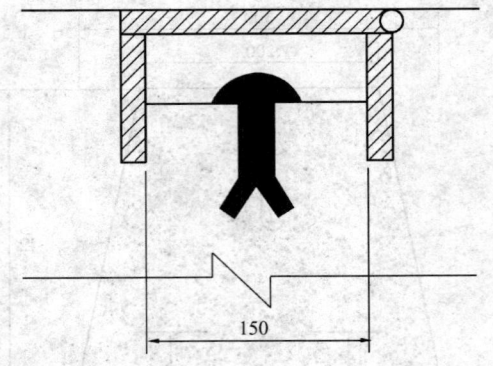

图 D.0.1-2 盒式标志
（适用于设备基础上埋设，单位：mm）

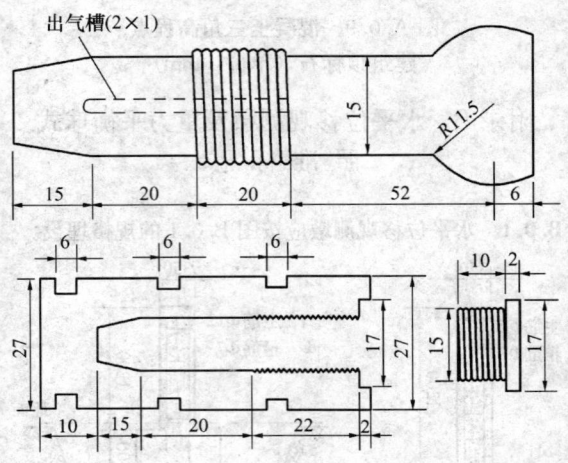

图 D.0.1-3 螺栓式标志
（适用于墙体上埋设，单位：mm）

步骤应符合下列要求：

1) 回弹标志的直径应与保护管内径相适应，可采用长 20cm 的圆钢，其一端中心应加工成半径宜为 15～20mm 的半球状，另一端应加工成楔形；
2) 钻孔可用小口径（如 127mm）工程地质钻机，孔深应达孔底设计平面以下 20～30cm。孔口与孔底中心偏差不宜大于 3/1000，并应将孔底清除干净；
3) 应将回弹标套在保护管下端顺孔口放入孔底，图 D.0.2-1（a）；
4) 不得有孔壁土或地面杂物掉入，应保证观测时辅助杆与标头严密接触，图 D.0.2-1（b）；
5) 观测时，应先将保护管提起约 10cm，在地面临时固定，然后将辅助杆立于回弹标头即行观测。测毕，应将辅助杆与保护管拔出地面，先用白灰回填厚 50cm，再填素土至填满全孔。回填应小心缓慢进行，

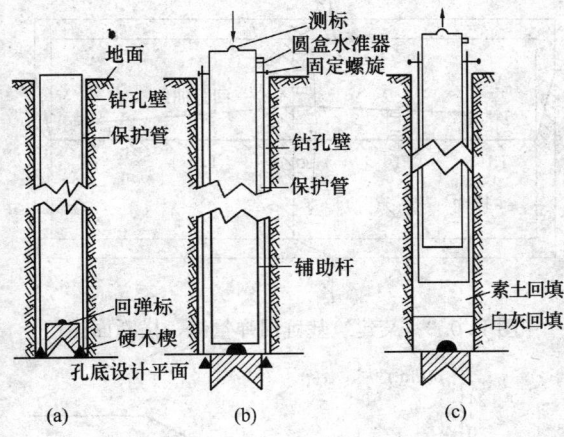

图 D.0.2-1 辅助杆压入式标志埋设步骤

避免撞动标志,图 D.0.2-1(c)。

2 钻杆送入式标志应采用图 D.0.2-2 的形式,其埋设应符合下列要求:

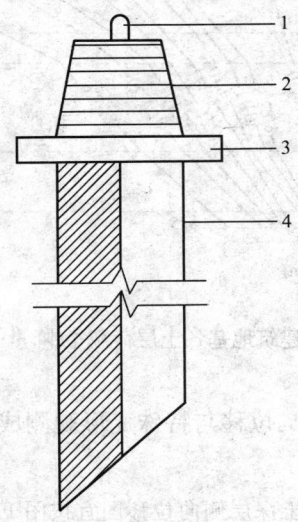

图 D.0.2-2 钻杆送入式标志
1—标头;2—连接钻杆反丝扣;3—连接圆盘;4—标身

1) 标志的直径应与钻杆外径相适应。标头可加工成直径 20mm、高 25mm 的半球体;连接圆盘可用直径 100mm、厚 18mm 的钢板制成;标身可由断面 50mm×50mm×5mm、长 400~500mm 的角钢制成;标头、连接钻杆反丝扣、连接圆盘和标身等四部分应焊接成整体;

2) 钻孔要求应与埋设辅助杆压入式标志的要求相同;

3) 当用磁锤观测时,孔内应下套管至基坑设计标高以下。观测前,应先提出钻杆卸下钻头,换上标志打入土中,使标头进至低于坑底面 20~30cm 防止开挖基坑时被铲坏。然后,拧动钻杆使与标志自然脱开,

提出钻杆后即可进行观测;

4) 当用电磁探头观测时,在上述埋标过程中可免除下套管工序,直接将电磁探头放入钻杆内进行观测。

3 直埋式标志可用于深度不大于 10m 的浅基坑配合探井成孔使用。标志可用直径 20~24mm、长 40cm 的圆钢或螺纹钢制成,其一端应加工成半球状,另一端应锻尖。探井口直径不应大于 1m,挖深应至基坑底部设计标高以下 10cm 处,标志可直接打入至其顶部低于坑底设计标高 3~5cm 为止。

D.0.3 地基土分层沉降观测可使用测标式标志按图 D.0.3 所示步骤埋设,并应符合下列要求:

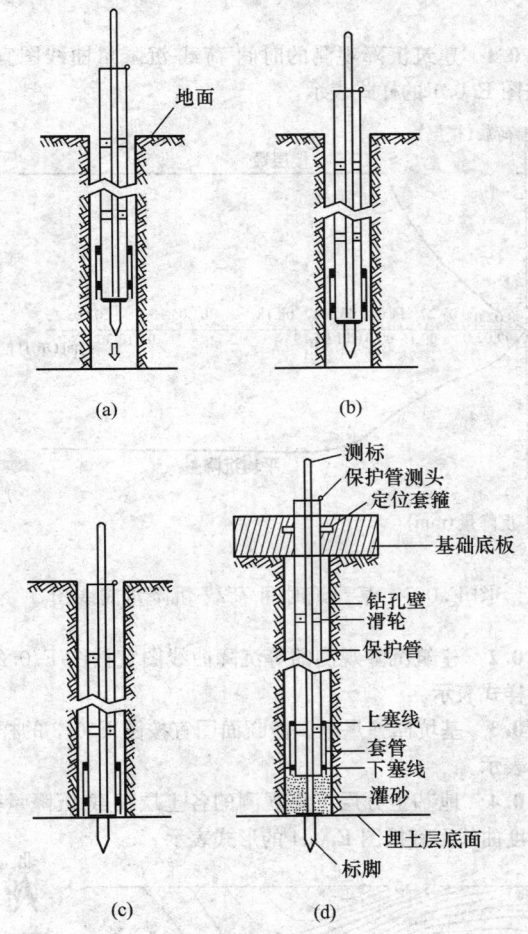

图 D.0.3 测标式标志埋设步骤

1 测标长度应与点位深度相适应,顶端应加工成半球形并露出地面,下端应为焊接的标脚,应埋设于预定的观测点位置;

2 钻孔时,孔径大小应符合设计要求,并应保持孔壁铅垂;

3 下标志时,应用活塞将长 50mm 的套管和保护管挤紧,图 D.0.3(a);

4 测标、保护管与套管三者应整体徐徐放入孔底,若测杆较长、钻孔较深,应在测标与保护管之间加入固

定滑轮,避免测标在保护管内摆动,图D.0.3 (b);

5 整个标脚应压入孔底面以下,当孔底土质坚硬时,可用钻机钻一小孔后再压入标脚,图D.0.3 (c);

6 标志埋好后,应用钻机卡住保护管提起30~50cm,然后在提起部分和保护管与孔壁之间的空隙内灌沙,提高标志随所在土层活动的灵敏性。最后,应用定位套箍将保护管固定在基础底板上,并以保护管测头随时检查保护管在观测过程中有无脱落情况,图D.0.3 (d)。

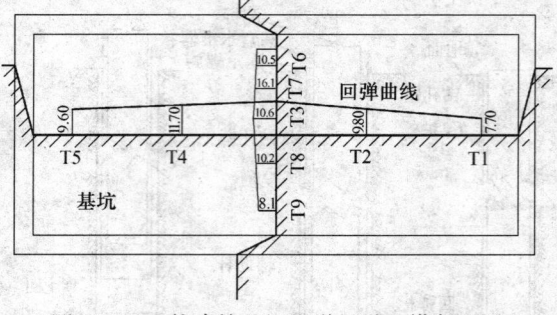

图E.0.3 某建筑基坑回弹量纵、横断面图

附录E 沉降观测成果图

E.0.1 建筑沉降观测的时间-荷载-沉降量曲线图宜按图E.0.1的样式表示。

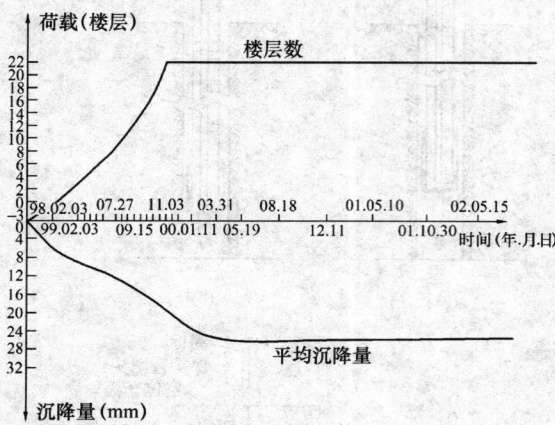

图E.0.1 某建筑时间-荷载-沉降量曲线图

E.0.2 建筑沉降观测的等沉降曲线图宜按图E.0.2的样式表示。

E.0.3 基坑回弹量纵、横断面图宜按图E.0.3的样式表示。

E.0.4 地基土分层沉降观测的各土层荷载-沉降量-深度曲线图宜按图E.0.4的形式表示。

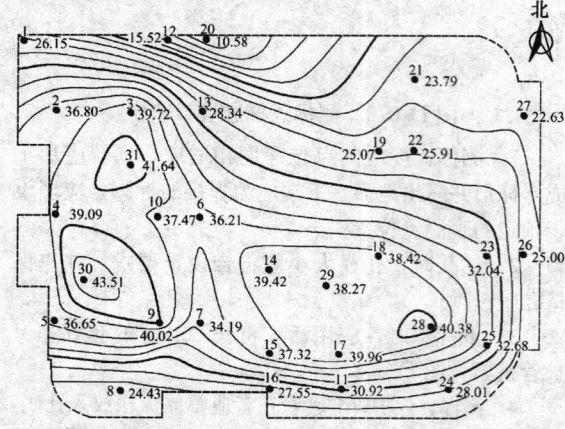

图E.0.2 某建筑等沉降曲线图(单位:mm)

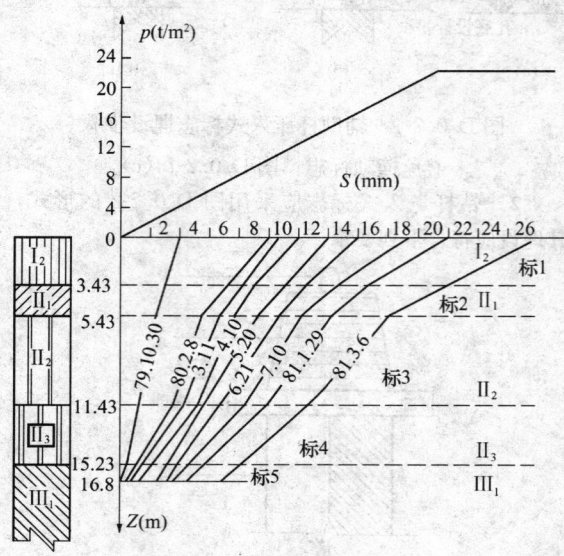

图E.0.4 某建筑地基各土层荷载-沉降量-深度曲线图

附录F 位移与特殊变形观测成果图

F.0.1 地基土深层侧向位移图宜按图F.0.1-1、图F.0.1-2表示。

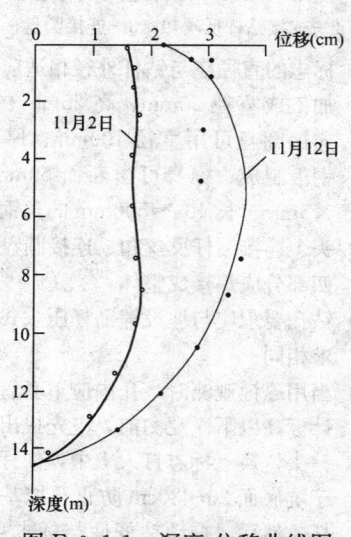

图F.0.1-1 深度-位移曲线图

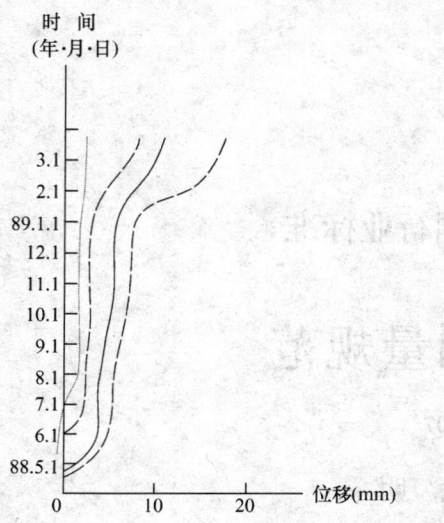

图 F.0.1-2 时间-位移曲线图

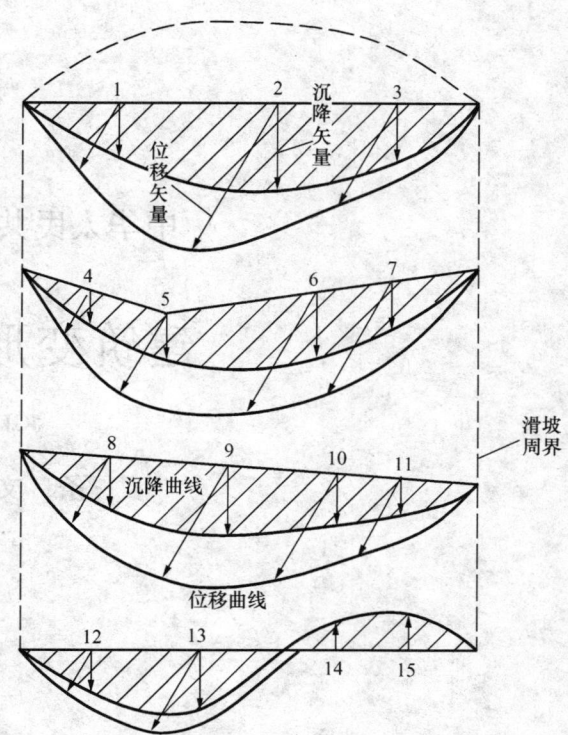

图 F.0.3 某滑坡观测点位移与沉降综合曲线图

注：1 图 F.0.1-1 为某一工程实测的大面积加荷引起的水平位移沿深度分布线；
2 图 F.0.1-2 为某一高层建筑基坑四周地下钢筋混凝土连续墙上一个测斜导管，在不同深度处，从基坑开挖前开始，直至基础底板混凝土浇筑完毕止，所测得的时间-位移曲线。

F.0.2 日照变形曲线图可按图 F.0.2 的样式表示。

F.0.3 滑坡观测点的位移与沉降综合曲线图可按图 F.0.3 的样式表示。

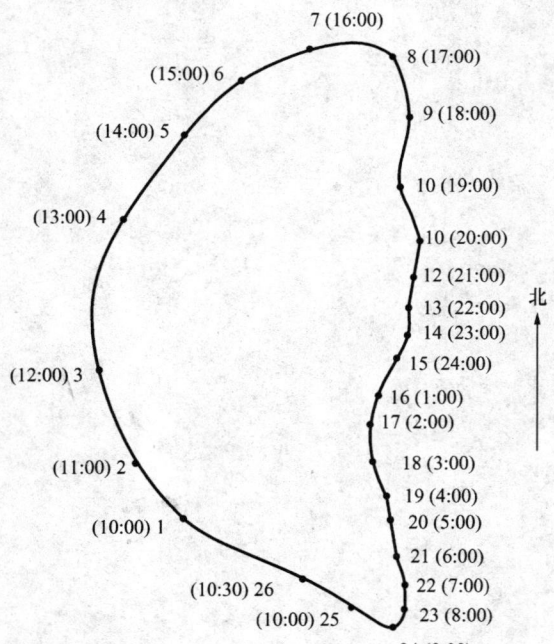

图 F.0.2 某电视塔顶部日照变形曲线图

注：1 图中顺序号为观测次数编号，括号内数字为时间；
2 曲线图由激光铅直仪直接测出的激光中心轨迹反转而成。

本规范用词说明

1 为便于在执行本规范条文时区别对待，对要求严格程度不同的用词说明如下：

1）表示很严格，非这样做不可的：
正面词采用"必须"，反面词采用"严禁"；

2）表示严格，在正常情况下均应这样做的：
正面词采用"应"，反面词采用"不应"或"不得"；

3）表示允许稍可选择，在条件许可时首先应这样做的：
正面词采用"宜"，反面词采用"不宜"；
表示有选择，在一定条件下可以这样做的，采用"可"。

2 条文中指明应按其他有关标准执行的写法为："应符合……的规定"或"应按……执行"。

中华人民共和国行业标准

建筑变形测量规范
JGJ 8—2007

条 文 说 明

前　言

《建筑变形测量规范》JGJ 8‐2007，经建设部2007年9月4日以第710号公告批准发布。

本规范第一版的主编单位是建设部综合勘察研究设计院，参加单位是陕西省综合勘察设计院、中南勘察设计院、南京建筑工程学院、上海市民用建筑设计院、中国有色金属工业西安勘察院。

为便于广大勘测、设计、施工及科研教学等人员在使用本规范时能正确理解和执行条文规定，《建筑变形测量规范》编制组按章、节、条顺序编制了本规范的条文说明。在使用中，如发现条文说明中有欠妥之处，请将意见函寄建设综合勘察研究设计院科技质量处（北京东直门内大街177号，邮编：100007）。

目　　次

1 总则 …………………………… 56—35
2 术语、符号和代号 …………… 56—35
3 基本规定 ……………………… 56—36
4 变形控制测量 ………………… 56—41
5 沉降观测 ……………………… 56—48
6 位移观测 ……………………… 56—50
7 特殊变形观测 ………………… 56—51
8 数据处理分析 ………………… 56—51
9 成果整理与质量检查验收 …… 56—53

1 总 则

1.0.1 本规范采用"建筑变形测量"一词，主要基于如下考虑：

1 本规范规定的变形测量不仅针对建筑物，也适用于构筑物，因此使用"建筑"作为建筑物、构筑物的通称。而"建筑变形"除包括建筑物、构筑物基础与上部结构的变形外，还包括建筑地基及场地的变形；

2 "变形测量"比"变形观测"更便于概括除获得变形信息的观测作业之外的变形分析、预报等数据处理的内容；

3 建筑变形测量属于工程测量范畴，但在技术方法、精度要求等方面与工程控制测量、地形测量及施工测量等有诸多不同之处，目前已发展成一种具有较完善技术体系的专业测量。

1.0.2 本规范主要适用于工业与民用建筑的地基、基础、上部结构及场地的沉降、位移和特殊变形测量。将建筑变形测量分为沉降、位移和特殊变形测量三类，是以观测项目的主要变形性质为依据并顾及建筑设计、施工习惯用语而确定的。这里的沉降测量包括建筑场地沉降、基坑回弹、地基土分层沉降、建筑沉降等观测；位移测量包括建筑主体倾斜、建筑水平位移、基坑壁侧向位移、场地滑坡及挠度等观测；特殊变形测量包括日照变形、风振、裂缝及其他动态变形测量等。

《建筑变形测量规程》JGJ/T 8-97 将建筑变形分为沉降和位移两类。考虑到日照、风振及裂缝变形的性质与一般的建筑位移是有区别的，本次修订时将这三种变形列为特殊变形测量。同时，由于测量技术的进步，使得人们能够用更先进的仪器捕捉到建筑受风荷载、日照及其他外力作用下的实时变形，根据需要本规范增加了动态变形测量内容，并列入特殊变形测量一章中。

1.0.3 将"确切地反映建筑地基、基础、上部结构及其场地在静荷载或动荷载及环境等因素影响下的变形程度或变形趋势"作为建筑变形测量的基本要求，是由变形测量性质所决定的，应体现在变形测量全过程中。

从测量目的考虑，只有使变形测量成果资料符合上述基本要求，才能做到：

1) 有效监视新建建筑在施工及运营使用期间的安全，以利及时采取预防措施；

2) 有效监测已建建筑以及建筑场地的稳定性，为建筑维修、保护、特殊性土地区选址以及场地整治提供依据；

3) 为验证有关建筑地基基础、工程结构设计的理论及设计参数提供可靠的基础数据；

4) 在结合典型工程、典型地质条件开展的建筑变形规律与预报以及变形理论与测量方法的研究工作中，依据对系统、可信的观测资料的综合分析，获得有价值的结论。

由于建筑变形测量属于测绘学科与土木工程学科的边缘，人员的技术素质与工作方法也要与之相适应。变形测量工作者除了努力提高有关现代测量理论与技术水平外，还应学习必要的土力学和土木工程基础知识，并在工作中重视与建筑设计、施工及建设单位的密切配合。比如，在编制施测方案时，应与有关设计、施工、岩土工程人员协商，合理解决诸如点位选设、观测周期等问题；在施测过程中，对于发现的变形异常情况，应及时通报项目委托单位，以采取必要措施。

1.0.4 测量仪器的检验检定对于保障建筑变形测量成果的质量具有十分重要的意义。仪器设备应经国家认可机构检定并在检定有效期内使用。大地测量仪器的检验检定在现行有关国家测量规范中已有详细规定，本规范除结合建筑变形测量特点规定其必要的检验技术要求外，对于光学和数字水准仪、光学和电子经纬仪、全站仪、测距仪、GPS 接收机及相关配件的检验项目、方法及维护要求，均应按照现行有关国家规范的规定执行。这些规范主要有：《国家一、二等水准测量规范》GB 12897、《国家三、四等水准测量规范》GB 12898、《国家三角测量规范》GB/T 17942、《中、短程光电测距规范》GB/T 16818、《全球定位系统（GPS）测量规范》GB/T 18314、《精密工程测量规范》GB/T 15314 等。此外，关于测量仪器检定还有一些行业标准可供借鉴，如：《水准仪检定规程》JJG 425、《水准标尺检定规程》JJG 8、《光学经纬仪检定规程》JJG 414、《全站型电子速测仪检定规程》JJG 100、《光电测距仪检定规程》JJG 703、《全球定位系统（GPS）接收机（测地型和导航型）校准规范》JJF 1118 等。使用中应依据这些标准的最新版本。

1.0.5 现代测量技术发展迅速，本规范规定：在建筑变形测量实践中，除使用本规范中规定的各种方法外，也可采用其他测量方法，但这些方法应能满足本规范规定的技术质量要求。

2 术语、符号和代号

本章主要对规范中使用的术语、代号和符号作出说明，以便于理解和使用。

对一些术语主要是按照建筑变形测量的特点和实际工作中的习惯来定义的，如"观测周期"、"沉降差"等。在本规范中，"沉降差"是指同一建筑的不同部位在同一时间段的沉降量差值。

"地基"、"基础"、"基坑回弹"等主要参考了

《岩土工程基本术语标准》GB/T 50279-98。"倾斜"、"日照"等主要参考了《工程测量基本术语标准》GB/T 50228-96。

3 基 本 规 定

3.0.1 为监视建筑及其周围环境在施工和使用期间的安全，了解其变形特征，并为工程设计、管理及科研提供资料，在参考国家标准《建筑地基基础设计规范》GB 50007-2002 规定的地基基础设计等级和第10.2.9条（强制性条文）及国家标准《岩土工程勘察规范》GB 50021-2001 第13.2.5条规定的基础上，本规范提出 5 类建筑在施工及使用期间应进行变形观测，并将该条作为强制性条文。其中的地基基础设计等级主要使用了 GB 50007-2002 中表 3.0.1 的规定。为了方便使用，我们将该表列在这里（见表3-1）。

表 3-1 建筑地基基础设计等级

设计等级	建筑和地基类型
甲级	重要的工业与民用建筑 30层以上的高层建筑 体型复杂，层数相差超过10层的高低层连成一体的建筑 大面积的多层地下建筑物（如地下车库、商场、运动场等） 对地基变形有特殊要求的建筑物 复杂地质条件下的坡上建筑物（包括高边坡） 对原有工程影响较大的新建建筑物 场地和地基条件复杂的一般建筑物 位于复杂地质条件及软土地区的二层及二层以上地下室的基坑工程
乙级	除甲级、丙级以外的工业与民用建筑物
丙级	场地和地基条件简单、荷载分布均匀的七层及七层以下民用建筑及一般工业建筑物；次要的轻型建筑物

3.0.2 建筑变形测量的平面坐标系统与高程系统通常应优先采用国家或所在地方的平面坐标系统和高程系统。当观测条件困难，难以与国家或地方使用的系统联测时，采用独立系统也可以满足要求，这是因为变形测量主要以测定变形体的变形为目的。为了便于变形测量成果的进一步使用和管理，当采用独立平面坐标或高程系统时，必须在技术设计书和技术报告书中作出明确说明。

3.0.3 建筑变形测量的基本要求是以确切反映建筑及其场地在静荷载或动荷载及环境等影响下的变形程度或变形趋势，这一要求应体现在变形测量的全过程。变形测量的成果质量取决于各个测量环节，而技术设计尤为重要。因此，应在建筑变形测量开始前，认真做好技术设计，形成书面的技术设计书或施测方案。技术设计书或施测方案的编写要求可参照现行行业标准《测绘技术设计规定》CH/T 1004 的相关规定进行。

3.0.4 本次修订中，有关建筑变形测量的级别名称、级别划分及精度要求沿用了原《建筑变形测量规程》JGJ/T 8-97 的规定。原规程发布后，有一些用户对规程使用"级"而不是"等"有不同的看法。经过分析研究，我们认为，对于建筑变形测量，使用"级"而不是"等"能更好地体现变形测量的精度特征，也便于实际应用的延续性。

建筑变形测量的级别划分及其精度要求系根据原规程的下述分析来进行确定的（本次修订中补充了有关标准当前版本的规定）。

1 沉降测量的级别划分及其精度要求

1）级别划分。采用特级、一级、二级、三级，并分别代表特高精度、高精度、中等精度、低精度等 4 个级别精度档次。级别精度是按照与我国国家水准测量等级精度指标相靠拢，并能概括国内有关标准对沉降水准测量精度规定综合确定的。

国内外有关标准的规定等级及其精度要求参见表 3-2。

2）精度指标。考虑到沉降测量的自身特点及其小范围测量的环境，同时为了便于使用和数据处理，宜以观测点测站高差中误差作为精度指标。从表 3-2 可见，一些沉降测量规范也是采用测站高差中误差作为规定测量精度的依据。

表 3-2 有关标准规定的等级及其精度要求

标准名称	等级划分及其精度指标		m_0(mm)
德国工业标准《建筑物沉降观测》（DIN 4107）	分四档，规定观测高差中误差(mm)为：		
	特高精度	±0.1	±0.1
		±0.3	±0.3
	（指相邻观测点间高差中误差）		
	高精度	±0.5	$±0.5/\sqrt{Q}$
	中等精度	±3.0	$±3.0/\sqrt{Q}$
	低精度	沉降终值的10%	
	（指观测点相对于控制点的高差中误差）		
前苏联建筑物沉降观测规定（载于《大型工程建筑物的变形观测》，1974年）	分五等，规定每公里高差中数偶然中误差(mm)为：		
	一	±0.28 ($S=5m, r=2$)	±0.04
	I 等	±0.50 ($S=50m, r=4$)	±0.32
	II 等	±0.84 ($S=65m, r=2$)	±0.43
	III 等	±1.67 ($S=75m, r=2$)	±0.92
	IV 等	±6.68 ($S=100m, r=1$)	±3.00

续表 3-2

标准名称	等级划分及其精度指标			m_0(mm)
《国家一、二等水准测量规范》(GB 12897) 《国家三、四水准测量规范》(GB 12898)	分四等,规定每公里往返测高差中数的偶然中误差(mm)分别为:			
	一等	±0.45	(S≤30m)	±0.16
	二等	±1.0	(S≤50m)	±0.45
	三等	±3.0	(S≤75m)	±1.64
	四等	±5.0	(S≤100m)	±3.16
《工程测量规范》GB 50026-93	分四等,规定变形点的高程中误差、相邻变形点高差中误差(mm)分别为:			
	一等	±0.3,±0.1	(S≤15m)	±0.10
	二等	±0.5,±0.3	(S≤35m)	±0.30
	三等	±1.0,±0.5	(S≤50m)	±0.50
	四等	±2.0,±1.0	(S≤100m)	±1.00
《地下铁道、轻轨交通工程测量规范》(GB 50308-99)	分三等,规定变形点的高程中误差、相邻变形点的高差中误差(mm)分别为:			
	一等	±0.3,±0.1	(S≤15m)	±0.10
	二等	±0.5,±0.3	(S≤35m)	±0.30
	三等	±1.0,±0.5	(S≤50m)	±0.50

注：1 表中 S 为视线长度，r 为观测路线条数，n 为测站数，Q 为协因数，m_0 为按各个标准规定精度指标换算的测站高差中误差；
2 表中等级和精度指标用词，均为原标准使用的原词。

3) 一、二、三级沉降观测精度指标。以国家水准测量规范规定的一、二、三等水准测量每公里往返测高差中数的偶然中误差 M_Δ 为依据，由下列换算式计算出单程观测测站高差中误差 m_0(mm)，则可得沉降水准测量精度指标，如表 3-3。

$$m_0 = M_\Delta \sqrt{\frac{S}{250}} \quad (3-1)$$

式中 S——本规范规定的各级别水准视线长度(m)。

表 3-3 一、二、三级沉降观测精度指标计算

等级	M_Δ (mm)	S (m)	换算的 m_0 值 (mm)	取用值 (mm)
一级	0.45	30	±0.16	±0.15
二级	1.0	50	±0.45	±0.5
三级	3.0	75	±1.64	±1.5

4) 特级精度指标。我国国家水准测量规范没有这个级别的精度指标，现依据表 3-2 所列的国内外的有关标准的规定，分析确定如下：

①根据表 3-2 所列前苏联建筑物沉降观测标准的特高精度等级 $M_\Delta = ±0.28$mm ($S=5$m，$r=2$)，按 (3-1) 式换算为本规范的特级 m_0 值为 ±0.056mm；

②按国内所使用的最高精度水准仪 DS05 型的观测精度，取用本规范第 4.4.1 条中计算 DS05 单程观测每测站高差中误差 m_0 (mm) 的经验公式为：

$$m_0 = 0.025 + 0.0029S \quad (3-2)$$

式中 S——视线长度，且 $S≤10$m。

按 (3-2) 式为 $m_0 ≤ ±0.054$mm；

③按表 3-2 所列《工程测量规范》规定一测站变形点高程中误差 ±0.30mm，顾及等影响原则，其测站高差中误差为 $±0.30$mm$/\sqrt{2} = ±0.21$mm，当 $S≤15$m 时，按 (3-1) 式可换算为本规范特级 m_0 值小于或等于 ±0.051mm。

综合上述三种情况，取 ±0.05mm 作为特级精度指标是合理的。同时，这样取值也使相邻级别沉降观测的精度比例约为 1:3，体现了精度系列的系统性。

5) 按实测的沉降测量工程项目精度统计，检验本规范规定的精度指标的可行性与合理性。我们统计了近二十年完成的 68 项大型工程项目，其中水准测量 64 项、静力水准测量 4 项，涉及精密工程、科研工程、高层建筑、工业民用建筑、古建筑及场地沉降等，现列于表 3-4。

表 3-4 68 项工程的实测测站高差中误差统计

级别	特级	一级	二级	三级
精度(mm)	±0.05	±0.15	±0.50	±1.50
项目数	7	17	37	7
%	10	25	54	11

注：1 一项工程中计算多个中误差值时，取其中最大者统计；
2 达到特级精度指标的项目，包括特种精密工程项目 3 项、工业与民用建筑 4 项。

由表 3-4 可见，用水准测量方法进行沉降观测所得成果精度均在规定的精度范围以内，其分布属一、二级者最多，三级者较少，特级也较少，符合正常规律。同时通过原规程发布后多年的实践和应用，也表明本规范采用的精度级别与精度指标的规定是先进合理、实用的。

2 位移测量的级别划分及其精度指标

1) 级别划分。按照与沉降测量的规定相配套考虑，分为特、一、二、三级。

2) 精度指标。从有利于概括不同位移的向量性质和使用直观、方便来考虑，本规范采用变形观测点坐标中误差作为精度指标。目前，位移观测中，绝大多数是使用测定坐标的方法（如全站仪、GPS、测斜仪测量等），规定用坐标中误差作为观测点相

对于测站点（工作基点）的测定精度较为方便。对于有些非直接测定观测点坐标的方法（如基准线法、铅垂仪法），可按"与坐标等价"的原则考虑，如基准线法规定为观测点相对基准线的偏差值中误差，铅垂仪法规定为建筑物（或构件）上部观测点相对于底部定点的水平位移分量中误差。另外，有些建筑位移观测规定以点位中误差表示精度时，则可按坐标中误差的$\sqrt{2}$倍计算。从原规程发布后多年的工程实践表明，采用观测点坐标中误差作为精度指标是合适的。

3）各级别的精度指标取值。本规范各级别的精度指标取值仍采用原规程的规定。首先确定特级和三级的精度指标值，再以适当比例定出一、二级的精度指标，构成较为合理的精度系列。

①特级的精度指标，以适应特种精密工程变形观测要求为原则，综合考虑表3-5所列几项代表性工程项目的观测精度要求和表3-6所列国内近年来完成的几项典型工程项目实测精度来确定。

表3-5　几项特种精密工程项目的观测精度要求

工程项目	观测精度要求（mm）	相当的坐标中误差（mm）
高能粒子加速器工程	漂移管横向精度 ±0.05～±0.3	±0.05～±0.30
人造卫星与导弹发射轨道	几百米以内的横向中误差	±0.10～±0.30
抛光与磨光工艺玻璃传送带	±0.1～±0.3	
大型核电厂汽轮发电机组	水平位移监测精度 ±0.2～±0.5	±0.14～±0.35

表3-6　几种特种精密工程项目的实测精度要求

工程项目	观测精度要求（mm）	相当的坐标中误差（mm）
北京正负电子对撞机工程	地面测边控制网点位中误差	±0.30	±0.20
	输运线平面控制网相对点位中误差	±0.20	±0.14
	贮存环平面控制网相对点位中误差	±0.15	±0.10
	各种磁铁及其他束流部件安装定位横向精度	±0.1～±0.2	±0.10～±0.20

续表3-6

工程项目	观测精度要求（mm）	相当的坐标中误差（mm）
武汉船模实验水池工程	控制点横向点位中误差	±0.3	±0.3
	池壁横向变形测量误差	≤±0.2	≤±0.2
	轨道精调实测最大不直度中误差	±0.179	±0.2
某雷达标准基线	天线控制点之间的距离误差	±0.28	±0.28

综合表3-5、表3-6所列精度，取特级的观测点坐标中误差为±0.3mm。

②三级的精度指标，以满足具有最大位移允许值的高耸建筑顶部水平位移观测精度要求为原则，综合考虑表3-7所列的几项项目的精度估算结果和表3-8所列几项工程的实测精度确定。

表3-7　几个观测项目的观测精度要求

项目	规范及给定的估算参数（取最大值）	估算的观测点坐标中误差（mm）
风荷载作用下的高层建筑顶部水平位移	《钢筋混凝土高层建筑结构设计与施工规程》JGJ 3-91　$\Delta/H=1/500$　H取值130m	±13
电视塔中心线垂直度	原国家广电部规定，130m以上高度的允许偏差为$H/1500$，取$H=300$m	±10
钢筋混凝土烟囱中心线垂直度	《烟囱工程施工及验收规范》$H=300$m 允许偏差为165mm	±8

注：1　表中Δ为建筑物顶部水平位移允许值，H为建筑高度；
　　2　精度估算，按本规范第3.0.7条规定，取坐标中误差＝允许值/20。

表3-8　几项工程的实测精度

项目	观测方法	实测点位中误差（mm）	换算的观测点坐标中误差（mm）
北京380m高中央电视塔倾斜观测	三方向交会法比值解析法	±13.0	±9.2

续表 3-8

项 目	观测方法	实测点位中误差（mm）	换算的观测点坐标中误差（mm）
南宁 75.76m 高砖瓦厂烟囱倾斜观测	交会法	±12.5	±8.8
德国 360m 高电视塔摆动观测	地面摄影法	±11.0(250m 处) ±13.0(305m 处) ±15.0(360m 处)	±7.8 ±9.2 ±10.6
前苏联 316m 高电视塔倾斜观测	三方向交会法	±8.5(200m 处)	±6

综合表 3-7、表 3-8 的精度，并考虑到《工程测量规范》GB 50026-93 最低一级水平位移变形点点位中误差为 ±12mm（换算为坐标中误差为 ±8.5mm），本规范三级的观测点坐标中误差定为 ±10mm。

③一、二级的精度指标，按与沉降观测各级别之间精度指标比例相同考虑（即 1：3），取一级为 ±1.0mm，二级为 ±3.0mm。

④按实测的位移测量工程项目精度统计，验证本规范规定的级别精度指标是可行、实用的。现统计 20 世纪 80 年代以来国内完成的 57 个工程 72 个观测项目，其中控制网 22 个、倾斜观测项目 19 个、滑坡观测项目 8 个、其他位移观测项目 23 个。将这 72 个观测项目实测精度均换算为坐标中误差形式，归纳列于表 3-9。

表 3-9　57 个工程的 72 个观测项目实测精度统计

级　别		特级	一级	二级	三级	级外
精度指标（mm）		±0.3	±1.0	±3.0	±10.0	>±10.0
控制网个数		5	5	10	2	—
观测项目个数	建筑物倾斜	—	2	4	12	1
	场地滑坡	—	—	1	7	—
	其他位移	6	1	10	6	—
合计个数		11	8	25	27	1
%		15	11	35	38	1

注：表列特级均为特种精密工程，共 5 个工程，其中 2 个工程包括 2 个控制网 5 个观测项目；其余等级的统计量中，除少数工程占 2 个项目（包括控制网与观测项目）外，均为一个工程一个项目。

从表 3-9 统计看出，实测成果精度除个别项目外，均在本规范规定的精度范围以内，且分布符合正常情况。本规范表 3.0.4 中的适用范围，也是参照表 3-9 中所列各项目实际达到的精度及其在各级别中的一般分布特征来确定的。原规程位移观测精度规定经过多年的工程实践和应用，表明级别精度规定是合适的。

3.0.5　这里涉及的建筑地基变形允许值采用了国家标准《建筑地基基础设计规范》GB 50007-2002 表 5.3.4 的规定。关于变形允许值的确定可参见该规范相应的条文说明。为了方便使用，我们将该表列在这里（见表 3-10）。

表 3-10　建筑物的地基变形允许值

变 形 特 征	地基土类别	
	中、低压缩性土	高压缩性土
砌体承重结构基础的局部倾斜	0.002	0.003
工业与民用建筑相邻柱基的沉降差 (1) 框架结构 (2) 砌体墙填充的边排柱 (3) 当基础不均匀沉降时不产生附加应力的结构	0.002*l* 0.0007*l* 0.005*l*	0.003*l* 0.001*l* 0.005*l*
单层排架结构（柱距为 6m）柱基的沉降量（mm）	(120)	200
桥式吊车轨面的倾斜（按不调整轨道考虑） 　纵向 　横向	0.004 0.003	
多层和高层建筑物的整体倾斜 　$H_g \leqslant 24$ 　$24 < H_g \leqslant 60$ 　$60 < H_g \leqslant 100$ 　$H_g > 100$	0.004 0.003 0.0025 0.002	
体形简单的高层建筑基础的平均沉降量（mm）	200	
高耸结构基础的倾斜 　$H_g \leqslant 20$ 　$20 < H_g \leqslant 50$ 　$50 < H_g \leqslant 100$ 　$100 < H_g \leqslant 150$ 　$150 < H_g \leqslant 200$ 　$200 < H_g \leqslant 250$	0.008 0.006 0.005 0.004 0.003 0.002	
高耸结构基础的沉降量（mm） 　$H_g \leqslant 100$ 　$100 < H_g \leqslant 200$ 　$200 < H_g \leqslant 250$	400 300 200	

注：1　本表数值为建筑物地基实际最终变形允许值；
　　2　有括号者仅适用于中压缩性土；
　　3　*l* 为相邻柱基的中心距离（mm），H_g 为自室外地面起算的建筑物高度（m）；
　　4　倾斜指基础倾斜方向两端点的沉降差与其距离的比值；
　　5　局部倾斜指砌体承重结构沿纵向 6～10m 内基础两点的沉降差与其距离的比值。

3.0.6 高程控制网和观测点精度设计中的最终沉降量观测中误差是按照下列对变形值观测中误差的分析与估计确定的。

1 对已有变形值观测中误差取值方法的分析

国内外有关变形值观测中误差取值方法有很多种，但使用较广泛的是以变形允许值为依据给以一定比例系数确定或直接给出观测中误差值。对一般变形测量，观测值中误差不应超过变形允许值的 1/20～1/10，或者 ±（1～2）mm；而对一些具有科研目的的变形监测，应分别为 1/100～1/20，或者 ±0.2mm。另外，也有少数是以一定小的变形特征值（如，达到稳定指标时的变形量、建筑阶段平均变形量等）为依据给以一定比例系数的取值方法。因此，本规范结合建筑变形特点及测量要求，归纳出以下确定变形值观测精度的基本思路。

  1）区分实用目的与科研目的。以前者的取值为依据，视不同要求，取其 1/2～1/5 作为科研和特殊目的的变形值观测中误差；

  2）绝对变形允许值，在建筑设计、施工中通常不作为主要控制指标，其变形值因地质环境影响复杂变化较大，给出的允许值也带有较大概略性，因此绝对变形值的观测精度以按综合分析方法考虑不同地质条件直接确定为宜。除绝对变形允许值之外的各种变形允许值，在建筑设计、施工中通常作为主要控制指标，其数值比较稳定，可信赖性强，对于这类变形的观测精度，宜以允许值为依据给以适当比例系数估算确定；

  3）从便于使用考虑，宜对不同变形观测项目类别分别给出比例系数。在按其变形性质所选取的一定概率下，以可忽略的测量误差作为变形值观测误差来估算出比例系数。

2 推导为实用目的变形值观测中误差估算公式

按上款确定比例系数的思路，取变形值与测量误差的关系式为：

$$\Delta_0^2 = \Delta_1^2 + \Delta_2^2 \tag{3-3}$$

式中 Δ_0——用测量方法测得的变形值；
  Δ_1——在一定概率下可忽略的测量误差；
  Δ_2——在测量误差小到可忽略程度时，所反映的近似纯变形值。

当 Δ_1 可忽略时，即

$$\Delta_0 = \sqrt{\Delta_1^2 + \Delta_2^2} \approx \Delta_2 \tag{3-4}$$

为求 Δ_1 应比 Δ_2 小到多少才可以忽略，令

$$\Delta_1 = \Delta_2/\lambda \tag{3-5}$$

将公式（3-5）代入公式（3-3），可得

$$\lambda = \frac{1}{\sqrt{\left(\frac{\Delta_0}{\Delta_2}\right)^2 - 1}} \tag{3-6}$$

以 m 表示 Δ_1 的中误差并作为变形值观测中误差，以 Δ 表示 Δ_0 的限差即变形允许值，令按变形性质与类型选取的概率为 $P=\Delta_2/\Delta_0$，顾及公式（3-4），则由公式（3-5）、（3-6）可得实用估算式为：

$$m = \frac{\Delta}{t\lambda} \tag{3-7}$$

$$\lambda = \frac{1}{\sqrt{\left(\frac{1}{P}\right)^2 - 1}} \tag{3-8}$$

式中 t——置信区间内允许误差与中误差之比值，取 $t=2$；
  $1/t\lambda$——比例系数。

3 绝对沉降（值）的观测中误差取值，系综合下列估算和已有规定确定。

  1）按原《建筑地基基础设计规范》GBJ 7-89 对一般多层建筑物在施工期间完成的沉降量所占最终沉降量之比例规定，取该规范条文说明中根据 64 幢建筑物完工时的沉降观测资料所绘经验曲线，可知完工时对于低、中、高压缩性土的沉降量分别为≤20mm、≥40mm、≥120mm。按公式（3-7）、（3-8），取 Δ 为 20mm、40mm、120mm，$P=0.999$，可得 $1/t\lambda=1/44$，则估算得变形值观测中误差，对低、中、高压缩性土分别为 ±0.45mm、±0.91mm 与 ±2.7mm；

  2）国内有些单位实测中，按不同沉降情况，采用的沉降量观测中误差为 ±0.5mm、±1.0mm 与 ±2.0mm；

  3）前苏联的沉降观测规范规定，对岩石和半岩石，沙土、黏土及其他压缩性土，填土、湿陷土、泥炭土及其他高压缩性土等三类地基土，分别规定测定沉降的允许误差为不大于 1mm、2mm 与 5mm，即相应的沉降观测中误差为 ±0.5mm、±1.0mm 与 ±2.5mm。

上述三种取值基本接近，综合考虑国内外经验，作出规定：对低、中、高压缩性土的绝对沉降观测中误差分别为 ±0.5mm、±1.0mm 与 ±2.5mm。

4 绝对沉降之外的各种变形的观测中误差。按公式（3-7）、（3-8）估算确定，其采用的概率 P 与比例系数 $1/t\lambda$ 分别为：

  1）对于相对沉降（如沉降差、基础倾斜、局部倾斜）和具有相对变形性质的局部地基沉降（如基坑回弹、地基土分层沉降）、膨胀土地基沉降，取 $P=0.995$，则 $1/t\lambda \leq 1/20$；

  2）结构段变形（如平置构件挠度），取 $P=0.950$，则 $1/t\lambda \leq 1/6$。

3.0.7 平面控制网和观测点精度设计中的变形值观

测中误差取值，按本规范第3.0.6条条文说明中提出的基本思路和估算方法确定。需要注意的是采用的变形值应在向量意义上与作为级别精度指标的坐标中误差相协调，即所估算的变形值观测中误差应是位移分量的观测中误差；对应的变形允许值应是变形允许值的分量值，并约定以允许值的$1/\sqrt{2}$作为允许值分量。

1 对于绝对位移（如建筑基础水平位移、滑坡位移等）的允许值，现行的建筑规范中未有规定，也难以给定，因此可不估算其位移值的观测中误差，根据经验或结合分析，直接按照本规范表3.0.4的规定选取适宜的精度等级。

2 对于绝对位移之外各项位移分量的观测中误差，则可按本规范第3.0.6条条文说明中的公式（3-7）、（3-8）估算确定，其取用的概率P与比例系数$1/\alpha$为：

  1）对相对位移（如基础的位移差、转动、挠曲等）和具有相对变形性质的局部地基位移（如受基础施工影响的建筑物或地下管线位移，挡土墙等设施的位移）的观测中误差，可取$P=0.995$，即$1/\alpha\leqslant 1/20$；

  2）对建筑整体性位移（如建筑顶部水平位移、建筑全高垂直度偏差、桥梁等工程设施水平轴线偏差）的观测中误差，可取$P=0.980$，即$1/\alpha\leqslant 1/10$；

  3）对结构段变形（如高层建筑层间相对位移、竖直构件的挠度、垂直偏差等）的观测中误差，可取$P=0.950$，即$1/\alpha\leqslant 1/6$；

  4）对于科研及特殊项目的位移分量观测中误差，取与沉降观测中误差的规定相同，即将上列各项变形值观测中误差，再乘以$1/5\sim 1/2$的适当系数采用。

3.0.8 建筑变形测量中观测点与控制点应按照变形观测周期进行观测，其观测周期应根据变形体的特征、变形速率和变形观测精度要求及外界因素影响等综合确定。当有多种原因使某一变形体产生变形时，可分别以各种因素确定观测周期后，以其最短周期作为观测周期。

3.0.9 变形测量的时间性很强，它反映某一时刻变形体相对于基点的变形程度或变形趋势，因此首次观测值（初始值）是整个变形观测的基础数据，应认真观测，仔细复核，增加观测量，进行两次同精度独立观测，以保证首次观测成果有足够的精度和可靠性。

3.0.10 一个周期的观测应在尽可能短的时间内完成，以保证同一周期的变形观测数据在时态上基本一致。对于不同周期的变形测量，采用相同的观测网形（路线）和观测方法，并使用同一仪器和设备等观测措施，其目的是为了尽可能减弱系统误差影响，提高观测精度，保证成果质量。

3.0.11 为了保证建筑及周围环境在施工或运营期间的安全，当变形测量过程中出现各种异常或有异常趋势时，必须立即报告委托方以便采取必要的安全措施。同时，应及时增加观测次数或调整变形测量方案，以获取更准确全面的变形信息。本条第2款中的预警值通常取允许变形值的60%。本条作为强制性条文，必须严格执行。

4 变形控制测量

4.1 一般规定

4.1.1～4.1.4 变形测量基准点的基本要求是应在整个变形观测阶段保持稳定可靠，因此除了对其位置有要求外，还应定期对其进行复测和稳定性分析。

设置工作基点的主要目的是为方便较大规模变形测量工程的每期变形观测作业。由于工作基点一般距待测目标较近，因此在每期变形观测时，应将其与基准点进行联测。

需要说明的是，原规程中将高程控制和平面控制分别列为两章，本次修订将其合并为一章，并作了较多的补充、修改和顺序调整。

4.2 高程基准点的布设与测量

4.2.1 本规范规定"特级沉降观测的高程基准点数不应少于4个、其他级别沉降观测的高程基准点数不应少于3个"是为了保证有足够数量的基准点可用于检测其稳定性，从而保证沉降观测成果的可靠性。高程控制网不能布设成附合路线，只能独立布设成闭合环或布设成由附合路线构成的结点网，这主要是为了便于检核校验。

4.2.2 根据地基基础设计的规定和经验总结，规定高程基准点和工作基点位置选择的要求，以便保证高程基准点的稳定和长期保存以及工作基点的适用性。关于基准点位置的进一步分析还可参见本规范第5.2.2条的条文说明。

4.2.3 高程基准点标石、标志的形式有多种，本规范附录A仅给出了一些常用的形式。

4.2.4 在建立沉降观测高程控制网的方法中增加电磁波测距三角高程测量，主要是考虑到在一些二、三级沉降观测高程控制测量中，可能难以进行高效率的水准测量作业。为减少垂线偏差和折光影响，对电磁波测距三角高程测量观测视线的路径要高度重视，尽可能使两个端点周围的地形相互对称，并提高视线高度，使视线通过类似的地貌和植被。

4.3 平面基准点的布设与测量

4.3.2 平面基准点标石、标志的形式有多种，本规范附录B仅给出了几种常用的形式。

4.3.5 一般测区的一、二、三级平面控制网技术要求，系按下列思路分析确定：

1 主要思路：

1) 取一般建筑场地的规模、按一个层次布设控制网点，以常用网形和观测精度考虑；
2) 测角、测边网的最弱边边长中误差，按相邻点间边长中误差与点的坐标中误差近似相等的关系，取与相应等级精度指标的观测点坐标中误差等值，导线（网）的最弱点点位中误差取与相应级别观测点坐标中误差的$\sqrt{2}$倍等值；
3) 控制网精度设计，主要考虑测角、测距精度及网的构形，未计及起始数据误差影响。

2 本规范表4.3.5-1中的技术要求（按三角网进行估算）：

1) 精度估算按下列公式：

$$m_{lgD} = m_\beta \sqrt{\frac{1}{P_{lgD}}} \quad (4-1)$$

$$\frac{1}{T} = \frac{m_D}{D} = \frac{m_{lgD}}{\mu \cdot 10^6} \quad (4-2)$$

$$m_\beta = \frac{\mu \cdot 10^6}{T\sqrt{\frac{1}{P_{lgD}}}} \quad (4-3)$$

$$\frac{1}{P_{lgD}} = K\Sigma R \quad (4-4)$$

式中 D——最弱边边长（mm）；
m_D——边长中误差（mm）；
m_{lgD}——边长对数中误差，以对数第六位为单位；
m_β——测角中误差（″）；
T——最弱边边长相对中误差的分母；
$1/P_{lgD}$——边长对数权倒数；
R——为图形强度因子；
K——图形系数。

μ取0.4343；

2) 各项技术要求的确定

取实际布网中常遇三角形（三个角度分别为45°、60°、75°）作为推算路线的图形，平均的R值为5.7。

一级网，主要用于建筑或场地的高精度水平位移观测。一般控制面积不大，边长较短，取平均边长$D=200m$。按三角网，布设两条起算边，传算三角形个数为3，因$K=1/3$，则$1/P_{lgD}=5.7$；按四边形网，布设一条起算边，传算三角形个数为2，因$K=0.4$，则$1/P_{lgD}=4.6$；按五边中点多边形网，布设一条起算边，传算三角形个数为3，因$K=0.35$，则$1/P_{lgD}=6.0$。取$m_D=±1.0mm$，即$T=200000$，由公式（4-3）可得上述三种网形的m_β值分别为：三角网±0.9″，四边形±1.0″，五边中点多边形网±0.9″，取用±1.0″。

二级网，主要用于中等精度要求的建筑水平位移观测和重要场地滑坡观测。一般控制面积较大，边长较长，取平均边长$D=300m$。按三角网，布设两条起算边，传算三角形个数为4，即$1/P_{lgD}=7.6$；按四边形网，布设一条起算边，传算三角形个数为2，即$1/P_{lgD}=4.6$；按六边中点多边形网，布设一条起算边，传算三角形个数为3，因$K=0.45$，则$1/P_{lgD}=7.7$。取$m_D=3.0mm$，即$T=100000$，由公式（4-3）可得上述三种网形的m_β分别为：三角网±1.6″，四边形±2.0″，六边中点多边形网±1.6″，取用±1.5″。

三级网，主要用于低精度要求的建筑水平位移观测和一般场地滑坡观测。一般控制面积大，边长长，取平均边长为500m。按三角网，布设两条起算边，传算三角形个数为6，即$1/P_{lgD}=11.4$；如布设一条起算边，传算三角形个数为3，因$K=2/3$，则$1/P_{lgD}=11.4$；按七边中点多边形，布设一条起算边，传算三角形个数为4，因$K=0.52$，则$1/P_{lgD}=11.8$。取$m_D=±10.0mm$，即$T=50000$，由公式（4-3）可得出上述三种网形的m_β分别为±2.6″、±2.6″、±2.5″，取用±2.5″。

需要说明的是，目前由于高精度全站仪的普及应用，三角网更多地使用边角网。边角网具有测角和测边精度的互补特性，受网形影响小，布设灵活，精度也高，应优先采用。在边角网中应以测边为主，加测部分角度。测角和测边精度匹配的原则是使$m_a/\rho \approx m_D/D$。本规范表4.3.5-1的技术要求宜分别采用准确度为Ⅰ、Ⅱ、Ⅲ等级的全站仪，从其相应的出厂标称准确度来看，其测角和测边精度完全可以满足上述技术要求。

3 本规范表4.3.5-2中的导线测量技术要求：

1) 确定技术要求的主要思路为：

导线设计，以直伸等边的单一导线分析为基础，再用等权代替法、模拟计算法等推广到导线网。单一导线包括附合导线和独立单一导线，本规范表4.3.5-2中的规定是以附合导线的技术要求为依据，在有关参数上给以乘系数即可又用于独立单一导线和导线网。考虑点位布设条件与要求的不同，导线边长取比测角网为短，边长测量以电磁波测距为主，视需要亦可采用直接钢尺丈量；

2) 精度估算按下列公式进行：

①附合导线。根据导线起算数据误差对导线中点（最弱点）的横向影响与纵向影响相等、导线中点的横向测量误差与纵向测量误差相等的原则，可推导出如下估算式：

$$m_D = \frac{1}{\sqrt{n}} M_Z \quad (4-5)$$

$$m_\beta = \frac{4\sqrt{3}}{L\sqrt{n+3}}\rho M_Z \quad (4-6)$$

$$\frac{1}{T} = \frac{2\sqrt{7}}{L}M_Z \quad (4-7)$$

式中 M_Z——导线中点顾及起算数据误差影响的点位中误差（mm）；
　　　m_D——导线平均边长的边长中误差（mm）；
　　　n——导线边数；
　　　m_β——导线测角中误差（″）；
　　　L——导线全长（mm）；
　　　$1/T$——导线全长相对闭合差。

②独立单一导线。按不顾及起算数据误差影响的中点横向测量误差与纵向测量误差相等为原则，可推导出如下估算式：

$$m_D = \sqrt{\frac{2}{n}}M_Z \quad (4-8)$$

$$m_\beta = \frac{4\sqrt{6}}{L\sqrt{n+3}}\rho M_Z \quad (4-9)$$

$$\frac{1}{T} = \frac{2\sqrt{10}}{L}M_Z \quad (4-10)$$

式中 M_Z——不顾及起算数据误差影响的导线中点位中误差（mm）。

3）各项技术要求的确定：

取 M_Z 为等级精度指标观测点坐标中误差的 $\sqrt{2}$ 倍值；导线平均边长，对一级为150m，二级为200m，三级为250m；导线边数 n，对附合导线取5，对独立单一导线取6。将这些估算参数代入公式（4-5）～（4-10），可得估算结果如表4-1。

表4-1 单一导线测量主要技术要求指标的估算

	附合导线					
	一级		二级		三级	
	估算	取用	估算	取用	估算	取用
M_Z (mm)		±1.4		±4.2		±14.0
m_D (mm)	±0.6	±0.6	±1.9	±2.0	±6.3	±6.0
m_β (″)	±0.9	±1.0	±2.1	±2.0	±5.6	±5.0
T	101200	100000	45000	45000	16900	17000
	独立单一导线					
	一级		二级		三级	
	估算	取用	估算	取用	估算	取用
M_Z (mm)		±1.4		±4.2		±14.0
m_D (mm)	±0.8	±0.8	±2.4	±2.5	±8.1	±8.0
m_β (″)	±1.0	±1.0	±2.4	±2.0	±6.3	±5.0
T	101600	100000	45200	45000	16900	17000

从表4-1估算结果可知：

①两种导线，在要求的 M_Z 与平均边长 D 相同条件下，m_β 与 $1/T$ 也基本相同。在各自的边数相差不大时，独立单一导线的 m_D 可比附合导线的 m_D 放宽约 $\sqrt{2}$ 倍；

②对于导线网，亦可采用附合导线的技术要求，只是需将附合点与结点间或结点与结点间的长度，按附合导线长度乘以小于或等于0.7的系数采用。

4 在执行本规范表4.3.5-1、表4.3.5-2的规定时，需注意表列技术要求系以一般测量项目采用的级别精度下限指标值和一般场地条件选取的网点方案为依据来确定的。当实际平均边长、导线总长均与规定相差较大时以及对于复杂的布网方案，应当另行估算确定适宜的技术要求。

4.4 水准测量

4.4.1 本条中DS05、DSZ05型仪器的 m_0 值估算经验公式（4.4.1-2）系根据有关测量规范（原《国家水准测量规范》、《大地形变测量规范（水准测量）》）说明中给出的实例数据以及华北电力设计院、中南勘测设计研究院、北京市测绘设计研究院等8个单位的实测统计资料，经统计分析求出的。一些数据检验表明，该 m_0 估算式较为合理、可靠。

4.4.2 各级别几何水准观测的视线要求和各项观测限差的规定依据，说明如下：

1 水准观测的视线要求：

1）视线长度规定为特级≤10m、一级≤30m、二级≤50m、三级≤75m，系综合考虑实际作业经验和现行有关标准规定而确定。其中一、二、三级的视线长度与现行《国家一、二等水准测量规范》及《国家三、四等水准测量规范》规定的一、二、三等水准测量一致，二、三级的视线长度也与现行《工程测量规范》的相关规定一致；

2）视线高度规定为特级≥0.8m、一级≥0.5m、二级≥0.3m、三级≥0.2m，是根据确定的视线长度并考虑变形观测条件，参照现行《国家一、二等水准测量规范》、《国家三、四等水准测量规范》与《工程测量规范》的相关规定确定的；

3）前后视距差 Δ_d 系按下式关系确定：

$$\Delta_d \leq \delta_d \rho / i \quad (4-11)$$

式中 i——视准轴不平行于水准管轴的误差（″）；
　　　δ_d——要求对测站高差中误差 m_0 的影响小到在 $P=0.950$ 下可忽略不计的由于 Δ_d 而产生的高差误差（mm），$\delta_d = m_0/\lambda$（取 $\lambda = 3$）。

将规定的 m_0 与 i 值代入公式（4-11），则得：

特级（$m_0 \leq 0.05$mm，$i = 10''$）：$\Delta_d \leq 0.3$m，取

$\Delta_d \leq 0.3$m；

一级（$m_0 \leq 0.15$mm，$i = 15''$）：$\Delta_d \leq 0.7$m，取 $\Delta_d \leq 0.7$m；

二级（$m_0 \leq 0.50$mm，$i = 15''$）：$\Delta_d \leq 2.3$m，取 $\Delta_d \leq 2.0$m；

三级（$m_0 \leq 1.50$mm，$i = 20''$）：$\Delta_d \leq 5.0$m，取 $\Delta_d \leq 5.0$m。

4）前后视距差累积

从水准测段或环线一般只有几百米的长度情况考虑，取前后视距差累积为前后视距差的1.5倍计，则可得：

特级：≤ 0.45m，取 ≤ 0.5m；
一级：≤ 1.05m，取 ≤ 1.0m；
二级：≤ 3.0m，取 ≤ 3.0m；
三级：≤ 7.5m，取 ≤ 8.0m。

2 各项观测限差：

1）基、辅分划（黑红面）读数之差 $\Delta_{基辅}$

同一标尺基、辅分划的观测条件相同，则可得：

$$\Delta_{基辅} = 2\sqrt{2} m_d \quad (4-12)$$

各级别测站观测的 $\Delta_{基辅}$ 估算结果见表4-2：

表4-2 $\Delta_{基辅}$ 与 $\Delta h_{基辅}$ 的估算

级别	仪器类型	最长视距（m）	m_d（mm）	$\Delta_{基辅}$ 估算值	$\Delta_{基辅}$ 取用值	$\Delta h_{基辅}$ 估算值	$\Delta h_{基辅}$ 取用值
特级	DS05	10	0.05	0.14	0.15	0.22	0.2
一级	DS05	30	0.11	0.31	0.3	0.45	0.5
二级	DS05	50	0.17	0.48	0.5	0.68	0.7
二级	DS1	50	0.20	0.56	0.5	0.79	0.7
三级	DS05	75	0.24	0.68	1.0	0.96	1.5
三级	DS1	75	0.29	0.82	1.0	1.16	1.5
三级	DS3	75	0.77	2.17	2.0	3.08	3.0

注：公式（4-12）的 m_d 及表4-2中相应的数值为根据《建筑变形测量规程》JGJ/T 8-97中给出几种类型水准仪单程观测每测站高差中误差经验公式求得的。

2）基、辅分划（黑红面）所测高差之差 $\Delta h_{基辅}$

高差之差是读数之差的和差函数，则可得

$$\Delta h_{基辅} = \sqrt{2} \Delta_{基辅} \quad (4-13)$$

各级别测站观测的 $\Delta h_{基辅}$ 估算结果见表4-2。

表列一、二、三级的 $\Delta_{基辅}$ 与 $\Delta h_{基辅}$ 取用值与《国家一、二等水准测量规范》和《国家三、四等水准测量规范》的规定一致。

3）往返较差、附合或环线闭合差 $\Delta_{限}$

往返测高差不符值实质为单程往测与返测构成的闭合差，附合路线与环线的线路长度较短，可只考虑偶然误差影响，则三者以测站为单位的限差均为：

$$\Delta_{限} \leq 2\mu\sqrt{n} \quad (4-14)$$

式中 μ——单程观测测站高差中误差（mm）；

n——测站数。

各级别 $\Delta_{限}$ 的估算结果取值见表4-3。

4）单程双测站所测高差较差 $\Delta_{双}$

单程双测站观测所测高差较差中基本不反映系统性误差影响，取双测站较差为往返测较差的 $1/\sqrt{2}$，则可得：

$$\Delta_{双} \leq \sqrt{2}\mu\sqrt{n} \quad (4-15)$$

各级别 $\Delta_{双}$ 的估算结果取值见表4-3：

表4-3 $\Delta_{限}$、$\Delta_{双}$、$\Delta_{检}$ 的估算（mm）

级别	μ	$\Delta_{限}$ 估算	$\Delta_{限}$ 取用	$\Delta_{双}$ 估算	$\Delta_{双}$ 取用	$\Delta_{检}$ 估算	$\Delta_{检}$ 取用
特级	±0.05	$\leq 0.1\sqrt{n}$	$\leq 0.1\sqrt{n}$	$\leq 0.07\sqrt{n}$	$\leq 0.07\sqrt{n}$	$\leq 0.14\sqrt{n}$	$\leq 0.15\sqrt{n}$
一级	±0.15	$\leq 0.3\sqrt{n}$	$\leq 0.3\sqrt{n}$	$\leq 0.21\sqrt{n}$	$\leq 0.2\sqrt{n}$	$\leq 0.42\sqrt{n}$	$\leq 0.45\sqrt{n}$
二级	±0.5	$\leq 1.0\sqrt{n}$	$\leq 1.0\sqrt{n}$	$\leq 0.7\sqrt{n}$	$\leq 0.7\sqrt{n}$	$\leq 1.4\sqrt{n}$	$\leq 1.5\sqrt{n}$
三级	±1.5	$\leq 3.0\sqrt{n}$	$\leq 3.0\sqrt{n}$	$\leq 2.1\sqrt{n}$	$\leq 2.0\sqrt{n}$	$\leq 4.2\sqrt{n}$	$\leq 4.5\sqrt{n}$

注：μ 值取各等级精度指标下限值。

5）检测已测段高差之差 $\Delta_{检}$

检测与已测的时间间隔不长，且均按相同精度要求观测，则可得：

$$\Delta_{检} \leq 2\sqrt{2}\mu\sqrt{n} \quad (4-16)$$

各级别 $\Delta_{检}$ 的估算结果取值见表4-3。

4.4.6～4.4.7 在一些场合中，静力水准测量具有相对优越性，是沉降观测的有效作业方法之一。这里根据静力水准测量的作业经验，对其技术和作业要求进行了规定。

4.4.8 由于自动静力水准设备的类型、规格和性能都有很大的不同，因此，对于不同的设备应分别制定相应的作业规程，以保证满足本规范规定的精度要求。

4.5 电磁波测距三角高程测量

4.5.1 最近20多年来的大量实践表明，电磁波测距三角高程测量在一定条件下可以代替一定等级的水准测量。就建筑变形测量而言，对于某些使用水准测量作业困难、效率低的场合，可以使用电磁波测距三角高程测量方法进行二、三级高程控制测量。本节有关技术指标和要求是在认真总结相关应用案例并考虑变形测量特点的基础上给定的。对于更高精度或特殊要求下的电磁波测距三角高程测量，应进行专门的技术设计和论证。

4.5.3 电磁波测距三角高程测量作业可分别采用中间设站观测方式（即在两照准点中间安置仪器）或每

点设站、往返观测方式（即在每一照准点上安置仪器并进行对向往返观测）。这两种方式可同时或交替使用。实际作业中，应优先使用中间设站方式，因为这种方式作业迅速方便、不需量测仪器高。规定中间设站方式下的前后视线长度差及累积差限差是为了有效地消减地球曲率与大气垂直折光影响。

4.5.4 边长和垂直角的观测顺序对不同观测方式分别为：

1 当按单点设站、对向往返观测方式时，边长和垂直角应独立测量，观测顺序为：

往测时：观测边长—观测垂直角；

返测时：观测垂直角—观测边长。

2 当按中间设站观测方式时，垂直角应采用单程双测法，在特制觇牌的两个照准目标高度上独立地分两组观测，以避免粗差和消减垂直度盘和测微器的分划系统性误差，同时可评定每公里偶然中误差。如采用本规范附录 C 图 C.0.1（b）、（d）所示觇牌，观测顺序为：

第一组：观测边长—观测垂直角（此处 n 为规程规定的垂直角观测测回数）

1）照准后视点反射镜，观测边长 2 测回（结束后安置觇牌）；

2）照准前视点反射镜，观测边长 2 测回（结束后安置觇牌）；

3）照准后视觇牌上目标，正倒镜观测垂直角 $n/2$ 测回；

4）照准前视觇牌上目标，正倒镜观测垂直角 $n/2$ 测回；

5）照准前视觇牌上目标，正倒镜观测垂直角 $n/2$ 测回；

6）照准后视觇牌上目标，正倒镜观测垂直角 $n/2$ 测回。

第二组：观测垂直角—观测边长

1）照准前视觇牌下目标，正倒镜观测垂直角 $n/2$ 测回；

2）照准后视觇牌下目标，正倒镜观测垂直角 $n/2$ 测回；

3）照准后视觇牌下目标，正倒镜观测垂直角 $n/2$ 测回（结束后安置反射镜）；

4）照准前视觇牌下目标，正倒镜观测垂直角 $n/2$ 测回（结束后安置反射镜）；

5）照准后视点反射镜，观测边长 2 测回；

6）照准前视点反射镜，观测边长 2 测回。

3 应该注意到，电子经纬仪和全站仪的垂直角观测精度比光学经纬仪要高。按照国家计量检定规程《全站型电子速测仪检定规程》JJG 100－1994 和《光学经纬仪检定规程》JJG 414－1994 规定的一测回垂直角中误差：1″级全站仪和电子经纬仪为 1″，而 DJ1 型光学经纬仪为 2″；2″级全站仪和电子经纬仪为 2″，而 DJ2 型光学经纬仪为 6″；6″级全站仪和电子经纬仪为 6″，而 DJ6 型光学经纬仪为 10″。因此，有条件时，应尽可能使用电子经纬仪和全站仪以提高观测精度和速度。作业时，应避免在折光系数急剧变化的时间段内观测，尽量缩短观测时间，观测顺序要对称。

4.5.5 电磁波测距三角高程测量的验算项目包括：

1）每点设站对向观测时，可根据在一测站同一方向两个不同目标高度上观测的两组垂直角观测值，按公式（4-17）计算每公里高差中数的偶然中误差 $m_{\Delta 1}$：

$$m_{\Delta 1}=\pm\frac{1}{4}\sqrt{\frac{1}{N_1}\left[\frac{\Delta\Delta}{S}\right]} \qquad (4-17)$$

式中 Δ_i——往测（或返测）时用观测的斜距和两组垂直角计算的两组高差之差（mm）；

N_1——对向观测的边数；

S——观测的边长（km）。

2）中间设站时，两组高差中数的每公里偶然中误差 $m_{\Delta 2}$ 按公式（4-18）计算：

$$m_{\Delta 2}=\pm\sqrt{\frac{1}{4N_2}\left[\frac{\Delta\Delta}{L}\right]} \qquad (4-18)$$

式中 Δ_i——每一测站计算的两组高差之差（mm）；

N_2——中间设站数；

L——每站前后视距之和（km）。

4.6 水平角观测

4.6.1 水平角观测的测回数估算系根据以下分析确定：

1 对于特级水平角观测和当有可靠的实测精度数据时，采用估算方法确定测回数，可以适应水平角观测的多样性需要（如不同精度要求的测角网点和导线点的观测、独立测站点上的观测等）。

2 估算公式主要根据长江流域规划办公室勘测处对 23 个高精度短边三角网观测成果的统计结果（见《中国测绘学会第二届综合学术年会论文选编（第四卷）》，测绘出版社，1981）。采用导入系统误差影响系数 λ 和各测站平差后一测回方向中误差的平均值 m_a 值的方法，推导得出测角中误差 m_β 与 m_a 和测回数 n 之间的相关函数数学表达式为：

$$m_\beta=\pm\sqrt{(\lambda\cdot m_a)^2+m_a^2/n} \qquad (4-19)$$

即

$$n=1\bigg/\left[\left(\frac{m_\beta}{m_a}\right)^2-\lambda^2\right] \qquad (4-20)$$

关于该公式的推导、验算以及采用不同的 λ 值（0.5、0.7 和 0.9）、从 2 到 24 测回数的观测精度计算结果和最适宜的测回数等的研究见《经纬仪水平角观测精度的研究》（《工程勘察》，2005 年第 3 期）。

这里利用的 23 个三角网分布在重庆、四川、湖北、贵州、河南、陕西等省市，为包括三峡、葛洲坝和丹江口在内的坝址、坝区三角网，边长为 0.2～3.0km，三角点上均建有混凝土观测墩，配备强制对中装置和照准标志，用DJ1型仪器观测。这些观测条件与要求与本规范的规定基本相同。

3 m_α 的取值规定

《光学经纬仪检定规程》JJG 414-1994 规定室内检定时，一测回水平方向中误差不应超过表 4-4 的规定。

表 4-4 JJG 414-1994 规定的光学经纬仪一测回水平方向中误差

仪器型号	DJ07	DJ1	DJ2	DJ6
一测回水平方向中误差（室内）	0.6″	0.8″	1.6″	4.0″

《全站型电子速测仪检定规程》JJG 100-1994 规定室内检定时，一测回水平方向中误差应满足仪器出厂的标称准确度。各等级全站仪及电子经纬仪的限差见表 4-5。

表 4-5 JJG 100-1994 规定的全站仪和电子经纬仪一测回水平方向中误差

仪器等级	Ⅰ		Ⅱ		Ⅲ	
出厂标称准确度值	±0.5″	±1″	±1.5″	±2.0″	±3″	±5″	±6″
一测回水平方向中误差	≤0.5″	≤0.7″	≤1.1″	≤1.4″	≤2.1″	≤3.6″	≤3.6″

部分实测精度统计见表 4-6。

表 4-6 部分实测 m_α 值统计

仪器类型	观测方法	m_α (″)	依据的资料及统计的数据量
DJ1	全组合测角法	±0.82	长办测短边三角网，测站数 181 个
		±0.94	长办测一、二、三、四、五等三角网，测站数 397 个
	方向观测法	±0.86	长办测短边三角网，测站数 472 个
		±0.90	长办测一、二、三、四、五等三角网，测站数 2698 个
DJ2	方向观测法	±1.41	长办测一、二、三、四、五等三角网，测站数 1150 个

综合表 4-4、表 4-5 和表 4-6，m_α 值可根据仪器类型、读数和照准设备、外界条件以及操作的严格与熟练程度，在下列数值范围内选取：

DJ05 型仪器：0.4～0.5″；
DJ1 型仪器：0.8～1.0″；
DJ2 型仪器：1.4～1.8″。

考虑到变形测量角度观测具有多次重复观测的特点，为此，本规范规定，允许根据各类仪器的实测精度数据按照公式(4-20)调整测回数。

4 按公式（4-20）估算测回数 n 时，需注意以下两个问题：

1）估算结果凑整取值时，对方向观测法与全组合测角法，应顾及观测度盘位置编制要求，使各测回均匀地分配在度盘和测微器的不同位置上。对于导线观测，当按左、右角观测时，总测回数应成偶数，当估算后 $n<2$ 时，取 $n=2$；

2）由于一测回角度观测值是由上、下半测回各两个方向观测值之差的平均值组成，按误差传播原理可知，$m_角$ 等于半测回（正镜或倒镜）每方向的观测中误差 $m_方$，这种等值关系在精度估算中经常使用。

4.6.2 水平角观测限差系根据以下分析确定：

1 方向观测法观测的限差

1）二次照准目标读数差的限值 $\Delta_{照准}$

二次照准目标读数之差的中误差为 $\sqrt{2}m_方$，取 2 倍中误差为限差，并顾及 $m_方 = m_角$，则

$$\Delta_{照准} = 2\sqrt{2}m_角 \qquad (4-21)$$

2）半测回归零差的限值 $\Delta_{归零}$

半测回归零差的中误差，如仅考虑偶然误差，其中误差即为 $\sqrt{2}m_方$，但尚有仪器基座扭转、外界条件变化等误差影响，取这些误差影响为偶然误差的 $\sqrt{2}$ 倍，则

$$\Delta_{归零} = 2\sqrt{2} \times \sqrt{2}m_方 = 4m_角 \qquad (4-22)$$

3）一测回内 2C 互差的限值 Δ_{2C}

一测回内 2C 互差之中误差如仅考虑偶然误差，其中误差即为 $\sqrt{4}m_方$，但在 2C 互差中尚包含仪器基座扭转、仪器视准轴和水平轴倾斜等误差影响，设这些误差影响为偶然误差的 $\sqrt{3}$ 倍，则

$$\Delta_{2C} = 2\sqrt{4} \times \sqrt{3}m_方 = 4\sqrt{3}m_角 \qquad (4-23)$$

4）同一方向值各测回互差的限值 $\Delta_{测回}$

同一方向各测回互差之中误差，如仅考虑偶然误差，其中误差即为 $\sqrt{2}m_方$，但在测回互差中尚包括仪器水平度盘分划和测微器的系统误差、以旁折光为主的外界条件变化等误差影响，设这些误差影响为偶然误差的 $\sqrt{2}$ 倍，则

$$\Delta_{测回} = 2\sqrt{2} \times \sqrt{2}m_方 = 4m_角 \qquad (4-24)$$

5) 在公式(4-21)、(4-22)、(4-23)、(4-24)中，将第4.6.1条文说明中确定的m_α值代入，则可得各项观测限值，见表4-7。

表4-7 方向观测法各项观测限值估算（″）

仪器类型	m_α	$m_角$	$\Delta_{照准}$ 估算	$\Delta_{照准}$ 取用	$\Delta_{归零}$ 估算	$\Delta_{归零}$ 取用	Δ_{2C} 估算	Δ_{2C} 取用	$\Delta_{测回}$ 估算	$\Delta_{测回}$ 取用
DJ05	±0.5	±0.7	2.0	2	2.8	3	4.8	5	2.8	3
DJ1	±0.9	±1.3	3.7	4	5.2	5	8.9	9	5.2	5
DJ2	±1.4	±2.0	5.6	6	8.0	8	13.8	13	8.0	8

2 全组合观测法观测的限差主要参照《精密工程测量规范》GB/T 15314-94第7.3.6条表5的规定。

4.7 距离测量

4.7.1 一般地区一、二、三级边长的电磁波测距技术要求，系按下列考虑与分析确定：

1 建筑变形测量的边长较短（一般在1km之内），测距精度要求高（从小于1mm到10mm）。本规范将测距仪精度分为$m_D \leq 1mm$、$m_D \leq 3mm$、$m_D \leq 5mm$与$m_D \leq 10mm$四个等级。m_D值以采用的边长D（测边网取平均边长）代入具体仪器标称精度表达式$(m_D = a + b \cdot 10^{-6}D)$计算。

2 规定各级别边长均应采用往、返观测或以不同时段代替往、返测，是从尽可能减弱由气象等因素引起的系统误差影响和使观测成果具有必要检核来考虑的，这样也与现行有关规范规定相协调。

3 测距的各项限差是依据原《城市测量规范》编制说明中提供的仪器内部符合精度$m_内$较仪器外部符合精度（仪器标称精度）m_D缩小1/3的关系以及其分析各项限差的思路来确定的。

1) 一测回读数间较差的限值$\Delta_{读数}$

读数间较差主要反映仪器内部符合精度，取2倍中误差为规定限值，则

$$\Delta_{读数} = 2\sqrt{2}m_内 = 2\sqrt{2} \times 1/3 \times m_D \approx m_D \quad (4-25)$$

取m_D=1mm、3mm、5mm、10mm，则相应的$\Delta_{读数}$=1mm、3mm、5mm、10mm。

2) 单程测回间较差的限值$\Delta_{测回}$

以一测回内最少读数次数为2来考虑，即一测回读数中误差为$m_内/\sqrt{2}$。取测回间较差中的照准误差、大气瞬间变化影响等因素的综合影响为一测回读数中误差之2倍，则

$$\Delta_{测回} = 2\sqrt{2} \times 1/\sqrt{2}m_内 = 4/3m_D \approx \sqrt{2}m_D \quad (4-26)$$

对应m_D=1mm、3mm、5mm、10mm的$\Delta_{测回}$分别为1.4mm、4mm、7mm、14mm，实际分别取1.5mm、5mm、7mm和15mm。

3) 往返或时间段较差的限值$\Delta_{往返}$

往返或时间段间较差，除受$m_内$的影响外，更主要的是受大气条件变化影响以及仪器对中误差、倾斜改正误差等的影响，因此，可以认为该较差之大小主要反映的是仪器外部符合精度的高低。取一测回测距中误差$\leq (a+b \cdot 10^{-6}D)$，往返或不同时段各测4测回，则

$$\Delta_{往返} = 2\sqrt{2} \times 1/\sqrt{4}(a+b \cdot 10^{-6}D) = \sqrt{2}(a+b \cdot 10^{-6}D) \quad (4-27)$$

4.7.3 本规范表4.7.3中规定的丈量边长（距离）技术要求，是以适应各等级边长相对中误差：一级1/200000、二级1/100000、三级1/50000并参照现行《城市测量规范》和《工程测量规范》中相应这一精度要求的规定来确定的。本规范除对个别指标作调整外，从便于衡量短边的精度考虑，还将"经各项改正后各次或各尺全长较差"一项的限值，由按L（以km为单位）表达的公式，改为按D（以100m为单位）表达的公式，即

对一级，原为$8\sqrt{L}$，换算为$2.5\sqrt{D}$，取用$2.5\sqrt{D}$；

对二级，原为$10\sqrt{L}$，换算为$3.2\sqrt{D}$，取用$3.0\sqrt{D}$；

对三级，原为$15\sqrt{L}$，换算为$4.7\sqrt{D}$，取用$5.0\sqrt{D}$。

4.8 GPS 测量

4.8.1 应用GPS进行建筑变形测量时，应根据变形测量的精度要求，尽可能选用高精度、高性能的GPS接收机。

4.8.2 GPS接收机的检验、检定应符合以下规定：

1 新购置的GPS接收机应按规定进行全面检验后使用。GPS接收机的全面检验应包括以下内容：

1) 一般检视：
— GPS接收机及天线的外观良好，型号正确；
— 各种部件及其附件应匹配、齐全和完好；
— 需紧固的部件不得松动和脱落；
— 设备使用手册和后处理软件操作手册及磁（光）盘应齐全；

2) 通电检验：
— 有关信号灯工作应正常；
— 按键和显示系统工作应正常；
— 利用自测试命令进行测试；

——检验接收机锁定卫星时间的快慢,接收信号强弱及信号失锁情况;

3)试测检验前,还应检验:

——天线或基座圆水准器和光学对中器是否正确;

——天线高量尺是否完好,尺长精度是否正确;

——数据传录设备及软件是否齐全,数据传输性能是否完好;

——通过实例计算,测试和评估数据后处理软件。

2 GPS接收机在完成一般检视和通电检验后,应在不同长度的标准基线上进行以下测试:

1)接收机内部噪声水平测试;

2)接收机天线相位中心稳定性测试;

3)接收机野外作业性能及不同测程精度指标测试;

4)接收机频标稳定性检验和数据质量的评价;

5)接收机高低温性能测试;

6)接收机综合性能评价等。

3 GPS接收机或天线受到强烈撞击后,或更新接收机部件及更新天线与接收机的匹配关系后,应按新购买仪器做全面检验。

4 GPS接收机应定期送专门检定机构进行检定。

5 GPS接收机的所有检验、检定项目和方法应符合相关技术标准的规定。

4.8.4 GPS测量的基本要求、作业规定及数据处理等尚应参照《全球定位系统(GPS)测量规范》GB/T 18413等相应规定。

5 沉降观测

5.1 一般规定

5.1.1 对于深基础或高层、超高层建筑,基础的荷载不可漏测,观测点需从基础底板开始布设并观测。据某设计院提供的资料,如仅在建筑底层布设观测点,将漏掉$5t/m^2$的荷载(约等于三层楼),从而将影响变形的整体分析。因此,对这类建筑的沉降观测,应从基础施工时就开始,以获取基础和上部结构的沉降量。

5.1.2 同一测区或同一建筑物随着沉降量和沉降速度的变化,原则上可以采用不同的沉降观测等级和精度,因为有的工程由于沉降观测初期沉降量较大或非常明显,采用较高精度不仅费时、费工造成浪费,而且也无必要。而在观测后期或经过治理以后沉降量较小,采用较低精度观测则不能正确反映其沉降量。同一测区也有沉降量大的区域和小的区域,不同的

观测等级和精度较为经济,也符合要求。但一般情况下,如果变形量差别不是很大,还是采用一种观测精度较为方便。

5.1.4 本规范第9.1节对建筑变形测量阶段性成果和综合成果的内容进行了较详细的规定。对于不同类型的变形测量,应提交的图表可能有所不同。因此本规范对各类变形测量提出了应提交的主要图表类型,分别列在有关章节中。

5.2 建筑场地沉降观测

5.2.1 将建筑场地沉降观测分为相邻地基沉降观测与场地地面沉降观测,是根据建筑设计、施工的实际需要特别是软土地区密集房屋之间的建筑施工需要来确定的。这两种沉降的定义见本规范第2.1节术语。

毗邻的高层与低层建筑或新建与已建的建筑,由于荷载的差异,引起相邻地基土的应力重新分布,而产生差异沉降,致使毗邻建筑物遭到不同程度的危害。差异沉降越大,建筑刚度越差,危害愈烈,轻者房屋粉刷层坠落、门窗变形,重则地坪与墙面开裂、地下管道断裂,甚至房屋倒塌。因此建筑场地沉降观测的首要任务是监视已有建筑安全,开展相邻地基沉降观测。

在相邻地基变形范围之外的地面,由于降雨、地下水等自然因素与堆卸、采掘等人为因素的影响,也产生一定沉降,并且有时相邻地基沉降与场地地面沉降还会交错重叠。但两者的变形性质与程度毕竟不同,分别提供观测成果便于区分建筑沉降与场地地面沉降,对于研究场地与建筑共同沉降的程度、进行整体变形分析和有效验证设计参数是有益的。

5.2.2 对相邻地基沉降观测点的布设,规定可在以建筑基础深度1.5~2.0倍的距离为半径的范围内,以外墙附近向外由密到疏进行布置,这是根据软土地基上建筑相邻影响距离的有关规定和研究成果分析确定的。

1 取《上海地基基础设计规范》编制说明介绍的沉桩影响距离(见表5-1)和《建筑地基基础设计规范》GB 50007-2002 表7.3.3相邻建筑基础间的净距(见表5-2)作为分析的依据。

表5-1 沉桩影响距离(m)

被影响建筑物类型	影响距离
结构差的三层以下房屋	$(1.0\sim1.5)L$
结构较好的三至五层楼房	$1.0L$
采用箱基、桩基六层以上楼房	$0.5L$

注:L为桩基长度(m)。

2 从表5-1、表5-2可知,影响距离与沉降量、建筑结构形式有着复杂的相关关系,从测量工作预期的相邻没有建筑的影响范围和使用方便考虑,取表

5-1中的最大影响距离（1.0～1.5）L再乘以$\sqrt{2}$系数作为选设观测点的范围半径，亦即以建筑基础深度的1.5～2.0倍之距离为半径，是比较合理、安全和可行的。另外，补充说明的是，本规范第4.2.2条中规定的基准点应选设在离开邻近建筑的基础深度2倍之外的稳固位置，也是以上述分析为依据的。

表5-2 相邻建筑基础间的净距（m）

影响建筑的预估平均沉降量S（mm）	被影响建筑的长高比	
	$2.0 \leqslant L/H_f < 3.0$	$3.0 \leqslant L/H_f < 5.0$
70～150	2～3	3～6
160～250	3～6	6～9
260～400	6～9	9～12
>400	9～12	≥12

注：1 表中L为建筑长度或沉降缝分隔的单元长度（m），H_f为自基础底面标高算起的建筑高度（m）；

2 当被影响建筑的长高比为$1.5 < L/H_f < 2.0$时，其间净距可适当缩小。

3 产生影响建筑的沉降量随其离开距离增大而减小，因此对观测点也规定应从其建筑外墙附近开始向外由密到疏来布置。

5.3 基坑回弹观测

5.3.2 基坑回弹观测比较复杂，需要建筑设计、施工和测量人员密切配合才能完成。回弹观测点的埋设也十分费时、费工，在基坑开挖时保护也相当困难，因此在选定点位时要与设计人员讨论，原则上以较少数量的点位能测出基坑必要的回弹量为出发点。据调查，国内只有北京、西安、上海、山东等地做过这个项目。表5-3分别给出几个示例供参考。

表5-3 3个观测项目情况

序号	基坑下土质	基坑长×宽×高（m）	回弹量（cm）	
			最大	最小
1	第四纪冲击砂卵石层	30.0×10.0×8.9	1.45	0.72
2	第四纪Q_3	57.5×18.5×7.0	1.5	0.8
3	粉质黏土、中砂	50.4×43.2×8.7	3.6	1.8

5.3.4 规定回弹观测最弱观测点相对邻近工作基点的高程中误差不应大于±1.0mm，是根据以下考虑和估算确定的。

1 基坑的回弹量，在地基设计中可根据基坑形状（形状系数）、深度、隆起或回弹系数、杨氏模量等参数进行预估。经调查，基坑回弹量占最终沉降量的比例，在沿海地区为1/4～1/5，北京地区为1/2～1/3，西安地区为1/3以上。统计一般高层建筑，基坑深度为5～10m的回弹量，黄土地区为10～20mm，软土地区为10～30mm，这与设计预估的回弹量基本一致。

2 按本规范第3.0.5条和第3.0.6条对估算局部地基沉降的变形观测值中误差m_s和公式(3.0.6-1)的规定，可求出最弱观测点高程中误差。取最大回弹量为30mm，则得：

$$m_s = 30/20 = \pm 1.5 \text{mm};$$
$$m_H = m_s/\sqrt{2} = \pm 1.0 \text{mm}。$$

此处的m_H即为相对于邻近工作基点的高程中误差。

5.3.7 基坑开挖前的回弹观测结束后，为了防止点位被破坏和便于寻找点位，应在观测孔底充填厚度约为1m左右的白灰。如果开挖后仍找不到点位，可用本规范第5.3.2条第3款设置的坑外定位点通过交会来确定。

5.4 地基土分层沉降观测

5.4.2 分层沉降观测点的布设，限定在地基中心附近约2m见方范围内，间隔约50cm最好在同一垂直面内，一方面是为了方便观测和管理，另一方面制图较为准确。因为分层沉降观测从基础施工开始直到建筑沉降稳定为止，时间较长，且在建筑底面上加砌窨井与护盖，标志不再取出。

5.4.4 规定分层沉降观测点相对于邻近工作基点或基准点的高程中误差不应大于±1.0mm，是依据以下考虑提出的：地基土的分层及其沉降情况比较复杂，不仅各地区的地质分层不一，而且同一基础各分层的沉降量相差也比较悬殊，例如最浅层的沉降量可能和建筑的沉降量相同，而最深层（超过理论压缩层）的沉降量可能等于零，因此就难以预估分层沉降量，也不能按估算的方法确定分层观测精度要求。

5.5 建筑沉降观测

5.5.5 本条关于建筑沉降观测周期与观测时间的规定，是在综合有关标准规定和工程实践经验基础上进行的。由于观测目的不同，荷载和地基土类型各异，执行中还应结合实际情况灵活运用。对于从施工开始直至沉降稳定为止的系统（长期）观测项目，应将施工期间与竣工后的观测周期、次数与观测时间统一考虑确定。对于已建建筑和因某些原因从基础浇筑后才开始观测的项目，在分析最终沉降量时，应注意到所漏测的基础沉降问题。

对于沉降稳定控制指标，本规范使用最后100d的沉降速率小于0.01～0.04mm/d作为稳定指标。这一指标来源于对几个主要城市有关设计、勘测单位的调查（见表5-4）。

表 5-4　几个城市采用的稳定指标

城市	接近稳定时的周期容许沉降量	稳定控制指标
北京	1mm/100d	0.01mm/d
天津	3mm/半年，1mm/100d	0.017～0.01mm/d
济南	1mm/100d	0.01mm/d
西安	1～2mm/50d	0.02～0.04mm/d
上海	2mm/半年	0.01mm/d

实际应用中，稳定指标的具体取值应根据不同地区地基土的压缩性能来综合考虑确定。

6　位 移 观 测

6.2　建筑主体倾斜观测

6.2.4　在建筑主体倾斜观测精度估算中，应注意以下问题：

1　当以给定的主体倾斜允许值，按本规范第3.0.5条的有关规定进行估算时，应注意允许值的向量性质，取如下估算参数：

　1）对整体倾斜，令给定的建筑顶部水平位移限值或垂直度偏差限值为 Δ，则

$$m_S = \Delta/(10\sqrt{2}), m_X \leqslant m_S/\sqrt{2} = \Delta/20 \quad (6-1)$$

　2）对分层倾斜，令给定的建筑层间相对位移限值为 Δ，则

$$m_S = \Delta/(6\sqrt{2}), m_X \leqslant m_S/\sqrt{2} = \Delta/12 \quad (6-2)$$

　3）对竖直构件倾斜，令给定的构件垂直度偏差限值为 Δ，则

$$m_S = \Delta/(6\sqrt{2}), m_X \leqslant m_S/\sqrt{2} = \Delta/12 \quad (6-3)$$

2．当由基础倾斜间接确定建筑整体倾斜时，该建筑应具有足够的整体结构刚度。

6.2.9　近年来，随着技术的进步，激光扫描仪和基于数码相机的数字近景摄影测量方法有了进一步的发展，并在建筑变形测量及相关领域得到应用，值得关注。由于这两种技术的特殊性，实际用于建筑变形测量时，应根据精度要求、现场作业条件和仪器性能等，进行专门的技术设计，必要时还应进行技术论证。

6.4　基坑壁侧向位移观测

6.4.1　随着城市建设的发展，高层建筑、大型市政设施及地下空间的开发建设方兴未艾，出现了大量的基坑工程。基坑工程尽管是临时性的，但其技术复杂，并对建筑基础的施工安全起到非常重要的保障作用，因此将有关基坑变形观测的内容纳入本规范是非常必要的。

基坑的观测内容比较多，涉及范围较广，既有属于基坑本身的，也有属于邻近环境（如建筑物、管线和地表等）的，还有属于自然环境（雨水、洪水、气温、水位等）的。通过对现行国家标准《建筑地基基础设计规范》GB 50007－2002和现行行业标准《建筑基坑支护技术规程》JGJ 120－99以及一些地方标准（如上海、广东）有关观测内容的比较分析，可以发现它们实际上是大同小异的，可归纳为表6-1的观测内容。

表 6-1　基坑观测内容

观测内容＼基坑安全等级	一级	二级	三级
基坑周围地面超载状况	应测	应测	应测
自然环境（雨水、洪水、气温等）	应测	应测	应测
基坑渗、漏水状况	应测	应测	应测
土方分层开挖标高	应测	应测	应测
支护结构位移	应测	应测	应测
周围建筑物、地下管线变形	应测	应测	宜测
地下水位	应测	应测	宜测
桩墙内力	应测	宜测	可测
锚杆拉力	应测	宜测	可测
支撑轴力	应测	宜测	可测
支柱变形	应测	宜测	可测
基坑隆起	应测	宜测	可测
孔隙水压力	宜测	可测	可测
支护结构界面上侧向压力	宜测	可测	可测

本规范内容侧重于位移观测，由于有关章节已经对有关位移观测项目作了规定，因此本节仅对基坑壁侧向位移观测进行规定。基坑工程分为无支护开挖和支护开挖，无支护开挖就是放坡，说明土体稳定性较好；需要支护的开挖，说明土体稳定性较差，土体侧向位移直接作用于围护结构，所以基坑围护结构的变形是非常重要的观测内容。

按照《建筑基坑支护技术规程》JGJ 120－99和国家标准《建筑地基基础工程施工质量验收规范》GB 50202－2002的规定，将建筑基坑安全等级划分为一级、二级和三级，以利于工程类比分析和工程监控。对比这两本标准的分级标准，我们认为GB 50202－2002表7.1.7的分级标准更容易操作，现将其罗列出来以供使用参考：

1　符合下列情况之一，为一级基坑：

　1）重要工程或支护结构做主体结构的一部分；

　2）开挖深度大于10m；

　3）与邻近建筑物、重要设施的距离在开挖深度内的基坑；

　4）基坑范围内有历史文物、近代优秀建筑、重要管线等需要严加保护的基坑。

2　三级基坑为开挖深度小于7m，且周围环境无

特别要求的基坑。

3 除一级和三级外的基坑属二级基坑。

4 当周围已有的设施有特殊要求时，尚应符合这些要求。

6.4.2 本条的规定在实际工程应用中可参考以下意见：

1 有设计指标时，可根据设计变形预估值结合基坑安全级别（参照第6.4.1条说明确定），按预估值的1/10～1/20作为观测精度，并按本规范第3.0.5条确定观测精度。

2 当没有设计指标时，可根据《建筑地基基础工程施工质量验收规范》GB 50202-2002 表7.1.7规定的基坑变形监控值（见表6-2，监控值约为允许值的60%），按允许值的1/20确定观测精度，并按第3.0.5条确定观测精度。经计算分析认为，安全等级为一、二级的基坑可选择本规范规定的建筑变形测量级别为二级的精度要求进行观测；三级基坑可选择变形测量二级或三级。

表6-2 基坑变形的监控值（cm）

基坑类别	围护结构墙顶位移监控值	围护结构墙体最大位移监控值	地面最大沉降监控值
一级基坑	3	5	3
二级基坑	6	8	6
三级基坑	8	10	10

6.4.7 位移速率的大小应根据具体工程情况和工程类比经验分析确定。当无法确定时，可将5～10mm/d作为位移速率大的参考标准。位移量大，是指与监控值比较的结果。为了保证基坑安全，当出现异常或特殊情况（如位移速率或位移量突变、出现较大的裂缝等）时应随时进行观测，并将结果及时报告有关部门。由于基坑壁侧向位移观测的特殊性，紧急情况下进行观测前，必须采取有效措施保护好观测人员和设备的安全。

6.5 建筑场地滑坡观测

6.5.1 滑坡对工程建设和自然环境危害极大，所以必须重视滑坡问题。滑坡观测是保证工程、自然环境、人员和财产安全的重要手段之一，其主要目的是了解滑坡发生演变过程，及时捕捉临滑特征信息，为滑坡稳定性分析和预测预报提供准确可靠的数据，并检验防治工程的效果。为了实现滑坡观测的目的，结合具体滑坡工程，需要对滑坡的变形场、渗流场、气象水文、波动力场等进行观测。建筑场地滑坡观测重点应放在变形场和渗流场的观测，现行国家标准《岩土工程勘察规范》GB 50021-2001 第13.3.4条规定滑坡观测的内容应包括：滑坡体的位移；滑坡位置及错动；滑坡裂缝的发生发展；滑坡体内外地下水位、流向、泉水流量和滑带孔隙水压力；支挡结构及其他

工程设施的位移、变形、裂缝的发生和发展。本规范侧重于变形场的观测。

6.5.3 本条对滑坡土体上的观测点的规定埋深不宜小于1m，在冻土地区则应埋至当地冰冻线以下0.5m。这里取1m的限值，主要参考了有关实践经验，如西北综合勘察设计研究院在陕西、甘肃等省多项场地滑坡观测中，对埋深1m左右的观测点标石，经两年多重复观测均未发现标石有异常现象，观测成果比较规律，反映了场地滑坡的实际情况。深部位移观测孔应进入稳定基岩才可能保证观测质量，即滑动面上下岩体的相对位移观测的可靠性；钻孔进入稳定基岩多深才合适，综合考虑其可靠性和经济性，认为取1m作为限制较为合适，能保证在稳定基岩层起码读数两次（一般0.5m读数一次）。

6.5.5 滑坡观测中，当出现异常时，应立即增加观测次数，并将结果及时报告有关部门。由于滑坡观测的特殊性，紧急情况下进行观测前，必须采取有效措施保护好观测人员和设备的安全。

7 特殊变形观测

7.1 动态变形测量

7.1.3 变形观测的精度，应依据设计部门提出的最大允许位移量和可变荷载的分布、大小等因素，按本规范第3.0.5条的规定确定观测中误差。

7.1.4 可变荷载作用下的变形属于弹性变形，其特点是变形具有周期性。这类变形观测一般采用实时的连续观测、自动记录、自动处理数据方法。

观测方法的选择，应根据变形周期的长短和建筑的外部结构和观测的精度要求选择适合的方法，条文中所罗列的方法都是比较常用的方法。作业时，不一定只选一种方法，应根据不同的精度要求和观测目的，采用多种方法的综合，也可以进行相互的检验以便获得更高的可靠性。

7.3 风振观测

7.3.1 测定高层、超高层建筑的顶部风速、风向和墙面风压以及顶部水平位移的目的是获取建筑的风压分布、风压系数及风振系数等参数。

7.3.2 在距建筑100～200m距离内10～20m高度处安置风速仪记录平均风速的目的是与建筑顶部测定的风速进行比较，以观测风力沿高度的变化。

8 数据处理分析

8.1 平差计算

8.1.1 建筑变形测量的计算和分析是决定最终成果

可靠性的重要环节，必须高度重视。

8.1.2 建筑变形测量平差计算应利用稳定的基准点作为起算点。某期平差计算和分析中，如果发现有基准点变动，不得使用该点作为起算点。当经多次复测或某期观测发现基准点变动，应重新选择参考系并使用原观测数据重新平差计算以前的各次成果。

变形观测数据的平差计算和处理的方法很多，目前已有许多成熟的平差计算软件实现了严密的平差计算。这些软件一般都具有粗差探测、系统误差补偿、验后方差估计和精度评定等功能。平差计算中，需要特别注意的是要确保输入的原始观测数据和起算数据正确无误。

8.2 变形几何分析

8.2.2 基准点稳定性检验虽提出了许多方法，但都有其局限性。对于建筑变形测量，一般均按本规范第 4 章的相关规定设置了稳定的基准点，且基准点的数量一般不会超过 3~4 个，所以可以采用较为简单的方法对其稳定性进行分析判断。

8.2.3 一种较为典型的基准点稳定性统计检验方法称之为"平均间隙法"。该方法由德国 Pelzer 教授提出。其基本思想是：

1 对两期观测成果，按秩亏自由网方法分别进行平差；

2 使用 F 检验法进行两周期图形一致性检验（或称"整体检验"），如果检验通过，则确认所有基准点是稳定的；

3 如果检验不通过，使用"尝试法"，依次去掉每一点，计算图形不一致性减少的程度，使得图形不一致性减少最大的那一点是不稳定的点。排除不稳定点后再重复上述过程，直至去掉不稳定点后的图形一致性通过检验为止。

关于该方法的详细介绍可参见有关文献，如陈永奇等《变形监测分析与预报》（测绘出版社，1998）和黄声享等《变形监测数据处理》（武汉大学出版社，2003）。

8.2.5 观测点的变动分析一般可直接通过比较观测点相邻两期的变形量与最大测量误差（取两倍中误差）来进行。要求较高时，可通过比较变形量与该变形测量的测定精度来进行。公式（8.3.5）中的 $\mu\sqrt{Q}$ 实际上就是该变形量的测定精度。对多期变形观测成果，还应综合分析多周期的变形特征，尽管相邻周期变形量可能很小，但多期呈现出较明显的变化趋势时，应视为有变动。

8.3 变形建模与预报

8.3.1 建筑变形分析与预报的目的是，对多期变形观测成果，通过分析变形量与变形因子之间的相关性，建立变形量与变形因子之间的数学模型，并根据需要对变形的发展趋势进行预报。这是建筑变形测量的任务之一，但也是一个较困难的环节。近 20 多年来，有关变形分析与预报的研究成果较多，许多方法尚处在探索中。本节主要吸收和采纳了其中一些相对成熟和便于使用的方法。

8.3.2 由于一个变形体上各观测点的变形状况不可能完全一致，因此对一个变形观测项目，可能需要建立多个反映变形量与变形因子之间关系的数学模型。具体建多少个模型应根据实际变形状况及应用的要求来确定。一般可利用平均变形量对整个变形体建立一个数学模型。如果需要，可选择几个变形量较大的或特殊的点建立相应于单个点或一组点的模型。当有多个变形数学模型时，则可以利用地理信息系统的空间分析技术实现多点变形状态的可视化和形象化表达。

8.3.3 回归分析是建立变形量与变形因子关系数学模型最常用的方法。该方法简单，使用也较方便。在使用中需要注意：

1 回归模型应尽可能简单，包含的变形因子数不宜过多，对于建筑变形而言，一般没有必要超过 2 个。

2 常用的回归模型是线性回归模型、指数回归模型和多项式回归模型。后两种非线性回归模型可以通过变量变换的方法转化成线性回归模型来处理。变量变换方法在各种回归分析教材中均有详细介绍。

3 当有多个变形因子时，有必要采用逐步回归分析方法，确定影响最显著的几个关键因子。逐步回归分析方法可参见有关教材的介绍。

8.3.4 灰色建模方法目前已经成为变形观测建模的一种较常用的方法。该方法只要求有 4 个以上周期的观测数据即可建模，建模过程也比较简单。灰色建模方法认为，变形体的变形可看成是一个复杂的动态过程，这一过程每一时刻的变形量可以视为变形体内部状态的过去变化与外部所有因素的共同作用的结果。基于这一思想，可以通过关联分析提取建模所需变量，对离散数据建立微分方程的动态模型，即灰色模型。

灰色模型有多种，变形分析中最常用的为 GM(1，1) 模型，它只包括一个变量（时间）。应用灰色建模方法的前提是，变形量的取得应呈等时间间隔，即应为时间序列数据（时序数据）。实际中，当不完全满足这一要求时，可通过插值的方式进行插补。有关灰色建模的原理、方法及其在变形测量中的应用方式等，可参见有关文献，如条文说明第 8.2.3 条给出的两种文献。

8.3.5 动态变形观测获得的是大量的时序数据，对这些数据可使用时间序列分析方法建模并作分析。

动态变形分析通常以变形的频率和变形的幅度为主要参数进行，可采用时域法和频域法两种时间序列分析方法。当变形周期很长时，变形值常呈现出密切的相关性，对于这类序列宜采用时域法分析。该方法是以时间序列的自相关函数作为拟合的基础。当变形周期较短时，宜采用频域法。该方法是对时间序列的谱分布进行统计分析作为主要的诊断工具。当预报精度要求高时，还应对拟合后的残差序列进行分析计算或进一步拟合。

有关时序分析及其在变形测量中应用的详细介绍可参见条文说明第8.2.3条给出的两种文献。

8.3.6 模型的有效性检验对于不同类型的数学模型方法不同。对于一元线性回归，主要是通过计算相关系数来判定。对于灰色模型GM（1，1），则是通过计算后验差比值和小误差概率来判定。具体方法可参阅介绍这些建模方法的文献。需要注意的是，只有有效的数字模型，才能用于进一步的分析，如变形预报等。

8.3.7 当利用变形量与变形因子模型进行变形趋势预报时，为了提高预报精度，应尽可能对该模型生成的残差序列作进一步的时序分析，以精化预报模型。具体方法可参见介绍这些建模方法的文献。为了全面、合理地掌握预报结果，变形预报除给出某一时刻变形量的预报值外，还应同时给出预报值的误差范围和该预报值有效的边界条件。

9 成果整理与质量检查验收

9.1 成果整理

9.1.1 每次变形观测结束后，均应及时进行测量资料的整理，保证各项资料完整性。整个项目完成后，应对资料分类合并，整理装订。自动记录器记录的数据应注意观测时间和变形点号等的正确性。

9.1.2 为了保证变形测量成果的质量和可靠性，有关观测记录、计算资料和技术成果必须有有关责任人签字，并加盖成果章。这里的技术成果包括本规范第9.1.3条和第9.1.4条中的阶段性成果和综合成果。

9.1.3～9.1.4 建筑变形测量周期一般较长，很多情况下需要向委托方提交阶段性成果。变形测量任务全部完成后，或委托方需要时，则应提交综合成果。需要说明的是，变形测量过程中提交的阶段性成果实际上是综合成果的重要组成部分，必须切实保证阶段性成果的质量以及与综合成果之间的一致性。

9.1.5 建筑变形测量技术报告书是变形测量的主要成果，编写时可参考现行行业标准《测绘技术总结编写规定》CH/T 1001的相关要求，其内容应涵盖本条所列的各个方面。

9.1.6 建筑变形测量的各项记录、计算资料以及阶段性成果和综合成果应按照档案管理的规定及时进行完整的归档。

9.1.7 建筑变形测量手段和处理方法的自动化程度正在不断提高。在条件允许的情况下，建立变形测量数据处理和信息管理系统，实现变形观测、记录、处理、分析和管理的一体化，方便资源共享，是非常必要的。

9.2 质量检查验收

9.2.1 建筑变形测量成果资料的正确无误，要依靠完善的质量保证体系来实现，两级检查、一级验收制度是多年来形成的行之有效的质量保证制度，检查验收人员应具备建筑变形测量的有关知识和经验，具有必要的数据处理分析能力。需要特别强调的是，变形测量的阶段性成果和综合成果一样重要，都需要经过严格的检查验收才能提交给委托方。

9.2.2 质量检查验收主要依据项目委托书、合同书及技术设计书等进行，因一般建筑变形测量周期较长，且对成果的时效性要求高，观测条件变化不可预计，对于成果的录用标准可能发生变化，所以对在作业中形成的文字记录可能变成成果录用的标准，从而成为检查验收的依据。

9.2.3 本条按变形测量的过程列出了质量检验的有关内容，在检查验收过程中某项内容可能不宜进行事后验证，要依靠作业员的诚信素质在作业过程中严格掌握。阶段性成果的检查应根据实际情况进行，以保证提交成果的正确无误。

9.2.4 变形测量时效性决定了测量过程的不可完全重复性的特点，因此，应保证现场检验的及时性和正确性，后续检查验收的时间要缩短。当质量检查不合格时，反馈渠道要畅通，应在分析造成不合格的原因后，立即进行必要的现场复测和纠正。纠正后的成果应重新进行质量检查验收。

中华人民共和国行业标准

载体桩设计规程

Specification for design of ram-compacted piles with bearing base

JGJ 135—2007
J 121—2007

批准部门：中华人民共和国建设部
施行日期：2007年10月1日

中华人民共和国建设部
公　告

第 649 号

建设部关于发布行业标准
《载体桩设计规程》的公告

现批准《载体桩设计规程》为行业标准，编号为 JGJ 135-2007，自 2007 年 10 月 1 日起实施。其中，第 4.5.1、4.5.4 条为强制性条文，必须严格执行。原行业标准《复合载体夯扩桩设计规程》JGJ/T 135-2001 同时废止。

本规程由建设部标准定额研究所组织中国建筑工业出版社出版发行。

中华人民共和国建设部
2007 年 6 月 4 日

前　言

根据建设部建标〔2004〕66 号文件要求，编制组在广泛调查研究，认真总结近年来的实践经验，并在广泛征求意见的基础上全面修订了本规程。

本规程的主要技术内容：载体桩基的计算，承台设计和载体桩基工程质量检查与检测。

本规程的主要修订内容：1. 增加了载体桩桩顶作用效应的计算；2. 对用于初步设计时载体桩承载力特征值估算的参数 A_e 进行了修订；3. 增加了当载体桩持力层下存在软弱下卧层时，软弱下卧层承载力的验算；4. 对原规程中沉降计算公式进行了修订。

本规程由建设部负责管理和对强制性条文的解释，由主编单位负责具体技术内容的解释。

本规程主编单位：北京波森特岩土工程有限公司
（地址：北京市昌平区东小口镇太平家园 31 号楼；邮政编码：102218；puissant@126.com）

本 规 程 参 编 单 位：中国建筑科学研究院

清华大学
天津大学建筑设计研究院
天津中怡建筑设计有限公司
北京建筑工程研究院
哈尔滨波森特建筑安装工程有限公司
陕西波森特岩土工程有限公司

本规程主要起草人员：王继忠　杨启安　李广信
　　　　　　　　　　闫明礼　凌光容　方继圣
　　　　　　　　　　沈保汉　杨立杰　麻水歧
　　　　　　　　　　孙玉文　戚银生　葛宝亮
　　　　　　　　　　季　强　杨浩军　蔺忠彦
　　　　　　　　　　马治国

目 次

1 总则 ·· 57—4
2 术语、符号 ······························ 57—4
　2.1 术语 ··································· 57—4
　2.2 符号 ··································· 57—4
3 基本规定 ································· 57—4
4 载体桩计算 ······························ 57—5
　4.1 一般规定 ······························ 57—5
　4.2 载体桩桩顶作用效应计算 ········ 57—5
　4.3 单桩竖向承载力 ···················· 57—6
　4.4 单桩水平承载力 ···················· 57—7
　4.5 载体桩基沉降计算 ················· 57—7
5 承台（梁）设计 ························ 57—8
6 载体桩基工程质量检查与检测 ···· 57—8
　6.1 一般规定 ······························ 57—8
　6.2 成桩质量检查 ······················· 57—8
　6.3 单桩桩身完整性及承载力检测 · 57—8
附录 A 载体桩竖向静载荷试验 ······· 57—8
本规程用词说明 ···························· 57—9
附：条文说明 ································ 57—10

1 总 则

1.0.1 为了使载体桩的设计做到安全适用、技术先进、经济合理、确保质量，制定本规程。

1.0.2 本规程适用于工业与民用建筑和构筑物的载体桩设计。

1.0.3 载体桩设计应因地制宜，综合考虑地质条件、环境条件、建筑物结构类型、荷载特征及施工设备等因素。

1.0.4 载体桩设计，除应符合本规程规定外，尚应符合国家现行有关标准的规定。

2 术语、符号

2.1 术 语

2.1.1 填充料 filling material
为挤密桩端地基土体而填入的材料，包括碎砖、碎混凝土块、水泥拌合物、碎石、卵石及矿渣等。

2.1.2 挤密土体 soil in compacted zone
夯实填充料时周围被挤密的地基土体。

2.1.3 载体 bearing base
由混凝土、夯实填充料、挤密土体三部分构成的承载体。

2.1.4 载体桩 ram-compacted piles with bearing base
由混凝土桩身和载体构成的桩。

2.1.5 载体桩桩长 length of the ram-compacted piles with bearing base
载体桩的桩长，包括混凝土桩身长度和载体高度。

2.1.6 被加固土层 strengthened soil stratum
载体所在的土层。

2.1.7 载体桩的持力层 bearing stratum for ram-compacted piles with composite bearing base
直接承受载体桩传递的荷载的土层。

2.1.8 三击贯入度 the total penetration of three drives
指填充料夯实完毕后，以锤径为355mm，质量为3500kg的柱锤，落距为6.0m，连续三次锤击的累计下沉量。

2.2 符 号

A_e——载体等效计算面积；
A_p——桩身截面面积；
d——混凝土桩身直径；
e——土的孔隙比；
E_{si}——桩基沉降计算范围内第 i 层土的压缩模量；
f_a——经深度修正后的载体桩持力层地基承载力特征值；
f_{az}——软弱下卧层顶面处经深度修正后地基承载力特征值；
F_k——相应于承载能力极限状态时，荷载效应标准组合下上部结构传到承台顶面的竖向力；
F——相应于正常使用极限状态时，荷载效应准永久组合下作用于承台顶面的竖向力；
F'——相应于正常使用极限状态时，荷载效应准永久组合下上部结构传递到承台梁上单位长度的竖向力；
G_k——承台和承台上土自重标准值；
H_{ik}——相应于承载能力极限状态时，荷载效应标准组合下作用于任一根载体桩桩顶的水平力；
I_L——土的液性指数；
l——混凝土桩身长度；
l_i——混凝土桩身长度范围内第 i 层土的土层厚度；
N——相应于承载能力极限状态时，荷载效应基本组合作用于载体桩单桩上竖向力设计值；
N_k——相应于承载能力极限状态时，荷载效应标准组合下作用于任一根载体桩桩顶的竖向力；
N_{Ek}——在地震作用效应和荷载效应标准组合下，每一根载体桩的竖向承载力；
Q_u——载体桩单桩竖向极限承载力；
p_0——相应于荷载效应准永久组合时压缩层顶部的附加压力；
R_a——单桩竖向承载力特征值；
s——桩基最终沉降量；
$\overline{\alpha_i}$——载体桩基础底面（或沉降计算面）计算点至第 i 层土底面深度范围内平均附加应力系数；
σ_c——地基土自重应力；
σ_z——地基土某点的附加应力。

3 基 本 规 定

3.0.1 对无相近地质条件下成桩试验资料的载体桩设计，应事先进行成孔、成桩试验和载荷试验确定设计及施工参数。

3.0.2 被加固土层宜为粉土、砂土、碎石土及可塑、硬塑状态的黏性土。当软塑状态的黏性土、素填土、杂填土和湿陷性黄土经过成桩试验和载荷试验确定载体桩的承载力满足要求时，也可作为被加固土层。在湿陷性黄土地区采用载体桩时，载体桩必须穿透湿陷性黄土层。

3.0.3 载体桩桩间距不宜小于3倍桩径，且载体施工时不得影响到相邻桩的施工质量。当被加固土层为粉土、砂土或碎石土时，桩间距不宜小于1.6m；当被加固土层为含水量较高的黏性土时，桩间距不宜小于2.0m。

3.0.4 桩身长度应由所选择的被加固土层和持力层的埋深及承台底标高确定。

3.0.5 桩身构造应符合下列规定：

   1 桩身混凝土强度等级，灌注桩不得低于C25，预制桩不得低于C30；

   2 主筋混凝土保护层厚度不应小于35mm；

   3 载体桩桩身正截面配筋率可取0.20%~0.65%（小直径桩取大值，大直径桩取小值），对抗压和抗拔桩主筋不应少于6ϕ10，对受水平力的桩主筋不应少于8ϕ12，箍筋可采用直径不小于ϕ6、间距不大于300mm的螺旋筋，在桩顶3~5倍桩身直径范围内箍筋应适当加密，钢筋笼应沿混凝土桩身通长配筋；当钢筋笼的长度超过4m时，应每隔2m设一道直径不小于12mm的焊接加劲箍筋；

   4 抗压桩纵筋伸入承台的锚固长度不得小于30倍主筋直径；抗拔桩桩顶纵向主筋的锚固长度应按现行国家标准《混凝土结构设计规范》GB 50010确定。

3.0.6 载体施工时的填料量应以三击贯入度控制。对于桩径为300~500mm的载体桩，其填料量不宜大于1.8m³；当填料量大于1.8m³时，应另选被加固土层或改变施工参数。

3.0.7 当桩身进入承压水土层时，应采取有效措施，防止发生突涌。

3.0.8 在桩基础施工时，应采取相应措施控制相邻桩的上浮量。对于桩身混凝土已达到终凝的相邻桩，其上浮量不宜大于20mm；对于桩身混凝土处于流动状态的相邻桩，其上浮量不宜大于50mm。

3.0.9 当采用载体桩作为复合地基中的增强体时，载体桩桩身可不配筋。

4 载体桩计算

4.1 一般规定

4.1.1 验算竖向力作用下载体桩竖向承载力时，应符合下列规定：

   1 荷载效应标准组合

   轴心竖向力作用下

$$N_k \leqslant R_a \quad (4.1.1-1)$$

   偏心竖向力作用下，除应满足式（4.1.1-1）外，尚应满足下式要求：

$$N_{kmax} \leqslant 1.2R_a \quad (4.1.1-2)$$

式中 N_k——相应于荷载效应标准组合时，作用于任一根载体桩桩顶的竖向力（kN）；

N_{kmax}——相应于荷载效应标准组合时，偏心竖向力作用于承台顶时载体桩桩顶所受的最大竖向力（kN）；

R_a——单桩竖向承载力特征值（kN）。

   2 地震作用效应组合

   轴心竖向力作用下

$$N_{Ek} \leqslant 1.25 R_a \quad (4.1.1-3)$$

   偏心竖向力作用下，除应满足上式外，尚应满足下式要求：

$$N_{Ekmax} \leqslant 1.5 R_a \quad (4.1.1-4)$$

式中 N_{Ek}——地震作用效应和荷载效应标准组合下，每一根载体桩的竖向力（kN）；

N_{Ekmax}——地震作用效应和荷载效应标准组合下，载体桩上的最大竖向力（kN）。

4.1.2 承受竖向荷载为主的低承台桩基，当地面下无液化土层且桩承台周围无淤泥、淤泥质土或地基土承载力特征值不小于100kPa的填土时，下列建筑可不进行桩基抗震承载力验算：

   1）砌体房屋；

   2）抗震设防烈度为7度和8度时，一般单层厂房、单层空旷房屋、不超过8层且高度在25m以内的一般民用框架房屋及与其基础荷载相当的多层框架厂房；

   3）现行国家标准《建筑抗震设计规范》GB 50011规定可不进行上部结构抗震验算的建筑物。

4.1.3 水平力作用下，基桩水平承载力应符合下式要求：

$$H_{ik} \leqslant R_h \quad (4.1.3)$$

式中 H_{ik}——相应于荷载效应标准组合时，作用于任一根载体桩桩顶的水平力（kN）；

R_h——单桩水平承载力特征值（kN）。

4.2 载体桩桩顶作用效应计算

4.2.1 对于一般建筑物和受水平力较小的高大建筑物，桩径和桩长相同的载体桩群桩基础，应按下列公式计算群桩中载体桩的桩顶作用效应：

   1 竖向力

   承台上轴心竖向力作用下

$$N_k = \frac{F_k + G_k}{n} \quad (4.2.1-1)$$

   偏心竖向力作用下

$$N_{ik} = \frac{F_k + G_k}{n} \pm \frac{M_{xk} y_i}{\sum y_j^2} \pm \frac{M_{yk} x_i}{\sum x_j^2}$$

$$(4.2.1-2)$$

式中 N_{ik}——相应于荷载效应标准组合时，偏心竖向力作用于承台顶时第 i 根载体桩桩顶所受的竖向力（kN）；

F_k——相应于荷载效应标准组合时，上部结构传到承台顶面的竖向力（kN）；

G_k——载体桩的承台和承台上土自重标准值，对于地下水以下部分应扣除水的浮力（kN）；

M_{xk}、M_{yk}——相应于荷载效应标准组合时，对承台底面通过载体桩群桩形心的 x、y 轴的力矩（kN·m）；

x_i、x_j、y_i、y_j——第 i、j 根载体桩至 y、x 轴的距离（m）。

2 水平力作用下

$$H_{ik} = \frac{H_k}{n} \quad (4.2.1-3)$$

式中 H_k——相应于荷载效应标准组合时，作用于承台底面的水平力（kN）；

n——桩基中载体桩的数量。

4.3 单桩竖向承载力

4.3.1 为设计提供依据时，单桩竖向承载力特征值应通过竖向静载荷试验确定。在同一条件下，试桩数量不应少于 3 根，试验应按本规程附录 A 进行。

单桩竖向承载力特征值应按下式计算：

$$R_a = Q_u/K \quad (4.3.1)$$

式中 Q_u——载体桩单桩竖向极限承载力（kN）；

K——安全系数，取 $K=2$。

4.3.2 初步设计时，单桩竖向承载力特征值可采用下列经验公式估算：

$$R_a = f_a \cdot A_e \quad (4.3.2)$$

式中 f_a——经深度修正后的载体桩持力层地基承载力特征值（kPa），应按现行国家标准《建筑地基基础设计规范》GB 50007 执行；

A_e——载体等效计算面积（m²），在没有当地经验值时其值可按表 4.3.2 选用。

表 4.3.2 载体等效计算面积 A_e（m²）

被加固土层土性		三击贯入度（cm）				
		<10	10	20	30	>30
黏性土	$0.75<I_L\leqslant 1.0$	—	2.0~2.3	1.6~1.9	1.4~1.7	<1.8
	$0.25<I_L\leqslant 0.75$	—	2.3~2.6	1.9~2.2	1.7~2.0	<2.1
	$0.0<I_L\leqslant 0.25$	2.7~3.2	2.6~2.9	2.2~2.5	2.0~2.3	<2.2

续表 4.3.2

被加固土层土性		三击贯入度（cm）				
		<10	10	20	30	>30
粉土	$e>0.8$	2.4~2.7	2.2~2.5	1.9~2.2	1.6~1.9	<1.7
	$0.7<e\leqslant 0.8$	2.7~3.0	2.5~2.8	2.2~2.5	1.9~2.2	<2.0
	$e\leqslant 0.7$	3.0~3.4	2.8~3.1	2.5~2.8	2.2~2.5	<2.3
粉砂细砂	中密	2.7~3.1	2.4~2.8	2.1~2.5	1.8~2.2	<1.9
	稍密	3.1~3.5	2.8~3.2	2.5~2.8	2.2~2.6	<2.2
中砂粗砂	中密	2.9~3.4	2.7~3.1	2.4~2.8	1.9~2.4	—
	稍密	3.4~3.8	3.1~3.5	2.8~3.2	2.4~2.8	—
碎石土	中密	3.2~3.8	2.9~3.4	2.6~3.0	—	—
	稍密	3.8~4.5	3.4~3.8	3.0~3.4	—	—
杂填土		2.4~2.9	2.1~2.5	1.8~2.2	1.5~1.9	<1.6

注：当桩长超过 10m 时，应计入桩侧阻的影响。

4.3.3 桩身混凝土强度应满足承载力要求，桩身强度应按下式验算：

$$N \leqslant \psi_c f_c A_p \quad (4.3.3)$$

式中 N——相应于荷载效应基本组合时，作用于载体桩单桩上竖向力设计值（kPa）；

f_c——混凝土轴心抗压强度设计值（kPa），应符合现行国家标准《混凝土结构设计规范》GB 50010 的规定；

A_p——桩身截面面积（m²）；

ψ_c——成桩工艺系数，桩身为预制桩时取 0.8，现场灌注时取 0.75。

4.3.4 载体桩基础持力层下受力范围内存在软弱下卧层时，应进行软弱下卧层承载力验算。

4.3.5 软弱下卧层承载力应按下式验算：

$$\sigma_{pz} + \gamma_i z \leqslant f_{az} \quad (4.3.5-1)$$

$$\sigma_{pz} = \frac{F_k + G_k - \gamma A d_h - 2(L_0+B_0)\sum q_{sik} l_i}{(L_0+2\Delta R+2t\cdot\tan\theta)(B_0+2\Delta R+2t\cdot\tan\theta)}$$
$$(4.3.5-2)$$

式中 σ_{pz}——相应于荷载效应标准组合时作用于软弱下卧层顶面的附加应力（kPa）；

γ——承台底以上土的加权平均重度（kN/m³）；

z——地面至软弱下卧层顶面的距离（m）；

d_h——承台埋深（m）；

A——承台面积（m²）；

γ_i——软弱层顶面以上各土层（地下水位以下

取浮重度）的加权平均重度（kN/m^3）；

q_{sik}——第i层土极限侧阻力标准值，根据经验确定或按国家现行标准《建筑桩基技术规范》JGJ 94 确定（kPa）；

l_i——混凝土桩身长度范围内第i层土的土层厚度（m）；

t——载体底面计算位置至软弱层顶面的距离（m）；

f_{az}——软弱下卧层顶面处经深度修正后地基承载力特征值（kN/m^2），深度修正系数η_d取1.0；

L_0、B_0——承台下最外侧桩桩身沿竖向投影形成矩形的长边和短边的边长（m），见图 4.3.5；

ΔR——等效计算距离（m），可取 0.6～1.0m，当 A_e 值较小时，取小值；A_e 值较大时，取大值；

θ——压力扩散角（°），可按表 4.3.5 取值。

表 4.3.5 地基压力扩散角

E_{s1}/E_{s2}	压力扩散角	
	$t=0.25B_k$	$t \geq 0.50B_k$
3	6°	23°
5	10°	25°
10	20°	30°

注：1 $B_k=B_0+2\Delta R$；
2 E_{s1}为上层地基土压缩模量；E_{s2}为软弱下卧层地基土压缩模量；
3 $t<0.25B_k$扩散角取 0°；$t>0.5B_k$扩散角取 $0.5B_k$ 对应的扩散角；
4 当 $E_{s1}/E_{s2}<3$ 时，按均质土层考虑应力分布，不考虑压力扩散角。

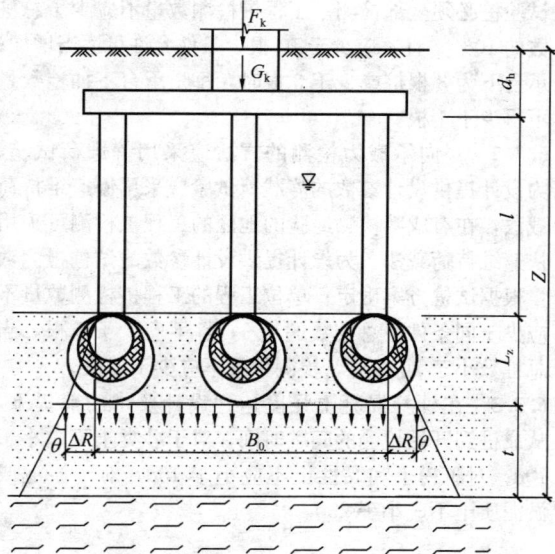

图 4.3.5 软弱下卧层计算示意
l——混凝土桩身长度；L_Z——载体高度，由当地经验确定，无经验时可取 2m

4.4 单桩水平承载力

4.4.1 对于受水平荷载较大、建筑桩基设计等级为甲级的建筑物的载体桩基，载体桩的水平承载力特征值应通过单桩载荷试验来确定，检测数量为总桩数的1%，且不应少于3根。

4.4.2 当桩身配筋率小于 0.65% 时，可取单桩水平静载荷试验的临界荷载为单桩水平承载力特征值；当配筋率不小于 0.65% 时，可按静载荷试验结果取基底标高处桩顶水平位移为 10mm 所对应的荷载为单桩水平承载力特征值。

4.4.3 当缺少单桩水平静载荷试验资料时，载体桩水平承载力估算可按国家现行标准《建筑桩基技术规范》JGJ 94 执行。

4.5 载体桩基沉降计算

4.5.1 对于下列建筑物的载体桩基应进行沉降计算：
1 建筑桩基设计等级为甲级的载体桩基；
2 体形复杂、荷载不均匀或桩端以下存在软弱下卧层的设计等级为乙级的载体桩基；
3 地基条件复杂、对沉降要求严格的载体桩基。

4.5.2 载体桩基变形特征可分为沉降量、沉降差、倾斜和局部倾斜。

4.5.3 由于土层厚度与性质不均匀、荷载差异、体形复杂等因素引起的桩基变形，对于砌体承重结构应由局部倾斜控制；对于框架结构和单层排架结构应由相邻柱基的沉降差控制；对于多层或高层建筑和高耸结构应由倾斜值控制；必要时尚应控制平均沉降量。

4.5.4 建筑物载体桩基沉降变形计算值不应大于建筑物桩基沉降变形允许值。

4.5.5 建筑物桩基沉降变形允许值应按国家现行标准《建筑桩基技术规范》JGJ 94 的规定执行。

4.5.6 载体桩基沉降计算宜按等代实体基础采用单向压缩分层总和法进行计算，沉降计算位置从混凝土桩身下 2m 开始计算，等代实体面积为载体外边缘投影面积，边长可近似取承台下外围桩投影形成矩形的边长加 2 倍的 ΔR，附加压力可近似取混凝土桩身下 2m 处的附加压力。

4.5.7 桩基沉降应按下列公式计算（图 4.5.7）：

$$s = \psi_p p_0 \sum_{i=1}^{n} \frac{z_i \bar{\alpha}_i - z_{i-1} \bar{\alpha}_{i-1}}{E_{si}} \quad (4.5.7-1)$$

对于独立承台基础：

$$p_0 = \frac{F+G_k - \gamma d_h A - 2(L_0+B_0)\sum q_{sia} l_i}{(L_0+2\Delta R)(B_0+2\Delta R)}$$

(4.5.7-2)

对于墙下布桩条形承台梁基础：

$$p_0 = \frac{F'+G'_k - \gamma d_h B_0 - 2\sum q_{sia} l_i}{B_0+2\Delta R}$$

(4.5.7-3)

式中 s——桩基最终沉降量（m）；
ψ_p——沉降计算经验系数，根据地区沉降观测资料及经验确定；当没有相关经验系数时，可按现行国家标准《建筑地基基础设计规范》GB 50007 执行；
p_0——对应荷载效应准永久组合时压缩土层顶部的附加压力（kPa）；
n——桩基沉降计算范围内所划分的土层数；
z_i、z_{i-1}——载体桩基沉降计算面至第 i 层土、第 $i-1$ 层土底面的距离（m）；
$\bar{\alpha}_i$、$\bar{\alpha}_{i-1}$——载体桩基础底面（或沉降计算面）计算点至第 i 层、第 $i-1$ 层土底面深度范围内平均附加应力系数，可按现行国家标准《建筑地基基础设计规范》GB 50007 规定执行；
E_{si}——桩基沉降计算范围内第 i 层土的压缩模量，取土的自重压力至土的自重压力与附加压力之和的压力段计算（MPa）；
q_{sia}——桩侧阻力特征值；
A——承台面积（m²）；
d_h——承台埋深（m）；
F——相应于正常使用极限状态时，荷载效应准永久组合下作用于承台顶面的竖向力（kN）；
F'——相应于正常使用极限状态时，荷载效应准永久组合下上部结构传递到承台梁上单位长度的竖向力（kN/m）；
G'_k——承台和承台上土的单位长度上自重标准值（kN/m）。

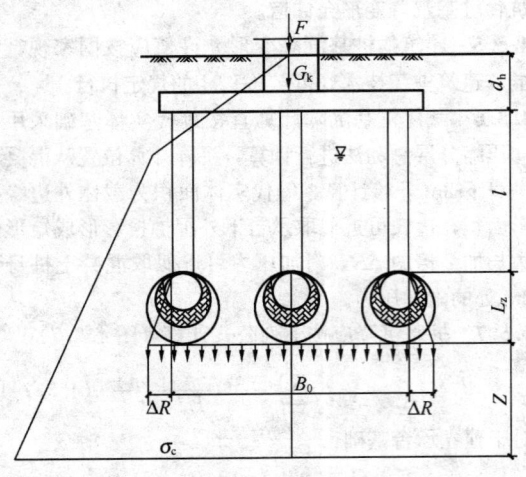

图 4.5.7 沉降计算示意

4.5.8 载体桩基沉降计算深度（z_n）处的附加应力与土自重应力 σ_c 应符合下式要求：

$$\sigma_z = 0.2\sigma_c \quad (4.5.8)$$

式中 σ_z——z_n 深度的附加应力（kPa）。

5 承台（梁）设计

5.1 承台的抗弯、抗剪、抗冲切验算方法应按国家现行标准《建筑桩基技术规范》JGJ 94 执行。

5.2 承台（梁）的构造应按国家现行标准《建筑桩基技术规范》JGJ 94 执行。

6 载体桩基工程质量检查与检测

6.1 一般规定

6.1.1 对无相近地质条件下成桩试验资料的工程，必须进行试桩，试桩设计方案由载体桩设计人员提供。试桩与工程桩必须进行成桩质量的检查和桩身完整性及承载力的检测。

6.2 成桩质量检查

6.2.1 施工单位应提供施工过程中与桩身质量有关的资料，包括原材料的力学性能检验报告，试件留置数量及制作养护方法、混凝土抗压强度试验报告、钢筋笼制作质量检查报告。

6.2.2 对载体应检查下列项目：
  1 填料量；
  2 夯填混凝土量；
  3 每击贯入度；
  4 三击贯入度。

6.3 单桩桩身完整性及承载力检测

6.3.1 桩身完整性检测，可采用低应变动测法检测。试验桩必须全部检测。工程桩检测数量不应少于总桩数的 10%，且不应少于 10 根，条件允许可适当增加；承台下为 3 根桩或少于 3 根时，每个承台下抽检数量不得少于 1 根。

6.3.2 竖向承载力检测的方法应采用静载荷试验，为设计提供设计参数的静载荷试验应采用慢速维持荷载法，在有成熟检测经验的地区的工程桩检测可采用快速维持荷载法。为设计提供设计参数的试桩检测数量根据试桩方案确定；单位工程的工程桩检测数量不应少于同条件下总桩数的 1%，且不应少于 3 根，当总桩数小于 50 根时，检测数量不应少于 2 根。

6.3.3 在桩身混凝土强度达到设计要求的前提下，从成桩到开始检测的间歇时间，对于砂类土不应小于 10d；对于粉土和黏性土不应小于 15d；对于淤泥或淤泥质土不应小于 25d。

附录 A 载体桩竖向静载荷试验

A.0.1 载体桩竖向静载荷试验宜采用慢速维持荷载

法，当作为工程桩验收时也可采用快速维持荷载法进行试验（即每隔 1h 加一级荷载）。

A.0.2 加载反力装置可采用堆载或锚桩，也可采用堆载和锚桩相结合。

A.0.3 试桩、锚桩（压重平台支座）和基准桩之间的中心距离应符合表 A.0.3 的规定。

表 A.0.3 试桩、锚桩和基准桩之间的中心距离

反力系统	试桩与锚桩（或压重平台支座墩边）	试桩与基准桩	基准桩与锚桩（或压重平台支座墩边）
锚桩横梁反力装置 压重平台反力装置	≥4d 且 ≥2.0m	≥4d 且 ≥2.0m	≥4d 且 ≥2.0m

注：d 为桩身直径。

A.0.4 加荷分级不应少于 8 级，每级加荷量宜为预估极限荷载的 1/8～1/10。

A.0.5 慢速维持荷载法测读桩沉降量的间隔时间：每级加载后，每第 5、10、15min 时应各测读一次，以后每隔 15min 读一次，累计 1h 后可每隔 0.5h 读一次。

A.0.6 稳定标准：在每级荷载作用下，桩的沉降量应稳定，即连续两次在每小时内的沉降量应小于 0.1mm。

A.0.7 出现下列情况之一时可终止加载：

1 某级荷载作用下，桩的沉降量为前一级荷载作用下沉降量的 5 倍且总沉降大于 60mm；

2 某级荷载作用下，桩的沉降量大于前一级荷载作用下沉降量的 2 倍，且经 24h 尚未达到相对稳定；

3 达到设计要求的最大加载量；

4 当采用锚桩法时，锚桩的上拔量已达到允许值；

5 曲线呈缓变型，桩顶沉降累计达到 60mm。

A.0.8 卸载观测时每级卸载值应为加载值的 2 倍。卸载后应隔 15min 测读一次，读两次后，隔 0.5h 再读一次，即可卸下一级荷载。全部卸载后，隔 3～4h 再测读一次。

A.0.9 单根载体桩竖向极限承载力的确定应符合下列规定：

1 根据沉降随荷载变化的特征确定：当陡降段明显时，取相应于陡降段起点的荷载值；

2 根据沉降随时间变化的特征确定：取 s-$\lg t$ 曲线尾部出现明显向下弯曲的前一级荷载值；

3 当出现本规程 A.0.7 第 2 款的情况，取前一级荷载值；

4 Q-s 曲线呈缓变型时，取桩顶总沉降量为 60mm 所对应的荷载值。

A.0.10 参加统计的试桩，当满足其极差不超过平均值的 30% 时，可取其平均值为单桩竖向极限承载力。极差超过平均值的 30% 时，可增加试桩数量，分析极差过大的原因，结合工程具体情况确定极限承载力。对桩数为 3 根及 3 根以下的桩基，应取最小值作为单桩极限承载力。

将单桩竖向极限承载力除以安全系数 2，可作为单桩竖向承载力特征值 R_a。

本规程用词说明

1 为便于在执行本规程条文时区别对待，对要求严格程度不同的用词，说明如下：

1) 表示很严格，非这样做不可的：
   正面词采用"必须"；
   反面词采用"严禁"。

2) 表示严格，在正常情况下均应这样做的：
   正面词采用"应"；
   反面词采用"不应"或"不得"。

3) 表示允许稍有选择，在条件许可时首先应这样做的：
   正面词采用"宜"；
   反面词采用"不宜"。

   表示有选择，在一定条件下可以这样做的，采用"可"。

2 条文中指明应按其他有关标准执行的写法为"应按……执行"或"应符合……规定（或要求）"。

中华人民共和国行业标准

载体桩设计规程

JGJ 135—2007

条文说明

目　次

1　总则 ·············· 57—12
2　术语、符号 ·············· 57—12
　2.1　术语 ·············· 57—12
3　基本规定 ·············· 57—12
4　载体桩计算 ·············· 57—14
　4.1　一般规定 ·············· 57—14
　4.2　载体桩桩顶作用效应计算 ·············· 57—14
　4.3　单桩竖向承载力 ·············· 57—14
　4.4　单桩水平承载力 ·············· 57—16
　4.5　载体桩基沉降计算 ·············· 57—17
6　载体桩基工程质量检查与检测 ·············· 57—17
　6.2　成桩质量检查 ·············· 57—17
　6.3　单桩桩身完整性及承载力检测 ·············· 57—17

1 总　　则

1.0.1 原复合载体夯扩桩简称复合载体桩，现称载体桩。设计载体桩时首先应从建筑安全考虑，确定方案是否可行，然后再根据建筑物的安全等级、建筑场地情况、结构形式和结构荷载，确定桩长、桩径等设计参数；并考虑施工工艺对环境的影响，确定最优设计方案。

1.0.3 载体桩成孔一般采用柱锤夯击、护筒跟进成孔，再对桩端土体进行填料和夯击，必然对桩端周围土体产生一定的挤土效应，故施工时必须根据建筑物所处的地质条件和周围的环境条件，综合考虑施工方法。地质条件是指被加固土层应具有良好的可挤密性、足够的厚度、土层稳定和埋深适宜，不具备这些条件时不宜采用。为减小桩身施工时的挤土效应，可以采用螺旋钻成孔。当拟建场地周围有建筑物时，为减小施工对已建建筑物的影响，可以采用无振感的施工方法进行施工，或者采取适当的减振、隔振措施。

2　术语、符号

2.1　术　　语

2.1.1 填充料是为了增强混凝土桩端下土体的挤密效果而填充的材料。碎砖、碎混凝土块、水泥拌合物、碎石、卵石及矿渣等都可以作为填充料，其中水泥拌合物指水泥和粉煤灰与粗骨料按一定比例掺合的混合物。对于某些地质条件较好、挤密效果佳的土层，在施工载体桩时，可以不投填充料而对桩端土体直接夯实。

2.1.2 挤密土体是填充料周围被夯实挤密的土体，距离填充料越远，对挤密土体的影响越小。

2.1.3 载体由三部分组成：混凝土、夯实填充料、挤密土体。从混凝土、夯实填充料到挤密土体，其压缩模量逐渐降低，应力逐渐扩散。根据施工经验以及对桩端周围土体取样分析，载体的影响范围深度约为3～5m，直径约为2～3m，即施工完毕时，桩端下深3～5m，直径2～3m范围的土体都得到了有效挤密，载体的构造见图1。

2.1.4 载体桩指由混凝土桩身和载体构成的桩。施工时采用柱锤夯击，护筒跟进成孔，达到设计标高后，柱锤夯出护筒底一定深度，再分批向孔内投入填充料，用柱锤反复夯实，达到设计要求后再填入混凝土夯实，形成载体，最后再施工混凝土桩身。从受力原理分析，混凝土桩身相当于传力杆，载体相当于无筋扩展基础。根据桩身混凝土的施工方法、施工材料及受力条件等的不同，载体桩有现浇钢筋混凝土桩身载体桩、素混凝土桩身载体桩和预制桩身载体桩。载

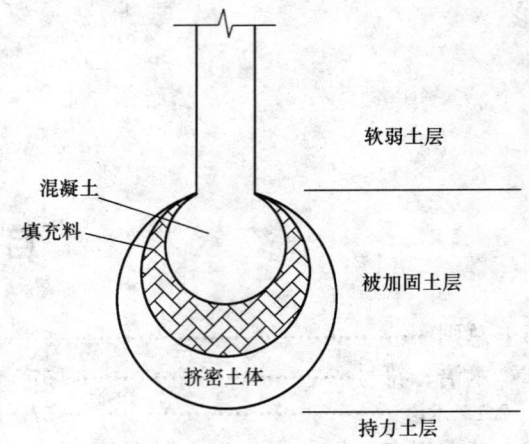

图1　载体构造示意

体桩着重研究载体的受力，其核心为土体密实，承载力主要源于载体。

2.1.5 载体桩桩长包括两部分：混凝土桩身长度和载体高度，其中混凝土桩身长度即从承台底到载体顶的高度，载体的高度因桩端土体土性和三击贯入度的不同而不同，一般深度约为3～5m。在进行设计时，从安全角度考虑，常常取2m作为载体的计算高度。

2.1.6 被加固土层指载体所在的土层，被加固土层的土性直接影响到土体的挤密效果，影响到载体等效计算面积 A_e。土颗粒粒径越大，土体的挤密效果也就越好，A_e 就越大。为保证土体的挤密效果，必须保证加固土层要有一定的埋深，若埋深太浅，载体周围约束力太小，施工时候容易引起土体的隆起而达不到设计的挤密效果。

2.1.7 载体桩持力层指直接承受载体传递荷载的土层。上部荷载通过桩身传递到载体，并最终传递到持力层。

2.1.8 三击贯入度是采用锤径355mm，质量为3500kg的柱锤，落距为6.0m，连续三次锤击的累计下沉量。当填料夯实完毕后，正常的贯入度应该为第二次测得的贯入度不大于前一次的贯入度，若发现不符合此规律，应分析查明原因，处理完毕后重新测量。

3　基本规定

3.0.1 与其他桩基础相比，载体桩的承载力主要来源于载体，而载体的受力和等效计算面积与桩端土体的性质密切相关，因此当无类似地质条件下的成桩试验资料时，应在设计或施工前进行成孔、成桩试验以确定沉管深度、封堵措施、填料用量、三击贯入度和混凝土充盈系数等施工参数，并试验其承载力以确定设计参数是否经济合理。

3.0.2 随着近几年的研究，载体桩的应用已经取得

了长足的进展。对于软塑状态的黏土、素填土、杂填土和湿陷性黄土，只要经过成桩和载荷试验确定承载力满足设计要求，也可作为被加固土层。黄土作为被加固土层时，经过填料夯击，使桩身下土体的结构发生变化，在载体周围一定范围内湿陷性被消除，设计时保证载体桩桩长穿过湿陷性黄土。表1为某工程载体桩载体周围土在施工前后物理力学参数指标的变化。试验桩混凝土桩身长度为9.0m，桩间距1.8m，三击贯入度为12cm，土样从9.0m深度处开始取样，每米取一组，取样水平位置位于两试桩中心连线的中点。由试验数据分析可见，混凝土桩身下4m范围内，经过载体的施工，黄土的湿陷系数明显降低，湿陷性被消除。

表1 某工程载体桩施工前后载体周围土的物理力学参数指标变化

土样编号	取土深度(m)	天然密度(g/cm³)		孔隙比		压缩模量(MPa)		湿陷系数	
		原状土	施工后	原状土	施工后	原状土	施工后	原状土	施工后
1	9.0	1.39	1.58	0.94	0.709	5.7	14.2	0.034	0.002
2	10.0	1.46	1.50	0.906	0.807	7.6	15.3	0.019	0.005
3	11.0	1.42	1.45	0.891	0.793	8.8	16.4	0.024	0.012
4	12.0	1.41	1.41	0.915	0.875	6.9	13.7	0.029	0.014
5	13.0	1.38	1.42	0.957	0.901	5.4	6.7	0.023	0.015

3.0.3 设计中应根据地质条件和设计荷载，确定合适的桩间距。合适的桩间距是指既能满足设计要求，又不至于影响到相邻载体桩受力，且造价最经济的桩间距。桩间距过小时，施工载体时产生的侧向挤土压力可能导致邻桩载体偏移；当桩长较短且土层抗剪强度较低时，可能导致土体剪切滑裂面的形成，从而使地面隆起、邻桩桩身上移，造成断桩或桩身与载体脱离等缺陷。

在某住宅小区采用桩径410mm，桩长约5.0m的载体桩，载体被加固土层为黏土层，经取土和土工试验发现：在夯实填料外表面沿水平方向0～300cm处土体孔隙比的变化如表2所示，沿水平方向90cm范围内，孔隙比变化明显，但超过90cm后孔隙比变化减小。实测夯实填充料水平轴直径为105cm，沿水平方向90cm范围内土体的孔隙比都有一定的变化，则被加固区范围约为2m。

表2 土体孔隙比沿与填充料表面水平距离的变化

取样点号	1	2	3	4	5
距填充料外表面水平距离（cm）	0	30	60	90	300
孔隙比	0.613	0.647	0.704	0.730	0.730

上述试验是在黏土中进行的，模型箱载体桩试验结果表明，当被加固土层为砂土时，其影响范围小于黏性土，由于抗剪强度较高、剪切滑裂面不易开展和固结快，最小影响区域直径约为1.6m。根据工程实践经验和室内试验，桩径为300～500mm的载体桩，当被加固土层为粉土、砂土或碎石土时，最小桩距为1.6m；当被加固土层为黏性土时，由于黏性土影响范围大，最小桩距为2.0m。当桩径大于500mm时，由于其影响区域大，其最小桩间距应适当增加，以成孔试验确定的最小桩间距为准。

3.0.6 每种土的孔隙比不同，土的内摩擦角不同，在相同约束和夯击能量下，土体的挤密效果也不同，为达到设计要求的三击贯入度所需填料量也不相同。考虑到施工的相互影响，填料量并非越多越好，填料过大，容易影响到相邻载体的施工质量。

根据施工经验，对于桩径为300～500mm的载体桩，一般载体施工填料都在900块砖以内，干硬性混凝土的填量在0.5m³以内时，其体积约为1.8m³，超过此填料量时容易影响到周围载体桩的承载能力，故本条规定填料体积约1.8m³。当填料超过1.8m³时，必须调整设计方案。对于桩径较大的桩，由于该类型的桩间距也大，其填料量可适当增加，具体填料量根据成桩试验数据确定。

对于压缩模量大，承载力高的碎石类土或粗砂砾砂等土，由于土颗粒间摩擦大，土体的挤密效果好，施工时可以成孔到设计标高后采用柱锤直接夯实，也能得到较好的施工效果。

某小区，场区内地面下2～12m范围为杂填土，其下为卵石层，承载力为350kPa，设计载体桩桩长为2～12m，桩径为450mm和600mm，施工载体时，沉管到设计标高后直接夯击，三击贯入度满足要求后再填入0.3m³干硬性混凝土、放置钢筋笼和浇筑混凝土。施工完毕经检测承载力全部大于2000kN，加载到4000kN时变形仅为13mm，取得了良好的效果。

3.0.7 在承压含水层内进行载体施工时，一旦封堵失效会造成施工困难，并且影响施工质量，故应采取有效措施，防止突涌，避免承压水进入护筒。随着施工技术的日趋成熟，施工控制措施也越来越多。由于载体影响深度为3～5m，在透水层以上一定距离的不透水层内进行填料夯击，可有效地防止承压水进入护筒，同时又能取得良好的效果，此距离可依据承压水压力和土体的抗剪强度确定；当混凝土桩身进入透水层较深时，可在施工过程中向护筒内填料夯实形成砖塞，堵住承压水，边沉管边夯击最终将护筒沉至设计位置；也可以采用在施工现场适当的位置钻孔，消除承压水的水压力，减小承压水的影响等。

某工程东距河流约20.0m，地下水较为丰富，地下水位约在自然地面下3.0m，且为承压水。本工程以卵石作为载体桩持力层，其渗透系数较大，若不采取一定的措施，成孔到设计标高后，容易造成承压水进入护筒，从而影响施工质量。为防止出现这种情况，施工时用锤夯击，将护筒预沉入设计位置上不透水层一定深度后，提出护筒，用彩条布和塑料布将护筒底口扎实，再将护筒缓慢放入到预先沉好的孔中，当护筒底沉到孔底后，立即通过护筒上部所开的投料口投入适量的水泥和砖头，使其在护筒底口形成一定厚度的砖塞，其作用一是隔水；二是通过砖塞与护筒间的摩擦力，在夯锤的夯击能量下，将护筒带至设计深度，边填料边夯实，同时沉护筒。护筒沉至设计深度后，用夯锤将砖塞击出护筒底口，并及时投入填充料夯击，当三击贯入度满足设计要求后，再填入设计方量的干硬性混凝土夯击，按照常规载体桩施工方法进行施工。施工完毕后经检测，单桩承载力都满足设计要求，混凝土质量也都满足要求。

3.0.8 由于载体桩为挤土桩，施工时容易影响到相邻桩的施工质量，造成缩径或桩身与载体间产生裂缝。可以通过控制相邻桩的上浮量来保证桩身的质量。

3.0.9 载体桩可用于复合地基中，当作为复合地基中的增强体，桩身可不配筋。载体桩复合地基的设计可参照国家现行标准《建筑地基处理技术规范》JGJ 79中水泥粉煤灰碎石桩法的有关规定。

4 载体桩计算

4.1 一般规定

载体桩水平承载力和竖向承载力验算应按现行国家标准《建筑地基基础设计规范》GB 50007执行。在偏心荷载作用下，承受轴力最大的边桩，验算承载力时其承载力特征值提高20%。

4.2 载体桩桩顶作用效应计算

承台下单桩竖向力的计算采用正常使用极限状态下标准组合的竖向力。

公式（4.2.1-1）和（4.2.1-2）成立必须满足三个假定条件：（1）承台为绝对刚性的，受弯矩作用时呈平面转动，不产生挠曲；（2）桩与承台为铰接相连，只传递轴力和水平力，不传递弯矩；（3）各桩刚度相等，当各桩刚度不等时应按实际刚度进行计算。

4.3 单桩竖向承载力

4.3.2 由于载体桩的荷载曲线都比较平缓，由荷载曲线分析，其侧摩阻所占比例比较小，尤其对于桩长小于10m的载体桩，其侧摩阻力所占比例更小。为方便计算，在进行载体桩承载力估算时，采用式（4.3.2）对载体桩承载力特征值进行设计估算。

2001年版《复合载体夯扩桩设计规程》编写时，由于当时收集的工程资料有限，对A_e的取值偏于保守。通过近几年工程总结，发现实际单桩承载力往往比按设计规程计算出的单桩承载力高，为了更好发挥载体桩的优势，节约资源，新规程对A_e进行了修正。

本次修订共收集到静载荷试验数据1500多条，对其中某些未做到极限状态且变形太小的曲线进行剔除，其他的桩采用逆斜率法推算其极限承载力。通过桩端持力层的承载力，反算出对应不同土层、不同三击贯入度的A_e，表3为部分载体桩反算出的A_e值。对不同被加固土层、不同三击贯入度下的A_e值进行回归分析得出本规程表4.3.2。对部分实际工程的载体桩承载力按表4.3.2进行计算，其实测值与计算值之比的频数图见图2~图4。

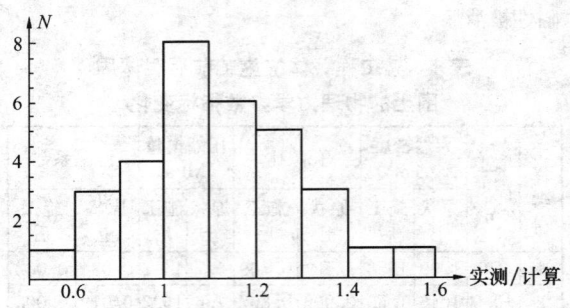

图2 以密实细砂作为被加固土层的载体桩（32根）承载力特征值实测/计算频数分布图

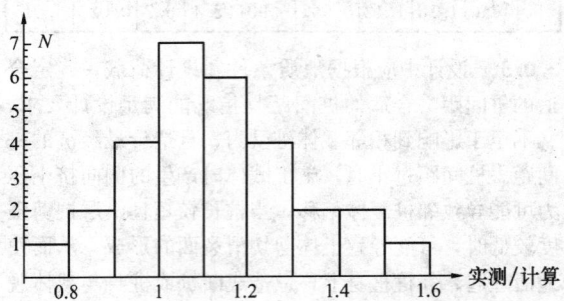

图3 以卵石作为被加固土层的载体桩（29根）承载力特征值实测/计算频数分布图

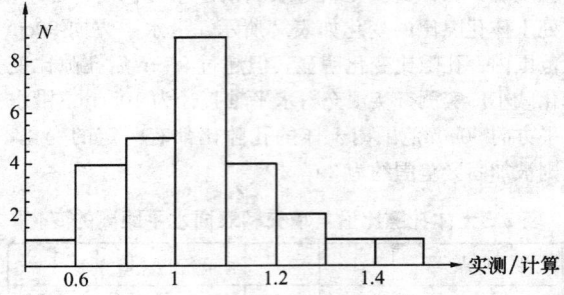

图4 以粉土作为被加固土层的载体桩（27根）承载力特征值实测/计算频数分布图

在使用该表时应注意以下几点：

1) 表中三击贯入度是采用锤径为355mm、

质量3500kg柱锤、落距为6.0m进行测量的，施工中若采用非标准锤或非标准落距进行测量时，设计时A_e可根据当地工程实践经验确定，也可参考表中取值进行适当调整后使用。

表3 部分载体桩反算的A_e统计表

编号	工程名称	桩径(mm)	桩长(m)	持力层承载力(kPa) 特征值	持力层承载力(kPa) 修正后特征值	持力层土性	三击贯入度(cm)	单桩承载力(kN)	A_e(m^2)
1	北京结核病研究所门诊楼	410	5.5	180	439.2	黏土	14	1274	2.91
2	北京汇佳科教园1号楼	410	7.5	120	445	黏土	16	1268	2.85
3	北京汇佳科教园2号楼	410	7.2	120	436.8	粉黏	12	1332	3.05
4	北京吉利大学17号楼	400	3.0	160	347.2	粉黏	15	760	2.19
5	北京善缘小区12号楼	410	7.5	160	461	粉黏	22	1014	2.22
6	天津龙富园小区2号楼	410	6.1	130	405	粉黏	16	822	2.03
7	丰彩企业技术有限公司办公楼	420	4.6	220	347	粉黏	8	1083	3.12
8	安徽巢湖金和纸业有限公司厂房	410	5.5	250	520.7	黏土	21	989	1.93
9	北京木材一厂办公楼	410	6	120	216	粉土	20	486	2.25
10	北京南宫苑住宅小区2号楼	410	3.5	180	410	粉土	9	1312	3.20
11	西湖苑住宅小区2号楼	410	3.8	135	390	粉土	21	858	2.20
12	山东魏桥创业集团电厂	426	5.5	140	387	粉土	8	1316	3.44
13	山东泉林纸业6号楼漂洗选票车间	400	5.5	160	484	粉土	11	1476	3.05
14	山东泉林纸业7号楼漂洗选票车间	400	5.6	160	487	粉土	17	1364	2.81
15	河北慧谷科技城科普教育中心办公楼	410	2.2	150	355	粉土	8	1278	3.63
16	廊坊尖塔银行	420	4.0	100	179	粉土	30	324	1.81
17	天津大学宿舍楼	420	4.0	130	200	粉土	30	398	1.99
18	北京光迅花园-4	410	5.0	140	556	细砂	12	1640	2.95
19	北京光迅花园-4	410	5.0	140	556	细砂	8	1779	3.21
20	北京吉利大学6号教学楼	450	3.0	160	530	细砂	9	1643	3.10
21	新乡新亚纸业厂房	420	4.5	180	752	细砂	14	2030	2.70
22	新乡市行政中心办公楼1号楼	420	5.0	250	734	细砂	21	1762	2.42
23	新乡医学院学术交流中心综合楼	420	5.3	230	728	细砂	15	2148	2.95
24	河南周口江河大厦	400	7.0	300	870	细砂	7	2741	3.15
25	山东聊城金泰大厦	400	8.5	180	852	细砂	12	2471	2.90
26	山东潍坊30万吨白卡纸工程	420	6.2	180	682	细砂	9	2114	3.10
27	辽宁盘锦市河畔小区D组团住宅楼	410	5.2	220	679	细砂	11	1935	2.85
28	北京大兴黄村危改工程	450	8.2	350	350	细砂	10	1050	3.00
29	北京晋元庄小区	600	8.5	350	1205	卵石	10	4278	3.55
30	北京南宫苑住宅小区6号楼	410	3.5	250	765	卵石	9	2869	3.75
31	北京绿化三大队宿舍楼	420	4	250	804	卵石	9	1785	2.22
32	北京晋元庄商场	600	2.5	350	1102	卵石	7	4353	3.95
33	装甲兵学院办公楼	400	4.5	400	1073	卵石	15	3595	3.35
34	山东青岛海港花园	410	8.5	270	765	粗砂	13	2601	3.40
35	哈尔滨试验桩	400	4.8	190	747	粗砂	11	2241	3.00

续表3

编号	工程名称	桩径(mm)	桩长(m)	持力层承载力(kPa) 特征值	持力层承载力(kPa) 修正后特征值	持力层土性	三击贯入度(cm)	单桩承载力(kN)	A_e (m²)
36	辽宁鞍山公安局税务稽查处办公楼	410	5.1	180	821	粗砂	15	2135	2.60
37	黑龙江牡丹江军分区2号综合楼	400	6	230	942	粗砂	8	3438	3.65
38	黑龙江牡丹江军分区2号综合楼	400	6	220	910	粗砂	11	3049	3.35
39	河南豫联能源集团二期工程试桩	600	20	210	713	湿陷性黄土	9	2282	3.20
40	陕西军区正和医院综合楼	410	9.5	160	436	湿陷性黄土	8	1482	3.40
41	长安房地产开发公司长信花园	500	10.5	150	448	湿陷性黄土	13	1299	2.90
42	陕西水电工程局第二工程处综合楼	410	10	120	409	湿陷性黄土	16	1023	2.50
43	汇佳科教楼及教务楼	410	10	250	1315	中砂	11	4208	3.20
44	梅口市长白山建材市场工程	450	4	300	870	中砂	15	2610	3.00

2) 由于施工大直径桩必须采用大直径的护筒和重锤,设计大直径桩时须考虑锤和护筒直径对三击贯入度的影响。

3) 收集的工程资料中,桩长大部分都在10m以内,桩径为400~450mm,对于桩长大于10m或桩径大于450mm的载体桩,设计时要考虑桩长和桩径对承载力的影响,设计计算时A_e可根据静载荷试验反算取值或根据当地经验将表4.3.2中A_e乘一系数λ进行计算,λ可取1.1~1.3。

4) 软塑和可塑状态的黏性土中三击贯入度小于10cm的工程资料较少,故表中未给出A_e的取值。当在该类土中设计三击贯入度小于10cm的载体桩时,A_e应根据设计经验或当地工程经验取值。

图2为以密实细砂作为被加固土层,三击贯入度小于10cm的载体桩承载力实测与计算的频数分布图;图3为以卵石作为被加固土层三击贯入度小于10cm的载体桩承载力实测与计算的频数分布图;图4为以粉土作为被加固土层三击贯入度小于10cm的载体桩承载力实测与计算的频数分布图。通过计算分析,承载力特征值实测/计算的平均值都大于1。

4.3.3 为确保桩身混凝土强度,现行国家标准《建筑地基基础设计规范》GB 50007对灌注桩成桩工艺系数取0.6~0.7,预制桩取0.75。由于载体桩桩长较短,混凝土质量易保证,成桩工艺系数可适当提高。对桩身采用现场浇筑混凝土的载体桩成桩工艺系数取0.75,当桩身采用预制桩身时,取0.80。

4.3.5 当载体桩持力层下存在软弱下卧层,且其压缩模量与持力层压缩模量之比小于1/3时,应进行软弱下卧层承载力验算。当载体桩的间距不超过3.0m,应力传递到下卧层顶时,相互叠加,因此载体桩破坏时呈整体冲剪破坏,按实体基础进行软弱下卧层承载力的验算。等代实体基础的附加应力扩散平面从载体等效计算面开始计算,取混凝土桩身下2m。根据经验等代实体等效作用面比常规群桩的等效作用面大,边长为群桩外围桩形成的投影边长加2倍等效计算距离。

4.4 单桩水平承载力

4.4.1~4.4.3 单桩水平承载力与许多因素有关,单桩水平承载力特征值应通过单桩水平载荷试验确定。对柔性载体桩和半刚性载体桩承载力的估算可以参考桩基础的水平承载力计算公式进行计算;对于载体桩,由于载体的约束作用,其水平承载力比相同长度的普通桩承载力高,以水平载荷试验确定其水平承载力。载体桩的水平承载力除了包括桩侧土的抗力外,还包括承台底阻力和承台侧面水平抗力,故带承台桩基的水平载荷试验能反映桩基在水平力作用下的实际工作状况。

带承台桩基水平载荷试验采用单向多循环加载方法或慢速维持荷载法,用以确定长期荷载作用下的桩基水平承载力和地基土水平反力系数。加载分级及每级荷载稳定标准可参照国家现行标准《建筑桩基技术规范》JGJ 94 执行。当加载至桩身破坏或位移超过30～40mm（软土取大值）时停止加载。

根据试验数据绘制的荷载位移 H_0-X_0 曲线及荷载位移梯度 H_0-$(\Delta X_0/\Delta H_0)$ 曲线，取 H_0-$(\Delta X_0/\Delta H_0)$ 曲线的第一拐点为水平临界荷载，取第二拐点或 H_0-t-X_0 曲线明显陡降的前一级荷载为水平极限荷载。若桩身设有应力测读装置，还可根据最大弯矩变化特征综合判定载体桩单桩水平临界荷载和极限荷载。

4.5 载体桩基沉降计算

4.5.6 由于载体桩桩间距一般为 1.8～2.4m，桩和桩间土受力呈整体变形，故按等代实体基础进行变形验算。计算方法采用单向压缩分层总和法，等效作用面取载体底面，即混凝土桩身下 2m，等效计算面积为载体桩（包括载体）形成的实体投影面面积，等代实体边长为外围桩形成的投影边长加 2 倍载体的等效计算距离。

4.5.7 由于桩体刚度大，变形小，且载体等效计算位置到混凝土桩底之间是由混凝土和填料挤密形成，压缩模量很大，变形也较小，故沉降计算时不考虑桩身及载体的变形。载体以下土体其压缩模量也大于持力土层的压缩模量，沉降计算时采用持力土层的压缩模量进行设计计算，这样偏于安全。

当考虑相邻基础的影响时，按应力叠加原理采用角点法计算沉降。

沉降计算结果随计算模式、土性参数的不确定性而与实际沉降有所偏差。因此，不论采用何种理论计算均须引入沉降计算经验系数 ψ_s 对计算结果进行修正。

6 载体桩基工程质量检查与检测

6.2 成桩质量检查

6.2.2 载体桩施工时除了要进行常规原材料检测、试块检测、钢筋笼偏差和桩位偏差检查外，还包括有关载体施工的 4 项检查：填料量、夯填混凝土量、每击贯入度和三击贯入度。

6.3 单桩桩身完整性及承载力检测

6.3.1 由于载体桩承载力主要来源于载体，而载体的施工主要由三击贯入度进行控制，且桩身混凝土在护筒中浇筑，质量易保证，故低应变完整性检测的数量规定为总桩数的 10%～20%，条件允许时可适当增加。

中华人民共和国行业标准

体育场馆照明设计及检测标准

Standard for lighting design and test of sports venues

JGJ 153—2007
J 684—2007

批准部门：中华人民共和国建设部
施行日期：2007年11月1日

中华人民共和国建设部
公　告

第 675 号

建设部关于发布行业标准《体育场馆照明设计及检测标准》的公告

现批准《体育场馆照明设计及检测标准》为行业标准，编号为 JGJ 153-2007，自 2007 年 11 月 1 日起实施。其中，第 4.2.7、4.2.8 条为强制性条文，必须严格执行。

本标准由建设部标准定额研究所组织中国建筑工业出版社出版发行。

中华人民共和国建设部
2007 年 7 月 20 日

前　言

根据建设部建标〔2004〕66 号文件要求，标准编制组经广泛调查研究，认真总结实践经验，参考有关国际标准和国外先进标准，并在广泛征求意见的基础上，制订了本标准。

本标准主要技术内容是：总则、术语和符号、基本规定、照明标准、照明设备及附属设施、灯具布置、照明配电与控制及照明检测。

本标准由建设部负责管理和对强制性条文的解释，由中国建筑科学研究院负责具体技术内容的解释（地址：北京市西城区车公庄大街 19 号；中国建筑科学研究院建筑物理研究所；邮政编码：100044）。

本标准主编单位：中国建筑科学研究院
本标准参编单位：中国建筑设计研究院
　　　　　　　　北京市建筑设计研究院
　　　　　　　　华东建筑设计研究院有限公司
　　　　　　　　中国体育国际经济技术合作公司
　　　　　　　　飞利浦（中国）投资有限公司
　　　　　　　　通用电气（中国）有限公司
　　　　　　　　索恩照明（广州）有限公司
　　　　　　　　北京希优照明设备有限公司
　　　　　　　　松下电工（中国）有限公司
　　　　　　　　上海东升集团光辉灯具有限公司
　　　　　　　　欧司朗佛山照明有限公司
　　　　　　　　北京动力源科技股份有限公司

本标准主要起草人：赵建平　林若慈　张文才
　　　　　　　　　汪　猛　李国宾　杨兆杰
　　　　　　　　　张建平　赵燕华　姚梦明
　　　　　　　　　顾　峰　宁　华　蒋瑞国
　　　　　　　　　解　辉　范　毅　刘剑平
　　　　　　　　　康耀伟　罗　涛

目 次

1 总则 ··· 58—4
2 术语和符号 ····································· 58—4
  2.1 术语 ··· 58—4
  2.2 符号 ··· 58—5
3 基本规定 ··· 58—5
4 照明标准 ··· 58—5
  4.1 照明标准值 ··································· 58—5
  4.2 相关规定 ····································· 58—13
5 照明设备及附属设施 ····················· 58—13
  5.1 光源选择 ····································· 58—13
  5.2 灯具及附件要求 ·························· 58—14
  5.3 灯杆及设置要求 ·························· 58—14
  5.4 马道及设置要求 ·························· 58—14
6 灯具布置 ······································· 58—14
  6.1 一般规定 ····································· 58—14
  6.2 室外体育场 ································· 58—14
  6.3 室内体育馆 ································· 58—16
7 照明配电与控制 ··························· 58—18
  7.1 照明配电 ····································· 58—18
  7.2 照明控制 ····································· 58—18
8 照明检测 ······································· 58—19
  8.1 一般规定 ····································· 58—19
  8.2 照度测量 ····································· 58—19
  8.3 眩光测量 ····································· 58—21
  8.4 现场显色指数和色温测量 ·········· 58—22
  8.5 检测报告 ····································· 58—22
附录 A 照度计算和测量网格及
         摄像机位置 ···························· 58—23
附录 B 眩光计算 ································· 58—25
本标准用词说明 ··································· 58—26
附：条文说明 ······································· 58—27

1 总则

1.0.1 为提高体育场馆照明的设计质量，保证体育场馆照明符合使用功能的要求，做到安全适用、技术先进、经济合理、节约能源，制定本标准。

1.0.2 本标准适用于新建、改建和扩建的体育场馆照明的设计及检测。

1.0.3 体育场馆照明设计应充分考虑赛时与赛后照明设施的综合利用和运营。

1.0.4 体育场馆照明的设计及检测除应符合本标准外，尚应符合国家现行有关标准的规定。

2 术语和符号

2.1 术语

2.1.1 （光）照度 illuminance
表面上一点的照度是入射在包含该点面元上的光通量 dF 除以该面元面积 dA 之商，单位为 lx（勒克斯）。

2.1.2 水平照度 horizontal illuminance
水平面上的照度。场地表面上的水平照度用来确定眼睛在视野范围内的适应状态，并用作凸显目标（运动员和物体）的视看背景。

2.1.3 垂直照度 vertical illuminance
垂直面上的照度。垂直照度包括主摄像机方向的垂直照度和辅摄像机方向的垂直照度。垂直照度用来模拟照射在运动员面部和身体上的光，对摄像机、摄影机和视看者能提供最佳辨认度，并影响照射目标的立体感。

2.1.4 初始照度 initial illuminance
照明装置新装时在规定表面上的平均照度。

2.1.5 使用照度 service illuminance
照明装置在使用周期内，通过维护在规定表面上所要求维持的平均照度。

2.1.6 维护系数 maintenance factor
照明装置在使用一定周期后，在规定表面上的平均照度或平均亮度与该装置在相同条件下新装时在规定表面上所得到的平均照度或平均亮度之比。

2.1.7 主摄像机 main camera
用于拍摄总赛区或主赛区中重要区域的固定摄像机。

2.1.8 辅摄像机 auxiliary camera
除主摄像机以外的固定或移动摄像机。

2.1.9 照度均匀度 uniformity of illuminance
规定表面上的最小照度与最大照度之比及最小照度与平均照度之比。均匀度用来控制比赛场地上照度水平的变化。

2.1.10 均匀度梯度 uniformity gradient
均匀度梯度用某一网格点与其八个相邻网格点的照度比表示。均匀度梯度用来控制照度水平在网格点间的变化。

2.1.11 主赛区 principal area
场地划线范围内的比赛区域，通常称为"比赛场地"。

2.1.12 总赛区 total area
主赛区和比赛中规定的无障碍区。

2.1.13 色温（度） colour temperature
当光源的色品与某一温度下黑体的色品相同时，该黑体的绝对温度为此光源的色温。色温用来表述一种照明呈现多暖（红）或多冷（蓝）的感受或表观感觉，单位为 K。

2.1.14 相关色温（度） correlated colour temperature
当光源的色品点不在黑体轨迹上时，光源的色品与某一温度下黑体的色品最接近时，该黑体的绝对温度为此光源的相关色温。

2.1.15 显色指数 colour rendering index
光源显色性的度量。以被测光源下物体颜色和参考标准光源下物体颜色的相符合程度来表示。

2.1.16 一般显色指数 general colour rendering index
光源对国际照明委员会（CIE）规定的八种标准颜色样品特殊显色指数的平均值，通称显色指数。

2.1.17 眩光 glare
由于视野中的亮度分布或亮度范围的不适宜，或存在极端的亮度对比，以致引起不舒适感觉或降低观察细部及目标能力的视觉现象。

2.1.18 眩光指数（眩光值） glare rating
用于度量室外体育场或室内体育馆和其他室外场地照明装置对人眼引起不舒适感觉主观反应的心理物理量。

2.1.19 应急照明 emergency lighting
因正常照明的电源失效而启用的照明。应急照明包括疏散照明、安全照明和备用照明。

2.1.20 疏散照明 escape lighting
用于确保疏散通道被有效地辨认和使用的照明。

2.1.21 安全照明 safety lighting
用于确保处于潜在危险之中的人员安全的照明。

2.1.22 备用照明 stand-by lighting
用于确保正常活动继续进行的照明。

2.1.23 TV应急照明 TV emergency lighting
因正常照明的电源失效，为确保比赛活动和电视转播继续进行而启用的照明。

2.1.24 障碍照明 obstacle lighting
为保障航空飞行安全，在高大建筑物和构筑物上安装的障碍标志灯。

2.1.25 频闪效应 stroboscopic effect

在以一定频率变化的光照射下,使人观察到的物体运动显现出不同于其实际运动的现象。

2.2 符 号

2.2.1 照度

E——照度；
E_h——水平照度；
E_v——垂直照度；
E_{min}——最小照度；
E_{max}——最大照度；
E_{ave}——平均照度；
E_{vmai}——主摄像机方向垂直照度；
E_{vaux}——辅摄像机方向垂直照度。

2.2.2 均匀度

U——照度均匀度；
U_1——最小照度与最大照度之比；
U_2——最小照度与平均照度之比；
U_h——水平照度均匀度；
U_{vmai}——主摄像机方向垂直照度均匀度；
U_{vaux}——辅摄像机方向垂直照度均匀度；
UG——均匀度梯度。

2.2.3 场地

PA——主赛区,比赛场地；
TA——总赛区。

2.2.4 颜色参数、眩光指数

T_c——色温；
T_{cp}——相关色温；
R——显色指数；
R_a——一般显色指数；
GR——眩光指数。

3 基本规定

3.0.1 体育场馆应根据使用功能和电视转播要求进行照明设计,并应按表 3.0.1 进行使用功能分级。

表 3.0.1 体育场馆使用功能分级

等级	使用功能	电视转播要求
Ⅰ	训练和娱乐活动	无电视转播
Ⅱ	业余比赛、专业训练	无电视转播
Ⅲ	专业比赛	有电视转播
Ⅳ	TV 转播国家、国际比赛	有电视转播
Ⅴ	TV 转播重大国际比赛	有电视转播
Ⅵ	HDTV 转播重大国际比赛	有电视转播
—	TV 应急	

注：HDTV 指高清晰度电视。

3.0.2 本标准所作规定的场地范围除注明外均应指比赛场地。规定的照度值应为比赛场地参考平面上的使用照度值,其照度均匀度应为最低值,参考平面的高度应符合本标准附录 A 规定。

3.0.3 体育场馆照明应满足运动员、裁判员、观众及其他各类人员的使用要求。有电视转播时应满足电视转播的照明要求。

3.0.4 HDTV 转播照明应用于重大国际比赛时,还应符合国际相关体育组织和机构的技术要求。

3.0.5 TV 应急照明应用于国际和重大国际比赛时,还应符合国际相关体育组织和机构的技术要求。

3.0.6 体育场馆应按运动项目的使用功能和实际用途进行照明设计。

3.0.7 照明设计应包括比赛场地照明、观众席照明和应急照明。

3.0.8 照明设计时应进行照明计算。照度计算网格及摄像机位置宜符合本标准附录 A 规定。

3.0.9 照明设计在满足相应照明指标的同时,应实施照明节能。

3.0.10 照明系统安装完成后及进行重大国际比赛前,应由国家认可的检测机构进行照明检测。

3.0.11 在体育建筑方案设计阶段,应同时考虑照明设计方案的要求。

3.0.12 对于利用天然采光的体育场馆,应采取措施降低和避免天然光产生的高亮度及阴影形成的强烈对比。

4 照明标准

4.1 照明标准值

4.1.1 篮球、排球场地的照明标准值应符合表 4.1.1 的规定。

4.1.2 手球、室内足球场地的照明标准值应符合表 4.1.2 的规定。

4.1.3 羽毛球场地的照明标准值应符合表 4.1.3 的规定。

4.1.4 乒乓球场地的照明标准值应符合表 4.1.4 的规定。

4.1.5 体操、艺术体操、技巧、蹦床场地的照明标准值应符合表 4.1.5 的规定。

4.1.6 拳击场地的照明标准值应符合表 4.1.6 的规定。

4.1.7 柔道、摔跤、跆拳道、武术场地的照明标准值应符合表 4.1.7 的规定。

4.1.8 举重场地的照明标准值应符合表 4.1.8 的规定。

4.1.9 击剑场地的照明标准值应符合表 4.1.9 的规定。

表 4.1.1 篮球、排球场地的照明标准值

等级	使用功能	照度 (lx)			照度均匀度						光源		眩光指数
		E_h	E_{vmai}	E_{vaux}	U_h		U_{vmai}		U_{vaux}		R_a	T_{cp} (K)	GR
					U_1	U_2	U_1	U_2	U_1	U_2			
Ⅰ	训练和娱乐活动	300	—	—	—	0.3	—	—	—	—	≥65	—	≤35
Ⅱ	业余比赛、专业训练	500	—	—	0.4	0.6	—	—	—	—	≥65	≥4000	≤30
Ⅲ	专业比赛	750	—	—	0.5	0.7	—	—	—	—	≥65	≥4000	≤30
Ⅳ	TV转播国家、国际比赛	—	1000	750	0.5	0.7	0.4	0.6	0.3	0.5	≥80	≥4000	≤30
Ⅴ	TV转播重大国际比赛	—	1400	1000	0.6	0.8	0.5	0.7	0.3	0.5	≥80	≥4000	≤30
Ⅵ	HDTV转播重大国际比赛	—	2000	1400	0.7	0.8	0.6	0.7	0.4	0.6	≥90	≥5500	≤30
—	TV应急	—	750	—	0.5	0.7	0.3	0.5	—	—	≥80	≥4000	≤30

注：1 篮球：背景材料的颜色和反射比应避免混乱。球篮区域上方应无高亮度区。
2 排球：在球网附近区域及主运动方向上应避免对运动员造成眩光。

表 4.1.2 手球、室内足球场地的照明标准值

等级	使用功能	照度 (lx)			照度均匀度						光源		眩光指数
		E_h	E_{vmai}	E_{vaux}	U_h		U_{vmai}		U_{vaux}		R_a	T_{cp} (K)	GR
					U_1	U_2	U_1	U_2	U_1	U_2			
Ⅰ	训练和娱乐活动	300	—	—	—	0.3	—	—	—	—	≥65	—	≤35
Ⅱ	业余比赛、专业训练	500	—	—	0.4	0.6	—	—	—	—	≥65	≥4000	≤30
Ⅲ	专业比赛	750	—	—	0.5	0.7	—	—	—	—	≥65	≥4000	≤30
Ⅳ	TV转播国家、国际比赛	—	1000	750	0.5	0.7	0.4	0.6	0.3	0.5	≥80	≥4000	≤30
Ⅴ	TV转播重大国际比赛	—	1400	1000	0.6	0.8	0.5	0.7	0.3	0.5	≥80	≥4000	≤30
Ⅵ	HDTV转播重大国际比赛	—	2000	1400	0.7	0.8	0.6	0.7	0.4	0.6	≥90	≥5500	≤30
—	TV应急	—	750	—	0.5	0.7	0.3	0.5	—	—	≥80	≥4000	≤30

注：比赛场地上方应有足够的照度，但应避免对运动员造成眩光。

表 4.1.3 羽毛球场地的照明标准值

等级	使用功能	照度 (lx)			照度均匀度						光源		眩光指数
		E_h	E_{vmai}	E_{vaux}	U_h		U_{vmai}		U_{vaux}		R_a	T_{cp} (K)	GR
					U_1	U_2	U_1	U_2	U_1	U_2			
Ⅰ	训练和娱乐活动	300	—	—	—	0.5	—	—	—	—	≥65	—	≤35
Ⅱ	业余比赛、专业训练	750/500	—	—	0.5/0.4	0.7/0.6	—	—	—	—	≥65	≥4000	≤30
Ⅲ	专业比赛	1000/750	—	—	0.5/0.4	0.7/0.6	—	—	—	—	≥65	≥4000	≤30
Ⅳ	TV转播国家、国际比赛	—	1000/750	750/500	0.5/0.4	0.7/0.6	0.4/0.3	0.6/0.5	0.3/0.3	0.5/0.4	≥80	≥4000	≤30
Ⅴ	TV转播重大国际比赛	—	1400/1000	1000/750	0.6/0.5	0.8/0.7	0.5/0.4	0.7/0.6	0.3/0.3	0.5/0.4	≥80	≥4000	≤30
Ⅵ	HDTV转播重大国际比赛	—	2000/1400	1400/1000	0.7/0.6	0.8/0.8	0.6/0.4	0.7/0.6	0.4/0.3	0.6/0.5	≥90	≥5500	≤30
—	TV应急	—	1000/750	—	0.5/0.4	0.7/0.6	0.4/0.3	0.6/0.5	—	—	≥80	≥4000	≤30

注：1 表中同一格有两个值时，"/"前为主赛区PA的值，"/"后为总赛区TA的值。
2 背景（墙或顶棚）表面的颜色和反射比与球应有足够的对比。
3 比赛场地上方应有足够的照度，但应避免对运动员造成眩光。

表 4.1.4　乒乓球场地的照明标准值

等级	使用功能	照度 (lx)			照度均匀度						光源		眩光指数
		E_h	E_{vmai}	E_{vaux}	U_h		U_{vmai}		U_{vaux}		R_a	T_{cp} (K)	GR
					U_1	U_2	U_1	U_2	U_1	U_2			
Ⅰ	训练和娱乐活动	300	—	—	—	0.5	—	—	—	—	≥65	—	≤35
Ⅱ	业余比赛、专业训练	500	—	—	0.4	0.6	—	—	—	—	≥65	≥4000	≤30
Ⅲ	专业比赛	1000	—	—	0.5	0.7	—	—	—	—	≥65	≥4000	≤30
Ⅳ	TV转播国家、国际比赛	—	1000	750	0.5	0.7	0.4	0.6	0.3	0.5	≥80	≥4000	≤30
Ⅴ	TV转播重大国际比赛	—	1400	1000	0.6	0.8	0.5	0.7	0.3	0.5	≥80	≥4000	≤30
Ⅵ	HDTV转播重大国际比赛	—	2000	1400	0.7	0.8	0.6	0.7	0.4	0.6	≥90	≥5500	≤30
—	TV应急	—	1000	—	0.5	0.7	0.4	0.6	—	—	≥80	≥4000	≤30

注：1　比赛场地上空较高高度上应有良好的照度和照度均匀度，但应避免对运动员造成眩光。
　　2　乒乓球台上应无阴影，同时还应避免周边护板阴影的影响。
　　3　比赛场地中四边的垂直照度之比不应大于1.5。

表 4.1.5　体操、艺术体操、技巧、蹦床场地的照明标准值

等级	使用功能	照度 (lx)			照度均匀度						光源		眩光指数
		E_h	E_{vmai}	E_{vaux}	U_h		U_{vmai}		U_{vaux}		R_a	T_{cp} (K)	GR
					U_1	U_2	U_1	U_2	U_1	U_2			
Ⅰ	训练和娱乐活动	300	—	—	—	0.3	—	—	—	—	≥65	—	≤35
Ⅱ	业余比赛、专业训练	500	—	—	0.4	0.6	—	—	—	—	≥65	≥4000	≤30
Ⅲ	专业比赛	750	—	—	0.5	0.7	—	—	—	—	≥65	≥4000	≤30
Ⅳ	TV转播国家、国际比赛	—	1000	750	0.5	0.7	0.4	0.6	0.3	0.5	≥80	≥4000	≤30
Ⅴ	TV转播重大国际比赛	—	1400	1000	0.6	0.8	0.5	0.7	0.3	0.5	≥80	≥4000	≤30
Ⅵ	HDTV转播重大国际比赛	—	2000	1400	0.7	0.8	0.6	0.7	0.4	0.6	≥90	≥5500	≤30
—	TV应急	—	750	—	0.5	0.7	0.3	0.5	—	—	≥80	≥4000	≤30

注：1　应避免灯具和天然光对运动员造成的直接眩光。
　　2　应避免地面和光泽表面对运动员、观众和摄像机造成间接眩光。

表 4.1.6　拳击场地的照明标准值

等级	使用功能	照度 (lx)			照度均匀度						光源		眩光指数
		E_h	E_{vmai}	E_{vaux}	U_h		U_{vmai}		U_{vaux}		R_a	T_{cp} (K)	GR
					U_1	U_2	U_1	U_2	U_1	U_2			
Ⅰ	训练和娱乐活动	500	—	—	—	0.7	—	—	—	—	≥65	≥4000	≤35
Ⅱ	业余比赛、专业训练	1000	—	—	0.6	0.8	—	—	—	—	≥65	≥4000	≤30
Ⅲ	专业比赛	2000	—	—	0.7	0.8	—	—	—	—	≥65	≥4000	≤30
Ⅳ	TV转播国家、国际比赛	—	1000	1000	0.7	0.8	0.4	0.6	0.4	0.6	≥80	≥4000	≤30
Ⅴ	TV转播重大国际比赛	—	2000	2000	0.7	0.8	0.6	0.7	0.6	0.7	≥80	≥4000	≤30
Ⅵ	HDTV转播重大国际比赛	—	2500	2500	0.8	0.9	0.7	0.8	0.7	0.8	≥90	≥5500	≤30
—	TV应急	—	1000	—	0.6	0.8	0.4	0.6	—	—	≥80	≥4000	≤30

注：1　比赛场地上应从各个方向提供照明。摄像机低角度拍摄时镜头上应无闪烁光。
　　2　比赛场地以外应提供照明，使运动员有足够的立体感。

表 4.1.7 柔道、摔跤、跆拳道、武术场地的照明标准值

等级	使用功能	照度（lx）			照度均匀度						光源		眩光指数
		E_h	E_{vmai}	E_{vaux}	U_h		U_{vmai}		U_{vaux}		R_a	T_{cp}(K)	GR
					U_1	U_2	U_1	U_2	U_1	U_2			
Ⅰ	训练和娱乐活动	300	—	—	—	0.5	—	—	—	—	≥65	—	≤35
Ⅱ	业余比赛、专业训练	500	—	—	0.4	0.6	—	—	—	—	≥65	≥4000	≤30
Ⅲ	专业比赛	1000	—	—	0.5	0.7	—	—	—	—	≥65	≥4000	≤30
Ⅳ	TV 转播国家、国际比赛	—	1000	1000	0.5	0.7	0.4	0.6	0.4	0.6	≥80	≥4000	≤30
Ⅴ	TV 转播重大国际比赛	—	1400	1400	0.6	0.8	0.5	0.7	0.5	0.7	≥80	≥4000	≤30
Ⅵ	HDTV 转播重大国际比赛	—	2000	2000	0.7	0.8	0.6	0.7	0.6	0.7	≥90	≥5500	≤30
—	TV 应急	—	1000	—	0.5	0.7	0.4	0.6	—	—	≥80	≥4000	≤30

注：1 灯具和顶棚之间的亮度对比应减至最小以防精力分散，顶棚的反射比不宜低于 0.6。
2 背景墙与运动员着装应有良好的对比。

表 4.1.8 举重场地的照明标准值

等级	使用功能	照度（lx）		照度均匀度				光源		眩光指数
		E_h	E_{vmai}	U_h		U_{vmai}		R_a	T_{cp}(K)	GR
				U_1	U_2	U_1	U_2			
Ⅰ	训练和娱乐活动	300	—	—	0.5	—	—	≥65	—	≤35
Ⅱ	业余比赛、专业训练	500	—	0.4	0.6	—	—	≥65	≥4000	≤30
Ⅲ	专业比赛	750	—	0.5	0.7	—	—	≥65	≥4000	≤30
Ⅳ	TV 转播国家、国际比赛	—	1000	0.5	0.7	0.4	0.6	≥80	≥4000	≤30
Ⅴ	TV 转播重大国际比赛	—	1400	0.6	0.8	0.5	0.7	≥80	≥4000	≤30
Ⅵ	HDTV 转播重大国际比赛	—	2000	0.7	0.8	0.6	0.7	≥90	≥5500	≤30
—	TV 应急	—	750	0.5	0.7	0.3	0.5	≥80	≥4000	≤30

注：1 运动员对前方裁判员的信号应清晰可见。
2 比赛场地照明的阴影应减至最小，为裁判员提供最佳视看条件。

表 4.1.9 击剑场地的照明标准值

等级	使用功能	照度（lx）			照度均匀度						光源	
		E_h	E_{vmai}	E_{vaux}	U_h		U_{vmai}		U_{vaux}		R_a	T_{cp}(K)
					U_1	U_2	U_1	U_2	U_1	U_2		
Ⅰ	训练和娱乐活动	300	200	—	—	0.5	—	0.3	—	—	≥65	—
Ⅱ	业余比赛、专业训练	500	300	—	0.5	0.7	0.3	0.4	—	—	≥65	≥4000
Ⅲ	专业比赛	750	500	—	0.5	0.7	0.3	0.5	—	—	≥65	≥4000
Ⅳ	TV 转播国家、国际比赛	—	1000	750	0.5	0.7	0.4	0.6	0.3	0.5	≥80	≥4000
Ⅴ	TV 转播重大国际比赛	—	1400	1000	0.6	0.8	0.5	0.7	0.3	0.5	≥80	≥4000
Ⅵ	HDTV 转播重大国际比赛	—	2000	1400	0.7	0.8	0.6	0.7	0.4	0.6	≥80	≥4000
—	TV 应急	—	1000	—	0.5	0.7	0.4	0.6	—	—	≥80	≥4000

注：1 相对于击剑运动员的白色着装和剑，应提供深色背景。
2 运动员正面方向应有足够的垂直照度，与主摄像机相反方向的垂直照度至少应为主摄像机方向的 1/2。

4.1.10 游泳、跳水、水球、花样游泳场地的照明标准值应符合表4.1.10的规定。

4.1.11 冰球、花样滑冰、冰上舞蹈、短道速滑场地的照明标准值应符合表4.1.11的规定。

4.1.12 速度滑冰场地的照明标准值应符合表4.1.12的规定。

4.1.13 场地自行车场地的照明标准值应符合表4.1.13的规定。

4.1.14 射击场地的照明标准值应符合表4.1.14的规定。

4.1.15 射箭场地的照明标准值应符合表4.1.15的规定。

4.1.16 马术场地的照明标准值应符合表4.1.16的规定。

4.1.17 网球场地的照明标准值应符合表4.1.17的规定。

4.1.18 足球场地的照明标准值应符合表4.1.18的规定。

4.1.19 田径场地的照明标准值应符合表4.1.19的规定。

4.1.20 曲棍球场地的照明标准值应符合表4.1.20的规定。

4.1.21 棒球、垒球场地的照明标准值应符合表4.1.21的规定。

表4.1.10 游泳、跳水、水球、花样游泳场地的照明标准值

等级	使用功能	照度（lx）			照度均匀度						光源	
		E_h	E_{vmai}	E_{vaux}	U_h		U_{vmai}		U_{vaux}		R_a	T_{cp} (K)
					U_1	U_2	U_1	U_2	U_1	U_2		
Ⅰ	训练和娱乐活动	200	—	—	—	0.3	—	—	—	—	≥65	—
Ⅱ	业余比赛、专业训练	300	—	—	0.3	0.5	—	—	—	—	≥65	≥4000
Ⅲ	专业比赛	500	—	—	0.4	0.6	—	—	—	—	≥65	≥4000
Ⅳ	TV转播国家、国际比赛	—	1000	750	0.5	0.7	0.4	0.6	0.3	0.5	≥80	≥4000
Ⅴ	TV转播重大国际比赛	—	1400	1000	0.6	0.8	0.5	0.7	0.3	0.5	≥80	≥4000
Ⅵ	HDTV转播重大国际比赛	—	2000	1400	0.7	0.8	0.6	0.8	0.4	0.6	≥90	≥5500
—	TV应急	—	750	—	0.5	0.7	0.3	0.5	—	—	≥80	≥4000

注：1 应避免人工光和天然光经水面反射对运动员、裁判员、摄像机和观众造成眩光。
  2 墙和顶棚的反射比分别不应低于0.4和0.6，池底的反射比不应低于0.7。
  3 应保证绕泳池周边2m区域、1m高度有足够的垂直照度。
  4 室外场地Ⅴ等级R_a和T_{cp}的取值应与Ⅵ等级相同。

表4.1.11 冰球、花样滑冰、冰上舞蹈、短道速滑场地的照明标准值

等级	使用功能	照度（lx）			照度均匀度						光源		眩光指数
		E_h	E_{vmai}	E_{vaux}	U_h		U_{vmai}		U_{vaux}		R_a	T_{cp} (K)	GR
					U_1	U_2	U_1	U_2	U_1	U_2			
Ⅰ	训练和娱乐活动	300	—	—	—	0.3	—	—	—	—	≥65	—	≤35
Ⅱ	业余比赛、专业训练	500	—	—	0.4	0.6	—	—	—	—	≥65	≥4000	≤30
Ⅲ	专业比赛	1000	—	—	0.5	0.7	—	—	—	—	≥65	≥4000	≤30
Ⅳ	TV转播国家、国际比赛	—	1000	750	0.5	0.7	0.4	0.6	0.3	0.5	≥80	≥4000	≤30
Ⅴ	TV转播重大国际比赛	—	1400	1000	0.6	0.8	0.5	0.7	0.3	0.5	≥80	≥4000	≤30
Ⅵ	HDTV转播重大国际比赛	—	2000	1400	0.7	0.8	0.6	0.8	0.4	0.6	≥90	≥5500	≤30
—	TV应急	—	1000	—	0.5	0.7	0.4	0.6	—	—	≥80	≥4000	≤30

注：1 应提供足够的照明消除围板产生的阴影，并应保证在围板附近有足够的垂直照度。
  2 应增加对球门区的照明。

表 4.1.12 速度滑冰场地的照明标准值

等级	使用功能	照度（lx） E_h	E_{vmai}	E_{vaux}	U_h U_1	U_2	U_{vmai} U_1	U_2	U_{vaux} U_1	U_2	光源 R_a	T_{cp} (K)	眩光指数 GR
Ⅰ	训练和娱乐活动	300	—	—	0.3	—	—	—	—	—	≥65	—	≤35
Ⅱ	业余比赛、专业训练	500	—	—	0.4	0.6	—	—	—	—	≥65	≥4000	≤30
Ⅲ	专业比赛	750	—	—	0.5	0.7	—	—	—	—	≥65	≥4000	≤30
Ⅳ	TV转播国家、国际比赛	—	1000	750	0.5	0.7	0.4	0.6	0.3	0.5	≥80	≥4000	≤30
Ⅴ	TV转播重大国际比赛	—	1400	1000	0.6	0.8	0.5	0.7	0.3	0.5	≥80	≥4000	≤30
Ⅵ	HDTV转播重大国际比赛	—	2000	1400	0.7	0.8	0.6	0.7	0.4	0.6	≥90	≥5500	≤30
—	TV应急	—	750	—	0.5	0.7	0.3	0.5	—	—	≥80	≥4000	≤30

注：1 对观众和摄像机，冰面的反射眩光应减至最小。
2 内场照明应至少为赛道照明水平的1/2。

表 4.1.13 场地自行车场地的照明标准值

等级	使用功能	照度（lx） E_h	E_{vmai}	E_{vaux}	U_h U_1	U_2	U_{vmai} U_1	U_2	U_{vaux} U_1	U_2	光源 R_a	T_{cp} (K)	眩光指数 GR 室内	室外
Ⅰ	训练和娱乐活动	200	—	—	0.3	—	—	—	—	—	≥65	—	≤35	≤55
Ⅱ	业余比赛、专业训练	500	—	—	0.4	0.6	—	—	—	—	≥65	≥4000	≤30	≤50
Ⅲ	专业比赛	750	—	—	0.5	0.7	—	—	—	—	≥65	≥4000	≤30	≤50
Ⅳ	TV转播国家、国际比赛	—	1000	750	0.5	0.7	0.4	0.6	0.3	0.5	≥80	≥4000	≤30	≤50
Ⅴ	TV转播重大国际比赛	—	1400	1000	0.6	0.8	0.5	0.7	0.3	0.5	≥80	≥4000	≤30	≤50
Ⅵ	HDTV转播重大国际比赛	—	2000	1400	0.7	0.8	0.6	0.7	0.4	0.6	≥90	≥5500	≤30	≤50
—	TV应急	—	750	—	0.5	0.7	0.3	0.5	—	—	≥80	≥4000	≤30	≤50

注：1 赛道上应有良好的照明均匀度，应避免对骑手造成眩光。
2 赛道终点应有足够的垂直照度以满足计时设备的要求。
3 赛道表面应采用漫射材料以防止反射眩光。
4 室外场地Ⅴ等级 R_a 和 T_{cp} 的取值应与Ⅵ等级相同。

表 4.1.14 射击场地的照明标准值

等级	使用功能	照度（lx） E_h 射击区、弹道区	E_v 靶心	U_h U_1	U_2	U_v U_1	U_2	光源 R_a	T_{cp} (K)
Ⅰ	训练和娱乐活动	200	1000	—	0.5	0.6	0.7	≥65	—
Ⅱ	业余比赛、专业训练	200	1000	—	0.5	0.6	0.7	≥65	≥3000
Ⅲ	专业比赛	300	1000	—	0.5	0.6	0.7	≥65	≥3000
Ⅳ	TV转播国家、国际比赛	500	1500	0.4	0.6	0.7	0.8	≥80	≥3000
Ⅴ	TV转播重大国际比赛	500	1500	0.4	0.6	0.7	0.8	≥80	≥3000
Ⅵ	HDTV转播重大国际比赛	500	2000	0.4	0.6	0.7	0.8	≥80	≥4000

注：1 应严格避免在运动员射击方向上造成的眩光。
2 地面上1m高的平均水平照度和靶心面向运动员平面上的平均垂直照度之比宜为3:10。

表 4.1.15 射箭场地的照明标准值

等级	使用功能	照度（lx）		照度均匀度				光源	
		E_h 射击区、箭道区	E_v 靶心	U_h		U_v		R_a	T_{cp} (K)
				U_1	U_2	U_1	U_2		
Ⅰ	训练和娱乐活动	200	1000	—	0.5	0.6	0.7	≥65	—
Ⅱ	业余比赛、专业训练	200	1000	—	0.5	0.6	0.7	≥65	≥4000
Ⅲ	专业比赛	300	1000	—	0.5	0.6	0.7	≥65	≥4000
Ⅳ	TV转播国家、国际比赛	500	1500	0.4	0.6	0.7	0.8	≥80	≥4000
Ⅴ	TV转播重大国际比赛	500	1500	0.4	0.6	0.7	0.8	≥90	≥5500
Ⅵ	HDTV转播重大国际比赛	500	2000	0.4	0.6	0.7	0.8	≥90	≥5500

注：1 应严格避免在运动员射箭方向上造成的眩光。
2 箭的飞行和目标应清晰可见，同时应保证安全。
3 室内射箭Ⅴ等级 R_a 和 T_{cp} 的取值应与Ⅳ等级相同。

表 4.1.16 马术场地的照明标准值

等级	使用功能	照度（lx）			照度均匀度						光源	
		E_h	E_{vmai}	E_{vaux}	U_h		U_{vmai}		U_{vaux}		R_a	T_{cp} (K)
					U_1	U_2	U_1	U_2	U_1	U_2		
Ⅰ	训练和娱乐活动	200	—	—	—	0.3	—	—	—	—	≥65	—
Ⅱ	业余比赛、专业训练	300	—	—	0.4	0.6	—	—	—	—	≥65	≥4000
Ⅲ	专业比赛	500	—	—	0.5	0.7	—	—	—	—	≥65	≥4000
Ⅳ	TV转播国家、国际比赛	—	1000	750	0.5	0.7	0.4	0.6	0.3	0.5	≥80	≥4000
Ⅴ	TV转播重大国际比赛	—	1400	1000	0.6	0.8	0.5	0.7	0.3	0.5	≥90	≥5500
Ⅵ	HDTV转播重大国际比赛	—	2000	1400	0.7	0.8	0.6	0.7	0.4	0.6	≥90	≥5500
—	TV应急	—	750	—	0.5	0.7	0.3	0.5	—	—	≥80	≥4000

注：1 照明必须为马和骑手提供安全条件。
2 在跳跃和障碍比赛时应提供良好的均匀照明，以消除阴影和避免对马及骑手造成眩光。
3 室内马术Ⅴ等级 R_a 和 T_{cp} 的取值应与Ⅳ等级相同。

表 4.1.17 网球场地的照明标准值

等级	使用功能	照度（lx）			照度均匀度						光源		眩光指数 GR	
		E_h	E_{vmai}	E_{vaux}	U_h		U_{vmai}		U_{vaux}		R_a	T_{cp} (K)	室外	室内
					U_1	U_2	U_1	U_2	U_1	U_2				
Ⅰ	训练和娱乐活动	300	—	—	—	0.5	—	—	—	—	≥65	—	≤55	≤35
Ⅱ	业余比赛、专业训练	500/300	—	—	0.4/0.3	0.6/0.5	—	—	—	—	≥65	≥4000	≤50	≤30
Ⅲ	专业比赛	750/500	—	—	0.5/0.4	0.7/0.6	—	—	—	—	≥65	≥4000	≤50	≤30
Ⅳ	TV转播国家、国际比赛	—	1000/750	750/500	0.5/0.4	0.7/0.6	0.4/0.3	0.6/0.5	0.3/0.3	0.5/0.4	≥80	≥4000	≤50	≤30
Ⅴ	TV转播重大国际比赛	—	1400/1000	1000/750	0.6/0.5	0.8/0.7	0.5/0.3	0.7/0.5	0.3/0.3	0.5/0.4	≥90	≥5500	≤50	≤30
Ⅵ	HDTV转播重大国际比赛	—	2000/1400	1400/1000	0.7/0.6	0.8/0.8	0.6/0.4	0.7/0.6	0.4/0.3	0.6/0.5	≥90	≥5500	≤50	≤30
—	TV应急	—	1000/750	—	0.5/0.6	0.7/0.6	0.4/0.3	0.6/0.5	—	—	≥80	≥4000	≤50	≤30

注：1 表中同一格有两个值时，"/"前为主赛区PA的值，"/"后为总赛区TA的值。
2 球与背景之间应有足够的对比。比赛场地应消除阴影。
3 应避免在运动员运动方向上造成眩光。
4 室内网球Ⅴ等级 R_a 和 T_{cp} 的取值应与Ⅳ等级相同。

表 4.1.18 足球场地的照明标准值

等级	使用功能	照度（lx）			照度均匀度						光 源		眩光指数
		E_h	E_{vmai}	E_{vaux}	U_h		U_{vmai}		U_{vaux}		R_a	T_{cp} (K)	GR
					U_1	U_2	U_1	U_2	U_1	U_2			
Ⅰ	训练和娱乐活动	200	—	—	—	0.3	—	—	—	—	≥20	—	≤55
Ⅱ	业余比赛、专业训练	300	—	—	—	0.5	—	—	—	—	≥80	≥4000	≤50
Ⅲ	专业比赛	500	—	—	0.4	0.6	—	—	—	—	≥80	≥4000	≤50
Ⅳ	TV转播国家、国际比赛	—	1000	750	0.5	0.7	0.4	0.6	0.3	0.5	≥80	≥4000	≤50
Ⅴ	TV转播重大国际比赛	—	1400	1000	0.6	0.8	0.5	0.7	0.3	0.5	≥90	≥5500	≤50
Ⅵ	HDTV转播重大国际比赛	—	2000	1400	0.7	0.8	0.6	0.7	0.4	0.6	≥90	≥5500	≤50
—	TV应急	—	1000	—	0.5	0.7	0.4	0.6	—	—	≥80	≥4000	≤50

注：应避免对运动员，特别在"角球"时对守门员造成直接眩光。

表 4.1.19 田径场地的照明标准值

等级	使用功能	照度（lx）			照度均匀度						光 源		眩光指数
		E_h	E_{vmai}	E_{vaux}	U_h		U_{vmai}		U_{vaux}		R_a	T_{cp} (K)	GR
					U_1	U_2	U_1	U_2	U_1	U_2			
Ⅰ	训练和娱乐活动	200	—	—	—	0.3	—	—	—	—	≥20	—	≤55
Ⅱ	业余比赛、专业训练	300	—	—	—	0.5	—	—	—	—	≥80	≥4000	≤50
Ⅲ	专业比赛	500	—	—	0.4	0.6	—	—	—	—	≥80	≥4000	≤50
Ⅳ	TV转播国家、国际比赛	—	1000	750	0.5	0.7	0.4	0.6	0.3	0.5	≥80	≥4000	≤50
Ⅴ	TV转播重大国际比赛	—	1400	1000	0.6	0.8	0.5	0.7	0.3	0.5	≥90	≥5500	≤50
Ⅵ	HDTV转播重大国际比赛	—	2000	1400	0.7	0.8	0.6	0.7	0.4	0.6	≥90	≥5500	≤50
—	TV应急	—	750	—	0.5	0.7	0.3	0.5	—	—	≥80	≥4000	≤50

注：1 田径场上同时要举行多个单项比赛，照明应满足各单项比赛对应摄像机的要求。
2 跑道终点应有足够的照明以满足计时设备的要求。
3 内场辅摄像机方向的垂直照度应大于主摄像机方向垂直照度的60%。

表 4.1.20 曲棍球场地的照明标准值

等级	使用功能	照度（lx）			照度均匀度						光 源		眩光指数
		E_h	E_{vmai}	E_{vaux}	U_h		U_{vmai}		U_{vaux}		R_a	T_{cp} (K)	GR
					U_1	U_2	U_1	U_2	U_1	U_2			
Ⅰ	训练和娱乐活动	300	—	—	—	0.3	—	—	—	—	≥20	—	≤55
Ⅱ	业余比赛、专业训练	500	—	—	0.4	0.6	—	—	—	—	≥80	>4000	≤50
Ⅲ	专业比赛	750	—	—	0.5	0.7	—	—	—	—	≥80	≥4000	≤50
Ⅳ	TV转播国家、国际比赛	—	1000	750	0.5	0.7	0.4	0.6	0.3	0.5	≥80	≥4000	≤50
Ⅴ	TV转播重大国际比赛	—	1400	1000	0.6	0.8	0.5	0.7	0.3	0.5	≥90	≥5500	≤50
Ⅵ	HDTV转播重大国际比赛	—	2000	1400	0.7	0.8	0.6	0.7	0.4	0.6	≥90	≥5500	≤50
—	TV应急	—	1000	—	0.5	0.7	0.4	0.6	—	—	≥80	≥4000	≤50

注：1 应避免眩光与消除阴影，以保证球门区和角区有最佳照明。
2 球与背景之间应有良好的对比和立体感。

表 4.1.21 棒球、垒球场地的照明标准值

等级	使用功能	照度 (lx)			照度均匀度							光源		眩光指数
		E_h	E_{vmai}	E_{vaux}	U_h		U_{vmai}		U_{vaux}			R_a	T_{cp} (K)	GR
					U_1	U_2	U_1	U_2	U_1	U_2				
Ⅰ	训练和娱乐活动	300/200	—	—	—	0.3						≥20		≤55
Ⅱ	业余比赛、专业训练	500/300	—	—	0.4/0.3	0.6/0.5						≥80	≥4000	≤50
Ⅲ	专业比赛	750/500	—	—	0.5/0.4	0.7/0.6						≥80	≥4000	≤50
Ⅳ	TV 转播国家、国际比赛	—	1000/750	750/500	0.5/0.4	0.7/0.6	0.4/0.3	0.6/0.5	0.3/0.2	0.5/0.4		≥80	≥4000	≤50
Ⅴ	TV 转播重大国际比赛	—	1400/1000	1000/750	0.6/0.5	0.8/0.7	0.5/0.4	0.7/0.6	0.4/0.3	0.6/0.5		≥90	≥5500	≤50
Ⅵ	HDTV 转播重大国际比赛	—	2000/1400	1400/1000	0.7/0.6	0.8/0.8	0.6/0.4	0.7/0.6	0.5/0.4	0.6/0.5		≥90	≥5500	≤50
—	TV 应急	—	1000/750	—	0.5/0.4	0.7/0.6	0.4/0.3	0.6/0.5				≥80	≥4000	≤50

注：1 表中同一格有两个值时，"/"前为内场的值，"/"后为外场的值。
  2 应提供一定的观众席照明，以满足电视转播和看清被击出赛场的球。

4.2 相 关 规 定

4.2.1 有电视转播时平均水平照度宜为平均垂直照度的0.75～2.0。

4.2.2 照明计算时维护系数值应为 0.8。对于多雾和污染严重地区的室外体育场维护系数值可降低至 0.7。

4.2.3 HDTV 转播重大国际比赛时，辅摄像机方向的垂直照度应为面向场地周边四个方向垂直面上的照度。

4.2.4 水平照度和垂直照度均匀度梯度应符合下列规定：
  1 有电视转播时：当照度计算与测量网格小于 5m 时，每 2m 不应大于 10%；当照度计算与测量网格不小于 5m 时，每 4m 不应大于 20%。
  2 无电视转播时：每 5m 不应大于 50%。

4.2.5 比赛场地每个计算点四个方向上的最小垂直照度和最大垂直照度之比不应小于 0.3，HDTV 转播重大国际比赛时，该比值不应小于 0.6。

4.2.6 观众席座位面的平均水平照度值不宜小于 100lx，主席台面的平均水平照度值不宜小于 200lx。有电视转播时，观众席前排的垂直照度值不宜小于场地垂直照度值的 25%。

4.2.7 观众席和运动场地安全照明的平均水平照度值不应小于 **20lx**。

4.2.8 体育场馆出口及其通道的疏散照明最小水平照度值不应小于 **5lx**。

5 照明设备及附属设施

5.1 光 源 选 择

5.1.1 灯具安装高度较高的体育场馆，光源宜采用金属卤化物灯。

5.1.2 顶棚较低、面积较小的室内体育馆，宜采用直管荧光灯和小功率金属卤化物灯。

5.1.3 特殊场所光源可采用卤素灯。

5.1.4 光源功率应与比赛场地大小、安装位置及高度相适应。室外体育场宜采用大功率和中功率金属卤化物灯；室内体育馆宜采用中功率金属卤化物灯。

5.1.5 应急照明应采用荧光灯和卤素灯等能瞬时、可靠点燃的光源。当采用金属卤化物灯时，应保证光源工作不间断或快速启动。

5.1.6 光源应具有适宜的色温，良好的显色性，高光效、长寿命和稳定的点燃及光电特性。

5.1.7 光源的相关色温及应用可按表 5.1.7 确定。

表 5.1.7 光源的相关色温及应用

相关色温（K）	色表	体育场馆应用
<3300	暖色	小型训练场所，非比赛用公共场所
3300～5300	中间色	比赛场所，训练场所
>5300	冷色	

5.2 灯具及附件要求

5.2.1 灯具及其附件的安全性能应符合相关标准的规定。

5.2.2 灯具的防触电保护等级应符合下列要求：
  1 应选用有金属外壳接地的Ⅰ类灯具或Ⅱ类灯具；
  2 游泳池和类似场所应选用防触电等级为Ⅲ类的灯具。

5.2.3 灯具效率不应低于表5.2.3的规定。

表5.2.3 灯具效率（%）

高强度气体放电灯灯具	65
格栅式荧光灯灯具	60
透明保护罩荧光灯灯具	65

5.2.4 灯具宜具有多种配光形式。体育场馆投光灯灯具可按表5.2.4进行分类。

表5.2.4 投光灯灯具分类

光束分类	光束张角范围（°）
窄光束	10～18
	18～29
	29～46
中光束	46～70
	70～100
宽光束	100～130
	130及以上

注：按光束分布范围1/10最大光强的张角分类。

5.2.5 灯具配光应与灯具安装高度、位置和照明要求相适应。室外体育场宜选用窄光束和中光束灯具；室内体育馆宜选用中光束和宽光束灯具。

5.2.6 灯具宜具有防眩光措施。

5.2.7 灯具及其附件应能满足使用环境的要求。灯具应强度高、耐腐蚀。灯具电器附件必须满足耐热等级的要求。

5.2.8 金属卤化物灯不宜采用敞开式灯具。灯具外壳的防护等级不应小于IP55，不便于维护或污染严重的场所其防护等级不应小于IP65。

5.2.9 灯具的开启方式应确保在维护时不改变其瞄准角度。

5.2.10 安装在高空中的灯具宜选用重量轻、体积小和风载系数小的产品。

5.2.11 灯具应自带或附带调角度的指示装置。灯具锁紧装置应能承受在使用条件下的最大风荷载。

5.2.12 灯具及其附件应有防坠落措施。

5.3 灯杆及设置要求

5.3.1 体育场照明灯杆可采用与建筑物相结合的形式，当作为独立设备存在时宜采用独杆式结构。

5.3.2 照明高杆应具有足够的结构强度，其设计使用寿命不应小于25年。

5.3.3 照明高杆应符合下列规定：
  1 灯杆高度大于20m时宜采用电动升降吊篮；
  2 灯杆高度小于20m时宜采用爬梯，爬梯应装置护身栏圈并按照相关规范在相应高度上设置休息平台。

5.3.4 照明高杆应根据航行要求设置障碍照明。

5.4 马道及设置要求

5.4.1 体育场馆宜按需设置马道，马道设置的数量、高度、走向和位置应满足照明装置的相关要求。

5.4.2 马道应留有足够的操作空间，其宽度不应小于650mm，并应设置防护栏杆。

5.4.3 马道的安装位置应避免建筑装饰材料、安装部件、管线和结构杆件等对照明光线的遮挡。

6 灯具布置

6.1 一般规定

6.1.1 灯具布置应综合考虑运动项目的特点和比赛场地的特征。

6.1.2 灯具安装位置、高度和投射角应满足降低眩光和控制干扰光的要求。

6.1.3 对有电视转播的比赛场地的灯具布置应满足对主摄像机及辅摄像机垂直照度及均匀度的要求。

6.2 室外体育场

6.2.1 室外体育场灯具宜采用下列布置方式：
  1 两侧布置 灯具与灯杆或建筑马道相结合，以连续光带形式或簇状集中形式布置在比赛场地两侧。
  2 四角布置 灯具以集中形式与灯杆相结合，布置在比赛场地四角。
  3 混合布置 两侧布置和四角布置相结合的布置方式。

6.2.2 足球场灯具布置应符合下列规定：
  1 无电视转播时宜采用场地两侧或场地四角布置方式。
  1) 采用场地两侧布置方式时，灯具不宜布置在球门中心点沿底线两侧10°的范围内，灯杆底部与场地边线之间的距离不应小于4m，灯具高度宜满足灯具到场地中心线的垂直连线与场地平面之间的夹角φ不宜小于25°（见图6.2.2-1）；
  2) 采用场地四角布置方式时，灯杆底部到场地边线中点的连线与场地边线之间的夹角不宜小于5°，且灯杆底部到底线中点的连线与底线之间的夹角不宜小于10°，灯具高度宜满足灯拍中心到场地中心的连线与场地平面之间的夹角 φ 不宜小于25°（见图6.2.2-2）。

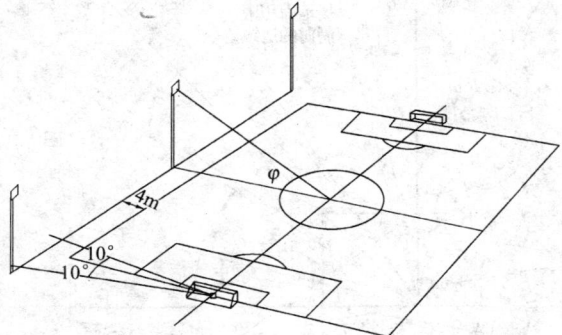

图6.2.2-1 无电视转播时足球场两侧布置灯具位置

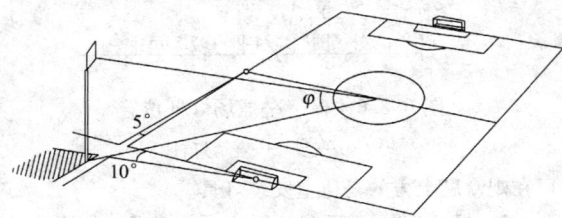

图6.2.2-2 无电视转播时足球场四角布置灯具位置

  2 有电视转播时宜采用场地两侧、场地四角或混合布置方式。

   1）采用场地两侧布置方式时，灯具不应布置在球门中心点沿底线两侧15°的范围内（见图6.2.2-3）；

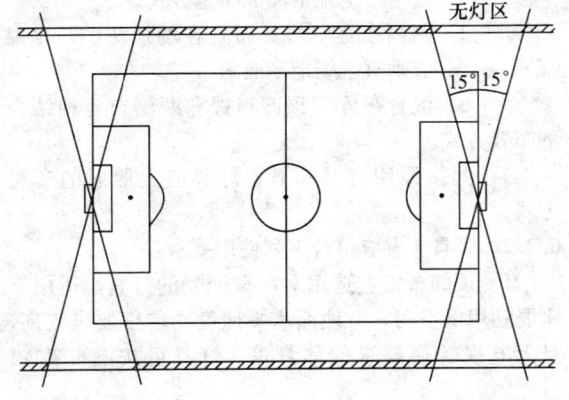

图6.2.2-3 有电视转播时足球场两侧布置灯具位置

   2）采用场地四角布置方式时，灯杆底部到场地边线中点的连线与场地边线之间的夹角不应小于5°，且灯杆底部到底线中点的连线与底线之间的夹角不应小于15°，灯具高度应满足灯拍中心到场地中心的连线与场地平面之间的夹角 φ 不应小于25°（见图6.2.2-4）。

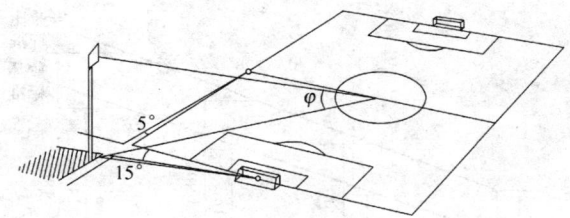

图6.2.2-4 有电视转播时足球场四角布置灯具位置

  采用混合布置时，灯具的位置及高度应同时满足两侧布置和四角布置的要求。

  3 任何照明方式下，灯杆的布置均不应妨碍观众的视线。

6.2.3 田径场的灯具布置宜采用两侧布置、四角布置或混合布置方式。

6.2.4 网球场灯具布置应符合下列规定：

  1 对没有或只有少量观众席的网球场地，宜采用两侧灯杆布置方式，灯杆应布置在观众席的后侧；对有较多观众席、有较高挑篷且灯杆无法布置的网球场地，宜采用两侧光带布置方式。

  2 采用两侧灯杆布置方式时，灯杆的位置应满足图6.2.4-1的要求。

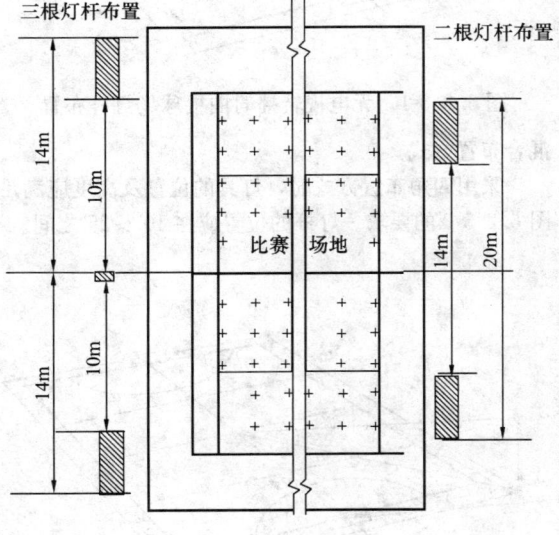

图6.2.4-1 网球场灯杆位置

  3 场地两侧应采用对称的灯具布置方式，提供相同的照明。

  4 灯具的安装高度应满足图6.2.4-2的要求，比赛场地灯具高度不应低于12m，训练场地灯具高度不应低于8m。

6.2.5 曲棍球场灯具布置应符合下列规定：

  1 无电视转播时宜采用多杆布置方式，灯杆底部与场地边线之间的距离不应小于4m，灯杆底部与底线之间的距离不应小于5m，灯具的高度宜满足图6.2.5-1的要求。

  2 有电视转播时宜采用四角布置、两侧布置或

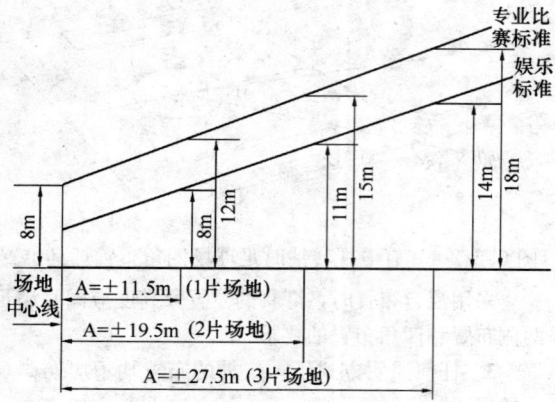

图6.2.4-2 网球场灯具高度

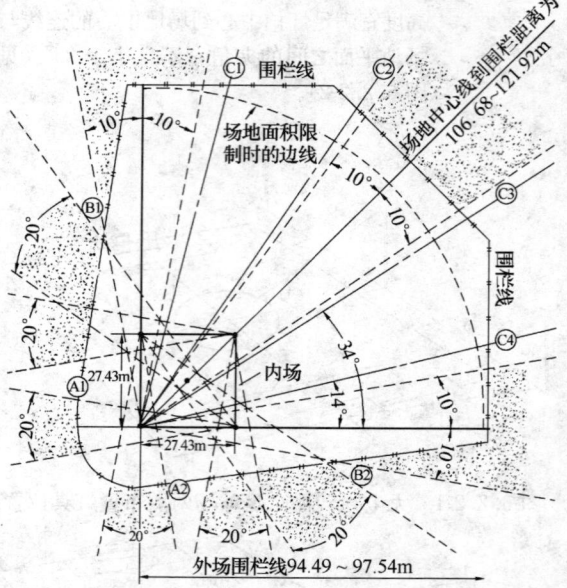

图6.2.6 棒、垒球场灯杆位置
A1……C4——表示灯杆

可在观众席上方的马道上安装灯具。

2 灯杆应位于四个垒区主要视角20°以外的范围，灯杆不应设置在本标准图6.2.6中的阴影区。

6.3 室内体育馆

6.3.1 室内体育馆灯具宜采用下列布置方式：

1 直接照明灯具布置：

1）顶部布置 灯具布置在场地上方，光束垂直于场地平面的布置方式。

2）两侧布置 灯具布置在场地两侧，光束非垂直于场地平面的布置方式。

3）混合布置 顶部布置和两侧布置相结合的布置方式。

2 间接照明灯具布置：灯具向上照射的布置方式。

6.3.2 灯具布置应符合下列使用要求：

1 顶部布置宜选用对称型配光的灯具，适用于主要利用低空间，对地面水平照度均匀度要求较高，且无电视转播要求的体育馆。灯具可按图6.3.2-1

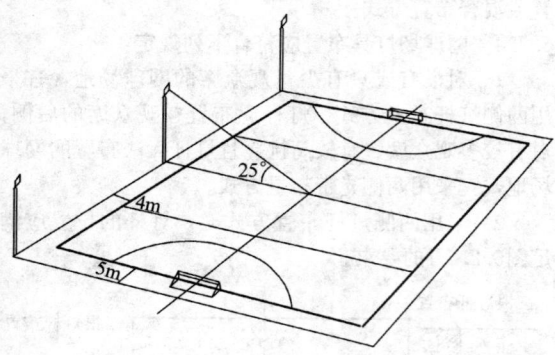

图6.2.5-1 无电视转播时曲棍球场灯杆布置

混合布置方式。

采用四角布置方式时，灯具的位置及高度应满足图6.2.5-2的要求。灯杆的位置应在10°~25°之间。

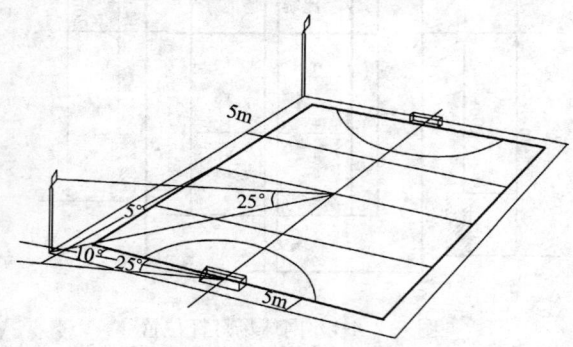

图6.2.5-2 有电视转播时曲棍球场灯杆布置

采用两侧布置方式时，灯具的高度应满足φ不小于25°的要求。

6.2.6 棒球场灯具布置应符合下列规定：

1 棒球场灯具宜采用6根或8根灯杆布置方式，也可在观众席上方的马道上安装灯具。

2 灯杆应位于四个垒区主要视角20°以外的范围，灯杆不应设置在图6.2.6中的阴影区。

6.2.7 垒球场灯具布置应符合下列规定：

1 垒球场宜采用不少于4根灯杆布置方式，也

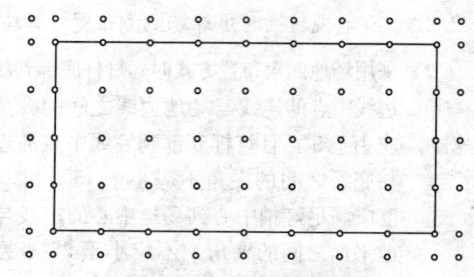

图6.3.2-1 顶部布置平面图

布置。

2 两侧布置宜选用非对称型配光灯具布置在马道上，适用于垂直照度要求较高以及有电视转播要求的体育馆。两侧布置时，灯具瞄准角（灯具的瞄准方向与垂线的夹角）不应大于65°（见图6.3.2-2）。灯具可按图6.3.2-3布置。

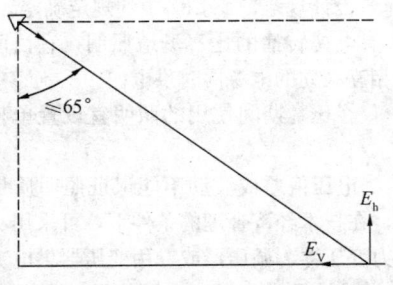

图6.3.2-2 两侧布置灯具瞄准示意图

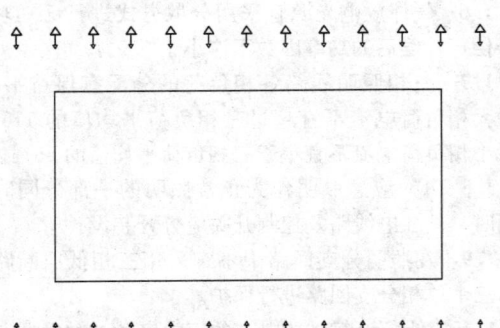

图6.3.2-3 两侧布置平面图

3 混合布置宜选用具有多种配光形式的灯具，适用于大型综合性体育馆。灯具的布置方式见顶部布置和两侧布置。灯具可按图6.3.2-4布置。

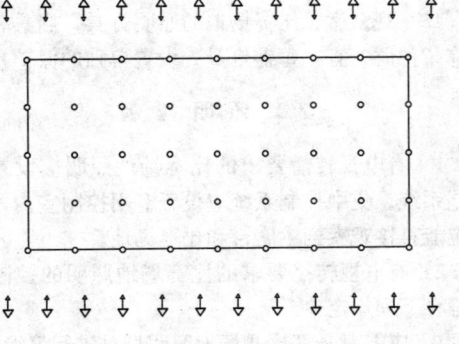

图6.3.2-4 混合布置平面图

4 间接照明灯具布置宜采用具有中、宽光束配光的灯具，适用于层高较低、跨度较大及顶棚反射条件好的建筑空间，同时适用于对眩光限制较严格且无电视转播要求的体育馆；不适用于悬吊式灯具和安装马道的建筑结构。灯具可按图6.3.2-3布置，灯具投射方向可参照图6.3.2-5。

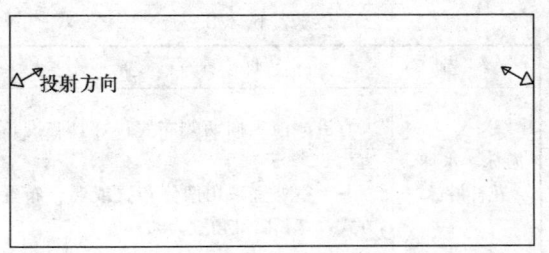

图6.3.2-5 两侧布置灯具向上投射剖面图

6.3.3 体育馆灯具布置应符合表6.3.3的规定。

表6.3.3 体育馆灯具布置

类 别	灯 具 布 置
篮球	宜以带形布置在比赛场地边线两侧，并应超出比赛场地端线，灯具安装高度不应小于12m； 以篮筐为中心直径4m的圆区上方不应布置灯具
排球	宜布置在比赛场地边线1m以外两侧，并应超出比赛场地端线，灯具安装高度不应小于12m； 主赛区PA上方不宜布置灯具
羽毛球	宜布置在比赛场地边线1m以外两侧，并应超出比赛场地端线，灯具安装高度不应小于12m； 主赛区PA上方不宜布置灯具
手球、室内足球	宜以带形布置在比赛场地边线两侧，并应超出比赛场地端线，灯具安装高度不应小于12m
乒乓球	宜在比赛场地外侧沿长边成排布置及采用对称布置方式，灯具安装高度不应小于4m； 灯具瞄准宜垂直于比赛方向
体操	宜采用两侧布置方式，灯具瞄准角不宜大于60°
拳击	宜布置在拳击场上方，灯具组的高度宜为5~7m； 附加灯具可安装在观众席上方并瞄向比赛场地
柔道、摔跤、跆拳道、武术	宜采用顶部或两侧布置方式； 用于补充垂直照度的灯具可布置在观众席上方，瞄向比赛场地
举重	宜布置在比赛场地的正前方
击剑	宜沿长台两侧布置，瞄准点在长台上，灯具瞄准角宜为50°~60°； 主摄像机侧的灯具间距宜为其相对一侧的1/2

续表 6.3.3

类别	灯具布置
游泳、水球、花样游泳	宜沿泳池纵向两侧布置；灯具瞄准角宜为 50°～55° ＊ 室外宜采用两侧布置或混合布置方式；灯具瞄准角宜为50°～60°
跳水	宜采用两侧布置方式；有游泳池的跳水池，灯具布置宜为游泳池灯具布置的延伸
冰球、花样滑冰、短道速滑	灯具应分别布置在比赛场地及其外侧的上方，宜对称于场地长轴布置； 灯具的瞄准方向宜垂直于场地长轴，瞄准角不宜过大
速度滑冰	宜布置在内、外两条马道上，外侧灯具布置在赛道外侧看台上方，内侧灯具布置在热身赛道里侧； 灯具瞄准方向宜垂直于赛道
场地自行车	应平行于赛道，形成内、外两环布置，但不应布置在赛道上方； 灯具瞄准应垂直于骑手的运动方向； 应增加对赛道终点照明的灯具 ＊ 室外灯具宜采用两侧布置或混合布置方式
射击	射击区、弹道区灯具宜布置在顶棚上
射箭	射箭区、箭道区灯具宜以带形布置在顶棚上 ＊ 室外灯具应安装在射箭手等候位置的后面
马术	在特殊赛场上灯具安装高度不应小于12m； 应安装足够的灯具以保证场地内无阴影 ＊ 室外宜采用两侧布置或混合布置方式； 灯具布置应保证障碍周围无阴影
网球	宜平行布置于赛场边线两侧，布置总长度不应小于36m； 灯具瞄准方向宜垂直于赛场纵向中心线，灯具瞄准角不应大于65°

注：1 "＊"表示室外比赛场地灯具布置。
    2 表中规定主要用于有电视转播要求的灯具布置。

7 照明配电与控制

7.1 照明配电

7.1.1 照明负荷等级和供电方案应按国家现行标准《体育建筑设计规范》JGJ 31 中的规定确定。

7.1.2 有电视转播的比赛场地照明，宜由两个及两个以上相互独立的电源同时供电。

7.1.3 仅在比赛期间使用的照明宜设置单独变压器供电。

7.1.4 当电压偏差或波动不能保证照明质量或光源寿命时，在技术经济合理的条件下，可采用有载自动调压电力变压器、调压器或专用变压器供电。

7.1.5 游泳池及类似场所水下灯具的电源电压不应大于12V。

7.1.6 气体放电光源宜采用分散方式进行无功功率补偿，补偿后的功率因数不应小于 0.9。

7.1.7 三相照明线路各相负荷的分配宜保持平衡，最大相负荷电流不宜超过三相负荷平均值的115%，最小相负荷电流不宜小于三相负荷平均值的85%。

7.1.8 TV 应急照明作为正常照明的一部分同时使用时，其配电线路及控制开关应分开装设。

7.1.9 在照明分支回路中不宜采用三相低压断路器对三个单相分支回路进行保护。

7.1.10 为保证气体放电灯的正常启动，触发器至光源的线路长度不应超过该产品规定的允许值。

7.1.11 主要供给气体放电灯的三相配电线路，其中性线截面应满足不平衡电流及谐波电流的要求，且不应小于相线截面。

7.1.12 较大面积的照明场所，宜将照射在同一照明区域的不同灯具分接在不同相的线路上。

7.1.13 观众席、比赛场地的照明灯具，当具备现场检修条件时，宜在每盏灯具处设置单独的保护。

7.2 照明控制

7.2.1 有电视转播要求的比赛场地照明应设置集中控制系统。集中控制系统应设于专用控制室内，控制室应能直接观察到主席台和比赛场地。

7.2.2 有电视转播要求的比赛场地照明的控制系统应符合下列规定：

 1 应能对全部比赛场地照明灯具进行编组控制；

 2 应能设定不少于4个不同照明场景的编组方案；

 3 应显示主供电源、备用电源和各分支路干线的电气参数；

 4 电源、配电系统和控制系统出现故障时应发出声光故障报警信号；

 5 对于未设置热触发装置或不间断供电设施的

照明系统,其控制系统应具有防止短时再启动的功能;

6 宜显示全部比赛场地照明灯具的工作状态。

7.2.3 有电视转播要求的比赛场地照明的控制系统宜采用智能照明控制系统。

7.2.4 照明控制回路分组应满足不同比赛项目和不同使用功能的照明要求;当比赛场地有天然光照明时,控制回路分组方案应与其相协调。

8 照明检测

8.1 一般规定

8.1.1 体育场馆照明检测应满足使用功能的要求。

8.1.2 检测设备应使用在检定有效期内的一级照度计、光谱测色仪。

8.1.3 检测条件应符合下列规定:

1 应在天气状况好和外部光线影响小时进行;

2 应在体育场馆满足使用条件的情况下进行;

3 气体放电灯累积运行时间宜为50~100h;

4 应点亮相对应的照明灯具,稳定30min后进行测量;

5 电源电压应保持稳定,灯具输入端电压与额定电压偏差不宜超过5%;

6 检测时应避免人员遮挡和反射光线的影响。

8.1.4 检测项目应包括照度、眩光、现场显色指数和色温测量。

8.2 照度测量

8.2.1 照度应在规定的比赛场地上进行测量,对于照明装置布置完全对称的场地,可只测1/2或1/4的场地。照度计算和测量网格可按本标准附录A的规定确定。

8.2.2 室内外矩形场地和几种典型场地的照度计算和测量可按下列网格点进行(下列图中,○、+为计算网格点,+为测量网格点)。

1 矩形场地照度计算和测量网格点可按图8.2.2-1确定。

1) d_l,d_w 可按下列方法确定:

当 l,w 不大于10m时,计算网格为1m;

当 l,w 大于10m且不大于50m时,计算网格为2m;

当 l,w 大于50m时,计算网格为5m。

2) 测量网格点间距宜为计算网格点间距的2倍。

2 田径场地照度计算和测量网格点可按图8.2.2-2确定。

3 游泳和跳水场地照度计算和测量网格点可按图8.2.2-3确定。

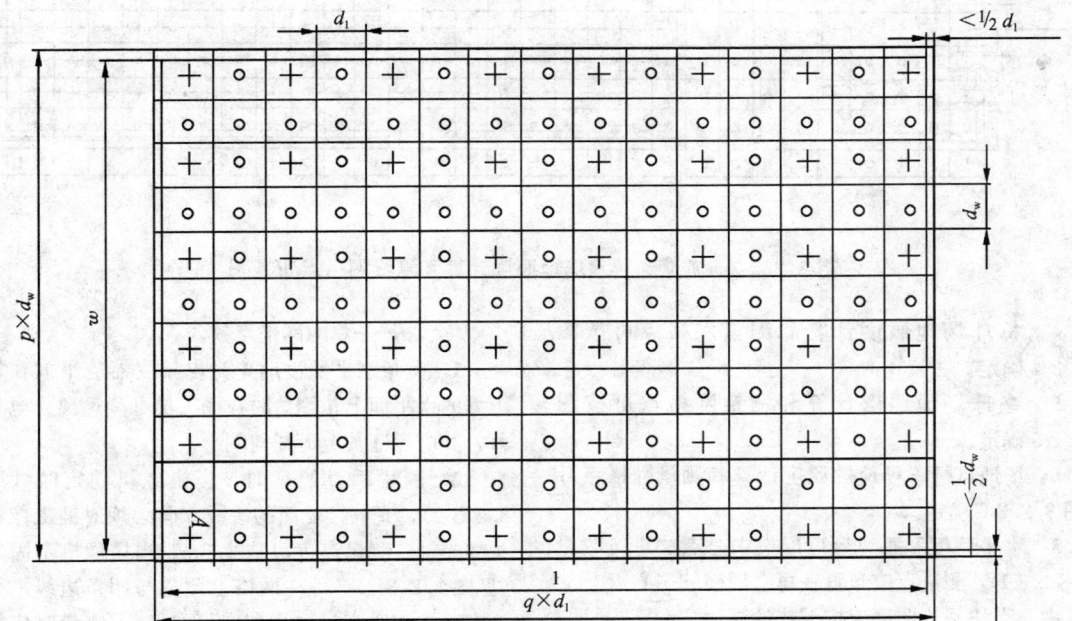

图8.2.2-1 矩形场地照度计算和测量网格点布置图

l—场地长度;d_l—计算网格纵向间距;p—计算网格纵向点数;

w—场地宽度;d_w—计算网格横向间距;q—计算网格横向点数。

图中:计算网格点从中心点C开始确定,测量网格点从角点A开始确定。

p,q 均为奇整数,并满足 $(q-1) \cdot d_l \leqslant l \leqslant q \cdot d_l$ 和 $(p-1) \cdot d_w \leqslant w \leqslant p \cdot d_w$

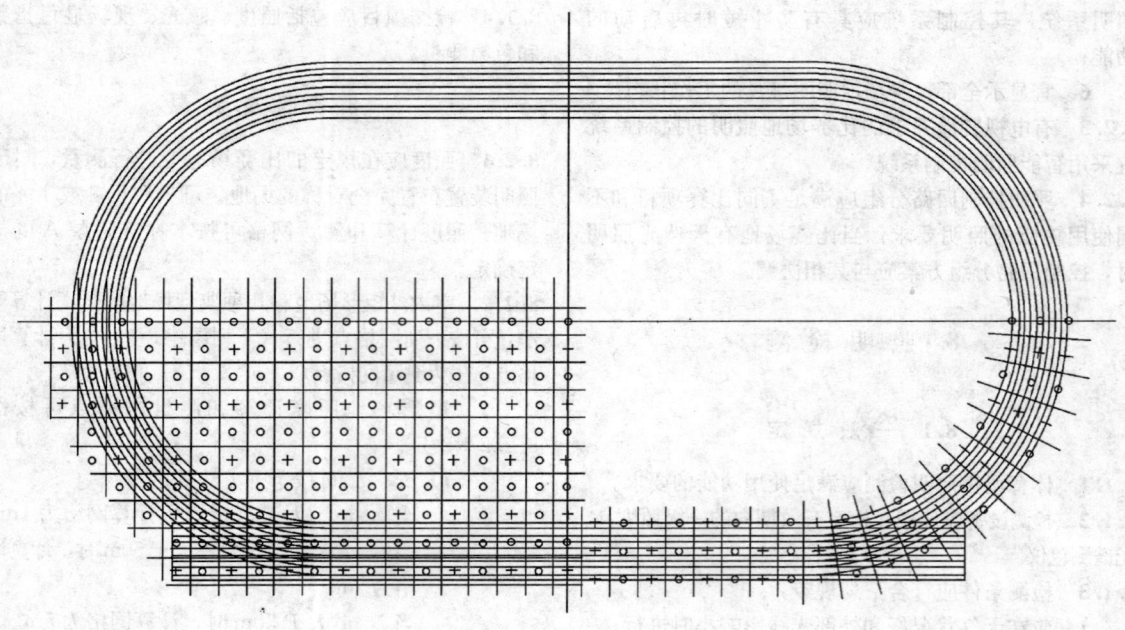

图 8.2.2-2 田径场地照度计算和测量网格点布置图

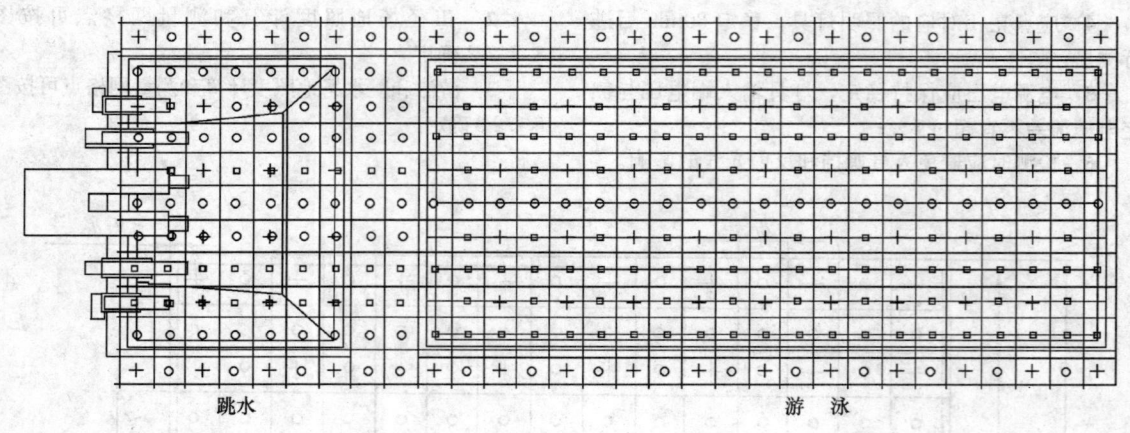

跳水　　　　　　　　　游泳

图 8.2.2-3 游泳和跳水场地照度计算和测量网格点布置图

4 棒球场地照度计算和测量网格点可按图 8.2.2-4 确定。

5 垒球场地照度计算和测量网格点可按图 8.2.2-5 确定。

6 场地自行车场地的照度计算和测量网格点可按图 8.2.2-6 确定。

8.2.3 水平照度和垂直照度应按中心点法进行测量（图 8.2.3-1），测量点应布置在每个网格的中心点上。

中心点法平均照度应按下式计算：

$$E_{ave} = \frac{1}{n}\sum_{i=1}^{n} E_i \quad (8.2.3)$$

式中　E_{ave}——平均照度，lx；

E_i——第 i 个测点上的照度，lx；

n——总的网格点数。

1 测量水平照度时，光电接受器应平放在场地上方的水平面上，测量时在场人员必须远离光电接受器，并应保证其上无任何阴影。

2 测量垂直照度时，当摄像机固定时（见图 8.2.3-2），光电接受面的法线方向必须对准摄像机镜头的光轴，测量高度可取 1.5m。当摄像机不固定时（见图 8.2.3-3），可在网格上测量与四条边线平行的垂直面上的照度，测量高度可取 1m。测量时应排除对光电接受器的任何遮挡。

8.2.4 照度均匀度应按下列公式计算：

$$U_1 = E_{min}/E_{max} \quad (8.2.4\text{-}1)$$

$$U_2 = E_{min}/E_{ave} \quad (8.2.4\text{-}2)$$

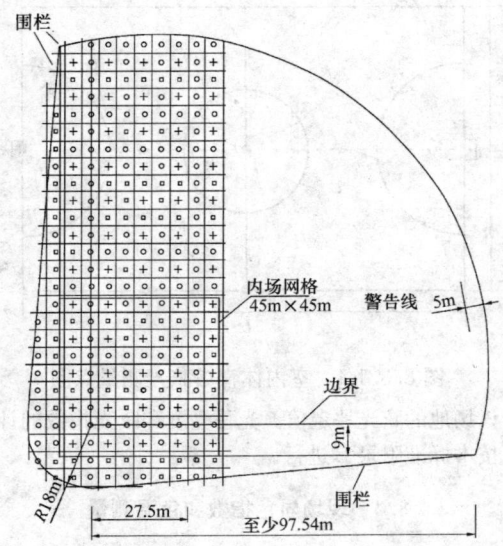

图 8.2.2-4 棒球场地照度计算和测量网格点布置图

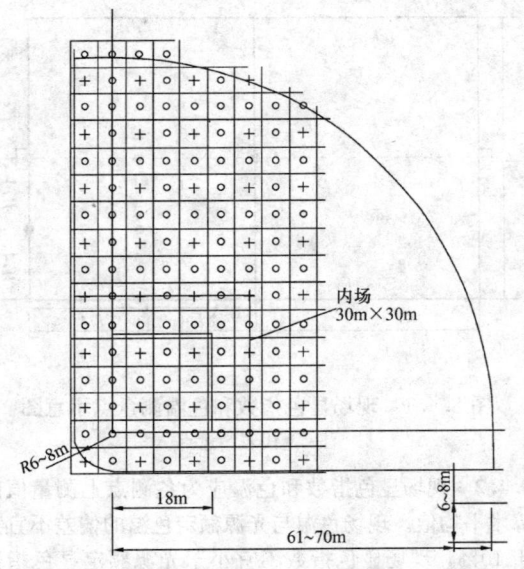

图 8.2.2-5 垒球场地照度计算和测量网格点布置图

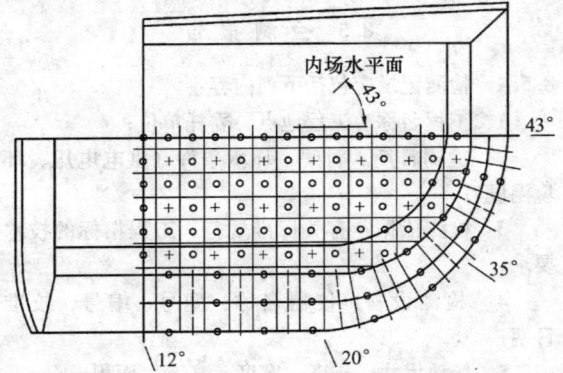

图 8.2.2-6 场地自行车场地的照度计算和测量网格点布置图

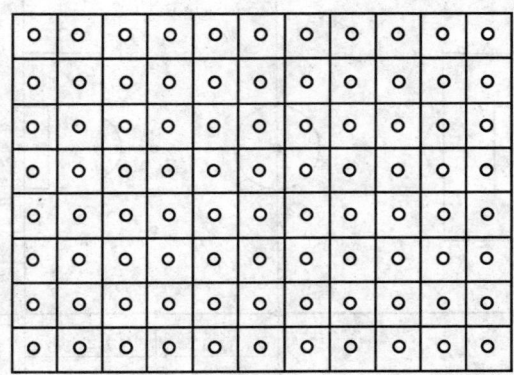

图 8.2.3-1 中心点法测量照度示意图

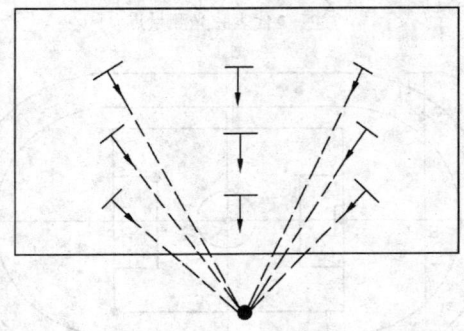

图 8.2.3-2 摄像机位置固定时垂直面示意图

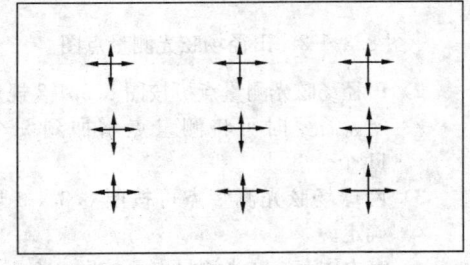

图 8.2.3-3 摄像机位置不固定时垂直面示意图

式中 U_1、U_2——照度均匀度;
E_{min}——规定表面上的最小照度;
E_{max}——规定表面上的最大照度;
E_{ave}——规定表面上的平均照度。

8.3 眩光测量

8.3.1 比赛场地眩光测量点应按下列方法确定：

1 眩光测量点选取的位置和视看方向应按安全事故、长时间观看及频繁地观看确定。观看方向可按运动项目和灯具布置选取。

2 比赛场地眩光测量点可按相关标准的要求确定。典型场地眩光测量点可按下列方式确定：

1）足球场眩光测量点可按图 8.3.1-1 规定确定。

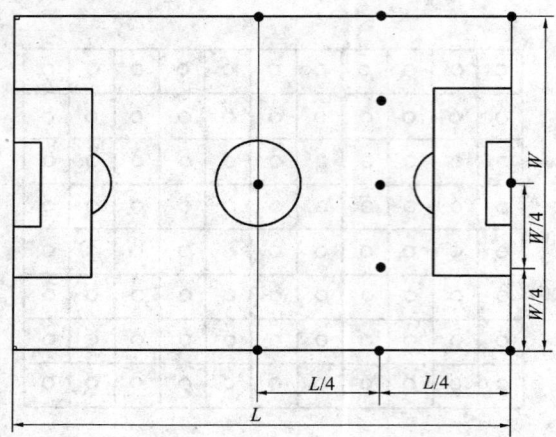

图 8.3.1-1 足球场眩光测量点图
注：●代表眩光测量点

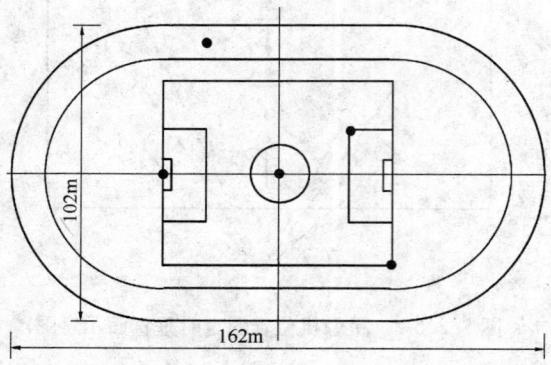

图 8.3.1-2 田径场眩光测量点图

2）田径场眩光测量点可按图 8.3.1-2 规定确定。需要时可将测量点增加到 9 个或 11 个。
3）网球场眩光测量点可按图 8.3.1-3 规定确定。
4）室内体育馆眩光测量点可按图 8.3.1-4 规定确定。

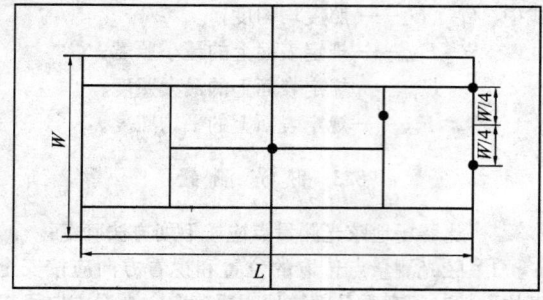

图 8.3.1-3 网球场眩光测量点图

8.3.2 眩光测量应在测量点上测量主要视看方向观察者眼睛上的照度，并记录下每个点相对于光源的位置和环境特点，计算其光幕亮度和眩光指数值，取其各观测点上各视看方向眩光指数值中的最大值作

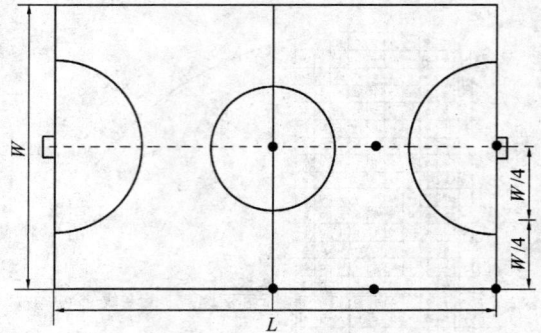

图 8.3.1-4 室内体育馆眩光测量点图

为该场地的眩光评定值。光幕亮度和眩光指数的计算可按本标准附录 B 进行。

8.4 现场显色指数和色温测量

8.4.1 比赛场地对称时，可在 1/4 场地均匀布点（一般为 9 个点）进行测量（见图 8.4.1）；比赛场地非对称时，可在全场均匀布点测量。

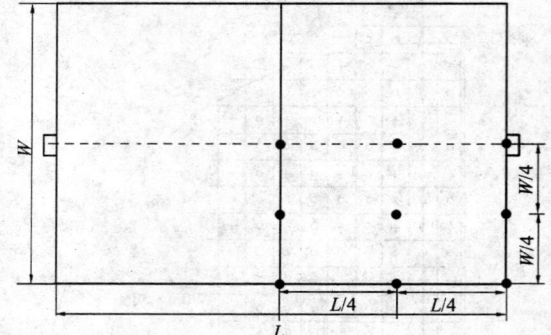

图 8.4.1 现场显色指数和色温测量点示意图
注：●代表测量点

8.4.2 现场显色指数和色温应为各测点上测量值的算术平均值。现场色温与光源额定色温的偏差不宜大于 10%，现场显色指数不宜小于光源额定显色指数的 10%。

8.5 检测报告

8.5.1 检测记录应包括下列内容：
1 工程名称、工程地点、委托单位；
2 检测日期、时间、环境条件（供电电压、环境温度）；
3 检测依据：有关标准规范、工程招标的技术要求；
4 检测设备：仪器名称、型号、编号、校准日期；
5 场地尺寸：长度、宽度、高度、面积；
6 光源种类、功率、规格型号、数量、生产厂；
7 灯具（含电器附件）类型、规格型号、数量、

生产厂、安装天数、清扫周期;
8 灯具布置方式、安装高度;
9 控制系统及照明总功率;
10 检测项目(以下包括测量点图和对应的测量值):
　　1) 水平照度;
　　2) 垂直照度:摄像机方向垂直照度、四个方向垂直照度;
　　3) 眩光计算参数;
　　4) 现场显色指数;
　　5) 现场色温。
11 测量值计算:
　　1) 平均照度 E_{ave};
　　2) 照度比率 E_{have}/E_{vave};
　　3) 照度均匀度 $U_1=E_{min}/E_{max}$;
　　4) 照度均匀度 $U_2=E_{min}/E_{ave}$;
　　5) 均匀度梯度 UG;
　　6) 眩光指数 GR。
12 检测人员签字:检验、记录、校核。

8.5.2 检测报告应提供灯具平、剖面布置图和开灯模式灯具布置图。

8.5.3 检测报告应对检测结果按设计标准给出检测结论。

附录 A 照度计算和测量网格及摄像机位置

A.0.1 体育场馆照度计算和测量网格及摄像机位置宜符合表 A.0.1 的规定。

表 A.0.1 照度计算和测量网格及摄像机位置

运动项目	场地尺寸(m)	照度计算网格(m)	照度测量网格(m)	参考高度(m) 水平	参考高度(m) 垂直	摄像机典型位置
篮球	28×15	1×1	2×2	1.0	1.5	主摄像机在赛场两侧看台上;辅摄像机用作篮区动作特写,放在赛场两端
排球	18×9	1×1	2×2	1.0	1.5	主摄像机位于赛场中心线延长线的看台上;辅摄像机在赛场两端的看台上,在地面上靠近端线,用于发球特写
手球	40×20	2×2	4×4	1.0	1.5	主摄像机在赛场两侧看台上;辅摄像机在赛场两端
室内足球	(38~42)×(18~22)	2×2	4×4	1.0	1.5	主摄像机在赛场两侧看台上;辅摄像机在球门边线,端线的后面
羽毛球	PA:13.4×6.1 TA:19.4×10.1	1×1	2×2	1.0	1.5	主摄像机在赛场两端;辅摄像机在球网处、服务位置
乒乓球	台面:1.525×2.72	1×1	1×1	0.76	1.5	主摄像机在看台上能综观大厅,附加主摄像机在地面上每个比赛区的角区;辅摄像机在记分牌区域
乒乓球	14×7	1×1	2×2	1.0	1.5	主摄像机在看台上能综观大厅,附加主摄像机在地面上每个比赛区的角区;辅摄像机在记分牌区域
体操	52×28(重大比赛) 46×28(一般比赛)	2×2	4×4	1.0	1.5	主摄像机在看台高处拍摄全景;辅摄像机包括各种固定和便携式摄像机
艺术体操	12×12	1×1	2×2	1.0	1.5	主摄像机在看台高处拍摄全景;辅摄像机包括各种固定和便携式摄像机
拳击	7.1×7.1	1×1	1×1	台面上1.0	1.5	主摄像机在绳索水平上方栏圈的一侧上;辅摄像机在赛场栏圈的转角处和低角度处
柔道	(8~10)×(8~10)	1×1	2×2	场地(高0.5m)上1.0	1.5	主摄像机(一部及以上)放在赛场的上方和一侧;辅摄像机放在赛场的另一侧。靠近赛场可放一部移动摄像机

续表 A.0.1

运动项目	场地尺寸（m）	照度计算网格（m）	照度测量网格（m）	参考高度（m）水平	参考高度（m）垂直	摄像机典型位置
摔跤	(8~10)×(8~10)	1×1	2×2	场地（最高1.1m）上1.0m	1.5	主摄像机（一部及以上）放在赛场的上方和一侧；辅摄像机放在赛场的另一侧。靠近赛场可放一部移动摄像机
跆拳道	8×8	1×1	2×2	场地（高0.5~0.6m）上1.0	1.5	主摄像机（一部及以上）放在赛场的上方和一侧；辅摄像机放在赛场的另一侧。靠近赛场可放一部移动摄像机
空手道	8×8	1×1	2×2	1.0	1.5	主摄像机（一部及以上）放在赛场的上方和一侧；辅摄像机放在赛场的另一侧。靠近赛场可放一部移动摄像机
武术	8×8（散打）	1×1	2×2	场地（高0.6m）上1.0	1.5	主摄像机放在对角线的延长线上，在官员评判桌和区域的后方或附近
武术	14×8（套路）			地面上1.0		
举重	4×4	1×1	1×1	台面上1.0	1.5	主摄像机面向参赛者；辅摄像机放在热身区和举重台入口
击剑	14×2	1×1	1×1	长台上1.0	1.5	主摄像机在长台侧面；辅摄像机在长台两端
速度滑冰	180×68	5×5	10×10	1.0	1.5	主摄像机放在全场中央主看台上和终点线的延长线上；辅摄像机设在起点位置和跟随滑冰者转圈
冰球短道速滑花样滑冰	60×30	5×5	10×10	1.0	1.5	主摄像机放在场地中心线延长线的看台上。冰球附加摄像机放在球门区后面，短道速滑和花样滑冰附加摄像机放在角区和等候区中
射击	靶心（目标面）	0.2×0.2	0.2×0.2	1.0	靶心	主摄像机在射击手和目标的侧面和背后
射击	射击区	1×1	1×1		射击区	
射击	弹道	2×2	4×4		弹道	
射箭	90~45，90~70（8道，13道）	5×5	10×10	1.0	1.5 / 2.0	摄像机设在沿射箭线不同位置和等候线与射箭线之间区域内
自行车	赛道：250×(6~8) 333.3×(8~10)	5×2.5	10×2.5	赛道（含赛道斜面）上1.0	1.5	主摄像机放在与赛道终点直道平行的主看台上。终点摄像机放在中央横轴延长线上（追逐比赛）和通常的终点位置（如短距比赛）。附加摄像机放在两角用来拍摄赛道的直线段，给出骑手的前视镜头（逆时针转圈）
游泳	泳池：50×25	2.5×2.5	2.5×2.5	水面上0.2	—	主摄像机放在平行于泳池纵轴的主看台上，与游泳者平行的跑动摄像机跟随游泳者的运动；辅摄像机放在泳池两端用来拍摄起跳和转身，另外的摄像机可放在泳池纵轴的两端
游泳	出发台和颁奖区	1×1	1×1	地面	1.5	

续表 A.0.1

运动项目	场地尺寸 (m)	照度计算网格 (m)	照度测量网格 (m)	参考高度 (m) 水平	参考高度 (m) 垂直	摄像机典型位置
跳水	跳水池：25×21	2.5×2.5	2.5×2.5	水面上 0.2	—	主摄像机放在平行于跳水平台长轴的看台上；辅摄像机放在跳水池的对角上和跳水池纵轴的前、后
跳水	跳台及跳板 (0.5~2)×(4.8~6)	1×1	1×1	台面和板面上 1.0	正前方 0.6m，宽 2m 至水面区域	
网球	PA: 10.97×23.77 TA: 18.29×36.57	1×1	2×2	1.0	1.5	主摄像机在赛场一端的看台上；辅摄像机在底线和球网之间，用于特写、回放及采访
室外足球	105×68	5×5	10×10	1.0	1.5	主摄像机放在赛场中心线的延长线在主看台上的重要位置；辅摄像机中球门区摄像机放在看台上或地面上用于回放 16m 区内精彩比赛，便携式摄像机放在边线作采访和报导
室外田径	181×102	5×5	10×10	1.0	1.5	主摄像机放在有足够高度的看台上以拍摄整场全景，另有主摄像机位于横轴上、起点与终点处；辅摄像机有 12 个或以上，用来拍摄每个单项赛事；跑道赛事有时使用跑动摄像机
室外田径	终点、田赛场地	2×2	4×4			
棒球	内场 27.5×27.5；外场扇形，本垒经二垒向中外场的距离至少 121.92m，扇形和两边线外 18.29m 围栏以内的区域	内场 2.5×2.5 外场 5×5	内场 5×5 外场 10×10	1.0	1.5	主摄像机放在位于赛场对称轴延长线的主看台上；地面摄像机（便携式）用于拍摄内场和教练坐位区的特写；在边线一侧的摄像机报导内场和外场的活动，有时也使用"远"处外场摄像机
曲棍球	91.4×54.84	5×5	10×10	1.0	1.5	主摄像机放在场地中心线的延长线在主看台上的重要位置；辅摄像机可用来回放赛场上重要的动作，如球门区和角区的击球
垒球	内场 27.5×27.5；外场 90°扇形，R=61~70m，扇形和两边线外 7.62m 围栏以内的区域	内场 2.5×2.5 外场 5×5	内场 5×5 外场 10×10	1.0	1.5	主摄像机放在看台对称轴延长线上和每边线一侧面上。有时使用"远"处外场摄像机

附录 B 眩光计算

B.0.1 体育场馆眩光指数（GR）的计算应符合下列规定：

1 GR 应按下式计算：

$$GR = 27 + 24\lg \frac{L_{vl}}{L_{ve}^{0.9}} \quad (B.0.1-1)$$

式中 L_{vl}——由灯具发出的光直接射向眼睛所产生的光幕亮度（cd/m²）；

L_{ve}——由环境引起直接入射到眼睛的光所产生的光幕亮度（cd/m²）。

2 各参数的确定应符合下列规定：

1) 由灯具产生的等效光幕亮度应按下式计算：

$$L_{vl} = 10 \sum_{i=1}^{n} \frac{E_{eyei}}{\theta_i^2} \quad (B.0.1-2)$$

式中 E_{eyei}——观察者眼睛上的照度，该照度是在视线的垂直面上，由第 i 个光源所产生的照度（lx）；

θ_i——观察者视线与第 i 个光源入射在眼睛上的光线所形成的角度（°）；

n——光源总数。

2) 由环境产生的光幕亮度应按下式计算：

$$L_{ve} = 0.035 L_{av} \quad (B.0.1-3)$$

式中 L_{av}——可看到的水平场地的平均亮度（cd/m²）。

3) 平均亮度 L_{av} 应按下式计算：

$$L_{av} = E_{horav} \cdot \frac{\rho}{\pi \Omega_0} \quad (B.0.1\text{-}4)$$

式中 E_{horav}——场地的平均水平照度（lx）；
　　　ρ——漫反射时区域的反射比；
　　　Ω_0——1个单位立体角（sr）。

本标准用词说明

1 为便于在执行本标准条文时区别对待，对要求严格程度不同的用词，说明如下：
　1）表示很严格，非这样做不可的：
　　正面词采用"必须"；
　　反面词采用"严禁"。
　2）表示严格，在正常情况下均应这样做的：
　　正面词采用"应"；
　　反面词采用"不应"或"不得"。
　3）表示允许稍有选择，在条件许可时首先应这样做的：
　　正面词采用"宜"；
　　反面词采用"不宜"；
　　表示有选择，在一定条件下可以这样做的，采用"可"。

2 标准中指明应按其他有关标准执行的写法为"应按……执行"或"应符合……规定（或要求）"。

中华人民共和国行业标准

体育场馆照明设计及检测标准

JGJ 153—2007

条 文 说 明

前 言

《体育场馆照明设计及检测标准》JGJ 153—2007 经建设部 2007 年 7 月 20 日以第 675 号公告批准、发布。

为便于广大设计、施工、科研、学校等单位有关人员在使用本标准时能正确理解和执行条文规定，《体育场馆照明设计及检测标准》编制组按章、节、条顺序编制了本标准条文说明，供使用者参考。在使用中如发现本条文说明有不妥之处，请将意见函寄中国建筑科学研究院建筑物理研究所。

目 次

1 总则 ………………………………… 58—30
2 术语和符号 ………………………… 58—30
3 基本规定 …………………………… 58—30
4 照明标准 …………………………… 58—32
　4.1 照明标准值 …………………… 58—32
　4.2 相关规定 ……………………… 58—37
5 照明设备及附属设施 ……………… 58—39
　5.1 光源选择 ……………………… 58—39
　5.2 灯具及附件要求 ……………… 58—40
　5.3 灯杆及设置要求 ……………… 58—40
　5.4 马道及设置要求 ……………… 58—41
6 灯具布置 …………………………… 58—41
　6.1 一般规定 ……………………… 58—41
　6.2 室外体育场 …………………… 58—41
　6.3 室内体育馆 …………………… 58—42
7 照明配电与控制 …………………… 58—43
　7.1 照明配电 ……………………… 58—43
　7.2 照明控制 ……………………… 58—43
8 照明检测 …………………………… 58—44
　8.1 一般规定 ……………………… 58—44
　8.2 照度测量 ……………………… 58—44
　8.3 眩光测量 ……………………… 58—45
　8.4 现场显色指数和色温测量 …… 58—45
　8.5 检测报告 ……………………… 58—45
附录 A 照度计算和测量网格及
　　　摄像机位置 ………………… 58—45
附录 B 眩光计算 …………………… 58—45

1 总 则

1.0.1 制定本标准的目的和原则,是在总结我国体育场馆照明设计与建设经验的基础上,吸收国际先进标准内容,统一体育场馆的照明设计标准和检测方法,提高体育场馆照明设计质量,确保体育场馆的使用功能,并做到安全适用、技术先进、经济合理、节约能源制定的。

1.0.2 本条规定了本标准的适用范围。根据实际应用的需要,本标准适用于主要运动项目的体育场馆,包括新建、改建和扩建的体育场馆照明的设计及检测。

1.0.3 有关体育场馆建设的标准、规范随着大量体育场馆的兴建逐步得到完善,在场馆建设时应根据实际需要进行照明设计,兼顾赛时与赛后照明设施的充分利用,达到既经济又实用的目的。

1.0.4 体育场馆照明的设计及检测除应符合本标准外,尚应符合国家现行有关标准《建筑照明设计标准》GB 50034、《体育建筑设计规范》JGJ 31等的规定。

2 术语和符号

本章术语、符号部分引自《建筑照明术语标准》JGJ/T 119,同时也参照了国际上相关体育照明标准的术语定义,并加以统一和赋予新的含义。如增加了使用照度、均匀度梯度、主赛区、总赛区术语,结合体育照明的特点,对水平照度、垂直照度、照度均匀度等术语增添了新的内容。为方便使用本章将术语和符号分列为两节。

3 基本规定

3.0.1 本条使用功能分级是在参考国际和国外照明标准分级并结合国内实际使用要求制定的,见表1~表4。

表1 国际足球联合会（FIFA）比赛分级

有电视转播的比赛		无电视转播的比赛	
等 级	比赛类型	等 级	比赛类型
Ⅴ级	国际比赛	Ⅲ级	国家比赛
Ⅳ级	国家比赛	Ⅱ级	联赛、俱乐部比赛
		Ⅰ级	训练、娱乐

表2 国际单项体育联合会总会（GAISF）比赛分级

业 余 水 平	专 业 水 平
体能训练	体能训练
非比赛、娱乐活动	国家比赛
国家比赛	TV 转播国家比赛

续表2

业 余 水 平	专 业 水 平
—	TV 转播国际比赛
—	HDTV 转播比赛
—	应急电视

表3 欧洲 CEN 照明标准照明分级

比赛等级	照 明 分 级		
	Ⅰ	Ⅱ	Ⅲ
国际和国家	○	—	—
地 区	○	○	—
地 方	○	○	○
训 练	—	○	—
娱乐/学校运动（体育教育）	—	—	○

注：表中"○"表示各比赛等级所对应的照明分级。

表4 北美 IES 照明标准比赛级别与设施分级

设 施	照 明 分 级			
	Ⅰ	Ⅱ	Ⅲ	Ⅳ
专 业	○	—	—	—
学 院	○	○	—	—
半专业	○	○	—	—
运动俱乐部	○	○	—	—
业余团体	—	○	○	—
高 中	—	○	○	○
训练设施	—	—	○	○
初级学校	—	—	○	○
休闲运动	—	—	○	○
社会活动	—	—	—	○

注：1 Ⅰ级—观众人数超过5000人的设施；Ⅱ级—观众人数5000人或少于5000人的设施；Ⅲ级—有少数观众席位；Ⅳ级—无观众席位。
2 表中"○"表示各比赛设施所对应的照明分级。

3.0.2 本标准规定的照明标准值、照明计算、照明测量等加以说明外场地范围均指比赛场地。标准中规定的照度值为使用照度值,国际照明委员会（CIE）技术报告《体育赛事中用于彩电和摄影照明的实用设计准则》CIE 169：2005给出照明装置与维护的关系如图1所示。

图1中使用照度与维持照度的关系可用下式计算：

$$E_{使用} = 0.8 \times E_{初始}$$
$$E_{维持} = 0.8 \times E_{使用} = 0.64 \times E_{初始}$$

附录A中参考平面的高度,其中水平照度参考平面的高度主要是按照CIE 169：2005和各运动项目的实际高度确定的,垂直照度参考平面的高度主要是按照国际各体育组织和电视广播机构的规定确定的。

3.0.3 体育运动和竞赛项目日趋发展和普及,参与

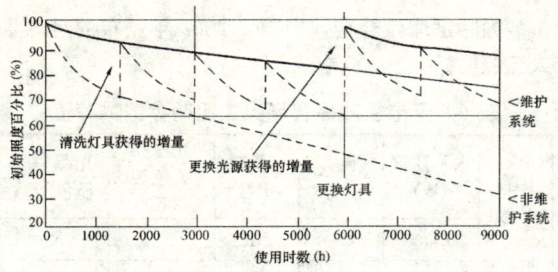

图 1 照明装置与维护的关系

者和观看比赛的人越来越多，对照明的要求也就越来越高，照明设施必须保证运动员和教练员能够看清比赛场地上所发生的一切活动和场景，这样他们才能达到最佳表现，观众也必须在宜人环境和舒适条件下紧随运动员和比赛的进行。体育场馆照明设计除应满足现场各类人员的需求外还应为观看比赛的广大电视观众提供高质量的电视转播场景。运动员和观众的照明要求可能与电视转播的要求不一致，此时应通过调整摄像机或其他手段予以解决。如射击场除目标照度要求比较高外，其他位置的照度都不是要求很高，色温也不宜过高，这与摄像的要求会有矛盾，此时应对摄像机进行调整。

3.0.4 HDTV 转播照明的各项技术指标明显高于其他照明模式的要求，特别是 HDTV 转播照明主摄像机方向的垂直照度高达 2000～2500lx，均匀度 U_1 和 U_2 分别达到 0.6 和 0.7。单从运动员、裁判员来说并非需要这样高的标准。针对目前体育场馆建设状况，实测调查表明，有些体育场馆不可能进行 HDTV 转播重大国际比赛也按高标准设计，这不仅是一种资源上的浪费，而且也没有必要；从另一方面来看，HDTV 转播在我国尚未开始使用，即使投入使用短时间内也只限于举行国际重大比赛的体育场馆，这里重大国际比赛一般指奥运会、世锦赛、世界杯等。对于每项重大国际比赛国际相关体育组织和机构还会对照明提出具体的要求，如满足国际照明委员会(CIE)，国际各体育组织（如 GAISF、FIFA、IAAF）及电视广播机构（如 OBS、BOB）等的技术要求。

3.0.5 在重要的体育赛事中，当电源断电和电源瞬间突变需继续进行比赛和电视转播时，场地照明应设置电视转播应急照明。因电压瞬间突变的时间超过 0.01s 时，气体放电灯就会熄灭，而等待 5～10min 后才能再启动。这时可以把系统连接到至少两个独立的电源，使主摄像机在两个系统之一中断时获得最低的照明要求。尽管 UPS、EPS 不间断电源费用较高，但根据需要也可考虑用于部分照明装置，此外，有时也用金卤灯热启动解决，但热触发装置很贵。为了节约成本，本标准规定 TV 应急照明适用于国际和重大国际比赛，并应符合国际相关体育组织和机构的技术要求。

3.0.6 为了提高体育场馆的使用效率，大多数体育场馆都是多功能、多用途的，除用于各项体育运动外，也能用于非体育运动，如音乐会和其他文化活动。大型体育设施可为大批人群的各项活动提供服务，这样可使它们在经济上受益。对于综合性体育场馆，由于它的多用途性，照明设计首先要满足体育运动的特殊要求，如篮球、排球、手球、乒乓球等，但同时也要为娱乐、训练、竞赛、维护和清洗提供服务，按照不同用途和不同运动项目要求设计和编排相应的照明场景，不仅能降低照明系统运行成本，还能保证各项活动有更好的照明质量。

3.0.7 体育场馆照明除比赛场地照明外，还应考虑观众席照明和应急照明。观众席照明的目的除一般地满足看清座位的需要外，更重要地是为了满足电视转播摄像要求，包括对一些重要官员和著名人物的特写和慢镜头回放。体育场馆的特点往往是建筑体量比较大，可容纳数千人甚至数万人，人多密度大，保证大批人群安全出入体育场馆极其重要，特别是在发生紧急情况下，应急照明就更必不可少。

3.0.8 因为体育场馆对照明的要求很高，照明指标控制很严格，照明模式多、数据量大，在照明设计时应该进行照明计算，只有通过照明计算才能更好地符合照明标准中对具体技术指标的要求。

3.0.9 在照明设计时应根据不同的运动项目，运动场地的大小，实际使用中最高应用级别等情况选择相对应的照明标准值，出于照明节能的考虑，不宜进行超级别设计。照明设计标准未给出上限值时，在设计时一般不应高出上一级标准值，对于最高一级标准在考虑维护系数的情况下能达到标准就可以了，并非越亮越好。目前体育场馆照明设计指标普遍偏高，应加以适当控制，出于经济的原因，国际上还提出了使用非对称的照明系统，如体育场，在主摄像机侧照明设施提供规定的垂直照度值，而在相对一侧的垂直照度可为该值的 60%，这与全对称照明系统相比较可节省总的照明投资费用。但在田径赛事中摄像机的位置极其灵活，与这种照明系统会有矛盾，还应考虑实际应用的需要。

体育场馆照明设计时除了选用高效节能的照明设备外，提高光束利用率也是节省能源的重要手段，由于场地和观众席的照明标准相差很多，光束应尽量投向场地，最大限度地减少溢散光。

在照明设计时，首先应考虑满足各项运动的照明标准推荐值，如果照明水平高于标准值，可能会增加潜在的溢散光。改善照明质量，提高设计区域的照度均匀度和控制灯具眩光对改善视觉状况会更有效。此外，应考虑灯具的选择，所选用的灯具应有合理的配光。当按照明设计灯具准确定位和瞄准时，控制灯具瞄准角和安装高度可以限制溢散光，以利于节约能源。

3.0.10 为检验照明计算与照明设施安装完成后的符合情况应进行照明检测。对于那些正在使用中的体育场馆如果用来举行重大国际比赛，在正式比赛前也应进行照明检测。为保证检测数据的准确性，应委托国家授权的权威检测机构进行照明检测。

3.0.11 在某些情况下，投光灯具由于体育设施的客观限制不能安装于最佳位置，以致造成照明设施很难达到既定的照明标准值或产生不能容忍的眩光。此时最重要的是建筑师和照明设计师的密切配合，这种合作需要从方案设计阶段开始直到新的体育场馆最后完成，在整个建筑物建造中，无论在室内（如顶棚系统）或室外（如赛场屋顶）对构造与设施进行整合尤为重要，其结果会获得满意的效果。

3.0.12 在室内体育馆，应避免太阳光和天空光穿透到室内，因太阳光和天空光在体育大厅和游泳馆中光泽的地面和水面上产生的高亮度及阴影会特别明显，在设计时选用遮阳窗可以有效地避免这种现象。在室外体育场，直接太阳光会产生刺眼的阴影，其结果使电视摄像机从赛场明亮被照区移动到阴影区时形成无法接受的对比。这在设计阶段通过选择最佳朝向和合适的比赛时间可以改善这种状况，同时还可使用透明屋顶材料降低赛场强烈的亮度对比。

4 照明标准

4.1 照明标准值

本标准的照明标准值是根据国外体育照明标准和现场实测调查制定的。

1 国外体育照明标准

表中所列照明标准值是参考国际照明委员会（CIE）标准，国际体育组织（如 GAISF，FIFA，IAAF）标准和广播电视机构对体育场馆的照明要求，在大量的实例调查结果以及总结设计和使用中的实践经验的基础上制定的。特别是在编写本标准的过程中将 CIE 最新技术报告《体育赛事中用于彩电和摄影照明的实用设计准则》CIE 169：2005 内容搜集进来，充实了标准的内容，使之更具科学性和实用性。国外体育照明标准见表5～表11。

表 5　CIE 照度分级

项目分组	最大摄像距离	25m	75m	150m
	A组：田径、柔道、游泳、摔跤等项目	500lx	700lx	1000lx
	B组：篮球、排球、羽毛球、网球、手球、体操、花样滑冰、速滑、垒球、足球等项目	700lx	1000lx	1400lx
	C组：拳击、击剑、跳水、乒乓球、冰球等项目	1000lx	1400lx	—

国际足球联合会（FIFA）2002 年颁布的足球场人工照明标准。

表 6　无电视转播赛场人工照明参数推荐值

比赛分级	水平照度（lx）E_{have}	照度均匀度 U_2	眩光指数 GR	光源相关色温（K）T_{cp}	光源一般显色指数 R_a
Ⅲ级	500*	0.7	≤50	>4000	≥80
Ⅱ级	200*	0.6	≤50	>4000	≥65
Ⅰ级	75*	0.5	≤50	>4000	≥20

注：* 数值为考虑了灯具维护系数后的照度值，即表中数值乘以 1.25 等于初始照度值。

表 7　有电视转播赛场人工照明参数推荐值

比赛分级	摄像类型	垂直照度 E_{vave}（lx）	照度均匀度 U_1	照度均匀度 U_2	水平照度 E_{have}（lx）	照度均匀度 U_1	照度均匀度 U_2	光源相关色温 T_{cp}（K）	光源一般显色指数 R_a
Ⅴ级	慢动摄像机	1800	0.5	0.7	1500～3000	0.6	0.8	>5500	≥80（最好≥90）
	固定摄像机	1400	0.5	0.7					
	移动摄像机	1000	0.3	0.5					
Ⅳ级	固定摄像	1000	0.4	0.6	1000～2000	0.6	0.8	>4000	≥80

注：1　垂直照度值与每台摄像机有关。
　　2　照度值应考虑维护系数，推荐灯具维护系数为 0.80，照度的初始数值应为表中数值的 1.25 倍。
　　3　每 5m 的照度梯度不应超过 20%。
　　4　眩光指数 GR≤50。

国际单项体育联合会总会（GAISF）1995 年颁布的多功能室内体育场馆人工照明标准。

表 8　室内比赛场地最小平均水平照度 E_h（lx）

场馆类型	运动类型 业余水平			专业水平	
	体能训练	非比赛、娱乐活动	国家比赛	体能训练	国家比赛
技巧	150	300	500	300	750
田径	150	300	500	300	750
羽毛球	150	300/250	750/600	300	1000/800
篮球	150	300	600	300	750
拳击	150	500	1000	500	2000
自行车	150	300	600	300	750

续表 8

场馆类型	运动类型				
	业余水平			专业水平	
	体能训练	非比赛、娱乐活动	国家比赛	体能训练	国家比赛
冰壶	150	300	600	300	1000
体育舞蹈	150	300	500	300	750
马术	150	300	500	300	750
击剑	150	300	600	300	1000
足球	150	300	500	300	750
体操	150	300	500	300	750
手球	150	300	600	300	750
曲棍球	150	300	600	300	750
冰球	150	300	600	300	1000
柔道	150	500	1000	500	2000
空手道	150	500	1000	500	2000
滑冰 短道	150	300	600	300	1000
滑冰 花样	150	300	600	300	1000
台球	150	300	750	300	1000
跆拳道	150	500	1000	500	2000
网球	150	500/400	750/600	500/400	1000/800
排球	150	300	600	300	750
举重	150	300	750	300	1000
摔跤	150	500	1000	500	2000

注：1 表中数据考虑了灯具维护系数。
  2 表中同一格有两个值时，"/"前的值适用于主要比赛区域，"/"后的值适用于整个场地。

表 9 摄像机移动式、固定式时与比赛场地四个边线平行的垂直照度（lx）

场馆类型	主摄像机方向上的垂直照度				辅摄像机方向上的垂直照度		
	国家比赛TV转播	国际比赛TV转播	HDTV转播	TV应急	国家比赛TV转播	国际比赛TV转播	HDTV转播
技巧	750	1000	2000	750	500	750	1500
田径	750	1000	2000	750	500	750	1500
羽毛球	1000/700	1250/900	2000/1400	1000/700	750/500	1000/500	1500/1050
篮球	750	1000	2000	750	500	750	1500
拳击	1000	2000	2500	1000	1000	2000	2500
自行车	750	1000	2000	750	500	750	1500

续表 9

场馆类型	主摄像机方向上的垂直照度				辅摄像机方向上的垂直照度		
	国家比赛TV转播	国际比赛TV转播	HDTV转播	TV应急	国家比赛TV转播	国际比赛TV转播	HDTV转播
冰壶	750	1400	2500	1000	750	1000	2000
体育舞蹈	750	1000	2000	750	500	750	1500
马术	750	1000	2000	750	500	750	1500
击剑	750	1000	2000	750	500	750	1500
足球	1000	1400	2000	750	500	750	1500
体操	750	1000	2000	750	500	750	1500
手球	1000	1400	2000	1000	700	1000	1500
曲棍球	1000	1400	2000	1000	700	1000	1500
冰球	1000	1400	2500	1000	750	1000	2000
柔道	1000	2000	2500	1000	1000	2000	2500
空手道	1000	2000	2500	1000	1000	2000	2500
滑冰 短道	1000	1400	2500	1000	750	1000	2000
滑冰 花样	1000	1400	2500	1000	750	1000	2000
跆拳道	1000	2000	2500	1000	1000	2000	2500
网球	1000/700	1250/1000	2500/1750	1000/700	750/500	1000/750	1750/1250
排球	750	1000	2000	750	500	750	1500
举重	750	1000	2000	750	—	—	—
摔跤	1000	2000	2500	1000	1000	2000	2500

注：1 表中同一格有两个值时，"/"前的值适用于主要比赛区域，"/"后的值适用于整个场地；
  2 测量高度为赛场地面上方 1.5m；
  3 标准编制时，HDTV 尚在开发阶段，没有投入商业运营，表中的数值基于当时的资料制定的，目前国际上 HDTV 还没有统一标准。

表 10 照度均匀度

运动类型		照度均匀度 $U_1=E_{min}/E_{max}$ $U_2=E_{min}/E_{ave}$			
		水平照度 U_1	垂直照度 U_1	水平照度 U_2	垂直照度 U_2
业余水平	训练	0.3	—	0.5	—
业余水平	非比赛、娱乐活动	0.4	—	0.6	—
业余水平	国家比赛	0.5	—	0.7	—

续表 10

运动类型		照度均匀度 $U_1=E_{min}/E_{max}$		$U_2=E_{min}/E_{ave}$	
		水平照度 U_1	垂直照度 U_1	水平照度 U_2	垂直照度 U_2
专业水平	训练	0.4	—	0.6	—
	国家比赛	0.5	—	0.7	—
	TV 转播国家比赛	0.5	0.3	0.7	0.5
	TV 转播国际比赛	0.6	0.4	0.7	0.6
	HDTV 转播	0.7	0.6	0.8	0.7
	TV 应急	0.5	0.4	0.7	0.4

注：HDTV 尚在开发阶段，表中的数值基于当时的资料制定。

表 11　最小显色指数

运动类型		一般显色指数 R_a
业余水平	体能训练	≥20
	非比赛、娱乐活动	≥20（最好 65）
	国家比赛	≥65（最好 80）

续表 11

运动类型		一般显色指数 R_a
专业水平	体能训练	≥65
	国家比赛	≥65（最好 80）
	TV 转播国家比赛、国际比赛	≥65（最好 80）
	HDTV 转播	≥80（最好 90）
	TV 应急	≥65（最好 80）

2　体育场馆现场实测调查

为编制我国《体育场馆照明设计及检测标准》提供参考数据，编制组总结了近年来的体育场馆照明实测结果并开展了广泛的调查研究工作。

调研工作主要以现场实测为主，选取有代表性的体育场馆进行照明测量，以下汇总了北京、上海、广州、南京、重庆、福州、深圳、青岛、秦皇岛、烟台、大庆、沈阳、杭州、宁波、慈溪、义乌、海宁、建德、常州、芜湖等 37 个体育场和 45 个体育馆共计 82 个体育场馆的照明测量数据。包括的照明参数有照度、显色指数、色温、眩光指数、光源功率等。照明实测结果见表 12 和表 13。

表 12　体育馆照明实测结果

等级	使用功能	水平照度 E_h (lx)	垂直照度 E_{vmai} (lx)	照度均匀度 水平 U_1	照度均匀度 垂直 U_1	一般显色指数 R_a	相关色温 T_{cp} (K)	眩光指数 GR
1 篮球								
Ⅱ	业余比赛、专业训练	1368～2260（训练馆）	516～769	0.39～073	0.41～0.55	71～84	4084～5308	29.6～35
Ⅲ	专业比赛	1931	596	0.64	0.31	66	3831	
Ⅳ	TV 转播国家、国际比赛	2103～2105	750～968	0.67～0.84	0.40～0.48	75～92	5983～6315	
Ⅴ	TV 转播重大国际比赛	2376～3438	1225～1694	0.55～0.87	0.36～0.78	74～85	4285～7100	
Ⅵ	HDTV 转播重大国际比赛	2069～2915	2183～2226	0.63	0.41	91	6310～6328	
2 排球								
Ⅲ	专业比赛	1931	596	0.64	0.31	66	3831	17.6～35
Ⅳ	TV 转播国家、国际比赛	1599	750	0.84	0.48	92	5985	
Ⅴ	TV 转播重大国际比赛	2435～3322	1397～1874	0.66～0.87	0.35～0.52	65～76	5980～5995	
Ⅵ	HDTV 转播重大国际比赛	2244	0.77	2439	0.54	91	6328	
3 体操								
Ⅱ	业余比赛、专业训练	1153（训练馆）	—	0.45	—	81	5882	26.1～29.6
Ⅳ	TV 转播国家、国际比赛	2103～2380	938～968	0.72～0.87	0.40～0.53	75～83	5552～6315	
Ⅴ	TV 转播重大国际比赛	2093～3212	1076～1701	0.55～0.87	0.26～0.67	62～91	3822～7100	
Ⅵ	HDTV 转播重大国际比赛	2822～3500	2115～2226	0.55～0.68	0.41～0.50	86～91	6083～6310	

续表 12

等级	使用功能	水平照度 E_h (lx)	垂直照度 E_{vmai} (lx)	照度均匀度 水平 U_1	照度均匀度 垂直 U_1	一般显色指数 R_a	相关色温 T_{cp} (K)	眩光指数 GR
4 手球、室内足球								
Ⅲ	专业比赛	2380	938	0.87	0.53	83	5552	22.8~29.6
Ⅳ	TV 转播国家、国际比赛	1507~3212	1086~1454	0.57~0.84	0.44~0.67	66~91	3901~7100	
Ⅴ	TV 转播重大国际比赛	2418~2691	1560~1701	0.50~0.70	0.43~0.57	83~90	5325~5812	
Ⅵ	HDTV 转播重大国际比赛	2822~4570	2226~2947	0.55~0.60	0.41~0.59	91~93	5824~6310	
5 网球								
Ⅴ	TV 转播重大国际比赛	2920~3847	1550~1793	0.71~0.77	0.62~0.75	66.6~80	4891~6174	35.3
6 乒乓球								
Ⅲ	专业比赛	1354~1712	556~731	0.52~0.74	0.32~0.46	61~65	4569	26.7
Ⅳ	TV 转播国家、国际比赛	2523~3506	1397~1441	0.71~0.87	0.35~0.44	65~83	4406~5870	
7 冰球								
Ⅳ	TV 转播国家、国际比赛	2636	1220	0.70	0.50	85	4285	25
8 拳击								
Ⅴ	TV 转播重大国际比赛	2916~3137	1614~2084	0.62~0.72	0.76~0.33	66~81	5928	28
9 举重								
Ⅴ	TV 转播重大国际比赛	2404	1209	0.63	0.88	55	4150	
10 游泳、跳水								
Ⅲ	专业比赛	1415	—	0.50	—	94	5847	
Ⅳ	TV 转播国家、国际比赛	1509	996	0.53	0.71	65	485	—
Ⅴ	TV 转播重大国际比赛	2081~2450	1489~1774	0.53~0.69	0.41~60	80~85	5621~6276	
		3014(跳水池)	1743~2061	0.51~0.68	0.48	80~85	5621~6279	
Ⅵ	HDTV 转播重大国际比赛	2780	2060	0.57	0.51	63	4200	
11 射击								
Ⅴ	TV 转播重大国际比赛 靶心 射击区	283~497 (射击区)	1125 (靶心)	0.79 (射击区)	0.52 (靶心)	72	6034	—
12 柔道、跆拳道								
Ⅴ	TV 转播重大国际比赛	2781	1830	0.80	0.89	65	4444	23

表 13 体育场照明实测结果

等级	使用功能	水平照度 E_h (lx)	垂直照度 E_{vmai} (lx)	照度均匀度 水平 U_1	照度均匀度 垂直 U_1	一般显色指数 R_a	相关色温 T_{cp} (K)	眩光指数 GR
1 足球								
Ⅱ	业余比赛、专业训练	1286~1556 (训练场)	—	0.60~0.61	—	80	6190	51.5
Ⅲ	专业比赛	988~1189	713~951	0.50~0.62	0.27~0.35	62	3500	
Ⅳ	TV 转播国家、国际比赛	1138~1376	1005~1269	0.55~0.66	0.41~0.45	69~93	4481~6750	40~49.8
Ⅴ	TV 转播重大国际比赛	1270~2370	1542~1943	0.54~0.82	0.41~0.65	61~92	4400~6152	
Ⅵ	HDTV 转播重大国际比赛	1916~2370	2088~2445	0.57~0.74	0.35~0.71	60~90	4500~5828	

续表 13

等级	使用功能	水平照度 E_h (lx)	垂直照度 E_{vmai} (lx)	照度均匀度 水平 U_1	照度均匀度 垂直 U_1	一般显色指数 R_a	相关色温 T_{cp} (K)	眩光指数 GR
2 田径								
Ⅱ	业余比赛、专业训练	744（训练场）	—	0.40	—	80	6190	51.5
Ⅲ	专业比赛	888～898	—	—	—	76	4400～6300	40～49.9
Ⅴ	TV转播重大国际比赛	1423～2108	1288～1711	0.50～0.58	0.34～0.53	61～92	4000～6494	
3 网球								
Ⅲ	专业比赛	1076～1407	800	0.51～0.61	0.35	81	6555	—
Ⅵ	HDTV转播重大国际比赛	4620	3721	0.76	0.72	81	6106	
4 曲棍球								
Ⅱ	业余比赛、专业训练	900（训练场）	—	0.56	—	—	—	—
Ⅴ	TV转播重大国际比赛	1722	1520	0.69	0.61	85	5460	48.2
5 棒、垒球								
Ⅱ	业余比赛、专业训练	1150	—	0.41	—	79	6009	—
Ⅵ	HDTV转播重大国际比赛1	2726	1874	0.60	0.70	82	5574	39
Ⅵ	HDTV转播重大国际比赛2	2955	2129	0.61	0.70	83	5568	36.7

实测调查结果表明：

1) 照度水平 在调查的82个体育场馆中按不同等级使用功能的要求都能达到本标准的规定，其中还有个别场馆的照度值偏高。

2) 照度均匀度 有不少体育场馆达不到标准规定的要求，特别是垂直照度均匀度较难达到，这往往是由于灯具配光不合理或设计上的问题造成的，如经过调试均匀度还达不到要求，那就有可能是因建筑马道预留灯位不恰当引起的。只要以上问题能处理好，满足标准规定的均匀度是没有问题的。

3) 光源的显色性和色温 最近几年新建的体育场馆所采用的照明光源具有良好的显色性，只要按需要对光源提出这方面的具体要求，光源的显色性和色温都能达到标准的规定。

4) 眩光指数 在实测的体育场馆中，有少数体育场馆有明显的眩光感觉。通常是由于灯具的安装高度不够或灯具布置不合理及光的投射角度没有控制好引起的，眩光指数是照明质量中的重要指标，在设计中应给予足够重视。

关于体育场馆照明眩光问题编制组专门进行了研究，结论如下：

本标准眩光指数值是参照《关于室外体育设施和区域照明的眩光评价系统》CIE 112-1994制订的。该评价系统仅对室外场所的眩光做出了具体规定，到目前为止，室内体育馆的眩光还没有合适的评价方法。从国内外研究资料及现场实测结果来看，CIE 112-1994中提出的室外场所眩光评价系统可以应用于室内场馆的眩光评价，但由于室外和室内场所的照明系统和环境特点不相同，使得眩光评价等级和最大眩光限制值也不相同。

室内体育馆的眩光评价方法和评价等级主要是通过实测调查、分析计算和主观评价制定的。为了验证测量结果与设计计算结果的一致性，我们选择了几个场地对眩光测量值与设计值进行了对比，结果表明，经眩光测试仪测量计算得到的眩光指数GR与设计值符合得较好。因而在评价室内眩光时，我们选择了8个具有代表性的室内体育馆，对其照明眩光进行了现场测量和主观评价，分析整理结果如表14所示。

表 14 室内体育馆眩光测试及主观评价结果

体育馆	布灯方式	GR_{max}计算值	评价人数	对应GF_{ave}	主观感受
1	两侧布灯/顶部布灯	38.1	8	3.4	有干扰
2	两侧布灯	34.6	23	3.7	有干扰

续表14

体育馆	布灯方式	GR_{max}计算值	评价人数	对应GF_{ave}	主观感受
3	两侧布灯	29.6	11	4.8	刚可接受
4	两侧布灯	29.9	17	4.8	刚可接受
5	两侧布灯	28.8	10	5.9	介于可察觉与刚可接受之间
6	两侧布灯	26.1	10	5.9	介于可察觉与刚可接受之间。
7	两侧布灯	23.4	13	6.5	介于可察觉与刚可接受之间
8	两侧布灯	17.5	9	7.2	介于可察觉与无察觉之间

根据现场测试及主观评价的结果,得出了室内体育馆眩光评价等级 GF 与眩光指数 GR 之间的关系曲线,如图2所示。

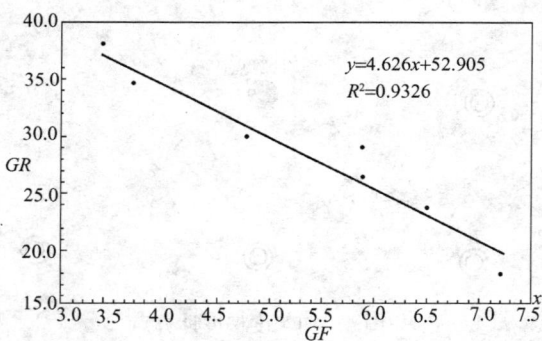

图2 室内体育馆眩光评价尺度

经过回归分析,可得到 GR 与 GF 有如下关系:即 $GR=-4.626GF+52.905$,其标准差为0.9326。所有数据的相关系数 r 为 -0.779。

主观评价结果表明,眩光评价等级 GF 与眩光指数测量计算值 GR 之间有较好的相关性,室外场所眩光评价系统可以应用于室内场馆的眩光评价。推荐的室内体育馆眩光评价等级和推荐的眩光指数值如表15和表16所示。

表15 眩光评价分级

眩光评价等级 GF	眩光感受	眩光指数 GR	
		室 外	室 内
1	不可接受	90	50
2	—	80	45
3	有干扰	70	40
4	—	60	35
5	刚刚可接受	50	30

续表15

眩光评价等级 GF	眩光感受	眩光指数 GR	
		室 外	室 内
6	—	40	25
7	可察觉	30	20
8	—	20	15
9	不可察觉	10	10

表16 推荐的体育照明眩光指数

应 用 类 型	GR_{max}	
	室 外	室 内
业余训练和娱乐照明	55	35
比赛照明(包括彩色电视转播)	50	30

本标准室内体育馆眩光指数是根据以上研究结果制定的。

4.2 相 关 规 定

4.2.1 在目前所收集到的照明标准中,总的趋势是体育场馆无电视转播只规定水平照度,有电视转播一般只规定垂直照度或对水平照度值规定一个范围。因为垂直照度的取值主要由摄像机类型和电视转播的要求决定,所以垂直照度的取值相对于每个使用功能较固定,保持水平照度与垂直照度之比在一定范围之内很重要。国际照明委员会《关于彩色电视和电影系统用体育比赛照明指南》CIE 83-1989 中规定 E_{have}:$E_{vave}=0.5\sim2$,国际单项体育联合会总会《多功能室内体育场馆人工照明指南》明确规定平均水平照度和平均垂直照度的比值在 $0.5\sim2.0$ 之间,奥林匹克广播服务公司(OBS)对体育场馆人工照明的要求中规定主赛区(PA)E_{have}:$E_{vave}=0.75\sim1.5$,总赛区(TA)E_{vave}:$E_{vave}=0.5\sim2.0$,根据编制组对我国体育场馆的实测调查统计结果表明,比赛场地(主赛区)的平均水平照度与平均垂直照度之比值一般都在 $0.75\sim2.0$ 之间。

4.2.2 本标准维护系数的取值主要是参考相关标准制定的,在国际足球联合会(FIFA)2002年颁布的《足球场人工照明指南》中规定维护系数为0.8,即初始值应为标准值的1.25倍,国际单项体育联合会总会(GAISF)《多功能室内体育馆人工照明指南》规定照度的初始值应为比赛场地平均照度值的1.25倍,国际照明委员会《关于彩色电视和电影系统用体育比赛照明指南》CIE 83-1989 和《体育赛事中用于彩电和摄影照明的实用设计准则》CIE 169:2005 中维护系数取值也为0.8。维护系数是由光源光通衰减、灯具光学系统和发光表面污染以及环境造成的光衰减所组成,而其中光源光通的衰减是主要因素,一一般情况下室内外维护系数可取同一值。

光源光通量衰减参数通常由生产厂家提供。对于密封性能好（活性炭和涤纶毡）的灯具，因灯具积尘引起的光衰较小。光源的光衰参数用百分比表示，光衰举例见图3。

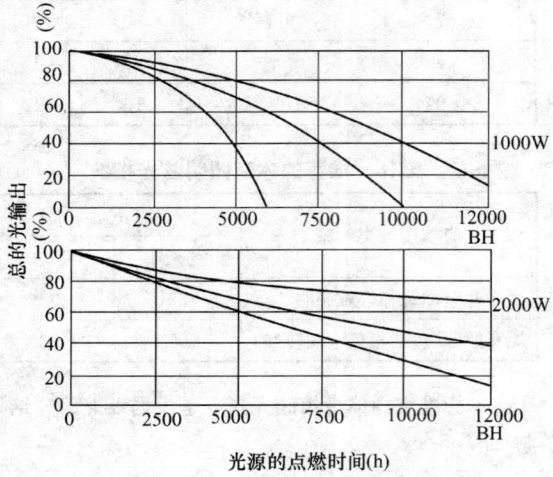

图3 光输出与点燃时间的关系举例

室外体育场由于光源到达被照面的距离比较长，光辐射在传输过程中会被大气中的介质吸收、散射和反射，因而造成光辐射量的衰减，在照明设计时也应考虑这一因素的影响。室外体育场光在大气中的衰减系数是根据实测和实验研究得出的，在确定室外体育场维护系数时可作为参考，各地区光在大气中的衰减系数见表17。

表17 各地区室外体育场光衰减系数

太阳辐射等级	地 区	光衰减系数 K_a
最好	宁夏北部、甘肃北部、新疆东部、青海西部和西藏西部等	<6%
好	河北西北部、山西北部、内蒙古南部、宁夏南部、甘肃中部、青海东部、西藏东南部和新疆南部等	6%～8%
一般	山东、河北、山西南部、新疆北部、吉林、辽宁、云南、陕西北部、甘肃东南部、广东南部、福建南部、台湾西南部等地	8%～11%
较差	湖南、湖北、广西、江西、浙江、福建北部、广东北部、陕南、苏北、皖南以及黑龙江、台湾东北部等地	11%～14%
差	四川、重庆、贵州	>14%

4.2.3 标准中规定辅摄像机方向的垂直照度均比主摄像机方向的垂直照度低一个等级，如果将其定为面向场地四条边线垂直面上的照度，在一般情况下很难达到（主要受灯具安装位置的限制），除非提供特别好的马道条件，往往只有在HDTV转播重大国际比赛时，场馆建设中预留的马道才做成闭合形式，面向场地四条边线垂直面上的照度才能达到所要求的照度值。

4.2.4 在体育比赛中，为了保证电视转播画面的质量，特别是对摇动摄像机还要避免图像丢失，不仅对照度均匀度有要求，而且对均匀度梯度也有要求。本标准均匀度梯度是参照国际单项体育联合会总会《多功能室内体育馆人工照明指南》和国际足球联合会《足球场人工照明指南》制定的。奥林匹克广播服务公司（OBS）规定：有电视转播时，当照度计算与测量网格<5m时，每2m不应大于10%；当照度计算与测量网格≥5m时，每4m不应大于20%。均匀度梯度计算点如图4所示。

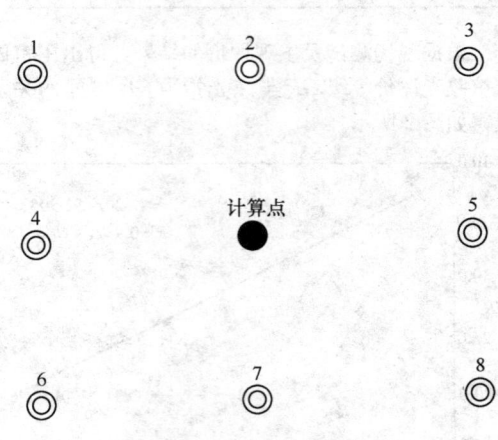

图4 均匀度梯度计算点

4.2.5 本条是参照国际照明委员会《体育赛事中用于彩电和摄影照明的实用设计准则》CIE 169：2005和《关于彩色电视和电影系统用体育比赛照明指南》CIE 83-1989规定该比值为0.3制定的。奥林匹克广播服务公司（OBS）规定比赛场地每个计算点四个方向上的最小垂直照度和最大垂直照度之比应≥0.6。

4.2.6 观众席照度主要参照《建筑照明设计标准》GB 50034和依据32个体育馆和30个体育场实测调查结果制定，见表18和表19。同时也参照了国际上的一些相关规定，奥林匹克广播服务公司（OBS）对观众席照明指的是前12排座位，其垂直照度与比赛场地垂直照度之比应大于20%；国际单项体育联合会总会《多功能室内体育馆人工照明指南》也指明看台和观众是转播的一部分，规定看台的垂直照度应为比赛场地垂直照度的15%。

4.2.7 《建筑照明设计标准》GB 50034规定安全照明的照度值不宜低于该场所一般照明照度值的5%。国际单项体育联合会总会《多功能室内体育馆人工照明指南》规定在主电源停电或紧急情况时，看台上应急照明应至少保持在25lx的水平照度。体育场馆，特别是大型体育场馆，体量大、人数多，在紧急情况下保证所有人员在短时间内安全撤离现场尤为重要。此外，应急照明的照度值还和正常照明的照度值有关，比赛用体育场馆的照度值一般都比较高，当电源断电的过程就是照度由高到低的转换过程，也是人眼的暗适应过程，应急照明的照度值越高，暗适应过程就越短。在实测调查的15个体育馆和15个体育场的应急照明中，观众席和运动场地应急照明的平均水平照度都在30lx（见表18～表20），说明观众席和运动场地应急照明（安全照明）的平均水平照度20lx是可以达到的。按照安全照明的照度值不宜低于该场所一般照明照度值的5%的规定，观众席安全照明的照度值高出此比值较多，主要因为体育场馆观众席人多密度大，为了安全的目的将这一照度提高，而对于运动场地虽然人少密度小，但一般照明的照度值往往都比较高，同样要保证必要的安全照明。对于非比赛的运动场地此规定值可适当降低，但不应小于10lx。

表18 体育场馆应急照明平均照度

	场 地	照度值范围（lx）	平均照度（lx）
1	比赛场地	2.1～110	30.4
2	观众席	1.3～118.8	30.2
3	通道、出入口	1.4～100.6	29.2

表19 观众席应急照明

	平均照度范围（lx）	照度值范围（lx）	所占比例（%）
1	0＜E≤10	1.3～8.1	25
2	10＜E≤30	10.6～28.6	25
3	30＜E≤50	30.3～43.5	35
4	E＞50	54.2～118.8	15

表20 比赛场地应急照明

	平均照度范围（lx）	照度值范围（lx）	所占比例（%）
1	0＜E≤10	2.1～6.1	31.6
2	10＜E≤30	15.5～21.9	31.6
3	30＜E≤50	38.5～48.7	21.1
4	E＞50	54.6～110	15.8

4.2.8 根据体育场馆的特点，供人员疏散的应急照明的照度应相应提高。经对15个体育馆和15个体育场的应急照明实测调查表明，通道和出入口疏散照明的平均照度值接近30lx，最小照度均不小于1lx，最小照度大于5lx的体育场馆占总数的70%（见表21、表22）。说明规定的这一照度值对多数体育场馆都比较合适，而且出口及其通道的照射面积并非很大，达到规定照度值并不困难。

表21 通道、出入口应急照明

	平均照度范围（lx）	照度值范围（lx）	所占比例（%）
1	0＜E≤10	1.4～9.2	30
2	10＜E≤30	12.4～24.5	15
3	30＜E≤50	33.9～43.3	45
4	E＞50	61.5～100.6	10

表22 通道、出入口应急照明最小照度

	最小照度范围（lx）	场馆数量（个）	所占比例（%）	平均最小照度（lx）
1	0＜E≤1	1	3	12.2
2	1＜E≤3	5	17	
3	3＜E≤5	3	10	
4	E＞5	21	70	

5 照明设备及附属设施

5.1 光源选择

5.1.1 在建筑高度大于4m的体育场馆宜采用金属卤化物灯。无论在室外或室内金属卤化物灯均是体育照明彩电转播宜优先考虑的最主要光源。

5.1.2 在建筑高度小于6m的体育场馆宜选用荧光灯和小功率金属卤化物灯。

5.1.3 卤素灯仅有限地用于特殊体育项目，如照明范围相对小的运动项目，如射击、射箭等，有时也可作临时照明。

5.1.4 光源功率的选择关系到灯具和光源的使用数量，同时也会对照明质量中的照度均匀度、眩光指数等参数造成影响。因此根据现场条件选择光源功率能够使照明方案获得较高性价比。本标准对气体放电灯光源功率作以下分类：1000W以上（不含1000W）为大功率；1000～250W（不含250W）为中功率；250W以下为小功率。

5.1.5 应急照明有一般供人员疏散的照明和供继续比赛用照明。前者要求的照度低可采用卤素灯，因其能瞬时点燃，且初始投资低和显色性能好，但它的发光效率低、寿命短。供继续比赛用应急照明要求的照度高，当采用金属卤化物灯时，宜采用不间断电源或热触发装置，如 UPS 和 EPS 等。

5.1.6 各品种不同功率的金属卤化物灯其发光效率为 60～100lm/W，显色指数为 65～90，金属卤化物灯的色温随其种类和成分不同为 3000～6000K。对于室外体育设施一般要求 4000K 或更高，尤其在黄昏时能与日光有较好地匹配。对于室内体育设施通常要求 4500K 或更低。金属卤化物灯的寿命也有很大差异。就大型室外体育设施而言，寿命并不是主要的因素，因其点燃时间较少，但应注意最初几百个小时内灯烧坏可能出现的暗点。对于室内照明装置，应采用长寿命的灯，因为通常每年有大量的点燃时间。

5.1.7 光源的颜色特性用色表和显色性表示。色表是被照亮环境的颜色表现；显色性是光源真实显现物体颜色的特性。光源的色表现象可以用相关色温 T_{cp} 来描述，对于电视/高清晰度电视和电影转播，照明灯的相关色温为 2000～6000K 时，不存在色彩匹配和色彩平衡问题，但各个灯的相关色温不能相差太大。光源的显色性指标可用一般显色指数 R_a 来表示。R_a 理论上最大值是 100，R_a 越高物体颜色显现得越真实，电视画面越清晰。

在气体放电光源制造过程中所使用的汞元素和其他稀土金属元素如果处理不当会对土地、水源等环境因素造成污染。在照明设计中选择光效高、寿命长的光源，不仅是为了节约能源，减少光源使用量、降低维护费用，还有保护环境方面的考虑。在照明设计中，光源显色性和色温并非越高越好，设计师应该结合电视转播的要求、地区人员偏好等多种因素来选用恰当的光源。

5.2 灯具及附件要求

5.2.1 灯具安全性能应符合下列标准的规定：《灯具一般安全要求与试验》GB 7000.1、《投光灯具安全要求》GB 7000.7、《游泳池和类似场所用灯具安全要求》GB 7000.8。

5.2.2 本条规定了在体育场馆中使用的灯具防触电保护等级的类别，灯具防触电保护等级分类见《灯具一般安全要求与试验》GB 7000.1。

5.2.3 高强度气体放电灯、格栅式荧光灯、透明保护罩荧光灯的灯具效率参照《建筑照明设计标准》GB 50034 制定。

5.2.4 由于体育场馆，特别是室外体育场，照明光源照射的距离相差很大，而且对照度均匀度有很高的要求，因此同一场地需要多种配光的灯具配合使用，才能达到照明设计所要求的技术指标。

为便于设计者选用需对灯具产品进行光束分类。本标准的投光灯具光束分类参照了北美 IES 和荷兰的投光灯具光束分类方法（见表 23、表 24），采用的光束分布范围为 1/10 最大光强的张角。

表 23 北美 IES 灯具光束分类

光束类型	光束张角范围(°)	光束分类
1	10～18	窄光束
2	18～29	（长距离）
3	29～46	
4	46～70	中光束
5	70～100	（中等距离）
6	100～130	宽光束
7	130 及以上	（近距离）

注：按光束分布范围 1/10 最大光强的张角分类。

表 24 荷兰投光灯具光束分类

光束角(°)	光束分类
10～25	窄光束
25～40	中光束
40 及以上	宽光束

注：按光束分布范围 1/2 最大光强的张角分类。

5.2.5 在灯具安装位置和安装高度已确定的情况下，高效率的照明灯具与安装位置及安装高度相对应的灯具配光是进一步做好照明设计的根本保证。

5.2.6 眩光在体育场馆中是照明的重要质量指标，为减少眩光，照明设计时应选用防眩灯具和采取有效的防眩措施。

5.2.7 本条主要是对灯具及其附件提出需要满足强度和使用环境的要求。

5.2.8 本条是根据体育场馆的特点对灯具提出防护等级的要求。如灯具安装高度较低且环境清洁的场所灯具的防护等级可为 IP55，灯具安装高度较高且环境污染严重的场所灯具的防护等级可为 IP65。

5.2.9 本条规定主要考虑体育场馆灯具的安装高度一般都比较高，灯具应便于维护，本标准推荐采用后开盖灯具。

5.2.10 体育场馆用金属卤化物灯具的重量一般都比较重，且安装高度较高，特别是室外体育场灯具安装高度通常达数十米，为了降低造价和维护方便，因此对灯具提出这些要求。

5.2.11 体育场馆照明对照度均匀度的要求很高，因此必须严格控制灯具的瞄准角度，由于场地大，距离远，灯具数量多，有时一个场地需用几种配光的灯具，只有借助于角度指示装置才能将灯具准确定位瞄准。

5.2.12 灯具及其附件的重量大，安装高度较高，为安全考虑，应设有防坠落措施。

5.3 灯杆及设置要求

5.3.1 体育场四塔式或塔带式照明方式，要选用照明高杆作为灯具的承载体，根据建筑设计的要求，照明高杆在满足照明技术条件要求的情况下,可以采用同建筑物相结合的结构形式,本节重点界定的是较为普遍采用的单独设置的高杆照明形式。

照明高杆是照明设备的重要组成部分,特别是照明高杆的结构形式对所选用灯具有特殊的要求。如维修更换光源要求后开启、灯具重量轻、强度高、带有远距离触发装置（镇流器等与灯具分置）等,照明高杆从设计、制造、安装均应按照相关规范进行。该种结构的照明高杆应设计为多边形截面、插接式结构。截面的边数宜为空气动力学性能最佳的正二十边形,钢材选用应根据所使用地区的气象条件和荷载情况经设计确定,在满足设计强度情况下,可选用Q235;要求结构强度高时,可选用Q345或根据需要选用更高强度的钢材,但应将结构的挠度控制在相关规范要求的范围内。灯盘按照设计选型的灯具尺寸和外型考虑结构和实现的要求确定,灯盘、灯杆全部经热浸锌工艺处理,安装时不能造成镀锌层的损坏。

5.3.2 照明高杆的设计应符合相关设计规范的规定,主要有:

《英国照明工程师协会（ILE）第7号技术报告》
《高耸结构设计规范》GBJ 50135
《钢结构设计规范》GB 50017
《建筑结构荷载规范》GB 50009
《建筑地基基础设计规范》GB 50007
《升降式高杆照明装置技术条件》JT/T 312

5.3.3 照明高杆的维修有升降、爬梯等形式。结合体育照明高杆的特殊要求和国内外照明高杆选型和使用的情况,主要是参照《英国照明工程师协会（ILE）第7号技术报告》关于吊篮维修系统在高杆上应用的规定提出的。20m以下的灯杆大多用于训练场,一般不作为正式比赛场地高杆,考虑到提供基本照明条件和节省建设费用的需要,对灯杆提出可采用爬梯的方式,要按照维修人员上下的条件制作爬梯,符合相关安全规范,爬梯要设置护身栏圈并在每隔10m的高度设置休息平台。由于灯杆设置爬梯后,外形美观受到较大影响,所以在有正式比赛的场地中较少采用。正式比赛场地的照明高杆高度多为20m以上,如果使用爬梯会使维修工作产生安全隐患,国内外均出现过因为爬梯造成的使维修人员伤亡的安全事故,结合国内外体育场照明高杆的应用选型情况,参照已有国际标准规范,从安全、实用、美观等条件出发,提出应采用电动升降吊篮进行维护工作。电动升降吊篮维修系统是一种专业设备,采用在灯杆内设置双卷筒卷扬设备,高杆顶部设有免维修设计的驱动盘,配套专用的高柔性不锈钢钢丝绳,国内外均有专业化厂家生产此种设备。

5.3.4 根据民用航空管理的规定要求编制此条款,结合体育照明高杆的制造条件,要求在每个照明高杆顶部装置2只红色障碍灯,在有特殊要求的航站航道附近或供电控制等不方便的地方,可安装频闪障碍灯或太阳能障碍灯。

5.4 马道及设置要求

5.4.1 马道的定义是设置在建筑物、构造物内,用于承载设备安装、线缆敷设和用于工作人员通行的构件。合理设置马道布局和数量,不仅可以为专业照明提供良好的安装位置和合理的投射角度,同时还可以充分发挥灯具对场地照明的贡献,降低照明灯具的安装数量,并能突出表现体育场馆的建筑风格。

5.4.2 马道上应为照明灯具、电器箱和电缆线槽等设备预留安装条件。同时还应为工作人员提供必要的安全保护措施。

5.4.3 在建筑物、构造物顶部的结构杆件、吸声板、遮光板、风道和电缆线槽等都会对照明光线造成不同程度的遮挡,在场馆设计之初应引起建筑、结构专业的重视。

6 灯具布置

6.1 一 般 规 定

6.1.1 由于不同的运动项目会在不同大小、不同形状的运动场地上进行,同时会用不同的方式来利用运动场地。运动员的活动范围以及在运动中视野所覆盖的范围也不尽相同。因此,体育场馆场地照明灯具应在综合考虑运动项目特点、运动场地特征的基础上合理布置,避免对运动员和电视转播造成不利影响。

6.1.2 灯具安装位置、高度、仰角应满足降低眩光和控制干扰光的要求。在体育场馆的照明设计中,眩光和干扰光是影响运动员发挥竞技水平的首要不利因素,同时也是影响电视转播质量的重要因素。从体育场馆建筑设计阶段开始,就应综合考虑各种可能降低眩光和控制干扰光的手段,最终结合场地照明设计,在满足其他照明指标的同时,解决眩光和干扰光问题。

6.1.3 考虑到摄像机的工作特性,在有电视转播要求时,应考虑场地垂直照度及均匀度的情况,无电视转播要求时主要考察场地的水平照度及均匀度情况,但应根据运动项目的不同综合考虑空间光分布要求。

6.2 室外体育场

6.2.1 在实测调查的37个比赛场和训练场中,四角照明所占比例为40.5%,两侧光带与四角混合照明所占比例为10.8%,两侧光带照明所占比例为48.6%。说明这几种布灯方式在室外体育场都经常采用。

1 两侧布置

这种方式为目前常用的照明方式，可提供较好的照度均匀度并降低阴影，照明效果较好，但整体投资较高。

2 四角布置

这种方式目前主要应用于训练场地、小型场地或改造场地，投资较低。但照明阴影比较严重。

3 混合布置

相对以上两种方式，这种照明方式的性价比较高。

6.2.2 足球场灯具布置：

1 无电视转播的室外足球场可采用场地两侧布置或场地四角布置方式。灯具的位置、高度及灯杆要求均参照国际足球联合会 2002 年版的《足球场人工照明指南》制定。

2 有电视转播的室外足球场可采用场地两侧布置、场地四角布置或混合布置方式。灯具的位置、高度及灯杆要求均参照国际足球联合会 2002 年版的《足球场人工照明指南》制定。

采用场地两侧布置时，灯具的位置及高度应满足本标准的要求，φ角增大照明效果会更好，但同时还要考虑建造成本。在国际足球联合会的文件中，要求采用单侧两条马道的设计，并对高度有要求，考虑到实际实施的可行性并依据照明实测，为降低眩光，对单条马道上灯具的高度及φ角有明确要求。

采用场地四角布置时，灯具的位置及高度应满足本标准的要求，当条件受到限制或成本过高时应考虑更合理的解决方案。根据国际足球联合会 2002 年版的《足球场人工照明指南》的要求，灯具的最大仰角应小于 70°，并且灯杆上的灯排应有 15°倾斜角（见图 5），以消除上下排灯具间的遮挡。

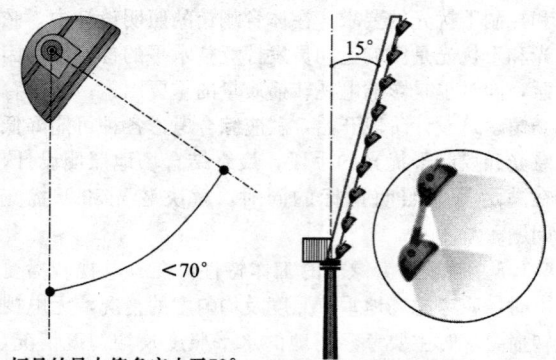

灯具的最大仰角应小于70°　灯杆上的灯排应有15°的倾斜角

图 5　灯具仰角和灯排倾斜角

6.2.3 田径场灯具布置：

室外内含足球场的田径场，其灯具布置应首先采用满足足球场照明的照明系统，然后综合考虑田径场的照明，并增加对跑道和足球场以外的内场的照明要求。

参考国际照明委员会《体育赛事中用于彩电和摄影照明的实用设计准则》CIE 169：2005。

6.2.4 网球场灯具布置：

灯具高度主要参考国际网球协会《网球场人工照明指南》及国际照明委员会《网球场照明》CIE 42-1978 制定。

采用两侧灯杆布置时的灯具位置主要参考国际网球协会《网球场人工照明指南》。

对大型赛事设置马道的中心网球场照明未作规定。

6.2.5 曲棍球场灯具布置：

室外曲棍球场的照明规定均参考国际曲棍球协会的《曲棍球场人工照明指南》。

有电视转播的曲棍球场地，照明可采用四角布置、两侧布置或混合布置方式。

采用四角布置方式时，照明灯具的高度应满足图 6.2.5-2 的要求。根据照明实测及体育照明眩光评价，有电视转播时，适当增大φ角，对控制眩光更有利。

6.2.6 棒球场灯具布置：

参考北美照明学会（IESNA）《照明手册》（第 9 版）及国际照明委员会《体育赛事中用于彩电和摄影照明的实用设计准则》CIE 169：2005 制定。

6.2.7 垒球场照明设计：

参考北美照明学会（IESNA）《照明手册》（第 9 版）及国际照明委员会《体育赛事中用于彩电和摄影照明的实用设计准则》CIE 169：2005 制定。

6.3　室内体育馆

6.3.1 体育比赛场馆由于受地理位置及场地大小的限制可选择不同的照明灯具布置方式。在实测调查的 45 个比赛馆和训练馆中顶部布置所占比例为 4.4%、顶部和两侧混合布置所占比例为 17.8%，沿马道两侧光带布置所占比例为 77.8%。

6.3.2 本条列出了体育馆照明灯具的几种常用布灯方式，是在实践经验的基础上综合各体育运动联合会以及国际体育照明标准制定的。在进行体育馆建筑、结构、电气设计时宜参考本条所列的灯具布置方式为体育馆照明设计师预留灯位；在进行体育馆照明设计时，宜根据运动项目情况、建筑及结构特点、体育馆级别等情况选用合适的布灯方式和能够满足要求的灯具。

6.3.3 表 6.3.3 所列各类体育馆灯具布置规定主要参考了国际照明委员会《体育赛事中用于彩电和摄影照明的实用设计准则》CIE 169：2005 制定。对于不同运动项目提出了具体要求。这些要求充分考虑了各运动项目的特点、场地特征等因素。在进行专项运动照明设计时，宜满足表中对灯具布置提出的要求。

在调研中发现，由于比赛场馆前期的建筑设计没有很好的考虑照明功能的需求，所设计的马道位置及灯具安装高度不到位，给照明设计师在设计方案时造成很大的困难，设计方案难以实施，使得比赛场地达不到良好的照明效果，直接影响到运动员比赛。因此本标准规定在体育场馆建筑设计时，不但要考虑到建筑造型的美观，更要注重照明功能的需求。在前期建筑设计马道设置时要充分考虑到照明功能的要求，要与照明设计师沟通，听取他们的意见及建议。在进行体育场馆照明设计时，要根据体育馆建筑结构可能安装灯具的高度和部位确定布灯方案，既要达到照度标准，又要满足照明质量要求。使得体育场馆照明达到最佳的效果，满足比赛要求。

7 照明配电与控制

7.1 照明配电

7.1.1 本条是根据国家有关规范，并结合体育建筑的特殊用电要求提出的。

7.1.2 由于目前比赛场地照明采用的气体放电光源因电源失电导致熄灭后，即便电源迅速恢复，仍需要3~8min的再启动时间，而在举行重要比赛或进行电视转播时，发生这样的故障将导致比赛组织者、转播公司和场地运营者遭受在名誉和经济双方面的重大损害，因此通常采用的解决方案有以下几种：

1 采用两路或多路电源（包括自备电源）分别直接供电，避免供电电源和线路受到外界因素的干扰。即便发生某路电源失电或设备故障，也能保证大部分照明系统正常工作，同时有利于简化系统，减少自动投切层次。

2 采用热触发装置，可强迫气体放电光源在几十秒内恢复到正常工作状态，从而保证比赛和转播的迅速恢复，有效地减少停电造成的后果和损失。

3 采用不中断供电逆变电源作为正常电源失电时的临时后备电源，其持续供电时间应满足备用电源正常投入，这类设备包括在线式UPS、飞轮发电式UPS等。目前正在研制开发采用电子静态转换开关的后备式EPS，通过技术手段在电源切换时维持灯具的供电电压，试验效果良好。

7.1.3 独立设置比赛照明变压器的目的主要是为了保持电压稳定，提高照明质量，保证光源寿命，同时减小非比赛时的系统运行损耗。

7.1.4 考虑到当前我国电力系统供电能力仍相当紧张，部分地区经常出现较大的电压偏移情况，可通过技术经济比较适当采用调压措施。

7.1.5 参照《游泳池和类似场所用灯具安全要求》GB 7000.8制定，并规定灯具外部和内部线路的工作电压应不超过12V。

7.1.6 气体放电光源配用电感镇流器时功率因数通常较低，一般仅为0.4~0.5，所以应设置无功补偿。有条件时，宜在灯具内设置补偿电容，以降低照明线路的能耗和电压损失。

7.1.7 保证三相负荷比较均衡，以使各相电压偏差不致产生较大的差别，同时减少中性线电流。

7.1.8 TV应急照明配电线路及控制开关分开装设有利于供电安全和方便维修。正常照明断电采用备用照明自动投入工作，是照明系统用电可靠性的需要。

7.1.9 因照明负荷主要为单相设备，当采用三相断路器时，若其中一相发生故障时会导致三相断路器跳闸，从而扩大了停电范围，因此应当避免出现这种情况。

7.1.10 高强度气体放电灯的触发器一般是与灯具装在一起的，但有时由于安装、维修上的需要或其他原因，也有分开设置的。此时，触发器与灯具的间距越小越好。当两者间距较大时，导线间分布电容增大，触发器脉冲电压衰减有可能造成气体放电灯不能正常启动，因此其间距应满足制造厂家对产品的要求。

7.1.11 主要考虑照明负荷使用的不平衡性以及气体放电灯线路由于电流波形畸变产生高次谐波，即使三相平衡中性线中也会流过三的倍数的奇次谐波电流，有可能达到相电流的数值，故而作此规定。

7.1.12 作为改善频闪效应的一项措施而提出的。当然改善措施还有其他方法如采用超前滞后电路或采用提高电源频率——如电子镇流器件等。

7.1.13 为保证维护人员能及时安全地到达维修地点，同时由于检修相对不便以及光源功率较大，如采取每盏灯具加装保护可避免一个光源出现故障不致影响一片。顶棚内检修通道要考虑到能承受住两名维修人员连同工具在内的重量（总重量约300kg）。

7.2 照明控制

7.2.1 本条规定与《体育建筑设计规范》JGJ 31中的要求基本相同。

7.2.2 本条是有电视转播要求的比赛场地的照明控制系统所应具备的基本功能。其预置的照明场景编组方案应包括：

1 经常进行的运动项目的照明编组方案，至少分为有电视转播要求的比赛、无电视转播要求的比赛、专业训练三个级别；

2 场地清扫时的照明编组方案。

7.2.3 由中央计算机管理的总线制控制网络相对于传统照明控制网络具有以下优点：

1 分布式的系统结构大大降低了系统自身的风险。当部分系统元件故障时，受影响的仅仅是与其相关联的设备，而系统的其他部分仍可正常工作。

2 总线制的系统从主控中心到末端各个配电箱只需一根标准通信总线，大大节省了控制线路，且不受供电半径的限制，施工安装极为简单。

3 通过时序控制方式，可以使成组灯具在一定时间内顺序启动，有效避免多台大功率照明负荷同时接通对配电系统产生的电流冲击。

4 系统允许随时任意增减控制范围和控制对象的数量，任意增减和改变控制方案，为使用者带来极大的方便。

7.2.4 考虑到控制分路应满足使用要求，同时避免产生较大的故障影响面，减小对配电系统的电流冲击，作出本条规定。

8 照明检测

8.1 一般规定

8.1.1 照明检测主要参照国际照明委员会《关于体育照明装置的光度规定和照度测量指南》CIE 67-1986 和《体育赛事中用于彩电和摄影照明的实用设计准则》CIE 169：2005 制定。照明检测主要用以检验体育场馆照明设计能否达到标准规定的各项技术指标，能否满足不同运动项目不同级别的使用功能要求。

8.1.2 检测用仪器设备必须送法定检测机构依据相关检定规程进行检定，以保证检测数据的有效性。

8.1.3 测量时的环境条件对测量结果会产生不利影响，因此应避免在阴雨天、多雾天、沙尘天和有来自外部光线影响情况下进行测量，使用荧光灯的场所还要考虑温度的影响。体育场馆所用光源，特别是金属卤化物灯经过一段时间的点燃才能达到稳定，每次开灯后也需要经过一段时间光通才能达到稳定，因此对照明装置的运行时间和开灯后的点燃时间都要有所规定。电压也是影响检测结果的重要因素，必要时应进行电压修正。测量时应避免操作者身影或别的物体对接收器的遮挡，同时也要避免浅色物体上反射光的影响。本条规定的目的是在满足规定的测量条件下进行照明检测才能保证测量数据的准确性。

8.1.4 检测的照明参数应是标准中所规定的参数，其中部分参数是在测量后通过计算取得的。

8.2 照度测量

8.2.1 测量场地一般指标准中规定的主赛场和总赛场，此外也包括对观众席和应急照明等的测量。为了减少测量的工作量，对大型运动场地，在照明装置布置完全对称的条件下，当照明参数呈对称分布时，可只测 1/2 或 1/4 场地。

8.2.2 关于照度测量的测点，在《关于体育照明装置的光度规定和照度测量指南》CIE 67-1986 中已作出规定，在《体育赛事中用于彩电和摄影照明的实用设计准则》CIE 169：2005 中又增加了更详细、更全面的规定，把运动场地划分为矩形场地和几种典型场地。

由于大多数运动场地都属于矩形场地，如足球、篮球、排球、网球、羽毛球等，因此在对测量与计算网格点进行规定时采用了统一的方法，同时还规定计算网格应包含测量网格，测量网格的间距是计算网格间距的 2 倍。

按照《体育赛事中用于彩电和摄影照明的实用设计准则》CIE 169：2005 中新的规定，与《关于体育照明装置的光度规定和照度测量指南》CIE 67-1986 的规定相比，标准有所提高。如足球场地 CIE 67-1986 规定的测量点为 7×11，而 CIE 169：2005 规定的测量点为 8×12，这意味着测量场地范围有所扩大，为了使计算与测量范围更接近于比赛场地边线，照度计算与测量网格点间距应尽可能小，在附录 A 规定中已有调整。

图 8.2.2-1～图 8.2.2-6 给出的几种典型运动场地的计算、测量网格划分方法，是参照《体育赛事中用于彩电和摄影照明的实用设计准则》CIE 169：2005 制定的。

8.2.3、8.2.4 关于水平照度测量、垂直照度测量和照度均匀度的计算，参考《关于体育照明装置的光度规定和照度测量指南》CIE 67-1986 的相关内容制定。

照度测量结果会受到电源电压波动的影响，编制组选取几种目前体育场馆常用的金属卤化物灯光源在试验室内进行试验，得出光源光通与电源电压的变化曲线，见图 6 和图 7，同时电源电压的变化也对显色指数和色温有影响。

各种金属卤化物灯的标称发光效能为 60～100lm/W，标称一般显色指数的范围 R_a 为 65～93，标称色温的范围为 3000～6000K。金属卤化物灯由于选用的镇流器不同和电源电压的变化会引起金属卤化物灯光、色参数发生变化。

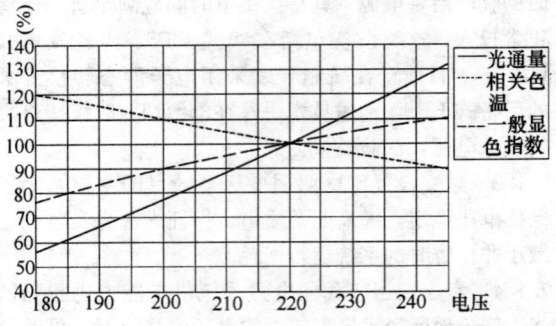

图 6 金属卤化物灯光、色参数与电压的关系（220V）

图 6 和图 7 中的曲线是金属卤化物灯的试验结果。从图中可以看到，采用普通电感镇流器的光通量和显色指数均正比于电源电压的变化，只有色温反比于电源电压的变化。当供电标称电压为 220V，电源电压的变化—10%～+10%时，其上述参数变化范围

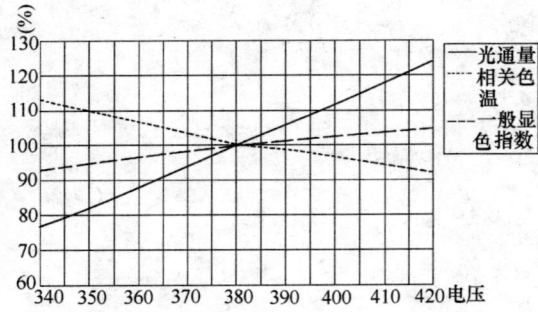

图7 金属卤化物灯光、色参数与电压的关系（380V）

为，光通量：－25%～＋28%，显色指数：－11%～＋9%，色温：＋11%～－9%。供电标称电压为380V，电源电压的变化－10%～＋10%时，其上述参数变化范围为，光通量：－22%～＋23%，显色指数：－7%～＋5%，色温：＋12%～－7%。

由于测试的样品数量、品种、型号、厂家有限，不能完全代表这类光源的一致特性，因为气体放电灯的光、色、电参数本身就有一个变动范围，所以此组数据的变化范围仅作为定性参考。

为了确保体育设施电视转播的质量，因此要求体育场馆在比赛期间的电源电压变化应在－5%～＋10%之间，同时从电源配电盘到（末端）灯端的线路电压降应小于15V，整个照明系统的功率因数应大于0.85，最好在0.9以上，因功率因数越低其供电系统的电压调整性就越差，即在同样的有功负荷下，电源（变压器）输出电压越低，线路压降越高，占用电源容量越多，负荷端（光源）电压就越低。

8.3 眩光测量

8.3.1 本条规定了确定眩光测量点的原则和典型场地的眩光测量点的位置。

1 眩光是评价照明质量的重要指标，在CIE文件中也提出在照明测量中除测量水平照度和垂直照度外还要核实眩光指数，为了减少眩光测量的工作量，眩光测量点只能按各场地最重要的位置选取。

2 眩光测量点的位置主要参照《关于室外体育设施和区域照明的眩光评价系统》CIE 112－1994、国际足球联合会《关于足球场人工照明指南》等制定。

8.3.2 眩光测量至今尚无统一的测量仪器，一般可通过测量观察者眼睛上的照度来计算光幕亮度，最后求出眩光指数 GR，见附录B。

8.4 现场显色指数和色温测量

8.4.1 根据对大量体育场馆现场显色指数和色温的测量表明，所选测量点测得的颜色参数可代表整个场地的颜色参数测量结果。

8.4.2 现场显色指数和色温受环境因素如电压波动、场地和周围建筑及座位的颜色影响较大，所制定标准值是根据实测统计结果确定的。R_a、T_{cp}与V的变化曲线见图6和图7。

8.5 检测报告

检测报告是对全部检测内容的记录和总结。报告编写的内容和格式应符合有关部门对检测机构关于检测报告编写的规定。对检测结果应依据相关标准作出结论，判定是否合格。检测报告应由技术负责人审核，检测机构主管部门批准。

附录A 照度计算和测量网格及摄像机位置

本附录参照《关于体育照明装置的光度规定和照度测量指南》CIE 83－1989和《体育赛事中用于彩电和摄影照明的实用设计准则》CIE 169：2005等制定。

1 表中场地尺寸未标明PA、TA时，均为比赛场地PA的尺寸，按照本标准所规定的计算点和测量点测量场地覆盖的范围比《关于体育照明装置的光度规定和照度测量指南》CIE 83－1989规定的测量范围要大一些，说明对照明的要求更高了，网格间距应尽可能小，这样周边测点就更接近场地边线。

2 照度计算和测量的参考高度，水平照度一般取1m，为了测量上的方便，同时对测量值无明显影响，测量四个方向的垂直照度时也取1m，摄像机方向的垂直照度均取1.5m。

3 本标准摄像机位置为其中一些主要摄像机位置，在实际使用中可按赛事要求计算和测量某些位置摄像机方向的垂直照度。

附录B 眩光计算

室外体育场眩光计算公式引自《关于室外体育设施和区域照明的眩光评价系统》CIE 112－1994，经实测验证此公式不论是对室外体育场或是室内体育馆计算值和测量值均吻合较好。主观评价与测量计算值之间有较好的线性关系。编制组对体育场馆照明室内眩光评价系统经研究得出结论，该公式也可用于室内体育馆眩光评价系统，对眩光指数进行计算，但通过实验研究证实，当室外体育场眩光评价系统用于室内体育馆眩光评价系统时，需采用适用于室内体育馆的眩光评价分级及眩光指数限制值，而且在室内体育馆眩光指数计算时其反射比宜取0.35～0.40。

中华人民共和国行业标准

民用建筑能耗数据采集标准

Standard for energy consumption survey of civil buildings

JGJ/T 154—2007
J 685—2007

批准部门：中华人民共和国建设部
施行日期：２００８年１月１日

中华人民共和国建设部
公　告

第 676 号

建设部关于发布行业标准《民用建筑能耗数据采集标准》的公告

现批准《民用建筑能耗数据采集标准》为行业标准，编号为 JGJ/T 154-2007，自 2008 年 1 月 1 日起实施。

本标准由建设部标准定额研究所组织中国建筑工业出版社出版发行。

中华人民共和国建设部
2007 年 7 月 23 日

前　言

根据建设部建标［2005］84 号文件的要求，标准编制组经广泛调查研究，认真总结实践经验，参考发达国家建筑能耗数据采集的最新成果，并在广泛征求意见的基础上，制定本标准。

本标准的主要技术内容是：1. 总则；2. 术语；3. 民用建筑能耗数据采集对象与指标；4. 民用建筑能耗数据采集样本量和样本的确定方法；5. 样本建筑的能耗数据采集方法；6. 民用建筑能耗数据报表生成与报送方法；7. 民用建筑能耗数据发布。

本标准由建设部负责管理，由主编单位负责具体技术内容的解释。

本标准主编单位：深圳市建筑科学研究院（深圳市福田区振华路 8 号设计大厦 5 楼，邮政编码：518031）

本标准参编单位：重庆大学城市建设与环境工程学院
清华大学建筑学院
湖南大学土木工程学院
大连理工大学土木水利学院
广州市建筑科学研究院
中国建筑科学研究院
西安建筑科技大学建筑学院
上海市建筑科学研究院
中科院数学与系统科学研究院
福建省建筑科学研究院
湖南省建筑设计研究院

本标准主要起草人：刘俊跃　付祥钊　魏庆芃
马晓雯　李念平　端木琳
任　俊　周　辉　闫增峰
张蓓红　熊世峰　王云新
龙恩深　李劲鹏　夏向群
刘　勇

目　次

1　总则 ·················· 59—4
2　术语 ·················· 59—4
3　民用建筑能耗数据采集
　　对象与指标 ············ 59—4
　　3.1　民用建筑能耗数据采集对象与分类 ··· 59—4
　　3.2　民用建筑能耗数据采集指标 ········ 59—4
4　民用建筑能耗数据采集样本量和
　　样本的确定方法
　　4.1　一般规定 ············ 59—4
　　4.2　居住建筑能耗数据采集样本量和
　　　　样本的确定方法 ········ 59—5
　　4.3　公共建筑能耗数据采集样本量和
　　　　样本的确定方法 ········ 59—5
5　样本建筑的能耗数据采集方法 ··· 59—5
　　5.1　一般规定 ············ 59—5
　　5.2　居住建筑的样本建筑能耗
　　　　数据采集方法 ·········· 59—5
　　5.3　公共建筑的样本建筑能耗
　　　　数据采集方法 ·········· 59—6
6　民用建筑能耗数据报表生成
　　与报送方法 ·············· 59—6
　　6.1　民用建筑能耗数据报表生成方法 ··· 59—6
　　6.2　民用建筑能耗数据报表报送方法 ··· 59—6
7　民用建筑能耗数据发布 ······· 59—6
附录 A　城镇民用建筑基本信息表 ··· 59—7
附录 B　样本建筑能耗数据采集表 ··· 59—8
附录 C　建筑能耗数据处理方法 ··· 59—9
附录 D　城镇民用建筑能耗
　　　　数据报表 ············ 59—12
附录 E　城镇民用建筑能耗数据
　　　　发布表 ·············· 59—16
本标准用词说明 ··············· 59—17
附：条文说明 ················· 59—18

1 总则

1.0.1 为加强我国能源领域的宏观管理和科学决策，指导和规范我国的建筑能耗数据采集工作，促进我国建筑节能工作的发展，制定本标准。

1.0.2 本标准适用于我国城镇民用建筑使用过程中各类能源消耗量数据的采集和报送。

1.0.3 民用建筑的能耗数据采集，除应符合本标准的规定外，尚应符合国家现行有关标准的规定。

2 术语

2.0.1 民用建筑能耗数据采集 energy consumption survey of civil buildings

居住建筑和公共建筑在使用过程中所消耗的各类能源量数据的采集。

2.0.2 居住建筑能耗数据采集 energy consumption survey of residential buildings

居住建筑在使用过程中所消耗的各类能源量数据的采集。

2.0.3 公共建筑能耗数据采集 energy consumption survey of public buildings

公共建筑在使用过程中所消耗的各类能源量数据的采集，公共建筑分为中小型公共建筑和大型公共建筑。

2.0.4 中小型公共建筑 non-large-scale public buildings

单栋建筑面积小于或等于 2 万 m^2 的公共建筑。

2.0.5 大型公共建筑 large-scale public buildings

单栋建筑面积大于 2 万 m^2 的公共建筑。

2.0.6 建筑直接使用的可再生能源 renewable energy independently provided

由建筑或建筑群独立配备的设备和系统所利用的太阳能、风能、地热能等可再生能源，不包括建筑物使用的电网中的水力发电、太阳能发电、风能发电等可再生能源。

2.0.7 分类随机抽样 random sample in classification

先将总体按规定的特征分类，然后在各类中按随机抽样原则抽选一定个体组成样本的一种抽样形式。

2.0.8 集中供热 centralized heat-supply

从一个或多个热源通过热网向城市、镇或其中某些区域热用户供热。

2.0.9 集中供冷 district cooling

使用集中冷源，通过供冷输配管道，为一个或几个区域的建筑提供冷量的供冷形式。

3 民用建筑能耗数据采集对象与指标

3.1 民用建筑能耗数据采集对象与分类

3.1.1 民用建筑能耗数据采集应分为居住建筑能耗数据采集和公共建筑能耗数据采集。对于综合楼或商住楼，居住建筑部分应纳入居住建筑的能耗数据采集体系，公共建筑部分应纳入公共建筑的能耗数据采集体系。

3.1.2 公共建筑能耗数据采集应分为中小型公共建筑能耗数据采集和大型公共建筑能耗数据采集。

3.1.3 居住建筑应按以下建筑层数划分，并分 3 类进行建筑能耗数据采集：

 1 低层居住建筑（1 层至 3 层）；
 2 多层居住建筑（4 层至 6 层）；
 3 中高层和高层居住建筑（7 层及以上）。

3.1.4 中小型公共建筑和大型公共建筑应分别按以下建筑功能划分，并分 4 类进行建筑能耗数据采集：

 1 办公建筑；
 2 商场建筑；
 3 宾馆饭店建筑；
 4 其他建筑。

3.2 民用建筑能耗数据采集指标

3.2.1 民用建筑能耗应按以下 4 类分别进行数据采集：

电、燃料（煤、气、油等）、集中供热（冷）、建筑直接使用的可再生能源。

3.2.2 民用建筑基本信息采集指标应包括各类民用建筑的总栋数和总建筑面积。

3.2.3 民用建筑能耗数据采集指标应为各类民用建筑的全年单位建筑面积能耗量和全年总能耗量。

4 民用建筑能耗数据采集样本量和样本的确定方法

4.1 一般规定

4.1.1 民用建筑能耗数据采集应按中国行政分区进行。

4.1.2 采集的民用建筑能耗数据应按国家级、省级（省、自治区、直辖市）和市级（地级市、地级区、州、盟）三级进行能耗数据汇总。

4.1.3 民用建筑能耗数据采集应以县级行政区域（县、县级市、县级区、旗）为基层单位。

4.1.4 基层单位的民用建筑能耗数据采集样本量和样本应按本标准规定的方法确定。

4.1.5 居住建筑和中小型公共建筑的能耗数据采集样本量和样本应采用分类随机抽样的方法确定。

4.1.6 大型公共建筑应采用逐一调查的方式进行建筑能耗数据采集。

4.1.7 基层单位应按本标准附录 A 中表 A.0.1 的格式，建立辖区内的城镇民用建筑基本信息总表。上一次数据采集后竣工的所有新建城镇民用建筑应补充到上一次建立的城镇民用建筑基本信息总表中，上一次数据采集后拆除的城镇民用建筑应从上一次建立的城镇民用建筑基本信息总表中去除。

4.2 居住建筑能耗数据采集样本量和样本的确定方法

4.2.1 基层单位应按本标准附录A中表A.0.2的格式，对辖区内的城镇民用建筑基本信息总表中的居住建筑按本标准第3.1.3条的规定进行分类，并建立以下3种居住建筑分类基本信息表：

1 低层居住建筑基本信息表；
2 多层居住建筑基本信息表；
3 中高层和高层居住建筑基本信息表。

4.2.2 基层单位应对3种居住建筑分类基本信息表中的居住建筑按以下方法确定样本量：

1 按1%的抽样率确定样本量；
2 当按1%的抽样率确定的建筑栋数少于10栋时，确定样本量为10栋；
3 当某类居住建筑的总栋数少于10栋时，样本量应为该类居住建筑的总栋数。

4.2.3 基层单位应按照确定的样本量，分别在对应的居住建筑分类基本信息表中进行随机抽样，构成居住建筑能耗数据采集样本。

4.2.4 首次采集后的各次居住建筑能耗数据采集，除了应保留上一次能耗数据采集的样本量和样本外，还应增加上一次能耗数据采集后竣工的各类新建居住建筑的抽样样本。抽样方法应先按1%的抽样率确定各类新建居住建筑的样本量，当按1%的抽样率确定的各类新建居住建筑栋数少于1栋时，应确定各类新建居住建筑的样本量为1栋；然后根据确定的各类新建居住建筑样本量，在上一次能耗数据采集后竣工的各类新建居住建筑中进行随机抽样，被抽中的新建居住建筑应补充到上一次的居住建筑能耗数据采集样本中。上一次能耗数据采集后拆除的居住建筑如果是样本建筑，应从样本建筑中去除。

4.3 公共建筑能耗数据采集样本量和样本的确定方法

4.3.1 基层单位应按本标准附录A中表A.0.2的格式，将辖区内的城镇民用建筑基本信息总表中的中小型公共建筑按本标准第3.1.4条的规定进行分类，并建立以下4种中小型公共建筑分类基本信息表：

1 中小型办公建筑基本信息表；
2 中小型商场建筑基本信息表；
3 中小型宾馆饭店建筑基本信息表；
4 其他中小型公共建筑基本信息表。

4.3.2 基层单位应对4种基本信息表中的中小型公共建筑按以下方法确定样本量：

1 按10%的抽样率确定样本量；

2 当按10%的抽样率确定的建筑栋数少于3栋时，确定样本量为3栋；
3 当某类中小型公共建筑的总栋数少于3栋时，样本量应为该类中小型公共建筑的总栋数。

4.3.3 基层单位应按照确定的样本量，分别在对应的中小型公共建筑分类基本信息表中进行随机抽样，构成中小型公共建筑能耗数据采集样本。

4.3.4 首次采集后的各次中小型公共建筑能耗数据采集，除应保留上一次能耗数据采集的样本量和样本外，还应增加上一次能耗数据采集后竣工的各类新建中小型公共建筑的抽样样本。抽样方法应先按10%的抽样率确定各类新建中小型公共建筑的样本量，当按10%的抽样率确定的各类新建中小型公共建筑栋数少于1栋时，应确定各类新建中小型公共建筑的样本量为1栋；然后根据确定的各类新建中小型公共建筑样本量，在上一次能耗数据采集后竣工的各类新建中小型公共建筑中进行随机抽样，被抽中的新建中小型公共建筑应补充到上一次的中小型公共建筑能耗数据采集样本中。上一次能耗数据采集后拆除的中小型公共建筑如果是样本建筑，应从样本建筑中去除。

4.3.5 基层单位应按本标准附录A中表A.0.2的格式，将辖区内的城镇民用建筑基本信息总表中的大型公共建筑按本标准第3.1.4条的规定进行分类，并建立以下4种大型公共建筑分类基本信息表：

1 大型办公建筑基本信息表；
2 大型商场建筑基本信息表；
3 大型宾馆饭店建筑基本信息表；
4 其他大型公共建筑基本信息表。

4.3.6 基层单位应对4种基本信息表中的所有大型公共建筑进行能耗数据采集。

4.3.7 首次采集后的各次大型公共建筑能耗数据采集，除应对上一次能耗数据采集后未拆除的大型公共建筑逐一进行能耗数据采集外，还应对上一次能耗数据采集后竣工的所有新建大型公共建筑进行能耗数据采集。

5 样本建筑的能耗数据采集方法

5.1 一般规定

5.1.1 基层单位应负责辖区内样本建筑能耗数据的采集。

5.1.2 基层单位应逐月采集样本建筑的能耗数据，并应按照本标准附录B中表B的格式填写样本建筑的能耗数据。

5.2 居住建筑的样本建筑能耗数据采集方法

5.2.1 居住建筑的样本建筑的集中供热(冷)量应按以

下方法采集：

1 设有楼栋热（冷）量计量总表的样本建筑，应从楼栋热（冷）量计量总表中采集；

2 没有设楼栋热（冷）量计量总表的样本建筑，宜采集热力站或锅炉房（供冷站）的供热（冷）量，按面积均摊方法获得样本建筑的集中供热（冷）量。

5.2.2 居住建筑的样本建筑除集中供热（冷）量以外的能耗数据应按以下方法采集：

1 宜从能源供应端获得；

2 不能从能源供应端获得能耗数据的样本建筑，宜设置样本建筑楼栋能耗计量总表（电度表、燃气表等），并采集楼栋能耗计量总表的能耗数据；

3 既不能从能源供应端、又不能从楼栋能耗计量总表获得能耗数据的样本建筑，应采取逐户调查的方法，采集样本建筑中每一户的能耗数据，同时采集样本建筑的公用能耗数据，累计各户能耗数据和公用能耗数据，获得样本建筑能耗数据。

5.3 公共建筑的样本建筑能耗数据采集方法

5.3.1 中小型公共建筑的样本建筑能耗数据应按以下方法采集：

1 宜从样本建筑的楼栋能耗计量总表中采集；

2 不能从楼栋能耗计量总表获得能耗数据的样本建筑，应采取逐户调查的方法，采集样本建筑中各用户的能耗数据，同时采集样本建筑的公用能耗数据，累计各用户能耗数据和公用能耗数据，获得样本建筑能耗数据。

5.3.2 大型公共建筑的能耗数据应按以下方法采集：

1 宜从建筑的楼栋能耗计量总表中采集；

2 不能从楼栋能耗计量总表获得能耗数据的，应采取逐户调查的方法，采集建筑中各用户的能耗数据，同时采集建筑的公用能耗数据，累计各用户能耗数据和公用能耗数据，获得样本建筑的能耗数据。

6 民用建筑能耗数据报表生成与报送方法

6.1 民用建筑能耗数据报表生成方法

6.1.1 基层单位应按本标准附录 C 规定的数据处理方法，对采集的建筑能耗数据进行处理，生成辖区内的建筑能耗数据报表。

6.1.2 国家、省、市三级建筑能耗数据采集部门，应按本标准附录 C 规定的数据处理方法，对下一级的建筑能耗报表数据进行处理，生成本级建筑能耗数据报表。

6.1.3 建筑能耗数据报表应按规定的格式生成，并应按本标准附录 D 的格式填报。

6.2 民用建筑能耗数据报表报送方法

6.2.1 基层单位应向市级建筑能耗数据采集部门报送以下材料：

1 基层单位城镇民用建筑能耗数据报表；

2 基层单位城镇民用建筑基本信息总表；

3 基层单位辖区内所有的样本建筑能耗数据采集表。

6.2.2 市级和省级建筑能耗数据采集部门除应向上一级建筑能耗数据采集部门报送本级建筑能耗数据报表外，还应同时报送下级上报的所有材料。

7 民用建筑能耗数据发布

7.0.1 民用建筑能耗数据宜分为国家级、省级、市级和基层单位四级发布。

7.0.2 民用建筑能耗数据应按本标准附录 E 中表 E 的格式进行发布。

附录 A 城镇民用建筑基本信息表

A.0.1 基层单位应按表 A.0.1 的格式建立辖区内城镇民用建筑基本信息总表。

表 A.0.1 _____（县、县级市、县级区、旗）城镇民用建筑基本信息总表

所属地级市、地级区、州、盟名称：　　　　基层单位名称：　　　　基层单位负责人：
所属地级市、地级区、州、盟代码：　　　　基层单位代码：　　　　联系电话：　　　　完成时间：

1	2	3	4	5	6	7	8	9	10	11	12	13	14
序号	建筑代码	建筑详细名称	建筑详细地址	竣工时间	建筑类型	建筑功能	建筑层数（层）	建筑面积（m²）	资料来源	联系人	联系电话	调查时间	备注

（可续表）

注：1　地级市、地级区、州、盟代码应为现行国家标准《中华人民共和国行政区划代码》GB/T 2260 规定的数字代码，下同；
　　2　基层单位代码应为现行国家标准《中华人民共和国行政区划代码》GB/T 2260 对各县、县级市、县级区、旗规定的数字代码，下同；
　　3　第 2 列——建筑代码应为至少 15 位的数字，对本表中的每栋建筑，其建筑代码在以后的各表中应保持不变，建筑代码应按下列规定确定：
　　　1）前 6 位为现行国家标准《中华人民共和国行政区划代码》GB/T 2260 对各县、县级市、县级区、旗规定的数字代码；
　　　2）第 7 位为数字代码 1 或 2，"1"表示居住建筑，"2"表示公共建筑；
　　　3）第 8 位对居住建筑为数字代码 0；对公共建筑为数字代码 1 或 2，"1"表示中小型公共建筑，"2"表示大型公共建筑；
　　　4）第 9 位对居住建筑为数字代码 1~3，"1"表示低层居住建筑，"2"表示多层居住建筑，"3"表示中高层和高层居住建筑；对中小型公共建筑和大型公共建筑为数字代码 1~4，"1"表示办公建筑，"2"表示商场建筑，"3"表示宾馆饭店建筑，"4"表示其他建筑；
　　　5）后 6 位为本表第 1 列的序号，当序号不足 6 位时，序号前补 0 至 6 位；当序号超出 6 位时建筑代码的序号区域就是序号，该区域可以超出 6 位。
　　4　第 6 列——应填写数字代码 1 或 2，"1"表示居住建筑，"2"表示公共建筑；
　　5　第 7 列——对居住建筑此格不填写；对公共建筑应填写 1~4 的数字代码，"1"表示办公建筑，"2"表示商场建筑，"3"表示宾馆饭店建筑，"4"表示其他建筑；
　　6　第 9 列——建筑面积的取值应按照现行国家标准《建筑工程建筑面积计算规范》GB/T 50353 的规定确定。

A.0.2 基层单位应根据表 A.0.1，按表 A.0.2 的格式生成辖区内城镇各类民用建筑的分类基本信息表。

表 A.0.2 _____（县、县级市、县级区、旗）城镇民用建筑分类基本信息表

所属地级市、地级区、州、盟名称：　　　　基层单位名称：　　　　基层单位负责人：
所属地级市、地级区、州、盟代码：　　　　基层单位代码：　　　　联系电话：
　　　　　　　　　　　　　　　　　　　　　　　　　　　　　　　　完成时间：

建筑类型：居住建筑［低层（　）多层（　）中高层和高层（　）］
　　　　　中小型公共建筑［办公（　）商场（　）宾馆饭店（　）其他（　）］
　　　　　大型公共建筑［办公（　）商场（　）宾馆饭店（　）其他（　）］

1	2	3	4	5	6	7	8	9	10	11
序号	建筑代码	建筑详细名称	建筑详细地址	竣工时间	建筑面积（m²）	资料来源	联系人	联系电话	调查时间	备注

（可续表）

附录 B 样本建筑能耗数据采集表

表 B 样本建筑能耗数据采集表

建筑代码：　　　　　　　　　　　　　基层单位代码：
建筑详细名称：　　　　　　　　　　　填表人：　　　　　　　　　　能耗采集年份：
建筑详细地址：　　　　　　　　　　　联系电话：　　　　　　　　　　报出日期：　年　月　日
建筑空置率(%)：

建筑类型：居住建筑[低层(　) 多层(　) 中高层和高层(　)]
　　　　　中小型公共建筑[办公(　) 商场(　) 宾馆饭店(　) 其他(　)]
　　　　　大型公共建筑[办公(　) 商场(　) 宾馆饭店(　) 其他(　)]

(一) 样本建筑总能耗

能耗种类	1月	2月	3月	4月	5月	6月	7月	8月	9月	10月	11月	12月	年累计消耗量	数据来源 单位名称	联系人	联系电话	备注
电(kWh)																	
煤(kg)																	
天然气(m³)																	
液化石油气(kg)																	
人工煤气(m³)																	
汽油(kg)																	
煤油(kg)																	
柴油(kg)																	
集中供热耗热量(kJ)																	
集中供冷耗冷量(kJ)																	
建筑直接使用的可再生能源(　)																	
其他能源(　)																	

(二) 用户能耗调查

1. 公用能耗调查表

能耗种类	1月	2月	3月	4月	5月	6月	7月	8月	9月	10月	11月	12月	年累计消耗量	数据来源 单位名称	联系人	联系电话	备注
电(kWh)																	
其他能源(　)																	

2. 各用户能耗调查表

能耗种类	1月	2月	3月	4月	5月	6月	7月	8月	9月	10月	11月	12月	年累计消耗量	数据来源 用户编号	联系人	联系电话	备注
电(kWh)																	
煤(kg)																	
天然气(m³)																	
液化石油气(kg)																	
人工煤气(m³)																	
汽油(kg)																	
煤油(kg)																	
柴油(kg)																	
其他能源(　)																	

注：1 表中"建筑直接使用的可再生能源"括号中应填写可再生能源的类型(如太阳能、风能、地热能等)和对应的能耗计量单位(如 kWh、kJ 等)，下同；
　　2 表中"其他能源"括号中应填写样本建筑采用本表没有列出的其他能源的类型和对应的能耗计量单位，下同。

附录 C 建筑能耗数据处理方法

C.1 基层单位建筑能耗数据处理方法

C.1.1 样本建筑各类能源的年累计消耗量应按下式计算：

$$E_i^* = \sum_{j=1}^{12} E_{ij}^* \qquad (C.1.1)$$

式中 E_i^* ——样本建筑第 i 类能源的年累计消耗量；

E_{ij}^* ——样本建筑第 i 类能源第 j 月的消耗量；

i ——能源种类，包括：电、燃料（煤、气、油等）、集中供热（冷）、建筑直接使用的可再生能源等；

j ——月份，$j=1, 2, \cdots, 12$；

* ——对居住建筑和中小型公共建筑表示样本建筑，对大型公共建筑表示每栋建筑。

C.1.2 居住建筑和中小型公共建筑的各分类建筑各类能源的全年单位建筑面积能耗量和方差应按下列公式计算：

1 全年单位建筑面积能耗量

$$e_{i,\text{b-type-sub}} = \bar{e}_{i,\text{b-type-sub}}^* \qquad (C.1.2\text{-}1)$$

$$\bar{e}_{i,\text{b-type-sub}}^* = \frac{\sum_{k=1}^{n_{\text{b-type-sub}}} E_{i,\text{b-type-sub},k}^*}{F_{\text{b-type-sub}}^*} \qquad (C.1.2\text{-}2)$$

$$F_{\text{b-type-sub}}^* = \sum_{k=1}^{n_{\text{b-type-sub}}} F_{\text{b-type-sub},k}^* \qquad (C.1.2\text{-}3)$$

式中 $e_{i,\text{b-type-sub}}$ ——基层单位居住建筑或中小型公共建筑的各分类建筑第 i 类能源的全年单位建筑面积消耗量；

$\bar{e}_{i,\text{b-type-sub}}^*$ ——基层单位居住建筑或中小型公共建筑的各分类建筑的样本建筑第 i 类能源的平均全年单位建筑面积消耗量；

$E_{i,\text{b-type-sub},k}^*$ ——基层单位居住建筑或中小型公共建筑的各分类建筑中第 k 个样本建筑第 i 类能源的年累计消耗量；

$F_{\text{b-type-sub}}^*$ ——基层单位居住建筑或中小型公共建筑的各分类建筑的样本建筑总建筑面积；

$F_{\text{b-type-sub},k}^*$ ——基层单位居住建筑或中小型公共建筑的各分类建筑中第 k 个样本建筑的建筑面积；

$n_{\text{b-type-sub}}$ ——基层单位居住建筑或中小型公共建筑的各分类建筑的样本量；

b ——基层单位；

type ——民用建筑类型，type 为 rb 时表示居住建筑，为 gb 时表示中小型公共建筑，为 lb 时表示大型公共建筑；

sub ——各分类建筑类型，sub 为 low 时表示低层居住建筑，为 multi 时表示多层居住建筑，为 high 时表示中高层和高层居住建筑，为 office 时表示办公建筑，为 shop 时表示商场建筑，为 hotel 时表示宾馆饭店建筑，为 other 时表示其他公共建筑。

2 方差

$$\sigma_{i,\text{b-type-sub}}^2 = \frac{N_{\text{b-type-sub}}^2}{F_{\text{b-type-sub}}^2} \cdot \frac{1 - f_{\text{b-type-sub}}}{n_{\text{b-type-sub}}(n_{\text{b-type-sub}} - 1)}$$
$$\cdot \sum_{k=1}^{n_{\text{b-type-sub}}} (E_{i,\text{b-type-sub},k}^* - \bar{e}_{i,\text{b-type-sub}}^* \cdot F_{\text{b-type-sub},k}^*)^2 \qquad (C.1.2\text{-}4)$$

$$f_{\text{b-type-sub}} = \frac{n_{\text{b-type-sub}}}{N_{\text{b-type-sub}}} \qquad (C.1.2\text{-}5)$$

式中 $\sigma_{i,\text{b-type-sub}}^2$ ——基层单位居住建筑或中小型公共建筑的各分类建筑第 i 类能源的全年单位建筑面积能耗量方差；

$N_{\text{b-type-sub}}$ ——基层单位居住建筑或中小型公共建筑的各分类建筑的总栋数；

$F_{\text{b-type-sub}}$ ——基层单位居住建筑或中小型公共建筑的各分类建筑的总建筑面积。

C.1.3 居住建筑和中小型公共建筑的各分类建筑各类能源的全年总能耗量和方差应按下列公式计算：

1 全年总能耗量

$$E_{i,\text{b-type-sub}} = e_{i,\text{b-type-sub}} \cdot F_{\text{b-type-sub}} \qquad (C.1.3\text{-}1)$$

式中 $E_{i,\text{b-type-sub}}$ ——基层单位居住建筑或中小型公共建筑的各分类建筑第 i 类能源的全年总能耗量。

2 方差

$$\tilde{\sigma}_{i,\text{b-type-sub}}^2 = \frac{F_{\text{b-type-sub}}^2}{N_{\text{b-type-sub}}^2} \cdot \sigma_{i,\text{b-type-sub}}^2 \qquad (C.1.3\text{-}2)$$

式中 $\tilde{\sigma}_{i,\text{b-type-sub}}^2$ ——基层单位居住建筑或中小型公共建筑的各分类建筑第 i 类能源的全年总能耗量方差。

C.1.4 大型公共建筑的各分类建筑各类能源的全年总能耗量和方差应按下列公式计算：

1 全年总能耗量

$$E_{i,\text{b-lb-sub}} = \sum_{k=1}^{n_{\text{b-lb-sub}}} E_{i,\text{b-lb-sub},k} \qquad (C.1.4\text{-}1)$$

式中 $E_{i,\text{b-lb-sub}}$ ——基层单位大型公共建筑的各分类建筑第 i 类能源的全年总能耗量；

$E_{i,\text{b-lb-sub},k}$——基层单位大型公共建筑的各分类建筑中第 k 个建筑第 i 类能源的年累计消耗量；

$n_{\text{b-lb-sub}}$——基层单位大型公共建筑的各分类建筑的总栋数。

2 方差

$$\widetilde{\sigma}^2_{i,\text{b-lb-sub}} = 0 \qquad (C.1.4-2)$$

式中 $\widetilde{\sigma}^2_{i,\text{b-lb-sub}}$——基层单位大型公共建筑的各分类建筑第 i 类能源的全年总能耗量方差。

C.1.5 大型公共建筑的各分类建筑各类能源的全年单位建筑面积能耗量和方差应按下列公式计算：

1 全年单位建筑面积能耗量

$$e_{i,\text{b-lb-sub}} = \frac{E_{i,\text{b-lb-sub}}}{F_{\text{b-lb-sub}}} \qquad (C.1.5-1)$$

式中 $e_{i,\text{b-lb-sub}}$——基层单位大型公共建筑的各分类建筑第 i 类能源的全年单位建筑面积能耗量；

$F_{\text{b-lb-sub}}$——基层单位大型公共建筑的各分类建筑的总建筑面积。

2 方差

$$\sigma^2_{i,\text{b-lb-sub}} = 0 \qquad (C.1.5-2)$$

式中 $\sigma^2_{i,\text{b-lb-sub}}$——基层单位大型公共建筑的各分类建筑第 i 类能源的全年单位建筑面积能耗量方差。

C.1.6 基层单位辖区内居住建筑、中小型公共建筑和大型公共建筑各类能源的全年总能耗量和方差应按下列公式计算：

1 全年总能耗量

$$E_{i,\text{b-rb}} = E_{i,\text{b-rb-low}} + E_{i,\text{b-rb-multi}} + E_{i,\text{b-rb-high}} \qquad (C.1.6-1)$$

$$E_{i,\text{b-gb}} = E_{i,\text{b-gb-office}} + E_{i,\text{b-gb-shop}} + E_{i,\text{b-gb-hotel}} + E_{i,\text{b-gb-other}} \qquad (C.1.6-2)$$

$$E_{i,\text{b-lb}} = E_{i,\text{b-lb-office}} + E_{i,\text{b-lb-shop}} + E_{i,\text{b-lb-hotel}} + E_{i,\text{b-lb-other}} \qquad (C.1.6-3)$$

式中 $E_{i,\text{b-rb}}$——基层单位居住建筑第 i 类能源的全年总能耗量；

$E_{i,\text{b-gb}}$——基层单位中小型公共建筑第 i 类能源的全年总能耗量；

$E_{i,\text{b-lb}}$——基层单位大型公共建筑第 i 类能源的全年总能耗量。

2 方差

$$\widetilde{\sigma}^2_{i,\text{b-rb}} = \sum_{\text{sub=low+multi+high}} \frac{N^2_{\text{b-rb-sub}}(1-f_{\text{b-rb-sub}})}{n_{\text{b-rb-sub}}(n_{\text{b-rb-sub}}-1)}$$

$$\times \left[\sum_{k=1}^{n_{\text{b-rb-sub}}} (E^*_{i,\text{b-rb-sub},k})^2 - 2\overline{e}^*_{i,\text{b-rb-sub}} \right.$$

$$\times \sum_{k=1}^{n_{\text{b-rb-sub}}} (F^*_{\text{b-rb-sub},k} \cdot E^*_{i,\text{b-rb-sub},k}) + (\overline{e}^*_{i,\text{b-rb-sub}})^2$$

$$\left. \times \sum_{k=1}^{n_{\text{b-rb-sub}}} (F^*_{\text{b-rb-sub},k})^2 \right] \qquad (C.1.6-4)$$

$$\widetilde{\sigma}^2_{i,\text{b-gb}} = \sum_{\text{sub=office+shop+hotel+other}} \frac{N^2_{\text{b-gb-sub}}(1-f_{\text{b-gb-sub}})}{n_{\text{b-gb-sub}}(n_{\text{b-gb-sub}}-1)}$$

$$\times \left[\sum_{k=1}^{n_{\text{b-gb-sub}}} (E^*_{i,\text{b-gb-sub},k})^2 - 2\overline{e}^*_{i,\text{b-gb-sub}} \right.$$

$$\times \sum_{k=1}^{n_{\text{b-gb-sub}}} (F^*_{\text{b-gb-sub},k} \cdot E^*_{i,\text{b-gb-sub},k})$$

$$\left. + (\overline{e}^*_{\text{b-gb-sub}})^2 \sum_{k=1}^{n_{\text{b-gb-sub}}} (F^*_{\text{b-gb-sub},k})^2 \right] \qquad (C.1.6-5)$$

$$\widetilde{\sigma}^2_{i,\text{b-lb}} = 0 \qquad (C.1.6-6)$$

式中 $\widetilde{\sigma}^2_{i,\text{b-rb}}$——基层单位居住建筑第 i 类能源的全年总能耗量方差；

$\widetilde{\sigma}^2_{i,\text{b-gb}}$——基层单位中小型公共建筑第 i 类能源的全年总能耗量方差；

$\widetilde{\sigma}^2_{i,\text{b-lb}}$——基层单位大型公共建筑第 i 类能源的全年总能耗量方差。

C.1.7 基层单位辖区内居住建筑、中小型公共建筑和大型公共建筑各类能源的全年单位建筑面积能耗量和方差应按下列公式计算：

1 全年单位建筑面积能耗量

$$e_{i,\text{b-rb}} = \frac{E_{i,\text{b-rb}}}{F_{\text{b-rb}}} \qquad (C.1.7-1)$$

$$e_{i,\text{b-gb}} = \frac{E_{i,\text{b-gb}}}{F_{\text{b-gb}}} \qquad (C.1.7-2)$$

$$e_{i,\text{b-lb}} = \frac{E_{i,\text{b-lb}}}{F_{\text{b-lb}}} \qquad (C.1.7-3)$$

$$F_{\text{b-rb}} = F_{\text{b-rb-low}} + F_{\text{b-rb-multi}} + F_{\text{b-rb-high}} \qquad (C.1.7-4)$$

$$F_{\text{b-gb}} = F_{\text{b-gb-office}} + F_{\text{b-gb-shop}} + F_{\text{b-gb-hotel}} + F_{\text{b-gb-other}} \qquad (C.1.7-5)$$

$$F_{\text{b-lb}} = F_{\text{b-lb-office}} + F_{\text{b-lb-shop}} + F_{\text{b-lb-hotel}} + F_{\text{b-lb-other}} \qquad (C.1.7-6)$$

式中 $e_{i,\text{b-rb}}$——基层单位居住建筑第 i 类能源的全年单位建筑面积能耗量；

$e_{i,\text{b-gb}}$——基层单位中小型公共建筑第 i 类能源的全年单位建筑面积能耗量；

$e_{i,\text{b-lb}}$——基层单位大型公共建筑第 i 类能源的全年单位建筑面积能耗量；

$F_{\text{b-rb}}$——基层单位居住建筑的总建筑面积；

$F_{\text{b-gb}}$——基层单位中小型公共建筑的总建筑面积；

$F_{\text{b-lb}}$——基层单位大型公共建筑的总建筑面积。

2 方差

$$\sigma^2_{i,\text{b-rb}} = \frac{\widetilde{\sigma}^2_{i,\text{b-rb}}}{F^2_{\text{b-rb}}} \qquad (C.1.7-7)$$

$$\sigma^2_{i,\text{b-gb}} = \frac{\widetilde{\sigma}^2_{i,\text{b-gb}}}{F^2_{\text{b-gb}}} \qquad (C.1.7-8)$$

$$\sigma_{i,\text{b-lb}}^2 = 0 \quad (C.1.7\text{-}9)$$

式中 $\sigma_{i,\text{b-rb}}^2$ ——基层单位居住建筑第 i 类能源的全年单位建筑面积能耗量方差；

$\sigma_{i,\text{b-gb}}^2$ ——基层单位中小型公共建筑第 i 类能源的全年单位建筑面积能耗量方差；

$\sigma_{i,\text{b-lb}}^2$ ——基层单位大型公共建筑第 i 类能源的全年单位建筑面积能耗量方差。

C.1.8 基层单位辖区内民用建筑各类能源的全年总能耗量和方差应按下列公式计算：

1 全年总能耗量

$$E_{i,\text{b-cb}} = E_{i,\text{b-rb}} + E_{i,\text{b-gb}} + E_{i,\text{b-lb}} \quad (C.1.8\text{-}1)$$

式中 $E_{i,\text{b-cb}}$ ——基层单位民用建筑第 i 类能源的全年总能耗量。

2 方差

$$\tilde{\sigma}_{i,\text{b-cb}}^2 = \tilde{\sigma}_{i,\text{b-rb}}^2 + \tilde{\sigma}_{i,\text{b-gb}}^2 + \tilde{\sigma}_{i,\text{b-lb}}^2 \quad (C.1.8\text{-}2)$$

式中 $\tilde{\sigma}_{i,\text{b-cb}}^2$ ——基层单位民用建筑第 i 类能源的全年总能耗量方差。

C.1.9 基层单位辖区内民用建筑各类能源的全年单位建筑面积能耗量和方差应按下列公式计算：

1 全年单位建筑面积能耗量

$$e_{i,\text{b-cb}} = \frac{E_{i,\text{b-cb}}}{F_{\text{b-cb}}} \quad (C.1.9\text{-}1)$$

$$F_{\text{b-cb}} = F_{\text{b-rb}} + F_{\text{b-gb}} + F_{\text{b-lb}} \quad (C.1.9\text{-}2)$$

式中 $e_{i,\text{b-cb}}$ ——基层单位民用建筑第 i 类能源的全年单位建筑面积能耗量；

$F_{\text{b-cb}}$ ——基层单位民用建筑的总建筑面积。

2 方差

$$\sigma_{i,\text{b-cb}}^2 = \frac{F_{\text{b-rb}}^2 \cdot \sigma_{i,\text{b-rb}}^2 + F_{\text{b-gb}}^2 \cdot \sigma_{i,\text{b-gb}}^2 + F_{\text{b-lb}}^2 \cdot \sigma_{i,\text{b-lb}}^2}{F_{\text{b-cb}}^2}$$

$$(C.1.9\text{-}3)$$

式中 $\sigma_{i,\text{b-cb}}^2$ ——基层单位民用建筑第 i 类能源的全年单位建筑面积能耗量方差。

C.2 市级、省级和国家级建筑能耗数据处理方法

C.2.1 市级、省级和国家级居住建筑、中小型公共建筑和大型公共建筑各类能源的全年总能耗量和方差应按下列公式计算：

1 全年总能耗量

$$E_{i,\text{d-type}} = \sum_{m=1}^{N_{\text{sd}}} E_{i,\text{sd-type},m} \quad (C.2.1\text{-}1)$$

式中 $E_{i,\text{d-type}}$ ——市级或省级或国家级居住建筑或中小型公共建筑或大型公共建筑第 i 类能源的全年总能耗量；

$E_{i,\text{sd-type},m}$ ——第 m 个下一级建筑能耗数据采集部门汇总的居住建筑或中小型公共建筑或大型公共建筑第 i 类能源的全年总能耗量；

N_{sd} ——下一级建筑能耗数据采集部门数量；

d ——建筑能耗数据采集部门级别，d 为 c 时表示市级建筑能耗数据采集部门，为 p 时表示省级建筑能耗数据采集部门，为 t 时表示国家级建筑能耗数据采集部门。

2 方差

$$\tilde{\sigma}_{i,\text{d-type}}^2 = \sum_{m=1}^{N_{\text{sd}}} \tilde{\sigma}_{i,\text{sd-type},m}^2 \quad (C.2.1\text{-}2)$$

式中 $\tilde{\sigma}_{i,\text{d-type}}^2$ ——市级或省级或国家级居住建筑或中小型公共建筑第 i 类能源的全年总能耗量方差，大型公共建筑的方差 $\tilde{\sigma}_{i,\text{d-lb}}^2$ 为 0；

$\tilde{\sigma}_{i,\text{sd-type},m}^2$ ——第 m 个下一级建筑能耗数据采集部门计算的居住建筑或中小型公共建筑或大型公共建筑第 i 类能源的全年总能耗量方差。

C.2.2 市级、省级和国家级居住建筑、中小型公共建筑和大型公共建筑各类能源的全年单位建筑面积能耗量和方差应按下列公式计算：

1 全年单位建筑面积能耗量

$$e_{i,\text{d-type}} = \frac{E_{i,\text{d-type}}}{F_{\text{d-type}}} \quad (C.2.2\text{-}1)$$

$$F_{\text{d-type}} = \sum_{m=1}^{N_{\text{sd}}} F_{\text{sd-type},m} \quad (C.2.2\text{-}2)$$

式中 $e_{i,\text{d-type}}$ ——市级或省级或国家级居住建筑或中小型公共建筑或大型公共建筑第 i 类能源的全年单位建筑面积能耗量；

$F_{\text{d-type}}$ ——市级或省级或国家级居住建筑或中小型公共建筑或大型公共建筑的总建筑面积；

$F_{\text{sd-type},m}$ ——第 m 个下一级建筑能耗数据采集部门汇总的居住建筑或中小型公共建筑或大型公共建筑的总建筑面积。

2 方差

$$\sigma_{i,\text{d-type}}^2 = \frac{\sum_{m=1}^{N_{\text{sd}}} (F_{\text{sd-type},m}^2 \cdot \sigma_{i,\text{sd-type},m}^2)}{F_{\text{d-type}}^2}$$

$$(C.2.2\text{-}3)$$

式中 $\sigma_{i,\text{d-type}}^2$ ——市级或省级或国家级居住建筑或中小型公共建筑第 i 类能源的全年单位建筑面积能耗量方差，大型公共建筑的方差 $\sigma_{i,\text{d-lb}}^2$ 为 0；

$\sigma_{i,\text{sd-type},m}^2$ ——第 m 个下一级建筑能耗数据采集部门计算的居住建筑或中小型公共建筑或大型公共建筑第 i 类能源的全年单位建筑面积能耗量方差。

C.2.3 市级、省级和国家级民用建筑各类能源的全年总能耗量和方差应按下列公式计算：

1 全年总能耗量

$$E_{i,\text{d-cb}} = E_{i,\text{d-rb}} + E_{i,\text{d-gb}} + E_{i,\text{d-lb}}$$

(C.2.3-1)

式中 $E_{i,\text{d-cb}}$——市级或省级或国家级民用建筑第 i 类能源的全年总能耗量。

2 方差

$$\sigma^2_{i,\text{d-cb}} = \sigma^2_{i,\text{d-rb}} + \sigma^2_{i,\text{d-gb}} + \sigma^2_{i,\text{d-lb}} \quad \text{(C.2.3-2)}$$

式中 $\sigma^2_{i,\text{d-cb}}$——市级或省级或国家级民用建筑第 i 类能源的全年总能耗量方差。

C.2.4 市级、省级和国家级民用建筑各类能源的全年单位建筑面积能耗量和方差应按下列公式计算：

1 全年单位建筑面积能耗量

$$e_{i,\text{d-cb}} = \frac{E_{i,\text{d-cb}}}{F_{\text{d-cb}}} \quad \text{(C.2.4-1)}$$

$$F_{\text{d-cb}} = F_{\text{d-rb}} + F_{\text{d-gb}} + F_{\text{d-lb}} \quad \text{(C.2.4-2)}$$

式中 $e_{i,\text{d-cb}}$——市级或省级或国家级民用建筑第 i 类能源的全年单位建筑面积能耗量；

$F_{\text{d-cb}}$——市级或省级或国家级民用建筑的总建筑面积。

2 方差

$$\sigma^2_{i,\text{d-cb}} = \frac{F^2_{\text{d-rb}} \cdot \sigma^2_{i,\text{d-rb}} + F^2_{\text{d-gb}} \cdot \sigma^2_{i,\text{d-gb}} + F^2_{\text{d-lb}} \cdot \sigma^2_{i,\text{d-lb}}}{F^2_{\text{d-cb}}}$$

(C.2.4-3)

式中 $\sigma^2_{i,\text{d-cb}}$——市级或省级或国家级民用建筑第 i 类能源的全年单位建筑面积能耗量方差。

附录 D 城镇民用建筑能耗数据报表

D.0.1 基层单位应按表 D.0.1 的格式生成基层单位建筑能耗数据报表。

表 D.0.1 基层单位城镇民用建筑能耗数据报表

基层单位名称：　　　　　　　　所属地级市、地级区、州、盟名称：
基层单位代码：　　　　　　　　所属地级市、地级区、州、盟代码：
基层单位负责人：　　　　　　　能耗采集年份：
联系电话：　　　　　　　　　　报出日期：　年　月　日

（一）总报表

			居住建筑	公共建筑		合计	备注
				中小型公共建筑	大型公共建筑		
总栋数（栋）							
总建筑面积（万 m²）							
全年单位建筑面积能耗量	电（kWh/m²）	采集值					
		方差			0		
	煤（kg/m²）	采集值					
		方差			0		
	天然气（m³/m²）	采集值					
		方差			0		
	液化石油气（kg/m²）	采集值					
		方差			0		
	人工煤气（kg/m²）	采集值					
		方差					
	汽油（kg/m²）	采集值					
		方差					
	煤油（kg/m²）	采集值					
		方差					

续表 D.0.1

			居住建筑	公共建筑		合计	备注
				中小型公共建筑	大型公共建筑		
全年单位建筑面积能耗量	柴油(kg/m²)	采集值					
		方差			0		
	集中供热耗热量(kJ/m²)	采集值					
		方差			0		
	集中供冷耗冷量(kJ/m²)	采集值					
		方差			0		
	建筑直接使用的可再生能源( )	采集值					
		方差			0		
	其他能源( )	采集值					
		方差			0		
全年总能耗量	电(万 kWh)	采集值					
		方差			0		
	煤(t)	采集值					
		方差			0		
	天然气(万 m³)	采集值					
		方差			0		
	液化石油气(t)	采集值					
		方差			0		
	人工煤气(t)	采集值					
		方差			0		
	汽油(t)	采集值					
		方差			0		
	煤油(t)	采集值					
		方差			0		
	柴油(t)	采集值					
		方差			0		
	集中供热耗热量(万 kJ)	采集值					
		方差			0		
	集中供冷耗冷量(万 kJ)	采集值					
		方差			0		
	建筑直接使用的可再生能源( )	采集值					
		方差			0		
	其他能源( )	采集值					
		方差			0		

续表 D.0.1

(二)分类建筑能耗数据报表

			居住建筑			公 共 建 筑							备注
						中小型公共建筑				大型公共建筑			
			低层	多层	中高层和高层	办公	商场	宾馆饭店	其他	办公	商场	宾馆饭店	其他	
总栋数(栋)														
总建筑面积(万 m²)														
全年单位建筑面积能耗量	电(kWh/m²)	采集值												
		方差								0	0	0	0	
	煤(kg/m²)	采集值												
		方差								0	0	0	0	
	天然气(m³/m²)	采集值												
		方差								0	0	0	0	
	液化石油气(kg/m²)	采集值												
		方差								0	0	0	0	
	人工煤气(kg/m²)	采集值												
		方差								0	0	0	0	
	汽油(kg/m²)	采集值												
		方差								0	0	0	0	
	煤油(kg/m²)	采集值												
		方差								0	0	0	0	
	柴油(kg/m²)	采集值												
		方差								0	0	0	0	
	集中供热耗热量(kJ/m²)	采集值												
		方差								0	0	0	0	
	集中供冷耗冷量(kJ/m²)	采集值												
		方差								0	0	0	0	
	建筑直接使用的可再生能源( )	采集值												
		方差								0	0	0	0	
	其他能源( )	采集值												
		方差								0	0	0	0	
全年总能耗量	电(万 kWh)	采集值												
		方差								0	0	0	0	
	煤(t)	采集值												
		方差								0	0	0	0	
	天然气(万 m³)	采集值												
		方差								0	0	0	0	
	液化石油气(t)	采集值												
		方差								0	0	0	0	

续表 D.0.1

			居住建筑			公共建筑							备注
						中小型公共建筑				大型公共建筑			
			低层	多层	中高层和高层	办公	商场	宾馆饭店	其他	办公	商场	宾馆饭店	其他	
全年总能耗量	人工煤气(t)	采集值												
		方差								0	0	0	0	
	汽油(t)	采集值												
		方差								0	0	0	0	
	煤油(t)	采集值												
		方差								0	0	0	0	
	柴油(t)	采集值												
		方差								0	0	0	0	
	集中供热耗热量(万kJ)	采集值												
		方差												
	集中供冷耗冷量(万kJ)	采集值												
		方差												
	建筑直接使用的可再生能源( )	采集值												
		方差								0	0	0	0	
	其他能源( )	采集值												
		方差								0	0	0	0	

注：1 合计栏中总栋数和总建筑面积应为居住建筑、中小型公共建筑、大型公共建筑的总栋数和总建筑面积之和，下同；
    2 合计栏中全年总能耗量应为居住建筑、中小型公共建筑、大型公共建筑的全年总能耗量之和，下同；
    3 合计栏中全年单位建筑面积能耗量应为合计栏中全年总能耗量与总建筑面积之比，下同。

D.0.2 市级、省级和国家级建筑能耗数据采集部门应依据下一级的建筑能耗数据报表，按表 D.0.2 的格式生成本级建筑能耗数据表。

表 D.0.2 市级（或省级，或国家级）城镇民用建筑能耗数据报表

数据采集部门所属级别：□市级 □省级 □国家级
数据采集部门名称：
数据采集部门所属行政区域名称：
数据采集部门所属行政区域代码：
数据采集部门负责人：
联系电话：
数据采集部门所属上一级行政区域名称：
数据采集部门所属上一级行政区域代码：
能耗采集年份：
报出日期：　　年　月　日

			居住建筑	公共建筑		合计	备注
				中小型公共建筑	大型公共建筑		
总栋数(栋)							
总建筑面积(万 m²)							
全年单位建筑面积能耗量	电(kWh/m²)	采集值					
		方差				0	
	煤(kg/m²)	采集值					
		方差				0	

续表 D.0.2

			居住建筑	公共建筑		合计	备注
				中小型公共建筑	大型公共建筑		
全年单位建筑面积能耗量	天然气(m³/m²)	采集值					
		方差				0	
	液化石油气(kg/m²)	采集值					
		方差				0	
	人工煤气(kg/m²)	采集值					
		方差				0	
	汽油(kg/m²)	采集值					
		方差				0	
	煤油(kg/m²)	采集值					
		方差				0	
	柴油(kg/m²)	采集值					
		方差				0	
	集中供热耗热量(kJ/m²)	采集值					
		方差				0	
	集中供冷耗冷量(kJ/m²)	采集值					
		方差				0	
	建筑直接使用的可再生能源( )	采集值					
		方差				0	
	其他能源( )	采集值					
		方差				0	

续表 D.0.2

			公共建筑		合计	备注
			居住建筑	中小型公共建筑	大型公共建筑	
全年总能耗量	电(万 kWh)	采集值					
		方差			0		
	煤(t)	采集值					
		方差			0		
	天然气(万 m³)	采集值					
		方差			0		
	液化石油气(t)	采集值					
		方差			0		
	人工煤气(t)	采集值					
		方差			0		
	汽油(t)	采集值					
		方差			0		
	煤油(t)	采集值					
		方差			0		
	柴油(t)	采集值					
		方差			0		
	集中供热耗热量(万 kJ)	采集值					
		方差			0		
	集中供冷耗冷量(万 kJ)	采集值					
		方差			0		
	建筑直接使用的可再生能源( )	采集值					
		方差			0		
	其他能源( )	采集值					
		方差			0		

注：1 "数据采集部门所属行政区域名称"应按下列规定填写：
　　1)对市级数据采集部门应填写地级市、地级区、州、盟的名称；
　　2)对省级数据采集部门应填写省、自治区、直辖市的名称；
　　3)对国家级数据采集部门此栏不填写。
　2 "数据采集部门所属行政区域代码"对市级和省级数据采集部门应为现行国家标准《中华人民共和国行政区划代码》GB/T 2260 分别对地级市、地级区、州、盟和省、自治区、直辖市所规定的数字代码；对国家级数据采集部门此栏不填写。
　3 "数据采集部门所属上一级行政区域名称"和"数据采集部门所属上一级行政区域代码"对市级数据采集部门应填写本级数据采集部门所属的省、自治区、直辖市的名称和现行国家标准《中华人民共和国行政区划代码》GB/T 2260 对省、自治区、直辖市所规定的数字代码，对省级和国家级数据采集部门此两栏不填写。

附录 E 城镇民用建筑能耗数据发布表

表 E 国家级（或省级，或市级，或基层单位）城镇民用建筑能耗数据发布表（____年）

		居住建筑	公共建筑		合计
			中小型公共建筑	大型公共建筑	
总栋数(栋)					
总建筑面积(万 m²)					
全年单位建筑面积能耗量	电(kWh/m²)				
	煤(kg/m²)				
	天然气(m³/m²)				
	液化石油气(kg/m²)				
	人工煤气(kg/m²)				
	汽油(kg/m²)				
	煤油(kg/m²)				
	柴油(kg/m²)				
	集中供热耗热量(kJ/m²)				
	集中供冷耗冷量(kJ/m²)				
	建筑直接使用的可再生能源( )				
	其他能源( )				
全年总能耗量	电(万 kWh)				
	煤(t)				
	天然气(万 m³)				
	液化石油气(t)				
	人工煤气(t)				
	汽油(t)				
	煤油(t)				
	柴油(t)				
	集中供热耗热量(万 kJ)				
	集中供冷耗冷量(万 kJ)				
	建筑直接使用的可再生能源( )				
	其他能源( )				

注：表头中的"国家级（或省级，或市级，或基层单位）"应按以下格式表述：
　1 国家级：全国；
　2 省级：_____（省、自治区、直辖市名称）；
　3 市级：_____（省、自治区、直辖市名称）_____（地级市、地级区、州、盟名称）；
　4 基层单位：_____（省、自治区、直辖市名称）_____（地级市、地级区、州、盟名称）_____（县、县级市、县级区、旗名称）。

本标准用词说明

1 为便于在执行本标准条文时区别对待,对要求严格程度不同的用词说明如下:
  1) 表示很严格,非这样做不可的:
     正面词采用"必须",反面词采用"严禁";
  2) 表示严格,在正常情况下均应这样做的:
     正面词采用"应",反面词采用"不应"或"不得";
  3) 表示允许稍有选择,在条件许可时首先应这样做的:
     正面词采用"宜",反面词采用"不宜";
     表示有选择,在一定条件下可以这样做的:
     采用"可"。
2 标准中指明应按其他有关标准执行的,写法为:"应符合……的规定(或要求)"或"应按……执行"。

中华人民共和国行业标准

民用建筑能耗数据采集标准

JGJ/T 154—2007

条 文 说 明

前 言

《民用建筑能耗数据采集标准》JGJ/T 154-2007 经建设部 2007 年 7 月 23 日以第 676 号公告批准发布。

为便于广大设计、施工、科研、学校等单位有关人员在使用本标准时能正确理解和执行条文规定，《民用建筑能耗数据采集标准》编制组按章、节、条顺序编写了本标准的条文说明，供使用者参考。在使用中如发现本条文说明有不妥之处，请将意见函寄深圳市建筑科学研究院（地址：深圳市福田区振华路 8 号设计大厦 5 楼；邮政编码：518031）。

目　次

1 总则 …………………………………… 59—21
2 术语 …………………………………… 59—21
3 民用建筑能耗数据采集对象与指标 ………………………… 59—21
　3.1 民用建筑能耗数据采集对象与分类 ………………………… 59—21
　3.2 民用建筑能耗数据采集指标 …… 59—22
4 民用建筑能耗数据采集样本量和样本的确定方法 ……………………… 59—22
　4.1 一般规定 ……………………… 59—22
　4.2 居住建筑能耗数据采集样本量和样本的确定方法 ………………… 59—23
　4.3 公共建筑能耗数据采集样本量和样本的确定方法 ………………… 59—23
5 样本建筑的能耗数据采集方法 …… 59—23
　5.1 一般规定 ……………………… 59—23
　5.2 居住建筑的样本建筑能耗数据采集方法 ……………………… 59—24
　5.3 公共建筑的样本建筑能耗数据采集方法 ……………………… 59—24
6 民用建筑能耗数据报表生成与报送方法 …………………… 59—24
　6.1 民用建筑能耗数据报表生成方法 …… 59—24
　6.2 民用建筑能耗数据报表报送方法 …… 59—25
7 民用建筑能耗数据发布 …………… 59—25

1 总 则

1.0.1 《中华人民共和国节约能源法》规定：用能单位应当加强能源计量管理，健全能源消费统计和能源利用状况分析制度；重点用能单位应当按照国家有关规定定期报送能源利用状况报告。能源利用状况包括能源消费情况、用能效率和节能效益分析、节能措施等内容。

在我国建国初期，工业统计中就建立了原煤、原油、电力、天然气的产量统计；随后，又在物资统计里建立了以反映各种能源在生产、销售平衡和能源收入、拨出、消费为主要内容的以实物为主的单项能源统计。20世纪80年代以来，由于能源在国民经济建设中的战略地位日益突出，在工业统计和物资统计的基础上分离出能源统计。但目前我国的能源统计主要是工业能源的统计，建筑能耗长期被分割混杂在能源消耗的各个领域，比如住宅的能耗归入城乡人民生活能源消费，而其他各类建筑能耗归入非物质生产部门的能源消费。

我国目前建筑能耗数据采集体系尚不完善，尚未形成一套成熟的建筑能耗数据采集、处理与分析方法。因此，建立建筑能耗数据采集制度，有利于全面了解我国的建筑能耗水平、建筑终端商品能耗结构和建筑用能模式，积累建筑能耗基础数据，为国家制定节能降耗政策提供数据支持。

1.0.2 本标准规定的建筑能耗数据采集范围是城镇民用建筑，数据采集对象是建筑在使用过程中所消耗的各类能源。工业建筑的能耗主要取决于工业建筑内部生产过程中设备的能耗，因此工业建筑的能耗应计入能源消费端的工业能耗统计；由于在农村秸秆、薪柴的用量比较大，煤炭、电力等常规商品能源使用量较小，因此本标准暂不采集农村建筑能耗。

1.0.3 本标准旨在掌握我国城镇民用建筑能耗的具体数据，对与建筑节能相关的内容，如建筑围护结构的性能、建筑内部设备的使用情况和耗能特点等没有作详细的信息采集，如果国家有这方面的标准，尚应符合有关标准的规定。

2 术 语

2.0.1~2.0.5 建筑划分为民用建筑和工业建筑。民用建筑又分为居住建筑和公共建筑。本标准将公共建筑又进一步分为中小型公共建筑和大型公共建筑(单栋建筑面积大于2万m²的公共建筑)。对这两类公共建筑分开进行能耗数据采集，是因为：据统计，我国目前有5亿m²左右的大型公共建筑，这些大型公共建筑的用能设备包括空调、照明、办公设备、电梯等多个系统，其每年单位建筑面积耗电量为70~300kWh/m²，是住宅的10~20倍。大型公共建筑成为建筑能源消耗的高密度领域，具有巨大的节能潜力。

2.0.6 本标准在采集建筑能耗数据时，是以整栋建筑为对象，采集进入整栋建筑的各类能源，并入电网中的可再生能源由于无法拆分，因此把并入电网中的水力发电、太阳能发电等可再生能源称为建筑间接使用的可再生能源，对这部分可再生能源直接并入电的采集；而将由建筑或建筑群独立产生并使用的可再生能源称为建筑直接使用的可再生能源，本标准把把这部分可再生能源单独作为一种能源形式进行能耗数据采集。

2.0.7 统计学术语。本标准对居住建筑和中小型公共建筑采用了分类随机抽样。

2.0.8 本标准是采集进入建筑的各类能源，因此对以供热输配管道为建筑提供热量的供热形式单独进行能耗数据采集，并把这种能源形式称为集中供热。集中供热包括：区域集中供热(为整个城市或城区进行供热)和局部集中供热(为小区或几栋建筑供热)。

2.0.9 以供冷输配管道为建筑提供冷量的供冷形式称为集中供冷，对这种能源形式也单独进行能耗数据采集。冷源设于建筑内部，并为建筑提供冷量的供冷形式不属于本标准所规定的集中供冷形式。

3 民用建筑能耗数据采集对象与指标

3.1 民用建筑能耗数据采集对象与分类

3.1.1 居住建筑主要包括住宅、集体宿舍、公寓、招待所、养老院、托幼建筑等。公共建筑主要包括办公建筑(包括写字楼、政府部门办公楼等)、商场建筑、宾馆饭店建筑、文化场馆(包括展览馆、博物馆、图书馆等)、影剧院建筑、科研教育建筑、医疗卫生建筑、体育建筑、通信建筑(如邮电、通信、广播用房等)以及交通建筑(如机场、车站建筑等)。本标准对居住建筑和公共建筑分别进行能耗数据采集，而对于综合性的建筑，如商住楼，即建筑的下部为商场或办公区域，上部为商品房的建筑，由于其具有不同的能源消费特点，应将它们分开进行能耗数据采集，居住建筑部分应纳入居住建筑的能耗数据采集体系，公共建筑部分应纳入公共建筑的能耗数据采集体系。

3.1.2 与发达国家相比，我国大型公共建筑的平均能耗值高于欧洲水平，与美国、日本的平均值大体接近。由于不同气候条件和经济发展水平的差异，我国不同城市和地区的建筑能耗特点各不相同，但存在相同的规律，即在能耗水平上，大型公共建筑、中小型公共建筑和居住建筑之间存在相对清晰的分界线，并且大型公共建筑的能耗都远高于中小型公共建筑和居住建筑。虽然大型公共建筑的数量不多，但由于电耗指标高，大型公共建筑在民用建筑总能耗中占有很大比重。由于能耗指标高，改造 $1m^2$ 的大型公共建筑所能取得的节能效果相当于改造 $10\sim15m^2$ 的居住建筑，同时对大型公共建筑进行节能改造远比对涉及居民在内的居住建筑进行节能改造要容易得多。特别是实施政府机构办公建筑节能改造，不仅可以减少公共财政支出，同时可通过政府机构率先垂范，起到示范作用。本标准分别对中小型公共建筑和大型公共建筑进行能耗数据采集，确定建筑节能工作的重点，指导我国建筑节能工作的深入开展。

3.1.3 低层、多层、中高层和高层居住建筑的建筑能耗及使用人群等差异性较大，为了更准确地估算整个社会居住建筑的能耗，本标准将居住建筑分为低层、多层、中高层和高层 3 类进行能耗数据采集。这里将中高层居住建筑和高层居住建筑合为一类，是考虑到 7 层至 9 层的中高层居住建筑和 10 层及以上的高层居住建筑的能耗差异不是很明显。居住建筑的层数分类划分方法是参考《住宅设计规范》GB 50096－1999 中对住宅按层数的划分方法。

3.1.4 在公共建筑中，办公楼、商场和宾馆饭店所占的数量比例大，同时能耗差异也较大。据有关单位的初步统计，办公建筑的能耗约为 $80\sim150kWh/(m^2\cdot年)$，而高档商场建筑能耗则高达 $300\sim400kWh/(m^2\cdot年)$，因此本标准选择了这三类公共建筑作为主要的能耗数据采集对象，并将其余的公共建筑类型都归入"其他建筑"，共分 4 类进行能耗数据采集，既能减少工作量，又能较准确地估算全社会公共建筑的能耗。

3.2 民用建筑能耗数据采集指标

3.2.1 民用建筑使用的能源包括：电、煤、气、油、集中供热、集中供冷、建筑独立产生并使用的可再生能源等各种能源形式，归纳为四类：电、燃料（煤、气、油等）、集中供热（冷）、建筑直接使用的可再生能源。本标准对各种能源形式单独进行能耗数据采集。对建筑自备热源（建筑自备小型电炉，燃气/油炉）和分户独立采暖的情况，以及对单栋建筑自备冷源（制冷机、热泵机组）和每户独立制冷（窗式空调器、分体空调器、户式中央空调等）的情况，由于是直接采集进入建筑的电量或燃料消耗量，因此集中供热（冷）量中不再重复采集这部分能耗。集中供热（冷）量的采集仅是指针对依靠供热管道（或供冷管道）为建筑提供热量（或冷量）的采集。

3.2.2 在采集城镇民用建筑能耗的同时，可以掌握我国各地城镇民用建筑的具体栋数和建筑面积，为政府部门制定能源领域的政策提供依据，比如既有建筑节能改造的范围和节能潜力分析等。

3.2.3 能耗数据采集除了得到城镇民用建筑的能源消耗总量外，还需要得到单位建筑面积的能耗量，从而既可以与我国的建筑节能设计标准能耗指标进行对比，也可以与其他国家的建筑能耗指标进行对比。

4 民用建筑能耗数据采集样本量和样本的确定方法

4.1 一般规定

4.1.1 在我国现有的行政分区范围内进行民用建筑能耗数据采集，可以利用现有的行政职能进行监督和管理，从而规范与有效地实施民用建筑能耗数据采集工作。

4.1.3 民用建筑能耗数据是在我国现有的行政分区范围内进行逐级上报的，因此基层单位在整个能耗数据采集体系中占据着非常重要的地位，关系到数据的可靠性与准确性，本标准规定县级行政区域（县、县级市、县级区、旗）为民用建筑能耗数据采集的基层单位。

4.1.5 统计调查方法有统计报表、普查、抽样调查、重点调查、典型调查等几种形式。

统计报表是由国家统一颁发表格，由企事业单位根据一定的原始记录和核算资料，按规定的时间和程序，定期提供统计资料的一种调查方式。

普查是为了某一特定目的而专门组织的一次性全面调查。其特点是：调查单位多、内容全面、工作量大、所需费用高，主要在全国范围内进行。

抽样调查是按随机原则，从总体调查对象中抽取一部分单位作为样本来进行观察，并根据其观察结果，从局部推断总体的一种非全面调查。抽样调查与其他调查方式比较，既能节省人力、物力、财力，提高资料的时效性，又能推断出比较准确的全面资料，还因其原理和方法以数学理论为依据，有较高的科学性，所以这种调查方式在产品质量检验、产品质量控制以及市场调查等方面应用非常广泛。

重点调查是在总体调查对象中选取一部分对全局具有决定性作用的重点单位进行调查的一种调查方法。一般情况下，重点调查的目的主要是为了掌握调查对象的基本情况，不需要利用重点调查的综合指标来推断总体的数量，但在某些情况下，也可以利用重点调查所得的数据资料，对总体的数据做出大致的估算。

典型调查是根据调查的目的和要求，在对被研究对象进行全面分析的基础上，有意识地选取若干具有典型意义的或有代表性的单位进行调查。由于典型单位的选择是有意识的，不是随机抽样，所以对总体推断无法计算误差，而且推断的结果是较粗略的估计。

鉴于以上几种调查方式的特点，本标准对城镇民用建筑的基本情况（建筑面积、建筑层数、建筑功能等）进行普查，即逐一调查；但对于居住建筑和中小型公共建筑的建筑能耗，由于其数量巨大，如果进行全面调查，要消耗很大的人力和物力，因此采用抽样调查的方法进行能耗数据采集；而对于大型公共建筑的建筑能耗，由于其数量较少、但单位建筑面积耗能量巨大的特点，对这类建筑的能耗数据采集采用逐栋建筑调查的方式，深入了解每栋建筑物内的能源消耗情况。

抽样法是在抽样调查的基础上，利用样本的实际资料计算样本指标并据以推算总体相应数量特征的一种统计分析方法。抽样法是建立在随机抽样的基础上的。

随机抽样法：设要调查的总体有 N 个个体，从这 N 个个体中机会均等地抽取第一个样，然后在剩下的 $(N-1)$ 个个体中机会均等地抽取第二个样，……，最后，在所剩 $N-(n-1)$ 个个体中机会均等地抽取第 n 个样，调查得到每个样的指标，这种抽样法称为随机抽样法。

分类抽样法：将有 N 个个体的总体先分成 K 个互不重叠的子总体，设第 j 个子总体有 N_j（$j=1$, …, K）个个体，则有 $\sum_{j=1}^{K} N_j = N$，这些子总体就称为类。从每类中独立进行随机抽样，这 K 组样本合成为总体的分类样本。分类抽样具有如下优点：

第一能提高样本的代表性。因为在抽样前经过分类，可以把总体中标志值比较接近的单位归为一类，将差异较大的分开，使各类的分布比较均匀，而且各类都有中选的机会，使样本更接近于总体的分布，从而提高样本的代表性。

第二能降低总体方差对抽样误差的影响。由于分类抽样是针对各类中抽选的样本单位，因而影响抽样误差的只是各类的类内方差，排除了各类间方差的影响，所以，在总体各单位标志值大小悬殊的情况下，运用分类抽样比纯随机抽样可以得到更准确的结果。

因此，本标准对居住建筑和中小型公共建筑采用了分类随机抽样的方法进行建筑能耗数据采集。

4.1.6 由于大型公共建筑的数量占建筑总量的比例小，但单位建筑面积耗能量巨大，因此采用逐一调查的方法进行能耗数据采集。

4.1.7 建筑基本信息可以从以下途径获取：
  1 建设行业主管部门，如地区建设系统主管部门、房地产管理部门等；
  2 到城市建设档案馆进行资料文案统计；
  3 组织专人进行现场调查和统计；
  4 物业管理部门配合填写。

具体操作的时候可以几种途径相结合，由建设行政主管部门牵头，联合房地产管理、物业管理、档案管理等多方面的力量完成数据与信息采集工作。

4.2 居住建筑能耗数据采集样本量和样本的确定方法

4.2.1 由于居住建筑数量庞大，为了减轻统计工作量，需要对居住建筑进行分类随机抽样统计，而分类随机抽样的前提是建立各类居住建筑的基本信息表。

4.2.2 在居住建筑的各分类基本信息表中，按相同的比例确定样本量，可以保证建筑栋数多的组样本量多，建筑栋数少的组样本量少。

4.2.3 在各类居住建筑基本信息表中进行随机抽样是从分类总体 N 中随机抽取一个容量为 n 的样本，每次从总体中抽取一个样，连续进行 n 次抽选，但每次抽选的那一栋楼不再参与下一次的抽选。因此，每随机抽选一次，总体的数量就少一个，因而每栋建筑的中选机会在各次随机抽样中是不相同的。

4.2.4 每次建筑能耗数据采集样本是在保留上一次样本（上一次统计后拆除的样本建筑需去除）的基础上，同时增加上一次数据采集后新建建筑的样本，一方面是考虑对既有的样本建筑进行持续的能耗数据采集，由于建筑的采集途径、采集人员及采集方法等相对固定，可减少能耗数据采集工作的难度，同时通过持续的能耗数据对比，可以找出影响能耗变化的关键因素，为节能改造和节能运行创造条件；另一方面，对上一次数据采集后竣工的新建建筑独立进行分类随机抽样，并将抽选的样本增加到既有的对应分类样本组中，这样可以确保样本建筑具有广泛的代表性。

4.3 公共建筑能耗数据采集样本量和样本的确定方法

4.3.1 由于中小型公共建筑数量庞大，为了减轻数据采集的工作量，需要对中小型公共建筑进行分类随机抽样调查，而分类随机抽样的前提是建立各类中小型公共建筑的基本信息表。

4.3.5 虽然本标准对大型公共建筑是采用逐一调查的方法进行建筑能耗数据采集，但也需了解不同类型大型公共建筑能耗的差异情况，为制定不同类型大型公共建筑的节能策略提供参考。因此，在进行大型公共建筑能耗数据采集前，应先建立各类大型公共建筑的基本信息表，然后分类逐一进行能耗数据采集。

5 样本建筑的能耗数据采集方法

5.1 一般规定

5.1.1 样本建筑的能耗数据是否可靠直接关系到整体能耗数据的可靠性，而基层单位是最有途径也是最能准确获得辖区内样本建筑的基本信息及能耗数据的，因此对样本建筑能耗数据的采集应由基层单位负责进行。

5.1.2 目前我国的电、天然气等能源消费基本上是逐月进行计量和收费的，同时，建筑能耗的大小与气候特征关系较大，为了确保数据的准确性，并为初步估算建筑中空调和采暖能耗的大小,需要进行逐月能耗数据采集。

5.2 居住建筑的样本建筑能耗数据采集方法

5.2.1 本条主要是基于采暖计量现状情况考虑的。对于设有楼栋热表的部分居住建筑样本,应直接从热表中获取样本建筑供热量。但由于大量的既有居住建筑在建筑引入口处没有安装热表,因此对这类居住建筑样本的集中供热量数据的采集宜在样本建筑所处的管网中有热量(或流量)计量的地点(换热站或锅炉房等热源处)进行,根据供热面积做近似比例换算,即调查热源(换热站或锅炉房)处的计量数据计算其能耗值,根据所调查样本建筑的建筑面积占热源所负担的总建筑面积的比例折算得到样本建筑的采暖耗能。一般蒸汽管网在建筑引入口处可直接读取流量数据,如果蒸汽在单幢建筑引入口处无计量装置,也可采取类似热水管网计量调查的处理办法。对集中供冷的情况与集中供热类似。

5.2.2 除集中供热、供冷量外的居住建筑能耗数据的采集方法有3种:

1 从能源供应端获得整栋楼的能耗数据。能源供应端主要是指电力和燃气等供应部门。

2 为样本建筑设置楼栋能耗计量总表,从楼栋能耗计量总表获得整栋楼的能耗数据。

3 逐户调查每户能耗和公用能耗,然后累加获得整栋楼的能耗数据。

三种方法可以结合在一起使用,比如电力和管道燃气等的消耗量可以从电力和燃气供应部门获得,而对分户购买的能源种类,如罐装煤气、煤等能源则要进行逐户调查。

5.3 公共建筑的样本建筑能耗数据采集方法

5.3.1、5.3.2 中小型公共建筑的样本建筑和每栋大型公共建筑的能耗数据采集方法有两种:

1 从楼栋能耗计量总表采集整栋楼的能耗数据;

2 逐户调查各用户的能耗和公用能耗,然后累加获得整栋楼的能耗数据。

公共建筑一般均设置了楼栋能耗计量总表,因此宜直接从楼栋能耗计量总表中获得能耗数据,对没有设置楼栋能耗计量总表的公共建筑,为了减少每次数据采集时的工作量,宜设置楼栋能耗计量总表。

以上两种方法可以结合在一起使用,主要是以能方便地获得准确的能耗数据为原则。

各用户能耗和公用能耗之和等于该栋公共建筑的总能耗,对于政府机构办公楼、文卫体育建筑等公共设施类的建筑,能直接进行总能耗数据采集的,就不必分别采集用户能耗数据和公用能耗数据。

6 民用建筑能耗数据报表生成与报送方法

6.1 民用建筑能耗数据报表生成方法

6.1.1、6.1.2 由于本标准规定的民用建筑能耗数据采集方法对居住建筑和中小型公共建筑是按照分类随机抽样的方法进行,因此,需要通过样本建筑的能耗数据来估算总体建筑的能耗数据。基层单位,市级、省级和国家级建筑能耗数据采集部门都要对数据进行处理。

对居住建筑和中小型公共建筑进行建筑能耗数据处理时,除了计算得出全年单位建筑面积能耗和全年总能耗外,还应计算这些能耗值所对应的方差。随机变量的方差反映了随机变量取值的分散程度这一特征。随机变量 X 的方差为:

$$\sigma^2 = E[X - E(X)]^2 \tag{1}$$

并称 σ 为随机变量 X 的标准差。

由样本估算总体,两者之间总是要出现差距的,这种由样本得到的估计值与被估计的总体未知真实值之差,就是误差。由于造成误差的原因不同,所以,误差又分为登记性误差和代表性误差两种。

1 登记性误差,是指在调查过程中,由于各种主、客观原因的影响而引起的诸如测量错误、记录错误、计算错误、抄录错误,以及被调查者所报不实、指标涵义不清、口径不一致、遗漏或重复调查等原因而造成的误差。登记性误差也称为调查误差或工作误差。登记性误差可以通过提高调查人员的思想和业务水平,改进调查方法和组织工作,建立严格的工作责任制加以避免,使这类误差降到最低的限度。

2 代表性误差,是指用部分代表总体,推算全面时所产生的误差。只有在抽取部分样本单位来代表总体推算全面时,才有这种误差。代表性误差有两种,即系统偏差和随机误差。

系统偏差是指没有严格遵守随机原则而产生的系统性误差。例如,在抽取样本单位时,调查者有意识地挑选较好的或较差的作为样本单位进行调查,据此计算的抽样指标数值,必然要比全及指标数值偏高或偏低,从而影响了调查的质量。因此,在抽样调查中应尽可能避免系统偏差。

随机误差是指遵守了随机原则,可能抽到各种不同的样本,只要样本单位的构成比例与总体有出入,就会出现或大或小的误差,这种随机误差是不可避免的,是偶然的代表性误差。

抽样误差属于随机性误差范畴,也就是按随机原则抽样时,在没有登记性误差和系统偏差情况下,单纯由于不同的随机样本得出不同的估计量而产生的误差。抽样误差越小,表示样本的代表性越高;反之,样本的代表性越低。同样,抽样误差还说明样本指标与总体指标的相差范围,因此它也是推算总体的依据。

抽样误差是抽样调查自身所固有的不可避免的误差,虽然不能消除这种误差,但可以用数理统计方法进行计算,确定其数量界限并加以控制,把它控制在所允许的范围以内。

按本标准附录C规定的方差计算公式求出各类建筑能耗数据值的方差后,应用下式就可以求出各类建筑能耗数据值的置信区间:

$$(e-t\sigma, e+t\sigma) \qquad (2)$$

式中 e——能耗数据值;
  t——概率度,表1给出了概率度与置信度的关系。
  σ——能耗数据值的标准差,其值等于$\sqrt{\sigma^2}$。

表1 概率度与置信度分布表

概率度(t)	1	1.28	1.5	1.64	1.96	2	2.58	3	4
置信度$F(t)$	68.27%	80%	86.64%	90%	95%	95.45%	99%	99.73%	99.99%

因此,对各类建筑能耗数据值,只要求出了数据值的方差σ^2,然后根据想要的置信度,应用式(2)就可以计算出建筑能耗统计值的置信区间。

6.1.3 由于上一级数据报表的数据来源于下一级的数据报表,因此,本标准规定必须按照统一的报表格式进行数据的填写和报送。

6.2 民用建筑能耗数据报表报送方法

6.2.1 本条规定了基层单位向市级建筑能耗数据采集部门报送的材料种类。由于数据报表中仅是计算结果,为了上一级建筑能耗数据采集部门核验数据计算是否正确、统计过程是否合理,基层单位除了向市级建筑能耗数据采集部门报送数据报表外,还应同时报送城镇民用建筑基本信息总表和所有的样本建筑能耗数据采集表,这样也有利于数据的存档,供以后分析使用。

6.2.2 本条规定了市级建筑能耗数据采集部门和省级建筑能耗数据采集部门向上一级建筑能耗数据采集部门报送的材料种类。同样,除了报送本级建筑能耗数据报表外,还应同时报送下一级上报的所有材料。必要时,可以对全国城镇民用建筑能耗数据进行重新计算,也可以进行更详细的研究与分析。

7 民用建筑能耗数据发布

7.0.1 国家建筑能耗数据采集部门可以根据需要确定发布哪一级的建筑能耗数据,因此本条采用"宜"。

7.0.2 为了使发布的民用建筑能耗数据具有可比较性,本条规定了民用建筑能耗数据发布表的统一格式。

中华人民共和国行业标准

种植屋面工程技术规程

Technical specification for planted roof

JGJ 155—2007
J 683—2007

批准部门：中华人民共和国建设部
施行日期：2007年11月1日

中华人民共和国建设部
公　告

第 671 号

建设部关于发布行业标准
《种植屋面工程技术规程》的公告

现批准《种植屋面工程技术规程》为行业标准，编号为 JGJ 155-2007，自 2007 年 11 月 1 日起实施。其中，第 3.0.1、3.0.7、5.1.7、6.1.10 条为强制性条文，必须严格执行。

本规程由建设部标准定额研究所组织中国建筑工业出版社出版发行。

中华人民共和国建设部
2007 年 7 月 2 日

前　言

根据建设部建标函［2005］84 号文的要求，标准编制组经广泛调查研究，认真总结实践经验，参考有关国际标准和国外先进标准，并在广泛征求意见的基础上，制定了本规程。

本规程的主要技术内容有：1. 总则；2. 术语；3. 基本规定；4. 种植屋面材料；5. 种植屋面设计；6. 种植屋面施工；7. 质量验收。

本规程以黑体字标志的条文为强制性条文，必须严格执行。

本规程由建设部负责管理和对强制性条文的解释，由主编单位负责具体技术内容的解释。

本规程主编单位：中国建筑防水材料工业协会
（地址：北京市三里河路 11 号，邮编：100831）
本规程参编单位：北京市园林科学研究所
　　　　　　　　中国化建公司苏州防水研究设计所
　　　　　　　　深圳大学建筑设计院
　　　　　　　　德威达（上海）贸易有限公司
　　　　　　　　盘锦禹王防水建材集团
　　　　　　　　沈阳蓝光新型防水材料有限公司
　　　　　　　　北京华盾雪花塑料集团有限责任公司
　　　　　　　　北京圣洁防水材料有限公司
　　　　　　　　渗耐防水系统（上海）有限公司
　　　　　　　　德高瓦国际贸易（北京）有限公司
　　　　　　　　中防佳缘防水材料有限公司
　　　　　　　　浙江骏宁特种防漏有限公司
本规程主要起草人：王　天　朱冬青　李承刚
　　　　　　　　孙庆祥　张道真　颉朝华
　　　　　　　　韩丽莉　周文琴　李　翔
　　　　　　　　朱志远　杜　昕　尚华胜

目 次

1 总则 ·· 60—4
2 术语 ·· 60—4
3 基本规定 ·· 60—4
4 种植屋面材料 ···································· 60—4
   4.1 一般规定 ····································· 60—4
   4.2 保温隔热材料 ······························ 60—5
   4.3 找坡材料 ····································· 60—5
   4.4 耐根穿刺防水材料 ······················· 60—5
   4.5 过滤、排（蓄）水材料 ················ 60—6
   4.6 种植土和种植植物 ······················· 60—7
5 种植屋面设计 ···································· 60—7
   5.1 一般规定 ····································· 60—7
   5.2 建筑平屋面种植设计 ··················· 60—8
   5.3 建筑坡屋面种植设计 ··················· 60—8
   5.4 地下建筑顶板种植设计 ················ 60—9
   5.5 既有建筑屋面改造种植设计 ········ 60—9
   5.6 细部构造 ···································· 60—10
6 种植屋面施工 ··································· 60—10
   6.1 一般规定 ···································· 60—10
   6.2 保温隔热层施工 ·························· 60—11
   6.3 找坡层（找平层）施工 ··············· 60—11
   6.4 普通防水层施工 ·························· 60—11
   6.5 耐根穿刺防水层施工 ··················· 60—12
   6.6 排（蓄）水层和过滤层施工 ········ 60—12
   6.7 植被层施工 ································· 60—12
   6.8 既有建筑屋面改造种植施工 ········ 60—13
   6.9 绿化管理 ···································· 60—13
7 质量验收 ··· 60—13
   7.1 一般规定 ···································· 60—13
   7.2 种植屋面保温、防水工程
       质量验收 ···································· 60—13
   7.3 种植工程质量验收 ······················· 60—14
附录 A 种植屋面选用植物 ··················· 60—14
本规程用词说明 ···································· 60—16
附：条文说明 ······································· 60—17

1 总　则

1.0.1 为提高我国屋面工程的技术水平，推动种植屋面工程发展，改善区域环境，确保种植屋面的功能与质量，制定本规程。

1.0.2 本规程适用于新建和既有建筑屋面、地下建筑顶板种植工程的设计、施工和质量验收。

1.0.3 种植屋面工程的设计和施工应符合国家有关结构安全、环境保护和建筑节能的规定。

1.0.4 种植屋面工程的设计、施工和质量验收除应符合本规程外，尚应符合国家现行有关标准的规定。

2 术　语

2.0.1 种植屋面　planted roof
铺以种植土或设置容器种植植物的建筑屋面和地下建筑顶板。

2.0.2 简单式种植屋面　extensive planted roof
仅以地被植物和低矮灌木绿化的种植屋面。

2.0.3 花园式种植屋面　intensive planted roof
用乔木、灌木和地被植物绿化，并设置园路或园林小品等的种植屋面。

2.0.4 容器种植　container for planting
在容器或种植模块中栽植植物。

2.0.5 耐根穿刺防水层　root resistant waterproof layer
使用耐根穿刺防水材料构成的防水层。

2.0.6 排（蓄）水层　water drainage/retain layer
能排出渗入种植土中多余水分并具有蓄水功能的构造层。

2.0.7 过滤层　filter layer
防止种植土流失又能使水渗透的构造层。

2.0.8 种植土　growing soil
具有一定渗透性、蓄水能力和空间稳定性，满足植物生长的田园土、改良土和无机复合种植土。

2.0.9 田园土　natural soil
原野的自然土或农耕土。

2.0.10 改良土　improved soil
由田园土、轻质骨料和肥料等混合而成的有机复合种植土。

2.0.11 无机复合种植土　inorganic compound soil
根据土壤的理化性状及植物生理学特性配制而成的非金属矿物人工土壤。

2.0.12 植被层　plant layer
种植草本植物和木本植物的层次。

2.0.13 地被植物　ground cover plant
能够覆盖地面的株丛密集的低矮植物。

2.0.14 种植槽　planting container
用以种植植物的槽，也称树池。

2.0.15 园路　garden path
种植屋面上供人行走的道路。

2.0.16 隔离带　separation zone
把不同种植群分开的设施。

3 基本规定

3.0.1 新建种植屋面工程的结构承载力设计，必须包括种植荷载。既有建筑屋面改造成种植屋面时，荷载必须在屋面结构承载力允许的范围内。

3.0.2 种植屋面工程设计应遵循"防、排、蓄、植并重，安全、环保、节能、经济，因地制宜"的原则，并考虑施工环境和工艺的可操作性。

3.0.3 种植设计宜将覆土种植与容器种植相结合，生态和景观相结合。

3.0.4 简单式种植屋面的绿化面积，宜占屋面总面积的80%以上；花园式种植屋面的绿化面积，宜占屋面总面积的60%以上。

3.0.5 倒置式屋面不应做满覆土种植。

3.0.6 种植土厚度不宜小于100mm。

3.0.7 种植屋面防水层的合理使用年限不应少于15年。应采用二道或二道以上防水层设防，最上道防水层必须采用耐根穿刺防水材料。防水层的材料应相容。

3.0.8 种植屋面的结构层宜采用现浇钢筋混凝土。

3.0.9 当屋面坡度大于20%时，其保温隔热层、防水层、排（蓄）水层、种植土层等应采取防滑措施。屋面坡度大于50%时，不宜做种植屋面。

3.0.10 常年有六级风以上地区的屋面，不宜种植大型乔木。

3.0.11 寒冷地区种植土与女儿墙及其他泛水之间应采取防冻胀措施。

3.0.12 屋面种植应优先选择滞尘和降温能力强，并适应当地气候条件的植物。

3.0.13 种植屋面绿化设计单位应有园林设计资质。

3.0.14 种植屋面防水工程施工单位和园林绿化施工单位应有专业施工资质，按照总体设计及种植作业程序进行施工。作业人员应持证上岗。

3.0.15 种植屋面防水工程竣工后，平屋面应进行48h蓄水检验，坡屋面应进行持续3h淋水检验。

3.0.16 种植屋面工程应建立绿化管理、植物保养制度。屋面排水系统应保持畅通，挡墙排水孔、水落口、天沟和檐沟不得堵塞。

4 种植屋面材料

4.1 一般规定

4.1.1 普通防水材料的选用应符合现行国家标准

《屋面工程技术规范》GB 50345和《地下工程防水技术规范》GB 50108的规定。

4.1.2 耐根穿刺防水材料的选用应符合国家相关标准的规定，并由具有资质的检测机构出具合格检验报告。

4.1.3 种植屋面保温隔热层应选用密度小、压缩强度大、导热系数小、吸水率低的材料，不得使用松散保温隔热材料。

4.1.4 种植屋面排（蓄）水层应选用抗压强度大、耐久性好的轻质材料。

4.1.5 种植屋面选用材料的品种、规格及主要技术指标应在设计图纸中注明。

4.2 保温隔热材料

4.2.1 种植屋面保温隔热材料的密度宜小于100kg/m³。

4.2.2 喷涂硬泡聚氨酯和硬泡聚氨酯板的主要物理性能应符合表4.2.2的要求。

表4.2.2 喷涂硬泡聚氨酯和硬泡聚氨酯板主要物理性能

项 目	表观密度 (kg/m³)	导热系数 [W/(m·K)]	压缩强度 (kPa)	吸水率 (%)
性能要求	≥35	≤0.024	≥150	≤3

4.2.3 聚苯乙烯泡沫塑料板的主要物理性能应符合表4.2.3的要求。

表4.2.3 聚苯乙烯泡沫塑料板主要物理性能

项 目		表观密度 (kg/m³)	导热系数 [W/(m·K)]	压缩强度 (kPa)	吸水率 (%)	尺寸稳定性 (%)
性能要求	模塑型	≥25	≤0.041	≥60	≤6.0	≤4.0
	挤塑型	≥40	≤0.030	≥250	≤1.5	≤2.0

4.3 找坡材料

4.3.1 找坡材料应选择密度小并具有一定抗压强度的材料，宜从表4.3.1中选。

表4.3.1 找坡材料密度

材料名称	密度（kg/m³）
加气混凝土	400～600
轻质陶粒混凝土	300～900
水泥膨胀珍珠岩	800
水泥蛭石	900

4.4 耐根穿刺防水材料

4.4.1 铅锡锑合金防水卷材的厚度不应小于0.5mm，其主要物理性能应符合表4.4.1的要求。

表4.4.1 铅锡锑合金防水卷材主要物理性能

项目	拉伸强度 (MPa)	断裂延伸率 (%)	耐根穿刺试验	低温柔度 (℃, φ20mm圆棒)	抗冲击性
性能要求	≥20	≥30	合格	－30	无裂纹或穿孔

4.4.2 复合铜胎基SBS改性沥青防水卷材的厚度不应小于4mm，其主要物理性能应符合表4.4.2的要求。

表4.4.2 复合铜胎基SBS改性沥青防水卷材主要物理性能

项目	可溶物含量 (g/m²)	拉力 (N/50mm)	断裂延伸率 (%)	耐根穿刺试验	耐热度 (℃)	低温柔度 (℃)
性能要求	≥2900	≥800	≥40	合格	105	－25

4.4.3 铜箔胎SBS改性沥青防水卷材的厚度不应小于4mm，其主要物理性能应符合表4.4.3的要求。

表4.4.3 铜箔胎SBS改性沥青防水卷材主要物理性能

项目	可溶物含量 (g/m²)	拉力 (N/50mm)	耐根穿刺试验	耐热度 (℃)	低温柔度 (℃)
性能要求	≥2900	≥800	合格	105	－25

4.4.4 SBS改性沥青耐根穿刺防水卷材的厚度不应小于4mm，其主要物理性能应符合表4.4.4的要求。

表4.4.4 SBS改性沥青耐根穿刺防水卷材主要物理性能

项目	可溶物含量 (g/m²)	拉力 (N/50mm)	断裂延伸率 (%)	耐根穿刺试验	耐热度 (℃)	低温柔度 (℃)
性能要求	≥2900	≥800	≥40	合格	105	－25

4.4.5 APP改性沥青耐根穿刺防水卷材的厚度不应小于4mm，其主要物理性能应符合表4.4.5的要求。

表4.4.5　APP改性沥青耐根穿刺防水卷材主要物理性能

项目	可溶物含量(g/m²)	拉力(N/50mm)	断裂延伸率(%)	耐根穿刺试验	耐热度(℃)	低温柔度(℃)
性能要求	≥2900	≥800	≥40	合格	130	−15

4.4.6　聚乙烯胎高聚物改性沥青防水卷材的厚度不应小于4mm，胎体厚度不应小于0.6mm，其主要物理性能应符合表4.4.6的要求。

表4.4.6　聚乙烯胎高聚物改性沥青防水卷材主要物理性能

项目	可溶物含量(g/m²)	拉力(N/5cm)	断裂延伸率(%)	耐根穿刺试验	耐热度(℃)	低温柔度(℃)
性能要求	≥2900	≥500	≥300	合格	105	−25

4.4.7　聚氯乙烯防水卷材（内增强型）的厚度不应小于1.2mm，其主要物理性能应符合表4.4.7的要求。

表4.4.7　聚氯乙烯防水卷材（内增强型）主要物理性能

项目	拉伸强度(MPa)	断裂延伸率(%)	耐根穿刺试验	低温柔度(℃)	尺寸变化率(%)
性能要求	≥10	≥180	合格	−25	≤1.0

4.4.8　高密度聚乙烯土工膜的厚度不应小于1.2mm，其主要物理性能应符合表4.4.8的要求。

表4.4.8　高密度聚乙烯土工膜主要物理性能

项目	拉伸强度(MPa)	断裂延伸率(%)	耐根穿刺试验	低温柔度(℃)	尺寸变化率(%，100℃，15min)
性能要求	≥25	≥500	合格	−30	≤1.5

4.4.9　铝胎聚乙烯复合防水卷材的厚度不应小于1.2mm，其主要物理性能应符合表4.4.9的要求。

表4.4.9　铝胎聚乙烯复合防水卷材主要物理性能

项目	拉力(N/cm)	断裂延伸率(%)	耐根穿刺试验	低温柔度(℃)	尺寸变化率(%)
性能要求	≥80	≥100	合格	−20	≤1.0

4.4.10　对于聚乙烯丙纶防水卷材-聚合物水泥胶结料复合耐根穿刺防水材料，其中聚乙烯丙纶防水卷材的聚乙烯膜层厚度不应小于0.6mm，其主要物理性能应符合表4.4.10-1的要求；聚合物水泥胶结料的厚度不应小于1.3mm，其主要物理性能应符合表4.4.10-2的要求。

表4.4.10-1　聚乙烯丙纶防水卷材主要物理性能

项目	拉力(N/cm)	断裂延伸率(%)	耐根穿刺试验	低温柔度(℃)	加热伸缩量(mm)
性能要求	≥60	≥400	合格	−20	+2，−4

表4.4.10-2　聚合物水泥胶结料主要物理性能

项目	与水泥基层粘结强度(MPa)	剪切状态下的粘合性(N/mm)		抗渗性能(MPa，7d)	抗压强度(MPa，7d)
		卷材-基层	卷材-卷材		
性能要求	≥0.4	≥1.8	≥2.0	≥1.0	≥9.0

4.5　过滤、排（蓄）水材料

4.5.1　排（蓄）水层可选用下列材料：

1　凹凸型排（蓄）水板，其主要物理性能应符合表4.5.1-1的要求；

表4.5.1-1　凹凸型排（蓄）水板主要物理性能

项目	单位面积质量(g/m²)	凹凸高度(mm)	抗压强度(kN/m²)	抗拉强度(N/50mm)	断裂延伸率(%)
性能要求	500～900	≥7.5	≥150	≥200	≥25

2　网状交织排（蓄）水板，其主要物理性能应符合表4.5.1-2的要求；

表4.5.1-2　网状交织排（蓄）水板主要物理性能

项目	抗压强度(kN/m²)	表面开孔率(%)	空隙率(%)	通水量(cm³/s)	耐酸碱性
性能要求	≥50	≥95	85～90	≥380	稳定

3　陶粒，其粒径不应小于25mm，堆积密度不宜大于500kg/m³。铺设厚度宜为100～150mm。

4.5.2　过滤层宜采用单位面积质量为200～400g/m²的材料。

4.6 种植土和种植植物

4.6.1 种植土可选用田园土、改良土或无机复合种植土,其湿密度应符合表4.6.1的规定。

表4.6.1 种植土湿密度

类 别	湿密度(kg/m³)
田园土	1500～1800
改良土	750～1300
无机复合种植土	450～650

4.6.2 常用种植土配制应符合表4.6.2的规定。

表4.6.2 常用种植土配制

主要配比材料	配制比例	湿密度(kg/m³)
田园土：轻质骨料	1：1	1200
腐叶土：蛭石：沙土	7：2：1	780～1000
田园土：草炭：蛭石和肥料	4：3：1	1100～1300
田园土：草炭：松针土：珍珠岩	1：1：1：1	780～1100

4.6.3 种植土物理性能和种植土理化指标应分别符合表4.6.3-1和表4.6.3-2的规定。

表4.6.3-1 种植土物理性能

项目	湿密度(kg/m³)	导热系数[W/(m·K)]	内部孔隙度(%)	有效水分(%)	排水速率(mm/h)
田园土	1500～1800	0.5	5	25	42
改良土	750～1300	0.35	20	37	58
无机复合种植土	450～650	0.046	30	45	200

表4.6.3-2 种植土理化指标

项目	非毛管孔隙度(%)	pH值	含盐量(%)	含氮量(g/kg)	含磷量(g/kg)	含钾量(g/kg)
理化指标	>10	7.0～8.5	<0.12	>1.0	>0.6	>17

4.6.4 初栽植物种植荷载应符合表4.6.4的要求。

表4.6.4 初栽植物种植荷载

植物类型	小乔木(带土球)	大灌木	小灌木	地被植物
植物高度或面积	2.0～2.5m	1.5～2.0m	1.0～1.5m	1.0m²
植物荷重(kN/株)	0.8～1.2	0.6～0.8	0.3～0.6	0.15～0.3kN/m²
种植荷载(kN/m²)	2.5～3.0	1.5～2.5	1.0～1.5	0.5～1.0

注：种植荷载应包括种植区构造层自然状态下的整体荷载。

4.6.5 屋面种植植物宜按本规程附录A选用。

5 种植屋面设计

5.1 一 般 规 定

5.1.1 种植屋面设计应包括下列内容:
1 计算建筑屋面结构荷载;
2 因地制宜设计屋面构造系统;
3 设计排水系统;
4 选择耐根穿刺防水材料和普通防水材料;
5 确定保温隔热方式,选择保温隔热材料;
6 选择种植土类型;
7 选择植物种类,制订配置方案;
8 设计并绘制细部构造图。

5.1.2 植被层应根据屋面大小、坡度、建筑高度、受光条件、绿化布局、观赏效果、防风安全、水肥供给和后期管理等因素选择,并应符合下列要求:
1 不宜选用根系穿刺性强的植物;
2 不宜选用速生乔木、灌木植物;
3 高层建筑屋面和坡屋面宜种植地被植物;
4 乔木、大灌木高度不宜大于2.5m,距离边墙不宜小于2m。

5.1.3 根据气候特点、屋面形式,宜选择适合当地种植的植物种类。

5.1.4 植物荷重设计应按植物在屋面环境下生长10年后的荷重估算,初栽植物的荷重应符合本规程表4.6.4的规定。

5.1.5 建筑屋面种植宜选用改良土或无机复合种植土,地下建筑顶板种植宜选用田园土。种植土的厚度应根据植物种类按表5.1.5选用。

表5.1.5 种植土厚度

种植土类型	种植土厚度(mm)			
	小乔木	大灌木	小灌木	地被植物
田园土	800～900	500～600	300～400	100～200
改良土	600～800	300～400	300～400	100～150
无机复合种植土	600～800	300～400	300～400	100～150

5.1.6 屋面种植乔木、大灌木时,宜局部增加种植土的厚度。

5.1.7 花园式屋面种植的布局应与屋面结构相适应;乔木类植物和亭台、水池、假山等荷载较大的设施,应设在承重墙或柱的位置。

5.1.8 种植屋面宜设置雨水收集系统,并应根据种植形式的不同,确定水落口数量和落水管直径。

5.1.9 种植屋面为平屋面时,其坡度宜为1%～2%。单向坡长小于9m的屋面可用材料找坡,单向坡长大于9m的屋面宜结构找坡。天沟、檐沟坡度不应小于1%。

5.1.10 种植屋面配套设施应符合下列规定：
  1 水管、电缆线等设施，应铺设在防水层之上；
  2 屋面周边应有安全防护设施；
  3 花园式种植屋面宜有照明设施；
  4 灌溉可采用滴灌、喷灌和渗灌设施；
  5 新移植的植物宜采用遮阳、抗风、防寒和防倒伏支撑等设施。

5.2 建筑平屋面种植设计

5.2.1 种植屋面宜根据屋面面积大小和植物种类划分种植区。分区布置可用园路、排水沟、变形缝、绿篱等作隔离带。

5.2.2 种植平屋面设计的基本构造层次宜符合图5.2.2的要求。根据气候特点、屋面形式、植物种类，可增减屋面构造层次。

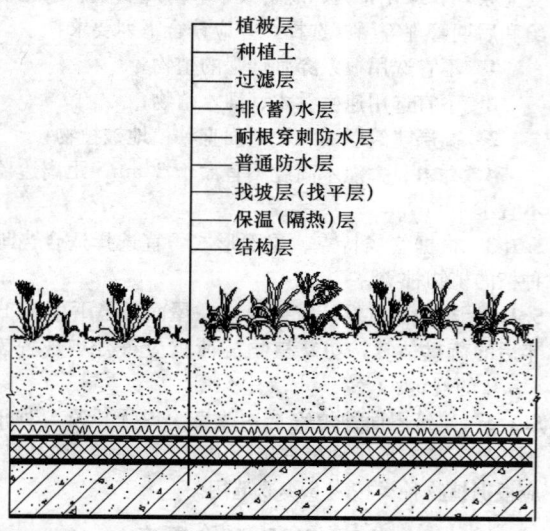

图5.2.2 种植平屋面基本构造层次

5.2.3 保温隔热层设计应符合下列规定：
  1 保温隔热层厚度应按所在地区现行建筑节能设计标准计算确定；
  2 保温隔热材料的选用应符合本规程第4.2节的要求；
  3 保温隔热材料厚度的换算系数：模塑型聚苯乙烯泡沫塑料板和硬泡聚氨酯为1.2；挤塑型聚苯乙烯泡沫塑料板为1.1。

5.2.4 找坡层（找平层）设计应符合下列规定：
  1 找坡层采用轻质材料或保温隔热材料找坡；
  2 找坡层上用1:3（体积比）水泥砂浆抹面；
  3 找平层厚度宜为15~20mm，应留分格缝，纵、横缝的间距不应大于6m，缝宽宜为5mm，兼作排汽道时，缝宽应为20mm。

5.2.5 普通防水层一道防水材料的厚度应符合下列规定：
  1 改性沥青防水卷材应为4mm；
  2 高分子防水卷材应为1.5mm；
  3 自粘聚酯胎改性沥青防水卷材应为3mm；
  4 自粘聚合物改性沥青聚酯胎防水卷材应为2mm；
  5 高分子防水涂料应为2mm。

5.2.6 耐根穿刺防水层的设计应符合下列规定：
  1 耐根穿刺防水材料应符合本规程第4.4节的要求；
  2 耐根穿刺防水层选用聚乙烯丙纶防水卷材-聚合物水泥胶结料复合防水材料时，应采用双层卷材做法。

5.2.7 耐根穿刺防水层需设保护层时，应符合下列要求：
  1 聚乙烯丙纶复合耐根穿刺防水层宜用水泥砂浆保护；
  2 其他耐根穿刺防水层宜用柔性材料保护。

5.2.8 排（蓄）水层的设计应符合下列要求：
  1 排（蓄）水层的材料应符合本规程第4.5.1条的要求；
  2 年降水量小于蒸发量的地区，宜选用蓄水功能强的排水板；
  3 排（蓄）水层应结合排水沟分区设置。

5.2.9 过滤层的设计应符合下列规定：
  1 过滤层的材料应符合本规程第4.5.2条的要求；
  2 过滤层材料的搭接宽度不应小于150mm；
  3 过滤层应沿种植土周边向上铺设，并与种植土高度一致。

5.2.10 种植槽应设置耐根穿刺防水层。

5.3 建筑坡屋面种植设计

5.3.1 种植坡屋面设计的基本构造层次应符合图5.3.1的要求。根据气候特点、屋面形式、植物种类，可增减屋面构造层次。

5.3.2 坡屋面种植形式设计应符合下列规定：
  1 当采用满覆土种植且坡度大于20%时，应设置防滑构造（图5.3.2-1）；
  2 采用阶梯式种植时，应设置防滑挡墙或挡板（图5.3.2-2）；防水层的收头应做至墙顶；
  3 采用台阶式种植，屋面应采用现浇钢筋混凝土结构（图5.3.2-3）。

5.3.3 当坡屋面种植土厚度小于150mm时，不宜设排水层。

5.3.4 坡屋面种植可采用挡板支撑作为防滑措施（图5.3.4）。

5.3.5 坡屋面种植，沿山墙和檐沟应设置防护栏。

5.3.6 坡屋面种植设计檐口构造应符合下列规定

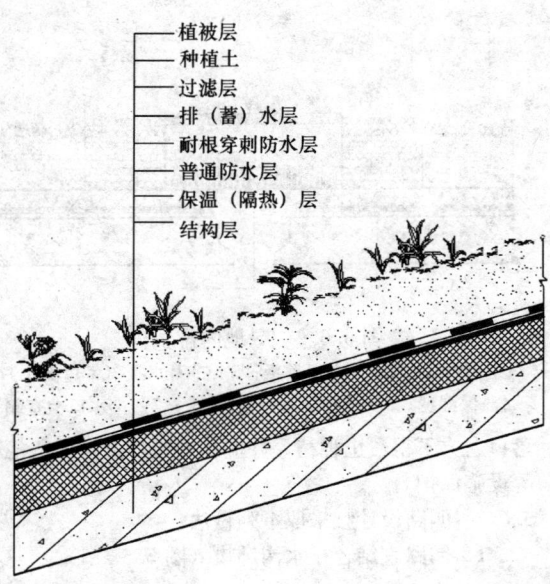

图5.3.1 种植坡屋面基本构造层次

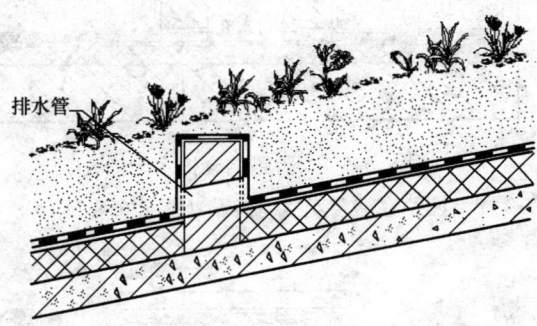

图5.3.2-1 坡屋面防滑做法

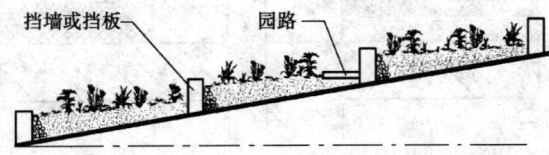

图5.3.2-2 阶梯式种植

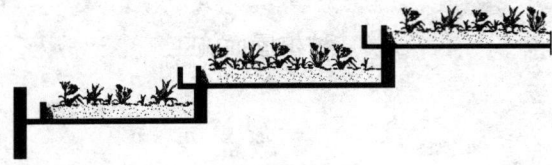

图5.3.2-3 台阶式种植

(图5.3.6)：
1 外墙应设种植土挡墙；
2 挡墙应埋设排水管；
3 挡墙应铺设防水层，并与檐沟防水层连成一体。

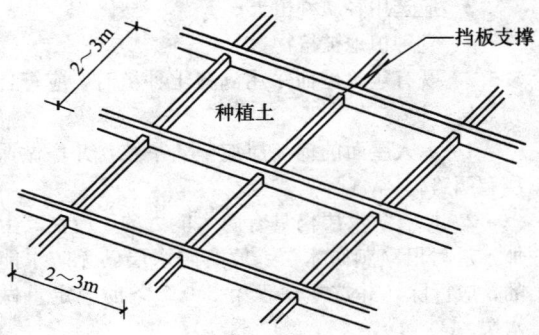

图5.3.4 种植土防滑挡板

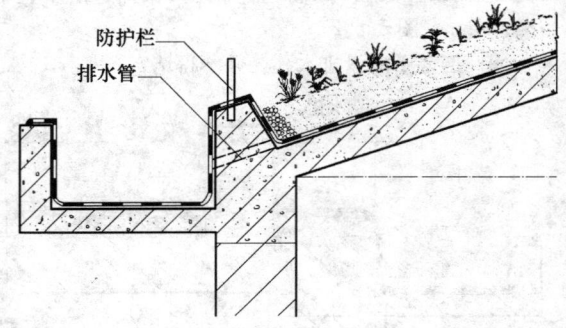

图5.3.6 坡屋面种植檐口构造

5.4 地下建筑顶板种植设计

5.4.1 地下建筑顶板种植设计应符合下列规定：
1 地下建筑顶板种植土与周界地面相连时，可不设排水层；
2 地下建筑顶板高于周界地面时，应设找坡层和排水层；
3 地下建筑顶板做下沉式种植时，应设自流排水系统；
4 地下建筑顶板绿化宜为永久性绿化。

5.4.2 地下建筑顶板现浇钢筋混凝土结构层宜采用防水混凝土，其厚度不应小于250mm，可作为一道防水设防。

5.4.3 地下建筑顶板种植应设一道耐根穿刺防水层。

5.4.4 地下建筑顶板覆土厚度大于800mm时，可不设保温层。

5.4.5 地下建筑顶板种植土不得使用建筑垃圾土和被污染的土壤。

5.4.6 地下建筑顶板种植宜为乔木、灌木、地被植物复层种植结构。

5.5 既有建筑屋面改造种植设计

5.5.1 既有建筑屋面改做种植屋面时，其设计应符合下列规定：
1 必须核算结构承载力；
2 应根据结构承载力确定种植形式；

3 应选用轻质种植土;
   4 宜种植地被植物。
5.5.2 既有建筑屋面采用满覆土种植时,应符合下列规定:
   1 上人屋面的铺装层应坚实平整,并增做保护层和园路。
   2 原有防水层仍具有防水能力的,应在其上增加一道耐根穿刺防水层。原有防水层已无防水能力的,应拆除,并按本规程第3.0.7条的规定重做防水层。
   3 有檐沟的既有建筑屋面应砌筑种植土挡墙。挡墙应高出种植土50mm,挡墙距离檐沟边沿不宜小于300mm(图5.5.2)。
   4 挡墙下应设排水孔,并不得堵塞。

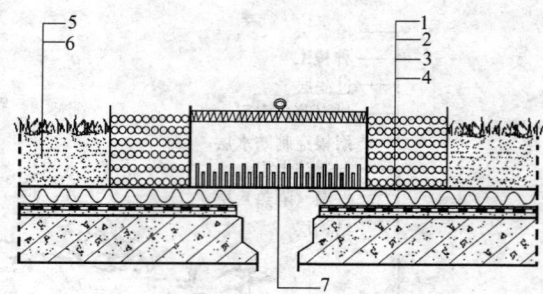

图5.6.6 绿地内排水口
1—卵石层;2—排水口翼板;3—排蓄水板(带过滤层);
4—保湿毯;5—植物层;6—种植土;7—排水口检查箱

落口上方不得覆土种植,并应在周边加设格栅、格箅等设施保护。
5.6.7 园路设计宜采取下列做法:
   1 园路宜结合排水沟铺设(图5.6.7-1);

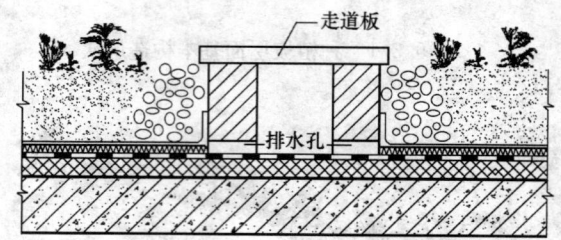

图5.6.7-1 园路结合排水沟铺设

   2 园路宜结合变形缝铺设(图5.6.7-2);

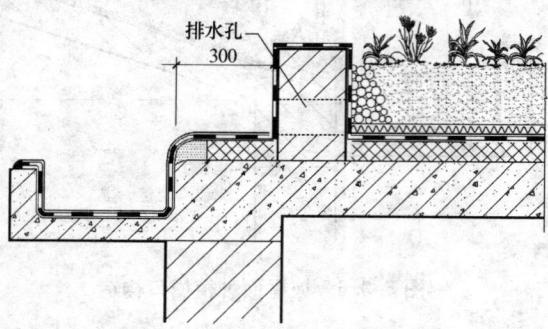

图5.5.2 种植土挡墙构造

5.5.3 既有建筑屋面采用容器种植时,应符合下列规定:
   1 上人屋面应为刚性铺装层,且应坚实、平整;
   2 非上人屋面应增做保护层;
   3 种植容器应设排水孔及过滤装置;
   4 种植容器的总重量大于150kg时,容器安放应符合本规程第5.1.7条的规定;
   5 种植容器严禁置于女儿墙上。

5.6 细部构造

5.6.1 种植屋面的女儿墙、周边泛水部位和屋面檐口部位,宜设置隔离带,其宽度不应小于500mm。
5.6.2 当变形缝作为种植屋面或其分区的边界时,不应跨缝种植。
5.6.3 寒冷地区种植屋面女儿墙的泛水部位应选用下列防冻胀措施:
   1 种植土与女儿墙之间铺设卵石;
   2 沿女儿墙设置园路;
   3 沿女儿墙设置排水沟。
5.6.4 防水层的泛水应至少高出种植土150mm。
5.6.5 竖向穿过屋面的管线,应在结构层内预埋套管,套管高出种植土不应小于150mm。
5.6.6 水落口设计宜为外排式;内排式水落口应与屋面明沟、暗沟连通组成排水系统(图5.6.6)。水

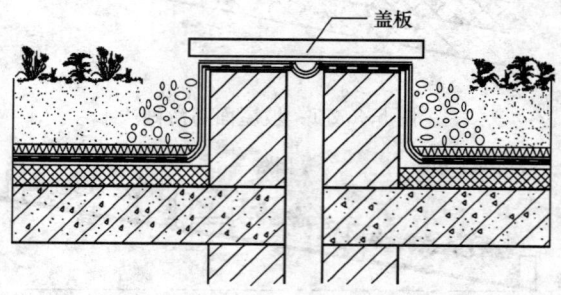

图5.6.7-2 园路结合变形缝铺设

   3 园路铺砌块状材料的路基不得使用三七灰土。

6 种植屋面施工

6.1 一般规定

6.1.1 种植屋面工程必须遵照种植屋面总体设计要求施工。
6.1.2 施工前应通过图纸会审,明确细部构造和技术要求,并编制施工方案。
6.1.3 耐根穿刺防水层的高分子防水卷材与普通防水层的高分子防水卷材复合时,应采用冷粘法施工。
6.1.4 耐根穿刺防水层的沥青基防水卷材与普通防

水层的沥青基防水卷材复合时，应采用热熔法施工。

6.1.5 耐根穿刺防水材料与普通防水材料不能复合时，可空铺施工。用于坡屋面时，必须采取防滑措施。

6.1.6 普通防水层的卷材与基层可空铺施工，坡度大于10%时，必须满粘施工。

6.1.7 防水卷材搭接缝口应采用与基材相容的密封材料封严。

6.1.8 伸出屋面的管道和预埋件等，应在防水施工前完成安装。后装的设备基座下应增加一道防水增强层，施工时不得破坏防水层和保护层。

6.1.9 卷材收头部位宜采用压条钉压固定。

6.1.10 进场的防水材料和保温隔热材料，应按规定抽样复验，提供检验报告。严禁使用不合格材料。

6.1.11 防水材料的施工环境应符合下列要求：
　　1 合成高分子防水卷材在环境气温低于5℃时不宜施工；
　　2 高聚物改性沥青防水卷材热熔法施工环境气温不宜低于－10℃；
　　3 反应型合成高分子涂料施工环境气温宜为5～35℃；
　　4 严禁在雨天、雪天施工。五级风及其以上时，不得施工。

6.1.12 种植屋面施工，应遵守过程控制和质量检验程序，并有完整检查记录。

6.1.13 种植屋面工程施工时，耐根穿刺防水层上宜采取保护措施。

6.2 保温隔热层施工

6.2.1 板状保温隔热层施工应符合下列规定：
　　1 基层应平整、干燥和干净；
　　2 干铺的板状保温隔热材料，应紧靠在需保温隔热的基层表面上，并铺平垫稳；
　　3 分层铺设的板块上下层接缝应相互错开，并用同类材料嵌填密实；
　　4 粘贴板状保温隔热材料时，胶粘剂应与保温隔热材料性相容，并贴严、粘牢。

6.2.2 喷涂硬泡聚氨酯保温隔热层施工应符合下列规定：
　　1 基层应平整、干燥和干净；
　　2 伸出屋面的管道应在施工前安装牢固；
　　3 喷涂硬泡聚氨酯的配比应准确计量，发泡厚度均匀一致；
　　4 施工环境气温宜为15～30℃，风力不宜大于三级，空气相对湿度宜小于85%。

6.2.3 坡屋面保温隔热层防滑条应与结构层钉牢。

6.3 找坡层（找平层）施工

6.3.1 找坡层材料配比应符合设计要求，表面应平整。

6.3.2 找坡层采用水泥拌合的轻质散状材料时，施工环境温度应在5℃以上，当低于5℃时应采取冬期施工措施。

6.3.3 找平层应坚实平整，无酥松、起砂、麻面和凹凸现象。

6.3.4 屋面基层与突出屋面结构的交接处，以及基层的转角处均应做成圆弧。内部排水的水落口周围应做成凹坑。

6.4 普通防水层施工

6.4.1 采用热熔法满粘或胶粘剂满粘防水卷材防水层的基层应干燥、干净。

6.4.2 防水层施工前，在阴阳角、水落口、突出屋面管道根部、泛水、天沟、檐沟、变形缝等细部构造处，应设防水增强层，增强层的材料应与大面积防水层材料同质或相容。

6.4.3 当屋面坡度小于15%时，卷材应平行屋脊铺贴；大于15%时，卷材应垂直屋脊铺贴。上下两层卷材不得互相垂直铺贴。

6.4.4 合成高分子防水卷材冷粘法施工应符合下列要求：
　　1 基层胶粘剂应涂刷在基层及卷材底面，涂刷均匀、不露底、不堆积；
　　2 铺贴卷材应顺直，不得皱折、扭曲、拉伸卷材；应辊压排除卷材下的空气，粘贴牢固；
　　3 卷材长边和短边的搭接宽度均不应小于100mm；
　　4 搭接缝口应用材性相容的密封材料封严；
　　5 冷粘法施工环境温度不应低于5℃。

6.4.5 高聚物改性沥青防水卷材热熔法施工应符合下列要求：
　　1 铺贴卷材时应平整顺直，不得扭曲，长边和短边的搭接宽度均不应小于100mm；
　　2 火焰加热应均匀，以卷材表面沥青熔融至光亮黑色为度，不得欠火或过分加热卷材；
　　3 卷材表面热熔后应立即滚铺，滚铺时应排除卷材下面的空气，并辊压粘贴牢固；
　　4 卷材搭接缝应以溢出热熔的改性沥青为度，并均匀顺直；
　　5 热熔法施工的环境温度不应低于－10℃；
　　6 采用条粘法施工时，每幅卷材与基层粘结面不应少于两条，每条宽度不应小于150mm。

6.4.6 自粘类防水卷材施工应符合下列要求：
　　1 铺贴卷材前，基层表面应均匀涂刷基层处理剂，干燥后及时铺贴卷材；
　　2 铺贴卷材时应将自粘胶底面的隔离纸撕净；
　　3 铺贴卷材时应排除自粘卷材下面的空气，并辊压粘贴牢固；

4 铺贴的卷材应平整顺直,不得扭曲、皱折,长边和短边的搭接宽度均不应小于100mm;低温施工时,立面、大坡面及搭接部位宜采用热风机加热,并粘贴牢固;

5 采用湿铺法施工自粘类防水卷材应符合配套技术规定。

6.4.7 合成高分子防水涂料施工应符合下列要求:

1 合成高分子防水涂料可采用涂刮法或喷涂法施工;当采用涂刮法施工时,两遍涂刮的方向相互垂直;

2 涂覆厚度应均匀,不露底、不堆积;

3 第一遍涂层干燥后,方可进行下一遍涂覆;

4 当屋面坡度大于15%时,宜选用反应固化型高分子防水涂料。

6.5 耐根穿刺防水层施工

6.5.1 铅锡锑合金防水卷材施工应符合下列要求:

1 铅锡锑合金防水卷材可空铺;当用于坡屋面时,宜与双面自粘防水卷材复合粘结,双面自粘防水卷材可作为一道普通防水层;

2 铺设铅锡锑合金防水卷材前,应将普通防水层表面清扫干净,并弹线;

3 当搭接缝采用焊条焊接法施工时,搭接宽度不应小于5mm;焊缝必须均匀,不得夹焊或漏焊;

4 铺贴保护层前,防水层表面不得留有砂粒等尖状物。

6.5.2 改性沥青类耐根穿刺防水卷材施工应采用热熔法铺贴,并应符合本规程第6.4.5条的规定。

6.5.3 高密度聚乙烯土工膜施工应符合下列要求:

1 高密度聚乙烯土工膜宜空铺法施工;

2 高密度聚乙烯土工膜卷材搭接宽度应为100mm,单焊缝的有效焊接宽度不应小于25mm,双焊缝的有效焊接宽度应为空腔宽度再加上20mm,焊接应严密,不得焊焦、焊穿;

3 焊接卷材应铺平、顺直;

4 变截面部位卷材接缝施工应采用手工或机械焊接;采用机械焊接时,应使用与压焊机配套的焊条焊接。

6.5.4 聚氯乙烯防水卷材施工应符合下列要求:

1 聚氯乙烯防水卷材宜采用冷粘法铺贴,施工要求应符合本规程第6.4.4条的规定;

2 大面积采用空铺法施工时,距屋面周边800mm内的卷材应与基层满粘;

3 当搭接缝采用热风焊接法施工时,卷材长边和短边的搭接宽度均不应小于100mm,单焊缝的有效焊接宽度应为25mm,双焊缝的有效焊接宽度应为空腔宽度再加上20mm。

6.5.5 铝胎聚乙烯复合防水卷材宜与普通防水层满粘或空铺,卷材搭接缝采用双焊缝焊接时,搭接宽度不应小于100mm,双焊缝的有效焊接宽度应为空腔宽度再加上20mm。

6.5.6 聚乙烯丙纶防水卷材-聚合物水泥胶结料复合防水层施工应符合下列要求:

1 聚乙烯丙纶防水卷材应采用双层铺设;

2 聚合物水泥胶结料应按要求配制,厚度不应小于1.3mm,宜采用刮涂法施工;

3 卷材长边和短边的搭接宽度均不应小于100mm;

4 保护层应采用1:3水泥砂浆,厚度应为15~20mm;

5 施工环境温度不应低于5℃。

6.5.7 耐根穿刺防水层的保护措施应符合下列要求:

1 采用水泥砂浆保护层时,应抹平压实,厚度均匀,并设分格缝,分格缝间距宜为6m;

2 采用聚乙烯膜、聚酯无纺布或油毡作保护层时,宜空铺法施工,搭接宽度不应小于200mm;

3 采用细石混凝土作保护层时,保护层下面应铺设隔离层。

6.6 排(蓄)水层和过滤层施工

6.6.1 排水层必须与排水系统连通,保证排水畅通。

6.6.2 塑料排(蓄)水板宜采用搭接法施工,搭接宽度不应小于100mm。

6.6.3 网状交织排(蓄)水板宜采用对接法施工。

6.6.4 采用轻质陶粒作排水层时,铺设应平整,厚度应一致。

6.6.5 过滤层空铺于排(蓄)水层之上时,铺设应平整、无皱折,搭接宽度不应小于100mm。

6.6.6 过滤层无纺布的搭接,应采用粘合或缝合。

6.7 植被层施工

6.7.1 乔木、灌木、地被植物的种植应根据植物的习性在生长季节进行。

6.7.2 植被层施工必须加设人员安全防护设施,施工过程中应避免对周围环境造成污染。

6.7.3 铺设的种植土必须疏松,地形整理应按照竖向设计进行,平整度和坡度应符合设计要求。

6.7.4 乔木、灌木种植施工应符合下列要求:

1 乔木、灌木种植深度应与原种植线持平,易生不定根的树种栽深宜为50~100mm,常绿树栽植时土球应高于地面50mm;竹类植物可原种植线深50mm;树木根系必须舒展,填土应分层踏实;

2 移植带土球的树木入穴前,穴底松土必须踏实,土球放稳后,应拆除不易腐烂的包装物。

6.7.5 草坪块、草坪卷铺设应符合下列要求:

1 草坪块、草坪卷规格应一致,边缘平直,杂草数量不得多于1%;草坪块的土层厚度宜为30mm,草坪卷的土层厚度宜为18~25mm;

2 草坪块、草坪卷铺设,周边应平直整齐,高度一致,并与种植土紧密衔接,不留空隙;铺设后应碾压、拍打、踏实,及时浇水,保持土壤湿润。

6.7.6 草本花卉种植应符合下列要求:

1 栽种草本花卉应使用容器苗,株高宜为100～500mm,冠径宜为150～350mm;当气温高于25℃时不宜栽植;

2 种植花苗的株行距,应按植株高低、分蘖多少、冠丛大小决定,以成苗后覆盖地面为宜;

3 种植深度应为原苗种植深度,保持根系完整,不得损伤茎叶和根系;球茎花卉种植深度宜为球茎的1～2倍;块根、块茎、根茎类可覆土30mm;

4 高矮不同品种的花苗混植,应按前矮后高的顺序种植;

5 宿根花卉与1～2年生花卉混植时,应先种植宿根花卉,后种植1～2年生花卉。

6.7.7 乔木的固定、浇水应符合下列要求:

1 乔木固定可采用地上撑杆固定法、绳索拉结固定法或地下固定法;

2 种植乔木的固定应牢固,绑扎树木处应加垫衬,不得损伤树干;

3 乔木种植穴周围应筑灌水围堰,直径应大于种植穴直径200mm,高宜为150～200mm;

4 新植树木应在当日浇透第一遍水,三日内浇透第二遍水,十日内浇透第三遍水。

6.7.8 喷灌设施的施工应符合下列要求:

1 喷灌水射程严禁喷至防水层泛水部位和超越种植边界;

2 管道的套箍、接口应牢固、紧密,对口间隙准确。

6.8 既有建筑屋面改造种植施工

6.8.1 既有建筑屋面拆除原有铺装层和防水层后,其普通防水层、耐根穿刺防水层及其他层次的做法应按本规程第6.4节、第6.5节、第6.6节执行。

6.8.2 既有建筑屋面防水层仍有防水能力的,应在其表面清扫干净后,增铺一道耐根穿刺防水层,施工做法应按本规程第6.5节、第6.6节执行。

6.8.3 既有建筑屋面增铺耐根穿刺防水层,其女儿墙泛水收头应采用压条钉压固定,并用嵌缝胶封严。

6.8.4 寒冷地区,挡墙与种植土之间应设防冻胀措施。

6.9 绿化管理

6.9.1 种植屋面绿化养护管理应符合下列规定:

1 定期观察、测定土壤含水量,并根据墒情及时补充水分;

2 根据不同季节和植物生长周期,及时测定土壤肥力;

3 定期检查排水系统。

6.9.2 乔木和灌木应及时修剪,控制高度,保持根冠比平衡。修剪可在休眠期和生长期进行。

6.9.3 修剪有伤流和易流胶液的树种,应避开生长旺季和伤流盛期;修剪抗寒性差、易抽条的树种宜于早春进行。

6.9.4 修剪草坪应根据不同草种的习性、观赏效果、季节、环境等因素定期进行。一次修剪高度不大于草高的1/3。

6.9.5 花园式种植屋面绿化灌溉间隔宜控制在10～15d;简单式种植屋面绿化宜根据植物种类和季节不同,增加灌溉次数。

6.9.6 可采取施肥技术控制植物生长。

6.9.7 病虫害防治应采用对环境无污染的物理防治、生物防治、环保型农药防治等措施。

6.9.8 生物病虫害防治应以微生物治虫、虫治虫、鸟治虫、螨治虫、激素治虫、菌治病虫等方法。

6.9.9 寒冷地区种植屋面应采取搭风障、支防寒罩和包裹树干等措施进行防风防寒处理。

7 质量验收

7.1 一般规定

7.1.1 种植屋面工程施工应建立各道工序自检、交接检和专职人员检查的"三检"制度,并有完整的检查记录。每道工序完成后,应经监理单位(或建设单位)检查验收,合格后方可进行下道工序的施工。

7.1.2 种植屋面工程采用的普通防水材料、耐根穿刺防水材料和保温隔热材料等应有产品合格证书和检测机构出具的检验报告,材料的品种、规格及物理性能等应符合本规程和设计要求。

7.1.3 种植屋面工程应按其构造层次划分为保温隔热层、找坡层(找平层)、普通防水层、耐根穿刺防水层、细部构造、植被层等分项工程,在完工后进行检验,并应在防水工程完工后进行蓄水或淋水检验。

7.2 种植屋面保温、防水工程质量验收

7.2.1 种植屋面各分项工程质量验收的主控项目必须符合设计要求,并按下列项目进行:

1 保温隔热材料:堆积密度或表观密度、导热系数、压缩强度和吸水率;

2 找平层:材料的配合比与质量、找平层平整度;

3 普通防水层和耐根穿刺防水层材料的主要物理性能;

4 细部构造:天沟、檐沟、檐口、水落口、泛水、变形缝和伸出屋面管道的接缝密封防水;

5 排水系统畅通；防水工程不得有积水和渗漏现象。

7.2.2 分项工程的施工质量检验数量应符合下列规定：

1 保温隔热层和防水层应按屋面面积每 100m² 抽查一处，每处 10m²，且不得少于 3 处；

2 接缝密封防水部位，每 50m 抽查一处，每处 5m，且不得少于 3 处；

3 细部构造部位应全部进行检查。

7.2.3 种植屋面工程完工后，施工单位应整理施工过程中的有关文件和记录，确认合格后会同建设单位或监理单位共同按有关规定的要求组织验收。工程验收的文件和记录必须做到真实、准确，不得有涂改和伪造，并需经各级技术负责人签字后方为有效。

7.2.4 种植屋面工程验收时，施工单位应提交下列文件和记录并归档：

1 工程设计图纸及会审记录，设计变更通知单，工程施工合同等；

2 施工组织设计或施工方案；

3 主要材料的出厂合格证、质量检验报告和现场抽样复验报告；

4 各分项工程的施工质量验收记录；

5 隐蔽工程检查验收记录；

6 蓄水或淋水检验记录；

7 其他质量记录。

7.3 种植工程质量验收

7.3.1 监理部门对植被层施工的每道工序全过程进行检查验收。

7.3.2 种植土和植被层均应按其规格、质量进行检测、验收。

7.3.3 工程竣工验收前，施工单位应向绿化主管和监理部门提供下列文件：

1 工程项目开工报告、竣工报告，相关指标及完成工作量；

2 竣工图和工程决算；

3 设计变更、技术变更文件；

4 土壤和水质化验报告；

5 外地购进苗木检验、检疫报告；

6 附属设施用材合格证、质量检验报告。

7.3.4 种植工程质量验收应符合下列规定：

1 乔木、灌木的成活率应达到 95% 以上；珍贵树种、孤植树和行道树的成活率应达到 98% 以上；

2 地被植物种植地应无杂草、无病虫害；植物无枯黄，种植成活率应达到 95% 以上；

3 草坪覆盖率应达到 100%；绿地整洁，无杂物，表面平整；

4 竣工验收后，应填报竣工验收备案表。

附录 A 种植屋面选用植物

表 A-1 北方种植屋面选用植物

乔 木 类	
植物名称	特　点
油松	耐旱、耐寒，观树形
白皮松	稍耐阴，观树形
桧柏	观树形
龙爪槐	稍耐阴，观树形
玉兰	稍耐阴，观花、叶
紫叶李	稍耐阴，观花、叶
柿树	耐旱，观果、叶
樱花	喜阳，观花
海棠	稍耐阴，观花、果
山楂	稍耐阴，观花
灌 木 类	
植物名称	特　点
大叶黄杨	耐旱，观叶
珍珠梅	喜阴，观花
金叶女贞	稍耐阴，观叶
连翘	耐半阴，观花、叶
榆叶梅	耐寒、耐旱，观花
郁李	稍耐阴，观花、果
寿星桃	稍耐阴，观花
丁香	稍耐阴，观花、叶
红瑞木	观花、果、枝
月季	阳性，观花
碧桃	观花
迎春	观枝、花、叶
紫薇	观花、叶
果石榴	观花、果、枝
平枝栒子	观花、果、枝
黄栌	耐旱，观花、叶
天目琼花	喜阴，观果
木槿	观花、果
腊梅	观花
黄刺玫	耐寒、耐旱，观花
地 被 植 物	
植物名称	特　点
玉簪类	耐旱、耐热，观花、叶

续表 A-1

地被植物	
植物名称	特 点
石竹类	耐寒，观花、叶
铃兰	耐半阴，观花、叶
白三叶	耐半阴，观叶
小叶扶芳藤	观叶，可匍匐栽种
沙地柏	耐半阴，观叶
油菜	观花、食用
辣椒	观赏、食用
扁豆	观赏、食用
萝卜	观赏、食用
大花秋葵	阳性，观花
芍药	耐半阴，观花、叶
五叶地锦	观叶，可匍匐栽种
常春藤	观叶，可匍匐栽种
台尔曼忍冬	观花、叶，可匍匐栽种
景天类	耐旱，观花、叶
南瓜	观花叶、食用
薯类	观叶、食用
丝瓜	观赏、食用
茄子	观赏、食用

表 A-2　南方种植屋面选用植物

乔 木 类	
植物名称	特 点
棕榈	喜强光、生长缓慢
苏铁	喜强光、生于温暖、干燥之处
日本黑松	耐热、耐寒、耐旱、抗风
罗汉松	喜温湿、半阴，耐寒性略差
蚊母	喜光、温湿，稍耐阴，耐修剪
桂花	喜光，稍耐阴，不耐寒
白玉兰	喜温湿，稍耐阴
紫玉兰	喜湿润，怕涝，喜光
含笑	喜光，耐半阴，不耐暴晒
海棠	不耐阴，耐寒、耐旱
海桐	喜光、温湿，略耐阴
龙爪槐	温带阳性树种，稍耐庇阴

灌 木 类	
植物名称	特 点
棕竹	喜温湿，怕光
红花檵木	喜光、温湿，耐寒、耐旱

续表 A-2

灌 木 类	
植物名称	特 点
瓜子黄杨	喜半阴，耐修剪
雀舌黄杨	喜光、温湿，不耐寒
大叶黄杨	喜光，耐阴
栀子花	喜光、温湿，怕暴晒
紫荆	喜光、湿润，不耐寒
紫薇	喜光、湿润，稍耐阴
腊梅	喜光，耐阴、耐寒、耐旱
寿星桃	喜光，耐旱
构骨	喜温湿，耐阴
金橘	喜温湿，耐寒、耐旱
夹竹桃	不耐寒
茶花	喜温湿、半阴环境
珊瑚树	喜光、温湿，耐寒，稍耐阴
桃叶珊瑚	喜温湿，耐阴，不耐寒
火棘	喜光
迎春	喜光，略耐阴，不耐寒
云南黄馨	喜光、温湿，稍耐阴
丝兰	喜温，耐寒

地 被 植 物	
植物名称	特 点
茉莉	略耐阴，不耐寒
美人蕉	喜温，耐寒
大丽花	喜温
牡丹	喜温，耐寒
葱兰	略耐阴，不耐寒
凤仙花	喜温湿
翠菊	喜光，半耐阴
百日草	喜温，耐寒
矮牵牛	喜光，半耐阴
月季	喜光、温湿，不耐阴
垂盆草	喜温湿
半支莲	喜温湿
菊花	略耐阴，耐寒
杜鹃	喜温湿，耐阴
萱芒花	喜光，不耐阴

续表 A-2

地被植物	
植物名称	特　点
一串红	喜阳，耐寒
彩叶芋	略耐阴，不耐寒
鸡冠花	喜温，耐寒
百枝莲	喜光，耐寒
百合	略耐阴，耐寒
藤　本　类	
植物名称	特　点
葡萄	喜温，耐寒
爬山虎	耐阴，耐寒
五叶地锦	喜温，耐寒
紫藤	喜光，耐寒
常春藤	略耐阴，不耐寒
凌霄	喜温，耐寒
木香	喜温，耐寒
薜荔	喜温湿

本规程用词说明

1 为便于在执行本规程条文时区别对待，对要求严格程度不同的用词说明如下：

1）表示很严格，非这样做不可的：
正面词采用"必须"，反面词采用"严禁"；

2）表示严格，在正常情况下均应这样做的：
正面词采用"应"，反面词采用"不应"或"不得"；

3）表示允许稍有选择，在条件许可时首先应这样做的：
正面词采用"宜"，反面词采用"不宜"；
表示有选择，在一定条件下可以这样做的，采用"可"。

2 规程中指定按其他有关标准、规范执行时，写法为："应符合……的规定（要求）"或"应按……执行"。

中华人民共和国行业标准

种植屋面工程技术规程

JGJ 155—2007

条 文 说 明

前 言

《种植屋面工程技术规程》JGJ 155-2007，经建设部 2007 年 7 月 2 日以第 671 号公告批准发布。

为便于广大设计、施工、科研、学校等单位有关人员在使用本规程时能正确理解和执行条文规定，《种植屋面工程技术规程》编制组按章、节、条顺序编制了本规程的条文说明，供使用者参考。在使用过程中如发现本条文说明有不妥之处，请将意见函寄中国建筑防水材料工业协会（地址：北京市三里河路 11 号；邮编：100831）。

目　次

1 总则 …………………………………… 60—20
2 术语 …………………………………… 60—20
3 基本规定 ……………………………… 60—20
4 种植屋面材料 ………………………… 60—21
　4.1 一般规定 ………………………… 60—21
　4.2 保温隔热材料 …………………… 60—21
　4.3 找坡材料 ………………………… 60—21
　4.4 耐根穿刺防水材料 ……………… 60—21
　4.5 过滤、排（蓄）水材料 ………… 60—21
　4.6 种植土和种植植物 ……………… 60—21
5 种植屋面设计 ………………………… 60—22
　5.1 一般规定 ………………………… 60—22
　5.2 建筑平屋面种植设计 …………… 60—22
　5.3 建筑坡屋面种植设计 …………… 60—22
　5.4 地下建筑顶板种植设计 ………… 60—22
　5.5 既有建筑屋面改造种植设计 …… 60—22

6 种植屋面施工 ………………………… 60—22
　6.1 一般规定 ………………………… 60—22
　6.2 保温隔热层施工 ………………… 60—22
　6.3 找坡层（找平层）施工 ………… 60—22
　6.4 普通防水层施工 ………………… 60—23
　6.5 耐根穿刺防水层施工 …………… 60—23
　6.6 排（蓄）水层和过滤层施工 …… 60—23
　6.7 植被层施工 ……………………… 60—23
　6.8 既有建筑屋面改造种植施工 …… 60—23
　6.9 绿化管理 ………………………… 60—23
7 质量验收 ……………………………… 60—23
　7.1 一般规定 ………………………… 60—23
　7.2 种植屋面保温、防水工程
　　　质量验收 ………………………… 60—23
　7.3 种植工程质量验收 ……………… 60—24

1 总 则

1.0.1 随着我国城市化建设的推进，种植屋面在一些城市逐渐兴起。种植屋面工程由种植、防水、排水、保温隔热等多项技术构成。其中防水技术尤为重要，一旦发生渗漏，就会造成较大经济损失。因此，适时制订一部主要针对种植屋面防水工程的技术规程十分必要，有利于规范种植屋面的防水作业标准，确保防水工程质量，促进种植屋面防水工程的发展。

1.0.3 种植屋面工程涉及工程安全、环境保护和建筑节能，在选用防水材料、保温隔热材料、种植土等材料及设计、施工方面，都应考虑其安全性、对环境的影响程度和节能效果，采取相应措施。

1.0.4 根据建设部印发的建标［1996］626号《工程建设标准编写规定》，本条文采用了"……除应符合本规程外，尚应符合国家现行有关标准规范的规定"的典型术语。

种植屋面工程设计所需的普通防水材料和保温隔热材料，宜按以下标准选用：

1 改性沥青类防水卷材：
《弹性体改性沥青防水卷材》GB 18242；
《塑性体改性沥青防水卷材》GB 18243；
《改性沥青聚乙烯胎防水卷材》GB 18967；
《自粘聚合物改性沥青聚酯胎防水卷材》JC 898；
《自粘橡胶沥青防水卷材》JC 840。

2 高分子类防水卷材：
《聚氯乙烯防水卷材》GB 12952；
《高分子防水材料（第一部分 片材）》GB 18173.1；
《高分子防水卷材胶粘剂》JC 863。

3 防水涂料：
《聚氨酯防水涂料》GB/T 19250；
《聚合物水泥防水涂料》JC/T 894；
《聚合物乳液建筑防水涂料》JC/T 864。

4 密封材料：
《硅酮建筑密封胶》GB/T 14683；
《聚氨酯建筑密封膏》JC/T 482；
《聚硫建筑密封膏》JC/T 483；
《丙烯酸酯建筑密封膏》JC/T 484；
《建筑防水沥青嵌缝油膏》JC/T 207；
《混凝土建筑接缝用密封胶》JC/T 881。

5 保温隔热材料：
《建筑物隔热用硬质聚氨酯泡沫塑料》GB 10800；
《绝热用模塑聚苯乙烯泡沫塑料》GB/T 10801.1；
《绝热用挤塑聚苯乙烯泡沫塑料（XPS）》GB/T 10801.2。

种植屋面防水工程与普通屋面防水工程对防水技术的要求是一致的。为此，种植屋面工程防水施工质量的检查与验收，除应按本规程执行外，尚应符合国家标准《屋面工程质量验收规范》GB 50207的规定。

2 术 语

2.0.1 种植屋面从广义上讲，凡是建筑空间屋面板或是在单建式地下建筑顶板上做植物种植的，通称为种植屋面。种植屋面形式有两类：覆土种植和容器种植。

2.0.4 容器种植，包括可移动容器，即在上人屋面上摆放花盆、种植槽或移动组合种植模块。

2.0.5 防止植物根系刺穿的防水层，又称隔根层、阻根层、抗根层等。为统一名词称谓，本规程定为耐根穿刺防水层。

2.0.8 种植土有多种称谓，如种植基质、种植介质、种植层、植土、基质层、植被支撑层等，意义相同，称谓不一。为统一名词称谓，本规程定为种植土。

3 基 本 规 定

3.0.1 新建种植屋面工程的设计程序是，首先应确定种植屋面基本构造层次，然后根据各道层次的荷载进行结构计算。既有建筑屋面改造种植，由于结构承载力已经固定，只有根据承载力确定种植层次。这是新建、既有建筑屋面种植设计的不同点。

3.0.2 种植屋面工程是一项系统工程，因我国地域辽阔，各地气候差异很大，设计应按照因地制宜的原则，确定种植形式、种植土厚度和植物种类。

3.0.4 绿化面积标准的规定，参考了北京市地方标准《屋顶绿化规范》DB11/T 281。其他地区可按当地规定的标准执行。

3.0.5 由于有些保温隔热材料耐水性较差、不耐穿刺，故倒置式屋面不能做满覆土种植。

3.0.6 种植土中的水分和养分是植物赖以生存的条件。种植土厚度少于100mm时，所蓄水分保持时间短，不利于植物生长、保水和固定。

3.0.7 植物根系对防水层有穿刺性。在普通防水层上，再铺设一道耐根穿刺防水层，可避免植物根系的穿刺。

鉴于种植屋面工程一次性投资大，维修费用高，若发生渗漏则不易查找与修缮，因此本规程将屋面防水层的合理使用年限定为15年。

3.0.8 现浇钢筋混凝土屋面板整体性好、结构变形小、承载力大、耐久性长，隔绝室内水汽作用好，故本条指出结构层宜采用现浇钢筋混凝土屋面板。

3.0.9 屋面坡度大于20%时，排水层、种植土层等易出现下滑，为防止发生安全事故，应采取防滑措施。屋面坡度大于50%时，防滑难度大，故不宜种植。

3.0.13、3.0.14 为确保种植屋面工程质量，园林绿化单位应取得国家或相关主管部门规定的设计和施工资质；防水工程施工单位应依据建设部第159号令《建筑业企业资质管理规定》的有关规定取得专业施工资质；绿化种植和防水施工作业人员应取得上岗资质。

3.0.15 对建筑屋面防水工程进行蓄水或淋水检验是确保防水工程质量的必要手段。为此，在耐根穿刺防水层施工完成后，应进行一次48h的蓄水检验，坡屋面应进行持续淋水3h的检验。

地下工程顶板防水层的检查，如其周边无排水系统，可在雨后进行检验。

3.0.16 实践证明，种植屋面工程交付使用后，应由专人管理、检查、维护保养，才能保证水落口、天沟、檐沟等部位不堵塞，以及保证植物正常生长。

4 种植屋面材料

4.1 一般规定

4.1.1 普通防水材料应按国家现行的国家标准或行业标准选用，本规程不再摘录各种材料的主要物理性能指标。

4.1.2 因为有些植物的根系可以穿透防水层，造成屋面渗漏，为此必须设一道耐根穿刺的防水层。对防水材料耐根穿刺性能的验证，必须经过种植试验。目前我国正在编制防水材料耐根穿刺性能试验方法，在尚未批准实施前，先以德国相关机构的种植试验结果为依据，其试验方法是在无底的容器内铺设防水卷材，植入草本或木本植物，经室内二年或室外四年生长后观察，未见植物根系穿透者即为合格的耐根穿刺卷材。

4.1.4 种植屋面的荷载主要是种植土，虽厚度深有利植物生长，但为了减轻屋面荷载，需要尽量压缩其他构造层次的重量。排水层如采用塑料排水板，其重量仅为1kg/m²，而采用卵石层或炉渣层排水，约为150kg/m²，相当于改良土200mm厚。

4.2 保温隔热材料

4.2.1~4.2.3 保温隔热材料品种很多，密度大小悬殊，模塑型聚苯乙烯泡沫塑料板的密度为15~30kg/m³，而加气混凝土类板材的密度为400~600kg/m³。为了减轻种植屋面荷载，本规程要求选用密度不大于100kg/m³的保温隔热材料。本节仅列出两种保温隔热材料，也可以选用其他保温隔热材料。

4.3 找坡材料

4.3.1 屋面坡度为2%时，坡长越长所用找坡材料越多越厚，梁板柱的荷载也就越大。为了适当减轻屋面荷载，应根据坡长大小选择找坡材料。当坡长在4m以内，可采用水泥砂浆找坡；当坡长为4~9m时，应从表4.3.1中选用找坡材料；当坡长大于9m时，应采用结构找坡。

4.4 耐根穿刺防水材料

4.4.1~4.4.10 本节共列出10种耐根穿刺防水卷材，其中第4.4.2条、第4.4.4条、第4.4.5条、第4.4.7条四种卷材是经过德国DIN52123和FLL标准种植试验获得合格证，其余卷材是经种植乔木和灌木，有三年以上工程实践未发现根系穿透的材料，暂视为耐根穿刺防水材料。

目前，我国正在编制耐根穿刺防水材料试验方法标准，待发布后应按标准规定执行；在发布前，设计选用耐根穿刺防水材料时，生产厂家需提供相应的检验报告或三年以上的种植工程证明，并应符合本规程第4.4节的有关规定。

本规程所列出的耐根穿刺防水材料的主要物理性能均参考了有关标准，其名称、性能指标单位等存在不统一的现象，在使用过程中应予以注意。

4.5 过滤、排（蓄）水材料

4.5.1 排（蓄）水层材料品种较多，为了减轻屋面荷载，应尽量选择轻质材料，建议优先选用塑料、橡胶类凹凸型排（蓄）水板或网状交织排（蓄）水板。

4.5.2 设置过滤层是为防止种植土进入排水层造成流失。过滤层的单位面积质量宜为200~400g/m²。如果太薄，容易损坏，不能阻止种植土流失；如果太厚，过滤层渗水缓慢，不利排水。

4.6 种植土和种植植物

4.6.1 种植土分为三类：

一类为田园土即自然土，取土方便、价廉。单建式地下建筑顶板种植土较厚，用土量大，选用田园土比较经济。

二类为改良土，改良土是由田园土掺合珍珠岩、蛭石、草炭等轻质材料混合而成，密度约为田园土的1/2，并采取土壤消毒措施，宜用于屋面种植。

三类为无机复合种植土，是由覆盖层、种植育成层和排水层三部分组成，荷载较轻，适宜做简单式种植屋面，但价格较贵。

4.6.2 种植土湿密度一般为干密度的1.2~1.5倍。

4.6.4 选择植物应考虑植物生长产生的活荷载变化，一般情况下，树高增加2倍，其重量增加8倍，需10年时间。

5 种植屋面设计

5.1 一般规定

5.1.1 第4款 耐根穿刺防水层必须设置,种植屋面如采用地被植物,虽多为须根或浅根,仍有根系穿刺很强的植物,包括野生的小灌木,对防水层亦会造成破坏。

5.1.5 不同种类的植物,要求种植土厚度不同,如乔木根深,而地被植物根浅,在满足植物生长需求的前提下,应尽量减小种植土的厚度,有利于降低屋面荷载。表5.1.5规定的厚度是植物研究机构经过多年研究提供的数据。

5.1.7 由于乔木、亭台、水池、假山等设施的荷载较大,出于安全考虑,不应放置在受弯构件梁、板上面。承重墙或柱承受垂直荷载能力强,故应放置在承重墙或柱的部位。

5.1.8 多雨地区种植屋面土中的积水易造成植物烂根,故应设置排水系统。设置雨水收集系统,可用于绿化灌溉,这是一项重要的节水措施。种植土吸收的雨水量,约为自身体积的20%,且植物、排(蓄)水层等都能吸收雨水,故设计汇水面积宜为300~500m^2,以确定水落口数量和落水管直径。

5.1.10 第5款 有些乔木移植时因树身较大,应加固定支撑,防止倒伏。采用何种形式支撑,由绿化单位确定。

5.2 建筑平屋面种植设计

5.2.1 种植屋面划分种植区是为便于管理和设计排灌系统。种植植物的种类也需要分区。

5.2.2 图5.2.2的构造层次为寒冷多雨雪地区的覆土种植构造。如因地区不同或种植形式不同,可减少某一层次。例如干旱少雨地区可不设排水层;南方可不设保温隔热层;种植土厚度大于800mm时,可不设保温隔热层。

5.3 建筑坡屋面种植设计

5.3.2 坡屋面采用阶梯式、台阶式种植,可以防止种植土滑动,也便于管理。不仅可种植地被植物,也可局部种植乔木或灌木。

5.4 地下建筑顶板种植设计

5.4.1 地下建筑顶板的种植土与周界土相连,土中水是互通的,无处排放。如果顶板高于周界地面,完全视同建筑屋面种植。下沉式顶板种植必须有封闭的周界墙,故应设自流排水系统。

5.4.3 地下建筑顶板采用防水混凝土,可作为一道普通防水层,但必须另设一道耐根穿刺防水层。

5.4.4 地下建筑顶板覆土大于800mm(可以种植乔木)具有保温功能,可不设保温层,但应经热工计算核实。如东北寒冷地区800mm厚种植土达不到保温要求,应另设保温层。

5.5 既有建筑屋面改造种植设计

5.5.1 既有建筑屋面的结构布局业已固定,为安全起见,在屋面种植设计前,必须对其结构承载力进行核算,并根据承载力确定种植形式和构造层次。

既有建筑屋面改造做种植屋面是一项很复杂的设计、施工过程,原有防水层是否保留、如何设置构造层次和耐根穿刺防水层、周边是否设挡墙和其他安全设施,以及做满覆土种植还是容器种植等都是应考虑的问题。

6 种植屋面施工

6.1 一般规定

6.1.1 种植屋面施工是总体设计的实施阶段。为保证种植屋面不渗漏,并为栽培植物提供良好的环境和条件,必须按照设计要求选材和按构造图施工。

6.1.8 管道、预埋件等应先进行施工,然后做防水层。避免防水层施工完毕后打眼凿洞,留下渗漏隐患。如必须后安装设备基座,应在适当部位增铺一道防水增强层,并局部补做防水层。

6.1.12 种植屋面构造层次多,为确保整体工程质量,每一层次施工完毕都应进行验收,合格后方可进行下一道施工。"过程控制,强化验收"是非常必要的。

6.1.13 根据各种耐根穿刺防水层需要,其保护层可选用下列材料:

 1 高密度聚乙烯土工膜,单位面积质量不小于200g/m^2;

 2 聚乙烯丙纶复合防水卷材,单位面积质量不小于300g/m^2;

 3 化纤无纺布,单位面积质量不小于200g/m^2;

 4 沥青油毡;

 5 水泥砂浆1:3(体积比),厚度15~20mm;

 6 C20细石混凝土,厚度40mm。

6.2 保温隔热层施工

6.2.2 采用喷涂硬泡聚氨酯保温隔热材料的施工,对基层表面要求平整、干燥、无杂物等,是为了便于控制保温隔热层的厚度和施工质量。为保证保温、防水的功能和工程质量,应按国家标准《硬泡聚氨酯保温防水工程技术规范》GB 50404施工。

6.3 找坡层(找平层)施工

6.3.1 采用块状材料做找坡层,力求坡面平整,并应尽量减少铺垫水泥砂浆的用量。

6.3.2 使用水泥或水泥砂浆拌合轻质散状材料,当施工环境温度低于5℃时,将影响材料质量和找坡层的施工质量。冬期施工规范规定:施工环境温度在5℃时为冬施的临界线。为此,水泥砂浆在5℃以下施工应掺加防冻剂,温水拌合,并用保温材料覆盖等措施。

6.3.3 如果找平层表面平整度不够,排水坡度不准或表面发生酥松、起砂、裂缝现象,均会直接影响防水层和基层的粘结,导致防水层开裂。为此,对找平层的施工应作相应控制。

6.4 普通防水层施工

6.4.2 种植屋面防水层的细部构造,是屋面结构变形较大的部位,防水层容易遭受破坏。为加强整体防水层质量,在细部构造部位铺设一层防水增强层是十分必要的。

6.4.4 第1款 基层上满涂基层胶粘剂,涂刷量过少露底或过多堆积,都会影响防水层粘结质量。

6.4.5 第2款 高聚物改性沥青防水卷材采用热熔法满粘施工时,加热不均匀出现过火或欠火,均会影响粘结质量。因此,火焰加热应控制火势和时间,保持均匀状态。

6.4.7 第3款 涂刷防水涂料必须实干才能成膜,如果第一遍涂料未实干,就涂刷第二遍,极易造成涂膜起鼓、脱层等质量问题。因此,必须控制好涂层的干燥程度。

6.5 耐根穿刺防水层施工

6.5.1 第2款 铅锡锑合金防水卷材薄且软,有可能被尖状砂粒扎破。为此,要求卷材空铺的基面或采用双面自粘防水卷材防水层的表面都必须清扫干净,以保证耐根穿刺防水层的施工质量。

6.5.3 高密度聚乙烯土工膜焊接施工时,焊接温度较高,容易烫伤下面的普通防水层,所以在普通防水层上宜增加一道水泥砂浆保护层。

6.6 排(蓄)水层和过滤层施工

6.6.1 排水层必须与排水系统(排水管、排水沟、水落口等)连接,且不得堵塞,保证排水畅通。

6.7 植被层施工

6.7.1 植物在生长季节进行栽培,成活率高,但有时因急于绿化,季节和植物关系考虑不周而强行栽培,结果会造成植物长势不好。

6.7.2 简单式种植屋面周边一般不设护墙或护栏,但在种植施工时应采取临时安全措施,尤其是坡屋面种植,更应加强安全防护。

6.7.6 第2款 花苗的行距、株距太大,成苗后不能全部覆盖地面。如株距、行距太密,花苗生长受影响,也不利于管理。

6.8 既有建筑屋面改造种植施工

6.8.1、6.8.2 既有建筑屋面改造做种植屋面的施工过程非常复杂,必须按照屋面设计构造层次的要求,有步骤地分项实施,重点做好防水层、排水层施工,严格按本规程的施工规定执行。

6.9 绿化管理

6.9.1 种植屋面的绿化管理非常重要,管理不当将达不到种植屋面改造环境的效果。本节强调了对种植屋面的绿化管理。

7 质量验收

7.1 一般规定

7.1.1 种植屋面工程施工的工序较多,各道工序之间常常因上道工序存在问题,而被下道工序所覆盖,给屋面防水留下质量隐患。为此,强调按工序、层次进行检查验收,各工序间的交接检和专职人员的检查,应有完整的记录,并经监理或建设单位再次进行检查验收后,方可进行下一工序的施工。

7.1.2 种植屋面防水工程所采用的防水材料、保温隔热材料,除应具有产品出厂质量合格证明文件外,还应有当地建设行政主管部门授权的检测单位对产品抽样的检验报告,其质量应符合本规程和设计的要求。此外,为了控制进场材料的质量,还应进行现场抽样复验,不合格的材料严禁在工程上使用。

7.1.3 为保证防水工程质量,应对相关的分项工程及各道工序,在完工后进行外观检验或取样检测,以便及时发现并纠正施工中出现的质量问题。防水工程完工,进行淋水或蓄水检验是最后一道检查工序,必须从严执行,防水工程达到全部无渗漏时才能竣工验收。

7.2 种植屋面保温、防水工程质量验收

7.2.1 种植屋面工程的质量验收,除主控项目必须验收外,其他非主控项目,可由建设方、施工方协商确定增加某一项的验收。

7.2.2 第3款 细部构造部位是屋面工程中最容易出现渗漏的薄弱环节。据调查表明,在渗漏的屋面工程中,70%以上是节点渗漏。因此,明确规定,对细部构造必须全部进行检查,以确保屋面工程防水的质量。

7.2.3 种植屋面工程的施工单位在办理工程质量验收时,应按规定的程序与手续做好各项准备工作。由于各地建设行政主管部门对工程质量验收的规定不完

全一致,所以条文明确指出,由有关单位共同按有关规定组织验收。

需要指出:种植屋面工程施工涉及土建、防水、保温、种植等多项专业,工程开工前应签订专业分包或直接承包合同。建设单位应进行协调,明确工程合同签订的各方义务、责任和必须执行的相关规定。这样才能顺利完成验收。

7.2.4 种植屋面工程验收时,施工单位应提交主要技术资料。这些技术资料归档,对日后检查、检验工程质量,工程修缮、改造,以及一旦发生工程质量事故纠纷进行民事、刑事诉讼时,都是十分重要的档案证件。

7.3 种植工程质量验收

7.3.1 本条还应按第 7.1.1 条的规定执行。

7.3.3 绿化施工单位应提供相关文件作为竣工验收的依据。

7.3.4 种植工程植物成活率应达到本条的要求,对于枯死植物应补栽。

中华人民共和国行业标准

城市工程地球物理探测规范

Code for engineering geophysical prospecting and testing in city

CJJ 7—2007
J 720—2007

批准部门：中华人民共和国建设部
施行日期：2008年3月1日

中华人民共和国建设部
公　　告

第 706 号

建设部关于发布行业标准
《城市工程地球物理探测规范》的公告

现批准《城市工程地球物理探测规范》为行业标准，编号为 CJJ 7-2007，自 2008 年 3 月 1 日起实施。其中，第 3.0.11、3.0.17、3.0.20、C.0.4、C.0.6 条为强制性条文，必须严格执行。原行业标准《城市勘察物探规范》CJJ 7-85 同时废止。

本标准由建设部标准定额研究所组织中国建筑工业出版社出版发行。

中华人民共和国建设部
2007 年 9 月 4 日

前　　言

根据建设部建标［2004］66 号文《2004 年度工程建设城建、建工行业标准制订、修订计划》的要求，规范编制组在广泛调查研究，认真总结实践经验，参考有关国家标准，并充分征求意见的基础上，对《城市勘察物探规范》CJJ 7-85 进行了修订。

本规范的主要技术内容是：1. 总则；2. 术语、符号和代号；3. 基本规定；4. 直流电法；5. 电磁法；6. 浅层地震法；7. 振动测试法；8. 水声探测法；9. 基桩动测法；10. 地面高精度磁法；11. 天然放射性测量法；12. 高精度重力法；13. 地面温度测量法；14. 井中探测法；15. 成果报告。

本规范修订的主要技术内容是：1. 规范名称改为《城市工程地球物理探测规范》；2. 增加了术语、符号和代号一章；3. 增加了基本规定一章；4. 电法勘探一章改为直流电法，增加了高密度电阻率法；5. 增加了电磁法一章，包括音频大地电场法、甚低频电磁法、电磁剖面法、可控源音频大地电磁法、瞬变电磁法、探地雷达法和地面核磁共振法；6. 地震勘探一章改为浅层地震法，增加了瑞雷波法；7. 工程勘察中的振动测试一章改为振动测试法，增加了振动衰减测试法；8. 增加了水声探测法一章，包括水下地形探测法和浅地层剖面探测法；9. 增加了基桩动测法一章，包括低应变反射波法、高应变动测法和声波透射法；10. 放射性勘探一章改为天然放射性测量法，增加了氡气测量法；11. 增加了地面温度测量法一章；12. 地球物理测井一章改为井中探测法，增加了电磁波（雷达）测井、钻孔电视、超声成像测井、地震波测井、井间层析成像等；13. 在附录中增加了附录 B "城市工程地球物理探测方法的适用范围"、附录 C "城市工程地球物理探测安全保护规定"等。

本规范中用黑体字标志的条文为强制性条文，必须严格执行。

本规范由建设部负责管理和对强制性条文的解释，由主编单位负责具体技术内容的解释。

本规范主编单位：山东正元地理信息工程有限责任公司（地址：山东省济南市山师东路 14 号，邮编：250014）

本规范参编单位：建设综合勘察研究设计院
　　　　　　　　浙江省工程物探勘察院
　　　　　　　　上海岩土工程勘察设计研究院有限公司
　　　　　　　　上海申丰地质新技术应用研究所有限公司
　　　　　　　　上海市岩土工程检测中心
　　　　　　　　中国地质大学（武汉）
　　　　　　　　北京勘察技术工程有限公司
　　　　　　　　天津市勘察院
　　　　　　　　水利部长江勘测技术研究所
　　　　　　　　西安中交公路岩土工程有限责任公司
　　　　　　　　核工业北京地质研究院
　　　　　　　　山东正元建设工程有限责任公

　　　　　　　司
　　　　　　江苏海安智能仪器有限公司
本规范主要起草人：
李学军　赵竹占　周凤林
黄永进　孙振波　靳洪晓

魏岩峻　陈德海　陈　达
李大心　徐贵来　孙云志
蔡克俭　杨玉坤　张善法
刘运平　李书华　刘　勇
景朋涛

目　次

1 总则 …………………………………… 61—6
2 术语、符号和代号 …………………… 61—6
　2.1 术语 ………………………………… 61—6
　2.2 符号 ………………………………… 61—7
　2.3 代号 ………………………………… 61—8
3 基本规定 ……………………………… 61—8
4 直流电法 ……………………………… 61—10
　4.1 一般规定 …………………………… 61—10
　4.2 电测深法 …………………………… 61—12
　4.3 电剖面法 …………………………… 61—12
　4.4 高密度电阻率法 …………………… 61—13
　4.5 自然电场法 ………………………… 61—14
　4.6 充电法 ……………………………… 61—14
　4.7 激发极化法 ………………………… 61—15
5 电磁法 ………………………………… 61—16
　5.1 一般规定 …………………………… 61—16
　5.2 音频大地电场法 …………………… 61—16
　5.3 甚低频电磁法 ……………………… 61—17
　5.4 电磁剖面法 ………………………… 61—18
　5.5 可控源音频大地电磁法 …………… 61—18
　5.6 瞬变电磁法 ………………………… 61—19
　5.7 探地雷达法 ………………………… 61—20
　5.8 地面核磁共振法 …………………… 61—21
6 浅层地震法 …………………………… 61—22
　6.1 一般规定 …………………………… 61—22
　6.2 透射波法 …………………………… 61—22
　6.3 折射波法 …………………………… 61—24
　6.4 反射波法 …………………………… 61—25
　6.5 瑞雷波法 …………………………… 61—26
7 振动测试法 …………………………… 61—27
　7.1 一般规定 …………………………… 61—27
　7.2 基础强迫振动测试法 ……………… 61—27
　7.3 场地微振动测试法 ………………… 61—28
　7.4 振动衰减测试法 …………………… 61—29
8 水声探测法 …………………………… 61—30
　8.1 一般规定 …………………………… 61—30
　8.2 水下地形探测法 …………………… 61—30
　8.3 浅地层剖面探测法 ………………… 61—31
9 基桩动测法 …………………………… 61—32
　9.1 一般规定 …………………………… 61—32
　9.2 低应变反射波法 …………………… 61—32
　9.3 高应变动测法 ……………………… 61—34
　9.4 声波透射法 ………………………… 61—35
10 地面高精度磁法 ……………………… 61—36
　10.1 一般规定 …………………………… 61—36
　10.2 数据采集 …………………………… 61—37
　10.3 资料的处理与解释 ………………… 61—38
11 天然放射性测量法 …………………… 61—39
　11.1 一般规定 …………………………… 61—39
　11.2 数据采集 …………………………… 61—39
　11.3 资料的处理与解释 ………………… 61—40
12 高精度重力法 ………………………… 61—40
　12.1 一般规定 …………………………… 61—40
　12.2 数据采集 …………………………… 61—40
　12.3 资料的处理与解释 ………………… 61—41
13 地面温度测量法 ……………………… 61—41
　13.1 一般规定 …………………………… 61—41
　13.2 数据采集 …………………………… 61—41
　13.3 资料的处理与解释 ………………… 61—42
14 井中探测法 …………………………… 61—42
　14.1 一般规定 …………………………… 61—42
　14.2 电测井 ……………………………… 61—44
　14.3 声波测井 …………………………… 61—44
　14.4 放射性测井 ………………………… 61—44
　14.5 电磁波（雷达）测井 ……………… 61—44
　14.6 钻孔电视 …………………………… 61—45
　14.7 超声成像测井 ……………………… 61—45
　14.8 地震波测井 ………………………… 61—45
　14.9 井间层析成像 ……………………… 61—45
　14.10 其他测井方法 …………………… 61—46
15 成果报告 ……………………………… 61—46
附录A　常见岩土介质物性参数
　　　　参考表 …………………………… 61—46
附录B　城市工程地球物理探测方法的
　　　　适用范围 ………………………… 61—48
附录C　城市工程地球物理探测安全
　　　　保护规定 ………………………… 61—50
附录D　电阻率法装置形式及装置系数

计算方法 ································· 61—51
附录E　高密度电阻率法现场情况记录
　　　表格式 ································· 61—53
附录F　浅层地震记录表格式 ··············· 61—54
附录G　地震仪校验方法 ····················· 61—54
　G.1　地震道一致性校验方法 ············ 61—54
　G.2　触发开关误差校验方法 ············ 61—54
附录H　基础强迫振动测试法动力
　　　参数计算 ····························· 61—54

　H.1　动力参数计算 ························ 61—54
　H.2　各种系数和转换参数计算 ·········· 61—56
附录J　地基振动测试法动力参数计算
　　　表格式 ································· 61—58
附录K　地面温度测量记录表格式 ······ 61—59
附录L　城市工程地球物理探测成果报告
　　　主要内容 ····························· 61—59
本规范用词说明 ································· 61—60
附：条文说明 ···································· 61—61

1 总　则

1.0.1 为了规范和统一城市工程地球物理探测方法，发挥地球物理探测技术在城市建设工程中的作用，为岩土工程勘察、设计、施工和评价提供可靠的基础资料，保证其成果质量，提高经济效益、社会效益和环境效益，适应现代化城市发展的需要，制定本规范。

1.0.2 本规范适用于城市工程建设的岩土工程勘察、水文地质勘察和环境地质勘察以及工程质量评价中的地球物理探测。

1.0.3 城市工程地球物理探测应根据工程实际采用相应的地球物理探测技术和方法，紧密结合相关资料进行综合分析，获得岩土工程勘察、设计、治理、监测和检测所需要的探测数据等信息。

1.0.4 城市工程地球物理探测应积极采用和推广经实践检验有效的新技术、新方法和新仪器，并应重视探测成果的验证和探测效果的回访。

1.0.5 城市工程地球物理探测，除应符合本规范外，尚应符合国家现行有关标准的规定。

2 术语、符号和代号

2.1 术　语

2.1.1 城市工程地球物理探测　engineering geophysical prospecting and testing in city

地球物理探测技术方法在城市建设工程中的应用。

2.1.2 地球物理探测　geophysical prospecting and testing

地球物理勘探和地球物理测试的统称。

2.1.3 地球物理勘探　geophysical prospecting

利用目的物与周边介质的物理性质差异，运用适当的地球物理原理和相应的仪器设备，通过分析研究观测到的物理场，探查地质界限、地质构造及其他目的物或目标的勘探方法。

2.1.4 地球物理测试　geophysical testing

运用适当的地球物理原理和相应的仪器设备，测定地质体或地下人工埋设物的物理性质或工程特性的测试方法。

2.1.5 直流电法　direct current survey

利用探测对象与相邻介质之间的电阻率或电化学特性差异，通过观测研究与探测对象有关的直流电场的分布特征和变化规律，达到探测目的的方法。

2.1.6 高密度电阻率法　resistivity imaging/tomography

通过电极阵列技术同时实现电测深和电剖面测量，获得二维或三维的电阻率分布，进而研究解决相关问题的电阻率法。

2.1.7 可控源音频大地电磁法　controlled source audio frequency magnetotellurics（CSAMT）

根据不同频率电磁波具有不同穿透深度的趋肤效应原理，利用人工可控源产生音频电磁信号，来探测地面电磁场的频率响应而获得不同深度介质电阻率分布信息和目的体分布特征的一种勘探方法。

2.1.8 瞬变电磁法　transient electromagnetic method（TEM）

利用不接地回线或接地电极向地下发送脉冲电磁波，测量由该脉冲电磁感应的地下涡流而产生的二次电磁场，以探测地下介质特征的一种勘探方法。

2.1.9 探地雷达法　ground penetrating radar method（GPR）

通过研究高频电磁波在地下介质中的传播速度、介质对电磁波的吸收以及电磁波在介质分界面的反射等，解决相关问题的一种电磁波法。

2.1.10 核磁共振法　nuclear magnetic resonance method（NMR）

利用地磁场中地下水中氢原子核与周围介质的驰豫特性差异，用拉摩尔频率的交变电流脉冲对地下水激发，原子核系统吸收电磁能量而产生核磁共振。在电流脉冲间歇期间，观测和研究核磁共振信号的变化规律，进而探测地下水的方法。

2.1.11 脉冲矩　pulse moment

核磁共振法中发射的交流电流的幅值与电流持续时间的乘积。

2.1.12 浅层地震法　shallow seismic prospecting method

利用人工激发的地震波在弹性性质不同的地层内的传播规律，研究与岩土工程有关的地质、构造、岩土体的物理力学特性，并对工程场地与人工建筑物的适应性进行评价的勘探方法。

2.1.13 地球物理CT成像技术　geophysical computerized tomography

根据人工场源空间分布而构建地下介质物理参数图像，进而进行地质问题研究的方法技术。

2.1.14 射线正交性　ray orthogonality

以地震射线交角的正弦值表示，衡量地震CT反演可靠性的一个指标。

2.1.15 射线密度　ray density

CT反演计算时划分的网格单元内通过地震射线的条数，是衡量地震CT反演可靠性的一个指标。

2.1.16 瑞雷波法　Rayleigh wave method

利用人工震源激发产生的弹性波在介质中传播，通过分析仪器接收记录的瑞雷波的频散特性和相速度，解决有关地质问题的方法。

2.1.17 场地微振动　site micro-seisms

地面的一种稳定的非重复性随机波动。

2.1.18 卓越周期 predominant cycle
场地微振动中时程曲线上出现次数最多的周期,是场地微振动时的主导周期。

2.1.19 水声探测法 subwater acoustic exploration/detection
利用声波反射原理专门探测水底地形地貌和进行水下地层分层、构造探测的一种勘探方法。

2.1.20 浅地层剖面探测法 shallow sonic echo profiling
利用声波反射原理探测水底地形地貌、水底下地层结构和分布状态、断层构造等的一种勘探方法。

2.1.21 TVG 增益曲线 time voltage-gain curve (TVG)
声波接收机的电压增益随时间变化的曲线。

2.1.22 基桩动测法 pile dynamic testing method
通过对桩的应力波传播特性的测定和分析来评价桩的完整性,推算桩的承载力、桩侧和桩端岩土阻力及打入桩应力的一类检测方法。

2.1.23 声波透射法 crosshole sonic logging
通过实测预埋测管间混凝土的声波参数,对桩身完整性进行评价的方法。

2.1.24 桩身缺陷 pile defects
使桩身完整性恶化,造成桩身强度和耐久性降低的桩身松散、缩径、夹泥、蜂窝、裂缝、断裂等现象。

2.1.25 高精度磁法 high accurate magnetic survey
总精度优于 5nT 的磁测方法。

2.1.26 高精度重力法 high accurate gravimetric survey
总精度优于 40×10^{-8} m·s^{-2} 的重力测量法。

2.1.27 地面温度测量法 geotemperature measuring
通过地面工作,利用探测目标(岩石、土体和水体)与其周围介质间的温度差异,观测研究地表温度场变化规律,解决有关问题的方法。

2.1.28 天然放射性测量法 natural radioactive survey
利用自然界存在着的天然放射性系列和不成系列的放射性核的天然放射性质,研究解决地质问题和环境评价问题的方法。

2.1.29 井中探测法 borehole geophysical prospecting
通过仪器测量钻孔井壁及其周围岩石的物理参数和钻孔参数来研究解决地质问题的地球物理方法。

2.2 符 号

2.2.1 直流电法使用的符号应符合下列规定:
I——供电电流强度值;
J_s——视激发比;
K——装置系数;
m——数据均方误差;
M——测点(站)均方误差;
ΔR——等位圆径向增量;
v——地下水流速;
ΔV——测量电位差;
β——地形视倾角;
δ——绝对误差;
ε——仪器一致性均方差;
η_s——视极化率;
ρ_a——视电阻率。

2.2.2 电磁法使用的符号应符合下列规定:
D——极化椭圆倾角;
E_x——电场强度 x 方向水平分量;
f——频率;
h——深度;
H_y——磁场强度 y 方向水平分量;
H_z——磁场强度垂直分量;
H——深度;
I——发射电流强度;
L——回线边长;
N——噪声电平;
r_f——第一菲涅尔带半径;
R_m——最低信噪比;
ΔV——测量电位差;
δ——平均相对误差;
ε——仪器一致性均方差;
η——异常幅度;
η_D——最小可分辨电平;
λ——电磁波波长;
ρ_s——视电阻率;
ρ_e——有效电阻率。

2.2.3 浅层地震法使用的符号应符合下列规定:
f——频率;
H——深度;
V_R——瑞雷波相速度;
β——波长-深度转换系数。

2.2.4 振动测试法使用的符号应符合下列规定:
1 作用和作用效应
A——振幅;
f——频率;
ω——圆频率。

2 计算指标
m——质量;
K——刚度;
ζ——阻尼比。

3 几何参数
A——面积;
e——偏心距;
h——高度或距离

i——基础半径；
l——间距或长度；
ϕ——角位移。

4 计算参数
C——系数；
f——频率；
I——惯性矩；
J——转动惯量；
M——扭转力矩；
T——周期；
α——系数；
β——系数；
η——系数；
δ——埋深比。

2.2.5 水声探测法使用的符号应符合下列规定：
H——水深度。

2.2.6 基桩动测法使用的符号应符合下列规定：
A——波幅值；
c——应力波传播速度；
E——桩材弹性模量；
Δf——频率差；
F——锤击力；
h——深度；
J_c——凯司阻尼系数；
L——测点下桩长，桩长；
R_c——单桩竖向抗压承载力；
s_x——标准差；
t——声时值，反射波到达时间，沉降观测时间；
Δt——时间差；
T——周期；
V——质点振动速度，声速；
x——距离；
Z——桩身截面力学阻抗；
β——桩身完整性系数；
λ——系数。

2.2.7 地面高精度磁法使用的符号应符合下列规定：
H——测点高程；
R——地球半径；
T_0——磁场强度平均值；
T_x——磁场水平梯度；
T_z——磁场垂直梯度；
ΔT——磁场总量异常；
Z_a——磁场垂直分量。

2.2.8 天然放射性测量法使用的符号应符合下列规定：
N——观测值；
N_b——背景值。

2.2.9 高精度重力法使用符号应符合下列规定：
C——重力仪的格值；

Δg_b——重力布格改正值；
Δg_g——重力地形改正值；
Δg_s——测点相对于总基点的重力值；
Δg_w——重力纬度改正值。

2.2.10 地面温度测量法使用的符号应符合下列规定：
T_s——进行气温年变化影响改正后的地温值；
T_t——实际测量地温值；
ΔT——地表气温改正量。

2.2.11 井中探测法使用的符号应符合下列规定：
h——垂直距离；
Δh——波速层的厚度；
L——源距；
t——时间；
Δt——时间差；
V——声波速度；
x——水平距离。

2.3 代 号

2.3.1 直流电法使用的代号应符合下列规定：
A——供电电极的正极；
B——供电电极的负极；
AB——供电极距；
C——无穷远极；
M——测量电极的一极；
N——测量电极的另一极；
MN——测量极距；
O——观测中心点或记录点；
OO'——偶极剖面的供电极距与测量极距中心的距离。

2.3.2 电磁法使用的代号应符合下列规定：
AB——发射电偶极距或接地线源；
f-K——频率波数倾角滤波方法。

2.3.3 水声探测法使用的代号应符合下列规定：
GPS——全球定位系统；
WGS——世界坐标系。

2.3.4 基桩动测法使用的代号应符合下列规定：
PSD——声波透射斜率法的桩内缺陷判定值。

2.3.5 天然放射性测量法使用的代号应符合下列规定：
Bq——放射性活度；
Gy——吸收剂量；
cps——每秒计数；
cpm——每分钟计数。

3 基 本 规 定

3.0.1 开展城市工程地球物理探测应具备下列基本条件：

1 被探测对象与其周围介质间存在一定的物性（电性、弹性、磁性、密度、温度、放射性等）差异；常见岩土介质的部分物性参数可按照本规范附录A确定；

2 被探测对象的几何尺寸与其埋藏深度或探测距离之比不应小于1/10；

3 被探测对象激发的异常场应能够从干扰背景场中分辨。

3.0.2 城市工程地球物理探测应遵循下列原则：

1 正式工作前应通过方法试验，正确选用有效的工作方法；

2 实际工作中应从简单到复杂，从已知到未知；复杂工作条件下或重点工程，宜采用多种方法综合探测；

3 探测工作应充分利用已知的地球物理探测、勘察、设计等资料。

3.0.3 城市工程地球物理探测可用于解决下列问题：

1 探测覆盖层、风化带及基岩面的起伏形态；

2 探测隐伏断层、破碎带及裂隙密集带的空间分布，以及隧道超前预报地质构造和松动圈测试；

3 探测第四系砂卵砾石层、软土层及多年冻土层的分布及规律；

4 探测地下管线、地下隐蔽工程、古墓及其他埋藏物的空间分布；

5 探测滑坡、洞穴、岩溶、采空区等；

6 铁路、公路、机场、水坝等基础探查及其施工质量检测；

7 灌浆质量划分与评价，桩基的动力特性测试；

8 场地地基土层的划分与评价，地基及建筑物的动力特性测试；

9 地热、场地热源体调查；

10 探测地下水的埋深、流速、流向和地表水与地下水的补给关系及地下咸淡水的界线；

11 探测水底地形起伏形态、水下浅层地质构造和破碎带，划分水下浅地层结构；

12 利用钻孔测定地质及水文地质参数；

13 地下管道泄漏、防腐层破损的检查评估；

14 环境污染及有关地质灾害、环境岩土工程问题的监测与评价；

15 其他符合本规范第3.0.1条规定的问题。

3.0.4 当进行城市工程地球物理探测时，可按照本规范附录B选择相应的方法，并应根据探测任务的性质，确定探测解决问题的重点。

3.0.5 城市工程地球物理探测工作程序应符合下列要求：

接受任务，搜集资料，现场踏勘，仪器检验及方法试验，编写技术设计书，测量放线，数据采集与数据处理，资料解释与成果图编绘，成果检查与核对，编写探测成果报告和成果提交归档。当探测任务较简单及工作量较小时，上述程序可简化。

3.0.6 城市工程地球物理探测接受任务后，探测人员应与有关人员共同收集资料和现场踏勘，研究探测任务、工作计划和资料的解释成果，并应符合下列要求：

1 接受任务：接受探测任务应签订合同书，明确责任。合同书的内容宜包括：任务编号，工程名称，工作地点和工作范围，工作任务和技术要求，工作期限和应提交的成果资料，预计工作量，有关责任等，必要时应说明工作条件。

2 收集资料：接受任务后，探测单位应全面收集和整理测区范围内已有的及相关的岩土工程、水文地质、钻探及地球物理探测、测量、工程概况等资料。

3 现场踏勘：探测单位应组织有关技术人员通过现场了解工作环境条件、地形地貌情况，核实已收集资料的可利用程度等。

3.0.7 城市工程地球物理探测踏勘结束后，应在选定合理的探测方法和进行必要的方法试验的基础上编写技术设计书。技术设计书宜包括下列内容：

1 工作的目的、任务、范围、期限和测区位置；

2 测区地质资料分析、环境条件及相关的地球物理特征，地形、地貌与水文地质、工程地质概况；

3 方法选择及依据，技术要求，工作方法有效性分析，现场工作的布置及工作量估算；

4 与地质、测量等其他专业的配合；

5 仪器、设备、材料、车辆计划；

6 施工组织及工作进度计划；

7 作业质量保证措施；

8 拟提交的成果资料；

9 存在的问题与对策；

10 探测工作布置图。

当探测工程规模较小时，可直接编写施工纲要或工作计划，内容可从简。

3.0.8 城市工程地球物理探测的工作布置应符合下列规定：

1 布置测网时，应根据探测工程需要和岩土工程条件等进行，测网密度应保证异常的连续、完整和便于追踪；

2 布设测线时，测线方向宜避开地形及其他干扰的影响，应垂直或大角度相交于探测对象或已知异常的走向，测线长度应保证异常的完整和具有足够的异常背景；

3 探测范围内有已知点时，测线应通过或靠近该已知点布设；

4 点测时，测点布设位置、数量应满足资料解释对比的需要。

3.0.9 城市工程地球物理探测工作测线起讫点、基点、转折点、异常点、地形突变点以及其他重要的点位，应进行位置的测量，需要时应进行高程测量。测量工作应根据需要提供所探测点的点距、坐标和高程，需要时应将测点展绘到规定比例尺的地形图或其他平面图上。

3.0.10 城市工程地球物理探测的测量工作应根据任务特点和要求而进行，并应符合下列规定：

1 需要测量的测网控制基点应联测测量控制点，其点位和高程测量精度应符合现行国家标准《工程测量规范》GB 50026 的要求；

2 探测点位在相应比例尺平面图上的点位中误差和高程中误差，应符合现行行业标准《城市测量规范》CJJ 8 的有关规定；

3 水域探测点的高程应根据水位的变化进行校正；

4 探测工作使用的比例尺，不应小于同阶段、同工程的岩土工程、水文地质所使用的比例尺。

3.0.11 城市工程地球物理探测仪器设备及其附件应满足性能稳定、结构合理、构件牢固可靠、防潮、抗震和绝缘性能良好的要求。探测仪器应定期进行检查、校准和保养。

3.0.12 城市工程地球物理探测应保证正确操作和使用各种探测仪器及附件，并应指定具备能力的人员进行仪器的操作和维修。

3.0.13 城市工程地球物理探测单位应按照技术设计组织实施探测工作，正确运用工作程序，内、外业紧密结合，并与岩土工程、钻探工作密切配合，及时采集、处理探测数据，完整提交有关探测成果资料。采用新技术、新方法时，应验证其原理的正确和效果的可靠。

3.0.14 城市工程地球物理探测工作应按照不同方法和工程性质提供相应的原始记录。原始记录应齐全完整、真实、清晰，不得擦改、涂改、转抄。确需修改更正时，可在原记录数据和内容上划一"—"线后，将正确的数据或内容填写在其旁边，并应注记原因。对于记录在磁介质上的原始记录，应当刻录成光盘存档。

3.0.15 城市工程地球物理探测单位应建立质量管理体系，按照工作进度进行过程质量检查和资料审核。

3.0.16 城市工程地球物理探测外业质量检查工作应符合下列原则：

1 质量检查应在不同时间进行；

2 质量检查应根据具体探测方法选择重复观测、系统检查等方法；

3 检查点在探测范围内应分布均匀、随机选取，异常和可疑地段应重点检查；

4 在资料核核时应提交质量检查资料。

3.0.17 城市工程地球物理探测外业质量检查量不得低于工作总量的 5%。质量不满足要求时应增加检查量，当检查量达到工作总量的 20%，质量仍不符合规定时，应重新探测。

3.0.18 城市工程地球物理探测数据处理不得使用未经检查或检查不合格的数据。数据处理应使用经过实践检验证明有效的软件。

3.0.19 城市工程地球物理探测资料解释应在分析各项物性资料的基础上，充分利用各种已知资料，按照从已知到未知、先易后难、点面结合、定性指导定量的原则进行。

3.0.20 城市工程地球物理探测应采取相应的探查手段验证或核实探测结果。

3.0.21 城市工程地球物理探测单位应按照本规范第 15 章的要求组织编制探测成果报告，经过审查批准后提交，并应有签字、盖章。

3.0.22 城市工程地球物理探测作业应符合本规范附录 C 的安全保护规定。

4 直 流 电 法

4.1 一 般 规 定

4.1.1 直流电法应根据工作条件和探测要求选用电（阻率）测深法、电（阻率）剖面法、高密度电阻率法、自然电场法、充电法或激发极化法等相应的技术方法。

4.1.2 直流电法仪器除应符合本规范第 3.0.11 条的规定外，其主要技术指标应满足下列规定：

1 输入阻抗应大于 20MΩ；

2 AB、MN 插头和外壳之间的绝缘电阻应大于 100MΩ/500V；

3 极化补偿范围应达到 ±500mV；

4 电位差测量误差不应大于 ±1.0%，分辨率应达到 0.1mV；

5 电流测量误差不应大于 ±1.0%，分辨率应达到 0.1mA；

6 对 50Hz 工频干扰抑制应大于 40dB。

4.1.3 两台或两台以上仪器在同一场地工作时应进行一致性测定，所测参数的均方相对误差 ε 不应超过设计精度的 1/3。ε 应按下式计算：

$$\varepsilon = \pm\sqrt{\sum_{i=1}^{n} u_i^2 / 2n} \quad (4.1.3)$$

式中 u_i——某台仪器某次观测值与该点各观测值平均数的相对误差（$i=1, 2, \cdots\cdots, n$）；

n——参与校验的全部仪器在校验点上观测次数之和。

4.1.4 直流电法的电性参数测定应符合下列规定：

1 同一地电类型的测点应统一安排参数测定；

2 不具备参数测定的场地，可根据电测深曲线或电测井资料推求电性参数。

4.1.5 直流电法的数据采集应符合下列规定：

1 当多台仪器在同一场地工作时，不同供电单元间的距离不应小于最大供电极距的5倍；

2 电极安置位置应准确，电线与电极应连接可靠；

3 供电电流应稳定，同一观测条件下两次电流测量值的相对误差应小于1.0%；

4 供电电极接地电阻应小于100kΩ，供电电流应大于50mA；供电困难时，除应改善观测条件外，宜降低供电电源的内阻；供电电流出现异常时，应排除地下金属管线和工业供电干扰的影响；

5 测量电极接地电阻应小于仪器输入阻抗的1.0%；当接地电阻大于仪器输入阻抗的1.0%时，可采取移动位置、多根电极并联、浇盐水等措施；布设测量电极时，应避开沥青、垃圾堆、炉渣、碎石等城市的高阻地点；

6 除高密度电阻率法外，测量电极应使用同一类电极；在高密度电阻率法的电极阵列或井中与水下测量中，宜使用稳定性较好的不锈钢电极或铅电极；

7 当现场遇下列测点时，应进行重复观测：
  1) 读数困难、极化不稳定和存在明显干扰的测点；
  2) 曲线异常点和畸变点；
  3) 电测深法不正常脱节的接头和$AB/2$大于100m的每个极距点。

8 对曲线上的特征点、畸变段及有疑义的测段，应进行自检观测。

4.1.6 直流电法数据的重复观测应以一个测点或一个测站为单元，检查该测点或测站的全部数据，并应符合下列规定：

1 重复观测应改变供电电流，且改变量不限；

2 重复观测误差超过允许范围时，应多次观测，并检查极距、漏电、接地、仪器和接线等，核对接地位置附近的地形、地质及干扰情况；

3 应取剔除超限重复观测值后剩余重复观测值的算术平均值作为最终的基本观测值。

4.1.7 直流电法数据的自检观测应符合下列规定：

1 自检观测应改变供电电极的接地状况或重新布极，且供电电流的改变量应大于20%；

2 自检观测应按重复观测的规定和要求执行；

3 自检观测结果证明基本观测确实有误时，可采用自检观测数据代替基本观测数据。

4.1.8 直流电法的漏电检查应符合下列规定：

1 每日开工、收工和曲线发生畸变时，应对仪器、电源、电线进行漏电检查；

2 电测深法$AB/2$不小于500m的所有测点、电剖面法每隔10~20个测点及每个剖面的最后一个测点以及电线位于潮湿地区时和有疑问的异常区（点）应进行漏电检查；

3 当发现电线、电源或仪器漏电时，应查明原因予以消除后，按序返回观测，至连续三个点的观测值与原观测值之差在原观测值的5%以内为止。

4.1.9 直流电法的质量检查应符合本规范第3.0.16条的规定。质量检查观测与基本观测使用不同仪器时，应进行仪器的一致性测定，并应满足本规范第4.1.3条的规定。

4.1.10 直流电法的质量检查应独立于基本观测，可在全测区基本观测进行到一定阶段或全区基本观测完成后对总工作量的5%且不少于1个测点或测站进行检查，并应符合下列规定：

1 检查应隔日重新布极进行；

2 检查观测点（站）应随机选取，对解释推断、验证工程有意义或质量有疑义的测点（站）应重点检查；

3 质量检查观测结果，应以单个测点（站）为单位，编列各个数据的相对误差m_i统计表，并计算该测点（站）的均方相对误差M，其均方相对误差不应大于±5%。M、m_i应分别按照公式（4.1.10-1）和公式（4.1.10-2）计算。

$$M=\pm\sqrt{\frac{1}{2n}\sum_{i=1}^{n}m_i^2} \quad (4.1.10\text{-}1)$$

$$m_i=\frac{|\rho_{ai}-\rho'_{ai}|}{\frac{\rho_{ai}+\rho'_{ai}}{2}}\times 100\% \quad (4.1.10\text{-}2)$$

式中 M——某个质量检查点（站）的均方相对误差；

n——某测点（站）的数据个数；

m_i——第i个参加评定的单个极距的相对误差；

ρ_{ai}——第i个数据的基本观测值；

ρ'_{ai}——第i个数据的检查观测值。

4.1.11 直流电法的质量评价除应符合本规范第3.0.17条的规定外，还应符合下列规定：

1 当可以确定由于地表及浅层湿度变化使得视电阻率数据的系统观测出现规律性偏差时，应将其剔除后再进行质量评价；

2 当可以确定由于周围地电干扰，或者无法判定干扰来源但从相邻的数据点数来看，视电阻率的原始数据或系统观测数据出现无规律性的奇异点时，可将其剔除后再评价质量，但剔除的点数不应超过所观测视电阻率数据总数的3%；

3 测区内质量检查观测结果所统计的均方相对误差不应大于±5%，且统计时不得剔除经检查不合格的测点（站）；

4 不合格测点（站）数不应大于被评价测区内经质量检查的测点（站）总数的20%。

4.1.12 直流电法的资料处理与解释除应符合本规范第3.0.18条、第3.0.19条和第3.0.20条的规定外，还应符合下列规定：

1 当地形坡度大于15°时，应考虑地形影响并作地形改正。

2 各种剖面、曲线图的绘制，应符合下列要求：

　　1) 提交的正式图件应利用合格数据进行绘制，上图的数据与曲线应进行100%的复核；

　　2) 进行多剖面工作时，各剖面图应采用相同的比例尺；面积性工作应绘制剖面平面图；充电法的剖面平面图上应标出充电点的投影位置；

　　3) 图中所绘各种文字符号、图形符号，应全部列入图例，并说明其代表意义；图例排序应为直流电法等地球物理探测符号、地质符号、地物符号、其他符号。

3 资料解释应符合下列要求：

　　1) 应研究不同介质的电性特征及变化规律；

　　2) 应研究异常所处位置及附近的地形、地质条件、干扰体位置与异常的关系，并区分有意义异常和干扰异常；

　　3) 应对比正演曲线和试验结果，研究异常的特征，确定异常体的性质及其平面位置、埋深和形态等。

4.2 电测深法

4.2.1 电（阻率）测深法适用于划分地层，探查隐伏构造、地下埋设物、岩溶、空洞（区）和地下水源，测定场地地下不同深度岩土层视电阻率参数。

4.2.2 电测深法的工作布置除应符合本规范第3.0.8条的规定外，还应符合下列规定：

1 划分地层时，测点间距应小于探测对象埋深的一半；探查隐伏构造、地下埋设物、岩溶、空洞（区）时，应使异常在相邻测点上清晰地反映；

2 在电性分布不均匀的场地，应采取措施查明地层的各向异性情况；

3 同一电性单元的装置方向宜保持一致。

4.2.3 应根据探测对象规模、埋深及场地地电条件等按照本规范附录D选择使用相应的电测深装置形式。

4.2.4 电测深法电极距的选择应符合下列规定：

1 最大供电电极距应能满足探测深度的需要；最小供电电极距应能满足资料解释的需要；

2 测量电极距与相应的供电电极距可采用等比或非等比形式，其比值不宜大于1/3；

3 三极或联合测深中的"无穷远"极应位于MN的中垂线上，无穷远距离应大于最大供电电极距时AO（或$A'O$）的5倍；因客观条件限制不能垂直布设时，应增大无穷远距离，最远可增至10倍AO（或$A'O$）；

4 五极纵轴测深的L应大于2倍探测对象的埋深，MN应为$L/30$～$L/40$。

4.2.5 电测深法现场作业可按设计要求根据场地条件布设测线、测点；遇障碍物时，可在1/2线（点）间距的范围内移动测线（点）。

4.2.6 电测深法的测站应布设在测点附近干燥的地方，并避开高压线、变压器等大型电力设施。工作电源、仪器应分开放置，相互间及与地面间应采取有效的绝缘措施，绝缘电阻不应小于10MΩ。

4.2.7 现场工作时，供电导线与测量导线应分开敷设。

4.2.8 测量电极宜使用不极化电极。当使用非不极化电极时，应在布设完成至少1min后方可进行观测。

4.2.9 供电电极应垂直地面插入安置，小极距电极入土深度应大于极距的1/10。当采用多电极供电时，电极应以接地点为中心呈环形或垂直放线方向线形对称布置，环形半径或线形长度应小于$AB/2$的1/20。

4.2.10 现场观测结果应立即计算，并绘制电测深曲线图。

4.2.11 每天现场工作结束，应将原始记录妥善保管。所有外业记录表、曲线图、数据磁带或磁盘、光盘等均应整理编录、归档保存。

4.2.12 电测深工作质量检查与评价应符合本规范第4.1.9条、第4.1.10条和第4.1.11条的规定。

4.2.13 电测深资料的定性解释除应符合本规范第4.1.12条相关规定外，还应研究电测深点的曲线类型、斜率、渐近线、极值点、拐点、局部畸变点等，并作出定性结论。

4.2.14 用于定量解释的电测深曲线接头应进行圆滑处理，处理后的电测深曲线应圆滑完整，主要电性标志层反映明显，首尾支渐近线应符合定量解释的要求。

4.2.15 电测深资料定量解释应符合本规范第4.1.12条的规定，并应结合测区的岩土和电性条件进行，合理使用参数，参数应在电测深曲线图上标明。

4.2.16 电测深法应充分利用钻孔或其他方法获取的资料进行综合解释。

4.3 电剖面法

4.3.1 电（阻率）剖面法适用于研究地下某一深度范围内沿水平方向的电阻率变化，探查地下岩土体、空洞、断层、岩性的界线以及地下管线等埋设物等。

4.3.2 电剖面法应结合地电条件、地形特征，根据探测要求按照本规范附录D选择装置类型，并应符合下列规定：

1 对称四极剖面法的供电电极应根据不同探测目标的埋深合理选取并满足：AB应为探测对象顶部埋深的4～6倍，MN不应小于探测对象的顶部埋

深且不应大于 $AB/3$；

 2 联合剖面法的 AO 应大于探测对象顶部埋深的 3 倍，MN 应小于 $AO/3$；

 3 中间梯度剖面法的测量区间应位于供电极距中部 $AB/3$ 范围内；当采用多线观测时，旁测线距主测线的距离不应大于 $AB/5$；

 4 偶极剖面法的 OO' 应大于探测对象顶部埋深的 3 倍，供电偶极和测量偶极长度宜相等，且应小于 OO'；

 5 复合电剖面装置 AB 和 $A'B'$ 的比值应根据探测目的及场地地电性质，由现场试验确定。

4.3.3 电剖面法的工作布置除应符合本规范第 3.0.8 条规定外，还应符合下列规定：

 1 测线上应有不少于 3 个测点反映单个异常，否则应加密测点；

 2 至少应有 3 条测线通过所研究的异常，否则应加密测线。

4.3.4 电剖面法现场工作中，遇到下列情形之一时应增加工作量：

 1 当有意义的异常未追索完毕时，应延长测线继续观测，直到有 3 个以上测点反映为背景段或测线被阻断无法前进为止；中间梯度剖面法在沿测线方向改变供电极位置时，应有不少于 2 个测点的重复观测；

 2 对于需要掌握的有意义异常的细节部位或需要定出异常曲线特征点准确位置的部位，应加密测点或变换电极距进行观测。

4.3.5 电剖面法的工作质量检查与评价应符合本规范第 4.1.9 条、第 4.1.10 条和第 4.1.11 条的规定。

4.3.6 电剖面法的每天现场工作后，应将原始数据刻录复制，做好备份，所有现场记录本（表）、曲线图、数据磁带（磁盘、光盘等）均应整理编录、归档保存。

4.3.7 电剖面法的资料解释推断除应符合本规范第 4.1.12 条的规定外，还应符合下列规定：

 1 电剖面法的解释工作可采用对比类推法和经验公式法；

 2 推断异常带，应保证至少在 3 条剖面上有相似的曲线特征。

4.4 高密度电阻率法

4.4.1 高密度电阻率法适用于观测与研究某一垂直断面（二维）或某一地块下空间（三维）的电阻率变化，探测地下地质体及地下管线等埋设物的赋存状况。

4.4.2 高密度电阻率法的仪器设备应由多道直流电测仪和电极阵列组成。电测仪除应符合本规范第 4.1.2 条的规定外，供电方式应为正负交变的方波，电极宜使用稳定性较好的不锈钢电极或铅电极，集中式和分布式的电极切换器应具有良好的一致性，仪器应具有对电缆、电极接地、系统状态和参数设置的监测功能。

4.4.3 多芯电缆应具有良好的导电和绝缘性能，芯线电阻不应大于 $10\Omega/km$，芯间绝缘电阻不应小于 $5M\Omega/km$，电极阵列的接插件还应具有良好的弹性簧片和防水性能。

4.4.4 高密度电阻率法的工作布置除应符合本规范第 3.0.8 条的规定外，还应符合下列规定：

 1 现场对比测试供电方波的周期和低通滤波器的高截止频率时，应保证补偿电极极化电位和建立恒稳电流场，并应抑制工业和人工电流源的干扰；

 2 应根据探测对象的深度、规模和预期的成像精度设置电极极距和隔离系数，隔离系数的最大值应保证探测深度超过探测对象埋深的 20% 以上，最小电极距应同预期的水平分辨力相当；

 3 应通过现场试验确定观测装置，观测装置应适合探测任务的要求和场地的干扰水平；

 4 实施滚动观测时，每个排列的移动距离应保证伪剖面底边的数据衔接，重复测点数不应少于 1 个，且上部的覆盖探测部分应具有基本特征的一致性，当底边空白区大于 2 个点时，应在成果图中标明或减小探测深度。

4.4.5 根据探测工作要求，当地形坡度大于 15°时，应测量测站坐标及高程。

4.4.6 高密度电阻率法的数据采集应符合下列规定：

 1 复杂条件和恶劣环境下，应采用抗干扰性和分辨能力不同的两种观测装置分别完成，且不应采用同一观测装置中的互相换算值代替另一组观测数据；

 2 对于每个排列的观测，坏点总数不应超过测量总数的 1‰，对意外中断后的复测，应有不少于 2 个深度层的重测值；

 3 对二极、井间和三维观测装置，应采集电压和电流强度值，数据处理时，应另行计算出视电阻率值；当远电极极距 OB 不满足 5 倍以上 OA 时，应在数据处理中进行远电极修正；

 4 现场观测时，应记录排列位置，并注明特殊环境因素的位置，同时应在草图上标明。

4.4.7 高密度电阻率法的现场观测数据应及时存储，并按照本规范附录 E 规定的格式做好现场情况记录。

4.4.8 高密度电阻率法工作质量检查除应符合本规范第 4.1.9 条、第 4.1.10 条和第 4.1.11 条的规定外，当确认测区附近存在较明显干扰源时，其总均方相对误差可放宽到 ±8%。

4.4.9 高密度电阻率法资料处理除应符合本规范第 4.1.12 条的有关规定外，还应符合下列规定：

 1 数据预处理时，应进行数据平滑、异常点剔除和滤波；

 2 建立初始模型时，可采用伪剖面法、反投影法；

3 反演成像时，应先将正演获得的理论值与相应的实测值相减获得残差值，再利用反演计算获得真电阻率的分布；

4 分析对比时应符合下列规定：

 1）剖面分析：应对单个成像剖面进行分析，确定出剖面中的电性结构及其异常区（带）；

 2）对比分析：应对不同的成像剖面进行对比分析，找出这些剖面中规模基本相同或极其相似的电性结构；

 3）综合分析：应综合其他手段的资料或结果，推断电性结构。

4.4.10 对于个别无规律的数据突变点，应结合相邻测点数值进行修正。

4.4.11 地形校正时，除应对测点在断面中的位置进行归正外，还应对测读数据进行装置系数修正。

4.4.12 绘制电阻率断面图应合理设置色标，同一场地应统一色标设置。

4.4.13 对于岩土资料较详细的测段，应进行正演计算，指导其他测线段的资料处理解释工作。

4.4.14 资料解释除应符合本规范第4.1.12条的规定外，对于有钻孔资料的测段，尚应结合地层电性资料对反演计算进行约束。

4.5 自然电场法

4.5.1 自然电场法适用于探测浅层地下水流向、区分水文单元、快速普查地热、调查地质构造和地层分布，也可用于地质灾害调查。

4.5.2 应用自然电场法时，应满足下列条件：

 1 应有氧化-还原电化学作用、地下水渗透、扩散作用及其他作用；

 2 应能形成电位差异，且能将有用信号从干扰背景中分辨出来；

 3 在干旱沙漠、地表切割剧烈地区以及过滤电场和游散电流干扰严重又难以克服的地区，不宜布置自然电场法。

4.5.3 自然电场法的观测应根据实际情况合理选择采用电位法或梯度法。采用梯度法时，MN宜等于观测点距。

4.5.4 自然电场法在正式施测前，宜先做一条较长的控制剖面；测网应按工作性质分别进行选择布设，并应符合本规范第3.0.8条的规定。

4.5.5 自然电场法观测时，应正确区分电位的正负极性。对于曲线的异常段、突变点、可疑点等均应进行重复观测，必要时应加密测点或增设短剖面；重复观测的最大绝对误差不应超过5mV。

4.5.6 自然电场法的电位观测应符合下列规定：

 1 电位总基点应选择在自然电位平稳的正常场地段，并应便于与分基点联测；

 2 分基点应选择在自然电场稳定且交通便利处；

 3 电位法观测时，仪器和基点（固定电极）N应放在测站附近。梯度法观测时，应保持一个测区中仪器上的M端始终接大号测点上的电极，N端始终接小号测点上的电极，不得任意调换；

 4 在开工和完成测区工作总量的50%时，应进行各基点之间的电位联测，两次观测的绝对误差不得超过5mV，超过时的基点应多次联测，不稳定的基点应重复观测。

4.5.7 自然电场法的电极应使用不极化电极，所用电极及埋设应符合下列规定：

 1 电极的极差应稳定，在开工前不应大于2mV；当测完一条剖面重复返回时，应测量极差，测量的极差不应大于5mV；

 2 电极应编号使用，安置时应保证其接地良好；在观测过程中，应保证电极的先后次序和M、N电位正负的正确；

 3 电极在测点上安置困难时，可沿垂直测线方向移动，但移动距离应小于点距的1/5；

 4 电极不应安置于流水旁，其周围不应有金属物体扰动，电极的引出线头不得与土壤、杂草等接触，接地电阻应小于10kΩ。

4.5.8 自然电场法观测数据的质量检查与评价除应符合本规范第4.1.9条、第4.1.10条和第4.1.11条的规定外，也可用平均绝对误差进行质量评价。原观测与检查观测之间的平均绝对误差不得大于5mV，单个点的绝对误差不得大于15mV。绝对误差δ应按下式计算：

$$\delta = \frac{1}{n} \sum_{i=1}^{n} |A_i - A'_i| \qquad (4.5.8)$$

式中 A_i——第i点原始观测值；

   A'_i——第i点检查观测值；

   n——检查点数。

4.6 充 电 法

4.6.1 充电法适用于探测地下低电阻体的平面展布和地下水的流速流向，探测地下或水下埋设物体。

4.6.2 充电法可根据需要选择使用电位法和梯度法工作。

4.6.3 充电法的工作布置除应符合本规范第3.0.8条的规定外，还应符合下列规定：

 1 充电点应能与被探测低阻体联通，并具备可供充电的条件；

 2 探测目标的围岩电性应均匀，地形应平坦且电性均匀；

 3 无穷远极至测区的最短距离应大于测区对角线长度的5倍；

 4 电位测量时，测量电极N应布置在无穷远极的反方向。

4.6.4 充电法的数据采集应符合下列规定：
　　1 在观测电位差的前后应观测供电电流强度；
　　2 电位和梯度观测应单独进行，不得采用换算值；
　　3 电位的极值点、梯度的过零点和极大值点以及曲线上的突变点、转折点、可疑点，均应进行重复观测和漏电检查；
　　4 梯度测量时的 M、N 电极顺序不得调换；
　　5 现场观测结果应随时记入专用的记录本上，并绘制相应的草图；采用直接追索等位线的方法时，其等位线位移误差不得大于 1.0m。

4.6.5 采用充电法测定地下水流向流速时，除符合本规范第 4.6.4 条的规定外，还应符合下列规定：
　　1 应布置 8 条或 12 条测线，并应保证其各方位夹角相等；
　　2 充电的供电电极 A 应放在所要测定的含水层中间位置，无穷远极应布设在预计水流上游方向；
　　3 测量电极 N 应固定在预计水流方向上游且至充电井孔的距离不应小于含水层的埋深；
　　4 井孔盐化前应观测正常场的等位线，并应保持盐化程度恒定；
　　5 点距不得大于探测对象埋深的 1/2。

4.6.6 采用充电法探测低阻体时，除应符合本规范第 4.6.4 条的规定外，还应符合下列规定：
　　1 供电电极 A 应与良导体接触良好；
　　2 在低阻体上应加密测点。

4.6.7 充电法的重复观测精度应满足公式（4.6.7-1）的要求；采用电位法和梯度法观测时，按公式（4.6.7-2）计算的均方误差 M_T 不得大于 $\pm 5.0\%$。

$$\left[\frac{m_{\max}-m_{\min}}{\frac{m_{\max}+m_{\min}}{2}}\right] \times 100\% \leqslant \sqrt{n} \times 5\% \quad (4.6.7\text{-}1)$$

式中　m——充电法观测电位差经供电电流归算后的数值；
　　　n——重复观测次数（不包括舍去超差数据的次数）。

$$M_T = \pm \sqrt{\frac{\sum_{i=1}^{n}\left(\frac{\delta_i}{T_i}\right)^2}{2n}} \quad (4.6.7\text{-}2)$$

$$\delta = \left(\frac{\Delta V}{I}\right) - \left(\frac{\Delta V}{I}\right)' \quad (4.6.7\text{-}3)$$

$$T = \frac{\left(\frac{\Delta V}{I}\right)+\left(\frac{\Delta V}{I}\right)'}{2} \quad (4.6.7\text{-}4)$$

式中　n——参加统计的检查点数。

4.6.8 充电法的资料处理与解释除应符合本规范第 4.1.12 条的规定外，还应符合下列规定：
　　1 用充电法测定地下水流速流向时，应以等位线移动速度最大的方向确定地下水流向，在流向方向上应按公式（4.6.8-1）计算流速 v；需要地形改正时，应按公式（4.6.8-2）进行。

$$v = \frac{\Delta R}{\Delta t} \quad (4.6.8\text{-}1)$$

式中　ΔR——相邻等位圆位移的增量；
　　　Δt——增量 ΔR 相对应的时间间隔。

$$v_c = \frac{v}{\cos\beta} \quad (4.6.8\text{-}2)$$

式中　v_c——地形改正后的地下水流速；
　　　v——以斜坡地形算得的地下水流速；
　　　β——流向方向等位圆线的地形视倾角。
　　2 用充电法圈定低阻体时，应在确定异常后正确区分正常场和异常场，并根据剖面平面图的异常带来确定形态。

4.7　激发极化法

4.7.1 激发极化法适用于区分含水层和确定不同地层的含水性；圈定炭质灰岩或金属硫化物含量较高的地质体。

4.7.2 应用激发极化法时，除应符合本规范第 3.0.1 条的规定外，还应符合下列规定：
　　1 探测对象与围岩间应有较明显的极化效应差异；
　　2 在地形切割剧烈、覆盖层厚度较大且电阻率低及无法避免游散电流干扰的地区不宜布置激发极化法工作。

4.7.3 激发极化法可根据需要选择使用电测深装置、电剖面装置。

4.7.4 激发极化法的仪器除应符合本规范第 4.1.2 条的规定外，其性能和主要技术指标还应符合下列规定：
　　1 极化率测量分辨率应达到 0.1%；
　　2 延时与积分的时间应可调，且相对误差不应大于 1.0%；
　　3 极化率叠加次数不应小于 2，且应可调；
　　4 应具有占空比为 1:1、供电周期宜为 4、8、16、32s 的标准供电制式；
　　5 供电时间精度应优于 $\pm 1.0\%$。

4.7.5 激发极化法的数据采集应符合下列规定：
　　1 测量电极 M、N 的安置应符合本规范第 4.5.7 条第 1 款、第 3 款和第 4 款的规定；
　　2 用中间梯度装置时，MN 应限于装置的中部 $AB/3$ 范围内移动；
　　3 测线长度应大于 $2AB/3$，需移动供电电极完成整条测线的观测时，在相邻观测段间应有 2～3 个重复观测点；
　　4 一线供电多线观测时，旁测线与主测线间的最大距离不应大于 $AB/5$；

5 供电电流强度变化不应大于5.0%；

6 在观测过程遇有干扰时，应分析原因并采取相应措施消除或减小干扰影响；

7 二次场的电位差值应大于1mV；

8 仪器的调零工作应在规定的供电时间内完成，不得延长；

9 凡出现下列情况之一者，应进行重复观测和检查观测：

　1）断电后某一瞬间的二次场电位差小于1mV；

　2）采用短导线测量直读视极化率时，二次正向供电与反向供电所测出的视极化率的平均值之差，正常时超过0.1%或干扰较严重时超过0.2%；

　3）在观测读数的前后，发现有明显的干扰现象；

　4）视激发比值大于或接近于衰减度值。

4.7.6 激发极化法的质量检查与评价应符合本规范第4.1.9条、第4.1.10条和第4.0.11条规定外，重复观测检查数值的取舍应符合下列规定：

1 参与算术平均值计算的一组视极化率值中，最大值与最小值之差不得大于5.0%；参与算术平均值计算的一组视激发比值中，最大值与最小值之差不得大于7.0%；

2 误差超限的观测数据可舍去，但舍去数不应超过观测数的1/5；当出现超过本规范第4.7.6条第1款规定误差的数据时，应停止观测，待查明原因并经处理后才能继续工作。

4.7.7 激发极化法的观测数据均方相对误差不应大于±10.0%，视极化率均方误差 $M_{\eta s}$ 应采用公式（4.7.7-1）计算，视激发比均方相对误差 M_{J_s} 应采用公式（4.7.7-2）计算。

$$M_{\eta_s} = \pm\sqrt{\frac{\sum_{i=1}^{n} M_{\eta si}^2}{2n}} \quad (4.7.7\text{-}1)$$

$$M_{J_s} = \pm\sqrt{\frac{\sum_{i=1}^{n} M_{J si}^2}{2n}} \quad (4.7.7\text{-}2)$$

$$M_{\eta_{si}} = \frac{\eta_{si} - \eta'_{si}}{\frac{\eta_{si} + \eta'_{si}}{2}} \quad (4.7.7\text{-}3)$$

$$M_{J_{si}} = \frac{J_{si} - J'_{si}}{\frac{J_{si} + J'_{si}}{2}} \quad (4.7.7\text{-}4)$$

式中　η_{si}、J_{si}——各测点基本观测的视极化率和视激发比；

　　　η'_{si}、J'_{si}——各测点系统检查观测的视极化率和视激发比；

　　　n——参与评定的测点数。

4.7.8 激发极化法的资料处理与解释除应符合本规范第4.1.12条的规定外，还应符合下列规定：

1 激发极化法应绘制工作布置图；测深工作应绘制各参数等值线断面图、曲线类型图、含水层分布平面图和探测成果综合图等；

2 参数等值线断面图的起始值应以异常的下限值确定；

3 绘制参数等值线平面图时，宜选择最能明显反映含水构造及异常特征的极距来绘制；

4 应用激发极化法找水，应正确地确定背景和含水异常值，并依据含水因素及水文地质资料和其他探测资料，经过综合相关分析后估算含水层的富水性。

5　电　磁　法

5.1　一　般　规　定

5.1.1 电磁法应根据工作条件和探测要求按本规范附录B选择相应的方法。

5.1.2 当两台或两台以上的仪器在同一测区进行电磁法作业时，应在同一测点上采用相同的观测装置进行仪器一致性测定，按照公式（4.1.3）计算的均方相对误差不应大于±5.0%。

5.2　音频大地电场法

5.2.1 音频大地电场法适用于探查地质构造，寻找地下水，探查地下空洞和地下管线等。

5.2.2 下列情况下，不宜进行音频大地电场法工作：

1 接地电阻过大，又难以改善的地区；

2 寻找缓倾角的层状地质体；

3 地下存在强大的无法克服的工业游散电流的地区。

5.2.3 音频大地电场法的仪器除应符合本规范第3.0.11条的规定外，并应具有良好的屏蔽性能，其主要技术指标应符合下列规定：

1 仪器内部电路与外壳间绝缘电阻不应小于100MΩ；

2 电压灵敏度应达到1μV，测量精度应优于±5.0%；

3 输入端短路噪声水平应小于1μV；

4 输入阻抗大于10MΩ。

5.2.4 现场工作布置除应满足本规范第3.0.8条的规定外，点距应小于探测目标体大小的1/2。

5.2.5 测量电极应使用紫铜电极或不极化电极，接地电阻不应大于10kΩ。

5.2.6 数据采集应符合下列规定：

1 在保证足够电位差读数的前提下，应使用相对较小电极距；

2 同一测线应使用同一电极排列方式；

3 测量电极应与大地接触良好;

4 在进行面积测量时,应设立日变站,并按照日变观测要求进行日变观测。

5.2.7 数据的检查与质量评价除应符合本规范第3.0.16条和第3.0.17条的规定外,还应符合下列规定:

1 除正常的检查重复观测外,在观测中遇到指针不稳或数字显示跳跃,或者出现曲线畸变点时,应进行重复观测;

2 重复观测曲线应与原测曲线形态相似或一致。

5.2.8 资料整理时,应绘制电位差 ΔV 或电场强度 E_x 曲线、剖面平面图或等值线图等定性图件。进行日变观测的资料整理时,应在日变改正后绘制上述有关图件。资料处理应符合本规范第3.0.18条的规定。

5.2.9 资料的解释,除应符合本规范第3.0.19条的规定外,还可以异常变化大小计算异常幅度,对照观测值的正负异常做出定性解释。异常幅度 η 应按下式计算:

$$\eta = \frac{\Delta V_s^{\max} - \Delta V_s^{\min}}{\frac{\Delta V_s^{\max} - \Delta V_s^{\min}}{2}} \times 100 \quad (5.2.9)$$

式中 $\Delta V_s^{\max}$、$\Delta V_s^{\min}$——分别为保留的电位差的最大值与最小值。

5.3 甚低频电磁法

5.3.1 甚低频电磁法适用于圈定断裂破碎带、岩溶发育带,岩脉、基岩裂隙水的调查及地下水污染检测,地下金属埋设物的探查。

5.3.2 下列情况下不宜开展甚低频电磁法工作:

1 具有低阻覆盖,电磁波被吸收,趋肤深度达不到覆盖层下目标物埋深的地区;

2 天电干扰或其他人为干扰使仪器读数不稳,无法进行正常观测的地区;

3 地形切割剧烈,无法进行地形改正的地区。

5.3.3 甚低频电磁仪器除应符合本规范第3.0.11条的规定外,其主要技术指标还应符合下列规定:

1 电压灵敏度应达到 $1\mu V$;

2 输入端短路噪音水平应小于 $1\mu V$;

3 电场通道输入阻抗应大于 $10M\Omega$;

4 倾角重复性应小于 $0.5°$。

5.3.4 甚低频电磁法的工作布置应符合下列规定:

1 选择的甚低频发射台应工作稳定且有足够的强度;发射台方向与探测对象的夹角,在探测低阻体时不宜超过 $60°$,在探测高阻体时不宜小于 $20°$;

2 测线宜垂直于探测对象的走向和发射台的方向布设,在异常带上不应少于3条;

3 倾角法工作点距不宜大于20m,波阻抗法工作点距不宜大于10m。

5.3.5 甚低频电磁法的测量参数选择应符合下列规定:

1 探测低阻目的体时应选用观测磁场参数;

2 小比例尺面积性工作可以只测极化椭圆倾角;

3 探测高阻目的体时,应测量电场水平分量 E_x 和与其正交的磁场水平分量 H_y,并用公式(5.3.5)计算视电阻率 ρ_s。

$$\rho_s = \frac{1}{5f}\left|\frac{E_x}{H_y}\right|^2 \quad (5.3.5)$$

式中 f——工作频率(Hz)。

5.3.6 甚低频电磁法的数据采集应符合下列规定:

1 工作开始前应选择适合测区工作频率的甚低频发射台,测定电台的方位角、发射和停播时间,确定最佳观测时间,并应设立检查电台波场稳定性的检查点;

2 应在调准接收机到所选电台频率且一次场稳定时采集数据;

3 观测电场水平分量 E_x 过程中,应保持M、N电极接地良好并保持仪器高度一致;

4 倾角法观测时,应选择与探测对象走向接近的电台;

5 异常带、零值变化带和畸变点均应重复观测;

6 当一个测区使用两台或两台以上仪器同时工作时,应进行仪器的一致性检查。当仪器的观测总均方相对误差超过规定精度的50%时,应调节仪器或进行一致性改正。仪器的观测总均方相对误差应按本规范公式(4.1.3)计算。

5.3.7 甚低频电磁法的重复观测和检查观测除应符合本规范第3.0.16条和第3.0.17条的规定外,还应符合下列规定:

1 磁场分量 H_y、H_z 和电场分量 E_x 的平均相对误差不应大于5.0%;波阻抗 E_x/H_y 和有效电阻率 ρ_e 的平均相对误差不应大于10.0%;平均相对误差 δ 应按下式计算:

$$\delta = \frac{1}{n}\sum_{i=1}^{n}\left|\frac{2(A_i - A'_i)}{A_i + A'_i}\right| \times 100\% \quad (5.3.7)$$

式中 A_i——第 i 点原始观测值;

A'_i——第 i 点检查观测值;

n——参加统计计算的测点数。

2 极化椭圆倾角 D 的平均绝对误差不应大于 $1°$,平均绝对误差应按本规范公式(4.5.8)计算。

5.3.8 甚低频电磁法的资料处理与解释除符合本规范第3.0.18条和第3.0.19条的规定外,还应符合下列规定:

1 应在定性图件上标明所用电台的名称和方位;

2 可采用倾角滤波法消除或削弱由导电围岩及局部电性不均匀体产生的区域背景噪声;

3 参与解释的 D 曲线应有过零点、对称拐点或明显拐点且 $D \geq 4°$;其他曲线应有明显的拐点。

5.4 电磁剖面法

5.4.1 电磁剖面法适用于探查地下岩土层或其他地质体，探测地下金属管线、导电性和导磁性物体等地下埋设物的空间分布。

5.4.2 电磁剖面法根据地质条件和探测要求可选择使用大定源回线法和偶极剖面法。

5.4.3 电磁剖面法仪器除应符合本规范第3.0.11条的规定外，其主要技术指标应符合下列规定：
1 发射机频率范围应满足10Hz～100kHz；
2 接收机应具有选频功能，测量精度应优于±5.0%。

5.4.4 电磁剖面法的工作布置除应符合本规范第3.0.8条的规定外，偶极剖面法的发收距选择还应符合下列规定：
1 探测深度小于6m时，应固定采用一个通过试验确定的发收距；
2 探测深度大于6m时，可分别采用不同的发收距。

5.4.5 电磁剖面法的数据采集应符合下列规定：
1 利用大定源回线法工作时，应利用大回线提供均匀的一次场，利用小回线在大回线内外测线上，采用实虚分量法或振幅比相位差法逐点观测；
2 偶极剖面法应采用固定间距的发收线圈同步沿测线移动，可采用水平线圈法或虚分量振幅法进行观测。

5.4.6 电磁剖面法采用重复观测进行检查时，除应符合本规范第3.0.16条、第3.0.17条的规定外，应保证检查观测曲线与原始观测曲线的形态相似或相同，且观测值的均方相对误差应小于±15%。

5.4.7 电磁剖面法的资料处理应符合本规范第3.0.18条的规定，资料解释除应符合本规范第3.0.19条的规定外，还应符合下列规定：
1 采用虚实分量法资料进行推断解释时，应先进行定性解释，确定异常范围、走向长度、倾斜方向等，再在定性解释基础上，选择干扰影响较小的光滑曲线进行定量解释；
2 采用振幅比-相位差法资料进行解释时，可先对异常进行实、虚分量转换，制作平面图后，再按照先定性后定量的方法进行解释；
3 可采用不同发收距或不同工作频率的资料进行介质电导率和厚度的定量计算；
4 进行地下金属管线探测时，可在试验前提下利用仪器进行定深和定位。

5.5 可控源音频大地电磁法

5.5.1 可控源音频大地电磁法（CSAMT）可用于研究基底起伏和构造形态、产状及断裂展布，判定岩性分布及厚度。

5.5.2 采用可控源音频大地电磁法除应符合本规范第3.0.1条的规定外，还应符合下列条件：
1 地层间或被探测目标体与其周围介质间应有明显的电性差异；
2 工作区域应没有工业电磁噪声干扰及人文干扰，或有干扰但能够通过处理消除或削弱。

5.5.3 可控源音频大地电磁法使用的供电设备和测量仪器之间应同步，仪器的各观测道应具有良好的一致性，除应符合本规范第3.0.11条的规定外，其主要技术指标还应符合下列规定：
1 发射机频率可连续变化，频率变化范围应满足0.1Hz～10kHz；
2 接收机应带有选频特性，频率测量范围应满足0.1Hz～10kHz；
3 通道与屏蔽层的绝缘电阻应大于10MΩ；
4 输入端灵敏度应达到0.1μV；
5 输入阻抗应大于10MΩ。

5.5.4 可控源音频大地电磁法根据探测目的体的埋深宜选择电偶极或磁偶极人工场源，可选择标量、矢量或张量测量。

5.5.5 可控源音频大地电磁法的现场工作布置除应符合本规范第3.0.8条的规定外，还应符合下列规定：
1 单场源电偶极布置宜平行于测线，方向误差应小于5°；
2 线距与点距应能充分反映异常范围，测点宜布置在工作电磁场的"远区"，且应保证发收距不小于目标体埋深的3倍；
3 电偶极子供电电极点宜选择在土壤潮湿处坑埋，并应接多层金属板、网、锡箔或环行布置和并接多根电极；磁偶极应放置在地势平坦、干燥处；
4 场源及测线位置宜相对固定；
5 场源与测线、测点应避开明显干扰源。

5.5.6 可控源音频大地电磁法的现场布极应符合下列规定：
1 电极布极方向应与设计测量的电分量方向一致，磁棒应垂直于电极排列方向水平放置，方向误差应小于5°；
2 电通道应采用不极化电极，磁通道应采用相应频率的磁传感器；
3 电解类不极化电极应挖坑半掩埋并浇水，当测点为高阻坚硬介质时，宜用泥土掩埋电极并浇水。

5.5.7 可控源音频大地电磁法的数据采集应符合下列规定：
1 电偶极子场源的观测宜在电偶极子AB垂直平分线两侧30°角的扇形范围内的远场区内进行；
2 观测应选择在干扰最小的时间段进行；
3 观测时电极或磁棒连线不应悬空、晃动或成匝状，接收机、操作员、磁性物体应远离磁传感器；

4 电磁场的发射和观测应从高频至低频，频率范围应与探测深度相对应；

5 每点或每站观测完毕，应及时显示或打印视电阻率、相位曲线；

6 当视电阻率、相位曲线极值点在频率曲线上出现位移或曲线类型发生变化时，应重复观测；

7 移动或更换场源时，同一测线上应至少有三个测点被覆盖。

5.5.8 可控源音频大地电磁法的数据质量检查和评价除应符合本规范第 3.0.16 条、第 3.0.17 条的规定外，还应符合下列要求：

1 同一测点的重复观测或检查观测的视电阻率、相位曲线形态应相似或一致，对应幅值应接近，均方相对误差不应大于±10.0%；

2 当确认存在明显干扰时，原始观测与重复观测或检查观测结果的均方相对误差不应大于±15.0%；

3 不合格的测深点不应大于总检查测深点数的20%。

5.5.9 可控源音频大地电磁法的现场工作应形成并提交下列资料：

1 原始资料应包括原始数据（软盘、光盘等）、操作员工作记录，测点班报，视电阻率原始记录曲线，电位测量记录以及仪器检测、维护及标定记录；

2 预处理数据（软盘或光盘等）及相应的打印资料应有视电阻率和相位曲线及数据盘，视电阻率和相位剖面图等。

5.5.10 可控源音频大地电磁法的资料处理除应符合本规范第 3.0.18 条的规定外，还应符合下列规定：

1 不应随意删除观测数据中的疑点，应参考相邻频点对视电阻率、相位曲线首尾支畸变严重的频点进行校正。对测点中偏离太大或明显畸变的曲线应进行平滑插值处理；

2 平面波场的近场校正可采用全区视电阻率校正法，也可采用仪器提供的校正软件进行，校正后的曲线应当平滑连续，当有超过45°陡峭上升现象时，应通过比较试验选择校正方法进行校正；

3 静态位移校正应首先根据已知有关资料和原始断面等值线图及地形起伏情况，判断可能静态位移现象及其严重性，再选择最佳静态位移校正方法，对数据进行静态位移校正。

5.5.11 可控源音频大地电磁法的资料的定性解释应符合下列规定：

1 应研究测区曲线类型，特别应对井旁测深曲线进行正反演模拟，确定电性层对应的地质层和测区的地电模型；

2 应研究测区视电阻率和相位断面，了解剖面电性异常特征，并进行剖面对比分析；

3 应研究测区总纵向电导异常，了解基底起伏形态。

5.5.12 资料的定量解释除应符合本规范第 3.0.19 条的规定外，还应符合下列规定：

1 首先应根据定性解释结果，综合其他地质、地球物理资料，确定每条测线的初始地电模型；

2 初始地电模型确定后应作一维反演、二维解释，解释应充分利用已知的钻探等资料。

5.5.13 可控源音频大地电磁法的资料解释图件应包括下列图件：

1 定性解释图件，应包括视电阻率曲线类型图；视电阻率、相位断面图；总纵向电导图；某频率视电阻率平面图；特征点视电阻率平面图等；

2 定量解释图件，应包括深度-视电阻率断面图；电性分层深度剖面图；主要电性层埋深图；主要电性层厚度图；主要电性层视电阻率平面图等。

5.6 瞬变电磁法

5.6.1 瞬变电磁法（TEM）适用于构造探测、埋设物探测、空洞探测以及水文与工程地质调查、环境调查与监测和考古等。

5.6.2 瞬变电磁法仪器除应符合本规范第 3.0.11 条的规定外，其主要技术指标应符合下列规定：

1 最大发射电流不应小于 3A；

2 通道灵敏度应达到 $0.5\mu V$；

3 等效输入噪声应小于 $1\mu V$；

4 对 50Hz 工频干扰抑制能力不应小于 60dB。

5.6.3 瞬变电磁法应根据工作条件和探测任务选择使用工作装置，主要应包括重叠回线装置、中心回线装置、偶极装置、大定源回线装置等；浅层探测宜选用重叠回线与中心回线装置，深层探测宜选用大定源回线装置，探测陡倾角断层宜选用偶极装置。

5.6.4 瞬变电磁法的工作布置除应符合本规范第 3.0.8 条的规定外，还应符合下列规定：

1 线框及发送站应避开铁路、地下金属管道、高压线、变压器、输电线等布置，敷设线框时，剩余导线不宜过长并应呈"之"字型铺于地面并应远离测区，发射线框与接收线框的间距宜通过实地试验合理选择；

2 接地线源的 AB 应视探测深度和观测的信号强度确定；回线发射的线框边长 L 可根据其与最大发射电流强度 I、探测深度 H 的关系公式（5.6.4）进行选择；

$$H = 0.55 \left(\frac{L^2 I \rho_1}{\eta_0} \right)^{1/5} \quad (5.6.4)$$

$$\eta = R_m N$$

式中 H——中心回线装置估算极限探测深度；

ρ_1——上覆地层电阻率；

η_0——最小可分辨电平；

R_m——最低限度的信噪比；

N——噪声电平。

3 精测剖面应垂直于异常走向且通过异常中心布设,且宜与测线重合,剖面长度应超出所研究的异常范围,点距和观测精度应保证异常细节有清晰完整的反映。

5.6.5 瞬变电磁法的数据采集应符合下列规定:

1 应通过试验确定观测时窗范围;

2 除最后的3~5个观测道外,现场观测值应在噪声电平以上;

3 应在全区均匀布置干扰水平观测点,并根据观测结果对全区按强、中、弱三级分区;

4 可根据测点上的干扰水平选择叠加次数;

5 当曲线出现畸变时,应查明原因后重复观测,必要时应加密测点,并作详细记录;

6 每个测点观测完毕,应对数据或曲线进行检查,合格后方可搬站。

5.6.6 瞬变电磁法的质量检查与评价除应符合本规范第3.0.16条和第3.0.17条的规定外,还应符合下列规定:

1 系统的质量检查应在不同时间、重新布线独立进行,并应根据系统质量检查结果绘制质量检查对比曲线和误差分布曲线;

2 单个测点的观测、重复观测和检查观测曲线的形态和幅值应一致,且各观测道的均方相对误差应小于±10.0%;

3 一条测线或测区检查的均方相对误差应小于±15.0%。

5.6.7 瞬变电磁法的资料处理与解释除应符合本规范第3.0.18条和第3.0.19条的规定外,还应符合下列规定:

1 可对数据进行滤波处理和发送电流切断时间影响的改正处理;

2 应通过处理软件计算和绘制视电阻率、视纵向电导断面图,也可计算视时间常数等其他参数;

3 应根据瞬变电磁的响应时间特征和剖面曲线类型划分背景场及异常场,并确定地电模型和划分异常;

4 应利用瞬变电磁法的资料进行定性解释和异常的半定量、定量解释。

5.7 探地雷达法

5.7.1 探地雷达(GPR)法适用于路面、机场跑道检测,洞室衬砌质量检测,基岩深度、水位深度、软土层厚度与深度探测,地下洞穴与基岩断裂探查,地下埋设物探查,混凝土几何尺寸、内部钢筋分布与缺陷探查,堤坝隐患探测、泄漏探测等。

5.7.2 采用探地雷达法除应符合本规范第3.0.1条的规定外,还应符合下列条件:

1 功率反射系数应大于0.01;

2 目标体在探测深度或距离范围内,其尺寸应满足探测分辨率的要求;

3 测区内不应存在大范围金属构件,或通过处理可以消除其干扰;

4 不应存在高导电屏蔽层;

5 单孔或跨孔检测时钻孔中不得有金属套管。

5.7.3 探地雷达仪器除应符合本规范第3.0.11条的规定外,其主要性能和技术指标还应符合下列规定:

1 系统增益不应小于150dB;

2 系统应具有可选的信号叠加、时窗、实时滤波、增益、点测或连续测量、位置标记等功能;

3 应有多种主频的天线可供选择;

4 计时误差不应大于1.0ns;

5 最小采样间隔应达到0.5ns,A/D转换不应低于16bit;

6 实时监测与显示应具有多种可供选择的方式。

5.7.4 探地雷达法的工作布置除应符合本规范第3.0.8条的规定外,还应符合下列规定:

1 测网密度、天线间距和天线移动速度应能反映探测对象的异常;点测时,点距选择应保证目标体异常至少有三个点;

2 测线宜穿过钻孔或与其他方法测线重合布设;

3 洞室衬砌质量检测时的测线应沿洞室走向在拱顶、拱腰和边墙位置布设,特殊观测段可适当加密布设。

5.7.5 探地雷达法的天线选择应符合下列规定:

1 地面探测时宜选择频率为8~500MHz的天线,当多个频率的天线均能符合探测深度要求时,应选择频率相对较高的天线;

2 路面质量检测时宜选用频率为900MHz~3GHz的天线;

3 洞室衬砌质量检测时应选用与探测精度要求相对应的高频天线,频率范围宜选用400~900MHz;

4 检测混凝土内钢筋时宜选用900MHz~1.5GHz的天线;

5 孔中探测应根据探测任务要求选用自发自收的单孔天线或一发一收的跨孔天线;

6 用移动较快的车载观测时,应采用空气耦合天线;

7 有条件时宜选择屏蔽天线。

5.7.6 探地雷达法可以选用剖面法、宽角法和共深度点法进行观测,亦可根据探测需要进行透射法和钻孔雷达探测。

5.7.7 探地雷达法的探测分辨率与探测距离或深度的估算应符合下列规定:

1 宜取波长的1/4作为垂向分辨率,取第一菲涅尔带半径r_f作为横向分辨率;第一菲涅尔带半径r_f应按照公式(5.7.7)计算;

$$r_f = \sqrt{\lambda h/2} \quad (5.7.7)$$

式中 λ——雷达波波长；
　　　h——目标体埋深。

　　2 在条件具备时，可用探地雷达方程估算探测距离或深度；

　　3 可利用获得的介质电磁波速度和目标体双程走时换算目标体深度。

5.7.8 探地雷达法的数据采集应符合下列规定：

　　1 应通过试验选择天线的工作频率，确定介电参数、电磁波在地层中的传播速度等；当探测条件复杂时应选择两种或两种以上不同频率的天线；

　　2 应选择合适的时间窗口和采样间隔，并在数据采集过程中根据干扰情况及图像效果及时调整工作参数；

　　3 连续测量时的天线移动速度应均匀，并应与仪器的扫描率相匹配；使用分离天线进行点测时，应通过调整天线距离使来自目标体的反射信号最强；使用偶极天线时，天线取向宜使电场的极化方向与目标体长轴或走向平行，当目标体长轴方向不明时，宜使用两组正交方向的天线分别进行观测；

　　4 遇有干扰影响或处在异常点位置应在记录中予以标注，重点异常区应重复观测，重复性较差时，应查明原因。

5.7.9 探地雷达法的质量检查和评价除应符合本规范第 3.0.16 条和第 3.0.17 条的规定外，还应符合下列规定：

　　1 提供检查和评价的雷达资料应经过初步编辑，编辑内容可包括测线号、里程桩号、剖面深度等；

　　2 检查观测的图像应与原始观测图像的形态与位置基本一致。

5.7.10 探地雷达法的数据处理除应符合本规范第 3.0.18 条的规定外，还应符合下列规定：

　　1 可根据需要选取删除无用道、水平比例归一化、增益调整、地形校正、频率滤波、$f\text{-}K$ 倾角滤波、反褶积、偏移归位、空间滤波、点平均等处理方法；

　　2 选择处理方法和处理步骤应根据外业记录数据质量及解释要求进行，当反射信号弱、数据信噪比低时不宜进行反褶积、偏移归位处理，在进行 $f\text{-}K$ 倾角滤波和偏移归位处理前应删除无用道，并进行水平比例归一化和地形校正；

　　3 在数据处理各阶段均可选取频率滤波，消除某一频段的干扰波；

　　4 用 $f\text{-}K$ 倾角滤波消除倾斜层干扰波的前提应是确定无同样倾角的有效层状的反射波；

　　5 可用反褶积来压制多次反射波，用于反褶积的反射子波宜是最小相位子波；

　　6 可采用时间偏移或深度偏移方法将倾斜层反射波界面归位，使绕射波收敛，在进行深度偏移处理时应选择可靠的介质电磁波速度；

　　7 可选用空间滤波的有效道叠加和道间差两种方法，使异常具有更好的连续性或独立性，提高数据图像的可解释性；改变反射信号的振幅特征应在其他方法处理完成后进行；

　　8 可用平滑数据的点平均法消除信号中的高频干扰，参与计算的点数宜为奇数，最大值宜小于采样率与低通频率之比。

5.7.11 探地雷达法的资料解释除应符合本规范第 3.0.19 条的规定外，还应符合下列规定：

　　1 参与解释的雷达图像应清晰；

　　2 应根据地质情况、电性特征、被探测体的性质和规模进行综合分析；必要时，应考虑影响解释结果的各种因素，制作雷达探测的正演和反演模型；

　　3 经过解释的成果资料应包括雷达剖面图像、雷达地质成果解释剖面图，雷达剖面图像上应标出目标反射波的位置或反射波组；

　　4 硐室、陡壁、边墙等处的雷达探测，还应绘制测线分布断面图；

　　5 透射法可根据透射图像有无能量阴影，或有无二次波叠加特征判断异常，也可采用阴影交汇、二次波形态及发射和接收相对位置进行定量解释。

5.8 地面核磁共振法

5.8.1 地面核磁共振法（SNMR）适用于直接寻找地下水，确定含水层的深度、厚度以及单位体积含水量，可提供含水层平均孔隙度以及岩石导电性的信息。

5.8.2 地面核磁共振法应根据地质条件和探测任务采用不同的测深方式。探测深度大于 150m 时和环境噪声大于 1500nV 的强电磁干扰条件下，不宜使用地面核磁共振法。

5.8.3 地面核磁共振仪器应由发射单元、接收单元和计算机等组成，除应符合本规范第 3.0.11 条的规定外，其中发射单元和接收单元的主要技术指标应符合下列规定：

　　1 发射单元应符合下列规定：

　　　1) 频率范围不应小于 1Hz～3kHz；

　　　2) 调谐器容量不应小于 60μF；

　　　3) 瞬时最大输出不应小于 300 A 和 3000V；

　　　4) 最大发射脉冲能量不应小于 36kJ；

　　　5) 脉冲矩应满足 100～18000A·ms。

　　2 接收单元应符合下列规定：

　　　1) 带通滤波宽度不应小于 100Hz；

　　　2) A/D 转换器不应低于 14bit；

　　　3) 噪声水平应小于 10nV/$\sqrt{\text{Hz}}$。

5.8.4 地面核磁共振法除可按照本规范第 3.0.8 条的规定进行工作布置外，亦可进行单个测点布置。

5.8.5 在工作范围内，应准确测量地磁场强度，磁场强度实地测量的绝对误差应小于 10nT。

5.8.6 在进行全程地面核磁共振法测量前，应利用测得的地磁场强度换算出激发频率初值后，发射相应频率电流脉冲，进行5个脉冲矩的测量试验，经频率分析确定激发频率。确定用作全程核磁共振测量的激发脉冲频率与接收到的信号频率差值应小于1Hz。

5.8.7 地面核磁共振法应根据探测深度要求以及电磁噪声干扰的强弱和方向，选择正方形、圆形或"∞"字形的线圈敷设方法。

5.8.8 地面核磁共振法应保证各测量仪器单元间及设备间的正确连接，并保证系统设备接地良好。

5.8.9 地面核磁共振法在开始测量前应选择测量信号范围、记录长度、脉冲持续时间、脉冲矩数量、叠加次数等参数，并应符合下列规定：

  1 测量信号范围在能够测得环境噪声水平时，可按照不低于4倍环境噪声水平进行选择；在未得到环境噪声水平时，亦可选定某值作为测量范围。在测量过程中发现选择不当时，可修改，但应重新开始全程测量；

  2 记录长度应根据实际探测需要确定；脉冲持续时间应由程序控制，可在5～100ms之间选择；

  3 脉冲矩数量应根据探测深度范围内分层数量和测量时间确定；

  4 叠加次数应根据探测质量要求和测量时间选择；对于新区工作可按照表5.8.9选择叠加次数。

表5.8.9 SNMR信号采集的叠加次数

环境噪声 (nV)	不同信号数值时的叠加次数		
	30nV	100nV	300nV
200	64	32	16
500	128	64	32
1000	256	128	64

5.8.10 地面核磁共振法数据采集应先进行线圈阻抗测量，再从最小脉冲矩开始到最大脉冲矩结束，按照确定的脉冲矩数量和叠加次数完成一个完整的地面核磁共振测深点的测量。

5.8.11 地面核磁共振法应通过放大因子测定、环境噪声监视、叠加噪声和叠加信号监视、叠加相位观察和频率变化，对测量质量进行监控。质量检查与评价应符合本规范第3.0.16条、第3.0.17条的规定。

5.8.12 地面核磁共振法获得的参数应包括核磁共振信号初始振幅、平均衰减时间和初始相位。

5.8.13 地面核磁共振法信号应经过零时外延、化为标准观测值、噪声滤波等预处理后，进行反演解释。在资料处理时除应提供仪器存储的数据文件外，还应提供记录工区位置、高程、文件名、天线形状、电磁干扰及其分布特点、周围岩性、地层、地形、水文地质等内容的外业记录本。资料的处理应符合本规范第3.0.18条的规定。

5.8.14 地面核磁共振法资料的反演解释除应符合本规范第3.0.19条的规定外，还应符合下列规定：

  1 在资料反演处理之前，应根据线圈的形状和大小、激发频率（拉摩尔频率）、地磁场的倾角、最大探测深度、大地电阻率等测量条件和测量技术参数进行计算，构建反演所需要的矩阵文件；

  2 选择信号长度、滤波时间常数及正则化系数进行资料反演。

5.8.15 地面核磁共振法提供的成果图件应包括含水量直方图、衰减时间常数直方图、测深断面图以及含水量分布图等。

6 浅层地震法

6.1 一般规定

6.1.1 浅层地震法根据地质条件和探测要求，可选择使用透射波法、折射波法、反射波法或瑞雷波法。

6.1.2 浅层地震法应使用多道数字地震仪。多道数字地震仪除应符合本规范第3.0.11条的规定外，其主要性能和技术指标应符合下列规定：

  1 A/D转换器不宜低于16bit；

  2 动态范围不应低于120dB；

  3 仪器采样率可调，最小采样间隔应达到50μs；

  4 应具有良好的道一致性，各道振幅相对误差不应大于10.0%，相位绝对误差不应大于1.0ms；

  5 主机面板各端口宜采用标准接口。

6.1.3 浅层地震法的电缆、检波器应符合下列规定：

  1 电缆不得有破损、断道、串道、短路等故障，绝缘电阻大于10MΩ。

  2 应选择适当主频的高灵敏度检波器，并符合下列要求：

   1）各检波器相位绝对误差不应大于0.5ms；

   2）各检波器振幅相对误差不应大于10.0%；

   3）绝缘电阻应大于10MΩ。

6.1.4 浅层地震法检波器的安置应符合下列规定：

  1 检波器应与大地或井壁紧密接触，并耦合良好；

  2 当检波器置入水中时，应使用防水检波器或水听器；

  3 当检波器在规定的位置上安置有困难时，若沿垂直排列方向移动安置，移动距离不得超过道间距的1/5；若沿测线方向移动安置，移动距离不得超过道间距的1/10，并应在现场记录表中准确记录。

6.1.5 开展浅层地震法，应按照本规范附录F规定的格式做好现场记录。

6.2 透射波法

6.2.1 透射波法适用于钻孔、地面、硐室、基岩露头工作，可直接获取岩土体原位波速参数，用于划分松散沉积层序和基岩风化带，计算岩土体弹性模量，划分场地土类别，或重建被测目标体波速分布图像，推断地质构造特征，进行岩土体质量评价。

6.2.2 透射波法应用条件除应满足本规范第 3.0.1 条规定外，还应符合下列规定：

  1 在钻孔中进行的透射波法应有可靠的贴壁装置，或者采用井液耦合方式；

  2 在基岩露头、硐室进行的透射波法，激发点和接收点应布置在比较平整的表面。

6.2.3 透射波法根据条件和探测要求可采用孔-地观测方式、孔-孔观测方式、孔-硐观测方式、孔-硐-地联合观测方式、隔山体透视观测方式，或地面、露头或硐壁等表面观测方式；可采用单发单收、单发多收方式进行，也可采用多激发点、单接收点分别接收方式进行。

6.2.4 透射波法使用的仪器设备应包括信号采集仪、传感器或检波器、激震装置和触发装置，除应符合本规范第 6.1.2 条、第 6.1.3 条的规定外，还应符合下列规定：

  1 对于土体测试，仪器最小采样间隔不应大于 0.5ms；对于岩体测试，仪器最小采样间隔不应大于 50μs；

  2 传感器或检波器可根据需要采用垂直或水平型速度传感器或检波器，主频应满足 10～100Hz，阻尼系数应满足 0.65～0.70，电压灵敏度应达到 200mV/cm·s^{-1}；

  3 仪器设备应经过校验合格，除仪器通道相位误差应满足本规范第 6.1.2 条第 4 款规定外，触发误差、放大器相位误差不应大于 5 个采样间隔，累计误差不应大于 8 个采样间隔；

  4 应根据需要，采取有效的纵波或横波激发装置，激发能量应满足透射波穿透距离要求；

  5 纵波透射法可采用锤击、空气枪、电火花、炸药震源或震源弹，横波透射法可采用叩板或剪切波锤震源。

6.2.5 地震波速度层析成像或地震 CT 的观测布置应符合下列规定：

  1 成像区域两侧或周边应具备钻孔、探硐或临空面等探测条件；有条件时，应在成像区三边或者周边进行多边观测；

  2 每个地震 CT 剖面的所有激发点和接收点应在同一个平面上，且该平面应穿过探测对象，并垂直于地层或地质构造的走向；

  3 对于跨孔地震 CT，井间距不应大于成像段钻孔长度；

  4 对于探测和钻孔平行的条带异常，应在钻孔间的地面连线上布置观测点，增加观测数据，保证射线正交性；

  5 对于地质条件复杂、探测精度要求高的部位，孔距或洞距应相应减小；

  6 地震 CT 的点距宜为 0.5～5.0m，根据探测目的，可采用不等间隔点距，并应保证地震波射线的有效覆盖和正交性。

6.2.6 利用透射波法进行波速测试时，现场工作应符合下列规定：

  1 地表激发、孔中接收进行波速测试应符合本规范第 14.1 节、第 14.8 节和第 14.9 节的有关规定；

  2 在地面、露头或硐壁等表面布置接收点时，应按照岩性、风化程度、地质构造和岩体完整程度，选择有代表性的、平坦的地段；

  3 表面观测宜采用单发多收方式，接收点数和排列长度应根据测试工作面的大小确定，并不应少于 5 个接收点，采样间隔设置应满足相邻采集道的波传播时间差不小于 5 倍采样间隔的要求；

  4 采用水平叩板方式时，木板长向中垂线应对准孔口或测线；采用斜插叩板方式时，斜插端延长线应对准孔口或测线；跨孔测试采用剪切波锤时，宜用一次成孔的钻孔；使用锤击震源时应防止连击；

  5 应根据需要测量激发点与接收点位置坐标。

6.2.7 进行地震 CT 的资料处理时，划分的单元数不应超过数据采集的有效炮·检对数。

6.2.8 采用透射波法进行单孔和跨孔波速测试时，其资料处理应包括读取走时、计算波速、绘制钻孔波速测试成果图表等，除应符合本规范第 3.0.18 条的规定外，还应符合本规范第 14.1 节、第 14.8 节、第 14.9 节的相关规定。

6.2.9 采用透射波法进行地面、露头或硐壁等表面观测时，其资料处理除应符合本规范第 3.0.19 条的规定外，还应符合下列规定：

  1 应根据不同接收距离和初至时间，绘制走时曲线；并应依据时距曲线斜率，计算表面各区域直达波速度；

  2 应对不同区域或者不同岩性段的多个测点速度结果进行统计分析，求取各个区域或不同岩性段各自的平均速度；

  3 应根据任务要求绘制波速分区图，进行分区评价，并应编制横波或纵波速度计算成果表。

6.2.10 根据透射波法得到的速度，可按照工程要求进行场地类型和场地土类别划分、计算岩体完整性系数、划分岩体风化带、计算动弹模量等。

6.2.11 透射波法工作质量检查与评价除应符合本规范第 3.0.16 条、第 3.0.17 条的规定外，还应符合下列规定：

  1 原始记录存在下列缺陷之一者为不合格记录：

   1）同一记录上相邻两道或者 10% 以上道为坏道；

   2）地层条件复杂，或背景干扰过大以及传

感器或检波器与大地或井壁耦合不良,不能可靠地读取直达波旅行时间;

2 应抽检不少于5%的炮·检对数进行重复观测,复测的旅行时均方相对误差不应大于±5.0%。

6.2.12 透射波法提交的成果应包括岩土体原位波速参数,计算动弹性模量,划分场地土类别,岩土体质量评价和根据需要绘制的推断解释剖面或平面图。

6.3 折射波法

6.3.1 折射波法适用于确定基岩埋深,划分松散沉积层序和基岩风化带;测定潜水面深度和含水层分布,探测河床沉积泥沙厚度;探测断层、破碎带等地质构造,根据折射波速度评价岩土体质量,计算弹性模量;进行滑坡等地质灾害调查,以及采空区、溶洞探测等。

6.3.2 应用折射波法除满足本规范第3.0.1条规定外,还应满足下列条件:

1 被探测界面的下层波速应大于上覆地层的波速;或局部虽然有低速层,但检波器排列范围内能够接收到返回地面的折射波;

2 被探测界面应相对稳定,并应有延续性。

6.3.3 折射波法使用的仪器设备应包括地震仪、检波器及电缆、震源装置和触发装置。地震仪除应满足本规范第6.1.2条、第6.1.3条及第6.1.4条的规定外,其主要技术指标还应满足下列规定:

1 记录长度可选,每道样点不应少于1024个;

2 放大器折合到输入端噪声不应大于$1\mu V$;

3 各地震通道间相位误差不应大于2个采样间隔。

6.3.4 折射波法应根据横波、纵波方式和探测要求,选用相应的震源。震源选择应符合下列规定:

1 震源应能激发满足方法要求的主频地震脉冲,激发能量应满足勘探深度要求;

2 激发时的计时信号延迟时差不应大于2个采样间隔。

6.3.5 折射波法使用的检波器除应符合本规范第6.1.3条的规定外,各道检波器之间的固有频率漂移不应大于10%,灵敏度变化不应大于10%。

6.3.6 折射波法应保持各道检波器安置条件一致,除应符合本规范第6.1.4条的规定外,还应符合下列规定:

1 检波器在水田、沼泽、浅滩安置时,应检查防水性,必要时应使用加长尾锥;

2 检波器在水泥或沥青路面安置时,应采用橡皮泥、黄油或熟石膏等将检波器牢固粘于地面或采用铁靴装置安置;

3 检波器周围的杂草等应予清除,风力过大时,应采用掩埋等措施;

4 检波器与电缆连接的极性应正确,防止短路、漏电或接触不良等故障;

5 实施横波折射波法时应保证检波器的水平安置,灵敏度方向轴应垂直于测线,且应取向一致。

6.3.7 折射波法在正式工作前应进行试验工作。试验工作应包括压制干扰波的措施,选择激发接收方式、仪器工作参数及观测系统。试验工作应符合下列规定:

1 地震道一致性校验和触发开关误差校验,应按照本规范附录G要求进行;

2 试验区应选择代表性地段,有已知资料时应选择通过已知资料的地段;

3 试验资料应及时分析处理,试验结果应有明确结论;试验成果可作为探测成果的一部分;

4 施工过程中遇到局部地段记录质量明显下降时,应分析原因,并通过试验找出原因,选择新的仪器工作参数或改变工作方法。

6.3.8 折射波法的测线布置除应符合本规范第3.0.8条的规定外,还应符合下列规定:

1 测线应按直线布置;若受场地条件限制需要测线转折时,应保证同一排列内检波器在一条直线上,转折点应安排在排列端部,并应布置重叠观测点;

2 当探测高倾角的目的层时应合理选择测线方向,临界角和视倾角之和不应超过90°;

3 河谷测线宜垂直河流或顺河流布置,当河谷较狭窄、折射波相遇段较短时,可斜交河流布置测线;

4 测线布置时应考虑旁侧影响。

6.3.9 折射波法的观测系统应依据试验结果选择采用完整对比观测系统或不完整对比观测系统,并应满足下列要求:

1 所选用的观测系统,应保证各目的层折射波的连续对比追踪;

2 当观测面和被探测界面平坦、地层结构简单时,可采用简单观测系统;

3 采用相遇时距曲线观测系统,应确保在相遇段内至少有4个检波点接收来自同一折射界面;

4 采用追踪时距曲线观测系统,应确保在两支时距曲线中至少有3个检波点重复接收同一界面的折射波;

5 布置非纵测线观测系统时,应考虑旁侧、界面倾角、地层速度变化的影响;非纵测线应通过纵测线或钻孔、基岩露头,测线长度不宜大于炮点到测线的距离。

6.3.10 水域折射波法工作可选用漂浮电缆或水底、水中固定排列两种观测方式,漂浮电缆的航速及震源激发时间间隔均应保持稳定,且电缆尾部摆动不得超过10°,并应符合本规范第8.3.4条和第8.3.5条的相关规定。

6.3.11 折射波法的工作质量检查与评价除应符合本规范第3.0.16条、第3.0.17条的规定外，还应符合下列规定：

1 原始记录质量除应符合本规范第6.2.11条的规定外，同一排列的互换道或排列间同相位的时间差，经校正后不得大于3ms；

2 应抽检不少于总长度5%的测线进行重复观测，复测的波速均方相对误差不应大于±15.0%，界面深度相对误差不应大于10.0%。

6.3.12 折射波法的数据处理除应符合本规范第3.0.18条的规定外，还应符合下列规定：

1 应根据下列特征进行波的对比：
　1) 各记录道的波形、振幅及振动延续度的相似性特征；
　2) 相位一致性和同相轴延伸长度特征；
　3) 追逐炮记录同相轴的平行性特征；
　4) 波的对比可采用单相位或多相位对比，在断裂发育区宜采用多相位对比；
　5) 互换道、连续道波的对比，应根据波的旅行时和波的动力学特征进行；
　6) 应根据视速度的变化、波形和振幅的突变及两组波相交波形叠加特征确定波的置换位置。

2 读取初至时间时应符合下列规定：
　1) 可利用原始记录直接读波的初至时间。当对原始记录作滤波处理时，滤波器不得有相移。
　2) 直接读取初至有困难时，可读取初至波的极值时间，并应读取相位校正量，进行初至校正。
　3) 在波的干扰位置或者置换位置读取初至时，应分析波的叠加情况后读取。

3 绘制综合时距曲线应符合下列规定：
　1) 绘制时距曲线时，应对旅行时读数进行校正。校正内容包括相位校正、爆炸深度校正、表层低速带校正及地形校正；
　2) 时距曲线的水平比例尺可选择1∶500～1∶2000，垂直比例尺可选择1cm代表5～20ms；
　3) 综合时距曲线的互换时间差不应大于3.0ms；
　4) 应结合地震记录走时读取情况，检查走时突变道，对照相同地段的相遇或追逐时距曲线的走时特点，必要时应进行修正。

6.3.13 折射波法的资料解释除应符合本规范第3.0.19条的规定外，还应符合下列要求：

1 应根据地球物理条件、方法特点和精度选择折射波解释计算方法：单支时距曲线观测可选择截距时间法、临界距离法、正演拟合计算法；相遇时距曲线可选择 t_0 法、延迟时法、时间场法、共轭点法、正演拟合计算法、表层剥去法；

2 折射波资料推断解释应以钻孔或物性资料为依据，确定地震界面与地质界面的对应关系，推断水平方向上的岩性变化，可通过原始记录上有无伴随振幅衰减、波形变化等现象确定低速带与断层破碎带的对应关系。

6.3.14 折射波法提交的成果应包括综合时距曲线剖面图、推断解释剖面或平面图。

6.4 反 射 波 法

6.4.1 反射波法适用于测定基岩埋深，划分松散层和基岩风化带；测定潜水面深度和含水层分布，探测河床沉积泥砂厚度；探测断层、破碎带等地质构造；探测洞穴、沉陷带、残留孤石等地下异常以及地下工程和地下管线等。

6.4.2 采用反射波法除应满足本规范第3.0.1条的规定外，还应满足下列条件：

1 被追踪层与其相邻地层之间应存在明显的波阻抗差；

2 被追踪地层厚度不宜小于有效波长的1/4。

6.4.3 反射波法使用的仪器设备除应符合本规范第6.3.3条、第6.3.4条和第6.3.5条的规定外，应注重采用更高主频、更高阻尼系数的地震检波器和更高频率的震源。

6.4.4 反射波法的检波器安置应符合本规范第6.3.6条的规定。

6.4.5 反射波法试验工作应包括工作方法、观测系统、震源和仪器工作参数的选择等，除应符合本规范第6.3.7条规定外，还应采用展开排列法确定有效反射波和折射波、面波、声波等干扰波，确认观测有效反射波的最佳窗口。单边展开排列的最大炮检距应为目的层深度的0.8～2.0倍。

6.4.6 反射波法的测线布设除应符合本规范第3.0.8条的规定外，还应符合下列规定：

1 测线应呈直线布置，当受场地条件限制时，可布置成非纵测线，但应考虑旁侧、界面倾角和速度变化的影响；

2 地形坡度大于15°时，应实测激发点和检波点的位置及高程，并沿排列方向测绘地形剖面。

6.4.7 反射波法可采用简单连续观测系统、间隔连续观测系统、多次覆盖观测系统或展开排列观测系统。当地面与被探测界面平坦，地层结构简单且深度较小，可采用单道等偏移距观测系统。

6.4.8 反射波法应根据试验结果并结合场地的地震地质条件，选择合适的震源、激发能量，对于倾斜地层，应在地层下倾方向激发，上倾方向接收。采用垂直叠加信号增强手段时，应采取措施防止近道数据溢出。

6.4.9 进行水域反射波法工作时,应符合本规范第6.3.10条的规定。

6.4.10 反射波法的工作质量检查与评价除应符合本规范第3.0.16条、第3.0.17条规定外,还应符合下列规定:

　　1 原始记录质量除应符合本规范第6.2.11条的规定外,记录上不得有强烈的干扰背景,且应能可靠地追踪反射波震相;

　　2 检查和重复观测工作量不应小于总工作量的5%,检查记录应无明显变化及异常,反射同相轴应无明显位移;

　　3 水域反射波法可采用检查测线与主测线相交法进行复测,相交处相位应无明显位移。

6.4.11 反射波法的资料处理应包括预处理、抽道集、静校正、速度分析、动校正、滤波、CDP迭加等过程,除应符合本规范第3.0.18条的规定外,还应符合下列规定:

　　1 应绘制观测系统图,并应注明空炮、废炮及测线经过的地物标志;

　　2 整理表层静校正所需的资料应包括测点坐标、高程、井深、τ值、低速带厚度及速度等资料;

　　3 进行地震波的对比时,各记录道的波形、振幅及振动延续度应具有相似特征;在断层发育区,宜采用多相位对比;

　　4 平均速度或有效速度可根据地震测井或浅层折射波法获得速度参数确定,并应充分考虑近地表介质波速的不均匀性和低速带厚度与下伏层厚度的相对变化对平均速度和有效速度的影响。

6.4.12 资料解释除应符合本规范第3.0.19条的规定外,在资料解释过程中,应参照钻孔资料和地质资料确定地层层位和波组之间的关系,对波组进行对比追踪。

6.4.13 反射波法提交的成果应包括反射波原始时间剖面、经各种处理方法处理后的时间剖面、反演解释图、推断解释剖面或平面图。

6.5 瑞雷波法

6.5.1 瑞雷波法适用于探查覆盖层厚度,划分松散地层沉积层序,划分基岩风化带,探测断层、破碎带和地下洞穴、地下管道等,评价地基加固处理效果和密实度等。

6.5.2 瑞雷波法应根据工作条件和探测要求选择使用稳态和瞬态工作方式。稳态瑞雷波法应采用稳态面波仪和稳态激振设备,瞬态瑞雷波法可采用多道数字地震仪。瑞雷波法仪器设备除符合本规范第6.1.2条和第6.1.3条的规定外,还应符合下列规定:

　　1 仪器放大器的通频带应满足采集面波频率范围的要求;

　　2 各检波器应具有相同的频响特性,自然频率应满足探测要求;检波器自然频率 f_0 应按公式(6.5.2)估算:

$$f_0 \leqslant \beta \cdot \frac{V_R}{H} \quad (6.5.2)$$

式中　f_0——检波器自然频率(Hz);
　　　H——需要探测的最大深度(m);
　　　V_R——探测深度范围内预计平均瑞雷波相速度的最小值(m/s);
　　　β——波长深度转换系数。

　　3 根据勘探深度和工作方式的不同,可采用不同的瞬态或稳态震源。

6.5.3 瑞雷波法应结合探测目的和已知资料,通过试验确定观测系统布置方式、采集参数和激发方式。现场工作布置除应符合本规范第3.0.8条和第6.1.4条的规定外,还应符合下列规定:

　　1 应视探测对象布置成测线或测网;多道接收时,测线宜呈直线布置;

　　2 多道瞬态瑞雷波法宜采用向前滚动观测方式,滚动点距应满足横向分辨率要求;

　　3 稳态瑞雷波法观测应采用变频可控震源单端或两端激发,并应调整两个检波器间距和偏移距进行接收,保证取得不同频率的多种组合瑞雷波记录;

　　4 测点间距应根据探测任务和场地条件确定,每条测线上不得少于3个测点。

6.5.4 稳态瑞雷波法的数据采集应符合下列规定:

　　1 激振器的安置应与地面紧密接触,并使其保持竖直状态;

　　2 工作时,应根据探测对象和任务要求选择相应自然频率的检波器,同一排列的检波器之间的自然频率差不应大于0.1Hz。检波器应竖直安置并与地面紧密接触;

　　3 采用等幅振动信号时,检波点距或道间距应小于探测深度所需波长的1/2,最小偏移距可与检波点距或道间距相等;

　　4 观测频率间隔应通过试验选择;

　　5 重要异常及发现畸变曲线时应重复观测。

6.5.5 瞬态瑞雷波法的数据采集应符合下列规定:

　　1 采用重锤震源时应根据需要加不同材质的垫板;

　　2 检波点距或道间距应小于探测深度所需波长的1/2,每道采样点数不应少于1024个;

　　3 仪器应设置全通状态;遇地层情况变化时,应及时调整观测参数;

　　4 多道瞬态瑞雷波法采样间隔的选择,应视记录长度要求,保证各道采集到基阶瑞雷波;

　　5 重要异常及发现畸变曲线时应重复观测。

6.5.6 瑞雷波法的工作质量检查与评价除应符合本

规范第3.0.16条、第3.0.17条的规定外，还应符合下列规定：

1 原始记录质量除应符合本规范第6.2.11条的规定外，原始记录道特别是瞬态瑞雷波法的近源道不应出现削波，不应出现坏道；

2 检查和重复观测工作量不应小于总工作量的5%，检查记录与原记录波形应相似，频散曲线特征应无明显改变；

3 曲线上的"之"字形拐点和曲率变化的位置应无明显位移。

6.5.7 瑞雷波法的资料处理与解释除应符合本规范第3.0.18条和第3.0.19条的规定外，还应符合下列规定：

1 瑞雷波法资料处理和解释，应采用经过验证的方法和软件进行；

2 处理时应剔除明显畸变点、干扰点，并将全部数据按频率顺序排列；

3 对资料进行预处理后，应准确区分瑞雷波和体波，正确绘制频散曲线即波速-频率曲线；

4 应结合已知的钻探等资料对曲线的"之"字形拐点和曲率变化做出正确解释，求出对应层的瑞雷波相速度，并根据换算的深度绘制速度-深度曲线；

5 利用瑞雷波相速度换算横波速度时，应结合已知资料求得瑞雷波相速度与横波速度对应关系后进行；

6 利用瑞雷波法换算深度以及岩土层动力参数时，应利用已知资料标定后进行。

6.5.8 瑞雷波法的工作成果应包括典型记录、频散曲线或速度-深度曲线、推断解释剖面或平面图。

7 振动测试法

7.1 一般规定

7.1.1 振动测试法适用于各类建筑物的天然地基和人工地基的动力参数测试。

7.1.2 振动测试应根据工程需要，选择使用基础强迫振动测试法、场地微振动测试法或振动衰减测试法。

7.1.3 实施振动测试时，应具备下列资料：

1 建筑场地的工程勘察资料；

2 建筑场地的地下管线资料；

3 建筑场地及其邻近的干扰振源。

7.1.4 振动测试使用的计量器具应按照检定要求定期检定，确保其在计量检定周期的有效期内。

7.1.5 现场测试时，测试仪器设备应有防风、防雨雪、防日晒和防摔等保护措施。测试场地应避开干扰振源，测点布设应避开水泥路面、沥青路面和地下管线等。

7.1.6 振动测试法使用的速度型传感器技术指标应符合下列规定：

1 阻尼系数应满足0.65～0.70；

2 电压灵敏度应达到30 V·s/m；

3 最大可测位移不应小于0.5mm。

7.2 基础强迫振动测试法

7.2.1 基础强迫振动测试法适用于天然地基和人工地基的动力特性测试，为机器基础的振动和隔振设计提供动力参数。

7.2.2 属于周期性振动的机器基础，应采用强迫振动测试法。

7.2.3 天然地基和人工地基的强迫振动测试，应提供下列动力参数：

1 地基抗压、抗剪、抗弯和抗扭刚度系数；

2 地基竖向和水平回转向第一振型以及扭转向的阻尼比；

3 地基竖向和水平回转向以及扭转向的参振质量。

7.2.4 基础应分别进行明置和埋置两种情况的振动测试。对于埋置基础，其四周的回填土应分层夯实。

7.2.5 测试时，除应具备本规范第7.1.3条规定的资料外，还应具备下列资料：

1 机器的型号、转速、功率等；

2 设计基础的位置和基底高程；

3 采用桩基时的桩截面尺寸和桩长、桩间距。

7.2.6 测试的激振设备应符合下列规定：

1 当采用机械式激振设备时，工作频率应满足3～80Hz；

2 当采用电磁式激振设备时，其扰力不应小于600N。

7.2.7 测试时宜使用竖直和水平方向的速度型传感器，其主要技术指标除应符合本规范第7.1.6条的规定外，其通频带应满足2～80Hz的要求。

7.2.8 测试应采用带低通滤波功能的多通道放大器，其主要技术指标应符合下列规定：

1 振幅一致性偏差应小于3.0%；

2 相位一致性偏差应小于0.1ms；

3 折合输入端的噪声水平应小于2.0μV；

4 电压增益应大于80dB。

7.2.9 采集与记录装置宜采用多通道数字采集和存储系统，除应符合本规范第3.0.11条的规定外，其主要技术指标应符合下列规定：

1 A/D转换器位数不宜小于16bit；

2 幅度畸变应小于1.0dB；

3 电压增益应大于60dB。

7.2.10 数据分析装置应具有频谱分析及专用分析软件功能，具备相应的数据存储空间，并应具有抗混淆滤波、加窗及分段平滑等功能。

7.2.11 测试基础应置于设计基础工程的邻近处,其土层应与设计基础的土层一致,并应符合下列规定:

 1 块体基础的尺寸应为 2.0m×1.5m×1.0m,其数量不宜少于 2 个;当块体数量超过 2 个时,超过部分的基础可改变其面积或高度;

 2 测试基础制作应密实、平整,尺寸准确,混凝土强度等级应高于 C15;当采用机械式激振设备时,地脚螺栓的埋置深度应大于 400mm;

 3 桩基础应符合现行国家标准《地基动力特性测试规范》GB/T 50269 的有关规定。

7.2.12 基坑坑壁至测试基础侧面的距离应大于 500mm;坑底应保持测试土层的原状结构,坑底面应为水平面。

7.2.13 激振设备的安装应符合下列要求:

 1 安装机械式激振设备时,应将地脚螺栓拧紧,在测试过程中螺栓不应松动;当竖向振动测试时,激振设备的竖向扰力应与基础的重心在同一竖直线上;当水平振动测试时,水平扰力宜在基础沿长度方向的轴线上;

 2 安装电磁式激振设备时,其竖向扰力作用点应与测试基础的重心在同一竖直线上,水平扰力作用点宜在基础水平轴线侧面的顶部。

7.2.14 传感器的布设应符合下列规定:

 1 竖向振动测试时,应在基础顶面沿长度方向轴线的两端各布置一个竖向传感器;

 2 水平回转振动测试时,应在基础顶面沿长度方向轴线的两端各布置一个竖向传感器,在中间布置一个水平向传感器;

 3 扭转振动测试时,传感器应同相位对称布置在基础顶面沿水平轴线的两端,其水平振动方向应与轴线垂直。

7.2.15 基础强迫振动测试的数据采集应符合下列规定:

 1 幅频响应测试时,在共振区外激振设备的扰力频率间隔不应大于 2Hz,在共振区内激振设备的扰力频率间隔应小于 1Hz,共振时的振幅不宜大于 150μm;

 2 现场应监视输出的振动波形,待波形为正弦波时方可进行记录。

7.2.16 基础强迫振动测试的数据处理除应符合本规范第 3.0.18 条的规定外,还应符合下列规定:

 1 数据处理应利用简谐波作富氏频谱或功率谱,各通道采样点数宜取 1024~4096 个,采样频率应符合采样定理,分段平滑段数不宜小于 40,并宜加窗函数处理;

 2 数据处理应获得下列幅频响应曲线:

  1) 竖向振动时的基础竖向振幅随频率变化的幅频响应曲线(A_z-f 曲线);

  2) 水平回转耦合振动的基础顶面测试点的水平振幅随频率变化的幅频响应曲线($A_{x\varphi}$-f 曲线),以及基础顶面测试点由回转振动产生的竖向振幅随频率变化的幅频响应曲线($A_{z\varphi}$-f 曲线);

  3) 扭转振动的基础顶面测试点在扭转扰力矩作用下的水平振幅随频率变化的幅频响应曲线($A_{x\psi}$-f 曲线)。

7.2.17 基础强迫振动测试应按照本规范附录 H 计算有关参数。

7.2.18 基础强迫振动测试的测试成果应包括各种幅频响应曲线和本规范第 7.2.3 条规定的参数。各参数应按照本规范附录 J 表 J.0.1 格式提供。

7.3 场地微振动测试法

7.3.1 场地微振动测试法适用于建筑场地微振动测试,为建筑物抗震和隔振设计提供场地的卓越周期和微振动幅值。

7.3.2 每个建筑场地均应进行场地微振动测试,测试点数量应根据设计需要、建筑重要性、地基复杂程度确定。

7.3.3 场地微振动测试可分为地面测试和地下测试两种。当拟建建筑物为高层建筑物或精密仪器厂房时,宜对该场地同时进行地面和地下微振动测试;当为环境振动影响进行测试时,宜对地面或受影响的场地进行微振动测试。

7.3.4 场地微振动测试系统除应符合本规范第 3.0.11 条的规定外,还应符合下列要求:

 1 通频带应满足 0.5~40.0Hz;信噪比应大于 80dB;

 2 低频特性应稳定可靠,系统放大倍数不应小于 10^6;

 3 测试系统应与数据采集分析系统相匹配。

7.3.5 场地微振动测试法的传感器除应符合本规范第 7.1.6 条的规定外,通频带应满足 0.5~25.0Hz 的要求,也可选用频率特性和灵敏度满足测试要求的加速度型传感器。地下微振动测试应使用严格密封防水传感器。

7.3.6 场地微振动测试法的放大器应符合下列规定:

 1 当采用速度型传感器时,放大器应符合本规范第 7.2.8 条的规定;

 2 当采用加速度型传感器时,应采用多通道适调放大器。

7.3.7 场地微振动测试法的仪器设备应符合本规范第 7.1.4 条、第 7.2.9 条和第 7.2.10 条的规定。

7.3.8 场地微振动测试法的工作布置应符合下列规定:

 1 测点与既有建筑物距离应大于该建筑物高度的 2/3;

 2 测点可选在天然土地基上及波速测试孔附近,

也可直接利用波速测试孔;

  3 测点数量应满足工程需要;

  4 传感器应沿东西、南北、竖向三个方向布置;传感器和与平整地面应紧密接触,且相互间距不应大于 1.0m;

  5 地下微振动测试时,测点深度应满足工程需要。

7.3.9 场地微振动测试法的数据采集应符合下列规定:

  1 当记录微振动信号时,在距离观测点 100m 范围内应无人为振动干扰,测试时间应选择场地环境干扰最低的时间进行;环境振动影响测试宜在周围振动影响最大、最繁杂的期间进行;

  2 记录微振动信号时,应根据所需频率范围设置低通滤波频率和采样频率,采样频率宜取 $50\sim100$Hz,每次记录时间不应少于 15min,记录次数不应少于 2 次,相邻两次测试间隔不应小于 10min;

  3 在人为振动干扰强烈的地段应重复测试,重复测试应隔日进行。

7.3.10 场地微振动测试的数据处理除应符合本规范第 3.0.18 条的规定外,还应符合下列规定:

  1 处理前,应先分析检查测试曲线,辨别记录中的干扰信号,选择信噪比较高的记录进行处理;

  2 数据处理应利用简谐波作幅频谱或功率谱分析,每个样本数据不应少于 1024 个点,采样间隔应取 $10\sim20$ms,并宜加窗函数处理;频域平均次数不宜少于 32 次;

  3 场地卓越周期应根据卓越频率确定,并应按下式进行计算:

$$T = \frac{1}{f} \quad (7.3.10)$$

式中 T——场地卓越周期(s);

   f——卓越频率(Hz)。

  4 卓越频率应按幅频谱或功率谱图中最大峰值所对应的频率确定;当幅频谱或功率谱图中出现多峰且各峰的峰值相差不大时,可在频谱或功率谱分析的同时,进行相关分析确定;

  5 场地微振动应排除人为干扰信号影响,并应取实测微振动信号的最大幅值作为场地微振动幅值。

7.3.11 场地微振动测试工作成果应包括下列内容:

  1 测试资料的数据处理方法及分析结果;

  2 场地微振动时程曲线;

  3 幅频谱或功率谱图;

  4 测试成果表。

7.4 振动衰减测试法

7.4.1 振动衰减测试法适用于振动波沿地面衰减的测试,为机器基础的振动和隔振设计提供地基动力参数。

7.4.2 下列情况应采用振动衰减测试法:

  1 当设计的车间内同时设置低转速和高转速的机器基础,且需计算低转速机器基础振动对高转速机器基础的影响时;

  2 当振动对邻近的精密设备、仪器、仪表或环境等产生有害的影响时;

  3 当需对环境振动如工程施工、爆破、地基处理的振动影响进行监测,确定场地振动的地震烈度时。

7.4.3 振动衰减测试的振源,可采用测试现场振动设备、附近的动力机器或行进中的汽车、火车等产生的振动,当现场附近无上述振源时,可采用机械式激振设备作为振源。

7.4.4 当进行竖向和水平向振动衰减测试时,基础应埋置。

7.4.5 测试用的设备和仪器除应符合本规范第 7.1.4 条和第 7.2.6 条至第 7.2.10 条的规定外,传感器也可使用加速度型传感器,其频响范围应满足 0.1Hz$\sim$1kHz,电荷灵敏度应达到 10 PC/m·s^{-2}。

7.4.6 测试基础的要求、激振设备的安装和准备工作,应符合本规范第 7.2.12 条至第 7.2.14 条的规定。

7.4.7 振动衰减测试法的工作布置应符合下列规定:

  1 测点应沿设计基础所需的振动衰减测试的方向进行布置,不应设在浮砂地、草地、松软的地层和冰冻层上;

  2 测点距基础边缘小于等于 5.0m 时,其间距宜为 1.0m;测点距基础边缘大于 5.0m 且小于等于 15.0m 时,其间距宜为 2.0m;测点距基础边缘大于 15.0m 且小于 30.0m 时,其间距宜为 5.0m;测点距基础边缘大于等于 30.0m 时,其间距宜大于 5.0m;测试半径应大于基础当量半径的 35 倍,基础当量半径 r_0 应按下式计算:

$$r_0 = \sqrt{\frac{A_0}{\pi}} \quad (7.4.7)$$

式中 A_0——测试基础的底面积(m^2)。

7.4.8 在振源处进行振动测试时的传感器布置应符合下列规定:

  1 当振源为动力机器基础时,应将传感器置于沿振动波传播方向测试的基础轴线边缘上;

  2 当振源为行进中的汽车时,可将传感器置于行车道沿外 0.5m 处;

  3 当振源为行进中的火车时,可将传感器置于距铁路轨外 0.5m 处;

  4 当振源为锤击预制桩时,可将传感器置于距桩边 0.3$\sim$0.5m 处;

  5 当振源为重锤夯击土时,可将传感器置于夯击点边缘外 1.0m 处。

7.4.9 振动衰减测试法的现场测试工作应符合下列

规定：

1 当进行周期性振动衰减测试时，激振设备的频率除应采用工程对象所受的频率外，还应做各种不同激振频率的测试；

2 现场测试时，应记录传感器与振源之间的距离和激振频率。

7.4.10 振动衰减测试法应按本规范附录J表J.0.2的格式计算各参数。

7.4.11 振动衰减测试的数据处理除应符合本规范第3.0.18条的规定外，还应符合下列规定：

1 数据处理时，应绘制下列曲线图：
　　1）当进行周期性振动衰减测试时，应绘制由各种激振频率测试的地面振幅随距振源的距离而变化的曲线图即 A_r-r 曲线；
　　2）当进行环境振动监测时，应绘制各监测点的最大质点振动速度或最大质点振动加速度随距振源的距离而变化的曲线图即 V-r 曲线或 a-r 曲线。

2 计算地基能量吸收系数 α 可按下式进行：

$$\alpha = \frac{1}{f_0} \cdot \frac{1}{r_0-r} \ln \frac{A_r}{A\left[\frac{r_0}{r}\xi_0 + \sqrt{\frac{r_0}{r}(1-\xi_0^2)}\right]} \quad (7.4.11)$$

式中　α——地基能量吸收系数（s/m）；
　　　f_0——激振频率（Hz）；
　　　A——测试基础的振幅（m）；
　　　A_r——距振源的距离为 r 处的地面振幅（m）；
　　　ξ_0——无量纲系数，可按现行国家标准《动力机器基础设计规范》GB 50040 的有关规定采用。

3 进行环境振动监测时，可根据各监测点的最大质点振动速度或最大质点振动加速度确定场地振动的地震烈度。

7.4.12 振动衰减测试的成果应包括下列内容：

1 按本规范附录J表J.0.2格式整理的参数表；
2 不同激振频率测试的地面振幅随距振源的距离而变化的曲线即 A_r-r 曲线；
3 当进行环境振动监测时，还应包括场地振动的地震烈度评价结果。

8 水声探测法

8.1 一般规定

8.1.1 水声探测法适用于水底地形探测和水底下地层结构及分布的探测，可根据探测要求选用水下地形探测法或浅地层剖面探测法。

8.1.2 水声探测应在风浪较小情况下进行。当沿海波高超过0.6m，内河波高超过0.4m时，应停止作业。

8.1.3 水声探测法的测量工作除应符合本规范第3.0.10条的规定外，还应符合下列规定：

1 观测剖面线应采用GPS实时动态定位测量，在河道或水库工作时也可选用其他定位测量方法；

2 对于模拟仪器，水声记录标记与GPS采样数据应同时进行，定位点间隔可根据探测要求确定；对于数字仪器，可采用GPS连续定位；

3 测量精度应符合现行国家标准《工程测量规范》GB 50026 和现行行业标准《城市测量规范》CJJ 8 的有关规定。

8.1.4 水声探测现场工作时，作业船应保持每条剖面定向和匀速航行，并应按要求做时间标记。测线转移时，不得小角度转弯。

8.1.5 水声探测法的质量检查与评价除应符合本规范第3.0.16条和第3.0.17条的规定外，还应在探测过程中随时检查记录质量，对于不符合要求的测点（线）应及时予以补测或重测。

8.2 水下地形探测法

8.2.1 水下地形探测法适用于探测水库、河道、湖泊或浅海区的水下地形，以及探测坝址、桥基、港口工程以及航道的水下障碍物等。

8.2.2 水下地形探测可分为单波束和多波束两种方法。在实际工作时，宜采用多波束方法。

8.2.3 水下地形探测使用的测深仪应配有相应通信接口，可与GPS接收机对接提供定位信息，并且吃水深度范围应可调，发射功率应有动态调节功能，并应符合本规范第3.0.11条的规定。

8.2.4 水下地形探测的测线布设与定位应符合下列规定：

1 主测线应垂直于水下地形等深线总方向或岸线布设，可布设成平行线或45°斜线；当河道水下地形较平坦时，测线可顺水流方向布置；

2 测量工作除应符合本规范第8.1.3条的有关规定外，河道或库区两岸剖面桩之间的距离相对误差应小于1.0%；

3 测线间距应符合表8.2.4的规定；

表8.2.4　测线间距

测　　区	图上测线间距（mm）	
	重点水域	一般水域
内河、湖泊、水库	10～15	15～20
浅　海	≤30	

4 应根据工程的实际需要布置检查测线，检查线宜垂直于主测线，其长度不宜小于主测线总长度的5%；

5 探测定位点最大间距在平面图上不应大于

10.0mm；

6 利用GPS系统测量时，测得的WGS-84坐标应转换为测图或施工所用或与当地坐标系统一致的坐标。

8.2.5 水下地形探测的现场工作除应符合本规范第8.1.4条的规定外，还应符合下列规定：

1 探测前，测量船宜与水位站及定位观测站校对时间，水位观测应在测前10min开始，测后10min结束；

2 每次测深前后应在测区对测深仪进行现场比对，当水深小于等于20m时，可用声速仪、水听器或者检查板对测深仪进行校正，直接求得测深仪的总改正数；当水深大于20m时，可采用水文资料计算深度改正数，并应测定因换档引起的误差；

3 当对既有模拟记录又兼有数字记录的测深仪检验时，应同时校对比较模拟信号及数字信号，检验结果应以模拟信号为准；

4 测深仪换能器应安装在距测量船首1/3～1/2船长处，并应避免航行时产生的气泡和旋涡的影响；

5 当使用机动船测深时，应根据需要测定测深仪换能器的动吃水改正数；当改正数小于0.05m时，可不改正；

6 测深仪记录速度应与测量船只的航速相匹配，记录的回波信号应能清晰反映水底地貌；

7 检查线与主测线相交处，在图上1mm范围内水深点的深度比对互差应符合表8.2.5的规定；

表8.2.5 深度比对互差

水深 H（m）	深度比对互差（m）
≤20	≤0.4
>20	≤0.02H

8 应实时观测水位的变化并予以记录。

8.2.6 水下地形探测的补测和重测应符合下列规定：

1 当出现下列情况之一时，应进行补测：

1）测深仪的回波信息中断或模糊不清，在记录纸上超过3.0mm，且水下地形复杂；

2）测深仪零信号不正常、无法量取水深；

3）连续漏测2个以上定位点或断面的起、终点及转换折点未定位；

4）GPS精度自检不合格时段；

5）定位点号与实测记录不符，且无法纠正。

2 当出现下列情况之一时应进行重新探测：

1）深度比对超限点数超过参加比对总点数的20%；

2）确认有系统误差，但又无法消除或改正。

8.2.7 在不考虑平面位移的情况下，水下地形探测的深度误差限值应符合表8.2.7的规定。

表8.2.7 深度误差限值

水深 H（m）	深度误差限值（m）
≤20	±0.2
>20	±0.01H

8.2.8 水下地形探测的资料整理应符合下列规定：

1 应通过内业工作进行资料的整理，内业工作应包括下列内容：

1）各项外业手簿的整理和校验；

2）水位基准面的测量与确定；

3）测深手簿、测深记录纸（带）或电脑记录的检查、校核。

2 探测的数据应经过校正，除应符合本规范第3.0.18条的规定外，水下地形图绘制精度还应符合现行行业标准《城市测量规范》CJJ 8的有关规定；

3 按测线序号并结合定位坐标编制探测成果报表，成果报表应包括下列内容：

1）应探测工区、测量日期、测量船、测线号、点位序号、坐标及水深值；

2）水声时间剖面图；

3）水下地形图或等高线图。

8.3 浅地层剖面探测法

8.3.1 浅地层剖面探测法适用于对水库、河道、湖泊和浅海区的水下地形探测，坝址、桥基、港口工程水下地层分层探测，水下障碍物和浅层气探测，可用于解释浅层基岩起伏、断层等地质构造。

8.3.2 使用浅地层剖面探测法时应符合下列条件：

1 被探测地层与相邻层之间应具有可产生水声反射的波阻抗差异；

2 进行水下地层覆盖层分层时，被探测地层应有一定厚度，且介质均匀、波速稳定；

3 被探测目的层以上宜无卵砾石或卵砾石呈零星分布。

8.3.3 浅地层剖面探测仪应由声源、接收换能器（水听器）和记录器三部分组成，除应符合本规范第3.0.11条的规定外，记录器应具有TVG增益调节功能及总增益、对比度和门限调节功能。声源、接收换能器即水听器的主要技术指标应符合下列规定：

1 声源频带应满足50Hz～15kHz；

2 接收换能器（水听器）灵敏度应大于1000μV/Pa，接收频带宽应满足20Hz～10kHz。

8.3.4 浅地层剖面探测方法的工作布置应符合下列规定：

1 主测线方向应与水底地形等深线的总趋势方向垂直，或与区域构造走向垂直，或与探测目标体的走向垂直，联络测线方向应与主测线垂直；

2 测线间距应根据可控制探测目的体的大小按

比例尺的要求确定；主测线间距应符合本规范表8.2.4的规定，联络测线间距在成果图上应满足2.0～4.0cm；

3 测量工作除应符合本规范第8.1.3条的规定外，测线定位点距不应大于50m。

8.3.5 浅地层剖面探测仪器的安装应符合下列规定：

1 现场作业应采用载重量适宜且噪声小的平底船，水深宜大于2m；

2 舷挂式发射换能器与接收换能器应按前发后收顺序挂于船中后部同一侧，并应根据探测深度选择适当的收发距；

3 电磁脉冲或电火花声源与接收换能器（水听器）应视水深分别拖曳于船尾部一侧或两侧，并应水平放置；

4 机械式震源设备应安装于船首处，接收阵列应安置于船身一侧；

5 接收换能器入水深度应视波浪大小而定；水面平静时的入水深度宜为0.5m；

6 发射机和接收机应接地良好，接收记录设备宜安置在船只操纵控制室内。

8.3.6 浅地层剖面探测工作前应连接收发系统和数据采集工作站系统，并应在接通电源后进行运行自测试。应在导航系统中输入测区范围线，并布设计划测线。

8.3.7 浅地层剖面探测法在正式开始作业前，应在测区内通过试验选择最佳的采集参数。数据采集除应符合本规范第8.1.4条规定外，还应符合下列规定：

1 探测分辨率应达到0.2m，探测精度应优于水底下探测深度的±0.5%；

2 发射速率最大不应超过10次/s；

3 作业船航行时不得随意停船，航速宜保持在5n mile/h；当探测细小目标体时，航速应相应减小；

4 作业时实际航迹偏离不宜大于设计测线间距的1/4，最大不应偏离设计测线间距的1/2；

5 工作期间，水位涨落变化大于0.3m时，应定时测量水面高程，并绘制水面高程随时间变化的曲线；

6 作业过程中应时刻注意观察记录剖面的面貌及背景噪音的变化情况，不得随意改变确定的作业参数。当因水深和地质类型变化而影响到记录质量需要改变作业参数时，应作记录；

7 剖面记录纸（带）上应注记测线号以及测线探测起始与结束时间、时标、水深及特殊情况简述等。值班记录应登录值班人姓名、工况、船速、测线探测情况、周围环境状况及特殊情况处理过程等；

8 探测检查线与主测线相交处，在图上1mm范围内水深点的深度比对互差应符合表8.2.5的规定。

8.3.8 浅地层剖面探测的资料处理与解释除应符合本规范第3.0.18条和第3.0.19条的规定外，还应符合下列规定：

1 对外业采集的数据应做数字处理。处理方法应包括基本增益和基本补偿、TVG时可变增益、水底散射压制、多次波压制、水中噪音消除以及数字化滤波等；

2 当水深小于20m且使用分体式换能器时，应进行路径校正，消除发射换能器与接收换能器偏移造成的深度误差；

3 地层剖面上反射界面划分应符合下列原则：

1) 同一层组反射应连续、清晰，并可区域性追踪；

2) 层组内反射结构、形态、能量、频率等应相似，与相邻层组应有显著差异；

3) 主测线与联络剖面相同层组的反射界面应能闭合。

4 剖面解释应经过追踪反射界面、划分反射波组、分析反射波组特征后进行。准确解释应与钻探资料相结合。

8.3.9 浅地层剖面探测成果应包括下列资料：

1 探测工区、测量日期、测量船、测线号及水深值；

2 水声时间剖面地质解释成果图；

3 水下淤泥层（或覆盖层）等厚度图；

4 基岩顶面等高线图。

9 基桩动测法

9.1 一般规定

9.1.1 基桩动测法可根据检测要求和调查结果选择使用低应变反射波法、高应变动测法或声波透射法。

9.1.2 基桩动测法的资料收集与调查工作应符合下列要求：

1 收集相关的岩土工程勘察资料、桩基设计图纸、施工记录；了解施工工艺，必要时了解施工中出现的异常情况；

2 踏勘现场的工作条件。

9.1.3 基桩动测法仪器设备应包括测试仪器、传感器、激振设备和连接电缆等，并应符合本规范第3.0.11条的规定。

9.1.4 基桩动测前应对仪器设备进行检查和调试。检测用的计量器具应在计量检定周期的有效期内。

9.1.5 检测过程中发现检测数据异常时，应查找原因，并重新检测。

9.2 低应变反射波法

9.2.1 低应变反射波法适用于各种混凝土预制桩、灌注桩和钢桩的完整性检测，判定桩身存在的缺陷、缺陷程度及其位置，对桩长进行校验。

9.2.2 低应变反射波法的抽样原则及比例应符合下列要求：

1 抽样除应优先考虑重要部位和施工质量有怀疑的桩外，应满足随机、均匀和有代表性要求。

2 单节预制桩抽样数量不应少于总桩数的10%，且不应少于10根；多节预制桩抽样数量不应少于总桩数的20%，且不应少于20根；设计等级为甲级或地质条件复杂时，灌注桩抽检数量不应少于总桩数的30%，且不应少于20根；桥桩与单柱承台应100%检测；完整性类别Ⅲ、Ⅳ类桩的比例占抽检总数20%时，应按相同的百分比扩大抽检，直至普测。

9.2.3 低应变反射波法检测所用的仪器除具有滤波、放大、显示、储存和处理分析功能外，其主要技术性能指标应符合下列要求：

1 模数转换器不宜低于12bit；

2 采样间隔应在 10～500μs 内可调；

3 单通道采样点数不应少于1024个；

4 放大器增益不应低于60dB且可调，线性度良好，其频响范围应满足 5Hz～5kHz。

9.2.4 低应变反射波法检测所用的传感器应符合下列规定：

1 加速度传感器的安装谐振频率不应小于15kHz，频率响应范围应为 10Hz～5kHz，电荷灵敏度应达到 $5PC/m \cdot s^{-2}$，电压灵敏度应达到 $10mV/m \cdot s^{-2}$。

2 速度传感器的固有频率不应大于28Hz，灵敏度应达到 $200mV/cm \cdot s^{-1}$，阻尼比宜在 0.6～0.8 之间。

9.2.5 低应变反射波法的激振设备宜选用力锤或力棒，并应根据具体情况选择其材质和重量。力棒或力锤激振操作应符合下列规定：

1 激振点应尽量在桩顶中心；

2 力棒激振时，应自由下落，不得连击。

9.2.6 低应变反射波法检测前的桩顶处理应符合下列规定：

1 被检测桩应凿去浮浆至混凝土新鲜面，除去破损部位；

2 在激振及传感器安装部位，应打磨出直径100mm的平面。

9.2.7 低应变反射波法测量传感器的安装除应符合现行行业标准《建筑基桩检测技术规范》JGJ 106 的有关规定外，还应符合下列规定：

1 传感器应与桩顶面垂直并应粘接牢固；

2 传感器安装位置宜距桩中心 1/2～2/3 半径处，且距桩的主筋不宜小于50mm。

9.2.8 低应变反射波法的现场检测工作除应符合现行行业标准《建筑基桩检测技术规范》JGJ 106 的有关规定外，还应符合下列规定：

1 检测参数应通过现场试测设定；

2 每根桩的检测波形应有良好的一致性，其重复检测不应少于三次；

3 对直径大于800mm的桩，应进行不少于两个点的多次检测。

9.2.9 利用低应变反射波法进行桩身完整性分析应以时域曲线为主，频域分析为辅，并结合岩土工程勘察资料、施工记录等分析判定。

9.2.10 桩身波速平均值应按照下列方法确定：

1 当已知桩长且桩底反射明显时，应选取不少于 5 根 Ⅰ 类桩，桩身波速平均值 c_m 应按公式（9.2.10-1）计算：

$$c_m = \frac{1}{n}\sum_{i=1}^{n} c_i \quad (9.2.10\text{-}1)$$

$$c_i = \frac{2L \times 1000}{\Delta T} = 2L \cdot \Delta f \quad (9.2.10\text{-}2)$$

$$\left|\frac{c_i - c_m}{c_m}\right| \leq 5\% \quad (9.2.10\text{-}3)$$

式中 c_m——桩身波速平均值（m/s）；

c_i——第 i 根桩的桩身波速计算值（m/s）；

L——测点下桩长（m）；

ΔT——时域信号第一峰与桩底反射波峰间的时间差（ms）；

Δf——幅频曲线的桩底相邻谐振峰间的频差（Hz）；

n——基桩数量（$n \geq 5$）。

2 当桩身波速平均值无法按本规范第 9.2.10 条第 1 款确定时，可根据本地区相同桩型及施工工艺的其他桩基工程的实测值，并结合桩身混凝土的骨料品种、强度等级及实践经验综合确定。

9.2.11 桩身缺陷位置 L_x 应按下式计算：

$$L_x = \frac{1}{2000} \cdot \Delta t_x \cdot c = \frac{1}{2} \cdot \frac{c}{\Delta f_x} \quad (9.2.11)$$

式中 L_x——测点到桩身缺陷处的距离（m）；

Δt_x——时域信号第一峰与缺陷反射波峰间的时间差（ms）；

Δf_x——幅频曲线所对应缺陷的相邻谐振峰间的频差（Hz）；

c——桩身波速值（m/s）。

9.2.12 当有下列情况之一时，桩身完整性宜结合其他检测方法进行综合分析：

1 对超过有效检测长度范围的超长桩；

2 对桩身截面渐变或多变的桩；

3 对检测推算桩长与实际提供桩长资料明显不符的桩；

4 对实测时域信号复杂且无规律，无法对其进行可靠的桩身完整性判别的桩。

9.2.13 利用低应变反射波法评价每根检测桩的完整性应符合下列规定：

1 对于桩身完整、桩底反射较明显、无缺陷反射波且幅频曲线正常的桩，应评定为Ⅰ类桩；

2 对于桩身基本完整、桩底反射较明显、有局部缺陷产生的反射信号但幅频曲线正常的桩，应评定为Ⅱ类桩；

3 对于桩身有明显缺陷、桩底反射不明显或波速偏低、有明显的缺陷反射且幅频曲线有明显的峰谷多次起伏的桩，应评定为Ⅲ类桩；

4 对于桩身有严重缺陷、无桩底反射或可见到桩底反射但计算的桩长明显短于设计桩长且缺陷部位呈多次反射的桩，应评定为Ⅳ类桩。

9.2.14 低应变反射波法的检测报告中应包括桩位图和时域曲线图等。

9.3 高应变动测法

9.3.1 高应变动测法适用于检测基桩竖向抗压极限承载力和桩身完整性，监测预制桩和钢桩打入时桩身应力和锤击能量传递比。

9.3.2 高应变动测法检测桩应具有代表性，在单个工程内同一条件下的工程桩，试桩数量不宜少于总桩数的5%，且不应少于5根。

9.3.3 高应变动测法的检测仪器应具有现场显示、记录、保存实测力与加速度信号的功能，其主要技术指标应符合下列规定：

1 信号采样点数不应少于1024个，采样间隔宜取$50\sim200\mu s$；当用曲线拟合法推算被验桩的极限承载力时，信号记录长度应确保桩底反射波后不小于20ms或达到$5L/c$；

2 信号采集器的采样频率响应可调，其A/D转换精度不应低于12bit，通道间的相位差不应大于$50\mu s$。

9.3.4 高应变动测法使用的传感器应符合下列规定：

1 对于测量力信号用的工具式应变传感器，其安装谐振频率不应大于2kHz，在$1000\mu s$范围内的非线性误差不应大于1.0%；

2 对于测量速度信号的压电式加速度传感器，其安装谐振频率不应大于10kHz，在$1Hz\sim3kHz$范围内的灵敏度变化不应大于5.0%，在冲击加速度量程范围内非线性误差不应大于5.0%。

9.3.5 高应变动测法检测用的重锤应材质均匀、形态对称、锤底平整，锤的重量应大于预估单桩极限承载力的1.0%。

9.3.6 高应变动测法检测前的工作准备应符合下列规定：

1 桩顶面应平整，桩头高度应满足安装锤击装置和传感器的要求，并应能使锤击装置沿被检桩轴向架立，且锤重心应与桩顶对中；

2 新接桩头顶面应平整且垂直于被检桩中轴线，其中轴线应与被检桩中轴线重合，桩头截面积宜与桩身截面积相同；

3 混凝土桩的桩头处理应符合现行行业标准《建筑基桩检测技术规范》JGJ 106的有关规定；

4 在桩顶面应铺设锤垫，锤垫宜由$10\sim30mm$厚的木板或胶合板等匀质材料制作，垫面大小宜按桩顶面积确定。

9.3.7 高应变动测法的传感器安装应符合现行行业标准《建筑基桩检测技术规范》JGJ 106的有关规定。

9.3.8 高应变动测法检测时应在现场设定和计算桩头处桩截面积、桩身波速、桩材质密度和弹性模量等参数，参数设定和计算应符合现行行业标准《建筑基桩检测技术规范》JGJ 106的有关规定。

9.3.9 高应变动测法检测承载力时，应实测每次锤击力作用下的有效贯入度，单击贯入度宜控制在$2.0\sim6.0mm$之间。桩的贯入度可用精密水准仪等光学仪器测定。

9.3.10 承载力分析计算前，应选取符合计算要求的曲线，并结合地质条件、设计参数，对实测波形特征进行定性检查后，计算平均波速。

9.3.11 对桩身材质、截面积基本均匀的中小直径桩，可采用凯司法按公式（9.3.11-1）计算判定桩身承载力R_c。

$$R_c = \frac{1}{2}(1-J_c) \cdot [F(t_1)+Z \cdot V(t_1)] + \frac{1}{2}(1+J_c) \cdot$$
$$[F(t_1+2L/c)-Z \cdot V(t_1+2L/c)] \quad (9.3.11\text{-}1)$$

$$Z = \frac{E \cdot A}{c} \quad (9.3.11\text{-}2)$$

式中 R_c——由凯司法判定的单桩竖向抗压承载力（kN）；

J_c——凯司阻尼系数；

t_1——速度第一峰对应的时刻（ms）；

$F(t_1)$——t_1时刻的锤击力（kN）；

$V(t_1)$——t_1时刻的质点运动速度（m/s）；

Z——桩身截面力学阻抗（kN·s/m）；

A——桩身截面面积（m^2）；

L——测点下桩长（m）。

9.3.12 桩身完整性可按表9.3.12并结合经验判定。桩身完整性系数β和桩身缺陷位置x应分别按公式（9.3.12-1）和公式（9.3.12-2）计算。

$$\beta = \frac{[F(t_1)+Z \cdot V(t_1)]-2R_x+[F(t_x)-Z \cdot V(t_x)]}{[F(t_1)+Z \cdot V(t_1)]-[F(t_x)-Z \cdot V(t_x)]}$$
$$(9.3.12\text{-}1)$$

$$x = c \cdot \frac{t_x-t_1}{2000} \quad (9.3.12\text{-}2)$$

式中 β——桩身完整性系数；

t_x——缺陷反射峰对应的时刻（ms）；

x——桩身缺陷至传感器安装点的距离（m）；

R_x——缺陷以上部位土阻力的估计值，等于缺陷反射波起始点的力与速度乘以桩身截面力学阻抗之差，可按图9.3.12所示方式取值。

表 9.3.12 桩身完整性判定表

类 别	β 值
Ⅰ	$\beta=1.0$
Ⅱ	$0.8 \leqslant \beta<1.0$
Ⅲ	$0.6 \leqslant \beta<0.8$
Ⅳ	$\beta<0.6$

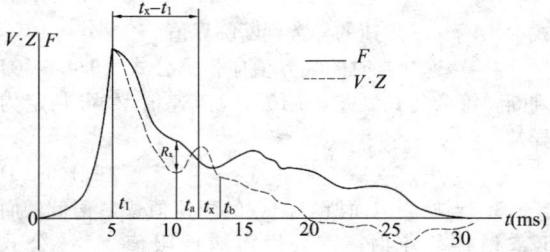

图 9.3.12 桩身完整性系数计算

9.3.13 采用实测曲线拟合法计算判定桩的承载力时，应符合下列规定：

1 所采用的力学模型应明确合理，桩和土的力学模型应能分别反映桩和土的实际力学性状，模型参数的取值范围应能限定；

2 拟合分析选用的参数应在岩土工程的合理范围内；

3 曲线拟合时间段长度在 t_1+2L/c 时刻后延续时间不应小于 20ms；对于柴油锤打桩信号，在 t_1+2L/c 时刻后延续时间不应小于 30ms；

4 各单元所选用的土的最大弹性位移值不应超过相应桩单元的最大计算位移值；

5 拟合完成时，土阻力相应区段的计算曲线应与实测曲线吻合；

6 贯入度的计算值与实测值的相对误差不应大于10.0%。

9.3.14 高应变动测法对单桩承载力的统计和单桩竖向抗压承载力特征值的确定以及进行桩身完整性判定，应符合现行行业标准《建筑基桩检测技术规范》JGJ 106 的有关规定。

9.3.15 高应变动测法的检测报告应包括实测曲线拟合所选用的各单元桩土模型参数、拟合曲线和土阻力沿桩身分布图。

9.4 声波透射法

9.4.1 声波透射法适用于直径不小于 600mm 的混凝土灌注桩的桩身完整性检测，判定桩身的缺陷程度及位置。

9.4.2 声波透射法检测桩的检测比例应符合下列规定：

1 对设计等级为甲级的端承型大直径工民建筑灌注桩，检测比例不应少于总桩数的 10%；

2 对市政灌注桩，检测比例不应少于总桩数的50%。

9.4.3 声波透射法的检测仪器系统应包括声波仪和径向振动换能器、数据处理分析软件等，并应符合下列规定：

1 声波仪应具有自动和手动声时测量功能，应能够实时显示和记录时程曲线。其主要技术指标应符合下列规定：

　　1) 声时测量范围应在 0～9999.9μs 之间，精度应优于±0.1μs；

　　2) 系统频带宽度应满足 5～200kHz；

　　3) 最大动态范围不应小于 100dB；

　　4) 系统灵敏度应达到 30μV；

　　5) 系统激励电压不应小于 500V。

2 径向换能器谐振频率应满足 30～50kHz，并应满足在 1MPa 水压下不漏水。

9.4.4 声波透射法检测前应按现行行业标准《建筑基桩检测技术规范》JGJ 106 的有关规定埋设声波检测管，并应符合下列条件：

1 被检桩的混凝土龄期应大于 14d；

2 声测管内应注满清水；

3 应量测声波检测管外壁间的净距离。

9.4.5 声波透射法检测的现场工作应符合下列规定：

1 测点距离应为 100～300mm，收发换能器应以同一高度同步升降；

2 应读取声时、首波峰值和主频值，并实时显示和记录接收信号的时程曲线；

3 在对同一根桩的各剖面测试中，应保持声波发射电压和仪器设置参数不变；

4 对可疑点应进行复测，应采用加密平测点或采用斜测及扇形扫测等办法确定其缺陷位置和范围。

9.4.6 声波透射法检测数据的分析和判定应符合下列规定：

1 各测点的声时 t_c、声速 V、波幅 A_p 及主频 f 应根据现场检测数据，分别按公式（9.4.6-1）、公式（9.4.6-2）、公式（9.4.6-3）和公式（9.4.6-4）计算，并绘制声速-深度（V-h）曲线和波幅-深度（A_p-h）曲线，需要时可绘制辅助的主频-深度（f-h）曲线；

$$t_{ci} = t_i - t_0 - t' \quad (9.4.6\text{-}1)$$

$$V_i = \frac{l'}{t_{ci}} \quad (9.4.6\text{-}2)$$

$$A_{pi} = 20\lg \frac{a_i}{a_0} \quad (9.4.6\text{-}3)$$

$$f_i = \frac{1000}{T_i} \quad (9.4.6\text{-}4)$$

式中 t_{ci}——第 i 测点声时（μs）；

　　t_i——第 i 测点声时测量值（μs）；

　　t_0——仪器系统延迟时间（μs）；

　　t'——声测管及耦合水的声时修正值（μs）；

　　l'——每检测剖面相应两声测管的外壁间净距离（mm）；

V_i——第 i 测点声速（km/s）；
A_{pi}——第 i 测点波幅值（dB）；
a_i——第 i 测点信号首波峰值（V）；
a_0——零分贝信号幅值（V）；
f_i——第 i 测点信号主频值（kHz），也可由信号频谱的主频求得；
T_i——第 i 测点信号周期（μs）。

2 声速临界值应按下列步骤计算：

1）将同一检测剖面各测点的声速值 V_i 由大到小依次排序，即

$$V_1 \geqslant V_2 \geqslant \cdots V_i \geqslant \cdots V_{n-k} \geqslant \cdots$$
$$V_{n-1} \geqslant V_n (k=0,1,2,\cdots) \quad (9.4.6-5)$$

式中 V_i——按序排列后的第 i 个声速测量值；
n——检测剖面测点数；
k——从零开始逐一去掉式（9.4.6-5）V_i 序列尾部最小数值的数据个数。

2）对从零开始逐一去掉式（9.4.6-5）V_i 序列中最小数值后余下的数据进行统计计算。当去掉最小数值的数据个数为 k 时，对包括 V_{n-k} 在内的余下数据 $V_1 \sim V_{n-k}$ 可按公式（9.4.6-6）和公式（9.4.6-7）分别进行统计计算。

$$V_0 = V_m - \lambda \cdot s_x \quad (9.4.6-6)$$

$$V_m = \frac{1}{n-k} \sum_{i=1}^{n-k} V_i \quad (9.4.6-7)$$

$$s_x = \sqrt{\frac{1}{n-k-1} \sum_{i=1}^{n-k} (V_i - V_m)^2}$$
$$(9.4.6-8)$$

式中 V_0——异常判断值；
V_m——$(n-k)$ 个数据的平均值；
s_x——$(n-k)$ 个数据的标准差；
λ——由表 9.4.6 查得的与 $(n-k)$ 相对应的系数。

表 9.4.6 统计数据个数 $(n-k)$ 与对应的 λ 值

$n-k$	20	22	24	26	28	30	32	34	36	38
λ	1.64	1.69	1.73	1.77	1.80	1.83	1.86	1.89	1.91	1.94
$n-k$	40	42	44	46	48	50	52	54	56	58
λ	1.96	1.98	2.00	2.02	2.04	2.05	2.07	2.09	2.10	2.11
$n-k$	60	62	64	66	68	70	72	74	76	78
λ	2.13	2.14	2.15	2.17	2.18	2.19	2.20	2.21	2.22	2.23
$n-k$	80	82	84	86	88	90	92	94	96	98
λ	2.24	2.25	2.26	2.27	2.28	2.29	2.29	2.30	2.31	2.32
$n-k$	100	105	110	115	120	125	130	135	140	145
λ	2.33	2.34	2.36	2.38	2.39	2.41	2.42	2.43	2.45	2.46
$n-k$	150	160	170	180	190	200	220	240	260	280
λ	2.47	2.50	2.52	2.54	2.56	2.58	2.61	2.64	2.67	2.69

3 将 V_{n-k} 与异常判断值 V_0 进行比较，当 $V_{n-k} \leqslant V_0$ 时，V_{n-k} 及其以后的数据均为异常；去掉 V_{n-k} 及其以后的异常数据，再用数据 $V_1 \sim V_{n-k-1}$ 并按本规范第 9.4.6 条第 2 款第 2 项的计算步骤重复计算，直到 V_i 序列中余下的全部数据满足公式（9.4.6-9）的要求；

$$V_i > V_0 \quad (9.4.6-9)$$

式中 V_0——声速的异常判断临界值。

4 声速异常时的临界值应根据公式（9.4.6-10）判断，符合公式（9.4.6-10）的声速值 V_i 可判定为异常；

$$V_i \leqslant V_0 \quad (9.4.6-10)$$

5 当检测剖面所有测点的声速值普遍偏低，而且离散性较小时，宜采用声速低限值 V_c 按公式（9.4.6-11）判定；

$$V_i \leqslant V_c \quad (9.4.6-11)$$

6 采用斜率法的 PSD 值作为判据时，PSD 值在某测点附近突变时，应将其作为可疑缺陷区；PSD 值应按公式（9.4.6-12）进行计算。

$$PSD = \frac{(t_i - t_{i-1})^2}{h_i - h_{i-1}} \quad (9.4.6-12)$$

式中 t_i——第 i 个测点声时值（μs）；
t_{i-1}——第 $i-1$ 个测点声时值（μs）；
h_i——第 i 个测点深度（m）；
h_{i-1}——第 $i-1$ 个测点深度（m）。

9.4.7 利用声波透射法进行桩身完整性类别判定应符合下列规定：

1 对于声测剖面各测点的声学参数均无异常，其声速、波幅值均大于低限值，且波形正常的桩，应判定为Ⅰ类桩；

2 对于某一声测剖面个别测点的声学参数出现异常，其声速、波幅值略小于低限值，且波形基本正常的桩，应判定为Ⅱ类桩；

3 对于某一声测剖面连续多个测点的声学参数出现异常，且 PSD 值突变，或两个或两个以上的声测剖面在同一深度测点的声速、波幅值小于低限值，且 PSD 值突变，波形畸变的桩，应判定为Ⅲ类桩；

4 对于某一声测剖面连续多个测点的声学参数出现明显异常，且 PSD 值突变，或两个或两个以上的声测剖面在同一深度测点的声速、波幅值明显小于低限值，且 PSD 值突变，无法检测首波或波形严重畸变的桩，应判定为Ⅳ类桩。

9.4.8 声波透射法的检测报告应包括声速-深度（V-h）曲线和波幅-深度（A_p-h）曲线。

10 地面高精度磁法

10.1 一般规定

10.1.1 地面高精度磁法适用于磁性材料构成的地下

管线探测、建筑工地隐埋磁性爆炸物的探测、含铁磁性的地下埋设物的探测、考古调查、水下含磁性物体探测、构造破碎带及磁性岩矿体的圈定等。

10.1.2 采用地面高精度磁法应具备下列条件：

    1 探测目的物与周围介质应具有一定的磁性差异，其空间尺寸相对埋深比应符合本规范第3.0.1条的相关规定；

    2 探测目的物引起的磁异常应能从干扰背景中辨认出来。

10.1.3 高精度磁法总精度应根据探测要求、探测对象的规模及干扰因素确定，采用磁场观测均方误差值来衡量，磁场观测总误差不应大于5nT。当确认干扰严重时，磁测总均方误差亦不应大于探测目标体引起且可从干扰背景中辨认的最小有价值异常极大值的1/5。

10.1.4 磁测总精度应是测点观测误差包括操作及点位误差、仪器一致性误差、仪器噪声均方误差以及日变改正误差与正常场、高度与基点等各项改正误差的总和。设计时，可根据实际技术条件在保证总精度前提下，提高某项精度和降低另一项精度，可按照表10.1.4进行误差分配。

表10.1.4 磁测误差分配

磁测总误差(nT)	现场观测均方误差(nT)					各项改正均方误差(nT)			
	总计	操作及点位	仪器一致性	仪器噪声	日变改正	总计	正常场	高度	基点
5	4.36	2.65	2.0	2.0	2.0	2.45	1.0	1.0	2.0
2	1.56	1.1	0.7	0.5	0.7	1.212	0.7	0.7	0.7
1	0.87	0.7	0.3	0.3	0.3	0.497	0.28	0.28	0.3

注：操作及点位误差中含点位不重合、探头高度不准、探杆倾斜等误差。

10.1.5 地面高精度磁法仪器除应符合本规范第3.0.11条的规定外，其技术指标和性能应符合下列规定：

    1 仪器的分辨率应达到0.1nT；

    2 日变观测仪器应与工作使用的仪器匹配；

    3 同一测区、同一性质和测量相同参数的仪器，型号宜一致。

10.1.6 在每一测区正式施工前和工作结束后，均应对使用的仪器的噪声水平、一致性、系统误差等进行测定或校验，其精度应满足设计要求。

10.1.7 地面高精度磁法的准备工作除应符合本规范第3.0.6条、第3.0.7条的规定外，还可根据已知条件拟定简单模型进行正演计算，预测高精度磁法的探测效果。

10.1.8 地面高精度磁法的工作布置除应符合本规范第3.0.8条的规定外，还应符合下列规定：

    1 测区范围应根据工作的具体任务，以保证探测成果轮廓的完整性为前提确定；

    2 测网应根据任务要求、场地地质及地球物理特征、目的物大小、几何形态及赋存状况等综合确定，根据测区特点，可采用不规则测网；

    3 测线间距不应大于最小探测目标体长度的1/2；

    4 点距应保证在异常上至少有3个连续测点。

10.1.9 地面高精度磁法应布设基点，当测区范围较大时，可设立分基点。基点和日变站的选择应满足下列规定：

    1 应位于平稳磁场内；

    2 在半径2m及高差0.5m范围内磁场变化不应超过设计总均方误差的1/2；

    3 在附近不应有铁磁性干扰体，并应远离建筑物和工业设施；

    4 其周围地形应平坦，所在地点应能长期不被占用，并有利于标志的保存；

    5 在基点、日变站测定地磁场值时，日变观测不应少于2h，读数间隔不应大于20s，应选择地磁场变化不大于2nT的时间段取观测平均值作为该点的地磁场值；

    6 应测定基点、日变站的坐标和高程。

10.1.10 地面高精度磁法的仪器校对点应布在磁场梯度较小、附近没有磁性干扰体、出工收工方便处；进行校对观测时，应保持点位和探头高度在观测前后一致，且观测值经日变改正后的闭合差不应大于2倍观测均方差；校正点位应设立标志。

10.1.11 地面高精度磁法精测剖面的布设应符合下列要求：

    1 应在最能反映异常特征、干扰最小且利于进行定量计算的地方布置；

    2 应垂直于异常走向或通过异常的正负极值点、已知钻孔或与其他探测方法测线重合并呈直线布置；

    3 两端应延伸至正常场内；

    4 点距及精度要求应视定量解释的需要而定。

10.2 数据采集

10.2.1 地面高精度磁法应根据任务要求、探测目标物的磁化特性和形状及埋深，结合仪器设备能力合理地选择磁测参量。磁测参量应包括磁场垂直分量Z_a、磁场总量异常ΔT及总磁场垂直梯度异常T_z或水平梯度异常T_x。在设备许可的条件下，宜进行多参量磁测。

10.2.2 地面高精度磁法仪器的操作应符合下列规定：

    1 操作人员不得随身带有任何磁性物品；

    2 观测过程中不得旋转探头；垂向梯度测量时，两探头的连线偏离垂线不得大于10°；水平梯度测量时，两探头的连线偏离水平线不得大于10°，偏离测线的方位误差不得大于10°；

  3 水上磁测时宜选木船，或将仪器探头置于船外一定距离处。

10.2.3 地面高精度磁法的数据采集应符合下列规定：

  1 开工前应试验选择确定探头的最佳高度，每次观测时探头高度应一致，探头高度误差不得大于探头高度的10%；

  2 观测时点位应准确；

  3 每个闭合单元的观测应始于校对点终于校对点。多日观测单元之间应有2～3个连接点，连接点的观测顺序应与前一日相同，经日变改正后的连接点间两次读数相对差不应大于2倍仪器观测均方误差；普通测点可做单次观测；

  4 相邻两测点读数相差较大时，应加密测点；相邻两测线的异常明显变化时，应加密测线；

  5 测区边缘发现有意义的异常时，应追踪观测；

  6 遇有磁性干扰物时应合理移动点位；

  7 观测中仪器性能发生变化时，应检查仪器，并应对发生变化前的测点按序返回测量，直到确认正常后才能继续工作；

  8 磁场梯度观测应缩短两次磁场测定时间，同一对数据观测应在2s内完成；

  9 对磁性异常做定量计算时，应按照本规范第10.1.11条的规定布置精测剖面；

  10 水域磁测宜采用GPS进行同步定位，在滨海区域还应进行潮位观测。

10.2.4 磁参数宜根据目的物的材质、邻近测区同性物体的磁参数、场区地球物理特征、现场试测综合确定，也可通过目的物露头、标本测定磁参数。

10.2.5 质量检查与评价除应符合本规范第3.0.16条、第3.0.17条的规定外，还应符合下列规定：

  1 精测剖面的检查量不应小于工作总量的10%，且总检查点数不应少于30个；

  2 计算均方相对误差时，舍弃点数不得大于检查点数的1%；

  3 对于水域磁测的工作质量和精度，应采用同一测线的重复测量方式进行检查和评价。

10.3 资料的处理与解释

10.3.1 地面高精度磁法在测区范围内或剖面长度内正常场变化超过规定误差限值时，应进行地磁场正常梯度改正，当测点与总基点的高差超过高度改正的误差限值时，应进行地磁场垂向梯度改正，并应符合下列规定：

  1 正常场改正应利用国际地磁参考场IGRF模型给出的高斯系数进行计算，最小改正值为0.1nT；

  2 高度改正应利用公式（10.3.1）计算，最小改正值应为0.1nT。

$$T_h = \frac{3T_0}{R} H \quad (10.3.1)$$

式中 T_h——高度改正值（nT）；

  T_0——测区磁场总强度平均值（nT）；

  R——地球平均半径，取6371000m；

  H——测点高程（m）。

10.3.2 地面高精度磁法的日变改正应采用当天的日变观测数据，可用日变观测仪器与工作仪器对接进行，也可用计算机处理完成。改正计算应按公式（10.3.2）进行，最小改正值应为0.1nT。

$$T_g = T_s - (T_r - T) \quad (10.3.2)$$

式中 T_g——日变改正后测点磁场强度绝对值（nT）；

  T_s——测点上的磁场强度观测值（nT）；

  T_r——日变站的磁场强度观测值（nT）；

  T——日变站的基本磁场强度（nT）。

10.3.3 地面高精度磁法的各项改正和磁异常值的计算应精确至0.1nT，磁异常值的计算应按下式进行：

$$\Delta T = T_g + T_h - T_n \quad (10.3.3)$$

式中 ΔT——磁异常值（nT）；

  T_g——日变改正后测点磁场强度绝对值（nT）；

  T_h——高度改正值（nT）；

  T_n——正常改正值（nT）。

10.3.4 地面高精度磁法资料解释的准备工作应符合下列规定：

  1 根据工作目的、任务和开展磁法勘探的地质、地球物理依据，明确异常解释的任务；

  2 完成解释所需的基础图件及解释图件；

  3 整理收集的测区及邻区有关地质、物化探和建筑设施资料；

  4 整理收集的目标体磁性数据并分析其变化特征和规律。

10.3.5 地面高精度磁法的图件编制和资料应包括下列内容：

  1 绘制仪器性能试验的各项记录曲线；

  2 绘制日变观测曲线图和检查观测误差分布图；

  3 编制日变站或基点标志说明并附必要的照片；

  4 绘制磁场剖面平面图；

  5 绘制磁场平面等值线图；

  6 编绘解释推断成果图。

10.3.6 地面高精度磁法的定性解释除应符合本规范第3.0.19条的规定外，还应符合下列规定：

  1 应进行异常特征的分类和异常对比，并对划分出的局部异常进行分区归类和编号；

  2 应结合地质情况、试验资料以及正演计算结果分析确定异常性质，并进行异常体的平面位置、形态的推断；

  3 可选择有意义有代表性的异常重点研究，根据现场的地质、地球物理探测资料反复进行解释，必要时可通过少量开挖工作量验证异常，推断引起各类异常的原因，并可通过开挖验证排除一些干扰体引起的异常。

10.3.7 地面高精度磁法的定量解释除应符合本规范第3.0.19条的规定外，还应符合下列规定：

    1 应在定性解释的基础上，进一步分析已有数据的质量、异常的剖面或平面特征，判断引起异常的目标体的几何形态及磁化特征，确定待求的参量；

    2 所选计算剖面，应符合理论推导时的预设条件，剖面上异常曲线应有足够的正常场背景，受干扰较小；

    3 应对异常进行必要的化极、延拓、场的分离等加工处理和位场转换；

    4 应针对异常特点和已知条件，选择计算方法；

    5 应结合定性解释情况，对定量计算结果进行对比、分析，并说明其可靠性和误差范围。

11 天然放射性测量法

11.1 一 般 规 定

11.1.1 天然放射性测量法适用于圈定放射性异常的范围，查找隐伏断层构造、地下水源、放射性岩体，也可用于滑坡位置和规模的测定、第四纪中砂卵石位置的测定、黏性土层和永冻土层的分布圈定等以及放射性环境评价。

11.1.2 天然放射性测量法可根据工作条件和探测要求选择使用伽玛测量法和氡气测量法。进行天然放射性测量时，应避开扰动土、沼泽地、田埂和地下潜水面接近地表的地段。天然放射性测量不适用于在水上或水下工作。

11.1.3 天然放射性测量仪器除应符合本规范第3.0.11条的规定外，其技术指标与性能应满足下列要求：

    1 天然伽玛测量仪应满足下列要求：

      1）应有多种测量定时方式可供选择；

      2）测量范围应满足 $0.01\sim100\mu Gy/h$；

      3）能量阈不应小于 60keV；

      4）伽玛（γ）照射量率与计数率 CPS 的线性相关系数不应小于 0.999；

      5）灵敏度 $1\mu Gy/h$ 时的计数不应小于 350cps。

    2 氡气及其子体测量仪器应满足下列要求：

      1）应有多种测量定时方式可供选择；

      2）测量范围应满足 $3\sim100000Bq/m^3$；

      3）本底不应大于 0.5cpm；

      4）灵敏度应达到 $1.5Bq/m^3$（20min 测量时间）。

11.1.4 天然放射性测量法在定量测量工作前，应用模型或标准源对仪器进行标定。

11.1.5 天然放射性测量法的工作布置除应符合本规范第3.0.8条的规定外，在异常区应加密测点，至少应有3个异常点分布在异常区内。

11.1.6 天然放射性测量法质量检查与评价除应符合本规范第3.0.16条、第3.0.17条的规定外，还应采用重复观测进行质量检查，两次测量的曲线形态和峰值应相似。主要异常区应重点检查。多次观测时可舍去最大值和最小值后，取算术平均值作为观测值 N。

11.2 数 据 采 集

11.2.1 天然放射性伽玛（γ）测量法的现场施工应符合下列规定：

    1 出工前应检查仪器性能，符合出厂要求方可使用；

    2 现场测量方式应与标定方式一致；同一条测线宜由同一个人用同一台仪器一次完成测量；

    3 测量时应保证仪器探头紧靠测点位置。待读数稳定后，应读取 3～5 个数据，并取其算术平均值作为观测值 N；

    4 环境伽玛（γ）测量时，应符合现行国家标准《环境地面伽玛（γ）辐射剂量率测试规范》GB/T 14583 的规定；

    5 现场应记录每个观测点的岩性、构造、环境等信息。

11.2.2 天然放射性氡气测量法的现场施工应符合下列规定：

    1 直接进行大地氡气测量时，测区应有表土层，厚度宜大于 600mm；氡气收集器的埋藏深度应大于 300mm，并应有防止大气渗入的措施；

    2 取样间接进行测量时，土壤样品的取样深度应大于 300mm，岩石取样应保证取到原岩；

    3 氡气的摄取时间及取样过程应按照仪器说明书进行；

    4 建筑场地土壤氡浓度测量应符合现行国家标准《民用建筑工程室内环境污染控制规范》GB 50325 的规定。

11.2.3 同时进行伽玛（γ）测量和氡气测量时，应保持两者测点位置一致。

11.2.4 地下硐室、厂房的空气氡浓度测量应采用定期与不定期相结合的检测方法，并应按现行国家标准《地下建筑氡及其子体控制标准》GB/T 16356 的规定确定监测频率和选定监测点。

11.2.5 环境氡气测量应符合现行国家标准《环境空气中氡的标准测量方法》GB/T 14582 的规定。

11.2.6 环境核辐射检测评价工作，应符合现行国家标准《环境核辐射监测规定》GB 12379 的规定。

11.3 资料的处理与解释

11.3.1 天然放射性测量法工作结束后，应及时进行数据处理、资料汇总、综合整理、汇编各种综合图件等资料整理工作。资料处理除应符合本规范第3.0.18条的规定外，还应符合下列规定：

1 应编制仪器的工作日志和绘制各种仪器性能检查曲线；

2 伽玛（γ）测量应计算伽玛（γ）照射量率，必要时应计算有效平衡系数或铀伽玛当量含量，并应统计伽玛（γ）照射量率变化或绘制变化曲线；

3 应检查观测数据并采用数理统计方法计算放射性背景值 N_b，划分异常并进行异常登记等；

4 进行剖面测量或面积测量时，还可绘制剖面图、等值线图；

5 测量结果也可根据需要用表格的形式表示。

11.3.2 天然放射性测量法的资料解释除应符合本规范第3.0.19条的规定外，还应符合下列要求：

1 应研究异常的分布规律和特征，分辨异常性质并排除假异常；

2 因观测条件变化引起观测数值 N 的变化时，应在进行多次观测查明原因后再进行解释；

3 检测结论应符合国家现行有关标准的要求。

12 高精度重力法

12.1 一般规定

12.1.1 高精度重力法适用于解决诸如岩层接触带、断层、岩体边缘、浮土厚度等部分地质和工程地质问题，主要用于现代大型土木和水电工程建设，高层建筑物、公路、铁路和机场跑道等的地基探测与隐伏危险性的研究，以及地下水源和地热能源的勘探和古墓的探查等。

12.1.2 高精度重力法仪器除应符合本规范第3.0.11条的规定外，其主要技术指标应符合下列规定：

1 精度应优于 $\pm 10 \times 10^{-8} m \cdot s^{-2}$；

2 分辨率应达到 $5 \times 10^{-8} m \cdot s^{-2}$。

12.1.3 重力仪格值 C 宜在国家级重力仪格值标定场上标定。

12.1.4 高精度重力法的工作布置除应符合本规范第3.0.8条的规定外，还应符合下列规定：

1 所有探测的对象应布置在测线或测区的中央；

2 测点间距应小于可信异常宽度的 1/2～1/3，并保证至少有4个测点能反映出异常；

3 测线间距离不应大于目标地质体在地面上投影长度的1/2～1/3；

4 基点设置应符合探测要求。

12.1.5 高精度重力法中的测地工作除应符合本规范第3.0.9条、第3.0.10条的规定外，还应符合下列规定：

1 应测量每一个重力点的坐标和高程；

2 在进行地下高精度重力法时，除测量点位的坐标和高程外，还应对平硐各处截面进行位置和高程的测量；

3 在靠近建筑物或采用仪器墩作高精度重力测量时，应测量其相对位置、形状、大小等；

4 测量采用的平面坐标和高程系统应与当地城市平面和高程系统或国家基准相一致。

12.1.6 高精度重力法的精测剖面的布设应符合下列要求：

1 精测剖面应在最能反映异常特征、干扰最小且利于进行定量计算的地方布置；

2 应垂直于异常走向或通过已知钻孔或与其他地球物理探测方法测线重合并呈直线布置；

3 两端应延伸至正常场内；

4 点距及精度要求应视定量解释的需要而定。

12.1.7 高精度重力法应采用均方误差进行质量检查与评价。

12.2 数据采集

12.2.1 高精度重力法的仪器操作应符合下列规定：

1 将仪器通电加热达到恒温的时间应在 24h 以上，恒温温度应高于室外温度。应在温度达到恒温 12h 后，再将仪器放置在标准的仪器墩上调平；

2 应经常检查仪器的温度计和蓄电池电压；

3 观测系统的检查和调试应按照仪器说明书进行；

4 搬运仪器时应选择振动小的运输工具并应有相应的防振动措施。

12.2.2 高精度重力法的数据采集应符合下列规定：

1 观测时应保证点位准确，实地偏差不应大于 0.1m；点位测量精度应符合本规范第12.1.5条的规定；

2 相邻两测点读数相差较大时，应加密测点；相邻两测线的异常明显变化时，应加密测线；

3 现场应记录重力读数时间和读数、地面或测点桩与仪器底边的距离、仪器内温、外界干扰描述、地貌描述等；

4 发现异常应进行重复观测读数。

12.2.3 高精度重力法岩矿标本的采集应符合下列规定：

1 岩矿标本的采集应具有代表性且应均匀分布；

2 在精测剖面上应沿剖面采集标本；

3 岩矿标本应在新鲜露头和岩芯上采集。

4 每种岩矿的标本采集数量不应少于30块，主要岩矿石的标本不应少于50块；

5 每块标本重量不应小于150g。

12.3 资料的处理与解释

12.3.1 高精度重力法的资料处理除应符合本规范第3.0.18条的规定外，还应符合下列规定：

1 室内计算的全部内容应进行对算或复算，对于重要常数和采用的计算方法，应经过严格审查确认后使用；

2 重力值 Δg_s、布格改正值 Δg_b 和纬度改正值 Δg_w 的计算应取至 $1 \times 10^{-8} \mathrm{m \cdot s^{-2}}$，对算或复算相差不应大于 $1 \times 10^{-8} \mathrm{m \cdot s^{-2}}$；

3 用于布格改正的高程测量资料，复算结果相差不应大于5.0mm；

4 地形改正计算 Δg_g 时，读图所得各扇形块平均高程的误差应符合工程设计要求；

5 布格重力异常计算，各单项数值应按四舍五入原则进行取舍；

6 剩余重力异常计算值应取至 $1 \times 10^{-8} \mathrm{m \cdot s^{-2}}$；

7 基、测点观测结果的计算应包括下列内容：

　　1）控制基点观测结果应验算算术平均，并计算基点边重力增量和基点网平差；

　　2）测点观测结果的计算应验算平均读数。

12.3.2 高精度重力测量数据改正计算的总精度和各项精度分配应符合表12.3.2的规定。高精度重力测量在改正计算的总精度小于地形改正精度时，可不进行地形改正。

表12.3.2 高精度重力测量数据改正计算的总精度与各项精度分配

总精度 (1×10^{-8} $\mathrm{m \cdot s^{-2}}$)	重力观测精度 (1×10^{-8} $\mathrm{m \cdot s^{-2}}$)	布格改正精度 (1×10^{-8} $\mathrm{m \cdot s^{-2}}$)	地形改正精度 (1×10^{-8} $\mathrm{m \cdot s^{-2}}$)
≤±40	≤±25	≤±10	≤±25

12.3.3 高精度重力法重力异常的推断解释除应符合本规范第3.0.19条的规定外，还应符合下列规定：

1 应在正确划分局部异常的基础上，以地表重力异常场和岩层密度资料为依据，并考虑正演概念，结合地形和地质以及其他相关资料，确定引起异常的原因、异常体的位置、形状和产状等；

2 推断的异常区与出露异常体、已有工程控制有联系或对应时，应进一步分析异常体的其他特征和异常的强度、梯度等；

3 异常区仅见异常体的局部露头而其规律、形态等难以进行对比，应研究已出露的异常体在覆盖层下的延展情况，判断多种或多个异常体存在的可能性；

4 异常区内没有任何异常体出露时，应进一步研究地质环境和异常特征，并进行定量计算或补充进行其他的综合性探测工作；

5 定量计算应在定性解释的基础上进行。

12.3.4 高精度重力法应形成下列成果资料：

1 实际材料图；

2 布格重力异常平面图；

3 各种典型剖面图；

4 剖面与平面解释推断成果系列图件；

5 其他结合不同任务的相关图表。

13 地面温度测量法

13.1 一般规定

13.1.1 地面温度测量法适用于测量岩石、土体和水体的地面温度，可进行地热调查、场地地热源体包括地下热力管道及换热水工程的调查。

13.1.2 地面温度测量仪器可选用直读式温度计、深水温度计和电阻温度计，除应符合本规范第3.0.11条的规定外，其主要技术指标和性能应符合下列规定：

1 稳定性良好；

2 温度测量范围应满足 $-20 \sim 80\mathrm{℃}$；

3 温度测量相对误差不应大于 $\pm 0.5\mathrm{℃}$；

4 仪器线路与外壳间的绝缘电阻不应小于 $2\mathrm{M\Omega}$。

13.1.3 地面温度测量仪器的校验应符合下列规定：

1 校验选用的标定温度变化范围应与测区地温变化范围相适应；

2 校验宜用精度为 $0.1\mathrm{℃}$ 的水银温度计测量校验液体的温度作为温度标准值；

3 仪器测量的温度值与标准值之差应小于 $0.5\mathrm{℃}$；

4 每个测区开工前和收工后应对仪器进行校验。

13.1.4 地面测温测量的工作布置应符合下列规定：

1 可采用规格网点法或离散网点法布置观测网；规格网点法测量基线应平行于所探测目标体的走向，测线应垂直于基线；离散网点法测点在测量范围内应分布均匀，垂直于所探测目标体走向方向上的测点应加密；

2 测点的深度不应小于1.0m，并应避开对测量精度有直接影响的干扰热源体布置；探查地下热力管道时，可按照探查要求改变测点深度。

13.2 数据采集

13.2.1 地面温度测量可选择在每天的早、中、晚三个时段进行观测，观测频率宜为3次/天和2次/周，并按照本规范附录K格式作好记录。

13.2.2 地面温度测量发现数据异常点时，应进行重复观测并取算术平均值作为该点的观测值。

13.2.3 地面温度测量应定期对测区内各点温度进行

重复观测。

13.3 资料的处理与解释

13.3.1 地面温度测量应对测量结果进行气温年变化影响的改正,地温改正值 $T_{改正}$ 应按公式(13.3.1)计算。在工作时间小于 10d 或地形、地层岩性、地表状况较简单时,也可采用统计法取各测点重复观测值的几何平均值作为该测区的温度值。

$$T_{改正} = T_{实测} - \Delta T \quad (13.3.1)$$

式中 $T_{改正}$——进行气温年变化影响改正后的地温值;
  $T_{实测}$——实际测量地温值;
  ΔT——地表气温改正量。

13.3.2 地面温度测量宜编制温度历时曲线图、地面温度剖面图和地面温度平面图,并应符合下列规定:

  1 温度历时曲线图上不得少于 6 个点的温度测量值;
  2 地面温度剖面图上不得少于 3 个温度测量点;
  3 地面温度平面图上不得少于 3 条温度测量剖面或 6 个分布均匀的温度测量点。

14 井中探测法

14.1 一般规定

14.1.1 井中探测法适用于钻孔中区分岩性、划分地层,确定软弱夹层、裂隙和破碎带位置和地层厚度,研究了解孔间地质构造,测试并研究地下水、地热水的位置与状态,检测钻孔的井径、井斜变化、套管连接及完好程度,判别井内故障位置及原因,研究并计算地层孔隙度、渗透率、矿化度,提供井壁地层岩土力学参数及其他物性参数等。

14.1.2 井中探测法所使用的仪器设备除应符合本规范第 3.0.11 条的规定外,其下井部分应耐压、抗震且防水。仪器设备的其他性能和技术指标应符合下列规定:

  1 模拟测井仪器深度传动装置的深度相对误差不应大于 ±2‰,数字测井仪器深度相对误差不应大于 ±5‰;
  2 电磁波仪的发射机和接收机应具有频率扫描功能,天线应具有宽频带的特性,且应采用分段宽带地下天线;
  3 声波测井的发射换能器灵敏度应达到 200μV/Pa,接收换能器灵敏度应达到 3000μV/Pa;
  4 地震波测井的孔中接收应采用带推靠装置的三分量检波器,其固有频率应小于地震波主频的 1/2,孔中放炮或电火花震源的触发器应性能稳定、重复性好;
  5 井温测量的感温元件应热惯性小、稳定性好,当测量电流通过时,其发热量小并应具有较好的线性;
  6 仪器设备的绝缘性能应满足下列要求:
   1)地面仪器之间及其对地、绞车集流环对地、供电电源对地的绝缘电阻应大于 10MΩ;
   2)电缆缆芯对地、电极系各电极之间、井下仪器线路与外壳之间的绝缘电阻应大于 2MΩ。
  7 测井仪器的精度指标应分别符合如下要求:
   1)电位差测量相对误差不应大于 ±3.0%;
   2)声时测量绝对误差不应大于 1μs,声幅测量分辨率应达到 3%;
   3)直读电阻率的测量相对误差不应大于 ±4.0%;
   4)直径小于 180mm 的井径测量绝对误差不应大于 5.0mm,直径大于 1.5m 的井径测量绝对误差不应大于 25.0mm;
   5)井温测量绝对误差不应大于 0.1℃,热惯性不应大于 3s;
   6)井斜在钻孔顶角大于 5°时,顶角测量绝对误差不应大于 0.5°,方位角测量绝对误差不应大于 5.0°;
   7)电磁波测量绝对误差不应大于 3dB。

14.1.3 井中探测法的现场测试应符合下列规定:

  1 测井电缆长度标记应满足下列要求:
   1)新电缆使用前,应选择在井中进行不少于 5 次的承重伸拉试验,待电缆伸长稳定后做固定的深度标记;
   2)深度标记间隔应与深度比例尺相适应,长度相对误差不应大于 ±2‰;
   3)每年或每测 10 口井应对测井电缆的抗拉强度、防水等性能进行一次检查,防止电缆拉伸强度等性能随时间发生改变。
  2 每孔施测前,应利用与下井仪器的直径和长度相当的重锤进行探孔;
  3 测井数据或曲线的深度比例尺宜与钻孔柱状图的比例尺一致,同一测区宜采用同一深度比例尺,对需要详测的孔段,应追加大比例尺的辅助记录,同一种方法的测井曲线在同一测区的横向比例尺应保持一致;
  4 应根据地质资料、试验测井数据或曲线来确定横向比例尺,在保证大部分曲线记录不超值的情况下宜选用较大比例尺,当曲线记录出现超值时,在超值井段应附上辅助曲线;
  5 原始测井数据或曲线应准确标记深度,并符合下列规定:
   1)需要分次、分段测井时,主要数据或曲线衔接处应至少重复测量一个深度标记;

2) 对有零线的测井记录，应在数据或曲线的首末两处记录零线位置；对无零线的测井记录，应在曲线的首末两处标出横坐标的参考基线。

6 连续测井方法在记录测井曲线时电缆的升降速度应保持恒定，并不应大于表14.1.3的限速值；

表 14.1.3 测井电缆升降速度限度（m/min）

测井方法	深度比例尺		
	1∶200	1∶100	1∶50
电测井（不含微电极系）	20	10	5
微电极系、井径	10	6	3
声波、放射性、温度、电磁波	5	3	2
钻孔电视、超声成像	以观察清晰为宜		
井间层析成像	按工作要求确定		

7 井温测量、井液电阻率测井及钻孔电视观察宜在电缆下放时进行正式测量记录，其他测井方法宜在提升电缆时进行正式测量记录；

8 松散地层（特别是水下砂层或砂砾石层）的钻孔进行测井时，应在完井后及时安置塑料套管，并在孔壁和塑料套管之间的环状孔隙中注入水泥砂浆或用水砂冲填。

14.1.4 井中探测的质量检查与评定除应符合本规范第3.0.16条、第3.0.17条的规定外，还应符合下列规定：

1 检查应设在钻孔或异常段上并应有足够的检查长度；

2 两次观测除曲线或图像应有良好的相似性和重合性外，还应符合下列规定：
　1）视电阻率幅度相对误差不应大于5.0%；
　2）自然电位测井基线校正后自然电位曲线的幅度绝对误差不应大于2.0mV；
　3）自然伽玛测井幅度相对误差不应大于7.5%；
　4）声波测井声速或时差的相对误差不应大于5.0%；
　5）井中流体测量：观测数据的误差不应大于仪器的出厂规定；
　6）温度测井基本测量与检查测量的平均绝对误差不应大于0.5℃；
　7）井径测井基本测量与检查测量的平均绝对误差不应大于5mm；
　8）井斜测量在顶角大于5°的井段的顶角测量平均绝对误差不应大于0.5°，方位角测量的平均绝对误差不应大于4°；
　9）电磁波或雷达测井基本测量与检查测量的绝对误差不应大于3dB；
　10）井间层析成像走时或场强的重复观测相对误差不应大于3.5%，检查观测均方相对误差应优于±5%。

14.1.5 井中探测法的资料处理与解释除应符合本规范第3.0.18条和第3.0.19条的规定外，还应符合下列规定：

1 钻孔深度应以孔口为准，记录的深度比例尺宜与钻孔柱状图一致；

2 绘制综合测井曲线图时，应对符合允许深度误差的曲线在相邻深度记号内平差，每个平差点一次平差不得大于1mm；同张图中所有曲线绘制的深度坐标应一致，并应按各自的横向比例分别绘出参数坐标并注明曲线名称及技术条件；

3 解释推断应根据测井资料和各种测井曲线的分层特征，对不同参数曲线进行综合对比，结合地质、钻探等有关资料，对钻孔剖面按物性和地质结构分层；同一测区，地质条件相同时，应统一解释原则；

4 地震波测井资料解释应符合下列要求：
　1）用三分量检波器在孔中接收，拾取波至时间时，纵波应采用竖向传感器记录的波形，横波应采用横向传感器记录的波形；
　2）地震波的斜距时间 t 应按公式（14.1.5-1）校正为垂距时间 t'；

$$t' = t \frac{h}{\sqrt{x^2 + h^2}} \quad (14.1.5\text{-}1)$$

式中 t'——垂距时间值；
　　　t——斜距时间值；
　　　h——垂直距离；
　　　x——激发点或检波点到孔口的距离。

　3）波速层的划分，应结合地质或岩土情况，按时距曲线上具有不同斜率的折线段确定；
　4）每一波速层的纵波速度或横波（剪切波）速度 V，应按公式（14.1.5-2）计算。

$$V = \frac{\Delta h}{\Delta t} \quad (14.1.5\text{-}2)$$

式中 V——波速层的纵波速度或横波速度（m/s）；
　　　Δh——波速层的厚度（m）；
　　　Δt——纵波或横波传播到波速层顶面和底面的时间差（s）。

5 对声速测井和伽玛-伽玛测井应把全孔划分为若干个声速或密度不同的大层，并求得对应的平均波速和平均密度值后，再划分薄层作精细推断；

6 钻孔电视或超声成像测井应根据观察结果对井壁地质现象进行直观描述，并确定出裂隙、断层、软弱夹层等的倾角、倾向及厚度；在顶角大于5°的斜

孔中求取产状时,还应利用井径、井斜测量等资料进行斜度校正;

7 井斜测量应绘制钻孔在水平面和垂直面上的投影图;

8 对同一钻孔进行的电测井、声波测井、放射性测井、井液电阻率测井、井温测量、井径测量等方法,其测井曲线均应绘制在一张综合测井解释图上;钻孔电视应用文字描述钻孔的地质结构及岩性产状和分布;地震波测井应根据整理和计算出的数据,在同一张图上绘制波速曲线及相关参数值与其他曲线;其他测井方法所得资料可单独成图或列表,但其成果均应以文字形式反映到综合井曲线解释图上。

14.2 电测井

14.2.1 电测井适用于测定地层和地下水的电性参数,确定含水层位置和厚度,区分咸淡水,测量钻孔中含水层之间的联系等。

14.2.2 应用电测井应满足以下条件:

1 钻孔中应无金属套管且应有井液;

2 被探测目的层相对上下层应存在电性差异,目的层应具有一定厚度;

3 孔壁应光滑,不应坍塌和掉块。

14.2.3 电测井现场工作除应符合本规范第14.1.3条的有关规定外,还应符合下列规定:

1 电测井的电极系、电极距选择应根据被探测任务要求和不同测区的地球物理条件,经试验后确定;

2 电流测井应减小线路电阻及地面电极的接地电阻,并应确保恒压供电,记录电流曲线时应检查并确定增量方向;

3 自然电位测井应采用不极化电极;使用金属重锤时,测量电极应距离重锤2m以上。

14.3 声波测井

14.3.1 声波测井可分为单孔声波测井和跨孔声波测井,适用于测定钻孔中不同岩层的弹性波速度,推测岩体的完整性,计算岩体的弹性力学参数等。

14.3.2 应用声波测井应符合下列条件:

1 钻孔中应无金属套管且应有井液;

2 松散地层的孔段可放置事先穿孔的塑料套管;

3 被探测目的层相对上下层应存在弹性波波速差异,目的层应具有一定厚度。

14.3.3 声波测井现场工作除应符合本规范第14.1.3条的有关规定外,还应符合下列规定:

1 声波测井前后均应对记录仪器进行标定和对零检查,探头下井前应在钢套管中进行校验;

2 源距L的选择应保证到达接收探头的初至波是地层的折射波,其间距的大小选择应满足分层和曲线分辨率的要求;

3 下井探头应居井中心,应防止其与井壁碰撞。

14.4 放射性测井

14.4.1 放射性测井适用于测定钻孔中岩层的放射性活度,推断岩体密度,确定岩层中裂隙、溶洞、松散层的位置以及地下水流速流向等。

14.4.2 放射性测井的现场工作除应符合本规范第14.1.3条的有关规定外,还应符合下列规定:

1 放射性测井仪应定期用检查源对仪器进行标定,保证仪器的性能状态良好;现场工作前应检查仪器确认工作正常,并应在目的层井段上观测统计起伏,观测时间应大于测井时所选用时间常数的10倍,并应在统计起伏相对误差不超过5.0%的条件下,选择横向比例、最佳提升速度和最小的时间常数;

2 进行伽玛-伽玛测井时,对于有密度刻度器的,应在井场标定曲线的横向坐标,并应以"g/cm^3"为单位,对于无密度刻度器标定的,可作视密度测量;

3 对于直接显示密度数值的测井仪,每年应用标准密度源校核一次;测量受井径影响大时,还应进行井径校正;

4 密度测井选用的源强应使计数率能压制自然伽玛的干扰,在主要目的层段应大于自然伽玛平均幅值的20倍,同时应标注使用的放射源名称。

14.4.3 同位素示踪法测量地下水流速流向时,应根据已知测井资料和任务要求选择测量点位和确定同位素投放量,现场工作应符合下列规定:

1 每次工作前应检查仪器并开机预热不少于10min,并应记录地面本底和装源后底数;

2 进行多点位同位素测量时,应先深后浅;钻孔具有多个含水层时,应采用钻孔分隔器分层测试;各点位投放同位素后应作搅拌;

3 同位素测量应按照确定的投放量投放同位素;测量完毕,应立刻在现场清洗投放器和探测器,清洗后应利用仪器检查是否达到环保要求。

14.5 电磁波(雷达)测井

14.5.1 电磁波(雷达)测井适用于划分地层,区分含水层,确定岩层中裂隙、溶洞、松散层的位置等。

14.5.2 应用电磁波(雷达)测井应满足下列条件:

1 钻孔中应无金属套管;

2 孔壁应光滑,不应坍塌和掉块。

14.5.3 电磁波(雷达)测井现场工作除应符合本规范第14.1.3条的有关要求外,还应符合下列要求:

1 工作频率与天线应根据地质条件和精度要求进行选择确定;

2 应根据地球物理条件和探测目标体的规模选择一个或多个工作频率。

14.6 钻孔电视

14.6.1 钻孔电视适用于检测钻孔的套管连接及完好程度，观察判别井内故障位置及原因以及井壁状况等。

14.6.2 钻孔电视只能应用于干孔和清水孔中，当钻孔中水质透明度不够时，应用清水循环冲洗加沉淀剂澄清。

14.6.3 钻孔电视的现场工作除应符合本规范第14.1.3条的有关要求外，还应符合下列规定：

1 钻孔电视观察时，可将工程名称、孔号、测试日期等参数对准探头的摄像窗口录入记录器；

2 数字显示的深度相对误差不应大于0.5%，与电缆深度标记的绝对误差不应大于10.0cm，每隔50cm应进行一次校正；

3 在现场录制的电视图像应清晰可辨，并能读出罗盘显示的方位；

4 测试过程中，应详细观察和记录发现的对象。

14.7 超声成像测井

14.7.1 超声成像测井适用于判定断层及软弱夹层的倾向、倾角和厚度等。

14.7.2 超声成像测井应在无套管、有井液的钻孔中进行。

14.7.3 超声成像测井的现场工作除应符合本规范第14.1.3条的有关要求外，还应符合下列规定：

1 井下仪器应在下井前进行检查；

2 深度比例尺应依据岩层倾角的大小、孔洞、裂隙、断层的规模，软弱夹层的厚度以及观测精度确定。

14.8 地震波测井

14.8.1 地震波测井适用于测定钻孔中不同岩层的弹性波速度，测定岩体的完整性，计算岩体的弹性力学参数等。

14.8.2 应用地震波测井应满足下列条件：

1 钻孔应垂直，且孔壁光滑不坍塌掉块；

2 井壁地层应层次简单，且各层应具有一定的厚度；当所测地层或岩体为低波速层时，高速邻层或围岩的影响应能够消除。

14.8.3 地震波测井现场工作除应符合本规范第14.1.3条的有关要求外，还应符合下列规定：

1 地震波测井工作之前应检查井壁，并清除松动岩块；

2 可根据地质钻探设备的条件选择地面激发井中接收、井中激发、地面接收或井中激发井中接收的工作方式；

3 地震波法测井时，应从井底开始自下而上进行；

4 进行固结灌浆效果检查时，应有灌浆前和灌浆后的实测对比曲线；

5 进行地震波测井质量检查时，检查观测点应分布在不同井段，检查观测的相对误差应小于5.0%；

6 用地震波测井法进行钻孔连续剖面测试时，每个孔段在测取纵波的同时还应测取横波，横波的摄取量不应少于纵波资料的50%。

14.9 井间层析成像

14.9.1 井间层析成像（CT）适用于确定井间物性异常的分布，推断相应的裂隙、破碎带等地质构造位置。

14.9.2 井间层析成像应满足下列条件：

1 钻井间被探测的目标体与周围介质间应存在弹性、电性、电磁性的差异；

2 被探测的目标体宜相对位于扫描剖面中间，其规模大小与成像单元应具有可比性；

3 井深至少应为井间距的1.5倍；

4 在井内完成一次完整的观测后，发射井和观测井应互换后实施第二次测量；

5 对水平分辨要求较高的探测任务，应在井间的地表处补加激发点或观测点；

6 成像方法的选用应适合探测目标体的特点、井壁质量、泥浆条件、井间距离和成像精度等条件。

14.9.3 井间地震层析成像应符合下列规定：

1 井下震源或地表震源的激发能量应能保证在观测井产生足够的信号强度，且不破坏钻井钢套管的安全使用；

2 井下检波器应具有三分量，且应经推靠装置紧贴于井壁；

3 检波器串移动时，应至少有一个点的重复测量。

14.9.4 井间声波层析成像除应符合本规范第14.9.3条的第1款和第3款规定外，检波器应为单分量的高频水声探头，检波器串的间距可为1.0~2.0m。

14.9.5 井间电磁波层析成像应符合下列规定：

1 钻井应为裸眼井，对井壁完整性差或者土层中的钻井应加用PVC套管；

2 发射机与接收机的悬挂线（电缆）处应有相应的绝缘绳和滤波器，并应使用重锤往下放天线；

3 现场宜实施双频观测，工作频率应由现场试验确定。观测井和发射井互换，应由两次观测完成数据采集。

14.9.6 井间电阻率层析成像应符合下列规定：

1 钻井应为静充水条件下的裸眼井；

2 二极法观测的两个远电极应有良好的接地条件，距观测剖面的距离应为井间距的5倍以上；

3 在井间和两井连线外侧的地表宜同时布设地表测量电极,改善成像的精度。

14.10 其他测井方法

14.10.1 磁化率测井、井径测量、井温测量、井中流体测量、井斜测量等测井方法适用于测定地层的磁性参数,测量钻孔的温度参数,测量地下水运动状态,测试灌浆和水泥固井时水泥回返高度以及验证补充钻探资料等。

14.10.2 磁化率测井、井径测量、井温测量、井中流体测量、井斜测量等测井方法的应用,应分别满足下列条件:

  1 磁化率测井应在无铁质套管的钻孔中进行;

  2 井中流体测量应在无套管或有漏管的钻孔进行,井中流体测量的钻孔应用清水循环冲洗;

  3 井径测量和井斜测量应在无套管的钻孔中进行;

  4 井温测量应在有井液的钻孔中进行。

14.10.3 磁化率测井、井径测量、井温测量、井中流体测量、井斜测量等测井方法的现场工作除应符合本规范第14.1.3条的有关要求外,还应符合下列要求:

  1 井中流体测量时,井壁应干净,孔隙不应被泥浆、岩粉等堵塞;

  2 井温测量应在电缆下放时进行正式测量,提升时进行重复观测,井温仪在施测前应进行一次检验,并用精度不低于0.1℃的温度计校验液体的温度,校验时不应少于4个温度改变值;

  3 井径测量前后宜在井场校验仪器,至少应有3个不同直径的校验记录,误差不得超过5mm;每次测量时,仪器进入套管后应测一段套管的内径;

  4 井斜仪在施测前应在校验台上校验一次,每次测斜仪下井前应在井场用罗盘或倾斜仪和简单的顶角测量进行校验及挂零的测试;井斜测量发现井斜变化较大应加密测点;每测5个点应检查测量其中1个点;同一钻孔中分段测量井斜时,在其衔接处至少应有2个重合测量点。

15 成果报告

15.0.1 城市工程地球物理探测工作应编制成果报告。成果报告可分为探测成果报告和检测成果报告两种类型。

15.0.2 成果报告应内容全面,重点突出,立论有据,逻辑严谨,文字简炼,结论明确,附图附表等资料齐全。

15.0.3 采用多种探测方法完成一个工程的探测任务时,应对所获得的各种资料进行综合研究,编写综合探测成果报告;采用一种探测方法完成一个工程的一项或几项工作任务时,应编写单项探测成果报告。

15.0.4 完成一个工程的阶段性探测工作后,可根据需要编写中间成果或阶段性成果报告,其结构可比探测成果报告简化。

15.0.5 探测成果报告宜参照附录L的规定编写,内容应包括工程概况,目的任务,地形、地质及地球物理特征,工作方法与技术,资料处理与解释,主要成果分析,结论与评价,问题与建议等。

15.0.6 检测成果报告的内容和形式应与探测成果报告相近,并应叙述执行标准、抽样方式、工程设计及施工简况、工程合格情况评价、评价标准等。

15.0.7 成果报告的插图、插表可包括方法原理图、典型曲线图或图像、对比分析图、工作量表、物性参数表、仪器技术因素、成果解释列表、测试数据列表、精度表等。成果报告的附图、附表应符合工程和探测方法的要求。

15.0.8 成果报告中应包括质量检查结果和探测结果验证的内容。

15.0.9 成果报告应经校核和审查批准后才能交付使用,并应及时按照有关规定进行归档。中间成果或阶段性成果报告,经校核后可在现场交付使用,但应说明其使用条件。

附录 A 常见岩土介质物性参数参考表

表 A 常见岩土介质物性参数参考表

岩土介质名称	电阻率 ($\Omega \cdot m$)	介电常数	纵波速度 (m/s)	磁化率 ($\times 10^{-6}$ CGSM)	密度 (g/cm^3)
黏土	$10 \sim 10^3$	$8 \sim 12$	$300 \sim 2000$	0	$1.6 \sim 2.6$
粉土	$10 \sim 10^3$		$200 \sim 800$	0	$1.7 \sim 2.5$
湿砂、卵石	$10^2 \sim 10^3$	30	$700 \sim 1600$	0	$1.7 \sim 2.5$
干砂、卵石	$10^3 \sim 10^5$	$2 \sim 6$	$300 \sim 1000$		$1.7 \sim 2.4$
软土、淤泥质黏土	$10^0 \sim 10^2$	$15 \sim 50$	$100 \sim 600$		

续表 A

岩土介质名称	电阻率 (Ω·m)	介电常数	纵波速度 (m/s)	磁化率 (×10^{-6}CGSM)	密度 (g/cm³)
砾石夹黏土	$10^2 \sim 10^3$		800~2500		
页岩	$20 \sim 10^3$	7	2300~4700	10	2.0~2.5
泥质砂岩	$10 \sim 10^2$	9~11	1400~4300	10	
石英砂岩	$10^2 \sim 10^3$	6	2400~4300		2.6~2.7
砾岩	$10 \sim 10^4$		3500~4500		1.9~2.0
泥岩	$10 \sim 10^2$		3000~4000		
泥质灰岩	$50 \sim 8 \times 10^2$	1~50	3500~4500		2.2~2.4
石灰岩	$3 \times 10^2 \sim 10^4$		2800~6400	5	2.2~2.9
白云岩	$10^2 \sim 10^4$	7~8	2500~6200	0	2.8~3.0
炭质岩层	$10^0 \sim 10^2$	8	3000~4500		
煤	$10^{-1} \sim 10^2$		2500~3500		1.1~1.9
碎屑凝灰岩	$2 \times 10^2 \sim 10^3$	5	4000~5000		
片岩	$2 \times 10^2 \sim 10^3$		4500~5500		2.6~3.0
板岩	$10 \sim 3 \times 10^2$		4000~4500		2.5~2.6
片麻岩	$2 \times 10^2 \sim 5 \times 10^4$		3000~5500	25	2.5~3.3
大理岩	$10^2 \sim 10^4$	8.5	4500~5500	5	2.6~2.9
石英岩	$10^2 \sim 10^5$	6	5000~6000		2.5~2.9
花岗岩	$2 \times 10^2 \sim 10^5$		4500~6500	500	2.5~3.0
玄武岩	$5 \times 10^2 \sim 10^5$		4500~8000	1000	2.6~3.3
凝灰岩	$10^2 \sim 2 \times 10^3$	5~7	5000~6000		1.6~2.0
闪长岩	$5 \times 10^2 \sim 10^5$	8	4500~6500	1000	2.7~3.0
正长岩	$5 \times 10^2 \sim 10^5$	6	4500~6500	2000	
辉长岩	$5 \times 10^2 \sim 10^5$		4500~6500	2000	
玢岩	$5 \times 10^2 \sim 10^5$		4500~8000	2000	2.9~3.4
橄榄岩	$5 \times 10^2 \sim 10^5$		4500~8000	10000	
片岩	$2 \times 10^2 \sim 10^4$		2500~5000	1000	
角岩				2000	1.9~2.2
盐岩	$10^4 \sim 10^8$	6	4200~6500	0	
雨水	$>10^3$		1430~1590	0	
河水	$10 \sim 10^2$		1430~1590	0	
海水	$5 \times 10^{-2} \sim 10^0$	81	1430~1590	0	
地下水	$10^{-1} \sim 3 \times 10^2$		1430~1590	0	
冰	$10^4 \sim 10^8$	3.2	3100~3600	0	
空气	lim→∞		300~350	0	

附录B 城市工程地球物理探测方法的适用范围

表B 城市工程地球物理探测方法的适用范围

探测方法		覆盖层、风化带及基岩面的起伏形态探测	隐伏断层、破碎带及裂隙密集带探测	第四系砂卵砾石层、软土及多年冻土层探测	滑坡、洞穴、岩溶、采空区探测	地下水探测	地下管线、地下工程、古墓及其他埋藏物探测	铁路、公路、机场、水坝基础探测及质量检测	混凝土灌浆质量评价、桩基动力特性测试	地基土层的划分与评价
直流电法	电测深法	○	○	●	○	●	○			
	电剖面法	○	●	○	●	○	○	○		
	高密度电阻率法	●	●	●	●	●	●	●		○
	自然电场法					●	○	○		
	充电法		○		○	●	●			
	激发极化法		○	●	○	●				
电磁法	音频大地电场法	●	●		●	●				
	甚低频电磁法	○	●		●	●				
	电磁剖面法	○	●	○	●	○	○	○		
	可控源音频大地电磁法		●		●	●				
	瞬变电磁法	○	●		●	●				
	探地雷达	●	●	●	●	○	●	●	○	
	地面核磁共振法					●	○			
浅层地震法	透射波法		○		○			○	○	●
	折射波法	●		○				○		
	反射波法	●	●	●	●		○	○		●
	瑞雷波法	●		●			○	●		●
振动测试法	基础强迫振动测试法									
	场地微振动测试法									
	振动衰减测试法									
水声探测法	水下地形探测法									
	浅地层剖面探测法									
基桩动测法	低应变反射波法								○	●
	高应变动测法								○	●
	声波透射法								○	●
	地面高精度磁法		○				○			
	天然放射性测量法		●	○	●	●	○			
	高精度重力法	○	○		○					
	地面温度测量法					○	○			
井中探测法	电测井	○	○	○	○	○		○		○
	声波测井	○	○	○	○	○		○	○	○
	放射性测井	○			○			○		
	电磁波(雷达)测井	○	○	●	○	○		○		
	钻孔电视	○	○		○			○		
	超声成像测井	○		○				○	○	
	地震波测井	○						○		●
	井间层析成像	○	●	○	●			○		
	其他测井方法					○	○			

续表 B

探测方法		基础动力参数测定、场地稳定性评价	岩土波速测试	水底地形、水下浅层探测	地下管道泄漏及防腐层检测	环境污染、地质灾害监测	地热及场地热源体调查	隧道超前探测及松动圈测试	测定地质及水文地质参数
直流电法	电测深法					●	○	○	●
	电剖面法					○	○	○	○
	高密度电阻率法				○	●	○		●
	自然电场法				○	○			○
	充电法					○			
	激发极化法					●			○
电磁法	音频大地电场法					○			
	甚低频电磁法					○			
	电磁剖面法				●				
	可控源音频大地电磁法					○			
	瞬变电磁法					●	●	●	
	探地雷达			○	●				
	地面核磁共振法						○		
浅层地震法	透射波法	○	●			○			○
	折射波法								
	反射波法		○				●	●	●
	瑞雷波法	○	●			●	●		○
振动测试法	基础强迫振动测试法	●							○
	场地微振动测试法	●							
	振动衰减测试法	●							
水声探测法	水下地形探测法			●					
	浅地层剖面探测法			●					
基桩动测法	低应变反射波法								
	高应变动测法								
	声波透射法								
地面高精度磁法					○				
天然放射性测量法						●	○		
高精度重力法									
地面温度测量法					○	○	●		
井中探测法	电测井								●
	声波测井	○	○						●
	放射性测井								●
	电磁波（雷达）测井								●
	钻孔电视				○	○			●
	超声成像测井								●
	地震波测井	●	●						●
	井间层析成像							●	●
	其他测井方法					○	○		●

注：●推荐方法；○可选方法。

附录 C 城市工程地球物理探测安全保护规定

C.0.1 从事城市工程地球物理探测的作业人员，应熟悉本岗位的安全保护规定，做到安全生产。

C.0.2 在市区或道路上进行作业的人员，应穿戴安全标志服，遵守道路交通安全法规。进入企业厂区或在居民区附近进行作业的人员，应熟悉厂区或相关的安全保护规定，并按照有关安全规定进行作业。在水上或通航航道中进行作业的人员，应事先与有关管理部门取得联系，并按照有关安全规定进行作业。进入海拔 3000m 以上高原作业的人员，其身体健康状况应符合有关规定，并按照规定定期进行身体健康状况检查。

C.0.3 设备仪器管理与运输应符合下列规定：

1 地球物理探测设备仪器运输应配备专用车，并采取有效的防振措施，长途运输时，探测仪器应装在专用防振仪器箱中；

2 仪器的使用和保养，应按照使用说明书及操作手册的规定进行，操作人员应熟悉技术，并经考核合格后上岗；

3 外业观测时，操作人员不得擅自离开仪器，必需离开时，应指定专人看管，不得在现场拆卸贵重精密仪器；

4 仪器应置于干燥、通风和无腐蚀性的环境下存放。长期不用时，应取出机内电池后集中存放保管，专人负责，并定期进行通电检查；

5 仪器设备应建立台账，使用和检修情况应及时记录在台账上；

6 探测仪器应按照有关规定定期进行校验和标定；

7 仪器用电应符合下列规定：

  1) 外业用电应在保证观测质量的前提下，采用低电压；

  2) 电法作业中，当工作电压超过 380V 时，应建立测站与跑极人员的可靠联系，供电过程中任何人不得接触电极和电线；在高压线穿过居民区或道路时，应采取架高电线或派专人看守，并在明显位置设置高压警示标志；作业人员应穿绝缘鞋，带绝缘手套，仪器应有与大地的绝缘措施；

  3) 雷电天气应停止作业，并将仪器、电源和电线断开；

  4) 干电池供电电源应避免受潮、过热、受冻和过载；蓄电池的使用、电液配制、充放电、存放、运输等，应严格按照产品说明书规定进行；发电机、充电机的使用，应指定专人操作。

C.0.4 爆炸物品管理、运输及爆炸作业应符合下列规定：

1 从事爆炸作业人员，必须取得公安部门签发的作业许可证件，严格按照有关规定使用爆炸物品和进行爆炸作业；从事爆炸作业的单位应持有爆炸物品使用许可证明；

2 长途运输爆炸物品应向公安部门申请，领取爆炸物品运输证件，并派专人押送；运输的车船，不得搭乘无关人员；

3 雷管与炸药不得同车、同船装运，并不得混装其他易燃、易爆品；

4 运输爆炸品的车辆不得超过中速行驶，不得在距离居民区 100m 内的地点或其他人口稠密处停车，停车时应熄火；夜间停宿应与当地公安部门联系，并按指定地点停放；

5 装卸爆炸品时应派专人看守，非工作人员不得进入作业现场；夜间装卸应有安全照明；装卸时应轻拿轻放，不得碰撞；

6 存放爆炸品的库房应设在安全、便于搬运的非居民区，设专人管理，并应配有通讯设备；库房应远离居民点、铁路、建筑物、高压线，最小安全距离 R_x 应按下式确定：

$$R_x = 10\sqrt{Q} \qquad (C.0.4)$$

式中 R_x——最小安全距离（m）；
  Q——炸药量（kg）。

7 库房内必须采用电灯或安全灯照明，不得使用明火；严禁在库房内使用明火取暖；库房应干燥、通风、防潮，温度不得超过 30℃，相对湿度不得超过 60%；

8 炸药与雷管应妥善包装，分库存放；

9 库房必须建立爆炸物品出入库台账，及时正确办理出入库手续；

10 领取爆炸物品必须经过批准；收工后，应将剩余品及时退库，不得随意放置、私存；

11 爆炸站应设在爆炸点上风、地势平坦开阔或安全隐蔽处，并与爆炸点通视良好；

12 爆炸工必须按照操作员的要求确定药量和爆炸深度，并听从操作员指令起爆；

13 爆炸前必须做好安全警戒工作，警戒信号应简单明确；

14 必须使用经检验合格的爆炸机进行爆炸；严禁使用干电池或蓄电池或其他电源起爆；

15 所用雷管必须进行导通检查；检查必须使用爆炸机的专用检查回路及表头；检查电流不得超过 50mA，接通时间不得超过 2s；严禁使用万用表检查雷管；

16 爆炸工必须随身携带爆炸机和爆炸机安全钥匙，并在爆炸线与爆炸机断开后才能进行工作；

17 严禁在高压线、通信线下放炮；不得在雷雨天或大雾天进行爆炸作业；

18 工作中当出现拒爆时,应首先将爆炸线拆离爆炸机,并将其短路,10min 后再检查拒爆原因;

19 对于瞎炮,应按下列方法处理:

    1) 对于坑炮,应在距原药包 30cm 处,放一小药包殉爆;不得将原药包挖出处理;

    2) 对于水炮或井炮,应将药包小心收回或提出井外,并置于安全处以小药包销毁;

20 水中爆炸,除药包应系一重物外,还应同时系一浮标。

C.0.5 井中探测作业应符合下列安全规定:

1 进入井场作业人员,应正确佩戴安全帽,注意力集中;

2 应注意井场安全,防止构件掉入钻孔;

3 应经常检查下井探头等设备的防水性能和绝缘性能,井口滑轮、绞车、刹车装置等应安装牢靠;

4 应按照操作规程,正确提、降测井电缆和井中设备。

C.0.6 放射性作业应符合下列安全规定:

1 从事放射性(同位素)作业人员,必须按照国家有关规定取得资格,并定期进行身体健康状况检查;

2 接触大剂量放射源时,操作人员必须佩戴必要的防护设备;

3 放射源的使用、保管和运输应由专人负责;源库应有防火、防潮、防盗和防泄漏措施;

4 放射源必须在规定的铅罐内存放,装卸应使用专用工具。

C.0.7 探测资料处理与保密应符合下列安全规定:

1 所使用的计算机应配备正版杀病毒软件,并经常查杀计算机病毒;

2 对于外来软件和磁盘、光盘等磁性载体,应在经过查杀病毒处理后再使用;

3 应及时做好数据资料的备份和保密工作,防止数据丢失和成果泄密。

C.0.8 城市工程地球物理探测除应执行本规定外,尚应遵守现行其他有关安全和劳动保护的规定。

附录 D 电阻率法装置形式及装置系数计算方法

D.1 电测深法

D.1.1 对称四极装置应按图 D.1.1 形式布设,AB 与 MN 可等比或不等比向记录点 O 两侧移动。装置系数 K 可按公式(D.1.1-1)进行计算。

$$K = \pi \frac{\left(\frac{AB}{2}\right)^2 - \left(\frac{MN}{2}\right)^2}{2\left(\frac{MN}{2}\right)} \quad (D.1.1\text{-}1)$$

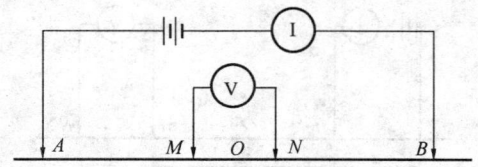

图 D.1.1 对称四极装置简图

当 $(AB/2)/(MN/2) = n$ 时,装置系数 K 可按公式(D.1.1-2)计算。

$$K = \frac{\pi}{2}\left(n - \frac{1}{n}\right) \cdot \frac{AB}{2} \quad (D.1.1\text{-}2)$$

D.1.2 三极装置应符合下列规定:

1 单边三极装置应按图 D.1.2-1 形式布设,A 极可向远离记录点 O 方向移动,MN 可对称于记录点 O 向两侧移动。装置系数 K 可按公式(D.1.2-1)进行计算。

$$K = \pi \frac{(AO)^2 - \left(\frac{MN}{2}\right)^2}{\frac{MN}{2}} \quad (D.1.2\text{-}1)$$

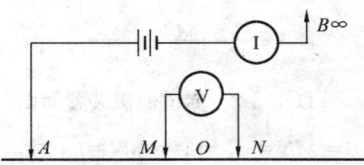

图 D.1.2-1 单边三极装置简图

当 $(AO)/(MN/2) = n$ 时,装置系数 K 可按公式(D.1.2-2)计算。

$$K = \pi\left(n - \frac{1}{n}\right) \cdot AO \quad (D.1.2\text{-}2)$$

2 联合三极装置应按图 D.1.2-2 形式布设,AB 可向远离记录点 O 方向移动,MN 可对称于记录点 O 向两侧移动,$C\infty$(无穷远极)应分别接通 A、B 进行观测。装置系数 K 可按公式(D.1.2-1)或公式(D.1.2-2)进行计算。

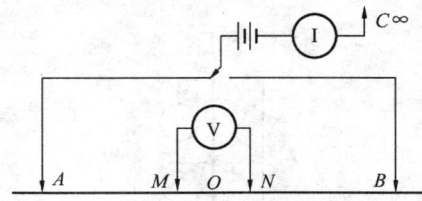

图 D.1.2-2 联合三极装置简图

D.1.3 偶极装置应符合下列规定:

1 轴向偶极装置应按图 D.1.3-1 形式布设,可单侧(或分别向两侧)移动 AB 或 MN 极。装置系数 K 可按公式(D.1.3-1)进行计算。

$$K = \frac{2\pi}{\frac{1}{AM} - \frac{1}{AN} - \frac{1}{BM} + \frac{1}{BN}} \quad (D.1.3\text{-}1)$$

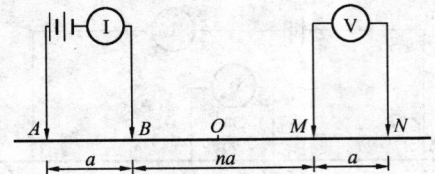

图 D.1.3-1　轴向偶极装置简图

当 $AB=MN=a$，$BM=na$ 时，装置系数 K 可按公式（D.1.3-2）计算。

$$K = \pi na(n+1)(n+2) \quad (D.1.3-2)$$

2 赤道偶极装置应按图 D.1.3-2 形式布设，可单侧（或分别向两侧）移动 AB 或 MN 极。装置系数 K 可公式（D.1.3-3）进行计算。

$$K = \frac{2\pi}{\dfrac{1}{AM} - \dfrac{1}{AN} - \dfrac{1}{BM} + \dfrac{1}{BN}} \quad (D.1.3-3)$$

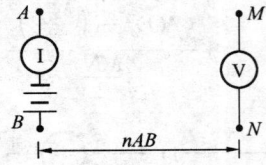

图 D.1.3-2　赤道偶极装置简图

当 $AB=MN=a$，$AM=BN=na$ 时，装置系数 K 可按公式（D.1.3-4）计算。

$$K = \frac{\pi a}{\dfrac{1}{n} - \dfrac{1}{\sqrt{n^2+1}}} \quad (D.1.3-4)$$

D.1.4 五极纵轴装置应按图 D.1.4 形式布设，可在 B_1AB_2 垂线上单侧向外移动 MN 极。装置系数 K 可按公式（D.1.4）计算。

$$K = \frac{2\pi}{\dfrac{Y_2 - Y_1}{Y_1 \cdot Y_2} - \dfrac{1}{\sqrt{L^2+Y_1^2}} + \dfrac{1}{\sqrt{L^2+Y_2^2}}} \quad (D.1.4)$$

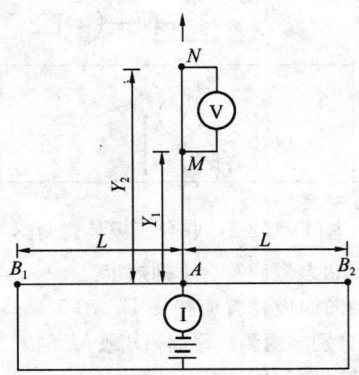

图 D.1.4　五极纵轴装置简图

式中　$L=AB_1=AB_2$；$Y_1=AM$；$Y_2=AN$。

D.2　电剖面法

D.2.1 对称四极装置应按图 D.2.1 形式布设，应固定 AB 与 MN 极距，沿剖面同步移动。装置系数 K 可按公式（D.2.1）进行计算。

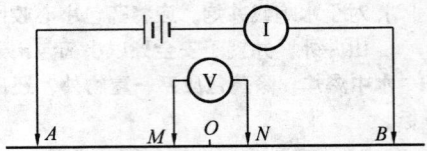

图 D.2.1　对称四极装置简图

$$K = \pi \frac{\left(\dfrac{AB}{2}\right)^2 - \left(\dfrac{MN}{2}\right)^2}{2\left(\dfrac{MN}{2}\right)} = \pi \frac{AM \cdot AN}{MN} \quad (D.2.1)$$

D.2.2 复合对称四极装置应按图 D.2.2 形式布设，两对 AB 应与一对 MN 对称。装置系数 K 可按公式（D.2.1）进行计算。

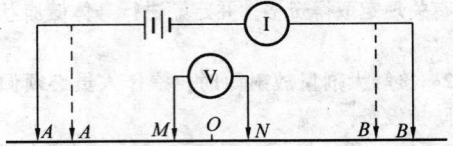

图 D.2.2　复合对称四极装置简图

D.2.3 联合剖面装置应按图 D.2.3 形式布设，应固定 AB 与 MN 极距，沿剖面同步移动 AB 和 MN，$C\infty$（无穷远极）分别接通 A、B 进行观测。装置系数 K 可按公式（D.2.3）进行计算。

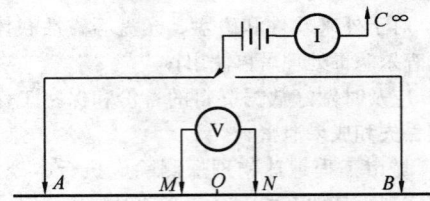

图 D.2.3　联合剖面装置简图

$$K = \pi \frac{(AO)^2 - \left(\dfrac{MN}{2}\right)^2}{\dfrac{MN}{2}} = 2\pi \frac{AM \cdot AN}{MN} \quad (D.2.3)$$

D.2.4 偶极剖面装置应符合下列规定：

1 单侧偶极装置应按图 D.2.4-1 形式布设，应固定 AB 和 MN 极距，沿剖面同步移动 AB 和 MN。装置系数 K 可按公式（D.2.4-1）进行计算。

$$K = \frac{2\pi}{\dfrac{1}{AM} - \dfrac{1}{AN} - \dfrac{1}{BM} + \dfrac{1}{BN}} \quad (D.2.4-1)$$

当 $AB=MN=a$，$BM=na$ 时，装置系数 K 可按

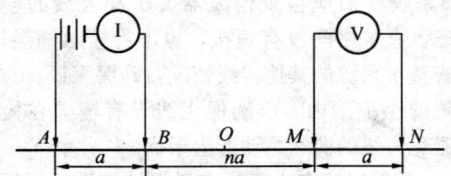

图 D.2.4-1 单侧偶极装置简图

公式（D.2.4-2）计算。

$$K = \pi na(n+1)(n+2) \quad (D.2.4-2)$$

2 双侧偶极剖面装置应按图 D.2.4-2 形式布设，应在 MN 两侧各布置一对 AB，各极应同时同步沿剖面移动，分别以 AB、A′B′供电观测。装置系数 K 可按公式（D.2.4-1）或公式（D.2.4-2）进行计算。

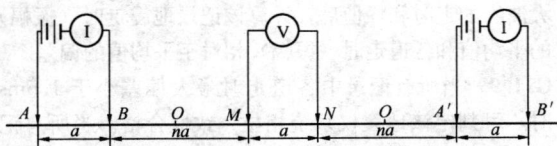

图 D.2.4-2 双侧偶极剖面装置简图

3 赤道偶极剖面装置应按图D.2.4-3形式布设，AB、MN 应相互平行并应与剖面垂直，各极应沿剖面同步移动。装置系数 K 可按公式（D.2.4-3）进行计算。

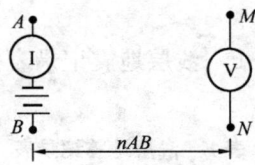

图 D.2.4-3 赤道偶极剖面装置简图

$$K = \frac{2\pi}{\frac{1}{AM} - \frac{1}{AN} - \frac{1}{BM} + \frac{1}{BN}} \quad (D.2.4-3)$$

当 $AB=MN=a$，$AM=BN=na$ 时，装置系数 K 可按公式（D.2.4-4）计算。

$$K = \frac{\pi a}{\frac{1}{n} - \frac{1}{\sqrt{n^2+1}}} \quad (D.2.4-4)$$

D.2.5 中间梯度装置应按图 D.2.5 形式布设，应在剖面（或测段）两端固定 AB 电极，并应在 AB 中部 1/3 部位移动 MN 观测。装置系数 K 可按公式（D.2.5）进行计算。

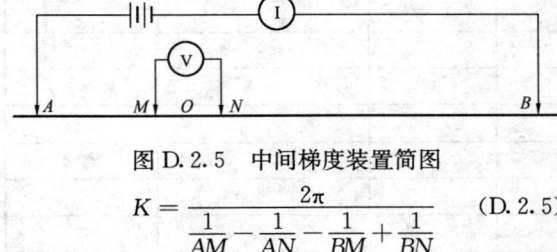

图 D.2.5 中间梯度装置简图

$$K = \frac{2\pi}{\frac{1}{AM} - \frac{1}{AN} - \frac{1}{BM} + \frac{1}{BN}} \quad (D.2.5)$$

附录 E 高密度电阻率法现场情况记录表格式

表 E 高密度电阻率法现场情况记录表

编号：＿＿＿＿

工程名称：＿		工作地点：＿		日期：＿年＿月＿日		天气：＿
测线编号：＿		工作方法：＿		仪器型号：＿		仪器编号：＿
测站号	电极道数	测读层数/间隔	电极起止桩号	存储号（文件名）		备 注
现场草图						
说明						
操作员：			记录员：			

附录 F 浅层地震记录表格式

表 F 浅层地震记录表

日期： 年 月 日 第 页共 页

仪器型号		地震方法		
检波器型号		测线编号		
检波器间距		排列编号		
观测排列布置示意图				
炮点编号	炮点位置或偏移距	文件名	说	明

试验人： 记录人： 校核人：

附录 G 地震仪校验方法

G.1 地震道一致性校验方法

G.1.1 地震道一致性校验应在现场系统进行。

G.1.2 校验场地宜选择平整、开阔地带，地面应无植被、杂物等风吹草动干扰，附近50m范围内应无车辆、人畜等人为干扰。

G.1.3 检波器应布置在校验场地的一端。布置检波器的地表土应为密实土层，检波器安插接触的土层内不得含直径大于1cm的卵、碎石，确保每个检波器与地面有良好、相同的耦合效果。检波器宜以5cm的间距布置，所有检波器的布置范围不应超过2m。

G.1.4 锤击点应布置在场地的另一端，锤击垫板下不宜有虚土。锤击点和检波器距离不宜小于30m。

G.1.5 校验前应检查检波器夹子和大线的连接情况，确保夹子之间没有短接，也不得接触潮湿地面。应检查整个系统的其他接线情况，确保无误。在检波器布置的小范围内，应确保大线没有覆盖在检波器上，避免大线的偶然晃动产生干扰。

G.1.6 校验时应在人工锤击激发地震波后，记录地震信号。锤击得到的有效地震记录不宜少于3个。

G.1.7 当记录中有不正常道时，应立即查找原因。可通过和正常道互换检波器，判断检波器是否存在故障；如果原道仍不正常，可互换大线或者调换大线接头，判断大线是否损坏；也可通过万用表测量电阻，判断检波器或大线是否出现故障；如果大线、检波器均正常，应由专业人员检修地震仪。

G.1.8 对于所有道均正常的地震记录，应在读取其初至走时和初至后第一波峰的峰值，或读取记录中最大波峰的走时和峰值后，计算该记录地震走时（振幅）的平均值和各道走时（振幅）相对于平均值的偏差。

G.1.9 当所有记录中各道走时最大偏差小于1.5ms时，可判定该地震仪系统相位一致性合格。当所有记录中各道振幅差最大偏差小于15%时，可判定该地震仪系统振幅一致性合格。

G.2 触发开关误差校验方法

G.2.1 触发开关误差校验可采用零偏移法在室内进行。

G.2.2 校验前应在地震仪上连接好一个检波器、锤击开关和电源。并应固定好检波器，使其不受其他外力扰动。

G.2.3 校验前应设置超前采样时间，并应根据实际工作需要，设置相应的采样间隔。

G.2.4 校验时可用锤击开关轻轻叩击检波器顶部，触发记录单道振动信号，并读取初至时间。对于同一个采样间隔，宜连续测试10次。

G.2.5 当各次测试记录中最大初至走时不超过5个采样间隔时，可判定触发开关误差满足要求。若各次测试记录的走时基本固定于一个数值时，该走时值可作为系统误差，在实际探测时应予以扣除。

附录 H 基础强迫振动测试法动力参数计算

H.1 动力参数计算

H.1.1 应在 A_z - f 幅频响应曲线上，选取共振峰峰点和 $0.85 f_m$ 以下不少于3个点的频率和振幅，按公式（H.1.1-1）和公式（H.1.1-2）计算地基竖向阻尼比。

$$\zeta_z = \frac{\sum_{i=1}^{n} \zeta_{zi}}{n} \quad (H.1.1-1)$$

$$\zeta_{zi} = \left[\frac{1}{2}\left(1 - \sqrt{\frac{\beta_i^2 - 1}{\alpha_i^4 - 2\alpha_i^2 + \beta_i^2}}\right)\right]^{\frac{1}{2}}$$
(H.1.1-2)

$$\alpha_i = \frac{f_m}{f_i} \quad \text{(H.1.1-3)}$$

$$\beta_i = \frac{A_m}{A_i} \quad \text{(H.1.1-4)}$$

式中 ζ_z ——地基竖向阻尼比；
ζ_{zi} ——由第 i 点计算的地基竖向阻尼比；
f_m ——基础竖向振动的共振频率（Hz）；
A_m ——基础竖向振动的共振振幅（m）；
f_i ——在幅频响应曲线上选取的第 i 点的频率（Hz）；
A_i ——在幅频响应曲线上选取的第 i 点的频率所对应的振幅（m）。

注：公式（H.1.1-3）适用于变扰力。对于常扰力，应将公式（H.1.1-3）改为 $\alpha_i = \frac{f_i}{f_m}$。

H.1.2 变扰力和常扰力时的块体基础竖向振动的参振总质量，应分别按公式（H.1.2-1）和公式（H.1.2-2）计算。

$$m_z = \frac{m_0 e_0}{A_m} \cdot \frac{1}{2\zeta_z \sqrt{1-\zeta_z^2}} \quad \text{(H.1.2-1)}$$

$$m_z = \frac{P}{A_m (2\pi f_{nz})^2} \cdot \frac{1}{2\zeta_z \sqrt{1-\zeta_z^2}}$$
(H.1.2-2)

$$f_{nz} = \frac{f_m}{\sqrt{1-2\zeta_z^2}} \quad \text{(H.1.2-3)}$$

式中 m_z ——块体基础竖向振动的参振总质量（t），包括基础、激振设备和地基参加振动的当量质量，m_z 取值不应大于基础质量的 2 倍；
m_0 ——激振设备旋转部分的质量（t）；
e_0 ——激振设备旋转部分质量的偏心距（m）；
P ——电磁式激振设备的扰力（kN）；
f_{nz} ——基础竖向无阻尼固有频率（Hz）。

H.1.3 变扰力时地基的抗压刚度和抗压刚度系数，应分别按公式（H.1.3-1）和公式（H.1.3-2）计算；常扰力时地基的抗压刚度和抗压刚度系数，应分别按公式（H.1.3-3）和公式（H.1.3-2）计算。

$$K_z = m_z (2\pi f_{nz})^2 \quad \text{(H.1.3-1)}$$

$$C_z = \frac{K_z}{A_0} \quad \text{(H.1.3-2)}$$

$$K_z = \frac{P}{A_m} \cdot \frac{1}{2\zeta_z \sqrt{1-\zeta_z^2}} \quad \text{(H.1.3-3)}$$

$$f_{nz} = f_m \sqrt{1-2\zeta_z^2} \quad \text{(H.1.3-4)}$$

式中 K_z ——地基抗压刚度（kN/m）；
C_z ——地基抗压刚度系数（kN/m³）。

H.1.4 应在 $A_{x\varphi}$-f 曲线上选取第一振型的共振频率（f_{m1}）和频率为 $0.707 f_{m1}$ 所对应的水平振幅，并按公式（H.1.4-1）和公式（H.1.4-2）分别计算变扰力和常扰力地基水平回转向第一振型阻尼比。

$$\zeta_{x\varphi_1} = \left\{\frac{1}{2}\left[1 - \sqrt{1-\left(\frac{A}{A_{m1}}\right)^2}\right]\right\}^{\frac{1}{2}}$$
(H.1.4-1)

$$\zeta_{x\varphi_1} = \left\{\frac{1}{2}\left[1 - \sqrt{1+\frac{1}{3-4\left(\frac{A_{m1}}{A}\right)^2}}\right]\right\}^{\frac{1}{2}}$$
(H.1.4-2)

式中 $\zeta_{x\varphi_1}$ ——地基水平回转向第一振型阻尼比；
A_{m1} ——块体基础水平回转耦合振动第一振型共振峰点水平振幅（m）；
A ——频率为 $0.707 f_{m1}$ 所对应的水平振幅（m）。

H.1.5 变扰力时的基础水平回转耦合振动的参振总质量，应按公式（H.1.5-1）计算；常扰力时的基础水平回转耦合振动的参振总质量，应按公式（H.1.5-2）计算。

$$m_{x\varphi} = \frac{m_0 e_0 (\rho_1 + h_3)(\rho_1 + h_1)}{A_{m1}} \cdot$$
$$\frac{1}{2\zeta_{x\varphi_1}\sqrt{1-\zeta_{x\varphi_1}^2}} \cdot \frac{1}{i^2 + \rho_1^2} \quad \text{(H.1.5-1)}$$

$$m_{x\varphi} = \frac{P(\rho_1 + h_3)(\rho_1 + h_1)}{A_{m1}(2\pi f_{n1})^2} \cdot$$
$$\frac{1}{2\zeta_{x\varphi_1}\sqrt{1-\zeta_{x\varphi_1}^2}} \cdot \frac{1}{i^2 + \rho_1^2}$$
(H.1.5-2)

$$\rho_1 = \frac{A_x}{\varphi_{m1}} \quad \text{(H.1.5-3)}$$

$$A_x = A_{m1} - h_2 \varphi_{m1} \quad \text{(H.1.5-4)}$$

$$\varphi_{m1} = \frac{|A_{z\varphi_1}| + |A_{z\varphi_2}|}{l_1} \quad \text{(H.1.5-5)}$$

$$i = \left[\frac{1}{12}(l^2 + h^2)\right]^{\frac{1}{2}} \quad \text{(H.1.5-6)}$$

$$f_{n1} = \frac{f_{m1}}{\sqrt{1-2\zeta_{x\varphi_1}^2}} \quad \text{(H.1.5-7)}$$

式中 $m_{x\varphi}$ ——基础水平回转耦合振动的参振总质量（t），包括基础、激振设备和地基参加振动的当量质量，当 $m_{x\varphi}$ 大于基础质量的 1.4 倍时，应取 $m_{x\varphi}$ 等于基础质量的 1.4 倍；
ρ_1 ——基础第一振型转动中心至基础重心的距离（m）；
h_1 ——基础重心至基础顶面的距离（m）；
h_3 ——基础重心至激振器水平扰力的距离（m）；
i ——基础回转半径（m）；
A_x ——基础重心处的水平振幅（m）；
φ_{m1} ——基础第一振型共振峰点的回转角位移

(rad);

l_1 ——两个竖向传感器的间距（m）；
l ——基础长度（m）；
h ——基础高度（m）；
$A_{z\varphi_1}$ ——第1个传感器测试的基础水平回转耦合振动第一振型共振峰点竖向振幅（m）；
$A_{z\varphi_2}$ ——第2个传感器测试的基础水平回转耦合振动第一振型共振峰点竖向振幅（m）；
f_{n1} ——基础水平回转耦合振动第一振型无阻尼固有频率（Hz）。

H.1.6 地基的抗剪刚度和抗剪刚度系数，应分别按公式（H.1.6-1）和公式（H.1.6-2）计算。基础水平向无阻尼固有频率时，可按常扰力考虑。当为常扰力时，地基的抗剪刚度和抗剪刚度系数计算中的 f_{n1} 可按公式（H.1.6-4）计算。

$$K_x = m_{x\varphi}(2\pi f_{nx})^2 \quad (H.1.6\text{-}1)$$

$$C_x = \frac{K_x}{A_0} \quad (H.1.6\text{-}2)$$

$$f_{nx} = \frac{f_{n1}}{\sqrt{1 - \frac{h_2}{\rho_1}}} \quad (H.1.6\text{-}3)$$

$$f_{n1} = f_{m1}\sqrt{1 - 2\zeta_{x\varphi_1}^2} \quad (H.1.6\text{-}4)$$

式中 K_x ——地基抗剪刚度（kN/m）；
C_x ——地基抗剪刚度系数（kN/m³）；
f_{nx} ——基础水平向无阻尼固有频率（Hz）。

H.1.7 地基的抗弯刚度和抗弯刚度系数应分别按公式（H.1.7-1）和公式（H.1.7-2）计算。基础回转无阻尼固有频率时，可按常扰力考虑。当为常扰力时，地基的抗弯刚度和抗弯刚度系数计算中的 f_{n1} 可按公式（H.1.6-4）计算。

$$K_\varphi = J(2\pi f_{n\varphi})^2 - K_x h_2^2 \quad (H.1.7\text{-}1)$$

$$C_\varphi = \frac{K_\varphi}{I} \quad (H.1.7\text{-}2)$$

$$f_{n\varphi} = \sqrt{\rho_1 \frac{h_2}{i^2} f_{nx}^2 + f_{n1}^2} \quad (H.1.7\text{-}3)$$

式中 K_φ ——地基抗弯刚度（kN·m）；
C_φ ——地基抗弯刚度系数（kN/m³）；
$f_{n\varphi}$ ——基础回转无阻尼固有频率（Hz）；
J ——基础对通过其重心轴的转动惯量（t·m²）；
I ——基础底面对通过其形心轴的惯性矩（m⁴）。

H.1.8 变扰力时和常扰力时的地基扭转向阻尼比，应在 $A_{x\psi}$ - f 曲线上选取共振频率（$f_{m\psi}$）和频率为 0.707$f_{m\psi}$ 所对应的水平振幅，分别按公式（H.1.8-1）和公式（H.1.8-2）计算。

$$\zeta_\psi = \left\{\frac{1}{2}\left[1 - \sqrt{1 - \left(\frac{A_{x\psi}}{A_{m\psi}}\right)^2}\right]\right\}^{\frac{1}{2}} \quad (H.1.8\text{-}1)$$

$$\zeta_\psi = \left\{\frac{1}{2}\left[1 - \sqrt{1 + \frac{1}{3 - 4\left(\frac{A_{m\psi}}{A_{x\psi}}\right)^2}}\right]\right\}^{\frac{1}{2}} \quad (H.1.8\text{-}2)$$

式中 ζ_ψ ——地基扭转向阻尼比；
$f_{m\psi}$ ——基础扭转振动的共振频率（Hz）；
$A_{m\psi}$ ——基础扭转振动共峰点水平振幅（m）；
$A_{x\psi}$ ——频率为 0.707$f_{m\psi}$ 所对应的水平振幅（m）。

H.1.9 基础扭转振动的参振总质量应按公式（H.1.9-1）计算。

$$m_\psi = \frac{12J_t}{l^2 + b^2} \quad (H.1.9\text{-}1)$$

$$J_t = \frac{M_\psi \cdot l_\psi}{A_{m\psi} \cdot \omega_{n\psi}^2} \cdot \frac{1 - 2\zeta_\psi^2}{2\zeta_\psi\sqrt{1 - \zeta_\psi^2}} \quad (H.1.9\text{-}2)$$

$$\omega_{n\psi} = 2\pi f_{n\psi} \quad (H.1.9\text{-}3)$$

$$f_{n\psi} = f_{m\psi}\sqrt{1 - 2\zeta_\psi^2} \quad (H.1.9\text{-}4)$$

式中 m_ψ ——基础扭转振动的参振总质量（t），包括基础、激振设备和地基参加振动的当量质量（t）；
J_t ——基础对通过其重心轴的极转动惯量（t·m²）；
$f_{n\psi}$ ——基础扭转振动无阻尼固有频率（Hz）；
$\omega_{n\psi}$ ——基础扭转振动无阻尼固有圆频率（rad/s）；
M_ψ ——激振设备的扭转力矩（kN·m）；
l_ψ ——扭转轴至实测振幅点的距离（m）。

H.1.10 地基的抗扭刚度和抗扭刚度系数应分别按公式（H.1.10-1）和公式（H.1.10-2）计算。

$$K_\psi = J_t \cdot \omega_{n\psi}^2 \quad (H.1.10\text{-}1)$$

$$C_\psi = \frac{K_\psi}{I_t} \quad (H.1.10\text{-}2)$$

式中 K_ψ ——地基抗扭刚度（kN·m）；
C_ψ ——地基抗扭刚度系数（kN/m³）；
I_t ——基础底面对通过其形心轴的极惯性矩（m⁴）。

H.2 各种系数和转换参数计算

H.2.1 由明置块体基础测试的地基抗压、抗剪、抗扭刚度系数，用于机器基础的振动和隔振设计时，应进行底面积和压力换算，其换算系数应按公式（H.2.1）计算。

$$\eta = \sqrt[3]{\frac{A_0}{A_d}} \cdot \sqrt[3]{\frac{P_d}{P_0}} \quad (H.2.1)$$

式中 η ——与基础底面积及底面静应力有关的换算系数；

A_0 —— 测试基础的底面积（m^2）；

A_d —— 设计基础的底面积（m^2），当 $A_d > 20m^2$ 时，取 $A_d = 20m^2$；

P_0 —— 测试基础底面的静应力（kPa）；

P_d —— 设计基础底面的静应力（kPa）；当 $P_d > 50$kPa 时，取 $P_d = 50$kPa。

H.2.2 测试基础埋深作用对设计埋置基础地基的抗压、抗弯、抗剪、抗扭刚度的提高系数，应分别按公式（H.2.2-1）、公式（H.2.2-2）、公式（H.2.2-3）和公式（H.2.2-4）计算。

$$\alpha_z = \left(1 + \left(\sqrt{\frac{K'_{z0}}{K_{z0}}} - 1\right)\frac{\delta_d}{\delta_0}\right)^2 \quad (H.2.2\text{-}1)$$

$$\alpha_x = \left(1 + \left(\sqrt{\frac{K'_{x0}}{K_{x0}}} - 1\right)\frac{\delta_d}{\delta_0}\right)^2 \quad (H.2.2\text{-}2)$$

$$\alpha_\varphi = \left(1 + \left(\sqrt{\frac{K'_{\varphi 0}}{K_{\varphi 0}}} - 1\right)\frac{\delta_d}{\delta_0}\right)^2 \quad (H.2.2\text{-}3)$$

$$\alpha_\psi = \left(1 + \left(\sqrt{\frac{K'_{\psi 0}}{K_{\psi 0}}} - 1\right)\frac{\delta_d}{\delta_0}\right)^2 \quad (H.2.2\text{-}4)$$

$$\delta_0 = \frac{h_t}{\sqrt{A_0}} \quad (H.2.2\text{-}5)$$

式中 α_z —— 基础埋深对地基抗压刚度的提高系数；

α_x —— 基础埋深对地基抗剪刚度的提高系数；

α_φ —— 基础埋深对地基抗弯刚度的提高系数；

α_ψ —— 基础埋深对地基抗扭刚度的提高系数；

K_{z0} —— 明置测试块体基础的地基抗压刚度（kN/m）；

K_{x0} —— 明置测试块体基础的地基抗剪刚度（kN/m）；

$K_{\varphi 0}$ —— 明置测试块体基础的地基抗弯刚度（kN·m）；

$K_{\psi 0}$ —— 明置测试块体基础的地基抗扭刚度（kN·m）；

K'_{z0} —— 埋置测试块体基础的地基抗压刚度（kN/m）；

K'_{x0} —— 埋置测试块体基础的地基抗剪刚度（kN/m）；

$K'_{\varphi 0}$ —— 埋置测试块体基础的地基抗弯刚度（kN·m）；

$K'_{\psi 0}$ —— 埋置测试块体基础的地基抗扭刚度（kN·m）；

δ_0 —— 测试块体基础的埋深比；

δ_d —— 设计块体基础的埋深比；

h_t —— 测试块体基础的埋置深度（m）。

H.2.3 由明置块体基础测试的地基竖向、水平回转向第一振型和扭转向阻尼比，用于动力机器基础设计时，应分别按公式（H.2.3-1）、公式（H.2.3-2）和公式（H.2.3-3）计算：

$$\zeta_z = \zeta_{z0} \cdot \xi \quad (H.2.3\text{-}1)$$

$$\zeta_{x\varphi_1} = \zeta_{x\varphi_1 0} \cdot \xi \quad (H.2.3\text{-}2)$$

$$\zeta_\psi = \zeta_{\psi 0} \cdot \xi \quad (H.2.3\text{-}3)$$

$$\xi = \frac{\sqrt{m_r}}{\sqrt{m_d}} \quad (H.2.3\text{-}4)$$

$$m_r = \frac{m_0}{\rho A_0 \sqrt{A_0}} \quad (H.2.3\text{-}5)$$

式中 ζ_{z0} —— 明置测试块体基础的地基竖向阻尼比；

$\zeta_{x\varphi_1 0}$ —— 明置测试块体基础的地基水平回转向第一振型阻尼比；

$\zeta_{\psi 0}$ —— 明置测试块体基础的地基扭转向阻尼比；

ζ_z —— 明置设计基础的地基竖向阻尼比；

$\zeta_{x\varphi_1}$ —— 明置设计基础的地基水平回转向第一振型阻尼比；

ζ_ψ —— 明置设计基础的地基扭转向阻尼比；

ξ —— 与基础的质量比有关的系数；

m_0 —— 测试块体基础的质量（t）；

m_r —— 测试块体基础的质量比；

m_d —— 设计块体基础的质量比。

H.2.4 测试基础埋深作用对设计埋置基础地基的竖向、水平回转向第一振型和扭转向阻尼比的提高系数，应分别按公式（H.2.4-1）、公式（H.2.4-2）和公式（H.2.4-3）计算：

$$\beta_z = 1 + \left(\frac{\zeta'_{z0}}{\zeta_{z0}} - 1\right)\frac{\delta_d}{\delta_0} \quad (H.2.4\text{-}1)$$

$$\beta_{x\varphi_1} = 1 + \left(\frac{\zeta'_{x\varphi_1 0}}{\zeta_{x\varphi_1 0}} - 1\right)\frac{\delta_d}{\delta_0} \quad (H.2.4\text{-}2)$$

$$\beta_\psi = 1 + \left(\frac{\zeta'_{\psi 0}}{\zeta_{\psi 0}} - 1\right)\frac{\delta_d}{\delta_0} \quad (H.2.4\text{-}3)$$

式中 β_z —— 基础埋深对竖向阻尼比的提高系数；

$\beta_{x\varphi_1}$ —— 基础埋深对水平回转向第一振型阻尼比的提高系数；

β_ψ —— 基础埋深对扭转向阻尼比的提高系数；

ζ'_{z0} —— 埋置测试的块体基础的地基竖向阻尼比；

$\zeta'_{x\varphi_1 0}$ —— 埋置测试的块体基础的地基水平回转向第一振型阻尼比；

$\zeta'_{\psi 0}$ —— 埋置测试的块体基础的地基扭转向阻尼比。

H.2.5 由明置块体基础测试的竖向、水平回转向和扭转向的地基参加振动的当量质量，当用于计算机器基础的固有频率时，应分别乘以设计基础底面积与测试基础底面积的比值。

附录 J 地基振动测试法动力参数计算表格式

表 J.0.1-1 地基竖向动力参数测试计算表

工程名称：_____

基础号	参数\状态	f_m (Hz)	A_m (m)	f_1 (Hz)	A_1 (m)	f_2 (Hz)	A_2 (m)	f_3 (Hz)	A_3 (m)	ζ_z	m_z (t)	K_z (kN/m)	C_z (kN/m³)
	明置												
	埋置												
	明置												
	埋置												
	明置												
	埋置												

测试_____ 计算_____ 校核_____ 工程主持人_____ ____年____月

表 J.0.1-2 地基水平回转向动力参数测试计算表

工程名称：_____

基础号	参数\状态	f_{m1} (Hz)	A_{m1} (m)	$0.707 f_{m1}$ (Hz)	A (m)	$A_{z\varphi 1}$ (m)	$A_{z\varphi 2}$ (m)	l_1 (m)	φ_{m1} (rad)	A_x (m)	ρ_1 (m)	$\zeta_{x\varphi 1}$	$m_{x\varphi}$ (t)	K_x (kN/m)	C_x (kN/m³)	K_φ (kN/m)	C_φ (kN/m³)
	明置																
	埋置																
	明置																
	埋置																
	明置																
	埋置																

测试_____ 计算_____ 校核_____ 工程主持人_____ ____年____月

表 J.0.2 提供设计应用的天然地基动力参数计算表

工程名称：_____

基础号	参数\状态	C_z (kN/m³)	C_x (kN/m³)	C_φ (kN/m³)	C_ψ (kN/m³)	ζ_z	$\zeta_{x\varphi 1}$	ζ_ψ	m_{dz} (t)	$m_{dx\varphi}$ (t)
	明置									
	埋置									
	明置									
	埋置									

注：1 当基础明置时：$C_z = C_{z,0} \cdot \eta$；$C_x = C_{x,0} \cdot \eta$；$C_\varphi = C_{\varphi 0} \cdot \eta$；$C_\psi = C_{\psi 0} \cdot \eta$；$\zeta_z = \zeta_{z0} \cdot \sqrt{\frac{m_r}{m_d}}$；$\zeta_{x\varphi 1} = \zeta_{x\varphi_1 0} \cdot \sqrt{\frac{m_r}{m_d}}$；$\zeta_\psi = \zeta_{\psi 0} \cdot \sqrt{\frac{m_r}{m_d}}$

其中 $C_{z,0}$、$C_{x,0}$、$C_{\varphi 0}$、$C_{\psi 0}$、ζ_{z0}、$\zeta_{x\varphi_1 0}$、$\zeta_{\psi 0}$ 为块体基础在明置时的测试值；η 为换算系数。

2 当基础埋置时：$C'_z = C_z \cdot \alpha_z$；$C'_x = C_x \cdot \alpha_x$；$C'_\varphi = C_\varphi \cdot \alpha_\varphi$；$C'_\psi = C_\psi \cdot \alpha_\psi$；$\zeta'_z = \zeta_z \cdot \beta_z$；$\zeta'_{x\varphi 1} = \zeta_{x\varphi 1} \beta_{x\varphi}$；$\zeta'_\psi = \zeta_\psi \cdot \beta_\psi$

3 $m_{dz} = (m_z - m_f) \frac{A_d}{A_0}$；$m_{dx\varphi} = (m_{x\varphi} - m_f) \frac{A_d}{A_0}$，$m_{d\psi}$ 与 $m_{dx\varphi}$ 相同。

测试_____ 计算_____ 校核_____ 工程主持人_____ ____年____月

附录K 地面温度测量记录表格式

表K 地面温度测量记录表

×××(单位名称)地面温度测量记录表			
工程名称		测点编号与高程	编号：
			高程：
仪器名称		测点坐标	X：
			Y：
仪器型号		地面气温范围(℃)	
仪器测程(℃)		地面气温(℃)	
仪器精度(℃)		地表最高温度 T_{max}(℃)	
仪器常数		地表最低温度 T_{min}(℃)	
仪器耐水压力(MPa)		T_t(℃)	
仪器绝缘电阻(MΩ)	干：	ΔT(℃)	
	湿：		
校验体温度标准值(℃)		T_s(℃)	
测量时间	年 月 日	测量时段	时 分
操作员		检查员	

附录L 城市工程地球物理探测成果报告主要内容

L.0.1 序言应包括下列内容：

1 工程的位置、范围、目的与任务；

2 通往工作地点及工作场地内的交通情况；

3 工作地点建筑物、高压输电网及大型用电厂矿、地下管线等的分布及气候条件；

4 开、收工日期，现场实际工作天数，完成总实物工作量，室内工作结束日期及天数；

5 生产组织及主要仪器设备。

L.0.2 地质及地球物理特征应包括下列内容：

1 与地球物理探测工作有关的地质、水文地质或工程地质特征；

2 分析评价测区内已往工作的程度；

3 地球物理特征应包括：重点叙述与探测有密切关系的地形条件、地质特征、物性参数、物性条件等，说明探测方法的条件。

L.0.3 工作方法、原理、技术及质量评价应包括下列内容：

1 现场工作应包括：各种方法技术、测量等的工作布置。测网的选择、测线方向、测点距选择、仪器性能、观测方法、质量要求等的合理性。采用的每一种方法所解决的具体问题，以及方法的有效性与合理性。质量检查情况，根据资料的整理与计算结果，阐述现场观测的质量；

2 室内工作应包括：室内资料整理方法与内容，评价资料整理工作的质量。

L.0.4 解释推断应包括下列内容：

1 分别叙述观测到的各种物性特征；

2 分析各种物性特征的原因，并说明分析的依据；

3 说明定量解释方法及依据；

4 综述各种物性特征的解释结果，提出解释推断的地质结论；

5 论述所有解释推断结果的可靠程度和定量解释结果的精确度，特别说明验证情况。

L.0.5 结论与建议应包括下列内容：

1 工作成果，应论述所取得的各项探测结论和技术结论；

2 存在问题，应指出未解决或未得出肯定结论的问题、经验教训；

3 建议，应提出今后进一步开展探测工作和验证工作的建议。

L.0.6 附图附表应包括下列内容：

1 附图应包括：与探测方法紧密的方法原理图或工程布置图、典型实测曲线图、剖面图、等值线图及推断解释成果图等；

2 附表应包括：工作量表、物性参数表、成果解释表、精度表等。

本规范用词说明

1 为了便于在执行本规范条文时区别对待，对于要求严格程度不同的用词，说明如下：

    1）表示很严格，非这样做不可的：
        正面词采用"必须"；反面词采用"严禁"。

    2）表示严格，在正常情况下均应这样做的：
        正面词采用"应"；反面词采用"不应"或"不得"。

    3）表示允许稍有选择，在条件许可时首先应这样做的：
        正面词采用"宜"；反面词采用"不宜"；
        表示有选择，在一定条件下可以这样做的，采用"可"。

2 条文中指明应按其他有关标准执行的写法为"应按……执行"或"应符合……的规定"。

中华人民共和国行业标准

城市工程地球物理探测规范

CJJ 7—2007

条 文 说 明

前 言

《城市工程地球物理探测规范》(CJJ 7-2007)，经建设部 2007 年 9 月 4 日以第 706 号公告批准发布。

本规范第一版（原名《城市勘察物探规范》）的主编单位是：中国市政工程华北设计院，参加编写的单位是：河北省城乡勘察院、山东省勘察公司、中国市政工程东北设计院、城乡建设环境保护部综合勘察院、北京市勘察处、上海勘察院、中国市政工程西南设计院、中国市政工程西北设计院、山西省勘察院、内蒙古水文地质勘探队。

为了便于广大探测、设计、施工、科研、学校等单位的有关人员在使用本规范时能正确理解和执行条文规定，《城市工程地球物理探测规范》编写组按照章、节、条顺序编制了本规范的条文说明，供国内使用者参考。在使用中如发现本条文说明有不妥之处，请将意见函寄山东正元地理信息工程有限责任公司。

目　次

1 总则 …………………………………… 61—64
2 术语、符号和代号 …………………… 61—64
　2.1 术语 ………………………………… 61—64
3 基本规定 ……………………………… 61—65
4 直流电法 ……………………………… 61—66
　4.1 一般规定 …………………………… 61—66
　4.2 电测深法 …………………………… 61—67
　4.3 电剖面法 …………………………… 61—67
　4.4 高密度电阻率法 …………………… 61—67
　4.5 自然电场法 ………………………… 61—67
　4.6 充电法 ……………………………… 61—68
　4.7 激发极化法 ………………………… 61—68
5 电磁法 ………………………………… 61—69
　5.1 一般规定 …………………………… 61—69
　5.2 音频大地电场法 …………………… 61—69
　5.3 甚低频电磁法 ……………………… 61—69
　5.4 电磁剖面法 ………………………… 61—70
　5.5 可控源音频大地电磁法 …………… 61—70
　5.6 瞬变电磁法 ………………………… 61—71
　5.7 探地雷达法 ………………………… 61—72
　5.8 地面核磁共振法 …………………… 61—73
6 浅层地震法 …………………………… 61—75
　6.1 一般规定 …………………………… 61—75
　6.2 透射波法 …………………………… 61—75
　6.3 折射波法 …………………………… 61—75
　6.4 反射波法 …………………………… 61—76
　6.5 瑞雷波法 …………………………… 61—77
7 振动测试法 …………………………… 61—77
　7.1 一般规定 …………………………… 61—77
　7.2 基础强迫振动测试法 ……………… 61—78
　7.3 场地微振动测试法 ………………… 61—80
　7.4 振动衰减测试法 …………………… 61—81
8 水声探测法 …………………………… 61—82
　8.1 一般规定 …………………………… 61—82
　8.2 水下地形探测法 …………………… 61—82
　8.3 浅地层剖面探测法 ………………… 61—83
9 基桩动测法 …………………………… 61—84
　9.1 一般规定 …………………………… 61—84
　9.2 低应变反射波法 …………………… 61—84
　9.3 高应变动测法 ……………………… 61—84
　9.4 声波透射法 ………………………… 61—84
10 地面高精度磁法 ……………………… 61—85
　10.1 一般规定 ………………………… 61—85
　10.2 数据采集 ………………………… 61—86
　10.3 资料的处理与解释 ……………… 61—86
11 天然放射性测量法 …………………… 61—86
　11.1 一般规定 ………………………… 61—86
　11.2 数据采集 ………………………… 61—86
　11.3 资料的处理与解释 ……………… 61—88
12 高精度重力法 ………………………… 61—88
　12.1 一般规定 ………………………… 61—88
　12.2 数据采集 ………………………… 61—88
　12.3 资料的处理与解释 ……………… 61—89
13 地面温度测量法 ……………………… 61—90
　13.1 一般规定 ………………………… 61—90
　13.2 数据采集 ………………………… 61—91
　13.3 资料的处理与解释 ……………… 61—91
14 井中探测法 …………………………… 61—92
　14.1 一般规定 ………………………… 61—92
　14.2 电测井 …………………………… 61—92
　14.3 声波测井 ………………………… 61—92
　14.4 放射性测井 ……………………… 61—93
　14.5 电磁波（雷达）测井 …………… 61—93
　14.6 钻孔电视 ………………………… 61—93
　14.7 超声成像测井 …………………… 61—93
　14.8 地震波测井 ……………………… 61—93
　14.9 井间层析成像 …………………… 61—94
　14.10 其他测井方法 ………………… 61—94
15 成果报告 ……………………………… 61—94

1 总则

1.0.1 本条阐明了制定本规范的目的。随着技术的进步与不断发展，地球物理探测技术解决问题的能力不断提高，地球物理技术在国民经济建设中发挥着越来越明显的作用，并且成为岩土工程勘察与测试的重要技术手段。特别是近年来一些新技术方法的出现和传统方法解决城市建设问题的应用范围拓展，并取得明显效果，进一步丰富了地球物理探测技术体系，扩大了地球物理探测技术解决问题的深度和广度。为了统一和明确现有城市工程地球物理探测技术方法的工作技术要求，保证对各种探测手段的应用条件和应用范围的正确理解，推进城市工程地球物理探测技术的合理使用，保证探测成果质量，提高经济效益、社会效益和环境效益，适应城市建设的发展，特制定本规范。

1.0.2 本条规定了本规范的适用范围。采用地球物理探测技术，针对性地解决城市工程建设中的探测问题，为岩土工程勘察、水文地质勘察和环境地质勘察以及工程质量评价提供可靠的信息和数据资料。新技术或已经实践证明有效的探测技术方法，应用时应参照本规范有关内容另行制定技术规程。

1.0.3 本条明确了城市工程地球物理探测技术是为岩土工程勘察、设计、治理、监测和检测提供信息的重要手段。在应用时应该充分理解物理探测的多解性和局限性，认识物理探测是间接手段而非直接手段的特点，根据每一种地球物理探测方法技术的应用条件和范围，合理选择使用，最大程度地显现地球物理探测技术的快速、经济和补充丰富岩土工程勘察、水文地质和环境地质以及质量评价资料的技术优势。在实践中应注意综合各种相关资料，提高探测结果的可靠性。

1.0.4 本条规定了随着技术进步，地球物理探测应积极采用和推广经过检验证明有效的新技术、新方法和新仪器，开拓新的应用技术途径，不断提高解决问题的水平和能力，推动城市工程地球物理探测技术的发展。在应用过程中应该重视探测成果的验证和探测效果的回访，不断完善探测施工技术、资料解释方法。

1.0.5 本规范是城市工程地球物理探测技术应用的专业技术标准，与岩土工程勘察、水文地质、环境监测与评价、质量检测、城市测量、工程测量等工作密切相关，因此在实际工作中涉及到相关的技术标准等。所以，本条明确规定，城市工程地球物理探测除应符合本规范外，尚应符合国家现行有关强制性标准的规定。

2 术语、符号和代号

2.1 术语

2.1.3 地球物理勘探（简称物探）利用的物理场源有电场、磁场、电磁场、地震波或弹性波场、温度场、重力场、放射源等，包括天然场和人工场，可探查的目的物或目标体包括地层界面、断层（破碎带）、含水层、洞穴、人工埋设物等。但是物探并不是直接揭露目标体或目的物，而是根据物性差异和地质规律综合判释和解译，是一种间接的勘探手段，结果具有多解性，需要加以验证。

2.1.4 地球物理测试利用岩土的导电性能、地震波或弹性波速度和频率、温度或放射性等参数，判断评价地基刚度或密实度、桩身或混凝土构件内部缺陷、地基或桩的承载力以及环境等。

2.1.5 以观测和研究介质电阻率为主的直流电法称为电阻率法。均匀大地的电阻率，原则上可以采用地表任意两点（A、B）供电，在任意两点（M、N）观测的电位差 ΔV，由下式计算：

$$\rho_s = K \frac{\Delta V}{I} \quad (1)$$

式中 $K = \dfrac{2\pi}{\dfrac{1}{AM} - \dfrac{1}{AN} - \dfrac{1}{BM} + \dfrac{1}{BN}}$

但是，实际工作中，经常遇到的地下介质在电性上是不均匀的，仍利用上式计算大地电阻率，实际上相当于将不均匀的大地介质用某一等效介质来代替，故计算的电阻率不是某一层的真电阻率，而是在电场分布范围内地下各种介质电阻率的综合影响的结果，称其为视电阻率，用 ρ_s 表示。观测和研究视电阻率变化特征的直流电法包括电测深法、电剖面法、高密度电阻率法。高密度电阻率法又叫作电阻率影像法，一般在剖面（二维）或 X-Y 平面（三维）上以较小的等间距（一般为 1～10m）布设多只（通常为 60 只、120 只或更多）电极又叫电极阵列，分别以不同的电极和极距组合观测研究地下介质电阻率在断面（或空间）上的变化。根据装置形式可分为四极法、三极法和二极法等。

2.1.12 以通过人工地震波在地下介质中的传播，研究地下地层弹性差异为基本特征的勘探方法称为地震勘探。浅层地震法包括透射波法、折射波法、反射波法和瑞雷波法。透射波法、折射波法、反射波法又分为纵波和横波（剪切波）两种类型，瑞雷波法分为瞬态和稳态两种工作方式。透射波法有时被称为直达波法。

2.1.13 地球物理层析成像包括：地震波 CT、电阻率 CT、电磁波 CT 等。

2.1.14 射线正交性以地震射线交角的正弦值表示，

用来衡量地震CT反演可靠性，射线交角越接近直角，表示反演结果的可靠性越高。

2.1.15 射线密度是CT反演计算时划分的网格单元内通过地震射线的条数，用以衡量地震CT反演可靠性的一个指标，射线密度越大，表示反演结果的可靠性越高。

2.1.17 目前关于场地微振动的叫法很多，如：原《城市勘察物探规范》CJJ 7-85 中叫做地面脉动；《地基动力特性测试规范》GB/T 50269-97 和《铁路工程物理勘探规程》TB 10013-2004 中叫做地脉动；《场地微振动测量技术规程》CECS 74-95 和《高层建筑岩土工程勘察规范》JGJ 72-2004 中叫做场地微振动；等等。实际上，应统一称为场地微振动。场地微振动是地面的一种稳定的非重复性的随机波动，主要是由人工活动、气象、江湖、海洋、地下构造活动等诸因素引起的地球表面某地固有的微振动，其振幅值为微米级，加速度为 $10^{-4} \sim 10^{-6}$ m·s^{-2}。

2.1.22 在本规范的基桩动测法中，包括低应变反射波法、高应变动测法和声波透射法等。

2.1.25 通过在地面观测地下介质磁性差异引起的磁场变化，来达到解决地下地质问题或寻找目标物的勘探方法称为磁法勘探。在这里，高精度磁法是指磁测总精度优于 5nT 的磁测方法。

2.1.26 基于地球引力场基础，通过研究岩石密度的变化来解决特殊地质问题的勘探方法称为重力测量法。在这里，总精度优于 40×10^{-8} m·s^{-2} 的重力测量法被称为高精度重力法。

2.1.28 天然放射性测量在解决城市工程勘察中水文地质和工程地质问题时，最主要和最实用的是其中的两大类方法，即氡气测量和伽玛测量。其他的方法，如X射线荧光法、β法和α法，以及中子法等在特殊的情况下也被采用。从应用的空间，天然放射性测量方法还可分为航空、地面（汽车和徒步）、井下和水下测量等4大类方法。在城市工程勘察中最常用的是地面徒步方法。

2.1.29 本规范中的井中探测法包括了常用地球物理测井方法和其他钻孔探测方法，包括：电测井、声波测井、钻孔电视、钻孔雷达、井中流体测量、井温测量、井径测量、井斜测量、电磁波测井、放射性测井、磁化率测井等。

3 基本规定

3.0.1 城市工程地球物理探测涉及的方法技术很多，按照所利用的物理场源分为直流电法、电磁法、浅层地震法、磁法、重力法、地温测量及放射性测量等六类方法，按照工作条件分为陆上（地面）探测、水上探测和井中探测等三类。而地球物理探测方法的物理基础就是介质中存在许多物理性质不同的地质体或分界面，它们在空间产生了天然物理场（包括重力场、地磁场、地热场及放射性辐射场等）或人工物理场（包括人工电流场、人工电磁场、人工地震波的时间场和弹性位移场）的局部变化（即产生异常场）。因此派生出了直流电法，电磁法，地震（弹性波）法，磁法，重力法，温度测量及放射性测量和地球物理测井等方法。

如何选择利用地球物理探测技术方法解决实际问题，应该具备一定的工作条件，因此在实际中，要使用地球物理探测方法解决问题，首先要充分分析工作条件是否具备。本条分3款明确了地球物理探测应用的条件，也就是说只有在前提条件具备时才可以选择使用地球物理探测方法。

3.0.2 本条规定了地球物理探测方法工作原则。每一种地球物理探测方法在应用时不是万能的，都有其局限性。而且，还要充分认识城市工程地球物理探测工作具有如下特点：干扰大，干扰多；场地小，且不规则，测线、测网布置受到限制；解决的工程问题繁杂、多样，任务急。

为了获得较好的探测效果，在考虑上述特点的前提下应该按照本条的规定来实施。

3.0.3 大量实践证明，利用地球物理探测方法解决实际问题，无论在效率上、经济上，还是在获得信息量上都具有明显的优势。但是任何一种问题的性质和具备的工作条件不同，选择使用的方法也不相同。本条规定了城市工程地球物理探测应用的范围，列举的15种问题，已经实践证明能够利用相应的地球物理探测方法来解决

3.0.4 城市工程地球物理探测时，要根据探测任务的性质，确定探测解决问题的重点。每种探测方法都有自己的适用条件和适用范围，针对性地选择探测方法，可以取得事半功倍的效果。因此要充分认识开展城市工程地球物理探测可能遇到的干扰和影响因素。可能遇到的干扰因素包括地电干扰、电磁干扰、振动干扰、磁性干扰、温度干扰等；可能遇到的影响因素包括接地条件变化、交通影响、人流影响及场地狭窄影响等。

3.0.5 本条规定了城市工程地球物理探测的基本程序，包括：接受任务（委托），搜集资料，现场踏勘，仪器检验方法试验，编写技术设计书，测量放线，数据采集与数据处理，资料解释与成果图绘制，编写技术总结报告和成果验收。这是加强探测工作的科学化管理和确保工作质量的保证。对于特定的方法或规模较小工程，上述程序可以适当简化。

3.0.6 本条规定了在接受任务后，探测人员应与有关专业技术人员共同收集资料和现场踏勘，研究探测任务、工作计划和已有资料的解释成果，为进行方法试验和技术设计做准备。

3.0.7 技术设计是地球物理探测的重要组成部分。

本条规定了技术设计书应在收集资料、现场踏勘和进行必要的方法试验后编写，并对技术设计的内容作了规定，工作规模较小时，可以直接编写施工纲要或工作计划，内容从简。

3.0.8 本条规定了城市工程地球物理探测的工作布置要求。

3.0.9 在城市工程地球物理探测有时需要测地工作配合，为此本条特别提出了对一些特殊点位的测量要求。

3.0.10 本条规定对于城市工程地球物理探测，对在有测量要求时如何实施测量及精度作了规定。

3.0.11 仪器设备是城市工程地球物理探测的工具，是获得可靠信息和提高工作效率的保证，是确保探测顺利进行的必备条件。因此，本条强制性规定了结构坚固、密封良好、适应工作环境的温度和湿度条件的仪器设备方能投入实际应用，这是对仪器设备的基本要求。并且对于探测仪器设备应精心使用和爱护，做到定期检验校正，经常维护保养，使其保持良好性能状态，尤其是对于本规范第 7 章和第 9 章涉及到的计量器具，应按照计量器具检定规定要求定期检定，保证其性能良好。在城市工程地球物理探测工作时，本条规定的要求必须满足。

3.0.12 本条对仪器设备的操作和使用作了规定，并且要求维修和操作人员应该具备相应的能力。

3.0.13 本条规定了探测单位应按照技术设计组织实施探测工作，正确运用工作程序，内、外业紧密结合，并与地质、钻探等工作密切配合，及时采集、处理探测数据，完整提交有关探测成果资料。特别规定在采用新技术、新方法时，应验证其原理的正确和效果的可靠。

3.0.14 原始记录是探测工作成果的一部分。本条规定了原始记录的填写、保护等要求。

3.0.15 要保证探测数据的可靠，作业单位应该建立质量管理与保证体系，根据不同方法的特点进行过程质量检查。本条作了相应的规定。

3.0.16 本条规定了城市工程地球物理探测工程的外业质量检查工作原则。

3.0.17 本条强制性规定了城市工程地球物理探测外业质量检查量及评定要求。实际工作中，如果检验量达到 20% 仍然不合格，已经足以说明探测资料不可靠，应该按照要求重新探测，并重新检验。因此对于城市工程地球物理探测工作，本条规定要求必须满足。

3.0.18 本条是城市工程地球物理探测数据处理的规定，规定了不得使用未经检查或不合格数据进行处理、解释。在数据处理和解释过程，应使用经过实践检验证明有效的软件或软件系统。

3.0.19 本条规定了探测资料的解释原则。

3.0.20 本条强制性规定了应采取相应的探查手段，对探测结果进行验证、核实。由于物理探测结果的多解性，要求采取相应的验证、核实方法如不同的物理探测方法、钻探方法等，来说明和保证探测结果的可靠。

3.0.21 本条规定了探测成果报告的编制、审查要求。

3.0.22 本条规定了城市工程地球物理探测施工作业期间，应该遵守有关安全规定，保证人身和仪器设备安全，并做到文明施工、保护环境和成果资料的安全保密。

4 直流电法

4.1 一般规定

4.1.1 本条规定了直流电法应按照工作条件和探测任务选择方法及相应装置形式。直流电法分为电阻率法、自然电位法、充电法和激发极化法 4 大类，电阻率法包括电（阻率）测深法、电（阻率）剖面法、高密度电阻率法。

4.1.2 对直流电法仪器设备的基本要求。

4.1.3 在同一场地有两台或两台以上仪器同时工作时，应进行一致性测定，并给出了一致性评价标准。

4.1.4 测区岩土层的电性参数测定一般可在面积性工作之前或同时进行。根据需要和条件可采用以下方法：

    1 标本测定法。采集足够大的新鲜标本，随采随测。标本的长宽厚应大于施测时极距 AB 的 2 倍；

    2 电阻率测井法。有条件的测区应专门打测井孔，进行电参数测井；

    3 孔旁测深法。凡测区内及附近的钻孔均应进行孔旁电测深，以求得岩土层的电阻率参数；

    4 露头小四极法。在地表较平坦的岩性露头区，以最大极距 AB 小于露头长度的 1/2 和宽度的 2/3 的对称四极法测定露头岩性的电参数。

4.1.5 直流电法外业数据采集的一般规定，不同方法还应满足相应的要求。

4.1.6 重复观测保留的视电阻率最大值与最小值之间的相对误差应满足下式：

$$\frac{\rho_a^{\max} - \rho_a^{\min}}{\frac{\rho_a^{\max} + \rho_a^{\min}}{2}} \times 100\% \leqslant 2\%\sqrt{n} \qquad (2)$$

式中 $\rho_a^{\max}$——保留的视电阻率最大值；

        $\rho_a^{\min}$——保留的视电阻率最小值；

        n——参加平均的 ρ_a 个数。

4.1.7 自检观测值与基本观测值的相对误差应满足下式：

$$\frac{|\rho_a - \rho_a'|}{\frac{\rho_a + \rho_a'}{2}} \times 100\% \leqslant 3\% \qquad (3)$$

式中 ρ_a ——基本观测值；
ρ'_a ——自检观测值。

4.1.8 本条是对直流电法的漏电检查工作的规定。
4.1.9 本条是对直流电法的质量检查的规定。
4.1.10 本条对如何实施质量检查工作作了规定。
4.1.11 本条对直流电法的质量评价方式作了针对性规定。
4.1.12 本条是对直流电法的资料整理与解释工作的基本要求。

4.2 电测深法

4.2.1 本条规定了在城市勘察中的电测深法的适用范围。长期以来电测深法无论是在地质填图、矿产勘查，还是在水文地质、岩土工程勘察、环境地质调查等方面都得到了广泛的应用。在城市勘察中主要是针对某项工程测定地下岩土层电阻率参数，或通过对岩土层电阻率参数的测量来推断解释地下不同深度的岩土层情况及对地下地质体、含水层、埋设物的调查。
4.2.2 本条是开展电测深法的工作布置原则。
4.2.3、4.2.4 电测深装置形式和电极距的选择原则。
4.2.5～4.2.10 是对电测深工作野外作业的基本技术要求。
4.2.11 电测深原始记录资料是电测深工作的基础，本条规定应编录整理并妥善保管。
4.2.12 本条规定了电测深质量检查观测：

   1 应以一条完整的测深曲线为单元，不得挑选个别极距点。由于地表状态改变而引起的小极距质量检查读数与原始观测读数相差较大时，小极距读数可不计入质量检查均方相对误差的计算，但不计入计算的小极距不得超过3个；

   2 工作量不足1天的电测深工程，可在基本观测工作完成后即进行质量检查观测。

4.2.13～4.2.16 对电测深资料解释的要求。

4.3 电剖面法

4.3.1 本条规定了电剖面法的适用范围。
4.3.2 本条规定了开展电剖面法的装置类型和电极距的选择原则。
4.3.3～4.3.4 是电剖面法工作布置及资料完整性要求。
4.3.5 电剖面法质量检查观测：

   1 应以一条剖面测线（剖面较长时可选其中一段）为单元，不得挑选个别点；

   2 工作量不足1天的电剖面法工程，可在基本观测工作完成后即进行质量检查观测。

4.3.6 原始记录资料是电剖面法工作的基础，应编录整理并妥善保管。

在电剖面法外业施工的过程中，应根据工程的大小建立内业组，由专人或项目负责人兼职负责，做好原始资料的检查验收及转录存储工作。

4.3.7 本条是电剖面法的资料解释推断的基本要求。

4.4 高密度电阻率法

4.4.1 本条规定了在城市勘察中高密度电阻率法的适用范围。
4.4.2 本条是对开展高密度电阻率法工作仪器设备的基本要求。要求开展高密度电阻率法工作同时在一条（二维）或多条测线（三维）上以较小的等间距布设多只电极，分别以不同的电极和极距组合观测研究地下介质电阻率在断面或空间的分布。这就要求高密度电阻率法仪器除具备普通直流电测仪的功能外还能够利用程序控制在多电极排列中按设定的装置参数自动寻道"跑极"，逐点逐层测读计算视电阻率值并存储。
4.4.3 本条是对高密度电阻率法数据传输电缆的基本要求。
4.4.4 本条是高密度电阻率法工作布置的基本要求。
4.4.5 地形对高密度电阻率法观测数据的影响较大，地形校正时需要对测线高程进行测量。一般测量地形起伏转折点的坐标及高程，有条件时可测量每个电极点的坐标及高程。
4.4.6、4.4.7 是高密度电阻率法野外工作的基本要求。
4.4.8 对高密度电阻率法工作量质量检查：

   1 质量检查观测应以一个排列的全部或部分（不少于1层）层剖面为单元，不得挑选个别点。由于地表状态改变而引起的小极距层质量检查读数与原始观测读数相差较大时，小极距层读数可不计入质量检查均方相对误差的计算，但不计入计算的小极距层不得超过3个；

   2 工作量不足20个排列的高密度电阻率法工程，其工作质量可用重复观测读数代替质量检查观测进行评价。

4.4.9～4.4.14 高密度电阻率法资料处理解释的基本要求。

4.5 自然电场法

4.5.1 本条规定了自然电场法目前的适用范围。随着技术的研究和发展，其适用范围还可能增加。
4.5.2 本条规定了自然电场法应用的基本条件。
4.5.3 现在实际使用的自然电场法仪器包括模拟和数字式两类。本条规定了仪器设备应满足的技术要求。
4.5.4 自然电场法的测网布置应遵循一定的原则。在保证本条规定的前提下，普查时的线距宜为相应比例尺成图时0.5～1.0cm所表示的距离，点距为线距的1/2～1/4；详查时观测点距宜为探测对象的埋深1/2至1/4，剖面间距为点距的2～4倍，但应有三条以上的剖面通过主要异常区。用电位法观测时，观测从测量电极的极差开始，然后依次沿测线观测各测点。当沿测线收线时，每隔5或10个测点进行检查观测，回到测站后再次测量极差。依次转移至下一测线用相同的工作方法进行观测或同一个固定点N极可测数条甚至全测区各测点的自然电位差值；在测线较长或有游散电流影响时，可以分段进行观测，但在衔接处必须要有3~5个重复测点。用梯度法观测时，在每条测线上每测完10~20个测点应测一次极差，并对各测点进行极差校正。梯度法观测的记录点为MN的中心点，不得将梯度换算成电位成果。

4.5.5 本条规定了自然电场法资料处理和解释方法。在绘制自然电位剖面图时，横坐标表示测点距离，其比例尺应尽量与地质图比例尺一致。纵坐标表示电位，比例尺根据电位强弱和观测精度决定，一般采用：弱电位时以 1cm=10~25mV；强电位时以 1cm=50~100mV。

4.6 充 电 法

4.6.1 本条规定了充电法的应用范围。
4.6.2 本条规定应用本方法应选择相应的工作方式。
4.6.3 本条规定了充电法工作布置要求。
4.6.4 本条是数据采集的有关规定。
4.6.5 在地下水流向流速的测定时，所谓充电点与含水层直接连通意味着钻孔深度要超过含水层；测线布置8条时的各测线间夹角为45°，而布设12条时的夹角为30°。
4.6.6 探测低阻体的有关规定。
4.6.7 本条对重复观测精度作了规定。
4.6.8 本条规定了充电法资料处理解释办法。根据地下水流向流速观测资料绘制三种图件。绘制等位线图：盐化前所测得的各方位等位线距R（充电点A在地面的投影O到各方位等位圆的距离）和等位圆增量ΔR可用不同的比例尺，ΔR的比例尺可以放大，放大到既能清楚地反映出等位圆的变化特征又不使图幅过大为宜；绘制方位角α与增量ΔR关系曲线图：以各方位角α为横坐标，盐化后各方位上等位圆增量ΔR为纵坐标的直角坐标系，以测量电极固定N极所在方位角为坐标原点，在横轴上顺序排列各方位角，标出相应的ΔR值，并用线段连接起来，就成了方位角与增量ΔR关系曲线图；绘制同一方位角上的等位圆增量ΔR与不同观测时间t关系曲线图：以观测时间t为横坐标，等位圆增量为纵坐标，取其渐近线上ΔR值进行计算地下水流速。

充电法圈定良导体的形态，主要根据剖面平面图的异常带来确定，在等电位平面图上的等值线密集处接近于低阻地质体的边界线，可作为定性判断。当覆盖层较厚时，就无法确定边界线，只能展示大致形状。

4.7 激发极化法

4.7.1 本条规定了激发极化法的适用范围。
4.7.2 本条规定了激发极化法的应用条件。
4.7.3 本条规定了工作装置选择要求。
4.7.4 本条规定了激发极化法仪器设备的一般要求。
4.7.5 本条对激发极化法数据采集时的工作技术要求作了规定。使用对称四极装置观测，观测域不应大于供电极距AB的2/3，测量极距MN不小于（1/50~1/30）AB；有时可采用$AB：MN=3：1$或$AB：MN=5：1$的等比对称四极装置。工作时供电导线与测量导线应有一定距离，一般相距1.0~2.0m。

在干扰较小的地区，二次电位差值不应小于1.0mV。但经改善接地条件确实无法满足时，可以适当放宽，但不得小于0.3mV，也不得在两个相邻极距上连续出现。在有明显干扰的地区，二次电位差值应根据干扰幅度适当增大，宜不小于干扰信号幅度的3倍。
4.7.6 本条规定了数据取舍要求。
4.7.7 对于不符合均方误差质量评定的系统检查点数超过总系统检查点数的1/3时，则被检查的测区或地段质量是不合格的，应予以作废重测。但由于干扰等客观原因，再次重测有困难时，应补测有重要意义的异常区，找出一定的规律后，可作为参考资料提交。

当进行测深工作时，每一极距测量完毕，记录员应及时绘制参数曲线草图。曲线的横坐标均用模数为6.25cm的对数坐标表示$AB/2$，纵坐标除ρ_s曲线用同模数的对数坐标外，其余参数选用适当比例尺的算术坐标。
4.7.8 本条规定了资料处理与解释方法。激发极化法绘制的参数等值线图一般有：ρ_s、η_s、ε、J_s和D等值线断面图，但因目前使用的激发极化仪类型较多，对上交的正式图件应根据具体条件和成果报告的需要绘制图件。η_s、ε、J_s和D等值线断面图的横坐标用算术比例尺，纵坐标可用对数比例尺也可用算术比例尺表示。

激发极化法找水的解释工作，遵循从已知到未知，先易后难地对比解释已有水文地质资料地区的曲线特征、异常程度，研究其异常与地下水的关系，用推理的方法，结合电阻率法的解释结果，作出对未知地区的地下水埋藏情况的推断。

目前所引用的表示二次场的激电参数与含水层的孔隙率、粒度、黏土含量、矿物成分和地下水类型等因素有关，同时也受地表炭化程度，电极的影响，故在分析资料时，要考虑各种干扰因素的作用。

应用激发极化法找水，应正确地确定背景和含水异常值。并依据含水因素及水文地质资料和其他物探资料，经过综合相关分析后估算含水层富水性。背景值：不同测区有不同的背景值，所以对每一个工程，都要进实测背景值，一般在已知不含水地层或干井旁测得激电参数数值来确定背景值的大小。异常值：指大于背景值的相对幅度大小，一般要连续出现两个极距以上才称为异常，但有时反映薄层状含水层段或埋深较大的含水层，可能出现一个极距的异常峰值。水文地质较好的地区，当含水层埋藏深度在 200m 以上，选用极距大小与含水层分布对应一致时，可近似用 ε 异常峰值起始值来确定含水层顶底板的埋深，但有时也出现相当于异常峰值的半幅点。随着含水层段埋深加大，ε 异常峰值与含水层段顶底板埋深出现较复杂的关系。一般从测区内已知井中找出两者的对应关系，然后确定深部含水层段的异常位置。在相同的水文地质条件下，测区内没有电子导体的干扰，常用含水因素值大小进行估算含水层富水性。含水因素值的计算是在相同极距内，用 ε 或 J_s 实测曲线与横坐标所包围的面积数值来表示，其数值越大，则定性认为含水层越厚，富水性越好。地下水的涌水量与岩层含水性、储水条件、补给来源、渗透特征等因素有关，所以应通过对水文地质资料和其他物探资料进行综合相关分析之后，才有可能对地下水的涌水量作出初步的评价。

5 电 磁 法

5.1 一 般 规 定

5.1.1 本规范所列电磁法包括音频大地电场法、甚低频电磁法、电磁剖面法、可控源音频大地电磁法、瞬变电磁法、探地雷达法和地面核磁共振法，根据探测任务和实际条件的需要，工作时可以进行针对性的选择。

5.1.2 本条规定了两台仪器同时在一个测区工作时，应进行一致性测定，并规定了一致性的评价方法和标准。

5.2 音频大地电场法

5.2.1 本方法利用音频范围内的天然大地电场作为场源，在地面沿一定的剖面线测量电场分量强度，通过观测剖面下方电阻率的横向变化，了解地质构造、寻找地下水和地下管线等，达到解决工程地质与灾害地质问题的目的。由于受地形影响较小、工效高、成本低，较适用于对目标体的快速普查。

5.2.2 本条规定了方法应用条件。
5.2.3 本条规定了音频大地电场法的仪器要求。
5.2.4 本条是现场工作布置的基本要求。
5.2.5 本条是对测量电极的规定。
5.2.6 本条规定了数据采集的基本要求。
5.2.7 本条规定了质量检查与评价要求。
5.2.8 本条规定资料整理时应绘制的定性图件。
5.2.9 本条是资料解释的基本要求。

5.3 甚低频电磁法

5.3.1 本方法利用适合的长波电台发射的电磁波作为场源，在地表、空中或地下测量电磁场的空间分布，从而获得电性局部差异引起的异常，可用于浅部地质填图，在水文、工程、环境、灾害地质工作中圈定断裂破坏带，岩溶发育带、岩脉、基岩裂隙水的调查，地下水污染检测，还可用于地下埋藏物的探查。

5.3.4 本条是工作布置的要求。

5.3.5 甚低频电磁法可测量磁场分量与电场分量，并计算视电阻率。磁场分量的参数包括水平分量振幅、垂直分量振幅、垂直同相分量（或极化椭圆倾角）、垂直异相分量（或极化椭圆偏心率）；电场分量的参数包括水平分量振幅、水平同相分量、水平异相分量、水平分量相对于水平磁场分量的相位角（或经计算求得）。实际工作中测量何种参数，应根据地质任务和探测目标来选择。

5.3.6 本条规定了数据采集要求。选择电台和进行生产测量的时间要保证所选电台工作稳定和有足够的场强（是指与天电干扰相比有足够的场强）。电台电磁波传播方向与推测的探测对象走向之间的夹角是电台选择的重要因素，选择时要特别注意。

5.3.7 本条规定了检查与重复观测的要求。

5.3.8 本条规定了资料整理与解释的要求。

在对极化椭圆倾角资料进行地形改正中，当地形的相对高差及该地电剖面的视电阻率符合下列条件之一者可不做地形改正：

1) 相对高差小于 5m，视电阻率大于 100Ωm；
2) 相对高差小于 10m，视电阻率大于 300Ωm；
3) 相对高差小于 20m，视电阻率大于 1000Ωm；
4) 相对高差小于 30m，视电阻率大于 3000Ωm。

由导电围岩及局部电性不均匀体产生的区域背景地质噪声，常使目标异常畸变甚至淹没，特别是对 H_z 和 D 曲线，上述干扰常使零交点偏移甚至消失，可利用 Fraser 滤波将 H_z 和 D 曲线的零交点或拐点变成极值点，从而突出有用异常，Fraser 滤波公式为：

$$F_{n+1,n+2} = (D_{n+3} + D_{n+2}) - (D_{n+1} + D_n) \quad (4)$$

式中 $n=1, 2, 3, \cdots\cdots$ 为采样点序号。

编制图件时应该注意：

1) 实际材料图一般应有测区位置及范围、测网及编号、工作比例尺、剖面位置、编号、电台名称及其方位、检查点位置。图件比例尺与工作比例尺相同。

2）剖面图参数比例尺一般采用算术比例尺，其大小可根据观测精度和异常特点而定。

3）剖面平面图比例尺应与工作比例尺一致，如需要缩放时，一般不超过原比例尺的一倍，图的参数比例尺应尽量采用相同的比例尺，比例尺选取应避免剖面间异常曲线的过多穿插。

4）采用倾角或视电阻率参数时，可绘制倾角滤波等值平面图及视电阻率等值平面图。倾角滤波等值线只勾绘零线和正值。

5）综合平（剖）面图反映甚低频法与其他物探方法和地质工作结合的成果图件，要着重突出与其他方法取得的相同结果和不同结果的特点及其相互关系。

6）推断成果图以推断平面图为主，应在综合研究，及其解释推断和工程查证的基础上编制。研究程度较低时，可只做推断剖面图。

5.4 电磁剖面法

5.4.1 本条规定了电磁剖面法适用范围。方法利用电磁感应原理观测地下介质产生的感应电磁场的空间分布规律，从而查明地下岩土层或其他地质体、地下埋设物的空间分布。特别适用于填绘电性横向分布不均匀的地质目标，包括废石堆、陡倾斜构造（如断层、裂隙带）和污染的地下水。

5.4.2 本条明确了电磁剖面法的应用条件。电磁剖面法有大定源回线法与偶极剖面法两种观测方式。大定源回线法又可分为实虚分量法和振幅比-相位差法；偶极剖面法又可分为虚分量振幅法、水平线圈法和倾角法。各种测量方法的应用条件如下：

1 大定源回线法应用于水平或缓倾斜状良导地质体调查的详查方法，其中虚实分量法在地形平缓地区使用可加大勘探深度，而振幅比-相位法对发射机与接收机的稳定性要求放宽，又由于省去长参考线，野外工作方便，观测效率高；

2 电磁偶极剖面法装置轻便，工作效率高，但勘探深度浅，主要用于初查阶段。其虚分量振幅法对虚分量进行绝对测量，属纯异常观测，受地形影响小，有利于发现异常，而水平线圈法属相对测量，对发射机与接收机稳定性要求不高，但地形影响大。

5.4.3 本条规定了仪器设备的技术要求。

5.4.4 偶极剖面法的收发距很重要。当极距很小时，二次磁场的相对异常小；随着发收距增加，二次磁场相对增加，相对异常增大；发收距过大时，异常变得复杂，且异常值变小，范围变窄；所以发收距选择应遵循本条的规定原则。

5.4.5 本条规定了电磁剖面法观测方法与技术要求。

1 大定源回线法，利用边长几百米到一二千米的长方形或方形回线提供均匀一次场，利用小回线在大回线内外沿测线逐点观测，当观测的是垂直分量或水平分量的实部和虚部及它们的振幅、相位则称为实虚分量法，当观测两相邻水平接收线圈垂直分量的振幅比及相位差则称为振幅比相位差法。

2 电磁偶极剖面法用固定间距的发收线圈同步沿测线移动进行观测，发射与接收线圈水平，参考信号取自发射线圈旁的一个固定线圈上的感应电压，用一次磁场归一化方法测量实虚分量的方法称为水平线圈法；发射线圈 T 铅垂放置，参考线圈 R_2 与 T 共面，而接收线圈 R_1 与 T 正交，接收磁场垂直分量，与水平方向总场成 90°的分量为虚分量振幅法。

5.4.6 本条规定了质量检查方法。

5.4.7 成果图由参数剖面图、平面剖面图与等值线剖面图组成，而平面剖面图一般仅在面积性勘察工作中提交。

5.5 可控源音频大地电磁法

5.5.1 本条规定了可控源音频大地电磁法（CSAMT）的适用范围。可控源音频大地电磁法是在大地电磁法（MT）和音频大地电磁法（AMT）的基础上发展起来的一种人工源频率域测深方法。通过研究测点下方电阻率的垂向变化，可用于研究盆地基底起伏，研究构造形态、产状、断裂展布以及预测目标层岩性（分布）及厚度。探测深度与收发距及地表电阻率大小有关，在地表低阻区探测深度减小，反之增大，探测深度一般不超过 3000m。

5.5.2 在高压线、变压器附近以及有强电磁干扰的地区不宜进行可控源音频大地电磁法工作。设计场源及测线、测点应充分考虑避开强电磁干扰源。

5.5.3 可控源音频大地电磁法的仪器应具有实时处理的数字化仪，仪器应为多道，最高采样率应达到 0.25ms，每道都要用去假频滤波器和抑制电源干扰的滤波器。整机的特性应噪声低、输入阻抗高、道间干扰小。使用的电源应能提供频率范围很宽的、高稳定度的标准波形。为获取高质量的相位资料，供电设备和测量装置之间应有同步设备。在本规范中明确要求发射、接收的频率范围，道间一致性。

5.5.4 CSAMT 法采用的人工场源有磁偶源和电偶源两种。磁偶源是在不接地的回线或线框中，供以音频电流产生相应频率的电磁场。磁偶源产生的电磁场随距离衰减较快，为保持较强的观测信号，场源到观测点的距离（收发距）r 一般较小（$n×10^2$m），故其探测深度较小（$<r/3$），主要用于解决水文、工程或环境地质中的浅层问题。电偶源是在有限长（一般为 1~3km）的接地导线中供音频电流，以产生相应频率的电磁场，通常称其为电偶极源或双极源。视供电电源功率（发送功率）不同，电偶源 CSAMT 法的发、收距可达到十几公里，因而探测深度较大（通常可达

2km），主要用于寻找浅部隐伏金属矿、深部固体矿产、油气构造勘查、煤田勘探、地热资源勘查和水文、工程地质勘查等方面。目前，电偶源 CSAMT 法应用较多。

根据场源和测量方式的不同，CSAMT 法分为标量、矢量和张量测量。其中单分量标量测量用于一维构造且磁场均匀地区的普查；二分量标量测量用于一维或已知构造主轴方向的二维地区，在构造复杂地区，其成功与否取决于场源和测量方位的选择及资料采集的密度，最好采用网格状标量测量，或采用张量测量；矢量、张量测量能够提供关于二维和三维地电特征的丰富信息，适用于构造复杂地区的地电结构详查。考虑到工作效率和成本，实际工作中一般只作标量观测，遇到特殊地质问题或特别要求时可作矢量或张量测量。

5.5.5 本条规定了工作布置的要求。在实施电偶源时，应注意电偶极与测线平行。电偶极子供电电极点宜选择在土壤潮湿处，采用坑埋（如深度 1.0～2.0m，面积 1.0～2.0m²），并接多层金属板、网、锡箔或环行布置和并接多根电极。磁偶极应放置在地势平坦、相对干燥处。

收发距 r 的大小与目标体最大埋深有关。在近场区和过渡区，由于人工场源产生的波都不是平面波，场源对 CSAMT 测量结果的影响十分显著。因此，在保证信号有一定强度的情况下，应尽量在远区即供电电极的赤道区（在垂向区 $r>4\delta$ 为远区，δ 为趋肤深度）测量，力求减小场源效应，一般要求：赤道装置 $r>(3\sim4)H_{max}$。实际工作时出现了在过渡区测量的情况（特别是高阻区、低频段时），在资料处理时应进行校正。除此之外，场源下面或场源和测点下面复杂的地质构造，也会导致近、过渡区甚至远区电磁场的畸变，这种畸变也表现为非平面波特点。

5.5.6 本条对测量布极作了规定。对于电解类不极化电极应在土壤中挖坑半掩埋并浇水，但当测点为高阻裸露岩石时，可采用泥土掩埋电极并浇水。

5.5.7 本条规定了数据采集的要求。

5.5.8 本条是质量检查与评价的要求。

5.5.9 本条规定现场工作应形成并提交的主要资料。

5.5.10 资料处理的规定。

5.5.11 定性解释的规定。

5.5.12 定量解释的规定。

5.5.13 应形成的成果图件。

5.6 瞬变电磁法

5.6.1 本方法利用不接地回线源或接地线源向地下发送一次脉冲电磁场，利用线圈或接地电极观测二次涡流磁场或电场，研究浅层至中深层的地电结构。主要用于寻找低阻目标体。可以用于构造探测，水文与工程地质调查、环境调查与监测以及考古等。

5.6.2 对瞬变电磁仪器技术指标要求作了规定。一次磁场强度与发射电流强度成正比，发射电流强度选择与探测深度有关。在实际工作中，由于场地限制以及探测深度不大，发射线圈不必要很大，一般靠增加发射电流强度来提高探测深度，因此本规范要求发射机最大输出电流强度应大于等于 3A。

5.6.3 瞬变电磁法有多种装置，本条规定了选择原则。瞬变电磁法有以下的常用工作方式、装置与观测参数：

 1 剖面法的基本装置形式如下：
  1）重叠回线装置：接收与发射线圈为同一线圈，测量时沿测线移动，观测参数 V/I 或 B/I；
  2）中心回线装置：发射线圈与接收线圈分离，但线圈中心重合，且发射线圈大于接收线圈，测量时同步沿测线移动，用接收线圈观测 V/I 或 B/I。
  3）偶极装置：分离的发射线圈和接收线圈以固定间距同步沿测线移动，用接收线圈观测 V/I 或 B/I；
  4）大定源回线装置：固定发射大线圈不动，在线圈内外沿测线移动接收小线圈，观测 1 个或多个分量的 V/I 或 B/I。

 2 测深法的基本装置形式有中心回线装置与偶极装置，其装置形式与剖面法同类型装置相同。

5.6.4 规定了瞬变电磁法工作布置原则。

实际工作有接地线源和不接地回线源两种。根据中国地质大学（武汉）等单位的工作实践证明，当发射电流为（±100～±200）A 时，用 25m×25m 和 50m×50m 的发射线圈可探测到 1000m 的深度，有的甚至更深。所以，对于工程勘测而言，若发射电流强度在（±5～±30）A 范围内，采用 10m×10m～50m×50m 的发射线框，能够探测 300m 深度。若用过大的线框，施工难度大、效率低。本规范提出了以发射电流与发射线框边长平方之积（发射矩）来衡量探测深度。敷设线框时，若线架上剩有残余导线，应将其呈之字形铺于地面，以免电线缠绕产生强烈的感应信号，一切紧挨回线的金属物体都会产生强烈的干扰信号，高压电力线的强干扰信号甚至可能损害测量电路。因此，回线布设应避开所有金属物体，远离高压电力线；供电回线要采用电阻小、绝缘性能好的导线，以便在有限的电源电压下可输出足够大的电流。

对于需要布设精测剖面的情况，本规范也作了规定。

5.6.5 规定了数据采集要求。其中时窗范围的确定，取决于测区内所需探测的目的体的规模及电性参数的变化范围，地电断面的类型及层参数，探测深度等因素，具体时窗范围应通过试验确定，如果最后的 3～5 个观测道读数为噪声电平，说明有用信号都已记录下来了；若最后的3~5个观测道读数超过噪声电平，应增大观测时窗范围；在选定了观测时窗范围后，在实际观测中遇到衰减很慢的异常，应即时延长时窗范围重复观测，使有用信号能被完整记录下来。

因为不同观测点的噪声电平并不完全一致，为了确定各观测点晚期数据的观测精度，可在全区均匀布置干扰水平观测点。可根据测点上的干扰水平选择叠加次数，以压制测区的干扰电磁信号，提高观测资料的信噪比。叠加次数的选取应兼顾数据质量和观测速度，所选取的最小叠加次数应使高于仪器噪声电平的有用信号能以足够大的信噪比被记录下来。

5.6.6 本条对瞬变电磁法的质量检查与评价作了规定。

5.6.7 本条规定了资料处理要求和解释的原则。

5.7 探地雷达法

5.7.1 该方法利用频率从8MHz~3GHz高频电磁波研究地下信息，本条列出了探地雷达法的适用范围。

5.7.2 本条规定了探地雷达法应用的条件。功率反射系数 P_r 计算公式为：

$$P_r = \left(\frac{\sqrt{\varepsilon_{r1}} - \sqrt{\varepsilon_{r2}}}{\sqrt{\varepsilon_{r1}} + \sqrt{\varepsilon_{r2}}}\right)^2 \tag{5}$$

式中 ε_{r1}——围岩相对介电常数；
ε_{r2}——目标体相对介电常数。

5.7.3 规定了探地雷达仪器的主要技术指标要求。

1 为了保证有足够的信噪比，系统增益宜在150dB以上；

2 为了消除随机的电磁干扰，系统应具有叠加功能；

3 由于探测深度、分辨率与频率有关，应有多种天线主频可供选择；

4 由于同步信号精度与计时精度影响解释深度，根据解释深度的精度要求，其计时误差应在0.1~1.0ns之间；

5 为了改善信号质量，实时监测与显示应具有多种增益可供选择；

6 数据显示应有曲线、色阶与灰阶等多种形式可供选择；

7 为了减少旁侧与顶部的反射，常使用带屏蔽天线，频率低于100MHz的天线很少用屏蔽，而绝大多数高频天线都使用屏蔽天线。

5.7.4 规定了不同探测任务的工作布置要求。

5.7.5 规定了不同工作任务的天线选择原则。

5.7.6 探地雷达采用下述几种工作方式：

1 剖面法发射天线（T）和接收天线（R）以固定间距沿测线同步移动的一种测量方式。当发射天线与接收天线的间距为零，亦即发射天线与接收天线合而为一时，称为单元线形式，反之称为双天线形式。剖面法的测量结果常以时间剖面图像表示。该图像的横坐标表示天线在地表的位置；纵坐标为反射波双程走时，表示雷达脉冲从发射天线出发经地下界面反射回到接收天线所需的时间。这种记录反映测线下方反射界面的形态。

2 为了原位测量地下介质的电磁波速度，还可以采用宽角法或共中心点法观测方式。一个天线固定在地面某一点上不动，而另一天线沿测线移动，记录地下各反射界面的双程走时，这种测量方式称为宽角法；也可以保持两个天线中心位置不变的情况下，改变两个天线之间距离，记录反射波双程走时，这种测量方式称为共中心点法。当地下界面平直时，两种方式都可以用；反之须采用共中心点法。

3 探地雷达可选用透射法和孔中雷达等多种工作方法。

5.7.7 本条规定了探测分辨率与探测距离或深度的估算方法。

1 分辨率是分辨最小异常体的能力。分辨率分为垂向分辨率与横向分辨率。通常将雷达剖面中能区分最薄地层的能力称为垂向分辨率，一般取波长的1/4作为垂向分辨率；探地雷达剖面中在水平方向上所能分辨的最小异常尺寸称为横向分辨率，通常取第一菲涅尔带半径作为横向分辨率。探地雷达能探测最深目标体的深度称为探地雷达的探测距离。探测距离与地下介质导电性、目标体几何形态及其与围岩的电性差异、探地雷达系统的性能、使用的天线频率有关。

2 当探地雷达系统与使用的天线频率选定后，若地下介质的性质清楚，可以用雷达方程估算探测距离或深度。探地雷达方程如下：

$$Q = 10 \lg\left(\frac{\eta_t \eta_r G_t G_r g \sigma \lambda^2 e^{-4\alpha\gamma}}{64\pi^3 \gamma^4}\right) \tag{6}$$

式中 η_t、η_r——发射与接收天线的效率；
G_t、G_r——入射方向与接收方向上的方向增益；
g——目标体后向散射增益；
σ——目标体的散射截面；
α——介质的吸收系数；
γ——天线到目的体的距离；
λ——雷达波在介质中的波长；
Q——电磁波功率损耗。

3 利用介质电磁波速度 V 可用来把目标体双程走时 T 转换成目标体深度，介质电磁波速度可以有以下几种方法获得：

1) 估算方法：若地下介质相对介电常数 ε_r 已知，则 $V = C/\sqrt{\varepsilon_r}$，可取 $C = 0.3$m/ns；

2) 用宽面法或共中心点法原位测量获得；

3) 在已知地质剖面位置或通过钻孔剖面，用实测图像经标定获得；

4) 当实测剖面穿过点状目标体，或剖面垂直通过管状目标体时。可根据目标体形成双曲反射波同相轴经计算求得：

a. 由双曲同相轴一侧，距离为 x 的两点分别读出同相轴双程走时 t_1 与 t_2，则目标体深度 d 可由下式计算：

$$d = x/\sqrt{((t_1/t_2)^2 - 1)} \tag{7}$$

b. 读取双曲线同相轴顶端的双程走时 t_y，则介质电磁波速度 V 可由下式计算：

$$V = 2d/t_y \tag{8}$$

5）可用穿透法测量地层电磁波速度。

5.7.8 本条规定了数据采集的要求。

5.7.9 本条规定了质量检查与评价方法和要求。

5.7.10 本条是资料处理的规定。

5.7.11 本条规定了不同探测任务时的资料解释原则。

5.8 地面核磁共振法

5.8.1 地面核磁共振法（SNMR）又称地面核磁共振测深（MRS）。该方法应用核磁感应系统（Nuclear Magnetic Induction System，缩写为NUMIS）实现对地下水信息的探测，是一种解决与地下水有关的水文、工程、环境问题的十分有效的新方法。

氢核在地磁场作用下，处在一定的能级上。如果以具有拉摩尔频率的交变磁场对地下水中的质子进行激发，则使原子核能级间产生跃迁，即产生核磁共振（NMR）。在SNMR找水方法中，通常向铺在地面上的线圈（发射/接收线圈）中供入频率为拉摩尔频率的交变电流脉冲，交变电流脉冲的包络线为矩形。在交变磁场激发下，使地下水中氢核形成宏观磁矩。这一宏观磁矩在地磁场中产生旋进运动，其旋进频率为氢核所特有。在切断激发电流脉冲后，用同一线圈拾取由不同激发脉冲矩激发产生的NMR信号，该信号的包络线呈指数规律衰减。NMR信号强弱或衰减快慢直接与水中质子的数量有关，即NMR信号的幅值与所探测空间内自由水含量成正比，因此构成了一种直接找水技术，形成了地面核磁共振找水方法。核磁共振测深法的特点：

1）直接找水是SNMR方法的突出优点。SNMR找水方法原理决定了该方法能够直接找水，特别是找淡水。在该方法的探测深度范围内，地层中有自由水存在，就有NMR信号响应。反之，就没有响应；

2）SNMR方法反演解释具有量化的特点，信息量丰富。在该方法的探测深度范围内，不打钻就可以确定出各含水层的深度、厚度、单位体积含水量和渗透性参数，并可提供各含水层平均孔隙度的信息；

3）经济、快速也是SNMR方法的优点之一，完成一个SNMR测深点的费用仅为一个水文地质勘探钻孔费用的十分之一，可以快速地提供出水井位及划定找水远景区；

4）方法的缺点是尚不能用来探测埋藏深度大于150m的地下水；此外，由于核磁共振找水仪的接收灵敏度高，故易受电磁噪声干扰，在电磁噪声干扰强的区段不能开展工作。

目前，核磁共振测深法可以测量参数和反演解释获得的水文地质参数见表1。

表1 地面核磁共振法实测和解释参数

SNMR找水方法测量参数	SNMR找水方法解释后获得的参数
信号初始振幅 E_0(nV)	含水量（有效孔隙度）
信号横向衰减时间常数 T_2^*(ms)	孔隙大小
信号纵向衰减时间常数 T_1^*(ms)	渗透系数 (m/s)
信号的初始相位 φ_0（度）	含水层的导电性（电阻率）

5.8.2 本条规定了地面核磁共振法的应用条件。

5.8.3 地面核磁共振测深法的仪器由以下几部分组成：

1 DC/DC转换器单元（电源转换单元）：将2个蓄电瓶提供的24V电压转换为±430V，供发送机的交变电流发生器使用；

2 天线（又称回线或线圈）作为发射/接收天线；

3 发射/接收单元是NUMIS系统的核心，在PC计算机的控制下，发射机将其产生的拉摩尔频率的电流脉冲供入天线，形成激发磁场；在发射电流脉冲间歇期间，接收机测量NMR信号，对其进行滤波、放大和数字转换模拟。接收机的灵敏度高，可以接收nV级的信号；

4 切换开关，它将外接天线在发射回路和接收回路之间进行切换；

5 调谐单元是用电容量不同的电容器把发射天线的频率调谐到拉摩尔频率；

6 微处理器控制各个部分的协调工作，通过RS-232接口接收PC计算机送来的数据指令，并将所测得的数据传给PC计算机进一步处理并显示；

7 PC计算机控制整个系统，记录原始数据，进行数据处理、显示和存储以及进行后续资料解释（一维反演）；

8 NUMIS系统的主要软件有：测试软件、数据采集控制软件、解释软件。

5.8.4 本条规定了工作布置要求。

5.8.5 地下水中氢质子的旋进频率取决于地球磁场

的强度。为了保证氢质子被激发（产生核磁共振），本条规定要准确地测定工作区的地磁场强度，并且对测量精度作出规定。

5.8.6 将测得的地磁场强度值 $T(\text{nT})$ 输入计算机，以便 NUMIS 系统用换算出的频率 $f(\text{Hz})=0.04258T(\text{nT})$ 作初值，发射相应激发频率的交变电流脉冲，进行 5 个脉冲矩的测量，所产生的 NMR 信号被记录下来，对 NUMIS 系统所接收到的信号进行频率分析，并确定出包含在这个信号中的基准频率。如果在激发脉冲频率和所接收到的信号频率之间的差值小于 1Hz，测量就继续进行，而不改变激发频率。如果该差值大于 1Hz，则将所接收到的信号频率作为激发频率的新值。这种调整要反复进行，一直到获得稳定的频率值，即认为氢质子可被正确激发为止。

5.8.7 根据工区内待探查含水层的深度和含水量以及工区电磁干扰的强弱、方向，优化线圈形状和科学地敷设线圈。

　　1 优化线圈形状

　　NUMIS 系统配置有 300m 长的电缆，分别绕在 4 个线架上。从铺线方便和勘探深度考虑，通常使用的线圈形状是每边长 75m 的正方形、直径为 100m 的圆形天线。

　　如果 NUMIS 系统测量到的环境噪声大于 1500nV，可以选择使用能够降低噪声水平的"∞"字形线圈。

　　2 线圈的敷设

　　线圈敷设应根据工区具体情况而定。当敷设"∞"字形线圈，视电磁干扰源类型和方向确定线圈的长轴方向。

5.8.8 各部件的连接顺序是：

　　1 接地连接。为了避免所有电磁兼容问题，仪器的两个部分应连接在一起，然后接地。如果 NUMIS 系统是安装在机动车上，应先将 NUMIS 系统连接到车上，再将车接地；

　　2 输电线。先连 DC/DC 一端，再连发送机一端；

　　3 控制线；

　　4 计算机 RS-232 线；

　　5 计算机电源线；

　　6 天线；

　　7 电瓶。

5.8.9 在开始测量之前，操作员还应选择以下参数并输入 PC 计算机。

　　1 测量范围

　　测量范围是 NUMIS 系统可以测量的最大值，这个范围可以在 500～60000nV 之间设置。通常情况下，环境噪声会比 NMR 信号大，建议测量范围取 4 倍的环境噪声值。若在某测点上尚未得到环境噪声值的大小，可先采用 30000nV 作为测量范围，随后再作修改。每次修改测量范围，全部测量过程应重新开始。

　　2 记录长度

　　记录长度相对于所期望的 NMR 信号的衰减时间常数来确定。如果选择不当，不仅影响地质效果，而且降低工作效率。NUMIS 系统的记录长度可在 100～1000ms 之间调节，通常把 250ms 作为记录长度的标准值。

　　3 脉冲持续时间

　　NUMIS 系统的脉冲持续时间是程序控制的，可在 5～100ms 之间选择，脉冲间歇时间为 30ms，但对于用平均衰减时间 T_2^* 确定标准的 NMR 测量来说，脉冲的持续时间置成 40ms 是最佳值。

　　4 脉冲矩的个数

　　进行 NMR 找水测量时，脉冲矩个数应当根据在勘探深度范围内希望分层的多少和测量时间来确定。对于一个完整的 NMR 测深点来说，脉冲矩个数通常选为 16。每个脉冲矩的值是由程序在 30A·ms 和 9000A·ms 之间自动选取的。

　　5 叠加次数

　　由于 NUMIS 系统的一次叠加（10s）包括：电容器充电、噪声测量、电流测量、信号测量和数据传输到 PC 计算机，因此，叠加次数的选择要兼顾测量质量和总的测量时间两个方面，叠加次数的多少取决于信噪比的大小。

　　如果测量中出现某次叠加的噪声振幅大于给定的测量范围，这次叠加被认为是"坏叠加"，它不参与平均值计算，该次叠加作废，但不会影响前后叠加的结果；对于每个脉冲矩的测量而言，只有噪声的振幅小于测量范围的"好叠加"次数达到了事先确定的叠加次数才算完成，这时程序便移到下一个脉冲矩的测量。

5.8.10 本条规定了数据采集要求。

5.8.11 本条规定了质量控制要求。

5.8.12 本条规定了获取参数要求。

5.8.13 本条是资料处理的规定。

5.8.14 本条是资料的解释规定。

　　确定用于反演解释的矩阵类型。在资料反演之前，根据勘查区的测量条件和测量技术参数，计算形成一个矩阵，该矩阵涉及到勘探地区的以下参数：

　　1）线圈的形状和大小；

　　2）频率（粗略估计值，如 2000Hz 或 2500Hz）；

　　3）当地地磁总场的倾角；

　　4）要求探测的最大深度，该参数影响对深度的分辨率和计算时间，其取决于天线（线圈）的尺寸和探测目标的深度；

　　5）大地的电阻率，其模型可以是均匀半空间或层状大地。大地电阻率将影响探测的深度。

NUMIS配置的软件中提供了一些预先设置的矩阵文件。

若NUMIS软件中没有需要的矩阵，则要根据随NUMIS设备提供的计算矩阵的程序进行计算，为反演解释做好技术准备。

准备好用于反演的包括NUMIS实测数据的数据文件，根据数据文件调出实测数据或从软盘读入PC计算机。在反演开始之前，确定与反演有关的参数并输入计算机，其中有：

信号长度：反演解释时可使用在测量期间所选择的全部记录时段进行，也可选择较小的长度来进行。

滤波的时间常数（5~40ms）：原始数据被处理后可以重新计算其信号振幅和时间常数。

正则化系数：当反演解释有噪声的数据时，正则化可用自动或手动进行。

最后形成NUMIS系统反演结果的文件。

6 浅层地震法

6.1 一般规定

6.1.1 浅层地震法是指利用人工地震波在地下介质中的传播特征，解决浅层地质问题的勘探方法，这里所列的透射波法、折射波法、反射波法、瑞雷波法等四种方法，不排除综合利用各种波形特征进行探测的多波方法。

6.1.2 浅层地震勘探所用的地震仪，通道数一般不少于12道。在ASTM有关的地震勘探标准中，特别指出可以采用单道的地震仪。事实也如此，地震仪道数的多少不是浅层地震必须强调的指标。尽管现在电子技术发展很快，新的地震仪已经采用了24位的A/D转换器，但是那些采用8位、10位A/D的地震仪（动测仪）在工程中仍有成功应用，因此为保证采集到有效信息，对A/D位数要求不宜低于16位、动态范围不宜低于120dB，是浅层地震仪的发展趋势。

6.1.3 本条规定了地震电缆、检波器的一般要求。

6.1.4 本条规定了检波器的安置要求。

6.1.5 本条规定了开展浅层地震法，应做好现场记录。

6.2 透射波法

6.2.1 在浅层地震勘探中，透射波法是指利用地震透射波进行勘探的方法，主要包括单孔和跨孔波速测试，以及利用透射波走时进行反演的地震CT方法。利用透射波走时可以获取与速度有关的参数，进行地质异常解释或者岩土体质量评价。在检波器耦合一致、各道振幅一致性检定满足要求时，可以利用透射波的幅值测定震源和测点之间介质的能量衰减规律。

6.2.2 本条规定了开展透射波法应具备的基本条件。

6.2.3 透射波法观测布置比较灵活，只要能够接收到对穿、透射地震波的观测方式均可采用。工作中要充分考虑地层变化情况，避免把折射初至波误作为透射波进行判断接收。

6.2.4 本条规定了透射波法仪器设备的要求。

6.2.5 地震CT是一种反演手段。目前地震透射波、折射波、反射波甚至面波等观测方式都可以进行层析成像反演处理。地震CT根据利用走时或能量等物理量不同，分为速度CT和吸收系数（或衰减）CT，应用最广、研究最多的是基于透射波的速度CT。本条是对透射波速度CT野外实施的基本要求。

6.2.6 规定了利用透射波法进行单孔和跨孔波速测试的现场工作基本要求。

6.2.7 地震CT一般均用成熟的专业软件按照相应步骤进行CT处理的。进行反演应选择合适的反演方法，包括奇异值分解（SVD）、联立迭代重建法（SIRT）、共扼梯度（CG）、阻尼最小二乘（LSQR）等方法，以及由这些方法改进而成的其他方法。对于划分的单元数（未知数）和有效炮·检对数（方程数）之间的关系，是超定、欠定的关系，超定时得到最小二乘意义下的解，欠定时得到最小范数意义下的解。

6.2.8 本条规定了单孔法和跨孔法的资料处理内容和相关技术要求（见本规范第14章"井中探测法"的对应内容）。

6.2.9 本条规定了采用透射波法进行地面、露头或硐壁等表面观测时，其资料处理的基本要求。

6.2.10 本条规定了透射波法速度结果的应用范围，但应按工程要求进行。有关计算方法和划分标准可参见相应的规范。

6.2.11 本条规定了透射波法工作质量评价标准和质量抽检重复观测要求。

6.2.12 本条规定了透射波法提交成果应包括的资料。

6.3 折射波法

6.3.1 地震折射波法适用于许多勘察领域，测定基岩埋深及断层、破碎带等地质构造，进行地层划分，也可以根据折射波速评价岩土体质量。本条列举的应用范围主要参考了现行的《岩土工程勘察规范》GB 50021等有关标准。

6.3.2 本条是折射波法对地质和地形条件的一般要求。常规的折射是基于地震波以超过临界角入射时，沿接口滑行，产生返回地面的折射波的基本理论。基于其他理论基础的某些特殊的折射数据处理手段，如H-W反演，或者折射CT，对地质、地形条件的要求较宽松。

6.3.3 本条规定了折射波法使用的仪器设备的要求。折射波法一般采用多道地震仪。国外的规范中，对于简单的地层条件和小规模的项目，也可以采用单道地震仪进行折射波勘探。不论单道或者多道地震仪，均宜有信号增强功能，以便多次敲击叠加，消除随机噪声，提高信噪比。地震仪应校验合格，满足工作要求。

6.3.4 本条规定了折射波法震源的有关要求。信号激发应根据需要采用横波（剪切波）或者纵波激发装置。

6.3.5 本条规定了折射波法检波器性能参数的要求。

6.3.6 本条规定了折射波法检波器安置的要求。

6.3.7 本条规定了正式工作前应开展试验和试验内容及要求。折射波法的应用应建立在有效性试验的基础上。通过试验确定仪器性能指针是否正常，参数设置是否满足工作要求，以及通过试验查找非正常记录质量段的原因。

6.3.8～6.3.10 这三条规定了现场工作的基本注意事项，包括仪器检查、观测系统，以及震源和检波器的基本要求或注意事项。

6.3.11 本条规定了折射波法工作质量评价标准和质量抽检重复观测要求。

6.3.12、6.3.13 这两条主要规定了折射波法的数据处理内容包括读取初至走时、绘制走时曲线和计算解释三个主要步骤。这些工作可以采用已经验证的商业软件进行，或者自行编程进行。折射波法的解释方法有多种，国内一般采用相遇时距曲线求取接口深度和速度，国外有不同版本的商业用折射处理软件，特别是进行折射CT处理解释，国内已有单位将这些方法应用于工程实践中。对于地表及接口起伏较小的水平层状介质，可以采用截距时间法或者交点法；对于复杂结构，宜采用多种方法综合求解，以提高解释精度和可靠性。

不管采用哪种解释方法，所用的软件应经过验证，验证工作可在可靠性试验中进行。

6.3.14 折射波法成果图件一般按照任务要求提供。本条列出了可以提供的一些图件。

6.4 反 射 波 法

6.4.1 本条规定了反射波法的适用范围。

6.4.2 本条规定了应用反射波法应具备的基本条件。

6.4.3 本条规定了反射波法仪器设备的要求。

对勘探仪器及配套设备的主要指标本条作了一些原则上的规定。随着电子技术的快速发展，仪器种类和型号不断更新，性能逐渐提高。对仪器的选择可根据探测方法、探测深度和精度的要求掌握。但上述主要技术指标仍然是衡量的依据。除了试验性仪器，其他仪器都应有正式技术鉴定证书。

认真阅读仪器出厂说明书很重要。其操作说明书都写得相当详尽，包括可实现的方法、数据采集的程序、数据图形实时显示和数据的处理，以及仪器安全

操作注意事项等。遵循说明书的指点，才能使用和保管好仪器，保障野外数据采集顺畅、数据质量可靠。

6.4.4 本条规定了检波器的安置要求。

6.4.5 本条规定了反射波法工作前开展试验的要求。对于反射波法，外业工作是数据采集的关键环节，必须保证外业工作各个环节的质量。首先，正式生产之前应进行试验工作，确定观测系统及仪器生产因素，布置并测量地震测线（点），作好勘探的激发和接收，测定速度参数；然后按照确定的工作参数进行外业生产；并对采集的外业原始数据进行检查、验收和评价。

工作之前，应全面了解和分析测区的地形、地质和地球物理特征以及以前的技术成果，作为测试前的指导和参考。试验工作应遵循由已知到未知，由简单到复杂的原则，试验地段应具有代表性，选择在物探工作测在线或通过已知钻孔，便于最大限度地了解工区的地球物理参数和特征。试验结果宜给出本测区物探工作可选用的技术参数、仪器参数、物性参数等，同时应明确提出具备条件的物探方法和技术。

展开排列观测系统适用于了解测区内有效波和干扰波的分布情况和振幅特征，选择最佳窗口，提供最佳偏移距和检波点距。

6.4.6 本条规定了反射波法测线布置要求。

1 测线网布置应根据任务要求、探测方法、被探测对象规模、埋深等因素综合确定；测网和工作比例尺应能观测被探测的目的体，并可在平面图上清楚反映探测对象的规模、走向；

2 测线方向宜垂直于地层、构造和主要探测对象的走向，应沿地形起伏较小和表层介质较为均匀的地段布置测线，测线应与地质勘探线和其他物探方法的测线一致，避开干扰源；

3 当测区边界附近发现重要异常时，应将测线适当延长至测区外，以追踪异常；

4 在地质构造复杂地区，应适当加密测线和测点；

5 测线端点、转折点、物探观测点、观测基点应进行测量。

6.4.7 反射波法一般采用下列3种观测系统：

1 简单连续观测系统：适用于地震地质条件比较简单且激发点附近面波、声波干扰小的测区，可沿测线连续对比追踪同一接口的反射波，追踪时，应从炮点附近开始，沿测线方向展开，单边展开的长度，不应超过反射界面最大深度的1.5倍；

2 间隔连续观测系统：当测区地震地质条件较简单，但激发点附近面波、声波干扰较严重时，常采用此种观测系统，要求激发点与接收排列之间始终保持一定的间隔(称为等偏移)连续追踪。偏移距要根据试验结果而定。最大偏移距不应超过反射接口最大深度的1.5倍；

3 多次覆盖观测系统（又称为共深度点 CDP 迭加观测系统）：适用于地震地质条件比较复杂的地区，一般采用固定偏移距，端点式激发方式，最大偏移距和覆盖次数应通过试验选择。

单道等偏移观测系统的重要应用就是目前所说的地震映像法，但是地震映像法在资料解释中运用多波对比进行综合解释，而非简单的反射波分析。

6.4.8 本条规定了现场工作时震源使用和垂直叠加措施的使用要求。

6.4.9 本条规定了反射波法水域工作要求。

6.4.10 本条对反射波法工作质量的检查与评价做了规定。

6.4.11、6.4.12 这两条是对反射波数据处理与解释的规定。

1 在对地震数据进行处理的过程中，应通过对比试验选择处理参数，并进行质量控制。一般要求如下：

　　1）观测系统定义正确；
　　2）道编辑过程中，应剔除不正常炮记录、不正常道记录，校正反极性道；
　　3）正确应用增益控制参数，提升有效微弱信号；
　　4）应精选滤波参数，保证滤波结果有较高的信噪比；
　　5）静校正资料应当正确，静校正量较大地段应显示校正后的单炮和 CDP 道集或等偏移距道集记录，以检查校正效果；
　　6）沿剖面应有足够的动校正速度分析段，其位置应选在地形起伏不大、地层倾角平缓、反射波质量优良及波组齐全的地段；
　　7）确定迭加速度，除根据速度分析的结果外，还应参考速度测井或跨孔波速测量结果，并掌握速度横向变化；
　　8）各功能模块如振幅补偿、反褶积、去噪、滤波等的选择及其参数的确定应通过试验和分析来确定；
　　9）迭后修饰性处理，应特别防止过度人工干预造成削弱地质异常。

2 剖面解释应包括以下主要内容：

　　1）辨识和追踪有效波同相轴和波的置换，应根据波形相似性、视周期相似性进行追踪，同时注意波形突变、振幅突变、视周期突变及同相轴分叉、合并、错动等特征；
　　2）根据波形特征和上下同相轴的相对时间关系，确定地层厚度变化和接触关系；
　　3）划分断层或破碎带的主要依据：
　　（1）断点解释：根据同相轴的错断、终止、扭曲、分叉、合并、相位转换、断面波、绕射波等标志识别断面；
　　（2）断点组合：同一条断层在相邻剖面上的断点显示特征和性质应一致；同一条断层相邻断点落差接近或有规律变化；
　　（3）第四系松散地层中沉积构造及其他地质现象的解释：应有地质数据或钻孔数据对比、佐证。

3 在地震资料解释中，应充分搜集和利用有关物探和地质资料，并且及时与地质人员共同分析解释成果。

6.4.13 本条对成果的要求做了规定。

在地震成果剖面图上，应注明比例尺、高程、剖面方向、剖面端点和转折点的坐标、接口上下介质的波速值和地质岩性符号，并将通过测线的钻孔和其他验证数据绘制在图上。成果图的比例尺应符合地震勘探要求的测量精度。

6.5　瑞雷波法

6.5.1 本条规定了瑞雷波法的应用范围。各行业可利用瑞雷波法进行岩土工程勘察、检测。这里所列的类型基本覆盖了现在瑞雷波法应用的勘察、检测和监测的各个方面。但随着本方法技术的进步，其应用范围也会进一步得到拓展和延伸。

6.5.2 本条对瑞雷波法使用的仪器设备进行了规定。

6.5.3 本条规定了瑞雷波法现场工作布置的要求。

6.5.4、6.5.5 分别对稳态瑞雷波法和瞬态瑞雷波法的数据采集作了规定。瑞雷波的数据采集工作，直接关系到瑞雷波法工作的成败，没有高质量的第一手外业采集记录，后期的任何处理软件，都是无用的。

6.5.6 本条对瑞雷波法的工作质量检查与评价做了规定。

6.5.7 本条规定了瑞雷波法数据处理与解释的要求。在解释时明确提出应与钻孔或其他数据结合。理论和实践证明，频散曲线上的"之"字形（或为锯齿状）异常反映了地下弹性接口的分界面，速度曲线突变的深度往往是对应介质的接口深度，故可作为划分地质接口的依据。

6.5.8 本条对瑞雷波法工作成果应包括的主要图件等作了规定。

7　振动测试法

7.1　一般规定

7.1.1 本条规定了振动测试法的适用范围。

7.1.2 本规范所指振动测试法包括基础强迫振动测试法、场地微振动测试法、振动衰减测试法，实际工作中应根据工程需要选择使用其中的一种或几种方法。

7.1.3 本条规定了振动测试时应该具备的资料，在测试工作前，探测单位应该收集这些资料，委托单位也应该积极提供。

7.1.4 本条规定，在测试工作中，探测单位要保证按规定对测试使用的计量器具进行检定。

7.1.5 本条对测试场地选择及测点的布设的一般原则作了规定外，还规定了在现场工作期间，应对测试仪器设备采取相应的保护措施。

7.1.6 本条对振动测试法所用的速度型传感器主要技术指标作了规定。

7.2 基础强迫振动测试法

7.2.1 本方法适用于强迫振动测试天然地基和人工地基的块体基础的动力特性。由于天然地基和人工地基的测试方法相同，使用的设备和仪器，现场准备工作，数据处理等都完全相同。

7.2.2 地基动力参数是计算动力机器基础振动的关键数据，数据的选用是否符合实际，直接影响到基础设计的效果，而测试方法不同，则由测试资料计算的地基动力参数也不完全一致，因此测试方法的选择，应与设计基础的振动类型相符合，如设计周期性振动的机器基础，应在现场采用强迫振动测试。

7.2.3 明确规定了天然地基和人工地基的强迫振动测试，应提供的动力参数。

7.2.4 明置基础的测试目的是为了获得基础下地基的动力参数，埋置基础的测试目的是为了获得埋置后对动力参数的提高效果。因为所有的机器基础都有一定的埋深，有了这两者的动力参数，就可进行机器基础的设计，因此应分别作明置和埋置两种情况的振动测试。

基础四周回填土是否夯实，直接影响埋置作用对动力参数的提高效果，在作埋置基础的振动测试时，四周的回填土一定要分层夯实。

7.2.5 基础制作时应避开场地的地下管线，防止对其造成损坏和对测试结果产生影响。同样，其他资料对测试工作的开展及参数的计算都会产生影响，因此明确要求了测试前应该具备的资料。

7.2.6 机械式激振设备的扰力可分为几档，测试时，其扰力一般皆能满足要求。由于块体基础水平回转耦合振动的固有频率及在软弱地基上的竖向振动固有频率一般均较低，因此要求激振设备的最低频率尽可能低，最好能在3Hz就可测得振动波形，最高不能超过5Hz，这样测出的完整的幅频响应共振曲线才能较好地满足数据处理的需要；为了测出竖向振动的固有频率，要求激振设备的最高工作频率尽可能高，最好能达到60Hz以上，以便频带覆盖块体基础的共振峰。电磁式激振设备的工作频率范围很宽，只是扰力太小时对较大尺寸的块体基础的竖向振动激不起来，因此规定扰力不应小于600N。

7.2.11 本条规定了基础的尺寸，同时提出块体数量最好保证2个或2个以上。但是当块体数量超过2个时可改变超过部分的基础面积而保持高度不变，获得底面积变化对动力参数的影响，或改变超过部分基础高度而保持底面积不变，获得基底应力变化对动力参数的影响。基础尺寸应保证扰力中心与基础重心在一垂线上，高度应保证地脚螺栓的锚固深度，又便于测试基础埋深对地基动力参数的影响。基础的高度太大，挖土或回填都增加许多劳动量，而高度太小，基础质量小，基础固有频率高，如激振器的扰频不高，就会给测共振峰带来困难，因此基础的高度既不能太大，也不能太小。

条文中规定的尺寸对 $f_k = 200 kN/m^2$ 的黏土来说，基础的固有频率已超过30Hz。机器基础的底面一般为矩形，为了使试验基础与设计基础的底面形状相类似，本条规定了采用矩形基础，且其长、宽、高均具有一定的比例。

由于地基的动力特性参数与土的性质有关，如果试验基础下的地基土与设计基础下的地基土不一致，测试资料计算的动力参数不能用于设计基础，因此试验基础的位置应选择在拟建基础附近相同的土层上。试验基础的基底标高，最好与拟建基础基底标高一致，但考虑到有的动力机器基础高度大，基底埋置深，如将小的试验基础也置于同一标高，现场施工与测试工作均有困难，因此规范条文中对此未作规定，就是为了给现场测试工作有灵活余地，可视基底标高的深浅以及基底土的性质确定，关键是要掌握好试验基础与拟建基础底面的土层结构相同。

有的施工单位在浇注混凝土时，基础顶面做得特别粗糙，高低不平，以致激振器安装时，其底板与基础顶面接触不好，传感器也放不平稳，影响测试效果。为提高测试的成功率，本规范规定测试基础的混凝土强度等级应高于C15。

在现场作准备工作时，一定要注意基础上预埋螺栓或预留螺栓孔的位置。预埋螺栓的位置要严格按试验图纸上的要求，不能偏离，只要有一个螺栓偏离，激振器的底板就安装不进去。预埋螺栓的优点是与现浇基础一次做完，缺点是位置可能放不准，影响激振器的安装，因此在施工时，可采用定位模具以保证位置准确。预留螺栓孔的优点是，待激振器安装时，可对准底板螺孔放置螺栓，放好后再灌浆，缺点是与现浇基础不能一次做完。这两种方法选择哪一种，可根据现场条件确定。如为预留孔，则孔的面积不应小于100mm×100mm，孔太小了，灌浆不方便。螺栓的长度不小于400mm，主要是为了保证在受动拉力时有足够的锚固力，不被拉出，具体加工时螺栓下端可制成弯钩或焊一块铁板，以增强锚固力。露出激振器底板上面的螺栓，其螺丝扣的高度，应足够能拧上两个螺母和一个弹簧垫圈。加弹簧垫圈和用两个螺母，目的是为了在整个激振测试过程中，螺栓不易被震松。

在试验工作结束以前，螺栓的螺丝扣一定要保护好，以免碰坏。

7.2.12 基坑坑壁至试验基础侧面的距离应大于500mm，其目的是为了在做基础的明置试验时，基础侧面四周的土压力不会影响到基础底面土的动力参数。在现场做测试准备工作时，不要把试坑挖得太大，即距离略大于500mm。因为距离太大了，作埋置测试时，回填土的工作量大，应根据现场具体情况掌握好分寸。坑底应保持原状土，即挖坑时，不要将试验基础底面的原状土破坏，因为基底土是否遭到破坏，直接影响测试结果。坑底面应为水平面，因为只有水平面，基础浇灌后才能保持基础重心、底面中心和竖向激振力位于同一垂线上。

7.2.13 在振动测试过程中，地脚螺栓很容易被振松，一旦被振松后，所测的数据就不准。为避免地脚螺栓在测振过程中被振松，在测试前，应在地脚螺栓上放上弹簧垫圈，然后再用两个螺母将其拧紧，每测完一次，都要检查一下螺母是否被振松，如在测试过程中有松动，则应将机器停下拧紧后重新测定，松动时测的资料作废。

采用电磁式激振设备作水平回转振动测试时，其扰力作用点应在沿水平轴线方向基础侧面的顶部，最好是沿长边、短边两个方向都进行测试，以便对比两个方向测试所得动力参数的差异。

7.2.14 水平回转振动测试时，在基础顶面两端布置竖向传感器是为了测基础回转时的振幅，以便计算基础的回转角，其间的距离应量准。

基础的扭转振动测试，过去国内外都很少做过，设计时所应用的动力参数均与竖向测试的地基动力参数挂钩，而竖向与扭转向的关系也是通过理论计算所得。为了能测试扭转振动，机械工业部设计研究院和第一设计院进行过多次的测试研究工作，于20世纪90年代成功地做了扭转振动测试，共测试了十几个基础的扭转振动，测出了在扭转扰力矩作用下水平振幅随频率变化的幅频响应共振曲线。正文中传感器的布置方法，最容易判别其振动是否为扭转振动，如为扭转振动，则实测波形的相位相反（即相差180°），如为水平-回转耦合振动，则实测波形的相位相同，可检验激振器能否使基础产生扭转振动。因此在布置仪器时，一定要注意两个传感器本身相位是否相同。

7.2.15 在共振区以内（即$0.75f_m \leq f \leq 1.25f_m$，$f_m$为共振频率），频率间隔应尽可能小些，最好是0.5Hz左右。由于共振峰点很难测得，激振频率在峰点很易滑过去，不一定能稳在峰点，因此只有尽量采密一些，才易找到峰点，减少人为误差。共振时的振幅不大于$150\mu m$，振幅太大，峰点更难测得，影响地基土的动力参数。通常周期性振动的机器基础，当$f \geq 10Hz$时，其振幅都不会大于$150\mu m$。

7.2.16 数据处理需说明如下：为了简化参数的符号，条文中对变扰力和常扰力均采用相同符号，计算时，只需将各自测试的幅频响应共振曲线选取的值代入各自的计算公式中进行计算。

7.2.17 基础强迫振动测试的参数计算规定。

1 由A_z-f幅频响应曲线计算的地基竖向动力参数，其计算值与选取的点有关，在曲线上选不同的点，计算所得的参数不同。为了统一，除选取共振峰点外，尚应在曲线上选取三点，计算平均阻尼比ζ_1及相应的K_z和m_z，这样计算的结果，差别不会太大。对这种计算方法，要把共振峰峰点测准；$0.85f_m$以上的点不取，是因为这种计算方法对试验数据的精度要求较高，略有误差，就会使计算结果产生较大差异；另外，低频段的频率也不宜取得太低，频率太低时，振幅很小，受干扰波的影响，量波的误差较大，使计算的误差大。在实测的共振曲线上，有时会出现小"鼓包"，取用"鼓包"上的数据，则会使计算结果产生较大的误差，因此要根据不同的实测曲线，合理地采集数据。根据过去大量测试资料数据处理的经验，应按下列原则采集数据：

1) 对出现"鼓包"的共振曲线，"鼓包"上的数据不取；
2) $0.85f_m < f < f_m$区段内的数据不取；
3) 低频段的频率选择，不宜取得太低，应取波形好、量波误差小的频率。

有的试验基础（如桩基），因固有频率高，而机械式激振器的扰频低于试验基础的固有频率而无法测出共振峰值时，可采用低频区求刚度的方法计算。但这种计算方法应要测出扰力与位移之间的相位角，其计算方法为（见图1）：

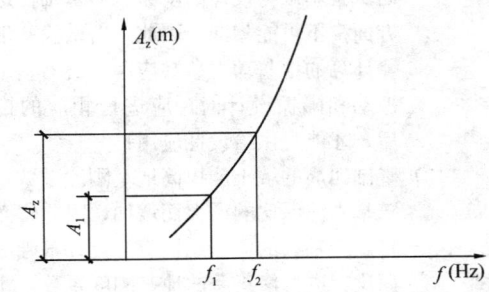

图1 共振峰未测得的A_z-f曲线

$$m_z = \frac{\frac{P_1}{A_1}\cos\varphi_1 - \frac{P_2}{A_2}\cos\varphi_2}{\omega_2^2 - \omega_1^2} \tag{9}$$

$$K_z = \frac{P_1}{A_1}\cos\varphi_1 + m_z\omega_1^2 \tag{10}$$

$$\zeta_1 = \frac{\tan\varphi_1\left(1 - \frac{\omega_1}{\omega_z}\right)^2}{2\frac{\omega_1}{\omega_z}} \tag{11}$$

$$\zeta_2 = \frac{\tan\varphi_2 \left(1 - \frac{\omega_2}{\omega_z}\right)^2}{2\frac{\omega_2}{\omega_z}} \quad (12)$$

$$\zeta_z = \frac{\zeta_1 + \zeta_2}{2} \quad (13)$$

$$\omega_z = \sqrt{\frac{K_z}{m_z}} \quad (14)$$

式中 P_1——激振频率为 f_1 时的扰力（N）；
P_2——激振频率为 f_2 时的扰力（N）；
A_1——激振频率为 f_1 时的振幅（μm）；
A_2——激振频率为 f_2 时的振幅（μm）；
φ_1——激振频率为 f_1 时扰力与位移之间的相位角，由测试确定；
φ_2——激振频率为 f_2 时的扰力与位移之间的相位角，由测试确定。

2 由于水平回转耦合振动和扭转振动的共振频率一般都在十几赫兹左右，低频段波形较好的频率大约在8Hz左右，而 $0.85f_1$ 以上的点不能取，则共振曲线上剩下可选用的点就不多了。因此，水平回转耦合振动和扭转振动资料的分析方法与竖向振动不一样，不需要取三个以上的点，而只取共振峰峰点频率 f_{m1} 及相应的水平振幅 A_{m1} 和另一频率为 $0.707f_{m1}$ 点的频率和水平振幅 A 代入附录H的相应公式计算阻尼比 $\zeta_{x\varphi 1}$、ζ_ψ，而且选择这一点计算的阻尼比与选择几点计算的平均阻尼比很接近。

对于块体基础强迫振动测试的各种系数和转换参数计算也应该遵守本条的规定：

1）由于地基动力参数值与基础底面积大小、基础高度、基底应力、基础埋深等有关，而试验基础与设计的动力机器基础在这些方面都不可能相同，因此，由试验基础实测计算的地基动力参数应用于机器基础的振动和隔振设计时，应进行相应的换算后，才能提供给设计应用；

2）基础四周的填土能提高地基刚度系数，并随基础埋深比的增大而增加，因此，必须将试验基础的埋深比换算至设计基础的埋深比，进行修正后的地基刚度系数，才能用于设计有埋置的动力机器基础；

3）基础下地基的阻尼比随基底面积的增大而增加，并随基底下静压力的增大而减小，因此，由试验资料计算的阻尼比用于设计动力机器基础时，应将测试基础的质量比换算为设计基础的质量比后用于机器基础的设计；

4）基础四周的填土能提高地基的阻尼比，并随基础埋深比的增大而增加，因此，应将试验基础的埋深比换算至设计基础的埋深比，进行修正后的阻尼比，才能用于设计有埋置的动力机器基础；

5）基础振动时地基土参振质量值，与基础底面积的大小有关，因此，由试验块体基础和桩基础在明置时实测幅频响应曲线计算的地基参振质量，应换算为设计基础的底面积后才能应用于设计。

7.2.18 本条规定了测试结果的具体内容，特别是各种参数均以表格的形式整理计算和提供设计应用，既能一目了然，又便于积累资料。

7.3 场地微振动测试法

7.3.1 场地微振动是由气象变化、潮汐、海浪等自然力和交通运输、动力机器等人为扰力引起的波动，经地层多重反射和折射，由四面八方传播到测试点的多维波群随机集合而成。随时间作不规则的随机振动，其振幅小于几微米。它具有平稳随机过程的特性，其振动信号的频率特性不随时间的改变而有明显的不同，它主要反映场地地基土层结构的动力特征，因此，它可以用随机过程样本函数集合的平均值来描述，如富氏频谱、功率谱等。本条规定了场地微振动测试法的适用范围。

7.3.2 每个建筑场地布置微振动测试点，进行微振动测试为基本要求。测点数量应根据设计要求、建筑重要性、地基复杂程度确定。当同一建筑场地有不同的地质地貌单元，其地层结构不同，场地微振动的频谱特征也有差异，此时可适当增加测点数量。关于建筑重要性及地基复杂程度按照现行国家标准《岩土工程勘察规范》GB 50021 的规定分类。

7.3.3 不同土工构筑物的基础埋深和形式不同，应根据实际工程需要布置地下微振动观测点的深度；在城市场地微振动观测时，交通运输等人为干扰24h不断，地面振动干扰大，但它随深度衰减很快，一般也需要一定深度的钻孔内进行测试。

通常远处震源的微振动信号是通过基岩传播反射到地层表面的，通过地面与地下微振动的测试，不仅可以了解场地微振动频谱的性状，还可了解场地微振动信号竖向分布情况和场地土层对微振动信号的放大和吸收作用。

7.3.4 场地微振动的周期为 0.1～10.0s（分为长周期和短周期），振幅一般在微米级，因此要求场地微振动测试系统灵敏度高、低频特征好、工作稳定可靠；信号分析系统应具有低通滤波、加窗函数以及常用的时域和频域分析软件。

7.3.5 用地基动力参数测试中常用的电动式速度传感器进行场地微振动测试虽然经济方便，但在钻孔内进行场地微振动测试时，这种速度型传感器固有频率很难做到 1.0Hz，而且体积较大，不得不放宽要求。近几年来已经逐步采用加速度传感器来进行场地微振动测试，它的工作频率带可满足0.1~60.0Hz，体积小，容易密封，可以直接测到场地微振动的速度、加速度。

7.3.7 目前已广泛采用能满足场地微振动测试分析要求信号采集记录分析系统。它配备时域、频域分析的各种软件，既能在现场进行实时分析，也可将信号记录在磁盘中到室内进行分析。测试仪器标定是指传感器、适调放大器、信号采集记录分析系统在振动台上每年标定一次。每次场地微振动测试前，可分别对每件仪器进行检查或用超低频信号发生器和毫伏表简易标定。

7.3.8 测点选择是否合适，直接影响场地微振动的精确程度。如果测点选择不好，微弱的振动信号有可能淹没于周围环境的干扰信号之中，给场地微振动信号的数据处理带来困难。

建筑场地钻孔波速测试和场地微振动测试，虽然目的和方法有别，但它们都与地层覆盖层的厚度及地层的土性有关，其地层的剪切波速V_s与场地的卓越周期T必然有内在的联系。场地微振动点布置于波速孔附近，正是为了积累资料、探索其内在的联系。

测点三个传感器的布置是考虑到有些场地地层具有方向性。如第四系冲洪积地层不同的方向有差异；基层的构造断裂也具有方向性。因此，要求沿东西、南北、竖向三个方向布置传感器。

7.3.9 本规范主要针对场地微振动的信号频率为1~10Hz。按照采样定理，采用频率大于20Hz即可，但实际工作中，最低采样频率常取分析上限频率的3~5倍。然而，采样频率太高，微振动信号的频率分辨率降低，影响卓越周期的分析精度。条文中提出采样频率宜为50~100Hz，就考虑微振动时域波形和谱图中的频率分辨率。

7.3.10 为了减少频谱分析中的频率混迭现象，事先应对分析数据进行窗函数处理，对微振动信号一般加滑动指数窗，选哈明窗或汉宁窗较为合适。

微振动信号的性质可用随机过程样本函数集合的平均值来描述，即微振动信号的卓越频率应是多次频域平均的结果。从数理统计与测试分析系统的计算机内存考虑，经32次频域平均已基本上能满足要求。

当谱图中出现多峰且各峰的峰值相差不大时，可在谱分析的同时，进行相关或互谱分析，以便对场地微振动卓越频率进行综合评价。

场地微振动信号频谱图一般为一个突出谱峰形状，卓越周期只有一个；如地层为多层结构时，谱图有多阶谱峰形状，通常不超过三阶，卓越周期可按峰值大小分别提出；对频谱图中无明显峰值的宽频带，可按电学中的半功率点确定其范围。场地微振动幅值应取实测振动信号的最大幅值。这里所指的幅值，可以是位移、速度、加速度幅，可以根据测试仪器和过程的需要确定。

7.3.11 本条规定了测试成果应包括的主要图件等。

7.4 振动衰减测试法

7.4.1 本条规定了振动衰减测试法的适用范围。

7.4.2 由于生产工艺的需要，在一个车间内同时设置有低转速和高转速的动力机器基础。一般低转速机器的扰力较大，基础振幅也较大，而高转速基础的振幅控制很严，因此设计中需要计算低转速机器基础的振动对高转速机器基础的影响。计算值是否符合实际，还与这个车间的地基土能量吸收系数α有关，因此，事先应在现场做基础强迫振动试验，实测振动波在地基中的衰减，以便根据振幅随距离的衰减，计算α值，提供设计应用。设计人员应按设计基础间的距离，选用α值，以计算低转速机器基础振动对高转速机器基础的影响。

振动能影响精密仪器、仪表的测量精度，也影响精密设备的加工精度。如果其周围有振源，应测定其影响大小，当其影响超过允许值时，应对设计的精密仪器、仪表、设备等采取隔振或其他有效措施。

环境振动（工程施工、爆破、地基处理等）应进行科学的监测，以评价震害等级，采取措施进行控制，及时消除居民的惧怕心理。

7.4.3 利用已投产的锻锤、落锤、冲压机、压缩机基础的振动，作为振源进行衰减测定，是最符合设计基础的实际情况的。因振源在地基土中的衰减与很多因素有关，不仅与地基土的种类和物理状态有关，而且与基础的面积、埋置深度、基底应力等有关，与振源是周期性还是冲击性、是高频还是低频等多种因素有关，而设计基础与上述这些因素比较接近，用这些实测资料计算的α值，反过来再用于设计基础，与实际就比较符合。因此，在有条件的地方，应尽可能利用现有投产的动力机器基础进行测定，只是在没有条件的情况下才现场浇筑一个基础，采用机械式激振设备作为振源。如果设计的基础受非动力机器振动的影响，也可利用现场附近的其他振源，如公路交通、铁路等的振动。

7.4.4 由于振波的衰减，与基础的明置和埋置有关，一般明置基础，按实测振波衰减计算的α值大，即衰减快，而埋置基础，按实测振波衰减计算的α值小，衰减慢。特别是水平回转耦合振动，明置基础底面的水平振幅比顶面水平振幅小很多，这是由于明置基础的回转振动较大所致。明置基础的振波是通过基底振动大小向周围传播，衰减快，如果均以测试基础顶面的振幅计算α值时，明置基础的α值则要大得多，用此α值计算设计基础的振动衰减时偏于不安全。因设计基础均有埋置，故应在测试基础有埋置时测定。

7.4.5 对仪器设备的规定。加速度传感器宜选用剪切结构的三向测振加速度传感器。

7.4.7 由于传感器放在浮砂地、草地和松软的地层上时,影响测量数据的准确性,因此在选择放传感器的测点时,应避开这些地方。如无法避开,则应将草铲除、整平,将松散土层夯实。

由于地基振动衰减的计算公式是建立在地基为弹性半空间无限体这一假定上的,而实际情况不完全如此。振源的方向不同,测的结果也不相同,因此,实测试验基础的振动在地基中的衰减时,传感器置于测试基础的方向,应与设计基础所需测的方向相同。

由于近距离衰减快,远距离衰减慢,一般在离振源距离10m以内的范围,地面振幅随离振源距离增加而减小得快,因此,传感器的布点,应布密一些。如在5m以内,应每隔1m布置1个传感器,5～15m范围内,每隔2m布置1个传感器,15m以外,每隔5m布置1个传感器。亦可根据设计基础的实际需要,布置传感器的距离。

7.4.8 各种不同振源处的振幅测试,传感器测点的布置位置,各个单位在测试时都不相同。由于测点位置不同,测试结果也不同。本条对各种不同振源规定了放传感器的测点位置,其目的是为各单位测定时有统一的规定。

7.4.9 由于振动沿地面的衰减与振源机器的扰力频率有关,一般高频衰减快,低频衰减慢,因此,测试基础的激振频率应选择与设计基础的机器扰力频率相一致。另外,为了积累扰力频率不相同时测试的振动衰减资料,尚应做各种不同激振频率的振动衰减测试。

7.4.11 本条是振动衰减测试的数据处理的规定。

1 对同一种土、同一个振源计算的 α 值随距离的变化,从图2中可以看出,α 不是一个定值。由于近振源处(约2～3倍基础边长),振动衰减很快,计算的 α 值很大,到一定距离后(图2中为15m以后),α 值比较稳定,趋向一个变化不大的值,不管哪个公式计算都是这个规律。因此,如果用一个平均的 α 值计算不同距离的振幅,则得出在近距离内的计算振幅比实际振幅大,而在远距离的计算振幅比实际的小,这样计算的结果都不符合实际。试验中应按照实测资料计算出 α 随 r 的变化曲线,提供给设计应用,由设计人员根据设计基础离振源的距离选用 α 值。在计算 α 值前,应先将各种激振频率作用下测试的地面振幅随离振源距离远近而变化的关系绘制成各种曲线图。由曲线图即可发现测试的资料是否有规律,一般在近距离范围内,振幅衰减快,远距离振幅衰减慢。无量纲系数 ξ_0 与地基土的性质和振动基础的底面积大小有关,其值可按现行国家标准《动力机器基础设计规范》GB 50040 附录E"地面振动衰减的计算"的有关规定采用。

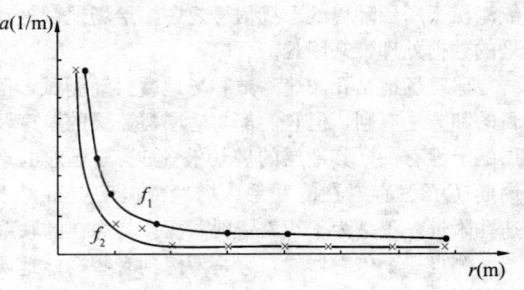

图2 α 随 r 的变化曲线

2 场地振动地震烈度可参照下表(表2、表3)确定:

表2 地震烈度和质点振动最大加速度值的对应关系

场地振动地震烈度	<6	6	7	8	9	>9
质点振动最大加速度值 $a(g)$	<0.05	0.05	0.10 (0.15)	0.20 (0.30)	0.40	>0.40

表3 地震烈度和质点振动最大速度值的对应关系
(C. B. 麦德维捷夫)

烈度	1	2	3	4	5	6	7	8	9	10
V (cm/s)	<0.2	0.2～0.4	0.4～0.8	0.8～1.5	1.5～3.0	3.0～6.0	6.0～12.0	12.0～24.0	24.0～48.0	>48.0

8 水声探测法

8.1 一般规定

8.1.1 水声探测是利用声波的反射原理,通过发射换能器或其他声源向水底发射声波脉冲,接收换能器接收来自水底和地层分界面的反射波。使用相应的仪器设备,根据探测记录可探测水底地形地貌并进行水下浅地层分层。本条规定了水声探测法的适用范围。

8.1.2 本条规定了探测应选择在符合条件的情况下进行。

8.1.3 本条规定了水声探测的测量要求。

8.1.4 本条规定了水声探测现场工作的一般要求。

8.1.5 本条规定了水声探测法的质量控制要求。

8.2 水下地形探测法

8.2.1 本条规定了水下地形探测法的适用范围。

8.2.2 本条规定了水下地形探测方法使用原则。

8.2.3 本条规定了水下地形探测所用仪器设备应满足的技术要求。由于现代 GPS 测量技术的飞速发展，大部分测深仪均已配备 GPS 接口，可实现实时监控，因此本条强调此要求。

8.2.4 本条规定了水下地形探测法测线布设与定位的要求。目前大部分测深作业已采用 GPS 实时动态测量，精度较高。微波测距仪、无线电定位系统也有使用，但精度及效率不及采用 GPS 实时动态测量。GPS 定位系统中，采用的 WGS-84 坐标，用户通过接收机得到的定位坐标，也是 WGS-84 坐标，为满足结果的利用，应对其进行转换或者建立转换关系，以保证测图或施工的需要。

8.2.5 对于水下地形探测的现场工作方法，本条作了明确规定。其中：

1 由于短期内潮水涨落过快，将影响测试精度，本条规定水位观测时间，是为了正确绘制水位曲线。

2 探测仪器采用回声测距原理，深度根据公式：$h=V\Delta t/2$ 计算，水中声速 V 受温度、盐度及浓度多种因素影响，一般淡水中速度值通常为 1460m/s，海水中速度值通常为 1500m/s，变化范围可达 1400～1600m/s，为保证精度，要进行声速校正。水中声速 V 一般可用下式计算：

$$V = 1450 + 4.206T - 0.0366T^2 + 1.137(S-35)$$
(15)

式中 T——水温（℃）；
S——含盐度（‰）。

3 目前许多型号的测深仪都兼有模拟记录和数字记录功能，由于自动化成图的普及，数字信号的可靠度应有计量检验手段。为保证两种信号的一致性，要求检验测深仪时，对两个信号都要比较，确认数字信号的可靠性。

8.2.6 本条规定了补测和重测的要求。

8.2.7 本条规定了探测深度的误差限制。

8.2.8 本条规定了资料整理的要求。其中对测试水深值的校正，应包括船只吃水校正、仪器误差校正、水位校正和水体声速校正。

8.3 浅地层剖面探测法

8.3.1 本条规定了浅地层剖面探测法的适用范围。

8.3.2 本条规定了浅地层剖面探测法的应用条件。在水库与河道探测淤积层时，由于淤积物主要为淤泥、粘土类物质，对水声勘探比较有利，不产生二次波，探测深度也较深，分辨率也高。

探测水下覆盖层厚度，如不进行覆盖层分层时，要求覆盖层的反射系数愈小愈好，亦即透射系数越小越好，对于目的层（基岩面），则要求反射系数越大越好，这样可取得准确的覆盖层厚度成果。

如水底存在砂层和零星分布的卵砾石时，由于反射系数较大，可能产生二次、三次波等多次波，探测深度也将受到影响。如卵砾石粒径大于 2cm 或存在卵砾石层时，将产生散射现象，不易得到下部地层的记录。

8.3.3 本条规定了浅地层剖面探测仪器设备的技术要求。

8.3.4 本条规定了浅地层剖面探测法的工作布置技术要求。本方法属高精度水上浅地层剖面探测，如探测横河剖面，可事先在河道或水库两岸对称敷设剖面桩，并测试坐标、高程及两桩之间的水平距离。在坝址区的探测剖面应尽可能与主要勘探线或坝轴线的地质勘探剖面重合，这样可以利用钻孔资料研究水声勘探剖面与地质勘探剖面的关系。横河剖面沿两岸剖面桩布置，其中剖面线距的规定和辅以纵剖面是便于作有关成果平面图。

8.3.5 由于探测仪器设备是安装在轮机船上工作，对水深的要求可以随不同船型吃水深度而不同，同时发射探头和接收探头入水又得要有一定深度。船的载重量主要考虑与船的稳定性有关，同时要考虑船的长度能满足发射与接收探头两者之间的安置距离。

发射换能器和接收换能器的安装位置应选择在航行中产生气泡最少、机器噪声最小、摆动影响最小的地方，因为频率愈低时噪声水平愈高，噪声水平高限制了放大器的放大性能，降低了探测深度。

8.3.6 在探测前的准备还应进行自测试，本条针对此项工作作了规定。

8.3.7 本条对数据采集工作作了规定。探测时首先通过试验选择采集参数，并且明确了探测分辨率和探测精度要求。用于浅层剖面探测的震源常有电磁脉冲、电火花声源以及机械式震源等几类。为保证记录质量，发射的速率一般不宜过快。

8.3.8 本条规定了资料处理和解释的要求。资料处理方法包括作 TVG 时可变增溢、水（海）底散射压制、多次波压制、数字滤波、水中噪声消除处理等，以去除干扰信号，突出有用信号。在资料解释时，一般可以结合有关资料如钻探资料做出准确判断。区域性强反射界面且邻层对比差明显，可以判断为积物类型的界面或沉积间断面；层内及层界面的反射波位移（错位）或扭曲变形，一般是断裂或构造或运动引起地层牵引；波层组呈现声屏蔽现象，在杂乱反射情况下，出现透明亮点，通常反映沉积物中存在含气层；呈双曲线反射现象常是水下管道或较大的特异物体（如大砾石、沉船）的反映。在有条件时，应布置必要的钻探孔验证，并据此指导剖面解释工作。

8.3.9 本条规定了浅地层剖面探测成果应包括的内容。

9 基桩动测法

9.1 一般规定

9.1.4 本条规定了基桩动测前,应对检测仪器设备进行检查和调试。并且要求检测用的计量器具应在计量检定周期的有效期内。

9.2 低应变反射波法

9.2.1 低应变法检测桩身完整性,方法较多。目前在工程中应用较多的是反射波法,它根据取得的时程曲线或频域分析来判断缺陷部位的深度和性质,而且在比较准确算取工地的平均波速时,可以对桩长进行复验。

9.2.2 由于我国幅员广大,各地区的基桩、地质条件差异较大。加之成桩的质量受到施工工艺,桩的长径比,桩所处的地质环境等因素的影响,我国相继出台的交通部、铁道部和天津、上海、浙江、广东、深圳等省市的基桩动测规程,均对基桩的抽样比例有相应的规定,对桩抽检的比例也不同。本规范仅作一般的规定。

9.2.3 为保证有良好的测试仪器,要求在检测过程中使用的仪器设备,具有生产产家的生产许可证,投入使用前应经省市级质量技术监管部门的计量标定合格,在各项参数指标达到要求后才可投入使用。

9.2.6 基桩检测严格讲应在成桩达到龄期后才能测试。由于施工工期等原因对于桩身完整性测试,一般在成桩后14d左右。其桩身强度可以达到80%左右,因此交通部的行业规范规定在成桩14d后才可进行测试是有道理的。重要的是在测试时一定要对被测桩头进行必要处理,除去浮浆和破碎处,并对放置传感器和激振部位应采用砂轮机磨平,使取得的信号具有真实性。

9.2.7 测试信号的真实性对判断桩身完整性十分重要。由于桩顶激发时产生的直达面波和球面反射波等影响,故浅部的缺陷往往与激震点、仪器的分辨率有关,故应力求波形重复性好,以避免误判。

9.2.13 桩身完整性的判定一般对Ⅰ和Ⅳ类桩较为容易,对Ⅱ、Ⅲ类桩的判定应综合缺陷桩的具体位置、地质环境、施工情况以及应力波传播的特征来分析。必要时采用不同人不同仪器重复测试,来共同分析判断或采用如取芯法辅助判定。而对于Ⅰ类桩中嵌岩桩无明显桩底反射时,应分析是否由于桩底的岩性与桩身的波阻抗差异不明显,还是激振能量不够等原因。

9.3 高应变动测法

9.3.1 高应变动力检测桩承载力在我国开展已有20多年的历史,但至今尚有许多值得探讨的影响因素。由于测试人员对该方法的理论基础、荷载传递机理以及桩土体系的受力状态的理解程度以及地区性动静对比试验资料的积累,极大的影响到拟合数据的准确度。因此,直到目前为止,该方法尚在进一步发展与完善之中。而高应变动测能提供的竖向极限承载力仅为工程桩的参考值,不应作为设计依据。

9.3.5 本条所规定的激振锤的锤重,既要使桩侧阻、端阻得到充分发挥所需的位移且又不至于使桩头受损造成测试的失败。因此提倡重锤低落,对于长桩大桩应采用较重的锤,才有可能得到较理想的信号,有利于桩极限承载力的正确判定。

9.3.6 高应变测试的成功很大程度取决于每次锤击信号的质量以及动位移。而贯入度直接影响到桩的土阻力的发挥,因此在实际的操作过程中要按本规范的有关规定确保力和加速度传感器的安装、锤重、锤击的落距等技术要求,使测得的承载力值最大限度反映客观实际状况。

9.3.10 在室内资料分析计算之前应确认各锤信号的质量,选取符合要求的锤击信号进行分析。对两侧信号之一与力平均值的差值超过平均值的30%以上的,一般是由于锤击不规范因素造成,不应选取分析信号,更不能用单侧力信号代替平均力信号。

在进行实测曲线拟合时,土阻力的分段取值应根据被测工地的工程勘察资料,结合施工情况认真分析桩的受力状况,逐一对所选各参数综合比较判断,避免所拟合得到的承载力与实际桩-土模型产生较大的变异。

9.4 声波透射法

9.4.1 声波透射法是在桩身中埋设一定数量的声测管,通过水耦合,声波从一管发射通过混凝土在另一管接收,测得声波通过某一界面混凝土介质的声时、声速和频率等声学参数,从而达到判别桩身完整性的目的。

9.4.4 为了考虑到换能器能顺利地在较小的声测管中顺畅测试,故一般要求换能器外径在30mm左右,而声测管采用外径为50mm的镀锌水管,接头应保证不漏水,以避免泥浆注入管内,同时考虑到声波发射频率与穿透能力的关系,故本规范中规定一般采用谐振频率为30~50kHz径向换能器。

9.4.5 为了使各测试剖面的检测结果具有可比性和精确的判定,要求在对同一根桩各剖面检测中,一定要保证各剖面声波发射电压和仪器各参数设置值的不变。

9.4.6 在计算声速时,声测管及耦合水层声时修正值可按下式计算:

$$t' = \frac{D-d}{V_t} + \frac{d-d'}{V_w} \tag{16}$$

式中 D——声测管外径;

d——声测管内径；
d'——换能器外径；
V_t——声测管壁厚方向声速值（可取5800m/s）；
V_w——水的声速值（可取20℃时的水的声速1483m/s）。

9.4.8 根据本方法所判定的桩身完整性类别是以声速、波幅值和PSD等参数作为依据，其实尚存许多影响混凝土质量的复杂因素，因此对于判为Ⅲ、Ⅳ类的桩应该考虑采用其他方法，如低应变反射波法、钻孔取芯法验证，并结合地质背景和施工记录综合判定。

10 地面高精度磁法

10.1 一般规定

10.1.1 本条说明了地面高精度磁法勘探在城市勘察中的应用范围。如在城市地下管线探测、普查中探查铁磁性材质制成的地下管道；战争年代遗留下的隐埋爆炸物、建设时期埋于地下的废钢渣；对有铁、陶器古墓的探测；圈定含磁性的岩体及构造破碎带等。

10.1.2 本条阐明了应用地面高精度磁测时应具备的条件：首先是被探测的目的物与其周围介质之间具有足够的磁性差异，这种差异可形成足够强的能从磁性干扰异常中被区分开的有效异常。

10.1.3 本条中规定了磁测精度用磁场观测总误差来衡量。在城市勘察中往往浅层干扰严重，磁测精度可适当降低些，但其总均方误差不应小于最弱有效异常的1/5。

10.1.4 本条说明了磁测总精度为野外观测均方误差及各项改正均方误差的总和。在设计时，可根据实际技术条件，在保证总精度前提下，可通过提高某项精度和降低另一项精度的方法，来保证总精度。

10.1.5 本条中规定了进行高精度磁测时，对仪器及其性能的要求。

10.1.6 本条中规定了施工前后应对使用仪器探头的最佳高度、噪声水平、一致性、系统误差等进行测定或校验。校验应在工作现场进行。具体方法如下：

1 探头最佳高度的选择：

按测区范围大小，在测区内选择一条（或若干条）长约100m，对浅层干扰有代表性的典型剖面，点距3～5m，用1、1.5、2m不同探头高度各进行一次往返观测，分别计算三个不同高度的均方根误差，以探头高度为横坐标，以均方根误差为纵坐标，绘出误差随高度变化曲线。通常随高度增大，观测误差趋于减小并接近一恒定值，依此选出接近恒定值的最佳探头高度。探头高度一经确定，应该在全区内保持不变，其误差不超过探头高度的1/10；

2 噪声水平的测定，按如下方法进行：

1) 当有三台以上的磁力仪同时工作时，可选择一磁场平稳而又不受人文干扰影响的地方，将各仪器的探头置于该区作秒级的同步日变观测，探头间距离应大于20m。各仪器取100个观测值，按下式计算每台仪器的噪声均方相对误差值：

$$S = \sqrt{\frac{\sum_{i=1}^{N}(\Delta x_i - \overline{\Delta x_i})^2}{N-1}} \quad (17)$$

式中 S——噪声均方误差值(nT)；
Δx_i——第i个观测值x_i与起始观测值x_0的差(nT)；
$\overline{\Delta x_i}$——所有仪器同一时间观测差值的平均值(nT)；
N——观测值总个数。

2) 当仪器不足三台时，用单台仪器在上述磁场平稳地区作日变连续观测百余次，读数间隔5～10s，按下式求7点滑动平均值：

$$\overline{x_i} = \frac{1}{7}(x_{i-3} + x_{i-2} + x_{i-1} + x_i + x_{i+1} + x_{i+2} + x_{i+3}) \quad (18)$$

用下式计算仪器的噪声均方相对误差值S：

$$S = \sqrt{\frac{\sum_{i=1}^{N}(x_i - \overline{x_i})^2}{N-1}} \quad (19)$$

式中 x_i——i时刻的观测值(nT)；
$\overline{x_i}$——i时刻的滑动平均值(nT)；

3 各仪器的一致性测定：

同一工区使用两台以上仪器工作时，应测定各仪器一致性；在工区磁场平稳区选择一条长约100m剖面，点距3～5m，各仪器分别在各观测点上观测读数（每点观测多于两次），用下式计算仪器一致性均方相对误差，其值不应大于设计观测均方相对差的2/3；

$$\varepsilon = \sqrt{\frac{\sum_{P=1}^{N}V_P^2}{M-N}} \quad (20)$$

式中 ε——仪器一致性均方差(nT)；
V_P——某仪器在P点的观测值与所有仪器在该点观测值的平均值之差(nT)；
M——总观测次数（等于各检查点上全部观测次数之和）；
N——测点数。

4 仪器系统误差的测定方法：

1) 在正常场区（远离干扰）设置30～50个点，点距20.0～100.0m，将所有参加生产的同类仪器共享一个探头，依次在这些点上观测总场，观测时应保持探头的极地方位、轴线方向、高度及操作员所站的方位相同。将日变改正后每台仪器所测结果按点号绘成同一比例尺的曲线图,分析各仪器的系统误差。

2) 各仪器的系统误差也可用平均值来表示,计算公式如下:

$$\delta_T = \frac{1}{N}\sum_{P=1}^{N} V_P \tag{21}$$

式中 δ_T——各仪器系统误差(nT);
V_P——某仪器在 P 点观测值与所有仪器在该点观测值的平均值之差(nT);
N——测点数。

各仪器的系统误差应小于 1nT,否则应查明原因,重新进行调节和校验,如仍达不到要求,则应停止使用,重新校准。

10.1.7 本条阐明了地面高精度磁测的准备工作:收集所需的资料;到测区进行踏勘,了解工作环境及干扰源分布;通过已知区试验工作选定方法技术;根据已知资料分析估计磁测效果或根据已知条件拟定简单模型,进行正演计算,估计高精度磁法的探测效果等。

10.1.8 本条阐明地面高精度磁测的工作布置要求:测区范围、测网选择应根据工作任务要求、目的物大小、形态、赋存状况来综合确定。测网布置,测线、测点间距及其布设应根据目的物异常大小、走向来确定。

10.1.9 本条阐明对基点(含日变站)布设及选择的要求。

10.1.10 本条对校对点布设及观测读数的要求。

10.1.11 本条说明高精度磁测时精测剖面的布设要求。

10.2 数据采集

10.2.1 本条阐明地面高精度磁法的磁测参量,磁测参量种类较多,应根据任务要求,探测目标物的磁化特性和形状及埋深,结合仪器设备能力合理地选择磁测参量。如探测埋藏较浅的隐埋爆炸物可用磁通门梯度仪测定磁场垂直分量垂直梯度 Z_h 值,也可用质子磁力仪测定磁场总量异常 ΔT 值,根据实际条件,也可进行多参数观测。水上磁测一般应以观测总场为主。

10.2.2 本条阐明对地面高精度磁法探测仪器的操作要求。

10.2.3 本条说明对地面高精度磁测进行数据采集的要求。

10.2.4 本条说明地面高精度磁法的磁参数测定方法。

10.2.5 本条阐明质量检查与评价的规定。

10.3 资料的处理与解释

10.3.1 本条阐明地面高精度磁法进行地磁场正常梯度和垂向梯度改正的规定及其要求。

10.3.2 本条阐明地面高精度磁法的日变改正要求。

10.3.3 本条阐明地面高精度磁法的各项改正和磁异常值的计算要求

10.3.4 本条阐明地面高精度磁法资料解释时应做的准备工作。

10.3.5 本条阐明地面高精度磁法应编制的图件及有关资料。

10.3.6 本条阐明地面高精度磁法的定性解释方法。

10.3.7 本条阐明地面高精度磁法进行定量解释的方法及规定。

11 天然放射性测量法

11.1 一般规定

11.1.1 天然放射性测量在解决城市勘察中的水文地质和工程地质问题时,最主要和最实用的是其中的两大类方法,即氡气测量和伽玛测量。其他的方法,如 X 射线荧光法、β 法和 α 法,以及中子法等在特殊的情况下也被采用。从应用的空间,天然放射性测量方法还可分为航空的、地面的(汽车的和徒步的)、井下的和水下的 4 大类方法。在城市勘探中最常用的是地面徒步方法。

11.1.2 搅动土(菜地、庄稼地、道路、田埂、沼泽地、建筑堆土等)因素,是影响放射性测量的准确性的重要因素,因而在进行天然放射性测量时,应尽量避开这些地段。不同的放射性测量方法可能解决不同的地质工程问题,在新区开展工作前,应选择有效的方法。如松散覆盖分布较广泛时,宜采用氡气测量方法;而当工作面积露头分布较好,宜选用 γ 方法等。

11.1.3 本条规定了天然放射性测量仪器的要求。

11.1.4 本条规定了天然放射性测量法在定量测量工作前,应用模型或标准源对仪器进行标定。放射性模型一般直径取 3~5m,以保证模型达到饱和厚度。

11.1.5 本条规定了工作布置要求。

11.1.6 本条规定了质量检查与评定要求。

11.2 数据采集

11.2.1 放射性测量仪器记录通常为单位时间的脉冲数,为了将脉冲数转换成 Gy/h 或 Bq/m^3,应对使用的仪器进行标定。具体标定方法如下:

1 γ 辐射仪的标定

1) 一般采用 1mg 级质量的镭源(约 $3.7 \times 10^7 Bq$)或 0.1mg 级质量的镭源(约 $3.7 \times 10^6 Bq$),它们相当于前苏制的 6 号源和 5 号源,它们在 1m 处能造成 $60\mu\mu C \cdot kg^{-1} \cdot s^{-1}$ 或 $6.0\mu\mu C \cdot kg^{-1} \cdot s^{-1}$ 的照射量率;

2) 可以在具有源与探测器的铅准直屏的装置

上标定仪器。利用这种准直屏，可以消除γ射线的散射。在这种情况下，源辐射传播的立体角能使辐射射向探测器的整个表面。这种比较准确的标定法主要是用在检测的实验室中；

3) 在进行野外徒步的地面 γ 测量中，γ 辐射仪的标定通常是在露天场地上进行的，即在辐射仪和源之间放置在距地面土壤和墙壁（或其他阻障物）约 2.0m 的位置上（并变化 5～7 个位置），以使减少散射射线的影响。原则上可以用 1 个源或几个具不同照射量率的源造成标定时所需的照射量率。当采用 1 个源时，需要变化探测器与源之间的距离；而当采用几个源（5～7 个）时，几个源则应放置在距探测器的同一位置上。源和探测器之间的距离，可在 0.5～2.0m 之间变化。这是因为近于 0.5m 时，镭源不能视为点源，而距离大于 2.0m 时，散射射线大量增加，弱源就更弱了，误差加大；

4) 根据辐射仪的测量值绘制标定曲线，即脉冲频率与镭源照射量率 $P[C \cdot kg^{-1} \cdot s^{-1} \cdot 10^{12}]$ 的关系曲线，并按下式计算（当镭源为 1mg Ra 时。当用其他质量镭源可照此计算类推）：

$$P = 60M/R^2 \qquad (22)$$

式中 M——源中的镭质量(mg)；
R——探测器的闪烁体或气体放电计数管中心至源的距离。

5) 如果已知标定地点的本底辐射值，则应把该值从辐射仪测得值中减去，在此情况下标定特性曲线应通过坐标原点；当标定地点本底辐射值为未知时，可采用将标定曲线向坐标轴外延的方法加以确定，即特性曲线与纵坐标相交点的截距为本底辐射值。原则上说，测量 5～7 点，即可完成仪器的标定；

6) 为避免低能 γ 射线对仪器标定的影响，源与探测器之间的距离，应尽量控制在 0.5～1.0m；

7) 当采用无限或半无限介质含矿（铀、钍、钾和零值）模型标定辐射仪时，应用放射性元素含量单位 (U_γ) 来表示仪器的读数；

8) 对城市勘察工作，一般可以不采用模型标定法。但可以先用模型标定后，立即用镭源再标定核对，或在某个特定标志上用工作源进行检查测量认可。

2 氡气测量仪的标定

1) 按氡气引入容器的方法不同，标定方法可分为循环法、真空法和自由扩散法三种。其中，循环法一般用于标定野外勘察工作的常规氡测量仪器；真空法一般用于标定室内分析仪器和测水中氡仪器；而自由扩散法（氡室），则适于所有测氡仪器，或测氡系统的标定，但一般更适用于一些积分（累积）氡气测量系数的标定；

2) 标定仪器（或系统）的标准源有：液体镭源、固体镭源和氡室；

3) 在当前，有条件的可到衡阳国家氡室标定，但一般仍可采用液体镭源（约 10^{-8} g，Ra，相当于 RaC_3 型号）标定。固体镭源标定较少，甚至不用；

4) 对于城市勘察工作量少时，或标准源不具备时，在仪器工作正常状态下，可采取首次正式标定，然后时常用工作源核对的方法；

5) 在仪器正常工作状态下（经常性检查和工作源检查合格）可一年标定一次。但当仪器检修后，或更换元器件后，一定要对仪器进行标定；

6) 液体镭源的循环法标定瞬时（常规）氡测量仪器时，采用下式计算：

$$J_x = C_b(1-e^{-\lambda t})P_b/(N \cdot V_b \cdot P_s) \qquad (23)$$

式中 J_x——标定系数(Bq/L·cpm)；
C_b——液体标准源中镭的活度(Bq)；
V_x——循环系统的总体积(L)；
P_b——标定时，鼓气和读数时间不是零分零秒而引入的修正；
N——减去底数后的读数平均值(cpm)；
P_s——野外工作时，鼓气（抽气）时间不是零分零秒而引入的修正。

[注：1 当标定时与野外工作抽气时的时间一致时，即 $P_b = P_s$，可以不进行修正；
2 $Bq/L = 10^3 Bq/m^3$。]

7) 液体镭源的真空法标定瞬时氡测量仪器，采用下式计算：

$$J_z = C_b(1-e^{-\lambda t})/(N \cdot V_z) \qquad (24)$$

式中 V_z——仪器闪烁定的体积；其他符号的物理意义同(23)式。

8) 用氡室标定瞬时氡测量仪器，既可采用循环法，也可采用真空法。计算时采用上述相应公式。

9) 用氡室标定累积氡测量系统（活性炭法，径迹蚀刻法，热释光法，液闪法，α 卡法，α 杯法等）采用下式计算：

$$J_{zk} = [R_{ns}/(N-N_0) \qquad (25)$$

式中 R_{ns}——氡室中氡浓度（Bq/L）；
N——读数的平均值（cpm）；

N_0——本底读数的平均值（cpm）。

10) 上述公式中的 P_b、P_s 是氡子体的增长系数，对电离室仪器和闪烁室仪器有相应的曲线。

11.2.2 由于射气系数和扩散系数，受气象条件（大气压力、温度、湿度等）变化的影响较大，但这种变化往往是在表层（浅于50cm），所以增加取气深度会减少气象因素对氡气变化的影响。

11.2.3 本条规定同时进行伽玛（γ）测量和氡气测量时，应保持两者测点位置一致，以便于对比和解释。

11.2.4～11.2.6 分别对地下硐室、厂房及环境监测评价的氡气测量、辐射检测作了规定。

11.3 资料的处理与解释

11.3.1 在资料处理中，应作仪器的工作日志和各种仪器性能检查曲线。由于放射性测量仪器易受环境变化（温度、湿度等）影响。仪器的"三性"检查正是通过检查曲线来实现的。

11.3.2 检测的结论应视项目的任务，主要依据如下有关规定，给出客观的评价：

1 《电离辐射防护与辐射源安全基本标准》GB 18871—2002；
2 《核设施环境质量评价一般规定》GB 11215—89；
3 《民用建筑工程室内环境污染控制规程》DBJ 01—91—2004；
4 《民用建筑工程室内环境污染控制规范》GB 50325—2001；
5 《室内空气质量标准》GB/T 18883—2002；
6 《铀矿地质辐射防护和环境保护规定》GB 15848—1995。

12 高精度重力法

12.1 一般规定

12.1.1 高精度重力法是重力勘探的一个新兴分支。它是指测量的精度和测量探查的对象引起的效应是以 $1×10^{-8}$m·s^{-2} 级的数值来度量的，因而弥补了经典重力勘探观测精度低和分辨能力差的弱点。它测量的对象、规模和尺度都更小，信息更微弱，从而更适于在城市勘察中解决诸如岩层接触带（断层、岩体边缘等）、浮土厚度等部分地质和工程地质问题。

12.1.2 高精度重力法的仪器采用金属弹簧式相对重力仪，是因为其精度达到 $1×10^{-8}$m·s^{-2} 级。20世纪40～50年代生产的石英弹簧重力仪，精度是 $1×10^{-5}$m·s^{-2} 级的；20世纪70～80年代精度到 $0.1×10^{-5}$～$0.01×10^{-5}$m·s^{-2}；而80年代以后生产的金属弹簧重力仪，精度达到 $1×10^{-8}$m·s^{-2} 级。

12.1.3 重力仪格值的标定要求。

1 重力仪的出厂格值并不能代表实际的格值，所以要重新进行标定，通常可用如下二次多项式表示：

$$\Delta g = \Delta g_0(1+\delta_1+\delta_2\Delta g_0) \qquad (26)$$

式中 Δg——由高精度绝对重力或相对重力测量得到的重力段差；
Δg_0——由仪器的面板格值计算的重力段差；
δ_1——为线性改正因子；
δ_2——二次项改正因子。

注：有时仅取线性因子 δ_1。

2 重力仪在野外工作期间，格值测定时间，一般应由仪器使用单位根据仪器说明书等具体确定。

3 重力仪的格值宜在国家级重力仪格值标定场上标定。采用双程往返重复观测法取得独立读格差，合格读格差的数量不应少于6个，各个独立增量结果与平均值独立增量结果之差不应超过±0.02格（约相当于 $0.02×10^{-5}$m·s^{-2}），不合格读格差不得多于2个，否则应查明原因，根据实际情况，将部分或全部观测结果作废，并重新测定。格值测定工作应至少在三个不重复的测段上独立进行，求取每一测段的格值。在有条件的情况下，应在北京灵山或江西庐山国家级重力仪格值标定场测定格值，求得重力仪格值表（每10格或20格给出一个格值）。

4 重力仪在出厂时已进行了格值标定，并附有 $0～7000×10^{-5}$m·s^{-2} 范围内的格值表。为了消除系统误差，应对厂方提供的格值表进行检查，求取格值表的校正系数（比例因子），具体方法是：在国家长基线（哈尔滨—北京—广州）上，以飞机为运载工具，采用双程往返重复观测法，进行两次独立观测，其互差不得大于 $0.04×10^{-5}$m·s^{-2}，其平均值与长基线重力段差值之比的倒数，即为长基线所对应的绝对重力值范围内的格值表的校正系数。

12.2 数据采集

12.2.1 高精度重力法的仪器操作应符合下列规定：

1 仪器准备

1) 位移灵敏度的检查和调试。

将仪器按原来最小倾斜灵敏度的气泡置平，转动测微轮，粗略使十字丝对准读数线，得到一个测微轮读数（整分划），以此读数减少50个小格的测微轮刻划为起始位置，读取十字丝的光学标尺读数，然后顺时针转测微轮一周，再读取十字丝在光学标尺上的读数。这时光学位移灵敏度等于10除以十字丝二次读数之差。如果发现位移灵敏度改变了或不符合要求，可以调整纵水泡，在纵方向倾斜仪器来解决。

如果调整了位移的灵敏度而改变了纵水泡位置,则需用厂家提供的专用调气泡的六角形螺系刀伸进纵气泡调节孔,将气泡调到中央位置。

2) 读数线的检查和调整。

先转动测微轮,使十字丝对准读数线,或使电子读数输出为零,然后旋转纵气泡置平螺旋,使纵气泡分别位于左偏中央半格、中央位置、右偏中央半格。同时读取这三个位置所对应的十字丝光学标尺读数或电子输出读数,并算出左、右偏与中央位置时的读数之差。如果两个读数差大致相等,说明现用的读数线是正确的;如果二者不相等,则需改变读数线位置:例如,左偏位移是(读数差)大于右偏移量,说明读数线太高,要转动测微轮,使十字丝移向光学标尺的小读数方向移动(一般为零点几小格)。最后再按前述偏移纵气泡的方法来检查是否已调到正确的读数线。

3) 横气泡的检查与调整。

将纵气泡置于最小倾斜灵敏度位置上,十字丝对准读数,然后用双手同时调节横气泡的两个置平螺旋(两个螺旋互为相反方向转动,旋转量要尽量相等,使纵气泡保持在水平位置上),使横气泡从一端经过中央,移向另一端。每移动半格读取十字丝在光学标尺上读数(或电表上电子读数)。

4) 特别要注意,当横气泡调整较大时,则在其调整后,必须再复查纵气泡位置是否正确,如果不正确,需要按上述的方法进行复查到正确为止。

2 仪器附件、必要用品等应按照仪器说明书的要求带全,主要包括:"充电/供电"单元、滤波盒、电源接线板、数字电压表、万用表、电子读数输出电缆、铅底盘、调仪器的螺钉旋具、电子手表、备用灯泡和保险丝、温度计、气压表、米尺、罗盘、晴雨伞、计算器、厂家标定的格值表、潮汐改正表、测量手册、木桩、白灰、铁锹、防霉箱、减振垫等。

3 振动对微重力仪的观测影响极大,因此一般在操作和运输中尽量减小各种振动影响。实验表明,在动态运输中仪器的零漂随运输工具不同而异,用飞机运输比用汽车运输,重力仪零漂要小些。在同样路面上,汽车型号的不同,振动的影响也不同。采用底盘低和防振动效果好的汽车比一般汽车运输时,观测效果更好。为此,在运输过程中可采取防振动措施,如用泡沫海绵垫、弹簧悬挂等方法来减小运输中

重力仪的振动,最好把重力仪放置在汽车的中央,以达到减缓振动的效果。

12.2.2 本条规定了数据采集的要求。其中关于对测量精度的影响说明如下:

1 按照测量的有关规定,在重力点位的高程测量精度能够满足的话,最后算得的地形改正精度有可能达到 $3×10^{-8}$ m·s^{-2},符合要求。

2 点位测量误差小于1m,可保证纬度校正误差低于 $1×10^{-8}$ m·s^{-2}。而对于相对高程误差为0.3cm时,这样,在自由空气校正中引入的误差就会小于 $1×10^{-8}$ m·s^{-2}。对于一给定的密度值 σ,由 Δh 的误差引入布格校正的误差,是会远小于自由空气校正值的。如果估计或确定布格平板密度的精度在0.02g/cm^3 之内,则布格校正误差将小于 $1×10^{-8}$ m·s^{-2}。如果确定 σ 的精度在 0.02g/cm^3 之内和 Δh 的精度在 $±0.3$cm 之内,由 $\sigma · \Delta h$ 所引起的布格校正的误差应当为 $±1×10^{-8}$ m·s^{-2} 或更小。最后可根据上述误差要求而推算得布格异常的精度小于 $±6×10^{-8}$ m·s^{-2}。

12.3 资料的处理与解释

12.3.1 重力测量中的地形改正对各测点高程精度要求较高,在小区域中测图时,一般不采取放大比例尺的方法。而高精度重力法对高程精度要求更高。此时测图比例尺可能采用1:500或1:1000,以保证高精度重力法的精度要求。

当用地形改正 "ΔH-Δg" 函数表计算每扇形块的地形改正时,改正值取至 $1×10^{-8}$ m·s^{-2};当用地形改正专用计算尺计算时,近区和中区每环改正值准确到 $3×10^{-8}$ m·s^{-2};远区每环改正值准确到 $4×10^{-8}$ m·s^{-2},两手对算地形改正总值相差不超过 $10×10^{-8}$ m·s^{-2}。

12.3.2 资料处理解释方法技术应满足下列要求:

1 相对于总基点的布格重力异常值(Δg_Σ)按下式计算:

$$\Delta g_\Sigma = \Delta g_s + \Delta g_b + \Delta g_g + \Delta g_w \quad (27)$$

式中 Δg_s——测点相对于总基点的重力值;

Δg_b——布格改正值;

Δg_g——地形改正值;

Δg_w——纬度改正值。

2 布格重力异常的总精度按下式计算:

$$\varepsilon_\Sigma = ±(\varepsilon_s^2 + \varepsilon_b^2 + \varepsilon_g^2 + \varepsilon_w^2)^{1/2} \quad (28)$$

3 重力测量数据改正应按照如下方法进行:

1) 纬度改正公式:

$$\Delta g_w = 0.814 · \sin2\Phi · L \quad (29)$$

式中 Δg_w——该测点纬度改正值;

Φ——测区总基点的纬度值;

L——测点到总基点的纬向距离。

2) 地形改正：

地形改正应将地形按距离测点的远近分为三个区，不同区应按不同方法获得地形改正数据。近区（0～20m）用测点周围八个方位的实测高程或用大比例尺的地形图，逐点读取各扇形域内的平均高程与测点高程之差，查地改表求得。中区（20～200m）可采用中小比例尺地形图，逐点读取各扇形域内的平均高程与测点高程之差，查地改表计算地改值。远区（200m以远）地改宜用共用点法或抛物线双重内插法进行（参见《重力勘探工作手册》）。

3) 布格改正公式：

$$\Delta g_b = (0.308 - 0.0419\sigma_m)\Delta h \qquad (30)$$

式中 σ_m——中间层密度；

Δh——测点与校准面间的高差。

12.3.4 绘制各种图表应满足如下要求：

1 绘制重力场参数剖面平面图的线距和点距的比例尺应当一致，并与工作比例尺相同，在图中必须绘出全部测线和测点，并注明绘制时的重力起算值；当测区内区域场的梯度较大，造成重力异常曲线与测线的关系不易对应及分清时，可以放大测线间的作图比例尺；

2 绘制重力场参数的平面图（用等值线图表示），其等值线距不应小于异常总均方误差的两倍；在特殊情况下可加辅助等值线；勾绘等值线时，应仔细分析测区地质资料和重力场特征。注意避免机械内插勾图和盲目对照地质资料勾图，要尊重数值的真实客观性；

3 绘制剖面图的比例尺，应根据测区具体情况确定；水平坐标比例尺一般应和高度比例尺一致。特殊情况也可将高度比例尺放大；

4 密度测定结果应采用曲线或线段等形式表示在剖面图上；重力以外的成果及相应的物性测定结果应用不同线条或色彩区分开来。

13 地面温度测量法

13.1 一般规定

13.1.1 地面温度测量法一般只适用于测量岩石、土体和水体浅部的地面温度，具有经济、易操作等优点。广泛应用于地热田的普查、地质工程、岩土工程及流动地下水成因等勘察领域。同时，地面温度测量是岩土工程监测中不可缺少的项目，地质体温度参数在岩土工程界具有广泛的应用，如将岩土体按双场（温度场、应力场）问题处理时，需要了解其温度参数；又如，工程上根据温度观测了解由温度直接反映的岩土变形、应力集中等工程性状。

13.1.2 地面温度测量仪器可选用直读式温度计、深水温度计和电阻温度计。几种常用的电阻温度计型号规格及技术参数见表4。

表4 几种常用的电阻温度计型号规格及技术参数

类别	热敏电阻式		电阻式	钢弦式		电阻应变片式			
型号	GT	SDT	DW	TM-1	4700	BT-100B	TFL-6	TFL-8	TK-F
测量范围（℃）	-25～60	-25～100	-30～70	-18～82	-40～160	-30～70	-20～200	-20～200	-20～80
分辨率（℃）	0.3	0.1	0.05	0.034		0.34Ω/℃	0.68Ω/℃		140×10^{-6}℃
准确度（℃）	±0.5	±0.5	±0.3			±0.3			
外形尺寸（mm）	φ8×100	φ10×120	φ12×120	φ22×95	φ19×102	φ12×150	13×4.5	14×5.4	φ16×55
耐水压（MPa）	1.0	2.0	0.5			0.2			
0时电阻值（Ω）			46.6±0.1				60±0.2	120±0.4	350
测读仪表类型	数显式		电桥	电桥		振弦读数仪	数字式应变仪		
使用电缆	2×0.75		三芯	三芯		四芯屏蔽			

续表4

类别	热敏电阻式		电阻式	钢弦式		电阻应变片式			
型号	GT	SDT	DW	TM-1	4700	BT-100B	TFL-6	TFL-8	TK-F
重量(kg)		0.20		0.22	0.15				
生产单位	南京电力自动化设备总厂	加拿大RST公司	美国Geokon公司	南京水利科学研究院	昆明捷兴岩土仪器公司	日本共和电业株式会社	日本东京测器株式会社		

13.1.4 人们在从事油气的勘探实践中观察到地下油气藏同地表的地温异常之间存在着共生的关系。北美落基山地区的地温测量成果就是一个典型的例子。在该地区9个油气田上进行浅层地温研究,其中8个油气田上见有地温异常,仅一个油气田异常不明显。地温异常的幅度一般为0.5~1.5℃,最大可达8.9℃,地温异常的深度为30~150m(见表5)。因此,地面测温测量点应根据地质任务要求、测区地质条件综合确定,应尽可能避开对测量精度有直接影响的地质体地温异常区域,以免影响地温测量成果。

表5 北美落基山地区油气田地温测量结果

油气田名称	国家	地区	圈闭类型	时代	储层岩性	地温异常幅度(℃)	深度范围(m)	备注
瓦腾堡气田	美国	科罗拉多	地层	下白垩	砂岩	0.7~1.7	30~50	
本尼特油田	美国	科罗拉多	地层	下白垩	砂岩	0.3	150	
皮奥里亚气田	美国	科罗拉多	地层	下白垩	砂岩	0.5	30~150	
南斯温希尔斯油田	加拿大	阿尔伯达	生物礁地层	泥盆系	灰岩	1~2	50~145	
安帝洛莆气田	美国	北科罗拉多	背斜	泥盆系志留系	灰岩	0.4~0.6	30~150	
雷德湿溪气田	美国	北科罗拉多	背斜	密西西比系	碳酸岩			异常不明显
赖克曼溪油田	美国	怀俄明州	背斜	侏罗系三叠系		1	30~150	

13.2 数 据 采 集

13.2.1~13.2.3 对数据采集要求作了规定。

13.3 资料的处理与解释

13.3.1 地面温度的变化主要是由太阳辐射热的变化所引起的,其变化有日变和年变两种。其中,日变的影响一般情况下至50~60cm深度后就衰减得非常小,但年变会影响深度较深(几米或十几米)。为消除由太阳辐射热引起的地表温度周期性变化的影响,对温度测量结果应进行气温年变化影响的改正。

研究表明,由于岩石的比热和地层所处的构造不同,岩性对1m深地温的影响是存在的。地貌对地面温度测量成果的影响也是不可忽视的(见表6)。因此,地温测量要考虑地形、地层岩性、地表状况的复杂程度,尽可能消除地形、地层岩性、地表状况对地面温度测量的影响。

表6 各种地貌测温数据一览表

地貌	测点数	最高温度（℃）	最低温度（℃）	最大温差（℃）	平均（℃）	改正值（℃）
碎石地貌	108	25.28	20.09	5.19	24.16	-1.77
块石地貌	15	23.65	17.97	5.68	21.15	+1.24
草地	20	21.52	16.87	4.65	19.20	+3.19
树木	39	21.14	17.17	3.97	15.59	+2.80
合计	182	25.28	16.87	8.41	22.39	

地表气温改正量可按照下式计算：

$$\Delta T = T_0 \sin(2\pi t/T) \quad (31)$$

式中 T_0——地表气温变化幅度，其值取（T_{max} - T_{min}）/2，T_{max}、T_{min}分别为年周期内地表气温的最高值和最低值；

T——周期，其值取年。

14 井中探测法

14.1 一般规定

14.1.1 本条列出了井中探测法的适用范围和可以解决的主要工程问题。井中探测法包括以下方法：

1 电测井，其中又分为电阻率测井（视电阻率、电流、三极侧向）和电化学活动性测井（自然电位、电极电位、激发极化）；

2 声波测井（包括声速测井、声幅测井和全波列测井）；

3 放射性测井（自然伽玛测井、伽玛-伽玛测井、同位素示踪）；

4 电磁波测井或雷达测井；

5 钻孔电视；

6 超声成像测井；

7 地震波测井；

8 井间层析成像；

9 磁化率测井、井径测量、井温测量、井中流体测量、井斜测量等其他测井方法。

其他方法还有中子-伽玛测井、中子-中子等，但这些方法在城市工程物探中极少使用，故未编入本规范。原规范《城市勘察物探规范》CJJ 7—85按井中探测法的主要方法分为电测井、放射性测井、热测井、井径测井和井斜测井五个部分，本次修订作了扩充，增加了井间层析成像等新方法，并按照其重要性及常用程度分别规定。

14.1.2 本条对井中探测法所使用的仪器作了规定。原《城市勘察物探规范》CJJ 7-85按井中探测法的主要方法对相应具体的测井仪器设备按型号分别做出了规定，本次修订只对井中探测方法的仪器设备做一般性的规定。

当井径仪所测量的钻孔孔径较大时，如孔径大于180mm时，井径的测量误差会相应增大。

曲线线迹过宽会增加成果误差，过窄技术上难以达到。因此针对1∶200的测井比例尺，规定线迹宽度应小于0.5mm。

14.1.3 本条对井中探测法现场工作做了规定。对应本条中需要说明的款项如下：

1 测井电缆的质量直接影响测井电缆深度的丈量。而电缆长度的丈量与记数误差是造成测井误差的因素之一，故本款作了严格要求。

2 下井仪器设备被卡在钻孔内是测井工作中较容易发生的事故，也是很难处理的事故。为了避免卡孔，本条要求在测井前应先用探孔设备探孔。

6 测井电缆的升降速度对成果精度影响很大，故本款对电缆升降速度做了规定。

7 规定在提升电缆时正式测量是因为下放电缆时由于井液的浮力和井壁的摩擦阻碍，井下电缆不能保证拉直，这会造成测井曲线深度误差甚至出现错误。但在进行温度、井液电阻率测井及钻孔电视观察时，由于电缆下放会扰动井液，如果等提升电缆时再作正式记录，会使异常幅度变小或图像不清晰。因此，对这三种方法应在没有扰动的情况下，即下放电缆时进行正式测井，此时仍然应避免下井探头受阻而造成测井资料的错误。

14.2 电 测 井

电测井是城市工程测井中最主要的测井方法之一。主要用于划分地层、区分岩性，确定软弱夹层、裂隙和破碎带位置及厚度，确定含水层的位置、厚度，划分咸淡水分界面，也可用于测试岩层电阻率。

14.3 声 波 测 井

声波测井是研究井壁岩石声学性质的一组测井方法。包括声速测井、声幅测井和全波列声波测井。全波列声波测井是一种新的声波测井方法，通过对声波全波列信号的处理，提取并研究沿井壁传播的纵波、横波及斯通利波的走时与幅度，进而研究井壁岩石的强度等力学性质。

声波测井时井液是作为传递声信号的耦合剂，若没有耦合剂或耦合不好时，声波测井将无法进行。若在干孔段进行声波测井，应该保证声波探头与钻孔孔壁贴壁耦合良好，所接收的声波信号清晰可辨。

声波测井时，源距的选择原则应保证到达接收探头的初至波是地层的折射波。最小源距的选择应满足下式：

$$L_{min} = 2S\sqrt{\frac{1+\beta}{1-\beta}} \quad (32)$$

$$\beta = \frac{C_W}{C_R} \quad (33)$$

$$S = \frac{D-d}{2} \quad (34)$$

式中 L_{min}——最小源距；
C_W——井液声速；
C_R——岩体最低声速；
D——井径；
d——发双收换能器直径。

对全波列声波测井，若用时间域软件提取信号，源距的选择，应在保证信噪比的情况下，尽量加大源距，以保证纵波、横波（剪切波）及斯通利波在时间域上充分拉开。若用幅度、频率等参数提取信息，应保证记录的声波信号其幅度、相位及频率等特征不失真。

14.4 放射性测井

放射性测井包括自然γ和γ-γ测井。主要优越性在于可在有套管井段和干孔中进行。可用于划分地层，区分岩性，确定软弱夹层、裂隙和破碎带。γ-γ测井还可以测试岩层密度和孔隙度。

放射性测井有无套管时均可应用。但有套管时，要考虑套管对射线强度的吸收效应，应做吸收校正。

14.5 电磁波（雷达）测井

电磁波（雷达）测井是利用岩层、目标体之间对电磁波吸收和衰减性质的不同进行地质单元划分的。当钻孔中有金属套管时，由于金属套管对电磁波产生屏蔽而会失去井中探测能力。

14.6 钻孔电视

钻孔电视观察主要用于划分地层，区分岩性，确定岩层节理、裂隙、破碎带、软弱夹层的位置和产状，观察钻孔揭露的喀斯特洞穴等情况，也可用于检查灌浆质量、混凝土浇筑质量，还可用于观察钻孔质量或其他水平管道内部情况等。

14.7 超声成像测井

超声成像测井采用的是1MHz左右的超声波，它对泥浆和地层具有一定的穿透能力，主要用于确定钻孔中岩层、裂隙、破碎带、软弱夹层的位置及大致产状，也可用于检查灌浆质量、混凝土浇筑质量，粗测钻孔直径。

14.8 地震波测井

14.8.1 地震波测井主要用于划分地层，区分岩性，确定破碎带的位置及厚度，也可进行地层波速测试。

14.8.2 地震波测井现场施测时的要求。地震波法测井时，应从井底开始自下而上进行，一般原则是：

1 测点和测距的选择应根据波速大小选定，一般点距0.5～2.0m，最好按地质分层测试单一层的波速；

2 采用井中激发地面接收时，检波器尽量安置在孔口附近1.0～2.0m之内，各次接收检波器安置条件应保持一致，并尽量保证激发深度准确；

3 当地层倾角较大时，地面激发孔中接收或地面接收孔中激发的激发点或接收点位置，应选择在地层下倾方向一边；

4 地震波法测定横波（剪切波）速度，可采用孔口叩板激发法：

1）地面激发横波（剪切波）的木板尺寸：长2.5～3.0m，宽0.3～0.4m，厚0.06～0.10m，木板上应压重物。当测试深度为30～40m时，重物一般应大于500kg；

2）在湿度大的地层上激发，应垫上一层干砂或干土，或在木板上钉上一定数量的铁钉；

3）激发板中心置于孔口旁，距孔口一般为2～4m。最小测试深度应大于激发板至孔口的距离；

4）孔中接收采用三分量贴壁检波器时，测试前应检查检波器沉放深度是否准确、贴壁是否牢固。

现场横波（剪切波）记录的识别与判断，可根据以下特点进行综合分析加以识别：

1）纵波的初至波比横波（剪切波）提前到达，当横波（剪切波）初至特征不明显，但横波（剪切波）波列清晰时，可判读第一个波峰或第一波谷，然后通过多点时距法测试，根据时距曲线求得横波（剪切波）速度；

2）正、反向激发的横波（剪切波）相应出现180°的改变，可根据正、反向激发180°相位变化极性波的交点，读取横波（剪切波）初至；

3）根据纵波、横波（剪切波）速度比及与泊松比的关系，在已测得纵波速度的情况下，可结合地质岩性判别所得横波（剪切波）速度的可靠性。

14.9 井间层析成像

井间层析成像已在城市工程物探中广泛应用并取得了良好效果。本节内容包括了现阶段主要使用的几种CT成像方法，即电磁波CT、声波CT、地震CT测井和电阻率CT。层析成像确定井间物性异常包括弹性波速度、电磁波吸收系数以及电阻率等。

14.10 其他测井方法

本规范其他测井方法指磁化率测井、井径测量、井温测量、井中流体测量、井斜测量等。因为在城市测井中用得较少或常常配合其他测井方法使用，故合并列为一节。其中磁化率测井是测量岩石磁化率的方法，可以直接测出井壁岩石磁化率的大小，可用来研究钻孔剖面岩、矿石的磁化率。根据岩、矿石的磁化率差异划分钻孔剖面；井温测量可用于测试含水层位置及地下水运动状态以及测试灌浆和水泥固井时水泥回返高度；井中流体测量可用确定含水层位置及厚度，测试地下水在钻孔中的运动状态和涌水量，在有利条件下，估算地下水渗透速度等；井径测量可用于测试钻孔的井径变化；井斜测量可用于测试钻孔的倾斜方位和顶角。井径、井斜测量又是各种测井方法校正及解释的基础。

15 成果报告

本章规定了城市工程地球物理探测方法在工作完成后应编写成果报告及有关要求，特别强调：中间成果应经校核后可在现场交付使用，但应说明其使用条件。探测成果报告应经校核和审查批准后才能提交，并及时归档。探测成果报告要包括验证资料。

15.0.5 本条规定了探测成果报告应包含的内容与要求。

15.0.6 本条规定了检测成果报告应包含的内容与要求。由于测试类成果报告一般是对物性参数的测定或对某种对象质量的检测，涉及的内容相对比较简单，其内容与物探报告相比可简略，但应重点说明其执行的规范、标准，设计要求以及施工情况、抽样标准等情况。

15.0.8 本条规定了在成果报告中，不仅应包括检查资料，还应该包括相应的验证资料。本规范第3.0.20条规定了对探测结果的进行验证或核实的要求，在成果报告中也应该反映出验证的工作和结果。

中华人民共和国行业标准

城镇排水管渠与泵站维护技术规程

Technical specification for maintenance
of sewers & channels and pumping stations in city

CJJ 68—2007
J 659—2007

批准单位：中华人民共和国建设部
施行日期：２００７年９月１日

中华人民共和国建设部
公 告

第585号

建设部关于发布行业标准《城镇排水管渠与泵站维护技术规程》的公告

现批准《城镇排水管渠与泵站维护技术规程》为行业标准，编号为 CJJ 68-2007，自 2007 年 9 月 1 日起实施。其中，第 3.1.6、3.2.6、3.3.8、3.3.12、3.3.13、3.4.1、3.4.4、3.4.7、3.4.15、3.6.2、4.1.2、4.1.6、4.3.4 条为强制性条文，必须严格执行。原《城镇排水管渠与泵站维护技术规程》CJJ/T 68—98 同时废止。

本规程由建设部标准定额研究所组织中国建筑工业出版社出版发行。

中华人民共和国建设部
2007 年 3 月 9 日

前 言

根据建设部建标〔2004〕66 号文的要求，标准编制组在深入调查研究，认真总结国内外科研成果和实践经验，并在广泛征求意见的基础上，全面修订了本规程。

本规程的主要技术内容是：1. 总则；2. 术语；3. 排水管渠；4. 排水泵站。

本规程修订的主要技术内容是：排水管道中增加管道检查、明渠维护、档案与信息管理；排水泵站中增加了消防与安全设施、档案与技术资料管理等。

本规程由建设部负责管理和对强制性条文的解释，由主编单位负责具体技术内容的解释。

本规程主编单位：上海市排水管理处（上海市厦门路 180 号，邮编 200001）

本规程参编单位：上海市城市排水市中运营有限公司
上海市城市排水市北运营有限公司
上海市城市排水市南运营有限公司
北京市市政工程管理处
哈尔滨市排水有限公司
沈阳市排水管理处
天津市排水管理处
西安市市政工程管理处
武汉市排水管理处
广州市市政设施维修处
合肥市污水管理处
重庆市市政设施管理局
上海乐通管道工程有限公司
管丽环境技术（上海）有限公司
上海 KSB 泵有限公司

本规程主要起草人：唐建国　姚 杰　朱保罗
俞仲元　张煜伟　慈曾福
程晓波　叶永成　范承亮
王 萍　唐 东　梅豫生
吴士柏　马文虎　朱大雄
苏 平　张继红　齐玉辉
张阿林　朱 军　孙跃平
冼 巍　庄敏捷　王福南
马连起　马广超　张 晖
丛天荣　董 浩　周岩枫
周文朝　沈燕群　钟安国

目 次

1 总则 …………………………………… 62—4
2 术语 …………………………………… 62—4
　2.1 管渠 ………………………………… 62—4
　2.2 泵站 ………………………………… 62—5
3 排水管渠 ……………………………… 62—5
　3.1 一般规定 …………………………… 62—5
　3.2 管道养护 …………………………… 62—6
　3.3 管道检查 …………………………… 62—7
　3.4 管道修理 …………………………… 62—8
　3.5 明渠维护 …………………………… 62—9
　3.6 污泥运输与处置 …………………… 62—10
　3.7 档案与信息管理 …………………… 62—10

4 排水泵站 ……………………………… 62—10
　4.1 一般规定 …………………………… 62—10
　4.2 水泵 ………………………………… 62—11
　4.3 电气设备 …………………………… 62—12
　4.4 进水与出水设施 …………………… 62—16
　4.5 仪表与自控 ………………………… 62—18
　4.6 泵站辅助设施 ……………………… 62—19
　4.7 消防器材及安全设施 ……………… 62—20
　4.8 档案及技术资料管理 ……………… 62—21
本规程用词说明 ………………………… 62—21
附：条文说明 …………………………… 62—22

1 总 则

1.0.1 为加强城镇排水设施的维护工作，统一技术要求，保证设施安全运行，充分发挥设施的功能，制定本规程。

1.0.2 本规程适用于城镇排水管渠和排水泵站的维护。

1.0.3 城镇排水管渠和泵站的维护，除应符合本规程外，尚应符合国家现行有关标准的规定。

2 术 语

2.1 管 渠

2.1.1 排水体制 sewer system
在一个区域内收集、输送雨水和污水的方式，它有合流制和分流制两种基本方式。

2.1.2 合流制 combined system
用同一个排水系统收集、输送污水和雨水的排水方式。

2.1.3 分流制 separate system
用不同排水系统分别收集、输送污水和雨水的排水方式。

2.1.4 排水户 user of drainage facility
向公共排水设施排水的用户。

2.1.5 主管 main sewer
沿道路纵向敷设，接纳道路两侧支管及输送上游管段来水的排水管道。

2.1.6 支管 lateral
连管和接户管的总称。

2.1.7 连管 connecting pipe
连接雨水口与主管的管道。

2.1.8 接户管 service connection
连接排水户与主管的管道。

2.1.9 检查井 manhole
排水管中连接上下游管道并供养护人员检查、维护或进入管内的构筑物。

2.1.10 雨水口 catch basin
用于收集地面雨水的构筑物。

2.1.11 雨水箅 grating
安装在雨水口上部用于拦截杂物的格栅。

2.1.12 接户井 service manhole
排水户管道接入公共排水管道前的最后一座检查井。

2.1.13 沉泥槽 sludge sump
雨水口或检查井底部加深的部分，用于沉积管道中的泥沙。

2.1.14 流槽 flume
为保持流态稳定，避免水流因断面变化产生涡流现象而在检查井底部设置的弧形水槽。

2.1.15 爬梯 step
固定在检查井壁上供人员上下的装置。

2.1.16 溢流井 overflow chamber
合流制排水系统中，用来控制雨水溢流的构筑物；当雨天水量超过设定的截流倍数时，合流污水越过堰顶排入水体。

2.1.17 跌水井 drop manhole
具有消能作用的检查井。

2.1.18 水封井 water-sealed chamber
装有水封装置，可防止易燃、易爆等有害气体进入排水管的检查井。

2.1.19 倒虹管 inverted siphon
管道遇到河流等障碍物不能按原有高程敷设时，采用从障碍物下面绕过的倒虹形管道。

2.1.20 盖板沟 plate covered ditch
由砖石砌成并在顶部安装盖板的矩形排水沟，其顶部通常没有覆土或覆土较浅，可采用揭开盖板进行维护作业。

2.1.21 排放口 outlet
将雨水或处理后的污水排放至水体的构筑物。

2.1.22 绞车疏通 winch bucket cleaning
采用绞车牵引通沟牛来铲除管道积泥的疏通方法。

2.1.23 通沟牛 cleaning bucket
在绞车疏通中使用的桶形、铲形等式样的铲泥工具。

2.1.24 推杆疏通 push rod cleaning
用人力将竹片、钢条等工具推入管道内清除堵塞的疏通方法，按推杆的不同，又分为竹片疏通或钢条疏通等。

2.1.25 转杆疏通 swivel rod cleaning
采用旋转疏通杆的方式来清除管道堵塞的疏通方法，又称为软轴疏通或弹簧疏通。

2.1.26 射水疏通 jet cleaning
采用高压射水清通管道的疏通方法。

2.1.27 水力疏通 hydraulic cleaning
采用提高管渠上下游压力差，加大流速来疏通管渠的方法。

2.1.28 潮门 tide gate
为防止潮水倒灌而在排放口设置的单向阀门。

2.1.29 染色检查 dye test
用染色剂在水中的行踪来显示管道走向，找出错误连接或事故点的检测方法。

2.1.30 烟雾检查 smoke test
用烟雾在管道中的行踪来显示错误连接或事故点的检测方法。

2.1.31 电视检查 closed circuit television inspection

采用闭路电视进行管道检测的方法。

2.1.32 声纳检查 sonar inspection

采用声波技术对水下管道等设施进行检测的方法。

2.1.33 时钟表示法 clock description

在管道检查中，采用时钟位置来描述缺陷出现在管道圆周位置的表示方法。

2.1.34 水力坡降试验 hydraulic slope test

通过对实际水面坡降线的测量和分析来检查管道运行状况的方法。

2.1.35 机械管塞 mechanical pipe plug

一种封堵小型管道的工具，由两块圆铁板和夹在中间的橡胶圈组成，通过螺栓压紧圆板，使橡胶圈向外膨胀将管塞固定在管内。

2.1.36 充气管塞 pneumatic pipe plug

一种采用橡胶气囊封堵管道的工具。

2.1.37 止水板 water stop plate

一种特制的封堵管道工具，由橡胶或泡沫塑料止水条、盖板和支撑杆组成。

2.1.38 骑管井 ride pipe manhole

一种采用特殊方法在旧管道上加建的检查井，在施工过程中不必拆除旧管道，也不需要断水作业。

2.1.39 现场固化内衬 cured in place pipe (CIPP)

一种非开挖管道修理方法，将浸满热固性树脂的毡制软管用注水翻转或牵引等方法将其送入旧管内后再加热固化，在管内形成新的内衬管。

2.1.40 螺旋内衬 spiral pipe liner

一种非开挖排水管修理方法，通过安放在井内的制管机将塑料板带绕制成螺旋状管并不断向旧管道内推进，在管内形成新的内衬管。

2.1.41 短管内衬 short pipe liner

一种非开挖排水管修理方法，将特制的塑料短管在井内连接，然后逐节向旧管内推进，最后在新旧管道的空隙间注入水泥浆固定，形成新的内衬管。

2.1.42 拉管内衬 pulling pipe liner

一种非开挖管道修理方法，采用牵引机将整条塑料管由工作坑或检查井拉进旧管内，形成新的内衬管。

2.1.43 自立内衬管 full structure liner

能够不依靠旧管道的强度而独立承受各种荷载的内衬管。

2.2 泵 站

2.2.1 泵站 pumping station

泵房及其配套设施的总称。

2.2.2 泵房 pump house

设置水泵机组、电气设备和管道、闸阀等设备的建筑物。

2.2.3 排水泵站 drainage pumping station

污水泵站、雨水泵站和合流污水泵站统称排水泵站。

2.2.4 雨水泵站 storm pumping station

在分流制排水系统中，抽送雨水的泵站。

2.2.5 污水泵站 sewage pumping station

在分流制排水系统中，抽送生活污水、工业废水或截流初期雨水的泵站。

2.2.6 合流污水泵站 combined sewage pumping station

在合流制排水系统中，抽送污水、截流初期雨水和雨水的泵站。

2.2.7 格栅 bar screen

一种栅条形的隔污设施，用以拦截水中较大尺寸的漂浮物或其他杂物。

2.2.8 格栅除污机 screen removal machine

用机械的方法，将格栅截留的栅渣清捞出水面的设备。

2.2.9 拍门 flap gate

在排水管渠出水口或通向水体的水泵出水口上设置的单向启闭阀，防止水流倒灌。

2.2.10 惰走时间 inertial motion period

旋转运动的机械，失去驱动力后至静止的这段惯性行走时间。

2.2.11 盘车 hand turning

旋转机械在无驱动力情况下，用人力或借助专用工具将转子低速转动的动作过程。

2.2.12 开式螺旋泵 open screw pump

泵体流槽敞开，扬程一般不超过5m，螺旋叶片转速较低的提水设备。

2.2.13 柔性止回阀 flexible check valve

防止管道或设备中介质倒流之用的设备，也有称鸭咀阀，采用具有弹性的橡胶制成。

2.2.14 螺旋输送机 screw conveyer

利用螺旋叶片在U形流槽内旋转过程中的轴向容积变化来推动栅渣作轴向位移的机械。

2.2.15 螺旋压榨机 screw press

利用螺旋叶片在U形槽内的轴向旋转挤推作用，将栅渣带入有锥度的脱水筒中脱水的机械。

3 排 水 管 渠

3.1 一 般 规 定

3.1.1 排水管渠应定期检查、定期维护，保持良好的水力功能和结构状况。

3.1.2 排水管理部门应定期对排水户进行水质、水量检测，并应建立管理档案；排放水质应符合国家现行标准《污水排入城市下水道水质标准》CJ 3082 的规定。医院排水还应符合《医院污水排放标准》GBJ

48的规定。
3.1.3 管渠维护必须执行国家现行标准《排水管道维护安全技术规程》CJJ 6的规定。
3.1.4 排水管渠维护宜采用机械作业。
3.1.5 排水管渠应明确其雨水管渠、污水管渠或合流管渠的类型属性。
3.1.6 **在分流制排水地区,严禁雨污水混接。**
3.1.7 污水管道的正常运行水位不应高于设计充满度所对应的水位。
3.1.8 排水管道应按表3.1.8的规定进行管径划分。

表3.1.8 排水管道的管径划分（mm）

类型	小型管	中型管	大型管	特大型管
管径	<600	600～1000	>1000～1500	>1500

3.2 管道养护

3.2.1 排水管道应定期巡视,巡视内容应包括污水冒溢、晴天雨水口积水、井盖和雨水箅缺损、管道塌陷、违章占压、违章排放、私自接管以及影响管道排水的工程施工等情况。
3.2.2 排水管理部门应制定本地区的排水管道养护质量检查办法,并定期对排水管道的运行状况等进行抽查,养护质量检查不应少于3个月一次。
3.2.3 管道、检查井和雨水口内不得留有石块等阻碍排水的杂物,其允许积泥深度应符合表3.2.3的规定。

表3.2.3 管道、检查井和雨水口的允许积泥深度

设施类别		允许积泥深度
管　道		管径的1/5
检查井	有沉泥槽	管底以下50mm
	无沉泥槽	主管径的1/5
雨水口	有沉泥槽	管底以下50mm
	无沉泥槽	管底以上50mm

3.2.4 检查井日常巡视检查的内容应符合表3.2.4的规定。

表3.2.4 检查井巡视检查内容

部位	外部巡视	内部检查
内容	井盖埋没	链条或锁具
	井盖丢失	爬梯松动、锈蚀或缺损
	井盖破损	井壁泥垢
	井框破损	井壁裂缝
	盖、框间隙	井壁渗漏
	盖、框高差	抹面脱落
	盖框突出或凹陷	管口孔洞
	跳动和声响	流槽破损
	周边路面破损	井底积泥
	井盖标识错误	水流不畅
	其他	浮渣

3.2.5 检查井盖和雨水箅的维护应符合下列规定:
1 井盖和雨水箅的选用应符合表3.2.5-1的规定。

表3.2.5-1 井盖和雨水箅技术标准

井盖种类	标准名称	标准编号
铸铁井盖	《铸铁检查井盖》	CJ/T 3012
混凝土井盖	《钢纤维混凝土井盖》	JC 889
塑料树脂类井盖	《再生树脂复合材料检查井盖》	CJ/T 121
塑料树脂类水箅	《再生树脂复合材料水箅》	CJ/T 130

2 在车辆经过时,井盖不应出现跳动和声响。井盖与井框间的允许误差应符合表3.2.5-2的规定。

表3.2.5-2 井盖与井框间的允许误差（mm）

设施种类	盖框间隙	井盖与井框高差	井框与路面高差
检查井	<8	+5, -10	+15, -15
雨水口	<8	0, -10	0, -15

3 井盖的标识必须与管道的属性一致。雨水、污水、雨污合流管道的井盖上应分别标注"雨水"、"污水"、"合流"等标识。
4 铸铁井盖和雨水箅宜加装防丢失的装置,或采用混凝土、塑料树脂等非金属材料的井盖。
3.2.6 当发现井盖缺失或损坏后,必须及时安放护栏和警示标志,并应在8h内恢复。
3.2.7 雨水口的维护应符合下列规定:
1 雨水口日常巡视检查的内容应符合表3.2.7的规定。

表3.2.7 雨水口巡视检查的内容

部位	外部检查	内部检查
内容	雨水箅丢失	铰或链条损坏
	雨水箅破损	裂缝或渗漏
	雨水口框破损	抹面剥落
	盖、框间隙	积泥或杂物
	盖、框高差	水流受阻
	孔眼堵塞	私接连管
	雨水口框突出	井体倾斜
	异臭	连管异常
	其他	蚊蝇

2 雨水箅更换后的过水断面不得小于原设计标准。
3.2.8 检查井、雨水口的清掏宜采用吸泥车、抓泥车等机械设备。
3.2.9 管道疏通宜采用推杆疏通、转杆疏通、射水疏通、绞车疏通、水力疏通或人工铲挖等方法,各种疏通方法的适用范围宜符合表3.2.9的要求。

表3.2.9 管道疏通方法及适用范围

疏通方法	小型管	中型管	大型管	特大型管	倒虹管	压力管	盖板沟
推杆疏通	√	—	—	—	—	—	—
转杆疏通	√	—	—	—	—	—	—
射水疏通	√	√	—	—	√	—	√
绞车疏通	√	√	√	√	√	—	—
水力疏通	√	√	√	√	√	√	√
人工铲挖	—	—	√	√	—	—	√

注：表中"√"表示适用。

3.2.10 倒虹管的养护应符合下列规定：
1 倒虹管养护宜采用水力冲洗的方法，冲洗流速不宜小于1.2m/s。在建有双排倒虹管的地方，可采用关闭其中一条，集中水量冲洗另一条的方法。
2 过河倒虹管的河床覆土不应小于0.5m。在河床受冲刷的地方，应每年检查一次倒虹管的覆土状况。
3 在通航河道上设置的倒虹管保护标志应定期检查和油漆，保持结构完好和字迹清晰。
4 对过河倒虹管进行检修前，当需要抽空管道时，必须先进行抗浮验算。

3.2.11 压力管养护应符合下列规定：
1 定期巡视，及时发现并修理渗漏、冒溢等情况。
2 压力管养护应采用满负荷开泵的方式进行水力冲洗，至少每3个月一次。
3 定期清除透气井内的浮渣。
4 保持排气阀、压力井、透气井等附属设施的完好有效。
5 定期开盖检查压力井盖板，发现盖板锈蚀、密封垫老化、井体裂缝、管内积泥等情况应及时维修和保养。

3.2.12 盖板沟的维护应符合下列规定：
1 保持盖板不翘动、无缺损、无断裂、不露筋、接缝紧密；无覆土的盖板沟其相邻盖板之间的高差不应大于15mm。
2 盖板沟的积泥深度不应超过设计水深的1/5。
3 保持墙体无倾斜、无裂缝、无空洞、无渗漏。

3.2.13 潮门和闸门维护应符合下列规定：
1 潮门应保持闭合紧密，启闭灵活；吊臂、吊环、螺栓无缺损；潮门前无积泥、无杂物。
2 汛期潮门检查每月不应少于一次。
3 拷铲、油漆、注油润滑、更换零件等重点保养应每年一次。
4 闸门的维护应符合本规程第4.4.1条的规定。

3.2.14 岸边式排放口的维护应符合下列规定：
1 定期巡视，及时维护，发现和制止在排放口附近堆物、搭建、倾倒垃圾等情况。
2 排放口挡墙、护坡及跌水消能设备应保持结构完好，发现裂缝、倾斜等损坏现象应及时修理。
3 对埋深低于河滩的排放口，应在每年枯水期进行疏浚。
4 当排放口管底高于河滩1m以上时，应根据冲刷情况采取阶梯跌水等消能措施。

3.2.15 江心式排放口的维护应符合下列规定：
1 排放口周围水域不得进行拉网捕鱼、船只抛锚或工程作业。
2 排放口标志牌应定期检查和油漆，保持结构完好，字迹清晰。
3 江心式排放口宜采用潜水的方法，对河床变化、管道淤塞、构件腐蚀和水下生物附着等情况进行检查。
4 江心式排放口应定期采用满负荷开泵的方法进行水力冲洗，保持排放管和喷射口的畅通，每年冲洗的次数不应少于2次。

3.2.16 寒冷地区冬季排水管道养护应符合下列规定：
1 冰冻前，应对雨水口采用编织袋、麻袋或木屑等保温材料覆盖的防冻措施。
2 发现管道冰冻堵塞时，应及时采用蒸汽化冻。
3 融冻后，应及时清除用于覆盖雨水口的保温材料，并清除随融雪流入管道的杂物。

3.3 管道检查

3.3.1 排水管道检查可分为管道状况普查、移交接管检查和应急事故检查等。
3.3.2 管道缺陷在管段中的位置应采用该缺陷点离起始井之间的距离来描述；缺陷在管道圆周的位置应采用时钟表示法来描述。
3.3.3 管道检查项目可分为功能状况和结构状况两类，主要检查项目应包括表3.3.3中的内容。

表3.3.3 管道状况主要检查项目

检查类别	功能状况	结构状况
检查项目	管道积泥	裂缝
	检查井积泥	变形
	雨水口积泥	腐蚀
	排放口积泥	错口
	泥垢和油脂	脱节
	树根	破损与孔洞
	水位和水流	渗漏
	残墙、坝根	异管穿入

注：表中的积泥包括泥沙、碎砖石、固结的水泥浆及其他异物。

3.3.4 以功能性状况为目的普查周期宜采用1～2年一次；以结构性状况为主要目的的普查周期宜采用5～10年一次。流沙易发地区的管道、管龄30年以上的管道、施工质量差的管道和重要管道的普查周期可相应缩短。

3.3.5 移交接管检查的主要项目应包括渗漏、错口、积水、泥沙、碎砖石、固结的水泥浆、未拆清的残墙、坝根等。

3.3.6 应急事故检查的主要项目应包括渗漏、裂缝、变形、错口、积水等。

3.3.7 管道检查可采用人员进入管内检查、反光镜检查、电视检查、声纳检查、潜水检查或水力坡降检查等方法。各种检查方法的适用范围宜符合表3.3.7的要求。

表3.3.7 管道检查方法及适用范围

检查方法	中小型管道	大型以上管道	倒虹管	检查井
人员进入管内检查	—	√	—	√
反光镜检查	√	√	—	√
电视检查	√	√	√	—
声纳检查	√	√	√	—
潜水检查	—	√	—	√
水力坡降检查	√	√	√	—

注："√"表示适用。

3.3.8 对人员进入管内检查的管道，其直径不得小于800mm，流速不得大于0.5m/s，水深不得大于0.5m。

3.3.9 人员进入管内检查宜采用摄影或摄像的记录方式。

3.3.10 以结构状况为目的的电视检查，在检查前应采用高压射水将管壁清洗干净。

3.3.11 采用声纳检查时，管内水深不宜小于300mm。

3.3.12 采用潜水检查的管道，其管径不得小于1200mm，流速不得大于0.5m/s。

3.3.13 从事管道潜水检查作业的单位和潜水员必须具有特种作业资质。

3.3.14 潜水员发现情况后，应及时用对讲机向地面报告，并由地面记录员当场记录。

3.3.15 水力坡降检查应符合下列规定：
　　1 水力坡降检查前，应查明管道的管径、管底高程、地面高程和检查井之间的距离等基础资料。
　　2 水力坡降检测应选择在低水位时进行。泵站抽水范围内的管道，也可从开泵前的静止水位开始，分别测出开泵后不同时间水力坡降线的变化；同一条水力坡降线的各个测点必须在同一个时间测得。
　　3 测量结果应绘成水力坡降图，坡降图的竖向比例应大于横向比例。
　　4 水力坡降图中应包括地面坡降线、管底坡降线、管顶坡降线以及一条或数条不同时间的水面坡降线。

3.4 管道修理

3.4.1 重力流排水管道严禁采用上跨障碍物的敷设方式。

3.4.2 污水管、合流管和位于地下水位以下的雨水管应选用柔性接口的管道。

3.4.3 管道开挖修理应符合现行国家标准《给水排水管道工程施工及验收规范》GB 50268的规定。

3.4.4 封堵管道必须经排水管理部门批准；封堵前应做好临时排水措施。

3.4.5 封堵管道应先封上游管口，再封下游管口；拆除封堵时，应先拆下游管堵，再拆上游管堵。

3.4.6 封堵管道可采用充气管塞、机械管塞、木塞、止水板、黏土麻袋或墙体等方式。选用封堵方法应符合表3.4.6的要求。

表3.4.6 管道封堵方法

封堵方法	小型管	中型管	大型管	特大型管
充气管塞	√	√	√	—
机械管塞	√	—	—	—
止水板	√	√	√	√
木塞	√	—	—	—
黏土麻袋	√	√	—	—
墙体	√	√	√	√

注：表中"√"表示适用。

3.4.7 使用充气管塞封堵管道应符合下列规定：
　　1 必须使用合格的充气管塞。
　　2 管塞所承受的水压不得大于该管塞的最大允许压力。
　　3 安放管塞的部位不得留有石子等杂物。
　　4 应按规定的压力充气；在使用期间必须有专人每天检查气压状况，发现低于规定气压时必须及时补气。
　　5 应按规定做好防滑动支撑措施。
　　6 拆除管塞时应缓慢放气，并在下游安放拦截设备。
　　7 放气时，井下操作人员不得在井内停留。

3.4.8 已变形的管道不得采用机械管塞或木塞封堵。

3.4.9 带流槽的管道不得采用止水板封堵。

3.4.10 采用墙体封堵管道应符合下列规定：
　　1 根据水压和管径选择墙体的安全厚度，必要时应加设支撑。

2 在流水的管道中封堵时，宜在墙体中预埋一个或多个小口径短管，用于维持流水，当墙体达到使用强度后，再将预留孔封堵。

3 大管径、深水位管道的墙体封拆，可采用潜水作业。

4 拆除墙体前，应先拆除预埋短管内的管堵，放水降低上游水位；放水过程中人员不得在井内停留，待水流正常后方可开始拆除。

5 墙体必须彻底拆除，并清理干净。

3.4.11 支管接入主管应符合下列规定：

1 支管应在接入检查井后与主管连通。

2 当支管管底低于主管管顶高度时，其水流的转角不应小于90°。

3 支管接入检查井后，检查井凿孔与管头之间的空隙必须采用水泥砂浆填实，并内外抹光。

4 雨水管或合流管的接户井底部宜设置沉泥槽。

3.4.12 井框升降应符合下列规定：

1 用于井框升降的衬垫材料，在机动车道下应采用强度等级为C25及以上的现浇或预制混凝土。

2 井框与路面的高差应符合本规程第3.2.5条的规定；井壁内的升高部分应采用水泥砂浆抹平。

3 在井框升降后的养护期内，应采用施工围栏保护和警示。

3.4.13 旧管上加井应符合下列规定：

1 当接入支管的管底低于旧管管顶高度时，加井应按新砌检查井的标准砌筑。

2 当接入支管的管底高于旧管管顶高度时，可采用骑管井的方式在不断水的情况下加建新井。

3 骑管井的荷载不得全部落在旧管上，骑管井的混凝土基础应低于主管的半管高度，靠近旧管上半圆的墙体应砌成拱形。

4 在旧管上凿孔应采用机械切割或钻孔，不得损伤管道结构，不得将水泥碎块遗留在管内。

3.4.14 排水管道非开挖修理可采用下列方法：

1 个别接口损坏的管道可采用局部修理。

2 出现中等以上腐蚀或裂缝的管道应采用整体修理。

3 强度已削弱的管道，在选择整体修理时应采用自立内衬管设计。

4 选用非开挖修理方法应符合表3.4.14的要求。

表3.4.14 非开挖修理的方法

修理方法		小型管	中型管	大型以上	检查井
局部修理	钻孔注浆	—	—	✓	✓
	嵌补法	—	—	✓	✓
	套环法	—	—	✓	—
	局部内衬	—	—	✓	—

续表3.4.14

修理方法		小型管	中型管	大型以上	检查井
整体修理	现场固化内衬	✓	✓	✓	✓
	螺旋管内衬	✓	✓	✓	—
	短管内衬	✓	✓	✓	✓
	拉管内衬	✓	✓	—	—
	涂层内衬	—	—	—	✓

注：表中"✓"表示适用。

3.4.15 主管的废除和迁移必须经排水管理部门批准。

3.4.16 废除旧管道还应符合下列规定：

1 除原位翻建的工程外，旧管道应在所有支管都已接入新管后方可废除。

2 被废除的排水管宜拆除；对不能拆除的，应作填实处理。

3 检查井或雨水口废除后，应作填实处理，并应拆除井框等上部结构。

4 旧管废除后应及时修改管道图，调整设施量。

3.5 明渠维护

3.5.1 明渠应定期巡视，当发现下列行为之一时，应及时制止：

1 向明渠内倾倒垃圾、粪便、残土、废渣等废弃物。

2 圈占明渠或在明渠控制范围内修建各种建（构）筑物。

3 在明渠控制范围内挖洞、取土、采砂、打井、开沟、种植及堆放物件。

4 擅自向明渠内接入排水管，在明渠内筑坝截水、安泵抽水、私自建闸、架桥或架设跨渠管线。

5 向雨水渠中排放污水。

3.5.2 明渠的检查与维护应符合下列规定：

1 定期打捞水面漂浮物，保持水面整洁。

2 及时清理落入渠内阻碍明渠排水的障碍物，保持水流畅通。

3 定期整修土渠边坡，保持线形顺直，边坡整齐。

4 每年枯水期应对明渠进行一次淤积情况检查，明渠的最大积泥深度不应超过设计水深的1/5。

5 明渠清淤深度不得低于护岸坡脚顶面。

6 定期检查块石渠岸的护坡、挡土墙和压顶；发现裂缝、沉陷、倾斜、缺损、风化、勾缝脱落等应及时修理。

7 定期检查护栏、里程桩、警告牌等明渠附属设施，并保持完好。

8 明渠宜每隔一定距离设清淤运输坡道。

3.5.3 明渠的废除应符合下列规定：

  1 明渠的废除必须经排水管理部门批准。
  2 废除的构筑物应及时拆除。

3.6 污泥运输与处置

3.6.1 污泥运输应符合下列规定：
  1 通沟污泥可采用罐车、自卸卡车或污泥拖斗运输；也可采用水陆联运。
  2 在运输过程中，应做到污泥不落地、沿途无洒落。
  3 污泥运输车辆应加盖，并应定期清洗保持整洁。
  4 在长距离运输前，污泥宜进行脱水处理，脱水过程可在中转站进行或送污水处理厂处理。

3.6.2 污泥盛器和车辆在街道上停放时，应设置安全标志，夜间应悬挂警示灯。疏通作业完毕后，应及时撤离现场。

3.6.3 污泥处置应符合下列规定：
  1 在送处置场前，污泥应进行脱水处理。
  2 污泥处置不得对环境造成污染。

3.7 档案与信息管理

3.7.1 排水设施维护管理部门应建立健全排水管网档案资料管理制度，配备专职档案资料管理人员。

3.7.2 排水管网档案资料应包括工程竣工资料、维修资料、管道检查资料及管网图等。

3.7.3 工程竣工后，排水设施管理部门应对建设单位移交的竣工资料按有关规定及时归档。

3.7.4 排水设施管理部门应绘制能准确反映辖区内管网情况的排水管网图；设施变化后管网图应及时修测。排水管网图中应包括表 3.7.4 所列举的内容。

表 3.7.4 排水管网图的主要内容

图名	排水系统图	排水管详图
比例尺	1：2000 至 1：20000	1：500 至 1：2000
内容	排水系统边界	检查井
	泵站及排放口位置	雨水口
	泵站、污水厂名称	接户井
	泵站装机容量	管径
	主管位置	管道长度
	管径	管道流向
	管道流向	管底及地面高程
	道路、河流等	道路边线、沿街参照物

3.7.5 排水设施维护管理部门应建立排水管网地理信息系统，采用计算机技术对管网图等空间信息实施智能化管理，并应符合下列规定：
  1 排水管网地理信息系统应包括以下主要功能：
    1) 管道数据输入、编辑功能；
    2) 管道信息查询、统计、分析功能；
    3) 具备完善的信息维护和更新功能；
    4) 图形及报表的输出、打印功能。
  2 排水管网数据库中应包括表 3.7.5 所列举的内容。

表 3.7.5 排水管网数据库的主要内容

图名	雨水系统图	污水系统图	排水管详图
内容	服务面积	服务面积	管径
	设计雨水量	设计污水量	管道长度
	设计暴雨重现期	人均日排水量	管材
	平均径流系数	服务人口	管道断面形状
	泵站容量	泵站容量	接口种类
	主管长度	主管长度	施工方法
	设计单位	设计单位	检查井材料
	施工单位	施工单位	地面和管底高程
	竣工年代	竣工年代	竣工年代

  3 排水管网地理信息系统建成后，应建立相应的数据维护制度；及时对变更的管道进行实地修测，及时更新数据。
  4 采用计算机管理的技术资料应有备份。

4 排水泵站

4.1 一般规定

4.1.1 泵站的运行、维护应符合现行国家标准《恶臭污染物排放标准》GB 14554 和《城市区域环境噪声标准》GB 3096 的规定。

4.1.2 检查维护水泵、闸阀门、管道、集水池、压力井等泵站设备设施时，必须采取防硫化氢等有毒有害气体的安全措施。

4.1.3 水泵维修后，其流量不应低于原设计流量的 90%；机组效率不应低于原机组效率的 90%；汛期雨水泵站的机组可运行率不应低于 98%。

4.1.4 泵站机电、仪表和监控设备应备有易损零配件。

4.1.5 泵站设施、机电设备和管配件外表除锈、防腐蚀处理宜 2 年一次。

4.1.6 泵站内设置的起重设备、压力容器、安全阀及易燃、易爆、有毒气体监测装置必须每年检验一次，合格后方可使用。

4.1.7 围墙、道路、泵房等泵站附属设施应保持完好，宜 3 年整修一次。

4.1.8 每年汛期前应检查与维护泵站的自身防汛设施。

4.1.9 泵站应做好环境卫生和绿化养护工作。

4.1.10 泵站应做好运行与维护记录。
4.1.11 泵站运行宜采用计算机监控管理。

4.2 水 泵

4.2.1 水泵运行前的例行检查应符合下列规定：
 1 运行前宜盘车，盘车时水泵叶轮、电机转子不得有碰擦和轻重不匀；
 2 弹性圆柱销联轴器的轴向间隙应符合表4.2.1-1的规定；

表4.2.1-1 弹性圆柱销联轴器的轴向间隙（mm）

轴孔直径	标准型			轻型		
	型号	外径	间隙	型号	外径	间隙
25～28	B1	120	1～5	Q1	105	1～4
30～38	B2	140	1～5	Q2	120	1～4
35～45	B3	170	2～6	Q3	145	1～4
40～45	B4	190	1～5	Q4	170	1～5
45～65	B5	220	1～5	Q5	200	1～5
50～75	B6	260	2～8	Q6	240	1～5
70～95	B7	330	2～10	Q7	290	2～6
80～120	B8	410	2～12	Q8	350	2～8
100～150	B9	500	2～15	Q9	440	2～10

 3 机组的轴承润滑应良好；
 4 泵体轴封机构的密封应良好；
 5 涡壳式水泵泵壳内的空气应排尽；
 6 水润滑冷却机械密封的供水压力宜为0.1～0.3MPa；
 7 电动机绕组的绝缘电阻值应符合表4.2.1-2的规定；

表4.2.1-2 电动机绕组的绝缘电阻值

电压（V）	电动机绕组的绝缘电阻值（MΩ）
380	≥0.5
6000	≥7
10000	≥11

 8 集水池水位应符合水泵启动技术水位的要求；
 9 进出水管路应畅通，阀门启闭应灵活；
 10 仪器仪表显示应正常；
 11 电气连接必须可靠，电气桩头接触面不得烧伤，接地装置应有效。

4.2.2 运行中的巡视检查应符合下列规定：
 1 水泵机组应转向正确、运转平稳、无异常振动和噪声；
 2 水泵机组应在规定的电压、电流范围内运行；
 3 水泵机组轴承润滑应良好；滚动轴承温度不应超过80℃，滑动轴承温度不应超过60℃，温升不应大于35℃；
 4 轴封机构不应过热，渗漏不得滴水成线；
 5 水泵机座螺栓应紧固，泵体连接管道不得发生渗漏；
 6 水泵轴封机构、联轴器、电机、电气器件等运行时，应无异常的焦味；
 7 集水池水位应符合水泵运行的要求；
 8 格栅前后水位差应小于200mm。

4.2.3 水泵停止运行时应符合下列规定：
 1 轴封机构不得漏水；
 2 止回阀或出水阀门关闭时的响声应正常，柔性止回阀闭合应有效；
 3 泵轴惰走时间不应太短。

4.2.4 长期不运行的水泵应符合下列规定：
 1 卧式泵每周用工具盘动泵轴，改变相对搁置位置；
 2 试泵周期不宜超过15d，试运行时间不应少于5min；
 3 蜗壳泵不运行期间应放空泵内剩水；
 4 潜水泵宜吊出集水池存放。

4.2.5 水泵日常养护应符合下列规定：
 1 轴承润滑应良好，润滑油或润滑脂应符合有关标准的规定；
 2 联轴器的轴向间隙应符合本规程表4.2.1-1的规定；
 3 轴封处无积水和污垢，填料应完好有效；
 4 机、泵及管道连接螺栓应紧固；
 5 水泵机组外表不得有灰尘、油垢和锈迹，铭牌应完整、清晰；
 6 冰冻期间水泵停止使用时，应放尽泵体、管道和阀门内的积水；
 7 涡壳泵内应无沉积物，叶轮与密封环的径向间隙应符合表4.2.5的规定；

表4.2.5 叶轮与密封环的径向间隙（mm）

密封环内径	半径间隙	最大磨损半径极限
>80～120	0.15～0.22	0.44
>120～150	0.18～0.26	0.51
>150～180	0.20～0.28	0.56
>180～220	0.23～0.32	0.63
>220～260	0.24～0.34	0.68
>260～290	0.25～0.35	0.70
>290～320	0.26～0.38	0.75
>320～350	0.30～0.40	0.80

 8 水泵冷却水、润滑水系统的供水压力和流量应保持在规定范围内；抽真空系统不得发生泄漏；
 9 潜水泵温度、泄漏及湿度传感器应完好，显

示值准确。

4.2.6 水泵定期维护应符合下列规定：
1 定期维护前应制定维修技术方案和安全措施；
2 弹性圆柱销联轴器同轴度允许偏差应符合表4.2.6-1的规定；

表 4.2.6-1 弹性圆柱销联轴器同轴度允许偏差

联轴器外径 (mm)	同轴度允许偏差	
	径向位移（mm）	轴向倾斜率（%）
105~260	0.05	0.02
290~500	0.1	0.02

3 维修后的技术性能应符合本规程第4.1.3条的规定；
4 定期维护后应有完整的维修记录及验收资料；
5 水泵及传动机构的解体维护周期应符合表4.2.6-2的规定。

表 4.2.6-2 水泵及传动机构解体维护周期

水泵类型	轴流泵	离心泵及混流泵	潜水泵	螺旋泵	不经常运行的水泵
周期	3000h	5000h	3000~15000h	8000h	3~5年

4.2.7 离心式、混流式蜗壳泵的定期维护应符合下列规定：
1 轴封机构维护内容应符合表4.2.7-1的要求；

表 4.2.7-1 轴封机构维护内容

轴封形式	维修内容
填料密封	更换或整修填料密封轴套、轴衬、填料压盖及螺栓
机械密封	更换动、静密封圈、弹簧圈及轴套
橡胶骨架密封	更换磨损的橡胶骨架密封圈、轴套、轴衬、填料压盖

2 叶轮与密封环的径向间隙均匀，最大间隙不应大于最小间隙的1.5倍，径向间隙应符合本规程表4.2.5的规定值；
3 叶轮轮壳和盖板应无破裂、残缺和穿孔；
4 叶片和流道被汽蚀的麻窝深度大于2mm的应修补；叶轮壁厚小于原厚度2/3的应更换；
5 滚动轴承游隙应符合表4.2.7-2的规定。

表 4.2.7-2 滚动轴承游隙（mm）

轴承内径	径向极限值
20~30	0.1
35~50	0.2
55~80	0.2
85~150	0.3

4.2.8 轴流泵、导叶式混流泵定期维护应符合下列规定：
1 轴封机构和轴套磨损的应修理或更换；
2 橡胶轴承及泵轴轴套磨损超过规定值的应更换；
3 叶片的汽蚀麻窝深度大于2mm的应修理或更换；
4 导叶体和喇叭管汽蚀麻窝深度大于5mm的应修理或更换；
5 电机轴、传动轴、泵轴的同轴度允许偏差应符合本规程表4.2.6-1的规定。

4.2.9 开式螺旋泵定期维护应符合下列规定：
1 滚动轴承游隙应符合本规程表4.2.7-2的规定；
2 联轴器轴向间隙和同轴度应符合本规程表4.2.1-1和表4.2.6-1的规定；
3 泵轴挠度大于2/1000和叶片磨损超过规定值的应整修；
4 齿轮箱应解体检修。

4.2.10 潜水泵定期维护应符合下列规定：
1 每年或累计运行4000h后，应检测电机线圈的绝缘电阻；
2 每年至少一次吊起潜水泵，检查潜水电机引入电缆和密封圈；
3 每年或累计运行4000h后，应检查温度传感器、湿度传感器和泄漏传感器；
4 机械密封和油腔内的油质检查每3年一次；
5 电机轴承润滑脂更换每3年一次；
6 间隙过大或损坏的叶轮、耐磨环应及时修理或更换；
7 轴承或电机绕组温度超过规定值时，应解体维修。

4.3 电气设备

4.3.1 电气设备巡视、检查、清扫应符合下列规定：
1 运行中的电气设备应每班巡视，并填写巡视记录，特殊情况应增加巡视次数；
2 电气设备每半年应检查、清扫一次，环境恶劣时应增加清扫次数；
3 电气设备跳闸后，在未查明原因前，不得重新合闸运行。

4.3.2 电气设备试验应符合下列规定：
1 高、低压电气设备的维修和定期预防性试验应符合国家现行标准《电气设备预防性试验规程》DL/T 596的规定；
2 电气设备更新改造后，投入运行前应做交接试验。交接试验应符合现行国家标准《电气装置安装工程电气设备交接试验标准》GB 50150的规定。

4.3.3 电力电缆定期检查与维护应符合下列规定：

  1 电缆绝缘必须满足运行要求，电力电缆直流耐压试验至少5年一次；
  2 电缆终端连接点应保持清洁，相色清晰，无渗漏油，无发热，接地完好；
  3 室内电缆沟内无渗水、积水；
  4 在埋地电缆保护范围内，不得有打桩、挖掘、植树以及其他可能伤及电缆的行为。

4.3.4 在每年雷雨季前，变（配）电房的防雷和接地装置必须做预防性试验。

4.3.5 防雷和接地装置的检查与维护应符合下列规定：
  1 接地装置连接点不得有损伤、折断和腐蚀状况；大接地系统的电阻值不应超过0.5Ω，小接地系统的电阻值不应超过10Ω；
  2 埋设在酸、碱、盐腐蚀性土壤中的接地体，每5年应检查地面以下500mm深度内的腐蚀程度；
  3 电气设备应与接地线连接，接地线与接地干线或接地网连接应完好；
  4 避雷器瓷件表面应无破损与裂纹，引线桩头应无松动，安装牢固；
  5 避雷器与配电装置应同时巡视检查，雷电后应增加巡视检查。

4.3.6 电力变压器巡视检查应符合下列规定：
  1 日常巡视每天不得少于一次，夜间巡视每周不得少于一次；
  2 有下列情况之一时，应增加巡视检查次数：
   1）首次投运或检修、改造后运行72h内；
   2）遇雷雨、大风、大雾、大雪、冰雹或寒潮等气象突变时；
   3）高温季节及用电高峰期间；
   4）变压器过载运行时。
  3 变压器日常巡视检查应符合下列要求：
   1）油温正常，无渗油、漏油，油位应保持在上下限范围内；
   2）套管油位正常，套管外部无破损裂纹、无严重油污、无放电痕迹及其他异常现象；
   3）变压器声响正常；
   4）散热器各部位手感温度相近，散热附件工作正常；
   5）吸湿器完好，吸附剂干燥；
   6）引线接头、电缆、母线无发热迹象；
   7）压力释放器、安全气道及防爆膜完好无损；
   8）分接开关的分接位置及电源指示正常；
   9）气体继电器内无气体；
   10）控制箱和二次端子箱密闭，防潮有效；
   11）变压器室不漏水，门窗及照明完好，通风良好，温度正常；
   12）变压器外壳及各部件保持清洁。

4.3.7 电力变压器的定期检查与维护应符合下列规定：
  1 定期检查应每年一次，除日常检查的内容外还应增加下列内容：
   1）标志齐全明显；
   2）保护装置齐全、良好；
   3）温度计在检定周期内，温度信号正确可靠；
   4）消防设施齐全完好；
   5）室内变压器通风设备完好；
   6）贮油池和排油设施保持良好状态。
  2 正式投入运行后5年应大修一次，以后每10年应大修一次。

4.3.8 干式电力变压器的检查与维护应符合下列规定：
  1 声响、湿度正常，温控及风冷装置完好，绕组表面无凝露水滴；
  2 定期清扫，保持变压器清洁；
  3 环氧浇注式变压器表面无裂痕及爬弧放电现象；
  4 运行温度超过表4.3.8允许的温升值时，应停电检查。

表4.3.8 干式变压器各部位的允许温升值

变压器部位	绝缘等级	允许温升值（℃）	测量方法
绕组	E	75	电阻法
	B	80	
	F	100	
	H	125	
	C	150	
铁芯和结构零件表面	最大不得超过接触绝缘材料的允许温升		温度计法

4.3.9 电力变压器出现下列情况之一时必须退出运行，立即检修：
  1 安全气道防爆膜破坏或储油柜冒油；
  2 重瓦斯继电器动作；
  3 瓷套管有严重放电和损伤；
  4 变压器内噪声增高且不匀，有爆裂声；
  5 在正常冷却条件下，变压器温升不正常；
  6 严重漏油，储油柜无油；
  7 变压器油严重变色；
  8 出现绕组和铁芯引起的故障；
  9 预防性试验不合格。

4.3.10 高压隔离开关的检查与维护应符合下列规定：
  1 高压隔离开关每年至少检查一次；

2 瓷件表面无积灰、掉釉、破损、裂纹和闪络痕迹，绝缘子的铁、瓷结合部位牢固；

3 刀片、触头、触指表面清洁，无机械损伤、扭曲、变形，无氧化膜及过热痕迹；

4 触头或刀片上的附件齐全，无损坏；

5 连接隔离开关的母线、断路器的引线牢固，无过热现象；

6 软连接无折损、断股现象；

7 清扫操作机构和传动部件，并注入适量润滑油；

8 传动部分与带电部分的距离应符合规定，定位器和自动装置牢固、动作正确；

9 隔离开关的底座良好，接地可靠；

10 有机材料支持绝缘子的绝缘电阻应符合要求；

11 操作机构动作灵活，三相同期接触良好。

4.3.11 高压负荷开关的检查与维护应符合下列规定：

1 定期维护每年不得少于一次；

2 绝缘子无裂纹和损坏，绝缘良好；

3 各传动部分润滑良好，连接螺栓无松动；

4 操作机构无卡阻、呆滞现象；

5 合闸时三相触点同期接触，其中心应无偏心；

6 分闸时，隔离开关张开角度不应小于58°，断开时应有明显断开点；

7 各部分无过热及放电痕迹；

8 灭弧装置无烧伤及异常现象。

4.3.12 高压油断路器的检查与维护应符合下列规定：

1 定期维护每年不得少于一次；

2 应对高压油断路器油样进行检测；

3 机械传动机构应保持润滑，操作机构无卡阻、呆滞现象；

4 发现渗油或漏油应及时检修；

5 切断过两次短路电流后应解体大修。

4.3.13 高压真空断路器与接触器的检查与维护应符合下列规定：

1 绝缘部件无积灰、无损裂；

2 机械传动机构部分保持润滑；

3 结构连接件紧固；

4 定期检查超行程；

5 手动分闸铁芯分闸可靠，操作机构自由脱扣装置动作可靠；

6 工频耐压试验每年一次；

7 更换灭弧室时应按规定尺寸调整触头行程；

8 应测定三相触头直流接触电阻。

4.3.14 高压六氟化硫断路器与接触器的检查与维护应符合下列规定：

1 绝缘部件无尘垢；

2 机械传动机构部分保持润滑；

3 结构连接件紧固；

4 定期检查超行程；

5 六氟化硫气体（SF_6）的压力表或气体继电器正常；

6 现场通风良好，通风装置运行可靠；

7 六氟化硫断路器机械机构检修应结合预防性试验进行，操作机构小修宜1~2年一次，操作机构大修宜5年一次，本体大修应10年一次。

4.3.15 高压变频装置的检查与维护应符合下列规定：

1 定期维护检查应每半年一次，空气过滤网清洁每两个月不得少于一次；

2 保持设备无尘，散热良好；

3 冷却风机的电机、皮带和风叶完好；

4 功率单元柜的空气过滤网应取下后进行清洁，如有破损必须更换；

5 外露和生锈的部位及时用修整漆修补；

6 冷却系统运行可靠；

7 功率单元柜和隔离变压器柜的电气连接件紧固。

4.3.16 低压变频装置的检查与维护应符合下列规定：

1 温度、振动和声响正常；

2 保持设备无尘，散热良好；

3 冷却风扇完好，散热良好；

4 接线端子接触良好，无过热现象；

5 变频器保护功能有效。

4.3.17 低压开关的检查与维护应符合下列规定：

1 定期维护每年不得少于一次；

2 电动机开关柜每月检查和清扫一次；

3 开关的绝缘电阻和接触电阻每年检测一次。

4.3.18 低压隔离开关的检查与维护应符合下列规定：

1 操作机构动作灵活无卡阻，刀闸的各相刀夹和刀片的传动机构在分合闸时动作一致；

2 接线螺栓紧固，动静触头接触良好，无过热变色现象。

4.3.19 低压空气断路器检查应符合表4.3.19的规定。

表4.3.19 低压空气断路器检查要求

检查项目	要 求
主副触头接触点紧密程度	修正烧毛接触头，严重的应更换，表面应光滑，接触紧密，0.05mm塞尺不能通过
灭弧室	瓷制灭弧室应无裂纹，去除栅片上电弧飞溅的铜屑，更换严重熔烧的栅片

续表4.3.19

检查项目	要　　求
进出线端子螺丝	旋紧螺丝发现接头处有过热现象应加以修正
机械传动部分	清除油垢，加润滑油
三相合闸同时性	不同时应加以调整
电磁线圈和伺服电机	分合正常
接地装置	接地良好
线路系统保护装置	动作可靠

4.3.20 低压交流接触器的检查与维护应符合下列规定：

1 灭弧罩、铁芯、短路环及线圈完好无损，及时清除电弧所飞溅上的金属微粒；

2 接触器无异常声音，分合时无机械卡阻；

3 调整触头开距、超程、触头压力和三相同期性；

4 辅助触头接触良好；

5 铁芯接触面平整无锈蚀。

4.3.21 电流互感器的检查和维护应符合下列规定：

1 电流互感器保持清洁；

2 接地牢固可靠；

3 油浸式电流互感器无渗油；

4 无放电现象，无异味异声；

5 预防性试验每年一次；

6 电流互感器二次侧严禁开路；

7 呼吸器内部的吸潮剂不应潮解。

4.3.22 电压互感器的检查和维护应符合下列规定：

1 瓷套管清洁、完整，无损坏、裂纹和放电痕迹；

2 油浸式电压互感器的油位正常，油色透明，无渗油；

3 各连接件无松动，接触可靠；

4 电压互感器无放电声和剧烈振动；

5 电压互感器的开口三角绕组上安装的消谐器无损坏；

6 电压互感器的保护接地良好；

7 高压侧导线接头无过热，低压回路的电缆和导线无损伤，低压侧熔断器及限流电阻应完好；

8 高压中性点的串联电阻良好，当无备品时应将中性点接地；

9 电压互感器一、二次侧熔断器完好；

10 呼吸器内部的吸潮剂不应潮解。

4.3.23 自耦减压启动装置的检查与维护应符合下列规定：

1 自耦变压器的声响正常，绝缘良好；

2 交流接触器的机构动作灵活，触头良好，电磁铁接触面清洁平整，短路环完好；

3 机械连锁机构灵活、正常，连锁可靠；

4 接线紧固牢靠；

5 继电器工作可靠，整定值正确；

6 连锁触点、主触点无氧化膜、烧毛、过热和损坏。

4.3.24 频敏变阻装置的检查与维护应符合下列规定：

1 接线紧固牢靠；

2 电磁铁响声正常；

3 线圈绝缘良好。

4.3.25 软启动装置的检查与维护应符合下列规定：

1 接线紧固牢靠；

2 工作温度正常，散热风扇良好；

3 旁路交流接触器工作可靠；

4 启动电流正常；

5 保持清洁无尘垢。

4.3.26 电力电容器补偿装置的检查与维护应符合下列规定：

1 外壳、瓷套管保持清洁无尘垢；

2 连接件紧固牢靠；

3 外壳无锈蚀、无渗漏，无变形、胀肚与漏液现象；

4 瓷套管无裂纹和闪络痕迹；

5 环境通风良好，温升正常；

6 电容器组三相间容量应保持平衡，误差不应超过一相总容量的5%。

4.3.27 无功功率就地补偿装置的检查与维护应符合下列规定：

1 熔断器接触良好；

2 保护装置动作可靠；

3 电力电容器的放电装置正常、可靠；

4 电抗器完好，工作可靠；

5 电流表、功率因数表工作正常。

4.3.28 无功功率自动补偿装置的检查与维护应符合下列规定：

1 装置的接线紧固可靠；

2 保持清洁无尘垢，通风散热良好；

3 自动补偿控制仪、交流接触器、电流表、功率因数表、电容器放电装置完好、工作可靠。

4.3.29 整流电源装置的检查与维护应符合下列规定：

1 工作电源和备用电源的自动切换装置完好；

2 仪表指示及继电器动作正常；

3 交直流回路的绝缘电阻不低于$1M\Omega/kV$，在较潮湿的地方不低于$0.5M\Omega/kV$；

4 元器件接触良好，无放电和过热等现象；

5 整流装置清洁无尘垢。

4.3.30 蓄电池电源装置的检查与维护应符合下列规定：

1 运行中的蓄电池应处于浮充电状态；
2 直流绝缘监视装置正负两极的对地电压保持为零；
3 蓄电池室清洁无尘垢，通风良好；
4 蓄电池应按实际负荷每年做一次放电，放电时保持电流稳定；
5 电池单体外观无变形和发热，电压及终端电压检测每月一次；
6 连接导线连接牢固，无腐蚀，导线检查每半年一次。

4.3.31 免维护蓄电池的检查与维护应符合下列规定：

1 蓄电池应按实际负荷每年做一次放电，放电时保持电流稳定，放出额定容量约30%（以0.1A放电3h），放电时每小时检测一次电压、电流、温度，放电后应均衡充电，然后转浮充；
2 电池外观无异常变形和发热，单体电压及终端电压检测每月一次；
3 连接导线连接牢固、无腐蚀，导线检查每半年一次；
4 不得单独增加或减少电池组中几个单体电池的负荷。

4.3.32 同步电动机励磁装置的检查与维护应符合下列规定：

1 运行前仪表显示正常，快速熔断器完好；
2 调试位"自检"、投励和灭磁操作正常；
3 冷却风机、调试位灭磁电阻、励磁电压、电流值正常；
4 保持清洁无尘垢；
5 外部动力线、调试位灭磁电阻、空气开关、快速熔断器、整流变压器、主桥输入和输出检查每年一次；
6 电缆接头紧固可靠；
7 转换开关、指示灯、仪表等外观无损坏，接线无松动；
8 控制单元和接插件板检查每年一次。

4.3.33 继电保护装置的检查和维护应符合下列规定：

1 日常巡视每天一次；
2 盘柜上各元件标志、名称齐全，表计、继电器及接线端子螺钉无松动；
3 继电器外壳完整无损，整定值指示位置正确。继电保护装置整定每年一次；
4 继电保护回路压板，转换开关运行位置与运行要求相符；
5 信号指示、光字牌、灯光音响讯号正常；
6 金属部件和弹簧无缺损变形；
7 继电器触点、端子排、表计、标志清洁无尘垢；

8 转换开关、各种按钮动作灵活，触点接触无压力和烧伤；
9 电压互感器、电流互感器二次引线端子完好；
10 继电保护整组跳闸良好；
11 微机综合继电保护装置显示正常，接插口良好；
12 盘柜上继电器、仪表校对合格后，应对各种继电保护装置回路进行绝缘电阻测量。测量绝缘电阻时，应使用500V或1000V兆欧表；当使用微机综合继电保护装置时，应使用500V以下兆欧表，所测量各回路绝缘电阻应符合规定。

4.3.34 水泵电动机启动前的检查应符合下列规定：

1 绕组的绝缘电阻符合安全运行要求；
2 开启式电动机内部无杂物；
3 绕线式电动机滑环与电刷接触良好，电刷的压力正常；
4 电动机引出线接头紧固；
5 轴承润滑油（脂）满足润滑要求；
6 接地装置必须可靠；
7 电动机除湿装置电源应断开；
8 润滑与冷却水系统应完好有效。

4.3.35 电动机运行中的检查应符合下列规定：

1 保持清洁，不得有水滴、油污进入；
2 电流和电压不超过额定值；
3 轴承温度正常、无漏油、无异声；
4 温升不超过允许值；
5 运行中不应有碰擦等杂声；
6 绕线式电动机的电刷与滑环的接触良好；
7 冷却系统正常，散热良好。

4.3.36 电动机的维护应符合下列规定：

1 累计运行6000～8000h后应维护一次；长期不运行的电动机每3～5年维护一次；
2 清除电动机内部灰尘，绕组绝缘良好；
3 铁芯硅钢片整齐无松动；
4 定子、转子绕组槽楔无松动，绕组引出线焊接良好，相位正确、标号清晰；
5 鼠笼式电动机转子端接环无松动；
6 绕线式电动机转子线端的绑线牢固完整；
7 散热风扇紧固良好；
8 轴承游隙应符合本规程表4.2.7-2的规定；
9 外壳完好，铭牌清晰，接地良好；
10 电动机维护后应作转子静平衡、绝缘和耐压试验；
11 特殊电机启动前和运行中的检查要求应根据产品制造厂的使用要求进行；
12 恶劣环境下使用的电动机，维护周期可适当缩短。

4.4 进水与出水设施

4.4.1 闸（阀）门的日常养护应符合下列规定：

1 保持清洁，无锈蚀；
　　2 丝杆、齿轮等传动部件润滑良好，启闭灵活；
　　3 启闭过程中出现卡阻、突跳等现象应停止操作并进行检查；
　　4 不经常启闭的闸门每月启闭一次，阀门每周启闭一次；
　　5 暗杆阀门的填料密封有效，渗漏不得滴水成线；
　　6 手动阀门的全开、全闭、转向、启闭转数等标牌显示清晰完整；
　　7 手动、电动切换机构有效；
　　8 动力电缆及控制电缆的接线、接插件无松动，控制箱信号显示正确；
　　9 电动装置齿轮油箱无渗油和异声。
4.4.2 闸（阀）门的定期维护应符合下列规定：
　　1 齿轮箱润滑油脂加注或更换每年一次；
　　2 行程开关、过扭矩开关及连锁装置完好有效，检查和调整每半年一次；
　　3 电控箱内电器元件完好无腐蚀，检查每半年一次；
　　4 连接杆、螺母、导轨、门板的密闭性完好，闭合位移余量适当，检查每3年一次。
4.4.3 液压阀门的日常养护应符合下列规定：
　　1 阀杆、阀体清洁；
　　2 液压控制回路、锁定油缸、工作缸体无渗漏；
　　3 液压油缸连接螺栓紧固；
　　4 油箱油位应在规定的1/2～2/3油标范围内；
　　5 液压储能器压力应保持在额定值内，泵及电磁阀的运行工况正常。
4.4.4 液压阀门定期维护应符合下列规定：
　　1 阀体内的污物清除每半年不应少于一次；
　　2 主油泵过滤器滤油芯、控制油路和锁定油缸的油封每半年更换一次；
　　3 油缸内活塞行程调整每年一次；
　　4 压力继电器、时间继电器和储能器校验每年一次；
　　5 电气控制柜元器件整修每年一次；
　　6 液压站整修每年一次；
　　7 液压系统每三年整修一次。
4.4.5 真空破坏阀的日常养护应符合下列规定：
　　1 阀体、电磁吸铁装置清洁；
　　2 空气过滤器清洗每月一次，保持进、排气通道畅通；
　　3 阀杆每月检查一次，保持密封良好。
4.4.6 真空破坏阀的定期维护应符合下列规定：
　　1 电磁铁每年应清扫一次，更换密封；
　　2 阀体、阀杆每3年调整和修换一次；
　　3 阀体渗漏校验每3年一次。
4.4.7 拍门日常养护应符合下列规定：

　　1 转动销无严重磨损；
　　2 密封完好，无泄漏；
　　3 门框、门座螺栓连接牢固。
4.4.8 拍门的定期维护应符合下列规定：
　　1 转动销每年检查或更换一次；
　　2 阀板密封圈每3年调换一次；
　　3 钢制拍门每3年做一次防腐蚀处理；
　　4 浮箱拍门箱体无泄漏。
4.4.9 止回阀的日常养护应符合下列规定：
　　1 阀板运动无卡阻；
　　2 密封、阀体完好无渗漏；
　　3 连接螺栓与垫片完好紧固，阀腔连接螺栓与垫片完好紧固；
　　4 阀体应无渗漏，活塞式油缸不得渗油；
　　5 柔性止回阀透气管畅通；
　　6 缓闭式阀杆平衡锤位置合理；
　　7 阀体清洁。
4.4.10 止回阀定期维护的项目和周期应符合表4.4.10的规定。

表4.4.10　止回阀的定期维护周期

	维 护 项 目	维护周期（年）
1	阀腔连接螺栓检查或更换	1
2	旋启式止回阀旋转臂杆及接头整修	1
3	升降式止回阀轴套垫片和密封圈检查或更换	1
4	缓闭式止回阀油缸内的机油检查更换	1
5	柔性止回阀支持吊索检查、调整	

4.4.11 格栅的日常养护应符合下列规定：
　　1 格栅上的污物及时清除，操作平台保持清洁；
　　2 格栅片无松动、变形、脱落；
　　3 钢制格栅防腐处理每年一次。
4.4.12 格栅除污机的日常养护应符合下列规定：
　　1 格栅除污机和电控箱保持清洁；
　　2 轴承、齿轮、液压箱、钢丝绳、传动机构润滑良好；
　　3 齿耙、刮板运行正常；
　　4 机座、传动机构紧固件无松动；
　　5 驱动链轮、链条、移动式机组行走运行正常，定位机构可靠；
　　6 长期停用的除污机每周不应少于一次运转，运转时间不少于5min。
4.4.13 格栅除污机的定期维护应符合下列规定：
　　1 驱动链轮、链条、齿耙、钢丝绳、刮板等完好，整修每年不少于一次；
　　2 轴承、油缸、油箱和密封件完好，整修每年一次；
　　3 控制箱、各元器件完好，维护每年一次；

4 齿轮箱每3年解体维护一次。

4.4.14 栅渣皮带输送机的日常养护应符合下列规定：
1 主动、从动转鼓轴承润滑良好；
2 输送带无跑偏、打滑；
3 停运后，及时清洁输送带及挡板。

4.4.15 栅渣皮带输送机定期维护的项目和周期应符合表4.4.15的规定。

表4.4.15 栅渣皮带输送机定期维护的项目和周期

	维 护 项 目	维护周期（年）
1	输送带接口修整	0.5
2	输送带滚轮和轴承整修	3
3	皮带输送机的钢支架防腐蚀处理	3
4	驱动电机、齿轮箱解体维护	3

4.4.16 螺旋输送机的日常养护应符合下列规定：
1 驱动电机、齿轮箱、输送机构运转平稳、温度正常、无异声和缺油；
2 螺旋槽内无卡阻；
3 齿轮箱、螺旋叶片支承轴承润滑良好。

4.4.17 螺旋输送机定期维护的项目和周期应符合表4.4.17的规定。

表4.4.17 栅渣螺旋输送机定期维护的项目和周期

	维 护 项 目	维护周期（年）
1	螺旋叶片和摩擦圈整修	1
2	钢制螺旋槽防腐蚀处理	1
3	螺旋叶片工作间隙和转轴挠度调整	1

4.4.18 螺旋压榨机的日常养护应符合下列规定：
1 驱动电机、齿轮箱、螺旋输送机构运转平稳，温度正常，润滑良好，无异声；
2 螺旋槽内无卡阻异物；
3 间断出渣时，渣筒无干摩擦和卡阻。

4.4.19 螺旋压榨机的定期维护应符合下列规定：
1 定期维护的项目和周期应符合表4.4.19的规定；

表4.4.19 螺旋压榨机定期维护的周期

	维 护 项 目	维护周期（年）
1	螺旋叶片整修	1
2	钢制螺旋槽防腐蚀处理	1
3	螺旋叶片工作间隙和转轴挠度调整	1
4	压榨筒内的摩擦导向条整修	1

2 解体维护后，应调整过力矩保护装置。

4.4.20 沉砂池的维护应符合下列规定：
1 沉砂池积砂高度不应高于进水管管底；
2 沉砂池池壁的混凝土保护层无剥落、裂缝、腐蚀。

4.4.21 集水池的维护应符合下列规定：
1 定期抽低水位，冲洗池壁，池面无大块浮渣；
2 定期校验水位标尺和液位计，保持标尺和液位计整洁；
3 池底沉积物不应影响流槽的进水；
4 池壁混凝土无严重剥落、裂缝、腐蚀；
5 钢制扶梯、栏杆防腐处理每2年不应少于一次。

4.4.22 出水井的维护应符合下列规定：
1 池壁混凝土无剥落、裂缝、腐蚀，高位出水井不得渗漏；
2 密封橡胶衬垫、钢板、螺栓无严重老化和腐蚀，压力井不得渗漏；
3 压力透气孔不得堵塞。

4.5 仪表与自控

4.5.1 仪表的检查应符合下列规定：
1 仪表安装牢固，接线可靠，现场保护箱完好；
2 检测仪表的传感器表面清洁；
3 仪表显示正常，显示值异常时应及时分析原因并做好记录；
4 供电和过电压保护设备良好；
5 密封件防护等级应符合环境要求。

4.5.2 执行机构和控制机构的电动、液动、气动装置保持工况正常；其定期维护的周期应符合表4.5.2的规定。

表4.5.2 执行机构和控制机构定期维护的周期

	维 护 项 目	维护周期（年）
1	电动、液动、气动等执行机构的性能检查	1
2	控制机构的性能检查	1
3	执行、控制机构信号、连锁、保护及报警装置可靠性检查	1

4.5.3 自动控制及监视系统，应按用户手册的要求进行巡视检查及日常维护。

4.5.4 检测仪表的定期清洗应符合下列规定：
1 传感器清洗每月不少于一次，零点和量程应在仪表规定的范围内；
2 传感器的自动清洗装置检查每月不少于一次。

4.5.5 检测仪表的定期校验应符合下列规定：
1 在线热工类检测仪表每半年应进行一次零点

和量程调整；

2 流量计的标定应由有资质的计量机构进行，每1～3年标定一次；

3 在线水质分析仪表零点和量程调整每年一次；

4 H_2S等有毒、有害气体报警装置应保持有效，定期委托有资质的计量机构进行检定；

5 雨量仪维护和校验每年一次；

6 水泵机组检测仪表应按使用维护说明定期校验。

4.5.6 自动控制系统的定期维护应符合下列规定：

1 自动控制及监视系统（计算机、模拟盘、触摸屏、显示屏、打印机、操作台等）的维护应按用户手册的要求进行；

2 自动控制系统的定期维护项目和周期应符合表4.5.6的规定。

表4.5.6 自动控制系统的定期维护项目和周期

	维 护 项 目	维护周期（年）
1	可编程序控制（PLC）、远程终端（RTU）、通信设施及通信接口检查	1
2	就地（现场）控制系统各检测点的模拟量或数字量校验	1
3	自动控制系统的供电系统检查、维护	1
4	手动和自动（遥控）控制功能及控制级的优先权等检查	1
5	自动控制系统的接地（接零）和防雷设施检查和维护	1
6	自动控制系统的自诊断、声光报警、保护及自启动、通信等功能测试	1

4.5.7 监控（控制）室定期维护项目和周期应符合表4.5.7的规定。

表4.5.7 监控（控制）室定期维护项目和周期

	维 护 项 目	维护周期（年）
1	主机房内防静电设施检查	1
2	控制系统接插件及设备连接可靠性检查	1
3	故障声光报警设定值校验，电力监控及报警处置值校验	1
4	控制室监控、PLC/RTU、监视（摄像）、通信系统的工况和性能校验	1

4.6 泵站辅助设施

4.6.1 起重设备维护应按国家现行有关起重机械监督检验标准执行。

4.6.2 电动葫芦的日常养护应符合下列规定：

1 电控箱及手操作控制器可靠；

2 钢丝绳索具好；

3 升降限位、升降行走机构运动灵活、稳定，断电制动可靠。

4.6.3 电动葫芦的定期维护应符合下列规定：

1 外部无尘垢；

2 吊钩防滑装置完好；

3 有劳动安全检查部门颁发的合格使用证，维修后必须经劳动安全部门检查合格后方可使用；

4 电动葫芦的定期维护项目和周期应符合表4.6.3的规定。

表4.6.3 电动葫芦的定期维护项目和周期

	维 护 项 目	维护周期（年）
1	钢丝绳、索具涂抹防锈油脂	0.5
2	齿轮箱检查，加注润滑油	1
3	接地线连接状态检查和接地电阻检测	1
4	轮箍与轨道侧面磨损状况检查，车挡紧固状态及纵向挠度整修	1
5	电动葫芦制动器、卷扬机构、电控箱、齿轮箱整修	2
6	齿轮箱清洗、换油	3～5

4.6.4 桥式起重机的日常养护应符合下列规定：

1 电控箱、手操作控制器完好，电源滑触线接触良好；

2 大车、小车、升降机构运行稳定，制动可靠；

3 接地线及系统连接可靠；

4 吊钩和滑轮组钢丝绳排列整齐；

5 滑轮组和钢丝绳油润充分；

6 齿轮箱、大车、小车、驱动机构润滑良好。

4.6.5 桥式起重机的定期维护应符合下列规定：

1 定期维护每3年一次；

2 检查维护的主要项目和要求：

　1）桥架结构件螺栓紧固；

　2）箱形梁架主要焊接件的焊缝无裂纹、脱焊；

　3）大车、小车的主驱动、传动轴、联轴节和螺栓连接紧固；

　4）卷扬机、钢丝绳无严重磨损和缺油老化；

　5）齿轮箱、轴承和传动齿轮副无严重磨损；

　6）车轮及轨道无严重磨损和啃道；

　7）电器件完好有效。

3 应有劳动安全部门颁发的合格使用证，维修后必须经劳动安全部门检查合格后方可使用。

4.6.6 剩水泵的维护应符合下列规定：

1　离心剩水泵的维护应符合本规程第4.2.7条的规定；
　　2　潜水剩水泵的维护应符合本规程第4.2.10条的规定；
　　3　手摇往复泵的维护应符合下列规定：
　　　1）活塞腔内清理污物每3月不应少于一次；
　　　2）泵壳防腐处理每年一次；
　　　3）解体维护每3年一次，同时更换活塞环。
4.6.7　通风机的日常养护应符合下列规定：
　　1　防止进风、出风倒向；
　　2　通风机的运行工况正常，无异声；
　　3　通风管密封完好，无异常。
4.6.8　通风机的定期维护应符合下列规定：
　　1　风机进风、出风口检查每年一次，清除风机内积尘，加注润滑油脂；
　　2　解体维护每3年一次。
4.6.9　除臭装置的日常养护应符合下列规定：
　　1　收集系统、控制系统、处理系统运行正常，巡视每天不少于一次；
　　2　除臭装置的气体收集系统完好无泄漏；
　　3　收集系统在负压下运行，保持稳定的集气效果；
　　4　停止运行时，应打开屏蔽棚通风。
4.6.10　除臭装置的定期维护应符合下列规定：
　　1　除臭装置及辅助设备运行工况检查每3月一次；
　　2　除臭装置检修每年一次；
　　3　除臭装置尾气排放的厂界标准值应符合现行国家标准《恶臭污染物排放标准》GB 14554的规定。
4.6.11　真空泵的日常养护应符合下列规定：
　　1　启动前泵壳内应充满水，转子转动灵活，无碰擦卡阻；
　　2　运行中检查真空度表、阀门进气管，泵体轴封不得泄漏；
　　3　轴承润滑良好；
　　4　机组的同心度、叶轮与泵盖间隙应符合产品说明书的规定，联轴器间隙应符合本规程表4.2.1-1的规定。
4.6.12　真空泵的定期维护应符合下列规定：
　　1　轴封密封件或填料调整更换每年一次；
　　2　泵体解体检查每3年一次。
4.6.13　防水锤装置的日常养护应符合下列规定：
　　1　下开式防水锤装置消除水锤后，应及时复位；
　　2　自动复位下开式防水锤装置消除水锤后，应确保连杆和重锤的复位；
　　3　气囊式防水锤装置应保持气囊中的充气压力。
4.6.14　防水锤装置的定期维护应符合下列规定：
　　1　定位销、压力表、阀芯、重锤连杆机构整修每年一次；
　　2　气囊的密封性检测每年一次，电动控制系统完好有效；
　　3　进水闸阀、空压机检修每3年一次。
4.6.15　叠梁插板闸门的检查维护应符合下列规定：
　　1　插板槽内无杂物；
　　2　叠梁插板和起吊架妥善保存；
　　3　钢制叠梁插板及起吊架防腐蚀处理每年一次；
　　4　插板的密封条完好。
4.6.16　柴油发电机组的日常维护应符合下列规定：
　　1　放置环境保持干燥和通风；
　　2　清洁无尘垢；
　　3　油路、电路和冷却系统完好；
　　4　备用期间每月运转一次，每次运转不少于10min；
　　5　每运行50～150h，清洗或更新空气和柴油滤清器；
　　6　轮胎气压正常；
　　7　风扇橡胶带的松紧适度，附件连接牢固。
4.6.17　柴油发电机组的定期维护应符合下列规定：
　　1　蓄电池维护每半年一次；
　　2　每半年或累计运行250h，保养一次；
　　3　维护每年一次，累计运行500h应更换润滑油；
　　4　恢复性修理每3年一次。
4.6.18　备用水泵机组的维护应符合下列规定：
　　1　放置环境保持干燥和通风；
　　2　水泵性能、电动机绝缘、内燃机工况保持良好。

4.7　消防器材及安全设施

4.7.1　消防设施、器材的检查与维护应符合下列规定：
　　1　消火栓、水枪及水龙带试压每年一次；
　　2　灭火器、砂桶等消防器材按消防要求配置，定点放置，定期检查更换；
　　3　做好露天消防设施的防冻措施。
4.7.2　电气安全用具的检查和维护应符合以下规定：
　　1　绝缘手套、绝缘靴电气试验每半年一次；
　　2　高压测电笔、绝缘毯、绝缘棒、接地棒电气试验每年一次；
　　3　电气安全用具定点放置。
4.7.3　防毒、防爆用具的使用与维护应符合以下规定：
　　1　防毒、防爆仪表必须保持完好，有毒有害气体检测仪表的使用与维护符合本规程第4.1.6条的规定；
　　2　防毒面具应定期检查，滤毒罐使用应符合产品规定。
4.7.4　安全色与安全标志应符合下列规定：

  1 安全色的使用应符合现行国家标准《安全色》GB 2893 的规定；
  2 安全标志的使用应符合现行国家标准《安全标志》GB 2894 的规定。

4.8 档案及技术资料管理

4.8.1 运行管理单位应建立、健全泵站设施的档案管理制度。
4.8.2 工程档案应包括工程建设前期、竣工验收、更新改造等资料。
4.8.3 运行管理单位应编制排水设施量、运行技术经济指标等统计年报。
4.8.4 设施的维修资料应准确、齐全，并及时归档。
4.8.5 突发事故或设施严重损坏情况的资料、处理结果应及时归档。
4.8.6 运行资料应准确、规范，及时汇编成册。
4.8.7 维护技术管理资料应包括下列内容：
  1 泵站概况；
  2 泵站服务图，包括汇水边界、路名、泵站位置，主要管道流向、管径、管底标高；
  3 泵站平面图，包括围墙、泵房、进出水管道管径和事故排放口管径；
  4 泵站剖面图，包括进出水管的管径、标高、集水井、泵房、开停泵水位；
  5 泵站机电、仪表设备表；
  6 泵站电气主接线图、自控系统图；
  7 泵站日常运行资料。

本规程用词说明

  1 为便于在执行本规程条文时区别对待，对要求严格程度不同的用词说明如下：
  1) 表示很严格，非这样做不可的：
    正面词采用"必须"，反面词采用"严禁"；
  2) 表示严格，在正常情况下均应这样做的：
    正面词采用"应"，反面词采用"不应"或"不得"；
  3) 表示允许稍有选择，在条件许可时首先应这样做的：
    正面词采用"宜"，反面词采用"不宜"；
    表示有选择，在一定条件下可以这样做的，采用"可"。
  2 条文中指明应按其他有关标准执行的写法为："应符合……的规定"或"应按……执行"。

中华人民共和国行业标准

城镇排水管渠与泵站维护技术规程

CJJ 68—2007

条 文 说 明

前 言

《城镇排水管渠与泵站维护技术规程》CJJ 68—2007 经建设部 2007 年 3 月 9 日以第 585 号公告批准发布。

本规程第一版的主编单位是上海市排水管理处，参加单位是上海市市政工程管理处、哈尔滨市排水管理处、武汉市市政局市政维修处、武汉市排水泵站管理处、天津市排水管理处、西安市市政工程管理处、北京市市政工程管理处、重庆市市政养护管理处、南宁市市政工程管理处。

为便于广大设计、施工、科研、学校等单位有关人员在使用本标准时能正确理解和执行条文规定，《城镇排水管渠与泵站维护技术规程》编制组按章、节、条顺序编制了本标准的条文说明，供使用者参考。在使用中如发现本条文说明有不妥之处，请将意见函寄上海市排水管理处（地址：上海市厦门路 180 号；邮政编码：200001）。

目 次

1 总则 …………………………… 62—25
2 术语 …………………………… 62—25
3 排水管渠 ……………………… 62—27
4 排水泵站 ……………………… 62—31

1 总 则

1.0.1 改革开放以来，我国城镇建设发展迅猛，排水管渠与泵站设施成倍增加，但是由于技术、经济、设备、人员等原因，各城镇对已建成排水设施的维护差异甚大，许多设施得不到及时维护，有些还处于带病运行或超负荷运行的状态。因此，迫切需要制定适用于全国的，具有可操作性的排水设施维护技术规程，以保证设施安全运行，充分发挥设施的服务功能，延长使用寿命。

1.0.2 本规程除适用于城镇排水管渠与泵站外，工矿企业、居住区内的排水管渠和泵站的维护也可参照执行。

1.0.3 与排水管渠、泵站维护相关的国家现行有关标准主要有《排水管道维护安全技术规程》CJJ 6、《污水综合排放标准》GB 8978、《城市污水处理厂运行、维护及其安全技术规程》CJJ 60、《污水排入城市下水道水质标准》CJ 3082、《医院污水排放标准》GBJ 48、《铸铁检查井盖》CJ/T 3012、《钢纤维混凝土井盖》JC 889、《再生树脂复合材料检查井盖》CJ/T 121 等。

我国地域辽阔，气象、地理环境差异很大，经济发展水平也不平衡，因此各地还应在本规程的基础上结合当地实际，制定相应的排水管渠与泵站维护地方标准。

2 术 语

2.1 管 渠

本规程采用的部分术语和习惯名称见表1。

表1 本规程采用的部分术语和习惯名称对照表

本规程采用的术语	习惯名称
主管	总管
支管	连管
接户管	户管、出门管
检查井	窨井、马葫芦（manhole）
雨水口	进水口、收水口、雨水井、进水井、茄利（gully）
雨水箅	铁箅子、雨水口盖
接户井	户井、进门井
沉泥槽	落底、集泥槽
爬梯	踏步

续表1

本规程采用的术语	习惯名称
溢流井	截流井
跌水井	跃水井、消能井
盖板沟	方沟
排放口	出口、排水口
绞车疏通	摇车疏通、拉管疏通
通沟牛	铁牛、刮泥器
转杆疏通	旋杆疏通、软轴疏通、弹簧疏通
推杆疏通	竹片疏通、钢条疏通
充气管塞	气囊、封堵袋、橡皮球塞
骑管井	骑马井
现场固化内衬	翻转法、袜筒法
拉管内衬	牵引内衬

2.1.1 排水体制分合流制和分流制两种。我国部分城市历史上曾经采用过所谓半分流制或称不完全分流制的做法，即污水管只接纳粪便水，而洗涤水和工业污水仍旧接入雨水管。这是一种在污水系统无法满足全部污水量情况下的不正规做法，不符合保护水环境的要求。

2.1.2 合流制的最大缺点是初期雨水污染水体；解决的方法是加大雨水截流倍数或建造雨水调蓄池；后者由于不增加污水处理厂和截流管的负荷而在国外得到广泛应用；其做法是将初期雨水储存起来，以推迟溢流时间并减少了溢流水量，然后再将调蓄池内的污水泵送至污水处理厂处理。

2.1.3 在分流制排水系统中，雨污水混接是造成水污染的主要原因；其次是初期雨水对水体的污染。国内外大量研究证明，受地面污染的初期雨水同样是很脏的。近年来国外已开始进行初期雨水处理的研究和工程实践，包括就地建造简易处理设施和送污水处理厂处理。

2.1.4 排水户包括住宅、工厂、企业、商店、机关、学校等向公共排水管网排水的单位和个体，引入排水户一词可以避免对各类排水用户逐一列举，使文字表达更加简练。

2.1.5 主管俗称为总管，采用"主管"一词与英语 main sewer 比较吻合。

在排水系统中，处于不同位置和作用的排水管有各种名称，过去的叫法很不一致。国外在排水技术标准中对这类名称都有标准定义，美国将污水管由小到大依次将排水管分为支管、主管、截流管和干管四类，见表2。

表 2　美国对排水管道类型的划分

英　文	中文	解　释
lateral	支管	沿道路侧向埋设的排水管
main sewer	主管	沿道路纵向埋设，接纳支管的排水管
intercepting sewer	截留管	在合流制排水系统中，将污水截流至污水干管的排水管
trunk sewer	干管	将若干污水收集系统的污水集中输送至污水处理厂的跨流域排水管

2.1.7　连管在旧版规程中包括雨水口连管和接户管。本版将连管限定为接纳雨水口的连接管。

2.1.10　雨水口按水箅设置的形式可分为平向雨水口和竖向雨水口两种；按底部形式又可分为有沉泥漕和无沉泥漕两种，不同形式雨水口的优缺点见表 3。

表 3　不同形式雨水口的优缺点比较

雨水口形式		优点	缺点	应用情况
按水箅分	平向	进水较快	垃圾易进入雨水口	各城市大部分采用
	竖向	垃圾不易进入雨水口	进水较慢	部分城市小部分采用
按有无沉泥漕分	有沉泥漕	垃圾不易进入管道，清掏周期长	污泥含水量高	上海、哈尔滨等城市大部分采用
	无沉泥漕	污泥含水量低	垃圾易进入管道，清掏周期短	北京、重庆等城市大部分采用

2.1.15　爬梯又称踏步，在井壁上设置脚窝也是爬梯的一种。早期的爬梯大都采用铸铁材料，锈蚀后容易造成事故，建议采用塑钢等具有防腐性能的踏步。

2.1.20　一些城市的旧城区曾经有过许多盖板沟，如北京的旧胡同内有明清时代留下的砖砌方沟，重庆等地有许多石砌的盖板沟。在方沟上连续加盖雨水箅用于收集地面雨水的排水沟也是盖板沟的一种。

2.1.22　绞车疏通是目前我国许多城市的主要疏通方法。绞车疏通设备主要由三部分组成：①人力或机动牵引机（绞车）。②通沟牛，通常为钢板制成的圆筒，中间隔断，还有用铁板夹橡胶板制成的圆板橡皮牛、钢丝刷牛、链条牛等。通沟牛在两端钢索的牵引下，在管道内来回拖动从而将污泥推至检查井内，然后进行清掏。③滑轮组，其作用是防止钢索与井口、管口直接摩擦，同时也起到减轻阻力、避免钢索磨损的作用。

2.1.24　竹片疏通和钢条疏通合称为推杆疏通，这也便于和下一条术语转杆疏通相互对应。同样用疏通杆来打通管道堵塞，采用直推前进的称为推杆，采用旋转前进的称为转杆。推杆的另一个作用是在绞车疏通前将钢索从一个检查井引到下一个检查井，简称"引钢索"。

2.1.25　转杆疏通又称软轴疏通或弹簧疏通。小型转杆的动力来自人力，较大的转杆疏通机则由电动机或内燃机驱动。转杆在室内排水管和小管道疏通中应用较多。

2.1.29　染色检查在国外经常使用，高锰酸钾是常用的染色剂。

2.1.30　烟雾检查适用于非满流的管道，检查时需要鼓风机和烟雾发生剂。

2.1.31　电视检查具有图像清晰、操作安全、资料便于计算机管理等优点，是目前国外普遍采用的管道检查方法，其主要设备包括摄像头、照明灯、爬行器、电缆、显示器和控制系统等，有的还具有自动绘制管道纵断面的功能。

2.1.32　声纳检查适用于水下检测，能显示管道的形状、积泥状况和管内异物，但很难看清裂缝、腐蚀等管道缺陷。

2.1.33　用时钟表示法描述缺陷出现在管道圆周方向的位置，规定只用 4 个并列数字，其中前二位代表开始的钟点位置，后二位为结束的钟点位置，如：

　　0507　表示管道底部 5 点至 7 点之间

　　0903　表示管道上半圆

　　0309　表示管道下半圆

　　1212　表示管道正上方 12 点

2.1.34　水力坡降试验，又称降水试验或抽水试验，是检验管道排水效果的有效方法。

2.1.36　充气管塞，又称气囊或封堵袋。按功能划分，管塞可分为封堵型和检测型两种，检测型管塞兼有封堵和通过向管内泵气或泵水来检测管道渗漏的功能。

2.1.37　止水板与其他封堵方法不同，其封堵板大于管道直径，只能安装在管端外口，因此只适用于没有沉泥槽的检查井或有条件安装封堵板的场合。

2.1.38　骑管井，主要用于施工断水有困难的管道。

2.1.39　现场固化内衬于 1971 年由英国人 Eric Wood 发明，又称翻转法或袜筒法。该工法还适用于矩形、蛋型等特殊断面以及错口、变形的管道；适用于重力流也适用于压力流。现场固化内衬在燃气、给水、排水管道修复中都有广泛应用，按加热方法不同又可分为热水加热、喷淋加热、蒸汽加热和紫外线加热等。现场固化内衬的断面损失小，其壁厚可根据埋深、压力和使用年限来确定。

2.1.40　螺旋内衬由澳大利亚 Rib-loc 公司发明，又称 Rib-loc 工法。螺旋管最早曾作为一种无接口的塑料管材直接用于开槽埋管。螺旋内衬又可分为紧贴旧管壁和不紧贴旧管壁两种，前者称为膨胀螺旋管，安装在井内的制管机先将带状塑料板材绕制成比管道略小的螺旋管，推送到头后继续旋转使其膨胀，直到和旧管壁贴紧；后者则需要向管壁之间的缝隙中注入水泥浆使新旧管道结合成整体。螺旋内衬的优点是可以带水作业且适用于300～3000mm的各种管径。

2.1.41 短管内衬在国内外都有应用，小型短管从检查井送入井内，在井内完成接口连接，然后整段管道以列车状向前推进，最后从管段一端向塑料管与母管之间的缝隙间灌入水泥浆。大中型短管需要拆除检查井的收口，每次只向管内推进一节管道，在管内完成接口安装，大中型管可采用在内衬管顶部钻孔注浆的方法，使注浆更密实。短管内衬适用于各种管径，设备简单，造价低，其缺点是在采用常规管径系列作内衬时断面损失较大，其次是灌浆时内衬管上浮会造成管底坡降起伏。

2.1.42 凡是将整条塑料管由工作坑或检查井牵引至旧管道内完成内衬安装的都可称为拉管内衬，大部分拉管内衬只适用于小型管并需要开挖工作坑，拉管内衬在燃气、石油、给水等管道中应用相对较多。常用的拉管内衬方法包括滑衬法、折叠内衬、挤压内衬等。裂管法是一种特殊的拉管置换技术，就位的塑料管已经不再是内衬，而是完全取代旧管道的一条新的塑料管。几种常用的拉管修复技术见表4。

表4 几种常用的拉管修复技术

种类	技术简介	优点	缺点
滑衬法（slip lining）	内衬塑料管比旧管小，拉入后也可在新旧管间的间隙内灌浆	设备简单	断面损失较大
折叠内衬（U-lining）	将塑料管压成U型后拉入旧管，然后充入高压蒸汽使之恢复圆形	断面损失小	适用管径小
挤压内衬	先将塑料管挤压缩小，进入旧管后利用材料的记忆特性恢复至原管径	断面损失小	设备复杂，适用管径小

续表4

种类	技术简介	优点	缺点
PE灌浆内衬（商业名trolining）	用U型内衬的方法将外侧带钉状物的PE软管由井口拉入旧管后充气，最后在钉状物之间的空隙内注入水泥浆将内衬固定	不需工作坑，设备简单	抵抗外水压能力较差
裂管法（cracking）	比旧管略大的锥形钢质裂管头拉入旧管时将旧管胀裂，拉入更大的新管	可增加断面	设备复杂，影响周围管线

2.1.43 自立内衬管一词源自日文"自立管"，在欧美称为全结构管（full structure）。内衬管能否独立承受各种压力需经计算。

3 排水管渠

3.1 一般规定

3.1.1 定期检查的目的是及时发现问题，及时进行维护；保持管道水力功能的目的是保证管道畅通；保持良好结构状态的目的是延长管道使用寿命。

3.1.2 对排水户检测的主要项目各地可根据实际情况确定，检测周期不宜大于6个月。

排水户的管理档案应包括：主要产品、主要污染物、生产工艺、水质水量、废水处理工艺、排放口管径、排放口位置及平面图等。

对达不到排放标准的排水户，排水管理部门应要求其采取处理措施；对有泥浆排入排水管道的建筑工地，排水管理部门应要求其设置沉淀池等临时处理设施。

3.1.3 其他安全规定包括道路交通安全法中要求在道路上进行维修作业需要得到批准的规定和各地方制定的安全规定。

管道有害气体是造成管渠、泵站维护作业人员伤亡事故的最主要原因，井下常见有害气体允许浓度和爆炸范围见表5。

表5 井下常见有害气体允许浓度和爆炸范围

气体名称	相对密度（取空气为1）	短期接触限值		经常接触最高允许值		爆炸范围%（容积）	说明
		mg/m³	ppm	mg/m³	ppm		
硫化氢	1.19	21	15	10	6.6	4.3～45.5	
一氧化碳	0.97	440	400	30	24	12.5～74.2	操作时间1h以上
				50	40		操作时间1h以内
				100	80		操作时间30min以内
				200	160		操作时间15～20min

续表 5

气体名称	相对密度（取空气为1）	短期接触限值 mg/m³	短期接触限值 ppm	经常接触最高允许值 mg/m³	经常接触最高允许值 ppm	爆炸范围 %（容积）	说明
氰化氢	0.94	11	10	0.3	0.25	5.6~12.8	
汽油	3~4	1500		350		1.4~7.6	不同品种汽油的分子量不同，因此不再折算 ppm
氯	2.49	9	3	1	0.32	不燃	
甲烷	0.55	—	—	—	—	5~15	
苯	2.71	75	25	40	12	1.30~2.65	

3.1.4 机械化维护作业是提高管渠养护作业效率，降低劳动强度，减少安全事故的有效手段，也是排水管渠养护事业的发展方向，各地排水管理部门应加大这方面的经费投入。

3.1.6 在分流制排水地区严禁雨污水混接是一条强制性规定，必须严格执行。治理雨污水混接需要通过管理措施进行预防，通过工程措施来加以治理。

3.1.7 污水管道的设计充满度见表6。

表 6　污水管道的设计充满度

管径或渠高（mm）	最大设计充满度
200~300	0.55
350~450	0.65
500~900	0.70
≥1000	0.75

3.1.8 旧版规程中没有统一的大、中、小排水管道划分标准。制定统一的管径分类标准有利于编制养护标准和定额以及技术交流。各国的排水管道分类标准也不尽相同，表7为日本的分类标准。

表 7　日本的管径分类标准

分　类	直径（mm）
小型管	200~600
中型管	700~1500
大型管	1650~3000

3.2 管道养护

3.2.2 定期进行养护质量检查是制定维护计划的依据，又是考核养护单位工作的需要，各地都有自己的一套办法和经验。

3.2.3 排水管道的允许最大积泥深度标准以前在各地曾有一些差异，如上海规定的允许积泥深度就比较复杂：大中型是管径的1/5，小型管是1/4，蛋形管是1/3。

管道淤积与季节、地面环境、管道流速等诸多因素有关，只有掌握管道积泥规律，才能选择合适的养护周期，达到用较少的费用取得最佳养护效果的目的。在一般情况下：
——雨季的养护周期比旱季短；
——旧城区的养护周期比新建住宅区短；
——低级道路的养护周期比高级道路短；
——小型管的养护周期比大型管短。

3.2.5 检查井盖和雨水算

1 防止井盖跳动的措施首先是提高井盖加工精度，其中也包括对铸铁井盖与井座的接触面进行车削加工，以及在井盖和井框的接触面安装防震橡胶圈。

表 3.2.5-2 中的盖框间隙采用了国家现行标准《铸铁井盖》CJ/T 3012 中的规定（8mm）。井框与路面的高低差采用了《市政道路养护技术规范》CJJ 36 的规定（+15mm，-15mm）。

规定雨水口盖只允许低于井框10mm，雨水口框只允许低于路面15mm有利于加快路面排水。

2 井盖表面除了必须标识管道种类外还可以进行编号管理，如在日本的有些井盖上就留有编号孔，通过在编号孔内嵌入数字块的方法来实现灵活编号。

3 加装防盗链或防盗铰是防止铸铁井盖被盗的常用方法；前者安装方便，但防盗效果不好，后者需要将井盖、井框一并调换，成本高但防盗效果好。

采用混凝土、树脂等非金属井盖是井盖防盗的又一常用方法；为了防止井盖边角破碎，可以在井盖周边加一道铁箍；为了增加混凝土抗拉强度，可以在混凝土中掺入钢纤维。

3.2.7 雨水口的维护

1 在合流制地区，雨水口异臭是影响城镇环境的一个突出问题。国外的解决方法是在雨水口内安装防臭挡板或水封。日本的防臭挡板类似在三角形漏斗的出口处装了一扇薄的拍门，平时拍门靠重力自动关闭，下雨时利用水压力自动打开。安装水封也有两种做法，一是采用带水封的预制雨水口，这种方法在旧上海英租界曾广泛采用，叫做"隔箱茄利"；二是给普通雨水口加装塑料水封，水封的缺点是在少雨的季节里会因缺水而失效。

2 规定雨水箅更换后的过水断面不得小于原设计标准，是为了避免采用非金属材料防盗雨水箅后，过水断面减少，影响排水效果。

3.2.8 检查井和雨水口的清掏作业

1 高压射水和真空吸泥是国外管道养护的主要方法，近年来在国内的应用也在不断增多。射水车利用高达 15MPa 左右的高压水束将管道污泥冲至井内，然后再用吸泥车等方法取出。吸泥车按工作原理可分为真空式、风机式和混合式三种：

——真空式吸泥车，采用气体静压原理，工作过程是由真空泵抽去储泥罐内的空气，产生负压，利用大气压力把井下的泥水吸进储泥罐。真空式吸泥适用于管道满水的场合，抽吸深度受大气压限制。

——风机式吸泥车，采用空气动力学的原理，利用管内气流的动力把井下污泥带进储泥罐，适用于管道少水的场合，抽吸深度不受真空度限制。

——混合式吸泥车，采用大功率真空泵，兼有储气罐产生高负压和吸管产生较强气流的功能，适用于管道满水和少水的场合，抽吸深度不受真空度限制。

欧美国家大多采用集吸泥和射水功能为一体的联合吸泥车，联合吸泥车体积庞大影响交通。日本和台湾则大多采用两辆体积较小的车，一台吸泥一台射水，对交通的影响较小。

近年来广州、上海等城市在采用吸泥车的同时还开始使用抓泥车并取得很好的效果。国产抓泥车装有液压抓斗，价格低，车型比吸泥车小，对道路交通的影响小，污泥含水量也比吸泥车低许多。

2 在雨水口清掏方法上，德国普遍采用的一种做法是安装雨水口网篮；这种网篮用镀锌铁板制成，四周开有渗水孔。雨水口网篮构造简单，操作方便，只需提出网篮将垃圾倒入污泥车中即可。

3.2.9 在各种疏通方法中，水力疏通是一种最好的方法，具有设备简单、效率高、疏通质量好、成本低、能耗省、适用范围广的优点，因此在欧美等发达国家普遍被采用，水力疏通一般可采用以下方式来达到加大流速的目的：

——在管道中安装自动或手动闸门，蓄高水位后突然开启闸门形成大流速；

——暂停提升泵站运转，蓄高水位后再集中开泵形成大流速；

——施放水力疏通浮球的方法来减少过水断面，达到加大流速清除污泥的目的。

水力疏通浮球英文名 cleaning ball 或 jet ball。国外的浮球都由橡胶厂专门制造，上海过去曾经用薄铁板焊制的方法自己做过。浮球在管内阻挡了正常水流，根据在流量相同条件下断面缩小流速加大的原理，在浮球下面狭缝中流出的水流可以将管道冲洗得非常干净。浮球需要用一根绳索拽住，用以控制前进速度并防止在行进中被卡住。

3.2.10 防止倒虹管淤积的最好方法是使倒虹管达到自清流速。在直线型倒虹管中，由于下游上升竖井的截面尺寸通常大于倒虹管截面，所以很难达到自清流速。经验证明，如果将倒虹井上升段的截面缩小到与水平倒虹管相等，就会产生较好的防淤积效果。

3.2.11 压力井定期开盖检查的周期建议采用 2 年一次。

3.2.12 规定无覆土的盖板沟其相邻盖板之间的高差不应大于 15mm 的目的是防止行人被绊倒。

3.2.14 对位于码头平台下面，严重淤积又无法使用挖掘机械的排放口，可采取潜水员用高压水枪冲洗的方法清除积泥。

3.3 管 道 检 查

3.3.3 许多国家都已制定了排水管电视检查标准，如英国 WRC 的"下水道状况分级手册"，丹麦的"下水道电视检测标准定义和摄像手册"。这些手册详细规定了管道病害的种类、代码、定义、判读标准、病害等级、记录格式等，为推进管道检查和评估的标准化起到了很好的作用。这些标准不仅在电视检查中可以应用，在人员进入管内检查中也能应用。近年来我国拥有管道电视摄像设备的城市迅速增加，上海市已经制定了排水管道电视检查的试行标准。

表 3.3.3 中的"异管穿入"是指其他公用管线穿过或悬挂在检查井或排水管内的情况。管道悬挂在法国等欧洲国家由来已久，其存在理由是这样做可以充分利用地下空间，减少路面开挖，管线检修也方便，而某些排水管也确实具有一定的余量。

近年来，由于技术进步和经济补偿措施的落实，通信光缆借用排水管道的技术发展很快，一些国家都制定了相应的技术标准和管理法规。我国杭州等城市也进行过这类试验工程。光缆通过排水管进入千家万户可以减少路面开挖，降低线缆施工造价，而排水维护部门又能得到一笔不小的经济补偿，可以弥补维护经费不足的现状。随着城市的发展，地下管线的增多，地下空间资源共享的观念现在已经被越来越多的人接受。

3.3.4 管道功能状况检查的方法相对简单，加上管道积泥情况变化较快，所以功能性状况的普查周期较短；管道结构状况变化相对较慢，检查技术复杂且费用较高，故检查周期较长（德国一般采用 8 年，日本采用 5～10 年）。

3.3.7 在各种管道检查方法中，一种可称为"井内电视"的设备（商业名 quick view）已经在我国开始应用并取得良好效果。这是一种将反光镜和电视检查结合在一起的工具：电视摄像头被安装在金属杆上，放入井内后可以 360 度旋转，在灯光照射下能看清管内30m以内的管道状况。其清晰度虽不及带爬行器的电视摄像机，但远胜于反光镜。井内电视的优点是检查速度快、成本低，电视影像既可现场观看、分析，也便于计算机储存。

声纳检查已经在上海等城市的排水管道中得到应用，在查处违章排放污泥堵塞管道的举证方面特别有效。其设备主要由声纳发射、接收器、漂浮筏、线缆、显示屏和控制系统组成。声纳只能用于水下物体的检查，可以显示管道某一断面的形状、积泥状况、管内异物，但无法显示裂缝等细节。声纳和电视一起配合使用可以获得很好的互补效果，有一种将二台设备组合在一起的检查方法，即在漂浮筏的上方安装电视摄像头，下方安装声纳发射器，在水深半管左右的管道中可同时完成电视和声纳二种检查。

3.3.8 人工进入管内检查采用摄影或摄像记录，可以让更多的人了解管道情况，便于进行讨论和分析，而且有利于检查资料的保存。

3.3.10 以结构状况为目的的电视检查，如不采用高压射水在检查前对管壁进行清洗，管道的细小裂缝和轻度腐蚀就无法看清。

3.3.14 规定潜水员发现问题及时向地面汇报并当场记录，目的是避免回到地面凭记忆讲述时会忘记许多细节，也便于地面指挥人员及时向潜水员询问情况。

3.3.15 水力坡降试验可以有效反映管网的运行状况，通过水力坡降线的异常变化就能找到管道出问题的位置，对制定管道改造计划具有很大帮助。

为保证在同一时间获得各测量点的准确水位，在进行水力坡降试验时必须在每个测点至少安排一个人。

3.4 管道修理

3.4.1 上跨障碍物的敷设方法俗称"上倒虹"，在实际工作中这种情况偶然也会发生。采用"上倒虹"的重力流管道对排水畅通极为有害，因此列为强制性条文。

3.4.2 规定污水管应选用柔性接口的目的，在地下水低于管道的地区是为了防止污染地下水，在地下水高于管道的地区是为了减少地下水渗入，减轻管网和污水处理厂的额外负荷，以及防止因渗漏造成的水土流失和地面坍塌。

3.4.4 规定封堵管道必须经管理部门批准的目的是防止擅自封堵管道后造成道路积水、污水冒溢和由此引起的雨污混接。封堵期间的临时排水措施主要有埋设临时管，或安装临时泵以压力流方式接入下游排水管。

3.4.11 支管接入主管

1 支管不通过检查井直接插入主管的做法俗称暗接。规定不许暗接的目的是避免在主管上打洞容易造成管道损坏和连接部位渗漏；管道养护时，竹片等疏通工具也容易在暗接处卡住或断落；因此，在现阶段规定支管应通过检查井连通是必要的。

国外大多允许支管暗接，其出发点是为了减少道路上检查井的数量，使道路更平整；在工艺上，由于国外的暗接承口大多在工厂预制，解决了开洞损坏管道和连接质量问题；在养护方法上广泛采用了射水疏通和电视检查，使支管暗接变为可行。

2 规定支管水流转角不小于90°是为了避免水流干扰，减少水头损失。

3 接入雨水管或合流管的接户井设置沉泥槽后，有利于减少主管的积泥。

3.4.12 井框升降的衬垫材料，在非机动车道下可采用1:2水泥砂浆衬垫。

3.4.14 排水管道的非开挖修理

1 局部修理

管道非开挖修理可分为局部修理和整体修理两种，只对接口等损坏点进行的修理称为局部修理，也称点状修理。如果管道本身质量较好，仅仅出现接口渗漏等局部缺陷，采用局部修理比较经济。常用的局部修理技术有：

1) 钻孔注浆：对管道周围土体进行注浆，可以形成隔水帷幕防止渗漏，填充因水土流失造成的空洞和增加地基承载力。注浆材料有水泥浆和化学浆二大类，水泥浆价格便宜但止水效果稍差。为了加快水泥浆凝固，可以添加2%左右的水玻璃；为降低注浆费用，可在水泥浆中添加适量粉煤灰。化学注浆的材料主要是可遇水膨胀的聚氨酯。注浆可采用地面向下和管内向外两种注浆方法，大型管道采用管内向外钻孔注浆可以使管道周围浆液分布更均匀，更节省。注浆法的可靠性较差，检查和评定注浆质量也很困难。注浆法通常只能作为一种辅助措施与嵌补法、套环法等配合使用。

2) 裂缝嵌补：嵌补裂缝的材料可分为刚性和柔性两种，常用的刚性材料有石棉水泥、双A水泥砂浆等；常用的柔性材料有沥青麻丝、聚硫密封胶、聚氨酯等。柔性材料的抗变形能力强，堵漏效果更好。嵌补法的施工质量受操作环境和人为因素的影响较大，稳定性和可靠性比较差，检查和评定嵌补质量也很困难，因此应对采用裂缝嵌补的管道进行定期回访检查。

3) 套环法：在管道接口或局部损坏部位安装止水套环称为套环法。套环材料有普通钢板、不锈钢板、PVC板等，套环在安装前通常被分成2~3片，安装时用螺栓、楔形块、卡口等方式使套环连成整体并紧贴母管内壁；套环与母管之间可采用止水橡胶圈或用化学材料填充。套环法的质量稳定性较好，但对水流形态和过水断面有一定影响。

2 整体修理

对结构普遍损坏，无法采用局部修理的管道应该采用整体修理的方法。有些管道经过整体修理可以达到整旧如新的效果，因此在国外称为管道更新，常用的管道更新技术见本规程术语 2.1.40～2.1.43。

涂层法是一种不增加结构强度的整体修理方法，主要用于防腐处理，对轻微渗漏也有一定预防作用。涂层修理包括水泥砂浆喷涂、聚脲喷涂、水泥基聚合物防水涂层和玻璃钢涂层内衬等。涂层法对施工前的堵漏和管道表面处理有较严格的要求。涂层法的施工质量受操作环境和人为因素的影响较大，稳定性和可靠性比较差，检查和评定涂层质量也比较困难。

3.4.15 增加旧管道废除的规定，有助于加强对废弃管道的管理，避免因废弃管道处理不当而带来的各种问题。

3.4.16 要求被废除的排水管宜予拆除或作填实处理，目的是减少各种旧管道对地下有限空间资源的占用，同时也有助于减少因旧管道腐蚀损坏后产生地下空洞而引起地面沉陷。

3.5 明渠维护

明渠维护和管道维护方式差异较大，因各地明渠的形式、维护方式和管理不尽相同，本规程只对明渠维护提出了基本要求，各地还需结合具体情况制定相关的地方标准。

3.6 污泥运输与处置

3.6.1 污泥运输

1 污泥运输车辆的选择与污泥含水量有关，污泥含水量低可采用普通自卸卡车，污泥含水量高则需要采用不渗漏的污泥罐、污泥箱或污泥拖斗。污泥含水量和清掏方式、管道运行水位、雨水口底部的形式等因素有关。

2 通沟污泥在长途运输前进行脱水减量处理是为了减少运输量，节约运输成本。脱水的简易方法有重力浓缩、絮凝浓缩等。浓缩产生的污水应就近接入污水管道，以免造成二次污染。

3.6.2 在国外，有不少通沟污泥被直接送至污水处理厂统一处理，污泥中的沙土、有机物和污水在污水厂的各处理阶段中可得到有效处理。在日本，有的城市建有专门的通沟污泥处理厂，采用筛分、碾碎、冲洗和絮凝沉淀等方法进行处理，最后被分离成沙粒、污泥和污水。其中的沙石颗粒被用作筑路材料，污泥用于绿化堆肥、垃圾采用焚烧或填埋，污水送污水处理厂处理。

3.7 管渠档案资料管理

3.7.3 工程竣工后，排水设施管理部门应对建设单位移交的竣工资料按建设部《市政基础设施工程施工技术文件管理规定》（建城［2002］221号）归档。

3.7.5 在管网地理信息系统中，排水管道中的许多属性需要按标准进行分类，例如：

（1）按管道材料可分为：砖管、陶瓷管、混凝土管、钢筋混凝土管和塑料管等。

（2）按接口形式可分为：刚性接口和柔性接口。

（3）按管道施工方法可分为：现场砌筑、开槽埋管、顶管、盾构施工等。

（4）检查井材料可分为：砖石砌筑、混凝土现场浇制、混凝土预制井、塑料预制井等。

4 排 水 泵 站

4.1 一 般 规 定

4.1.1 排水泵站应采取绿化、防噪、除臭措施，减少对居住、公共设施建筑的影响。

4.1.2 泵站设备设施检查维护时防硫化氢等有毒、有害、易燃易爆气体所采取的安全措施主要是：隔绝断流，封堵管道，关闭闸门，水冲洗，排净设备设施内剩余污水，通风等。不能隔绝断流时，应根据实际情况，穿戴安全防护服和系安全带操作，并加强监测，必要时采用专业潜水员作业。

4.1.3 维修后的水泵流量可采用容积法、流量计或下列流量公式计算：

流量公式 $$Q = \frac{120 N_e \times h}{\rho}$$

式中 Q——流量（m^3/s）；
N_e——有效功率（kW）；
ρ——液体的密度（kg/m^3）；
h——扬程（m）；

$$N_e = N \times \eta$$

N——轴功率（kW）；
η——效率。

机组效率＝电机效率×传动效率×水泵效率

$$机组可运行率 = \frac{可运行机组的总日历天数}{机组总台数 \times 日历天数} \times 100\%$$

雨水泵站凡开得动、抽得出水的机组即为可运行机组。

4.1.5 泵站的机、电设备和设施指电动机、水泵及机座、进、出水管件、阀门、闸门及启闭机、格栅除污机、开关柜、护栏、大门等。根据其外观腐蚀状态，可2年进行一次除锈、防腐蚀处理。

4.1.6 安装在泵站内的易燃、易爆、有毒气体监测仪表、安全阀、起重设备、压力容器等，每年必须检定；防毒面具的滤毒罐，仪表探头，报警显示器等必须定期检测。

定期检定应由国家认可有资质的鉴定单位检定。

4.1.7 泵站内的道路、围墙及附属设施应定期检查，发现建、构筑物、围墙装饰面大面积剥落，铁件锈蚀时，应及时修缮；发现道路塌陷时，应及时检查管道是否损坏。

4.1.8 泵站自身防汛设施包括防汛墙、防汛板、防汛闸门等，应在每年汛期前认真检查，及时修复，配齐；汛期后应妥善保管。

4.1.9 凡有条件的泵站均应进行绿化。

4.1.10 泵站运行记录内容包括值班记录、交接班记录、运行记录、维修记录和事故处理记录等文字记录或计算机文档记录。

4.2 水 泵

4.2.1 水泵运行前的例行检查

为确保水泵的正常运行、延长水泵的使用寿命，必须按规定规范操作。

1 除正常盘车外，当水泵经拆、装、维护后，其填料尚未磨合，盘动时一般较紧，但泵轴一定要转动380度。

2 联轴器同轴度允许偏差和轴向间隙在安装和维护时应符合产品技术规定；

3 定期通过油杯、油枪向轴承内补润滑脂，保证轴承不缺失润滑；采用油浴润滑时，其油位应保持在油面线范围内；

4 填料密封良好的轴封，运行时应呈滴状渗水。当填料密封失效时，应及时更换填料，方法应正确、加置的填料要平整；

5 涡壳式泵一般采用排气旋塞排气，当旋塞有水喷出至空气排尽，即关闭旋塞；

6 水泵运行前，应检查电机的绝缘电阻，并满足相应的电压要求；

7 启动时离心泵的叶轮必须浸没在水中，轴流泵和立式混流泵的叶轮应有一定的淹没深度，开式螺旋泵的第一个螺旋叶片的浸没深度应大于50%。潜水泵运行的淹没深度应符合产品说明要求，严禁在少水和未超过淹没深度的情况下启动。

4.2.2 运行中的巡视检查

1 水泵运行中不得出现逆向运转、联接螺栓松动或脱落，保持匀速平稳；出现碰擦、异常振动或异声等现象时应及时停泵检查。

水泵振动可按现行国家标准《泵的振动测量与评价方法》GB 108899—89的规定，按泵的中心高和转速分类，评价其振动级别，见表8和表9。

表8 泵的中心高和转速

转速(r/min) \ 中心高 \ 类别	≤225mm	>225～550mm	>550mm
第一类	≤1800	≤1000	—
第二类	>1800～4500	>1000～1800	>500～1500
第三类	>4500～12000	>1800～4500	>1500～3600
第四类	—	>4500～12000	>3600～12000

注：1 卧式泵的中心高为泵轴线到泵机座上平面的距离。立式泵的中心高为泵的出口法兰面到泵轴线间的投影距离。

2 评价泵的振动级别：泵的振动级别分为A、B、C、D四级，D级为不合格。

3 泵的振动评价方法是首先按泵的中心高和转速查表8确定泵的类别，再根据泵的振动烈度级查表9就可以得到评价泵的振动级别。

表9 泵的振动级别

振动烈度范围		判定泵的振动级别			
振动烈度级	振动烈度分级界线 mm/s	第一类	第二类	第三类	第四类
0.28	0.28	A	A	A	A
0.45	0.45				
0.71	0.71				
1.12	1.12	B			
1.80	1.80		B		
2.80	2.80	C		B	
4.50	4.50		C		B
7.10	7.10			C	
11.20	11.20				C
18.00	18.00	D			
28.00	28.00		D		
45.00	45.00			D	
71.00	71.00				D

注：本标准不适用潜水泵和往复泵。

2 检查各类仪表指示是否正常，特别注意是否超过额定值。电流过大、过小或电压超过允许偏差±10％时，均应及时停机检查。

3 机械密封的泄漏量不宜大于 3 滴/min，普通软性填料轴封机构泄漏量为 10～20 滴/min。

4.2.3 停泵时应按以下操作程序进行：

1 及时检查轴封机构渗漏水情况，必要时更换填料，并做好填料函内的除污清洁工作；

2 当泵轴发生倒转时，应检查止回阀、拍门关闭状况或有否杂异物卡阻；

3 当惰走时间过短时，应检查泵体内有否杂物卡阻或其他原因。

4.2.4 长期不运行的水泵

1 开式螺旋泵因泵轴自重大且轴向长度长，易造成变形，应定期盘动，变换位置；

2 试泵时间不应少于连续运行 5min，各地可根据实际情况而定；

3 放空涡壳泵内剩水并关闭管道的进、出水闸阀，防止涡壳冰冻及泥沙沉积；

4 不具备吊出集水池条件的潜水泵，每周应启动一次，防止泥沙淤积，绝缘性能下降。

4.2.5 水泵日常养护

1 润滑油脂的型号、黏度应符合轴承润滑要求，轴承内注入的润滑脂不得超过轴承内腔容量的 2/3；

2 联轴器弹性柱销磨损，轴向间隙、同轴度超过规定标准时，会使泵轴摆度增大，发生机振、轴承发热；

3 填料密封压盖压到底后应更换填料。机械密封停机后若渗漏严重，应对泵体进行解体检修；

4 打开涡壳泵的手孔盖前，必须确认进、出水阀门关闭，管道内的剩水放空。开启涡壳泵的手孔盖时，要做好对 H_2S 的防毒监测，保持室内良好通风，方可进行泵内的清除和检查工作；

5 大中型水泵的冷却水系统、润滑水系统和抽真空系统都是水泵的重要辅助装置，应重视对其的检查、维修；

6 潜水泵浸没在集水池内，日常养护应以巡视检查为主，当累计运行时间达到 2000h 以上，则应检测电机线圈绝缘电阻，不能小于 5 MΩ（500 V 以下），通过电控箱现场显示的温度传感器、泄漏传感器、湿度传感器信号，确定潜水泵是否需要吊出集水池进行维修。

4.2.6 水泵的定期维护是指按有关技术要求进行解体检查，修理或更换不合格的零配件，使水泵的技术性能满足正常运行要求。各类水泵，特别是大、中型水泵，定期维护前均应制定维护计划、修理方案和安全技术措施。维护结束应进行试车、验收，维护记录归档保存。

4.2.7 离心式、混流式涡壳泵的定期维护

1 采用软性填料密封的轴封机构应重点检查填料函压盖、压盖螺栓、泵轴与填料接触处的磨损情况；采用机械密封的轴封机构应重点检查动、静密封环及弹簧磨损情况。

2 泵的过流部件修补后应进行动、静平衡试验。

4.2.8 轴流泵、导叶式混流泵的定期维护

1 轴封机构内的轴颈磨损，宜用镶套修理或更换泵轴；

2 水泵传动支承轴承滚动体与滚道之间的游隙超过规定值时，不锈钢套筒和橡胶轴承的配合间隙一般在表 10 范围内，橡胶轴承损坏时，均应予更换；

表 10 不锈钢套筒和橡胶轴承配合间隙表（mm）

水泵规格	5～10℃	10～15℃	15～20℃	20～25℃	25～30℃
φ500	0.30～0.36	0.25～0.31	0.20～0.26	0.15～0.21	0.13～0.19
φ700					
φ900	0.33～0.40	0.28～0.35	0.23～0.30	0.18～0.24	0.14～0.21
φ1200	0.35～0.42	0.30～0.37	0.25～0.32	0.20～0.26	0.16～0.18
φ1400	0.37～0.46	0.32～0.41	0.27～0.36	0.23～0.31	0.17～0.26
φ1600					

注：水泵轴不锈钢套的外径尺寸按照 GB/T 1800.3—1998 标准取 $d7$，橡胶轴承在不同温度时的加工偏差参照上海水泵厂的标准。

3 叶片有少量磨损可采用铸铁补焊后打磨，一般情况下，当叶片外缘最大磨损量超过表 11 的规定值时，需要进行更换；

表 11 叶片外缘最大磨损量（mm）

叶片直径	1000	850	650	450
最大磨损量	5/1000	6/1000	8/1000	10/1000

4 导叶体、喇叭管磨损时，应予更新；

5 水泵机组安装完毕，电机轴、传动轴、水泵轴的同轴度经校调后误差应小于 0.1mm。

4.2.9 开式螺旋泵的定期维护

1 下轴承为滑动轴承的，每年应检查一次，磨损腐蚀严重时应予更换。螺旋泵上轴承是滚动轴承的，滚动体和内外滚道的游隙量超过表 4.2.7-2 规定

值时应予更换。

2 联轴器的同轴度偏差不应超过表 4.2.6-1 规定值，弹性柱销和弹性圈磨损后应及时更换。

3 螺旋叶片与螺旋泵导槽间隙大于 5mm，应予修补。对螺旋泵轴挠度进行校正时，叶片与导槽的间隙应大于 1mm。

4 开式螺旋泵配套使用的减速机类型较多，除定期解体检查维修外，还应按产品要求的周期，检查油量、油质，及时补充或更换。

4.2.10 潜水泵的定期维护

1 绝缘电阻小于 5MΩ 时，应分别测量电缆和电机线圈的绝缘电阻；

2 检查防水电缆外表是否受到碰擦或损伤、密封是否完好；

3 温度传感器通过埋入线圈的热敏电阻（PTC）和装在轴承末端的热电阻（PT100），分别用于监测电机线圈温度和轴承温度。湿度传感器是通过设置在电机腔体内——湿度保护电极用于监测电机腔体的湿度。泄漏传感器通过装在泄漏腔体内（浮子开关）用于监测机械密封的性能。温度传感器、湿度传感器、泄漏传感器应在潜水泵解体检查时一并检查；

4 除应按条文规定外，还应按产品要求的周期，检查油量、油质，及时补充或更换；

5 叶轮与耐磨环的间隙大于 2mm 时应更换耐磨环；叶片出现点蚀时应进行修补，修补后一定要做静平衡试验；叶片磨损导致叶轮静平衡破坏时应更换叶轮。

4.3 电气设备

4.3.1 电气设备巡视、检查

1 在运行中加强巡视是发现电气设备缺陷的有效方法；夜间关灯巡视尤其要注意电气设备有否漏电闪烁现象；

2 由粉尘、潮湿、腐蚀性气体、高温等引起的短路或跳闸；

3 引起跳闸的主要原因有绝缘老化、短路、过载等，在未查明原因前盲目合闸会引起事故。

4.3.3 电力电缆检查与维护

发现电缆头大量漏油，需重做电缆头并进行耐压试验。

4.3.6 电力变压器的检查与维护

油浸式电力变压器的大修项目可参考表 12。

表 12 油浸式变压器的大修项目

部位名称	大 修 项 目
外壳及油	1. 扫外壳，包括本体、大盖、衬垫、油枕、散热器、阀门、滚轮等。 2. 清扫油过滤装置，更换或补充硅胶。 3. 油质情况，过滤变压器油。 4. 接地装置。 5. 使用的变压器，器身清洗、油漆。
铁 芯	1. 打开大盖检查时，宜吊芯检查。 2. 铁芯、铁芯接地情况及穿芯螺丝的绝缘，检查、清扫绕组及绕组压紧装置，垫块、各部分螺丝、油路及接线板等
冷却系统	1. 风扇电动机及控制回路。 2. 检查油循环泵、电动机及管路、阀门等装置，消除漏油及漏水。 3. 检查清扫冷却器及水冷却系统，包括水管道、阀门等装置，进行冷却器的水压试验
分接头切换装置	1. 检查并修理有载或无载接头切换装置，包括附加电抗器、动触点、定触点及传动机构。 2. 检查并修理有载或无载接头切换装置，包括电动机、传动机械及其全部操作回路
套 管	1. 检查并清扫全部套管。 2. 检查充油式套管的油质情况
其 他	1. 检查及调整温度表。 2. 检查空气干燥器及吸潮剂。 3. 检查并清扫油标。 4. 检查和校验仪表、继电保护装置、控制信号装置及其二次回路。 5. 检查并清扫变压器电气连接系统的配电装置及电缆。 6. 进行交接试验

4.3.10 高压隔离开关的检查与维护

高压隔离开关检查次数取决于使用环境和年限。检查内容主要有操作机构是否灵活，动、静主触头接触是否良好，动、静副触头三相是否同期接触。

高压隔离开关的调整包括下列内容：

1 合闸时，用 0.05mm 塞尺检查触头接触是否紧密，线接触应塞不进去；面接触塞入深度应不大于 4～6mm，否则应对接触面进行锉修或整形；

2 触头弹簧各圈间的间隙，在合闸位置时不应小于 0.5mm，并要求间隙均匀；

3 组装后应缓慢合闸，观察刀片是否能对准固定触头的中心落下或进入；若有偏、卡现象，应调整绝缘子、拉杆或其他部件；

4 刀开关张角或开距应符合要求，室内隔离开关在合闸后，刀开关应有 3～5mm 的备用行程，三相同期性应一致；

5 辅助触头的切换正确，并保持接触良好；

6 闭锁装置应正确、可靠。

4.3.12 高压油断路器的检查与维护

1 高压油断路器的维护周期取决于分、合闸次数，切断电流的大小以及使用环境和年限等。

2 高压油断路器维修后检查下列内容：

① 测定导电杆的总行程、超行程和连杆转动角度；

② 检测缓冲器；

③ 测定三相合闸同期性。

3 高压油断路器日常检查包括下列内容：

① 油断路器油色有无变化，油量是否适当，有无渗漏油现象；

② 各部分瓷件有无裂纹、破损，表面有无脏污和放电现象；

③ 各连接处有无过热现象；

④ 操作机构的连杆有无裂纹，少油断路器的软连接铜片有无断裂；

⑤ 操作机构的分、合闸指示与操作手柄的位置、指示灯显示，是否与实际运行位置相符；

⑥ 有无异常气味、响声；

⑦ 金属外皮的接地线是否完好；

⑧ 室外断路器的操作箱有无进水，冬季保温设施是否正常；

⑨ 负荷电流是否在额定值范围之内；

⑩ 分、合闸回路是否完好，电源电压是否在允许范围内；

⑪ 操作电源直流系统有无接地现象。

4.3.13 高压真空断路器的检查与维护

检查高压真空断路器、接触器的真空灭弧室真空度时，在合闸前（一端带电）观察内壁是否有红色或乳白色辉光出现，如有则表明真空灭弧室的真空度已失常，应停止使用。

真空灭弧室是真空断路器的心脏，它是一个严格密封的部件。目前还没有适合现场使用的、简单有效的灭弧室真空度检查设备。为了减少和避免因真空度下降而造成的事故，要求如下：

1 定期进行耐压试验，及时更换不合格的耐压灭弧室产品；

2 用测电笔检查，当真空断路器进线隔离开关处于合闸位置时，用高压测电笔检查真空断路器出线不应带电；

3 断开真空断路器的进线隔离开关时，不应出现放电声和电弧；

4 在真空断路器不工作时，管内应无噼啪的放电声；

5 经常监视玻璃外壳的真空灭弧室，当触头开断状态一侧充电时，管内壁不应有红色或乳白色出现。灭弧室内零件不应被氧化，屏蔽罩不应脱落，玻璃壳内不应有大片金属沉积物等。如发现真空度降低，应及时更换灭弧室；

6 真空灭弧室的真空度一般为 10^{-4}～10^{-6} Pa，检查方法有：

① 对玻璃外壳真空灭弧室，可以定期目测巡视检查，正常时内部的屏蔽罩等部件表面颜色明亮，在开、断电流时发出浅蓝色弧光。当真空度严重下降时，内部颜色为灰暗，开、断电流时发出暗红色弧光；

② 3 年左右进行一次工频耐压试验。当动、静触头保持额定开距条件下，经多次放电老炼后，耐压值达不到规定标准的，说明真空灭弧室真空度已严重下降，不能继续使用；

③ 真空灭弧室的电气老炼包括电压和电流老炼。新的真空灭弧室在产品出厂之前已经过老炼，但经过一段时间存放后，其工作耐压水平会下降，使用部门在安装时仍然需要重新进行电压老炼和在规定条件下进行工频耐压试验。

根据产品寿命定期更换真空灭弧室。更换时必须严格按规定尺寸调整触头行程，真空灭弧室的触头接触面在经过多次开断电流后会逐渐被电磨损，触头行程增大，也就相当波纹管的工作行程增大，波纹管的寿命会迅速下降，通常允许触头电磨损最大值为 3mm 左右。当累计磨损值达到或超过此值，同时真空灭弧室的开断性能和导电性能都会下降，真空灭弧室的使用寿命已到。为了能够较准确地控制每个真空灭弧室触头的电磨损值，必须从灭弧室开始安装使用时起，每次预防性试验或维护时，就准确地测量开距和超程并进行比较，当触头磨损后累计减小值就是触头累计电磨损值。

国产各种型号的 10kV 真空灭弧室的触头超程是在 3mm 左右，开距 12mm 左右。通常国产 10kV 真空断路器用灭弧室的额定接触压力，额定电流 630～

800A 者为 1100N 左右，1250A 者为 1500～1700N 等。

真空断路器在安装或检修时，除了要严格地按照产品安装说明书中要求调整测量触头超程外，还应仔细检查触头弹簧，不应有变形损伤现象。

真空断路器维修后，根据《电气设备预防性试验规程》规定做有关试验项目。新断路器在投运前应测量分、合闸速度，因为它不仅可以建立原始技术资料，同时也可以及时发现产品质量上的一些问题，以便及时采取措施。

4.3.14 六氟化硫（SF_6）开关气室只做状态检测。

高压六氟化硫（SF_6）开关气室不必检修，当气室失效或寿命到期时，则需更换气室。六氟化硫（SF_6）开关常规性预防性试验以气体测试为主，如SF_6气体的密度、压力、含水量以及SF_6气体的分解物二氧化硫（SO_2）、二氟氧化硫（SOF_2）、四氟化硫（SF_4）等。特殊情况下，可采用气相色谱仪对SF_6气体的纯度作成分色谱检查。

4.3.15 使用频率高、年限长且使用环境恶劣的变频器的检查和维护周期应适当缩短。

4.3.17 低压隔离开关的检查与维护通常用示温片来检验低压隔离开关各部位的温度，低压隔离开关动静触头接触良好包括二个方面内容：第一要有足够的接触面，第二要有足够的接触压力。

4.3.20 低压交流接触器使用过程中，引起接触器的触头严重发热或灼伤原因主要有：触头有氧化膜或油垢、长时期过载、触头凹凸不平、触头压力不足、接线松脱和触头行程过大。根据原因采取相应措施：保持触头光滑清洁、调整触头容量、用锉整修保持光洁、进行清扫并调整、清扫后接牢接线和更换触头等。

4.3.21、4.3.22 电流、电压互感器检查重点：绝缘和二次接线。

4.3.26 电力电容器定期检查内容有：外壳无膨胀、漏油；无异常声响、火花；熔丝是否正常；放电指示灯是否熄灭和检查各触点的接触情况。

4.3.27 无功功率补偿器三相运行电流应平衡，但在实际使用中会存在着微小差异，因此在观察三相运行电流时，应与初始运行作对比，有无异常变化，发生异常变化应立即检查。

4.3.30 蓄电池电源装置的检查和维护

1 运行中的蓄电池处于浮充电状态，以补充蓄电池自放电而损失的容量。在浮充电情况下，浮充电的电流大小有允许值范围，因此随时可调整浮充电的浮充电流大小，使其在允许值范围。

2 通过巡视仪上各测量点的数值，可随时核对正确数值，及时修正，保持正常良好的工作状态。

4.3.33 继电器保护装置和自动切换装置的检查周期取决于使用环境，应与主设备检查同时进行。

4.4 进水与出水设施

4.4.1 闸（阀）门的日常养护

1 日常养护应做好对启闭机座、电动执行机构（即电动头）外壳的清洁工作；

2 巡视重点是电动机与传动机构的结合部、润滑油箱底部的密封、齿轮箱与油箱的结合部；

3 启闭时注意齿轮箱的振动和噪声；

4 每周做启闭试验的目的：避免长时间不动作而造成闸板与门框的密封面咬合、丝杆与传动螺母咬合、齿轮传动卡阻、行程限位机构故障等，引起启闭机过载跳闸、启闭失灵；

5 启闭频率，一般情况下不高，当电控箱发生故障，总线控制或行程限位失灵，过力矩保护跳闸，必须切换到手动启闭。因而日常养护要经常检查手、电切换装置的可靠性；

6 全开、全闭和转向可用油漆标注在阀体上，阀门的转向通常顺时针为闭，逆时针为开，启闭转数可通过试验确定；

7 闸阀电动装置一般由专用电动机、减速器、转矩限制机构，行程控制机构，手-电动切换机构，开度指示器和控制箱等组成。具体产品的养护还应按生产厂家规定进行；

8 较频繁使用的闸阀电动装置手-电动切换装置离合器通常应处于脱开状态。

4.4.2 闸（阀）门的定期维护

1 启、闭频率高的应每年换油，必要时清洗油箱积垢；

2 检查、调整行程开关和过扭矩开关的目的是确保启闭的可靠；

3 除一体化总线控制外，均应按条文要求定期维护；

4 对操作手轮、离合器、密封件的调整是确保运行可靠的必要条件；

5 由于闸门连接杆、轴导架和门与框的铜密封长期浸没在水中，并有腐蚀液体和气体存在，必须定期进行检查、调整和修理；

6 检查更换阀门杆的填料密封，可以确保阀门杆的轴封不发生泄漏；

7 定期检查修换阀板上的密封环，调整阀板闭合时的位移余量，能确保阀门启、闭的严密性，不发生泄漏；

8 检查油质、油量，及时更换、补充可以确保电动装置的齿轮传动系统减少啮合磨损，延长使用寿命；

9 及时更换损坏的输出轴、主从动轴端密封件，可以防止油缸渗漏油；

10 重载和启闭频繁的电动装置，应每年检查、清洗传动轴承，发现磨损及时更换。

4.4.3 液压阀门的日常养护

1 液压闸阀特点是在无级变速前提下，通过液压传动机构实现对闸阀的快速启闭，弥补电动闸阀启闭缓慢、驱动力不足的缺陷。主要部件为工作部件（闸阀）、传动部件（液压油缸）和驱动部件（液压油站）。

2 巡视重点是液压控制系统、液压阀件、阀杆轴封、密封件和油缸油封。

3 检查重点是液压油缸缸体紧固螺栓受液压力冲击后的紧固状态。

4 定期打开大型阀门的冲洗水装置，清除闸板槽内的污物。

4.4.4 液压阀门的定期维护

1 为防止阀门体内的闸板槽积沉污物，大型阀门设有冲洗水装置，定期打开排污阀，清除闸板槽内的污物；

2 及时更换液压站主油泵出口过滤器油芯，能保障液压油回路不受杂质污染；

3 由于控制油路为高压，密封易发生渗漏，及时更换能保障油压稳定；

4 油缸内活塞频繁受液压力冲击，易发生松动，及时调整行程能保障阀门工作状态的稳定；

5 校验压力继电器、时间继电器和储能器的目的是能保障液压闸阀工作的安全可靠；

6 电气控制柜元器件易受潮和遭受酸性气体的腐蚀，必须定期进行调整和更换；

7 定期检查调整和修换液压站元器件的目的是保障液压阀门稳定工作；

8 液压阀门的主要部件液压系统，经过长时期、频繁地使用后，其工作效率、性能参数因元器件的腐蚀、磨损、振动、材质老化和构件变形等而发生变化，使液压阀门的可靠性、稳定性降低，通过恢复性修整，使整个系统工作效率不降低，恢复到原有的设计参数指标。

4.4.5 真空破坏阀的日常养护

真空破坏阀是通过电磁力或同时利用增力机构来快速启闭气体阀门，它的驱动力和行程较小，一般多用于液压、气压控制系统。真空破坏阀，属于气压控制系统。条文规定了此类阀门的日常养护基本要求，具体到某一产品牌号和其他养护维修要求时，应参照产品说明书。

1 做好阀体、电磁吸铁装置的日常清洁工作，避免灰尘积聚磁极面，影响电磁铁的正常吸合作用；

2 使用频繁的真空破坏阀，应经常清扫过滤器，检查进、排气通道是否畅通；

3 检查阀杆轴向密封，避免泄漏而影响真空度。

4.4.6 真空破坏阀的定期维护

1 解体、清扫电磁铁内的积尘；

2 调整阀杆行程，更换阀体密封件；

3 真空破坏阀解体维护后，应做渗漏试验。

4.4.7 拍门的日常养护

拍门有旋启式、浮箱式，用于防止管道或设备中介质倒流，靠介质压力自动开启或关闭。浮箱式拍门属于旋启式拍门的一种改进，它具有缓闭、微阻作用。具体维护要求应以生产厂家产品说明书为准。旋启式密封条固定在拍门座与阀板接触的平面凹槽内，密封橡胶条脱落会造成拍门渗漏，或在受到冲压时发生振动；浮箱式拍门密封止水橡皮固定在浮箱拍门上，密封面应无渗漏。

4.4.8 拍门的定期维护

1 粘合脱落的橡胶止水带，或更换老化的橡胶止水带；

2 钢制拍门应定期做防腐蚀涂层，避免锈蚀；

3 检查连接螺栓是否均匀紧固，当垫片不均匀受压时会发生渗漏。

4.4.10 止回阀的定期维护

止回阀主要有升降式、旋启式、缓闭式和柔性止回阀。

1 发现垫片损坏、轴套与密封圈配合松动应同时更换；

2 关闭出水阀门，打开阀盖，检查阀板密封、转轴销、旋转臂杆、接头和轴的磨损状态；

3 检查阀盖连接螺栓及垫片是否紧固密封；

4 阀体渗漏的主要因素是制作、浇铸工艺不当所致；

5 旋启活塞式油缸发生渗漏会导致缓冲作用失效，应加强检查；

6 缓闭式止回阀调整平衡锤相对位置可减少水头损失，也可以提高缓冲效果；

7 透气管堵塞，在水泵停车时，管路内的负压有可能导致柔性止回阀损坏，应对管路系统进行清洗，防止堵塞；

8 止回阀内存有浮渣、堵塞物，会影响止回阀的正常闭合，要加强清理。

4.4.11 格栅的日常维护

1 格栅污物过多积聚会引起格栅前后水位差过大，造成格栅变形损坏，导致进水井水位过低，应加强清捞；

2 主要检查格栅片间隙是否松动、变形或脱焊；

3 加强碳钢制格栅的防腐措施可延长格栅使用寿命。

4.4.12 格栅除污机日常维护

格栅除污机，按照安装使用形式，有固定式和移动式之分。按驱动方式分有，钢丝绳牵引、链条回转、旋转臂杆、高链牵引、阶梯形输送、液压驱动等多种。按齿耙结构分类有插齿式、刮板式、鼓形格栅、犁形齿耙、弧形格栅、回转滤网式等。但其基本组成部件均为驱动装置、传动机构和工作机械。上述三大部件中的基本组成单元为：机架、控制箱、行程限位开关、减速器、传动支承轴承、牵引链、传动链钢丝绳、导轨、齿耙、齿轮、油缸、油箱、密封件等。条文明确了各类格栅除污机及其附属设备的日常养护基本要求，其养护维修时，还应参照产品说明书具体规定。

  1 格栅除污机的运行工况和机构润滑状态的巡视、检查重点是轴承、齿轮、链条、液压箱、钢丝绳、传动机构等部件的润滑加油和工作状态。

  2 格栅除污机的机架、驱动电机的机座，都必须紧固，若连接螺栓松动，会导致机械振动和噪声，造成部件磨损、发热或损坏，影响清污效果。

  3 经常检查、调整张紧链轮，可防止链条打滑和非正常磨损。移动式的格栅除污机行走、定位机构在运行时受到运动冲击，易发生松动移位影响定位精度，经常检查调整可以避免松动，消除故障。

  4 格栅除污机在停止工作后，应及时清除工作部件上残留的污物，并对活动铰接件进行润滑加油，可保持环境清洁和防止污物重新进入集水井，同时为除污机的再运行做好润滑、保养和防腐工作。

  5 格栅除污机浸入污水中的部件，特别是碳钢材质的传动零部件易发生锈蚀、卡阻，因此在长时间停车期间要定期启动。

4.4.13 格栅除污机的定期维护

  1 格栅除污机的工作齿耙、牵引钢丝绳、刮板等工作部件，在使用过程中会磨损和腐蚀，应定期检查，进行调整和更换；

  2 格栅除污机的传动轴承和液压油箱，应定期加注润滑脂或更换液压油；

  3 设有液压系统的格栅除污机，应定期更换油缸内液压油，阀体的密封件；

  4 因格栅除污机的工作环境恶劣，对电气控制箱应加强检查、保养；

  5 驱动链轮，链条及水下导轮，因与污水接触，特别是碳钢材质易腐蚀、磨损，应定期检查及时更换，不锈钢材质的应视齿顶、链节套筒磨损情况维修或更换；

  6 有齿轮传动箱的格栅除污机，应定期解体检查齿轮啮合间隙，并更换磨损的齿轮。

4.4.14 栅渣皮带输送机的日常养护

  1 主、从动转鼓支架若噪声加大或发热时，应及时向轴承座内加注润滑脂；

  2 运行中发现皮带跑偏及打滑，应及时通过张紧装置调整；

  3 皮带输送机属于连续输送机械，为确保运行安全，只能在停机时才能清除输送带上的污物。

4.4.15 皮带输送机的定期维护

  1 皮带经过长时间的拉伸、变长，造成皮带跑偏，每隔6个月应通过张紧螺栓调整。皮带的接口与转鼓高速接触磨擦后损坏，也应修整重新粘接或用皮带扣铆接；

  2 皮带滚轮和轴承因受交变应力作用，易发生磨损，应及时更换；

  3 主、从动皮带转鼓的支承轴承，长时间运行后，应予清洗检查，发现磨损应及时更换；

  4 皮带输送机的支架一般为钢制，应做好防腐处理。

4.4.16 螺旋输送机的日常养护

  1 螺旋输送机的驱动电机与行程齿轮减速箱构成一体，并安置在螺旋叶片的一端，运行中应着重检查机组的振动、齿轮啮合声响是否正常；

  2 螺旋输送槽内应防止大于螺距的异物进入；

  3 螺旋输送机的行星齿轮减速箱和螺旋输送叶片两端的支承轴承日常运行中不得缺油。

4.4.17 螺旋输送机的定期维护

  1 及时调整螺旋叶片间隙，更换损坏的磨擦圈；

  2 长时间运行后，螺旋叶片与外壳间隙会发生变化，应及时调整输送轴的挠度和间隙。

4.4.18 螺旋压榨机长期停用后恢复工作或间断出渣时，应在出渣筒内加水，以保持出渣润滑。

4.4.19 螺旋压榨机的定期维护

  1 螺旋叶片在经长时间运行磨损后与外壳间隙发生变化，应及时调整螺旋叶片转轴挠度和间隙；

  2 更换磨擦导向条可以提高压榨效率；

  3 压榨机经解体维护后应调整过力矩保护装置，防止驱动电机过载烧毁。

4.4.20 沉砂池的维护

  当积砂高度达到进水管底时，需要清砂。在进行检查和清砂工作时，应做好H_2S的防毒监测及安全防护工作后进行。

4.4.21 集水池的维护

  集水池水面的漂浮物会造成可燃性气体、H_2S等有毒有害气体附着，可能成为安全隐患，应定时清捞。清捞漂浮物应在做好对H_2S等有毒有害气体的监测及安全防护后才能进行。

4.5 仪表与自控

  本节仪表是泵站自动化仪表的简称，包括各种用于检测和控制的仪表设备和装置。泵站仪表常规检测项目有雨量、液位、温度、压力、流量、水质成分量（pH、NH_3-N、COD等）、有毒有害气体（H_2S）等。

  水泵机组检测项目主要有电压、电流、转速、振动、绝缘、泄漏、噪声等。潜水泵增加检测内容主要有湿度、温度等。

  泵站自控是指由计算机、触摸屏等组成的处理来自泵站环境中各种变送器的输入并将处理结果输出至执行机构和有关外围设备，以实现过程监测、监控和控制的计算系统或网络。泵站自动控制及监视系统可由小型计算机、触摸屏、摄像、可编程序控制（PLC）、远程终端（RTU）、通信设施及通信接口等组成。由监视、控制、报警、通信及通信接口等设备构成的自动控制及监视系统。

泵站自动控制及监视系统运行前应按照"控制系统用户手册"或"使用维护操作手册"中各自说明的要求编写运行操作规程。泵站自动控制系统必须经过调试、试运行后才能正式投入运行，并应定期检查、维护。

4.5.2 执行机构和控制机构的检查：

1 执行机构是在控制系统中通过其机构动作直接改变被控变量的装置；

2 控制机构是在控制系统中用以对被控变量进行控制的装置，主要检查控制机构的调节阀、接触器、控制电机等的工况。

4.5.3 自动控制及监视系统是泵站自动化管理系统，通过控制器、模拟盘、计算机系统进行运行管理。

4.5.4 检测仪表是用以确定被测变量的量值或量的特性、状态的仪表。检测仪表可以具有检出、传感、测量、变送、信号转换、显示等功能。

4.5.5 检测仪表的定期校验：通过试验、检验、标定等手段测量器具的示值误差满足规定要求。

4.5.6 自动控制及监视系统的定期维护：

1 仪表、控制设备及其附件外壳和其他非带电金属部件的保护接地（接零），仪表及控制系统的工作接地（包括信号回路接地和屏蔽接地）每年应进行一次检查和维护。

2 自动控制（监控）系统中，在专用通信通路所有的输入、输出端口或任何其他通向检测仪表和控制系统的入口的电路点上所装设的雷电分流设备，应每年进行一次检查和维护，以确保安全可靠。

4.5.7 主机房内防静电接地应符合设计文件规定。

4.6 泵站辅助设施

4.6.1 泵站内的起重设备属于强制性检查设备，条文仅作日常养护和定期维护的基本要求规定，具体实施必须按国家现行规程《起重机械监督检验规程》（国质检锅［2002］296号）和《特种设备安全监察条例》（中华人民共和国第373号政府令）执行。

4.6.2 电动葫芦的日常养护要求：

1 使用电动葫芦起吊重物前，应检查使用安全电压的手操作控制器和电器控制箱，确认通电后设备处于可操作状态；

2 起吊索具应安全可靠，符合起重要求；

3 电动葫芦的升降、行走机构操作运行灵活，断电制动稳定可靠。

4.6.3 电动葫芦的定期维护

1 检查钢丝绳在一个捻节距内的断丝数，超过标准时应报废。

2 检查专用接地标准电阻值，电阻值应小于 5Ω。

3 工字钢轨道车档应连接可靠，完整无缺损松动；轨道侧面磨损超过原宽的15%应更换；在无负荷条件下，工字钢在两吊点之间水平以下的下沉值大于1/2000时应校正。

4 检查和更换电动葫芦的制动器、卷扬机构、电控箱内不合格的元器件。

5 清洗检查减速箱、齿轮、轴、轴承，根据磨损度修复和更换，齿面点蚀损坏达啮合面的30%，深度达齿厚的10%时应予更换。清洗后更换新的润滑油。

4.6.4 桥式起重机的日常养护

1 使用前必须检查电控箱，通电后电源滑触线的接触良好。采用低压手操作控制器，检查桥式起重机的大车、小车、卷扬机等处于正常可操作状态。

2 空载试车，完成大车、小车行走，升降、制动的操作检查。

3 用验电器检验接地线的可靠性，接地电阻不应大于 5Ω。

4 用10倍放大镜检验吊钩，危险断面不得有裂纹，钢丝绳鼓应排列整齐。

4.6.5 桥式起重机的定期维护

1 排水泵站内桥式起重机，由于使用频率不高，根据技术规范及设计要求定为轻级制，因而本规程定为3年进行一次恢复性维修。

2 桥式起重机维护的项目

1）检查桥架螺栓紧固情况，尤其是主梁与端梁、大车导轨维修平台、导轨支架、小车或其他构件的连接螺栓不得有任何松动。

2）检查梁架主要焊缝有无裂纹，若发现有裂纹应铲除后，重新焊接。在无负荷条件下，主梁在水平面的下沉值大于1/2000时，应修理校正。

3）检查大车、小车的传动轴、联轴节、螺栓有无松动情况。更换过或修复的大、小车制动器应制动灵敏可靠，若制动带磨损量达原厚度的30%应更换，沉头铆钉顶面埋下至少0.5mm。

4）主驱动减速器支承轴承及传动齿轮副磨损，齿面点蚀损坏达啮合面的30%，深度达齿厚的10%应予更换。

5）检查大小车是否有啃道现象，若轨道的接头横向位置及高低误差大于1mm，轨道侧面磨损超过轨宽的15%均应更换。

6）检查电器设备、清洗电动机轴承并加注润滑脂，调整限位器及修正触头，并对各个导线接头进行检查,连接应紧固,无发热现象。

4.6.6 剩水泵的日常养护

1 离心式剩水泵日常养护同一般离心泵;

2 潜水式剩水泵的日常养护同一般潜水式离心泵。

4.6.7 通风机的日常养护

1 通风机运行中不得出现异常振动和噪声;

2 通风管密封为软性材料,一般采用法兰板压紧或凹凸咬口连接,密封损坏出现裂缝,风管将发生泄漏。

4.6.8 通风机的定期维护

1 通风机的进、出风口应定期清扫、检查,并对转子轴承进行清洗、加油润滑;

2 定期对通风系统解体维护,更换易损件的目的是消除故障,确保机组安全可靠运行。

4.6.9 近年来,水处理工艺构筑物的除臭设备、设施发展很快,主要有物理脱臭吸附、化学氧化、焚烧、喷淋、生物过滤、洗涤、高能光量子除臭等。除臭装置的尾气排放应符合现行国家标准《恶臭污染物排放标准》GB 14554—93 的规定,见表13和表14。

表13 国标中恶臭污染物厂界标准值

序号	控制项目	单位	一级	二级		三级	
				新扩改建	现有	新扩改建	现有
1	氨	mg/m³	1.0	1.5	2.0	4.0	5.0
2	三甲胺	mg/m³	0.05	0.08	0.15	0.45	0.80
3	硫化氢	mg/m³	0.03	0.06	0.10	0.32	0.60
4	甲硫醇	mg/m³	0.004	0.007	0.010	0.020	0.035
5	甲硫醚	mg/m³	0.03	0.07	0.15	0.55	1.10
6	二甲二硫醚	mg/m³	0.03	0.06	0.13	0.42	0.71
7	二硫化碳	mg/m³	2.0	3.0	5.0	8.0	10
8	苯乙烯	mg/m³	3.0	5.0	7.0	14	19
9	臭气浓度	无量纲	10	20	30	60	70

表14 国标中恶臭污染物排放标准值
(排气筒高度均为15m)

序号	控制项目	排放量(kg/h)
1	硫化氢	0.33
2	甲硫醇	0.04
3	甲硫醚	0.33
4	二甲二硫醚	0.43
5	氨	4.9
6	三甲胺	0.54
7	臭气浓度	2000(标准值,无量纲)

除臭装置按臭气处理工艺流程,一般可分为收集、处理和控制三个系统。收集系统主要由集气罩、风管、抽吸风机、屏蔽棚等装置组成。处理系统根据处理工艺不同设备组成有较大差异。采用生物吸附工艺的处理系统,主要由过滤器、洗涤器、循环水泵、吸附槽、加热恒温装置、喷淋器、酸碱发生器等组成;采用化学氧化法工艺的处理系统主要由臭氧发生器、酸碱发生器、活性炭氧化剂、高能离子发生器、抽吸风机等组成。控制系统主要由pH、H_2S 在线检测监控仪表、流量计、液位计、PLC控制器等电子监控仪器、仪表组成。除臭装置在运行过程中应注意下列事项:

1 为保证进入收集系统的臭气不发生扩散,应确保收集系统在负压工作状态下运行。

2 在除臭装置发生故障时,控制系统的报警器应能及时发出报警信号,同时停止运行,故障消除后能重新恢复运行。

3 泵站停止运行时,应打开除臭装置的屏蔽,避免硫化氢等有毒有害、易燃易爆气体聚集。

4.6.11 真空泵的日常养护

1 真空泵在运行前应保持泵体内充满水,转子转动灵活,叶轮旋转无摩擦卡阻,旋转方向正确,基础螺栓紧固不松动;

2 真空泵投入运行后,应经常巡视检查气水分离器的真空度,进气管和泵轴密封无泄漏;

3 经常巡视检查泵组电机轴与真空泵轴的同轴度,联轴器的轴向相隙和真空泵叶轮和外壳的间隙,确保稳定运行。

4.6.12 真空泵的定期维护

1 真空泵轴封的密封状态好坏,影响泵的真空度;

2 真空泵叶轮因长期运行、汽蚀作用后受到磨损时,影响到抽真空效率,因此包括叶轮的支承轴承在内均应每隔3年进行解体检查、清洗和更换磨损的轴承。

4.6.13 防水锤装置的日常养护

1 当水泵停止运行时，应对水锤消除器工作状态进行严密监视，防止因泵的出口压力变化损坏泵机。

2 在完成一次水锤消除作用后应进行重锤的复位，并能迅速排放突然产生的气体。还应经常检查消除器的定位销、压力表、阀芯、重锤的连杆机构。

3 能自动复位的下开式水锤消除器，完成一次水锤消除工作后，应检查自动复位器的连杆及重锤是否复位，检查自闭式水锤消除装置的执行机构信号装置、控制器和延时装置。

4 气囊式水锤消除装置应防止空气囊内气体泄漏。当气压低于额定值时，必须及时补充气体。

4.6.15 叠梁插板闸门通常用于泵站设备、设施断水维修或排放工艺变动时使用。插板和起吊架应妥善保存，不能露天搁置，防止日晒、雨淋和锈蚀损坏。

4.6.16 柴油发电机组在泵站突然断电，短时间内又无法恢复供电时作应急电源用。柴油发电机组按设置方式分为固定式、移动式、车载式、牵引式；按发动机冷却方式分为风冷式、水冷式。

柴油发动机在启动后，空载运转转速应逐渐提高到规定值（不宜超过5min），并进入部分负荷运转，待柴油机的出水温度（风冷式除外）和机油压力分别达到规定值（75℃和0.25MPa）时，才允许进入全负荷运转。

4.6.17 柴油发动机及发电机组的使用、保养和维修，应按行业标准和生产厂的要求施行。

4.6.18 备用水泵机组维护同水泵和电机维护要求。

4.7 消防器材及安全设施

4.7.1 消防器材与设施属强制性检查项目，应落实专人管理。消防工作应执行中华人民共和国公安部令第61号《机关、团体、企业、事业单位消防安全管理规定》。

灭火器应当建立档案资料，记明配置类型、数量、设置位置、检查维修人员、更换药剂的时间等有关情况。消防器材应定点放置，并绘制消防器材分布图张贴于明显处。

4.7.3 防毒防爆用具的使用

1 泵站防毒、防爆仪表必须定期经法定计量部门或法定授权组织检定，并且建立档案资料，记录仪表类型、数量、设置位置、检测机构、维修人员和日期等有关情况；

2 防毒面具应完好无破损，滤毒罐必须按规定定期检查、称重并做好记录。滤毒罐有其规定的防护时间，有效存放期一般为3年，判断失效的方法有：（1）发现异样嗅觉即失效；（2）按防护时间及有毒气体浓度计算剩余使用时间；（3）滤毒罐增重30克即失效；（4）安装失效指示装置。

4.7.4 安全色与安全标志

1 为引起对不安全因素的注意，预防发生事故，泵站内的消防设备，机器转动部件的裸露部分，起重机吊钩，紧急通道，易碰撞处，有危险的器材或易坠落处如护栏、扶梯、井、洞口等，应按标准绘制规定的安全色；

2 在泵站内可能发生坠落、物体打击、触电、误操作、机械伤害、燃爆、有毒气体伤害、溺水等事故的地方，应按标准设置安全标志。

4.8 档案与技术资料管理

4.8.2 工程建设文本主要包括工程可行性研究报告、环境影响评价报告、扩大初步设计书、施工设计图和土地证明文本等。竣工验收资料主要包括竣工图、隐蔽工程验收单、竣工验收报告、设备清单和工程决算等。

4.8.4 泵站设施维修资料包括一机一卡、维修计划与实施记录、维修质量检验与评定。

4.8.5 归档的资料应包括各类事故记录、取样、摄影或录像等资料。

4.8.6 泵站运行资料主要包括运行记录、变配电运行记录等。

中华人民共和国行业标准

生活垃圾卫生填埋场封场技术规程

Technical code for municipal solid waste
sanitary landfill closure

CJJ 112—2007
J 657—2007

批准部门：中华人民共和国建设部
施行日期：2００７年６月１日

中华人民共和国建设部
公 告

第 550 号

建设部关于发布行业标准《生活垃圾卫生填埋场封场技术规程》的公告

现批准《生活垃圾卫生填埋场封场技术规程》为行业标准，编号为 CJJ 112-2007，自 2007 年 6 月 1 日起实施。其中第 2.0.1、2.0.7、3.0.1、4.0.1、4.0.5、4.0.8、5.0.1、6.0.6、6.0.7、7.0.1、7.0.4、8.0.6、8.0.17、8.0.18、9.0.3 条为强制性条文，必须严格执行。

本规程由建设部标准定额研究所组织中国建筑工业出版社出版发行。

中华人民共和国建设部
2007 年 1 月 17 日

前 言

根据建设部建标〔2004〕66 号文的要求，规程编制组经广泛调查研究，认真总结实践经验，参考有关国际标准和国外先进标准，并在广泛征求意见基础上，制定了本规程。

本规程的主要技术内容是：1. 总则；2. 一般规定；3. 堆体整形与处理；4. 填埋气体收集与处理；5. 封场覆盖系统；6. 地表水控制；7. 渗沥液收集处理系统；8. 封场工程施工及验收；9. 封场工程后续管理。

本规程由建设部负责管理和对强制性条文的解释，由主编单位负责具体技术内容解释。

本规程主编单位：深圳市环境卫生管理处（地址：深圳市新园路 33 号；邮政编码 518101）

本规程参编单位：华中科技大学
深圳市玉龙坑固体废弃物综合利用中心
武汉市环境卫生研究设计院
中国城市建设研究院

本规程主要起草人员：吴学龙　刘泽华　梁顺文
姜建生　廖　利　王松林
王　辉　郭祥信　冯其林
田学根　王芙蓉　黄建东
郑　尧　张斯奇　陈　亮

目 次

1 总则 …………………………… 63—4
2 一般规定 ……………………… 63—4
3 堆体整形与处理 ……………… 63—4
4 填埋气体收集与处理 ………… 63—4
5 封场覆盖系统 ………………… 63—4
6 地表水控制 …………………… 63—5
7 渗沥液收集处理系统 ………… 63—6
8 封场工程施工及验收 ………… 63—6
9 封场工程后续管理 …………… 63—7
本规程用词说明 ………………… 63—7
附：条文说明 …………………… 63—8

1 总　　则

1.0.1 为规范生活垃圾卫生填埋场封场工程的设计、施工、验收、运行维护，实现科学管理，达到封场工程及封场后的填埋场安全稳定、生态恢复、土地利用、保护环境的目标，做到技术可靠、经济合理，制定本规程。

1.0.2 本规程适用于生活垃圾卫生填埋场。简易垃圾填埋场可参照执行。

1.0.3 填埋场封场工程的规划、设计、施工、管理除应符合本规程外，尚应符合国家现行有关标准的规定。

2 一般规定

2.0.1 填埋场填埋作业至设计终场标高或不再受纳垃圾而停止使用时，必须实施封场工程。

2.0.2 填埋场封场工程必须报请有关部门审核批准后方可实施。

2.0.3 填埋场封场工程应包括地表水径流、排水、防渗、渗沥液收集处理、填埋气体收集处理、堆体稳定、植被类型及覆盖等内容。

2.0.4 填埋场封场工程应选择技术先进、经济合理，并满足安全、环保要求的方案。

2.0.5 填埋场封场工程设计应收集下列资料：
   1 城市总体规划、区域环境规划、城市环境卫生专业规划、土地利用规划；
   2 填埋场设计及竣工验收图纸、资料；
   3 填埋场及附近地区的地表水、地下水、大气、降水等水文气象资料，地形、地貌、地质资料以及周边公共设施、建筑物、构筑物等资料；
   4 填埋场已填埋的生活垃圾的种类、数量及特性；
   5 填埋场及附近地区的土石料条件；
   6 填埋气体收集处理系统、渗沥液收集处理系统现状；
   7 填埋场环境监测资料；
   8 填埋场垃圾堆体裂隙、沟坎、鼠害等情况；
   9 其他相关资料。

2.0.6 填埋场封场工程的劳动卫生应按照有关规定执行，并应采取有利于职业病防治和保护作业人员健康的措施。

2.0.7 填埋场环境污染控制指标应符合现行国家标准《生活垃圾填埋污染控制标准》GB 16889 的要求。

3 堆体整形与处理

3.0.1 填埋场整形与处理前，应勘察分析场内发生火灾、爆炸、垃圾堆体崩塌等填埋场安全隐患。

3.0.2 施工前，应制定消除陡坡、裂隙、沟缝等缺陷的处理方案、技术措施和作业工艺，并宜实行分区域作业。

3.0.3 挖方作业时，应采用斜面分层作业法。

3.0.4 整形时应分层压实垃圾，压实密度应大于 800kg/m³。

3.0.5 整形与处理过程中，应采用低渗透性的覆盖材料临时覆盖。

3.0.6 在垃圾堆体整形作业过程中，挖出的垃圾应及时回填。垃圾堆体不均匀沉降造成的裂缝、沟坎、空洞等应充填密实。

3.0.7 堆体整形与处理过程中，应保持场区内排水、交通、填埋气体收集处理、渗沥液收集处理等设施正常运行。

3.0.8 整形与处理后，垃圾堆体顶面坡度不应小于 5%；当边坡坡度大于 10% 时宜采用台阶式收坡，台阶间边坡坡度不宜大于 1∶3，台阶宽度不宜小于 2m，高差不宜大于 5m。

4 填埋气体收集与处理

4.0.1 填埋场封场工程应设置填埋气体收集和处理系统，并应保持设施完好和有效运行。

4.0.2 填埋场封场工程应采取防止填埋气体向场外迁移的措施。

4.0.3 填埋场封场时应增设填埋气体收集系统，安装导气装置导排填埋气体。

4.0.4 应对垃圾堆体表面和填埋场周边建（构）筑物内的填埋气体进行监测。

4.0.5 填埋场建（构）筑物内空气中的甲烷气体含量超过 5% 时，应立即采取安全措施。

4.0.6 对填埋气体收集系统的气体压力、流量等基础数据应定期进行监测，并应对收集系统内填埋气体的氧含量设置在线监测和报警装置。

4.0.7 填埋气体收集井、管、沟以及闸阀、接头等附件应定期进行检查、维护，清除积水、杂物，保持设施完好。系统上的仪表应定期进行校验和检查维护。

4.0.8 在填埋气体收集系统的钻井、井安装、管道铺设及维护等作业中应采取防爆措施。

5 封场覆盖系统

5.0.1 填埋场封场必须建立完整的封场覆盖系统。

5.0.2 封场覆盖系统结构由垃圾堆体表面至顶表面顺序应为：排气层、防渗层、排水层、植被层，如图 5.0.2 所示。

5.0.3 封场覆盖系统各层应从以下形式中选择：

图 5.0.2 封场覆盖系统结构示意图

1 排气层

 1）填埋场封场覆盖系统应设置排气层，施加于防渗层的气体压强不应大于 0.75kPa。

 2）排气层采用粒径为 25~50mm、导排性能好、抗腐蚀的粗粒多孔材料，渗透系数应大于 $1×10^{-2}$ cm/s，厚度不应小于 30cm。气体导排层宜用与导排性能等效的土工复合排水网。

2 防渗层

 1）防渗层可由土工膜和压实黏性土或土工聚合黏土衬垫（GCL）组成复合防渗层，也可单独使用压实黏性土层。

 2）复合防渗层的压实黏性土层厚度应为 20~30cm，渗透系数应小于 $1×10^{-5}$ cm/s。单独使用压实黏性土作为防渗层，厚度应大于 30cm，渗透系数应小于 $1×10^{-7}$ cm/s。

 3）土工膜选择厚度不应小于 1mm 的高密度聚乙烯（HDPE）或线性低密度聚乙烯土工膜（LLDPE），渗透系数应小于 $1×10^{-7}$ cm/s。土工膜上下表面应设置土工布。

 4）土工聚合黏土衬垫（GCL）厚度应大于 5mm，渗透系数应小于 $1×10^{-7}$ cm/s。

3 排水层顶坡应采用粗粒或土工排水材料，边坡应采用土工复合排水网，粗粒材料厚度不应小于 30cm，渗透系数应大于 $1×10^{-2}$ m/s。材料应有足够的导水性能，保证施加于下层衬垫的水头小于排水层厚度。排水层应与填埋库区四周的排水沟相连。

4 植被层应由营养植被层和覆盖支持土层组成。营养植被层的土质材料应利于植被生长，厚度应大于 15cm。营养植被层应压实。

覆盖支持土层由压实土层构成，渗透系数应小于 $1×10^{-4}$ cm/s，厚度应大于 450cm。

5.0.4 采用黏土作为防渗材料时，黏土层在投入使用前应进行平整压实。黏土层压实度不得小于 90%。黏土层基础处理平整度应达到每平方米黏土层误差不得大于 2cm。

5.0.5 采用土工膜作为防渗材料时，土工膜应符合现行国家标准《非织造复合土工膜》GB/T 17642、《聚乙烯土工膜》GB/T 17643、《聚乙烯（PE）土工膜防渗工程技术规范》SL/T 231、《土工合成材料应用技术规范》GB 50290 的相关规定。

土工膜膜下黏土层，基础处理平整度应达到每平方米黏土层误差不得大于 2cm。

5.0.6 铺设土工膜应焊接牢固，达到规定的强度和防渗漏要求，符合相应的质量验收规范。

5.0.7 土工膜分段施工时，铺设后应及时完成上层覆盖，裸露在空气中的时间不应超过 30d。

5.0.8 在垂直高差较大的边坡铺设土工膜时，应设置锚固平台，平台高差不宜大于 10m。

5.0.9 在同一平面的防渗层应使用同一种防渗材料，并应保证焊接技术的统一性。

5.0.10 封场覆盖系统必须进行滑动稳定性分析，典型无渗流和极限覆盖土层饱和情况下的安全系数设计中应采取工程措施，防止因不均匀沉降而造成防渗结构的破坏。

5.0.11 封场防渗层应与场底防渗层紧密连接。

5.0.12 填埋气体的收集导排管道穿过覆盖系统防渗层处应进行密封处理。

5.0.13 封场覆盖保护层、营养植被层的封场绿化应与周围景观相协调，并应根据土层厚度、土壤性质、气候条件等进行植物配置。封场绿化不应使用根系穿透力强的树种。

6 地表水控制

6.0.1 垃圾堆体外的地表水不得流入垃圾堆体和垃圾渗沥液处理系统。

6.0.2 封场区域雨水应通过场区内排水沟收集，排入场区雨水收集系统。排水沟断面和坡度应依据汇水面积和暴雨强度确定。

6.0.3 地表水、地下水系统设施应定期进行全面检查。对地表水和地下水应定期进行监测。

6.0.4 对场区内管、井、池等难以进入的狭窄场所，应配备必要的维护器具，并应定期进行检查、维护。

6.0.5 大雨和暴雨期间，应有专人巡查排水系统的排水情况，发现设施损坏或堵塞应及时组织人员处理。

6.0.6 填埋场内贮水和排水设施竖坡、陡坡高差超过 1m 时，应设置安全护栏。

6.0.7 在检查井的入口处应设置安全警示标识。进入检查井的人员应配备相应的安全用品。

6.0.8 对存在安全隐患的场所，应采取有效措施后方可进入。

7 渗沥液收集处理系统

7.0.1 封场工程应保持渗沥液收集处理系统的设施完好和有效运行。

7.0.2 封场后应定期监测渗沥液水质和水量,并应调整渗沥液处理系统的工艺和规模。

7.0.3 在渗沥液收集处理设施发生堵塞、损坏时,应及时采取措施排除故障。

7.0.4 渗沥液收集管道施工中应采取防爆施工措施。

8 封场工程施工及验收

8.0.1 封场工程前应根据设计文件或招标文件编制施工方案,准备施工设备和设施,合理安排施工场地。

8.0.2 应制定封场工程施工组织设计,并应制定封场过程中发生滑坡、火灾、爆炸等意外事件的应急预案和措施。

8.0.3 施工人员应熟悉封场工程的技术要求、作业工艺、主要技术指标及填埋气体的安全管理。

8.0.4 施工中应对各种机械设备、电气设备和仪器仪表进行日常维护保养,应严格执行安全操作规程。

8.0.5 场区内施工应采用防爆型电气设备。

8.0.6 场区内运输管理应符合现行国家标准《工业企业厂内运输安全规程》GB 4387 的有关规定,应有专人负责指挥调度车辆。

8.0.7 封场作业道路应能全天候通行,道路的宽度和载荷能力应能保证运输设备的要求。场区内道路、排水等设施应定期检查维护,发现异常应及时修复。场区内供电设施、电器、照明设备、通信管线等应定期检查维护。

8.0.8 场区内的各种交通告示标志、消防设施,设备等应定期检查。

8.0.9 场区内避雷、防爆等装置应由专业人员按有关标准进行检测维护。

8.0.10 封场作业过程的安全卫生管理应符合现行国家标准《生产过程安全卫生要求总则》GB 12801 的规定外,还应符合下列要求:

1 操作人员必须配戴必要的劳保用品,做好安全防范工作;场区夜间作业必须穿反光背心。

2 封场作业区、控制室、化验室、变电室等区域严禁吸烟,严禁酒后作业。

3 场区内应配备必要的防护救生用品和药品,存放位置应有明显标志。备用的防护用品及药品应定期检查、更换、补充。

4 在易发生事故地方应设置醒目标志,并应符合现行国家标准《安全色》GB 2893、《安全标志》GB 2894 的有关规定。

8.0.11 封场作业时,应采取防止施工机械损坏排气层、防渗层、排水层等设施的措施。

8.0.12 封场工程中采用的各种材料应进行进场检验和验收,必要时应进行现场试验。

8.0.13 封场施工中应根据实际需要及时构筑作业平台。

8.0.14 封场过程中应采取通风、除尘、除臭与杀虫等措施。

8.0.15 施工区域必须设消防贮水池,配备消防器材,并应保持完好。消防器材设置应符合国家现行相关标准的规定外,还应符合下列要求:

1 对管理人员和操作人员应进行防火、防爆安全教育和演习,并应定期进行检查、考核。

2 严禁带火种车辆进入场区,作业区严禁烟火,场区内应设置明显防火标志。

3 应配置填埋气体监测及安全报警仪器。

4 封场作业区周围设置不应小于 8m 宽的防火隔离带,并应定期检查维护。

5 施工中发现火情应及时扑灭;发生火灾的,应按场内安全应急预案及时组织处理,事后应分析原因并采取有针对性预防措施。

8.0.16 封场作业区周围应设置防飘散物设施,并定期检查维修。

8.0.17 封场作业区严禁捡拾废品,严禁设置封闭式建(构)筑物。

8.0.18 封场工程施工和安装应按照以下要求进行:

1 应根据工程设计文件和设备技术文件进行施工和安装。

2 封场工程各单项建筑、安装工程应按国家现行相关标准及设计要求进行施工。

3 施工安装使用的材料应符合国家现行相关标准及设计要求;对国外引进的设备和材料应按供货商提供的设备技术要求、合同规定及商检文件执行,并应符合国家现行标准的相应要求。

8.0.19 封场工程完成后,应编制完整的竣工图纸、资料,并应按国家现行相关标准与设计要求做好工程竣工验收和归档工作。

8.0.20 填埋场封场工程验收应按照国家规定和相关专业现行验收标准执行外,还应符合下列要求:

1 垃圾堆体整形工程应符合本规程第 3 章的要求;

2 填埋气体收集与处理系统工程应符合本规程第 4 章的要求;

3 封场覆盖系统工程应符合本规程第 5 章的要求;

4 地表水控制系统工程应符合本规程第 6 章的要求;

5 渗沥液收集处理系统工程应符合本规程第 7

章的要求。

9 封场工程后续管理

9.0.1 填埋场封场工程竣工验收后,必须做好后续维护管理工作。

9.0.2 后续管理期间应进行封闭式管理。后续管理工作应包括下列内容:

    1 建立检查维护制度,定期检查维护设施。

    2 对地下水、渗沥液、填埋气体、大气、垃圾堆体沉降及噪声进行跟踪监测。

    3 保持渗沥液收集处理和填埋气体收集处理的正常运行。

    4 绿化带和堆体植被养护。

    5 对文件资料进行整理和归档。

9.0.3 未经环卫、岩土、环保专业技术鉴定之前,填埋场地禁止作为永久性建(构)筑物的建筑用地。

本规程用词说明

1 为便于在执行本规程条文时区别对待,对要求严格程度不同的用词说明如下:

    1) 表示很严格,非这样做不可的

        正面词采用"必须";反面词采用"严禁";

    2) 表示严格,在正常情况下应这样做的

        正面词采用"应";反面词采用"不应"或"不得";

    3) 表示允许稍有选择,在条件许可时首先应这样做的

        正面词采用"宜",反面词采用"不宜";

        表示有选择,在一定条件下可以这样做的,采用"可"。

2 条文中指明应按其他有关标准执行的写法为"应按……执行"或"应符合……的规定(或要求)"。

中华人民共和国行业标准

生活垃圾卫生填埋场封场技术规程

CJJ 112—2007

条 文 说 明

前　言

《生活垃圾卫生填埋场封场技术规程》CJJ 112-2007 经建设部 2007 年 1 月 17 日以第 550 号公告批准发布。

为便于广大设计、施工、管理等单位有关人员在使用本规程时能正确理解和执行条文规定，《生活垃圾卫生填埋场封场技术规程》编制组按章、节、条顺序编制了本规程的条文说明，供使用者参考。在使用中如发现条文说明有不妥之处，请将意见函寄深圳市环境卫生管理处（地址：深圳市新园路 33 号；邮政编码：518101）。

目 次

1 总则 ················· 63—11
2 一般规定 ················· 63—11
3 堆体整形与处理 ················· 63—12
4 填埋气体收集与处理 ················· 63—12
5 封场覆盖系统 ················· 63—12
6 地表水控制 ················· 63—13
7 渗沥液收集处理系统 ················· 63—13
8 封场工程施工及验收 ················· 63—14
9 封场工程后续管理 ················· 63—14

1 总 则

1.0.1 本条明确了制定本规程的目的。

随着我国经济水平的提高，我国各个城市的日产垃圾量已经大大超过原有垃圾填埋场的承受能力，使得很多城市的生活垃圾卫生填埋场、简易填埋场达到了设计库容，或者由于城市新建垃圾填埋场、堆肥场、焚烧厂使得原有垃圾填埋场被废弃，按照《城市生活垃圾卫生填埋技术规范》CJJ 17 的要求，需要进行封场处理和处置。为了更好地贯彻执行国家相关的技术经济政策，根据建设部建标〔2004〕号 66 文的要求，制定《生活垃圾卫生填埋场封场技术规程》CJJ 112—2007。编制本规程的目的在于为城市生活垃圾填埋场能够科学规范地通过封场工程实现安全稳定、生态恢复、土地利用、保护环境提供方法，统一封场工程技术规程，防止因封场工程的设计、施工不科学，运行管理不规范而造成环境污染、安全事故和土地资源浪费。

1.0.2 本条规定了规程的适用范围。

本规程定义为适用于生活垃圾卫生填埋场。但是目前我国简易垃圾填埋场和垃圾堆放场大量存在，这是一个不争的事实。所以在这里规定简易垃圾填埋场的封场工程可参照执行。简易填埋场是指在建设初期未按卫生填埋场的标准进行设计及建设，没有严格的工程防渗措施，渗沥液不收集处理，沼气不疏导或疏导程度不够，垃圾表面也不作全面的覆盖处理。垃圾堆放场是指利用自然形成或人工挖掘而成的坑穴、河道等可能利用的场地把垃圾集中堆放起来，一般不采用任何措施防止堆放污染的扩散与迁移，填埋气体及其他污染物无序排放，垃圾表面也不作覆盖处理。由于我国目前存在大量的简易垃圾填埋场和垃圾堆放场，其中相当一部分已经满容或废弃，必须封场处置，在封场设计和施工中参照本规程实施。

1.0.3 本条规定城市生活垃圾卫生填埋场封场工程的规划、设计、施工、管理除应执行本规程外，还应执行国家现行有关强制性标准的规定。

作为本标准和其他标准、规范的衔接，本规程引用的国家和行业标准主要有：

1. 《市容环境卫生术语标准》CJJ 65
2. 《生活垃圾填埋场环境监测技术要求》GB/T 18772；
3. 《生活垃圾填埋污染控制标准》GB 16889；
4. 《生活垃圾卫生填埋技术规范》CJJ 17；
5. 《城市生活垃圾卫生填埋场运行维护技术规程》CJJ/T 93；
6. 《工业企业厂内运输安全规程》GB 4387；
7. 《工业企业厂界噪声标准》GB 12348；
8. 《大气环境质量标准》GB 3095；
9. 《作业场所空气中粉尘测定方法》GB 5478；
10. 《恶臭污染物排放标准》GB 14554；
11. 《污水综合排放标准》GB 8978；
12. 《生产过程安全卫生要求总则》GB 12801；
13. 《安全色》GB 2893；
14. 《安全标志》GB 2894。
15. 《地表水环境质量标准》GB 3838；
16. 《地下水质量标准》GB/T 14848；
17. 《城市生活垃圾卫生填埋工程项目建设标准》；
18. 《聚乙烯土工膜》GB/T 17643；
19. 《聚乙烯土工膜防渗工程技术规范》SL/T 231；
20. 《土工合成材料应用技术规范》GB 50290；
21. 《建筑设计防火规范》GB 50016；
22. 《工业企业设计卫生标准》GBZ 1 等。

2 一 般 规 定

2.0.1 本条规定了填埋场实施封场工程的时间和原因。如果填埋作业至设计标高、填埋场服务期满、废弃或其他原因不再承担新的填埋任务时，应及时进行封场作业，促进生态恢复，减少渗沥液产生量，保障填埋场的稳定性，以利于进行土地开发利用。封场应该分为两个部分，一是填埋场在营运过程中的封场，如边坡、分区填埋等，不在填埋场表层再堆垃圾的部位均应随时封场，二是填埋场终场的封顶。

2.0.2 本条规定了卫生填埋场封场工程的建设和管理必须按照相关部门的建设管理程序进行。

2.0.3 本条规定了填埋场封场设计、施工时应该主要考虑的因素。地表水径流、排水防渗、填埋气体的收集、植被类型、填埋场的稳定性及土地利用等因素主要影响封场工程实施后的填埋场污染和生态恢复。

2.0.4 本条规定了封场工程设计、施工时，应充分掌握填埋场施工和运行过程中的各项技术资料。了解目前填埋场的场址状况、垃圾成分产量、填埋时间、封场原因等因素，掌握各方面的资料，准确把握实际状况，有利于进行技术经济比较，选择最佳方案，满足技术、经济、安全、环保各方面的要求。

2.0.5 本条规定了封场工程设计和施工时应先进行收集的各项资料。简易填埋场或垃圾堆放场基础资料难收集齐全时，设计人员应到现场观察，调查垃圾堆放之前的原始地形和垃圾堆放的年限，估算已填埋的垃圾数量；根据当地的降雨量，计算渗沥液产生量；勘查现场污染状况和垃圾堆体安全状况；根据填埋场对环境的污染程度采取必要的措施。

2.0.6 本条规定了封场工程施工运行中劳动卫生工作的基本要求和应采取的保护措施。

2.0.7 本条规定了环境污染控制指标应执行现行国

家有关标准的规定。

3 堆体整形与处理

3.0.1 本条规定了在封场之前应现场考察的工作。卫生填埋场可能在长时间沉降,简易垃圾填埋场和垃圾堆放场的填埋过程中施工不规范、压实程度不够、作业面设置不合理,容易出现陡坡、裂隙、沟缝,导致封场施工过程中发生火灾、爆炸、崩塌等安全事故,所以在封场设计和施工中必须仔细考察现场,及时采取措施消除隐患。

3.0.2 本条规定了在垃圾堆体整形过程之前应制定处理方案、技术措施和作业工艺,应实行分区域作业,以提高施工效率。

3.0.3 垃圾堆体的开挖有很多方法,在封场施工中,采用斜面分层作业,不易形成甲烷气体聚集的封闭或半封闭空间,防止填埋气体突然膨胀引发爆燃。

3.0.4 本条规定了垃圾堆放和压实工艺及压实强度的要求。垃圾层作为整个封场覆盖系统的基础,主要功能是尽量减少不均匀沉降,防止覆盖层物料进入垃圾堆体表面,为封场覆盖系统提供稳定的工作面积和支撑面。

3.0.5 垃圾堆体整形作业过程中,会产生污染大气的物质,所以应及时采用日覆盖处理。

3.0.6 对垃圾堆体整形作业过程中翻出的垃圾的回填作出的规定。

3.0.7 垃圾堆体整形作业过程中,场区内排水、导气、交通、渗沥液处理等设施必须正常运行,并定期进行检查、维护,防止发生环境污染、填埋气体导排不畅等事故。

3.0.8 本条规定了垃圾堆体整形后垃圾场顶面的坡度要求,保证及时排出降水。当边坡过大时应采用多级台阶收坡的措施,保证边坡的稳定性。

4 填埋气体收集与处理

4.0.1 封场之后垃圾顶部被植被覆盖,大部分简易填埋场和堆放场没有气体导排设施,使得填埋气体出现向四周水平迁移,发生事故,所以对于简易填埋场和堆放场的封场工程,应在封场覆盖之前设置填埋气体的收集系统。填埋场封场过程中以及封场之后,直至垃圾填埋场达到稳定状态期间必须保持有效的填埋气体导排设施。在垃圾堆体整形过程中,由于存在机械设备在填埋区作业,很有可能碰撞到填埋气体的收集管道或者导气石笼,导致折断,影响填埋气体的收集,所以要在施工时注意对填埋气体收集系统的保护。

4.0.2 填埋气体向场外迁移会影响周边大气环境和安全,影响周边土壤质量等。

4.0.3 本条规定了填埋气体收集系统设置时的要求。

4.0.4 本条对垃圾堆体表面和填埋场周边建(构)筑物内的填埋气体进行监测作出了规定。

4.0.5 根据《生活垃圾卫生填埋技术规范》CJJ 17规定,本条规定填埋场在封场设计施工中,应设计相应安全措施,一旦超过规定值,应及时处理。

4.0.6 针对封场工程施工过程中填埋气体的收集与导排作出了明确的规定。由于填埋气体收集系统中的气体压力、流量等数据是基本资料数据,影响到观测填埋场稳定性和气体的利用价值,所以应定期监测。

4.0.7 对于填埋气体收集系统中的收集井、管沟、系统上的闸阀、接头等附件的检查、维护的规定。

4.0.8 本条为强制性条文。由于填埋气体易燃易爆,所以在施工中应使用防爆设备,防止发生事故。

5 封场覆盖系统

5.0.1 本条规定了填埋场封场必须进行封场覆盖系统的铺设,防止地表水进入填埋区。其中防渗层通常被看作封场覆盖系统中最重要的组成部分,使渗过封场覆盖系统的水分最少,同时控制填埋气体向上的迁移,收集填埋气体,以防止填埋气体无组织释放。

5.0.2 本条规定了填埋场封场覆盖系统的一般基本结构组成,在实际工程中可以根据实际情况进行增加,各层有着各层不同的功能。

5.0.3 本条规定了填埋场封场覆盖系统的各层结构组成形式。

条文中的排气层一般要求采用多孔的、高透水性的土层或土工合成材料,厚度不应小于30cm,通常采用含有土壤或土工布滤层的砂石或砂砾,也可以采用土工布排水结构以及包含土工布排水滤层的土工网排水结构,使用材料应能抵抗垃圾堆体散发的填埋气体的侵蚀,防止填埋气体中的杂质在排气层的沉积造成硬壳而影响排气性能。排气层给不透水层的铺设和安装提供了稳定的工作面和支撑面,施工质量好坏,与排水防渗的效果密切相关。在施工时,应严格按规范选择材料,除了其压实度应满足要求外,应彻底清理瓦砾、碎石、树根等坚硬、尖锐物,要保证良好的颗粒级配,防止由于填埋气体中的滤出物导致的积淀结成硬壳。

防渗层采用压实黏土是使用历史最悠久、最多的防渗材料,压实黏土作为不透水层,成本低,施工难度小,有成熟的规范和使用经验,被石子穿透的可能性小,也不易被植被层的根系刺穿,但渗透系数偏大,防渗性能较差,需要的土方量多,施工量大,施工速度慢,施工压实程度难以一致,容易干燥、冻融收缩产生裂缝,抗拉性能差。现代化的填埋场封场工程中,土工膜已经得到广泛应用。土工膜的优点是防渗性能好,具有流体(液体或气体)阻隔层的功能,而且施工工程量小，有一定的抗拉性能和对不均匀沉降的敏感性，但容易被尖锐的石子刺穿，本身存在老化的问题，焊接处易出现张口，抗剪切性能差，所以通常需要设置膜下保护层和膜上保护层。土工膜的选择标准通常包括结构耐久性、在填埋场产生沉降时仍能保持完整的能力、覆盖边坡时的稳定性以及所需费用等。除此以外，还应考虑铺设方便、施工质量容易得到保证、能防止动植物侵害、在极端冷热气候条件下也能铺设、耐老化以及为焊接、卫生、安全或环境的需要能随时将衬垫打开等。HDPE土工膜具有厚度薄，不抗穿刺、剪切的缺点，因此在施工过程中，为了有效地控制质量，应选择焊接经验丰富的人员施工，在每次焊接（相隔时间为2~4h）之前进行试焊，同时必须对焊缝作破坏性检测和非破坏性检验。在施工其他的相关层时，必须注意对膜的保护，避免造成损坏。

排水层厚度直接铺在复合覆盖衬垫之上，它可以使降水离开填埋场顶部向两侧排出，减少寒流对压实土层的侵入，并保护柔性薄膜衬垫不受植物根系、紫外线及其他有害因素的损害。对这一层并无压实要求。在近代封场设计中，常将土工织物和土工网或土工复合材料置于土工膜和保护层之间以增加侧向排水能力。高透水的排水层应能防止渗入表面覆盖层的水分在不透水层上积累起来，防止在土工膜上产生超孔隙水应力并使表面覆盖层和边坡脱开。边坡的排水层常将水排至排水能力比较大的排水管渠中。

植被土层通常采用不小于30cm厚的土料组成，它能维持天然植被和保护封场覆盖系统不受风、霜、雨、雪和动物的侵害，虽然通常无需压实，但为避免填筑过松，土料要用施工机械至少压上两遍。为防止水在完工后的覆盖系统表面积聚，覆盖系统表面的梯级边界应能有效防止由于不均匀沉降产生的局部坑洼有所发展。对采用的表土应进行饱和密度、颗粒级配以及透水性等土工试验，颗粒级配主要用以设计表土和排水层之间的反滤层。封场绿化可采用草皮和具有一定经济价值的灌木，不得使用根系穿透力强的树种，应根据所种植的植被类型的不同而决定最终覆土层的厚度和土壤的改良。土层厚度的选择应根据当地土壤条件、气候降水条件、植物生长状况进行合理选择。

5.0.4 本条规定了黏土防渗时的平整压实要求。

5.0.5 本条对填埋场封场使用的土工膜作为防渗材料时做出了规定。应符合的现行国家标准包括《非织造复合土工膜》GB/T 17642、《聚乙烯土工膜》GB/T 17643、《聚乙烯（PE）土工膜防渗工程技术规范》SL/T 231、《土工合成材料应用技术规范》GB 50290等。

5.0.6、5.0.7 对铺设土工膜的施工作出的基本规定。

5.0.8 在垂直高差较大时，铺膜必须采取一定的固定措施，而且边坡的坡度也要控制。

5.0.9 本条规定了在同一平面上应使用同一种防渗材料，并保证焊接技术的统一性，防止出现张口、裂缝等损伤。

5.0.10 封场覆盖系统的稳定性一直是封场工程设计施工中的一个关键问题，需要进行滑动稳定分析，需要分析典型无渗压流和极限的覆盖土层饱和情况下的安全系数，采取整体设计措施防止发生封场覆盖系统的破坏。

5.0.11、5.0.12 针对填埋场封场覆盖系统中局部接缝处的处理作出了规定。

5.0.13 规定了封场覆盖保护层、营养植被层与封场绿化的设计、植物选择、绿化带等的基本原则。

6 地表水控制

6.0.1 本条规定了垃圾堆体外地表水不得流入垃圾堆体。在填埋场封场后的管理和运行中，对渗沥液的处理投入相对较大，所以应采取截洪沟、排水沟等措施，防止垃圾区外的地表水进入场内，造成对封场覆盖系统的冲击或压力。

6.0.2 本条规定了封场区域内部的降水的收集。

6.0.3 对地表水和地下水的收集系统的检查、监测作出了基本规定。

6.0.4 本条规定了场区内存在的管、井、池等难以进入的狭窄场所，应配备必要的维护器具，并定期进行检查、维护，防止由于堵塞等问题造成事故隐患。

6.0.5 本条规定了在每年雨季，应有专人对排水系统的设施、运行情况进行检查和处理。

7 渗沥液收集处理系统

7.0.1 规定了填埋场封场工程应对已经建有的垃圾渗沥液导排系统和处理系统设施进行维护和完善，维护正常运行；对没有渗沥液导排系统和处理系统的简易垃圾场填埋场，应采取措施和增加工程来保证渗沥液的导排和处理，简易垃圾场通常建在低洼地带，随着垃圾的填埋，常常会在最低的地方形成渗沥液的溪沟，施工时可以在此处进行收集。

7.0.2 本条规定了封场后应定期监测渗沥液水质和水量，并调整渗沥液处理系统的工艺和规模。由于封场后，随着垃圾的降解和封场覆盖系统的施工，垃圾渗沥液的水质会发生很大变化，水量也会减少，所以在封场后应该根据实际情况调整渗沥液处理系统的规模和工艺，以保证达标排放，减少运行费用。

7.0.3 本条规定了在渗沥液收集处理设施发生堵塞、损坏时，应及时采取措施排除故障，保证渗沥液收集和处理系统设施设备正常运行。

7.0.4 本条对收集管道施工中应采取防爆施工措施进行了规定，防止施工中发生填埋气体的安全事故。

8 封场工程施工及验收

8.0.1 本条规定了垃圾填埋场封场前应该做的步骤和程序，保证施工过程和工程监理的有序进行。

8.0.2 由于填埋场封场施工的特殊性，要求在施工方案设计中要制定封场过程中发生滑坡、火灾、爆炸等意外事件的应急预案。

8.0.3 本条规定了施工人员在上岗培训、运行操作、管理和检查维护过程中的职责和任务。

8.0.4、8.0.5 关于封场工程施工管理中的各类机械设备、电力电器设备使用、管理、操作、调度、防爆等的规定。

8.0.6~8.0.9 规定了场区内运输管理，车辆调度，作业道路、排水供电设施、电器照明设备、通信管线和交通标志、告示标志、消防设施、避雷防爆等设施的检查维护。

8.0.10 本条规定了封场作业过程的安全卫生管理工作。

8.0.11 本条规定了施工过程中应及时做好已竣工设施的保护，特别是排气层、防渗层、排水层的保护。

8.0.12 本条规定了工程采用的各种材料的检验和验收的要求，保证施工质量。

8.0.13 本条规定了在工程施工中应根据需要及时构建作业平台，防止发生工程事故。

8.0.14 本条规定了封场过程中应采取通风、除尘、除臭与杀虫等措施。

8.0.15 本条规定了在施工中消防方面的要求，包括消防器材设置，管理人员和操作人员的防火、防爆安全教育和演习，填埋气体监测及安全报警仪器、消防贮水池，储备干粉灭火剂和灭火砂土等消防器材、防火隔离带及安全应急预案。

8.0.16 本条规定了封场作业区周围应设置防飘散物设施，包括钢丝网、围墙等，防止塑料袋等轻质物对周边环境的污染。

8.0.17 本条规定了填埋场封场作业区严禁捡拾废品，设置封闭式建（构）筑物，防止人身事故发生。

8.0.18 本条规定了封场工程施工和安装的要求。

8.0.19 本条规定了封场工程完成后，应按国家相关标准与设计要求做好工程竣工验收和归档工作。

8.0.20 填埋场封场工程验收应按照国家规定和相关专业现行验收标准执行外，还应符合本规程的要求。

9 封场工程后续管理

9.0.1 本条规定了封场工程施工后必须继续维护管理，防止封场后填埋场无人管理，造成污染和安全事故。

9.0.2 本条规定了后续管理期间应进行封闭式管理和后续管理工作的主要内容。

9.0.3 规定了垃圾填埋场土地使用的原则以及使用前必须要经过各方面的专业技术人员进行技术鉴定。

中华人民共和国行业标准

生活垃圾卫生填埋场防渗系统
工程技术规范

Technical code for liner system of municipal solid waste landfill

CJJ 113—2007
J 658—2007

批准部门：中华人民共和国建设部
施行日期：２００７年６月１日

中华人民共和国建设部
公 告

第549号

建设部关于发布行业标准《生活垃圾卫生填埋场防渗系统工程技术规范》的公告

现批准《生活垃圾卫生填埋场防渗系统工程技术规范》为行业标准，编号为 CJJ 113-2007，自 2007 年 6 月 1 日起实施。其中第 3.1.4、3.1.5、3.1.9、3.4.1（1、3、4、5）、3.5.2（1、2、3）、3.6.1、5.3.8 条（款）为强制性条文，必须严格执行。

本规范由建设部标准定额研究所组织中国建筑工业出版社出版发行。

中华人民共和国建设部
2007 年 1 月 17 日

前 言

根据建设部建标［2003］104 号文的要求，规范编制组经广泛调查研究，认真总结实践经验，参考有关国际标准和国外先进标准，并在广泛征求意见的基础上，编制了本规范。

本规范的主要技术内容是：1. 总则；2. 术语；3. 防渗系统工程设计；4. 防渗系统工程材料；5. 防渗系统工程施工；6. 防渗系统工程验收及维护。

本规范由建设部负责管理和对强制性条文的解释，由主编单位负责具体技术内容的解释。

本规范主编单位：城市建设研究院（地址：北京市朝阳区惠新南里 2 号院；邮政编码：100029）

本规范参加单位：深圳市胜义环保有限公司 北京高能垫衬工程有限公司 北京博克建筑化学材料有限公司 深圳市环境卫生管理处

本规范主要起草人员：徐文龙　王敬民　周晓晖
刘晶昊　刘仲元　甄胜利
樋口壮太郎　颜廷山
刘继武　刘泽军　杨　辉
翟力新　刘　涛　王　凯
吴学龙　童　琳

目　次

1 总则 ······················· 64—4
2 术语 ······················· 64—4
3 防渗系统工程设计 ············ 64—4
　3.1 一般规定 ················ 64—4
　3.2 防渗系统 ················ 64—4
　3.3 基础层 ·················· 64—5
　3.4 防渗层 ·················· 64—5
　3.5 渗沥液收集导排系统 ······ 64—6
　3.6 地下水收集导排系统 ······ 64—6
　3.7 防渗系统工程材料连接 ···· 64—6
4 防渗系统工程材料 ············ 64—7
　4.1 一般规定 ················ 64—7
　4.2 高密度聚乙烯（HDPE）膜 ·· 64—7
　4.3 土工布 ·················· 64—7
　4.4 钠基膨润土防水毯（GCL） · 64—7
　4.5 土工复合排水网 ·········· 64—8
5 防渗系统工程施工 ············ 64—8
　5.1 一般规定 ················ 64—8
　5.2 土壤层 ·················· 64—8
　5.3 高密度聚乙烯（HDPE）膜 ·· 64—8
　5.4 土工布 ·················· 64—8
　5.5 钠基膨润土防水毯（GCL） · 64—8
　5.6 土工复合排水网 ·········· 64—9
6 防渗系统工程验收及维护 ······ 64—9
　6.1 防渗系统工程验收 ········ 64—9
　6.2 防渗系统工程维护 ········ 64—10
附录 A　HDPE 膜铺设施工记录 ··· 64—10
附录 B　HDPE 膜试样焊接记录 ··· 64—11
附录 C　气压、真空和破坏性检测及
　　　　电火花测试方法 ········ 64—12
附录 D　HDPE 膜施工工序质量
　　　　检查评定 ·············· 64—12
本规范用词说明 ················ 64—13
附：条文说明 ·················· 64—14

1 总则

1.0.1 为保证生活垃圾卫生填埋场(以下简称"垃圾填埋场")防渗系统工程的建设水平、可靠性和安全性,防止垃圾渗沥液渗漏对周围环境造成污染和损害,制定本规范。

1.0.2 本规范适用于垃圾填埋场防渗系统工程的设计、施工、验收及维护。

1.0.3 防渗系统工程的设计、施工、验收及维护除应符合本规范外,尚应符合国家现行有关标准的规定。

2 术语

2.0.1 防渗系统 liner system
在垃圾填埋场场底和四周边坡上为构筑渗沥液防渗屏障所选用的各种材料组成的体系。

2.0.2 防渗结构 liner structure
在垃圾填埋场场底和四周边坡上为构筑渗沥液防渗屏障所选用的各种材料的空间层次结构。

2.0.3 基础层 liner foundation
防渗材料的基础,分为场底基础层和四周边坡基础层。

2.0.4 防渗层 infiltration proof layer
在防渗系统中,为构筑渗沥液防渗屏障所选用的各种材料的组合。

2.0.5 渗沥液收集导排系统 leachate collection and removal system
在防渗系统上部,用于收集和导排渗沥液的设施。

2.0.6 地下水收集导排系统 groundwater collection and removal system
在防渗系统基础层下方,用于收集和导排地下水的设施。

2.0.7 渗漏检测层 leakage detection liner
用于检测垃圾填埋场防渗系统可靠性的材料层。

2.0.8 防渗系统工程材料 liner system engineering material
用于防渗系统工程的各种土工合成材料的总称,包括高密度聚乙烯(HDPE)膜、钠基膨润土防水毯(GCL)、土工布、土工复合排水网等。

3 防渗系统工程设计

3.1 一般规定

3.1.1 防渗系统工程应在垃圾填埋场的使用期限和封场后的稳定期限内有效地发挥其功能。

3.1.2 防渗系统工程设计应符合垃圾填埋场工程设计要求。

3.1.3 垃圾填埋场基础必须具有足够的承载能力,应采取有效措施防止基础层失稳。

3.1.4 垃圾填埋场的场底和四周边坡必须满足整体及局部稳定性的要求。

3.1.5 垃圾填埋场场底必须设置纵、横向坡度,保证渗沥液顺利导排,降低防渗层上的渗沥液水头。

3.1.6 防渗系统工程设计中场底的纵、横坡度不宜小于2%。

3.1.7 防渗系统工程应依据垃圾填埋场分区进行设计。

3.1.8 防渗系统工程应整体设计,可分期实施。

3.1.9 垃圾填埋场渗沥液处理设施必须进行防渗处理。

3.2 防渗系统

3.2.1 防渗系统的设计应符合下列要求:
   1 选用可靠的防渗材料及相应的保护层;
   2 设置渗沥液收集导排系统;
   3 垃圾填埋场工程应根据水文地质条件的情况,设置地下水收集导排系统,以防止地下水对防渗系统造成危害和破坏;地下水收集导排系统应具有长期的导排性能。

3.2.2 防渗结构的类型应分为单层防渗结构和双层防渗结构。

   1 单层防渗结构的层次从上至下为:渗沥液收集导排系统、防渗层(含防渗材料及保护材料)、基础层、地下水收集导排系统。单层防渗结构的设计应从图3.2.2-1a~图3.2.2-1d的形式中选择。

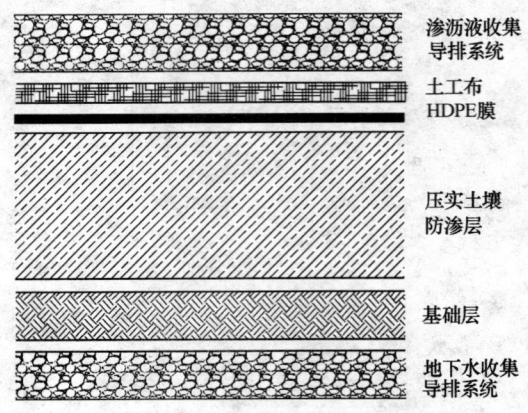

图3.2.2-1a HDPE膜+压实土壤复合防渗结构示意图

   2 双层防渗结构的层次从上至下为:渗沥液收集导排系统、主防渗层(含防渗材料及保护材料)、渗漏检测层、次防渗层(含防渗材料及保护材料)、基础层、地下水收集导排系统。双层防渗结构应按图3.2.2-2形式设计。

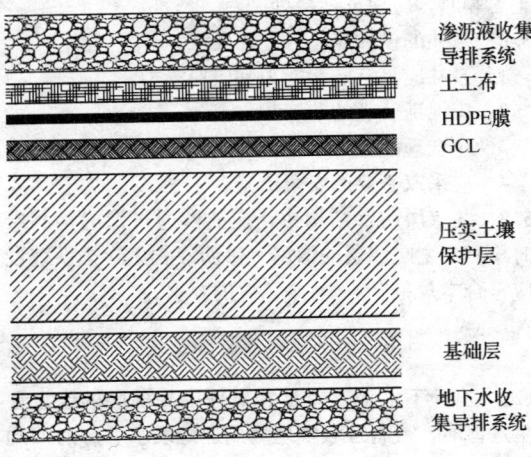

图 3.2.2-1b　HDPE 膜＋GCL
复合防渗结构示意图

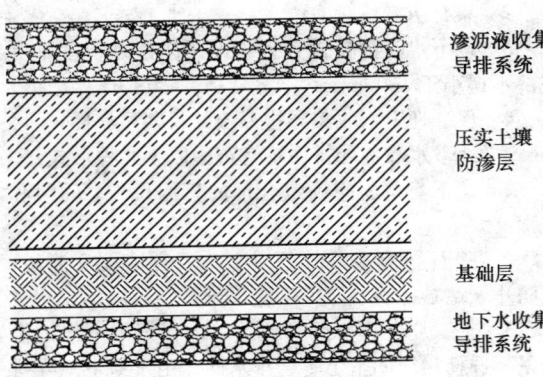

图 3.2.2-1c　压实土壤单层防渗结构示意图

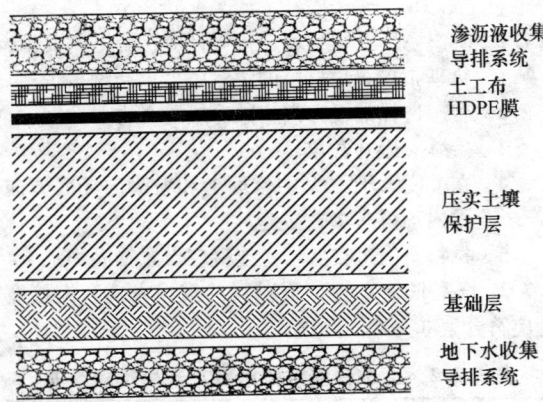

图 3.2.2-1d　HDPE 膜单层防渗结构示意图

3.3　基　础　层

3.3.1　基础层应平整、压实、无裂缝、无松土，表面应无积水、石块、树根及尖锐杂物。

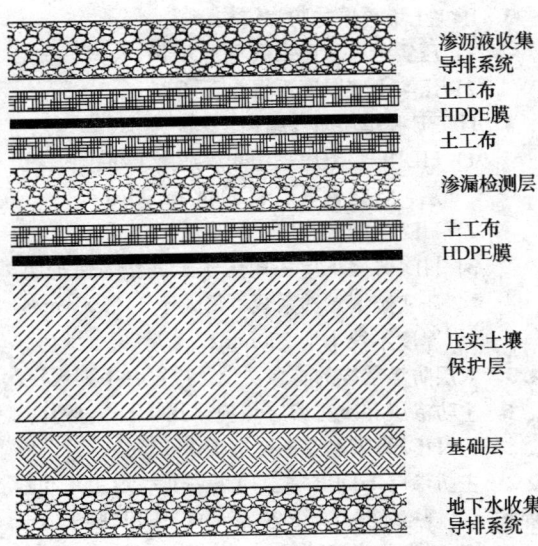

图 3.2.2-2　双层防渗结构示意图

3.3.2　防渗系统的场底基础层应根据渗沥液收集导排要求设计纵、横坡度，且向边坡基础层过渡平缓，压实度不得小于 93％。

3.3.3　防渗系统的四周边坡基础层应结构稳定，压实度不得小于 90％。边坡坡度陡于 1∶2 时，应作出边坡稳定性分析。

3.4　防　渗　层

3.4.1　防渗层设计应符合下列要求：

　　1　能有效地阻止渗沥液透过，以保护地下水不受污染；

　　2　具有相应的物理力学性能；

　　3　具有相应的抗化学腐蚀能力；

　　4　具有相应的抗老化能力；

　　5　应覆盖垃圾填埋场场底和四周边坡，形成完整的、有效的防水屏障。

3.4.2　单层防渗结构的防渗层设计应符合下列规定：

　　1　HDPE 膜和压实土壤的复合防渗结构：

　　　1)　HDPE 膜上应采用非织造土工布作为保护层，规格不得小于 $600g/m^2$；

　　　2)　HDPE 膜的厚度不应小于 1.5mm；

　　　3)　压实土壤渗透系数不得大于 $1×10^{-9}m/s$，厚度不得小于 750mm。

　　2　HDPE 膜和 GCL 的复合防渗结构：

　　　1)　HDPE 膜上应采用非织造土工布作为保护层，规格不得小于 $600g/m^2$；

　　　2)　HDPE 膜的厚度不应小于 1.5mm；

　　　3)　GCL 渗透系数不得大于 $5×10^{-11}m/s$，规格不得小于 $4800g/m^2$；

　　　4)　GCL 下应采用一定厚度的压实土壤作为保护层，压实土壤渗透系数不得大于 $1×10^{-7}m/s$。

3 压实土壤单层的防渗结构：
   1) 压实土壤渗透系数不得大于 1×10^{-9} m/s；
   2) 压实土壤厚度不得小于 2m。
4 HDPE膜单层防渗结构：
   1) HDPE膜上应采用非织造土工布作为保护层，规格不得小于 $600g/m^2$；
   2) HDPE膜的厚度不应小于 1.5mm；
   3) HDPE膜下应采用压实土壤作为保护层，压实土壤渗透系数不得大于 1×10^{-7} m/s，厚度不得小于 750mm。

3.4.3 双层防渗结构的防渗层设计应符合下列规定：
1 主防渗层和次防渗层均应采用HDPE膜作为防渗材料，HDPE膜厚度不应小于1.5mm。
2 主防渗层HDPE膜上应采用非织造土工布作为保护层，规格不得小于 $600g/m^2$；HDPE膜下宜采用非织造土工布作为保护层。
3 次防渗层HDPE膜上宜采用非织造土工布作为保护层，HDPE膜下应采用压实土壤作为保护层，压实土壤渗透系数不得大于 1×10^{-7} m/s，厚度不宜小于750mm。
4 主防渗层和次防渗层之间的排水层宜采用复合土工排水网。

3.5 渗沥液收集导排系统

3.5.1 渗沥液收集导排系统应包括导流层、盲沟和渗沥液排出系统。
3.5.2 渗沥液收集导排系统设计应符合下列要求：
1 能及时有效地收集和导排汇集于垃圾填埋场底和边坡防渗层以上的垃圾渗沥液；
2 具有防淤堵能力；
3 不对防渗层造成破坏；
4 保证收集导排系统的可靠性。
3.5.3 渗沥液收集导排系统中的所有材料应具有足够的强度，以承受垃圾、覆盖材料等荷载及操作设备的压力。
3.5.4 导流层应选用卵石或碎石等材料，材料的碳酸钙含量不应大于10%，铺设厚度不应小于300mm，渗透系数不应小于 1×10^{-3} m/s；在四周边坡上宜采用土工复合排水网等土工合成材料作为排水材料。
3.5.5 盲沟的设计应符合下列要求：
1 盲沟内的排水材料宜选用卵石或碎石等材料；
2 盲沟内宜铺设排水管材，宜采用HDPE穿孔管；
3 盲沟应由土工布包裹，土工布规格不得小于 $150g/m^2$。
3.5.6 渗沥液收集导排系统的上部宜铺设反滤材料，防止淤堵。
3.5.7 渗沥液排出系统宜采用重力流排出；不能利用重力流排出时，应设置泵井。渗沥液排出管需要穿过土工膜时，应保证衔接处密封。
3.5.8 泵井的设计应符合下列要求：
1 泵井应具有防渗能力和防腐能力；
2 应保证合理的井容积；
3 应合理配置排水泵；
4 应采取必要的安全措施。
3.5.9 在双层防渗结构中，应能够通过渗漏检测层及时检测到主防渗层的渗漏。渗沥液收集导排系统设计应符合本规范3.5.1~3.5.8的要求。

3.6 地下水收集导排系统

3.6.1 当地下水水位较高并对场底基础层的稳定性产生危害时，或者垃圾填埋场周边地表水下渗对四周边坡基础层产生危害时，必须设置地下水收集导排系统。
3.6.2 地下水收集导排系统的设计应符合下列要求：
1 能及时有效地收集导排地下水和下渗地表水；
2 具有防淤堵能力；
3 地下水收集导排系统顶部距防渗系统基础层底部不得小于1000mm；
4 保证地下水收集导排系统的长期可靠性。
3.6.3 地下水收集导排系统宜选用以下几种形式：
1 地下盲沟：应确定合理的盲沟尺寸、间距和埋深。
2 碎石导流层：碎石层上、下宜铺设反滤层，以防止淤堵；碎石层厚度不应小于300mm。
3 土工复合排水网导流层：应根据地下水的渗流量，选择相应的土工复合排水网。用于地下水导排的土工复合排水网应具有相当的抗拉强度和抗压强度。

3.7 防渗系统工程材料连接

3.7.1 防渗系统工程材料连接设计应符合下列要求：
1 合理布局每片材料的位置，力求接缝最少；
2 合理选择铺设方向，减少接缝受力；
3 接缝应避开弯角；
4 在坡度大于10%的坡面上和坡脚向场底方向1.5m范围内不得有水平接缝；
5 材料与周边自然环境连接应设置锚固沟。
3.7.2 各种防渗系统工程材料的搭接方式和搭接宽度应符合表3.7.2的要求。

表3.7.2 土工合成材料搭接方式和搭接要求

材料	搭接方式	搭接宽度（mm）
织造土工布	缝合连接	75±15
非织造土工布	缝合连接	75±15
	热粘连接	200±25

续表 3.7.2

材料	搭接方式	搭接宽度（mm）
HDPE土工膜	热熔焊接	100±20
	挤出焊接	75±20
GCL	自然搭接	250±50
土工复合排水网	土工网要求捆扎；下层土工布要求搭接；上层土工布要求缝合	75±15

3.7.3 垃圾填埋场锚固沟的设置应符合下列要求：
1 符合实际地形状况；
2 垃圾填埋场四周边坡的坡高与坡长不宜超过表 3.7.3 的限制要求。

表 3.7.3 垃圾填埋场边坡坡高与坡长限制值

边坡坡度	>1:2	1:2~1:3	1:3~1:4	1:4~1:5	<1:5
限制坡高(m)	10	15	15	15	12
限制坡长(m)	22.5	40	50	55	60

3.7.4 锚固沟的设计应符合下列要求：
1 锚固沟距离边坡边缘不宜小于 800mm；
2 防渗系统工程材料转折处不得存在直角的刚性结构，均应做成弧形结构；
3 锚固沟断面应根据锚固形式，结合实际情况加以计算，不宜小于 800mm×800mm。典型锚固沟结构形式见图 3.7.4-1 和图 3.7.4-2。

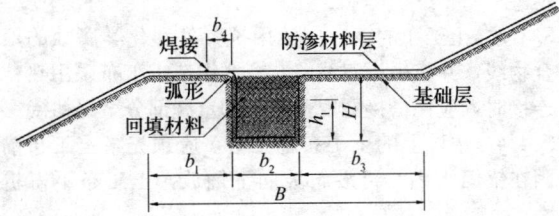

图 3.7.4-1 边坡锚固平台典型结构图
$b_1 \geqslant 800mm$；$b_2 \geqslant 800mm$；$b_3 \geqslant 1000mm$；
$b_4 \geqslant 250mm$；$B \geqslant 3000mm$；$H \geqslant 800mm$；
$h_1 \geqslant H/3$

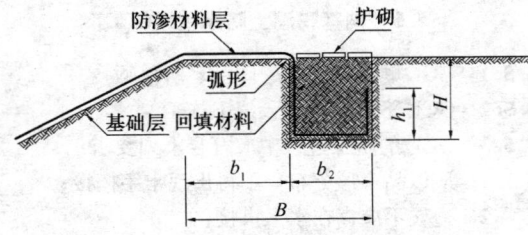

图 3.7.4-2 终场锚固沟典型结构图
$b_1 \geqslant 800mm$；$b_2 \geqslant 800mm$；$B \geqslant 2000mm$；
$H \geqslant 800mm$；$h_1 \geqslant H/3$

4 防渗系统工程材料

4.1 一般规定

4.1.1 垃圾填埋场防渗系统工程中应使用的土工合成材料：高密度聚乙烯（HDPE）膜、土工布、GCL、土工复合排水网等。

4.2 高密度聚乙烯（HDPE）膜

4.2.1 用于垃圾填埋场防渗系统工程的土工膜除应符合国家现行标准《填埋场用高密度聚乙烯土工膜》CJ/T 234 的有关规定外，还应符合下列要求：
1 厚度不应小于 1.5mm；
2 膜的幅宽不宜小于 6.5m。

4.2.2 HDPE 膜的外观要求应符合表 4.2.2 的规定。

表 4.2.2 HDPE 膜外观要求

项 目	要 求
切口	平直，无明显锯齿现象
穿孔修复点	不允许
机械（加工）划痕	无或不明显
僵块	每平方米限于 10 个以内
气泡和杂质	不允许
裂纹、分层、接头和断	不允许
糙面膜外观	均匀，不应有结块、缺损等现象

4.3 土 工 布

4.3.1 垃圾填埋场防渗系统工程中使用的土工布应符合下列要求：
1 应结合防渗系统工程的特点，并应适应垃圾填埋场的使用环境；
2 土工布用作 HDPE 膜保护材料时，应采用非织造土工布，规格不应小于 $600g/m^2$；
3 土工布用于盲沟和渗沥液收集导排层的反滤材料时，规格不宜小于 $150g/m^2$；
4 土工布应具有良好的耐久性能。

4.3.2 土工布各项性能指标应符合国家现行相关标准的要求。

4.4 钠基膨润土防水毯（GCL）

4.4.1 垃圾填埋防渗系统工程中钠基膨润土防水毯（GCL）的性能指标应符合国家现行相关标准的要求。并应符合下列规定：
1 垃圾填埋场防渗系统工程中的 GCL 应表面平整，厚度均匀，无破洞、破边现象。针刺类产品的针刺均匀密实，应无残留断针；
  2 单位面积总质量不应小于4800g/m²，其中单位面积膨润土质量不应小于4500g/m²；
  3 膨润土体积膨胀度不应小于24mL/2g；
  4 抗拉强度不应小于800N/10cm；
  5 抗剥强度不应小于65N/10cm；
  6 渗透系数应小于5×10^{-11}m/s；
  7 抗静水压力0.6MPa/1h，无渗漏。

4.5 土工复合排水网

4.5.1 用于防渗系统工程的土工复合排水网应符合下列要求：
  1 土工复合排水网中土工网和土工布应预先粘合，且粘合强度应大于0.17kN/m；
  2 土工复合排水网的土工网宜使用HDPE材质，纵向抗拉强度应大于8kN/m，横向抗拉强度应大于3kN/m；
  3 土工复合排水网的土工布应符合本规范第4.3节的要求；
  4 土工复合排水网的导水率选取应考虑蠕变折减因素、土工布嵌入折减因素、生物淤堵折减因素、化学淤堵折减因素和化学沉淀折减因素。

4.5.2 土工复合排水网性能指标应符合国家现行相关标准的要求。

5 防渗系统工程施工

5.1 一般规定

5.1.1 垃圾填埋场的防渗系统工程施工应包括土壤层施工和各种防渗系统工程材料的施工。

5.1.2 防渗系统工程施工完成后应采取有效的保护措施。

5.2 土壤层

5.2.1 土壤层应采用黏土。当黏土资源缺乏时，可使用其他类型的土，并应保证渗透系数不大于1×10^{-9}m/s的要求。

5.2.2 在土壤层施工之前，应对每种不同的土壤在实验室测定其最优含水率、压实度和渗透系数之间的关系。

5.2.3 土壤层施工应分层压实，每层压实土层的厚度宜为150～250mm，各层之间应紧密结合。

5.2.4 土壤层施工时，各层压实土壤应每500m²取3～5个样品进行压实度测试。

5.3 高密度聚乙烯（HDPE）膜

5.3.1 HDPE膜材料在进填埋场交接前，应进行相关的性能检查。

5.3.2 在安装前，HDPE膜材料应正确地贮存，并应标明其在总平面图中的安装位置。

5.3.3 HDPE膜的铺设量不应超过一个工作日能完成的焊接量。

5.3.4 在安装HDPE膜之前，应检查其膜下保护层，每平方米的平整度误差不宜超过20mm。

5.3.5 HDPE膜铺设时应符合下列要求：
  1 铺设应一次展开到位，不宜展开后再拖动；
  2 应为材料热胀冷缩导致的尺寸变化留出伸缩量；
  3 应对膜下保护层采取适当的防水、排水措施；
  4 应采取措施防止HDPE膜受风力影响而破坏。

5.3.6 HDPE膜展开完成后，应及时焊接，HDPE膜的搭接宽度应符合本规范表3.7.2的规定。

5.3.7 HDPE膜铺设展开过程应按照附录A表A.0.1的要求填写有关记录，焊接施工应按附录B表B.0.1、表B.0.2和表B.0.3的要求填写有关记录。

5.3.8 HDPE膜铺设过程中必须进行搭接宽度和焊缝质量控制。监理必须全过程监督膜的焊接和检验。

5.3.9 施工中应注意保护HDPE膜不受破坏，车辆不得直接在HDPE膜上碾压。

5.4 土工布

5.4.1 土工布应铺设平整，不得有石块、土块、水和过多的灰尘进入土工布。

5.4.2 土工布搭接宽度应符合本规范表3.7.2的规定。

5.4.3 土工布的缝合应使用抗紫外和化学腐蚀的聚合物线，并应采用双线缝合。非织造土工布采用热粘连接时，应使搭接宽度范围内的重叠部分全部粘接。

5.4.4 边坡上的土工布施工时，应预先将土工布锚固在锚固沟内，再沿斜坡向下铺放，土工布不得折叠。

5.4.5 土工布在边坡上的铺设方向应与坡面一致，在坡面上宜整卷铺设，不宜有水平接缝。

5.4.6 土工布上如果有裂缝和孔洞，应使用相同规格材料进行修补，修补范围应大于破损处周边300mm。

5.5 钠基膨润土防水毯（GCL）

5.5.1 GCL贮存应防水、防潮、防暴晒。

5.5.2 GCL不应在雨雪天气下施工。

5.5.3 GCL的施工过程中应符合下列要求：
  1 应以品字形分布，不得出现十字搭接；
  2 边坡不应存在水平搭接；
  3 搭接宽度应符合本规范表3.7.2的要求，局部可用膨润土粉密封；
  4 应自然松弛与基础层贴实，不应褶皱、悬空；

5 应随时检查外观有无破损、孔洞等缺陷，发现缺陷时，应及时采取修补措施，修补范围宜大于破损范围200mm；

6 在管道或构筑立柱等特殊部位施工时，应加强处理。

5.5.4 GCL施工完成后，应采取有效的保护措施，任何人员不得穿钉鞋等在GCL上踩踏，车辆不得直接在GCL上碾压。

5.6 土工复合排水网

5.6.1 土工复合排水网的排水方向应与水流方向一致。

5.6.2 边坡上的土工复合排水网不宜存在水平接缝。

5.6.3 在管道或构筑立柱等特殊部位施工时，应进行特殊处理，并保证排水畅通。

5.6.4 土工复合排水网的施工中，土工布和排水网都应和同类材料连接。相邻的部位应使用塑料扣件或聚合物编织带连接，底层土工布应搭接，上层土工布应缝合连接，连接部分应重叠。沿材料卷的长度方向，最小连接间距不宜大于1.5m。

5.6.5 排水网芯复合的土工布应全面覆盖网芯。

5.6.6 土工复合排水网中的破损均应使用相同材料修补，修补范围应大于破损范围周边300mm。

5.6.7 在施工过程中，不得损坏已铺设好的HDPE膜。施工机械不得直接在复合土工排水材料上碾压。

6 防渗系统工程验收及维护

6.1 防渗系统工程验收

6.1.1 防渗系统工程验收前应提交下列资料：

1 设计文件、设计修改及变更文件和竣工图纸；

2 制造商的材料质量合格证书、施工单位的第三方材料检验合格报告；

3 监理单位的相关资料和记录；

4 预制构件质量合格证书；

5 隐蔽工程验收合格文件；

6 施工焊接自检记录。

6.1.2 防渗系统工程的验收应包括下列内容：

1 场底及边坡基础层；

2 地下水收集导排设施；

3 场底及边坡膜下保护层（土壤层或GCL）；

4 锚固沟槽及回填材料；

5 场底及边坡HDPE膜层；

6 场底及边坡膜上土工布保护层；

7 渗沥液收集导排设施（导流层或复合土工排水网）；

8 其他。

6.1.3 防渗系统工程质量验收应进行观感检验和抽样检验。

6.1.4 防渗系统工程材料质量验收观感检验应符合下列要求：

1 HDPE膜、GCL每卷卷材标识清楚，表面无折痕、损伤，厂家、产地、卷材性能检测报告、产品质量合格证、海运提单等资料齐全；

2 土工布、土工复合排水网包装完好，表面无破损，产地、厂家、合格证、运输单等资料齐全。

6.1.5 防渗系统工程材料质量抽样检验应符合下列要求：

1 应由供货单位和建设单位双方在现场抽样检查。

2 应由建设单位送到国家认证的专业机构检测。

3 防渗系统工程材料每10000m^2为一批，不足10000m^2按一批计。在每批产品中随机抽取3卷进行尺寸偏差和外观检查。

4 在尺寸偏差和外观检查合格的样品中任取一卷，在距外层端部500mm处裁取5m^2进行主要物理性能指标检验。当有一项指标不符合要求，应加倍取样检测，仍有一项指标不合格，应认定整批材料不合格。

6.1.6 防渗系统工程施工质量观感检验应符合下列要求：

1 场底、边坡基础层、锚固平台及回填材料要平整、密实，无裂缝、无松土、无积水、无裸露泉眼，无明显凹凸不平、无石头砖块，无树根、杂草、淤泥、腐殖土，场底、边坡及锚固平台之间过渡平缓。

2 土工布无破损、无折皱、无跳针、无漏接现象，应铺设平顺，连接良好，搭接宽度应符合本规范表3.7.2的规定。

3 HDPE膜铺设规划合理，边坡上的接缝须与坡面的坡向平行，场底横向接缝距坡脚应大于1.5m。焊接、检测和修补记录标识应明显、清楚，焊缝表面应整齐、美观，不得有裂纹、气孔、漏焊和虚焊现象。HDPE膜无明显损伤、无折皱、无隆起、无悬空现象。搭接良好，搭接宽度应符合本规范表3.7.2的规定。

4 土工布、GCL、土工复合排水网等材料的搭接应符合本规范表3.7.2的规定。坡面上的接缝应与坡面的坡向平行。场底水平接缝距坡脚应大于1.5m。

5 防渗系统工程整体无渗漏。

6.1.7 防渗系统工程施工质量抽样检测应符合下列要求：

1 场底和边坡基础层按500m^2取一个点检测密实度，合格率应为100%；锚固沟回填土按50m取一个点检测密实度，合格率应为100%。

2 土工布按200m接缝取一个样检测搭接效果，合格率应为90%。

3 HDPE膜焊接质量检测应符合下列要求：
   1) 对热熔焊接每条焊缝应进行气压检测，合格率应为100%；
   2) 对挤压焊接每条焊缝应进行真空检测，合格率应为100%；
   3) 焊缝破坏性检测，按每1000m焊缝取一个1000mm×350mm样品做强度测试，合格率应为100%；
   4) 气压、真空和破坏性检测及电火花测试方法应符合附录C的规定。
4 HDPE膜施工工序质量检测评定，应按附录D表D.0.1的要求填写有关记录。
5 GCL铺设质量检测应符合下列要求：
   1) GCL铺设完成后，应及时对施工质量进行检验；
   2) 基础层应符合本规范第3.3节的要求；
   3) 搭接宽度应符合本规范表3.7.2的要求；
   4) GCL及其搭接部位应与基础层贴实且无褶皱和悬空；
   5) GCL不得遇水而发生前期水化；
   6) 修补的破损部位应符合本规范5.5.3条第5款的要求。

6.1.8 防渗系统工程施工质量检验应与施工同步进行，质检合格并报监理验收合格后，方可进行下道工序。

6.1.9 防渗系统工程施工完成后，在填埋垃圾之前，应对防渗系统进行全面的渗漏检测，并确认合格。

6.2 防渗系统工程维护

6.2.1 使用单位应及时制定防渗系统工程安全保障措施及管理办法。

6.2.2 防渗系统工程的正常维护应符合下列要求：
   1 防渗系统工程区域内不允许未经使用单位同意的人员进入；
   2 维护人员进入场区，应妥善携带和使用维护用具；
   3 正常情况下应每月不少于一次巡查尚未使用的防渗系统工程区域；如遇暴雨、台风等特殊情况，应及时巡查。

6.2.3 防渗系统工程维修应符合下列要求：
   1 防渗系统损坏时，应及时制定安全可靠的修复措施，并组织修复；
   2 HDPE膜、GCL、土工布、复合土工排水网等主要防渗系统工程材料损坏时，应及时修补；
   3 土壤层损坏时，应及时修复；
   4 渗沥液收集系统堵塞时，应及时疏通。

6.2.4 分步施工边坡保护层时，应制定严格的施工组织计划。

6.2.5 防渗系统工程维修所采用的焊机、检验设备等机具设备应妥善保管，并定期维护、保养，确保正常使用。

附录A HDPE膜铺设施工记录

表A.0.1 HDPE膜铺设施工记录表

工程名称：　　　　　　　　　　　　　　　　　　第　页共　页

铺设位置编号	日期年 月 日	时间	卷材编号	长度(m)	宽度(m)	面积(m²)	备注
					本页小计		
					累　　计		

施工单位：　　　　　　　　　　　现场监理（签章）：
检测单位：　　　　　　　　　　　技术负责人（签章）：
填表日期：　年　月　日　　　　　记　　录（签章）：

附录 B HDPE 膜试样焊接记录

表 B.0.1 HDPE 膜试样焊接记录表

工程名称：									第 页共 页			
试样焊接单位：				检测单位：				检测结果				
试件编号	日 期 年 月 日	时间	设备编号	技工编号	环境温度（℃）	焊接温度（℃）	预热温度（℃）	时间	撕 裂		剪 切	
									断裂	是否通过	断裂	是否通过
现场监理（签章）： 技术负责人（签章）： 记录（签章）： 填报日期： 年 月 日												

表 B.0.2 HDPE 膜热熔焊接检测记录表

工程名称：										第 页共 页		
焊缝编号	日 期 年 月 日	时间	设备编号	技工编号	长度（m）	环境温度（℃）	焊接温度（℃）	焊接速度（m/min）	气 压 检 测			
									日期	时间	开始压强（kPa）	结束压强（kPa）	是否通过
施工单位： 检测单位：												
现场监理（签章）： 技术负责人（签章）： 记录（签章）： 填报日期： 年 月 日												

表 B.0.3　HDPE膜挤压焊接检测记录表

项目名称：										第 页共 页			
焊缝编号	日期	时间	设备编号	技工编号	长度(m)	环境温度(℃)	预热温度(℃)	焊接温度(℃)	焊接速度(m/min)	真 空 检 测			
										日期	时间	压强(kPa)	是否通过

施工单位：　　　　　　　　　检测单位：

现场监理（签章）：　　　　技术负责人（签章）：　　　　记录（签章）：

填报日期：　年　月　日

附录 C　气压、真空和破坏性检测及电火花测试方法

C.0.1 HDPE膜热熔焊接的气压检测：针对热熔焊接形成双轨焊缝，焊缝中间预留气腔的特点，应采用气压检测设备检测焊缝的强度和气密性。一条焊缝施工完毕后，将焊缝气腔两端封堵，用气压检测设备对焊缝气腔加压至250kPa，维持3~5min，气压不应低于240kPa，然后在焊缝的另一端开孔放气，气压表指针能够迅速归零方视为合格。

C.0.2 HDPE膜挤压焊接的真空检测：挤压焊接所形成的单轨焊缝，应采用真空检测方法检测。用真空检测设备直接对焊缝待检部位施加负压，当真空罩内气压达到25~35kPa时，焊缝无任何泄漏方视为合格。

C.0.3 HDPE膜挤压焊缝的电火花测试：等效于真空检测，适应地形复杂的地段，应预先在挤压焊缝中埋设一条 $\phi 0.3$~0.5mm 的细铜线，利用35kV的高压脉冲电源探头在距离焊缝10~30mm的高度探扫，无火花出现视为合格，出现火花的部位说明有漏洞。

C.0.4 HDPE膜焊缝强度的破坏性取样检测：针对每台焊接设备焊接一定长度，取一个破坏性试样进行室内实验分析（取样位置应立即修补），定量地检测焊缝强度质量，热熔及挤出焊缝强度合格的判定标准应符合表C.0.4的规定。

每个试样裁取10个25.4mm宽的标准试件，分别做5个剪切实验和5个剥离实验。每种实验5个试样的测试结果中应有4个符合上表中的要求，且平均值应达到上表标准、最低值不得低于标准值的80%方视为通过强度测试。

如不能通过强度测试，须在测试失败的位置沿焊缝两端各6m范围内重新取样测试，重复以上过程直至合格为止。对排查出有怀疑的部位用挤出焊接方式加以补强。

表 C.0.4　热熔及挤出焊缝强度判定标准值

厚度(mm)	剪切		剥离	
	热熔焊(N/mm)	挤出焊(N/mm)	热熔焊(N/mm)	挤出焊(N/mm)
1.5	21.2	21.2	15.7	13.7
2.0	28.2	28.2	20.9	18.3

注：测试条件：25℃，50mm/min。

附录 D　HDPE膜施工工序质量检查评定

表 D.0.1　HDPE膜施工工序质量检查评定表

工程名称：		承包单位：		检测单位：		共 页第 页
部位名称		工序名称		主要工程数量		桩号、位置
序号	质 量 要 求					质量情况
1	土工膜和焊条的材料规格和质量符合设计要求和有关标准的规定					
2	基础层应平整、压实、无裂缝、无松土，表面无积水、石块、树根及其他任何尖锐杂物					
3	铺设平整，无破损和褶皱现象					

续表 D.0.1

工程名称：		承包单位：				检测单位：						共 页第 页					
部位名称			工序名称				主要工程数量					桩号、位置					

序号	质量要求												质量情况				
4	HDPE膜在坡面上的焊缝应尽可能地减少，焊缝与坡度纵线的夹角不大于45°，力求平行																
5	在坡度大于10%的坡面上和坡脚1.5m范围内不得有横向焊缝																
6	焊缝表面应整齐、美观，不得有裂纹、气孔、漏焊或跳焊现象																
7	焊缝的焊接质量符合规范要求的检漏测试和拉力测试																
质量保证资料	质量保证资料必须满足相关管理法规和质量标准的要求																

序号	实测项目	规定值或允许偏差(mm)	实测值或实测偏差值														应检点数	合格点数	合格率(%)
			1	2	3	4	5	6	7	8	9	10	11	12	13	14	15			
1	热熔焊搭接宽度	100±20																		
2	挤出焊搭接宽度	75±20																		
3																				
4																				
5																				

承包单位自评意见	项目负责人（签章）： 年 月 日	监理意见	监理工程师（签章）： 年 月 日	平均合格率(%)	
				评定等级	

现场监理（签章）： 技术负责人（签章）： 记录人（签章）： 年 月 日

本规范用词说明

1 为便于在执行本规范条文时区别对待，对于要求严格程度不同的用词说明如下：

1）表示很严格，非这样做不可的：
   正面词采用"必须"；反面词采用"严禁"。

2）表示严格，在正常情况下均应这样做的：
   正面词采用"应"；反面词采用"不应"或"不得"。

3）表示允许稍有选择，在条件许可时首先应这样做的：
   正面词采用"宜"；反面词采用"不宜"。
   表示有选择，在一定条件下可以这样做的用词采用"可"。

2 规范中指定应按其他有关标准执行时，写法为"应符合……的规定或要求"或"应按……执行"。

中华人民共和国行业标准

生活垃圾卫生填埋场防渗系统工程技术规范

CJJ 113—2007

条 文 说 明

前 言

《生活垃圾卫生填埋场防渗系统工程技术规范》CJJ 113-2007 经建设部 2007 年 1 月 17 日以 549 号公告批准发布。

本规范的主编单位是城市建设研究院，参加单位是深圳市胜义环保有限公司、北京高能垫衬工程有限公司、北京博克建筑化学材料有限公司、深圳市环境卫生管理处。

为便于广大设计、施工、科研、学校等单位的有关人员在使用本规范时能正确理解和执行条文规定，《生活垃圾卫生填埋场防渗系统工程技术规范》编制组按章、节、条顺序编制了本规范的条文说明，供使用者参考。在使用中如发现本条文说明有不妥之处，请将意见函寄城市建设研究院（地址：北京市朝阳区惠新南里 2 号院，邮政编码：100029）。

目次

1 总则 ················· 64—17
2 术语 ················· 64—17
3 防渗系统工程设计 ······· 64—17
　3.1 一般规定 ············ 64—17
　3.2 防渗系统 ············ 64—17
　3.3 基础层 ·············· 64—18
　3.4 防渗层 ·············· 64—18
　3.5 渗沥液收集导排系统 ··· 64—18
　3.6 地下水收集导排系统 ··· 64—19
　3.7 防渗系统工程材料连接 ·· 64—19
4 防渗系统工程材料 ······· 64—19
　4.1 一般规定 ············ 64—19
　4.2 高密度聚乙烯（HDPE）膜 ··· 64—19
　4.3 土工布 ·············· 64—19
　4.4 钠基膨润土防水毯（GCL）··· 64—19
　4.5 土工复合排水网 ······ 64—19
5 防渗系统工程施工 ······· 64—19
　5.1 一般规定 ············ 64—19
　5.2 土壤层 ·············· 64—19
　5.3 高密度聚乙烯（HDPE）膜 ··· 64—19
　5.4 土工布 ·············· 64—20
　5.5 钠基膨润土防水毯（GCL）··· 64—20
　5.6 土工复合排水网 ······ 64—20
6 防渗系统工程验收及维护 ··· 64—20
　6.1 防渗系统工程验收 ···· 64—20

1 总 则

1.0.1 本条明确了制定本规范的目的。
1.0.2 本条规定了本规范的适用范围。
1.0.3 垃圾填埋场防渗系统工程是垃圾填埋场工程中的一个重要组成部分，其设计、施工、验收、维护除执行本规范的规定外，还应当符合国家现行相关标准和规范的有关规定。

2 术 语

2.0.1~2.0.7 对垃圾填埋场防渗系统中的名词加以规范。
2.0.8 本规范中的土工合成材料方面的材料术语和材料性能术语定义参照了《土工合成材料应用技术规范》GB 50290 的定义。

3 防渗系统工程设计

3.1 一般规定

3.1.1 垃圾填埋场在使用期间和垃圾填满封场后，由于降雨、垃圾自身含水及其他因素，会产生垃圾渗沥液和填埋气体，填埋垃圾达到稳定化需要一个较长的时期，在稳定期限内仍有垃圾渗沥液和填埋气体产生，防渗系统都应有效地发挥其功能。

由于我国的卫生填埋场建设起步较晚，目前还没有封场后稳定化的卫生填埋场。参考国外卫生填埋场运营经验，卫生填埋场的稳定期限通常为封场后的20~30 年。

3.1.2 防渗系统是垃圾填埋场的一个重要组成部分，防渗系统工程设计应符合垃圾填埋场总体设计的要求。

3.1.3 为充分利用填埋库容，垃圾填埋场堆填垃圾的高度通常应尽可能高，从而对场底形成较大强度的荷载，应保证垃圾填埋场基础具有足够的承载能力，在垃圾堆填后不会产生不均匀沉降。在进行防渗系统工程设计之前，应进行防渗系统工程的稳定性计算。

3.1.4 防渗系统工程涉及大面积的土石方工程，不仅要保证垃圾填埋场基础整体结构稳定，还应保证垃圾填埋场不会出现滑坡、垮塌、倾覆等影响局部稳定性的情况。

3.1.5、3.1.6 垃圾填埋场场底的坡度对及时导排渗沥液有重要意义。经验证明，垃圾填埋场场底纵、横坡度大于2%时，能够较好的实现渗沥液导排；但是另一方面，实践工程经验也表明，在一些利用天然沟壑或平原地区建设垃圾填埋场时，纵向坡度和横向坡度同时大于2%的条件难以满足，会造成大量不必要的挖方和填方。因此，防渗系统工程设计中场底的纵、横坡度不宜小于2%，各地可因地制宜，但必须保证渗沥液能够顺利导排。

在美国等国家将防渗层上的渗沥液水头作为垃圾填埋场设计的基本要求。考虑到由于产品质量和施工质量等因素，绝对不渗漏的垃圾填埋场是很难实现的，而控制膜上渗沥液水头有助于显著减少渗沥液的渗漏，对于防渗工程有重要意义。如美国要求防渗层的最大渗沥液水头不得超过1英尺（0.3m），最大渗沥液水头 h_{max} 可参考下式计算（见图1）

$$h_{max} = \frac{L\sqrt{c}}{2}\left[\frac{\tan^2\alpha}{c} + 1 - \frac{\tan\alpha}{c}\sqrt{\tan^2\alpha + c}\right]$$

式中 c——q/k;
q——渗沥液流入通量；
k——渗透系数；
α——坡度。

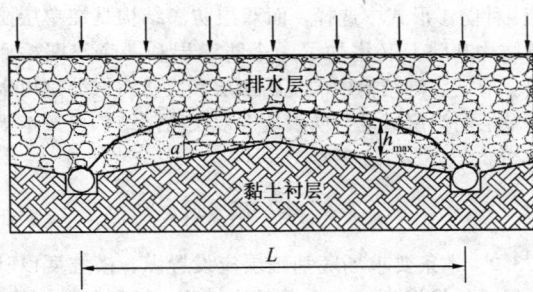

图1 最大渗沥液水头示意图

3.1.7 垃圾填埋场的占地面积通常较大，有较大的汇水面积，为了有效地减少渗沥液产生，以及便于操作管理，应对垃圾填埋场进行合理分区。防渗系统工程设计应根据垃圾填埋场总体分区要求进行。

3.1.8 垃圾填埋场的使用期限通常较长，如果一次性建成全部垃圾填埋场防渗系统，防渗系统工程材料受到日光照射、冷热冻融等自然条件影响，材料的性能会逐渐降低甚至丧失。因此，防渗系统工程应整体设计，宜分期实施。

3.1.9 垃圾渗沥液处理设施是渗沥液集中贮存和处理的构筑物，一旦发生渗漏，对环境的污染会十分严重，应进行防渗处理。

3.2 防渗系统

3.2.1 本条规定了防渗系统工程设计的基本要求。

1 人工合成的防渗材料渗透系数小，防渗性能好，垃圾渗沥液渗透量很小；但是一旦破损，会造成渗漏量的显著增加，因此防渗材料上、下保护层的设置都非常重要。

2 渗沥液收集导排系统是防渗系统的重要组成部分。渗沥液积累在土工膜上，会加快渗沥液的渗漏，因此应及时导排。渗沥液收集导排系统设计中应考虑物理作用、化学作用、生物作用等因素，使系统具有长期的导排性能。

3 在垃圾填埋场场区地下水水位较高的情况下，应设计地下水收集导排系统，防止地下水对防渗系统造成不利影响和破坏。在垃圾填埋场场区地下水水位较低，但是地表水下渗较快，会从侧面影响边坡防渗材料层时，也应该设计地下水收集导排系统。当没有地下水对防渗系统产生危害时，可不设置地下水收集导排系统。

3.2.2 本规范将各种防渗结构概括为两大类，即单层防渗结构和双层防渗结构。就起防渗作用的材料层而言，防渗材料可以是一层防渗材料形成的单层防渗层，或者几层紧密接触的防渗材料形成复合防渗层。无论采用单层防渗层还是复合防渗层，其防渗结构并无显著差异，只是防渗的性能有所差异。单层防渗结构中的防渗层可以是单层防渗层，也可以是复合防渗层。设计单层防渗结构时，可从本规范图 3.2.2-1a～d 四种防渗形式中选择。而双层防渗结构是在单层防渗结构基础上又增加了一个防渗层和一个渗漏检测层。双层防渗结构中的主防渗层和次防渗层分别可以是单层防渗层或复合防渗层。双层防渗结构可按本规范图 3.2.2-2 的防渗形式设计。

3.3 基 础 层

3.3.2 本条要求场底基础层应设置纵、横坡度以利于导排垃圾渗沥液。根据工程经验，场底基础层纵、横坡度宜大于2%，但在特殊地形条件下，可在满足渗沥液收集导排要求的情况下适当调整。

3.3.3 根据实践经验，当边坡缓于1∶2时其稳定性通常较好，但在地质情况不佳时，应作出稳定性分析；当边坡坡度陡于1∶2，其稳定可靠性通常较差，应作出边坡稳定性分析。

3.4 防 渗 层

3.4.1 防渗层设计应对防渗系统工程材料的物理性质、化学性质以及抗老化性质加以要求，并且保证防渗层在防渗区域覆盖完整。

3.4.2 垃圾填埋场场底和边坡可采用不同的防渗结构和防渗形式。HDPE 膜是世界通用的垃圾填埋场防渗材料，具有施工方便、节省库容、防渗性能好等优点，但是容易破损，应在上下设置保护层，通常膜上采用非织造土工布作为保护材料，膜下采用压实土壤等材料加以保护。

1 HDPE 膜和压实土壤复合防渗能充分发挥 HDPE 膜和压实土壤的优点，在 HDPE 膜破损时，仍能有效地阻止渗漏，国内外已广泛采用。

2 GCL 作为一种土工合成材料，施工较压实土壤容易，且节省填埋库容，由于具有遇水膨胀的特性和一定的防水性能，在 HDPE 膜破损后，也能起到辅助的防渗作用。GCL 属于片状材料，其下应有压实土壤作为保护层，该种防渗结构很有应用前景。参考欧盟的标准，当地质屏障的自然条件不能满足防渗要求时，可以采用人工改造和增强地质屏障来形成同等保护，人工建设的地质屏障厚度不得低于0.5m。

3 采用压实土壤防渗是传统的防渗形式，防渗性能好，但施工难度较大，对天然地质条件和土源的要求较高。

4 HDPE 膜单层防渗相对于前三种防渗形式，防渗可靠性相对较差，主要依靠 HDPE 防止渗沥液渗漏，膜下的压实土壤防渗性能较弱，但是施工较容易，在我国有一定的实际应用。

本规范不限制新的防渗技术和防渗材料的应用，新技术的应用应慎重，在得到有效证明后，方可应用到实际工程中。本规范提出的垃圾填埋场防渗层设计的典型防渗形式，并不涵盖所有防渗形式，实际工程设计中可参照本规范防渗形式予以改进。

3.4.3 双层防渗结构防渗等级高，造价也相对较高，在我国实际工程中使用很少，在对环境保护要求很高的地区可选择使用。

3.5 渗沥液收集导排系统

3.5.3 渗沥液收集导排系统上部需要承受多种压力和荷载，为使系统能够长久有效地发挥作用，故本条强调了系统内设施的强度要求。

3.5.4 若采用卵石或碎石等材料时，其粒径分布宜在15～40mm 范围内。由于垃圾渗沥液含有腐殖酸，通常呈酸性，故不得选用易被渗沥液腐蚀的石料。土工复合排水网可以应用于垃圾填埋场底部和边坡的渗沥液收集系统，使用在垃圾填埋场的边坡上优势更为明显。

3.5.5 由于垃圾渗沥液含有腐殖酸，故盲沟内的排水材料不得选用易被渗沥液腐蚀的石料。设计中宜对排水管材的抗压能力和变形程度进行计算。

3.5.6 本条明确了防渗系统设计应考虑防淤堵的因素。反滤材料要求具有相当的孔隙和垂直渗透系数，宜采用土工布作为反滤材料，具体要求可参照现行国家标准《土工合成材料应用技术规范》GB 50290 执行。

3.5.7 渗沥液排出管需要穿过土工膜时，应采取有效的强化密封措施，确保管道和土工膜紧密结合，防止穿膜处破损，产生渗沥液渗漏。穿膜管道应使用 HDPE 管材。设计和施工中应为穿膜处的非破坏性质量控制测试留出空间。

3.5.8 渗沥液泵井的设计应注意以下要求：

1 渗沥液具有腐蚀性，应采取措施保护泵井。

2 泵井容积过小，会导致泵井经常被抽干，泵频繁启动和停止，增加泵出现故障的几率。

3 泵用于将渗沥液从泵井排出，其规格应该能保证在渗沥液最大产生率时能够及时将渗沥液排出。

泵应该具有足够的扬程,保证能将渗沥液提升到足够的高度,从出口排出。泵井宜设计为具有液位控制功能,且应配备备用泵。泵井应安装故障警示装置。

4 泵井内易聚集沼气,产生安全隐患,应采取必要的安全措施。

3.6 地下水收集导排系统

3.6.1 本条明确了地下水收集导排系统的设置条件。在地下水水位较低、降雨少的地区,地下水对防渗系统不造成危害时,可不设地下水收集导排系统。

3.7 防渗系统工程材料连接

3.7.3 表3.7.3中的限制坡高和限制坡长均是推荐的最大坡高和最大坡长。

4 防渗系统工程材料

4.1 一般规定

4.1.1 本条规定了防渗系统工程中常用的土工合成材料名称。

4.2 高密度聚乙烯(HDPE)膜

4.2.1、4.2.2 规定了HDPE膜应符合国家现行标准《填埋场用高密度聚乙烯土工膜》CJ/T 234中关于HDPE膜的外观要求、光面HDPE膜和糙面HDPE膜的性能指标要求。

4.3 土 工 布

4.3.1 土工布不能尽快被填充物遮盖而需要长久暴露时,应充分考虑其抗老化性能。土工布作为反滤材料时,应充分考虑其防淤堵性能。

4.3.2 应参照的有关土工布的国家相关标准主要包括:

1 《短纤针刺非织造土工布》GB/T 17638;
2 《长丝纺粘针刺非织造土工布》GB/T 17639;
3 《长丝机织土工布》GB/T 17640;
4 《裂膜丝机织土工布》GB/T 17641;
5 《塑料扁丝编织土工布》GB/T 17690等。

4.4 钠基膨润土防水毯(GCL)

4.4.1 本条对GCL的性能指标提出了要求,垃圾填埋场防渗系统工程中的GCL主要应用于HDPE膜下作为防渗层或保护层。

4.5 土工复合排水网

4.5.1 本条对土工复合排水网的性能提出了要求,土工复合排水网主要用于渗沥液收集导排系统,渗沥液检测系统,地下水收集导排系统。

5 防渗系统工程施工

5.1 一般规定

5.1.2 边坡保护层主要是维护边坡材料层不被填埋机具作业时损坏,可用袋装土、废旧轮胎等加以保护。

5.2 土 壤 层

5.2.1 经验证明,黏土是最合适的土壤层防渗材料,应作为优先使用的土源,当黏土资源缺乏时,也可使用其他类型的土,但是应保证能达到渗透系数不大于1.0×10^{-9} m/s的要求。

5.2.2 应使压实度达到最小渗透系数。能否达到最小渗透系数取决于衬层施工中的土壤类型、土壤含水率、土壤密度、压实度、压实方法等。一般地,当压实土壤的含水率略高于最优含水率时(通常高出1‰~7‰),可达到最小渗透系数。

5.2.3 本条规定了土壤层应该由一系列压实的土层组成,即分层压实,各土层之间应该紧密衔接。每层压实土层的厚度宜为150~250mm。

5.2.4 本条规定了各层压实土壤层测试应每500m²取一组样品进行压实度测试,每组样品宜为3~5个样。

5.3 高密度聚乙烯(HDPE)膜

5.3.1 HDPE膜的产品质量是防渗系统工程质量的基本保证,故在材料进场时就应该检查外观和有关的性能指标,从而保证产品质量。HDPE膜的检测频率宜保证每一批次HDPE膜至少取一个样,同一批次HDPE膜宜每50000m²增加一个取样。

5.3.2 防渗系统工程施工期间,HDPE膜应该按照产品说明书的要求进行贮存。HDPE膜对紫外光比较敏感,在铺设前应避免阳光直射,防止因为自然或人为条件影响产品的质量和性能。用于连接HDPE膜的粘合剂或焊接材料也应该以适当的方式加以贮存。

5.3.3 每日HDPE膜铺设完成应当日焊接,以免被风吹起或被其他外力破坏。

5.3.5 HDPE膜铺设的要求如下:

1 HDPE膜铺设时应一次展开到位,不宜展开后再拖动HDPE膜。

2 HDPE膜的热胀冷缩会影响其安装和使用性能,故在施工中应为材料的热胀冷缩留出一定余地。HDPE膜不宜拉得过紧,否则会因局部应力过大而造成HDPE膜破坏。

3 HDPE膜下保护层被雨淋、水冲刷后,会破坏表层的平坦度,可将HDPE膜下保护层的施工期安排在比 HDPE 膜铺设稍前一点的时间。

5.3.6 焊接方法包括热熔焊接和挤压焊接。焊接之前应先检查铺设是否完好，搭接宽度是否符合要求，并且每台焊机均须试焊合格后方可焊接。应对焊接过程进行质量控制和进行相关的质量保证检测，以便及时发现不合格焊接。

5.3.7 本条要求 HDPE 膜铺设和焊接施工中应按附录 A 表 A.0.1 和附录 B 表 B.0.1～表 B.0.3 规定的内容进行记录，以保证施工质量。

5.3.8 HDPE 膜的搭接和焊接对防渗系统工程质量非常重要。施工过程中，监理必须全程监督 HDPE 膜的焊接和检验工作。

焊接质量测试应该在现场环境下模拟进行，并且对所有焊缝均需要进行气密性检测。

现场焊接质量的稳定性对于防渗系统的性能非常关键。在施工中，应该监测和控制可能影响焊接质量的各种条件。为了符合施工质量保证计划，应对施工过程进行检查，并完整的记录现场焊接情况。影响焊接过程的主要因素包括以下内容：

1 焊接面的清洁程度；
2 焊接处周围的温度；
3 焊接处周围的湿度；
4 焊缝处的基础层条件，如含水率；
5 天气情况，如风力影响。

5.3.9 HPDE 膜铺设后工作人员穿钉鞋、高跟鞋在 HDPE 膜上踩踏和车辆在 HDPE 膜上行驶易造成膜破坏；当需要车辆作业时，应在 HDPE 膜上铺设保护材料。

5.4 土 工 布

5.4.1 有石头、土块、水和过多的灰尘和进入土工布时，容易破坏土工膜或堵塞土工布。

5.4.5 土工布在边坡上的铺设方向应与坡面一致，以减少接缝的受力。坡面上的水平接缝易造成土工布的脱落。

5.5 钠基膨润土防水毯（GCL）

5.5.1 GCL 贮存时地面应采取架空方法垫起，以免受潮或被地表水浸泡，影响其性能。

5.5.2 由于 GCL 具有遇水膨胀的特性，故 GCL 施工时应考虑天气因素。

5.5.3 GCL 宜按照以下要求铺设：

1 应按规定顺序和方向，分区分块铺设 GCL。GCL 应以品字形分布，尽量避免十字搭接。宽幅、大捆 GCL 的铺设宜采用机械施工；条件不具备及窄幅、小捆 GCL，也可采用人工铺设。

2 GCL 不应在坡面水平搭接，而应在坡顶开挖锚固沟进行锚固。

3 搭接 GCL 时，应在搭接底层 GCL 的边缘 150mm 处撒上膨润土粉状密封剂，其宽度宜为 50mm、重量宜为 0.5kg/m²。在大风天气施工时，可将粉状密封剂用等量清水调成膏状，再按上述要求涂抹于 GCL 上。

4 坡面铺设完成后，应在底面留下不少于 2m 的 GCL，并在边缘用塑料薄膜进行临时保护。遇有大风天气时，可将膨润土粉用适量清水调成膏状连接。

5 可施用膨润土粉或用 GCL 进行局部覆盖修补。

6 在圆形管道等特殊部位施工时，可首先裁切以管道直径加 500mm 为边长的方块 GCL；再在其中心裁剪直径与管道直径等同的孔洞，修理边缘后使之紧密套在管道上；然后在管道周围与 GCL 的接合处均匀撒布或涂抹膨润土粉。方形构筑物处的施工可参照上述方法执行。

5.5.4 对已施工的 GCL 应妥善保护，不得有任何人为损坏。

5.6 土工复合排水网

5.6.3 在铺设土工复合排水网的过程中遇到障碍物，如排出管或测视井时，应裁开土工复合排水网，在障碍物周围铺设，保证障碍物和材料之间没有缝隙，且下层土工布和土工网芯应接触到障碍物。上层土工布要有足够的长度，折回到土工复合排水网下面，保护露出的土工网芯，防止小土粒进入土工网芯。

5.6.4 覆盖连接排水网芯的土工布应密封，可以防止回填料或其他可能造成堵塞的物质进入土工网芯。

6 防渗系统工程验收及维护

6.1 防渗系统工程验收

6.1.1 本条规定了防渗系统工程验收的相关资料清单。

6.1.2 HDPE 膜施工工序是防渗系统工程中最重要的工程之一。验收资料中须包括 HDPE 膜的铺设、焊接和检测方面的施工记录。真实地记载每片 HDPE 膜材料的卷材信息，每条焊缝的施工人员、设备和焊接参数信息，每条焊缝的检测人员、设备、检测结果和不合格处理意见。

6.1.6 本条规定了防渗系统工程施工质量观感检验的要求。

6.1.7 本条规定了防渗系统工程施工质量抽样检测及焊接质量检测方法的要求。

中华人民共和国行业标准

城市公共交通分类标准

Standard for classification of urban public transportation

CJJ/T 114—2007
J 682—2007

批准部门：中华人民共和国建设部
施行日期：２００７年１０月１日

中华人民共和国建设部
公 告

第 658 号

建设部关于发布行业标准
《城市公共交通分类标准》的公告

现批准《城市公共交通分类标准》为行业标准，编号为 CJJ/T 114-2007，自 2007 年 10 月 1 日起实施。

本标准由建设部标准定额研究所组织中国建筑工业出版社出版发行。

中华人民共和国建设部
2007 年 6 月 13 日

前 言

根据建设部建标［2003］104 号文件的要求，标准编制组在深入调查研究，认真总结国内外科研成果和大量实践经验，并广泛征求意见的基础上，制定了本标准。

本标准的主要技术内容是城市公共交通的分类，包括城市道路公共交通、城市轨道交通、城市水上公共交通及城市其他公共交通方式。

本标准由建设部负责管理，由主编单位负责具体技术内容的解释。

本标准主编单位：城市建设研究院（地址：北京市朝阳区惠新南里 2 号院；邮政编码：100029）

本 标 准 参 编 单 位：铁道第二勘察设计院

上海市城市建设设计研究院

上海市隧道工程轨道交通设计研究院

上海申通轨道交通研究咨询有限公司

中国城市公共交通协会

广东省城市公共交通协会

本标准主要起草人员：何宗华 吕士健 许斯河 扈森 曹文宏 周勇 宋健 徐正良 柴家远 梁满华 杨青山 毕湘利

目 次

1 总则 ………………………………… 65—4
2 城市公共交通分类 ………………… 65—4
本标准用词说明 ……………………… 65—7
附：条文说明 ………………………… 65—8

1 总 则

1.0.1 为统一全国城市公共交通分类，科学地编制、审批、实施城市公共交通系统的规划和设计，规范城市公共交通项目的建设和管理，制定本标准。

1.0.2 本标准适用于我国城市公共交通的规划、设计、建设、运营、管理和统计等工作。

1.0.3 城市公共交通分类，除应执行本标准外，尚应符合国家现行有关标准的规定。

2 城市公共交通分类

2.0.1 城市公共交通应按系统形式、载客工具类型、客运能力进行分类。

2.0.2 城市公共交通分类，应采用大类、中类、小类三个层次。

2.0.3 城市公共交通类别，应采用汉语拼音字母与阿拉伯数字混合型代码表示。城市公共交通分类代码的大类，采用城市公共交通"公交"两字的汉语拼音大写字母"GJ"和一位阿拉伯数字表示；中类和小类各增加一位阿拉伯数字表示。

2.0.4 城市公共交通分类应符合表 2.0.4 的规定。

表 2.0.4 城市公共交通分类

分类名称及代码			主要指标及特征		备 注
大类	中类	小 类	车辆和线路条件	客运能力（N）平均运行速度（v）	
城市道路公共交通 GJ_1	常规公共汽车 GJ_{11}	小型公共汽车 GJ_{111}	车长：3.5~7m 定员：≤40人	N：≤1200人次/h v：15~25km/h	适用于支路以上等级道路
		中型公共汽车 GJ_{112}	车长：7~10m 定员：≤80人	N：≤2400人次/h v：15~25km/h	适用于支路以上等级道路
		大型公共汽车 GJ_{113}	车长：10~12m 定员：≤110人	N：≤3300人次/h v：15~25km/h	适用于次干路以上等级道路
		特大型（铰接）公共汽车 GJ_{114}	车长：13~18m 定员：135~180人	N：≤5400人次/h v：15~25km/h	适用于主干路以上等级道路
		双层公共汽车 GJ_{115}	车长：10~12m 定员：≤120人	N：≤3600人次/h v：15~25km/h	适用于主干路以上等级道路
城市道路公共交通 GJ_1	快速公共汽车系统 GJ_{12}	大型公共汽车 GJ_{121}	车长：10~12m 定员：≤110人	N：≤1.1万人次/h v：25~40km/h	适用于主干路及公交专用道
		特大型（铰接）公共汽车 GJ_{122}	车长：13~18m 定员：110~150人	N：≤1.5万人次/h v：25~40km/h	适用于主干路及公交专用道
		超大型（双铰接）公共汽车 GJ_{123}	车长：≥23m 定员：≤200人	N：≤2.0万人次/h v：25~40km/h	适用于主干路以上等级道路及公交专用道
	无轨电车 GJ_{13}	中型无轨电车 GJ_{131}	车长：7~10m 定员：≤80人	N：≤2400人次/h v：15~25km/h	适用于支路以上等级道路
		大型无轨电车 GJ_{132}	车长：10~12m 定员：≤110人	N：≤3300人次/h v：15~25km/h	适用于支路以上等级道路
		特大型（铰接）无轨电车 GJ_{133}	车长：13~18m 定员：120~170人	N：≤5100人次/h v：15~25km/h	适用于主干路以上等级道路

续表 2.0.4

分类名称及代码			主要指标及特征		
大类	中类	小类	车辆和线路条件	客运能力（N）平均运行速度（v）	备注
城市道路公共交通 GJ_1	出租汽车 GJ_{14}	小型出租汽车 GJ_{141}	定员：≤5人		随时租用或预订，按计价器收费或按日包车
		中型出租汽车 GJ_{142}	定员：7~19人		预订，按计程或计时包车
		大型出租汽车 GJ_{143}	定员：≥20人		预订，按计程或计时包车
城市轨道交通 GJ_2	地铁系统 GJ_{21}	A型车辆 GJ_{211}	车长：22.0m 车宽：3.0m 定员：310人 线路半径：≥300m 线路坡度：≤35‰	N：4.5~7.0万人次/h v：≥35km/h	高运量适用于地下、地面或高架
		B型车辆 GJ_{212}	车长：19m 车宽：2.8m 定员：230~245人 线路半径：≥250m 线路坡度：≤35‰	N：2.5~5.0人次/h v：≥35km/h	大运量适用于地下、地面或高架
		L_B型车辆 GJ_{213}	车长：16.8m 车宽：2.8m 定员：215~240人 线路半径：≥100m 线路坡度：≤60‰	N：2.5~4.0万人次/h v：≥35km/h	大运量适用于地下、地面或高架
	轻轨系统 GJ_{22}	C型车辆 GJ_{221}	车长：18.9~30.4m 车宽：2.6m 定员：200~315人 线路半径：≥50m 线路坡度：≤60‰	N：1.0~3.0万人次/h v：25~35km/h	中运量适用于高架、地面或地下
		L_C型车辆 GJ_{222}	车长：16.5m 车宽：2.5~2.6m 定员：150人 线路半径：≥60m 线路坡度：≤60‰	N：1.0~3.0万人次/h v：25~35km/h	中运量适用于高架、地面或地下
	单轨系统 GJ_{23}	跨座式单轨车辆 GJ_{231}	车长：15m 车宽：3.0m 定员：150~170人 线路半径：≥50m 线路坡度：≤60‰	N：1.0~3.0万人次/h v：30~35km/h	中运量适用于高架
		悬挂式单轨车辆 GJ_{232}	车长：15m 车宽：2.6m 定员：80~100人 线路半径：≥50m 线路坡度：≤60‰	N：0.8~1.25万人次/h v：≥20km/h	中运量适用于高架

续表 2.0.4

分类名称及代码			主要指标及特征		
大类	中类	小类	车辆和线路条件	客运能力（N）平均运行速度（v）	备注
城市轨道交通 GJ_2	有轨电车 GJ_{24}	单厢或铰接式有轨电车（含D型车） GJ_{241}	车长：12.5～28m 车宽：≤2.6m 定员：110～260人 线路半径：≥30m 线路坡度：≤60‰	N：0.6～1.0万人次/h v：15～25km/h	低运量适用于地面（独立路权）、街面混行或高架
		导轨式胶轮电车 GJ_{242}	—	—	
	磁浮系统 GJ_{25}	中低速磁浮车辆 GJ_{251}	车长：12～15m 车宽：2.6～3.0m 定员：80～120人 线路半径：≥50m 线路坡度：≤70‰	N：1.5～3.0万人次/h 最高运行速度：100km/h	中运量主要适用于高架
		高速磁浮车辆 GJ_{252}	车长：端车 27m，中车 24.8m 车宽：3.7m 定员：端车 120人 中车 144人 线路半径：≥350m 线路坡度：≤100‰	N：1.0～2.5万人次/h 最高运行速度：500km/h	中运量主要适用于郊区高架
	自动导向轨道系统 GJ_{26}	胶轮特制车辆 GJ_{261}	车长：7.6m～8.6m 车宽：≤3m 定员：70～90人 线路半径：≥30m 线路坡度：≤60‰	N：1.0～3.0万人次/h v：≥25km/h	中运量主要适用于高架或地下
	市域快速轨道系统 GJ_{27}	地铁车辆或专用车辆 GJ_{271}	线路半径：≥500m 线路坡度：≤30‰	最高运行速度：120～160km/h	适用于市域内中、长距离客运交通
城市水上公共交通 GJ_3	城市客渡 GJ_{31}	常规渡轮 GJ_{311}	定员：≤1200人	v：＜35km/h	静水航速
		快速渡轮 GJ_{312}	定员：≤300人	v：≥35km/h	静水航速
		旅游观光轮 GJ_{313}	定员：≤500人	v：＜35km/h	静水航速
	城市车渡 GJ_{32}	—	定员：8～60 标准车位	v：＜30km/h	单车载重 5t 的车辆限界为一个标准车位
城市其他公共交通 GJ_4	客运索道 GJ_{41}	往复式索道 GJ_{411}	吊厢定员：4～200人 索道坡度≤55°	N：≤4000人次/h v：≤12m/s	—
		循环式索道 GJ_{412}	吊厢定员：4～24人 吊椅或吊篮定员：2～16人 索道坡度≤45°	N：≤4800人次/h v：≤6m/s	—

续表 2.0.4

分类名称及代码			主要指标及特征		备 注
大类	中类	小类	车辆和线路条件	客运能力（N）平均运行速度（v）	
城市其他公共交通 GJ₄	客运缆车 GJ₄₂	—	车长：8.5～16m 定员：48～120 人 线路坡度：≤45°	N：≤2400 人次/h v：≤5m/s	—
	客运扶梯 GJ₄₃	—	线路坡度：≤30°	N：≤12000 人次/h v：≤0.75m/s	—
	客运电梯 GJ₄₄	—	定员：12～48 人	N：≤2000 人次/h v：≤10m/s	—

注：1 "平均运行速度"是指公共交通线路的起点站至终点站间全程距离除以车辆全程运行时间（包括沿途停站时间在内）所得的平均速度指标。又称"运送速度"或"旅行速度"。
2 表中 L_B 和 L_C 型车辆为直线电机车辆。

本标准用词说明

1 为便于在执行本规范条文时区别对待，对要求严格程度不同的用词说明如下：

1）表示很严格，非这样做不可的：
正面词采用"必须"，反面词采用"严禁"；

2）表示严格，在正常情况下均应这样做的：
正面词采用"应"，反面词采用"不应"或"不得"；

3）表示允许稍有选择，在条件许可时首先应这样做的：
正面词采用"宜"，反面词采用"不宜"；
表示有选择，在一定条件下可以这样做的，采用"可"。

2 条文中指明应按其他有关标准执行的写法为"应符合……的规定"或"应按……执行"。

中华人民共和国行业标准

城市公共交通分类标准

CJJ/T 114—2007

条 文 说 明

前 言

《城市公共交通分类标准》CJJ/T 114-2007 经建设部 2007 年 6 月 13 日以第 658 号公告批准、发布。

为便于广大设计、施工、科研、学校等单位有关人员在使用本标准时能正确理解和执行条文规定，《城市公共交通分类标准》编制组按章、节、条顺序编制了本标准的条文说明，供使用者参考。在使用中如发现本条文说明有不妥之处，请将意见函寄城市建设研究院（地址：北京市朝阳区惠新南里 2 号院；邮政编码：100029）。

目 次

1 总则 …………………………… 65—11
2 城市公共交通分类 …………………… 65—11

1 总　　则

1.0.1 本条明确了本标准的编制目的。

本标准是我国城市公共交通标准体系中的基础标准，是城市公共交通行业在选择公交方式、建设前期策划、项目实施和管理工作的依据。

目前全国城市公共交通的类别很多，虽然共同的目标都是安全运送乘客，但建设规模、运输能力、工程造价都各有不同，其技术支撑条件和技术水平也各有特色，采用何种公交方式与客流大小、经济条件、技术水平、道路状况有密切关联。编制标准时，认真分析了我国现行各种公交方式的现状和各种相关因素的影响，充分考虑国内外各种公交系统的发展趋势，科学、合理、准确地对现行公共交通方式进行分类，尽量做到层次清楚、分类明确、构成合理和具有广泛的适用性。

1.0.2 本条规定了本标准的适用范围。

本标准规定城市客运服务行业各种公共交通方式的分类和适用范围，包括：城市道路公共交通、城市轨道交通、城市水上公共交通和城市其他公共交通共四大类。

2 城市公共交通分类

2.0.1 本标准对全国现有各种公交方式及国际上技术成熟的公交类型进行了统计和研究，认为分类的方法有多种，例如可按交通工具的等级和配置分类；可按车辆的运输能力分类；可按车辆的动力特点和技术水平分类；可按车辆运行的速度分类；也可按交通运输的特点和形式分类等。如何科学、合理、准确进行分类才能满足本标准制定的目的，是本标准分类的难点。经过多次讨论和分析研究，认为城市公交技术无论发展到什么水平，其运输形式基本不会改变。因此，城市公共交通首先按照客运系统线路环境条件分成几个大类是适当的。主要分为"城市道路公共交通"、"城市轨道交通"和"城市水上公共交通"三种类型，考虑到现实情况，还有一些特种客运方式的存在，以及为今后的公交发展留有余地，又增加了一种"城市其他公共交通"类型，这样将城市公共交通总共分成四个大类。然后按照系统运营特点分成若干个中类，最后按照载客工具类型分成小类。

2.0.2 按分类原则，公交分类采用大类、中类、小类三个层次，以达到简洁明了和容易区分的目的。这样分类基本覆盖了我国城市公交的类型，可以真实反映公交的实际状况，满足公交的规划设计、建设生产、运营管理、科学研究和统计等工作的需要。

2.0.3 为使分类代码具有较好的识别性，便于文件使用和公交的管理，本标准使用汉语拼音与阿拉伯数字混合型分类代码。如 GJ_1 表示城市道路公共交通，GJ_{11} 表示城市道路公共交通中的常规公共汽车交通，GJ_{111} 表示常规公共汽车交通中的小型公共汽车交通，依此类推。

2.0.4 城市公交分类表按照大类、中类、小类三个层次进行列表，并对其内容和范围作了规定。

分类表中的主要指标及特征，是按车辆及线路条件、客运能力和平均运行速度来表述的，其中"车辆及线路条件"分别给出车辆主要几何尺寸及对线路要求的控制数据；"客运能力"是指单向高峰小时断面客流量的最大值；"平均运行速度"即轨道交通习惯用词"旅行速度"或常规公交习惯用词"运送速度"的同义语，其定义系指起点站至终点站间的全程距离，除以车辆全程运行时间（包括沿途停站时间在内）所得的平均速度指标，称为平均运行速度。

1 GJ_1 城市道路公共交通

行驶在城市地区各级道路上的公共客运交通方式，称为城市道路公共交通，如公共汽车、无轨电车和出租汽车等。

城市道路公共客运交通，是目前我国城市客运公共交通的主体。由于现代城市对公交运输质量要求的提高，以及先进技术的广泛应用，使得道路公共交通不再是单一的模式，在常规公共汽车和无轨电车的基础上又派生出了快速公共汽车。

　1）GJ_{11} 常规公共汽车

公共汽车系统，具有固定的行车线路和车站，按班次运行，并由具备商业运营条件的适当类型公共汽车及其他辅助设施配置而成。

公共汽车的小类划分，采用了《城市客车分等级技术要求与配置》CJ/T 162-2002 的分类规定。

公共汽车的定员，包括座位和车厢内有效站立位，在符合《机动车运行安全条件》GB 7258 和《客车装载质量计算方法》GB 12428 有关规定的基础上，根据用户要求，有较大的选择范围。表中的定员数是在调研了国内外100多个主要车型定员数的基础上，总结归纳而得出的，既符合我国现行规定，又便于与国际接轨。

公共汽车线路的客运能力，取决于车辆定员和发车频率，表中数值是按照最小发车间隔为2min一次车的理论测算值所得的每小时最大客运量。表中平均运行速度15～25km/h，主要是指市区而不包括郊区。

　2）GJ_{12} 快速公共汽车系统

快速公共汽车系统是由公共汽车专用线路或通道、服务设施较完善的车站、高新技术装备的车辆和各种智能交通技术措施组成的客运系统，具有快捷舒适的服务水平，是新兴的大容量快速公共汽车系统。由于使用专用车道，车站采用长站台形式，所用车辆一般都为特大型或超大型车辆，可多车同时上下乘客，又可同时发车，列车化运行，车速较快，车辆运行不受其他交通干扰，因而客运量较大，表中所列的客运能力上限值，是按发车频率20次/h，五车连发所得的数据。

3）GJ_{13}无轨电车

无轨电车有固定的行车路线和车站，通常由外界架空输电线供电（也可由高能蓄电池供电），是无专用轨道的电动公交客运车辆。

无轨电车按车辆长度和载乘客量可分三个级别。本标准的分类划分基本上采用行业标准《无轨电车》CJ/T 5004-1993的规定。

无轨电车系统设施由无轨电车车辆及其相匹配的牵引供电系统、相对固定的运营线路、相应等级和规模的起点站、中途站、终点站和停车站场、维护修理场地以及管理企业所组成。

无轨电车的客运能力以及运营速度，基本与公共汽车相同。

4）GJ_{14}出租汽车

出租汽车是按照乘客和用户意愿提供直接的、个性化的客运服务，并且按照行驶里程和时间收费的客车。出租汽车服务应以人为本、方便乘客。其服务方式有三种：

①在不妨碍交通时可扬手招车；
②电话约车；
③在客流集散地或交通管理需要之处，设出租车候客或上、下客站（点）。

出租汽车系统由出租汽车车辆、相应等级和规模的停车站场、维修保养场地、调度系统、物资供应机构和进行管理的出租汽车企业组成。

2 GJ_2城市轨道交通

城市轨道交通为采用轨道结构进行承重和导向的车辆运输系统，依据城市交通总体规划的要求，设置全封闭或部分封闭的专用轨道线路，以列车或单车形式，运送相当规模客流量的公共交通方式。包括地铁系统、轻轨系统、单轨系统、有轨电车、磁浮系统、自动导向轨道系统和市域快速轨道系统。

1）GJ_{21}地铁系统

地铁是一种大运量的轨道运输系统，采用钢轮钢轨体系，标准轨距为1435mm，主要在大城市地下空间修筑的隧道中运行，当条件允许时，也可穿出地面，在地上或高架桥上运行。按照选用车型的不同，又可分为常规地铁和小断面地铁，根据线路客运规模的不同，又可分为高运量地铁和大运量地铁。

地铁车辆的基本车型为A型车、B型车和L_B型车（直线电机）三种，A型车车辆基本宽度3000mm；B型车和L_B型车车辆基本宽度2800mm。每种车型有带司机室和不带司机室、动车和拖车的区分。

地铁系统的列车编组通常由4～8辆组成，列车长度为70～190m，要求线路有较长的站台相匹配，最高行车速度不应小于80km/h。地铁系统的主要标准及特征如表1所示。

表1 地铁系统主要标准及特征表

项目		标准及特征		
	车型	A型	B型	L_B型
车辆	车辆基本宽度（mm）	3000	2800	2800
	车辆基本长度（m）	22.0	19.0	16.8
	车辆最大轴重（t）	≤16	≤14	≤13
	列车编组（辆）	4～8	4～8	4～8
	列车长度（m）	100～190	80～160	70～140
线路	类型、型式	地下、高架及地面，全封闭型		
	线路半径（m）	≥300	≥250	≥100
	线路坡度（‰）	≤35	≤35	≤60
客运能力（万人次/h）		4.5～7.0	2.5～5.0	2.5～4.0
供电电压及方式		DC1500V 接触网供电	DC1500/750V 接触网或三轨	DC1500/750V 接触网或三轨
平均运行速度（km/h）		≥35		

注：1 表中客运能力按行车间隔2min和列车额定载客量（站立6人/m²）计算。
    2 平均运行速度即旅行速度，系指起点站至终点站间全程距离除以全程运行时间（包括沿途停站时间）。

2）GJ_{22}轻轨系统

轻轨系统是一种中运量的轨道运输系统，采用钢轮钢轨体系，标准轨距为1435mm，主要在城市地面或高架桥上运行，线路采用地面专用轨道或高架轨道，遇繁华街区，也可进入地下或与地铁接轨。

轻轨车辆包括C型车辆、L_C型车辆（直线电机）。轻轨C型车和L_C型车都采用钢轮钢轨体系，标准轨距为1435mm，车辆基本宽度为2600mm。

根据我国《轻轨交通车辆通用技术条件》CJ/T 5021-95的规定，标准C型车分C-Ⅰ型、C-Ⅱ型和C-Ⅲ型三种。如表2所示。

表2 C型车分类表

类型	车体	低地板车型	高地板车型
C-Ⅰ型	单节4轴轻轨车	C-Ⅰ（D）	C-Ⅰ（G）
C-Ⅱ型	单铰双节6轴轻轨车	C-Ⅱ（D）	C-Ⅱ（G）
C-Ⅲ型	双铰三节8轴轻轨车	C-Ⅲ（D）	C-Ⅲ（G）

C型车辆的列车编组，通常由1～3辆组成，列车长度一般不超过90m，最高行车速度不应小于60km/h，站台最大长度不应大于100m。

L_C型列车,通常可由2辆、4辆或6辆组成,站台长度应小于100m。当前,采用直线电机 L_C 型车组成的轻轨系统,在我国尚无实例。

轻轨系统主要标准及特征如表3所示。

表3 轻轨系统主要标准及特征表

项目		标准及特征			
	车型	C型			L_C型车
		C-Ⅰ型	C-Ⅱ型	C-Ⅲ型	
车辆	车辆基本宽度（mm）	2600	2600	2600	2600
	车辆基本长度（m）	18.9	22.3	30.4	16.5
	车辆最大轴重（t）	11	11	11	11
	列车编组（辆）	1~3	1~3	1~3	2~6
	列车长度（m）	20~60	25~70	35~90	35~100
线路	类型、型式	高架、地面或地下,封闭或专用车道			封闭
	线路半径（m）	≥50			≥60
	线路坡度（‰）	≤60			
客运能力（万人次/h）		1.0~3.0			
供电电压及方式		DC750V/1500V、架空接触网或三轨			
平均运行速度（km/h）		25~35			

3) CJ_{23} 单轨系统

单轨系统是一种车辆与特制轨道梁组合成一体运行的中运量轨道运输系统,轨道梁不仅是车辆的承重结构,同时是车辆运行的导向轨道。单轨系统的类型主要有两种,一种是车辆跨骑在单片梁上运行的方式,称之为跨座式单轨系统 GJ_{231},另一种是车辆悬挂在单根梁上运行的方式,称之为悬挂式单轨系统 GJ_{232}。

单轨系统适用于单向高峰小时最大断面客流量1.0~3.0万人次的交通走廊。因其占地面积很少,与其他交通方式完全隔离,运行安全可靠,建设适应性较强。主要适用范围如下:

①城市道路高差较大,道路半径小,线路地形条件较差的地区;

②旧城改造已基本完成,而该地区的城市道路又比较窄;

③大量客流集散点的接驳线路;

④市郊居民区与市区之间的联络线;

⑤旅游区域内景点之间的联络线,旅游观光线路等。

线路的站间距离视城市具体情况而定,通常站间距离为0.6~1.5km。车站布置,要与周围地形和环境密切配合,形式灵活多样,站台应考虑设置自动屏蔽门或安全门,高架车站应设自动扶梯和垂直升降电梯。

单轨系统的列车,通常为4~6辆编组,相应列车长度在60~85m之间,线路半径不小于50m,线路坡度不大于60‰,站台最大长度不应大于100m;最高运行速度不应小于80km/h,平均运行速度一般为20~35km/h。供电制式为DC750V或DC1500V。

单轨系统主要标准及特征如表4所示。

表4 单轨系统主要标准及特征

项目		标准及特征	
	车型	单轨系统	
		跨座式	悬挂式
车辆	车辆基本宽度（mm）	3000	—
	车辆基本长度（m）	15.0	—
	车辆最大轴重（t）	11	—
	列车编组（辆）	4~6	—
	列车长度（m）	60~85	—
线路	类型、型式	封闭	高架
	线路半径（m）	≥50	
	线路坡度（‰）	≤60	
客运能力（万人次/h）		1.0~3.0	—
供电电压及方式		DC750V/1500V	接触轨
平均运行速度（km/h）		30~35	≥20

4) GJ_{24} 有轨电车

单厢或铰接式有轨电车 GJ_{241},是一种低运量的城市轨道交通,电车轨道主要铺设在城市道路路面上,车辆与其他地面交通混合运行,根据街道条件,又可区分为三种情况:

①混合车道;

②半封闭专用车道（在道路平交道口处，采用优先通行信号）；

③全封闭专用车道（在道路平交道口处，采用立体交叉方式通过）。

车辆以单车运行为主，车辆基本长度为 12.5m，也可联挂运行，但不宜超过 2 辆车联挂；当前，车型发展趋势为低地板车厢，车站布置可考虑设在街道两旁人行道上的单侧布局或设在道路中央分隔带上的中央布局，具体选用应与地区规划、周围地形和环境密切配合，形式可灵活多样，站间距离通常不超过 1.0km。

导轨式胶轮电车 GJ_{242} 目前仅在天津开发区运行，适用于低运量，所采用的车长为 8m，客运能力小于 1.0 万人次/h，最大运行速度为 70km/h。此系统尚不具有普遍性，运营和技术经验还不够成熟，推广应用的前景有待验证，故没有给出具体参数。

5）GJ_{25} 磁浮系统

磁浮系统在常温条件下，利用电导磁力悬浮技术使列车上浮，因此，车厢不需要车轮、车轴、齿轮传动机构和架空输电线网，列车运行方式为悬浮状态，采用直线电机驱动行驶，现行标准轨距为 2800mm，主要在高架桥上运行，特殊地段也可在地面或地下隧道中运行。

磁浮列车适用于城市人口超过 200 万的特大城市，是重大客流集散区域或城市群市际之间较理想的直达客运交通，也是中运量轨道运输系统的一种先进技术客运方式，对客运能力 1.5～3.0 万人次/h 的中、远程交通走廊较为适用。

目前，磁浮系统主要有两种基本类型，一种是高速磁悬浮列车，其最高行车速度可达 500km/h，另一种是中低速磁悬浮列车，其最高行车速度可达 100km/h。

高速磁浮的主要技术参数为：车辆长度：端车 27.0m，中车 24.8m；车辆宽度 3700mm；车辆高度 4.2m。车辆的定员标准，一般按座位数来确定：端车 120 人，中车 144 人，不考虑站立定员。线路最小半径不宜小于 350m；线路坡度不大于 100‰；最高行车速度不大于 500km/h。

高速磁浮系统由于行车速度很高，通常对于站间距离为不小于 30km 的城市之间远程线路客运交通较为适宜。

高速磁浮系统的列车编组，通常由 5～10 辆组成，列车长度在 130～260m 左右，要求线路有较长的站台相匹配。

中低速磁浮车辆的主要技术参数为：车辆长度为 12～15m；车辆基本宽度为 2600mm；车辆高度约 3200mm。列车载客定员：4 辆编组约为 320～480 人，6 辆编组约为 480～720 人。线路半径不小于 50m；线路坡度不大于 70‰；最高行车速度不大于 100km/h。

中低速磁浮系统由于行车速度相对较低，对于城市区域内站间距大于 1km 的中、短程客运交通线路较为适宜。

中低速磁浮系统的列车编组，通常由 4～10 辆组成，列车长度在 60～150m 左右，要求线路有较长的站台相匹配。

由于磁浮系统在我国尚处于新兴技术发展阶段，在城市轨道交通领域的应用经验，还有待不断总结，选用这项技术方案时，应做充分的技术经济比较。

6）GJ_{26} 自动导向轨道系统

自动导向轨道系统，是一种车辆采用橡胶轮胎在专用轨道上运行的中运量旅客运输系统，其列车沿着特制的导向装置行驶，车辆运行和车站管理采用计算机控制，可实现全自动化和无人驾驶技术，通常在繁华市区线路可采用地下隧道，市区边缘或郊外宜采用高架结构。

自动导向轨道系统适用于城市机场专用线或城市中客流相对集中的点对点运营线路，必要时，中间可设少量停靠站。

车辆定员标准按车厢座位数设定，定员约 70～90 人，车辆轴重不超过 9t，自动导向轨道系统主要标准及特征如表 5 所示。

表 5　自动导向轨道系统主要标准及特征

	项　目	标准及特征
	车　型	胶轮导向车
车辆	车辆宽度（mm）	2600 或 2500
	车辆长度（m）	7.6～8.6
	车辆最大轴重（t）	9
	列车编组（辆）	2～6
	列车长度（m）	17.2/52.0
线路	形态、型式	架空或地下、全封闭型
	线路半径（m）	≥30
	线路坡度（‰）	≤60
	客运能力（万人次/h）	1.5～3.0
	供电电压及方式	DC750V/1500V、三轨供电
	平均运行速度（km/h）	≥25

注：车辆宽度不推荐采用大于 2.6m 车宽的车型。

7）GJ_{27} 市域快速轨道系统

市域快速轨道系统是一种大运量的轨道运输系统，客运量可达 20～45 万人次/日（一般不采用高峰小时客运量的概念）。市域快速轨道系统适用于城市区域内重大经济区之间中长距离的客运交通。市域快速轨道列车，主要在地面或高架桥上运行，必要时也可采用隧道。当采用钢轮钢轨体系时，标准轨距亦为 1435mm，由于线路较长，站间距相应较大，必要时可不设中间车站，因而可选用最高运行速度在120km/h以上的快速专用车辆，也可选用中低速磁悬浮列车进行技术经济比较。

3　GJ_3城市水上公共交通

城市水上公共交通是航行在城市及周边地区范围水域上的公共交通方式，是城市公共交通的重要组成部分，其主要运行方式有三种：连接被水域阻断的两岸接驳交通；与两岸平行航行，有固定站点码头的客运交通；旅游观光交通；三者均为城市地面交通的补充。

城市客渡系统是城市水上公共客运交通的主体。城市客渡有固定的运营航线和规范的客运码头，是供乘客出行的交通工具。

客流系统的运输能力则取决于城市客渡的运输能力及运营航线的配船数、航班频率、运营时间、河面交通通畅程度和水位枯涨情况。

常规客渡轮定员不大于1200人，快速客渡轮定员不大于300人，而游览客渡轮定员不大于500人；城市车渡定员为8～60车位（以单车载重量5t的车辆限界为一个标准车位）。

除快速轮渡的航速大于或等于35km/h外，其他均小于35km/h。

4　GJ_4城市其他公共交通

1）GJ_{41}客运索道

由驱动电机和钢索牵引的吊厢（吊椅、吊篮），以架空钢索为轨道运行的客运方式，称为客运索道交通。客运索道主要用在山地城市、跨水域城市克服天然障碍的短途客运，一般不大于2km。索道系统主要由支承塔架、承载索、牵引索（在循环式索道中，承载索和牵引索合一）、驱动机、载人吊厢（吊椅、吊篮）、站台建筑、运行控制设备和通信设施等组成。

双往复式索道的两个吊厢分别沿线路两侧的钢索交替运行。其吊厢应为封闭式，吊厢定员为4～200人，索道最大坡度不大于55°，客运能力不大于4000人次/h，运行速度不大于12m/s。

循环式索道的吊厢（吊椅、吊篮）沿线路两侧的钢索循环运行。吊厢定员4～24人，吊椅定员2～8人，索道最大坡度不大于45°，客运能力不大于4800人次/h，运行速度不大于6m/s。

2）GJ_{42}客运缆车

山区城市的不同高度之间，沿坡面铺设钢轨和牵引钢索，车厢以钢轨承重和导向，并由钢索牵引运行的客运方式称为客运缆车交通。适用于需要克服地域高差较大的短途客运交通线路，以及山区旅游地区等。

客运缆车系统主要由车站建筑、轨道基础设施、轨道结构、牵引钢索、导向轮、驱动系统、行车控制系统、通信设施和载人车辆组成。

缆车系统的载人车辆，为无动力轨道车辆，车辆宽度和轨距标准可根据线路环境条件确定或参照轻轨交通标准采用，车辆定员为40～120人，客运能力不大于2400人次/h，运行速度不大于5m/s，线路坡度不大于45°。

3）GJ_{43}客运扶梯

在山地或建筑物的不同高度之间，由驱动电机和齿链牵引的梯级和扶手带，沿坡面连续运行的客运系统称为客运扶梯。一条线路有两部扶梯并列相向运行。当线路长度大于100m时，宜分段设置，线路坡度不大于30°。当扶梯上无乘客时，应自动减速运行。

4）GJ_{44}客运电梯

在山地或建筑物的不同高度之间，由驱动电机和钢索牵引的轿厢，沿垂直导轨往复运行的客运系统称为客运电梯。线路一般为直达，必要时也可设置中途站。

中华人民共和国行业标准

房地产市场信息系统技术规范

Technical code for real estate market information system

CJJ/T 115—2007
J 662—2007

批准部门：中华人民共和国建设部
施行日期：2007年10月1日

中华人民共和国建设部
公　告

第 633 号

建设部关于发布行业标准
《房地产市场信息系统技术规范》的公告

现批准《房地产市场信息系统技术规范》为行业标准，编号为 CJJ/T 115 - 2007，自 2007 年 10 月 1 日起实施。

本规范由建设部标准定额研究所组织中国建筑工业出版社出版发行。

中华人民共和国建设部
2007 年 4 月 3 日

前　言

根据建设部《2005 年工程建设标准规范制订、修订计划》（建标函[2005] 84 号）的要求，规范编制组在深入调查研究，认真总结国内外科研成果和大量实践经验，并在广泛征求意见的基础上，制定了本规范。

本规范的主要技术内容是：1. 总则；2. 术语和代号；3. 基本规定；4. 统计分析与信息发布子系统；5. 新建商品房网上备案子系统；6. 存量房网上备案子系统；7. 从业主体管理子系统；8. 项目管理子系统；9. 登记管理子系统；10. 测绘及成果管理子系统；11. 系统安全和保密技术要求；12. 系统验收。

本规范由建设部负责管理，由主编单位负责具体技术内容的解释。

本规范主编单位：上海市房地产交易中心
（地址：上海市南泉北路 201 号；邮政编码：200120）。

本规范参加单位：上海南康科技有限公司
上海亿图信息科技有限公司

本规范主要起草人员：蔡顺明　宋　唯　马　韧
曲　波　瞿　晖　季　雷
汪一琛　潘兰平　翁新根
陈涧波　曾亚辉　林　峰

目　　次

1 总则 ·· 66—4
2 术语和代号 ······································ 66—4
　2.1 术语 ··· 66—4
　2.2 代号 ··· 66—4
3 基本规定 ··· 66—4
　3.1 系统构成 ···································· 66—4
　3.2 数据构成 ···································· 66—4
　3.3 各子系统与数据之间的关系 ············ 66—5
　3.4 其他要求 ···································· 66—5
4 统计分析与信息发布子系统 ················ 66—5
　4.1 一般规定 ···································· 66—5
　4.2 统计分析 ···································· 66—5
　4.3 信息发布 ···································· 66—5
5 新建商品房网上备案子系统 ················ 66—6
　5.1 一般规定 ···································· 66—6
　5.2 功能要求 ···································· 66—6
　5.3 数据要求 ···································· 66—6
6 存量房网上备案子系统 ······················ 66—6
　6.1 一般规定 ···································· 66—6
　6.2 功能要求 ···································· 66—6
　6.3 数据要求 ···································· 66—6
7 从业主体管理子系统 ························· 66—7
　7.1 一般规定 ···································· 66—7
　7.2 功能要求 ···································· 66—7
　7.3 数据要求 ···································· 66—7
8 项目管理子系统 ································ 66—7
　8.1 功能要求 ···································· 66—7
　8.2 数据要求 ···································· 66—7
9 登记管理子系统 ································ 66—7
　9.1 一般规定 ···································· 66—7
　9.2 功能要求 ···································· 66—7
　9.3 数据要求 ···································· 66—8
10 测绘及成果管理子系统 ····················· 66—8
　10.1 功能要求 ··································· 66—8
　10.2 数据要求 ··································· 66—8
11 系统安全和保密技术要求 ·················· 66—8
　11.1 实体安全 ··································· 66—8
　11.2 运行安全 ··································· 66—9
　11.3 信息安全 ··································· 66—9
　11.4 权限管理 ··································· 66—9
12 系统验收 ······································· 66—9
附录 A　数据采集要求 ·························· 66—9
　A.1 统计数据和发布数据 ····················· 66—9
　A.2 业务数据 ···································· 66—9
　A.3 从业主体数据 ······························ 66—10
　A.4 基础数据 ···································· 66—10
本规范用词说明 ···································· 66—10
附：条文说明 ······································· 66—11

1 总　则

1.0.1 为规范房地产市场信息系统的建设，制定本规范。

1.0.2 本规范适用于房地产市场信息系统的规划、实施和验收。

1.0.3 房地产市场信息系统的规划、实施和验收除应符合本规范外，尚应符合国家现行有关标准的规定。

2 术语和代号

2.1 术　语

2.1.1 房地产市场信息系统　real estate market information system

以计算机信息技术为基础，满足房地产开发、测绘、交易和登记等业务管理需要，并实现以上业务的信息采集、管理、统计和发布的信息系统。

2.1.2 物理数据　physical data

描述宗地、幢及户的自然特征的数据，包括物理图形数据和物理属性数据。

2.1.3 权属数据　property data

描述宗地、幢及户的权利特征的数据。

2.1.4 楼盘表　building table

描述物理数据及其关联关系，并可与权属数据等其他相关数据相关联的数据组织方式。

2.1.5 户　unit

幢内具有连续空间及边界的、具有独立户号、可独立登记的结构单元，也可称为套。

2.1.6 自然幢　natural building

一座独立的、包括不同结构和不同层次的房屋。

2.1.7 逻辑幢　logical building

根据数据组织和管理的需要，对自然幢按结构或类型进行逻辑分割而成的房屋。

2.1.8 销售表　sales table

在楼盘表的基础上，以逻辑幢为单位、用特定颜色标注每户的销售状态的二维图表。是楼盘表在新建商品房网上备案子系统中的一种具体应用形式。

2.1.9 预测绘　pre-survey

利用规划批准后的施工图，依据房地产测量规范，对房屋的自然特征进行计算，同时生成物理数据，为房屋预售管理提供依据的过程。

2.1.10 实测绘　survey

房屋竣工后，依据房地产测量规范，对房屋进行实地测绘得到包括建筑物在内的地形要素情况和房屋的物理属性等信息的过程。

2.2 代　号

GIS　（Geographic Information System）
　　——地理信息系统

WebGIS　（Web Geographic Information System）
　　——互联网地理信息系统

3 基本规定

3.1 系统构成

3.1.1 房地产市场信息系统应包括下列7个子系统：
——统计分析与信息发布子系统；
——新建商品房网上备案子系统；
——存量房网上备案子系统；
——从业主体管理子系统；
——项目管理子系统；
——登记管理子系统；
——测绘及成果管理子系统。

3.1.2 新建商品房网上备案子系统、存量房网上备案子系统、从业主体管理子系统和项目管理子系统的建立应以登记管理子系统和测绘及成果管理子系统为基础；统计分析与信息发布子系统的建立应以其他6个子系统为基础。

3.1.3 统计分析与信息发布子系统应实现统计、分析和发布房地产市场信息的功能。

3.1.4 新建商品房网上备案子系统应实现新建商品房预售许可管理和预定、预售、销售合同网上备案管理的功能。

3.1.5 存量房网上备案子系统应实现经纪机构备案、存量房买卖合同、租赁合同网上备案的功能，并为资金监管预留接口。

3.1.6 从业主体管理子系统应实现房地产企业、房地产从业人员的管理功能。

3.1.7 项目管理子系统应实现房地产项目建设管理的功能。

3.1.8 登记管理子系统应实现房地产登记业务管理的功能。

3.1.9 测绘及成果管理子系统应实现房地产测绘及业务管理、测绘成果更新管理的功能。

3.2 数据构成

3.2.1 房地产市场信息系统的管理数据应包括：基础数据、从业主体数据、业务数据、统计数据和发布数据5类。

3.2.2 基础数据应包括房地产物理数据和房地产权属数据。

3.2.3 从业主体数据应包括房地产企业和从业人员的数据。

3.2.4 业务数据应包括房地产市场活动中产生的各种必要的收件、流程、文档、收费等业务管理数据。

3.2.5 统计数据应在基础数据、从业主体数据和业务数据的基础上产生。

3.2.6 发布数据应在基础数据、从业主体数据、业务数据和统计数据的基础上产生。

3.3 各子系统与数据之间的关系

3.3.1 各子系统与数据之间的关系应如图3.3.1所示。

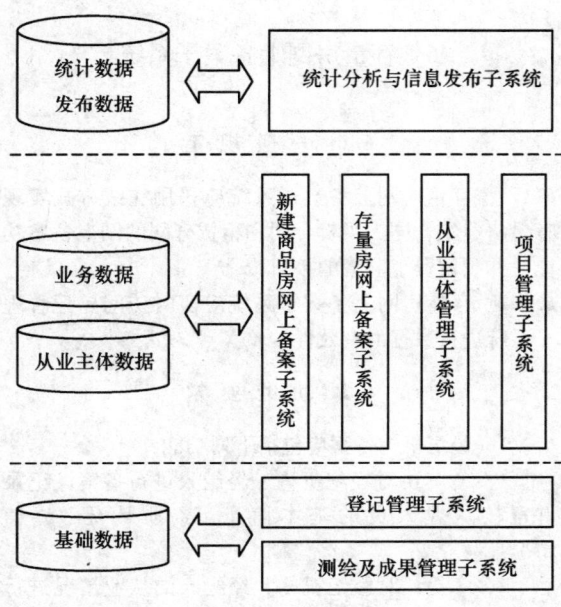

图3.3.1 各子系统与数据之间的关系

3.3.2 统计分析与信息发布子系统应基于基础数据、从业主体数据和业务数据进行统计和分析，生成统计数据和发布数据。

3.3.3 新建商品房网上备案子系统、存量房网上备案子系统、从业主体管理子系统、项目管理子系统应生成并管理业务数据与从业主体数据，并引用基础数据。

3.3.4 测绘及成果管理子系统应生成和管理基础数据中的房地产物理数据，登记管理子系统应生成并管理基础数据中的房地产权属数据。

3.3.5 各子系统之间的数据交换宜采用数据库或数据文件方式实现。

3.4 其他要求

3.4.1 房地产市场信息系统应能同时运行于管理机构的内部网络（以下简称"内网"）和国际互联网（以下简称"外网"）上。

3.4.2 房地产市场信息系统应设计为内外网隔离。登记管理子系统和测绘及成果管理子系统应在内网运行。

3.4.3 房地产市场信息系统宜考虑与土地、规划、金融等关联业务系统的接口。

4 统计分析与信息发布子系统

4.1 一般规定

4.1.1 统计分析与信息发布子系统应按照公开、准确的原则发布现势性的市场信息。

4.1.2 统计分析与信息发布子系统应具有发布信息的查询功能。

4.2 统计分析

4.2.1 统计分析应包括套数、建筑面积、均价和指数等统计指标。

4.2.2 统计指标应按新建商品房/存量房、区域、时间段、价格段、面积段、房屋类型和购房对象等分类。

4.3 信息发布

4.3.1 统计分析与信息发布子系统应发布新建商品房网上备案信息、存量房网上备案信息、从业主体信息和项目管理信息。

4.3.2 新建商品房网上备案信息发布应包括下列内容：

1 统计信息：
   1) 即时交易信息：应以项目为单位发布当日累计成交的套数和建筑面积等信息；
   2) 可售统计信息：应以行政区或样本区域为单位发布可售套数和可售建筑面积等信息；
   3) 成交统计信息：应以行政区或样本区域为单位发布成交套数、成交建筑面积和成交均价等信息。

2 项目信息：
   1) 项目公示信息：应以项目为单位发布项目名称、项目地址、许可证号、用途、开始销售日期和拟售价格等信息；
   2) 项目基本信息：应以项目为单位发布项目基本情况、销售信息、价格信息和合同撤销情况等信息；
   3) 销售表信息：应以逻辑幢为单位发布各户的基本信息和销售状态等信息。

4.3.3 存量房网上备案信息发布应包括下列内容：

1 统计信息：应发布现有出售和出租房屋的挂牌总套数和总面积，同时应以行政区域或样本区域为单位发布各个价格段、面积段和房屋类型的出售和出租房屋的挂牌套数和面积等信息；

2 房源信息：应以户为单位发布房源信息，包括交易类型、所在区域、房屋坐落、房型、建筑面积和总价等信息。

4.3.4 从业主体信息发布应包括开发企业、经纪机构和经纪人的基本信息及相应的诚信记录。

4.3.5 项目管理信息发布应包括项目工程的基本信息、建设进度情况和预售批准记录等。

4.3.6 统计分析与信息发布子系统宜通过互联网地理信息系统（WebGIS）技术进行新建商品房和存量房的地理位置信息发布，同时宜发布管理需要的图件。

4.3.7 统计分析与信息发布子系统的数据要求应符合本规范附录A中第A.1节的规定。

5 新建商品房网上备案子系统

5.1 一般规定

5.1.1 新建商品房网上备案子系统应依托预售许可管理业务或新建商品房初始登记业务建立。

5.1.2 新建商品房网上备案子系统应采用在线方式实现新建商品房预定、预售、销售和相应的合同备案功能。

5.2 功能要求

5.2.1 预售许可管理应包括下列功能：

　　1 预售申请、预售审批：应实现预售申请、预售审批流程的管理。新建商品房网上备案子系统应支持灵活的许可证数据设置。

　　2 预售许可证注销：应实现注销预售许可证的功能。

　　3 预售许可证变更：应实现暂停预售许可证或变更预售许可证的范围、使用期限的功能。

　　4 预售许可证跟踪：应实现监视和跟踪预售许可证状态的功能。

5.2.2 预定、预售、销售合同网上备案应包括下列功能：

　　1 合同制定：应使用经工商部门和建设部门认定的合同样本，制定定金合同、预售合同和销售合同模板，并在网上公示。

　　2 合同签订：应按网上公示的统一合同模板签订定金合同、预售合同和销售合同。

　　3 合同撤销：应实现合同撤销。

　　4 合同跟踪：应实现合同状态的跟踪和分析。

　　5 销售管理：应实现对销售活动的监督管理。

5.3 数据要求

5.3.1 新建商品房网上备案子系统的数据应包括预售许可证信息、房源信息、销售表信息、定金合同数据、预售合同数据、销售合同数据以及其他相关业务数据。

5.3.2 新建商品房网上备案子系统可为统计分析与信息发布子系统提供房源情况、房屋状态、成交情况、合同状态等信息。

5.3.3 新建商品房网上备案子系统可为登记管理系统提供预售合同、销售合同等数据。

5.3.4 新建商品房网上备案子系统应引用从业主体管理子系统的从业主体数据。

5.3.5 新建商品房网上备案子系统的数据采集应符合本规范附录A中第A.2.1～A.2.3条的要求。

6 存量房网上备案子系统

6.1 一般规定

6.1.1 存量房网上备案子系统应采用在线方式实现存量房经纪合同、买卖合同和租赁合同的网上备案功能，并预留资金监管的接口。

6.1.2 存量房网上备案子系统应实时访问登记管理子系统进行数据的有效性校验。

6.2 功能要求

6.2.1 经纪机构备案应包括下列功能：

　　1 备案：对经纪机构、经纪人进行备案，记录并审核从业人员的基本信息、资质情况、诚信情况。

　　2 年检：对经纪机构、经纪人的从业情况进行每年一度的审查。

　　3 变更：变更经纪机构、经纪人的有关信息。

　　4 注销：注销经纪机构。

6.2.2 存量房买卖合同、租赁合同网上备案应包括下列功能：

　　1 挂牌委托：受理、核准、发布网上挂牌委托，包括出售挂牌委托和出租挂牌委托。

　　2 合同备案：在线签订买卖合同和租赁合同。

　　3 合同监督：对买卖合同和租赁合同的格式、条款、有效性进行监督。

6.2.3 存量房网上备案子系统宜提供资金监管、买卖、租赁参考价格的功能。

6.3 数据要求

6.3.1 存量房网上备案子系统的数据应包括房源数据、买卖合同数据和租赁合同数据等。

6.3.2 存量房网上备案子系统可为统计分析与信息发布子系统提供房源情况、房屋状态、成交情况、合同状态等信息。

6.3.3 存量房网上备案子系统可为登记管理子系统提供买卖合同等数据。

6.3.4 存量房网上备案子系统应引用从业主体管理

子系统的从业主体数据。

6.3.5 存量房网上备案子系统的数据采集应符合本规范附录 A 中第 A.2.2～A.2.4 条的要求。

7 从业主体管理子系统

7.1 一般规定

7.1.1 从业主体管理子系统应实现从业主体的统一认证管理。

7.1.2 从业主体管理子系统宜采用在线方式实现从业主体数据的申报功能。

7.1.3 从业主体管理子系统宜实现利用公共通信资源与从业主体进行信息交流的功能。

7.2 功能要求

7.2.1 房地产企业管理子系统应包括下列功能：
  1 企业基本信息管理：应实现企业新设立、企业投资主体变更、分立、合并、注销、资质申请、资质变更等情况的管理功能。
  2 企业内部人员管理：应实现企业的法定代表人、管理人员、专业销售人员等人员基本信息的管理功能。
  3 企业信息申报：应实现企业各类上报信息、申请信息的网上申报和办理功能。
  4 企业诚信行为管理：应实现房地产企业诚信情况的管理功能。
  5 查询统计：应实现灵活的企业情况查询和统计功能。

7.2.2 房地产从业人员管理子系统应包括下列功能：
  1 人员信息管理：应实现房地产从业人员基本信息的管理功能。
  2 变动管理：应实现房地产从业人员工作变动情况的管理功能。
  3 资质管理：应实现对房地产从业人员资质情况的管理功能。
  4 人员诚信行为管理：应实现房地产从业人员诚信情况的管理功能。
  5 查询和统计：应实现灵活的房地产从业人员情况查询和统计功能。

7.3 数据要求

7.3.1 从业主体管理子系统的数据应包括从业主体数据中的房地产企业数据、从业人员数据。

7.3.2 从业主体管理子系统可为统计分析与信息发布子系统提供房地产企业数据、从业人员数据等信息。

7.3.3 从业主体管理子系统的数据采集应符合本规范附录 A 中第 A.3 节的要求。

8 项目管理子系统

8.1 功能要求

8.1.1 房地产项目建设过程管理应实现下列功能：
  1 建设用地取得过程管理：应实现依法获得、登记土地使用权过程的管理功能。
  2 动拆迁进度管理：应实现动拆迁进度的管理功能。
  3 建设进度申报管理：应实现建设工程完成进度申报的管理功能。

8.1.2 企业上报数据应实现下列功能：
  1 上报数据：应实现房地产开发企业按月度上报项目数据的功能。
  2 修正数据：应实现对上报数据容错、纠错的功能。

8.2 数据要求

8.2.1 项目管理子系统中的数据应包括项目基本信息、项目建设进度情况、项目分割转让情况、预售批准记录、动拆迁主要事项信息等。

8.2.2 项目管理子系统可为统计分析与信息发布子系统提供项目信息。

8.2.3 项目管理子系统的数据采集应符合本规范附录 A 中第 A.2.5～A.2.10 条的要求。

9 登记管理子系统

9.1 一般规定

9.1.1 登记管理子系统应在楼盘表的基础上实现房地产登记业务流程。

9.1.2 登记管理子系统应对各业务节点的操作进行记录。

9.1.3 登记管理子系统应提供与其他相关业务系统的接口。

9.1.4 登记管理子系统在业务办理过程和权证输出等方面应具有较好的灵活性和扩展性。

9.2 功能要求

9.2.1 房地产登记业务流程应包括受理、审核、权证处理和归档，具体应符合下列要求：
  1 受理节点应实现接受申请、确定登记类别、收件、计费和收费的功能。
  2 审核节点应实现相关房地产物理数据、权属数据和申请材料的审核功能，宜包括初审、复审和终审等步骤。
  3 权证处理节点应实现缮证、发证的功能。

4 归档节点应实现申请材料和业务信息的归档功能。

9.2.2 登记管理子系统应实现撤回、不予办理和灵活多样的查询功能。

9.3 数据要求

9.3.1 登记管理子系统应产生和管理基础数据中的房地产权属数据，权属数据应分为临时、现势和历史三种状态。其中部分数据应来源于新建商品房网上备案子系统中的预售合同数据、销售合同数据和存量房网上备案子系统中的买卖合同数据。

9.3.2 登记管理子系统应实现基础数据中的房地产权属数据与房地产物理数据的关联。

9.3.3 登记管理子系统可为统计分析与信息发布子系统提供房地产权属数据和相关业务数据。

9.3.4 登记管理子系统的数据采集应符合本规范附录A中第A.2.11～A.2.14条以及第A.4.1~A.4.2条的要求。

10 测绘及成果管理子系统

10.1 功能要求

10.1.1 在测绘及成果管理子系统建设初期应实现基础数据中的房地产物理数据的初始建库，具体应符合下列要求：

1 房地产物理图形数据的初始建库工作可根据已有数据数量和质量情况采取不同的建库方案。

2 房地产物理属性数据的初始建库应进行数据汇总、数据清理、质量控制、格式转换和数据入库工作。

3 对房地产物理图形数据和物理属性数据应建立关联关系。

10.1.2 测绘及成果管理子系统应实现对基础数据中的房地产物理数据进行测绘采集的功能，具体应符合下列要求：

1 测绘采集应能实现土地勘测定界、地籍修测变更、房地产建筑面积预测绘和实测绘等业务类型的数据采集、变更测绘及测绘业务的管理功能。

2 测绘采集应能满足对预测绘和实测绘进行对应。

3 变更测绘应能在变更操作中自动记录删除、新增和修改等变更信息。

10.1.3 测绘及成果管理子系统应实现对基础数据中的房地产物理数据进行测绘成果更新管理的功能，具体应符合下列要求：

1 测绘成果更新管理应对房地产物理数据制定更新规则，保证数据的现势性。

2 测绘成果更新管理应能提供数据提取及变更后数据提交的接口功能，同时应能根据提交的变更信息进行数据的更新处理。

3 测绘成果更新管理应能记录变更过程的历史数据，保证数据的可追溯性。

10.1.4 测绘及成果管理子系统应采用地理信息系统（GIS）技术管理基础数据中的房地产物理图形数据，具体应符合下列要求：

1 应具有地理信息系统（GIS）的基本功能，包括图层管理、地图浏览、图属查询与定位等。

2 应具有制图功能，能生成宗地图、房屋分户平面图等。

10.2 数据要求

10.2.1 基础数据中的房地产物理数据应通过房地产调查和测绘获得。房地产物理图形数据可包括宗地图形、幢图形和房屋分户平面图；房地产物理属性数据可包括宗地、幢和户的描述信息。

10.2.2 宗地图形数据应按对象存储，应采用统一的坐标系。

10.2.3 幢图形和幢属性数据应符合下列要求：

1 幢的图形数据应以自然幢为单位管理，应按对象存储，应采用统一的坐标系。

2 幢的属性数据应以逻辑幢为单位管理。

10.2.4 房屋分户平面图和户属性数据应符合下列要求：

1 户属性数据应与房屋分户平面图关联。

2 户的编号应在本系统的管理范围内具有惟一值。

3 户应能通过与幢的关联关系确定其地理位置。

4 户的坐落应规范统一。

10.2.5 测绘及成果管理子系统宜增加地形数据，应符合下列要求：

1 地形数据宜采用数字线划图（DLG），也可以采用数字正射影像图（DOM）或数字栅格图（DRG）。

2 地形数据应采用统一的坐标系。

10.2.6 测绘及成果管理子系统的数据采集应符合本规范附录A中第A.4.3～A.4.4条的要求。

11 系统安全和保密技术要求

11.1 实体安全

11.1.1 计算机房安全应符合现行国家标准《计算站场地安全要求》GB/T 9361的规定。

11.1.2 信息系统设备中的应用服务器、数据库服务器、网络设备、存储设备和个人计算机等应采取防盗、防毁、电源保护等安全保护措施。

11.2 运行安全

11.2.1 应制定系统运行维护管理制度，配备系统管理人员。

11.2.2 系统应记录和跟踪系统状态的变化。

11.2.3 系统应记录故意入侵系统和违反系统安全要求的行为，并保存、维护和管理审计日志，定位、监控和捕捉各种安全事件。

11.2.4 系统应提供备份和恢复系统数据的功能，可使用多种介质备份和恢复系统数据，包括纸介质、磁介质、微缩载体等。条件许可时，系统宜建立容错容灾机制。

11.2.5 系统应提供处理意外事件的应急措施。

11.2.6 内网和外网之间的数据隔离应采用防火墙、网闸或物理隔离等方式。

11.3 信息安全

11.3.1 系统应采用合理的安全配置参数，明确规定用户访问权限、身份和许可的安全策略，监控策略的实施情况，事先制止可能违反安全的隐患。

11.3.2 系统应防止非法访问或盗用数据库数据，防止数据被非法拷贝、篡改、删除和销毁，保证数据的完整性和一致性。

11.3.3 系统应提供设计、实现、使用及管理等各个阶段应遵循的网络安全策略。

11.4 权限管理

11.4.1 系统应实现权限的分散管理，按照功能进行授权管理，不应出现权限的漏洞，使得某些用户拥有本不该拥有的权限。

11.4.2 系统应提供用户身份鉴别功能。

11.4.3 系统对用户权限的控制应满足岗位调整和人员调动的需求。

11.4.4 系统应提供冻结和解冻用户账号的功能。

12 系统验收

12.0.1 系统验收应以系统试运行成功为前提。宜以测评机构的测评结果为参照，通过专家评审完成系统验收。

12.0.2 系统验收应包括初始建库的数据验收和应用系统验收。

12.0.3 初始建库的数据验收应符合下列要求：

 1 完整性原则：要求系统中的基础数据完整地覆盖真实对象。

 2 正确性原则：要求系统中的数据能够正确地描述真实对象。

 3 规范性原则：要求系统中的数据采用统一的标准。

12.0.4 应用系统验收应包括功能验收、性能验收以及开发文档验收等。

附录 A 数据采集要求

A.1 统计数据和发布数据

A.1.1 发布的项目基本信息应包括下列内容：

 1 基本情况：应包括项目编号、项目名称、所在区域、开始销售日期、企业名称、项目地址、售楼电话、售楼处、预售许可和规划设计情况。

 2 销售信息：应包括销售的套数和面积的统计信息，其中应按销售状态分为限制销售、可售、预定、已售和已登记。

 3 价格信息：应包括新建商品房网上备案合同均价，宜按住宅、商业、办公、其他等类型进行划分。

 4 合同撤销情况：应包括新建商品房网上备案合同撤销均价和撤销次数，宜按住宅、商业、办公、其他等类型进行划分。

A.1.2 发布的销售表信息应包括下列内容：

 1 逻辑幢的统计信息：应包括可售套数、预定套数、总套数等。

 2 逻辑幢的户销售状态，销售状态应按以下标准进行分类并以规定颜色标识：限制销售（RGB值：192，192，192——灰色）、可售（RGB值：0，255，0——绿色）、预定（RGB值：255，0，255——紫色）、已售（RGB值：255，255，0——黄色）、已登记（RGB值：255，0，0——红色）。

 3 户的详细信息：应包括房屋坐落、名义层/实际层、室号、房屋类型、户型、预测绘和实测绘的建筑面积（包括套内建筑面积和分摊面积）等。

A.2 业务数据

A.2.1 预售许可证数据应包括许可证号、房地产开发企业信息、项目信息、房屋类型、建筑类型、房屋结构、房屋坐落、房屋幢号、层数、套数、总建筑面积、住宅面积、批准预售面积、套数和具体幢室号、许可面积、许可套数、价格、币种、发证机构、日期、预售许可证状态信息等。

A.2.2 合同数据应包括所关联的楼盘表信息、出让人、受让人、中介人以及代理人、合同模板、合同时间、合同附属条款、合同状态等。

A.2.3 房源数据应包括交易类型、所在区域、房屋坐落、房型、建筑面积和总价等，新建商品房的房源数据还应包括项目名称等信息。

A.2.4 资金监管数据应包括资金监管协议信息、监管银行信息、付款计划信息、代发计划信息、付款信息、代发信息、结算信息、相关业务审核信息。

A.2.5 房地产项目数据应包括项目基本信息、项目建设进度信息、项目分割转让记录信息、动拆迁主要事项信息、预售批准记录信息。

A.2.6 项目基本信息应包括项目名称、联系人、项目地址、开发企业名称、开发企业地址、房地产开发资质等级、资质证书编号、开发企业法定代表人及电话、项目负责人及电话、项目总占地面积（平方米）、土地投资（万元）、项目用地取得方式、国有土地使用证号和批准日期、建设用地规划许可证号、计划总建筑面积（平方米）、计划总投资（万元）、计划开工时间和计划竣工时间、房屋分类、项目的楼盘表关联信息。

A.2.7 项目建设进度信息应包括项目投资记录（月投资额、累计投资额、住宅累计投资额等）信息。

A.2.8 项目分割转让记录信息应包括转让日期、土地面积、规划建筑面积、用地性质、转让去向等。

A.2.9 动拆迁主要事项信息应包括拆迁许可证号和发证日期、拆迁户数、动拆迁完工日期等。

A.2.10 预售批准记录信息应包括预售日期、预售许可证号、批准预售面积、批准预售范围等。

A.2.11 收费数据应包括收费类别信息、计算公式信息、收费单据信息。

A.2.12 收件数据应包括收件类别信息、证件/文件性质和名称信息、收件日期信息、件袋信息。

A.2.13 流程数据应包括与权属数据关联信息、与收费数据关联信息、与收件数据关联信息、流转信息、节点信息、操作人员信息、流程文档和表格信息、流程管理信息。

A.2.14 文档数据应包括许可证、权证、证明文件、档案文书、表单、合同等。

A.3 从业主体数据

A.3.1 房地产企业数据应包括企业基本情况、企业工商登记信息、企业资质信息、企业财务和经营情况、企业诚信记录、企业的其他相关信息。房地产企业数据主要包括：企业名称、法人代表、总经理、企业类型、电子邮件、电话、传真、邮政编码、经营地址、资质等级、资质证编号、资质发证日、批准从事房地产日期、注册类型、资质有效期、营业执照编号、经营范围、工商注册日、执照到期日、注册资本、注册地址、企业概况、在册人员情况等。

A.3.2 从业人员数据应包括人员的基本信息、主要从业经历、业务情况、主要教育和培训经历、专业证书和资格证书信息、诚信记录、其他相关信息。

A.4 基础数据

A.4.1 权属数据应包括与楼盘表的关联信息、权利人、权属价值、权属时间、证上房屋及土地信息、权属说明、权属状态等信息。

A.4.2 权属数据应包括土地使用权数据、房屋所有权数据、抵押权数据、租赁权数据、限制权数据，并应符合下列要求：

1 土地使用权数据应包括宗地面积、土地使用权人、权利面积、土地用途、使用起迄时间、登记核准机构和核准日期。

2 房屋所有权数据应包括产权编号、权证编号、产别、产权性质、证色、权利人、权利比例、坐落、许可证号、房地产价值、币种、人民币价值、产权生效日期和期限、核准登记机构、核准日期、证上房屋建筑面积（包括套内面积和分摊建筑面积）等信息。

3 抵押权数据应包括抵押权利编号、证号、类别、抵押权人、抵押人、债务履行期限、抵押价值、抵押币种、抵押人民币价值、抵押坐落、抵押面积、债权金额、债权币种、债权人民币价值、原产权编号、权证编号、核准登记机构、核准日期等信息。

4 租赁权数据应包括租赁编号、租赁证号、租金、租金币种、人民币租金、租金单位、租赁起始日期、租赁结束日期、租赁面积、租赁用途、出租人、承租人、转租人、同住人、房屋坐落、出租凭证名称、出租凭证号码、核准登记机构、核准日期等信息。

5 限制权数据应包括限制编号、限制证号、限制类型、限制方式、限制文件、限制人、被限制人、限制部位、预计限制结束时间等信息。

A.4.3 幢的物理属性数据应包括幢编号、宗地编号、自然幢号、逻辑幢号、门牌号、建筑面积、地下面积、占地面积、建筑类型、建筑结构、竣工日期、地上层数、地下层数等信息。

A.4.4 户的物理属性数据应包括户编号、幢编号、室号、建筑面积（包括套内建筑面积、分摊建筑面积）、户型、预测绘建筑面积（包括预测绘套内建筑面积、预测绘分摊建筑面积）、楼层、名义层、土地用途、房屋类型、房屋分类、房屋用途、房屋分户平面图编号等信息。

本规范用词说明

1 为便于在执行本规范条文时区别对待，对要求严格程度不同的用词说明如下：
　　1）表示严格，在正常情况下均应这样做的：
　　　　正面词采用"应"，反面词采用"不应"；
　　2）表示允许稍有选择，在条件许可时首先应这样做的：
　　　　正面词采用"宜"，反面词采用"不宜"；
　　　　表示有选择，在一定条件下可以这样做的，采用"可"。

2 条文中指明应按其他有关标准执行的写法为"应符合……的规定"。

中华人民共和国行业标准

房地产市场信息系统技术规范

CJJ/T 115—2007

条 文 说 明

前　言

《房地产市场信息系统技术规范》CJJ/T 115-2007，经建设部 2007 年 4 月 3 日第 633 号公告批准、发布。

为便于广大单位有关人员在使用本规范时能正确理解和执行条文规定，《房地产市场信息系统技术规范》编制组按章、节、条顺序编写了本规范的条文说明，供使用者参考。在使用中如发现本条文说明有不妥之处，请将意见函寄上海市房地产交易中心（上海市南泉北路 201 号，邮政编码 200120）。

目　次

1　总则 …………………………………… 66—14
2　术语和代号 …………………………… 66—14
　2.1　术语 ……………………………… 66—14
　2.2　代号 ……………………………… 66—14
3　基本规定 ……………………………… 66—14
　3.1　系统构成 ………………………… 66—14
　3.2　数据构成 ………………………… 66—14
　3.3　各子系统与数据之间的关系 …… 66—14
　3.4　其他要求 ………………………… 66—15
4　统计分析与信息发布子系统 ………… 66—15
　4.1　一般规定 ………………………… 66—15
　4.2　统计分析 ………………………… 66—15
　4.3　信息发布 ………………………… 66—15
5　新建商品房网上备案子系统 ………… 66—16
　5.1　一般规定 ………………………… 66—16
　5.2　功能要求 ………………………… 66—16
　5.3　数据要求 ………………………… 66—17
6　存量房网上备案子系统 ……………… 66—17
　6.1　一般规定 ………………………… 66—17
　6.2　功能要求 ………………………… 66—17
　6.3　数据要求 ………………………… 66—18
7　从业主体管理子系统 ………………… 66—18
　7.1　一般规定 ………………………… 66—18
　7.2　功能要求 ………………………… 66—18
　7.3　数据要求 ………………………… 66—18
8　项目管理子系统 ……………………… 66—18
　8.1　功能要求 ………………………… 66—18
　8.2　数据要求 ………………………… 66—19
9　登记管理子系统 ……………………… 66—19
　9.1　一般规定 ………………………… 66—19
　9.2　功能要求 ………………………… 66—19
　9.3　数据要求 ………………………… 66—20
10　测绘及成果管理子系统 ……………… 66—20
　10.1　功能要求 ………………………… 66—20
　10.2　数据要求 ………………………… 66—20
11　系统安全和保密技术要求 …………… 66—21
　11.1　实体安全 ………………………… 66—21
　11.2　运行安全 ………………………… 66—21
　11.3　信息安全 ………………………… 66—21
　11.4　权限管理 ………………………… 66—21
12　系统验收 ……………………………… 66—21

1 总　则

1.0.1 说明制订本规范的目的。
1.0.2 说明本规范的使用范围。
1.0.3 说明使用本规范的约束条件。

2 术语和代号

2.1 术　语

定义了本规范中涉及的主要概念。

2.2 代　号

列示了本规范中使用的主要专业名词代号。

3 基本规定

3.1 系统构成

3.1.1～3.1.9 说明房地产市场信息系统的构成以及7个子系统之间的依赖关系。

这7个子系统对应于房地产市场的7项业务。这些业务在实际操作中可能因各地的实际情况在名称和组成上有所不同，但在实际功能上，房地产市场信息系统均应该包括这些业务管理、统计分析和发布功能。

在子系统的排列顺序上，采用自上而下的方式，即：用于表现房地产市场形势的统计分析和信息发布子系统置于最前，用于业务管理的新建商品房网上备案子系统、存量房网上备案子系统、从业主体管理子系统和项目管理子系统置于中间，用于基础管理的登记管理子系统和测绘及成果管理子系统置于最后。这种方式体现了通过采集基础数据最终为描述房地产市场形势提供数据支持的思路。

在房地产市场信息系统的建设中，要注意各业务子系统的集成性。在系统技术架构、基础网络、数据库、业务应用和客户端这几个层次上，均应创造条件来保证系统在拓扑结构上和技术上的统一性和集成性。

测绘及成果管理子系统承担对房地产对象自然特征数据的管理，这些数据构成基础数据中的物理数据。登记管理子系统承担对房地产权利特征数据的管理，这些数据构成基础数据中的权属数据。新建商品房网上备案子系统、存量房网上备案子系统、从业主体管理子系统和项目管理子系统承担了对主要市场管理业务的实现。这些市场管理业务应以正确的物理数据和权属数据为基础。统计分析和信息发布子系统则以其他6个子系统的数据为基础，进一步计算、加工、提炼出统计数据和发布数据。

3.2 数据构成

3.2.1 说明房地产市场信息系统的数据构成。

房地产市场信息系统需要管理5大类数据：基础数据、从业主体数据、业务数据、统计数据和发布数据。其中，基础数据、从业主体数据和业务数据是由业务系统在业务处理过程中采集的，统计数据和发布数据则是根据这些数据进行计算或提取得到的。

3.2.2 说明基础数据的构成。

基础数据包括两部分：物理数据和权属数据。物理数据用于描述宗地、幢和户的自然特征，如户的坐落、房型、房屋平面图等，其表现形式为楼盘表；权属数据用于描述户的权利特征，如权利人、产权价值、权属状态等，楼盘表是权属数据依托的基础。

3.2.3 说明从业主体数据的构成。

从业主体数据是指房地产市场活动中相关从业主体的信息，主要包括房地产开发企业、测绘企业、经纪机构、评估机构、物业企业及从业人员信息。

3.2.4 说明业务数据的构成。

业务数据是指业务管理过程中产生的数据，包括业务流程、状态变化、文档和表单等。

房地产市场信息系统应统一考虑用流程、操作、凭证等要素来描述具体管理业务的特征，在数据库设计上应把具体的业务管理与作为业务管理对象的房屋管理数据相分离，适应业务不断发展的要求。

3.2.5 说明统计数据的构成。

统计分析数据是指对基础数据、从业主体数据以及业务数据进行计算、统计和分析而形成的数据。这些数据用于统计和分析，为管理和决策提供支持。

3.2.6 说明发布数据的构成。

发布数据是指对基础数据、从业主体数据、业务数据和统计分析数据进行提取或加工而产生的、用于对外发布的数据。这些数据可以提供公众使用，满足信息公开的需要。

3.3 各子系统与数据之间的关系

3.3.1～3.3.4 以图例说明各子系统与数据之间的关系。

7个子系统可以分为3个层次，测绘及成果管理子系统和登记管理子系统是基础服务层，从业主体管理子系统、项目管理子系统、新建商品房网上备案子系统和存量房网上备案子系统构成业务管理层，统计分析与信息发布子系统则是决策支持层。

统计分析与信息发布子系统负责管理两类数据：

（1）各类关于房地产市场状态的统计数据。

统计数据是以基础数据、从业主体数据和业务数据为依据。统计分析与信息发布子系统提供对房地产市场信息的全面分析，形成统计报表、指标和指数等的统计分析数据，并可以进一步通过数据仓库和数据挖掘技术的引入提供决策支持功能。

（2）各类关于房地产市场行情的发布数据。

发布数据是以基础数据、主体数据、业务数据和统计数据为依据。统计分析与信息发布子系统可通过日常通报和报表、网站、大屏幕、短信、报刊、电视和电台等途径对外发布房地产市场宜发布的各种信息以及计算得到的各种指标和指数。

新建商品房网上备案子系统、存量房网上备案子系统、从业主体管理子系统和项目管理子系统管理房地产市场活动中主要的业务数据，这个过程中将调用从业主体数据和基础数据。

测绘及成果管理子系统、登记管理子系统共同维护基础数据，其中测绘及成果管理子系统主要负责维护物理数据，登记管理子系统主要负责维护权属数据，二者共同维护物理数据和权属数据的关联关系。在管理物理数据和权属数据的同时，也会产生一部分业务数据。

在这5类数据中，业务数据分布在除统计分析和信息发布子系统之外的其他6个子系统中；基础数据中，由测绘及成果管理子系统提供物理数据，由登记管理子系统提供权属数据，二者共同为业务管理层和决策支持层的5个子系统提供基础的数据支持；从业主体的数据由从业主体管理子系统进行统一管理。统计数据是经过对基础数据、从业主体数据和业务数据进行统计计算后得到的结果，能反映房地产市场的总体情况。发布数据中包括部分统计数据，也包括部分基础数据、业务数据、从业主体数据，这些数据都是有选择发布的。

3.3.5 说明子系统之间数据交换的形式。

整个房地产市场信息系统是一个统一的系统，各业务之间应实现数据共享，避免不同的业务部门之间的数据隔离，形成"信息孤岛"的现象。

通过数据交换，可以实现子系统之间的数据共享。采用数据库的方式（如使用数据库镜像），能够保证数据的完整性，但成本比较高；而采用文件的方式（如使用 XML 文件）比较灵活，但数据比较零散。

房地产市场信息系统在业务子系统之间的数据交换和内外网的数据交换上，要设立统一的数据交换格式标准和统一的数据交换操作标准，确保数据交换的正确性和完整性。

在实际建设过程中，需要结合具体情况，选择合适的数据交换方式。

3.4 其他要求

3.4.1～3.4.2 说明内、外网的要求。

房地产市场信息系统的用户范围较大，有管理部门的管理人员，也有房地产企业及其从业人员，还有普通公众。管理人员一般在内部网络（即"内网"）实现业务管理，而房地产企业及其从业人员和普通公众一般在国际互联网（即"外网"）查询数据或提交请求。

为保证安全，内网和外网一般应设计为物理隔离方式，因此需要在内网和外网之间进行数据同步。

4 统计分析与信息发布子系统

4.1 一般规定

4.1.2 新建商品房要通过设定"所在区域"、"房屋类型"、"面积范围"和"项目名称"等条件进行查询，存量房要通过设定"所在区域"、"房屋坐落"、"房型"、"面积范围"、"总价范围"等条件进行查询。

4.2 统计分析

4.2.1 统计指标中的均价可采用算术平均价或加权平均价，其计算说明如下：

（1）算术平均价是总的成交价格和总的成交面积的比值。该价格受区域性交易结构变动等因素的影响较大。

（2）加权平均价是利用新建商品房的位置、楼层、朝向、景观、配套等因素为加权因子计算得到的平均价。该价格比较合理地反映市场的价格情况。

4.2.2 统计指标分类的说明如下：

（1）统计指标按房屋类型可分为：住宅、商业、办公和其他等，在此基础上各地可以根据需要进一步细化。

（2）统计指标按区域可分为：行政区域（如市、区、县等）和选定区域（如环线、样本区域等）等。

（3）统计指标按时间段可分为：年度、季度、月度、每日和选定时间段等。

4.3 信息发布

4.3.2 对于第2款第3项中有关房屋销售状态的解释如下：

（1）限制销售：由于各种政策原因不纳入新建商品房网上备案子系统中销售的房屋，例如物业用房、限制房屋等；

（2）可售：经管理部门批准，准予在新建商品房网上备案子系统中进行预售和销售的房屋；

（3）预定：已经在新建商品房网上备案子系统中签订定金合同的房屋；

（4）已售：已经在新建商品房网上备案子系统中签订预售合同或销售合同的房屋；

（5）已登记：已经在登记管理子系统中完成了产权登记的房屋。

销售表信息发布示例如下：

①逻辑幢的统计信息见表1。

表1

门牌号	可售套数	预定套数	总套数	……
×××	100	10	200	……
×××	100	10	200	……
×××	100	10	200	……
×××	100	10	200	……
……				

②逻辑幢的户销售状态见表2。

表2

	房屋坐落			
实际层	室号			
4	401	402	403	404
3	301	302	303	304
2	201	202	203	204
1	101	102	103	104
……				

图例 限制销售： 可售： 预定： 已售： 已登记：

③户的详细信息见表3。

表3

项目名称	房屋坐落
名义层/实际层	×××
室号	×××
房屋类型	×××
房型	×××
预测绘建筑面积（m²）	×××
预测绘套内建筑面积（m²）	×××
预测绘分摊建筑面积（m²）	×××
……	……

4.3.6 本子系统的WebGIS技术提供的功能一般包括项目和其他图件的查询、定位和分析功能：

（1）空间查询功能：通过各种方法选取并确定空间范围，实现符合条件的项目及其他图件信息的查询。

（2）定位功能：通过输入名称或菜单选择可快速定位目标，实现各类信息的空间定位。

（3）分析功能：实现对项目周边和特定地段的图件情况进行统计分析。

5 新建商品房网上备案子系统

5.1 一般规定

5.1.1 新建商品房网上备案子系统的目标是实现网上预定合同、预售合同和销售合同的在线备案管理，它必须在预售许可管理业务或新建商品房初始登记业务的基础上实现。

5.1.2 要求房地产开发企业申请预售时使用在线方式。

在线方式是指房地产开发企业通过登录本子系统（这时，本子系统通常部署在外网，或者跨内网和外网），使用系统提供的表单直接申请预售。

相对于在线方式，另一种申请方式为离线方式，即房地产开发企业在本地计算机填写好预售申请，保存为文件，再上传到本子系统中。

5.2 功能要求

5.2.1 说明预售许可管理功能包含的内容。

商品房预售许可证的申请、审批、发放是新建商品房网上备案子系统的重要过程。

预售许可证的信息在不同市场环境下是有差异的，系统应支持灵活的许可证数据设置。

本子系统还应提供预售许可证发放后的相关管理功能：

（1）撤销预售许可证。
（2）暂停预售许可证的使用。
（3）改变预售许可证的范围。
（4）改变预售许可证的使用期限。
（5）监视和跟踪预售许可证的状态。

5.2.2 说明预售合同、销售合同备案功能的内容。

合同备案是采集房地产市场交易信息的关键过程，本子系统应满足这个过程的数据采集要求。新建商品房网上备案子系统应与登记管理子系统实时联网，备案之前应查询房屋的权属，如果已经抵押或者查封，则不允许备案。

合同备案功能包括：

（1）合同制定时，预售合同和销售合同一般要满足以下要求：

①合同格式统一制定，由被授权的管理部门制订合同条款。

②允许对合同的某些条款进行适当修改。

③买卖双方在法律规定的范围内约定其他个别条款。

④改变合同条款时，保留合同条款的历史信息。

（2）合同签订支持合同的在线打印，打印的时间、份数记录在系统中。

合同签订后，合同数据不得随意修改。

已签订的合同信息要自动传送到登记管理子系统，实现自动申请和受理。这些合同信息保证真实、合法、有效，要与纸质合同保持一致。

本子系统应建立核对机制，在合同变更的时候，要及时、有效地通知登记管理子系统，避免纸质数据和电子数据的不一致。

（3）合同撤销时，要在登记管理子系统中进行相应的操作。

（4）合同跟踪功能要满足以下业务规则：

①管理部门能够在监管时效内及时查阅到合同数据。

②被销售的房屋是可销售的，禁止出现一房多售现象。

③房屋合同的撤销是可跟踪的。

④购买人的信息是可跟踪的。

⑤可查询购买人的房产信息。

⑥可查询购买人的贷款信息。

⑦自动监控房屋的价格，在出现明显不合理的价格时，要能够报警。

⑧跟踪项目的销售表信息。

⑨识别一个项目中异常的合同数量、撤销数量和比例并报警。

（5）销售管理应包括以下内容：

①控制在预售许可证之前的预定、预约行为。

②控制在正式开始销售之前的销售行为。

③控制在合同签订之前的非法转让行为。

④识别集中销售和集中撤销行为。

⑤识别人为炒作、惜售行为。

⑥识别保留房屋和违规销售行为。

5.3 数据要求

5.3.1～5.3.5 说明新建商品房网上备案子系统管理的数据范围，以及和其他数据的引用关系。

6 存量房网上备案子系统

6.1 一般规定

6.1.1 要求经纪合同、买卖合同和租赁合同网上备案采用在线方式。

该在线方式与新建商品房网上备案子系统的在线方式是一致的，是指经纪机构或经纪人通过登录本子系统（本子系统通常部署在外网，或者跨内网和外网），使用系统提供的合同备案功能直接完成合同备案。

6.1.2 存量房网上备案子系统需要调用基础数据，一般要实现以下功能：

（1）查询和选择挂牌的房屋。

（2）检查挂牌的有效性。

（3）锁定挂牌。

（4）撤牌时解锁挂牌。

（5）更新摘牌时的锁定状态。

（6）锁定合同备案。

（7）检查登记审核时监管资金的到账情况。

（8）资金监管结束后的解锁。

（9）确保登记管理子系统可及时获得合同信息。

（10）挂牌之前应查询房屋的权属，如果已经抵押或者查封，应不允许挂牌。

本子系统产生的合同信息要自动传送到登记管理子系统，实现自动申请和受理。在资金监管过程中，当资金全部到位后，要通知登记管理子系统进行最终确权操作。当确权完成后，通知本子系统进行资金支付。

6.2 功能要求

6.2.1 系统应实现对参与业务的经纪人、经纪机构的资质审查和准入的功能。在实际交易过程中，应能够确定每个经纪人、每个经纪机构参与市场活动的合法性。这些经纪人和经纪机构的数据应来源于从业主体管理子系统。

6.2.2 说明挂牌委托、合同备案和合同监督的功能。

挂牌委托是指受理、核准、发布网上挂牌委托的过程。挂牌包括出售挂牌和出租挂牌。

挂牌委托要满足以下业务规则：

（1）允许出让方在委托挂牌时选择是否委托经纪机构、是否选择经纪人的服务。

（2）允许出让方在委托挂牌时设置密码，并允许出让方在限定的范围内修改委托信息。

（3）挂牌时间要设定期限，允许出让方在到期之前续牌，逾期的自动撤牌。

（4）系统自动锁定挂牌的房屋，禁止该房屋的转移登记，只有在撤牌后或摘牌后才解锁。

（5）销售房屋的挂牌在签订资金监管协议以后，进入资金监管的锁定状态。

（6）挂牌、买卖合同、资金监管三项工作可独立执行。

（7）能够有效控制恶意挂牌，避免发布虚假的、违法的信息。

合同备案是指交易双方根据网上公布的房产信息达成购买意向后，在线签订相关合同，进行备案。

合同备案后，应通知房地产登记管理子系统对该房产进行锁定，在备案期间禁止除限制以外的其他登记。

合同监督是指系统应允许管理部门灵活设定合同条款，保证在一个时期使用统一格式的合同，避免使用不符合规定的合同，当交易双方对合同进行变更时，可以进行有效监督。

6.2.3 有条件的地方可以开展资金监管业务。

资金监管要满足以下业务规则：

（1）交易双方签订合同后，可连同管理部门三方一起签订资金监管协议。

（2）系统在处理资金监管的时候，同时处理各种税费，并把税费直接转给相关的政府部门。

（3）资金监管过程中，和银行的数据交换要保证真实、有效。在出现差错的时候，能进行有效的损失规避。

（4）只有资金全部到位后才能确权。

（5）只有在确权后才能将监管房款代发到出让方账户。

在委托挂牌的过程中，宜提供参考的买卖价格和租赁价格，可提高签约的效率。

6.3 数据要求

6.3.1～6.3.5 说明存量房网上备案子系统管理的数据范围，以及和其他数据的引用关系。

7 从业主体管理子系统

7.1 一般规定

7.1.1 房地产企业和从业人员应注册为房地产市场信息系统的用户，对他们在系统中的活动要实行统一的认证管理。

在认证形式上，简单的可以采用"用户名/密码"的方式，严格的可以采用 USB-KEY 认证等方式。一般应使用较严格的认证方式。

认证管理一般包括注册、变更和注销三项功能。注册是指申请成为系统中具有指定权限的用户，如果采用"用户名/密码"方式，需要提供给申请者用户名和密码；如果采用 USB-KEY 认证方式，需要发给申请者制作好的 USB-KEY。变更是指变更用户的基本信息。注销是指禁止该用户在系统中的任何活动，一般会将用户置为无效，或者直接删除用户数据。

本子系统要记录房地产企业和从业人员在房地产市场信息系统的活动情况。

7.1.2 与新建商品房网上备案子系统和存量房网上备案子系统相似，房地产企业申报其企业信息和从业人员信息一般要采用在线方式，而不是离线方式。

7.1.3 这里的公共通信资源指短消息、电子邮件、传真等通信方式，通过这些方式与房地产企业实现及时的信息交流。

7.2 功能要求

7.2.1～7.2.2 本子系统负责管理两个对象：房地产企业和房地产从业人员。

房地产企业一般包括：
——开发企业
——经纪机构
——评估机构
——测绘企业
——物业企业
——与房地产市场相关的企业

房地产从业人员一般包括：
——新建商品房销售人员
——经纪人
——房地产估价师
——测绘人员
——物业小区经理
——其他专业人员

房地产企业管理的主要功能包括：

（1）企业信息管理

管理企业新设立、企业投资主体变更、分立、合并、注销、资质申请、资质变更等情况。

（2）企业内部人员管理

企业应维护本企业人员的信息，管理部门应能够查询和统计企业人员。

房地产企业主要的内部人员一般包括：
——法定代表人
——企业管理人员
——专业销售人员
——房地产执业经纪人
——房地产估价师
——有技术职称的人员
——其他需要管理的从业人员

（3）网上申报要实现企业各类上报信息、申请信息的网上申报和办理。

网上申报要采用外网申报、内网审核、外网发布的方式，内网应与外网隔离，确保数据的安全性。

（4）查询统计要实现对企业情况的灵活查询和统计，能够灵活设定查询条件和查询结果的表现形式。

房地产从业人员管理的主要功能包括人员信息管理、人员查询和统计、人员变动管理、资格证书管理。应实现对人员灵活的查询和统计，能够灵活设定查询条件和查询结果的表现形式。

本子系统要记录房地产企业和房地产从业人员的诚信情况，这可作为对其审查与准入的依据之一。

7.3 数据要求

7.3.1～7.3.3 说明从业主体管理子系统管理的数据范围，以及和其他数据的引用关系。

8 项目管理子系统

8.1 功能要求

8.1.1 开发项目管理是指对开发项目全部过程中产

生的数据进行管理。这些过程包括：
（1）获得土地使用权，并支付土地出让金。
（2）依法登记土地使用权。
（3）动拆迁进度。
（4）取得商品房的建设工程规划许可证。
（5）取得商品房的建设工程施工许可证。
（6）建筑设计变更。
（7）建设工程完成进度。
（8）落实市政、公用、公共建筑设施。
（9）项目分割转让。

在具体实现时，可以根据各地的实际情况对上述过程进行筛选和裁减，也可以增加新的过程。

8.1.2 房地产开发企业上报项目数据一般要满足以下要求：
（1）企业按月度上报项目数据。
（2）企业使用本子系统提供的上报功能上报项目数据。
（3）上报项目数据体现完整性、及时性。
（4）本子系统支持管理部门进行检验、核查，并在发现问题的时候可对数据作退回处理。
（5）本子系统对上报数据采取容错、纠错措施。

8.2 数据要求

8.2.1～8.2.3 说明项目管理子系统管理的数据范围，以及和其他数据的引用关系。

9 登记管理子系统

9.1 一般规定

9.1.1 房地产权属信息依托于物理的房地产对象而存在，因此登记管理子系统需要以楼盘表为基础，记载和管理房地产对象的权属，同时正确地判断和处理各种房地产权属之间的关系。

9.1.2 系统要对业务全过程进行跟踪记录，对业务流程及关键操作进行记录，以确保业务过程的可追溯性，并提供对这些记录的检索。

9.1.3 登记管理子系统是其他业务子系统的基础。
可以建立访问基础数据的统一接口，使得其他子系统访问基础数据有统一的标准，保证数据的一致性。

9.1.4 在设计上，应提高登记管理子系统的灵活性和扩展性。
（1）系统参数、业务规则、工作流程、收件标准、收费标准、输出权证或证明等在实际工作中随业务变化而需经常调整的内容，均应通过配置实现，以确保系统的稳定可靠。
（2）为适应政策调整，在特定时期系统应兼容多种业务规范，即根据规定对不同时间段及不同类别业务可分别按不同业务规则进行处理，实现新老业务的并存。
（3）管理人员可以通过对规则的自行设定来改变派件的原则（如派件给工作量最小者），从而对派件/流程流转进行管理。管理人员在系统派件/流程流转完成后，可以对结果进行手工的调整，确保派件/流程流转更加符合实际工作情况。
（4）在用户需要的前提下系统应提供对条形码扫描枪、密码输入键盘、IC卡读卡器等设备的支持。

9.2 功能要求

9.2.1 登记管理业务的主体流程固定为受理节点、审核节点、权证处理节点。受理节点和权证处理节点的内部流程依据业务的规定是相对固定的，而审核节点将根据实际情况和业务类别可以具有一定的流程变化。上述的这些业务流程在实际建设中可能因各地的实际情况在名称和组成上有所不同，但在实际功能上，登记管理子系统均应该包括上述功能。

受理节点一般要满足以下要求：
（1）采用基于楼盘表的受理模式，实现房地产各类登记业务。
（2）受理时本子系统对所选择房屋及土地的各类权属情况进行判断。
（3）根据当前业务类别自动生成相应信息：
①根据业务类别自动确定收费及收件标准并记录结果，操作人员可对结果进行人工干预。
②系统根据业务要求自动计算应缴税费等数据，操作人员可对结果进行人工干预。
③系统根据业务规则自动复制当前案件所需的信息，减少人工输入工作量，降低人工差错。
（4）根据当前业务类别对相关信息进行校验：
①系统根据业务类别自动对输入的相关信息进行校验。
②系统对错误数据进行识别并进行相应处理。
（5）考虑到各地实际情况，允许将收费操作放置在受理之后的节点进行。

审核节点一般要实现以下功能：
①查询和检查土地、房屋。
②查询和检查权属。
③检查其他申请材料。
④处理业务并获得业务数据。对需要进行房地产价格评估、现场勘察等业务处理的房地产登记申请，应提供相应的业务处理功能或提供接口从上述业务系统自动获得系统所需的相关业务信息。
⑤重新计费。可根据评估结果的金额、面积等信息确定或修改收费标准和收费金额，记录相关调整情况。
⑥审核意见模板。为提高工作效率，可以把常用的审核意见制作成模板，在使用时可自动填充房屋、

权属等基本信息。

⑦自动生成审核表。应根据当前登记业务类别，自动生成审核意见表，全面反映登记所涉房屋土地相关物理和权属情况及当前案件的相关信息，减少审核人员操作，避免遗漏信息。

⑧查看流程日志。可以通过查看流程日志回放登记业务的办理过程。

⑨流程定义。系统应提供灵活的流程定义功能，可根据各类登记的不同情况作出相应的流程定义。案件可按用户设定的流程和派件规则自动流转，案件流程可进行人工干预，对干预结果应进行记录。

权证处理节点一般要实现以下功能：

①自动配图。对因故未能完成自动配图的案件，可以提供手工配图功能进行房屋分户平面图或宗地图的配图。

②生成和打印证明文件。根据不同的登记类别，可以自动生成相应的权证或证明，以便用户打印输出。记录打印时间、次数等有关情况。

不同类别登记业务打印权证、证明或其他文件的类别可由用户定义。

③错误处理。对在打印或发证过程中发现的登记错误，可以提供方便可靠的错误处理机制，用户可通过一定的流程在不影响权属有效性的前提下对有问题案件进行处理。

④发证审查。发证时系统应自动对案件收费等情况进行审查，防止费用未结清案件的发证。

应提供必要的技术手段，对领证人基本信息及应发材料的正确性进行审查。

归档节点一般应实现以下功能：

① 应提供档案归档功能并可对档案的存放位置、出借归还等情况进行记录。

② 应提供对档案扫描文件的制作、存储和检索、阅读支持。

档案数字化是未来房地产信息管理的趋势，有条件的城市可以开展。

9.2.2 本子系统应提供提交、回退、不予登记、撤回等处理方式，以便针对不同情况分别进行相应处理。

本子系统应支持模糊查询、自定义查询、组合查询等查询方式，对办证状况、权属登记状况、房屋交易情况、办事进度等进行查询。包括：

（1）实现物理图形数据和权属数据的图属互查。

（2）统计设置：可设置统计的时间段和需要统计的项目。

（3）查询业务的办理情况、当前所处的环节等登记状态信息。

9.3 数据要求

9.3.1～9.3.4 说明登记管理子系统管理的数据范围，以及和其他数据的引用关系。

10 测绘及成果管理子系统

10.1 功能要求

10.1.1 数据的初始建库应当遵循严格的标准。建库方案可有以下选择：

（1）对已有符合 GIS 标准要求的图形数据，应进行数据清理、质量控制、格式转换和数据入库工作，同时可辅以局部地区进行实地数字化测绘。

（2）对已有数据不符合 GIS 标准要求，但较为丰富且现势性好，宜对已有数据进行 GIS 标准化改造和处理。

（3）对已有数据数量和质量都较差，不符合房地产市场信息系统的标准，应进行实地数字化补测或重测。

建库流程为：数据清理、质量控制、格式转换和数据入库，各地可根据数据的实际情况进行选择，具体环节可作出适当调整。初始建库流程的总体设计原则为：

①初始建库应作好充分的分析准备，尽量将各类迁移过程中可能出现的问题在迁移前进行分析，并拟定相应对策。

②自行组织完成初始建库过程。

③做好初始建库工作日志，发现问题及时反馈。

④初始建库实施时应对数据进行正确性和完整性检验。

10.1.2 本条第 3 款测绘成果数据应带有"变更标志"，可分别标识出删除、新增和修改等状态，状态的初始值为空。

10.1.3 本条第 2 款测绘成果更新管理功能一般可以通过如下机制进行：每一宗变更业务由本子系统提供的接口从中心数据库中获取有关的房地产物理数据，从而触发变更业务的开始；然后利用本子系统的变更测绘功能进行房地产物理数据的变更工作；将变更成果提交到相关部门进行审核；最后由本子系统提供的接口根据变更标识将测绘成果更新入库，以此作为变更业务的结束。

10.2 数据要求

10.2.2 在 GIS 技术中图形数据有两种存放方式：按对象存储和不按对象存储。不按对象存储的图形数据由线条构成，线条与整体图形的关系以及整体图形代表的含义需要由用户进行人工识别。其他地形数据可不按对象存储。

宗地图形数据和幢图形数据一般按对象存储，是完整的图形实体，它有以下特征：

（1）图形实体上可以加载编码，能与属性信息一一对应。

（2）是完整、独立的图形实体，而不是图形元素。

（3）面状对象图形数据的边界线必须满足拓扑要求。如：边界线必须封闭，相邻面边界线之间无空隙、不重叠，边界线内没有与本对象无关的点、线、面图形。

（4）面状对象允许由多个闭合多边形组成，形成"岛"和"飞地"等组合实体。

（5）在本系统中可以被识别、被操作。如被搜索、统计或改变显示状态等。

当现状地物围合的自然街坊太大时，一般可利用大单位的围墙等划分成几个地籍街坊；也可以把几个小的现状地物围合的自然街坊合并成一个地籍街坊。

10.2.4 该数据的附录信息的名义层和实际层解释如下：名义层为标识层名，例如"设备层"、"6B层"等；实际层为物理层数，例如因语言和生活习惯的原因，有些建筑物没有第 4 层、第 14 层等含有数字"4"的楼层，此时，如 501 室的实际层为"4"，而名义层是"5"。

房屋坐落一般可以通过五个级别进行描述，例如路—弄—支弄—号—室、路—号—栋—单元—室。

10.2.5 根据房地产管理需要，数字线划图（DLG）是较为合理的地形要素数据的表达方式。各地亦可根据具体情况采用数字正射影像图（DOM）、数字栅格图（DRG）等格式。

11 系统安全和保密技术要求

11.1 实体安全

11.1.1～11.1.2 说明计算机房和信息系统设备的安全要求。

11.2 运行安全

11.2.1～11.2.6 运行安全保护主要包括：
（1）具有防范内部和外部攻击的能力。
（2）对安全事件具有及时响应的能力。
（3）防止远程通信信息被截获。
（4）防止远程通信带宽的损失。
（5）防止信息发送过程中的时延异常、丢失和误传。
（6）防止数据流分析。
（7）防止通信干扰。

11.3 信息安全

11.3.1 操作系统是连接计算机硬件与上层软件及用户的桥梁，它的安全性至关重要。要想减少操作系统的安全漏洞，需要对操作系统予以合理配置、管理和监控。建议集中管理企业内部的操作系统安全，而不是人工管理每台机器。

要保证操作系统安全，应注意以下三个方面：

（1）需要集中式自动管理信息系统的操作系统配置。大多数安全入侵事件是由于没有合理配置操作系统而造成的。

（2）明确规定用户访问权限、身份和许可的安全策略，针对这些操作系统对用户进行配置。可以利用身份生命周期管理程序实现自动管理。

（3）一旦管理员制定了合适的安全策略，就要监控策略的实施情况，事先制止可能违反安全的隐患。

11.3.2 数据库服务器是信息系统的基础。必须建立数据的安全性策略、用户的安全性策略、数据库管理者的安全性策略、应用程序开发者的安全性策略以确保数据不会被非法访问和篡改。

11.3.3 可采取访问控制、数据加密、网络防火墙、抗病毒软件等网络安全措施，防止非法用户访问、数据丢失、病毒侵害等。

11.4 权限管理

11.4.1 权限是对计算机系统中的数据或者用数据表示的其他资源进行访问的许可。系统应支持将系统数据和功能划分为最小访问和操作权限单元，包括访问数据库中的表、视图以及操作流程和表单等。系统应提供多种权限组合功能，包括不同数据访问权限的组合和不同功能操作权限的组合等。

11.4.2 用户就是一个可以独立访问计算机系统中的数据或者用数据表示的其他资源的主体。

12 系统验收

12.0.3 初始建库的数据验收的三条原则是指：

（1）完整性原则：数据应足以描述现实对象。例如，土地数据要包含本辖区内所有应该登记的土地信息。

（2）正确性原则：数据要符合真实面貌。例如，土地的边界划分和实际情况要一致。

（3）规范性原则：采用的标准应一致。例如，记录权利人名称的时候，要按照权利人的真实姓名或者完整的工商登记核准的名称。

中华人民共和国行业标准

建设电子文件与电子档案管理规范

Code for management of electronic construction records and archives

CJJ/T 117—2007
J 725—2007

批准部门：中华人民共和国建设部
施行日期：2008年1月1日

中华人民共和国建设部
公 告

第 712 号

建设部关于发布行业标准《建设电子文件与电子档案管理规范》的公告

现批准《建设电子文件与电子档案管理规范》为行业标准，编号为 CJJ/T 117-2007，自 2008 年 1 月 1 日起实施。

本规范由建设部标准定额研究所组织中国建筑工业出版社出版发行。

中华人民共和国建设部
2007 年 9 月 5 日

前 言

本规范是根据建设部"关于印发《二〇〇二至二〇〇三年度工程建设国家标准制订、修订计划》的通知"（建标〔2003〕102 号）的要求，由广州市城建档案馆和建设部城建档案工作办公室会同有关单位编制而成的。

在标准编制过程中，编制组开展了专题研究，进行了深入的调查研究，总结了近几年来建设电子文件与电子档案管理的经验，参考借鉴了国家档案局制定的电子文件归档与管理的有关标准，并以多种方式广泛征求了全国有关单位的意见，对主要问题进行了反复修改，最后经有关专家审查定稿。

本规范主要内容包括：电子文件的代码标识、格式与载体，建设电子文件的收集与积累，建设电子文件的整理、鉴定与归档，建设电子档案的验收与移交，建设电子档案的管理。

本规范由建设部负责管理，由建设部城建档案工作办公室负责具体技术内容的解释。

本规范在执行过程中，请各单位注意总结经验，积累资料，将有关意见和建议反馈给建设部城建档案工作办公室（地址：北京市海淀区三里河路 9 号，邮政编码：100835），以供今后修订时参考。

本规范主编单位、参编单位和主要起草人：

主 编 单 位：广州市城建档案馆
　　　　　　　建设部城建档案工作办公室
参 编 单 位：北京市城建档案馆
　　　　　　　南京市城建档案馆
　　　　　　　杭州市城建档案馆
　　　　　　　珠海市城建档案馆
主要起草人：郑向阳　姜中桥　张 华　刘志清
　　　　　　周健民　赵立芳　黄伟明　肖 妍

目 次

1 总则 …………………………………… 67—4
2 术语 …………………………………… 67—4
3 基本规定 ……………………………… 67—4
4 电子文件的代码标识、格式
   与载体 ………………………………… 67—5
5 建设电子文件的收集与积累 ………… 67—5
   5.1 收集积累的范围 ………………… 67—5
   5.2 收集积累的要求 ………………… 67—6
   5.3 收集积累的程序 ………………… 67—6
6 建设电子文件的整理、鉴定
   与归档 ………………………………… 67—6
   6.1 整理 ……………………………… 67—6
   6.2 鉴定 ……………………………… 67—6
   6.3 归档 ……………………………… 67—7
   6.4 检验 ……………………………… 67—7
   6.5 汇总 ……………………………… 67—7
7 建设电子档案的验收与移交 ………… 67—7
   7.1 建设系统业务管理电子档案的移交 … 67—7
   7.2 建设工程电子档案的验收与移交 … 67—7
   7.3 办理移交手续 …………………… 67—8
8 建设电子档案的管理 ………………… 67—8
   8.1 脱机保管 ………………………… 67—8
   8.2 有效存储 ………………………… 67—8
   8.3 迁移 ……………………………… 67—8
   8.4 利用 ……………………………… 67—8
   8.5 鉴定销毁 ………………………… 67—8
   8.6 统计 ……………………………… 67—8
附录 A 建设电子文件（档案）案卷
       （或项目）级登记表 …………… 67—9
附录 B 建设电子文件（档案）文件级
       登记表 ………………………… 67—10
附录 C 建设电子文件更改记录表 …… 67—10
附录 D 建设电子文件（档案）
       载体封面 ……………………… 67—11
附录 E 建设电子档案移交、
       接收登记表 …………………… 67—11
附录 F 建设电子档案转存登记表 …… 67—12
附录 G 建设电子档案迁移登记表 …… 67—12
附录 H 建设电子档案销毁登记表 …… 67—13
本规范用词说明 ………………………… 67—13
附：条文说明 …………………………… 67—14

1 总　则

1.0.1 为加强建设电子文件的归档与管理，建立真实、准确、完整、有效的建设电子档案，保障建设电子文件和电子档案的安全保管与有效开发利用，制定本规范。

1.0.2 本规范适用于建设系统业务管理电子文件和建设工程电子文件的归档和管理。

1.0.3 建设电子文件归档与电子档案管理除执行本规范外，尚应执行国家现行有关标准的规定。

2 术　语

2.0.1 建设电子文件　electronic construction records

在城乡规划、建设及其管理活动中通过数字设备及环境生成，以数码形式存储于磁带、磁盘或光盘等载体，依赖计算机等数字设备阅读、处理，并可在通信网络上传送的文件。主要包括建设系统业务管理电子文件和建设工程电子文件两大类。

2.0.2 建设系统业务管理电子文件　electronic records of construction professional administration

建设系统各行业、专业管理部门（包括城乡规划、城市建设、村镇建设、建筑业、住宅房地产业、勘察设计咨询业、市政公用事业等行政管理部门，以及供水、排水、燃气、热力、园林、绿化、市政、公用、市容、环卫、公共客运、规划、勘察、设计、抗震、人防等专业管理单位）在业务管理和业务技术活动中通过数字设备及环境生成的，以数码形式存储于磁带、磁盘或光盘等载体，依赖计算机等数字设备阅读、处理，并可在通信网络上传送的业务及技术文件。

2.0.3 建设工程电子文件　electronic records of construction engineering

在工程建设过程中通过数字设备及环境生成，以数码形式存储于磁带、磁盘或光盘等载体，依赖计算机等数字设备阅读、处理，并可在通信网络上传送的文件。建设工程电子文件主要包括工程准备阶段电子文件、监理电子文件、施工电子文件、竣工图电子文件和竣工验收电子文件。建设工程电子文件可简称为工程电子文件。

2.0.4 建设电子档案　electronic construction archives

具有参考和利用价值并作为档案保存的建设电子文件及相应的支持软件、参数和其他相关数据。主要包括建设系统业务管理电子档案和建设工程电子档案。

2.0.5 真实性　authenticity

电子文件的内容、结构和背景信息等与形成时的原始状况一致。

2.0.6 完整性　integrity

电子文件的内容、结构、背景信息、元数据等无缺损。

2.0.7 有效性　utility

电子文件的可理解性和可被利用性，包括信息的可识别性、存储系统的可靠性、载体的完好性和兼容性等。

2.0.8 元数据　metadata

描述电子文件的背景、内容、结构及其整个管理过程的数据。

2.0.9 在线式归档　on-line filing

通过计算机网络，将电子文件及相关数据向档案部门移交的过程。

2.0.10 离线式归档　off-line filing

将应归档的电子文件及相关数据存储到可脱机存储的载体上向档案部门移交的过程。

2.0.11 固化　fixing

为避免电子文件因动态因素造成信息缺损的现象，而将其转换为一种相对稳定的通用文件格式的过程。

2.0.12 迁移　migration

将原系统中的电子文件向目标系统进行转移存储的方法与过程。

2.0.13 建设电子文件归档与管理系统　filing and management system of electronic construction records

对建设电子文件进行整理归档及管理的信息系统，具有确定归档范围与保管期限、登记、分类、著录、存储、保管、利用及数据交换等功能。该系统包括两个类型，即建设系统业务管理电子文件归档与管理系统和建设工程电子文件归档与管理系统。

3 基本规定

3.0.1 建设系统业务管理电子文件形成单位和建设工程电子文件形成单位应加强对电子文件归档的管理，将电子文件的形成、收集、积累、整理和归档纳入文件管理工作程序，明确责任岗位，指定专人管理。

3.0.2 建设系统业务管理电子文件形成单位的档案部门应负责监督和指导本单位建设系统业务管理电子文件的收集、整理和归档，并定期向当地城建档案馆（室）移交建设系统业务管理电子档案。

3.0.3 在建设工程电子文件的整理归档与电子档案的验收移交中，建设单位的工作应符合下列规定：

　　1 在建设工程招标及与勘察、设计、施工、监理等单位签订协议、合同时，对工程电子文件的套数、质量、移交时间等提出明确要求；

2 收集和积累工程准备阶段、竣工验收阶段形成的电子文件,并进行整理归档;

3 组织、监督和检查勘察、设计、施工、监理等单位工程电子文件的形成、积累和整理归档工作;

4 收集和汇总勘察、设计、施工、监理等单位形成的工程电子档案;

5 在组织工程竣工验收前,提请当地建设(城建)档案管理机构对工程纸质档案进行预验收时,应同时提请对工程电子档案进行预验收;

6 对列入城建档案馆(室)接收范围的工程,按规定向当地城建档案馆(室)移交工程电子档案。

3.0.4 勘察、设计、施工、监理及测量等单位应将本单位形成的工程电子文件整理归档后向建设单位移交。建设(城建)档案管理机构应对建设工程电子文件的整理归档工作进行监督、检查、指导和预验收。

3.0.5 对具有永久保存价值的可输出打印型电子文件,建设电子文件形成单位必须将其制成纸质文件或缩微品等。归档时,应同时保存文件的电子版本、纸质版本或缩微品,并在内容、格式、相关说明及描述上保持一致,且二者之间必须建立关联。

3.0.6 建设电子文件形成单位应建立建设电子文件归档与管理系统,实现建设电子文件自形成到归档、保管、利用过程中电子文件及其著录数据、元数据的连续管理。

3.0.7 建设电子文件形成单位和建设电子档案保管单位应采取措施,保证建设电子文件的真实性、完整性、有效性和安全性,并应符合下列规定:

1 应建立规范的制度和工作程序并结合相应的技术措施,从建设电子文件形成开始不间断地对有关处理操作进行管理登记,保证建设电子文件的产生、处理过程符合规范。

2 应采取安全防护技术措施,保证建设电子文件的真实性。

3 应建立建设电子文件完整性管理制度并采取相应的技术措施采集背景信息和元数据。

4 应建立建设电子文件有效性管理制度并采取相应的技术保证措施。

5 建设电子文件的处理和保存应符合国家的安全保密规定,针对自然灾害、非法访问、非法操作、病毒等采取与系统安全和保密等级要求相符的防范对策。

3.0.8 建设电子文件形成单位与建设(城建)档案管理机构应对建设电子文件加强前端控制,实行全过程的管理与监控,保证管理工作的连续性。

3.0.9 建设(城建)档案管理机构应根据建设行业信息化现状,及时提出建设电子文件归档的技术性指导意见。建设电子文件形成单位据此明确规定各类建设电子文件归档的具体要求,保证归档质量。

4 电子文件的代码标识、格式与载体

4.0.1 电子文件的代码应包括稿本代码和类别代码,并应符合下列规定:

1 稿本代码应按表4.0.1-1标识。

表4.0.1-1 稿 本 代 码

稿 本	代 码
草稿性电子文件	M
非正式电子文件	U
正式电子文件	F

2 类别代码应按表4.0.1-2标识。

表4.0.1-2 类 别 代 码

文件类别	代 码
文本文件(Text)	T
图像文件(Image)	I
图形文件(Graphics)	G
影像文件(Video)	V
声音文件(Audio)	A
程序文件(Program)	P
数据文件(Data)	D

4.0.2 各种不同类别电子文件的存储应采用通用格式。通用格式应符合表4.0.2的规定。

表4.0.2 各类电子文件的通用格式

文件类别	通用格式
文本文件	XML、DOC、TXT、RTF
表格文件	XLS、ET
图像文件	JPEG、TIFF
图形文件	DWG
影像文件	MPEG、AVI
声音文件	WAV、MP3

4.0.3 各种不同类别电子文件的存储亦可采用国务院建设行政主管部门和信息化主管部门认可的,能兼容各种电子文件的通用文档格式。

4.0.4 脱机存储电子档案的载体应采用一次写光盘、磁带、可擦写光盘、硬磁盘等。移动硬盘、优盘、软磁盘等不宜作为电子档案长期保存的载体。

5 建设电子文件的收集与积累

5.1 收集积累的范围

5.1.1 凡是在城乡规划、建设及其管理等活动中形

成的具有重要凭证、依据和参考价值的电子文件和数据等都应属于建设系统业务管理电子文件的收集范围。

5.1.2 凡是记录与工程建设有关的重要活动，记载工程建设主要过程和现状的具有重要凭证、依据和参考价值的电子文件和相关数据等都应属于建设工程电子文件的收集范围。各类建设工程电子文件的具体收集范围应符合现行国家标准《建设工程文件归档整理规范》GB/T 50328 的有关规定。

5.2 收集积累的要求

5.2.1 建设电子文件形成单位必须做好电子文件的收集积累工作。

5.2.2 建设电子文件的内容必须真实、准确。工程电子文件内容必须与工程实际相符合，且内容及其深度必须符合国家有关工程勘察、设计、施工、监理、测量等方面的技术规范、标准和规程。

5.2.3 记录了重要文件的主要修改过程和办理情况，有参考价值的建设电子文件的不同稿本均应保留。

5.2.4 凡是属于收集积累范围的建设电子文件，收集积累时均应进行登记。登记时应按照本规范附录A、附录B的要求，填写建设电子文件（档案）的案卷级和文件级登记表。

5.2.5 应采取严密的安全措施，保证建设电子文件在形成和处理过程中不被非正常改动。积累过程中更改建设系统业务管理电子文件或建设工程电子文件应按本规范附录C的要求，填写《建设电子文件更改记录表》。

5.2.6 应定期备份建设电子文件，并应存储于能够脱机保存的载体上。对于多年才能完成的项目，应实行分段积累，宜一年拷贝一次。

5.2.7 对通用软件产生的建设电子文件，应同时收集其软件型号、名称、版本号和相关参数手册、说明资料等。专用软件产生的建设电子文件应转换成通用型建设电子文件。

5.2.8 对内容信息是由多个子电子文件或数据链接组合而成的建设电子文件，链接的电子文件或数据应一并归档，并保证其可准确还原；当难以保证归档建设电子文件的完整性与稳定性时，可采取固化的方式将其转换为一种相对稳定的通用文件格式。

5.2.9 与建设电子文件的真实性、完整性、有效性、安全性等有关的管理控制信息（如电子签章等）必须与建设电子文件一同收集。

5.2.10 对采用统一套用格式的建设电子文件，在保证能恢复原格式形态的情况下，其内容信息可不按原格式存储。

5.2.11 计算机系统运行和信息处理等过程中涉及与建设电子文件处理有关的著录数据、元数据等必须与建设电子文件一同收集。

5.3 收集积累的程序

5.3.1 收集积累建设电子文件，均应进行登记，并应符合下列规定：

1 工作人员应按本单位文件归档和保管期限的规定，从电子文件生成起对需归档的电子文件性质、类别、期限等进行标记。

2 应运用建设电子文件归档与管理系统对每份建设电子文件进行登记，电子文件登记表应与电子文件同时保存。

5.3.2 对已登记的建设电子文件必须进行初步鉴定，并将鉴定结果录入建设电子文件归档与管理系统。

5.3.3 对经过初步鉴定的建设电子文件应进行著录，并将结果录入建设电子文件归档与管理系统。

5.3.4 对已收集积累的建设电子文件，应按业务案件或工程项目来组织存储。

5.3.5 对存储的建设电子文件的命名，宜由三位阿拉伯数字或三位阿拉伯数字加汉字组成，数字是本文件保管单元内电子文件编排顺序号，汉字部分则体现本电子文件的内容及特征或图纸的专业名称和编号。建设电子文件保管单元的命名规则可按照建设电子文件的命名规则进行。

5.3.6 建设电子文件与相应的纸质文件应建立关联，在内容、相关说明及描述上应保持一致。

6 建设电子文件的整理、鉴定与归档

6.1 整 理

6.1.1 建设电子文件的形成单位应做好电子文件的整理工作。

6.1.2 对于建设系统业务管理电子文件或建设工程电子文件，业务案件办理完结或工程项目完成后，应在收集积累的基础上，对该案件或项目的电子文件进行整理。

6.1.3 整理应遵循建设系统业务管理电子文件或建设工程电子文件的自然形成规律，保持案件或项目内建设电子文件间的有机联系，便于建设电子档案的保管和利用。

6.1.4 同一个保管单元内建设电子文件的组织和排序可按相应的建设纸质文件整理要求进行。

6.1.5 建设电子文件的分类应按照《城建档案分类大纲》进行。

6.1.6 建设电子文件的著录应按照现行国家标准《城建档案著录规范》GB/T 50323 进行，同时应按照保证其真实性、完整性、有效性的要求补充建设电子文件特有的著录项目和其他标识信息与数据。

6.2 鉴 定

6.2.1 鉴定工作应贯穿于建设电子文件归档与电子

档案管理的全过程。电子文件的鉴定工作，应包括对电子文件的真实性、完整性、有效性的鉴定及确定归档范围和划定保管期限。

6.2.2 归档前，建设电子文件形成单位应按照规定的项目，对建设电子文件的真实性、完整性和有效性进行鉴定。

6.2.3 建设电子文件的归档范围、保管期限应按照国家关于建设纸质文件材料归档范围、保管期限的有关规定执行。建设电子文件元数据的保管期限应与内容信息的保管期限一致。

6.3 归 档

6.3.1 建设电子文件形成单位应定期把经过鉴定合格的电子文件向本单位档案部门归档移交。

6.3.2 归档的建设电子文件应符合下列要求：
1 已按电子档案管理要求的格式将其存储到符合保管要求的脱机载体上。
2 必须完整、准确、系统，能够反映建设活动的全过程。

6.3.3 建设电子文件的归档方式包括在线式归档和离线式归档。可根据实际情况选择其中的一种或两种方式进行电子文件的归档。

6.3.4 建设系统业务管理电子文件的在线式归档可实时进行；离线式归档应与相应的建设系统业务管理纸质或其他载体形式文件归档同时进行。工程电子文件应与相应的工程纸质或其他载体形式的文件同时归档。

6.3.5 建设电子文件形成单位在实施在线式归档时，应将建设电子文件的管理权从网络上转移至本单位档案部门，并将建设电子文件及其元数据等通过网络提交给档案部门。

6.3.6 建设电子文件形成单位在实施离线式归档时，应按下列步骤进行：
1 将已整理好的建设电子文件及其著录数据、元数据、各种管理登记数据等分案件（或项目）按要求从原系统中导出。
2 将导出的建设电子文件及其著录数据、元数据、各种管理登记数据等按照要求存储到耐久性好的载体上，同一案件（或项目）的电子文件及其著录数据、元数据、各种管理登记数据等必存储在同一载体上。
3 对存储的建设电子文件进行检验。
4 在存储建设电子文件的载体或装具上编制封面。封面内容的填写应符合本规范附录 D 的要求，同时存储载体应设置成禁止写操作的状态。
5 将存储建设电子文件并贴好封面的载体移交给本单位档案部门。
6 归档移交时，交接双方必须办理归档移交手续。档案部门必须对归档的建设电子文件进行检验，并按照本规范附录 E 的要求，填写《建设电子档案移交、接收登记表》。交接双方负责人必须签署审核意见。当文件形成单位采用了某些技术方法保证电子文件的真实性、完整性和有效性时，则应把其技术方法和相关软件一同移交给接收单位。

6.4 检 验

6.4.1 建设系统业务管理电子文件形成部门在向本单位档案部门移交电子文件之前，以及本单位档案部门在接收电子文件之前，均应对移交的载体及其技术环境进行检验，检验合格后方可进行交接。

6.4.2 勘察、设计、施工、监理、测量等单位形成的工程电子档案应由建设单位进行检验。检验审查合格后向建设单位移交。

6.4.3 在对建设电子档案进行检验时，应重点检查以下内容：
1 建设电子档案的真实性、完整性、有效性；
2 建设电子档案与纸质档案是否一致、是否已建立关联；
3 载体有无病毒、有无划痕；
4 登记表、著录数据、软件、说明资料等是否齐全。

6.5 汇 总

6.5.1 建设单位应将勘察、设计、施工、监理、测量等单位移交的工程电子档案及相关数据与本单位形成的工程前期电子档案及验收电子档案一起按项目进行汇总，并对汇总后的工程电子档案按本规范 6.4.3 条的要求进行检验。

7 建设电子档案的验收与移交

7.1 建设系统业务管理电子档案的移交

7.1.1 建设系统业务管理电子档案形成单位应按照有关规定，定期向城建档案馆（室）移交已归档的建设系统业务管理电子档案。移交方式包括在线式和离线式。

7.1.2 凡已向城建档案馆（室）移交建设系统业务管理电子档案的单位，如工作中确实需要继续保存纸质档案的，可适当延缓向城建档案馆（室）移交纸质档案的时间。

7.2 建设工程电子档案的验收与移交

7.2.1 建设单位在组织工程竣工验收前，提请当地建设（城建）档案管理机构对工程纸质档案进行预验收时，应同时提请对工程电子档案进行预验收。

7.2.2 列入城建档案馆（室）接收范围的建设工程，建设单位向城建档案馆（室）移交工程纸质档案时，应当同时移交一套工程电子档案。

7.2.3 停建、缓建建设工程的电子档案,暂由建设单位保管。

7.2.4 对改建、扩建和维修工程,建设单位应当组织设计、施工单位据实修改、补充、完善原工程电子档案。对改变的部位,应当重新编制工程电子档案,并和重新编制的工程纸质档案一起向城建档案馆(室)移交。

7.3 办理移交手续

7.3.1 城建档案馆(室)接收建设电子档案时,应按照本规范 6.4.3 条的要求对电子档案再次检验,检验合格后,将检验结果按照本规范附录 E 的要求,填入《建设电子档案移交、接收登记表》,交接双方签字、盖章。

7.3.2 登记表应一式两份,移交和接收单位各存一份。

8 建设电子档案的管理

8.1 脱机保管

8.1.1 建设电子档案的保管单位应配备必要的计算机及软、硬件系统,实现建设电子档案的在线管理与集成管理。并将建设电子档案的转存和迁移结合起来,定期将在线建设电子档案按要求转存为一套脱机保管的建设电子档案,以保障建设电子档案的安全保存。

8.1.2 脱机建设电子档案(载体)应在符合保管条件的环境中存放,一式三套,一套封存保管,一套异地保存,一套提供利用。

8.1.3 脱机建设电子档案的保管,应符合下列条件:
  1 归档载体应做防写处理,不得擦、划、触摸记录涂层;
  2 环境温度应保持在 17~20℃之间,相对湿度应保持在 35%~45%之间;
  3 存放时应注意远离强磁场,并与有害气体隔离;
  4 存放地点必须做到防火、防虫、防鼠、防盗、防尘、防湿、防高温、防光;
  5 单片载体应装盒,竖立存放,且避免挤压。

8.1.4 建设电子档案在形成单位的保管,应按照本规范 8.1.3 条的要求执行。

8.2 有效存储

8.2.1 建设电子档案保管单位应每年对电子档案读取、处理设备的更新情况进行一次检查登记。设备环境更新时应确认库存载体与新设备的兼容性,如不兼容,必须进行载体转换。

8.2.2 对所保存的电子档案载体,必须进行定期检测及抽样机读检验,如发现问题应及时采取恢复措施。

8.2.3 应根据载体的寿命,定期对磁性载体、光盘载体等载体的建设电子档案进行转存。转存时必须进行登记,登记内容应按本规范附录 F 的要求填写。

8.2.4 在采取各种有效存储措施后,原载体必须保留三个月以上。

8.3 迁 移

8.3.1 建设电子档案保管单位必须在计算机软、硬件系统更新前或电子文件格式淘汰前,将建设电子档案迁移到新的系统中或进行格式转换,保证其在新环境中完全兼容。

8.3.2 建设电子档案迁移时必须进行数据校验,保证迁移前后数据的完全一致。

8.3.3 建设电子档案迁移时必须进行迁移登记,登记内容应按本规范附录 G 的要求填写。

8.3.4 建设电子档案迁移后,原格式电子档案必须同时保留的时间不少于 3 年,但对于一些较为特殊必须以原始格式进行还原显示的电子档案,可采用保存原始档案的电子图像的方式。

8.4 利 用

8.4.1 建设电子档案保管单位应编制各种检索工具,提供在线利用和信息服务。

8.4.2 利用时必须严格遵守国家保密法规和规定。凡利用互联网发布或在线利用建设电子档案时,应报请有关部门审核批准。

8.4.3 对具有保密要求的建设电子档案采用联网的方式利用时,必须按照国家、地方及部门有关计算机和网络保密安全管理的规定,采取必要的安全保密措施,报经国家或地方保密管理部门审批,确保国家利益和国家安全。

8.4.4 利用时应采取在线利用或使用拷贝件,电子档案的封存载体不得外借。脱机建设电子档案(载体)不得外借,未经批准,任何单位或人员不得擅自复制、拷贝、修改、转送他人。

8.4.5 利用者对电子档案的使用应在权限规定范围之内。

8.5 鉴定销毁

8.5.1 建设电子档案的鉴定销毁,应按照国家关于档案鉴定销毁的有关规定执行。销毁建设电子档案必须在办理审批手续后实施,并按本规范附录 H 的要求,填写《建设电子档案销毁登记表》。

8.6 统 计

8.6.1 建设电子档案保管单位应及时按年度对建设电子档案的接收、保管、利用及鉴定销毁等情况进行统计。

附录A 建设电子文件(档案)案卷(或项目)级登记表

文件特征	内容					
	工程地点					
	单位	名 称				
		联系方式				
	归档时间					
	载体类型			载体编号		
设备环境特征	硬件环境(主机、网络服务器型号、制造厂商等)					
	软件环境(型号、版本等)	操作系统				
		数据库系统				
		相关软件(文字处理工具、浏览器、压缩或解密软件等)				
文件记录特征	记录结构(物理、逻辑)		记录类型	□定长 □可变长 □其他	记录总数	
					总字节数	
	记录字符、图形、音频、视频文件格式					
	文件载体	型号: 数量: 备份数:		□一件一盘　□多件一盘 □一件多盘　□多件多盘		
制表审核	填表人(签名)					年 月 日
	审核人(签名)					年 月 日

附录 B 建设电子文件（档案）文件级登记表

文件编号	文件名	文件稿本代码	文件类别代码	形成时间	载体编号	保管期限	备注

附录 C 建设电子文件更改记录表

序号	电子文件名	更改单号	更改者	更改日期	备注

附录 D 建设电子文件（档案）载体封面

载体编号：＿＿＿＿＿＿＿＿＿＿　　类别：＿＿＿＿＿＿＿＿＿＿

档　　号：＿＿＿＿＿＿＿＿＿＿　　套别：＿＿＿＿＿＿＿＿＿＿

内　　容：＿＿＿＿＿＿＿＿＿＿＿＿＿＿＿＿＿＿＿＿＿＿＿＿

地　　址：＿＿＿＿＿＿＿＿＿＿＿＿＿＿＿＿＿＿＿＿＿＿＿＿

编制单位：＿＿＿＿＿＿＿＿＿＿　　编制日期：＿＿＿＿＿＿＿＿

保管期限：＿＿＿＿＿＿＿＿＿＿　　密级：＿＿＿＿＿＿＿＿＿＿

文件格式：＿＿＿＿＿＿＿＿＿＿＿＿＿＿＿＿＿＿＿

软硬件平台说明：＿＿＿＿＿＿＿＿＿＿＿＿＿＿＿＿＿

＿＿＿＿＿＿＿＿＿＿＿＿＿＿＿＿＿＿＿＿＿

附录 E 建设电子档案移交、接收登记表

载体编号		载体标识	
载体类型		载体数量	
载体外观检查	有无划伤		是否清洁	
病毒检查	杀毒软件名称		版本	
	病毒检查结果报告：			
载体存储电子文件检验项目	载体存储电子文件总数		文件夹数	
	已用存储空间			字节
载体存储信息读取检验项目	编制说明文件中相关内容记录是否完整			
	是否存有电子文件目录文件			
	载体存储信息能否正常读取			
移交人（签名）	年 月 日	接收人（签名）		年 月 日
移交单位审核人（签名）	年 月 日	接收单位审核人（签名）		年 月 日
移交单位（印章）	年 月 日	接收单位（印章）		年 月 日

附录 F 建设电子档案转存登记表

存储设备更新与兼容性检验情况登记	
光盘载体转存登记	
磁性载体转存登记	
填表人（签名）： 年　月　日	审核人（签名）： 年　月　日	单位（盖章）： 年　月　日

附录 G 建设电子档案迁移登记表

原系统设备情况	硬件系统： 系统软件： 应用软件： 存储设备：
目标系统设备情况	硬件系统： 系统软件： 应用软件： 存储设备：
被迁移归档电子文件情况	原文件格式： 目标文件格式： 迁移文件数： 迁移时间：
迁移检验情况	硬件系统校验： 系统软件校验： 应用软件校验： 存储载体校验： 电子文件内容校验： 电子文件形态校验：
迁移操作者（签名）： 年　月　日	迁移校验者（签名）： 年　月　日	单位（盖章）： 年　月　日

附录 H 建设电子档案销毁登记表

序号	文件名称	文件字号	归档日期	页次	销毁原因	销毁人签字	备注

本规范用词说明

1 为了便于在执行本规范条文时区别对待，对要求严格程度不同的用词，说明如下：

　1) 表示很严格，非这样做不可的用词：
　　正面词采用"必须"；
　　反面词采用"禁止"。

　2) 表示严格，在正常情况下均应这样做的用词：
　　正面词采用"应"；
　　反面词采用"不应"或"不得"。

　3) 表示允许稍有选择，在条件许可时，首先应这样做的用词：
　　正面词采用"宜"；
　　反面词采用"不宜"；
　　表示有选择，在一定条件下可以这样做，采用"可"。

2 条文中指定按其他有关标准、规范执行时，写法为："应符合……的规定"或"应按……执行"。

中华人民共和国行业标准

建设电子文件与电子档案管理规范

CJJ/T 117—2007

条 文 说 明

目 次

1 总则 …………………………… 67—16
2 术语 …………………………… 67—16
3 基本规定 ……………………… 67—16
4 电子文件的代码标识、格式与
  载体 …………………………… 67—16
5 建设电子文件的收集与积累 ……… 67—17
6 建设电子文件的整理、鉴定与
  归档 …………………………… 67—17
7 建设电子档案的验收与移交 ……… 67—17
8 建设电子档案的管理 …………… 67—17
附录 ……………………………… 67—17

1 总则

1.0.1 "加强建设电子文件的归档与管理,建立真实、准确、完整、有效的建设电子档案,保障建设电子文件和电子档案的安全保管与有效开发利用",既是制定本规范的目的,也是制定本规范的指导思想。

真实、准确、完整、有效是尊重和保持建设电子档案历史原貌的科学要求。保障建设电子文件和电子档案的安全保管与有效开发利用是档案归档与管理的目的。

1.0.2 本规范对从事城乡规划、建设及其管理活动的部门与机构产生的建设系统业务管理电子文件和建设工程电子文件的归档和管理具有普遍的适用性。

1.0.3 建设电子文件归档与电子档案管理除执行本规范外,尚应执行现行《CAD电子文件光盘存储、归档与档案管理要求 第一部分:电子文件归档与档案管理》GB/T 17678.1、《电子文件归档与管理规范》GB/T 18894、《城建档案分类大纲》、《城建档案密级与保管期限表》等规范或文件的规定。

2 术语

2.0.1 建设电子文件主要包括建设系统业务管理电子文件和建设工程电子文件两大类。其中建设系统业务管理电子文件主要产生于建设系统各行业、专业管理部门(包括城乡规划、城市建设、村镇建设、建筑业、住宅房地产业、勘察设计咨询业、市政公用事业等行政管理部门,以及供水、排水、燃气、热力、园林、绿化、市政、公用、市容、环卫、公共客运、规划、勘察、设计、抗震、人防等专业管理单位);建设工程电子文件产生于工程建设活动中,主要包括工程准备阶段电子文件、监理电子文件、施工电子文件、竣工图电子文件和竣工验收电子文件。

2.0.7 有效性,也可以称作可用性,可用的文件指文件可以查找、检索、呈现或理解,能够表明文件与形成它的业务活动和事件过程的直接关系。

2.0.8 元数据被称作数据之数据,它主要描述电子文件的数据属性。它是一种信息资源组织和管理工具,可以对文件进行详细、全面、规范的描述,保证电子文件能够被准确理解与有效检索,支持电子文件的管理、利用和长期存取,也是检验电子文件真实性、完整性和有效性的依据之一。

2.0.9 运用计算机技术和网络通信技术将电子文件及相关数据进行远程的传递和移交,这种在线式归档,是随着电子文件的产生而产生的新的档案工作方式,它有别于传统的文件、档案的传递和移交。

2.0.10 离线式归档是通过中间载体的转存,来达到将应归档的电子文件及相关数据从原电子文件管理、应用或存储设备传递到档案部门的电子文件管理、应用或存储设备中。

2.0.11 固化是指针对内容信息是由多个电子文件或数据链接组合而成的城建电子文件,为避免其因动态因素造成信息缺损的现象,而将其转换为一种相对稳定的通用文件格式的过程。另外,针对同一保管单元内的各种不同格式的建设电子档案,由于格式复杂多样性给今后电子档案的保管和迁移带来很大的难度和工作量,因此,也可考虑采用信息固化的方式将其转换为一种相对稳定的通用格式。

2.0.13 建设电子文件归档与管理系统是对建设电子文件进行整理归档及管理的信息系统。对建设电子文件的管理,不同于传统的纸质文件,从其形成到利用,都必须依靠一定的技术设备,包括硬件设备和管理软件。功能齐全合理的建设电子文件归档与管理系统能使管理人员对建设电子文件主动管理,保证电子文件归档、检测、安全保管和有效利用。

3 基本规定

3.0.3 建设(城建)档案管理机构是城乡建设(或规划)行政主管部门设置的负责全市城建档案管理工作的机构,或者是受城乡建设(或规划)行政主管部门委托负责全市城建档案管理工作的城建档案馆(室)。

3.0.5 建设电子文件形成单位是指产生建设电子文件的单位,如城乡规划、建设、房地产、市政公用、园林绿化、市容环卫、水务、交通等建设系统行政管理部门,供水、排水、燃气、热力、园林绿化、风景名胜等专业管理单位,以及建设、设计、施工、监理、测量等参与工程建设的单位。

3.0.7 建设电子文件的安全技术措施主要有:网络设备安全保证;数据安全保证;操作安全保证;身份识别方法等。具体应该包括以下方面:

1) 建立对电子文件的操作者可靠的身份识别与权限控制。
2) 设置符合安全要求的操作日志,随时自动记录实施操作的人员、时间、设备、项目、内容等。
3) 对电子文件采用防错漏和防调换的标记。
4) 对电子印章、数字签署等采取防止非法使用的措施。

4 电子文件的代码标识、格式与载体

4.0.4 适用于脱机存储电子档案的载体,按照保存寿命的长短和可靠程度的强弱,依次为:一次写光盘、磁带、可擦写光盘、硬磁盘等。

5 建设电子文件的收集与积累

5.2.4 各类建设系统业务管理（或建设工程）电子文件管理登记表（见附录A、附录B）是建设电子文件归档与管理过程中的业务用表。在建设系统各专业业务部门，该表是建设系统业务管理电子文件管理登记表；在参与工程建设的各建设、设计、施工、监理、测量等单位，该表是建设工程电子文件管理登记表。

5.2.9 "电子签章"的含义是，泛指所有以电子形式存在，依附在电子文件并与其逻辑关联，可用以辨识电子文件签署者身份，保证文件的完整性，并表示签署者同意电子文件所陈述事实的内容。目前，最成熟的电子签章技术就是"数字签章"，它是以公钥及密钥的"非对称型"密码技术制作的电子签章。

6 建设电子文件的整理、鉴定与归档

6.1.5 《城建档案分类大纲》是由建设部办公厅1993年8月7日以"建办档［1993］103号"印发的文件。

7 建设电子档案的验收与移交

7.2.2 建设单位向城建档案馆（室）移交建设工程电子档案光盘时可只移交一套，城建档案馆在接受该建设工程电子档案后，应将其导入档案管理系统，补充有关著录数据，并及时刻录光盘三套。

8 建设电子档案的管理

8.2.2 对电子档案载体的定期检测及抽样机读检验应制定详细的计划和严格的制度，一般而言，磁性载体每满2年、光盘每满4年须进行一次抽样机读检验，抽样率不低于10%。

8.2.3、8.3.1 转存和迁移都是保证电子档案永久保存的技术手段。在实际工作中，应将二者有机结合起来，以减少工作量，提高工作效率。

附　录

附录A、附录B、附录C、附录D、附录E、附录F、附录G、附录H的表格名称中，"建设电子文件（档案）"可根据文件（档案）的内容确定是"建设系统业务管理电子文件"还是"建设工程电子文件（档案）"。如：附录C"建设电子文件更改记录表"在针对建设系统业务管理电子文件时，表格名称可确定为"建设系统业务管理电子文件更改记录表"，在针对建设工程电子文件时，表格名称可确定为"建设工程电子文件（档案）更改记录表"。

附录A在针对建设系统业务管理电子文件时，该表是"案卷级登记表"；在针对建设工程电子文件时，该表是"项目级登记表"。

三、附录 工程建设国家标准和建设部行业标准目录

2007

工程建设国家标准目录

序号	标准编号	标准名称	出版单位
1	GB/T 50001—2001	房屋建筑制图统一标准	计划
2	GBJ 2—1986	建筑模数协调统一标准	计划
3	GB 50003—2001	砌体结构设计规范	建工
4	GB 50005—2003	木结构设计规范（2005年版）	建工
5	GBJ 6—1986	厂房建筑模数协调标准	计划
6	GB 50007—2002	建筑地基基础设计规范	建工
7	GB 50009—2001	建筑结构荷载规范（2006年版）	建工
8	GB 50010—2002	混凝土结构设计规范	建工
9	GB 50011—2001	建筑抗震设计规范	建工
10	GBJ 12—1987	工业企业标准轨距铁路设计规范	计划
11	GB 50013—2006	室外给水设计规范	计划
12	GB 50014—2006	室外排水设计规范	计划
13	GB 50015—2003	建筑给水排水设计规范	计划
14	GB 50016—2006	建筑设计防火规范	计划
15	GB 50017—2003	钢结构设计规范	计划
16	GB 50018—2002	冷弯薄壁型钢结构技术规范	计划
17	GB 50019—2003	采暖通风和空气调节设计规范	计划
18	GB 50021—2001	岩土工程勘察规范	建工
19	GBJ 22—1987	厂矿道路设计规范	计划
20	GB 50023—1995	建筑抗震鉴定标准	建工
21	GB 50025—2004	湿陷性黄土地区建筑规范	建工
22	GB 50026—2007	工程测量规范	计划
23	GB 50027—2001	供水水文地质勘察规范	计划
24	GB 50028—2006	城镇燃气设计规范	建工
25	GB 50029—2003	压缩空气站设计规范	计划
26	GB 50030—1991	氧气站设计规范	计划
27	GB 50031—1991	乙炔站设计规范	计划
28	GB 50032—2003	室外给水排水和燃气热力工程抗震设计规范	建工
29	GB/T 50033—2001	建筑采光设计标准	建工
30	GB 50034—2004	建筑照明设计标准	建工

工程建设国家标准目录

序号	标准编号	标准名称	出版单位
31	GB 50037—1996	建筑地面设计规范	计划
32	GB 50038—2005	人民防空地下室设计规范	内部发行
33	GBJ 39—1990	村镇建筑设计防火规范	建工
34	GB 50040—1996	动力机器基础设计规范	计划
35	GB 50041—2008	锅炉房设计规范	计划
36	GBJ 42—1981	工业企业通信设计规范	
37	GBJ 43—1982	室外给水排水工程设施抗震鉴定标准	建工
38	GBJ 44—1982	室外煤气热力工程设施抗震鉴定标准（试行）	
39	GB 50045—1995	高层民用建筑设计防火规范（2005年版）	计划
40	GB 50046—2008	工业建筑防腐蚀设计规范	计划
41	GBJ 47—1983	混响室法吸声系数测量规范	
42	GB 50049—1994	小型火力发电厂设计规范	计划
43	GB 50050—2007	工业循环冷却水处理设计规范	计划
44	GB 50051—2002	烟囱设计规范	计划
45	GB 50052—1995	供配电系统设计规范	计划
46	GB 50053—1994	10kV及以下变电所设计规范	计划
47	GB 50054—1995	低压配电设计规范	计划
48	GB 50055—1993	通用用电设备配电设计规范	计划
49	GB 50056—1993	电热设备电力装置设计规范	计划
50	GB 50057—1994	建筑物防雷设计规范（2000年版）	计划
51	GB 50058—1992	爆炸和火灾危险环境电力装置设计规范	计划
52	GB 50059—1992	35～110kV变电所设计规范	计划
53	GB 50060—1992	3～110kV高压配电装置设计规范	计划
54	GB 50061—1997	66kV及以下架空电力线路设计规范	计划
55	GB 50062—1992	电力装置的继电保护和自动装置设计规范	计划
56	GB/T 50063—2008	电力装置的电测量仪表装置设计规范	计划
57	GBJ 64—1983	工业与民用电力装置的过电压保护设计规范	
58	GBJ 65—1983	工业与民用电力装置的接地设计规范	
59	GB 50067—1997	汽车库、修车库、停车场设计防火规范	计划
60	GB 50068—2001	建筑结构可靠度设计统一标准	建工

工程建设国家标准目录

序号	标准编号	标准名称	出版单位
61	GB 50069—2002	给水排水工程构筑物结构设计规范	建工
62	GB 50070—1994	矿山电力设计规范	计划
63	GB 50071—2002	小型水力发电站设计规范	计划
64	GB 50072—2001	冷库设计规范	计划
65	GB 50073—2001	洁净厂房设计规范	计划
66	GB 50074—2002	石油库设计规范	计划
67	GBJ 75—1984	建筑隔声测量规范	建工
68	GBJ 76—1984	厅堂混响时间测量规范	建工
69	GB 50077—2003	钢筋混凝土筒仓设计规范	计划
70	GBJ 78—1985	烟囱工程施工及验收规范	
71	GBJ 79—1985	工业企业通信接地设计规范	
72	GB/T 50080—2002	普通混凝土拌合物性能试验方法标准	建工
73	GB/T 50081—2002	普通混凝土力学性能试验方法标准	建工
74	GBJ 82—1985	普通混凝土长期性能和耐久性能试验方法	
75	GB/T 50083—1997	建筑结构设计术语和符号标准	建工
76	GB 50084—2001	自动喷水灭火系统设计规范（2005年版）	计划
77	GB/T 50085—2007	喷灌工程技术规范	计划
78	GB 50086—2001	锚杆喷射混凝土支护技术规范	计划
79	GBJ 87—1985	工业企业噪声控制设计规范	
80	GBJ 88—1985	驻波管法吸声系数与声阻抗率测量规范	
81	GB 50089—2007	民用爆破器材工程设计安全规范	计划
82	GB 50090—2006	铁路线路设计规范	计划
83	GB 50091—2006	铁路车站及枢纽设计规范	计划
84	GB 50092—1996	沥青路面施工及验收规范	计划
85	GB 50093—2002	自动化仪表工程施工及验收规范	计划
86	GB 50094—1998	球形储罐施工及验收规范	计划
87	GB/T 50095—1998	水文基本术语和符号标准	计划
88	GB 50096—1999	住宅设计规范（2003年版）	建工
89	GBJ 97—1987	水泥混凝土路面施工及验收规范	计划
90	GB 50098—1998	人民防空工程设计防火规范（2001年版）	计划

工程建设国家标准目录

序号	标准编号	标准名称	出版单位
91	GBJ 99—1986	中小学校建筑设计规范	计划
92	GB/T 50100—2001	住宅建筑模数协调标准	建工
93	GBJ 101—1987	建筑楼梯模数协调标准	计划
94	GB/T 50102—2003	工业循环水冷却设计规范	计划
95	GB/T 50103—2001	总图制图标准	计划
96	GB/T 50104—2001	建筑制图标准	计划
97	GB/T 50105—2001	建筑结构制图标准	计划
98	GB/T 50106—2001	给水排水制图标准	计划
99	GBJ 107—1987	混凝土强度检验评定标准	计划
100	GB 50108—2001	地下工程防水技术规范	计划
101	GB/T 50109—2006	工业用水软化除盐设计规范	计划
102	GBJ 110—1987	卤代烷1211灭火系统设计规范	计划
103	GB 50111—2006	铁路工程抗震设计规范	计划
104	GBJ 112—1987	膨胀土地区建筑技术规范	计划
105	GB 50113—2005	滑动模板工程技术规范	计划
106	GB/T 50114—2001	暖通空调制图标准	计划
107	GBJ 115—1987	工业电视系统工程设计规范	计划
108	GB 50116—1998	火灾自动报警系统设计规范	计划
109	GBJ 117—1988	工业构筑物抗震鉴定标准	计划
110	GBJ 118—1988	民用建筑隔声设计规范	计划
111	GB 50119—2003	混凝土外加剂应用技术规范	建工
112	GBJ 120—1988	工业企业共用天线电视系统设计规范	计划
113	GB/T 50121—2005	建筑隔声评价标准	建工
114	GBJ 122—1988	工业企业噪声测量规范	计划
115	GB/T 50123—1999	土工试验方法标准	计划
116	GBJ 124—1988	道路工程术语标准	计划
117	GBJ 125—1989	给水排水设计基本术语标准	建工
118	GB 50126—2008	工业设备及管道绝热工程施工规范	计划
119	GB 50127—2007	架空索道工程技术规范	计划
120	GB 50128—2005	立式圆筒形钢制焊接储罐施工及验收规范	计划

工程建设国家标准目录

序号	标准编号	标准名称	出版单位
121	GBJ 129—1990	砌体基本力学性能试验方法标准	建工
122	GBJ 130—1990	钢筋混凝土升板结构技术规范	建工
123	GB 50131—2007	自动化仪表工程施工质量验收规范	计划
124	GBJ 132—1990	工程结构设计基本术语和通用符号	计划
125	GB 50134—2004	人民防空工程施工及验收规范	计划
126	GB 50135—2006	高耸结构设计规范	计划
127	GBJ 136—1990	电镀废水治理设计规范	计划
128	GBJ 137—1990	城市用地分类与规划建设用地标准	计划
129	GBJ 138—1990	水位观测标准	计划
130	GB 50139—2004	内河通航标准	计划
131	GB 50140—2005	建筑灭火器配置设计规范	计划
132	GBJ 141—1990	给水排水构筑物施工及验收规范	计划
133	GBJ 142—1990	中、短波广播发射台与电缆载波通信系统的防护间距标准	计划
134	GBJ 143—1990	架空电力线路、变电所对电视差转台、转播台无线电干扰防护间距标准	计划
135	GBJ 144—1990	工业厂房可靠性鉴定标准	建工
136	GB/T 50145—2007	土的工程分类标准	计划
137	GBJ 146—1990	粉煤灰混凝土应用技术规范	计划
138	GBJ 147—1990	电气装置安装工程 高压电器施工及验收规范	计划
139	GBJ 148—1990	电气装置安装工程 电力变压器、油浸电抗器、互感器施工及验收规范	计划
140	GBJ 149—1990	电气装置安装工程 母线装置施工及验收规范	计划
141	GB 50150—2006	电气装置安装工程 电气设备交接试验标准	计划
142	GB 50151—1992	低倍数泡沫灭火系统设计规范（2000年版）	计划
143	GB 50152—1992	混凝土结构试验方法标准	建工
144	GB 50153—1992	工程结构可靠度设计统一标准	计划
145	GB 50154—1992	地下及覆土火药炸药仓库设计安全规范	计划
146	GB 50155—1992	采暖通风与空气调节术语标准	计划
147	GB 50156—2002	汽车加油加气站设计与施工规范（2006年版）	计划
148	GB 50157—2003	地铁设计规范	计划
149	GB 50158—1992	港口工程结构可靠度设计统一标准	计划
150	GB 50159—1992	河流悬移质泥沙测验规范	计划

工程建设国家标准目录

序号	标准编号	标准名称	出版单位
151	GB 50160—1992	石油化工企业设计防火规范（1999年版）	计划
152	GB 50161—1992	烟花爆竹工厂设计安全规范	计划
153	GB 50162—1992	道路工程制图标准	计划
154	GB 50163—1992	卤代烷1301灭火系统设计规范	计划
155	GB 50164—1992	混凝土质量控制标准	建工
156	GB 50165—1992	古建筑木结构维护与加固技术规范	建工
157	GB 50166—2007	火灾自动报警系统施工及验收规范	计划
158	GB 50167—1992	工程摄影测量标准	计划
159	GB 50168—2006	电气装置安装工程 电缆线路施工及验收规范	计划
160	GB 50169—2006	电气装置安装工程 接地装置施工及验收规范	计划
161	GB 50170—2006	电气装置安装工程 旋转电机施工及验收规范	计划
162	GB 50171—1992	电气装置安装工程 盘、柜及二次回线结线施工及验收规范	计划
163	GB 50172—1992	电气装置安装工程 蓄电池施工及验收规范	计划
164	GB 50173—1992	电气装置安装工程 35kV及以下架空电力线路施工及验收规范	计划
165	GB 50174—1993	电子计算机机房设计规范	计划
166	GB 50175—1993	露天煤矿工程施工及验收规范	计划
167	GB 50176—1993	民用建筑热工设计规范	计划
168	GB 50177—2005	氢气站设计规范	计划
169	GB 50178—1993	建筑气候区划标准	计划
170	GB 50179—1993	河流流量测验规范	计划
171	GB 50180—1993	城市居住区规划设计规范（2002年版）	建工
172	GB 50181—1993	蓄滞洪区建筑工程技术规范（1998年版）	计划
173	GB 50183—2004	石油天然气工程设计防火规范	计划
174	GB 50184—1993	工业金属管道工程质量检验评定标准	计划
175	GB 50185—1993	工业设备及管道绝热工程质量检验评定标准	计划
176	GB 50186—1993	港口工程基本术语标准	计划
177	GB 50187—1993	工业企业总平面设计规范	计划
178	GB 50188—2007	镇规划标准	建工
179	GB 50189—2005	公共建筑节能设计标准	建工
180	GB 50190—1993	多层厂房楼盖抗微振设计规范	计划

工程建设国家标准目录

序号	标准编号	标准名称	出版单位
181	GB 50191—1993	构筑物抗震设计规范	计划
182	GB 50192—1993	河港工程设计规范	计划
183	GB 50193—1993	二氧化碳灭火系统设计规范（1999年版）	计划
184	GB 50194—1993	建设工程施工现场供用电安全规范	计划
185	GB 50195—1994	发生炉煤气站设计规范	计划
186	GB 50196—1993	高倍数、中倍数泡沫灭火系统设计规范（2002年版）	计划
187	GB 50197—2005	煤炭工业露天矿设计规范	计划
188	GB 50198—1994	民用闭路监视电视系统工程技术规范	计划
189	GB 50199—1994	水利水电工程结构可靠度设计统一标准	计划
190	GB 50200—1994	有线电视系统工程技术规范	计划
191	GB 50201—1994	防洪标准	计划
192	GBJ 201—1983	土方与爆破工程施工及验收规范（部分作废）	
193	GB 50202—2002	建筑地基基础工程施工质量验收规范	计划
194	GB 50203—2002	砌体工程施工质量验收规范	建工
195	GB 50204—2002	混凝土结构工程施工质量验收规范	建工
196	GB 50205—2001	钢结构工程施工质量验收规范	计划
197	GB 50206—2002	木结构工程施工质量验收规范	建工
198	GB 50207—2002	屋面工程质量验收规范	建工
199	GB 50208—2002	地下防水工程质量验收规范	建工
200	GB 50209—2002	建筑地面工程施工质量验收规范	计划
201	GB 50210—2001	建筑装饰装修工程质量验收规范	建工
202	GB 50211—2004	工业炉砌筑工程施工及验收规范	计划
203	GB 50212—2002	建筑防腐蚀工程施工及验收规范	计划
204	GBJ 213—1990	矿山井巷工程施工及验收规范	计划
205	GB 50214—2001	组合钢模板技术规范	计划
206	GB 50215—2005	煤炭工业矿井设计规范	计划
207	GB 50216—1994	铁路工程结构可靠度设计统一标准	计划
208	GB 50217—2007	电力工程电缆设计规范	计划
209	GB 50218—1994	工程岩体分级标准	计划
210	GB 50219—1995	水喷雾灭火系统设计规范	计划

工程建设国家标准目录

序号	标准编号	标准名称	出版单位
211	GB 50220—1995	城市道路交通规划设计规范	计划
212	GB 50222—1995	建筑内部装修设计防火规范	建工
213	GB 50223—2004	建筑工程抗震设防分类标准	建工
214	GB 50224—1995	建筑防腐蚀工程质量检验评定标准	计划
215	GB 50225—2005	人民防空工程设计规范	内部发行
216	GB 50226—2007	铁路旅客车站建筑设计规范	计划
217	GB 50227—1995	并联电容器装置设计规范	计划
218	GB/T 50228—1996	工程测量基本术语标准	计划
219	GB 50229—2006	火力发电厂与变电所设计防火规范	计划
220	GB 50231—1998	机械设备安装工程施工及验收通用规范	计划
221	GB 50233—2005	110～500kV架空送电线路施工及验收规范	计划
222	GB 50235—1997	工业金属管道工程施工及验收规范	计划
223	GB 50236—1998	现场设备、工业管道焊接工程施工及验收规范	计划
224	GB 50242—2002	建筑给水排水及采暖工程施工质量验收规范	建工
225	GB 50243—2002	通风与空调工程施工质量验收规范	计划
226	GB 50251—2003	输气管道工程设计规范	计划
227	GB 50252—1994	工业安装工程质量检验评定统一标准	计划
228	GB 50253—2003	输油管道工程设计规范（2006年版）	计划
229	GB 50254—1996	电气装置安装工程 低压电器施工及验收规范	计划
230	GB 50255—1996	电气装置安装工程 电力变流设备施工及验收规范	计划
231	GB 50256—1996	电气装置安装工程 起重机电气装置施工及验收规范	计划
232	GB 50257—1996	电气装置安装工程 爆炸和火灾危险环境电气装置施工及验收规范	计划
233	GB 50260—1996	电力设施抗震设计规范	计划
234	GB 50261—2005	自动喷水灭火系统施工及验收规范	计划
235	GB/T 50262—1997	铁路工程基本术语标准	计划
236	GB 50263—2007	气体灭火系统施工及验收规范	计划
237	GB 50264—1997	工业设备及管道绝热工程设计规范	计划
238	GB/T 50265—1997	泵站设计规范	计划
239	GB/T 50266—1999	工程岩体试验方法标准	计划
240	GB 50267—1997	核电厂抗震设计规范	计划

工程建设国家标准目录

序号	标准编号	标准名称	出版单位
241	GB 50268—1997	给水排水管道工程施工及验收规范	建工
242	GB/T 50269—1997	地基动力特性测试规范	计划
243	GB 50270—1998	连续输送设备安装工程施工及验收规范	计划
244	GB 50271—1998	金属切削机床安装工程施工及验收规范	计划
245	GB 50272—1998	锻压设备安装工程施工及验收规范	计划
246	GB 50273—1998	工业锅炉安装工程施工及验收规范	计划
247	GB 50274—1998	制冷设备、空气分离设备安装工程施工及验收规范	计划
248	GB 50275—1998	压缩机、风机、泵安装工程施工及验收规范	计划
249	GB 50276—1998	破碎、粉磨设备安装工程施工及验收规范	计划
250	GB 50277—1998	铸造设备安装工程施工及验收规范	计划
251	GB 50278—1998	起重设备安装工程施工及验收规范	计划
252	GB/T 50279—1998	岩土工程基本术语标准	计划
253	GB/T 50280—1998	城市规划基本术语标准	建工
254	GB 50281—2006	泡沫灭火系统施工及验收规范	计划
255	GB 50282—1998	城市给水工程规划规范	建工
256	GB/T 50283—1999	公路工程结构可靠度设计统一标准	计划
257	GB 50284—1998	飞机库设计防火规范	计划
258	GB 50285—1998	调幅收音台和调频电视转播台与公路的防护间距标准	计划
259	GB 50286—1998	堤防工程设计规范	计划
260	GB 50288—1999	灌溉与排水工程设计规范	计划
261	GB 50289—1998	城市工程管线综合规划规范	建工
262	GB 50290—1998	土工合成材料应用技术规范	计划
263	GB/T 50291—1999	房地产估价规范	建工
264	GB 50292—1999	民用建筑可靠性鉴定标准	建工
265	GB 50293—1999	城市电力规划规范	建工
266	GB/T 50294—1999	核电厂总平面及运输设计规范	计划
267	GB 50295—1999	水泥工厂设计规范	计划
268	GB 50296—1999	供水管井技术规范	计划
269	GB/T 50297—2006	电力工程基本术语标准	计划
270	GB 50298—1999	风景名胜区规划规范	建工

68—9

工程建设国家标准目录

序号	标准编号	标准名称	出版单位
271	GB 50299—1999	地下铁道工程施工及验收规范（2003年版）	计划
272	GB 50300—2001	建筑工程施工质量验收统一标准	建工
273	GBJ 301—1988	建筑工程质量检验评定标准（部分作废）	建工
274	GBJ 302—1988	建筑采暖卫生与煤气工程质量检验评定标准	建工
275	GB 50303—2002	建筑电气工程施工质量验收规范	计划
276	GB 50307—1999	地下铁道、轻轨交通岩土工程勘察规范	计划
277	GB 50308—2008	城市轨道交通工程测量规范	计划
278	GB 50309—2007	工业炉砌筑工程质量验收规范	计划
279	GB 50310—2002	电梯工程施工质量验收规范	建工
280	GB 50311—2007	综合布线系统工程设计规范	计划
281	GB 50312—2007	综合布线系统工程验收规范	计划
282	GB 50313—2000	消防通信指挥系统设计规范	计划
283	GB/T 50314—2006	智能建筑设计标准	计划
284	GB/T 50315—2000	砌体工程现场检测技术标准	建工
285	GB 50316—2000	工业金属管道设计规范（2008年版）	计划
286	GB 50317—2000	猪屠宰与分割车间设计规范	计划
287	GB 50318—2000	城市排水工程规划规范	建工
288	GB 50319—2000	建设工程监理规范	建工
299	GB 50320—2001	粮食平房仓设计规范	计划
290	GB 50322—2001	粮食钢板筒仓设计规范	计划
291	GB/T 50323—2001	城市建设档案著录规范	建工
292	GB 50324—2001	冻土工程地质勘察规范	计划
293	GB 50325—2001	民用建筑工程室内环境污染控制规范（2006年版）	计划
294	GB/T 50326—2006	建设工程项目管理规范	建工
295	GB 50327—2001	住宅装饰装修工程施工规范	建工
296	GB/T 50328—2001	建设工程文件归档整理规范	建工
297	GB/T 50329—2002	木结构试验方法标准	建工
298	GB 50330—2002	建筑边坡工程技术规范	建工
299	GB/T 50331—2002	城市居民生活用水量标准	建工
300	GB 50332—2002	给水排水工程管道结构设计规范	建工

工程建设国家标准目录

序号	标准编号	标准名称	出版单位
301	GB 50333—2002	医院洁净手术部建筑技术规范	计划
302	GB 50334—2002	城市污水处理厂工程质量验收规范	建工
303	GB 50335—2002	污水再生利用工程设计规范	建工
304	GB 50336—2002	建筑中水设计规范	计划
305	GB 50337—2003	城市环境卫生设施规划规范	建工
306	GB 50338—2003	固定消防炮灭火系统设计规范	计划
307	GB 50339—2003	智能建筑工程质量验收规范	建工
308	GB/T 50340—2003	老年人居住建筑设计标准	建工
309	GB 50341—2003	立式圆筒形钢制焊接油罐设计规范	计划
310	GB 50342—2003	混凝土电视塔结构技术规范	计划
311	GB 50343—2004	建筑物电子信息系统防雷技术规范	建工
312	GB/T 50344—2004	建筑结构检测技术标准	建工
313	GB 50345—2004	屋面工程技术规范	建工
314	GB 50346—2004	生物安全实验室建筑技术规范	建工
315	GB 50347—2004	干粉灭火系统设计规范	计划
316	GB 50348—2004	安全防范工程技术规范	计划
317	GB/T 50349—2005	建筑给水聚丙烯管道工程技术规范	计划
318	GB 50350—2005	油气集输设计规范	计划
319	GB 50351—2005	储罐区防火堤设计规范	计划
320	GB 50352—2005	民用建筑设计通则	建工
321	GB/T 50353—2005	建筑工程建筑面积计算规范	计划
322	GB 50354—2005	建筑内部装修防火施工及验收规范	计划
323	GB/T 50355—2005	住宅建筑室内振动限值及其测量方法标准	建工
324	GB/T 50356—2005	剧场、电影院和多用途厅堂建筑声学设计规范	计划
325	GB 50357—2005	历史文化名城保护规划规范	建工
326	GB/T 50358—2005	建设项目工程总承包管理规范	建工
327	GB 50359—2005	煤矿洗选工程设计规范	计划
328	GB 50360—2005	水煤浆工程设计规范	计划
329	GB/T 50361—2005	木骨架组合墙体技术规范	计划
330	GB/T 50362—2005	住宅性能评定技术标准	建工

工程建设国家标准目录

序号	标准编号	标准名称	出版单位
331	GB/T 50363—2006	节水灌溉工程技术规范	计划
332	GB 50364—2005	民用建筑太阳能热水系统应用技术规范	建工
333	GB 50365—2005	空调通风系统运行管理规范	建工
334	GB 50366—2005	地源热泵系统工程技术规范	建工
335	GB 50367—2006	混凝土结构加固设计规范	建工
336	GB 50368—2005	住宅建筑规范	建工
337	GB 50369—2006	油气长输管道工程施工及验收规范	计划
338	GB 50370—2005	气体灭火系统设计规范	计划
339	GB 50371—2006	厅堂扩声系统设计规范	计划
340	GB 50372—2006	炼铁机械设备工程安装验收规范	计划
341	GB 50373—2006	通信管道与通信工程设计规范	计划
342	GB 50374—2006	通信管道工程施工及验收规范	计划
343	GB/T 50375—2006	建筑工程施工质量评价标准	建工
344	GB 50376—2006	橡胶工厂节能设计规范	计划
345	GB 50377—2006	选矿机械设备工程安装验收规范	计划
346	GB/T 50378—2006	绿色建筑评价标准	建工
347	GB/T 50379—2006	工程建设勘察企业质量管理规范	建工
348	GB/T 50380—2006	工程建设设计企业质量管理规范	建工
349	GB 50381—2006	城市轨道交通自动售检票系统工程质量验收规范	计划
350	GB 50382—2006	城市轨道交通通信工程质量验收规范	计划
351	GB 50383—2006	煤矿井下消防、洒水设计规范	计划
352	GB 50384—2007	煤矿立井井筒及硐室设计规范	计划
353	GB 50385—2006	矿山井架设计规范	计划
354	GB 50386—2006	轧机机械设备工程安装验收规范	计划
355	GB 50387—2006	冶金机械液压、润滑和气动设备工程安装验收规范	计划
356	GB 50388—2006	煤矿井下机车运输信号设计规范	计划
357	GB 50389—2006	750kV架空送电线路施工及验收规范	计划
358	GB 50390—2006	焦化机械设备工程安装验收规范	计划
359	GB 50391—2006	油田注水工程设计规范	计划
360	GB/T 50392—3006	机械通风冷却塔工艺设计规范	计划

工程建设国家标准目录

序号	标准编号	标准名称	出版单位
361	GB 50393—2008	钢质石油储罐防腐蚀工程技术规范	计划
362	GB 50394—2007	入侵报警系统工程设计规范	计划
363	GB 50395—2007	视频安防监控系统工程设计规范	计划
364	GB 50396—2007	出入口控制系统工程设计规范	计划
365	GB 50397—2007	冶金电气设备工程安装验收规范	计划
366	GB 50398—2006	无缝钢管工艺设计规范	计划
367	GB 50399—2006	煤碳工业小型矿井设计规范	计划
368	GB 50400—2006	建筑与小区雨水利用工程技术规范	建工
369	GB 50401—2007	消防通信指挥系统施工及验收规范	计划
370	GB 50402—2007	烧结机械设备工程安装验收规范	计划
371	GB 50403—2007	炼钢机械设备工程安装验收规范	计划
372	GB 50404—2007	硬泡聚氨酯保温防水工程技术规范	计划
373	GB 50405—2007	钢铁工业资源综合利用设计规范	计划
374	GB 50406—2007	钢铁工业环境保护设计规范	计划
375	GB 50408—2007	烧结厂设计规范	计划
376	GB 50410—2007	小型型钢轧钢工艺设计规范	计划
377	GB 50411—2007	建筑节能工程施工质量验收规范	建工
378	GB/T 50412—2007	厅堂音质模型试验规范	建工
379	GB 50413—2007	城市抗震防灾规划标准	建工
380	GB 50414—2007	钢铁冶金企业设计防火规范	计划
381	GB 50415—2007	煤矿斜井井筒及硐室设计规范	计划
382	GB 50416—2007	煤矿井底车场硐室设计规范	计划
383	GB 50417—2007	煤矿井下供配电设计规范	计划
384	GB 50418—2007	煤矿井下热害防治设计规范	计划
385	GB 50419—2007	煤矿巷道断面和交岔点设计规范	计划
386	GB 50420—2007	城市绿地设计规范	计划
387	GB 50421—2007	有色金属矿山排土场设计规范	计划
388	GB 50422—2007	预应力混凝土路面工程技术规范	计划
389	GB 50423—2007	油气输送管道穿越工程设计规范	计划
390	GB 50424—2007	油气输送管道穿越工程施工规范	计划

工程建设国家标准目录

序号	标准编号	标准名称	出版单位
391	GB 50426—2007	印染工厂设计规范	计划
392	GB 50427—2008	高炉炼铁工艺设计规范	计划
393	GB 50428—2007	油田采出水处理设计规范	计划
394	GB 50429—2007	铝合金结构设计规范	计划
395	GB/T 50430—2007	工程建设施工企业质量管理规范	建工
396	GB 50432—2007	炼焦工艺设计规范	计划
397	GB 50433—2008	开发建设项目水土保持技术规范	计划
398	GB 50434—2008	开发建设项目水土流失防治标准	计划
399	GB 50435—2007	平板玻璃工厂设计规范	计划
400	GB 50436—2007	线材轧钢工艺设计规范	计划
401	GB 50437—2007	城镇老年人设施规划规范	计划
402	GB/T 50438—2007	地铁运营安全评价标准	建工
403	GB 50439—2008	炼钢工艺设计规范	计划
404	GB 50440—2007	城市消防远程监控系统技术规范	计划
405	GB/T 50441—2007	石油化工设计能耗计算标准	计划
406	GB 50442—2008	城市公共设施规划规范	建工
407	GB 50443—2007	水泥工厂节能设计规范	计划
408	GB 50445—2008	村庄整治技术规范	建工
409	GB 50446—2008	盾构法隧道施工与验收规范	建工
410	GB 50448—2008	水泥基灌浆材料应用技术规范	计划
411	GB 50500—2003	建筑工程工程量清单计价规范（2005年版）	计划
412	GB 50501—2007	水利工程工程量清单计价规范	计划

工程建设建设部行业标准目录（建筑工程）

序号	标准编号	标准名称	出版单位
1	JGJ 1—1991	装配式大板居住建筑设计和施工规程	建工
2	JGJ 2—1979	工业厂房墙板设计与施工规程	建工
3	JGJ 3—2002	高层建筑混凝土结构技术规程	建工
4	JGJ 6—1999	高层建筑箱形与筏形基础技术规范	建工
5	JGJ 7—1991	网架结构设计与施工规程	建工
6	JGJ 8—2007	建筑变形测量规范	建工
7	JGJ 9—1978	液压滑升模板工程设计与施工规程	建工
8	JGJ/T 10—1995	混凝土泵送施工技术规程	建工
9	JGJ 12—2006	轻骨料混凝土结构技术规程	建工
10	JGJ/T 14—2004	混凝土小型空心砌块建筑技术规程	建工
11	JGJ/T 15—2008	早期推定混凝土强度试验方法标准	建工
12	JGJ 16—2008	民用建筑电气设计规范	建工
13	JGJ 17—1984	蒸压加气混凝土应用技术规程	建工
14	JGJ 18—2003	钢筋焊接及验收规程	建工
15	JGJ 19—1992	冷拔钢丝预应力混凝土构件设计施工规程	计划
16	JGJ 20—1984	大模板多层住宅结构设计与施工规程	建工
17	JGJ/T 21—1993	V型折板屋盖设计与施工规程	计划
18	JGJ/T 22—1998	钢筋混凝土薄壳结构设计规程	建工
19	JGJ/T 23—2001	回弹法检测混凝土抗压强度技术规程	建工
20	JGJ 25—2000	档案馆建筑设计规范	建工
21	JGJ 26—1995	民用建筑节能设计标准（采暖居住建筑部分）	建工
22	JGJ/T 27—2001	钢筋焊接接头试验方法标准	建工
23	JGJ 28—1986	粉煤灰在混凝土和砂浆中应用技术规程	建工
24	JGJ/T 29—2003	建筑涂饰工程施工及验收规程	建工
25	JGJ/T 30—2003	房地产业基本术语标准	建工
26	JGJ 31—2003	体育建筑设计规范	建工
27	JGJ 33—2001	建筑机械使用安全技术规程	建工
28	JGJ 34—1986	建筑机械技术试验规程	建工
29	JGJ 35—1987	建筑气象参数标准	建工
30	JGJ 36—2005	宿舍建筑设计规范	建工

工程建设建设部行业标准目录（建筑工程）

序号	标准编号	标准名称	出版单位
31	JGJ 38—1999	图书馆建筑设计规范	建工
32	JGJ 39—1987	托儿所、幼儿园建筑设计规范	建工
33	JGJ 40—1987	疗养院建筑设计规范	建工
34	JGJ 41—1987	文化馆建筑设计规范	建工
35	JGJ 46—2005	施工现场临时用电安全技术规范	建工
36	JGJ 48—1988	商店建筑设计规范	建工
37	JGJ 49—1988	综合医院建筑设计规范	建工
38	JGJ 50—2001	城市道路和建筑物无障碍设计规范	建工
39	JGJ 51—2002	轻骨料混凝土技术规程	建工
40	JGJ 52—2006	普通混凝土用砂、石质量及检验方法标准	建工
41	JGJ 55—2000	普通混凝土配合比设计规程	建工
42	JGJ 57—2000	剧场建筑设计规范	建工
43	JGJ 58—2008	电影院建筑设计规范	建工
44	JGJ 59—1999	建筑施工安全检查标准	建工
45	JGJ 60—1999	汽车客运站建筑设计规范	建工
46	JGJ 61—2003	网壳结构技术规程	建工
47	JGJ 62—1990	旅馆建筑设计规范	计划
48	JGJ 63—2006	混凝土用水标准	建工
49	JGJ 64—1989	饮食建筑设计规范	建工
50	JGJ 65—1989	液压滑动模板施工安全技术规程	建工
51	JGJ 66—1991	博物馆建筑设计规范	建工
52	JGJ 67—2006	办公建筑设计规范	建工
53	JGJ 69—1990	PY型预钻式旁压试验规程	建工
54	JGJ 70—1990	建筑砂浆基本性能试验方法	建工
55	JGJ 71—1990	洁净室施工及验收规范	建工
56	JGJ 72—2004	高层建筑岩土工程勘察规程	建工
57	JGJ 74—2003	建筑工程大模板技术规程	建工
58	JGJ 75—2003	夏热冬暖地区居住建筑节能设计标准	建工
59	JGJ 76—2003	特殊教育学校建筑设计规范	建工
60	JGJ/T 77—2003	施工企业安全生产评价标准	建工

工程建设建设部行业标准目录（建筑工程）

序号	标准编号	标准名称	出版单位
61	JGJ 78—1991	网架结构工程质量检验评定标准	建工
62	JGJ 79—2002	建筑地基处理技术规范	建工
63	JGJ 80—1991	建筑施工高处作业安全技术规范	计划
64	JGJ 81—2002	建筑钢结构焊接技术规程	建工
65	JGJ 82—1991	钢结构高强度螺栓连接的设计、施工及验收规程	建工
66	JGJ 83—1991	软土地区工程地质勘察规范	建工
67	JGJ 84—1992	建筑岩土工程勘察基本术语标准	建工
68	JGJ 85—2002	预应力筋用锚具、夹具和连接器应用技术规程	建工
69	JGJ 86—1992	港口客运站建筑设计规范	计划
70	JGJ 87—1992	建筑工程地质钻探技术标准	建工
71	JGJ 88—1992	龙门架及井架物料提升机安全技术规范	计划
72	JGJ 89—1992	原状土取样技术标准	计划
73	JGJ/T 90—1992	建筑领域计算机软件工程技术规范	计划
74	JGJ 91—1993	科学实验建筑设计规范	建工
75	JGJ 92—2004	无粘结预应力混凝土结构技术规程	建工
76	JGJ 94—2008	建筑桩基技术规范	建工
77	JGJ 95—2003	冷轧带肋钢筋混凝土结构技术规程	建工
78	JGJ 96—1995	钢框胶合板模板技术规程	建工
79	JGJ/T 97—1995	工程抗震术语标准	建工
80	JGJ 98—2000	砌筑砂浆配合比设计规程	建工
81	JGJ 99—1998	高层民用建筑钢结构技术规程	建工
82	JGJ 100—1998	汽车库建筑设计规范	建工
83	JGJ 101—1996	建筑抗震试验方法规程	建工
84	JGJ 102—2003	玻璃幕墙工程技术规范	建工
85	JGJ 103—1996	塑料门窗安装及验收规程	建工
86	JGJ 104—1997	建筑工程冬期施工规程	建工
87	JGJ/T 105—1996	机械喷涂抹灰施工规程	建工
88	JGJ 106—2003	建筑基桩检测技术规范	建工
89	JGJ 107—2003	钢筋机械连接通用技术规程	建工
90	JGJ 108—1996	带肋钢筋套筒挤压连接技术规程	建工

工程建设建设部行业标准目录（建筑工程）

序号	标准编号	标准名称	出版单位
91	JGJ 109—1996	钢筋锥螺纹接头技术规程	建工
92	JGJ 110—2008	建筑工程饰面砖粘结强度检验标准	建工
93	JGJ/T 111—1998	建筑与市政降水工程技术规范	建工
94	JGJ/T 112—1997	天然沸石粉在混凝土和砂浆中应用技术规程	建工
95	JGJ 113—2003	建筑玻璃应用技术规程	建工
96	JGJ 114—2003	钢筋焊接网混凝土结构技术规程	建工
97	JGJ 115—2006	冷轧扭钢筋混凝土构件技术规程	建工
98	JGJ 116—1998	建筑抗震加固技术规程	建工
99	JGJ 117—1998	民用建筑修缮工程查勘与设计规程	建工
100	JGJ 118—1998	冻土地区建筑地基基础设计规范	建工
101	JGJ/T 119—1998	建筑照明术语标准	建工
102	JGJ 120—1999	建筑基坑支护技术规程	建工
103	JGJ/T 121—1999	工程网络计划技术规程	建工
104	JGJ 122—1999	老年人建筑设计规范	建工
105	JGJ 123—2000	既有建筑地基基础加固技术规范	建工
106	JGJ 124—1999	殡仪馆建筑设计规范	建工
107	JGJ 125—1999	危险房屋鉴定标准（2004年版）	建工
108	JGJ 126—2000	外墙饰面砖工程施工及验收规程	建工
109	JGJ 127—2000	看守所建筑设计规范（2006年版）	建工
110	JGJ 128—2000	建筑施工门式钢管脚手架安全技术规范	建工
111	JGJ 129—2000	既有采暖居住建筑节能改造技术规程	建工
112	JGJ 130—2001	建筑施工扣件式钢管脚手架安全技术规范（2002年版）	建工
113	JGJ/T 131—2000	体育馆声学设计及测量规程	建工
114	JGJ 132—2001	采暖居住建筑节能检验标准	建工
115	JGJ 133—2001	金属与石材幕墙工程技术规范	建工
116	JGJ 134—2001	夏热冬冷地区居住建筑节能设计标准	建工
117	JGJ 135—2007	载体桩设计规程	建工
118	JGJ/T 136—2001	贯入法检测砌筑砂浆抗压强度技术规程	建工
119	JGJ 137—2001	多孔砖砌体结构技术规范（2002年版）	建工
120	JGJ 138—2001	型钢混凝土组合结构技术规程	建工

工程建设建设部行业标准目录（建筑工程）

序号	标准编号	标准名称	出版单位
121	JGJ/T 139—2001	玻璃幕墙工程质量检验标准	建工
122	JGJ 140—2004	预应力混凝土结构抗震设计规程	建工
123	JGJ 141—2004	通风管道技术规程	建工
124	JGJ 142—2004	地面辐射供暖技术规程	建工
125	JGJ/T 143—2004	多道瞬态面波勘察技术规程	建工
126	JGJ 144—2004	外墙外保温工程技术规程	建工
127	JGJ 145—2004	混凝土结构后锚固技术规程	建工
128	JGJ 146—2004	建筑施工现场环境与卫生标准	建工
129	JGJ 147—2004	建筑拆除工程安全技术规范	建工
130	JGJ 149—2006	混凝土异形柱结构技术规程	建工
131	JGJ 150—2008	擦窗机安装工程质量验收规程	建工
132	JGJ/T 152—2008	混凝土中钢筋检测技术规程	建工
133	JGJ 153—2007	体育场馆照明设计及检测标准	建工
134	JGJ/T 154—2007	民用建筑能耗数据采集标准	建工
135	JGJ 155—2007	种植屋面工程技术规程	建工
136	JGJ 157—2008	建筑轻质条板隔墙技术规程	建工

工程建设建设部行业标准目录（城镇建设工程）

序号	标准编号	标准名称	出版单位
1	CJJ 1—2008	城镇道路工程施工与质量验收规范	建工
2	CJJ 2—1990	市政桥梁工程质量检验评定标准	建工
3	CJJ 3—1990	市政排水管渠工程质量检验评定标准	建工
4	CJJ 4—1997	粉煤灰石灰类道路基层施工及验收规程	建工
5	CJJ 5—1983	煤渣石灰类道路基层施工暂行技术规定	建工
6	CJJ 6—1985	排水管道维护安全技术规程	建工
7	CJJ 7—2007	城市工程地球物理探测规范	建工
8	CJJ 8—1999	城市测量规范	建工
9	CJJ 9—1985	市政工程质量检验评定标准（城市防洪工程）	建工
10	CJJ 10—1986	供水管井设计、施工及验收规范	建工
11	CJJ 11—1993	城市桥梁设计准则	建工
12	CJJ 12—1999	家用燃气燃烧器具安装验收规程	建工
13	CJJ 13—1987	供水水文地质钻探与凿井操作规程	建工
14	CJJ 14—2005	城市公共厕所设计标准	建工
15	CJJ 15—1987	城市公共交通站、场、厂设计规范	建工
16	CJJ 17—2004	城市生活垃圾卫生填埋技术规范	建工
17	CJJ 27—2005	城镇环境卫生设施设置标准	建工
18	CJJ 28—2004	城镇供热管网工程施工及验收规范	建工
19	CJJ/T 29—1998	建筑排水硬聚氯乙烯管道工程技术规程	建工
20	CJJ/T 30—1999	城市粪便处理厂运行、维护及其安全技术规程	建工
21	CJJ 31—1989	城镇污水处理厂附属建筑和附属设备设计标准	建工
22	CJJ 32—1989	含藻水给水处理设计规范	建工
23	CJJ 33—2005	城镇燃气输配工程施工及验收规范	建工
24	CJJ 34—2002	城市热力网设计规范	建工
25	CJJ 35—1990	钢渣石灰类道路基层施工及验收规范	建工
26	CJJ 36—2006	城镇道路养护技术规范	建工
27	CJJ 37—1990	城市道路设计规范	建工
28	CJJ 39—1991	古建筑修建工程质量检验评定标准（北方地区）	建工
29	CJJ 40—1991	高浊度水给水设计规范	建工
30	CJJ 41—1991	城镇给水厂附属建筑和附属设备设计标准	建工

工程建设建设部行业标准目录（城镇建设工程）

序号	标准编号	标准名称	出版单位
31	CJJ 42—1991	乳化沥青路面施工及验收规程	建工
32	CJJ 43—1991	热拌再生沥青混合料路面施工及验收规程	建工
33	CJJ 44—1991	城市道路路基工程施工及验收规范	建工
34	CJJ 45—2006	城市道路照明设计标准	建工
35	CJJ 46—1991	城市用地分类代码	建工
36	CJJ 47—2006	生活垃圾转运站技术规范	建工
37	CJJ 48—1992	公园设计规范	建工
38	CJJ 49—1992	地铁杂散电流腐蚀防护技术规程	计划
39	CJJ 50—1992	城市防洪工程设计规范	计划
40	CJJ 51—2006	城镇燃气设施运行、维护和抢修安全技术规程	建工
41	CJJ/T 52—1993	城市生活垃圾好氧静态堆肥处理技术规程	
42	CJJ/T 53—1993	民用房屋修缮工程施工规程	建工
43	CJJ/T 54—1993	污水稳定塘设计规范	
44	CJJ 55—1993	供热术语标准	计划
45	CJJ 56—1994	市政工程勘察规范	计划
46	CJJ 57—1994	城市规划工程地质勘察规范	计划
47	CJJ 58—1994	城镇供水厂运行、维护及安全技术规程	计划
48	CJJ/T 59—1994	柔性路面设计参数测定方法标准	建工
49	CJJ 60—1994	城市污水处理厂运行、维护及其安全技术规程	建工
50	CJJ 61—2003	城市地下管线探测技术规程	建工
51	CJJ 62—1995	房屋渗漏修缮技术规程	建工
52	CJJ 63—2008	聚乙烯燃气管道工程技术规程	建工
53	CJJ 64—1995	城市粪便处理厂（场）设计规范	建工
54	CJJ/T 65—2004	市容环境卫生术语标准	建工
55	CJJ 66—1995	路面稀浆封层施工规程	建工
56	CJJ 67—1995	风景园林图例图示标准	建工
57	CJJ 68—2007	城镇排水管渠与泵站维护技术规程	建工
58	CJJ 69—1995	城市人行天桥与人行地道技术规范	建工
59	CJJ 70—1996	古建筑修建工程质量检验评定标准（南方地区）	建工
60	CJJ 71—2000	机动车清洗站工程技术规程	建工

工程建设建设部行业标准目录（城镇建设工程）

序号	标准编号	标准名称	出版单位
61	CJJ 72—1997	无轨电车供电线网工程施工及验收规范	建工
62	CJJ 73—1997	全球定位系统城市测量技术规程	建工
63	CJJ 74—1999	城镇地道桥顶进施工及验收规程	建工
64	CJJ 75—1997	城市道路绿化规划与设计规范	建工
65	CJJ/T 76—1998	城市地下水动态观测规程	建工
66	CJJ 77—1998	城市桥梁设计荷载标准	建工
67	CJJ/T 78—1997	供热工程制图标准	建工
68	CJJ 79—1998	联锁型路面砖路面施工及验收规程	建工
69	CJJ/T 80—1998	固化类路面基层和底基层技术规程	建工
70	CJJ/T 81—1998	城镇直埋供热管道工程技术规程	建工
71	CJJ/T 82—1999	城市绿化工程施工及验收规范	建工
72	CJJ 83—1999	城市用地竖向规划规范	建工
73	CJJ 84—2000	汽车用燃气加气站技术规范	建工
74	CJJ/T 85—2002	城市绿地分类标准	建工
75	CJJ/T 86—2000	城市生活垃圾堆肥处理厂运行、维护及其安全技术规程	建工
76	CJJ/T 87—2000	乡镇集贸市场规划设计标准	建工
77	CJJ/T 88—2000	城镇供热系统安全运行技术规程	建工
78	CJJ 89—2001	城市道路照明工程施工及验收规范	建工
79	CJJ 90—2002	生活垃圾焚烧处理工程技术规范	建工
80	CJJ/T 91—2002	园林基本术语标准	建工
81	CJJ 92—2002	城市供水管网漏损控制及评定标准	建工
82	CJJ 93—2003	城市生活垃圾卫生填埋场运行维护技术规程	建工
83	CJJ 94—2003	城镇燃气室内工程施工及验收规范	建工
84	CJJ 95—2003	城镇燃气埋地钢质管道腐蚀控制技术规程	建工
85	CJJ 96—2003	地铁限界标准	建工
86	CJJ/T 97—2003	城市规划制图标准	建工
87	CJJ/T 98—2003	建筑给水聚乙烯类管道工程技术规程	建工
88	CJJ 99—2003	城市桥梁养护技术规范	建工
89	CJJ 100—2004	城市基础地理信息系统技术规范	建工
90	CJJ 101—2004	埋地聚乙烯给水管道工程技术规程	建工

工程建设建设部行业标准目录（城镇建设工程）

序号	标准编号	标准名称	出版单位
91	CJJ/T 102—2004	城市生活垃圾分类及其评价标准	建工
92	CJJ 103—2004	城市地理空间框架数据标准	建工
93	CJJ 104—2005	城镇供热直埋蒸汽管道技术规程	建工
94	CJJ 105—2005	城镇供热管网结构设计规范	建工
95	CJJ/T 106—2005	城市市政综合监管信息系统技术规范	建工
96	CCJ/T 107—2005	生活垃圾填埋场无害化评价标准	建工
97	CJJ/T 108—2006	城市道路除雪作业技术规程	建工
98	CJJ 109—2006	生活垃圾转运站运行维护技术规程	建工
99	CJJ 110—2006	管道直饮水系统技术规程	建工
100	CJJ/T 111—2006	预应力混凝土桥梁预制节段逐跨拼装施工技术规程	建工
101	CJJ 112—2007	生活垃圾卫生填埋场封场技术规程	建工
102	CJJ 113—2007	生活垃圾卫生填埋场防渗系统工程技术规范	建工
103	CJJ/T 114—2007	城市公共交通分类标准	建工
104	CJJ/T 115—2007	房地产市场信息系统技术规范	建工
105	CJJ/T 116—2008	建设领域应用软件测评通用规范	建工
106	CJJ/T 117—2007	建设电子文件与电子档案管理规范	建工
107	CJJ/T 119—2008	城市公共交通工程术语标准	建工
108	CJJ 120—2008	城镇排水系统电气与自动化工程技术规程	建工